# 1

费定晖 周学圣 编著
郭大钧 邵品琮 主审



# 吉米多维奇 数学分析 习题集题解

第4版

山东科学技术出版社
· 济南 ·

**图书在版编目（CIP）数据**

吉米多维奇数学分析习题集题解. 1 /费定晖，周学圣编著. --4版. --济南：山东科学技术出版社，2012.7（2023.10 重印）

ISBN 978-7-5331-5900-9

Ⅰ. ①吉…　Ⅱ. ①费…　②周…　Ⅲ. ①数学分析-高等学校-题解　Ⅳ. ①O17-44

中国版本图书馆CIP数据核字（2012）第120147号

## 吉米多维奇数学分析习题集题解 1

JIMIDUOWEIQI SHUXUE FENXI XITIJI TIJIE 1

责任编辑：段　琰

---

**主管单位：山东出版传媒股份有限公司**

**出 版 者：山东科学技术出版社**

地址：济南市市中区舜耕路517号

邮编：250003　电话：（0531）82098088

网址：www. lkj. com. cn

电子邮件：sdkj@sdcbcm. com

**发 行 者：山东科学技术出版社**

地址：济南市市中区舜耕路517号

邮编：250003　电话：（0531）82098067

**印 刷 者：山东华立印务有限公司**

地址：山东省济南市莱芜高新区钱塘江街 019 号

邮编：271100　电话：（0531）76216033

---

**规格：** 16开（185 mm × 260 mm）

**印张：** 14

**版次：** 2012年7月第4版　**印次：** 2023年10月第19次印刷

**定价：** 24.00元

# 第4版前言 DISIBANQIANYAN

本书自1979年出版发行以来，历经30多个春秋，一直畅销不衰，深得读者厚爱。在郭大钧教授的帮助和指导下，对全书我不断地修订和补充，不断地修正错误，不断地替换更为简洁的解法和证明，力求本书一直保持其先进性、完整性和准确性，以求对读者的高度责任感。读者通过学习该书，对掌握数学分析的基本知识、基础理论和基本技能的训练，感到获益匪浅，赞誉其为学习数学分析“不可替代”之图书，对此我们倍感欣慰，鞭策我们为读者作出更多的奉献。

这次受山东科学技术出版社的约请，并得到郭大钧教授的大力支持，仍由我负责全书第4版的修订、增补和校阅工作，以适应文化建设繁荣发展的需要，更加激发全国广大读者的强烈求知欲。具体主要做了以下几方面的工作：

第一，为全书4462题中的近三成的习题，根据题型的不同，在原题解的前面，分别或给出提示，或给出解题思路，或给出证明思路。冀图启发读者怎样分析该题，怎样下手求解；启发读者怎样总结解题的规律；启发读者怎样正确使用有关的数学公式、概念和理论，开拓视野，活跃思路；帮助读者逐步解决学习中的困难，为他们在学习过程中提供一个良师益友。这是本次修订的主要工作。

第二，根据当前的语言习惯，对全书的文字作了较多的润色，使其表述更加准确，更加简洁凝练。

第三，改正了第3版中的个别印刷错误，修正了函数图像中的个别问题和个别习题的答案。

第四，根据国家相关标准，规范了有关术语和数学式子的表达，并对全书使用的外国人名按照现在的标准或通用译法重新翻译人名，以求统一标准。

第五，对全书的版面和开本重新进行了调整，使其更富有时代的色彩。

我们殷切期望使用本书的读者，懂得只有通过个人的独立思考，加上

勤学苦练才能取得成功，“只看不练假把式”，数学的学习是在个人的独立解题中逐步弄懂有关的概念、公式和理论的，我们编写本书，就是希望能对数学分析课程的学习起到一个抛砖引玉的作用。读者使用本书最好是不要先看题解，更不要查抄解答和答案，而是自己先对照教材中的有关概念、公式和理论独立进行思考，必要时可参照书中的提示、解题思路或证明思路独立完成解题，然后再查看书中是怎样解答的，比较自己的解答和书中解答的异同，从中找出差距，找出自己的问题所在，甚至找出书中解答的错误和不足之处，进而找到更为简洁的解答。只有这样才能提高自己的思维能力和创造才能，任何削弱独立思考的做法都是违背我们出版本书的初衷的。

山东科学技术出版社颜秀锦、宋德万、胡新蓉等老一代资深编辑为本书前三版的出版和发行付出了艰辛努力，责任编辑宋涛为本书第 4 版怎样提高质量倾注了不少心血，在此我们一并表示感谢。同时感谢山东大学、华东交通大学、山东师范大学等兄弟学校对本书出版的支持。感谢社会各界同仁对本书的支持。虽然历经 30 余年的反复修订，面对如此庞大的图书，限于本人水平，书中难免有错误和不当之处，敬请各位专家、同仁和广大读者批评指正，不胜感激，并在新版中改正。

费 定 晖

2012 年 5 月于南昌华东交通大学

# 出版说明 CHUBANSHUOMING

吉米多维奇(Б. П. ДЕМИДОВИЧ)著《数学分析习题集》一书的中译本,自50年代初在我国翻译出版以来,引起了全国各大专院校广大师生的巨大反响。凡从事数学分析教学的师生,常以试解该习题集中的习题,作为检验掌握数学分析基本知识和基本技能的一项重要手段。二十多年来,对我国数学分析的教学工作是甚为有益的。

该书四千多道习题,数量多,内容丰富,由浅入深,部分题目难度大。涉及的内容有函数与极限,一元函数微分学,不定积分,定积分,级数,多元函数微分学,带参数的积分以及多重积分与曲线积分、曲面积分等等,概括了数学分析的全部主题。当前,我国广大读者,特别是肯于刻苦自学的广大数学爱好者,在为四个现代化而勤奋学习的热潮中,迫切需要对一些疑难习题有一个较明确的回答。有鉴于此,我们特约作者,将全书4462题的所有解答汇辑成书,共分六册出版。本书可以作为高等院校的教学参考用书,同时也可作为广大读者在自学微积分过程中的参考用书。

众所周知,原习题集,题多难度大,其中不少习题如果认真习作的话,既可以深刻地巩固我们所学到的基本概念,又可以有效地提高我们的运算能力,特别是有些难题还可以迫使我们学会综合分析的思维方法。正由于这样,我们殷切期望初学数学分析的青年读者,一定要刻苦钻研,千万不要轻易查抄本书的解答,因为任何削弱独立思索的作法,都是违背我们出版此书的本意。何况所作解答并非一定标准,仅作参考而已。如有某些误解、差错也在所难免,一经发觉,恳请指正,不胜感谢。

本书蒙潘承洞教授对部分难题进行了审校。特请郭大钧教授、邵品琮教授对全书作了重要仔细的审校。其中相当数量的难度大的题,都是郭大钧、邵品琮亲自作的解答。

参加本册审校工作的还有楼世拓、姚琦、陈兆宽同志。

参加编演工作的还有黄春朝同志。

本书在编审过程中,还得到山东大学、山东工学院、山东师范学院和曲阜师范学院的领导和同志们的大力支持,特在此一并致谢。

1979年于济南

# 目录 MULU

# 第一章　分析引论

## §1.　实　数

1° **数学归纳法**　为了证明某定理对任意的正整数 $n$ 为真，只需证明下面两点即可：(1)这定理对$n=1$为真，(2)设这定理对任何的一个正整数 $n$ 为真，则它对下一个正整数 $n+1$ 也为真.

2° **分割**　若分有理数为 $A$ 和 $B$ 两类，使其满足下列条件：(1)两类均非空集，(2)每一个有理数必属于一类，且仅属于一类，(3)属于 $A$ 类(**下类**)的任一数小于属于 $B$ 类(**上类**)的任何数，则这样的一个分类法称为**分割**.(ⅰ)若或是下类 $A$ 有最大的数，或是上类 $B$ 有最小的数，则分割 $A/B$ 确定一个有理数.(ⅱ)若 $A$ 类无最大数，而 $B$ 类亦无最小数，则分割 $A/B$ 确定一个无理数. 有理数和无理数统称为实数*.

3° **绝对值**(或模)　若 $x$ 为实数，则用下列条件所确定的非负数$|x|$，称为 $x$ 的绝对值(模)：

$$|x|=\begin{cases}-x, & x<0,\\ x, & x\geqslant 0.\end{cases}$$

对于任何的实数 $x$ 和 $y$，以下的不等式成立：

$$|x|-|y|\leqslant|x+y|\leqslant|x|+|y|.$$

4° **上确界和下确界**　设 $X=\{x\}$ 为实数的有界集合，若：

(1)每一个 $x\in X$** 满足不等式 $x\geqslant m$；

(2)对于任何的 $\varepsilon>0$，存在 $x'\in X$，使 $x'<m+\varepsilon$，则数 $m=\inf\{x\}$ 称为集合 $X$ 的下确界.

同样，若：

(1)每一个 $x\in X$ 满足不等式 $x\leqslant M$；

(2)对于任何的 $\varepsilon>0$，存在 $x''\in X$，使 $x''>M-\varepsilon$，则数 $M=\sup\{x\}$ 称为集合 $X$ 的上确界.

若集合 $X$ 下方无界，则通常说 $\inf\{x\}=-\infty$；

若集合 $X$ 上方无界，则认为 $\sup\{x\}=+\infty$.

5° **绝对误差和相对误差**　设 $a$ $(a\neq 0)$是被测量的精确数值，而 $x$ 是这个量的近似值，则

$$\Delta=|x-a|$$

称为被测量的绝对误差，而

$$\delta=\frac{\Delta}{|a|}$$

称为被测量的相对误差.

若数 $x$ 的绝对误差不超过它的第 $n$ 个有效数字所对应的位数的单位的一半，则说 $x$ 有 $n$ 位精确的数字.

### 利用数学归纳法求证下列等式对任何正整数 $n$ 皆成立：

**【1】**　$1+2+\cdots+n=\dfrac{n(n+1)}{2}$.

**证**　当 $n=1$ 时，等式成立.

设对于 $n=k$ (正整数)时，等式成立，即

$$1+2+\cdots+k=\frac{k(k+1)}{2},$$

* 以后若没有相反的附带说明，数这个字我们将理解为实数.

** 符号 $x\in X$ 表示 $x$ 属于集合 $X$.

则对于 $n=k+1$ 时，有

$$1+2+\cdots+k+(k+1)=\frac{k(k+1)}{2}+k+1=\frac{(k+1)[(k+1)+1]}{2},$$

即对于 $n=k+1$ 时等式也成立.

于是，由数学归纳法知，对于任何正整数 $n$，有 $1+2+\cdots+n=\frac{n(n+1)}{2}$.

【2】 $1^2+2^2+\cdots+n^2=\frac{n(n+1)(2n+1)}{6}$.

**证** 当 $n=1$ 时，等式成立.

设 $n=k$ 时，等式成立，即 $1^2+2^2+\cdots+k^2=\frac{k(k+1)(2k+1)}{6}$，则对于 $n=k+1$ 时，有

$$1^2+2^2+\cdots+k^2+(k+1)^2=\frac{k(k+1)(2k+1)}{6}+(k+1)^2$$

$$=\frac{1}{6}(k+1)[k(2k+1)+6(k+1)]=\frac{(k+1)[(k+1)+1][2(k+1)+1]}{6},$$

即对于 $n=k+1$ 时，等式也成立.

于是，对于任何正整数 $n$，有 $1^2+2^2+\cdots+n^2=\frac{n(n+1)(2n+1)}{6}$.

【3】 $1^3+2^3+\cdots+n^3=(1+2+\cdots+n)^2$.

**证** 当 $n=1$ 时，等式成立.

设 $n=k$ 时，等式成立，即 $1^3+2^3+\cdots+k^3=(1+2+\cdots+k)^2$，则对于 $n=k+1$ 时，有

$$1^3+2^3+\cdots+k^3+(k+1)^3=(1+2+\cdots+k)^2+(k+1)^3=\frac{k^2(k+1)^2}{4}+(k+1)^3$$

$$=\frac{(k+1)^2(k+2)^2}{4}=\left\{\frac{(k+1)[(k+1)+1]}{2}\right\}^2=[1+2+\cdots+(k+1)]^2,$$

即对于 $n=k+1$ 时，等式也成立.

于是，对于任何正整数 $n$，有 $1^3+2^3+\cdots+n^3=(1+2+\cdots+n)^2$.

【4】 $1+2+2^2+\cdots+2^{n-1}=2^n-1$.

**证** 当 $n=1$ 时，等式成立.

设 $n=k$ 时，等式成立，即 $1+2+2^2+\cdots+2^{k-1}=2^k-1$，则对于 $n=k+1$ 时，有

$$1+2+2^2+\cdots+2^{k-1}+2^k=(2^k-1)+2^k=2^{k+1}-1,$$

即对于 $n=k+1$ 时，等式也成立.

于是，对于任何正整数 $n$，有 $1+2+2^2+\cdots+2^{n-1}=2^n-1$.

【5】 设 $a^{[n]}=a(a-h)\cdots[a-(n-1)h]$ 及 $a^{[0]}=1$，求证：

$$(a+b)^{[n]}=\sum_{m=0}^{n}C_n^m a^{[n-m]}b^{[m]},$$

其中 $C_n^m$ 是由 $n$ 个元素中选取 $m$ 个元素的组合数，由此推出牛顿二项式公式.

**证** 当 $n=1$ 时，由于 $[a+b]^{[1]}=a+b$ 及 $\sum\limits_{m=0}^{1}C_1^m a^{[1-m]}b^{[m]}=a+b$，所以等式成立.

设 $n=k$ 时，等式成立，即

$$(a+b)^{[k]}=\sum_{m=0}^{k}C_k^m a^{[k-m]}b^{[m]}, \tag{1}$$

则对于 $n=k+1$ 时，有

$$(a+b)^{[k+1]}=(a+b)^{[k]}(a+b-kh). \tag{2}$$

将(1)式代入(2)式得

$$(a+b)^{[k+1]}=(a+b-kh)\sum_{m=0}^{k}C_k^m a^{[k-m]}b^{[m]}$$

$$=(a+b-kh)\{C_k^0 a^{[k]}b^{[0]}+C_k^1 a^{[k-1]}b^{[1]}+\cdots+C_k^k a^{[0]}b^{[k]}\}$$
$$=\{(a-kh)+b\}C_k^0 a^{[k]}b^{[0]}+\{[a-(k-1)h]+(b-h)\}C_k^1 a^{[k-1]}b^{[1]}+\cdots+\{a+(b-kh)\}C_k^k a^{[0]}b^{[k]}$$
$$=C_k^0 a^{[k+1]}b^{[0]}+C_k^0 a^{[k]}b^{[1]}+C_k^1 a^{[k]}b^{[1]}+C_k^1 a^{[k-1]}b^{[2]}+\cdots+C_k^k a^{[1]}b^{[k]}+C_k^k a^{[0]}b^{[k+1]}$$
$$=C_{k+1}^0 a^{[k+1]}b^{[0]}+(C_k^0+C_k^1)a^{[k]}b^{[1]}+\cdots+(C_k^{k-1}+C_k^k)a^{[1]}b^{[k]}+C_{k+1}^{k+1}a^{[0]}b^{[k+1]}$$
$$=C_{k+1}^0 a^{[k+1]}b^{[0]}+C_{k+1}^1 a^{[k]}b^{[1]}+\cdots+C_{k+1}^k a^{[1]}b^{[k]}+C_{k+1}^{k+1}a^{[0]}b^{[k+1]}$$
$$=\sum_{m=0}^{k+1}C_{k+1}^m a^{[k+1-m]}b^{[m]},$$

故由$(a+b)^{[k]}=\sum\limits_{m=0}^{k}C_k^m a^{[k-m]}b^{[m]}$可推得下式成立：

$$(a+b)^{[k+1]}=\sum_{m=0}^{k+1}C_{k+1}^m a^{[k+1-m]}b^{[m]},$$

即对于 $n=k+1$ 时，等式也成立.

于是，对于任何正整数 $n$，有

$$(a+b)^{[n]}=\sum_{m=0}^{n}C_n^m a^{[n-m]}b^{[m]}. \tag{3}$$

在式子 $a^{[n]}=a(a-h)\cdots[a-(n-1)h]$中，令 $h=0$，即得

$$a^{[n]}=a^n. \tag{4}$$

将(4)式代入(3)式，得牛顿二项式公式$(a+b)^n=\sum\limits_{m=0}^{n}C_n^m a^{n-m}b^m$.

**【6】** 证明伯努利不等式：

$$(1+x_1)(1+x_2)\cdots(1+x_n)\geqslant 1+x_1+x_2+\cdots+x_n,$$

式中 $x_1,x_2,\cdots,x_n$ 是符号相同且大于$-1$的数.

**证** 当 $n=1$ 时，此式取等号.

设 $n=k$ 时，不等式成立，即

$$(1+x_1)(1+x_2)\cdots(1+x_k)\geqslant 1+x_1+x_2+\cdots+x_k,$$

则对于 $n=k+1$ 时，由于 $x_i(i=1,2,\cdots,n)$大于$-1$，所以，$1+x_i>0$. 因而，有

$$\begin{aligned}&(1+x_1)(1+x_2)\cdots(1+x_k)(1+x_{k+1})\\ \geqslant&(1+x_1+x_2+\cdots+x_k)(1+x_{k+1})\\ =&(1+x_1+x_2+\cdots+x_k+x_{k+1})+(x_1x_{k+1}+x_2x_{k+1}+\cdots+x_kx_{k+1}).\end{aligned}$$

由于 $x_ix_j\geqslant 0$，所以，

$$(1+x_1)(1+x_2)\cdots(1+x_{k+1})\geqslant 1+x_1+x_2+\cdots+x_{k+1},$$

即对于 $n=k+1$ 时，不等式也成立.

于是，对于任何正整数 $n$，有

$$(1+x_1)(1+x_2)\cdots(1+x_n)\geqslant 1+x_1+x_2+\cdots+x_n.$$

**【7】** 证明：若 $x>-1$，则不等式$(1+x)^n\geqslant 1+nx$ $(n>1)$为真，且仅当 $x=0$ 时，等号成立.

**证** 只要在6题的伯努利不等式中，设 $x_i=x$ $(i=1,2,\cdots,n)$，即得证

$$(1+x)^n\geqslant 1+nx,$$

从6题的证明过程中看出，仅当 $x=0$ 时，上式才取等号.

**【8】** 证明不等式：$n!<\left(\dfrac{n+1}{2}\right)^n$ $(n>1)$.

**提示** 注意不等式$\left(\dfrac{k+2}{k+1}\right)^{k+1}=\left(1+\dfrac{1}{k+1}\right)^{k+1}>2$ $(k=1,2,\cdots)$.

**证** 当 $n=2$ 时，因为$\left(\dfrac{2+1}{2}\right)^2=\dfrac{9}{4}>2=2!$，故不等式成立.

设 $n=k$ 时，不等式成立，即 $k!<\left(\dfrac{k+1}{2}\right)^k$，则对于 $n=k+1$ 时，有

$$(k+1)! < \left(\frac{k+1}{2}\right)^k (k+1) = 2\left(\frac{k+1}{2}\right)^{k+1}.$$

由于
$$\left(\frac{k+2}{k+1}\right)^{k+1} = \left(1+\frac{1}{k+1}\right)^{k+1} > 2 \quad (k=1,2,\cdots),$$

从而有
$$(k+1)! < \left[\frac{(k+1)+1}{2}\right]^{k+1},$$

即对于 $n=k+1$ 时，不等式也成立.

于是，对于任何正整数 $n$，有 $n! < \left(\frac{n+1}{2}\right)^n$.

**【9】** 证明不等式：$2!\cdot 4!\cdots(2n)! > [(n+1)!]^n \quad (n>1)$.

**证** 当 $n=2$ 时，因为 $2!\cdot 4! = 48$，及 $[(2+1)!]^2 = 36$，所以 $2!\cdot 4! > [(2+1)!]^2$，故不等式成立.

设 $n=k$ 时，不等式成立，即
$$2!\cdot 4!\cdots(2k)! > [(k+1)!]^k,$$

则对于 $n=k+1$ 时，有
$$\begin{aligned}2!\cdot 4!\cdots(2k+2)! &> [(k+1)!]^k(2k+2)! = [(k+1)!]^{k+1}(k+2)(k+3)\cdots(2k+2)\\ &> [(k+1)!]^{k+1}(k+2)^{k+1} = [(k+2)!]^{k+1},\end{aligned}$$

即对于 $n=k+1$ 时，不等式也成立. 于是，由数学归纳法原理，本题证毕.

**【10】** 证明不等式：$\frac{1}{2}\cdot\frac{3}{4}\cdots\frac{2n-1}{2n} < \frac{1}{\sqrt{2n+1}}$.

**证** 当 $n=1$ 时，因为 $\frac{1}{2} < \frac{1}{\sqrt{3}}$，不等式显然成立.

设 $n=k$ 时，不等式成立，即 $\frac{1}{2}\cdot\frac{3}{4}\cdots\frac{2k-1}{2k} < \frac{1}{\sqrt{2k+1}}$.

则对于 $n=k+1$ 时，由于
$$\frac{1}{2}\cdot\frac{3}{4}\cdots\frac{2k+1}{2k+2} < \frac{1}{\sqrt{2k+1}}\cdot\frac{2k+1}{2k+2} = \frac{\sqrt{2k+1}}{2k+2},$$

故只要证 $\frac{\sqrt{2k+1}}{2k+2} < \frac{1}{\sqrt{2k+3}}$，即证 $(2k+1)(2k+3) < (2k+2)^2$，而上述不等式由于
$$4k^2+8k+3 < 4k^2+8k+4,$$

因而是成立的. 于是，最后得
$$\frac{1}{2}\cdot\frac{3}{4}\cdots\frac{2k+1}{2k+2} < \frac{1}{\sqrt{2k+3}},$$

即对于 $n=k+1$ 时，不等式也成立. 于是，由数学归纳法，本题证毕.

**【11】** 设 $c$ 为正整数，而不为整数的平方，且 $A/B$ 为确定实数 $\sqrt{c}$ 的分割，其中 $B$ 类包含所有满足 $b^2 > c$ 的正有理数 $b$，而 $A$ 类包含所有其余的有理数. 求证：在 $A$ 类中无最大数，而在 $B$ 类中无最小数.

**证** 设 $a\in A$. 若 $a\leqslant 0$，则显然存在 $a'>a(a'>0)$ 且 $a'\in A$. 故可设 $a>0$，于是 $a^2\leqslant c$. 但不可能有 $a^2=c$. 因若 $a^2=c$，设 $a=\frac{p}{q}$，$p$ 与 $q$ 为互素的正整数，则 $\frac{p^2}{q^2}=c$. 由于 $c$ 是正整数，而 $p^2$ 与 $q^2$ 也是互素的，故必 $q=1$，从而 $c=p^2$，此与假定矛盾，故必 $a^2<c$. 下面我们证明，存在正整数 $n$，使
$$\left(a+\frac{1}{n}\right)^2 < c,$$

于是 $a+\frac{1}{n}$ 也属于 $A$.

上述不等式相当于：$a^2+\frac{2a}{n}+\frac{1}{n^2}<c$，$\frac{2a}{n}+\frac{1}{n^2}<c-a^2$，若 $n$ 满足不等式 $\frac{2a+1}{n}<c-a^2$，则上面的第二个不等式也自然能满足了.

为此，只要取 $n>\dfrac{2a+1}{c-a^2}$，而这是恒为可能的. 因此，不论 $a$ 为 $A$ 类内怎样的数，在 $A$ 类内总能找到大于它的数，故 $A$ 类中无最大数.

同法可证 $B$ 类中无最小数. 实质上，此处分割 $A/B$ 确定了一个无理数 $\sqrt{c}$.

**【12】** 确定数 $\sqrt[3]{2}$ 的分割 $A/B$ 用下面的方法来建立：$A$ 类包含所有满足 $a^3<2$ 的有理数 $a$；$B$ 类包含所有其余的有理数. 证明：在 $A$ 类中无最大数，而在 $B$ 类中无最小数.

**证** 设 $a\in A$，即 $a^3<2$. 下证必可取正整数 $n$，使

$$\left(a+\frac{1}{n}\right)^3<2.$$

事实上，上式相当于 $\dfrac{3a^2}{n}+\dfrac{3a}{n^2}+\dfrac{1}{n^3}<2-a^3$. 若 $a\leqslant 0$，取 $n=1$ 即可. 若 $a>0$，注意到 $n\geqslant 1$，即知若取 $n$ 充分大，使 $n>\dfrac{3a^2+3a+1}{2-a^3}$，则上列各式均成立. 从而 $a+\dfrac{1}{n}\in A$. 故 $A$ 中无最大数.

下设 $b\in B$，则 $b^3\geqslant 2$. 下证不可能有 $b^3=2$. 事实上，若 $b^3=2$，设 $b=\dfrac{p}{q}$，$p$ 与 $q$ 为互素的正整数，则 $\dfrac{p^3}{q^3}=2$，$p^3=2q^3$，从而 $p^3$ 为偶数，因此 $p$ 必为偶数：$p=2r$，$r$ 为正整数. 由于 $p$ 与 $q$ 是互素的，故 $q$ 必为奇数，从而 $q^3$ 也为奇数. 但 $q^3=4r^3$，故 $q^3$ 又必是偶数，因此矛盾. 由此可知必有 $b^3>2$. 仿前面的证明，可取正整数 $n$，使 $\left(b-\dfrac{1}{n}\right)^3>2$，从而 $b-\dfrac{1}{n}\in B$. 由此可知 $B$ 类中无最小数. 实质上，此处分割 $A/B$ 确定了一个无理数 $\sqrt[3]{2}$.

**【13】** 作出适当的分割，然后证明等式：

(1) $\sqrt{2}+\sqrt{8}=\sqrt{18}$； (2) $\sqrt{2}\sqrt{3}=\sqrt{6}$.

**证** (1) 作确定 $\sqrt{2}$ 的分割 $A/B$：一切有理数 $a\leqslant 0$ 以及满足 $a^2<2$ 的正有理数 $a$ 都归于 $A$ 类，一切满足 $b^2>2$ 的正有理数 $b$ 归入 $B$ 类. 又作确定 $\sqrt{8}$ 的分割 $A'/B'$：一切有理数 $a'\leqslant 0$ 以及满足 $a'^2<8$ 的正有理数 $a'$ 归入 $A'$ 类，一切满足 $b'^2>8$ 的正有理数 $b'$ 归入 $B'$ 类. 我们知道，根据实数加法的定义，满足不等式：

$$a+a'<c<b+b' \quad (\text{对任何 } a\in A, b\in B, a'\in A', b'\in B')$$

的唯一实数 $c$ 就是 $\sqrt{2}+\sqrt{8}$. 因此，如果我们能证明恒有 $(a+a')^2<18$（当 $a+a'>0$ 时），$(b+b')^2>18$，则有 $a+a'<\sqrt{18}<b+b'$. 于是得知 $\sqrt{18}=c=\sqrt{2}+\sqrt{8}$.

若 $a+a'>0$，则 $a$ 与 $a'$ 中至少有一个为正，从而由 $a^2a'^2<16$ 知 $aa'<4$，

$$(a+a')^2=a^2+a'^2+2aa'<2+8+8=18;$$

同样，因 $b^2>2$，$b'^2>8$，$b>0$，$b'>0$，故 $b^2b'^2>16$，$bb'>4$，

$$(b+b')^2=b^2+b'^2+2bb'>2+8+8=18.$$

于是证毕.

(2) 作确定 $\sqrt{2}$ 的分割 $A/B$ 如 (1) 中所示，再作确定 $\sqrt{3}$ 的分割 $A_1/B_1$：一切有理数 $a_1\leqslant 0$ 以及满足 $a_1^2<3$ 的正有理数 $a_1$ 归入 $A_1$ 类，一切满足 $b_1^2>3$ 的正有理数 $b_1$ 归入 $B_1$ 类，根据实数乘法的定义，满足

$$aa_1<c_1<bb_1 \quad (\text{对任何 } a\in A, a>0, a_1\in A_1, a_1>0, b\in B, b_1\in B_1)$$

的（正）实数 $c_1$ 存在唯一，它就是 $\sqrt{2}\cdot\sqrt{3}$. 但由于当 $a\in A$，$a>0$，$a_1\in A_1$，$a_1>0$ 时 $(aa_1)^2<6$，而当 $b\in B$，$b_1\in B_1$ 时，$(bb_1)^2>6$，故恒有 $aa_1<\sqrt{6}<bb_1$. 由此可知 $\sqrt{6}=c_1=\sqrt{2}\cdot\sqrt{3}$. 证毕.

**【14】** 建立确定数 $2^{\sqrt{2}}$ 的分割.

**解** 先作分割 $A_1/B_1$，使之确定数 $\sqrt{2}$.

其次，作分割 $A/B$，其中 $A$ 类包含全体负有理数、零以及满足下述条件的正有理数 $a$：

如果有 $\dfrac{p}{q}$（$p$、$q$ 互素）属于 $A_1$，则有 $a^q<2^p$；而其余的正有理数归入 $B$ 类.

这样的分割 $A/B$ 就确定数 $2^{\sqrt{2}}$.

**【15】** 求证：任何非空且下方有界的数集有下确界，而任何非空且上方有界的数集有上确界.

**证** 不失一般性，只证本题的后半部分，分两种情形：

(1)$A$ 中有最大数 $\bar{a}$，此时，设 $a\in A$，则有 $a\leqslant\bar{a}$，说明 $\bar{a}$ 为 $A$ 的上界. 又由于 $\bar{a}\in A$，故对 $A$ 的任何上界 $M$，均有 $\bar{a}\leqslant M$，故 $\bar{a}$ 为 $A$ 的上确界.

(2)$A$ 中无最大数. 此时，作分割 $A_1/B_1$：取集 $A$ 的一切上界归入 $B_1$ 类，而其余的数归入 $A_1$ 类. 这样，$A$ 中一切数全部落在 $A_1$ 内，$A_1$ 及 $A$ 均非空，且 $A_1$ 中的数小于 $B_1$ 中的数，这确实是一个实数分割，易知由此分割所产生的实数 $\beta$ 是 $B_1$ 类中的最小数，即 $\beta$ 是 $A$ 的最小上界，从而 $\beta$ 是 $A$ 的上确界.

**【16】** 证明：一切有理真分数 $\frac{m}{n}$（式中 $m$ 及 $n$ 为正整数，且 $0<m<n$）的集合无最小及最大的元素. 并求这个集合的上确界及下确界.

**证** 令 $E$ 表一切有理真分数 $\frac{m}{n}$（式中正整数 $m,n$ 满足 $0<m<n$）所成的集合，对任何 $\frac{m}{n}\in E$，显然 $\frac{m+1}{n+1}\in E$ 且 $\frac{m+1}{n+1}>\frac{m}{n}$，又 $\frac{m^2}{n^2}\in E$，且 $\frac{m^2}{n^2}<\frac{m}{n}$；故 $E$ 中既无最大数，也无最小数. 显然

$$\sup E=1,\quad \inf E=0.$$

**【17】** 有理数 $r$ 满足不等式 $r^2<2$. 求这些有理数 $r$ 所成集合的下确界和上确界.

**解** 用 $E$ 表所有满足 $r^2<2$ 的有理数 $r$ 所成的集合. 我们知道，分割 $A/B$ 确定无理数 $\sqrt{2}$，这里 $A$ 表由一切非正有理数以及满足 $r^2<2$ 的正有理数 $r$ 所成的类，$B$ 表其余有理数构成的类，并且已证 $A$ 中无最大数，于是

$$\sup E=\sup A=\sqrt{2}.$$

同样，分割 $A'/B'$ 确定无理数 $-\sqrt{2}$，这里 $B'$ 表由所有非负有理数以及满足 $r^2<2$ 的负有理数 $r$ 构成的类，$A'$ 表其余有理数构成的类，并且 $B'$ 中无最小数. 于是，显然有

$$\inf E=\inf B'=-\sqrt{2}.$$

**【18】** 设 $\{-x\}$ 为数的集合，这些数是与 $x\in\{x\}$ 符号相反的数. 证明等式：

(1)$\inf\{-x\}=-\sup\{x\}$； (2)$\sup\{-x\}=-\inf\{x\}$.

**证** (1)设 $\inf\{-x\}=m'$，则有：

(ⅰ)当 $-x\in\{-x\}$ 时，$-x\geqslant m'$； (ⅱ)对于任何的正数 $\varepsilon$，存在有 $-x'\in\{-x\}$，使 $-x'<m'+\varepsilon$.

由(ⅰ)及(ⅱ)推得：

(ⅲ)当 $x\in\{x\}$ 时，$x\leqslant -m'$； (ⅳ)对于任何的正数 $\varepsilon$，存在有 $x'\in\{x\}$，使 $x'>-m'-\varepsilon$.

由(ⅲ)及(ⅳ)知数 $-m'=\sup\{x\}$，即 $m'=-\sup\{x\}$，所以，$\inf\{-x\}=-\sup\{x\}$.

(2)设 $\sup\{-x\}=M'$，则有：

(ⅴ)当 $-x\in\{-x\}$ 时，$-x\leqslant M'$； (ⅵ)对于任何的正数 $\varepsilon$，存在有 $-x'\in\{-x\}$，使 $-x'>M'-\varepsilon$.

由(ⅴ)及(ⅵ)推得：

(ⅶ)当 $x\in\{x\}$ 时，$x\geqslant -M'$； (ⅷ)对于任何的正数 $\varepsilon$，存在有 $x'\in\{x\}$，使 $x'<-M'+\varepsilon$.

由(ⅶ)及(ⅷ)知数 $-M'=\inf\{x\}$，即 $M'=-\inf\{x\}$，所以，$\sup\{-x\}=-\inf\{x\}$.

**【19】** 设 $\{x+y\}$ 为所有 $x+y$ 这些和的集合，其中 $x\in\{x\}$ 及 $y\in\{y\}$. 证明等式：

(1)$\inf\{x+y\}=\inf\{x\}+\inf\{y\}$； (2)$\sup\{x+y\}=\sup\{x\}+\sup\{y\}$.

**证** (1)设 $\inf\{x\}=m_1$，$\inf\{y\}=m_2$，则有：

(ⅰ)当 $x\in\{x\}$，$y\in\{y\}$ 时，$x\geqslant m_1$，$y\geqslant m_2$；

(ⅱ)对于任何的正数 $\varepsilon$，存在有数 $x'\in\{x\}$，$y'\in\{y\}$，使 $x'<m_1+\frac{\varepsilon}{2}$， $y'<m_2+\frac{\varepsilon}{2}$.

由(ⅰ)及(ⅱ)推得：

(ⅲ)当 $x+y\in\{x+y\}$ 时(其中 $x\in\{x\}$，$y\in\{y\}$)，$x+y\geqslant m_1+m_2$；

(ⅳ)对于任何的正数 $\varepsilon$，存在有 $x'+y'\in\{x+y\}$ (其中 $x'\in\{x\}$，$y'\in\{y\}$)，使 $x'+y'<(m_1+m_2)+\varepsilon$.

由(ⅲ)及(ⅳ)知数 $m_1+m_2=\inf\{x+y\}$，即 $\inf\{x+y\}=\inf\{x\}+\inf\{y\}$.

(2)同法可证 $\sup\{x+y\}=\sup\{x\}+\sup\{y\}$.

**【20】** 设$\{xy\}$为所有$xy$乘积的集合,其中$x\in\{x\}$及$y\in\{y\}$,且$x\geqslant 0$及$y\geqslant 0$.证明等式:

(1)$\inf\{xy\}=\inf\{x\}\inf\{y\}$; (2)$\sup\{x\}\sup\{y\}=\sup\{xy\}$.

**证** (1)设$\inf\{x\}=m_1$, $\inf\{y\}=m_2$, 由于恒有$x\geqslant 0, y\geqslant 0$. 故必$m_1\geqslant 0$, $m_2\geqslant 0$. 于是,

(ⅰ)当$x\in\{x\}, y\in\{y\}$时,$x\geqslant m_1\geqslant 0, y\geqslant m_2\geqslant 0$;

(ⅱ)对任何的正数$\varepsilon$,存在有数$x'\in\{x\}, y'\in\{y\}$,使$0\leqslant x'<m_1+\varepsilon$, $0\leqslant y'<m_2+\varepsilon$.

由(ⅰ)及(ⅱ)推得:

(ⅲ)当$xy\in\{xy\}$,其中$x\in\{x\}, y\in\{y\}$, $xy\geqslant m_1m_2$;

(ⅳ)对于任何的正数$\varepsilon$,存在有$x'y'\in\{xy\}$(其中$x'\in\{x\}, y'\in\{y\}$),使

$$0\leqslant x'y'<(m_1+\varepsilon)(m_2+\varepsilon)=m_1m_2+\varepsilon',$$

其中$\varepsilon'=(m_1+m_2)\varepsilon+\varepsilon^2$.

由(ⅲ)及(ⅳ)知数$m_1m_2=\inf\{xy\}$,即$\inf\{xy\}=\inf\{x\}\inf\{y\}$.

(2)同法可证 $\sup\{xy\}=\sup\{x\}\sup\{y\}$.

**【21】** 求证不等式:

(1)$|x-y|\geqslant\big||x|-|y|\big|$; (2)$|x+x_1+\cdots+x_n|\geqslant|x|-(|x_1|+\cdots+|x_n|)$.

**证** (1)由 $$|x-y|=|x+(-y)|\geqslant|x|-|-y|=|x|-|y|,$$

及 $$|x-y|=|y-x|\geqslant|y|-|x|=-(|x|-|y|),$$

即得

$$|x-y|\geqslant\big||x|-|y|\big|.$$

也可如下证明:由$|xy|\geqslant xy$知$x^2-2xy+y^2\geqslant x^2-2|xy|+y^2$,则$(x-y)^2\geqslant(|x|-|y|)^2$,开方即得

$$|x-y|\geqslant\big||x|-|y|\big|.$$

(2)$|x+x_1+\cdots+x_n|\geqslant|x|-|x_1+\cdots+x_n|$,

而 $$|x_1+\cdots+x_n|\leqslant|x_1|+|x_2+\cdots+x_n|\leqslant\cdots\leqslant|x_1|+|x_2|+\cdots+|x_n|,$$

所以,$|x+x_1+\cdots+x_n|\geqslant|x|-(|x_1|+\cdots+|x_n|)$.

## 解不等式:

**【22】** $|x+1|<0.01$.

**解** 由$|x+1|<0.01$推得$-0.01<x+1<0.01$,所以,$-1.01<x<-0.99$.

**【23】** $|x-2|\geqslant 10$.

**解** 由$|x-2|\geqslant 10$推得$x-2\geqslant 10$或$x-2\leqslant -10$,所以,$x\geqslant 12$或$x\leqslant -8$.

**【24】** $|x|>|x+1|$.

**解** 两边平方,即得$x^2>(x+1)^2$或$2x+1<0$,于是,有$x<-\dfrac{1}{2}$.

**【25】** $|2x-1|<|x-1|$.

**解** 两边平方,即得$(2x-1)^2<(x-1)^2$或$3x^2-2x<0$,解之,得$0<x<\dfrac{2}{3}$.

**【26】** $|x+2|+|x-2|\leqslant 12$.

**提示** 令$x-2=t$,易得$-8\leqslant t\leqslant 4$,从而有$|x|\leqslant 6$.

**解** 令$x-2=t$,则得$|t+4|+|t|\leqslant 12$或$|t+4|\leqslant 12-|t|$.

两边平方,即有$t^2+8t+16\leqslant 144-24|t|+t^2$,或$3|t|\leqslant 16-t$.

将上式两端再平方,化简整理得$t^2+4t-32\leqslant 0$,于是,有$-8\leqslant t\leqslant 4$.从而得$-8\leqslant x-2\leqslant 4$,即

$$-6\leqslant x\leqslant 6 \quad 或 \quad |x|\leqslant 6.$$

**【27】** $|x+2|-|x|>1$.

**解** $1+|x|<|x+2|$，将此式两端平方，化简得 $2|x|<4x+3$. 再平方之，化简得 $4x^2+8x+3>0$. 于是，有

$$x>-\frac{1}{2} \quad 或 \quad x<-\frac{3}{2}.$$

后者不适合，所以，$x>-\frac{1}{2}$.

**【28】** $\big||x+1|-|x-1|\big|<1$.

**提示** 两端平方，化简即得 $|x|<\frac{1}{2}$.

**解** 两端平方，化简得 $x^2+\frac{1}{2}<|x^2-1|$，即

$$x^2-1>x^2+\frac{1}{2} \quad 或 \quad x^2-1<-\left(x^2+\frac{1}{2}\right).$$

前者不可能，所以，$x^2-1<-\left(x^2+\frac{1}{2}\right)$，即 $x^2<\frac{1}{4}$，解之得 $|x|<\frac{1}{2}$.

**【29】** $|x(1-x)|<0.05$.

**解** 由 $|x-x^2|<\frac{1}{20}$ 得 $x^2-x+\frac{1}{20}>0$ 或 $x^2-x-\frac{1}{20}<0$，解之得

$$\begin{cases} \dfrac{5-\sqrt{30}}{10}<x<\dfrac{5+\sqrt{30}}{10} \\ \dfrac{5+\sqrt{20}}{10}<x \quad 或 \quad x<\dfrac{5-\sqrt{20}}{10}, \end{cases}$$

即

$$\frac{5-\sqrt{30}}{10}<x<\frac{5-\sqrt{20}}{10} \quad 或 \quad \frac{5+\sqrt{20}}{10}<x<\frac{5+\sqrt{30}}{10}.$$

**【30】** 证明恒等式：$\left(\frac{x+|x|}{2}\right)^2+\left(\frac{x-|x|}{2}\right)^2=x^2$.

**证** $\left(\frac{x+|x|}{2}\right)^2+\left(\frac{x-|x|}{2}\right)^2=\frac{1}{2}x^2+\frac{1}{2}x|x|+\frac{1}{2}x^2-\frac{1}{2}x|x|=x^2$.

**【31】** 当测量长度 10cm 时，绝对误差为 0.5mm；当测量距离 500km 时，绝对误差等于 200m. 哪种测量较为精确？

**解** 用相对误差 $\delta=\frac{\Delta}{|a|}$ 进行比较，其中 $a$ 为被测量的精确值，而 $\Delta$ 是绝对误差.

对于前者，$\delta=\frac{0.5\times0.1}{10}=0.5\%$；对于后者，$\delta=\frac{200}{500\times1000}=0.04\%$.

所以，后者测量较为精确.

**【32】** 设数 $x=2.3752$ 的相对误差为 1%，试求此数包含若干位精确数字？

**解** 因为 $\frac{\Delta}{2.3752}=0.01$，所以 $\Delta=0.023752$.

因而，此数包含两位精确数字.

**【33】** 数 $x=12.125$ 包含三位精确数字. 试求此数的相对误差？

**解** 因为 $x$ 包含三位精确数字，所以 $\Delta<0.05$. 于是得相对误差

$$\delta=\frac{\Delta}{|x|}<\frac{0.05}{12.125}<0.42\%$$

即 $\delta<0.42\%$.

**【34】** 矩形的边长等于：

$$x=2.50\text{cm}\pm0.01\text{cm}, \quad y=4.00\text{cm}\pm0.02\text{cm}.$$

这个矩形的面积 $S$ 界于什么范围内？当其边长取平均值时，矩形面积的绝对误差 $\Delta$ 和相对误差 $\delta$ 是多少？

**解** $S_{\min}=(2.50-0.01)(4.00-0.02)=9.9102(\text{cm}^2)$,

$S_{\max}=(2.50+0.01)(4.00+0.02)=10.0902(\text{cm}^2)$,

$S_{\min} \leqslant S \leqslant S_{\max}$，　$S_{平均}=2.50\times4.00=10(\text{cm}^2)$，

$\Delta_1=10.0902-10=0.0902(\text{cm}^2)$，　$\Delta_2=10-9.9102=0.0898(\text{cm}^2)$；

$\Delta\leqslant\max(\Delta_1,\Delta_2)=0.0902(\text{cm}^2)$，　$\delta=\dfrac{\Delta}{10}\leqslant\dfrac{0.0902}{10}<0.91\%$.

**【35】** 物体的质量 $P=12.59\text{g}\pm0.01\text{g}$，其体积 $V=3.2\text{cm}^3\pm0.2\text{cm}^3$. 若对物体的质量和体积都取其平均值，试求物体的密度，并估计密度的绝对误差和相对误差.

**解** 密度 $C=\dfrac{12.59}{3.2}\text{g/cm}^3=3.93\text{g/cm}^3$.

$C_{\max}=\dfrac{12.60}{3.0}\text{g/cm}^3=4.20\text{g/cm}^3$，　$C_{\min}=\dfrac{12.58}{3.4}\text{g/cm}^3=3.70\text{g/cm}^3$，　$C_{\min}\leqslant C\leqslant C_{\max}$，

$\Delta_1=C_{\max}-C=0.27\text{g/cm}^3$，　$\Delta_2=C-C_{\min}=0.23\text{g/cm}^3$；　$\Delta\leqslant\max(\Delta_1,\Delta_2)=0.27\text{g/cm}^3$；

一般地，密度为 $(3.93\pm0.27)\text{g/cm}^3$；　$\delta\leqslant\dfrac{0.27}{3.70}<7.3\%$.

**【36】**+ * 圆半径 $r=7.2\text{m}\pm0.1\text{m}$. 若取 $\pi=3.14$，则求出的圆面积和最小相对误差是多少？

**解** 圆面积 $A=\pi\times7.2^2\approx51.84\pi(\text{m}^2)$

$$\Delta_1=\pi(7.2+0.1)^2-\pi\cdot7.2^2=1.45\pi.$$
$$\Delta_2=|\pi(7.2-0.1)^2-\pi\cdot7.2^2|=1.43\pi.$$
$$\Delta\leqslant\max(\Delta_1,\Delta_2)=1.45\pi(\text{m}^2)$$

即一般的圆面积 $A$ 为 $(51.84\pm1.45)\pi(\text{m}^2)$，故

$$\delta\leqslant\frac{1.45\pi}{51.84\pi}<2.80\%.$$

**【37】** 已测得长方体各边长为

$$x=24.7\text{m}\pm0.2\text{m};\quad y=6.5\text{m}\pm0.1\text{m};\quad z=1.2\text{m}\pm0.1\text{m}.$$

此长方体的体积 $V$ 界于什么范围内？若测量的各结果都取其平均值，则所求出的体积可能有的绝对误差和相对误差是多少？

**解** $24.5\times6.4\times1.1\leqslant V\leqslant24.9\times6.6\times1.3$ 即 $172.480\text{m}^3\leqslant V\leqslant213.642\text{m}^3$.

当 $x,y,z$ 均取平均值时，

$$V=24.7\times6.5\times1.2=192.660(\text{m}^3).$$
$$\Delta_1=213.642-192.660=20.982(\text{m}^3),$$
$$\Delta_2=192.660-172.480=20.180(\text{m}^3).$$

于是，$\Delta\leqslant20.982(\text{m}^3)$；$\delta\leqslant\dfrac{20.982}{172.480}\approx12.2\%$.

**【38】** 测量正方形的边长 $x$，此处 $2\text{m}<x<3\text{m}$，应有多小的绝对误差，才能使此正方形面积有可能精确到 $0.001\text{m}^2$？

**解** 按题设我们有 $0<x^2-4<0.001$ 或 $0<9-x^2<0.001$，解之得

$$2.99983<x<3\quad 或\quad 2<x<2.00024.$$

因此，$\Delta$ 取二者中误差较小者，即

$$\Delta\leqslant0.00017(\text{m})=0.17(\text{mm}),$$

故当边长 $x$ 的绝对误差不超过 0.17mm 时，就能使此正方形的面积精确到 $0.001\text{m}^2$.

**【39】** 假定矩形每边的长皆不超过 10m，为了使根据测量所计算出来的面积与原面积之差不超过 $0.01\text{m}^2$，问测量矩形的边 $x$ 与 $y$ 时，许可的绝对误差 $\Delta$ 的值多大*)？

**解** 按题设我们有 $(x+\Delta)(y+\Delta)-xy\leqslant0.01$，即 $\Delta^2+(x+y)\Delta\leqslant0.01$，

---

* 题号右上角带"+"号表示题解答案与原习题集中译本所附答案不一致，以后不再说明. 中译本基本是按俄文第二版翻译的. 俄文第二版中有一些错误已在俄文第三版中改正.

由于 $x\leqslant10$ 及 $y\leqslant10$，所以只要 $\Delta^2+20\Delta\leqslant0.01$ 或 $\Delta^2+20\Delta-0.01\leqslant0$ 即可. 解之，得

$$\Delta\leqslant\frac{-20+\sqrt{20^2+0.04}}{2}=-10+\frac{20.00099}{2}=0.000499<0.0005(\mathrm{m}).$$

*） 此题假设 $x,y$ 有相等的绝对误差. 又原著上为“$0.01\mathrm{m}^2$”，而误译为“$0.01\mathrm{cm}^2$”.

**【40】** 设 $\delta(x)$ 及 $\delta(y)$ 为数 $x$ 和 $y$ 的相对误差，$\delta(x,y)$ 为数 $xy$ 的相对误差. 求证：

$$\delta(xy)\leqslant\delta(x)+\delta(y)+\delta(x)\delta(y).$$

**提示** 由绝对误差与相对误差的定义，命题即获证.

**证** 设 $x=a+\Delta_x$，$y=b+\Delta_y$，其中 $a$ 及 $b$ 分别是 $x$ 及 $y$ 的精确值，$\Delta_x$ 及 $\Delta_y$ 是绝对误差，则有

$$xy-ab=b\Delta_x+a\Delta_y+\Delta_x\cdot\Delta_y.$$

于是，

$$\Delta=|xy-ab|\leqslant|b|\cdot\Delta_x+|a|\cdot\Delta_y+\Delta_x\cdot\Delta_y.$$

最后得

$$\delta(xy)=\frac{\Delta}{|ab|}\leqslant\frac{\Delta_x}{|a|}+\frac{\Delta_y}{|b|}+\frac{\Delta_x}{|a|}\cdot\frac{\Delta_y}{|b|},$$

此即 $$\delta(xy)\leqslant\delta(x)+\delta(y)+\delta(x)\delta(y).$$

## §2. 数列理论

1° **数列极限的概念** 若对于任何的 $\varepsilon>0$，存在数 $N=N(\varepsilon)$，使当 $n>N$ 时，

$$|x_n-a|<\varepsilon,$$

则称数列 $x_1,x_2,\cdots,x_n,\cdots$ 有极限 $a$（或者说，收敛于 $a$），亦即

$$\lim_{n\to\infty}x_n=a.$$

特别地，若 $\lim\limits_{n\to\infty}x_n=0$，则称 $x_n$ 为无穷小量.

没有极限的数列，称为发散的.

2° **极限存在的准则**

(1)若 $y_n\leqslant x_n\leqslant z_n$ 及 $\lim\limits_{n\to\infty}y_n=\lim\limits_{n\to\infty}z_n=c$，则 $\lim\limits_{n\to\infty}x_n=c$，

(2)单调而且有界的数列有极限.

(3)**柯西准则** 数列 $\{x_n\}$ 的极限存在的充分必要条件是：对于任何的 $\varepsilon>0$，存在数 $N=N(\varepsilon)$，使当 $n>N$ 和 $p>0$ 时，$|x_n-x_{n+p}|<\varepsilon$.

3° **关于数列极限的基本定理** 设 $\lim\limits_{n\to\infty}x_n$ 和 $\lim\limits_{n\to\infty}y_n$ 存在，则有：

(1)若 $x_n\leqslant y_n$，则 $\lim\limits_{n\to\infty}x_n\leqslant\lim\limits_{n\to\infty}y_n$；

(2) $\lim\limits_{n\to\infty}(x_n\pm y_n)=\lim\limits_{n\to\infty}x_n\pm\lim\limits_{n\to\infty}y_n$；

(3) $\lim\limits_{n\to\infty}(x_ny_n)=\lim\limits_{n\to\infty}x_n\ \lim\limits_{n\to\infty}y_n$；

(4)若 $\lim\limits_{n\to\infty}y_n\neq0$，则 $\lim\limits_{n\to\infty}\dfrac{x_n}{y_n}=\dfrac{\lim\limits_{n\to\infty}x_n}{\lim\limits_{n\to\infty}y_n}$.

4° **数 e** 数列

$$\left(1+\frac{1}{n}\right)^n\quad(n=1,2,\cdots)$$

具有有限的极限

$$\lim_{n\to\infty}\left(1+\frac{1}{n}\right)^n=\mathrm{e}=2.7182818284\cdots$$

5° **无穷极限** 符号

$$\lim_{n\to\infty} x_n = \infty$$

表示：对于任何的 $E>0$，存在数 $N=N(E)$，使当 $n>N$ 时，$|x_n|>E$.

6° **聚点** 若已知数列 $x_n(n=1,2,\cdots)$ 有子数列

$$x_{p_1}, x_{p_2}, \cdots, x_{p_n}, \cdots \quad (1\leqslant p_1<p_2<\cdots)$$

满足

$$\lim_{n\to\infty} x_{p_n} = \xi,$$

则称数 $\xi$（或符号$\infty$）为已知数列 $x_n(n=1,2,\cdots)$ 的聚点（聚点也称为极限点）.

一切有界的数列至少有一个有限的聚点（波尔查诺——魏尔斯特拉斯原理）. 若这个聚点是唯一的，则它即为已知数列的有限极限.

数列 $x_n$ 的最小聚点（有限的或无穷的）$\varliminf\limits_{n\to\infty} x_n$ 称为此数列的下极限，而它的最大聚点 $\varlimsup\limits_{n\to\infty} x_n$ 称为此数列的上极限.

等式 $\varliminf\limits_{n\to\infty} x_n = \varlimsup\limits_{n\to\infty} x_n$ 为数列 $x_n$ 的（有限或无穷）极限存在的充分必要条件.

【41】 设 $x_n=\dfrac{n}{n+1}$ $(n=1,2,\cdots)$. 证明：$\lim\limits_{n\to\infty} x_n=1$，即：对于任一个给定的 $\varepsilon>0$，求出数 $N=N(\varepsilon)$，使得当 $n>N$ 时，$|x_n-1|<\varepsilon$.

填下表：

| $\varepsilon$ | 0.1 | 0.01 | 0.001 | 0.0001 | … |
|---|---|---|---|---|---|
| $N$ | | | | | |

**证** $|x_n-1|=\dfrac{1}{n+1}$. 任给 $\varepsilon>0$，要 $|x_n-1|<\varepsilon$，只要 $\dfrac{1}{n+1}<\varepsilon$. 即只要 $n>\dfrac{1}{\varepsilon}-1$.

可取 $N=N(\varepsilon)=\left[\dfrac{1}{\varepsilon}\right]$，则当 $n>N$ 时，$|x_n-1|<\varepsilon$，所以，$\lim\limits_{n\to\infty} x_n=1$.

| $\varepsilon$ | 0.1 | 0.01 | 0.001 | 0.0001 | … |
|---|---|---|---|---|---|
| $N$ | 10 | 100 | 1000 | 10000 | … |

【42】 设：

(1) $x_n=\dfrac{(-1)^{n+1}}{n}$； (2) $x_n=\dfrac{2n}{n^3+1}$； (3) $x_n=\dfrac{1}{n!}$； (4) $x_n=(-1)^n\cdot 0.999^n$.

对于任何的 $\varepsilon>0$，求出数 $N=N(\varepsilon)$，使得当 $n>N$ 时，$|x_n|<\varepsilon$；从而证明：$x_n(n=1,2,\cdots)$ 为无穷小量（就是说，它的极限值为 0）.

对应着上面四种情形，填下表：

| $\varepsilon$ | 0.1 | 0.01 | 0.001 | … |
|---|---|---|---|---|
| $N$ | | | | |

**证** (1) $|x_n|=\dfrac{1}{n}$. 任给 $\varepsilon>0$，要 $|x_n|<\varepsilon$，只要 $\dfrac{1}{n}<\varepsilon$，即只要 $n>\dfrac{1}{\varepsilon}$. 取 $N=\left[\dfrac{1}{\varepsilon}\right]^{*)}$，则当 $n>N$ 时，$|x_n|<\varepsilon$，所以，$\lim\limits_{n\to\infty} x_n=0$.

(2) $|x_n|=\dfrac{2n}{n^3+1}<\dfrac{2}{n^2}$. 任给 $\varepsilon<0$，要 $|x_n|<\varepsilon$，只要 $\dfrac{2}{n^2}<\varepsilon$，即只要 $n>\sqrt{\dfrac{2}{\varepsilon}}$. 取 $N=\left[\sqrt{\dfrac{2}{\varepsilon}}\right]$，则当 $n>N$ 时，$|x_n|<\varepsilon$，所以，$\lim\limits_{n\to\infty} x_n=0$.

(3) $|x_n|=\dfrac{1}{n!}\leqslant\dfrac{1}{2^{n-1}}$. 任给 $\varepsilon>0$，要 $|x_n|<\varepsilon$，只要 $\dfrac{1}{2^{n-1}}<\varepsilon$，即只要 $n>1+\log_2\dfrac{1}{\varepsilon}$. 取 $N=\left[\log_2\dfrac{1}{\varepsilon}\right]+1$，则当 $n>N$ 时，$|x_n|<\varepsilon$，所以，$\lim\limits_{n\to\infty} x_n=0$.

(4) $|x_n|=0.999^n$. 任给 $\varepsilon>0$,要 $|x_n|<\varepsilon$,只要 $n\lg 0.999<\lg\varepsilon$. 由于 $\lg 0.999<0$, 故只要 $n>\dfrac{\lg\varepsilon}{\lg 0.999}\approx 2500\lg\dfrac{1}{\varepsilon}$ $^{**)}$. 取 $N=\left[2500\lg\dfrac{1}{\varepsilon}\right]$,则当 $n>N$ 时, $|x_n|<\varepsilon$, 所以 $\lim\limits_{n\to\infty}x_n=0$.

填下表:

| $\varepsilon$ | | 0.1 | 0.01 | 0.001 | … |
|---|---|---|---|---|---|
| (1) | $N$ | 10 | 100 | 1000 | … |
| (2) | $N$ | 4 | 14 | 44 | … |
| (3) | $N$ | 4 | 7 | 10 | … |
| (4) | $N$ | 2500 | 5000 | 7500 | … |

*) 或取 $N\geqslant\dfrac{1}{\varepsilon}$. 以下各题类似,不再一一说明.

**) 查四位数学用表所得的数据.

**【43】** 证明:数列

(1) $x_n=(-1)^n n$, (2) $x_n=2^{\sqrt{n}}$, (3) $x_n=\lg(\lg n)$ $(n\geqslant 2)$

当 $n\to\infty$ 时,有无穷极限(即成为无穷大),即:对任意的 $E>0$,求数 $N=N(E)$,使得当 $n>N$ 时, $|x_n|>E$.

对应着上面的每一种情形,填下表:

| $E$ | 10 | 100 | 1000 | 10000 | … |
|---|---|---|---|---|---|
| $N$ | | | | | |

**证** (1) $|x_n|=n$,任给 $E>0$,要 $|x_n|>E$,只要 $n>E$. 取 $N=[E]$,则当 $n>N$ 时, $|x_n|>E$,所以, $\lim\limits_{n\to\infty}x_n=\infty$.

(2) $|x_n|=2^{\sqrt{n}}$,任给 $E>0$,要 $|x_n|>E$,只要 $2^{\sqrt{n}}>E$. 即只要 $n>\left(\dfrac{\lg E}{\lg 2}\right)^2$. 取 $N=\left[\left(\dfrac{\lg E}{\lg 2}\right)^2\right]$,则当 $n>N$ 时, $|x_n|>E$,所以, $\lim\limits_{n\to\infty}x_n=\infty$.

(3) 当 $n>10$ 时, $\lg n>1$ 及 $\lg(\lg n)>0$. 任给 $E>0$,要 $|x_n|>E$,只要 $\lg(\lg n)>E$,即只要 $n>10^{(10^E)}$. 取 $N=[10^{(10^E)}]$,则当 $n>N$ 时, $|x_n|>E$,所以, $\lim\limits_{n\to\infty}x_n=\infty$.

填下表:

| $E$ | | 10 | 100 | 1000 | 10000 | … |
|---|---|---|---|---|---|---|
| (1) | $N$ | 10 | 100 | 1000 | 10000 | … |
| (2) | $N$ | 11 | 44 | 99 | 176 | … |
| (3) | $N$ | $10^{(10^{10})}$ | $10^{(10^{100})}$ | $10^{(10^{1000})}$ | $10^{(10^{10000})}$ | … |

**【44】** 求证: $x_n=n^{(-1)^n}$ $(n=1,2,\cdots)$ 无界,但当 $n\to\infty$ 时,它并不成为无穷大.

**提示** 只要注意到当 $k$ 为正整数时,有 $x_n=n^{(-1)^n}=\begin{cases}2k, & n=2k,\\ \dfrac{1}{2k-1}, & n=2k-1,\end{cases}$

命题即获证.

**证** 因为 $x_n=n^{(-1)^n}=\begin{cases}2k, & n=2k, k\text{ 为正整数},\\ \dfrac{1}{2k-1}, & n=2k-1,\end{cases}$

所以, $x_{2k}\to\infty$, $x_{2k-1}\to 0$ $(k\to\infty)$. 由于 $x_{2k}\to\infty$, 故 $x_n$ 无界; 但因 $x_{2k-1}\to 0$, 故 $x_n$ 并不趋于无穷大.

【45】 用不等式表述下列命题：

(1) $\lim\limits_{n\to\infty} x_n=\infty$； (2) $\lim\limits_{n\to\infty} x_n=-\infty$； (3) $\lim\limits_{n\to\infty} x_n=+\infty$.

**解** (1)对于任给的正数 $E$,存在正整数 $N=N(E)$,使当 $n>N$ 时,$|x_n|>E$,此即 $\lim\limits_{n\to\infty} x_n=\infty$.

(2)对于任给的正数 $E$,存在正整数 $N=N(E)$,使当 $n>N$ 时,$x_n<-E$,此即 $\lim\limits_{n\to\infty} x_n=-\infty$.

(3)对于任给的正数 $E$, 存在正整数 $N=N(E)$, 使当 $n>N$ 时,$x_n>E$,此即 $\lim\limits_{n\to\infty} x_n=+\infty$.

**设 $n$ 遍历正整数列,求下列各式之值:**

【46】 $\lim\limits_{n\to\infty}\dfrac{10000n}{n^2+1}$.

**解** $\lim\limits_{n\to\infty}\dfrac{10000n}{n^2+1}=\lim\limits_{n\to\infty}\dfrac{10000}{n+\dfrac{1}{n}}=0$.

【47】 $\lim\limits_{n\to\infty}(\sqrt{n+1}-\sqrt{n})$.

**解** $\lim\limits_{n\to\infty}(\sqrt{n+1}-\sqrt{n})=\lim\limits_{n\to\infty}\dfrac{(\sqrt{n+1}-\sqrt{n})(\sqrt{n+1}+\sqrt{n})}{\sqrt{n+1}+\sqrt{n}}=\lim\limits_{n\to\infty}\dfrac{1}{\sqrt{n+1}+\sqrt{n}}=0$.

【48】 $\lim\limits_{n\to\infty}\dfrac{\sqrt[3]{n^2}\sin n!}{n+1}$.

**解** 因为 $\sin n!$有界:$|\sin n!|\leqslant 1$ 及 $\dfrac{\sqrt[3]{n^2}}{n+1}\to 0(n\to\infty)$,所以,$\lim\limits_{n\to\infty}\dfrac{\sqrt[3]{n^2}\sin n!}{n+1}=0$.

【49】 $\lim\limits_{n\to\infty}\dfrac{(-2)^n+3^n}{(-2)^{n+1}+3^{n+1}}$.

**解** $\lim\limits_{n\to\infty}\dfrac{(-2)^n+3^n}{(-2)^{n+1}+3^{n+1}}=\lim\limits_{n\to\infty}\dfrac{\left(-\dfrac{2}{3}\right)^n\cdot\dfrac{1}{3}+\dfrac{1}{3}}{\left(-\dfrac{2}{3}\right)^{n+1}+1}=\dfrac{1}{3}$.

【50】 $\lim\limits_{n\to\infty}\dfrac{1+a+a^2+\cdots+a^n}{1+b+b^2+\cdots+b^n}$ $(|a|<1,|b|<1)$.

**解** $\lim\limits_{n\to\infty}\dfrac{1+a+a^2+\cdots+a^n}{1+b+b^2+\cdots+b^n}=\lim\limits_{n\to\infty}\dfrac{\dfrac{1-a^{n+1}}{1-a}}{\dfrac{1-b^{n+1}}{1-b}}=\dfrac{1-b}{1-a}$.

【51】 $\lim\limits_{n\to\infty}\left(\dfrac{1}{n^2}+\dfrac{2}{n^2}+\cdots+\dfrac{n-1}{n^2}\right)$.

**解** $\lim\limits_{n\to\infty}\left(\dfrac{1}{n^2}+\dfrac{2}{n^2}+\cdots+\dfrac{n-1}{n^2}\right)=\lim\limits_{n\to\infty}\dfrac{(n-1)n}{2n^2}=\dfrac{1}{2}$.

【52】 $\lim\limits_{n\to\infty}\left[\dfrac{1}{n}-\dfrac{2}{n}+\dfrac{3}{n}-\cdots+\dfrac{(-1)^{n-1}n}{n}\right]$.

**提示** 分别令 $n=2k$ 及 $n=2k+1$($k$ 为正整数),易知极限不存在.

**解** 当 $n=2k$ 时($k$ 为正整数),

$$\frac{1}{n}-\frac{2}{n}+\frac{3}{n}-\cdots+\frac{(-1)^{n-1}n}{n}=\frac{1}{2k}-\frac{2}{2k}+\frac{3}{2k}-\cdots-\frac{2k}{2k}=\frac{-k}{2k}=-\frac{1}{2};$$

当 $n=2k+1$,

$$\frac{1}{n}-\frac{2}{n}+\frac{3}{n}-\cdots+\frac{(-1)^{n-1}n}{n}=\frac{1}{2k+1}-\frac{2}{2k+1}+\frac{3}{2k+1}-\cdots+\frac{2k+1}{2k+1}=\frac{k+1}{2k+1}\to\frac{1}{2};$$

由于取不同方式时,所得的极限值不同,所以,极限 $\lim\limits_{n\to\infty}\left[\dfrac{1}{n}-\dfrac{2}{n}+\dfrac{3}{n}-\cdots+\dfrac{(-1)^{n-1}n}{n}\right]$不存在.

【53】 $\lim\limits_{n\to\infty}\left[\dfrac{1^2}{n^3}+\dfrac{2^2}{n^3}+\cdots+\dfrac{(n-1)^2}{n^3}\right]$.

**解** $\lim\limits_{n\to\infty}\left[\dfrac{1^2}{n^3}+\dfrac{2^2}{n^3}+\cdots+\dfrac{(n-1)^2}{n^3}\right]=\lim\limits_{n\to\infty}\left[\dfrac{1}{n^3}\cdot\dfrac{(n-1)n(2n-1)}{6}\right]=\dfrac{1}{3}$.

【54】 $\lim\limits_{n\to\infty}\left[\frac{1^2}{n^3}+\frac{3^2}{n^3}+\cdots+\frac{(2n-1)^2}{n^3}\right]$.

提示 令 $f(n)=\frac{1^2}{n^3}+\frac{2^2}{n^3}+\cdots+\frac{(n-1)^2}{n^3}$，先证 $\frac{1^2}{n^3}+\frac{3^2}{n^3}+\cdots+\frac{(2n-1)^2}{n^3}=8f(2n)-4f(n)$. 利用 53 题的结果即获解.

解 设 $f(n)=\frac{1^2}{n^3}+\frac{3^2}{n^3}+\cdots+\frac{(n-1)^2}{n^3}$，由 53 题即得

$$\lim_{n\to\infty}\left[\frac{1^2}{n^3}+\frac{3^2}{n^3}+\cdots+\frac{(2n-1)^2}{n^3}\right]=\lim_{n\to\infty}[8f(2n)-4f(n)]=\frac{4}{3}.$$

【55】 $\lim\limits_{n\to\infty}\left(\frac{1}{2}+\frac{3}{2^2}+\frac{5}{2^3}+\cdots+\frac{2n-1}{2^n}\right)$.

提示 令 $f(n)=\frac{1}{2}+\frac{3}{2^2}+\frac{5}{2^3}+\cdots+\frac{2n-1}{2^n}$ 及 $g(n)=1+\frac{1}{2}+\frac{1}{2^2}+\cdots+\frac{1}{2^{n-1}}$，易证 $f(n)=g(n)+1-\frac{2n+1}{2^n}$. 利用 58 题的结果即获解.

解 设 $f(n)=\frac{1}{2}+\frac{3}{2^2}+\frac{5}{2^3}+\cdots+\frac{2n-1}{2^n}$， $g(n)=1+\frac{1}{2}+\cdots+\frac{1}{2^{n-1}}$，

则有 $2f(n+1)-g(n)=f(n)+1$，又由 $2f(n+1)-f(n)=f(n)+\frac{2n+1}{2^n}=g(n)+1$，故

$$f(n)=g(n)+1-\frac{2n+1}{2^n}.$$

而 $\lim\limits_{n\to\infty}[g(n)+1]=3$ 及 $\lim\limits_{n\to\infty}\frac{2n+1}{2^n}=0$*)，故得 $\lim\limits_{n\to\infty}\left(\frac{1}{2}+\frac{3}{2^2}+\frac{5}{2^3}+\cdots+\frac{2n-1}{2^n}\right)=3$.

*) 参看 58 题.

【56】 $\lim\limits_{n\to\infty}\left[\frac{1}{1\cdot 2}+\frac{1}{2\cdot 3}+\cdots+\frac{1}{n(n+1)}\right]$.

解 $\frac{1}{1\cdot 2}=1-\frac{1}{2}$, $\frac{1}{2\cdot 3}=\frac{1}{2}-\frac{1}{3}$, …, $\frac{1}{n(n+1)}=\frac{1}{n}-\frac{1}{n+1}$,

相加之，得 $\frac{1}{1\cdot 2}+\frac{1}{2\cdot 3}+\cdots+\frac{1}{n(n+1)}=1-\frac{1}{n+1}$，故

$$\lim_{n\to\infty}\left[\frac{1}{1\cdot 2}+\frac{1}{2\cdot 3}+\cdots+\frac{1}{n(n+1)}\right]=\lim_{n\to\infty}\left(1-\frac{1}{n+1}\right)=1.$$

【57】 $\lim\limits_{n\to\infty}(\sqrt{2}\cdot\sqrt[4]{2}\cdot\sqrt[8]{2}\cdots\sqrt[2^n]{2})$.

解 由于 $$\sqrt{2}\cdot\sqrt[4]{2}\cdot\sqrt[8]{2}\cdot\cdots\cdot\sqrt[2^n]{2}=2^{\left(\frac{1}{2}+\frac{1}{2^2}+\frac{1}{2^3}+\cdots+\frac{1}{2^n}\right)}=2^{\left[\frac{1}{2}\cdot\frac{1-\left(\frac{1}{2}\right)^n}{1-\frac{1}{2}}\right]},$$

故 $$\lim_{n\to\infty}(\sqrt{2}\cdot\sqrt[4]{2}\cdot\sqrt[8]{2}\cdot\cdots\cdot\sqrt[2^n]{2})=\lim_{n\to\infty}2^{\left[\frac{1}{2}\cdot\frac{1-\left(\frac{1}{2}\right)^n}{1-\frac{1}{2}}\right]}=2.$$

**证明下列等式：**

【58】 $\lim\limits_{n\to\infty}\frac{n}{2^n}=0$.

提示 $0<\frac{n}{2^n}<\frac{2}{n-1}\quad(n>2)$.

证 因为 $2^n=(1+1)^n=1+n+\frac{n(n-1)}{2}+\cdots+1>\frac{n(n-1)}{2}\quad(n>2)$，

故 $0<\frac{n}{2^n}<\frac{2}{n-1}$；又因为 $\lim\limits_{n\to\infty}\frac{2}{n-1}=0$，所以，$\lim\limits_{n\to\infty}\frac{n}{2^n}=0$.

【59】 $\lim\limits_{n\to\infty}\frac{2^n}{n!}=0$.

**提示** $0<\frac{2^n}{n!}\leqslant\frac{4}{n}\quad(n\geqslant3)$.

**证** 因为 $0<\frac{2^n}{n!}=\frac{2}{1}\cdot\frac{2}{2}\cdots\frac{2}{n}\leqslant\frac{4}{n}$ 及 $\lim\limits_{n\to\infty}\frac{4}{n}=0$，所以，$\lim\limits_{n\to\infty}\frac{2^n}{n!}=0$.

**【60】** $\lim\limits_{n\to\infty}\frac{n^k}{a^n}=0\quad(a>1)$.

**提示** $a^n>\frac{n^2(a-1)^2}{4}\quad(n>2)$. 分别就 $k\leqslant0$, $k=1$ 及 $k>0$ 三种情形加以证明.

**证** 令 $a=1+\lambda\ (\lambda>0)$，

则
$$a^n=(1+\lambda)^n=1+n\lambda+\frac{n(n-1)}{2}\lambda^2+\cdots+\lambda^n>\frac{n(n-1)}{2}\lambda^2\quad(n>2).$$

当 $n>2$ 时，$n-1>\frac{n}{2}$，此时，$a^n>\frac{n^2}{4}\lambda^2=\frac{n^2(a-1)^2}{4}$.

(1)当 $k\leqslant0$ 时，这时显然有 $\lim\limits_{n\to\infty}\frac{n^k}{a^n}=\lim\limits_{n\to\infty}\frac{1}{a^n\cdot n^{-k}}=0$.

(2)当 $k=1$ 时，$0<\frac{n^k}{a^n}=\frac{n}{a^n}<\frac{4n}{n^2(a-1)^2}$，而 $\frac{4n}{n^2(a-1)^2}\to0$，所以，$\lim\limits_{n\to\infty}\frac{n}{a^n}=0$；

(3)当 $k>0$ 时，$\frac{n^k}{a^n}=\left[\frac{n}{(a^{\frac{1}{k}})^n}\right]^k$，而 $a^{\frac{1}{k}}>1$，于是由(2)知，$\frac{n}{(a^{\frac{1}{k}})^n}\to0$，所以，$\lim\limits_{n\to\infty}\frac{n^k}{a^n}=0$.

总之，当 $a>1$ 时，$\lim\limits_{n\to\infty}\frac{n^k}{a^n}=0$.

**【61】** $\lim\limits_{n\to\infty}\frac{a^n}{n!}=0$.

**提示** 令 $k$ 代表任一大于 $2|a|$ 的正整数，则当 $n>k$ 时，有 $0<\left|\frac{a^n}{n!}\right|<\frac{(2|a|)^k}{2^n}$.

**证** 令 $k$ 代表任何一个大于 $2|a|$ 的正整数，则当 $n>k$ 时，有
$$0<\left|\frac{a^n}{n!}\right|=\left(\frac{|a|}{1}\cdot\frac{|a|}{2}\cdot\cdots\cdot\frac{|a|}{k}\right)\left(\frac{|a|}{k+1}\cdot\frac{|a|}{k+2}\cdot\cdots\cdot\frac{|a|}{n}\right)<|a|^k\left(\frac{1}{2}\right)^{n-k}=\frac{(2|a|)^k}{2^n}.$$
由于 $\lim\limits_{n\to\infty}\frac{(2|a|)^k}{2^n}=0$，所以，$\lim\limits_{n\to\infty}\frac{a^n}{n!}=0$.

**【62】** $\lim\limits_{n\to\infty}nq^n=0$，若 $|q|<1$.

**提示** 分别就 $0<q<1$, $-1<q<0$ 及 $q=0$ 三种情形加以证明.

**证** (1)当 $0<q<1$ 时，可令 $q=\frac{1}{a}$，其中 $a>1$，所以，当 $n\to\infty$ 时，$nq^n=\frac{n}{a^n}\to0$ *)；

(2)当 $-1<q<0$ 时，可令 $q=-q'$，其中 $0<q'<1$，所以，当 $n\to\infty$ 时，$nq^n=(-1)^n nq'^n\to0$；

(3)当 $q=0$ 时，$nq^n=0$.

总之，当 $|q|<1$ 时，$\lim\limits_{n\to\infty}nq^n=0$.

*) 利用 60 题的结果.

**【63】** $\lim\limits_{n\to\infty}\sqrt[n]{a}=1\quad(a>0)$.

**提示** 分别就 $a=1$, $a>1$ 及 $0<a<1$ 三种情形加以证明.

**证** (1)当 $a=1$ 时，等式显然成立；

(2)当 $a>1$ 时，因为 $(1+\varepsilon)^n>1+n\varepsilon\ (n>1,\varepsilon>0)$，则当 $n$ 充分大后，可使 $1+n\varepsilon>a$，即 $(1+\varepsilon)^n>a$. 事实上，只要取 $N=\left[\frac{a-1}{\varepsilon}\right]$，当 $n>N$ 时，就可保证这点. 所以，$1<\sqrt[n]{a}<1+\varepsilon$，于是，当 $n>N$ 时，$\left|\sqrt[n]{a}-1\right|<\varepsilon$，此即 $\lim\limits_{n\to\infty}\sqrt[n]{a}=1$；

(3)当 $0<a<1$ 时，则令 $a=\frac{1}{a'}$，其中 $a'>1$. 于是，当 $n\to\infty$ 时，$\sqrt[n]{a}=\frac{1}{\sqrt[n]{a'}}\to1$.

总之，当 $a>0$ 时，$\lim\limits_{n\to\infty}\sqrt[n]{a}=1$.

【64】 $\lim\limits_{n\to\infty}\dfrac{\log_a n}{n}=0 \quad (a>1)$

**提示** 利用 60 题的不等式，先证 $0<\sqrt[n]{n}-1<\dfrac{2}{\sqrt{n}}$.

**证** 先证 $\lim\limits_{n\to\infty}\sqrt[n]{n}=1$. 事实上，令 $a_n=\sqrt[n]{n}$，则 $a_n>1$. 由 60 题前半部分的推导知

$$a_n^n>\frac{n^2}{4}(a_n-1)^2, \quad 即 \quad n>\frac{n^2}{4}(\sqrt[n]{n}-1)^2,$$

由此可知 $0<\sqrt[n]{n}-1<\dfrac{2}{\sqrt{n}}$，故 $\lim\limits_{n\to\infty}\sqrt[n]{n}=1$ 成立.

现任给 $\varepsilon>0$. 因 $a^\varepsilon>1\ (a>1)$，故存在 $N=N(\varepsilon)$，使当 $n>N$ 时，恒有 $\sqrt[n]{n}<a^\varepsilon$，由此可知 $(n>N)$，

$$0<\frac{\log_a n}{n}<\varepsilon.$$

故 $\lim\limits_{n\to\infty}\dfrac{\log_a n}{n}=0$.

【65】 $\lim\limits_{n\to\infty}\sqrt[n]{n}=1$.

**证** 在 64 题的证明过程中已证.

【66】 $\lim\limits_{n\to\infty}\dfrac{1}{\sqrt[n]{n!}}=0$.

**证** 由数学归纳法易证 $n!\geqslant\dfrac{1}{2}n^{\frac{n}{2}}$，从而，$\dfrac{1}{\sqrt[n]{n!}}\leqslant 2^{\frac{1}{n}}\dfrac{1}{\sqrt{n}}$，又因 $\lim\limits_{n\to\infty}2^{\frac{1}{n}}\dfrac{1}{\sqrt{n}}=0$，所以，$\lim\limits_{n\to\infty}\dfrac{1}{\sqrt[n]{n!}}=0$.

【67】 当 $n$ 充分大时，下列各组表达式中哪个更大些？

(1) $100n+200$ 或 $0.01n^2$； (2) $2^n$ 或 $n^{1000}$； (3) $1000^n$ 或 $n!$.

**证** (1)因为 $\lim\limits_{n\to\infty}\dfrac{100n+200}{0.01n^2}=0$，所以，当 $n$ 充分大时，$0.01n^2$ 较 $100n+200$ 大些.

(2)因为 $\lim\limits_{n\to\infty}\dfrac{n^{1000}}{2^n}=0^{*)}$，所以，当 $n$ 充分大时，$2^n$ 较 $n^{1000}$ 大些.

(3)因为 $\lim\limits_{n\to\infty}\dfrac{1000^n}{n!}=0^{**)}$，所以，当 $n$ 充分大时，$n!$ 较 $1000^n$ 大些.

*) 利用 60 题的结果.

**) 利用 61 题的结果.

【68】 证明：$\lim\limits_{n\to\infty}\left(\dfrac{1}{2}\cdot\dfrac{3}{4}\cdots\dfrac{2n-1}{2n}\right)=0$.

**提示** 利用 10 题的结果及夹逼准则.

**证** 因为 $0<\dfrac{1}{2}\cdot\dfrac{3}{4}\cdots\dfrac{2n-1}{2n}<\dfrac{1}{\sqrt{2n+1}}{}^{*)}$，又因为 $\lim\limits_{n\to\infty}\dfrac{1}{\sqrt{2n+1}}=0$，所以，$\lim\limits_{n\to\infty}\left(\dfrac{1}{2}\cdot\dfrac{3}{4}\cdots\dfrac{2n-1}{2n}\right)=0$.

*) 利用 10 题的结果.

【69】 证明：数列 $x_n=\left(1+\dfrac{1}{n}\right)^n\ (n=1,2,\cdots)$ 是单调增加的，且上方有界. 而数列 $y_n=\left(1+\dfrac{1}{n}\right)^{n+1}$ $(n=1,2,\cdots)$ 是单调减少的，且下方有界. 由此推出这些数列有公共的极限：

$$\lim_{n\to\infty}\left(1+\frac{1}{n}\right)^n=\lim_{n\to\infty}\left(1+\frac{1}{n}\right)^{n+1}=\mathrm{e}.$$

**证明思路** 首先，将 $x_n=\left(1+\dfrac{1}{n}\right)^n$ 展开，可得

$$x_n=2+\frac{1}{2!}\left(1-\frac{1}{n}\right)+\frac{1}{3!}\left(1-\frac{1}{n}\right)\left(1-\frac{2}{n}\right)+\cdots+\frac{1}{k!}\left(1-\frac{1}{n}\right)\left(1-\frac{2}{n}\right)\cdots\left(1-\frac{k-1}{n}\right)+\cdots$$

$$+\frac{1}{n!}\left(1-\frac{1}{n}\right)\left(1-\frac{2}{n}\right)\cdots\left(1-\frac{n-1}{n}\right).$$

当 $n$ 增加时，上式的项数增多，而且每个括弧内的数值也增大，故知数列 $x_n(n=1,2,\cdots)$ 单调增加. 由上式，利用 $\frac{1}{k!}<\frac{1}{2^{k-1}}\ (k>2)$，可得 $x_n<2+\frac{1}{2}+\frac{1}{2^2}+\cdots+\frac{1}{2^{n-1}}<3$，即数列 $x_n$ 上方有界.

其次，由

$$\left(\frac{n^2}{n^2-1}\right)^n=\left(1+\frac{1}{n^2-1}\right)^n>1+\frac{n}{n^2-1}>1+\frac{1}{n},$$

即易推出 $y_{n-1}>y_n$，故知数列 $y_n(n=1,2,\cdots)$ 单调减少. 又显然可知 $y_n>\left(1+\frac{1}{n}\right)^n>1+\frac{n}{n}=2$，即数列 $y_n$ 下方有界.

**证** $x_n=\left(1+\frac{1}{n}\right)^n=1+1+C_n^2\frac{1}{n^2}+C_n^3\frac{1}{n^3}+\cdots+C_n^k\frac{1}{n^k}+\cdots+\frac{1}{n^n}$

$$=2+\frac{1}{2!}\left(1-\frac{1}{n}\right)+\frac{1}{3!}\left(1-\frac{1}{n}\right)\left(1-\frac{2}{n}\right)+\cdots+\frac{1}{k!}\left(1-\frac{1}{n}\right)\left(1-\frac{2}{n}\right)\cdots\left(1-\frac{k-1}{n}\right)+\cdots$$
$$+\frac{1}{n!}\left(1-\frac{1}{n}\right)\left(1-\frac{2}{n}\right)\cdots\left(1-\frac{n-1}{n}\right).$$

其中每一项都为正，当 $n$ 增加时，不但对应的项数增多，而且每一个括弧内的数值也增大，所以，数列 $x_n(n=1,2,\cdots)$ 单调增加.

又当 $k>2$ 时，$\left(1-\frac{k-1}{n}\right)<1$，$\frac{1}{k!}<\frac{1}{2^{k-1}}$，所以，

$$\left(1+\frac{1}{n}\right)^n<2+\frac{1}{2}+\frac{1}{2^2}+\cdots+\frac{1}{2^{n-1}}=2+\left(1-\frac{1}{2^{n-1}}\right)<3,$$

此即数列 $x_n(n=1,2,\cdots)$ 上方有界.

由此，我们知 $\lim\limits_{n\to\infty}\left(1+\frac{1}{n}\right)^n$ 存在，以 e 表之.

其次，由于

$$\left(\frac{n^2}{n^2-1}\right)^n=\left(1+\frac{1}{n^2-1}\right)^n>1+\frac{n}{n^2-1}>1+\frac{1}{n},$$

即 $\left(\frac{n}{n+1}\right)^n\left(\frac{n}{n-1}\right)^n>\frac{n+1}{n}$，也即 $\left(\frac{n}{n-1}\right)^n>\left(\frac{n+1}{n}\right)^{n+1}$，所以，$\left(1+\frac{1}{n-1}\right)^n>\left(1+\frac{1}{n}\right)^{n+1}$，此即 $y_{n-1}>y_n$，因而，数列 $y_n(n=1,2,\cdots,)$ 单调减少. 又因

$$y_n=\left(1+\frac{1}{n}\right)^n\left(1+\frac{1}{n}\right)>1+n\cdot\frac{1}{n}=2,$$

所以，数列 $y_n(n=1,2,\cdots)$ 下方有界.

由此，我们知 $\lim\limits_{n\to\infty}\left(1+\frac{1}{n}\right)^{n+1}$ 存在，且

$$\lim_{n\to\infty}\left(1+\frac{1}{n}\right)^{n+1}=\lim_{n\to\infty}\left(1+\frac{1}{n}\right)^n\left(1+\frac{1}{n}\right)=\lim_{n\to\infty}\left(1+\frac{1}{n}\right)^n\cdot\lim_{n\to\infty}\left(1+\frac{1}{n}\right)=\mathrm{e}.$$

于是，$\lim\limits_{n\to\infty}\left(1+\frac{1}{n}\right)^{n+1}=\lim\limits_{n\to\infty}\left(1+\frac{1}{n}\right)^n=\mathrm{e}$.

**【70】** 证明：$0<\mathrm{e}-\left(1+\frac{1}{n}\right)^n<\frac{3}{n}\ (n=1,2,\cdots)$. 当指数 $n$ 是什么样的数值时，表达式 $\left(1+\frac{1}{n}\right)^n$ 与数 e 之差小于 0.001?

**证明思路** 利用 69 题的结果知 $0<\left(1+\frac{1}{n}\right)^n<\mathrm{e}<\left(1+\frac{1}{n}\right)^{n+1}$，由此即得不等式

$$0<\mathrm{e}-\left(1+\frac{1}{n}\right)^n<\left(1+\frac{1}{n}\right)^{n+1}-\left(1+\frac{1}{n}\right)^n<\frac{3}{n}.$$

当 $n\geqslant 3000$ 时，$\left(1+\frac{1}{n}\right)^n$ 与 e 之差小于 0.001.

**证** 利用 69 题的结果知 $0<\left(1+\frac{1}{n}\right)^n<\mathrm{e}<\left(1+\frac{1}{n}\right)^{n+1}$,

即
$$0<\mathrm{e}-\left(1+\frac{1}{n}\right)^n<\left(1+\frac{1}{n}\right)^{n+1}-\left(1+\frac{1}{n}\right)^n,$$
而
$$\left(1+\frac{1}{n}\right)^{n+1}-\left(1+\frac{1}{n}\right)^n=\left(1+\frac{1}{n}\right)^n\left[\left(1+\frac{1}{n}\right)-1\right]=\frac{1}{n}\left(1+\frac{1}{n}\right)^n<\frac{3}{n},$$
因而 $0<\mathrm{e}-\left(1+\frac{1}{n}\right)^n<\frac{3}{n}$.

其次,要 $\mathrm{e}-\left(1+\frac{1}{n}\right)^n<0.001$,只要 $\frac{3}{n}\leqslant 0.001$,即只要 $n\geqslant 3000$,所以,当指数 $n$ 是代表任一不小于 3000 的正整数,表示式 $\left(1+\frac{1}{n}\right)^n$ 与数 e 之差就小于 0.001.

**【71】** 设 $p_n(n=1,2,\cdots)$ 为趋于 $+\infty$ 的任意数列,而 $q_n(n=1,2,\cdots)$ 为趋于 $-\infty$ 的任意数列($p_n,q_n\notin[-1,0]$).求证:
$$\lim_{n\to\infty}\left(1+\frac{1}{p_n}\right)^{p_n}=\lim_{n\to\infty}\left(1+\frac{1}{q_n}\right)^{q_n}=\mathrm{e}.$$

**证明思路** 首先,令 $k_n=[p_n]$,利用 69 题的结果可知 $\lim\limits_{n\to\infty}\left(1+\frac{1}{k_n}\right)^{k_n}=\lim\limits_{n\to\infty}\left(1+\frac{1}{k_n}\right)^{k_n+1}=\mathrm{e}$.
又由 $\frac{1}{k_n}\geqslant\frac{1}{p_n}>\frac{1}{k_n+1}$,可证得 $\lim\limits_{n\to\infty}\left(1+\frac{1}{p_n}\right)^{p_n}=\mathrm{e}$.

其次,令 $q_n=-p_n$,即得 $\lim\limits_{n\to\infty}\left(1+\frac{1}{q_n}\right)^{q_n}=\mathrm{e}$.

**证** 令 $k_n=[p_n]$,即 $k_n$ 表 $p_n$ 的整数部分,则 $k_n\leqslant p_n<k_n+1$.

由于 $p_n\to+\infty$,故 $k_n\to+\infty$,从而,显然 $\left(1+\frac{1}{k_n}\right)^{k_n}\to\mathrm{e}$.(参看 69 题题解).由于
$$\frac{1}{k_n}\geqslant\frac{1}{p_n}>\frac{1}{k_n+1},\quad\left(1+\frac{1}{k_n}\right)^{k_n+1}>\left(1+\frac{1}{p_n}\right)^{p_n}>\left(1+\frac{1}{k_n+1}\right)^{k_n},$$
而
$$\lim_{n\to\infty}\left(1+\frac{1}{k_n}\right)^{k_n+1}=\mathrm{e},\quad\lim_{n\to\infty}\left(1+\frac{1}{k_n+1}\right)^{k_n}=\lim_{n\to\infty}\left(1+\frac{1}{k_n+1}\right)^{k_n+1}\left(1+\frac{1}{k_n+1}\right)^{-1}=\mathrm{e},$$
故
$$\lim_{n\to\infty}\left(1+\frac{1}{p_n}\right)^{p_n}=\mathrm{e}.$$

其次,若 $q_n\to-\infty$,令 $q_n=-p_n$,其中 $p_n\to+\infty$.于是,
$$\lim_{n\to\infty}\left(1+\frac{1}{q_n}\right)^{q_n}=\lim_{n\to\infty}\left(1-\frac{1}{p_n}\right)^{-p_n}=\lim_{n\to\infty}\left(\frac{p_n}{p_n-1}\right)^{p_n}=\lim_{n\to\infty}\left(1+\frac{1}{p_n-1}\right)^{p_n-1}\left(1+\frac{1}{p_n-1}\right)=\mathrm{e},$$
故
$$\lim_{n\to\infty}\left(1+\frac{1}{p_n}\right)^{p_n}=\lim_{n\to\infty}\left(1+\frac{1}{q_n}\right)^{q_n}=\mathrm{e}.$$

**【72】** 已知 $\lim\limits_{n\to\infty}\left(1+\frac{1}{n}\right)^n=\mathrm{e}$,求证:$\lim\limits_{n\to\infty}\left(1+1+\frac{1}{2!}+\frac{1}{3!}+\cdots+\frac{1}{n!}\right)=\mathrm{e}$.由此推出公式
$$\mathrm{e}=1+1+\frac{1}{2!}+\frac{1}{3!}+\cdots+\frac{1}{n!}+\frac{\theta_n}{n!\,n},$$
其中 $0<\theta_n<1$,并计算数 e 精确到 $10^{-5}$.

**证明思路** 首先,令 $x_n=\left(1+\frac{1}{n}\right)^n$,由 69 题证明中 $x_n$ 的展式知:任意固定 $k$,当 $n>k$ 时,有
$$x_n>1+1+\frac{1}{2!}\left(1-\frac{1}{n}\right)+\frac{1}{3!}\left(1-\frac{1}{n}\right)\left(1-\frac{2}{n}\right)+\cdots+\frac{1}{k!}\left(1-\frac{1}{n}\right)\left(1-\frac{2}{n}\right)\cdots\left(1-\frac{k-1}{n}\right),$$
两端令 $n\to\infty$ 取极限,得 $\mathrm{e}\geqslant 1+1+\frac{1}{2!}+\frac{1}{3!}+\cdots+\frac{1}{k!}$.由于此式对任何 $k$ 均成立,故得
$$\mathrm{e}\geqslant\lim_{k\to\infty}\left(1+1+\frac{1}{2!}+\frac{1}{3!}+\cdots+\frac{1}{k!}\right).$$
另一方面,由 69 题证明中 $x_n$ 的展式又知:对任何 $n$,有 $x_n<1+1+\frac{1}{2!}+\frac{1}{3!}+\cdots+\frac{1}{n!}$,两端令 $n\to\infty$ 取极

限，得

$$e\leqslant\lim_{n\to\infty}\left(1+1+\frac{1}{2!}+\frac{1}{3!}+\cdots+\frac{1}{n!}\right).$$

于是，$e=\lim\limits_{n\to\infty}\left(1+1+\frac{1}{2!}+\frac{1}{3!}+\cdots+\frac{1}{n!}\right)$.

其次，令 $\omega_n=1+1+\frac{1}{2!}+\frac{1}{3!}+\cdots+\frac{1}{n!}$，则有

$$0<\omega_{n+m}-\omega_n<\frac{1}{(n+1)!}\left[1+\frac{1}{n+2}+\frac{1}{(n+2)^2}+\cdots+\frac{1}{(n+2)^{m-1}}\right]<\frac{1}{(n+1)!}\cdot\frac{n+2}{n+1}.$$

固定 $n$，并让 $m\to\infty$ 取极限，得 $$0<e-\omega_n\leqslant\frac{1}{(n+1)!}\cdot\frac{n+2}{n+1}.$$

由 $\frac{n+2}{(n+1)^2}<\frac{1}{n}$ 得 $0<e-\omega_n<\frac{1}{n!}\cdot\frac{1}{n}$，从而可得

$$e=1+1+\frac{1}{2!}+\frac{1}{3!}+\cdots+\frac{1}{n!}+\frac{\theta_n}{n!\cdot n},\ 0<\theta_n<1.$$

又经计算可得 $e=2.71828\pm0.00001$.

**证** 由 69 题证明中 $x_n$ 的展式知：

$$\begin{aligned}x_n&=\left(1+\frac{1}{n}\right)^n\\&=1+1+\frac{1}{2!}\left(1-\frac{1}{n}\right)+\frac{1}{3!}\left(1-\frac{1}{n}\right)\left(1-\frac{2}{n}\right)+\cdots+\frac{1}{k!}\left(1-\frac{1}{n}\right)\left(1-\frac{2}{n}\right)\cdots\left(1-\frac{k-1}{n}\right)\\&\quad+\cdots+\frac{1}{n!}\left(1-\frac{1}{n}\right)\left(1-\frac{2}{n}\right)\cdots\left(1-\frac{n-1}{n}\right).\end{aligned}$$

若固定 $k$，且 $n>k$，则有

$$x_n>1+1+\frac{1}{2!}\left(1-\frac{1}{n}\right)+\frac{1}{3!}\left(1-\frac{1}{n}\right)\left(1-\frac{2}{n}\right)+\cdots+\frac{1}{k!}\left(1-\frac{1}{n}\right)\left(1-\frac{2}{n}\right)\cdots\left(1-\frac{k-1}{n}\right),$$

今使 $n$ 趋于无穷，在上式两端取极限，得 $e\geqslant1+1+\frac{1}{2!}+\frac{1}{3!}+\cdots+\frac{1}{k!}$. 由于此不等式对任何正整数 $k$ 皆成立，因此，

$$\lim_{k\to\infty}\left(1+1+\frac{1}{2!}+\frac{1}{3!}+\cdots+\frac{1}{k!}\right)\leqslant e.$$

另一方面，由 69 题证明中 $x_n$ 的展式又知：对任何正整数 $n$，有 $x_n<1+1+\frac{1}{2!}+\frac{1}{3!}+\cdots+\frac{1}{n!}$，及 $x_n\to e$，两端令 $n\to\infty$ 取极限，得

$$e\leqslant\lim_{n\to\infty}\left(1+1+\frac{1}{2!}+\frac{1}{3!}+\cdots+\frac{1}{n!}\right).$$

于是，$\lim\limits_{n\to\infty}\left(1+1+\frac{1}{2!}+\frac{1}{3!}+\cdots+\frac{1}{n!}\right)=e$.

其次，设 $\omega_n=1+1+\frac{1}{2!}+\frac{1}{3!}+\cdots+\frac{1}{n!}$，则

$$\begin{aligned}0&<\omega_{n+m}-\omega_n=\frac{1}{(n+1)!}+\frac{1}{(n+2)!}+\cdots+\frac{1}{(n+m)!}=\frac{1}{(n+1)!}\left\{1+\frac{1}{n+2}+\cdots+\frac{1}{(n+2)(n+3)\cdots(n+m)}\right\}\\&<\frac{1}{(n+1)!}\left\{1+\frac{1}{n+2}+\frac{1}{(n+2)^2}+\cdots+\frac{1}{(n+2)^{m-1}}\right\}<\frac{1}{(n+1)!}\left\{1+\frac{1}{n+2}+\frac{1}{(n+2)^2}+\cdots\right\}\\&=\frac{1}{(n+1)!}\cdot\frac{n+2}{n+1},\end{aligned}$$

今让 $n$ 固定不变，并让 $m$ 趋于无穷，取极限，得

$$0\leqslant e-\omega_n\leqslant\frac{1}{(n+1)!}\cdot\frac{n+2}{n+1}=\frac{1}{n!}\cdot\frac{n+2}{(n+1)^2}.$$

由于 $\frac{n+2}{(n+1)^2}<\frac{1}{n}$，所以，$0<e-\omega_n<\frac{1}{n!}\cdot\frac{1}{n}$，即 $0<e-\omega_n=\frac{\theta_n}{n!\ n}$，其中 $0<\theta_n<1$，因而，

$$e=1+1+\frac{1}{2!}+\frac{1}{3!}+\cdots+\frac{1}{n!}+\frac{\theta_n}{n!\,n}. \tag{1}$$

下面将用公式(1)计算 e,使之精确到 $10^{-5}$. 首先须确定怎样选取 $n$,才能实现这一精确度. 取 $n=8$,在公式(1)中的余项已是小于

$$\frac{1}{8!8}<0.0000032,$$

所以弃去它时,由公式所造成的误差远远地小于所规定的限度. 因此,取 $n=8$ 计算之. 其次,还须考虑计算每一项时的舍入误差,为保证 e 精确到 $10^{-5}$,我们在计算每一项时,计算到第六位小数上四舍五入凑成整数,则舍入误差总的不超过 $\frac{1}{2\cdot 10^6}\times 6=\frac{3}{10^6}$. 于是,总误差不超过 $6.2\times 10^{-6}<10^{-5}$.

列表:

$$
\begin{array}{ll}
2.000000 & \\
\frac{1}{2!}=0.500000 & \\
\frac{1}{3!}=0.166667 & (-)\\
\frac{1}{4!}=0.041667 & (-)\\
\frac{1}{5!}=0.008333 & (+)\\
\frac{1}{6!}=0.001389 & (-)\\
\frac{1}{7!}=0.000198 & (+)\\
\frac{1}{8!}=0.000025 & (-)\\
\hline
2.718279 &
\end{array}
$$

考虑到修正数的符号,则总误差介于 $-\frac{4}{10^6}$ 和 $\frac{2}{10^6}$ 之间,因而,数 e 介于 2.718275 及 2.718281 之间,所以,

$$e=2.71828\pm 0.00001.$$

**【73】** 证明:数 e 为无理数.

**提示** 用反证法.

**证** 假设 e 为有理数 $\frac{m}{n}$,则对于这个 $n$ 有公式

$$\frac{m}{n}=2+\frac{1}{2!}+\frac{1}{3!}+\cdots+\frac{1}{n!}+\frac{\theta_n}{n!n} \quad (0<\theta_n<1).$$

在等式两端同乘以 $n!$,我们即得出左端是整数,而右端是整数加一真分数 $\frac{\theta_n}{n}$,但这是矛盾的. 所以,数 e 为无理数.

**【74】** 证明不等式:$\left(\frac{n}{e}\right)^n<n!<e\left(\frac{n}{2}\right)^n$.

**证明思路** 由 $\sqrt{k(n-k)}\leqslant\frac{n}{2}$,两边取对数,并就 $k$ 从 1 到 $n-1$ 相加,得

$$\sum_{k=1}^{n-1}\ln k\leqslant(n-1)\ln\frac{n}{2}, \quad 从而可得\ n!\leqslant 2\left(\frac{n}{2}\right)^n<e\left(\frac{n}{2}\right)^n.$$

再令 $x_n=\left(\frac{n}{e}\right)^n$,可得 $\frac{x_n}{x_{n-1}}<n$. 注意到 $x_1=\frac{1}{e}<1$,即知 $x_n=x_1\cdot\frac{x_2}{x_1}\cdots\frac{x_n}{x_{n-1}}<n!$.

**证** 由 $\sqrt{k(n-k)}\leqslant\frac{n}{2}$,则 $\frac{1}{2}[\ln k+\ln(n-k)]\leqslant\ln\frac{n}{2}$,从而,

$$\sum_{k=1}^{n-1}\ln k\leqslant(n-1)\ln\frac{n}{2},(n-1)!\leqslant\left(\frac{n}{2}\right)^{n-1}.$$

两边同乘以$\frac{n}{2}$,得$\frac{1}{2}n!\leqslant\left(\frac{n}{2}\right)^n$. 于是 $n!\leqslant2\left(\frac{n}{2}\right)^n<e\left(\frac{n}{2}\right)^n$, 即 $n!<e\left(\frac{n}{2}\right)^n$.

再证$\left(\frac{n}{e}\right)^n<n!$. 设 $x_n=\left(\frac{n}{e}\right)^n$,则有

$$\frac{x_n}{x_{n-1}}=\frac{n^n}{(n-1)^{n-1}e}=\frac{\left(1+\frac{1}{n-1}\right)^{n-1}n}{e}<n.$$

所以(注意到 $x_1=\frac{1}{e}<1$),$x_n=x_1\cdot\frac{x_2}{x_1}\cdots\frac{x_n}{x_{n-1}}<n!$. 从而,证得$\left(\frac{n}{e}\right)^n<n!$.

**【75】** 证明不等式:

(1)$\frac{1}{n+1}<\ln\left(1+\frac{1}{n}\right)<\frac{1}{n}$, 其中 $n$ 为任意的正整数; (2)$1+a<e^a$, 其中 $a$ 为异于零的实数.

**证** (1)因为 $1<\left(1+\frac{1}{n}\right)^n<e$, 两边取对数,得 $0<n\ln\left(1+\frac{1}{n}\right)<1$,故 $\ln\left(1+\frac{1}{n}\right)<\frac{1}{n}$;

又因为 $e<\left(1+\frac{1}{n}\right)^{n+1}$,两边取对数,得 $1<(n+1)\ln\left(1+\frac{1}{n}\right)$,故 $\ln\left(1+\frac{1}{n}\right)>\frac{1}{n+1}$.

因而 $\frac{1}{n+1}<\ln\left(1+\frac{1}{n}\right)<\frac{1}{n}$.

(2)$(1+x)^n\geqslant1+nx$ ($x>0$,$n$ 为正整数).

设 $a$ 为正有理数:$a=\frac{p}{q}$,$p$,$q$ 是正整数,则由于 $e>\left(1+\frac{1}{q}\right)^q$,故

$$e^a>\left(1+\frac{1}{q}\right)^{qa}=\left(1+\frac{1}{q}\right)^p\geqslant1+\frac{p}{q}=1+a.$$

至于 $a$ 为任意实数($\neq0$)时的证明见 1289 题(1).

**【76】** 求证:$\lim\limits_{n\to\infty}n(a^{\frac{1}{n}}-1)=\ln a$ ($a>0$), 式中 $\ln a$ 是取 $e=2.718\cdots$作底时,数 $a$ 的对数.

**证** 先设 $a>1$. 令 $b_n=a^{\frac{1}{n}}-1$,则 $b_n>0$,且$\frac{\ln a}{n}=\ln(1+b_n)$,故

$$n(a^{\frac{1}{n}}-1)=\ln a\,\frac{b_n}{\ln(1+b_n)}.$$

由于 $b_n\to0$,故存在正整数 $N$,使当 $n>N$ 时,$0<b_n<1$. 于是,对每个 $n>N$,存在唯一正整数 $k_n$,使$\frac{1}{k_n+1}\leqslant b_n<\frac{1}{k_n}$. 由于 $b_n\to0$,故 $k_n\to+\infty$. 由 75 题(1)知

$$\frac{1}{n+1}<\ln\left(1+\frac{1}{n}\right)<\frac{1}{n}\quad(n=1,2,\cdots),$$

故

$$\frac{1}{k_n+2}<\ln\left(1+\frac{1}{k_n+1}\right)\leqslant\ln(1+b_n)<\ln\left(1+\frac{1}{k_n}\right)<\frac{1}{k_n}.$$

从而,

$$1-\frac{1}{k_n+1}=\frac{k_n}{k_n+1}<\frac{b_n}{\ln(1+b_n)}<\frac{k_n+2}{k_n}=1+\frac{2}{k_n},$$

由于 $k_n\to+\infty$ ($n\to\infty$),故 $\frac{b_n}{\ln(1+b_n)}\to1$ ($n\to\infty$),由此得

$$\lim_{n\to\infty}n(a^{\frac{1}{n}}-1)=\ln a.$$

现设 $0<a<1$. 则$\frac{1}{a}>1$. 于是,由上结果可知

$$\lim_{n\to\infty}n(a^{\frac{1}{n}}-1)=\lim_{n\to\infty}\left[(-a^{\frac{1}{n}})\cdot n\left(\left(\frac{1}{a}\right)^{\frac{1}{n}}-1\right)\right]=-\ln\frac{1}{a}=\ln a.$$

当 $a=1$ 时,$\lim\limits_{n\to\infty}n(a^{\frac{1}{n}}-1)=\ln a$ 显然成立,故此式对任何 $a>0$ 成立. 证毕.

**利用关于单调有界数列极限存在的定理，证明以下各数列的收敛性：**

**【77】** $x_n=p_0+\frac{p_1}{10}+\cdots+\frac{p_n}{10^n}$ $(n=1,2,\cdots)$. 式中 $p_i(i=0,1,2,\cdots)$是非负整数，并且从 $p_1$ 起不大于9.

**证** $x_{n+1}=x_n+\frac{p_{n+1}}{10^{n+1}}$，由于 $p_{n+1}>0$，所以，$x_{n+1}>x_n$，因而，数列 $x_n(n=1,2,\cdots)$是单调增加的. 其次由于 $p_0+\frac{1}{10}<x_n\leqslant 9\left(\frac{1}{10}+\cdots+\frac{1}{10^n}\right)+p_0<1+p_0$，所以，数列 $x_n(n=1,2,\cdots)$是有界的.

因而，根据单调有界数列极限存在的定理，可知数列$\{x_n\}$是收敛的.

**【78】** $x_n=\frac{10}{1}\cdot\frac{11}{3}\cdot\cdots\cdot\frac{n+9}{2n-1}$.

**解** 当 $n\leqslant 10$ 时，虽然$\{x_n\}$单调增加；但当 $n>10$ 时，由$\frac{n+9}{2n-1}<1$ 知数列$\{x_n\}$单调减少. 注意有下界 $x_n>0(n=1,2,\cdots)$. 因而，数列$\{x_n\}$收敛.

**【79】** $x_n=\left(1-\frac{1}{2}\right)\left(1-\frac{1}{4}\right)\cdots\left(1-\frac{1}{2^n}\right)$.

**证** 因为 $x_{n+1}=x_n\cdot\left(1-\frac{1}{2^{n+1}}\right)<x_n$，所以，数列$\{x_n\}$是单调减少的.

又因 $0<x_n<1$，所以，数列$\{x_n\}$是有界的. 因而，数列$\{x_n\}$收敛.

**【80】** $x_n=\left(1+\frac{1}{2}\right)\left(1+\frac{1}{4}\right)\cdots\left(1+\frac{1}{2^n}\right)$.

**证** 因为 $x_{n+1}=x_n\cdot\left(1+\frac{1}{2^{n+1}}\right)>x_n$，所以，数列$\{x_n\}$是单调增加的.

又因 $1+a<e^a$，所以，

$$0<x_n<e^{\frac{1}{2}}\cdot e^{\frac{1}{4}}\cdot\cdots\cdot e^{\frac{1}{2^n}}=e^{\frac{1}{2}+\frac{1}{2^2}+\cdots+\frac{1}{2^n}}<e,$$

即数列是有界的. 因而，数列$\{x_n\}$收敛.

**【81】** $x_1=\sqrt{2}$, $x_2=\sqrt{2+\sqrt{2}}$, $\cdots$, $x_n=\underbrace{\sqrt{2+\sqrt{2+\cdots+\sqrt{2}}}}_{n\text{ 重根号}}$, $\cdots$,

**证** 数列$\{x_n\}$显然是单调增加的.

其次，利用数学归纳法可以证明：$x_n<\sqrt{2}+1$. 事实上，对于$n=1$是成立的. 假设 $x_k<\sqrt{2}+1$，则

$$x_{k+1}=\sqrt{2+x_k}<\sqrt{2+\sqrt{2}+1}<\sqrt{(\sqrt{2}+1)^2}=\sqrt{2}+1,$$

因而，不等式对一切正整数均成立.

由此知数列$\{x_n\}$是有界的. 因而，数列$\{x_n\}$收敛.

**利用柯西准则，证明以下各数列的收敛性：**

**【82】** $x_n=a_0+a_1q+\cdots+a_nq^n$，其中$|a_k|<M$ $(k=0,1,2,\cdots)$ 且 $|q|<1$.

**证** $|x_m-x_n|=|a_{n+1}q^{n+1}+\cdots+a_mq^m|\leqslant|a_{n+1}|\cdot|q|^{n+1}+\cdots+|a_m|\cdot|q|^m$

$$<M\cdot|q|^{n+1}(1+|q|+\cdots+|q|^{m-n-1})<M\cdot|q|^{n+1}\cdot\frac{1}{1-|q|}\quad(m>n).$$

任给 $\varepsilon>0$，由于$|q|^{n+1}\to 0(n\to\infty)$，故存在正整数 $N$，使当 $n>N$ 时，有

$$|q|^{n+1}<\frac{(1-|q|)\varepsilon}{M}.$$

于是，当 $m>n>N$ 时，恒有$|x_m-x_n|<\varepsilon$. 由此可知，数列$\{x_n\}$收敛.

**【83】** $x_n=\frac{\sin 1}{2}+\frac{\sin 2}{2^2}+\cdots+\frac{\sin n}{2^n}$.

**证** $|x_m-x_n|=\left|\frac{\sin(n+1)}{2^{n+1}}+\cdots+\frac{\sin m}{2^m}\right|\leqslant\frac{1}{2^{n+1}}\left(1+\frac{1}{2}+\cdots+\frac{1}{2^{m-n-1}}\right)<\frac{1}{2^{n+1}}\cdot\frac{1}{1-\frac{1}{2}}=\frac{1}{2^n}$ $(m>n)$.

任给 $\varepsilon>0$,取 $N=\left[\dfrac{\ln\frac{1}{\varepsilon}}{\ln 2}\right]$,则当 $m>n>N$ 时,必有 $\frac{1}{2^n}<\varepsilon$,从而 $|x_m-x_n|<\varepsilon$,所以,数列 $\{x_n\}$ 收敛.

**【84】** $x_n=\dfrac{\cos 1!}{1\cdot 2}+\dfrac{\cos 2!}{2\cdot 3}+\cdots+\dfrac{\cos n!}{n(n+1)}$.

**提示** 利用不等式 $\dfrac{1}{k(k+1)}<\dfrac{1}{k^2}<\dfrac{1}{k-1}-\dfrac{1}{k}\quad(k=2,3,\cdots)$.

**证** $|x_m-x_n|=\left|\dfrac{\cos(n+1)!}{(n+1)(n+2)}+\cdots+\dfrac{\cos m!}{m(m+1)}\right|<\dfrac{1}{(n+1)^2}+\dfrac{1}{(n+2)^2}+\cdots+\dfrac{1}{m^2}$

$$<\left(\frac{1}{n}-\frac{1}{n+1}\right)+\left(\frac{1}{n+1}-\frac{1}{n+2}\right)+\cdots+\left(\frac{1}{m-1}-\frac{1}{m}\right)=\frac{1}{n}-\frac{1}{m}<\frac{1}{n}\quad(m>n).$$

任给 $\varepsilon>0$,取 $N=\left[\dfrac{1}{\varepsilon}\right]$,则当 $m>n>N$ 时,必有 $|x_m-x_n|<\varepsilon$,所以,数列 $\{x_n\}$ 收敛.

**【85】** $x_n=1+\dfrac{1}{2^2}+\cdots+\dfrac{1}{n^2}$.

**证** $|x_m-x_n|=\dfrac{1}{(n+1)^2}+\cdots+\dfrac{1}{m^2},\quad(m>n)$.

以下与 84 题证法步骤相同,故知数列 $\{x_n\}$ 收敛.

**【86】** 对于数列 $x_n(n=1,2,\cdots)$,若存在数 $c$,使得

$$|x_2-x_1|+|x_3-x_2|+\cdots+|x_n-x_{n-1}|<c\quad(n=2,3,\cdots),$$

则称数列 $x_n(n=1,2,\cdots)$ 有**有界变差**.

证明:凡有有界变差的数列是收敛的. 举出一个收敛数列而无有界变差的例子.

**证** 设 $y_n=|x_2-x_1|+|x_3-x_2|+\cdots+|x_n-x_{n-1}|\ (n=2,3,\cdots)$,则数列 $\{y_n\}$ 单调增加且有界,所以,它是收敛的.

根据柯西收敛准则,对于任给的 $\varepsilon>0$,存在数 $N$,使当 $m>n>N$ 时,$|y_m-y_n|<\varepsilon$,即

$$|x_m-x_{m-1}|+|x_{m-1}-x_{m-2}|+\cdots+|x_{n+1}-x_n|<\varepsilon.$$

而对于数列 $\{x_n\}$ 有

$$\begin{aligned}|x_m-x_n|&=|x_m-x_{m-1}+x_{m-1}-x_{m-2}+\cdots+x_{n+1}-x_n|\\&\leqslant|x_m-x_{m-1}|+|x_{m-1}-x_{m-2}|+\cdots+|x_{n+1}-x_n|<\varepsilon,\end{aligned}$$

所以,数列 $\{x_n\}$ 是收敛的.

数列:$1,-1,\dfrac{1}{2},-\dfrac{1}{2},\dfrac{1}{3},-\dfrac{1}{3},\cdots,\dfrac{1}{n},(-1)\dfrac{1}{n},\cdots$,它是以零为极限的收敛数列. 但它不是有有界变差的. 事实上,

$$\begin{aligned}&|x_2-x_1|+|x_3-x_2|+|x_4-x_3|+\cdots+|x_{2n}-x_{2n-1}|\\>&|x_2-x_1|+|x_4-x_3|+\cdots+|x_{2n}-x_{2n-1}|\\=&2\left(1+\frac{1}{2}+\frac{1}{3}+\frac{1}{4}+\cdots+\frac{1}{n}\right),\end{aligned}$$

而数列 $\omega_n=1+\dfrac{1}{2}+\cdots+\dfrac{1}{n}$ 是发散的*),又是递增的,故 $\omega_n\to+\infty$. 于是,

$$|x_2-x_1|+|x_3-x_2|+\cdots+|x_{2n}-x_{2n-1}|$$

不是有界的,因而,收敛数列 $\{x_n\}:1,-1,\dfrac{1}{2},-\dfrac{1}{2},\cdots$ 无有界变差.

*) 详见 88 题的证明.

**【87】** 试叙述"某数列不满足柯西准则"的含义.

**解** 即存在一个 $\varepsilon_0>0$,不论对于怎样的数 $N$,总有 $n_0>N,m_0>N$,使得 $|x_{n_0}-x_{m_0}|\geqslant\varepsilon_0$.

【88】 利用柯西准则,证明:数列 $x_n=1+\frac{1}{2}+\frac{1}{3}+\cdots+\frac{1}{n}$ 的发散性.

**提示** 取 $m=2n$.

**证** 取 $m=2n$,则

$$|x_m-x_n|=\frac{1}{n+1}+\frac{1}{n+2}+\cdots+\frac{1}{2n}>\frac{1}{2n}+\frac{1}{2n}+\cdots+\frac{1}{2n}=\frac{1}{2},$$

所以,数列 $\{x_n\}$ 发散.

【89】 证明:若数列 $x_n(n=1,2,\cdots)$ 收敛,则它的任何子数列 $x_{p_n}$ 也收敛,且有同一极限 $\lim\limits_{n\to\infty}x_{p_n}=\lim\limits_{n\to\infty}x_n$.

**证** 设 $\lim\limits_{n\to\infty}x_n=a$,则对于任给的 $\varepsilon>0$,存在正整数 $N$,使当 $n>N$ 时,$|x_n-a|<\varepsilon$.

今因正整数列 $\{p_k\}$ 以 $+\infty$ 为其极限,所以,对于 $N$,存在正整数 $k_0$,使当 $k>k_0$ 时,$p_k>N$,此时 $|x_{p_k}-a|<\varepsilon(k>k_0)$,所以,子数列 $\{x_{p_k}\}$ 收敛,且 $\lim\limits_{n\to\infty}x_{p_n}=\lim\limits_{n\to\infty}x_n=a$.

【90】 证明:若单调数列的某一子数列收敛,则此单调数列本身是收敛的.

**证** 不失一般性,假设数列 $\{x_n\}$ 单调增加,其一子数列 $\{x_{p_n}\}$ 收敛于 $a$. 则对于任给的 $\varepsilon>0$,存在正整数 $N$,使当 $k>N$ 时,$|x_{p_k}-a|<\varepsilon$,令 $N'=p_{N+1}$. 设 $n>N'$,由于 $p_1<p_2<p_3<\cdots\to+\infty$,故必有 $p_k(k>N)$ 使 $p_k\leqslant n<p_{k+1}$. 由上知

$$|x_{p_k}-a|<\varepsilon,\quad |x_{p_{k+1}}-a|<\varepsilon.$$

而 $x_{p_k}\leqslant x_n\leqslant x_{p_{k+1}}$ (因 $x_n$ 递增),故必 $|x_n-a|<\varepsilon$. 由此可知 $\lim\limits_{n\to\infty}x_n=a$, 即 $\{x_n\}$ 是收敛的.

【91】 证明:若 $\lim\limits_{n\to\infty}x_n=a$,则 $\lim\limits_{n\to\infty}|x_n|=|a|$.

**提示** 利用极限定义及 $\big||x_n|-|a|\big|\leqslant|x_n-a|$.

**证** 因为 $\lim\limits_{n\to\infty}x_n=a$,则对于任给的 $\varepsilon>0$,存在正整数 $N$,使当 $n>N$ 时,$|x_n-a|<\varepsilon$.

又因 $\big||x_n|-|a|\big|\leqslant|x_n-a|$,故当 $n>N$ 时,$\big||x_n|-|a|\big|<\varepsilon$,于是,$\lim\limits_{n\to\infty}|x_n|=|a|$.

【92】 设 $x_n\to a$,则极限 $\lim\limits_{n\to\infty}\frac{x_{n+1}}{x_n}$ 是什么?

**解** 按题意,应设 $x_n\neq0(n=1,2,\cdots)$.

若 $a\neq0$,则显然 $\lim\limits_{n\to\infty}\frac{x_{n+1}}{x_n}=\frac{\lim\limits_{n\to\infty}x_{n+1}}{\lim\limits_{n\to\infty}x_n}=\frac{a}{a}=1$.

若 $a=0$,则 $\lim\limits_{n\to\infty}\frac{x_{n+1}}{x_n}$ 可能不存在,例如,若 $\{x_n\}$ 为:

$$1,\ 1,\ \frac{1}{2},\ \frac{1}{2},\ \frac{1}{2^2},\ \frac{1}{2^2},\ \frac{1}{2^3},\ \frac{1}{2^3},\ \cdots$$

则 $x_n\to0$, 但显然 $\frac{x_{2m}}{x_{2m-1}}\to1$, $\frac{x_{2m+1}}{x_{2m}}\to\frac{1}{2}$,故 $\lim\limits_{n\to\infty}\frac{x_{n+1}}{x_n}$ 不存在. 下面我们证明,若 $\lim\limits_{n\to\infty}\frac{x_{n+1}}{x_n}$ 存在,设为 $b$, 则必有 $-1\leqslant b\leqslant1$.

用反证法. 若 $|b|>1$. 取 $r$,使 $|b|>r>1$. 利用 91 题结果,知 $\lim\limits_{n\to\infty}\frac{|x_{n+1}|}{|x_n|}=|b|$. 于是,存在正整数 $N$,使当 $n\geqslant N$ 时,恒有 $\frac{|x_{n+1}|}{|x_n|}>r$. 从而,当 $n>N$ 时,

$$|x_n|=|x_N|\cdot\left|\frac{x_{N+1}}{x_N}\right|\cdot\left|\frac{x_{N+2}}{x_{N+1}}\right|\cdots\left|\frac{x_n}{x_{n-1}}\right|>|x_N|\cdot r^{n-N},$$

由此可知 $\lim\limits_{n\to\infty}x_n=\infty$,此与 $\lim\limits_{n\to\infty}x_n=0$ 矛盾,故必有 $-1\leqslant b\leqslant1$.

总结起来,若 $a\neq0$,则 $\lim\limits_{n\to\infty}\frac{x_{n+1}}{x_n}=1$;若 $a=0$,则 $\lim\limits_{n\to\infty}\frac{x_{n+1}}{x_n}$ 可能存在也可能不存在,当存在时,它必属于 $[-1,1]$.

【93】 证明:收敛的数列是有界的.

**证** 设$\lim\limits_{n\to\infty}x_n=a$. 要证$\{x_n\}$有界. 对于正数$\varepsilon=1$,存在正整数$N$,使当$n>N$时,必有$|x_n-a|<1$,从而$|x_n|<|a|+1\ (n>N)$. 于是,令

$$M=\max\{|x_1|,|x_2|,\cdots,|x_N|,|a|+1\}.$$

则$|x_n|\leqslant M(n=1,2,\cdots)$. 由此可知$\{x_n\}$有界.

**【94】** 证明:收敛的数列或达到其上确界,或达到其下确界,或两者都达到. 举出这三类数列的例子.

**证** (1)对于各项恒为常数的数列,显然上、下确界均达到.

(2)对于不恒为常数的收敛数列,设$\lim\limits_{n\to\infty}x_n=A$,则或存在某$x_i>A$,或存在某$x_j>A$,或这种$x_i,x_j$都存在. 作$A$的充分小的邻域使它不包含$x_i$或$x_j$,或$x_i,x_j$都不包含在此邻域内. 由于$x_n\to A$,故在这三种情况的任一种下,这个邻域外部都只有$\{x_n\}$中的有限个元素. 因此分别为必达到上确界、必达到下确界或上、下确界均必达到. 在第一种情形下确界可能达到,也可能达不到;在第二种情形,上确界可能达到,也可能达不到.

**【95】** 证明:趋近于$+\infty$的数列$x_n(n=1,2,\cdots)$必定达到其下确界.

**证** 由题设可知存在正整数$N$,使当$n>N$时恒有$x_n>x_1$,于是,显然,$x_1,x_2,\cdots,x_N$中的最小者即为$\{x_n\}$的下确界.

**求数列$x_n(n=1,2,\cdots)$的最大项,设:**

**【96】** $x_n=\dfrac{n^2}{2^n}$.

**提示** 当$n=3$时,$n^2>2^n$;当$n\neq3$时,$n^2\leqslant2^n$.

**解** 当$n=3$时;$n^2>2^n$;当$n\neq3$时,$n^2\leqslant2^n$;所以,最大项为$x_3=\dfrac{9}{8}$.

**【97】** $x_n=\dfrac{\sqrt{n}}{100+n}$.

**提示** $x_n=\dfrac{1}{\left(\sqrt[4]{n}-\dfrac{10}{\sqrt[4]{n}}\right)^2+20}$,$x_{100}=\dfrac{1}{20}$.

**解** $x_n=\dfrac{1}{\left(\sqrt[4]{n}-\dfrac{10}{\sqrt[4]{n}}\right)^2+20}\leqslant\dfrac{1}{20}$,其中$x_{100}=\dfrac{1}{20}$,所以,最大项为$x_{100}=\dfrac{1}{20}$.

**【98】** $x_n=\dfrac{1000^n}{n!}$.

**提示** $\dfrac{x_{n+1}}{x_n}=\dfrac{1000}{n+1}$.

**解** $\dfrac{x_{n+1}}{x_n}=\dfrac{1000}{n+1}$. 当$n+1<1000$时,$x_{n+1}>x_n$;当$n+1>1000$时,$x_{n+1}<x_n$.

所以,最大项为$x_{999}=x_{1000}=\dfrac{1000^{1000}}{1000!}$.

**求数列$x_n(n=1,2,\cdots)$的最小项,设:**

**【99】** $x_n=n^2-9n-100$.

**解** 若$n^2-9n\geqslant0$,则$n\geqslant9$;若$n^2-9n<0$,则$0<n<9$.

所以,最小项从$x_1$到$x_8$中去寻找,比较之,得$x_n$的最小项为$x_4=x_5=-120$.

**【100】** $x_n=n+\dfrac{100}{n}$.

**提示** $x_n=\left(\sqrt{n}-\dfrac{10}{\sqrt{n}}\right)^2+20$及$x_{10}=20$.

**解** $x_n=\left(\sqrt{n}-\dfrac{10}{\sqrt{n}}\right)^2+20\geqslant20$,其中$x_{10}=20$,所以,最小项为$x_{10}=20$.

求数列 $x_n(n=1,2,\cdots)$ 的 $\inf\{x_n\}$，$\sup\{x_n\}$，$\varliminf\limits_{n\to\infty}x_n$ 及 $\varlimsup\limits_{n\to\infty}x_n$，设：

**【101】** $x_n=1-\frac{1}{n}$.

解 $\inf\{x_n\}=0$； $\sup\{x_n\}=1$； $\varliminf\limits_{n\to\infty}x_n=1$ $\varlimsup\limits_{n\to\infty}x_n=1$.

**【102】** $x_n=\frac{(-1)^n}{n}+\frac{1+(-1)^n}{2}$.

解 $\inf\{x_n\}=-1$； $\sup\{x_n\}=\frac{3}{2}$；$\varliminf\limits_{n\to\infty}x_n=0$； $\varlimsup\limits_{n\to\infty}x_n=1$.

**【103】** $x_n=1+\frac{n}{n+1}\cos\frac{n\pi}{2}$.

解 $x_1=1$，$x_2=1-\frac{2}{3}$，$x_3=1$，$x_4=1+\frac{4}{5}$，$\cdots$.

$\inf\{x_n\}=0$； $\sup\{x_n\}=2$； $\varliminf\limits_{n\to\infty}x_n=0$； $\varlimsup\limits_{n\to\infty}x_n=2$.

**【104】** $x_n=1+2(-1)^{n+1}+3(-1)^{\frac{n(n-1)}{2}}$.

解 $x_{4k}=1-2+3$， $x_{4k+1}=1+2+3$，$x_{4k+2}=1-2-3$， $x_{4k+3}=1+2-3(k=1,2,\cdots)$.

$\inf\{x_n\}=-4$； $\sup\{x_n\}=6$； $\varliminf\limits_{n\to\infty}x_n=-4$； $\varlimsup\limits_{n\to\infty}x_n=6$.

**【105】** $x_n=\frac{n-1}{n+1}\cos\frac{2n\pi}{3}$.

解 $x_1=0$， $x_2=\frac{1}{3}\left(-\frac{1}{2}\right)$， $x_3=\frac{1}{2}$， $x_4=\frac{3}{5}\left(-\frac{1}{2}\right)$， $x_5=\frac{2}{3}\left(-\frac{1}{2}\right)$， $x_6=\frac{5}{7}$，

$x_7=\frac{3}{4}\left(-\frac{1}{2}\right)$， $x_8=\frac{7}{9}\left(-\frac{1}{2}\right)$， $x_9=\frac{4}{5}$，$\cdots$.

$\inf\{x_n\}=-\frac{1}{2}$； $\sup\{x_n\}=1$； $\varliminf\limits_{n\to\infty}x_n=-\frac{1}{2}$； $\varlimsup\limits_{n\to\infty}x_n=1$.

**【106】** $x_n=(-1)^n n$.

解 $\inf\{x_n\}=-\infty$； $\sup\{x_n\}=+\infty$；$\varliminf\limits_{n\to\infty}x_n=-\infty$； $\varlimsup\limits_{n\to\infty}x_n=+\infty$.

**【107】** $x_n=-n[2+(-1)^n]$.

解 $\inf\{x_n\}=-\infty$； $\sup\{x_n\}=-1$；$\varliminf\limits_{n\to\infty}x_n=-\infty$； $\varlimsup\limits_{n\to\infty}x_n=-\infty$.

**【108】** $x_n=n^{(-1)^n}$.

解 $\inf\{x_n\}=0$； $\sup\{x_n\}=+\infty$；$\varliminf\limits_{n\to\infty}x_n=0$； $\varlimsup\limits_{n\to\infty}x_n=+\infty$.

**【109】** $x_n=1+n\sin\frac{n\pi}{2}$.

解 $x_1=1+1$，$x_2=1+0$，$x_3=1-3$，$x_4=1+0$，$x_5=1+5$，$\cdots$.

$\inf\{x_n\}=-\infty$； $\sup\{x_n\}=+\infty$；$\varliminf\limits_{n\to\infty}x_n=-\infty$； $\varlimsup\limits_{n\to\infty}x_n=+\infty$.

**【110】** $x_n=\frac{1}{n-10.2}$.

解 当 $n$ 由 1 到 10 时，$x_n$ 由负数往下降；当 $n$ 由 11 到 $+\infty$ 时，$x_n$ 由正数往下降，所以，

$\inf\{x_n\}=x_{10}=-5$； $\sup\{x_n\}=x_{11}=1.25$； $\varliminf\limits_{n\to\infty}x_n=0$， $\varlimsup\limits_{n\to\infty}x_n=0$.

求 $\varliminf\limits_{n\to\infty}x_n$ 及 $\varlimsup\limits_{n\to\infty}x_n$. 设：

**【111】** $x_n=\frac{n^2}{1+n^2}\cos\frac{2n\pi}{3}$.

解 $\varliminf\limits_{n\to\infty}x_n=-\frac{1}{2}$； $\varlimsup\limits_{n\to\infty}x_n=1$.

【112】 $x_n=\left(1+\frac{1}{n}\right)^n\cdot(-1)^n+\sin\frac{n\pi}{4}$.

解 $\varliminf\limits_{n\to\infty}x_n=-\left(e+\frac{1}{\sqrt{2}}\right)$； $\varlimsup\limits_{n\to\infty}x_n=e+1$.

【113】 $x_n=\frac{n}{n+1}\sin^2\frac{n\pi}{4}$.

解 $\varliminf\limits_{n\to\infty}x_n=0$； $\varlimsup\limits_{n\to\infty}x_n=1$.

【114】 $x_n=\sqrt[n]{1+2^{n\cdot(-1)^n}}$.

解 $\varliminf\limits_{n\to\infty}x_n=1$； $\varlimsup\limits_{n\to\infty}x_n=2$ （因$(2^{2k}+1)^{\frac{1}{2k}}=2\left(1+\frac{1}{2^{2k}}\right)^{\frac{1}{2k}}\to2$）.

【115】 $x_n=\cos^n\frac{2n\pi}{3}$.

解 $\varliminf\limits_{n\to\infty}x_n=0$； $\varlimsup\limits_{n\to\infty}x_n=1$.

**求以下各数列的聚点：**

【116】 $\frac{1}{2},\frac{1}{2},\frac{1}{4},\frac{3}{4},\frac{1}{8},\frac{7}{8},\cdots,\frac{1}{2^n},\frac{2^n-1}{2^n},\cdots$.

解 聚点为 0 及 1.

【117】 $1,\frac{1}{2},1+\frac{1}{2},\frac{1}{3},1+\frac{1}{3},\frac{1}{2}+\frac{1}{3},\frac{1}{4},1+\frac{1}{4},\frac{1}{2}+\frac{1}{4},\frac{1}{3}+\frac{1}{4},\frac{1}{5},\cdots,$

$\frac{1}{n},1+\frac{1}{n},\frac{1}{2}+\frac{1}{n},\cdots.\frac{1}{n-1}+\frac{1}{n},\frac{1}{n+1},\cdots$.

解 聚点为 $0,1,\frac{1}{2},\frac{1}{3},\cdots$. 它们分别为子数列：$\left\{\frac{1}{n}\right\},\left\{1+\frac{1}{n}\right\},\left\{\frac{1}{2}+\frac{1}{n}\right\},\left\{\frac{1}{3}+\frac{1}{n}\right\},\cdots$ 的极限.

【118】 $\frac{1}{2},\frac{1}{3},\frac{2}{3},\frac{1}{4},\frac{2}{4},\frac{3}{4},\frac{1}{5},\frac{2}{5},\frac{3}{5},\frac{4}{5},\cdots$.

解 所述数列正好包含(0,1)中全部有理数，故对于闭区间[0,1]上的每一点 $x$，在其任意的 $\varepsilon$ 邻域内均有此数列中无穷个数，因此 $x$ 必可作为某子数列的极限，所以，$x$ 是所述数列的聚点. 由此可知[0,1]中的任何点都是所述数列的聚点，显然，[0,1]外的点都不是所述数列的聚点.

【119】 $x_n=3\left(1-\frac{1}{n}\right)+2(-1)^n$.

解 因为 $2(-1)^n$ 为 2 或 −2. 所以，聚点为 5 及 1.

【120】 $x_n=\frac{1}{2}[(a+b)+(-1)^n(a-b)]$.

解 聚点为 $a$ 及 $b$.

【121】 试举出以已知数 $a_1,a_2,\cdots,a_p$ 作为聚点的数列的例子.

解 数列

$$a_1-\frac{1}{2},a_2-\frac{1}{2},\cdots,a_p-\frac{1}{2},a_1-\frac{1}{3},a_2-\frac{1}{3},\cdots,a_p-\frac{1}{3},\cdots,a_1-\frac{1}{n},a_2-\frac{1}{n},\cdots,a_p-\frac{1}{n},\cdots$$

显然以 $a_1,a_2,\cdots,a_p$ 为聚点.

【122】 试举出数列的例子，对此数列而言，已知数列 $a_1,a_2,\cdots,a_n,\cdots$ 的所有各项皆为其聚点，所举数列还必有怎样的聚点？

解 例如，数列

$$a_1+\frac{1}{2},a_2+\frac{1}{2},a_1+\frac{1}{3},a_2+\frac{1}{3},a_3+\frac{1}{3},a_1+\frac{1}{4},a_2+\frac{1}{4},a_3+\frac{1}{4},a_4+\frac{1}{4},\cdots,$$

$$a_1+\frac{1}{n},a_2+\frac{1}{n},a_3+\frac{1}{n},\cdots,a_n+\frac{1}{n},\cdots$$

就以 $a_1,a_2,a_3,\cdots,a_n,\cdots$ 为其聚点.

此外,很明显,若 $\{x_n\}$ 为一数列,使已知数列 $\{a_n\}$ 的各项 $a_1,a_2,a_3,\cdots$ 皆为 $\{x_n\}$ 的聚点,则已知数列 $\{a_n\}$ 本身的聚点也必为数列 $\{x_n\}$ 的聚点.

**【123】** 举出数列的例子:

(1)没有有限的聚点; (2)有唯一有限的聚点,但不收敛;

(3)有无限多的聚点; (4)以每一实数作为聚点.

**解** (1)数列 $x_n=n(n=1,2,\cdots)$ 没有有限的聚点.

(2)数列:$1,\ -1,\ \frac{1}{2},\ -2,\ \frac{1}{3},\ -3,\ \cdots,\ \frac{1}{n},\ -n,\ \cdots$ 有唯一有限的聚点 0,但此数列却不收敛.

(3)118 题的数列即有无限多的聚点.

(4)我们按下述"对角线法则"来构造一个数列,使每一元素后面跟一个对应的负数,排列顺次如图 1.1.

$x_1=1,\ x_2=-1,\ x_3=\frac{1}{2},\ x_4=-\frac{1}{2},\ x_5=2, x_6=-2,$

$x_7=3,\ x_8=-3,\ x_9=\frac{2}{2}, x_{10}=-\frac{2}{2},\ x_{11}=\frac{1}{3},\ x_{12}=-\frac{1}{3},$

$\cdots.$

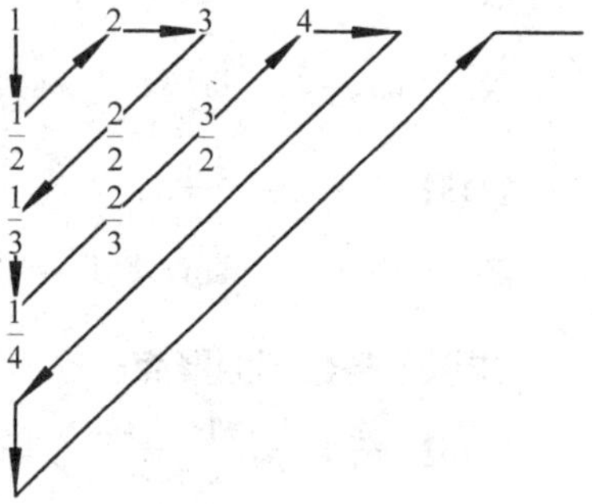

图 1.1

此数列以每一实数作为其聚点,即聚点的集合为$(-\infty,+\infty)$.

**【124】** 证明:数列 $x_n$ 和 $y_n=x_n\sqrt[n]{n}\,(n=1,2,\cdots)$ 有相同的聚点.

**证** 因为$\sqrt[n]{n}\to1$,所以,数列 $\{x_n\}$ 的子数列 $\{x_{n_k}\}$ 与 $\{y_n\}$ 的对应子数列 $\{x_{n_k}\sqrt[n_k]{n_k}\}$ 同时收敛,且具有相同的极限,此即数列 $\{x_n\}$ 和 $\{y_n\}$ 有相同的聚点.

**【125】** 证明:从有界的数列 $x_n(n=1,2,\cdots)$ 中,永远可选出收敛的子数列 $x_{p_n}\,(n=1,2,\cdots)$.

**证明思路** 可设 $a\leqslant x_n\leqslant b$. 将区间$[a,b]$二等分,其中必至少有一个子区间包含 $\{x_n\}$ 的无限多项,记为$[a_1,b_1]$. 再将区间$[a_1,b_1]$二等分,又可得区间$[a_2,b_2]\subset[a_1,b_1]$,它包含 $\{x_n\}$ 的无穷多项,依次类推,得

$$[a_1,b_1]\supset[a_2,b_2]\supset\cdots\supset[a_n,b_n]\supset\cdots,$$

每一$[a_n,b_n]$均包含 $\{x_n\}$ 的无限多项,且 $b_n-a_n=\frac{b-a}{2^n}\to0\ (n\to\infty)$,由此可知 $\lim\limits_{n\to\infty}a_n=\lim\limits_{n\to\infty}b_n=c$.

按下法选 $\{x_n\}$ 的一个子序列 $\left\{x_{p_n}\right\}$:先在包含于$[a_1,b_1]$内的诸 $x_n$ 中任取一个作为 $x_{p_1}$. 然后,在包含于$[a_2,b_2]$内且在 $x_{p_1}$ 后面的诸 $x_n$ 中任取一个作为 $x_{p_2}$,余类推,可得 $\{x_n\}$ 的一个子序列 $\left\{x_{p_k}\right\}$,满足

$$a_k\leqslant x_{p_k}\leqslant b_k\quad(k=1,2,\cdots).$$

由此可得 $\lim\limits_{k\to\infty}x_{p_k}=c$. 即 $\{x_{p_k}\}$ 为 $\{x_n\}$ 的一个收敛子数列.

**证** 因为数列 $\{x_n\}$ 有界,故可设一切项满足不等式

$$a\leqslant x_n\leqslant b,$$

其中 $a,b$ 为有限的实数,将区间$[a,b]$二等分之,得区间$\left[a,\frac{a+b}{2}\right]$,$\left[\frac{a+b}{2},b\right]$,其中必至少有一个包含所给数列的无限多项,将它记为$[a_1,b_1]$(若两者均含无穷多项,则任取其一作为$[a_1,b_1]$). 再将区间$[a_1,b_1]$等分之,又可得区间$[a_2,b_2]\subset[a_1,b_1]$,它包含所给数列的无限多项. 依次类推,于是得一串区间:

$$[a_1,b_1]\supset[a_2,b_2]\supset\cdots\supset[a_n,b_n]\supset\cdots,$$

其中每一$[a_n,b_n]$都包含所给数列 $\{x_n\}$ 中的无限多项,且有

$$b_n-a_n=\frac{b-a}{2^n}\to0\quad(n\to\infty),$$

因此,根据区间套定理诸$[a_n,b_n]$具有唯一的公共点 $c$,且

$$\lim_{n\to\infty}a_n=\lim_{n\to\infty}b_n=c.$$

现按下法选出$\{x_n\}$的一个子数列$\left\{x_{p_k}\right\}$:在包含于$[a_1,b_1]$内的诸$x_n$中任取一个作为$x_{p_1}$.然后,在包含于$[a_2,b_2]$内且在$x_{p_1}$后面的诸$x_n$中任取一个作为$x_{p_2}$,然后,又在包含于$[a_3,b_3]$内且在$x_{p_2}$后面的诸$x_n$中任取一个作为$x_{p_3}$.余类推(这是可能的,因为每个$[a_k,b_k]$中都包含有$x_n$无穷多项).于是,我们得出$\{x_n\}$的一个子数列$\left\{x_{p_k}\right\}$,满足

$$a_k\leqslant x_{p_k}\leqslant b_k \quad (k=1,2,\cdots).$$

由此,知$|x_{p_k}-c|\leqslant b_k-a_k(k=1,2,\cdots)$,故$\lim\limits_{k\to\infty}x_{p_k}=c$.从而,$\{x_{p_k}\}$是$\{x_n\}$的一个收敛子数列.

证毕.

**【126】** 证明:若数列$x_n(n=1,2,\cdots)$无界,则存在子数列$x_{p_n}(n=1,2,\cdots)$,使得$\lim\limits_{n\to\infty}x_{p_n}=\infty$.

**证** 因$x_n(n=1,2,\cdots)$无界,故存在某项$x_{p_1}$满足$|x_{p_1}|>1$.由于数列$x_n(n=p_1+1,p_1+2,\cdots)$也无界,故又存在某项$x_{p_2}(p_2>p_1)$,使$|x_{p_2}|>2$;又由于数列$x_n(n=p_2+1,p_2+2,\cdots)$无界,故又存在某项$x_{p_3}$ $(p_3>p_2)$,使$|x_{p_3}|>3$.余类推.于是,我们得$\{x_n\}$的一个子数列$\left\{x_{p_k}\right\}$,满足

$$|x_{p_k}|>k \quad (k=1,2,\cdots).$$

由此可知$\lim\limits_{k\to\infty}x_{p_k}=\infty$.证毕.

**【127】** 设数列$x_n(n=1,2,\cdots)$收敛,而数列$y_n(n=1,2,\cdots)$发散,则能否断定关于数列(1)$x_n+y_n$;(2)$x_ny_n$的收敛性?举出适当的例子.

**解** (1)$\{x_n+y_n\}$一定发散.如果$\{x_n+y_n\}$收敛,则由$(x_n+y_n)-x_n=y_n$,知$\{y_n\}$收敛,与题设矛盾.

(2)数列$\{x_ny_n\}$可能收敛,也可能发散.例如:

(i)数列$x_n=\dfrac{1}{n}$ $(n=1,2,\cdots)$收敛,数列$y_n=n$ $(n=1,2,\cdots)$发散,

而数列$x_ny_n=1$ $(n=1,2,\cdots)$是收敛的.

(ii)数列$x_n=\dfrac{1}{n}$ $(n=1,2,\cdots)$收敛,数列$y_n=n^2(n=1,2,\cdots)$发散,

而数列$x_ny_n=n$ $(n=1,2,\cdots)$却是发散的.

**【128】** 设数列$x_n$和$y_n$发散$(n=1,2,\cdots)$,可否断定数列(1)$x_n+y_n$;(2)$x_ny_n$.也发散呢?举出适当的例子.

**提示** 不能.例如,

$$x_n=\frac{1+(-1)^n}{2},\quad y_n=\frac{1-(-1)^n}{2}\quad (n=1,2,\cdots).$$

**解** 不能.例如,数列

$$x_n=\frac{1+(-1)^n}{2}\quad 及\quad y_n=\frac{1-(-1)^n}{2}\quad (n=1,2,\cdots)$$

都发散,但数列

$$x_n+y_n=1\quad (n=1,2,\cdots)\quad 及\quad x_ny_n=0\quad (n=1,2,\cdots)$$

却都是收敛的.

**【129】** 设$\lim\limits_{n\to\infty}x_n=0$,$y_n(n=1,2,\cdots)$为任意数列.能否断定$\lim\limits_{n\to\infty}x_ny_n=0$?举出适当的例子.

**解** 不能.例如,数列

$$x_n=\frac{1}{n}\to 0\ (n\to\infty)\ 及\ y_n=n\ (n=1,2,\cdots)的乘积\ x_ny_n=1\ (n=1,2,\cdots),$$

当$n\to\infty$时趋于1,不趋于0.

**【130】** 设$\lim\limits_{n\to\infty}x_ny_n=0$.是否由此可得出:或$\lim\limits_{n\to\infty}x_n=0$,或$\lim\limits_{n\to\infty}y_n=0$?

**提示** 不能.例如,

$$x_n=\frac{1+(-1)^n}{2},\quad y_n=\frac{1-(-1)^n}{2}\quad (n=1,2,\cdots),\quad 或\quad x_n=\frac{1}{n^2},\quad y_n=n\quad (n=1,2,\cdots).$$

**解** 不能. 例如,数列 $x_n=\dfrac{1+(-1)^n}{2}$ 及 $y_n=\dfrac{1-(-1)^n}{2}$ $(n=1,2,\cdots)$,则有 $\lim\limits_{n\to\infty}x_ny_n=0$,但 $\lim\limits_{n\to\infty}x_n$ 及 $\lim\limits_{n\to\infty}y_n$ 均不存在.

当然,还可举例 $x_n=\dfrac{1}{n^2}$,$y_n=n(n=1,2,\cdots)$,则 $x_ny_n\to0$,$x_n\to0$,而 $\{y_n\}$ 极限不存在(当 $n\to\infty$).注意,假若已知 $x_ny_n\to0$,而又已知 $\{x_n\}$,$\{y_n\}$ 中至少有一个数列有极限的话,则:$\lim\limits_{n\to\infty}x_n=0$ 或 $\lim\limits_{n\to\infty}y_n=0$ 至少有一个是成立的.

**【131】** 证明:

(1) $\underline{\lim\limits_{n\to\infty}}x_n+\underline{\lim\limits_{n\to\infty}}y_n\leqslant\underline{\lim\limits_{n\to\infty}}(x_n+y_n)\leqslant\underline{\lim\limits_{n\to\infty}}x_n+\overline{\lim\limits_{n\to\infty}}y_n$;

(2) $\underline{\lim\limits_{n\to\infty}}x_n+\overline{\lim\limits_{n\to\infty}}y_n\leqslant\overline{\lim\limits_{n\to\infty}}(x_n+y_n)\leqslant\overline{\lim\limits_{n\to\infty}}x_n+\overline{\lim\limits_{n\to\infty}}y_n$.

举出在这些关系式中严格不等号成立的例子.

**证明思路** (1)先证右端不等式. 存在 $\{x_n\}$ 的子数列 $\left\{x_{n_k}\right\}$ 使 $x_{n_k}\to\alpha=\underline{\lim\limits_{n\to\infty}}x_n$. 对于数列 $\left\{y_{n_k}\right\}$,必有子数列 $y_{n_{k_i}}$ 使 $y_{n_{k_i}}\to\beta=\overline{\lim\limits_{k\to\infty}}y_{n_k}\leqslant\overline{\lim\limits_{n\to\infty}}y_n$. 由于 $x_{n_{k_i}}+y_{n_{k_i}}\to\alpha+\beta$,故 $\alpha+\beta$ 为 $\{x_n+y_n\}$ 的一个聚点. 由此有 $\alpha+\beta\geqslant\underline{\lim\limits_{n\to\infty}}(x_n+y_n)$ 及 $\underline{\lim\limits_{n\to\infty}}(x_n+y_n)\leqslant\alpha+\beta\leqslant\underline{\lim\limits_{n\to\infty}}x_n+\overline{\lim\limits_{n\to\infty}}y_n$.

再证左端不等式. 存在 $\{x_n+y_n\}$ 的子数列 $\left\{x_{n_k}+y_{n_k}\right\}$ 使 $x_{n_k}+y_{n_k}\to\alpha'=\underline{\lim\limits_{n\to\infty}}(x_n+y_n)$. 对于 $\left\{x_{n_k}\right\}$,存在子数列 $\left\{x_{n_{k_i}}\right\}$ 使 $x_{n_{k_i}}\to\beta'=\underline{\lim\limits_{k\to\infty}}x_{n_k}\geqslant\underline{\lim\limits_{n\to\infty}}x_n$. 由于

$$y_{n_{k_i}}=(x_{n_{k_i}}+y_{n_{k_i}})-x_{n_{k_i}}\to\alpha'-\beta',$$

故 $\alpha'-\beta'$ 为 $\{y_n\}$ 的一个聚点. 由此有

$$\alpha'-\beta'\geqslant\underline{\lim\limits_{n\to\infty}}y_n\quad\text{及}\quad\underline{\lim\limits_{n\to\infty}}(x_n+y_n)=\alpha'\geqslant\beta'+\underline{\lim\limits_{n\to\infty}}y_n\geqslant\underline{\lim\limits_{n\to\infty}}x_n+\underline{\lim\limits_{n\to\infty}}y_n.$$

(2)同(1)的思路.

**证** (1)先证右端不等式. 根据定义,存在 $\{x_n\}$ 的子数列 $\left\{x_{n_k}\right\}$ 使 $x_{n_k}\to\alpha=\underline{\lim\limits_{n\to\infty}}x_n$. 对于数列 $\left\{y_{n_k}\right\}$,必有子数列 $y_{n_{k_i}}\to\beta=\overline{\lim\limits_{k\to\infty}}y_{n_k}$. 显然 $\overline{\lim\limits_{k\to\infty}}y_{n_k}\leqslant\overline{\lim\limits_{n\to\infty}}y_n$. 由于 $x_{n_{k_i}}+y_{n_{k_i}}\to\alpha+\beta$,故 $\alpha+\beta$ 是 $\{x_n+y_n\}$ 的一个聚点. 由此可知

$$\alpha+\beta\geqslant\underline{\lim\limits_{n\to\infty}}(x_n+y_n).$$

故得

$$\underline{\lim\limits_{n\to\infty}}(x_n+y_n)\leqslant\alpha+\beta\leqslant\underline{\lim\limits_{n\to\infty}}x_n+\overline{\lim\limits_{n\to\infty}}y_n.$$

再证左端的不等式,根据定义,存在 $\{x_n+y_n\}$ 的子数列 $\left\{x_{n_k}+y_{n_k}\right\}$ 使 $x_{n_k}+y_{n_k}\to\alpha'=\underline{\lim\limits_{n\to\infty}}(x_n+y_n)$. 对于数列 $\left\{x_{n_k}\right\}$,存在子数列 $\left\{x_{n_{k_i}}\right\}$ 使 $x_{n_{k_i}}\to\beta'=\underline{\lim\limits_{k\to\infty}}x_{n_k}$,显然 $\underline{\lim\limits_{k\to\infty}}x_{n_k}\geqslant\underline{\lim\limits_{n\to\infty}}x_n$. 由于

$$y_{n_{k_i}}=(x_{n_{k_i}}+y_{n_{k_i}})-x_{n_{k_i}}\to\alpha'-\beta'.$$

故 $\alpha'-\beta'$ 是 $\{y_n\}$ 的一个聚点. 从而,

$$\alpha'-\beta'\geqslant\underline{\lim\limits_{n\to\infty}}y_n,$$

由此可知 $\underline{\lim\limits_{n\to\infty}}(x_n+y_n)=\alpha'\geqslant\beta'+\underline{\lim\limits_{n\to\infty}}y_n\geqslant\underline{\lim\limits_{n\to\infty}}x_n+\underline{\lim\limits_{n\to\infty}}y_n$.

(2)先证右端不等式. 根据定义,存在 $\{x_n+y_n\}$ 的一个子数列 $\left\{x_{n_k}+y_{n_k}\right\}$,使 $x_{n_k}+y_{n_k}\to r=\overline{\lim\limits_{n\to\infty}}(x_n+y_n)$. 对于数列 $\left\{x_{n_k}\right\}$,存在子数列 $x_{n_{k_i}}\to\tau=\overline{\lim\limits_{k\to\infty}}x_{n_k}$. 显然 $\overline{\lim\limits_{k\to\infty}}x_{n_k}\leqslant\overline{\lim\limits_{n\to\infty}}x_n$. 由于

$$y_{n_{k_i}}=(x_{n_{k_i}}+y_{n_{k_i}})-x_{n_{k_i}}\to r-\tau,$$

故 $r-\tau$ 是 $\{y_n\}$ 的一个聚点. 从而,

$$r-\tau\leqslant\overline{\lim_{n\to\infty}}y_n.$$

由此可知$\overline{\lim_{n\to\infty}}(x_n+y_n)=r\leqslant\tau+\overline{\lim_{n\to\infty}}y_n\leqslant\overline{\lim_{n\to\infty}}x_n+\overline{\lim_{n\to\infty}}y_n$.

再证左端的不等式. 根据定义,存在$\{y_n\}$的一个子数列$\{y_{n_k}\}$,使$y_{n_k}\to r'=\underline{\lim_{n\to\infty}}y_n$. 对于数列$\{x_{n_k}\}$,存在子数列$\{x_{n_{k_i}}\}$使$x_{n_{k_i}}\to\tau'=\underline{\lim_{k\to\infty}}x_{n_k}$. 显然$\underline{\lim_{k\to\infty}}x_{n_k}\geqslant\underline{\lim_{n\to\infty}}x_n$. 由于

$$x_{n_{k_i}}+y_{n_{k_i}}\to r'+\tau',$$

故$r'+\tau'$是$\{x_n+y_n\}$的一个聚点. 从而,

$$\underline{\lim_{n\to\infty}}(x_n+y_n)\geqslant r'+\tau'.$$

由此可知$\underline{\lim_{n\to\infty}}(x_n+y_n)\geqslant r'+\tau'\geqslant\underline{\lim_{n\to\infty}}x_n+\underline{\lim_{n\to\infty}}y_n$. 证毕.

以下举严格不等号成立的例子. 例如,令

$\{x_n\}$为:1,0,1,0,1,0,… $\{y_n\}$为:0,2,0,2,0,2,….

则有不等式

$$\underline{\lim_{n\to\infty}}x_n+\underline{\lim_{n\to\infty}}y_n=0<\underline{\lim_{n\to\infty}}(x_n+y_n)=1<\underline{\lim_{n\to\infty}}x_n+\overline{\lim_{n\to\infty}}y_n=2.$$

而对于数列

$\{x_n\}$为:0, 2, 0, 2, 0, 2, … $\{y_n\}$为:1, 0, 1, 0, 1, 0, …,

则有$\underline{\lim_{n\to\infty}}x_n+\overline{\lim_{n\to\infty}}y_n=1<\overline{\lim_{n\to\infty}}(x_n+y_n)=2<\overline{\lim_{n\to\infty}}x_n+\overline{\lim_{n\to\infty}}y_n=3$.

**【132】** 设$x_n\geqslant0$和$y_n\geqslant0(n=1,2,\cdots)$. 证明:

(1)$\underline{\lim_{n\to\infty}}x_n\cdot\underline{\lim_{n\to\infty}}y_n\leqslant\underline{\lim_{n\to\infty}}(x_ny_n)\leqslant\underline{\lim_{n\to\infty}}x_n\cdot\overline{\lim_{n\to\infty}}y_n$, 及

(2)$\underline{\lim_{n\to\infty}}x_n\cdot\overline{\lim_{n\to\infty}}y_n\leqslant\overline{\lim_{n\to\infty}}(x_ny_n)\leqslant\overline{\lim_{n\to\infty}}x_n\cdot\overline{\lim_{n\to\infty}}y_n$.

举出在这些关系式中严格不等号成立的例子.

**证** (1)先证右端的不等式. 根据定义,存在$\{x_n\}$的一个子数列$\{x_{n_k}\}$,使$x_{n_k}\to\alpha=\underline{\lim_{n\to\infty}}x_n\geqslant0$;对于数列$\{y_{n_k}\}$,存在子数列$\{y_{n_{k_i}}\}$,使$y_{n_{k_i}}\to\beta=\overline{\lim_{k\to\infty}}y_{n_k}\geqslant0$. 显然$\overline{\lim_{k\to\infty}}y_{n_k}\leqslant\overline{\lim_{n\to\infty}}y_n$. 由于$x_{n_{k_i}}y_{n_{k_i}}\to\alpha\beta$,故$\alpha\beta$是数列$\{x_ny_n\}$的一个聚点. 因此,

$$\underline{\lim_{n\to\infty}}(x_ny_n)\leqslant\alpha\beta,$$

由此,再注意到$\alpha\geqslant0,\beta\geqslant0$,即得知

$$\underline{\lim_{n\to\infty}}(x_ny_n)\leqslant\alpha\beta\leqslant\alpha(\overline{\lim_{n\to\infty}}y_n)=(\underline{\lim_{n\to\infty}}x_n)\cdot(\overline{\lim_{n\to\infty}}y_n).$$

再证左端的不等式. 若$\underline{\lim_{n\to\infty}}x_n=0$,则此不等式显然成立,故设$\underline{\lim_{n\to\infty}}x_n=\beta^*>0$. 于是,存在正整数$N_0$,使当$n>N_0$时,$x_n>0$. 根据定义,存在$\{x_n\,y_n\}$的子数列$\{x_{n_k}\,y_{n_k}\}$,使

$$x_{n_k}\,y_{n_k}\to\alpha'=\underline{\lim_{n\to\infty}}(x_n\,y_n)\geqslant0.$$

对于数列$\{x_{n_k}\}$,存在子数列$\{x_{n_{k_i}}\}$,使

$$x_{n_{k_i}}\to\beta'=\underline{\lim_{k\to\infty}}x_{n_k}.$$

注意到$\beta'=\underline{\lim_{k\to\infty}}x_{n_k}\geqslant\underline{\lim_{n\to\infty}}x_n=\beta^*>0$以及$x_n>0(n>N_0)$,知

$$y_{n_{k_i}}=(x_{n_{k_i}}\,y_{n_{k_i}})\cdot\frac{1}{x_{n_{k_i}}}\to\frac{\alpha'}{\beta'},$$

故$\frac{\alpha'}{\beta'}$是$\{y_n\}$的一个聚点. 从而,

$$\frac{\alpha'}{\beta'}\geqslant\underline{\lim_{n\to\infty}}y_n,$$

由此可知$\underline{\lim}\limits_{n\to\infty}(x_ny_n)=\alpha'\geqslant\beta'(\underline{\lim}\limits_{n\to\infty}y_n)\geqslant(\underline{\lim}\limits_{n\to\infty}x_n)\cdot(\underline{\lim}\limits_{n\to\infty}y_n)$.

(2)先证右端不等式,可设$\{y_n\}$有界(若$\{y_n\}$无界,则$\overline{\lim}\limits_{n\to\infty}y_n=+\infty$,从而此不等式显然成立). 根据定义,存在$\{x_ny_n\}$的子数列$\{x_{n_k}y_{n_k}\}$,使

$$x_{n_k}y_{n_k}\to\bar{\alpha}=\overline{\lim_{n\to\infty}}(x_ny_n)\geqslant 0.$$

对于$\{x_{n_k}\}$,存在子数列$\{x_{n_{k_i}}\}$,使

$$x_{n_{k_i}}\to\bar{\beta}=\overline{\lim_{k\to\infty}}x_{n_k}\geqslant 0.$$

若$\bar{\beta}=0$,则由于$\{y_n\}$有界,知$x_{n_{k_i}}y_{n_{k_i}}\to 0$,从而$\bar{\alpha}=0$,此时所要证的不等式显然成立,故下设$\bar{\beta}>0$. 于是,当$i$充分大时$(i>i_0)$,$x_{n_{k_i}}>0$,故得

$$y_{n_{k_i}}=(x_{n_{k_i}}y_{n_{k_i}})\cdot\frac{1}{x_{n_{k_i}}}\to\frac{\bar{\alpha}}{\bar{\beta}}.$$

因此,$\dfrac{\bar{\alpha}}{\bar{\beta}}$是$\{y_n\}$的一个聚点,从而,$\dfrac{\bar{\alpha}}{\bar{\beta}}\leqslant\overline{\lim\limits_{n\to\infty}}y_n$;由此可知

$$\overline{\lim_{n\to\infty}}(x_ny_n)=\bar{\alpha}\leqslant\bar{\beta}(\overline{\lim_{n\to\infty}}y_n)\leqslant(\overline{\lim_{n\to\infty}}x_n)\cdot(\overline{\lim_{n\to\infty}}y_n).$$

再证左端的不等式. 根据定义,存在$\{y_n\}$的一子数列$\left\{y_{n_k}\right\}$,使$y_{n_k}\to r=\overline{\lim\limits_{n\to\infty}}y_n\geqslant 0$,对于$\left\{x_{n_k}\right\}$,存在子数列$\left\{x_{n_{k_i}}\right\}$,使

$$x_{n_{k_i}}\to\tau=\underline{\lim}_{k\to\infty}x_{n_k}\geqslant 0.$$

显然$\underline{\lim}\limits_{k\to\infty}x_{n_k}\geqslant\underline{\lim}\limits_{n\to\infty}x_n\geqslant 0$. 由于

$$x_{n_{k_i}}y_{n_{k_i}}\to\tau r,$$

故$\tau r$是$\{x_ny_n\}$的一个聚点. 从而,

$$\tau r\leqslant\overline{\lim_{n\to\infty}}(x_ny_n),$$

由此可知$(\underline{\lim}\limits_{n\to\infty}x_n)\cdot(\overline{\lim\limits_{n\to\infty}}y_n)\leqslant\tau r\leqslant\overline{\lim\limits_{n\to\infty}}(x_ny_n)$. 证毕.

下面举严格不等号成立的例子. 例如,令

$$\{x_n\}为:\frac{1}{2},2,\frac{1}{2},2,\frac{1}{2},2,\cdots\quad\{y_n\}为:2,\frac{1}{4},2,\frac{1}{4},2,\frac{1}{4},\cdots$$

则有不等式

$$(\underline{\lim}_{n\to\infty}x_n)\cdot(\underline{\lim}_{n\to\infty}y_n)=\frac{1}{8}<\underline{\lim}_{n\to\infty}(x_ny_n)=\frac{1}{2}<(\underline{\lim}_{n\to\infty}x_n)\cdot(\overline{\lim_{n\to\infty}}y_n)=1.$$

再令

$$\{x_n\}为:2,\frac{1}{4},2,\frac{1}{4},2,\frac{1}{4},\cdots\quad\{y_n\}为:\frac{1}{2},2,\frac{1}{2},2,\frac{1}{2},2,\cdots$$

则有不等式

$$(\underline{\lim}_{n\to\infty}x_n)\cdot(\overline{\lim_{n\to\infty}}y_n)=\frac{1}{2}<\overline{\lim_{n\to\infty}}(x_ny_n)=1<(\overline{\lim_{n\to\infty}}x_n)\cdot(\overline{\lim_{n\to\infty}}y_n)=4.$$

**【133】** 证明:若$\lim\limits_{n\to\infty}x_n$存在,则对于任何数列$y_n(n=1,2,\cdots)$,有:

(1)$\overline{\lim\limits_{n\to\infty}}(x_n+y_n)=\lim\limits_{n\to\infty}x_n+\overline{\lim\limits_{n\to\infty}}y_n$;

(2)$\overline{\lim\limits_{n\to\infty}}(x_ny_n)=\lim\limits_{n\to\infty}x_n\cdot\overline{\lim\limits_{n\to\infty}}y_n\quad(x_n\geqslant 0)$.

**证** (1)由于$\lim\limits_{n\to\infty}x_n$存在,故$\lim\limits_{n\to\infty}x_n=\underline{\lim}\limits_{n\to\infty}x_n=\overline{\lim\limits_{n\to\infty}}x_n$,从而,利用131题的结果可知

$$\overline{\lim_{n\to\infty}}(x_n+y_n)\leqslant\overline{\lim_{n\to\infty}}x_n+\overline{\lim_{n\to\infty}}y_n=\lim_{n\to\infty}x_n+\overline{\lim_{n\to\infty}}y_n=\underline{\lim}_{n\to\infty}x_n+\overline{\lim_{n\to\infty}}y_n\leqslant\overline{\lim_{n\to\infty}}(x_n+y_n),$$

故得

$$\overline{\lim_{n\to\infty}}(x_n+y_n)=\lim_{n\to\infty}x_n+\overline{\lim_{n\to\infty}}y_n.$$

(2)分三种情形:(ⅰ)设 $y_n\geqslant0(n=1,2,\cdots)$. 则利用 132 题的结果可知

$$\overline{\lim_{n\to\infty}}(x_ny_n)\leqslant(\overline{\lim_{n\to\infty}}x_n)\cdot(\overline{\lim_{n\to\infty}}y_n)=(\lim_{n\to\infty}x_n)\cdot(\overline{\lim_{n\to\infty}}y_n)=(\underline{\lim_{n\to\infty}}x_n)\cdot(\overline{\lim_{n\to\infty}}y_n)\leqslant\overline{\lim_{n\to\infty}}(x_ny_n),$$

故得

$$\overline{\lim_{n\to\infty}}(x_ny_n)=(\lim_{n\to\infty}x_n)\cdot(\overline{\lim_{n\to\infty}}y_n).$$

(ⅱ)设 $y_n\leqslant0(n=1,2,\cdots)$. 则 $-y_n\geqslant0(n=1,2,\cdots)$,于是,仍利用 132 题的结果可知

$$\underline{\lim_{n\to\infty}}(-x_ny_n)\leqslant\underline{\lim_{n\to\infty}}(-y_n)\cdot\overline{\lim_{n\to\infty}}x_n=\underline{\lim_{n\to\infty}}(-y_n)\cdot\lim_{n\to\infty}x_n=\underline{\lim_{n\to\infty}}(-y_n)\cdot\underline{\lim_{n\to\infty}}x_n\leqslant\underline{\lim_{n\to\infty}}(-x_ny_n),$$

故得

$$\underline{\lim_{n\to\infty}}(-x_ny_n)=\lim_{n\to\infty}x_n\cdot\underline{\lim_{n\to\infty}}(-y_n);$$

但是根据上、下极限的定义,显然有等式

$$\underline{\lim_{n\to\infty}}(-x_ny_n)=-\overline{\lim_{n\to\infty}}(x_ny_n),\quad \underline{\lim_{n\to\infty}}(-y_n)=-\overline{\lim_{n\to\infty}}y_n,$$

由此可知

$$\overline{\lim_{n\to\infty}}(x_ny_n)=\lim_{n\to\infty}x_n\cdot\overline{\lim_{n\to\infty}}y_n.$$

(ⅲ)设 $\{y_n\}$ 中有无穷多项是非负的,设这些项构成的子数列为 $\{y_{n_k}\}$ $(y_{n_k}\geqslant0,\ k=1,2,\cdots)$(如果 $\{y_n\}$ 中只有有限项是非负的,则从某一项开始有 $y_n<0$,这时应用(ⅱ)的结果即知所要证的等式成立). 于是,注意到 $x_n\geqslant0$,显然有(利用(ⅰ)已证的结果)

$$\overline{\lim_{n\to\infty}}(x_ny_n)=\overline{\lim_{k\to\infty}}(x_{n_k}y_{n_k})=\lim_{k\to\infty}x_{n_k}\cdot\overline{\lim_{k\to\infty}}y_{n_k}=\lim_{n\to\infty}x_n\cdot\overline{\lim_{n\to\infty}}y_n$$

证毕.

**【134】** 证明:若对于某非负[*]数列 $x_n(x_n\geqslant0,\ n=1,2,\cdots)$,无论数列 $y_n(n=1,2,\cdots)$怎样选取,以下两个等式中至少有一个成立:

(1) $\overline{\lim\limits_{n\to\infty}}(x_n+y_n)=\overline{\lim\limits_{n\to\infty}}x_n+\overline{\lim\limits_{n\to\infty}}y_n$, (2) $\overline{\lim\limits_{n\to\infty}}(x_ny_n)=\overline{\lim\limits_{n\to\infty}}x_n\cdot\overline{\lim\limits_{n\to\infty}}y_n$,

则数列 $x_n$ 是收敛的.

**证** 取 $\{x_n\}$ 的子数列 $\{x_{n_k}\}$,使 $x_{n_k}\to\underline{\lim\limits_{n\to\infty}}x_n$. 取

$$y_n=\begin{cases}-x_n, & n\neq n_k,\\ A, & n=n_k,\end{cases}\quad(k=1,2,\cdots),$$

其中 $A$ 为任取的正常数,对此 $\{y_n\}$ 若(1)成立,则由(注意到 $x_n\geqslant0$)

$$\overline{\lim_{n\to\infty}}(x_n+y_n)=(\underline{\lim_{n\to\infty}}x_n)+A,\ \overline{\lim_{n\to\infty}}y_n=A,$$

知 $(\underline{\lim\limits_{n\to\infty}}x_n)+A=(\overline{\lim\limits_{n\to\infty}}x_n)+A$,由此可知 $\underline{\lim\limits_{n\to\infty}}x_n=\overline{\lim\limits_{n\to\infty}}x_n$,故 $\{x_n\}$ 收敛.

若(2)成立,则由(同样,注意到 $x_n\geqslant0$)

$$\overline{\lim_{n\to\infty}}(x_ny_n)=A\cdot\underline{\lim_{n\to\infty}}x_n$$

知 $A\cdot\underline{\lim\limits_{n\to\infty}}x_n=A\cdot\overline{\lim\limits_{n\to\infty}}x_n$,由此可知 $\underline{\lim\limits_{n\to\infty}}x_n=\overline{\lim\limits_{n\to\infty}}x_n$,故 $\{x_n\}$ 也是收敛的. 证毕.

*) 作者注:原著中将 $x_n\geqslant0$ 的假定加在条件(2)后,似不妥,因为数列 $x_n$ 应该是预先给定的.

**【135】** 证明:若 $x_n>0(n=1,2,\cdots)$ 及 $\overline{\lim\limits_{n\to\infty}}x_n\cdot\overline{\lim\limits_{n\to\infty}}\dfrac{1}{x_n}=1$,则数列 $x_n$ 是收敛的.

**证** 由假定知

$$0<\overline{\lim_{n\to\infty}}x_n<+\infty,\quad 0<\overline{\lim_{n\to\infty}}\frac{1}{x_n}<+\infty.\tag{$*$}$$

由于(利用 132 题的结果.)

$$1=\underline{\lim_{n\to\infty}}(x_n\cdot\frac{1}{x_n})\leqslant(\underline{\lim_{n\to\infty}}x_n)\cdot(\overline{\lim_{n\to\infty}}\frac{1}{x_n})\leqslant\overline{\lim_{n\to\infty}}(x_n\cdot\frac{1}{x_n})=1,$$

故

$$(\underline{\lim}_{n\to\infty} x_n)\cdot(\overline{\lim}_{n\to\infty}\frac{1}{x_n})=1,$$

从而，

$$(\underline{\lim}_{n\to\infty} x_n)\cdot(\overline{\lim}_{n\to\infty}\frac{1}{x_n})=(\overline{\lim}_{n\to\infty} x_n)\cdot(\overline{\lim}_{n\to\infty}\frac{1}{x_n}).$$

由此，再注意到(＊)式，即知

$$\underline{\lim}_{n\to\infty} x_n=\overline{\lim}_{n\to\infty} x_n=a \quad (0<a<+\infty).$$

故存在$\lim\limits_{n\to\infty} x_n$ 有限，因此$\{x_n\}$收敛，证毕.

**【136】** 证明：若数列 $x_n(n=1,2,\cdots)$有界，且$\lim\limits_{n\to\infty}(x_{n+1}-x_n)=0$，则此数列的聚点充满于下极限和上极限

$$l=\underline{\lim}_{n\to\infty} x_n \quad 和 \quad L=\overline{\lim}_{n\to\infty} x_n$$

之间，即间隔$[l,L]$中的任意一个数都是该数列的聚点.

**证** 根据定义，$l$ 与 $L$ 都是$\{x_n\}$的聚点，故我们只要证明 $l$ 与 $L$ 之间的任何数 $a(l<a<L)$都是$\{x_n\}$的聚点. 先证：对于任意给定的 $\varepsilon>0$ 及任意给定的正整数 $N$，必有正整数 $n^*>N$ 存在，使$|x_{n^*}-a|<\varepsilon$.

由假定，必有正整数 $N'$存在，使当 $n>N'$时，恒有$|x_{n+1}-x_n|<\varepsilon$. 令 $N_0=\max\{N,N'\}$，则于数列 $x_n(n=N_0+1,N_0+2,\cdots)$中必至少有两项 $x_{n'}$ 和 $x_{n''}$ 存在，使 $x_{n'}<a$，$x_{n''}>a$(因为否则的话，例如，无小于 $a$ 的项，则必$\underline{\lim}\limits_{n\to\infty} x_n\geqslant a$，此与 $l<a$ 矛盾)，不妨设 $n'<n''$，令满足 $n'\leqslant n\leqslant n''$且使 $x_n<a$ 的正整数 $n$ 中之最大者为 $n^*$. 显然 $n^*\leqslant n''-1$，且 $x_{n^*}<a$，$x_{n^*+1}>a$. 故 $n^*>N$，$n^*>N'$并且

$$|x_{n^*}-a|<x_{n^*+1}-x_{n^*}<\varepsilon.$$

现取 $\varepsilon_1=1$，$N_1=1$，则存在 $x_{n_1}(n_1>1)$ 使$\left|x_{n_1}-a\right|<1$；再取 $\varepsilon_2=\frac{1}{2}$，$N_2=n_1$，则存在 $x_{n_2}(n_2>n_1)$使$|x_{n_2}-a|<\frac{1}{2}$；又取 $\varepsilon_3=\frac{1}{3}$，$N_3=n_2$，则存在 $x_{n_3}(n_3>n_2)$使$|x_{n_3}-a|<\frac{1}{3}$；这样一直继续下去，则得$\{x_n\}$的一个子数列$\{x_{n_k}\}$，满足

$$|x_{n_k}-a|<\frac{1}{k} \quad (k=1,2,\cdots),$$

故 $x_{n_k}\to a$，即 $a$ 是$\{x_n\}$的一个聚点，证毕.

**【137】** 设数列 $x_1,x_2,\cdots,x_n,\cdots$满足条件 $0\leqslant x_{m+n}\leqslant x_m+x_n \quad (m,n=1,2,\cdots)$，证明：$\lim\limits_{n\to\infty}\frac{x_n}{n}$存在.

**证** 证法 1：

由于

$$x_n\leqslant x_{n-1}+x_1\leqslant x_{n-2}+x_1+x_1\leqslant\cdots\leqslant nx_1,$$

故 $0\leqslant\frac{x_n}{n}\leqslant x_1$，从而数列$\left\{\frac{x_n}{n}\right\}$有界，令$\underline{\lim}\limits_{n\to\infty}\frac{x_n}{n}=a$，则 $0\leqslant a\leqslant x_1$. 任给 $\varepsilon>0$，存在正整数 $N>1$ 使$\frac{x_N}{N}<a+\varepsilon$. 任何正整数 $n>N$ 都可表为 $n=qN+r$ 的形式，其中 $q$ 为正整数，$r$ 为小于 $N$ 的非负整数$(0\leqslant r<N)$.

我们有

$$x_n=x_{qN+r}\leqslant x_{(q-1)N}+x_N+x_r\leqslant x_{(q-2)N}+x_N+x_N+x_r\leqslant\cdots\leqslant qx_N+x_r\leqslant qx_N+rx_1\leqslant qx_N+Nx_1,$$

从而，

$$\frac{x_n}{n}\leqslant\frac{qx_N}{n}+\frac{Nx_1}{n}\leqslant\frac{x_N}{N}+\frac{Nx_1}{n}<a+\varepsilon+\frac{Nx_1}{n}.$$

由此可知$\overline{\lim}\limits_{n\to\infty}\frac{x_n}{n}\leqslant a+\varepsilon$，再根据 $\varepsilon>0$ 的任意性，即得$\overline{\lim}\limits_{n\to\infty}\frac{x_n}{n}\leqslant a$，故$\underline{\lim}\limits_{n\to\infty}\frac{x_n}{n}=\overline{\lim}\limits_{n\to\infty}\frac{x_n}{n}$，因此，$\lim\limits_{n\to\infty}\frac{x_n}{n}$存在有限.

证法 2：

用反证法. 假定$\lim\limits_{n\to\infty}\frac{x_n}{n}$不存在，则数列$\left\{\frac{x_n}{n}\right\}$至少有两个聚点 $a$ 与 $b$，不妨设 $a<b$，由于(证法 1 中已证)

$$0 \leqslant \frac{x_n}{n} \leqslant x_1 \qquad (n=1,2,\cdots)$$

故 $0 \leqslant a < b \leqslant x_1$. 根据聚点定义，存在 $\{x_n\}$ 的两个子数列 $\{x_{n_i}\}$ 与 $\{x_{m_j}\}$，使

$$\lim_{i \to \infty} \frac{x_{n_i}}{n_i} = a, \quad \lim_{j \to \infty} \frac{x_{m_j}}{m_j} = b.$$

任给 $\varepsilon > 0$，必存在正整数 $i_0 > 1$，使

$$\frac{x_{n_{i_0}}}{n_{i_0}} < a + \varepsilon.$$

显然，当 $j$ 充分大时 $(j > j_0)$，必 $m_j > n_{i_0}$，此时仿证法 1，有不等式（$[x]$ 表 $x$ 的整数部分）

$$x_{m_j} \leqslant \left[\frac{m_j}{n_{i_0}}\right] x_{n_{i_0}} + n_{i_0} x_1 \leqslant \frac{m_j}{n_{i_0}} x_{n_{i_0}} + n_{i_0} x_1,$$

故（$j > j_0$ 时）

$$\frac{x_{m_j}}{m_j} \leqslant \frac{x_{n_{i_0}}}{n_{i_0}} + \frac{n_{i_0} x_1}{m_j} < a + \varepsilon + \frac{n_{i_0} x_1}{m_j},$$

由此可知 $b = \lim\limits_{i \to \infty} \frac{x_{m_j}}{m_j} \leqslant a + \varepsilon$. 由 $\varepsilon > 0$ 的任意性，即得 $b \leqslant a$，此与 $a < b$ 矛盾，证毕.

**【138】** 证明：若数列 $x_n(n=1,2,\cdots)$ 收敛，则算术平均值数列 $\zeta_n = \frac{1}{n}(x_1 + x_2 + \cdots + x_n)$ $(n=1,2,\cdots)$ 也收敛，且

$$\lim_{n \to \infty} \frac{x_1 + x_2 + \cdots + x_n}{n} = \lim_{n \to \infty} x_n.$$

逆命题不成立，举例说明.

**证明思路** 设 $\lim\limits_{n \to \infty} x_n = a$，则对任给的 $\varepsilon > 0$，存在正整数 $N$，使当 $n > N$ 时，$|x_n - a| < \varepsilon$. 令 $s_n = x_1 + x_2 + \cdots + x_n$，则

$$\frac{s_n}{n} = \frac{s_N}{n} + \frac{s_n - s_N}{n} = \frac{s_N}{n} + \frac{x_{N+1} + x_{N+2} + \cdots + x_n}{n - N}\left(1 - \frac{N}{n}\right).$$

取 $N' > N$，使当 $n > N'$ 时，恒有 $\frac{|s_N|}{n} < \varepsilon$，$\frac{N}{n} < \frac{\varepsilon}{|a| + \varepsilon}$，可证 $\left|\frac{s_n}{n} - a\right| < 3\varepsilon$. 反之不然，例如，$x_n = (-1)^{n+1}$ $(n=1,2,\cdots)$.

**证** 令 $s_n = x_1 + x_2 + \cdots + x_n$，则

$$\frac{s_n}{n} = \frac{s_N}{n} + \frac{s_n - s_N}{n} = \frac{s_N}{n} + \frac{x_{N+1} + x_{N+2} + \cdots + x_n}{n - N}\left(1 - \frac{N}{n}\right).$$

因为 $\lim\limits_{n \to \infty} x_n$ 存在，设收敛于 $a$，则对于任给的 $\varepsilon > 0$，存在正整数 $N$，使当 $n > N$ 时，$|x_n - a| < \varepsilon$，即 $x_{N+1}$，$x_{N+2}$，$\cdots$ 均 $\in (a - \varepsilon, a + \varepsilon)$. 由此推得 $\frac{x_{N+1} + x_{N+2} + \cdots + x_n}{n - N}$ 也含在 $(a - \varepsilon, a + \varepsilon)$ 之内，即

$$\frac{x_{N+1} + x_{N+2} + \cdots + x_n}{n - N} = a + \alpha,$$

式中 $|\alpha| < \varepsilon$.

这样，$\frac{s_n}{n} = \frac{s_N}{n} + (a + \alpha)\left(1 - \frac{N}{n}\right)$. 由此得

$$\left|\frac{s_n}{n} - a\right| \leqslant \frac{|s_N|}{n} + |\alpha| + (|a| + |\alpha|)\frac{N}{n}.$$

今取 $N' > N$，使当 $n > N'$ 时，恒有

$$\frac{|s_N|}{n} < \varepsilon, \quad \frac{N}{n} < \frac{\varepsilon}{|a| + \varepsilon}.$$

于是，当 $n > N'$ 时，恒有 $\left|\frac{s_n}{n} - a\right| < 3\varepsilon$.

由此可知$\lim\limits_{n\to\infty}\frac{s_n}{n}=a$,即$\lim\limits_{n\to\infty}\frac{x_1+x_2+\cdots+x_n}{n}=\lim\limits_{n\to\infty}x_n=a$.

反之不然,例如,数列 $x_n=(-1)^{n+1}(n=1,2,\cdots)$是发散的,但是数列

$$\zeta_n=\begin{cases}0, & n\text{ 为偶数},\\ -\frac{1}{n}, & n\text{ 为奇数},\end{cases}$$

却是收敛的.

**【139】** 证明:若$\lim\limits_{n\to\infty}x_n=+\infty$,则 $\lim\limits_{n\to\infty}\frac{x_1+x_2+\cdots+x_n}{n}=+\infty$.

**提示** 同 138 题的思路.

**证** 因为$\lim\limits_{n\to\infty}x_n=+\infty$,故对于任给的 $M>0$,存在正整数 $N$,使当 $n>N$ 时,$x_n>3M$,此时,仿 138 题的证明,有

$$\frac{s_n}{n}=\frac{s_N}{n}+\frac{s_n-s_N}{n-N}\left(1-\frac{N}{n}\right)>\frac{s_N}{n}+3M\left(1-\frac{N}{n}\right).$$

又因$\frac{s_N}{n}\to 0$, $1-\frac{N}{n}\to 1(n\to\infty)$, 故可取正整数 $N'>N$, 使当$n>N'$时,恒有

$$\frac{|s_N|}{n}<\frac{M}{2},\quad 1-\frac{N}{n}>\frac{1}{2}.$$

于是,当 $n>N'$时恒有$\frac{s_n}{n}>M$. 由此可知$\lim\limits_{n\to\infty}\frac{s_n}{n}=\lim\limits_{n\to\infty}\frac{x_1+x_2+\cdots+x_n}{n}=+\infty$.

**【140】** 证明:若数列 $x_n(n=1,2,\cdots)$收敛且 $x_n>0$,则$\lim\limits_{n\to\infty}\sqrt[n]{x_1x_2\cdots x_n}=\lim\limits_{n\to\infty}x_n$.

**证明思路** 由$\lim\limits_{n\to\infty}x_n=a$ 及 $x_n>0$,故 $a\geqslant 0$. 当 $a>0$ 时,则 $\lim\limits_{n\to\infty}\ln x_n=\ln a$,利用 138 题的结果. 当 $a=0$ 时,则$\lim\limits_{n\to\infty}(-\ln x_n)=+\infty$,利用 139 题的结果.

**证** 设$\lim\limits_{n\to\infty}x_n=a$. 因 $x_n>0(n=1,2,\cdots)$,故 $a\geqslant 0$. 先设$a>0$,则$\lim\limits_{n\to\infty}\ln x_n=\ln a$,于是,利用 138 题的结果可知

$$\lim_{n\to\infty}\frac{1}{n}(\ln x_1+\ln x_2+\cdots+\ln x_n)=\ln a.$$

由此可知

$$\lim_{n\to\infty}\sqrt[n]{x_1x_2\cdots x_n}=\lim_{n\to\infty}e^{\frac{1}{n}(\ln x_1+\ln x_2+\cdots+\ln x_n)}=e^{\ln a}=a=\lim_{n\to\infty}x_n.$$

若 $a=0$,则$\lim\limits_{n\to\infty}(-\ln x_n)=+\infty$. 利用 139 题的结果可知

$$\lim_{n\to\infty}\frac{1}{n}(-\ln x_1-\ln x_2-\cdots-\ln x_n)=+\infty,$$

由此可知

$$\lim_{n\to\infty}\sqrt[n]{x_1x_2\cdots x_n}=\lim_{n\to\infty}e^{-\frac{1}{n}(-\ln x_1-\ln x_2-\cdots-\ln x_n)}=0=\lim_{n\to\infty}x_n.$$

证毕.

**【141】** 证明:若 $x_n>0(n=1,2,\cdots)$ 且 $\lim\limits_{n\to\infty}\frac{x_{n+1}}{x_n}$ 存在,则$\lim\limits_{n\to\infty}\sqrt[n]{x_n}=\lim\limits_{n\to\infty}\frac{x_{n+1}}{x_n}$.

**证明思路** 令 $y_n=\frac{x_{n+1}}{x_n}$,则 $y_n>0$. 且$\lim\limits_{n\to\infty}y_n$ 存在,设为 $a$. 注意到 $x_n=x_1\cdot\frac{x_2}{x_1}\cdot\frac{x_3}{x_2}\cdot\cdots\cdot\frac{x_n}{x_{n-1}}$,并利用 63 题及 140 题的结果.

**证** 令 $y_n=\frac{x_{n+1}}{x_n}(n=1,2,\cdots)$,则 $y_n>0$. 由假定$\lim\limits_{n\to\infty}y_n$ 存在,设为 $a$. 利用 140 题的结果可知

$$\lim_{n\to\infty}(y_1y_2\cdots y_{n-1})^{\frac{1}{n-1}}=a.$$

于是,

$$\lim_{n\to\infty}\sqrt[n]{x_n}=\lim_{n\to\infty}\sqrt[n]{x_1}\sqrt[n]{\frac{x_2}{x_1}\frac{x_3}{x_2}\cdots\frac{x_n}{x_{n-1}}}=\lim_{n\to\infty}\sqrt[n]{x_1}\left[(y_1y_2\cdots y_{n-1})^{\frac{1}{n-1}}\right]^{\frac{n-1}{n}}=1^{*)}\cdot a=a=\lim_{n\to\infty}\frac{x_{n+1}}{x_n}.$$

*⁾ 利用 63 题的结果.

**【142】** 证明：$\lim\limits_{n\to\infty}\dfrac{n}{\sqrt[n]{n!}}=\mathrm{e}$.

**提示** 令 $x_n=\dfrac{n^n}{n!}$，并利用 141 题的结果.

**证** 设数列 $x_n=\dfrac{n^n}{n!}(n=1,2,\cdots)$，则有

$$\lim_{n\to\infty}\frac{x_{n+1}}{x_n}=\lim_{n\to\infty}\left(1+\frac{1}{n}\right)^n=\mathrm{e},$$

利用 141 题的结果，即得

$$\lim_{n\to\infty}\frac{n}{\sqrt[n]{n!}}=\lim_{n\to\infty}\sqrt[n]{x_n}=\lim_{n\to\infty}\frac{x_{n+1}}{x_n}=\mathrm{e}.$$

**【143】** 证明施托尔茨定理：若

(1) $y_{n+1}>y_n\quad(n=1,2,\cdots)$，(2) $\lim\limits_{n\to\infty}y_n=+\infty$，(3) $\lim\limits_{n\to\infty}\dfrac{x_{n+1}-x_n}{y_{n+1}-y_n}$ 存在，

则 $\lim\limits_{n\to\infty}\dfrac{x_n}{y_n}=\lim\limits_{n\to\infty}\dfrac{x_{n+1}-x_n}{y_{n+1}-y_n}$.

**证明思路** 设 $\lim\limits_{n\to\infty}\dfrac{x_{n+1}-x_n}{y_{n+1}-y_n}=a$. 则对任给的 $\varepsilon>0$，存在正整数 $N$，使当 $n>N$ 时，恒有

$$\left|\frac{x_{n+1}-x_n}{y_{n+1}-y_n}-a\right|<\frac{\varepsilon}{2}.$$

于是，

$$\frac{x_{N+2}-x_{N+1}}{y_{N+2}-y_{N+1}},\frac{x_{N+3}-x_{N+2}}{y_{N+3}-y_{N+2}},\cdots,\frac{x_{n+1}-x_n}{y_{n+1}-y_n}$$

都包含在 $\left(a-\dfrac{\varepsilon}{2},a+\dfrac{\varepsilon}{2}\right)$ 内，注意到 $y_{m+1}>y_m(m=1,2,\cdots)$，得

$$\left(a-\frac{\varepsilon}{2}\right)(y_{N+2}-y_{N+1})<x_{N+2}-x_{N+1}<\left(a+\frac{\varepsilon}{2}\right)(y_{N+2}-y_{N+1}),$$

$$\left(a-\frac{\varepsilon}{2}\right)(y_{N+3}-y_{N+2})<x_{N+3}-x_{N+2}<\left(a+\frac{\varepsilon}{2}\right)(y_{N+3}-y_{N+2}),$$

$$\vdots$$

$$\left(a-\frac{\varepsilon}{2}\right)(y_{n+1}-y_n)<x_{n+1}-x_n<\left(a+\frac{\varepsilon}{2}\right)(y_{n+1}-y_n),$$

相加，即得 $\left|\dfrac{x_{n+1}-x_{N+1}}{y_{n+1}-y_{N+1}}-a\right|<\dfrac{\varepsilon}{2}$. 再注意到

$$\frac{x_n}{y_n}-a=\frac{x_{N+1}-ay_{N+1}}{y_n}+\left(1-\frac{y_{N+1}}{y_n}\right)\left(\frac{x_n-x_{N+1}}{y_n-y_{N+1}}-a\right).$$

取 $N'>N$，使当 $n>N'$ 时，恒有 $\dfrac{|x_{N+1}-ay_{N+1}|}{y_n}<\dfrac{\varepsilon}{2}$，则可知当 $n>N'$ 时，恒有 $\left|\dfrac{x_n}{y_n}-a\right|<\varepsilon$.

**证** 假定 $\lim\limits_{n\to\infty}\dfrac{x_{n+1}-x_n}{y_{n+1}-y_n}=a$. 由此，并注意到 $y_n\to+\infty$，可知对于任给的 $\varepsilon>0$，存在正整数 $N$，使当 $n>N$ 时，恒有

$$\left|\frac{x_{n+1}-x_n}{y_{n+1}-y_n}-a\right|<\frac{\varepsilon}{2}\quad(\text{且 } y_n>0).$$

于是，分数（当 $n>N$ 时）

$$\frac{x_{N+2}-x_{N+1}}{y_{N+2}-y_{N+1}},\frac{x_{N+3}-x_{N+2}}{y_{N+3}-y_{N+2}},\cdots,\frac{x_n-x_{n-1}}{y_n-y_{n-1}},\frac{x_{n+1}-x_n}{y_{n+1}-y_n}$$

都包含在 $\left(a-\dfrac{\varepsilon}{2},a+\dfrac{\varepsilon}{2}\right)$ 之内，因为 $y_{n+1}>y_n$，所以，这些分数的分母都是正数，于是，得

$$(a-\frac{\varepsilon}{2})(y_{N+2}-y_{N+1})<x_{N+2}-x_{N+1}<(a+\frac{\varepsilon}{2})(y_{N+2}-y_{N+1}),$$

$$(a-\frac{\varepsilon}{2})(y_{N+3}-y_{N+2})<x_{N+3}-x_{N+2}<(a+\frac{\varepsilon}{2})(y_{N+3}-y_{N+2}),$$

$$\vdots$$

$$(a-\frac{\varepsilon}{2})(y_{n+1}-y_n)<x_{n+1}-x_n<(a+\frac{\varepsilon}{2})(y_{n+1}-y_n),$$

相加之,得

$$(a-\frac{\varepsilon}{2})(y_{n+1}-y_{N+1})<x_{n+1}-x_{N+1}<(a+\frac{\varepsilon}{2})(y_{n+1}-y_{N+1}),$$

即 $a-\frac{\varepsilon}{2}<\frac{x_{n+1}-x_{N+1}}{y_{n+1}-y_{N+1}}<a+\frac{\varepsilon}{2}$,所以,当 $n>N$ 时,恒有 $\left|\frac{x_{n+1}-x_{N+1}}{y_{n+1}-y_{N+1}}-a\right|<\frac{\varepsilon}{2}$. 另外,我们有(当 $n>N$ 时)

$$\frac{x_n}{y_n}-a=\frac{x_{N+1}-ay_{N+1}}{y_n}+(1-\frac{y_{N+1}}{y_n})\left(\frac{x_n-x_{N+1}}{y_n-y_{N+1}}-a\right),$$

故 $\left|\frac{x_n}{y_n}-a\right|\leqslant\left|\frac{x_{N+1}-ay_{N+1}}{y_n}\right|+\frac{\varepsilon}{2}$.

现取正整数 $N'>N$,使当 $n>N'$ 时,恒有

$$\frac{|x_{N+1}-ay_{N+1}|}{y_n}<\frac{\varepsilon}{2},$$

于是,当 $n>N'$ 时,恒有

$$\left|\frac{x_n}{y_n}-a\right|<\varepsilon.$$

由此可知,$\lim\limits_{n\to\infty}\frac{x_n}{y_n}=a=\lim\limits_{n\to\infty}\frac{x_{n+1}-x_n}{y_{n+1}-y_n}$. 证毕.

**注** 本题中,若将条件(3)换为 $\lim\limits_{n\to\infty}\frac{x_{n+1}-x_n}{y_{n+1}-y_n}=+\infty$ (或 $-\infty$),则结论仍成立:

$$\lim_{n\to\infty}\frac{x_n}{y_n}=\lim_{n\to\infty}\frac{x_{n+1}-x_n}{y_{n+1}-y_n}.$$

详见 Г. M. 菲赫金哥尔茨著《微积分学教程》第一章 § 2.

**【144】** 求:(1) $\lim\limits_{n\to\infty}\frac{n^2}{a^n}$ $(a>1)$;  (2) $\lim\limits_{n\to\infty}\frac{\lg n}{n}$.

**提示** 利用 143 题的结果.

**解** (1)设 $x_n=n^2$, $y_n=a^n(a>1)$. 则 $y_{n+1}>y_n$, $y_n\to+\infty$,且有

$$\frac{x_{n+1}-x_n}{y_{n+1}-y_n}=\frac{(n+1)^2-n^2}{a^{n+1}-a^n}=\frac{2n+1}{a^n(a-1)}.$$

再设 $x'_n=2n+1$, $y'_n=a^n$,则 $y'_{n+1}>y'_n$, $y'_n\to+\infty$,且有

$$\frac{x'_{n+1}-x'_n}{y'_{n+1}-y'_n}=\frac{2}{a^n(a-1)}\to 0,$$

因而利用 143 题的结果得 $\lim\limits_{n\to\infty}\frac{2n+1}{a^n}=0$,即 $\lim\limits_{n\to\infty}\frac{x_{n+1}-x_n}{y_{n+1}-y_n}=0$.

继续利用 143 题的结果,得 $\lim\limits_{n\to\infty}\frac{x_n}{y_n}=0$,即 $\lim\limits_{n\to\infty}\frac{n^2}{a^n}=0$.

(2)设 $x_n=\lg n$, $y_n=n$,则 $y_{n+1}>y_n$, $y_n\to+\infty$,且有

$$\frac{x_{n+1}-x_n}{y_{n+1}-y_n}=\lg\left(1+\frac{1}{n}\right)\to 0,$$

故 $\lim\limits_{n\to\infty}\frac{x_n}{y_n}=\lim\limits_{n\to\infty}\frac{\lg n}{n}=0$.

**注** 143 题的结果属于 O. Stolz,当 $y_n=n$ 时,早已被 A. L. Cauchy 所证明,此结果常用于确定“$\frac{\infty}{\infty}$”型

的不定式$\frac{x_n}{y_n}$的极限,144 题即是一例. 应用此结果,也可证明 138 题及 139 题的结果(此结果属于柯西 Cauchy). 事实上,令

$$x_n'=x_1+x_2+\cdots+x_n,\quad y_n'=n,$$

则

$$\lim_{n\to\infty}\zeta_n=\lim_{n\to\infty}\frac{x_1+x_2+\cdots+x_n}{n}=\lim_{n\to\infty}\frac{x_n'}{y_n'}=\lim_{n\to\infty}\frac{x_{n+1}'-x_n'}{y_{n+1}'-y_n'}=\lim_{n\to\infty}x_{n+1}=\lim_{n\to\infty}x_n.$$

**【145】** 证明:若 $p$ 为正整数,则

(1) $\lim\limits_{n\to\infty}\frac{1^p+2^p+\cdots+n^p}{n^{p+1}}=\frac{1}{p+1}$;

(2) $\lim\limits_{n\to\infty}\left(\frac{1^p+2^p+\cdots+n^p}{n^p}-\frac{n}{p+1}\right)=\frac{1}{2}$;

(3) $\lim\limits_{n\to\infty}\frac{1^p+3^p+\cdots+(2n-1)^p}{n^{p+1}}=\frac{2^p}{p+1}$.

**提示** 利用 143 题的结果.

**证** (1)令 $x_n=1^p+2^p+\cdots+n^p$, $y_n=n^{p+1}$,则 $y_{n+1}>y_n$, $y_n\to+\infty$,且有

$$\frac{x_{n+1}-x_n}{y_{n+1}-y_n}=\frac{(n+1)^p}{(n+1)^{p+1}-n^{p+1}}=\frac{(n+1)^p}{(p+1)n^p+\cdots}=\frac{\left(1+\frac{1}{n}\right)^p}{p+1+o\left(\frac{1}{n}\right)}\to\frac{1}{p+1},$$

式中$\lim\limits_{n\to\infty}o\left(\frac{1}{n}\right)=0$ 为无穷小量,以下不再说明.

故
$$\lim_{n\to\infty}\frac{x_n}{y_n}=\lim_{n\to\infty}\frac{1^p+2^p+\cdots+n^p}{n^{p+1}}=\frac{1}{p+1}.$$

(2)令 $x_n=(p+1)(1^p+2^p+\cdots+n^p)-n^{p+1}$, $y_n=(p+1)n^p$,则 $y_{n+1}>y_n$, $y_n\to+\infty$,且有

$$\frac{x_{n+1}-x_n}{y_{n+1}-y_n}=\frac{(p+1)(n+1)^p+[n^{p+1}-(n+1)^{p+1}]}{(p+1)[(n+1)^p-n^p]}=\frac{\frac{p(p+1)}{2}n^{p-1}+\cdots}{p(p+1)n^{p-1}+\cdots}.$$

当 $n\to\infty$时,$\frac{x_{n+1}-x_n}{y_{n+1}-y_n}\to\frac{1}{2}$,所以,

$$\lim_{n\to\infty}\frac{x_n}{y_n}=\lim_{n\to\infty}\left(\frac{1^p+2^p+\cdots+n^p}{n^p}-\frac{n}{p+1}\right)=\frac{1}{2}.$$

(3)令 $x_n=1^p+3^p+\cdots+(2n-1)^p$, $y_n=n^{p+1}$,则 $y_{n+1}>y_n$, $y_n\to+\infty$,且有

$$\frac{x_{n+1}-x_n}{y_{n+1}-y_n}=\frac{(2n+1)^p}{(n+1)^{p+1}-n^{p+1}}=\frac{(2n+1)^p}{(p+1)n^p+\cdots}=\frac{\left(2+\frac{1}{n}\right)^p}{p+1+o\left(\frac{1}{n}\right)}\to\frac{2^p}{p+1},$$

所以,$\lim\limits_{n\to\infty}\frac{x_n}{y_n}=\lim\limits_{n\to\infty}\frac{1^p+3^p+\cdots+(2n-1)^p}{n^{p+1}}=\frac{2^p}{p+1}$.

**【146】** 证明:数列 $x_n=1+\frac{1}{2}+\frac{1}{3}+\cdots+\frac{1}{n}-\ln n$ $(n=1,2,\cdots)$收敛.

因此有公式

$$1+\frac{1}{2}+\frac{1}{3}+\cdots+\frac{1}{n}=C+\ln n+\varepsilon_n,$$

式中 $C=0.577216\cdots$称为欧拉常数,且当 $n\to\infty$时,$\varepsilon_n\to0$.

**证明思路** 利用 75 题(1)的结果:$\ln\left(1+\frac{1}{n}\right)<\frac{1}{n}$,故 $\ln(n+1)-\ln n<\frac{1}{n}$. 分别令 $n=1,2,\cdots,n$,将 $n$ 个不等式相加,得 $\ln(n+1)<1+\frac{1}{2}+\frac{1}{3}+\cdots+\frac{1}{n}$. 又 $x_{n+1}=1+\frac{1}{2}+\frac{1}{3}+\cdots+\frac{1}{n}+\frac{1}{n+1}-\ln(n+1)>\frac{1}{n+1}>0$. 且 $x_n-x_{n+1}=\ln\left(1+\frac{1}{n}\right)-\frac{1}{n+1}>0$,故$\lim\limits_{n\to\infty}x_n$ 存在,记为 $C$,其中 $C$ 的近似值为 0.577216,即 1+

$\frac{1}{2}+\frac{1}{3}+\cdots+\frac{1}{n}=C+\ln n+\varepsilon_n(\varepsilon_n\to 0)$.

**证** 因为 $\ln\left(1+\frac{1}{n}\right)<\frac{1}{n}$ *)，故 $\ln(n+1)-\ln n<\frac{1}{n}$，令 $n=1,2,3,\cdots,n$，得出

$$\ln 2-\ln 1<1,\quad \ln 3-\ln 2<\frac{1}{2},\quad \ln 4-\ln 3<\frac{1}{3},\quad \cdots\quad \ln(n+1)-\ln n<\frac{1}{n},$$

相加之，得 $\ln(n+1)<1+\frac{1}{2}+\frac{1}{3}+\cdots+\frac{1}{n}$. 于是，

$$x_{n+1}=1+\frac{1}{2}+\frac{1}{3}+\cdots+\frac{1}{n}+\frac{1}{n+1}-\ln(n+1)>\frac{1}{n+1}>0,$$

即 $\{x_n\}$ 是一个有下界的数列. 其次，

$$x_n-x_{n+1}=-\frac{1}{n+1}+\ln(n+1)-\ln n=\ln\left(1+\frac{1}{n}\right)-\frac{1}{n+1},$$

因为 $\frac{1}{n+1}<\ln\left(1+\frac{1}{n}\right)$ **)，所以，$x_n-x_{n+1}>0$，这就是说，$\{x_n\}$ 又是一个单调下降的数列. 因而 $\lim\limits_{n\to\infty}x_n$ 存在，用 $C$ 表示之，即

$$C=\lim_{n\to\infty}\left(1+\frac{1}{2}+\frac{1}{3}+\cdots+\frac{1}{n}-\ln n\right),$$

它的近似值为 0.577216. 或表成

$$1+\frac{1}{2}+\frac{1}{3}+\cdots+\frac{1}{n}=C+\ln n+\varepsilon_n,$$

其中 $\lim\limits_{n\to\infty}\varepsilon_n=0$.

*)及**)利用 75 题(1)的结果.

**【147】** 求 $\lim\limits_{n\to\infty}\left(\frac{1}{n+1}+\frac{1}{n+2}+\cdots+\frac{1}{2n}\right)$.

**提示** 对 $1+\frac{1}{2}+\cdots+\frac{1}{n}$ 及 $1+\frac{1}{2}+\cdots+\frac{1}{2n}$ 利用 146 题的结果.

**解** 因为

$$1+\frac{1}{2}+\cdots+\frac{1}{n}=C+\ln n+\varepsilon_n,\tag{1}$$

$$1+\frac{1}{2}+\cdots+\frac{1}{2n}=C+\ln 2n+\varepsilon_{2n},\tag{2}$$

其中 $C$ 为欧拉常数，$\varepsilon_n\to 0$，$\varepsilon_{2n}\to 0$ $(n\to\infty)$.

(2)式减(1)式得

$$\frac{1}{n+1}+\frac{1}{n+2}+\cdots+\frac{1}{2n}=\ln 2n-\ln n+(\varepsilon_{2n}-\varepsilon_n)=\ln 2+(\varepsilon_{2n}-\varepsilon_n)\to\ln 2\quad(n\to\infty),$$

所以，$\lim\limits_{n\to\infty}\left(\frac{1}{n+1}+\frac{1}{n+2}+\cdots+\frac{1}{2n}\right)=\ln 2$.

**【148】** 数列 $x_n(n=1,2,\cdots)$ 是由下列各式

$$x_1=a,\ x_2=b,\ x_n=\frac{x_{n-1}+x_{n-2}}{2}\quad(n=3,4,\cdots)$$

所确定. 求 $\lim\limits_{n\to\infty}x_n$.

**提示** 注意 $x_{n+1}-x_n=\frac{b-a}{(-2)^{n-1}}$ 及 $x_{n+1}=\sum\limits_{m=1}^{n}(x_{m+1}-x_m)+x_1$.

**解** 由于

$$x_{n+1}-x_n=\frac{x_n+x_{n-1}}{2}-x_n=\frac{x_{n-1}-x_n}{2}=\cdots=\frac{x_2-x_1}{(-2)^{n-1}}=\frac{b-a}{(-2)^{n-1}}$$

及

$$x_{n+1}=\sum_{m=1}^{n}(x_{m+1}-x_m)+x_1=(b-a)\sum_{m=1}^{n}\frac{1}{(-2)^{m-1}}+a,$$

所以，$\lim\limits_{n\to\infty}x_n=\dfrac{b-a}{1-\left(-\dfrac{1}{2}\right)}+a=\dfrac{a+2b}{3}$.

**【149】** 设 $a>0$ 和 $x_n(n=1,2,\cdots)$ 为由以下各式

$$x_0>0,\ x_{n+1}=\frac{1}{2}\left(x_n+\frac{a}{x_n}\right)\ (n=0,1,2,\cdots)$$

所确定的数列. 求证：$\lim\limits_{n\to\infty}x_n=\sqrt{a}$.

**提示** 注意 $x_{n+1}=\dfrac{1}{2}\left[\sqrt{x_n}-\dfrac{\sqrt{a}}{\sqrt{x_n}}\right]^2+\sqrt{a}\geqslant\sqrt{a}$ 及 $x_{n+1}-x_n=\dfrac{1}{2}\left(\dfrac{a}{x_n}-x_n\right)\leqslant 0$.

**证** 由 $x_{n+1}=\dfrac{1}{2}\left[\sqrt{x_n}-\dfrac{\sqrt{a}}{\sqrt{x_n}}\right]^2+\sqrt{a}\geqslant\sqrt{a}\,(n=0,1,2,\cdots)$，则 $x_{n+1}-x_n=\dfrac{1}{2}\left(\dfrac{a}{x_n}-x_n\right)\leqslant 0$.

因此，$\{x_n\}$ 为单调下降的有界数列，必有极限存在. 设其极限为 $l$，则 $l\geqslant\sqrt{a}>0$，对于等式

$$x_{n+1}=\frac{1}{2}\left(x_n+\frac{a}{x_n}\right)$$

两端取极限，即得

$$l=\frac{1}{2}\left(l+\frac{a}{l}\right),$$

解之得 $l=\sqrt{a}$（负值不合适），故证得 $\lim\limits_{n\to\infty}x_n=\sqrt{a}$.

**【150】** 证明：由下列各式

$$x_1=a,\quad y_1=b,\quad x_{n+1}=\sqrt{x_ny_n},\quad y_{n+1}=\frac{x_n+y_n}{2},$$

确定的数列 $x_n$ 和 $y_n(n=1,2,\cdots)$ 有公共的极限

$$\mu(a,b)=\lim_{n\to\infty}x_n=\lim_{n\to\infty}y_n\quad（数\ a\ 和\ b\ 的算术几何平均值）.$$

**证明思路** 分两种情形：

(1)$a$ 与 $b$ 中至少有一个为零，例如，设 $a=0$. 则有 $x_n=0$，$y_{n+1}=\dfrac{y_n}{2}=\cdots=\dfrac{b}{2^{n-1}}$.

(2)设 $a\neq0,b\neq0$，则必有 $a>0,b>0$，不妨假定 $a\leqslant b$. 应用数学归纳法可得 $a\leqslant x_n\leqslant x_{n+1}\leqslant y_{n+1}\leqslant y_n\leqslant b$.

**证** 分两种情形：

(1)$a$ 与 $b$ 中至少有一个为零，例如，设 $a=0$. 则显然有 $x_n=0\ (n=1,2,\cdots)$，$y_{n+1}=\dfrac{y_n}{2}$，从而，递推得

$$y_n=\frac{b}{2^{n-1}}\quad(n=1,2,\cdots).$$

由此可知 $\lim\limits_{n\to\infty}x_n=0=\lim\limits_{n\to\infty}y_n$.

(2)设 $a\neq0,b\neq0$，这时，必须 $a>0,b>0$. 否则，若 $ab<0$，则 $x_2=\sqrt{ab}$ 没有意义；若 $a<0$，$b<0$，则 $x_2=\sqrt{ab}>0$，$y_2=\dfrac{a+b}{2}<0$，从而 $x_3=\sqrt{x_2y_2}$ 没有意义. 因此，必须 $a>0$，$b>0$. 不妨假定 $a\leqslant b$. 由于两正数的等比中项不超过它们的等差中项，并且都界于原来两数之间，故有

$$a\leqslant x_2\leqslant y_2\leqslant b,\quad 由此又有\quad a\leqslant x_2\leqslant x_3\leqslant y_3\leqslant y_2\leqslant b.$$

应用数学归纳法可知一般有

$$a\leqslant x_n\leqslant x_{n+1}\leqslant y_{n+1}\leqslant y_n\leqslant b\quad(n=2,3,\cdots).$$

故 $\{x_n\}$ 为单调增大的有界数列，$\{y_n\}$ 为单调减小的有界数列，因此它们的极限都存在. 令 $\lim\limits_{n\to\infty}x_n=\alpha$，$\lim\limits_{n\to\infty}y_n=\beta$. 在等式 $y_{n+1}=\dfrac{x_n+y_n}{2}$ 两端取极限，得 $\beta=\dfrac{\alpha+\beta}{2}$，故 $\alpha=\beta$，即 $\lim\limits_{n\to\infty}x_n=\lim\limits_{n\to\infty}y_n$.

证毕.

## §3. 函数的概念

$1^\circ$ **函数的概念** 若对于集合 $X=\{x\}$ 中的每一个 $x$，有一个确定的实数 $y\in Y=\{y\}$ 与之对应，则变量 $y$ 称为变量 $x$ 在所给变化域 $X$ 上的单值函数，并记为 $y=f(x)$.

集合 $X$ 称为函数 $f(x)$ 的定义域或存在域；$Y$ 称为这个函数的值域，在最简单的情形下，集合 $X$ 或为开区间 $(a,b)$：$a<x<b$，或为半开区间 $(a,b]$：$a<x\leqslant b$ 或 $[a,b)$：$a\leqslant x<b$，或为闭区间(线段) $[a,b]$：$a\leqslant x\leqslant b$，其中 $a$ 和 $b$ 为某实数或符号 $-\infty$ 和 $+\infty$（在这种情形下，没有等号）.

若对于 $X$ 中的每一个值 $x$ 有若干个值 $y=f(x)$ 与之对应，则 $y$ 称为 $x$ 的多值函数.

$2^\circ$ **反函数** 若把 $x$ 了解为满足方程

$$f(x)=y$$

（式中 $y$ 为属于函数 $f(x)$ 的值域 $Y$ 中之一个固定数值）的任何数值，则这个对应关系确定出在集合 $Y$ 上的某函数

$$x=f^{-1}(y),$$

这个函数称为函数 $f(x)$ 的反函数，这个函数一般说来是多值函数. 若函数 $y=f(x)$ 是严格单调的，即当 $x_2>x_1$ 时，$f(x_2)>f(x_1)$ [或相应地 $f(x_2)<f(x_1)$]，则反函数 $x=f^{-1}(y)$ 为单值而且严格单调的函数.

**求下列函数的存在域：**

**【151】** $y=\dfrac{x^2}{1+x}$.

**解** 当 $1+x\neq 0$，即 $x\neq -1$ 时，函数 $y$ 才有意义，所以，它的存在域为 $(-\infty,-1)$，$(-1,+\infty)$.

**【152】** $y=\sqrt{3x-x^3}$.

**解** 存在域为满足不等式 $3x-x^3\geqslant 0$ 的实数 $x$ 的集合，解之，得存在域为 $(-\infty,-\sqrt{3}]$，$[0,\sqrt{3}]$.

**【153】**+ $y=(x-2)\sqrt{\dfrac{1+x}{1-x}}$.

**解** 当 $\dfrac{1+x}{1-x}\geqslant 0$ 时，$y$ 值确定. 解之，得存在域为满足 $-1\leqslant x<1$ 的数 $x$ 的集合.

**【154】** (1) $y=\log(x^2-4)$， (2) $y=\log(x+2)+\log(x-2)$.

**解** (1) 当 $x^2-4>0$ 时，$y$ 值确定. 解之，得存在域为 $(-\infty,-2)$，$(2,+\infty)$.

(2) 函数 $y$ 由两个函数组成，其中第一个函数的存在域为 $(-2,+\infty)$，而第二个函数的存在域为 $(2,+\infty)$，于是，函数 $y$ 的存在域为它们的公共部分，即 $(2,+\infty)$.

**【155】** $y=\sqrt{\sin(\sqrt{x})}$.

**解** 当 $\sin\sqrt{x}\geqslant 0$ 时，$y$ 值才为确定的实数. 解之，得 $2k\pi\leqslant\sqrt{x}\leqslant(2k+1)\pi$ $(k=0,1,2,\cdots)$.

存在域为满足不等式 $4k^2\pi^2\leqslant x\leqslant(2k+1)^2\pi^2$ $(k=0,1,2,\cdots)$ 的数的集合.

**【156】** $y=\sqrt{\cos x^2}$.

**解** 当 $\cos x^2\geqslant 0$ 时，$y$ 值才为确定的实数，即只要 $x$ 满足

$$0\leqslant x^2\leqslant\frac{\pi}{2} \text{ 及 } (4k-1)\frac{\pi}{2}\leqslant x^2\leqslant(4k+1)\frac{\pi}{2} \quad (k=1,2,\cdots).$$

解之，得存在域为满足不等式

$$|x|\leqslant\sqrt{\frac{\pi}{2}} \text{ 及 } \sqrt{(4k-1)\frac{\pi}{2}}\leqslant|x|\leqslant\sqrt{(4k+1)\frac{\pi}{2}} \quad (k=1,2,\cdots)$$

的数 $x$ 的集合.

**【157】** $y=\log\left(\sin\dfrac{\pi}{x}\right)$.

**解** 当 $\sin\frac{\pi}{x}>0$ 时，$y$ 值确定，即只要

$$2k\pi<\frac{\pi}{x}<(2k+1)\pi \quad (k=0,1,2,\cdots) \quad 及 \quad -(2k+2)\pi<\frac{\pi}{x}<-(2k+1)\pi.$$

所以，存在域为满足不等式 $\frac{1}{2k+1}<x<\frac{1}{2k}$，$(k=0,1,2,\cdots)$ 及 $-\frac{1}{2k+1}<x<-\frac{1}{2k+2}$ 的数 $x$ 的集合.

**【158】** $y=\frac{\sqrt{x}}{\sin\pi x}$.

**解** 当 $x\geqslant0$ 及 $\sin\pi x\neq0$ 时，$y$ 值确定. 解之，得存在域为满足关系式 $x>0, x\neq n$ $(n=1,2,\cdots)$ 的数 $x$ 的集合.

**【159】** $y=\arcsin\frac{2x}{1+x}$.

**解** 当 $\left|\frac{2x}{1+x}\right|\leqslant1$ 时，$y$ 值确定. 解之，得

$$-1\leqslant\frac{2x}{1+x}\leqslant1,\quad -1\leqslant2-\frac{2}{1+x}\leqslant1,\quad -3\leqslant-\frac{2}{1+x}\leqslant-1,\quad \frac{2}{3}\leqslant1+x\leqslant2.$$

最后得存在域为满足不等式 $-\frac{1}{3}\leqslant x\leqslant1$ 的数 $x$ 的集合.

**【160】** $y=\arccos(2\sin x)$.

**解** 当 $|2\sin x|\leqslant1$ 时，$y$ 值确定.

解之，得存在域为满足不等式 $|x-k\pi|\leqslant\frac{\pi}{6}$ $(k=0,\pm1,\pm2,\cdots)$ 的数 $x$ 的集合.

**【161】** $y=\lg[\cos(\lg x)]$.

**解** 当 $\cos(\lg x)>0$ 时，$y$ 值确定. 解之，得 $\left(2k-\frac{1}{2}\right)\pi<\lg x<\left(2k+\frac{1}{2}\right)\pi$.

从而，存在域为满足不等式 $10^{\left(2k-\frac{1}{2}\right)\pi}<x<10^{\left(2k+\frac{1}{2}\right)\pi}$ $(k=0,\pm1,\pm2,\cdots)$ 的数 $x$ 的集合.

**【162】**$^+$ $y=(x-|x|)\sqrt{-\sin^2\pi x}$.

**解** 由于 $\sin^2\pi x\geqslant0$，故仅当 $\sin\pi x=0$ 时 $\sqrt{-\sin^2\pi x}$ 才有意义，从而，函数 $y$ 才有意义. 解之，得存在域为

$$x=k \quad (k=0,\pm1,\pm2,\cdots).$$

**【163】** $y=\cot\pi x+\arccos(2^x)$.

**解** 当 $\sin\pi x\neq0$ 时，第一项有意义，即 $x\neq k$ $(k=0,\pm1,\pm2,\cdots)$.

当 $0\leqslant2^x\leqslant1$ 时，第二项有意义，即 $x\leqslant0$. 由此得存在域为满足关系式 $x<0$, $x\neq-n$ $(n=1,2,\cdots)$ 的数 $x$ 的集合.

**【164】** $y=\arcsin(1-x)+\lg(\lg x)$.

**解** 当 $-1\leqslant1-x\leqslant1$，即 $0\leqslant x\leqslant2$ 时，第一个函数有意义；

当 $\lg x>0$，即 $x>1$ 时，第二个函数有意义. 由此得存在域为满足不等式 $1<x\leqslant2$ 的数 $x$ 的集合.

**【165】** $y=(2x)!$.

**解** 当 $2x=n(n=0,1,\cdots)$ 时，$y$ 值确定，所以，存在域为集合：$0,\frac{1}{2},1,\frac{3}{2},2,\frac{5}{2},\cdots,\frac{n}{2},\cdots$.

## 求下列函数的存在域和函数值域：

**【166】** $y=\sqrt{2+x-x^2}$.

**解** 当 $2+x-x^2\geqslant0$ 时，$y$ 值确定. 解之，得存在域为满足不等式 $-1\leqslant x\leqslant2$ 的数 $x$ 的集合. 又因

$$y=\sqrt{\frac{9}{4}-\left(x-\frac{1}{2}\right)^2}\leqslant\frac{3}{2},$$

所以，函数值域为满足不等式 $0\leqslant y\leqslant\frac{3}{2}$ 的数 $y$ 的集合.

**【167】** $y=\lg(1-2\cos x)$.

**提示** 由 $1-2\cos x>0$ 易得存在域 $A$. 注意,由 $\max\limits_{x\in A}(1-2\cos x)=3$, $\inf\limits_{x\in A}(1-2\cos x)=0$,即可求得函数值域.

**解** 当 $1-2\cos x>0$ 时,$y$ 值确定. 解之,得存在域为满足不等式

$$2k\pi+\frac{\pi}{3}<x<2k\pi+\frac{5\pi}{3}\quad(k=0,\pm1,\pm2,\cdots)$$

的数 $x$ 的集合 $A$. 因为 $\max\limits_{x\in A}(1-2\cos x)=1-(-2)=3$, $\inf\limits_{x\in A}(1-2\cos x)=0$,
所以,函数值域为满足不等式 $-\infty<y\leqslant\lg3$ 的数 $y$ 的集合.

**【168】** $y=\arccos\dfrac{2x}{1+x^2}$.

**解** 当 $\left|\dfrac{2x}{1+x^2}\right|\leqslant1$ 时,$y$ 值确定,而对于 $-\infty<x<+\infty$ 来说,始终有 $\left|\dfrac{2x}{1+x^2}\right|\leqslant1$,所以,存在域为全体实数所组成的集合,而函数值域为闭区间 $[0,\pi]$.

**【169】** $y=\arcsin\left(\lg\dfrac{x}{10}\right)$.

**解** 当 $-1\leqslant\lg\dfrac{x}{10}\leqslant1$ 时,即当 $\dfrac{1}{10}\leqslant\dfrac{x}{10}\leqslant10$,或 $1\leqslant x\leqslant100$ 时,$y$ 值确定,且在 $\left[-\dfrac{\pi}{2},\dfrac{\pi}{2}\right]$ 上变化,所以,存在域为闭区间 $[1,100]$,函数值域为 $\left[-\dfrac{\pi}{2},\dfrac{\pi}{2}\right]$.

**【170】** $y=(-1)^x$.

**解** 存在域为数 $x$:$x=\dfrac{p}{2q+1}$($p,q$ 为整数)的集合,而函数值域为:$y=(-1)^p$,即由 $-1,1$ 两数组成的集合.

**【171】** 在底 $AC=b$ 和高 $BD=h$ 的三角形 $ABC$ 中(图 1.2)内接一个高 $NM=x$ 的矩形 $KLMN$. 把矩形 $KLMN$ 的周长 $P$ 及其面积 $S$ 表示为 $x$ 的函数.

作函数 $P=P(x)$ 及 $S=S(x)$ 的图像.

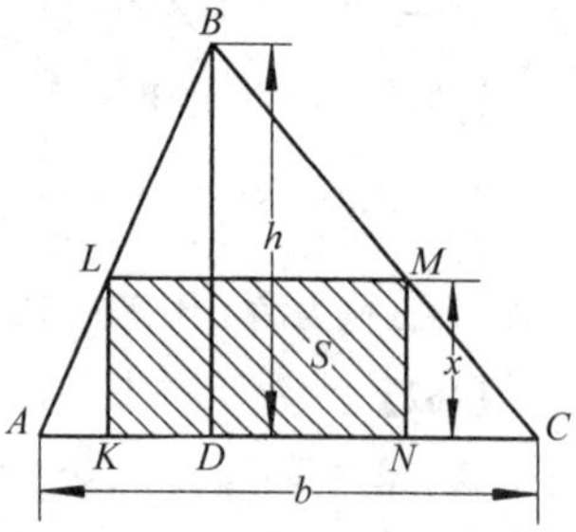

图 1.2

**解** 因为 $\dfrac{LM}{b}=\dfrac{h-x}{h}$,所以,$LM=b\left(1-\dfrac{x}{h}\right)$.

周长 $P=2LM+2x$,即 $P=P(x)=2\left(1-\dfrac{b}{h}\right)x+2b$,式中 $0<x<h$.

当 $b<h$ 时,如图 1.3 中直线段 $AB$ 所示(不包含 $A,B$ 两点).

当 $b>h$ 时,如图 1.3 中直线段 $AC$ 所示(不包含 $A,C$ 两点). 其中 $OA=2b$,$B$ 和 $C$ 的坐标为 $h$ 和 $2h$.

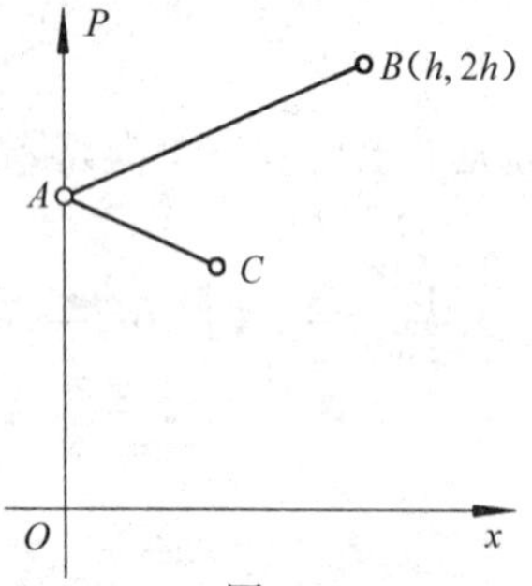

图 1.3

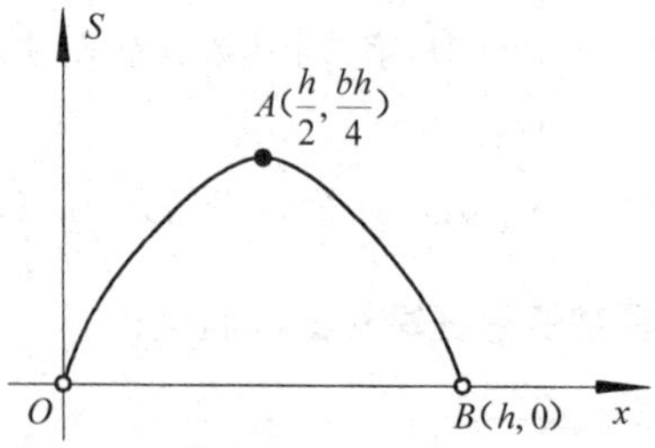

图 1.4

矩形面积 $S=LM\cdot x=bx\left(1-\dfrac{x}{h}\right)$ $(0<x<h)$ 如图 1.4 所示,它是一段不包含 $O$ 点及 $B$ 点的抛物线弧 $\overset{\frown}{OAB}$.

**【172】** 在三角形 $ABC$ 中,边 $AB=6\text{cm}$,$AC=8\text{cm}$,角 $BAC=x$. 把边 $BC=a$ 和面积 $ABC=S$ 表示为变量 $x$ 的函数. 作函数 $a=a(x)$ 及 $S=S(x)$ 的图像.

**解** 利用余弦定理得三角形的边

$$a=\sqrt{6^2+8^2-2\cdot 6\cdot 8\cos x}=\sqrt{100-96\cos x}\quad(0<x<\pi),$$

如图 1.5 所示(系一不包含 $A$ 点及 $B$ 点的曲线弧$\overset{\frown}{AB}$).

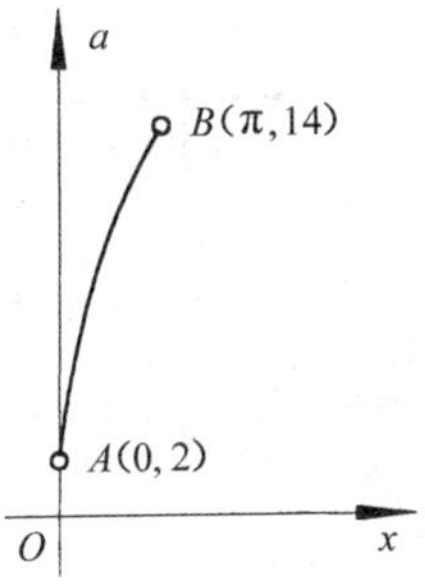

图 1.5

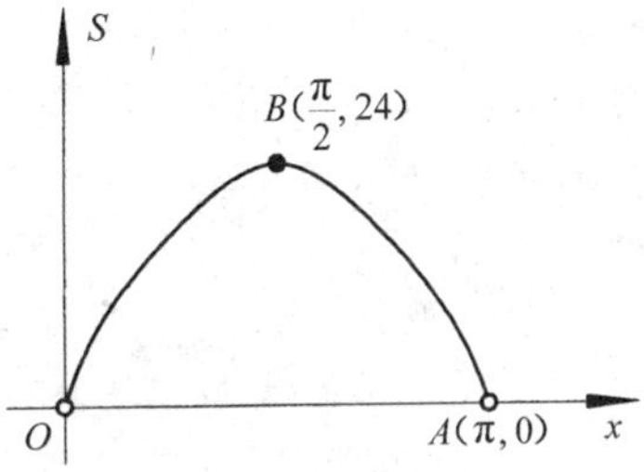

图 1.6

而三角形的面积

$$S=\frac{1}{2}\cdot 6\cdot 8\sin x=24\sin x\quad(0<x<\pi).$$

如图 1.6 所示(两轴单位取得不同,系一不包含 $O$ 点及 $A$ 点的弧$\overset{\frown}{OBA}$).

**【173】** 在等腰梯形 $ABCD$ 中(图 1.7),底 $AD=a$,$BC=b\ (a>b)$,高 $HB=h$,引直线 $MN/\!/BH$,$MN$ 与顶点 $A$ 相距 $AM=x$,把图形 $ABNMA$ 的面积 $S$ 表示为变量 $x$ 的函数. 作函数 $S=S(x)$ 的图像.

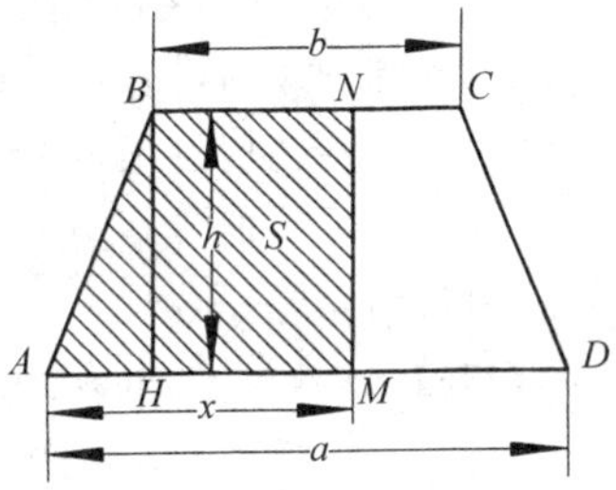

图 1.7

**提示** 分三种情况求解:

(1)$0\leqslant x\leqslant\frac{a-b}{2}$; (2)$\frac{a-b}{2}<x<\frac{a+b}{2}$; (3)$\frac{a+b}{2}\leqslant x\leqslant a$.

**解** $AH=\frac{1}{2}(a-b)$,分三种情况讨论:

(1)当 $0\leqslant x\leqslant\frac{a-b}{2}$时,即 $MN$ 线在$\triangle ABH$ 内,此时$\frac{MN}{h}=\frac{x}{\frac{a-b}{2}}$, $MN=\frac{2hx}{a-b}$.

于是,$S=\frac{1}{2}MN\cdot x=\frac{hx^2}{a-b}$,如图 1.8 中弧$\overset{\frown}{OA}$(系抛物线段).

(2)当$\frac{a-b}{2}<x<\frac{a-b}{2}+b=\frac{a+b}{2}$时,面积

$$S=\frac{a-b}{2}\cdot\frac{h}{2}+h\left(x-\frac{a-b}{2}\right)=h\left(x-\frac{a-b}{4}\right),$$

如图 1.8 中不含 $A$ 点及 $B$ 点的直线段 $AB$.

(3)当$\frac{a+b}{2}\leqslant x\leqslant a$ 时,面积

$$S=\frac{h(a+b)}{2}-\frac{h}{a-b}\cdot(a-x)^2=h\left[\frac{a+b}{2}-\frac{(a-x)^2}{a-b}\right],$$

如图 1.8 中抛物线段$\overset{\frown}{BC}$.

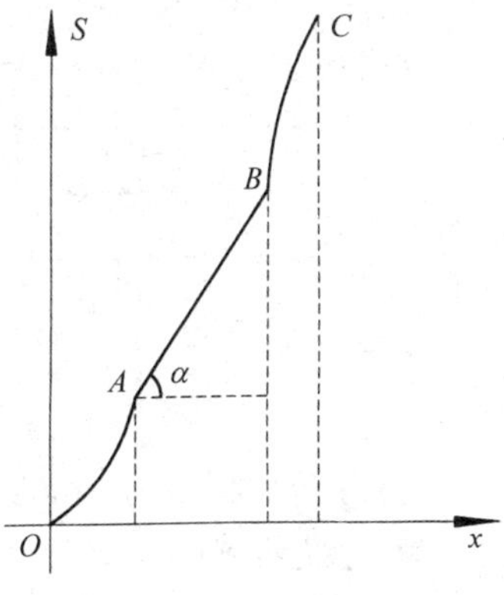

图 1.8

图 1.8 中各点的位置如下:

$$A\left(\frac{a-b}{2},\frac{h(a-b)}{4}\right),\quad B\left(\frac{a+b}{2},\frac{h(a+3b)}{4}\right),\quad C\left(a,\frac{h(a+b)}{2}\right),$$

又 $\tan\alpha=h$.

**【174】** 有 2g 质量均匀分布在 $Ox$ 轴上的闭区间 $0\leqslant x\leqslant 1$ 上，另有两个质量为 1g 的质点分别位于点 $x=2$ 和 $x=3$.

设 $m(x)$ 是区间 $(-\infty,x)$ 内的质量的值，求函数

$$m=m(x)\quad(-\infty<x<+\infty)$$

的解析表达式. 并作这个函数的图像.

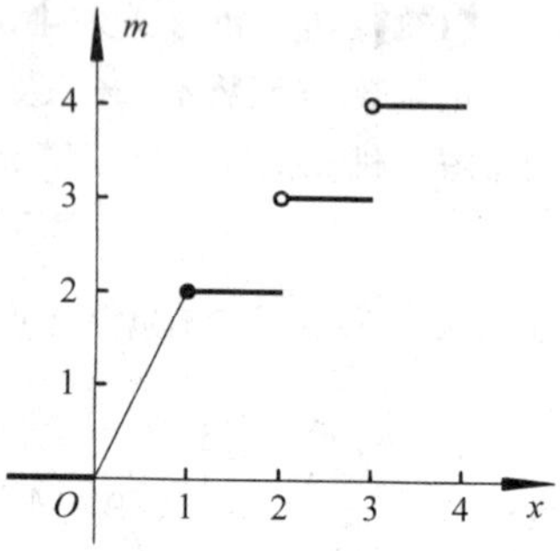

图 1.9

**解** 当 $-\infty<x\leqslant 0$ 时，$m(x)=0$；

当 $0<x\leqslant 1$ 时，因为 $1:x=2:m(x)$，于是，$m(x)=2x$；

当 $1<x\leqslant 2$ 时，$m(x)=2$；

当 $2<x\leqslant 3$ 时，$m(x)=3$；

当 $3<x\leqslant+\infty$ 时，$m(x)=4$.

如图 1.9 所示.

**【175】** 函数 $y=\text{sgn}x$，被定义为：

$$\text{sgn}x=\begin{cases}-1, & x<0,\\ 0, & x=0,\\ 1, & x>0.\end{cases}$$

作这个函数的图像. 证明：

$$|x|=x\text{sgn}x.$$

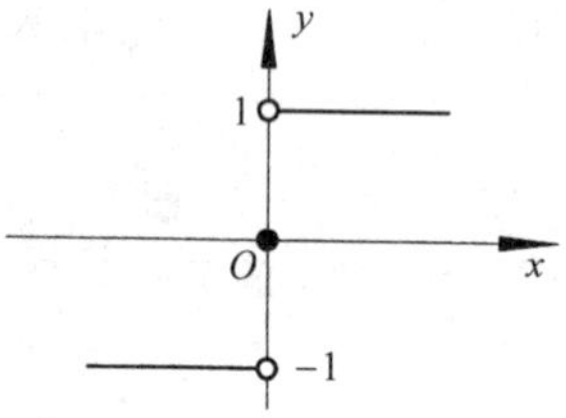

图 1.10

**解** 函数 $\text{sgn}x$ 的图像如图 1.10 所示.

因为，当 $x<0$ 时，$|x|=-x=x\text{sgn}x$；

当 $x=0$ 时，$|x|=0=x\text{sgn}x$；

当 $x>0$ 时，$|x|=x=x\text{sgn}x$.

所以，$|x|=x\text{sgn}x$.

**【176】** 函数 $y=[x]$(数 $x$ 的整数部分)用下法定义：

若 $x=n+r$，式中 $n$ 为整数且 $0\leqslant r<1$，则 $[x]=n$.

作这个函数的图像.

**解** 当 $x\in[n,n+1)$ 时($n$ 为整数) $y=n$，如图 1.11 所示.

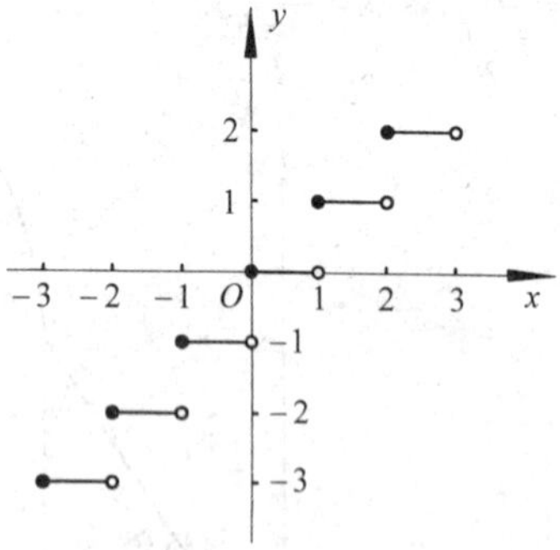

图 1.11

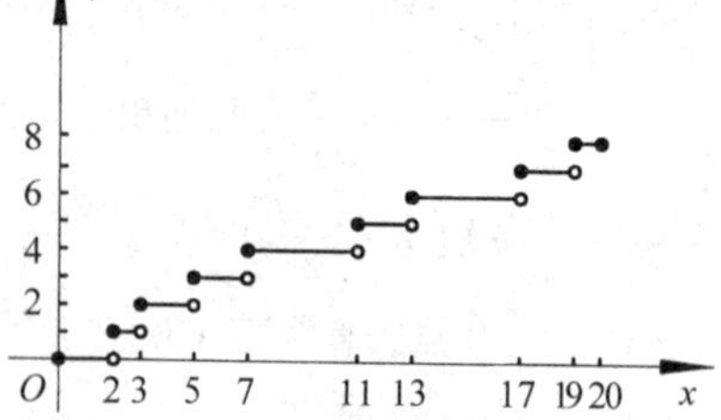

图 1.12

**【177】** 设：$y=\pi(x)\quad(x\geqslant 0)$，表示不超过数 $x$ 的素数的数目，作这个函数在 $0\leqslant x\leqslant 20$ 时的图像.

**解** 按题设可知：

当 $0\leqslant x<2$ 时，$\pi(x)=0$；　当 $2\leqslant x<3$ 时，$\pi(x)=1$；　当 $3\leqslant x<5$ 时，$\pi(x)=2$；

当 $5\leqslant x<7$ 时，$\pi(x)=3$；　当 $7\leqslant x<11$ 时，$\pi(x)=4$；　当 $11\leqslant x<13$ 时，$\pi(x)=5$；

当 $13\leqslant x<17$ 时，$\pi(x)=6$；　当 $17\leqslant x<19$ 时，$\pi(x)=7$；　当 $19\leqslant x\leqslant 20$ 时，$\pi(x)=8$.

如图 1.12 所示.

**下列函数 $y=f(x)$ 把集合 $E_x$ 映射成怎样的集合 $E_y$？**

【178】 $y=x^2, E_x=\{1\leqslant x\leqslant 2\}$.

解 $E_y=\{1\leqslant y\leqslant 4\}$.

【179】 $y=\lg x,\ E_x=\{10<x<1000\}$.

解 $E_y=\{1<y<3\}$.

【180】 $y=\dfrac{1}{\pi}\operatorname{arccot}x,\ E_x=\{-\infty<x<+\infty\}$.

解 $E_y=\{0<y<1\}$.

【181】 $y=\cot\dfrac{\pi x}{4},\ E_x=\{0<|x|\leqslant 1\}$.

解 $E_y=\{1<|y|<+\infty\}$.

【182】 $y=|x|, E_x=\{1\leqslant|x|\leqslant 2\}$.

解 $E_y=\{1\leqslant y\leqslant 2\}$.

**设变量 $x$ 遍历区间 $0<x<1$，试确定变量 $y$ 所遍历的集合：**

【183】 $y=a+(b-a)x$.

解 变量 $x$ 从 0 变至 1 时，$y$ 从 $a$ 变至 $b$.

于是，变量 $y$ 的变化区间为 $a<y<b$（当 $a<b$）或 $b<y<a$（当 $b<a$）.

【184】 $y=\dfrac{1}{1-x}$.

解 当 $x$ 从 0 变至 1 时，$y$ 从 1 变至正无穷大. 于是，$y$ 的变化区间为 $1<y<+\infty$.

【185】 $y=\dfrac{x}{2x-1}$.

解 $y=\dfrac{1}{2}+\dfrac{1}{2}\cdot\dfrac{1}{2x-1}$.

当 $x$ 从 0 变至 $\dfrac{1}{2}$，$y$ 从 0 变至负无穷大；当 $x$ 从 $\dfrac{1}{2}$ 变至 1 时，$y$ 从正无穷大变至 1. 于是，$y$ 的变化区间为 $-\infty<y<0,\ 1<y<+\infty$.

【186】 $y=\sqrt{x-x^2}$.

解 $y=\sqrt{\dfrac{1}{4}-\left(x-\dfrac{1}{2}\right)^2}$.

当 $x=\dfrac{1}{2}$ 时，$y=\dfrac{1}{2}$（最大值）；由于 $x$ 趋于 0 时，$y$ 趋于 0，而 $y>0$，从而 $y=0$ 是变量 $y$ 的下确界. 于是，$y$ 的变化区间为 $0<y\leqslant\dfrac{1}{2}$.

【187】 $y=\cot\pi x$.

解 当 $x$ 从 0 变至 1 时，变量 $y$ 从 $+\infty$ 变至 $-\infty$. 于是，变量 $y$ 的变化区间为 $-\infty<y<+\infty$.

【188】 $y=x+[2x]$.

解 当 $x$ 从 0 变至 $\dfrac{1}{2}$ 时，$y$ 从 0 变至 $\dfrac{1}{2}$；当 $x$ 从 $\dfrac{1}{2}$ 变至 1 时，$y$ 从 $\dfrac{3}{2}$ 变至 2. 于是，$y$ 的变化区间为 $0<y<\dfrac{1}{2},\ \dfrac{3}{2}\leqslant y<2$.

【189】 设 $f(x)=x^4-6x^3+11x^2-6x$，求 $f(0),f(1),f(2),f(3),f(4)$.

解 因为 $f(x)=x(x-1)(x-2)(x-3)$，所以，$f(0)=f(1)=f(2)=f(3)=0, f(4)=24$.

【190】 设 $f(x)=\lg x^2$，求 $f(-1),f(-0.001),f(100)$.

解 $f(-1)=\lg 1=0$； $f(-0.001)=\lg 0.000001=-6$； $f(100)=\lg 10000=4$.

【191】 设 $f(x)=1+[x]$，求 $f(0.9),f(0.99),f(0.999),f(1)$.

解 $f(0.9)=f(0.99)=f(0.999)=1$， $f(1)=2$.

【192】 设 $f(x)=\begin{cases}1+x, & -\infty<x\leqslant 0,\\ 2^x, & 0<x<+\infty,\end{cases}$ 求 $f(-2),f(-1),f(0),f(1),f(2)$.

解 $f(-2)=1-2=-1$， $f(-1)=1-1=0$， $f(0)=1+0=1$， $f(1)=2^1=2$， $f(2)=2^2=4$.

【193】 设 $f(x)=\dfrac{1-x}{1+x}$，求 $f(0),f(-x),f(x+1),f(x)+1,f\left(\dfrac{1}{x}\right),\dfrac{1}{f(x)}$.

解 $f(0)=1$， $f(-x)=\dfrac{1+x}{1-x}$，

$f(x+1)=\dfrac{1-(x+1)}{1+(x+1)}=-\dfrac{x}{x+2}$， $f(x)+1=\dfrac{1-x}{1+x}+1=\dfrac{2}{1+x}$，

$f\left(\dfrac{1}{x}\right)=\dfrac{1-\dfrac{1}{x}}{1+\dfrac{1}{x}}=\dfrac{x-1}{x+1}$， $\dfrac{1}{f(x)}=\dfrac{1}{\dfrac{1-x}{1+x}}=\dfrac{1+x}{1-x}$.

【194】 设(1) $f(x)=x-x^3$； (2) $f(x)=\sin\dfrac{\pi}{x}$； (3) $f(x)=(x+|x|)(1-x)$.

求满足以下各式的 $x$ 值：(ⅰ) $f(x)=0$； (ⅱ) $f(x)>0$； (ⅲ) $f(x)<0$.

解 (1)(ⅰ) $x-x^3=0$，所以，$x=0,1$ 及 $-1$.

(ⅱ) $x-x^3>0$，即 $x(1-x)(1+x)>0$，所以，$-\infty<x<-1$ 和 $0<x<1$.

(ⅲ) $x(1-x)(1+x)<0$，所以，$-1<x<0$ 和 $1<x<+\infty$.

(2)(ⅰ) $\sin\dfrac{\pi}{x}=0$，则 $\dfrac{\pi}{x}=k\pi(k=\pm1,\pm2,\cdots)$，所以，$x=\dfrac{1}{k}(k=\pm1,\pm2,\cdots)$.

(ⅱ) $\sin\dfrac{\pi}{x}>0$，则 $2k\pi<\dfrac{\pi}{x}<(2k+1)\pi$ 和 $-(2k+2)\pi<\dfrac{\pi}{x}<-(2k+1)\pi$，所以，

$$\frac{1}{2k+1}<x<\frac{1}{2k} \text{ 和 } -\frac{1}{2k+1}<x<-\frac{1}{2k+2}\quad (k=0,1,2,\cdots)$$

(ⅲ) $\sin\dfrac{\pi}{x}<0$，则 $(2k+1)\pi<\dfrac{\pi}{x}<(2k+2)\pi$ 和 $-(2k+1)\pi<\dfrac{\pi}{x}<-2k\pi\ (k=0,1,2,\cdots)$，所以，

$$\frac{1}{2k+2}<x<\frac{1}{2k+1} \quad\text{和}\quad -\frac{1}{2k}<x<-\frac{1}{2k+1}\quad (k=0,1,2,\cdots),$$

(3)(ⅰ) $(x+|x|)(1-x)=0$，则 $x\leqslant 0$ 和 $x=1$.

(ⅱ)因为 $x+|x|\geqslant 0$，所以，$1-x>0$，即 $x<1$. 而由 $f(x)>0$，得 $x+|x|>0$，即 $x>0$.

总之，当 $0<x<1$ 时，$(x+|x|)(1-x)>0$.

(ⅲ) $(x+|x|)(1-x)<0$. 首先，$x>0$，否则 $x+|x|=0$. 其次，应有 $1-x<0$，所以，$x>1$，此即所求之解.

【195】 设(1) $f(x)=ax+b$；(2) $f(x)=x^2$；(3) $f(x)=a^x$. 求 $\varphi(x)=\dfrac{f(x+h)-f(x)}{h}$.

解 (1) $\varphi(x)=\dfrac{a(x+h)+b-(ax+b)}{h}=a$；

(2) $\varphi(x)=\dfrac{(x+h)^2-x^2}{h}=2x+h$；

(3) $\varphi(x)=\dfrac{a^{x+h}-a^x}{h}=a^x\cdot\dfrac{a^h-1}{h}$.

【196】 设 $f(x)=ax^2+bx+c$，证明：$f(x+3)-3f(x+2)+3f(x+1)-f(x)\equiv 0$.

证 $f(x+3)-3f(x+2)+3f(x+1)-f(x)$

$=a(x+3)^2+b(x+3)+c-3[a(x+2)^2+b(x+2)+c]+3[a(x+1)^2+b(x+1)+c]-(ax^2+bx+c)$

$=ax^2+6ax+9a+bx+3b+c-3ax^2-12ax-12a-3bx-6b-3c+3ax^2+6ax+3a+3bx+3b+3c$

$-ax^2-bx-c$

$=0$,

于是，$f(x+3)-3f(x+2)+3f(x+1)-f(x)\equiv 0$.

**【197】** 若 $f(0)=-2, f(3)=5$,求线性函数:$f(x)=ax+b$. $f(1)$及 $f(2)$等于什么(线性插值法)?

**解** 因为 $f(0)=b=-2$ 及 $f(3)=3a+b=5$,所以,$a=\frac{7}{3}$, $b=-2$.

于是,所求的线性函数为 $f(x)=\frac{7}{3}x-2$,且 $f(1)=\frac{1}{3}$, $f(2)=\frac{8}{3}$.

**【198】** 若 $f(-2)=0$, $f(0)=1$, $f(1)=5$.求二次有理函数:$f(x)=ax^2+bx+c$. $f(-1)$及 $f(0.5)$等于什么(二次插值法)?

**解** 因为 $f(-2)=4a-2b+c=0$, $f(0)=c=1$, $f(1)=a+b+c=5$,所以,$a=\frac{7}{6}$, $b=\frac{17}{6}$, $c=1$.

于是,所求的二次有理函数为 $f(x)=\frac{7}{6}x^2+\frac{17}{6}x+1$,且 $f(-1)=-\frac{2}{3}$, $f(0.5)=\frac{65}{24}=2\frac{17}{24}$.

**【199】** 设 $f(-1)=0$, $f(0)=2$, $f(1)=-3$, $f(2)=5$.求三次有理函数:$f(x)=ax^3+bx^2+cx+d$.

**解** 因为 $f(-1)=-a+b-c+d=0$, $f(0)=d=2$, $f(1)=a+b+c+d=-3$, $f(2)=8a+4b+2c+d=5$,所以,$a=\frac{10}{3}$, $b=-\frac{7}{2}$, $c=-\frac{29}{6}$, $d=2$.

于是,所求的三次有理函数为 $f(x)=\frac{10}{3}x^3-\frac{7}{2}x^2-\frac{29}{6}x+2$.

**【200】** 设 $f(0)=15$, $f(2)=30$, $f(4)=90$,求形为 $f(x)=a+bc^x$ 的函数.

**解** 因为 $f(0)=a+b=15$, $f(2)=a+bc^2=30$, $f(4)=a+bc^4=90$,所以,$a=10$, $b=5$, $c=2$($-2$ 不适合).于是,所求的函数为 $f(x)=10+5\cdot 2^x$.

**【201】** 证明:对于线性函数 $f(x)=ax+b$,若自变量的值 $x=x_n(n=1,2,\cdots)$组成等差数列,则对应的函数值 $y_n=f(x_n)(n=1,2,\cdots)$也组成等差数列.

**提示** 利用等差数列的定义.

**证** 设数列 $x_n(n=1,2,\cdots)$为 $x_1, x_1+d, x_1+2d, x_1+3d, \cdots, x_1+(n-1)d, \cdots$其中 $d$ 为公差.

于是,

$$y_n-y_{n-1}=(ax_n+b)-(ax_{n-1}+b)=\{a[x_1+(n-1)d]+b\}-\{a[x_1+(n-2)d]+b\}=ad,$$

由于 $ad$ 为一常数,所以,数列 $y_n=f(x_n)$也组成等差数列.

**【202】** 证明:对于指数函数 $f(x)=a^x(a>0)$,若自变量的值 $x=x_n(n=1,2,\cdots)$组成等差数列,则对应的函数值 $y_n=f(x_n)(n=1,2,\cdots)$组成等比数列.

**证** 因为 $x_n-x_{n-1}=d$,所以,

$$y_n:y_{n-1}=a^{x_n}:a^{x_{n-1}}=a^{x_n-x_{n-1}}=a^d,$$

由于 $a^d$ 为一常数,于是,函数值 $y_n=f(x_n)$组成等比数列.

**【203】** 设当 $0<u<1$ 时函数 $f(u)$有定义,求下列函数的定义域:

(1) $f(\sin x)^+$; (2) $f(\ln x)$; (3)$^+$ $f\left(\frac{[x]}{x}\right)$.

**解** (1)因为 $0<\sin x<1$,所以,

$$2k\pi<x<\pi+2k\pi \quad (k=0,\pm1,\pm2,\cdots) \quad \text{且} \quad x\neq\frac{4k+1}{2}\pi \quad (k=0,\pm1,\pm2,\cdots);$$

(2)因为 $0<\ln x<1$,所以,$1<x<e$;

(3)因为 $0<\frac{[x]}{x}<1$,所以,$x>1$ 且 $x\neq k$ $(k=2,3,4,\cdots)$.

**【204】** 设 $f(x)=\frac{1}{2}(a^x+a^{-x})$ $(a>0)$. 证明:$f(x+y)+f(x-y)=2f(x)\cdot f(y)$.

**证** $f(x+y)+f(x-y)=\frac{1}{2}(a^{x+y}+a^{-x-y})+\frac{1}{2}(a^{x-y}+a^{-x+y})$

$$=\frac{1}{2}(a^x\cdot a^y+a^{-x}\cdot a^{-y})+\frac{1}{2}(a^x\cdot a^{-y}+a^{-x}\cdot a^y)=\frac{1}{2}a^x(a^y+a^{-y})+\frac{1}{2}a^{-x}(a^{-y}+a^y)$$

$$=\frac{1}{2}(a^x+a^{-x})(a^y+a^{-y})=2f(x)f(y),$$

于是，$f(x+y)+f(x-y)=2f(x)f(y)$.

**【205】** 设 $f(x)+f(y)=f(z)$. 求出 $z$，若：

(1) $f(x)=ax$； (2) $f(x)=\frac{1}{x}$； (3) $f(x)=\arctan x$ ($|x|<1$)； (4) $f(x)=\lg\frac{1+x}{1-x}$.

**提示** (3)由 $\arctan x+\arctan y=\arctan z$ 可得 $\arctan\frac{x+y}{1-xy}=\arctan z$.

**解** (1) $f(x)+f(y)=ax+ay=a(x+y)$，$f(z)=az$，由 $f(x)+f(y)=f(z)$ 得 $z=x+y$.

(2)由 $\frac{1}{x}+\frac{1}{y}=\frac{1}{z}$ 得 $z=\frac{xy}{x+y}$.

(3)由 $\arctan x+\arctan y=\arctan z$ 得 $\arctan\frac{x+y}{1-xy}=\arctan z$ 所以，$z=\frac{x+y}{1-xy}$.

(4)由 $\lg\frac{1+x}{1-x}+\lg\frac{1+y}{1-y}=\lg\frac{1+z}{1-z}$ 得 $\frac{(1+x)(1+y)}{(1-x)(1-y)}=\frac{1+z}{1-z}$，所以，$z=\frac{x+y}{1+xy}$.

## 求 $\varphi[\varphi(x)]$，$\psi[\psi(x)]$，$\varphi[\psi(x)]$ 及 $\psi[\varphi(x)]$，设

**【206】** $\varphi(x)=x^2$ 及 $\psi(x)=2^x$.

**解** $\varphi[\varphi(x)]=(x^2)^2=x^4$； $\varphi[\psi(x)]=(2^x)^2=2^{2x}$； $\psi[\psi(x)]=2^{(2^x)}$； $\psi[\varphi(x)]=2^{(x^2)}$.

**【207】** $\varphi(x)=\operatorname{sgn}x$ 及 $\psi(x)=\frac{1}{x}$.

**解** $\varphi[\varphi(x)]=\operatorname{sgn}(\operatorname{sgn}x)=\operatorname{sgn}x$； $\psi[\psi(x)]=\frac{1}{\frac{1}{x}}=x$ $(x\neq0)$；

$$\varphi[\psi(x)]=\operatorname{sgn}\left(\frac{1}{x}\right)=\operatorname{sgn}x\quad(x\neq0)；\quad\psi[\varphi(x)]=\frac{1}{\operatorname{sgn}x}=\operatorname{sgn}x\quad(x\neq0).$$

**【208】** $\varphi(x)=\begin{cases}0, & x\leqslant0,\\ x, & x>0.\end{cases}$ 及 $\psi(x)=\begin{cases}0, & x\leqslant0,\\ -x^2, & x>0.\end{cases}$

**解** $\varphi[\varphi(x)]=\varphi(x)$；$\psi[\psi(x)]=0$ (因为 $-x^2\leqslant0$)； $\varphi[\psi(x)]=0$； $\psi[\varphi(x)]=\psi(x)$.

**【209】** 设 $f(x)=\frac{1}{1-x}$，求 $f[f(x)]$，$f\{f[f(x)]\}$.

**解** $f[f(x)]=\frac{1}{1-\frac{1}{1-x}}=1-\frac{1}{x}$ $(x\neq0)$； $f\{f[f(x)]\}=\frac{1}{1-\left(1-\frac{1}{x}\right)}=x$.

**【210】** 设 $f_n(x)=\underbrace{f\{f[\cdots f(x)]\}}_{n次}$. 若 $f(x)=\frac{x}{\sqrt{1+x^2}}$，求 $f_n(x)$.

**提示** 利由数学归纳法易得 $f_n(x)=\frac{x}{\sqrt{1+nx^2}}$ $(n\in\mathrm{N})$.

**解** 当 $n=2$ 时，$f_2(x)=\frac{x}{\sqrt{1+2x^2}}$.

设对于 $n=k$ 时，有 $f_k(x)=\frac{x}{\sqrt{1+kx^2}}$，则对于 $n=k+1$ 时，有

$$f_{k+1}(x)=\frac{\frac{x}{\sqrt{1+kx^2}}}{\sqrt{1+\frac{x^2}{1+kx^2}}}=\frac{x}{\sqrt{1+(k+1)x^2}}.$$

从而，由数学归纳法知，对于任何正整数 $n$，有 $f_n(x)=\frac{x}{\sqrt{1+nx^2}}$.

【211】 设 $f(x+1)=x^2-3x+2$,求 $f(x)$.

解 因为 $f(x+1)=(x+1)^2-5(x+1)+6$,于是,$f(x)=x^2-5x+6$.

【212】 设 $f\left(x+\frac{1}{x}\right)=x^2+\frac{1}{x^2}$, $(|x|\geqslant 2)$,求 $f(x)$.

解 因为 $f\left(x+\frac{1}{x}\right)=\left(x+\frac{1}{x}\right)^2-2$,于是 $f(x)=x^2-2$.

【213】 设 $f\left(\frac{1}{x}\right)=x+\sqrt{1+x^2}$ $(x>0)$,求 $f(x)$.

解 因为 $f\left(\frac{1}{x}\right)=\dfrac{1+\sqrt{1+\left(\frac{1}{x}\right)^2}}{\frac{1}{x}}$,于是,$f(x)=\dfrac{1+\sqrt{1+x^2}}{x}$.

**证明:下列各函数在所给区间内是单调增函数.**

【214】 $f(x)=x^2$ $(0\leqslant x<+\infty)$.

证 当 $x_2>x_1\geqslant 0$ 时(其中 $x_1,x_2$ 为任意两点,下同),

$$f(x_2)-f(x_1)=x_2^2-x_1^2=(x_2-x_1)(x_2+x_1)>0,$$

于是,$f(x)=x^2$ 在 $0\leqslant x<+\infty$内是单调增函数.

【215】 $f(x)=\sin x\left(-\frac{\pi}{2}\leqslant x\leqslant\frac{\pi}{2}\right)$.

证 当$-\frac{\pi}{2}<x_1<x_2<\frac{\pi}{2}$时,因为

$$-\frac{\pi}{2}<\frac{x_1+x_2}{2}<\frac{\pi}{2} \quad 及 \quad 0<\frac{x_2-x_1}{2}<\frac{\pi}{2},$$

所以,$\cos\frac{x_1+x_2}{2}>0$ 及 $\sin\frac{x_2-x_1}{2}>0$.

又因

$$f(x_2)-f(x_1)=\sin x_2-\sin x_1=2\cos\frac{x_2+x_1}{2}\sin\frac{x_2-x_1}{2}>0,$$

所以,$f(x)=\sin x$ 在$-\frac{\pi}{2}\leqslant x\leqslant\frac{\pi}{2}$内是单调增函数.

【216】 $f(x)=\tan x\left(-\frac{\pi}{2}<x<\frac{\pi}{2}\right)$.

证 $f(x_2)-f(x_1)=\tan x_2-\tan x_1=\dfrac{\sin x_2}{\cos x_2}-\dfrac{\sin x_1}{\cos x_1}=\dfrac{\sin x_2\cos x_1-\cos x_2\sin x_1}{\cos x_1\cos x_2}=\dfrac{\sin(x_2-x_1)}{\cos x_1\cdot\cos x_2}$,

当$-\frac{\pi}{2}<x_1<x_2<\frac{\pi}{2}$时,$\cos x_1>0$, $\cos x_2>0$ 及 $\sin(x_2-x_1)>0$,从而可知

$$f(x_2)-f(x_1)>0,$$

所以,$f(x)=\tan x$ 在$-\frac{\pi}{2}<x<\frac{\pi}{2}$内是单调增函数.

【217】 $f(x)=2x+\sin x$ $(-\infty<x<+\infty)$.

提示 注意不等式$|\sin x_2-\sin x_1|\leqslant|x_2-x_1|$,即易获证.

证 $f(x_2)-f(x_1)=2(x_2-x_1)+\sin x_2-\sin x_1$,

因为

$$|\sin x_2-\sin x_1|=2\left|\cos\frac{x_1+x_2}{2}\right|\left|\sin\frac{x_2-x_1}{2}\right|\leqslant 2\left|\sin\frac{x_2-x_1}{2}\right|\leqslant 2\left|\frac{x_2-x_1}{2}\right|=|x_2-x_1|,$$

所以,当 $x_1<x_2$ 时,有

$$-(x_2-x_1)\leqslant\sin x_2-\sin x_1\leqslant x_2-x_1.$$

从而,

$$2(x_2-x_1)+\sin x_2-\sin x_1>2(x_2-x_1)-(x_2-x_1)=x_2-x_1>0,$$

即 $f(x_2)-f(x_1)>0$，于是，$f(x)=2x+\sin x$ 在 $-\infty<x<+\infty$ 内是单调增函数.

**证明：下列各函数在所给区间内是单调减函数.**

**【218】** $f(x)=x^2 \quad (-\infty<x\leqslant 0)$.

**证** $f(x_2)-f(x_1)=(x_2-x_1)(x_2+x_1)<0 \ (x_1<x_2<0)$，于是，$f(x)=x^2$ 在 $-\infty<x\leqslant 0$ 内是单调减函数.

**【219】** $f(x)=\cos x \ (0\leqslant x\leqslant \pi)$.

**证** $f(x_2)-f(x_1)=\cos x_2-\cos x_1=-2\sin\dfrac{x_2+x_1}{2}\sin\dfrac{x_2-x_1}{2}$，

当 $0<x_1<x_2<\pi$ 时，

$$0<\frac{x_1+x_2}{2}<\pi \quad 及 \quad 0<\frac{x_2-x_1}{2}<\frac{\pi}{2},$$

于是，$\sin\dfrac{x_1+x_2}{2}>0$，$\sin\dfrac{x_2-x_1}{2}>0$，从而，

$$f(x_2)-f(x_1)<0,$$

即 $f(x)=\cos x$ 在 $0\leqslant x\leqslant \pi$ 内是单调减函数.

**【220】** $f(x)=\cot x \ (0<x<\pi)$.

**证** $f(x_2)-f(x_1)=\dfrac{\cos x_2}{\sin x_2}-\dfrac{\cos x_1}{\sin x_1}=\dfrac{\cos x_2\sin x_1-\cos x_1\sin x_2}{\sin x_1\sin x_2}=\dfrac{\sin(x_1-x_2)}{\sin x_1\cdot\sin x_2}<0$

（当 $0<x_1<x_2<\pi$ 时），

于是，$f(x)=\cot x$ 在 $0<x<\pi$ 内是单调减函数.

**【221】** 研究下列函数的单调性：

(1) $f(x)=ax+b$；　(2) $f(x)=ax^2+bx+c$；　(3) $f(x)=x^3$；

(4) $f(x)=\dfrac{ax+b}{cx+d}$；　(5) $f(x)=a^x \quad (a>0)$.

**解题思路** (1)应就 $a>0$ 及 $a<0$ 分别加以讨论.

(2)注意 $f(x)=a\left(x+\dfrac{b}{2a}\right)^2+\dfrac{4ac-b^2}{4a}$，并就 $a>0$ 及 $a<0$ 分别加以讨论.

(4)若 $c=0$，仿(1). 若 $c\neq 0$，不妨设 $c>0$，注意 $f(x)=\dfrac{a}{c}+\dfrac{b-\dfrac{d}{c}a}{cx+d}$，并就 $ad-bc>0$ 及 $ad-bc<0$ 分别加以讨论.

(5)就 $0<a<1$ 及 $a>1$ 分别加以讨论.

**解** (1)对于 $x_1<x_2$，有 $f(x_2)-f(x_1)=a(x_2-x_1)$. 当 $a>0$ 时，它大于零；当 $a<0$ 时，它小于零. 所以，当 $a>0$ 时，$f(x)$是增函数；当 $a<0$ 时，$f(x)$是减函数.

(2) $f(x)=a\left(x+\dfrac{b}{2a}\right)^2+\dfrac{4ac-b^2}{4a}$.

(i)当 $a>0$ 时，图像呈凹形，顶点在 $\left(-\dfrac{b}{2a},\dfrac{b^2-4ac}{4a}\right)$. 于是，在 $-\infty<x<-\dfrac{b}{2a}$ 内，函数单调下降，在 $-\dfrac{b}{2a}<x<+\infty$，函数单调上升.

(ii)当 $a<0$ 时，图像呈凸状. 于是，在 $-\infty<x<-\dfrac{b}{2a}$ 内函数单调增加，而在 $-\dfrac{b}{2a}<x<+\infty$ 内函数单调减小.

(3) $f(x_2)-f(x_1)=x_2^3-x_1^3=(x_2-x_1)(x_2^2+x_1x_2+x_1^2)>0 \ (x_2>x_1)$. 于是，$f(x)=x^3$ 在 $-\infty<x<+\infty$ 内单调增加.

(4) $f(x)=\frac{ax+b}{cx+d}=\frac{a}{c}+\frac{b-a\frac{d}{c}}{cx+d}$，其中 $c\neq 0$，若 $c=0$，则同(1)一样讨论. 下面不妨就 $c>0$ 讨论其增减性.

(i)当 $b>a\frac{d}{c}$ 时，若 $x$ 值单调增加，则 $f(x)$ 值减小. 所以，$f(x)$ 在 $\left(-\infty,-\frac{d}{c}\right)$ 及 $\left(-\frac{d}{c},+\infty\right)$ 内减小.

(ii)当 $b<\frac{ad}{c}$ 时，若 $x$ 值单调增加，则 $f(x)$ 值也增加. 所以，$f(x)$ 在 $\left(-\infty,-\frac{d}{c}\right)$ 及 $\left(-\frac{d}{c},+\infty\right)$ 内增加.

(5) $f(x_2)-f(x_1)=a^{x_2}-a^{x_1}$，若 $x_2>x_1$，则

当 $0<a<1$ 时，$f(x_2)-f(x_1)<0$，此时 $f(x)$ 在 $-\infty<x<+\infty$ 内减小.

当 $a>1$ 时，$f(x_2)-f(x_1)>0$，此时，$f(x)$ 在 $-\infty<x<+\infty$ 内增加.

**【222】** 不等式能否逐项取对数？

**提示** 应对底大于 1 及底介于 0 与 1 之间分别讨论.

**解** 不一定可以，当底大于 1 时才可以. 因为对于对数函数当底大于 1 时为单调增函数. 若底介于 0 与 1 之间，则为单调减函数，所以，此时就不能逐项取对数.

**【223】** 设 $\varphi(x)$，$\psi(x)$ 及 $f(x)$ 为单调增函数. 证明：若

$$\varphi(x)\leqslant f(x)\leqslant\psi(x),\tag{1}$$

则

$$\varphi[\varphi(x)]\leqslant f[f(x)]\leqslant\psi[\psi(x)].\tag{2}$$

**提示** 利用函数单调性的定义.

**证** 设 $x_0$ 为三个函数公共域内的任一点，则

$$\varphi(x_0)\leqslant f(x_0)\leqslant\psi(x_0).$$

由(1)以及函数 $f(x)$ 的单调增加性知

$$f[\varphi(x_0)]\leqslant f[f(x_0)],\quad \varphi[\varphi(x_0)]\leqslant f[\varphi(x_0)];$$

从而，$\varphi[\varphi(x_0)]\leqslant f[f(x_0)]$. 同理，可证 $f[f(x_0)]\leqslant\psi[\psi(x_0)]$，由 $x_0$ 的任意性，于是，(2)式得证.

## 求反函数 $x=\varphi(y)$ 和它的存在域，若：

**【224】** $y=2x+3$ $(-\infty<x<+\infty)$.

**解** $x=\frac{y-3}{2}$，$-\infty<y<+\infty$.

**【225】** $y=x^2$.

(1) $(-\infty<x\leqslant 0)$； (2) $(0\leqslant x<+\infty)$.

**解** (1) $x=-\sqrt{y}$，$0\leqslant y<+\infty$； (2) $x=\sqrt{y}$，$0\leqslant y<+\infty$.

**【226】** $y=\frac{1-x}{1+x}$ $(x\neq -1)$.

**解** 由于 $y+xy=1-x$，解出 $x$ 得反函数 $x=\frac{1-y}{1+y}$，$y\neq -1$.

**【227】** $y=\sqrt{1-x^2}$.

(1) $(-1\leqslant x\leqslant 0)$； (2) $(0\leqslant x\leqslant 1)$.

**解** (1) $x=-\sqrt{1-y^2}$，$0\leqslant y\leqslant 1$； (2) $x=\sqrt{1-y^2}$，$0\leqslant y\leqslant 1$.

**【228】** $y=\operatorname{sh}x$，式中 $\operatorname{sh}x=\frac{1}{2}(e^x-e^{-x})$ $(-\infty<x<+\infty)$.

**解** 由于 $2y=e^x-e^{-x}$，即

$$(e^x)^2-2ye^x-1=0,$$

解出 $e^x$ 后两端再取对数，即得

$$x=\operatorname{arsh}y=\ln(y+\sqrt{1+y^2}),\quad(-\infty<y<+\infty).$$

【229】 $y=\text{th}x$，式中 $\text{th}x=\dfrac{e^x-e^{-x}}{e^x+e^{-x}}$ $(-\infty<x<+\infty)$.

**解** 由于 $y=\dfrac{e^x-e^{-x}}{e^x+e^{-x}}=\dfrac{(e^x)^2-1}{(e^x)^2+1}$，即 $e^{2x}=\dfrac{1+y}{1-y}$，两端再取对数，并注意到$\dfrac{1+y}{1-y}>0$ 即$-1<y<1$，于是，

$$x=\text{arth}y=\frac{1}{2}\ln\frac{1+y}{1-y},\quad -1<y<1.$$

【230】 $y=\begin{cases}x, & -\infty<x<1,\\ x^2, & 1\leqslant x\leqslant 4,\\ 2^x, & 4<x<+\infty.\end{cases}$

**解** $x=\begin{cases}y, & -\infty<y<1,\\ \sqrt{y}, & 1\leqslant y\leqslant 16,\\ \log_2 y, & 16<y<+\infty.\end{cases}$

【231】 设函数 $f(x)$定义于对称区间$(-l,l)$中，若 $f(-x)\equiv f(x)$，则称 $f(x)$为**偶函数**，若 $f(-x)\equiv -f(x)$，则称 $f(x)$为**奇函数**.

确定下列函数中哪些是偶函数，哪些是奇函数：

(1) $f(x)=3x-x^3$； (2) $f(x)=\sqrt[3]{(1-x)^2}+\sqrt[3]{(1+x)^2}$； (3) $f(x)=a^x+a^{-x}(a>0)$；

(4) $f(x)=\ln\dfrac{1-x}{1+x}$； (5) $f(x)=\ln(x+\sqrt{1+x^2})$.

**解** (1) $f(-x)=-3x+x^3\equiv -f(x)$，故为奇函数.

(2) $f(-x)=\sqrt[3]{(1+x)^2}+\sqrt[3]{(1-x)^2}\equiv f(x)$，故为偶函数.

(3) $f(-x)=a^{-x}+a^x\equiv f(x)$，故为偶函数.

(4) $f(-x)=\ln\dfrac{1+x}{1-x}=-\ln\dfrac{1-x}{1+x}\equiv -f(x)$，故为奇函数.

(5) $f(-x)=\ln(-x+\sqrt{1+x^2})=\ln\dfrac{1}{x+\sqrt{1+x^2}}=-\ln(x+\sqrt{1+x^2})\equiv -f(x)$，故为奇函数.

【232】 证明：定义于对称区间$(-l,l)$内的任何函数 $f(x)$可以表示为偶函数与奇函数之和的形式.

**证明思路** 注意，当$-l<x<l$ 时，有 $f(x)=\dfrac{f(x)+f(-x)}{2}+\dfrac{f(x)-f(-x)}{2}$，命题即易获证.

**证** 因为

$$f(x)=\frac{f(x)+f(-x)}{2}+\frac{f(x)-f(-x)}{2},$$

而 $\dfrac{f(x)+f(-x)}{2}$ 为偶函数，$\dfrac{f(x)-f(-x)}{2}$ 为奇函数，于是，本题得证.

【233】 若存在数 $T>0$(函数的周期——在广义的意义上)使定义于集合 $E$ 的函数 $f(x)$满足等式

$$f(x\pm T)=f(x)\quad (x\in E),$$

则函数 $f(x)$称为**周期函数**.

说明下列函数中哪些是周期函数，并求它们的最小周期：

(1) $f(x)=A\cos\lambda x+B\sin\lambda x$； (2) $f(x)=\sin x+\dfrac{1}{2}\sin 2x+\dfrac{1}{3}\sin 3x$；

(3) $f(x)=2\tan\dfrac{x}{2}-3\tan\dfrac{x}{3}$； (4) $f(x)=\sin^2 x$；

(5) $f(x)=\sin x^2$； (6) $f(x)=\sqrt{\tan x}$；

(7) $f(x)=\tan\sqrt{x}$； (8) $f(x)=\sin x+\sin(x\sqrt{2})$.

**提示** (5) 用反证法. 设 $\sin(x+a)^2=\sin x^2$.

**解** 对于(1)，由于

$$f\left(x+\frac{2\pi}{\lambda}\right)=A\cos\lambda\left(x+\frac{2\pi}{\lambda}\right)+B\sin\lambda\left(x+\frac{2\pi}{\lambda}\right)=A\cos\lambda x+B\sin\lambda x=f(x),$$

故为周期函数,最小周期为 $T=\frac{2\pi}{\lambda}$ $(\lambda>0)$. 同理可证:(2)、(3)、(4)和(6)也是周期函数,最小周期分别为 $2\pi$、$6\pi$、$\pi$ 和 $\pi$. 对于(5),若周期为 $a$,即 $\sin(x+a)^2=\sin x^2$. 令 $x=0$ 即得 $a=\pm\sqrt{m\pi}$ ($m$ 为某正整数),代入,又令 $x=\sqrt{2m\pi}$,易得 $\sin(2\sqrt{2}m\pi)=0$. 但 $2\sqrt{2}m$ 显然不是整数,得到矛盾. 于是,$\sin x^2$ 不是周期函数,同理,(7)和(8)也不是周期函数.

**【234】** 证明:对于狄利克雷函数

$$\chi(x)=\begin{cases}1, & x\text{ 为有理数},\\ 0, & x\text{ 为无理数},\end{cases}$$

任何有理数皆为其周期.

**证** 设 $l$ 为任一有理数,则当 $x$ 为有理数时,$x+l$ 也为有理数. 若 $x$ 为无理数,则 $x+l$ 也为无理数,所以,

$$\chi(x+l)=\begin{cases}1, & x\text{ 为有理数},\\ 0, & x\text{ 为无理数}.\end{cases}$$

即 $\chi(x+l)=\chi(x)$,$l$ 为周期.

**【235】** 证明:定义于共同的集合且周期是可公度的两个周期函数之和及其乘积也是周期函数.

**证明思路** 设 $f_1(x)$及 $f_2(x)$为定义在集合 $A$ 上的周期函数,$T_1$ 及 $T_2$ 分别为它们的周期. 又设 $T$ 为 $T_1$ 及 $T_2$ 的公约数,即 $T_1=k_1T$, $T_2=k_2T$,其中 $k_1,k_2$ 为正整数. 于是,

$$f_1(x+k_2T_1)=f_1(x),\quad f_2(x+k_1T_2)=f_2(x).$$

易证 $k_1k_2T$ 为 $f_1(x)+f_2(x)$及 $f_1(x)\ f_2(x)$的周期.

**证** 设 $f_1(x)$及 $f_2(x)$为定义在集合 $A$ 上的周期函数,$T_1$ 及 $T_2$ 分别为它们的周期. 又设 $T$ 为 $T_1$ 及 $T_2$ 的公约数,即 $T_1=Tk_1$, $T_2=Tk_2$,其中 $k_1,k_2$ 为正整数. 于是,

$$f_1(x+k_2T_1)=f_1(x),\quad f_2(x+k_1T_2)=f_2(x).$$

设

$$F_1(x)=f_1(x)+f_2(x),\quad F_2(x)=f_1(x)f_2(x),$$

可以证明:$k_1k_2T$ 分别是 $F_1(x)$和 $F_2(x)$的周期. 事实上,我们有

$$F_1(x+k_1k_2T)=f_1(x+k_1k_2T)+f_2(x+k_1k_2T)=f_1(x)+f_2(x)=F_1(x).$$

$$F_2(x+k_1k_2T)=f_1(x+k_1k_2T)f_2(x+k_1k_2T)=f_1(x)f_2(x)=F_2(x).$$

从而,本题得证.

**【236】** 证明:若函数 $f(x)(-\infty<x<+\infty)$满足等式 $f(x+T)=kf(x)$,式中 $k$ 和 $T$ 为正的常数,则 $f(x)=a^x\varphi(x)$,式中 $a$ 为常数,而 $\varphi(x)$为以 $T$ 为周期的函数.

**提示** 利用周期函数的定义.

**证** 由假定 $k>0,T>0$,令 $a=k^{\frac{1}{T}}>0$,则 $a^T=k$. 于是有 $f(x+T)=a^Tf(x)$.

今定义函数 $\varphi(x)$如下:$\varphi(x)=a^{-x}f(x)$. 易知 $\varphi(x)$是周期为 $T$ 的函数. 事实上,

$$\varphi(x+T)=a^{-(x+T)}f(x+T)=a^{-x}a^{-T}a^Tf(x)=a^{-x}f(x)=\varphi(x).$$

于是,$f(x)=a^x\varphi(x)$,其中 $\varphi(x)$是周期为 $T$ 的函数. 证毕.

## §4. 函数的图像表示法

1° 要作函数 $y=f(x)$的图像可按以下方式进行:(1)确定函数的存在域 $X=\{x\}$;(2)从 $X$ 中选出充分密集的自变量值 $x_1,x_2,\cdots,x_n$ 与相应函数值组成对应数值表

$$y_i=f(x_i)\quad(i=1,2,\cdots,n);$$

(3)在坐标平面 $Oxy$ 上绘出一系列的点 $M_i(x_i,y_i)(i=1,2,\cdots,n)$并用线把它们连接起来,连线时应考虑中间各点的位置对曲线形状的影响.

2° 为了得到函数的正确图像,应当研究这个函数的一般性质.

首先必须:(1)解方程 $f(x)=0$,求出函数图像与 $Ox$ 轴的交点(函数的零点);(2)确定函数为正或为负时自变量的变化域;(3)若有可能,说明函数单调(增或减)区间;(4)研究当自变量无限趋于函数存在域边界点时函数的情况.

这一节里要假定读者已经知道最简单的初等函数的性质,如幂函数、指数函数、三角函数等.

利用这些性质,不用作大量的计算工作,立即可以画出许多函数的草图,其他的图像有时就是这些最简单图像的组合(和或乘积等等).

**【237】** 作出线性齐次函数 $y=ax$ 当 $a=0,\frac{1}{2},1,2,-1$ 时的图像.

**解** 如图 1.13 所示.

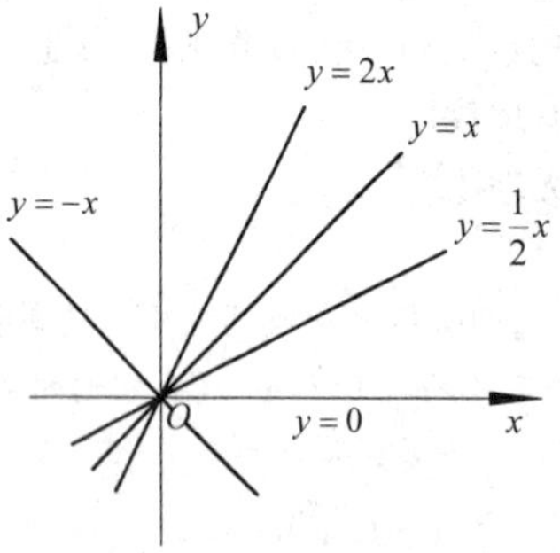


图 1.13

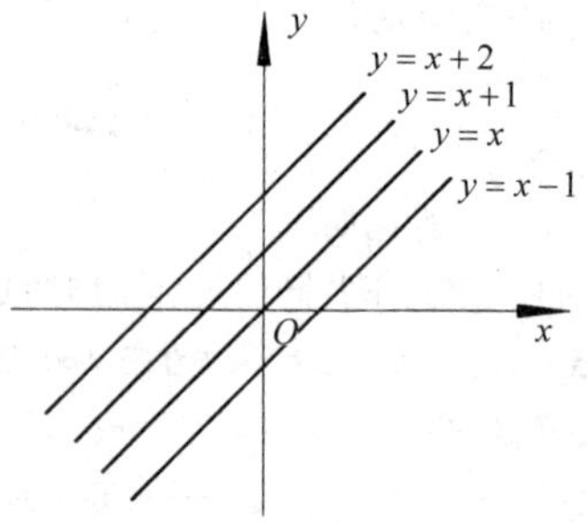


图 1.14

**【238】** 作出线性函数 $y=x+b$ 当 $b=0,1,2,-1$ 时的图像.

**解** 如图 1.14 所示.

**【239】** 作出线性函数的图像:

(1)$y=2x+3$; (2)$y=2-0.1x$; (3)$y=-\frac{x}{2}-1$.

**解** 如图 1.15 所示.

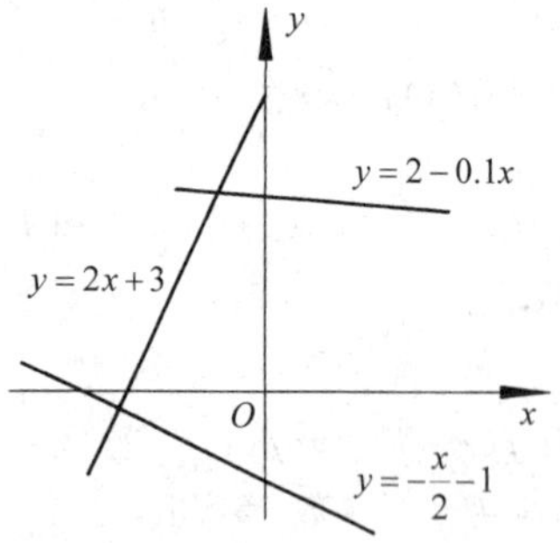


图 1.15

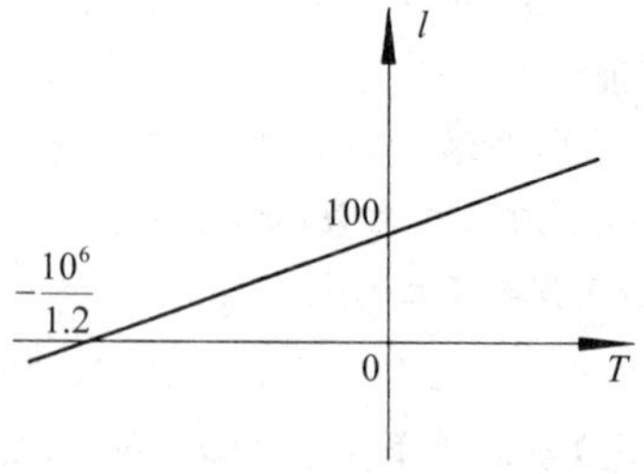


图 1.16

**【240】** 铁的线性膨胀系数 $\alpha=1.2\times10^{-6}$. 在适当的尺度下作出函数

$$l=f(T) \quad (-40^\circ\leqslant T\leqslant100^\circ)$$

的图像,其中 $T$ 表温度(以度计),$l$ 表当温度为 $T$ 时铁棒的长. 已知当 $T=0^\circ$时,$l=100$cm.

**解** 铁棒的长与温度的关系为 $l=l_0(1+\alpha T)$.

当 $T=0$ 时,$l=100$,代入上式得 $l_0=100$. 于是,$l=100(1+1.2\times10^{-6}T)$,如图 1.16所示(两轴单位不同).

**【241】** 二质点沿数轴运动,第一质点在初始时刻 $t=0$ 时位于原点左方 20m 处,其速度为 $v_1=10$m/s;第二质点在 $t=0$ 时位于原点 $O$ 右方 30m 处,其速度为 $v_2=-20$m/s. 作出此二点运动方程的图像并求它们相遇的时刻和位置.

**解** 二质点运动方程的位移 $s$ 与时间 $t$ 的关系分别为

$$s=10t-20, \quad s=-20t+30,$$

如图 1.17 所示. 解上述方程,得

$$t=1\frac{2}{3}\mathrm{s},\quad s=-3\frac{1}{3}\mathrm{m},$$

即在运动开始后 $1\frac{2}{3}$s,在 $Ot$ 轴之下方 $3\frac{1}{3}$m 处相遇,如图中点 $P$ 所示.

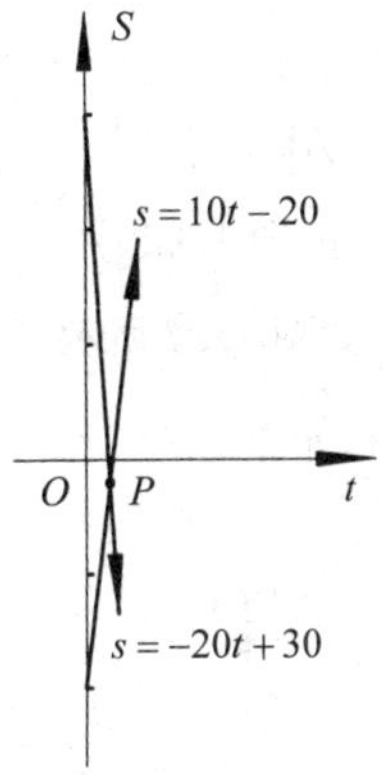


图 1.17

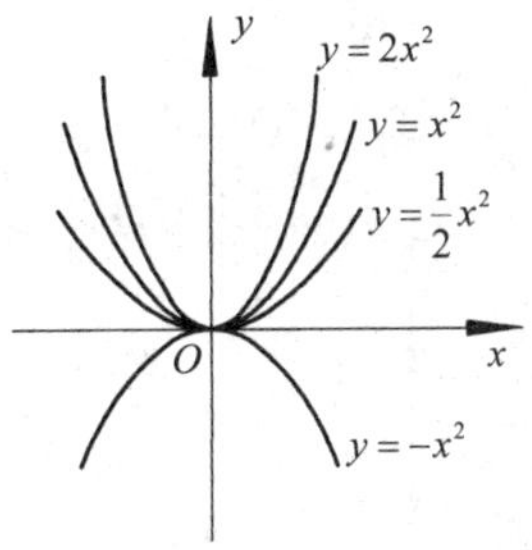


图 1.18

**【242】** 作出二次有理函数的图像(**抛物线**):

(1) $y=ax^2$,当 $a=1,\ \frac{1}{2},\ 2,\ -1$;　　(2) $y=(x-x_0)^2$,当 $x_0=0,\ 1,\ 2,\ -1$;

(3) $y=x^2+c$,当 $c=0,\ 1,\ 2,\ -1$.

**解** (1)如图 1.18 所示. (2)如图 1.19 所示. (3)如图 1.20 所示.

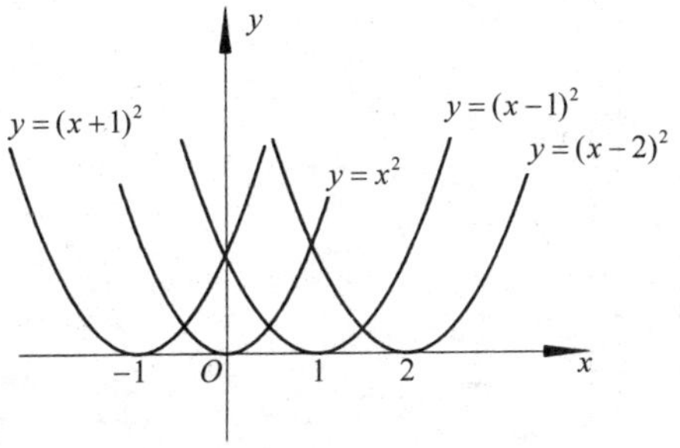


图 1.19

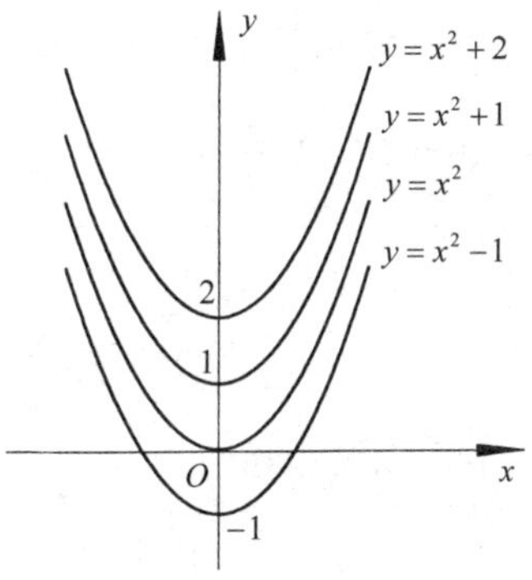


图 1.20

**【243】** **把二次三项式** $y=ax^2+bx+c$ **化为下面的形状**

$$y=y_0+a(x-x_0)^2,$$

再作出它的图像,研究例子:

(1) $y=8x-2x^2$;　(2) $y=x^2+3x+2$;　(3) $y=-x^2+2x-1$;　(4) $y=\frac{1}{2}x^2+x+1$.

**解** 利用配方法得

$$y=a\left(x+\frac{b}{2a}\right)^2+\frac{4ac-b^2}{4a}=y_0+a(x-x_0)^2,$$

其中 $x_0=-\frac{b}{2a}$, $y_0=\frac{4ac-b^2}{4a}$,如图 1.21 所示.

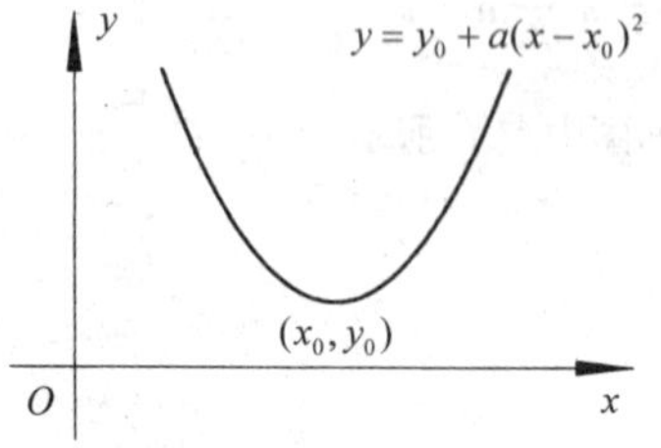


图 1.21

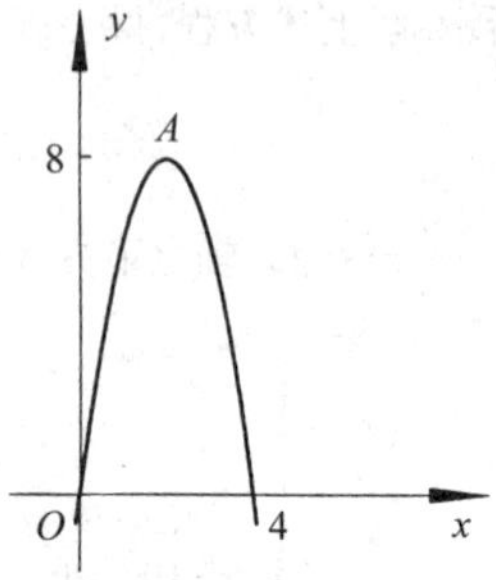


图 1.22

(1)$y=8x-2x^2=8-2(x-2)^2$， $x_0=2$， $y_0=8$， $a=-2$，如图 1.22 所示，顶点 $A(2,8)$.

(2)$y=x^2-3x+2=\left(x-\frac{3}{2}\right)^2-\frac{1}{4}$，$x_0=\frac{3}{2}$，$y_0=-\frac{1}{4}$，$a=1$，如图 1.23 所示，顶点 $B\left(\frac{3}{2},-\frac{1}{4}\right)$.

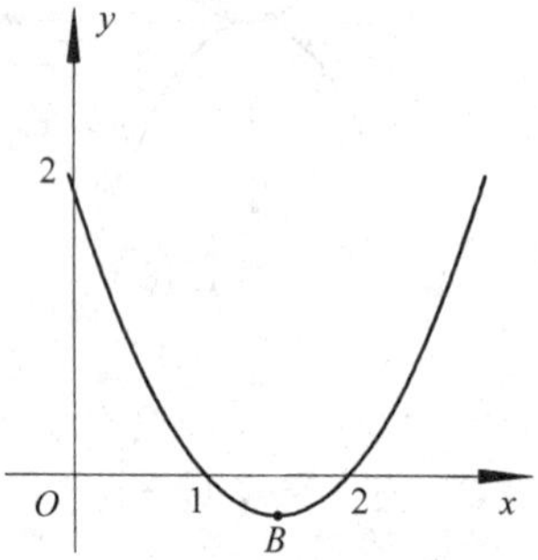


图 1.23

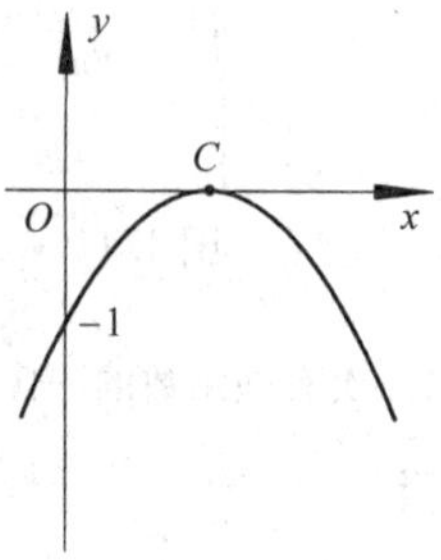


图 1.24

(3)$y=-x^2+2x-1=-(x-1)^2$，$x_0=1$， $y_0=0$， $a=-1$，如图 1.24 所示，顶点 $C(1,0)$.

(4)$y=\frac{1}{2}x^2+x+1=\frac{1}{2}(x+1)^2+\frac{1}{2}$，$x_0=-1$， $y_0=\frac{1}{2}$， $a=\frac{1}{2}$，

如图 1.25 所示，顶点 $D(-1,\frac{1}{2})$.

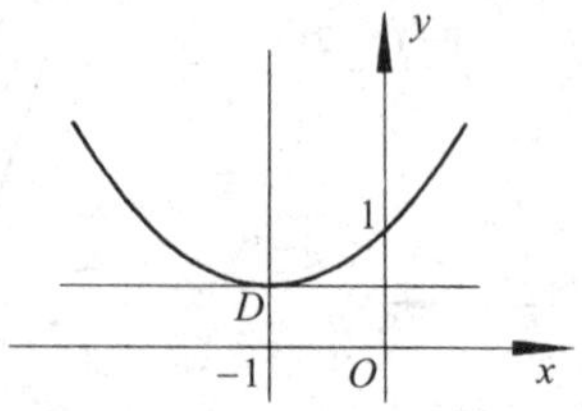


图 1.25

**【244】** 质点以初速度 $v_0=600\text{m/s}$ 沿与水平面成角 $\alpha=45°$ 的方向射出. 作出运动轨迹的图像，并求最大上升高度及射程(取 $g\approx10\text{m/s}^2$，不计空气阻力).

**解** 运动轨迹方程为

$$y=x\tan\alpha-\frac{gx^2}{2v_0^2\cos^2\alpha},$$

以 $v_0=600$，$g=10$，$\alpha=45°$ 代入得 $y=x-\frac{x^2}{36000}$，即

$$y=-\frac{1}{36000}(x-18000)^2+9000.$$

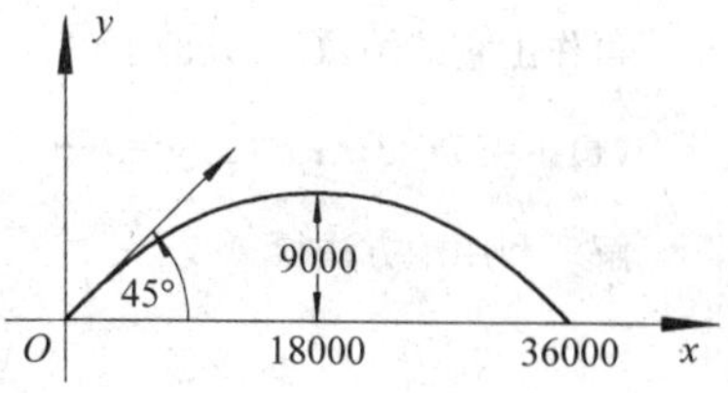


图 1.26

当 $x=18000$ 时，$y$ 值最大，最大上升高度为 9000m；

当 $x=36000$ 时，$y=0$，即射程为 36000m. 如图 1.26 所示.

作出下列高于二次的有理函数的图像：

【245】 $y=x^3+1$

**解** 如图 1.27 所示.

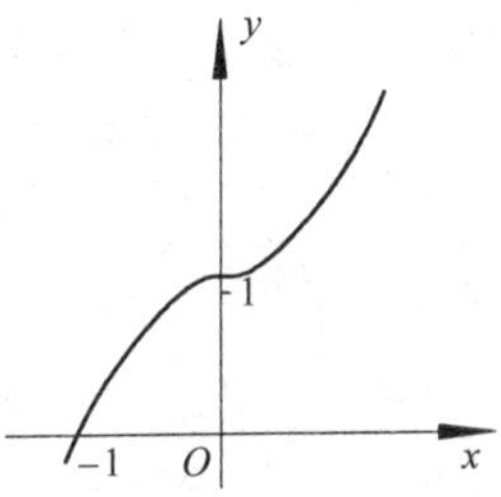

图 1.27

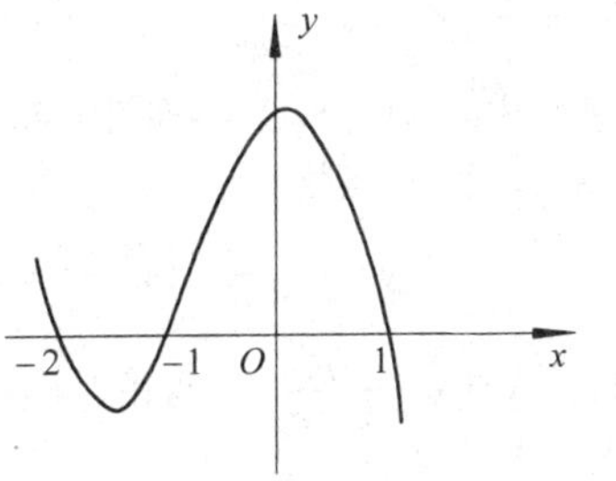

图 1.28

【246】 $y=(1-x^2)(2+x)$.

**解** 当 $x=\pm1,-2$ 时，$y=0$； 当 $x<-2$ 及 $-1<x<1$ 时，$y>0$；

当 $-2<x<-1$ 及 $x>1$ 时，$y<0$. 当 $x<-2$ 及 $x>1$ 时，曲线下降；

当 $-1<x<1$ 时，曲线由上升到下降； 当 $-2<x<-1$ 时，曲线由下降到上升. 如图 1.28 所示.

【247】 $y=x^2-x^4$.

**解** $y=x^2(1-x)(1+x)=\dfrac{1}{4}-\left(x^2-\dfrac{1}{2}\right)^2$.

图像关于 $Oy$ 轴对称，与两坐标轴的交点为 $(-1,0)$，$(1,0)$，$(0,0)$，且在 $(0,0)$ 点与 $Ox$ 轴相切.

当 $x=\pm\dfrac{1}{\sqrt{2}}$ 时，$y=\dfrac{1}{4}$，此时 $A\left(\dfrac{1}{\sqrt{2}},\dfrac{1}{4}\right)$ 及 $B\left(-\dfrac{1}{\sqrt{2}},\dfrac{1}{4}\right)$ 均为图像上的最高点.

当 $0<x<\dfrac{1}{\sqrt{2}}$ 时，曲线上升；当 $\dfrac{1}{\sqrt{2}}<x<+\infty$ 时，曲线下降. 如图 1.29 所示.

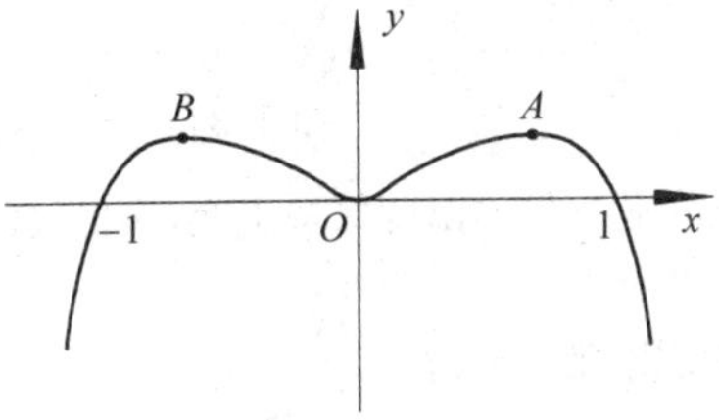

图 1.29

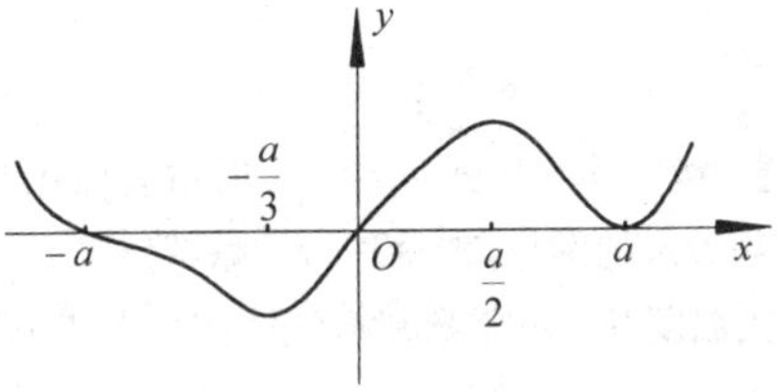

图 1.30

【248】 $y=x(a-x)^2(a+x)^3 \quad (a>0)$.

**解** 当 $x=0,a,-a$ 时，$y=0$. $(-a,0)$ 及 $(a,0)$ 为切点.

当 $x>0$ 及 $x<-a$ 时，$y>0$；当 $-a<x<0$ 时，$y<0$.

如图 1.30 所示.

作出下列分式线性函数的图像(双曲线)：

【249】 $y=\dfrac{1}{x}$.

**解** 如图 1.31 所示.

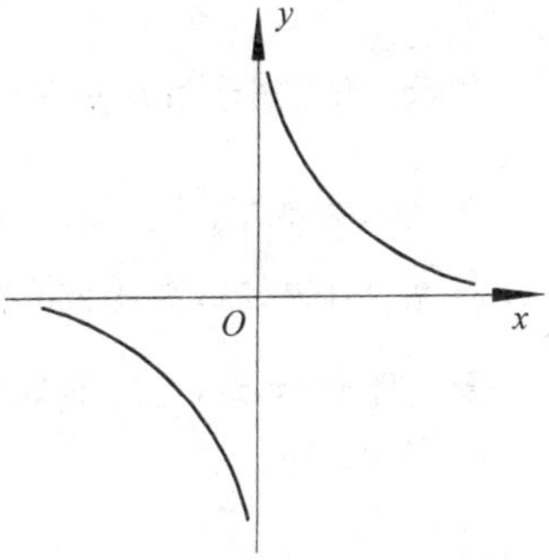

图 1.31

【250】 $y=\frac{1-x}{1+x}$.

提示 对称中心为$(-1,-1)$.

解 $y=-1+\frac{2}{1+x}$,

图像的对称中心为$(-1,-1)$,如图 1.32 所示.

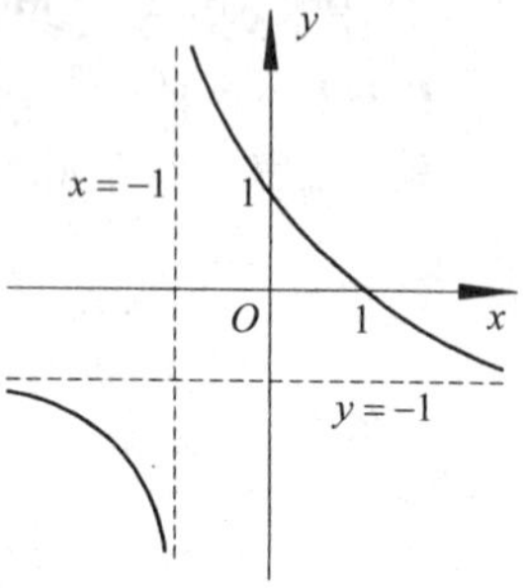


图 1.32

【251】 把分式线性函数

$$y=\frac{ax+b}{cx+d}\quad(ad-bc\neq 0,\ c\neq 0).$$

化为以下形式 $y=y_0+\frac{m}{x-x_0}$. 再作它的图像.

研究例子 $y=\frac{3x+2}{2x-3}$.

解 $y=\frac{ax+b}{cx+d}=\frac{a}{c}+\frac{\frac{bc-ad}{c^2}}{x-\left(-\frac{d}{c}\right)}=y_0+\frac{m}{x-x_0}$,其中 $x_0=-\frac{d}{c}$,$y_0=\frac{a}{c}$,$m=\frac{bc-ad}{c^2}$,如图 1.33 所示.

对于 $y=\frac{3x+2}{2x-3}$,有 $x_0=y_0=\frac{3}{2}$,如图 1.34 所示.

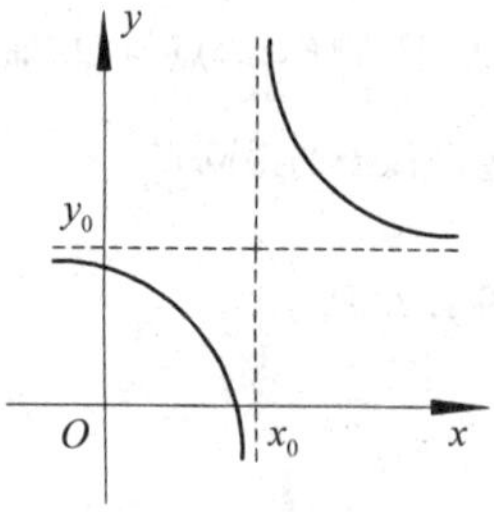


图 1.33

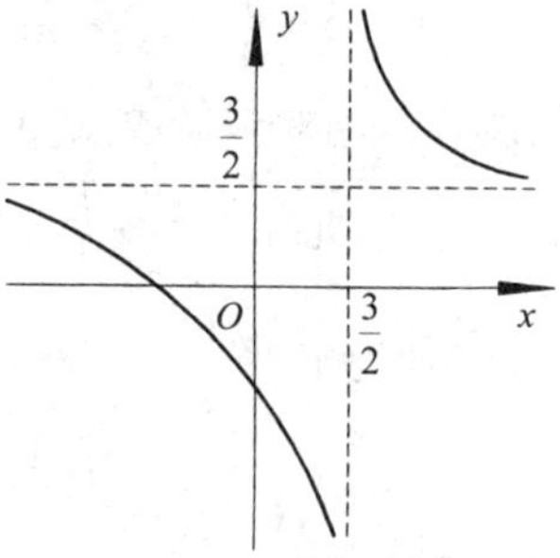


图 1.34

【252】 设气体当压强 $p_0=1\text{Pa}$ 时占有体积 $V_0=12\text{m}^3$. 若气体的温度保持不变,作出气体体积 $V$ 对压强 $p$ 的依赖关系的图像(玻意耳—马略特定律).

解 当温度 $T=k$(常数)时,气体体积 $V$ 与压力 $p$ 成反比,即

$$pV=C,$$

其中 $C$ 为常数.

当 $p_0=1$ 时,$V_0=12$,故 $C=12$,从而 $pV=12$,如图 1.35 所示.

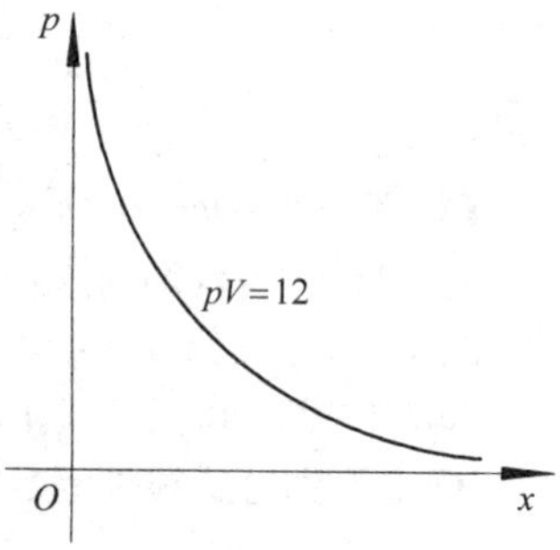


图 1.35

**作出下列有理分式函数的图像:**

【253】 $y=x+\frac{1}{x}$(双曲线).

提示 利用图像相加法,将 $y=x$ 及 $y=\frac{1}{x}$ 的图像叠加即得 $y=x+\frac{1}{x}$ 的图像.

注意,254 题,255 题及 260 题均可仿本题的解法.

解 将 $y=x$ 及 $y=\frac{1}{x}$ 的图像叠加即得,如图 1.36 中黑粗线所示.

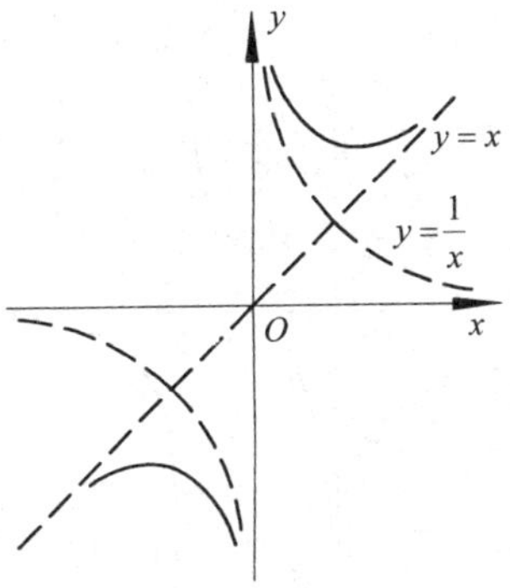


图 1.36

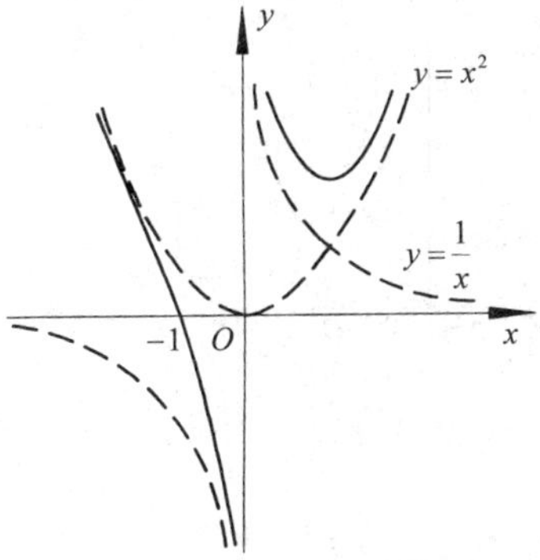


图 1.37

**【254】** $y=x^2+\frac{1}{x}$ （牛顿三叉线）.

**解** 将 $y=x^2$ 及 $y=\frac{1}{x}$ 的图像叠加即得，如图 1.37 中黑粗线所示.

**【255】** $y=x+\frac{1}{x^2}$

**解** 如图 1.38 中黑粗线所示.

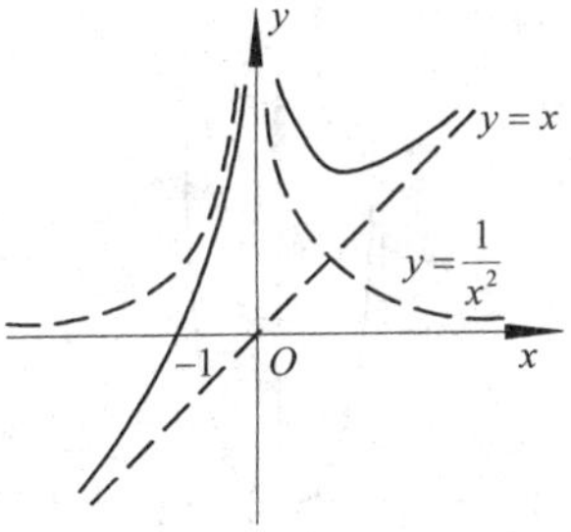


图 1.38

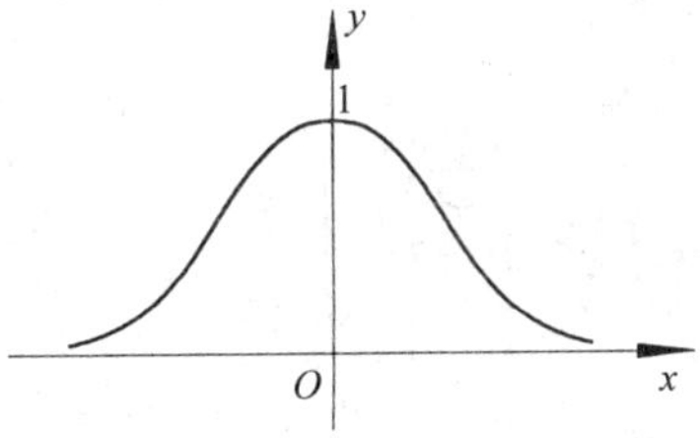


图 1.39

**【256】** $y=\frac{1}{1+x^2}$ （箕舌线）.

**解** 图像对称于 $Oy$ 轴，位于 $Ox$ 轴上方，最高点为$(0,1)$. 当 $x$ 的绝对值无限增大时，$y$ 值无限变小. 如图 1.39 所示.

**【257】** $y=\frac{2x}{1+x^2}$ （牛顿蛇形线）.

**解** 以 $-x$ 换 $x$，$y$ 值的绝对值不变但改变符号，故图像对称于原点.

又因 $\left|\frac{2x}{1+x^2}\right|\leqslant 1$，故 $-1\leqslant y\leqslant 1$.

当 $0<x<1$ 时，$y>0$，曲线上升；当 $1<x<+\infty$ 时，$y>0$，曲线下降.

图像以 $Ox$ 轴为渐近线，如图 1.40 所示.

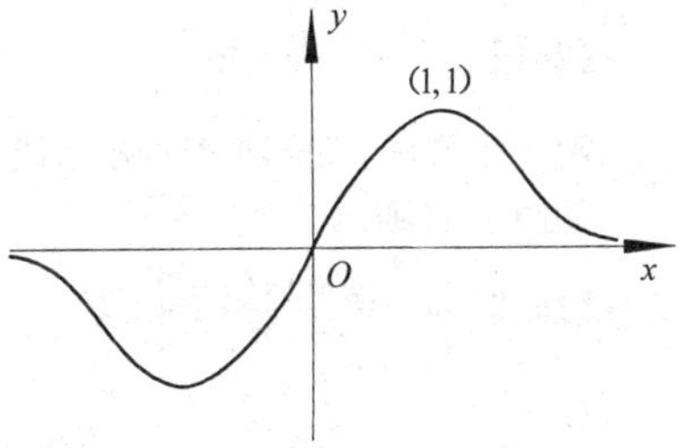


图 1.40

**【258】** $y=\frac{1}{1-x^2}$.

**解** 图像关于 $Oy$ 轴对称，且经过点$(0,1)$.

当 $0<x<1$ 及 $x>1$ 时，曲线上升，但当 $x=\pm 1$ 时，$y$ 无意义. $x=\pm 1$ 为曲线的渐近线. 如图 1.41 所示.

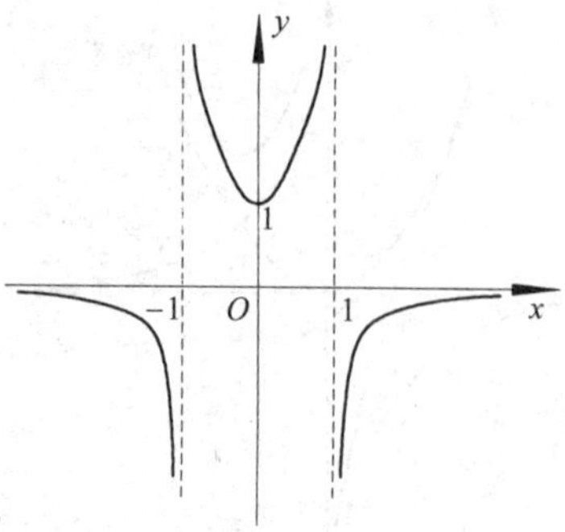

图 1.41

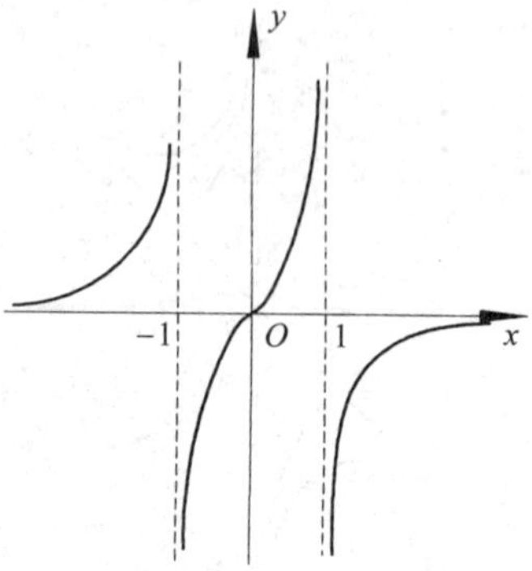

图 1.42

【259】 $y=\dfrac{x}{1-x^2}$.

解 图像关于原点对称，且经过原点. $x=\pm1$ 为渐近线，在$(0,1)$及$(1,+\infty)$内曲线上升. 如图 1.42 所示.

【260】 $y=\dfrac{1}{1+x}-\dfrac{2}{x}+\dfrac{1}{1-x}$.

解 将 $y=\dfrac{1}{1+x}$, $y=-\dfrac{2}{x}$ 及 $y=\dfrac{1}{1-x}$的图像叠加即得，渐近线：$x=-1$, $x=0$, $x=1$ 及 $y=0$，如图 1.43 所示.

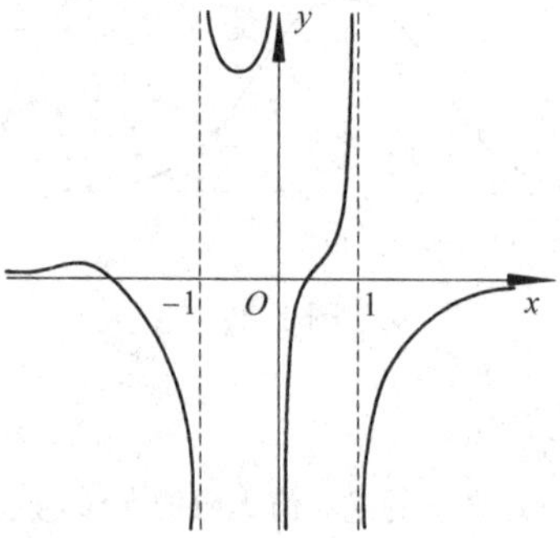

图 1.43

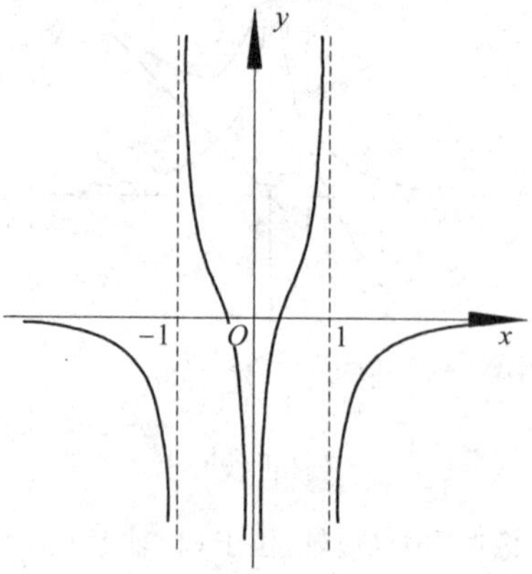

图 1.44

【261】 $y=\dfrac{1}{1+x}-\dfrac{2}{x^2}+\dfrac{1}{1-x}$.

解 图像关于 $Oy$ 轴对称，渐近线：$x=-1$, $x=1$, $x=0$ 及 $y=0$.
如图 1.44 所示.

【262】 $y=\dfrac{(x+1)(x-2)}{(x-1)(x+2)}$.

解 $y=\dfrac{x^2-x-2}{x^2+x-2}=1-\dfrac{2x}{x^2+x-2}$.

将 $y=1$ 及 $y=-\dfrac{2x}{(x+2)(x-1)}$的图像叠加即得.

如图 1.45 所示.

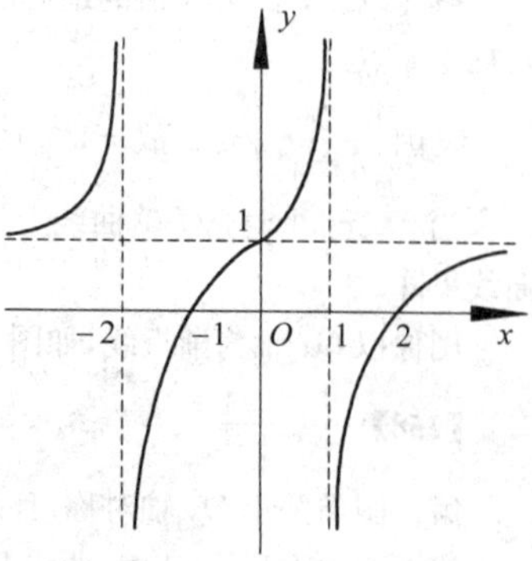

图 1.45

【263】 把函数 $y=\dfrac{ax^2+bx+c}{a_1x+b_1}$ $(a_1\neq0)$

化为以下形式 $y=kx+m+\dfrac{n}{x-x_0}$,

然后作出它的草图. 研究例子 $y=\dfrac{x^2-4x+3}{x+1}$.

**解** $y=\dfrac{a}{a_1}x+\dfrac{a_1b-ab_1}{a_1^2}+\dfrac{\dfrac{c}{a_1}-\dfrac{b_1}{a_1^3}(a_1b-ab_1)}{x-\left(-\dfrac{b_1}{a_1}\right)}$

$=kx+m+\dfrac{n}{x-x_0}$

其中 $k=\dfrac{a}{a_1}$, $m=\dfrac{a_1b-ab_1}{a_1^2}$, $x_0=-\dfrac{b_1}{a_1}$, $n=\dfrac{c}{a_1}-\dfrac{b_1}{a_1^3}(a_1b-ab_1)$.

如图 1.46 中黑粗线所示.

对于

$$y=\frac{x^2-4x+3}{x+1}=x-5+\frac{8}{x+1},$$

如图 1.47 中黑粗线所示.

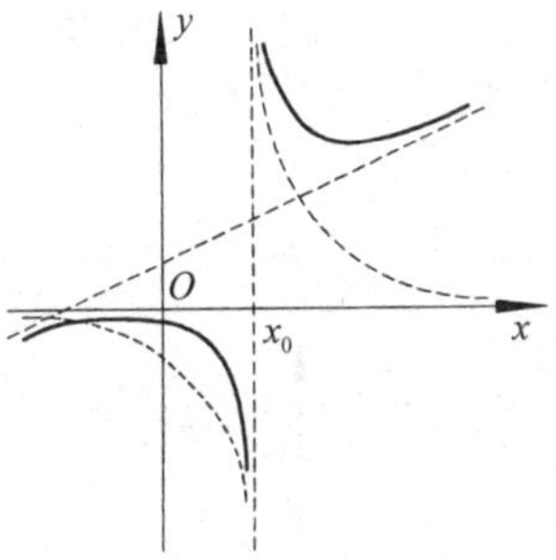


图 1.46

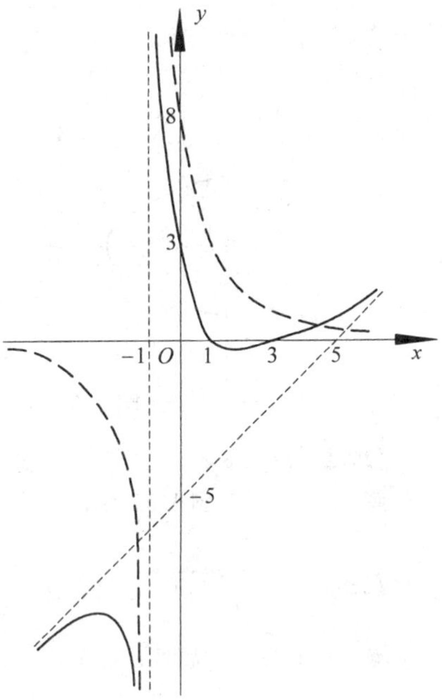


图 1.47

**【264】** 一质点与引力中心相距 $x$. 质点所受引力的大小为 $F$,并且当 $x=1\mathrm{m}$ 时 $F=10\mathrm{N}$,作出引力 $F$ 的图像(牛顿定律).

**解** 由万有引力定律知

$$F=\frac{k}{x^2},$$

其中 $k$ 为常数.

当 $x=1$ 时, $F=10$,从而 $k=10$,于是, $F=\dfrac{10}{x^2}$,

如图 1.48 所示.

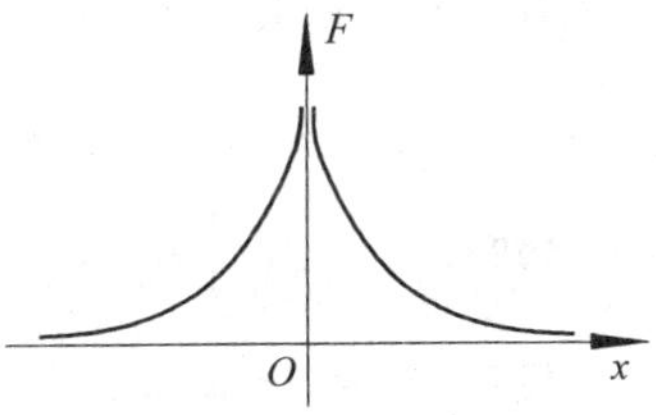


图 1.48

**【265】** 根据范德瓦耳斯定律,当温度不变时,真实气体的体积 $V$ 和压强 $p$ 以关系式

$$\left(p+\frac{a}{V^2}\right)(V-b)=c$$

相联系. 若 $a=2, b=0.1$ 及 $c=10$,作出函数 $p=p(V)$ 的图像.

**解** 由于

$$p=\frac{10}{V-0.1}-\frac{2}{V^2},$$

将 $p=\dfrac{10}{V-0.1}$ 及 $p=\dfrac{2}{V^2}$ 的图像叠加即得.

如图 1.49 所示.

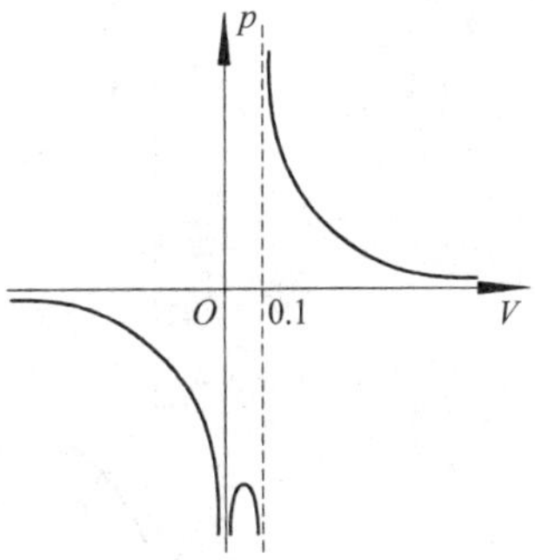


图 1.49

**作出下列无理函数的图像:**

**【266】** $y=\pm\sqrt{-x-2}$ (抛物线).

**解** $y^2=-(x+2)$,如图 1.50 所示.

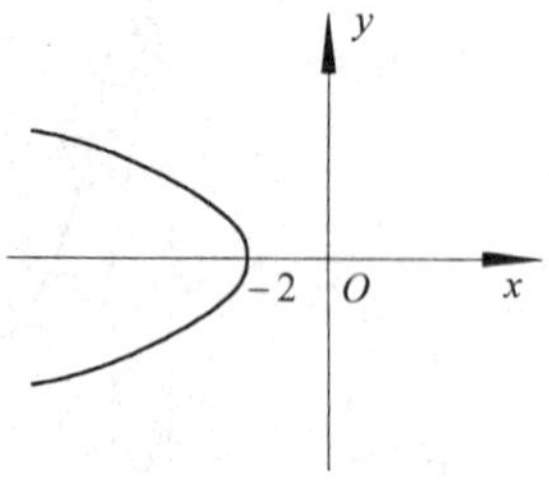


图 1.50

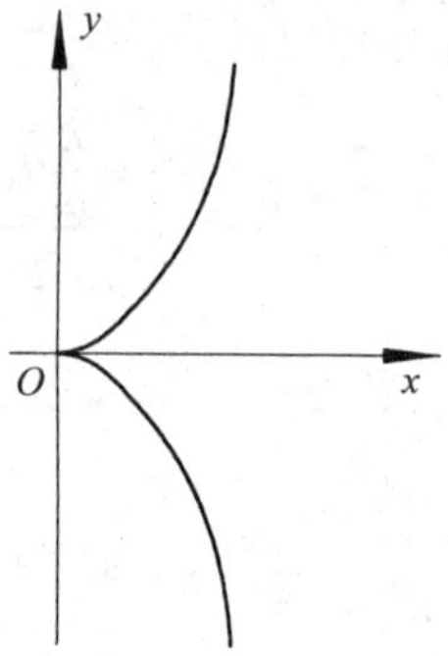


图 1.51

【267】 $y=\pm x\sqrt{x}$ （半三次抛物线）.

解 $y^2=x^3$，如图 1.51 所示.

【268】 $y=\pm\frac{1}{2}\sqrt{100-x^2}$（椭圆）.

解 $\frac{x^2}{100}+\frac{y^2}{25}=1$，如图 1.52 所示.

【269】 $y=\pm\sqrt{x^2-1}$（双曲线）.

解 $x^2-y^2=1$，

如图 1.53 所示.

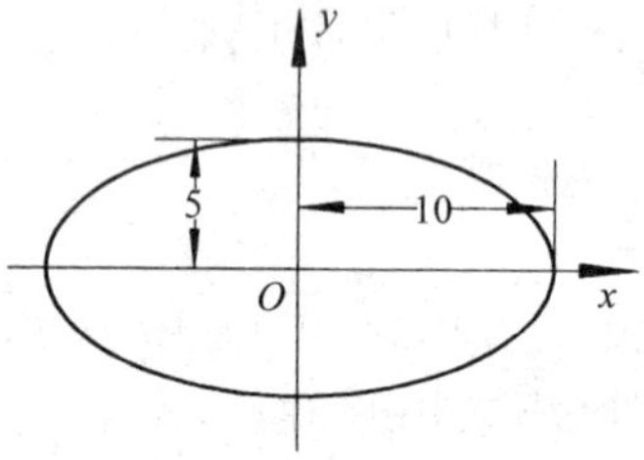


图 1.52

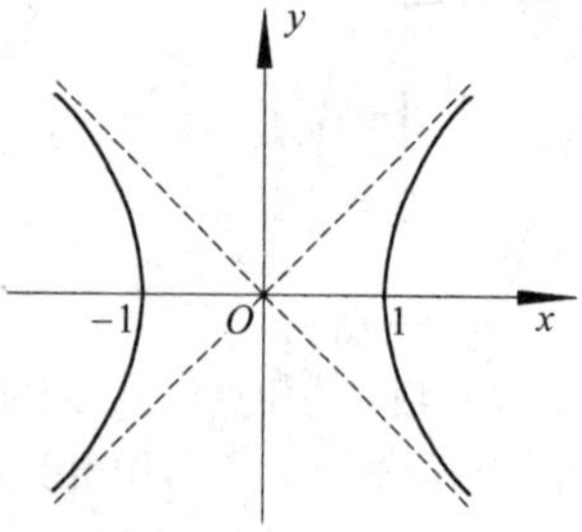


图 1.53

【270】 $y=\pm\sqrt{\frac{1-x}{1+x}}$.

提示 注意 $x=-1+\frac{2}{1+y^2}$，渐近线为 $x=-1$. 利用图像相加法即得所需图像($-1<x\leqslant 1$).

解 $y^2=\frac{1-x}{1+x}$，$x=-1+\frac{2}{1+y^2}$，

将 $x=-1$ 及 $x=\frac{2}{1+y^2}$ 的图像叠加即得，如图 1.54 所示($-1<x\leqslant 1$).

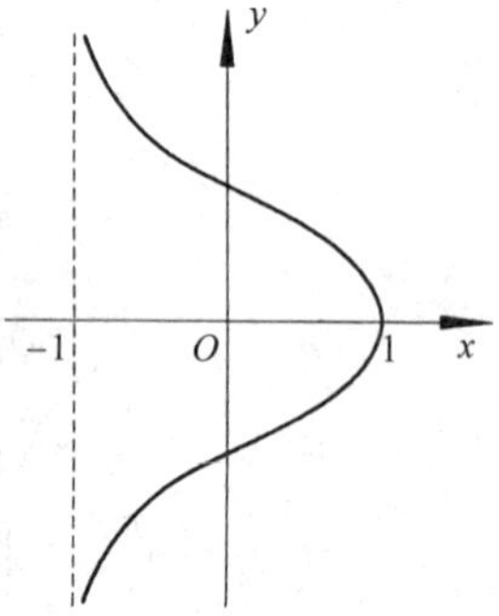


图 1.54

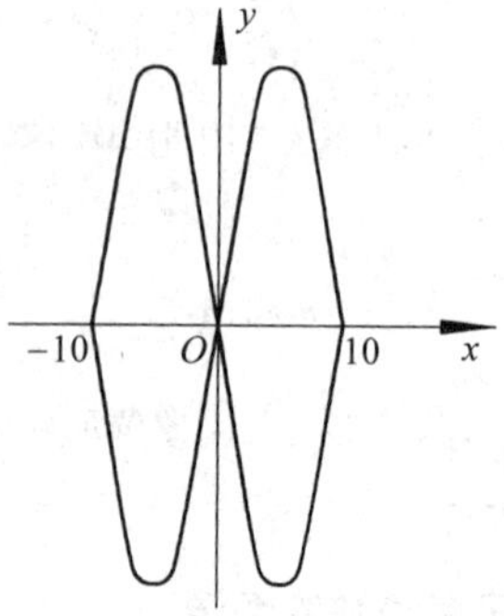


图 1.55

【271】 $y=\pm x\sqrt{100-x^2}$.

解 当 $x=0,\pm 10$ 时，$y=0$.

将 $y=x$ 和 $y=\sqrt{100-x^2}$ 的图像上点的纵坐标相乘，即可描出图像. 如图 1.55 所示.

【272】 $y=\pm x\sqrt{\frac{x}{10-x}}$ （蔓叶线）.

**解** $y^2(10-x)=x^3$，如图 1.56 所示.

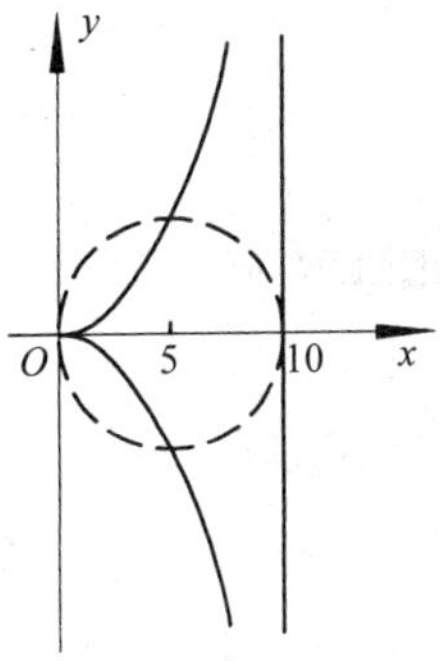


图 1.56

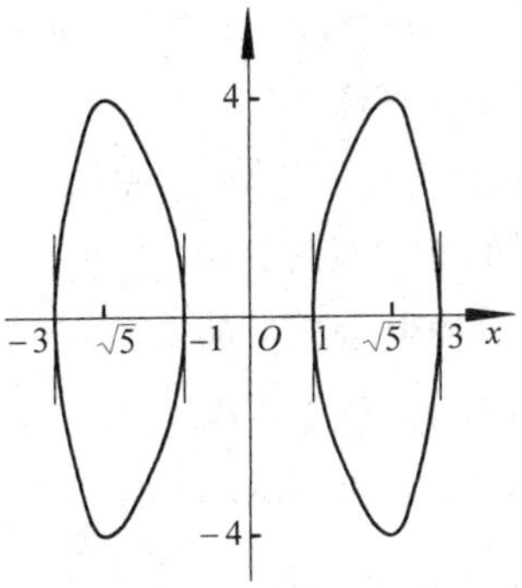


图 1.57

**【273】** $y=\pm\sqrt{(x^2-1)(9-x^2)}$.

**解** $y=\pm\sqrt{16-(x^2-5)^2}$. 如图 1.57 所示.

**【274】** 作幂函数 $y=x^n$ 当：(1) $n=1,3,5$； (2) $n=2,4,6$ 时的图像.

**解** 如图 1.58 所示.

**【275】** 作幂函数 $y=x^n$ 当：(1) $n=-1,-3$； (2) $n=-2,-4$ 时的图像.

**解** 如图 1.59 所示. 1. $y=\dfrac{1}{x}$， 2. $y=\dfrac{1}{x^2}$， 3. $y=\dfrac{1}{x^3}$， 4. $y=\dfrac{1}{x^4}$.

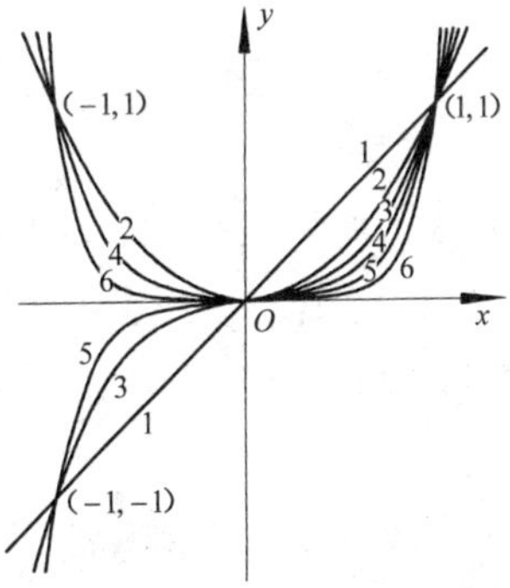


图 1.58

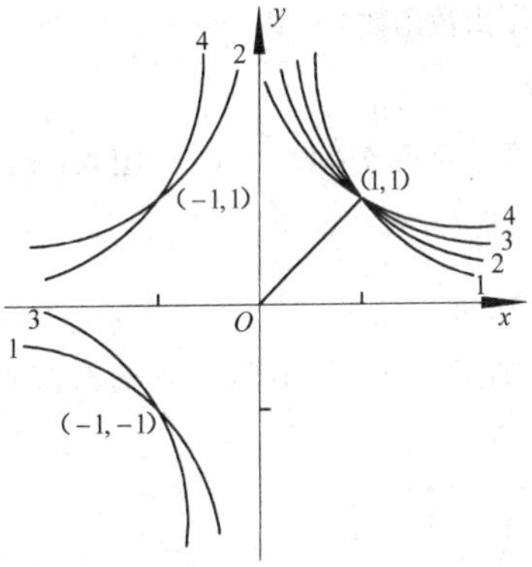


图 1.59

**【276】** 作根式 $y=\sqrt[m]{x}$ 当：(1) $m=2,4$； (2) $m=3,5$ 时的图像.

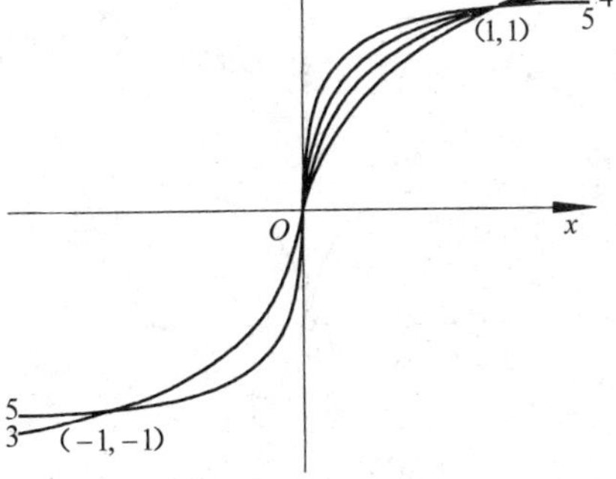


图 1.60

**解** 如图 1.60 所示.

**【277】** 设：(1)$m=2,k=1$；(2)$m=2,k=3$；(3)$m=3,k=1$；(4)$m=3,k=2$；(5)$m=3,k=4$；(6)$m=4,k=2$；(7)$m=4,k=3$.

作根式 $y=\sqrt[m]{x^k}$ 的图像.

**解** 将所给数据代入 $y=\sqrt[m]{x^k}$，可知：

(1)即 $y=\sqrt{x}$ 的图像，见图 1.60；

(2)$y=x\sqrt{x}$，如图 1.61 所示：1；

(3)即 $y=\sqrt[3]{x}$ 的图像，见图 1.60；

(4)$y=\sqrt[3]{x^2}$，如图 1.61 所示：2；

(5)$y=x\sqrt[3]{x}$，如图 1.61 所示：3；

(6)即 $y=\sqrt{|x|}$ 的图像；

(7)$y=\sqrt[4]{x^3}$，如图 1.61 所示：4.

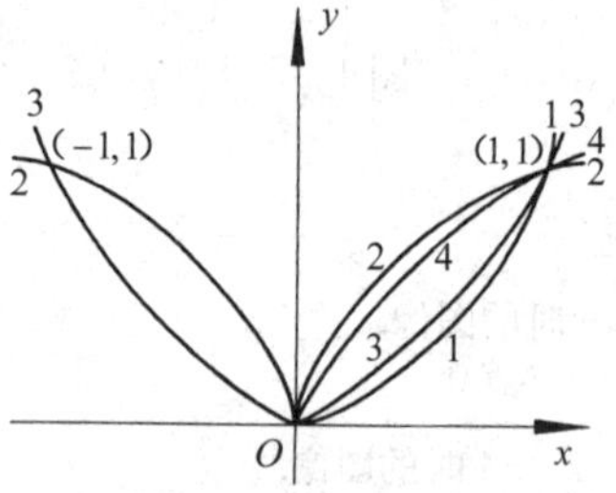


图 1.61

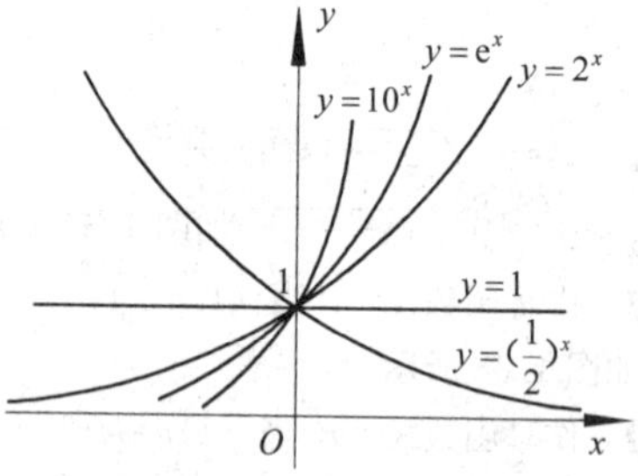


图 1.62

**【278】** 作指数函数 $y=a^x$ 当 $a=\frac{1}{2},1,2,\mathrm{e},10$ 时的图像.

**解** 如图 1.62 所示.

**【279】** 作复合指数函数 $y=\mathrm{e}^{y_1}$ 的图像，设：

(1) $y_1=x^2$； (2) $y_1=-x^2$； (3) $y_1=\frac{1}{x}$； (4) $y_1=\frac{1}{x^2}$； (5) $y_1=-\frac{1}{x^2}$； (6) $y_1=\frac{2x}{1-x^2}$.

**解** (1) 如图 1.63 所示； (2) 如图 1.64 所示； (3) 如图 1.65 所示；
(4) 如图 1.66 所示； (5) 如图 1.67 所示； (6) 如图 1.68 所示.

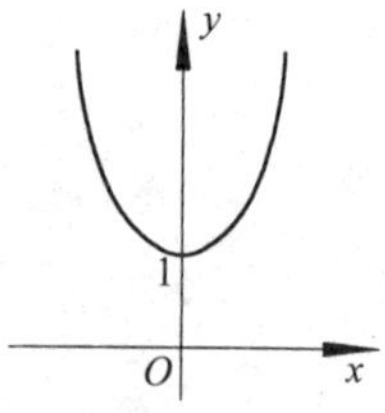


图 1.63

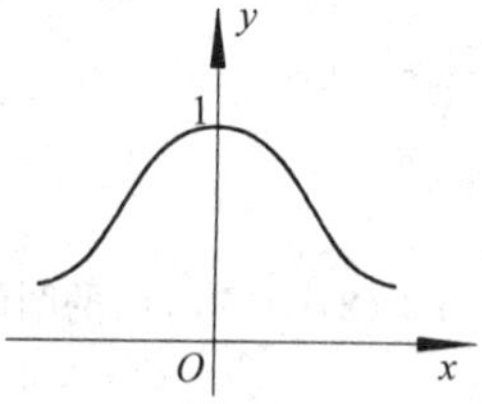


图 1.64

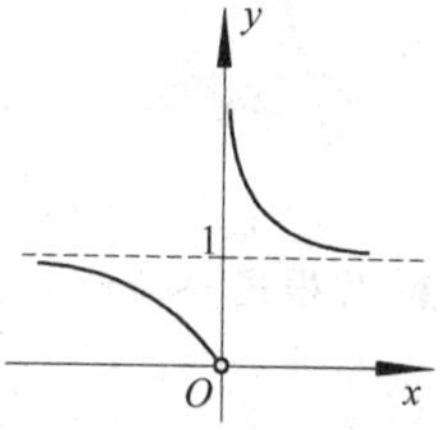


图 1.65

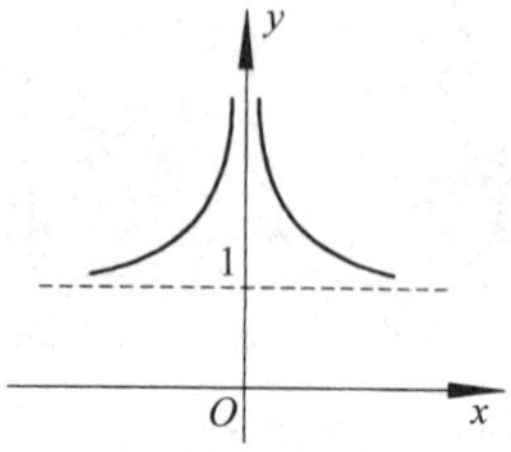


图 1.66

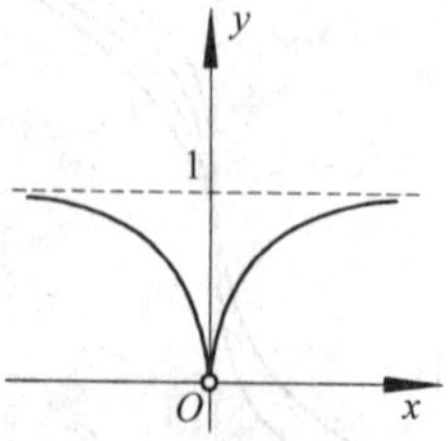


图 1.67

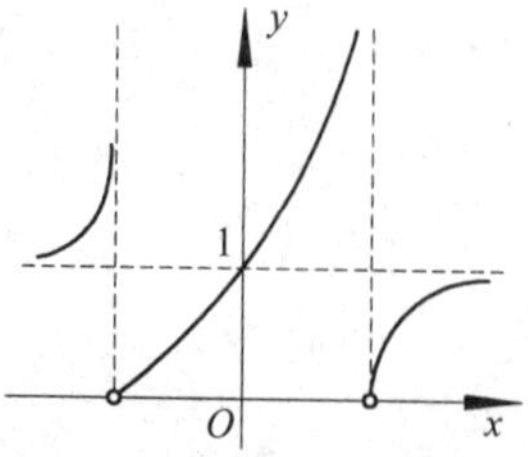


图 1.68

**【280】** 作对数函数 $y=\log_a x$ 当 $a=\frac{1}{2},2,\mathrm{e},10$ 时的图像.

**解** 如图 1.69 所示.

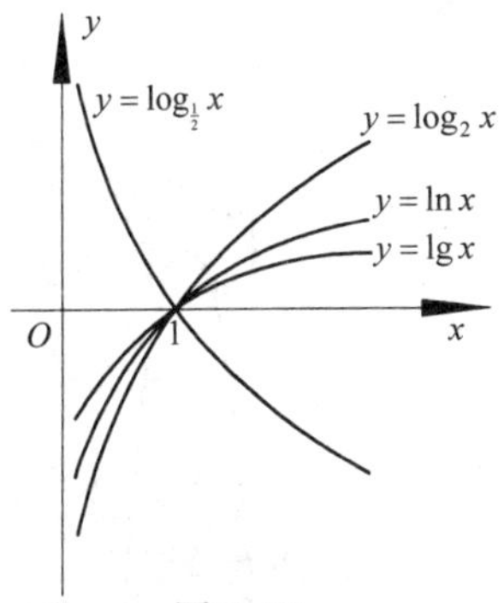


图 1.69

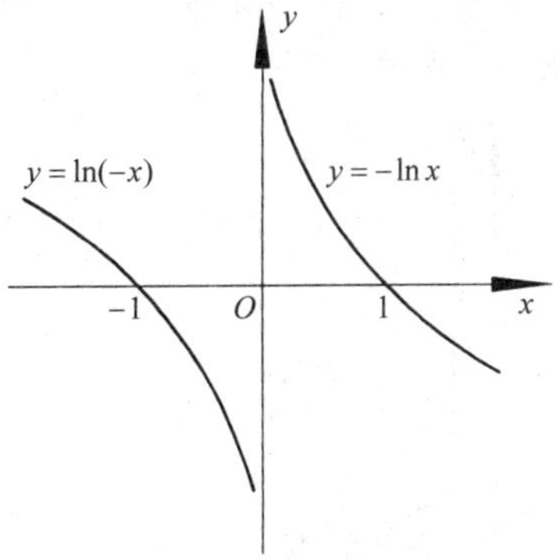


图 1.70

【281】 作下列函数的图像：(1) $y=\ln(-x)$； (2) $y=-\ln x$.

**解** 如图 1.70 所示.

【282】 设：

(1) $y_1=1+x^2$； (2) $y_1=(x-1)(x-2)^2(x-3)^3$； (3) $y_1=\dfrac{1-x}{1+x}$； (4) $y_1=\dfrac{1}{x^2}$； (5) $y_1=1+e^x$.

作出对数复合函数 $y=\ln y_1$ 的图像.

**解** (1)如图 1.71 所示；

(2)存在域：$x>3$ 或 $x<1$. $y=\ln|x-1|+2\ln|x-2|+3\ln|x-3|$，将此三个函数的图像叠加即得，如图 1.72 所示；

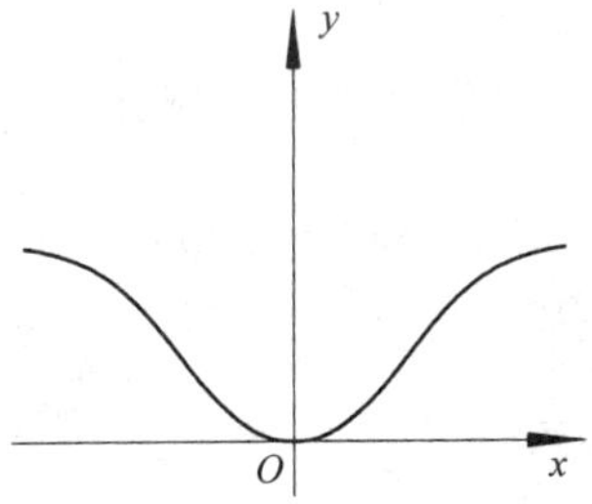


图 1.71

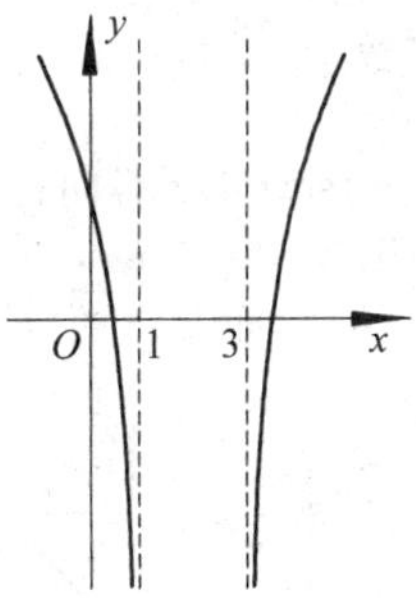


图 1.72

(3) $y=\ln(1-x)-\ln(1+x)$，将 $y=\ln(1-x)$ 及 $y=-\ln(1+x)$ 的图像叠加即得，如图 1.73 所示($-1<x<1$)；

(4) $y=\ln\dfrac{1}{x^2}$，如图 1.74 所示，图像关于 $Oy$ 轴对称；

(5)如图 1.75 所示.

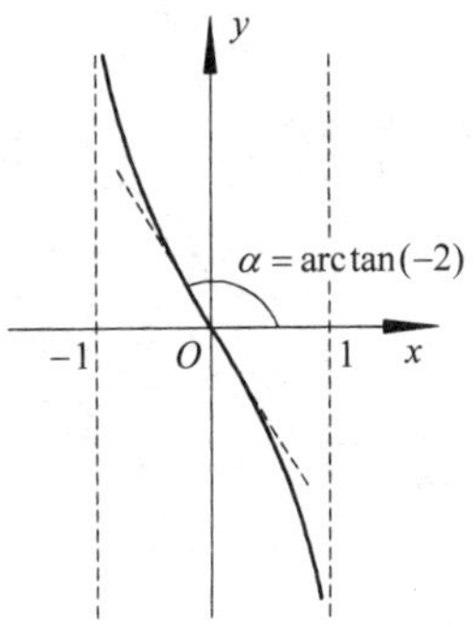


图 1.73

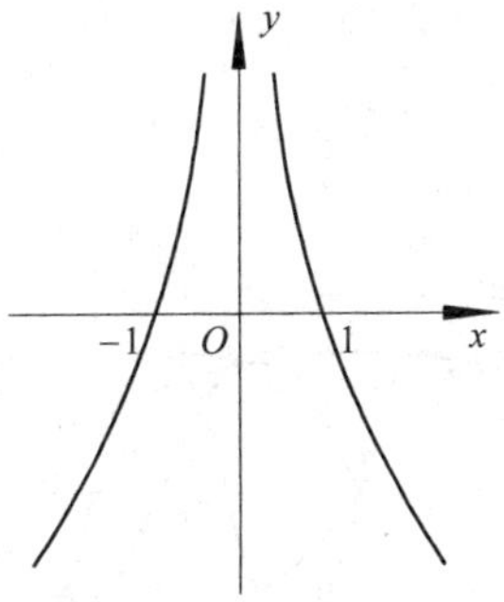


图 1.74

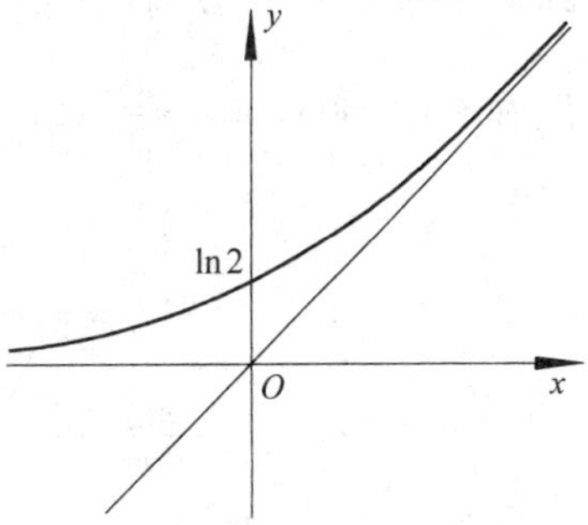


图 1.75

**【283】** 作函数 $y=\log_x 2$ 的图像.

**解** 如图 1.76 所示.

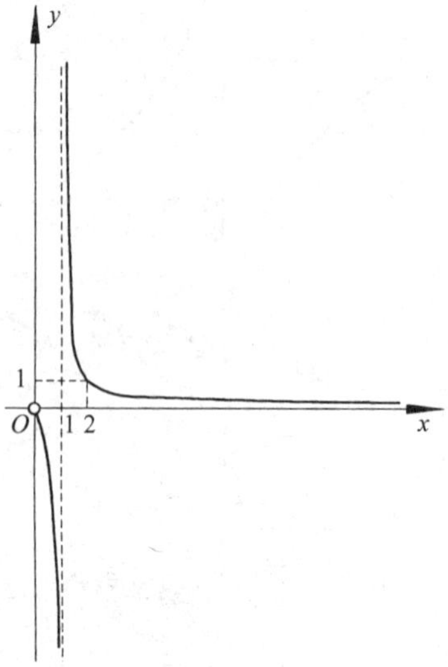


图 1.76

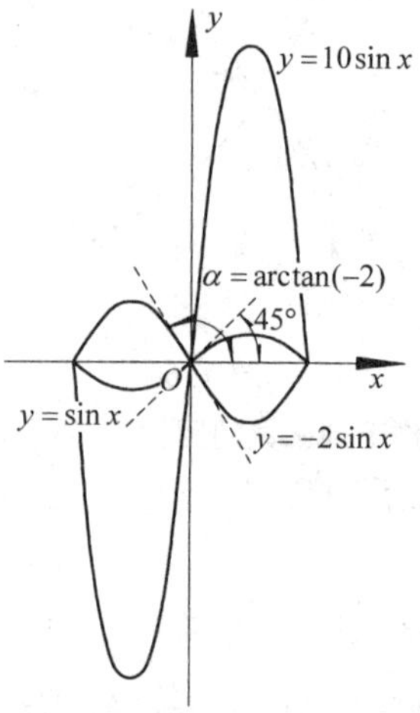


图 1.77

**【284】** 作函数 $y=A\sin x$ 当 $A=1,10,-2$ 时的图像.

**解** 如图 1.77 所示.

**【285】** 作函数 $y=\sin(x-x_0)$ 当 $x_0=0,\ \frac{\pi}{4},\ \frac{\pi}{2},\ \frac{3\pi}{4},\ \pi$ 时的图像.

**解** 只要将 $y=\sin x$ 的图像向右平移距离 $\frac{\pi}{4},\ \frac{\pi}{2},\ \frac{3\pi}{4},\ \pi$ 即得,如图 1.78 所示.

1. $y=\sin x$; 2. $y=\sin\left(x-\frac{\pi}{4}\right)$; 3. $y=\sin\left(x-\frac{\pi}{2}\right)$; 4. $y=\sin\left(x-\frac{3\pi}{4}\right)$; 5. $y=\sin(x-\pi)$.

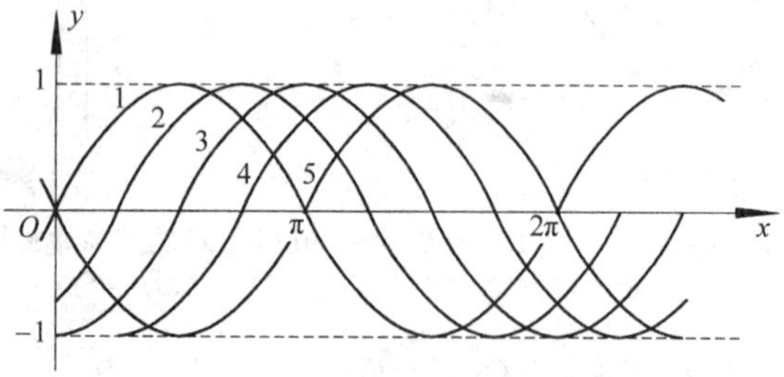


图 1.78

**【286】** 作函数 $y=\sin nx$ 的图像. 设 $n=1,2,3,\frac{1}{2},\frac{1}{3}$.

**解** 如图 1.79 所示. 1. $y=\sin x$; 2. $y=\sin 2x$; 3. $y=\sin 3x$; 4. $y=\sin\frac{1}{2}x$; 5. $y=\sin\frac{1}{3}x$.

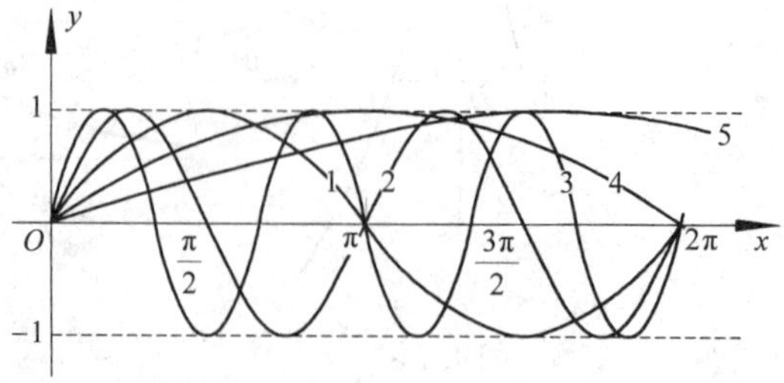


图 1.79

【287】 把函数 $y=a\cos x+b\sin x$ 化为以下形式：$y=A\sin(x-x_0)$，再作它的图像.

研究例子 $y=6\cos x+8\sin x$.

**提示** 注意，在式 $y=A\sin(x-x_0)$ 中

$$A=\sqrt{a^2+b^2}\ (a^2+b^2\neq 0),\quad \sin x_0=-\frac{a}{A},\quad \cos x_0=\frac{b}{A}.$$

于是，$y=a\cos x+b\sin x$ 的图像可经下面两个步骤完成：先把正弦曲线 $y=\sin x$ 沿 $Ox$ 轴平移距离 $|x_0|$，然后再从纵轴“伸长”$A$ 倍.

注意 $x_0$ 的正负及 $A<1$ 或 $A<1$.

**解** $y=\sqrt{a^2+b^2}\left(\frac{a}{\sqrt{a^2+b^2}}\cos x+\frac{b}{\sqrt{a^2+b^2}}\sin x\right)$，由于

$$\left|\frac{a}{\sqrt{a^2+b^2}}\right|\leqslant 1,\left|\frac{b}{\sqrt{a^2+b^2}}\right|\leqslant 1 \text{ 及}\left(\frac{a}{\sqrt{a^2+b^2}}\right)^2+\left(\frac{b}{\sqrt{a^2+b^2}}\right)^2=1,$$

故可令

$$\sin x_0=\frac{-a}{\sqrt{a^2+b^2}},\quad \cos x_0=\frac{b}{\sqrt{a^2+b^2}}. \tag{1}$$

于是，

$$y=A\sin(x-x_0) \tag{2}$$

其中 $A=\sqrt{a^2+b^2}\ (a^2+b^2\neq 0)$，$x_0$ 适合(1)式.

(2)式图像是这样作的：先把正弦曲线 $y=\sin x$ 沿 $Ox$ 轴平移距离 $|x_0|$（若 $x_0>0$ 时，则向右移；若 $x_0<0$ 时向左移），然后再从纵轴“伸长”$A$ 倍（当 $A<1$ 时为压缩 $\frac{1}{A}$ 倍）.

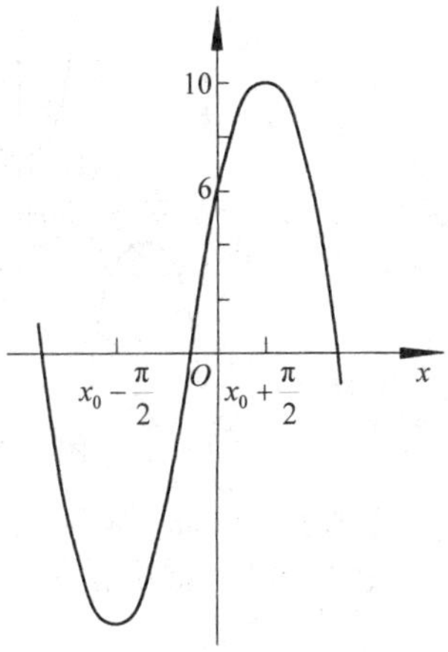


图 1.80

对于例子

$$y=6\cos x+8\sin x,\qquad A=\sqrt{6^2+8^2}=10,$$

$$\sin x_0=-\frac{6}{10}=-\frac{3}{5},\qquad \cos x_0=\frac{4}{5},\quad x_0=-\arctan\frac{3}{4},$$

如图 1.80 所示.

**作出下列三角函数的图像：**

【288】 $y=\cos x$.

**解** 如图 1.81 所示.

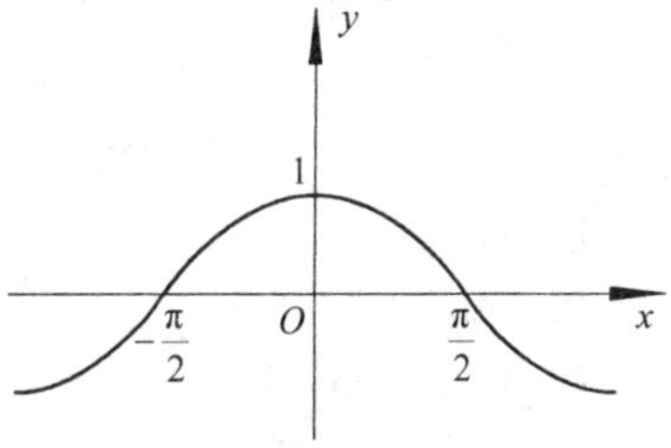


图 1.81

【289】 $y=\tan x$.

**解** 如图 1.82 所示.

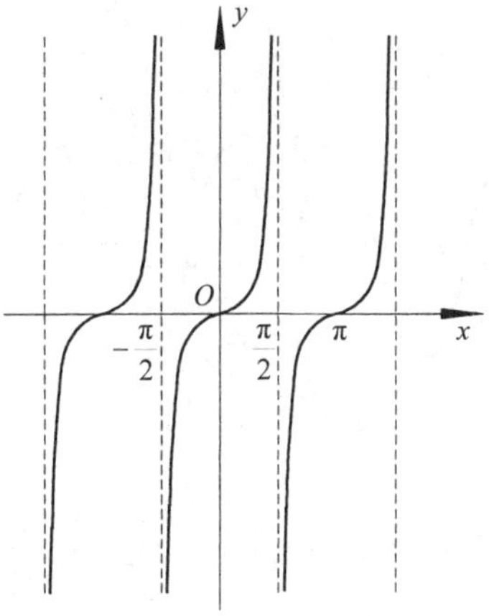


图 1.82

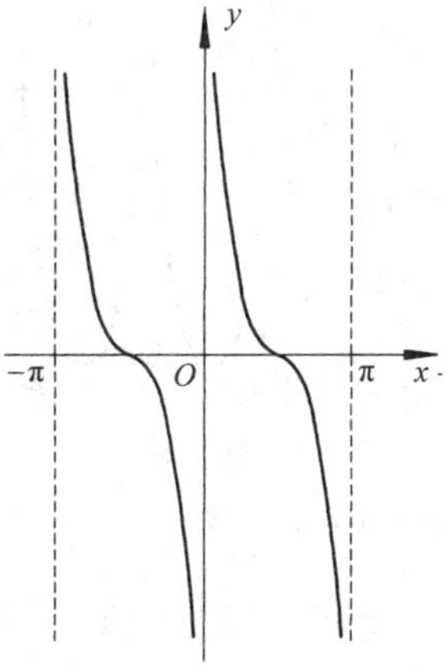


图 1.83

**【290】** $y=\cot x$.

**解** 如图 1.83 所示.

**【291】** $y=\sec x$.

**解** 如图 1.84 所示.

**【292】** $y=\csc x$.

**解** 如图 1.85 所示.

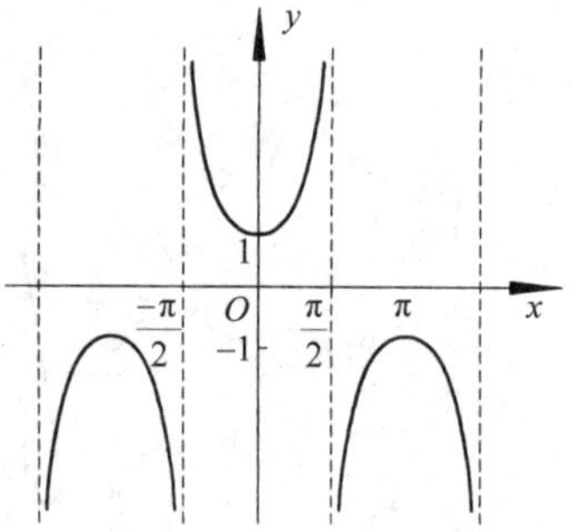


图 1.84

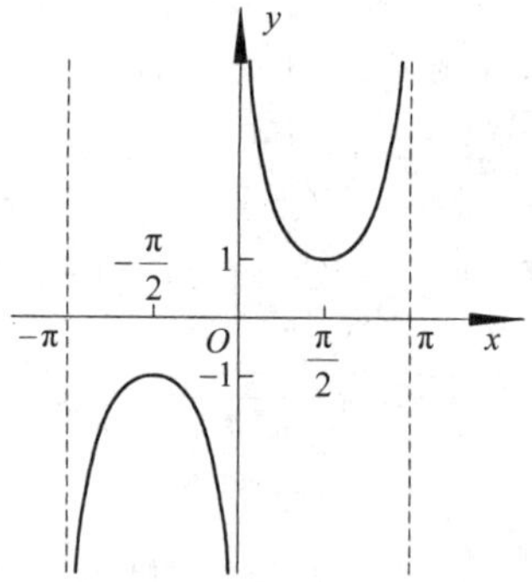


图 1.85

**【293】** $y=\sin^2 x$

**解** 如图 1.86 所示.

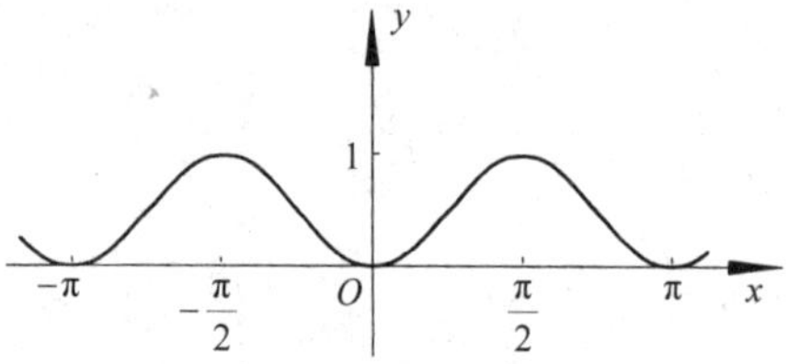


图 1.86

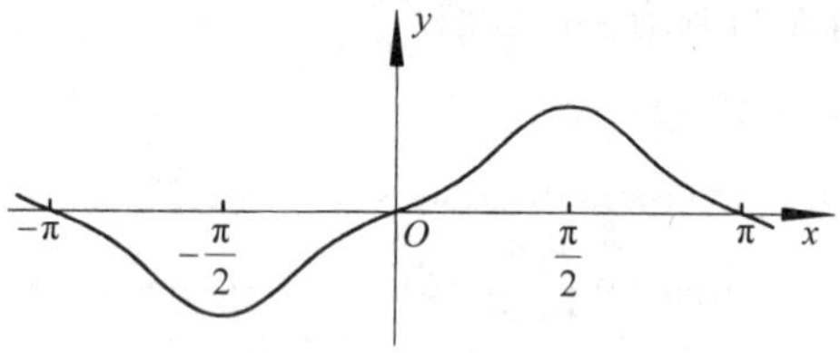


图 1.87

**【294】** $y=\sin^3 x$.

**解** 如图 1.87 所示.

**【295】** $y=\cot^2 x$.

**解** 如图 1.88 所示.

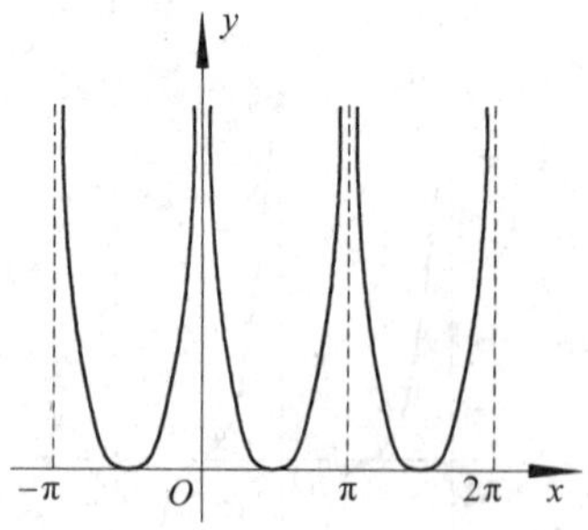


图 1.88

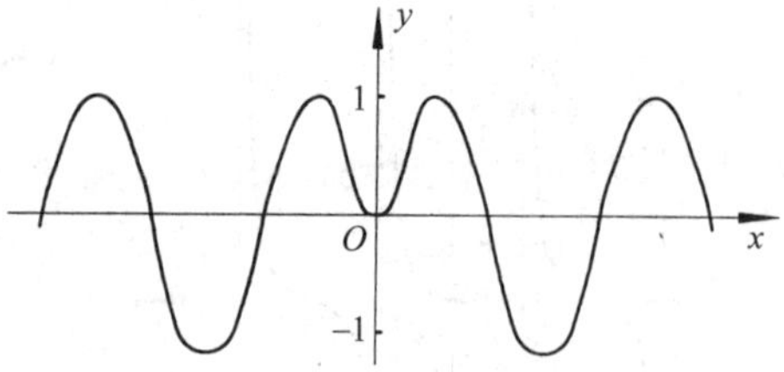


图 1.89

**【296】** $y=\sin x\sin 3x$.

**解** $y=\frac{1}{2}(\cos 2x-\cos 4x)$. 图像关于 $Oy$ 轴对称. 周期为 $\pi$. 将 $y=\frac{1}{2}\cos 2x$ 及 $y=-\frac{1}{2}\cos 4x$ 的图像叠加即得. 如图 1.89 所示.

**【297】** $y=\pm\sqrt{\cos x}$.

**解** 图像关于 $Ox$ 轴及 $Oy$ 轴均对称，是以 $2\pi$ 为周期的周期函数，如图 1.90 所示.

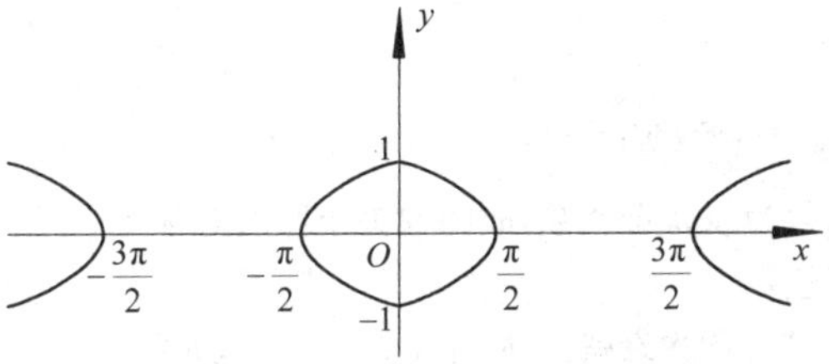


图 1.90

**作出下列函数的图像：**

**【298】** $y=\sin x^2$.

**解题思路** 图像关于 $Oy$ 轴对称. $f(\sqrt{n\pi})=0\ (n=1,2,\cdots)$，且 $\lim\limits_{n\to\infty}(\sqrt{(n+1)\pi}-\sqrt{n\pi})=0$. 由于 $\sin x^2<x^2$，故曲线位于抛物线 $y=x^2$ 的下方.

**解** 图像关于 $Oy$ 轴对称. 因为

$$f(\sqrt{\pi})=f(\sqrt{2\pi})=\cdots=f(\sqrt{n\pi})=0.$$

并且 $\lim\limits_{n\to\infty}(\sqrt{(n+1)\pi}-\sqrt{n\pi})=0$，所以，曲线和横轴的相邻交点的相互距离所成的数列的极限为零.

由不等式 $\sin x^2<x^2$，我们知道这条曲线位于抛物线 $y=x^2$ 的下方. 如图 1.91 所示.

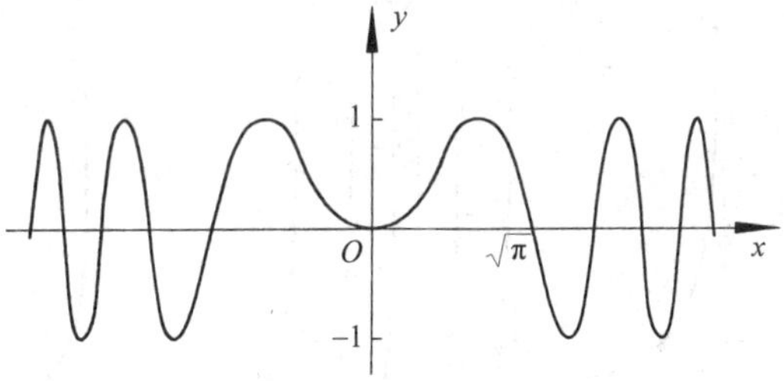


图 1.91

**【299】** $y=\sin\dfrac{1}{x}$.

**解题思路** $-1\leqslant y\leqslant 1$. $y=0$ 为渐近线. 图像关于原点对称. 当 $x$ 无限接近 0 时，函数在 $-1$ 与 1 之间摆动，并且凝聚于原点 $O$.

**解** $-1\leqslant y\leqslant 1$. $\lim\limits_{x\to\infty}y=0$，$y=0$ 为渐近线.

当 $x$ 由 $+\infty$ 减小到 $\dfrac{2}{\pi}$ 时，则 $\dfrac{1}{x}$ 由 0 增大到 $\dfrac{\pi}{2}$，而 $y$ 由 0 增到 1；但当 $x$ 由 $\dfrac{2}{\pi}$ 减小到 $\dfrac{2}{3\pi}$，则 $\dfrac{1}{x}$ 由 $\dfrac{\pi}{2}$ 增大到 $\dfrac{3\pi}{2}$，而 $y$ 由 1 减小到 $-1$. 当 $x=\dfrac{1}{\pi}$ 时，$y=0$ 等. 因为 $y$ 是奇函数，故图像关于原点对称. 当 $x$ 无限接近 0 时，函数在 $-1$ 与 1 之间摆动，并且凝聚于 $O$ 点，而在点 $x=0$ 处，函数 $y$ 没有定义. 如图 1.92 所示.

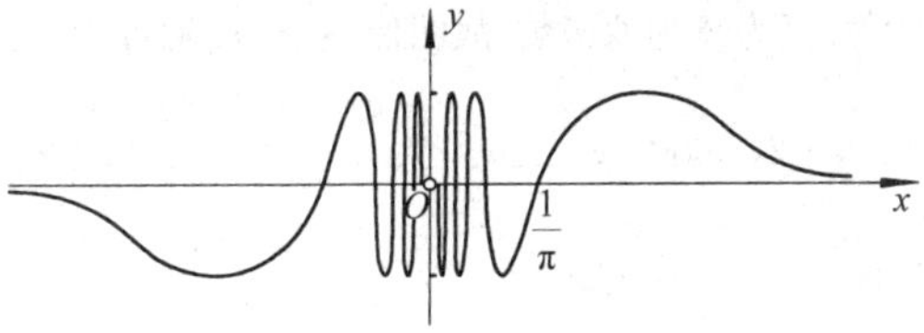


图 1.92

【300】 $y=x\cos\dfrac{\pi}{x}$.

解 $-x\leqslant y\leqslant x$. $\lim\limits_{x\to\infty}y=\infty$.

当 $x=\dfrac{2}{2k+1}$ $(k=0,\pm1,\pm2,\cdots)$时，$y=0$.

当 $x>2$ 时，$y$ 单调增加，因为 $y$ 是奇函数，故图像关于原点对称. 而在点 $x=0$ 处，函数 $y$ 没有定义.

当 $x$ 无限接近 0 时，函数作无限次衰减摆动，并凝聚于 $O$ 点，如图 1.93 所示.

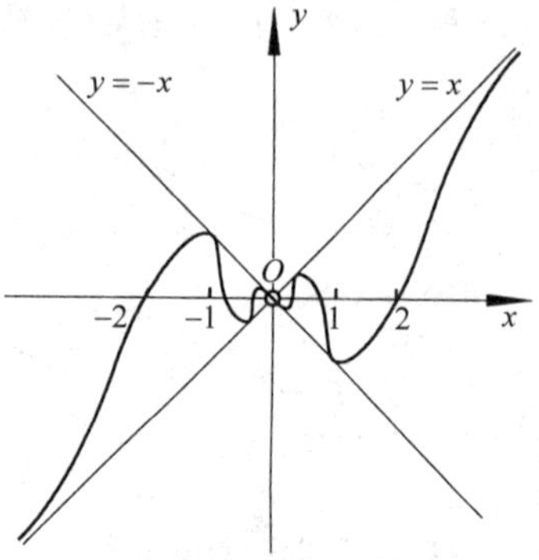


图 1.93

【301】 $y=\tan\dfrac{\pi}{x}$.

解 当 $x=\dfrac{1}{k}$ $(k=0,\pm1,\pm2,\cdots)$时，$y=0$.

当 $x\to\dfrac{2}{2k+1}$ $(k=0,\pm1,\pm2,\cdots)$时，$y\to\infty$.

当 $x>2$ 时，$y>0$，且当 $x\to+\infty$时，$y\to0$. 因为 $y$ 为奇函数，故图像关于原点对称.

当 $x\to0$ 时，图像凝聚于 $O$ 点，而在点 $x=\dfrac{2}{2k+1}$及 0 处，函数 $y$ 是没有定义的.

如图 1.94 所示.

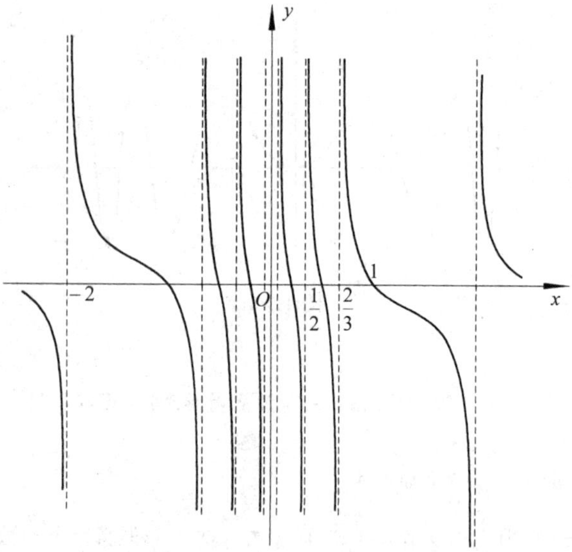


图 1.94

【302】 $y=x\left(2+\sin\dfrac{1}{x}\right)$.

解 先作 $y=x\sin\dfrac{1}{x}$的图像. 因为 $y$ 为偶函数，故图像关于 $Oy$ 轴对称.

当 $x=\dfrac{2}{(2k+1)\pi}$ $(k=0,\pm1,\pm2,\cdots)$时，$y=\pm x$. 当 $x=\dfrac{1}{k\pi}$ $(k=\pm1,\pm2,\cdots)$时，$y=0$.

当 $x>\dfrac{2}{\pi}$时，$y$ 单调增加，且有

$$\lim_{x\to\infty}x\sin\frac{1}{x}=\lim_{x\to\infty}\frac{\sin\dfrac{1}{x}}{\dfrac{1}{x}}=1^{*)}.$$

如图 1.95 所示(在点 $x=0$ 处无定义).

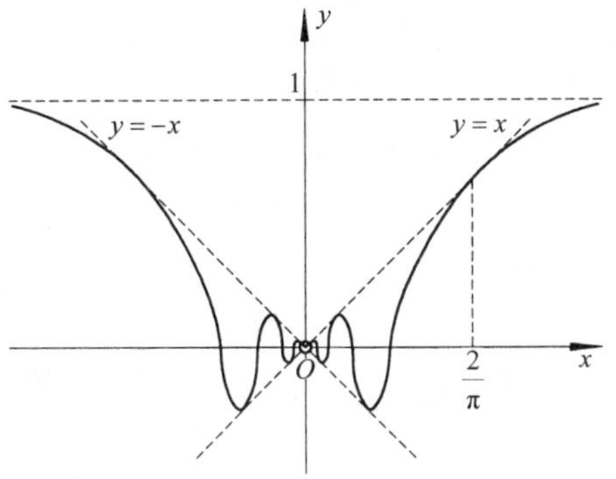


图 1.95

其次,再将函数 $y=2x$ 及 $y=x\sin\frac{1}{x}$ 的图像"叠加",即得

$$y=x\left(2+\sin\frac{1}{x}\right)$$

的图像,如图 1.96 所示.

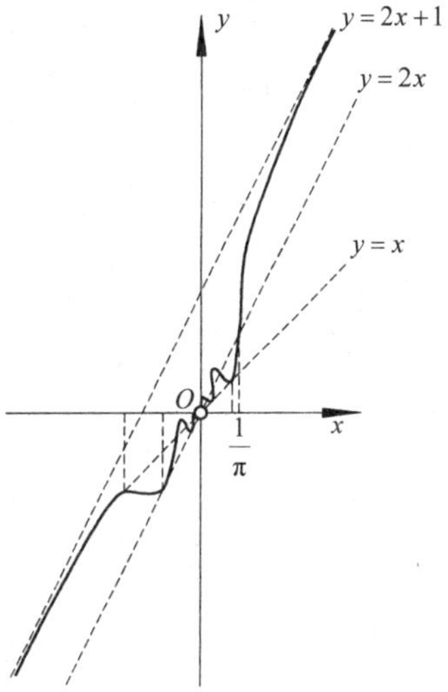


图 1.96

*) 此结果参看本章 § 5.

**【303】** $y=\pm\sqrt{1-x^2}\sin\frac{\pi}{x}$.

**解** 图像关于原点及 $Oy$ 轴,$Ox$ 轴均对称,由于

$$-\sqrt{1-x^2}\leqslant y\leqslant\sqrt{1-x^2}\quad(|x|\leqslant 1),$$

故图像位于圆 $x^2+y^2=1$ 内.

将函数 $y=\pm\sqrt{1-x^2}$ 与 $y=\sin\frac{\pi}{x}$ 的纵坐标对应相乘,即可描出所求的图像.

如图 1.97 所示.

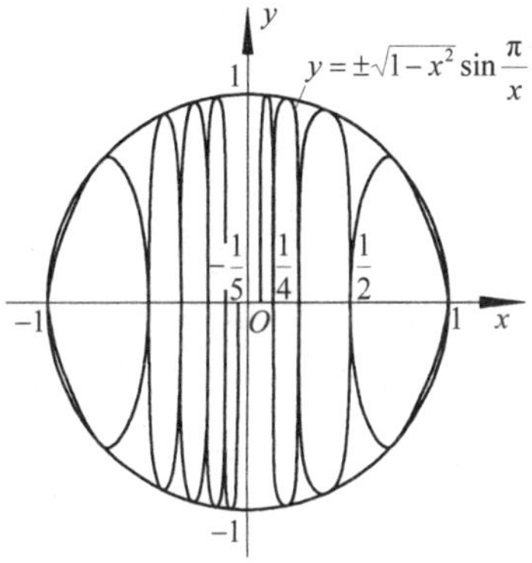


图 1.97

**【304】** $y=\frac{\sin x}{x}$.

**解** $\lim\limits_{x\to0}y=1$. $\lim\limits_{x\to\infty}y=0$.

由于 $|y|\leqslant\frac{1}{|x|}$,故图像在 $y=-\frac{1}{x}$ 及 $y=\frac{1}{x}$ 之间. 又图像关于 $Oy$ 轴对称. 当 $x=k\pi$ 时,$y=0$ $(k=\pm1,\pm2,\cdots)$.

如图 1.98 所示.

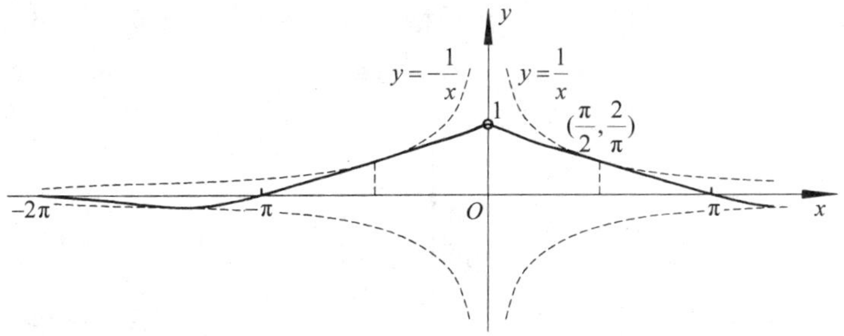


图 1.98

**【305】** $y=e^x\cos x$.

**解** 由于 $-e^x\leqslant y\leqslant e^x$,故图像在 $y=e^x$ 及 $y=e^{-x}$ 之间.

当 $x=(2k+1)\frac{\pi}{2}$ $(k=0,\pm1,\pm2,\cdots)$时，$y=0$. 且 $\lim\limits_{x\to-\infty}y=0$，但 $\lim\limits_{x\to+\infty}\mathrm{e}^x\cos x$ 却不存在.

如图 1.99 所示.

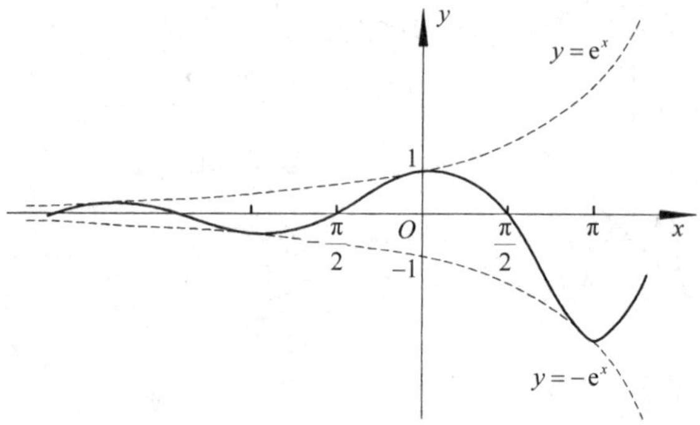


图 1.99

**【306】** $y=\pm2^{-x}\sqrt{\sin\pi x}$ .

**解** 当 $2k\leqslant x\leqslant(2k+1)$$(k=0,\pm1,\pm2,\cdots)$时，$y$ 值才确定. 当 $k=2k+\frac{1}{2}$时，$y=\pm2^{-x}$. 图像关于 $Ox$ 轴对称. $\lim\limits_{x\to+\infty}y=0$，而 $\lim\limits_{x\to-\infty}y$ 不存在. 如图 1.100 所示.

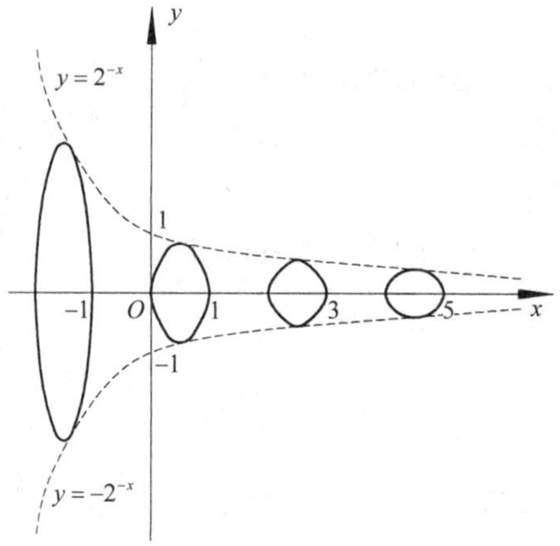


图 1.100

**【307】** $y=\frac{\cos x}{1+x^2}$.

**解** $-\frac{1}{1+x^2}\leqslant y\leqslant\frac{1}{1+x^2}$，图像在 $y=-\frac{1}{1+x^2}$及$y=\frac{1}{1+x^2}$之间，且关于 $Oy$ 轴对称.

$$\lim_{x\to\infty}y=0,\quad \lim_{x\to0}y=1.$$

如图 1.101 所示.

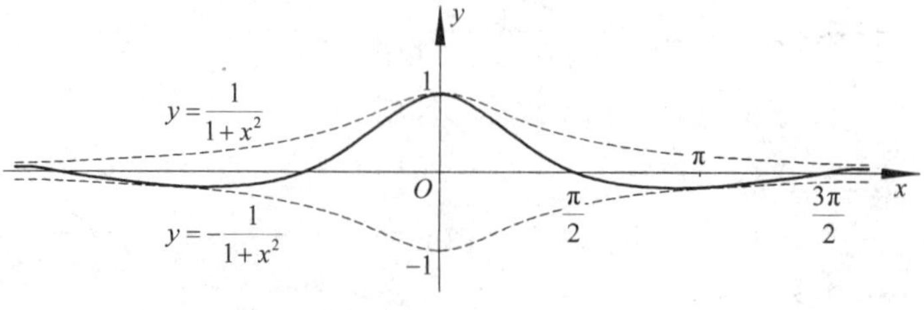


图 1.101

【308】 $y=\ln(\cos x)$.

解 存在域是使 $\cos x>0$ 的开区间 $\left((4k-1)\frac{\pi}{2},(4k+1)\frac{\pi}{2}\right)$ $(k=0,\pm1,\pm2,\cdots)$ 的全体. 函数 $y$ 是以 $2\pi$ 为周期的周期函数. 在区间 $\left(-\frac{\pi}{2},0\right)$ 内, $y$ 单调增加, 且 $y<0$. 在 $\left(0,\frac{\pi}{2}\right)$ 内, $y$ 单调减小, $y<0$, 最大值是 $y=\ln\cos 0=0$.

又 $\lim\limits_{x\to-\frac{\pi}{2}+0}y=\lim\limits_{x\to\frac{\pi}{2}-0}y=-\infty$. 如图 1.102 所示.

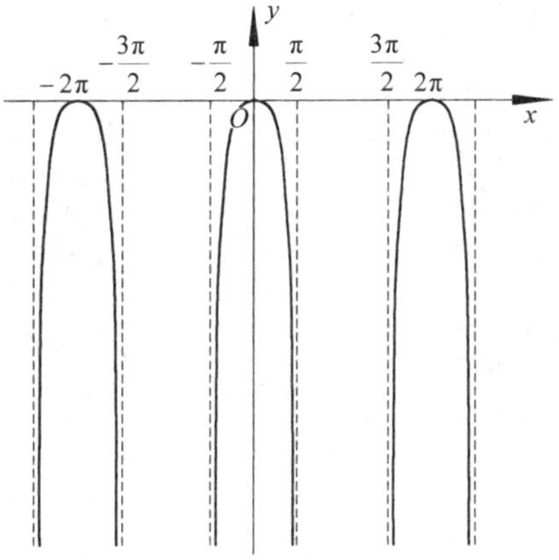


图 1.102

【309】 $y=\cos(\ln x)$.

解 存在域为数 $x>0$ 的全体.

当 $x=e^{(2k+1)\frac{\pi}{2}}$ $(k=0,\pm1,\pm2,\cdots)$ 时, $y=0$. 当 $x=e^{2k\pi}$ $(k=0,\pm1,\pm2,\cdots)$ 时, $y=1$; 而当 $x=e^{(2k+1)\pi}$ 时, $y=-1$. 图像始终在直线 $y=-1$ 和 $y=1$ 之间摆动, 而且越靠近原点时, 摆动越密. 如图 1.103 所示.(两轴所取的单位不一致).

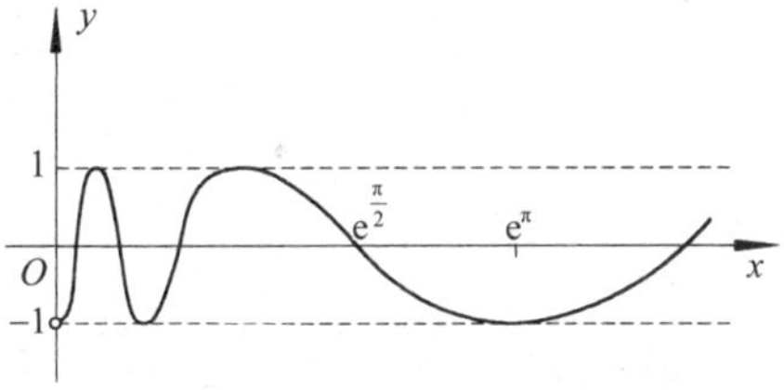


图 1.103

【310】 $y=e^{\frac{1}{\sin x}}$.

解 $y>0$. 函数 $y$ 是以 $2\pi$ 为周期的周期函数.

当 $0<x<\frac{\pi}{2}$ 时, $y$ 单调减少; 当 $\frac{\pi}{2}<x<\pi$ 时, $y$ 单调增加. 又有 $\lim\limits_{x\to0}y=\lim\limits_{x\to\pi-0}y=+\infty$. $y\Big|_{x=\frac{\pi}{2}}=e$ 为区间 $(0,\pi)$ 内函数 $y$ 的最小值.

同理, $x$ 由 $\pi$ 到 $\frac{3\pi}{2}$ 时, $y$ 由 0 增到 $\frac{1}{e}$; 而 $x$ 由 $\frac{3\pi}{2}$ 到 $2\pi$ 时, $y$ 由 $\frac{1}{e}$ 减到 0. $\lim\limits_{x\to\pi+0}y=\lim\limits_{x\to2\pi-0}y=0$.

如图 1.104 所示.

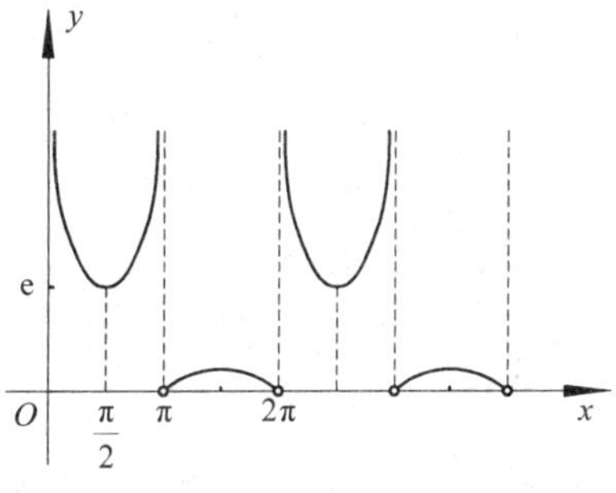


图 1.104

**作出下列反三角函数的图像:**

**【311】** $y=\arcsin x$.

**解** 如图 1.105 所示的 $AB$ 段曲线.

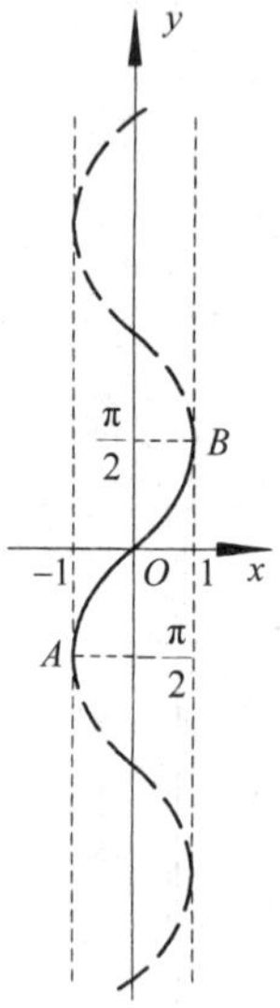

图 1.105

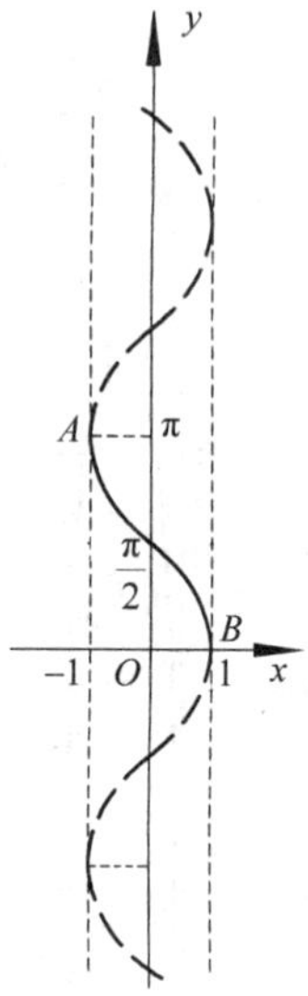

图 1.106

**【312】** $y=\arccos x$.

**解** 如图 1.106 所示的 $AB$ 段曲线.

**【313】** $y=\arctan x$.

**解** 如图 1.107 所示的 $AB$ 段曲线.

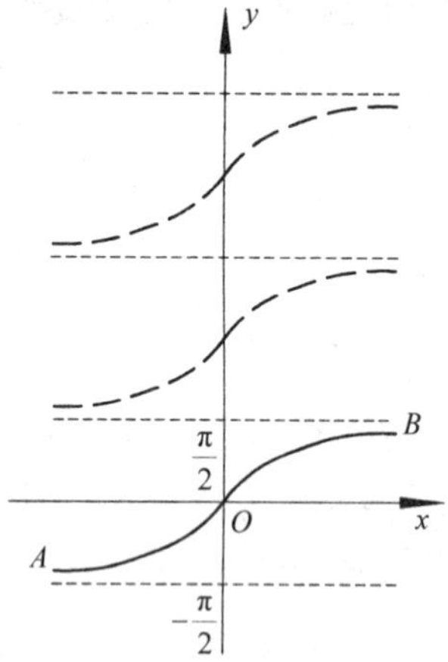

图 1.107

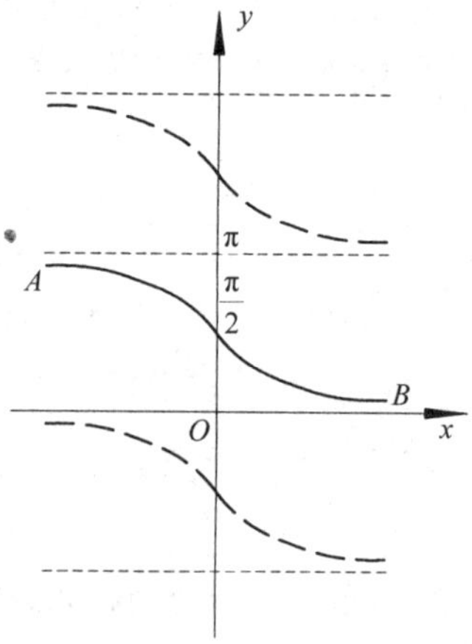

图 1.108

**【314】** $y=\operatorname{arccot} x$.

**解** 如图 1.108 所示的 $AB$ 段曲线.

**【315】** $y=\arcsin\dfrac{1}{x}$.

**解** 图像关于原点对称.存在域是区间$(-\infty,-1]$和$[1,+\infty)$.

当$1\leqslant x<+\infty$时,由于$\dfrac{1}{x}$单调减少,所以,$y$也是减函数,且有

$$\lim_{x\to1+0}y=\frac{\pi}{2}=y\Big|_{x=1},\quad \lim_{x\to+\infty}y=0.$$

如图 1.109 所示.

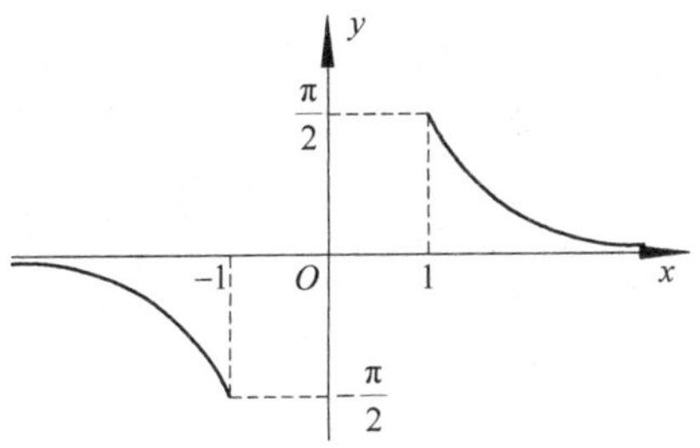


图 1.109

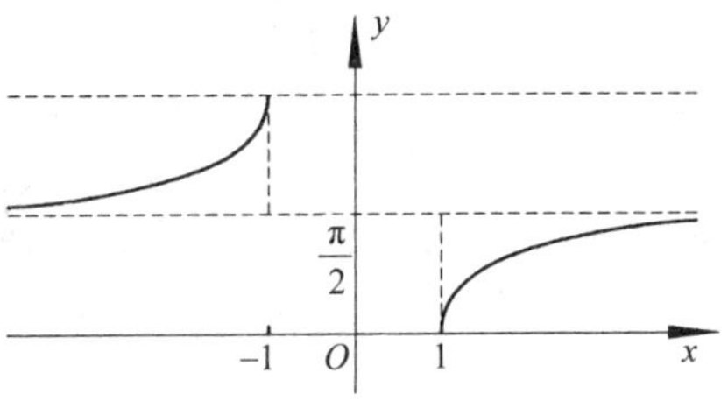


图 1.110

**【316】** $y=\arccos\dfrac{1}{x}$.

**解** 存在域是区间$(-\infty,-1]$和$[1,+\infty)$.

当$1\leqslant x<+\infty$时,由于$\dfrac{1}{x}$单调减少,所以,$y$是增函数,且有$\lim\limits_{x\to1+0}y=0$, $\lim\limits_{x\to+\infty}y=\dfrac{\pi}{2}$.

同理,当$-\infty<x\leqslant-1$时,$y$单调增加;且有$\lim\limits_{x\to-1-0}y=\pi$, $\lim\limits_{x\to-\infty}y=\dfrac{\pi}{2}$.

如图 1.110 所示.

**【317】** $y=\arctan\dfrac{1}{x}$.

**解** 图像关于原点对称.

当$x>0$时,由于$\dfrac{1}{x}$单调减少,所以,$y$是减函数,且有

$$\lim_{x\to+0}y=\frac{\pi}{2},\quad \lim_{x\to+\infty}y=0.$$

如图 1.111 所示.

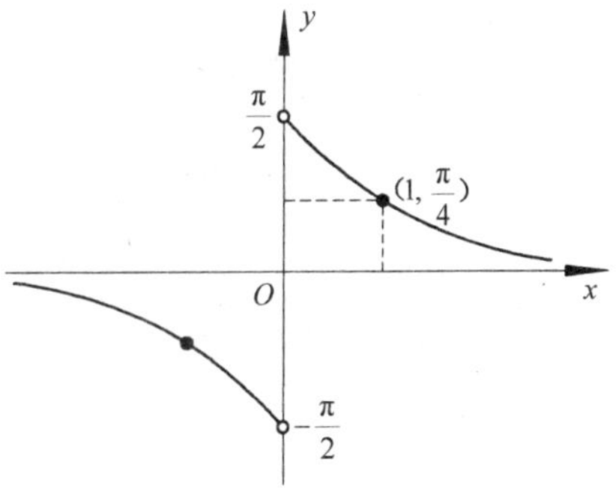


图 1.111

**【318】** $y=\arcsin(\sin x)$.

**提示** 注意,当$-\dfrac{\pi}{2}+2k\pi\leqslant x\leqslant\dfrac{\pi}{2}+2k\pi$时,

$$y=x-2k\pi\quad(k=0,\pm1,\pm2,\cdots).$$

当$\dfrac{\pi}{2}+2k\pi\leqslant x\leqslant\dfrac{3\pi}{2}+2k\pi$时,$y=(\pi-x)+2k\pi$.

**解** $\sin y=\sin x$, $-\dfrac{\pi}{2}\leqslant y\leqslant\dfrac{\pi}{2}$.

因此,当$-\dfrac{\pi}{2}\leqslant x\leqslant\dfrac{\pi}{2}$时,$y=x$;当$\dfrac{\pi}{2}\leqslant x\leqslant\dfrac{3\pi}{2}$时,$y=\pi-x$;当$\dfrac{3\pi}{2}\leqslant x\leqslant\dfrac{5\pi}{2}$时,$y=x-2\pi$.

一般地,当$-\dfrac{\pi}{2}+2k\pi\leqslant x\leqslant\dfrac{\pi}{2}+2k\pi$时,

$$y=x-2k\pi\ (k=0,\pm1,\pm2,\cdots);$$

而当$\dfrac{\pi}{2}+2k\pi\leqslant x\leqslant\dfrac{3\pi}{2}+2k\pi$时,

$$y=(\pi-x)+2k\pi.$$

如图 1.112 所示.

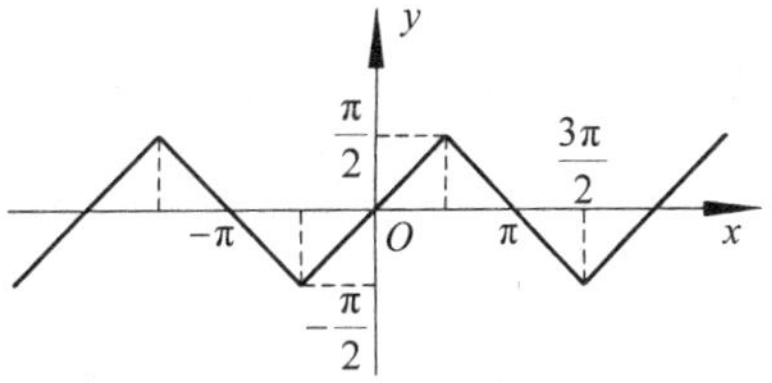


图 1.112

**【319】** $y=\arcsin(\cos x)$.

**提示** 注意,当$(2k-1)\pi\leqslant x\leqslant2k\pi$时,$y=\left(\dfrac{\pi}{2}+x\right)-2k\pi\ (k=0,\pm1,\pm2,\cdots)$.

当$2k\pi\leqslant x\leqslant(2k+1)\pi$时,$y=\left(\dfrac{\pi}{2}-x\right)+2k\pi$.

**解** $\sin y=\cos x,\ -\frac{\pi}{2}\leqslant y\leqslant\frac{\pi}{2}$.

因此,当 $-\pi\leqslant x\leqslant 0$ 时,$y=\frac{\pi}{2}+x$;

当 $0\leqslant x\leqslant\pi$ 时,$y=\frac{\pi}{2}-x$;

一般地,当 $(2k-1)\pi\leqslant x\leqslant 2k\pi$ 时,

$$y=\left(\frac{\pi}{2}+x\right)-2k\pi\ (k=0,\pm1,\pm2,\cdots);$$

而当 $2k\pi\leqslant x\leqslant(2k+1)\pi$ 时,$y=\left(\frac{\pi}{2}-x\right)+2k\pi$.

如图 1.113 所示.

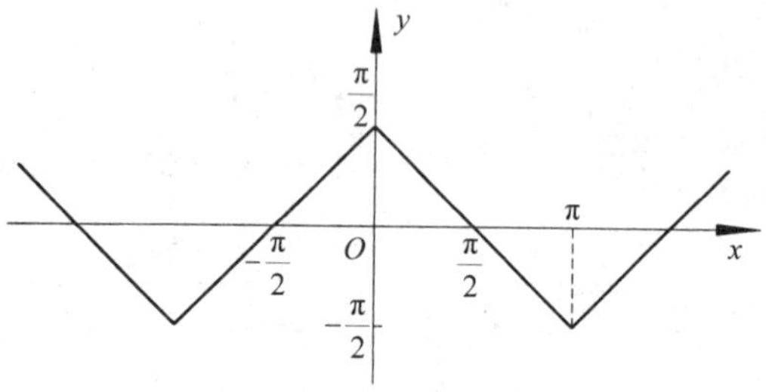

图 1.113

**【320】** $y=\arccos(\cos x)$.

**解** $\cos y=\cos x,\ 0\leqslant y\leqslant\pi$.

因此,当 $0\leqslant x\leqslant\pi$ 时,$y=x$;当 $\pi\leqslant x\leqslant 2\pi$ 时,$y=2\pi-x$;

当 $-\pi\leqslant x\leqslant 0$ 时,$y=-x$.

一般地,当 $(2k-1)\pi\leqslant x\leqslant 2k\pi$ 时,

$$y=-x+2k\pi\ (k=0,\pm1,\pm2,\cdots);$$

而当 $2k\pi\leqslant x\leqslant(2k+1)\pi$ 时,$y=x-2k\pi$.

如图 1.114 所示.

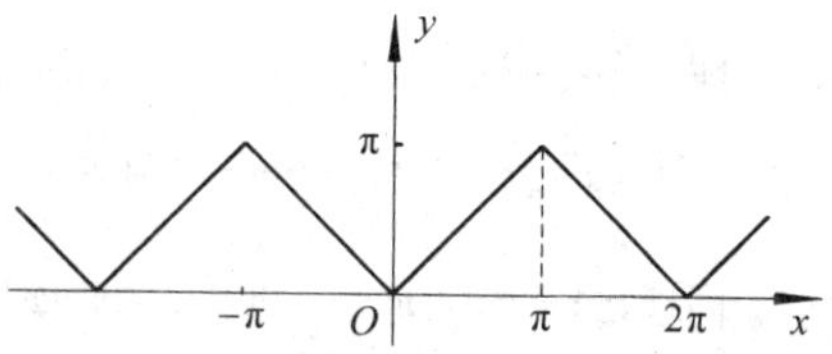

图 1.114

**【321】** $y=\arctan(\tan x)$.

**解** $\tan y=\tan x,\ -\frac{\pi}{2}<y<\frac{\pi}{2}$.

因此,当 $-\frac{\pi}{2}<x<\frac{\pi}{2}$ 时,$y=x$;

当 $\frac{\pi}{2}<x<\frac{3\pi}{2}$ 时,$y=x-\pi$;

当 $-\frac{3\pi}{2}<x<-\frac{\pi}{2}$ 时,$y=\pi+x$.

一般地,当 $-\frac{\pi}{2}+k\pi<x<\frac{\pi}{2}+k\pi$ 时,$y=x-k\pi\ (k=0,\pm1,\pm2,\cdots)$.

如图 1.115 所示.

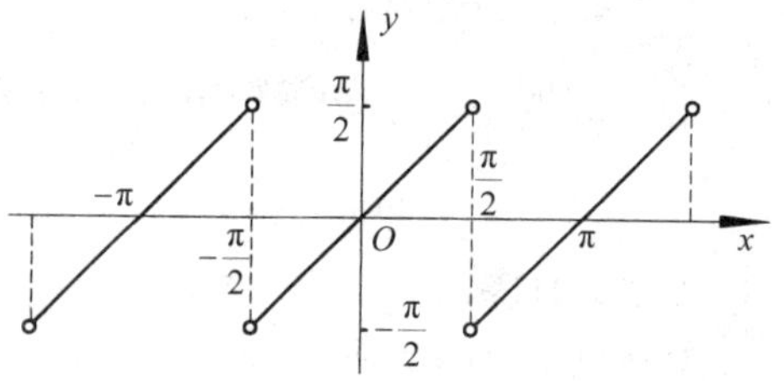

图 1.115

**【322】** $y=\arcsin(2\sin x)$.

**解** $\sin y=2\sin x,\quad\left(-\frac{\pi}{2}\leqslant y\leqslant\frac{\pi}{2}\right)$.

存在域为区间 $\left[-\frac{\pi}{6},\frac{\pi}{6}\right],\left[\frac{5\pi}{6},\frac{7\pi}{6}\right],\cdots$ 的全体.

即 $\left[-\frac{\pi}{6}+k\pi,\frac{\pi}{6}+k\pi\right]\ (k=0,\pm1,\pm2,\cdots)$ 的全体.

利用复合函数作图法得其图像,如图 1.116 所示,它关于原点对称.

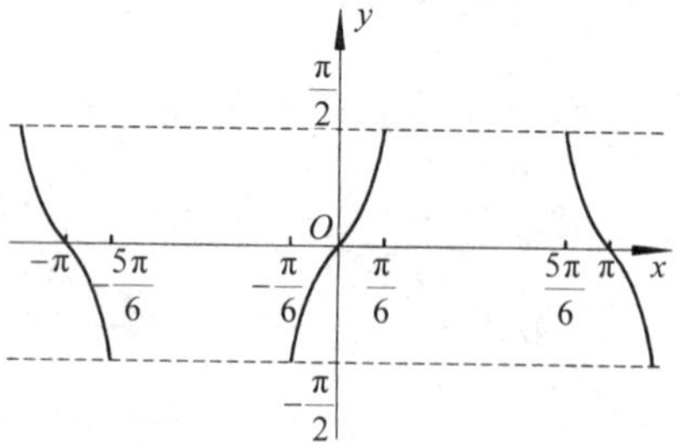

图 1.116

**【323】** 设:(1) $y_1=1-\frac{x}{2}$; (2) $y_1=\frac{2x}{1+x^2}$; (3) $y_1=\frac{1-x}{1+x}$; (4) $y_1=e^x$.
作函数 $y=\arcsin y_1$ 的图像.

**解** (1)存在域为满足不等式 $0\leqslant x\leqslant 4$ 的数 $x$ 的集合. 当 $0\leqslant x\leqslant 2$ 时,$y$ 由 $\frac{\pi}{2}$ 减少到 0;而当 $2\leqslant x\leqslant 4$ 时,$y$ 由 0 减少到 $-\frac{\pi}{2}$. 如图 1.117 所示.

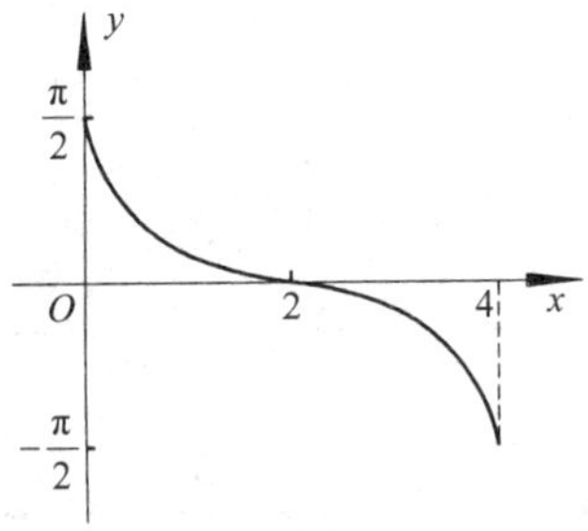


图 1.117

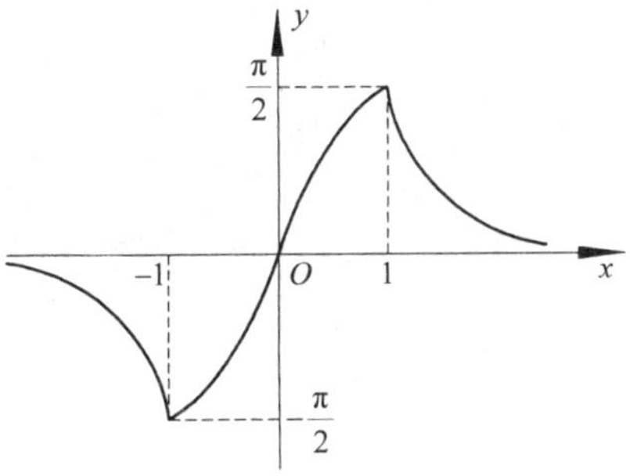


图 1.118

(2)图像关于原点对称.存在域为全体实数.当 $x$ 由 0 增到 1 时,由于$\frac{2x}{1+x^2}$为增函数,故 $y$ 由 0 增到$\frac{\pi}{2}$.而当 $x>1$ 时,$\frac{2x}{1+x^2}$为减函数,故 $y$ 由$\frac{\pi}{2}$减少到 0,且 $\lim\limits_{x\to+\infty}y=0$.如图 1.118 所示.

(3)要$\left|\frac{1-x}{1+x}\right|\leqslant1$,只要 $x\geqslant0$,故存在域为 $x\geqslant0$ 的数 $x$ 的集合.当 $x$ 由 0 增到 1 时,$\frac{1-x}{1+x}$由 1 减少到 0,而 $y$ 则由$\frac{\pi}{2}$减少到 0;而当 $x$ 由 1 增到 $+\infty$ 时,$\frac{1-x}{1+x}$由 0 减少到 $-1$,而 $y$ 由 0 减少到$-\frac{\pi}{2}$,且 $\lim\limits_{x\to+\infty}y=\frac{\pi}{2}$,如图 1.119 所示.

(4)存在域为 $-\infty<x\leqslant0$ 的数 $x$ 的集合.当 $x$ 由 $-\infty$ 增到 0 时,$e^x$ 由 0 增到 1,而 $y$ 则由 0 增到$\frac{\pi}{2}$.如图 1.120 所示.

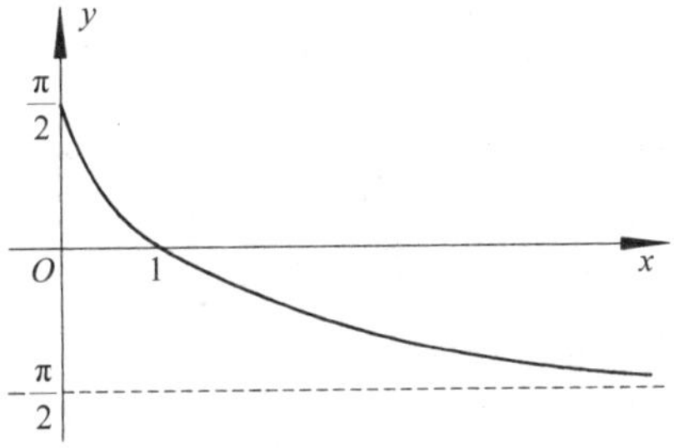


图 1.119

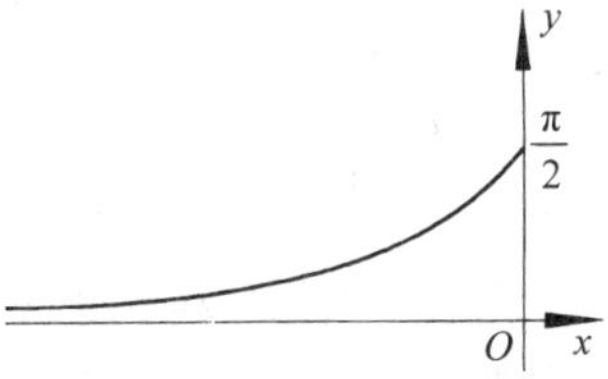


图 1.120

**【324】** 设:

(1)$y_1=x^2$; (2)$y_1=\frac{1}{x^2}$; (3)$y_1=\ln x$; (4)$y_1=\frac{1}{\sin x}$.

作函数 $y=\arctan y_1$ 的图像.

**解** (1)如图 1.121 所示的 $AB$ 曲线.

(2)如图 1.122 所示.

(3)如图 1.123 所示的 $O_1A$ 曲线.

(4)以 $2\pi$ 为周期.当 $x$ 由 0 增到$\frac{\pi}{2}$时,$\frac{1}{\sin x}$由 $+\infty$ 减到 1,而 $y$ 则由$\frac{\pi}{2}$减到$\frac{\pi}{4}$.

余类推,如图 1.124 所示.

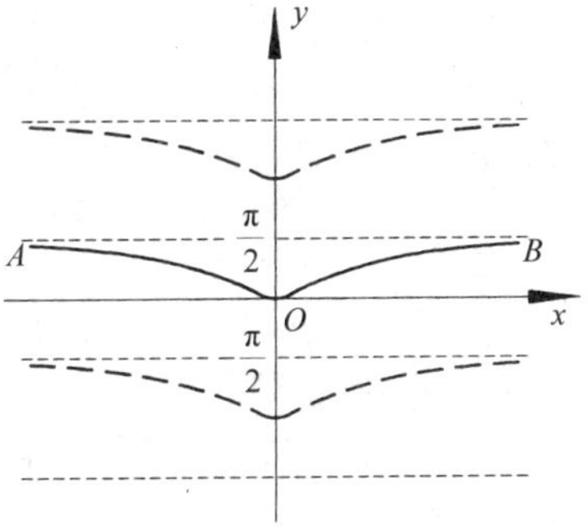


图 1.121

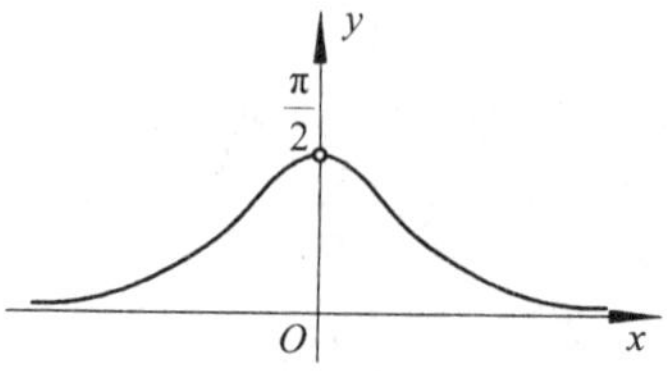


图 1.122

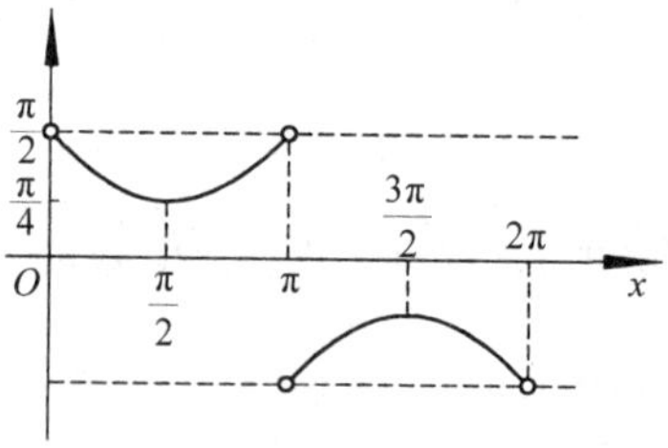


图 1.124

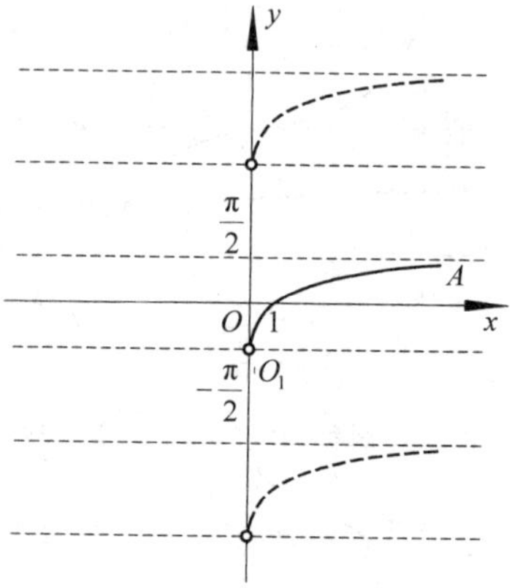


图 1.123

**【325】** 已知函数 $y=f(x)$的图像，作下列各函数的图像：

(1) $y=-f(x)$； (2) $y=f(-x)$； (3) $y=-f(-x)$.

**解** (1)函数 $y=-f(x)$的图像和函数 $y=f(x)$的图像关于 $Ox$ 轴对称. 如图 1.125 所示.

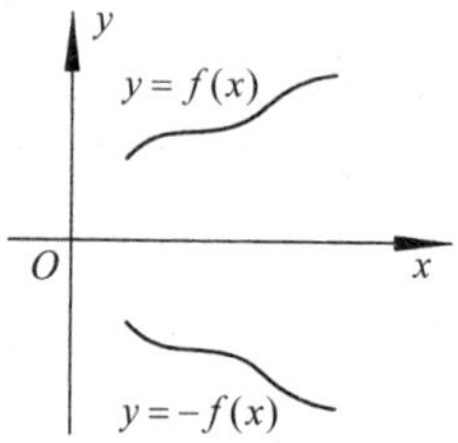


图 1.125

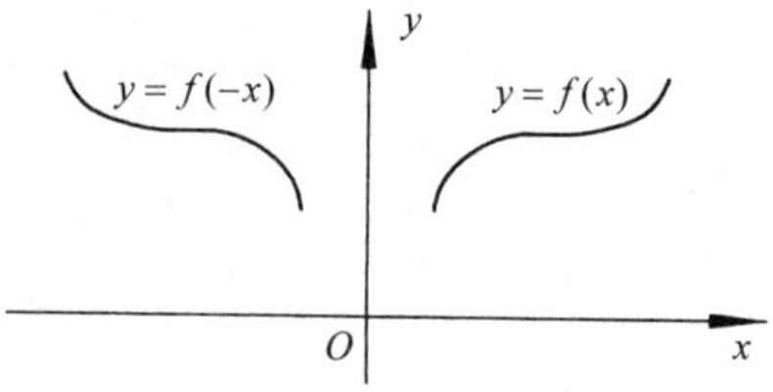


图 1.126

(2)函数 $y=f(-x)$的图像和函数 $y=f(x)$的图像关于 $Oy$ 轴对称. 如图 1.126 所示.

(3)函数 $y=-f(-x)$的图像和函数 $y=f(x)$的图像关于原点对称. 如图 1.127 所示.

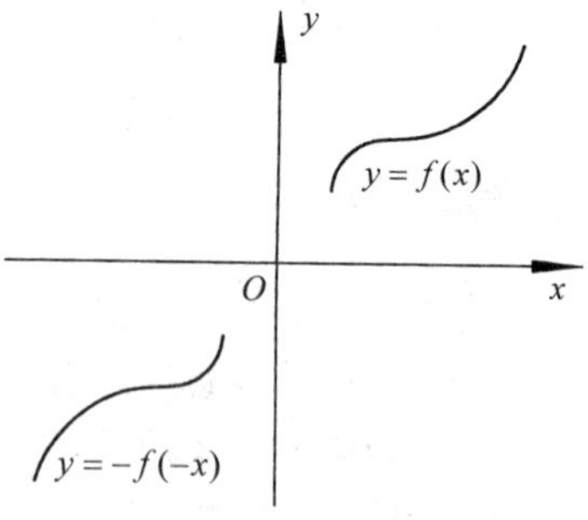


图 1.127

**【326】** 已知函数 $y=f(x)$的图像，作下列各函数的图像：

(1) $y=f(x-x_0)$； (2) $y=y_0+f(x-x_0)$；

(3) $y=f(2x)$； (4) $y=f(kx+b)$ $(k\neq 0)$.

**解** (1)函数 $y=f(x-x_0)$的图像可由 $y=f(x)$的图像平移距离 $|x_0|$得出.

当 $x_0>0$ 时，向右平移；当 $x_0<0$ 时，向左平移.

如图 1.128 所示.

(2)函数 $y=y_0+f(x-x_0)$的图像可由 $y=f(x)$的图像先平移距离 $|x_0|$，再上下平移距离 $|y_0|$得出，其中当 $y_0>0$ 时，向上平移；当 $y_0<0$ 时，向下平移.

事实上，只要先将坐标原点平移到点$(x_0, y_0)$. 坐标轴的方向均不变，再在新坐标系中作 $y'=f(x')$的图像，其中 $y'=y-y_0$，$x'=x-x_0$.

如图 1.129 所示.

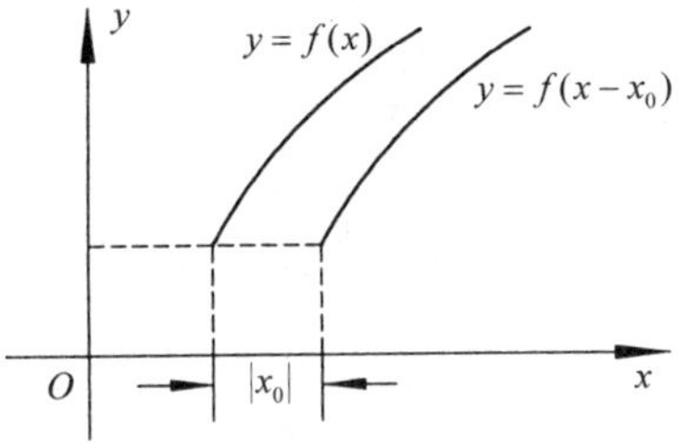


图 1.128

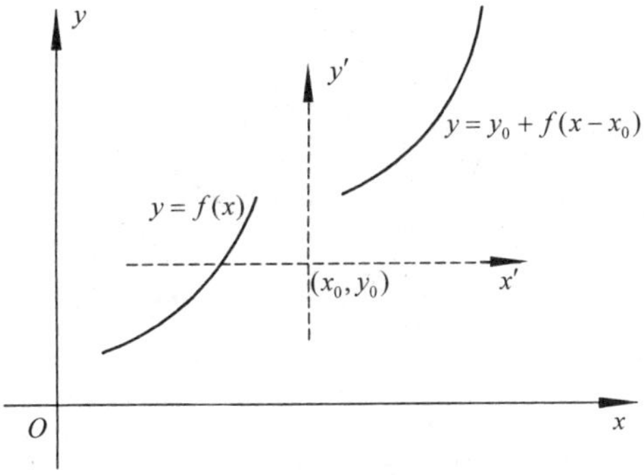


图 1.129

(3)函数 $y=f(2x)$的图像可由 $y=f(x)$的图像沿 $Ox$ 轴方向缩小二倍得出.

图像如图 1.130 所示.

(4)$y=f(kx+b)$的图像可由 $y=f(x)$的图像先沿 $Ox$ 轴方向"压缩"$k$ 倍($0<k<1$ 时,理解为"放大").然后再将所得图像平移距离$|b|$.

图像如图 1.131 所示.

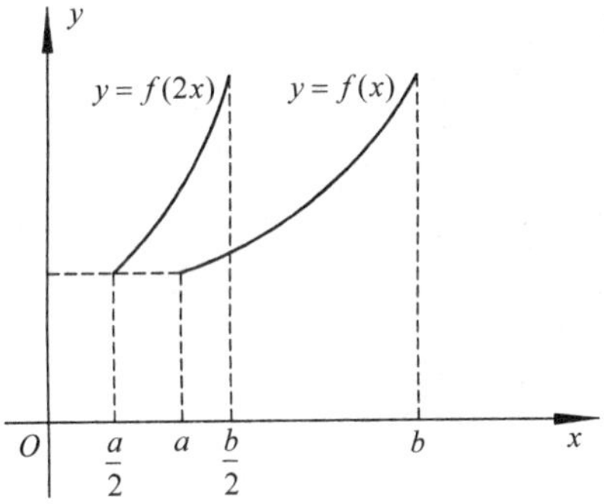


图 1.130

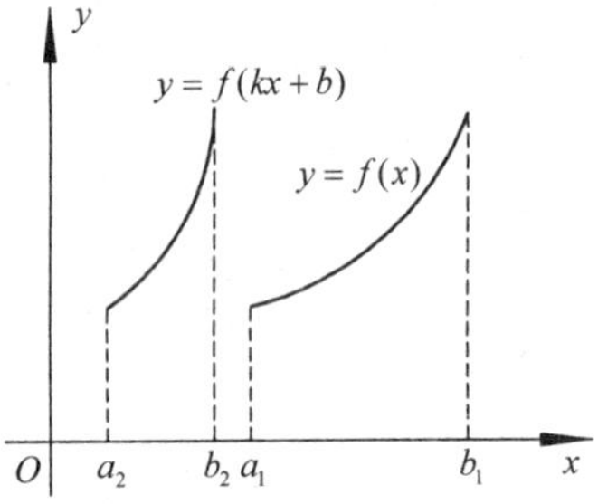


图 1.131

**【327】** 作函数的图像:

(1)$y=2+\sqrt{1-x}$;(2)$y=1-e^{-x}$;(3)$y=\ln(1+x)$;(4)$y=-\frac{\pi}{2}\arcsin(1+x)$;(5)$y=3+2\cos3x$.

**解** (1)如图 1.132 所示.

(2)如图 1.133 所示.

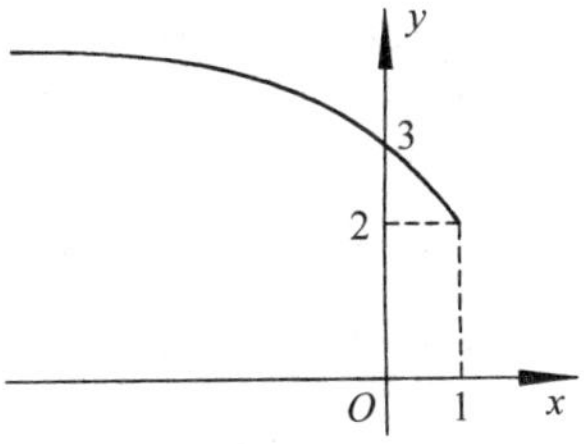


图 1.132

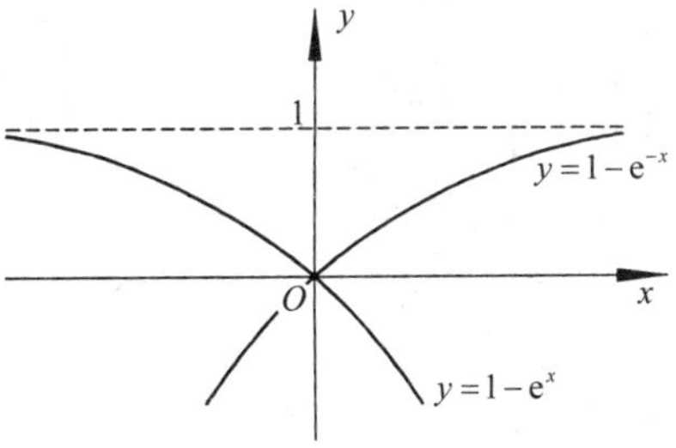


图 1.133

(3)如图 1.134 所示.

(4)如图 1.135 所示的 $AB$ 段曲线.

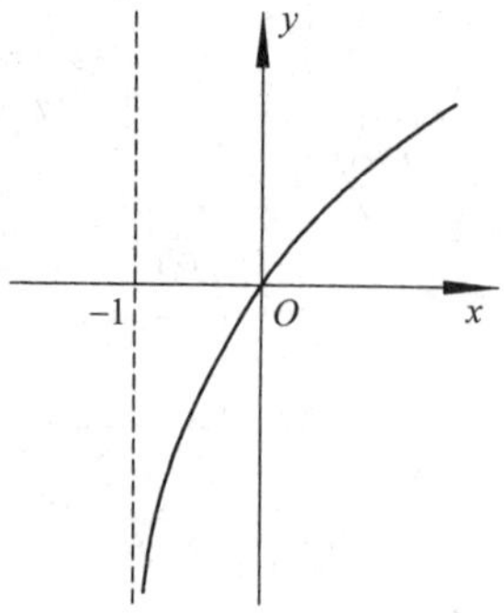

图 1.134

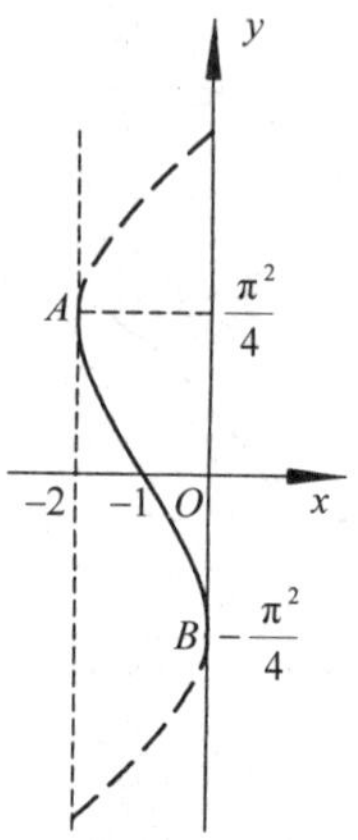

图 1.135

(5)如图 1.136 所示.

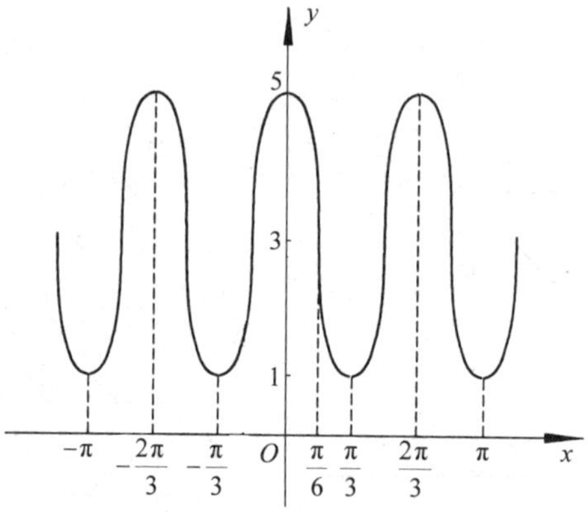

图 1.136

**【328】** 已知函数 $y=f(x)$的图像,作下列函数的图像:

(1)$y=|f(x)|$; (2)$y=\frac{1}{2}[|f(x)|+f(x)]$; (3)$y=\frac{1}{2}[|f(x)|-f(x)]$.

**解** (1)当 $f(x)\geqslant 0$ 时,$y=f(x)$;当 $f(x)<0$ 时,$y=-f(x)$;如图 1.137 黑粗线所示.

(2)当 $f(x)\geqslant 0$ 时,$y=f(x)$;当 $f(x)<0$ 时,$y=0$. 如图 1.138 黑粗线所示.

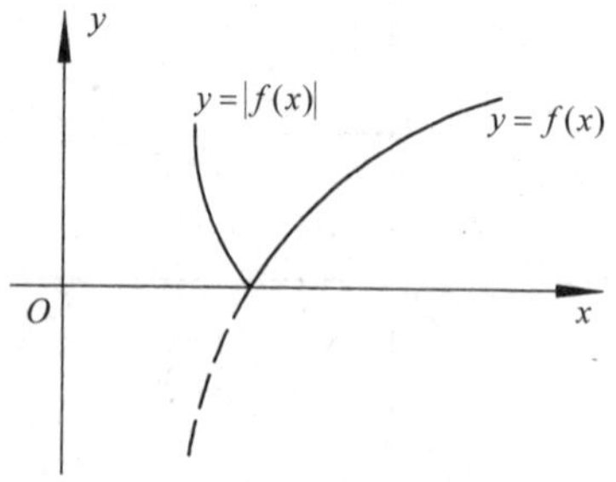

图 1.137

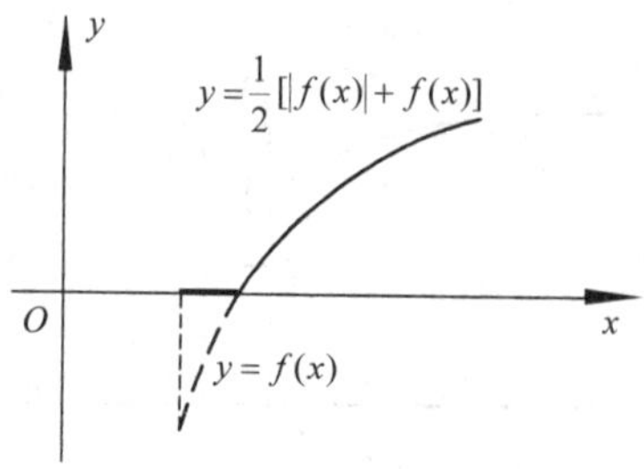

图 1.138

(3)当 $f(x) \geqslant 0$ 时，$y=0$；当 $f(x)<0$ 时，$y=-f(x)$；如图 1.139 黑粗线所示.

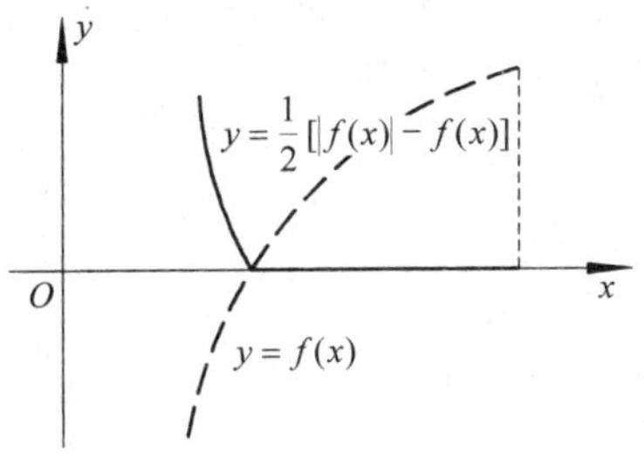


图 1.139

**【329】** 已知函数 $y=f(x)$ 的图像，作下列函数的图像：

(1)$y=f^2(x)$；　(2)$y=\sqrt{f(x)}$；　(3)$y=\ln f(x)$；

(4)$y=f[f(x)]$；　(5)$y=\operatorname{sgn} f(x)$；　(6)$y=[f(x)]$.

**解** (1)以 $y=1$ 为图像的分界线.

如图 1.140 所示. 1：$y=f(x)$；　2：$y=f^2(x)$.

(2)当 $f(x)>1$ 时，$\sqrt{f(x)}<f(x)$；而当 $0 \leqslant f(x)<1$ 时，$\sqrt{f(x)} \geqslant f(x)$.

如图 1.141 所示. 1：$y=f(x)$；2：$y=\sqrt{f(x)}$.

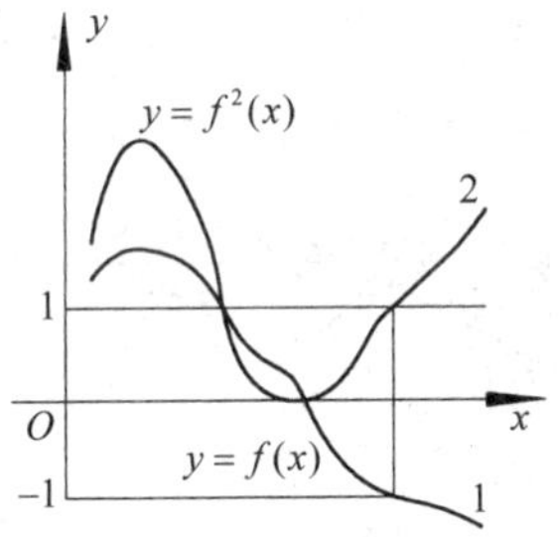


图 1.140

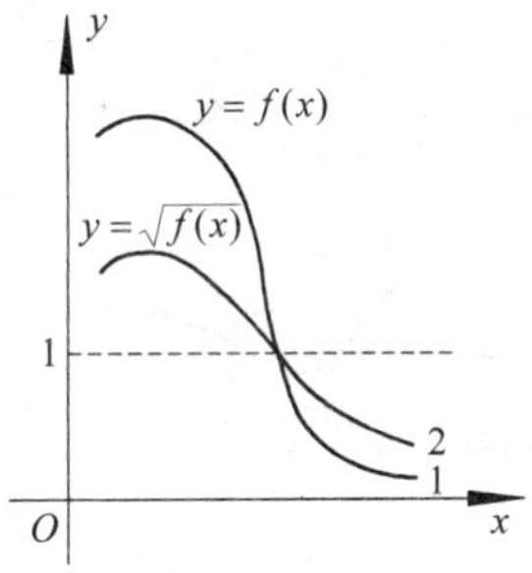


图 1.141

(3)当 $f(x) \geqslant 1$ 时，$\ln f(x)<f(x)$；而当 $0<f(x)<1$ 时，$\ln f(x)<f(x)$，故 $y=\ln f(x)$ 的图像始终在 $y=f(x)$ 之下. 如图 1.142 所示.

(4)若 $y=f(x)$ 的存在域为 $[a,b]$，则仅当 $f(x)$ 之值在 $a$ 与 $b$ 之间，才能使 $f[f(x)]$ 有意义. 其详细作图法见 330 题(3).

如图 1.143 所示. 1：$y=f(x)$；2：$y=f[f(x)]$.

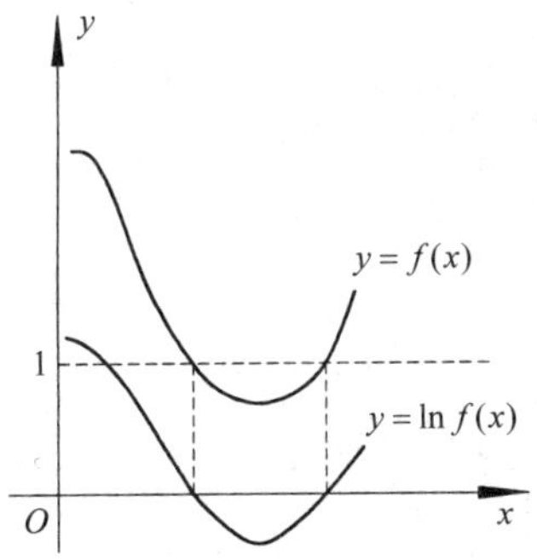


图 1.142

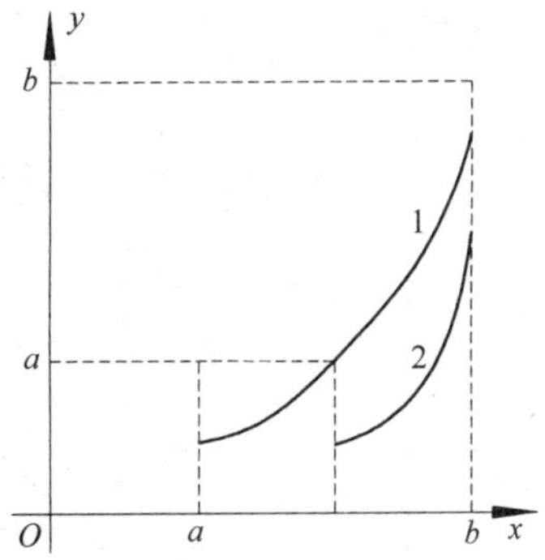


图 1.143

(5)当 $f(x)>0$ 时,$y=1$;当 $f(x)=0$ 时,$y=0$;当 $f(x)<0$ 时,$y=-1$. 如图 1.144 所示.

(6)当 $n\leqslant f(x)<n+1$ 时,$y=n$($n$ 为正整数). 如图 1.145 所示.

其中图 1.144 及 1.145 均为黑粗线所示的图像.

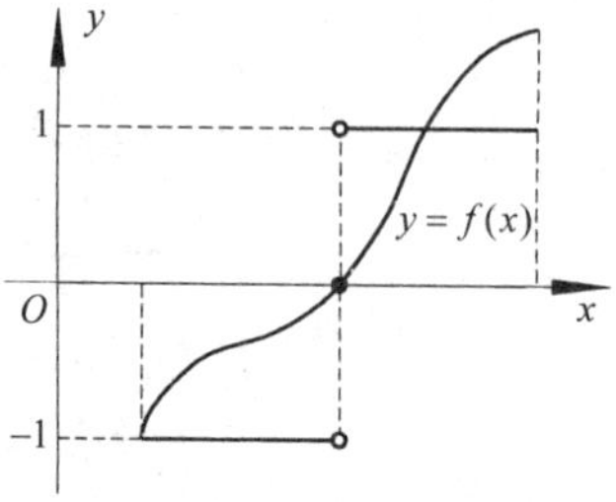


图 1.144

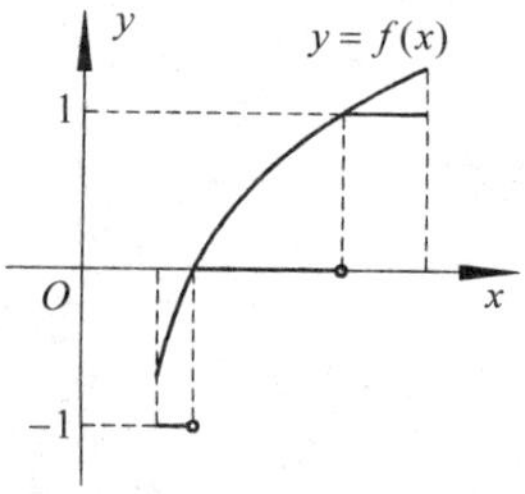


图 1.145

**【330】** 已知函数 $y=f(x)$ 和 $y=g(x)$ 的图像,作下列各函数的图像:

(1)$y=f(x)+g(x)$; (2)$y=f(x)g(x)$; (3)$y=f[g(x)]$.

**解** (1)利用图像相加法即得. 如图 1.146 所示.

(2)利用图像相乘法即得. 如图 1.147 所示.

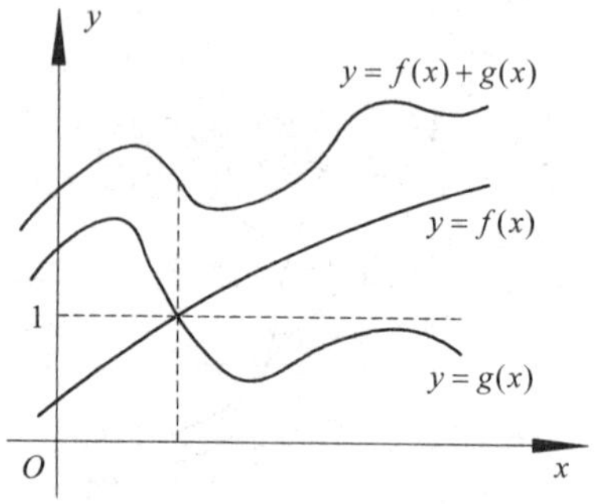


图 1.146

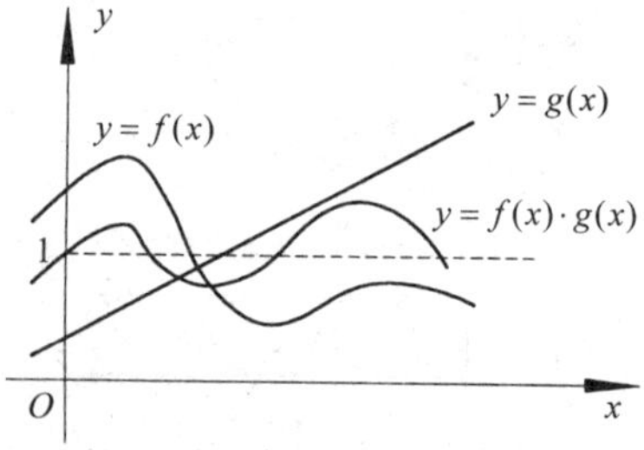


图 1.147

(3)如图 1.148 所示. 设 $P$ 点是 $Ox$ 轴上横坐标为 $x$ 的点. 通过 $P$ 点引铅直线. 它和 $y=g(x)$ 的图像相交得 $Q$ 点(当然假定值 $PQ$ 在 $f(x)$ 的存在域内). $PQ=g(x)$. 过 $Q$ 点引水平线,它与 $y=x$ 交于 $R$ 点,过 $R$ 作铅直线与 $Ox$ 轴及 $y=f(x)$ 分别交于 $T$ 点及 $S$ 点,则 $OT=TR=PQ=g(x)$,因而 $TS=f[g(x)]$. 最后,把 $S$ 点向通过 $P$ 点的铅直线投影得 $M$ 点,此即函数 $y=f[g(x)]$ 图像上的一点. 至于该图像上的其他点,同法求得. 但要注意,函数 $y=f[g(x)]$ 的存在域是满足不等式

$$a\leqslant g(x)\leqslant b$$

的数 $x$ 的集合,式中 $[a,b]$ 是 $f(x)$ 的存在域.

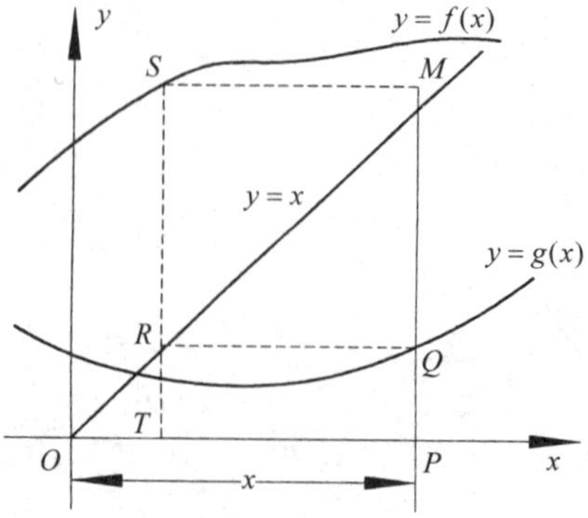


图 1.148

**利用图像的加法,作下列函数的图像:**

**【331】** $y=1+x+e^x$.

**解** 如图 1.149 所示.

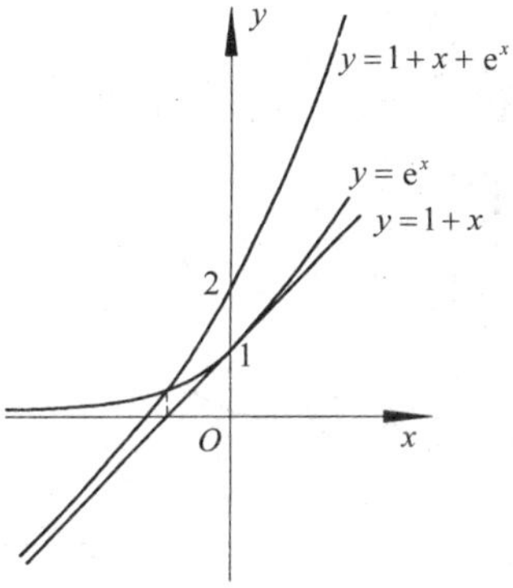


图 1.149

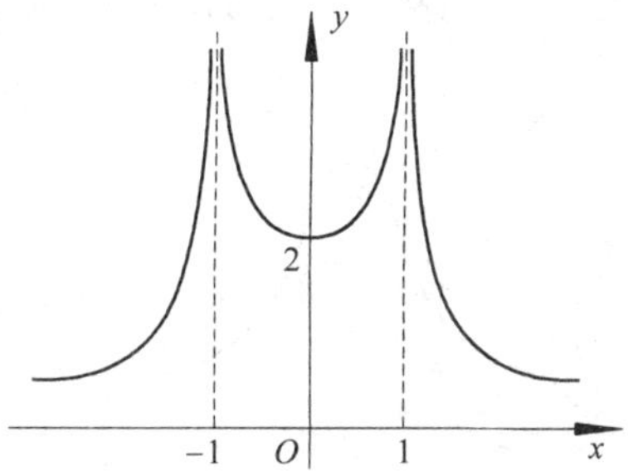


图 1.150

**【332】** $y=(x+1)^{-2}+(x-1)^{-2}$.

**解** 图像关于 $Oy$ 轴对称. 如图 1.150 所示.

**【333】** $y=x+\sin x$.

**解** 如图 1.151 所示. $P_1Q_1=P_2Q_2=\cdots=1$.

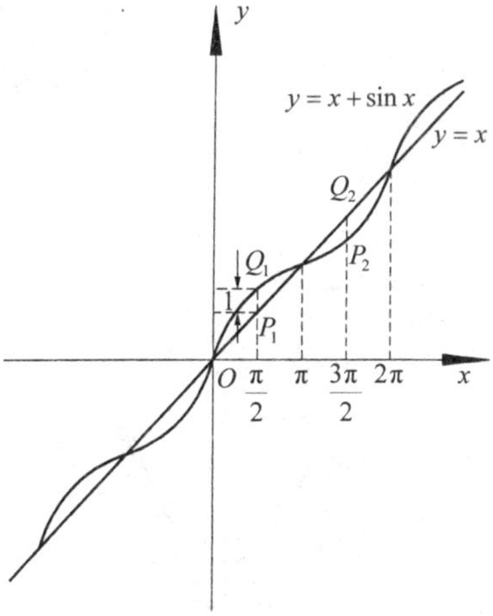


图 1.151

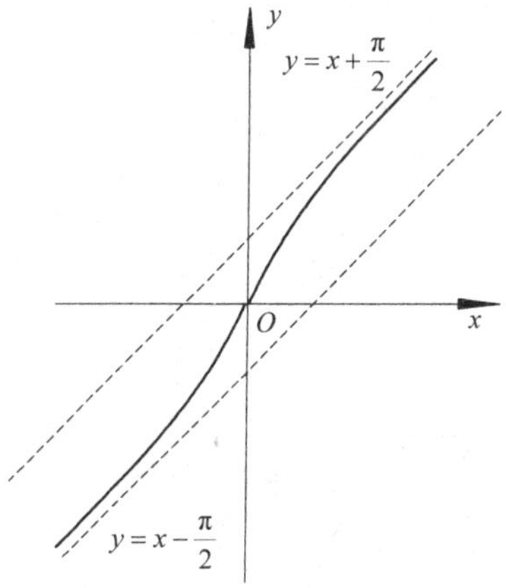


图 1.152

**【334】** $y=x+\arctan x$.

**解** 如图 1.152 所示. 图中仅画了主值的一支,一般地,在平行线 $y=x+(2k+1)\frac{\pi}{2}$ 及 $y=x+(2k-1)\frac{\pi}{2}$ 之间 $(k=0,\pm1,\pm2,\cdots)$,有类似的一支.

**【335】** $y=\cos x+\frac{1}{2}\cos 2x+\frac{1}{3}\cos 3x$.

**解** 图像关于 $Oy$ 轴对称,且关于直线 $x=k\pi$ 对称. 周期为 $2\pi$.

如图 1.153 所示.

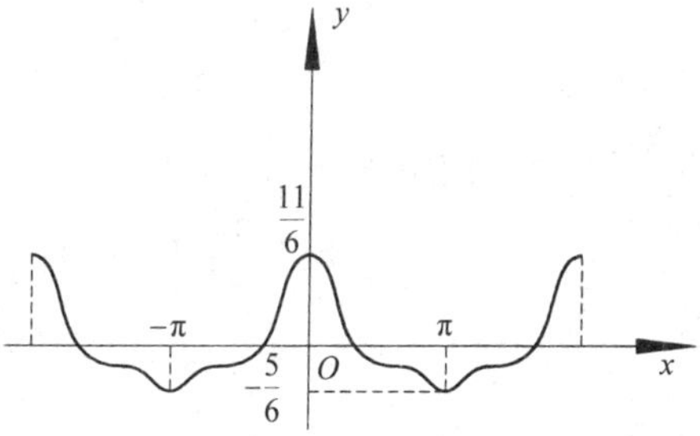


图 1.153

【336】 $y=\sin x-\frac{1}{3}\sin 3x+\frac{1}{5}\sin 5x$.

**解** 图像关于原点对称,周期为 $2\pi$,且有 $f(x+\pi)=-f(x)$,故在$[0,2\pi]$内图像关于直线 $x=\pi$ 反对称*.因此,我们只需做出$[0,\pi]$内的图像即可.

如图 1.154 所示.

*) 即关于点 $\pi$ 对称,也称之为以 $\pi$ 为周期的反周期函数.

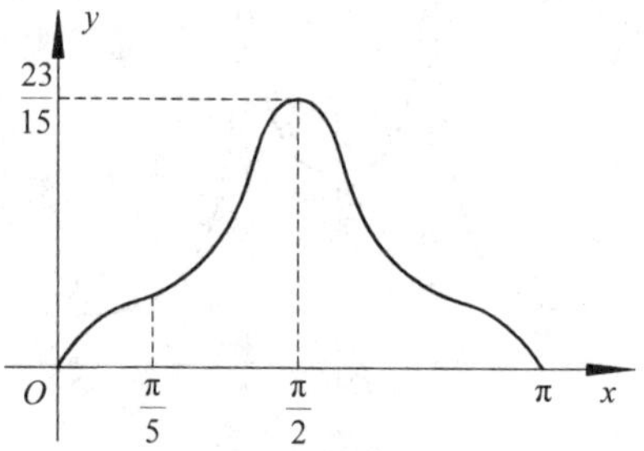


图 1.154

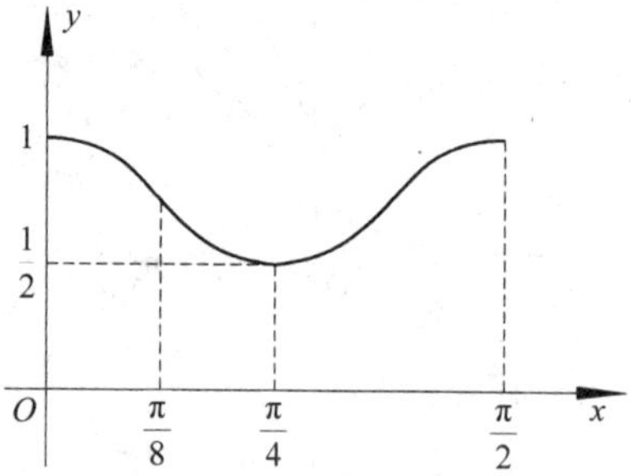


图 1.155

【337】 $y=\sin^4 x+\cos^4 x$.

**解** 图像关于 $Oy$ 轴对称.周期为$\frac{\pi}{2}$.如图 1.155 所示.

【338】 $y=|1-x|+|1+x|$.

**解** 当$-1\leqslant x\leqslant 1$ 时,$y=2$;

当 $x<-1$ 时,$y=-2x$;

当 $x>1$ 时,$y=2x$.

如图 1.156 所示.

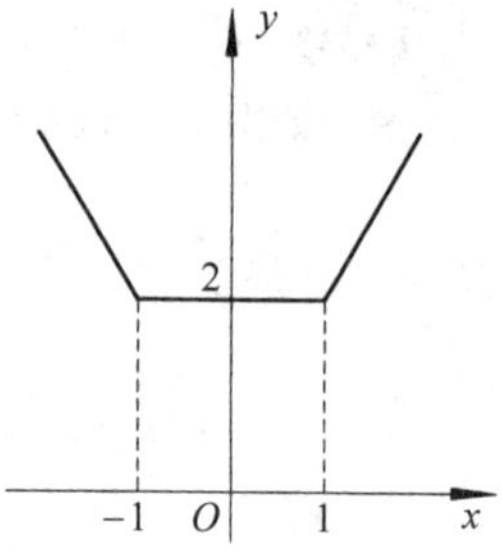


图 1.156

【339】 $y=|1-x|-|1+x|$.

**解** 当$-1\leqslant x\leqslant 1$ 时,$y=-2x$;当 $x<-1$ 时,$y=2$;当 $x>1$ 时,$y=-2$.

如图 1.157 所示.

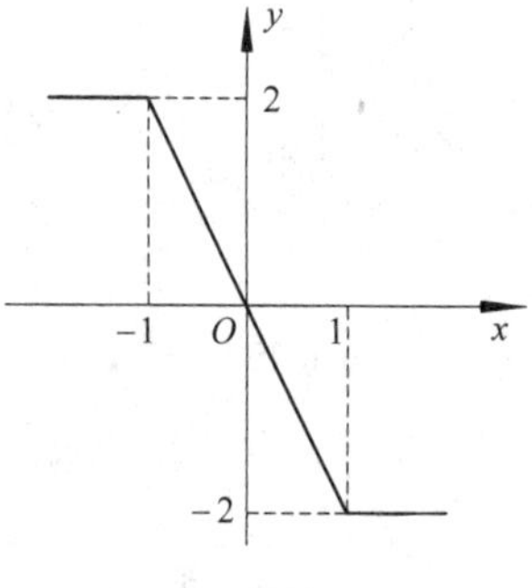


图 1.157

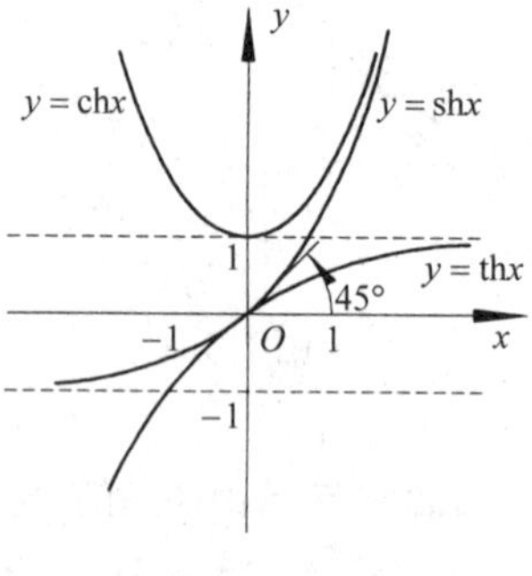


图 1.158

【340】 作双曲线函数的图像:

(1)$y=\text{ch}x$,式中 $\text{ch}x=\frac{1}{2}(e^x+e^{-x})$;

(2)$y=\text{sh}x$,式中 $\text{sh}x=\frac{1}{2}(e^x-e^{-x})$;

(3)$y=\text{th}x$,式中 $\text{th}x=\frac{\text{sh}x}{\text{ch}x}$.

**解** 如图 1.158 所示.

**利用图像的乘法,作出下列函数的图像:**

**【341】** $y=x\sin x$.

**解** 当 $x=k\pi$ $(k=0,\pm1,\pm2,\cdots)$时,$y=0$. 图像关于 $Oy$ 轴对称.

当 $x=\frac{\pi}{2}+2k\pi$ 时,$y=x$;又当 $x=\frac{3\pi}{2}+2k\pi$ 时,$y=-x$.

如图 1.159 所示.

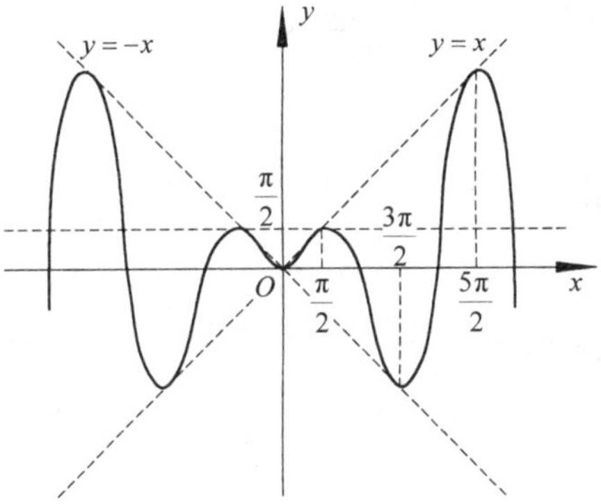


图 1.159

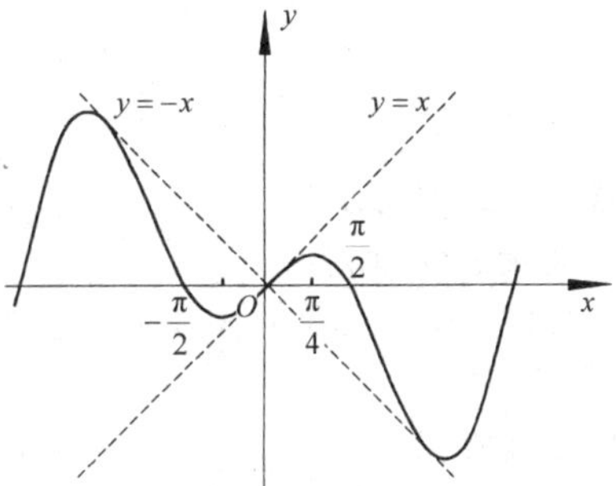


图 1.160

**【342】** $y=x\cos x$.

**解** 图像关于原点对称.

当 $x=(2k+1)\frac{\pi}{2}$ $(k=0,\pm1,\pm2,\cdots)$时,$y=0$;当 $x=2k\pi$ 时,$y=x$;当 $x=(2k+1)\pi$ 时,$y=-x$.

如图 1.160 所示.

**【343】** $y=x^2\sin^2 x$.

**解** 只要将图像 $y=x\sin x$ 作出后,再按 329 题(1)的作法画出.

如图 1.161 所示.

其实,我们也可由下列几点画出该函数的图像:

$$0\leqslant y\leqslant x^2;$$

当 $x=k\pi$ $(k=0,\pm1,\pm2,\cdots)$时,$y=0$;

当 $x=(2k+1)\frac{\pi}{2}$ 时,$y=x^2$. 图像关于 $Oy$ 轴对称.

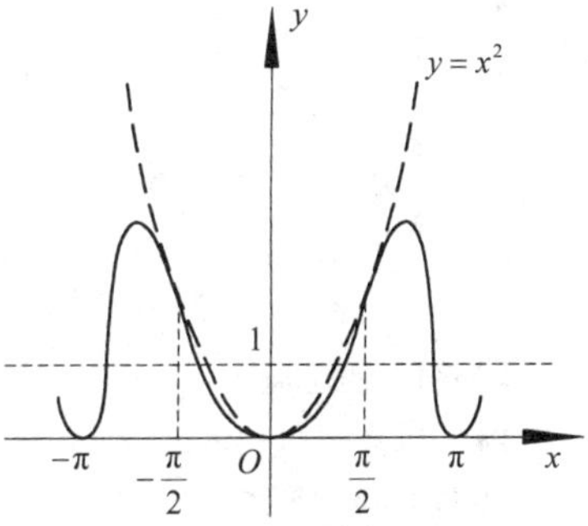


图 1.161

**【344】** $y=\frac{\sin x}{1+x^2}$.

**解** 图像关于原点对称.

当 $x=k\pi$ $(k=0,\pm1,\pm2,\cdots)$时,$y=0$;当 $x=\frac{3\pi}{2}+2k\pi$ 时,$y=-\frac{1}{1+x^2}$;当 $x=\frac{\pi}{2}+2k\pi$ 时,$y=\frac{1}{1+x^2}$.

当 $x\to\infty$ 时,$y\to0$. 如图 1.162 所示.

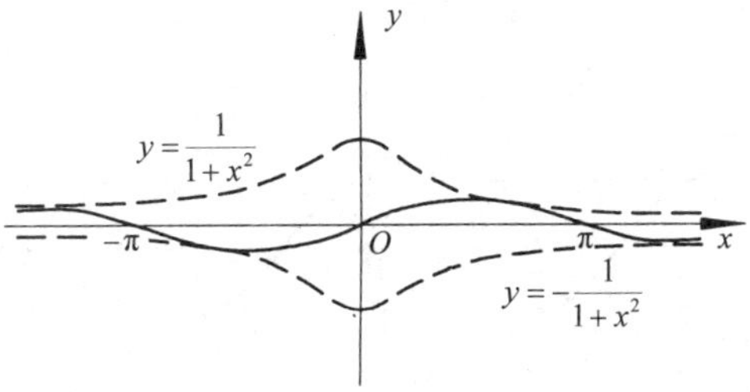


图 1.162

【345】 $y=\mathrm{e}^{-x^2}\cos 2x$.

解 因 $-\mathrm{e}^{-x^2}\leqslant y\leqslant \mathrm{e}^{-x^2}$，故图像在图像 $y=\mathrm{e}^{-x^2}$ 及 $y=-\mathrm{e}^{-x^2}$ 之间.

如图 1.163 所示.

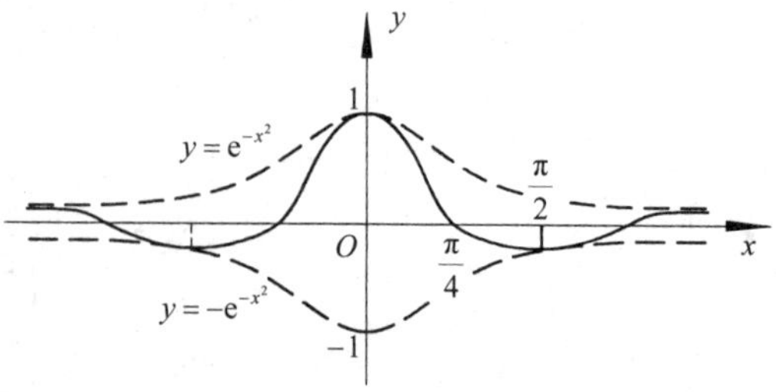


图 1.163

【346】 $y=x\operatorname{sgn}(\sin x)$.

解 图像关于 $Oy$ 轴对称.

当 $x=k\pi(k=0,\pm1,\pm2,\cdots)$ 时，$y=0$；当 $2k\pi<x<(2k+1)\pi$ 时，$y=x$；当 $(2k+1)\pi<x<(2k+2)\pi$ 时，$y=-x$.

如图 1.164 所示.

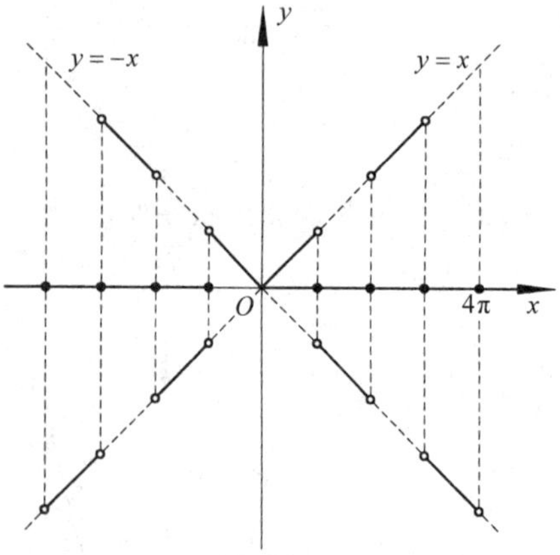


图 1.164

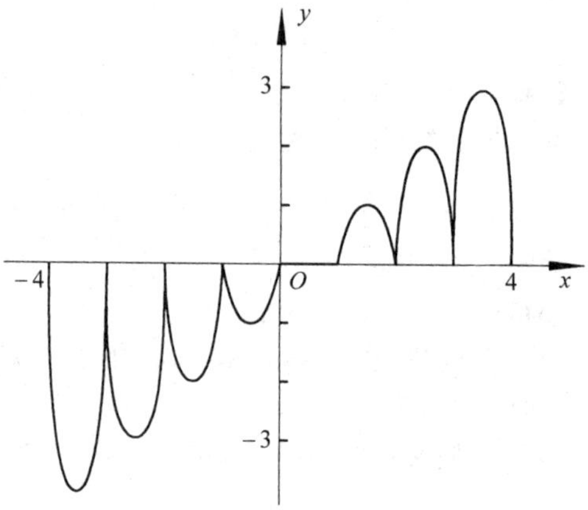


图 1.165

【347】 $y=[x]\cdot|\sin\pi x|$.

解 当 $x=k(k=0,\pm1,\pm2,\cdots)$ 时，$y=0$；当 $n<x<n+1$（$n$ 为正整数）时，$y=n|\sin\pi x|$.

如图 1.165 所示.

【348】 $y=\cos x\cdot\operatorname{sgn}(\sin x)$.

解 图像关于原点对称. 周期为 $\pi$.

当 $x=k\pi(k=0,\pm1,\pm2,\cdots)$ 时，$y=0$；当 $2k\pi<x<(2k+1)\pi$ 时，$y=\cos x$；当 $(2k+1)\pi<x<(2k+2)\pi$ 时，$y=-\cos x$.

如图 1.166 所示.

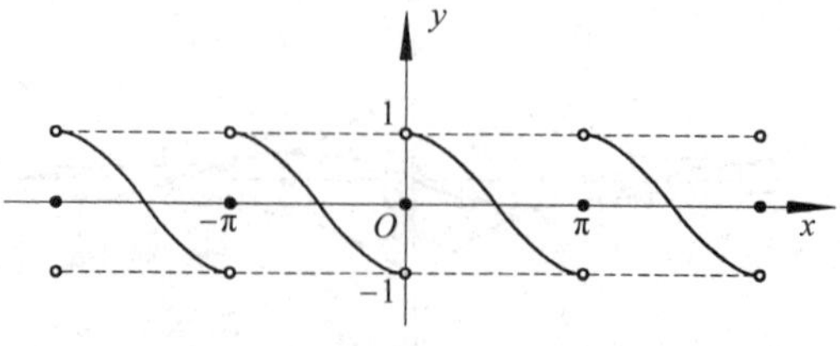


图 1.166

**【349】** 设 $f(x)=\begin{cases}1-|x|, & |x|\leqslant 1\\ 0, & |x|>1.\end{cases}$

作函数 $y=f(x)f(a-x)$ 当(1)$a=0$,(2)$a=1$,(3)$a=2$ 时的图像.

**解题思路** (1)$f(x)$为偶函数,故 $y=f^2(x)$. 由 $f(x)$的定义得 $y=\begin{cases}(1+x)^2, & -1\leqslant x<0,\\ (1-x)^2, & 0\leqslant x\leqslant 1,\\ 0, & |x|>1.\end{cases}$

(2) $y=\begin{cases}0, & x\leqslant 0,\\ x-x^2, & 0<x<1,\\ 0, & x\geqslant 1.\end{cases}$ (3) $y=0$.

**解** (1)$y=f(x)f(-x)$. 因为 $f(x)$为偶函数,所以,$y=f^2(x)$. 由函数 $f(x)$的定义易得

$$y=\begin{cases}(1+x)^2, & -1\leqslant x<0,\\ (1-x)^2, & 0\leqslant x\leqslant 1,\\ 0, & |x|>1.\end{cases}$$

如图 1.167 所示.

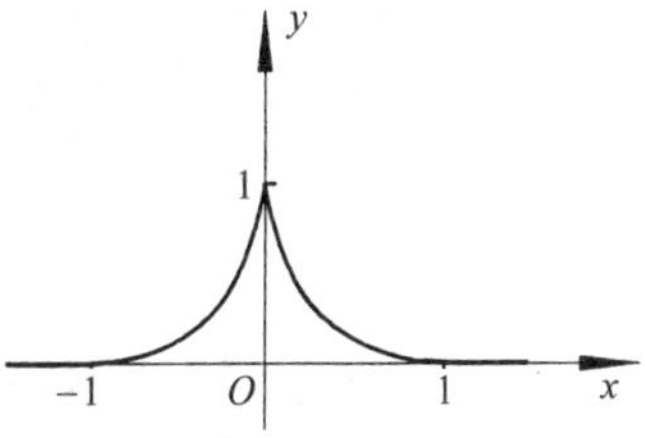

图 1.167

(2)$y=f(x)f(1-x)$. 由函数 $f(x)$的定义易得

$$y=\begin{cases}0, & x\leqslant 0,\\ x-x^2, & 0<x<1,\\ 0, & x\geqslant 1.\end{cases}$$

如图 1.168 所示.

(3)$y=f(x)f(2-x)$. 由函数 $f(x)$的定义易得 $y=0$.

如图 1.169 所示.

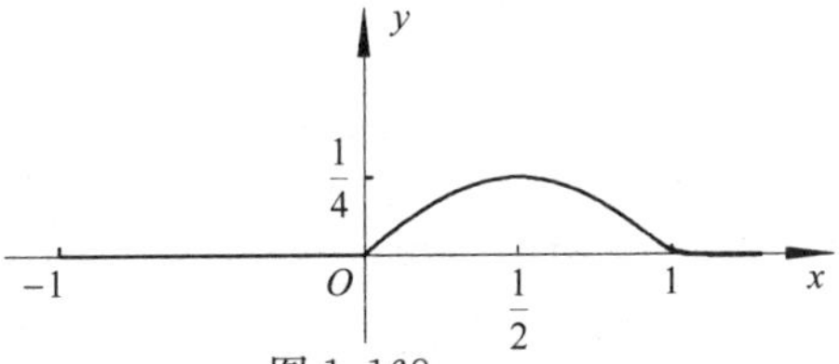

图 1.168

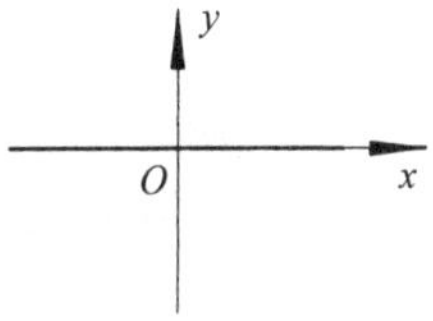

图 1.169

**【350】** 作函数 $y=x+\sqrt{x}\,\mathrm{sgn}(\sin\pi x)$的图像.

**解** 当 $2k<x<2k+1$ $(k=0,1,2,\cdots)$时,$\sin\pi x>0$,$\mathrm{sgn}(\sin\pi x)=1$,因而,$y=x+\sqrt{x}$.

而当 $2k+1<x<2k+2$ 时,$y=x-\sqrt{x}$. 图 1.170 中系函数 $y=\sqrt{x}\,\mathrm{sgn}(\sin\pi x)$的图像(黑粗线所示). 其中在 $y=x$ 上的一支系 $y=\sqrt{x}+x$ 的一段.

至于函数 $y=x+\sqrt{x}\,\mathrm{sgn}(\sin\pi x)$的图像如图 1.171 所示.

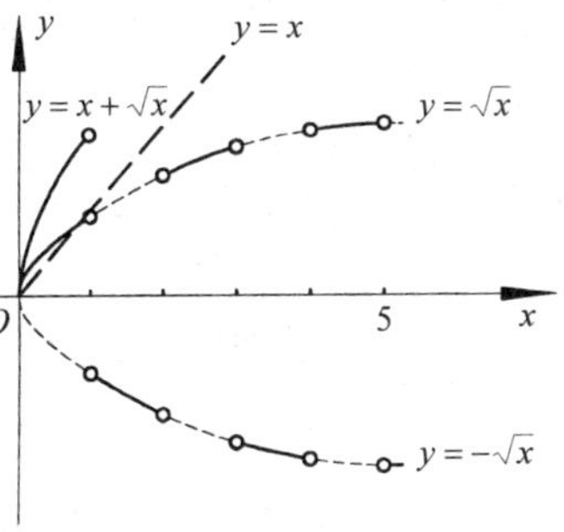

图 1.170

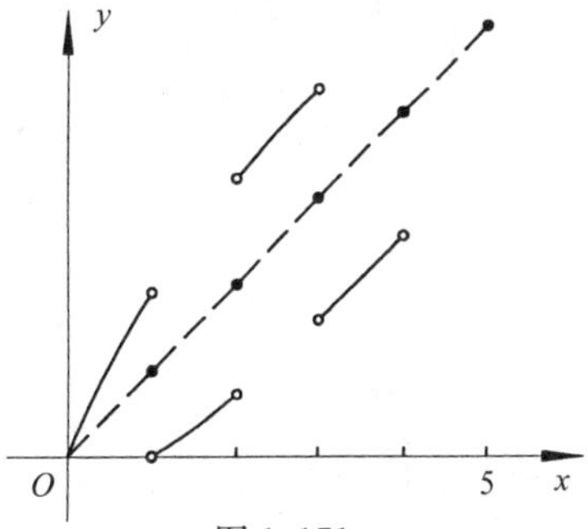

图 1.171

作函数 $y=\frac{1}{f(x)}$ 的图像,设:

【351】 $f(x)=x^2(1-x^2)$.

解 $y=\frac{1}{x^2}+\frac{1}{1-x^2}$.

利用图像的加法,将函数 $y=\frac{1}{x^2}$ 及 $y=\frac{1}{1-x^2}$ 的图像相加即得. 如图 1.172 所示.

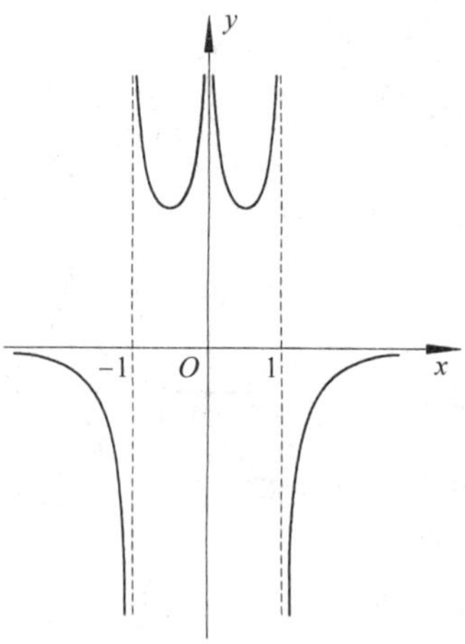


图 1.172

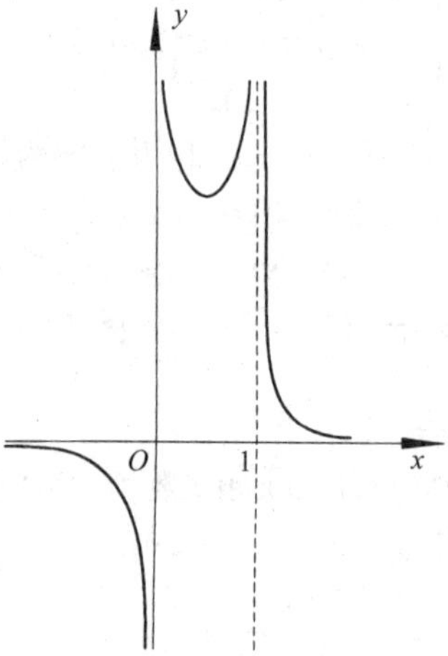


图 1.173

【352】 $f(x)=x(1-x)^2$.

解 $y=\frac{1}{x(1-x)^2}=\frac{1}{x}+\frac{1}{1-x}+\frac{1}{(1-x)^2}$. 当 $x>0$ 时,$y>0$;当 $x<0$ 时,$y<0$.

利用图像的加法即得,如图 1.173 所示.

【353】 $f(x)=\sin^2 x$.

解 $y=\frac{1}{\sin^2 x}$ 是一周期为 $\pi$ 的周期函数. 图像关于 $Oy$ 轴对称. 如图 1.174 所示.

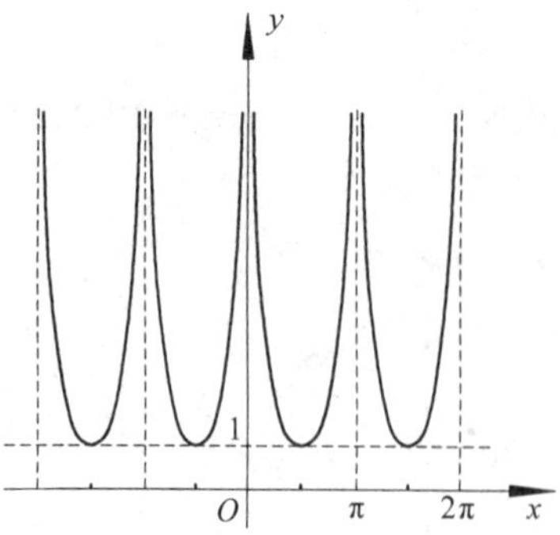


图 1.174

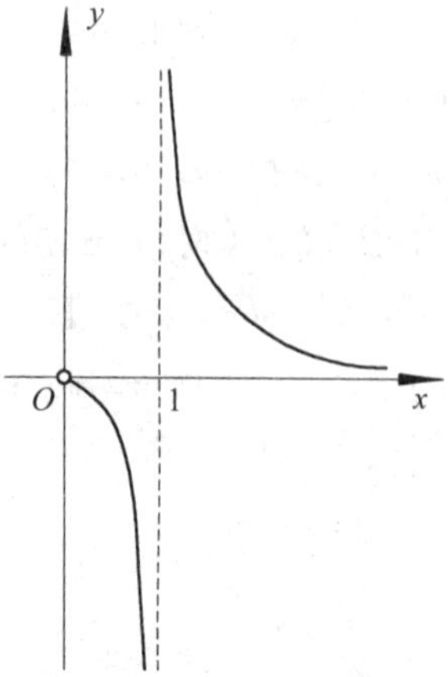


图 1.175

【354】 $f(x)=\ln x$.

解 $y=\frac{1}{\ln x}$. 当 $0<x<1$ 时,$y$ 由 0 下降到 $-\infty$;当 $1<x<+\infty$ 时,$y$ 由 $+\infty$ 下降到 0.

如图 1.175 所示.

【355】 $f(x)=\mathrm{e}^{x}\sin x$.

解 $y=\mathrm{e}^{-x}\csc x$.

因为 $|\csc x|\geqslant 1$,所以,$|y|\geqslant \mathrm{e}^{-x}$. 利用图像的乘法即得. 如图 1.176 所示.

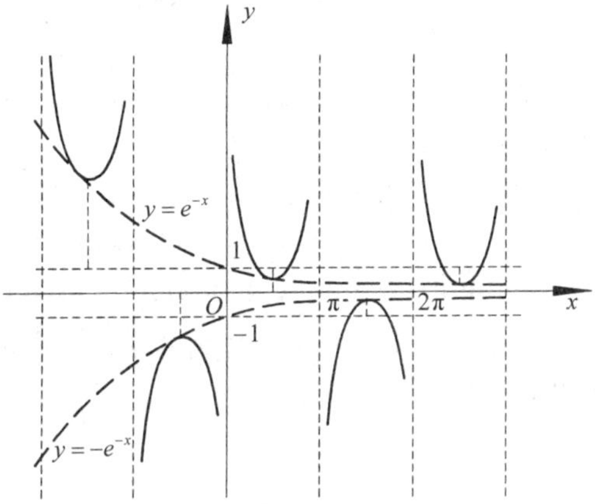


图 1.176

【356】 设 $f(u)=\begin{cases}-1, & -\infty<u<-1,\\ u, & -1\leqslant u\leqslant 1,\\ 1, & 1<u<+\infty.\end{cases}$

作复合函数 $y=f(u)$的图像,其中 $u=2\sin x$.

解 如图 1.177 所示.

当 $|x-k\pi|\leqslant\frac{\pi}{6}$ 时,$y=2\sin x$;

当$\frac{\pi}{6}<|x-k\pi|<\frac{5\pi}{6}$时,$y=(-1)^{k}(k=0,\pm1,\pm2,\cdots)$.

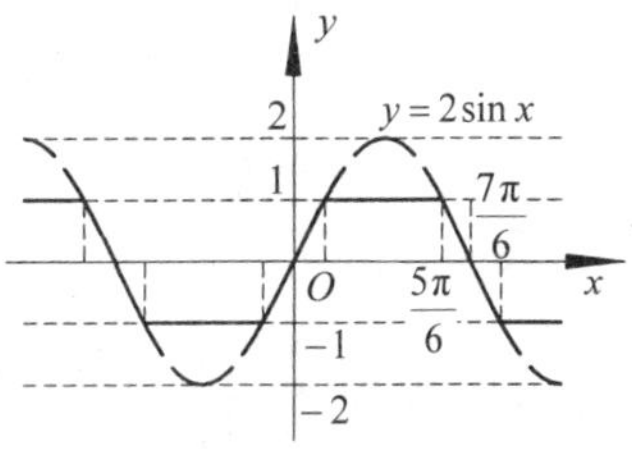


图 1.177

【357】 设 $\varphi(x)=\frac{1}{2}(x+|x|)$ 和 $\psi(x)=\begin{cases}x, & x<0,\\ x^{2}, & x\geqslant 0.\end{cases}$ 作下列函数的图像:

(1) $y=\varphi[\varphi(x)]$; (2) $y=\varphi[\psi(x)]$; (3) $y=\psi[\varphi(x)]$; (4) $y=\psi[\psi(x)]$.

解 (1) $\varphi(x)=\begin{cases}x, & x\geqslant 0,\\ 0, & x<0.\end{cases}$ $\varphi[\varphi(x)]=\varphi(x)$. 如图 1.178 所示.

(2) $\varphi[\psi(x)]=\begin{cases}x^{2}, & x\geqslant 0,\\ 0, & x<0.\end{cases}$ 如图 1.179 所示.

(3) $\psi[\varphi(x)]=\begin{cases}x^{2}, & x\geqslant 0,\\ 0, & x<0.\end{cases}$ 如图 1.179 所示.

(4) $\psi[\psi(x)]=\begin{cases}x^{4}, & x\geqslant 0,\\ x, & x<0.\end{cases}$ 如图 1.180 所示.

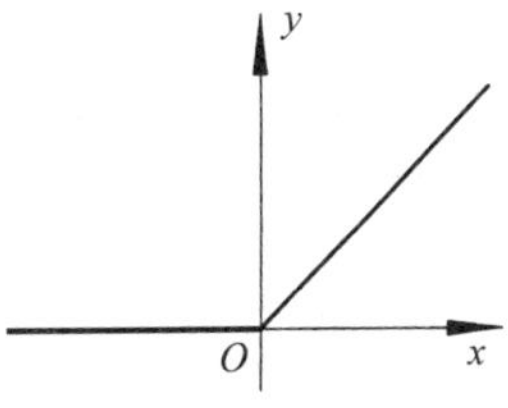


图 1.178

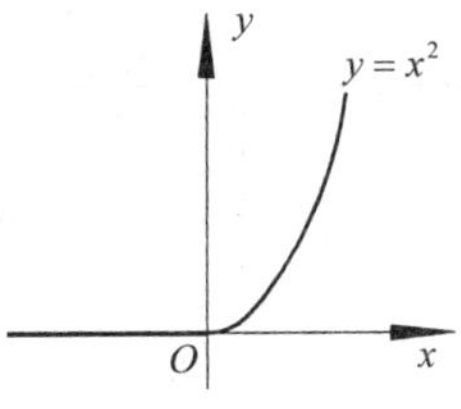


图 1.179

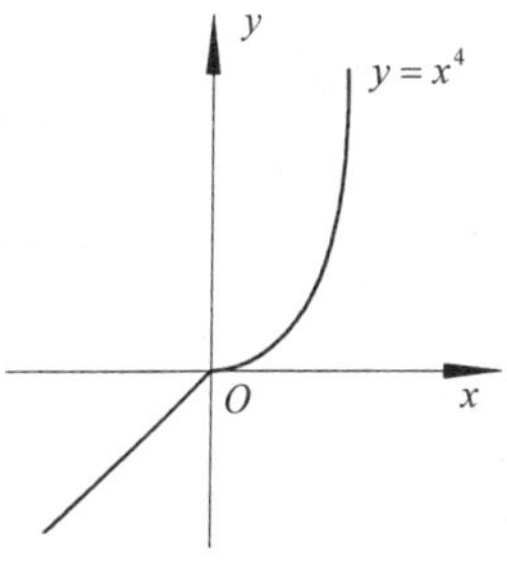


图 1.180

【358】 设

$$\varphi(x)=\begin{cases}1, & |x|\leqslant 1,\\ 0, & |x|>1\end{cases} \quad 及 \quad \psi(x)=\begin{cases}2-x^2, & |x|\leqslant 2,\\ 2, & |x|>2.\end{cases}$$

作函数：

(1)$y=\varphi[\varphi(x)]$； (2)$y=\varphi[\psi(x)]$； (3)$y=\psi[\varphi(x)]$； (4)$y=\psi[\psi(x)]$

的图像.

**提示** (2)图像关于 $Oy$ 轴对称. 分别就 $0\leqslant x<1$, $1\leqslant x\leqslant\sqrt{3}$, $\sqrt{3}<x\leqslant 2$ 及 $x>2$ 加以讨论.

**解** (1)$\varphi[\varphi(x)]=1$. 如图 1.181 所示.

(2)$\varphi[\psi(x)]=\varphi[\psi(-x)]$,故图像关于 $Oy$ 轴对称.

当 $0\leqslant x<1$ 时，$\psi(x)=2-x^2$，由于 $1<2-x^2\leqslant 2$，所以,$\varphi[\psi(x)]=0$.

当 $1\leqslant x\leqslant\sqrt{3}$时，$\psi(x)=2-x^2$，由于$-1\leqslant 2-x^2\leqslant 1$，所以,$\varphi[\psi(x)]=1$.

当$\sqrt{3}<x\leqslant 2$ 时，$\psi(x)=2-x^2$，由于$-2\leqslant 2-x^2<-1$，所以,$\varphi[\psi(x)]=0$.

当 $x>2$ 时，$\psi(x)=2$，所以，$\varphi[\psi(x)]=0$.

如图 1.182 所示.

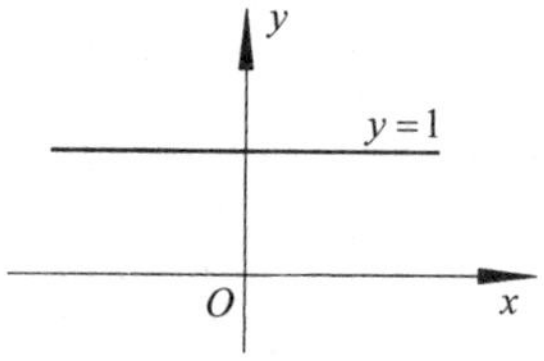


图 1.181

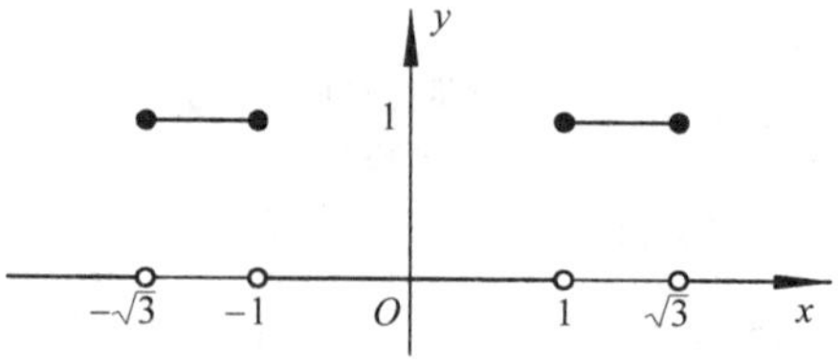


图 1.182

(3)$\psi[\varphi(x)]=\begin{cases}1, & |x|\leqslant 1,\\ 2, & |x|>1.\end{cases}$ 如图 1.183 所示.

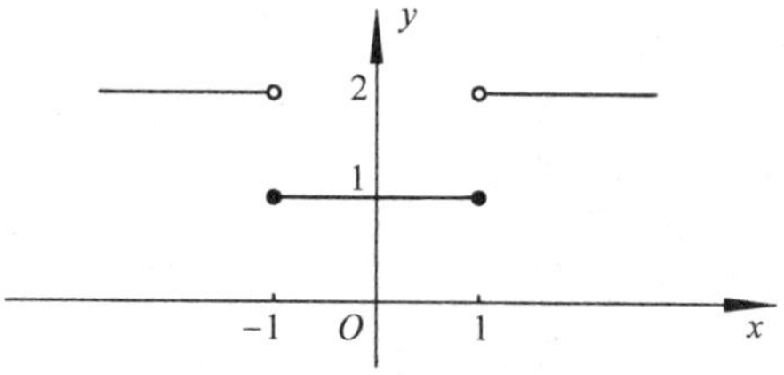


图 1.183

(4)$\psi[\psi(x)]=\begin{cases}2-(2-x^2)^2, & |x|\leqslant 2,\\ -2, & |x|>2.\end{cases}$ 如图 1.184 所示.

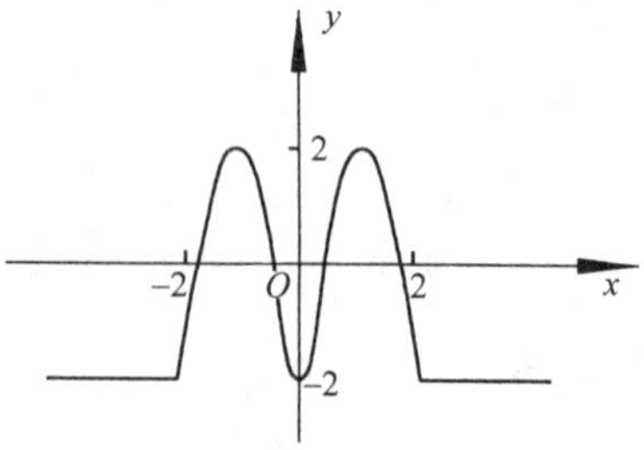


图 1.184

**【359】** 把定义于正数区域 $x>0$ 的函数 $f(x)$延拓到负数区域 $x<0$,使所得的函数为:(ⅰ)偶函数;(ⅱ)奇函数,并分别作出所得函数的图像:

(1) $f(x)=1-x$； (2) $f(x)=2x-x^2$； (3) $f(x)=\sqrt{x}$；

(4) $f(x)=\sin x$； (5) $f(x)=e^x$； (6) $f(x)=\ln x$.

**解** (1)(ⅰ)当 $x<0$ 时,定义 $f(x)=1+x$,则 $f(x)$在整个数轴上为偶函数.

(ⅱ)当 $x<0$ 时,定义 $f(x)=-(1+x)$,则 $f(x)$在整个数轴上为奇函数.

如图 1.185 所示.

(2)(ⅰ)当 $x<0$ 时,定义 $f(x)=-2x-x^2$ 即行;(ⅱ)当 $x<0$ 时,定义 $f(x)=2x+x^2$ 即行.

如图 1.186 所示.

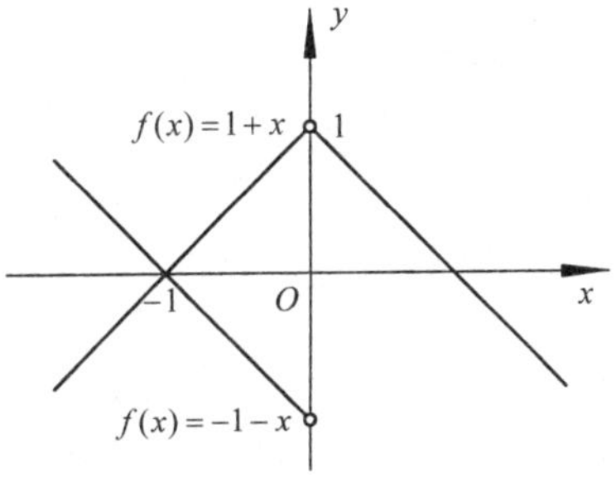


图 1.185

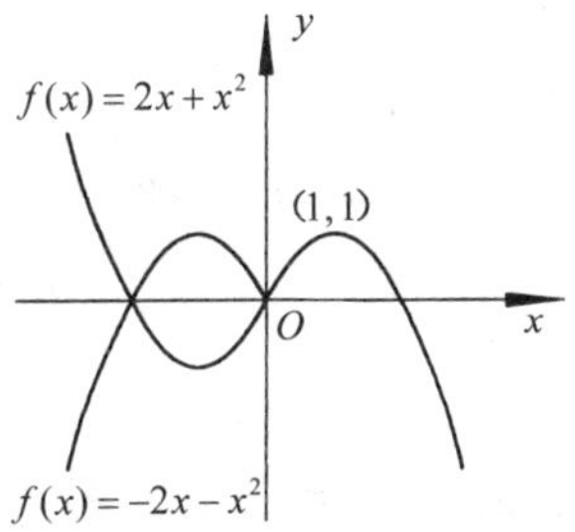


图 1.186

(3)(ⅰ)当 $x<0$ 时,定义 $f(x)=\sqrt{-x}$ 即行;(ⅱ)当 $x<0$ 时,定义 $f(x)=-\sqrt{-x}$ 即行.

如图 1.187 所示.

(4)(ⅰ)当 $x<0$ 时,定义 $f(x)=-\sin x=|\sin x|$ 即行;(ⅱ)当 $x<0$ 时,定义 $f(x)=\sin x$ 即行.

如图 1.188 所示.

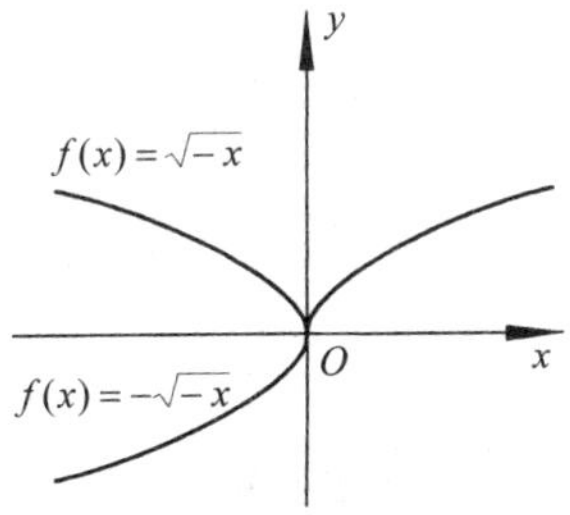


图 1.187

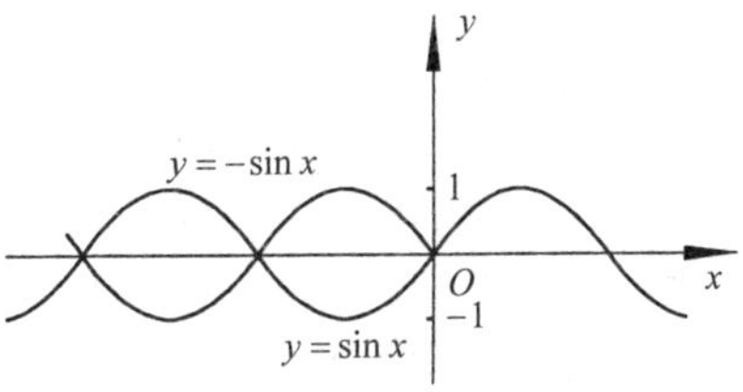


图 1.188

(5)(ⅰ)当 $x<0$ 时,定义 $f(x)=e^{-x}$ 即行;(ⅱ)当 $x<0$ 时,定义 $f(x)=-e^{-x}$ 即行.

如图 1.189 所示.

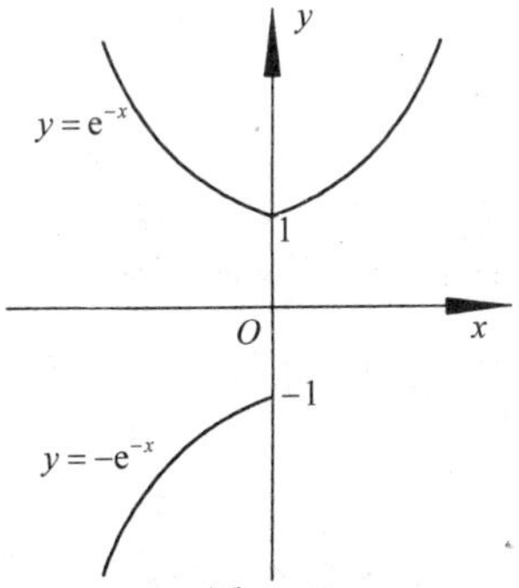


图 1.189

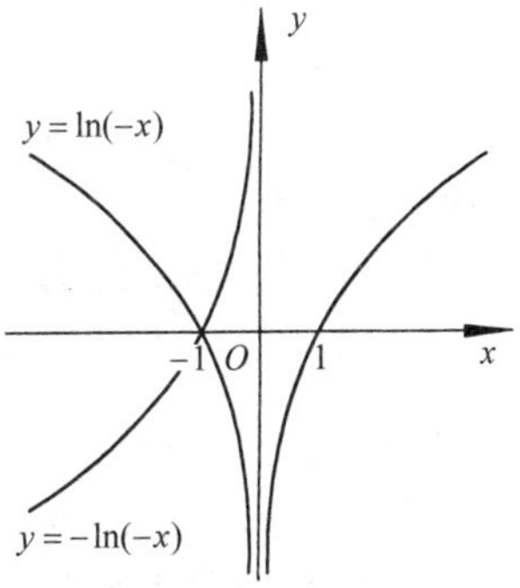


图 1.190

(6)(ⅰ)当 $x<0$ 时,定义 $f(x)=\ln(-x)$ 即行;(ⅱ)当 $x<0$ 时,定义 $f(x)=-\ln(-x)$ 即行.

如图 1.190 所示.

【360】 确定下列函数的图像在竖直方向上的对称轴：

(1) $y=ax^2+bx+c$；　　(2) $y=\frac{1}{x^2}+\frac{1}{(1-x)^2}$；

(3) $y=\sqrt{a+x}+\sqrt{b-x}$　$(0<a<b)$；　　(4) $y=a+b\cos x$.

**解**　(1) $y=a\left(x+\frac{b}{2a}\right)^2+\frac{4ac-b^2}{4a}$. 它关于直线 $x=-\frac{b}{2a}$ 对称.

(2) 显然图像对于直线 $x=\frac{1}{2}$ 对称.

(3) 显然图像对于直线 $x=\frac{b-a}{2}$ 对称.

(4) 对于直线 $x=k\pi$ $(k=0,\pm1,\pm2,\cdots)$ 对称.

【361】 确定下列函数的图像的对称中心：

(1) $y=ax+b$；　　(2) $y=\frac{ax+b}{cx+d}$；　　(3) $y=ax^3+bx^2+cx+d$；

(4) $y=\frac{1}{x-1}+\frac{1}{x-2}+\frac{1}{x-3}$；　　(5) $y=1+\sqrt[3]{x-2}$.

**解**　(1) 显然对称中心为 $(x_0, ax_0+b)$，$x_0$ 为任意实数.

(2) 设对称中心为 $(x_0, y_0)$，则对充分大的 $x$，有 $y$ 使

$$y+y_0=\frac{a(x+x_0)+b}{c(x+x_0)+d},\quad -y+y_0=\frac{a(-x+x_0)+b}{c(-x+x_0)+d},$$

由此易得 $x_0=-\frac{d}{c}$，$y_0=\frac{a}{c}$.

(3) 用类似于(2)的方法，可得对称中心为 $(x_0, y_0)$，其中

$$x_0=-\frac{b}{3a},\quad y_0=ax_0^3+bx_0^2+cx_0+d.$$

(4) 类似于(2)，可得对称中心为 $(2,0)$.

(5) 类似于(2)，可得对称中心为 $(2,1)$.

【362】 作周期函数的图像：

(1) $y=|\sin x|$；　　(2) $y=\operatorname{sgn}\cos x$；

(3) $y=f(x)$，其中 $f(x)=A\frac{x}{l}\left(2-\frac{x}{l}\right)$，假设 $0\leqslant x\leqslant 2l$ 和 $f(x+2l)\equiv f(x)$；

(4) $y=[x]-2\left[\frac{x}{2}\right]$；　　(5) $y=(x)$，此处 $(x)$ 为从数 $x$ 至与它最近的整数间的距离.

**解**　(1) 如图 1.191 所示，周期 $\pi$.

(2) 如图 1.192 所示. 周期 $2\pi$.

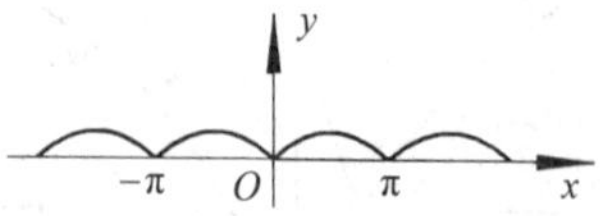

图 1.191

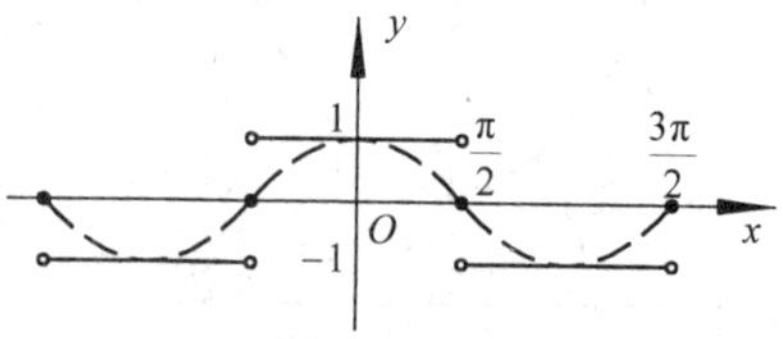

图 1.192

(3) 当 $0\leqslant x\leqslant 2l$ 时，由 $f(x)$ 的定义易得

$$f(x+2kl)=f(x)\quad (k=0,\pm1,\pm2,\cdots),$$

故知所给函数为以 $2l$ 为周期的周期函数，它在 $[0,2l]$ 内的图像为一抛物线，顶点为 $(l,A)$. 如图 1.193 所示.

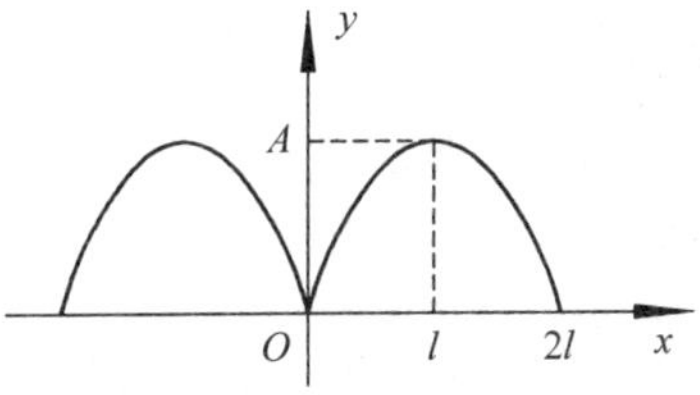


图 1.193

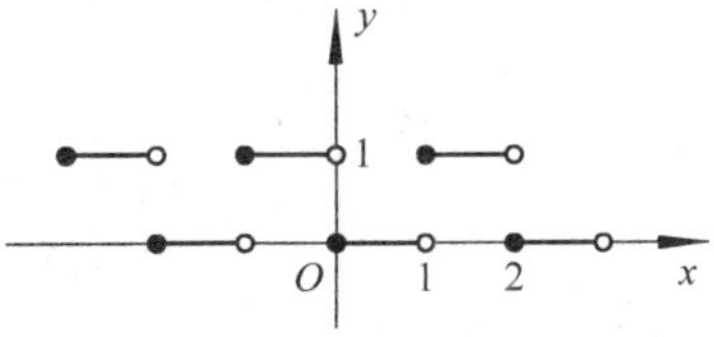


图 1.194

(4)周期为 2*)，如图 1.194 所示.

*） 原本该题为 $y=|x|-2\left[\frac{x}{2}\right]$，当 $x\geqslant 0$ 时，它是以 2 为周期函数.

(5)周期为 1，如图 1.195 所示.

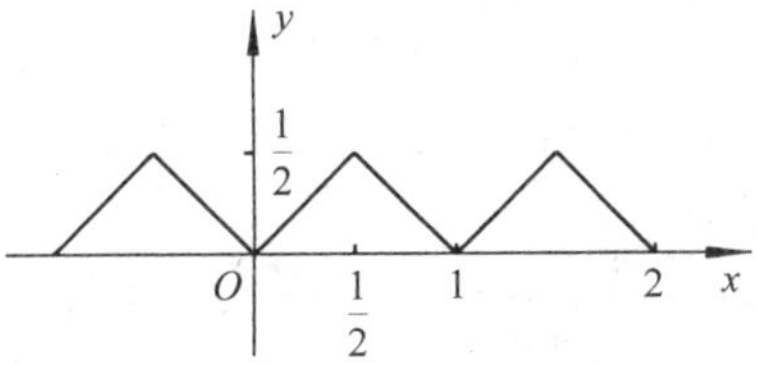


图 1.195

**【363】** 证明：若函数 $y=f(x)(-\infty<x<+\infty)$ 的图像关于竖直方向上的两条直线 $x=a$ 和 $x=b$ $(b>a)$ 对称，则函数 $f(x)$ 为周期函数.

**证明思路** 设 $x\in R$，则有 $f(a+x)=f(a-x)$，$f(b+x)=f(b-x)$，在前一等式中将 $x$ 换成 $x+(b-a)$，可得 $f(b-x)=f(2a-b-x)$. 再依次将 $b-x$ 换成 $x$ 及 $x$ 换成 $2(b-a)+x$，即知周期 $T=2(b-a)$.

**证** 设 $x$ 为任一实数，则按假设有

$$f(a+x)=f(a-x) \quad 及 \quad f(b+x)=f(b-x).$$

在 $f(a+x)=f(a-x)$ 中将 $x$ 换成 $x+(b-a)$，则得

$$f(x+b)=f(a-x-b+a)=f(2a-b-x);$$

而 $f(x+b)=f(b-x)$，所以，

$$f(b-x)=f(2a-b-x).$$

将 $b-x$ 换成 $x$，则得 $f(x)=f(2a-2b+x)$.

再将 $x$ 换成 $2(b-a)+x$，即得

$$f(x+2(b-a))=f(x),$$

即 $f(x)$ 为一以 $2(b-a)$ 周期的周期函数. 如图 1.196 所示.

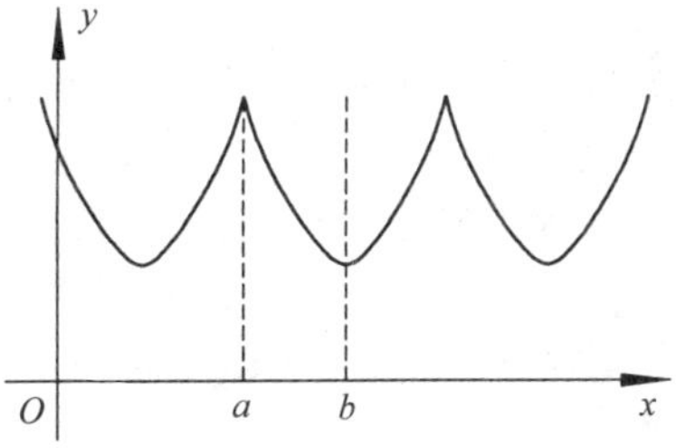


图 1.196

**【364】** 证明：若函数 $y=f(x)(-\infty<x<+\infty)$ 的图像关于两点 $A(a,y_0)$ 和 $B(b,y_1)(b>a)$ 对称，则函数 $f(x)$ 是线性函数与周期函数的和. 特别是，若 $y_0=y_1$，则函数 $f(x)$ 是周期函数.

**证明思路** 设 $x\in R$，则有 $f(a+x)-y_0=y_0-f(a-x)$，$f(b+x)-y_1=y_1-f(b-x)$. 在前一等式中，将 $x$ 换成 $x+(b-a)$，可得 $f(b-x)=2(y_1-y_0)+f(2a-b-x)$. 再依次将 $b-x$ 换成 $x$ 及 $x$ 换成 $2(b-a)+x$，又可得 $f(x)=2(y_0-y_1)+f[2(b-a)+x]$.

令 $f(x)=-\frac{y_0-y_1}{b-a}x+\varphi(x)$，可证 $\varphi(x)=\varphi[x+2(b-a)]$.

**证** 设 $x$ 是任一实数，按假设有：

$$f(a+x)-y_0=y_0-f(a-x), \tag{1}$$

$$f(b+x)-y_1=y_1-f(b-x). \tag{2}$$

在(1)中，将 $x$ 换成 $x+(b-a)$ 则得

$$f(b+x)-y_0=y_0-f(2a-b-x). \tag{3}$$

将(3)代入(2)得

$$2y_1-f(b-x)=2y_0-f(2a-b-x),$$

即

$$f(b-x)=2(y_1-y_0)+f(2a-b-x). \tag{4}$$

在(4)中，将 $b-x$ 换成 $x$，则得

$$f(x)=2(y_1-y_0)+f(2a-2b+x). \tag{5}$$

再在(5)中将 $x$ 换成 $2(b-a)+x$，则得

$$f(x)=2(y_0-y_1)+f[2(b-a)+x]. \tag{6}$$

令

$$f(x)=-\frac{y_0-y_1}{b-a}x+\varphi(x). \tag{7}$$

下面证明 $\varphi(x)$ 一定是周期函数. 事实上，由(7)式我们有

$$f[x+2(b-a)]=-\frac{y_0-y_1}{b-a}[x+2(b-a)]+\varphi[x+2(b-a)],$$

$$f(x)-f[x+2(b-a)]=2(y_0-y_1)+\varphi(x)-\varphi[x+2(b-a)].$$

因此，由(6)式可得

$$\varphi(x)=\varphi[x+2(b-a)]. \tag{8}$$

由(7)式和(8)式可知，$f(x)$ 是一个线性函数与一个周期函数的和.

若 $y_0=y_1$，则由(7)式和(8)式可知，$f(x)$ 是一个周期函数.

**【365】** 证明：若函数 $y=f(x)(-\infty<x<+\infty)$ 的图像关于点 $A(a,y_0)$ 和直线 $x=b$ $(b\neq a)$ 对称，则函数 $f(x)$ 是周期函数.

**证明思路** 设 $x\in R$，则有 $f(a+x)-y_0=y_0-f(a-x)$，$f(b+x)=f(b-x)$. 在前一等式中，依次将 $x$ 换成 $x+(b-a)$，$b-x$ 换成 $x$ 及 $x$ 换成 $2b-2a+x$，可得 $f(2b-2a+x)=f(2a-2b+x)$. 若再将 $x$ 换成 $2b-2a+x$，即知 $f(x)$ 为一以 $4(b-a)$ 为周期的周期函数.

**证** 设 $x$ 为任一实数，按假设则有

$$f(a+x)-y_0=y_0-f(a-x), \quad f(b+x)=f(b-x). \tag{1}$$

在(1)的前一等式中，将 $x$ 换成 $x+(b-a)$，则得

$$f(b+x)=2y_0-f(2a-b-x),$$

即

$$f(b-x)=2y_0-f(2a-b-x). \tag{2}$$

在(2)中，将 $b-x$ 换成 $x$，则得

$$f(x)=2y_0-f(2a-2b+x). \tag{3}$$

在(3)中，将 $x$ 换成 $2b-2a+x$，则得

$$f(2b-2a+x)=2y_0-f(x). \tag{4}$$

由(3)、(4)得 $f(2a-2b+x)=f(2b-2a+x)$，再将 $x$ 换成 $2b-2a+x$，即得

$$f(x)=f(4(b-a)+x).$$

此即证明 $f(x)$ 为一以 $4(b-a)$ 为周期的周期函数.

**【366】** 设 $f(x+1)=2f(x)$，且当 $0\leqslant x\leqslant 1$ 时，$f(x)=x(1-x)$，作函数 $y=f(x)$ $(-\infty<x<+\infty)$ 的图像.

**解** 当 $0\leqslant x\leqslant 1$ 时，图像为一抛物线，顶点为 $\left(\frac{1}{2},\frac{1}{4}\right)$. 当 $1\leqslant x\leqslant 2$ 时，只要将纵标放大 2 倍，余类推. 如图 1.197 所示.

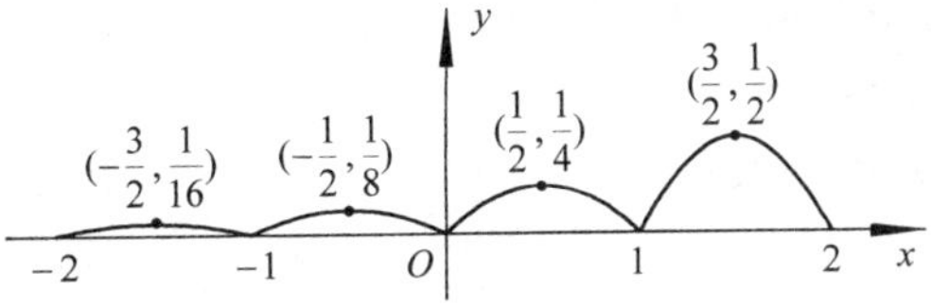


图 1.197

当 $x=\frac{2n+1}{2}$ 时，$y=\frac{2^n}{4}=2^{n-2}$，因而当 $n\to+\infty$ 时，$y\to+\infty$；当 $n\to-\infty$ 时，$y\to 0$.

**【367】** 设 $f(x+\pi)=f(x)+\sin x$，且当 $0\leqslant x\leqslant\pi$ 时，$f(x)=0$. 作函数 $y=f(x)$ $(-\infty<x<+\infty)$ 的图像.

**解** 由题设知：当 $0\leqslant x\leqslant\pi$ 时，$f(x)=0$；

当 $\pi<x\leqslant 2\pi$ 时，设 $0<x_1\leqslant\pi$，则有 $f(x)=f(x_1+\pi)=f(x_1)+\sin x_1=\sin x_1$；

当 $2\pi<x\leqslant 3\pi$ 时，设 $\pi<x_2\leqslant 2\pi$，则有 $f(x)=f(x_2+\pi)=f(x_2)+\sin x_2=0$；

余类推. 周期为 $2\pi$. 如图 1.198 所示.

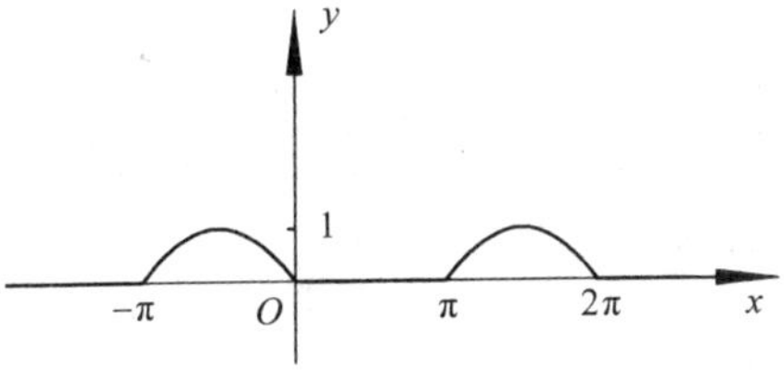


图 1.198

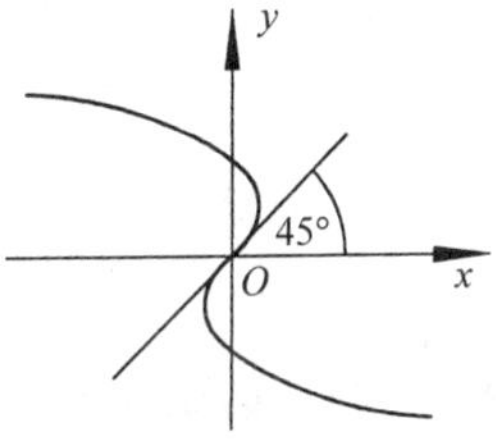


图 1.199

**【368】** 作函数 $y=y(x)$ 的图像，设：

(1) $x=y-y^3$；　(2) $x=\frac{1-y}{1+y^2}$；　(3) $x=y-\ln y$；　(4) $x^2=\sin y$.

**解** (1) 如图 1.199 所示. (2) 如图 1.200 所示. (3) 如图 1.201 所示. (4) 如图 1.202 所示.

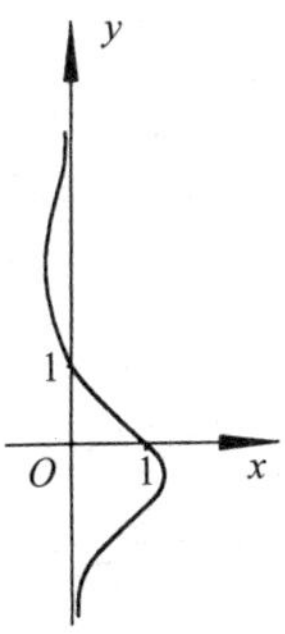


图 1.200

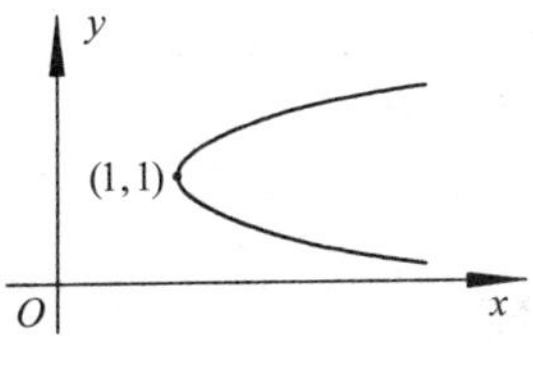


图 1.201

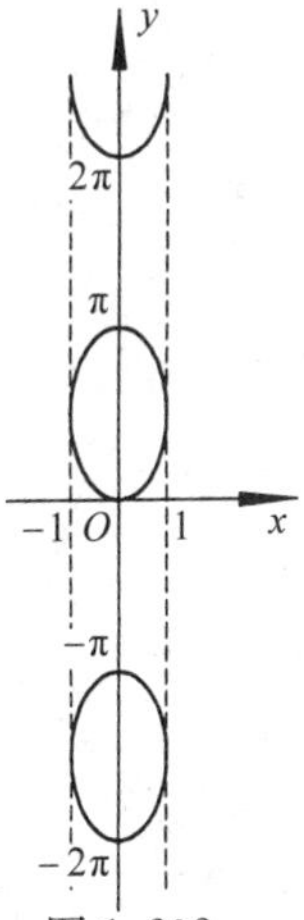


图 1.202

**【369】** 作出下列用参数形式表示的函数的图像,设:

(1)$x=1-t$, $y=1-t^2$; (2)$x=t+\frac{1}{t}$, $y=t+\frac{1}{t^2}$;

(3)$x=10\cos t$, $y=\sin t$ (椭圆); (4)$x=\mathrm{ch}t$, $y=\mathrm{sh}t$ (双曲线);

(5)$x=5\cos^2 t$, $y=3\sin^2 t$;

(6)$x=2(t-\sin t)$, $y=2(1-\cos t)$ (摆线);

(7)$x=\sqrt[t+1]{t}$, $y=\sqrt[t]{t+1}$ $(t>0)$.

**解** (1)$y-1=-(x-1)^2$. 如图 1.203 所示.

(2)如图 1.204 所示.

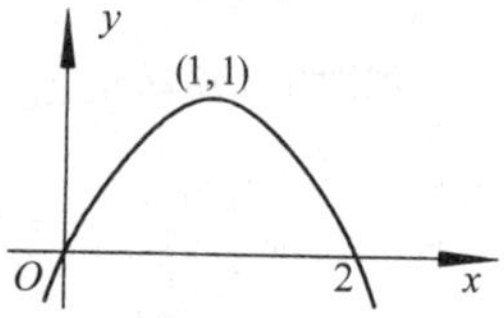


图 1.203

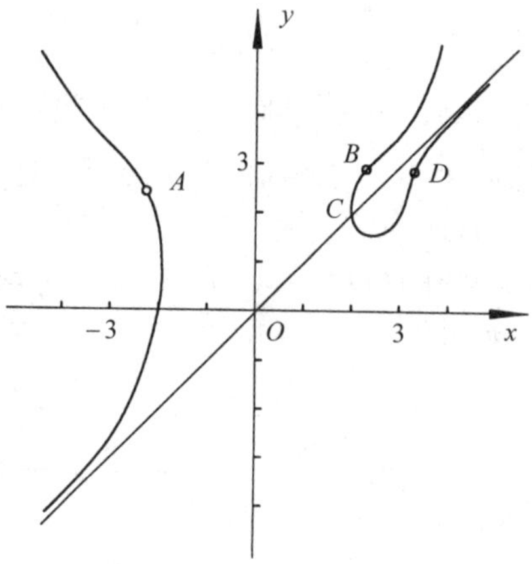


图 1.204

(3)$\frac{x^2}{10^2}+\frac{y^2}{1^2}=1$. 如图 1.205 所示.

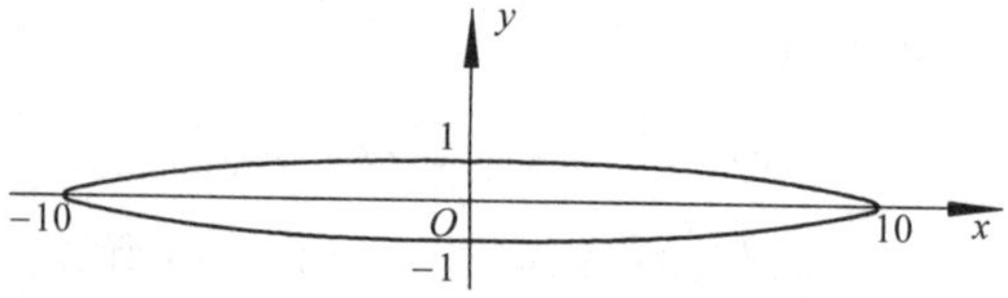


图 1.205

(4)$x^2-y^2=1$. 如图 1.206 所示.

(5)$\frac{x}{5}+\frac{y}{3}=1$,且 $0\leqslant x\leqslant 5, 0\leqslant y\leqslant 3$. 如图 1.207 所示.

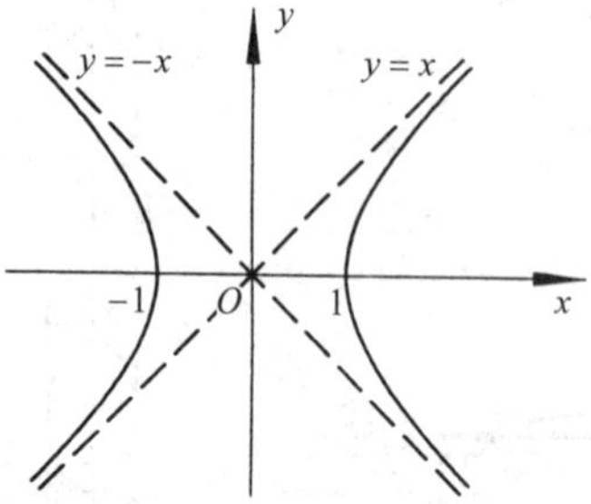


图 1.206

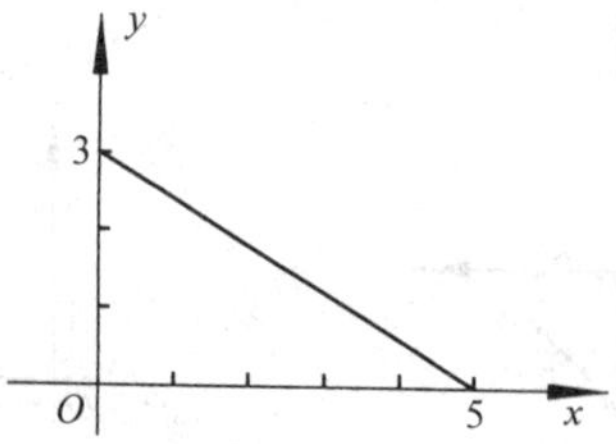


图 1.207

(6)如图 1.208 所示.

(7)如图 1.209 所示.

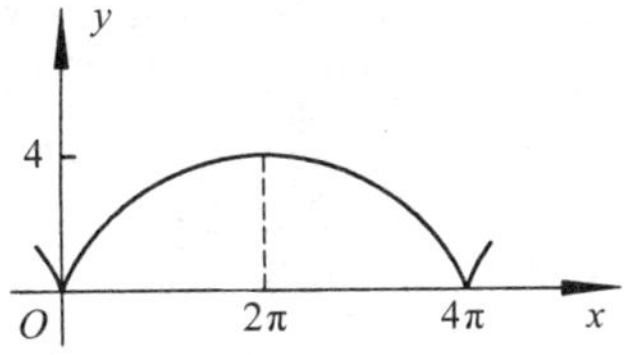

图 1.208

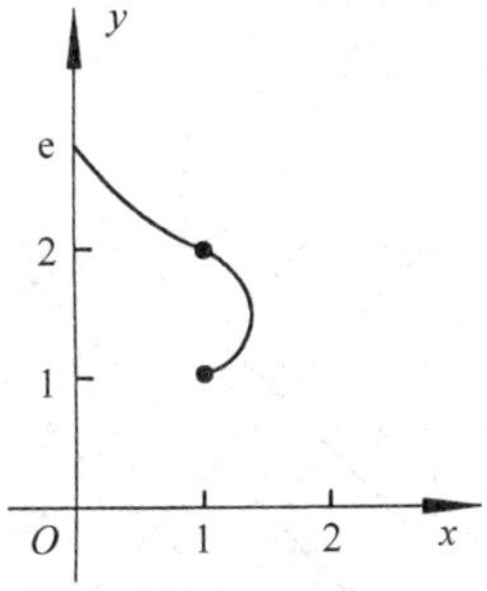

图 1.209

【370】 作下列隐函数的图像：

(1) $x^2-xy+y^2=1$（椭圆）；

(2) $x^3+y^3-3xy=0$（笛卡儿叶形线）；

(3) $\sqrt{x}+\sqrt{y}=1$（抛物线）；

(4) $x^{\frac{2}{3}}+y^{\frac{2}{3}}=4$（星形线）；

(5) $\sin x=\sin y$；

(6) $\cos(\pi x^2)=\cos(\pi y)$；

(7) $x^y=y^x\ (x>0,y>0)$；

(8) $x-|x|=y-|y|$.

**解** (1)将坐标轴按正向绕原点旋转 45°，得新坐标系 $Ox'y'$，则由旋转公式得

$$x=\frac{x'-y'}{\sqrt{2}},\quad y=\frac{x'+y'}{\sqrt{2}}.$$

代入原式得

$$\frac{x'^2}{2}+\frac{y'^2}{\frac{2}{3}}=1.$$

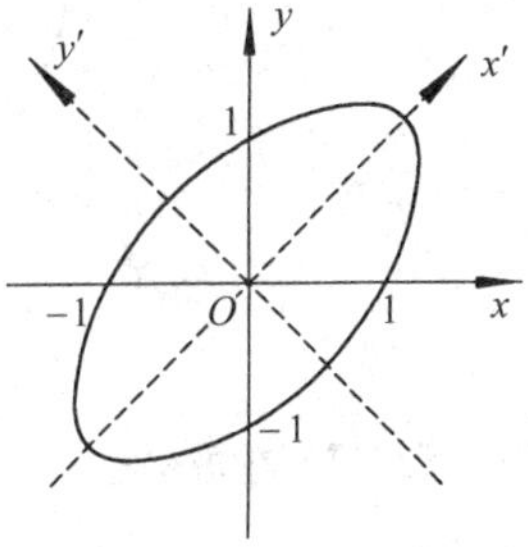

图 1.210

如图 1.210 所示.

(2)渐近线为 $x+y+1=0$. 如图 1.211 所示.

(3)如图 1.212 所示.

(4)如图 1.213 所示.

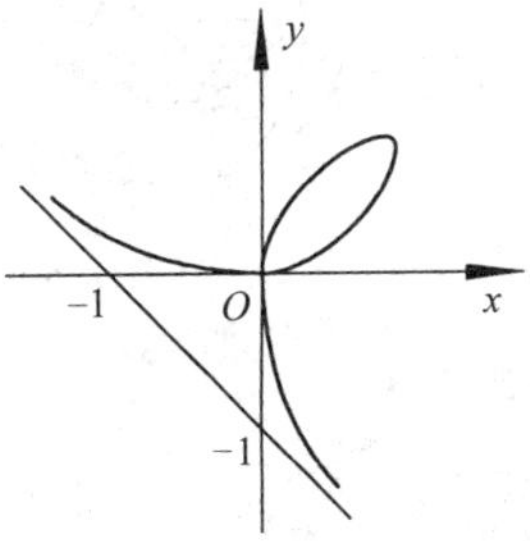

图 1.211

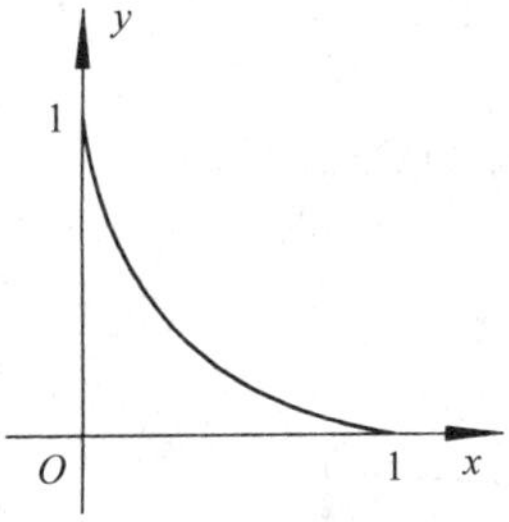

图 1.212

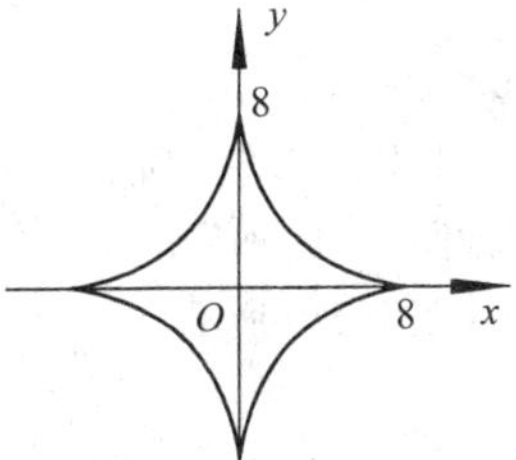

图 1.213

(5) $y=x+2k\pi$ 或 $y=(2k+1)\pi-x\ (k=0,\pm1,\pm2,\cdots)$. 如图 1.214 所示.

(6) $y=x^2+2k$ 或 $y=2k-x^2\ (k=0,\pm1,\pm2,\cdots)$. 如图 1.215 所示.

(7)如图 1.216 所示. 参看 1544 题的作图法.

(8)如图 1.217 所示. 图像包括第一象限阴影部分(连同边界)：$x\geqslant0$，$y\geqslant0$ 以及第三象限的黑粗线部分：$y=x,x<0,y<0$.

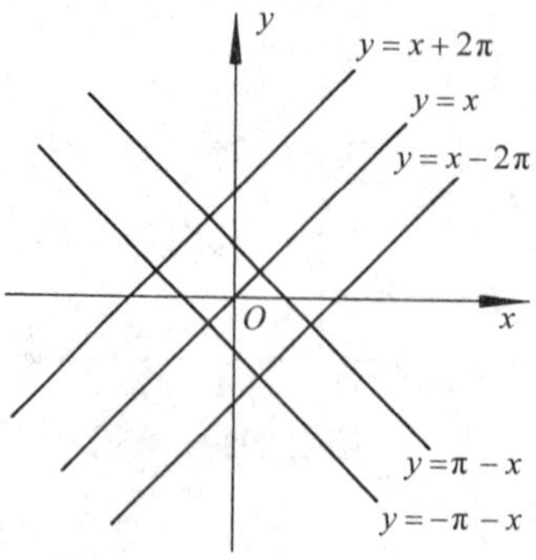


图 1.214

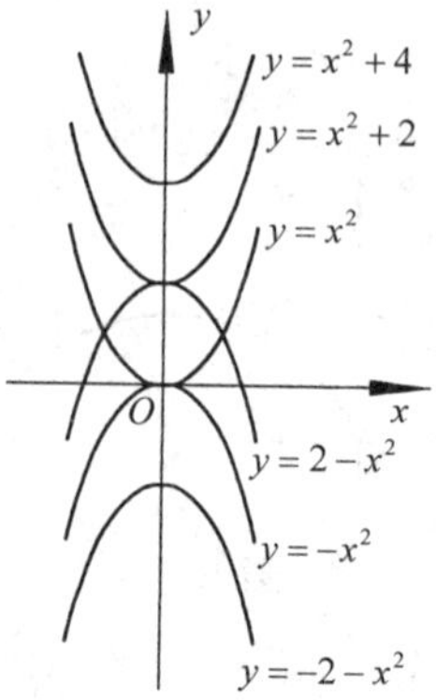


图 1.215

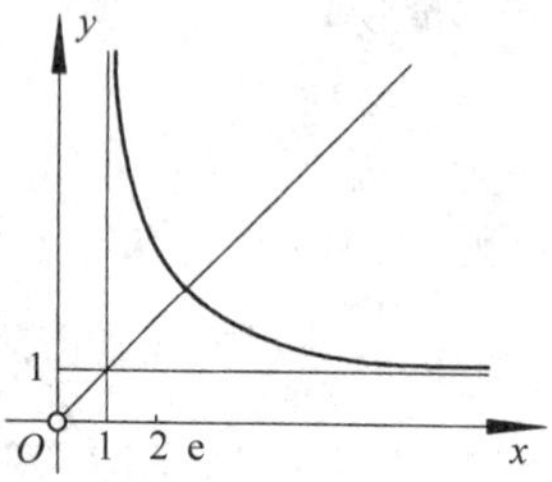


图 1.216

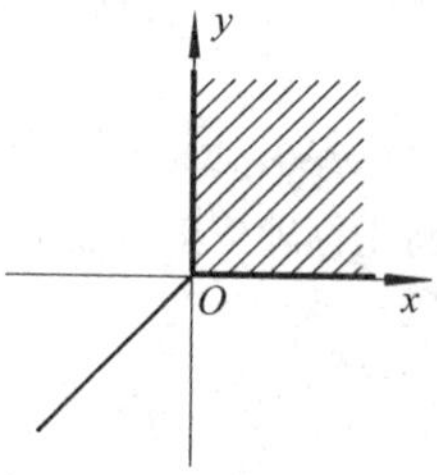


图 1.217

**【371】** 在极坐标系$(r,\varphi)$中作出下列函数$r=r(\varphi)$的图像：

(1)$r=\varphi$（阿基米得螺线）；　(2)$r=\dfrac{\pi}{\varphi}$（双曲螺线）；

(3)$r=\dfrac{\varphi}{\varphi+1}$ $(0\leqslant\varphi<+\infty)$；　(4)$r=2^{\frac{\varphi}{2\pi}}$（对数螺线）；

(5)$r=2(1+\cos\varphi)$（心脏线）；　(6)$r=10\sin3\varphi$（三瓣玫瑰线）；

(7)$r^2=36\cos2\varphi$(伯努利双纽线)；　(8)$\varphi=\dfrac{r}{r-1}$ $(r>1)$；

(9)$\varphi=2\pi\sin r$.

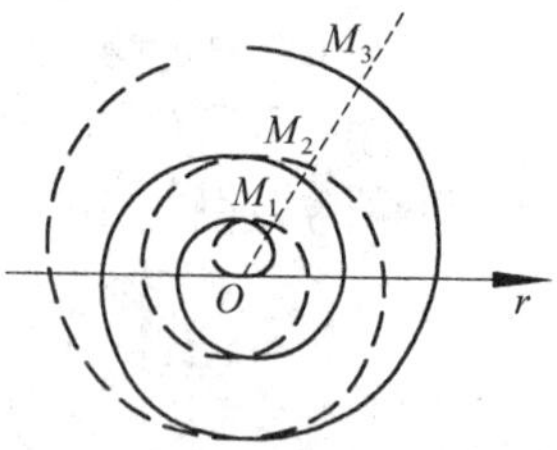


图 1.218

**解**　(1)如图 1.218 所示. $M_1M_2=M_2M_3=\cdots=2\pi$.

(2)如图 1.219 所示.

(3)如图 1.220 所示.

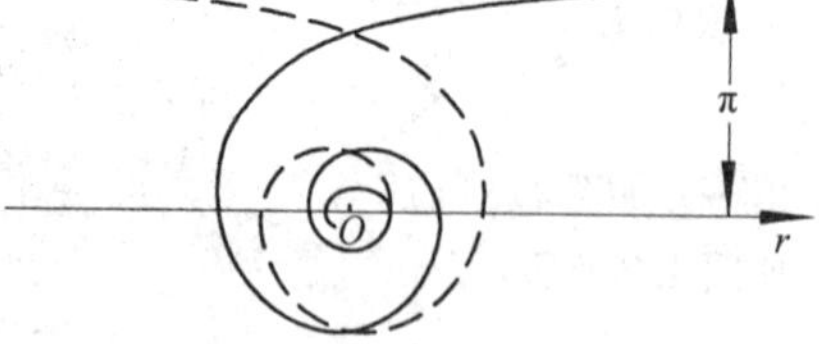


图 1.219

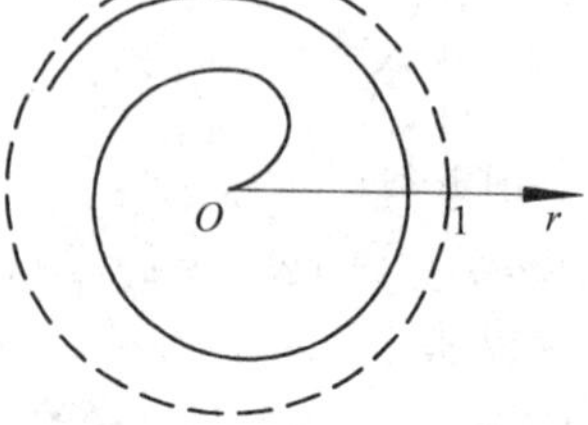


图 1.220

(4)如图 1.221 所示.

(5)如图 1.222 所示.

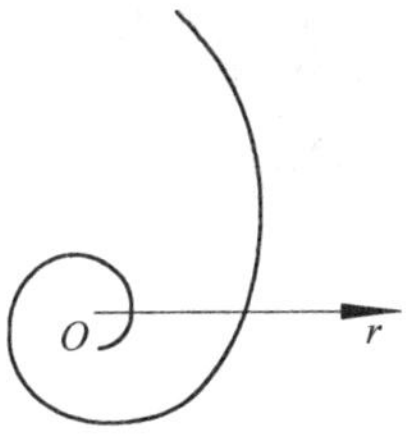


图 1.221

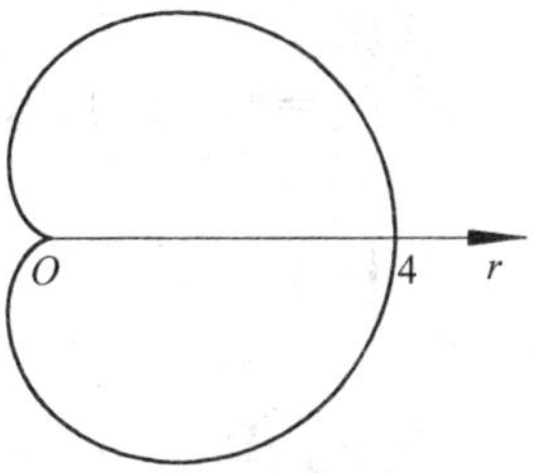


图 1.222

(6)如图 1.223 所示.

(7)如图 1.224 所示.

(8)如图 1.225 所示.

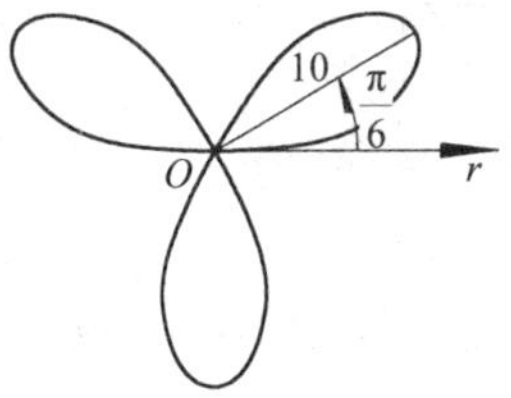


图 1.223

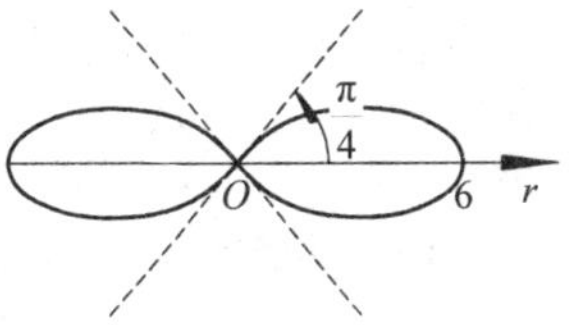


图 1.224

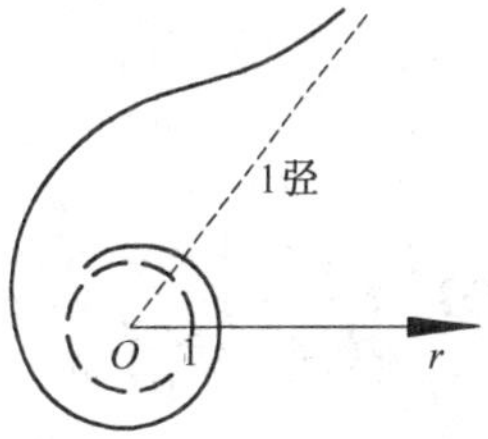


图 1.225

(9)如图 1.226 所示.

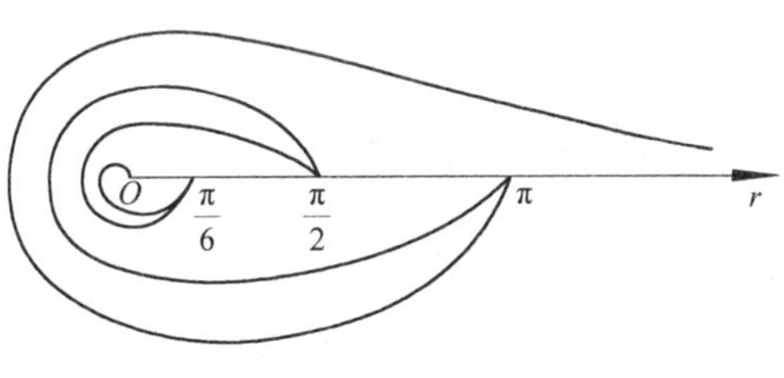


图 1.226

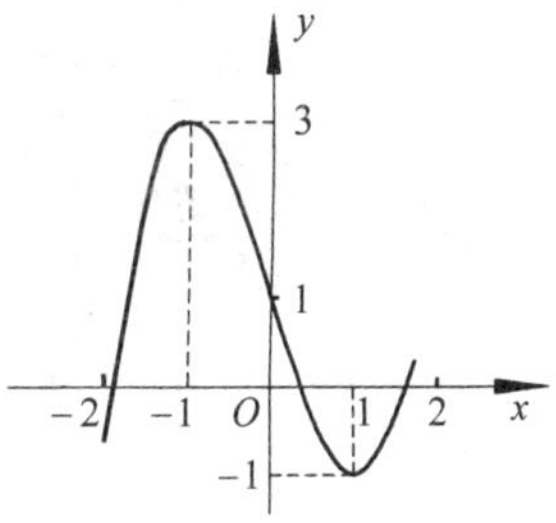


图 1.227

**【372】** 利用函数 $y=x^3-3x+1$ 的图像近似地求解方程 $x^3-3x+1=0$.

**解** 如图 1.227 所示.因

$$y\Big|_{x=0}=1>0,\quad y\Big|_{x=0.4}=-0.136,$$

所以,在 0 与 0.4 之间有一实根,约为 0.35.

同法可求得其他二根为 1.53 及 −1.88.

**用图解法解下列方程:**

**【373】** $x^3-4x-1=0$.

**解题思路** 作函数 $y=x^3$ 及 $y=4x+1$ 的图像,它们的交点的横坐标 $x_0$ 即所求之根.必须注意在 $x_0$ 的邻近研究函数 $f(x)=x^3-4x-1$ 的符号,若 $f(x_0-\delta)f(x_0+\delta)<0$,则根 $x_0$ 介于 $x_0-\delta$ 及 $x_0+\delta$ 之间,其中 $\delta$ 为一很小的某个正数.

下列各题的思路相同.

**解** 作函数 $y=x^3$ 及 $y=4x+1$ 的图像,它们的交点的横坐标即所求之根(图 1.128).

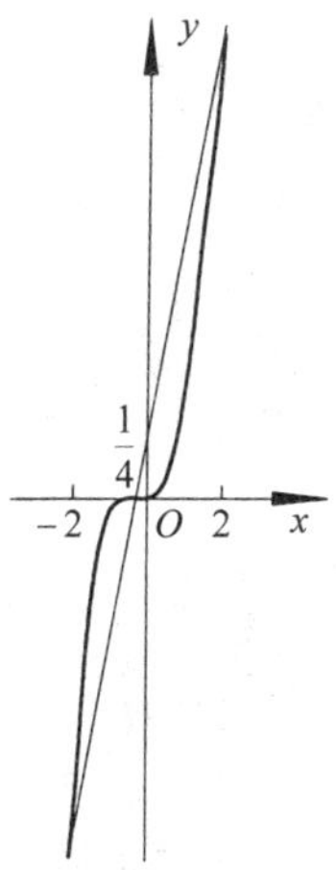


图 1.228

在图示的根 $x_0$ 邻近研究函数 $f(x)=x^3-4x-1$,若 $f(x_0-\delta)f(x_0+\delta)<0$,则根 $x_0$ 界于 $x_0-\delta$ 及 $x_0+\delta$ 之间,其中 $\delta$ 为很小的某个正数.

经判别,根的近似解为 −1.86; −0.25; 2.11.

【374】 $x^4-4x+1=0$.

解 作函数 $y=x^4$ 及 $y=4x-1$ 的图像. 如图 1.229 所示. 交点的横坐标即所求之根,其近似值为0.25;1.49.

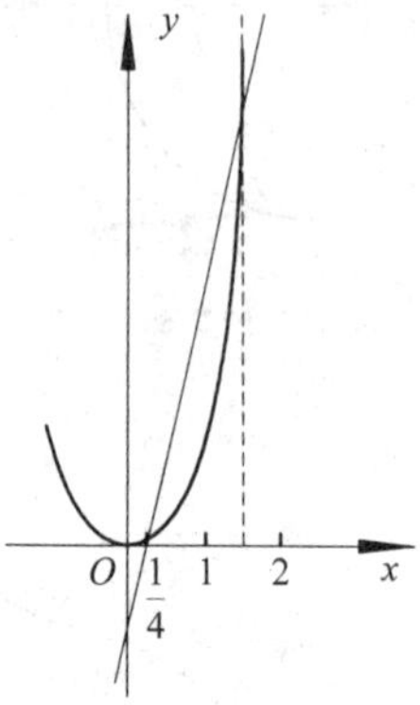


图 1.229

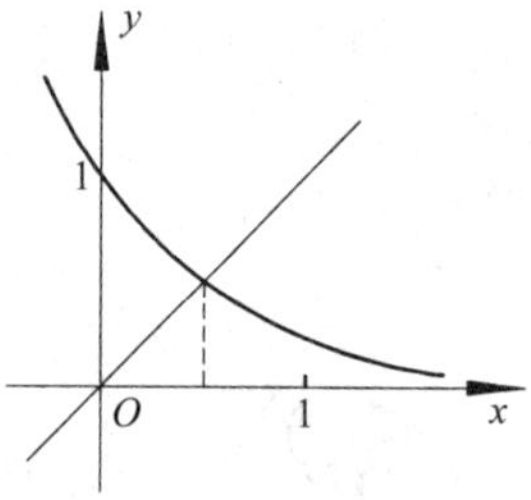


图 1.230

【375】 $x=2^{-x}$.

解 作函数 $y=2^{-x}$ 及 $y=x$ 的图像,如图 1.230 所示. 交点的横坐标为 0.64,此即所求之根的近似值.

【376】 $\lg x=0.1x$.

解 作函数 $y=\lg x$ 及 $y=0.1x$ 的图像,如图 1.231 所示.

交点的横坐标为 1.37 及 10,此即所求之根,前者为近似值,后者为精确值.

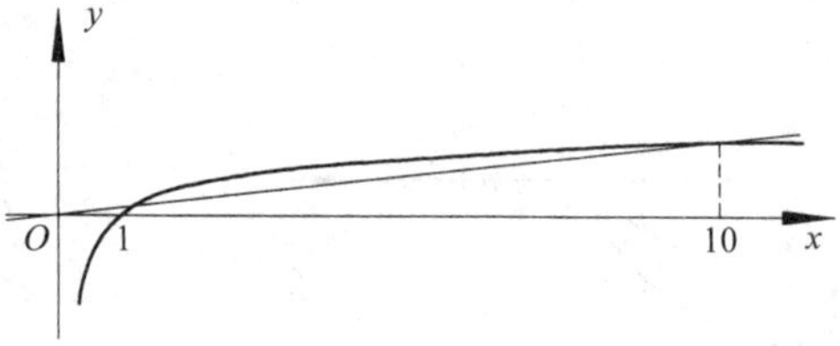


图 1.231

【377】 $10^x=x^2$.

解 作函数 $y=10^x$ 及 $y=x^2$ 的图像,如图 1.232 所示. 交点的横坐标为−0.54,此即所求之根的近似值.

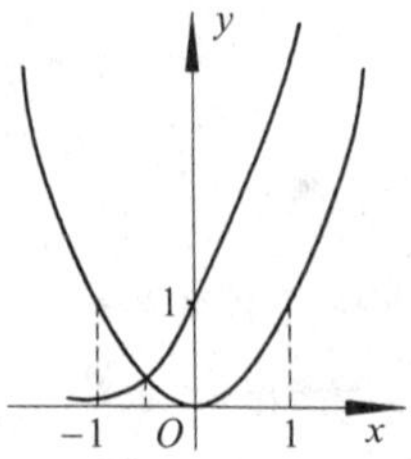


图 1.232

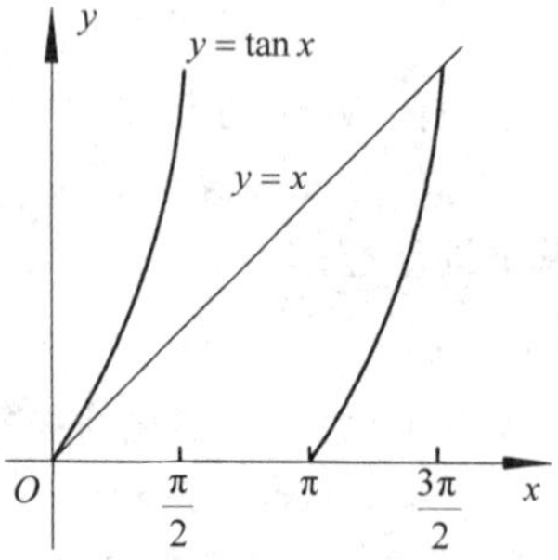


图 1.233

【378】 $\tan x=x \quad (0\leqslant x\leqslant 2\pi)$.

解 作函数 $y=\tan x$ 及 $y=x$ 的图像,如图 1.233 所示.

交点的横坐标为 0 及 4.49,此即所求之根,前者为精确值,后者为近似值.

**用图解法解下列方程组：**

**【379】** $\begin{cases} x+y^2=1, \\ 16x^2+y=4. \end{cases}$

**解** 作函数 $y^2=1-x$ 及 $-y+4=16x^2$ 的图像，如图 1.234 所示.

交点为点 $A,B,C$ 及 $D$，它们的一对坐标即所求之解(近似值)：

$$x_1=-0.42,\quad y_1=1.19(A\text{ 点});$$
$$x_2=0.45,\quad y_2=0.74(B\text{ 点});$$
$$x_3=0.54,\quad y_3=-0.68(C\text{ 点});$$
$$x_4=-0.57,\quad y_4=-1.26(D\text{ 点}).$$

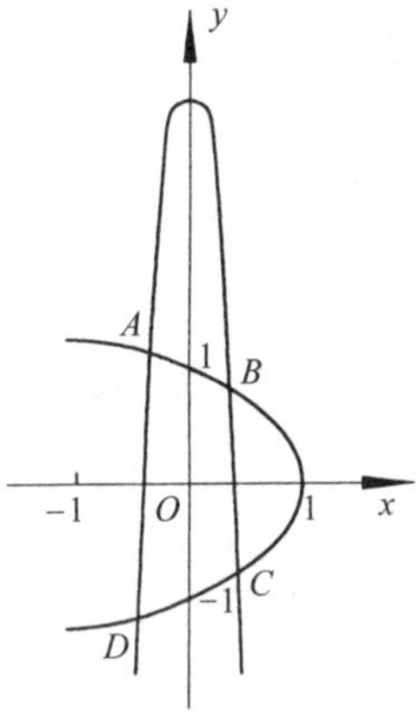

图 1.234

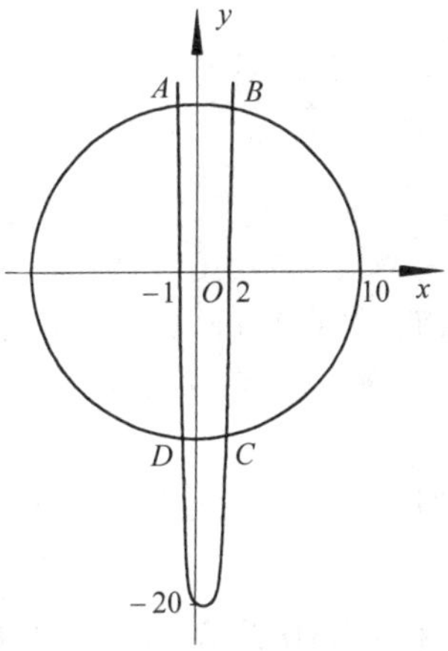

图 1.235

**【380】** $\begin{cases} x^2+y^2=100, \\ y=10(x^2-x-2). \end{cases}$

**解** 作函数

$$x^2+y^2=100 \quad 及 \quad y=10(x^2-x-2)$$

的图像，如图 1.235 所示.

交点为点 $A,B,C$ 及 $D$，它们的一对坐标即所求之解(近似值)：

$$x_1=-1.30,\quad y_1=9.92(A\text{ 点});$$
$$x_2=2.30,\quad y_2=9.73(B\text{ 点});$$
$$x_3=1.62,\quad y_3=-9.87(C\text{ 点});$$
$$x_4=-0.62,\quad y_4=-9.98(D\text{ 点}).$$

## §5. 函数的极限

1° **函数的有界性** 设存在某两数 $m$ 和 $M$，使得当 $x\in(a,b)$ 时，

$$m<f(x)<M,$$

则称函数 $f(x)$ 在这区间 $(a,b)$ 上为有界的.

数 $m_0=\inf\limits_{x\in(a,b)}\{f(x)\}$ 称为函数 $f(x)$ 在这区间 $(a,b)$ 上的下确界，而数 $M_0=\sup\limits_{x\in(a,b)}\{f(x)\}$ 称为函数 $f(x)$ 在这区间 $(a,b)$ 上的上确界.

差 $M_0-m_0$ 称为函数在区间 $(a,b)$ 上的振幅.

2° **函数在某一点的极限** 设函数 $f(x)$ 定义在集合 $X=\{x\}$ 上，且该集合以 $a$ 为聚点. 记号

$$\lim_{x\to a} f(x)=A \tag{1}$$

表示，对于任一个数 $\varepsilon>0$，都存在数 $\delta=\delta(\varepsilon)>0$，使得对于满足条件 $0<|x-a|<\delta$，并使 $f(x)$ 有意义的一切 $x$，下列不等式成立：

$$|f(x)-A|<\varepsilon.$$

函数的极限(1)存在的充分必要条件是：对于每一个数列 $x_n\to a$ $(n=1,2,\cdots)$，下面的等式都成立

$$\lim_{n\to\infty} f(x_n)=A.$$

有两个著名的极限：

(1) $\lim\limits_{x\to 0}\dfrac{\sin x}{x}=1$； (2) $\lim\limits_{x\to 0}(1+x)^{\frac{1}{x}}=\mathrm{e}$.

柯西准则. 函数 $f(x)$ 在 $a$ 点的极限存在的充分必要条件是：对于每一个 $\varepsilon>0$，都存在 $\delta=\delta(\varepsilon)>0$，使得只要

$$0<|x'-a|<\delta \quad 和 \quad 0<|x''-a|<\delta,$$

就有

$$|f(x')-f(x'')|<\varepsilon.$$

式中 $x'$ 和 $x''$ 属于函数 $f(x)$ 的定义域.

3° **单侧极限** 若对于任何 $\varepsilon>0$，都存在 $\delta=\delta(\varepsilon)>0$，使得

当 $0<a-x<\delta(\varepsilon)$ 时，有 $|A'-f(x)|<\varepsilon$，则称数 $A'$ 为函数 $f(x)$ 在 $a$ 点的左极限：

$$A'=\lim_{x\to a-0} f(x)=f(a-0).$$

类似地，若当 $0<x-a<\delta(\varepsilon)$ 时，有 $|A''-f(x)|<\varepsilon$，则称数 $A''$ 为函数 $f(x)$ 在 $a$ 点的右极限：

$$A''=\lim_{x\to a+0} f(x)=f(a+0).$$

函数 $f(x)$ 在 $a$ 点的极限存在的充分必要条件为：

$$f(a-0)=f(a+0).$$

4° **无穷极限** 约定记号

$$\lim_{x\to a} f(x)=\infty$$

表示，对于任何的 $E>0$，只要 $0<|x-a|<\delta(E)$，则有

$$|f(x)|>E.$$

5° **子列极限** 若对于某数列 $x_n\to a$ 有等式

$$\lim_{n\to\infty} f(x_n)=B,$$

则称数(或符号$\infty$) $B$ 为函数 $f(x)$ 在 $a$ 点的子列极限(有限的或无穷的).

这些子列极限中最小的和最大的用

$$\underline{\lim_{x\to a}}\, f(x) \quad 和 \quad \overline{\lim_{x\to a}}\, f(x)$$

来表示，分别称为函数 $f(x)$ 在 $a$ 点的下极限和上极限.

等式

$$\underline{\lim_{x\to a}}\, f(x)=\overline{\lim_{x\to a}}\, f(x)$$

为函数 $f(x)$ 在 $a$ 点有极限(有限的或无穷的)的充分必要条件.

**【381】** 证明：函数

$$f(x)=\begin{cases} n, & x=\dfrac{m}{n}\ (m 和 n 为互素的整数，且 n>0), \\ 0 & x 为无理数, \end{cases}$$

在每一点 $x$ 为有限的，但并非有界的(即在这点的任何邻域中是无界的).

**提示** 任给 $x_0>0$，注意在 $(x_0-\delta, x_0+\delta)$ 内总有无限多个有理数. 只要证明对任给的 $\delta>0$，$f(x)$ 在 $(x_0-\delta, x_0+\delta)$ 内无界. 用反证法.

**证** 任给 $x_0>0$，当 $x_0$ 固定时，$f(x_0)$ 值确定. 由于有理数在数轴上处处稠密，故在 $x_0$ 的任何邻域

$(x_0-\delta,x_0+\delta)$内总有无限多个有理数. 下面证明对于任给的$\delta>0$,函数$f(x)$在区间$(x_0-\delta,x_0+\delta)$内是无界的. 若不然,存在$M>0$,使当$x\in(x_0-\delta,x_0+\delta)$时,

$$|f(x)|\leqslant M.$$

于是,在$(x_0-\delta,x_0+\delta)$中的有理数只能表示成$\frac{k}{1}$, $\frac{k}{2}$, …, $\frac{k}{[M]}$,其中$k$是与分母互素的整数,$[M]$为$M$的整数部分. 由于这些有理数都在$(x_0-\delta,x_0+\delta)$中,故有

$$(x_0-\delta)[M]<k<(x_0+\delta)[M],$$

上式表明在$(x_0-\delta,x_0+\delta)$中的有理数仅为有限个,这与有理数在数轴上的处处稠密性相矛盾.

于是,本题所定义的函数$f(x)$在每一点$x$(有限)的任何邻域中是无界的.

**【382】** 若函数$f(x)$在:(1)开区间,(2)闭区间内的每一点有定义且局部有界,则此函数在该开区间内或闭区间内是否为有界的?举出适当的例子.

**解** (1)一般地说,不一定. 例如,函数$f(x)=\frac{1}{x}$在$(0,1)$内每一点有定义且有界,但它在$(0,1)$内无界.

(2)是有界的. 事实上,若$f(x)$在$[a,b]$无界,则存在$x_n\in[a,b]$使$\lim\limits_{n\to\infty}f(x_n)=\infty$. 取子列$x_{n_k}\to x_0\in[a,b]$. 显然,$f(x)$在$x_0$无界(即在$x_0$的任何邻域中无界),矛盾.

**【383】** 证明:函数$f(x)=\frac{1+x^2}{1+x^4}$在区间$-\infty<x<+\infty$中是有界的.

**证** 当$|x|\leqslant1$时,$|f(x)|<\frac{1+1}{1}=2$. 当$|x|>1$时,$|f(x)|<\frac{1+x^4}{1+x^4}=1$.

因而,当$-\infty<x<+\infty$时,$|f(x)|<2$. 即函数$f(x)$在$(-\infty,+\infty)$内是有界的.

**【384】** 证明:函数$f(x)=\frac{1}{x}\cos\frac{1}{x}$在点$x=0$的任何邻域内是无界的,但当$x\to0$时不成为无穷大.

**证** 当$x=\frac{2}{(2k+1)\pi}$时,$f(x)=0$;而当$x=\frac{1}{k\pi}$时,$f(x)=(-1)^k k\pi$. 于是,当$k\to\infty$时,点$\frac{2}{(2k+1)\pi}$及$\frac{1}{k\pi}$均在点$x=0$的任何邻域内. 由于$|(-1)^k k\pi|\to+\infty$ $(k\to+\infty)$,故函数$f(x)$在点$x=0$的任何邻域内是无界的. 然而当$k\to\infty$时,$f(x)$不断地与$Ox$轴相交,即$f(x)=0$(这样的数$x$的集合是无限的). 因而,当$x\to0$时,$f(x)$又不成为无穷大.

**【385】** 研究函数$f(x)=\ln x\cdot\sin^2\frac{\pi}{x}$在区间$0<x<\varepsilon$内的有界性.

**解** 上方有界,它小于$|\ln\varepsilon|$. 下方无界.

**【386】** 证明:函数$f(x)=\frac{x}{1+x}$在域$0\leqslant x<+\infty$内有下确界$m_0=0$和上确界$M_0=1$.

**证明思路** *注意,当$0\leqslant x<+\infty$时,$0\leqslant f(x)<1$,且$f(x)$单调上升趋近于1,命题即获证.*

**证** $0\leqslant f(x)<1$,且$f(x)$单调上升趋近于1,所以,$m_0=0$, $M_0=1$.

**【387】** 函数$f(x)$在闭区间$[a,b]$上有定义且单调上升,则在此闭区间内函数的下确界和上确界等于什么?

**解** $m_0=f(a)$, $M_0=f(b)$,其中$m_0$及$M_0$代表下确界及上确界,以下各题均采用此符号.

**求函数的下确界和上确界:**

**【388】** $f(x)=x^2$在$(-2,5)$内.

**解** $m_0=0$, $M_0=25$.

**【389】** $f(x)=\frac{1}{1+x^2}$在$(-\infty,+\infty)$内.

**解** $m_0=0$, $M_0=1$.

**【390】** $f(x)=\frac{2x}{1+x^2}$在$(0,+\infty)$内.

**解** 由于$f(x)$在$(0,1)$内为增函数,而在$(1,+\infty)$内为减函数,且$f(1)$存在,所以,

$$m_0=0,\quad M_0=f(1)=1.$$

【391】 $f(x)=x+\dfrac{1}{x}$在$(0,+\infty)$内.

提示 注意,当$0<x<+\infty$时,$x+\dfrac{1}{x}\geqslant 2$及$\lim\limits_{x\to+\infty}f(x)=+\infty$,即获解.

解 由$x+\dfrac{1}{x}\geqslant 2$知$m_0=f(1)=2$,又$\lim\limits_{x\to\infty}f(x)=+\infty$,故知$M_0=+\infty$.

【392】 $f(x)=\sin x$在$(0,+\infty)$内.

解 $m_0=-1$, $M_0=1$.

【393】 $f(x)=\sin x+\cos x$在$[0,2\pi]$内.

解 由$f(x)=\sqrt{2}\sin\left(x+\dfrac{\pi}{4}\right)$知$m_0=-\sqrt{2}$, $M_0=\sqrt{2}$.

【394】 $f(x)=2^x$在$(-1,2)$内.

解 $m_0=f(-1)=\dfrac{1}{2}$, $M_0=f(2)=4$.

【395】 $f(x)=[x]$:(1)在$(0,2)$内;(2)在$[0,2]$内.

解 (1)$m_0=0$, $M_0=1$;

(2)$m_0=0$, $M_0=2$.

【396】 $f(x)=x-[x]$在$[0,1]$内.

解 $m_0=0$, $M_0=1$.

【397】 求函数$f(x)=x^2$在下列区间内的振幅:

(1) (1, 3); (2) (1.9, 2.1); (3) (1.99, 2.01); (4) (1.999, 2.001).

解 (1)振幅以$\omega$表示之. $\omega=M_0-m_0$. 因为$m_0=1$, $M_0=9$, 所以,$\omega=8$.

(2)$m_0=(1.9)^2$, $M_0=(2.1)^2$,$\omega=(2.1)^2-(1.9)^2=0.8$,

(3)$\omega=(2.01)^2-(1.99)^2=0.08$,

(4)$\omega=(2.001)^2-(1.999)^2=0.008$.

【398】 求函数$f(x)=\arctan\dfrac{1}{x}$在下列区间内的振幅:

(1) (−1, 1); (2) (−0.1, 0.1); (3) (−0.01, 0.01); (4) (−0.001, 0.001).

解 (1)$\omega=\dfrac{\pi}{2}-\left(-\dfrac{\pi}{2}\right)=\pi$; (2)$\omega=\pi$;

(3)$\omega=\pi$; (4)$\omega=\pi$.

【399】 设$m[f]$和$M[f]$分别为函数$f(x)$在区间$(a,b)$内的下确界和上确界.

证明:若$f_1(x)$和$f_2(x)$为定义于$(a,b)$内的函数,则

$$m[f_1+f_2]\geqslant m[f_1]+m[f_2] \quad 及 \quad M[f_1+f_2]\leqslant M[f_1]+M[f_2].$$

举出函数$f_1(x)$和$f_2(x)$的例子,使上述两个关系式为:(1)等式;(2)不等式.

提示 利用上、下确界定义且注意$m[f]\leqslant f\leqslant M[f]$,命题易获证.

证 因为

$$m[f_1]\leqslant f_1\leqslant M[f_1] \quad 及 \quad m[f_2]\leqslant f_2\leqslant M[f_2],$$

所以,

$$m[f_1]+m[f_2]\leqslant f_1+f_2,$$

从而有

$$m[f_1]+m[f_2]\leqslant m[f_1+f_2].$$

又因

$$f_1+f_2\leqslant M[f_1]+M[f_2],$$

所以,

$$M[f_1+f_2]\leqslant M[f_1]+M[f_2].$$

(1) 当 $f_1(x)$ 及 $f_2(x)$ 在 $(a,b)$ 内具有相同的单调性，且 $m$ 及 $M$ 均为有限时，取等式.

(2) $f_1(x)=x^2$，$f_2(x)=-x^2$ 在区间 $(-1,1)$ 内

$$m[f_1]=0,\qquad M[f_1]=1;$$

$$m[f_2]=-1,\quad M[f_2]=0.$$

又因为 $f_1+f_2=0$，所以，

$$m[f_1+f_2]=M[f_1+f_2]=0.$$

此时

$$m[f_1+f_2]>m[f_1]+m[f_2],\quad M[f_1+f_2]<M[f_1]+M[f_2].$$

取不等式.

**【400】** 设函数 $f(x)$ 定义于域 $[a,+\infty)$ 内，并且在每一个闭区间 $[a,b]$ 上是有界的. 令

$$m(x)=\inf_{a\leqslant\xi\leqslant x}f(\xi),\quad M(x)=\sup_{a\leqslant\xi\leqslant x}f(\xi).$$

作函数 $y=m(x)$ 和 $y=M(x)$ 的图像，设：

(1) $f(x)=\sin x$； (2) $f(x)=\cos x$.

**解** (1) 如图 1.236 所示. (2) 如图 1.236 所示.

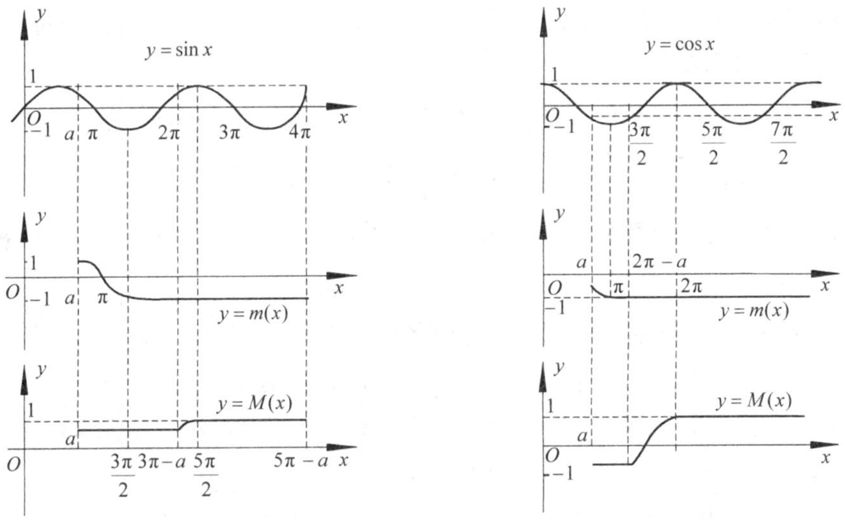


图 1.236

**【401】** 利用《ε—δ》语言，证明：$\lim\limits_{x\to2}x^2=4$.

填下表：

| ε | 0.1 | 0.01 | 0.001 | 0.0001 | … |
|---|---|---|---|---|---|
| δ | | | | | |

**证** $|x^2-4|=|x-2|\,|x+2|$.

先限制 $|x-2|<1$，即 $1<x<3$，则

$$|x^2-4|=|x-2|\,|x+2|<5|x-2|,$$

取 $\delta=\min\left\{1,\frac{\varepsilon}{5}\right\}$. 于是，当 $0<|x-2|<\delta$ 时，$|x^2-4|<\varepsilon$，即 $\lim\limits_{x\to2}x^2=4$.

| ε | 0.1 | 0.01 | 0.001 | 0.0001 | … |
|---|---|---|---|---|---|
| δ | 0.02 | 0.002 | 0.0002 | 0.00002 | … |

【402】 利用《$E-\delta$》语言，证明：$\lim\limits_{x\to1}\frac{1}{(1-x)^2}=+\infty$.

填下表：

| $E$ | 10 | 100 | 1000 | 10000 | … |
|---|---|---|---|---|---|
| $\delta$ | | | | | |

**证** 任给 $E>0$，要使 $\frac{1}{|1-x|^2}>E$，只要 $0<|x-1|<\frac{1}{\sqrt{E}}$，又只要 $0<|x-1|<\frac{1}{E}$ $(E>1,)$，取 $\delta=\min\left\{1,\frac{1}{E}\right\}$，则当 $0<|x-1|<\delta$ 时，$\left|\frac{1}{(1-x)^2}\right|>E$，所以，$\lim\limits_{x\to1}\frac{1}{(1-x)^2}=+\infty$.

| $E$ | 10 | 100 | 1000 | 10000 | … |
|---|---|---|---|---|---|
| $\delta$ | 0.1 | 0.01 | 0.001 | 0.0001 | … |

【403】 利用不等式表示下列各式：

(1) $\lim\limits_{x\to a}f(x)=b$； (2) $\lim\limits_{x\to a-0}f(x)=b$； (3) $\lim\limits_{x\to a+0}f(x)=b$.

举出适当的例子.

**解** (1)对于任给的 $\varepsilon>0$，存在数 $\delta>0$，使当 $0<|x-a|<\delta$ 时 $|f(x)-b|<\varepsilon$，此即 $\lim\limits_{x\to a}f(x)=b$.

例如，$f(x)=x+1$， $\lim\limits_{x\to1}f(x)=2$.

(2) 对于任给的 $\varepsilon>0$，存在数 $\delta>0$，使当 $0<a-x<\delta$ 时，$|f(x)-b|<\varepsilon$，此即 $\lim\limits_{x\to a-0}f(x)=b$.

例如，若 $f(x)=\begin{cases}x+1, & x\leqslant1,\\ 2, & x>1,\end{cases}$ 则 $\lim\limits_{x\to1-0}f(x)=2$.

(3) 对于任给的 $\varepsilon>0$，存在数 $\delta>0$，使当 $0<x-a<\delta$ 时，$|f(x)-b|<\varepsilon$，此即 $\lim\limits_{x\to a+0}f(x)=b$.

例如本题(2)之例，即有 $\lim\limits_{x\to1+0}f(x)=2$.

## 利用不等式表示下列结论，并举出适当的例子：

【404】 (1) $\lim\limits_{x\to\infty}f(x)=b$； (2) $\lim\limits_{x\to-\infty}f(x)=b$； (3) $\lim\limits_{x\to+\infty}f(x)=b$.

**解** (1) 任给 $\varepsilon>0$，存在数 $N>0$，使当 $|x|>N$ 时，$|f(x)-b|<\varepsilon$，此即 $\lim\limits_{x\to\infty}f(x)=b$.

(2) 任给 $\varepsilon>0$，存在数 $N>0$，使当 $x<-N$ 时，$|f(x)-b|<\varepsilon$，此即 $\lim\limits_{x\to-\infty}f(x)=b$.

(3) 任给 $\varepsilon>0$，存在数 $N>0$，使当 $x>N$ 时，$|f(x)-b|<\varepsilon$，此即 $\lim\limits_{x\to+\infty}f(x)=b$.

例如，对于函数 $f(x)=\frac{1}{x^2}$，即有 $\lim\limits_{x\to-\infty}f(x)=\lim\limits_{x\to+\infty}f(x)=\lim\limits_{x\to\infty}f(x)=0$.

【405】 (1)$\lim\limits_{x\to a}f(x)=\infty$； (2)$\lim\limits_{x\to a}f(x)=-\infty$； (3)$\lim\limits_{x\to a}f(x)=+\infty$；

(4) $\lim\limits_{x\to a-0}f(x)=\infty$； (5) $\lim\limits_{x\to a-0}f(x)=-\infty$； (6) $\lim\limits_{x\to a-0}f(x)=+\infty$；

(7) $\lim\limits_{x\to a+0}f(x)=\infty$； (8) $\lim\limits_{x\to a+0}f(x)=-\infty$； (9) $\lim\limits_{x\to a+0}f(x)=+\infty$.

**解** (1)任给 $E>0$，存在数 $\delta>0$，使当 $0<|x-a|<\delta$ 时，$|f(x)|>E$，此即 $\lim\limits_{x\to a}f(x)=\infty$.

例如，$f(x)=\frac{1}{x-1}$，即有$\lim\limits_{x\to1}f(x)=\infty$.

(2) 任给 $E>0$，存在数 $\delta>0$，使当 $0<|x-a|<\delta$ 时，$f(x)<-E$，此即 $\lim\limits_{x\to a}f(x)=-\infty$.

例如，$f(x)=\frac{-1}{(x-1)^2}$，即有$\lim\limits_{x\to1}f(x)=-\infty$.

(3) 任给 $E>0$，存在数 $\delta>0$，使当 $0<|x-a|<\delta$ 时，$f(x)>E$，此即 $\lim\limits_{x\to a}f(x)=+\infty$.

例如，$f(x)=\frac{1}{(x-1)^2}$，即有$\lim\limits_{x\to1}f(x)=+\infty$.

(4) 任给 $E>0$,存在数 $\delta>0$,使当 $0<a-x<\delta$ 时,$|f(x)|>E$,此即 $\lim\limits_{x\to a-0}f(x)=\infty$.

例如,$f(x)=\dfrac{(-1)^{\left[\frac{1}{1-x}\right]}}{1-x}$,即有 $\lim\limits_{x\to1-0}f(x)=\infty$.

(5) 任给 $E>0$,存在数 $\delta>0$,使当 $0<a-x<\delta$ 时,$f(x)<-E$,此即 $\lim\limits_{x\to a-0}f(x)=-\infty$.

例如,$f(x)=\dfrac{1}{x-1}$,即有 $\lim\limits_{x\to1-0}f(x)=-\infty$.

(6) 任给 $E>0$,存在数 $\delta>0$,使当 $0<a-x<\delta$ 时,$f(x)>E$,此即 $\lim\limits_{x\to a-0}f(x)=+\infty$.

例如,$f(x)=\dfrac{1}{1-x}$,即有 $\lim\limits_{x\to1-0}f(x)=+\infty$.

(7) 任给 $E>0$,存在数 $\delta>0$,使当 $0<x-a<\delta$ 时,$|f(x)|>E$,此即 $\lim\limits_{x\to a+0}f(x)=\infty$.

例如,$f(x)=\dfrac{(-1)^{\left[\frac{1}{x-1}\right]}}{x-1}$,即有 $\lim\limits_{x\to1+0}f(x)=\infty$.

(8) 任给 $E>0$,存在数 $\delta>0$,使当 $0<x-a<\delta$ 时,$f(x)<-E$,此即 $\lim\limits_{x\to a+0}f(x)=-\infty$.

例如,$f(x)=\dfrac{1}{1-x}$,即有 $\lim\limits_{x\to1+0}f(x)=-\infty$.

(9) 任给 $E>0$,存在数 $\delta>0$,使当 $0<x-a<\delta$ 时,$f(x)>E$,此即 $\lim\limits_{x\to a+0}f(x)=+\infty$.

例如,$f(x)=\dfrac{1}{x-1}$,即有 $\lim\limits_{x\to1+0}f(x)=+\infty$.

**【406】** (1) $\lim\limits_{x\to\infty}f(x)=\infty$; (2) $\lim\limits_{x\to\infty}f(x)=-\infty$; (3) $\lim\limits_{x\to\infty}f(x)=+\infty$;

(4) $\lim\limits_{x\to-\infty}f(x)=\infty$; (5) $\lim\limits_{x\to-\infty}f(x)=-\infty$; (6) $\lim\limits_{x\to-\infty}f(x)=+\infty$;

(7) $\lim\limits_{x\to+\infty}f(x)=\infty$; (8) $\lim\limits_{x\to+\infty}f(x)=-\infty$; (9) $\lim\limits_{x\to+\infty}f(x)=+\infty$.

**解** (1) 任给 $E>0$,存在数 $N>0$,使当 $|x|>N$ 时,$|f(x)|>E$,此即 $\lim\limits_{x\to\infty}f(x)=\infty$.

例如,$f(x)=x^3$,则有 $\lim\limits_{x\to\infty}f(x)=\infty$.

(2) 任给 $E>0$,存在数 $N>0$,使当 $|x|>N$ 时,$f(x)<-E$,此即 $\lim\limits_{x\to\infty}f(x)=-\infty$.

例如,$f(x)=-x^2$,即有 $\lim\limits_{x\to\infty}f(x)=-\infty$.

(3) 任给 $E>0$,存在数 $N>0$,使当 $|x|>N$ 时,$f(x)>E$,此即 $\lim\limits_{x\to\infty}f(x)=+\infty$.

例如,$f(x)=x^2$,即有 $\lim\limits_{x\to\infty}f(x)=+\infty$.

(4) 任给 $E>0$,存在数 $N>0$,使当 $x<-N$ 时,$|f(x)|>E$,此即 $\lim\limits_{x\to-\infty}f(x)=\infty$.

例如,$f(x)=(-1)^{[x^2]}x$,即有 $\lim\limits_{x\to-\infty}f(x)=\infty$.

(5) 任给 $E>0$,存在数 $N>0$,使当 $x<-N$ 时,$f(x)<-E$,此即 $\lim\limits_{x\to-\infty}f(x)=-\infty$.

例如,$f(x)=x$,即有 $\lim\limits_{x\to-\infty}f(x)=-\infty$.

(6) 任给 $E>0$,存在数 $N>0$,使当 $x<-N$ 时,$f(x)>E$,此即 $\lim\limits_{x\to-\infty}f(x)=+\infty$.

例如,$f(x)=-x$,即有 $\lim\limits_{x\to-\infty}f(x)=+\infty$.

(7) 任给 $E>0$,存在数 $N>0$,使当 $x>N$ 时,$|f(x)|>E$,此即 $\lim\limits_{x\to+\infty}f(x)=\infty$.

例如,$f(x)=(-1)^{[x]}x^2$,即有 $\lim\limits_{x\to+\infty}f(x)=\infty$.

(8) 任给 $E>0$,存在数 $N>0$,使当 $x>N$ 时,$f(x)<-E$,此即 $\lim\limits_{x\to+\infty}f(x)=-\infty$.

例如,$f(x)=-x$,即有 $\lim\limits_{x\to+\infty}f(x)=-\infty$.

(9) 任给 $E>0$,存在数 $N>0$,使当 $x>N$ 时,$f(x)>E$,此即 $\lim\limits_{x\to+\infty}f(x)=+\infty$.

例如,$f(x)=x$ 即有 $\lim\limits_{x\to+\infty}f(x)=+\infty$.

**【407】** 命 $y=f(x)$. 利用不等式表示下列结论:

(1) 当 $x\to a$ 时,$y\to b-0$; (2) 当 $x\to a-0$ 时,$y\to b-0$;

(3) 当 $x\to a+0$ 时，$y\to b-0$； (4) 当 $x\to a$ 时，$y\to b+0$；
(5) 当 $x\to a-0$ 时，$y\to b+0$； (6) 当 $x\to a+0$ 时，$y\to b+0$；
(7) 当 $x\to\infty$时，$y\to b-0$； (8) 当 $x\to-\infty$时，$y\to b-0$；
(9) 当 $x\to+\infty$时，$y\to b-0$； (10) 当 $x\to\infty$时，$y\to b+0$；
(11) 当 $x\to-\infty$时，$y\to b+0$； (12) 当 $x\to+\infty$时，$y\to b+0$；
举出适当的例子.

**解** (1) 任给 $\varepsilon>0$,存在数 $\delta>0$,使当 $0<|x-a|<\delta$ 时,$0<b-y<\varepsilon$,此即 $\lim\limits_{x\to a}f(x)=b-0$,或当 $x\to a$ 时,$y\to b-0$.

例如,$y=-|x|$,即有当 $x\to 0$ 时,$y\to 0-0$.

(2) 任给 $\varepsilon>0$,存在数 $\delta>0$,使当 $0<a-x<\delta$ 时,$0<b-y<\varepsilon$,此即 $\lim\limits_{x\to a-0}f(x)=b-0$.

例如,$y=x$,即有当 $x\to 0-0$ 时,$y\to 0-0$.

(3) 任给 $\varepsilon>0$,存在数 $\delta>0$,使当 $0<x-a<\delta$ 时,$0<b-y<\varepsilon$,此即, 当 $x\to a+0$ 时,$y\to b-0$.

例如,$y=-x$,即有当 $x\to 0+0$ 时,$y\to 0-0$.

(4) 任给 $\varepsilon>0$,存在数 $\delta>0$,使当 $0<|a-x|<\delta$ 时,$0<y-b<\varepsilon$,此即,当 $x\to a$ 时,$y\to b+0$.

例如,$y=|x|$,即有当 $x\to 0$ 时,$y\to 0+0$.

(5) 任给 $\varepsilon>0$,存在数 $\delta>0$,使当 $0<a-x<\delta$ 时,$0<y-b<\varepsilon$,此即,当 $x\to a-0$ 时,$y\to b+0$.

例如,$y=-x$,即有当 $x\to 0-0$ 时,$y\to 0+0$.

(6) 任给 $\varepsilon>0$,存在数 $\delta>0$,使当 $0<x-a<\delta$ 时,$0<y-b<\varepsilon$,此即,当 $x\to a+0$ 时,$y\to b+0$.

例如,$y=x$,即有当 $x\to 0+0$ 时,$y\to 0+0$.

(7) 任给 $\varepsilon>0$,存在数 $N>0$,使当 $|x|>N$ 时,$0<b-y<\varepsilon$,此即,当 $x\to\infty$时,$y\to b-0$.

例如,$y=-\dfrac{1}{|x|}$,即有当 $x\to\infty$时,$y\to 0-0$.

(8) 任给 $\varepsilon>0$,存在数 $N>0$,使当 $x<-N$ 时,$0<b-y<\varepsilon$,此即,当 $x\to-\infty$时,$y\to b-0$.

例如,$y=\dfrac{1}{x}$,即有当 $x\to-\infty$时,$y\to 0-0$.

(9) 任给 $\varepsilon>0$,存在数 $N>0$,使当 $x>N$ 时,$0<b-y<\varepsilon$,此即,当 $x\to+\infty$时,$y\to b-0$.

例如,$y=-\dfrac{1}{x}$,即有当 $x\to+\infty$时, $y\to 0-0$.

(10) 任给 $\varepsilon>0$,存在数 $N>0$,使当 $|x|>N$ 时,$0<y-b<\varepsilon$,此即,当 $x\to\infty$时,$y\to b+0$.

例如,$y=\dfrac{1}{|x|}$,即有当 $x\to\infty$时, $y\to 0+0$.

(11) 任给 $\varepsilon>0$,存在数 $N>0$,使当 $x<-N$ 时,$0<y-b<\varepsilon$,此即,当 $x\to-\infty$时,$y\to b+0$.

例如,$y=-\dfrac{1}{x}$,即有当 $x\to-\infty$时, $y\to 0+0$.

(12) 任给 $\varepsilon>0$,存在数 $N>0$,使当 $x>N$ 时,$0<y-b<\varepsilon$,此即,当 $x\to+\infty$时,$y\to b+0$.

例如,$y=\dfrac{1}{x}$,即有当 $x\to+\infty$时, $y\to 0+0$.

**【408】** 设 $p(x)=a_0x^n+a_1x^{n-1}+\cdots+a_n$,式中 $a_i(i=0,1,\cdots,n)$为实数.

证明:$\lim\limits_{x\to\infty}|p(x)|=+\infty$.

**证** 不妨设 $a_0\neq 0$,则

$$|p(x)|\geqslant|a_0|\cdot|x^n|\cdot\left|1-\left(\frac{|a_1|}{|a_0|}\cdot\frac{1}{|x|}+\frac{|a_2|}{|a_0|}\cdot\frac{1}{|x|^2}+\cdots+\frac{|a_n|}{|a_0|}\cdot\frac{1}{|x|^n}\right)\right|,$$

由于$\lim\limits_{x\to\infty}\dfrac{1}{|x|^i}=0$ $(i=1,2,\cdots,n)$,故存在 $E_1>0$,使当$|x|>E_1$ 时,恒有

$$\left|1-\left(\frac{|a_1|}{|a_0|}\cdot\frac{1}{|x|}+\frac{|a_2|}{|a_0|}\cdot\frac{1}{|x|^2}+\cdots+\frac{|a_n|}{|a_0|}\cdot\frac{1}{|x|^n}\right)\right|>\frac{1}{2},$$

从而有 $|p(x)|>\frac{1}{2}|a_0|\cdot|x|^n$.

任给 $M>0$,设 $E_2=\sqrt[n]{\frac{2M}{|a_0|}}$. 取 $E=\max(E_1,E_2)$,则当 $|x|>E$ 时,恒有 $|p(x)|>M$,故

$$\lim_{x\to\infty}|p(x)|=+\infty.$$

**【409】** 设 $R(x)=\frac{a_0x^n+a_1x^{n-1}+\cdots+a_n}{b_0x^m+b_1x^{m-1}+\cdots+b_m}$, 式中 $a_0\neq0$, $b_0\neq0$.

证明:

$$\lim_{x\to\infty}R(x)=\begin{cases}\infty, & n>m,\\ \frac{a_0}{b_0}, & n=m,\\ 0, & n<m.\end{cases}$$

**提示** 分子及分母同除以 $x^m$,命题即可获证.

**证** 分子分母同除以 $x^m$,得 $R(x)=\frac{a_0x^{n-m}+a_1x^{n-m-1}+\cdots+a_nx^{-m}}{b_0+b_1x^{-1}+\cdots+b_mx^{-m}}$.

当 $n>m$ 时,分子趋于无穷,分母趋于 $b_0$,所以,$\lim\limits_{x\to\infty}R(x)=\infty$.

当 $n=m$ 时,分子趋于 $a_0$,分母趋于 $b_0$,所以,$\lim\limits_{x\to\infty}R(x)=\frac{a_0}{b_0}$.

当 $n<m$ 时,分子趋于 0,分母趋于 $b_0$,所以,$\lim\limits_{x\to\infty}R(x)=0$.

**【410】** 设 $R(x)=\frac{P(x)}{Q(x)}$,式中 $P(x)$ 和 $Q(x)$ 为 $x$ 的多项式,且 $P(a)=Q(a)=0$.

表达式 $\lim\limits_{x\to a}\frac{P(x)}{Q(x)}$ 可能取何值?

**解** 若 $a$ 仅为 $P(x)=0$ 及 $Q(x)=0$ 的一重根,则极限 $\lim\limits_{x\to a}\frac{P(x)}{Q(x)}$ 为一确定值(不等于零).

若 $a$ 为 $P(x)=0$ 的 $n$ 重根,而为 $Q(x)=0$ 的 $m$ 重根,则当 $n>m$($n,m$ 均大于 1)时,此极限为 0;当 $n<m$ 时,此极限为∞;当 $n=m$ 时,此极限为一不等于零的值.

总之,极限 $\lim\limits_{x\to a}\frac{P(x)}{Q(x)}$ 为 0,或为∞,或为不等于零的值.

**求下列各式之值:**

**【411】** (1) $\lim\limits_{x\to0}\frac{x^2-1}{2x^2-x-1}$; (2) $\lim\limits_{x\to1}\frac{x^2-1}{2x^2-x-1}$; (3) $\lim\limits_{x\to\infty}\frac{x^2-1}{2x^2-x-1}$.

**解** (1) $\lim\limits_{x\to0}\frac{x^2-1}{2x^2-x-1}=\frac{-1}{-1}=1$.

(2) $\lim\limits_{x\to1}\frac{x^2-1}{2x^2-x-1}=\lim\limits_{x\to1}\frac{(x-1)(x+1)}{(2x+1)(x-1)}=\lim\limits_{x\to1}\frac{x+1}{2x+1}=\frac{2}{3}$.

(3) $\lim\limits_{x\to\infty}\frac{x^2-1}{2x^2-x-1}=\lim\limits_{x\to\infty}\frac{1-\frac{1}{x^2}}{2-\frac{1}{x}-\frac{1}{x^2}}=\frac{1}{2}$.

**【412】** $\lim\limits_{x\to0}\frac{(1+x)(1+2x)(1+3x)-1}{x}$.

**解** $(1+x)(1+2x)(1+3x)=1+6x+11x^2+6x^3$,于是,

$$\lim_{x\to0}\frac{(1+x)(1+2x)(1+3x)-1}{x}=\lim_{x\to0}(6+11x+6x^2)=6.$$

**【413】** $\lim\limits_{x\to0}\frac{(1+x)^5-(1+5x)}{x^2+x^5}$.

**解** $\lim\limits_{x\to0}\frac{(1+x)^5-(1+5x)}{x^2+x^5}=\lim\limits_{x\to0}\frac{x^5+5x^4+10x^3+10x^2}{x^2+x^5}=\lim\limits_{x\to0}\frac{x^3+5x^2+10x+10}{x^3+1}=10$.

【414】 $\lim\limits_{x\to 0}\dfrac{(1+mx)^n-(1+nx)^m}{x^2}$ （$m$ 与 $n$ 为正整数）.

提示 将$(1+mx)^n$ 及$(1+nx)^m$ 展开即易获解.

解 $\dfrac{(1+mx)^n-(1+nx)^m}{x^2}$

$$=\frac{\left[1+nmx+\frac{1}{2!}n(n-1)m^2x^2+\cdots+m^nx^n\right]}{x^2}+\frac{-\left[1+mnx+\frac{1}{2!}m(m-1)n^2x^2+\cdots+n^mx^m\right]}{x^2}$$

$$=\frac{n}{2}(n-1)m^2-\frac{m}{2}(m-1)n^2+o(x)^{*)}=\frac{1}{2}mn(n-m)+o(x),$$

于是，$\lim\limits_{x\to 0}\dfrac{(1+mx)^n-(1+nx)^m}{x^2}=\dfrac{1}{2}mn(n-m)$.

*） $o(x)$表示当 $x\to 0$ 时的无穷小量.

【415】 $\lim\limits_{x\to\infty}\dfrac{(x-1)(x-2)(x-3)(x-4)(x-5)}{(5x-1)^5}$.

提示 利用 409 题的结果.

解 分子的最高次方为 5 次，分母的最高次方也为 5 次，因而当 $x\to\infty$时，此分式的极限为分子与分母的最高次方系数之比，于是，

$$\lim_{x\to\infty}\frac{(x-1)(x-2)(x-3)(x-4)(x-5)}{(5x-1)^5}=\frac{1}{5^5}.$$

【416】 $\lim\limits_{x\to\infty}\dfrac{(2x-3)^{20}(3x+2)^{30}}{(2x+1)^{50}}$.

提示 利用 409 题的结果.

解 分子与分母的最高次方相同，故

$$\lim_{x\to\infty}\frac{(2x-3)^{20}(3x+2)^{30}}{(2x+1)^{50}}=\frac{2^{20}\cdot 3^{30}}{2^{50}}=\left(\frac{3}{2}\right)^{30}.$$

【417】 $\lim\limits_{x\to\infty}\dfrac{(x+1)(x^2+1)\cdots(x^n+1)}{\left[(nx)^n+1\right]^{\frac{n+1}{2}}}$.

提示 分子与分母的的最高次方均为$\dfrac{n(n+1)}{2}$，并利用 409 题的结果.

解 分子的最高次方为 $1+2+\cdots+n=\dfrac{n(n+1)}{2}$，它与分母的最高次方相同，所以，

$$\lim_{x\to\infty}\frac{(x+1)(x^2+1)\cdots(x^n+1)}{\left[(nx)^n+1\right]^{\frac{n+1}{2}}}=n^{-\frac{n(n+1)}{2}}.$$

【418】 $\lim\limits_{x\to 3}\dfrac{x^2-5x+6}{x^2-8x+15}$.

解 $\lim\limits_{x\to 3}\dfrac{x^2-5x+6}{x^2-8x+15}=\lim\limits_{x\to 3}\dfrac{(x-3)(x-2)}{(x-3)(x-5)}=\lim\limits_{x\to 3}\dfrac{x-2}{x-5}=-\dfrac{1}{2}$.

【419】 $\lim\limits_{x\to 1}\dfrac{x^3-3x+2}{x^4-4x+3}$.

提示 注意分子及分母分解因式后，有

$x^3-3x+2=(x-1)^2(x+2)$， $x^4-4x+3=(x-1)^2(x^2+2x+3)$.

解 $\lim\limits_{x\to 1}=\dfrac{x^3-3x+2}{x^4-4x+3}=\lim\limits_{x\to 1}\dfrac{(x-1)^2(x+2)}{(x-1)^2(x^2+2x+3)}=\lim\limits_{x\to 1}\dfrac{x+2}{x^2+2x+3}=\dfrac{1}{2}$.

【420】 $\lim\limits_{x\to 1}\dfrac{x^3-3x+2}{x^4-x^3-x+1}^{*)}$.

解 $\lim\limits_{x\to 1}\dfrac{x^3-3x+2}{x^4-x^3-x+1}=\lim\limits_{x\to 1}\dfrac{(x-1)^2(x+2)}{(x-1)^2(x^2+x+1)}=\lim\limits_{x\to 1}\dfrac{x+2}{x^2+x+1}=1$.

*) 原书 419 题与 420 题相同.

**【421】** $\lim\limits_{x\to 2}\dfrac{x^3-2x^2-4x+8}{x^4-8x^2+16}$.

**解** $\lim\limits_{x\to 2}\dfrac{x^3-2x^2-4x+8}{x^4-8x^2+16}=\lim\limits_{x\to 2}\dfrac{(x-2)^2(x+2)}{(x-2)^2(x+2)^2}=\lim\limits_{x\to 2}\dfrac{1}{x+2}=\dfrac{1}{4}$.

**【422】** $\lim\limits_{x\to -1}\dfrac{x^3-2x-1}{x^5-2x-1}$.

**解** $\lim\limits_{x\to 1}\dfrac{x^3-2x-1}{x^5-2x-1}=\lim\limits_{x\to -1}\dfrac{(x+1)(x^2-x-1)}{(x+1)(x^4-x^3+x^2-x-1)}=\lim\limits_{x\to -1}\dfrac{x^2-x-1}{x^4-x^3+x^2-x-1}=\dfrac{1}{3}$.

**【423】** $\lim\limits_{x\to 2}\dfrac{(x^2-x-2)^{20}}{(x^3-12x+16)^{10}}$.

**提示** 仿 419 题的解法，将分子及分母分解因式，且注意 $x^3-12x+16=(x-2)^2(x+4)$.

**解** $\lim\limits_{x\to 2}\dfrac{(x^2-x-2)^{20}}{(x^3-12x+16)^{10}}=\lim\limits_{x\to 2}\dfrac{(x-2)^{20}(x+1)^{20}}{(x-2)^{20}(x+4)^{10}}=\lim\limits_{x\to 2}\dfrac{(x+1)^{20}}{(x+4)^{10}}=\dfrac{3^{20}}{6^{10}}=\left(\dfrac{3}{2}\right)^{10}$.

**【424】** $\lim\limits_{x\to 1}\dfrac{x+x^2+\cdots+x^n-n}{x-1}$.

**提示** $x+x^2+\cdots+x^n-n=(x-1)[n+(n-1)x+(n-2)x^2+\cdots+x^{n-1}]$.

**解** $x+x^2+\cdots+x^n-n=(x-1)+(x^2-1)+\cdots+(x^n-1)$

$=(x-1)[1+(x+1)+\cdots+(x^{n-1}+x^{n-2}+\cdots+1)]$

$=(x-1)[n+(n-1)x+(n-2)x^2+\cdots+x^{n-1}]$.

于是，

$$\lim\limits_{x\to 1}\dfrac{x+x^2+\cdots+x^n-n}{x-1}=\lim\limits_{x\to 1}[n+(n-1)x+(n-2)x^2+\cdots+x^{n-1}]$$

$$=n+(n-1)+(n-2)+\cdots+1=\dfrac{n(n+1)}{2}.$$

**【425】** $\lim\limits_{x\to 1}\dfrac{x^m-1}{x^n-1}$（$m$ 和 $n$ 为正整数）.

**解** $\lim\limits_{x\to 1}\dfrac{x^m-1}{x^n-1}=\lim\limits_{x\to 1}\dfrac{x^{m-1}+x^{m-2}+\cdots+x+1}{x^{n-1}+x^{n-2}+\cdots+x+1}=\dfrac{m}{n}$.

**【426】** $\lim\limits_{x\to a}\dfrac{(x^n-a^n)-na^{n-1}(x-a)}{(x-a)^2}$ （$n$ 为正整数）.

**提示** 令 $x=a+y$，则当 $x\to a$ 时，$y\to 0$. 将 $(a+y)^n$ 展开.

**解** 设 $x=a+y$，则当 $x\to a$ 时，$y\to 0$. 代入，得

$$\lim\limits_{x\to a}\dfrac{(x^n-a^n)-na^{n-1}(x-a)}{(x-a)^2}=\lim\limits_{y\to 0}\dfrac{(a+y)^n-a^n-na^{n-1}y}{y^2}$$

$$=\lim\limits_{y\to 0}\left[\dfrac{n}{2!}(n-1)a^{n-2}+\dfrac{1}{3!}n(n-1)(n-2)a^{n-3}y+\cdots+y^{n-2}\right]=\dfrac{n(n-1)}{2}a^{n-2}.$$

**【427】** $\lim\limits_{x\to 1}\dfrac{x^{n+1}-(n+1)x+n}{(x-1)^2}$ （$n$ 为正整数）.

**提示** 仿 426 题的解法，令 $x=1+y$.

**解** 设 $x=1+y$，则当 $x\to 1$ 时，$y\to 0$. 代入，得

$$\lim\limits_{x\to 1}\dfrac{x^{n+1}-(n+1)x+n}{(x-1)^2}=\lim\limits_{y\to 0}\dfrac{(1+y)^{n+1}-(n+1)(1+y)+n}{y^2}$$

$$=\lim\limits_{y\to 0}\left[\dfrac{n(n+1)}{2!}+\dfrac{1}{3!}(n+1)n(n-1)y+\cdots+y^{n-1}\right]=\dfrac{n(n+1)}{2}.$$

**【428】** $\lim\limits_{x\to 1}\left(\dfrac{m}{1-x^m}-\dfrac{n}{1-x^n}\right)$（$m$ 和 $n$ 为正整数）.

**解题思路** 当 $m\neq n$ 时，不失一般性，设 $m<n$，且令 $m+l=n$ （$l\in\mathrm{N}$）. 通分后求极限，所得结果对于 $m=n$ 的情况仍适用.

**解** 当 $m=n$ 时，此极限显然为零.

当 $m\neq n$ 时，不失一般性，假设 $m<n$，且 $m+l=n$. 此时

$$\frac{m}{1-x^m}-\frac{n}{1-x^n}=\frac{m(1+x+\cdots+x^{n-1})-n(1+x+\cdots+x^{m-1})}{(1-x)(1+x+x^2+\cdots+x^{m-1})(1+x+\cdots+x^{n-1})}$$

$$=\frac{-l-lx-\cdots-lx^{m-1}+mx^m+mx^{m+1}+\cdots+mx^{m+l-1}}{(1-x)(1+x+\cdots+x^{m-1})(1+x+\cdots+x^{m+l+1})}$$

$$=-\frac{mx^{m+l-2}+2mx^{m+l-3}+\cdots+mlx^{m-1}}{(1+x+\cdots+x^{m-1})(1+x+\cdots+x^{m+l-1})}-\frac{+l(m-1)x^{m-2}+l(m-2)x^{m-3}+\cdots+l}{(1+x+\cdots+x^{m-1})(1+x+\cdots+x^{m+l-1})}.$$

于是，

$$\lim_{x\to1}\left(\frac{m}{1-x^m}-\frac{n}{1-x^n}\right)=-\frac{m[1+2+\cdots+(l-1)]+l[m+(m-1)+\cdots+1]}{mn}$$

$$=-\frac{\frac{ml(l-1)}{2}+\frac{ml(m+1)}{2}}{mn}=-\frac{ml(m+l)}{2mn}=\frac{m-n}{2}.$$

当 $m=n$ 时，上述结果就等于零. 即上述结果对 $m=n$ 的情况仍然适用.

总之，不论 $m$ 及 $n$ 为任何的正整数，均有 $\lim\limits_{x\to1}\left(\frac{m}{1-x^m}-\frac{n}{1-x^n}\right)=\frac{m-n}{2}$.

**【429】** $\lim\limits_{n\to\infty}\frac{1}{n}\left[\left(x+\frac{a}{n}\right)+\left(x+\frac{2a}{n}\right)+\cdots+\left(x+\frac{(n-1)a}{n}\right)\right]$

**解** $\lim\limits_{n\to\infty}\frac{1}{n}\left[\left(x+\frac{a}{n}\right)+\left(x+\frac{2a}{n}\right)+\cdots+\left(x+\frac{(n-1)a}{n}\right)\right]$

$$=\lim_{n\to\infty}\frac{1}{n}\left\{(n-1)x+\frac{a}{n}[1+2+\cdots+(n-1)]\right\}=\lim_{n\to\infty}\frac{n-1}{n}\left(x+\frac{a}{2}\right)=x+\frac{a}{2}.$$

**【430】** $\lim\limits_{n\to\infty}\frac{1}{n}\left[\left(x+\frac{a}{n}\right)^2+\left(x+\frac{2a}{n}\right)^2+\cdots+\left(x+\frac{(n-1)a}{n}\right)^2\right]$.

**提示** 利用 2 题的结果.

**解** $\lim\limits_{n\to\infty}\frac{1}{n}\left[\left(x+\frac{a}{n}\right)^2+\left(x+\frac{2a}{n}\right)^2+\cdots+\left(x+\frac{(n-1)a}{n}\right)^2\right]$

$$=\lim_{n\to\infty}\frac{1}{n}\left\{(n-1)x^2+\frac{2ax}{n}[1+2+\cdots+(n-1)]+\frac{a^2}{n^2}[1^2+2^2+\cdots+(n-1)^2]\right\}$$

$$=\lim_{n\to\infty}\frac{1}{n}\left\{(n-1)x^2+\frac{n-1}{1}ax+\frac{(n-1)(2n-1)}{6n}a^2\right\}=x^2+ax+\frac{a^2}{3}.$$

**【431】** $\lim\limits_{n\to\infty}\frac{1^2+3^2+\cdots+(2n-1)^2}{2^2+4^2+\cdots+(2n)^2}$.

**提示** $1^2+3^2+\cdots+(2n-1)^2=\frac{n}{3}(4n^2-1)$.

**解** $1^2+3^2+\cdots+(2n-1)^2=\frac{n}{3}(4n^2-1)$， $2^2+4^2+\cdots+(2n)^2=\frac{2n(n+1)(2n+1)}{3}$.

于是，$\lim\limits_{n\to\infty}\frac{1^2+3^2+\cdots+(2n-1)^2}{2^2+4^2+\cdots+(2n)^2}=\lim\limits_{n\to\infty}\frac{2n-1}{2(n+1)}=1$.

**【432】** $\lim\limits_{n\to\infty}\left(\frac{1^3+2^3+\cdots+n^3}{n^3}-\frac{n}{4}\right)$.

**提示** $1^3+2^3+\cdots+n^3=\left[\frac{n(n+1)}{2}\right]^2$.

**解** $\lim\limits_{n\to\infty}\left(\frac{1^3+2^3+\cdots+n^3}{n^3}-\frac{n}{4}\right)=\lim\limits_{n\to\infty}\left[\frac{n^2(n+1)^2}{4n^3}-\frac{n}{4}\right]^{*)}=\lim\limits_{n\to\infty}\frac{2n+1}{4n}=\frac{1}{2}$.

*) 利用 3 题及 1 题的结果.

**【433】** $\lim\limits_{n\to\infty}\frac{1^3+4^3+7^3+\cdots+(3n-2)^3}{[1+4+7+\cdots+(3n-2)]^2}$.

**解题思路** 令 $1^3+4^3+7^3+\cdots+(3n-2)^3=x_n$ 及 $[1+4+7+\cdots+(3n-2)]^2=y_n$，则 $y_{n+1}>y_n$，且 $y_n\to+\infty$.

利用 143 题的结果.

**解** 令 $1^3+4^3+7^3+\cdots+(3n-2)^3=x_n$， $[1+4+7+\cdots+(3n-2)]^2=y_n$，

则 $y_{n+1}>y_n$，且 $y_n\to+\infty$，由于

$$\frac{x_{n+1}-x_n}{y_{n+1}-y_n}=\frac{(3n+1)^3}{[1+4+7+\cdots+(3n+1)]^2-[1+4+7+\cdots+(3n-2)]^2}$$

$$=\frac{(3n+1)^3}{\left[\frac{(1+n)(3n+2)}{2}+\frac{n(3n-1)}{2}\right](3n+1)}\to3\quad(n\to\infty).$$

利用 143 题的结果，即得 $\lim\limits_{n\to\infty}\frac{1^3+4^3+7^3+\cdots+(3n-2)^3}{[1+4+7+\cdots+(3n-2)]^2}=3$.

**【434】** 把由抛物线 $y=b\left(\frac{x}{a}\right)^2$，$Ox$ 轴及直线 $x=a$ 所围成的曲边三角形 $OAM$(图 1.237)的面积，当作以 $\frac{a}{n}$ 为底的各内接矩形面积之和当 $n\to\infty$ 的极限值，求此面积.

**提示** 先求各内接矩形的面积和.

**解** 底的 $n$ 个分点为 $0,\ \frac{a}{n},\ \frac{2a}{n},\ \cdots,\ \frac{n-1}{n}a$；

它们所对应的高为

$$0,\ b\left(\frac{1}{n}\right)^2,\ b\left(\frac{2}{n}\right)^2,\ \cdots,\ b\left(\frac{n-1}{n}\right)^2.$$

于是，得内接的 $n$ 个矩形面积之和为

$$ab\sum_{k=0}^{n-1}\frac{1}{n}\left(\frac{k}{n}\right)^2=\frac{ab(n-1)(2n-1)}{6n^2},$$

当 $n\to\infty$ 时，它趋向于 $\frac{ab}{3}$，即面积 $OAM=\frac{ab}{3}$.

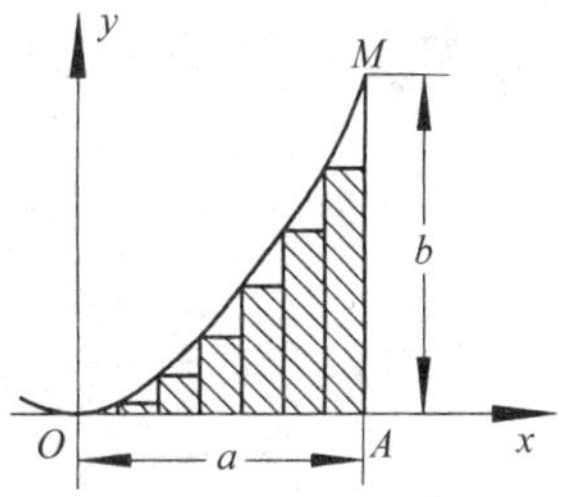


图 1.237

**求极限：**

**【435】** $\lim\limits_{x\to+\infty}\frac{\sqrt{x+\sqrt{x+\sqrt{x}}}}{\sqrt{x+1}}$.

**解** 分子分母同除以 $\sqrt{x}$，得

$$\lim_{x\to+\infty}\frac{\sqrt{x+\sqrt{x+\sqrt{x}}}}{\sqrt{x+1}}=\lim_{x\to+\infty}\frac{\sqrt{1+\sqrt{\frac{1}{x}+\sqrt{\frac{1}{x^3}}}}}{\sqrt{1+\frac{1}{x}}}=1.$$

**【436】** $\lim\limits_{x\to+\infty}\frac{\sqrt{x}+\sqrt[3]{x}+\sqrt[4]{x}}{\sqrt{2x+1}}$.

**提示** 分子分母同除以 $\sqrt{x}$.

**解** 分子分母同除以 $\sqrt{x}$，得

$$\lim_{x\to+\infty}\frac{\sqrt{x}+\sqrt[3]{x}+\sqrt[4]{x}}{\sqrt{2x+1}}=\lim_{x\to+\infty}\frac{1+x^{-\frac{1}{6}}+x^{-\frac{1}{4}}}{\sqrt{2+\frac{1}{x}}}=\frac{1}{\sqrt{2}}.$$

**【437】** $\lim\limits_{x\to4}\frac{\sqrt{1+2x}-3}{\sqrt{x}-2}$.

**提示** 分子分母同乘以它们的共轭因式.

**解** 分子分母同乘以它们的共轭因式，得

$$\lim_{x\to4}\frac{\sqrt{1+2x}-3}{\sqrt{x}-2}=\lim_{x\to4}\frac{(\sqrt{1+2x}-3)(\sqrt{1+2x}+3)(\sqrt{x}+2)}{(\sqrt{x}-2)(\sqrt{x}+2)(\sqrt{1+2x}+3)}$$

$$=\lim_{x\to4}\frac{2(x-4)(\sqrt{x}+2)}{(x-4)(\sqrt{1+2x}+3)}=\lim_{x\to4}\frac{2(\sqrt{x}+2)}{\sqrt{1+2x}+3}=\frac{4}{3}.$$

**【438】** $\lim\limits_{x\to-8}\dfrac{\sqrt{1-x}-3}{2+\sqrt[3]{x}}$.

**提示** 分子及分母同乘以式$(\sqrt{1-x}+3)(4+\sqrt[3]{x^2}-2\sqrt[3]{x})$.

**解** $$\lim_{x\to-8}\frac{\sqrt{1-x}-3}{2+\sqrt[3]{x}}=\lim_{x\to-8}\frac{(\sqrt{1-x}-3)(\sqrt{1-x}+3)(4+\sqrt[3]{x^2}-2\sqrt[3]{x})}{(2+\sqrt[3]{x})(4+\sqrt[3]{x^2}-2\sqrt[3]{x})(\sqrt{1-x}+3)}$$

$$=\lim_{x\to-8}\frac{-(8+x)(4+\sqrt[3]{x^2}-2\sqrt[3]{x})}{(8+x)(\sqrt{1-x}+3)}=-\lim_{x\to-8}\frac{4+\sqrt[3]{x^2}-2\sqrt[3]{x}}{\sqrt{1-x}+3}=-2.$$

**【439】** $\lim\limits_{x\to a}\dfrac{\sqrt{x}-\sqrt{a}+\sqrt{x-a}}{\sqrt{x^2-a^2}}$.

**提示** 分子及分母同乘以式$(\sqrt{x}+\sqrt{a})$.

**解** $$\lim_{x\to a}\frac{\sqrt{x}-\sqrt{a}+\sqrt{x-a}}{\sqrt{x^2-a^2}}=\lim_{x\to a}\frac{(\sqrt{x}-\sqrt{a}+\sqrt{x-a})(\sqrt{x}+\sqrt{a})}{\sqrt{x^2-a^2}(\sqrt{x}+\sqrt{a})}$$

$$=\lim_{x\to a}\frac{\sqrt{x-a}(\sqrt{x-a}+\sqrt{x}+\sqrt{a})}{\sqrt{x-a}\sqrt{x+a}(\sqrt{x}+\sqrt{a})}=\lim_{x\to a}\frac{\sqrt{x-a}+\sqrt{x}+\sqrt{a}}{\sqrt{x+a}(\sqrt{x}+\sqrt{a})}=\frac{1}{\sqrt{2a}}\quad(a>0).$$

**【440】** $\lim\limits_{x\to3}\dfrac{\sqrt{x+13}-2\sqrt{x+1}}{x^2-9}$.

**解** $$\lim_{x\to3}\frac{\sqrt{x+13}-2\sqrt{x+1}}{x^2-9}=\lim_{x\to3}\frac{(\sqrt{x+13}-2\sqrt{x+1})(\sqrt{x+13}+2\sqrt{x+1})}{(x+3)(x-3)(\sqrt{x+13}+2\sqrt{x+1})}$$

$$=\lim_{x\to3}\frac{-3(x-3)}{(x-3)(x+3)(\sqrt{x+13}+2\sqrt{x+1})}=\lim_{x\to3}\frac{-3}{(x+3)(\sqrt{x+13}+2\sqrt{x+1})}=-\frac{1}{16}.$$

**【441】** $\lim\limits_{x\to-2}\dfrac{\sqrt[3]{x-6}+2}{x^3+8}$.

**解** $$\lim_{x\to-2}\frac{\sqrt[3]{x-6}+2}{x^3+8}=\lim_{x\to-2}\frac{(\sqrt[3]{x-6}+2)(\sqrt[3]{(x-6)^2}-2\sqrt[3]{x-6}+4)}{(x^3+8)(\sqrt[3]{(x-6)^2}-2\sqrt[3]{x-6}+4)}$$

$$=\lim_{x\to-2}\frac{1}{(x^2-2x+4)(\sqrt[3]{(x-6)^2}-2\sqrt[3]{x-6}+4)}=\frac{1}{144}.$$

**【442】** $\lim\limits_{x\to16}\dfrac{\sqrt[4]{x}-2}{\sqrt{x}-4}$.

**解** $$\lim_{x\to16}\frac{\sqrt[4]{x}-2}{\sqrt{x}-4}=\lim_{x\to16}\frac{1}{\sqrt[4]{x}+2}=\frac{1}{4}.$$

**【443】** $\lim\limits_{x\to8}\dfrac{\sqrt{9+2x}-5}{\sqrt[3]{x}-2}$.

**解** $$\lim_{x\to8}\frac{\sqrt{9+2x}-5}{\sqrt[3]{x}-2}=\lim_{x\to8}\frac{(\sqrt{9+2x}-5)(\sqrt{9+2x}+5)(\sqrt[3]{x^2}+2\sqrt[3]{x}+4)}{(\sqrt[3]{x}-2)(\sqrt[3]{x^2}+2\sqrt[3]{x}+4)(\sqrt{9+2x}+5)}$$

$$=2\lim_{x\to8}\frac{\sqrt[3]{x^2}+2\sqrt[3]{x}+4}{\sqrt{9+2x}+5}=\frac{12}{5}.$$

**【444】** $\lim\limits_{x\to0}\dfrac{\sqrt[n]{1+x}-1}{x}$ （$n$为整数）.

**解** $$\lim_{x\to0}\frac{\sqrt[n]{1+x}-1}{x}=\lim_{x\to0}\frac{(\sqrt[n]{1+x}-1)(\sqrt[n]{(1+x)^{n-1}}+\sqrt[n]{(1+x)^{n-2}}+\cdots+1)}{x(\sqrt[n]{(1+x)^{n-1}}+\sqrt[n]{(1+x)^{n-2}}+\cdots+1)}$$

$$=\lim_{x\to 0}\frac{1}{\sqrt[n]{(1+x)^{n-1}}+\sqrt[n]{(1+x)^{n-2}}+\cdots+\sqrt[n]{1+x}+1}=\frac{1}{n}.$$

**【445】** $\lim\limits_{x\to 0}\frac{\sqrt{1-2x-x^2}-(1+x)}{x}$.

**解** $\lim\limits_{x\to 0}\frac{\sqrt{1-2x-x^2}-(1+x)}{x}=\lim\limits_{x\to 0}\frac{(\sqrt{1-2x-x^2}-1-x)(\sqrt{1-2x-x^2}+1+x)}{x(\sqrt{1-2x-x^2}+1+x)}$

$$=\lim_{x\to 0}\frac{-2(2+x)}{\sqrt{1-2x-x^2}+1+x}=-2.$$

**【446】** $\lim\limits_{x\to 0}\frac{\sqrt[3]{8+3x-x^2}-2}{x+x^2}$.

**解** $\lim\limits_{x\to 0}\frac{\sqrt[3]{8+3x-x^2}-2}{x+x^2}=\lim\limits_{x\to 0}\left[\frac{(\sqrt[3]{8+3x-x^2}-2)}{(x+x^2)}\cdot\frac{(\sqrt[3]{(8+3x-x^2)^2}+2\sqrt[3]{8+3x-x^2}+4)}{(\sqrt[3]{(8+3x-x^2)^2}+2\sqrt[3]{8+3x-x^2}+4)}\right]$

$$=\lim_{x\to 0}\frac{3-x}{(1+x)(\sqrt[3]{(8+3x-x^2)^2}+2\sqrt[3]{8+3x-x^2}+4)}=\frac{1}{4}.$$

**【447】** $\lim\limits_{x\to 0}\frac{\sqrt[3]{27+x}-\sqrt[3]{27-x}}{x+2\sqrt[3]{x^4}}$.

**解** $\lim\limits_{x\to 0}\frac{\sqrt[3]{27+x}-\sqrt[3]{27-x}}{x+2\sqrt[3]{x^4}}=\lim\limits_{x\to 0}\left[\frac{(\sqrt[3]{27+x}-\sqrt[3]{27-x})}{(x+2\sqrt[3]{x^4})}\cdot\frac{(\sqrt[3]{(27+x)^2}+\sqrt[3]{27^2-x^2}+\sqrt[3]{(27-x)^2})}{(\sqrt[3]{(27+x)^2}+\sqrt[3]{27^2-x^2}+\sqrt[3]{(27-x)^2})}\right]$

$$=\lim_{x\to 0}\frac{2}{(1+2\sqrt[3]{x})(\sqrt[3]{(27+x)^2}+\sqrt[3]{27^2-x^2}+\sqrt[3]{(27-x)^2})}=\frac{2}{27}.$$

**【448】** $\lim\limits_{x\to 0}\frac{\sqrt{1+x}-\sqrt{1-x}}{\sqrt[3]{1+x}-\sqrt[3]{1-x}}$.

**解** $\lim\limits_{x\to 0}\frac{\sqrt{1+x}-\sqrt{1-x}}{\sqrt[3]{1+x}-\sqrt[3]{1-x}}$

$$=\lim_{x\to 0}\left[\frac{(\sqrt{1+x}-\sqrt{1-x})(\sqrt{1+x}+\sqrt{1-x})}{(\sqrt[3]{1+x}-\sqrt[3]{1-x})(\sqrt{1+x}+\sqrt{1-x})}\cdot\frac{(\sqrt[3]{(1+x)^2}+\sqrt[3]{1-x^2}+\sqrt[3]{(1-x)^2})}{(\sqrt[3]{(1+x)^2}+\sqrt[3]{1-x^2}+\sqrt[3]{(1-x)^2})}\right]$$

$$=\lim_{x\to 0}\frac{\sqrt[3]{(1+x)^2}+\sqrt[3]{1-x^2}+\sqrt[3]{(1-x)^2}}{\sqrt{1+x}+\sqrt{1-x}}=\frac{3}{2}.$$

**【449】** $\lim\limits_{x\to 7}\frac{\sqrt{x+2}-\sqrt[3]{x+20}}{\sqrt[4]{x+9}-2}$.

**解** $\lim\limits_{x\to 7}\frac{\sqrt{x+2}-\sqrt[3]{x+20}}{\sqrt[4]{x+9}-2}$

$$=\lim_{x\to 7}\left[\frac{(\sqrt[6]{(x+2)^3}-\sqrt[6]{(x+20)^2})(\sqrt[4]{x+9}+2)(\sqrt{x+9}+4)}{(\sqrt[4]{x+9}-2)(\sqrt[4]{x+9}+2)(\sqrt{x+9}+4)}\right.$$

$$\left.\cdot\frac{(\sqrt[6]{(x+2)^{15}}+\sqrt[6]{(x+2)^{12}(x+20)^2}+\cdots+\sqrt[6]{(x+20)^{10}})}{(\sqrt[6]{(x+2)^{15}}+\cdots+\sqrt[6]{(x+20)^{10}})}\right]$$

$$=\lim_{x\to 7}\frac{[(x+2)^3-(x+20)^2](\sqrt[4]{x+9}+2)(\sqrt{x+9}+4)}{(x-7)(\sqrt[6]{(x+2)^{15}}+\cdots+\sqrt[6]{(x+2)^{10}})}$$

$$=\lim_{x\to 7}\frac{(x-7)(x^2+12x+56)(\sqrt[4]{x+9}+2)(\sqrt{x+9}+4)}{(x-7)(\sqrt[6]{(x+2)^{15}}+\cdots+\sqrt[6]{(x+20)^{10}})}$$

$$=\lim_{x\to 7}\frac{(x^2+12x+56)(\sqrt[4]{x+9}+2)(\sqrt{x+9}+4)}{\sqrt[6]{(x+2)^{15}}+\sqrt[6]{(x+2)^{12}(x+20)^2}+\cdots+\sqrt[6]{(x+20)^{10}}}$$

$$=\frac{189\cdot 4\cdot 8}{3^5+3^4\cdot 3+3^3\cdot 3^2+3^2\cdot 3^3+3\cdot 3^4+3^5}=\frac{6048}{1458}=4\frac{4}{27}.$$

**【450】** $\lim\limits_{x\to0}\dfrac{\sqrt[3]{1+\dfrac{x}{3}}-\sqrt[4]{1+\dfrac{x}{4}}}{1-\sqrt{1-\dfrac{x}{2}}}$.

**解** $\lim\limits_{x\to0}\dfrac{\sqrt[3]{1+\dfrac{x}{3}}-\sqrt[4]{1+\dfrac{x}{4}}}{1-\sqrt{1-\dfrac{x}{2}}}$

$$=\lim_{x\to0}\left[\frac{\left(\sqrt[12]{\left(1+\frac{x}{3}\right)^4}-\sqrt[12]{\left(1+\frac{x}{4}\right)^3}\right)\left(1+\sqrt{1-\frac{x}{2}}\right)}{\left(1-\sqrt{1-\frac{x}{2}}\right)\left(1+\sqrt{1-\frac{x}{2}}\right)}\cdot\frac{\left(\sqrt[12]{\left(1+\frac{x}{3}\right)^{44}}+\cdots+\sqrt[12]{\left(1+\frac{x}{4}\right)^{33}}\right)}{\left(\sqrt[12]{\left(1+\frac{x}{3}\right)^{44}}+\cdots+\sqrt[12]{\left(1+\frac{x}{4}\right)^{33}}\right)}\right]$$

$$=\lim_{x\to0}\frac{x\left(\frac{7}{12}+\frac{23x}{48}+\frac{229x^2}{1728}+\frac{x^3}{81}\right)\left(1+\sqrt{1-\frac{x}{2}}\right)}{\frac{x}{2}\left(\sqrt[12]{\left(1+\frac{x}{3}\right)^{44}}+\cdots+\sqrt[12]{\left(1+\frac{x}{4}\right)^{33}}\right)}=\frac{7}{36}.$$

**【451】** $\lim\limits_{x\to0}\dfrac{x^2}{\sqrt[5]{1+5x}-(1+x)}$.

**解** $\lim\limits_{x\to0}\dfrac{x^2}{\sqrt[5]{1+5x}-(1+x)}=\lim\limits_{x\to0}\dfrac{x^2\left(\sqrt[5]{(1+5x)^4}+\sqrt[5]{(1+5x)^3}(1+x)+\cdots+(1+x)^4\right)}{(1+5x)-(1+x)^5}$

$$=\lim_{x\to0}\frac{\sqrt[5]{(1+5x)^4}+\sqrt[5]{(1+5x)^3}(1+x)+\cdots+(1+x)^4}{-10-10x-5x^2-x^3}=-\frac{1}{2}.$$

**【452】** $\lim\limits_{x\to0}\dfrac{\sqrt[m]{1+\alpha x}-\sqrt[n]{1+\beta x}}{x}$ ($m$ 及 $n$ 为整数).

**解题思路** 分三种情况:(1)$m$ 及 $n$ 均为正整数;(2)$m$ 及 $n$ 均为负整数,可令 $m=-m'$,$n=-n'$,其中 $m'$ 及 $n'$ 为正整数;(3)$m$ 及 $n$ 中有一个为正整数,另一个为负整数.

**解** 如果 $m$ 及 $n$ 为正整数,则

$$\lim_{x\to0}\frac{\sqrt[m]{1+\alpha x}-\sqrt[n]{1+\beta x}}{x}=\lim_{x\to0}\frac{(1+\alpha x)^n-(1+\beta x)^m}{x\left(\sqrt[mn]{(1+\alpha x)^{n(mn-1)}}+\cdots+\sqrt[mn]{(1+\beta x)^{m(mn-1)}}\right)}$$

$$=\lim_{x\to0}\frac{(n\alpha-m\beta)+\left(C_n^2\alpha^2x+\cdots+\alpha^nx^{n-1}-C_m^2\beta^2-\cdots-\beta^nx^{m-1}\right)}{\sqrt[mn]{(1+\alpha x)^{n(mn-1)}}+\cdots+\sqrt[mn]{(1+\beta x)^{m(mn-1)}}}$$

$$=\frac{n\alpha-m\beta}{mn}=\frac{\alpha}{m}-\frac{\beta}{n}.$$

如果 $m$ 及 $n$ 为负整数. 设 $m=-m'$,$n=-n'$,其中 $m'$ 及 $n'$ 为正整数,则

$$\sqrt[m]{1+\alpha x}-\sqrt[n]{1+\beta x}=\frac{\sqrt[n']{1+\beta x}-\sqrt[m']{1+\alpha x}}{\sqrt[m']{1+\alpha x}\cdot\sqrt[n']{1+\beta x}}.$$

上式的分母趋于 1,于是利用本题前半段的结果,得

$$\lim_{x\to0}\frac{\sqrt[n']{1+\beta x}-\sqrt[m']{1+\alpha x}}{x}=\frac{\beta}{n'}-\frac{\alpha}{m'}=\frac{\alpha}{m}-\frac{\beta}{n}.$$

如果 $m$ 及 $n$ 中有一个为负整数,另一个为正整数,则同法可证上述结论仍然成立. 因此,

$$\lim_{x\to0}\frac{\sqrt[m]{1+\alpha x}-\sqrt[n]{1+\beta x}}{x}=\frac{\alpha}{m}-\frac{\beta}{n}\quad(mn\neq0).$$

**【453】** $\lim\limits_{x\to0}\dfrac{\sqrt[m]{1+\alpha x}\cdot\sqrt[n]{1+\beta x}-1}{x}$ ($m$ 及 $n$ 为整数).

**提示** 仿 452 题的解法.

**解** 与 452 题相同,先设 $m$ 及 $n$ 为正整数.

$$\lim_{x\to0}\frac{\sqrt[m]{1+\alpha x}\cdot\sqrt[n]{1+\beta x}-1}{x}=\lim_{x\to0}\frac{(1+\alpha x)^n(1+\beta x)^m-1}{x(\sqrt[mn]{(1+\alpha x)^{n(mn-1)}\cdot(1+\beta)^{m(mn-1)}}+\cdots+1)}$$

$$=\lim_{x\to0}\frac{n\alpha+m\beta+o(x)}{\sqrt[mn]{(1+\alpha x)^{n(mn-1)}(1+\beta x)^{m(mn-1)}}+\cdots+1}$$

$$=\frac{n\alpha+m\beta}{mn}=\frac{\alpha}{m}+\frac{\beta}{n}.$$

若 $m$ 及 $n$ 为负整数,则此结果仍然成立. 事实上,只需设 $m=-m'$,$n=-n'$,其中 $m'$ 及 $n'$ 为正整数. 于是,

$$\sqrt[m]{1+\alpha x}\cdot\sqrt[n]{1+\beta x}-1=\frac{1-\sqrt[m']{1+\alpha x}\cdot\sqrt[n']{1+\beta x}}{\sqrt[m']{1+\alpha x}\cdot\sqrt[n']{1+\beta x}}.$$

再利用前半段的结果,即得

$$\lim_{x\to0}\frac{1-\sqrt[m']{1+\alpha x}\cdot\sqrt[n']{1+\beta x}}{x(\sqrt[m']{1+\alpha x}\cdot\sqrt[n']{1+\beta x})}=-\frac{\alpha}{m'}-\frac{\beta}{n'}=\frac{\alpha}{m}+\frac{\beta}{n}.$$

若 $m$ 及 $n$ 中有一个为负整数,则同法可证上述结论仍然成立. 因而,当 $m$ 及 $n$ 为整数时,有

$$\lim_{x\to0}\frac{\sqrt[m]{1+\alpha x}\cdot\sqrt[n]{1+\beta x}-1}{x}=\frac{\alpha}{m}+\frac{\beta}{n}\quad(mn\neq0).$$

**【454】** 设 $P(x)=a_1x+a_2x^2+\cdots+a_nx^n$,又 $m$ 为整数,求证:

$$\lim_{x\to0}\frac{\sqrt[m]{1+P(x)}-1}{x}=\frac{a_1}{m}.$$

**证** $\lim\limits_{x\to0}\frac{\sqrt[m]{1+P(x)}-1}{x}=\lim\limits_{x\to0}\frac{P(x)}{x(\sqrt[m]{(1+P(x))^{m-1}}+\cdots+1)}=\lim\limits_{x\to0}\frac{a_1+a_2x+\cdots+a_nx^{n-1}}{(1+P(x))^{\frac{m-1}{m}}+\cdots+1}=\frac{a_1}{m}.$

**求下列极限:**

**【455】** $\lim\limits_{x\to1}\frac{\sqrt[m]{x}-1}{\sqrt[n]{x}-1}$ ($m$ 及 $n$ 为整数).

**提示** 仿 452 题的解法.

**解** 当 $m$ 及 $n$ 为正整数,我们有

$$\frac{\sqrt[m]{x}-1}{\sqrt[n]{x}-1}=\frac{x^{\frac{n-1}{n}}+x^{\frac{n-2}{n}}+\cdots+1}{x^{\frac{m-1}{m}}+x^{\frac{m-2}{m}}+\cdots+1}\to\frac{n}{m}\quad(x\to1).$$

若 $m$ 及 $n$ 为负整数时,设 $m=-m'$,$n=-n'$,其中 $m'$ 及 $n'$ 为正整数,于是

$$\frac{\sqrt[m]{x}-1}{\sqrt[n]{x}-1}=\frac{1-\sqrt[m']{x}}{1-\sqrt[n']{x}}\cdot\frac{\sqrt[n']{x}}{\sqrt[m']{x}}\to\frac{n'}{m'}=\frac{n}{m}\quad(x\to1).$$

当 $m$ 及 $n$ 中只有一个为负整数,上述结伦仍然成立. 因此,当 $m$ 及 $n$ 为整数时,有

$$\lim_{x\to1}\frac{\sqrt[m]{x}-1}{\sqrt[n]{x}-1}=\frac{n}{m}\quad(m\neq0).$$

**【456】** $\lim\limits_{x\to1}\frac{(1-\sqrt{x})(1-\sqrt[3]{x})\cdots(1-\sqrt[n]{x})}{(1-x)^{n-1}}.$

**提示** 令 $x=t^{n!}$.

**解** 设 $x=t^{n!}$,则

$$\frac{(1-\sqrt{x})(1-\sqrt[3]{x})\cdots(1-\sqrt[n]{x})}{(1-x)^{n-1}}=\frac{(1-t^{3\cdot4\cdot\cdots\cdot n})(1-t^{2\cdot4\cdot5\cdot\cdots\cdot n})\cdots(1-t^{2\cdot3\cdot4\cdot\cdots\cdot(n-1)})}{(1-t^{n!})^{n-1}}$$

$$=\frac{(1+t+t^2+\cdots+t^{\frac{n!}{2}-1})(1+t+\cdots+t^{\frac{n!}{3}-1})\cdots(1+t+\cdots+t^{\frac{n!}{n}-1})}{(1+t+\cdots+t^{n!-1})^{n-1}}$$

当 $x\to1$ 时,$t\to1$. 于是,上式趋向于

$$\frac{\frac{n!}{2}\cdot\frac{n!}{3}\cdot\cdots\cdot\frac{n!}{n}}{(n!)^{n-1}}=\frac{1}{n!},$$

即 $\lim\limits_{x\to 1}\dfrac{(1-\sqrt{x})(1-\sqrt[3]{x})\cdots(1-\sqrt[n]{x})}{(1-x)^{n-1}}=\dfrac{1}{n!}$.

**【457】** $\lim\limits_{x\to+\infty}[\sqrt{(x+a)(x+b)}-x]$.

**解** $\lim\limits_{x\to+\infty}[\sqrt{(x+a)(x+b)}-x]=\lim\limits_{x\to+\infty}\dfrac{(x+a)(x+b)-x^2}{\sqrt{(x+a)(x+b)}+x}=\lim\limits_{x\to+\infty}\dfrac{a+b+\dfrac{ab}{x}}{1+\sqrt{\left(1+\dfrac{a}{x}\right)\left(1+\dfrac{b}{x}\right)}}=\dfrac{a+b}{2}$.

**【458】** $\lim\limits_{x\to+\infty}\left(\sqrt{x+\sqrt{x+\sqrt{x}}}-\sqrt{x}\right)$.

**解** $\lim\limits_{x\to+\infty}\left(\sqrt{x+\sqrt{x+\sqrt{x}}}-\sqrt{x}\right)=\lim\limits_{x\to+\infty}\dfrac{(x+\sqrt{x+\sqrt{x}})-x}{\sqrt{x+\sqrt{x+\sqrt{x}}}+\sqrt{x}}=\lim\limits_{x\to+\infty}\dfrac{\sqrt{1+\sqrt{\dfrac{1}{x}}}}{1+\sqrt{1+\sqrt{\dfrac{1}{x}+\sqrt{\dfrac{1}{x^3}}}}}=\dfrac{1}{2}$.

**【459】** $\lim\limits_{x\to+\infty}x(\sqrt{x^2+2x}-2\sqrt{x^2+x}+x)$.

**提示** 令 $x=\dfrac{1}{t}$.

**解** 设 $x=\dfrac{1}{t}$,则

$$x(\sqrt{x^2+2x}-2\sqrt{x^2+x}+x)=\frac{\sqrt{1+2t}-2\sqrt{1+t}+1}{t^2}=\frac{(\sqrt{1+2t}+1)^2-4(1+t)}{t^2(\sqrt{1+2t}+1+2\sqrt{1+t})}$$

$$=\frac{2(\sqrt{1+2t}-1-t)}{t^2(\sqrt{1+2t}+1+2\sqrt{1+t})}=\frac{2(\sqrt{1+2t}-1-t)(1+\sqrt{1+2t})^2}{t^2(\sqrt{1+2t}+1+2\sqrt{1+t})(1+\sqrt{1+2t})^2}$$

$$=\frac{-4}{(\sqrt{1+2t}+1+2\sqrt{1+t})(1+\sqrt{1+2t})^2}.$$

当 $x\to+\infty$ 时,$t\to 0$. 于是,上式趋向于 $-\dfrac{1}{4}$,即

$$\lim_{x\to+\infty}x(\sqrt{x^2+2x}-2\sqrt{x^2+x}+x)=-\frac{1}{4}.$$

**【460】** $\lim\limits_{x\to+0}\left(\sqrt{\dfrac{1}{x}+\sqrt{\dfrac{1}{x}+\sqrt{\dfrac{1}{x}}}}-\sqrt{\dfrac{1}{x}-\sqrt{\dfrac{1}{x}+\sqrt{\dfrac{1}{x}}}}\right)$.

**解** $\lim\limits_{x\to+0}\left(\sqrt{\dfrac{1}{x}+\sqrt{\dfrac{1}{x}+\sqrt{\dfrac{1}{x}}}}-\sqrt{\dfrac{1}{x}-\sqrt{\dfrac{1}{x}+\sqrt{\dfrac{1}{x}}}}\right)$

$$=\lim_{x\to+0}\frac{\left(\dfrac{1}{x}+\sqrt{\dfrac{1}{x}+\sqrt{\dfrac{1}{x}}}\right)-\left(\dfrac{1}{x}-\sqrt{\dfrac{1}{x}+\sqrt{\dfrac{1}{x}}}\right)}{\sqrt{\dfrac{1}{x}+\sqrt{\dfrac{1}{x}+\sqrt{\dfrac{1}{x}}}}+\sqrt{\dfrac{1}{x}-\sqrt{\dfrac{1}{x}+\sqrt{\dfrac{1}{x}}}}}$$

$$=\lim_{x\to+0}\frac{2\sqrt{\dfrac{1}{x}+\sqrt{\dfrac{1}{x}}}}{\sqrt{\dfrac{1}{x}+\sqrt{\dfrac{1}{x}+\sqrt{\dfrac{1}{x}}}}+\sqrt{\dfrac{1}{x}-\sqrt{\dfrac{1}{x}+\sqrt{\dfrac{1}{x}}}}}$$

$$=2\lim_{x\to+0}\frac{\sqrt{1+\sqrt{x}}}{\sqrt{1+\sqrt{x+x\sqrt{x}}}+\sqrt{1-\sqrt{x+x\sqrt{x}}}}=1.$$

**【461】** $\lim\limits_{x\to\infty}(\sqrt[3]{x^3+x^2+1}-\sqrt[3]{x^3-x^2+1})$.

**解** $\lim\limits_{x\to\infty}(\sqrt[3]{x^3+x^2+1}-\sqrt[3]{x^3-x^2+1})$

$$=\lim_{x\to\infty}\frac{2x^2}{\sqrt[3]{(x^3+x^2+1)^2}+\sqrt[3]{(x^3+x^2+1)(x^3-x^2+1)}+\sqrt[3]{(x^3-x^2+1)^2}}=\frac{2}{3}.$$

**【462】** $\lim\limits_{x\to+\infty}(\sqrt[3]{x^3+3x^2}-\sqrt{x^2-2x})$.

**解** $\lim\limits_{x\to+\infty}(\sqrt[3]{x^3+3x^2}-\sqrt{x^2-2x})$

$$=\lim_{x\to+\infty}\frac{(x^3+3x^2)^2-(x^2-2x)^3}{\sqrt[6]{(x^3+3x^2)^{10}}+\sqrt[6]{(x^3+3x^2)^8(x^2-2x)^3}+\cdots+\sqrt[6]{(x^2-2x)^{15}}}$$

$$=\lim_{x\to+\infty}\frac{x^5\left(12-\frac{3}{x}+\frac{8}{x^2}\right)}{\sqrt[6]{(x^3+3x^2)^{10}}+\cdots+\sqrt[6]{(x^2-2x)^{15}}}$$

$$=\lim_{x\to+\infty}\frac{12-\frac{3}{x}+\frac{8}{x^2}}{\sqrt[6]{\left(1+\frac{3}{x}\right)^{10}}+\cdots+\sqrt[6]{\left(1+\frac{2}{x}\right)^{15}}}=2.$$

**【463】** $\lim\limits_{x\to\infty}x^{\frac{1}{3}}[(x+1)^{\frac{2}{3}}-(x-1)^{\frac{3}{2}}]$.

**解** $\lim\limits_{x\to\infty}x^{\frac{1}{3}}[(x+1)^{\frac{2}{3}}-(x-1)^{\frac{2}{3}}]$

$$=\lim_{x\to\infty}\frac{x^{\frac{1}{3}}[(x+1)^{\frac{2}{3}}-(x-1)^{\frac{2}{3}}]\cdot[(x+1)^{\frac{4}{3}}+(x^2-1)^{\frac{2}{3}}+(x-1)^{\frac{4}{3}}]}{(x+1)^{\frac{4}{3}}+(x^2-1)^{\frac{2}{3}}+(x-1)^{\frac{4}{3}}}$$

$$=4\lim_{x\to\infty}\frac{1}{\left(1+\frac{1}{x}\right)^{\frac{4}{3}}+\left(1-\frac{1}{x^2}\right)^{\frac{2}{3}}+\left(1-\frac{1}{x}\right)^{\frac{4}{3}}}=\frac{4}{3}.$$

**【464】** $\lim\limits_{x\to+\infty}x^{\frac{3}{2}}(\sqrt{x+2}-2\sqrt{x+1}+\sqrt{x})$.

**解** $\lim\limits_{x\to+\infty}x^{\frac{3}{2}}(\sqrt{x+2}-2\sqrt{x+1}+\sqrt{x})$

$$=\lim_{x\to+\infty}\frac{x^{\frac{3}{2}}(\sqrt{x+2}-2\sqrt{x+1}+\sqrt{x})(\sqrt{x+2}+2\sqrt{x+1}+\sqrt{x})}{\sqrt{x+2}+2\sqrt{x+1}+\sqrt{x}}$$

$$=\lim_{x\to+\infty}\frac{2x^{\frac{3}{2}}(\sqrt{x^2+2x}-x-1)(\sqrt{x^2+2x}+x+1)}{(\sqrt{x+2}+2\sqrt{x+1}+\sqrt{x})(\sqrt{x^2+2x}+x+1)}$$

$$=-2\lim_{x\to+\infty}\frac{1}{\left(\sqrt{1+\frac{2}{x}}+2\sqrt{1+\frac{1}{x}}+1\right)\left(\sqrt{1+\frac{2}{x}}+1+\frac{1}{x}\right)}=-\frac{1}{4}.$$

**【465】** $\lim\limits_{x\to+\infty}[\sqrt[n]{(x+\alpha_1)\cdots(x+\alpha_n)}-x]$.

**解** $\lim\limits_{x\to+\infty}[\sqrt[n]{(x+\alpha_1)\cdots(x+\alpha_n)}-x]=\lim\limits_{x\to+\infty}\dfrac{(x+\alpha_1)\cdots(x+\alpha_n)-x^n}{\sum\limits_{j=1}^{n}\left[\prod\limits_{i=1}^{n}(x+\alpha_i)^{\frac{n-j}{n}}\right]x^{j-1}}$

$$=\lim_{x\to+\infty}\frac{\left(\sum\limits_{i=1}^{n}\alpha_i\right)x^{n-1}+\cdots+\prod\limits_{i=1}^{n}\alpha_i}{\sum\limits_{j=1}^{n}\left[\prod\limits_{i=1}^{n}(x+\alpha_i)^{\frac{n-j}{n}}\right]x^{j-1}}=\lim_{x\to+\infty}\frac{\sum\limits_{i=1}^{n}\alpha_i+o\left(\frac{1}{x}\right)}{\sum\limits_{j=1}^{n}\left[\prod\limits_{i=1}^{n}\left(1+\frac{\alpha_i}{x}\right)^{\frac{n-j}{n}}\right]}=\frac{\sum\limits_{i=1}^{n}\alpha_i}{n}.$$

**【466】** $\lim\limits_{x\to\infty}\dfrac{(x-\sqrt{x^2-1})^n+(x+\sqrt{x^2-1})^n}{x^n}$ ($n$ 为正整数).

**提示** 分子及分母同除以式 $x^n$.

**解** $\lim\limits_{x\to\infty}\dfrac{(x-\sqrt{x^2-1})^n+(x+\sqrt{x^2-1})^n}{x^n}=\lim\limits_{x\to\infty}\left[\left(1-\sqrt{1-\frac{1}{x^2}}\right)^n+\left(1+\sqrt{1-\frac{1}{x^2}}\right)^n\right]=2^n$.

【467】 $\lim\limits_{x\to0}\frac{(\sqrt{1+x^2}+x)^n-(\sqrt{1+x^2}-x)^n}{x}$ （$n$ 为正整数）.

**解** $\lim\limits_{x\to0}\frac{(\sqrt{1+x^2}+x)^n-(\sqrt{1+x^2}-x)^n}{x}$

$$=\lim_{x\to0}\frac{2x}{x}[(x+\sqrt{1+x^2})^{n-1}+(x+\sqrt{1+x^2})^{n-2}(\sqrt{1+x^2}-x)+\cdots+(\sqrt{1+x^2}-x)^{n-1}]=2n.$$

【468】 设二次方程式 $ax^2+bx+c=0$ 的系数 $a$ 趋于零，系数 $b$ 与 $c$ 为常数，且 $b\neq0$，试研究此二次方程式之二根 $x_1$ 及 $x_2$ 的性质.

**解** $x_1=\frac{-b+\sqrt{b^2-4ac}}{2a}$， $x_2=\frac{-b-\sqrt{b^2-4ac}}{2a}$.

不失一般性，假设 $b>0$，于是，有

$$\lim_{a\to0}x_2=\infty$$

及

$$\lim_{a\to0}x_1=\lim_{a\to0}\frac{(-b+\sqrt{b^2-4ac})(-b-\sqrt{b^2-4ac})}{2a(-b-\sqrt{b^2-4ac})}=-2c\lim_{a\to0}\frac{1}{b+\sqrt{b^2-4ac}}=-\frac{c}{b}.$$

【469】 从条件

$$\lim_{x\to\infty}\left(\frac{x^2+1}{x+1}-ax-b\right)=0$$

求常数 $a$ 和 $b$.

**解** $\frac{x^2+1}{x+1}-ax-b=\frac{(1-a)x^2-(a+b)x+(1-b)}{x+1}$.

按假设，上式的极限为零的必要条件是

$$1-a=0\quad 及\quad a+b=0,$$

解之，得 $a=1$，$b=-1$.

【470】⁺ 从条件

$$\lim_{x\to-\infty}(\sqrt{x^2-x+1}-a_1x-b_1)=0,\quad \lim_{x\to+\infty}(\sqrt{x^2-x+1}-a_2x-b_2)=0$$

求常数 $a_i$ 和 $b_i(i=1,2)$.

**解题思路** 将式子 $\sqrt{x^2-x+1}-a_1x-b_1$ 化为 $\frac{(1-a_1^2)x^2-(1+2a_1b_1)x+(1-b_1^2)}{\sqrt{x^2-x+1}+a_1x+b_1}$，求得其极限为零的必要条件是 $a_1=\pm1,b_1=\mp\frac{1}{2}$. 分别就 $a_1=1,b_1=-\frac{1}{2}$ 及 $a_1=-1,b_1=\frac{1}{2}$ 检验 $\sqrt{x^2-x+1}+a_1x+b_1$ 的极限（当 $x\to-\infty$ 时），并与条件比较，决定取舍，最后得 $a_1=-1,b_1=\frac{1}{2}$. 同理可得 $a_2=1,b_2=-\frac{1}{2}$.

**解** $$\sqrt{x^2-x+1}-a_1x-b_1=\frac{(1-a_1^2)x^2-(1+2a_1b_1)x+(1-b_1^2)}{\sqrt{x^2-x+1}+a_1x+b_1},\tag{1}$$

上式极限为零的必要条件是

$$1-a_1^2=0\quad 及\quad 1+2a_1b_1=0,$$

解之，得 $a_1=\pm1,b_1=\mp\frac{1}{2}$.

当 $a_1=1,b_1=-\frac{1}{2}$ 时，有

$$\sqrt{x^2-x+1}+a_1x+b_1=\sqrt{x^2-x+1}+x-\frac{1}{2}=\frac{x^2-x+1-(x-\frac{1}{2})^2}{\sqrt{x^2-x+1}-(x-\frac{1}{2})}=\frac{\frac{3}{4}}{\sqrt{x^2-x+1}-x+\frac{1}{2}}\to0$$

（当 $x\to-\infty$ 时），

从而，由(1)式知

$$\sqrt{x^2-x+1}-a_1x-b_1\to+\infty \quad (\text{当 } x\to-\infty \text{时}),$$

此与假定不符合，故舍弃 $a_1=1, b_1=-\frac{1}{2}$.

当 $a_1=-1, b_1=\frac{1}{2}$ 时，显然有

$$\sqrt{x^2-x+1}+a_1x+b_1=\sqrt{x^2-x+1}-x+\frac{1}{2}\to+\infty \quad (\text{当 } x\to-\infty \text{时}),$$

从而，由(1)式知

$$\sqrt{x^2-x+1}-a_1x-b_1\to 0 \quad (\text{当 } x\to-\infty \text{时}),$$

此与假定符合，故得 $a_1=-1, b_1=\frac{1}{2}$.

同理可得 $a_2=1, b_2=-\frac{1}{2}$.

**求下列极限：**

**【471】** $\lim\limits_{x\to 0}\frac{\sin 5x}{x}$.

**解** $\lim\limits_{x\to 0}\frac{\sin 5x}{x}=5\lim\limits_{x\to 0}\frac{\sin 5x}{5x}=5\cdot 1=5$.

**【472】** $\lim\limits_{x\to\infty}\frac{\sin x}{x}$.

**提示** 利用“有界函数与无穷小之积仍为无穷小”这一结果.

**解** 当 $x\to\infty$ 时，$\frac{1}{x}$ 为无穷小量，而 $|\sin x|\leqslant 1$，故 $\frac{\sin x}{x}$ 当 $x\to\infty$ 时为无穷小量，即 $\lim\limits_{x\to\infty}\frac{\sin x}{x}=0$.

**【473】** $\lim\limits_{x\to\pi}\frac{\sin mx}{\sin nx}$（$m$ 及 $n$ 为整数）.

**提示** 令 $x=\pi+y$.

**解** 设 $x=\pi+y$，则当 $x\to\pi$ 时，$y\to 0$. 于是，

$$\lim_{x\to\pi}\frac{\sin mx}{\sin nx}=\lim_{y\to 0}\frac{(-1)^m\sin my}{(-1)^n\sin ny}=(-1)^{m-n}\lim_{y\to 0}\left(\frac{\sin my}{my}\cdot\frac{ny}{\sin ny}\cdot\frac{m}{n}\right)=(-1)^{m-n}\frac{m}{n}.$$

**【474】** $\lim\limits_{x\to 0}\frac{1-\cos x}{x^2}$.

**提示** 注意 $1-\cos x=2\sin^2\frac{x}{2}$.

**解** $\lim\limits_{x\to 0}\frac{1-\cos x}{x^2}=\lim\limits_{x\to 0}\frac{2\sin^2\left(\frac{x}{2}\right)}{x^2}=\frac{1}{2}\lim\limits_{x\to 0}\left(\frac{\sin\frac{x}{2}}{\frac{x}{2}}\right)^2=\frac{1}{2}$.

**【475】** $\lim\limits_{x\to 0}\frac{\tan x-\sin x}{\sin^3 x}$.

**提示** 利用三角变换将原式变形，再求极限.

**解** $\lim\limits_{x\to 0}\frac{\tan x-\sin x}{\sin^3 x}=\lim\limits_{x\to 0}\frac{\frac{\sin x}{\cos x}-\sin x}{\sin^3 x}=\lim\limits_{x\to 0}\frac{1-\cos x}{\cos x\sin^2 x}=\lim\limits_{x\to 0}\frac{2\sin^2\frac{x}{2}}{4\sin^2\frac{x}{2}\cos^2\frac{x}{2}\cos x}=\lim\limits_{x\to 0}\frac{1}{2\cos^2\frac{x}{2}\cos x}=\frac{1}{2}$.

**【476】** $\lim\limits_{x\to 0}\frac{\sin 5x-\sin 3x}{\sin x}$.

**提示** 利用和差化积将原式变形，再求极限.

**解** $\lim\limits_{x\to 0}\frac{\sin 5x-\sin 3x}{\sin x}=\lim\limits_{x\to 0}\frac{2\cos 4x\sin x}{\sin x}=2\lim\limits_{x\to 0}\cos 4x=2$.

【477】 $\lim\limits_{x\to 0}\dfrac{\cos x-\cos 3x}{x^2}$.

解 $\lim\limits_{x\to 0}\dfrac{\cos x-\cos 3x}{x^2}=\lim\limits_{x\to 0}\dfrac{2\sin 2x\sin x}{x^2}=4\lim\limits_{x\to 0}\left(\dfrac{\sin x}{x}\right)^2\cos x=4$.

【478】 $\lim\limits_{x\to 0}\dfrac{1+\sin x-\cos x}{1+\sin px-\cos px}$.

解 $\lim\limits_{x\to 0}\dfrac{1+\sin x-\cos x}{1+\sin px-\cos px}=\lim\limits_{x\to 0}\dfrac{2\sin^2\dfrac{x}{2}+\sin x}{2\sin^2\dfrac{px}{2}+\sin px}=\lim\limits_{x\to 0}\dfrac{\sin\dfrac{x}{2}\left(\sin\dfrac{x}{2}+\cos\dfrac{x}{2}\right)}{\sin\dfrac{px}{2}\left(\sin\dfrac{px}{2}+\cos\dfrac{px}{2}\right)}$

$=\lim\limits_{x\to 0}\left(\dfrac{\sin\dfrac{x}{2}}{\dfrac{x}{2}}\cdot\dfrac{\dfrac{px}{2}}{\sin\dfrac{px}{2}}\cdot\dfrac{1}{p}\cdot\dfrac{\sin\dfrac{x}{2}+\cos\dfrac{x}{2}}{\sin\dfrac{px}{2}+\cos\dfrac{px}{2}}\right)=\dfrac{1}{p}\quad(p\neq 0)$.

【479】 $\lim\limits_{x\to\frac{\pi}{4}}\tan 2x\tan\left(\dfrac{\pi}{4}-x\right)$.

解 $\lim\limits_{x\to\frac{\pi}{4}}\tan 2x\tan\left(\dfrac{\pi}{4}-x\right)=\lim\limits_{x\to\frac{\pi}{4}}\dfrac{\sin 2x\sin\left(\dfrac{\pi}{4}-x\right)}{\cos 2x\cos\left(\dfrac{\pi}{4}-x\right)}=\lim\limits_{y\to 0}\dfrac{\cos 2y\sin y}{\sin 2y\cos y}=\lim\limits_{y\to 0}\dfrac{\cos 2y}{2\cos^2 y}=\dfrac{1}{2}$,

其中 $x=\dfrac{\pi}{4}+y$.

【480】 $\lim\limits_{x\to 1}(1-x)\tan\dfrac{\pi x}{2}$.

提示 令 $x=1-y$.

解 设 $x=1-y$,则

$$\lim_{x\to 1}(1-x)\tan\frac{\pi x}{2}=\lim_{y\to 0}y\cot\frac{\pi y}{2}=\lim_{y\to 0}\left(\frac{\frac{\pi y}{2}}{\sin\frac{\pi y}{2}}\cdot\frac{2}{\pi}\cdot\cos\frac{\pi y}{2}\right)=\frac{2}{\pi}.$$

【481】 证明等式:

(1) $\lim\limits_{x\to a}\sin x=\sin a$; (2) $\lim\limits_{x\to a}\cos x=\cos a$; (3) $\lim\limits_{x\to a}\tan x=\tan a$ $\left(a\neq\dfrac{2n-1}{2}\pi;n=0,\pm1,\pm2,\cdots\right)$.

证 (1) $|\sin x-\sin a|=2\left|\sin\dfrac{x-a}{2}\right|\cdot\left|\cos\dfrac{x+a}{2}\right|\leqslant 2\left|\sin\dfrac{x-a}{2}\right|\leqslant|x-a|$.

任给 $\varepsilon>0$,要使 $|\sin x-\sin a|<\varepsilon$,只要 $|x-a|<\varepsilon$,取 $\delta=\varepsilon$,则当 $0<|x-a|<\delta$ 时,$|\sin x-\sin a|<\varepsilon$. 此即 $\lim\limits_{x\to a}\sin x=\sin a$.

(2) $\lim\limits_{x\to a}\cos x=\lim\limits_{x\to a}\sin\left(\dfrac{\pi}{2}-x\right)=\sin\left(\dfrac{\pi}{2}-a\right)=\cos a$.

(3) $\lim\limits_{x\to a}\tan x=\lim\limits_{x\to a}\dfrac{\sin x}{\cos x}=\dfrac{\lim\limits_{x\to a}\sin x}{\lim\limits_{x\to a}\cos x}=\dfrac{\sin a}{\cos a}=\tan a$.

其中 $a\neq\dfrac{2n-1}{2}\pi$; $n=0,\pm1,\pm2,\cdots$.

**求下列极限:**

【482】 $\lim\limits_{x\to a}\dfrac{\sin x-\sin a}{x-a}$.

提示 仿 476 题的解法,并利用结果 $\lim\limits_{x\to 0}\dfrac{\sin x}{x}=1$.

解 $\lim\limits_{x\to a}\dfrac{\sin x-\sin a}{x-a}=\lim\limits_{x\to a}\dfrac{2\cos\dfrac{x+a}{2}\sin\dfrac{x-a}{2}}{x-a}=\lim\limits_{x\to a}\dfrac{\cos\dfrac{x+a}{2}\sin\dfrac{x-a}{2}}{\dfrac{x-a}{2}}=\cos a$.

【483】 $\lim\limits_{x\to a}\dfrac{\cos x-\cos a}{x-a}$.

解 $\lim\limits_{x\to a}\dfrac{\cos x-\cos a}{x-a}=\lim\limits_{x\to a}\left(\dfrac{-\sin\dfrac{x-a}{2}}{\dfrac{x-a}{2}}\cdot\sin\dfrac{x+a}{2}\right)=-\sin a$.

【484】 $\lim\limits_{x\to a}\dfrac{\tan x-\tan a}{x-a}$.

解 $\lim\limits_{x\to a}\dfrac{\tan x-\tan a}{x-a}=\lim\limits_{x\to a}\dfrac{\sin(x-a)}{(x-a)\cos x\cos a}=\dfrac{1}{\cos^2 a}$ $\left(a\neq\dfrac{2k+1}{2}\pi;\ k=0,\pm1,\pm2,\cdots\right)$.

【485】 $\lim\limits_{x\to a}\dfrac{\cot x-\cot a}{x-a}$.

解 $\lim\limits_{x\to a}\dfrac{\cot x-\cot a}{x-a}=-\lim\limits_{x\to a}\dfrac{\sin(x-a)}{x-a}\cdot\dfrac{1}{\sin x\sin a}=-\dfrac{1}{\sin^2 a}$ $(a\neq k\pi;\ k=0,\pm1,\pm2,\cdots)$.

【486】 $\lim\limits_{x\to a}\dfrac{\sec x-\sec a}{x-a}$.

解 $\lim\limits_{x\to a}\dfrac{\sec x-\sec a}{x-a}=\lim\limits_{x\to a}\dfrac{\cos a-\cos x}{(x-a)\cos x\cos a}=\lim\limits_{x\to a}\left(\dfrac{\sin\dfrac{x+a}{2}}{\cos x\cos a}\cdot\dfrac{\sin\dfrac{x-a}{2}}{\dfrac{x-a}{2}}\right)$

$=\dfrac{\sin a}{\cos^2 a}$ $\left(a\neq\dfrac{2k+1}{2}\pi;\ k=0,\pm1,\pm2,\cdots\right)$.

【487】 $\lim\limits_{x\to a}\dfrac{\csc x-\csc a}{x-a}$.

解 $\lim\limits_{x\to a}\dfrac{\csc x-\csc a}{x-a}=-\lim\limits_{x\to a}\left(\dfrac{\sin x-\sin a}{x-a}\cdot\dfrac{1}{\sin x\sin a}\right)=-\dfrac{\cos a}{\sin^2 a}$ *) $(a\neq k\pi;\ k=0,\pm1,\pm2,\cdots)$.

*) 利用 482 题的结果.

【488】 $\lim\limits_{x\to 0}\dfrac{\sin(a+2x)-2\sin(a+x)+\sin a}{x^2}$.

提示 注意

$$\sin(a+2x)-2\sin(a+x)+\sin a=[\sin(a+2x)-\sin(a+x)]-[\sin(a+x)-\sin a],$$

并仿 476 题的解法.

解 $\lim\limits_{x\to 0}\dfrac{\sin(a+2x)-2\sin(a+x)+\sin a}{x^2}=\lim\limits_{x\to 0}\dfrac{[\sin(a+2x)-\sin(a+x)]-[\sin(a+x)-\sin a]}{x^2}$

$=\lim\limits_{x\to 0}\dfrac{2\cos\left(a+\dfrac{3x}{2}\right)\sin\dfrac{x}{2}-2\cos\left(a+\dfrac{x}{2}\right)\sin\dfrac{x}{2}}{x^2}=\lim\limits_{x\to 0}\dfrac{2\sin\dfrac{x}{2}\left[\cos\left(a+\dfrac{3x}{2}\right)-\cos\left(a+\dfrac{x}{2}\right)\right]}{x^2}$

$=-\lim\limits_{x\to 0}\left[\left(\dfrac{\sin\dfrac{x}{2}}{\dfrac{x}{2}}\right)^2\cdot\sin(a+x)\right]=-\sin a$.

【489】 $\lim\limits_{x\to 0}\dfrac{\cos(a+2x)-2\cos(a+x)+\cos a}{x^2}$.

提示 仿 488 题的解法.

解 $\lim\limits_{x\to 0}\dfrac{\cos(a+2x)-2\cos(a+x)+\cos a}{x^2}=\lim\limits_{x\to 0}\dfrac{[\cos(a+2x)-\cos(a+x)]-[\cos(a+x)-\cos a]}{x^2}$

$=\lim\limits_{x\to 0}\dfrac{-2\sin\left(a+\dfrac{3x}{2}\right)\sin\dfrac{x}{2}+2\sin\left(a+\dfrac{x}{2}\right)\sin\dfrac{x}{2}}{x^2}=-\lim\limits_{x\to 0}\dfrac{2\sin\dfrac{x}{2}\left[\sin\left(a+\dfrac{3x}{2}\right)-\sin\left(a+\dfrac{x}{2}\right)\right]}{x^2}$

$=-\lim\limits_{x\to 0}\left[\left(\dfrac{\sin\dfrac{x}{2}}{\dfrac{x}{2}}\right)^2\cos(a+x)\right]=-\cos a$.

**【490】** $\lim\limits_{x\to 0}\dfrac{\tan(a+2x)-2\tan(a+x)+\tan a}{x^2}$.

**提示** 仿 488 题的解法.

**解** $\lim\limits_{x\to 0}\dfrac{\tan(a+2x)-2\tan(a+x)+\tan a}{x^2}=\lim\limits_{x\to 0}\dfrac{[\tan(a+2x)-\tan(a+x)]-[(\tan(a+x)-\tan a)]}{x^2}$

$$=\lim_{x\to 0}\left\{\frac{\dfrac{\sin(a+2x)\cos(a+x)-\cos(a+2x)\sin(a+x)}{\cos(a+2x)\cos(a+x)}}{x^2}+\frac{\dfrac{-\cos a\sin(a+x)+\cos(a+x)\sin a}{\cos(a+x)\cos a}}{x^2}\right\}$$

$$=\lim_{x\to 0}\frac{\sin x[\cos(a+x)\cos a-\cos(a+x)\cos(a+2x)]}{x^2\cos a\cos(a+2x)\cos^2(a+x)}=\lim_{x\to 0}\left[\frac{\sin^2 x}{x^2}\cdot\frac{2\sin(a+x)}{\cos a\cos(a+2x)\cos(a+x)}\right]$$

$$=\frac{2\sin a}{\cos^3 a}\quad\left(a\neq\frac{2k+1}{2}\pi;\ k=0,\pm1,\pm2,\cdots\right).$$

**【491】** $\lim\limits_{x\to 0}\dfrac{\cot(a+2x)-2\cot(a+x)+\cot a}{x^2}$.

**解** $\lim\limits_{x\to 0}\dfrac{\cot(a+2x)-2\cot(a+x)+\cot a}{x^2}=\lim\limits_{x\to 0}\dfrac{-\sin x\sin(a+x)[\sin a-\sin(a+2x)]}{x^2\sin a\sin^2(a+x)\sin(a+2x)}$

$$=\lim_{x\to 0}\left[\left(\frac{\sin x}{x}\right)^2\frac{2\cos(a+x)}{\sin a\cdot\sin(a+x)\sin(a+2x)}\right]=\frac{2\cos a}{\sin^3 a}\quad(a\neq k\pi;\ k=0,\pm1,\pm2,\cdots).$$

**【492】** $\lim\limits_{x\to 0}\dfrac{\sin(a+x)\sin(a+2x)-\sin^2 a}{x}$.

**解** $\lim\limits_{x\to 0}\dfrac{\sin(a+x)\sin(a+2x)-\sin^2 a}{x}=\lim\limits_{x\to 0}\dfrac{\frac{1}{2}[\cos x-\cos(2a+3x)]-\sin^2 a}{x}$

$$=\lim_{x\to 0}\frac{\cos x-\cos(2a+3x)-(1-\cos 2a)}{2x}=\lim_{x\to 0}\left[-\frac{\sin^2\frac{x}{2}}{x}+\frac{\sin\frac{3x}{2}}{\frac{3x}{2}}\cdot\frac{3\sin\left(2a+\frac{3x}{2}\right)}{2}\right]=\frac{3}{2}\sin 2a.$$

**【493】** $\lim\limits_{x\to\frac{\pi}{6}}\dfrac{2\sin^2 x+\sin x-1}{2\sin^2 x-3\sin x+1}$.

**提示** 注意分子及分母分解因式后,有

$$2\sin^2 x+\sin x-1=(2\sin x-1)(\sin x+1),\quad 2\sin^2 x-3\sin x+1=(2\sin x-1)(\sin x-1).$$

**解** $\lim\limits_{x\to\frac{\pi}{6}}\dfrac{2\sin^2 x+\sin x-1}{2\sin^2 x-3\sin x+1}=\lim\limits_{x\to\frac{\pi}{6}}\dfrac{(2\sin x-1)(\sin x+1)}{(2\sin x-1)(\sin x-1)}=\lim\limits_{x\to\frac{\pi}{6}}\dfrac{\sin x+1}{\sin x-1}=-3.$

**【494】** $\lim\limits_{x\to 0}\dfrac{1-\cos x\cos 2x\cos 3x}{1-\cos x}$.

**解题思路** 注意 $1-\cos x\cos 2x\cos 3x=\frac{1}{2}(\sin^2 x+\sin^2 2x+\sin^2 3x)$ 及 $1-\cos x=2\sin^2\frac{x}{2}$,将原式变形后利用重要极限.

**解** 因为

$$1-\cos x\cos 2x\cos 3x=1-\frac{1}{2}(\cos 4x+\cos 2x)\cos 2x=1-\frac{1}{2}\cos 4x\cos 2x-\frac{1}{2}\cos^2 2x$$

$$=1-\frac{1}{4}(\cos 6x+\cos 2x)-\frac{1}{4}(1+\cos 4x)=\frac{1}{2}(\sin^2 x+\sin^2 2x+\sin^2 3x),$$

所以,

$$\lim_{x\to 0}\frac{1-\cos x\cos 2x\cos 3x}{1-\cos x}=\lim_{x\to 0}\frac{\frac{1}{2}(\sin^2 x+\sin^2 2x+\sin^2 3x)}{2\sin^2\frac{x}{2}}$$

$$=\frac{1}{4}\lim_{x\to 0}\left[\left(\frac{\sin x}{\sin\frac{x}{2}}\right)^2+\left(\frac{\sin 2x}{\sin\frac{x}{2}}\right)^2+\left(\frac{\sin 3x}{\sin\frac{x}{2}}\right)^2\right]=\frac{1}{4}(4+16+36)=14.$$

**【495】** $\lim\limits_{x\to\frac{\pi}{3}}\dfrac{\sin\left(x-\frac{\pi}{3}\right)}{1-2\cos x}$.

**提示** 令 $x=\dfrac{\pi}{3}+y$.

**解** 设 $x=\dfrac{\pi}{3}+y$,则

$$\lim_{x\to\frac{\pi}{3}}\frac{\sin\left(x-\frac{\pi}{3}\right)}{1-2\cos x}=\lim_{y\to0}\frac{\sin y}{1-\cos y+\sqrt{3}\sin y}=\lim_{y\to0}\frac{\frac{\sin y}{y}}{\frac{\sin\frac{y}{2}}{\frac{y}{2}}\sin\frac{y}{2}+\sqrt{3}\frac{\sin y}{y}}=\frac{1}{\sqrt{3}}.$$

**【496】** $\lim\limits_{x\to\frac{\pi}{3}}\dfrac{\tan^3x-3\tan x}{\cos\left(x+\frac{\pi}{6}\right)}$.

**解** $\lim\limits_{x\to\frac{\pi}{3}}\dfrac{\tan^3x-3\tan x}{\cos\left(x+\frac{\pi}{6}\right)}=\lim\limits_{x\to\frac{\pi}{3}}\dfrac{\tan x\cdot\dfrac{\sin^2x-3\cos^2x}{\cos^2x}}{\frac{\sqrt{3}}{2}\cos x-\frac{1}{2}\sin x}=\lim\limits_{x\to\frac{\pi}{3}}\dfrac{\tan x(\sin x+\sqrt{3}\cos x)}{-\frac{1}{2}\cos^2x}=-24.$

**【497】** $\lim\limits_{x\to0}\dfrac{\tan(a+x)\tan(a-x)-\tan^2a}{x^2}$.

**解** $\lim\limits_{x\to0}\dfrac{\tan(a+x)\tan(a-x)-\tan^2a}{x^2}$

$=\lim\limits_{x\to0}\dfrac{\left(\dfrac{\tan a+\tan x}{1-\tan a\tan x}\right)\left(\dfrac{\tan a-\tan x}{1+\tan a\tan x}\right)-\tan^2a}{x^2}=\lim\limits_{x\to0}\dfrac{\tan^2x(\tan^4a-1)}{x^2(1-\tan^2a\tan^2x)}=\tan^4a-1$

$=\dfrac{-\cos2a}{\cos^4a}\quad\left(a\neq\dfrac{2k+1}{2}\pi;\ k=0,\pm1,\pm2,\cdots\right).$

**【498】** $\lim\limits_{x\to\frac{\pi}{4}}\dfrac{1-\cot^3x}{2-\cot x-\cot^3x}$.

**解** $\lim\limits_{x\to\frac{\pi}{4}}\dfrac{1-\cot^3x}{2-\cot x-\cot^3x}=\lim\limits_{x\to\frac{\pi}{4}}\dfrac{\sin^3x-\cos^3x}{2\sin^3x-\sin^2x\cos x-\cos^3x}=\lim\limits_{x\to\frac{\pi}{4}}\dfrac{\sin^2x+\sin x\cos x+\cos^2x}{2\sin^2x+\sin x\cos x+\cos^2x}=\dfrac{3}{4}.$

**【499】** $\lim\limits_{x\to0}\dfrac{\sqrt{1+\tan x}-\sqrt{1+\sin x}}{x^3}$.

**提示** 分子分母同乘以式 $\sqrt{1+\tan x}+\sqrt{1+\sin x}$.

**解** $\lim\limits_{x\to0}\dfrac{\sqrt{1+\tan x}-\sqrt{1+\sin x}}{x^3}=\lim\limits_{x\to0}\dfrac{\tan x-\sin x}{x^3(\sqrt{1+\tan x}+\sqrt{1+\sin x})}$

$=\lim\limits_{x\to0}\dfrac{\sin x(1-\cos x)}{x^3\cos x(\sqrt{1+\tan x}+\sqrt{1+\sin x})}$

$=\lim\limits_{x\to0}\left[\dfrac{\sin x}{x}\cdot\dfrac{2\sin^2\frac{x}{2}}{4\left(\frac{x}{2}\right)^2}\cdot\dfrac{1}{\cos x(\sqrt{1+\tan x}+\sqrt{1+\sin x})}\right]=\dfrac{1}{4}.$

**【500】** $\lim\limits_{x\to0}\dfrac{x^2}{\sqrt{1+x\sin x}-\sqrt{\cos x}}$.

**解** $\lim\limits_{x\to0}\dfrac{x^2}{\sqrt{1+x\sin x}-\sqrt{\cos x}}=\lim\limits_{x\to0}\dfrac{x^2(\sqrt{1+x\sin x}+\sqrt{\cos x})}{1+x\sin x-\cos x}=\lim\limits_{x\to0}\dfrac{\sqrt{1+x\sin x}+\sqrt{\cos x}}{\dfrac{\sin x}{x}+\dfrac{2\sin^2\frac{x}{2}}{x^2}}=\dfrac{4}{3}.$

**【501】** $\lim\limits_{x\to0}\dfrac{\sqrt{\cos x}-\sqrt[3]{\cos x}}{\sin^2x}$.

**解** $\lim\limits_{x\to0}\dfrac{\sqrt{\cos x}-\sqrt[3]{\cos x}}{\sin^2 x}=\lim\limits_{x\to0}\dfrac{-\sqrt[3]{\cos x}\,(1-\sqrt[6]{\cos x})}{\sin^2 x}$

$=-\lim\limits_{x\to0}\left[\dfrac{1-\cos x}{\sin^2 x}\cdot\dfrac{\sqrt[3]{\cos x}}{1+\sqrt[6]{\cos x}+\cdots+\sqrt[6]{\cos^5 x}}\right]$

$=-\lim\limits_{x\to0}\left[\dfrac{2\sin^2\dfrac{x}{2}}{4\left(\dfrac{x}{2}\right)^2}\cdot\dfrac{x^2}{\sin^2 x}\cdot\dfrac{\sqrt[3]{\cos x}}{1+\sqrt[6]{\cos x}+\cdots+\sqrt[6]{\cos^5 x}}\right]=-\dfrac{1}{12}.$

**【502】** $\lim\limits_{x\to0}\dfrac{\sqrt{1-\cos x^2}}{1-\cos x}.$

**解** $\lim\limits_{x\to0}\dfrac{\sqrt{1-\cos x^2}}{1-\cos x}=\lim\limits_{x\to0}\dfrac{\sqrt{2}\sin\dfrac{x^2}{2}}{2\sin^2\dfrac{x}{2}}=\sqrt{2}\lim\limits_{x\to0}\left[\dfrac{\sin\dfrac{x^2}{2}}{\dfrac{x^2}{2}}\cdot\left(\dfrac{\dfrac{x}{2}}{\sin\dfrac{x}{2}}\right)^2\right]=\sqrt{2}.$

**【503】** $\lim\limits_{x\to0}\dfrac{1-\sqrt{\cos x}}{1-\cos(\sqrt{x})}.$

**解** $\lim\limits_{x\to0}\dfrac{1-\sqrt{\cos x}}{1-\cos(\sqrt{x})}=\lim\limits_{x\to0}\dfrac{1-\cos x}{2\sin^2\dfrac{\sqrt{x}}{2}(1+\sqrt{\cos x})}=\dfrac{1}{2}\lim\limits_{x\to0}\left[\left(\dfrac{\sin\dfrac{x}{2}}{\dfrac{x}{2}}\right)^2\cdot\left(\dfrac{\dfrac{\sqrt{x}}{2}}{\sin\dfrac{\sqrt{x}}{2}}\right)^2\dfrac{x}{1+\sqrt{\cos x}}\right]=0.$

**【504】** $\lim\limits_{x\to0}\dfrac{1-\cos x\sqrt{\cos 2x}\sqrt[3]{\cos 3x}}{x^2}.$

**解** 不妨令 $x\in\left(-\dfrac{\pi}{4},\dfrac{\pi}{4}\right)$,则

$\lim\limits_{x\to0}\dfrac{1-\cos x\sqrt{\cos 2x}\sqrt[3]{\cos 3x}}{x^2}=\lim\limits_{x\to0}\dfrac{1-\cos x+\cos x(1-\sqrt{\cos 2x}\sqrt[3]{\cos 3x})}{x^2}$

$=\dfrac{1}{2}+\lim\limits_{x\to0}\dfrac{1-\sqrt{\cos 2x}+\sqrt{\cos 2x}(1-\sqrt[3]{\cos 3x})}{x^2}$

$=\dfrac{1}{2}+\lim\limits_{x\to0}\dfrac{1-\cos 2x}{x^2(1+\sqrt{\cos 2x})}+\lim\limits_{x\to0}\dfrac{1-\cos 3x}{x^2(1+\sqrt[3]{\cos 3x}+\sqrt[3]{\cos^2 3x})}=3.$

**【505】** $\lim\limits_{x\to+\infty}(\sin\sqrt{x+1}-\sin\sqrt{x}).$

**提示** 注意 $\sin\sqrt{x+1}-\sin\sqrt{x}=2\sin\dfrac{\sqrt{x+1}-\sqrt{x}}{2}\cos\dfrac{\sqrt{x+1}+\sqrt{x}}{2}$, 及

$$\lim_{x\to+\infty}(\sqrt{x+1}-\sqrt{x})=\lim_{x\to+\infty}\frac{1}{\sqrt{x+1}+\sqrt{x}}=0,$$

并仿 472 题的解法.

**解** $\sin\sqrt{x+1}-\sin\sqrt{x}=2\sin\dfrac{\sqrt{x+1}-\sqrt{x}}{2}\cos\dfrac{\sqrt{x+1}+\sqrt{x}}{2}.$

因为 $\sqrt{x+1}-\sqrt{x}=\dfrac{1}{\sqrt{x+1}+\sqrt{x}}\to0\ (x\to+\infty)$,所以,$\sin\dfrac{\sqrt{x+1}-\sqrt{x}}{2}\to0\quad(x\to+\infty)$.

又因 $\left|\cos\dfrac{\sqrt{x+1}+\sqrt{x}}{2}\right|\leqslant1$,故 $\lim\limits_{x\to+\infty}(\sin\sqrt{x+1}-\sin\sqrt{x})=0.$

**【506】** (1) $\lim\limits_{x\to0}\left(\dfrac{1+x}{2+x}\right)^{\frac{1-\sqrt{x}}{1-x}}$; (2) $\lim\limits_{x\to1}\left(\dfrac{1+x}{2+x}\right)^{\frac{1-\sqrt{x}}{1-x}}$; (3) $\lim\limits_{x\to+\infty}\left(\dfrac{1+x}{2+x}\right)^{\frac{1-\sqrt{x}}{1-x}}$.

**解** (1) $\lim\limits_{x\to0}\left(\dfrac{1+x}{2+x}\right)^{\frac{1-\sqrt{x}}{1-x}}=\dfrac{1}{2}$;

(2) $\lim\limits_{x\to1}\left(\dfrac{1+x}{2+x}\right)^{\frac{1-\sqrt{x}}{1-x}}=\lim\limits_{x\to1}\left(\dfrac{1+x}{2+x}\right)^{\frac{1}{1+\sqrt{x}}}=\sqrt{\dfrac{2}{3}}$;

(3) $\lim\limits_{x\to+\infty}\left(\frac{1+x}{2+x}\right)^{\frac{1-\sqrt{x}}{1-x}}=\lim\limits_{x\to+\infty}\left(\frac{1+x}{2+x}\right)^{\frac{1}{1+\sqrt{x}}}=1^0=1.$

【507】 $\lim\limits_{x\to\infty}\left(\frac{x+2}{2x-1}\right)^{x^2}.$

解 $\lim\limits_{x\to\infty}\left(\frac{x+2}{2x-1}\right)^{x^2}=0.$

【508】 $\lim\limits_{x\to\infty}\left(\frac{3x^2-x+1}{2x^2+x+1}\right)^{\frac{x^3}{1-x}}.$

提示 注意当 $x\to\infty$ 时，有

$$\frac{3x^2-x+1}{2x^2+x+1}\to\frac{3}{2} \quad 及 \quad \frac{x^3}{1-x}=\frac{x^2}{\frac{1}{x}-1}\to-\infty.$$

解 因为当 $x\to\infty$ 时

$$\frac{3x^2-x+1}{2x^2+x+1}\to\frac{3}{2} \quad 及 \quad \frac{x^3}{1-x}=\frac{x^2}{\frac{1}{x}-1}\to-\infty,$$

所以，$\lim\limits_{x\to\infty}\left(\frac{3x^2-x+1}{2x^2+x+1}\right)^{\frac{x^3}{1-x}}=0.$

【509】 $\lim\limits_{n\to\infty}\left(\sin^n\frac{2\pi n}{3n+1}\right).$

解 因为 $\left|\sin\frac{2\pi n}{3n+1}\right|\leqslant1$，所以，$\lim\limits_{n\to\infty}\sin^n\frac{2\pi n}{3n+1}=0.$

【510】 $\lim\limits_{x\to\frac{\pi}{4}+0}\left[\tan\left(\frac{\pi}{8}+x\right)\right]^{\tan2x}.$

解 因为当 $x\to\frac{\pi}{4}+0$ 时，

$$1<\tan\left(\frac{\pi}{8}+x\right)<+\infty \quad 及 \quad \tan2x\to-\infty,$$

所以，$\lim\limits_{x\to\frac{\pi}{4}+0}\left[\tan\left(\frac{\pi}{8}+x\right)\right]^{\tan2x}=0.$

【511】 $\lim\limits_{x\to\infty}\left(\frac{x^2-1}{x^2+1}\right)^{\frac{x-1}{x+1}}.$

解 $\lim\limits_{x\to\infty}\left(\frac{x^2-1}{x^2+1}\right)^{\frac{x-1}{x+1}}=1.$

【512】+ $\lim\limits_{x\to\infty}\left(\frac{x^2+1}{x^2-1}\right)^{x^2}.$

解 $\lim\limits_{x\to\infty}\left(\frac{x^2+1}{x^2-1}\right)^{x^2}=\lim\limits_{x\to\infty}\left(1+\frac{1}{\frac{x^2-1}{2}}\right)^{\frac{x^2-1}{2}\cdot2+1}=e^2.$

【513】 $\lim\limits_{x\to\infty}\left(\frac{x^2+2x-1}{2x^2-3x-2}\right)^{\frac{1}{x}}.$

解 $\lim\limits_{x\to\infty}\left(\frac{x^2+2x-1}{2x^2-3x-2}\right)^{\frac{1}{x}}=\left(\frac{1}{2}\right)^0=1.$

【514】 $\lim\limits_{x\to0}\sqrt[x]{1-2x}.$

解 $\lim\limits_{x\to0}\sqrt[x]{1-2x}=\lim\limits_{x\to0}[1+(-2x)]^{\frac{1}{-2x}(-2)}=e^{-2}.$

【515】 $\lim\limits_{x\to\infty}\left(\frac{x+a}{x-a}\right)^{x}.$

**提示** 注意

$$\left(\frac{x+a}{x-a}\right)^x=\left(1+\frac{1}{\frac{x-a}{2a}}\right)^{\frac{x-a}{2a}\cdot 2a+a},$$

并利用结果$\lim\limits_{t\to 0}(1+t)^{\frac{1}{t}}=\lim\limits_{u\to\infty}\left(1+\frac{1}{u}\right)^u=\mathrm{e}$.

**解** $\lim\limits_{x\to\infty}\left(\frac{x+a}{x-a}\right)^x=\lim\limits_{x\to\infty}\left(1+\frac{1}{\frac{x-a}{2a}}\right)^{\frac{x-a}{2a}\cdot 2a+a}=\mathrm{e}^{2a}$.

**【516】** $\lim\limits_{x\to+\infty}\left(\frac{a_1x+b_1}{a_2x+b_2}\right)^x \quad (a_1>0,a_2>0)$.

**提示** 分别对 $a_1=a_2$,$a_1<a_2$ 及 $a_1>a_2$ 求极限.

**解** $\left(\frac{a_1x+b_1}{a_2x+b_2}\right)^x=\left(\frac{a_1}{a_2}\right)^x\cdot\left(\frac{x+\frac{b_1}{a_1}}{x+\frac{b_2}{a_2}}\right)^x=\left(\frac{a_1}{a_2}\right)^x\cdot\left(1+\frac{1}{\frac{x+\frac{b_2}{a_2}}{\frac{b_1}{a_1}-\frac{b_2}{a_2}}}\right)^{\frac{x+\frac{b_2}{a_2}}{\frac{b_1}{a_1}-\frac{b_2}{a_2}}\left(\frac{b_1}{a_1}-\frac{b_2}{a_2}\right)-\frac{b_2}{a_2}}$.

(1)当 $a_1=a_2=a$ 时,

$$\left(\frac{a_1x+b_1}{a_2x+b_2}\right)^x=\left(1+\frac{1}{\frac{x+\frac{b_2}{a}}{\frac{b_1-b_2}{a}}}\right)^{\frac{x+\frac{b_2}{a}}{\frac{b_1-b_2}{a}}\left(\frac{b_1-b_2}{a}\right)-\frac{b_2}{a}}.$$

于是,$\lim\limits_{x\to\infty}\left(\frac{a_1x+b_1}{a_2x+b_2}\right)^x=\mathrm{e}^{\frac{b_1-b_2}{a_1}}$.

(2)当 $a_1<a_2$ 时,$0<\frac{a_1}{a_2}<1$,于是,$\left(\frac{a_1}{a_2}\right)^x\to 0 \quad (x\to+\infty)$,

而
$$\left(\frac{x+\frac{b_1}{a_1}}{x+\frac{b_2}{a_2}}\right)^x\to\mathrm{e}^{\frac{b_1}{a_1}-\frac{b_2}{a_2}},$$

所以,$\lim\limits_{x\to+\infty}\left(\frac{a_1x+b_1}{a_2x+b_2}\right)^x=0$.

(3)当 $a_1>a_2$ 时,$\frac{a_1}{a_2}>1$. 于是,$\left(\frac{a_1}{a_2}\right)^x\to+\infty$,所以,$\lim\limits_{x\to+\infty}\left(\frac{a_1x+b_1}{a_2x+b_2}\right)^x=+\infty$.

**【517】** $\lim\limits_{x\to 0}(1+x^2)^{\cot^2 x}$.

**解** $\lim\limits_{x\to 0}(1+x^2)^{\cot^2 x}=\lim\limits_{x\to 0}(1+x^2)^{\frac{1}{x^2}\cdot\left(\frac{x}{\sin x}\right)^2\cdot\cos^2 x}=\mathrm{e}$.

**【518】** $\lim\limits_{x\to 1}(1+\sin\pi x)^{\cot\pi x}$.

**解** $\lim\limits_{x\to 1}(1+\sin\pi x)^{\cot\pi x}=\lim\limits_{x\to 1}(1+\sin\pi x)^{\frac{1}{\sin\pi x}\cdot\cos\pi x}=\mathrm{e}^{-1}$.

**【519】** $\lim\limits_{x\to 0}\left(\frac{1+\tan x}{1+\sin x}\right)^{\frac{1}{\sin x}}$.

**解** $\lim\limits_{x\to 0}\left(\frac{1+\tan x}{1+\sin x}\right)^{\frac{1}{\sin x}}=\lim\limits_{x\to 0}\left(1+\frac{1}{\frac{1+\sin x}{\tan x-\sin x}}\right)^{\frac{1+\sin x}{\tan x-\sin x}\cdot\frac{1-\cos x}{\cos x(1+\sin x)}}=\mathrm{e}^0=1$.

**【520】** $\lim\limits_{x\to a}\left(\frac{\sin x}{\sin a}\right)^{\frac{1}{x-a}}$.

**提示** 注意

$$\left(\frac{\sin x}{\sin a}\right)^{\frac{1}{x-a}}=\left(1+\frac{1}{\frac{\sin a}{\sin x-\sin a}}\right)^{\frac{\sin a}{\sin x-\sin a}\cdot\frac{\sin x-\sin a}{x-a}\cdot\frac{1}{\sin a}},$$

仿 515 题,并利用 482 题的结果 ($a\neq k\pi$; $k=0,\pm1,\pm2,\cdots$).

**解** $\lim\limits_{x\to a}\left(\frac{\sin x}{\sin a}\right)^{\frac{1}{x-a}}=\lim\limits_{x\to 0}\left(1+\frac{1}{\frac{\sin a}{\sin x-\sin a}}\right)^{\frac{\sin a}{\sin x-\sin a}\cdot\frac{\sin x-\sin a}{x-a}\cdot\frac{1}{\sin a}}$

$=e^{\cot a\,*)}$ ($a\neq k\pi$; $k=0,\pm1,\pm2,\cdots$).

*) 利用 482 题的结果.

**【521】** $\lim\limits_{x\to 0}\left(\frac{\cos x}{\cos 2x}\right)^{\frac{1}{x^2}}$.

**提示** 注意

$$\left(\frac{\cos x}{\cos 2x}\right)^{\frac{1}{x^2}}=\left(1+\frac{1}{\frac{\cos 2x}{\cos x-\cos 2x}}\right)^{\frac{\cos 2x}{\cos x-\cos 2x}\cdot\frac{\cos x-\cos 2x}{x^2\cos 2x}},$$

及 $\lim\limits_{x\to 0}\frac{\cos x-\cos 2x}{x^2}=\frac{3}{2}$,并仿 515 题的解法.

**解** $\left(\frac{\cos x}{\cos 2x}\right)^{\frac{1}{x^2}}=\left(1+\frac{1}{\frac{\cos 2x}{\cos x-\cos 2x}}\right)^{\frac{\cos 2x}{\cos x-\cos 2x}\cdot\frac{\cos x-\cos 2x}{x^2\cos 2x}}$.

因为

$$\frac{\cos x-\cos 2x}{x^2}=\frac{\cos x+1-2\cos^2 x}{x^2}=\frac{1-\cos x}{x^2}(1+2\cos x)=\frac{1+2\cos x}{2}\cdot\left(\frac{\sin\frac{x}{2}}{\frac{x}{2}}\right)^2\to\frac{3}{2}\quad(x\to 0),$$

所以,$\lim\limits_{x\to 0}\left(\frac{\cos x}{\cos 2x}\right)^{\frac{1}{x^2}}=e^{\frac{3}{2}}$.

**【522】** $\lim\limits_{x\to\frac{\pi}{4}}(\tan x)^{\tan 2x}$.

**解** $\lim\limits_{x\to\frac{\pi}{4}}(\tan x)^{\tan 2x}=\lim\limits_{x\to\frac{\pi}{4}}(\tan x)^{\frac{2\tan x}{1-\tan^2 x}}=\lim\limits_{x\to\frac{\pi}{4}}(1+\tan x-1)^{\frac{1}{\tan x-1}\cdot\frac{-2\tan x}{\tan x+1}}=e^{-1}$.

**【523】** $\lim\limits_{x\to\frac{\pi}{2}}(\sin x)^{\tan x}$.

**解** $\lim\limits_{x\to\frac{\pi}{2}}(\sin x)^{\tan x}=\lim\limits_{x\to\frac{\pi}{2}}(1+\cot^2 x)^{-\frac{\tan x}{2}}=\lim\limits_{x\to\frac{\pi}{2}}(1+\cot^2 x)^{\frac{1}{\cot^2 x}\cdot\frac{-\cot x}{2}}=e^0=1$.

**【524】** $\lim\limits_{x\to 0}\left[\tan\left(\frac{\pi}{4}-x\right)\right]^{\cot x}$.

**解** $\lim\limits_{x\to 0}\left[\tan\left(\frac{\pi}{4}-x\right)\right]^{\cot x}=\lim\limits_{x\to 0}\left(\frac{1-\tan x}{1+\tan x}\right)^{\cot x}=\lim\limits_{x\to 0}\left(1+\frac{1}{\frac{1+\tan x}{-2\tan x}}\right)^{-\frac{1+\tan x}{2\tan x}\cdot\left(\frac{-2}{1+\tan x}\right)}=e^{-2}$.

**【525】** $\lim\limits_{x\to\infty}\left(\sin\frac{1}{x}+\cos\frac{1}{x}\right)^x$.

**解** $\left(\sin\frac{1}{x}+\cos\frac{1}{x}\right)^x=\left[1+\left(\sin\frac{1}{x}+\cos\frac{1}{x}-1\right)\right]^{\frac{1}{\sin\frac{1}{x}+\cos\frac{1}{x}-1}\cdot x\left(\sin\frac{1}{x}+\cos\frac{1}{x}-1\right)}$.

因为

$$x\left(\sin\frac{1}{x}+\cos\frac{1}{x}-1\right)=\frac{\sin\frac{1}{x}}{\frac{1}{x}}-\frac{2\sin\frac{1}{2x}\sin\frac{1}{2x}}{\frac{1}{2x}\cdot 2}\to 1\quad(x\to\infty),$$

所以，$\lim\limits_{x\to\infty}\left(\sin\frac{1}{x}+\cos\frac{1}{x}\right)^{x}=\mathrm{e}$.

**【526】** $\lim\limits_{x\to+0}\sqrt[x]{\cos\sqrt{x}}$ *) .

**解题思路** 将式$\sqrt[x]{\cos\sqrt{x}}$化为$\mathrm{e}^{\frac{1}{x}\ln[\cos\sqrt{x}-1)+1]}$. 并利用 474 题的结果及$\lim\limits_{t\to0}\frac{\ln(1+t)}{t}=1$.

**解** $\lim\limits_{x\to+0}\sqrt[x]{\cos\sqrt{x}}=\lim\limits_{x\to+0}\mathrm{e}^{\frac{1}{x}\ln\cos\sqrt{x}}=\lim\limits_{x\to+0}\mathrm{e}^{\frac{1}{x}\cdot\frac{\ln(\cos\sqrt{x}-1+1)}{\cos\sqrt{x}-1}(\cos\sqrt{x}-1)}=\lim\limits_{x\to+0}\mathrm{e}^{-\frac{1}{x}\cdot2\sin^2\frac{\sqrt{x}}{2}**)}=\mathrm{e}^{-\frac{1}{2}}$.

*) 原题为 $x\to0$，应改为 $x\to+0$.

**) 利用结果$\lim\limits_{t\to0}\frac{\ln(1+t)}{t}=\lim\limits_{t\to0}\ln(1+t)^{\frac{1}{t}}=\ln\mathrm{e}=1$.

**【527】** $\lim\limits_{n\to\infty}\left(\frac{n+x}{n-1}\right)^{n}$.

**解** $\lim\limits_{n\to\infty}\left(\frac{n+x}{n-1}\right)^{n}=\lim\limits_{n\to\infty}\left(1+\frac{1}{\frac{n-1}{x+1}}\right)^{\frac{n-1}{x+1}\cdot(x+1)+1}=\mathrm{e}^{x+1}$.

**【528】** $\lim\limits_{n\to\infty}\cos^{n}\frac{x}{\sqrt{n}}$.

**提示** $\cos^{n}\frac{x}{\sqrt{n}}=\left(1+\tan^{2}\frac{x}{\sqrt{n}}\right)^{-\frac{n}{2}}$.

**解** $\lim\limits_{n\to\infty}\cos^{n}\frac{x}{\sqrt{n}}=\lim\limits_{n\to\infty}\left(1+\tan^{2}\frac{x}{\sqrt{n}}\right)^{-\frac{n}{2}}=\lim\limits_{n\to\infty}\left(1+\tan^{2}\frac{x}{\sqrt{n}}\right)^{\frac{1}{\tan^{2}\frac{x}{\sqrt{n}}}\cdot\left(\frac{\tan\frac{x}{\sqrt{n}}}{\frac{x}{\sqrt{n}}}\right)^{2}\cdot\left(-\frac{x^{2}}{2}\right)}=\mathrm{e}^{-\frac{x^{2}}{2}}$.

**【529】** $\lim\limits_{x\to0}\frac{\ln(1+x)}{x}$.

**解** $\lim\limits_{x\to0}\frac{\ln(1+x)}{x}=\lim\limits_{x\to0}\ln(1+x)^{\frac{1}{x}}=\ln\mathrm{e}=1$.

**【530】** $\lim\limits_{x\to+\infty}x[\ln(x+1)-\ln x]$.

**解** $\lim\limits_{x\to+\infty}x[\ln(x+1)-\ln x]=\lim\limits_{x\to+\infty}\ln\left(1+\frac{1}{x}\right)^{x}=\ln\mathrm{e}=1$.

**【531】** $\lim\limits_{x\to a}\frac{\ln x-\ln a}{x-a}$ $(a>0)$.

**解** $\lim\limits_{x\to a}\frac{\ln x-\ln a}{x-a}=\lim\limits_{x\to a}\frac{\ln\frac{x}{a}}{x-a}=\lim\limits_{x\to a}\ln\left(1+\frac{1}{\frac{a}{x-a}}\right)^{\frac{a}{x-a}\cdot\frac{1}{a}}=\ln\mathrm{e}^{\frac{1}{a}}=\frac{1}{a}$.

**【532】** $\lim\limits_{x\to+\infty}[\sin\ln(x+1)-\sin\ln x]$.

**提示** $\sin\ln(x+1)-\sin\ln x=2\cos\frac{\ln(x+1)+\ln x}{2}\sin\frac{\ln(x+1)-\ln x}{2}$

及 $\ln(x+1)-\ln x\to0$ $(x\to+\infty)$.

**解** $\sin\ln(x+1)-\sin\ln x=2\cos\frac{\ln(x+1)+\ln x}{2}\sin\frac{\ln(x+1)-\ln x}{2}$.

因为

$$\ln(x+1)-\ln x=\ln\left(1+\frac{1}{x}\right)\to0\quad(x\to+\infty),$$

所以，$\sin\frac{\ln(x+1)-\ln x}{2}\to0$；

又因 $\cos\frac{\ln(x+1)+\ln x}{2}$为有界函数，所以，$\lim\limits_{x\to+\infty}[\sin\ln(x+1)-\sin\ln x]=0$.

【533】 $\lim\limits_{x\to+\infty}\dfrac{\ln(x^2-x+1)}{\ln(x^{10}+x+1)}$.

解 $\lim\limits_{x\to+\infty}\dfrac{\ln(x^2-x+1)}{\ln(x^{10}+x+1)}=\lim\limits_{x\to+\infty}\dfrac{2\ln x+\ln\left(1-\dfrac{1}{x}+\dfrac{1}{x^2}\right)}{10\ln x+\ln\left(1+\dfrac{1}{x^9}+\dfrac{1}{x^{10}}\right)}$

$=\lim\limits_{x\to+\infty}\dfrac{2+\dfrac{1}{\ln x}\cdot\ln\left(1+\dfrac{1}{x^2}-\dfrac{1}{x}\right)}{10+\dfrac{1}{\ln x}\cdot\ln\left(1+\dfrac{1}{x^9}+\dfrac{1}{x^{10}}\right)}=\dfrac{1}{5}$.

【534】 $\lim\limits_{x\to\infty}\left(\lg\dfrac{100+x^2}{1+100x^2}\right)$.

解 $\lim\limits_{x\to\infty}\left(\lg\dfrac{100+x^2}{1+100x^2}\right)=\lg\dfrac{1}{100}=-2$.

【535】 $\lim\limits_{x\to+\infty}\dfrac{\ln(2+e^{3x})}{\ln(3+e^{2x})}$.

解 $\lim\limits_{x\to+\infty}\dfrac{\ln(2+e^{3x})}{\ln(3+e^{2x})}=\lim\limits_{x\to+\infty}\dfrac{3x+\ln(2e^{-3x}+1)}{2x+\ln(3e^{-2x}+1)}=\lim\limits_{x\to+\infty}\dfrac{3+\dfrac{1}{x}\ln(2e^{-3x}+1)}{2+\dfrac{1}{x}\ln(3e^{-2x}+1)}=\dfrac{3}{2}$.

【536】 $\lim\limits_{x\to+\infty}\dfrac{\ln(1+\sqrt{x}+\sqrt[3]{x})}{\ln(1+\sqrt[3]{x}+\sqrt[4]{x})}$.

解 $\lim\limits_{x\to+\infty}\dfrac{\ln(1+\sqrt{x}+\sqrt[3]{x})}{\ln(1+\sqrt[3]{x}+\sqrt[4]{x})}=\lim\limits_{x\to+\infty}\dfrac{\dfrac{1}{2}\ln x+\ln(x^{-\frac{1}{2}}+1+x^{-\frac{1}{6}})}{\dfrac{1}{3}\ln x+\ln(x^{-\frac{1}{3}}+1+x^{-\frac{1}{12}})}=\lim\limits_{x\to+\infty}\dfrac{\dfrac{1}{2}+\dfrac{1}{\ln x}\cdot\ln(x^{-\frac{1}{2}}+1+x^{-\frac{1}{6}})}{\dfrac{1}{3}+\dfrac{1}{\ln x}\cdot\ln(x^{-\frac{1}{3}}+1+x^{-\frac{1}{12}})}$

$=\dfrac{3}{2}$.

【537】 $\lim\limits_{h\to0}\dfrac{\lg(x+h)+\lg(x-h)-2\lg x}{h^2}\quad(x>0)$.

解 $\lim\limits_{h\to0}\dfrac{\lg(x+h)+\lg(x-h)-2\lg x}{h^2}=\lim\limits_{h\to0}\dfrac{\lg(x^2-h^2)-\lg x^2}{h^2}$

$=\lim\limits_{h\to0}\left[-\dfrac{1}{x^2}\lg\left(1-\dfrac{h^2}{x^2}\right)^{-\frac{x^2}{h^2}}\right]=-\dfrac{1}{x^2}\lg e$.

【538】 $\lim\limits_{x\to0}\dfrac{\ln\tan\left(\dfrac{\pi}{4}+ax\right)}{\sin bx}$.

解 $\lim\limits_{x\to0}\dfrac{\ln\tan\left(\dfrac{\pi}{4}+ax\right)}{\sin bx}=\lim\limits_{x\to0}\ln\left[1+\left(\tan\left(\dfrac{\pi}{4}+ax\right)-1\right)\right]^{\frac{1}{\sin bx}}$

$=\lim\limits_{x\to0}\ln\left[1+\dfrac{\sin\left(\dfrac{\pi}{4}+ax\right)-\cos\left(\dfrac{\pi}{4}+ax\right)}{\cos\left(\dfrac{\pi}{4}+ax\right)}\right]^{\frac{1}{\sin bx}}$

$=\lim\limits_{x\to0}\ln\left[1+\dfrac{\sqrt{2}\sin ax}{\cos\left(\dfrac{\pi}{4}+ax\right)}\right]^{\frac{\cos\left(\frac{\pi}{4}+ax\right)}{\sqrt{2}\sin ax}\cdot\frac{\sqrt{2}}{\cos\left(\frac{\pi}{4}+ax\right)}\cdot\frac{\sin ax}{ax}\cdot\frac{bx}{\sin bx}\cdot\frac{a}{b}}=\ln e^{\frac{2a}{b}}=\dfrac{2a}{b}$.

【539】 $\lim\limits_{x\to0}\dfrac{\ln\cos ax}{\ln\cos bx}$.

解 $\lim\limits_{x\to0}\dfrac{\ln\cos ax}{\ln\cos bx}=\lim\limits_{x\to0}\left(\dfrac{\ln\cos ax}{\cos ax-1}\cdot\dfrac{\cos bx-1}{\ln\cos bx}\cdot\dfrac{\cos ax-1}{\cos bx-1}\right)=\lim\limits_{x\to0}\dfrac{2\sin^2\dfrac{ax}{2}}{2\sin^2\dfrac{bx}{2}}=\dfrac{a^2}{b^2}$.

【540】$^+$ $\lim\limits_{x\to 0}\left(\ln\dfrac{nx+\sqrt{1-n^2x^2}}{x+\sqrt{1-x^2}}\right)$.

解 $\lim\limits_{x\to 0}\left(\ln\dfrac{nx+\sqrt{1-n^2x^2}}{x+\sqrt{1-x^2}}\right)=\ln 1=0.$

【541】 $\lim\limits_{x\to 0}\dfrac{a^x-1}{x}\quad(a>0)$.

提示 令 $a^x-1=y$.

解 设 $a^x-1=y$,则

$$\lim_{x\to 0}\frac{a^x-1}{x}=\lim_{y\to 0}\frac{y}{\log_a(1+y)}=\lim_{y\to 0}\frac{1}{\log_a(1+y)^{\frac{1}{y}}}=\frac{1}{\log_a e}=\ln a.$$

【542】 $\lim\limits_{x\to a}\dfrac{a^x-x^a}{x-a}\quad(a>0)$.

提示 $\dfrac{a^x-x^a}{x-a}=a^a\cdot\dfrac{\left[a^{x-a}-\left(\dfrac{x}{a}\right)^a\right]}{x-a}=a^a\cdot\dfrac{a^{x-a}-1}{x-a}-a^a\cdot\dfrac{e^{a\ln\frac{x}{a}}-1}{a\ln\dfrac{x}{a}}\cdot\dfrac{a\ln\left(1+\dfrac{x-a}{a}\right)}{x-a}$. 并利用 541 题及 529 题的结果.

解 $\dfrac{a^x-x^a}{x-a}=\dfrac{a^a\left[a^{x-a}-\left(\dfrac{x}{a}\right)^a\right]}{x-a}=a^a\cdot\dfrac{a^{x-a}-1}{x-a}-a^a\dfrac{\left(\dfrac{x}{a}\right)^a-1}{x-a}$

$$=a^a\frac{a^{x-a}-1}{x-a}-a^a\frac{e^{a\ln\frac{x}{a}}-1}{a\ln\dfrac{x}{a}}\cdot\frac{a\ln\left(1+\dfrac{x-a}{a}\right)}{x-a},$$

当 $x\to a$ 时,等式第一项趋向 $a^a\ln a$,而第二项趋向 $a^a\cdot 1\cdot 1=a^a$,所以,

$$\lim_{x\to a}\frac{a^x-x^a}{x-a}=a^a\ln a-a^a=a^a\ln\frac{a}{e}.$$

【543】 $\lim\limits_{x\to a}\dfrac{x^x-a^a}{x-a}\quad(a>0)$.

解 $\dfrac{x^x-a^a}{x-a}=a^a\cdot\dfrac{e^{x\ln x-a\ln a}-1}{x\ln x-a\ln a}\cdot\dfrac{x\ln x-a\ln a}{x-a}$.

而当 $x\to a$ 时,

$$\frac{x\ln x-a\ln a}{x-a}=\frac{x\ln x-x\ln a}{x-a}+\ln a=\frac{x}{a}\cdot\frac{\ln\left(1+\dfrac{x-a}{a}\right)}{\dfrac{x-a}{a}}+\ln a\to 1+\ln a=\ln ea.$$

又 $\dfrac{e^{x\ln x-a\ln a}-1}{x\ln x-a\ln a}\to 1\quad(x\to a)$,所以,$\lim\limits_{x\to a}\dfrac{x^x-a^a}{x-a}=a^a\ln ea$.

【544】 $\lim\limits_{x\to 0}(x+e^x)^{\frac{1}{x}}$.

解 $\lim\limits_{x\to 0}(x+e^x)^{\frac{1}{x}}=\lim\limits_{x\to 0}e\left(1+\dfrac{x}{e^x}\right)^{\frac{e^x}{x}\cdot e^{-x}}=e\cdot e=e^2.$

【545】 $\lim\limits_{x\to 0}\left(\dfrac{1+x\cdot 2^x}{1+x\cdot 3^x}\right)^{\frac{1}{x^2}}$.

解 $\left(\dfrac{1+x\cdot 2^x}{1+x\cdot 3^x}\right)^{\frac{1}{x^2}}=\left(1+\dfrac{1}{\dfrac{1+x\cdot 3^x}{x(2^x-3^x)}}\right)^{\frac{1+x\cdot 3^x}{x(2^x-3^x)}\cdot\frac{2^x-3^x}{x(1+x\cdot 3^x)}}$.

因为

$$\frac{2^x-3^x}{x(1+x\cdot 3^x)}=\frac{1}{1+x\cdot 3^x}\cdot\left(\frac{2^x-1}{x}-\frac{3^x-1}{x}\right)\to\ln 2-\ln 3^{*)}=\ln\frac{2}{3}\quad(x\to 0),$$

所以，$\lim\limits_{x\to 0}\left(\dfrac{1+x\cdot 2^x}{1+x\cdot 3^x}\right)^{\frac{1}{x^2}}=e^{\ln\frac{2}{3}}=\dfrac{2}{3}$.

*） 利用 541 题的结果.

【546】 $\lim\limits_{n\to\infty}\tan^n\left(\dfrac{\pi}{4}+\dfrac{1}{n}\right)$.

解 $$\lim\limits_{n\to\infty}\tan^n\left(\frac{\pi}{4}+\frac{1}{n}\right)=\lim\limits_{n\to\infty}\left(\frac{1+\tan\frac{1}{n}}{1-\tan\frac{1}{n}}\right)^n=\lim\limits_{n\to\infty}\left(1+\frac{1}{\frac{1-\tan\frac{1}{n}}{2\tan\frac{1}{n}}}\right)^{\frac{1-\tan\frac{1}{n}}{2\tan\frac{1}{n}}\cdot\frac{2\tan\frac{1}{n}}{\frac{1}{n}}\cdot\frac{1}{1-\tan\frac{1}{n}}}=e^2.$$

【547】 $\lim\limits_{x\to 0}\dfrac{e^{\alpha x}-e^{\beta x}}{\sin\alpha x-\sin\beta x}$.

解 $$\lim\limits_{x\to 0}\frac{e^{\alpha x}-e^{\beta x}}{\sin\alpha x-\sin\beta x}=\lim\limits_{x\to 0}\frac{e^{\beta x}\left[e^{(\alpha-\beta)x}-1\right]}{2\cos\frac{\alpha+\beta}{2}x\sin\frac{\alpha-\beta}{2}x}=\lim\limits_{x\to 0}\frac{e^{(\alpha-\beta)x}-1}{(\alpha-\beta)x}\cdot\frac{\frac{\alpha-\beta}{2}x}{\sin\frac{\alpha-\beta}{2}x}\cdot\frac{e^{\beta x}}{\cos\frac{\alpha+\beta}{2}x}=\ln e^{*)}=1.$$

*） 利用 541 题的结果.

【548】 $\lim\limits_{x\to a}\dfrac{x^\alpha-a^\alpha}{x^\beta-a^\beta}$ $(a>0)$.

解 $$\frac{x^\alpha-a^\alpha}{x^\beta-a^\beta}=a^{\alpha-\beta}\cdot\frac{\left(\frac{x}{a}\right)^\alpha-1}{\left(\frac{x}{a}\right)^\beta-1}=a^{\alpha-\beta}\cdot\frac{e^{\alpha\ln\frac{x}{a}}-1}{\alpha\ln\frac{x}{a}}\cdot\frac{\beta\ln\frac{x}{a}}{e^{\beta\ln\frac{x}{a}}-1}\cdot\frac{\alpha}{\beta}.$$

当 $x\to a$ 时，$\ln\dfrac{x}{a}\to 0$，于是上式趋向 $\dfrac{\alpha}{\beta}a^{\alpha-\beta}$，即

$$\lim\limits_{x\to a}\frac{x^\alpha-a^\alpha}{x^\beta-a^\beta}=\frac{\alpha}{\beta}a^{\alpha-\beta}\quad(\beta\neq 0).$$

【549】 $\lim\limits_{x\to b}\dfrac{a^x-a^b}{x-b}$ $(a>0)$.

提示 $\dfrac{a^x-a^b}{x-b}=a^b\cdot\dfrac{a^{x-b}-1}{x-b}$.

解 $\lim\limits_{x\to b}\dfrac{a^x-a^b}{x-b}=\lim\limits_{x\to b}\left(a^b\cdot\dfrac{a^{x-b}-1}{x-b}\right)=a^b\ln a^{*)}$.

*） 利用 541 题的结果.

【550】 $\lim\limits_{h\to 0}\dfrac{a^{x+h}+a^{x-h}-2a^x}{h^2}$ $(a>0)$.

提示 $\dfrac{a^{x+h}+a^{x-h}-2a^x}{h^2}=a^{x-h}\left(\dfrac{a^h-1}{h}\right)^2$.

解 $\lim\limits_{h\to 0}\dfrac{a^{x+h}+a^{x-h}-2a^x}{h^2}=\lim\limits_{h\to 0}\left(a^x\cdot\dfrac{a^h+a^{-h}-2}{h^2}\right)=\lim\limits_{h\to 0}\dfrac{a^x}{a^h}\left(\dfrac{a^h-1}{h}\right)^2=a^x\ln^2 a^{*)}$.

*） 利用 541 题的结果.

【551】 $\lim\limits_{x\to\infty}\dfrac{(x+a)^{x+a}(x+b)^{x+b}}{(x+a+b)^{2x+a+b}}$.

解 $$\lim\limits_{x\to\infty}\frac{(x+a)^{x+a}(x+b)^{x+b}}{(x+a+b)^{2x+a+b}}=\lim\limits_{x\to\infty}\frac{\left(1+\frac{a}{x}\right)^{x+a}\left(1+\frac{b}{x}\right)^{x+b}}{\left(1+\frac{a+b}{x}\right)^{2x+a+b}}=\lim\limits_{x\to\infty}\frac{\left(1+\frac{a}{x}\right)^{\frac{x}{a}a+a}\left(1+\frac{x}{b}\right)^{\frac{x}{b}b+b}}{\left(1+\frac{a+b}{x}\right)^{\frac{x}{a+b}[2(a+b)]+(a+b)}}$$

$$=\frac{e^a\cdot e^b}{e^{2(a+b)}}=e^{-(a+b)}.$$

【552】 $\lim\limits_{n\to\infty}n(\sqrt[n]{x}-1)$ $(x>0)$.

**提示** 利用 541 题的结果.

**解** $\lim\limits_{n\to\infty}n(\sqrt[n]{x}-1)=\lim\limits_{n\to\infty}\dfrac{x^{\frac{1}{n}}-1}{\dfrac{1}{n}}=\ln x^{*)}$.

*) 利用 541 题的结果.

**【553】** $\lim\limits_{n\to\infty}n^2(\sqrt[n]{x}-\sqrt[n+1]{x})\quad(x>0)$.

**解** $\lim\limits_{n\to\infty}n^2(\sqrt[n]{x}-\sqrt[n+1]{x})$

$$=\lim_{n\to\infty}\frac{x^{\frac{1}{n}}-x^{\frac{1}{n+1}}}{\frac{1}{n^2}}=\lim_{n\to\infty}\frac{x^{\frac{1}{n+1}}\left[x^{\frac{1}{n(n+1)}}-1\right]}{\frac{1}{n(n+1)}+\left(\frac{1}{n^2}-\frac{1}{n^2+n}\right)}=\lim_{n\to\infty}\left[\frac{x^{\frac{1}{n(n+1)}}-1}{\frac{1}{n(n+1)}}\cdot\frac{x^{\frac{1}{n+1}}\cdot\frac{1}{n(n+1)}}{\frac{1}{n(n+1)}+\left(\frac{1}{n^2}-\frac{1}{n^2+n}\right)}\right]$$

$=\ln x$.

**【554】** $\lim\limits_{n\to\infty}\left(\dfrac{a-1+\sqrt[n]{b}}{a}\right)^n\quad(a>0,b>0)$.

**解** $$\lim_{n\to\infty}\left(\frac{a-1+\sqrt[n]{b}}{a}\right)^n=\lim_{n\to\infty}\left(1+\frac{1}{\frac{a}{b^{\frac{1}{n}}-1}}\right)^{\frac{a}{b^{\frac{1}{n}}-1}\cdot\frac{b^{\frac{1}{n}}-1}{\frac{1}{n}}\cdot\frac{1}{a}}=e^{\frac{1}{a}\ln b}=\sqrt[a]{b}.$$

**【555】** $\lim\limits_{n\to\infty}\left(\dfrac{\sqrt[n]{a}+\sqrt[n]{b}}{2}\right)^n\quad(a>0,\ b>0)$.

**提示** 注意 $\left(\dfrac{\sqrt[n]{a}+\sqrt[n]{b}}{2}\right)^n=\left[1+\left(\dfrac{\sqrt[n]{a}+\sqrt[n]{b}}{2}-1\right)\right]^{\left(\frac{1}{\frac{\sqrt[n]{a}+\sqrt[n]{b}}{2}-1}\right)\cdot n\left(\frac{\sqrt[n]{a}+\sqrt[n]{b}}{2}-1\right)}$,及

$$n\left(\frac{\sqrt[n]{a}+\sqrt[n]{b}}{2}-1\right)=\frac{1}{2}\left[n(\sqrt[n]{a}-1)+n(\sqrt[n]{b}-1)\right],$$

仿 515 题,并利用 552 题的结果.

**解** $$\lim_{n\to\infty}\left(\frac{\sqrt[n]{a}+\sqrt[n]{b}}{2}\right)^n=\lim_{n\to\infty}\left(1+\frac{\sqrt[n]{a}+\sqrt[n]{b}}{2}-1\right)^{\left(\frac{1}{\frac{\sqrt[n]{a}+\sqrt[n]{b}}{2}-1}\right)\left(\frac{\sqrt[n]{a}+\sqrt[n]{b}}{2}-1\right)n}=e^{\frac{1}{2}(\ln a+\ln b)^{*)}}=\sqrt{ab}$$

$(a>0,\ b>0)$.

*) 利用 552 题的结果.

**【556】** $\lim\limits_{x\to0}\left(\dfrac{a^x+b^x+c^x}{3}\right)^{\frac{1}{x}}\quad(a>0,\ b>0,\ c>0)$.

**提示** 仿 555 题,并利用 541 题的结果.

**解** 利用 555 题的方法:

$$\lim_{x\to0}\left(\frac{a^x+b^x+c^x}{3}\right)^{\frac{1}{x}}=\lim_{x\to0}\left(1+\frac{a^x+b^x+c^x}{3}-1\right)^{\frac{1}{\frac{a^x+b^x+c^x}{3}-1}\cdot\frac{a^x-1+b^x-1+c^x-1}{3x}}=\sqrt[3]{abc}.$$

**【557】** $\lim\limits_{x\to0}\left(\dfrac{a^{x+1}+b^{x+1}+c^{x+1}}{a+b+c}\right)^{\frac{1}{x}}\quad(a>0,\ b>0,\ c>0)$.

**解** 利用 541 题的结果,得

$$\lim_{x\to0}\frac{a^{x+1}+b^{x+1}+c^{x+1}-a-b-c}{x(a+b+c)}=\frac{1}{a+b+c}\lim_{x\to0}\left(a\cdot\frac{a^x-1}{x}+b\cdot\frac{b^x-1}{x}+c\cdot\frac{c^x-1}{x}\right)$$

$=\ln(a^ab^bc^c)^{\frac{1}{a+b+c}}$,

因而,

$$\lim_{x\to0}\left(\frac{a^{x+1}+b^{x+1}+c^{x+1}}{a+b+c}\right)^{\frac{1}{x}}=\lim_{x\to0}\left(1+\frac{a^{x+1}+b^{x+1}+c^{x+1}}{a+b+c}-1\right)^{\left(\frac{1}{\frac{a^{x+1}+b^{x+1}+c^{x+1}}{a+b+c}-1}\right)\cdot\frac{1}{x}\left(\frac{a^{x+1}+b^{x+1}+c^{x+1}}{a+b+c}-1\right)}$$

$$=(a^a b^b c^c)^{\frac{1}{a+b+c}}.$$

【558】 $\lim\limits_{x\to 0}\left(\dfrac{a^{x^2}+b^{x^2}}{a^x+b^x}\right)^{\frac{1}{x}}$ $(a>0,\ b>0)$.

解 $\lim\limits_{x\to 0}\left(\dfrac{a^{x^2}+b^{x^2}}{a^x+b^x}\right)^{\frac{1}{x}}=\lim\limits_{x\to 0}\left(1+\dfrac{1}{\dfrac{a^x+b^x}{a^{x^2}+b^{x^2}-a^x-b^x}}\right)^{\frac{a^x+b^x}{a^{x^2}+b^{x^2}-a^x-b^x}\cdot\left[x\left(\frac{a^{x^2}-1}{x^2}+\frac{b^{x^2}-1}{x^2}\right)-\frac{a^x-1}{x}-\frac{b^x-1}{x}\right]\cdot\frac{1}{a^x+b^x}}$

$=e^{-\frac{1}{2}(\ln a+\ln b)}=\dfrac{1}{\sqrt{ab}}$.

【559】 $\lim\limits_{x\to 0}\dfrac{a^{x^2}-b^{x^2}}{(a^x-b^x)^2}$ $(a>0,\ b>0)$.

解 $\lim\limits_{x\to 0}\dfrac{a^{x^2}-b^{x^2}}{(a^x-b^x)^2}=\lim\limits_{x\to 0}\left[\left(\dfrac{a^{x^2}-1}{x^2}-\dfrac{b^{x^2}-1}{x^2}\right)\cdot\dfrac{1}{\left(\dfrac{a^x-1}{x}-\dfrac{b^x-1}{x}\right)^2}\right]$

$=(\ln a-\ln b)\cdot\dfrac{1}{(\ln a-\ln b)^2}=\dfrac{1}{\ln a-\ln b}=\left(\ln\dfrac{a}{b}\right)^{-1}$.

【560】 $\lim\limits_{x\to a}\dfrac{a^{a^x}-a^{x^a}}{a^x-x^a}$ $(a>0)$.

解 $\lim\limits_{x\to a}\dfrac{a^{a^x}-a^{x^a}}{a^x-x^a}=\lim\limits_{x\to a}\left(a^{x^a}\cdot\dfrac{a^{a^x-x^a}-1}{a^x-x^a}\right)=a^{a^a}\ln a$.

【561】 (1) $\lim\limits_{x\to-\infty}\dfrac{\ln(1+3^x)}{\ln(1+2^x)}$； (2) $\lim\limits_{x\to+\infty}\dfrac{\ln(1+3^x)}{\ln(1+2^x)}$.

解 (1) $\lim\limits_{x\to-\infty}\dfrac{\ln(1+3^x)}{\ln(1+2^x)}=\lim\limits_{x\to-\infty}\left[\dfrac{\ln(1+3^x)}{3^x}\cdot\dfrac{2^x}{\ln(1+2x)}\cdot\left(\dfrac{2}{3}\right)^{-x}\right]=1\cdot 1\cdot 0^{*)}=0$.

*) 利用 529 题的结果.

(2) $\lim\limits_{x\to+\infty}\dfrac{\ln(1+3^x)}{\ln(1+2^x)}=\lim\limits_{x\to+\infty}\dfrac{x\ln 3+\ln(1+3^{-x})}{x\ln 2+\ln(1+2^{-x})}=\lim\limits_{x\to+\infty}\dfrac{\ln 3+\dfrac{1}{x}\cdot\ln(1+3^{-x})}{\ln 2+\dfrac{1}{x}\cdot\ln(1+2^{-x})}=\dfrac{\ln 3}{\ln 2}$.

【562】 $\lim\limits_{x\to+\infty}\ln(1+2^x)\ln\left(1+\dfrac{3}{x}\right)$.

解 $\lim\limits_{x\to+\infty}\ln(1+2^x)\ln\left(1+\dfrac{3}{x}\right)=\lim\limits_{x\to+\infty}\left[\dfrac{\ln\left(1+\dfrac{3}{x}\right)}{\dfrac{3}{x}}\cdot\dfrac{x\ln 2+\ln(2^{-x}+1)}{\dfrac{x}{3}}\right]=3\ln 2=\ln 8$.

【563】 $\lim\limits_{x\to 1}(1-x)\lg_x 2$.

解 $\lim\limits_{x\to 1}(1-x)\lg_x 2=\lim\limits_{x\to 1}\dfrac{1-x}{\ln x}\cdot\ln 2=-\ln 2\cdot\lim\limits_{x\to 1}\dfrac{x-1}{\ln[1+(x-1)]}=-\ln 2.^{*)}$

*) 利用 529 题的结果.

【564】 证明：

$$\lim_{x\to+\infty}\frac{x^n}{a^x}=0\quad(a>0,\ n>0).$$

**证明思路** 注意到当 $x\geqslant 1$ 时，存在唯一的正整数 $k$，使得 $k\leqslant x<k+1$. 于是，当 $n>0$ 时，有 $\dfrac{k^n}{a^{k+1}}<\dfrac{x^n}{a^x}<\dfrac{(k+1)^n}{a^k}$，利用 60 题的结果.

**证** 当 $x\geqslant 1$ 时，存在唯一的正整数 $k$，使

$$k\leqslant x<k+1.$$

于是当 $n>0$ 时，我们有

$$\frac{x^n}{a^x}<\frac{(k+1)^n}{a^k} \quad 及 \quad \frac{x^n}{a^x}>\frac{k^n}{a^{k+1}}=\frac{k^n}{a^k}\cdot\frac{1}{a}.$$

因为当 $x\to+\infty$ 时,$k\to+\infty$,所以有

$$\lim_{x\to+\infty}\frac{(k+1)^n}{a^k}=\lim_{x\to+\infty}\frac{(k+1)^n}{a^{k+1}}\cdot a=0\cdot a^{*)}=0$$

及

$$\lim_{x\to+\infty}\frac{k^n}{a^{k+1}}=\lim_{x\to+\infty}\frac{k^n}{a^k}\cdot\frac{1}{a}=0\cdot\frac{1}{a}^{*)}=0.$$

于是,$\lim\limits_{x\to+\infty}\frac{x^n}{a^x}=0$.

*) 利用 60 题的结果.

**【565】** 证明:

$$\lim_{x\to+\infty}\frac{\log_a x}{x^\varepsilon}=0 \quad (a>1,\ \varepsilon>0).$$

**证明思路** 令 $y=\log_a x$,则 $x=a^y$,且当 $x\to+\infty$ 时,$y\to+\infty$. 由 $\frac{\log_a x}{x^\varepsilon}=\left(\frac{y^{\frac{1}{\varepsilon}}}{a^y}\right)^\varepsilon$,并利用 564 题的结果,命题即获证.

**证** 设 $\log_a x=y$,则 $x=a^y$,且当 $x\to+\infty$ 时,$y\to+\infty$. 于是,

$$\lim_{x\to+\infty}\frac{\log_a x}{x^\varepsilon}\lim_{y\to+\infty}\frac{y}{(a^y)^\varepsilon}=\lim_{y\to+\infty}\left(\frac{y^{\frac{1}{\varepsilon}}}{a^y}\right)^\varepsilon=0^{*)},$$

即

$$\lim_{x\to+\infty}\frac{\log_a x}{x^\varepsilon}=0.$$

*) 利用 564 题的结果.

**求下列极限:**

**【566】** (1) $\lim\limits_{x\to0}\frac{\ln(x^2+e^x)}{\ln(x^4+e^{2x})}$; (2) $\lim\limits_{x\to+\infty}\frac{\ln(x^2+e^x)}{\ln(x^4+e^{2x})}$.

**解** (1)

$$\lim_{x\to0}\frac{\ln(x^2+e^x)}{\ln(x^4+e^{2x})}=\lim_{x\to0}\frac{x+\ln(1+x^2e^{-x})}{2x+\ln(1+x^4e^{-2x})}=\lim_{x\to0}\frac{1+\frac{\ln(1+x^2e^{-x})}{x^2e^{-x}}\cdot xe^{-x}}{2+\frac{\ln(1+x^4e^{-2x})}{x^4e^{-2x}}\cdot x^3e^{-2x}}=\frac{1}{2};$$

(2)

$$\lim_{x\to+\infty}\frac{\ln(x^2+e^x)}{\ln(x^4+e^{2x})}=\lim_{x\to+\infty}\frac{1+\frac{\ln(1+x^2e^{-x})}{x}}{2+\frac{\ln(1+x^4e^{-2x})}{x}}=\frac{1}{2},$$

其中利用了结果 $\lim\limits_{x\to+\infty}x^na^{-x}=0 \quad (n>0,\ a>1)$,因而,

$$x^2e^{-x}\to0 \quad 及 \quad x^4e^{-2x}\to0 \quad (x\to+\infty).$$

**【567】** $\lim\limits_{x\to0}\frac{\ln(1+xe^x)}{\ln(x+\sqrt{1+x^2})}$.

**解**

$$\lim_{x\to0}\frac{\ln(1+xe^x)}{\ln(x+\sqrt{1+x^2})}=\lim_{x\to0}\frac{\frac{\ln(1+xe^x)}{xe^x}\cdot xe^x}{\frac{1}{2}\ln(1+x^2)+\frac{\ln\left(1+\frac{x}{\sqrt{1+x^2}}\right)}{\frac{x}{\sqrt{1+x^2}}}\cdot\frac{x}{\sqrt{1+x^2}}}$$

$$=\lim_{x\to0}\frac{xe^x}{\frac{x}{\sqrt{1+x^2}}}=\lim_{x\to0}e^x\sqrt{1+x^2}=1.$$

**【568】** $\lim\limits_{x\to\infty}[(x+2)\ln(x+2)-2(x+1)\ln(x+1)+x\ln x]$.

**解** $\lim\limits_{x\to\infty}[(x+2)\ln(x+2)-2(x+1)\ln(x+1)+x\ln x]=\lim\limits_{x\to\infty}\ln\dfrac{(x+2)^{x+2}\cdot x^x}{(x+1)^{2x+2}}$

$$=\lim_{x\to\infty}\ln\frac{\left(1+\dfrac{2}{x}\right)^{\frac{x}{2}\cdot 2+2}}{\left(1+\dfrac{1}{x}\right)^{2x+2}}=\ln\frac{e^2}{e^2}=0.$$

**【569】** $\lim\limits_{x\to+0}\left[\ln(x\ln a)\cdot\ln\left(\dfrac{\ln ax}{\ln\dfrac{x}{a}}\right)\right]\quad(a>1).$

**解** $\lim\limits_{x\to+0}\left[\ln(x\ln a)\cdot\ln\left(\dfrac{\ln ax}{\ln\dfrac{x}{a}}\right)\right]=\lim\limits_{x\to+0}\ln\left(\dfrac{\ln a+\ln x}{\ln x-\ln a}\right)^{\ln x+\ln(\ln a)}$

$$=\lim_{x\to+0}\ln\left(1+\frac{2\ln a}{\ln x-\ln a}\right)^{\frac{\ln x-\ln a}{2\ln a}\cdot 2\ln a\cdot\frac{\ln x+\ln(\ln a)}{\ln x-\ln a}}=\ln e^{\ln a^2}=\ln a^2.$$

**【570】** $\lim\limits_{x\to+\infty}\left(\ln\dfrac{x+\sqrt{x^2+1}}{x+\sqrt{x^2-1}}\cdot\ln^{-2}\dfrac{x+1}{x-1}\right).$

**解** $\lim\limits_{x\to+\infty}\left(\ln\dfrac{x+\sqrt{x^2+1}}{x+\sqrt{x^2-1}}\cdot\ln^{-2}\dfrac{x+1}{x-1}\right)=\lim\limits_{x\to+\infty}\dfrac{\ln\left(1+\dfrac{\sqrt{x^2+1}-\sqrt{x^2-1}}{x+\sqrt{x^2-1}}\right)}{\ln^2\left(1+\dfrac{2}{x-1}\right)}$

$$=\lim_{x\to+\infty}\frac{\left\{\ln\left[1+\dfrac{2}{(x+\sqrt{x^2-1})(\sqrt{x^2+1}+\sqrt{x^2-1})}\right]^{\frac{(x+\sqrt{x^2-1})}{\sqrt{2}}\cdot\frac{(\sqrt{x^2+1}+\sqrt{x^2-1})}{\sqrt{2}}}\right\}\cdot\dfrac{2}{(x+\sqrt{x^2-1})(\sqrt{x^2+1}+\sqrt{x^2-1})}}{\ln^2\left[\left(1+\dfrac{2}{x-1}\right)^{\frac{x-1}{2}}\right]\left(\dfrac{2}{x-1}\right)^2}$$

$$=\lim_{x\to+\infty}\frac{(x-1)^2}{2(x+\sqrt{x^2-1})(\sqrt{x^2+1}+\sqrt{x^2-1})}$$

$$=\lim_{x\to+\infty}\frac{\left(1-\dfrac{1}{x}\right)^2}{2\left(1+\sqrt{1-\dfrac{1}{x^2}}\right)\left(\sqrt{1+\dfrac{1}{x^2}}+\sqrt{1-\dfrac{1}{x^2}}\right)}=\frac{1}{8}.$$

**【571】** $\lim\limits_{x\to0}\dfrac{\sqrt{1+x\sin x}-1}{e^{x^2}-1}.$

**解** $\lim\limits_{x\to0}\dfrac{\sqrt{1+x\sin x}-1}{e^{x^2}-1}=\lim\limits_{x\to0}\dfrac{x\sin x}{(e^{x^2}-1)(\sqrt{1+x\sin x}+1)}=\lim\limits_{x\to0}\dfrac{\dfrac{\sin x}{x}}{\dfrac{e^{x^2}-1}{x^2}(1+\sqrt{1+x\sin x})}=\dfrac{1}{2}.$

**【572】** $\lim\limits_{x\to0}\dfrac{\cos(xe^x)-\cos(xe^{-x})}{x^3}.$

**解** $\lim\limits_{x\to0}\dfrac{\cos(xe^x)-\cos(xe^{-x})}{x^3}=\lim\limits_{x\to0}\dfrac{-2\sin\dfrac{x(e^x+e^{-x})}{2}\sin\dfrac{x(e^x-e^{-x})}{2}}{x^3}$

$$=-2\lim_{x\to0}\left[\frac{\sin\dfrac{x(e^x+e^{-x})}{2}}{\dfrac{x(e^x+e^{-x})}{2}}\cdot\frac{\sin\dfrac{x(e^x-e^{-x})}{2}}{\dfrac{x(e^x-e^{-x})}{2}}\cdot\frac{x^2(e^{4x}-1)}{4x^3e^{2x}}\right]$$

$$=-2\lim_{x\to0}\left(\frac{e^{4x}-1}{4x}\cdot\frac{1}{e^{2x}}\right)=-2.$$

【573】 $\lim\limits_{x\to0}(2e^{\frac{x}{x+1}}-1)^{\frac{x^2+1}{x}}$.

解 $\lim\limits_{x\to0}(2e^{\frac{x}{x+1}}-1)^{\frac{x^2+1}{x}}=\lim\limits_{x\to0}\left\{\left[1+2(e^{\frac{x}{x+1}}-1)\right]^{\frac{1}{2(e^{\frac{x}{x+1}}-1)}}\right\}^{\frac{2(x^2+1)}{x+1}\cdot\frac{e^{\frac{x}{x+1}}-1}{\frac{x}{x+1}}}=e^2.$

【574】 $\lim\limits_{x\to1}(2-x)^{\sec\frac{\pi x}{2}}$.

解 $\lim\limits_{x\to1}(2-x)^{\sec\frac{\pi x}{2}}=\lim\limits_{x\to1}[1+(-x+1)]^{\frac{1}{1-x}\cdot\frac{\frac{\pi(x-1)}{2}}{\sin\frac{\pi(x-1)}{2}}\cdot\frac{2}{\pi}}=e^{\frac{2}{\pi}}.$

【575】 $\lim\limits_{x\to\frac{\pi}{2}}\dfrac{1-\sin^{\alpha+\beta}x}{\sqrt{(1-\sin^{\alpha}x)(1-\sin^{\beta}x)}}$ $(\alpha>0,\ \beta>0)$.

解 $\lim\limits_{x\to\frac{\pi}{2}}\dfrac{1-\sin^{\alpha+\beta}x}{\sqrt{(1-\sin^{\alpha}x)(1-\sin^{\beta}x)}}=\lim\limits_{x\to\frac{\pi}{2}}\dfrac{1-e^{(\alpha+\beta)\cdot\ln\sin x}}{\sqrt{(1-e^{\alpha\cdot\ln\sin x})(1-e^{\beta\cdot\ln\sin x})}}$

$$=\lim_{x\to\frac{\pi}{2}}\left[\left(\frac{1-e^{(\alpha+\beta)\cdot\ln\sin x}}{(\alpha+\beta)\cdot\ln\sin x}\right)\cdot\left(\frac{\alpha\cdot\ln\sin x}{1-e^{\alpha\cdot\ln\sin x}}\right)^{\frac{1}{2}}\cdot\left(\frac{\beta\cdot\ln\sin x}{1-e^{\beta\cdot\ln\sin x}}\right)^{\frac{1}{2}}\cdot\left(\frac{(\alpha+\beta)\cdot\ln\sin x}{\sqrt{\alpha\beta}\cdot\ln\sin x}\right)\right]$$

$$=\frac{\alpha+\beta}{\sqrt{\alpha\beta}}.$$

注 其中 $x$ 在$\frac{\pi}{2}$的附近变化,故 $\sin x>0$.

【576】+ $\lim\limits_{x\to0}\dfrac{\mathrm{sh}^2x}{\ln(\mathrm{ch}3x)}$ （参见 340 题）.

**解题思路** 由 $\mathrm{sh}x$ 及 $\mathrm{ch}x$ 的定义,可得

$$\frac{\mathrm{sh}^2x}{\ln(\mathrm{ch}3x)}=\frac{(e^{2x}-1)^2}{\ln\left[1+\frac{1}{2}\left(e^{\frac{3}{2}x}-e^{-\frac{3}{2}x}\right)^2\right]\cdot4e^{2x}}$$

$$=\left(\frac{e^{2x}-1}{2x}\right)^2\cdot\left(\frac{3x}{e^{3x}-1}\right)^2\cdot\frac{\frac{1}{2}\left(e^{\frac{3}{2}x}-e^{-\frac{3}{2}x}\right)^2}{\ln\left[1+\frac{1}{2}\left(e^{\frac{3}{2}x}-e^{-\frac{3}{2}x}\right)^2\right]}\cdot\frac{2}{9}e^x,$$

利用 541 题及 529 题的结果,即知所求极限为$\frac{2}{9}$.

解 $\lim\limits_{x\to0}\dfrac{\mathrm{sh}^2x}{\ln(\mathrm{ch}3x)}=\lim\limits_{x\to0}\dfrac{\dfrac{(e^{2x}-1)^2}{4e^{2x}}}{\ln\left[1+\frac{1}{2}\left(e^{\frac{3}{2}x}-e^{-\frac{3}{2}x}\right)^2\right]}$

$$=\lim_{x\to0}\left[\left(\frac{e^{2x}-1}{2x}\right)^2\cdot\frac{\frac{1}{2}\left(e^{\frac{3}{2}x}-e^{-\frac{3}{2}x}\right)^2\cdot e^x}{\ln\left[1+\frac{1}{2}\left(e^{\frac{3}{2}x}-e^{-\frac{3}{2}x}\right)^2\right]}\cdot\left(\frac{3x}{e^{3x}-1}\right)^2\cdot\frac{2}{9}\right]=\frac{2}{9}.$$

【577】 $\lim\limits_{x\to+\infty}\dfrac{\mathrm{sh}\sqrt{x^2+x}-\mathrm{sh}\sqrt{x^2-x}}{\mathrm{ch}x}$.

解 $\mathrm{sh}\sqrt{x^2+x}-\mathrm{sh}\sqrt{x^2-x}=2\mathrm{sh}\dfrac{\sqrt{x^2+x}-\sqrt{x^2-x}}{2}\cdot\mathrm{ch}\dfrac{\sqrt{x^2+x}+\sqrt{x^2-x}}{2}.$

因为

$$\sqrt{x^2+x}-\sqrt{x^2-x}=\frac{2x}{\sqrt{x^2+x}+\sqrt{x^2-x}}=\frac{2}{\sqrt{1+\frac{1}{x}}+\sqrt{1-\frac{1}{x}}}\to1\quad(x\to+\infty),$$

$$\frac{\operatorname{ch}\frac{1}{2}(\sqrt{x^2+x}+\sqrt{x^2-x})}{\operatorname{ch}x}=\frac{e^{\frac{\sqrt{x^2+x}+\sqrt{x^2-x}}{2}}+e^{-\frac{\sqrt{x^2+x}+\sqrt{x^2-x}}{2}}}{e^x+e^{-x}}\to 1,$$

所以，

$$\lim_{x\to+\infty}\frac{\operatorname{sh}\sqrt{x^2+x}-\operatorname{sh}\sqrt{x^2-x}}{\operatorname{ch}x}=2\operatorname{sh}\frac{1}{2}.$$

**【578】** $\lim\limits_{x\to+\infty}(x-\ln\operatorname{ch}x)$.

**解** $\lim\limits_{x\to+\infty}(x-\ln\operatorname{ch}x)=\lim\limits_{x\to+\infty}\left(x-\ln\frac{e^{2x}+1}{2e^x}\right)=\lim\limits_{x\to+\infty}[2x+\ln 2-\ln(1+e^{2x})]$

$=\lim\limits_{x\to+\infty}[\ln 2-\ln(e^{-2x}+1)]=\ln 2.$

**【579】** $\lim\limits_{x\to 0}\frac{e^{\sin 2x}-e^{\sin x}}{\operatorname{th}x}$.

**解** $$\lim_{x\to 0}\frac{e^{\sin 2x}-e^{\sin x}}{\operatorname{th}x}=\lim_{x\to 0}\frac{(e^{\sin 2x}-e^{\sin x})(e^{2x}+1)}{e^{2x}-1}=\lim_{x\to 0}\frac{\left(\frac{e^{\sin 2x}-1}{\sin 2x}\cdot\frac{\sin 2x}{2x}-\frac{e^{\sin x}-1}{\sin x}\cdot\frac{\sin x}{x}\cdot\frac{1}{2}\right)(e^{2x}+1)}{\frac{e^{2x}-1}{2x}}$$

$$=\frac{2\left(1-\frac{1}{2}\right)}{1}=1.$$

**【580】** $\lim\limits_{n\to\infty}\left(\frac{\operatorname{ch}\frac{\pi}{n}}{\cos\frac{\pi}{n}}\right)^{n^2}$.

**解** $$\left(\frac{\operatorname{ch}\frac{\pi}{n}}{\cos\frac{\pi}{n}}\right)^{n^2}=\left(\frac{e^{\frac{\pi}{n}}+e^{-\frac{\pi}{n}}}{2\cos\frac{\pi}{n}}\right)^{n^2}=\left(1+\frac{1}{\frac{2\cos\frac{\pi}{n}}{e^{\frac{\pi}{n}}+e^{-\frac{\pi}{n}}-2\cos\frac{\pi}{n}}}\right)^{\frac{2\cos\frac{\pi}{n}}{e^{\frac{\pi}{n}}+e^{-\frac{\pi}{n}}-2\cos\frac{\pi}{n}}\cdot\frac{n^2\left(e^{\frac{\pi}{n}}+e^{-\frac{\pi}{n}}-2\cos\frac{\pi}{n}\right)}{2\cos\frac{\pi}{n}}},$$

因为

$$n^2\left(e^{\frac{\pi}{n}}+e^{-\frac{\pi}{n}}-2\cos\frac{\pi}{n}\right)=n^2\left[(e^{\frac{\pi}{2n}}-e^{-\frac{\pi}{2n}})^2+2\left(1-\cos\frac{\pi}{n}\right)\right]$$

$$=n^2\left[(e^{\frac{\pi}{2n}}-e^{-\frac{\pi}{2n}})^2+4\sin^2\frac{\pi}{2n}\right]$$

$$=\left(\frac{e^{\frac{\pi}{2n}}-1}{\frac{\pi}{2n}}\cdot\frac{\pi}{2}+\frac{e^{-\frac{\pi}{2n}}-1}{-\frac{\pi}{2n}}\cdot\frac{\pi}{2}\right)^2+\pi^2\left(\frac{\sin\frac{\pi}{2n}}{\frac{\pi}{2n}}\right)^2\to 2\pi^2\quad(n\to\infty),$$

所以，$\lim\limits_{n\to\infty}\left(\frac{\operatorname{ch}\frac{\pi}{n}}{\cos\frac{\pi}{n}}\right)^{n^2}=e^{\pi^2}$.

**【581】** $\lim\limits_{x\to\infty}\arcsin\frac{1-x}{1+x}$.

**解** $\lim\limits_{x\to\infty}\arcsin\frac{1-x}{1+x}=\arcsin(-1)=-\frac{\pi}{2}$.

**【582】** $\lim\limits_{x\to+\infty}\arccos(\sqrt{x^2+x}-x)$.

**解** $\lim\limits_{x\to+\infty}\arccos(\sqrt{x^2+x}-x)=\lim\limits_{x\to+\infty}\arccos\frac{x}{\sqrt{x^2+x}+x}=\arccos\frac{1}{2}=\frac{\pi}{3}$.

**【583】** $\lim\limits_{x\to 2}\arctan\frac{x-4}{(x-2)^2}$.

**解** $\lim\limits_{x\to 2}\arctan\dfrac{x-4}{(x-2)^2}=-\dfrac{\pi}{2}$.

**【584】** $\lim\limits_{x\to-\infty}\operatorname{arccot}\dfrac{x}{\sqrt{1+x^2}}$.

**解** $\lim\limits_{x\to-\infty}\operatorname{arccot}\dfrac{x}{\sqrt{1+x^2}}=\operatorname{arccot}(-1)=\dfrac{3}{4}\pi$.

**【585】** $\lim\limits_{h\to 0}\dfrac{\arctan(x+h)-\arctan x}{h}$.

**解** $$\lim_{h\to 0}\frac{\arctan(x+h)-\arctan x}{h}=\lim_{h\to 0}\left(\frac{\arctan\dfrac{h}{1+x(x+h)}}{\dfrac{h}{1+x(x+h)}}\cdot\frac{1}{1+x(x+h)}\right)=\frac{1}{1+x^2}{}^{*)}.$$

*) 其中利用了结果：$\lim\limits_{x\to 0}\dfrac{\arctan x}{x}=1$.

**【586】** $\lim\limits_{x\to 0}\dfrac{\ln\dfrac{1+x}{1-x}}{\arctan(1+x)-\arctan(1-x)}$.

**解** $$\lim_{x\to 0}\frac{\ln\dfrac{1+x}{1-x}}{\arctan(1+x)-\arctan(1-x)}=\lim_{x\to 0}\left[\frac{\ln\left(1+\dfrac{2x}{1-x}\right)}{\dfrac{2x}{1-x}}\cdot\frac{\dfrac{2x}{2-x^2}}{\arctan\dfrac{2x}{2-x^2}}\cdot\frac{2-x^2}{1-x}\right]=2.$$

**【587】** $\lim\limits_{n\to\infty}\left[n\arctan\dfrac{1}{n(x^2+1)+x}\cdot\tan^n\left(\dfrac{\pi}{4}+\dfrac{x}{2n}\right)\right]$.

**解** $$\lim_{n\to\infty}\left[n\arctan\frac{1}{n(x^2+1)+x}\cdot\tan^n\left(\frac{\pi}{4}+\frac{x}{2n}\right)\right]$$

$$=\lim_{n\to\infty}\left[\frac{\arctan\dfrac{1}{n(x^2+1)+x}}{\dfrac{1}{n(x^2+1)+x}}\cdot\frac{n}{n(x^2+1)+x}\cdot\left(1+\frac{1}{\dfrac{1-\tan\dfrac{x}{2n}}{2\tan\dfrac{x}{2n}}}\right)^{\frac{1-\tan\frac{x}{2n}}{2\tan\frac{x}{2n}}\cdot\frac{\tan\frac{x}{2n}}{\frac{x}{2n}}\cdot\frac{x}{1-\tan\frac{x}{2n}}}\right]=\frac{e^x}{1+x^2}.$$

**【588】** $\lim\limits_{x\to\infty}x\left(\dfrac{\pi}{4}-\arctan\dfrac{x}{x+1}\right)$.

**解** $$\lim_{x\to\infty}x\left(\frac{\pi}{4}-\arctan\frac{x}{x+1}\right)=\lim_{x\to\infty}x\arctan\frac{1}{2x+1}=\lim_{x\to\infty}\left(\frac{\arctan\dfrac{1}{2x+1}}{\dfrac{1}{2x+1}}\cdot\frac{x}{2x+1}\right)=\frac{1}{2}.$$

**【589】** $\lim\limits_{x\to+\infty}x\left(\dfrac{\pi}{2}-\arcsin\dfrac{x}{\sqrt{x^2+1}}\right)$.

**解** $$\lim_{x\to+\infty}x\left(\frac{\pi}{2}-\arcsin\frac{x}{\sqrt{x^2+1}}\right)=\lim_{x\to+\infty}x\arcsin\frac{1}{\sqrt{x^2+1}}=\lim_{x\to+\infty}\left(\frac{\arcsin\dfrac{1}{\sqrt{x^2+1}}}{\dfrac{1}{\sqrt{x^2+1}}}\cdot\frac{x}{\sqrt{x^2+1}}\right)=1^{*)}.$$

*) 其中利用了结果：$\lim\limits_{x\to 0}\dfrac{\arcsin x}{x}=1$.

**【590】** $\lim\limits_{n\to\infty}\left[1+\dfrac{(-1)^n}{n}\right]^{\csc(\pi\sqrt{1+n^2})}$.

**解** $$\lim_{n\to\infty}\left[1+\frac{(-1)^n}{n}\right]^{\csc(\pi\sqrt{1+n^2})}=\lim_{n\to\infty}\left[1+\frac{(-1)^n}{n}\right]^{\frac{n}{(-1)^n}\cdot\frac{(-1)^n}{n\sin\pi\sqrt{1+n^2})}}$$

$$=\lim_{n\to\infty}\left[1+\frac{(-1)^n}{n}\right]^{\frac{n}{(-1)^n}\cdot\frac{-1}{n\sin(n\pi-\pi\sqrt{1+n^2})}}=\lim_{n\to\infty}\left[1+\frac{(-1)^n}{n}\right]^{\frac{n}{(-1)^n}\cdot\frac{n\pi-\pi\sqrt{1+n^2}}{\sin(n\pi-\pi\sqrt{1+n^2})}\cdot\frac{1}{n(\pi\sqrt{1+n^2}-n\pi)}}$$

$$=e^{\lim\limits_{n\to\infty}\frac{\sqrt{n^2+1}+n}{\pi n(n^2+1-n^2)}}=e^{\frac{2}{\pi}}\quad (n\pi-\pi\sqrt{1+n^2}\to 0).$$

**【591】** $\lim\limits_{x\to 0}\frac{1}{x^{100}}e^{-\frac{1}{x^2}}$.

**提示** 令 $y=\frac{1}{x}$,并利用 564 题的结果.

**解** 设 $y=\frac{1}{x}$,则 $\lim\limits_{x\to 0}\frac{1}{x^{100}}e^{-\frac{1}{x^2}}=\lim\limits_{y\to\infty}\frac{y^{100}}{e^{y^2}}=\lim\limits_{y\to\infty}\frac{(y^2)^{50}}{e^{y^2}}=0^{*)}$.

*) 利用 564 题的结果.

**【592】** $\lim\limits_{x\to+0}x\ln x$.

**提示** 令 $y=\frac{1}{x}$,并利用 565 题的结果.

**解** 设 $y=\frac{1}{x}$,则 $\lim\limits_{x\to+0}x\ln x=\lim\limits_{y\to+\infty}\frac{-\ln y}{y}=0^{*)}$.

*) 利用 565 题的结果.

**【593】** (1) $\lim\limits_{x\to-\infty}(\sqrt{x^2+x}-x)$;(2) $\lim\limits_{x\to+\infty}(\sqrt{x^2+x}-x)$.

**解** (1) $\lim\limits_{x\to-\infty}(\sqrt{x^2+x}-x)=+\infty$;

(2) $\lim\limits_{x\to+\infty}(\sqrt{x^2+x}-x)=\lim\limits_{x\to+\infty}\frac{x}{\sqrt{x^2+x}+x}=\frac{1}{2}$.

**【594】** (1) $\lim\limits_{x\to-\infty}(\sqrt{1+x+x^2}-\sqrt{1-x+x^2})$;

(2) $\lim\limits_{x\to+\infty}(\sqrt{1+x+x^2}-\sqrt{1-x+x^2})$.

**解** (1) $\lim\limits_{x\to-\infty}(\sqrt{1+x+x^2}-\sqrt{1-x+x^2})=\lim\limits_{x\to-\infty}\frac{2x}{\sqrt{1+x+x^2}+\sqrt{1-x+x^2}}$

$$=\lim\limits_{x\to-\infty}\frac{-2}{\sqrt{\frac{1}{x^2}+\frac{1}{x}+1}+\sqrt{\frac{1}{x^2}-\frac{1}{x}+1}}{}^{*)}=-1;$$

*) 当 $x\to-\infty$ 时,$x=-\sqrt{x^2}$.

(2) $\lim\limits_{x\to+\infty}(\sqrt{1+x+x^2}-\sqrt{1-x+x^2})\lim\limits_{x\to+\infty}\frac{2}{\sqrt{\frac{1}{x^2}+\frac{1}{x}+1}+\sqrt{\frac{1}{x^2}-\frac{1}{x}+1}}{}^{*)}=1$.

*) 当 $x\to+\infty$ 时,$x=\sqrt{x^2}$.

**【595】** (1) $\lim\limits_{x\to 1-0}\arctan\frac{1}{1-x}$; (2) $\lim\limits_{x\to 1+0}\arctan\frac{1}{1-x}$.

**解** (1) $\lim\limits_{x\to 1-0}\arctan\frac{1}{1-x}=\frac{\pi}{2}$;

(2) $\lim\limits_{x\to 1+0}\arctan\frac{1}{1-x}=-\frac{\pi}{2}$.

**【596】** (1) $\lim\limits_{x\to-0}\frac{1}{1+e^{\frac{1}{x}}}$; (2) $\lim\limits_{x\to+0}\frac{1}{1+e^{\frac{1}{x}}}$.

**解** (1) $\lim\limits_{x\to-0}\frac{1}{1+e^{\frac{1}{x}}}=1$; (2) $\lim\limits_{x\to+0}\frac{1}{1+e^{\frac{1}{x}}}=0$.

**【597】** (1) $\lim\limits_{x\to-\infty}\frac{\ln(1+e^x)}{x}$; (2) $\lim\limits_{x\to+\infty}\frac{\ln(1+e^x)}{x}$.

**解** (1) $\lim\limits_{x\to-\infty}\frac{\ln(1+e^x)}{x}=\lim\limits_{x\to-\infty}\left[\frac{\ln(1+e^x)}{e^x}\cdot\frac{e^x}{x}\right]=0$;

(2) $\lim\limits_{x\to+\infty}\frac{\ln(1+e^x)}{x}=\lim\limits_{x\to+\infty}\left[1+\frac{\ln(e^{-x}+1)}{x}\right]=1$.

【598】 证明:

(1)当 $x\to-\infty$时,$\frac{2x}{1+x}\to 2+0$;

(2)当 $x\to+\infty$时,$\frac{2x}{1+x}\to 2-0$.

证 (1)当 $x<0$ 时,及当$|x|$充分大以后,$\frac{2x}{1+x}>2$. 于是,当 $x\to-\infty$时,$\frac{2x}{1+x}\to 2+0$;

(2)当 $x>0$ 时,$0<\frac{2x}{1+x}<2$. 于是,当 $x\to+\infty$时,$\frac{2x}{1+x}\to 2-0$.

【599】 证明:

(1)当 $x\to-0$ 时,$2^x\to 1-0$;

(2)当 $x\to+0$ 时,$2^x\to 1+0$.

证 (1)当 $x<0$ 时,$0<2^x<1$. 于是,当 $x\to-0$ 时,$2^x\to 1-0$;

(2)当 $x>0$ 时,$2^x>1$. 于是,当 $x\to+0$ 时,$2^x\to 1+0$.

【600】 设 $f(x)=x+[x^2]$,求 $f(1)$,$f(1-0)$,$f(1+0)$.

解 $f(1)=2$;

$f(1-0)=\lim\limits_{x\to 1-0}(x+[x^2])=1+0=1$;

$f(1+0)=\lim\limits_{x\to 1+0}(x+[x^2])=1+1=2$.

【601】 设 $f(x)=\operatorname{sgn}(\sin\pi x)$,求 $f(n)$,$f(n-0)$,$f(n+0)$ $(n=0,\pm1,\cdots)$.

解 $f(n)=0$;

$f(n-0)=\lim\limits_{x\to n-0}\operatorname{sgn}(\sin\pi x)=(-1)^{n-1}$;

$f(n+0)=\lim\limits_{x\to n+0}\operatorname{sgn}(\sin\pi x)=(-1)^n$.

求:

【602】 $\lim\limits_{x\to 0}x\sqrt{\cos\frac{1}{x}}$.

解 因为$\sqrt{\cos\frac{1}{x}}$为有界函数,所以,$\lim\limits_{x\to 0}x\sqrt{\cos\frac{1}{x}}=0$.

【603】 $\lim\limits_{x\to 0}x[\frac{1}{x}]$.

提示 注意到当 $x\neq0$ 时,有 $\frac{1}{x}-1<[\frac{1}{x}]\leqslant\frac{1}{x}$.

解 因为

$$\frac{1}{x}-1<[\frac{1}{x}]\leqslant\frac{1}{x}\quad(x\neq0),$$

当 $x>0$ 时

$$1-x<x[\frac{1}{x}]\leqslant1,$$

当 $x<0$ 时

$$1-x>x[\frac{1}{x}]\geqslant1,$$

于是,$\lim\limits_{x\to 0}x[\frac{1}{x}]=1$.

【604】 $\lim\limits_{n\to\infty}\sin(\pi\sqrt{n^2+1})$.

解 $\lim\limits_{n\to\infty}\sin(\pi\sqrt{n^2+1})=\lim\limits_{n\to\infty}(-1)^n\sin(\pi\sqrt{n^2+1}-n\pi)=\lim\limits_{n\to\infty}(-1)^n\sin\frac{\pi}{\sqrt{n^2+1}+n}=0$.

【605】 $\lim\limits_{n\to\infty}\sin^2(\pi\sqrt{n^2+n})$.

**解** $\lim\limits_{n\to\infty}\sin^2(\pi\sqrt{n^2+n})=\lim\limits_{n\to\infty}\frac{1}{2}[1-\cos(2\pi\sqrt{n^2+n})]=\frac{1}{2}\lim\limits_{n\to\infty}\{1-\cos[2\pi(\sqrt{n^2+n}-n)]\}=1.$

**【606】** $\lim\limits_{n\to\infty}\underbrace{\sin\sin\cdots\sin}_{n个}x.$

**解** 先设 $0\leqslant x\leqslant\pi$，这时，$0\leqslant\sin x\leqslant x$，$0\leqslant\sin(\sin x)\leqslant\sin x$，依次类推. 用数学归纳法，即可证得

$$0\leqslant\overbrace{\sin\sin\cdots\sin}^{n个}x\leqslant\overbrace{\sin\sin\cdots\sin}^{n-1个}x,$$

这说明$\overbrace{\sin\sin\cdots\sin}^{n个}x$随着 $n$ 的增大而单调减少，于是，由其有界性知极限

$$\lim_{n\to\infty}\overbrace{\sin\sin\cdots\sin}^{n个}x=\mu$$

存在有限，且 $0\leqslant\mu\leqslant1$，因此，

$$\lim_{n\to\infty}\overbrace{\sin\sin\cdots\sin}^{n个}x=\sin(\lim_{n\to\infty}\overbrace{\sin\sin\cdots\sin}^{n-1个}x)$$

即 $\sin\mu=\mu$，故 $\mu=0$.

同法可证，当 $\pi<x\leqslant2\pi$ 时，

$$\lim_{n\to\infty}\overbrace{\sin\sin\cdots\sin}^{n个}x=0.$$

再利用 $\sin x$ 的周期性(周期为 $2\pi$)，得知对任一 $x$ 值，均有

$$\lim_{n\to\infty}\overbrace{\sin\sin\cdots\sin}^{n个}x=0.$$

**【607】** 设$\lim\limits_{x\to a}\varphi(x)=A$ 及$\lim\limits_{x\to A}\psi(x)=B$，则由此是否可推出$\lim\limits_{x\to a}\psi(\varphi(x))=B$?

研究例子： $\varphi(x)=\begin{cases}\frac{1}{q}, & x=\frac{p}{q}(p,q\text{ 是互素的整数}),\\ 0, & x\text{ 为无理数},\end{cases}$ $\psi(x)=\begin{cases}1, & x\neq0,\\ 0, & x=0,\end{cases}$

并且 $x\to0$.

**解** 不一定. 例如，对于函数

$$\varphi(x)=\begin{cases}\frac{1}{q}, & x=\frac{p}{q}(p,q\text{ 是互素的整数}),\\ 0, & x\text{ 为无理数}.\end{cases}$$

及

$$\psi(x)=\begin{cases}1, & x\neq0,\\ 0, & x=0.\end{cases}$$

则有

$$\lim_{x\to0}\varphi(x)=0(=A)\quad 及\quad \lim_{x\to0}\psi(x)=1,$$

但是，极限$\lim\limits_{x\to0}\psi(\varphi(x))$却不存在. 事实上，当 $x$ 以一串无理数列 $x_n$ 趋近于零时，有$\varphi(x_n)=0$，因此 $\psi(\varphi(x_n))=0(n=1,2,\cdots)$；而当 $x$ 以一串有理数列 $x_n'$ 趋近于零时，$\varphi(x_n')\neq0$，因此，$\psi(\varphi(x_n'))=1(n=1,2,\cdots)$.

由此可知，极限$\lim\limits_{x\to0}\psi(\varphi(x))$不存在.

**【608】** 证明柯西定理：若函数 $f(x)$定义于区间$(a,+\infty)$，且在每一个有限的区间$(a,b)$内是有界的，则

(1) $\lim\limits_{x\to+\infty}\frac{f(x)}{x}=\lim\limits_{x\to+\infty}[f(x+1)-f(x)]$，

(2) $\lim\limits_{x\to+\infty}[f(x)]^{\frac{1}{x}}=\lim\limits_{x\to+\infty}\frac{f(x+1)}{f(x)}\quad(f(x)\geqslant c>0)$，

假定等式右端的极限都存在.

**证** (1)记$\lim\limits_{x\to+\infty}[f(x+1)-f(x)]=A$. 任给 $\varepsilon>0$，必存在正数 $X_0>a$，使当 $x\geqslant X_0$ 时，恒有

$$|f(x+1)-f(x)-A|<\frac{\varepsilon}{3}.$$

现设 $x>X_0+1$. 于是，恰有一个正整数 $n$(依赖于 $x$)，满足 $n\leqslant x-X_0<n+1$. 令 $\tau=x-X_0-n$，则 $0\leqslant\tau<1$，$x=X_0+\tau+n$. 我们有

$$\frac{f(x)}{x}-A=\frac{n}{x}\left[\frac{f(x)-f(X_0+\tau)}{n}-A\right]+\frac{f(X_0+\tau)}{x}-\frac{(X_0+\tau)A}{x}.$$

显然

$$\begin{aligned}\left|\frac{n}{x}\left[\frac{f(x)-f(X_0+\tau)}{n}-A\right]\right| &\leqslant\left|\frac{f(X_0+\tau+n)-f(X_0+\tau)}{n}-A\right|\\ &=\frac{1}{n}\left|\sum_{k=1}^{n}[f(X_0+\tau+k)-f(X_0+\tau+k-1)-A]\right|\\ &\leqslant\frac{1}{n}\sum_{k=1}^{n}|f(X_0+\tau+k)-f(X_0+\tau+k-1)-A|<\frac{1}{n}\cdot\frac{n\varepsilon}{3}=\frac{\varepsilon}{3}.\end{aligned}$$

由假定，$f(x)$ 在 $X_0\leqslant x<X_0+1$ 上有界，故存在正数 $X_1$，使当 $x>X_1$ 时，恒有

$$\left|\frac{f(X_0+\tau)}{x}\right|<\frac{\varepsilon}{3}\quad(0\leqslant\tau<1);$$

另外，显然存在正数 $X_2$，使当 $x>X_2$ 时，恒有

$$\left|\frac{(X_0+1)A}{x}\right|<\frac{\varepsilon}{3}.$$

令 $X=\max\{X_0+1,X_1,X_2\}$. 于是，当 $x>X$ 时，必有

$$\left|\frac{f(x)}{x}-A\right|<\frac{\varepsilon}{3}+\frac{\varepsilon}{3}+\frac{\varepsilon}{3}=\varepsilon.$$

由此可知 $\lim\limits_{x\to+\infty}\frac{f(x)}{x}=A$. 故(1)获证.

(2)由假定，$f(x)\geqslant c>0$. 记 $\lim\limits_{x\to+\infty}\frac{f(x+1)}{f(x)}=A'$. 显然 $A'\geqslant 0$. 下证 $A'>0$. 事实上，若 $A'=0$，则存在正数 $X_0$，使当 $x\geqslant X_0$ 时，必 $0<\frac{f(x+1)}{f(x)}<\frac{1}{2}$. 于是，

$$0<\frac{f(X_0+n)}{f(X_0)}=\frac{f(X_0+n)}{f(X_0+n-1)}\cdot\frac{f(X_0+n-1)}{f(X_0+n-2)}\cdot\cdots\cdot\frac{f(X_0+1)}{f(X_0)}<\left(\frac{1}{2}\right)^n.$$

由此可知 $\lim\limits_{x\to+\infty}f(X_0+n)=0$，此显然与 $f(x)\geqslant c>0$ 矛盾，因此，有 $A'>0$.

由于 $f(x)\geqslant c>0$ 且 $f(x)$ 在每个有限区间 $(a,b)$ 内有界，故函数 $\ln f(x)$ 在每个有限区间 $(a,b)$ 内也有界，并且

$$\lim_{x\to+\infty}[\ln f(x+1)-\ln f(x)]=\lim_{x\to+\infty}\ln\frac{f(x+1)}{f(x)}=\ln A'.$$

于是，将(1)的结果用于函数 $\ln f(x)$，即知

$$\lim_{x\to+\infty}\frac{\ln f(x)}{x}=\ln A'.$$

故有 $\lim\limits_{x\to+\infty}[f(x)]^{\frac{1}{x}}=\lim\limits_{x\to+\infty}[\mathrm{e}^{\ln f(x)}]^{\frac{1}{x}}=\lim\limits_{x\to+\infty}\mathrm{e}^{\frac{\ln f(x)}{x}}=\mathrm{e}^{\ln A'}=A'$.

证毕.

**【609】** 证明：若(1)函数 $f(x)$ 定义于区域 $x>a$ 内；(2)在每一个有限的区域 $a<x<b$ 内是有界的；(3) $\lim\limits_{x\to+\infty}[f(x+1)-f(x)]=+\infty$ (或 $-\infty$)*)，则

$$\lim_{x\to+\infty}\frac{f(x)}{x}=+\infty\quad(\text{或}-\infty).$$

**证** 只要证明 $\lim\limits_{x\to+\infty}[f(x+1)-f(x)]=+\infty$ 的情形，这时要证 $\lim\limits_{x\to+\infty}\frac{f(x)}{x}=+\infty$(对于 $-\infty$ 的情形，只要考虑函数 $-f(x)$ 即可归结为 $+\infty$ 的情形). 任给 $G>0$. 必存在正数 $X_0>a$，使当 $x\geqslant X_0$ 时，恒有

$$f(x+1)-f(x)>4G.$$

现设 $x>2(X_0+1)$. 仿 608 题(1)的证明，恰有一个正整数 $n$(依赖于 $x$)，满足 $n\leqslant x-X_0<n+1$. 令 $\tau=x$

$-X_0-n$,则 $0\leqslant\tau<1$,$x=X_0+\tau+n$. 由于 $n+1>x-X_0>X_0+2$,故 $n>X_0+1>X_0+\tau$. 从而,$2n>x$,即

$$\frac{n}{x}>\frac{1}{2}.$$

又,我们有

$$\frac{f(x)}{x}=\frac{n}{x}\cdot\frac{f(x)-f(X_0+\tau)}{n}+\frac{f(X_0+\tau)}{x};$$

显然

$$\frac{f(x)-f(X_0+\tau)}{n}=\frac{1}{n}\sum_{k=1}^{n}[f(X_0+\tau+k)-f(X_0+\tau+k-1)]>\frac{1}{n}\cdot 4nG=4G,$$

故

$$\frac{n}{x}\cdot\frac{f(x)-f(X_0+\tau)}{n}>2G.$$

由假定,$f(x)$在 $X_0\leqslant x<X_0+1$ 上有界,故存在正数 $X_1$,使当 $x>X_1$ 时,恒有

$$\left|\frac{f(X_0+\tau)}{x}\right|<G.$$

令 $X=\max\{2(X_0+1),X_1\}$,则当 $x>X$ 时,恒有$\frac{f(x)}{x}>G$. 由此可知 $\lim\limits_{x\to+\infty}\frac{f(x)}{x}=+\infty$.

证毕.

*) 原题条件(3)误写为 $\lim\limits_{x\to+\infty}[f(x+1)-f(x)]=\infty$,结论误写为 $\lim\limits_{x\to+\infty}\frac{f(x)}{x}=\infty$. 例如,按下式定义 $[0,+\infty)$上的函数 $f(x)$:

$$f(x)=\begin{cases}2n, & 2n\leqslant x<2n+1,\\ 0, & 2n+1\leqslant x<2n+2,\end{cases}\quad (n=0,1,2,\cdots).$$

则显然 $f(x)$满足原题的条件(1)和(2)(这时 $a=0$),并且 $\lim\limits_{x\to+\infty}[f(x+1)-f(x)]=\infty$;但显然 $\lim\limits_{x\to+\infty}\frac{f(x)}{x}\neq\infty$(实际 $\lim\limits_{x\to+\infty}\frac{f(x)}{x}$不存在,$\varliminf\limits_{x\to+\infty}\frac{f(x)}{x}=0$, $\varlimsup\limits_{x\to+\infty}\frac{f(x)}{x}=1$).

**【610】** 证明:若(1)函数 $f(x)$定义于区域 $x>a$ 内;(2)在每一个有限的区域 $a<x<b$ 内是有界的;(3)存在着有限的或无穷的(带确定符号的无穷,即$+\infty$和$-\infty$)*) 极限

$$\lim_{x\to+\infty}\frac{f(x+1)-f(x)}{x^n}=l,$$

则 $\lim\limits_{x\to+\infty}\frac{f(x)}{x^{n+1}}=\frac{l}{n+1}$.

**证** 先证一条一般性的定理(Stolz 定理在函数情形的推广)若:(1)函数 $f(x)$与 $g(x)$都定义于区域 $x>a$内;(2)$f(x)$与 $g(x)$在每一个有限区域 $a<x<b$ 内有界,并且 $g(x)$当 $x>a$ 时满足 $g(x+1)>g(x)$且 $\lim\limits_{x\to+\infty}g(x)=+\infty$;(3)存在极限

$$\lim_{x\to+\infty}\frac{f(x+1)-f(x)}{g(x+1)-g(x)}=l\quad(l\text{ 为有限数或为}+\infty\text{或为}-\infty);$$

则必 $\lim\limits_{x\to+\infty}\frac{f(x)}{g(x)}=l$.

证如下:

先证 $l$ 为有限数. 任给 $\varepsilon>0$. 存在正数 $X_0>a$,使当 $x\geqslant X_0$ 时,恒有

$$\left|\frac{f(x+1)-f(x)}{g(x+1)-g(x)}-l\right|<\frac{\varepsilon}{2}.$$

现设 $x>X_0+1$. 于是,恰有一个正整数 $n$(依赖于 $x$),使 $n\leqslant x-X_0<n+1$. 令 $\tau=x-X_0-n$,则 $0\leqslant\tau<1$,$x=X_0+\tau+n$. 我们有

$$\frac{f(x)-f(X_0+\tau)}{g(x)-g(X_0+\tau)}-l$$

$$=\sum_{k=1}^{n}\frac{g(X_0+\tau+k)-g(X_0+\tau+k-1)}{g(x)-g(X_0+\tau)}\cdot\left[\frac{f(X_0+\tau+k)-f(X_0+\tau+k-1)}{g(X_0+\tau+k)-g(X_0+\tau+k-1)}-l\right],$$

而

$$\left|\frac{f(X_0+\tau+k)-f(X_0+\tau+k-1)}{g(X_0+\tau+k)-g(X_0+\tau+k-1)}-l\right|<\frac{\varepsilon}{2}\quad(k=1,2,\cdots,n),$$

又由于

$$g(x)=g(X_0+\tau+n)>g(X_0+\tau+n-1)>g(X_0+\tau+n-2)>\cdots>g(X_0+\tau),$$

从而，

$$\frac{g(X_0+\tau+k)-g(X_0+\tau+k-1)}{g(x)-g(X_0+\tau)}>0(k=1,2,\cdots,n);$$

由此可知

$$\left|\frac{f(x)-f(X_0+\tau)}{g(x)-g(X_0-\tau)}-l\right|<\frac{\varepsilon}{2}\sum_{k=1}^{n}\frac{g(X_0+\tau+k)-g(X_0+\tau+k-1)}{g(x)-g(X_0+\tau)}=\frac{\varepsilon}{2}.$$

容易直接验证等式

$$\frac{f(x)}{g(x)}-l=\left[1-\frac{g(X_0+\tau)}{g(x)}\right]\cdot\left[\frac{f(x)-f(X_0+\tau)}{g(x)-g(X_0+\tau)}-l\right]+\frac{f(X_0+\tau)-lg(X_0+\tau)}{g(x)}.$$

由于 $\lim\limits_{x\to+\infty}g(x)=+\infty$，并且 $f(x)$ 与 $g(x)$ 都在 $X_0\leqslant x<X_0+1$ 上有界，故必有正数 $X_1>a$ 存在，使当 $x>X_1$ 时，恒有

$$\left|\frac{g(X_0+\tau)}{g(x)}\right|<\frac{1}{2},\quad\left|\frac{f(X_0+\tau)-lg(X_0+\tau)}{g(x)}\right|<\frac{\varepsilon}{4}.$$

令 $X=\max\{X_0+1,X_1\}$. 于是，当 $x>X$ 时，恒有

$$\left|\frac{f(x)}{g(x)}-l\right|<\frac{3}{2}\cdot\frac{\varepsilon}{2}+\frac{\varepsilon}{4}=\varepsilon.$$

由此可知 $\lim\limits_{x\to+\infty}\frac{f(x)}{g(x)}=l$，$l$ 为有限数获证.

下设 $l=+\infty$（若 $l=-\infty$，则考虑函数 $-f(x)$ 即可化为 $l=+\infty$ 的情形）. 任给 $G>0$，存在正数 $X_0>a$，使当 $x\geqslant X_0$ 时，恒有

$$\frac{f(x+1)-f(x)}{g(x+1)-g(x)}>4G.$$

当 $x>X_0+1$ 时，仿前一段之证，有

$$\frac{f(x)-f(X_0+\tau)}{g(x)-g(X_0+\tau)}=\sum_{k=1}^{n}\frac{g(X_0+\tau+k)-g(X_0+\tau+k-1)}{g(x)-g(X_0+\tau)}\cdot\frac{f(X_0+\tau+k)-f(X_0+\tau+k-1)}{g(X_0+\tau+k)-g(X_0+\tau+k-1)}$$

从而，

$$\frac{f(x)-f(X_0+\tau)}{g(x)-g(X_0+\tau)}>4G\sum_{k=1}^{n}\frac{g(X_0+\tau+k)-g(X_0+\tau+k-1)}{g(x)-g(X_0+\tau)}=4G.$$

易知

$$\frac{f(x)}{g(x)}=\left[1-\frac{g(X_0+\tau)}{g(x)}\right]\cdot\frac{f(x)-f(X_0+\tau)}{g(x)-g(X_0+\tau)}+\frac{f(X_0+\tau)}{g(x)}.$$

根据 $\lim\limits_{x\to+\infty}g(x)=+\infty$ 以及 $f(x)$，$g(x)$ 在 $X_0\leqslant x<X_0+1$ 上的有界性，可取正数 $X_1>a$，使当 $x>X_1$ 时，恒有

$$\left|\frac{g(X_0+\tau)}{g(x)}\right|<\frac{1}{2},\quad\left|\frac{f(X_0+\tau)}{g(x)}\right|<G.$$

令 $X=\max\{X_0+1,X_1\}$. 于是，当 $x>X$ 时，恒有

$$\frac{f(x)}{g(x)}>\frac{1}{2}\cdot4G-G=G.$$

由此可知 $\lim\limits_{x\to+\infty}\frac{f(x)}{g(x)}=+\infty$. 所述一般性定理获证.

现在我们应用此一般定理来证明本题,在一般性定理中取$g(x)=x^{n+1}$. 显然此$g(x)$满足一般性定理的条件,并且

$$\lim_{x\to+\infty}\frac{f(x+1)-f(x)}{g(x+1)-g(x)}=\lim_{x\to+\infty}\frac{f(x+1)-f(x)}{(x+1)^{n+1}-x^{n+1}}$$

$$=\lim_{x\to+\infty}\frac{f(x+1)-f(x)}{(n+1)x^n+\frac{1}{2}(n+1)nx^{n-1}+\cdots+(n+1)x+1}$$

$$=\lim_{x\to+\infty}\left[\frac{f(x+1)-f(x)}{x^n}\cdot\frac{1}{(n+1)+\frac{1}{2}(n+1)nx^{-1}+\cdots+(n+1)x^{-n+1}+x^{-n}}\right]=\frac{l}{n+1}.$$

由此,根据此一般性定理,即得$\lim\limits_{x\to+\infty}\dfrac{f(x)}{x^{n+1}}=\lim\limits_{x\to+\infty}\dfrac{f(x)}{g(x)}=\dfrac{l}{n+1}$.

证毕.

*) 原题所说的无穷,必须是带确定符号的无穷,即$+\infty$或$-\infty$;参看609题末尾加的注.

**注** 608题的(1)和609题可直接从上述一般性定理推出. 实际上,只需令$g(x)=x$,由

$$\lim_{x\to+\infty}\frac{f(x+1)-f(x)}{g(x+1)-g(x)}=\lim_{x\to+\infty}\frac{f(x+1)-f(x)}{(x+1)-x}=\lim_{x\to+\infty}[f(x+1)-f(x)]$$

即知.

**【611】** 证明:(1)$\lim\limits_{n\to\infty}\left(1+\dfrac{x}{n}\right)^n=e^x$; (2)$\lim\limits_{n\to\infty}\left(1+x+\dfrac{x^2}{2!}+\cdots+\dfrac{x^n}{n!}\right)=e^x$.

**证** (1)当$x=0$时是显然的;当$x\neq0$时,令$y_n=\dfrac{n}{x}$,由71题的结果,得

$$\lim_{n\to\infty}\left(1+\frac{x}{n}\right)^n=\lim_{n\to\infty}\left(1+\frac{1}{y_n}\right)^{y_n\cdot x}=e^x;$$

(2)当$x=0$时是显然的,我们先讨论$x>0$的情形. 由牛顿二项式定理知

$$\left(1+\frac{x}{n}\right)^n=1+x+\frac{x^2}{2!}\left(1-\frac{1}{n}\right)+\cdots+\frac{x^n}{n!}\left(1-\frac{1}{n}\right)\cdots\left(1-\frac{n-1}{n}\right)$$

$$\leqslant1+x+\frac{x^2}{2!}+\cdots+\frac{x^n}{n!}.$$

另一方面,当$m>n$时有

$$\left(1+\frac{x}{m}\right)^m>1+x+\frac{x^2}{2!}\left(1-\frac{1}{m}\right)+\cdots+\frac{x^n}{n!}\left(1-\frac{1}{m}\right)\cdots\left(1-\frac{n-1}{m}\right),$$

令$m\to\infty$($n$保持不变),得

$$e^x\geqslant1+x+\frac{x^2}{2!}+\cdots+\frac{x^n}{n!}.$$

由此可知

$$\lim_{n\to\infty}\left(1+x+\frac{x^2}{2!}+\cdots+\frac{x^n}{n!}\right)=e^x\quad(x>0).$$

由于

$$\left(1+x+\frac{x^2}{2!}+\cdots+\frac{x^n}{n!}\right)\left(1-x+\frac{x^2}{2!}+\cdots+(-1)^n\frac{x^n}{n!}\right)=1+(-1)^n\left(\frac{x^n}{n!}\right)^2,$$

而由61题知,对固定的$x$有$\lim\limits_{n\to\infty}\dfrac{x^n}{n!}=0$. 于是,对于$x<0$,仍然有

$$\lim_{n\to\infty}(1+x+\frac{x^2}{2!}+\cdots+\frac{x^n}{n!})=e^x\quad(x<0).$$

**【612】** 证明:$\lim\limits_{n\to\infty}n\sin(2\pi en!)=2\pi$.

**提示** 利用72题中的公式(1).

**证** 由72题

$$e=1+1+\frac{1}{2!}+\cdots+\frac{1}{k!}+\frac{\theta_k}{k!k},$$

其中 $0<\theta_k<1$，因而，

$$\lim_{n\to\infty}n\sin(2\pi en!)=\lim_{n\to\infty}n\sin\left[2\pi n!\left(1+1+\frac{1}{2!}+\cdots+\frac{1}{(n+1)!}+\frac{\theta_{n+1}}{(n+1)!(n+1)}\right)\right]$$

$$=\lim_{n\to\infty}\left\{\frac{\sin\left[2\pi\left(\frac{1}{n+1}+\frac{\theta_{n+1}}{(n+1)^2}\right)\right]}{2\pi\left(\frac{1}{n+1}+\frac{\theta_{n+1}}{(n+1)^2}\right)}\cdot 2\pi n\left(\frac{1}{n+1}+\frac{\theta_{n+1}}{(n+1)^2}\right)\right\}=2\pi.$$

**作下列函数的图像：**

**【613】** (1) $y=1-x^{100}$； (2) $y=\lim\limits_{n\to\infty}(1-x^{2n})$ $(-1\leqslant x\leqslant 1)$.

**解** (1)如图 1.238 所示. 它关于 $y$ 轴对称.

(2) $y=\lim\limits_{n\to\infty}(1-x^{2n})=\begin{cases}1, & |x|<1,\\ 0, & |x|=1.\end{cases}$

如图 1.239 所示.

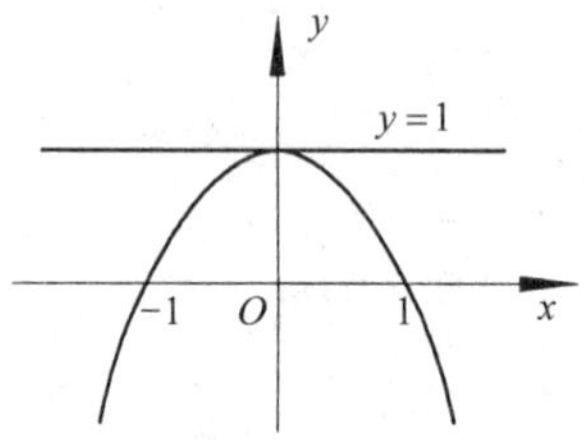


图 1.238

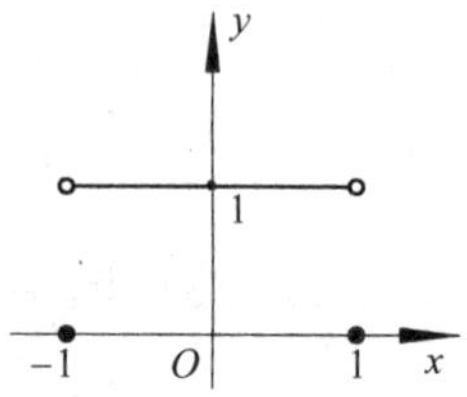


图 1.239

**【614】** (1) $y=\dfrac{x^{100}}{1+x^{100}}$ $(x\geqslant 0)$； (2) $y=\lim\limits_{n\to\infty}\dfrac{x^n}{1+x^n}$ $(x\geqslant 0)$.

**解** (1) 如图 1.240 所示.

(2) $y=\begin{cases}0, & 0\leqslant x<1,\\ \dfrac{1}{2}, & x=1,\\ 1, & 1<x<+\infty.\end{cases}$

如图 1.241 所示.

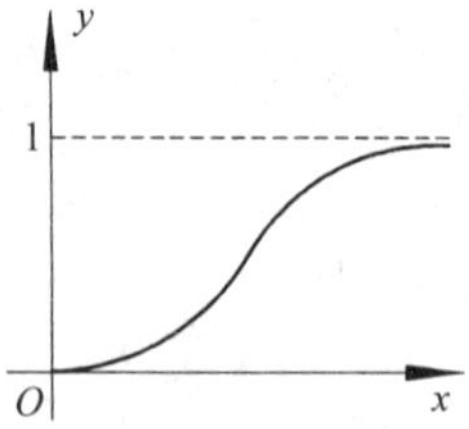


图 1.240

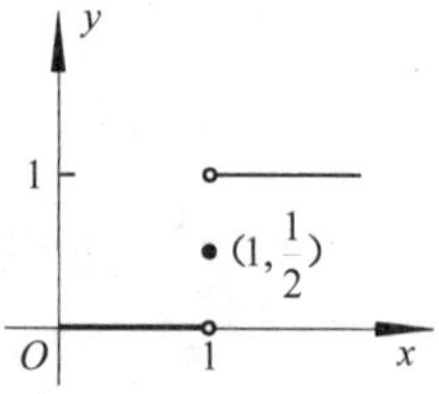


图 1.241

**【615】** $y=\lim\limits_{n\to\infty}\dfrac{x^n-x^{-n}}{x^n+x^{-n}}$ $(x\neq 0)$.

**解** 因为 $y=\lim\limits_{n\to\infty}\dfrac{x^{2n}-1}{x^{2n}+1}$，所以，$y=\begin{cases}-1, & |x|<1,\ x\neq 0,\\ 0, & |x|=1,\\ 1, & |x|>1.\end{cases}$

如图 1.242 所示.

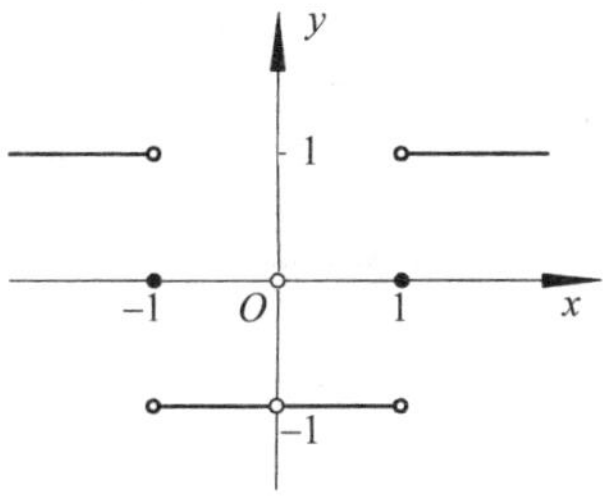


图 1.242

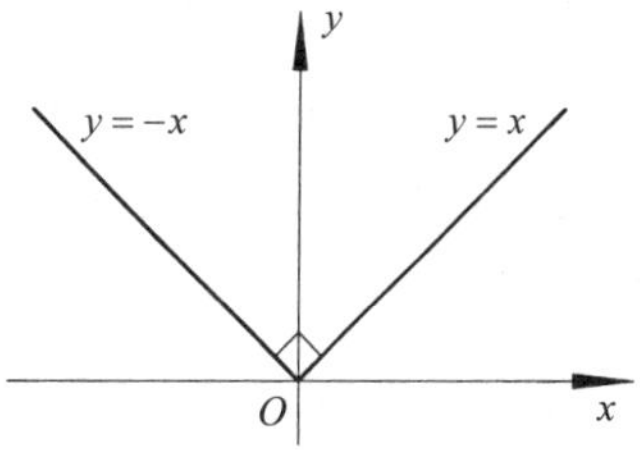


图 1.243

**【616】** $y=\lim\limits_{n\to\infty}\sqrt{x^2+\frac{1}{n^2}}$.

**解** $y=\sqrt{x^2}=|x|$.

如图 1.243 所示.

**【617】** $y=\lim\limits_{n\to\infty}\sqrt[n]{1+x^n}\quad(x\geqslant 0)$.

**解** $y=\begin{cases}1, & 0\leqslant x\leqslant 1,\\ x, & x>1.\end{cases}$

如图 1.244 所示.

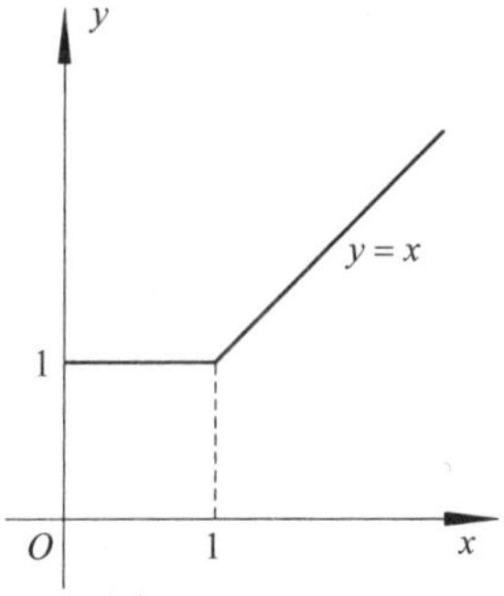


图 1.244

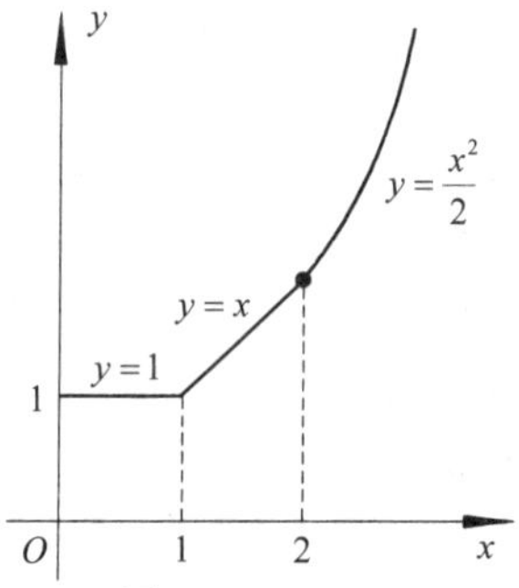


图 1.245

**【618】** $y=\lim\limits_{n\to\infty}\sqrt[n]{1+x^n+\left(\frac{x^2}{2}\right)^n}\quad(x\geqslant 0)$.

**解** $y=\begin{cases}1, & 0\leqslant x\leqslant 1,\\ x, & 1<x<2,\\ \frac{x^2}{2}, & 2\leqslant x<+\infty.\end{cases}$

如图 1.245 所示.

**【619】** $y=\lim\limits_{n\to\infty}\frac{x^{n+2}}{\sqrt{2^{2n}+x^{2n}}}\quad(x\geqslant 0)$.

**解** $y=\begin{cases}0, & 0\leqslant x<2,\\ 2\sqrt{2}, & x=2,\\ x^2, & x>2.\end{cases}$

如图 1.246 所示.

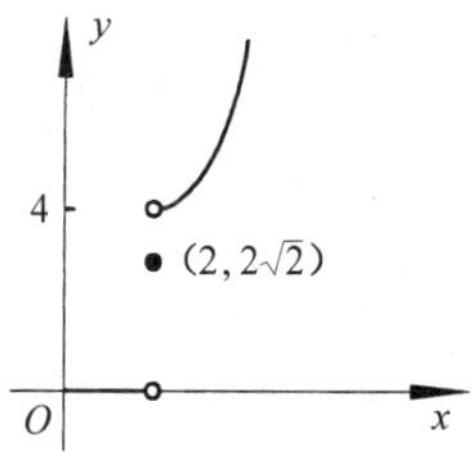


图 1.246

**【620】** (1) $y=\sin^{1000}x$;

(2) $y=\lim\limits_{n\to\infty}\sin^{2n}x$.

**解** (1)如图 1.247 所示.其图像始终在 $Ox$ 轴上方.

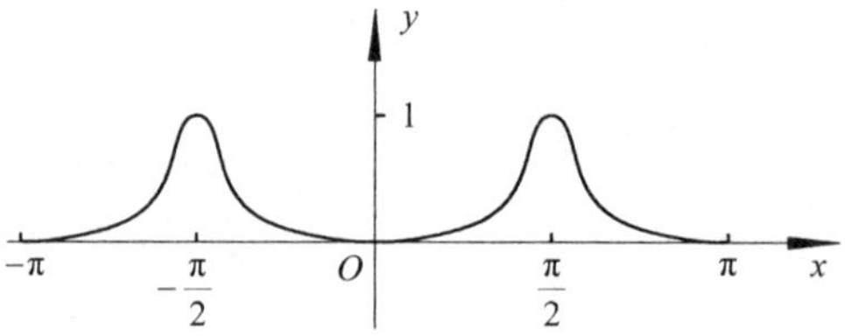


图 1.247

(2) $y=\begin{cases}0, & x\neq(2k+1)\frac{\pi}{2},\\ 1, & x=(2k+1)\frac{\pi}{2}.\end{cases}$ $(k=0,\pm1,\pm2,\cdots)$

如图 1.248 所示.

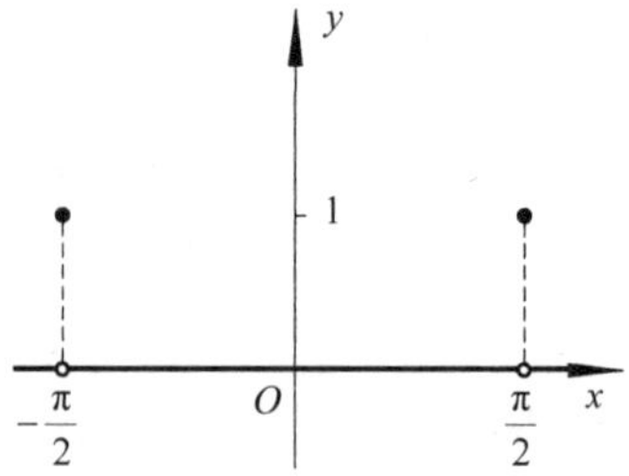


图 1.248

**【621】** $y=\lim\limits_{n\to\infty}\frac{\ln(2^n+x^n)}{n}\quad(x\geqslant0)$.

**解** $y=\begin{cases}\ln2, & 0\leqslant x\leqslant2,\\ \ln x, & 2<x<+\infty.\end{cases}$

如图 1.249 所示.

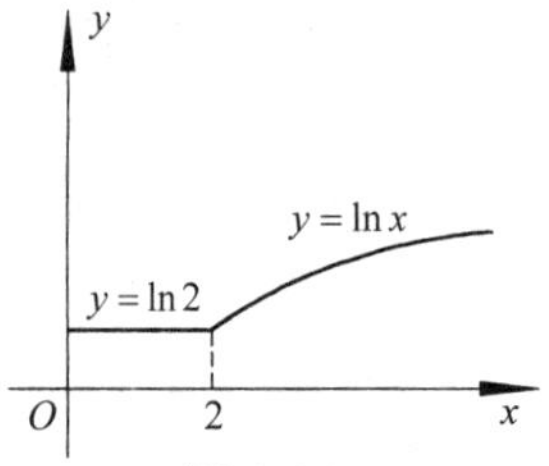


图 1.249

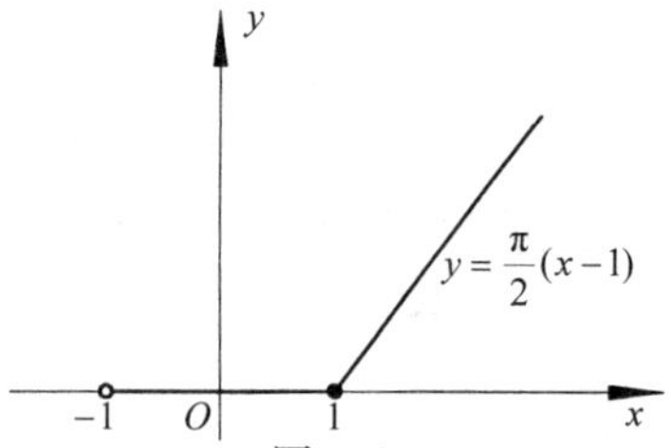


图 1.250

**【622】** $y=\lim\limits_{n\to\infty}(x-1)\arctan x^n$.

**解** $y=\begin{cases}0, & -1<x\leqslant1,\\ \frac{\pi}{2}(x-1), & x>1.\end{cases}$

如图 1.250 所示.

**【623】** $y=\lim\limits_{n\to\infty}\sqrt[n]{1+e^{n(x+1)}}$.

**解** $y=\begin{cases}1, & x\leqslant-1,\\ e^{x+1} & x>-1.\end{cases}$

如图 1.251 所示.

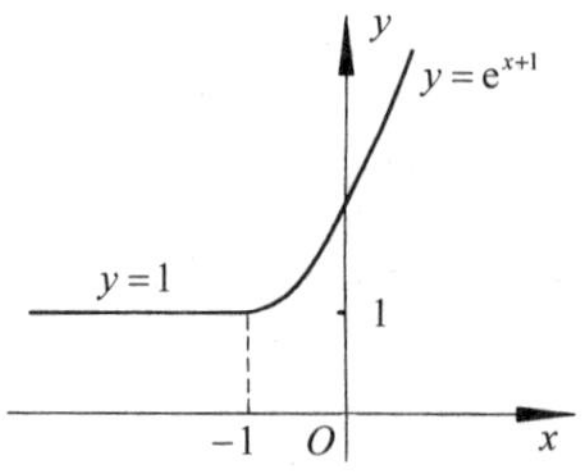


图 1.251

【624】 $y=\lim\limits_{t\to+\infty}\frac{x+e^{tx}}{1+e^{tx}}$.

解 $y=\begin{cases}x, & x<0,\\ \frac{1}{2}, & x=0,\\ 1, & x>0.\end{cases}$

如图 1.252 所示.

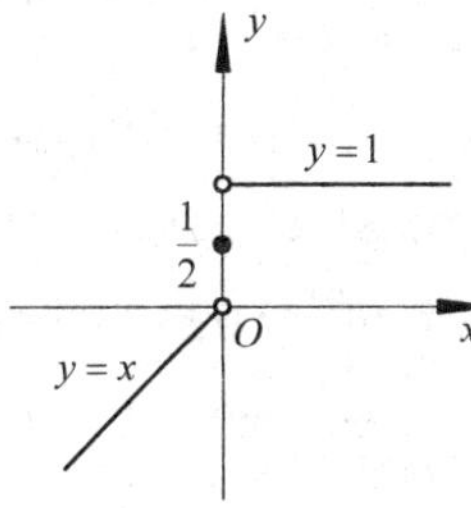


图 1.252

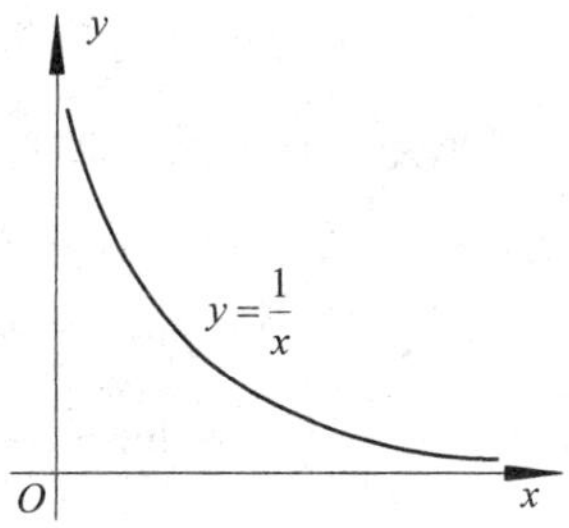


图 1.253

【625】 $y=\lim\limits_{t\to x}\frac{1}{t-x}\ln\frac{t}{x}\quad(x>0)$.

解 $y=\lim\limits_{t\to x}\left[\frac{\ln\left(1+\frac{t-x}{x}\right)}{\frac{t-x}{x}}\cdot\frac{1}{x}\right]=\frac{1}{x}$.

如图 1.253 所示.

【626】 若有

$$\lim_{x\to\infty}[f(x)-(kx+b)]=0,$$

则直线 $y=kx+b$ 称为曲线 $y=f(x)$ 的(斜)渐近线.利用这方程推出渐近线存在的充分必要条件.

**解题思路** 先讨论渐近线从右边伸向无穷远的情形.当 $x>0$ 时,由于

$$\frac{f(x)}{x}=\frac{f(x)-(kx+b)}{x}+k+\frac{b}{x},$$

利用假设条件即得

$$\lim_{x\to+\infty}\frac{f(x)}{x}=k \text{ 及 } \lim_{x\to+\infty}[f(x)-kx]=b.$$

反之,若上式成立,则 $\lim\limits_{x\to+\infty}[f(x)-(kx+b)]=0$.

用类似的方法可讨论 $x\to-\infty$ 的情形,且得同样结论.

**解** 先讨论渐近线从右边伸向无穷远的情形:

$$\lim_{x\to+\infty}[f(x)-(kx+b)]=0. \tag{1}$$

而在 $x>0$ 时,

$$\frac{f(x)}{x}=\frac{f(x)-(kx+b)}{x}+k+\frac{b}{x},$$

可见

$$\lim_{x\to+\infty}\frac{f(x)}{x}=k. \tag{2}$$

又由(1)式得

$$\lim_{x\to+\infty}[f(x)-kx]=b, \tag{3}$$

即常数 $k,b$ 可由(2)、(3)式确定.反之,若极限 $\lim\limits_{x\to+\infty}\frac{f(x)}{x}$ 存在,且为有限数 $k$,极限 $\lim\limits_{x\to+\infty}[f(x)-kx]$ 存在且有限,等于 $b$,则(1)式成立,即

$$y=kx+b$$

是一条渐近线.用完全类似的方法可以讨论 $x\to-\infty$ 的情形,且得出同样的结论.

综上所述,所求的渐近线存在的充分必要条件为

$$\lim_{x\to\infty}\frac{f(x)}{x}=k \text{ 及 } \lim_{x\to\infty}[f(x)-kx]=b,$$

此时,$y=kx+b$ 为曲线 $y=f(x)$ 的(斜)渐近线.

【627】 求下列曲线的渐近线并作其图像:

(1) $y=\frac{x^2}{x^2+x-2}$; (2) $y=\sqrt{x^2+x}$; (3) $y=\sqrt[3]{x^2-x^3}$; (4) $y=\frac{xe^x}{e^x-1}$;

(5) $y=\ln(1+e^x)$；　(6) $y=x+\arccos\dfrac{1}{x}$；　(7) $y=\dfrac{x^{1+x}}{(1+x)^x}$.

**提示**　(1)注意$\lim\limits_{x\to1}y=\infty$及$\lim\limits_{x\to-2}y=\infty$，并利用 626 题的结果，即得渐近线：$x=1$，$x=-2$ 及 $y=1$. (2)应就$x\to-\infty$及 $x\to+\infty$分别利用 626 题的结果. (4)仿(2). (5)仿(2).

**解**　(1) 因为$\lim\limits_{x\to1}y=\infty$及$\lim\limits_{x\to-2}y=\infty$，所以，直线 $x=1$ 及$x=-2$为曲线的垂直渐近线. 其次，因为

$$k=\lim_{x\to\infty}\frac{y}{x}=\lim_{x\to\infty}\frac{x^2}{x(x^2+x-2)}=0,$$

而

$$b=\lim_{x\to\infty}(y-kx)=\lim_{x\to\infty}\frac{x^2}{x^2+x-2}=1,$$

所以，$y=1$ 为曲线的水平渐近线.

曲线通过原点.

当$-2<x<1$ 时，$y<0$，故曲线在 $Ox$ 轴的下方；

当 $x>1$ 或 $x<-2$ 时，$y>0$，故曲线在 $Ox$ 轴的上方.

适当描若干点：

$$A(2,1),\ B(-\sqrt{2},\ -\sqrt{2}),\ C\left(4,\frac{8}{9}\right),\ D\left(-3,\frac{9}{4}\right),\ \cdots,$$

并用光滑曲线连接，即得图像(图 1.254).

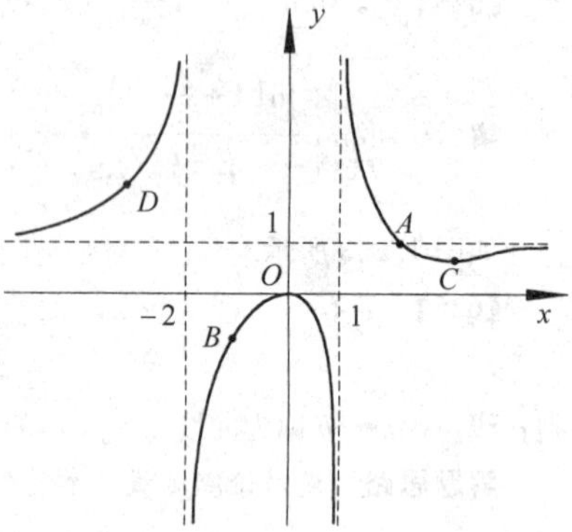


图 1.254

(2) $k_1=\lim\limits_{x\to+\infty}\dfrac{\sqrt{x^2+x}}{x}=1$，$b_1=\lim\limits_{x\to+\infty}(\sqrt{x^2+x}-x)=\dfrac{1}{2}$，

$$k_2=\lim_{x\to-\infty}\frac{\sqrt{x^2+x}}{x}=-1,\ b_2=\lim_{x\to-\infty}(\sqrt{x^2+x}-x)=-\frac{1}{2},$$

于是，直线 $y=x+\dfrac{1}{2}$及 $y=-x-\dfrac{1}{2}$为曲线的(斜)渐近线.

曲线 $y=\sqrt{x^2+x}$为双曲线

$$\frac{\left(x+\frac{1}{2}\right)^2}{\frac{1}{4}}-\frac{y^2}{\frac{1}{4}}=1,$$

在 $Ox$ 轴上方的部分. 如图 1.255 所示.

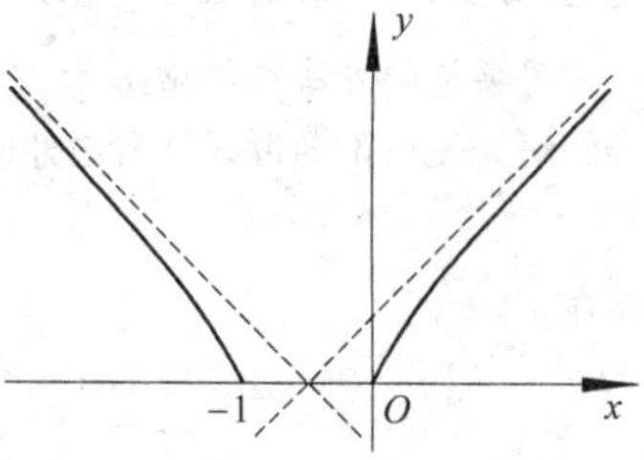


图 1.255

(3) $k=\lim\limits_{x\to\infty}\dfrac{\sqrt[3]{x^2-x^3}}{x}=\lim\limits_{x\to\infty}\sqrt[3]{\dfrac{1}{x}-1}=-1$，

$$b=\lim_{x\to\infty}(\sqrt[3]{x^2-x^3}+x)=\lim_{x\to\infty}\frac{x^3+x^2-x^3}{\sqrt[3]{(x^2-x^3)^2}-x\sqrt[3]{x^2-x^3}+x^2}$$

$$=\lim_{x\to\infty}\frac{1}{\sqrt[3]{\left(\frac{1}{x}-1\right)^2}-\sqrt[3]{\frac{1}{x}-1}+1}=\frac{1}{3}.$$

斜渐近线为

$$y=-x+\frac{1}{3}.$$

曲线通过原点及点 $A(1,0)$.

当$-\infty<x<1$ 时，$y>0$；而当 $x>1$ 时，$y<0$.

如图 1.256 所示.

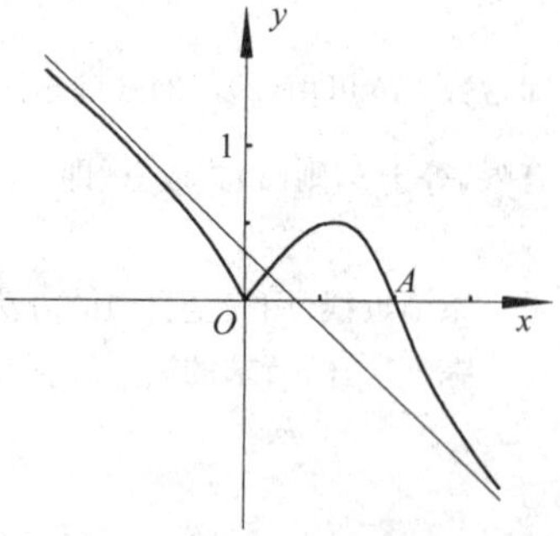


图 1.256

(4) 当 $x>0$ 时，

$$k=\lim_{x\to+\infty}\frac{xe^x}{x(e^x-1)}=1,$$

$$b=\lim_{x\to+\infty}\left[\frac{xe^x}{e^x-1}-x\right]=\lim_{x\to+\infty}\frac{x}{e^x-1}=0,$$

故渐近线为 $y=x$；当 $x<0$ 时，

$$k=\lim_{x\to-\infty}\frac{xe^x}{x(e^x-1)}=0,\quad b=\lim_{x\to-\infty}\frac{xe^x}{e^x-1}=0,$$

故另一渐近线为 $y=0$.

曲线在 $x=0$ 处无定义(以后可以说明它是“可去的间断”).

因为 $y>0$,故图像始终在 $Ox$ 轴的上方.

如图 1.257 所示.

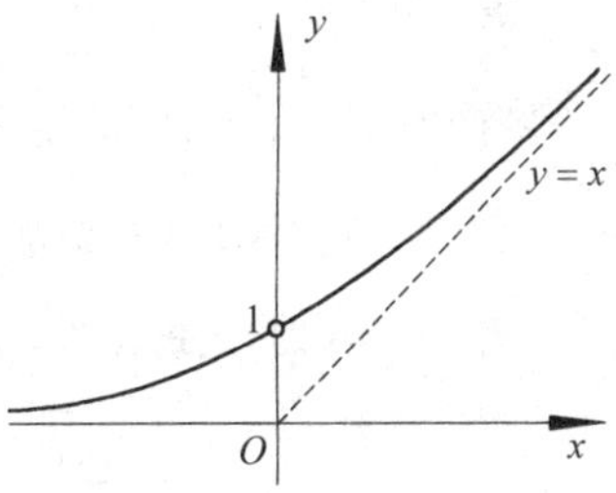


图 1.257

(5) 当 $x>0$ 时，

$$k=\lim_{x\to+\infty}\frac{\ln(1+e^x)}{x}=\lim_{x\to+\infty}\left[\frac{x+\ln(e^{-x}+1)}{x}\right]=1,$$

$$b=\lim_{x\to+\infty}[\ln(1+e^x)-x]=\lim_{x\to+\infty}\ln(e^{-x}+1)=0,$$

故渐近线为 $y=x$. 同法可求，当 $x<0$ 时的渐近线为 $y=0$.

曲线通过点 $A(0,\ln 2)$.

如图 1.258 所示.

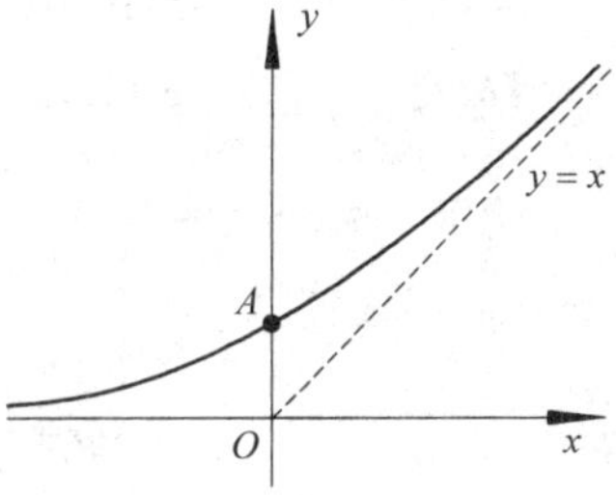


图 1.258

(6) $k=\lim\limits_{x\to\infty}\dfrac{x+\arccos\dfrac{1}{x}}{x}=1,\quad b=\lim\limits_{x\to\infty}\left[\left(x+\arccos\dfrac{1}{x}\right)-x\right]=\dfrac{\pi}{2},$

故渐近线为 $y=x+\dfrac{\pi}{2}$.

将函数 $y=x$ 及 $y=\arccos\dfrac{1}{x}$(见 316 题)的图像按相加法即得，如图 1.259 所示.

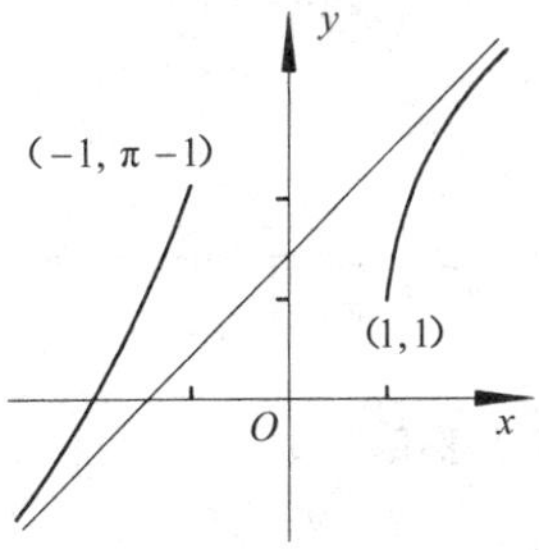


图 1.259

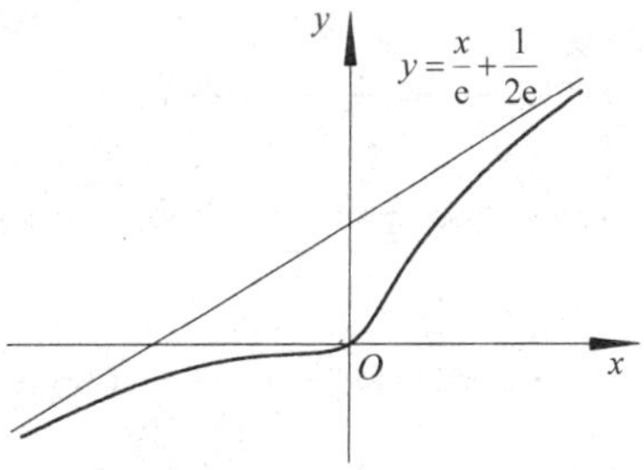


图 1.260

(7) $k=\lim\limits_{x\to\infty}\dfrac{x^x}{(1+x)^x}=\lim\limits_{x\to\infty}\dfrac{1}{\left(1+\dfrac{1}{x}\right)^x}=\dfrac{1}{e},\quad b=\lim\limits_{x\to\infty}\left[\dfrac{x^{1+x}}{(1+x)^x}-\dfrac{x}{e}\right]=\dfrac{1}{2e},$

故渐近线为 $y=\dfrac{x}{e}+\dfrac{1}{2e}$. 曲线通过原点. 如图 1.260 所示.

**求下列极限:**

**【628】** $\lim\limits_{n\to\infty}\left[\dfrac{x^{n+1}}{(n+1)!}+\dfrac{x^{n+2}}{(n+2)!}+\cdots+\dfrac{x^{2n}}{(2n)!}\right]$.

**解题思路** 注意到

$$\left|\frac{x^{n+1}}{(n+1)!}+\frac{x^{n+2}}{(n+2)!}+\cdots+\frac{x^{2n}}{(2n)!}\right|\leqslant\frac{|x|^{n+1}}{(n+1)!}(1+|x|+\cdots+|x|^{n-1}),$$

当 $|x|=1$ 时，不等式右端趋于零. 当 $|x|\neq1$ 时，

$$\text{右端}=\frac{1}{1-|x|}\cdot\left[\frac{|x|^{n+1}}{(n+1)!}-\frac{|x|}{n+1}\cdot\frac{(|x|^2)^n}{n!}\right].$$

利用 61 题的结果也趋于零.

**解** 由于

$$\left|\frac{x^{n+1}}{(n+1)!}+\cdots+\frac{x^{2n}}{(2n)!}\right|\leqslant\frac{|x|^{n+1}}{(n+1)!}+\cdots+\frac{|x|^{2n}}{(2n)!}\leqslant\frac{|x|^{n+1}}{(n+1)!}(1+|x|+\cdots+|x|^{n-1}).$$

当 $|x|=1$ 时,上式右端为 $\frac{n}{(n+1)!}\to0\ (n\to\infty)$;

当 $|x|\neq1$ 时,此式为

$$\frac{|x|^{n+1}}{(n+1)!}\cdot\frac{1-|x|^n}{1-|x|}=\frac{1}{1-|x|}\cdot\left[\frac{|x|^{n+1}}{(n+1)!}-\frac{|x|}{n+1}\cdot\frac{(|x|^2)^n}{n!}\right].$$

由 61 题的结果知:$\frac{|x|^{n+1}}{(n+1)!}\to0$, $\frac{(|x|^2)^n}{n!}\to0\ (n\to\infty)$,故当 $n\to\infty$ 时有 $\frac{|x|^{n+1}}{(n+1)!}\cdot\frac{1-|x|^n}{1-|x|}\to0$.

于是,对于任意实数 $x$,有 $\lim\limits_{x\to\infty}\left[\frac{x^{n+1}}{(n+1)!}+\frac{x^{n+2}}{(n+2)!}+\cdots+\frac{x^{2n}}{(2n)!}\right]=0$.

**【629】** $\lim\limits_{n\to\infty}[(1+x)(1+x^2)(1+x^4)\cdots(1+x^{2^n})]$,若 $|x|<1$.

**提示** 由 $1+x^{2^k}=\frac{1-x^{2^{k+1}}}{1-x^{2^k}}$ $(k=0,1,2,\cdots,n)$ 可得 $(1+x)(1+x^2)(1+x^4)\cdots(1+x^{2^n})=\frac{1-x^{2^{n+1}}}{1-x}$.

**解** 因为

$$1+x=\frac{1-x^2}{1-x},\quad 1+x^2=\frac{1-x^4}{1-x^2},\quad \cdots,\quad 1+x^{2^n}=\frac{1-x^{2^{n+1}}}{1-x^{2^n}}.$$

所以,

$$(1+x)(1+x^2)(1+x^4)\cdots(1+x^{2^n})]=\frac{1-x^{2^{n+1}}}{1-x}.$$

又因 $|x|<1$,故当 $n\to\infty$ 时,$x^{2^{n+1}}\to0$. 最后得到

$$\lim_{n\to\infty}[(1+x)(1+x^2)(1+x^4)\cdots(1+x^{2^n})]=\frac{1}{1-x}.$$

**【630】** $\lim\limits_{n\to\infty}\left(\cos\frac{x}{2}\cos\frac{x}{4}\cdots\cos\frac{x}{2^n}\right)$.

**提示** 由 $\sin x=2\cos\frac{x}{2}\sin\frac{x}{2}=2^2\cos\frac{x}{2}\cos\frac{x}{4}\sin\frac{x}{4}=\cdots=2^n\cos\frac{x}{2}\cos\frac{x}{4}\cdots\cos\frac{x}{2^n}\sin\frac{x}{2^n}$,

可得 $\cos\frac{x}{2}\cos\frac{x}{4}\cdots\cos\frac{x}{2^n}=\frac{\sin x}{x}\cdot\frac{\frac{x}{2^n}}{\sin\frac{x}{2^n}}$ $(x\neq0)$. 当 $x=0$ 时,显见原式为 1.

**解** 因为

$$\sin x=2\cos\frac{x}{2}\sin\frac{x}{2}=2^2\cos\frac{x}{2}\cos\frac{x}{4}\sin\frac{x}{4}=\cdots=2^n\cos\frac{x}{2}\cos\frac{x}{4}\cdots\cos\frac{x}{2^n}\sin\frac{x}{2^n},$$

所以,

$$\lim_{n\to\infty}\left(\cos\frac{x}{2}\cdot\cos\frac{x}{4}\cdots\cos\frac{x}{2^n}\right)=\lim_{n\to\infty}\left(\frac{\sin x}{2^n}\cdot\frac{1}{\sin\frac{x}{2^n}}\right)=\lim_{n\to\infty}\left(\frac{\frac{x}{2^n}}{\sin\frac{x}{2^n}}\cdot\frac{\sin x}{x}\right)=\frac{\sin x}{x}\quad(x\neq0).$$

当 $x=0$ 时,原式显然为 1.

**【631】** 设 $\lim\limits_{x\to0}\frac{\varphi(x)}{\psi(x)}=1$,其中 $\psi(x)>0$,再设 $n\to\infty$ 时 $\alpha_{mn}\rightrightarrows0$ $(m=1,2,\cdots,n)$,换言之,对于任意 $\varepsilon>0$,存在正整数 $N(\varepsilon)$,当 $m=1,2,\cdots,n$ 且 $n>N(\varepsilon)$ 时 $|\alpha_{mn}|<\varepsilon$. 再假定 $\alpha_{mn}\neq0$. *)

证明:

$$\lim_{n\to\infty}[\varphi(\alpha_{1n})+\varphi(\alpha_{2n})+\cdots+\varphi(\alpha_{nn})]=\lim_{n\to\infty}[\psi(\alpha_{1n})+\psi(\alpha_{2n})+\cdots+\psi(\alpha_{nn})],\qquad(1)$$

此处假定等式(1)右端的极限存在.

**证** 任给 $\varepsilon>0$,存在 $\delta>0$,使当 $0<|x|<\delta$ 时,恒有

$$\left|\frac{\varphi(x)}{\psi(x)}-1\right|<\varepsilon,$$

从而(注意到 $\psi(x)>0$),

$$(1-\varepsilon)\psi(x)<\varphi(x)<(1+\varepsilon)\psi(x). \tag{2}$$

由 $\alpha_{mn}\neq 0$ 以及 $\alpha_{mn}\rightrightarrows 0$ $(m=1,2,\cdots,n)$ 知,必有正整数 $N=N(\varepsilon)$ 存在,使当 $n>N$ 时,恒有

$$0<|\alpha_{mn}|<\delta \quad (m=1,2,\cdots,n).$$

于是,

$$(1-\varepsilon)\psi(\alpha_{mn})<\varphi(\alpha_{mn})<(1+\varepsilon)\psi(\alpha_{mn}) \quad (n>N,m=1,2,\cdots,n).$$

将这 $n$ 个不等式相加,得

$$(1-\varepsilon)\sum_{m=1}^{n}\psi(\alpha_{mn})<\sum_{m=1}^{n}\varphi(\alpha_{mn})<(1+\varepsilon)\sum_{m=1}^{n}\psi(\alpha_{mn}) \quad (n>N).$$

即

$$1-\varepsilon<\frac{\sum\limits_{m=1}^{n}\varphi(\alpha_{mn})}{\sum\limits_{m=1}^{n}\psi(\alpha_{mn})}<1+\varepsilon \quad (n>N).$$

由此可知 $\lim\limits_{n\to\infty}\frac{\sum\limits_{m=1}^{n}\varphi(\alpha_{mn})}{\sum\limits_{m=1}^{n}\psi(\alpha_{mn})}=1$. 由假定,极限 $\lim\limits_{n\to\infty}\sum\limits_{m=1}^{n}\psi(\alpha_{mn})$ 存在,故

$$\lim_{n\to\infty}\sum_{m=1}^{n}\varphi(\alpha_{mn})=\left(\lim_{n\to\infty}\frac{\sum\limits_{m=1}^{n}\varphi(\alpha_{mn})}{\sum\limits_{m=1}^{n}\psi(\alpha_{mn})}\right)\cdot\left(\lim_{n\to\infty}\sum_{m=1}^{n}\psi(\alpha_{mn})\right)=\lim_{n\to\infty}\sum_{m=1}^{n}\psi(\alpha_{mn}).$$

证毕.

*) 作者注:此题应加上条件 $\alpha_{mn}\neq 0$(原书没有),因为 $\varphi(x)$ 或 $\psi(x)$ 都可能在 $x=0$ 处无定义. 另外,$m=1,2,\cdots$ 应改为 $m=1,2,\cdots,n$.

**利用上述定理,求:**

**【632】** $\lim\limits_{n\to\infty}\sum\limits_{k=1}^{n}\left(\sqrt[3]{1+\frac{k}{n^2}}-1\right)$.

**解题思路** 令 $x=\frac{k}{n^2}$, $\varphi(x)=\sqrt[3]{1+x}-1$, $\psi(x)=\frac{x}{3}$. 先求出 $\lim\limits_{x\to 0}\frac{\varphi(x)}{\psi(x)}=1$, 其次,说明 $\frac{k}{n^2}\rightrightarrows 0$ $(n\to\infty; k=1,2,\cdots,n)$. 最后,求出 $\lim\limits_{n\to\infty}\sum\limits_{k=1}^{n}\frac{k}{3n^2}=\frac{1}{6}$. 利用 631 题的结果,即知所求的极限也是 $\frac{1}{6}$.

下列各题(633~636)的思路相同.

**解** 设 $x=\frac{k}{n^2}$, 我们将首先说明它满足 631 题的条件. 首先,

$$\lim_{x\to 0}\frac{\sqrt[3]{1+x}-1}{\frac{x}{3}}=\lim_{x\to 0}\frac{\frac{x}{\sqrt[3]{(1+x)^2}+\sqrt[3]{1+x}+1}}{\frac{x}{3}}=\lim_{x\to 0}\frac{3}{\sqrt[3]{(1+x)^2}+\sqrt[3]{1+x}+1}=1,$$

其次, $\frac{k}{n^2}\rightrightarrows 0$ $(n\to\infty;\ k=1,2,\cdots,n)$. 最后, $\lim\limits_{n\to\infty}\sum\limits_{k=1}^{n}\frac{k}{3n^2}=\frac{1}{6}\lim\limits_{n\to\infty}\frac{n(n+1)}{n^2}=\frac{1}{6}$. 所以,

$$\lim_{n\to\infty}\sum_{k=1}^{n}\left(\sqrt[3]{1+\frac{k}{n^2}}-1\right)=\frac{1}{6}.$$

**【633】** $\lim\limits_{n\to\infty}\sum\limits_{k=1}^{n}\left(\sin\frac{ka}{n^2}\right)$.

**解** 因为 $\lim\limits_{n\to\infty}\frac{\sin x}{x}=1$, 而且当 $n\to\infty$ 时, $\frac{ka}{n^2}\rightrightarrows 0$ $(k=1,2,\cdots,n)$.

又因$\lim\limits_{n\to\infty}\sum\limits_{k=1}^{n}\frac{ka}{n^2}=\frac{a}{2}$，故利用 631 题的结果，即得$\lim\limits_{n\to\infty}\sum\limits_{k=1}^{n}\left(\sin\frac{ka}{n^2}\right)=\frac{a}{2}$.

**【634】** $\lim\limits_{n\to\infty}\sum\limits_{k=1}^{n}(a^{\frac{k}{n^2}}-1)\quad(a>0)$.

**解** 我们有$\lim\limits_{x\to0}\left(\frac{a^x-1}{x}\cdot\frac{1}{\ln a}\right)=1$，当$n\to\infty$时，$\frac{k}{n^2}\cdot\ln a\Rightarrow0\ (k=1,2,\cdots,n)$且$\lim\limits_{n\to\infty}\sum\limits_{k=1}^{n}\frac{k}{n^2}\ln a=\frac{1}{2}\ln a$；因而，

$$\lim_{n\to\infty}\sum_{k=1}^{n}(a^{\frac{k}{n^2}}-1)=\frac{1}{2}\ln a.$$

**【635】** $\lim\limits_{n\to\infty}\prod\limits_{k=1}^{n}\left(1+\frac{k}{n^2}\right)$.

**提示** 令$y=\prod\limits_{k=1}^{n}\left(1+\frac{k}{n^2}\right)$，则有$\ln y=\sum\limits_{k=1}^{n}\ln\left(1+\frac{k}{n^2}\right)$. 利用 631 题的结果，先求出$\lim\limits_{n\to\infty}\sum\limits_{k=1}^{n}\ln\left(1+\frac{k}{n^2}\right)$.

**解** 设 $y=\prod\limits_{k=1}^{n}\left(1+\frac{k}{n^2}\right)$，$\ln y=\sum\limits_{k=1}^{n}\ln\left(1+\frac{k}{n^2}\right)$.

我们考虑下列极限，

$$\lim_{n\to\infty}\sum_{k=1}^{n}\ln\left(1+\frac{k}{n^2}\right).$$

因为$\lim\limits_{n\to\infty}\frac{\ln(1+x)}{x}=1$，又$\frac{k}{n^2}\Rightarrow0$($n\to\infty$时，$k=1,2,\cdots,n$)，且有$\lim\limits_{n\to\infty}\sum\limits_{k=1}^{n}\frac{k}{n^2}=\frac{1}{2}$，所以，$\lim\limits_{n\to\infty}\ln y=\frac{1}{2}$，即$\lim\limits_{n\to\infty}\prod\limits_{k=1}^{n}\left(1+\frac{k}{n^2}\right)=e^{\frac{1}{2}}=\sqrt{e}$.

**【636】** $\lim\limits_{n\to\infty}\prod\limits_{k=1}^{n}\cos\frac{ka}{n\sqrt{n}}$.

**提示** 令$y=\prod\limits_{k=1}^{n}\cos\frac{ka}{n\sqrt{n}}$，当$n$充分大时，$\cos\frac{ka}{n\sqrt{n}}>0$，此时

$$\ln y=-\frac{1}{2}\sum_{k=1}^{n}\ln\left(1+\tan^2\frac{ka}{n\sqrt{n}}\right),$$

以下仿 632 题，只需注意$\lim\limits_{x\to0}\frac{\ln(1+\tan^2x)}{x^2}=1$.

**解** 设$y=\prod\limits_{k=1}^{n}\cos\frac{ka}{n\sqrt{n}}$，当$n$充分大时，$\cos\frac{ka}{n\sqrt{n}}>0$，此时

$$\ln y=\sum_{k=1}^{n}\ln\cos\frac{ka}{n\sqrt{n}}=-\frac{1}{2}\sum_{k=1}^{n}\ln\left(1+\tan^2\frac{ka}{n\sqrt{n}}\right).$$

因$\lim\limits_{x\to0}\frac{\ln(1+\tan^2x)}{x^2}=1$，又$\frac{ka}{n\sqrt{n}}\Rightarrow0$($n\to\infty$时，$k=1,2,\cdots,n$)，且有

$$\lim_{n\to\infty}\sum_{k=1}^{n}\frac{k^2a^2}{n^3}=\lim_{n\to\infty}\frac{n(n+1)(2n+1)a^2}{6n^3}=\frac{a^2}{3},$$

所以，$\lim\limits_{n\to\infty}\ln y=-\frac{a^2}{6}$，即$\lim\limits_{n\to\infty}\prod\limits_{k=1}^{n}\cos\frac{ka}{n\sqrt{n}}=e^{-\frac{a^2}{6}}$.

**【637】** 数列$x_n$由以下的等式所给定：

$$x_1=\sqrt{a},x_2=\sqrt{a+\sqrt{a}},x_3=\sqrt{a+\sqrt{a+\sqrt{a}}},\cdots\quad(a>0).$$

求 $\lim\limits_{n\to\infty}x_n$.

**证明思路** 显然可知此数列单调上升：$\sqrt{a}<x_{n-1}<x_n$，又由$x_n=\sqrt{a+x_{n-1}}$可得$x_n=\frac{a}{x_n}+\frac{x_{n-1}}{x_n}<\frac{a}{x_n}+1<\sqrt{a}+1$. 故$\lim\limits_{n\to\infty}x_n$存在. 在等式$x_n^2=a+x_{n-1}$两端令$n\to\infty$取极限，即可得$\lim\limits_{n\to\infty}x_n=\frac{1+\sqrt{1+4a}}{2}$.

**解** 首先，我们注意到此数列显然是单调上升的. 其次，由 $x_n=\sqrt{a+x_{n-1}}$，得 $x_n^2=a+x_{n-1}$，即

$$x_n=\frac{a}{x_n}+\frac{x_{n-1}}{x_n}. \tag{1}$$

因为$\sqrt{a}<x_{n-1}<x_n$，即在(1)式右端第二项小于 1，所以，

$$x_n<\frac{a}{x_n}+1. \tag{2}$$

又显然有

$$x_n>\sqrt{a}\quad (n=2,3,\cdots) \tag{3}$$

将(3)式代入(2)式右端，即得 $x_n<\sqrt{a}+1$，故数列$\{x_n\}$是有界的.

根据极限存在的准则可知，数列$\{x_n\}$的极限$\lim\limits_{n\to\infty}x_n$ 存在，设其值为 $l$.

利用等式 $x_n^2=a+x_{n-1}$，两端取极限，得 $l^2=a+l$，解之，得

$$l=\frac{1\pm\sqrt{1+4a}}{2}\quad (a>0),$$

负根不适合(因为 $x_n>0$)，只取其正根，即 $\lim\limits_{n\to\infty}x_n=\dfrac{1+\sqrt{1+4a}}{2}$.

**【638】** 函数序列 $y_n=y_n(x)$ $(0\leqslant x\leqslant 1)$用以下的方法来确定：$y_1=\dfrac{x}{2}$，$y_n=\dfrac{x}{2}-\dfrac{y_{n-1}^2}{2}$ $(n=2,3,\cdots)$. 求 $\lim\limits_{n\to\infty}y_n$.

**解** 当 $x=0$ 时，$y_n=0$，$n=1,2,\cdots$，则$\lim\limits_{n\to\infty}y_n=0$.

当 $0<x\leqslant 1$ 时，用数学归纳法可证 $y_n>0$，$n=1,2,\cdots$：$y_1>0$. 若 $y_k>0$，由 $x>y_{k-1}^2$，可得

$$y_{k+1}=\frac{x}{2}-\frac{y_k^2}{2}=\frac{4x-(x-y_{k-1}^2)^2}{8}\geqslant\frac{3x}{8}>0.$$

因而有

$$y_1-y_3=\frac{y_2^2}{2}>0,\quad y_2-y_4=\frac{y_3^2-y_1^2}{2}<0,\quad \cdots$$

用数学归纳法可证

$$y_{2n}-y_{2n+2}<0,\quad y_{2n-1}-y_{2n+1}>0\quad (n=1,2,\cdots).$$

即

$$\frac{x}{2}=y_1>y_3>\cdots>0,\quad 0<y_2<y_4<\cdots<\frac{x}{2}.$$

可见序列 $y_1,y_3,\cdots$及序列 $y_2,y_4,\cdots$都是收敛的. 设极限分别为 $A_1,A_2$，由

$$y_{2n}=\frac{x}{2}-\frac{y_{2n-1}^2}{2}\quad 及\quad y_{2n+1}=\frac{x}{2}-\frac{y_{2n}^2}{2},$$

求极限得$A_2=\dfrac{x}{2}-\dfrac{A_1^2}{2}$，$A_1=\dfrac{x}{2}-\dfrac{A_2^2}{2}$，相减得 $A_1-A_2=(A_1-A_2)\dfrac{(A_1+A_2)}{2}$. 而 $0\leqslant A_1\leqslant\dfrac{x}{2}\leqslant\dfrac{1}{2}$，$0\leqslant A_2\leqslant\dfrac{x}{2}\leqslant\dfrac{1}{2}$，故

$$A_1=A_2=A.$$

用极限定义直接可以证明：若$\{y_n\}$的两个子序列$\{y_{2n}\}$及$\{y_{2n-1}\}$$(n=1,2,\cdots)$收敛于同一个极限，则$\{y_n\}$也收敛于这个极限，由 $A=\dfrac{x}{2}-\dfrac{A^2}{2}$解得 $A=\sqrt{1+x}-1$，即$\lim\limits_{n\to\infty}y_n=\sqrt{1+x}-1$.

此结果对 $x=0$ 也成立.

**【639】** 函数序列 $y_n=y_n(x)$ $(0\leqslant x\leqslant 1)$用下面的方法来确定：$y_1=\dfrac{x}{2}$，$y_n=\dfrac{x}{2}+\dfrac{y_{n-1}^2}{2}$ $(n=2,3,\cdots)$. 求 $\lim\limits_{n\to\infty}y_n$.

**解** 显然，$y_2>y_1$. 假设 $y_n\geqslant y_{n-1}$，则由 $y_{n+1}-y_n=\dfrac{y_n^2-y_{n-1}^2}{2}$ 可推出 $y_{n+1}\geqslant y_n$.

由数学归纳法得知,序列$\{y_n\}$单调上升.

现在我们证明这个序列有界. 显然

$$0\leqslant y_1<1.$$

设 $0\leqslant y_k<1$，则 $0\leqslant y_k^2<1$，且 $0\leqslant y_{k+1}<1$. 由数学归纳法便得知序列$\{y_n\}$有界.

这样,我们就证明了此序列的极限$\lim\limits_{n\to\infty}y_n$ 存在. 设其值为 $l$(显然 $0\leqslant l\leqslant 1$),即得 $l=\dfrac{x}{2}+\dfrac{l^2}{2}$，解之,得 $l=1\pm\sqrt{1-x}$. 由于 $0\leqslant l\leqslant 1$,故必

$$\lim_{n\to\infty}y_n=l=1-\sqrt{1-x}.$$

**【640】** 为了求开普勒方程

$$x-\varepsilon\sin x=m\quad(0<\varepsilon<1)\tag{1}$$

的近似解,假设

$$x_0=m,\ x_1=m+\varepsilon\sin x_0,\ \cdots,\ x_n=m+\varepsilon\sin_{n-1},\ \cdots\quad(\text{逐步逼近法}).$$

证明:存在 $\xi=\lim\limits_{n\to\infty}x_n$,且数 $\xi$ 为方程(1)的唯一的根.

**证** 首先考虑$|x_m-x_n|$. 由于

$$x_2-x_1=\varepsilon(\sin x_1-\sin x_0)=2\varepsilon\sin\frac{x_1-x_0}{2}\cos\frac{x_1+x_0}{2},$$

所以,

$$|x_2-x_1|\leqslant 2\varepsilon\left|\sin\frac{x_1-x_0}{2}\right|\leqslant 2\varepsilon\cdot\frac{|x_1-x_0|}{2}=\varepsilon|x_1-x_0|.$$

同理可证

$$|x_3-x_2|\leqslant\varepsilon^2|x_1-x_0|.$$

设

$$|x_n-x_{n-1}|\leqslant\varepsilon^{n-1}|x_1-x_0|,$$

则有

$$|x_{n+1}-x_n|=2\varepsilon\left|\sin\frac{x_n-x_{n-1}}{2}\right|\cdot\left|\cos\frac{x_n+x_{n-1}}{2}\right|\leqslant\varepsilon|x_n-x_{n-1}|\leqslant\varepsilon^n|x_1-x_0|.$$

由数学归纳法得知,对于任意的正整数 $n$,均有$|x_n-x_{n-1}|\leqslant\varepsilon^{n-1}|x_1-x_0|$. 于是,当 $m>n$ 时,有

$$\begin{aligned}|x_m-x_n|&\leqslant|x_m-x_{m-1}|+|x_{m-1}-x_{m-2}|+\cdots+|x_{n+1}-x_n|\leqslant(\varepsilon^{m-1}+\varepsilon^{m-2}+\cdots+\varepsilon^n)|x_1-x_0|\\&=\varepsilon^n\cdot\frac{1-\varepsilon^{m-n}}{1-\varepsilon}\cdot|x_1-x_0|,\end{aligned}$$

而$|x_1-x_0|=\varepsilon|\sin x_0|\leqslant\varepsilon$,所以,$|x_m-x_n|\leqslant\varepsilon^{n+1}\cdot\dfrac{1-\varepsilon^{m-n}}{1-\varepsilon}<\dfrac{\varepsilon^{n+1}}{1-\varepsilon}$. 由此知$|x_m-x_n|\to 0$ $(n\to\infty)$. 按柯西准则得知极限$\lim\limits_{n\to\infty}x_n$ 存在. 设其值为 $\xi$,由等式 $x_n=m+\varepsilon\sin x_{n-1}$ 取极限即得 $\xi=m+\varepsilon\sin\xi$. 这就是说,变量 $x_n$ 的极限 $\xi$ 是方程(1)的根.

最后,证明此根的唯一性. 设 $\xi_1$ 是另一根,则 $\xi_1-\xi=\varepsilon(\sin\xi_1-\sin\xi)$,由此得

$$|\xi_1-\xi|\leqslant\varepsilon|\xi_1-\xi|.$$

因为 $0<\varepsilon<1$,故 $\xi_1=\xi$.

于是,我们就证明了 $\xi$ 是方程(1)的唯一的根.

**【641】** 若 $\omega_k(f)$为函数 $f(x)$在区间$|x-\xi|\leqslant k$ $(k>0)$上的振幅,则数 $\omega_0(f)=\lim\limits_{k\to 0}\omega_k(f)$称为函数 $f(x)$在 $\xi$ 点的振幅.

求下列函数 $f(x)$在点 $x=0$ 的振幅:

(1) $f(x)=\sin\dfrac{1}{x}$； (2) $f(x)=\dfrac{1}{x^2}\cos^2\dfrac{1}{x}$； (3) $f(x)=x\left(2+\sin\dfrac{1}{x}\right)$；

(4) $f(x)=\frac{1}{\pi}\arctan\frac{1}{x}$； (5) $f(x)=\frac{|\sin x|}{x}$； (6) $f(x)=\frac{1}{1+e^{\frac{1}{x}}}$；

(7) $f(x)=(1+|x|)^{\frac{1}{x}}$.

**解** (1) $\omega_k(f)=2$，$\omega_0(f)=2$；

(2) $\omega_k(f)=+\infty$，$\omega_0(f)=+\infty$；

(3) $\omega_k(f)=3k-k=2k$，$\omega_0(f)=0$；

(4) $\omega_k(f)=\frac{1}{\pi}\left[\arctan\frac{1}{k}-\arctan\frac{1}{(-k)}\right]=\frac{2}{\pi}\arctan\frac{1}{k}$，$\omega_0(f)=\frac{2}{\pi}\cdot\frac{\pi}{2}=1$；

(5) $\omega_k(f)=2$，$\omega_0(f)=2$；

(6) $\omega_k(f)=\left|\frac{1}{1+e^{\frac{1}{k}}}-\frac{1}{1+e^{-\frac{1}{k}}}\right|$，$\omega_0(f)=1$；

(7) $\omega_k(f)=(1+k)^{\frac{1}{k}}-(1+k)^{-\frac{1}{k}}$，$\omega_0(f)=e-e^{-1}=2\operatorname{sh}1$.

**【642】** 命 $f(x)=\sin\frac{1}{x}$.

证明：对于满足条件 $-1\leqslant\alpha\leqslant1$ 的任何数 $\alpha$，可以选出数列 $x_n\to0(n=1,2,\cdots)$，使得 $\lim\limits_{n\to\infty}f(x_n)=\alpha$.

**证** 对于确定的 $\alpha$：$|\alpha|\leqslant1$，总存在 $x_0\in\left[-\frac{\pi}{2},\frac{\pi}{2}\right]$，使 $\sin x_0=\alpha$.

令 $x_n=\frac{1}{2n\pi+x_0}$，则显然有 $\lim\limits_{n\to\infty}x_n=0$. 又因

$$f(x_n)=\sin\frac{1}{x_n}=\sin(2n\pi+x_0)=\alpha,$$

所以，$\lim\limits_{n\to\infty}f(x_n)=\alpha$.

**【643】** 设：

(1) $f(x)=\sin^2\frac{1}{x}+\frac{2}{\pi}\arctan\frac{1}{x}$； (2) $f(x)=(2-x^2)\cos\frac{1}{x}$； (3) $f(x)=\left(1+\cos^2\frac{1}{x}\right)^{\sec^2\frac{1}{x}}$.

求 $l=\varliminf\limits_{x\to0}f(x)$ 和 $L=\varlimsup\limits_{x\to0}f(x)$.

**解** 由 $l$ 及 $L$ 的定义，容易求得

(1) $l=-1$，$L=2$； (2) $l=-2$，$L=2$； (3) $l=2$，$L=e$.

**【644】** 设：

(1) $f(x)=\sin x$； (2) $f(x)=x^2\cos^2x$； (3) $f(x)=2^{\sin x^2}$； (4) $f(x)=\frac{x}{1+x^2\sin^2x}$ $(x\geqslant0)$.

求 $l=\varliminf\limits_{x\to\infty}f(x)$ 和 $L=\varlimsup\limits_{x\to\infty}f(x)$.

**解** 由 $l$ 及 $L$ 的定义，容易求得

(1) $l=-1$，$L=1$； (2) $l=0$，$L=+\infty$； (3) $l=\frac{1}{2}$，$L=2$； (4) $l=0$，$L=+\infty$.

## §6. 函数无穷小和无穷大的阶

1° 记号

$$\varphi(x)=O^*(\psi(x))$$

表示函数 $\varphi(x)$ 和 $\psi(x)$ 在 $x\to a$ 的已知过程中是狭义地同阶的无穷小或无穷大，就是说

$$\lim_{x\to a}\frac{\varphi(x)}{\psi(x)}=k\quad(0<|k|<+\infty).$$

特别是，若当 $x\to0$ 时，有

$$\varphi(x)=O^*(x^n)\quad(n>0),$$

则称 $\varphi(x)$ 为对于无穷小 $x$ 是 $n$ **阶无穷小**.

仿此,若当 $x\to\infty$ 时,有

$$\varphi(x)=O^*(x^n)\quad(n>0),$$

则称 $\varphi(x)$ 为对于无穷大 $x$ 是 $n$ **阶无穷大**.

2° 记号

$$\varphi(x)=o(\psi(x))$$

表示当 $x\to a$ 时,函数 $\varphi(x)$ 比函数 $\psi(x)$ 是较高阶的无穷小,或函数 $\varphi(x)$ 比函数 $\psi(x)$ 是较低阶的无穷大,就是说

$$\lim_{x\to a}\frac{\varphi(x)}{\psi(x)}=0.$$

3° 若当 $x\to a$ 时,无穷小函数 $\varphi(x)$ 的阶(在广义的意义上)不低于某一正的函数 $\psi(x)$ 无穷小的阶(或无穷大函数 $\varphi(x)$ 的阶不高于函数 $\psi(x)$ 无穷大的阶),即

$$\varlimsup_{x\to a}\frac{|\varphi(x)|}{\psi(x)}=k\quad(0\leqslant k<+\infty),$$

则约定写为:

$$\varphi(x)=O(\psi(x)).$$

4° 若

$$\lim_{x\to a}\frac{\varphi(x)}{\psi(x)}=1,$$

则称函数 $\varphi(x)$ 和 $\psi(x)$ 当 $x\to a$ 时为等价的 $[\varphi(x)\sim\psi(x)]$.

例如,当 $x\to 0$ 时,有:

$$\sin x\sim x;\quad \tan x\sim x;\quad a^x-1\sim x\ln a(a>0);\quad \sqrt[n]{1+x}-1\sim\frac{x}{n};\quad \ln(1+x)\sim x.$$

一般地说来, $\varphi(x)+o(\varphi(x))\sim\varphi(x)$.

当求两个函数比的极限时,已知函数可用其等价的函数来代换.

**【645】** 把圆心角 $AOB=x$(图 1.261)当作 1 阶无穷小量,求下列各无穷小量的阶:

(1) 弦 $AB$; (2) 拱高 $CD$;

(3) 扇形 $AOB$ 的面积; (4) 三角形 $ABC$ 的面积;

(5) 梯形 $ABB_1A_1$ 的面积; (6) 弓形 $ABC$ 的面积.

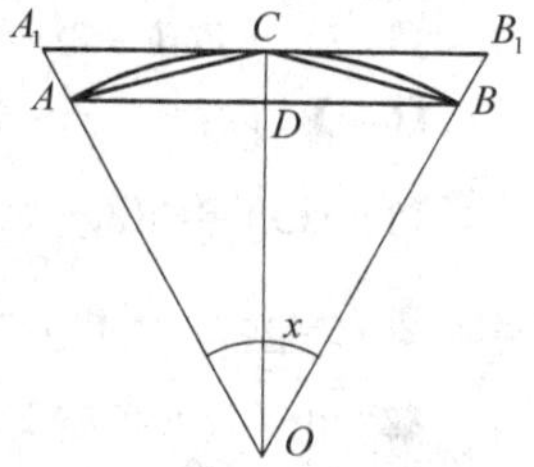

图 1.261

**解** (1) $AB=2R\sin\frac{x}{2}$,式中 $R$ 为圆的半径. 因为

$$\frac{AB}{x}=\frac{2R\sin\frac{x}{2}}{x}\to R\ (x\to 0),$$

所以,弦 $AB$ 是关于 $x$ 的一阶无穷小.

(2) $CD=R-R\cos\frac{x}{2}=2R\sin^2\frac{x}{4}$. 因为 $\frac{CD}{x^2}\to\frac{R}{8}$,所以,拱高 $CD$ 是关于 $x$ 的二阶无穷小.

(3) 扇形 $AOB$ 的面积 $S=\frac{1}{2}R^2x$. 因为 $\frac{S}{x}=\frac{1}{2}R^2$,所以,$S$ 是关于 $x$ 的一阶无穷小.

(4) $S_{\triangle ABC}=\frac{1}{2}|AB|\cdot|CD|=2R^2\sin\frac{x}{2}\sin^2\frac{x}{4}$. 因为 $\frac{S_{\triangle ABC}}{x^3}\to\frac{R^2}{16}$,所以,$\triangle ABC$ 的面积是关于 $x$ 的三阶无穷小.

(5) $A_1C=R\tan\frac{x}{2}$. 于是,梯形 $ABB_1A_1$ 的面积

$$A_0=\frac{1}{2}\cdot 2R\sin^2\frac{x}{2}\left(2R\sin\frac{x}{2}+2R\tan\frac{x}{2}\right)=2R^2\sin^3\frac{x}{2}+2R^2\sin^2\frac{x}{2}\tan\frac{x}{2}.$$

因为 $\frac{A_0}{x^3}\to\frac{R^2}{4}+\frac{R^2}{4}=\frac{R^2}{2}$, 所以, 面积 $A_0$ 是关于 $x$ 的三阶无穷小.

(6) 弓形 $ABC$ 的面积

$$p=\frac{1}{2}R^2x-\frac{1}{2}\cdot 2R\sin\frac{x}{2}\cdot R\cos\frac{x}{2}=\frac{R^2}{2}(x-\sin x).$$

由于 $x-\sin x$ 是奇函数,故只需考虑 $x\to+0$ 时的情形. 当 $x\in\left(0,\ \frac{\pi}{2}\right)$时,有

$$x-\sin x\leqslant\tan x-\sin x=\frac{\sin x}{\cos x}(1-\cos x)=\frac{\sin x\cdot 2\sin^2\frac{x}{2}}{\cos x}=O^*(x^3);$$

而由 $x\geqslant 2\sin\frac{x}{2}$,又有

$$x-\sin x\geqslant 2\sin\frac{x}{2}-\sin x=2\sin\frac{x}{2}\left(1-\cos\frac{x}{2}\right)=4\sin\frac{x}{2}\sin^2\frac{x}{4}=O^*(x^3).$$

于是,当 $x$ 大于 0 而充分小时,存在两常数 $A>0,B>0$,使

$$Ax^3\leqslant x-\sin x\leqslant Bx^3,$$

即弓形面积 $p$ 基本上是关于 $x$ 的三阶无穷小. 实际上,今后将会看到,有 $x-\sin x\sim\frac{1}{6}x^3$(但要用到导数的概念).

**【646】** 设 $o(f(x))$为当 $x\to a$ 时比函数 $f(x)$有较低阶的任意无穷大函数,且 $O(f(x))$为 $x\to a$ 时与函数 $f(x)$同阶(在广义的意义上)的任意无穷大函数,其中 $f(x)>0$.

证明:(1) $o\{o[f(x)]\}=o[f(x)]$;　　(2) $O\{o[f(x)]\}=o[f(x)]$;

(3) $o\{O[f(x)]\}=o[f(x)]$;　　(4) $O\{O[f(x)]\}=O[f(x)]$;

(5) $O[f(x)]+o[f(x)]=O[f(x)]$;　　(6) $O[f(x)]\cdot O[g(x)]=O[f(x)g(x)]$.

**解题思路** (2)由 133 题(2)的结果,有

$$\overline{\lim_{x\to a}}\frac{|O\{o[f(x)]\}|}{f(x)}=\overline{\lim_{x\to a}}\frac{|O\{o[f(x)]\}|}{o[f(x)]}\cdot\lim_{x\to a}\frac{o[f(x)]}{f(x)}=0,$$

故 $\lim\limits_{x\to a}\frac{O\{o[f(x)]\}}{f(x)}=0$.

(3)利用 133 题(2)的结果,仿(2).

(4)利用 132 题(2)的结果.

(5)利用 131 题(2)的结果.

(6)利用 132 题(2)的结果.

**证** (1)因为

$$\lim_{x\to a}\frac{o\{o[f(x)]\}}{f(x)}=\lim_{x\to a}\left\{\frac{o\{o[f(x)]\}}{o\{f(x)]}\cdot\frac{o[f(x)]}{f(x)}\right\}=0,$$

故 $o\{o[f(x)]\}=o[f(x)]$.

(2) 由 133 题(2)的结果,有

$$\overline{\lim_{x\to a}}\frac{|O\{o[f(x)]\}|}{f(x)}=\overline{\lim_{x\to a}}\frac{|O\{o[f(x)]\}|}{o[f(x)]}\cdot\lim_{x\to a}\frac{o\{f(x)]}{f(x)}=0,$$

故 $\lim\limits_{x\to a}\frac{O[o[f(x)]\}}{f(x)}$ 存在且等于 0. 因此,$O\{o[f(x)]\}=o[f(x)]$.

(3) 仍由 133 题(2)的结果,有

$$\overline{\lim_{x\to a}}\frac{|o\{O[f(x)]\}|}{f(x)}=\lim_{x\to a}\left|\frac{o\{O[f(x)]\}}{O[f(x)]}\right|\cdot\overline{\lim_{x\to a}}\frac{O[f(x)]|}{f(x)}=0,$$

故 $\lim\limits_{x\to a}\frac{o\{O[f(x)]\}}{f(x)}=0$, 即 $o\{O[f(x)]\}=o[f(x)]$.

(4) 由 132 题(2)的结果,有

$$\overline{\lim_{x\to a}}\frac{|O\{O[f(x)]\}|}{f(x)}\leqslant\overline{\lim_{x\to a}}\frac{|O\{O[f(x)]\}|}{O[f(x)]}\cdot\overline{\lim_{x\to a}}\frac{O[f(x)]}{f(x)}<+\infty,$$

故 $O\{O[f(x)]\}=O[f(x)]$.

(5) 由 131 题(2),有

$$\overline{\lim_{x\to a}}\frac{|O[f(x)]+o[f(x)]|}{f(x)}\leqslant\overline{\lim_{x\to a}}\frac{|O[f(x)]|}{f(x)}+\overline{\lim_{x\to a}}\frac{|o[f(x)]|}{f(x)}=\overline{\lim_{x\to a}}\frac{|O[f(x)]|}{f(x)}<+\infty.$$

故 $O[f(x)]+o[f(x)]=O[f(x)]$.

(6) 由 132 题(2),有

$$\overline{\lim_{x\to a}}\frac{|O[f(x)]O[g(x)]|}{f(x)g(x)}\leqslant\overline{\lim_{x\to a}}\frac{|O[f(x)]|}{f(x)}\cdot\overline{\lim_{x\to a}}\frac{|O[g(x)]|}{g(x)}<+\infty,$$

故 $O[f(x)]O[g(x)]=O[f(x)g(x)]$.

**【647】** 设 $x\to+0$ 和 $n>0$. 证明:

(1) $CO(x^n)=O(x^n)$ ($C$ 为常数);

(2) $O(x^n)+O(x^m)=O(x^n)$ ($n<m$);

(3) $O(x^n)O(x^m)=O(x^{n+m})$.

**证** (1) 由

$$\overline{\lim_{x\to+0}}\frac{|CO(x^n)|}{x^n}=|C|\overline{\lim_{x\to+0}}\frac{|O(x^n)|}{x^n}<+\infty,$$

故 $CO(x^n)=O(x^n)$.

(2) 由

$$\overline{\lim_{x\to+0}}\frac{|O(x^n)+O(x^m)|}{x^n}\leqslant\overline{\lim_{x\to+0}}\frac{|O(x^n)|}{x^n}+\overline{\lim_{x\to+0}}\left(\frac{|O(x^m)|}{x^m}\cdot x^{m-n}\right)=\overline{\lim_{x\to+0}}\frac{|O(x^n)|}{x^n}<+\infty,$$

故 $O(x^n)+O(x^m)=O(x^n)$ ($n<m$).

(3) 由

$$\overline{\lim_{x\to+0}}\frac{|O(x^n)O(x^m)|}{x^{n+m}}\leqslant\overline{\lim_{x\to+0}}\frac{|O(x^n)|}{x^n}\cdot\overline{\lim_{x\to+0}}\frac{|O(x^m)|}{x^m}<+\infty,$$

得知 $O(x^n)O(x^m)=O(x^{n+m})$.

**【648】** 设 $x\to+\infty$ 和 $n>0$. 证明:

(1) $CO(x^n)=O(x^n)$;

(2) $O(x^n)+O(x^m)=O(x^n)$ ($n>m$);

(3) $O(x^n)O(x^m)=O(x^{n+m})$.

**证** (1)与(3)同 647 题(1)与(3)的证明(只要将 $x\to+0$ 换为 $x\to+\infty$). 下证(2):由于

$$\overline{\lim_{x\to+\infty}}\frac{|O(x^n)+O(x^m)|}{x^n}\leqslant\overline{\lim_{x\to+\infty}}\frac{|O(x^n)|}{x^n}+\overline{\lim_{x\to+\infty}}\left(\frac{|O(x^m)|}{x^m}\cdot\frac{1}{x^{n-m}}\right)=\overline{\lim_{x\to+\infty}}\frac{|O(x^n)|}{x^n}<+\infty,$$

故 $O(x^n)+O(x^m)=O(x^n)$ ($n>m$).

**【649】** 证明符号~具有下列性质:(1) 反射性:$\varphi(x)\sim\varphi(x)$;(2) 对称性:若 $\varphi(x)\sim\psi(x)$,则 $\psi(x)\sim\varphi(x)$;(3) 传递性:若 $\varphi(x)\sim\psi(x)$ 及 $\psi(x)\sim\chi(x)$,则 $\varphi(x)\sim\chi(x)$.

**证** (1) 因为 $\frac{\varphi(x)}{\varphi(x)}\equiv1\to1$,所以,$\varphi(x)\sim\varphi(x)$.

(2) 因为 $\frac{\varphi(x)}{\psi(x)}\to1$,所以,$\frac{\psi(x)}{\varphi(x)}\to1$. 即:若 $\varphi(x)\sim\psi(x)$,则 $\psi(x)\sim\varphi(x)$.

(3) 因为 $\frac{\varphi(x)}{\psi(x)}\to1$,$\frac{\psi(x)}{\chi(x)}\to1$,所以,$\frac{\varphi(x)}{\chi(x)}=\frac{\varphi(x)}{\psi(x)}\cdot\frac{\psi(x)}{\chi(x)}\to1$,即 $\varphi(x)\sim\chi(x)$.

**【650】** 设 $x\to+0$. 证明下列等式:

(1) $2x-x^2=O^*(x)$; (2) $x\sin\sqrt{x}=O^*(x^{\frac{3}{2}})$; (3) $x\sin\frac{1}{x}=O(|x|)$;

(4) $\ln x=o\left(\frac{1}{x^{\varepsilon}}\right)$ $(\varepsilon>0)$； (5) $\sqrt{x+\sqrt{x+\sqrt{x}}}\sim\sqrt[8]{x}$； (6) $\arctan\frac{1}{x}=O(1)$；

(7) $(1+x)^n=1+nx+o(x)$.

**证** 由题设 $x\to+0$,于是,

(1) 因为$\frac{2x-x^2}{x}\to2$,所以,$2x-x^2=O^*(x)$.

(2) 因为$\frac{x\sin\sqrt{x}}{x\sqrt{x}}\to1$,所以,$x\sin\sqrt{x}=O^*(x^{\frac{3}{2}})$.

(3) 因为$\left|x\sin\frac{1}{x}\right|\leqslant|x|$ $(x\neq0)$,所以,$x\sin\frac{1}{x}=O(|x|)$.

(4) 因为$\frac{\ln x}{\frac{1}{x^{\varepsilon}}}=x^{\varepsilon}\ln x\to0$,所以,$\ln x=o\left(\frac{1}{x^{\varepsilon}}\right)$.

(5) 因为$\lim\limits_{x\to+0}\frac{\sqrt{x+\sqrt{x+\sqrt{x}}}}{x^{\frac{1}{8}}}=\lim\limits_{x\to+0}\sqrt{x^{\frac{3}{4}}+\sqrt{x^{\frac{1}{2}}+1}}=1$,所以,$\sqrt{x+\sqrt{x+\sqrt{x}}}\sim x^{\frac{1}{8}}$.

(6) 因为$\left|\arctan\frac{1}{x}\right|\leqslant\frac{\pi}{2}$ $(x\neq0)$,所以,$\arctan\frac{1}{x}=O(1)$.

(7) 因为$\frac{(1+x)^n-1-nx}{x}=\frac{1}{2}n(n-1)x+\cdots\to0$,所以,$(1+x)^n-1-nx=o(x)$,即

$$(1+x)^n=1+nx+o(x).$$

**【651】** 设 $x\to+\infty$. 证明下列等式:

(1) $2x^3-3x^2+1=O^*(x^3)$； (2) $\frac{x+1}{x^2+1}=O^*\left(\frac{1}{x}\right)$；

(3) $x+x^2\sin x=O(x^2)$； (4) $\frac{\arctan x}{1+x^2}=O^*\left(\frac{1}{x^2}\right)$；

(5) $\ln x=o(x^{\varepsilon})$ $(\varepsilon>0)$； (6) $x^pe^{-x}=o\left(\frac{1}{x^2}\right)$；

(7) $\sqrt{x+\sqrt{x+\sqrt{x}}}\sim\sqrt{x}$； (8) $x^2+x\ln^{100}x\sim x^2$.

**证** 由题设 $x\to+\infty$,于是,

(1) 因为 $\frac{2x^3-3x^2+1}{x^3}\to2$,所以,$2x^3-3x^2+1=O^*(x^3)$.

(2) 因为 $\frac{\frac{x+1}{x^2+1}}{\frac{1}{x}}=\frac{x(x+1)}{x^2+1}\to1$,所以,$\frac{x+1}{x^2+1}=O^*\left(\frac{1}{x}\right)$.

(3) 因为 $\overline{\lim\limits_{x\to+\infty}}\frac{|x+x^2\sin x|}{x^2}=\overline{\lim\limits_{x\to+\infty}}\left|\frac{1}{x}+\sin x\right|=1<+\infty$,所以,$x+x^2\sin x=O(x^2)$.

(4) 因为$\frac{\frac{\arctan x}{1+x^2}}{\frac{1}{x^2}}=\frac{x^2\arctan x}{1+x^2}\to\frac{\pi}{2}$,所以,$\frac{\arctan x}{1+x^2}=O^*\left(\frac{1}{x^2}\right)$.

(5) 因为$\frac{\ln x}{x^{\varepsilon}}\to0$,所以,$\ln x=o(x^{\varepsilon})$.

(6) 因为$\frac{x^pe^{-x}}{\frac{1}{x^2}}=\frac{x^{p+2}}{e^x}\to0$,所以,$x^pe^{-x}=o\left(\frac{1}{x^2}\right)$.

(7) 因为$\frac{\sqrt{x+\sqrt{x+\sqrt{x}}}}{\sqrt{x}}=\sqrt{1+\sqrt{\frac{1}{x}+\sqrt{\frac{1}{x^3}}}}\to1$,所以,$\sqrt{x+\sqrt{x+\sqrt{x}}}\sim\sqrt{x}$.

(8) 因为$\frac{x^2+x\ln^{100}x}{x^2}=1+\frac{\ln^{100}x}{x}\to1$，所以，$x^2+x\ln^{100}x\sim x^2$.

**【652】** 证明当 $x$ 充分大时，下边的不等式成立：

(1) $x^2+10x+100<0.001x^3$； (2) $\ln^{1000}x<\sqrt{x}$； (3) $x^{10}e^x<e^{2x}$.

**证** (1) 因为当 $x\to+\infty$ 时，$\frac{x^2+10x+100}{0.001x^3}\to0$ 所以，当 $x$ 充分大以后，有$\frac{x^2+10x+100}{0.001x^3}<1$，即

$$x^2+10x+100<0.001x^3.$$

(2) 因为当 $x\to+\infty$ 时，$\frac{\ln^{1000}x}{\sqrt{x}}\to0$ 所以，当 $x$ 充分大以后，有$\frac{\ln^{1000}x}{\sqrt{x}}<1$，即 $\ln^{1000}x<\sqrt{x}$.

(3) 因为当 $x\to+\infty$ 时，$\frac{x^{10}e^x}{e^{2x}}=\frac{x^{10}}{e^x}\to0$ 所以，当 $x$ 充分大后，有$\frac{x^{10}e^x}{e^{2x}}<1$，即 $x^{10}e^x<e^{2x}$.

**【653】** 设 $x\to0$. 分出下列函数的形如 $Cx^n$（$C$ 为常数）的主部，并求其对于无穷小变量 $x$ 的阶：

(1) $2x-3x^3+x^5$； (2) $\sqrt{1+x}-\sqrt{1-x}$； (3) $\sqrt{1-2x}-\sqrt[3]{1-3x}$； (4) $\tan x-\sin x$.

**解** 所谓函数 $f(x)$ 的主部 $g(x)$，即满足

$$\frac{f(x)}{g(x)}\to1 \quad 或 \quad f(x)=g(x)+o(x) \quad (x\to0).$$

(1) 因为$\frac{2x-3x^3+x^5}{2x}\to1$ $(x\to0)$，故其主部为 $2x$，它对于无穷小量 $x$ 是一阶的.

(2) 因为 $\frac{\sqrt{1+x}-\sqrt{1-x}}{x}=\frac{2}{\sqrt{1+x}+\sqrt{1-x}}\to1$ $(x\to0)$，故其主部为 $x$，它对于 $x$ 是一阶的.

(3) 因为 $\sqrt{1-2x}-\sqrt[3]{1-3x}=\frac{3x^2-8x^3}{\sqrt[6]{(1+2x)^{15}}+\sqrt[6]{(1-2x)^{12}(1-3x)^2}+\cdots+\sqrt[6]{(1-3x)^{10}}}$，

于是，$\frac{\sqrt{1-2x}-\sqrt[3]{1-3x}}{\frac{x^2}{2}}\to1$ $(x\to0)$故其主部为$\frac{x^2}{2}$，它对于 $x$ 是二阶的.

(4) 因为 $\tan x-\sin x=\frac{2}{\cos x}\sin x\sin^2\frac{x}{2}$，于是，$\frac{\tan x-\sin x}{\frac{x^3}{2}}\to1$ $(x\to0)$，

故其主部为$\frac{x^3}{2}$，它对于 $x$ 是三阶的.

**【654】** 设 $x\to+0$，证明：无穷小量 (1) $f(x)=\frac{1}{\ln x}$， (2) $f(x)=e^{-\frac{1}{x^2}}$，

无论对任何的 $n$，也不能与无穷小量 $x^n$ $(n>0)$ 相比较. 即：对于任何的 $n$，等式 $\lim\limits_{x\to+0}\frac{f(x)}{x^n}=k$ 都不成立，式中 $k$ 为异于零的有限量.

**提示** (1) 注意 $\lim\limits_{x\to+0}x^n\ln x=0$，(2) 注意 $\lim\limits_{x\to+0}\frac{e^{-\frac{1}{x^2}}}{x^n}=0$.

**证** (1) 因为 $\lim\limits_{x\to+0}x^n\ln x=0$ *) $(n>0)$，于是，

$$\lim_{x\to+0}\frac{\frac{1}{\ln x}}{x^n}=\infty,$$

即$\frac{1}{\ln x}$不能与无穷小量 $x^n$ 相比较 $(x\to+0)$.

(2) 因为 $\lim\limits_{x\to+0}\frac{e^{-\frac{1}{x^2}}}{x^n}=0$ **) $(n>0)$，所以，$e^{-\frac{1}{x^2}}$ 不能与无穷小量 $x^n$ 相比较 $(x\to0)$.

*) 参看 592 题.

**) 参看 591 题.

**【655】** 设 $x\to1$，分出下列函数的形如 $C(x-1)^n$ 的主部，并求其对于无穷小量 $(x-1)$ 的阶：

(1) $x^3-3x+2$； (2) $\sqrt[3]{1-\sqrt{x}}$； (3) $\ln x$； (4) $e^x-e$； (5) $x^x-1$.

**解** (1) 因为 $x^3-3x+2=(x-1)^2(x+2)$，又

$$\frac{x^3-3x+2}{3(x-1)^2}\to1\ (x\to1),$$

故其主部为 $3(x-1)^2$，它对于 $(x-1)$ 是二阶无穷小.

(2) 因为 $\sqrt[3]{1-\sqrt{x}}=-\frac{\sqrt[3]{x-1}}{\sqrt[3]{1+\sqrt{x}}}$，又

$$\frac{\sqrt[3]{1-\sqrt{x}}}{-\frac{\sqrt[3]{x-1}}{\sqrt[3]{2}}}\to1\quad(x\to1),$$

故其主部为 $\frac{\sqrt[3]{1-\sqrt{x}}}{\sqrt[3]{2}}$，它对于 $(x-1)$ 是 $\frac{1}{3}$ 阶无穷小.

(3) 因为 $\frac{\ln x}{x-1}=\frac{\ln[1+(x-1)]}{x-1}\to1\ (x\to1)$，故其主部为 $x-1$，它对于 $(x-1)$ 是一阶无穷小.

(4) 因为 $e^x-e=e(e^{x-1}-1)$，又

$$\frac{e^{x-1}-1}{x-1}\to1\quad(x\to1).$$

故其主部为 $e(x-1)$，它对于 $(x-1)$ 是一阶无穷小.

(5) 因 $x^x-1=e^{x\ln x}-1$，又

$$\frac{e^{x\ln x}-1}{x-1}=\frac{e^{x\ln x}-1}{x\ln x}\cdot\frac{x\ln[1+(x-1)]}{x-1}\to1\quad(x\to1),$$

故其主部为 $x-1$，它对于 $(x-1)$ 是一阶无穷小.

**【656】** 设 $x\to+\infty$. 分出下列函数的形如 $Cx^n$ 的主部，并求其对于无穷大量 $x$ 的阶：

(1) $x^2+100x+10000$； (2) $\frac{2x^5}{x^3-3x+1}$；

(3) $\sqrt[3]{x^2-x}+\sqrt{x}$； (4) $\sqrt{1+\sqrt{1+\sqrt{x}}}$.

**解** (1) 因为 $x^2+100x+10000\sim x^2\ (x\to+\infty)$，故其主部为 $x^2$，它对于无穷大量 $x$ 是二阶的.

(2) 因为 $\frac{\frac{2x^5}{x^3-3x+1}}{2x^2}=\frac{2x^5}{2x^5-6x^3+2x^2}\to1\ (x\to+\infty)$，故其主部为 $2x^2$，它对于无穷大量 $x$ 是二阶的.

(3) $\sqrt[3]{x^2-x}+\sqrt{x}=x^{\frac{2}{3}}\left(\sqrt[3]{1-\frac{1}{x}}+\sqrt[6]{\frac{1}{x}}\right)$，于是，$\frac{\sqrt[3]{x^2-x}+\sqrt{x}}{x^{\frac{2}{3}}}=\sqrt[3]{1-\frac{1}{x}}+\sqrt[6]{\frac{1}{x}}\to1\ (x\to+\infty)$，

故其主部为 $x^{\frac{2}{3}}$，它对于无穷大量 $x$ 是 $\frac{2}{3}$ 阶的.

(4) 因为 $\frac{\sqrt{1+\sqrt{1+\sqrt{x}}}}{\sqrt[8]{x}}\to1\ (x\to+\infty)$，故其主部为 $\sqrt[8]{x}$，它对于无穷大量 $x$ 是 $\frac{1}{8}$ 阶的.

**【657】** 设 $x\to+\infty$. 分出下列函数的形如 $C\left(\frac{1}{x}\right)^n$ 的主部，并求其对于无穷小量 $\frac{1}{x}$ 的阶：

(1) $\frac{x+1}{x^4+1}$； (2) $\sqrt{x+1}-\sqrt{x}$； (3) $\sqrt{x+2}-2\sqrt{x+1}+\sqrt{x}$； (4) $\frac{1}{x}\sin\frac{1}{x}$.

**解** (1) 因为 $\frac{\frac{x+1}{x^4+1}}{\left(\frac{1}{x}\right)^3}=\frac{x^3(x+1)}{x^4}\to1\ (x\to+\infty)$，故其主部为 $\left(\frac{1}{x}\right)^3$，它对于无穷小量 $\frac{1}{x}$ 是 3 阶的.

(2) 因为$\dfrac{\sqrt{x+1}-\sqrt{x}}{\dfrac{1}{2\sqrt{x}}}=\dfrac{2\sqrt{x}}{\sqrt{x+1}+\sqrt{x}}\to 1\ (x\to+\infty)$,故其主部为$\dfrac{1}{2}\left(\dfrac{1}{x}\right)^{\frac{1}{2}}$,它对于无穷小量$\dfrac{1}{x}$是$\dfrac{1}{2}$阶的.

(3) $$\sqrt{x+2}-2\sqrt{x+1}+\sqrt{x}=\frac{2\sqrt{x(x+2)}-2(x+1)}{\sqrt{x+2}+\sqrt{x}+2\sqrt{x+1}}$$
$$=\frac{-2}{(\sqrt{x+2}+\sqrt{x}+2\sqrt{x+1})(\sqrt{x(x+2)}+x+1)}.$$

于是,由此得

$$\frac{\sqrt{x+2}-2\sqrt{x+1}+\sqrt{x}}{-\dfrac{1}{4}\left(\dfrac{1}{x}\right)^{\frac{3}{2}}}=\frac{8}{\left(\sqrt{1+\dfrac{2}{x}}+1+2\sqrt{1+\dfrac{1}{x}}\right)\left(\sqrt{1+\dfrac{2}{x}}+1+\dfrac{1}{x}\right)}\to 1\quad (x\to+\infty),$$

故其主部为$-\dfrac{1}{4}\left(\dfrac{1}{x}\right)^{\frac{3}{2}}$,它对于无穷小量$\dfrac{1}{x}$是$\dfrac{3}{2}$阶的.

(4) 因为$\dfrac{\dfrac{1}{x}\sin\dfrac{1}{x}}{\dfrac{1}{x^2}}=\dfrac{\sin\dfrac{1}{x}}{\dfrac{1}{x}}\to (x\to+\infty)$,故其主部为$\left(\dfrac{1}{x}\right)^2$,它对于无穷小量$\dfrac{1}{x}$为2阶的.

**【658】** 设$x\to 1$.分出下列函数的形如$C\left(\dfrac{1}{x-1}\right)^n$的主部,并求其对于无穷大量$\dfrac{1}{x-1}$的阶:

(1) $\dfrac{x^2}{x^2-1}$; (2) $\sqrt{\dfrac{1+x}{1-x}}$; (3) $\dfrac{x}{\sqrt[3]{1-x^3}}$; (4) $\dfrac{1}{\sin\pi x}$; (5) $\dfrac{\ln x}{(1-x)^2}$.

**解** (1) $\dfrac{x^2}{x^2-1}=\dfrac{x^2}{(x-1)(x+1)}$,于是,

$$\frac{\dfrac{x^2}{x^2-1}}{\dfrac{1}{2(x-1)}}=\frac{2x^2}{x+1}\to 1\ (x\to 1),$$

故其主部为$\dfrac{1}{2(x-1)}$,它对于无穷大量$\dfrac{1}{x-1}$是一阶的.

(2) 因为$\dfrac{\sqrt{\dfrac{1+x}{1-x}}}{\sqrt{2}\dfrac{1}{\sqrt{1-x}}}=\dfrac{\sqrt{1+x}}{\sqrt{2}}\to 1\ (x\to 1)$,故其主部为$\sqrt{2}\left(\dfrac{1}{1-x}\right)^{\frac{1}{2}}$,它对于无穷大量$\dfrac{1}{1-x}$是$\dfrac{1}{2}$阶的.

(3) 因为$\dfrac{x}{\sqrt[3]{1-x^3}}=\dfrac{x}{\sqrt[3]{1-x}}\cdot\dfrac{1}{\sqrt[3]{1+x+x^2}}$,于是,

$$\frac{\dfrac{x}{\sqrt[3]{1-x^3}}}{\dfrac{1}{\sqrt[3]{3}\sqrt[3]{1-x}}}\to 1\qquad (x\to 1),$$

故其主部为$\dfrac{1}{\sqrt[3]{3}}\left(\dfrac{1}{1-x}\right)^{\frac{1}{3}}$,它对于无穷大量$\dfrac{1}{x-1}$是$\dfrac{1}{3}$阶的.

(4) 因为$\dfrac{\dfrac{1}{\sin\pi x}}{\dfrac{1}{\pi(1-x)}}=\dfrac{\pi(1-x)}{\sin\pi(1-x)}\to 1\ (x\to 1)$,故其主部为$\dfrac{1}{\pi}\left(\dfrac{1}{1-x}\right)$,它对于无穷大量$\dfrac{1}{x-1}$是一阶的.

(5) 因为$\dfrac{\dfrac{\ln x}{(1-x)^2}}{\dfrac{1}{x-1}}=\dfrac{\ln[1+(x-1)]}{x-1}\to 1\ (x\to 1)$,故其主部为$\dfrac{1}{x-1}$,它对于无穷大量$\dfrac{1}{x-1}$是一阶的.

**【659】** 设 $x\to+\infty$, $f_n(x)=x^n(n=1,2,\cdots)$. 证明：

(1) $f_n(x)$中每一个函数都比其前面的一个函数 $f_{n-1}(x)$增加较快；

(2) 函数 $e^x$ 比函数 $f_n(x)(n=1,2,\cdots)$中的每一个都增加得较快.

**证** (1) 因为$\dfrac{f_n(x)}{f_{n-1}(x)}=x\to+\infty$，所以，$f_n(x)$比 $f_{n-1}(x)$增加较快.

(2) 因为$\dfrac{e^x}{x^n}\to+\infty$ $(x\to+\infty)$，$n$ 为任一固定的正整数，所以，$e^x$ 比 $f_n(x)$中的每一个都增加得较快.

**【660】** 设 $x\to+\infty$, $f_n(x)=\sqrt[n]{x}$ $(n=1,2,\cdots)$. 证明：

(1) 函数 $f_n(x)$中每一个都比其前面的一个函数 $f_{n-1}(x)$增加得较慢；

(2) 函数 $f(x)=\ln x$ 比函数 $f_n(x)(n=1,2,\cdots)$中的每一个都增加得较慢.

**证** (1) 因为$\dfrac{f_n(x)}{f_{n-1}(x)}=x^{-\frac{1}{n(n-1)}}\to0$ $(x\to+\infty)$，所以，$f_n(x)$比 $f_{n-1}(x)$增加得较慢.

(2) 因为$\dfrac{\ln x}{\sqrt[n]{x}}\to0$*) $(x\to+\infty)$，所以，$\ln x$ 比 $f_n(x)$中的每一个增加得较慢.

*) 利用565题的结果.

**【661】** 证明：对于任意的函数序列

$$f_1(x),f_2(x),\cdots,f_n(x),\cdots\quad(x_0<x<+\infty).$$

可举出一函数 $f(x)$，当 $x\to+\infty$时它比函数 $f_n(x)$ $(n=1,2,\cdots)$中的每一个都增加得较快.

**证** 取正整数 $N>x_0$. 定义 $x_0<x<+\infty$上的函数 $f(x)$如下：

$$f(x)=\begin{cases}n\left(\sum\limits_{k=1}^{n}|f_k(x)|+1\right), & n\leqslant x<n+1,(n=N,N+1,\cdots);\\ 0, & x_0<x<N.\end{cases}$$

于是，对任何正整数 $n$，当 $x>\max\{N,n\}$时，有

$$\left|\frac{f_n(x)}{f(x)}\right|=\frac{|f_n(x)|}{[x]\left(\sum\limits_{k=1}^{[x]}|f_k(x)|+1\right)}<\frac{1}{[x]},$$

其中$[x]$表 $x$ 的整数部分. 由此可知

$$\lim_{x\to\infty}\frac{f_n(x)}{f(x)}=0\quad(n=1,2,\cdots),$$

故当 $x\to+\infty$时，$f(x)$比 $f_n(x)$ $(n=1,2,\cdots)$中的每一个都增加得较快.

## §7. 函数的连续性

1° **函数的连续性** 设

$$\lim_{x\to x_0}f(x)=f(x_0),\tag{1}$$

即，函数 $f(x)$对 $x=x_0$ 有定义，并且对于每一个 $\varepsilon>0$，都存在 $\delta=\delta(\varepsilon,x_0)>0$，使当$|x-x_0|<\delta$时，对于$f(x)$的有意义的一切值，不等式

$$|f(x)-f(x_0)|<\varepsilon$$

都成立，则称函数 $f(x)$当$x=x_0$ 时(或在点 $x_0$)是连续的.

若函数 $f(x)$在所给的集合 $X$(开区间，闭区间等等)上的每一点都是连续的，则称函数 $f(x)$在集合$X=\{x\}$上是连续的.

若某值 $x=x_0$ 属于函数 $f(x)$的定义域 $X=\{x\}$或为此集合的聚点，而当 $x=x_0$ 时，等式(1)不成立[即，(ⅰ)数 $f(x_0)$不存在，换言之，函数在点 $x=x_0$ 没有定义；或(ⅱ) $\lim\limits_{x\to x_0}f(x)$不存在；或(ⅲ)公式(1)的两

端虽有意义，但它们不相等]，则称 $x_0$ 为函数 $f(x)$ 的不连续点（不连续点也称间断点）.

不连续点分为：(1) 第一类不连续点 $x_0$，在这些点存在有限的单侧极限：

$$f(x_0-0)=\lim_{x\to x_0-0}f(x) \text{ 和 } f(x_0+0)=\lim_{x\to x_0+0}f(x).$$

(2) 第二类不连续点——其余的一切不连续点.

差

$$f(x_0+0)-f(x_0-0)$$

称为函数在点 $x_0$ 的突跃.

若等式

$$f(x_0-0)=f(x_0+0)$$

成立，则不连续点 $x_0$ 称为可去的. 若极限 $f(x_0-0)$ 或 $f(x_0+0)$ 中至少有一个等于符号 $\infty$，则称 $x_0$ 为无穷型不连续点.

若等式

$$f(x_0-0)=f(x_0)\,[\text{或 } f(x_0+0)=f(x_0)]$$

成立，则称函数 $f(x)$ 在点 $x_0$ 是左（或右）连续. 函数 $f(x)$ 在点 $x_0$ 连续的充分必要条件为下面三个数相等：

$$f(x_0-0)=f(x_0+0)=f(x_0).$$

$2^\circ$ **初等函数的连续性** 若函数 $f(x)$ 和 $g(x)$ 在 $x=x_0$ 连续，则函数

(1) $f(x)\pm g(x)$； (2) $f(x)g(x)$； (3) $\dfrac{f(x)}{g(x)}$ $[g(x_0)\neq 0]$

也在 $x=x_0$ 连续.

特殊情形：(1) 有理函数

$$P(x)=a_0+a_1x+\cdots+a_nx^n$$

对任何的 $x$ 值都是连续的；

(2) 分式有理函数

$$R(x)=\frac{a_0+a_1x+\cdots+a_nx^n}{b_0+b_1x+\cdots+b_mx^m}$$

对所有不使其分母为零的 $x$ 值，都是连续的.

一般地说，基本初等函数：$x^n$，$\sin x$，$\cos x$，$\tan x$，$a^x$，$\log_a x$，$\arcsin x$，$\arccos x$，$\arctan x$，…在一切使它们有意义的点都连续.

更为一般的结果如下：若函数 $f(x)$ 当 $x=x_0$ 时连续，函数 $g(y)$ 当 $y=f(x_0)$ 时连续，则函数 $g(f(x))$ 当 $x=x_0$ 时连续.

$3^\circ$ **关于连续函数的基本定理** 若函数 $f(x)$ 在有限的闭区间 $[a,b]$ 上连续，则：(1) 函数 $f(x)$ 在此闭区间内是有界的；(2) 达到其下确界 $m$ 和上确界 $M$（魏尔斯特拉斯定理）；(3) 在每一个区间 $(\alpha,\beta)\subset[a,b]$ 中，函数取到所有介于 $f(\alpha)$ 和 $f(\beta)$ 间的值（柯西定理）. 例如，若 $f(\alpha)f(\beta)<0$，则可找到一个数值 $\gamma$ $(\alpha<\gamma<\beta)$，使得 $f(\gamma)=0$.

**【662】** 已给连续函数 $y=f(x)$ 的图像. 对于给定点 $a$ 与给定数 $\varepsilon>0$，用几何方法表示出这样的数 $\delta>0$，使当 $|x-a|<\delta$ 时，$|f(x)-f(a)|<\varepsilon$.

**解** 如图 1.262 所示，如果 $\delta_1<\delta_2$，我们只要取

$$\delta=\min(\delta_1,\delta_2),$$

即有

$$\delta=\delta_1.$$

于是，当 $|x-a|<\delta$ 时，

$$|f(x)-f(a)|<\varepsilon.$$

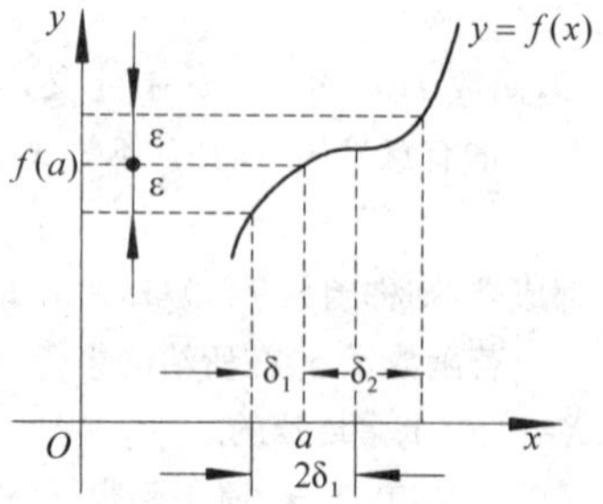


图 1.262

【663】 需要制造一块边长 $x_0=10\text{cm}$ 的正方形金属板. 其面积 $y=x^2$ 与预计值 $y_0=100\text{cm}^2$ 的差不可超过:(1)$\pm 1\text{cm}^2$;(2)$\pm 0.1\text{cm}^2$;(3)$\pm 0.01\text{cm}^2$;(4)$\pm \varepsilon\text{cm}^2$,问其边 $x$ 可以在什么范围内变化?

**解** (1) 要 $|x^2-100|<1$,只要 $99<x^2<101$. 解之,得 $9.95<x<10.05$.

(2) 要 $|x^2-100|<0.1$,只要 $\sqrt{100-0.1}<x<\sqrt{100+0.1}$. 解之,得 $9.995<x<10.005$.

(3) 要 $|x^2-100|<0.01$,只要 $\sqrt{100-0.01}<x<\sqrt{100+0.01}$. 解之,得 $9.9995<x<10.0005$.

(4) 要 $|x^2-100|<\varepsilon$,只要 $\sqrt{100-\varepsilon}<x<\sqrt{100+\varepsilon}$. *)

*) 本来,$x$ 处应记成 $|x|$,在此仅考虑点 $x=10$ 处,故在其近傍 $x$ 值恒为正,因此,不必取绝对值了.

【664】 立方体的边介于 2m 和 3m 之间,在测量此立方体边长 $x$ 时容许怎样的绝对误差 $\Delta$,方可使计算立方体体积时的绝对误差不超过:(1)$\varepsilon=0.1\text{m}^3$;(2)$\varepsilon=0.01\text{m}^3$;(3)$\varepsilon=0.001\text{m}^3$.

**解** 要 $|x_1^3-x_2^3|<\varepsilon$,只要 $|x_1-x_2|(x_1^2+x_1x_2+x_2^2)<\varepsilon$,即只要 $|x_1-x_2|<\dfrac{\varepsilon}{3\times 3^2}=\dfrac{\varepsilon}{27}$,故有

(1) $\Delta<\dfrac{0.1}{27}(\text{m})=3.7(\text{mm})$; (2) $\Delta<\dfrac{0.01}{27}(\text{m})=0.37(\text{mm})$; (3) $\Delta<\dfrac{0.001}{27}(\text{m})=0.037(\text{mm})$.

【665】 问在 $x_0=100$ 的尽可能多大的邻域内,函数 $y=\sqrt{x}$ 图像的纵坐标与 $y_0=10$ 之差小于 $\varepsilon=10^{-n}$ $(n\geqslant 0)$? 求当 $n=0,1,2,3$ 时这个邻域的大小.

**解** 要 $|\sqrt{x}-10|<10^{-n}$,只要

$$10[1-10^{-(n+1)}]<\sqrt{x}<10[1+10^{-(n+1)}],$$

即只要

$$100[1-10^{-(n+1)}]^2<x<100[1+10^{-(n+1)}]^2,$$

故得 (1) 当 $n=0$ 时, $81<x<121$;

(2) 当 $n=1$ 时, $98.01<x<102.01$;

(3) 当 $n=2$ 时, $98.8001<x<100.2001$;

(4) 当 $n=3$ 时, $99.980001<x<100.020001$.

【666】 利用《$\varepsilon-\delta$》语言,证明:函数 $f(x)=x^2$ 当 $x=5$ 时连续.

填下表:

| $\varepsilon$ | 1 | 0.1 | 0.01 | 0.001 | … |
|---|---|---|---|---|---|
| $\delta$ | | | | | |

**提示** 不妨设 $|x-5|<1$,即 $4<x<6$.

**证** 任给 $\varepsilon>0$,要 $|x^2-25|<\varepsilon$,即

$$|x-5||x+5|<\varepsilon, \tag{1}$$

不妨只就 $x=5$ 的某一邻域来考虑. 例如,取

$$|x-5|<1 \quad 或 \quad 4<x<6,$$

从而有 $9<x+5<11$. 于是,只要 $|x-5|<\dfrac{\varepsilon}{11}$. 取 $\delta=\min\left(\dfrac{\varepsilon}{11},1\right)$,则当 $|x-5|<\delta$ 时,恒有

$$|x^2-5|<\varepsilon,$$

所以,函数 $y=x^2$ 在 $x=5$ 处连续.

填下表:

| $\varepsilon$ | 1 | 0.1 | 0.01 | 0.001 | $\varepsilon$ | … |
|---|---|---|---|---|---|---|
| $\delta$ | 0.09 | 0.009 | 0.0009 | 0.00009 | $\min\left(\dfrac{\varepsilon}{11},1\right)$ | … |

【667】 设 $f(x)=\dfrac{1}{x}$,$\varepsilon=0.001$. 对于数值 $x_0=0.1;0.01;0.001;\cdots$ 求出最大的正数 $\delta=\delta(\varepsilon,x_0)$,使得

可从不等式 $|x-x_0|<\delta$ 推出不等式 $|f(x)-f(x_0)|<\varepsilon$.

可否对于已知的 $\varepsilon=0.001$ 选出这样的 $\delta>0$，使它对于区间 $(0,1)$ 中的一切 $x_0$ 值都适用？换言之，可否找到这样的 $\delta>0$，使得只要 $|x-x_0|<\delta$，就有 $|f(x)-f(x_0)|<\varepsilon$，而不论 $x_0\in(0,1)$ 为何值？

**解**

$$|f(x)-f(x_0)|=\frac{|x-x_0|}{|x||x_0|}. \tag{1}$$

由于 $|x_0|-|x|\leqslant|x-x_0|$ 或 $|x|\geqslant|x_0|-|x-x_0|$，故有

$$|f(x)-f(x_0)|\leqslant\frac{|x-x_0|}{|x_0|^2-|x_0||x-x_0|}$$

(在此，我们已假设了 $|x-x_0|<|x_0|$，这一点是可以办到的).

于是要 $|f(x)-f(x_0)|<\varepsilon$，只要 $\dfrac{|x-x_0|}{|x_0|^2-|x_0||x-x_0|}<\varepsilon$，即只要 $|x-x_0|<\dfrac{\varepsilon x_0^2}{1+\varepsilon|x_0|}$. 取 $\delta=\dfrac{\varepsilon x_0^2}{1+\varepsilon|x_0|}>0$，则当 $|x-x_0|<\delta$ 时，恒有 $|f(x)-f(x_0)|<\varepsilon$.

我们取近似值，$\delta=0.001x_0^2$ $(\varepsilon=0.001)$.

当 $x_0=0.1$ 时，$\delta=10^{-5}$；当 $x_0=0.01$ 时，$\delta=10^{-7}$；当 $x_0=0.001$ 时，$\delta=10^{-9}$.

由表达式(1)可知，对于不论怎样小的正数 $\delta$(固定)，则当 $|x-x_0|<\delta$ 及 $x_0\to0$ 时，$|f(x)-f(x_0)|$ 可任意地大. 因此，无法选出一个公共的正数 $\delta$ 来.

**【668】** 用《$\varepsilon-\delta$》语言以肯定的方式表达以下论断：函数 $f(x)$ 在点 $x_0$ 有定义，而在这一点不连续.

**解** 存在一个 $\varepsilon_0>0$，对于无论怎样小的 $\delta>0$，都有某 $x$ 满足 $|x-x_0|<\delta$，但 $|f(x)-f(x_0)|\geqslant\varepsilon_0$.

**【669】** 设对于某些数 $\varepsilon>0$，可找到对应的数 $\delta=\delta(\varepsilon,x_0)>0$，使得只要 $|x-x_0|<\delta$，则

$$|f(x)-f(x_0)|<\varepsilon.$$

若：(1) 诸数 $\varepsilon$ 形成一有限的集合；(2) 数 $\varepsilon$ 组成分数 $\varepsilon=\dfrac{1}{2^n}$ $(n=1,2,\cdots)$ 的无穷集合，则可否断定函数 $f(x)$ 在点 $x_0$ 连续？

**提示** (1) 不能. (2) 可以. 可取充分大的 $n$，使 $\dfrac{1}{2^n}<\varepsilon$.

**解** (1) 不能. 因为 $\varepsilon$ 不能任意地小.

(2) 可以. 事实上，对于任给的 $\varepsilon>0$，总可以取充分大的 $n$，使 $\dfrac{1}{2^n}<\varepsilon$. 于是，存在 $\delta>0$，使当 $|x-x_0|<\delta$ 时，恒有 $|f(x)-f(x_0)|<\dfrac{1}{2^n}<\varepsilon$.

**【670】** 设已知函数 $f(x)=x+0.001[x]$. 证明：对于每一个 $\varepsilon>0.001$，可以选出 $\delta=\delta(\varepsilon,x)>0$，使得只要 $|x'-x|<\delta$，则 $|f(x')-f(x)|<\varepsilon$. 然而当 $0<\varepsilon\leqslant0.001$ 时，对于所有的 $x$ 值都无法选出这样的 $\delta$.

这个函数的连续性在哪些点遭到破坏？

**证** 当 $\varepsilon>0.001$，且 $|x'-x|<1$ 时，

$$|f(x')-f(x)|=|x-x'+0.001([x]-[x'])|\leqslant|x-x'|+0.001$$

此时只要取 $\delta=\min\{\varepsilon-0.001,\ 1\}$，则当 $|x-x'|<\delta$ 时恒有 $|f(x)-f(x')|<\varepsilon$.

当 $0<\varepsilon\leqslant0.001$，且 $x_0$ 不为整数时，有整数 $n$，使得 $n<x_0<n+1$. 只要取

$$\delta=\min(x_0-n,n+1-x_0,\varepsilon)>0,$$

则当 $|x-x_0|<\delta$ 时，有 $[x]=[x_0]$. 从而，

$$|f(x)-f(x_0)|=|x-x_0|<\delta\leqslant\varepsilon.$$

而当 $x_0=n$ 为整数时，则对于无论怎样取正数 $\delta$，总有 $x$ 满足 $x<x_0$ 及 $x_0-x<\delta$，此时

$$|f(x)-f(x_0)|=(x_0-x)+0.001>\varepsilon.$$

于是，函数 $f(x)$ 在 $x=n$(整数)的点失去了连续性.

**【671】** 设对于每一个充分小的数 $\delta>0$，都存在 $\varepsilon=\varepsilon(\delta,x_0)>0$，使得只要 $|x-x_0|<\delta$，则不等式 $|f(x)-f(x_0)|<\varepsilon$ 成立. 由此是否可知函数 $f(x)$ 在 $x=x_0$ 连续？这些不等式描述了函数 $f(x)$ 的什么性

质?

**提示** 不能.

**解** 不能. 因为 $\varepsilon$ 是由 $\delta$ 而确定的,它不能任意小. 因此,只能说明函数 $f(x)$在点 $x_0$ 的近傍有界. 事实上,$|f(x)|<|f(x_0)|+\varepsilon$.

**【672】** 设对于每一个数 $\varepsilon>0$,都存在数 $\delta=\delta(\varepsilon,x_0)>0$,使得若 $|f(x)-f(x_0)|<\varepsilon$,则 $|x-x_0|<\delta$. 由此是否可知函数 $f(x)$在 $x=x_0$ 连续? 这些不等式描述了函数的什么性质?

**解** 不对,若函数 $f(x)$在有限的区间$(a,b)$内有定义,则只要取 $\delta=2(b-a)$,不等式 $|x-x_0|<\delta$ 恒成立. 若$(a,b)$为无穷区间,例如,设 $b=+\infty$,则必然

$$\lim_{x\to+\infty}|f(x)|=+\infty.$$

事实上,若不然,则

$$\varliminf_{x\to+\infty}|f(x)|=c<+\infty.$$

于是,存在数列 $x_n>a\ (n=1,2,\cdots)$,$x_n\to+\infty$使 $f(x_n)\to c$. 由此可知数列 $f(x_n)(n=1,2,\cdots)$有界,令

$$\varepsilon_0=\sup\{|f(x_n)|+|f(x_0)|+1\}>0.$$

显然

$$|f(x_n)-f(x_0)|<\varepsilon_0\quad(n=1,2,\cdots),$$

但是,

$$\lim_{n\to\infty}|x_n-x_0|=+\infty,$$

故对此 $\varepsilon_0>0$,不存在对应的 $\delta=\delta(\varepsilon_0,x_0)>0$,此与假定矛盾. 由此可知,必有 $\lim\limits_{x\to+\infty}|f(x)|=+\infty$.

**【673】** 设对于每一个数 $\delta>0$,都存在数 $\varepsilon=\varepsilon(\delta,x_0)>0$,使得若 $|f(x)-f(x_0)|<\varepsilon$,则 $|x-x_0|<\delta$. 由此是否可知函数 $f(x)$在 $x=x_0$ 连续? 这些不等式描述了函数的什么性质?

**解** 不能. 它只说明了反函数的连续性和单值性.

**【674】** 利用《$\varepsilon-\delta$》语言证明下列函数的连续性:

(1) $ax+b$; (2) $x^2$; (3) $x^3$; (4) $\sqrt{x}$;

(5) $\sqrt[3]{x}$; (6) $\sin x$; (7) $\cos x$; (8) $\arctan x$.

**证** (1) 设 $x_0\in(-\infty,+\infty)$.

任给 $\varepsilon>0$,要$\left|(ax+b)-(ax_0+b)\right|<\varepsilon$,只要

$$|x-x_0|<\frac{\varepsilon}{|a|}\quad(a\neq0).$$

取 $\delta=\dfrac{\varepsilon}{|a|}$,则当$|x-x_0|<\delta$时,恒有$|(ax+b)-(ax_0+b)|<\varepsilon$.

由于 $x_0$ 的任意性,所以,$f(x)=ax+b$ 在$(-\infty,+\infty)$内点点连续.

(2) $|x^2-x_0^2|=|x-x_0|\cdot|x+x_0|\leqslant|x-x_0|(|x-x_0|+2|x_0|)$.

任给 $\varepsilon>0$,要$|x^2-x_0^2|<\varepsilon$,只要

$$|x-x_0|^2+2|x_0||x-x_0|-\varepsilon<0,$$

即只要$|x-x_0|<\sqrt{x_0^2+\varepsilon}-|x_0|$.

取 $\delta=\sqrt{x_0^2+\varepsilon}-|x_0|>0$,则当$|x-x_0|<\delta$时,恒有$|x^2-x_0^2|<\varepsilon$.

这就证明了 $f(x)=x^2$ 在$(-\infty,+\infty)$内的连续性.

(3) 由于$|x^3-x_0^3|=|x-x_0||x^2+x_0x+x_0^2|\leqslant|x-x_0|(|x^2|+|x||x_0|+|x_0|^2)$,不妨设$|x-x_0|<1$,则有

$$|x|<1+|x_0|\quad 及\quad |x^3-x_0^3|<|x-x_0|(1+3|x_0|+3x_0^2).$$

任给 $\varepsilon>0$,取 $\delta=\min\left(1,\dfrac{\varepsilon}{1+3|x_0|+3x_0^2}\right)$,则当$|x-x_0|<\delta$时,恒有$|x^3-x_0^3|<\varepsilon$.

由于 $x_0$ 的任意性，这就证明了 $x^3$ 在$(-\infty,+\infty)$内的连续性.

(4) 由于 $\left|\sqrt{x}-\sqrt{x_0}\right|=\dfrac{|x-x_0|}{\sqrt{x}+\sqrt{x_0}}<\dfrac{|x-x_0|}{\sqrt{x_0}}$ $(x_0>0)$. 任给 $\varepsilon>0$，取 $\delta=\varepsilon\sqrt{x_0}$，即可得证.

若 $x_0=0$，则取 $\delta=\varepsilon^2$.

(5) 由于 $\left|\sqrt[3]{x}-\sqrt[3]{x_0}\right|=\dfrac{|x-x_0|}{\left|x^{\frac{2}{3}}+(xx_0)^{\frac{1}{3}}+x_0^{\frac{2}{3}}\right|}<\dfrac{|x-x_0|}{\left|\sqrt[3]{x_0^2}\right|}$ $(x_0\neq 0,\ xx_0>0)$，

取 $\delta=\min\{|x_0|,\varepsilon\sqrt[3]{x_0^2}\}$即可得证.

若 $x_0=0$，则取 $\delta=\varepsilon^3$.

(6) 由于 $|\sin x-\sin x_0|=2\left|\sin\dfrac{x-x_0}{2}\right|\left|\cos\dfrac{x+x_0}{2}\right|\leqslant|x-x_0|$，取 $\delta=\varepsilon$，即可得证.

(7) 由于 $|\cos x-\cos x_0|=2\left|\sin\dfrac{x-x_0}{2}\right|\left|\sin\dfrac{x+x_0}{2}\right|\leqslant|x-x_0|$，取 $\varepsilon=\delta$，即可得证.

(8) 由 $|\arctan x-\arctan x_0|=\left|\arctan\dfrac{x-x_0}{1+xx_0}\right|$，又因 $|y|<\dfrac{\pi}{2}$时，$|y|\leqslant|\tan y|$，故有

$$|\arctan x-\arctan x_0|\leqslant\left|\frac{x-x_0}{1+xx_0}\right|.$$

当 $x_0>0$ 时，不妨就 $|x-x_0|<|x_0|=x_0$ 进行讨论，此时 $|1+xx_0|>1$，则

$$|\arctan x-\arctan x_0|\leqslant|x-x_0|.$$

当 $x_0<0$ 时可同样讨论.

所以，取 $\delta=\min(\varepsilon,|x_0|)$ ($x_0=0$ 时，取 $\delta=\varepsilon$)，则当 $|x-x_0|<\delta$ 时，恒有

$$|\arctan x-\arctan x_0|<\varepsilon.$$

由于 $x_0$ 的任意性，所以，$\arctan x$ 在$(-\infty,+\infty)$内连续.

**研究下列函数的连续性并绘出其图像：**

**【675】** $f(x)=|x|$.

**提示** 取 $\delta=\varepsilon$ 即可.

**解** $\big||x|-|x_0|\big|\leqslant|x-x_0|$，

取 $\delta=\varepsilon$，即可证得在任一点的连续性，如图 1.263 所示.

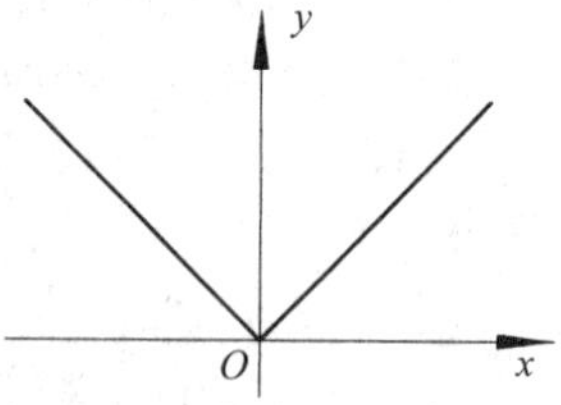

图 1.263

**【676】** $f(x)=\begin{cases}\dfrac{x^2-4}{x-2}, & x\neq 2;\\ A, & x=2.\end{cases}$

**提示** 应就 $A=4$ 及 $A\neq 4$ 分别讨论函数 $f(x)$的连续性.

**解** $\lim\limits_{x\to 2}f(x)=\lim\limits_{x\to 2}\dfrac{x^2-4}{x-2}=\lim\limits_{x\to 2}(x+2)=4$.

因此，当 $A=4$ 时，$f(x)$在点 $x=2$ 处连续；而当 $A\neq 4$ 时，$f(x)$在点 $x=2$ 处不连续. 至于在点 $x\neq 2$ 处显然是连续的，并且 $f(x)=x+2$ $(x\neq 2)$.

如图 1.264 所示.

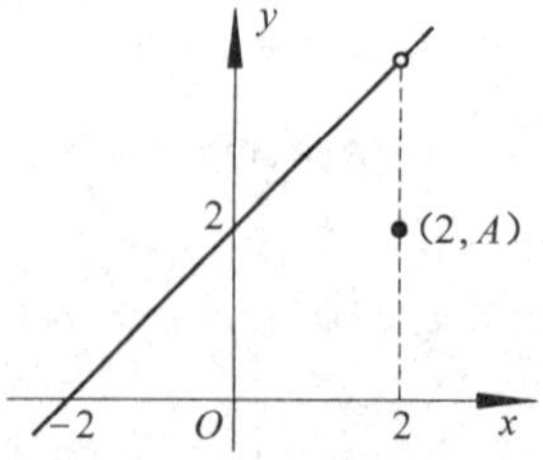

图 1.264

【677】 $f(x)=\begin{cases}\dfrac{1}{(1+x)^2}, & x\neq -1,\\ \text{任意值}, & x=-1.\end{cases}$

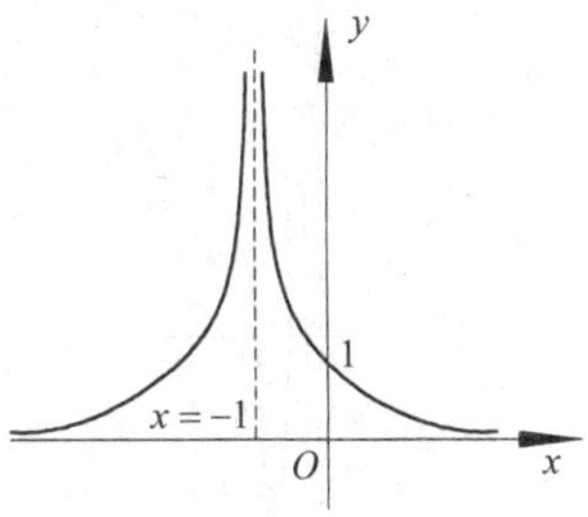


图 1.265

提示 注意到 $\lim\limits_{x\to -1} f(x)=+\infty$，即知函数 $f(x)$ 在点 $x=-1$ 处不连续.

解 因为 $\lim\limits_{x\to -1} f(x)=+\infty$，故函数 $f(x)$ 在点 $x=-1$ 处不连续.在点 $x\neq -1$ 处函数 $f(x)$ 显然是连续的.

如图 1.265 所示.

【678】 (1) $f_1(x)=\begin{cases}\left|\dfrac{\sin x}{x}\right|, & x\neq 0,\\ 1, & x=0;\end{cases}$

(2) $f_2(x)=\begin{cases}\dfrac{\sin x}{|x|}, & x\neq 0,\\ 1, & x=0.\end{cases}$

提示 (1)由连续定义易知函数 $f_1(x)$ 在 $(-\infty,+\infty)$ 内连续.(2) $\lim\limits_{x\to +0} f_2(x)=1$ 及 $\lim\limits_{x\to -0} f_2(x)=-1$.

解 (1) 因为 $\lim\limits_{x\to 0} f_1(x)=1=f_1(0)$，故 $f_1(x)$ 在点 $x=0$ 处连续.又显知 $f_1(x)$ 在点 $x\neq 0$ 处连续.因此 $f_1(x)$ 在 $(-\infty,+\infty)$ 内点点连续.

(2) 因 $\lim\limits_{x\to +0} f_2(x)=1$，$\lim\limits_{x\to -0} f_2(x)=-1$，故 $\lim\limits_{x\to 0} f_2(x)$ 不存在，因此 $f_2(x)$ 在点 $x=0$ 处不连续，其余各点均连续.

其中(1)的图像关于 $Oy$ 轴对称(图 1.266)，而(2)的图像关于原点对称(图 1.267).

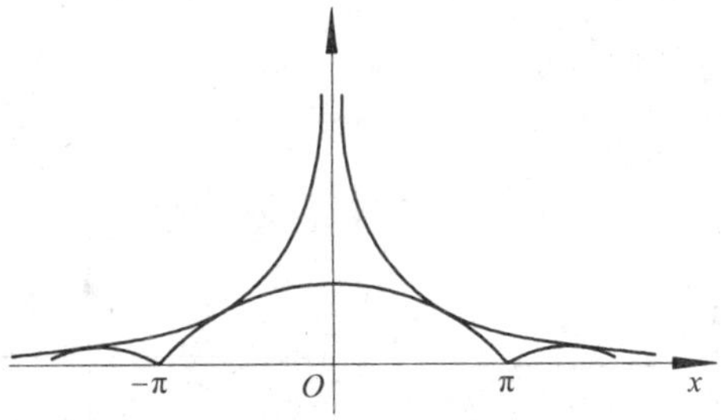


图 1.266

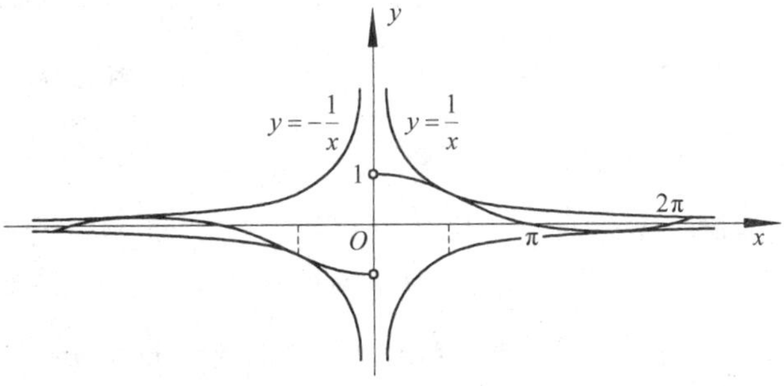


图 1.267

【679】 $f(x)=\begin{cases}\sin\dfrac{1}{x}, & x\neq 0,\\ \text{任意值}, & x=0.\end{cases}$

解 在 $x\neq 0$ 的点 $f(x)$ 均为连续，而在 $x=0$ 不连续(因为 $\lim\limits_{x\to 0} f(x)$ 不存在).图像关于原点对称，图 1.268仅为 $x>0$ 的一部分.

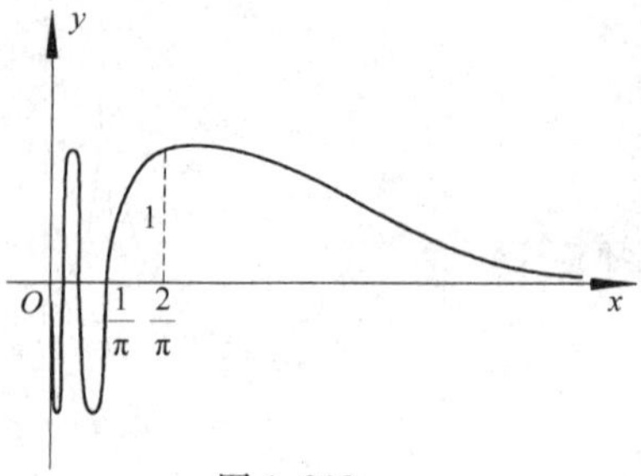


图 1.268

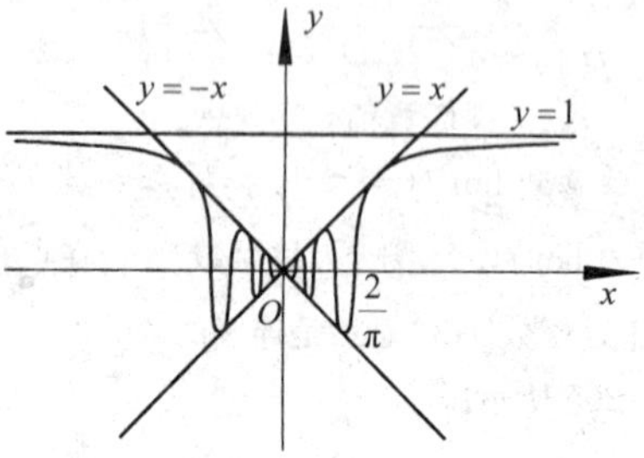


图 1.269

【680】 $f(x)=\begin{cases} x\sin\dfrac{1}{x}, & x\neq0, \\ 0, & x=0. \end{cases}$

**提示** 由连续定义易知函数 $f(x)$ 在 $(-\infty,+\infty)$ 内连续.

**解** $\lim\limits_{x\to0}f(x)=f(0)$,点点连续.图像关于 $Oy$ 轴对称,如图 1.269 所示.

当 $x\to\infty$ 时 $y\to1$,且当 $|x|>\dfrac{2}{\pi}$ 时,有 $0<y<1$.

【681】 $f(x)=\begin{cases} e^{-\frac{1}{x^2}}, & x\neq0, \\ 0, & x=0. \end{cases}$

**提示** 注意到 $\lim\limits_{x\to0}e^{-\frac{1}{x^2}}=0$,易知函数 $f(x)$ 在 $(-\infty,+\infty)$ 内连续.

**解** $\lim\limits_{x\to0}f(x)=0=f(0)$,点点连续.

图像关于 $Oy$ 轴对称,如图 1.270 所示.

当 $x\to\infty$ 时,$y\to1$, 且 $0<y<1$.

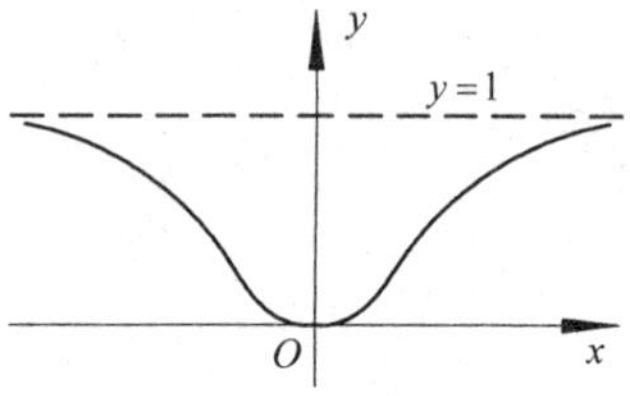


图 1.270

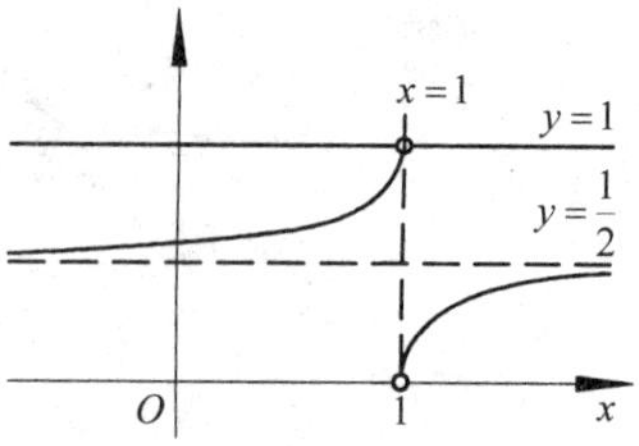


图 1.271

【682】 $f(x)=\begin{cases} \dfrac{1}{1+e^{\frac{1}{x-1}}}, & x\neq1, \\ \text{任意值}, & x=1. \end{cases}$

**提示** 注意到 $\lim\limits_{x\to1-0}f(x)=1$ 及 $\lim\limits_{x\to1+0}f(x)=0$,即知函数 $f(x)$ 在点 $x=1$ 处不连续.

**解** $\lim\limits_{x\to1-0}f(x)=1$, $\lim\limits_{x\to1+0}f(x)=0$,除点 $x=1$ 外其余点点连续. $\lim\limits_{x\to\infty}f(x)=\dfrac{1}{2}$.

如图 1.271 所示.

【683】 $f(x)=\begin{cases} x\ln x^2, & x\neq0, \\ a, & x=0 \end{cases}$

**提示** 注意到 $\lim\limits_{x\to0}f(x)=0$,故应对 $a\neq0$ 及 $a=0$ 分别讨论函数 $f(x)$ 的连续性.

**解** $\lim\limits_{x\to0}f(x)=\lim\limits_{x\to0}x\ln x^2=0$.

当 $a=0$ 时,点点连续;而当 $a\neq0$ 时,除点 $x=0$ 处不连续,其余点点连续.图像关于原点对称.

如图1.272所示.

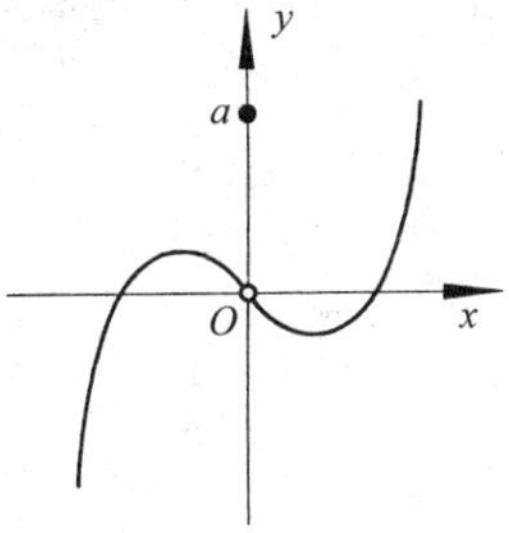


图 1.272

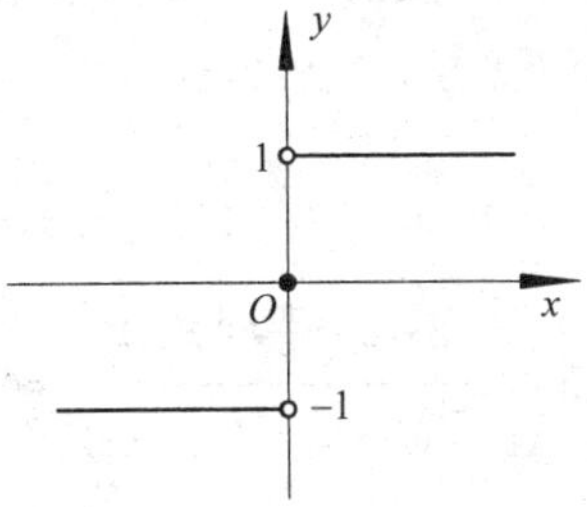


图 1.273

【684】 $f(x)=\operatorname{sgn}x$.

解 当 $x<0$ 时，$f(x)=-1$；当 $x>0$ 时，$f(x)=1$；

当 $x=0$ 时，$f(x)=0$. 除点 $O$ 外，点点连续.

如图 1.273 所示.

【685】 $f(x)=[x]$.

解 除当 $x=k$ ($k$ 为整数)外，其余点点连续.

如图 1.274 所示.

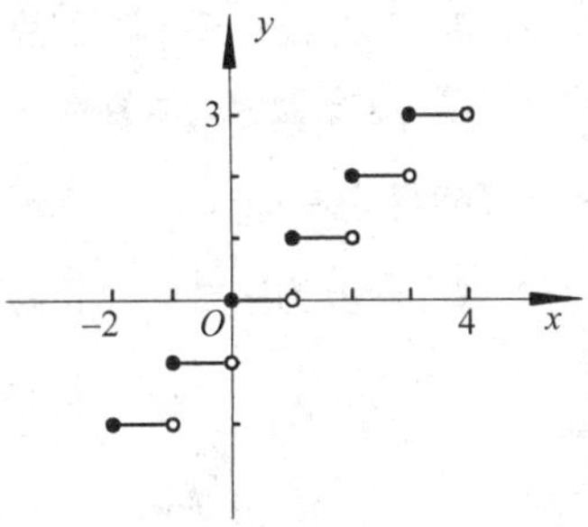


图 1.274

【686】 $f(x)=\sqrt{x}-[\sqrt{x}]$.

解 当 $x=k^2(k=1,2,\cdots)$ 时不连续.

当 $k^2\leqslant x<(k+1)^2$ 时，$f(x)=\sqrt{x}-k$，$f[(k+1)^2]=0$.

如图 1.275 所示.

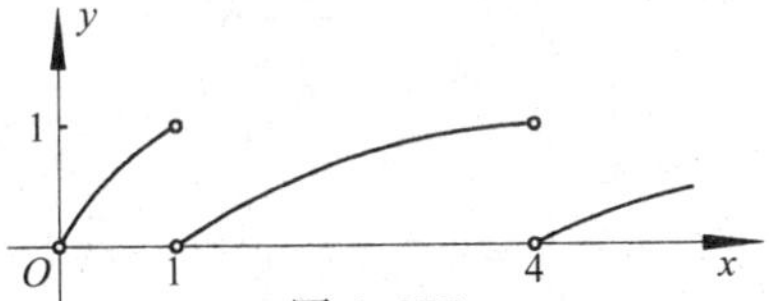


图 1.275

**求出下列函数的不连续点，并研究这些点的性质：**

【687】 $y=\dfrac{x}{(1+x)^2}$.

解 $x=-1$ 为无穷型不连续点.

【688】 $y=\dfrac{1+x}{1+x^3}$.

解 因 $\lim\limits_{x\to-1}\dfrac{1+x}{1+x^3}=\lim\limits_{x\to-1}\dfrac{1}{x^2-x+1}=\dfrac{1}{3}$，故 $x=-1$ 为"可去"的不连续点.

【689】 $y=\dfrac{x^2-1}{x^3-3x+2}$.

解 $\dfrac{x^2-1}{x^3-3x+2}=\dfrac{(x-1)(x+1)}{(x-1)^2(x+2)}$，$x=1$ 及 $x=-2$ 均为无穷型不连续点.

【690】 $y=\dfrac{\dfrac{1}{x}-\dfrac{1}{x+1}}{\dfrac{1}{x-1}-\dfrac{1}{x}}$.

解 因为 $\lim\limits_{x\to-1}y=\infty$，$\lim\limits_{x\to0}y=-1$，及 $\lim\limits_{x\to1}y=0$，所以，$x=-1$ 为无穷型不连续点，而 $x=0$ 及 $x=1$ 为"可去"的不连续点.

【691】 $y=\dfrac{x}{\sin x}$.

解 因为$\lim\limits_{x\to 0}y=1$，$\lim\limits_{x\to k\pi}y=\infty$（$k$ 为不等于零的整数），所以，$x=0$ 为“可去”的不连续点，而 $x=k\pi$（$k=\pm1,\pm2,\cdots$）为无穷型不连续点.

【692】 $y=\sqrt{\dfrac{1-\cos\pi x}{4-x^2}}$.

解 $\lim\limits_{x\to 2}y=\lim\limits_{x\to 2}\sqrt{\dfrac{2\pi\sin^2\dfrac{\pi}{2}(2-x)}{\dfrac{\pi}{2}(2-x)\cdot 2(2+x)}}=0$.

同理$\lim\limits_{x\to -2}y=0$，所以，$x=2$ 及 $x=-2$ 为“可去”的不连续点.

【693】 $y=\cos^2\dfrac{1}{x}$.

解 因为$\lim\limits_{x\to 0}y$ 不存在，*) 故 $x=0$ 为第二类不连续点.

*) 左右极限均不存在.

【694】 $y=\mathrm{sgn}\left(\sin\dfrac{\pi}{x}\right)$.

解 $x=0$ 为第二类不连续点.

因为 $\lim\limits_{x\to\frac{1}{k}-0}y=(-1)^k$，$\lim\limits_{x\to\frac{1}{k}+0}y=(-1)^{k-1}$，故 $x=\dfrac{1}{k}$（$k=\pm1,\pm2,\cdots$）为第一类不连续点.

【695】 $y=\dfrac{\cos\dfrac{\pi}{x}}{\cos\dfrac{\pi}{x}}$.

解 $x=\dfrac{2}{2k+1}$（$k=0,\pm1,\pm2,\cdots$）为“可去”的不连续点.

【696】 $y=\arctan\dfrac{1}{x}$.

解 因 $\lim\limits_{x\to+0}\arctan\dfrac{1}{x}=\dfrac{\pi}{2}$，$\lim\limits_{x\to-0}\arctan\dfrac{1}{x}=-\dfrac{\pi}{2}$，故 $x=0$ 为第一类不连续点.

【697】 $y=\sqrt{x}\arctan\dfrac{1}{x}$.

解 $\lim\limits_{x\to 0}y=0$，$x=0$ 为“可去”的不连续点.

【698】 $y=e^{x+\frac{1}{x}}$.

解 因为$\lim\limits_{x\to+0}y=+\infty$，$\lim\limits_{x\to-0}y=0$，所以，$x=0$ 为第二类不连续点.

【699】 $y=\dfrac{1}{\ln x}$.

解 因为$\lim\limits_{x\to+0}y=0$，$\lim\limits_{x\to1-0}y=-\infty$，$\lim\limits_{x\to1+0}y=+\infty$，所以，$x=0$为“可去”的不连续点，而 $x=1$ 为无穷型不连续点.

【700】$^{+}$ $y=\dfrac{1}{1-e^{\frac{x}{1-x}}}$.

解 因为$\lim\limits_{x\to1+0}y=1$，$\lim\limits_{x\to1-0}y=0$，$\lim\limits_{x\to+0}y=-\infty$，$\lim\limits_{x\to-0}y=+\infty$，所以，$x=1$ 为第一类不连续点，而 $x=0$ 为无穷型不连续点.

**研究下列函数的连续性并绘出其大略图像.**

【701】 $y=\mathrm{sgn}(\sin x)$.

解 $x=k\pi$（$k=0,\pm1,\pm2,\cdots$）为第一类不连续点. 如图 1.276 所示.

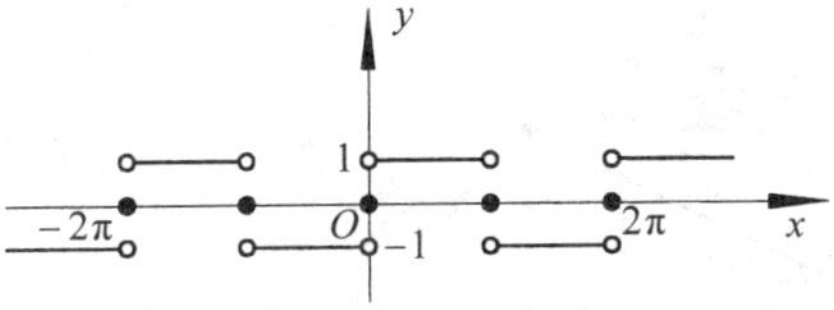

图 1.276

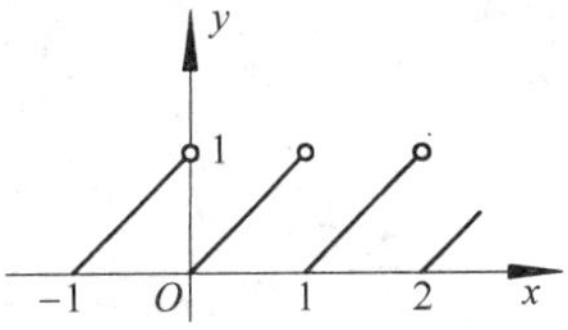

图 1.277

【702】 $y=x-[x]$.

解 $x=k$ $(k=0,\pm1,\pm2,\cdots)$为第一类不连续点.如图 1.277 所示.

【703】 $y=x[x]$.

解 $x=k$ $(k=\pm1,\pm2,\cdots)$为第一类不连续点.如图 1.278 所示.

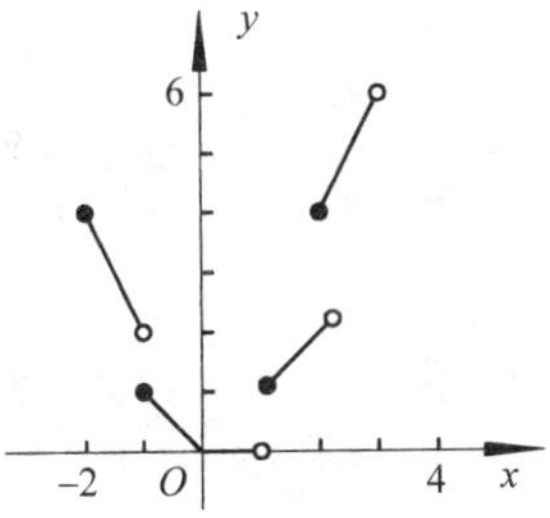

图 1.278

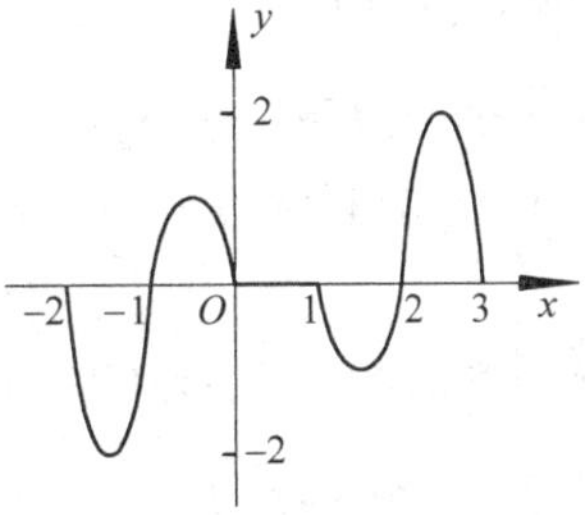

图 1.279

【704】 $y=[x]\sin\pi x$.

解 处处连续.当 $x=k$ $(k=0,\pm1,\pm2,\cdots)$时 $y=0$.如图 1.279 所示.

【705】 $y=x^2-[x^2]$.

解 $x=\pm\sqrt{k}$ $(k=1,2,\cdots)$为第一类不连续点.

图 1.280 仅画了 $x\geqslant0$ 的部分.

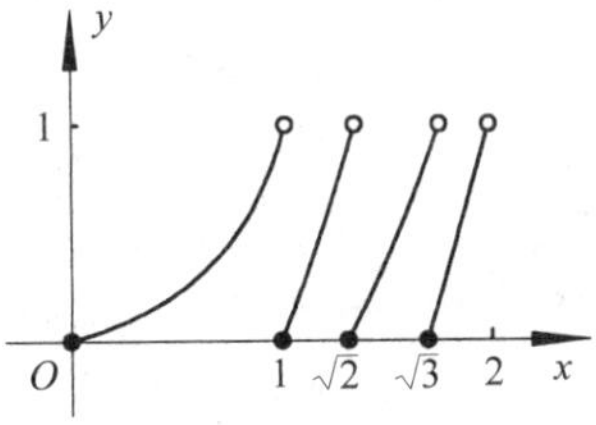

图 1.280

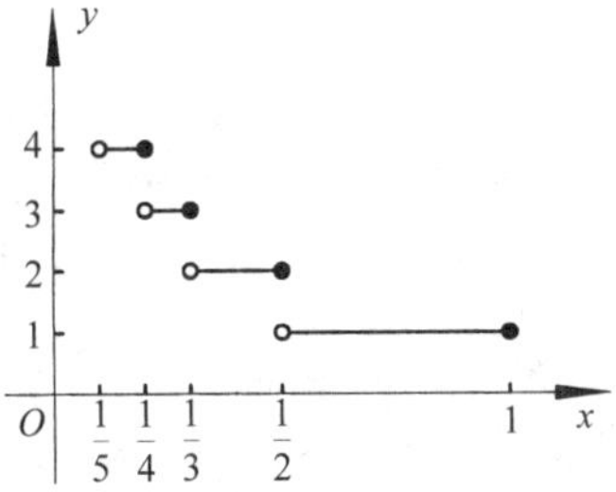

图 1.281

【706】 $y=\left[\dfrac{1}{x}\right]$.

解 $x=0$ 为无穷型不连续点,$x=\dfrac{1}{k}$ $(k=\pm1,\pm2,\cdots)$为第一类不连续点.

图 1.281 仅画了 $x>0$ 的部分,并且在图像中两轴比例不一致,即已经过“压缩”变换.

【707】 $y=x\left[\dfrac{1}{x}\right]$.

解 $x=0$ 为“可去”的不连续点,因为$\lim\limits_{x\to0}y=1$. $x=\dfrac{1}{k}$ $(k=\pm1,\pm2,\cdots)$为第一类不连续点.

图 1.282 仅画了当 $x>0$ 的部分,并且两轴所取的单位不一致.

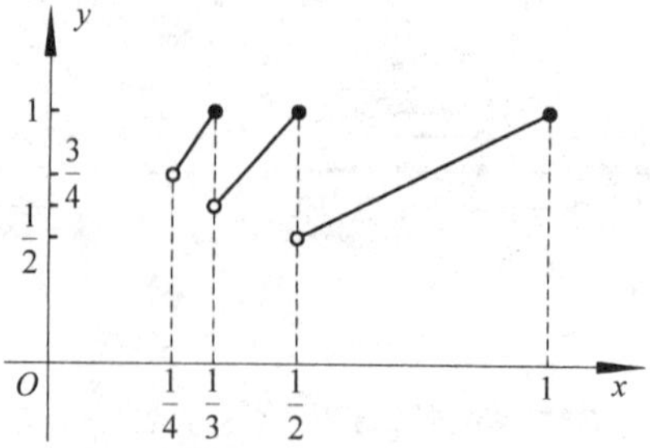


图 1.282

【708】 $y=\operatorname{sgn}\left(\cos\frac{1}{x}\right)$.

解 $x=0$ 为第二类不连续点.

凡使 $\cos\frac{1}{x}=0$ 的点，即 $x=\frac{2}{(2k+1)\pi}$ $(k=0,\pm1,\pm2,\cdots)$ 为第一类不连续点.

图 1.283 仅画了当$k=0,\pm1,\pm2$时的情形，图像关于 $Oy$ 轴对称.

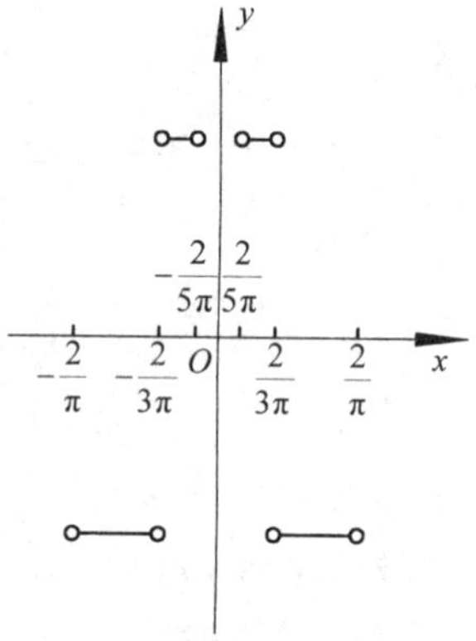


图 1.283

【709】 $y=\left[\frac{1}{x^2}\right]\operatorname{sgn}\left(\sin\frac{\pi}{x}\right)$.

解 $x=0$ 为第二类不连续点.

$$x=\pm\frac{1}{k} \quad 及 \quad x=\pm\frac{1}{\sqrt{k}}(k=1,2,\cdots)$$

为第一类不连续点.

图 1.284 的两轴所取的比例单位不同.

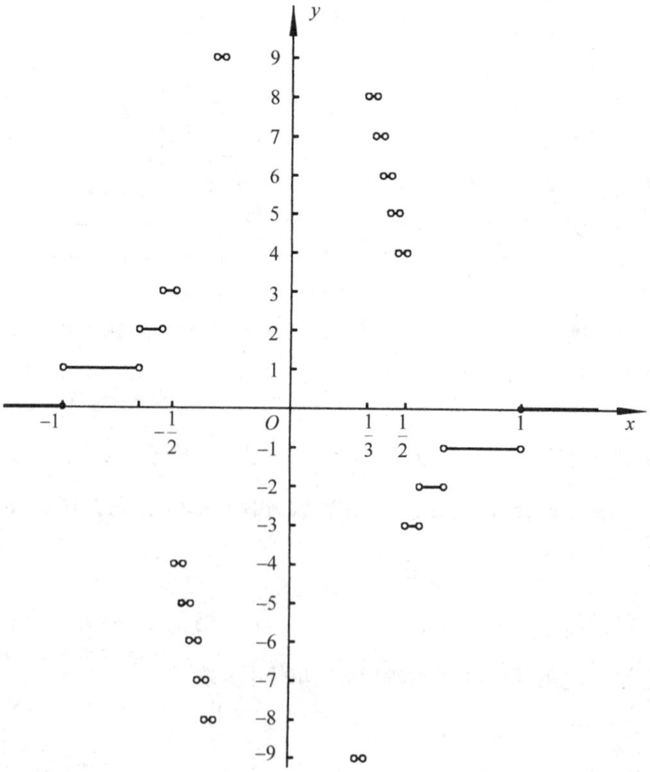


图 1.284

【710】 $y=\cot\frac{\pi}{x}$.

解 凡使 $\sin\frac{\pi}{x}=0$，即 $x=\frac{1}{k}$ $(k=\pm1,\pm2,\cdots)$为无穷型不连续点. $x=0$ 为第二类不连续点.

图像关于原点对称，如图 1.285 所示.

当 $x\to-\infty$时，$y\to-\infty$；当 $x\to+\infty$时，$y\to+\infty$.

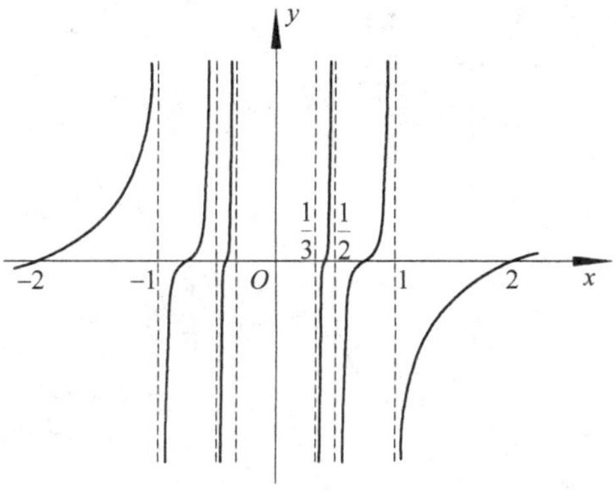


图 1.285

【711】 $y=\sec^2\frac{1}{x}$.

解 $x=\frac{2}{(2k+1)\pi}$ $(k=0,\pm1,\pm2,\cdots)$为无穷型不连续点. $x=0$ 为第二类不连续点.

图像关于 $Oy$ 轴对称，当 $x\to+\infty$时，$y\to1$. 如图 1.286 所示.

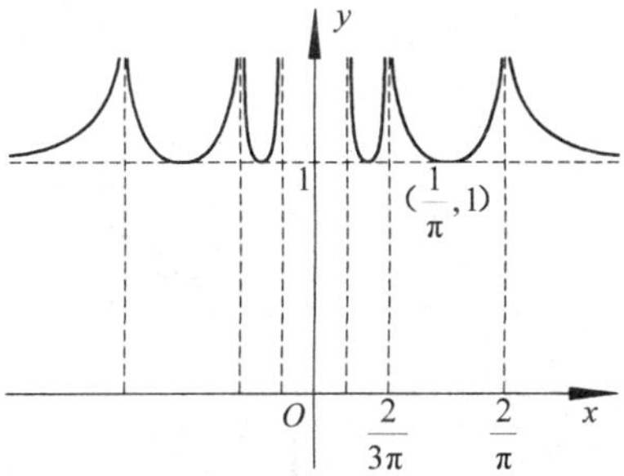


图 1.286

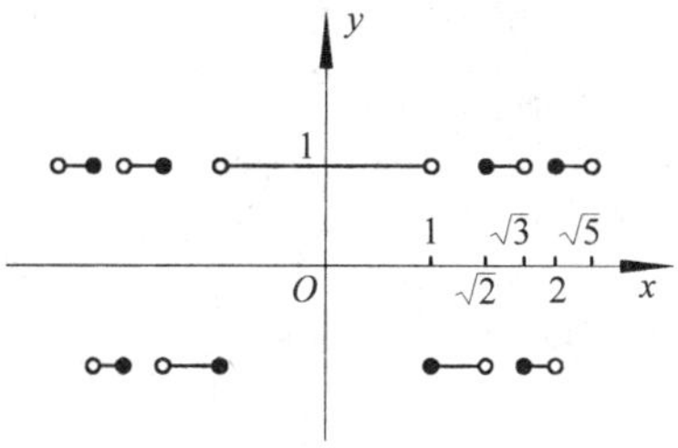


图 1.287

【712】 $y=(-1)^{[x^2]}$.

解 $x=\pm\sqrt{n}$ $(n=1,2,\cdots)$为第一类不连续点.

图像关于 $Oy$ 轴对称. $\lim\limits_{x\to\sqrt{n}-0}y=(-1)^{n-1}$，$\lim\limits_{x\to\sqrt{n}+0}y=(-1)^n$. 如图 1.287 所示.

【713】 $y=\arctan\left(\frac{1}{x}+\frac{1}{x-1}+\frac{1}{x-2}\right)$.

解 $x=0,x=1$ 和 $x=2$ 为第一类不连续点.

$\lim\limits_{x\to-0}y=-\frac{\pi}{2}$， $\lim\limits_{x\to1-0}y=-\frac{\pi}{2}$，

$\lim\limits_{x\to2-0}y=-\frac{\pi}{2}$， $\lim\limits_{x\to+0}y=\frac{\pi}{2}$，

$\lim\limits_{x\to1+0}y=\frac{\pi}{2}$， $\lim\limits_{x\to2+0}y=\frac{\pi}{2}$，

$\lim\limits_{x\to+\infty}y=0$， $\lim\limits_{x\to-\infty}y=0$. 如图 1.288 所示.

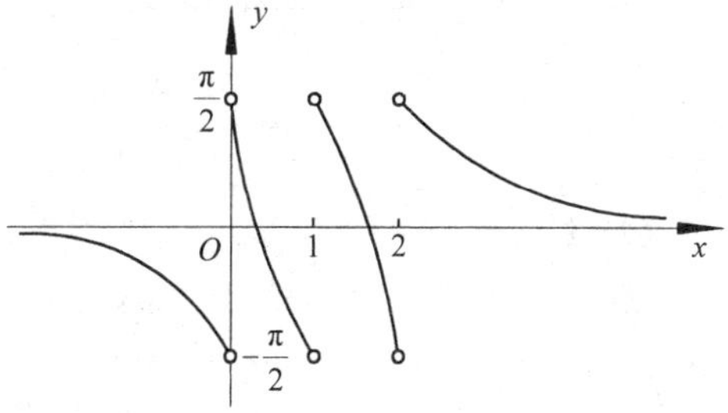


图 1.288

**【714】** $y=\dfrac{1}{x^2\sin^2 x}$.

**解** $x=k\pi$ ($k=0,\pm1,\pm2,\cdots$)为无穷型不连续点.

图像关于 $Oy$ 轴对称,如图 1.289 所示.

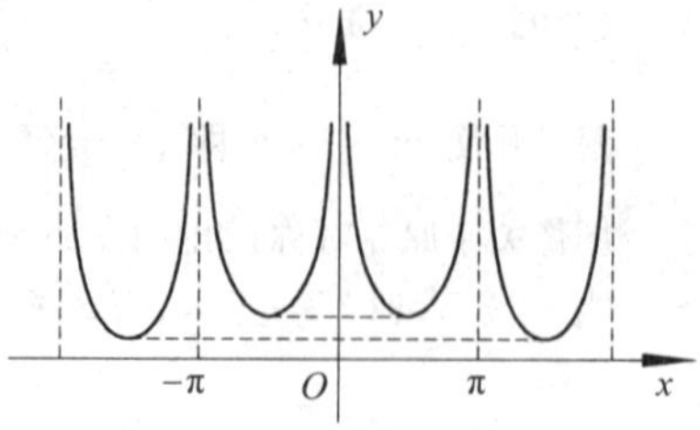


图 1.289

**【715】** $y=\dfrac{1}{\sin(x^2)}$.

**解** $x=\pm\sqrt{k\pi}$ ($k=0,1,2,\cdots$)为无穷型不连续点.

图像关于 $Oy$ 轴对称,如图 1.290 所示.

图中只画了 $x>0$ 的部分.

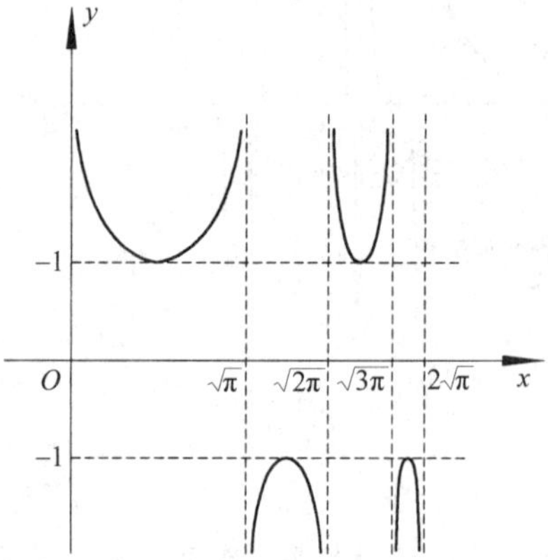


图 1.290

**【716】** $y=\ln\dfrac{x^2}{(x+1)(x-3)}$.

**解** $x=-1$ 和 $x=-3$ 为无穷型不连续点.定义域为 $x<-1$ 或 $x>3$.

当 $x<-\dfrac{3}{2}$ 时,$0<\dfrac{x^2}{x^2-2x-3}<1$,故 $\ln\dfrac{1}{(x+1)(x-3)}<0$.

当 $x>-\dfrac{3}{2}$ 时,$\dfrac{x^2}{x^2-2x-3}>1$,故 $\ln\dfrac{1}{(x+1)(x-3)}>0$.

当 $x\to\infty$ 时,$y\to0$.如图 1.291 所示.

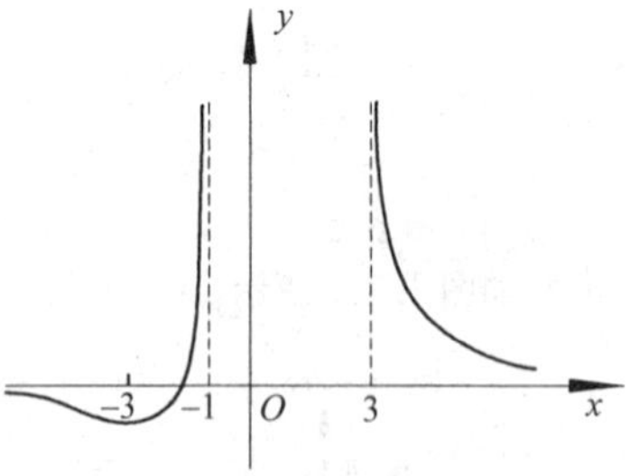


图 1.291

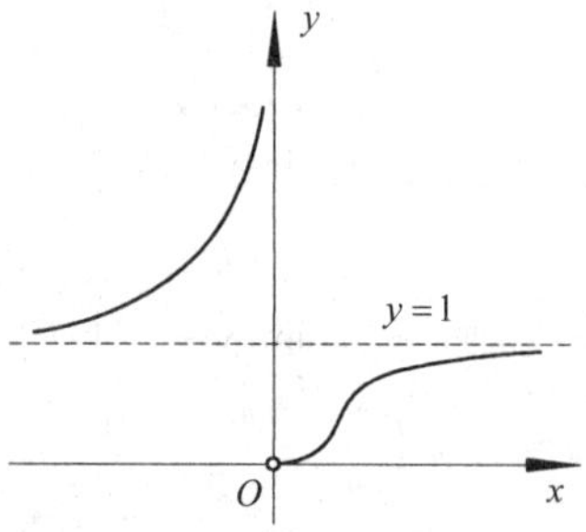


图 1.292

**【717】** $y=e^{-\frac{1}{x}}$.

**解** $x=0$ 为第二类不连续点. $\lim\limits_{x\to\infty}y=1$, $\lim\limits_{x\to+0}y=0$, $\lim\limits_{x\to-0}y=+\infty$.

如图 1.292 所示.

**【718】** $y=1-e^{-\frac{1}{x^2}}$.

**解** 因 $\lim\limits_{x\to\infty}y=1$,故 $x=0$ 为"可去"的不连续点.图像关于 $Oy$ 轴对称,如图 1.293 所示.

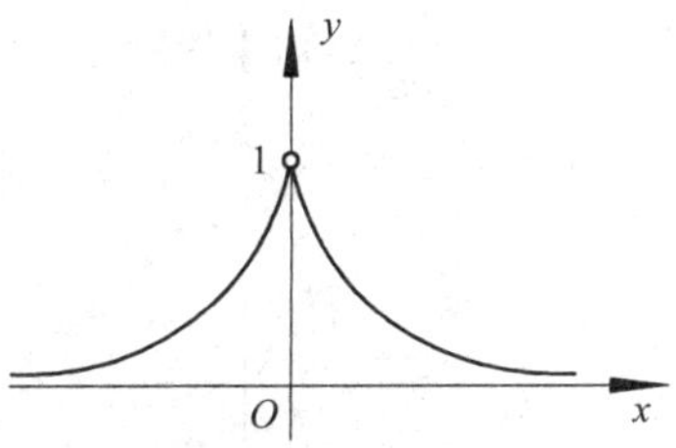


图 1.293

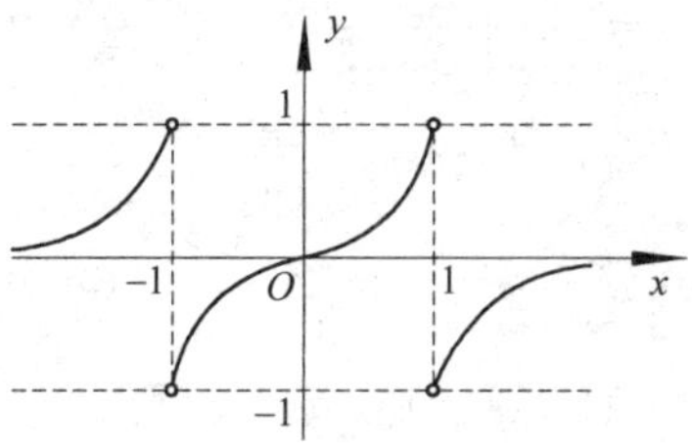


图 1.294

【719】 $y=\operatorname{th}\dfrac{2x}{1-x^2}$.

解 $x=\pm1$ 为第一类不连续点. $\lim\limits_{x\to1-0}y=1$, $\lim\limits_{x\to1+0}y=-1$.
图像关于原点对称,如图 1.294 所示.

**研究下列函数的连续性并作出其图像:**

【720】 $y=\lim\limits_{n\to\infty}\dfrac{1}{1+x^n}$ $(x\geqslant0)$.

解 $y=\begin{cases}1, & 0\leqslant x<1,\\ \dfrac{1}{2}, & x=1,\\ 0, & x>1.\end{cases}$

$x=1$ 为第一类不连续点.
如图 1.295 所示.

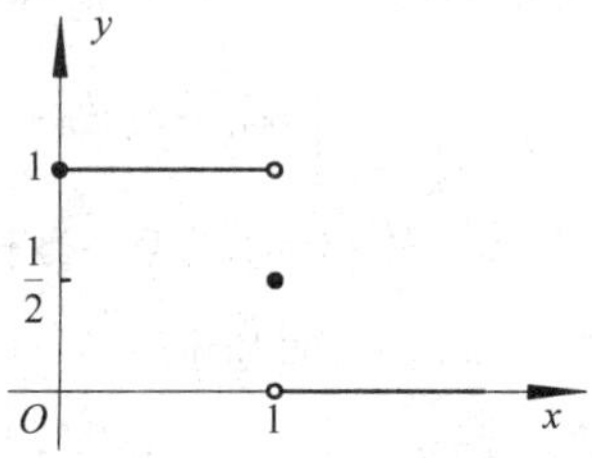


图 1.295

【721】 $y=\lim\limits_{n\to\infty}\dfrac{n^x-n^{-x}}{n^x+n^{-x}}$.

提示 注意到 $y=\operatorname{sgn}x$,即知点 $x=0$ 为函数的第一类不连续点.

解 $y=\begin{cases}-1, & x<0,\\ 0, & x=0,\\ 1, & x>0.\end{cases}$

即 $y=\operatorname{sgn}x$. $x=0$ 为第一类不连续点. 如图 1.296 所示.

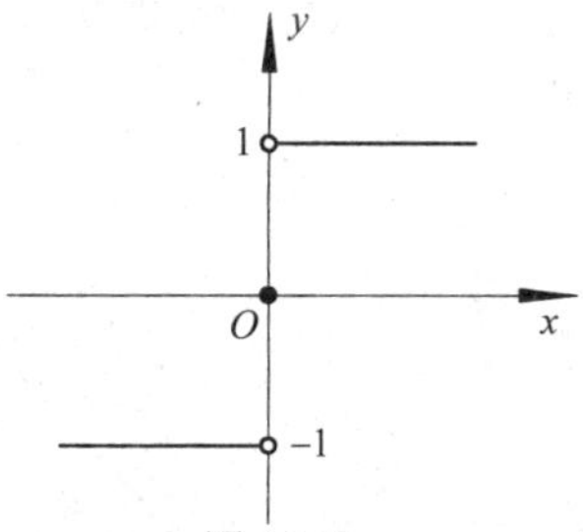


图 1.296

【722】 $y=\lim\limits_{n\to\infty}\sqrt[n]{1+x^{2n}}$.

解 $y=\begin{cases}1, & |x|\leqslant1,\\ x^2, & |x|>1.\end{cases}$ 处处连续.

如图 1.297 所示.

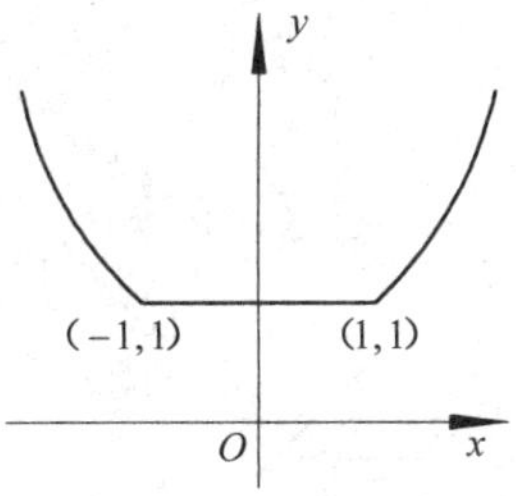


图 1.297

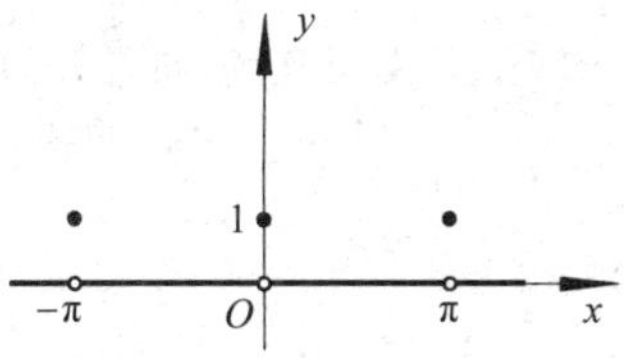


图 1.298

【723】 $y=\lim\limits_{n\to\infty}\cos^{2n}x$.

解 $y=\begin{cases}1, & x=k\pi,\\ 0, & x\neq k\pi.\end{cases}$ $(k=0,\pm1,\pm2,\cdots)$. $x=k\pi$ 为第一类不连续点.

如图 1.298 所示.

【724】 $y=\lim\limits_{n\to\infty}\frac{x}{1+(2\sin x)^{2n}}$.

解 $y=\begin{cases}x, & |x-k\pi|<\frac{\pi}{6},\\ \frac{x}{2}, & x=k\pi\pm\frac{\pi}{6},\\ 0, & \frac{\pi}{6}<|x-k\pi|<\frac{5\pi}{6}.\end{cases}\quad(k=0,\pm1,\pm2,\cdots)$

$x=k\pi\pm\frac{\pi}{6}$ 为第一类不连续点.

如图 1.299 所示.

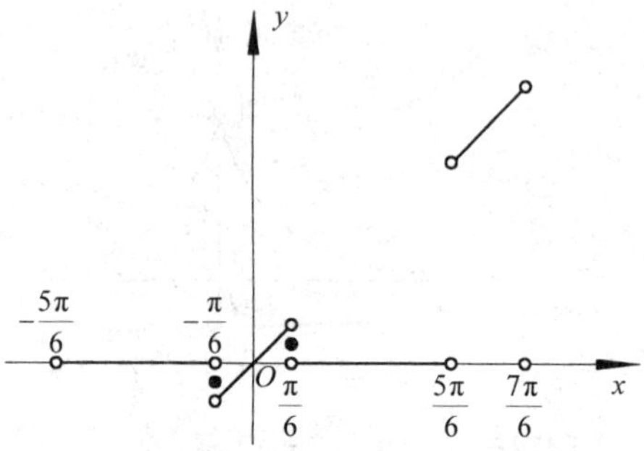

图 1.299

【725】 $y=\lim\limits_{n\to\infty}[x\arctan(n\cot x)]$.

解 $y=\begin{cases}\frac{\pi}{2}x, & k\pi<x<k\pi+\frac{\pi}{2},\\ 0, & x=k\pi+\frac{\pi}{2},\\ -\frac{\pi}{2}x, & k\pi+\frac{\pi}{2}<x<k\pi+\pi.\end{cases}\quad(k=0,\pm1,\pm2,\cdots)$

$x=\frac{k\pi}{2}\ (k\neq0)$ 为第一类不连续点.

如图 1.300 所示.

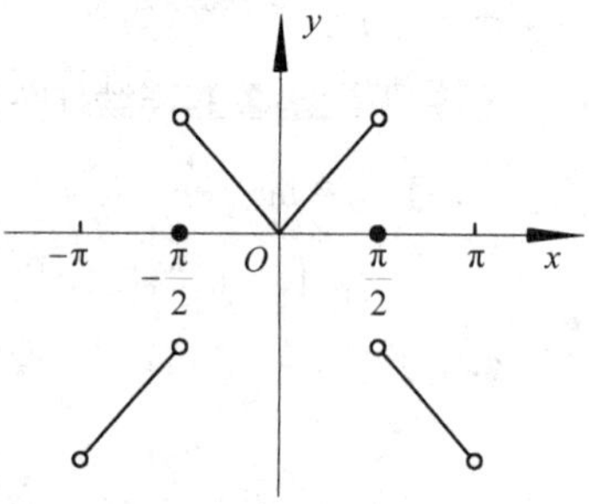

图 1.300

【726】 $y=\lim\limits_{n\to\infty}\frac{x+x^2e^{nx}}{1+e^{nx}}$.

解 $y=\begin{cases}x, & x\leqslant0,\\ x^2, & x>0.\end{cases}$ 处处连续,如图 1.301 所示.

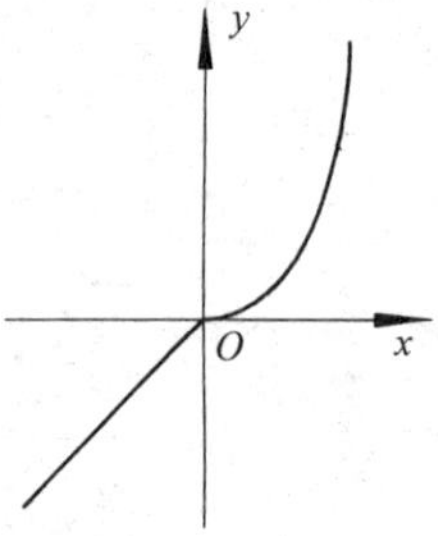

图 1.301

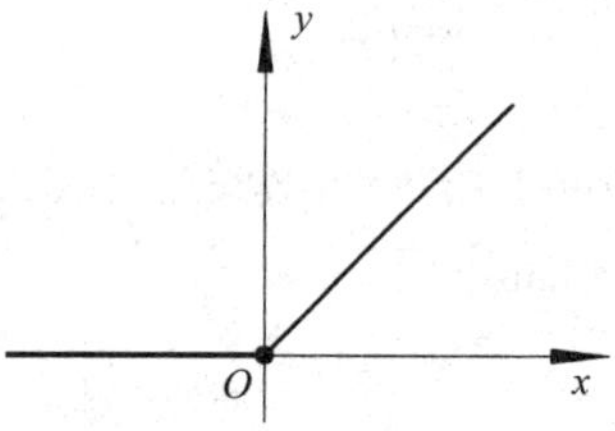

图 1.302

【727】 $y=\lim\limits_{t\to+\infty}\frac{\ln(1+e^{xt})}{\ln(1+e^t)}$.

解 $y=\begin{cases}0, & x\leqslant0,\\ x, & x>0.\end{cases}$ 处处连续,如图 1.302 所示.

【728】 $y=\lim\limits_{t\to+\infty}(1+x)\operatorname{th}tx$.

解 $y=\begin{cases}-(1+x), & x<0,\\ 0, & x=0,\\ 1+x, & x>0.\end{cases}$

$x=0$ 为第一类不连续点,如图 1.303 所示.

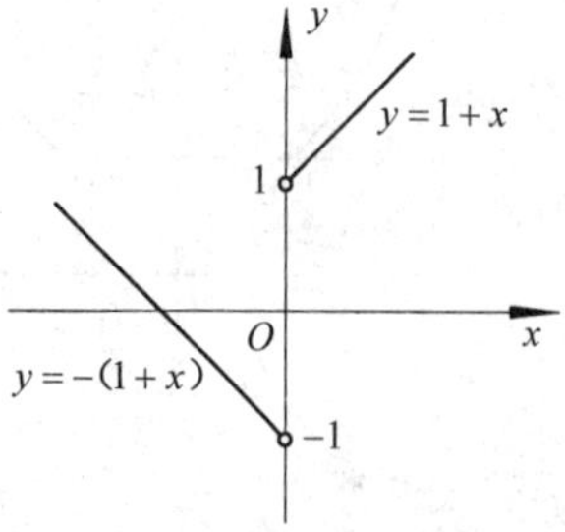

图 1.303

【729】 函数 $f(x)=\begin{cases}2x, & 0\leqslant x\leqslant 1,\\ 2-x, & 1<x\leqslant 2\end{cases}$ 是否连续?

解 $x=1$ 为第一类不连续点,在$[0,2]$上 $f(x)$不是连续函数.

如图 1.304 所示.

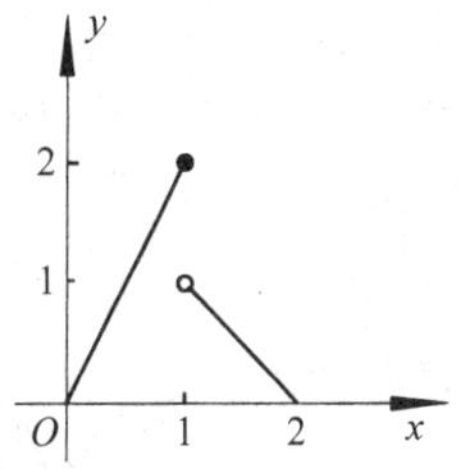

图 1.304

【730】 设 $f(x)=\begin{cases}e^x, & x<0,\\ a+x, & x\geqslant 0.\end{cases}$ 怎样选择数 $a$,可使函数 $f(x)$连续?

提示 注意到 $\lim\limits_{x\to -0}f(x)=1$, $\lim\limits_{x\to +0}f(x)=a$ 及 $f(0)=0$,即知应选择 $a=1$ 时,方能保证函数$f(x)$在$(-\infty,+\infty)$内连续.

解 因 $\lim\limits_{x\to +0}f(x)=a$ 及 $\lim\limits_{x\to -0}f(x)=1$,而 $f(0)=a$,故当 $a=1$ 时,

$$\lim_{x\to 0}f(x)=f(0),$$

此即说明函数 $f(x)$在 $x=0$ 处连续;至于当 $x\neq 0$ 时,$f(x)$显然连续.

于是,我们选择数 $a=1$,则函数$f(x)$在整个数轴上连续.

如图1.305所示.

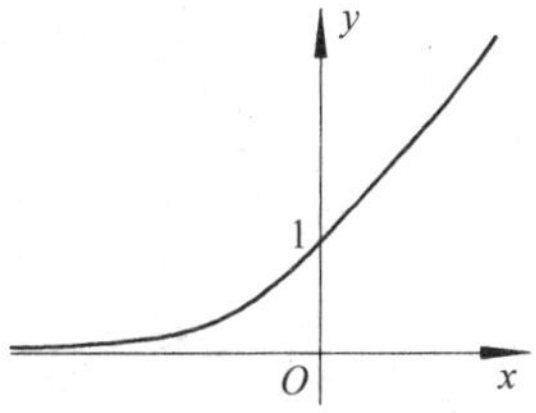

图 1.305

【731】 研究下列函数的连续性并说明不连续点的性质:

(1) $f(x)=\begin{cases}x^2, & 0\leqslant x\leqslant 1,\\ 2-x, & 1<x\leqslant 2;\end{cases}$ (2) $f(x)=\begin{cases}x, & |x|\leqslant 1,\\ 1, & |x|>1;\end{cases}$

(3) $f(x)=\begin{cases}\cos\dfrac{\pi x}{2}, & |x|\leqslant 1,\\ |x-1|, & |x|>1;\end{cases}$ (4) $f(x)=\begin{cases}\cot^2\pi x, & x\text{ 为非整数},\\ 0, & x\text{ 为整数};\end{cases}$

(5) $f(x)=\begin{cases}\sin\pi x, & x\text{ 为有理数},\\ 0, & x\text{ 为无理数}.\end{cases}$

解 (1) 连续函数.

(2) $x=-1$ 为第一类不连续点.

(3) $x=-1$ 为第一类不连续点.

(4) $x=k$ $(k=0,\pm1,\pm2,\cdots)$为无穷型不连续点.

(5) $x\neq k$ $(k=0,\pm1,\pm2,\cdots)$为第二类不连续点.

【732】 函数 $d=d(x)$是数轴 $Ox$ 上的点 $x$ 与由线段 $0\leqslant x\leqslant 1$ 及 $2\leqslant x\leqslant 3$ 所构成点集间的最短距离.求函数 $d$ 的解析表示式,作出其图像并研究其连续性.

解

$$d=\begin{cases}-x, & -\infty<x<0,\\ 0, & 0\leqslant x\leqslant 1,\\ x-1, & 1<x\leqslant\dfrac{3}{2},\\ 2-x, & \dfrac{3}{2}<x<2,\\ 0, & 2\leqslant x\leqslant 3,\\ x-3, & 3<x<+\infty.\end{cases}$$

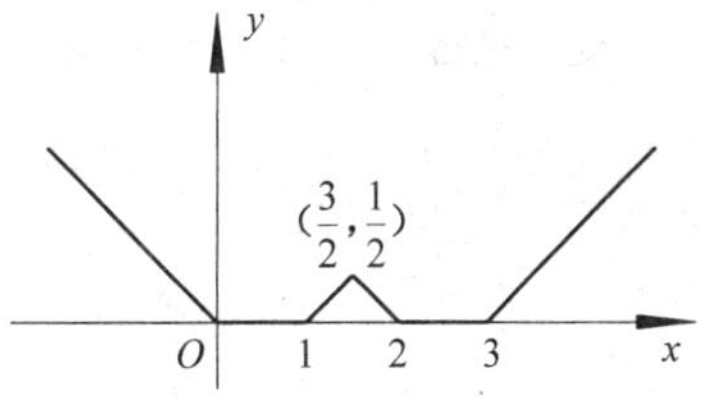

图 1.306

处处连续,如图 1.306 所示.

【733】 图像 $E$ 是由高为 1 底为 1 的等腰三角形及底为 1 高为 2 及 3 的二矩形所构成(图1.307).

函数 $S=S(y)$ $(0\leqslant y<+\infty)$是图像 $E$ 介于平行线 $Y=0$ 及 $Y=y$ 之间的那一部分面积;而函数 $b=b(y)$ $(0\leqslant y<+\infty)$是用平行线 $Y=y$ 去截图像所得截痕之长.求函数 $S$ 及 $b$ 的解析表示式,作出它们的图像并研究其连续性.

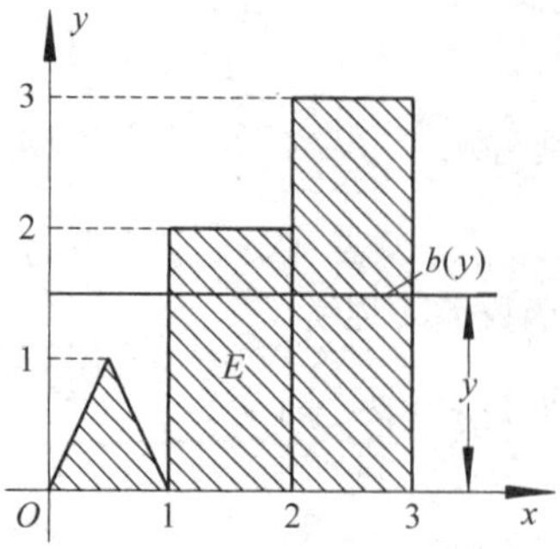


图 1.307

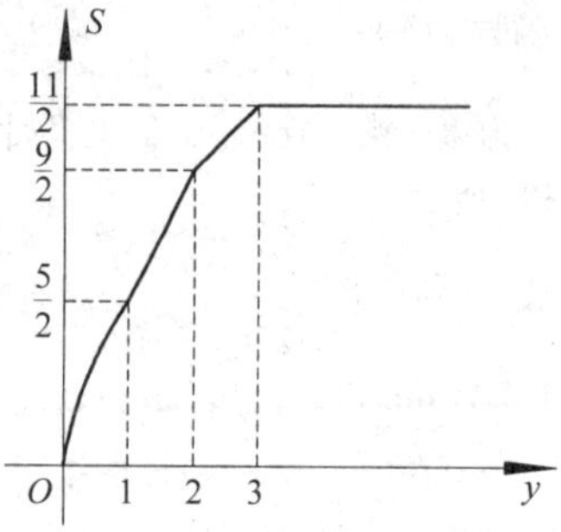


图 1.308

**解**

$$S=\begin{cases}3y-\dfrac{y^2}{2}, & 0\leqslant y\leqslant 1,\\ \dfrac{1}{2}+2y, & 1<y\leqslant 2,\\ \dfrac{5}{2}+y, & 2<y\leqslant 3,\\ \dfrac{11}{2}, & 3<y<+\infty.\end{cases}$$

处处连续，如图 1.308 所示.

对于函数 $b=b(y)$ 根据假设，则有如下解析表示式：

$$b=\begin{cases}3-y, & 0\leqslant y\leqslant 1,\\ 2, & 1<y\leqslant 2,\\ 1, & 2<y\leqslant 3,\\ 0, & 3<y<+\infty.\end{cases}$$

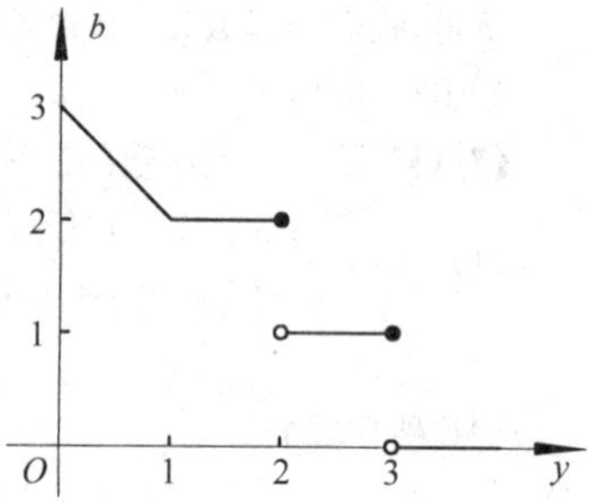


图 1.309

$y=2$ 及 $y=3$ 为第一类不连续点，如图 1.309 所示.

**【734】** 证明：狄利克雷函数

$$\chi(x)=\lim_{m\to\infty}\{\lim_{n\to\infty}\cos^n(\pi m!x)\}$$

对于每一个 $x$ 值都是不连续的.

**证明思路** 令 $f(m,n)=\cos^n(\pi m!x)$. 当 $x$ 为有理数时，即 $x=\dfrac{q}{p}$（$p,q$ 为互素的整数，且 $p>0$）. 因此，当 $m>p$ 时，有 $f(m,n)=1$，于是，$\chi(x)=1$；当 $x$ 为无理数时，则对任一固定的 $m$，有 $|\cos(\pi m!x)|<1$，于是，$\chi(x)=0$. 由此可知

$$\chi(x)=\begin{cases}1, & x\text{ 为有理数},\\ 0, & x\text{ 为无理数}.\end{cases}$$

设 $x_0\in\mathbf{R}$，由于 $x_0$ 的任何邻域中都有无穷多个有理数和无穷多个无理数，故极限 $\lim\limits_{x\to x_0}\chi(x)$ 不存在，从而 $\chi(x)$ 在任一点 $x_0$ 均不连续.

**证** 记 $f(m,n)=\cos^n(\pi m!x)$.

当 $x$ 为有理数时，总可认为 $m>p$，其中 $x=\dfrac{q}{p}$（$p,q$ 为互素的整数）. 于是，$f(m,n)=1$，故此时 $\chi(x)=1$；

当 $x$ 为无理数时，则对任一固定的 $m$ 而言，$|\cos(\pi m!x)|<1$，从而，$\lim\limits_{n\to\infty}\cos^n(\pi m!x)=0$，故此时 $\chi(x)=0$.

总之，

$$\chi(x)=\begin{cases}1, & x\text{ 为有理数},\\ 0, & x\text{ 为无理数}.\end{cases}$$

由实数的稠密性可知，对于 $x$ 的任意值在其任一邻域内含有无限个有理数和无理数，因而 $\chi(x)$ 的值总

在 1 和 0 这两个数中取一个. 这样, $\chi(x)$ 的极限就不存在. 于是, 当 $x$ 取任一值时, $\chi(x)$ 都是不连续的.

【735】 设有函数 $f(x)=x\cdot\chi(x)$.

式中 $\chi(x)$ 为狄利克雷函数(参阅 734 题), 研究此函数 $f(x)$ 的连续性. 作出这函数的草图.

**解**

$$x\cdot\chi(x)=\begin{cases}x, & x\text{ 为有理数},\\ 0, & x\text{ 为无理数及 }0.\end{cases}$$

因此, $\lim\limits_{x\to0}x\cdot\chi(x)=0$ 等于在 $x=0$ 处的函数值, 故当 $x\neq0$ 时, $x\cdot\chi(x)$ 不连续, 而当 $x=0$ 时, $x\cdot\chi(x)$ 连续, 如图 1.310 所示.

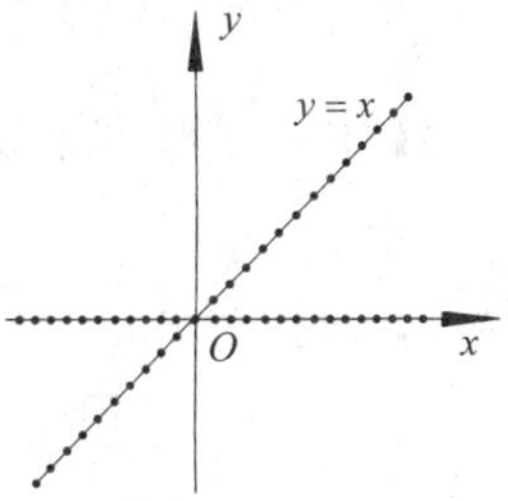


图 1.310

【736】 证明: 黎曼函数

$$f(x)=\begin{cases}\dfrac{1}{n}, & x=\dfrac{m}{n}\text{, 其中 } m \text{ 和 } n \text{ 为互素的数},\\ 0, & x\text{ 为无理数}.\end{cases}$$

当 $x$ 取任一个有理值时不连续的, 而当 $x$ 取任一个无理值时是连续的. 作出这个函数的略图.

**证** 不失一般性, 我们仅就区间 $[0,1]$ 讨论, 图 1.311 为 $f(x)$ 在 $x\in[0,2]$ 时的略图.

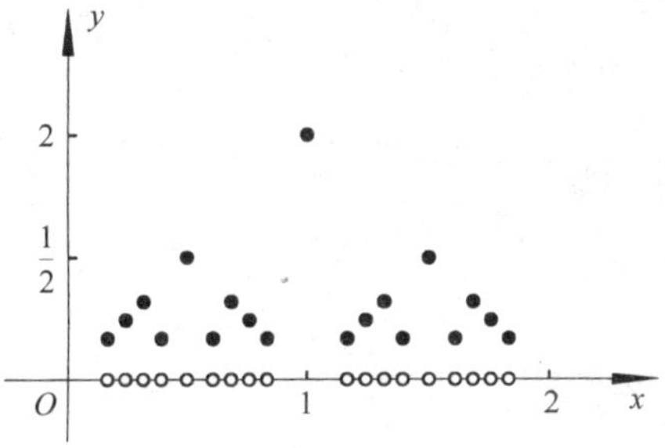


图 1.311

对于任意的 $x_0\in[0,1]$ 来说, 若任取 $\varepsilon>0$, 则满足不等式 $n<\dfrac{1}{\varepsilon}$ 的正整数 $n$ 至多只有有限个, 即在 $[0,1]$ 中至多只有有限个有理数 $\dfrac{m}{n}$, 使得 $f\left(\dfrac{m}{n}\right)=\dfrac{1}{n}>\varepsilon$. 因而我们可以取 $\delta>0$, 使得 $x_0$ 的邻域 $(x_0-\delta,x_0+\delta)$ 内不含有这样的有理数(若 $x_0$ 为有理数, 则可能除去 $x_0$). 于是, 只要 $0<|x-x_0|<\delta$, 不论 $x$ 是否为有理数, 都成立 $|f(x)|<\varepsilon$. 即证明了对于 $[0,1]$ 中任意点 $x_0$, 都成立

$$f(x_0+0)=f(x_0-0)=0.$$

若 $x_0$ 为无理数, 则 $f(x_0)=0$, 可见 $f(x)$ 在 $x_0$ 连续; 若 $x_0$ 是有理数, 则 $f(x_0)\neq0$, 函数 $f(x)$ 在 $x_0$ 点有"可去"的间断, 即点 $x_0$ 为 $f(x)$ 的"可去"的不连续点.

【737】 研究函数

$$f(x)=\begin{cases}\dfrac{nx}{n+1}, & x\text{ 为既约有理分数}\dfrac{m}{n}\ (n\geqslant1),\\ |x|, & x\text{ 为无理数}\end{cases}$$

的连续性并作出此函数的草图.

**证** 当 $x<0$ 时, $f(x)$ 显然不连续, 而对于正有理数 $\xi=\dfrac{m}{n}$, $f(\xi)=\dfrac{m}{n+1}$. 若我们取一列无理数 $x_k$ 趋于 $\xi$, 则 $\lim\limits_{x_k\to\xi}f(x_k)=\dfrac{m}{n}\neq\dfrac{m}{n+1}$, 故 $f(x)$ 在正有理数点也不连续. 当 $\xi$ 为正无理数时, 由于对任意的 $\varepsilon>0$, 满足 $\dfrac{1}{q}>\varepsilon$ 的正整数 $q$ 至多只有有限个. 与 736 题类似可证 $f(x)$ 在点 $x=\xi$ 连续. 如图 1.312 所示.

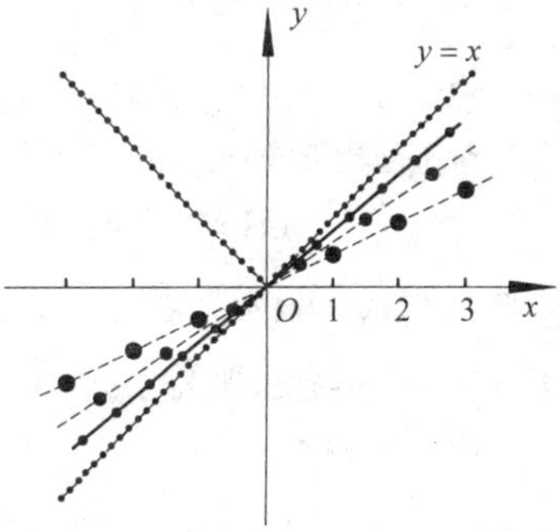


图 1.312

【738】 函数 $f(x)=\dfrac{1-\cos x}{x^2}$ 当自变量 $x$ 取一切非零值时都有定义. 为了使此函数在 $x=0$ 时连续,应当以什么数值作为函数在点 $x=0$ 的值?

**解** 因为 $\lim\limits_{x\to 0}\dfrac{1-\cos x}{x^2}=\dfrac{1}{2}$,所以,应取 $f(0)=\dfrac{1}{2}$,那么,$f(x)$ 当 $x=0$ 时是连续的.

【739】 证明:无论怎样选取数 $f(1)$,函数 $f(x)=\dfrac{1}{1-x}$ 在 $x=1$ 时都是不连续的.

**证** 因为 $\lim\limits_{x\to 1+0}f(x)=-\infty$, $\lim\limits_{x\to 1-0}f(x)=+\infty$,所以,我们无法选择 $f(1)$ 使之成为连续的.

【740】 下列函数 $f(x)$ 当 $x=0$ 时没有意义,定义 $f(0)$ 的值,使得 $f(x)$ 在点 $x=0$ 连续:

(1) $f(x)=\dfrac{\sqrt{1+x}-1}{\sqrt[3]{1+x}-1}$;　(2) $f(x)=\dfrac{\tan 2x}{x}$;　(3) $f(x)=\sin x\sin\dfrac{1}{x}$;

(4) $f(x)=(1+x)^{\frac{1}{x}}$;　(5) $f(x)=\dfrac{1}{x^2}e^{-\frac{1}{x^2}}$;　(6) $f(x)=x^x\ (x>0)$;

(7) $f(x)=x\ln^2 x$.

**提示** (1) $\lim\limits_{x\to 0}\dfrac{\sqrt{1+x}-1}{\sqrt[3]{1+x}-1}=\dfrac{3}{2}$.　(2) $\lim\limits_{x\to 0}\dfrac{\tan 2x}{x}=2$.

(3)(4)(5)(6)(7)均仿(1)及(2).

**解** (1) 因为 $\lim\limits_{x\to 0}\dfrac{\sqrt{1+x}-1}{\sqrt[3]{1+x}-1}=\lim\limits_{x\to 0}\dfrac{x(\sqrt[3]{(1+x)^2}+\sqrt[3]{1+x}+1)}{x(\sqrt{1+x}+1)}=\dfrac{3}{2}$,故取 $f(0)=\dfrac{3}{2}$.

(2) 因为 $\lim\limits_{x\to 0}\dfrac{\tan 2x}{x}=2$,故取 $f(0)=2$.

(3) 因为 $\lim\limits_{x\to 0}\sin x\sin\dfrac{1}{x}=0$,故取 $f(0)=0$.

(4) 因为 $\lim\limits_{x\to 0}(1+x)^{\frac{1}{x}}=e$,故取 $f(0)=e$.

(5) 因为 $\lim\limits_{x\to 0}\dfrac{1}{x^2}e^{-\frac{1}{x^2}}=0$,故取 $f(0)=0$.

(6) 因为 $\lim\limits_{x\to 0}x^x=1$,故取 $f(0)=1$.

(7) 因为 $\lim\limits_{x\to 0}x\ln^2 x=0$,故取 $f(0)=0$.

【741】 设:(1)函数 $f(x)$ 当 $x=x_0$ 时是连续的,而函数 $g(x)$ 当 $x=x_0$ 时是不连续的;(2)当 $x=x_0$ 时函数 $f(x)$ 和 $g(x)$ 二者都是不连续的,则此二函数的和 $f(x)+g(x)$ 在已知点 $x_0$ 是否必为不连续的?举出适当的例子.

**提示** (1)用反证法易证不连续.

(2) 不.例如,$f(x)=\begin{cases}1, & x\geqslant 0,\\ -1, & x<0.\end{cases}$ 及 $g(x)=\begin{cases}-1, & x\geqslant 0,\\ 1, & x<0.\end{cases}$

**解** (1) $f(x)+g(x)$ 必为不连续的.事实上,设 $F(x)=f(x)+g(x)$.

对于函数 $F(x)-f(x)=g(x)$,如果 $F(x)$ 在 $x_0$ 连续,则有

$$\lim_{x\to x_0}g(x)=\lim_{x\to x_0}[F(x)-f(x)]=\lim_{x\to x_0}F(x)-\lim_{x\to x_0}f(x)=F(x_0)-f(x_0)=g(x_0).$$

因此若当 $g(x_0)$ 有意义,则 $g(x_0)=F(x_0)-f(x_0)=\lim\limits_{x\to x_0}g(x)$,这与假设是矛盾的,故 $F(x)$ 在点 $x_0$ 不连续;若 $g(x_0)$ 没有意义,那么当然它在 $x_0$ 点不连续.

(2) 不.例如,

$$f(x)=\begin{cases}1, & x\geqslant 0,\\ -1, & x<0.\end{cases}\quad \text{及}\quad g(x)=\begin{cases}-1, & x\geqslant 0,\\ 1, & x<0.\end{cases}$$

它们在点 $x=0$ 处均不连续,但其和 $f(x)+g(x)\equiv 0$ 却处处连续.

【742】 设:(1)函数 $f(x)$ 在点 $x_0$ 连续,而函数 $g(x)$ 在点 $x_0$ 不连续;(2)当 $x=x_0$ 时函数 $f(x)$ 和 $g(x)$

二者都是不连续的，则此二函数的乘积 $f(x)g(x)$ 在已知点 $x_0$ 是否必不连续？举出适当的例子.

**提示** (1)不. 例如，$f(x)=0$ 及 $g(x)=\begin{cases}1, & x\geqslant 0;\\ -1, & x<0.\end{cases}$

(2) 不. 例如，$f(x)=g(x)=\begin{cases}1, & x\geqslant 0,\\ -1, & x<0.\end{cases}$

**解** (1)不. 例如，

$$g(x)=\begin{cases}1, & x\geqslant 0,\\ -1, & x<0\end{cases} \quad 及 \quad f(x)=0.$$

它们满足假设条件，其中 $f(x)$ 处处连续，而 $g(x)$ 在点 $x=0$ 不连续，但 $f(x)g(x)\equiv 0$ 处处连续.

(2) 不. 例如

$$f(x)=\begin{cases}1, & x\geqslant 0,\\ -1, & x<0\end{cases} \quad 及 \quad g(x)=f(x).$$

它们均在点 $x=0$ 处不连续，但其乘积 $f(x)g(x)\equiv 1$ 却处处连续.

**【743】** 可否断定不连续函数的平方仍为不连续函数？举出处处不连续但其平方连续的函数的例子.

**解** 不能. 例如 742 题(2)之例.

又对于函数 $f(x)=\begin{cases}-1, & x 为有理数,\\ 1, & x 为无理数,\end{cases}$ 处处不连续，但平方后所得函数 $f^2(x)\equiv 1$ 却处处连续.

**【744】** 研究函数 $f[g(x)]$ 及 $g[f(x)]$ 的连续性：

(1) $f(x)=\operatorname{sgn}x$ 及 $g(x)=1+x^2$；

(2) $f(x)=\operatorname{sgn}x$ 及 $g(x)=x(1-x^2)$；

(3) $f(x)=\operatorname{sgn}x$ 及 $g(x)=1+x-[x]$.

**解** (1) $f[g(x)]\equiv 1$ 处处连续；而 $g[f(x)]=\begin{cases}2, & x\neq 0,\\ 1, & x=0,\end{cases}$ 在 $x=0$ 点不连续.

(2) 因为 $g(x)=x(1-x^2)$ 当 $x<-1$ 或 $0<x<1$ 时为正，而当 $-1<x<0$ 或 $x>1$ 时为负，故

$$f[g(x)]=\begin{cases}1, & x<-1,\\ 0, & x=-1,\\ -1, & -1<x<0,\\ 0, & x=0,\\ 1, & 0<x<1,\\ 0, & x=1,\\ -1, & x>1.\end{cases}$$

在点 $x=-1, x=0, x=1$ 处不连续. 而 $g[f(x)]\equiv 0$ 却处处连续.

(3) $f[g(x)]\equiv 1$ 处处连续. $g[f(x)]\equiv 1$ 也处处连续.

**【745】** 设

$$f(u)=\begin{cases}u, & 0<u\leqslant 1,\\ 2-u, & 1<u<2,\end{cases} \qquad \varphi(x)=\begin{cases}x, & x 为有理数,\\ 2-x, & x 为无理数.\end{cases}$$

其中 $0<x<1$.

研究复合函数 $y=f(u)$ 的连续性，其中 $u=\varphi(x)$.

**解** 当 $x$ 为有理数时，$u=x$，且 $0<u<1$，故 $f(u)=x$；当 $x$ 为无理数时，$u=2-x$ 且 $1<u<2$，故 $f(u)=2-u=x$. 从而，$f[\varphi(x)]\equiv x$ 处处连续.

**【746】** 证明：若 $f(x)$ 为连续函数，则下列函数也是连续的：$F(x)=|f(x)|$.

**证** 设 $x_0$ 为任一连续点，则对于任给的 $\varepsilon>0$，总存在一个正数 $\delta$，使当 $|x-x_0|<\delta$ 时，恒有 $|f(x)-f(x_0)|<\varepsilon$. 由

$$\big||f(x)|-|f(x_0)|\big|\leqslant |f(x)-f(x_0)| \quad 知 \quad \big||f(x)|-|f(x_0)|\big|<\varepsilon,$$

故 $F(x)$在点 $x_0$ 也连续，由点 $x_0$ 的任意性可知，$F(x)$也是连续的.

**【747】** 证明：若函数 $f(x)$是连续的，则函数

$$f_c(x)=\begin{cases}-c, & f(x)<-c,\\ f(x), & |f(x)|\leqslant c,\\ c, & f(x)>c.\end{cases}$$

（式中 $c$ 为任意的正数）也是连续函数.

**提示** $f_c(x)=\frac{1}{2}(|c+f(x)|-|c-f(x)|)$.

**证** 易知 $f_c(x)=\frac{1}{2}(|c+f(x)|-|c-f(x)|)$. 于是，利用 746 题的结果，即知 $f_c(x)$是连续函数.

**【748】** 证明：若函数 $f(x)$在闭区间$[a,b]$上连续，则函数

$$m(x)=\inf_{a\leqslant\xi\leqslant x}\{f(\xi)\} \quad 和 \quad M(x)=\sup_{a\leqslant\xi\leqslant x}\{f(\xi)\}$$

在$[a,b]$上也是连续的.

**证** 只证 $m(x)$在$[a,b]$连续. $M(x)$连续性之证完全类似. 设 $x_0\in[a,b]$. 先证 $m(x)$在点 $x_0$ 右连续. 任给 $\varepsilon>0$. 由于 $f(x)$在点 $x_0$ 连续，故存在 $\delta>0$，使当$|x-x_0|<\delta$时，恒有

$$|f(x)-f(x_0)|<\varepsilon.$$

于是，当 $x_0<x<x_0+\delta$ 时，有 $f(x)>f(x_0)-\varepsilon\geqslant m(x_0)-\varepsilon$.

而当 $a\leqslant x\leqslant x_0$ 时，$f(x)\geqslant m(x)>m(x_0)-\varepsilon$. 由此可知当 $x_0<x<x_0+\delta$ 时，$m(x)\geqslant m(x_0)-\varepsilon$. 又因 $m(x)$显然是递减的，故 $m(x_0)\geqslant m(x)\geqslant m(x_0)-\varepsilon$（当 $x_0<x<x_0+\delta$ 时）.

由此可知 $\lim\limits_{x\to x_0+0}m(x)=m(x_0)$，即 $m(x)$在 $x_0$ 右连续. 下证左连续，不妨设 $f(x)$在$[a,x_0]$的最小值在点 $x=x_0$ 达到，即$m(x_0)=f(x_0)$（否则，若 $m(x_0)=f(x_1)$，$a\leqslant x_1<x_0$. 则显然知，当 $x_1<x<x_0$ 时 $m(x)\equiv m(x_0)$，从而左连续）. 任给$\varepsilon>0$. 仿上述，存在 $\delta>0$，使当 $x_0-\delta<x<x_0$ 时，恒有

$$f(x)<f(x_0)+\varepsilon=m(x_0)+\varepsilon,$$

因此，$m(x)<m(x_0)+\varepsilon$，从而，$m(x_0)\leqslant m(x)<m(x_0)+\varepsilon$ （当 $x_0-\delta<x<x_0$ 时）. 由此可知 $\lim\limits_{x\to x_0-0}m(x)=m(x_0)$，即 $m(x)$在 $x_0$ 左连续.

证毕.

**【749】** 证明：若函数 $f(x)$和 $g(x)$是连续的，则函数 $\varphi(x)=\min[f(x),g(x)]$和 $\psi(x)=\max[f(x),g(x)]$ 也是连续的.

**证** 由 $\varphi(x)=\frac{1}{2}[f(x)+g(x)-|f(x)-g(x)|]$,

$$\psi(x)=\frac{1}{2}[f(x)+g(x)+|f(x)-g(x)|],$$

利用 746 题的结果，即知 $\varphi(x)$和 $\psi(x)$为连续的.

**【750】** 设函数 $f(x)$在闭区间$[a,b]$有定义并有界，证明：函数

$$m(x)=\inf_{a\leqslant\xi<x}\{f(\xi)\} \quad 和 \quad M(x)=\sup_{a\leqslant\xi<x}\{f(\xi)\}$$

在闭区间$[a,b]$上是左连续的. 而函数

$$\overline{m}(x)=\inf_{a\leqslant\xi\leqslant x}\{f(\xi)\} \quad 和 \quad \overline{M}(x)=\sup_{a\leqslant\xi\leqslant x}\{f(\xi)\}$$

在闭区间$[a,b]$上是右连续的[*)].

**证** 设 $x_0\in(a,b]$，要证 $m(x)$在 $x_0$ 左连续. 由于$f(x)$在$[a,b]$上有界，故 $m(x)$恒为有限. 任给 $\varepsilon>0$，必存在一点$\xi_0\in[a,x_0)$，使得 $f(\xi_0)<m(x_0)+\varepsilon$. 于是，当 $\xi_0<x<x_0$ 时，必有

$$m(x_0)\leqslant m(x)\leqslant f(\xi_0)<m(x_0)+\varepsilon,$$

由此可知 $\lim\limits_{x\to x_0-0}m(x)=m(x_0)$. 故 $m(x)$在 $x_0$ 点左连续.

同法可证 $M(x)$在$[a,b]$上也为左连续.

*) $\overline{m}(x)$和$\overline{M}(x)$在$[a,b]$上右连续的结论是错误的,今举反例证明之.例如,对于有界函数

$$f_1(x)=\begin{cases}1, & a\leqslant x\leqslant p,\\ 0, & p<x\leqslant b.\end{cases}\qquad f_2(x)=\begin{cases}-1, & a\leqslant x\leqslant p,\\ 0, & p<x\leqslant b.\end{cases}$$

分别有$\overline{m}(x)=f_1(x)$, $\overline{M}(x)=f_2(x)$,显然它们在点$p$不是右连续的.

若定义$\overline{m}(x)=\inf\limits_{x<\xi\leqslant b}\{f(\xi)\}$,$\overline{M}(x)=\sup\limits_{x<\xi\leqslant b}\{f(\xi)\}$则可证明$\overline{m}(x)$与$\overline{M}(x)$在$[a,b]$上右连续.

**【751】** 证明:若函数$f(x)$在区间$a\leqslant x<+\infty$上连续,且有有限的$\lim\limits_{x\to+\infty}f(x)$,则此函数在已知区间上是有界的.

**证** 记$A=\lim\limits_{x\to+\infty}f(x)$,取$\varepsilon=1$,则存在$X>a$,使当$x>X$时,恒有$|f(x)|<|A|+1$,又因$f(x)$在$[a,X]$上连续,因而有界,即存在常数$M_1$,使当$x\in[a,X]$时,恒有$|f(x)|<M_1$,取$M=\max(|A|+1,M_1)$,则当$x\in[a,+\infty)$时,恒有$|f(x)|<M$.

**【752】** 设函数$f(x)$在区间$(x_0,+\infty)$上连续并有界,证明:对于任何数$T$,可求得数列$x_n\to+\infty$,使

$$\lim_{n\to\infty}[f(x_n+T)-f(x_n)]=0.$$

**证** 不妨设$T>0$,记$g(y)=f(x_0+(y+1)T)-f(x_0+yT)$,$y\geqslant1$.取一数列$\{\varepsilon_n\}(n=1,2,\cdots)$,且当$n\to\infty$时,$\varepsilon_n\to0$.易见,$g(y)$是$[1,+\infty)$上连续且有界的函数,今按下法取$x_1=x_0+k_1T$,使$|g(k_1)|<\varepsilon_1$,如果$g(1)$,$g(2)$异号,则由连续函数介值定理,存在$k_1$,且$1<k_1<2$,使得$|g(k_1)|=0<\varepsilon_1$,这时取$x_1=x_0+k_1T$.若$g(1)$与$g(2)$同号,且$g(1)$,$g(2)$,$g(3)$,$g(4)\cdots$都是同号的,不妨设它们均大于零,那么我们可以证明,必存在一个正整数$k_1\geqslant1$,使$g(k_1)<\varepsilon_1$.因为,若对一切正整数$n$,$g(n)\geqslant\varepsilon_1$,则由$g(y)$的定义,

$$\begin{aligned}&f(x_0+2T)\geqslant\varepsilon_1+f(x_0+T),\\&f(x_0+3T)\geqslant\varepsilon_1+f(x_0+2T),\\&f(x_0+4T)\geqslant\varepsilon_1+f(x_0+3T),\\&\qquad\vdots\\&f(x_0+nT)\geqslant\varepsilon_1+f[x_0+(n-1)T].\end{aligned}$$

则$f(x_0+nT)\geqslant(n-1)\varepsilon_1+f(x_0+T)$,这与$f(x)$在$(x_0,+\infty)$内有界矛盾,故必存在正整数$k_1$,使得$|g(k_1)|<\varepsilon_1$,取$x_1=x_0+k_1T$.然后,取正整数$p_2>k_1+1$,通过考虑$g(p_2)$,$g(p_2+1)$,…的符号;仿上,可取$x_2=x_0+k_2T$,$k_2>k_1+1$,使$|g(k_2)|<\varepsilon_2$.依此类推,我们就可得到一数列$\{x_n\}$适合要求.

**【753】** 若$\varphi(x)$和$\psi(x)$为定义于$-\infty<x<+\infty$的连续周期函数,且$\lim\limits_{x\to\infty}[\varphi(x)-\psi(x)]=0$.证明:$\varphi(x)\equiv\psi(x)$.

**证** 先证明$\varphi(x)$和$\psi(x)$的周期相同,设$\varphi(x)$的周期为$p$,则$\varphi(x+p)=\varphi(x)$,由于当$x\to\infty$时,$\varphi(x+p)-\psi(x+p)\to0$即得$\lim\limits_{x\to\infty}[\varphi(x)-\psi(x+p)]=0$以及

$$\lim_{x\to\infty}[\psi(x)-\psi(x+p)]=\lim_{x\to\infty}[\varphi(x)-\psi(x+p)]-\lim_{x\to\infty}[\varphi(x)-\psi(x)]=0.\tag{1}$$

我们再来证明$\psi(x)$的周期也是$p$,若不然,则至少存在一个$x_0$,使$\psi(x_0)\neq\psi(x_0+p)$.且设$\psi(x)$周期为$q$,$N$为任意正整数,$x=x_0+Nq$,以及$\alpha=|\psi(x_0)-\psi(x_0+p)|>0$,此时恒有$|\psi(x)-\psi(x+p)|=\alpha$.但由(1)式,对充分大的$x$,必成立$|\psi(x)-\psi(x+p)|<\alpha$,这显然是矛盾的.

最后证明$\varphi(x)\equiv\psi(x)$,若结论不成立,则至少存在一个$x_1$,使$\varphi(x_1)\neq\psi(x_1)$.记$\beta=|\varphi(x_1)-\psi(x_1)|>0$,则对任意$x=x_1+Np$,恒有$|\varphi(x)-\psi(x)|=\beta$,这与$\lim\limits_{x\to+\infty}[\varphi(x)-\psi(x)]=0$矛盾.于是,$\varphi(x)\equiv\psi(x)$.证毕.

**【754】** 证明:单调有界函数的一切不连续点皆为第一类不连续点.

**证** 不妨设$f(x)$为单调增函数,取其定义域$A$中的任意点$x_0$,且设$x_0$不是$A$的左端点,由于$x<x_0$时显然有$f(x)\leqslant f(x_0)$.由关于单调函数的极限定理知$f(x_0-0)=\lim\limits_{x\to x_0-0}f(x)\leqslant f(x_0)$.可见若$f(x)$在$x_0$点不连续,则函数在该点只可能有突跃,即第一类不连续点.

**【755】** 证明:若函数$f(x)$具有下列性质:(1)在闭区间$[a,b]$上有定义且单调;(2)取介于$f(a)$和$f(b)$之间所有的数作为其函数值,则此函数在$[a,b]$上连续.

**证明思路** 用反证法.设 $x_0\in[a,b]$,$f(x_0)$在点 $x_0$ 不连续,利用 754 题的结果得出矛盾.

**证** 用反证法,不妨设单调函数 $f(x)$为递增的且在 $x_0$ 不连续($x_0\in[a,b]$),由 754 题知 $x_0$ 只能是第一类不连续点,则$f(x_0)-f(x_0-0)$及 $f(x_0+0)-f(x_0)$中至少有一个大于零,例如 $f(x_0)-f(x_0-0)>0$. 于是,由函数 $f(x)$的单调性知,$f(x)$无法取到 $f(x_0-0)$和 $f(x_0)$之间的数值.

这与题设函数 $f(x)$的性质(2)矛盾,从而,$f(x)$在$[a,b]$上连续.

**【756】** 证明:函数

$$f(x)=\begin{cases}\sin\dfrac{1}{x-a}, & x\neq a,\\ 0, & x=a\end{cases}$$

在任意闭区间$[a,b]$上取介于 $f(a)$和$f(b)$之间的一切中间值,但在$[a,b]$上并不连续.

**证** 事实上,只要 $a<b$,则 $f(x)$在$[a,b]$上取$[-1,1]$之间的一切值,当然更取 $f(a)=0$ 与 $f(b)$ ($|f(b)|\leqslant 1$)之间的一切值.但显然有 $f(x)$在 $x=a$ 处不连续.

**【757】** 证明:若函数 $f(x)$在区间$(a,b)$内连续,且 $x_1,x_2,\cdots,x_n$ 为此区间中的任意值,则在它们之间可找到一个数值 $\xi$,使得 $f(\xi)=\dfrac{1}{n}[f(x_1)+f(x_2)+\cdots+f(x_n)]$.

**证** 不妨设 $a<x_1\leqslant x_2\leqslant\cdots\leqslant x_n<b$,此时设 $x_1\neq x_n$;当 $x_1=x_n$ 结论显然成立.

由于 $f(x)$在$[x_1,x_n]$上连续,于是,$f(x)$在$[x_1,x_n]$上取得最大值和最小值:

$$m\leqslant f(x)\leqslant M,\quad x\in[x_1,x_n].$$

从而有

$$m\leqslant\frac{1}{n}\sum_{i=1}^{n}f(x_i)\leqslant M.$$

由连续函数的性质,总存在 $\xi\in[x_1,x_n]$,使 $f(\xi)=\dfrac{1}{n}\sum\limits_{i=1}^{n}f(x_i)$.

**【758】** 设函数 $f(x)$在区间$(a,b)$上连续,且 $l=\varliminf\limits_{x\to a+0}f(x)$ 及 $L=\varlimsup\limits_{x\to a+0}f(x)$.

证明:对于任意的数$\lambda$,此处 $l\leqslant\lambda\leqslant L$,则存在数列 $x_n\to a+0$ $(n=1,2,\cdots)$,使得$\lim\limits_{n\to\infty}f(x_n)=\lambda$.

**证** 当$\lambda=l$ 或$\lambda=L$ 时结论都是显然的.因此设 $l<\lambda<L$.

由条件有$\{a_n\}$及$\{b_n\}$,$a_n\to a+0$,$b_n\to a+0$,且$\lim\limits_{n\to\infty}f(a_n)=l$, $\lim\limits_{n\to\infty}f(b_n)=L$.于是,存在正整数 $N$,使当 $n>N$ 时,恒有 $f(a_n)<\lambda$ 及 $f(b_n)>\lambda$.

再由 $f(x)$的连续性知,在 $a_n$ 及 $b_n$ 之间存在 $x_n$,使 $f(x_n)=\lambda$ $(n>N)$.

这样选取的$\{x_n\}$,由于 $a_n\to a+0$, $b_n\to a+0$,故 $x_n\to a+0$.从而,$\lim\limits_{n\to\infty}f(x_n)=\lambda$.

## §8. 反函数.用参数形式表示的函数

1° **反函数的存在性和连续性** 若函数 $y=f(x)$具有下列性质:(1)在区间$(a,b)$上有定义并连续;(2)在此区间上是严格单调的,则存在单值的反函数 $x=f^{-1}(y)$,此函数在区间$(A,B)$上有定义并连续,而且是严格单调的,其中

$$A=\lim_{x\to a+0}f(x)\quad 和\quad B=\lim_{x\to b-0}f(x).$$

连续函数 $y=f(x)$的多值反函数的一个单值连续分枝,可被理解为在其有定义的最大区域上满足方程 $f(g(y))=y$ 的任何一个单值连续函数 $x=g(y)$.

2° **以参数形式表示的函数的连续性** 若函数 $\varphi(t)$和 $\psi(t)$在区间$(\alpha,\beta)$上有定义并且连续,且函数 $\varphi(t)$在此区间上是严格单调的,则方程组

$$x=\varphi(t),\quad y=\psi(t)$$

在区间$(a,b)$上把 $y$ 定义成 $x$ 的单值连续函数:

$$y=\psi[\varphi^{-1}(x)],$$

其中

$$a=\lim_{t\to\alpha+0}\varphi(t) \quad 及 \quad b=\lim_{t\to\beta-0}\varphi(t).$$

**【759】** 求分式线性函数 $y=\dfrac{ax+b}{cx+d}$ $(ad-bc\neq 0)$的反函数. 在怎样的情形下,反函数与已知函数相同?

**解** 由 $y=\dfrac{ax+b}{cx+d}$解得,反函数为 $y=\dfrac{-dx+b}{cx-a}$ 或写成 $x=\dfrac{-yd+b}{yc-a}$. 要反函数与已知函数相同,只要

$$\frac{ax+b}{cx+d}=\frac{-xd+b}{xc-a}.$$

解之得 $a+d=0$,此即所求的条件.

**【760】** 设 $y=x+[x]$, 求反函数 $x=x(y)$.

**解** 若当 $k\leqslant x<k+1$,即当 $2k\leqslant y<2k+1$ 时,$[x]=k$ $(k=0,\pm 1,\pm 2,\cdots)$,此时 $y=x+k$,即反函数为 $x=y-k$.

**【761】** 证明:存在唯一的连续函数 $y=y(x)(-\infty<x<+\infty)$满足开普勒方程 $y-\varepsilon\sin y=x$ $(0\leqslant\varepsilon<1)$.

**证** 由 640 题知数列

$$y_0=x, \quad y_1=x+\varepsilon\sin y_0, \quad y_2=x+\varepsilon\sin y, \quad \cdots, \quad y_n=x+\varepsilon\sin y_{n-1}, \quad \cdots$$

的极限 $y(x)$为开普勒方程 $y-\varepsilon\sin y=x$ 的唯一的根. 现在证明 $y=y(x)$是连续的. 我们只要证明当 $x\to x_0$ 时,$y(x)\to y(x_0)$. 为此,我们考虑

$$\begin{aligned}|y_n(x)-y_n(x_0)|&=|(x-x_0)+\varepsilon[\sin y_{n-1}(x)-\sin y_{n-1}(x_0)]|\\&\leqslant|x-x_0|+\varepsilon|y_{n-1}(x)-y_{n-1}(x_0)|.\end{aligned}$$

逐次应用此不等式,即得

$$\begin{aligned}|y_n(x)-y_n(x_0)|&\leqslant|x-x_0|(1+\varepsilon+\varepsilon^2+\cdots+\varepsilon^{n-1}+\varepsilon^n)\\&=|x-x_0|\cdot\frac{1-\varepsilon^{n+1}}{1-\varepsilon}\leqslant\frac{1}{1-\varepsilon}|x-x_0|.\end{aligned}$$

令 $n\to\infty$,便有 $|y(x)-y(x_0)|\leqslant\dfrac{1}{1-\varepsilon}|x-x_0|$ $(0\leqslant\varepsilon<1)$. 于是,显然有 $\lim\limits_{x\to x_0}y(x)=y(x_0)$. 这就证明了 $y(x)$的连续性.

**【762】** 证明:对于每一个实数 $k(-\infty<k<+\infty)$,方程 $\cot x=kx$ 在区间 $0<x<\pi$ 中有唯一连续的根 $x=x(k)$.

**证** 令 $f(x)=\dfrac{\cot x}{x}$. 显然,在$(0,\pi)$上 $\cot x$ 和$\dfrac{1}{x}$都是连续的严格减函数,从而,$f(x)$在$(0,\pi)$上也是连续的严格减函数,并且,很明显

$$\lim_{x\to+0}f(x)=+\infty, \quad \lim_{x\to\pi-0}f(x)=-\infty.$$

由此可知,对每一个实数 $k(-\infty<k<+\infty)$,恰有一个 $x\in(0,\pi)$,使 $f(x)=k$,即 $\cot x=kx$. 另外,由于$f(x)=\dfrac{\cot x}{x}$在$(0,\pi)$上是连续的严格减函数,故 $k=f(x)$的反函数 $x=x(k)=f^{-1}(k)$存在而且是$-\infty<k<+\infty$ 上的连续的严格减函数. 此 $x=x(k)$即方程 $\cot x=kx$ 的根.

综上所述,可知:对任何$-\infty<k<+\infty$,方程 $\cot x=kx$ 在$(0,\pi)$上具有唯一的根 $x=x(k)$,而且 $x(k)$是 $k(-\infty<k<+\infty)$的连续的严格减函数,证毕.

**【763】** 非单调的函数 $y=f(x)(-\infty<x<+\infty)$可否有单值的反函数?

**提示** 可以. 例如,函数 $f(x)=\begin{cases}x, & x\ 为有理数,\\ -x, & x\ 为无理数.\end{cases}$

**解** 可以. 例如,函数 $y=\begin{cases}x, & x\ 为有理数,\\ -x, & x\ 为无理数\end{cases}$ 在区间$(-\infty,+\infty)$上为单值的,但不是单调的函数,而其反函数仍为此函数本身.

**【764】** 在什么情形下,函数 $y=f(x)$和反函数 $x=f^{-1}(y)$是同一个函数?

**解** 为统一坐标起见，我们把 $y=f(x)$ 的反函数记成为 $y=f^{-1}(x)$.

按题设应有 $f^{-1}(x)\equiv f(x)$，即 $x=f(f(x))$，这就是所求的条件.

**【765】** 证明：不连续函数 $y=(1+x^2)\operatorname{sgn}x$ 的反函数是连续函数.

**证** 易见 $\operatorname{sgn}y=\operatorname{sgn}x$ 及 $\operatorname{sgn}^2 x=\begin{cases}1, & x\neq 0\\ 0, & x=0\end{cases}$，则 $y\operatorname{sgn}y=(1+x^2)\operatorname{sgn}^2 x$. 于是，反函数在 $|y|\geqslant 1$ 及 $y=0$ 有定义：

$$x=\begin{cases}\sqrt{y\operatorname{sgn}y-1}, & y\geqslant 1,\\ -\sqrt{y\operatorname{sgn}y-1}, & y\leqslant -1,\\ 0, & y=0.\end{cases}$$

易见上述函数在其定义域内连续.

**【766】** 证明：若函数 $f(x)$ 在闭区间 $[a,b]$ 上有定义并且是严格单调的，且 $\lim\limits_{n\to\infty}f(x_n)=f(a)$ $(a\leqslant x_n\leqslant b)$，则 $\lim\limits_{n\to\infty}x_n=a$.

**证** 不妨设函数 $f(x)$ 在 $[a,b]$ 上严格单调下降. 如果结论不成立，则在 $(a,b)$ 内总存在一个 $a_1$ 及数列 $\{x_n\}$ 的一个子列 $\{x_{n_k}\}$，使 $x_{n_k}>a_1$.

由于 $f(x)$ 严格单调下降，故有

$$f(x_{n_k})<f(a_1)<f(a).$$

于是，$f(a)=\lim\limits_{k\to\infty}f(x_{n_k})\leqslant f(a_1)$，得出矛盾，因此，有 $\lim\limits_{n\to\infty}x_n=a$.

**求下列函数的反函数的连续单值分支：**

**【767】** $y=x^2$.

**解** 反函数的连续单值分枝为 $x=\sqrt{y}$ $(0\leqslant y<+\infty)$ 及 $x=-\sqrt{y}$ $(0\leqslant y<+\infty)$.

**【768】** $y=2x-x^2$.

**解** 由于 $x^2-2x+y=0$，故 $x=\dfrac{2\pm\sqrt{4-4y}}{2}=1\pm\sqrt{1-y}$.

于是，连续单值分枝为 $x=1-\sqrt{1-y}$ 及 $x=1+\sqrt{1-y}$ $(-\infty<y\leqslant 1)$.

**【769】** $y=\dfrac{2x}{1+x^2}$.

**解** 由于 $x^2y-2x+y=0$，故 $x=\begin{cases}\dfrac{1\pm\sqrt{1-y^2}}{y}, & y\neq 0,\\ 0, & y=0.\end{cases}$

又由于

$$\lim_{y\to 0}\frac{1-\sqrt{1-y^2}}{y}=\lim_{y\to 0}\frac{y^2}{y(1+\sqrt{1-y^2})}=0,\quad \lim_{y\to 0}\frac{1+\sqrt{1-y^2}}{y}=\infty,$$

故反函数的连续单值分枝为

$$x=\frac{1-\sqrt{1-y^2}}{y}\quad(-1\leqslant y\leqslant 1)\quad 及\quad x=\frac{1+\sqrt{1-y^2}}{y}\quad(0<|y|\leqslant 1).$$

**【770】** $y=\sin x$.

**解** 连续单值分枝为 $x=(-1)^k\arcsin y+k\pi$ $(k=0,\pm1,\pm2,\cdots)(|y|\leqslant 1)$.

**【771】** $y=\cos x$.

**解** 连续单值分枝为 $x=2k\pi\pm\arccos y$ $(k=0,\pm1,\pm2,\cdots)(|y|\leqslant 1)$.

**【772】** $y=\tan x$.

**解** 连续单值分枝为 $x=\arctan y+k\pi$ $(k=0,\pm1,\pm2,\cdots)(-\infty<y<+\infty)$.

**【773】** 证明：连续函数 $y=1+\sin x$ 在区间 $0<x<2\pi$ 内的值域是闭区间.

**证** 显然，当 $x\in(0,2\pi)$ 时，$-1\leqslant\sin x\leqslant 1$ 从而，$0\leqslant 1+\sin x\leqslant 2$. 而由于 $y\Big|_{x=\frac{\pi}{2}}=2$, $y\Big|_{x=\frac{3\pi}{2}}=0$. 而 $y=1+\sin x$ 是 $\left[\frac{\pi}{2},\frac{3\pi}{2}\right]$ 上的连续函数，故由介值定理知当 $x$ 从 $\frac{\pi}{2}$ 变到 $\frac{3\pi}{2}$ 时，$y$ 取 0 到 2 之间的一切数值. 由此可知当 $0<x<2\pi$ 时，$y$ 的值域是闭区间 $[0,2]$.

**【774】** 证明：等式 $\arcsin x+\arccos x=\frac{\pi}{2}$.

**证** 令 $\varphi=\arcsin x$，则得 $\sin\varphi=x$，从而，$\cos\left(\frac{\pi}{2}-\varphi\right)=\sin\varphi=x$.

因为 $-\frac{\pi}{2}\leqslant\varphi\leqslant\frac{\pi}{2}$，故 $0\leqslant\frac{\pi}{2}-\varphi\leqslant\pi$；而在 $[0,\pi]$ 内有唯一的数，它的余弦等于 $x$，因此，得

$$\frac{\pi}{2}-\varphi=\arccos x,$$

即 $\arcsin x+\arccos x=\frac{\pi}{2}$.

**【775】** 证明：等式 $\arctan x+\arctan\frac{1}{x}=\frac{\pi}{2}\operatorname{sgn}x\quad(x\neq 0)$.

**证** 当 $x>0$ 时，令 $\varphi=\arctan x$，则得 $\tan\varphi=x$，且 $0<\varphi<\frac{\pi}{2}$. 又 $\cot\left(\frac{\pi}{2}-\varphi\right)=\tan\varphi=x$，故

$$\tan\left(\frac{\pi}{2}-\varphi\right)=\frac{1}{x}.$$

因为 $0<\frac{\pi}{2}-\varphi<\frac{\pi}{2}$，而在 $\left(0,\frac{\pi}{2}\right)$ 内仅有唯一的数，使其正切等于 $\frac{1}{x}$，故 $\frac{\pi}{2}-\varphi=\arctan\frac{1}{x}$，即当 $x>0$ 时，$\arctan x+\arctan\frac{1}{x}=\frac{\pi}{2}$.

当 $x<0$ 时，令 $\varphi=\arctan x$，则得 $\tan\varphi=x$，且 $-\frac{\pi}{2}<\varphi<0$. 又

$$\cot\left(-\frac{\pi}{2}-\varphi\right)=\tan\varphi=x,\quad 即\ \tan\left(-\frac{\pi}{2}-\varphi\right)=\frac{1}{x},$$

因为 $-\frac{\pi}{2}<-\frac{\pi}{2}-\varphi<0$，而在 $\left(-\frac{\pi}{2},0\right)$ 内有唯一的数，使其正切等于 $\frac{1}{x}$，故 $-\frac{\pi}{2}-\varphi=\arctan\frac{1}{x}$，即当 $x<0$ 时，$\arctan x+\arctan\frac{1}{x}=-\frac{\pi}{2}$.

总之，当 $x\neq 0$ 时，$\arctan x+\arctan\frac{1}{x}=\frac{\pi}{2}\operatorname{sgn}x$.

**【776】** 证明反正切加法定理：

$$\arctan x+\arctan y=\arctan\frac{x+y}{1-xy}+\varepsilon\pi,$$

式中 $\varepsilon=\varepsilon(x,y)$ 为取 0，1，$-1$ 这三个值的函数.

当给定 $x$ 的值时，对于怎样的 $y$ 值，函数 $\varepsilon$ 可能不连续？在 $Oxy$ 平面上作出函数 $\varepsilon$ 连续的相应区域，并求此函数在所得区域内的值.

**证** 由于 $-\frac{\pi}{2}<\arctan y<\frac{\pi}{2}$ 及 $-\frac{\pi}{2}<\arctan x<\frac{\pi}{2}$，故有 $-\pi<\arctan x+\arctan y<\pi$.

若 $x$ 和 $y$ 的符号相反，则 $-\frac{\pi}{2}<\arctan x+\arctan y<\frac{\pi}{2}$.

若 $x>0$ 和 $y>0$，则 $0<\arctan x+\arctan y<\pi$.

再看这个和是位于 $\left(0,\frac{\pi}{2}\right)$ 还是 $\left(\frac{\pi}{2},\pi\right)$. 条件 $0<\arctan x+\arctan y<\frac{\pi}{2}$，即 $\arctan x<\frac{\pi}{2}-\arctan y$，它相当于 $x<\tan\left(\frac{\pi}{2}-\arctan y\right)=\tan(\operatorname{arccot}y)=\frac{1}{y}$，也即 $xy<1$.

因此，当 $x>0,y>0,xy<1$ 时，此和位于 $\left(0,\frac{\pi}{2}\right)$. 同法可证，当 $x>0,y>0,xy>1$ 时，此和位于 $\left(\frac{\pi}{2},\pi\right)$.

仿此，又可证得：当 $x<0,y<0,xy<1$ 时，此和位于 $\left(-\frac{\pi}{2},0\right)$；当 $x<0,y<0,xy>1$ 时，此和位于 $\left(-\pi,-\frac{\pi}{2}\right)$.

总之，若 $xy<1$，则此和位于 $\left(-\frac{\pi}{2},\frac{\pi}{2}\right)$；若 $x>0,xy>1$，则此和位于 $\left(\frac{\pi}{2},\pi\right)$；若 $x<0,xy>1$，则此和位于 $\left(-\pi,-\frac{\pi}{2}\right)$.

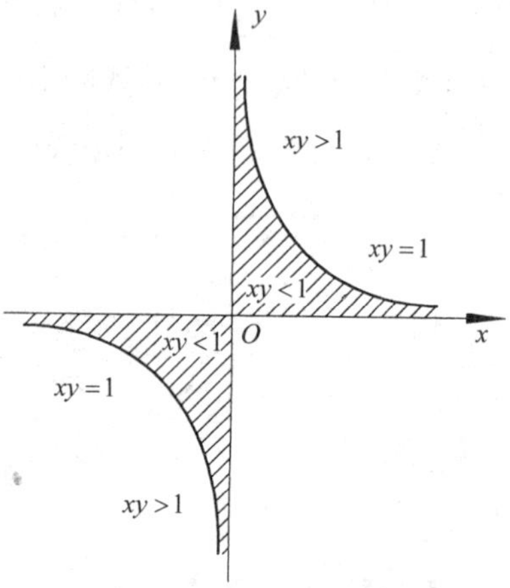


图 1.313

其次，我们考虑此和的正切 $\tan(\arctan x+\arctan y)=\frac{x+y}{1-xy}$. 现令 $u=\arctan x+\arctan y$, $v=\arctan\frac{x+y}{1-xy}$，则得 $\tan u=\tan v$. 因为 $-\frac{\pi}{2}<v<\frac{\pi}{2}$，故当 $-\frac{\pi}{2}<u<\frac{\pi}{2}$ 时，$u=v$；当 $\frac{\pi}{2}<u<\pi$ 时，$v+\pi=u$；当 $-\pi<u<-\frac{\pi}{2}$ 时，$u=-\pi+v$. 因此，我们证得

$$\arctan x+\arctan y=\begin{cases}\arctan\frac{x+y}{1-xy}, & xy<1,\\ \pi+\arctan\frac{x+y}{1-xy}, & x>0,xy>1,\\ -\pi+\arctan\frac{x+y}{1-xy}, & x<0,xy>1.\end{cases}$$

当 $x$ 固定时，若 $y=\frac{1}{x}$，则 $\varepsilon$ 不连续，因为此时(例如设 $x>0$)，当 $y>\frac{1}{x}$ 时 $\varepsilon\equiv1$，而当 $y<\frac{1}{x}$ 时 $\varepsilon\equiv0$.

如图 1.313 所示，曲线 $xy=1$ 为函数 $\varepsilon=\varepsilon(x,y)$ 的不连续域.

当 $xy<1$ 时，$\varepsilon=0$；

当 $x>0,xy>1$ 时，$\varepsilon=1$；

当 $x<0,xy>1$ 时，$\varepsilon=-1$.

**【777】** 证明反正弦加法定理：

$$\arcsin x+\arcsin y=(-1)^{\varepsilon}\arcsin(x\sqrt{1-y^2}+y\sqrt{1-x^2})+\varepsilon\pi\quad(|x|\leqslant1,\ |y|\leqslant1),$$

式中，$\varepsilon=\begin{cases}0, & xy\leqslant0 \text{ 或 } x^2+y^2\leqslant1,\\ \operatorname{sgn}x, & xy>0 \text{ 和 } x^2+y^2>1.\end{cases}$

**证** 令 $u=\arcsin x+\arcsin y$ $(|x|\leqslant1,|y|\leqslant1)$，即得

$$\sin u=x\sqrt{1-y^2}+y\sqrt{1-x^2}.$$

由此，还不能断定

$$u=\arcsin(x\sqrt{1-y^2}+y\sqrt{1-x^2}).$$

事实上，$u$ 及 $v=\arcsin(x\sqrt{1-y^2}+y\sqrt{1-x^2})$ 可以位在不同的区间内，其中 $v$ 始终位在 $\left[-\frac{\pi}{2},\frac{\pi}{2}\right]$ 内，而 $u$ 可有三种情形：

情形 Ⅰ：$-\frac{\pi}{2}\leqslant u\leqslant\frac{\pi}{2}$.

若 $xy\leqslant0$，则不是 $0\leqslant x\leqslant1$ 及 $-1\leqslant y\leqslant0$ 就是 $-1\leqslant x\leqslant0$ 及 $0\leqslant y\leqslant1$，不论哪一种情况，总有

$$0\leqslant\arcsin x\leqslant\frac{\pi}{2}\quad\text{及}\quad-\frac{\pi}{2}\leqslant\arcsin y\leqslant0\quad(\text{或交换})$$

因而，$-\frac{\pi}{2}\leqslant\arcsin x+\arcsin y=u\leqslant\frac{\pi}{2}$.

若 $x>0,y>0$ 时，显然有 $u\geqslant0$，条件 $u\leqslant\frac{\pi}{2}$，即 $u=\arcsin x+\arcsin y\leqslant\frac{\pi}{2}$，相当于

$$\arcsin x\leqslant\frac{\pi}{2}-\arcsin y=\arccos y.$$

由于正弦在第一象限内是增函数，故这又相当于

$$\sin(\arcsin x)\leqslant\sin(\arccos y),$$

或 $x\leqslant\sqrt{1-y^2}$，即 $x^2+y^2\leqslant1$.

同法可证，若 $x<0$, $y<0$ 时，必 $u\leqslant0$. 且条件 $-\frac{\pi}{2}\leqslant u$ 相当于 $x^2+y^2\leqslant1$.

情形Ⅱ：$\frac{\pi}{2}<u\leqslant\pi$.

在 $\frac{\pi}{2}<u\leqslant\pi$ 时，必 $x>0,y>0$. 条件

$$\frac{\pi}{2}<\arcsin x+\arcsin y\leqslant\pi,\quad 即\quad \arcsin x>\frac{\pi}{2}-\arcsin y,$$

两边取正弦，即得 $x^2+y^2>1$.

情形Ⅲ：$-\pi\leqslant u<-\frac{\pi}{2}$.

在这种情形下必 $x<0,y<0$. 条件

$$-\pi\leqslant\arcsin x+\arcsin y<-\frac{\pi}{2},\quad 即\quad \frac{\pi}{2}<\arcsin(-x)+\arcsin(-y)\leqslant\pi,$$

因此，即 $x^2+y^2>1$.

总之，当 $xy\leqslant0$ 或 $xy>0$ 但 $x^2+y^2\leqslant1$ 时，必有 $-\frac{\pi}{2}\leqslant u\leqslant\frac{\pi}{2}$；当 $x>0,y>0,x^2+y^2>1$ 时，必 $\frac{\pi}{2}<u\leqslant\pi$；当 $x<0,y<0,x^2+y^2>1$ 时，必 $-\pi\leqslant u<-\frac{\pi}{2}$.

但当 $-\frac{\pi}{2}\leqslant u\leqslant\frac{\pi}{2}$ 时，$u=v$；当 $\frac{\pi}{2}<u\leqslant\pi$ 时，$u=\pi-v$；当 $-\pi\leqslant u<-\frac{\pi}{2}$ 时，$u=-\pi-v$. 因此，最后得

$$\arcsin x+\arcsin y=\begin{cases}\arcsin(x\sqrt{1-y^2}+y\sqrt{1-x^2}), & xy\leqslant0 \text{ 或 } x^2+y^2\leqslant1,\\ \pi-\arcsin(x\sqrt{1-y^2}+y\sqrt{1-x^2}), & x>0,y>0,x^2+y^2>1,\\ -\pi-\arcsin(x\sqrt{1-y^2}+y\sqrt{1-x^2}), & x<0,y<0,x^2+y^2>1.\end{cases}$$

即

$$\arcsin x+\arcsin y=(-1)^{\varepsilon}\arcsin(x\sqrt{1-y^2}+y\sqrt{1-x})+\varepsilon\pi,$$

其中 $\varepsilon=\begin{cases}0, & xy\leqslant0 \text{ 或 } x^2+y^2\leqslant1,\\ \operatorname{sgn}x, & xy>0 \text{ 和 } x^2+y^2>1.\end{cases}\quad (|x|\leqslant1,\ |y|\leqslant1)$

**【778】** 证明反余弦加法定理：

$$\arccos x+\arccos y=(-1)^{\varepsilon}\arccos(xy-\sqrt{1-x^2}\sqrt{1-y^2})+2\varepsilon\pi\quad(|x|\leqslant1,\ |y|\leqslant1),$$

式中，$\varepsilon=\begin{cases}0, & x+y\geqslant0,\\ 1, & x+y<0.\end{cases}$

**证** 由基本的不等式

$$0\leqslant\arccos x\leqslant\pi\quad 及\quad 0\leqslant\arccos y\leqslant\pi,$$

有 $0\leqslant\arccos x+\arccos y\leqslant2\pi$. 若 $0\leqslant\arccos x+\arccos y\leqslant\pi$，则 $\arccos x\leqslant\pi-\arccos y$.

由于 $\arccos x$ 及 $\pi-\arccos y$ 都含在 $[0,\pi]$ 内，而在此区间内余弦是减函数，故有 $x\geqslant\cos(\pi-\arccos y)=-y$，即 $x+y\geqslant0$.

同法可证得：若 $\pi<\arccos x+\arccos y\leqslant2\pi$，则 $x+y<0$.

又由于 $\cos(\arccos x+\arccos y)=xy-\sqrt{1-x^2}\sqrt{1-y^2}$，故知

$$u=\arccos x+\arccos y \quad 及 \quad v=\arccos(xy-\sqrt{1-x^2}\sqrt{1-y^2})$$

有同一的余弦. 因 $v$ 始终在 0 与 $\pi$ 之间,故知:

若 $0\leqslant u\leqslant\pi$,则 $u=v$;若 $\pi\leqslant u\leqslant 2\pi$,则 $u=2\pi-v$. 因此,最后得

$$\arccos x+\arccos y=\begin{cases}\arccos(xy-\sqrt{1-x^2}\sqrt{1-y^2}), & x+y\geqslant 0,\\ 2\pi-\arccos(xy-\sqrt{1-x^2}\sqrt{1-y^2}), & x+y<0,\end{cases}$$

此即所要证明的公式.

**【779】** 作函数的图像:

(1) $y=\arcsin x-\arcsin\sqrt{1-x^2}$; (2) $y=\arcsin 2x\sqrt{1-x^2}-2\arcsin x$.

**解** (1) 利用 777 题的结果得知:由于 $x^2+(-\sqrt{1-x^2})^2=1$,故

$$\begin{aligned}y&=\arcsin x+\arcsin(-\sqrt{1-x^2})\\&=\arcsin(x\sqrt{1-(1-x^2)}-\sqrt{1-x^2}\sqrt{1-x^2})\\&=\arcsin(x|x|-1+x^2).\end{aligned}$$

当 $-1\leqslant x\leqslant 0$ 时;$y=-\frac{\pi}{2}$;当 $0<x\leqslant 1$ 时,$y=\arcsin(2x^2-1)$.

可以证明 $\arcsin(2x^2-1)-2\arcsin x=-\frac{\pi}{2}$,故有

$$y=\begin{cases}-\frac{\pi}{2}, & -1\leqslant x\leqslant 0,\\ 2\arcsin x-\frac{\pi}{2}, & 0<x\leqslant 1,\end{cases}$$

如图 1.314 所示.

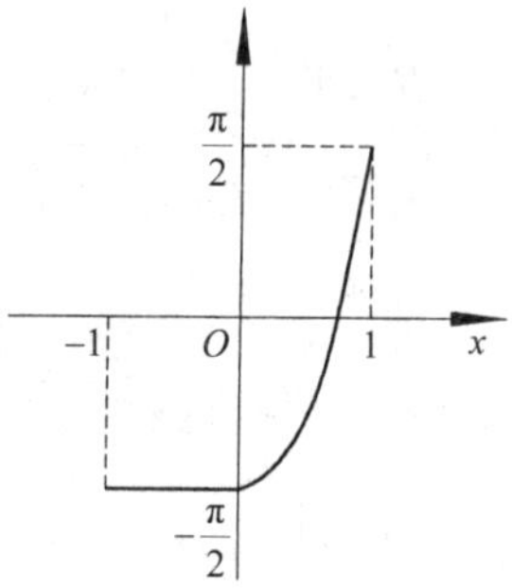


图 1.314

(2)由于

$$2\arcsin x=\arcsin x+\arcsin x=\begin{cases}\arcsin(2x\sqrt{1-x^2}), & |x|\leqslant\frac{1}{\sqrt{2}},\\ \pi\operatorname{sgn}x-\arcsin(2x\sqrt{1-x^2}), & |x|>\frac{1}{\sqrt{2}},\end{cases}$$

故当 $-1\leqslant x<-\frac{1}{\sqrt{2}}$ 时,$y=-(\pi+4\arcsin x)$;

当 $-\frac{1}{\sqrt{2}}\leqslant x\leqslant\frac{1}{\sqrt{2}}$ 时,$y=0$;当 $\frac{1}{\sqrt{2}}<x\leqslant 1$ 时,$y=\pi-4\arcsin x$.

如图 1.315 所示.

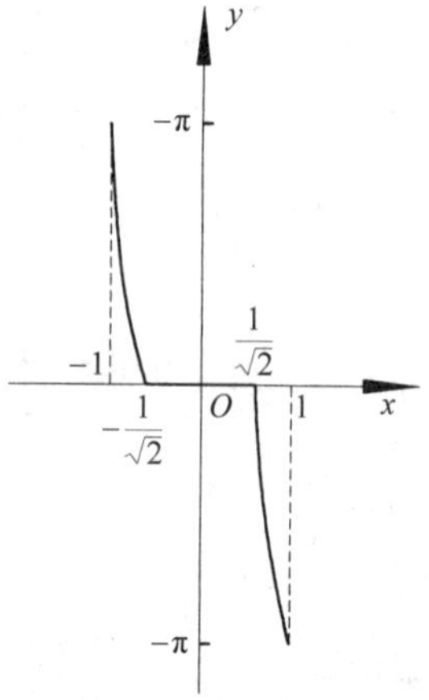


图 1.315

**【780】** 函数 $y=y(x)$ 由下面的方程给出:

$$x=\arctan t,\quad y=\operatorname{arccot} t \quad (-\infty<t<+\infty),$$

求此函数. 此函数的定义域是什么?

**解** 由条件 $-\frac{\pi}{2}<x<\frac{\pi}{2}$,$0<y<\pi$ 且 $\tan x=t$, $\cot y=t$,即得

$$\cot y=\tan x=\cot\left(\frac{\pi}{2}-x\right),$$

从而,当 $-\frac{\pi}{2}<x<\frac{\pi}{2}$ 时,有 $y=\frac{\pi}{2}-x$.

**【781】** 设 $x=\operatorname{ch}t$, $y=\operatorname{sh}t$ $(-\infty<t<+\infty)$. 在参量 $t$ 的哪些变化域中可以把变量 $y$ 看作变量 $x$ 的单值函数? 求 $y$ 在不同变化域上的表达式.

**解** 由于 $x=\operatorname{ch}t$, $y=\operatorname{sh}t$,故 $x^2-y^2=\operatorname{ch}^2t-\operatorname{sh}^2t=1$.

当 $\operatorname{sh}t=\frac{e^t-e^{-t}}{2}\geqslant 0$ 时,即 $e^t\geqslant e^{-t}$ 或 $e^{2t}\geqslant 1$ 或 $t\geqslant 0$ 时,$y=\sqrt{x^2-1}$;当 $t\leqslant 0$ 时,$y=-\sqrt{x^2-1}$.

不论 $t$ 为何值,$x\geqslant 1$,故 $\sqrt{x^2-1}$ 有意义. $t=0$ 是函数 $y=y(x)$ 单值区域的分界值.

**【782】** 设 $y$ 对 $x$ 的函数关系由方程组 $x=\varphi(t)$，$y=\psi(t)$ 给出，问 $y=y(x)$ 是单值函数的充分必要条件是什么？

**解** 其充分必要条件为，使 $\varphi(t)=x$ 的一切 $t$ 值，函数 $\psi(t)$ 应有同一的值. 下面加以证明. 先证必要性. 若不然，则存在 $x^*$ 及 $t_1\neq t_2$，使

$$\varphi(t_1)=\varphi(t_2)=x^* \quad 且 \quad \psi(t_1)\neq\psi(t_2).$$

于是，对于这样的 $x^*$，一方面有 $y_1=\psi(t_1)$ 及 $y_2=\psi(t_2)$，另一方面又有 $y_1\neq y_2$，这样 $y$ 就不定义为 $x$ 的单值函数. 因此，使 $\varphi(t)=x$ 的一切 $t$ 值，$\psi(t)$ 应有同一的值.

再证充分性. 设所述条件满足，则对于任一 $x^*\in\{\varphi(t)\}$，有 $t^*$ 使

$$\varphi(t^*)=x^*,\quad \psi(t^*)=y^*$$

有意义，这样定义的函数 $y=y(x)$ 不因 $t^*$ 的不同选取而不同，因此，它由 $x^*$ 唯一确定. 从而，$y$ 定义为 $x$ 的单值函数.

**【783】** 在怎样的条件下，两个方程组

$$x=\varphi(t),\ y=\psi(t)\quad (a<t<b)\quad 及\quad x=\varphi[\chi(\tau)],\ y=\psi[\chi(\tau)]\quad (\alpha<\tau<\beta)$$

定义出同一的函数 $y=y(x)$？

**解** 当 $\alpha<\tau<\beta$ 时，函数 $\chi(\tau)$ 的值域应为区间 $(a,b)$.

**【784】** 设函数 $\varphi(x)$ 和 $\psi(x)$ 在区间 $(a,b)$ 内有定义并且连续，且

$$A=\inf_{a<x<b}\varphi(x),\quad B=\sup_{a<x<b}\varphi(x).$$

在何种情况下，存在单值函数 $f(x)$，它在区间 $(A,B)$ 上有定义，并且当 $a<x<b$ 时，$\psi(x)=f[\varphi(x)]$？

**解** 显然，要求对于使 $\varphi(x)=u$ 的一切 $x$ 值(其中 $u$ 为区间 $(A,B)$ 中的任一给定的数)，函数 $\psi(x)$ 应取同一的值. 满足了这个条件就可以了. 这时，对 $u\in(A,B)$ 可定义

$$f(u)=\psi(x),$$

其中 $x$ 为满足 $\varphi(x)=u(a<x<b)$ 的任何数. 上述条件保证了这样定义的 $f(u)$ 是单值的.

## §9. 函数的一致连续性

1° **一致连续性的定义** 设函数 $f(x)$ 定义在集合 $X=\{x\}$ 上($X$ 是开区间、闭区间，等等)，若对于每一个 $\varepsilon>0$ 都存在 $\delta=\delta(\varepsilon)>0$，使得对于任何数值 $x',x''\in X$，由不等式

$$|x'-x''|<\delta$$

可得不等式

$$|f(x')-f(x'')|<\varepsilon,$$

则称函数 $f(x)$ 在 $X$ 上为一致连续的.

2° **康托尔定理** 在有限的闭区间 $[a,b]$ 上有定义的连续函数 $f(x)$ 在此区间上一致连续.

**【785】** 某工厂的车间制造正方形平板，其边长 $x$ 在 1cm 到 10cm 之间取值. 当边长的允许误差 $\delta$ 为何值时，不论制造多大的平板(边长在上述范围内)，其面积 $y$ 与设计值之差皆小于 $\varepsilon$？考虑下列情形：

(1) $\varepsilon=1\text{cm}^2$； (2) $\varepsilon=0.01\text{cm}^2$； (3) $\varepsilon=0.0001\text{cm}^2$.

**解** $y=x^2$，由于

$$|x'^2-x''^2|=|x'-x''|\,|x'+x''|\leqslant 20|x'-x''|,$$

于是，对于任给的 $\varepsilon>0$，要 $|x'^2-x''^2|<\varepsilon$ 时，只要 $|x'-x''|<\frac{\varepsilon}{20}$ 即可.

于是，在加工平板边长时，只要取允许误差 $\delta\leqslant\frac{\varepsilon}{20}$，当 $|x'-x''|<\delta$ 时，即可满足要求.

(1) 当 $\varepsilon=1\text{cm}^2$ 时，$\delta\leqslant\frac{1}{20}=0.05\text{cm}=0.5\text{mm}$；

(2) 当 $\varepsilon=0.01\text{cm}^2$ 时，$\delta\leqslant\frac{0.01}{20}=0.0005\text{cm}=0.005\text{mm}$；

(3) 当 $\varepsilon=0.0001\text{cm}^2$ 时，$\delta\leqslant\frac{0.0001}{20}=0.000005\text{cm}=0.00005\text{mm}$.

【786】[+] 圆柱形套筒的宽为 $\varepsilon$，长为 $\delta$，将套筒套在曲线 $y=\sqrt[3]{x}$ 上并使它沿此曲线滑动，但套筒的轴须保持平行于 $Ox$ 轴. $\delta$ 应取何值，才可以使此筒顺利地经过此曲线上由不等式 $-10\leqslant x\leqslant 10$ 所限定的部分？考虑下列情形：(1)$\varepsilon=1$；(2)$\varepsilon=0.1$；(3)$\varepsilon=0.001$；(4)$\varepsilon$ 为任意小数.

**解** $y=\sqrt[3]{x}$. 对于 $y'\neq y''$，由于

$$|y'-y''|=\left|\frac{y'^3-y''^3}{y'^2+y'y''+y''^2}\right|=\left|\frac{y'^3-y''^3}{\frac{3}{4}(y'+y'')^2+\frac{1}{4}(y'-y'')^2}\right|\leqslant\frac{|y'^3-y''^3|}{\frac{1}{4}|y'-y''|^2}$$

即

$$\frac{1}{4}|y'-y''|^3\leqslant|y'^3-y''^3|=|x'-x''| \quad 或 \quad |y'-y''|\leqslant\sqrt[3]{4|x'-x''|}.$$

对于任给的 $\varepsilon>0$，要 $|y'-y''|<\varepsilon$，只要 $4|x'-x''|<\varepsilon^3$，或 $|x'-x''|<\frac{\varepsilon^3}{4}$ 即可.

取 $0<\delta<\frac{\varepsilon^3}{4}$，则当 $|x'-x''|<\delta$ 时，恒有 $|\sqrt[3]{x'}-\sqrt[3]{x''}|<\varepsilon$.

(1) 当 $\varepsilon=1$ 时，$\delta<\frac{1}{4}$；

(2) 当 $\varepsilon=0.1$ 时，$\delta<2.5\times10^{-4}$；

(3) 当 $\varepsilon=0.001$ 时，$\delta<2.5\times10^{-10}$；

(4) 当 $\varepsilon$ 为任意小数时，$\delta<\frac{\varepsilon^3}{4}$ $(\varepsilon\leqslant1)$.

【787】 以《$\varepsilon-\delta$》的语言用肯定的方式表达下述论断意义：函数 $f(x)$ 在某集合(开区间，闭区间，等等)上连续，但在此集合上并不一致连续.

**解** 设集合为 $E$. 所需论断的《$\varepsilon-\delta$》说明如下：对于任给的 $\varepsilon>0$，及 $x_0\in E$，总存在一个数 $\delta(\varepsilon,x_0)>0$，使当 $|x-x_0|<\delta(\varepsilon,x_0)$ 时，恒有

$$|f(x)-f(x_0)|<\varepsilon.$$

同时，至少存在一个 $\varepsilon_0>0$，使对于任意给定的 $\delta>0$，都可找到 $x_1,x_2\in E$，满足 $|x_1-x_2|<\delta$，但是

$$|f(x_1)-f(x_2)|\geqslant\varepsilon_0.$$

【788】 证明：函数 $f(x)=\frac{1}{x}$ 在区间 $(0,1)$ 上是连续的，但在此区间上并非一致连续的.

**证明思路** 连续性是显然的. 考虑 $(0,1)$ 上的两串点 $x_n=\frac{1}{n}$，$x'_n=\frac{1}{n+1}$，则当 $0<\varepsilon_0<1$ 时，不论 $\delta>0$ 如何选取，只要 $n$ 充分大，总可以使 $|x_n-x'_n|<\delta$，但是，$|f(x_n)-f(x'_n)|=1>\varepsilon_0$.

**证** 连续性是显然的，现证其不一致连续. 考虑 $(0,1)$ 上的两串点

$$x_n=\frac{1}{n}, \quad x'_n=\frac{1}{n+1}.$$

则当 $0<\varepsilon_0<1$ 时，不论 $\delta>0$ 取得多小，只要 $n$ 取得充分大，总可以使

$$|x_n-x'_n|=\frac{1}{n(n+1)}<\delta,$$

但是，

$$|f(x_n)-f(x'_n)|=1>\varepsilon_0.$$

因而，$f(x)=\frac{1}{x}$ 在 $(0,1)$ 上并非一致连续.

【789】 证明：函数 $f(x)=\sin\frac{\pi}{x}$ 在区间 $(0,1)$ 上是连续的并且有界，但在此区间上并非一致连续的.

**证** 当 $x\neq0$ 时，由基本初等函数在其定义域的连续性可知，$f(x)$ 是连续的，同时，由于 $|f(x)|\leqslant1$，因

而它也是有界的.

现考虑(0,1)上的两串点 $x_n=\frac{2}{n}$, $x_n'=\frac{2}{n+1}$, 则当 $0<\varepsilon_0<1$ 时,不论 $\delta>0$ 取得多小,只要 $n$ 充分大,总可以使

$$|x_n-x_n'|=\frac{2}{n(n+1)}<\delta,$$

但是

$$|f(x_n)-f(x_n')|=1>\varepsilon_0.$$

因而, $f(x)$ 在(0,1)上并非一致连续.

**【790】** 证明:函数 $f(x)=\sin x^2$ 在无穷区间 $-\infty<x<+\infty$ 上是连续的并且有界,但在此区间上并非一致连续的.

**证明思路** 函数 $f(x)$ 在 $(-\infty,+\infty)$ 上显然有界且连续. 只需证其不一致连续性. 为此,考虑 $(-\infty,+\infty)$ 上的两串点

$$x_n=\sqrt{\frac{n\pi}{2}},\quad x_n'=\sqrt{\frac{(n+1)\pi}{2}},$$

下面仿 788 题.

**证** 函数 $f(x)$ 的连续性及其有界性是显然的. 现证其不一致连续性.

考虑 $(-\infty,+\infty)$ 上的两串点

$$x_n=\sqrt{\frac{n\pi}{2}},\qquad x_n'=\sqrt{\frac{(n+1)\pi}{2}}.$$

则当 $0<\varepsilon_0<1$ 时,不论 $\delta>0$ 如何选取,只要 $n$ 充分大,总可以使

$$|x_n-x_n'|=\frac{\frac{\pi}{2}}{\sqrt{\frac{n\pi}{2}}+\sqrt{\frac{n+1}{2}\pi}}<\delta,$$

但是,

$$|f(x_n)-f(x_n')|=1>\varepsilon_0.$$

因而, $f(x)$ 在 $(-\infty,+\infty)$ 上并非一致连续.

**【791】** 证明:若函数 $f(x)$ 在区域 $a\leqslant x<+\infty$ 上有定义并且连续,而且有限的 $\lim\limits_{x\to+\infty}f(x)$ 存在,则 $f(x)$ 在此区域上是一致连续的.

**证** 任给 $\varepsilon>0$. 由于 $\lim\limits_{x\to+\infty}f(x)$ 存在,故必存在 $X>a$,使当 $x'>X$, $x''>X$ 时,恒有

$$|f(x')-f(x'')|<\varepsilon.$$

由于 $f(x)$ 在 $[a,X+1]$ 上连续,故一致连续,从而,必有正数 $\delta'$ 存在,使当 $x'\in[a,X+1]$, $x''\in[a,X+1]$, $|x'-x''|<\delta'$ 时,恒有

$$|f(x')-f(x'')|<\varepsilon.$$

令 $\delta=\min\{\delta',1\}$. 现设 $x'$, $x''$ 为满足 $a\leqslant x'<+\infty$, $a\leqslant x''<+\infty$, $|x'-x''|<\delta$ 的任何两点. 由于 $|x'-x''|<\delta$,故 $x'$ 与 $x''$ 或同时属于 $[a,X+1]$,或同时满足 $x'>X$, $x''>X$,因此,恒有

$$|f(x')-f(x'')|<\varepsilon,$$

故 $f(x)$ 在 $a\leqslant x<+\infty$ 上一致连续. 证毕.

**【792】** 证明:无界函数 $f(x)=x+\sin x$ 于全轴 $-\infty<x<+\infty$ 上一致连续.

**提示** $|f(x')-f(x'')|\leqslant 2|x'-x''|$ $(x',x''\in R)$.

**证** $|f(x')-f(x'')|=|(x'-x'')+(\sin x'-\sin x'')|\leqslant|x'-x''|+|\sin x'-\sin x''|\leqslant 2|x'-x''|$.

对于任给的 $\varepsilon>0$,取 $\delta=\frac{\varepsilon}{2}>0$, 则当 $-\infty<x'<+\infty$, $-\infty<x''<+\infty$, $|x'-x''|<\delta$ 时,恒有

$$|f(x')-f(x'')|<\varepsilon,$$

故 $f(x)$ 在 $-\infty<x<+\infty$ 上一致连续.

**【793】** 函数 $f(x)=x^2$ 在下列区间中是否为一致连续的:(1)$(-l,l)$,这里 $l$ 为任意大的正数;(2)在区间 $(-\infty,+\infty)$ 上?

**解题思路** (1) $|f(x')-f(x'')|\leqslant 2l|x'-x''|\quad (x',x''\in(-l,l))$.

(2) 考虑 $x_n'=n+\dfrac{1}{n}$, $x_n''=n$. 下面仿 788 题.

**解** (1) 当 $x_1,x_2\in(-l,l)$ 时,

$$|f(x_1)-f(x_2)|\leqslant 2l|x_1-x_2|.$$

对于任给的 $\varepsilon>0$,取 $\delta=\dfrac{\varepsilon}{2l}$,则当 $|x_1-x_2|<\delta$,且 $x_1,x_2\in(-l,l)$ 时,恒有 $|f(x_1)-f(x_2)|<\varepsilon$,故 $f(x)$ 在 $(-l,l)$ 上一致连续.

(2) 取 $\varepsilon_0=1$,不论 $\delta>0$ 取得多小,只要 $n$ 充分大,我们总可以使 $x_n'=n+\dfrac{1}{n}$, $x_n''=n$ 的距离 $|x_n'-x_n''|=\dfrac{1}{n}<\delta$,但是,

$$|f(x_n')-f(x_n'')|=2+\left(\frac{1}{n}\right)^2>\varepsilon_0.$$

可见 $f(x)$ 在 $(-\infty,+\infty)$ 上非一致连续.

**研究下列函数在给定区域上的一致连续性:**

**【794】** $f(x)=\dfrac{x}{4-x^2}\quad(-1\leqslant x\leqslant 1)$.

**解** $|f(x_1)-f(x_2)|=\left|\dfrac{x_1}{4-x_1^2}-\dfrac{x_2}{4-x_2^2}\right|=\left|\dfrac{4+x_1x_2}{(4-x_1^2)(4-x_2^2)}\right||x_1-x_2|$.

由于 $\left|\dfrac{4+x_1x_2}{(4-x_1^2)(4-x_2^2)}\right|<\dfrac{4+1}{3\cdot 3}=\dfrac{5}{9}<1$,故对于任给的 $\varepsilon>0$,取 $\delta=\varepsilon$,则对满足 $|x_1-x_2|<\delta$ 的 $x_1,x_2$ $\big(x_1,x_2$ 属于 $[-1,1]\big)$ 值,均有

$$|f(x_1)-f(x_2)|<\varepsilon.$$

因此,$f(x)$ 在区间 $[-1,1]$ 上一致连续.

**【795】** $f(x)=\ln x\quad(0<x<1)$.

**解** 考虑 $x_n=\dfrac{1}{n}$,$x_n'=\dfrac{1}{2n}$,则当 $0<\varepsilon_0<\ln 2$ 时,不论 $\delta$ 如何选取,只要 $n$ 充分大,我们总可以使

$$|x_n-x_n'|=\frac{1}{2n}<\delta,$$

但是,

$$|f(x_n)-f(x_n')|=\ln 2>\varepsilon_0.$$

因此,$f(x)$ 在区间 $(0,1)$ 内非一致连续.

**【796】** $f(x)=\dfrac{\sin x}{x}\quad(0<x<\pi)$.

**解** 由于 $\lim\limits_{x\to 0}\dfrac{\sin x}{x}=1$,我们定义函数

$$F(x)=\begin{cases}1, & x=0,\\ \dfrac{\sin x}{x}, & 0<x<\pi,\\ 0, & x=\pi.\end{cases}$$

易见 $F(x)$ 在 $[0,\pi]$ 上连续,由康托尔定理知,$F(x)$ 在 $[0,\pi]$ 上一致连续. 从而,$f(x)$ 也在 $(0,\pi)$ 上一致连续.

**【797】** $f(x)=e^x\cos\dfrac{1}{x}\quad(0<x<1)$.

**解** 取 $\varepsilon_0=1$，令 $x_n=\frac{2}{(2n+1)\pi}$，$x'_n=\frac{1}{n\pi}$（$n$ 为正整数），显然 $x_n$、$x'_n$ 均属于 $(0,1)$. 不论 $\delta>0$ 取得多么小，只要 $n$ 充分大，总有

$$|x_n-x'_n|=\frac{1}{(2n+1)n\pi}<\delta,$$

但是，

$$|f(x_n)-f(x'_n)|=e^{\frac{1}{n\pi}}>1=\varepsilon_0.$$

因此，$f(x)=e^x\cos\frac{1}{x}$ 在 $(0,1)$ 上非一致连续.

**【798】** $f(x)=\arctan x\quad(-\infty<x<+\infty)$.

**解** 由于 $f(x)$ 在区间 $(-\infty,1]$、$[0,+\infty)$ 上连续，且有

$$\lim_{x\to+\infty}\arctan x=\frac{\pi}{2},\quad \lim_{x\to-\infty}\arctan x=-\frac{\pi}{2},$$

由 791 题知 $f(x)$ 在 $[0,+\infty)$ 及 $(-\infty,1]$ 上均一致连续.

于是，对于任给的 $\varepsilon>0$，存在 $\delta_1(\varepsilon)>0$，当 $x_1$、$x_2\in(-\infty,1]$，$|x_1-x_2|<\delta_1(\varepsilon)$ 时，恒有

$$|f(x_1)-f(x_2)|<\varepsilon$$

成立.

又存在 $\delta_2(\varepsilon)>0$，当 $x_1,x_2\in[0,+\infty)$，$|x_1-x_2|<\delta_2(\varepsilon)$ 时，恒有 $|f(x_1)-f(x_2)|<\varepsilon$ 成立.

令取 $\delta(\varepsilon)=\min\{1,\delta_1(\varepsilon),\delta_2(\varepsilon)\}$，则当 $x_1,x_2\in(-\infty,+\infty)$，$|x_1-x_2|<\delta(\varepsilon)$ 时，$x_1$ 与 $x_2$ 必或同时属于 $(-\infty,1]$，或同时属于 $[0,+\infty)$，故恒有

$$|f(x_1)-f(x_2)|<\varepsilon,$$

即 $f(x)$ 在 $(-\infty,+\infty)$ 上一致连续.

**【799】** $f(x)=\sqrt{x}\quad(1\leqslant x<+\infty)$.

**解** 考虑 $[1,+\infty)$ 内任意两点 $x_1,x_2$.

$$|\sqrt{x_1}-\sqrt{x_2}|=\left|\frac{x_1-x_2}{\sqrt{x_1}+\sqrt{x_2}}\right|\leqslant\frac{|x_1-x_2|}{2}.$$

于是，对于任给的 $\varepsilon>0$，取 $\delta=2\varepsilon$，则当 $|x_1-x_2|<\delta$，$x_1,x_2\in[1,+\infty)$ 时，恒有

$$|\sqrt{x_1}-\sqrt{x_2}|<\frac{1}{2}\cdot2\varepsilon=\varepsilon.$$

因此，$f(x)=\sqrt{x}$ 在区间 $[1,+\infty)$ 上一致连续.

**【800】** $f(x)=x\sin x\quad(0\leqslant x<+\infty)$.

**解** 考虑点 $x_n=2n\pi+\frac{1}{n}$，$x'_n=2n\pi$，则 $|x_n-x'_n|=\frac{1}{n}$. 而

$$|f(x_n)-f(x'_n)|=\left(2n\pi+\frac{1}{n}\right)\sin\frac{1}{n}=2n\pi\sin\frac{1}{n}+\frac{1}{n}\sin\frac{1}{n}.$$

由于

$$\lim_{n\to\infty}\frac{1}{n}\sin\frac{1}{n}=0,\quad 及\quad \lim_{n\to\infty}2n\pi\sin\frac{1}{n}=\lim_{n\to\infty}\left(2\pi\cdot\frac{\sin\frac{1}{n}}{\frac{1}{n}}\right)=2\pi,$$

所以，$|f(x_n)-f(x'_n)|\to2\pi\quad(n\to\infty)$.

现取 $\varepsilon_0=2\pi-1$，于是，不论 $\delta>0$ 取得多么小，只要 $n$ 充分大，总有 $|x_n-x'_n|<\delta$，并且

$$|f(x_n)-f(x'_n)|>\varepsilon_0=2\pi-1.$$

因此，$f(x)=x\sin x$ 在区间 $[0,+\infty)$ 上非一致连续.

**【801】** 证明：函数 $f(x)=\frac{|\sin x|}{x}$ 在每个区间 $J_1=(-1<x<0)$ 及 $J_2=(0<x<1)$ 上是一致连续的，

但在它们的和 $J_1+J_2=\{0<|x|<1\}$ 上并非一致连续的.

**证** 在 $J_1=(-1<x<0)$ 上 $f(x)=-\dfrac{\sin x}{x}$,在 $J_2=(0<x<1)$ 上 $f(x)=\dfrac{\sin x}{x}$,它们的一致连续性由796题可知.

由于

$$\lim_{x\to+0}f(x)=\lim_{x\to+0}\frac{\sin x}{x}=1,\quad \lim_{x\to-0}f(x)=-\lim_{x\to-0}\frac{\sin x}{x}=-1,$$

故必存在 $\eta>0(\eta<1)$,使当 $0<x_1<\eta$, $-\eta<x_2<0$ 时恒有 $|f(x_1)-f(x_2)|>1$. 现取 $\varepsilon_0=1$,则不论 $\delta>0$ 取得多么小,都可取两点 $x'_1$ 和 $x'_2$,使 $0<x'_1<\min\left\{\eta,\dfrac{\delta}{2}\right\}$, $-\min\left\{\eta,\dfrac{\delta}{2}\right\}<x'_2<0$. 于是, $|x'_1-x'_2|<\delta$,但是,

$$|f(x_1')-f(x_2')|>\varepsilon_0=1.$$

由此可知 $f(x)$ 在 $J_1+J_2=\{0<|x|<1\}$ 上非一致连续.

**【802】** 对于 $\varepsilon>0$,求使下列函数 $f(x)$ 在所给区间上满足一致连续条件的 $\delta=\delta(\varepsilon)$(任意的!):

(1) $f(x)=5x-3\quad(-\infty<x<+\infty)$;

(2) $f(x)=x^2-2x-1\quad(-2\leqslant x\leqslant 5)$;

(3) $f(x)=\dfrac{1}{x}\quad(0.1\leqslant x\leqslant 1)$;

(4) $f(x)=\sqrt{x}\quad(0\leqslant x<+\infty)$;

(5) $f(x)=2\sin x-\cos x\quad(-\infty<x<+\infty)$;

(6) $f(x)=\begin{cases}x\sin\dfrac{1}{x}, & x\neq 0,\\ 0, & x=0\end{cases}\quad(0\leqslant x\leqslant\pi)$.

**解** (1) $|f(x_1)-f(x_2)|=5|x_1-x_2|$. 只需取 $\delta=\dfrac{\varepsilon}{5}$ 即行.

(2) $|f(x_1)-f(x_2)|=|x_1-x_2|\cdot|x_1+x_2-2|$. 由于 $-2\leqslant x\leqslant 5$,故 $|x_1+x_2-2|\leqslant 8$,于是只需取 $\delta=\dfrac{\varepsilon}{8}$ 即行.

(3) $|f(x_1)-f(x_2)|=\dfrac{|x_1-x_2|}{x_1x_2}\leqslant\dfrac{|x_1-x_2|}{0.01}$. 只需取 $\delta=0.01\varepsilon$.

(4) 对于 $a\geqslant 0$, $b\geqslant 0$,显然有不等式 $\sqrt{a+b}\leqslant\sqrt{a}+\sqrt{b}$ 成立.

对于任给的 $\varepsilon>0$,取 $\delta=\varepsilon^2$,则当 $|x_1-x_2|<\delta$, $x_1,x_2\in[0,+\infty)$ 时,

$$\sqrt{x_1}<\sqrt{x_2+\delta}\leqslant\sqrt{x_2}+\sqrt{\delta}=\sqrt{x_2}+\varepsilon.$$

同理可有

$$\sqrt{x_2}<\sqrt{x_1+\delta}\leqslant\sqrt{x_1}+\sqrt{\delta}=\sqrt{x_1}+\varepsilon.$$

则恒有 $|\sqrt{x_1}-\sqrt{x_2}|<\varepsilon$.

(5) 
$$\begin{aligned}|f(x_1)-f(x_2)|&\leqslant 2|\sin x_1-\sin x_2|+|\cos x_1-\cos x_2|\\&\leqslant 2|x_1-x_2|+\left|\left(\frac{\pi}{2}-x_1\right)-\left(\frac{\pi}{2}-x_2\right)\right|=3|x_1-x_2|\end{aligned}$$

只需取 $\delta=\dfrac{\varepsilon}{3}$.

(6)任给 $\varepsilon>0$,当 $x_1,x_2\in\left[\dfrac{\varepsilon}{3},\pi\right]$ 时,有

$$\begin{aligned}|f(x_1)-f(x_2)|&=\left|x_1\sin\frac{1}{x_1}-x_2\sin\frac{1}{x_2}\right|=\left|x_1\sin\frac{1}{x_1}-x_1\sin\frac{1}{x_2}+x_1\sin\frac{1}{x_2}-x_2\sin\frac{1}{x_2}\right|\\&\leqslant|x_1|\cdot\left|\sin\frac{1}{x_1}-\sin\frac{1}{x_2}\right|+|x_1-x_2|\cdot\left|\sin\frac{1}{x_2}\right|\leqslant|x_1|\cdot\left|\frac{1}{x_1}-\frac{1}{x_2}\right|+|x_1-x_2|\\&=\left(\frac{1}{x_2}+1\right)\cdot|x_1-x_2|\leqslant\frac{3+\varepsilon}{\varepsilon}|x_1-x_2|.\end{aligned}$$

取 $\delta=\min\left\{\dfrac{\varepsilon}{3},\dfrac{\varepsilon^2}{3+\varepsilon}\right\}$. 现设 $x_1,x_2\in[0,\pi]$满足 $|x_1-x_2|<\delta$,下证必有 $|f(x_1)-f(x_2)|<\varepsilon$.

不妨设 $x_1<x_2$，若 $x_1\geqslant\frac{\varepsilon}{3}$，则 $x_1,x_2$ 均属于 $\left[\frac{\varepsilon}{3},\pi\right]$，故由上述，知

$$|f(x_1)-f(x_2)|\leqslant\frac{3+\varepsilon}{\varepsilon}\cdot|x_1-x_2|<\frac{3+\varepsilon}{\varepsilon}\cdot\frac{\varepsilon^2}{3+\varepsilon}=\varepsilon.$$

若 $0\leqslant x_1<\frac{\varepsilon}{3}$，则 $x_2=x_2-x_1+x_1<\delta+\frac{\varepsilon}{3}\leqslant\frac{2\varepsilon}{3}$. 于是，

$$|f(x_1)-f(x_2)|=\left|x_1\sin\frac{1}{x_1}-x_2\sin\frac{1}{x_2}\right|\leqslant|x_1|+|x_2|<\frac{\varepsilon}{3}+\frac{2\varepsilon}{3}=\varepsilon\quad(\text{当 } x_1>0 \text{ 时}),$$

$$|f(x_1)-f(x_2)|=\left|0-x_2\sin\frac{1}{x_2}\right|\leqslant|x_2|<\frac{2\varepsilon}{3}<\varepsilon\quad(\text{当 } x_1=0 \text{ 时}),$$

综上所述，只要 $x_1,x_2\in[0,\pi]$，$|x_1-x_2|<\delta$，就有 $|f(x_1)-f(x_2)|<\varepsilon$.

**【803】** 将闭区间[1,10]等分为多少段，就足以让函数 $f(x)=x^2$ 在每一段上的振幅小于 0.0001？

**解** 设等分为 $n$ 段，则对于每段中的任意两点均有 $|x_1-x_2|\leqslant\frac{9}{n}$. 于是，

$$|x_1^2-x_2^2|=|x_1+x_2|\,|x_1-x_2|\leqslant\frac{(10+10)9}{n}=\frac{180}{n}.$$

按题设，我们只需 $\frac{180}{n}<0.0001$，也即 $n>1800000$.

因此，应把[1,10]等分成至少为 1800000 个等长的线段，就能满足要求.

**【804】** 证明：有限个在区间 $(a,b)$ 上一致连续函数的和与它们的乘积在此区间上仍是一致连续的.

**证** 由于有限个函数相加或相乘可逐次分解成两个函数相加或相乘，故我们只需考虑两个函数的情况.

设 $f(x)$ 与 $g(x)$ 都在有限区间 $(a,b)$ 上一致连续，要证 $f(x)+g(x)$ 与 $f(x)g(x)$ 也在 $(a,b)$ 上一致连续. 任给 $\varepsilon>0$. 由于 $f(x)$ 在 $(a,b)$ 上一致连续，故有 $\delta_1>0$ 存在，使对于 $(a,b)$ 中任何两点 $x'$ 与 $x''$，只要 $|x'-x''|<\delta_1$，就有 $\left|f(x')-f(x'')\right|<\frac{\varepsilon}{2}$. 又由于 $g(x)$ 在 $(a,b)$ 上一致连续，故又有 $\delta_2>0$ 存在，使对于 $(a,b)$ 中任何两点 $x'$ 与 $x''$，只要 $|x'-x''|<\delta_2$，就有 $\left|g(x')-g(x'')\right|<\frac{\varepsilon}{2}$. 令 $\delta=\min\{\delta_1,\delta_2\}$，则当 $|x'-x''|<\delta$（$x',x''$ 为 $(a,b)$ 中任何两点）时，恒有

$$|[f(x')+g(x')]-[f(x'')+g(x'')]|\leqslant|f(x')-f(x'')|+|g(x')-g(x'')|<\frac{\varepsilon}{2}+\frac{\varepsilon}{2}=\varepsilon.$$

故 $f(x)+g(x)$ 在 $(a,b)$ 上一致连续. 下证 $f(x)g(x)$ 在 $(a,b)$ 上一致连续. 为此先证一个结论：若函数 $F(x)$ 在有限区间 $(a,b)$ 上一致连续，则 $F(x)$ 在 $(a,b)$ 上必有界. 事实上，对于任意给定的 $\varepsilon>0$，都有 $\delta>0$ 存在，使对于 $(a,b)$ 中任何两点 $x',x''$，只要 $|x'-x''|<\delta$，就有 $|F(x')-F(x'')|<\varepsilon$. 特别，当 $a<x'<a+\delta$，$a<x''<a+\delta$ 时，必有 $|F(x')-F(x'')|<\varepsilon$；当 $b-\delta<x'<b$，$b-\delta<x''<b$ 时，也必有 $\left|F(x')-F(x'')\right|<\varepsilon$. 因此，根据柯西收敛准则，知 $F(a+0)=\lim\limits_{x\to a+0}F(x)$ 与 $F(b-0)=\lim\limits_{x\to b-0}F(x)$ 都存在（有限）. 现在 $[a,b]$ 上定义函数 $F^*(x)$：

$$F^*(x)=\begin{cases}F(x), & a<x<b,\\ F(a+0), & x=a,\\ F(b-0), & x=b.\end{cases}$$

显然，$F^*(x)$ 在闭区间 $[a,b]$ 上连续，从而有界，由此可知 $F(x)$ 在 $(a,b)$ 上有界.

根据刚才已证的结论，存在常数 $L>0$ 与 $M>0$，使

$$|f(x)|\leqslant L,\quad |g(x)|\leqslant M\quad(a<x<b).$$

任给 $\varepsilon>0$，根据 $f(x)$ 与 $g(x)$ 在 $(a,b)$ 上的一致连续性，可取 $\delta>0$，使对于 $(a,b)$ 中任何两点 $x'$ 与 $x''$，只要 $|x'-x''|<\delta$，就有

$$|f(x')-f(x'')|<\frac{\varepsilon}{2M},\quad |g(x')-g(x'')|<\frac{\varepsilon}{2L}.$$

由此可知

$$|f(x')g(x')-f(x'')g(x'')|=|[f(x')-f(x'')]g(x')+f(x'')[g(x')-g(x'')]|<\frac{\varepsilon}{2M}\cdot M+\frac{\varepsilon}{2L}\cdot L=\varepsilon.$$

故得知 $f(x)g(x)$ 在 $(a,b)$ 上一致连续.

**注**：当 $(a,b)$ 是无穷区间时，$(a,b)$ 上一致连续函数 $f(x)$ 与 $g(x)$ 的和 $f(x)+g(x)$ 必也一致连续，但乘积 $f(x)g(x)$ 不一定一致连续. 例如，设 $(a,b)=(-\infty,+\infty)$，函数 $f(x)=x$ 在 $(-\infty,+\infty)$ 上一致连续，而函数 $[f(x)]^2=x^2$ 在 $(-\infty,+\infty)$ 上非一致连续（参看 793 题(2)).

**【805】** 证明：若单调有界的函数 $f(x)$ 在有限或无穷的区间 $(a,b)$ 上是连续的，则此函数在区间 $(a,b)$ 上是一致连续的.

**证** 分三种情形予以证明.

(1)设 $(a,b)$ 是有限区间. 由于 $f(x)$ 在 $(a,b)$ 上单调有界，故极限 $f(a+0)=\lim\limits_{x\to a+0}f(x)$ 与 $f(b-0)=\lim\limits_{x\to b-0}f(x)$ 都存在(有限). 按下式定义 $[a.b]$ 上的函数 $f^*(x)$：

$$f^*(x)=\begin{cases}f(x), & a<x<b,\\ f(a+0), & x=a,\\ f(b-0), & x=b.\end{cases}$$

显然 $f^*(x)$ 在 $[a,b]$ 上连续，从而一致连续，当然在 $(a,b)$ 上也一致连续，故 $f(x)$ 在 $(a,b)$ 上一致连续.

(2)$a$ 为有限数，$b=+\infty$，此时，令

$$f^*(x)=\begin{cases}f(x), & a<x<+\infty,\\ f(a+0), & x=a.\end{cases}$$

则 $f^*(x)$ 在 $a\leqslant x<+\infty$ 上连续，且 $\lim\limits_{x\to+\infty}f^*(x)=\lim\limits_{x\to+\infty}f(x)$ 存在(有限)，故根据 791 题的结果知 $f^*(x)$ 在 $a\leqslant x<+\infty$ 一致连续，从而，$f(x)$ 在 $a<x<+\infty$ 一致连续.

若 $a=-\infty$，$b$ 为有限数. 考虑函数 $g(x)=f(-x)(-b<x<+\infty)$，即化成刚才证明了的左端点是有限数右端点是 $+\infty$ 的情形.

(3)$a=-\infty$，$b=+\infty$. 任给 $\varepsilon>0$. 利用(2)已证的结果，$f(x)$ 在 $0<x<+\infty$ 上一致连续，故存在 $\delta_1>0$，使当 $x'$ 与 $x''$ 都属于 $(0,+\infty)$ 且 $|x'-x''|<\delta_1$ 时，恒有

$$|f(x')-f(x'')|<\varepsilon.$$

同样利用(2)已证的结果，$f(x)$ 在 $-\infty<x<1$ 上一致连续，故对于同一个 $\varepsilon$，存在 $\delta_2>0$，使当 $x'$ 与 $x''$ 都属于 $(-\infty,1)$ 且 $|x'-x''|<\delta_2$ 时，恒有

$$|f(x')-f(x'')|<\varepsilon.$$

现令 $\delta=\min\{1,\delta_1,\delta_2\}$，则当 $-\infty<x'<+\infty$，$-\infty<x''<+\infty$，$|x'-x''|<\delta$ 时，$x'$ 与 $x''$ 必或是同属于区间 $(0,+\infty)$，或是同属于区间 $(-\infty,1)$. 因此，恒有

$$|f(x')-f(x'')|<\varepsilon.$$

由此可知，$f(x)$ 在 $(-\infty,+\infty)$ 上一致连续. 证毕.

**【806】** 证明：在有限区间 $(a,b)$ 上有定义而且是连续的函数 $f(x)$，可用连续的方法延拓到闭区间 $[a,b]$ 上，其充分必要条件是函数 $f(x)$ 在区间 $(a,b)$ 上是一致连续的.

**证** 必要性：若 $f(x)$ 可用连续的方法延拓到闭区间 $[a,b]$ 上，则 $f(x)$ 在 $[a,b]$ 上连续，从而 $f(x)$ 在 $[a,b]$ 上一致连续，当然 $f(x)$ 在 $(a,b)$ 上也是一致连续的.

充分性：若 $f(x)$ 在 $(a,b)$ 上一致连续. 根据 804 题的证明过程，知 $f(a+0)=\lim\limits_{x\to a+0}f(x)$ 与 $f(b-0)=\lim\limits_{x\to b-0}f(x)$ 都存在(有限). 按下式定义 $[a,b]$ 上的函数：

$$f^*(x)=\begin{cases}f(x), & a<x<b,\\ f(a+0), & x=a,\\ f(b-0), & x=b.\end{cases}$$

显然，$f^*(x)$ 在 $[a,b]$ 上连续，在 $(a,b)$ 上 $f^*(x)\equiv f(x)$.

故 $f^*(x)$是在$[a,b]$上的连续延拓. 证毕.

**【807】** 函数

$$\omega_f(\delta)=\sup|f(x_1)-f(x_2)|$$

(式中 $x_1$ 和 $x_2$ 为$(a.b)$中受条件$|x_1-x_2|\leqslant\delta$限制的任意两点)称为函数 $f(x)$在区间$(a,b)$上的**连续模**.

证明:函数 $f(x)$在区间$(a,b)$上是一致连续的充分必要条件是$\lim\limits_{\delta\to+0}\omega_f(\delta)=0$.

**证** 必要性:设 $f(x)$在$(a,b)$上一致连续. 任给 $\varepsilon>0$,存在 $\delta'>0$,使$(a,b)$中任何两点 $x_1,x_2$,只要$|x_1-x_2|<\delta'$就有$|f(x_1)-f(x_2)|<\dfrac{\varepsilon}{2}$. 现设$0<\delta<\delta'$,则当$|x_1-x_2|\leqslant\delta$时,必有$|f(x_1)-f(x_2)|<\dfrac{\varepsilon}{2}$,从而,

$$\omega_f(\delta)=\sup|f(x_1)-f(x_2)|\leqslant\frac{\varepsilon}{2}<\varepsilon.$$

由此可知,$\lim\limits_{\delta\to+0}\omega_f(\delta)=0$.

充分性:设$\lim\limits_{\delta\to+0}\omega_f(\delta)=0$. 任给 $\varepsilon>0$,存在 $\delta'>0$,使当 $0<\delta<\delta'$时,恒有 $\omega_f(\delta)<\varepsilon$.

现设 $x_1$ 与 $x_2$ 是$(a,b)$中满足$|x_1-x_2|<\delta'$的任何两点.

若 $x_1=x_2$,则显然$|f(x_1)-f(x_2)|=0<\varepsilon$;

若 $x_1\neq x_2$,令$|x_1-x_2|=\delta^*$,则 $0<\delta^*<\delta'$,于是,$|f(x_1)-f(x_2)|\leqslant\omega_f(\delta^*)<\varepsilon$.

由此可知,$f(x)$在$(a,b)$上一致连续. 证毕.

**【808】** 设

(1) $f(x)=x^3\quad(0\leqslant x\leqslant1)$;

(2) $f(x)=\sqrt{x}\quad(0\leqslant x\leqslant a)$及$(a<x<+\infty)$;

(3) $f(x)=\sin x+\cos x\quad(0\leqslant x\leqslant2\pi)$.

对函数 $f(x)$的连续模 $\omega_f(\delta)$(参阅前题)作如下形式的估计:$\omega_f(\delta)\leqslant C\delta^\alpha$,式中 $C$ 和 $\alpha$ 为常数.

**解** (1) $|x_1^3-x_2^3|=|x_1-x_2||x_1^2+x_1x_2+x_2^2|\leqslant3\delta$,于是,$\omega_f(\delta)\leqslant3\delta$.

(2) 当 $0\leqslant x\leqslant a$ 时[参看 802 题(4)的证明过程]

$$|\sqrt{x_1}-\sqrt{x_2}|\leqslant\sqrt{|x_1-x_2|}\leqslant\sqrt{\delta},$$

于是,$\omega_f(\delta)\leqslant\sqrt{\delta}$;当 $a<x<+\infty$时

$$|\sqrt{x_1}-\sqrt{x_2}|=\frac{|x_1-x_2|}{\sqrt{x_1}+\sqrt{x_2}}\leqslant\frac{\delta}{2\sqrt{a}},$$

于是,$\omega_f(\delta)\leqslant\dfrac{\delta}{2\sqrt{a}}$.

(3) $f(x)=\sqrt{2}\sin\left(x+\dfrac{\pi}{4}\right)$,故

$$\left|\sqrt{2}\sin\left(x_1+\frac{\pi}{4}\right)-\sqrt{2}\sin\left(x_2+\frac{\pi}{4}\right)\right|=\sqrt{2}\cdot2\left|\cos\frac{x_1+x_2+\frac{\pi}{2}}{2}\sin\frac{x_1-x_2}{2}\right|$$
$$\leqslant\sqrt{2}\cdot2\cdot\frac{|x_1-x_2|}{2}\leqslant\sqrt{2}\delta.$$

于是,$\omega_f(\delta)\leqslant\sqrt{2}\delta$.

## § 10. 函数方程

**【809】** 证明:对于所有实数 $x$ 和 $y$ 都满足方程

$$f(x+y)=f(x)+f(y)\tag{1}$$

的唯一的连续函数 $f(x)(-\infty<x<+\infty)$是线性齐次函数:

$$f(x)=ax,$$

式中 $a=f(1)$ 是任意的常数.

**证** 先证:若 $f(x)$ 满足(1),则对任何有理数 $c$,必有

$$f(cx)=cf(x) \quad (-\infty<x<+\infty).$$

事实上,当 $m$ 与 $n$ 为正整数时,有

$$f(mx)=f(x+(m-1)x)=f(x)+f((m-1)x)=f(x)+f(x)+f((m-2)x)=\cdots$$
$$=f(x)+f(x)+\cdots+f(x)=mf(x);$$

$$f(x)=f\left(n\cdot\frac{x}{n}\right)=nf\left(\frac{x}{n}\right), \quad 故\ f\left(\frac{x}{n}\right)=\frac{1}{n}f(x).$$

于是,

$$f\left(\frac{m}{n}x\right)=mf\left(\frac{x}{n}\right)=\frac{m}{n}f(x).$$

又在(1)中令 $y=0$,得 $f(x)=f(x)+f(0)$,故 $f(0)=0$;又在(1)中令 $y=-x$,并注意到已证的结果 $f(0)=0$,得 $f(-x)=-f(x)$. 于是,

$$f\left(-\frac{m}{n}x\right)=-f\left(\frac{m}{n}x\right)=-\frac{m}{n}f(x).$$

故对任何有理数 $c$,有 $f(cx)=cf(x)(-\infty<x<+\infty)$. 下面,我们利用 $f(x)$ 的连续性证明对任何无理数 $c$,此式也成立. 事实上,设 $c$ 为无理数. 取一串有理数 $c_n$,使 $c_n\to c(n\to\infty)$. 于是,

$$f(c_n x)=c_n f(x) \quad (n=1,2,\cdots),$$

在此式两端令 $n\to\infty$ 取极限,并注意到函数 $f$ 在点 $cx$ 连续,即得 $f(cx)=cf(x)$. 于是,对任何实数 $x$ 和 $c$,有 $f(cx)=cf(x)$. 由此可知,对任何实数 $x$,有

$$f(x)=f(x\cdot 1)=xf(1)=ax,$$

其中 $a=f(1)$. 证毕.

**【810】** 证明:满足方程(1)的单调函数 $f(x)$ 是线性齐次的.

**证** 由 809 题的证明过程,知:对任何有理数 $c$,有

$$f(cx)=cf(x) \quad (-\infty<x<+\infty).$$

下面,我们利用 $f(x)$ 的单调性证明此式对任何无理数 $c$ 也成立. 为确定起见,设 $f(x)$ 是单调递增的,设 $c$ 是无理数,要证 $f(cx)=cf(x)(-\infty<x<+\infty)$. 只就 $x>0$ 讨论之($x\leqslant 0$ 时可类似讨论). 取两串有理数 $\{c_n\}$ 与 $\{c_n'\}$ 使:

$$c_1<c_2<c_3<\cdots<c<\cdots<c_3'<c_2'<c_1',$$

并且 $c_n\to c$, $c_n'\to c$ $(n\to\infty)$. 由于 $x>0$,故

$$c_1x<c_2x<c_3x<\cdots<cx<\cdots<c_3'x<c_2'x<c_1'x,$$

并且 $c_nx\to cx$, $c_n'x\to cx$ $(n\to\infty)$. 另外,我们有

$$f(c_nx)=c_nx, \quad f(c_n'x)=c_n'x \quad (n=1,2,\cdots).$$

由于 $f(x)$ 是单调递增的,故在点 $cx$ 的左、右极限均存在有限,并且满足

$$f(cx-0)\leqslant f(cx)\leqslant f(cx+0).$$

在前面两个等式中令 $n\to\infty$ 取极限,得

$$f(cx-0)=cx, \quad f(cx+0)=cx.$$

由此可知 $f(cx)=cx$.

以下证明同 809 题,不再重复.

**【811】** 证明:满足方程(1)且在任意小区间$(-\varepsilon,\varepsilon)$上为有界的函数 $f(x)$,是线性齐次函数.

**证** 由 809 题的证明过程,知:对任何有理数 $c$,有

$$f(cx)=cf(x) \quad (-\infty<x<+\infty).$$

下面,我们利用 $f(x)$ 在$(-\varepsilon,\varepsilon)$中的有界性来证明对于任何无理数 $c$,此式也成立. 用反证法,假定对于某无

理数 $c_0$ 以及某实数 $x_0$，有 $f(c_0x_0)\neq c_0f(x_0)$. 令 $f(c_0x_0)-c_0f(x_0)=\alpha$，则 $\alpha\neq 0$. 今取一串有理数 $\{c_n\}$，使 $c_n\to c_0(n\to\infty)$. 于是，对于任何正整数 $m$，有

$$f[m(c_0-c_n)x_0]=mf[(c_0-c_n)x_0]=m[f(c_0x_0)-f(c_nx_0)]=m(c_0-c_n)f(x_0)+m\alpha,$$
$$(n=1,2,3,\cdots;\ m=1,2,3,\cdots).$$

任给 $G>0$. 先取定一个正整数 $m$，使 $m>\dfrac{2G}{|\alpha|}$. 对此 $m$，再取定一个正整数 $n$，使

$$|m(c_0-c_n)x_0|<\varepsilon,\quad |m(c_0-c_n)f(x_0)|<G.$$

令 $\bar{x}=m(c_0-c_n)x_0$. 于是 $\bar{x}\in(-\varepsilon,\varepsilon)$，并且

$$|f(\bar{x})|\geqslant|m\alpha|-|m(c_0-c_n)f(x_0)|>2G-G=G.$$

由所给 $G>0$ 的任意性，即知 $f(x)$ 在 $(-\varepsilon,\varepsilon)$ 无界，此与假定矛盾. 于是，对任何无理数 $c$，也有

$$f(cx)=cf(x).$$

以下证明同 809 题，不再重复.

**【812】** 证明：对所有 $x$ 和 $y$ 都满足方程

$$f(x+y)=f(x)f(y)\tag{2}$$

的唯一不恒等于零的连续函数 $f(x)(-\infty<x<+\infty)$ 是指数函数：$f(x)=a^x$，式中 $a=f(1)$ 为正的常数.

**证** 先证必有 $f(x)>0\ (-\infty<x<+\infty)$. 事实上，由 $f(x)=f\left(\dfrac{x}{2}+\dfrac{x}{2}\right)=\left[f\left(\dfrac{x}{2}\right)\right]^2$，知 $f(x)\geqslant 0$. 由于 $f(x)\not\equiv 0$，故存在 $x_0$ 使 $f(x_0)>0$. 在(2)中令 $x=x_0$，$y=0$，得 $f(x_0)=f(x_0)f(0)$，故 $f(0)=1$；又在(2)中令 $y=-x$，得 $1=f(0)=f(x)f(-x)$，故 $f(x)\neq 0$，由此可知 $f(x)>0\ (-\infty<x<+\infty)$. 当 $m$ 与 $n$ 为正整数时，

$$f(mx)=f((m-1)x+x)=f((m-1)x)f(x)=f((m-2)x)f(x)f(x)=\cdots=[f(x)]^m;$$
$$f(x)=f\left(n\cdot\frac{x}{n}\right)=\left[f\left(\frac{x}{n}\right)\right]^n,\quad 即\ f\left(\frac{x}{n}\right)=[f(x)]^{\frac{1}{n}}.$$

于是，

$$f\left(\frac{m}{n}x\right)=\left[f\left(\frac{x}{n}\right)\right]^m=[f(x)]^{\frac{m}{n}}.$$

又有

$$f\left(-\frac{m}{n}x\right)=[f(-x)]^{\frac{m}{n}}=[f(x)]^{-\frac{m}{n}}.$$

由此可知，对任何有理数 $c$，有

$$f(cx)=[f(x)]^c\quad(-\infty<x<+\infty).$$

根据 $f(x)$ 的连续性，仿 809 题的证明易知此式对任何无理数也成立. 因此，对于任何实数 $c$ 与 $x$，有

$$f(cx)=[f(x)]^c,$$

从而，$f(x)=f(x\cdot 1)=[f(1)]^x=a^x$，$a=f(1)>0$.

**注** 也可利用 809 题的结果来证. 前面已证 $f(x)>0\ (-\infty<x<+\infty)$. 令 $F(x)=\log_a f(x)$，这里 $a=f(1)>0$. 于是，$F(x)$ 是 $-\infty<x<+\infty$ 上的连续函数，满足(1)式：

$$F(x+y)=\log_a f(x+y)=\log_a[f(x)f(y)]=\log_a f(x)+\log_a f(y)=F(x)+F(y).$$

故由 809 题的结果，知 $F(x)=a^*x$，这里

$$a^*=F(1)=\log_a f(1)=\log_a a=1,$$

从而，$F(x)=x$. 由此可知 $f(x)=a^x$.

**【813】** 证明：在区间 $(0,\varepsilon)$ 中有界并满足方程(2)的不恒等于零的函数 $f(x)$ 是指数函数.

**证** 由 812 的证明知：$f(x)>0\ (-\infty<x<+\infty)$，并且对任何有理数 $c$，有 $f(cx)=[f(x)]^c$. 下证对任何无理数 $c$，也有

$$f(cx)=[f(x)]^c\quad(-\infty<x<+\infty).$$

用反证法. 假定对某无理数 $c_0$, 及某实数 $x_0$, 有 $f(c_0x_0)\neq[f(x_0)]^{c_0}$. 显然 $x_0\neq0$(因为 $f(0)=1$). 不妨设 $x_0>0$. 我们有 $f(c_0x_0)=\beta[f(x_0)]^{c_0}$, $\beta>0$, $\beta\neq1$. 不妨设 $\beta>1$. 取一串有理数 $c_n$, 使 $c_1<c_2<c_3<\cdots<c_0$, 且 $c_n\to c_0$ $(n\to\infty)$. 于是, 对任何正整数 $m$, 有

$$f[m(c_0-c_n)x_0]=\{f[(c_0-c_n)x_0]\}^m=f(c_0x_0)^m f(-c_nx_0)^m=\beta^n[f(x_0)]^{m(c_0-c_n)}.$$

现任给 $G>0$. 先取定一个正整数 $m$, 使 $\beta^n>2G$. 然后, 再取一个 $n$, 使

$$0<m(c_0-c_n)x_0<\varepsilon,\quad [f(x_0)]^{m(c_0-c_n)}>\frac{1}{2}.$$

于是, 令 $\bar{x}=m(c_0-c_n)x_0$, 则 $\bar{x}\in(0,\varepsilon)$, 且 $f(\bar{x})>2G\cdot\frac{1}{2}=G$, 故 $f(x)$ 在 $(0,\varepsilon)$ 无界, 此与假定矛盾. 注意, 若 $\beta<1$, 则需取 $c_1>c_2>c_3>\cdots>c_0$, $c_n\to c$ 并考虑

$$f[-m(c_0-c_n)x_0]=\beta^{-m}[f(x_0)]^{-m(c_0-c_n)}.$$

由此可知, 对任何无理数 $c$, $f(cx)=[f(x)]^c$ 也成立.

以下证明同 812 题, 不再重复.

**【814】** 证明: 对于所有正数 $x$ 和 $y$ 都满足方程 $f(xy)=f(x)+f(y)$ 的唯一不恒等于零的连续函数 $f(x)$ $(0<x<+\infty)$ 是对数函数: $f(x)=\log_a x$, 式中 $a$ 为正的常数.

**证** 在 $f(xy)=f(x)+f(y)$ 中令 $y=1$, 得 $f(1)=0$. 由于 $f(x)\not\equiv0$, 故存在 $x_0>0$ 使 $f(x_0)\neq0$. 先设 $f(x_0)>0$.

由于 $f(x_0^2)=f(x_0)+f(x_0)=2f(x_0)$, $f(x_0^4)=2f(x_0^2)=4f(x_0)$, $\cdots$, 利用数学归纳法, 易知 $f(x_0^{2n})=2nf(x_0)\to+\infty$ $(n\to\infty)$. 故可取某正整数 $n$, 使 $f(x_0^{2n})>1$. 于是, 根据连续函数性质知, 在 1 与 $x_0^{2n}$ 之间必存在某 $a$(显然 $a>0$)使 $f(a)=1$. 现考虑函数 $F(x)=f(a^x)$ $(-\infty<x<+\infty)$. 显然 $F(x)$ 连续且满足(1)式:

$$F(x+y)=f(a^{x+y})=f(a^x\cdot a^y)=f(a^x)+f(a^y)=F(x)+F(y).$$

于是, 根据 809 题的结果知, $F(x)=a^*x$ $(-\infty<x<+\infty)$, 其中 $a^*=F(1)=f(a)=1$. 于是, $F(x)=x$, 即

$$f(a^x)=x;$$

令 $a^x=y$, 则 $x=\log_a y$, 于是,

$$f(y)=\log_a y\quad(0<y<+\infty).$$

若 $f(x_0)<0$, 则可考虑函数 $g(x)=-f(x)$. 于是, $g(x_0)>0$ 且 $g(x)$ 也满足 $g(xy)=g(x)+g(y)$, 故根据刚才已证的结果, 可知 $g(y)=\log_a y$ $(0<y<+\infty)$, 其中 $a>0$. 即 $-f(y)=\log_a y$, 或 $f(y)=-\log_a y$. 令 $a^*=\frac{1}{a}$, 则 $a^*>0$ 且 $-\log_a y=\log_{a^*}y$, 故

$$f(y)=\log_{a^*}y\quad(0<y<+\infty),$$

其中 $a^*>0$. 证毕.

**【815】** 证明: 对于所有正数 $x$ 和 $y$ 都满足方程

$$f(xy)=f(x)f(y)\tag{3}$$

的唯一不恒等于零的连续函数 $f(x)$ $(0<x<+\infty)$ 是幂函数 $f(x)=x^a$, 式中 $a$ 为常数.

**证** 考虑函数 $F(x)=f(e^x)$ $(-\infty<x<+\infty)$, 则 $F(x)$ 在 $-\infty<x<+\infty$ 连续不恒为零, 且满足(2)式:

$$F(x+y)=f(e^{x+y})=f(e^x\cdot e^y)=f(e^x)f(e^y)=F(x)F(y).$$

于是, 根据 812 题的结果知

$$F(x)=b^x\quad(-\infty<x<+\infty),$$

其中 $b>0$, 即 $f(e^x)=b^x$ $(-\infty<x<+\infty)$.

令 $e^x=y$, 则 $y>0$; 显然, 存在唯一的 $a$ $(-\infty<a<+\infty)$, 使 $e^a=b$. 于是,

$$f(y)=b^x=e^{ax}=y^a\quad(0<y<+\infty).$$

证毕.

【816】 求对于所有实数 $x$ 和 $y$ 都满足方程(3)的所有的连续函数 $f(x)(-\infty<x<+\infty)$.

**证** 因为 $f(xy)=f(x)f(y)$,所以 $f(1)=f(1)f(1)$,于是,$f(1)=0$ 或 $f(1)=1$.

当 $f(1)=0$ 时,对于任意实数 $x$,均有 $f(x)=f(1)f(x)\equiv 0$.

当 $f(1)=1$ 时,由于 $f(1)=f((-1)\cdot(-1))=f(-1)f(-1)=1$,所以,$f(-1)=\pm 1$. 下面分两种情况讨论:

(ⅰ) 当 $f(-1)=1$ 时,由于 $f(-x)=f(-1)f(x)=f(x)$,所以,在这种情形下就可把问题归结为对 $0<x<+\infty$ 中的 $x$ 进行讨论. 而对于 $x>0$,我们已证得 $f(x)=x^a$,式中 $a$ 为常数*). 然后再利用 $f(-x)=f(x)$,即得 $f(x)=|x|^a$,为保证 $f(x)$ 在 $(-\infty,+\infty)$ 中连续,需 $a\geqslant 0$.

(ⅱ) 当 $f(-1)=-1$ 时,同(ⅰ)可得

$$f(x)=\operatorname{sgn}x\cdot|x|^a \quad (a\geqslant 0).$$

综上所述,所求的函数为(1) $f(x)\equiv 0$;或(2) $f(x)=|x|^a(a\geqslant 0)$;或(3) $f(x)=\operatorname{sgn}x\cdot|x|^a \quad (a\geqslant 0)$.

*) 利用 815 题的结果.

【817】 证明:不连续函数 $f(x)=\operatorname{sgn}x$ 满足方程(3).

**证** 由 $f(x)=\operatorname{sgn}x$ 知,$f(xy)=\operatorname{sgn}(xy)$.

分三种情况讨论:

(1) 当 $xy>0$ 时,$x$ 与 $y$ 同号,此时 $\operatorname{sgn}(xy)=\operatorname{sgn}x\cdot\operatorname{sgn}y=1$;

(2) 当 $xy<0$ 时,$x$ 与 $y$ 异号,此时 $\operatorname{sgn}(xy)=\operatorname{sgn}x\cdot\operatorname{sgn}y=-1$.

(3) 当 $xy=0$ 时,在实数域内,$x$ 与 $y$ 中至少有一个为 0,于是,$\operatorname{sgn}(xy)=\operatorname{sgn}x\cdot\operatorname{sgn}y=0$.

总之,不论哪一种情形,均有

$$\operatorname{sgn}(xy)=\operatorname{sgn}x\cdot\operatorname{sgn}y,$$

也即函数 $f(x)=\operatorname{sgn}x$ 满足方程 $f(xy)=f(x)f(y)$.

【818】 求对于所有实数 $x$ 和 $y$ 都满足方程 $f(x+y)+f(x-y)=2f(x)f(y)$ 的所有的连续函数 $f(x)$ $(-\infty<x<+\infty)$.

**解** 显见函数

$$f(x)=\cos ax \quad \text{或} \quad f(x)=\operatorname{ch}ax$$

满足所给方程. 下面我们将指出满足所给方程的函数具有上述形式. 为此,在方程中令 $y=0$,得

$$2f(x)=2f(x)f(0),$$

则当 $f(x)\neq 0$ 时 $f(0)=1$. 又令 $x=0$ 得

$$f(y)+f(-y)=2f(y),$$

所以,$f(-y)=f(y)$.

由 $f(x)$ 的连续性,故知存在 $c>0$,使当 $x\in[0,c]$ 时,$f(x)>0$. 设 $f(c)=a$. 下面分两种情况讨论:

(1) 当 $0<a\leqslant 1$ 时,于是,存在 $\theta$:$0\leqslant\theta<\frac{\pi}{2}$,使得

$$f(c)=\cos\theta. \tag{1'}$$

从而

$$f(2c)=2[f(c)]^2-f(0)=2\cos^2\theta-1=\cos 2\theta,$$
$$f(3c)=2f(2c)f(c)-f(c)=2\cos 2\theta\cos\theta-\cos\theta=\cos 3\theta.$$

利用数学归纳法易证,对于所有的正整数 $n$,均有

$$f(nc)=\cos n\theta. \tag{2'}$$

又

$$\left[f\left(\frac{1}{2}c\right)\right]^2=\frac{1}{2}[f(0)+f(c)]=\frac{1}{2}(1+\cos\theta)=\cos^2\frac{\theta}{2},$$

由于 $f(x)>0$,故取正根,则得

$$f\left(\frac{1}{2}c\right)=\cos\frac{\theta}{2}. \tag{3'}$$

同样,利用数学归纳法,对于所有的正整数 $n$,均有

$$f\left(\frac{1}{2^n}c\right)=\cos\left(\frac{1}{2^n}\theta\right). \tag{4'}$$

重复应用(1′)到(2′)的推理过程于(4′),可知对于所有的正整数 $m$,均有

$$f\left(\frac{m}{2^n}c\right)=\cos\left(\frac{m}{2^n}\theta\right). \tag{5'}$$

因此,对于$\frac{m}{2^n}$型的正实数 $x_n$,有

$$f(cx_n)=\cos(\theta x_n).$$

又因任一正实数 $x$ 皆可表成$\frac{m}{2^n}$型数列的极限,所以,利用极限过程易得

$$f(cx)=\cos(\theta x). \tag{6'}$$

由于 $f(-y)=f(y)$,故(6′)式对 $x<0$ 也成立. 至于当 $x=0$ 时,$f(cx)=\cos(\theta x)$显然成立. 因此,对于 $-\infty<x<+\infty$的一切实数,均有 $f(cx)=\cos(\theta x)$. 把 $cx$ 换成 $x$,并令$\frac{\theta}{c}=a$,则得

$$f(x)=\cos ax.$$

(2) 当 $a>1$ 时,于是存在这样的 $\theta$,使得 $f(c)=a=\operatorname{ch}\theta$.

根据双曲余弦的关系式,再重复上面的推理过程,可得 $f(x)=\operatorname{ch}ax$. 当 $a=0$ 时,$f(x)\equiv1$.

综上所述,所求的函数为 $f(x)=\cos ax$ 或 $f(x)=\operatorname{ch}ax$.

**【819】** 求对于所有实数 $x$ 和 $y$ 都满足方程组:

$$f(x+y)=f(x)f(y)-g(x)g(y),$$
$$g(x+y)=f(x)g(y)+f(y)g(x),$$

以及规范条件

$$f(0)=1 \quad 和 \quad g(0)=0$$

的所有的有界连续函数 $f(x)$和 $g(x)$ $(-\infty<x<+\infty)$.

**提示** 考虑函数 $F(x)=f^2(x)+g^2(x)$.

**解** 考虑函数 $F(x)=f^2(x)+g^2(x)$,则

$$\begin{aligned}F(x+y)&=f^2(x+y)+g^2(x+y)\\&=[f(x)f(y)-g(x)g(y)]^2+[f(x)g(y)+f(y)g(x)]^2=F(x)F(y),\end{aligned}$$

由于 $F(0)=1$ 及 $F(x)\neq0$,故

$$F(x)=a^x \quad (-\infty<x<+\infty),$$

式中 $a=F(1)$为正的常数*).

由于 $f(x)$及 $g(x)$有界,故只能有 $a=1$. 因此,对于所有的实数 $x$,有 $f^2(x)+g^2(x)=1$. 因为

$$0=g(0)=g(x-x)=f(x)g(-x)+f(-x)g(x)$$

及

$$1=f(0)=f(x-x)=f(x)f(-x)-g(-x)g(x).$$

上面二式分别乘以 $g(-x)$及 $f(-x)$,然后相加,得

$$f(-x)=f(x)[f^2(-x)+g^2(-x)]=f(x);$$

如果上面二式分别乘以 $f(-x)$及 $g(-x)$,然后相减,得

$$g(-x)=-g(x)[g^2(-x)+f^2(-x)]=-g(x).$$

从而可得

$$f(x+y)+f(x-y)=f(x)f(y)-g(x)g(y)+f(x)f(-y)-g(x)g(-y)=2f(x)f(y).$$

于是,考虑到 $f(x)$的有界性,可得

$$f(x)=\cos ax^{**)},$$

再由 $f^2(x)+g^2(x)=1$ 可得

$$g(x)=\pm\sin ax.$$

*) 利用 812 题的结果.

**) 利用 818 题的结果.

**【820】** 设 $\Delta f(x)=f(x+\Delta x)-f(x)$ 及 $\Delta^2 f(x)=\Delta\{\Delta f(x)\}$ 分别为函数 $f(x)$ 的一阶、二阶有限差分.

证明:若函数 $f(x)(-\infty<x<+\infty)$ 是连续的且 $\Delta^2 f(x)\equiv 0$,则此函数是线性函数,即 $f(x)=ax+b$,式中 $a$ 和 $b$ 为常数.

**证** 由 $\Delta^2 f(x)\equiv 0$ 得

$$f(x+\Delta_1 x+\Delta_2 x)-f(x+\Delta_2 x)\equiv f(x+\Delta_1 x)-f(x).$$

令 $x=0$,得

$$f(\Delta_1+\Delta_2)-f(\Delta_2)\equiv f(\Delta_1)-f(0).$$

令 $\Delta_2=n\Delta_1$,得

$$f[(n+1)\Delta_1]-f(n\Delta_1)\equiv f(\Delta_1)-f(0).$$

利用数学归纳法,可得

$$f[(n+1)\Delta_1]-f(0)\equiv(n+1)[f(\Delta_1)-f(0)]. \tag{1'}$$

关系式(1′)可写成

$$f(\Delta_1)-f(0)=\frac{1}{n}[f(n\Delta_1)-f(0)].$$

在上式中令 $n\Delta_1=m$,再利用(1′)即得

$$f\left(\frac{m}{n}\right)-f(0)=\frac{m}{n}[f(1)-f(0)].$$

所以,$f\left(\frac{m}{n}\right)=a\cdot\frac{m}{n}+b$,式中 $a=f(1)-f(0)$ 及 $b=f(0)$ 均为常数.

于是,对于有理数 $x$,均有

$$f(x)=ax+b.$$

对于无理数 $x$,利用 $f(x)$ 的连续性,即可证得上式仍成立.事实上,取有理数列 $x_n\to x$,则

$$\lim_{x_n\to x}f(x_n)=f(x).$$

另一方面

$$\lim_{x_n\to x}f(x_n)=\lim_{x_n\to x}(ax_n+b)=ax+b.$$

因此,对于所有的实数 $x$,均有 $f(x)=ax+b$.

费定晖 周学圣 编著
郭大钧 邵品琮 主审

# 吉米多维奇
# 数学分析
# 习题集题解

2

第4版

山东科学技术出版社
·济南·

**图书在版编目（CIP）数据**

吉米多维奇数学分析习题集题解. 2 / 费定晖，周学圣编著. --4版. --济南：山东科学技术出版社，2012.7（2023.10 重印）
ISBN 978-7-5331-5899-6

Ⅰ. ①吉… Ⅱ. ①费… ②周… Ⅲ. ①数学分析-高等学校-题解 Ⅳ. ①O17-44

中国版本图书馆CIP数据核字（2012）第120151号

# 吉米多维奇数学分析习题集题解 2

JIMIDUOWEIQI SHUXUE FENXI XITIJI TIJIE 2

责任编辑：段 琰

---

**主管单位：山东出版传媒股份有限公司**
**出 版 者：山东科学技术出版社**
地址：济南市市中区舜耕路517号
邮编：250003 电话：（0531）82098088
网址：www.lkj.com.cn
电子邮件：sdkj@sdcbcm.com
**发 行 者：山东科学技术出版社**
地址：济南市市中区舜耕路517号
邮编：250003 电话：（0531）82098067
**印 刷 者：山东华立印务有限公司**
地址：山东省济南市莱芜高新区钱塘江街 019 号
邮编：271100 电话：（0531）76216033

---

**规格：** 16开（185 mm × 260 mm）
**印张：** 14
**版次：** 2012年7月第4版 **印次：** 2023年10月第19次印刷
**定价：** 24.00元

# 第4版前言 DISIBANQIANYAN

本书自1979年出版发行以来，历经30多个春秋，一直畅销不衰，深得读者厚爱。在郭大钧教授的帮助和指导下，对全书我不断地修订和补充，不断地修正错误，不断地替换更为简洁的解法和证明，力求本书一直保持其先进性、完整性和准确性，以求对读者的高度责任感。读者通过学习该书，对掌握数学分析的基本知识、基础理论和基本技能的训练，感到获益匪浅，赞誉其为学习数学分析"不可替代"之图书，对此我们倍感欣慰，鞭策我们为读者作出更多的奉献。

这次受山东科学技术出版社的约请，并得到郭大钧教授的大力支持，仍由我负责全书第4版的修订、增补和校阅工作，以适应文化建设繁荣发展的需要，更加激发全国广大读者的强烈求知欲。具体主要做了以下几方面的工作：

第一，为全书4462题中的近三成的习题，根据题型的不同，在原题解的前面，分别或给出提示，或给出解题思路，或给出证明思路。冀图启发读者怎样分析该题，怎样下手求解；启发读者怎样总结解题的规律；启发读者怎样正确使用有关的数学公式、概念和理论，开拓视野，活跃思路；帮助读者逐步解决学习中的困难，为他们在学习过程中提供一个良师益友。这是本次修订的主要工作。

第二，根据当前的语言习惯，对全书的文字作了较多的润色，使其表述更加准确，更加简洁凝练。

第三，改正了第3版中的个别印刷错误，修正了函数图像中的个别问题和个别习题的答案。

第四，根据国家相关标准，规范了有关术语和数学式子的表达，并对全书使用的外国人名按照现在的标准或通用译法重新翻译人名，以求统一标准。

第五，对全书的版面和开本重新进行了调整，使其更富有时代的色彩。

我们殷切期望使用本书的读者，懂得只有通过个人的独立思考，加上

勤学苦练才能取得成功,“只看不练假把式”,数学的学习是在个人的独立解题中逐步弄懂有关的概念、公式和理论的,我们编写本书,就是希望能对数学分析课程的学习起到一个抛砖引玉的作用。读者使用本书最好是不要先看题解,更不要查抄解答和答案,而是自己先对照教材中的有关概念、公式和理论独立进行思考,必要时可参照书中的提示、解题思路或证明思路独立完成解题,然后再查看书中是怎样解答的,比较自己的解答和书中解答的异同,从中找出差距,找出自己的问题所在,甚至找出书中解答的错误和不足之处,进而找到更为简洁的解答。只有这样才能提高自己的思维能力和创造才能,任何削弱独立思考的做法都是违背我们出版本书的初衷的。

山东科学技术出版社颜秀锦、宋德万、胡新蓉等老一代资深编辑为本书前三版的出版和发行付出了艰辛努力,责任编辑宋涛为本书第 4 版怎样提高质量倾注了不少心血,在此我们一并表示感谢。同时感谢山东大学、华东交通大学、山东师范大学等兄弟学校对本书出版的支持。感谢社会各界同仁对本书的支持。虽然历经 30 余年的反复修订,面对如此庞大的图书,限于本人水平,书中难免有错误和不当之处,敬请各位专家、同仁和广大读者批评指正,不胜感激,并在新版中改正。

费定晖

2012 年 5 月于南昌华东交通大学

# 出版说明 CHUBANSHUOMING

吉米多维奇(Б. П. ДЕМИДОВИЧ)著《数学分析习题集》一书的中译本,自50年代初在我国翻译出版以来,引起了全国各大专院校广大师生的巨大反响。凡从事数学分析教学的师生,常以试解该习题集中的习题,作为检验掌握数学分析基本知识和基本技能的一项重要手段。二十多年来,对我国数学分析的教学工作是甚为有益的。

该书四千多道习题,数量多,内容丰富,由浅入深,部分题目难度大。涉及的内容有函数与极限,一元函数微分学,不定积分,定积分,级数,多元函数微分学,带参数的积分以及多重积分与曲线积分、曲面积分等等,概括了数学分析的全部主题。当前,我国广大读者,特别是肯于刻苦自学的广大数学爱好者,在为四个现代化而勤奋学习的热潮中,迫切需要对一些疑难习题有一个较明确的回答。有鉴于此,我们特约作者,将全书4462题的所有解答汇辑成书,共分六册出版。本书可以作为高等院校的教学参考用书,同时也可作为广大读者在自学微积分过程中的参考用书。

众所周知,原习题集,题多难度大,其中不少习题如果认真习作的话,既可以深刻地巩固我们所学到的基本概念,又可以有效地提高我们的运算能力,特别是有些难题还可以迫使我们学会综合分析的思维方法。正由于这样,我们殷切期望初学数学分析的青年读者,一定要刻苦钻研,千万不要轻易查抄本书的解答,因为任何削弱独立思索的作法,都是违背我们出版此书的本意。何况所作解答并非一定标准,仅作参考而已。如有某些误解、差错也在所难免,一经发觉,恳请指正,不胜感谢。

本书蒙潘承洞教授对部分难题进行了审校。特请郭大钧教授、邵品琮教授对全书作了重要仔细的审校。其中相当数量的难度大的题,都是郭大钧、邵品琮亲自作的解答。

参加本册审校工作的还有刘一鸣同志。

参加编演工作的还有黄春朝同志。

本书在编审过程中,还得到山东大学、山东工学院、山东师范学院和曲阜师范学院的领导和同志们的大力支持,特在此一并致谢。

1979年于济南

# 目录 MULU

# 第二章　一元函数微分学

## §1.　显函数的导数

1° **导数的定义**　若 $x$ 及 $x_1=x+\Delta x$ 为自变量的值，则差

$$\Delta y=f(x+\Delta x)-f(x)$$

称为函数 $y=f(x)$ 在闭区间 $[x,x_1]$ 上的增量. 表达式

$$y'=f'(x)=\lim_{\Delta x\to 0}\frac{\Delta y}{\Delta x} \tag{1}$$

若有意义，则称为导数，而函数 $f(x)$ 本身在此情形下称为*可微函数*.

导数 $f'(x)$ 在几何上是函数 $y=f(x)$ 的图像在 $x$ 点切线的斜率 $[\tan\alpha=f'(x)]$（图 2.1）.

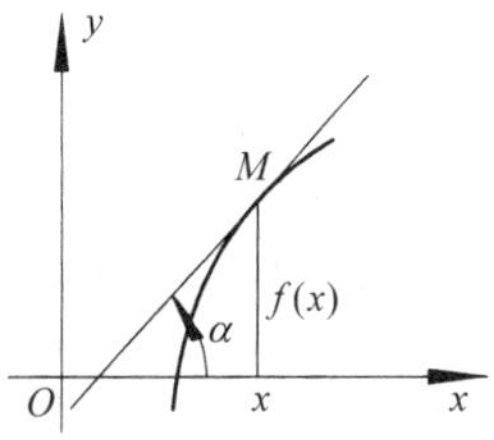

图 2.1

2° **求导数的基本法则**　若 $c$ 为常数且函数 $u=u(x)$，$v=v(x)$，$w=w(x)$ 都有导数，则

(1) $c'=0$；　(2) $(cu)'=cu'$；

(3) $(u+v-w)'=u'+v'-w'$；　(4) $(uv)'=u'v+v'u$；

(5) $\left(\dfrac{u}{v}\right)'=\dfrac{u'v-v'u}{v^2}$　$(v\neq 0)$；　(6) $(u^n)'=nu^{n-1}u'$　（$n$ 为常数）；

(7) 若函数 $y=f(u)$ 及 $u=\varphi(x)$ 都有导数，则 $y'_x=y'_u u'_x$.

3° **基本公式**　若 $x$ 为自变量*，则

Ⅰ. $(x^n)'=nx^{n-1}$（$n$ 为常数）；　Ⅱ. $(\sin x)'=\cos x$；

Ⅲ. $(\cos x)'=-\sin x$；　Ⅳ. $(\tan x)'=\dfrac{1}{\cos^2 x}$；

Ⅴ. $(\cot x)'=-\dfrac{1}{\sin^2 x}$；　Ⅵ. $(\arcsin x)'=\dfrac{1}{\sqrt{1-x^2}}$；

Ⅶ. $(\arccos x)'=-\dfrac{1}{\sqrt{1-x^2}}$；　Ⅷ. $(\arctan x)'=\dfrac{1}{1+x^2}$；

Ⅸ. $(\operatorname{arccot} x)'=-\dfrac{1}{1+x^2}$；　Ⅹ. $(a^x)'=a^x\ln a$　$(a>0)$；$(e^x)'=e^x$；

Ⅺ. $(\log_a x)'=\dfrac{1}{x\ln a}$　（$a>0$ 且 $a\neq 1$）；$(\ln x)'=\dfrac{1}{x}$；　Ⅻ. $(\operatorname{sh} x)'=\operatorname{ch} x$；

ⅩⅢ. $(\operatorname{ch} x)'=\operatorname{sh} x$；　ⅩⅣ. $(\operatorname{th} x)'=\dfrac{1}{\operatorname{ch}^2 x}$；

ⅩⅤ. $(\operatorname{coth} x)'=-\dfrac{1}{\operatorname{sh}^2 x}$.

4° **单侧导数**　表达式

$$f'_-(x)=\lim_{\Delta x\to -0}\frac{f(x+\Delta x)-f(x)}{\Delta x},\quad f'_+(x)=\lim_{\Delta x\to +0}\frac{f(x+\Delta x)-f(x)}{\Delta x}$$

分别称为函数 $f(x)$ 在 $x$ 点的*左导数*和*右导数*.

---

* 在本章基本公式及习题解答的叙述过程中，一些明显的定义域要求，例如，本节公式Ⅴ中要求 $x\neq k\pi$（k 为整数），Ⅵ中要求 $|x|<1$ 等等. 以及例如尔后 §5 中相应的限制，一般地就不再一一声明.

《题解》作者注

导数 $f'(x)$ 存在的充分必要条件是

$$f'_-(x)=f'_+(x).$$

5° **无穷导数** 若函数 $f(x)$ 在点 $x$ 连续，且

$$\lim_{\Delta x\to 0}\frac{f(x+\Delta x)-f(x)}{\Delta x}=\infty,$$

则称函数 $f(x)$ 在点 $x$ 有无穷导数. 在此种情形下，函数 $y=f(x)$ 的图像在 $x$ 点的切线与 $Ox$ 轴垂直.

**【821】** 若 $x$ 由 1 变到 1000，求自变量 $x$ 的增量 $\Delta x$ 和函数 $y=\lg x$ 的相应增量 $\Delta y$.

**解** $\Delta x=1000-1=999$； $\Delta y=\lg 1000-\lg 1=3$.

**【822】** 若 $x$ 由 0.01 变到 0.001，求自变量 $x$ 的增量 $\Delta x$ 和函数 $y=\frac{1}{x^2}$ 的相应增量 $\Delta y$.

**解** $\Delta x=0.001-0.01=-0.009$； $\Delta y=\frac{1}{(0.001)^2}-\frac{1}{(0.01)^2}=990000$.

**【823】** 设：(1) $y=ax+b$；(2) $y=ax^2+bx+c$；(3) $y=a^x$. 若变量 $x$ 的增量为 $\Delta x$，求增量 $\Delta y$.

**解** (1) $\Delta y=[(ax+a\Delta x)+b]-[ax+b]=a\Delta x$；

(2) $\Delta y=[a(x+\Delta x)^2+b(x+\Delta x)+c]-[ax^2+bx+c]=(2ax+b)\Delta x+a(\Delta x)^2$；

(3) $\Delta y=a^{x+\Delta x}-a^x=a^x(a^{\Delta x}-1)$.

**【824】** 证明：(1) $\Delta[f(x)+g(x)]=\Delta f(x)+\Delta g(x)$；

(2) $\Delta[f(x)g(x)]=g(x+\Delta x)\Delta f(x)+f(x)\Delta g(x)$.

**提示** 由增量的定义，命题即获证.

**证** (1) 
$$\begin{aligned}\Delta[f(x)+g(x)]&=[f(x+\Delta x)+g(x+\Delta x)]-[f(x)+g(x)]\\&=[f(x+\Delta x)-f(x)]+[g(x+\Delta x)-g(x)]=\Delta f(x)+\Delta g(x),\end{aligned}$$

于是，$\Delta[f(x)+g(x)]=\Delta f(x)+\Delta g(x)$；

(2) 
$$\begin{aligned}\Delta[f(x)g(x)]&=[f(x+\Delta x)g(x+\Delta x)]-[f(x)g(x)]\\&=[f(x+\Delta x)-f(x)]g(x+\Delta x)+[g(x+\Delta x)-g(x)]f(x)\\&=\Delta f(x)g(x+\Delta x)+\Delta g(x)f(x),\end{aligned}$$

于是，$\Delta[f(x)\ g(x)]=g(x+\Delta x)\Delta f(x)+f(x)\Delta g(x)$.

同样，我们还可将(2)的结果写成 $\Delta[f(x)g(x)]=f(x+\Delta x)\Delta g(x)+g(x)\Delta f(x)$.

**【825】** 过曲线 $y=x^2$ 上的二点 $A(2,4)$ 和 $A'(2+\Delta x,4+\Delta y)$ 引割线 $AA'$，求此割线的斜率，设：

(1) $\Delta x=1$； (2) $\Delta x=0.1$； (3) $\Delta x=0.01$； (4) $\Delta x$ 为任意小量.

在该曲线上 $A$ 点的切线的斜率等于什么？

**解** 割线 $AA'$ 的斜率 $k_{AA'}=\frac{(2+\Delta x)^2-4}{\Delta x}=4+\Delta x$，

(1) $k_{AA'}=5$； (2) $k_{AA'}=4.1$； (3) $k_{AA'}=4.01$； (4) $k_{AA'}=4+\Delta x$.

于是，在 $A$ 点的切线斜率为

$$k_A=\lim_{A'\to A}k_{AA'}=\lim_{\Delta x\to 0}(4+\Delta x)=4.$$

**【826】** 利用函数 $y=x^3$ 把 $Ox$ 轴上的线段 $1\leqslant x\leqslant 1+h$ 映射到 $Oy$ 轴上. 求其平均伸长系数. 设：

(1) $h=0.1$； (2) $h=0.01$； (3) $h=0.001$，

计算此系数的值. 当 $x=1$ 时伸长的系数等于什么？

**解** 平均伸长系数 $\bar{l}=\frac{(1+h)^3-1^3}{h}=3+3h+h^2$，

(1) $\bar{l}=3+3(0.1)+(0.1)^2=3.31$；

(2) $\bar{l}=3+3(0.01)+(0.01)^2=3.0301$；

(3) $\bar{l}=3+3(0.001)+(0.001)^2=3.003001$.

于是，$l\Big|_{x=1}=\lim\limits_{h\to 0}\bar{l}=3$.

【827】 动点沿 $Ox$ 轴运动的规律由下式给出

$$x=10t+5t^2,$$

式中 $t$ 以 s(秒)计的时间,$x$ 为以 m(米)计的距离. 求在 $20\leqslant t\leqslant 20+\Delta t$ 时间内运动的平均速度. 设:

(1)$\Delta t=1$; (2)$\Delta t=0.1$; (3)$\Delta t=0.01$,

计算此速度的值. 当 $t=20$ 时运动的速度等于什么?

**解** 平均速度

$$\bar{v}=\{[10(20+\Delta t)+5(20+\Delta t)^2]-[10\times 20+5\times 20^2]\}\div\Delta t=210+5\Delta t\ (\mathrm{m/s}),$$

(1) $\bar{v}=210+5\times 1=215\ (\mathrm{m/s})$;

(2) $\bar{v}=210.5\ (\mathrm{m/s})$;

(3) $\bar{v}=210.05\ (\mathrm{m/s})$.

于是,$v\Big|_{t=20}=\lim\limits_{\Delta t\to 0}(210+5\Delta t)=210\ (\mathrm{m/s})$.

【828】 根据导数的定义,直接求下列函数的导数:

(1)$x^2$; (2)$x^3$; (3)$\dfrac{1}{x}$; (4)$\sqrt{x}$; (5)$\sqrt[3]{x}$;

(6)$\tan x$; (7)$\cot x$; (8)$\arcsin x$; (9)$\arccos x$; (10)$\arctan x$.

**解** (1) $y=x^2$,

$$\frac{\Delta y}{\Delta x}=\frac{(x+\Delta x)^2-x^2}{\Delta x}=2x+\Delta x.$$

于是,$y'=\lim\limits_{\Delta x\to 0}\dfrac{\Delta y}{\Delta x}=\lim\limits_{\Delta x\to 0}(2x+\Delta x)=2x$.

(2) $y=x^3$,

$$\frac{\Delta y}{\Delta x}=\frac{(x+\Delta x)^3-x^3}{\Delta x}=3x^2+3x\Delta x+(\Delta x)^2,$$

于是,$y'=\lim\limits_{\Delta x\to 0}\dfrac{\Delta y}{\Delta x}=\lim\limits_{\Delta x\to 0}[3x^2+3x\Delta x+(\Delta x)^2]=3x^2$.

(3) $y=\dfrac{1}{x}$,

$$\frac{\Delta y}{\Delta x}=\frac{\dfrac{1}{x+\Delta x}-\dfrac{1}{x}}{\Delta x}=-\frac{1}{x(\Delta x+x)}.$$

于是,$y'=\lim\limits_{\Delta x\to 0}\dfrac{\Delta y}{\Delta x}=\lim\limits_{\Delta x\to 0}\left[-\dfrac{1}{x(\Delta x+x)}\right]=-\dfrac{1}{x^2}$.

(4) $y=\sqrt{x}$,

$$\frac{\Delta y}{\Delta x}=\frac{\sqrt{x+\Delta x}-\sqrt{x}}{\Delta x}=\frac{1}{\sqrt{x+\Delta x}+\sqrt{x}}.$$

于是,$y'=\lim\limits_{\Delta x\to 0}\dfrac{1}{\sqrt{x+\Delta x}+\sqrt{x}}=\dfrac{1}{2\sqrt{x}}\quad(x>0)$.

(5) $y=\sqrt[3]{x}$,

$$\frac{\Delta y}{\Delta x}=\frac{\sqrt[3]{x+\Delta x}-\sqrt[3]{x}}{\Delta x}=\frac{1}{\sqrt[3]{(x+\Delta x)^2}+\sqrt[3]{x(x+\Delta x)}+\sqrt[3]{x^2}}.$$

于是,$y'=\lim\limits_{\Delta x\to 0}\dfrac{\Delta y}{\Delta x}=\lim\limits_{\Delta x\to 0}\dfrac{1}{\sqrt[3]{(x+\Delta x)^2}+\sqrt[3]{x(x+\Delta x)}+\sqrt[3]{x^2}}=\dfrac{1}{3\sqrt[3]{x^2}}\quad(x\neq 0)$.

(6) $y=\tan x$,

$$\frac{\Delta y}{\Delta x}=\frac{\tan(x+\Delta x)-\tan x}{\Delta x}=\frac{\dfrac{\tan x+\tan\Delta x}{1-\tan x\tan\Delta x}-\tan x}{\Delta x}=\frac{\tan\Delta x(1+\tan^2 x)}{\Delta x(1-\tan x\tan\Delta x)}=\frac{\tan\Delta x\sec^2 x}{\Delta x(1-\tan x\tan\Delta x)}.$$

于是，$y'=\lim\limits_{\Delta x\to0}\dfrac{\Delta y}{\Delta x}=\lim\limits_{\Delta x\to0}\dfrac{\tan\Delta x\sec^2 x}{\Delta x(1-\tan x\tan\Delta x)}=\sec^2 x=\dfrac{1}{\cos^2 x}\quad \left(x\neq(2k-1)\dfrac{\pi}{2};\ k=0,\pm1,\pm2,\cdots\right).$

(7) $y=\cot x$,

$$\frac{\Delta y}{\Delta x}=\frac{\cot(x+\Delta x)-\cot x}{\Delta x}=\frac{\dfrac{\cot x\cot\Delta x-1}{\cot x+\cot\Delta x}-\cot x}{\Delta x}=\frac{-1-\cot^2 x}{\Delta x(\cot x+\cot\Delta x)}=-\frac{\csc^2 x}{\Delta x(\cot x+\cot\Delta x)}.$$

于是，$y'=\lim\limits_{\Delta x\to0}\dfrac{\Delta y}{\Delta x}=\lim\limits_{\Delta x\to0}\dfrac{-\csc^2 x}{\Delta x(\cot x+\cot\Delta x)}=-\csc^2 x=-\dfrac{1}{\sin^2 x}\quad (x\neq k\pi;\ k=0,\pm1,\pm2,\cdots).$

(8) $y=\arcsin x$,

$$\frac{\Delta y}{\Delta x}=\frac{\arcsin(x+\Delta x)-\arcsin x}{\Delta x}=\frac{\arcsin[(x+\Delta x)\sqrt{1-x^2}-\sqrt{1-(x+\Delta x)^2}\,x]}{\Delta x}$$

$$=\frac{\arcsin[(x+\Delta x)\sqrt{1-x^2}-x\sqrt{1-(x\Delta x)^2}]}{(x+\Delta x)\sqrt{1-x^2}-x\sqrt{1-(x+\Delta x)^2}}\cdot\frac{(x+\Delta x)\sqrt{1-x^2}-x\sqrt{1-(x+\Delta x)^2}}{\Delta x}$$

$$=\frac{\arcsin t}{t}\cdot\frac{(x+\Delta x)\sqrt{1-x^2}-x\sqrt{1-(x+\Delta x)^2}}{\Delta x}$$

$$=\frac{\arcsin t}{t}\cdot\frac{2x+\Delta x}{(x+\Delta x)\sqrt{1-x^2}+x\sqrt{1-(x+\Delta x)^2}},$$

式中 $t=(x+\Delta x)\sqrt{1-x^2}-x\sqrt{1-(x+\Delta x)^2}$，从而，$\lim\limits_{\Delta x\to0}t=0$.

于是，$y'=\lim\limits_{\Delta x\to0}\dfrac{\Delta y}{\Delta x}=\lim\limits_{\Delta x\to0}\dfrac{2x+\Delta x}{(x+\Delta x)\sqrt{1-x^2}+x\sqrt{1-(x+\Delta x)^2}}\cdot\lim\limits_{t\to0}\dfrac{\arcsin t}{t}=\dfrac{1}{\sqrt{1-x^2}}\quad (|x|<1)$,

其中$\lim\limits_{t\to0}\dfrac{\arcsin t}{t}=\lim\limits_{u\to0}\dfrac{u}{\sin u}=1$.

(9) $y=\arccos x$,

$$\frac{\Delta y}{\Delta x}=\frac{\arccos(x+\Delta x)-\arccos x}{\Delta x}=\frac{\arcsin[(x\sqrt{1-(x+\Delta x)^2})-(x+\Delta x)\sqrt{1-x^2}]}{\Delta x}$$

$$=\frac{\arcsin t}{t}\cdot\frac{-(2x+\Delta x)}{(x+\Delta x)\sqrt{1-x^2}+x\sqrt{1-(x+\Delta x)^2}},$$

式中 $t=(x+\Delta x)\sqrt{1-x^2}-x\sqrt{1-(x+\Delta x)^2}$，从而，$\lim\limits_{\Delta x\to0}t=0$.

于是，$y'=\lim\limits_{\Delta x\to0}\dfrac{\Delta y}{\Delta x}=\lim\limits_{\Delta x\to0}\dfrac{-(2x+\Delta x)}{(x+\Delta x)\sqrt{1-x^2}+x\sqrt{1-(x+\Delta x)^2}}\cdot\lim\limits_{t\to0}\dfrac{\arcsin t}{t}=-\dfrac{1}{\sqrt{1-x^2}}\quad (|x|<1)$.

(10) $y=\arctan x$,

$$\frac{\Delta y}{\Delta x}=\frac{\arctan(x+\Delta x)-\arctan x}{\Delta x}=\frac{\arctan\dfrac{\Delta x}{1+x(x+\Delta x)}}{\Delta x}=\frac{\arctan\dfrac{\Delta x}{1+x(x+\Delta x)}}{\dfrac{\Delta x}{1+x(x+\Delta x)}}\cdot\frac{1}{1+x(x+\Delta x)}.$$

于是，
$$y'=\lim_{\Delta x\to0}\frac{\Delta y}{\Delta x}=\lim_{\Delta x\to0}\left[\frac{\arctan\dfrac{\Delta x}{1+x(x+\Delta x)}}{\dfrac{\Delta x}{1+x(x+\Delta x)}}\cdot\frac{1}{1+x(x+\Delta x)}\right]=\frac{1}{1+x^2},$$

其中利用$\lim\limits_{t\to0}\dfrac{\arctan t}{t}=\lim\limits_{u\to0}\dfrac{u}{\tan u}=1$.

**【829】** 设 $f(x)=(x-1)(x-2)^2(x-3)^3$，求 $f'(1)$，$f'(2)$和 $f'(3)$.

解 $f'(x)=(x-2)^2(x-3)^3+2(x-1)(x-2)(x-3)^3+3(x-1)(x-2)^2(x-3)^2$

$=2(x-2)(x-3)^2(3x^2-11x+9)$.

于是，$f'(1)=-8$； $f'(2)=f'(3)=0$.

**【830】** 设 $f(x)=x^2\sin(x-2)$，求 $f'(2)$.

解 $f'(x)=2x\sin(x-2)+x^2\cos(x-2)$. 于是，$f'(2)=4$.

【831】 设 $f(x)=x+(x-1)\arcsin\sqrt{\frac{x}{x+1}}$,求 $f'(1)$.

**提示** 从导数定义出发,易得 $f'(1)=1+\frac{\pi}{4}$.

**解** 解法1:若用复合函数求导法,可得

$$f'(x)=1+\arcsin\sqrt{\frac{x}{x+1}}+\frac{x-1}{2(x+1)\sqrt{x}}.$$

于是,$f'(1)=1+\arcsin\frac{1}{\sqrt{2}}=1+\frac{\pi}{4}$.

解法2:若按定义作,注意到当 $x=1$ 时,

$$\frac{\Delta y}{\Delta x}=1+\arcsin\sqrt{\frac{1+\Delta x}{2+\Delta x}},$$

即得

$$f'(1)=\lim_{\Delta x\to 0}\frac{\Delta y}{\Delta x}=\lim_{\Delta x\to 0}\left(1+\arcsin\sqrt{\frac{1+\Delta x}{2+\Delta x}}\right)=1+\frac{\pi}{4}.$$

【832】 设函数 $f(x)$ 在 $a$ 点可微,求 $\lim\limits_{x\to a}\frac{f(x)-f(a)}{x-a}$.

**解** 设 $\Delta x=x-a$,则当 $x\to a$ 时,$\Delta x\to 0$. 于是,得

$$\lim_{x\to a}\frac{f(x)-f(a)}{x-a}=\lim_{\Delta x\to a}\frac{f(a+\Delta x)-f(a)}{\Delta x}=f'(a).$$

【833】 证明:若函数 $f(x)$ 可微及 $n$ 为正整数,则

$$\lim_{n\to\infty}n\left[f\left(x+\frac{1}{n}\right)-f(x)\right]=f'(x). \tag{1}$$

反之,若对于函数 $f(x)$ 有极限(1)存在,则可否断定此函数有导数?研究狄利克雷函数的例子(参阅第一章734题).

**提示** 由导数定义易证(1)式成立. 然其逆不成立,可研究734题所示的狄利克雷函数 $\chi(x)$:

$$\chi(x)=\begin{cases}1, & x\text{ 为有理数},\\ 0, & x\text{ 为无理数}.\end{cases}$$

**证** $\lim\limits_{n\to\infty}n\left[f\left(x+\frac{1}{n}\right)-f(x)\right]=\lim\limits_{n\to\infty}\dfrac{\left[f\left(x+\frac{1}{n}\right)-f(x)\right]}{\frac{1}{n}}=f'(x)$.

反之,就不一定对了. 例如,对于狄利克雷函数

$$\chi(x)=\begin{cases}1, & x\text{ 为有理数},\\ 0, & x\text{ 为无理数}\end{cases}$$

在任一有理点是不连续的,当然其导数也不存在. 但由于 $x+\frac{1}{n}$ 仍为有理数,故当 $x$ 为有理数时,

$$\chi\left(x+\frac{1}{n}\right)-\chi(x)=1-1=0,$$

从而,极限(1) $\lim\limits_{n\to\infty}n\left[\chi\left(x+\frac{1}{n}\right)-\chi(x)\right]=0$ 存在.

**利用导数表,求下列函数的导数:**

【834】 $y=2+x-x^2$.

问 $y'(0)$; $y'\left(\frac{1}{2}\right)$; $y'(1)$; $y'(-10)$ 等于什么?

**解** 由于 $y'(x)=1-2x$,故得

$y'(0)=1$; $y'\left(\frac{1}{2}\right)=0$; $y'(1)=-1$; $y'(-10)=21$.

**【835】** $y=\frac{x^3}{3}+\frac{x^2}{2}-2x$. 当 $x$ 为何值时：

(1) $y'(x)=0$； (2) $y'(x)=-2$； (3) $y'(x)=10$?

提示 先求出 $y'(x)=x^2+x-2$，再利用所给条件解方程，即得所要求的 $x$ 值.

解 $y'(x)=x^2+x-2$.

(1)令 $y'(x)=0$，得 $x^2+x-2=0$. 于是，$x=-2$ 或 $x=1$；

(2)令 $y'(x)=-2$，得 $x^2+x=0$. 于是，$x=-1$ 或 $x=0$；

(3)令 $y'(x)=10$，得 $x^2+x-12=0$. 于是，$x=-4$ 或 $x=3$.

**【836】** $y=a^5+5a^3x^2-x^5$.

解 $y'=10a^3x-5x^4$.

**【837】** $y=\frac{ax+b}{a+b}$.

解 $y'=\frac{a}{a+b}$.

**【838】** $y=(x-a)(x-b)$.

解 $y'=x-a+x-b=2x-a-b$.

**【839】** $y=(x+1)(x+2)^2(x+3)^3$.

解 
$$\begin{aligned}y'&=(x+2)^2(x+3)^3+2(x+1)(x+2)(x+3)^3+3(x+1)(x+2)^2(x+3)^2\\&=(x+2)(x+3)^2[(x+2)(x+3)+2(x+1)(x+3)+3(x+1)(x+2)]\\&=2(x+2)(x+3)^2(3x^2+11x+9).\end{aligned}$$

**【840】** $y=(x\sin\alpha+\cos\alpha)(x\cos\alpha-\sin\alpha)$.

解 $y'=\sin\alpha(x\cos\alpha-\sin\alpha)+\cos\alpha(x\sin\alpha+\cos\alpha)=x\sin2\alpha+\cos2\alpha$.

**【841】** $y=(1+nx^m)(1+mx^n)$.

解 $y'=mnx^{m-1}(1+mx^n)+mnx^{n-1}(1+nx^m)=mn[x^{m-1}+x^{n-1}+(m+n)x^{m+n-1}]$.

**【842】** $y=(1-x)(1-x^2)^2(1-x^3)^3$.

解 
$$\begin{aligned}y'&=-(1-x^2)^2(1-x^3)^3-4x(1-x)(1-x^2)(1-x^3)^3-9x^2(1-x)(1-x^2)^2(1-x^3)^2\\&=-(1-x)^2(1-x^2)(1-x^3)^2(1+6x+15x^2+14x^3)\\&=-(1-x)^5(1+x)(1+2x)(1+4x+7x^2)(1+x+x^2)^2.\end{aligned}$$

**【843】** $y=\frac{1}{x}+\frac{2}{x^2}+\frac{3}{x^3}$.

解 $y'=-\left(\frac{1}{x^2}+\frac{4}{x^3}+\frac{9}{x^4}\right)\quad(x\neq0)$.

**【844】** 证明：公式 $\left(\frac{ax+b}{cx+d}\right)'=\frac{\begin{vmatrix}a&b\\c&d\end{vmatrix}}{(cx+d)^2}$.

提示 利用商的求导法则及行列式的定义.

证 $\left(\frac{ax+b}{cx+d}\right)'=\frac{a(cx+d)-c(ax+b)}{(cx+d)^2}=\frac{ad-bc}{(cx+d)^2}=\frac{\begin{vmatrix}a&b\\c&d\end{vmatrix}}{(cx+d)^2}$. 这里已暗设 $cx+d\neq0$.

求下列函数的导数：

**【845】** $y=\frac{2x}{1-x^2}$.

解 $y'=\frac{2(1-x^2)+4x^2}{(1-x^2)^2}=\frac{2(1+x^2)}{(1-x^2)^2}\quad(|x|\neq1)$.

**【846】** $y=\frac{1+x-x^2}{1-x+x^2}$.

解 由于 $y=\frac{2}{1-x+x^2}-1$，故 $y'=\frac{2(1-2x)}{(1-x+x^2)^2}$.

【847】 $y=\frac{x}{(1-x)^2(1+x)^3}$.

解 $y'=\frac{(1-x)^2(1+x)^3-x[3(1+x)^2(1-x)^2-2(1-x)(1+x)^3]}{(1-x)^4(1+x)^6}=\frac{1-x+4x^2}{(1-x)^3(1+x)^4}\quad(|x|\neq 1)$.

【848】 $y=\frac{(2-x^2)(3-x^3)}{(1-x)^2}$.

解 $y'=\frac{(1-x)^2[-2x(3-x^3)-3x^2(2-x^2)]+2(1-x)(2-x^2)(3-x^3)}{(1-x)^4}$

$=\frac{12-6x-6x^2+2x^3+5x^4-3x^5}{(1-x)^3}\quad(x\neq 1)$.

【849】 $y=\frac{(1-x)^p}{(1+x)^q}$.

解 $y'=\frac{-p(1-x)^{p-1}(1+x)^q-q(1+x)^{q-1}(1-x)^p}{(1+x)^{2q}}=-\frac{(1-x)^{p-1}[(p+q)+(p-q)x]}{(1+x)^{q+1}}\quad(x\neq -1)$.

【850】 $y=\frac{x^p(1-x)^q}{1+x}$.

解 $y'=\frac{[px^{p-1}(1-x)^q-qx^p(1-x)^{q-1}](1+x)-x^p(1-x)^q}{(1+x)^2}$

$=\frac{x^{p-1}(1-x)^{q-1}}{(1+x)^2}[p-(q+1)x-(p+q-1)x^2]\quad(x\neq -1)$.

【851】 $y=x+\sqrt{x}+\sqrt[3]{x}$.

解 $y'=1+\frac{1}{2\sqrt{x}}+\frac{1}{3\sqrt[3]{x^2}}\quad(x>0)$.

【852】 $y=\frac{1}{x}+\frac{1}{\sqrt{x}}+\frac{1}{\sqrt[3]{x}}$.

解 $y'=-\left(\frac{1}{x^2}+\frac{1}{2x\sqrt{x}}+\frac{1}{3x\sqrt[3]{x}}\right)\quad(x>0)$.

【853】 $y=\sqrt[3]{x^2}-\frac{2}{\sqrt{x}}$.

解 $y'=\frac{2}{3\sqrt[3]{x}}+\frac{1}{x\sqrt{x}}\quad(x>0)$.

【854】 $y=x\sqrt{1+x^2}$.

解 $y'=\sqrt{1+x^2}+\frac{x^2}{\sqrt{1+x^2}}=\frac{1+2x^2}{\sqrt{1+x^2}}$.

【855】 $y=(1+x)\sqrt{2+x^2}\sqrt[3]{3+x^3}$.

解 $y'=\sqrt{2+x^2}\sqrt[3]{3+x^3}+(1+x)\left[\frac{x\sqrt[3]{3+x^3}}{\sqrt{2+x^2}}+\frac{x^2\sqrt{2+x^2}}{\sqrt[3]{(3+x^3)^2}}\right]=\frac{6+3x+8x^2+4x^3+2x^4+3x^5}{\sqrt{2+x^2}\sqrt[3]{(3+x^3)^2}}$

$(x\neq\sqrt[3]{-3})$.

【856】 $y=\sqrt[m+n]{(1-x)^m(1+x)^n}$.

解 $y'=\frac{-m(1-x)^{m-1}(1+x)^n+n(1+x)^{n-1}(1-x)^m}{(m+n)\sqrt[m+n]{[(1-x)^m(1+x)^n]^{m+n-1}}}=\frac{(n-m)-(n+m)x}{(m+n)\sqrt[m+n]{(1-x)^n(1+x)^m}}\quad(|x|\neq 1)$.

【857】 $y=\frac{x}{\sqrt{a^2-x^2}}$.

解 $y'=\frac{\sqrt{a^2-x^2}+\frac{x^2}{\sqrt{a^2-x^2}}}{a^2-x^2}=\frac{a^2}{\sqrt{(a^2-x^2)^3}}\quad(|x|<|a|)$.

【858】 $y=\sqrt[3]{\frac{1+x^3}{1-x^3}}$.

解 $y'=\frac{1}{3\sqrt[3]{\left(\frac{1+x^3}{1-x^3}\right)^2}}\cdot\frac{3x^2(1-x^3)+3x^2(1+x^3)}{(1-x^3)^2}=\frac{2x^2}{1-x^6}\sqrt[3]{\frac{1+x^3}{1-x^3}}\quad(|x|\neq 1)$.

【859】 $y=\frac{1}{\sqrt{1+x^2}(x+\sqrt{1+x^2})}$.

解 $y'=-\frac{1}{(1+x^2)(x+\sqrt{1+x^2})^2}\left[\sqrt{1+x^2}+\frac{x^2}{\sqrt{1+x^2}}+2x\right]=-\frac{1}{(1+x^2)^{\frac{3}{2}}}$.

【860】 $y=\sqrt{x+\sqrt{x+\sqrt{x}}}$.

解 $y'=\frac{1}{2\sqrt{x+\sqrt{x+\sqrt{x}}}}\left[1+\frac{1}{2\sqrt{x+\sqrt{x}}}\left(1+\frac{1}{2\sqrt{x}}\right)\right]=\frac{1+2\sqrt{x}+4\sqrt{x}\sqrt{x+\sqrt{x}}}{8\sqrt{x}\sqrt{x+\sqrt{x}}\sqrt{x+\sqrt{x+\sqrt{x}}}}\quad(x>0)$.

【861】 $y=\sqrt[3]{1+\sqrt[3]{1+\sqrt[3]{x}}}$.

解 $y'=\frac{1}{3\sqrt[3]{(1+\sqrt[3]{1+\sqrt[3]{x}})^2}}\cdot\frac{1}{3\sqrt[3]{(1+\sqrt[3]{x})^2}}\cdot\frac{1}{3\sqrt[3]{x^2}}=\frac{1}{27\sqrt[3]{x^2(1+\sqrt[3]{x})^2}\sqrt[3]{(1+\sqrt[3]{1+\sqrt[3]{x}})^2}}$

$(x\neq 0,\ x\neq -1,\ x\neq -8)$.

【862】 $y=\cos 2x-2\sin x$.

解 $y'=-2\sin 2x-2\cos x=-2\cos x(1+2\sin x)$.

【863】 $y=(2-x^2)\cos x+2x\sin x$.

解 $y'=-2x\cos x-(2-x^2)\sin x+2\sin x+2x\cos x=x^2\sin x$.

【864】 $y=\sin(\cos^2 x)\cos(\sin^2 x)$.

解 $y'=-2\sin x\cos x\cos(\cos^2 x)\cos(\sin^2 x)-2\sin x\cos x\sin(\cos^2 x)\sin(\sin^2 x)$

$=-\sin 2x[\cos(\cos^2 x)\cos(\sin^2 x)+\sin(\cos^2 x)\sin(\sin^2 x)]$

$=-\sin 2x\cos(\cos^2 x-\sin^2 x)$

$=-\sin 2x\cos(\cos 2x)$.

【865】 $y=\sin^n x\cos nx$.

解 $y'=n\sin^{n-1}x\cos x\cos nx-n\sin^n x\sin nx=n\sin^{n-1}x(\cos x\cos nx-\sin x\sin nx)=n\sin^{n-1}x\cos(n+1)x$.

【866】 $y=\sin[\sin(\sin x)]$.

解 $y'=\cos x\cdot\cos(\sin x)\cdot\cos[\sin(\sin x)]$.

【867】 $y=\frac{\sin^2 x}{\sin x^2}$.

解 $y'=\frac{2\sin x(\cos x\sin x^2-x\sin x\cos x^2)}{\sin^2 x^2}\quad(x^2\neq k\pi;\ k=1,2,\cdots)$.

【868】 $y=\frac{\cos x}{2\sin^2 x}$.

解 $y'=\frac{-2\sin^3 x-4\sin x\cos^2 x}{4\sin^4 x}=-\frac{1+\cos^2 x}{2\sin^3 x}\quad(x\neq k\pi;\ k=0,\pm1,\pm2,\cdots)$.

【869】 $y=\frac{1}{\cos^n x}$.

解 $y'=-\frac{1}{\cos^{2n}x}(-n\cos^{n-1}x\sin x)=\frac{n\sin x}{\cos^{n+1}x}\quad\left(x\neq\frac{2k-1}{2}\pi;\ k\text{ 为整数}\right)$.

【870】 $y=\frac{\sin x-x\cos x}{\cos x+x\sin x}$.

解 $y'=\frac{1}{(\cos x+x\sin x)^2}[(x\sin x-\cos x+\cos x)(\cos x+x\sin x)-(\sin x-\sin x+x\cos x)(\sin x-x\cos x)]$

$=\frac{x^2}{(\cos x+x\sin x)^2}$.

【871】 $y=\tan\frac{x}{2}-\cot\frac{x}{2}$.

解 $y'=\frac{1}{2}\sec^2\frac{x}{2}+\frac{1}{2}\csc^2\frac{x}{2}=\frac{2}{\sin^2 x}$ $(x\neq k\pi;\ k=0,\pm1,\pm2,\cdots)$.

【872】 $y=\tan x-\frac{1}{3}\tan^3 x+\frac{1}{5}\tan^5 x$.

解 $y'=\sec^2 x-\tan^2 x\sec^2 x+\tan^4 x\sec^2 x=1+\tan^6 x$ $\left(x\neq(2k+1)\frac{\pi}{2};\ k=0,\pm1,\pm2,\cdots\right)$.

【873】 $y=4\sqrt[3]{\cot^2 x}+\sqrt[3]{\cot^8 x}$.

解 $y'=\frac{8}{3}(\cot x)^{-\frac{1}{3}}(-\csc^2 x)+\frac{8}{3}(\cot x)^{\frac{5}{3}}(-\csc^2 x)=-\frac{8}{3\sin^4 x\sqrt[3]{\cot x}}$

$\left(x\neq k\pi;\ x\neq(2k+1)\frac{\pi}{2};\ k=0,\pm1,\pm2,\cdots\right)$.

【874】 $y=\sec^2\frac{x}{a}+\csc^2\frac{x}{a}$.

解 $y'=\frac{2}{a}\sec^2\frac{x}{a}\tan\frac{x}{a}-\frac{2}{a}\csc^2\frac{x}{a}\cot\frac{x}{a}=\frac{2}{a}\left(\frac{\sin\frac{x}{a}}{\cos^3\frac{x}{a}}-\frac{\cos\frac{x}{a}}{\sin^3\frac{x}{a}}\right)=\frac{2}{a}\cdot\frac{\sin^4\frac{x}{a}-\cos^4\frac{x}{a}}{\sin^3\frac{x}{a}\cos^3\frac{x}{a}}$

$=\frac{16\left(\sin^2\frac{x}{a}-\cos^2\frac{x}{a}\right)}{a\left(2\sin\frac{x}{a}\cos\frac{x}{a}\right)^3}=\frac{-16\cos\frac{2x}{a}}{a\sin^3\frac{2x}{a}}$ $\left(x\neq\frac{k\pi a}{2};\ k=0,\pm1,\pm2,\cdots\right)$.

【875】 $y=\sin[\cos^2(\tan^3 x)]$.

解 $y'=\cos[\cos^2(\tan^3 x)][-2\cos(\tan^3 x)\sin(\tan^3 x)][3\tan^2 x\sec^2 x]$

$=-3\tan^2 x\sec^2 x\cdot\sin(2\tan^3 x)\cdot\cos[\cos^2(\tan^3 x)]$ $\left(x\neq k\pi+\frac{\pi}{2};\ k=0,\pm1,\pm2,\cdots\right)$.

【876】 $y=e^{-x^2}$.

解 $y'=-2xe^{-x^2}$.

【877】 $y=2^{\tan\frac{1}{x}}$.

解 $y'=-\frac{1}{x^2}\sec^2\frac{1}{x}\cdot2^{\tan\frac{1}{x}}\ln2$ $(x\neq0)$.

【878】 $y=e^x(x^2-2x+2)$.

解 $y'=e^x(x^2-2x+2)+e^x(2x-2)=x^2e^x$.

【879】 $y=\left[\frac{1-x^2}{2}\sin x-\frac{(1+x)^2}{2}\cos x\right]e^{-x}$.

解 $y'=-e^{-x}\left[\frac{1-x^2}{2}\sin x-\frac{(1+x)^2}{2}\cos x\right]+e^{-x}\left[\frac{1-x^2}{2}\cos x-x\sin x+\frac{(1+x)^2}{2}\sin x-(1+x)\cos x\right]$

$=x^2e^{-x}\sin x$.

【880】 $y=e^x\left(1+\cot\frac{x}{2}\right)$.

解 $y'=e^x\left(1+\cot\frac{x}{2}\right)-\frac{1}{2}e^x\csc^2\frac{x}{2}=\frac{e^x(\sin x-\cos x)}{2\sin^2\frac{x}{2}}$ $(x\neq2k\pi;\ k$ 为整数$)$.

【881】 $y=\frac{\ln3\cdot\sin x+\cos x}{3^x}$.

解 $y'=\frac{3^x(\ln3\cdot\cos x-\sin x)-3^x\ln3(\ln3\cdot\sin x+\cos x)}{3^{2x}}=-\frac{(1+\ln^2 3)\sin x}{3^x}$.

【882】 $y=e^{ax}\frac{a\sin bx-b\cos bx}{\sqrt{a^2+b^2}}$.

解 $y'=\frac{1}{\sqrt{a^2+b^2}}e^{ax}[a(a\sin bx-b\cos bx)+(ab\cos bx+b^2\sin bx)]=\sqrt{a^2+b^2}\,e^{ax}\sin bx$.

【883】 $y=e^x+e^{e^x}+e^{e^{e^x}}$.

解 $y'=e^x[1+e^{e^x}(1+e^{e^{e^x}})]$.

【884】 $y=\left(\frac{a}{b}\right)^x\left(\frac{b}{x}\right)^a\left(\frac{x}{a}\right)^b$ $(a>0,b>0)$.

提示 两边取对数后,同时对 $x$ 求导数.

解 两边取对数,得

$$\ln y=x\ln\frac{a}{b}+a(\ln b-\ln x)+b(\ln x-\ln a).$$

两边同时对 $x$ 求导数,得

$$\frac{y'}{y}=\ln\frac{a}{b}-\frac{a}{x}+\frac{b}{x}.$$

于是, $y'=y\left(\ln\frac{a}{b}-\frac{a}{x}+\frac{b}{x}\right)=\left(\frac{a}{b}\right)^x\left(\frac{b}{x}\right)^a\left(\frac{x}{a}\right)^b\left(\ln\frac{a}{b}-\frac{a}{x}+\frac{b}{x}\right)$ $(x>0)$.

【885】 $y=x^{a^a}+a^{x^a}+a^{a^x}$ $(a>0)$.

解 $y'=a^ax^{a^a-1}+ax^{a-1}a^{x^a}\ln a+a^x\cdot a^{a^x}\ln^2a$.

【886】 $y=\lg^3x^2$.

解 $y'=3\lg^2x^2\cdot\frac{1}{x^2}2x\lg e=\frac{6}{x}\lg e\cdot\lg^2x^2$ $(x\neq0)$.

或按 $y=(\lg e\cdot\ln x^2)^3=8\lg^3e\cdot\ln^3|x|$ 求导数,有 $y'=24\lg^3e\cdot\left(\frac{1}{x}\ln^2|x|\right)^{*)}$ $(x\neq0)$.

*) $(\ln|x|)'=\frac{1}{|x|}\cdot\frac{|x|}{x}=\frac{1}{x}$,以后不再说明.

【887】 $y=\ln[\ln(\ln x)]$.

解 $y'=\frac{1}{x\ln x\ln(\ln x)}$ $(x>e)$.

【888】 $y=\ln[\ln^2(\ln^3x)]$.

解 $y'=\frac{1}{\ln^2(\ln^3x)}\cdot2\ln(\ln^3x)\frac{1}{\ln^3x}\cdot3\ln^2x\cdot\frac{1}{x}=\frac{6}{x\ln x\ln(\ln^3x)}$ $(x>e)$.

【889】 $y=\frac{1}{2}\ln(1+x)-\frac{1}{4}\ln(1+x^2)-\frac{1}{2(1+x)}$.

解 $y'=\frac{1}{2}\cdot\frac{1}{1+x}-\frac{x}{2(1+x^2)}+\frac{1}{2(1+x)^2}=\frac{1}{(1+x)^2(1+x^2)}$ $(x>-1)$.

【890】 $y=\frac{1}{4}\ln\frac{x^2-1}{x^2+1}$.

解 $y'=\frac{1}{4}[\ln(x^2-1)-\ln(x^2+1)]'=\frac{1}{4}\left[\frac{2x}{x^2-1}-\frac{2x}{x^2+1}\right]=\frac{x}{x^4-1}$ $(|x|>1)$.

【891】 $y=\frac{1}{4(1+x^4)}+\frac{1}{4}\ln\frac{x^4}{1+x^4}$.

解 $y=\frac{1}{4(1+x^4)}+\ln|x|-\frac{1}{4}\ln(1+x^4)$,

$$y'=-\frac{4x^3}{4(1+x^4)^2}+\frac{1}{x}-\frac{1}{4}\cdot\frac{1}{1+x^4}\cdot4x^3=\frac{1}{x(1+x^4)^2}\quad(x\neq0).$$

【892】 $y=\frac{1}{2\sqrt{6}}\ln\frac{x\sqrt{3}-\sqrt{2}}{x\sqrt{3}+\sqrt{2}}$.

解 $y=\frac{1}{2\sqrt{6}}[\ln|x\sqrt{3}-\sqrt{2}|-\ln|x\sqrt{3}+\sqrt{2}|]$.

$$y'=\frac{1}{2\sqrt{6}}\left(\frac{\sqrt{3}}{x\sqrt{3}-\sqrt{2}}-\frac{\sqrt{3}}{x\sqrt{3}+\sqrt{2}}\right)=\frac{1}{3x^2-2}\quad\left(|x|>\sqrt{\frac{2}{3}}\right).$$

**【893】**[+*] $y=\frac{1}{1-k}\ln\frac{1+x}{1-x}-\frac{\sqrt{k}}{1-k}\ln\frac{1+x\sqrt{k}}{1-x\sqrt{k}}\quad(0<k<1)$.

解 $y'=\frac{1}{1-k}\left(\frac{1}{1+x}+\frac{1}{1-x}\right)-\frac{\sqrt{k}}{1-k}\left(\frac{\sqrt{k}}{1+x\sqrt{k}}+\frac{\sqrt{k}}{1-x\sqrt{k}}\right)=\frac{2}{(1-x^2)(1-kx^2)}\quad(|x|<1)$.

**【894】** $y=\sqrt{x+1}-\ln(1+\sqrt{x+1})$.

解 $y'=\frac{1}{2\sqrt{x+1}}-\frac{1}{2\sqrt{x+1}(1+\sqrt{x+1})}=\frac{1}{2(1+\sqrt{x+1})}\quad(x>-1)$.

**【895】** $y=\ln(x+\sqrt{x^2+1})$.

解 $y'=\frac{1}{x+\sqrt{1+x^2}}\left(1+\frac{x}{\sqrt{x^2+1}}\right)=\frac{1}{\sqrt{x^2+1}}$.

**【896】** $y=x\ln(x+\sqrt{1+x^2})-\sqrt{1+x^2}$.

解 $y'=\ln(x+\sqrt{1+x^2})+\frac{x}{\sqrt{1+x^2}}$[*)]$-\frac{x}{\sqrt{1+x^2}}=\ln(x+\sqrt{1+x^2})$.

*) 利用 895 题的结果,下同,不再说明.

**【897】** $y=x\ln^2(x+\sqrt{1+x^2})-2\sqrt{1+x^2}\ln(x+\sqrt{1+x^2})+2x$.

解 $y'=\ln^2(x+\sqrt{1+x^2})+\frac{2x}{\sqrt{1+x^2}}\ln(x+\sqrt{1+x^2})-\frac{2x}{\sqrt{1+x^2}}\ln(x+\sqrt{1+x^2})$

$$-2\sqrt{1+x^2}\cdot\frac{1}{\sqrt{1+x^2}}+2$$

$$=\ln^2(x+\sqrt{1+x^2}).$$

**【898】** $y=\frac{x}{2}\sqrt{x^2+a^2}+\frac{a^2}{2}\ln(x+\sqrt{x^2+a^2})$.

解 $y'=\frac{1}{2}\sqrt{x^2+a^2}+\frac{x^2}{2\sqrt{x^2+a^2}}+\frac{a^2}{2}\cdot\frac{1}{\sqrt{x^2+a^2}}=\sqrt{x^2+a^2}$.

**【899】** $y=\frac{1}{2\sqrt{ab}}\ln\frac{\sqrt{a}+x\sqrt{b}}{\sqrt{a}-x\sqrt{b}}\quad(a>0,b>0)$.

解 $y'=\frac{1}{2\sqrt{ab}}\left(\frac{\sqrt{b}}{\sqrt{a}+x\sqrt{b}}+\frac{\sqrt{b}}{\sqrt{a}-x\sqrt{b}}\right)=\frac{1}{a-bx^2}\quad\left(|x|<\sqrt{\frac{a}{b}}\right)$.

**【900】** $y=\frac{2+3x^2}{x^4}\sqrt{1-x^2}+3\ln\frac{1+\sqrt{1-x^2}}{x}$.

解 $y'=\frac{6x^5-4x^3(2+3x^2)}{x^8}\sqrt{1-x^2}-\frac{x(2+3x^2)}{x^4\sqrt{1-x^2}}+\frac{3}{1+\sqrt{1-x^2}}\left(-\frac{x}{\sqrt{1-x^2}}\right)-\frac{3}{x}$

$$=-\frac{8}{x^5\sqrt{1-x^2}}\quad(0<|x|<1).$$

**【901】** $y=\ln\tan\frac{x}{2}$.

* 题号右上角带"+"号表示题解答案与原习题集中译本所附答案不一致,以后不再说明,中译本基本是按俄文第二版翻译的. 俄文第二版中有一些错误已在俄文第三版中改正.

解 $y'=\dfrac{1}{\tan\dfrac{x}{2}}\cdot\sec^2\dfrac{x}{2}\cdot\dfrac{1}{2}=\dfrac{1}{2\sin\dfrac{x}{2}\cos\dfrac{x}{2}}=\dfrac{1}{\sin x}$ $(0<x-2k\pi<\pi$；$k$ 为整数).

【902】 $y=\ln\tan\left(\dfrac{x}{2}+\dfrac{\pi}{4}\right)$.

解 $y'=\dfrac{1}{\tan\left(\dfrac{x}{2}+\dfrac{\pi}{4}\right)}\cdot\sec^2\left(\dfrac{x}{2}+\dfrac{\pi}{4}\right)\cdot\dfrac{1}{2}=\dfrac{1}{2\sin\left(\dfrac{x}{2}+\dfrac{\pi}{4}\right)\cos\left(\dfrac{x}{2}+\dfrac{\pi}{4}\right)}=\dfrac{1}{\sin\left(x+\dfrac{\pi}{2}\right)}$

$=\dfrac{1}{\cos x}$ $\left(|x-2k\pi|<\dfrac{\pi}{2}\right.$；$k$ 为整数).

【903】$^+$ $y=\dfrac{1}{2}\cot^2 x+\ln\sin x$.

解 $y'=-\cot x\cdot\csc^2 x+\dfrac{\cos x}{\sin x}=-\cot^3 x$ $(0<x-2k\pi<\pi$；$k$ 为整数).

【904】 $y=\ln\sqrt{\dfrac{1-\sin x}{1+\sin x}}$.

解 $y'=\dfrac{1}{2}\left(\dfrac{-\cos x}{1-\sin x}-\dfrac{\cos x}{1+\sin x}\right)=-\dfrac{1}{\cos x}$ $\left(x\neq\dfrac{2k-1}{2}\pi\right.$；$k$ 为整数).

【905】 $y=-\dfrac{\cos x}{2\sin^2 x}+\ln\sqrt{\dfrac{1+\cos x}{\sin x}}$.

解 $y'=\dfrac{\sin^3 x+2\sin x\cos^2 x}{2\sin^4 x}+\dfrac{1}{2}\left(\dfrac{-\sin x}{1+\cos x}-\dfrac{\cos x}{\sin x}\right)=\dfrac{\cos^2 x}{\sin^3 x}$ $(0<x-2k\pi<\pi$；$k$ 为整数).

【906】 $y=\ln\dfrac{b+a\cos x+\sqrt{b^2-a^2}\sin x}{a+b\cos x}$ $(0\leqslant|a|<|b|)$.

解 当 $a=0$ 时，$y=\ln\dfrac{1+\sin x}{\cos x}$. 由于 $1+\sin x$ 非负，为使对数有意义，必须有

$$\begin{cases}1+\sin x>0,\\ \cos x>0.\end{cases}$$

当 $\left(2k-\dfrac{1}{2}\right)\pi<x<\left(2k+\dfrac{1}{2}\right)\pi$ ($k$ 为整数)时，上述不等式成立. 在此区域内，得

$$y'=\frac{\cos x}{1+\sin x}+\frac{\sin x}{\cos x}=\frac{1}{\cos x}.$$

当 $a\neq0$ 时，记 $y=\ln u(x)$，而

$$u(x)=\frac{1+\dfrac{a}{b}\cos x+\dfrac{\sqrt{b^2-a^2}}{b}\sin x}{\dfrac{a}{b}+\cos x}=\frac{1+\cos\varphi_0\cos x+\sin\varphi_0\sin x}{\cos\varphi_0+\cos x}=\frac{1+\cos(x-\varphi_0)}{\cos x+\cos\varphi_0}=\frac{v_1(x)}{v_2(x)},$$

其中 $\varphi_0=\arctan\dfrac{\sqrt{b^2-a^2}}{a}$. 显然 $v_1(x)\geqslant0$. 为保证 $y$ 可导，首先必须有 $u(x)>0$，故应有 $v_1(x)\neq0$（从而，$v_1(x)>0$），进而应有 $v_2(x)>0$. 于是，$y$ 的存在域 $R$ 为满足不等式

$$\begin{cases}v_1(x)\neq0,\\ v_2(x)>0\end{cases}$$

的一切 $x$ 值，记成 $R=\{x\,|\,v_1(x)\neq0,\ v_2(x)>0\}$，则

$$R=\{x\,|\,\cos x+\cos\varphi_0>0\ \text{ 且 }\ x\neq(2k+1)\pi+\varphi_0;\ k\text{ 为整数}\}.$$

在此区域内，得

$$y'=\frac{-\sin(x-\varphi_0)}{1+\cos(x-\varphi_0)}+\frac{\sin x}{\cos x+\cos\varphi_0}=\frac{-\sin x\cos\varphi_0+\cos x\sin\varphi_0}{1+\cos x\cos\varphi_0+\sin x\sin\varphi_0}+\frac{\sin x}{\cos x+\cos\varphi_0}$$

$$=\frac{-\dfrac{a}{b}\sin x+\dfrac{\sqrt{b^2-a^2}}{b}\cos x}{1+\dfrac{a}{b}\cos x+\dfrac{\sqrt{b^2-a^2}}{b}\sin x}+\frac{\sin x}{\cos x+\dfrac{a}{b}}=\frac{\sqrt{b^2-a^2}}{a+b\cos x},$$

其实此结果也包含了 $a=0$ 时的情形.

【907】 $y=\frac{1}{x}(\ln^3 x+3\ln^2 x+6\ln x+6)$.

解 $y'=-\frac{1}{x^2}(\ln^3 x+3\ln^2 x+6\ln x+6)+\frac{1}{x}\left(\frac{3}{x}\ln^2 x+\frac{6}{x}\ln x+\frac{6}{x}\right)=-\frac{\ln^3 x}{x^2}\quad(x>0)$.

【908】 $y=\frac{1}{4x^4}\ln\frac{1}{x}-\frac{1}{16x^4}$.

解 $y'=-\frac{1}{x^5}\ln\frac{1}{x}-\frac{1}{4x^5}+\frac{1}{4x^5}=\frac{1}{x^5}\ln x\quad(x>0)$.

【909】+ $y=\frac{3}{2}(1-\sqrt[3]{1+x^2})^2+3\ln(1+\sqrt[3]{1+x^2})$.

解 $y'=\frac{3}{2}\cdot 2\left(1-\sqrt[3]{1+x^2}\right)\left[-\frac{2x}{3\sqrt[3]{(1+x^2)^2}}\right]+\frac{3}{1+\sqrt[3]{1+x^2}}\cdot\frac{2x}{3\sqrt[3]{(1+x^2)^2}}=\frac{2x}{1+\sqrt[3]{1+x^2}}$.

【910】 $y=\ln\left[\frac{1}{x}+\ln\left(\frac{1}{x}+\ln\frac{1}{x}\right)\right]$.

解 
$$y'=\frac{1}{\frac{1}{x}+\ln\left(\frac{1}{x}+\ln\frac{1}{x}\right)}\left[-\frac{1}{x^2}+\frac{1}{\frac{1}{x}+\ln\frac{1}{x}}\left(-\frac{1}{x^2}-\frac{1}{x}\right)\right]$$
$$=-\frac{1+x+\frac{1}{x}+\ln\frac{1}{x}}{\left(1+x\ln\frac{1}{x}\right)\left[1+x\ln\left(\frac{1}{x}+\ln\frac{1}{x}\right)\right]}\quad(x>0).$$

【911】 $y=x[\sin(\ln x)-\cos(\ln x)]$.

解 $y'=[\sin(\ln x)-\cos(\ln x)]+x\left[\frac{1}{x}\cos(\ln x)+\frac{1}{x}\sin(\ln x)\right]=2\sin(\ln x)\quad(x>0)$.

【912】+ $y=\ln\tan\frac{x}{2}-\cos x\ln\tan x$.

解 $y'=\frac{1}{\tan\frac{x}{2}}\sec^2\frac{x}{2}\cdot\frac{1}{2}+\sin x\ln\tan x-\cos x\frac{1}{\tan x}\sec^2 x=\sin x\ln\tan x$

$\left(0<x-2k\pi<\frac{\pi}{2};\ k\text{ 为整数}\right)$.

【913】 $y=\arcsin\frac{x}{2}$.

解 $y'=\frac{1}{\sqrt{1-\left(\frac{x}{2}\right)^2}}\cdot\frac{1}{2}=\frac{1}{\sqrt{4-x^2}}\quad(|x|<2)$.

【914】 $y=\arccos\frac{1-x}{\sqrt{2}}$.

解 $y'=-\frac{1}{\sqrt{1-\left(\frac{1-x}{\sqrt{2}}\right)^2}}\left(-\frac{1}{\sqrt{2}}\right)=\frac{1}{\sqrt{1+2x-x^2}}\quad(|x-1|<\sqrt{2})$.

【915】 $y=\arctan\frac{x^2}{a}$.

解 $y'=\frac{1}{1+\left(\frac{x^2}{a}\right)^2}\cdot\frac{2x}{a}=\frac{2ax}{a^2+x^4}\quad(a\neq 0)$.

【916】 $y=\frac{1}{\sqrt{2}}\operatorname{arccot}\frac{\sqrt{2}}{x}$.

解 $y'=-\frac{1}{\sqrt{2}}\cdot\frac{1}{1+\left(\frac{\sqrt{2}}{x}\right)^2}\left(-\frac{\sqrt{2}}{x^2}\right)=\frac{1}{x^2+2}\quad(x\neq 0).$

【917】 $y=\sqrt{x}-\arctan\sqrt{x}$.

解 $y'=\frac{1}{2\sqrt{x}}-\frac{1}{2\sqrt{x}(1+x)}=\frac{\sqrt{x}}{2(1+x)}\quad(x\geqslant 0).$

【918】 $y=x+\sqrt{1-x^2}\arccos x$.

解 $y'=1-\frac{x}{\sqrt{1-x^2}}\arccos x-\frac{1}{\sqrt{1-x^2}}\sqrt{1-x^2}=-\frac{x}{\sqrt{1-x^2}}\arccos x\quad(|x|<1).$

【919】 $y=x\arcsin\sqrt{\frac{x}{1+x}}+\arctan\sqrt{x}-\sqrt{x}$.

提示 利用基本公式及求导法则，求得 $y'=\arcsin\sqrt{\frac{x}{1+x}}$ 的过程中，读者可能认为其存在域仅为 $x>0$，但是，可以证明：在点 $x=0$ 处的右导数 $y'_+(0)=0$，它等于 $\arcsin\sqrt{\frac{x}{1+x}}$ 在点 $x=0$ 处的值. 因此，$y'$ 的存在域为 $x\geqslant 0$. 以后碰到类似情况，均作这样的理解，不再一一说明.

解 $y'=\arcsin\sqrt{\frac{x}{1+x}}+\frac{x}{\sqrt{1-\frac{x}{1+x}}}\cdot\frac{1}{2\sqrt{\frac{x}{1+x}}}\cdot\frac{1+x-x}{(1+x)^2}+\frac{1}{2\sqrt{x}(1+x)}-\frac{1}{2\sqrt{x}}$

$=\arcsin\sqrt{\frac{x}{1+x}}\quad(x\geqslant 0).$

【920】 $y=\arccos\frac{1}{x}$.

解 $y'=-\frac{1}{\sqrt{1-\left(\frac{1}{x}\right)^2}}\left(-\frac{1}{x^2}\right)=\frac{1}{|x|\sqrt{x^2-1}}\quad(|x|>1).$

【921】 $y=\arcsin(\sin x)$.

提示 注意将所得结果化简，得

$$\frac{\cos x}{\sqrt{1-\sin^2 x}}=\frac{\cos x}{|\cos x|}=\operatorname{sgn}(\cos x)\quad\left(x\neq\frac{2k-1}{2}\pi;\ k=0,\pm1,\pm2,\cdots\right).$$

解 $y'=\frac{\cos x}{\sqrt{1-\sin^2 x}}=\operatorname{sgn}(\cos x)\quad\left(x\neq\frac{2k-1}{2}\pi;\ k\text{ 为整数}\right).$

【922】 $y=\arccos(\cos^2 x)$.

提示 注意将所得结果化简，得

$$\frac{\sin 2x}{\sqrt{1-\cos^4 x}}=\frac{2\sin x\cos x}{|\sin x|\sqrt{1+\cos^2 x}}=\frac{2\operatorname{sgn}(\sin x)\cdot\cos x}{\sqrt{1+\cos^2 x}}\quad(x\neq k\pi;\ k=0,\pm1,\pm2,\cdots).$$

解 $y'=\frac{\sin 2x}{\sqrt{1-\cos^4 x}}=\frac{\sin 2x}{\sqrt{\sin^2 x(1+\cos^2 x)}}=\frac{2\operatorname{sgn}(\sin x)\cdot\cos x}{\sqrt{1+\cos^2 x}}\quad(x\neq k\pi;\ k\text{ 为整数}).$

【923】 $y=\arcsin(\sin x-\cos x)$.

解 $y'=\frac{\cos x+\sin x}{\sqrt{1-(\sin x-\cos x)^2}}=\frac{\sin x+\cos x}{\sqrt{\sin 2x}}\quad\left(0<x-k\pi<\frac{\pi}{2};\ k\text{ 为整数}\right).$

【924】 $y=\arccos\sqrt{1-x^2}$.

提示 注意将所得结果化简，得

$$-\frac{1}{\sqrt{1-(1-x^2)}}\cdot\frac{-x}{\sqrt{1-x^2}}=\frac{x}{|x|\sqrt{1-x^2}}=\frac{\operatorname{sgn}x}{\sqrt{1-x^2}}\quad(0<|x|<1).$$

解 $y'=\frac{-1}{\sqrt{1-(1-x^2)}}\cdot\frac{-x}{\sqrt{1-x^2}}=\frac{\operatorname{sgn}x}{\sqrt{1-x^2}}\quad(0<|x|<1).$

【925】 $y=\arctan\frac{1+x}{1-x}$.

解 $y'=\frac{1}{1+\left(\frac{1+x}{1-x}\right)^2}\cdot\frac{(1-x)+(1+x)}{(1-x)^2}=\frac{1}{1+x^2}\quad(x\neq 1)$.

【926】 $y=\operatorname{arccot}\left(\frac{\sin x+\cos x}{\sin x-\cos x}\right)$.

解 $y'=\frac{-1}{1+\left(\frac{\sin x+\cos x}{\sin x-\cos x}\right)^2}\cdot\frac{(\cos x-\sin x)(\sin x-\cos x)-(\cos x+\sin x)^2}{(\sin x-\cos x)^2}=1$

$\left(x\neq k\pi+\frac{\pi}{4}\text{；}k\text{ 为整数}\right)$.

【927】 $y=\frac{2}{\sqrt{a^2-b^2}}\arctan\left(\sqrt{\frac{a-b}{a+b}}\tan\frac{x}{2}\right)\quad(a>b\geqslant 0)$.

解 $y'=\frac{2}{\sqrt{a^2-b^2}}\cdot\frac{1}{1+\frac{a-b}{a+b}\tan^2\frac{x}{2}}\cdot\sqrt{\frac{a-b}{a+b}}\cdot\frac{1}{2}\cdot\sec^2\frac{x}{2}=\frac{1}{a+b\cos x}$.

【928】 $y=\arcsin\frac{1-x^2}{1+x^2}$.

解 $y'=\frac{1}{\sqrt{1-\left(\frac{1-x^2}{1+x^2}\right)^2}}\cdot\frac{-2x(1+x^2)-2x(1-x^2)}{(1+x^2)^2}=-\frac{2\operatorname{sgn}x}{1+x^2}\quad(x\neq 0)$.

【929】 $y=\frac{1}{\arccos^2(x^2)}$.

解 $y'=-\frac{2}{\arccos^3(x^2)}\cdot\frac{-2x}{\sqrt{1-x^4}}=\frac{4x}{\sqrt{1-x^4}\arccos^3(x^2)}\quad(|x|<1)$.

【930】 $y=\arctan x+\frac{1}{3}\arctan(x^3)$.

解 $y'=\frac{1}{1+x^2}+\frac{x^2}{1+x^6}=\frac{1+x^4}{1+x^6}$.

【931】 $y=\ln(1+\sin^2 x)-2\sin x\arctan(\sin x)$.

解 $y'=\frac{\sin 2x}{1+\sin^2 x}-2\cos x\cdot\arctan(\sin x)-\frac{\sin 2x}{1+\sin^2 x}=-2\cos x\cdot\arctan(\sin x)$.

【932】 $y=\ln\left(\arccos\frac{1}{\sqrt{x}}\right)$.

解 $y'=\frac{1}{\arccos\frac{1}{\sqrt{x}}}\cdot\frac{-1}{\sqrt{1-x^{-1}}}\cdot\frac{-1}{2x\sqrt{x}}=\frac{1}{2x\sqrt{x-1}\arccos\frac{1}{\sqrt{x}}}\quad(x>1)$.

【933】 $y=\ln\frac{x+a}{\sqrt{x^2+b^2}}+\frac{a}{b}\arctan\frac{x}{b}$.

解 $y'=\frac{1}{x+a}-\frac{x}{x^2+b^2}+\frac{a}{b}\cdot\frac{1}{b\left(1+\frac{x^2}{b^2}\right)}=\frac{a^2+b^2}{(x+a)(b^2+x^2)}\quad(x>-a)$.

【934】 $y=\frac{x}{2}\sqrt{a^2-x^2}+\frac{a^2}{2}\arcsin\frac{x}{a}\quad(a>0)$.

解 $y'=\frac{1}{2}\sqrt{a^2-x^2}-\frac{x^2}{2\sqrt{a^2-x^2}}+\frac{a^2}{2}\cdot\frac{1}{\sqrt{a^2-x^2}}=\sqrt{a^2-x^2}$.

【935】 $y=\frac{1}{6}\ln\frac{(x+1)^2}{x^2-x+1}+\frac{1}{\sqrt{3}}\arctan\frac{2x-1}{\sqrt{3}}$.

解 $y'=\frac{1}{3}\cdot\frac{1}{x+1}-\frac{1}{6}\cdot\frac{2x-1}{x^2-x+1}+\frac{1}{\sqrt{3}}\cdot\frac{1}{1+\left(\frac{2x-1}{\sqrt{3}}\right)^2}\cdot\frac{2}{\sqrt{3}}=\frac{1}{1+x^3}\quad(x\neq-1).$

**【936】** $y=\frac{1}{4\sqrt{2}}\ln\frac{x^2+x\sqrt{2}+1}{x^2-x\sqrt{2}+1}-\frac{1}{2\sqrt{2}}\arctan\frac{x\sqrt{2}}{x^2-1}.$

解 $y'=\frac{1}{4\sqrt{2}}\left(\frac{2x+\sqrt{2}}{x^2+x\sqrt{2}+1}-\frac{2x-\sqrt{2}}{x^2-x\sqrt{2}+1}\right)-\frac{1}{2\sqrt{2}}\cdot\frac{1}{1+\left(\frac{x\sqrt{2}}{x^2-1}\right)^2}\cdot\frac{\sqrt{2}(x^2-1)-2x^2\sqrt{2}}{(x^2-1)^2}$

$=\frac{1}{1+x^4}\quad(|x|\neq1).$

**【937】** $y=x(\arcsin x)^2+2\sqrt{1-x^2}\arcsin x-2x.$

解 $y'=(\arcsin x)^2+\frac{2x\arcsin x}{\sqrt{1-x^2}}-\frac{2x\arcsin x}{\sqrt{1-x^2}}+2-2=(\arcsin x)^2\quad(|x|<1).$

**【938】** $y=\frac{\arccos x}{x}+\frac{1}{2}\ln\frac{1-\sqrt{1-x^2}}{1+\sqrt{1-x^2}}.$

解 $y'=\frac{-\frac{x}{\sqrt{1-x^2}}-\arccos x}{x^2}+\frac{1}{2}\left(\frac{\frac{x}{\sqrt{1-x^2}}}{1-\sqrt{1-x^2}}+\frac{\frac{x}{\sqrt{1-x^2}}}{1+\sqrt{1-x^2}}\right)=-\frac{\arccos x}{x^2}\quad(0<|x|<1).$

**【939】** $y=\arctan\sqrt{x^2-1}-\frac{\ln x}{\sqrt{x^2-1}}.$

解 $y'=\frac{1}{1+(x^2-1)}\cdot\frac{x}{\sqrt{x^2-1}}-\frac{1}{x\sqrt{x^2-1}}+\frac{x\ln x}{(x^2-1)\sqrt{x^2-1}}=\frac{x\ln x}{(x^2-1)^{\frac{3}{2}}}\quad(x>1).$

**【940】** $y=\frac{\arcsin x}{\sqrt{1-x^2}}+\frac{1}{2}\ln\frac{1-x}{1+x}.$

解 $y'=\frac{1}{1-x^2}+\frac{x\arcsin x}{(1-x^2)^{\frac{3}{2}}}+\frac{1}{2}\left(-\frac{1}{1-x}-\frac{1}{1+x}\right)=\frac{x\arcsin x}{(1-x^2)^{\frac{3}{2}}}\quad(|x|<1).$

**【941】** $y=\frac{1}{12}\ln\frac{x^4-x^2+1}{(x^2+1)^2}-\frac{1}{2\sqrt{3}}\arctan\frac{\sqrt{3}}{2x^2-1}.$

解 $y'=\frac{1}{12}\left(\frac{4x^3-2x}{x^4-x^2+1}-\frac{4x}{x^2+1}\right)-\frac{1}{2\sqrt{3}}\frac{1}{1+\left(\frac{\sqrt{3}}{2x^2-1}\right)^2}\left[\frac{-4\sqrt{3}x}{(2x^2-1)^2}\right]=\frac{x^3}{1+x^6}\quad(|x|\neq\frac{1}{\sqrt{2}}).$

**【942】** $y=\frac{x^6}{1+x^{12}}-\operatorname{arccot}x^6.$

解 $y'=\frac{6x^5(1+x^{12})-12x^{17}}{(1+x^{12})^2}+\frac{6x^5}{1+x^{12}}=\frac{12x^5}{(1+x^{12})^2}.$

**【943】**+ $y=\ln\frac{1-\sqrt[3]{x}}{\sqrt{1+\sqrt[3]{x}+\sqrt[3]{x^2}}}+\sqrt{3}\arctan\frac{1+2\sqrt[3]{x}}{\sqrt{3}}.$

解 $y'=-\frac{1}{3\sqrt[3]{x^2}(1-\sqrt[3]{x})}-\frac{1}{2(1+\sqrt[3]{x}+\sqrt[3]{x^2})}\left(\frac{1}{3\sqrt[3]{x^2}}+\frac{2}{3\sqrt[3]{x}}\right)+\sqrt{3}\frac{1}{1+\left(\frac{1+2\sqrt[3]{x}}{\sqrt{3}}\right)^2}\cdot\frac{2}{3\sqrt{3}\sqrt[3]{x^2}}$

$=-\frac{1}{(1-x)\sqrt[3]{x}}\quad(-\infty<x<1,\ x\neq0).$

**【944】** $y=\operatorname{arctg}\frac{x}{1+\sqrt{1-x^2}}.$

解 $y'=\frac{1}{1+\left(\frac{x}{1+\sqrt{1-x^2}}\right)^2}\cdot\frac{1+\sqrt{1-x^2}+\frac{x^2}{\sqrt{1-x^2}}}{(1+\sqrt{1-x^2})^2}=\frac{1}{2\sqrt{1-x^2}}\quad(|x|<1).$

【945】 $y=\operatorname{arccot}\dfrac{a-2x}{2\sqrt{ax-x^2}}\quad(a>0).$

解 $y'=-\dfrac{1}{1+\dfrac{(a-2x)^2}{4(ax-x^2)}}\cdot\dfrac{1}{2}\cdot\dfrac{-2\sqrt{ax-x^2}-\dfrac{(a-2x)^2}{2\sqrt{ax-x^2}}}{ax-x^2}=\dfrac{1}{\sqrt{ax-x^2}}\quad(0<x<a).$

【946】 $y=\dfrac{3-x}{2}\sqrt{1-2x-x^2}+2\arcsin\dfrac{1+x}{\sqrt{2}}.$

解 $y'=-\dfrac{1}{2}\sqrt{1-2x-x^2}-\dfrac{3-x}{2}\cdot\dfrac{1+x}{\sqrt{1-2x-x^2}}+2\cdot\dfrac{1}{\sqrt{2}\sqrt{1-\left(\dfrac{1+x}{\sqrt{2}}\right)^2}}=\dfrac{x^2}{\sqrt{1-2x-x^2}}$

$(|x+1|<\sqrt{2}).$

【947】 $y=\dfrac{1}{4}\ln\dfrac{\sqrt[4]{1+x^4}+x}{\sqrt[4]{1+x^4}-x}-\dfrac{1}{2}\arctan\dfrac{\sqrt[4]{1+x^4}}{x}.$

解 $y'=\dfrac{1}{4}\left\{\dfrac{1}{\sqrt[4]{1+x^4}+x}\left[1+\dfrac{x^3}{\sqrt[4]{(1+x^4)^3}}\right]-\dfrac{1}{\sqrt[4]{1+x^4}-x}\left[\dfrac{x^3}{\sqrt[4]{(1+x^4)^3}}-1\right]\right\}$

$-\dfrac{1}{2}\cdot\dfrac{1}{1+\left(\dfrac{\sqrt[4]{1+x^4}}{x}\right)^2}\cdot\dfrac{1}{x^2}\left[\dfrac{x^4}{\sqrt[4]{(1+x^4)^3}}-\sqrt[4]{1+x^4}\right]$

$=\dfrac{1}{\sqrt[4]{1+x^4}}\quad(x\neq 0).$

【948】 $y=\arctan(\tan^2 x).$

解 $y'=\dfrac{1}{1+\tan^4 x}\cdot 2\tan x\sec^2 x=\dfrac{\sin 2x}{\sin^4 x+\cos^4 x}\quad\left(x\neq\dfrac{2k-1}{2}\pi;\ k\text{ 为整数}\right).$

【949】 $y=\sqrt{1-x^2}\ln\sqrt{\dfrac{1-x}{1+x}}+\dfrac{1}{2}\ln\dfrac{1-\sqrt{1-x^2}}{1+\sqrt{1-x^2}}+\sqrt{1-x^2}+\arcsin x.$

解 $y'=-\dfrac{x}{\sqrt{1-x^2}}\ln\sqrt{\dfrac{1-x}{1+x}}+\dfrac{1}{2}\sqrt{1-x^2}\left(-\dfrac{1}{1-x}-\dfrac{1}{1+x}\right)$

$+\dfrac{1}{2}\left[\dfrac{x}{(1-\sqrt{1-x^2})\sqrt{1-x^2}}+\dfrac{x}{(1+\sqrt{1-x^2})\sqrt{1-x^2}}\right]-\dfrac{x}{\sqrt{1-x^2}}+\dfrac{1}{\sqrt{1-x^2}}$

$=\dfrac{\sqrt{1-x^2}}{x}-\dfrac{x}{\sqrt{1-x^2}}\ln\sqrt{\dfrac{1-x}{1+x}}\quad(0<|x|<1).$

【950】 $y=x\arctan x-\dfrac{1}{2}\ln(1+x^2)-\dfrac{1}{2}(\arctan x)^2.$

解 $y'=\arctan x+\dfrac{x}{1+x^2}-\dfrac{x}{1+x^2}-\dfrac{1}{1+x^2}\arctan x=\dfrac{x^2}{1+x^2}\arctan x.$

【951】 $y=\ln(e^x+\sqrt{1+e^{2x}}).$

解 $y'=\dfrac{1}{e^x+\sqrt{1+e^{2x}}}\left(e^x+\dfrac{e^{2x}}{\sqrt{1+e^{2x}}}\right)=\dfrac{e^x}{\sqrt{1+e^{2x}}}.$

【952】 $y=\arctan(x+\sqrt{1+x^2}).$

解 $y'=\dfrac{1}{1+(x+\sqrt{1+x^2})^2}\left(1+\dfrac{x}{\sqrt{1+x^2}}\right)=\dfrac{1}{2(1+x^2)}.$

【953】 $y=\arcsin\left(\dfrac{\sin\alpha\sin x}{1-\cos\alpha\cos x}\right).$

提示 注意将所得结果化简,得

$$\frac{1-\cos\alpha\cos x}{\sqrt{(\cos x-\cos\alpha)^2}}\cdot\frac{\sin\alpha\cdot(\cos x-\cos\alpha)}{(1-\cos\alpha\cos x)^2}=\frac{\sin\alpha\cdot\operatorname{sgn}(\cos x-\cos\alpha)}{1-\cos\alpha\cos x}\quad(\cos x\neq\cos\alpha).$$

解 $$y'=\frac{1}{\sqrt{1-\left(\frac{\sin\alpha\sin x}{1-\cos\alpha\cos x}\right)^2}}\cdot\frac{\sin\alpha\cos x(1-\cos\alpha\cos x)-\sin\alpha\cos\alpha\sin^2 x}{(1-\cos\alpha\cos x)^2}$$

$$=\frac{1-\cos\alpha\cos x}{\sqrt{(\cos x-\cos\alpha)^2}}\cdot\frac{\sin\alpha\cdot(\cos x-\cos\alpha)}{(1-\cos\alpha\cos x)^2}=\frac{\sin\alpha\cdot\operatorname{sgn}(\cos x-\cos\alpha)}{1-\cos\alpha\cos x}$$

（$\cos x\neq\cos\alpha$，即 $x\neq\alpha+2k\pi$，$k$ 为整数）.

**【954】** $y=\frac{1}{4\sqrt3}\ln\frac{\sqrt{x^2+2}-x\sqrt3}{\sqrt{x^2+2}+x\sqrt3}+\frac12\arctan\frac{\sqrt{x^2+2}}{x}$.

解 $$y'=\frac{1}{4\sqrt3}\left[\frac{1}{\sqrt{x^2+2}-x\sqrt3}\left(\frac{x}{\sqrt{x^2+2}}-\sqrt3\right)-\frac{1}{\sqrt{x^2+2}+x\sqrt3}\left(\frac{x}{\sqrt{x^2+2}}+\sqrt3\right)\right]$$

$$+\frac12\,\frac{1}{1+\frac{x^2+2}{x^2}}\cdot\frac{\frac{x^2}{\sqrt{x^2+2}}-\sqrt{x^2+2}}{x^2}$$

$$=\frac{1}{(x^4-1)\sqrt{x^2+2}}\quad(0<|x|<1).$$

**【955】** $y=\frac{1}{2\sqrt2}\arctan\frac{x\sqrt2}{\sqrt{1+x^4}}-\frac{1}{4\sqrt2}\ln\frac{\sqrt{1+x^4}-x\sqrt2}{\sqrt{1+x^4}+x\sqrt2}$.

解 $$y'=\frac{1}{2\sqrt2}\cdot\frac{1}{1+\frac{2x^2}{1+x^4}}\cdot\frac{\sqrt2\cdot\sqrt{1+x^4}-\frac{2\sqrt2x^4}{\sqrt{1+x^4}}}{1+x^4}$$

$$-\frac{1}{4\sqrt2}\left[\frac{1}{\sqrt{1+x^4}-x\sqrt2}\left(\frac{2x^3}{\sqrt{1+x^4}}-\sqrt2\right)-\frac{1}{\sqrt{1+x^4}+x\sqrt2}\left(\frac{2x^3}{\sqrt{1+x^4}}+\sqrt2\right)\right]$$

$$=\frac{\sqrt{1+x^4}}{1-x^4}\quad(|x|\neq1).$$

**【956】** $y=\frac{x\sqrt{1-x^2}}{1+x^2}-\frac{3}{\sqrt2}\operatorname{arccot}\frac{x\sqrt2}{\sqrt{1-x^2}}$.

解 $$y'=\frac{1}{(1+x^2)^2}\left[\left(\sqrt{1-x^2}-\frac{x^2}{\sqrt{1-x^2}}\right)(1+x^2)-2x^2\sqrt{1-x^2}\right]$$

$$+\frac{3}{\sqrt2\left(1+\frac{2x^2}{1-x^2}\right)}\cdot\frac{\sqrt2\sqrt{1-x^2}+\frac{\sqrt2x^2}{\sqrt{1-x^2}}}{1-x^2}$$

$$=\frac{4}{(x^2+1)^2\sqrt{1-x^2}}\quad(|x|<1).$$

**【957】**[+] $y=\arccos(\sin x^2-\cos x^2)$.

解 $$y'=-\frac{1}{\sqrt{1-(\sin x^2-\cos x^2)^2}}\cdot2x(\cos x^2+\sin x^2)=-\frac{2x(\sin x^2+\cos x^2)}{\sqrt{\sin(2x^2)}}$$

$$\left(0<|x|<\sqrt{\left(k+\frac12\right)\pi};\ k=0,1,2,\cdots\right).$$

**【958】** $y=\arcsin(\sin x^2)+\arccos(\cos x^2)$.

解 $$y'=\frac{2x\cos(x^2)}{\sqrt{1-\sin^2(x^2)}}+\frac{2x\sin(x^2)}{\sqrt{1-\cos^2(x^2)}}=2x[\operatorname{sgn}(\cos x^2)+\operatorname{sgn}(\sin x^2)]$$

$\left(|x|\neq\sqrt{\frac{k\pi}{2}};\ k=0,1,2,\cdots\right).$

【959】 $y=e^{m\arcsin x}[\cos(m\arcsin x)+\sin(m\arcsin x)]$.

解

$$y'=e^{m\arcsin x}\left\{\frac{m}{\sqrt{1-x^2}}[\cos(m\arcsin x)+\sin(m\arcsin x)]+\frac{m}{\sqrt{1-x^2}}[\cos(m\arcsin x)-\sin(m\arcsin x)]\right\}$$

$$=\frac{2m}{\sqrt{1-x^2}}e^{m\arcsin x}\cos(m\arcsin x)\quad(|x|<1).$$

【960】 $y=\arctan e^x-\ln\sqrt{\frac{e^{2x}}{e^{2x}+1}}$.

解 $y'=\frac{e^x}{1+e^{2x}}-\frac{1}{2}\left(2-\frac{2e^{2x}}{e^{2x}+1}\right)=\frac{e^x-1}{e^{2x}+1}$.

【961】 $y=x+x^x+x^{x^x}\quad(x>0)$.

解 $y'=1+x^x(1+\ln x)+x^{x^x}(x^x\ln x)'=1+x^x(1+\ln x)+x^x\cdot x^{x^x}\left(\frac{1}{x}+\ln x+\ln^2 x\right)$.

【962】 $y=x^{x^a}+x^{a^x}+a^{x^x}\quad(a>0,\ x>0)$.

解 $y'=x^{x^a}\left(ax^{a-1}\ln x+\frac{x^a}{x}\right)+x^{a^x}\left(a^x\ln a\cdot\ln x+\frac{a^x}{x}\right)+a^{x^x}\cdot\ln a\cdot x^x(1+\ln x)$

$$=x^{a-1}x^{x^a}(1+a\ln x)+a^x x^{a^x}\left(\frac{1}{x}+\ln a\ln x\right)+x^x a^{x^x}\ln a(1+\ln x).$$

【963】 $y=\sqrt[x]{x}\quad(x>0)$.

提示 注意当 $x>0$ 时,$y=\sqrt[x]{x}=e^{\frac{1}{x}\ln x}$.

解 $y'=(e^{\frac{1}{x}\ln x})'=x^{\frac{1}{x}-2}(1-\ln x)$.

【964】 $y=(\sin x)^{\cos x}+(\cos x)^{\sin x}$.

解题思路 分别对幂指函数$(\sin x)^{\cos x}$及$(\cos x)^{\sin x}$采用 884 题所示的方法,然后化简,其结果为 $(\sin x)^{\cos x+1}[\cot^2 x-\ln(\sin x)]-(\cos x)^{\sin x+1}[\tan^2 x-\ln(\cos x)]\left(0<x-2k\pi<\frac{\pi}{2},\ k\text{ 为整数}\right)$.

解 $y'=(\sin x)^{\cos x}\left[-\sin x\cdot\ln(\sin x)+\frac{\cos^2 x}{\sin x}\right]+(\cos x)^{\sin x}\left[\cos x\cdot\ln(\cos x)-\frac{\sin^2 x}{\cos x}\right]$

$$=(\sin x)^{\cos x+1}[\cot^2 x-\ln(\sin x)]-(\cos x)^{\sin x+1}[\tan^2 x-\ln(\cos x)]\left(0<x-2k\pi<\frac{\pi}{2},\ k\text{ 为整数}\right).$$

【965】[+] $y=(\ln x)^x : x^{\ln x}$.

提示 注意当 $x>1$ 时,$(\ln x)^x : x^{\ln x}=\frac{e^{x\ln(\ln x)}}{e^{\ln^2 x}}=e^{x\ln(\ln x)-\ln^2 x}$.

解 $y=\frac{e^{x\ln(\ln x)}}{e^{\ln^2 x}}=e^{x\ln(\ln x)-\ln^2 x}$.

$$y'=\frac{(\ln x)^x}{x^{\ln x}}\{[x\ln(\ln x)]'-(\ln^2 x)'\}=\frac{(\ln x)^x}{x^{\ln x}}\left\{\ln(\ln x)+\frac{1}{\ln x}-\frac{2\ln x}{x}\right\}$$

$$=\frac{(\ln x)^{x-1}}{x^{\ln x+1}}\{x\ln x\ln(\ln x)+x-2\ln^2 x\}\quad(x>1).$$

【966】 $y=\lg_x e$.

解 由 $y=\lg_x e$ 推得 $y=\frac{1}{\ln x}$. 于是,$y'=-\frac{1}{x\ln^2 x}=-\frac{1}{x}(\lg_x e)^2\quad(x>0,x\neq1)$.

【967】 $y=\ln(\operatorname{ch}x)+\frac{1}{2\operatorname{ch}^2 x}$.

解 $y'=\operatorname{th}x-\frac{\operatorname{sh}x}{\operatorname{ch}^3 x}=\operatorname{th}^3 x$.

【968】 $y=\frac{\mathrm{ch}x}{\mathrm{sh}^2x}-\ln\left(\coth\frac{x}{2}\right)$.

解 $y'=\frac{\mathrm{sh}^3x-2\mathrm{sh}x\mathrm{ch}^2x}{\mathrm{sh}^4x}+\frac{1}{2\mathrm{sh}^2\frac{x}{2}\cdot\coth\frac{x}{2}}=-\frac{2}{\mathrm{sh}^3x}\quad(x>0)$.

【969】 $y=\arctan(\mathrm{th}x)$.

解 $y'=\frac{1}{1+\mathrm{th}^2x}\cdot\frac{1}{\mathrm{ch}^2x}=\frac{1}{\mathrm{ch}2x}$.

【970】 $y=\arccos\left(\frac{1}{\mathrm{ch}x}\right)$.

解 $y'=-\frac{1}{\sqrt{1-\frac{1}{\mathrm{ch}^2x}}}\left(-\frac{\mathrm{sh}x}{\mathrm{ch}^2x}\right)=\frac{\mathrm{sgn}(\mathrm{sh}x)}{\mathrm{ch}x}\quad(x\neq0)$.

【971】 $y=\frac{b}{a}x+\frac{2\sqrt{a^2-b^2}}{a}\arctan\left(\sqrt{\frac{a-b}{a+b}}\mathrm{th}\frac{x}{2}\right)\quad(0\leqslant|b|<a)$.

解 $y'=\frac{b}{a}+\frac{2\sqrt{a^2-b^2}}{a}\cdot\frac{1}{1+\frac{a-b}{a+b}\mathrm{th}^2\frac{x}{2}}\cdot\sqrt{\frac{a-b}{a+b}}\cdot\frac{1}{2\mathrm{ch}^2\frac{x}{2}}=\frac{b}{a}+\frac{a^2-b^2}{a(b+a\mathrm{ch}x)}=\frac{a+b\mathrm{ch}x}{b+a\mathrm{ch}x}$.

【972】 引入中间变量 $u=\cos^2x$ 求函数 $y=\ln(\cos^2x+\sqrt{1+\cos^4x})$的导数.

解 $u=\cos^2x$, $y=\ln(u+\sqrt{1+u^2})$, $y'_x=y'_uu'_x$，而

$$y'_u=\frac{1}{\sqrt{1+u^2}}=\frac{1}{\sqrt{1+\cos^4x}},\quad u'_x=-2\cos x\sin x=-\sin2x,$$

于是，$y'_x=-\frac{\sin2x}{\sqrt{1+\cos^4x}}$.

**利用 972 题所示的方法，求下列函数的导数：**

【973】+ $y=(\arccos x)^2\left[\ln^2(\arccos x)-\ln(\arccos x)+\frac{1}{2}\right]$.

提示 令 $u=\arccos x$.

解 设 $u=\arccos x$，则 $y=u^2\left(\ln^2u-\ln u+\frac{1}{2}\right)$. 由于

$$y'_u=2u\left(\ln^2u-\ln u+\frac{1}{2}\right)+u^2\left(\frac{2\ln u}{u}-\frac{1}{u}\right)=2u\ln^2u=2\arccos x\cdot\ln^2(\arccos x),$$

$$u'_x=-\frac{1}{\sqrt{1-x^2}},$$

于是，$y'_x=y'_uu'_x=-\frac{2}{\sqrt{1-x^2}}\arccos x\cdot\ln^2(\arccos x)\quad(|x|<1)$.

【974】+ $y=\frac{1}{2}\arctan(\sqrt[4]{1+x^4})+\frac{1}{4}\ln\frac{\sqrt[4]{1+x^4}+1}{\sqrt[4]{1+x^4}-1}$.

提示 令 $u=\sqrt[4]{1+x^4}$.

解 设 $u=\sqrt[4]{1+x^4}$，则 $y=\frac{1}{2}\arctan u+\frac{1}{4}\ln\frac{u+1}{u-1}$. 由于

$$y'_u=\frac{1}{2(1+u^2)}+\frac{1}{4}\left(\frac{1}{u+1}-\frac{1}{u-1}\right)=\frac{1}{1-u^4}=-\frac{1}{x^4},\quad u'_x=\frac{x^3}{\sqrt[4]{(1+x^4)^3}},$$

于是，$y'_x=y'_uu'_x=-\frac{1}{x\sqrt[4]{(1+x^4)^3}}\quad(x\neq0)$.

【975】 $y=\frac{e^{-x^2}\arcsin(e^{-x^2})}{\sqrt{1-e^{-2x^2}}}+\frac{1}{2}\ln(1-e^{-2x^2})$.

**提示** 令 $u=e^{-x^2}$.

**解** 设 $u=e^{-x^2}$,则 $y=\frac{u\arcsin u}{\sqrt{1-u^2}}+\frac{1}{2}\ln(1-u^2)$. 由于

$$y'_u=\frac{\left(\arcsin u+\frac{u}{\sqrt{1-u^2}}\right)\sqrt{1-u^2}+\frac{u^2\arcsin u}{\sqrt{1-u^2}}}{1-u^2}-\frac{u}{1-u^2}=\frac{\arcsin u}{(1-u^2)^{\frac{3}{2}}}=\frac{\arcsin(e^{-x^2})}{(1-e^{-2x^2})^{\frac{3}{2}}},$$

$$u'_x=-2xe^{-x^2},$$

于是,$y'_x=y'_u u'_x=\frac{-2xe^{-x^2}\arcsin(e^{-x^2})}{(1-e^{-2x^2})^{\frac{3}{2}}}\quad(x\neq0).$

**【976】** $y=\frac{a^x}{1+a^{2x}}-\frac{1-a^{2x}}{1+a^{2x}}\operatorname{arccot}(a^{-x}).$

**提示** 令 $u=a^x$.

**解** 设 $u=a^x$,则 $y=\frac{u}{1+u^2}-\frac{1-u^2}{1+u^2}\operatorname{arccot}(u^{-1})$. 由于

$$y'_u=\frac{(1+u^2)-2u^2}{(1+u^2)^2}-\frac{-2u(1+u^2)-2u(1-u^2)}{(1+u^2)^2}\cdot\operatorname{arccot}(u^{-1})-\frac{1-u^2}{1+u^2}\cdot\frac{1}{u^2\left(1+\frac{1}{u^2}\right)}$$

$$=\frac{4u\operatorname{arccot}(u^{-1})}{(1+u^2)^2}=\frac{4a^x\cdot\operatorname{arccot}(a^{-x})}{(1+a^{2x})^2},$$

$$u'_x=a^x\ln a,$$

于是,$y'_x=y'_u u'_x=\frac{4a^{2x}\ln a}{(1+a^{2x})^2}\operatorname{arccot}(a^{-x})\quad(a>0).$

**【977】** 求函数的导数并作函数及其导数的图像,设:

(1) $y=|x|$; (2) $y=x|x|$; (3) $y=\ln|x|$.

**提示** (1)$y'=\begin{cases}1, & x>0,\\ -1, & x<0.\end{cases}$ 或记成 $y'=\frac{|x|}{x}\ (x\neq0)$.

以下各题均可利用此结果,不再说明.

(2)注意在分界点 $x=0$ 处,有 $y'\big|_{x=0}=0$,从而有 $y'=2|x|$.

(3)$y'=\frac{1}{x}\ (x\neq0)$.

**解** (1) $y=\begin{cases}x, & x\geqslant0,\\ -x, & x<0,\end{cases}$ (图 2.2)

$$y'=\begin{cases}1, & x>0,\\ -1, & x<0,\end{cases}$$

或写成 $y'=\frac{|x|}{x}\ (x\neq0)$. 在 $x=0$ 时 $y'$不存在. (图 2.3)

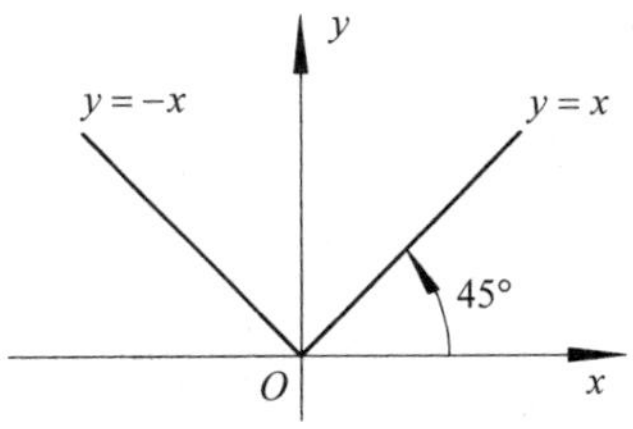


图 2.2

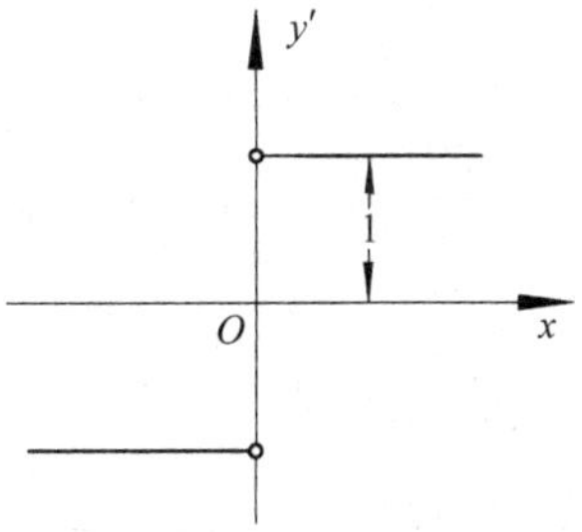


图 2.3

(2) $y=\begin{cases} x^2, & x\geqslant 0, \\ -x^2, & x<0, \end{cases}$ (图 2.4)

$y'=\begin{cases} 2x, & x>0, \\ -2x, & x<0, \end{cases}$ 而且易见有 $y'\big|_{x=0}=0$,故 $y'=2|x|$ *). (图 2.5)

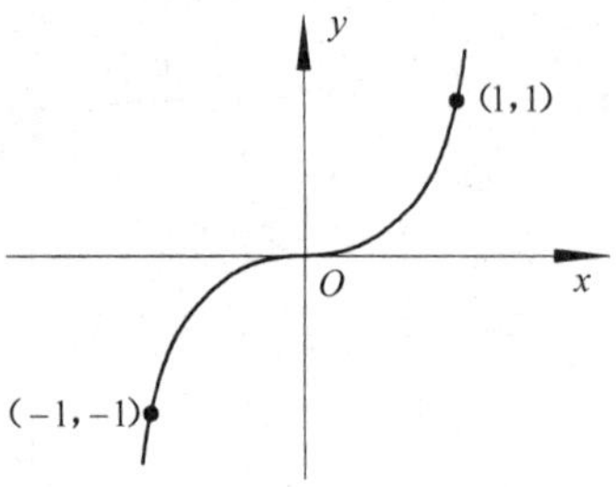


图 2.4

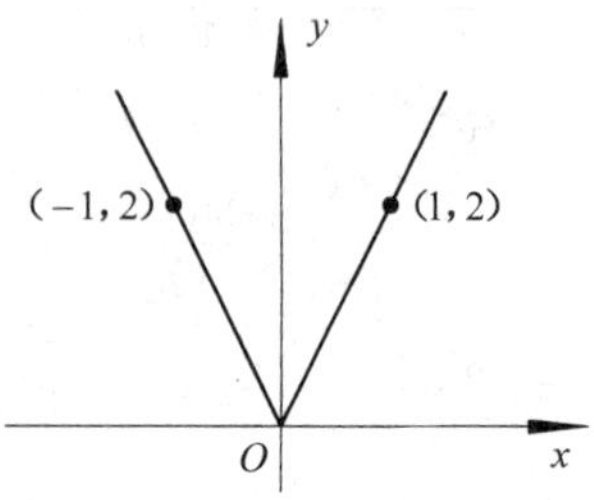


图 2.5

*) 以下各题,对于分界点的导数,不再单独讨论.

(3) $y=\ln|x|$, (图 2.6)

$y'=\dfrac{1}{|x|}\cdot\dfrac{|x|}{x}=\dfrac{1}{x}$ $(x\neq 0)$. (图 2.7)

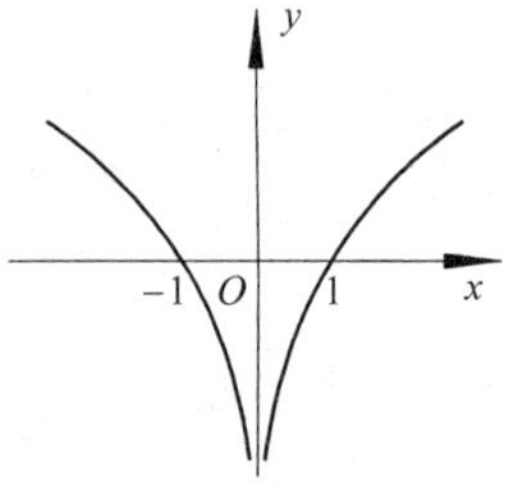


图 2.6

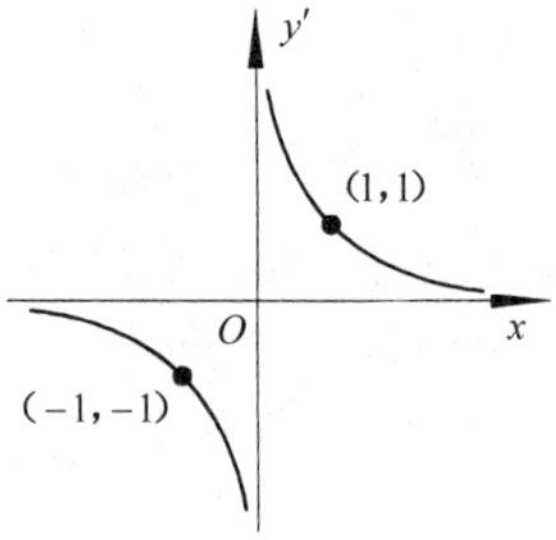


图 2.7

**【978】** 求下列函数的导数:

(1) $y=|(x-1)^2(x+1)^3|$; (2) $y=|\sin^3 x|$; (3) $y=\arccos\dfrac{1}{|x|}$; (4) $y=[x]\sin^2\pi x$.

**提示** (1)利用 977 题(1)的结果,有 $y'=(x-1)(x+1)^2(5x-1)\operatorname{sgn}(x+1)$ $(|x|\neq 1)$. (2)仿(1). (3)仿(1). (4) 对于 $y=[x]$有 $y'=0$ $(x\neq k;\ k=0,\pm 1,\pm 2,\cdots)$. 利用此结果,可知当 $x\neq k$ 时,有

$$([x]\sin^2\pi x)'=\pi[x]\sin 2\pi x,$$

易证当 $x=k$ 时,上式也成立.

**解** (1) $y'=\dfrac{|(x-1)^2(x+1)^3|}{(x-1)^2(x+1)^3}[2(x-1)(x+1)^3+3(x-1)^2(x+1)^2]$

$=(x-1)(x+1)^2(5x-1)\operatorname{sgn}(x+1)$ $(|x|\neq 1)$;

(2) $y'=\dfrac{|\sin^3 x|}{\sin^3 x}3\sin^2 x\cos x=\dfrac{3}{2}\sin 2x|\sin x|$ $(x\neq k\pi,\ k$ 为整数);

(3) $y'=\left[-\dfrac{1}{\sqrt{1-\dfrac{1}{x^2}}}\right]\left[-\left(\dfrac{|x|}{x\cdot x^2}\right)\right]=\dfrac{1}{x\sqrt{x^2-1}}$ $(|x|>1)$;

(4)对于 $y=[x]$有 $y'=0$ $(x\neq k,\ k=0,\pm 1,\pm 2,\cdots)$,于是,当 $x\neq k$ $(k=0,\pm 1,\pm 2,\cdots)$时,有

$$\{[x]\sin^2\pi x\}'=2\pi\sin\pi x\cos\pi x\cdot[x]=\pi[x]\sin 2\pi x.$$

容易直接验证当 $x=k$ $(k=0,\pm 1,\pm 2,\cdots)$时上式也成立.

**求下列函数的导数并作出函数及其导数的图像：**

**【979】** $y=\begin{cases}1-x, & -\infty<x<1,\\ (1-x)(2-x), & 1\leqslant x\leqslant 2,\\ -(2-x), & 2<x<+\infty.\end{cases}$ (图 2.8)

**解题思路** 注意必须求函数 $y$ 在其分段(界)点 $x=1$ 及 $x=2$ 处的左、右导数，若左、右导数存在而且相等，则函数在该点可导，否则函数在该点不可导. 从而确定该点是否在导数 $y'$ 的定义域内.

以下的 980 到 983 题中均需这样考虑问题，否则会产生错误.

**解** 显然 $y'=\begin{cases}-1, & -\infty<x<1,\\ 2x-3, & 1<x<2,\\ 1, & 2<x<+\infty.\end{cases}$

当 $x=1$ 时，右导数 $y'_+|_{x=1}=(2x-3)|_{x=1}=-1$，左导数 $y'_-|_{x=1}=-1$.

因此，点 $x=1$ 的导数存在，且 $y'|_{x=1}=-1$. 同理，可得 $y'|_{x=2}=1$. 于是，

$$y'=\begin{cases}-1, & -\infty<x<1,\\ 2x-3, & 1\leqslant x\leqslant 2,\\ 1, & 2<x<+\infty.\end{cases}\quad (图 2.9)$$

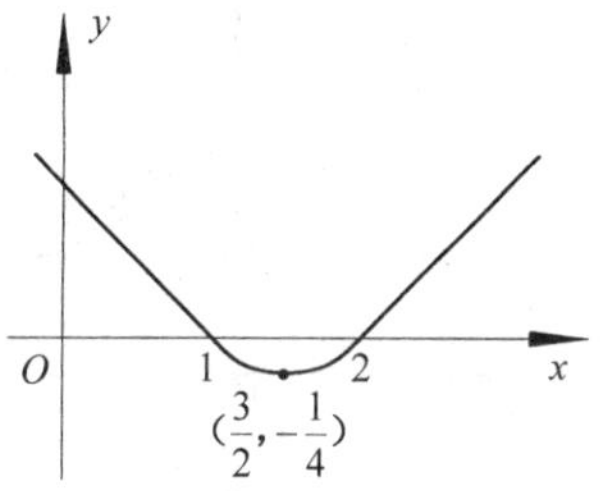


图 2.8

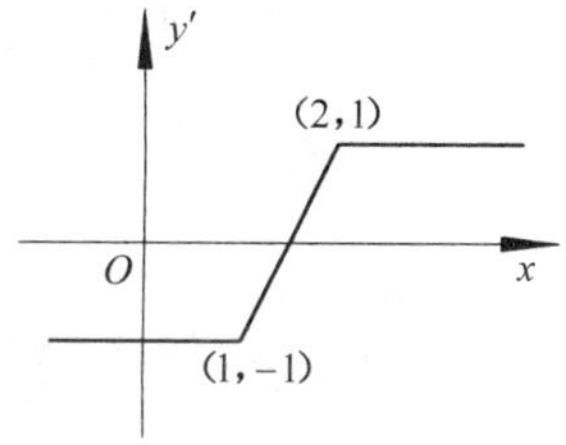


图 2.9

**注** 在下面的 980 到 983 题中，求分段定义函数的导数时，在分段点，都要先求其左、右导数. 为简便计，我们只写出结果，而省去了(在分段点)求左、右导数的过程.

**【980】** $y=\begin{cases}(x-a)^2(x-b)^2, & a\leqslant x\leqslant b,\\ 0, & 在线段[a,b]之外.\end{cases}$ (图 2.10)

**解** $y'=\begin{cases}2(x-a)(x-b)(2x-a-b), & x\in[a,b],\\ 0, & x\overline{\in}[a,b].\end{cases}$ (图 2.11)

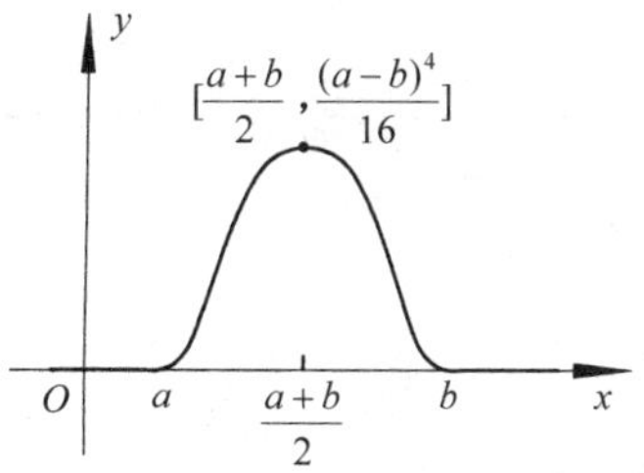


图 2.10

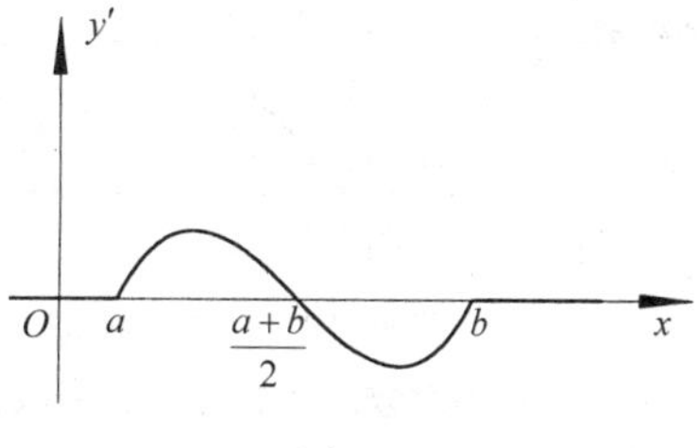


图 2.11

**【981】** $y=\begin{cases}x, & x<0,\\ \ln(1+x), & x\geqslant 0.\end{cases}$ (图 2.12)

**解** $y'=\begin{cases}1, & x<0,\\ \dfrac{1}{1+x}, & x\geqslant 0.\end{cases}$ (图 2.13)

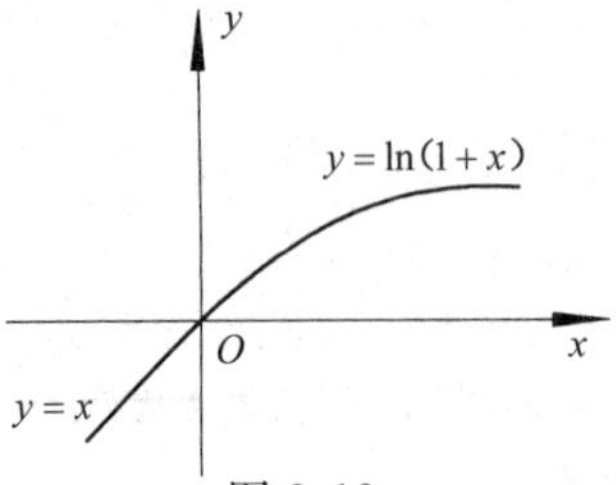


图 2.12

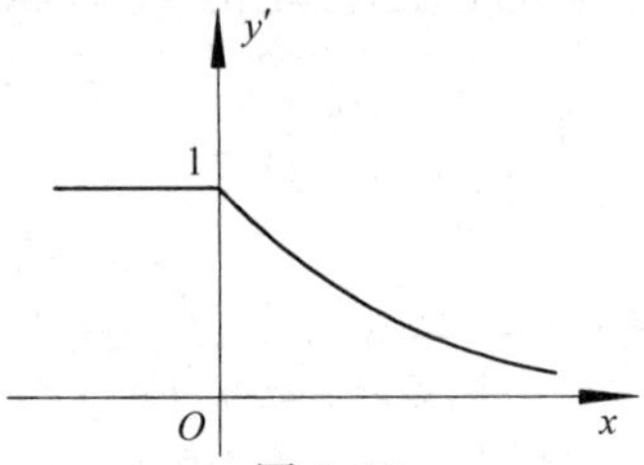


图 2.13

**【982】**[+] $y=\begin{cases}\arctan x, & |x|\leqslant 1,\\ \dfrac{\pi}{4}\operatorname{sgn}x+\dfrac{x-1}{2}, & |x|>1.\end{cases}$ （图 2.14）

**解** $y'=\begin{cases}\dfrac{1}{1+x^2}, & -1<x\leqslant 1,\\ \dfrac{1}{2}, & |x|>1.\end{cases}$ （图 2.15）

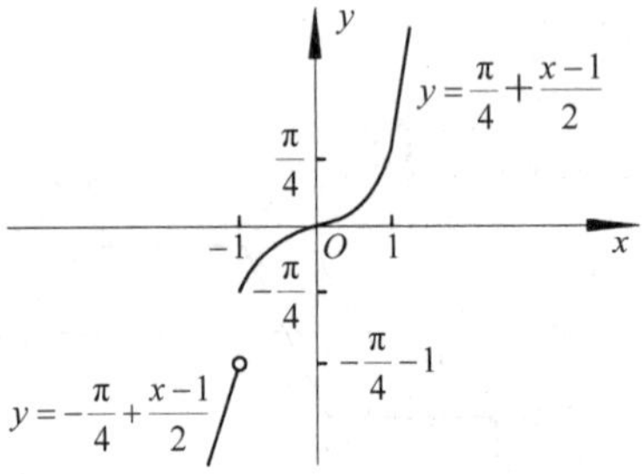


图 2.14

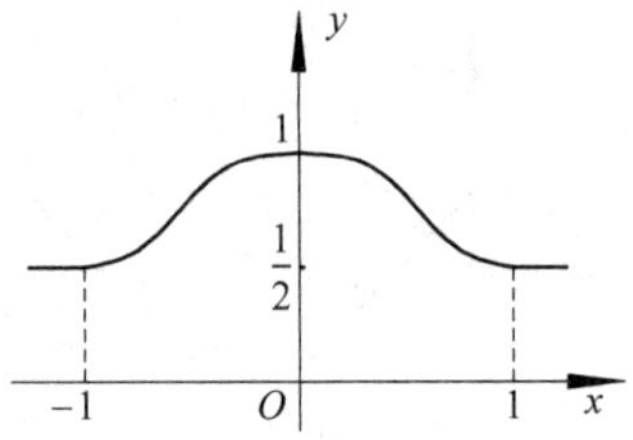


图 2.15

**【983】** $y=\begin{cases}x^2e^{-x^2}, & |x|\leqslant 1,\\ \dfrac{1}{e}, & |x|>1.\end{cases}$ （图 2.16）

**解** $y'=\begin{cases}2xe^{-x^2}(1-x^2), & |x|\leqslant 1,\\ 0, & |x|>1.\end{cases}$ （图 2.17）

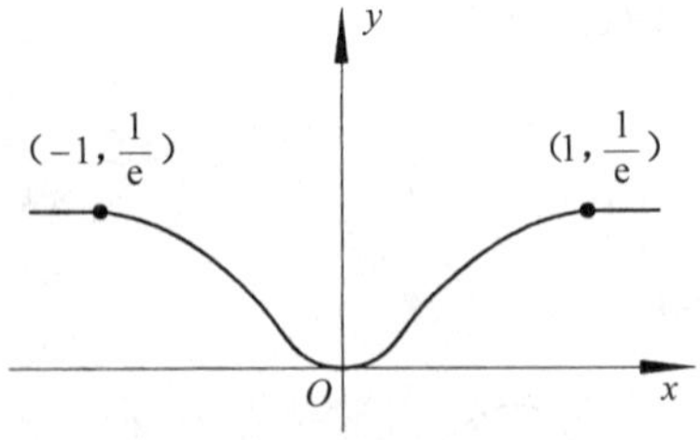


图 2.16

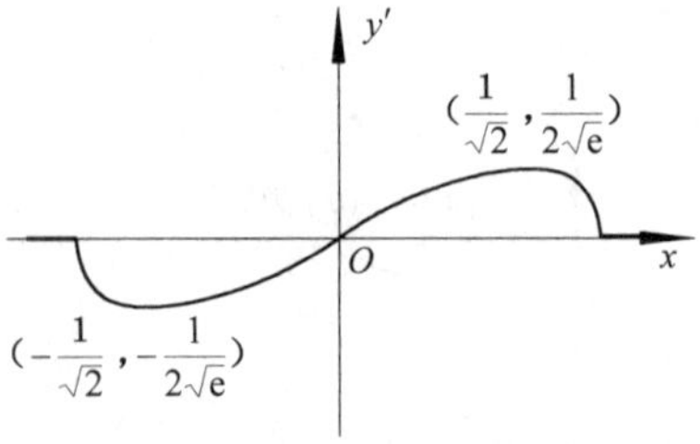


图 2.17

**【984】** 所给函数的对数的导数称为此函数的**对数导数**：

$$\frac{d}{dx}\ln f(x)=\frac{f'(x)}{f(x)}\quad (f(x)>0).$$

求下列函数 $y$ 的对数导数：

(1) $y=x\sqrt{\dfrac{1-x}{1+x}}$；　　(2) $y=\dfrac{x^2}{1-x}\sqrt[3]{\dfrac{3-x}{(3+x)^2}}$；

(3) $y=(x-a_1)^{\alpha_1}(x-a_2)^{\alpha_2}\cdots(x-a_n)^{\alpha_n}$；　　(4) $y=(x+\sqrt{1+x^2})^n$.

**解题思路** (1)由 $y=x\sqrt{\frac{1-x}{1+x}}$ 得 $\ln y=\ln|x|+\frac{1}{2}\ln|1-x|-\frac{1}{2}\ln|1+x|$，利用977题(3)的结果，即易获解.

(2)注意 $\ln y=2\ln|x|-\ln|1-x|+\frac{1}{3}\ln|3-x|-\frac{2}{3}\ln|3+x|$，仿(1)可得

$$\frac{d}{dx}\ln y=\frac{54-36x-4x^2+2x^3}{3x(1-x)(9-x^2)}\quad (x\neq 0,x\neq 1,|x|\neq 3).$$

(3)注意 $\ln y=\sum_{i=1}^{n}\alpha_i\ln|x-a_i|$，仿(1)可得

$$\frac{d}{dx}\ln y=\sum_{i=1}^{n}\frac{\alpha_i}{x-a_i}\ (x\in A)，\text{其中 } A=\left\{x\,\middle|\,\prod_{i=1}^{n}(x-a_i)^{\alpha_i}>0\right\}.$$

(4)注意 $\ln y=n\ln(x+\sqrt{1+x^2})$，利用895题的结果，即易获解.

**解** (1) 由 $y=x\sqrt{\frac{1-x}{1+x}}$ 得

$$\ln y=\ln|x|+\frac{1}{2}\ln|1-x|-\frac{1}{2}\ln|1+x|,$$

$$\frac{d}{dx}\ln y=\frac{1}{x}-\frac{1}{2(1-x)}-\frac{1}{2(1+x)}=\frac{1-x-x^2}{x(1-x^2)}\quad (0<|x|<1);$$

(2) 由 $y=\frac{x^2}{1-x}\sqrt[3]{\frac{3-x}{(3+x)^2}}$ 得

$$\ln y=2\ln|x|-\ln|1-x|+\frac{1}{3}\ln|3-x|-\frac{2}{3}\ln|3+x|,$$

$$\frac{d}{dx}\ln y=\frac{2}{x}+\frac{1}{1-x}-\frac{1}{3(3-x)}-\frac{2}{3(3+x)}=\frac{54-36x-4x^2+2x^3}{3x(1-x)(9-x^2)}\quad (x\neq 0,x\neq 1,|x|\neq 3);$$

(3)由于 $y=\prod_{i=1}^{n}(x-a_i)^{\alpha_i}$ 及 $y$ 在对数符号内，故应设 $\prod_{i=1}^{n}(x-a_i)^{\alpha_i}>0$，从而有

$$\ln y=\ln\prod_{i=1}^{n}(x-a_i)^{\alpha_i}=\sum_{i=1}^{n}\alpha_i\ln|x-a_i|,$$

得
$$\frac{d}{dx}\ln y=\sum_{i=1}^{n}\frac{\alpha_i}{x-a_i}\quad (x\in A)，\quad \text{其中 } A=\left\{x\,\middle|\,\prod_{i=1}^{n}(x-a_i)^{\alpha_i}>0\right\};$$

(4) 由 $y=(x+\sqrt{1+x^2})^n$ 得

$$\ln y=n\ln(x+\sqrt{1+x^2}),\qquad \frac{d}{dx}\ln y=\frac{n}{\sqrt{1+x^2}}.$$

**【985】** 设 $\varphi(x)$ 及 $\psi(x)$ 为 $x$ 的可微函数. 求下列函数 $y$ 的导数：

(1) $y=\sqrt{\varphi^2(x)+\psi^2(x)}$；　　(2) $y=\arctan\frac{\varphi(x)}{\psi(x)}$；

(3) $y=\sqrt[\varphi(x)]{\psi(x)}$ $[\varphi(x)\neq 0,\ \psi(x)>0]$；　　(4) $y=\lg_{\varphi(x)}\psi(x)$ $[\varphi(x)>0,\ \psi(x)>0]$.

**提示** (3)注意由 $y=\sqrt[\varphi(x)]{\psi(x)}$ 得 $\ln y=\frac{1}{\varphi(x)}\ln\psi(x)$，两边同时对 $x$ 求导，即可获解($\frac{d}{dx}\ln y=\frac{y'}{y}$).

(4)由 $y=\lg_{\varphi(x)}\psi(x)$ 得 $y=\frac{\ln\psi(x)}{\ln\varphi(x)}$.

**解** (1) $y'=\frac{\varphi(x)\varphi'(x)+\psi(x)\psi'(x)}{\sqrt{\varphi^2(x)+\psi^2(x)}}$ $[\varphi^2(x)+\psi^2(x)\neq 0]$.

(2) $y'=\frac{1}{1+\frac{\varphi^2(x)}{\psi^2(x)}}\cdot\frac{\varphi'(x)\psi(x)-\psi'(x)\varphi(x)}{\psi^2(x)}=\frac{\varphi'(x)\psi(x)-\psi'(x)\varphi(x)}{\varphi^2(x)+\psi^2(x)}$ $(\psi(x)\neq 0)$.

(3) 由 $y=\sqrt[\varphi(x)]{\psi(x)}$ 得

$$\ln y=\frac{1}{\varphi(x)}\ln\psi(x),\quad \frac{y'}{y}=\frac{\frac{\psi'(x)}{\psi(x)}\varphi(x)-\varphi'(x)\ln\psi(x)}{\varphi^2(x)},$$

于是，$y'=\sqrt[\varphi(x)]{\psi(x)}\left\{\frac{1}{\varphi(x)}\frac{\psi'(x)}{\psi(x)}-\frac{\varphi'(x)}{\varphi^2(x)}\ln\psi(x)\right\}$.

(4) 由 $y=\lg_{\varphi(x)}\psi(x)$得

$$y=\frac{\ln\psi(x)}{\ln\varphi(x)},\quad y'=\frac{\frac{\psi'(x)}{\psi(x)}\ln\varphi(x)-\frac{\varphi'(x)}{\varphi(x)}\ln\psi(x)}{\ln^2\varphi(x)}=\frac{\psi'(x)}{\psi(x)}\cdot\frac{1}{\ln\varphi(x)}-\frac{\varphi'(x)}{\varphi(x)}\cdot\frac{\ln\psi(x)}{\ln^2\varphi(x)}.$$

**【986】** 求 $y'$，设：

(1) $y=f(x^2)$； (2) $y=f(\sin^2x)+f(\cos^2x)$； (3) $y=f(e^x)\cdot e^{f(x)}$； (4) $y=f\{f[f(x)]\}$.

其中 $f(u)$为可微函数.

**解** (1) $y'=2xf'(x^2)$；

(2) $y'=2\sin x\cos xf'(\sin^2x)-2\sin x\cos xf'(\cos^2x)=\sin 2x[f'(\sin^2x)-f'(\cos^2x)]$；

(3) $y'=e^{f(x)}[f'(x)f(e^x)+e^xf'(e^x)]$；

(4) $y'=f'(x)f'[f(x)]f'\{f[f(x)]\}$.

**【987】** 证明 $n$ 阶行列式微分法：

$$\frac{d}{dx}\begin{vmatrix} f_{11}(x) & f_{12}(x) & \cdots & f_{1n}(x)\\ \vdots & \vdots & & \vdots\\ f_{i1}(x) & f_{i2}(x) & \cdots & f_{in}(x)\\ \vdots & \vdots & & \vdots\\ f_{n1}(x) & f_{n2}(x) & \cdots & f_{nn}(x)\end{vmatrix}=\sum_{i=1}^{n}\begin{vmatrix} f_{11}(x) & f_{12}(x) & \cdots & f_{1n}(x)\\ \vdots & \vdots & & \vdots\\ \frac{d}{dx}f_{i1}(x) & \frac{d}{dx}f_{i2}(x) & \cdots & \frac{d}{dx}f_{in}(x)\\ \vdots & \vdots & & \vdots\\ f_{n1}(x) & f_{n2}(x) & \cdots & f_{nn}(x)\end{vmatrix}. \tag{1}$$

**提示** 从行列式的定义出发或利用数学归纳法予以证明.

**证** 证法 1：从行列式的定义出发予以证明.

$$\frac{d}{dx}\begin{vmatrix} f_{11}(x) & f_{12}(x) & \cdots & f_{1n}(x)\\ \vdots & \vdots & & \vdots\\ f_{i1}(x) & f_{i2}(x) & \cdots & f_{in}(x)\\ \vdots & \vdots & & \vdots\\ f_{n1}(x) & f_{n2}(x) & \cdots & f_{nn}(x)\end{vmatrix}=\frac{d}{dx}\sum_{j_1j_2\cdots j_n}(-1)^{N(j_1j_2\cdots j_n)}f_{1j_1}(x)f_{2j_2}(x)\cdots f_{nj_n}(x)^{*)}$$

$$=\sum_{j_1j_2\cdots j_n}(-1)^{N(j_1j_2\cdots j_n)}\frac{d}{dx}[f_{1j_1}(x)f_{2j_2}(x)\cdots f_{nj_n}(x)]$$

$$=\sum_{j_1j_2\cdots j_n}(-1)^{N(j_1j_2\cdots j_n)}\sum_{i=1}^{n}f_{1j_1}(x)f_{2j_2}(x)\cdots\cdot\frac{d}{dx}f_{ij_i}(x)\cdots f_{nj_n}(x)$$

$$=\sum_{i=1}^{n}\sum_{j_1j_2\cdots j_n}(-1)^{N(j_1j_2\cdots j_n)}f_{1j_1}(x)f_{2j_2}(x)\cdots\cdot\frac{d}{dx}f_{ij_i}(x)\cdots f_{nj_n}(x)$$

$$=\sum_{i=1}^{n}\begin{vmatrix} f_{11}(x) & f_{12}(x) & \cdots & f_{1n}(x)\\ \vdots & \vdots & & \vdots\\ \frac{d}{dx}f_{i1}(x) & \frac{d}{dx}f_{i2}(x) & \cdots & \frac{d}{dx}f_{in}(x)\\ \vdots & \vdots & & \vdots\\ f_{n1}(x) & f_{n2}(x) & \cdots & f_{nn}(x)\end{vmatrix}.$$

*) 其中 $N(j_1j_2\cdots j_n)$表示排列 $j_1j_2\cdots j_n$ 的逆序数. $\sum\limits_{j_1j_2\cdots j_n}$ 表示对 $1,2,\cdots n$ 的所有排列 $j_1j_2\cdots j_n$ 求和.

证法 2：利用数学归纳法予以证明.

由于

$$\frac{d}{dx}\begin{vmatrix} f_{11}(x) & f_{12}(x) \\ f_{21}(x) & f_{22}(x) \end{vmatrix} = \frac{d}{dx}[f_{11}(x)f_{22}(x) - f_{12}(x)f_{21}(x)]$$

$$= \left[\frac{d}{dx}f_{11}(x)f_{22}(x) - \frac{d}{dx}f_{12}(x)f_{21}(x)\right] + \left[\frac{d}{dx}f_{22}(x)f_{11}(x) - \frac{d}{dx}f_{21}(x)f_{12}(x)\right]$$

$$= \begin{vmatrix} \frac{d}{dx}f_{11}(x) & \frac{d}{dx}f_{12}(x) \\ f_{21}(x) & f_{22}(x) \end{vmatrix} + \begin{vmatrix} f_{11}(x) & f_{12}(x) \\ \frac{d}{dx}f_{21}(x) & \frac{d}{dx}f_{22}(x) \end{vmatrix},$$

故等式(1)对于 $n=2$ 时成立.

今假定等式(1)对于 $n=k$ 时成立,即

$$\frac{d}{dx}\begin{vmatrix} f_{11}(x) & f_{12}(x) & \cdots & f_{1k}(x) \\ \vdots & \vdots & & \vdots \\ f_{i1}(x) & f_{i2}(x) & \cdots & f_{ik}(x) \\ \vdots & \vdots & & \vdots \\ f_{k1}(x) & f_{k2}(x) & \cdots & f_{kk}(x) \end{vmatrix} = \sum_{i=1}^{k}\begin{vmatrix} f_{11}(x) & f_{12}(x) & \cdots & f_{1k}(x) \\ \vdots & \vdots & & \vdots \\ \frac{d}{dx}f_{i1}(x) & \frac{d}{dx}f_{i2}(x) & \cdots & \frac{d}{dx}f_{ik}(x) \\ \vdots & \vdots & & \vdots \\ f_{k1}(x) & f_{k2}(x) & \cdots & f_{kk}(x) \end{vmatrix}.$$

要证明等式(1)对于 $n=k+1$ 时也成立. 事实上,有

$$\frac{d}{dx}\begin{vmatrix} f_{11}(x) & f_{12}(x) & \cdots & f_{1k+1}(x) \\ \vdots & \vdots & & \vdots \\ f_{i1}(x) & f_{i2}(x) & \cdots & f_{ik+1}(x) \\ \vdots & \vdots & & \vdots \\ f_{k+1\,1}(x) & f_{k+1\,2}(x) & \cdots & f_{k+1\,k+1}(x) \end{vmatrix}$$

$$= \frac{d}{dx}\sum_{j=1}^{k+1}(-1)^{k+j+1}f_{k+1\,j}(x)\begin{vmatrix} f_{11}(x) & \cdots & f_{1\,j-1}(x) & f_{1\,j+1}(x) & \cdots & f_{1\,k+1}(x) \\ \vdots & & \vdots & \vdots & & \vdots \\ f_{i1}(x) & \cdots & f_{i\,j-1}(x) & f_{i\,j+1}(x) & \cdots & f_{i\,k+1}(x) \\ \vdots & & \vdots & \vdots & & \vdots \\ f_{k1}(x) & \cdots & f_{k\,j-1}(x) & f_{k\,j+1}(x) & \cdots & f_{k\,k+1}(x) \end{vmatrix}$$

$$= \sum_{j=1}^{k+1}(-1)^{k+1+j}\frac{d}{dx}\left[f_{k+1\,j}(x)\begin{vmatrix} f_{11}(x) & \cdots & f_{1\,j-1}(x) & f_{1\,j+1}(x) & \cdots & f_{1\,k+1}(x) \\ \vdots & & \vdots & \vdots & & \vdots \\ f_{i1}(x) & \cdots & f_{i\,j-1}(x) & f_{i\,j+1}(x) & \cdots & f_{i\,k+1}(x) \\ \vdots & & \vdots & \vdots & & \vdots \\ f_{k1}(x) & \cdots & f_{k\,j-1}(x) & f_{k\,j+1}(x) & \cdots & f_{k\,k+1}(x) \end{vmatrix}\right]$$

$$= \sum_{j=1}^{k+1}(-1)^{k+j+1}\left[\frac{d}{dx}f_{k+1\,j}(x)\begin{vmatrix} f_{11}(x) & \cdots & f_{1\,j-1}(x) & f_{1\,j+1}(x) & \cdots & f_{1\,k+1}(x) \\ \vdots & & \vdots & \vdots & & \vdots \\ f_{i1}(x) & \cdots & f_{i\,j-1}(x) & f_{i\,j+1}(x) & \cdots & f_{i\,k+1}(x) \\ \vdots & & \vdots & \vdots & & \vdots \\ f_{k1}(x) & \cdots & f_{k\,j-1}(x) & f_{k\,j+1}(x) & \cdots & f_{k\,k+1}(x) \end{vmatrix}\right.$$

$$\left.+ f_{k+1\,j}(x)\frac{d}{dx}\begin{vmatrix} f_{11}(x) & \cdots & f_{1\,j-1}(x) & f_{1\,j+1}(x) & \cdots & f_{1\,k+1}(x) \\ \vdots & & \vdots & \vdots & & \vdots \\ f_{i1}(x) & \cdots & f_{i\,j-1}(x) & f_{i\,j+1}(x) & \cdots & f_{i\,k+1}(x) \\ \vdots & & \vdots & \vdots & & \vdots \\ f_{k1}(x) & \cdots & f_{k\,j-1}(x) & f_{k\,j+1}(x) & \cdots & f_{k\,k+1}(x) \end{vmatrix}\right]$$

$$=\begin{vmatrix} f_{11}(x) & \cdots & f_{1\,k+1}(x) \\ \vdots & & \vdots \\ \frac{\mathrm{d}}{\mathrm{d}x}f_{k+1\,1}(x) & \cdots & \frac{\mathrm{d}}{\mathrm{d}x}f_{k+1\,k+1}(x) \end{vmatrix}$$

$$+\sum_{j=1}^{k+1}(-1)^{k+j+1}f_{k+1\,j}(x)\sum_{i=1}^{k}\begin{vmatrix} f_{11}(x) & \cdots & f_{1\,j-1}(x) & f_{1\,j+1}(x) & \cdots & f_{1\,k+1}(x) \\ \vdots & & \vdots & \vdots & & \vdots \\ \frac{\mathrm{d}}{\mathrm{d}x}f_{i1}(x) & \cdots & \frac{\mathrm{d}}{\mathrm{d}x}f_{i\,j-1}(x) & \frac{\mathrm{d}}{\mathrm{d}x}f_{i\,j+1}(x) & \cdots & \frac{\mathrm{d}}{\mathrm{d}x}f_{i\,k+1}(x) \\ \vdots & & \vdots & \vdots & & \vdots \\ f_{k1}(x) & \cdots & f_{k\,j-1}(x) & f_{k\,j+1}(x) & \cdots & f_{k\,k+1}(x) \end{vmatrix}$$

$$=\begin{vmatrix} f_{11}(x) & \cdots & f_{1\,k+1}(x) \\ \vdots & & \vdots \\ \frac{\mathrm{d}}{\mathrm{d}x}f_{k+1\,1}(x) & \cdots & \frac{\mathrm{d}}{\mathrm{d}x}f_{k+1\,k+1}(x) \end{vmatrix}$$

$$+\sum_{i=1}^{k}\sum_{j=1}^{k+1}(-1)^{k+j+1}f_{k+1\,j}(x)\begin{vmatrix} f_{11}(x) & \cdots & f_{1\,j-1}(x) & f_{1\,j+1}(x) & \cdots & f_{1\,k+1}(x) \\ \vdots & & \vdots & \vdots & & \vdots \\ \frac{\mathrm{d}}{\mathrm{d}x}f_{i1}(x) & \cdots & \frac{\mathrm{d}}{\mathrm{d}x}f_{i\,j-1}(x) & \frac{\mathrm{d}}{\mathrm{d}x}f_{i\,j+1}(x) & \cdots & \frac{\mathrm{d}}{\mathrm{d}x}f_{i\,k+1}(x) \\ \vdots & & \vdots & \vdots & & \vdots \\ f_{k1}(x) & \cdots & f_{k\,j-1}(x) & f_{k\,j+1}(x) & \cdots & f_{k\,k+1}(x) \end{vmatrix}$$

$$=\begin{vmatrix} f_{11}(x) & \cdots & f_{1\,k+1}(x) \\ \vdots & & \vdots \\ \frac{\mathrm{d}}{\mathrm{d}x}f_{k+1\,1}(x) & \cdots & \frac{\mathrm{d}}{\mathrm{d}x}f_{k+1\,k+1}(x) \end{vmatrix}+\sum_{i=1}^{k}\begin{vmatrix} f_{11}(x) & \cdots & f_{1\,k+1}(x) \\ \vdots & & \vdots \\ \frac{\mathrm{d}}{\mathrm{d}x}f_{i\,1}(x) & \cdots & \frac{\mathrm{d}}{\mathrm{d}x}f_{i\,k+1}(x) \\ \vdots & & \vdots \\ f_{k+1\,1}(x) & \cdots & f_{k+1\,k+1}(x) \end{vmatrix}$$

$$=\sum_{i=1}^{k+1}\begin{vmatrix} f_{11}(x) & \cdots & f_{1\,k+1}(x) \\ \vdots & & \vdots \\ \frac{\mathrm{d}}{\mathrm{d}x}f_{i\,1}(x) & \cdots & \frac{\mathrm{d}}{\mathrm{d}x}f_{i\,k+1}(x) \\ \vdots & & \vdots \\ f_{k+1\,1}(x) & \cdots & f_{k+1\,k+1}(x) \end{vmatrix},$$

故等式(1)对于 $n=k+1$ 时也成立.

于是,由数学归纳法知,等式(1)对于一切正整数 $n$ 均成立.

**【988】** 设 $F(x)=\begin{vmatrix} x-1 & 1 & 2 \\ -3 & x & 3 \\ -2 & -3 & x+1 \end{vmatrix}$,求 $F'(x)$.

**提示** 利用 987 题的结果.

**解** 利用 987 题结果,有

$$F'(x)=\begin{vmatrix} 1 & 0 & 0 \\ -3 & x & 3 \\ -2 & -3 & x+1 \end{vmatrix}+\begin{vmatrix} x-1 & 1 & 2 \\ 0 & 1 & 0 \\ -2 & -3 & x+1 \end{vmatrix}+\begin{vmatrix} x-1 & 1 & 2 \\ -3 & x & 3 \\ 0 & 0 & 1 \end{vmatrix}$$

$$=(x^2+x+9)+(x^2-1+4)+(x^2-x+3)=3(x^2+5).$$

【989】设 $F(x)=\begin{vmatrix} x & x^2 & x^3 \\ 1 & 2x & 3x^2 \\ 0 & 2 & 6x \end{vmatrix}$，求 $F'(x)$.

**提示** 利用987题的结果.

**解** $F'(x)=\begin{vmatrix} 1 & 2x & 3x^2 \\ 1 & 2x & 3x^2 \\ 0 & 2 & 6x \end{vmatrix}+\begin{vmatrix} x & x^2 & x^3 \\ 0 & 2 & 6x \\ 0 & 2 & 6x \end{vmatrix}+\begin{vmatrix} x & x^2 & x^3 \\ 1 & 2x & 3x^2 \\ 0 & 0 & 6 \end{vmatrix}=0+0+6(2x^2-x^2)=6x^2$.

【990】 已知函数的图像. 近似地作出其导数的图像.

**解** 先由给定曲线 $y=f(x)$ 上一点 $M$，作出曲线 $y'=f'(x)$ 上的对应点 $M'$. 为清楚起见，作两个坐标系 $Oxy$ 及 $O'x'y'$，取相同的单位，$x$ 轴与 $x'$ 轴平行，$y$ 轴及 $y'$ 轴平行且在一条直线上(如图2.18).

在 $Oxy$ 系内画出曲线 $y=f(x)$，在曲线上任取一点 $M(x,f(x))$，并作曲线在点 $M$ 处的切线 $MN$. 过 $O'x'y'$ 系内的点 $P(-1,0)$，作平行 $MN$ 的直线 $PQ$，交 $y'$ 轴于点 $Q$. 于是，

$$O'Q=\tan\alpha=f'(x),$$

即线段 $O'Q$ 是对应于在点 $x$ 的导数 $f'(x)$. 再过点 $Q$ 引平行 $x$ 轴的直线，交过点 $(x,0)$ 且垂直于 $x$ 轴的直线于点 $M'$，则点 $M'$ 就是曲线 $y'=f'(x)$ 上对应于曲线 $y=f(x)$ 上点 $M$ 的点.

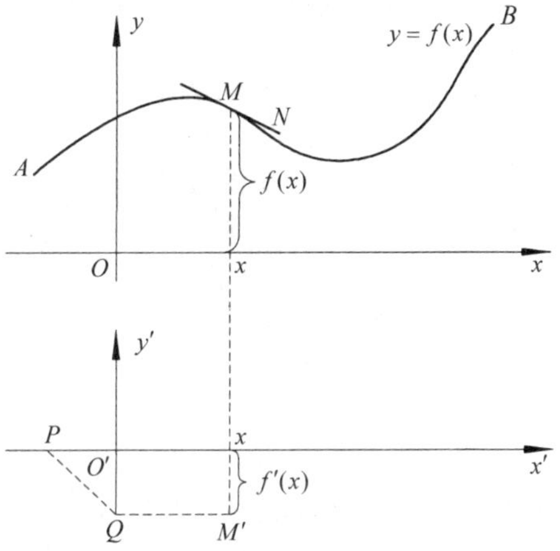

图2.18

由此，我们就可由已给曲线 $y=f(x)$ 作出曲线 $y'=f'(x)$，按上述方法，在曲线 $y=f(x)$ 上取若干点：

$$M_i(x_i,f(x_i))\quad(i=1,2,\cdots,n),$$

且在 $Oxy'$ 系(相当于 $O'x'y'$ 系，这是为了方便起见，分开画)内作出相应点：

$$M_i'(x_i,f'(x_i))\quad(i=1,2,\cdots,n).$$

最后用光滑曲线连接 $M_1',M_2',\cdots,M_n'$ 各点，此即已给曲线 $y=f(x)$ 对应的导数 $y'=f'(x)$ 的图像，如图2.19所示.

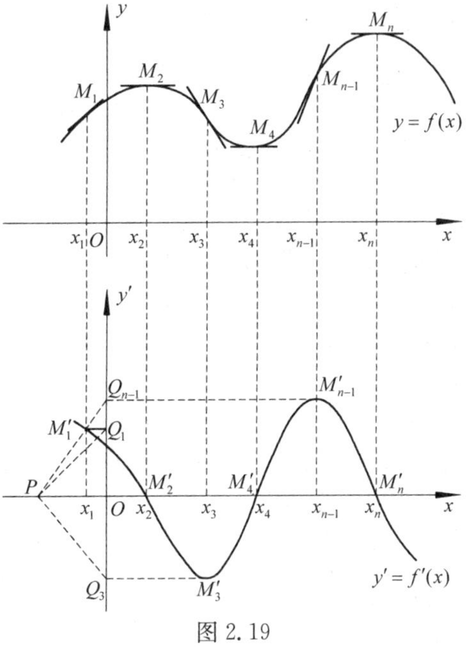

图2.19

【991】 证明：函数 $f(x)=\begin{cases} x^2\sin\dfrac{1}{x}, & x\neq 0, \\ 0, & x=0 \end{cases}$ 有不连续的导数.

**证明思路** 当 $x\neq 0$ 时，容易求得 $f'(x)=2x\sin\dfrac{1}{x}-\cos\dfrac{1}{x}$；当 $x=0$ 时，由定义可得 $f'(0)=0$，故导数 $f'(x)$ 在 $(-\infty,+\infty)$ 内有定义. 但是，极限 $\lim\limits_{x\to 0}f'(x)$ 不存在. 因此，$x=0$ 为 $f'(x)$ 的不连续点.

**证** 当 $x\neq 0$ 时，$f'(x)=2x\sin\dfrac{1}{x}-\cos\dfrac{1}{x}$，而

$$f'(0)=\lim_{\Delta x\to 0}\frac{f(0+\Delta x)-f(0)}{\Delta x}=\lim_{\Delta x\to 0}\left(\Delta x\sin\frac{1}{\Delta x}\right)=0,$$

故 $f'(x)$ 在 $-\infty<x<+\infty$ 中处处存在. 但当 $x\to 0$ 时，$f'(x)$ 并不趋向于任何极限，所以，$f'(x)$ 在点 $x=0$ 处是不连续的，这说明了 $f(x)$ 有不连续的导数.

【992】 在什么条件下，函数 $f(x)=\begin{cases} x^n\sin\dfrac{1}{x}, & x\neq 0, \\ 0, & x=0 \end{cases}$

(1) 在 $x=0$ 处是连续的； (2) 在 $x=0$ 处可微； (3) 在 $x=0$ 处有连续导数？

**提示** (1) $n>0$. 注意当 $n=\dfrac{p}{q}$（$p,q$ 互素）且 $q$ 为偶数时，只考虑 $f(x)$ 在 $x=0$ 处右连续.

(2) $n>1$. (3) $n>2$.

**解** (1) 当 $n>0$ 时

$$\lim_{x\to 0}x^n\sin\frac{1}{x}=0,$$

于是，$\lim\limits_{x\to 0}f(x)=f(0)$，此时，$f(x)$ 在 $x=0$ 处是连续的（当 $n=\dfrac{p}{q}$（$p,q$ 互素）且 $q$ 为偶数时，只考虑在 $x=0$ 处右连续）.

(2) 当 $n>1$ 时

$$\lim_{\Delta x\to 0}\frac{f(0+\Delta x)-f(0)}{\Delta x}=\lim_{\Delta x\to 0}(\Delta x)^{n-1}\sin\frac{1}{\Delta x}=0,$$

于是，$f'(0)=0$，即 $f(x)$ 在 $x=0$ 处可微.

(3) 当 $n>2$ 时，由于

$$f'(x)=nx^{n-1}\sin\frac{1}{x}-x^{n-2}\cos\frac{1}{x}\quad(x\neq 0),$$

故 $\lim\limits_{x\to 0}f'(x)=0$，而由(2)可得 $f'(0)=0$，所以，$\lim\limits_{x\to 0}f'(x)=f'(0)$. 这就说明当 $n>2$ 时，$f'(x)$ 在 $x=0$ 处是连续的.

【993】 在什么条件下，函数

$$f(x)=\begin{cases} |x|^n\sin\dfrac{1}{|x|^m}, & x\neq 0, \\ 0, & x=0 \end{cases}\quad(m>0)$$

(1) 于坐标原点的邻域上有有界的导数；

(2) 在此邻域上有无穷导数？

**解** (1) 当 $x\neq 0$，$x\in(-\delta,\delta)$ $(\delta>0)$ 时，

$$\begin{aligned} f'(x)&=n|x|^{n-1}\frac{|x|}{x}\sin\frac{1}{|x|^m}-\frac{m}{|x|^{m+1}}\cdot\frac{|x|}{x}\cdot|x|^n\cdot\cos\frac{1}{|x|^m} \\ &=\frac{|x|}{x}\left[n|x|^{n-1}\sin\frac{1}{|x|^m}-m|x|^{n-(m+1)}\cos\frac{1}{|x|^m}\right]. \end{aligned}$$

由于 $\dfrac{|x|}{x}$，$\sin\dfrac{1}{|x|^m}$，$\cos\dfrac{1}{|x|^m}$ 均为有界函数，于是，当 $n\geqslant m+1$ 时，$f'(x)$ 为有界函数（易知此时 $f'(0)=0$）.

(2) 在此邻域上，当 $n-(m+1)<0$(即 $n<m+1$)时，$f'(x)$无界. 另一方面，同 992 题(2)一样，当 $n>1$ 时 $f'(0)$才存在，因而，所求的条件为

$$1<n<m+1 \quad (m>0).$$

**【994】** 设 $f(x)=(x-a)\varphi(x)$，其中函数 $\varphi(x)$在 $x=a$ 处是连续的，求 $f'(a)$.

**提示** 利用导数的定义及 $\varphi(x)$在 $x=a$ 处的连续性.

**解** $\lim\limits_{\Delta x\to0}\dfrac{f(a+\Delta x)-f(a)}{\Delta x}=\lim\limits_{\Delta x\to0}\dfrac{\Delta x\varphi(a+\Delta x)-0}{\Delta x}=\lim\limits_{\Delta x\to0}\varphi(a+\Delta x)$，

由于 $\varphi(x)$在 $x=a$ 处连续，故 $\lim\limits_{\Delta x\to0}\varphi(a+\Delta x)=\varphi(a)$. 于是，

$$\lim_{\Delta x\to0}\frac{f(a+\Delta x)-f(a)}{\Delta x}=\varphi(a),$$

即 $f'(a)=\varphi(a)$.

**【995】** 设 $f(x)=|x-a|\varphi(x)$，其中 $\varphi(x)$为连续函数及 $\varphi(a)\neq0$，证明：此函数在 $a$ 点没有导数. 单侧导数 $f'_-(a)$及 $f'_+(a)$等于什么？

**提示** 注意 $f'_-(a)=-\varphi(a)$，$f'_+(a)=\varphi(a)$.

**解** $\dfrac{\Delta y}{\Delta x}=\dfrac{|\Delta x|}{\Delta x}\varphi(a+\Delta x)=\begin{cases}\varphi(a+\Delta x), & \Delta x>0,\\ -\varphi(a+\Delta x), & \Delta x<0.\end{cases}$

$$\lim_{\Delta x\to-0}\frac{\Delta y}{\Delta x}=\lim_{\Delta x\to-0}[-\varphi(a+\Delta x)]=-\varphi(a),\quad 即\quad f'_-(a)=-\varphi(a);$$

$$\lim_{\Delta x\to+0}\frac{\Delta y}{\Delta x}=\lim_{\Delta x\to+0}[\varphi(a+\Delta x)]=\varphi(a),\quad 即\quad f'_+(a)=\varphi(a).$$

由于 $\varphi(a)\neq0$，故 $f'_-(a)\neq f'_+(a)$，因此，$f(x)$在 $a$ 点没有导数.

**【996】** 举出在已知点：$a_1,a_2,\cdots,a_n$ 没有导数的连续函数的例子.

**提示** 已知 $y=|x-a|$ 在 $x=a$ 处连续而无导数. 由此，可令 $y=\sum\limits_{k=1}^{n}|x-a_k|$.

**解** 我们已知 $y=|x-a|$ 在 $x=a$ 处连续而无导数. 利用这一点，我们作一个函数

$$y=f(x)=\sum_{k=1}^{n}|x-a_k|,$$

它在 $a_1,a_2,\cdots a_n$ 点均连续，而在这些点均无导数.

**【997】** 证明：函数

$$f(x)=\begin{cases}x^2\left|\cos\dfrac{\pi}{x}\right|, & x\neq0,\\ 0, & x=0\end{cases}$$

在点 $x=0$ 的任何邻域上都有不可微点，但在该点是可微的.

作出此函数的略图.

**证** 对于函数 $f(x)$，我们有

$$\lim_{x\to0}\frac{f(x)-f(0)}{x-0}=\lim_{x\to0}\frac{x^2\left|\cos\dfrac{\pi}{x}\right|}{x}=0,$$

故 $f'(0)=0$，即在 $x=0$ 处函数 $f(x)$是可微的.

下面我们将指出对于 $x=0$ 的任何邻域$(-\delta,\delta)$(其中 $\delta>0$)中，函数 $f(x)$总有不可微点. 事实上，令

$$x_n=\frac{1}{n+\dfrac{1}{2}},$$

则当 $n$ 充分大时，总可使 $0<x_n<\delta$，从而点 $x_n\in(-\delta,\delta)$. 对于这样的点 $x_n$，有

$$f'_-(x_{2n})=\pi \quad 及 \quad f'_+(x_{2n})=-\pi,$$

所以，

$$f'_-(x_{2n})\neq f'_+(x_{2n}).$$

同法可得

$$f'_-(x_{2n+1})\neq f'_+(x_{2n+1}).$$

于是,函数 $f(x)$ 在点 $x_n$ 处不可微.

函数的图像全在 $Ox$ 轴上方,包括原点;当 $x=\dfrac{2}{2n+1}$ 时,$f(x)=0$,且 $f'(x)$ 不存在. 此函数的略图如图 2.20 所示.

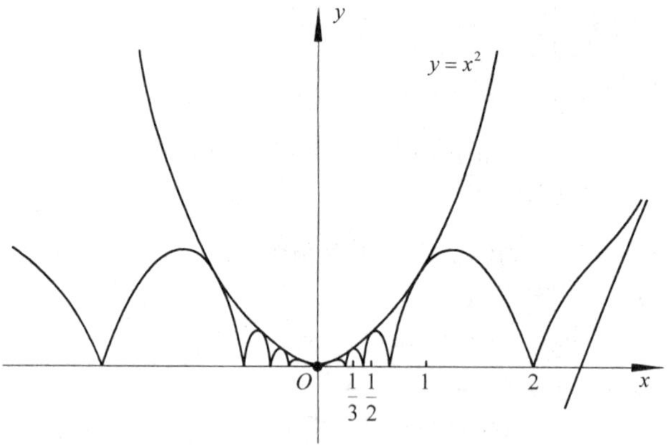


图 2.20

**【998】** 证明:函数 $f(x)=\begin{cases}x^2, & x\text{ 为有理数},\\ 0, & x\text{ 为无理数}\end{cases}$ 仅在 $x=0$ 时有导数.

**证** $\dfrac{f(0+\Delta x)-f(0)}{\Delta x}=\begin{cases}\Delta x, & \Delta x\text{ 为有理数},\\ 0, & \Delta x\text{ 为无理数}.\end{cases}$ 于是,有 $\lim\limits_{\Delta x\to 0}\dfrac{f(0+\Delta x)-f(0)}{\Delta x}=0$,即 $f'(0)=0$.

其次,对于任一点 $x\neq 0$,分两种情形讨论函数的可微性:

(1) $x$ 为有理数. 取一无理数数列 $\{x_n\}$,且 $\lim\limits_{n\to\infty}x_n=x$,则有

$$\lim_{x_n\to x}\frac{f(x_n)-f(x)}{x_n-x}=\lim_{x_n\to x}\frac{0-x^2}{x_n-x}=\infty.$$

由此可知,函数 $f(x)$ 在任一有理点($\neq 0$)不可微.

(2) $x$ 为无理数. 取一异于零的有理数数列 $\{x'_n\}$,使 $\lim\limits_{n\to\infty}x'_n=x$,则有

$$\lim_{x'_n\to x}\frac{f(x'_n)-f(x)}{x'_n-x}=\lim_{x'_n\to x}\frac{x'^2_n}{x'_n-x}=\infty.$$

由此可知,函数 $f(x)$ 在任一无理点也不可微.

总上所述,函数 $f(x)$ 仅在 $x=0$ 时有导数.

**【999】** 研究下列函数的可微性:

(1) $y=|(x-1)(x-2)^2(x-3)^3|$; (2) $y=|\cos x|$;

(3) $y=|\pi^2-x^2|\sin^2 x$; (4) $y=\arcsin(\cos x)$;

(5) $y=\begin{cases}\dfrac{x-1}{4}(x+1)^2, & |x|\leqslant 1,\\ |x|-1, & |x|>1.\end{cases}$

**解** (1) 当 $x\neq 1$ 或 $x\neq 2$ 或 $x\neq 3$ 时,函数均可微. 现在我们来考虑在 1, 2, 3 这三点的可微性.

(i) 当 $x=1$ 时,由于

$$\frac{\Delta y}{\Delta x}=\frac{|\Delta x|}{\Delta x}|(\Delta x-1)^2(\Delta x-2)^3|,$$

故 $\lim\limits_{\Delta x\to+0}\dfrac{\Delta y}{\Delta x}=8$, $\lim\limits_{\Delta x\to-0}\dfrac{\Delta y}{\Delta x}=-8$.

因此,$\lim\limits_{\Delta x\to 0}\dfrac{\Delta y}{\Delta x}$ 不存在,由此可知 $y$ 在 $x=1$ 点时不可微;

（ⅱ）当 $x=2$ 时，由于

$$\frac{\Delta y}{\Delta x}=\Delta x\left|(\Delta x+1)(\Delta x-1)^3\right|,\quad \lim_{\Delta x\to 0}\frac{\Delta y}{\Delta x}=0,$$

因而，$y$ 在 $x=2$ 点可微；

（ⅲ）当 $x=3$ 时，由于

$$\frac{\Delta y}{\Delta x}=\Delta x\left|(\Delta x+2)(\Delta x+1)^2\Delta x\right|,\quad \lim_{\Delta x\to 0}\frac{\Delta y}{\Delta x}=0,$$

因而，$y$ 在 $x=3$ 点可微；

(2) $y=|\cos x|$ 在 $x=\frac{2k-1}{2}\pi$（$k$ 为整数）点不可微.

(3) $y=|\pi^2-x^2|\sin^2 x$ 只可能在 $x=\pm\pi$ 的点不可微.

现在我们来考察在 $x=-\pi$ 及 $x=\pi$ 时函数 $y$ 的可微性.

（ⅰ）当 $x=\pi$ 时，

$$\frac{\Delta y}{\Delta x}=\frac{\left|\pi^2-(\pi+\Delta x)^2\right|\sin^2(\pi+\Delta x)}{\Delta x}=\frac{\sin\Delta x\sin\Delta x\left|2\pi\Delta x+(\Delta x)^2\right|}{\Delta x},\quad \lim_{\Delta x\to 0}\frac{\Delta y}{\Delta x}=0,$$

所以，函数 $y$ 在 $x=\pi$ 点可微.

（ⅱ）同理可证函数 $y$ 在 $x=-\pi$ 点也可微. 于是，函数 $y=|\pi^2-x^2|\sin^2 x$ 处处可微.

(4) $y=\arcsin(\cos x)$ 在 $|\cos x|=1$ 的点不可微，即在 $x=k\pi$（$k$ 为整数）的点不可微.

(5) 函数 $y$ 对于 $|x|\neq 1$ 的点均可微. 现在我们来考虑函数 $y$ 在 $|x|=1$ 点的可微性.

（ⅰ）当 $x=1$ 时，

$$\frac{\Delta y}{\Delta x}=\begin{cases}\frac{1}{4}(\Delta x+2)^2, & \Delta x<0,\\ 1, & \Delta x>0.\end{cases}$$

于是，

$$\lim_{\Delta x\to -0}\frac{\Delta y}{\Delta x}=1 \quad 及 \quad \lim_{\Delta x\to +0}\frac{\Delta y}{\Delta x}=1,$$

所以，$\lim\limits_{\Delta x\to 0}\frac{\Delta y}{\Delta x}=1$，即函数 $y$ 在 $x=1$ 点可微.

（ⅱ）当 $x=-1$ 时，

$$\frac{\Delta y}{\Delta x}=\begin{cases}\frac{|-1+\Delta x|-1}{\Delta x}=-1, & \Delta x<0,\\ \frac{\frac{(-2+\Delta x)(\Delta x)^2}{4}}{\Delta x}=-\frac{1}{2}\Delta x+\frac{1}{4}(\Delta x)^2, & \Delta x>0.\end{cases}$$

于是，

$$\lim_{\Delta x\to -0}\frac{\Delta y}{\Delta x}=-1 \quad 及 \quad \lim_{\Delta x\to +0}\frac{\Delta y}{\Delta x}=0,$$

所以，函数 $y$ 在 $x=-1$ 点不可微.

**求函数 $f(x)$ 的左导数 $f'_-(x)$ 和右导数 $f'_+(x)$. 设：**

**【1000】** $f(x)=|x|$.

**解** 当 $x\neq 0$ 时，易见

$$f'_+(x)=f'_-(x)=\frac{|x|}{x}=\operatorname{sgn}x;$$

当 $x=0$ 时，

$$\frac{f(0+\Delta x)-f(0)}{\Delta x}=\begin{cases}-1, & \Delta x<0,\\ 1, & \Delta x>0.\end{cases}$$

所以，$f'_+(0)=1$，　$f'_-(0)=-1$.

【1001】 $f(x)=[x]\sin\pi x$.

解 当 $x$ 不等于整数时，

$$f'_-(x)=f'_+(x)=\pi[x]\cos\pi x;$$

当 $x$ 为整数时，从定义出发得

$$f'_+(k)=\lim_{\Delta x\to+0}\frac{[k+\Delta x]\sin\pi(k+\Delta x)}{\Delta x}=\lim_{\Delta x\to+0}\frac{k\cos k\pi\sin(\pi\Delta x)}{\Delta x}=k\pi(-1)^k,$$

同法可得 $f'_-(k)=\pi(k-1)(-1)^k$.

【1002】 $f(x)=\begin{cases}x\left|\cos\dfrac{\pi}{x}\right|, & x\neq0,\\ 0, & x=0.\end{cases}$

解 当 $x\neq\dfrac{2}{2k+1}$（$k$ 为整数）时（即使 $\cos\dfrac{\pi}{x}\neq0$ 的 $x$ 值），

$$f'_-(x)=f'_+(x)=\left|\cos\frac{\pi}{x}\right|+\frac{\pi}{x}\frac{\left|\cos\frac{\pi}{x}\right|}{\cos\frac{\pi}{x}}\sin\frac{\pi}{x}=\left(\cos\frac{\pi}{x}+\frac{\pi}{x}\sin\frac{\pi}{x}\right)\operatorname{sgn}\left(\cos\frac{\pi}{x}\right);$$

当 $x=\dfrac{2}{2k+1}$时，从定义出发易得

$$f'_-\left(\frac{2}{2k+1}\right)=-\frac{2k+1}{2}\pi,\quad f'_+\left(\frac{2}{2k+1}\right)=\frac{2k+1}{2}\pi\quad(k\text{ 为整数}).$$

【1003】 $f(x)=\sqrt{\sin x^2}$.

解 当 $\sqrt{2k\pi}<|x|<\sqrt{(2k+1)\pi}$ $(k=0,1,2,\cdots)$时，

$$f'_+(x)=f'_-(x)=\frac{x\cos x^2}{\sqrt{\sin x^2}}.$$

当 $x=0$ 时，

$$f'_+(0)=\lim_{\Delta x\to+0}\frac{\Delta f}{\Delta x}=\lim_{\Delta x\to+0}\frac{\sqrt{\sin(\Delta x)^2}}{\Delta x}=1;\quad f'_-(0)=\lim_{\Delta x\to-0}\frac{\Delta f}{\Delta x}=\lim_{\Delta x\to-0}\left[-\sqrt{\frac{\sin(\Delta x)^2}{\Delta x^2}}\right]=-1.$$

当 $x=\sqrt{2k\pi}$（$k=1,2,\cdots$）时，我们有

$$f'_+(\sqrt{2k\pi})=\lim_{\Delta x\to+0}\frac{\Delta f}{\Delta x}=\lim_{\Delta x\to+0}\frac{\sqrt{\sin(\sqrt{2k\pi}+\Delta x)^2}}{\Delta x}$$

$$=\lim_{\Delta x\to+0}\left[\sqrt{\frac{\sin[2\Delta x\sqrt{2k\pi}+(\Delta x)^2]}{2\Delta x\sqrt{2k\pi}+(\Delta x)^2}}\cdot\sqrt{\frac{2\sqrt{2k\pi}}{\Delta x}+1}\right]=+\infty;$$

同理，可得

$$f'_-(\sqrt{2k\pi})=-\infty\quad(k=1,2,\cdots);\qquad f'_\mp(\sqrt{(2k+1)\pi})=\mp\infty\quad(k=1,2,\cdots).$$

【1004】 $f(x)=\begin{cases}\dfrac{x}{1+e^{\frac{1}{x}}}, & x\neq0,\\ 0, & x=0.\end{cases}$

解 当 $x\neq0$ 时

$$f'_-(x)=f'_+(x)=\frac{1+\left(1+\frac{1}{x}\right)e^{\frac{1}{x}}}{(1+e^{\frac{1}{x}})^2};$$

当 $x=0$ 时，

$$f'_-(0)=\lim_{\Delta x\to-0}\frac{f(0+\Delta x)-f(0)}{\Delta x}=\lim_{\Delta x\to-0}\frac{1}{1+e^{\frac{1}{\Delta x}}}=1,$$

$$f'_+(0)=\lim_{\Delta x\to+0}\frac{f(0+\Delta x)-f(0)}{\Delta x}=\lim_{\Delta x\to+0}\frac{1}{1+e^{\frac{1}{\Delta x}}}=0.$$

**【1005】** $f(x)=\sqrt{1-e^{-x^2}}$.

**解** 当 $x\neq 0$ 时，

$$f'_-(x)=f'_+(x)=\frac{xe^{-x^2}}{\sqrt{1-e^{-x^2}}};$$

当 $x=0$ 时，

$$f'_-(0)=\lim_{\Delta x\to -0}\frac{f(0+\Delta x)-f(0)}{\Delta x}=\lim_{\Delta x\to -0}\frac{\sqrt{1-e^{-(\Delta x)^2}}}{\Delta x}=-\lim_{\Delta x\to -0}\sqrt{\frac{1-e^{-(\Delta x)^2}}{(\Delta x)^2}}=-1.$$

同理，可得 $f'_+(0)=1$.

**【1006】** $f(x)=|\ln|x||\quad(x\neq 0)$.

**解** 当 $|x|\neq 1$ 时，

$$f'_-(x)=f'_+(x)=\frac{|\ln|x||}{\ln|x|}\cdot\frac{1}{|x|}\cdot\frac{|x|}{x}=\frac{1}{x}\ \frac{|\ln|x||}{\ln|x|},$$

分两种情况：

（ⅰ）当 $0<|x|<1$ 时，$f'_-(x)=f'_+(x)=-\frac{1}{x}$；

（ⅱ）当 $|x|>1$ 时，$f'_-(x)=f'_+(x)=\frac{1}{x}$；

当 $|x|=1$ 时，

$$f'_-(1)=\lim_{\Delta x\to -0}\frac{f(1+\Delta x)-f(1)}{\Delta x}=\lim_{\Delta x\to -0}\frac{|\ln|1+\Delta x||}{\Delta x}=-\lim_{\Delta x\to -0}|\ln(1+\Delta x)^{\frac{1}{\Delta x}}|=-\ln e=-1,$$

同理，可得 $f'_-(-1)=-1$，　$f'_+(\pm 1)=1$.

**【1007】** $f(x)=\arcsin\frac{2x}{1+x^2}$.

**解** 当 $|x|\neq 1$ 时，

$$f'_-(x)=f'_+(x)=\frac{1}{\sqrt{1-\left(\frac{2x}{1+x^2}\right)^2}}\cdot\frac{2(1+x^2)-4x^2}{(1+x^2)^2}=\frac{2(1-x^2)}{(1+x^2)\sqrt{(1-x^2)^2}}=\frac{2}{1+x^2}\operatorname{sgn}(1-x^2);$$

当 $x=1$ 时，

$$f'_-(1)=\lim_{\Delta x\to -0}\frac{f(1+\Delta x)-f(1)}{\Delta x}=\lim_{\Delta x\to -0}\frac{\arcsin\frac{2(1+\Delta x)}{1+(1+\Delta x)^2}-\arcsin 1}{\Delta x}$$

$$=\lim_{\Delta x\to -0}\frac{\arcsin\frac{(1+\Delta x)^2-1}{1+(1+\Delta x)^2}}{\Delta x}=\lim_{\Delta x\to -0}\left[\frac{\arcsin\frac{(1+\Delta x)^2-1}{1+(1+\Delta x)^2}}{\frac{(1+\Delta x)^2-1}{1+(1+\Delta x)^2}}\cdot\frac{\frac{(1+\Delta x)^2-1}{1+(1+\Delta x)^2}}{\Delta x}\right]=1.$$

同理，可得 $f'_-(-1)=-1$，　$f'_+(1)=-1$，　$f'_+(-1)=1$.

**【1008】** $f(x)=\begin{cases}(x-2)\arctan\frac{1}{x-2}, & x\neq 2,\\ 0, & x=2.\end{cases}$

**解** 当 $x\neq 2$ 时，

$$f'_-(x)=f'_+(x)=\arctan\frac{1}{x-2}+\frac{x-2}{1+\left(\frac{1}{x-2}\right)^2}\left[-\frac{1}{(x-2)^2}\right]=\arctan\frac{1}{x-2}-\frac{x-2}{(x-2)^2+1};$$

当 $x=2$ 时

$$f'_-(2)=\lim_{\Delta x\to -0}\frac{f(2+\Delta x)-f(2)}{\Delta x}=\lim_{\Delta x\to -0}\arctan\frac{1}{\Delta x}=-\frac{\pi}{2},$$

同理可求得 $f'_+(2)=\frac{\pi}{2}$.

【1009】 证明:函数 $f(x)=\begin{cases}x\sin\dfrac{1}{x}, & x\neq 0,\\ 0, & x=0\end{cases}$ 在点 $x=0$ 连续,但在此点既无左导数,又无右导数.

**证** 由于

$$\lim_{x\to 0}f(x)=\lim_{x\to 0}x\sin\frac{1}{x}=0=f(0),$$

所以,$f(x)$在点 $x=0$ 连续.

其次,由于

$$\frac{f(0+\Delta x)-f(0)}{\Delta x}=\sin\frac{1}{\Delta x},$$

不论 $\Delta x$ 从左侧还是从右侧趋于零,此极限均不存在.因此,在点 $x=0$ 函数 $f(x)$既无左导数,也无右导数.

【1010】 设 $f(x)=\begin{cases}x^2, & x\leqslant x_0,\\ ax+b, & x>x_0.\end{cases}$ 为了使函数 $f(x)$在点 $x=x_0$ 处连续而且可微,应当如何选取系数 $a$ 和 $b$?

**提示** 注意 $f(x_0)=x_0^2=f(x_0-0)$,$f(x_0+0)=ax_0+b$,$f'_-(x_0)=2x_0$,$f'_+(x_0)=a$.

**解** $f(x_0)=x_0^2=f(x_0-0)$,$f(x_0+0)=ax_0+b$.当 $x_0^2=ax_0+b$ 时,函数 $f(x)$在点 $x_0$ 连续.又因 $f'_-(x_0)=2x_0$,$f'_+(x_0)=a$,故当 $a=2x_0$ 时,函数在点 $x_0$ 处可微.从而得 $x_0^2=2x_0^2+b$,即 $b=-x_0^2$.

于是,所求的系数为 $a=2x_0$,$b=-x_0^2$.

【1011】 设 $F(x)=\begin{cases}f(x), & x\leqslant x_0,\\ ax+b, & x>x_0,\end{cases}$ 其中函数 $f(x)$在 $x=x_0$ 为左可微的.应当如何选择系数 $a$ 和 $b$,使函数 $F(x)$在点 $x_0$ 处连续而且可微?

**提示** 注意 $F(x_0)=f(x_0)=F(x_0-0)$,$F(x_0+0)=ax_0+b$,$F'_-(x_0)=f'_-(x_0)$,$F'_+(x_0)=a$,1010 题即为本题的特例.

**解** $F(x_0)=F(x_0-0)=f(x_0)$,$F(x_0+0)=ax_0+b$.当 $f(x_0)=ax_0+b$ 时,函数 $F(x)$在点 $x_0$ 处连续.又因 $F'_-(x_0)=f'_-(x_0)$,$F'_+(x_0)=a$,故当 $a=f'_-(x_0)$时,函数 $F(x)$在点 $x_0$ 处可微.

解方程组$\begin{cases}a=f'_-(x_0),\\ f(x_0)=ax_0+b,\end{cases}$ 即得所求的系数为 $a=f'_-(x_0)$,$b=f(x_0)-x_0f'_-(x_0)$.

【1012】 适当地选定参数 $A$ 与 $c$,用立方抛物线

$$y=A(x-a)(x-b)(x-c)$$

在区域 $a\leqslant x\leqslant b$ 上把两条射线:

$$y=k_1(x-a)\ (-\infty<x<a)\quad 及\quad y=k_2(x-b)\ (b<x<+\infty)$$

光滑地连接起来.

**提示** 注意在接点处两条曲线的切线重合时,它们就光滑地连接起来,由此易得:在点 $x=a$ 处,有 $A(a-b)(a-c)=k_1$;在点 $x=b$ 处,$A(b-a)(b-c)=k_2$.

**解** 对于立方抛物线,

$$y'=A[(x-b)(x-c)+(x-a)(x-c)+(x-a)(x-b)],$$

此即曲线上在任一点切线的斜率.

当接点处两条曲线的切线重合时,它们就光滑地连接起来,此时应有相等的斜率.于是,有

(i) 在点 $x=a$ 处,

$$A(a-b)(a-c)=k_1;\tag{1}$$

(ii) 在点 $x=b$ 处,

$$A(b-a)(b-c)=k_2.\tag{2}$$

联立(1)和(2)式,解之得

$$A=\frac{k_1+k_2}{(b-a)^2},\quad c=\frac{ak_2+bk_1}{k_1+k_2}.$$

**【1013】** 用抛物线 $y=a+bx^2$ $(|x|\leqslant c)$(其中 $a$ 与 $b$ 为未知的参数)去补充曲线 $y=\frac{m^2}{|x|}$ $(|x|>c)$ 的部分,以便得到一条光滑曲线.

**提示** 显见 $c>0$,注意在点 $x=c$ 处,有

$$(a+bx^2)'\Big|_{x=c}=\left(\frac{m^2}{|x|}\right)'\Big|_{x=c} \quad 及 \quad a+bc^2=\frac{m^2}{c}.$$

由对称性可知,在点 $x=-c$ 处,按上述条件求得的系数 $a$ 与 $b$ 也使两曲线光滑连接.

**解** 显见 $c>0$,否则在点 $x=c$ 处就不可能形成一条光滑曲线.此时,在点 $x=c$ 处两曲线的切线斜率相等,且有相同的纵坐标.于是,有

$$(a+bx^2)'\Big|_{x=c}=\left(\frac{m^2}{|x|}\right)'\Big|_{x=c} \quad 及 \quad a+bc^2=\frac{m^2}{c}.$$

从而得 $2bc=-\frac{m^2}{c^2}$,$a+bc^2=\frac{m^2}{c}$.解之,得 $a=\frac{3m^2}{2c}$, $b=-\frac{m^2}{2c^3}$.

由曲线的对称性可知,在点 $x=-c$ 处,按上述系数 $a$ 与 $b$ 所确定的曲线 $y=a+bx^2$ 与曲线 $y=\frac{m^2}{|x|}$ 也连成一条光滑曲线.

**【1014】** 若:(1)函数 $f(x)$ 在点 $x_0$ 有导数,而函数 $g(x)$ 在此点没有导数;(2)函数 $f(x)$ 和 $g(x)$ 二者在点 $x_0$ 都没有导数,可否断定它们的和 $F(x)=f(x)+g(x)$ 在点 $x=x_0$ 没有导数?

**提示** (1)能.易证.

(2)不能.例如,$f(x)=\frac{x+|x|}{2}$, $g(x)=\frac{x-|x|}{2}$,在点 $x=0$ 处.

**解** (1) 能.因为

$$\frac{\Delta F(x)}{\Delta x}=\frac{\Delta f(x)}{\Delta x}+\frac{\Delta g(x)}{\Delta x},$$

当 $\Delta x\to 0$,上式右端第一项的极限存在,而第二项的极限不存在,因而当 $\Delta x\to 0$,左端的极限也不存在(否则差 $\frac{\Delta g(x)}{\Delta x}=\frac{\Delta F(x)}{\Delta x}-\frac{\Delta f(x)}{\Delta x}$ 的极限就存在,与 $g(x)$ 不可导相矛盾),这说明 $F(x)$ 在点 $x_0$ 处没有导数.

(2) 不能.例如,

$$f(x)=\frac{x+|x|}{2}, \qquad g(x)=\frac{x-|x|}{2},$$

它们在点 $x=0$ 处都没有导数,但它们的和 $F(x)=f(x)+g(x)=x$ 在点 $x=0$ 处有导数且为 1.

**【1015】** 若:(1)函数 $f(x)$ 在点 $x_0$ 有导数,而函数 $g(x)$ 在此点没有导数;(2)在点 $x_0$ 函数 $f(x)$ 和 $g(x)$ 二者都没有导数,可否断定他们的积 $F(x)=f(x)g(x)$ 在点 $x=x_0$ 没有导数?

**提示** (1) 不能.例如,$f(x)=x$,$g(x)=|x|$,在点 $x=0$ 处.

(2) 不能.例如,$f(x)=g(x)=|x|$,在点 $x=0$ 处.

**解** (1) 不能.例如,$f(x)=x$ 在点 $x=0$ 处有导数,$g(x)=|x|$ 在点 $x=0$ 处没有导数,而它们的积

$$F(x)=f(x)g(x)=x|x|$$

在点 $x=0$ 处有导数.事实上,

$$\lim_{\Delta x\to 0}\frac{\Delta F(x)}{\Delta x}=\lim_{\Delta x\to 0}\frac{\Delta x|\Delta x|-0\cdot|0|}{\Delta x}=\lim_{\Delta x\to 0}|\Delta x|=0,$$

即有 $F'(0)=0$.

(2) 不能.例如,

$$f(x)=|x|, \quad g(x)=|x|,$$

在点 $x=0$ 处它们都没有导数,但它们的积

$$F(x)=f(x)g(x)=(|x|)^2=x^2,$$

在点 $x=0$ 处有导数,且 $F'(0)=2x\Big|_{x=0}=0$.

【1016】 若:(1)函数 $f(x)$在点 $x=g(x_0)$有导数,而函数 $g(x)$在点 $x=x_0$ 没有导数;(2)函数 $f(x)$在点 $x=g(x_0)$没有导数,而函数 $g(x)$在点 $x=x_0$ 有导数;(3)函数 $f(x)$在点 $x=g(x_0)$没有导数及函数 $g(x)$在点 $x=x_0$ 没有导数,则函数 $F(x)=f[g(x)]$在已知点 $x=x_0$ 的可微性怎样?

**提示** (1)不定.(2)不定.(3)不定.读者举例.

**解** (1) $F'(x_0)$可能存在,也可能不存在.例如,考察函数 $f(x)$、$g(x)$及点 $x_0$ 如下:

(i) $f(x)=x^2$, $g(x)=|x|$,点 $x=0$, $g(0)=0$. $f'(0)=0$, $g'(0)$不存在;而 $F(x)=f[g(x)]=(|x|)^2=x^2$, $F'(0)=0$. 这是 $F'(x_0)$存在的一例.

(ii) $f(x)=x$, $g(x)=|x|$,点 $x=0$, $g(0)=0$. $f'(0)=1$, $g'(0)$不存在;而 $F(x)=f[g(x)]=|x|$, $F'(0)$不存在. 这是 $F'(x_0)$不存在的一例.

(2) $F'(x_0)$可能存在,也可能不存在.例如,

(i) $f(x)=|x|$, $g(x)=x^2$,点 $x=0$, $g(0)=0$. $f'(0)$不存在,$g'(0)$存在,且等于零;而 $F(x)=f[g(x)]=|x^2|=x^2$, $F'(0)$存在,且等于零.

(ii) $f(x)=|x|$, $g(x)=x$,点 $x=0$, $g(0)=0$. 而$F(x)=f[g(x)]=|x|$, $F'(0)$不存在.

(3) $F'(x_0)$可能存在,也可能不存在.例如,

(i) $f(x)=2x+|x|$, $g(x)=\frac{2}{3}x-\frac{1}{3}|x|$,点 $x=0$, $g(0)=0$. 则 $f'(0)$及 $g'(0)$均不存在;易知 $F(x)=f[g(x)]=2\left(\frac{2}{3}x-\frac{1}{3}|x|\right)+\left|\frac{2}{3}x-\frac{1}{3}|x|\right|\equiv x$. 因此 $F'(0)$存在且等于1.

(ii) $f(x)=|x|$, $g(x)=|x|$,点 $x=0$, $g(0)=0$. $f'(0)$及 $g'(0)$均不存在;而 $F(x)=f[g(x)]=|x|$, $F'(0)$也不存在.

【1017】 函数 $y=x+\sqrt[3]{\sin x}$的图像在哪些点处有竖直切线?作出此图像.

**解** $y'=1+\frac{\cos x}{3\sqrt[3]{\sin^2 x}}$ $(x\neq k\pi;k=0,\pm1,\cdots)$.

当 $x=k\pi$ 时,容易直接算出

$$y'\Big|_{x=k\pi}=\lim_{\Delta x\to0}\frac{\Delta y}{\Delta x}=\lim_{\Delta x\to0}\frac{k\pi+\Delta x+\sqrt[3]{\sin(k\pi+\Delta x)}-k\pi}{\Delta x}$$

$$=\lim_{\Delta x\to0}\left(1+\sqrt[3]{\frac{(-1)^k}{(\Delta x)^2}\cdot\frac{\sin\Delta x}{\Delta x}}\right)=\infty,$$

故当 $x=k\pi(k=0,\pm1,\pm2,\cdots)$时有竖直切线.

当 $x=k\pi$ 时,$y=k\pi$;

当 $x=\frac{2k+1}{2}\pi$ 时,$y=x\pm1$,

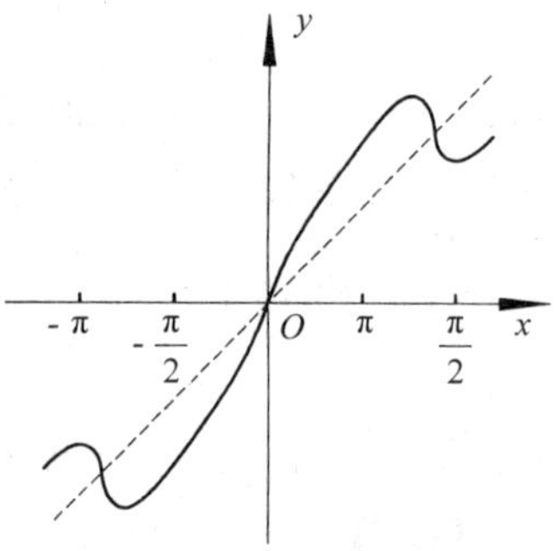

图 2.21

其图像如图 2.21 所示.

【1018】 函数 $f(x)$在其不连续点可否有:(1)有限的导数;(2)无穷的导数?

**提示** (1)不能. (2)能.例如,$f(x)=\operatorname{sgn}x$,在点 $x=0$ 处.

**解** (1)不能.否则由此可推出其连续性.

(2)能.例如,$y=f(x)=\operatorname{sgn}x$ 它在点 $x=0$ 不连续,但

$$\frac{\Delta y}{\Delta x}=\frac{\frac{|\Delta x|}{\Delta x}}{\Delta x}=\frac{1}{|\Delta x|}\to+\infty\quad(\Delta x\to0).$$

【1019】 若函数 $f(x)$在有限的区间$(a,b)$上可微,且 $\lim\limits_{x\to a+0}f(x)=\infty$,则是否必有

(1) $\lim\limits_{x\to a+0}f'(x)=\infty$; (2) $\overline{\lim\limits_{x\to a+0}}|f'(x)|=+\infty$?

**解** (1) 一般地说,不能保证 $\lim\limits_{x\to a+0}f'(x)=\infty$. 例如,对于$\left(0,\frac{\pi}{2}\right)$内定义的函数

$$f(x)=\frac{1}{x}+\cos\frac{1}{x},$$

显然有 $\lim\limits_{x\to+0}f(x)=\infty$. 但是，$f'(x)=-\dfrac{1}{x^2}+\dfrac{1}{x^2}\sin\dfrac{1}{x}$，对于特殊的一串数 $x_k=\dfrac{1}{2k\pi+\frac{\pi}{2}}(k=1,2,\cdots)$ 有 $f'(x_k)=0$，所以，$\lim\limits_{n\to\infty}f'(x_n)=0$，因而，$\lim\limits_{x\to+0}f'(x)=\infty$ 不成立.

(2) 必有 $\overline{\lim\limits_{x\to a+0}}|f'(x)|=\infty$.

由于 $f(x)$ 在 $(a,b)$ 连续，且 $\lim\limits_{x\to a+0}f(x)=\infty$，故 $f(x)$ 在点 $x=a$ 的右近旁保持定号，从而必有 $\lim\limits_{x\to a+0}f(x)=+\infty$ 或 $\lim\limits_{x\to a+0}f(x)=-\infty$，显然可设前者成立(否则，考察函数 $-f(x)$ 即化为前者). 再通过对自变量作代换 $t=a+b-x$ 可知，我们只需证明下面的命题：

若函数 $f(x)$ 于有限的区间 $(A,B)$ 上可微，且

$$\lim_{x\to B-0}f(x)=+\infty, \tag{1}$$

则必有

$$\overline{\lim_{x\to B-0}}|f'(x)|=+\infty. \tag{2}$$

现在给出上述命题的证明如下：

由(1)，对于任给 $M_0>0$，存在 $\delta_0>0$，使当 $x\in[B-\delta_0,B)$ 时，有

$$f(x)\geqslant M_0 \quad (B_0\leqslant x<B,\text{其中 } B_0=B-\delta_0).$$

记 $P=(B_0,f(B_0))$，有 $f(B_0)\geqslant M_0$. 为证(2)，我们采用反证法. 设存在 $K>0$，使

$$|f'(x)|\leqslant K \quad (x\in[B_0,B)),$$

则将引出矛盾. 论证如下：

今过 $P_0$ 作斜率为 $2K$ 的直线

$$l: Y-f(B_0)=2K(x-B_0). \tag{3}$$

它与 $x=B$ 垂线相交于一点 $Q$，其纵坐标为

$$y_Q=f(B_0)+2K(B-B_0)=f(B_0)+2K\delta_0,$$

记 $M_1=f(B_0)+2K\delta_0$，则 $y_Q=M_1$，它是直线 $l$ 在 $[B_0,B]$ 上的最大值.

对 $M_1$ 而言，由(1)可知，存在 $x_2\in(B_0,B)$ 使 $f(x_2)>M_1$，即点 $P_2=(x_2,f(x_2))$ 位于 $l$ 线之上方.

另一方面，由在 $x=B_0$ 点 $f(x)$ 的可微性，在 $x=B_0$ 右侧邻域内，对于任给 $\varepsilon_1>0$(取 $\varepsilon_1<\dfrac{K}{2}$)，存在 $\delta$，使当 $0<|x-x_0|<\delta$ 时，有

$$\left|f'(B_0)-\frac{f(x)-f(B_0)}{x-B_0}\right|<\varepsilon_1<\frac{K}{2}.$$

于是，当 $0<|x-x_0|<\delta$ 时，有

$$\left|\frac{f(x)-f(B_0)}{x-B_0}\right|\leqslant|f'(B_0)|+\left|\frac{f(x)-f(B_0)}{x-x_0}-f'(B)\right|<K+\varepsilon_1<K+\frac{K}{2}=\frac{3}{2}K.$$

即有在 $r$ 曲线 $y=f(x)$ 上：当 $0<|x-B_0|<\delta$ 时，有

$$|f(x)-f(B_0)|<\frac{3}{2}K|x-B_0|, \tag{4}$$

今取 $x_1>B_0$. 使 $x_1<x_2$，$x_1<B_0+\delta$. 于是，由(3)式和(4)式知

$$f(x_1)-f(B_0)<\frac{3}{2}K(x_1-B_0)<2K(x_1-B_0)=Y(x_1)-f(B_0),$$

故 $f(x_1)<Y(x_1)$，即点 $(x_1,f(x_1))$ 位于直线 $l$ 之下方. 考虑连续函数

$$G(x)=f(x)-Y(x),$$

我们取

$$c=\inf_{x\in[x_1,x_2]}\{x\,|\,G(x)>0\},$$

则由 $G(x_1)<0$，$G(x_2)>0$，易见 $c$ 是存在的，而且 $G(c)=0$. 它也就是连续函数 $G(x)$ 的一个中间值点.

考虑 $x_2\geqslant x>c$，则有 $G(x)>0$，即在 $c$ 点附近且 $x>c$ 时，有 $f(x)>Y(x)$. 从而，

$$f(x)-f(c)>Y(x)-f(c)=Y(x)-Y(c).$$

注意 $x-c>0$,故又有(当 $x>c$,且在 $c$ 附近时):

$$\frac{f(x)-f(c)}{x-c}>\frac{Y(x)-Y(c)}{x-c},$$

上式两边取极限(让 $x\to c+0$),并注意到函数的可微性,有 $f'(c+0)=f'(c)$,于是有

$$f'(c)\geqslant Y'(c)=2K.$$

此处 $c\in(x_1,x_2)\subset[B_0,B)$,这个不等式与 $|f'(x)|\leqslant K$ 式相抵触. 因此 $f'(x)$ 当 $x\in[B_0,B)$ 时是无界的. 这就完成了(2)的证明,从而,命题获证.

**注** 若利用以后的拉格朗日定理,则可很简单地证明此结论.

**【1020】** 设函数 $f(x)$ 在有限的区间 $(a,b)$ 上可微,且 $\lim\limits_{x\to a+0}f'(x)=\infty$,是否必有 $\lim\limits_{x\to a+0}f(x)=\infty$?

**提示** 不一定. 例如,$f(x)=\sqrt[3]{x}$,在 $(0,b)(b>0)$ 上.

**解** 不一定. 例如,

$$f(x)=\sqrt[3]{x},$$

它在 $(0,b)(b>0)$ 上可微,且 $f'(x)=\dfrac{1}{3\sqrt[3]{x^2}}$, $\lim\limits_{x\to+0}f'(x)=+\infty$,然而 $\lim\limits_{x\to+0}f(x)=\lim\limits_{x\to+0}\sqrt[3]{x}=0$.

**【1021】** 设函数 $f(x)$ 在区间 $(x_0,+\infty)$ 上可微,且 $\lim\limits_{x\to+\infty}f(x)$ 存在. 由此能否推出 $\lim\limits_{x\to+\infty}f'(x)$ 存在?

**提示** 不能. 例如,函数 $f(x)=\dfrac{\sin(x^2)}{x}$,在 $(0,+\infty)$ 上.

**解** 不能. 例如,函数

$$f(x)=\frac{\sin(x^2)}{x},$$

它在 $(0,+\infty)$ 上可微,$f'(x)=2\cos(x^2)-\dfrac{\sin(x^2)}{x^2}$,且 $\lim\limits_{x\to+\infty}f(x)=0$,然而 $\lim\limits_{x\to+\infty}f'(x)$ 不存在.

**【1022】** 设有界函数 $f(x)$ 在 $(x_0,+\infty)$ 上可微,且 $\lim\limits_{x\to+\infty}f'(x)$ 存在. 由此可否推出有限的或无穷的 $\lim\limits_{x\to+\infty}f(x)$ 存在?

**提示** 不能. 例如,函数 $f(x)=\cos(\ln x)$,在 $(0,+\infty)$ 上.

**解** 不能. 例如,

$$f(x)=\cos(\ln x),$$

它在 $(0,+\infty)$ 上有界且可微,其导数为 $f'(x)=-\dfrac{\sin(\ln x)}{x}$,同时有 $\lim\limits_{x\to+\infty}f'(x)=0$. 然而 $\lim\limits_{x\to+\infty}f(x)$ 不存在.

**【1023】** 对不等式可否逐项微分?

**提示** 不可以. 例如,在 $(-\infty,0)$ 上有 $2x\leqslant x^2+1$.

**解** 一般地说不行. 例如,在 $(-\infty,0)$ 上有

$$2x\leqslant x^2+1,$$

但在此区间上不能对此不等式逐项微分,因为在 $(-\infty,0)$ 上不等式 $2\leqslant 2x$ 不成立.

**【1024】** 导出求和公式:

$$P_n=1+2x+3x^2+\cdots+nx^{n-1},$$

$$Q_n=1^2+2^2x+3^2x^2+\cdots+n^2x^{n-1}.$$

**解题思路** 令 $\overline{P}_n=x+x^2+x^3+\cdots+x^n$,$\overline{Q}_n=1\cdot x+2x^2+3x^3+\cdots+nx^n$,则有 $(\overline{P}_n)'=P_n$,$(\overline{Q}_n)'=Q_n$ 及 $\overline{Q}_n=xP_n$. 当 $x\neq1$ 时易得 $\overline{P}_n$,从而可得 $P_n$ 及 $Q_n$. 至于当 $x=1$ 时已有熟知的求和公式.

**解** 设

$$\overline{P}_n=x+x^2+x^3+\cdots+x^n, \tag{1}$$

$$\overline{Q}_n=1\cdot x+2x^2+3x^3+\cdots+nx^n. \tag{2}$$

则 $(\overline{P}_n)'=1+2x+3x^2+\cdots+nx^{n-1}=P_n$, $(\overline{Q}_n)'=1^2+2^2x+3^2x^2+\cdots+n^2x^{n-1}=Q_n$.

另一方面,由(1)式得

$$\bar{P}_n=\frac{x(1-x^n)}{1-x}\quad(x\neq 1).$$

由于$(\bar{P}_n)'=P_n$，即

$$\left[\frac{x(1-x^n)}{1-x}\right]'=P_n,$$

于是，得

$$P_n=\frac{1-(n+1)x^n+nx^{n+1}}{(1-x)^2}.$$

由(2)式得

$$\bar{Q}_n=x(1+2x+\cdots+nx^{n-1})=xP_n.$$

由于$(\bar{Q}_n)'=Q_n$，所以，$(xP_n)'=Q_n$，即

$$P_n+xP_n'=Q_n. \tag{3}$$

而

$$\begin{aligned}P_n'&=\left[\frac{1-(n+1)x^n+nx^{n+1}}{(1-x)^2}\right]'\\&=\frac{[-n(n+1)x^{n-1}+n(n+1)x^n](1-x)^2+2(1-x)[1-(n+1)x^n+nx^{n+1}]}{(1-x)^4}\end{aligned}$$

将$P_n$及$P_n'$代入(3)式，即得

$$Q_n=\frac{1+x-(n+1)^2x^n+(2n^2+2n-1)x^{n+1}-n^2x^{n+2}}{(1-x)^3}.$$

当$x=1$时已有熟知的求和公式.

**【1025】** 导出求和公式：

$$S_n=\sin x+\sin 2x+\cdots+\sin nx,$$
$$T_n=\cos x+2\cos 2x+\cdots+n\cos nx.$$

**解题思路** 利用三角积化和差公式，易得

$2\sin\frac{x}{2}\cdot S_n=\cos\frac{x}{2}-\cos\frac{2n+1}{2}x=2\sin\frac{nx}{2}\sin\frac{n+1}{2}x$，再注意到$T_n=(S_n)'$即获解.

**解** 
$$\begin{aligned}S_n&=\frac{1}{2\sin\frac{x}{2}}\left[2\sin\frac{x}{2}\sin x+2\sin\frac{x}{2}\sin 2x+\cdots+2\sin\frac{x}{2}\sin nx\right]\\&=\frac{1}{2\sin\frac{x}{2}}\left[\left(\cos\frac{x}{2}-\cos\frac{3x}{2}\right)+\left(\cos\frac{3x}{2}-\cos\frac{5x}{2}\right)+\cdots+\left(\cos\frac{2n-1}{2}x-\cos\frac{2n+1}{2}x\right)\right]\\&=\frac{1}{2\sin\frac{x}{2}}\left(\cos\frac{x}{2}-\cos\frac{2n+1}{2}x\right)=\frac{\sin\frac{nx}{2}\sin\frac{n+1}{2}x}{\sin\frac{x}{2}}\end{aligned}$$

即 $S_n=\dfrac{\sin\frac{nx}{2}\sin\frac{n+1}{2}x}{\sin\frac{x}{2}}$.

又因

$$\begin{aligned}T_n&=(S_n)'=\frac{\left[n\cos\frac{nx}{2}\sin\frac{n+1}{2}x+(n+1)\cos\frac{n+1}{2}x\sin\frac{nx}{2}\right]\sin\frac{x}{2}}{2\sin^2\frac{x}{2}}-\frac{\cos\frac{x}{2}\sin\frac{nx}{2}\sin\frac{n+1}{2}x}{2\sin^2\frac{x}{2}}\\&=\frac{n\left(\sin\frac{n+1}{2}x\cos\frac{nx}{2}+\cos\frac{n+1}{2}x\sin\frac{nx}{2}\right)\sin\frac{x}{2}}{2\sin^2\frac{x}{2}}-\frac{\sin\frac{nx}{2}\left(\sin\frac{n+1}{2}x\cos\frac{x}{2}-\cos\frac{n+1}{2}\sin\frac{x}{2}\right)}{2\sin^2\frac{x}{2}}\end{aligned}$$

$$=\frac{n\sin\frac{x}{2}\sin\frac{2n+1}{2}x-\sin^2\frac{nx}{2}}{2\sin^2\frac{x}{2}},$$

所以，$T_n=\dfrac{n\sin\frac{x}{2}\sin\frac{2n+1}{2}x-\sin^2\frac{nx}{2}}{2\sin^2\frac{x}{2}}$.

**【1026】** 利用恒等式

$$\cos\frac{x}{2}\cos\frac{x}{4}\cdots\cos\frac{x}{2^n}=\frac{\sin x}{2^n\sin\frac{x}{2^n}},$$

推出求和公式：

$$S_n=\frac{1}{2}\tan\frac{x}{2}+\frac{1}{4}\tan\frac{x}{4}+\cdots+\frac{1}{2^n}\tan\frac{x}{2^n}.$$

**解题思路** 对等式

$$\cos\frac{x}{2}\cos\frac{x}{4}\cdots\cos\frac{x}{2^n}=\frac{\sin x}{2^n\sin\frac{x}{2^n}}\tag{1}$$

两端分别求导，得

$$-\frac{1}{2}\sin\frac{x}{2}\cos\frac{x}{4}\cdots\cos\frac{x}{2^n}-\frac{1}{4}\cos\frac{x}{2}\sin\frac{x}{4}\cos\frac{x}{8}\cdots\cos\frac{x}{2^n}-\cdots-\frac{1}{2^n}\cos\frac{x}{2}\cos\frac{x}{4}\cdots\sin\frac{x}{2^n}$$

$$=\frac{\cos x\sin\frac{x}{2^n}-\frac{1}{2^n}\sin x\cos\frac{x}{2^n}}{2^n\sin^2\frac{x}{2^n}}.\tag{2}$$

(2)÷(1)，即可获解.

**解** 对等式

$$\cos\frac{x}{2}\cos\frac{x}{4}\cdots\cos\frac{x}{2^n}=\frac{\sin x}{2^n\sin\frac{x}{2^n}}\tag{1}$$

两端分别求导数，即得

$$-\frac{1}{2}\sin\frac{x}{2}\cos\frac{x}{4}\cdots\cos\frac{x}{2^n}-\frac{1}{4}\cos\frac{x}{2}\sin\frac{x}{4}\cos\frac{x}{8}\cdots\cos\frac{x}{2^n}-\cdots-\frac{1}{2^n}\cos\frac{x}{2}\cos\frac{x}{4}\cdots\sin\frac{x}{2^n}$$

$$=\frac{\cos x\sin\frac{x}{2^n}-\frac{1}{2^n}\sin x\cos\frac{x}{2^n}}{2^n\sin^2\frac{x}{2^n}}.\tag{2}$$

(2)÷(1)得

$$-\frac{1}{2}\tan\frac{x}{2}-\frac{1}{4}\tan\frac{x}{4}-\cdots-\frac{1}{2^n}\tan\frac{x}{2^n}=\cot x-\frac{1}{2^n}\cot\frac{x}{2^n},$$

所以，

$$\frac{1}{2}\tan\frac{x}{2}+\frac{1}{4}\tan\frac{x}{4}+\cdots+\frac{1}{2^n}\tan\frac{x}{2^n}=\frac{1}{2^n}\cot\frac{x}{2^n}-\cot x.$$

**【1027】** 证明：可微偶函数的导数为奇函数，而可微奇函数的导数为偶函数. 给出这个事实的几何解释.

**提示** 利用奇、偶函数定义，两端求导即易获证.

**证** 设 $f(x)$ 为偶函数，则 $f(x)=f(-x)$. 两端微分之，得

$$f'(x)=-f'(-x),\quad 即\quad f'(-x)=-f'(x).$$

这就说明 $f'(x)$ 是奇函数. 同理可证：可微奇函数的导数为偶函数.

这个事实说明：凡对称于 $Oy$ 轴的图像，其对称点的切线也关于 $Oy$ 轴对称；凡关于原点对称的图像，其

对称点的切线互相平行.

**【1028】** 证明:可微周期函数的导数仍为具有相同周期的周期函数.

**证** 设 $f(x)$为周期函数,周期为 $T$,则

$$f(x+T)=f(x).$$

两端微分之,得

$$f'(x+T)=f'(x),$$

这说明 $f'(x)$为具有周期 $T$ 的周期函数.

**【1029】** 若圆半径以 2cm/s 的速度匀速增加,则当圆半径$R=10$cm时,圆面积增加的速度如何?

**解** 设圆面积为 $S$,则 $S=\pi R^2$,

$$\left.\frac{\mathrm{d}S}{\mathrm{d}t}\right|_{R=10}=2\pi R\left.\frac{\mathrm{d}R}{\mathrm{d}t}\right|_{R=10}=40\pi\ (\mathrm{cm}^2/\mathrm{s}),$$

故当 $R$ 为 10cm 时,圆面积的增加速度为 $40\pi\mathrm{cm}^2/\mathrm{s}$.

**【1030】** 矩形的一边 $x=20$m,另一边 $y=15$m. 若第一边以 1m/s 的速度减少,而第二边以 2m/s 的速度增加,问这矩形的面积和对角线变化的速度如何?

**解** 面积 $S=xy$, 对角线 $l=\sqrt{x^2+y^2}$ $(x>0,y>0)$, 对 $t$ 求导数,即得

$$\frac{\mathrm{d}S}{\mathrm{d}t}=x\frac{\mathrm{d}y}{\mathrm{d}t}+y\frac{\mathrm{d}x}{\mathrm{d}t} \quad 及 \quad \frac{\mathrm{d}l}{\mathrm{d}t}=\frac{x\dfrac{\mathrm{d}x}{\mathrm{d}t}+y\dfrac{\mathrm{d}y}{\mathrm{d}t}}{\sqrt{x^2+y^2}}.$$

按题设,有 $x=20$,$y=15$,$\dfrac{\mathrm{d}x}{\mathrm{d}t}=-1$,$\dfrac{\mathrm{d}y}{\mathrm{d}t}=2$,代入上面两式,得

$$\frac{\mathrm{d}S}{\mathrm{d}t}=20\cdot 2+(-1)\cdot 15=25, \quad \frac{\mathrm{d}l}{\mathrm{d}t}=\frac{-20+2\cdot 15}{\sqrt{20^2+15^2}}=0.4.$$

于是,该矩形的面积的变化率为 $25\mathrm{m}^2/\mathrm{s}$,而对角线的变化率为 0.4m/s.

**【1031】** 二轮船 $A$ 和 $B$ 从同一码头同时出发. $A$ 船往北,$B$ 船往东. 若 $A$ 船的速度为 30km/h, $B$ 船的速度为 40km/h,问二船间的距离增加的速度如何?

**解** 记时间为 $t$(h),$A$ 与 $B$ 离码头的距离分别为 $30t$ 与 $40t$(km),注意成直角情形,故两船间的距离为

$$d(t)=\sqrt{(30t)^2+(40t)^2}=50t,$$

故两船间的距离增加的速度为

$$d'(t)=50\mathrm{km/h}.$$

**【1032】** 设

$$f(x)=\begin{cases} x, & 0\leqslant x\leqslant 2,\\ 2x-2, & 2<x<+\infty,\end{cases}$$

又设 $S(x)$表示由曲线 $y=f(x)$,轴 $Ox$ 及通过点 $x\,(x\geqslant 0)$且垂直于 $Ox$ 的直线三者围成的面积. 写出函数$S(x)$的解析表达式,求出导数 $S'(x)$,并作出函数 $y=S'(x)$的图像.

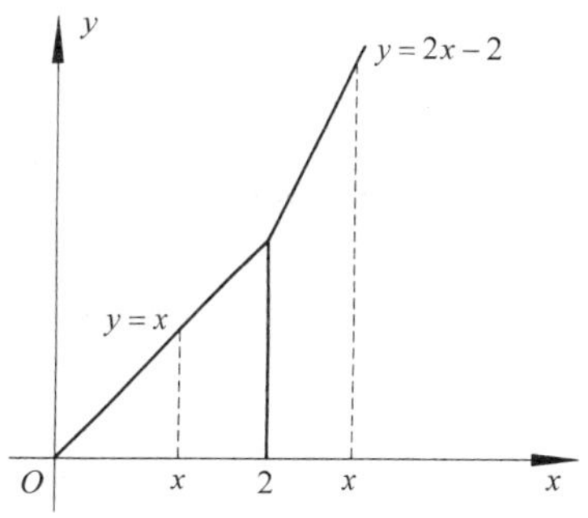

图 2.22

**解** 当 $x\in[0,2]$时,$S(x)=\dfrac{1}{2}x^2$;

当 $x\in(2,+\infty)$时,

$$S(x)=\frac{1}{2}2^2+\frac{1}{2}(x-2)[2+(2x-2)]=x^2-2x+2.$$

从而有 $S'(x)=\begin{cases} x, & 0\leqslant x\leqslant 2,\\ 2x-2, & 2<x<+\infty.\end{cases}$ (图 2.22)

**【1033】** 函数 $S(x)$是由圆弧 $y=\sqrt{a^2-x^2}$、轴 $Ox$ 及通过点 $O$ 和 $x(|x|\leqslant a)$且垂直于轴 $Ox$ 的两条直线四者围成的面积. 写出函数 $S(x)$的解析表达式,求出导数 $S'(x)$,并作出其导数 $y=S'(x)$的图像.

**解** $S(x)$是由一个直角三角形和一个中心角为 $\alpha$ 的扇形组成,其中 $\sin\alpha=\frac{|x|}{a}$,故当 $0<|x|\leqslant a$ 时,

$$S(x)=\frac{|x|}{2}\sqrt{a^2-x^2}+\frac{a^2}{2}\arcsin\frac{|x|}{a}.$$

于是,

$$S'(x)=\frac{1}{2}\cdot\frac{|x|}{x}\sqrt{a^2-x^2}-\frac{|x|}{2}\cdot\frac{x}{\sqrt{a^2-x^2}}+\frac{a^2}{2}\cdot\frac{1}{\sqrt{1-\frac{x^2}{a^2}}}\cdot\frac{1}{a}\cdot\frac{|x|}{x}$$

$$=\frac{|x|\sqrt{a^2-x^2}}{x}=\sqrt{a^2-x^2}\,\mathrm{sgn}x\quad(0<|x|\leqslant a).$$

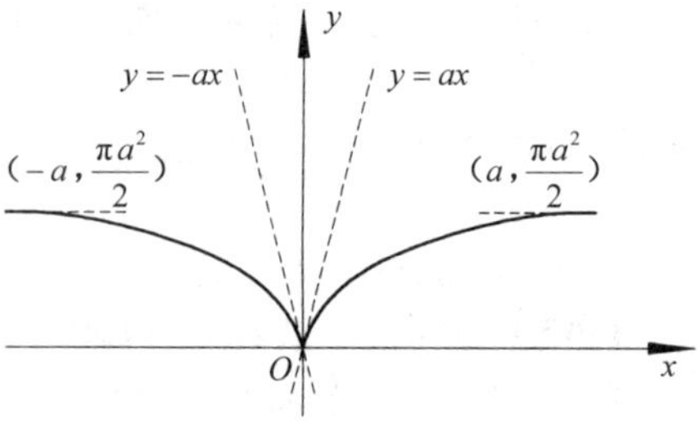


图 2.23

函数 $y=S(x)$的图像如图 2.23 所示. 函数 $y=S'(x)$的图像就是以原点为中心,$a$ 为半径的圆周上位于第一及第三象限的弧段,但不包括$(0,a)$点及$(0,-a)$点,图像省略.

## §2. 反函数的导数.用参数形式给出的函数的导数.隐函数的导数

1° **反函数的导数** 导数 $f'(x)\neq0$ 的可微函数 $y=f(x)(a<x<b)$具有单值连续的反函数 $x=f^{-1}(y)$,此反函数也可微,并且成立公式

$$x'_y=\frac{1}{y'_x}.$$

2° **用参数形式给出的函数的导数** 若方程组

$$\begin{cases}x=\varphi(t),\\ y=\psi(t),\end{cases}\qquad(\alpha<t<\beta),$$

其中 $\varphi(t)$和 $\psi(t)$为可微函数,且 $\varphi'(t)\neq0$,在某区域内确定 $y$ 为 $x$ 的单值连续函数:

$$y=\psi(\varphi^{-1}(x)),$$

则此函数的导数可用公式

$$y'_x=\frac{y'_t}{x'_t}$$

求出.

3° **隐函数的导数** 若可微函数 $y=y(x)$满足方程

$$F(x,y)=0,$$

则此隐函数之导数 $y'=y'(x)$可从以下方程求得:

$$\frac{\mathrm{d}}{\mathrm{d}x}[F(x,y)]=0,$$

其中 $F(x,y)$是变量 $x$ 的复合函数.

**【1034】** 证明:由方程 $y^3+3y=x$ 确定的单值函数 $y=y(x)$存在,并求它的导数 $y'_x$.

**证** 对函数 $x=f(y)=y^3+3y$ 有

$$f'(y)=3y^2+3=3(y^2+1)>0$$

其中 $y$ 为任意实数,故 $f(y)$是严格增大的(在$-\infty<y<+\infty$),因此存在单值的反函数 $y=y(x)(-\infty<x<+\infty)$,且

$$y'_x=\frac{1}{x'_y}=\frac{1}{3(y^2+1)}.$$

**【1035】** 证明:由方程 $y-\varepsilon\sin y=x\ (0\leqslant\varepsilon<1)$确定的单值函数 $y=y(x)$存在,并求其导数 $y'_x$.

**提示** 仿1034题的证明,并利用反函数的求导公式.

**证** 对于函数 $x=f(y)=y-\varepsilon\sin y$ 有

$$f'(y)=1-\varepsilon\cos y>0\quad(0\leqslant\varepsilon<1).$$

故 $f(y)$在$(-\infty,+\infty)$上是严格增大的,从而反函数 $y=y(x)$存在且是单值的,且

$$y'_x=\frac{1}{x'_y}=\frac{1}{1-\varepsilon\cos y}.$$

**【1036】** 设:(1) $y=x+\ln x\ (x>0)$; (2) $y=x+e^x$; (3) $y=\text{sh}x$; (4) $y=\text{th}x$.
求它们的反函数 $x=x(y)$的存在域,并求它们的导数.

**解** (1) 由 $y'_x=1+\frac{1}{x}>0\ (x>0)$ 知有单值连续反函数$x=x(y)$,其存在域为$-\infty<y<+\infty$,而导数

$$\frac{dx}{dy}=\frac{1}{y'_x}=\frac{1}{1+\frac{1}{x}}=\frac{x}{x+1}.$$

(2) 由 $y'_x=1+e^x>0$ 知有单值连续反函数 $x=x(y)$,其存在域为$-\infty<y<+\infty$,而导数

$$\frac{dx}{dy}=\frac{1}{\frac{dy}{dx}}=\frac{1}{1+e^x}=\frac{1}{1-x+y}.$$

(3) 由 $y'_x=\text{ch}x>0$ 知有单值连续反函数 $x=x(y)$,其存在域为$-\infty<y<+\infty$,而导数

$$\frac{dx}{dy}=\frac{2}{e^x+e^{-x}}=\frac{1}{\sqrt{1+y^2}},$$

其中因为 $x=\ln(y+\sqrt{1+y^2})$,所以,$e^x+e^{-x}=2\sqrt{1+y^2}$.

(4) 由 $y'_x=\frac{1}{(\text{ch}x)^2}>0$ 知有单值连续反函数 $x=x(y)$,其存在域为$-1<y<1$.由于

$$y^2=\text{th}^2x=\frac{\text{sh}^2x}{\text{ch}^2x}=\frac{\text{ch}^2x-1}{\text{ch}^2x},$$

而 $\text{ch}^2x=\frac{1}{y'_x}=x'_y$,于是,反函数的导数$\frac{dx}{dy}=\frac{1}{1-y^2}$.

**【1037】** 设:(1) $y=2x^2-x^4$; (2) $y=\frac{x^2}{1+x^2}$; (3) $y=2e^{-x}-e^{-2x}$.
选出反函数 $x=x(y)$的单值连续的各支,求它们的导数并作其图像.

**解** (1) $x^4-2x^2+y=0$. $x^2=1\pm\sqrt{1-y}$.单值连续的各枝为

$$x_1=-\sqrt{1+\sqrt{1-y}}\quad(-\infty<y\leqslant1),$$
$$x_2=-\sqrt{1-\sqrt{1-y}}\quad(0\leqslant y\leqslant1),$$
$$x_3=\sqrt{1-\sqrt{1-y}}\quad(0\leqslant y\leqslant1),$$
$$x_4=\sqrt{1+\sqrt{1-y}}\quad(-\infty<y\leqslant1).$$

由 $y=2x^2-x^4$,微分得 $1=4x\frac{dx}{dy}-4x^3\frac{dx}{dy}$,

所以,$\frac{dx}{dy}=\frac{1}{4x-4x^3}$.从而有

$$\frac{dx_i}{dy}=\frac{1}{4x(1-x^2)}\quad(i=1,2,3,4).\quad(图 2.24)$$

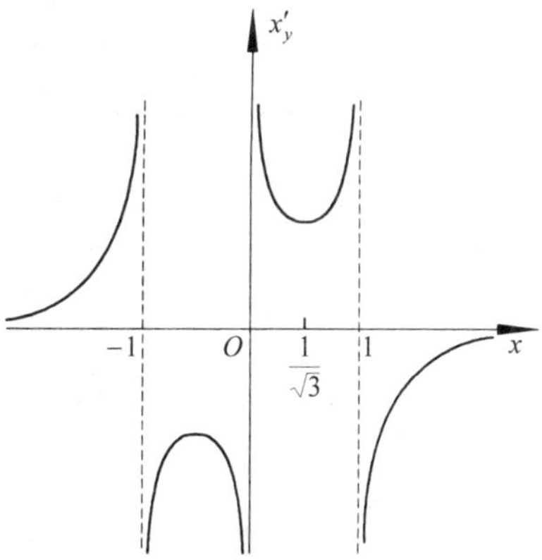

图 2.24

(2) $\frac{x^2}{1+x^2}=y$,即 $x^2=\frac{y}{1-y}$. 单值连续各支为

$$x_1=-\sqrt{\frac{y}{1-y}},\quad x_2=\sqrt{\frac{y}{1-y}},\quad(0\leqslant y<1).$$

由 $y'_x=\frac{2x}{(1+x^2)^2}$ 及 $\frac{dx}{dy}=\frac{1}{y'_x}$，有$\frac{dx_i}{dy}=\frac{(1+x^2)^2}{2x}=\frac{x^3}{2y^2}$. 当 $x_i\to0$ 时，

$$\frac{dx_i}{dy}\to(\mathrm{sgn}x_i)\cdot(+\infty)\quad(i=1,2)\quad(\text{图 }2.25)$$

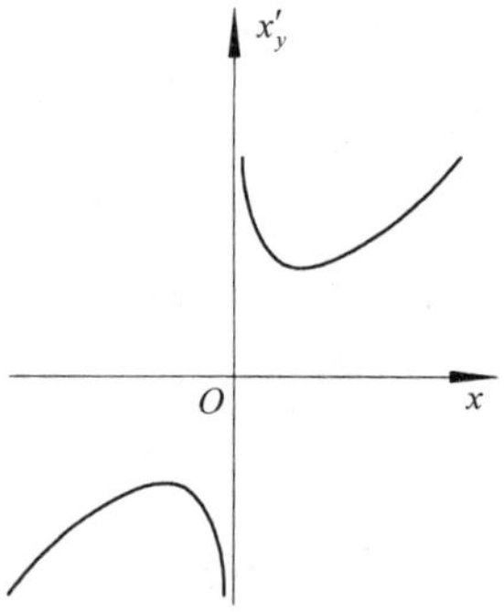


图 2.25

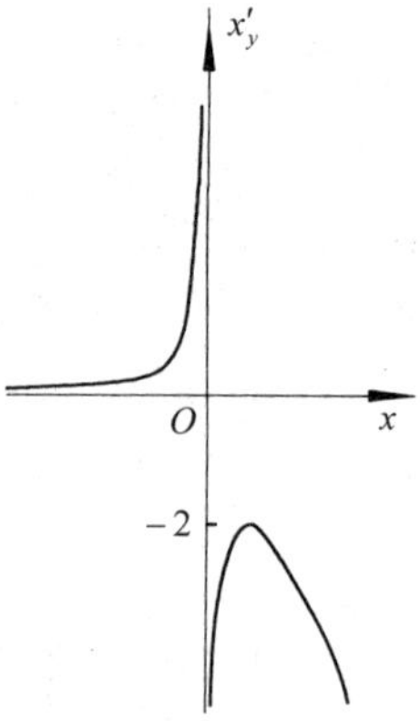


图 2.26

(3) $y=2e^{-x}-e^{-2x}$,解出 $e^{-x}$,得 $e^{-x}=1\pm\sqrt{1-y}$.单值连续各支为

$$x_1=-\ln(1+\sqrt{1-y})\ (-\infty<y\leqslant1),\quad x_2=-\ln(1-\sqrt{1-y})=\ln\frac{1+\sqrt{1-y}}{y}\ (0<y\leqslant1).$$

由 $y=2e^{-x}-e^{-2x}$，对 $y$ 求导数，得 $1=-2e^{-x}\frac{dx}{dy}+2e^{-2x}\frac{dx}{dy}$，所以，$\frac{dx_i}{dy}=-\frac{1}{2(e^{-x}-e^{-2x})}\quad(i=1,2)$.
(图 2.26)

**【1038】** 作出函数 $y=y(x)$的略图,并求其导数 $y'_x$. 设:$x=-1+2t-t^2$，$y=2-3t+t^3$. 当 $x=0$ 及 $x=-1$时，$y'_x(x)$等于什么？在何点 $M(x,y)$的导数 $y'_x(x)=0$?

**解** $\frac{dy}{dx}=\frac{\frac{dy}{dt}}{\frac{dx}{dt}}=\frac{-3+3t^2}{2-2t}=-\frac{3}{2}(1+t)$.

当 $t=-1$,即 $x=-4,y=4$ 时. $y'_x(x)=0$.

当 $x=0$ 时,$t=1$,此时 $y'_x(x)=-3$; 当 $x=-1$ 时,$t=0$ 或 $t=2$,此时 $y'_x(x)=-\frac{3}{2}$或 $y'_x(x)=-\frac{9}{2}$.

列表:

| $t$ | −3 | −2 | −1 | 0 | 1 | 2 | 3 | 4 |
|---|---|---|---|---|---|---|---|---|
| $x$ | −16 | −9 | −4 | −1 | 0 | −1 | −4 | −9 |
| $y$ | −16 | 0 | 4 | 2 | 0 | 4 | 20 | 54 |

当 $t<-1$ 时,$\frac{dy}{dx}>0$,函数值 $y$ 随自变量增加而增加,曲线上升.

当 $t>-1$ 时,$\frac{dy}{dx}<0$,曲线下降.

图像如图 2.27 所示.

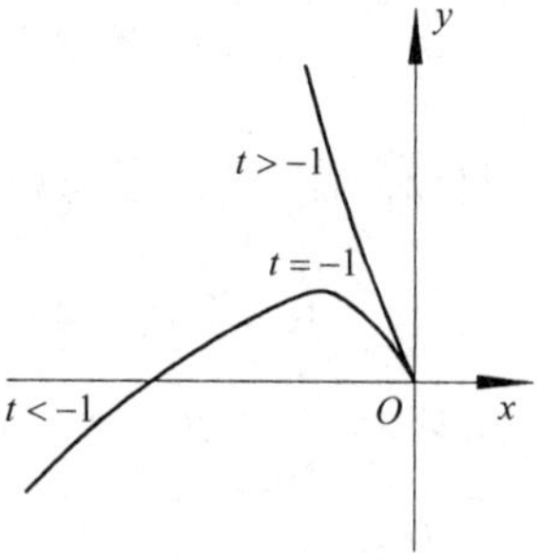


图 2.27

**求导数 $y'_x$(参数是正数). 设:**

**【1039】**$^+$ $x=\sqrt[3]{1-\sqrt{t}}$， $y=\sqrt{1-\sqrt[3]{t}}$.

**解** $\frac{dy}{dt}=-\frac{1}{6\sqrt[3]{t^2}\sqrt{1-\sqrt[3]{t}}}$， $\frac{dx}{dt}=-\frac{1}{6\sqrt{t}\sqrt[3]{(1-\sqrt{t})^2}}$,

于是，$\dfrac{dy}{dx}=\dfrac{\frac{dy}{dt}}{\frac{dx}{dt}}=\sqrt[6]{\dfrac{(1-\sqrt{t})^4}{t(1-\sqrt[3]{t})^3}}\quad(t>0,\ t\neq 1)$.

**【1040】** $x=\sin^2 t,\quad y=\cos^2 t$.

**解** $\dfrac{dy}{dt}=-2\cos t\sin t,\quad \dfrac{dx}{dt}=2\sin t\cos t$，于是，$\dfrac{dy}{dx}=\dfrac{-2\cos t\sin t}{2\cos t\sin t}=-1\quad(0<x<1)$.

**【1041】** $x=a\cos t,\quad y=b\sin t$.

**解** $\dfrac{dy}{dx}=\dfrac{b\cos t}{-a\sin t}=-\dfrac{b}{a}\cot t\quad(0<|t|<\pi)$.

**【1042】** $x=a\operatorname{ch}t,\quad y=b\operatorname{sh}t$.

**解** $\dfrac{dy}{dx}=\dfrac{b\operatorname{ch}t}{a\operatorname{sh}t}=\dfrac{b}{a}\operatorname{coth}t\quad(t\neq 0)$.

**【1043】** $x=a\cos^3 t,\quad y=a\sin^3 t$.

**解** $\dfrac{dy}{dx}=\dfrac{3a\sin^2 t\cos t}{-3a\cos^2 t\sin t}=-\tan t\quad\left(t\neq\dfrac{2k+1}{2}\pi,\ k\text{ 为整数}\right)$.

**【1044】** $x=a(t-\sin t),\ y=a(1-\cos t)$.

**解** $\dfrac{dy}{dx}=\dfrac{a\sin t}{a(1-\cos t)}=\cot\dfrac{t}{2}\quad(t\neq 2k\pi,\ k\text{ 为整数})$.

**【1045】** $x=e^{2t}\cos^2 t,\quad y=e^{2t}\sin^2 t$.

**解** $\dfrac{dy}{dx}=\dfrac{2e^{2t}(\sin^2 t+\sin t\cos t)}{2e^{2t}(\cos^2 t-\sin t\cos t)}=\dfrac{\sin t\cdot\sqrt{2}\sin\left(t+\frac{\pi}{4}\right)}{\cos t\cdot\sqrt{2}\cos\left(t+\frac{\pi}{4}\right)}=\tan t\tan\left(t+\dfrac{\pi}{4}\right)$

$\left(t\neq\dfrac{\pi}{4}+k\pi,\ k\text{ 为整数}；t\neq n\pi+\dfrac{\pi}{2},\ n=0,1,2,\cdots\right)$.

**【1046】** $x=\arcsin\dfrac{t}{\sqrt{1+t^2}},\quad y=\arccos\dfrac{1}{\sqrt{1+t^2}}$.

**解** $\dfrac{dy}{dt}=-\dfrac{1}{\sqrt{1-\frac{1}{1+t^2}}}\left[-\dfrac{t}{(1+t^2)^{\frac{3}{2}}}\right]=\dfrac{\operatorname{sgn}t}{1+t^2},\quad \dfrac{dx}{dt}=\dfrac{1}{\sqrt{1-\frac{t^2}{1+t^2}}}\cdot\dfrac{\sqrt{1+t^2}-\frac{t^2}{\sqrt{1+t^2}}}{1+t^2}=\dfrac{1}{1+t^2}$.

于是，$\dfrac{dy}{dx}=\dfrac{\frac{\operatorname{sgn}t}{1+t^2}}{\frac{1}{1+t^2}}=\operatorname{sgn}t\quad(0<|t|<+\infty)$.

**【1047】** 证明:由方程组$\begin{cases}x=2t+|t|,\\ y=5t^2+4t|t|\end{cases}$所确定的函数 $y=y(x)$ 当 $t=0$ 时可微. 但它的导数不能用普通的公式求得.

**提示** 易知$\left.\dfrac{\Delta y}{\Delta x}\right|_{t=0}=\begin{cases}3\Delta t, & \Delta t>0,\\ \Delta t, & \Delta t<0.\end{cases}$再注意到 $|t|$ 在 $t=0$ 处不可微,即知$\dfrac{dy}{dx}$在 $t=0$ 处不能用普通的公式求得.

**证** 当 $t$ 由 0 变化到 $\Delta t$ 时,$x$ 由 0 变化到 $\Delta x=2\Delta t+|\Delta t|$,$y$ 由 0 变化到 $\Delta y=5(\Delta t)^2+4\Delta t\cdot|\Delta t|$. 于是,

$$\left.\frac{\Delta y}{\Delta x}\right|_{t=0}=\frac{5(\Delta t)^2+4\Delta t|\Delta t|}{2\Delta t+|\Delta t|}=\begin{cases}3\Delta t, & \Delta t>0,\\ \Delta t, & \Delta t<0,\end{cases}$$

从而,

$$\frac{\Delta y}{\Delta x}\to 0\quad(\Delta t\to 0).$$

即 $y=y(x)$ 当 $t=0$ 时可微. 但由于 $|t|$ 当 $t=0$ 时不可微，因而 $\frac{dx}{dt}$ 及 $\frac{dy}{dt}$ 当 $t=0$ 时不存在. 所以，导数 $\frac{dy}{dx}$ 当 $t=0$ 的值不能用普通公式求得.

**求下列隐函数的导数 $y'_x$：**

**【1048】** $x^2+2xy-y^2=2x$. 当 $x=2$ 与 $y=4$ 及当 $x=2$ 与 $y=0$ 时，$y'$ 等于什么？

**提示** 两端对 $x$ 求导，并注意 $(xy)'_x=y+xy'_x$ 及 $(y^2)'_x=2yy'_x$，即易获解.

1049 题～1053 题均可仿照本题的解法.

**解** 两端对 $x$ 求导，得

$$2x+2xy'_x+2y-2yy'_x=2.$$

于是，

$$y'_x=\frac{1-x-y}{x-y}\quad (x\neq y).\quad y'_x\Big|_{\substack{x=2\\y=4}}=\frac{5}{2},\quad y'_x\Big|_{\substack{x=2\\y=0}}=-\frac{1}{2}.$$

**【1049】** $y^2=2px$ （抛物线）.

**解** 两端对 $x$ 求导，得 $2yy'_x=2p$. 于是，$y'_x=\frac{p}{y}$ $(y\neq 0)$.

**【1050】** $\frac{x^2}{a^2}+\frac{y^2}{b^2}=1$ （椭圆）.

**解** 两端对 $x$ 求导，得 $\frac{2x}{a^2}+\frac{2yy'_x}{b^2}=0$. 于是，$y'_x=-\frac{b^2x}{a^2y}$ $(y\neq 0)$.

**【1051】** $\sqrt{x}+\sqrt{y}=\sqrt{a}$ （抛物线）.

**解** 两端对 $x$ 求导，得 $\frac{1}{2\sqrt{x}}+\frac{1}{2\sqrt{y}}y'_x=0$. 于是，$y'_x=-\sqrt{\frac{y}{x}}$ $(x>0,\ y>0)$.

**【1052】** $x^{\frac{2}{3}}+y^{\frac{2}{3}}=a^{\frac{2}{3}}$ （星形线）.

**解** 两端对 $x$ 求导，得 $\frac{2}{3}x^{-\frac{1}{3}}+\frac{2}{3}y^{-\frac{1}{3}}y'_x=0$. 于是，$y'_x=-\sqrt[3]{\frac{y}{x}}$ $(x\neq 0)$.

**【1053】** $\arctan\frac{y}{x}=\ln\sqrt{x^2+y^2}$ （对数螺线）.

**解** 两端对 $x$ 求导，得 $\frac{1}{1+\frac{y^2}{x^2}}\cdot\frac{xy'_x-y}{x^2}=\frac{x+yy'_x}{x^2+y^2}$. 于是，$y'_x=\frac{x+y}{x-y}$ $(x\neq y,\ x\neq 0)$.

**【1054】** 求 $y'_x$，设：

(1) $r=a\varphi$（阿基米得螺线）； (2) $r=a(1+\cos\varphi)$（心脏线）； (3) $r=ae^{m\varphi}$（对数螺线），其中 $r=\sqrt{x^2+y^2}$ 及 $\varphi=\arctan\frac{y}{x}$ 是极坐标.

**提示** $x=r\cos\varphi$，$y=r\sin\varphi$，其中 $r=r(\varphi)$. 利用参数方程所确定的函数的求导方式，可得

$$\frac{dy}{dx}=\frac{\frac{dy}{d\varphi}}{\frac{dx}{d\varphi}}=\frac{r\cos\varphi+\sin\varphi\frac{dr}{d\varphi}}{-r\sin\varphi+\cos\varphi\frac{dr}{d\varphi}}.$$

**解** $x=r\cos\varphi$，$y=r\sin\varphi$，其中 $r=r(\varphi)$. 于是，

$$\frac{dy}{dx}=\frac{\frac{dy}{d\varphi}}{\frac{dx}{d\varphi}}=\frac{\frac{dr}{d\varphi}\sin\varphi+r\cos\varphi}{\frac{dr}{d\varphi}\cos\varphi-r\sin\varphi}.\qquad (1)$$

(1) $\frac{dr}{d\varphi}=a$，代入(1)式得

$$\frac{dy}{dx}=\frac{a\sin\varphi+a\varphi\cos\varphi}{a\cos\varphi-a\varphi\sin\varphi}=\tan(\varphi+\arctan\varphi).$$

(2) $\frac{dr}{d\varphi}=-a\sin\varphi$,代入(1)式得

$$\frac{dy}{dx}=\frac{-a\sin^2\varphi+a(1+\cos\varphi)\cos\varphi}{-a\sin\varphi\cos\varphi-a(1+\cos\varphi)\sin\varphi}=-\frac{\cos2\varphi+\cos\varphi}{\sin2\varphi+\sin\varphi}=-\frac{2\cos\frac{3\varphi}{2}\cos\frac{\varphi}{2}}{2\sin\frac{3\varphi}{2}\cos\frac{\varphi}{2}}=-\cot\frac{3\varphi}{2}\ (\varphi\neq0,\varphi\neq\pm\frac{2\pi}{3}).$$

(3) $\frac{dr}{d\varphi}=mae^{m\varphi}$,代入(1)式得

$$\frac{dy}{dx}=\frac{mae^{m\varphi}\sin\varphi+ae^{m\varphi}\cos\varphi}{mae^{m\varphi}\cos\varphi-ae^{m\varphi}\sin\varphi}=\frac{m\sin\varphi+\cos\varphi}{m\cos\varphi-\sin\varphi}=\tan(\varphi+\arctan\frac{1}{m}).$$

## §3. 导数的几何意义

1° **切线和法线的方程** 可微函数 $y=f(x)$ 在其图像上之一点 $M(x,y)$(图 2.28)处的**切线** $MT$ 和**法线** $MN$ 的方程分别具有以下形式:

$$Y-y=y'(X-x)\quad 及\quad Y-y=-\frac{1}{y'}(X-x),$$

其中 $X,Y$ 为切线或法线上的点的坐标,而 $y'=f'(x)$ 为切点处导数的值.

2° **切线长和法线长** 对于与切线和法线有关的一些线段:$PT$ 为次切线,$PN$ 为次法线,$MT$ 为切线,$MN$ 为法线. 考虑到 $\tan\alpha=y'$(图 2.28). 我们得到下列值:

$$PT=\left|\frac{y}{y'}\right|,\quad PN=|yy'|,\quad MT=\left|\frac{y}{y'}\right|\sqrt{1+y'^2},\quad MN=|y|\sqrt{1+y'^2}.$$

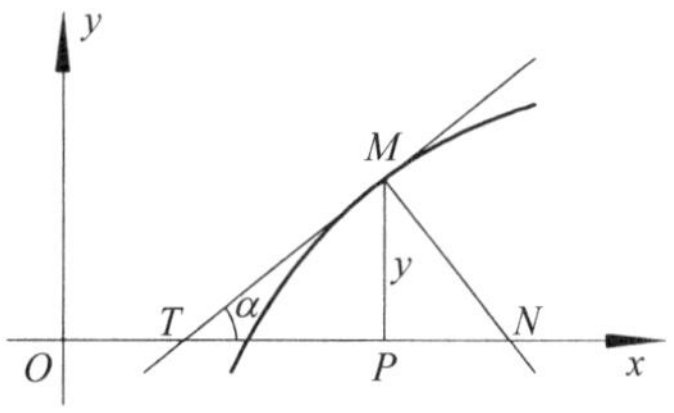


图 2.28

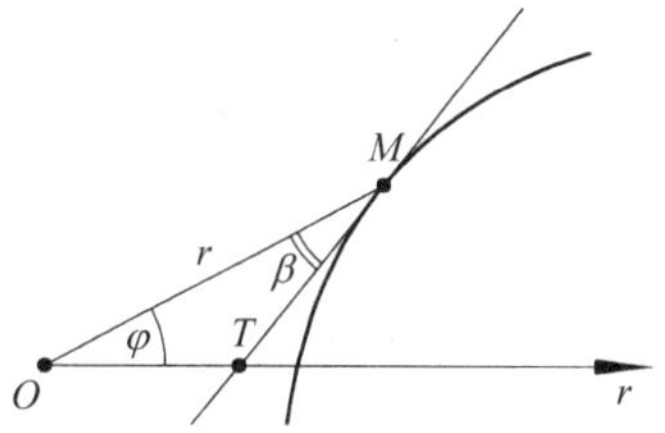


图 2.29

3° **切线与切点的径向量间的夹角** 若 $r=f(\varphi)$ 为曲线的极坐标方程,$\beta$ 为切线 $MT$ 与切点 $M$ 的径向量 $OM$ 所成的角(图 2.29),则

$$\tan\beta=\frac{r}{r'}.$$

**【1055】** 写出曲线 $y=(x+1)\sqrt[3]{3-x}$ 在下列各点处的切线和法线方程:

(1) $A(-1,0)$; (2) $B(2,3)$; (3) $C(3,0)$.

**解** 由于

$$y'=\sqrt[3]{3-x}-\frac{x+1}{3\sqrt[3]{(3-x)^2}},$$

所以,在 $A$ 点的切线方程为

$$y-0=y'|_{x=-1}(x+1),\quad 即\ y=\sqrt[3]{4}(x+1);$$

法线方程为

$$y-0=-\frac{1}{\sqrt[3]{4}}(x+1),\quad 即\ y=-\frac{\sqrt[3]{2}}{2}(x+1).$$

在 $B$ 点的切线方程为 $y-3=y'|_{x=2}(x-2)$,即 $y=3$;法线方程为 $x=2$.

在 $C$ 点，由于 $y'$ 为无穷，故切线方程为 $x=3$；法线方程为 $y=0$.

**【1056】** 在曲线 $y=2+x-x^2$ 上的哪些点，其切线(1)平行于 $Ox$ 轴；(2)平行于第一象限角的平分线？

**解** 由于 $y'=1-2x$，所以，有

(1) 令 $y'=0$，则 $x=\frac{1}{2}$，$y=2+\frac{1}{2}-\frac{1}{4}=\frac{9}{4}$，故在点$\left(\frac{1}{2},\frac{9}{4}\right)$处其切线平行于 $Ox$ 轴；

(2) 令 $y'=1$，则 $x=0$，$y=2$，故在点$(0,2)$处其切线平行于第一象限角的平分线.

**【1057】** 证明：抛物线

$$y=a(x-x_1)(x-x_2)\quad(a\neq0,\ x_1<x_2)$$

与 $Ox$ 轴相交所成的两角 $\alpha$ 及 $\beta\left(0<\alpha<\frac{\pi}{2},\ 0<\beta<\frac{\pi}{2}\right)$ 彼此相等.

**提示** 先求出抛物线与 $Ox$ 轴的交点为 $A(x_1,0)$，$B(x_2,0)$；其次，再求得抛物线在点 $A$ 及点 $B$ 处切线的斜率分别为

$$k_A=y'\Big|_{x=x_1}\quad 及\quad k_B=y'\Big|_{x=x_2}.$$

由此即易证明 $\alpha=\beta$.

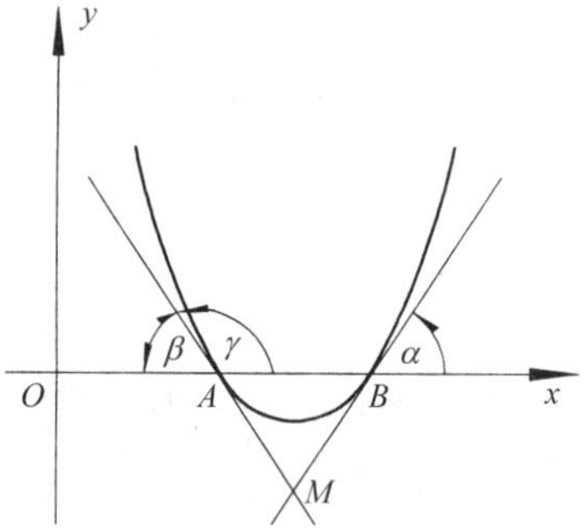


图 2.30

**解** 如图 2.30 所示，显然抛物线与 $Ox$ 轴的交点为 $A(x_1,0)$，$B(x_2,0)$. 由于 $y'=2ax-a(x_1+x_2)$，故在点 $A$、$B$ 处切线的斜率分别为

$$k_A=y'\Big|_{x=x_1}=2ax_1-a(x_1+x_2)=a(x_1-x_2)=\tan\gamma=\tan(\pi-\beta),\tag{1}$$

$$k_B=y'\Big|_{x=x_2}=2ax_2-a(x_1+x_2)=a(x_2-x_1)=\tan\alpha.\tag{2}$$

由(2)式得
$$\tan(\pi-\alpha)=a(x_1-x_2).\tag{3}$$

由(1)式及(3)式证得 $\alpha=\beta$.

**【1058】** 在曲线 $y=2\sin x$ $(-\pi\leqslant x\leqslant\pi)$ 上求出"曲线的坡度"(即 $|y'|$)大于 1 的区域.

**解** 由于 $y'=2\cos x$，故要 $|y'|>1$，只要 $|\cos x|>\frac{1}{2}$，也即

$$|x|<\frac{\pi}{3}\quad 及\quad \frac{2\pi}{3}<|x|\leqslant\pi,$$

此即所求的区域.

**【1059】** 函数 $y=x$ 及 $y_1=x+0.01\cdot\sin1000\pi x$ 二者相差不大于 0.01，这些函数的导数的差的最大值如何？作出相应的图像.

**解** 导数差的最大值

$$\max|y'-y_1'|=\max|10\pi\cdot\cos1000\pi x|=10\pi\approx31.4.$$

由此可见，两函数相差甚微时(图 2.31)，其导数却可相差很大. 如图 2.32 所示.

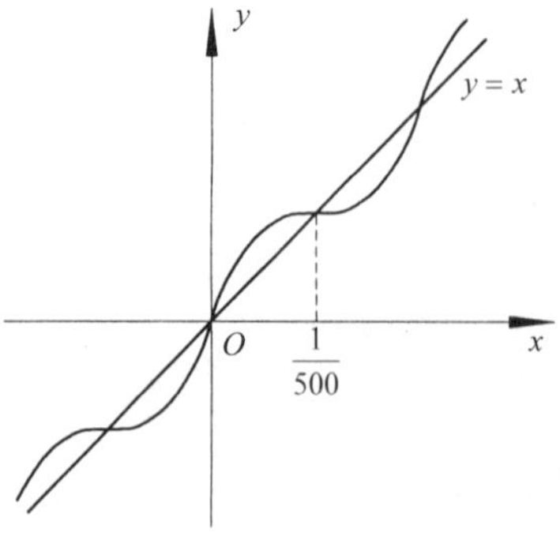


图 2.31

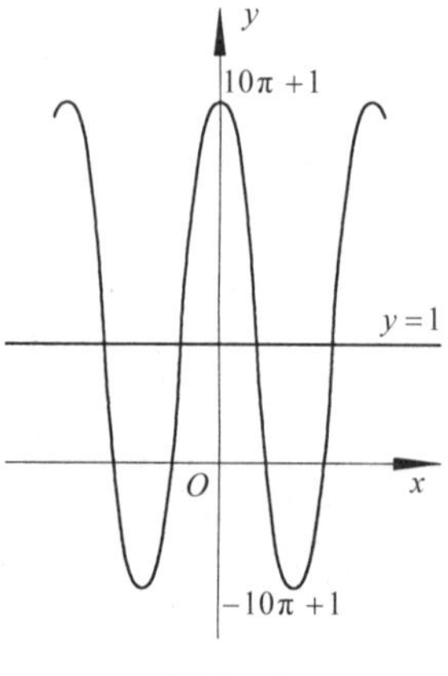


图 2.32

【1060】 曲线 $y=\ln x$ 与 $Ox$ 轴相交的角如何?

解 曲线 $y=\ln x$ 与 $Ox$ 轴的交点为(1,0),设曲线与 $Ox$ 轴的相交角为 $\alpha$,则

$$\tan\alpha=y'\Big|_{x=1}=\frac{1}{x}\Big|_{x=1}=1,$$

故交角 $\alpha$ 为 $45^\circ$.

【1061】 曲线 $y=x^2$ 及 $x=y^2$ 相交的角如何?

解 两曲线的交点为(0,0)及(1,1).由于导数为 $y'=2x$ 及 $y'=\dfrac{1}{2y}$,故在(0,0)点两曲线的交角显然为 $90^\circ$.

在(1,1)点两切线的斜率分别为 $k_1=2$ 及 $k_2=\dfrac{1}{2}$,故其交角 $\theta$ 的正切为

$$\tan\theta=\frac{k_1-k_2}{1+k_1k_2}=\frac{2-\dfrac{1}{2}}{1+2\cdot\dfrac{1}{2}}=\frac{3}{4},$$

于是,$\theta=\arctan\dfrac{3}{4}\approx 37^\circ$.

【1062】 曲线 $y=\sin x$ 及 $y=\cos x$ 相交的角如何?

解 先求交点.解 $\begin{cases}y=\sin x,\\ y=\cos x\end{cases}$ 得 $x=\dfrac{\pi}{4}+k\pi$ ($k$ 为整数).

其次,求两曲线在 $x=\dfrac{\pi}{4}+k\pi$ 处切线的斜率:

$$k_1=(\sin x)'\Big|_{x=\frac{\pi}{4}+k\pi}=(-1)^k\frac{\sqrt{2}}{2},\quad k_2=(\cos x)'\Big|_{x=\frac{\pi}{4}+k\pi}=(-1)^{k+1}\frac{\sqrt{2}}{2}.$$

在 $x=\dfrac{\pi}{4}+k\pi$ 处,交角 $\theta$(今取锐角,即 $0\leqslant\theta\leqslant\dfrac{\pi}{2}$)满足

$$\tan\theta=\left|\frac{k_1-k_2}{1+k_1k_2}\right|=\left|(-1)^k\frac{\sqrt{2}}{1-\dfrac{1}{2}}\right|=2\sqrt{2}.$$

于是,$\theta=\arctan 2\sqrt{2}\approx 70^\circ 32'$.

【1063】 如何选择参数 $n$,可使曲线 $y=\arctan nx$ ($n>0$)与 $Ox$ 轴相交所成的角大于 $89^\circ$?

解 曲线 $y=\arctan nx$ 与 $Ox$ 轴的交点为($k\pi$,0)($k$ 为整数).不妨取 $0\leqslant x<\pi$,则交点为 $O(0,0)$.交角的正切为

$$\tan\theta=\frac{n}{1+n^2x^2}\Big|_{x=0}=n.$$

$\theta>89^\circ$,相当于 $\tan\theta>\tan 89^\circ=57.29$,即 $n>57.29$.

【1064】 求出曲线:(1) $y=\sqrt{1-e^{-a^2x^2}}$ 于点 $x=0$ 处,(2) $y=\arcsin\dfrac{2x}{1+x^2}$ 于点 $x=1$ 处的左切线与右切线间的夹角.

提示 (1) $y'_-(0)=-|a|$,$y'_+(0)=|a|$.于是,夹角 $\theta$ 满足 $\tan\theta=\dfrac{2|a|}{|a|^2-1}$.

(2) $y'_-(1)=1$,$y'_+(1)=-1$.于是,夹角为 $90^\circ$.

解 (1)函数的左、右导数分别为

$$y'_-(0)=\lim_{x\to-0}\frac{\sqrt{1-e^{-a^2x^2}}}{x}=\lim_{x\to-0}\left[-\sqrt{\frac{e^{-a^2x^2}-1}{-a^2x^2}\cdot a^2}\right]=-|a|,$$

$$y'_+(0)=\lim_{x\to+0}\frac{\sqrt{1-e^{-a^2x^2}}}{x}=\lim_{x\to+0}\sqrt{\frac{e^{-a^2x^2}-1}{-a^2x^2}\cdot a^2}=|a|.$$

所以,于点 $x=0$ 处左、右切线之间的夹角 $\theta$ 满足

$$\tan\theta=\frac{2|a|}{|a|^2-1},\quad 即\ \theta=2\arctan\frac{1}{|a|}.$$

(2) 函数的左、右导数分别为

$$y'_-(1)=\lim_{x\to1-0}\frac{\arcsin\frac{2x}{1+x^2}-\arcsin1}{x-1}=\lim_{x\to1-0}\frac{-\arcsin\frac{1-x^2}{1+x^2}}{x-1}=\lim_{x\to1-0}\frac{\frac{1-x^2}{1+x^2}}{1-x}=1,$$

同理， $y'_+(1)=-1$.

因此，左、右切线的斜率互为负倒数，所以，夹角为 90°.

**【1065】** 证明：对数螺线 $r=ae^{m\varphi}$($a$ 及 $m$ 为常数)的切线与切点的径向量所成的角度为一常量.

**证** 设切线与切点的径向量所成的角为 $\beta$，由于 $r=ae^{m\varphi}$，$r'=ame^{m\varphi}$，所以，$\tan\beta=\frac{r}{r'}=\frac{1}{m}$，它为一常数，故 $\beta$ 为一常量.

**【1066】** 求曲线 $y=ax^n$ 的次切线长，由此给出作这曲线的切线的方法.

**解** 设在任一点 $M(x,y)$ 的次切线长为 $l_T$，如图 2.33 中的 $|PT|$，则

$$l_T=\left|\frac{y}{\tan\alpha}\right|=\left|\frac{y}{y'}\right|=\left|\frac{ax^n}{nax^{n-1}}\right|=\left|\frac{x}{n}\right|.$$

因此，该曲线的切线可以这样作：对于曲线 $y=ax^n$ 上任一点 $M(x,y)$，由此点向 $Ox$ 轴作垂线，得交点 $P$. 再在 $Ox$ 轴上取点 $T$，使 $|PT|=\frac{|x|}{n}$(当然，只是在 $P$ 的一侧取点 $T$，若在此点 $yy'>0$，则在 $P$ 点的左侧取 $T$；若在此点 $yy'<0$，则在 $P$ 点的右侧取 $T$. 以后不再说明)，然后连接 $MT$，则 $MT$ 就是所求的切线.

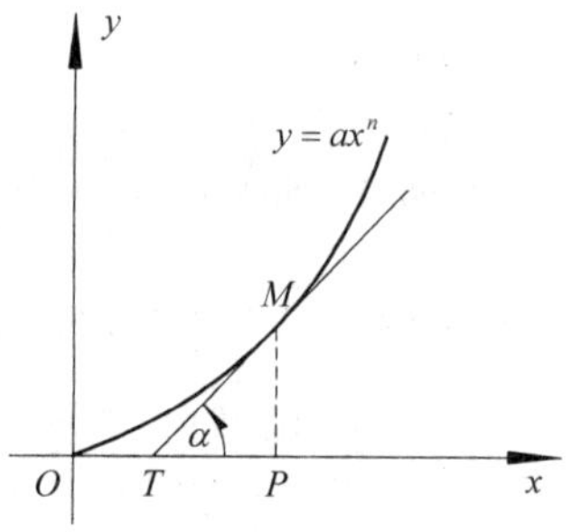

图 2.33

**【1067】** 证明：对于抛物线 $y^2=2px$，(1)次切线长等于切点的横坐标(绝对值)的两倍；(2)次法线为一常量. 给出作抛物线的切线的方法.

**证** (1) 次切线长为

$$l_T=|PT|=\left|\frac{y}{y'}\right|=\left|\frac{y}{\frac{p}{y}}\right|=\left|\frac{y^2}{p}\right|=\left|\frac{2px}{p}\right|=2|x|,$$

所以，次切线长为切点横坐标(绝对值)的两倍.

(2) 次法线长为 $l_N=|PN|=|yy'|=\left|y\cdot\frac{p}{y}\right|=|p|$，所以，次法线长为一常量.

由此，抛物线的切线可以这样作：由曲线 $y^2=2px$ 上的任一点 $M(x,y)$ 向 $Ox$ 轴作垂线，得交点 $P$. 由于 $yy'=p$，故当 $p>0$($p<0$)时，在 $Ox$ 轴上 $P$ 点的左(右)侧取点 $T$，如图 2.34，使 $|PT|=2|x|$，连接 $MT$，此即所求的切线.

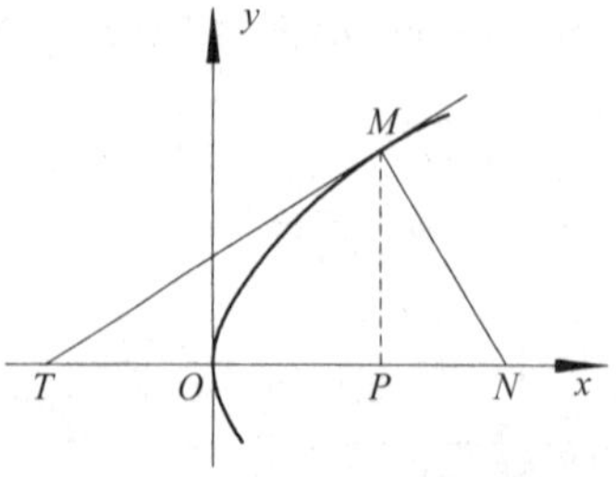

图 2.34

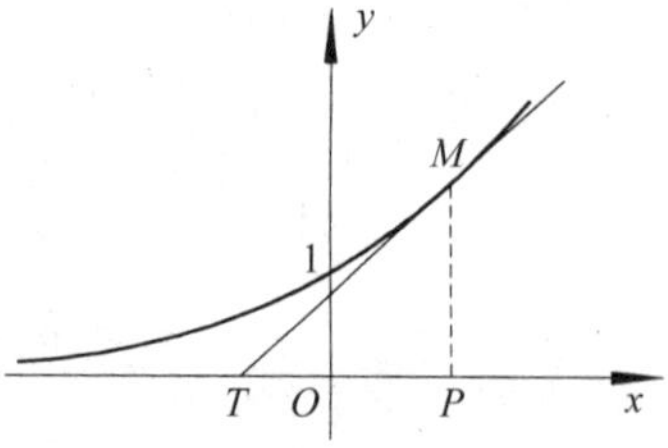

图 2.35

**【1068】** 证明：指数曲线 $y=a^x$($a>0$，且 $a\neq1$)有定长的次切线. 给出作指数曲线的切线的方法.

**证** 次切线长为 $l_T=\left|\frac{y}{y'}\right|=\left|\frac{a^x}{a^x\ln a}\right|=\frac{1}{|\ln a|}$. 从而 $l_T$ 为常量.

由此,该曲线的切线可以这样作:对于曲线 $y=a^x$ 上任一点 $M(x,y)$ 向 $Ox$ 轴作垂线,得交点 $P$. 由于当 $a>1$ 时 $yy'>0$,当 $0<a<1$ 时 $yy'<0$,故在 $Ox$ 轴上点 $P$ 的左侧(当 $a>1$ 时)或右侧(当 $0<a<1$ 时)取点 $T$,使 $|PT|=\frac{1}{|\ln a|}$,连接 $MT$,此即所求的切线(图 2.35).

**【1069】** 求悬链线 $y=a\operatorname{ch}\frac{x}{a}$ 上任意一点 $M(x_0,y_0)$ 处的法线长.

**解** 法线长为

$$|MN|=|y|\sqrt{1+y'^2}\Big|_{(x_0,y_0)}.$$

由于 $y'=a\cdot\frac{1}{a}\operatorname{sh}\frac{x}{a}=\operatorname{sh}\frac{x}{a}$, $\sqrt{1+y'^2}=\sqrt{1+\operatorname{sh}^2\frac{x}{a}}=\left|\operatorname{ch}\frac{x}{a}\right|=\left|\frac{y}{a}\right|$,

故

$$|MN|=|y_0|\cdot\left|\frac{y_0}{a}\right|=\frac{y_0^2}{|a|},\quad 即\quad |MN|=\frac{y_0^2}{|a|}\quad (a\neq 0).$$

**【1070】** 证明:星形线 $x^{\frac{2}{3}}+y^{\frac{2}{3}}=a^{\frac{2}{3}}(a>0)$ 的切线介于坐标轴间的部分的长为一常量.

**证明思路** 对于星形线上任一点 $(x_0,y_0)(x_0\neq 0)$ 处,容易求得其切线方程为

$$y-y_0=-\sqrt[3]{\frac{y_0}{x_0}}\ (x-x_0),$$

它在两坐标轴上的截距分别为

$$l_x=x_0+\sqrt[3]{x_0y_0^2}\ 及\ l_y=y_0+\sqrt[3]{x_0^2y_0}.$$

于是,切线介于坐标轴间部分的长为 $l=\sqrt{l_x^2+l_y^2}$,经计算得 $l=a$. 从而命题获证.

**证** 由方程 $x^{\frac{2}{3}}+y^{\frac{2}{3}}=a^{\frac{2}{3}}$ 求得导数 $y'=-\sqrt[3]{\frac{y}{x}}$. 对于曲线上任一点 $(x_0,y_0)(x_0\neq 0)$ 处,其切线方程为

$$y-y_0=-\sqrt[3]{\frac{y_0}{x_0}}\ (x-x_0),$$

它在两坐标轴上的截距分别为

$$l_x=x_0+\sqrt[3]{x_0y_0^2}\quad 及\quad l_y=y_0+\sqrt[3]{x_0^2y_0}.$$

于是,切线在两坐标轴间的部分长为 $l=\sqrt{l_x^2+l_y^2}$. 由于

$$\begin{aligned}l_x^2+l_y^2&=x_0^2+y_0^2+3x_0\sqrt[3]{x_0y_0^2}+3y_0\sqrt[3]{x_0^2y_0}=x_0^2+y_0^2+3\sqrt[3]{x_0^2y_0^2}(\sqrt[3]{x_0^2}+\sqrt[3]{y_0^2})\\&=x_0^2+y_0^2+3\sqrt[3]{a^2x_0^2y_0^2}=(a^{\frac{2}{3}}-y_0^{\frac{2}{3}})^3+y_0^2+3(ax_0y_0)^{\frac{2}{3}}\\&=a^2-3a^{\frac{4}{3}}y_0^{\frac{2}{3}}+3a^{\frac{2}{3}}y_0^{\frac{4}{3}}+3(ax_0y_0)^{\frac{2}{3}}=a^2-3a^{\frac{2}{3}}y_0^{\frac{2}{3}}(a^{\frac{2}{3}}-y_0^{\frac{2}{3}})+3(ax_0y_0)^{\frac{2}{3}}\\&=a^2-3(ax_0y_0)^{\frac{2}{3}}+3(ax_0y_0)^{\frac{2}{3}}=a^2,\end{aligned}$$

故 $l=a$,即星形线 $x^{\frac{2}{3}}+y^{\frac{2}{3}}=a^{\frac{2}{3}}(a>0)$ 的切线介于坐标轴间部分的长为一常量.

**【1071】** 若抛物线 $y=ax^2+bx+c$ 与 $Ox$ 轴相切,则系数 $a,b,c$ 间的关系如何?

**提示** 切点的横坐标满足 $y'=0$ 及 $y=0$. 由此可得 $b^2-4ac=0$.

**解** 由方程 $y=ax^2+bx+c$ 求得导数 $y'=2ax+b$. 要抛物线与 $Ox$ 轴相切,需 $y'=0$,所以,

$$2ax+b=0,$$

即

$$x=-\frac{b}{2a};\tag{1}$$

另一方面,切点的横坐标满足:

$$ax^2+bx+c=0$$

即

$$x=-\frac{b}{2a}\pm\frac{1}{2a}\sqrt{b^2-4ac}.\tag{2}$$

比较(1)式及(2)式,得

$$b^2-4ac=0,$$

此即所求的 $a,b,c$ 间的关系.

**【1072】** 在什么条件下,立方抛物线 $y=x^3+px+q$ 与 $Ox$ 轴相切?

**提示** 仿 1071 题,由 $y'=0$ 及 $y=0$ 可得 $\left(\frac{p}{3}\right)^3+\left(\frac{q}{2}\right)^2=0$.

**解** 由方程 $y=x^3+px+q$ 求得 $y'=3x^2+p$. 要此曲线与 $Ox$ 轴相切,必须满足

$$\begin{cases}3x^2+p=0, & (1)\\ x^3+px+q=0. & (2)\end{cases}$$

由(2)式得 $x(x^2+p)=-q$,两端平方,则

$$x^2(x^2+p)^2=q^2. \tag{3}$$

将(1)式代入(3)式,得

$$-\frac{p}{3}\cdot\left(-\frac{p}{3}+p\right)^2=q^2,\quad 即\quad \left(\frac{p}{3}\right)^3+\left(\frac{q}{2}\right)^2=0,$$

此即所求的条件.

**【1073】** 当参数 $a$ 为何值时,抛物线 $y=ax^2$ 与曲线 $y=\ln x$ 相切?

**解** 按题意,我们有

$$(ax^2)'=(\ln x)'\quad 即\quad x^2=\frac{1}{2a}\quad (a\neq 0),$$

从而,$y=a\cdot\frac{1}{2a}=\frac{1}{2}$.

同时,由于在切点相切,其纵坐标也必须相等,所以

$$\ln x=\frac{1}{2},\quad 即\quad x=\sqrt{\mathrm{e}}.$$

最后得到 $a=\frac{1}{2x^2}=\frac{1}{2\mathrm{e}}$.

**【1074】** 证明:曲线

$$y=f(x)\quad [f(x)>0]\quad 及\quad y=f(x)\sin ax,$$

于公共点彼此相切,其中 $f(x)$为可微函数.

**证** 解曲线方程

$$\begin{cases}y=f(x),\\ y=f(x)\sin ax,\end{cases}$$

得 $\sin ax=1$, $x=\frac{(4k+1)\pi}{2a}$($k$ 为整数),这就是两曲线交点的横坐标. 两曲线在交点处切线的斜率分别为

$$k_1=f'\left(\frac{4k+1}{2a}\pi\right),$$

$$k_2=f'\left(\frac{4k+1}{2a}\pi\right)\sin\left(\frac{4k+1}{2}\pi\right)+a\cos\left(\frac{4k+1}{2}\pi\right)f\left(\frac{4k+1}{2a}\pi\right)=f'\left(\frac{4k+1}{2a}\pi\right).$$

从而,$k_1=k_2$,所以,两曲线在公共点彼此相切.

**【1075】** 证明:双曲线族 $x^2-y^2=a$ 及 $xy=b$ 形成一**正交网**,就是说这两族中的曲线成直角相交.

**证** 设双曲线 $x^2-y^2=a$ 与双曲线 $xy=b$ 相交于点 $P(x,y)$,则在此点双曲线 $x^2-y^2=a$ 的切线的斜率 $k_1$ 满足:$2x-2yk_1=0$,所以,

$$k_1=\frac{x}{y};$$

在同一点双曲线 $xy=b$ 的切线的斜率 $k_2$ 满足:$y+xk_2=0$,所以,

$$k_2=-\frac{y}{x};$$

由此得到

$$k_1k_2=\frac{x}{y}\cdot\left(-\frac{y}{x}\right)=-1.$$

因此，两双曲线交成直角，故此两曲线族形成一正交网.

**【1076】** 证明：抛物线族 $y^2=4a(a-x)$ $(a>0)$及 $y^2=4b(b+x)$ $(b>0)$形成正交网.

**证** 设抛物线 $y^2=4a(a-x)$与抛物线 $y^2=4b(b+x)$相交于点 $P(x,y)$，则在此点 $y^2=4a(a-x)$的切线的斜率 $k_1$ 满足：$2yk_1=-4a$，所以，

$$k_1=-\frac{2a}{y};$$

在同一点抛物线 $y^2=4b(b+x)$的切线的斜率 $k_2$ 满足：$2yk_2=4b$，所以

$$k_2=\frac{2b}{y};$$

由此得到

$$k_1k_2=-\frac{4ab}{y^2}. \tag{1}$$

但点 $P(x,y)$同时在这两条抛物线上，故

$$4a(a-x)=4b(b+x).$$

于是，$x=a-b$，且

$$y^2=4a(a-a+b)=4ab. \tag{2}$$

以(2)式代入(1)式，得知在交点处，两切线的斜率满足

$$k_1k_2=-1,$$

故此两切线直交. 由此可知，该两抛物线族形成正交网.

**【1077】** 写出曲线 $x=2t-t^2$，$y=3t-t^3$ 在下列各点处的切线和法线的方程：(1) $t=0$，(2) $t=1$.

**解** 由于 $\frac{\mathrm{d}y}{\mathrm{d}x}=\frac{3-3t^2}{2-2t}=\frac{3}{2}(1+t)$，所以，有

(1) 当 $t=0$ 时，$x=0$，$y=0$，$\frac{\mathrm{d}y}{\mathrm{d}x}=\frac{3}{2}$.

切线方程为 $y=\frac{3}{2}x$，即 $3x-2y=0$；法线方程为 $y=-\frac{2}{3}x$，即 $2x+3y=0$.

(2) 当 $t=1$ 时，$x=1$，$y=2$，$\frac{\mathrm{d}y}{\mathrm{d}x}=3$.

切线方程为 $y-2=3(x-1)$，即 $3x-y-1=0$；法线方程为 $y-2=-\frac{1}{3}(x-1)$，即 $x+3y-7=0$.

**【1078】** 写出曲线 $x=\frac{2t+t^2}{1+t^3}$，$y=\frac{2t-t^2}{1+t^3}$ 在下列各点的切线与法线的方程：

(1) $t=0$， (2) $t=1$， (3) $t=\infty$.

**解** 由于 $\frac{\mathrm{d}y}{\mathrm{d}x}=\frac{2-2t-4t^3+t^4}{2+2t-4t^3-t^4}$，所以，有

(1) 当 $t=0$ 时，$x=0$，$y=0$，$\frac{\mathrm{d}y}{\mathrm{d}x}=1$. 切线方程为 $y=x$；法线方程为 $y=-x$.

(2) 当 $t=1$ 时，$x=\frac{3}{2}$，$y=\frac{1}{2}$，$\frac{\mathrm{d}y}{\mathrm{d}x}=3$.

切线方程为 $y-\frac{1}{2}=3\left(x-\frac{3}{2}\right)$，即 $3x-y-4=0$；法线方程为 $y-\frac{1}{2}=-\frac{1}{3}\left(x-\frac{3}{2}\right)$，即 $x+3y-3=0$.

(3) 当 $t=\infty$ 时，$x=0$，$y=0$，$\frac{\mathrm{d}y}{\mathrm{d}x}=-1$.（意即：当 $t\to\infty$ 时，$x\to0$，$y\to0$，$\frac{\mathrm{d}y}{\mathrm{d}x}\to-1$）.

切线方程为 $y=-x$；法线方程为 $y=x$.

**【1079】** 写出摆线(旋轮线)

$$x=a(t-\sin t),\quad y=a(1-\cos t)$$

上任意一点 $t=t_0$ 处的切线方程. 给出摆线的切线的作法.

**解** 因为

$$\left.\frac{\mathrm{d}y}{\mathrm{d}x}\right|_{t=t_0}=\left.\frac{a\sin t}{a(1-\cos t)}\right|_{t=t_0}=\left.\cot\frac{t}{2}\right|_{t=t_0}=\cot\frac{t_0}{2}.$$

于是,切线方程为

$$y-a(1-\cos t_0)=\cot\frac{t_0}{2}\cdot[x-a(t_0-\sin t_0)],$$

化简得

$$y-2a=(x-at_0)\cot\frac{t_0}{2}.$$

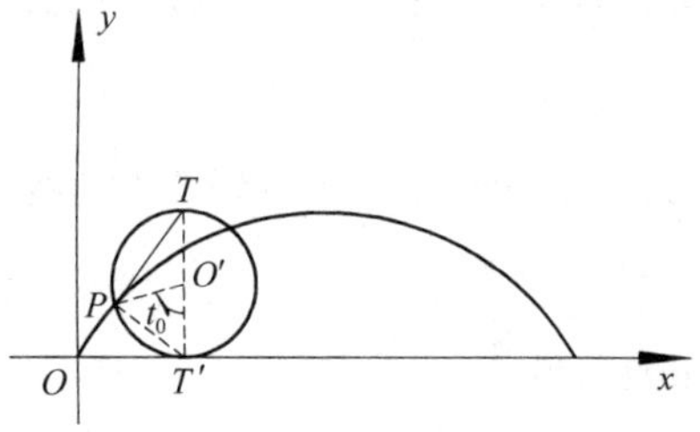


图 2.36

由此可知,切线通过点$(at_0,\ 2a)$,其斜率为 $\cot\frac{t_0}{2}$. 如图 2.36 中所示,$\angle T'O'P=t_0$,而

$$OT'=\overset{\frown}{T'P}=at_0,\quad T'T=2a,$$

故 $T$ 点的坐标为$(at_0,2a)$,它在切线上. 其次,连接 $PT$ 及 $PT'$,则 $PT'\perp PT$,

$$k_{PT}=\tan\left(\frac{\pi}{2}-\angle PTT'\right)=\tan\left(\frac{\pi}{2}-\frac{t_0}{2}\right)=\cot\frac{t_0}{2}.$$

这样,$PT$ 就通过点$(at_0,2a)$,且其斜率为 $\cot\frac{t_0}{2}$,所以,直线 $PT$ 即为所求的切线. 于是摆线的切线可以这样作:先连接切点与滚动的圆的接触点(即点 $P$),然后,过 $P$ 作其垂直线,此即所求的切线.

**【1080】** 证明:曳物线 $\begin{cases}x=a\left(\ln\tan\frac{t}{2}+\cos t\right),\\ y=a\sin t\quad(a>0,\ 0<t<\pi)\end{cases}$ 有长度不变的切线.

**证明思路** 切线长为 $l=\left|\frac{y}{y'_x}\right|\sqrt{1+y'^2_x}$,而

$$y'_x=\frac{a\cos t}{a\left(\frac{1}{\sin t}-\sin t\right)}=\frac{\sin t}{\cos t}.$$

代入,经计算得 $l=|a|$,它是常量,从而命题获证.

**证** 切线长$=\left|\frac{y}{y'_x}\right|\sqrt{1+y'^2_x}$,而$\frac{\mathrm{d}y}{\mathrm{d}x}=\frac{a\cos t}{a\left(\frac{1}{\sin t}-\sin t\right)}=\frac{\sin t}{\cos t}$,

所以,

$$\left|\frac{y}{y'_x}\right|\sqrt{1+y'^2_x}=\left|\frac{a\sin t}{\frac{\sin t}{\cos t}}\right|\sqrt{1+\frac{\sin^2 t}{\cos^2 t}}=|a|\,|\cos t|\cdot\frac{1}{|\cos t|}=|a|,$$

这是一个常量,故曳物线有长度不变的切线.

**写出下列曲线在指定点的切线与法线方程:**

**【1081】** $\frac{x^2}{100}+\frac{y^2}{64}=1,\quad M(6,\ 6.4).$

**解** 由于 $y'=-\frac{64x}{100y}=-\frac{16x}{25y}$,从而,点 $M$ 处的导数为 $y'\big|_M=-\frac{16\times6}{25\times6.4}=-\frac{3}{5}$,此即曲线在 $M$ 点的切线的斜率.

所以,切线方程为 $y-6.4=-\frac{3}{5}(x-6)$, 即 $3x+5y-50=0$;

法线方程为 $y-6.4=\frac{5}{3}(x-6)$, 即 $5x-3y-10.8=0$.

【1082】 $xy+\ln y=1$，$M(1,1)$.

**解** 先求 $y'$. 由于 $xy'+y+\frac{y'}{y}=0$,从而,

$$y'=-\frac{y^2}{xy+1},\quad y'\Big|_{\substack{x=1\\y=1}}=-\frac{1}{2},$$

故切线方程为 $y-1=-\frac{1}{2}(x-1)$，即 $x+2y-3=0$;法线方程为 $y-1=2(x-1)$，即 $2x-y-1=0$.

## §4. 函数的微分

1° **函数的微分** 若自变量为 $x$ 的函数 $y=f(x)$之增量可表为以下形式:

$$\Delta y=A(x)\mathrm{d}x+o(\mathrm{d}x),$$

其中 $\mathrm{d}x=\Delta x$,则此增量的线性部分称为函数 $y$ 的微分:

$$\mathrm{d}y=A(x)\mathrm{d}x.$$

函数 $y=f(x)$的微分存在的充分必要条件为存在有限的导数$y'=f'(x)$,这时我们有

$$\mathrm{d}y=y'\mathrm{d}x. \tag{1}$$

若自变量 $x$ 为另一自变量的函数,公式(1)于这种情形下仍然有效(一阶微分的不变性).

2° **函数的微小增量的估计** 为了计算可微函数 $f(x)$的微小增量,可利用公式

$$f(x+\Delta x)-f(x)\approx f'(x)\Delta x,$$

若 $f'(x)\neq0$,则当$|\Delta x|$充分小时,它的相对误差可以任意地小.

例如,若自变量 $x$ 的绝对误差等于$|\Delta x|$,则函数 $y=f(x)$的绝对误差$|\Delta y|$和相对误差$\delta y$ 可用下列公式近似地表示出来:

$$|\Delta y|=|f'(x)\Delta x|$$

及

$$\delta y=|[\ln f(x)]'\Delta x|=\left|\frac{f'(x)}{f(x)}\Delta x\right|.$$

【1083】 设: (1) $\Delta x=1$; (2) $\Delta x=0.1$; (3) $\Delta x=0.01$.

对于函数 $f(x)=x^3-2x+1$,求:(1)$\Delta f(1)$; (2)$\mathrm{d}f(1)$,并比较它们.

**解** $\Delta f=f(1+\Delta x)-f(1)=(1+\Delta x)^3-2(1+\Delta x)+1-(1-2+1)=\Delta x+3(\Delta x)^2+(\Delta x)^3$,

$\mathrm{d}f(1)=f'(1)\Delta x=(3x^2-2)|_{x=1}\cdot\Delta x=\Delta x$,

将所求值列表如下:

| | | $\Delta f(1)$ | $\mathrm{d}f(1)$ |
|---|---|---|---|
| $\Delta x$ | | $\Delta x+3(\Delta x)^2+(\Delta x)^3$ | $\Delta x$ |
| (1) | $\Delta x=1$ | 5 | 1 |
| (2) | $\Delta x=0.1$ | 0.131 | 0.1 |
| (3) | $\Delta x=0.01$ | 0.010301 | 0.01 |

从上表可以看出,当 $\Delta x$ 值愈小时,$\Delta f(1)$与 $\mathrm{d}f(1)$之差就愈小.

【1084】 设运动方程由公式

$$x=5t^2,$$

给出,其中 $t$ 以 s 来度量,$x$ 以 m 来度量. 若(1)$\Delta t=1$s,(2)$\Delta t=0.1$s,(3)$\Delta t=0.001$s,对于 $t=2$s 的时刻,求路线的增量 $\Delta x$ 及路线的微分 $\mathrm{d}x$,并作比较.

**解** $\Delta x=5(2+\Delta t)^2-5\cdot2^2=20\Delta t+5(\Delta t)^2$,

$$dx=x'_t\Big|_{t=2}\cdot\Delta t=10t\Big|_{t=2}\cdot\Delta t=20\Delta t,$$

(1) 当 $\Delta t=1\text{s}$ 时，$\Delta x=25\text{m}$，$dx=20\text{m}$；

(2) 当 $\Delta t=0.1\text{s}$ 时，$\Delta x=2.05\text{m}$，$dx=2\text{m}$；

(3) 当 $\Delta t=0.001\text{s}$ 时，$\Delta x=0.020005\text{m}$，$dx=0.02\text{m}$.

由上可以看出，当 $\Delta t$ 愈小时，$\Delta x-dx$ 就愈小.

**求下列函数 $y$ 的微分：**

**【1085】** $y=\dfrac{1}{x}$.

解 $y'=-\dfrac{1}{x^2}$，  $dy=-\dfrac{1}{x^2}dx$  $(x\neq 0)$.

**【1086】** $y=\dfrac{1}{a}\arctan\dfrac{x}{a}$  $(a\neq 0)$.

解 $y'=\dfrac{1}{a}\cdot\dfrac{1}{a}\cdot\dfrac{1}{1+\dfrac{x^2}{a^2}}=\dfrac{1}{a^2+x^2}$，  $dy=\dfrac{dx}{a^2+x^2}$.

**【1087】** $y=\dfrac{1}{2a}\ln\left|\dfrac{x-a}{x+a}\right|$.

解 $y'=\dfrac{1}{2a}\left(\dfrac{1}{x-a}-\dfrac{1}{x+a}\right)=\dfrac{1}{x^2-a^2}$，

$dy=\dfrac{dx}{x^2-a^2}$  $(|x|\neq|a|)$.

**【1088】** $y=\ln\left|x+\sqrt{x^2+a}\right|$.

解 $y'=\dfrac{1}{\sqrt{x^2+a}}$，  $dy=\dfrac{dx}{\sqrt{x^2+a}}$.

**【1089】** $y=\arcsin\dfrac{x}{a}$  $(a\neq 0)$.

解 $y'=\dfrac{|a|}{\sqrt{a^2-x^2}}\cdot\dfrac{1}{a}=\dfrac{\operatorname{sgn}a}{\sqrt{a^2-x^2}}$，

$dy=\dfrac{\operatorname{sgn}a}{\sqrt{a^2-x^2}}dx$  $(|x|<|a|)$.

**【1090】** 求：

(1) $d(xe^x)$；  (2) $d(\sin x-x\cos x)$；  (3) $d\left(\dfrac{1}{x^3}\right)$；

(4) $d\left(\dfrac{\ln x}{\sqrt{x}}\right)$；  (5) $d(\sqrt{a^2+x^2})$；  (6) $d\left(\dfrac{x}{\sqrt{1-x^2}}\right)$；

(7) $d\ln(1-x^2)$；  (8) $d\left(\arccos\dfrac{1}{|x|}\right)$；  (9) $d\left[\dfrac{\sin x}{2\cos^2 x}+\dfrac{1}{2}\ln\left|\tan\left(\dfrac{x}{2}+\dfrac{\pi}{4}\right)\right|\right]$.

解 (1) $d(xe^x)=(xe^x)'dx=e^x(x+1)dx$；

(2) $d(\sin x-x\cos x)=(\sin x-x\cos x)'dx=x\sin x dx$；

(3) $d\left(\dfrac{1}{x^3}\right)=-\dfrac{3}{x^4}dx$  $(x\neq 0)$；

(4) $d\left(\dfrac{\ln x}{\sqrt{x}}\right)=\dfrac{\dfrac{1}{x}\sqrt{x}-\dfrac{1}{2\sqrt{x}}\ln x}{x}dx=\dfrac{2-\ln x}{2x\sqrt{x}}dx$  $(x>0)$；

(5) $d(\sqrt{a^2+x^2})=\dfrac{x dx}{\sqrt{a^2+x^2}}$；

(6) $d\left(\dfrac{x}{\sqrt{1-x^2}}\right)=\dfrac{\sqrt{1-x^2}+\dfrac{x^2}{\sqrt{1-x^2}}}{1-x^2}dx=\dfrac{dx}{(1-x^2)^{\frac{3}{2}}}\quad(|x|<1)$;

(7) $d\ln(1-x^2)=-\dfrac{2xdx}{1-x^2}\quad(|x|<1)$;

(8) $d\left(\arccos\dfrac{1}{|x|}\right)=-\dfrac{1}{\sqrt{1-\dfrac{1}{x^2}}}\left(-\dfrac{1}{x^2}\right)\cdot\dfrac{|x|}{x}dx=\dfrac{dx}{x\sqrt{x^2-1}}\quad(|x|>1)$;

(9) $d\left[\dfrac{\sin x}{2\cos^2x}+\dfrac{1}{2}\ln\left|\tan\left(\dfrac{x}{2}+\dfrac{\pi}{4}\right)\right|\right]=\left[\dfrac{\cos^3x+2\sin^2x\cos x}{2\cos^4x}+\dfrac{1}{2\cos x}\right]dx=\dfrac{dx}{\cos^3x}$

$\left(x\neq\dfrac{\pi}{2}+k\pi,\ k\text{ 为整数}\right)$.

**设 $u,v,w$ 为 $x$ 的可微函数,求下列函数 $y$ 的微分:**

**【1091】** $y=uvw$.

解 $dy=vwdu+uwdv+uvdw$.

**【1092】** $y=\dfrac{u}{v^2}$.

解 $dy=\dfrac{v^2du-2uvdv}{v^4}=\dfrac{vdu-2udv}{v^3}\quad(v\neq0)$.

**【1093】** $y=\dfrac{1}{\sqrt{u^2+v^2}}$.

解 $dy=-\dfrac{1}{2(u^2+v^2)^{\frac{3}{2}}}(2udu+2vdv)=-\dfrac{udu+vdv}{(u^2+v^2)^{\frac{3}{2}}}\quad(u^2+v^2>0)$.

**【1094】** $y=\arctan\dfrac{u}{v}$.

解 $dy=\dfrac{1}{1+\dfrac{u^2}{v^2}}\cdot\dfrac{vdu-udv}{v^2}=\dfrac{vdu-udv}{u^2+v^2}\quad(u^2+v^2>0,\ v\neq0)$.

**【1095】** $y=\ln\sqrt{u^2+v^2}$.

解 $dy=\dfrac{2udu+2vdv}{2(u^2+v^2)}=\dfrac{udu+vdv}{u^2+v^2}\quad(u^2+v^2>0)$.

**【1096】** 求: (1) $\dfrac{d}{dx^3}(x^3-2x^6-x^9)$; (2) $\dfrac{d}{dx^2}\left(\dfrac{\sin x}{x}\right)^{+}$; (3) $\dfrac{d(\sin x)}{d(\cos x)}$;

(4) $\dfrac{d(\tan x)}{d(\cot x)}$; (5) $\dfrac{d(\arcsin x)}{d(\arccos x)}$.

提示 (2) 由于$\dfrac{\sin x}{x}$为偶函数,故不妨设 $x>0$,从而有

$$\frac{d}{dx^2}\left(\frac{\sin x}{x}\right)=\frac{d}{dx^2}\left(\frac{\sin\sqrt{x^2}}{\sqrt{x^2}}\right).$$

解 (1) $\dfrac{d}{dx^3}(x^3-2x^6-x^9)=\dfrac{d}{dx^3}[x^3-2(x^3)^2-(x^3)^3]=1-4x^3-3x^6$;

(2) 由于$\dfrac{\sin x}{x}$为偶函数,故不妨设 $x>0$,则

$$\frac{d}{dx^2}\left(\frac{\sin x}{x}\right)=\frac{d}{dx^2}\left(\frac{\sin\sqrt{x^2}}{\sqrt{x^2}}\right)=\frac{\dfrac{1}{2}\cos x-\dfrac{1}{2x}\sin x}{x^2}=\frac{x\cos x-\sin x}{2x^3},$$

显然,上述结果对于也 $x<0$ 是正确的($x\neq0$).

(3) $\dfrac{d(\sin x)}{d(\cos x)}=\dfrac{\cos xdx}{-\sin xdx}=-\cot x\quad(x\neq k\pi,\ k\text{ 为整数})$;

(4) $\dfrac{\mathrm{d}(\tan x)}{\mathrm{d}(\cot x)}=\dfrac{\mathrm{d}}{\mathrm{d}(\cot x)}\left(\dfrac{1}{\cot x}\right)=-\dfrac{1}{\cot^2 x}=-\tan^2 x\quad\left(x\neq k\pi+\dfrac{\pi}{2},\ k\text{ 为整数}\right)$;

(5) $\dfrac{\mathrm{d}(\arcsin x)}{\mathrm{d}(\arccos x)}=\dfrac{\dfrac{1}{\sqrt{1-x^2}}\mathrm{d}x}{-\dfrac{1}{\sqrt{1-x^2}}\mathrm{d}x}=-1\quad(|x|<1)$.

**【1097】** 有半径为 $R=100\mathrm{cm}$ 及圆心角 $\alpha=60°$ 的扇形. 若(1)其半径 $R$ 增加 1cm; (2)角 $\alpha$ 减小 $30'$,则扇形面积的变化如何? 求出精确的和近似的解.

**解** 扇形面积 $A=\dfrac{1}{2}R^2\alpha$,其增量

$$\Delta A=\frac{\alpha}{2}[(R+\Delta R)^2-R^2]=\alpha R\Delta R+\frac{1}{2}\alpha(\Delta R)^2,\quad\text{或}\quad \Delta A=\frac{1}{2}R^2\Delta\alpha.$$

扇形面积的微分

$$\mathrm{d}A=R\alpha\mathrm{d}R,\quad\text{或}\quad \mathrm{d}A=\frac{1}{2}R^2\mathrm{d}\alpha.$$

增量是精确的解,微分是近似的解.

(1) 当 $R=100,\alpha=\dfrac{\pi}{3},\Delta R=1$ 时,

$\Delta A=\dfrac{\pi}{6}(200+1)=105.2\mathrm{cm}^2$, $\mathrm{d}A=100\cdot\dfrac{\pi}{3}=104.7\mathrm{cm}^2$(增加).

(2) 当 $\Delta\alpha=-\dfrac{\pi}{360}$时,

$\Delta A=\dfrac{1}{2}\cdot100^2\cdot\left(-\dfrac{\pi}{360}\right)=-43.6\mathrm{cm}^2$, $\mathrm{d}A=\dfrac{1}{2}\cdot100^2\cdot\left(-\dfrac{\pi}{360}\right)=-43.6\mathrm{cm}^2$(减少).

**【1098】** 摆的振动周期(以 s 计算)按下式确定:

$$T=2\pi\sqrt{\frac{l}{g}},$$

其中 $l$ 为摆长以 cm 计,$g=981\mathrm{cm/s^2}$ 为重力加速度.

为了使周期 $T$ 增大 0.05s,对摆长 $l=20\mathrm{cm}$ 的长度需作多少修改?

**解** 周期 $T$ 对摆长 $l$ 的微分

$$\mathrm{d}T=\frac{2\pi}{\sqrt{g}}\cdot\frac{1}{2\sqrt{l}}\mathrm{d}l=\frac{\pi\mathrm{d}l}{\sqrt{lg}}.$$

将 $\mathrm{d}T=0.05,g=981,l=20$ 代入上式,即得

$$\mathrm{d}l=\frac{0.05\times\sqrt{981\times20}}{3.1416}\approx2.23,$$

即摆长增加约 2.23cm.

## 利用函数之微分代替函数的增量,求下列各式之近似值:

**【1099】** $\sqrt[3]{1.02}$.

**解** 设 $f(x)=\sqrt[3]{x}$, $x_0=1$, $\Delta x=0.02$, 则

$$f'(x_0)=\left.\frac{1}{3\sqrt[3]{x^2}}\right|_{x=1}=\frac{1}{3},\quad \mathrm{d}f(x_0)=f'(x_0)\Delta x=0.0066.$$

于是,

$$\sqrt[3]{1.02}=f(x_0+\Delta x)\approx f(x_0)+\mathrm{d}f(x_0)=1+0.0066$$

即 $\sqrt[3]{1.02}\approx1.007$.

**【1100】** $\sin29°$.

**解** 设 $f(x)=\sin x$, $x_0=\dfrac{\pi}{6}$, $\Delta x=-\dfrac{\pi}{180}$, 则 $\sin29°\approx\sin\dfrac{\pi}{6}-\dfrac{\pi}{180}\cos\dfrac{\pi}{6}=0.4849$.

**【1101】** cos151°

**解** 设 $f(x)=\cos x$，$x_0=\frac{5\pi}{6}$，$\Delta x=\frac{\pi}{180}$，则 $\cos151°\approx\cos\frac{5\pi}{6}-\sin\frac{5\pi}{6}\cdot\frac{\pi}{180}=-0.8748$.

**【1102】** arctan1.05.

**解** 设 $f(x)=\arctan x$，$x_0=1$，$\Delta x=0.05$，则

$$\arctan1.05\approx\arctan1+0.05\cdot\frac{1}{2}=0.8104(\text{弪})=46°26'.$$

**【1103】** lg11.

**解** $\lg11=\lg10+\lg1.1=1+\lg1.1$.

设 $f(x)=\lg x$，$x_0=1$，$\Delta x=0.1$，则

$$\lg1.1\approx\lg1+\frac{0.1}{\ln10}=\frac{0.1}{2.3026}=0.0434,$$

于是，$\lg11\approx1.0434$.

**【1104】** 证明近似公式：

$$\sqrt{a^2+x}\approx a+\frac{x}{2a}\quad(a>0),$$

其中 $|x|\ll a$（正数 $A$ 和 $B$ 之间的关系式 $A\ll B$ 表示 $A$ 远小于 $B$）.

利用这个公式近似地计算：(1) $\sqrt{5}$；(2) $\sqrt{34}$；(3) $\sqrt{120}$. 并与平方表中的数值比较.

**证** 设 $f(y)=\sqrt{y}$，$y_0=a^2$，$\Delta y=x$，则

$$\sqrt{y_0+\Delta y}\approx\sqrt{y_0}+\frac{1}{2\sqrt{y_0}}\Delta y\quad(\text{当}|\Delta y|\ll\sqrt{y_0}\text{时}).$$

于是，$\sqrt{a^2+x}\approx a+\frac{x}{2a}$ （当 $|x|\ll a$ 时）.

(1) $\sqrt{5}=\sqrt{2^2+1}\approx2+\frac{1}{4}=2.25$，查表：$\sqrt{5}=2.24$；

(2) $\sqrt{34}=\sqrt{6^2-2}\approx6-\frac{2}{2\cdot6}=5.833$，查表：$\sqrt{34}=5.831$；

(3) $\sqrt{120}=\sqrt{11^2-1}\approx11-\frac{1}{2\cdot11}=10.9546$，查表：$\sqrt{120}=10.9545$.

**【1105】** 证明近似公式：

$$\sqrt[n]{a^n+x}\approx a+\frac{x}{na^{n-1}}\quad(a>0).$$

其中 $|x|\ll a$. 利用此公式近似地计算：

(1) $\sqrt[3]{9}$； (2) $\sqrt[4]{80}$； (3) $\sqrt[7]{100}$； (4) $\sqrt[10]{1000}$.

**证** 设 $f(y)=\sqrt[n]{y}$，$y_0=a^n$，$\Delta y=x$，则

$$\sqrt[n]{a^n+x}\approx\sqrt[n]{a^n}+\frac{x}{n\sqrt[n]{(a^n)^{n-1}}}=a+\frac{x}{na^{n-1}}\quad(\text{当}|x|\ll a\text{时}).$$

(1) $\sqrt[3]{9}=\sqrt[3]{2^3+1}\approx2+\frac{1}{3\cdot2^2}=2.083$，查表：$\sqrt[3]{9}=2.080$；

(2) $\sqrt[4]{80}=\sqrt[4]{3^4-1}\approx3-\frac{1}{4\cdot3^3}=2.9907$，查表：$\sqrt[4]{80}=2.9905$；

(3) $\sqrt[7]{100}=\sqrt[7]{2^7-28}\approx2-\frac{28}{7\cdot2^6}=1.938$，查表：$\sqrt[7]{100}=1.931$；

(4) $\sqrt[10]{1000}=\sqrt[10]{2^{10}-24}\approx2-\frac{24}{10\cdot2^9}=1.9953$，查表：$\sqrt[10]{1000}=1.9953$.

**【1106】** 正方形的边 $x=2.4\text{m}\pm0.05\text{m}$. 由此计算所得正方形的面积的相对误差和绝对误差如何？

**解** 正方形的面积 $A=x^2$. 于是，面积的相对误差为

$$\delta_A=\left|\frac{\Delta A}{A}\right|\approx\left|\frac{2x\Delta x}{x^2}\right|=2\left|\frac{\Delta x}{x}\right|=2\cdot\frac{0.05}{2\cdot 4}=4.2\%;$$

而绝对误差为

$$|\Delta A|=|2.45^2-2.4^2|=0.24\mathrm{m}^2.$$

**【1107】** 为了在 1% 的精度下计算出球的体积，问度量球半径 $R$ 时所允许发生的相对误差如何？

**解** 球的体积 $V=\frac{4}{3}\pi R^3$，从而，

$$\mathrm{d}V=\frac{4}{3}\pi\cdot 3R^2\mathrm{d}R=V\,\frac{3\mathrm{d}R}{R},$$

即体积的相对误差是半径的相对误差的 3 倍：

$$\left|\frac{\mathrm{d}V}{V}\right|=3\left|\frac{\mathrm{d}R}{R}\right|.$$

因而，半径 $R$ 允许发生的相对误差为

$$\delta_R=\frac{1}{3}\delta_V\leqslant\frac{1}{3}\cdot 0.01=0.33\%.$$

**【1108】** 为了确定重力加速度，可以利用摆的振动公式 $g=\frac{4\pi^2 l}{T^2}$，其中 $l$ 为摆长，$T$ 为振动周期. 当测量(1)摆长 $l$，(2)周期 $T$ 时，相对误差 $\delta$ 如何影响 $g$ 的值？

**解** (1) $\delta_g=\left|\frac{\mathrm{d}g}{g}\right|=\left|\frac{\mathrm{d}l}{l}\right|$，于是，$\delta_g=\delta_l$，即 $g$ 的相对误差等于摆长 $l$ 的相对误差.

(2) $\delta_g=\left|\frac{-8\pi^2 l\cdot T^2\mathrm{d}T}{T^3\cdot 4\pi^2 l}\right|=2\left|\frac{\mathrm{d}T}{T}\right|$，于是，$\delta_g=2\delta_T$，即 $g$ 的相对误差是周期 $T$ 的相对误差的 2 倍.

**【1109】** 求数 $x(x>0)$ 的常用对数(以 10 为底)的绝对误差，设此数的相对误差等于 $\delta$.

**解** 设 $f(x)=\ln x$，若数 $\delta$ 很小，则有

$$\ln(1+\delta)\approx\delta.$$

因而，所要求的绝对误差

$$|\lg(x+\Delta x)-\lg x|=\left|\lg\left(1+\frac{\Delta x}{x}\right)\right|=|\lg(1+\delta)|=\frac{1}{\ln 10}\ln(1+\delta)\approx 0.43\delta.$$

**【1110】** 证明：根据正切对数表求得的角度比用具有同样多位小数的正弦对数表求得的角度更为精确.

**证** 正切对数函数的微分

$$\mathrm{d}(\lg\tan\varphi)=\frac{\mathrm{d}\varphi}{\ln 10\cdot\tan\varphi\cos^2\varphi}=\frac{\mathrm{d}\varphi}{\ln 10\cdot\sin\varphi\cos\varphi},$$

于是，

$$|\mathrm{d}\varphi|=\ln 10\cdot|\sin\varphi|\cdot|\cos\varphi|\cdot|\mathrm{d}(\lg\tan\varphi)|;\tag{1}$$

而正弦对数函数的微分

$$\mathrm{d}(\lg\sin\varphi)=\frac{\cos\varphi\mathrm{d}\varphi}{\ln 10\cdot\sin\varphi},$$

于是，

$$|\mathrm{d}\varphi|=\ln 10\cdot|\sin\varphi|\cdot\left|\frac{1}{\cos\varphi}\right|\cdot|\mathrm{d}(\lg\sin\varphi)|.\tag{2}$$

比较(1)式及(2)式的右端，由于假设确定 $\lg\sin\varphi$ 与 $\lg\tan\varphi$ 时，具有同样的误差，而 $\left|\frac{1}{\cos\varphi}\right|\geqslant 1\geqslant|\cos\varphi|$，故由(2)式确定的 $|\mathrm{d}\varphi|$ 不比(1)式的 $|\mathrm{d}\varphi|$ 小. 这就证明了求角度时用正切对数表更为精确.

# §5. 高阶的导数和微分

1° **基本定义** 函数 $y=f(x)$的高阶导数由下列关系式顺次地定义出来(假设对应的运算都有意义!):

$$f^{(n)}(x)=\{f^{(n-1)}(x)\}' \quad (n=2,3,\cdots).$$

若函数 $f(x)$在区间$(a,b)$内有连续的导数 $f^{(n)}(x)$,则简写为:$f(x)\in C^{(n)}(a,b)$. 特别地,若函数 $f(x)$在$(a,b)$上有各阶导数,并且这些导数是连续的,则使用记号:$f(x)\in C^{(\infty)}(a,b)$.

函数 $y=f(x)$的高阶微分是根据下列公式顺次定义的:

$$\mathrm{d}^n y=\mathrm{d}(\mathrm{d}^{n-1}y) \quad (n=2,3,\cdots),$$

其中认为 $\mathrm{d}^1 y=\mathrm{d}y=y'\mathrm{d}x$.

若 $x$ 为自变量,则认为:

$$\mathrm{d}^2x=\mathrm{d}^3x=\cdots=0.$$

这时成立公式

$$\mathrm{d}^n y=y^{(n)}\mathrm{d}x^n \quad 及 \quad y^{(n)}=\frac{\mathrm{d}^n y}{\mathrm{d}x^n}.$$

2° **基本公式** :

Ⅰ. $(a^x)^{(n)}=a^x\ln^n a \quad (a>0)$; $(\mathrm{e}^x)^{(n)}=\mathrm{e}^x$;

Ⅱ. $(\sin x)^{(n)}=\sin\left(x+\frac{n\pi}{2}\right)$;

Ⅲ. $(\cos x)^{(n)}=\cos\left(x+\frac{n\pi}{2}\right)$;

Ⅳ. $(x^m)^{(n)}=m(m-1)\cdots(m-n+1)x^{m-n}$;

Ⅴ. $(\ln x)^{(n)}=\frac{(-1)^{n-1}(n-1)!}{x^n}$.

3° **莱布尼茨公式** 若函数 $u=\varphi(x)$及 $v=\psi(x)$有 $n$ 阶导数($n$ 阶可微),则

$$(uv)^{(n)}=\sum_{i=0}^{n}C_n^i u^{(i)}v^{(n-i)},$$

其中 $u^{(0)}=u$,$v^{(0)}=v$,$C_n^i$ 为由 $n$ 个元素每次取 $i$ 个的组合数.

类似地对于微分 $\mathrm{d}^n(uv)$得:

$$\mathrm{d}^n(uv)=\sum_{i=0}^{n}C_n^i\mathrm{d}^{n-i}u\,\mathrm{d}^i v,$$

其中认为 $\mathrm{d}^0u=u$ 及 $\mathrm{d}^0v=v$.

**求 $y''$,设:**

**【1111】** $y=x\sqrt{1+x^2}$.

**解** $y'=\sqrt{1+x^2}+\frac{x^2}{\sqrt{1+x^2}}=\frac{1+2x^2}{\sqrt{1+x^2}}$,

$$y''=\frac{4x\sqrt{1+x^2}-\frac{x(1+2x^2)}{\sqrt{1+x^2}}}{1+x^2}=\frac{x(3+2x^2)}{(1+x^2)^{\frac{3}{2}}}.$$

**【1112】** $y=\frac{x}{\sqrt{1-x^2}}$.

**解** $y'=\frac{\sqrt{1-x^2}+\frac{x^2}{\sqrt{1-x^2}}}{1-x^2}=\frac{1}{(1-x^2)^{\frac{3}{2}}}$,

$$y''=\frac{3}{2}\cdot 2x\cdot(1-x^2)^{-\frac{5}{2}}=\frac{3x}{(1-x^2)^{\frac{5}{2}}} \quad (|x|<1).$$

【1113】 $y=e^{-x^2}$.

解 $y'=-2xe^{-x^2}$， $y''=2e^{-x^2}(2x^2-1)$.

【1114】 $y=\tan x$.

解 $y'=\frac{1}{\cos^2 x}$， $y''=\frac{2\sin x}{\cos^3 x}$ （$x\neq\frac{2k+1}{2}\pi$，$k$ 为整数）.

【1115】 $y=(1+x^2)\arctan x$.

解 $y'=1+2x\arctan x$， $y''=2\arctan x+\frac{2x}{1+x^2}$.

【1116】 $y=\frac{\arcsin x}{\sqrt{1-x^2}}$.

解 $y'=\frac{1}{1-x^2}+\frac{x\arcsin x}{(1-x^2)^{\frac{3}{2}}}$，

$$y''=\frac{2x}{(1-x^2)^2}+\frac{\left(\frac{x}{\sqrt{1-x^2}}+\arcsin x\right)(1-x^2)^{\frac{3}{2}}+3x^2\sqrt{1-x^2}\arcsin x}{(1-x^2)^3}$$

$$=\frac{3x}{(1-x^2)^2}+\frac{(1+2x^2)\arcsin x}{(1-x^2)^{\frac{5}{2}}}\quad(|x|<1).$$

【1117】 $y=x\ln x$.

解 $y'=1+\ln x$， $y''=\frac{1}{x}$ （$x>0$）.

【1118】 $y=\ln f(x)$.

解 $y'=\frac{f'(x)}{f(x)}$， $y''=\frac{f(x)f''(x)-f'^2(x)}{f^2(x)}$ （$f(x)>0$）.

【1119】 $y=x[\sin(\ln x)+\cos(\ln x)]$.

解 $y'=\sin(\ln x)+\cos(\ln x)+x\cdot\frac{1}{x}[\cos(\ln x)-\sin(\ln x)]=2\cos(\ln x)$，

$$y''=-\frac{2\sin(\ln x)}{x}\quad(x>0).$$

【1120】 设 $y=e^{\sin x}\cos(\sin x)$，求 $y(0)$，$y'(0)$ 及 $y''(0)$.

解 $y(0)=1$.

又 $y'=e^{\sin x}[\cos x\cos(\sin x)-\cos x\sin(\sin x)]$. 于是，$y'(0)=e^0(1-0)=1$.

而 
$$y''=e^{\sin x}[\cos^2 x\cos(\sin x)-\cos^2 x\sin(\sin x)-\sin x\cos(\sin x)-\cos^2 x\sin(\sin x)+\sin x\sin(\sin x)-\cos^2 x\cos(\sin x)]$$
$$=e^{\sin x}\{-2\cos^2 x\sin(\sin x)+\sin x[\sin(\sin x)-\cos(\sin x)]\}，$$

于是， $y''(0)=e^0(0+0)=0$.

**设 $u=\varphi(x)$ 及 $v=\psi(x)$ 为二阶可微函数，求 $y''$，设：**

【1121】 $y=u^2$.

解 $y'=2uu'$， $y''=2u'^2+2uu''=2(u'^2+uu'')$.

【1122】 $y=\ln\frac{u}{v}$.

解 $y'=\frac{u'}{u}-\frac{v'}{v}$， $y''=\frac{uu''-u'^2}{u^2}-\frac{vv''-v'^2}{v^2}$ （$uv>0$）

【1123】 $y=\sqrt{u^2+v^2}$.

解 $y'=\frac{uu'+vv'}{\sqrt{u^2+v^2}}$，

$$y''=\frac{(uu''+u'^2+vv''+v'^2)\sqrt{u^2+v^2}-\frac{(uu'+vv')^2}{\sqrt{u^2+v^2}}}{u^2+v^2}=\frac{(u^2+v^2)(uu''+vv'')+(u'v-v'u)^2}{(u^2+v^2)^{\frac{3}{2}}}$$

$(u^2+v^2>0)$.

【1124】 $y=u^v \quad (u>0)$.

解 $y'=u^v\left(v'\ln u+\frac{vu'}{u}\right)$,

$$y''=u^v\left(v'\ln u+\frac{vu'}{u}\right)^2+u^v\left[v''\ln u+\frac{u'v'}{u}+\frac{(u'v'+vu'')u-vu'^2}{u^2}\right]$$

$$=u^v\left[\left(v'\ln u+\frac{u'}{u}v\right)^2+v''\ln u+\frac{2u'v'}{u}+\frac{v}{u^2}(uu''-u'^2)\right].$$

**设 $f(x)$ 为三阶可微函数,求 $y''$ 及 $y'''$,设:**

【1125】 $y=f(x^2)$.

解 $y'=2xf'(x^2)$,

$y''=2f'(x^2)+4x^2f''(x^2)$,

$y'''=4xf''(x^2)+8xf''(x^2)+8x^3f'''(x^2)=12xf''(x^2)+8x^3f'''(x^2)$.

【1126】 $y=f\left(\frac{1}{x}\right)$.

解 $y'=-\frac{1}{x^2}f'\left(\frac{1}{x}\right)$,

$$y''=\frac{2}{x^3}f'\left(\frac{1}{x}\right)+\frac{1}{x^4}f''\left(\frac{1}{x}\right),$$

$$y'''=-\frac{6}{x^4}f'\left(\frac{1}{x}\right)-\frac{2}{x^5}f''\left(\frac{1}{x}\right)-\frac{4}{x^5}f''\left(\frac{1}{x}\right)-\frac{1}{x^6}f'''\left(\frac{1}{x}\right)$$

$$=-\frac{1}{x^6}f'''\left(\frac{1}{x}\right)-\frac{6}{x^5}f''\left(\frac{1}{x}\right)-\frac{6}{x^4}f'\left(\frac{1}{x}\right)\quad(x\neq0).$$

【1127】 $y=f(e^x)$.

解 $y'=e^xf'(e^x)$,

$y''=e^{2x}f''(e^x)+e^xf'(e^x)$,

$y'''=e^{3x}f'''(e^x)+3e^{2x}f''(e^x)+e^xf'(e^x)$.

【1128】 $y=f(\ln x)$.

解 $y'=\frac{1}{x}f'(\ln x)$,

$$y''=-\frac{1}{x^2}f'(\ln x)+\frac{1}{x^2}f''(\ln x)=\frac{1}{x^2}[f''(\ln x)-f'(\ln x)],$$

$$y'''=-\frac{2}{x^3}[f''(\ln x)-f'(\ln x)]+\frac{1}{x^3}[f'''(\ln x)-f''(\ln x)]=\frac{1}{x^3}[f'''(\ln x)-3f''(\ln x)+2f'(\ln x)]$$

$(x>0)$.

【1129】 $y=f[\varphi(x)]$,其中 $\varphi(x)$ 是充分多次可微函数.

解 $y'=\varphi'(x)f'[\varphi(x)]$,

$y''=\varphi'^2(x)f''[\varphi(x)]+\varphi''(x)f'[\varphi(x)]$,

$y'''=\varphi'^3(x)f'''[\varphi(x)]+3\varphi'(x)\varphi''(x)f''[\varphi(x)]+\varphi'''(x)f'[\varphi(x)]$.

【1130】 对于以下两种情形:(1) $x$ 为自变量,(2) $x$ 为中间变量,求函数 $y=e^x$ 的 $d^2y$.

解 (1) $dy=e^xdx$, $d^2y=e^xdx^2$;

(2) $dy=e^xdx$, $d^2y=e^xd^2x+e^xdx^2$.

若 $x$ 为自变量,求 $d^2y$,设:

【1131】 $y=\sqrt{1+x^2}$.

解 $dy=\frac{x}{\sqrt{1+x^2}}dx$, $y''=\left(\frac{x}{\sqrt{1+x^2}}\right)'=\frac{1}{(1+x^2)^{\frac{3}{2}}}$,于是,$d^2y=\frac{dx^2}{(1+x^2)^{\frac{3}{2}}}$.

【1132】 $y=\frac{\ln x}{x}$.

解 $y'=\frac{1-\ln x}{x^2}$, $y''=\frac{2\ln x-3}{x^3}$, 于是,$d^2y=\frac{2\ln x-3}{x^3}dx^2$ $(x>0)$.

【1133】 $y=x^x$.

解 $y'=x^x(1+\ln x)$, $y''=x^x\left[(1+\ln x)^2+\frac{1}{x}\right]$,于是,$d^2y=x^x\left[(1+\ln x)^2+\frac{1}{x}\right]dx^2$ $(x>0)$.

令 $u$ 及 $v$ 为变量 $x$ 的二阶可微函数,求 $d^2y$,设:

【1134】 $y=uv$.

解 $dy=udv+vdu$,

$$d^2y=dudv+ud^2v+dvdu+vd^2u=ud^2v+2dudv+vd^2u.$$

【1135】[+] $y=\frac{u}{v}$.

解 $dy=\frac{vdu-udv}{v^2}$,

$$d^2y=\frac{v^2(dvdu+vd^2u-dudv-ud^2v)-2vdv(vdu-udv)}{v^4}=\frac{v(vd^2u-ud^2v)-2dv(vdu-udv)}{v^3}\quad(v\neq0).$$

【1136】 $y=u^mv^n$ ($m$ 及 $n$ 为常数).

解 $dy=mu^{m-1}v^ndu+nu^mv^{n-1}dv$,

$$\begin{aligned}d^2y&=m(m-1)u^{m-2}v^ndu^2+mu^{m-1}(v^nd^2u+nv^{n-1}dudv)+mnu^{m-1}v^{n-1}dudv\\&\quad+n(n-1)u^mv^{n-2}dv^2+nu^mv^{n-1}d^2v\\&=u^{m-2}v^{n-2}\{[m(m-1)v^2du^2+2mnuvdudv+n(n-1)u^2dv^2]+uv(mvd^2u+nud^2v)\}.\end{aligned}$$

【1137】 $y=a^u$ $(a>0)$.

解 $dy=a^u\ln a\,du$,

$$d^2y=a^u\ln^2a\cdot du^2+a^u\ln a\cdot d^2u=a^u\ln a(\ln a\cdot du^2+d^2u)\quad(a>0).$$

【1138】 $y=\ln\sqrt{u^2+v^2}$.

解 $dy=\frac{udu+vdv}{u^2+v^2}$,

$$\begin{aligned}d^2y&=\frac{(u^2+v^2)(du^2+ud^2u+dv^2+vd^2v)-2(udu+vdv)^2}{(u^2+v^2)^2}\\&=\frac{(v^2-u^2)du^2-4uvdudv+(u^2-v^2)dv^2+(u^2+v^2)(ud^2u+vd^2v)}{(u^2+v^2)^2}\quad(u^2+v^2>0).\end{aligned}$$

【1139】 $y=\arctan\frac{u}{v}$.

解 $dy=\frac{vdu-udv}{u^2+v^2}$,

$$\begin{aligned}d^2y&=\frac{(u^2+v^2)(vd^2u-ud^2v)-2(udu+vdv)(vdu-udv)}{(u^2+v^2)^2}\\&=\frac{(u^2+v^2)(vd^2u-ud^2v)+2uv(dv^2-du^2)+2(u^2-v^2)dudv}{(u^2+v^2)^2}\quad(v\neq0).\end{aligned}$$

求以参数形式给出的函数 $y=y(x)$ 的导数 $y'_x, y''_{x^2}, y'''_{x^3}$，设：

【1140】 $x=2t-t^2$，　$y=3t-t^3$.

解 $$y'_x=\frac{\frac{dy}{dt}}{\frac{dx}{dt}}=\frac{3-3t^2}{2-2t}=\frac{3}{2}(t+1),$$

$$y''_{x^2}=\frac{\frac{dy'_x}{dt}}{\frac{dx}{dt}}=\frac{\frac{3}{2}}{2-2t}=\frac{3}{4(1-t)},$$

$$y'''_{x^3}=\frac{\frac{dy''_{x^2}}{dt}}{\frac{dx}{dt}}=\frac{\frac{3}{4(1-t)^2}}{2-2t}=\frac{3}{8(1-t)^3}\quad (t\neq 1).$$

【1141】 $x=a\cos t$，　$y=a\sin t$.

解 $$y'_x=\frac{a\cos t}{-a\sin t}=-\cot t,$$

$$y''_{x^2}=\frac{\frac{1}{\sin^2 t}}{-a\sin t}=-\frac{1}{a\sin^3 t},$$

$$y'''_{x^3}=\frac{\frac{3\cos t}{a\sin^4 t}}{-a\sin t}=-\frac{3\cos t}{a^2\sin^5 t}\quad (t\neq k\pi,\ k\text{ 为整数}).$$

【1142】 $x=a(t-\sin t)$，　$y=a(1-\cos t)$.

解 $$y'_x=\frac{a\sin t}{a(1-\cos t)}=\cot\frac{t}{2},$$

$$y''_{x^2}=\frac{-\frac{1}{2\sin^2\frac{t}{2}}}{a(1-\cos t)}=-\frac{1}{4a\sin^4\frac{t}{2}},$$

$$y'''_{x^3}=\frac{\frac{\cos\frac{t}{2}}{2a\sin^5\frac{t}{2}}}{a(1-\cos t)}=\frac{\cos\frac{t}{2}}{4a^2\sin^7\frac{t}{2}}\quad (t\neq 2k\pi,\ k\text{ 为整数}).$$

【1143】 $x=e^t\cos t$，　$y=e^t\sin t$.

解 $$y'_x=\frac{e^t(\sin t+\cos t)}{e^t(\cos t-\sin t)}=\frac{\sin\left(\frac{\pi}{4}+t\right)}{\cos\left(\frac{\pi}{4}+t\right)}=\tan\left(\frac{\pi}{4}+t\right),$$

$$y''_{x^2}=\frac{\frac{1}{\cos^2\left(\frac{\pi}{4}+t\right)}}{e^t(\cos t-\sin t)}=\frac{e^{-t}}{\sqrt{2}\cos^3\left(\frac{\pi}{4}+t\right)},$$

$$y'''_{x^3}=\frac{\frac{1}{\sqrt{2}}e^{-t}\left[-\cos^{-3}\left(\frac{\pi}{4}+t\right)+3\cos^{-4}\left(\frac{\pi}{4}+t\right)\sin\left(\frac{\pi}{4}+t\right)\right]}{e^t(\cos t-\sin t)}=\frac{e^{-2t}(2\sin t+\cos t)}{\sqrt{2}\cos^5\left(\frac{\pi}{4}+t\right)}$$

$$\left(t\neq\frac{\pi}{4}+k\pi,\ k\text{ 为整数}\right).$$

【1144】 $x=f'(t)$，$y=tf'(t)-f(t)$.

解 $y'_x=\dfrac{tf''(t)}{f''(t)}=t$,

$$y''_{x^2}=\frac{1}{f''(t)},$$

$$y'''_{x^3}=-\frac{\dfrac{f'''(t)}{[f''(t)]^2}}{f''(t)}=-\frac{f'''(t)}{[f''(t)]^3}\quad (f''(t)\neq 0).$$

【1145】 设函数 $y=f(x)$ 充分多次可微. 求反函数 $x=f^{-1}(y)$ 的导数 $x',x'',x''',x^{(4)}$（设这些导数都存在）.

解 $x'=\dfrac{1}{y'}$,

$$x''=-\frac{1}{y'^2}\frac{dy'}{dy}=-\frac{1}{y'^2}\frac{dy'}{dx}\cdot\frac{dx}{dy}=-\frac{y''}{y'^3},$$

$$x'''=-\frac{y'''\cdot\dfrac{1}{y'}y'^3-3y'^2\cdot y''\cdot\dfrac{1}{y'}\cdot y''}{y'^6}=-\frac{y'y'''-3y''^2}{y'^5},$$

$$x^{(4)}=-\frac{y'^5\left(\dfrac{y''}{y'}y'''+y^{(4)}-6y''y'''\cdot\dfrac{1}{y'}\right)}{y'^{10}}-\frac{-5y'^4\cdot y''\cdot\dfrac{1}{y'}(y'y'''-3y''^2)}{y'^{10}}$$

$$=-\frac{y'^2y^{(4)}-10y'y''y'''+15y''^3}{y'^7}\quad (y'\neq 0).$$

**求由下列隐函数给出的 $y=y(x)$ 的 $y'_x$，$y''_{x^2}$ 及 $y'''_{x^3}$：**

【1146】 $x^2+y^2=25$. 在点 $M(3,4)$ 的 $y',y''$ 及 $y'''$ 等于什么?

解 $y'=-\dfrac{x}{y}$,

$$y''=-\frac{y-xy'}{y^2}=-\frac{y+\dfrac{x^2}{y}}{y^2}=-\frac{x^2+y^2}{y^3}=-\frac{25}{y^3},$$

$$y'''=\frac{75y'}{y^4}=-\frac{75x}{y^5},$$

在 $M(3,4)$ 点，得 $y'=-\dfrac{3}{4}$，　$y''=-\dfrac{25}{64}$，　$y'''=-\dfrac{225}{1024}$.

【1147】 $y^2=2px$.

解 $y'=\dfrac{p}{y}$，　$y''=-\dfrac{p}{y^2}y'=-\dfrac{p^2}{y^3}$，　$y'''=\dfrac{3p^2}{y^4}y'=\dfrac{3p^3}{y^5}$　$(y\neq 0)$.

【1148】 $x^2-xy+y^2=1$.

解 对 $x$ 求导，得

$$2x-y-xy'+2yy'=0, \tag{1}$$

$$y'=\frac{2x-y}{x-2y}. \tag{2}$$

将(1)式两端再对 $x$ 求导，得

$$2-2y'-xy''+2y'^2+2yy''=0, \tag{3}$$

将(2)式所得 $y'$ 代入(3)式，得

$$y''=\frac{6}{(x-2y)^3}. \tag{4}$$

将(3)式两端对 $x$ 求导，得

$$-3y''-xy'''+6y'y''+2yy'''=0, \tag{5}$$

将(2)式及(4)式代入(5)式，得 $y'''=\dfrac{54x}{(x-2y)^5}\quad(x\neq 2y)$.

**求 $y'_x$ 及 $y''_{x^2}$，设：**

**【1149】** $y^2+2\ln y=x^4$.

**解** 对 $x$ 求导，得

$$2yy'+\frac{2y'}{y}=4x^3, \tag{1}$$

再对 $x$ 求导，得

$$2y'^2+2yy''+\frac{2y''}{y}-\frac{2y'^2}{y^2}=12x^2. \tag{2}$$

由(1)式及(2)式得

$$y'=\frac{2x^3y}{1+y^2},\quad y''=\frac{2x^2y}{(1+y^2)^3}[3(1+y^2)^2+2x^4(1-y^2)].$$

**【1150】** $\sqrt{x^2+y^2}=ae^{\arctan\frac{y}{x}}\quad(a>0)$.

**解** 取对数得

$$\frac{1}{2}\ln(x^2+y^2)=\ln a+\arctan\frac{y}{x},$$

对 $x$ 求导，得

$$\frac{x+yy'}{x^2+y^2}=\frac{xy'-y}{x^2+y^2},$$

于是，

$$y'=\frac{x+y}{x-y}.$$

将上式对 $x$ 求导，得

$$y''=\frac{(1+y')(x-y)-(1-y')(x+y)}{(x-y)^2}=\frac{2xy'-2y}{(x-y)^2}=\frac{2x\cdot\frac{x+y}{x-y}-2y}{(x-y)^2}=\frac{2(x^2+y^2)}{(x-y)^3}\quad(x\neq y,\ x\neq 0).$$

**【1151】** 设函数 $f(x)$ 当 $x\leqslant x_0$ 时有定义且二阶可微. 应当如何选择系数 $a$, $b$ 及 $c$，使函数

$$F(x)=\begin{cases}f(x), & x\leqslant x_0,\\ a(x-x_0)^2+b(x-x_0)+c, & x>x_0\end{cases}$$

是二阶可微函数?

**提示** 注意 $F(x_0-0)=F(x_0+0)=F(x_0)$，$F'_-(x_0)=F'_+(x_0)$ 及 $F''(x_0-0)=F''(x_0+0)$.

**解** 按题设 $F'(x)$ 存在，所以，$F(x)$ 在点 $x_0$ 连续，即

$$\lim_{x\to x_0-0}F(x)=\lim_{x\to x_0+0}F(x)=F(x_0),$$

也即

$$\lim_{x\to x_0-0}f(x)=\lim_{x\to x_0+0}[a(x-x_0)^2+b(x-x_0)+c]=f(x_0).$$

于是，$c=f(x_0)$. 其次，由 $F'(x_0-0)=F'(x_0+0)$ 得

$$f'(x_0)=[2a(x-x_0)+b]\Big|_{x=x_0}=b,$$

再由 $F''(x_0-0)=F''(x_0+0)$ 得 $f''(x_0)=2a$，于是，$a=\dfrac{1}{2}f''(x_0)$.

**【1152】** 质点作直线运动的规律为 $s=10+20t-5t^2$. 求其运动的速度和加速度. 在 $t=2$ 的时刻，速度与加速度等于什么?

**解** 速度 $v=\dfrac{ds}{dt}=20-10t$，$v\Big|_{t=2}=0$；而加速度 $w=\dfrac{d^2s}{dt^2}=-10$，$w\Big|_{t=2}=-10$.

**【1153】** 质点 $M(x,y)$ 沿圆周 $x^2+y^2=a^2$ 匀速运动，运动一周的时间为 $T$. 若质点在时刻 $t=0$ 位于点

$M_0(a,0)$，求质点 $M$ 的速度和加速度在 $Ox$ 轴上的投影 $v$ 和 $w$.

**解** 设点 $M$ 的坐标为$(x,y)$，由于$\angle M_0OM=\frac{2\pi}{T}t$，从而，

$$x=a\cos\frac{2\pi}{T}t.$$

于是，速度和加速度在 $Ox$ 轴上的投影分别为

$$v=\frac{\mathrm{d}x}{\mathrm{d}t}=-\frac{2\pi a}{T}\sin\frac{2\pi}{T}t,\quad w=\frac{\mathrm{d}^2x}{\mathrm{d}t^2}=-\frac{4\pi^2a}{T^2}\cos\frac{2\pi}{T}t.$$

**【1154】** 在重力场中，质点 $M(x,y)$在竖直平面 $Oxy$ 内以初速度 $v_0$ 沿与水平面成 $\alpha$ 角的方向抛出. 建立运动方程(忽略空气阻力)并计算速度 $v$、加速度 $w$ 的大小及运动轨迹. 质点的最大上升高度和射程等于多少?

**解** 若不考虑空气的阻力，则有

$$\begin{cases}x=v_0t\cos\alpha,\\ y=v_0t\sin\alpha-\frac{1}{2}gt^2.\end{cases}$$

此即运动方程. 化为直角坐标方程，得

$$y=x\tan\alpha-\frac{gx^2}{2v_0^2\cos^2\alpha},$$

即轨迹为一抛物线. 速度

$$v=\sqrt{v_x^2+v_y^2}=\sqrt{\left(\frac{\mathrm{d}x}{\mathrm{d}t}\right)^2+\left(\frac{\mathrm{d}y}{\mathrm{d}t}\right)^2}=\sqrt{v_0^2\cos^2\alpha+(v_0\sin\alpha-gt)^2}=\sqrt{v_0^2+g^2t^2-2v_0gt\sin\alpha},$$

而加速度

$$w=\sqrt{w_x^2+w_y^2}=\sqrt{\left(\frac{\mathrm{d}v_x}{\mathrm{d}t}\right)^2+\left(\frac{\mathrm{d}v_y}{\mathrm{d}t}\right)^2}=\sqrt{0+(-g)^2}=g.$$

又$\frac{\mathrm{d}y}{\mathrm{d}x}=\tan\alpha-\frac{gx}{v_0^2\cos^2\alpha}$，在最大高度处，$\frac{\mathrm{d}y}{\mathrm{d}x}=0$. 此时

$$x=\frac{v_0^2\cos^2\alpha\tan\alpha}{g}=\frac{v_0^2\sin\alpha\cos\alpha}{g}.$$

于是，最大上升高度为

$$H_{\max}=\frac{v_0^2\cos\alpha\sin\alpha}{g}\tan\alpha-\frac{g}{2v_0^2\cos^2\alpha}\cdot\frac{v_0^4\sin^2\alpha\cos^2\alpha}{g^2}=\frac{v_0^2\sin^2\alpha}{2g}.$$

上式也可从$\frac{\mathrm{d}y}{\mathrm{d}t}=0$ 解出 $t=\frac{v_0\sin\alpha}{g}$，再以 $t$ 值代入 $y$ 的表达式而得到. 在最大射程处有：$y=0$. 于是，

$$x\tan\alpha-\frac{gx^2}{2v_0^2\cos^2\alpha}=0,\quad 解得\quad x=\frac{v_0^2\sin2\alpha}{g}.$$

从而，最大射程为$\frac{v_0^2\sin2\alpha}{g}$.

**【1155】** 质点的运动方程为

$$x=4\sin\omega t-3\cos\omega t,\quad y=3\sin\omega t+4\cos\omega t\quad (\omega 为常数).$$

求运动轨迹、速度与加速度的大小.

**解** 由于

$$\begin{aligned}x^2+y^2&=16\sin^2\omega t+9\cos^2\omega t-24\sin\omega t\cos\omega t+9\sin^2\omega t+16\cos^2\omega t+24\sin\omega t\cos\omega t\\&=25(\sin^2\omega t+\cos^2\omega t)=25.\end{aligned}$$

所以，运动轨迹为一以原点为中心，5 为半径的圆.

其次，速度与加速度的大小分别为

$$v=\sqrt{v_x^2+v_y^2}=\sqrt{\left(\frac{\mathrm{d}x}{\mathrm{d}t}\right)^2+\left(\frac{\mathrm{d}y}{\mathrm{d}t}\right)^2}$$

$$=\sqrt{(4\omega\cos\omega t+3\omega\sin\omega t)^2+(3\omega\cos\omega t-4\omega\sin\omega t)^2}=5|\omega|,$$

$$w=\sqrt{w_x^2+w_y^2}=\sqrt{\left(\frac{\mathrm{d}v_x}{\mathrm{d}t}\right)^2+\left(\frac{\mathrm{d}v_y}{\mathrm{d}t}\right)^2}=\sqrt{\left(\frac{\mathrm{d}^2x}{\mathrm{d}t^2}\right)^2+\left(\frac{\mathrm{d}^2y}{\mathrm{d}t^2}\right)^2}$$

$$=\sqrt{(-4\omega^2\sin\omega t+3\omega^2\cos\omega t)^2+(-4\omega^2\cos\omega t-3\omega^2\sin\omega t)^2}=5\omega^2.$$

**求下列指定阶的导数：**

**【1156】** $y=x(2x-1)^2(x+3)^3$，求 $y^{(6)}$ 及 $y^{(7)}$.

解 $y$ 是 $x$ 的多项式，最高次数为 6 次，因而，

$$y^{(6)}=1\cdot2^2\cdot1^3\cdot6!=4\cdot6!=2880,$$

$$y^{(7)}=0.$$

**【1157】** $y=\dfrac{a}{x^m}$，求 $y'''$.

解 $y'=-amx^{-m-1}$，

$$y''=am(m+1)x^{-m-2},$$

$$y'''=-am(m+1)(m+2)x^{-m-3}=-\frac{am(m+1)(m+2)}{x^{m+3}}\quad(x\neq0).$$

**【1158】** $y=\sqrt{x}$，求 $y^{(10)}$.

解 $$y^{(10)}=\frac{1}{2}\left(-\frac{1}{2}\right)\left(-\frac{3}{2}\right)\left(-\frac{5}{2}\right)\left(-\frac{7}{2}\right)\left(-\frac{9}{2}\right)\left(-\frac{11}{2}\right)\left(-\frac{13}{2}\right)\left(-\frac{15}{2}\right)\left(-\frac{17}{2}\right)x^{-\frac{19}{2}}$$

$$=-\frac{17!!}{2^{10}x^9\sqrt{x}}\quad(x>0),$$

其中 $17!!=1\cdot3\cdots15\cdot17$.

**【1159】** $y=\dfrac{x^2}{1-x}$，求 $y^{(8)}$.

解 $y=\dfrac{x^2-1+1}{1-x}=-(x+1)+\dfrac{1}{1-x}$，

$$y'=-1+\frac{1}{(1-x)^2},\quad y''=\frac{2}{(1-x)^3},\quad y'''=\frac{2\cdot3}{(1-x)^4},\quad\cdots,\quad y^{(8)}=\frac{8!}{(1-x)^9}\quad(x\neq1).$$

**【1160】** $y=\dfrac{1+x}{\sqrt{1-x}}$，求 $y^{(100)}$.

解 $y=(1+x)(1-x)^{-\frac{1}{2}}$，利用莱布尼茨公式，得

$$y^{(100)}=\sum_{i=0}^{100}C_{100}^i(1+x)^{(i)}[(1-x)^{-\frac{1}{2}}]^{(100-i)}=(1+x)[(1-x)^{-\frac{1}{2}}]^{(100)}+C_{100}^1[(1-x)^{-\frac{1}{2}}]^{(99)}$$

$$=(1+x)\cdot\frac{199!!}{2^{100}}(1-x)^{-\frac{201}{2}}+100\cdot\frac{197!!}{2^{99}}(1-x)^{-\frac{199}{2}}$$

$$=\frac{197!!(399-x)}{2^{100}(1-x)^{100}\sqrt{1-x}}\quad(x<1).$$

**【1161】** $y=x^2e^{2x}$，求 $y^{(20)}$.

解 $y^{(20)}=x^2(e^{2x})^{(20)}+2xC_{20}^1(e^{2x})^{(19)}+2C_{20}^2(e^{2x})^{(18)}=2^{20}e^{2x}(x^2+20x+95)$.

**【1162】** $y=\dfrac{e^x}{x}$，求 $y^{(10)}$

解 $y^{(10)}=\displaystyle\sum_{i=0}^{10}C_{10}^ie^x\left(\frac{1}{x}\right)^{(10-i)}=e^x\sum_{i=0}^{10}(-1)^i\frac{A_{10}^i}{x^{i+1}}$，其中 $A_{10}^i=10\cdot9\cdots(11-i)$ 及 $A_{10}^0=1$.

**【1163】** $y=x\ln x$，求 $y^{(5)}$.

解 $y'=1+\ln x$，$y''=\dfrac{1}{x}$，$\cdots$，$y^{(5)}=-\dfrac{3!}{x^4}$ $(x>0)$.

**【1164】** $y=\dfrac{\ln x}{x}$，求 $y^{(5)}$.

**解** $y'=\dfrac{1-\ln x}{x^2}$,

$$y''=\frac{-\dfrac{1}{x}\cdot x^2-2x(1-\ln x)}{x^4}=-\frac{3-2\ln x}{x^3},$$

$$y'''=-\frac{-\dfrac{2}{x}\cdot x^3-3x^2(3-2\ln x)}{x^6}=\frac{11-6\ln x}{x^4},$$

$$y^{(4)}=\frac{-\dfrac{6}{x}\cdot x^4-4x^3(11-6\ln x)}{x^8}=-\frac{50-24\ln x}{x^5},$$

$$y^{(5)}=-\frac{-\dfrac{24}{x}\cdot x^5-5x^4(50-24\ln x)}{x^{10}}=\frac{274-120\ln x}{x^6}\quad(x>0).$$

**【1165】** $y=x^2\sin 2x$,求 $y^{(50)}$.

**解** 
$$\begin{aligned}y^{(50)}&=x^2(\sin 2x)^{(50)}+C_{50}^1\cdot 2x\cdot(\sin 2x)^{(49)}+2C_{50}^2(\sin 2x)^{(48)}\\&=2^{50}x^2\sin\left(2x+\frac{50}{2}\pi\right)+100x\cdot 2^{49}\sin\left(2x+\frac{49}{2}\pi\right)+\frac{50\cdot 49}{1\cdot 2}\cdot 2^{49}\sin\left(2x+\frac{48}{2}\pi\right)\\&=2^{50}\left(-x^2\sin 2x+50x\cos 2x+\frac{1225}{2}\sin 2x\right).\end{aligned}$$

**【1166】** $y=\dfrac{\cos 3x}{\sqrt[3]{1-3x}}$,求 $y'''$.

**解** 
$$\begin{aligned}y'''&=\cos 3x\left(\frac{1}{\sqrt[3]{1-3x}}\right)'''+C_3^1(\cos 3x)'\left(\frac{1}{\sqrt[3]{1-3x}}\right)''+C_3^2(\cos 3x)''\left(\frac{1}{\sqrt[3]{1-3x}}\right)'\\&\quad+(\cos 3x)'''\cdot\frac{1}{\sqrt[3]{1-3x}}\\&=-\frac{28}{3^3}(-3)^3\cdot\frac{\cos 3x}{(1-3x)^{\frac{10}{3}}}+3(-3\sin 3x)\left(\frac{4}{3^2}\right)(-3)^2\cdot\frac{1}{(1-3x)^{\frac{7}{3}}}\\&\quad+3(-3^2\cos 3x)\left(-\frac{1}{3}\right)(-3)\frac{1}{(1-3x)^{\frac{4}{3}}}+3^3\sin 3x\,\frac{1}{(1-3x)^{\frac{1}{3}}}\\&=\frac{28-27(1-3x)^2}{(1-3x)^{\frac{10}{3}}}\cos 3x+\frac{27(1-3x)^2-36}{(1-3x)^{\frac{7}{3}}}\sin 3x\quad\left(x\neq\frac{1}{3}\right).\end{aligned}$$

**【1167】** $y=\sin x\sin 2x\sin 3x$,求 $y^{(10)}$.

**提示** 利用三角公式易得 $y=\dfrac{1}{4}\sin 4x-\dfrac{1}{4}\sin 6x+\dfrac{1}{4}\sin 2x$.

**解** 利用三角函数和、差与其积的互化公式,将 $y$ 化简得

$$y=\frac{1}{4}\sin 4x-\frac{1}{4}\sin 6x+\frac{1}{4}\sin 2x.$$

于是,

$$\begin{aligned}y^{(10)}&=\frac{1}{4}\cdot 4^{10}\sin\left(4x+\frac{10}{2}\pi\right)-\frac{1}{4}\cdot 6^{10}\sin\left(6x+\frac{10}{2}\pi\right)+\frac{1}{4}\cdot 2^{10}\sin\left(2x+\frac{10}{2}\pi\right)\\&=-2^{18}\sin 4x+2^8\cdot 3^{10}\sin 6x-2^8\sin 2x.\end{aligned}$$

**【1168】** $y=x\operatorname{sh}x$,求 $y^{(100)}$.

**解** $y^{(100)}=x(\operatorname{sh}x)^{(100)}+C_{100}^1(\operatorname{sh}x)^{(99)}=x\operatorname{sh}x+100\operatorname{ch}x$.

**【1169】** $y=e^x\cos x$,求 $y^{(4)}$.

**解** 
$$\begin{aligned}y'&=e^x(\cos x-\sin x),\\y''&=e^x[(\cos x-\sin x)+(-\sin x-\cos x)]=-2e^x\sin x,\\y'''&=-2e^x(\sin x+\cos x),\\y^{(4)}&=-2e^x[(\sin x+\cos x)+(\cos x-\sin x)]=-4e^x\cos x.\end{aligned}$$

【1170】 $y=\sin^2 x\ln x$，求 $y^{(6)}$，

解 $y=\frac{1-\cos2x}{2}\ln x=\frac{1}{2}\ln x-\frac{1}{2}\cos2x\cdot\ln x$.

$$y^{(6)}=\frac{(-1)^5}{2}\cdot\frac{2\cdot3\cdot4\cdot5}{x^6}-\frac{1}{2}(\cos2x\cdot\ln x)^{(6)}$$

$$=-\frac{60}{x^6}+\left(\frac{144}{x^5}-\frac{160}{x^3}+\frac{96}{x}\right)\sin2x+\left(\frac{60}{x^6}-\frac{180}{x^4}+\frac{120}{x^2}+32\ln x\right)\cos2x.$$

在下列各例中,视 $x$ 为自变量,求指定阶的微分.

【1171】 $y=x^5$，求 $d^5y$.

解 $d^5y=5!dx^5=120dx^5$.

【1172】 $y=\frac{1}{\sqrt{x}}$，求 $d^3y$

解 $d^3y=\left(-\frac{1}{2}\right)\left(-\frac{3}{2}\right)\left(-\frac{5}{2}\right)x^{-\frac{7}{2}}dx^3=-\frac{15}{8x^3\sqrt{x}}dx^3\quad(x>0)$.

【1173】 $y=x\cos2x$,求 $d^{10}y$.

解 $d^{10}y=(x\cos2x)^{(10)}dx^{10}=\left[2^{10}x\cos\left(2x+\frac{10\pi}{2}\right)+10\cdot2^9\cos\left(2x+\frac{9}{2}\pi\right)\right]dx^{10}$

$=-1024(x\cos2x+5\sin2x)dx^{10}$.

【1174】 $y=e^x\ln x$，求 $d^4y$.

解 $d^4y=(e^x\ln x)^{(4)}dx^4=e^x\left(\ln x+\frac{4}{x}-\frac{6}{x^2}+\frac{8}{x^3}-\frac{6}{x^4}\right)dx^4$.

【1175】 $y=\cos x\operatorname{ch}x$，求 $d^6y$.

解 $d^6y=(\cos x\operatorname{ch}x)^{(6)}dx^6=8\sin x\operatorname{sh}x dx^6$.

设 $u$ 为 $x$ 的充分多次可微函数,在下列各例中求指定阶的微分.

【1176】 $y=u^2$,求 $d^{10}y$.

解 $d^{10}y=d^{10}(u\cdot u)=\sum_{i=0}^{10}C_{10}^i d^{10-i}u d^i u$

$$=ud^{10}u+10d^9udu+\frac{10\cdot9}{1\cdot2}d^8ud^2u+\frac{10\cdot9\cdot8}{1\cdot2\cdot3}d^7ud^3u+\frac{10\cdot9\cdot8\cdot7}{1\cdot2\cdot3\cdot4}d^6ud^4u$$

$$+\frac{10\cdot9\cdot8\cdot7\cdot6}{1\cdot2\cdot3\cdot4\cdot5}(d^5u)^2+\frac{10\cdot9\cdot8\cdot7}{1\cdot2\cdot3\cdot4}d^4ud^6u$$

$$+\frac{10\cdot9\cdot8}{1\cdot2\cdot3}d^3ud^7u\ \frac{10\cdot9}{1\cdot2}d^2ud^8u+10dud^9u+ud^{10}u$$

$$=2ud^{10}u+20dud^9u+90d^2ud^8u+240d^3ud^7u+420d^4ud^6u+252(d^5u)^2.$$

【1177】 $y=e^u$，求 $d^4y$.

解 $dy=e^udu$，

$d^2y=e^udu^2+e^ud^2u$，

$d^3y=e^u[(du^3+dud^2u)+d(du^2)+d^3u]=e^u(du^3+3dud^2u+d^3u)$，

$d^4y=e^u[(du^4+3du^2d^2u+dud^3u)+d(du^2du)+3d(dud^2u)+d^4u]$

$=e^u(du^4+6du^2d^2u+3d^2u^2+4dud^3u+d^4u)$.

【1178】 $y=\ln u$，求 $d^3y$.

解 $dy=\frac{1}{u}du$，

$d^2y=-\frac{1}{u^2}du^2+\frac{1}{u}d^2u$，

$d^3y=\frac{2}{u^3}du^3-\frac{2}{u^2}dud^2u-\frac{1}{u^2}d^2udu+\frac{1}{u}d^3u=\frac{2}{u^3}du^3-\frac{3}{u^2}dud^2u+\frac{1}{u}d^3u$.

【1179】 视 $x$ 为某个自变量的函数，由函数 $y=f(x)$ 求 $d^2y$，$d^3y$ 及 $d^4y$.

解 $dy=f'(x)dx$，

$d^2y=f''(x)dx^2+f'(x)d^2x$，

$d^3y=f'''(x)dx^3+3f''(x)dxd^2x+f'(x)d^3x$，

$$d^4y=f^{(4)}(x)dx^4+3f'''(x)dx^2d^2x+3f'''(x)dx^2d^2x+3f''(x)[(d^2x)^2+dxd^3x]$$
$$+f''(x)dxd^3x+f'(x)d^4x$$
$$=f^{(4)}(x)dx^4+6f'''(x)dx^2d^2x+4f''(x)dxd^3x+3f''(x)(d^2x)^2+f'(x)d^4x.$$

【1180】 以变量 $x$ 和 $y$ 的逐次微分来表示函数 $y=f(x)$ 的导数 $y''$ 及 $y'''$，但不假定 $x$ 为自变量.

解 $y'=\dfrac{dy}{dx}$，

$$y''=\frac{d\left(\dfrac{dy}{dx}\right)}{dx}=\frac{dxd^2y-dyd^2x}{dx^3}=\frac{\begin{vmatrix} dx & dy \\ d^2x & d^2y \end{vmatrix}}{dx^3},$$

$$y'''=\frac{d\left(\dfrac{dxd^2y-dyd^2x}{dx^3}\right)}{dx}=\frac{dx\begin{vmatrix} dx & dy \\ d^3x & d^3y \end{vmatrix}-3d^2x\begin{vmatrix} dx & dy \\ d^2x & d^2y \end{vmatrix}}{dx^5}.$$

【1181】 证明：函数 $y=C_1\cos x+C_2\sin x$，其中 $C_1$ 及 $C_2$ 为任意的常数，满足方程 $y''+y=0$.

证 $y'=-C_1\sin x+C_2\cos x$，$y''=-C_1\cos x-C_2\sin x=-y$，所以，$y''+y=0$.

【1182】 证明：函数 $y=C_1\operatorname{ch}x+C_2\operatorname{sh}x$，其中 $C_1$ 及 $C_2$ 为任意的常数，满足方程 $y''-y=0$.

证 $y'=C_1\operatorname{sh}x+C_2\operatorname{ch}x$，$y''=C_1\operatorname{ch}x+C_2\operatorname{sh}x=y$，所以，$y''-y=0$.

【1183】 证明：函数 $y=C_1e^{\lambda_1x}+C_2e^{\lambda_2x}$，其中 $C_1$ 及 $C_2$ 为任意的常数，$\lambda_1$ 及 $\lambda_2$ 为常数，满足方程

$$y''-(\lambda_1+\lambda_2)y'+\lambda_1\lambda_2y=0.$$

证 $y'=C_1\lambda_1e^{\lambda_1x}+C_2\lambda_2e^{\lambda_2x}$，$y''=C_1\lambda_1^2e^{\lambda_1x}+C_2\lambda_2^2e^{\lambda_2x}$，于是，

$$y''-(\lambda_1+\lambda_2)y'+\lambda_1\lambda_2y$$
$$=C_1\lambda_1^2e^{\lambda_1x}+C_2\lambda_2^2e^{\lambda_2x}-C_1\lambda_1^2e^{\lambda_1x}-C_1\lambda_1\lambda_2e^{\lambda_1x}-C_2\lambda_2^2e^{\lambda_2x}-C_2\lambda_1\lambda_2e^{\lambda_2x}+C_1\lambda_1\lambda_2e^{\lambda_1x}+C_2\lambda_1\lambda_2e^{\lambda_2x}=0.$$

【1184】 证明：函数 $y=x^n[C_1\cos(\ln x)+C_2\sin(\ln x)]$，其中 $C_1$ 及 $C_2$ 为任意常数，$n$ 为常数，满足方程

$$x^2y''+(1-2n)xy'+(1+n^2)y=0.$$

证 $y'=nx^{n-1}[C_1\cos(\ln x)+C_2\sin(\ln x)]+x^{n-1}[C_2\cos(\ln x)-C_1\sin(\ln x)]$，

$y''=x^{n-2}\{(n^2-n-1)[C_1\cos(\ln x)+C_2\sin(\ln x)]+(2n-1)[C_2\cos(\ln x)-C_1\sin(\ln x)]\}$，

于是，

$$x^2y''+(1-2n)xy'+(1+n^2)y$$
$$=x^n\{(n^2-n-1)[C_1\cos(\ln x)+C_2\sin(\ln x)]+(2n-1)[C_2\cos(\ln x)-C_1\sin(\ln x)]\}$$
$$+(1-2n)x^n\{n[C_1\cos(\ln x)+C_2\sin(\ln x)]+[C_2\cos(\ln x)-C_1\sin(\ln x)]\}$$
$$+(1+n^2)x^n[C_1\cos(\ln x)+C_2\sin(\ln x)]=0.$$

【1185】 证明：函数

$$y=e^{\frac{x}{\sqrt{2}}}\left(C_1\cos\frac{x}{\sqrt{2}}+C_2\sin\frac{x}{\sqrt{2}}\right)+e^{-\frac{x}{\sqrt{2}}}\left(C_3\cos\frac{x}{\sqrt{2}}+C_4\sin\frac{x}{\sqrt{2}}\right),$$

其中 $C_1$，$C_2$，$C_3$ 及 $C_4$ 为任意常数，满足方程 $y^{(4)}+y=0$.

证 $$y'=e^{\frac{x}{\sqrt{2}}}\left(\frac{C_1}{\sqrt{2}}\cos\frac{x}{\sqrt{2}}+\frac{C_2}{\sqrt{2}}\sin\frac{x}{\sqrt{2}}-\frac{C_1}{\sqrt{2}}\sin\frac{x}{\sqrt{2}}+\frac{C_2}{\sqrt{2}}\cos\frac{x}{\sqrt{2}}\right)$$
$$+e^{-\frac{x}{\sqrt{2}}}\left(-\frac{C_3}{\sqrt{2}}\cos\frac{x}{\sqrt{2}}-\frac{C_4}{\sqrt{2}}\sin\frac{x}{\sqrt{2}}-\frac{C_3}{\sqrt{2}}\sin\frac{x}{\sqrt{2}}+\frac{C_4}{\sqrt{2}}\cos\frac{x}{\sqrt{2}}\right),$$

$$y''=e^{\frac{x}{\sqrt{2}}}\left(\frac{C_1}{2}\cos\frac{x}{\sqrt{2}}+\frac{C_2}{2}\sin\frac{x}{\sqrt{2}}-\frac{C_1}{2}\sin\frac{x}{\sqrt{2}}+\frac{C_2}{2}\cos\frac{x}{\sqrt{2}}-\frac{C_1}{2}\sin\frac{x}{\sqrt{2}}+\frac{C_2}{2}\cos\frac{x}{\sqrt{2}}-\frac{C_1}{2}\cos\frac{x}{\sqrt{2}}-\frac{C_2}{2}\sin\frac{x}{\sqrt{2}}\right)$$

$$+e^{-\frac{x}{\sqrt{2}}}\left(\frac{C_3}{2}\cos\frac{x}{\sqrt{2}}+\frac{C_4}{2}\sin\frac{x}{\sqrt{2}}+\frac{C_3}{2}\sin\frac{x}{\sqrt{2}}-\frac{C_4}{2}\cos\frac{x}{\sqrt{2}}+\frac{C_3}{2}\sin\frac{x}{\sqrt{2}}-\frac{C_4}{2}\cos\frac{x}{\sqrt{2}}-\frac{C_3}{2}\cos\frac{x}{\sqrt{2}}-\frac{C_4}{2}\sin\frac{x}{\sqrt{2}}\right)$$

$$=e^{\frac{x}{\sqrt{2}}}\left(C_2\cos\frac{x}{\sqrt{2}}-C_1\sin\frac{x}{\sqrt{2}}\right)+e^{-\frac{x}{\sqrt{2}}}\left(C_3\sin\frac{x}{\sqrt{2}}-C_4\cos\frac{x}{\sqrt{2}}\right),$$

$$y^{(4)}=(y'')''=e^{\frac{x}{\sqrt{2}}}\left(-C_1\cos\frac{x}{\sqrt{2}}-C_2\sin\frac{x}{\sqrt{2}}\right)+e^{-\frac{x}{\sqrt{2}}}\left(-C_3\cos\frac{x}{\sqrt{2}}-C_4\sin\frac{x}{\sqrt{2}}\right)=-y.$$

于是，$y^{(4)}+y=0$.

**【1186】** 证明：若函数 $f(x)$ 有 $n$ 阶导数，则 $[f(ax+b)]^{(n)}=a^nf^{(n)}(ax+b)$.

**证** 每求一次导数，均要乘以因子 $(ax+b)'=a$，所以，$[f(ax+b)]^{(n)}=a^nf^{(n)}(ax+b)$.

**【1187】** 若 $P(x)=a_0x^n+a_1x^{n-1}+\cdots+a_n$，求 $P^{(n)}(x)$.

**解** $P'(x)=a_0nx^{n-1}+a_1(n-1)x^{n-2}+\cdots+a_{n-1}$，

$P''(x)=a_0n(n-1)x^{n-2}+a_1(n-1)(n-2)x^{n-3}+\cdots+a^{n-2}$，

$\vdots$

$P^{(n)}(x)=n!a_0$.

**求 $y^{(n)}$，设：**

**【1188】** $y=\dfrac{ax+b}{cx+d}$.

**提示** $y'=\dfrac{ad-bc}{(cx+d)^2}$，$y''=-\dfrac{2c(ad-bc)}{(cx+d)^3}$. 利用数学归纳法，可证得

$$y^{(n)}=\frac{(-1)^{n-1}c^{n-1}(ad-bc)n!}{(cx+d)^{n+1}}\quad\left(x\neq-\frac{d}{c},\ c\neq0\right).$$

**解** $y'=\dfrac{a(cx+d)-c(ax+b)}{(cx+d)^2}=\dfrac{ad-bc}{(cx+d)^2}$；

$y''=-\dfrac{2c(ad-bc)}{(cx+d)^3}$；

利用数学归纳法，可证得

$$y^{(n)}=\frac{(-1)^{n-1}c^{n-1}(ad-bc)n!}{(cx+d)^{n+1}}\quad\left(x\neq-\frac{d}{c},\ c\neq0\right).$$

事实上，对于 $n=2$ 等式成立，设对于 $n$ 等式成立，则对于 $n+1$ 有

$$y^{(n+1)}=\frac{-(-1)^{n-1}c^{n-1}(ad-bc)n!(n+1)(cx+d)^n\cdot c}{(cx+d)^{2(n+1)}}=\frac{(-1)^{(n+1)-1}c^{(n+1)-1}(ad-bc)(n+1)!}{(cx+d)^{(n+1)+1}}$$

即对于 $n+1$ 等式也成立，于是得证.

**【1189】** $y=\dfrac{1}{x(1-x)}$.

**解** $y=\dfrac{1}{x}+\dfrac{1}{1-x}$.

$$y^{(n)}=\left(\frac{1}{x}\right)^{(n)}+\left(\frac{1}{1-x}\right)^{(n)}=n!\left[\frac{(-1)^n}{x^{n+1}}+\frac{1}{(1-x)^{n+1}}\right]\quad(x\neq0,\ x\neq1).$$

**【1190】** $y=\dfrac{1}{x^2-3x+2}$.

**提示** $y=\dfrac{1}{x-2}-\dfrac{1}{x-1}$.

**解** $y=\dfrac{1}{(x-2)(x-1)}=\dfrac{1}{x-2}-\dfrac{1}{x-1}$.

$$y^{(n)}=(-1)^nn!\left[\frac{1}{(x-2)^{n+1}}-\frac{1}{(x-1)^{n+1}}\right]\quad(x\neq1,\ x\neq2).$$

**【1191】** $y=\dfrac{1}{\sqrt{1-2x}}$.

解 $y^{(n)}=\left(-\frac{1}{2}\right)\left(-\frac{3}{2}\right)\left(-\frac{5}{2}\right)\cdots\left(-\frac{2n-1}{2}\right)\cdot(-2)^n(1-2x)^{-\frac{2n+1}{2}}=\frac{(2n-1)!!}{(1-2x)^{n+\frac{1}{2}}}\quad\left(x<\frac{1}{2}\right).$

**【1192】** $y=\frac{x}{\sqrt[3]{1+x}}.$

提示 $y=\frac{(x+1)-1}{\sqrt[3]{1+x}}=(1+x)^{\frac{2}{3}}-(1+x)^{-\frac{1}{3}}.$

解 $y=\frac{(x+1)-1}{\sqrt[3]{1+x}}=(1+x)^{\frac{2}{3}}-(1+x)^{-\frac{1}{3}}.$

$$y^{(n)}=\frac{2}{3}\left(-\frac{1}{3}\right)\left(-\frac{4}{3}\right)\cdots\left(-\frac{3n-5}{3}\right)(1+x)^{-\frac{3n-2}{3}}-\left(-\frac{1}{3}\right)\left(-\frac{4}{3}\right)\cdots\left(-\frac{3n-2}{3}\right)(1+x)^{-\frac{3n+1}{3}}$$

$$=\frac{(-1)^{n+1}\cdot 1\cdot 4\cdots(3n-5)}{3^n(1+x)^{n+\frac{1}{3}}}[2(1+x)+(3n-2)]$$

$$=\frac{(-1)^{n+1}1\cdot 4\cdot 7\cdots(3n-5)(3n+2x)}{3^n(1+x)^{n+\frac{1}{3}}}\quad(n\geqslant 2;\ x\neq -1).$$

**【1193】** $y=\sin^2 x.$

提示 $y'=\sin 2x$，$y^{(n)}=(y')^{(n-1)}=(\sin 2x)^{(n-1)}.$

解 $y'=2\sin x\cos x=\sin 2x$，

$$y^{(n)}=(y')^{(n-1)}=(\sin 2x)^{(n-1)}=2^{n-1}\sin\left(2x+\frac{n-1}{2}\pi\right)=-2^{n-1}\cos\left(2x+\frac{n}{2}\pi\right).$$

**【1194】** $y=\cos^2 x.$

提示 仿 1193 题的解法.

解 $y'=-2\cos x\sin x=-\sin 2x$，

$$y^{(n)}=-(\sin 2x)^{(n-1)}=-2^{n-1}\sin\left(2x+\frac{n-1}{2}\pi\right)=2^{n-1}\cos\left(2x+\frac{n}{2}\pi\right).$$

**【1195】** $y=\sin^3 x.$

提示 $y=\frac{3}{4}\sin x-\frac{1}{4}\sin 3x.$

解 $y=\sin x\sin^2 x=\frac{1}{2}\sin x(1-\cos 2x)=\frac{1}{2}\sin x-\frac{1}{2}\sin x\cos 2x=\frac{3}{4}\sin x-\frac{1}{4}\sin 3x.$

$$y^{(n)}=\frac{3}{4}\sin\left(x+\frac{n}{2}\pi\right)-\frac{3^n}{4}\sin\left(3x+\frac{n}{2}\pi\right).$$

**【1196】** $y=\cos^3 x.$

提示 $y=\frac{3}{4}\cos x+\frac{1}{4}\cos 3x.$

解 $y=\cos x\cos^2 x=\frac{1}{2}\cos x(1+\cos 2x)=\frac{1}{2}\cos x+\frac{1}{2}\cos x\cos 2x=\frac{3}{4}\cos x+\frac{1}{4}\cos 3x.$

$$y^{(n)}=\frac{3}{4}\cos\left(x+\frac{n}{2}\pi\right)+\frac{3^n}{4}\cos\left(3x+\frac{n}{2}\pi\right).$$

**【1197】** $y=\sin ax\sin bx.$

提示 $y=\frac{1}{2}\cos(a-b)x-\frac{1}{2}\cos(a+b)x.$

解 $y=\frac{1}{2}\cos(a-b)x-\frac{1}{2}\cos(a+b)x.$

$$y^{(n)}=\frac{1}{2}(a-b)^n\cos\left[(a-b)x+\frac{n}{2}\pi\right]-\frac{1}{2}(a+b)^n\cos\left[(a+b)x+\frac{n}{2}\pi\right].$$

**【1198】** $y=\cos ax\cos bx.$

提示 仿 1197 题的解法.

解 $y=\frac{1}{2}\cos(a-b)x+\frac{1}{2}\cos(a+b)x.$

$y^{(n)}=\frac{(a-b)^n}{2}\cos\left[(a-b)x+\frac{n}{2}\pi\right]+\frac{1}{2}(a-b)^n\cos\left[(a+b)x+\frac{n}{2}\pi\right].$

**【1199】** $y=\sin ax\cos bx.$

**提示** 仿 1197 题的解法.

**解** $y=\frac{1}{2}\sin(a+b)x+\frac{1}{2}\sin(a-b)x.$

$y^{(n)}=\frac{1}{2}(a+b)^n\sin\left[(a+b)x+\frac{n}{2}\pi\right]+\frac{1}{2}(a-b)^n\sin\left[(a-b)x+\frac{n}{2}\pi\right].$

**【1200】** $y=\sin^2 ax\cos bx.$

**提示** $y=\frac{1}{2}\cos bx-\frac{1}{4}\cos(2a+b)x-\frac{1}{4}\cos(2a-b)x.$

**解** $y=\frac{1}{2}\cos bx(1-\cos 2ax)=\frac{1}{2}\cos bx-\frac{1}{4}\cos(2a+b)x-\frac{1}{4}\cos(2a-b)x.$

$y^{(n)}=\frac{1}{2}b^n\cos\left(bx+\frac{n}{2}\pi\right)-\frac{1}{4}(2a+b)^n\cos\left[(2a+b)x+\frac{n}{2}\pi\right]-\frac{1}{4}(2a-b)^n\cos\left[(2a-b)x+\frac{n}{2}\pi\right].$

**【1201】** $y=\sin^4 x+\cos^4 x.$

**提示** $y=\frac{3}{4}+\frac{1}{4}\cos 4x.$

**解** $y=(\sin^2 x+\cos^2 x)^2-2\sin^2 x\cos^2 x=1-\frac{1}{2}\sin^2 2x=1-\frac{1}{4}(1-\cos 4x)=\frac{3}{4}+\frac{1}{4}\cos 4x.$

$y^{(n)}=4^{n-1}\cos\left(4x+\frac{n}{2}\pi\right).$

**【1202】** $y=x\cos ax.$

**解** $y^{(n)}=x(\cos ax)^{(n)}+n(\cos ax)^{(n-1)}=a^n x\cos\left(ax+\frac{n}{2}\pi\right)+na^{n-1}\cos\left(ax+\frac{n-1}{2}\pi\right)$

$=a^n x\cos\left(ax+\frac{n}{2}\pi\right)+na^{n-1}\sin\left(ax+\frac{n}{2}\pi\right).$

**【1203】** $y=x^2\sin ax.$

**解** $y^{(n)}=a^n x^2\sin\left(ax+\frac{n}{2}\pi\right)+2na^{n-1}x\sin\left(ax+\frac{n-1}{2}\pi\right)+n(n-1)a^{n-2}\sin\left(ax+\frac{n-2}{2}\pi\right)$

$=a^n\left[x^2-\frac{n(n-1)}{a^2}\right]\sin\left(ax+\frac{n}{2}\pi\right)-2na^{n-1}x\cos\left(ax+\frac{n}{2}\pi\right).$

**【1204】** $y=(x^2+2x+2)e^{-x}.$

**解** $y^{(n)}=(-1)^n(x^2+2x+2)e^{-x}+2(-1)^{n-1}(x+1)e^{-x}\cdot n+(-1)^{n-2}n(n-1)e^{-x}$

$=(-1)^n e^{-x}[x^2-2(n-1)x+(n-1)(n-2)].$

**【1205】** $y=\frac{e^x}{x}.$

**解** $y^{(n)}=\sum_{k=0}^{n}C_n^k e^x\left(\frac{1}{x}\right)^{(k)}=e^x\left\{\frac{1}{x}+\sum_{k=1}^{n}(-1)^k\frac{n(n-1)\cdots(n-k+1)}{x^{k+1}}\right\}.$

**【1206】** $y=e^x\cos x.$

**解** $y'=e^x(\cos x-\sin x)=2^{\frac{1}{2}}e^x\cos\left(x+\frac{\pi}{4}\right),$

$y''=2^{\frac{1}{2}}e^x\left[\cos\left(x+\frac{\pi}{4}\right)-\sin\left(x+\frac{\pi}{4}\right)\right]=2^{\frac{2}{2}}e^x\cos\left(x+\frac{2\pi}{4}\right),$

利用数学归纳法可证得 $y^{(n)}=2^{\frac{n}{2}}e^x\cos\left(x+\frac{n\pi}{4}\right).$

**【1207】**$^+$ $y=e^x\sin x.$

**提示** 仿 1206 题的解法

**解** $y'=e^x(\sin x+\cos x)=2^{\frac{1}{2}}e^x\sin\left(x+\frac{\pi}{4}\right),$

$$y''=2^{\frac{1}{2}}e^x\left[\sin\left(x+\frac{\pi}{4}\right)+\cos\left(x+\frac{\pi}{4}\right)\right]=2^{\frac{2}{2}}e^x\sin\left(x+\frac{2\pi}{4}\right),$$

利用数学归纳法可证得 $y^{(n)}=2^{\frac{n}{2}}e^x\sin\left(x+\frac{n\pi}{4}\right)$.

**【1208】** $y=\ln\frac{a+bx}{a-bx}$.

提示 $y'=\frac{b}{a+bx}+\frac{b}{a-bx}$, $y^{(n)}=(y')^{(n-1)}=\left(\frac{b}{a+bx}\right)^{(n-1)}+\left(\frac{b}{a-bx}\right)^{(n-1)}$.

解 $y'=\frac{b}{a+bx}+\frac{b}{a-bx}$,

$$y^{(n)}=\frac{(-1)^{n-1}b^n(n-1)!}{(a+bx)^n}+\frac{b^n(n-1)!}{(a-bx)^n}$$

$$=\frac{(n-1)!b^n}{(a^2-b^2x^2)^n}[(a+bx)^n+(-1)^{n-1}(a-bx)^n]\quad\left(|x|<\left|\frac{a}{b}\right|\right).$$

**【1209】** $y=e^{ax}P(x)$,其中 $P(x)$ 为多项式.

解 $y^{(n)}=e^{ax}[a^nP(x)+C_n^1a^{n-1}P'(x)+\cdots+P^{(n)}(x)]$.

**【1210】** $y=x\,\mathrm{sh}x$.

解 $y^{(n)}=x(\mathrm{sh}x)^{(n)}+n(\mathrm{sh}x)^{(n-1)}$

$$=\frac{x}{2}[e^x-(-1)^ne^{-x}]+\frac{n}{2}[e^x-(-1)^{n-1}e^{-x}]=\frac{1}{2}[(x+n)e^x-(-1)^n(x-n)e^{-x}]$$

$$=\frac{1}{2}[(x+n)(\mathrm{ch}x+\mathrm{sh}x)-(-1)^n(x-n)(\mathrm{ch}x-\mathrm{sh}x)]$$

$$=\frac{1}{2}\{[(x+n)-(-1)^n(x-n)]\mathrm{ch}x+[(x+n)+(-1)^n(x-n)]\mathrm{sh}x\}.$$

**求 $d^ny$,设:**

**【1211】** $y=x^ne^x$.

解 $d^ny=y^{(n)}dx^n=e^x\left[x^n+n^2x^{n-1}+\frac{n^2(n-1)^2}{2!}x^{n-2}+\cdots+n!\right]dx^n$.

**【1212】** $y=\frac{\ln x}{x}$.

解 $d^ny=y^{(n)}dx^n=\left[\left(\frac{1}{x}\right)^{(n)}\ln x+n\cdot\frac{1}{x}\left(\frac{1}{x}\right)^{(n-1)}+C_n^2\left(-\frac{1}{x^2}\right)\left(\frac{1}{x}\right)^{(n-2)}+\cdots+\frac{1}{x}(\ln x)^{(n)}\right]dx^n$

$$=\frac{(-1)^nn!}{x^{n+1}}\left[\ln x-\sum_{k=1}^{n}\frac{1}{k}\right]dx^n\quad(x>0).$$

**【1213】** 证明等式:(1) $[e^{ax}\sin(bx+c)]^{(n)}=e^{ax}(a^2+b^2)^{\frac{n}{2}}\sin(bx+c+n\varphi)$

及 (2) $[e^{ax}\cos(bx+c)]^{(n)}=e^{ax}(a^2+b^2)^{\frac{n}{2}}\cos(bx+c+n\varphi)$,

其中 $\sin\varphi=\frac{b}{\sqrt{a^2+b^2}}$ 及 $\cos\varphi=\frac{a}{\sqrt{a^2+b^2}}$.

**证明思路** (1)注意到

$$[e^{ax}\sin(bx+c)]'=e^{ax}[a\sin(bx+c)+b\cos(bx+c)]$$

$$=\sqrt{a^2+b^2}\,e^{ax}\left[\frac{a}{\sqrt{a^2+b^2}}\sin(bx+c)+\frac{b}{\sqrt{a^2+b^2}}\cos(bx+c)\right]$$

$$=(a^2+b^2)^{\frac{1}{2}}\,e^{ax}\sin(bx+c+\varphi),$$

其中 $\sin\varphi=\frac{b}{\sqrt{a^2+b^2}}$ $\cos\varphi=\frac{a}{\sqrt{a^2+b^2}}$.

同法求得 $[e^{ax}\sin(bx+c)]''=(a^2+b^2)^{\frac{2}{2}}e^{ax}\sin(bx+c+2\varphi)$,利用数学归纳法,命题即可获证.

(2)仿(1)的证法.

**证** (1) $[e^{ax}\sin(bx+c)]'=e^{ax}[a\sin(bx+c)+b\cos(bx+c)]$

$$=\sqrt{a^2+b^2}\,e^{ax}\left[\frac{a}{\sqrt{a^2+b^2}}\sin(bx+c)+\frac{b}{\sqrt{a^2+b^2}}\cos(bx+c)\right]$$

$$=\sqrt{a^2+b^2}\,e^{ax}\sin(bx+c+\varphi),$$

其中 $\sin\varphi=\dfrac{b}{\sqrt{a^2+b^2}}$ 及 $\cos\varphi=\dfrac{a}{\sqrt{a^2+b^2}}$, $[e^{ax}\sin(bx+c)]''=(a^2+b^2)^{\frac{2}{2}}e^{ax}\sin(bx+c+2\varphi)$, …

利用数学归纳法可证得

$$[e^{ax}\sin(bx+c)]^{(n)}=(a^2+b^2)^{\frac{n}{2}}e^{ax}\sin(bx+c+n\varphi).$$

(2) 同理可证

$$[e^{ax}\cos(bx+c)]^{(n)}=(a^2+b^2)^{\frac{n}{2}}e^{ax}\cos(bx+c+n\varphi).$$

**【1214】** 求 $y^{(n)}$,设:

(1) $y=\text{ch}ax\cos bx$; (2) $y=\text{ch}ax\sin bx$; (3) $y=\text{sh}ax\cos bx$; (4) $y=\text{sh}ax\sin bx$.

**提示** 注意 $\text{ch}ax$ 及 $\text{sh}ax$ 的定义,并利用 1213 题(2)的结果.

**解** (1) $y=\dfrac{1}{2}e^{ax}\cos bx+\dfrac{1}{2}e^{-ax}\cos bx$,

利用 1213 题(2)的结果,得

$$y^{(n)}=\frac{1}{2}(a^2+b^2)^{\frac{n}{2}}[e^{ax}\cos(bx+n\varphi)+e^{-ax}\cos(bx+n\pi-n\varphi)]$$

$$=\frac{1}{2}(a^2+b^2)^{\frac{n}{2}}\left\{e^{ax}\left[\cos\left(bx+\frac{n}{2}\pi\right)\cos\left(n\varphi-\frac{n\pi}{2}\right)-\sin\left(bx+\frac{n}{2}\pi\right)\sin\left(n\varphi-\frac{n}{2}\pi\right)\right]\right.$$

$$\left.+e^{-ax}\left[\cos\left(bx+\frac{n}{2}\pi\right)\cos\left(n\varphi-\frac{n}{2}\pi\right)+\sin\left(bx+\frac{n}{2}\pi\right)\sin\left(n\varphi-\frac{n}{2}\pi\right)\right]\right\}$$

$$=(a^2+b^2)^{\frac{n}{2}}\left\{\frac{e^{ax}+e^{-ax}}{2}\cos\left(bx+\frac{n}{2}\pi\right)\cos\left(n\varphi-\frac{n}{2}\pi\right)\right.$$

$$\left.-\frac{e^{ax}-e^{-ax}}{2}\sin\left(bx+\frac{n}{2}\pi\right)\sin\left(n\varphi-\frac{n}{2}\pi\right)\right\}$$

$$=(a^2+b^2)^{\frac{n}{2}}\left[\cos\left(n\varphi-\frac{n}{2}\pi\right)\text{ch}ax\cos\left(bx+\frac{n}{2}\pi\right)-\sin\left(n\varphi-\frac{n}{2}\pi\right)\text{sh}ax\sin\left(bx+\frac{n}{2}\pi\right)\right].$$

同样方法可求得:

(2) $y^{(n)}=(a^2+b^2)^{\frac{n}{2}}\left[\cos\left(n\varphi-\dfrac{n}{2}\pi\right)\text{ch}ax\sin\left(bx+\dfrac{n}{2}\pi\right)+\sin\left(n\varphi-\dfrac{n}{2}\pi\right)\text{sh}ax\cos\left(bx+\dfrac{n}{2}\pi\right)\right]$;

(3) $y^{(n)}=(a^2+b^2)^{\frac{n}{2}}\left[\sin n\varphi\,\text{ch}ax\sin\left(bx+\dfrac{n}{2}\pi\right)+\cos n\varphi\,\text{sh}ax\cos\left(bx+\dfrac{n}{2}\pi\right)\right]$,

(4) $y^{(n)}=(a^2+b^2)^{\frac{n}{2}}\left[-\sin n\varphi\,\text{ch}ax\cos\left(bx+\dfrac{n}{2}\pi\right)+\cos n\varphi\,\text{sh}ax\sin\left(bx+\dfrac{n}{2}\pi\right)\right]$,

其中 $\sin\varphi=\dfrac{b}{\sqrt{a^2+b^2}}$, $\cos\varphi=\dfrac{a}{\sqrt{a^2+b^2}}$.

**【1215】** 将函数 $f(x)=\sin^{2p}x$,其中 $p$ 为正整数,化为三角多项式:

$$f(x)=\sum_{k=0}^{p}A_k\cos 2kx,$$

以求 $f^{(n)}(x)$.

**提示** 令 $t=\cos x+i\sin x$.

**解** 设 $t=\cos x+i\sin x$,则 $\sin x=\dfrac{1}{2i}(t-\bar{t})$其中 $\bar{t}$ 为 $t$ 的共轭复数. 于是,

$$\sin^{2p}x=\frac{1}{(2i)^{2p}}(t-\bar{t})^{2p}=\frac{1}{(2i)^{2p}}\sum_{k=0}^{2p}C_{2p}^{k}t^{2p-k}(-1)^k\bar{t}^{\,k}$$

$$=(-1)^p\frac{1}{(2\mathrm{i})^{2p}}C_{2p}^p+\frac{2}{(2\mathrm{i})^{2p}}\sum_{k=0}^{p-1}C_{2p}^k(-1)^k\cos(2p-2k)x.$$

所以，

$$(\sin^{2p}x)^{(n)}=\frac{2}{(2\mathrm{i})^{2p}}\sum_{k=0}^{p-1}C_{2p}^k(-1)^k(2p-2k)^n\cos\left[(2p-2k)x+\frac{n}{2}\pi\right]$$
$$=\sum_{k=0}^{p-1}(-1)^{p+k}2^{n-2p+1}(p-k)^nC_{2p}^k\cos\left[(2p-2k)x+\frac{n}{2}\pi\right].$$

**【1216】** 设:(1) $f(x)=\sin^{2p+1}x$； (2) $f(x)=\cos^{2p}x$； (3) $f(x)=\cos^{2p+1}x$，其中 $p$ 为正整数,求 $f^{(n)}(x)$.

**提示** 仿 1215 题的解法.

**解** (1)设 $t=\cos x+\mathrm{i}\sin x$,则 $\sin x=\frac{1}{2\mathrm{i}}(t-\bar{t})$,所以,

$$\sin^{2p+1}x=\frac{1}{(2\mathrm{i})^{2p+1}}\sum_{k=0}^{2p+1}C_{2p+1}^k t^{2p+1-k}(-1)^k\bar{t}^k$$
$$=\frac{1}{(2\mathrm{i})^{2p+1}}\sum_{k=0}^{2p+1}C_{2p+1}^k(-1)^k[\cos(2p+1-2k)x+\mathrm{i}\sin(2p+1-2k)x]$$
$$=\sum_{k=0}^{p}(-1)^{p+k}2^{-2p}C_{2p+1}^k\sin(2p+1-2k)x.$$

所以，

$$f^{(n)}(x)=\sum_{k=0}^{p}(-1)^{p+k}C_{2p+1}^k\frac{(2p+1-2k)^n}{2^{2p}}\sin\left[(2p+1-2k)x+\frac{n}{2}\pi\right].$$

类似 1215 题及本题(1)的方法,可求得:

(2) $f^{(n)}(x)=(\cos^{2p}x)^{(n)}=\sum_{k=0}^{p-1}2^{n-2p+1}(p-k)^nC_{2p}^k\cos\left[(2p-2k)x+\frac{n}{2}\pi\right]$；

(3) $f^{(n)}(x)=(\cos^{2p+1}x)^{(n)}=\sum_{k=0}^{p}\frac{(2p+1-2k)^n}{2^{2p}}C_{2p+1}^k\cos\left[(2p+1-2k)x+\frac{n}{2}\pi\right]$.

**【1217】** 利用恒等式

$$\frac{1}{x^2+1}=\frac{1}{2\mathrm{i}}\left(\frac{1}{x-\mathrm{i}}-\frac{1}{x+\mathrm{i}}\right)$$

证明:

$$\left(\frac{1}{x^2+1}\right)^{(n)}=\frac{(-1)^n n!}{(1+x^2)^{\frac{n+1}{2}}}\sin[(n+1)\mathrm{arccot}x].$$

**提示** 将复数 $x+\mathrm{i}$ 及 $x-\mathrm{i}$ 化成下列形式:

$$x+\mathrm{i}=r(\cos\theta+\mathrm{i}\sin\theta),\quad x-\mathrm{i}=r(\cos\theta-\mathrm{i}\sin\theta),$$

其中 $r=(1+x^2)^{\frac{1}{2}}$，$\theta=\mathrm{arccot}x$. 并利用棣莫弗公式.

**证** 将复数 $x+\mathrm{i}$ 及 $x-\mathrm{i}$ 化成下列形式:

$$x+\mathrm{i}=r(\cos\theta+\mathrm{i}\sin\theta),\quad x-\mathrm{i}=r(\cos\theta-\mathrm{i}\sin\theta).$$

其中 $r=(1+x^2)^{\frac{1}{2}}$，$\theta=\mathrm{arccot}x$.

于是,

$$\left(\frac{1}{x^2+1}\right)^{n}=\frac{1}{2\mathrm{i}}\left[\left(\frac{1}{x-\mathrm{i}}\right)^{(n)}-\left(\frac{1}{x+\mathrm{i}}\right)^{(n)}\right]=\frac{1}{2\mathrm{i}}\left[\frac{(-1)^n n!}{(x-\mathrm{i})^{n+1}}-\frac{(-1)^n n!}{(x+\mathrm{i})^{n+1}}\right]$$
$$=\frac{(-1)^n n!}{2\mathrm{i}(x^2+1)^{n+1}}[(x+\mathrm{i})^{n+1}-(x-\mathrm{i})^{n+1}]$$
$$=\frac{(-1)^n n!}{2\mathrm{i}(x^2+1)^{n+1}}\{r^{n+1}[\cos(n+1)\theta+\mathrm{i}\sin(n+1)\theta]-r^{n+1}[\cos(n+1)\theta-\mathrm{i}\ \sin(n+1)]\theta\}$$
$$=\frac{(-1)^n n!}{(x^2+1)^{n+1}}r^{n+1}\sin(n+1)\theta=\frac{(-1)^n n!}{(x^2+1)^{\frac{n+1}{2}}}\sin[(n+1)\mathrm{arccot}x],$$

所以，$\left(\frac{1}{x^2+1}\right)^{(n)}=\frac{(-1)^n n!}{(x^2+1)^{\frac{n+1}{2}}}\sin[(n+1)\operatorname{arccot}x]$.

【1218】 求函数 $f(x)=\arctan x$ 的 $n$ 阶导数.

**提示** 注意 $f'(x)=\frac{1}{1+x^2}$. 并利用 1217 题的结果.

**解** $f'(x)=\frac{1}{1+x^2}$. 利用 1217 题的结果，得

$$f^{(n)}(x)=\frac{(-1)^{n-1}(n-1)!}{(x^2+1)^{\frac{n}{2}}}\sin[n\operatorname{arccot}x]=\frac{(-1)^{n-1}(n-1)!}{(x^2+1)^{\frac{n}{2}}}\sin\left(n\arctan\frac{1}{x}\right)\quad(x\neq 0).$$

**求 $f^{(n)}(0)$，设：**

【1219】 (1) $f(x)=\frac{1}{(1-2x)(1+x)}$； (2) $f(x)=\frac{x}{\sqrt{1-x}}$.

**解** (1) $f(x)=\frac{1}{3}\left(\frac{1}{1+x}+\frac{2}{1-2x}\right)$.

于是，$f^{(n)}(x)=\frac{1}{3}\left[\frac{(-1)^n n!}{(1+x)^{n+1}}+\frac{2^{n+1}n!}{(1-2x)^{n+1}}\right]$. 所以，$f^{(n)}(0)=\frac{n!}{3}[(-1)^n+2^{n+1}]$.

(2) $f(x)=-\sqrt{1-x}+\frac{1}{\sqrt{1-x}}$.

于是，

$$f^{(n)}(x)=\frac{(2n-3)!!}{2^n}\cdot\frac{1}{(1-x)^{\frac{2n-1}{2}}}+\frac{(2n-1)!!}{2^n}\cdot\frac{1}{(1-x)^{\frac{2n+1}{2}}}.$$

所以，

$$f^{(n)}(0)=\frac{(2n-3)!!}{2^n}+\frac{(2n-1)!!}{2^n}=\frac{n(2n-3)!!}{2^{n-1}}\quad(n>1).$$

【1220】 (1) $f(x)=x^2e^{ax}$； (2) $f(x)=\arctan x$； (3) $f(x)=\arcsin x$.

**提示** (2)利用 1218 题的结果.

(3)先证 $(1-x^2)y''-xy'=0$，再对上式应用莱布尼茨公式.

**解** (1) $f^{(n)}(x)=x^2a^ne^{ax}+2nxa^{n-1}e^{ax}+n(n-1)a^{n-2}e^{ax}$， $f^{(n)}(0)=n(n-1)a^{n-2}$；

(2) 利用 1218 题的结果，得 $f^{(2k)}(0)=0$ 及 $f^{(2k+1)}(0)=(-1)^k(2k)!\ (k=0,1,2,\cdots)$；

(3) $y'=f'(x)=\frac{1}{\sqrt{1-x^2}}$， $y''=f''(x)=\frac{x}{(1-x^2)^{\frac{3}{2}}}$.

若以添加下标"0"表示在 $x=0$ 时的导数值，则得

$$y_0'=f'(0)=1,\quad y_0''=f''(0)=0,$$

并且有

$$(1-x^2)y''-xy'=0.$$

对上式应用莱布尼茨公式，得

$$(1-x^2)y^{(n+2)}-2nxy^{(n+1)}-n(n-1)y^{(n)}-xy^{(n+1)}-ny^{(n)}=0.$$

在上式中，令 $x=0$，则有

$$y_0^{(n+2)}-n(n-1)y_0^{(n)}-ny_0^{(n)}=0,\quad 即\quad y_0^{(n+2)}=n^2y_0^{(n)}.$$

由于 $y_0''=0$，故

$$y_0^{(2k)}=f^{(2k)}(0)=0\quad(k=0,1,2,\cdots);$$

又由于 $y_0'=1$，故

$$y_0^{(2k+1)}=f^{(2k+1)}(0)=(2k-1)^2y_0^{(2k-1)}=(2k-1)^2(2k-3)^2y_0^{(2k-3)}=\cdots$$
$$=[1\cdot 3\cdots(2k-1)]^2=[(2k-1)!!]^2\quad(k=1,2,\cdots).$$

【1221】 (1) $f(x)=\cos(m\arcsin x)$； (2) $f(x)=\sin(m\arcsin x)$.

**提示** (1)先证$(1-x^2)y''-xy'+m^2y=0$,再对上式应用莱布尼茨公式. (2)同(1).

**解** (1)$y'=f'(x)=-\frac{m}{\sqrt{1-x^2}}\sin(m\arcsin x)$,

$$y''=-\frac{m^2}{1-x^2}\cos(m\arcsin x)-\frac{mx}{(1-x^2)^{\frac{3}{2}}}\sin(m\arcsin x).$$

于是,

$$y_0'=f'(0)=0,\quad y_0''=f''(0)=-m^2,$$

并且有

$$(1-x^2)y''-xy'+m^2y=0.$$

对上式应用莱布尼茨公式,得

$$(1-x^2)y^{(n+2)}-2nxy^{(n+1)}-n(n-1)y^{(n)}-xy^{(n+1)}-ny^{(n)}+m^2y^{(n)}=0.$$

令 $x=0$,即得

$$y_0^{(n+2)}+(m^2-n^2)y_0^{(n)}=0.$$

由于 $y_0'=0$,故 $y_0^{(2k-1)}=f^{(2k-1)}(0)=0\ (k=1,2,\cdots)$;又由于$y_0''=-m^2$,故

$$\begin{aligned}y_0^{(2k)}&=f^{2k}(0)=-[m^2-(2k-2)^2]y_0^{2k-2}=\{-[m^2-(2k-2)^2]\}\{-[m^2-(2k-4)^2]\}y_0^{(2k-4)}\\&=\cdots\\&=(-1)^{k-1}[m^2-(2k-2)^2][m^2-(2k-4)^2]\cdots(m^2-2^2)y_0''\\&=(-1)^k m^2(m^2-2^2)\cdots[m^2-(2k-2)^2]\quad(k=1,2,\cdots).\end{aligned}$$

(2) $y'=f'(x)=\frac{m}{\sqrt{1-x^2}}\cos(m\arcsin x)$,

$$y''=f''(x)=-\frac{m^2}{1-x^2}\sin(m\arcsin x)+\frac{mx}{(1-x^2)^{\frac{3}{2}}}\cos(m\arcsin x).$$

于是,

$$y_0'=f'(0)=m,\quad y_0''=f''(0)=0,$$

并且有

$$(1-x^2)y''-xy'+m^2y=0,$$

这与本题(1)所得的方程是一样的,因而也有与(1)同样的结果:

$$y_0^{(n+2)}+(m^2-n^2)y_0^{(n)}=0.$$

由于 $y_0''=0$,故 $y_0^{(2k)}=f^{(2k)}(0)=0\ (k=1,2,\cdots)$;又由于 $y_0'=m$,故

$$y_0^{(2k+1)}=f^{(2k+1)}(0)=-[m^2-(2k-1)^2]y_0^{(2k-1)}=\cdots=(-1)^k m(m^2-1^2)\cdots[m^2-(2k-1)^2]\quad(k=1,2,\cdots).$$

**【1222】** (1)$f(x)=(\arctan x)^2$; (2)$f(x)=(\arcsin x)^2$.

**提示** (2)先证$(1-x^2)f''(x)-xf'(x)-2=0$,再对上式应用莱布尼茨公式.

**解** (1)仍以下标带“0”者表示在 $x=0$ 时的导数值,应用莱布尼茨公式及 1220 题(2)的结果,即得

$$f^{(2k-1)}(0)=(\arctan x\cdot\arctan x)_0^{(2k-1)}=0\quad(k=1,2,\cdots).$$

及

$$\begin{aligned}f^{(2k)}(0)&=(\arctan x\arctan x)_0^{(2k)}=\sum_{i=0}^{2k}C_{2k}^i(\arctan x)_0^{(i)}(\arctan x)_0^{(2k-i)}\\&=\sum_{i=0}^{k-1}C_{2k}^{2i+1}(\arctan x)_0^{(2i+1)}(\arctan x)_0^{(2k-2i-1)}\\&=\sum_{i=0}^{k-1}C_{2k}^{2i+1}(-1)^i(2i)!(-1)^{k-i-1}(2k-2i-2)!\\&=(-1)^{k-1}\sum_{i=0}^{k-1}\frac{(2k)!}{(2i+1)!\,(2k-2i-1)!}(2i)!(2k-2i-2)!\end{aligned}$$

$$=(-1)^{k-1}(2k)!\sum_{i=0}^{k-1}\frac{1}{(2i+1)(2k-2i-1)}$$
$$=(-1)^{k-1}(2k)!\sum_{i=0}^{k-1}\left[\frac{1}{2k}\left(\frac{1}{2i+1}+\frac{1}{2k-2i-1}\right)\right]$$
$$=(-1)^{k-1}2(2k-1)!\sum_{i=0}^{k-1}\frac{1}{2(k-i)-1}$$
$$=(-1)^{k-1}2(2k-1)!\left(1+\frac{1}{3}+\frac{1}{5}+\cdots+\frac{1}{2k-1}\right)\quad(k=1,2,\cdots).$$

(2) $f'(x)=\dfrac{2}{\sqrt{1-x^2}}\arcsin x$ 或 $\sqrt{1-x^2}\,f'(x)=2\arcsin x$，

对上式两边再求导，得

$$\sqrt{1-x^2}\,f''(x)-\frac{xf'(x)}{\sqrt{1-x^2}}=\frac{2}{\sqrt{1-x^2}},$$

即

$$(1-x^2)f''(x)-xf'(x)-2=0.$$

应用莱布尼茨公式，得

$$(1-x^2)f^{(n+2)}(x)-2nxf^{(n+1)}(x)-n(n-1)f^{(n)}(x)-xf^{(n+1)}(x)-nf^{(n)}(x)=0.$$

在上式中令 $x=0$，即得

$$f^{(n+2)}(0)-n^2f^{(n)}(0)=0.$$

由于 $f'(0)=0$，故

$$f^{(2k-1)}(0)=0\quad(k=1,2,\cdots);$$

又由于 $f''(0)=2$，故

$$f^{(2k)}(0)=(2k-2)^2(2k-4)^2\cdots2^2f''(0)=2^{(2k-1)}[(k-1)!]^2\quad(k=1,2,\cdots).$$

**【1223】** 设 $f(x)=(x-a)^n\varphi(x)$，其中函数 $\varphi(x)$ 在点 $a$ 的邻区内有 $(n-1)$ 阶的连续导数，求 $f^{(n)}(a)$.

**提示** 由莱布尼茨公式求得 $f^{(n-1)}(x)$，再由导数定义即易得 $f^{(n)}(a)$.

**解** 由莱布尼茨公式，得

$$f^{(n-1)}(x)=(x-a)^n\varphi^{(n-1)}(x)+C_{n-1}^1n(x-a)^{n-1}\varphi^{(n-2)}(x)+\cdots+C_{n-1}^{n-2}n(n-1)\cdots3(x-a)^2\varphi'(x)$$
$$+n!(x-a)\varphi(x).$$

于是，$f^{(n-1)}(a)=0$.

按导数定义，即得

$$f^{(n)}(a)=\lim_{x\to a}\frac{f^{(n-1)}(x)-f^{(n-1)}(a)}{x-a}$$
$$=\lim_{x\to a}[(x-a)^{n-1}\varphi^{(n-1)}(x)+C_{n-1}^1n(x-a)^{n-2}\varphi^{(n-2)}(x)+\cdots+C_{n-1}^{n-2}n(n-1)\cdots3(x-a)\varphi'(x)$$
$$+n!\varphi(x)]$$
$$=n!\varphi(a).$$

**【1224】** 证明：函数

$$f(x)=\begin{cases}x^{2n}\sin\dfrac{1}{x}, & x\neq0,\\ 0, & x=0\end{cases}$$

（$n$ 为正整数），于点 $x=0$ 有一直到 $n$ 阶的导数，而无 $(n+1)$ 阶导数.

**证** 由莱布尼茨公式，当 $x\neq0$ 时得

$$f^{(m)}(x)=\left(x^{2n}\sin\frac{1}{x}\right)^{(m)}=\sum_{i=0}^{m}C_m^i(x^{2n})^{(m-i)}\left(\sin\frac{1}{x}\right)^{(i)}.$$

首先指出，有

$$\left(\sin\frac{1}{x}\right)^{(i)}=\sum_{k=1}^{i-1}\left[a_kx^{-(i+k)}\sin\left(\frac{1}{x}+\frac{k\pi}{2}\right)\right]+(-x^{-2})^i\sin\left(\frac{1}{x}+\frac{i\pi}{2}\right)\quad(x\neq0),$$

其中 $a_k$ 是某些常数. 现用数学归纳法予以证明:

当 $i=1$ 时,命题显然成立;

设当 $i=N$ 时,命题成立,要证命题对 $i=N+1$ 时也成立. 事实上,有

$$\left(\sin\frac{1}{x}\right)^{(N+1)}=\sum_{k=1}^{N-1}a_k\left[x^{-(N+k)}\sin\left(\frac{1}{x}+\frac{k\pi}{2}\right)\right]'+\left[(-x^{-2})^N\sin\left(\frac{1}{x}+\frac{N\pi}{2}\right)\right]'$$

$$=\sum_{k=1}^{N-1}a_k\left[-(N+k)x^{-(N+1+k)}\sin\left(\frac{1}{x}+\frac{k\pi}{2}\right)+x^{-(N+k)}(-x^{-2})\sin\left(\frac{1}{x}+\frac{k+1}{2}\pi\right)\right]$$

$$+\left[N(-x^{-2})^{N-1}(2x^{-3})\sin\left(\frac{1}{x}+\frac{N\pi}{2}\right)+(-x^{-2})^{N+1}\sin\left(\frac{1}{x}+\frac{N+1}{2}\pi\right)\right]$$

$$=\sum_{k=1}^{(N+1)-1}\left[b_kx^{-(N+1+k)}\sin\left(\frac{1}{x}+\frac{k\pi}{2}\right)\right]+(-x^{-2})^{N+1}\sin\left(\frac{1}{x}+\frac{N+1}{2}\pi\right),$$

其中 $b_k$ 是一些适当的常数. 于是,命题对于一切正整数均成立.

因而,我们有

$$f^{(m)}(x)=\sum_{i=0}^{m}C_m^i\frac{(2n)!}{(2n-m+i)!}x^{2n-m+i}\left[\sum_{k=1}^{i-1}a_kx^{-(i+k)}\sin\left(\frac{1}{x}+\frac{k\pi}{2}\right)+(-x^{-2})^i\sin\left(\frac{1}{x}+\frac{i\pi}{2}\right)\right]$$

$$(x\neq0).$$

于是,

$$f^{(m)}(x)=(-1)^mx^{2(n-m)}\sin\left(\frac{1}{x}+\frac{m\pi}{2}\right)+O(|x|^{2(n-m)+1})\quad(x\to0)\quad(m=1,2,\cdots,n).\qquad(*)$$

由于

$$f'(0)=\lim_{x\to0}\frac{f(x)-f(0)}{x}=\lim_{x\to0}\frac{f(x)}{x}=\lim_{x\to0}x^{2n-1}\sin\frac{1}{x}=0,$$

故由($*$)式,得知

$$f''(0)=\lim_{x\to0}\frac{f'(x)}{x}=\lim_{x\to0}\left[-x^{2n-3}\sin\left(\frac{1}{x}+\frac{\pi}{2}\right)+O(|x|^{2n-2})\right]=0,$$

一直推下去,得

$$f^{(n)}(0)=\lim_{x\to0}\frac{f^{(n-1)}(x)}{x}=\lim_{x\to0}\left[(-1)^{n-1}x\sin\left(\frac{1}{x}+\frac{(n-1)\pi}{2}\right)+O(|x|^2)\right]=0.$$

但
$$f^{(n+1)}(0)=\lim_{x\to0}\frac{f^{(n)}(x)}{x}=\lim_{x\to0}\left[\frac{(-1)^n}{x}\sin\left(\frac{1}{x}+\frac{n\pi}{2}\right)+O(1)\right],$$

在 $x=0$ 近旁,$\frac{(-1)^n}{x}\sin\left(\frac{1}{x}+\frac{n\pi}{2}\right)$无界且振荡,故

$$\lim_{x\to0}\left[\frac{(-1)^n}{x}\sin\left(\frac{1}{x}+\frac{n\pi}{2}\right)+O(1)\right]$$

不存在,因而 $f^{(n+1)}(0)$不存在. 证毕.

**【1225】** 证明:函数 $f(x)=\begin{cases}e^{-\frac{1}{x^2}}, & x\neq0,\\ 0, & x=0\end{cases}$ 在 $x=0$ 处是无穷次可微的. 作出此函数的图像.

**证** 当 $x\neq0$ 时,$f'(x)=\frac{2}{x^3}e^{-\frac{1}{x^2}}$. 下面我们指出,对于任何正整数 $n$,均有

$$f^{(n)}(x)=e^{-\frac{1}{x^2}}P_n\left(\frac{1}{x}\right)\quad(x\neq0),$$

其中 $P_n(t)$是关于 $t$ 的多项式. 现用数学归纳法证明之:

当 $n=1$ 时,命题显然成立;

设当 $n=k$ 时命题成立,即 $f^{(k)}(x)=e^{-\frac{1}{x^2}}P_k\left(\frac{1}{x}\right)$,$P_k(t)$是关于 $t$ 的某多项式. 要证命题对于 $n=k+1$ 时也成立. 事实上,有

$$f^{(k+1)}(x)=\left[e^{-\frac{1}{x^2}}P_k\left(\frac{1}{x}\right)\right]'=\frac{2}{x^3}e^{-\frac{1}{x^2}}P_k\left(\frac{1}{x}\right)+e^{-\frac{1}{x^2}}P_k'\left(\frac{1}{x}\right)\cdot\left(-\frac{1}{x^2}\right)$$

$$=e^{-\frac{1}{x^2}}\left\{2\left(\frac{1}{x}\right)^3P_k\left(\frac{1}{x}\right)-\left(\frac{1}{x}\right)^2P_k'\left(\frac{1}{x}\right)\right\}=e^{-\frac{1}{x^2}}P_{k+1}\left(\frac{1}{x}\right),$$

其中 $P_{k+1}(t)$ 是关于 $t$ 的另一多项式.

于是,命题对于一切正整数 $n$ 均成立.

现在,证明函数 $f(x)$ 在 $x=0$ 处是无穷次可微的. 首先,注意到

$$f'(0)=\lim_{x\to0}\frac{f(x)-f(0)}{x}=\lim_{x\to0}\frac{e^{-\frac{1}{x^2}}}{x}=0,$$

其中最末一式的极限求法可参看 654 题(2). 仍用此法,设 $f^{(n)}(0)=0$,则可证明 $f^{(n+1)}(0)=0$. 事实上,有

$$f^{(n+1)}(0)=\lim_{x\to0}\frac{f^{(n)}(x)-f^{(n)}(0)}{x}=\lim_{x\to0}\left\{\frac{1}{x}P_n\left(\frac{1}{x}\right)e^{-\frac{1}{x^2}}\right\}$$

$$=\lim_{x\to0}\left\{P_n^*\left(\frac{1}{x}\right)e^{-\frac{1}{x^2}}\right\}=0,$$

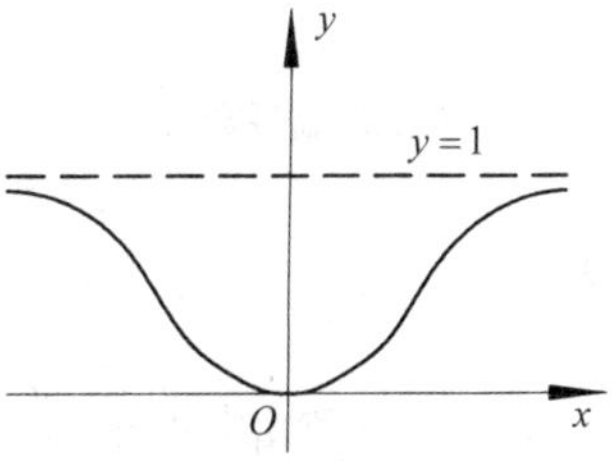

图 2.37

($P_n^*(t)=tp^n(t)$ 也是 $t$ 的多项式).

由数学归纳法可知,$f^{(n)}(0)=0$ 对于一切正整数 $n$ 均成立,即函数 $f(x)$ 在 $x=0$ 处无穷次可微,且其各阶导数为零. 图像如图 2.37 所示.

**【1226】** 证明:切比雪夫多项式 $T_m(x)=\frac{1}{2^{m-1}}\cos(m\arccos x)$ $(m=0,1,2,\cdots)$ 满足方程

$$(1-x^2)T_m''(x)-xT_m'(x)+m^2T_m(x)=0.$$

**证** $T'_m(x)=\frac{m}{2^{m-1}\sqrt{1-x^2}}\sin(m\arccos x)\quad(|x|<1),$

$$T_m''(x)=-\frac{m^2}{2^{m-1}(1-x^2)}\cos(m\arccos x)+\frac{mx}{2^{m-1}(1-x^2)^{\frac{3}{2}}}\sin(m\arccos x).$$

于是,

$$(1-x^2)T_m''(x)=-\frac{m^2}{2^{m-1}}\cos(m\arccos x)+\frac{mx}{2^{m-1}\sqrt{1-x^2}}\sin(m\arccos x)=-m^2T_m(x)+xT_m'(x),$$

即 $(1-x^2)T_m''(x)-xT_m'(x)+m^2T_m(x)=0$.

**【1227】** 证明:勒让德多项式 $P_m(x)=\frac{1}{2^m m!}[(x^2-1)^m]^{(m)}$ $(m=0,1,2,\cdots)$ 满足方程

$$(1-x^2)P_m''(x)-2xP_m'(x)+m(m+1)P_m(x)=0.$$

**提示** 令 $y=(x^2-1)^m$,可得 $(x^2-1)y'=2mxy$,并利用莱布尼茨公式.

**证** 设 $y=(x^2-1)^m$,就有

$$y'=2mx(x^2-1)^{m-1}\quad 或\quad (x^2-1)y'=2mxy.$$

对上式两端各取 $(m+1)$ 阶导数,按莱布尼茨公式,即得

$$(x^2-1)y^{(m+2)}+2(m+1)xy^{(m+1)}+m(m+1)y^{(m)}=2mxy^{(m+1)}+2m(m+1)y^{(m)}.$$

于是,$(x^2-1)y^{(m+2)}+2xy^{(m+1)}-m(m+1)y^{(m)}=0$.

两端再以 $\frac{1}{2^m m!}$ 乘之,并以 $P_m(x)=\frac{1}{2^m m!}y^{(m)}$ 代入,即得所要证明的等式

$$(1-x^2)P_m''(x)-2xP_m'(x)+m(m+1)P_m(x)=0.$$

**【1228】** 切比雪夫—拉盖尔多项式定义如下:

$$L_m(x)=e^x(x^me^{-x})^{(m)}\quad(m=0,1,2,\cdots).$$

求多项式 $L_m(x)$ 的显式表达式.

证明:$L_m(x)$ 满足方程 $xL_m''(x)+(1-x)L_m'(x)+mL_m(x)=0$.

**提示** 令 $y=x^me^{-x}$,可得 $xy'+(x-m)y=0$. 并利用莱布尼茨公式.

**解** 按莱布尼茨公式,有

$$L_m(x)=e^x\{(-1)^mx^me^{-x}+(-1)^{m-1}C_m^1mx^{m-1}e^{-x}+\cdots+(-1)C_m^{m-1}m!xe^{-x}+m!e^{-x}\}$$

$$=(-1)^m x^m+(-1)^{m-1}C_m^1 mx^{m-1}+\cdots+(-1)C_m^{m-1}m!x+m!$$
$$=(-1)^m[x^m-m^2x^{m-1}+\cdots+(-1)^{m-1}m^2(m-1)!x+(-1)^m m!]$$

其次,设 $y=x^m e^{-x}$,就有

$$y'=mx^{m-1}e^{-x}-x^m e^{-x},$$

于是,

$$xy'+(x-m)y=0.$$

在上述等式两端各取$(m+1)$阶导数,按莱布尼茨公式,即得

$$xy^{(m+2)}+(m+1)y^{m+1}+(x-m)y^{(m+1)}+(m+1)y^{(m)}=0$$

或

$$xy^{(m+2)}+(1+x)y^{(m+1)}+(m+1)y^{(m)}=0.$$

再设 $z=y^{(m)}$,则由上式可得

$$xz''+(1+x)z'+(m+1)z=0. \tag{1}$$

由于 $L_m(x)=e^x z$,故

$$L_m'(x)=e^x(z+z'),\quad L_m''(x)=e^x(z+2z'+z''),$$

于是,

$$xL_m''(x)+(1-x)L_m'(x)+mL_m(x)=e^x\{x(z+2z'+z'')+(1-x)(z+z')+mz\}$$
$$=e^x\{xz''+(x+1)z'+(m+1)z\}. \tag{2}$$

将(1)式代入(2)式,即证得

$$xL_m''(x)+(1-x)L_m'(x)+mL_m(x)=0.$$

**【1229】** 设 $y=f(u)$及 $u=\varphi(x)$,其中 $f(x)$及 $\varphi(x)$为 $n$ 阶可微函数.证明:

$$\frac{d^n y}{dx^n}=\sum_{k=1}^{n}A_k(x)f^{(k)}(u),$$

其中系数 $A_k(x)(k=0,1,\cdots,n)$与函数 $f(u)$无关.

**证** 由于$\frac{dy}{dx}=f'(u)\varphi'(x)$,故命题当 $n=1$ 时成立.

设当 $n=m$ 时命题成立,即有$\frac{d^m y}{dx^m}=\sum\limits_{k=1}^{m}A_k(x)f^{(k)}(u)$,要证命题对于 $n=m+1$ 时也成立.事实上,有

$$\frac{d^{m+1}y}{dx^{m+1}}=\frac{d}{dx}\sum_{k=1}^{m}A_k(x)f^{(k)}(u)=\sum_{k=1}^{m}\{A_k'(x)f^{(k)}(u)+A_k(x)f^{(k+1)}(u)\varphi'(x)\}$$
$$=\sum_{k=1}^{m+1}B_k(x)f^{(k)}(u),$$

其中,$B_1(x)=A_1'(x)$, $B_k(x)=\varphi'(x)A_{k-1}(x)+A_k'(x)$ $(k=2,3,\cdots,m)$, $B_{m+1}(x)=A_m(x)\varphi'(x)$,它们均与 $f(u)$无关.

于是,由数学归纳法得知,$\frac{d^n y}{dx^n}=\sum\limits_{k=1}^{n}A_k(x)f^{(k)}(u)$对于一切正整数 $n$ 均成立.

**【1230】** 证明:对于复合函数 $y=f(x^2)$的 $n$ 阶导数,成立公式

$$\frac{d^n y}{dx^n}=(2x)^n f^{(n)}(x^2)+\frac{n(n-1)}{1!}(2x)^{n-2}f^{(n-1)}(x^2)+\frac{n(n-1)(n-2)(n-3)}{2!}(2x)^{n-4}f^{(n-2)}(x^2)+\cdots.$$

**提示** 利用数学归纳法.

**证** 当 $n=1$ 时公式成立,事实上,$\frac{dy}{dx}=2xf'(x^2)$.

设当 $n=m$ 时公式成立,要证公式对 $n=m+1$ 时也成立.事实上,有

$$\frac{d^{m+1}y}{dx^{m+1}}=\frac{d}{dx}\left(\frac{d^m y}{dx^m}\right)$$
$$=2m(2x)^{m-1}f^{(m)}(x^2)+(2x)^{m+1}f^{(m+1)}(x^2)+\frac{m(m-1)}{1!}2(m-2)(2x)^{m-3}f^{(m-1)}(x^2)$$

$$+\frac{m(m-1)}{1!}(2x)^{m-1}f^{(m)}(x^2)+\frac{m(m-1)(m-2)(m-3)}{2!}2(m-4)(2x)^{m-5}f^{(m-2)}(x^2)$$

$$+\frac{m(m-1)(m-2)(m-3)}{2!}(2x)^{m-3}f^{(m-1)}(x^2)+\cdots$$

$$=(2x)^{m+1}f^{(m+1)}(x^2)+\left[2m+\frac{m(m-1)}{1!}\right](2x)^{m-1}f^{(m)}(x^2)$$

$$+\left[\frac{2m(m-1)(m-2)}{1!}+\frac{m(m-1)(m-2)(m-3)}{2!}\right](2x)^{m-3}f^{(m-1)}(x^2)+\cdots$$

$$=(2x)^{m+1}f^{(m+1)}(x^2)+\frac{(m+1)m}{1!}(2x)^{m-1}f^{(m)}(x^2)$$

$$+\frac{(m+1)m(m-1)(m-2)}{2!}(2x)^{m-3}f^{(m-1)}(x^2)+\cdots$$

这正是公式对于 $n=m+1$ 时的情形. 于是,由数学归纳法得知,公式对于一切正整数 $n$ 均成立.

**【1231】** 切比雪夫—埃尔米特多项式定义如下:

$$H_m(x)=(-1)^m e^{x^2}(e^{-x^2})^{(m)}\quad (m=0,1,2,\cdots).$$

求多项式 $H_m(x)$ 的显式表达式.

证明:$H_m(x)$满足方程 $H''_m(x)-2xH'_m(x)+2mH_m(x)=0$.

**解** 设 $y=e^{-x^2}$,则有

$y'=(-2x)e^{-x^2}=(-1)^1(2x)^1 e^{-x^2}$,

$y''=e^{-x^2}[(-2x)^2-2]=[(-1)^2(2x)^2-2]e^{-x^2}$.

一般地,可用数学归纳法证明

$$y^{(m)}=\Big[(-1)^m(2x)^m+(-1)^{m-1}\frac{m(m-1)}{1!}(2x)^{m-2}$$

$$+(-1)^{m-2}\frac{m(m-1)(m-2)(m-3)}{2!}(2x)^{m-4}+\cdots\Big]e^{-x^2}.$$

于是,得

$$H_m(x)=(-1)^m e^{x^2}y^{(m)}=(2x)^m-\frac{m(m-1)}{1!}(2x)^{m-2}+\frac{m(m-1)(m-2)(m-3)}{2!}(2x)^{m-4}-\cdots.$$

又 $y'+2xy=0$.

对上式两端各取$(m+1)$阶导数,按莱布尼茨公式,即得

$$y^{(m+2)}+2xy^{(m+1)}+2(m+1)y^{(m)}=0.$$

再设 $z=y^{(m)}$,上式就是

$$z''+2xz'+2(m+1)z=0. \tag{1}$$

由 $H_m(x)=(-1)^m e^{x^2}z$,得

$H'_m(x)=(-1)^m e^{x^2}(2xz+z')$,

$H''_m(x)=(-1)^m e^{x^2}[(4x^2+2)z+4xz'+z'']$.

从而有

$$H''_m(x)-2xH'_m(x)+2mH_m(x)=(-1)^m e^{x^2}\{(4x^2+2)z+4xz'+z''-4x^2z-2xz'+2mz\}$$

$$=(-1)^m e^{x^2}\{z''+2xz'+2(m+1)z\}. \tag{2}$$

将(1)式代入(2)式,即证得 $H''_m(x)-2xH'_m(x)+2mH_m(x)=0$.

**【1232】** 证明等式:$(x^{n-1}e^{\frac{1}{x}})^{(n)}=\frac{(-1)^n}{x^{n+1}}e^{\frac{1}{x}}$.

**证** 当 $n=1$ 时,由于$(e^{\frac{1}{x}})'=-\frac{1}{x^2}e^{\frac{1}{x}}$,故等式成立.

设当 $n=k$ 时等式成立,即有$(x^{k-1}e^{\frac{1}{x}})^{(k)}=\frac{(-1)^k}{x^{k+1}}e^{\frac{1}{x}}$,要证等式对 $n=k+1$ 时也成立. 事实上,有

$$(x^k e^{\frac{1}{x}})^{(k+1)}=[(x\cdot x^{k-1}e^{\frac{1}{k}})^{(k)}]'=[x(x^{k-1}e^{\frac{1}{x}})^{(k)}+k(x^{k-1}e^{\frac{1}{x}})^{(k-1)}]'$$
$$=x(x^{k-1}e^{\frac{1}{x}})^{(k+1)}+(x^{k-1}e^{\frac{1}{x}})^{(k)}+k(x^{k-1}e^{\frac{1}{x}})^{(k)}$$
$$=x\left[\frac{(-1)^k}{x^{k+1}}e^{\frac{1}{x}}\right]'+(k+1)\frac{(-1)^k}{x^{k+1}}e^{\frac{1}{x}}$$
$$=\frac{(-1)^{k+1}(k+1)}{x^{k+1}}e^{\frac{1}{x}}+\frac{(-1)^{k+1}}{x^{k+2}}e^{\frac{1}{x}}+\frac{(-1)^k(k+1)}{x^{k+1}}e^{\frac{1}{x}}=\frac{(-1)^{k+1}}{x^{k+2}}e^{\frac{1}{x}}.$$

于是，由数学归纳法得知，$(x^{n-1}e^{\frac{1}{x}})^{(n)}=\dfrac{(-1)^n}{x^{n+1}}e^{\frac{1}{x}}$对于一切正整数$n$均成立.

**【1233】** 设$\dfrac{d}{dx}=D$表示微分算子，$f(D)=\sum\limits_{k=0}^{n}p_k(x)D^k$为微分符号的多项式，其中$p_k(x)$ $(k=0,1,\cdots,n)$为$x$的某连续函数.证明：

$$f(D)\{e^{\lambda x}u(x)\}=e^{\lambda x}f(D+\lambda)u(x),$$

其中$\lambda$为常数.

**证** 按莱布尼茨公式，有

$$D^k\{e^{\lambda x}u(x)\}=[e^{\lambda x}u(x)]^{(k)}=\sum_{i=0}^{k}C_k^i(e^{\lambda x})^{(i)}u^{(k-i)}(x)=e^{\lambda x}\sum_{i=0}^{k}C_k^i\lambda^i u^{k-i}(x).$$

另一方面，有

$$(D+\lambda)^k u(x)=\sum_{i=0}^{k}C_k^i\lambda^i D^{(k-i)}u(x)=\sum_{i=0}^{k}C_k^i\lambda^i u^{(k-i)}(x).$$

因而，得

$$D^k\{e^{\lambda x}u(x)\}=e^{\lambda x}(D+\lambda)^k u(x).$$

于是，

$$f(D)\{e^{\lambda x}u(x)\}=\sum_{k=0}^{n}p_k(x)D^k\{e^{\lambda x}u(x)\}=e^{\lambda x}\sum_{k=0}^{n}p_k(x)(D+\lambda)^k u(x)=e^{\lambda x}f(D+\lambda)u(x),$$

即$f(D)\{e^{\lambda x}u(x)\}=e^{\lambda x}f(D+\lambda)u(x)$.

**【1234】** 证明：若在方程$\sum\limits_{k=0}^{n}a_k x^k\dfrac{d^k y}{dx^k}=0$中令$x=e^t$，其中$t$为自变量，此方程化为

$$\sum_{k=0}^{n}a_k D(D-1)\cdots(D-k+1)y=0,$$

其中$D=\dfrac{d}{dt}$.

**证明思路** 记$\delta=\dfrac{d}{dx}$，则有

$$Dy=\frac{dy}{dt}=\frac{dy}{dx}\cdot\frac{dx}{dt}=e^t\delta y\quad 或\quad \delta y=e^{-t}Dy.$$

从而，对于符号$D$及$\delta$有关系：$\delta=e^{-t}D$.继续求得

$$\delta^2 y=\delta(\delta y)=e^{-t}D(\delta y)=e^{-t}D[e^{-t}Dy]=e^{-t}[-e^{-t}Dy+e^{-t}D^2y]=e^{-2t}D(D-1)y,$$

利用数学归纳法可证得

$$\delta^{(k)}y=e^{-kt}D(D-1)\cdots(D-k+1)y.\quad(k\in N)$$

从而，命题易获证.

**证** 记$\delta=\dfrac{d}{dx}$，则有

$$Dy=\frac{dy}{dx}\cdot\frac{dx}{dt}=e^t\delta y\quad 或\quad \delta y=e^{-t}Dy.$$

从而，对于符号$D$及$\delta$有关系

$$\delta=e^{-t}D.$$

继续求得

$$\delta^2 y=e^{-t}D[e^{-t}Dy]=e^{-t}[-e^{-t}Dy+e^{-t}D^2 y]=e^{-2t}D(D-1)y,$$

一般地,可用数学归纳法证得

$$\delta^{(k)} y=e^{-kt}D(D-1)\cdots(D-k+1)y. \tag{1}$$

事实上,设公式(1)对 $k=m$ 时成立,则有

$$\begin{aligned}\delta^{(m+1)} y=\delta(\delta^{(m)} y)&=e^{-t}D[e^{-mt}D(D-1)\cdots(D-m+1)y]\\&=e^{-t}[-me^{-mt}D(D-1)\cdots(D-m+1)y+e^{-mt}D^2(D-1)\cdots(D-m+1)y]\\&=e^{-(m+1)t}D(D-1)\cdots[D-(m+1)+1]y,\end{aligned}$$

即公式(1)对于 $k=m+1$ 时也成立. 于是,公式(1)对于一切正整数均成立.

于是,

$$\sum_{k=0}^{n} a_k x^k \frac{d^k y}{dx^k}=\sum_{k=0}^{n} a_k x^k \delta^{(k)} y=\sum_{k=0}^{n} a_k e^{kt}\cdot e^{-kt}D(D-1)\cdots(D-k+1)y=0,$$

即 $\sum_{k=0}^{n} a_k D(D-1)\cdots(D-k+1)y=0$.

## §6. 罗尔定理、拉格朗日定理和柯西定理

1° **罗尔定理** 若函数 $f(x)$:(1)在闭区间$[a,b]$上有定义并且是连续的;(2)在此区间内有有限的导数 $f'(x)$;(3)$f(a)=f(b)$,则在区间$(a,b)$内至少存在一个数 $c$,使

$$f'(c)=0.$$

2° **拉格朗日定理** 若函数 $f(x)$:(1)在闭区间$[a,b]$上有定义并且是连续的;(2)在区间$(a,b)$内有有限的导数 $f'(x)$,则

$$f(b)-f(a)=(b-a)f'(c), \quad 其中\ a<c<b$$

(有限增量公式).

3° **柯西定理** 若函数 $f(x)$及 $g(x)$:(1)在闭区间$[a,b]$上有定义并且是连续的;(2)在$(a,b)$内 $f(x)$及 $g(x)$有有限的导数 $f'(x)$及$g'(x)$;(3)当 $a<x<b$, $f'^2(x)+g'^2(x)\neq 0$;(4)$g(a)\neq g(b)$,则

$$\frac{f(b)-f(a)}{g(d)-g(a)}=\frac{f'(c)}{g'(c)},$$

其中 $a<c<b$.

**【1235】** 检验罗尔定理对于函数

$$f(x)=(x-1)(x-2)(x-3)$$

的正确性.

**提示** 除了检验 $f(x)$满足罗尔定理的条件外,还必须检验使 $f'(c)=0$ 中的 $c$ 的存在性,这样,才算完成了检验的目的.

**解** (1) 函数 $f(x)$在$[1,2]$及$[2,3]$上连续;

(2) $f'(x)$在$(1,2)$及$(2,3)$上处处存在;

(3) $f(1)=f(2)=0$ 及 $f(2)=f(3)=0$.

由罗尔定理,应该有 $1<c_1<2$, $2<c_2<3$ 存在,使 $f'(c_1)=0$, $f'(c_2)=0$. 下面,我们验证确有这种 $c_1$, $c_2$ 存在. 易知

$$f'(x)=(x-2)(x-3)+(x-1)(x-3)+(x-1)(x-2)=3x^2-12x+11.$$

令 $f'(x)=0$ 解之,得 $x=2\pm\frac{\sqrt{3}}{3}$,故可取

$$c_1=2-\frac{\sqrt{3}}{3}, \quad c_2=2+\frac{\sqrt{3}}{3};$$

显然 $1<c_1<2$，$2<c_2<3$，且 $f'(c_1)=0$，$f'(c_2)=0$.

**【1236】** 函数

$$f(x)=1-\sqrt[3]{x^2}$$

当 $x_1=-1$ 及 $x_2=1$ 时为零，但是当 $-1\leqslant x\leqslant 1$ 时，$f'(x)\neq 0$. 说明与罗尔定理表面上的矛盾.

**提示** 原因是 $f'(x)=-\dfrac{2}{3\sqrt[3]{x}}$ 在 $x=0$ 处不存在，不满足罗尔定理的第二个条件. 因此，当 $-1\leqslant x\leqslant 1$ 时，可以有 $f'(x)\neq 0$.

**解** $f'(x)=-\dfrac{2}{3\sqrt[3]{x}}$，它在 $[-1,1]$ 上恒不为零，表面上看是与罗尔定理矛盾的. 实际上不然，原因是 $f'(x)$ 在 $x=0$ 处不存在，不满足罗尔定理的第二个条件，故当 $-1\leqslant x\leqslant 1$ 时，可以有 $f'(x)\neq 0$.

**【1237】** 设函数 $f(x)$ 在有限的或无穷的区间 $(a,b)$ 中的任意一点有有限的导数 $f'(x)$，且

$$\lim_{x\to a+0}f(x)=\lim_{x\to b-0}f(x).$$

证明：$f'(c)=0$，其中 $c$ 为区间 $(a,b)$ 中的某点.

**证明思路** 当 $(a,b)$ 为有限区间时，可令

$$F(x)=\begin{cases}f(x), & x\in(a,b),\\ A, & x=a \text{ 与 } b.\end{cases}$$

其中 $A=\lim\limits_{x\to a+0}f(x)=\lim\limits_{x\to b-0}f(x)$.

然后对 $F(x)$ 使用罗尔定理. 当 $(a,b)$ 为无穷区间时，

(1) 若 $a=-\infty$，$b=+\infty$，可令 $x=\tan t\ \left(-\dfrac{\pi}{2}<t<\dfrac{\pi}{2}\right)$，对复合函数 $g(t)=f(\tan t)$ 在 $\left(-\dfrac{\pi}{2},\dfrac{\pi}{2}\right)$ 内仿前讨论.

(2) 若 $a$ 为有限数，$b=+\infty$，则可取 $b_0>\max(a,0)$，令 $x=\dfrac{(b_0-a)t}{b_0-t}$，对 $g(t)=f\left(\dfrac{(b_0-a)t}{b_0-t}\right)$ 在 $(a,b_0)$ 内仿前讨论.

(3) 当 $a=-\infty$，$b$ 为有限数，类似地讨论.

**证** 当 $(a,b)$ 为有限区间时，设

$$F(x)=\begin{cases}f(x), & x\in(a,b),\\ A, & x=a \text{ 与 } b\end{cases}$$

其中 $A=\lim\limits_{x\to a+0}f(x)=\lim\limits_{x\to b-0}f(x)$.

显然 $F(x)$ 在 $[a,b]$ 上连续，在 $(a,b)$ 内可导，且有 $F(a)=F(b)$. 故由罗尔定理可知，在 $(a,b)$ 内至少存在一点 $c$，使 $F'(c)=0$. 而在 $(a,b)$ 内，$F'(x)=f'(x)$，所以，$f'(c)=0$.

下设 $(a,b)$ 为无穷区间. 若 $a=-\infty$，$b=+\infty$，可设

$$x=\tan t\qquad \left(-\frac{\pi}{2}<t<\frac{\pi}{2}\right),$$

则对由函数 $f(x)$ 与 $x=\tan t$ 组成的复合函数 $g(t)=f(\tan t)$ 在有限区间 $\left(-\dfrac{\pi}{2},\dfrac{\pi}{2}\right)$ 内仿前讨论可知：至少存在一点 $t_0\in\left(-\dfrac{\pi}{2},\dfrac{\pi}{2}\right)$，使

$$g'(t_0)=f'(c)\cdot\sec^2 t_0=0,$$

其中 $c=\tan t_0$. 由于 $\sec^2 t_0\neq 0$，故 $f'(c)=0$.

若 $a$ 为有限数，$b=+\infty$ 则可取 $b_0>\max\{a,0\}$，而令

$$x=\frac{(b_0-a)t}{b_0-t}.$$

于是，对复合函数 $g(t)=f\left(\dfrac{(b_0-a)t}{b_0-t}\right)$ 在有限区间 $(a,b_0)$ 上仿前讨论，可知：存在 $t_0\in(a,b_0)$ 使

$$g'(t_0)=f'(c)\cdot\frac{b_0(b_0-a)}{(b_0-t_0)^2}=0,$$

其中 $c=\dfrac{(b_0-a)t_0}{b_0-t_0}$. 显然 $a<c<+\infty$. 由于$\dfrac{b_0(b_0-a)}{(b_0-t_0)^2}>0$,故 $f'(c)=0$.

对于 $a=-\infty$,$b$ 为有限数的情形,可类似地进行讨论. 证毕.

**【1238】** 设函数 $f(x)$:(1)在闭区间$[x_0,x_n]$上有定义且有$(n-1)$阶的连续导数 $f^{(n-1)}(x)$;(2)在区间$(x_0,x_n)$内有 $n$ 阶导数 $f^{(n)}(x)$;(3)下面的等式成立:

$$f(x_0)=f(x_1)=\cdots=f(x_n)\quad(x_0<x_1<\cdots<x_n).$$

证明:在区间$(x_0,x_n)$内至少存在一点 $\xi$,使 $f^{(n)}(\xi)=0$.

**提示** 累次应用罗尔定理.

**证** 在每一个闭区间

$$[x_0,x_1],[x_1,x_2],\cdots,[x_{k-1},x_k],\cdots,[x_{n-1},x_n]$$

上,函数 $f(x)$满足罗尔定理的条件. 因此,存在 $n$ 个点

$$x_1',x_2',\cdots,x_k',\cdots,x_n',$$

其中 $x_k'\in(x_{k-1},x_k)(k=1,2,\cdots,n)$,使

$$f'(x_k')=0\quad(k=1,2,\cdots,n).$$

于是,在每个区间$[x_k',x_{k+1}'](k=1,2,\cdots,n-1)$上,函数$f'(x)$满足罗尔定理的条件. 因此存在点 $x_k''$ 属于$(x_k',x_{k+1}')$ $(k=1,2,\cdots,n-1)$,使

$$f''(x_k'')=0\quad(k=1,2,\cdots,n-1).$$

继续上述步骤,经$(n-1)$次后,得出一个区间$[x_1^{n-1},x_2^{n-1}]\subset(x_0,x_n)$,满足 $f^{(n-1)}(x_k^{n-1})=0(k=1,2)$. 于是在此区间上,函数 $f^{n-1}(x)$满足罗尔定理的条件. 所以,至少存在一点$\xi\in(x_1^{n-1},x_2^{n-1})$,使 $f^{(n)}(\xi)=0$.

**【1239】** 设函数 $f(x)$:(1)在闭区间$[a,b]$上有定义且有$(p+q)$阶的连续导数 $f^{(p+q)}(x)$;(2)在区间$(a,b)$内有$(p+q+1)$阶的导数 $f^{(p+q+1)}(x)$;(3)下面的等式成立:

$$f(a)=f'(a)=\cdots=f^{(p)}(a)=0,\quad f(b)=f'(b)=\cdots=f^{(q)}(b)=0.$$

证明:在此种情形下

$$f^{(p+q+1)}(c)=0,$$

其中 $c$ 为区间$(a,b)$内的某点.

**证** 若 $p=q$.

在$[a,b]$上 $f(x)$满足罗尔定理的条件,因此,至少存在一点 $x_1^{(1)}\in(a,b)$,使 $f'(x_1^{(1)})=0$;

对于区间$[a,x_1^{(1)}]$及$[x_1^{(1)},b]$,函数 $f'(x)$在其上满足罗尔定理的条件,因此,至少分别存在 $x_2^{(1)},x_2^{(2)}$,使

$$f''(x_2^{(1)})=0,\quad f''(x_2^{(2)})=0;\quad\cdots$$

继续上述步骤,经过 $p$ 次后,得出$(p+2)$个点:$a,x_p^{(1)},x_p^{(2)},x_p^{(3)},\cdots,x_p^{(p)},b$ 使

$$f^{(p)}(a)=f^{(p)}(x_p^{(k)})=f^{(p)}(b)=0\quad(k=1,2,\cdots,p);$$

由此$(p+2)$个点组成$(p+1)$个区间,仿 1238 题对于它们重复使用罗尔定理 $p$ 次,即可得出点 $c$ 属于$(a,b)$,使

$$f^{(p+q+1)}(c)=0.$$

若 $p\neq q$,不失一般性,设 $q=p+k$ ($k$ 为某正整数).

当进行$(p+1)$次后,对于函数 $f^{(p)}(x)=0$ 而言,在$(a,b)$内有$(p+1)$个点:$\xi_1,\xi_2,\cdots,\xi_{p+1}$,满足

$$f^{(p+1)}(\xi_k)=0\quad(k=1,2,\cdots,p+1);$$

再加上条件 $f^{(p+1)}(b)=f^{(p+2)}(b)=\cdots=f^{(p+k)}(b)=0$,重复对此再应用罗尔定理 $k$ 次,则在$(a,b)$内仍然存在$(p+1)$个点:$\xi_1^{(k)},\xi_2^{(k)},\cdots,\xi_{p+1}^{(k)}$,使

$$f^{(p+k+1)}(\xi_j^{(k)})=0\quad(j=1,2,\cdots,p+1).$$

以后,每进行一次,减少一个点,进行 $p$ 次后,即可得出 $c\in(a,b)$,使

$$f^{(p+k+p+1)}(c)=0,\quad 即\quad f^{(p+q+1)}(c)=0.$$

证毕.

**【1240】** 证明:若具实系数 $a_k(k=0,1,\cdots,n)$的多项式

$$P_n(x)=a_0x^n+a_1x^{n-1}+\cdots+a_n\quad(a_0\neq 0)$$

之一切根为实数,则其逐次的导数 $P'_n(x),P''_n(x),\cdots,P_n^{(n-1)}(x)$也仅有实根.

**证** 根据假设,此处 $n$ 次多项式 $P_n(x)$有 $n$ 个实根.记其诸实根为 $\alpha_1,\alpha_2,\cdots,\alpha_l$,并且 $\alpha_i$ 是 $k_i$ 重根,$k_i\geqslant 1(i=1,2,\cdots,l)$,有 $k_1+k_2+\cdots+k_l=n$.于是,可改写 $P_n(x)$为

$$P_n(x)=a_0(x-\alpha_1)^{k_1}(x-\alpha_2)^{k_2}\cdots(x-\alpha_l)^{k_l}$$

显见 $\alpha_i$ 为 $P'_n(x)$的 $k_i-1$ 重根$(i=1,2,\cdots,l)$.由$P_n(\alpha_1)=P_n(\alpha_2)=\cdots=P_n(\alpha_l)=0$,$P_n(x)$可微,据罗尔定理,存在$\xi_1,\xi_2,\cdots,\xi_{l-1}$,而$\xi_i\in(\alpha_i,\alpha_{i+1})$,使 $P'_n(\xi_i)=0(i=1,2,\cdots,l-1)$.于是,有

| $P'_n(x)$的根 | $\xi_1,\xi_2,\cdots,\xi_{l-1}$ | $\alpha_1$ | $\alpha_2$ | $\cdots$ | $\alpha_l$ |
|---|---|---|---|---|---|
| 重　数 | 单　根 | $k_1-1$ | $k_2-1$ | $\cdots$ | $k_l-1$ |

即 $n-1$ 次多项式 $P'_n(x)$的根恰有$(k_1-1)+(k_2-1)+\cdots+(k_l-1)+(l-1)=k_1+k_2+\cdots+k_l-1=n-1$ 个,这就是说,一个 $n$ 次多项式,若 $n$ 个根均为实根的话,则其导数 $n-1$ 次多项式的 $n-1$ 个根也必全为实根.反复运用这一结果.由$P'_n(x)$的 $n-1$ 个根皆为实根,便可推知 $P''_n(x)$的 $n-2$ 个根也均为实根.如此下去,即知关于 $P_n(x)$的一切低阶导数——直至 $P^{(n-1)}(x)$也仅有实根.

**【1241】** 证明:勒让德多项式

$$P_n(x)=\frac{1}{2^n n!}\frac{d^n}{dx^n}\{(x^2-1)^n\}$$

的一切根都是实数且包含于区间$(-1,1)$中.

**证** 显然,$2n$ 次多项式 $Q_{2n}(x)=(x^2-1)^n=(x+1)^n(x-1)^n$仅有实根($-1$ 是 $n$ 重根,1 也是 $n$ 重根).因此,根据 1240 题的结果知 $P_n(x)=\frac{1}{2^n n!}\frac{d^n}{dx^n}Q_{2n}(x)$仅有实根,且都含于$[-1,1]$中.但显然$-1$ 和 1 都不是 $P_n(x)$的根(因为,例如,$-1$ 是 $Q_{2n}(x)$的 $n$ 重根,故$-1$ 是$\frac{d^{n-1}}{dx^{n-1}}Q_{2n}(x)$的单根,因而$-1$ 不是$\frac{d^n}{dx^n}Q_{2n}(x)$的根).因此,$P_n(x)$的根全部位于$(-1,1)$中.证毕.

**【1242】** 证明:切比雪夫—拉盖尔多项式 $L_n(x)=e^x\frac{d^n}{dx^n}(x^ne^{-x})$所有的根都是正数.

**证** 令 $Q(x)=x^ne^{-x}$,易知

$$Q^{(m)}(x)=e^{-x}[(-1)^mx^n+(-1)^{m-1}C_m^1nx^{n-1}+\cdots+(-1)C_m^{m-1}n(n-1)\cdots(n-m+2)x^{n-m+1}$$
$$+n(n-1)\cdots(n-m+1)x^{n-m}]\quad(m=1,2,\cdots,n).$$

显然 $Q^{(m)}(0)=0$ $\left(m=0,1,\cdots,n-1;为方便计,以下记Q^{(0)}(x)=Q(x)\right)$,但 $Q^{(n)}(0)=n!\neq 0$.又

$$\lim_{x\to+\infty}Q^{(m)}(x)=0\quad(m=0,1,\cdots,n).$$

对函数 $Q(x)$和区间$(0,+\infty)$应用 1237 题,知存在 $\xi^{(1)}\in(0,+\infty)$使 $Q'(\xi^{(1)})=0$.再对函数 $Q'(x)$和区间$(0,\xi^{(1)})$及$(\xi^{(1)},+\infty)$应用 1237 题,知存在 $\xi_1^{(2)}\in(0,\xi^{(1)})$,$\xi_2^{(2)}\in(\xi^{(1)},+\infty)$使

$$Q''(\xi_i^{(2)})=0\quad(i=1,2).$$

这样继续下去,反复应用 1237 题 $n$ 次,知存在 $0<\xi_1^{(n)}<\xi_2^{(n)}<\cdots<\xi_n^{(n)}<+\infty$使

$$Q^{(n)}(\xi_i^{(n)})=0\quad(i=1,2,\cdots,n).$$

显然 $L_n(\xi_i^{(n)})=0$ $(i=1,2,\cdots,n)$,故 $\xi_i^{(n)}$ $(i=1,2,\cdots,n)$都是$L_n(x)$的根.但由于

$$L_n(x)=e^xQ^{(n)}(x)=(-1)^nx^n+(-1)^{n-1}C_n^1nx^{n-1}+\cdots+(-1)C_n^{n-1}n!x+n!$$

是 $x$ 的 $n$ 次多项式,故 $L_n(x)$恰有 $n$ 个根(实的或复的),因此 $\xi_i^{(n)}$ $(i=1,2,\cdots,n)$是 $L_n(x)$的全部根.证毕.

**【1243】** 证明:切比雪夫—埃尔米特多项式 $H_n(x)=(-1)^ne^{x^2}\frac{d^n}{dx^n}(e^{-x^2})$所有的根都是实数.

**证** 设 $Q(x)=e^{-x^2}$，显然有

$$Q'(x)=-2xe^{-x^2},\quad Q''(x)=2e^{-x^2}(\sqrt{2}x+1)(\sqrt{2}x-1),$$

从而得知 $Q'(x)=0$ 有一个实根，$Q''(x)=0$ 有两个相异的实根.

设 $Q^{(k)}(x)=0$ 有 $k$ 个相异实根，并记成 $\alpha_1<\alpha_2<\cdots<\alpha_k$，注意到 $Q^{(k)}(x)$ 是 $e^{-x^2}$ 与一个 $k$ 次多项式的乘积，从而就有

$$Q^{(k)}(x)=Ae^{-x^2}(x-\alpha_1)(x-\alpha_2)\cdots(x-\alpha_k),$$

其中 $A\neq0$ 为某个常数. 下面我们将证 $Q^{(k+1)}(x)=0$ 有 $k+1$ 个相异实根. 事实上，由

$$Q^{(k)}(\alpha_i)=Q^{(k)}(\alpha_{i+1})\quad(i=1,2,\cdots,k-1)$$

应用罗尔定理得知，存在 $\beta_i\in(\alpha_i,\alpha_{i+1})$，使

$$Q^{(k+1)}(\beta_i)=0\quad(i=1,2,\cdots,k-1).$$

又由于 $\lim\limits_{x\to-\infty}Q^{(k)}(x)=0$ 及 $Q^{(k)}(\alpha_1)=0$，利用 1237 题的结果，故知存在 $\beta_0\in(-\infty,\alpha_1)$，使 $Q^{(k+1)}(\beta_0)=0$.

同法可知，存在 $\beta_k\in(\alpha_k,+\infty)$，使 $Q^{(k+1)}(\beta_k)=0$.

于是，$Q^{(k+1)}(x)=0$ 有 $k+1$ 个实根. 故由数学归纳法知，$Q^{(n)}(x)=0$ 有 $n$ 个相异实根($n=1,2,\cdots$)，从而，$H_n(x)$ 有 $n$ 个相异实根. 但是由于 $H_n(x)$ 是 $x$ 的一个 $n$ 次多项式，故 $H_n(x)$ 恰有 $n$ 个根(实的或复的). 因此，$H_n(x)$ 所有的根都是实数. 证毕.

**【1244】** 在曲线 $y=x^3$ 上某点的切线，平行于连接点 $A(-1,-1)$ 及点 $B(2,8)$ 所成的弦，求出此点.

**提示** 设所求的点为$(x_0,y_0)$，由题设可得 $3x_0^2=\frac{8-(-1)}{2-(-1)}=3$.

**解** 由题设知 $y=x^3$ 在所求点$(x_0,y_0)$的切线斜率应为 $y'(x_0)=3x_0^2=\frac{8-(-1)}{2-(-1)}=3$. 于是，

$$x_0=-1,\quad 或\quad x_0=1,$$

故所求的点为 $A(-1,-1)$ 及 $C(1,1)$.

**【1245】** 若 $ab<0$，有限增量公式对于函数 $f(x)=\frac{1}{x}$ 在闭区间$[a,b]$上是否正确?

**提示** 不正确. 否则会产生矛盾.

**解** 不正确. 事实上，如果有限增量公式在此成立，则有

$$f(b)-f(a)=f'(\xi)(b-a),\quad \xi\in(a,b),$$

即

$$\frac{1}{b}-\frac{1}{a}=-\frac{1}{\xi^2}(b-a)=\frac{a-b}{\xi^2}.$$

但是 $\frac{1}{b}-\frac{1}{a}=\frac{a-b}{ab}$. 所以 $\frac{a-b}{\xi^2}=\frac{a-b}{ab}$，即有 $\xi^2=ab<0$，这样产生矛盾. 因此，有限增量公式对于函数 $f(x)=\frac{1}{x}$ 在$[a,b]$($ab<0$)上不正确. 原因是 $f'(x)$ 在 $x=0$ 处不存在，故有限增量公式的条件不满足.

**【1246】** 设:

(1) $f(x)=ax^2+bx+c\ (a\neq0)$； (2) $f(x)=x^{3^+}$； (3) $f(x)=\frac{1}{x}^{+}$； (4) $f(x)=e^x$.

求满足 $f(x+\Delta x)-f(x)=\Delta xf'(x+\theta\Delta x)\quad(0<\theta<1)$ 的函数 $\theta=\theta(x,\Delta x)$.

**解** (1) $f'(x)=2ax+b$. 于是，有

$$a(x+\Delta x)^2+b(x+\Delta x)+c-ax^2-bx-c=\Delta x[2a(x+\theta\Delta x)+b].$$

化简之，得 $\theta=\frac{1}{2}$.

(2) $f'(x)=3x^2$. 于是，有

$$(x+\Delta x)^3-x^3=3\Delta x(x+\theta\Delta x)^2.$$

如果 $x=0$，则 $\theta=\frac{\sqrt{3}}{3}$；如果 $x\neq0$，化简整理得

$$3\theta^2\Delta x+6\theta x-(3x+\Delta x)=0,$$

从而有

$$\theta=\frac{\pm\sqrt{x^2+x\Delta x+\frac{1}{3}(\Delta x)^2}-x}{\Delta x}.$$

其中正负号的取法由 $x$ 及 $\Delta x$ 的符号及条件 $0<\theta<1$ 决定.例如,当 $x\geqslant0$, $\Delta x>0$ 时,根式前应取正号.

(3) $f'(x)=-\frac{1}{x^2}$. 于是,有

$$\frac{1}{x+\Delta x}-\frac{1}{x}=-\frac{\Delta x}{(x+\theta\Delta x)^2}.$$

化简之,得

$$\theta^2(\Delta x)^2+2x\theta\Delta x-x\Delta x=0,\quad 或\quad \theta^2+2\frac{x}{\Delta x}\theta-\frac{x}{\Delta x}=0,$$

故 $\theta=\frac{x}{\Delta x}\left(\pm\sqrt{1+\frac{\Delta x}{x}}-1\right)$. 此处取正负号要视确保 $\theta\in(0,1)$ 而定,且应有 $\frac{\Delta x}{x}>-1\quad(x\neq0)$.

(4) $f'(x)=e^x$. 于是,有

$$e^{x+\Delta x}-e^x=\Delta x e^{x+\theta\Delta x},\quad \theta=\frac{1}{\Delta x}\ln\frac{e^{\Delta x}-1}{\Delta x},$$

可以验证 $\theta\in(0,1)$.

**【1247】** 证明:若 $x\geqslant0$,则

$$\sqrt{x+1}-\sqrt{x}=\frac{1}{2\sqrt{x+\theta(x)}},$$

其中 $\frac{1}{4}\leqslant\theta(x)\leqslant\frac{1}{2}$,并且 $\lim\limits_{x\to+0}\theta(x)=\frac{1}{4}$, $\lim\limits_{x\to+\infty}\theta(x)=\frac{1}{2}$.

**证** 当 $x\geqslant0$ 时,对函数 $\sqrt{x}$ 施用有限增量公式,即得

$$\sqrt{x+1}-\sqrt{x}=\frac{1}{2\sqrt{x+\theta(x)}},$$

解之,得

$$\theta(x)=\frac{1}{4}+\frac{1}{2}[\sqrt{x(x+1)}-x].$$

当 $x=0$ 时,$\theta=\frac{1}{4}$. 当 $x>0$ 时,有

$$0\leqslant\sqrt{x(x+1)}-x=\frac{x}{\sqrt{x(x+1)}+x}<\frac{x}{2x}=\frac{1}{2}.$$

于是,

$$\frac{1}{4}\leqslant\theta(x)<\frac{1}{4}+\frac{1}{4}=\frac{1}{2},$$

且有

$$\lim_{x\to+0}\theta(x)=\frac{1}{4},\quad \lim_{x\to+\infty}\theta(x)=\lim_{x\to+\infty}\left\{\frac{1}{4}+\frac{x}{2[\sqrt{x(x+1)}+x]}\right\}=\frac{1}{2}.$$

**【1248】** 设 $f(x)=\begin{cases}\frac{3-x^2}{2}, & 0\leqslant x\leqslant1,\\ \frac{1}{x}, & 1<x<+\infty.\end{cases}$

在闭区间 $[0,2]$ 上对于函数 $f(x)$ 求有限增量公式中的中间值 $c$.

**解** $f(0)=\frac{3}{2}$, $f(2)=\frac{1}{2}$, $f'(x)=\begin{cases}-x, & 0\leqslant x\leqslant1,\\ -\frac{1}{x^2}, & 1<x<+\infty.\end{cases}$

按题设有

$$\frac{1}{2}-\frac{3}{2}=-c(2-0) \quad 或 \quad \frac{1}{2}-\frac{3}{2}=-\frac{1}{c^2}(2-0),$$

所以，$c=\frac{1}{2}$或$c=\sqrt{2}$（$-\sqrt{2}$不适合），此即所求的中间值$c$.

**【1249】** 设$f(x)-f(0)=xf'[\xi(x)]$，其中$0<\xi(x)<x$.

证明：若

$$f(x)=\begin{cases} x\sin(\ln x), & x>0, \\ 0, & x=0, \end{cases}$$

则函数$\xi=\xi(x)$在任意小的区间$(0,\varepsilon)$内$(\varepsilon>0)$是不连续的.

**提示** 用反证法即可获证.

**证** 用反证法.假定$\xi(x)$在某区间$(0,\varepsilon)$内连续$(\varepsilon>0)$.由于当$x>0$时，

$$f'(x)=\sin(\ln x)+\cos(\ln x)=\sqrt{2}\sin\left(\frac{\pi}{4}+\ln x\right),$$

故由$f(x)-f(0)=xf'[\xi(x)]$得

$$x\sin(\ln x)=x\sqrt{2}\sin\left(\frac{\pi}{4}+\ln\xi(x)\right),$$

从而，

$$\sin(\ln x)=\sqrt{2}\sin\left(\frac{\pi}{4}+\ln\xi(x)\right), \quad 0<x<+\infty.$$

现取一个充分大的正整数$N$，使

$$-2N\pi+\frac{\pi}{4}<\ln\xi\left(\frac{\varepsilon}{2}\right).$$

由$0<\xi(x)<x$知$\lim\limits_{x\to0+0}\xi(x)=0$，从而，

$$\lim_{x\to0+0}\ln\xi(x)=-\infty.$$

因此，可取$0<\delta<\frac{\varepsilon}{2}$，使

$$\ln\xi(\delta)<-2N\pi+\frac{\pi}{4}.$$

由于$\ln\xi(x)$在$\left[\delta,\frac{\varepsilon}{2}\right]$上连续，根据中间值定理，必有$x_0\in\left(\delta,\frac{\varepsilon}{2}\right)$存在，使

$$\ln\xi(x_0)=-2N\pi+\frac{\pi}{4}.$$

于是，$1\geqslant\sin(\ln x_0)=\sqrt{2}\sin\left(\frac{\pi}{4}+\ln\xi(x_0)\right)=\sqrt{2}$，这是不可能的.证毕.

**【1250】** 设函数$f(x)$在区间$(a,b)$内有连续的导数$f'(x)$.对于区间$(a,b)$内任何一点$\xi$，可否从此区间中指出另外的两点$x_1$及$x_2$，使得

$$\frac{f(x_2)-f(x_1)}{x_2-x_1}=f'(\xi) \quad (x_1<\xi<x_2)?$$

**提示** 研究函数$f(x)=x^3$ $(-1<x<1)$，它对于$\xi=0$就找不到所需的$x_1$及$x_2$.

**解** 一般地说，不可以.例如，研究函数

$$f(x)=x^3 \quad (-1<x<1),$$

它对于$\xi=0$就找不到所需的$x_1$和$x_2$，使得

$$\frac{f(x_2)-f(x_1)}{x_2-x_1}=f'(\xi).$$

事实上，$f'(\xi)=3\xi^2=0$，而当$x_1<0<x_2$时，

$$\frac{f(x_2)-f(x_1)}{x_2-x_1}=\frac{x_2^3-x_1^3}{x_2-x_1}=x_2^2+x_1x_2+x_1^2=x_2^2+x_1^2-|x_1||x_2|>x_2^2+x_1^2-2|x_1||x_2|$$

$$=(|x_1|-|x_2|)^2>0.$$

**【1251】** 证明下列不等式：

(1) $|\sin x-\sin y|\leqslant|x-y|$；

(2) $py^{p-1}(x-y)<x^p-y^p<px^{p-1}(x-y)$ *) $(0<y<x,p>1)$；

(3) $|\arctan a-\arctan b|\leqslant|a-b|$；

(4) $\frac{a-b}{a}<\ln\frac{a}{b}<\frac{a-b}{b}$，设 $0<b<a$.

**证** (1) $|\sin x-\sin y|=|(x-y)\cos\xi|\leqslant|x-y|$（$\xi$ 在 $x,y$ 之间）.

(2) $x^p-y^p=p(x-y)\xi^{p-1}$，其中 $0<y<\xi<x$. 由于 $p>1$，所以，$y^{p-1}<\xi^{p-1}<x^{p-1}$. 于是，$py^{p-1}(x-y)<x^p-y^p<px^{p-1}(x-y)$.

*) 原题的不等式中的等号可以去掉.

(3) $|\arctan a-\arctan b|=\left|\frac{a-b}{1+\xi^2}\right|\leqslant|a-b|$.

(4) $\ln a-\ln b=\frac{a-b}{\xi}$，其中 $0<b<\xi<a$. 于是，$\frac{a-b}{a}<\ln\frac{a}{b}<\frac{a-b}{b}$.

**【1252】** 说明在闭区间 $[-1,1]$ 上柯西定理对于函数 $f(x)=x^2$ 及 $g(x)=x^3$ 何以不真？

**提示** 注意当 $x=0$ 时，$[f'(x)]^2+[g'(x)]^2=0$.

**解** $f(x)$ 及 $g(x)$ 在 $[-1,1]$ 上虽有连续的导数，且 $g(-1)\neq g(1)$，但是，当 $x=0$ 时，

$$[f'(x)]^2+[g'(x)]^2=4x^2+9x^4=0,$$

因此，对于函数 $f(x)$ 及 $g(x)$ 不满足柯西定理的条件，所以结论可以不真. 事实上，

$$\frac{f(1)-f(-1)}{g(1)-g(-1)}=0,$$

而

$$\frac{f'(\xi)}{g'(\xi)}=\frac{2\xi}{3\xi^2}\neq 0,\quad \xi\in(-1,1),\quad \xi\neq 0,$$

它们是不相等的.

**【1253】** 设函数 $f(x)$ 在闭区间 $[x_1,x_2]$ 上可微，并且 $x_1x_2>0$，证明：

$$\frac{1}{x_1-x_2}\begin{vmatrix} x_1 & x_2 \\ f(x_1) & f(x_2)\end{vmatrix}=f(\xi)-\xi f'(\xi),$$

其中 $x_1<\xi<x_2$.

**证明思路** 令 $g(x)=\frac{1}{x}$，$F(x)=\frac{f(x)}{x}$，注意由于 $x_1x_2>0$，故 $x=0$ 在 $[x_1,x_2]$ 之外. 对于 $F(x)$ 和 $g(x)$ 应用柯西定理.

**证** 设 $g(x)=\frac{1}{x}$，$F(x)=\frac{f(x)}{x}$，由于 $x_1x_2>0$，故 $x=0$ 在 $[x_1,x_2]$ 之外. 从而，$g(x)$ 和 $F(x)$ 均在 $[x_1,x_2]$ 上可微，且有

$$[g'(x)]^2+[F'(x)]^2=\frac{1}{x^4}\{1+[xf'(x)-f(x)]^2\}\neq 0 \quad 及 \quad g(x_1)\neq g(x_2).$$

因此，对于函数 $F(x)$ 和 $g(x)$ 满足柯西定理的条件，故在 $(x_1,x_2)$ 内至少存在一点 $\xi$，使有

$$\frac{F(x_2)-F(x_1)}{g(x_2)-g(x_1)}=\frac{F'(\xi)}{g'(\xi)},\quad 即\quad \frac{\frac{f(x_2)}{x_2}-\frac{f(x_1)}{x_1}}{\frac{1}{x_2}-\frac{1}{x_1}}=\frac{\frac{\xi f'(\xi)-f(\xi)}{\xi^2}}{-\frac{1}{\xi^2}},$$

化简整理，即得

$$\frac{1}{x_1-x_2}\begin{vmatrix} x_1 & x_2 \\ f(x_1) & f(x_2)\end{vmatrix}=f(\xi)-\xi f'(\xi).$$

**【1254】** 证明：若函数 $f(x)$ 在有限的区间 $(a,b)$ 内可微，但无界，则其导数 $f'(x)$ 在区间 $(a,b)$ 内也无

界. 逆定理不真(举出例子).

**提示** 用反证法及拉格朗日定理. 其逆不真,例如,$f(x)=\sin\frac{1}{x}\ (0<x<\frac{1}{2})$.

**证** 在开区间$(a,b)$内,由于导数存在,因此,$f(x)$在$(a,b)$内连续.

现在假定$|f'(x)|<N\ (a<x<b)$,即$f'(x)$是有界的. 取定$c\in(a,b)$,则按有限增量公式可知,对任何$a<x<b$,均有

$$|f(x)-f(c)|=|x-c|\,|f'(\xi)|<N(b-a).$$

其中$\xi$在$c$与$x$之间,从而属于$(a,b)$.

因为$|f(x)-f(c)|\geqslant|f(x)|-|f(c)|$,所以,$|f(x)|<|f(c)|+N(b-a)$. 此与$f(x)$是无界的条件相矛盾,所以$f'(x)$是无界的.

反之不一定正确. 例如,函数$f(x)=\sin\frac{1}{x}$在$\left(0,\frac{1}{2}\right)$内有界,但其导数却是无界的.

**注意** 在无限区间内无界的函数的导数可能有界. 例如,函数$f(x)=\ln x$在$(1,+\infty)$内无界,但其导数$f'(x)=\frac{1}{x}$在$(1,+\infty)$内却是有界的.

**【1255】** 证明:若函数$f(x)$在有限或无穷的区间$(a,b)$内有有界的导数$f'(x)$,则$f(x)$在$(a,b)$中一致连续.

**提示** 利用拉格朗日定理.

**证** 设当$x\in(a,b)$时,$|f'(x)|\leqslant M$. 对于任给的$\varepsilon>0$,取$\delta=\frac{\varepsilon}{M}$,则当$x_1,x_2\in(a,b)$且$|x_1-x_2|<\delta$时,就有

$$|f(x_1)-f(x_2)|=|x_1-x_2|\,|f'(\xi)|\leqslant M|x_1-x_2|<\varepsilon,\quad(\xi\text{在}x_1\text{与}x_2\text{之间}),$$

于是,$f(x)$在$(a,b)$内一致连续.

**【1256】** 证明:若函数$f(x)$在无穷的区间$(x_0,+\infty)$内可微,且

$$\lim_{x\to+\infty}f'(x)=0,\quad \text{则}\quad \lim_{x\to+\infty}\frac{f(x)}{x}=0,$$

即:当$x\to+\infty$时,$f(x)=o(x)$.

**证** 由于$\lim\limits_{x\to+\infty}f'(x)=0$,故对任给的$\varepsilon>0$,存在$X_1>0$,使当$x>X_1$时,恒有

$$|f'(x)|<\frac{\varepsilon}{2}.$$

今在$(X_1,+\infty)$内任取一点$a$,则当$x>a$时,由有限增量公式可得

$$|f(x)-f(a)|=|x-a|\,|f'(\xi)|<\frac{\varepsilon}{2}|x-a|.$$

由于

$$|f(x)|-|f(a)|\leqslant|f(x)-f(a)|,$$

所以,

$$|f(x)|\leqslant|f(a)|+\frac{\varepsilon}{2}|x-a|.$$

再取$X_2>a$,使$\frac{|f(a)|}{X_2}<\frac{\varepsilon}{2}$,则当$x>X_2$时,恒有

$$\left|\frac{f(x)}{x}\right|\leqslant\frac{|f(a)|}{x}+\frac{\varepsilon}{2}\,\frac{|x-a|}{x}<\frac{|f(a)|}{X_2}+\frac{\varepsilon}{2}<\frac{\varepsilon}{2}+\frac{\varepsilon}{2}=\varepsilon.$$

所以,$\lim\limits_{x\to+\infty}\frac{f(x)}{x}=0$,即:当$x\to+\infty$时,$f(x)=o(x)$.

**【1257】** 证明:若函数$f(x)$在无穷的区间$(x_0,+\infty)$内可微,且当$x\to+\infty$时,$f(x)=o(x)$,则

$$\varliminf_{x\to+\infty}|f'(x)|=0.$$

**证** 由条件 $\lim\limits_{x\to+\infty}\frac{f(x)}{x}=0$ 易得对于任意常数 $a>x_0$，均有

$$\lim_{x\to+\infty}\frac{f(x)-f(a)}{x-a}=\lim_{x\to+\infty}\left[\frac{f(x)}{x}\left(1+\frac{a}{x-a}\right)-\frac{f(a)}{x-a}\right]=0.$$

于是，对于 $\varepsilon_n=\frac{1}{n}$，$a_n=\max\{n,x_0+1\}(n=1,2,\cdots)$，总存在 $b_n>a_n$，使

$$\left|\frac{f(b_n)-f(a_n)}{b_n-a_n}\right|<\varepsilon_n.$$

由拉格朗日定理知，存在 $x_n$：$a_n<x_n<b_n$，使得

$$f'(x_n)=\frac{f(b_n)-f(a_n)}{b_n-a_n},\quad 即\quad |f'(x_n)|<\varepsilon_n\quad (n=1,2,\cdots).$$

从而，$\lim\limits_{n\to+\infty}|f'(x_n)|=0$. 由于 $x_n>a_n\geqslant n$，故 $\lim\limits_{n\to\infty}x_n=+\infty$. 由此可知 $\underline{\lim}\limits_{x\to+\infty}|f'(x)|=0$.

**【1258】** (1) 证明：若函数 $f(x)$：(ⅰ)在闭区间 $[x_0,X]$ 上有定义并且是连续的；(ⅱ)在区间 $(x_0,X)$ 内有有限的导数 $f'(x)$；(ⅲ)存在有限或无穷的极限

$$\lim_{x\to x_0+0}f'(x)=f'(x_0+0),$$

则相应地存在有限或无穷的单侧导数 $f'_+(x_0)$ 且 $f'_+(x_0)=f'(x_0+0)$.

(2) 证明：函数 $f(x)=\begin{cases}\arctan\frac{1+x}{1-x}, & x\neq 1,\\ 0, & x=1\end{cases}$ 存在有限的极限 $\lim\limits_{x\to1}f'(x)$，但是函数 $f(x)$ 没有单侧的导数 $f'_-(1)$ 及 $f'_+(1)$.

给出这个事实的几何解释.

**证** (1) 由有限增量公式，有

$$\frac{f(x_0+\Delta x)-f(x_0)}{\Delta x}=f'(x_0+\theta\Delta x)\quad (0<\theta<1),$$

当 $\Delta x\to+0$ 时，$x_0+\theta\Delta x\to x_0+0$.

由假设条件知 $\lim\limits_{\Delta x\to+0}f'(x_0+\theta\Delta x)=f'(x_0+0)$，所以有

$$\lim_{\Delta x\to+0}\frac{f(x_0+\Delta x)-f(x_0)}{\Delta_0}=f'(x_0+0),$$

即 $f'_+(x_0)=f'(x_0+0)$，

(2) 当 $x\neq1$ 时，
$$f'(x)=\frac{1}{1+\left(\frac{1+x}{1-x}\right)^2}\cdot\frac{1-x+1+x}{(1-x)^2}=\frac{1}{1+x^2}.$$

于是，
$$\lim_{x\to1}f'(x)=\lim_{x\to1}\frac{1}{1+x^2}=\frac{1}{2}.$$

但是，
$$\lim_{x\to1-0}\frac{f(x)-f(1)}{x-1}=\lim_{x\to1-0}\frac{\arctan\frac{1+x}{1-x}}{x-1}=-\infty$$

及
$$\lim_{x\to1+0}\frac{f(x)-f(1)}{x-1}=\lim_{x\to1+0}\frac{\arctan\frac{1+x}{1-x}}{x-1}=-\infty,$$

所以 $f'_-(1)$ 及 $f'_+(1)$ 皆不存在.

$y=f(x)$ 的图像如图 2.38 所示.

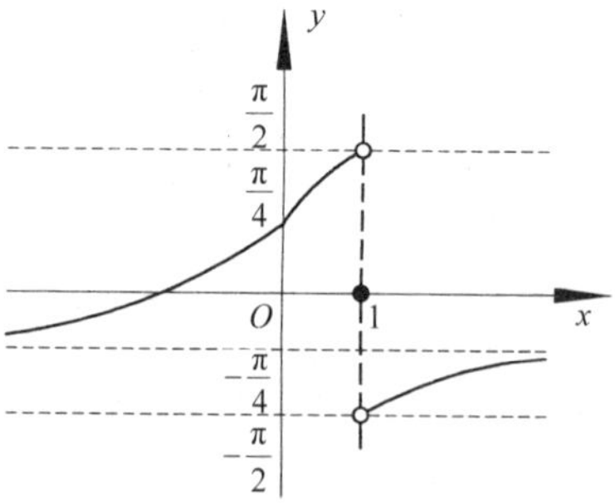

图 2.38

当 $x\to1-0$ 时，$f(x)\to\frac{\pi}{2}$；当 $x\to1+0$ 时，$f(x)\to-\frac{\pi}{2}$.

即 $x=1$ 为 $f(x)$ 的第一类不连续点，即在 $x=1$ 处 $f(x)$ 产生突跃，所以 $f(x)$ 在 $x=1$ 处无导数.

**【1259】** 证明：若当 $a<x<b$ 时，$f'(x)=0$，则当 $a<x<b$ 时，$f(x)=$常数.

**提示** 在 $(a,b)$ 内取一定点 $x_0$，当 $a<x<b$ 时，利用拉格朗日定理及题设条件，命题易获证.

**证** 在 $(a,b)$ 内取一定点 $x_0$，则当 $a<x<b$ 时，按有限增量公式可得

$$f(x)-f(x_0)=f'(c)(x-x_0),$$

其中 $c$ 在 $x_0$ 与 $x$ 之间. 由于 $f'(c)=0$,故 $f(x)-f(x_0)=0$,即 $f(x)=f(x_0)=$常数.

**【1260】** 证明:导数为常数 $f'(x)=k$ 的唯一函数 $f(x)$ $(-\infty<x<+\infty)$是线性函数 $f(x)=kx+b$.

**证明思路** 注意到$[f(x)-kx]'=f'(x)-k=0$,利用 1259 题的结果,命题易获证.

**证** $[f(x)-kx]'=f'(x)-k=k-k=0$,于是,利用 1259 题的结果,即知

$$f(x)-kx=b \quad (b\text{ 为常数}),$$

故 $f(x)$必为线性函数: $f(x)=kx+b$. 证毕.

**【1261】** 若 $f^{(n)}(x)=0$,则函数 $f(x)$有什么性质?

**解** 由 $f^{(n)}(x)=0$,于是,$f^{(n-1)}(x)=c$($c$ 为常数). 再由 1260 题的结果得知

$$f^{(n-2)}(x)=cx+b.$$

假设

$$f^{(k)}(x)=a_0+a_1x+a_2x^2+\cdots+a_{n-k-1}x^{n-k-1},$$

并令

$$\Phi(x)=f^{(k-1)}(x)-\left(a_0x+\frac{1}{2}a_1x^2+\cdots+\frac{1}{n-k}a_{n-k-1}x^{n-k}\right),$$

则有 $\Phi'(x)=f^{(k)}(x)-(a_0+a_1x+\cdots+a_{n-k-1}x^{n-k-1})=0$.

由 1259 题知 $\Phi(x)=b_0$,并记 $a_0=b_1,\frac{1}{2}a_1=b_2,\cdots,\frac{1}{n-k}a_{n-k-1}=b_{n-k}$,则有

$$f^{(k-1)}(x)=b_0+b_1x+b_2x^2+\cdots+b_{n-k}x^{n-k}.$$

依数学归纳法便有

$$f(x)=c_0+c_1x+c_2x^2+\cdots+c_{n-1}x^{n-1},$$

它是 $n-1$ 次多项式,其中 $c_0,c_1,\cdots,c_{n-1}$是任意常数.

**【1262】** 证明:满足方程 $y'=\lambda y$ ($\lambda=$常数)的唯一函数 $y=y(x)$ $(-\infty<x<+\infty)$是指数函数 $y=Ce^{\lambda x}$,其中 $C$ 为任意常数.

**证明思路** 注意到$(ye^{-\lambda x})'=y'e^{-\lambda x}-\lambda ye^{-\lambda x}=\lambda ye^{-\lambda x}-\lambda ye^{-\lambda x}=0$,利用 1259 题的结果,命题易获证.

**证** $(ye^{-\lambda x})'=y'e^{-\lambda x}-\lambda ye^{-\lambda x}=\lambda ye^{-\lambda x}-\lambda ye^{-\lambda x}=0$,于是,$ye^{-\lambda x}=C$ ($C$ 为常数),即 $y=Ce^{\lambda x}$.

**【1263】** 检验函数

$$f(x)=\arctan\frac{x+a}{1-ax},\quad g(x)=\arctan x$$

在区间:(1) $ax<1$ 及 (2) $ax>1$ 内有相同的导数.

推出这些函数间的关系.

**解** 当 $ax<1$ 或 $ax>1$ 时,

$$f'(x)=\frac{1}{1+\left(\frac{x+a}{1-ax}\right)^2}\cdot\frac{1-ax+a(x+a)}{(1-ax)^2}=\frac{1}{1+x^2},\quad g'(x)=\frac{1}{1+x^2},$$

故有 $f'(x)=g'(x)$ $(ax<1$ 或 $ax>1)$. 因此,

$$\text{当 } ax<1 \text{ 时},\quad f(x)-g(x)=C_1, \tag{1}$$

$$\text{当 } ax>1 \text{ 时},\quad f(x)-g(x)=C_2, \tag{2}$$

下面确定常数 $C_1$ 与 $C_2$. 设 $a>0$ ($a<0$ 情形可类似地讨论).

在(1)中令 $x\to-\infty$,得$-\arctan\frac{1}{a}+\frac{\pi}{2}=C_1$,故 $C_1=\arctan a$. 因此,

$$\arctan\frac{x+a}{1-ax}-\arctan x=\arctan a \quad (ax<1).$$

在(2)中令 $x\to+\infty$,得$-\arctan\frac{1}{a}-\frac{\pi}{2}=C_2$,故 $C_2=\arctan a-\pi$. 因此,

$$\arctan\frac{x+a}{1-ax}-\arctan x=\arctan a-\pi \qquad (ax>1).$$

**【1264】** 证明下列恒等式：

(1) $2\arctan x+\arcsin\dfrac{2x}{1+x^2}=\pi\operatorname{sgn}x$，当 $|x|\geqslant 1$；

(2) $3\arccos x-\arccos(3x-4x^3)=\pi$，当 $|x|\leqslant\dfrac{1}{2}$.

**证** (1) 当 $|x|>1$ 时，由于

$$\left(2\arctan x+\arcsin\frac{2x}{1+x^2}\right)'=\frac{2}{1+x^2}+\frac{1}{\sqrt{1-\dfrac{4x^2}{(1+x^2)^2}}}\cdot\frac{2(1+x^2)-4x^2}{(1+x^2)^2}=0,$$

故 $2\arctan x+\arcsin\dfrac{2x}{1+x^2}=C_1$，当 $x>1$ 时； $2\arctan x+\arcsin\dfrac{2x}{1+x^2}=C_2$，当 $x<-1$ 时.

下面确定常数 $C_1$ 与 $C_2$. 令 $x=\sqrt{3}$，代入前一式，得 $C_1=\pi$；令 $x=-\sqrt{3}$，代入后一式，得 $C_2=-\pi$. 从而，当 $|x|\neq 1$ 时，有

$$2\arctan x+\arcsin\frac{2x}{1+x^2}=\begin{cases}\pi, & x>1,\\ -\pi, & x<-1.\end{cases}$$

而当 $|x|=1$ 时，上式仍然成立. 于是，当 $|x|\geqslant 1$ 时，有

$$2\arctan x+\arcsin\frac{2x}{1+x^2}=\pi\operatorname{sgn}x.$$

(2) 当 $|x|<\dfrac{1}{2}$ 时，由于

$$[3\arccos x-\arccos(3x-4x^3)]'=-\frac{3}{\sqrt{1-x^2}}+\frac{1}{\sqrt{1-(3x-4x^3)^2}}\cdot(3-12x^2)=0,$$

故有

$$3\arccos x-\arccos(3x-4x^3)=C\quad\left(-\frac{1}{2}<x<\frac{1}{2}\right).$$

其中 $C$ 为常数. 令 $x=0$，代入上式，即可求出 $C=\pi$. 于是，

$$3\arccos x-\arccos(3x-4x^3)=\pi\quad\left(-\frac{1}{2}<x<\frac{1}{2}\right).$$

由于上式左端的函数在 $x=\dfrac{1}{2}$ 左连续，在 $x=-\dfrac{1}{2}$ 右连续，分别取极限即知上式当 $x=\dfrac{1}{2}$ 和 $x=-\dfrac{1}{2}$ 时也成立. 于是，

$$3\arccos x-\arccos(3x-4x^3)=\pi\quad\left(|x|\leqslant\frac{1}{2}\right).$$

**【1265】** 证明：若函数 $f(x)$ (1)在闭区间 $[a,b]$ 上是连续的；(2)在此区间内有有限的导数 $f'(x)$；(3)不是线性函数，则在区间 $(a,b)$ 内至少能找到一点 $c$，使得

$$|f'(c)|>\left|\frac{f(b)-f(a)}{b-a}\right|.$$

给出这个事实的几何解释.

**证** 当 $a\leqslant x\leqslant b$ 时，设

$$F(x)=f(x)-f(a)-\frac{f(b)-f(a)}{b-a}(x-a).$$

易知 $F(a)=F(b)=0$，且当 $a<x<b$ 时，$F(x)\not\equiv 0$ (因为 $f(x)$ 为非线性函数). 设在 $c_1\,(a<c_1<b)$ 点，$F(c_1)\neq 0$，不妨设 $F(c_1)>0$，在区间 $[a,c_1]$ 与 $[c_1,b]$ 上分别应用拉格朗日定理，可知存在 $\xi_1\in(a,c_1)$ 使

$$F'(\xi_1)=\frac{F(c_1)-F(a)}{c_1-a}=\frac{F(c_1)}{c_1-a}>0;$$

存在 $\xi_2\in(c_1,b)$，使

$$F'(\xi_2)=\frac{F(b)-F(c_1)}{b-c_1}=-\frac{F(c_1)}{b-c_1}<0.$$

因而，

$$f'(\xi_1)>\frac{f(b)-f(a)}{b-a},\qquad(1)$$

$$f'(\xi_2)<\frac{f(b)-f(a)}{b-a},\qquad(2)$$

由此可知：

当 $\frac{f(b)-f(a)}{b-a}\geqslant 0$ 时，由(1)，$|f'(\xi_1)|>\left|\frac{f(b)-f(a)}{b-a}\right|$；

当 $\frac{f(b)-f(a)}{b-a}<0$ 时，由(2)，$|f'(\xi_2)|>\left|\frac{f(b)-f(a)}{b-a}\right|$.

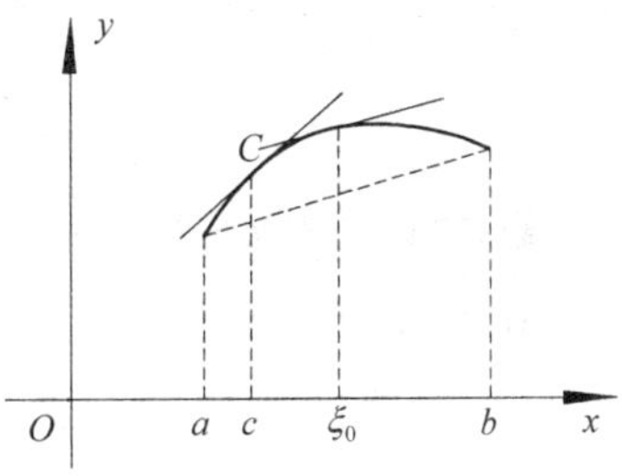


图 2.39

于是，命题得证.

这个事实的几何意义是：对于一条非直线的连续曲线段(线段上每点都存在不垂直于 $Ox$ 轴的切线)，在曲线上至少存在一点 $C$，使曲线在该点的切线斜率的绝对值大于连接该线段两个端点 $(a,f(a))$ 和 $(b,f(b))$ 的弦的斜率的绝对值，换句话说，此切线比此弦"陡"，如图 2.39 所示.

**【1266】** 证明：若函数 $f(x)$：(1)在区间 $[a,b]$ 上有二阶导数 $f''(x)$； (2) $f'(a)=f'(b)=0$，则在区间 $(a,b)$ 内至少存在一点 $c$，使得 $|f''(c)|\geqslant\frac{4}{(b-a)^2}|f(b)-f(a)|$.

**证** 设 $x_0$ 是 $[a,b]$ 中任意固定的一点，两次应用柯西定理*，即得

$$f(x)=f(x_0)+f'(x_0)(x-x_0)+\frac{1}{2}(x-x_0)^2f''(\xi),\qquad(1)$$

其中 $\xi$ 在 $x_0$ 与 $x$ 之间(即 $x_0\leqslant\xi\leqslant x$)，$x$ 为 $[a,b]$ 中任意点. 特别，在(1)式中取 $x_0=a$，$x=\frac{a+b}{2}$，并利用已知条件 $f'(a)=0$，则有

$$f\left(\frac{a+b}{2}\right)=f(a)+\frac{(b-a)^2}{8}f''(c_1),$$

其中 $c_1$ 满足 $a<c_1<\frac{a+b}{2}$.

同理，在(1)式中取 $x_0=b$，$x=\frac{a+b}{2}$，并利用已知条件 $f'(b)=0$，则得

$$f\left(\frac{a+b}{2}\right)=f(b)+\frac{(b-a)^2}{8}f''(c_2),$$

其中 $c_2$ 满足 $\frac{a+b}{2}<c_2<b$. 于是，

$$|f(b)-f(a)|\leqslant\left|f(b)-f\left(\frac{a+b}{2}\right)\right|+\left|f\left(\frac{a+b}{2}\right)-f(a)\right|=\frac{(b-a)^2}{8}\{|f''(c_1)|+|f''(c_2)|\}.\qquad(2)$$

取 $c$ 如下：若 $|f''(c_1)|\geqslant|f''(c_2)|$，则令 $c=c_1$；若 $|f''(c_1)|<|f''(c_2)|$，则令 $c=c_2$. 于是，$a<c<b$ 且

---

* 仅考虑 $x>x_0$($x<x_0$ 时可类似地讨论). 令

$$F(x)=f(x)-[f(x_0)+f'(x_0)(x-x_0)]\qquad G(x)=(x-x_0)^2,$$

那么有 $F(x_0)=G(x_0)=0$，$F'(x)=f'(x)-f'(x_0)$ (记为 $F_1(x)$)，$G'(x)=2(x-x_0)$ (记为 $G_1(x)$)，并且 $F'(x_0)=G'(x_0)=0$，(即 $F_1(x_0)=G_1(x_0)=0$)，但当 $x\neq x_0$，$G'(x)\neq 0$，而

$$F_1'(x)=F''(x)=f''(x),\quad G_1'(x)=G''(x)=2.$$

应用柯西定理，得 $$\frac{F(x)}{G(x)}=\frac{F(x)-F(x_0)}{G(x)-G(x_0)}=\frac{F'(c)}{G'(c)}=\frac{F_1(c)-F_1(x_0)}{G_1(c)-G_1(x_0)}=\frac{F_1'(\xi)}{G_1'(\xi)}=\frac{f''(\xi)}{2},$$

此处 $\xi\in(x_0,c)$，而 $c\in(x_0,x)$，从而知 $\xi\in(x_0,x)$. 因此，有 $F(x)=\frac{1}{2}G(x)f''(\xi)$ 也即有公式

$$f(x)=f(x_0)+f'(x_0)(x-x_0)+\frac{1}{2}(x-x_0)^2f''(\xi).$$

其中 $x_0<\xi<x$ (以后即将看到，这就是所谓的泰勒公式，这里就顺便给出了一个关于二阶的泰勒公式的另一种推论方法).

$|f''(c)|=\max\{|f''(c_1)|,|f''(c_2)|\}$. 由此,根据(2),即得

$$|f(b)-f(a)|\leqslant\frac{(b-a)^2}{4}|f''(c)|. \quad 从而, \quad |f''(c)|\geqslant\frac{4}{(b-a)^2}|f(b)-f(a)|.$$

**【1267】** 汽车从某点开始行驶,于 $t$ 秒内走完了路程,所经过的距离为 $s$. 证明:汽车运动的加速度的绝对值在某瞬间不小于$\frac{4s}{t^2}$ .

**提示** 利用 1266 题的结果.

**解** 利用 1266 题的结果即可得证. 此时 $s=f(t)$, $f(t)-f(0)=s$, $t-0=t$.

故 $a=\left.\frac{d^2s}{dt^2}\right|_{t=t_1}$ 的绝对值 $|a|\geqslant\frac{4s}{t^2}$.

## §7. 增函数与减函数. 不等式

1° **增函数与减函数** 若

$$当 a\leqslant x_1<x_2\leqslant b 时, \quad f(x_2)>f(x_1)$$

[或当 $a\leqslant x_1<x_2\leqslant b$ 时, $f(x_2)<f(x_1)$],则称函数 $f(x)$ 为闭区间 $[a,b]$ 上的增函数(或减函数).

若可微函数 $f(x)$ 是闭区间 $[a,b]$ 上的增函数(或减函数),则

$$当 a\leqslant x\leqslant b 时, \quad f'(x)\geqslant 0$$

[或当 $a\leqslant x\leqslant b$ 时, $f'(x)\leqslant 0$].

2° **函数递增(或递减)的充分条件** 若函数 $f(x)$ 在闭区间 $[a,b]$ 上是连续的;并且在其内有正的(或负的)导数 $f'(x)$,则函数 $f(x)$ 在 $[a,b]$ 内递增(或递减).

**求下列函数的严格单调(增或减)区间:**

**【1268】** $y=2+x-x^2$.

**解** $y'=1-2x$. 当 $-\infty<x<\frac{1}{2}$ 时, $y'>0$,函数递增;当 $\frac{1}{2}<x<+\infty$ 时, $y'<0$,函数递减.

**【1269】** $y=3x-x^3$.

**解** $y'=3-3x^2=3(1-x)(1+x)$.

当 $-\infty<x<-1$ 时, $y'<0$, 函数递减;当 $-1<x<1$ 时, $y'>0$, 函数递增;当 $1<x<+\infty$ 时, $y'<0$, 函数递减.

**【1270】** $y=\frac{2x}{1+x^2}$.

**解** $y'=\frac{2(1-x)(1+x)}{(1+x^2)^2}$.

当 $-\infty<x<-1$ 时, $y'<0$, 函数递减;当 $-1<x<1$ 时, $y'>0$, 函数递增;当 $1<x<+\infty$ 时, $y'<0$, 函数递减.

**【1271】** $y=\frac{\sqrt{x}}{x+100}$ $(x\geqslant 0)$.

**解** $y'=\frac{-x+100}{2\sqrt{x}(x+100)^2}$. 当 $0<x<100$ 时, $y'>0$, 函数递增;当 $100<x<+\infty$ 时, $y'<0$, 函数递减.

**【1272】** $y=x+\sin x$.

**解** $y'=1+\cos x\geqslant 0$. 当 $-\infty<x<+\infty$ 时, 函数递增.

**【1273】** $y=x+|\sin 2x|$.

**解** $y'=1+2\frac{|\sin 2x|}{\sin 2x}\cos 2x$ $\left(x\neq\frac{k\pi}{2};\ k=0,\pm 1,\pm 2,\cdots\right)$.

当 $x\in\left(\frac{k\pi}{2},\frac{k\pi}{2}+\frac{\pi}{3}\right)$时，$y'>0$，函数递增；

当 $x\in\left(\frac{k\pi}{2}+\frac{\pi}{3},\frac{k\pi}{2}+\frac{\pi}{2}\right)$时，$y'<0$,函数递减，其中 $k=0,\pm1,\pm2,\cdots$.

**【1274】** $y=\cos\frac{\pi}{x}$.

**解** $y'=\frac{\pi}{x^2}\sin\frac{\pi}{x}$.

当 $2k\pi<\frac{\pi}{x}<(2k+1)\pi$ 及 $-(2k+2)\pi<\frac{\pi}{x}<-(2k+1)\pi$，即当 $x\in\left(\frac{1}{2k+1},\frac{1}{2k}\right)$及 $x\in\left(-\frac{1}{2k+1},-\frac{1}{2k+2}\right)$时，$y'>0$,函数递增($k=1,2,\cdots$)；

同理,当 $x\in\left(\frac{1}{2k+2},\frac{1}{2k+1}\right)$及 $x\in\left(-\frac{1}{2k},-\frac{1}{2k+1}\right)$时,$y'<0$,函数递减 ($k=1,2,\cdots$).

**【1275】** $y=\frac{x^2}{2^x}$.

**解** $y'=\frac{2x-x^2\ln2}{2^x}$.

当$-\infty<x<0$ 及 $\frac{2}{\ln2}<x<+\infty$时，$y'<0$，函数递减;当 $0<x<\frac{2}{\ln2}$时，$y'>0$，函数递增.

**【1276】** $y=x^n e^{-x}\quad(n>0,\ x\geqslant0)$.

**解** $y'=x^{n-1}e^{-x}(n-x)$.

当 $x\in(0,n)$时，$y'>0$，函数递增;当 $x\in(n,+\infty)$时，$y'<0$，函数递减.

**【1277】** $y=x^2-\ln x^2$.

**解** $y'=\frac{2(x-1)(x+1)}{x}$.

当$-\infty<x<-1$ 及 $0<x<1$ 时，$y'<0$，函数递减；

当$-1<x<0$ 及 $1<x<+\infty$时，$y'>0$，函数递增.

**【1278】** $f(x)=\begin{cases}x\left(\sqrt{\frac{3}{2}}+\sin\ln x\right), & x>0,\\ 0, & x=0.\end{cases}$

**解** $f'(x)=\sqrt{\frac{3}{2}}+\sin\ln x+\cos\ln x=\sqrt{\frac{3}{2}}+\sqrt{2}\sin\left(\frac{\pi}{4}+\ln x\right)\ (x>0)$.

令 $f'(x)=0$,得 $\sin\left(\ln x+\frac{\pi}{4}\right)=-\frac{\sqrt{3}}{2}$.解上述方程得 $x=e^{-\frac{11}{12}\pi+2k\pi}$，$x=e^{-\frac{7}{12}\pi+2k\pi}$ 或 $x=e^{\frac{13}{12}\pi+2k\pi}$，$x=e^{\frac{17}{12}\pi+2k\pi}\quad(k=0,\pm1,\pm2,\cdots)$.

当 $x\in(e^{-\frac{7}{12}\pi+2k\pi},e^{\frac{13}{12}\pi+2k\pi})$时，$f'(x)>0$，函数递增；

当 $x\in(e^{\frac{13}{12}\pi+2k\pi},e^{\frac{17}{12}\pi+2k\pi})$时，$f'(x)<0$，函数递减.

**【1279】** 证明:圆的内接正 $n$ 边形的周长 $p_n$,当边的数目 $n$ 增加时增加,而此圆的外切正 $n$ 边形的周长 $P_n$ 此时则减小. 利用这点来证明,当 $n\to\infty$时,$p_n$ 及 $P_n$ 有相同的极限.

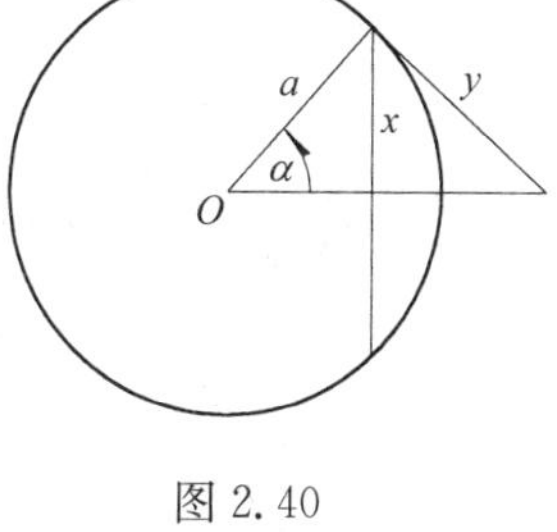

图 2.40

**证** 如图 2.40 所示,我们有

$$p_n=2nx=2na\sin\alpha=2na\sin\frac{\pi}{n},$$

$$P_n=2ny=2na\tan\alpha=2na\tan\frac{\pi}{n}.$$

考虑 $f(x)=\frac{2a}{x}\sin\pi x$. 易证当 $x(x>0)$ 很小时有 $f'(x)<0$，从而，当 $x$ 变小时 $f(x)$ 递增. 所以，$p_n=f\left(\frac{1}{n}\right)$ 当 $n$ 增加时，$p_n$ 增加. 同样，令 $g(x)=\frac{2a}{x}\tan\pi x$，利用 $x<\tan x$（当 $x$ 很小时，$x>0$），可证得 $g'(x)>0$，情形相反，当 $x$ 变小时，$g(x)$ 递减，故 $P_n=g\left(\frac{1}{n}\right)$ 当 $n$ 增加时减小. 总之，有 $p_n<p_{n+1}$ 及 $P_{n+1}<P_n$，并且显然有 $p_{n+1}<P_{n+1}$. 于是，

$$p_n<p_{n+1}<P_{n+1}<P_n,$$

故 $\{P_n\}$ 是有界减数列，$\{p_n\}$ 是有界增数列，从而，它们的极限都存在，但

$$\lim_{n\to\infty}(P_n-p_n)=\lim_{n\to\infty}2\pi a\left(\frac{\tan\frac{\pi}{n}}{\frac{\pi}{n}}-\frac{\sin\frac{\pi}{n}}{\frac{\pi}{n}}\right)=0,$$

故有 $\lim\limits_{n\to\infty}p_n=\lim\limits_{n\to\infty}P_n$.

**【1280】** 证明：函数 $\left(1+\frac{1}{x}\right)^x$ 在区间 $(-\infty,-1)$ 及 $(0,+\infty)$ 内递增.

**证** 设 $y=\left(1+\frac{1}{x}\right)^x=e^{x\ln\left(1+\frac{1}{x}\right)}$，则 $y'=\left(1+\frac{1}{x}\right)^x\left[\ln\left(1+\frac{1}{x}\right)-\frac{1}{1+x}\right]$.

由于当 $x\in(-\infty,-1)$ 时，$\left(1+\frac{1}{x}\right)^x>0$，因此要看 $y'$ 为正或为负，只需看 $\ln\left(1+\frac{1}{x}\right)-\frac{1}{1+x}$ 的正负性.

再设 $z=\ln\left(1+\frac{1}{x}\right)-\frac{1}{1+x}$，则

$$z'=-\frac{1}{x(1+x)^2}>0,\quad x\in(-\infty,-1),$$

故当 $-\infty<x<-1$ 时 $z$ 递增，又 $\lim\limits_{x\to-\infty}z=0$，因而 $z>0$. 于是，在 $(-\infty,-1)$ 内 $y'>0$，因此，函数 $\left(1+\frac{1}{x}\right)^x$ 在区间 $(-\infty,-1)$ 内递增.

同理可证，函数 $\left(1+\frac{1}{x}\right)^x$ 在区间 $(0,+\infty)$ 内递增.

**【1281】** 证明：有理整函数 $P(x)=a_0+a_1x+\cdots+a_nx^n\ (n\geqslant1,\ a_n\neq0)$ 是区间 $(-\infty,-x_0)$ 及 $(x_0,+\infty)$ 上的严格单调函数，其中 $x_0$ 为充分大的正数.

**证** 由于

$$P_n'(x)=a_1+2a_2x+\cdots+na_nx^{n-1}=x^{n-1}\left(na_n+\frac{(n-1)a_{n-1}}{x}+\cdots+\frac{a_1}{x^{n-1}}\right),$$

而

$$\lim_{x\to\pm\infty}\left[\frac{(n-1)a_{n-1}}{x}+\cdots+\frac{a_1}{x^{n-1}}\right]=0,$$

故存在 $x_0>0$，使当 $|x|>x_0$ 时，

$$\left|\frac{(n-1)a_{n-1}}{a}+\cdots+\frac{a_1}{x^{n-1}}\right|<n|a_n|.$$

由此可知，当 $-\infty<x<-x_0$ 或 $x_0<x<+\infty$ 时 $P_n'(x)$ 均保持定号（例如，若 $a_n>0$，则当 $x_0<x<+\infty$ 时，$P_n'(x)>0$），故 $P_n(x)$ 是区间 $(-\infty,-x_0)$ 及 $(x_0,+\infty)$ 上的严格单调函数. 证毕.

**【1282】** 证明：有理函数

$$R(x)=\frac{a_0+a_1x+\cdots+a_nx^n}{b_0+b_1x+\cdots+b_mx^m}\quad(m+n\geqslant1,\ m\neq n^{*)}\ a_nb_m\neq0)$$

是区间 $(-\infty,-x_0)$ 及 $(x_0,+\infty)$ 上的严格单调函数，其中 $x_0$ 为充分大的正数.

**证** 我们有

$$R'(x)=\frac{1}{(b_1+b_1x+\cdots+b_mx^m)^2}\{[a_1+2a_2x+\cdots+na_nx^{n-1}][b_0+b_1x+\cdots+b_mx^m]$$

$$-[b_1+2b_2x+\cdots+mb_mx^{m-1}][a_0+a_1x+\cdots+a_nx^n]\}$$

$$=\frac{1}{(b_0+b_1x+\cdots+b_mx^m)^2}\{(a_1b_0-a_0b_1)+2(a_2b_0-a_0b_2)x+\cdots$$

$$+[(n-m+1)a_nb_{m-1}-(n-m-1)a_{n-1}b_m]x^{m+n-2}+(n-m)a_nb_m\,a^{m+n-1}\}$$

$$=\frac{x^{m+n-1}}{(b_0+b_1x+\cdots+b_mx^m)^2}\Big[(n-m)a_nb_m+\frac{(n-m+1)a_nb_{m-1}-(n-m-1)a_{n-1}b_m}{x}+\cdots$$

$$+\frac{a_1b_0-a_0b_1}{x^{m+n-1}}\Big].$$

仿1281题的证法,可知存在 $x_0>0$,使当 $|x|>x_0$ 时上式右端方括弧内的式子与第一项 $(n-m)a_nb_m$ 同符号,由此可知,当 $-\infty<x<-x_0$ 或 $x_0<x<+\infty$ 时,$R_n'(x)$ 均保持定号,故 $R(x)$ 是区间 $(-\infty,-x_0)$ 及 $(x_0,+\infty)$ 上的严格单调函数.

*) 本题应加上条件 $m\neq n$(原题上没有). 否则所述结论不成立. 例如,若 $m=n,a_i=b_i(i=0,1,\cdots,n)$,则 $R(x)\equiv1$,它在 $(x_0,+\infty)$ 上显然不是严格单调的.

**【1283】** 单调函数的导数是否也必为单调的?

**提示** 不. 例如,函数 $f(x)=x+\sin x$,在 $(0,+\infty)$ 上.

**解** 不. 例如函数

$$f(x)=x+\sin x,$$

在区间 $(0,+\infty)$ 内,由于 $f'(x)=1+\cos x>0$(除 $x=(2n+1)\pi,\ n=0,1,\cdots$),所以它是单调增加的;然而其导数 $f'(x)$ 却不是单调的. 事实上由于 $f'\left(\frac{\pi}{2}\right)=1, f'(\pi)=0,\ f'\left(\frac{3\pi}{2}\right)=1$,显见并非是单调的.

**【1284】** 证明:若 $\varphi(x)$ 为可微的单调增函数,且当 $x\geqslant x_0$ 时,$|f'(x)|\leqslant\varphi'(x)$,则当 $x\geqslant x_0$ 时,

$$|f(x)-f(x_0)|\leqslant\varphi(x)-\varphi(x_0).$$

给出这个事实的几何解释.

**证明思路** 分别令 $\psi(x)=\varphi(x)-f(x),\psi_1(x)=\varphi(x)+f(x)$. 对 $\psi(x)$ 及 $\psi_1(x)$ 在 $[x_0,x]$ 上应用拉格朗日定理. 或用反证法.

**证** 证法1:

作函数 $\psi(x)=\varphi(x)-f(x)$,由拉格朗日定理知

$$\psi(x)-\psi(x_0)=\psi'(\xi)(x-x_0)\quad(x_0<\xi<x).$$

由 $|f'(x)|\leqslant\varphi'(x)$ 知 $\psi'(\xi)=\varphi'(\xi)-f'(\xi)\geqslant0$. 从而,$\psi(x)-\psi(x_0)\geqslant0$(当 $x\geqslant x_0$ 时),由此得

$$\varphi(x)-\varphi(x_0)\geqslant f(x)-f(x_0).\tag{1}$$

再令 $\psi_1(x)=\varphi(x)+f(x)$,同理有 $\psi_1(x)-\psi_1(x_0)\geqslant0$(当$x\geqslant x_0$时),由此得

$$\varphi(x)-\varphi(x_0)\geqslant f(x_0)-f(x).\tag{2}$$

结合(1)和(2)便得

$$\varphi(x)-\varphi(x_0)\geqslant|f(x)-f(x_0)|.$$

证法2:

用反证法. 若有一点 $b>x_0$,使得

$$|f(b)-f(x_0)|>\varphi(b)-\varphi(x_0).$$

设 $F(x)=f(x)-f(x_0)-\frac{f(b)-f(x_0)}{\varphi(b)-\varphi(x_0)}[\varphi(x)-\varphi(x_0)]$,由于 $F(b)=F(x_0)=0$,所以根据罗尔定理,得知存在点 $c\in(x_0,b)$ 使 $F'(c)=0$,即

$$f'(c)-\frac{f(b)-f(x_0)}{\varphi(b)-\varphi(x_0)}\varphi'(c)=0.$$

因而,有 $|f'(c)|=\frac{|f(b)-f(x_0)|}{\varphi(b)-\varphi(x_0)}\varphi'(c)>\varphi'(c)$. 这与题设条件 $|f'(c)|\leqslant\varphi'(c)$(对于一切 $x\geqslant x_0$ 而言)相矛盾. 于是,命题获证.

其几何意义就是：若一单调上升曲线上各点的切线都比另一曲线上对应的点的切线“陡”，则此曲线上每条弦必比另一曲线上对应的弦“陡”. 如图 2.41 所示.

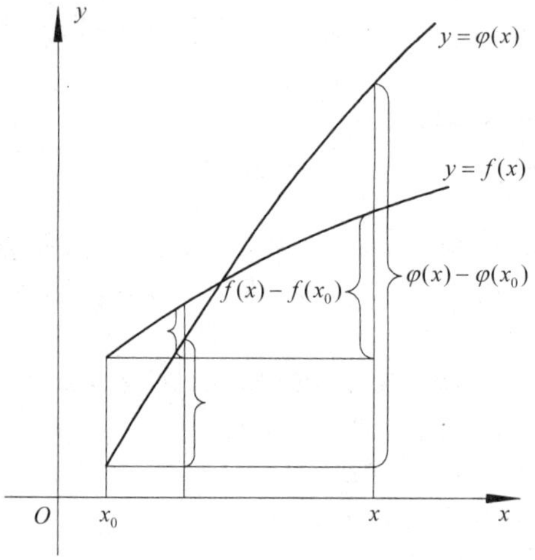


图 2.41

**【1285】** 设函数 $f(x)$ 在区间 $a\leqslant x<+\infty$ 内连续，而且当 $x>a$ 时，$f'(x)>k>0$，其中 $k$ 为常数. 证明：若 $f(a)<0$，则在区间 $\left(a,a-\frac{f(a)}{k}\right)$ 内方程 $f(x)=0$ 有且仅有一个实根.

**证明思路** 先利用拉格朗日定理证明 $f\left(a-\frac{f(a)}{k}\right)>0$，再根据连续函数的介值定理及函数的单调性，命题易获证.

**证** 由有限增量公式，有

$$f\left(a-\frac{f(a)}{k}\right)-f(a)=-\frac{f(a)}{k}f'(\xi)>-\frac{f(a)}{k}\cdot k=-f(a).$$

于是，$f\left(a-\frac{f(a)}{k}\right)>0$. 又 $f(a)<0$，故根据连续函数的介值定理知，方程 $f(x)=0$ 在 $\left(a,a-\frac{f(a)}{k}\right)$ 上至少有一实根. 又因为当 $x>a$ 时，$f'(x)>0$，故 $f(x)$ 在 $(a,+\infty)$ 内递增，由此可知，方程 $f(x)=0$ 在 $\left(a,a-\frac{f(a)}{k}\right)$ 内有且仅有一个实根.

**【1286】** 若于某邻域 $|x-x_0|<\delta$ 内，函数增量 $\Delta f(x_0)=f(x)-f(x_0)$ 的符号与自变量增量 $\Delta x_0=x-x_0$ 的符号相同，称函数 $f(x)$ 为在 $x_0$ 点的增函数.

证明：若函数 $f(x)(a<x<b)$ 在有限或无穷的区间 $(a,b)$ 内的每一点皆为增函数，则它在此区间内为增函数.

**证** 要证对任意两点 $x_1<x_2(a<x_1<x_2<b)$，都有 $f(x_1)<f(x_2)$. 对 $[x_1,x_2]$ 中每一点 $c$，由假定都存在开区间 $\Delta_c=(c-\delta_c,c+\delta_c)$ 使当 $0<|x-c|<\delta_c$ 时，$\frac{f(x)-f(c)}{x-c}>0$. 于是，诸区间 $\{\Delta_c\}$ ($c$ 取遍 $[x_1,x_2]$) 形成 $[x_1,x_2]$ 的一个开复盖. 由波内耳有限复盖定理，从 $\{\Delta_c\}$ 中可选出有限个，设为 $\Delta_{c_1},\Delta_{c_2}\cdots\Delta_{c_m}$，它们已经复盖了 $[x_1,x_2]$. 不妨设 $x_1<c_1<c_2<\cdots<c_m<x_2$，而且可设诸 $\Delta_{c_i}$ 互不包含(因若 $\Delta_{c_i}\subset\Delta_{c_j}$，则可将 $\Delta_{c_i}$ 舍去). 于是，必有 $x_1\in\Delta_{c_1}$ (因若 $x_1$ 不属于 $\Delta_{c_1}$，而属于某 $\Delta_{c_j}$，$j>1$，则显然有 $\Delta_{c_1}\subset\Delta_{c_j}$，此与诸 $\Delta_{c_i}$ 互不包含矛盾). 另外，易知 $\Delta_{c_i}$ 与 $\Delta_{c_{i+1}}$ $(i=1,2,\cdots,m-1)$ 必有公共点 $\bar{x}_i$ (因若 $\Delta_{c_i}$ 与 $\Delta_{c_{i+1}}$ 没有公共点，则点 $c_i+\delta_{c_i}$ 必属于某 $\Delta_{c_j}$，$j\neq i$，$j\neq i+1$，若 $j<i$，则 $\Delta_{c_i}\subset\Delta_{c_j}$，矛盾；若 $j>i+1$，则 $\Delta_{c_{i+1}}\subset\Delta_{c_j}$，也矛盾). 显然可取公共点 $\bar{x}_i$ 满足 $c_i<\bar{x}_i<c_{i+1}$.

于是，

$$f(c_i)<f(\bar{x}_i)<f(c_{i+1})\ (i=1,2,\cdots,m-1).$$

同理，可知 $x_2\in\Delta_{c_m}$．于是，我们有

$$f(x_1)<f(c_1)<f(c_2)<\cdots<f(c_m)<f(x_2).$$

证毕．

【1287】 证明：函数

$$f(x)=\begin{cases}x+x^2\sin\dfrac{1}{x}, & x\neq0,\\ 0, & x=0\end{cases}$$

在点 $x=0$ 是增函数，但在包含这点的任何区间$(-\varepsilon,\varepsilon)$中并非增函数，其中 $\varepsilon>0$ 为任意小的数．作出此函数的略图．

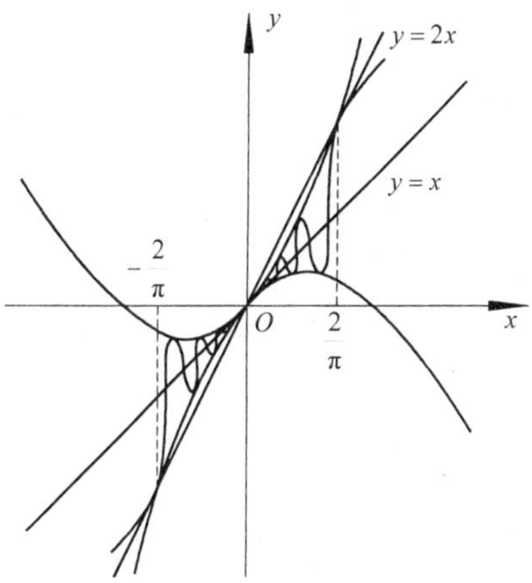


图 2.42

**证** 当 $x\neq0$ 时，

$$f'(x)=1+2x\sin\frac{1}{x}-\cos\frac{1}{x},$$

$$f'(0)=\lim_{\Delta x\to0}\frac{f(0+\Delta x)-f(0)}{\Delta x}=\lim_{\Delta x\to0}\frac{\Delta x+\Delta x^2\sin\dfrac{1}{\Delta x}}{\Delta x}$$
$$=1>0,$$

所以，$f(x)$在点 $x=0$ 是增函数．又当 $x\neq0$ 时，

$$f''(x)=2\sin\frac{1}{x}-\frac{2}{x}\cos\frac{1}{x}-\frac{1}{x^2}\sin\frac{1}{x},$$

$$f''\left(\frac{1}{2n\pi}\right)=-4n\pi\begin{cases}<0, & n\text{ 为正整数},\\ >0, & n\text{ 为负整数}.\end{cases}$$

而 $f'\left(\dfrac{1}{2n\pi}\right)=0$．故 $f(x)$在点 $x_n=\dfrac{1}{2n\pi}(n=1,2,\cdots)$都达极大值．由于 $x_n=\dfrac{1}{2n\pi}\to0$，故 $f(x)$在$(-\varepsilon,\varepsilon)$内不是增函数(作无穷次振荡，如图 2.42 所示)．

【1288】 证明定理：设(1)函数 $\varphi(x)$及 $\psi(x)$为 $n$ 阶可微函数；(2)$\varphi^{(k)}(x_0)=\psi^{(k)}(x_0)(k=0,1,2,\cdots,n-1)$；(3)当 $x>x_0$ 时，$\varphi^{(n)}(x)>\psi^{(n)}(x)$，则当 $x>x_0$ 时有不等式

$$\varphi(x)>\psi(x).$$

**证明思路** 令 $F(x)=\varphi(x)-\psi(x)$，则由条件(3)可知

$$F^{(n)}(x)>0\quad(x>x_0),$$

从而，$F^{(n-1)}(x)$当 $x>x_0$ 时是递增的．又由条件(2)得

$$F^{(n-1)}(x_0)=0.$$

因此，当 $x>x_0$ 时，$F^{(n-1)}(x)>F^{(n-1)}(x_0)=0$．由此又知 $F^{(n-2)}(x)$当 $x>x_0$ 时是递增的．反复应用条件(2)，命题可获证．

**证** 设 $F(x)=\varphi(x)-\psi(x)$，则由于 $\varphi^{(n)}(x)>\psi^{(n)}(x)$，所以，

$$F^{(n)}(x)=\varphi^{(n)}(x)-\psi^{(n)}(x)>0\quad(x>x_0).$$

因此，$F^{(n-1)}(x)$当 $x>x_0$ 时是递增的．又由条件(2)得

$$F^{(n-1)}(x_0)=\varphi^{(n-1)}(x_0)-\psi^{(n-1)}(x_0)=0,$$

因此，

$$F^{(n-1)}(x)>F^{(n-1)}(x_0)=0\quad(x>x_0).$$

由此又知 $F^{(n-2)}(x)$当 $x>x_0$ 时是递增的．再由条件(2)知

$$F^{n-2}(x_0)=\varphi^{(n-2)}(x_0)-\psi^{(n-2)}(x_0)=0,\quad\text{故}\quad F^{(n-2)}(x)>F^{(n-2)}(x_0)=0\quad(x>x_0).$$

依此类推，最后得

$$F(x)>F(x_0)=0\ (x>x_0),\quad\text{即}\quad\varphi(x)>\psi(x)\ (x>x_0).$$

【1289】 证明下列不等式：

(1) 当 $x\neq0$ 时，$e^x>1+x$；　　(2) 当 $x>0$ 时，$x-\dfrac{x^2}{2}<\ln(1+x)<x$；

(3) 当 $x>0$ 时，$x-\frac{x^3}{6}<\sin x<x$；　　(4) 当 $0<x<\frac{\pi}{2}$ 时，$\tan x>x+\frac{x^3}{3}$；

(5) 当 $x>0,y>0$ 及 $0<\alpha<\beta$ 时，$(x^\alpha+y^\alpha)^{\frac{1}{\alpha}}>(x^\beta+y^\beta)^{\frac{1}{\beta}}$. 给出不等式(1)～(4)的几何解释.

**证**　(1) 设 $f(x)=e^x-(1+x)$，则当 $x>0$ 时，

$$f'(x)=e^x-1>0,$$

所以，$f(x)>f(0)=0\ (x>0)$，即 $e^x>1+x\quad(x>0)$.
同理可证，当 $x<0$ 时，$e^x>1+x$.
总之，当 $x\neq0$ 时，$e^x>1+x$.

此不等式的几何意义是，曲线 $y=e^x$ 位于曲线 $y=1+x$ 的上方. 如图 2.43 所示.

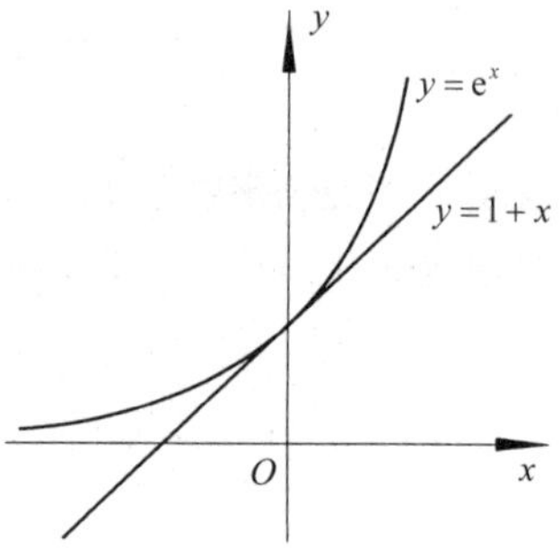

图 2.43

(2) 设 $\varphi(x)=x$，$\psi(x)=\ln(1+x)$，则

$$\varphi'(x)=1,\quad \psi'(x)=\frac{1}{1+x}.$$

当 $x>0$ 时，$\varphi'(x)>\psi'(x)$，即 $\varphi'(x)-\psi'(x)>0$，且有 $\varphi(0)=\psi(0)=0$，从而，

$$\varphi(x)-\psi(x)>\varphi(0)-\psi(0)=0\quad(x>0),$$

即

$$x-\ln(1+x)>0\quad(x>0).$$

同理可证，当 $x>0$ 时，$x-\frac{x^2}{2}<\ln(1+x)$.

所以，当 $x>0$ 时，$x-\frac{x^2}{2}<\ln(1+x)<x$.

此不等式表示对数函数 $y=\ln(1+x)$ 的图像介于抛物线 $y=x-\frac{x^2}{2}$ 和直线 $y=x$ 之间($x>0$). 如图 2.44 所示.

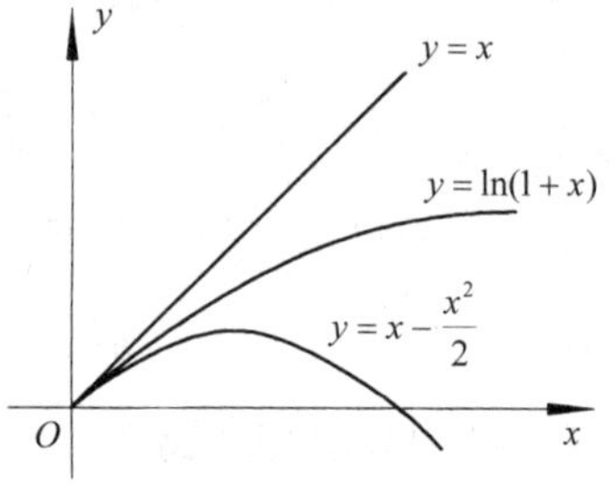

图 2.44

(3)令 $F(x)=x-\sin x$，则
$F'(x)=1-\cos x>0$ (当 $x>0$，$x\neq2n\pi$，$n=1,2,\cdots$时)，
故 $F(x)$ 当 $x>0$ 时是递增的. 因此，当 $x>0$ 时，有

$$F(x)>F(0)=0,\quad 从而,\quad x>\sin x\quad(x>0).$$

其次再证，$x-\frac{x^3}{6}<\sin x\ (x>0)$. 设

$$\psi_1(x)=x-\frac{x^3}{6},\quad \varphi_1(x)=\sin x,$$

则有　　$\psi_1(0)=\varphi_1(0)=0,\quad \psi_1'(0)=\varphi_1'(0)=1.$
又因 $\psi_1''(x)=-x$，$\varphi_1''(x)=-\sin x$，于是，当 $x>0$ 时，有 $\varphi_1''(x)>\psi_1''(x)$.
利用 1288 题的结果得知，

$$\sin x>x-\frac{x^3}{6}\quad(x>0).$$

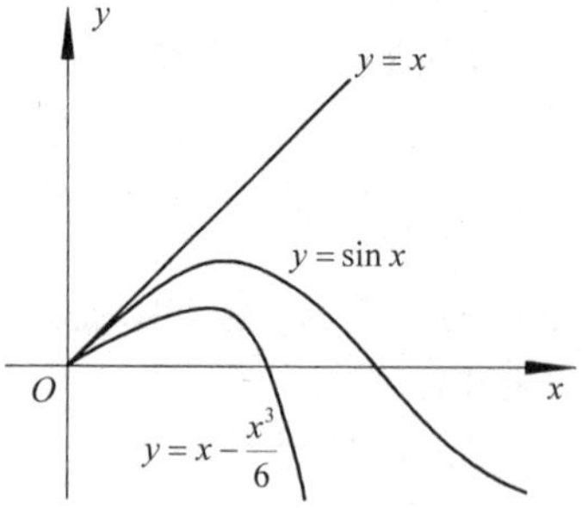

图 2.45

所以，当 $x>0$ 时 $x-\frac{x^3}{6}<\sin x<x$. 此不等式表示，在 $y$ 轴的右侧，曲线 $y=\sin x$ 介于直线 $y=x$ 和曲线 $y=x-\frac{x^3}{6}$ 之间. 如图 2.45 所示.

(4) 令 $f(x)=\tan x-(x+\frac{x^3}{3})$，则 $f(0)=0$. 又

$$f'(x)=\frac{1-\cos^2x-x^2\cos^2x}{\cos^2x}=\frac{(\sin x+x\cos x)(\sin x-x\cos x)}{\cos^2x}$$

显然有

$$\sin x - x\cos x > 0,\ x\in\left(0,\frac{\pi}{2}\right),$$

故

$$f'(x)>0,\ x\in\left(0,\frac{\pi}{2}\right).$$

从而，$f(x)>0$，即 $\tan x > x+\frac{x^3}{3}$.

此不等式表示，在 $\left(0,\frac{\pi}{2}\right)$ 内，曲线 $y=\tan x$ 在曲线 $y=x+\frac{x^3}{3}$ 的上方．如图 2.46 所示．

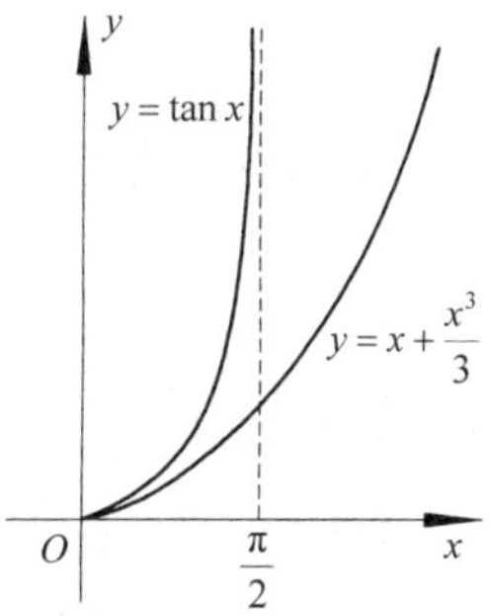


图 2.46

(5) 当 $x=y$ 时，由 $0<\alpha<\beta$ 知，不等式 $2^{\frac{1}{\alpha}}>2^{\frac{1}{\beta}}$ $(x>0,\ y>0)$ 显然成立．

当 $x\neq y$，且 $x>0$，$y>0$，不妨设 $0<\frac{y}{x}<1$．令 $a=\frac{y}{x}$，为证不等式，只要证明 $f(t)=(1+a^t)^{\frac{1}{t}}$ 递减，也即只要证明函数 $F(t)=\frac{1}{t}\ln(1+a^t)$ 递减．实际上，因为

$$F'(t)=\frac{a^t\ln a}{t(1+a^t)}-\frac{\ln(1+a^t)}{t^2}.$$

当 $a^t>0$ 时，有 $a^t-\frac{a^{2t}}{2}<\ln(1+a^t)$ *)，所以，

$$F'(t)<\frac{a^t\ln a}{t(1+a^t)}-\frac{a^t-\frac{a^{2t}}{2}}{t^2}.$$

由于 $0<a<1$ 及 $t>0$，所以，$\ln a<0$ 及 $a^t>a^{2t}>\frac{a^{2t}}{2}$，从而，$F'(t)<0$，即 $F(t)$ 是递减的，从而，当 $x\neq y$ 时，不等式

$$(x^\alpha+y^\alpha)^{\frac{1}{\alpha}}>(x^\beta+y^\beta)^{\frac{1}{\beta}}$$

也成立．

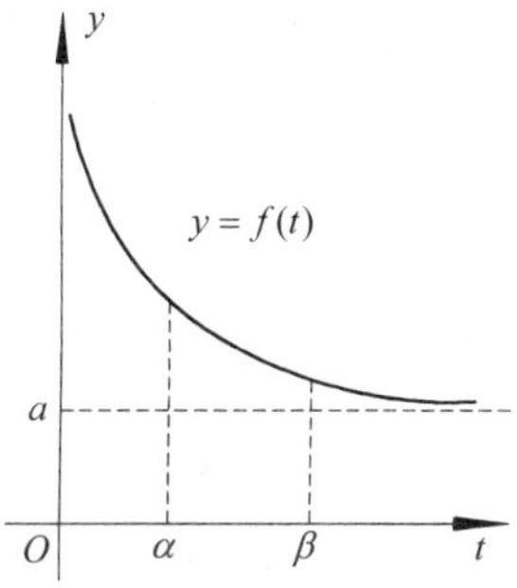


图 2.47

作 $f(t)=(1+a^t)^{\frac{1}{t}}$ 的图像，如图 2.47 所示．对于 $(0,+\infty)$ 内任意两个值 $\alpha,\beta(\alpha<\beta)$，图像上对应点的纵坐标却相应地减小，$f(\alpha)>f(\beta)$.

*) 利用本题(2)的结果．

**【1290】** 证明：不等式 $\frac{2}{\pi}x<\sin x<x$，当 $0<x<\frac{\pi}{2}$ 时成立．

**证** 不等式的后半部分于 1289 题(3)中已证明，我们仅证其前半部分．

设 $f(x)=\frac{\sin x}{x}$，显然有 $f\left(\frac{\pi}{2}\right)=\frac{2}{\pi}$．而

$$f'(x)=\frac{x\cos x-\sin x}{x^2}=\frac{\cos x}{x^2}(x-\tan x),$$

由于当 $0<x<\frac{\pi}{2}$ 时，$\cos x>0$ 及 $\tan x>x+\frac{x^3}{3}>x$，于是，在此区间内 $f'(x)<0$．所以，函数 $f(x)$ 在区间 $\left(0,\frac{\pi}{2}\right)$ 内是递减的．因而，当 $0<x<\frac{\pi}{2}$ 时，有

$$f(x)>f\left(\frac{\pi}{2}\right),\quad 即\quad \frac{\sin x}{x}>\frac{2}{\pi}\quad \left(0<x<\frac{\pi}{2}\right).$$

所以，$\frac{2}{\pi}x<\sin x<x\quad\left(0<x<\frac{\pi}{2}\right)$.

**【1291】** 证明：当 $x>0$ 时有不等式 $\left(1+\frac{1}{x}\right)^x<\mathrm{e}<\left(1+\frac{1}{x}\right)^{x+1}$.

**证** 由于当 $x>0$ 时，$\left(1+\frac{1}{x}\right)^x$ 递增(利用 1280 题的结果)，并且有 $\lim\limits_{x\to+\infty}\left(1+\frac{1}{x}\right)^x=\mathrm{e}$，所以，

$$\left(1+\frac{1}{x}\right)^{x}<\mathrm{e}\quad(x>0).$$

同理可证,当 $x>0$ 时,$\left(1+\frac{1}{x}\right)^{x+1}$ 递减,并且有

$$\lim_{x\to+\infty}\left(1+\frac{1}{x}\right)^{x+1}=\mathrm{e},$$

所以,$\left(1+\frac{1}{x}\right)^{x+1}>\mathrm{e}\quad(x>0)$.

**【1292】** 等差数列与等比数列的项的数目相同且有相同的首项与末项,并且一切项都是正的.证明:等差数列各项的和大于或等于*) 等比数列各项的和.

**证** 证法 1:

设等差数列各项为 $a_1,a_2,\cdots,a_n$,公差为 $d$;等比数列各项为 $b_1,b_2,\cdots,b_n$,公比为 $q$.记其和为

$$\sigma=\sum_{k=1}^{n}a_k,\quad Q=\sum_{k=1}^{n}b_k.$$

当 $q=1$ 时,由 $a_1=b_1$ 及 $a_n=b_n$,可知有 $\sigma=Q$.

当 $q<1$ 时,由 $a_1=b_1$ 及 $a_n=a_1+(n-1)d$,$b_n=b_1q^{n-1}$ 且 $a_n=b_n$ 得知

$$a_1+(n-1)d=b_1q^{n-1},\quad 即\quad d=-\frac{1-q^{n-1}}{n-1}a_1\quad(a_1>0).$$

则有

$$\begin{aligned}\sigma&=\sum_{k=1}^{n}[a_1+(k-1)d]=\sum_{k=1}^{n}\left[a_1-\frac{k-1}{n-1}(1-q^{n-1})a_1\right]=a_1\left[n-\frac{1}{n-1}(1-q^{n-1})\sum_{l=0}^{n-1}l\right]\\&=\frac{n}{2}a_1(1+q^{n-1}),\end{aligned}$$

$$Q=\sum_{k=1}^{n}a_1q^{k-1}=a_1\frac{1-q^n}{1-q}.$$

研究

$$\begin{aligned}\frac{2}{a_1}(1-q)(\sigma-Q)&=n(1-q)(1+q^{n-1})-2(1-q^n)=n(1-q+q^{n-1}-q^n)-2(1-q^n)\\&=(n-2)(1-q^n)-nq(1-q^{n-2}).\end{aligned}$$

作函数

$$\varphi(t)=(n-2)(1-t^n),\quad \psi(t)=nt(1-t^{n-2}),$$

则有 $\varphi(1)=\psi(1)=0$,$\varphi'(1)=\psi'(1)=-n(n-2)$.但是,

$$\varphi''(t)=-n(n-1)(n-2)t^{n-2},\quad \psi''(t)=-n(n-1)(n-2)t^{n-3},$$

当 $0<t<1$ 时,有 $\psi''(t)<\varphi''(t)$,利用 1288 题的结果有,

$$\psi(t)<\varphi(t)\quad(0<t<1),$$

即当 $q<1$ 时,$\psi(q)<\varphi(q)$.从而,

$$\frac{2}{a_1}(1-q)(\sigma-Q)=\varphi(q)-\psi(q)>0.$$

这就证明了 $\sigma>Q$.

当 $q>1$ 时,由 $a_1=b_1$ 及 $a_n=b_n$ 得知

$$d=\frac{q^{n-1}-1}{n-1}a_1>0.$$

又 $$\sigma=\sum_{k=1}^{n}[a_1+(k-1)d]=na_1+\frac{n(n-1)}{2}d=\frac{n}{2}a_1(1+q^{n-1}),$$

$$Q=\sum_{k=1}^{n}a_1q^{k-1}=a_1\frac{q^n-1}{q-1}.$$

与上述讨论相同,有

$$\frac{2}{a_1}(q-1)(\sigma-Q)=(n-2)(q^n-1)-nq(q^{n-2}-1).$$

作函数

$$\varphi(t)=(n-2)(t^n-1),\quad \psi(t)=nt(t^{n-2}-1),$$

则有

$$\varphi(1)=\psi(1)=0,\quad \varphi'(1)=\psi'(1)=n(n-2).$$

而

$$\varphi''(t)=n(n-1)(n-2)t^{n-2},\quad \psi''(t)=n(n-1)(n-2)t^{n-3},$$

当 $t>1$ 时，有 $\varphi''(t)>\psi''(t)$，利用 1288 题的结果有

$$\varphi(t)>\psi(t).$$

于是，当 $q>1$ 时，便得 $\varphi(q)>\psi(q)$. 因而，

$$\frac{2}{a_1}(q-1)(\sigma-Q)=\varphi(q)-\psi(q)>0.$$

从而，完全证明了 $\sigma>Q$.

证法 2：

设等差数列的公差为 $d$，等比数列的公比为 $q$.

如果 $d=0$，易见两个数列均为常数数列，因此，其和相等.

如果 $d\neq0$，不妨设 $d>0$（否则把末项变为首项，将数列颠倒即成），由于各项均为正的，所以，$q>0$.

设首项为 $a$，则末项为 $a+nd=aq^n$. 考虑函数

$$f(x)=a+xd-aq^x.$$

由于 $f(0)=f(n)=0$，所以，在 $(0,n)$ 内存在一点 $c$，使得 $f'(c)=0$，而 $f''(x)=-aq^x\ln^2 q<0$. 从而，

$$f'(x)=d-aq^x\ln q$$

为减函数.

所以，当 $x<c$ 时，$f'(x)>0$；当 $x>c$ 时，$f'(x)<0$. 从而，当 $0\leqslant x\leqslant n$ 时，$f(x)\geqslant0$，其中等号当且仅当 $x=0$ 及 $x=n$ 时成立. 特别是，对于 $0<k<n$，有

$$f(k)=a+kd-aq^k>0,\quad 即\quad a+kd>aq^k.$$

于是，$\sum\limits_{k=0}^{n}(a+kd)>\sum\limits_{k=0}^{n}aq^k$.

*） 原题要求证明“大于”. 实际应为“大于或等于”.

**【1293】** 用不等式 $\sum\limits_{k=1}^{n}(a_kx+b_k)^2\geqslant0$，其中 $x,a_k,b_k(k=1,2,\cdots,n)$ 为实数，来证明柯西—布尼亚科夫斯基不等式

$$\left(\sum_{k=1}^{n}a_kb_k\right)^2\leqslant\sum_{k=1}^{n}a_k^2\cdot\sum_{k=1}^{n}b_k^2.$$

**提示** 注意到

$$\sum_{k=1}^{n}(a_kx+b_k)^2=\left(\sum_{k=1}^{n}a_k^2\right)x^2+2\left(\sum_{k=1}^{n}a_kb_k\right)x+\sum_{k=1}^{n}b_k^2\geqslant0,$$

对任何 $x$ 均成立，由其判别式不能为正，命题即可获证.

**证** 由于

$$\sum_{k=1}^{n}(a_kx+b_k)^2=\left(\sum_{k=1}^{n}a_k^2\right)x^2+2\left(\sum_{k=1}^{n}a_kb_k\right)x+\sum_{k=1}^{n}b_k^2\geqslant0,$$

对任何 $x$ 都成立，故上述二次式的判别式不能为正，即

$$4\left(\sum_{k=1}^{n}a_kb_k\right)^2-4\left(\sum_{k=1}^{n}a_k^2\right)\left(\sum_{k=1}^{n}b_k^2\right)\leqslant0,$$

也即

$$\left(\sum_{k=1}^{n} a_k b_k\right)^2 \leqslant \sum_{k=1}^{n} a_k^2 \cdot \sum_{k=1}^{n} b_k^2.$$

**【1294】** 证明:正数的算术平均值的平方不大于这些数的平方平均值,即

$$\frac{1}{n}\sum_{k=1}^{n} x_k \leqslant \sqrt{\frac{1}{n}\sum_{k=1}^{n} x_k^2}.$$

**提示** 利用1293题的结果,并令 $a_k = x_k$, $b_k = \frac{1}{n}$.

**证** 利用1293题的结果,设 $a_k = x_k$, $b_k = \frac{1}{n}$,则有

$$\left(\sum_{k=1}^{n} \frac{x_k}{n}\right)^2 \leqslant \sum_{k=1}^{n} x_k^2 \cdot \sum_{k=1}^{n} \frac{1}{n^2} = \frac{1}{n}\sum_{k=1}^{n} x_k^2,$$

所以,$\frac{1}{n}\sum_{k=1}^{n} x_k \leqslant \sqrt{\frac{1}{n}\sum_{k=1}^{n} x_k^2}$.

**【1295】** 证明:正数的几何平均值不大于这些数的算术平均,即

$$\sqrt[n]{x_1 x_2 \cdots x_n} \leqslant \frac{1}{n}(x_1 + x_2 + \cdots + x_n).$$

**提示** 应用数学归纳法.

**证** 设 $G_n = (x_1 x_2 \cdots x_n)^{\frac{1}{n}}$,$A_n = \frac{1}{n}(x_1 + x_2 + \cdots + x_n)$. 则有

$$(G_n)^n = x_1 x_2 \cdots x_n,\ nA_n = x_1 + x_2 + \cdots + x_n.$$

当 $n=2$ 时,我们已有不等式

$$\sqrt{x_1 x_2} \leqslant \frac{x_1 + x_2}{2}.$$

今假定 $n=k$ 时,有 $G_k \leqslant A_k$,我们来证 $n=k+1$ 时,有 $G_{k+1} \leqslant A_{k+1}$.
事实上,

$$G_{k+1} = (x_1 x_2 \cdots x_k x_{k+1})^{\frac{1}{k+1}} = [(G_k)^k \cdot x_{k+1}]^{\frac{1}{k+1}} \leqslant (G_k)^{\frac{k}{k+1}} \cdot (x_{k+1})^{\frac{1}{k+1}} \leqslant (A_k)^{\frac{k}{k+1}} \cdot (x_{k+1})^{\frac{1}{k+1}}.$$

如果我们设

$$f(x) = x^\alpha - (1 - \alpha + \alpha x) \quad (0 < \alpha < 1),$$

由

$$f'(x) = \alpha(x^{\alpha-1} - 1)\begin{cases} >0, & 0<x<1, \\ 0, & x=1, \\ <0, & x>1, \end{cases}$$

故知 $f(x)$ 在 $(0,1]$ 上是递增的,而在 $[1,\infty)$ 上是递减的. 令 $\alpha = \frac{1}{p}$,$1-\alpha = \frac{1}{q}$,用 $\frac{a}{b}$ 代替 $x$,于是,就有下列不等式:

当 $a>0$, $b>0$, $p>1$, $q>1$, $\frac{1}{p} + \frac{1}{q} = 1$ 时

$$a^{\frac{1}{p}} b^{\frac{1}{q}} \leqslant \frac{a}{p} + \frac{b}{q}.$$

令 $A_k = a$, $x_{k+1} = b$, $p = \frac{k+1}{k} > 1$, $q = k+1 > 1$,且

$$\frac{1}{p} + \frac{1}{q} = \frac{k}{k+1} + \frac{1}{k+1} = 1,$$

所以,

$$(A_k)^{\frac{k}{k+1}} \cdot (x_{k+1})^{\frac{1}{k+1}} \leqslant \frac{k}{k+1} A_k + \frac{1}{k+1} x_{k+1}.$$

于是,

$$G_{k+1} \leqslant \frac{k}{k+1} A_k + \frac{1}{k+1} x_{k+1} = \frac{1}{k+1}(kA_k + x_{k+1}) = \frac{1}{k+1}(x_1 + x_2 + \cdots + x_k + x_{k+1}) = A_{k+1}.$$

从而有

$$G_{k+1}\leqslant A_{k+1}.$$

按照数学归纳法知不等式

$$\sqrt[n]{x_1x_2\cdots x_n}\leqslant\frac{1}{n}(x_1+x_2+\cdots+x_n)$$

对于任何正整数 $n$ 均成立.

**【1296】** 设 $a$ 及 $b$ 为二正数，则由等式

$$\Delta_s(a,b)=\begin{cases}\left(\dfrac{a^s+b^s}{2}\right)^{\frac{1}{s}}, & s\neq 0,\\ \lim\limits_{t\to 0}\Delta_t(a,b), & s=0\end{cases}$$

所定义之函数称为正数 $a$ 及 $b$ 之 $s$ 阶平均值.

例如，当 $s=-1$ 时得调和平均值，当 $s=0$ 时得几何平均值(试证明!)；当 $s=1$ 时得算术平均值；当 $s=2$ 时得平方平均值.

证明：(1) $\min(a,b)\leqslant\Delta_s(a,b)\leqslant\max(a,b)$；

(2) 当 $a\neq b$ 时，函数 $\Delta_s(a,b)$ 是变量 $s$ 的增函数；

(3) $\lim\limits_{s\to-\infty}\Delta_s(a,b)=\min(a,b)$，$\lim\limits_{s\to+\infty}\Delta_s(a,b)=\max(a,b)$.

**提示** (2)考虑 $\dfrac{\mathrm{d}}{\mathrm{d}s}\ln\Delta_s(a,b)$.

**证** 先证当 $s=0$ 时得几何平均数，由题设知

$$\Delta_0(a,b)=\lim_{s\to 0}\Delta_s(a,b)=\lim_{s\to 0}\mathrm{e}^{\frac{1}{s}\ln\frac{a^s+b^s}{2}},$$

研究 $f(x)=\ln\dfrac{a^x+b^x}{2}$ 在点 $x=0$ 的导数，有

$$f'(0)=\lim_{x\to 0}\frac{f(x)-f(0)}{x}=\lim_{x\to 0}\left\{\frac{1}{x}\ln\left(\frac{a^x+b^x}{2}\right)\right\}.$$

另一方面，

$$f'(0)=f'(x)\Big|_{x=0}=\left[\frac{2}{a^x+b^x}\cdot\frac{1}{2}(a^x\ln a+b^x\ln b)\right]\Big|_{x=0}=\frac{1}{2}(\ln a+\ln b).$$

因此求得

$$\Delta_0(a,b)=\mathrm{e}^{f'(0)}=\mathrm{e}^{\frac{1}{2}(\ln a+\ln b)}=\sqrt{ab},$$

此即几何平均值.

(1) 由于 $2[\min(a,b)]^s\leqslant a^s+b^s\leqslant 2[\max(a,b)]^s$，所以，

$$\min(a,b)\leqslant\left(\frac{a^s+b^s}{2}\right)^{\frac{1}{s}}\leqslant\max(a,b),\quad 即\quad \min(a,b)\leqslant\Delta_s(a,b)\leqslant\max(a,b).$$

(2)考虑 $\ln\Delta_s(a,b)=\dfrac{1}{s}\ln\dfrac{a^s+b^s}{2}$，则

$$\frac{\mathrm{d}}{\mathrm{d}s}\ln\Delta_s(a,b)=-\frac{1}{s^2}\ln\frac{a^s+b^s}{2}+\frac{a^s\ln a+b^s\ln b}{s(a^s+b^s)}=\frac{1}{s^2(a^s+b^s)}\left[(a^s\ln a^s+b^s\ln b^s)-(a^s+b^s)\ln\frac{a^s+b^s}{2}\right].$$

由于 $a^s>0$，$b^s>0$，参看 1314 题(3)的结果知

$$a^s\ln a^s+b^s\ln b^s>(a^s+b^s)\ln\frac{a^s+b^s}{2},$$

所以，$\dfrac{\mathrm{d}}{\mathrm{d}s}\ln\Delta_s(a,b)>0$，即 $\ln\Delta_s(a,b)$ 是增函数，由于对数函数是增函数，故知函数 $\Delta_s(a,b)$ 是变量 $s$ 的增函数.

(3) 不妨设 $0<a<b$. 于是，

$$\lim_{s\to-\infty}\Delta_s(a,b)=\lim_{s\to-\infty}a\left[\frac{1}{2}+\frac{1}{2}\left(\frac{b}{a}\right)^s\right]^{\frac{1}{s}}=a=\min(a,b),$$

$$\lim_{s\to+\infty}\Delta_s(a,b)=\lim_{s\to+\infty}b\left[\frac{1}{2}\left(\frac{a}{b}\right)^s+\frac{1}{2}\right]^{\frac{1}{s}}=b=\max(a,b).$$

**【1297】** 设 $f(x)(-\infty<x<+\infty)$ 为二阶可微函数及 $M_k=\sup\limits_{-\infty<x<+\infty}|f^{(k)}(x)|<+\infty\ (k=0,1,2)$. 证明不等式：$M_1^2\leqslant 2M_0M_2$.

**证** 运用1266题附注的公式(对任何 $h$)

$$f(x+h)=f(x)+f'(x)h+\frac{f''(\xi_1)}{2}h^2\quad(x\leqslant\xi_1\leqslant x+h),\tag{1}$$

$$f(x-h)=f(x)-f'(x)h+\frac{f''(\xi_2)}{2}h^2\quad(x-h\leqslant\xi_2\leqslant x),\tag{2}$$

(1)减(2)，得

$$f(x+h)-f(x-h)=2f'(x)h+\frac{h^2}{2}[f''(\xi_1)-f''(\xi_2)],$$

即

$$2f'(x)h=f(x+h)-f(x-h)-\frac{h^2}{2}[f''(\xi_1)-f''(\xi_2)].$$

所以，

$$\begin{aligned}2h|f'(x)|&\leqslant|2hf'(x)|\leqslant|f(x+h)|+|f(x-h)|+\frac{h^2}{2}[|f''(\xi_1)|+|f''(\xi_2)|]\\&\leqslant 2M_0+h^2M_2,\end{aligned}$$

即 $M_2h^2-2|f'(x)|h+2M_0\geqslant 0$.

由于此式对任何 $h$ 都成立，故此二次式的判别式必非正：

$$4|f'(x)|^2-4M_2(2M_0)\leqslant 0,$$

即

$$|f'(x)|^2\leqslant 2M_0M_2.$$

由此可得 $M_1^2\leqslant 2M_0M_2$. 证毕.

## §8. 凹凸性. 拐点

1° **凹凸性的充分条件** 若曲线 $y=f(x)(a\leqslant x\leqslant b)$ 的一段，位于其任意一点的切线之上(或之下)，则称这个可微函数 $y=f(x)$ 的图像在闭区间 $[a,b]$ 上是凹(或对应地，凸)的. 在假设二阶导数 $f''(x)$ 存在的情况下，当 $a<x<b$ 时不等式

$$f''(x)>0\quad[\text{或对应地 } f''(x)<0]$$

成立，为图像是凹(或对应地，凸)的充分条件.

2° **拐点的充分条件** 若函数的图像在某点的凹凸性改变，则称此点为**拐点**.

若在点 $x_0$ 有 $f''(x_0)=0$，或者 $f''(x_0)$ 虽不存在但 $f'(x_0)$ 有意义，并且无论在哪种情形下，$f''(x)$ 在 $x$ 经过 $x_0$ 时改变符号，则 $x_0$ 是拐点.

**【1298】** 研究曲线 $y=1+\sqrt[3]{x}$ 于 $A(-1,0)$，$B(1,2)$ 及 $C(0,0)$ 诸点的凹凸性.

**解** $y'=\dfrac{1}{3\sqrt[3]{x^2}}$，$y''=-\dfrac{2}{9x\sqrt[3]{x^2}}$.

在 $A(-1,0)$ 点，$y''=\dfrac{2}{9}>0$，故在该点附近曲线的图像是凹的；

在 $B(1,2)$ 点，$y''=-\dfrac{2}{9}<0$，故在该点附近曲线的图像是凸的；

在 $C(0,0)$ 点附近，$y''$ 变号，因此，点 $C$ 是拐点. 在 $C$ 点左边 $(x<0)$，$y''>0$ 曲线是凹的；在 $C$ 点右边 $(x>0)$，$y''<0$，曲线是凸的. 注意，当 $x=0$ 时，$y''$ 不存在.

**求下列函数的图像的凹或凸的区间及拐点：**

**【1299】** $y=3x^2-x^3$.

**解** $y'=6x-3x^2$， $y''=6-6x$.

当 $-\infty<x<1$ 时，$y''>0$，故图像是凹的；当 $1<x<+\infty$ 时，$y''<0$，故图像是凸的；$x=1$ 是拐点.

**注** 或者说，点 $(1,2)$ 是拐点. 以后二者通用，不再说明.

**【1300】** $y=\dfrac{a^2}{a^2+x^2}$ $(a>0)$.

**解** $y'=-\dfrac{2a^3x}{(a^2+x^2)^2}$，$y''=-\dfrac{2a^3(a^2-3x^2)}{(a^2+x^2)^3}$.

当 $|x|<\dfrac{a}{\sqrt{3}}$ 时，$y''<0$，故图像是凸的；当 $|x|>\dfrac{a}{\sqrt{3}}$ 时，$y''>0$，故图像是凹的；$x=\pm\dfrac{a}{\sqrt{3}}$ 是拐点.

**【1301】** $y=x+x^{\frac{5}{3}}$.

**解** $y'=1+\dfrac{5}{3}x^{\frac{2}{3}}$， $y''=\dfrac{10}{9}x^{-\frac{1}{3}}$.

当 $-\infty<x<0$ 时，$y''<0$，故图像是凸的；当 $0<x<+\infty$ 时，$y''>0$，故图像是凹的；
$x=0$ 是拐点（注意，$x=0$ 时，$y''$ 不存在）.

**【1302】** $y=\sqrt{1+x^2}$.

**解** $y'=x(1+x^2)^{-\frac{1}{2}}$，$y''=(1+x^2)^{-\frac{3}{2}}>0$，图像始终呈凹状. 无拐点.

**【1303】** $y=x+\sin x$.

**解** $y'=1+\cos x$， $y''=-\sin x$.

当 $2k\pi<x<(2k+1)\pi$ 时，$y''<0$，故图像是凸的；当 $(2k+1)\pi<x<(2k+2)\pi$ 时，$y''>0$，故图像是凹的；
$x=k\pi$ 是拐点 $(k=0,\pm1,\pm2,\cdots)$.

**【1304】** $y=e^{-x^2}$.

**解** $y'=-2xe^{-x^2}$， $y''=e^{-x^2}(4x^2-2)$.

当 $|x|<\dfrac{1}{\sqrt{2}}$ 时，$y''<0$，故图像是凸的；当 $|x|>\dfrac{1}{\sqrt{2}}$ 时，$y''>0$，故图像是凹的；$x=\pm\dfrac{1}{\sqrt{2}}$ 是拐点.

**【1305】** $y=\ln(1+x^2)$.

**解** $y'=\dfrac{2x}{1+x^2}$， $y''=\dfrac{2(1-x^2)}{(1+x^2)^2}$.

当 $|x|<1$ 时，$y''>0$，故图像是凹的；当 $|x|>1$ 时，$y''<0$，故图像是凸的；$x=\pm1$ 是拐点.

**【1306】** $y=x\sin(\ln x)$ $(x>0)$.

**解** $y'=\sin(\ln x)+\cos(\ln x)$， $y''=\dfrac{\sqrt{2}}{x}\cos\left(\dfrac{\pi}{4}+\ln x\right)$.

令 $y''=0$，得 $x=e^{k\pi+\frac{\pi}{4}}$ $(k=0,\pm1,\pm2,\cdots)$.

当 $e^{2k\pi-\frac{3\pi}{4}}<x<e^{2k\pi+\frac{\pi}{4}}$ 时，$y''>0$，故图像是凹的；当 $e^{2k\pi+\frac{\pi}{4}}<x<e^{2k\pi+\frac{5\pi}{4}}$ 时，$y''<0$，故图像是凸的；

$x=e^{k\pi+\frac{\pi}{4}}$ 是拐点 $(k=0,\pm1,\pm2,\cdots)$.

**【1307】** $y=x^x$ $(x>0)$.

**解** $y'=x^x(\ln x+1)$， $y''=x^x\left[\dfrac{1}{x}+(1+\ln x)^2\right]$. 当 $x>0$ 时，$y''>0$，故图像始终是凹的.

**【1308】** 证明：曲线 $y=\dfrac{x+1}{x^2+1}$ 有位于同一直线上的三个拐点. 作出这个函数的图像.

**证** $y'=\frac{1-2x-x^2}{(x^2+1)^2}$, $y''=\frac{2(x^3+3x^2-3x-1)}{(x^2+1)^3}$.

令 $y''=0$ 得 $x_1=-2-\sqrt{3}$, $x_2=-2+\sqrt{3}$, $x_3=1$, 对应的函数值为 $y_1=\frac{1-\sqrt{3}}{4}$, $y_2=\frac{1+\sqrt{3}}{4}$, $y_3=1$. 由于

$$\begin{vmatrix} 1 & 1 & 1 \\ 1 & -2+\sqrt{3} & -2-\sqrt{3} \\ 1 & \frac{1+\sqrt{3}}{4} & \frac{1-\sqrt{3}}{4} \end{vmatrix}=0$$

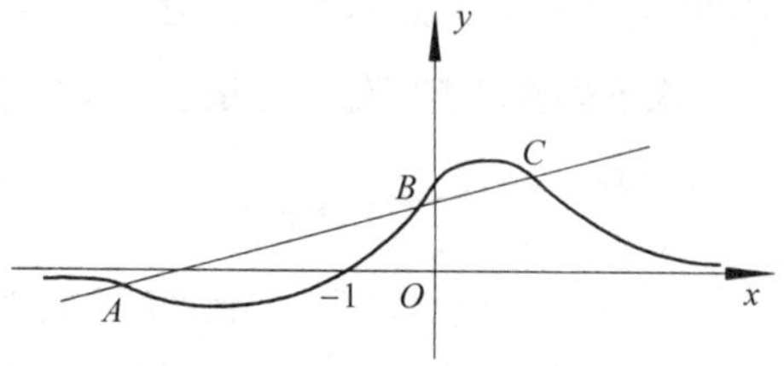

图 2.48

所以,拐点 $A(x_1,y_1)$,$B(x_2,y_2)$及 $C(x_3,y_3)$在一条直线上(图 2.48).

**【1309】** 如何选择参量 $h$,可使"概率曲线"$y=\frac{h}{\sqrt{\pi}}e^{-h^2x^2}$ $(h>0)$有拐点 $x=\pm\sigma$?

**解** $y'=\frac{-2h^3x}{\sqrt{\pi}}e^{-h^2x^2}$, $y''=\frac{h}{\sqrt{\pi}}e^{-h^2x^2}(4h^4x^2-2h^2)$.

令 $y''=0$,得 $x^2=\frac{1}{2h^2}$. 由于拐点为 $x=\pm\sigma$, 故有 $h^2=\frac{1}{2\sigma^2}$, 即 $h=\frac{1}{\sigma\sqrt{2}}$ $(\sigma>0)$.

**【1310】** 研究摆线(旋轮线)$x=a(t-\sin t)$, $y=a(1-\cos t)$ $(a>0)$的凹凸性.

**解** $\frac{dy}{dx}=\frac{a\sin t}{a(1-\cos t)}=\cot\frac{t}{2}$,

$$\frac{d^2y}{dx^2}=\frac{x_t'y_t''-x_t''y_t'}{(x_t')^3}=-\frac{\csc^2\frac{t}{2}}{2a(1-\cos t)}<0 \quad (2k\pi<t<2(k+1)\pi,\ k=0,\pm1,\cdots),$$

故摆线始终呈凸状.

**【1311】** 设函数 $f(x)$于区间 $a\leqslant x<+\infty$中二阶可微,并且:

(1) $f(a)=A>0$; (2) $f'(a)<0$; (3) 当 $x>a$, $f''(x)\leqslant 0$.

证明:在区间$(a,+\infty)$内方程 $f(x)=0$ 有而且仅有一个实根.

**证** 由于 $f'(x)$在 $a\leqslant x<+\infty$上连续且当 $a<x<+\infty$时 $f''(x)\leqslant 0$,故函数 $f'(x)$在 $a\leqslant x<+\infty$上是递减的,于是,当 $a\leqslant x<+\infty$时,$f'(x)\leqslant f'(a)<0$;由此又知函数 $f(x)$在 $a\leqslant x<+\infty$上是递减的. 因此,在$(a,+\infty)$上至多有一点使 $f(x)=0$,即在$(a,+\infty)$上方程 $f(x)=0$ 至多有一(实)根.

下面再证明必有点 $a<x_0<+\infty$存在,使 $f(x_0)=0$. 考虑函数 $F(x)=f(x)-f(a)-f'(a)(x-a)$ $(a\leqslant x<+\infty)$,则

$$F'(x)=f'(x)-f'(a),\quad F''(x)=f''(x)\quad (a\leqslant x<+\infty).$$

于是,当 $a<x<+\infty$时 $F''(x)\leqslant 0$,从而 $F'(x)$在 $a\leqslant x<+\infty$上是递减的,但 $F'(a)=0$,故当 $a\leqslant x<+\infty$时,$F'(x)\leqslant F'(a)=0$;由此又知 $F(x)$在 $a\leqslant x<+\infty$上是递减的,但$F(a)=0$,因此,当 $a\leqslant x<+\infty$时,恒有 $F(x)\leqslant F(a)=0$.

令 $x^*=a-\frac{f(a)}{f'(a)}$. 由于 $f(a)>0$, $f'(a)<0$,故 $x^*>a$. 显然,

$$F(x^*)=f(x^*)-f(a)-f'(a)\left[-\frac{f(a)}{f'(a)}\right]=f(x^*).$$

但上面已证必 $F(x^*)\leqslant 0$,故 $f(x^*)\leqslant 0$. 于是,根据连续函数的中间值定理,知必有 $a<x_0\leqslant x^*$ 存在,使 $f(x_0)=0$. 证毕.

**注** 上述证明的思路在几何上是明显的. 函数 $F(x)$代表曲线 $y=f(x)$(它是凸的)上的纵坐标与在点$(a,f(a))$处的切线 $y=f(a)+f'(a)(x-a)$上的纵坐标之差,点 $x^*=a-\frac{f(a)}{f'(a)}$即是此切线与 $Ox$ 轴的交点(图 2.49).

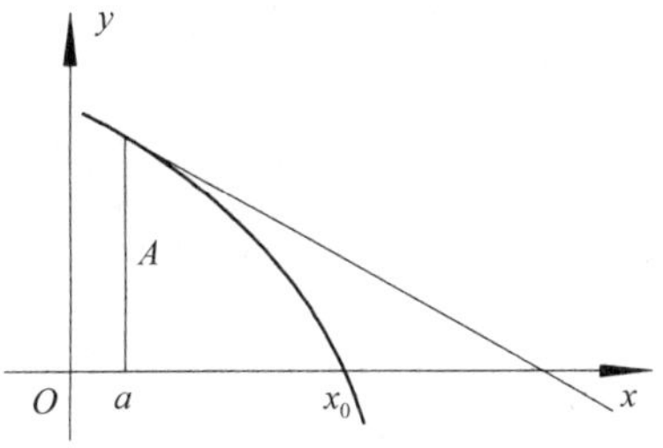


图 2.49

【1312】 若对于区间$(a,b)$内的任意两点 $x_1$ 与 $x_2$ 及任意二数 $\lambda_1$ 与 $\lambda_2$($\lambda_1>0$，$\lambda_2>0$，$\lambda_1+\lambda_2=1$)有不等式：

$$f(\lambda_1 x_1+\lambda_2 x_2)<\lambda_1 f(x_1)+\lambda_2 f(x_2)$$

(或对应地，相反的不等式 $f(\lambda_1 x_1+\lambda_2 x_2)>\lambda_1 f(x_1)+\lambda_2 f(x_2)$)，则称函数 $f(x)$在区间$(a,b)$上是凹(凸)的.

证明：函数 $f(x)$(1)若当 $a<x<b$ 时，$f''(x)>0$，则在$(a,b)$上是凹的；(2)若当 $a<x<b$ 时，$f''(x)<0$，则在$(a,b)$上是凸的.

**证** 证法 1：

设 $x_1$，$x_2$ 为$(a,b)$中任意两点，$\lambda_1>0$，$\lambda_2>0$，$\lambda_1+\lambda_2=1$. 不妨设 $x_1<x_2$. 于是，$a<x_1<x_2<b$. 考虑 $0\leqslant t\leqslant 1$ 上的函数$F(t)=f[(1-t)x_1+tx_2]-(1-t)f(x_1)-tf(x_2)$. 显然，

$$F(0)=f(x_1)-f(x_1)=0,\quad F(1)=f(x_2)-f(x_2)=0.$$

利用中值定理得知：当 $0\leqslant t\leqslant 1$ 时，

$$F'(t)=(x_2-x_1)f'[(1-t)x_1+tx_2]-[f(x_2)-f(x_1)]=(x_2-x_1)\{f'[(1-t)x_1+tx_2]-f'(c)\},$$

其中 $x_1<c<x_2$. 令 $t_0=\dfrac{c-x_1}{x_2-x_1}$，则 $0<t_0<1$ 且 $c=(1-t_0)x_1+t_0x_2$. 于是，$F'(t_0)=0$.

此外，当 $0\leqslant t\leqslant 1$ 时，有 $F''(t)=(x_2-x_1)^2 f''[(1-t)x_1+tx_2]$.

(1) 若 $f''(x)>0$ $(a<x<b)$. 由上式知 $F''(t)>0$ $(0\leqslant t\leqslant 1)$，故 $F'(t)$在 $0\leqslant t\leqslant 1$ 上是递增的，再注意到 $F'(t_0)=0$，即知：当 $0\leqslant t<t_0$ 时 $F'(t)<0$；当 $t_0<t\leqslant 1$ 时. $F'(t)>0$. 由此又知：在 $0\leqslant t\leqslant t_0$ 上 $F(t)$是递减的，在 $t_0\leqslant t\leqslant 1$ 上 $F(t)$是递增的. 由此，再用 $F(0)=0$，$F(1)=0$，即知：当 $0<t<1$ 时，恒有 $F(t)<0$. 特别 $F(\lambda_2)<0$. 但 $F(\lambda_2)=f(\lambda_1x_1+\lambda_2x_2)-\lambda_1 f(x_1)-\lambda_2 f(x_2)$，故

$$f(\lambda_1 x_1+\lambda_2 x_2)<\lambda_1 f(x_1)+\lambda_2 f(x_2).$$

由此可知 $f(x)$在$(a,b)$上是凹的.

(2) 若 $f''(x)<0(a<x<b)$，则 $F''(t)<0(0\leqslant t\leqslant 1)$. 和 (1)情形完全类似地可推知：当 $0<t<1$ 时，恒有$F(t)>0$. 特别 $F(\lambda_2)>0$，由此即知

$$f(\lambda_1 x_1+\lambda_2 x_2)>\lambda_1 f(x_1)+\lambda_2 f(x_2),$$

故 $f(x)$在$(a,b)$上是凸的.

证法 2：

在$(a,b)$内任取两点 $x_1$ 及 $x_2$，使 $a<x_1<x_2<b$，并令 $t=\lambda_1x_1+\lambda_2x_2$，则由 $\lambda_1>0$，$\lambda_2>0$，$\lambda_1+\lambda_2=1$ 知：$x_1<t<x_2$.

将函数 $f(x)$在 $x=t$ 点按 1266 题解附注的公式展开，得

$$f(x)=f(t)+(x-t)f'(t)+\frac{1}{2}(x-t)^2 f''(\xi),\tag{1'}$$

其中 $a<t<\xi<x$ 或 $a<x<\xi<t$. 将 $x=x_1$ 及 $x=x_2$ 代入$(1')$式，得

$$f(x_1)=f(t)+(x_1-t)f'(t)+\frac{1}{2}(x_1-t)^2 f''(\xi_1),\tag{2'}$$

$$f(x_2)=f(t)+(x_2-t)f'(t)+\frac{1}{2}(x_2-t)^2 f''(\xi_2),\tag{3'}$$

其中 $\xi_1,\xi_2$ 分别是界于 $x_1,t$ 及 $x_2,t$ 之间的数. 以 $\lambda_1$ 乘(2′)式,$\lambda_2$ 乘(3′)式,再相加,得

$$\lambda_1 f(x_1)+\lambda_2 f(x_2)=(\lambda_1+\lambda_2)f(t)+[\lambda_1 x_1+\lambda_2 x_2-(\lambda_1+\lambda_2)t]f'(t)$$
$$+\frac{1}{2}[\lambda_1(x_1-t)^2 f''(\xi_1)+\lambda_2(x_2-t)^2 f''(\xi_2)].$$

但 $t=\lambda_1 x_1+\lambda_2 x_2$, 及 $\lambda_1+\lambda_2=1$, 故

$$[\lambda_1 f(x_1)+\lambda_2 f(x_2)]-f(\lambda_1 x_1+\lambda_2 x_2)=\frac{1}{2}[\lambda_1(x_1-t)^2 f''(\xi_1)+\lambda_2(x_2-t)^2 f''(\xi_2)].$$

由于 $\lambda_1>0$, $\lambda_2>0$, $(x_1-t)^2>0$, $(x_2-t)^2>0$, 所以,

$$[\lambda_1 f(x_1)+\lambda_2 f(x_2)]-f(\lambda_1 x_1+\lambda_2 x_2)$$

与 $f''(\xi_1)$、$f''(\xi_2)$有同样的正负号.

当 $f''(x)>0$ 时,则

$$f(\lambda_1 x_1+\lambda_2 x_2)<\lambda_1 f(x_1)+\lambda_2 f(x_2),$$

所以,函数 $f(x)$在区间$(a,b)$上是凹的.

当 $f''(x)<0$ 时,则

$$f(\lambda_1 x_1+\lambda_2 x_2)>\lambda_1 f(x_1)+\lambda_2 f(x_2),$$

所以,函数 $f(x)$在区间$(a,b)$上是凸的.

**【1313】** 证明:函数 $x^n(n>1)$, $e^x$, $x\ln x$ 在区间$(0,+\infty)$上是凹的;而函数 $x^n(0<n<1)$, $\ln x$ 在区间$(0,+\infty)$上是凸的.

**提示** 利用 1312 题的结果.

**证** (1) 设 $y=x^n(n>1)$,则 $y''=n(n-1)x^{n-2}$,它在$(0,+\infty)$上是大于零的,因此,图像是凹的.

但当 $0<n<1$ 时,则 $y''<0$,故此时图像是凸的.

(2) 对于函数 $e^x$,其二阶导数为 $e^x$,它始终为正,因此,图像是凹的.

(3) 对于函数 $x\ln x$,其二阶导数为$\frac{1}{x}$,它在$(0,+\infty)$内大于零,因此,图像是凹的.

(4) 对于函数 $\ln x$,其二阶导数为$-\frac{1}{x^2}$,它始终为负,因此,在$(0,+\infty)$内图像是凸的.

**【1314】** 证明下列不等式,并解释其几何意义:

(1)$\frac{1}{2}(x^n+y^n)>\left(\frac{x+y}{2}\right)^n$, $(x>0,y>0,x\neq y,n>1)$;

(2)$\frac{e^x+e^y}{2}>e^{\frac{x+y}{2}}$ $(x\neq y)$;

(3)$x\ln x+y\ln y>(x+y)\ln\frac{x+y}{2}$ $(x>0,y>0)$.

**证明思路** 我们已知:若函数 $f(x)$图像在区间$(a,b)$内是凹的,则对于$(a,b)$中的任意两点 $x$ 和 $y$,满足不等式

$$\frac{1}{2}[f(x)+f(y)]>f\left(\frac{x+y}{2}\right).$$

分别令 $f(x)=x^n$,$(x>0,n>1)$,$f(x)=e^x(-\infty<x<+\infty)$及 $f(x)=x\ln x$ $(x>0)$,对它们利用 1313 题的结果,不等式即获证.

**证** 我们已知,若函数 $f(x)$的图像在区间$(a,b)$内是凹的,则对于$(a,b)$中的任意两点 $x$ 和 $y$ 满足不等式

$$\frac{1}{2}[f(x)+f(y)]>f\left(\frac{x+y}{2}\right).$$

于是,利用 1313 题的结果,我们有:

(1) 设 $f(x)=x^n$,$(x>0,n>1)$,则其图像是凹的. 于是,对于任意两点 $x$ 和 $y$,得

$$\frac{1}{2}(x^n+y^n)>\left(\frac{x+y}{2}\right)^n.$$

(2) 设 $f(x)=e^x$,则在$(-\infty,+\infty)$上图像是凹的. 于是,对于任意两点 $x$ 和 $y$,得

$$\frac{e^x+e^y}{2}>e^{\frac{x+y}{2}}.$$

(3) 设 $f(x)=x\ln x$,则对于 $x>0$ 图像是凹的. 于是,对于任意两点 $x$ 和 $y$,得

$$x\ln x+y\ln y>(x+y)\ln\frac{x+y}{2}.$$

它们的几何意义是:连接点 $(x,f(x))$ 及 $(y,f(y))$ 的弦的中点始终位于曲线上对应点(具有相同横坐标)的上方.

**【1315】** 证明:有界的凸函数处处连续,并有左导数及右导数.

**证** 设 $f(x)$ 在 $(a,b)$ 内是凸的,并设 $x_0$ 为 $(a,b)$ 内的任一点,今证 $f(x)$ 在点 $x_0$ 连续,且有左导数及右导数.

在点 $x_0$ 附近取一邻域 $|x-x_0|<\delta$,使得这邻域全部都包含在 $(a,b)$ 内,并记

$$M=\min\{f(x_0-\delta),f(x_0+\delta)\}.$$

设 $0<|x-x_0|<\delta$. 记 $t=\frac{|x-x_0|}{\delta}$,则 $0<t<1$.

当 $x_0<x<x_0+\delta$ 时,有 $x=t(x_0+\delta)+(1-t)x_0$ 及 $x_0=\frac{1}{1+t}x+\frac{t}{1+t}(x_0-\delta)$. 由于 $f(x)$ 为凸函数,故有

$$f(x)>tf(x_0+\delta)+(1-t)f(x_0)\geqslant tM+(1-t)f(x_0) \tag{1}$$

及

$$f(x_0)>\frac{1}{1+t}f(x)+\frac{t}{1+t}f(x_0-\delta)\geqslant\frac{f(x)+tM}{1+t}. \tag{2}$$

由(1),得 $$f(x)-f(x_0)>-t[f(x_0)-M];$$

由(2),得 $$t[f(x_0)-M]>f(x)-f(x_0).$$

从而,$f(x_0)-M>0$,且

$$|f(x)-f(x_0)|<t[f(x_0)-M]=\frac{[f(x_0)-M]}{\delta}\cdot|x-x_0|. \tag{3}$$

当 $x_0-\delta<x<x_0$ 时,类似地也可导出(3)式,故当 $0<|x-x_0|<\delta$ 时,(3)式恒成立. 由此显然有

$$\lim_{x\to x_0}f(x)=f(x_0).$$

这就证实了凸函数 $f(x)$ 在点 $x_0$ 的连续性.

记 $x=x_0+h$,则(3)式可改写为

$$\left|\frac{f(x_0+h)-f(x_0)}{h}\right|<\frac{|f(x_0)-M|}{\delta}\ (0<|h|<\delta). \tag{4}$$

引进函数

$$\varphi(h)=f(x_0+h)-f(x_0)\quad(-\delta<h<\delta).$$

容易验证 $\varphi(h)$ 仍为凸函数,且有 $\varphi(0)=0$. 今取任意两数 $t_1$ 及 $t_2$,设有 $0<t_1<t_2<\delta$,并改写为

$$t_1=\frac{t_1}{t_2}\cdot t_2+\left(1-\frac{t_1}{t_2}\right)\cdot 0.$$

对于 $t_2$ 与 0 两点可用凸函数性质,有

$$\varphi(t_1)>\frac{t_1}{t_2}\cdot\varphi(t_2)+\left(1-\frac{t_1}{t_2}\right)\varphi(0)=\frac{t_1}{t_2}\varphi(t_2),$$

即

$$\frac{\varphi(t_1)}{t_1}>\frac{\varphi(t_2)}{t_2},$$

这说明函数 $F(t)=\frac{\varphi(t)}{t}$ 是一个减函数. 如从 $h\to+0$ 方向看,则函数 $F(h)$ 递增. 但由(4)可知 $|F(h)|<\frac{|f(x_0)-M|}{\delta}$,即 $F(h)$ 在 $0<|h|<\delta$ 有界,故极限 $\lim\limits_{h\to+0}F(h)$ 存在,也即 $x_0$ 的右导数

$$\lim_{x\to x_0+0}\frac{f(x)-f(x_0)}{x-x_0}=f'_+(x_0)$$

存在. 同理,可证左导数 $f'_-(x_0)$也存在.

以上讨论中,对于区间是否有限无关紧要. 证毕.

**注** 本题不需假定凸函数有界,证明中也未用到有界这个条件,参看 E. C. Tichmarsh, The Theory of Functions, §5.31. 若以较弱的不等式$f\left(\frac{x_1+x_2}{2}\right)>\frac{1}{2}f(x_1)+\frac{1}{2}f(x_2)$ $(x_1\neq x_2)$作为凸函数的定义,则需加上凸函数有界这个条件,才能推出它连续并且左、右导数都存在. 参看 G. Pólya, G. Szegø, Problems and Theorems in Analysis, Vol. Ⅰ ,70 题和 124 题.

**【1316】** 设函数 $f(x)$在区间$(a,b)$内二阶可微,且$f''(\xi)\neq 0$,其中 $a<\xi<b$. 证明:在区间$(a,b)$中可找出两个值 $x_1$ 与 $x_2$,满足

$$\frac{f(x_2)-f(x_1)}{x_2-x_1}=f'(\xi).$$

**证** 不妨设 $f''(\xi)>0$. 考察 $f'(\xi)$,分两种情形:

(1)若 $f'(\xi)=0$,则由 $f''(\xi)>0$ 知 $f(\xi)$为极小值. 从而存在 $\delta>0$,在$[-\delta+\xi,\xi+\delta]$($\subset(a,b)$)上函数 $f(x)$在 $\xi$ 的左侧单调下降,在 $\xi$ 的右侧单调上升. 如果 $f(-\delta+\xi)=f(\xi+\delta)$,则取 $x_1=-\delta+\xi$, $x_2=\xi+\delta$,就满足了题中的等式. 如果 $f(-\delta+\xi)<f(\xi+\delta)$,则取 $x_1=-\delta+\xi$,而在$[\xi,\xi+\delta]$上函数值 $f(x_1)$介于 $f(\xi)$与 $f(\xi+\delta)$之间. 由于 $f(x)$在$[\xi,\xi+\delta]$上单调上升,故存在 $x_2\in(\xi,\xi+\delta)$,使 $f(x_2)=f(x_1)$,从而题中的等式成立. 如果 $f(-\delta+\xi)>f(\xi+\delta)$,仿前也可取得两点 $x_1$ 及 $x_2$,使 $f(x_1)=f(x_2)$. 这时题中的等式得证.

(2)若 $f'(\xi)\neq 0$,则设

$$F(x)=f(x)-f'(\xi)x,$$

从而有

$$F'(\xi)=f'(\xi)-f'(\xi)=0,$$

且

$$F''(\xi)=f''(\xi)>0.$$

对于函数 $F(x)$,应用上述(1)的推证方法,总存在两点 $x_1$ 及 $x_2$,使 $F(x_1)=F(x_2)$,也即有

$$f(x_1)-f'(\xi)x_1=f(x_2)-f'(\xi)x_2,$$

解得

$$f'(\xi)=\frac{f(x_2)-f(x_1)}{x_2-x_1},$$

从而,命题得证.

**【1317】** 证明:若函数 $f(x)$在无穷的区间$(x_0,+\infty)$内二阶可微,且

$$\lim_{x\to x_0+0}f(x)=0,\quad \lim_{x\to+\infty}f(x)=0,$$

则在区间$(x_0,+\infty)$内至少有一点 $\xi$,满足

$$f''(\xi)=0.$$

**证** 用反证法,即若不存在 $\xi$,使 $f''(\xi)=0$,则当 $x>x_0$ 时,或者 $f''(x)>0$,或者 $f''(x)<0$. 如果不是这样,即若存在点 $a$ 与 $b$,使得 $f''(a)<0$ 及 $f''(b)>0$,则由达布定理[*]可知,在 $a$ 与 $b$ 之间必有 $c$ 存在,使得 $f''(c)=0$,这与我们的反证假设矛盾. 因此,我们不妨设 $f''(x)>0$,从而,函数 $f(x)$的图像是凹的,且位于其任一点曲线的切线的上方.

再由

$$\lim_{x\to x_0+0}f(x)=0,\quad \lim_{x\to+\infty}f(x)=0$$

与 $f(x)$的可微性,利用 1237 题的结果,即知:在$(x_0,+\infty)$中至少存在一点 $c_1$,使

$$f'(c_1)=0.$$

由 $f''(x)>0$ 易知 $f'(x)$递增,从而,当 $x>c_1$ 时,$f'(x)>0$. 取 $c_2>c_1$,则 $f'(c_2)>0$.

过点$(c_2, f(c_2))$作曲线 $y=f(x)$的切线，其方程为

$$Y(x)=f(c_2)+f'(c_2)(x-c_2).$$

易知

$$\lim_{x\to+\infty} Y(x)=+\infty,$$

而 $f(x)-Y(x)>0$，从而应有

$$\lim_{x\to+\infty} f(x)=+\infty,$$

这与原设条件 $\lim\limits_{x\to+\infty} f(x)=0$ 矛盾. 同样，对于 $f''(x)<0$ 的情况也可推出以上结论.

于是，在区间$(x_0, +\infty)$内至少有一点 $\xi$，使 $f''(\xi)=0$.

*) 达布定理指：若函数 $g(x)$在$[a,b]$内有有限的导数，且$g'(a)g'(b)<0$，则在$(a,b)$内至少有一点 $c$，使

$$g'(c)=0.$$

其证法是：不妨设 $g'(a)<0, g'(b)>0$，则在 $a$ 右边且与 $a$ 充分近的点 $x$，有$g(a)>g(x)$；在 $b$ 左边且与 $b$ 充分近的点 $x$，有 $g(x)<g(b)$；由此可知 $g(x)$在$[a,b]$上的最小值必在$(a,b)$内某点 $c$ 达到，从而必有 $g'(c)=0$.

在本题中，可设 $g(x)=f'(x)$，则由 $g'(a)=f''(a)<0$ 及 $g'(b)=f''(b)>0$ 可知在 $a$ 与 $b$ 之间必有 $c$ 存在，使 $g'(c)=0$，即$f''(c)=0$.

## §9. 不定式的求值法

**洛必达法则** 情形 1：不定式$\frac{0}{0}$的求值法. 若：(1) 函数 $f(x)$与$g(x)$在点 $a$ 的某邻域 $U_\varepsilon$内[*]有定义并且连续(此处 $a$ 为数或符号$\infty$)，并且当 $x\to a$ 时，这两个函数都趋于零：

$$\lim_{x\to a} f(x)=\lim_{x\to a} g(x)=0;$$

(2)导数 $f'(x)$与$g'(x)$在点 $a$ 的邻域 $U_\varepsilon$ 内存在(在点 $a$ 本身可不存在)，并且当 $x\neq a$ 时，二者不同时为零；(3)有限或无穷的极限值$\lim\limits_{x\to a}\dfrac{f'(x)}{g'(x)}$存在，则有

$$\lim_{x\to a}\frac{f(x)}{g(x)}=\lim_{x\to a}\frac{f'(x)}{g'(x)}.$$

情形 2：不定式$\frac{\infty}{\infty}$的求值法. 若：(1) 当 $x\to a$ 时，函数$f(x)$与 $g(x)$都趋于无穷大：

$$\lim_{x\to a} f(x)=\lim_{x\to a} g(x)=\infty,$$

其中 $a$ 为有限数或符号$\infty$；

(2) 对于异于 $a$ 且属于点 $a$ 的邻域 $U_\varepsilon$ 的一切 $x$ 值，导数 $f'(x)$与 $g'(x)$都存在，并且当 $x\in U_\varepsilon$ 及 $x\neq a$ 时，

$$f'^2(x)+g'^2(x)\neq 0;$$

(3) 有限或无穷的极限

$$\lim_{x\to a}\frac{f'(x)}{g'(x)}$$

存在，则

$$\lim_{x\to a}\frac{f(x)}{g(x)}=\lim_{x\to a}\frac{f'(x)}{g'(x)}.$$

利用代数变形与取对数的方法，可使不定式 $0\cdot\infty, \infty-\infty, 1^\infty, 0^0, \infty^0$ 等的求值法化为

---

* 所谓点 $a$ 的邻域 $U_\varepsilon$ 系指满足下列不等式的数 $x$ 的集合：

(1)$0<|x-a|<\varepsilon$，若 $a$ 为一个数； (2)$|x|>\frac{1}{\varepsilon}$，若 $a$ 为符号$\infty$.

## $\frac{0}{0}$ 与 $\frac{\infty}{\infty}$

这两个基本类型的不定式的求值法.

**求出下列各式之值:**

**【1318】** $\lim\limits_{x\to 0}\frac{\sin ax}{\sin bx}$.

解 $\lim\limits_{x\to 0}\frac{\sin ax}{\sin bx}=\lim\limits_{x\to 0}\frac{a\cos ax}{b\cos bx}=\frac{a}{b}\quad(b\neq 0)$.

**【1319】** $\lim\limits_{x\to 0}\frac{\operatorname{ch}x-\cos x}{x^2}$.

解 $\lim\limits_{x\to 0}\frac{\operatorname{ch}x-\cos x}{x^2}=\lim\limits_{x\to 0}\frac{\operatorname{sh}x+\sin x}{2x}=\lim\limits_{x\to 0}\frac{\operatorname{ch}x+\cos x}{2}=1$.

**【1320】** $\lim\limits_{x\to 0}\frac{\tan x-x}{x-\sin x}$.

解 $\lim\limits_{x\to 0}\frac{\tan x-x}{x-\sin x}=\lim\limits_{x\to 0}\frac{\sec^2 x-1}{1-\cos x}=\lim\limits_{x\to 0}\frac{1+\cos x}{\cos^2 x}=2$.

**【1321】** $\lim\limits_{x\to 0}\frac{3\tan 4x-12\tan x}{3\sin 4x-12\sin x}$.

解 $\lim\limits_{x\to 0}\frac{3\tan 4x-12\tan x}{3\sin 4x-12\sin x}=\lim\limits_{x\to 0}\frac{12\sec^2 4x-12\sec^2 x}{12\cos 4x-12\cos x}=\lim\limits_{x\to 0}\left(-\frac{\cos 4x+\cos x}{\cos^2 x\cos^2 4x}\right)=-2$.

**【1322】** $\lim\limits_{x\to\frac{\pi}{2}}\frac{\tan 3x}{\tan x}$.

解 $\lim\limits_{x\to\frac{\pi}{2}}\frac{\tan 3x}{\tan x}=\lim\limits_{x\to\frac{\pi}{2}}\frac{3\sec^2 3x}{\sec^2 x}=3\left(\lim\limits_{x\to\frac{\pi}{2}}\frac{\cos x}{\cos 3x}\right)^2=3\left(\lim\limits_{x\to\frac{\pi}{2}}\frac{\sin x}{3\sin 3x}\right)^2=\frac{1}{3}$.

**【1323】** $\lim\limits_{x\to 0}\frac{x\cot x-1}{x^2}$.

解 $\lim\limits_{x\to 0}\frac{x\cot x-1}{x^2}=\lim\limits_{x\to 0}\frac{x-\tan x}{x^2\tan x}=\lim\limits_{x\to 0}\frac{1-\sec^2 x}{2x\tan x+x^2\sec^2 x}$

$=-\lim\limits_{x\to 0}\frac{\tan^2 x}{x^2\tan^2 x+2x\tan x+x^2}=-\lim\limits_{x\to 0}\frac{1}{x^2+2\frac{x}{\tan x}+\left(\frac{x}{\tan x}\right)^2}=-\frac{1}{3}$.

**【1324】** $\lim\limits_{x\to\frac{\pi}{4}}\frac{\sqrt[3]{\tan x}-1}{2\sin^2 x-1}$.

解 $\lim\limits_{x\to\frac{\pi}{4}}\frac{\sqrt[3]{\tan x}-1}{2\sin^2 x-1}=\lim\limits_{x\to\frac{\pi}{4}}\frac{\frac{1}{3\sqrt[3]{\tan^2 x}}\sec^2 x}{4\sin x\cos x}=\frac{1}{3}$.

**【1325】** $\lim\limits_{x\to 0}\frac{x(e^x+1)-2(e^x-1)}{x^3}$.

解 $\lim\limits_{x\to 0}\frac{x(e^x+1)-2(e^x-1)}{x^3}=\lim\limits_{x\to 0}\frac{e^x+1+xe^x-2e^x}{3x^2}=\lim\limits_{x\to 0}\frac{1-e^x+xe^x}{3x^2}=\lim\limits_{x\to 0}\frac{-e^x+e^x+xe^x}{6x}$

$=\lim\limits_{x\to 0}\frac{e^x}{6}=\frac{1}{6}$.

**【1326】** $\lim\limits_{x\to 0}\frac{1-\cos x^2}{x^2\sin x^2}$.

解 $\lim\limits_{x\to 0}\frac{1-\cos x^2}{x^2\sin x^2}=\lim\limits_{t\to 0}\frac{1-\cos t}{t\sin t}=\lim\limits_{t\to 0}\frac{\sin t}{\sin t+t\cos t}=\lim\limits_{t\to 0}\frac{1}{1+\frac{t}{\sin t}\cos t}=\frac{1}{2}$.

**【1327】** $\lim\limits_{x\to 0}\frac{\arcsin 2x-2\arcsin x}{x^3}$.

解 $\lim\limits_{x\to0}\dfrac{\arcsin2x-2\arcsin x}{x^3}=\lim\limits_{x\to0}\dfrac{\dfrac{2}{\sqrt{1-4x^2}}-\dfrac{2}{\sqrt{1-x^2}}}{3x^2}=\lim\limits_{x\to0}\dfrac{2\left[\dfrac{4x}{(1-4x^2)^{\frac{3}{2}}}-\dfrac{x}{(1-x^2)^{\frac{3}{2}}}\right]}{6x}$

$=\dfrac{1}{3}\lim\limits_{x\to0}\left[\dfrac{4}{(1-4x^2)^{\frac{3}{2}}}-\dfrac{1}{(1-x^2)^{\frac{3}{2}}}\right]=1.$

【1328】 $\lim\limits_{x\to0}\dfrac{1}{x\sqrt{x}}\left(\sqrt{a}\arctan\sqrt{\dfrac{x}{a}}-\sqrt{b}\arctan\sqrt{\dfrac{x}{b}}\right).$

解 $\lim\limits_{x\to0}\dfrac{1}{x\sqrt{x}}\left(\sqrt{a}\arctan\sqrt{\dfrac{x}{a}}-\sqrt{b}\arctan\sqrt{\dfrac{x}{b}}\right)=\lim\limits_{x\to0}\dfrac{\dfrac{\sqrt{a}}{1+\dfrac{x}{a}}\cdot\dfrac{1}{2\sqrt{a}\sqrt{x}}-\dfrac{\sqrt{b}}{1+\dfrac{x}{b}}\cdot\dfrac{1}{2\sqrt{b}\sqrt{x}}}{\dfrac{3}{2}\sqrt{x}}$

$=\lim\limits_{x\to0}\dfrac{\dfrac{a}{x+a}-\dfrac{b}{x+b}}{3x}=\lim\limits_{x\to0}\dfrac{-\dfrac{a}{(x+a)^2}+\dfrac{b}{(x+b)^2}}{3}=\dfrac{a-b}{3ab}.$

【1329】 $\lim\limits_{x\to0}\dfrac{a^x-a^{\sin x}}{x^3}.$

解 $\lim\limits_{x\to0}\dfrac{a^x-a^{\sin x}}{x^3}=\lim\limits_{x\to0}\dfrac{(a^x-a^{\sin x}\cos x)\ln a}{3x^2}=\dfrac{\ln a}{3}\lim\limits_{x\to0}\dfrac{a^x\ln a+a^{\sin x}\sin x-a^{\sin x}\ln a\cos^2x}{2x}$

$=\dfrac{\ln a}{6}\lim\limits_{x\to0}(a^x\ln^2a+a^{\sin x}\cos x+a^{\sin x}\ln a\sin x\cos x+a^{\sin x}\ln a\sin2x-a^{\sin x}\ln^2a\cos^3x)=\dfrac{\ln a}{6}.$

【1330】 $\lim\limits_{x\to1}\left(\dfrac{x^x-x}{\ln x-x+1}\right).$

解 $\lim\limits_{x\to1}\left(\dfrac{x^x-x}{\ln x-x+1}\right)=\lim\limits_{x\to1}\dfrac{x^x(\ln x+1)-1}{\dfrac{1}{x}-1}=\lim\limits_{x\to1}\dfrac{x^x(\ln x+1)^2+x^{x-1}}{-\dfrac{1}{x^2}}=-2.$

【1331】 $\lim\limits_{x\to0}\dfrac{\ln(\sin ax)}{\ln(\sin bx)}.$

解 $\lim\limits_{x\to0}\dfrac{\ln(\sin ax)}{\ln(\sin bx)}=\lim\limits_{x\to0}\dfrac{a\sin bx\cos ax}{b\sin ax\cos bx}=\dfrac{a}{b}\cdot\dfrac{b}{a}{}^{*)}=1.$

*) 利用1318题的结果.

【1332】 $\lim\limits_{x\to0}\dfrac{\ln(\cos ax)}{\ln(\cos bx)}.$

解 $\lim\limits_{x\to0}\dfrac{\ln(\cos ax)}{\ln(\cos bx)}=\lim\limits_{x\to0}\dfrac{a\tan ax}{b\tan bx}=\dfrac{a}{b}\lim\limits_{x\to0}\dfrac{a\sec^2ax}{b\sec^2bx}=\left(\dfrac{a}{b}\right)^2.$

【1333】 $\lim\limits_{x\to0}\dfrac{\cos(\sin x)-\cos x}{x^4}.$

解 $\lim\limits_{x\to0}\dfrac{\cos(\sin x)-\cos x}{x^4}=\lim\limits_{x\to0}\dfrac{-\cos x\cdot\sin(\sin x)+\sin x}{4x^3}=\lim\limits_{x\to0}\dfrac{\sin x\cdot\sin(\sin x)-\cos^2x\cos(\sin x)+\cos x}{12x^2}$

$=\lim\limits_{x\to0}\dfrac{1}{24x}\left[\cos x\sin(\sin x)+\dfrac{1}{2}\sin2x\cos(\sin x)+\sin2x\cos(\sin x)+\cos^3x\sin(\sin x)-\sin x\right]$

$=\dfrac{1}{24}\lim\limits_{x\to0}\left[-\sin x\sin(\sin x)+\cos^2x\cos(\sin x)+3\cos2x\cos(\sin x)-\dfrac{3}{2}\cos x\sin2x\sin(\sin x)\right.$

$\left.-3\cos^2x\sin x\sin(\sin x)+\cos^4x\cos(\sin x)-\cos x\right]$

$=\dfrac{1}{6}.$

【1334】 $\lim\limits_{x\to0}\dfrac{1}{x}\left(\dfrac{1}{\operatorname{th}x}-\dfrac{1}{\tan x}\right).$

解 $\lim\limits_{x\to0}\dfrac{1}{x}\left(\dfrac{1}{\operatorname{th}x}-\dfrac{1}{\tan x}\right)=\lim\limits_{x\to0}\left[-\dfrac{1}{\operatorname{th}^2x}\cdot\dfrac{1}{\operatorname{ch}^2x}+\dfrac{1}{\sin^2x}\right]=\lim\limits_{x\to0}\dfrac{\operatorname{sh}^2x-\sin^2x}{\sin^2x\operatorname{sh}^2x}=\lim\limits_{x\to0}\dfrac{\operatorname{sh}2x-\sin2x}{\sin2x\operatorname{sh}^2x+\operatorname{sh}2x\sin^2x}$

$$=\lim_{x\to0}\frac{\mathrm{ch}2x-\cos2x}{\cos2x\,\mathrm{sh}^2x+\sin2x\,\mathrm{sh}2x+\mathrm{ch}2x\sin^2x}=\lim_{x\to0}\frac{2\mathrm{sh}2x+2\sin2x}{-2\sin2x\,\mathrm{sh}^2x+3\cos2x\,\mathrm{sh}2x+3\sin2x\,\mathrm{ch}2x+2\mathrm{sh}2x\sin^2x}$$

$$=\lim_{x\to0}(4\mathrm{ch}2x+4\cos2x)(-4\cos2x\,\mathrm{sh}^2x-2\sin2x\,\mathrm{sh}2x-6\sin2x\,\mathrm{sh}2x+6\cos2x\,\mathrm{ch}2x+6\cos2x\,\mathrm{ch}2x$$
$$+6\sin2x\,\mathrm{sh}2x+4\mathrm{ch}2x\sin^2x+2\sin2x\,\mathrm{sh}2x)^{-1}$$

$$=\frac{2}{3}.$$

**【1335】** $\lim\limits_{x\to0}\dfrac{\mathrm{arsh}(\mathrm{sh}x)-\mathrm{arsh}(\sin x)}{\mathrm{sh}x-\sin x}$ 其中 $\mathrm{arsh}x=\ln(x+\sqrt{1+x^2})$.

**解** $\lim\limits_{x\to0}\dfrac{\mathrm{arsh}(\mathrm{sh}x)-\mathrm{arsh}(\sin x)}{\mathrm{sh}x-\sin x}=\lim\limits_{x\to0}\dfrac{\ln(\mathrm{sh}x+\mathrm{ch}x)-\ln(\sin x+\sqrt{1+\sin^2x})}{\mathrm{sh}x-\sin x}$

$$=\lim_{x\to0}\frac{\dfrac{\mathrm{ch}x+\mathrm{sh}x}{\mathrm{sh}x+\mathrm{ch}x}-\dfrac{\cos x+\dfrac{\sin x\cos x}{\sqrt{1+\sin^2x}}}{\sin x+\sqrt{1+\sin^2x}}}{\mathrm{ch}x-\cos x}=\lim_{x\to0}\frac{1-\dfrac{\cos x}{\sqrt{1+\sin^2x}}}{\mathrm{ch}x-\cos x}$$

$$=\lim_{x\to0}\frac{-\left(\dfrac{-\sin\sqrt{1+\sin^2x}-\dfrac{\cos^2x\sin x}{\sqrt{1+\sin^2x}}}{1+\sin^2x}\right)}{\mathrm{sh}x+\sin x}=\lim_{x\to0}\frac{\dfrac{2\sin x}{(1+\sin^2x)^{\frac{3}{2}}}}{\mathrm{sh}x+\sin x}$$

$$=2\lim_{x\to0}\frac{\dfrac{\cos x}{(1+\sin^2x)^{\frac{3}{2}}}-\dfrac{3\sin^2x\cos x}{(1+\sin^2x)^{\frac{5}{2}}}}{\mathrm{ch}x+\cos x}=1.$$

**【1336】** $\lim\limits_{x\to+\infty}\dfrac{\ln x}{x^{\varepsilon}}$ $(\varepsilon>0)$.

**解** $\lim\limits_{x\to+\infty}\dfrac{\ln x}{x^{\varepsilon}}=\lim\limits_{x\to+\infty}\dfrac{\frac{1}{x}}{\varepsilon x^{\varepsilon-1}}=\lim\limits_{x\to+\infty}\dfrac{1}{\varepsilon x^{\varepsilon}}=0.$

**【1337】** $\lim\limits_{x\to+\infty}\dfrac{x^n}{\mathrm{e}^{ax}}$ $(a>0,n>0)$.

**解题思路** 若 $n$ 为正整数，利用洛必达法则求得 $\lim\limits_{x\to+\infty}\dfrac{x^n}{\mathrm{e}^{ax}}=0$. 若 $n$ 不是正整数，则

$$\frac{x^{[n]}}{\mathrm{e}^{ax}}<\frac{x^n}{\mathrm{e}^{ax}}<\frac{x^{[n]+1}}{\mathrm{e}^{ax}}\quad(x>1),$$

利用上述结果及夹逼准则.

**解** $\lim\limits_{x\to+\infty}\dfrac{x^n}{\mathrm{e}^{ax}}=\lim\limits_{x\to+\infty}\dfrac{nx^{n-1}}{a\mathrm{e}^{ax}}=\cdots=\lim\limits_{x\to+\infty}\dfrac{n!}{a^n\mathrm{e}^{ax}}=0.$

以上是就 $n$ 为正整数的情形解得的. 若 $n$ 不是正整数，则 $[n]<n<[n]+1$. 于是，

$$\frac{x^{[n]}}{\mathrm{e}^{ax}}<\frac{x^n}{\mathrm{e}^{ax}}<\frac{x^{[n]+1}}{\mathrm{e}^{ax}}\quad(x>1).$$

而左右两端当 $x\to+\infty$时，上面已证明它们的极限为零. 因此，中间的极限也为零. 于是，对于任意大于零的实数 $a$ 和 $n$，均有 $\lim\limits_{x\to+\infty}\dfrac{x^n}{\mathrm{e}^{ax}}=0$.

**【1338】** $\lim\limits_{x\to0}\dfrac{\mathrm{e}^{-\frac{1}{x^2}}}{x^{100}}$.

**提示** 利用 1337 题的结果.

**解** $\lim\limits_{x\to0}\dfrac{\mathrm{e}^{-\frac{1}{x^2}}}{x^{100}}=\lim\limits_{\frac{1}{x^2}\to+\infty}\dfrac{\left(\frac{1}{x^2}\right)^{50}}{\mathrm{e}^{\frac{1}{x^2}}}$ *) $=0.$

*) 利用 1337 题的结果.

**【1339】** $\lim\limits_{x\to+\infty}x^2\mathrm{e}^{-0.01x}$.

**提示** 利用 1337 题的结果.

**解** $\lim\limits_{x\to+\infty} x^2 e^{-0.01x}=\lim\limits_{x\to+\infty}\frac{x^2}{e^{0.01x}}\overset{*)}{=}0.$

*) 利用 1337 题的结果.

**【1340】** $\lim\limits_{x\to1-0}\ln x\cdot\ln(1-x).$

**解** $\lim\limits_{x\to1-0}\ln x\cdot\ln(1-x)=\lim\limits_{x\to1-0}\frac{\ln(1-x)}{\frac{1}{\ln x}}=\lim\limits_{x\to1-0}\frac{-\frac{1}{1-x}}{-\frac{1}{x\ln^2 x}}=\lim\limits_{x\to1-0}\frac{x\ln^2 x}{1-x}=\lim\limits_{x\to1-0}\frac{\ln^2 x+2\ln x}{-1}=0.$

**【1341】** $\lim\limits_{x\to+0}x^{\varepsilon}\ln x\quad(\varepsilon>0).$

**解** $\lim\limits_{x\to+0}x^{\varepsilon}\ln x=\lim\limits_{x\to+0}\frac{\ln x}{x^{-\varepsilon}}=\lim\limits_{x\to+0}\frac{\frac{1}{x}}{-\varepsilon x^{-\varepsilon-1}}=-\lim\limits_{x\to+0}\frac{x^{\varepsilon}}{\varepsilon}=0.$

**【1342】** $\lim\limits_{x\to+0}x^x.$

**提示** 注意 $x^x=e^{x\ln x}$,并利用 1341 题的结果.

**解** $\lim\limits_{x\to+0}x^x=\lim\limits_{x\to+0}e^{x\ln x}=e^{\lim\limits_{x\to+0}x\ln x}=e^{0\,*)}=1.$

*) 利用 1341 题的结果.

**【1343】** $\lim\limits_{x\to+0}x^{x^x-1}$

**提示** 利用 1341 题的结果.

**解** $\lim\limits_{x\to+0}x^{x^x-1}=\lim\limits_{x\to+0}e^{(x^x-1)\ln x}=\lim\limits_{x\to+0}e^{(e^{x\ln x}-1)\ln x}.$

由于

$$\lim_{x\to+0}x\ln x=0^{*)},\quad \lim_{x\to+0}\frac{e^{x\ln x}-1}{x\ln x}=1\quad 及\quad \lim_{x\to+0}x\ln^2 x=\lim_{x\to+0}\frac{\ln^2 x}{\frac{1}{x}}=\lim_{x\to+0}\frac{\frac{2}{x}\ln x}{-\frac{1}{x^2}}=\lim_{x\to+0}(-2x\ln x)=0,$$

故

$$\lim_{x\to+0}\{(e^{x\ln x}-1)\ln x\}=\lim_{x\to+0}\left\{\frac{e^{x\ln x}-1}{x\ln x}\cdot x\ln^2 x\right\}=1\cdot0=0.$$

于是,$\lim\limits_{x\to+0}x^{x^x-1}=\lim\limits_{x\to+0}e^{(e^{x\ln x}-1)\ln x}=e^0=1.$

*) 利用 1341 题的结果.

**【1344】** $\lim\limits_{x\to+0}(x^{x^x}-1).$

**提示** 利用 1342 题的结果.

**解** $\lim\limits_{x\to+0}(x^{x^x}-1)=\lim\limits_{x\to+0}(e^{x^x\ln x}-1).$

利用 1342 题的结果,有 $\lim\limits_{x\to+0}x^x=1$,故得 $\lim\limits_{x\to+0}e^{x^x\ln x}=0$,从而有 $\lim\limits_{x\to+0}(x^{x^x}-1)=-1.$

**【1345】** $\lim\limits_{x\to+0}x^{\frac{k}{1+\ln x}}.$

**解** 由于 $\lim\limits_{x\to+0}\frac{k}{1+\ln x}\ln x=k\lim\limits_{x\to+0}\frac{\frac{1}{x}}{\frac{1}{x}}=k$,所以,$\lim\limits_{x\to+0}x^{\frac{k}{1+\ln x}}=e^k.$

**【1346】** $\lim\limits_{x\to1}x^{\frac{1}{1-x}}.$

**解** 由于 $\lim\limits_{x\to1}\frac{\ln x}{1-x}=\lim\limits_{x\to1}\frac{\frac{1}{x}}{-1}=-1$,所以,$\lim\limits_{x\to1}x^{\frac{1}{1-x}}=e^{-1}.$

**【1347】** $\lim\limits_{x\to1}(2-x)^{\tan\frac{\pi x}{2}}.$

**解** 由于 $\lim\limits_{x\to1}\tan\dfrac{\pi x}{2}\ln(2-x)=\lim\limits_{x\to1}\dfrac{\ln(2-x)}{\cot\dfrac{\pi x}{2}}=\lim\limits_{x\to1}\dfrac{\dfrac{1}{x-2}}{-\dfrac{\pi}{2}\csc^2\dfrac{\pi x}{2}}=\dfrac{2}{\pi}$，

所以，$\lim\limits_{x\to1}(2-x)^{\tan\frac{\pi x}{2}}=e^{\frac{2}{\pi}}$.

**【1348】** $\lim\limits_{x\to\frac{\pi}{4}}(\tan x)^{\tan 2x}$.

**解** 由于 $\lim\limits_{x\to\frac{\pi}{4}}\tan 2x\ln\tan x=\lim\limits_{x\to\frac{\pi}{4}}\dfrac{\ln\tan x}{\cot 2x}=\lim\limits_{x\to\frac{\pi}{4}}\dfrac{\dfrac{\sec^2 x}{\tan x}}{-2\csc^2 2x}=-\lim\limits_{x\to\frac{\pi}{4}}\sin 2x=-1$，

所以，$\lim\limits_{x\to\frac{\pi}{4}}(\tan x)^{\tan 2x}=e^{-1}$.

**【1349】** $\lim\limits_{x\to0}(\cot x)^{\sin x}$.

**解** 由于 $\lim\limits_{x\to0}\sin x\ln\cot x=\lim\limits_{x\to0}\dfrac{\ln\cot x}{\csc x}=\lim\limits_{x\to0}\dfrac{-\dfrac{\csc^2 x}{\cot x}}{-\csc x\cot x}=\lim\limits_{x\to0}\dfrac{\sin x}{\cos^2 x}=0$，

所以，$\lim\limits_{x\to0}(\cot x)^{\sin x}=e^0=1$.

**【1350】** $\lim\limits_{x\to+0}\left(\ln\dfrac{1}{x}\right)^x$.

**解** 由于 $\lim\limits_{x\to+0}x\ln\left(\ln\dfrac{1}{x}\right)=\lim\limits_{y\to+\infty}\dfrac{\ln(\ln y)}{y}=\lim\limits_{y\to+\infty}\dfrac{1}{y\ln y}=0$，所以，$\lim\limits_{x\to+0}\left(\ln\dfrac{1}{x}\right)^x=e^0=1$.

**【1351】** $\lim\limits_{x\to\infty}\left(\tan\dfrac{\pi x}{2x+1}\right)^{\frac{1}{x}}$

**解** 由于

$$\lim_{x\to\infty}\frac{1}{x}\ln\left(\tan\frac{\pi x}{2x+1}\right)=\lim_{x\to\infty}\frac{\dfrac{\pi}{(1+2x)^2}}{\tan\dfrac{\pi x}{2x+1}\cdot\cos^2\dfrac{\pi x}{2x+1}}=2\pi\lim_{x\to\infty}\frac{\dfrac{1}{(1+2x)^2}}{\sin\dfrac{2\pi x}{2x+1}}$$

$$=2\pi\lim_{x\to\infty}\frac{-\dfrac{4}{(1+2x)^3}}{\dfrac{2\pi}{(1+2x)^2}\cos\dfrac{2\pi x}{2x+1}}=-4\lim_{x\to\infty}\frac{1}{(1+2x)\cos\dfrac{2\pi x}{2x+1}}=0,$$

所以，$\lim\limits_{x\to\infty}\left(\tan\dfrac{\pi x}{2x+1}\right)^{\frac{1}{x}}=e^0=1$.

**【1352】** $\lim\limits_{x\to a}\left(\dfrac{\tan x}{\tan a}\right)^{\cot(x-a)}$.

**解** 由于 $\lim\limits_{x\to a}\cot(x-a)\ln\left(\dfrac{\tan x}{\tan a}\right)=\lim\limits_{x\to a}\dfrac{\ln\tan x-\ln\tan a}{\tan(x-a)}=\lim\limits_{x\to a}\dfrac{\dfrac{1}{\tan x}\sec^2 x}{\sec^2(x-a)}=\dfrac{2}{\sin 2a}$，

所以，$\lim\limits_{x\to a}\left(\dfrac{\tan x}{\tan a}\right)^{\cot(x-a)}=e^{\frac{2}{\sin 2a}}$ $\left(a\neq\dfrac{k\pi}{2}, k\text{ 为整数}\right)$.

**【1353】** $\lim\limits_{x\to0}\left(\dfrac{a^x-x\ln a}{b^x-\ln b}\right)^{\frac{1}{x^2}}$.

**解** 由于

$$\lim_{x\to0}\frac{\ln(a^x-x\ln a)-\ln(b^x-x\ln b)}{x^2}=\lim_{x\to0}\frac{\dfrac{(a^x-1)\ln a}{a^x-x\ln a}-\dfrac{(b^x-1)\ln b}{b^x-x\ln b}}{2x}$$

$$=\lim_{x\to0}\frac{1}{2}\left[\frac{a^x\ln^2 a(a^x-x\ln a)-(a^x-1)^2\ln^2 a}{(a^x-x\ln a)^2}-\frac{b^x\ln^2 b(b^x-x\ln b)-(b^x-1)^2\ln^2 b}{(b^x-x\ln b)^2}\right]$$

$$=\frac{1}{2}(\ln^2 a-\ln^2 b),$$

所以，$\lim\limits_{x\to0}\left(\dfrac{a^x-x\ln a}{b^x-x\ln b}\right)^{\frac{1}{x^2}}=e^{\frac{\ln^2a-\ln^2b}{2}}$.

**【1354】** $\lim\limits_{x\to0}\left(\dfrac{1}{x}-\dfrac{1}{e^x-1}\right)$.

**解** $\lim\limits_{x\to0}\left(\dfrac{1}{x}-\dfrac{1}{e^x-1}\right)=\lim\limits_{x\to0}\dfrac{e^x-1-x}{x(e^x-1)}=\lim\limits_{x\to0}\dfrac{e^x-1}{e^x-1+xe^x}=\lim\limits_{x\to0}\dfrac{e^x}{e^x(x+2)}=\dfrac{1}{2}$.

**【1355】** $\lim\limits_{x\to1}\left(\dfrac{1}{\ln x}-\dfrac{1}{x-1}\right)$.

**解** $\lim\limits_{x\to1}\left(\dfrac{1}{\ln x}-\dfrac{1}{x-1}\right)=\lim\limits_{x\to1}\dfrac{x-\ln x-1}{(x-1)\ln x}=\lim\limits_{x\to1}\dfrac{1-\dfrac{1}{x}}{\dfrac{x-1}{x}+\ln x}=\lim\limits_{x\to1}\dfrac{x-1}{(x-1)+x\ln x}=\lim\limits_{x\to1}\dfrac{1}{1+1+\ln x}=\dfrac{1}{2}$.

**【1356】** $\lim\limits_{x\to0}\left(\cot x-\dfrac{1}{x}\right)$.

**解** $\lim\limits_{x\to0}\left(\cot x-\dfrac{1}{x}\right)=\lim\limits_{x\to0}\dfrac{x\cos x-\sin x}{x\sin x}=\lim\limits_{x\to0}\dfrac{\cos x-x\sin x-\cos x}{\sin x+x\cos x}=\lim\limits_{x\to0}\dfrac{-\sin x}{\dfrac{\sin x}{x}+\cos x}=0$.

**【1357】** $\lim\limits_{x\to0}\left[\dfrac{1}{\ln(x+\sqrt{1+x^2})}-\dfrac{1}{\ln(1+x)}\right]$.

**解** $\lim\limits_{x\to0}\left[\dfrac{1}{\ln(x+\sqrt{1+x^2})}-\dfrac{1}{\ln(1+x)}\right]=\lim\limits_{x\to0}\dfrac{\ln(1+x)-\ln(x+\sqrt{1+x^2})}{\ln(1+x)\cdot\ln(x+\sqrt{1+x^2})}$

$$=\lim_{x\to0}\frac{\dfrac{1}{1+x}-\dfrac{1}{\sqrt{1+x^2}}}{\dfrac{1}{1+x}\ln(x+\sqrt{1+x^2})+\dfrac{1}{\sqrt{1+x^2}}\ln(1+x)}=\lim_{x\to0}\frac{\sqrt{1+x^2}-1-x}{\sqrt{1+x^2}\ln(x+\sqrt{1+x^2})+(1+x)\ln(1+x)}$$

$$=\lim_{x\to0}\frac{\dfrac{x}{\sqrt{1+x^2}}-1}{1+\dfrac{x}{\sqrt{1+x^2}}\ln(x+\sqrt{1+x^2})+1+\ln(1+x)}=-\frac{1}{2}.$$

**【1358】** $\lim\limits_{x\to a}\dfrac{a^x-x^a}{x-a}\quad(a>0)$.

**解** $\lim\limits_{x\to a}\dfrac{a^x-x^a}{x-a}=\lim\limits_{x\to a}(a^x\ln a-ax^{a-1})=a^a(\ln a-1)$.

**【1359】** $\lim\limits_{x\to0}\dfrac{(1+x)^{\frac{1}{x}}-e}{x}$.

**解** $\lim\limits_{x\to0}\dfrac{(1+x)^{\frac{1}{x}}-e}{x}=\lim\limits_{x\to0}(1+x)^{\frac{1}{x}}\left[\dfrac{1}{x(1+x)}-\dfrac{1}{x^2}\ln(1+x)\right]=e\lim\limits_{x\to0}\dfrac{\dfrac{x}{1+x}-\ln(1+x)}{x^2}$

$$=e\lim_{x\to0}\frac{\dfrac{1}{(1+x)^2}-\dfrac{1}{1+x}}{2x}=-e\lim_{x\to0}\frac{1}{2(1+x)^2}=-\frac{e}{2}.$$

**【1360】** $\lim\limits_{x\to0}\dfrac{(a+x)^x-a^x}{x^2}\quad(a>0)$.

**解** $\lim\limits_{x\to0}\dfrac{(a+x)^x-a^x}{x^2}=\lim\limits_{x\to0}\dfrac{(a+x)^x\left[\ln(a+x)+\dfrac{x}{a+x}\right]-a^x\ln a}{2x}$

$$=\frac{1}{2}\lim_{x\to0}\left\{(a+x)^x\left[\ln(a+x)+\frac{x}{a+x}\right]^2+(a+x)^x\left[\frac{1}{a+x}+\frac{a}{(a+x)^2}\right]-a^x\ln^2a\right\}=\frac{1}{a}.$$

**【1361】** $\lim\limits_{x\to+\infty}\left(\dfrac{2}{\pi}\arctan x\right)^x$.

**解** 由于

$$\lim_{x\to+\infty} x\ln\left(\frac{2}{\pi}\arctan x\right)=\lim_{x\to+\infty}\frac{\ln\left(\frac{2}{\pi}\arctan x\right)}{\frac{1}{x}}=\lim_{x\to+\infty}\frac{\frac{\pi}{2\arctan x}\cdot\frac{2}{\pi(1+x^2)}}{-\frac{1}{x^2}}=-\lim_{x\to+\infty}\frac{x^2}{(1+x^2)\arctan x}$$

$$=-\frac{2}{\pi},$$

所以，$\lim\limits_{x\to+\infty}\left(\frac{2}{\pi}\arctan x\right)^x=e^{-\frac{2}{\pi}}$.

【1362】 $\lim\limits_{x\to+\infty}(\text{th}x)^x$

**解** 由于

$$\lim_{x\to+\infty}x\ln(\text{th}x)=\lim_{x\to+\infty}\frac{\ln(\text{th}x)}{\frac{1}{x}}=\lim_{x\to+\infty}\frac{\frac{1}{\text{th}x\,\text{ch}^2x}}{-\frac{1}{x^2}}=-2\lim_{x\to+\infty}\frac{x^2}{\text{sh}2x}=-2\lim_{x\to+\infty}\frac{2x}{2\text{ch}2x}$$

$$=-2\lim_{x\to+\infty}\frac{1}{2\text{sh}2x}=0,$$

所以，$\lim\limits_{x\to+\infty}(\text{th}x)^x=e^0=1$.

【1363】 $\lim\limits_{x\to0}\left(\frac{\arcsin x}{x}\right)^{\frac{1}{x^2}}$.

**解** 由于

$$\lim_{x\to0}\frac{\ln(\arcsin x)-\ln x}{x^2}=\lim_{x\to0}\frac{\frac{1}{\sqrt{1-x^2}\arcsin x}-\frac{1}{x}}{2x}=\lim_{x\to0}\frac{x-\sqrt{1-x^2}\arcsin x}{2x^2\sqrt{1-x^2}\arcsin x}$$

$$=\lim_{x\to0}\frac{1-1+\frac{x}{\sqrt{1-x^2}}\arcsin x}{\left(4x\sqrt{1-x^2}-\frac{2x^3}{\sqrt{1-x^2}}\right)\arcsin x+2x^2}=\lim_{x\to0}\frac{\arcsin x}{2(2-3x^2)\arcsin x+2x\sqrt{1-x^2}}$$

$$=\lim_{x\to0}\frac{\frac{1}{\sqrt{1-x^2}}}{-12x\arcsin x+\frac{2(2-3x^2)}{\sqrt{1-x^2}}+2\sqrt{1-x^2}-\frac{2x^2}{\sqrt{1-x^2}}}=\frac{1}{6},$$

所以，$\lim\limits_{x\to0}\left(\frac{\arcsin x}{x}\right)^{\frac{1}{x^2}}=e^{\frac{1}{6}}$.

【1364】 $\lim\limits_{x\to0}\left(\frac{(1+x)^{\frac{1}{x}}}{e}\right)^{\frac{1}{x}}$.

**解** 由于 $\lim\limits_{x\to0}\frac{\frac{1}{x}\ln(1+x)-1}{x}=\lim\limits_{x\to0}\frac{\ln(1+x)-x}{x^2}=\lim\limits_{x\to0}\frac{\frac{1}{1+x}-1}{2x}=-\lim\limits_{x\to0}\frac{1}{2(1+x)}=-\frac{1}{2}$,

所以，$\lim\limits_{x\to0}\left[\frac{(1+x)^{\frac{1}{x}}}{e}\right]^{\frac{1}{x}}=e^{-\frac{1}{2}}$.

【1365】 $\lim\limits_{x\to0}\left(\frac{2}{\pi}\arccos x\right)^{\frac{1}{x}}$.

**解** 由于 $\lim\limits_{x\to0}\frac{\ln\left(\frac{2}{\pi}\arccos x\right)}{x}=\lim\limits_{x\to0}\frac{-1}{\sqrt{1-x^2}\arccos x}=-\frac{2}{\pi}$,

所以，$\lim\limits_{x\to0}\left(\frac{2}{\pi}\arccos x\right)^{\frac{1}{x}}=e^{-\frac{2}{\pi}}$.

【1366】 $\lim\limits_{x\to0}\left(\frac{\cos x}{\text{ch}x}\right)^{\frac{1}{x^2}}$.

**解** 由于 $\lim\limits_{x\to0}\dfrac{\ln\cos x-\ln\mathrm{ch}x}{x^2}=\lim\limits_{x\to0}\dfrac{-\tan x-\mathrm{th}x}{2x}=\lim\limits_{x\to0}\dfrac{-\sec^2x-\dfrac{1}{\mathrm{ch}^2x}}{2}=-1$,

所以，$\lim\limits_{x\to0}\left(\dfrac{\cos x}{\mathrm{ch}x}\right)^{\frac{1}{x^2}}=\mathrm{e}^{-1}$.

**【1367】** $\lim\limits_{x\to0}\dfrac{\ln\mathrm{ch}x}{\sqrt[m]{\mathrm{ch}x}-\sqrt[n]{\mathrm{ch}x}}$.

**解** $\lim\limits_{x\to0}\dfrac{\ln\mathrm{ch}x}{\sqrt[m]{\mathrm{ch}x}-\sqrt[n]{\mathrm{ch}x}}=\lim\limits_{x\to0}\dfrac{\mathrm{th}x}{\mathrm{sh}x\left[\dfrac{1}{m}(\mathrm{ch}x)^{\frac{1}{m}-1}-\dfrac{1}{n}(\mathrm{ch}x)^{\frac{1}{n}-1}\right]}=\dfrac{1}{\dfrac{1}{m}-\dfrac{1}{n}}=\dfrac{mn}{n-m}$.

**【1368】** $\lim\limits_{x\to0}\left(\dfrac{1+\mathrm{e}^x}{2}\right)^{\mathrm{cth}x}$.

**解** 由于 $\lim\limits_{x\to0}\dfrac{\ln(1+\mathrm{e}^x)-\ln2}{\mathrm{th}x}=\lim\limits_{x\to0}\dfrac{\dfrac{\mathrm{e}^x}{1+\mathrm{e}^x}}{\dfrac{1}{\mathrm{ch}^2x}}=\dfrac{1}{2}$，所以，$\lim\limits_{x\to0}\left(\dfrac{1+\mathrm{e}^x}{2}\right)^{\mathrm{cth}x}=\mathrm{e}^{\frac{1}{2}}=\sqrt{\mathrm{e}}$.

**【1369】** $\lim\limits_{x\to+\infty}\left[\sqrt[3]{x^3+x^2+x+1}-\sqrt{x^2+x+1}\cdot\dfrac{\ln(\mathrm{e}^x+x)}{x}\right]$.

**解** 当 $x\to+\infty$ 时，有

$$\sqrt[3]{x^3+x^2+x+1}=x\left[1+\left(\frac{1}{x}+\frac{1}{x^2}+\frac{1}{x^3}\right)\right]^{\frac{1}{3}}=x\left[1+\frac{1}{3}\left(\frac{1}{x}+\frac{1}{x^2}+\frac{1}{x^3}\right)+o\left(\frac{1}{x}+\frac{1}{x^2}+\frac{1}{x^3}\right)\right]$$

$$=x+\frac{1}{3}+o\left(\frac{1}{x}\right)+o(1)=x+\frac{1}{3}+o(1),\ \sqrt{x^2+x+1}=x\left[1+\left(\frac{1}{x}+\frac{1}{x^2}\right)\right]^{\frac{1}{2}}$$

$$=x\left[1+\frac{1}{2}\left(\frac{1}{x}+\frac{1}{x^2}\right)+o\left(\frac{1}{x}+\frac{1}{x^2}\right)\right]=x+\frac{1}{2}+o\left(\frac{1}{x}\right)+o(1)=x+\frac{1}{2}+o(1),$$

$$\frac{\ln(\mathrm{e}^x+x)}{x}=\frac{1}{x}\ln[\mathrm{e}^x(1+x\mathrm{e}^{-x})]=1+\frac{1}{x}\ln(1+x\mathrm{e}^{-x})=1+o\left(\frac{1}{x}\right)$$

（这是由于 $\lim\limits_{x\to+\infty}\ln(1+x\mathrm{e}^{-x})=0$）.

于是，

$$\sqrt[3]{x^3+x^2+x+1}-\sqrt{x^2+x+1}\cdot\frac{\ln(\mathrm{e}^x+x)}{x}=\left[x+\frac{1}{3}+o(1)\right]-\left[x+\frac{1}{2}+o(1)\right]\left[1+o\left(\frac{1}{x}\right)\right]$$

$$=\left[x+\frac{1}{3}+o(1)\right]-\left[x+\frac{1}{2}+o(1)+o\left(\frac{1}{x}\right)\right]=-\frac{1}{6}+o(1),$$

从而有

$$\lim_{x\to+\infty}\left[\sqrt[3]{x^3+x^2+x+1}-\sqrt{x^2+x+1}\cdot\frac{\ln(\mathrm{e}^x+x)}{x}\right]=\lim_{x\to+\infty}\left[-\frac{1}{6}+o(1)\right]=-\frac{1}{6}.$$

**【1370】** $\lim\limits_{x\to+\infty}\left[(x+a)^{1+\frac{1}{x}}-x^{1+\frac{1}{x+a}}\right]$.

**解** 当 $x\to+\infty$ 时，有

$$\left(1+\frac{a}{x}\right)^{\frac{1}{x}}=\mathrm{e}^{\frac{1}{x}\ln(1+\frac{a}{x})}=\mathrm{e}^{o(\frac{1}{x})}=1+o\left(\frac{1}{x}\right)$$

及

$$x^{\frac{1}{x+a}-\frac{1}{x}}=x^{-\frac{a}{x(x+a)}}=\mathrm{e}^{-\frac{a}{x(x+a)}\ln x}=\mathrm{e}^{o(\frac{1}{x})}=1+o\left(\frac{1}{x}\right),$$

并注意到 $x^{\frac{1}{x}}\to1$，于是，得

$$(x+a)^{1+\frac{1}{x}}-x^{1+\frac{1}{x+a}}=(x+a)(x+a)^{\frac{1}{x}}-x\cdot x^{\frac{1}{x+a}}=(x+a)\cdot x^{\frac{1}{x}}\left(1+\frac{a}{x}\right)^{\frac{1}{x}}-x\cdot x^{\frac{1}{x}}x^{\frac{1}{x+a}-\frac{1}{x}}$$

$$=x^{\frac{1}{x}}\left\{(x+a)\left[1+o\left(\frac{1}{x}\right)\right]-x\left[1+o\left(\frac{1}{x}\right)\right]\right\}=x^{\frac{1}{x}}\{[x+a+o(1)]-[x+o(1)]\}$$

$=x^{\frac{1}{x}}[a+o(1)]$,

从而有 $\lim\limits_{x\to+\infty}[(x+a)^{1+\frac{1}{x}}-x^{1+\frac{1}{x+a}}]=\lim\limits_{x\to+\infty}\{x^{\frac{1}{x}}[a+o(1)]\}=a$.

**【1371】** 若当 $x\to0$ 时,曲线 $y=f(x)$ 通过坐标原点 $(0,0)$ $[\lim\limits_{x\to0}f(x)=f(0)=0]$,且在此有斜角 $\alpha$,求

$$\lim_{x\to0}\frac{y}{x}.$$

**解** $\lim\limits_{x\to0}\frac{y}{x}=\lim\limits_{x\to0}\frac{f(x)-f(0)}{x}=f'(0)=\tan\alpha$ *).

*) 所谓有斜角 $\alpha$ 是指在 $x=0$ 点有 $f'(0)=\tan\alpha$,注意到当 $x\to0$ 时,$f(x)\to0$,以及 $f'(0)$ 存在,如果再假定 $f'(x)$ 在 $x=0$ 连续,则也可用洛必达法则求得

$$\lim_{x\to0}\frac{y}{x}=\lim_{x\to0}\frac{y'}{1}=f'(0)=\tan\alpha.$$

**【1372】** 若当 $x\to+0$ 时,连续曲线 $y=f(x)$ 通过坐标原点 $(0,0)$ $[\lim\limits_{x\to+0}f(x)=0]$,并且当 $0<x<\varepsilon$ 时,此曲线完全位于两直线 $y=-kx$ 及 $y=kx$ $(k\neq\infty)$ 所组成的锐角之内,证明:$\lim\limits_{x\to+0}x^{f(x)}=1$.

**提示** 注意到 $x\ln x\to0$ $(x\to+0)$,并利用夹逼准则.

**证** 当 $x\to+0$ 时,有 $x\ln x\to0$. 按题设应有

$$-kx\leqslant f(x)\leqslant kx\quad(k>0,\ 0<x<\varepsilon),$$

而当 $x>0$ 且很小时,有 $\ln x<0$,故

$$kx\ln x<f(x)\ln x<-kx\ln x,$$

从而有

$$e^{kx\ln x}<e^{f(x)\ln x}<e^{-kx\ln x}.$$

当 $x\to+0$ 时,不等式两端均趋于 $e^0=1$,注意到 $e^{f(x)\ln x}=x^{f(x)}$,即有 $\lim\limits_{x\to+0}x^{f(x)}=1$.

**【1373】** 证明:若函数 $f(x)$ 的二阶导数 $f''(x)$ 存在,则

$$f''(x)=\lim_{h\to0}\frac{f(x+h)+f(x-h)-2f(x)}{h^2}.$$

**证明思路** 注意到当 $h\to0$ 时,

$$f(x+h)+f(x-h)-2f(x)\to0\quad 及\quad h^2\to0,$$

且分子及分母(视为 $h$ 的函数)都有导数,而分母的导数 $2h$ 又不为零 $(h\to0$,但 $h\neq0)$,故对 $\lim\limits_{h\to0}\frac{f(x+h)+f(x-h)-2f(x)}{h^2}$ 可使用洛必达法则,得

$$原式=\lim_{h\to0}\frac{f'(x+h)-f'(x-h)}{2h}\tag{*}$$

$$=\frac{1}{2}\lim_{h\to0}\left[\frac{f'(x+h)-f'(x)}{h}+\frac{f'(x-h)-f'(x)}{-h}\right]=\frac{1}{2}[f''(x)+f''(x)]=f''(x).$$

注意 若对(*)式再使用洛必达法则,得原式 $=\frac{1}{2}\lim\limits_{h\to0}[f''(x+h)+f''(x-h)]$. 由于 $f''(x)$ 仅存在而没有假设连续,故无法获得 $f''(x)$ 的结果. 这一点必须引起读者的注意.

**证** 当 $h\to0$ 时,$f(x+h)+f(x-h)-2f(x)\to0$ 及 $h^2\to0$,且分子、分母(视为 $h$ 的函数)都有导数,又注意到分母的导数 $2h\neq0$ $(h\to0$ 但 $h\neq0)$,故对 $\lim\limits_{h\to0}\frac{f(x+h)+f(x-h)-2f(x)}{h^2}$ 可用洛必达法则,并且继续运算,最后得证

$$\lim_{h\to0}\frac{f(x+h)+f(x-h)-2f(x)}{h^2}=\lim_{h\to0}\frac{f'(x+h)-f'(x-h)}{2h}$$

$$=\frac{1}{2}\lim_{h\to0}\left[\frac{f'(x+h)-f'(x)}{h}+\frac{f'(x-h)-f'(x)}{-h}\right]=\frac{1}{2}[f''(x)+f''(x)]=f''(x).$$

**【1374】** 研究运用洛必达法则于下列各例的可能性:

(1) $\lim\limits_{x\to 0}\dfrac{x^2\sin\dfrac{1}{x}}{\sin x}$；　　(2) $\lim\limits_{x\to\infty}\dfrac{x-\sin x}{x+\sin x}$；

(3) $\lim\limits_{x\to+\infty}\dfrac{e^{-2x}(\cos x+2\sin x)+e^{-x^2}\sin^2 x}{e^{-x}(\cos x+\sin x)}$；　　(4) $\lim\limits_{x\to+\infty}\dfrac{1+x+\sin x\cos x}{(x+\sin x\cos x)e^{\sin x}}$.

**提示** (1)及(2)洛必达法则不适用，但是原极限均存在. (3)及(4)不符合运用洛必达法则的条件，且原极限均不存在.

**解** (1) 分子、分母分别求导数，得商为$\dfrac{2x\sin\dfrac{1}{x}-\cos\dfrac{1}{x}}{\cos x}$，

此函数当 $x\to 0$ 时，极限不存在，因此洛必达法则不能适用. 但是，原极限是存在的. 事实上，函数

$$\frac{x^2\sin\dfrac{1}{x}}{\sin x}=\frac{x}{\sin x}\cdot x\sin\frac{1}{x},$$

当 $x\to 0$ 时，$\dfrac{x}{\sin x}\to 1$ 及 $x\sin\dfrac{1}{x}\to 0$，于是，$\lim\limits_{x\to 0}\dfrac{x^2\sin\dfrac{1}{x}}{\sin x}=0$.

(2) 分子、分母分别求导数，得商为$\dfrac{1-\cos x}{1+\cos x}$，

当 $x\to\infty$时，上述函数的极限不存在，因此洛必达法则不能适用. 但是，原极限是存在的. 事实上，有

$$\lim_{x\to\infty}\frac{x-\sin x}{x+\sin x}=\lim_{x\to\infty}\frac{1-\dfrac{\sin x}{x}}{1+\dfrac{\sin x}{x}}=1.$$

(3) 如果运用洛必达法则，就有

$$\lim_{x\to+\infty}\frac{e^{-2x}(\cos x+2\sin x)+e^{-x^2}\sin^2 x}{e^{-x}(\cos x+\sin x)}=\lim_{x\to+\infty}\frac{-5e^{-2x}\sin x-2xe^{-x^2}\sin^2 x+e^{-x^2}\sin 2x}{-2e^{-x}\sin x}$$

$$=\lim_{x\to+\infty}\left(\frac{5}{2}e^{-x}+xe^{-x^2+x}\sin x-e^{-x^2+x}\cos x\right)=0.$$

这个结果是错误的. 事实上，若取 $x_n=n\pi+\dfrac{3\pi}{4}$，则 $\lim\limits_{x\to\infty}x_n=+\infty$. 对于数列$\{x_n\}$，原式的分母 $e^{-x_n}(\cos x_n+\sin x_n)=\sqrt{2}e^{-x_n}\cdot\sin\left(x_n+\dfrac{\pi}{4}\right)=\sqrt{2}e^{-(n\pi+\frac{3\pi}{4})}\sin(n+1)\pi=0$，而分子不为零，此时原式的极限不存在，从而对于 $x\to+\infty$，原式的极限不存在. 原因是在求极限 $\lim\limits_{x\to+\infty}\dfrac{f(x)}{g(x)}$时，虽然 $f(x)$ 及 $g(x)$ 均连续且极限为零，但其导数在数列 $x_n=n\pi(n=1,2,\cdots)$上两者同时出现了零点. 因此，一方面本题不符合运用洛必达法则的条件；另一方面也不允许在求极限过程中，用 $\sin x$ 作除数，上、下约分后再求极限.

(4) 如果运用洛必达法则，就有

$$\lim_{x\to+\infty}\frac{1+x+\sin x\cos x}{(x+\sin x\cos x)e^{\sin x}}=\lim_{x\to+\infty}\frac{1+\cos 2x}{e^{\sin x}[1+\cos 2x+\cos x\cdot(x+\sin x\cos x)]}$$

$$=\lim_{x\to+\infty}\frac{2\cos^2 x}{e^{\sin x}[2\cos^2 x+\cos x\cdot(x+\sin x\cos x)]}=\lim_{x\to+\infty}\frac{1}{e^{\sin x}\left[1+\dfrac{1}{2\cos x}(x+\sin x\cos x)\right]}.$$

由于 $e^{\sin x}\geqslant e^{-1}$，　$x+\sin x\cos x\geqslant x-1$，故当 $x>1$ 时，有

$$\left|e^{\sin x}\left[1+\frac{1}{2\cos x}(x+\sin x\cos x)\right]\right|\geqslant e^{-1}\left[\frac{1}{2|\cos x|}(x-1)-1\right]\geqslant e^{-1}\left[\frac{1}{2}(x-1)-1\right]\to+\infty$$

(当 $x\to+\infty$时)，

从而得 $\lim\limits_{x\to+\infty}\dfrac{1+x+\sin x\cos x}{(x+\sin x\cos x)e^{\sin x}}=0$.

这个结果是错误的. 事实上，对于不同的数列

$$x_n'=2n\pi+\frac{\pi}{2} \quad 及 \quad x_n''=2n\pi \quad (n=1,2,\cdots),$$

让 $n\to+\infty$，则分别取不同的极限 $\frac{1}{e}$ 及 1，从而原极限是不存在的. 原因与(3)的情况类似，只是注意到 $\cos x$ 在 $x_n=n\pi+\frac{\pi}{2}$ 的点列上($n=1,2,\cdots$)取值为零. 因此，本题不符合运用洛必达法则的条件；当然也不允许在中间过程里，用 $\cos x$ 作除数，上、下约分后再求极限.

**【1375】** 设有一弓形，其弦长为 $b$，拱高为 $h$，半径为 $R$，又有内接于此弓形的等腰三角形. 若当 $R$ 不变时弓形的弧长趋于零，求弓形面积与内接三角形面积之比的极限. 利用所得结果推出弓形面积的近似公式：

$$S\approx\frac{2}{3}bh.$$

**提示** 设弓形所张的中心角为 $\alpha$，则内接等腰三角形面积为

$$\frac{1}{2}bh=R^2\left(\sin\frac{\alpha}{2}-\frac{1}{2}\sin\alpha\right)，弓形面积为\frac{1}{2}R^2(\alpha-\sin\alpha).$$

**解** 如图 2.50 所示. $AB=b, DC=h, \angle AOB=\alpha$，$\triangle ABC$ 为内接等腰三角形，其面积为

$$\frac{1}{2}bh=R^2\left(\sin\frac{\alpha}{2}-\frac{1}{2}\sin\alpha\right).$$

弓形面积为 $\frac{1}{2}R^2(\alpha-\sin\alpha)$.

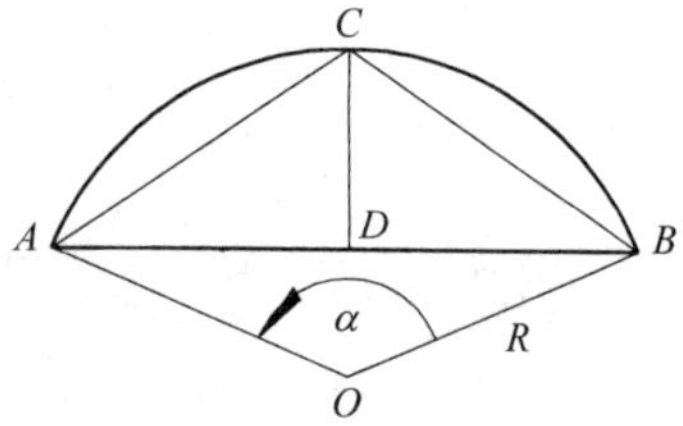


图 2.50

当弧长趋于零时，$\alpha$ 趋于零，于是，弓形面积与内接等腰三角形面积之比的极限为

$$\lim_{\alpha\to0}\frac{\frac{1}{2}R^2(\alpha-\sin\alpha)}{R^2\left(\sin\frac{\alpha}{2}-\frac{1}{2}\sin\alpha\right)}=\lim_{\alpha\to0}\frac{\frac{1}{2}(1-\cos\alpha)}{\frac{1}{2}\left(\cos\frac{\alpha}{2}-\cos\alpha\right)}=\lim_{\alpha\to0}\frac{\sin^2\frac{\alpha}{2}}{\sin\frac{3\alpha}{4}\cdot\sin\frac{\alpha}{4}}=\lim_{\alpha\to0}\frac{\left(\frac{\alpha}{2}\right)^2}{\frac{3\alpha}{4}\cdot\frac{\alpha}{4}}=\frac{4}{3}.$$

由此得弓形面积的近似公式为 $S\approx\frac{4}{3}\cdot\frac{1}{2}bh=\frac{2}{3}bh.$

## §10. 泰勒公式

1° **泰勒局部公式** 若：(1)函数 $f(x)$ 在点 $x_0$ 的某邻域 $|x-x_0|<\varepsilon$ 内有定义；(2)在此邻域内有一直到($n-1$)阶的导数 $f'(x),\cdots,f^{(n-1)}(x)$；(3)在点 $x_0$ 存在 $n$ 阶导数 $f^{(n)}(x_0)$，则

$$f(x)=\sum_{k=0}^{n}a_k(x-x_0)^k+o((x-x_0)^n), \tag{1}$$

其中 $a_k=\frac{f^{(k)}(x_0)}{k!}$ ($k=0,1,\cdots,n$). 特别地，当 $x_0=0$ 时，有：

$$f(x)=\sum_{k=0}^{n}\frac{f^{(k)}(0)}{k!}x^k+o((x)^n). \tag{2}$$

在上述条件下，(1)式是唯一的.

若在点 $x_0$ 存在导数 $f^{(n+1)}(x_0)$，则公式(1)中的余项可以取为 $o^*((x-x_0)^{n+1})$ 的形式.

从泰勒局部公式(2)，得出下列 5 个重要的展开式：

Ⅰ. $e^x=1+x+\frac{x^2}{2!}+\cdots+\frac{x^n}{n!}+o(x^n)$；

Ⅱ. $\sin x=x-\frac{x^3}{3!}+\cdots+(-1)^{n-1}\frac{x^{2n-1}}{(2n-1)!}+o(x^{2n})$；

Ⅲ. $\cos x=1-\frac{x^2}{2!}+\cdots+(-1)^n\frac{x^{2n}}{(2n)!}+o(x^{2n+1})$；

Ⅳ. $(1+x)^m=1+mx+\frac{m(m-1)}{2!}x^2+\cdots+\frac{m(m-1)\cdots(m-n+1)}{n!}x^n+o(x^n)$;

Ⅴ. $\ln(1+x)=x-\frac{x^2}{2}+\cdots+(-1)^{n-1}\frac{x^n}{n}+o(x^n)$.

2° **泰勒公式** 若:(1)函数 $f(x)$ 在闭区间$[a,b]$上有定义;(2)$f(x)$在此闭区间上有连续的导数 $f'(x),\cdots,f^{n-1}(x)$;(3)当 $a<x<b$ 时,存在有限的导数 $f^{(n)}(x)$,则

$$f(x)=\sum_{k=0}^{n-1}\frac{f^{(k)}(a)}{k!}(x-a)^k+R_n(x)\quad(a\leqslant x\leqslant b),$$

其中

$$R_n(x)=\frac{f^{(n)}[a+\theta(x-a)]}{n!}(x-a)^n\quad(0<\theta<1)\quad(\text{拉格朗日余项}),$$

或

$$R_n(x)=\frac{f^{(n)}[a+\theta_1(x-a)]}{(n-1)!}(1-\theta_1)^{n-1}(x-a)^n\quad(0<\theta_1<1)\quad(\text{柯西余项}).$$

**【1376】** 将多项式 $P(x)=1+3x+5x^2-2x^3$ 改写为二项式 $x+1$ 的非负整数次幂多项式.

**解** $P'(x)=3+10x-6x^2$, $P'(-1)=-13$.

$P''(x)=10-12x$, $P''(-1)=22$.

$P'''(x)=-12$, $P'''(-1)=-12$.

$P^{(4)}(x)=0$, $P(-1)=5$.

按泰勒公式有

$$P(x)=P(-1)+\frac{P'(-1)}{1!}(x+1)+\frac{P''(-1)}{2!}(x+1)^2+\frac{P'''(-1)}{3!}(x+1)^3+R_4(x),$$

这里 $R_4(x)=0$,即展开式中的余项为零,将上述结果代入,即得

$$P(x)=5-13(x+1)+11(x+1)^2-2(x+1)^3.$$

**写出下列函数按变量 $x$ 的非负整数次幂的展开式,至含有所指阶数的项为止:**

**【1377】** $\frac{1+x+x^2}{1-x+x^2}$到含 $x^4$ 的项. $f^{(4)}(0)$等于什么?

**解** $\frac{1+x+x^2}{1-x+x^2}=(1+x+x^2)\frac{(1+x)}{1+x^3}=(1+x)(1+x+x^2)\cdot[1-x^3+o(x^6)]$

$=1+2x+2x^2-2x^4+o(x^4)$.

$f^{(4)}(0)=4!\cdot(-2)=-48$.

**【1378】** $\frac{(1+x)^{100}}{(1-2x)^{40}(1+2x)^{60}}$到含 $x^2$ 的项.

**解** 设 $f(x)=\frac{(1+x)^{100}}{(1-2x)^{40}(1+2x)^{60}}$,则

$$f'(x)=\frac{60(1+x)^{99}(1+6x)}{(1-2x)^{41}(1+2x)^{61}},$$

$$f''(x)=\frac{60(1+x)^{98}(65+728x+2196x^2+48x^3)}{(1-2x)^{42}(1+2x)^{62}},$$

而 $f(0)=1$, $f'(0)=60$, $f''(0)=3900$. 按泰勒公式就有

$$\frac{(1+x)^{100}}{(1-2x)^{40}(1+2x)^{60}}=1+60x+1950x^2+o(x^2).$$

**【1379】** $\sqrt[m]{a^m+x}$ $(a>0)$到含 $x^2$ 的项.

**解** 设 $f(x)=\sqrt[m]{a^m+x}$,则 $f'(x)=\frac{1}{m}(a^m+x)^{\frac{1-m}{m}}$, $f''(x)=\frac{(1-m)(a^m+x)^{\frac{1-2m}{m}}}{m^2}$,

而 $f(0)=a$, $f'(0)=\frac{1}{m}a^{1-m}$, $f''(0)=\frac{1-m}{m^2}a^{1-2m}$. 于是,

$$\sqrt[m]{a^m+x}=a+\frac{x}{ma^{m-1}}+\frac{(1-m)x^2}{2m^2a^{2m-1}}+o(x^2).$$

【1380】 $\sqrt{1-2x+x^3}-\sqrt[3]{1-3x+x^2}$ 到含 $x^3$ 的项.

解 设 $f(x)=\sqrt{1-2x+x^3}-\sqrt[3]{1-3x+x^2}$,则

$$f'(x)=\frac{1}{2}(3x^2-2)(1-2x+x^3)^{-\frac{1}{2}}-\frac{1}{3}(2x-3)(1-3x+x^2)^{-\frac{2}{3}},$$

$$f''(x)=3x(1-2x+x^3)^{-\frac{1}{2}}-\frac{1}{4}(3x^2-2)^2(1-2x+x^3)^{-\frac{3}{2}}-\frac{2}{3}(1-3x+x^2)^{-\frac{2}{3}}$$
$$+\frac{2}{9}(2x-3)^2(1-3x+x^2)^{-\frac{5}{3}},$$

$$f'''(x)=3(1-2x+x^3)^{-\frac{1}{2}}-\frac{3}{2}x(3x^2-2)(1-2x+x^3)^{-\frac{3}{2}}+\frac{3}{8}(3x^2-2)^3(1-2x+x^3)^{-\frac{5}{2}}$$
$$-3x(3x^2-2)(1-2x+x^3)^{-\frac{3}{2}}+\frac{4}{9}(2x-3)(1-3x+x^2)^{-\frac{5}{3}}$$
$$+\frac{8}{9}(2x-3)(1-3x+x^2)^{-\frac{5}{3}}-\frac{10}{27}(2x-3)^3(1-3x+x^2)^{-\frac{8}{3}},$$

而

$$f(0)=0,\quad f'(0)=0,\quad f''(0)=\frac{1}{3},\quad f'''(0)=6,$$

于是,

$$\sqrt{1-2x+x^3}-\sqrt[3]{1-3x+x^2}=\frac{1}{6}x^2+x^3+o(x^3).$$

【1381】 $e^{2x-x^2}$ 到含 $x^5$ 的项.

解 $$e^{2x-x^2}=1+(2x-x^2)+\frac{(2x-x^2)^2}{2!}+\frac{(2x-x^2)^3}{3!}+\frac{(2x-x^2)^4}{4!}+\frac{(2x-x^2)^5}{5!}+o(x^5)$$
$$=1+2x+x^2-\frac{2}{3}x^3-\frac{5}{6}x^4-\frac{1}{15}x^5+o(x^5).$$

【1382】 $\dfrac{x}{e^x-1}$ 到含 $x^4$ 的项.

解 当 $x$ 很小时. 令 $\dfrac{e^x-1}{x}=1+\Delta$,则有

$$\Delta=\frac{x}{2}+\frac{x^2}{6}+\frac{x^3}{24}+\frac{x^4}{120}+o(x^4),$$

其中 $\Delta$ 也很小. 于是,$\dfrac{x}{e^x-1}=\dfrac{1}{\frac{e^x-1}{x}}=\dfrac{1}{1+\Delta}=1-\Delta+\Delta^2-\Delta^3+\Delta^4+o(x^4)$.

注意到

$$\Delta^2=\frac{x^2}{4}+\frac{x^3}{6}+\frac{5x^4}{72}+o(x^4),\quad \Delta^3=\frac{x^3}{8}+\frac{x^4}{8}+o(x^4),\quad \Delta^4=\frac{x^4}{16}+o(x^4),$$

则得 $\dfrac{x}{e^x-1}=1-\dfrac{x}{2}+\dfrac{x^2}{12}-\dfrac{x^4}{720}+o(x^4)$.

【1383】 $\sqrt[3]{\sin x^3}$ 到含 $x^{13}$ 的项.

解 $$\sqrt[3]{\sin x^3}=\left[x^3-\frac{x^9}{3!}+\frac{x^{15}}{5!}+o(x^{15})\right]^{\frac{1}{3}}=x\left[1+\left(\frac{x^{12}}{120}-\frac{x^6}{6}+o(x^{12})\right)\right]^{\frac{1}{3}}$$
$$=x\left[1+\frac{1}{3}\left(\frac{x^{12}}{120}-\frac{x^6}{6}+o(x^{12})\right)-\frac{1}{9}\left(\frac{x^{12}}{120}-\frac{x^6}{6}+o(x^{12})\right)^2+o(x^{12})\right]$$
$$=x-\frac{7}{18}x^7-\frac{1}{3240}x^{13}+o(x^{13}).$$

【1384】 $\ln\cos x$ 到含 $x^6$ 的项.

**解** $\ln\cos x=\frac{1}{2}\ln(1-\sin^2 x)=-\frac{1}{2}\left(\sin^2 x+\frac{\sin^4 x}{2}+\frac{\sin^6 x}{3}+o(\sin^6 x)\right)$

$$=-\frac{1}{2}\left[\left(x-\frac{x^3}{3!}+\frac{x^5}{5!}+o(x^6)\right)^2+\frac{1}{2}\left(x-\frac{x^3}{3!}+\frac{x^5}{5!}+o(x^6)\right)^4+\frac{1}{3}\left(x-\frac{x^3}{3!}+\frac{x^5}{5!}+o(x^6)\right)^6+o(x^6)\right]$$

$$=-\frac{1}{2}x^2-\frac{1}{12}x^4-\frac{1}{45}x^6+o(x^6).$$

其中用到：$\frac{\sin x}{x}\to 1$（当 $x\to 0$），故 $o(\sin^6 x)$可换为 $o(x^6)$.

**【1385】** $\sin(\sin x)$到含 $x^3$ 的项.

**解** $\sin(\sin x)=\sin x-\frac{\sin^3 x}{3!}+o(x^4)=\left(x-\frac{x^3}{3!}+o(x^4)\right)-\frac{1}{3!}\left(x-\frac{x^3}{3!}+o(x^4)\right)^3+o(x^4)$

$$=x-\frac{1}{3}x^3+o(x^3).$$

**【1386】** $\tan x$ 到含 $x^5$ 的项.

**解** 当 $x$ 很小时，有

$$\sin x=x-\frac{1}{6}x^3+\frac{1}{120}x^5+o(x^6),\quad \cos x=1-\frac{x^2}{2}+\frac{x^4}{24}+o(x^5)=1-\Delta,$$

其中 $\Delta=\frac{x^2}{2}-\frac{x^4}{24}+o(x^5)$很小，易见 $\Delta^2=\frac{x^4}{4}+o(x^5)$. 于是，

$$\tan x=\frac{\sin x}{\cos x}=\left(x-\frac{1}{6}x^3+\frac{1}{120}x^5+o(x^6)\right)\frac{1}{1-\Delta}$$

$$=\left(x-\frac{1}{6}x^3+\frac{1}{120}x^5+o(x^6)\right)(1+\Delta+\Delta^2+o(x^4))$$

$$=\left(x-\frac{1}{6}x^3+\frac{1}{120}x^5+o(x^6)\right)\left(1+\frac{x^2}{2}+\frac{5}{24}x^4+o(x^4)\right)$$

$$=x+\frac{1}{3}x^3+\frac{2}{15}x^5+o(x^5).$$

**【1387】** $\ln\frac{\sin x}{x}$到含 $x^6$ 的项.

**解** $\ln\frac{\sin x}{x}=\ln\frac{x-\frac{x^3}{3!}+\frac{x^5}{5!}-\frac{x^7}{7!}+o(x^8)}{x}$

$$=\ln\left[1+\left(-\frac{x^2}{6}+\frac{x^4}{120}-\frac{x^6}{5040}+o(x^6)\right)\right]$$

$$=\left(-\frac{x^2}{6}+\frac{x^4}{120}-\frac{x^6}{5040}+o(x^6)\right)-\frac{1}{2}\left(-\frac{x^2}{6}+\frac{x^4}{120}-\frac{x^6}{5040}+o(x^6)\right)^2$$

$$+\frac{1}{3}\left(-\frac{x^2}{6}+\frac{x^4}{120}-\frac{x^6}{5040}+o(x^6)\right)^3+o(x^6)$$

$$=-\frac{x^2}{6}-\frac{x^4}{180}-\frac{x^6}{2835}+o(x^6).$$

**【1388】** 求函数 $f(x)=\sqrt{x}$按照 $x-1$ 的非负整数次幂展开式的前三项.

**解** $f'(x)=\frac{1}{2\sqrt{x}},\quad f''(x)=-\frac{1}{4x\sqrt{x}}.\quad f(1)=1,\quad f'(1)=\frac{1}{2},\quad f''(1)=-\frac{1}{4}.$

于是，$\sqrt{x}=1+\frac{1}{2}(x-1)-\frac{1}{8}(x-1)^2+o((x-1)^2)$.

**【1389】** 将函数 $f(x)=x^x-1$ 按照 $x-1$ 的非负整数次幂展开到含有$(x-1)^3$ 的项.

**解** $f'(x)=x^x(1+\ln x)$,

$f''(x)=x^x(1+\ln x)^2+x^{x-1}$,

$f'''(x)=x^x(1+\ln x)^3+2x^{x-1}(1+\ln x)+x^{x-1}\left(\frac{x-1}{x}+\ln x\right).$

而 $f(1)=0$， $f'(1)=1$， $f''(1)=2$， $f'''(1)=3$.

于是，$x^x-1=(x-1)+(x-1)^2+\frac{1}{2}(x-1)^3+o((x-1)^3)$.

**【1390】** 在点 $x=0$ 的邻域中，用抛物线(二次多项式)近似地代替函数 $y=a\operatorname{ch}\frac{x}{a}$ $(a>0)$.

**解** $y\Big|_{x=0}=a$， $y'\Big|_{x=0}=\operatorname{sh}\frac{x}{a}\Big|_{x=0}=0$， $y''\Big|_{x=0}=\frac{1}{a}\operatorname{ch}\frac{x}{a}\Big|_{x=0}=\frac{1}{a}$.

于是，$a\operatorname{ch}\frac{x}{a}=a+\frac{x^2}{2a}+o(x^2)$.

**【1391】** 按分式$\frac{1}{x}$的非负整数次幂展开函数 $f(x)=\sqrt{1+x^2}-x(x>0)$到含$\frac{1}{x^3}$的项.

**解** 由于
$$\sqrt{1+\left(\frac{1}{x}\right)^2}=1+\frac{1}{2}\left(\frac{1}{x^2}\right)-\frac{1}{8}\left(\frac{1}{x^4}\right)+o\left(\frac{1}{x^4}\right),$$

于是，$f(x)=\sqrt{1+x^2}-x=x\sqrt{1+\left(\frac{1}{x}\right)^2}-x=\frac{1}{2x}-\frac{1}{8x^3}+o\left(\frac{1}{x^3}\right)$.

**【1392】** 求函数 $f(h)=\ln(x+h)(x>0)$按增量 $h$ 的非负整数次幂的展开式，到含 $h^n$ 的项($n$ 为正整数).

**解** $\ln(x+h)=\ln\left[x\left(1+\frac{h}{x}\right)\right]=\ln x+\ln\left(1+\frac{h}{x}\right)=\ln x+\frac{h}{x}-\frac{h^2}{2x^2}+\frac{h^3}{3x^3}-\cdots+(-1)^{n-1}\frac{h^n}{nx^n}+o(h^n)$.

**【1393】** 设 $f(x+h)=f(x)+hf'(x)+\cdots+\frac{h^n}{n!}f^{(n)}(x+\theta h)$ $(0<\theta<1)$，且 $f^{(n+1)}(x)\neq 0$.

证明：$\lim\limits_{h\to 0}\theta=\frac{1}{n+1}$.

**证明思路** 将 $f(x+h)$展开到 $h^{n+1}$，并与题设比较，可得
$$\frac{h^n}{n!}f^{(n)}(x+\theta h)=\frac{h^n}{n!}f^{(n)}(x)+\frac{h^{n+1}}{(n+1)!}f^{(n+1)}(x)+o(h^{n+1}).$$
再利用高阶导数的定义即获证.

**证** 按题设，我们有
$$f(x+h)=f(x)+hf'(x)+\cdots+\frac{h^n}{n!}f^{(n)}(x+\theta h),$$
其中 $0<\theta<1$. 又因 $f^{(n+1)}(x)$存在，故
$$f(x+h)=f(x)+hf'(x)+\cdots+\frac{h^n}{n!}f^{(n)}(x)+\frac{h^{n+1}}{(n+1)!}f^{(n+1)}(x)+o(h^{n+1}).$$
比较上面两式，得
$$\frac{h^n}{n!}f^{(n)}(x+\theta h)=\frac{h^n}{n!}f^{(n)}(x)+\frac{h^{n+1}}{(n+1)!}f^{(n+1)}(x)+o(h^{n+1}),$$
从而有
$$\theta\cdot\frac{f^{(n)}(x+\theta h)-f^{(n)}(x)}{\theta h}=\frac{1}{n+1}f^{(n+1)}(x)+n!\frac{o(h^{n+1})}{h^{n+1}}.$$
由于$\lim\limits_{h\to 0}\frac{f^{(n)}(x+\theta h)-f^{(n)}(x)}{\theta h}=f^{(n+1)}(x)\neq 0$，故由上式知$\lim\limits_{h\to 0}\theta$存在，并且
$$\lim_{h\to 0}\theta=\frac{\frac{1}{n+1}f^{(n+1)}(x)}{f^{(n+1)}(x)}=\frac{1}{n+1}.$$

**【1394】** 估计下列近似公式的绝对误差：

(1) $e^x\approx 1+x+\frac{x^2}{2!}+\cdots+\frac{x^n}{n!}$， 当 $0\leqslant x\leqslant 1$； (2) $\sin x\approx x-\frac{x^3}{6}$， 当$|x|\leqslant\frac{1}{2}$；

(3) $\tan x\approx x+\frac{x^3}{3}$， 当$|x|\leqslant 0.1$； (4) $\sqrt{1+x}\approx 1+\frac{x}{2}-\frac{x^2}{8}$， 当 $0\leqslant x\leqslant 1$.

**解** 用拉格朗日余项公式估计误差：

$$R_{n+1}(x)=\frac{f^{(n+1)}(\theta x)}{(n+1)!}x^{n+1}\quad (0<\theta<1).$$

(1) 由 $f(x)=e^x$ 及 $0\leqslant x\leqslant 1$，得

$$f^{(n+1)}(\theta x)=e^{\theta x}<e.$$

于是，当 $0\leqslant x\leqslant 1$ 时，

$$|R_{n+1}(x)|<\frac{e}{(n+1)!}|x|^{n+1}\leqslant\frac{e}{(n+1)!}<\frac{3}{(n+1)!}.$$

(2) 由 $f(x)=\sin x$，得

$$|f^{(5)}(\theta x)|=\left|\sin\left(\theta x+\frac{5}{2}\pi\right)\right|\leqslant 1.$$

于是，当 $|x|\leqslant\frac{1}{2}$ 时，

$$|R_4(x)|\leqslant\frac{1}{5!}|x|^5\leqslant\frac{1}{5!}\cdot\frac{1}{2^5}=\frac{1}{3840}.$$

(3) 由 $f(x)=\tan x$，得

$$f'(x)=\frac{1}{\cos^2 x},\qquad f''(x)=\frac{2\sin x}{\cos^3 x},$$

$$f'''(x)=\frac{6}{\cos^4 x}-\frac{4}{\cos^2 x},\qquad f^{(4)}(x)=\frac{24\sin x}{\cos^5 x}-\frac{8\sin x}{\cos^3 x},$$

$$f^{(5)}(x)=\frac{16}{\cos^2 x}+\frac{120\sin^2 x}{\cos^6 x},\qquad f^{(6)}(x)=\frac{32\sin x}{\cos^3 x}+\frac{240\sin x}{\cos^5 x}+\frac{720\sin^3 x}{\cos^7 x}.$$

因为 $f^{(5)}(x)$ 是偶函数，又当 $0\leqslant x\leqslant 0.1$ 时，$f^{(6)}(x)\geqslant 0$，所以，$f^{(5)}(x)$ 在 $x=\pm 0.1$ 处达到最大值，注意到

$$f'(0)=1,\quad f''(0)=0,\quad f'''(0)=2,\quad f^{(4)}(0)=0,$$

及

$$\cos^2 0.1=1-\sin^2 0.1>0.9,\qquad |f^{(5)}(x)|\leqslant\frac{16}{0.9}+\frac{120\times 0.1^2}{0.9^3}<20.$$

于是，

$$|R_5(x)|\leqslant\frac{0.1^5}{5!}\times 20<2\times 10^{-6}.$$

(4) 由 $f(x)=\sqrt{1+x}$ 及 $0\leqslant x\leqslant 1$，得

$$|f'''(x)|=\frac{3}{8}\left|\frac{1}{(1+x)^{\frac{5}{2}}}\right|\leqslant\frac{3}{8}.$$

于是，当 $0\leqslant x\leqslant 1$ 时，

$$|R_3(x)|\leqslant\frac{3}{8}\cdot\frac{1}{3!}=\frac{1}{16}.$$

**【1395】** 近似公式 $\cos x=1-\frac{x^2}{2}$ 对于怎样的 $x$ 精确到 0.0001.

**解** 误差 $\Delta\leqslant\frac{|x|^4}{4!}$. 按题设需 $\frac{|x|^4}{4!}<0.0001$，于是，$|x|<0.22134$(弪)$=12°41'$.

**【1396】** 利用泰勒公式近似地计算并估计误差：

(1) $\sqrt[3]{30}$；　(2) $\sqrt[5]{250}$；　(3) $\sqrt[12]{4000}$；

(4) $\sqrt{e}$；　(5) $\sin 18°$；　(6) $\ln 1.2$；

(7) $\arctan 0.8$；　(8) $\arcsin 0.45$；　(9) $(1.1)^{1.2}$.

**解** (1) $\sqrt[3]{30}=3\left(1+\frac{1}{9}\right)^{\frac{1}{3}}\approx 3\left[1+\frac{1}{3}\cdot\frac{1}{9}+\frac{\frac{1}{3}\left(\frac{1}{3}-1\right)}{2!}\left(\frac{1}{9}\right)^2\right]\approx 3.1070$；

$$\Delta<3\cdot\frac{\frac{1}{3}\cdot\frac{2}{3}\cdot\frac{5}{3}}{3!}\cdot\left(\frac{1}{9}\right)^3\approx 2.54\times 10^{-4}.$$

(2) $\sqrt[5]{250}=3\left(1+\frac{7}{243}\right)^{\frac{1}{5}}\approx 3\left[1+\frac{1}{5}\cdot\frac{7}{243}+\frac{\frac{1}{5}\left(\frac{1}{5}-1\right)}{2!}\left(\frac{7}{243}\right)^2\right]\approx 3.0171$;

$$\Delta<3\cdot\frac{1}{3!}\cdot\frac{1}{5}\cdot\frac{4}{5}\cdot\frac{9}{5}\cdot\left(\frac{7}{243}\right)^3\approx 3.45\times 10^{-6}.$$

(3) $\sqrt[12]{4000}=2\left(1-\frac{3}{128}\right)^{\frac{1}{12}}\approx 2\left(1-\frac{1}{12}\cdot\frac{3}{128}\right)\approx 1.9960$;

$$\Delta<\left(\frac{3}{128}\right)^2\frac{1}{1-\frac{3}{128}}\approx 5.625\times 10^{-4}.$$

(4) $\sqrt{e}\approx 1+\frac{1}{2}+\frac{1}{2!}\left(\frac{1}{2}\right)^2+\frac{1}{3!}\left(\frac{1}{2}\right)^3+\frac{1}{4!}\left(\frac{1}{2}\right)^4+\frac{1}{5!}\left(\frac{1}{2}\right)^5+\frac{1}{6!}\left(\frac{1}{2}\right)^6\approx 1.64872$;

$$\Delta=\frac{1}{7!}\left(\frac{1}{2}\right)^7+\frac{1}{8!}\left(\frac{1}{2}\right)^8+\cdots<\frac{1}{7!}\left(\frac{1}{2}\right)^7\cdot\frac{1}{1-\frac{1}{8}\cdot\frac{1}{2}}\approx 1.7\times 10^{-6}.$$

(5) $\sin 18°\approx\frac{\pi}{10}-\frac{1}{3!}\left(\frac{\pi}{10}\right)^3+\frac{1}{5!}\left(\frac{\pi}{10}\right)^5\approx 0.309017$,

$$\Delta<\frac{1}{7!}\left(\frac{\pi}{10}\right)^7\approx 6\times 10^{-8}.$$

(6) $\ln 1.2=\ln(1+0.2)\approx 0.2-\frac{1}{2}(0.2)^2+\frac{1}{3}(0.2)^3-\frac{1}{4}(0.2)^4+\frac{1}{5}(0.2)^5-\frac{1}{6}(0.2)^6+\frac{1}{7}(0.2)^7$

$\approx 0.182322$;

$$\Delta<\frac{1}{8}(0.2)^8\approx 3.2\times 10^{-7}.$$

(7) $\arctan 0.8\approx 0.8-\frac{1}{3}(0.8)^3+\frac{1}{5}(0.8)^5-\frac{1}{7}(0.8)^7+\cdots-\frac{1}{39}(0.8)^{39}\approx 0.67474(\text{弪})\approx 38°39'35''$;

$$\Delta<\frac{1}{41}(0.8)^{41}\approx 2.6\times 10^{-6}.$$

(8) $\arcsin 0.45\approx 0.45+\frac{1}{2\cdot 3}(0.45)^3+\frac{1\cdot 3}{2\cdot 4\cdot 5}(0.45)^5+\cdots+\frac{1\cdot 3\cdot 5\cdot 7\cdot 9\cdot 11}{2\cdot 4\cdot 6\cdot 8\cdot 10\cdot 12\cdot 13}(0.45)^{13}$

$\approx 0.46676(\text{弪})\approx 26°44'37''$;

$$\Delta=\frac{1\cdot 3\cdot 5\cdot 7\cdot 9\cdot 11\cdot 13}{2\cdot 4\cdot 6\cdot 8\cdot 10\cdot 12\cdot 14\cdot 15}(0.45)^{15}+\frac{1\cdot 3\cdots 15}{2\cdot 4\cdots 16\cdot 17}(0.45)^{17}+\cdots$$

$$<\frac{1}{15}(0.45)^{15}[1+(0.45)^2+\cdots]<\frac{1}{15}(0.45)^{15}\cdot\frac{1}{1-(0.45)^2}\approx 5.26\times 10^{-7}.$$

(9) 事实上,只要计算 $\ln 1.1$.

$$\ln 1.1=\ln(1+0.1)=0.1-\frac{(0.1)^2}{2}+\cdots+\frac{(0.1)^5}{5}\approx 0.0953.$$

取五项,所以$(1.1)^{1.2}=e^{1.2\ln 1.1}\approx e^{1.2\times 0.0953}\approx 1.12117$;

$$\Delta=\frac{1}{4!}e^{1.2\times 0.0953\theta}(0.0953\times 1.2)^4<7.9\times 10^{-6}.$$

**【1397】** 计算:

(1) e 精确到 $10^{-9}$; (2) $\sin 1°$精确到 $10^{-8}$; (3) $\cos 9°$精确到 $10^{-5}$;

(4) $\sqrt{5}$精确到 $10^{-4}$; (5) lg11 精确到 $10^{-5}$.

**解** (1)$\Delta=\frac{1}{(n+1)!}+\frac{1}{(n+2)!}+\cdots<\frac{1}{(n+1)!}\left(1+\frac{1}{n+1}+\cdots\right)=\frac{1}{(n+1)!}\cdot\frac{1}{1-\frac{1}{n+1}}=\frac{1}{n!n}$.

要 $\Delta<10^{-9}$,只要 $n!n>10^9$,即只要 $n\geqslant 11$. 于是,

$$e\approx 1+1+\frac{1}{2!}+\frac{1}{3!}+\cdots+\frac{1}{11!}\approx 2.718281828.$$

(2) $\Delta<\frac{1}{(2n+1)!}\left(\frac{\pi}{180}\right)^{2n+1}$.

要 $\Delta<10^{-8}$,只要 $\frac{1}{(2n+1)!}\left(\frac{\pi}{180}\right)^{2n+1}<10^{-8}$,即只要 $n\geqslant 3$. 于是,

$$\sin 1°\approx\frac{\pi}{180}-\frac{1}{3!}\left(\frac{\pi}{180}\right)^3\approx 0.01745241.$$

(3) $\Delta<\frac{1}{(2n)!}\left(\frac{\pi}{20}\right)^{2n}$.

要 $\Delta<10^{-5}$,只要 $\frac{1}{(2n)!}\left(\frac{\pi}{20}\right)^{2n}<10^{-5}$,即只要 $n\geqslant 3$. 于是,

$$\cos 9°\approx 1-\frac{1}{2!}\left(\frac{\pi}{20}\right)^2+\frac{1}{4!}\left(\frac{\pi}{20}\right)^4\approx 0.98769.$$

(4) $\sqrt{5}=2\left(1+\frac{1}{4}\right)^{\frac{1}{2}}$, $\Delta<\frac{2\cdot(2n-1)!!}{2^{n+1}(n+1)!}\left(\frac{1}{4}\right)^{n+1}$.

要 $\Delta<10^{-4}$,只要 $\frac{2(2n-1)!!}{2^{n+1}(n+1)!}\left(\frac{1}{4}\right)^{n+1}<10^{-4}$,即只要 $n\geqslant 4$. 于是,

$$\sqrt{5}\approx 2\left[1+\frac{1}{2}\cdot\frac{1}{4}-\frac{1\cdot 1}{2!\cdot 2^2}\left(\frac{1}{4}\right)^2+\frac{1\cdot 3}{3!\cdot 2^3}\left(\frac{1}{4}\right)^3\right]\approx 2.2361.$$

(5) $\lg 11=1+\lg(1+0.1)$, $\Delta<\frac{1}{n+1}(0.1)^{n+1}$.

要 $\Delta<10^{-5}$,只要 $\frac{1}{n+1}(0.1)^{n+1}<10^{-5}$,即只要 $n\geqslant 4$. 于是,

$$\lg 11\approx 1+\left[0.1-\frac{1}{2}(0.1)^2+\frac{1}{3}(0.1)^3-\frac{1}{4}(0.1)^4\right]\cdot\frac{1}{\ln 10}\approx 1.04139.$$

**利用展开式 Ⅰ～Ⅴ,求下列极限:**

**【1398】** $\lim\limits_{x\to 0}\frac{\cos x-e^{-\frac{x^2}{2}}}{x^4}$.

**解** $\lim\limits_{x\to 0}\frac{\cos x-e^{-\frac{x^2}{2}}}{x^4}=\lim\limits_{x\to 0}\frac{\left[1-\frac{x^2}{2!}+\frac{x^4}{4!}+o(x^5)\right]-\left[1-\frac{x^2}{2}+\frac{1}{2!}\cdot\frac{x^4}{4}+o(x^5)\right]}{x^4}$

$=\lim\limits_{x\to 0}\frac{\left(\frac{1}{4!}-\frac{1}{4\cdot 2!}\right)x^4+o(x^4)}{x^4}=-\frac{1}{12}$.

**【1399】** $\lim\limits_{x\to 0}\frac{e^x\sin x-x(1+x)}{x^3}$.

**解** $\lim\limits_{x\to 0}\frac{e^x\sin x-x(1+x)}{x^3}=\lim\limits_{x\to 0}\frac{\left[1+x+\frac{x^2}{2!}+o(x^2)\right]\cdot\left[x-\frac{x^3}{3!}+o(x^4)\right]-x(1+x)}{x^3}$

$=\lim\limits_{x\to 0}\frac{\frac{1}{3}x^3+o(x^3)}{x^3}=\frac{1}{3}$.

**【1400】** $\lim\limits_{x\to+\infty}x^{\frac{3}{2}}(\sqrt{x+1}+\sqrt{x-1}-2\sqrt{x})$.

**解** $\lim\limits_{x\to+\infty}x^{\frac{3}{2}}(\sqrt{x+1}+\sqrt{x-1}-2\sqrt{x})=\lim\limits_{x\to+\infty}x^{\frac{3}{2}}\left[x^{\frac{1}{2}}\left(1+\frac{1}{x}\right)^{\frac{1}{2}}+x^{\frac{1}{2}}\left(1-\frac{1}{x}\right)^{\frac{1}{2}}-2x^{\frac{1}{2}}\right]$

$=\lim\limits_{x\to+\infty}x^2\left[\left(1+\frac{1}{2x}-\frac{1}{8x^2}+\frac{1}{16x^3}+o\left(\frac{1}{x^3}\right)\right)+\left(1-\frac{1}{2x}-\frac{1}{8x^2}-\frac{1}{16x^3}+o\left(\frac{1}{x^3}\right)-2\right)\right]$

$$=-\lim_{x\to+\infty}\left[\frac{1}{4}+o\left(\frac{1}{x}\right)\right]=-\frac{1}{4}.$$

**【1401】** $\lim\limits_{x\to+\infty}(\sqrt[6]{x^6+x^5}-\sqrt[6]{x^6-x^5})$.

**解** $\lim\limits_{x\to+\infty}(\sqrt[6]{x^6+x^5}-\sqrt[6]{x^6-x^5})=\lim\limits_{x\to+\infty}x\left[\left(1+\frac{1}{x}\right)^{\frac{1}{6}}-\left(1-\frac{1}{x}\right)^{\frac{1}{6}}\right]$

$$=\lim_{x\to+\infty}x\left[\left(1+\frac{1}{6x}-\frac{5}{72x^2}+o\left(\frac{1}{x^2}\right)\right)-\left(1-\frac{1}{6x}-\frac{5}{72x^2}+o\left(\frac{1}{x^2}\right)\right)\right]=\lim_{x\to+\infty}\left[\frac{1}{3}+o\left(\frac{1}{x}\right)\right]=\frac{1}{3}.$$

**【1402】** $\lim\limits_{x\to\infty}\left[\left(x^3-x^2+\frac{x}{2}\right)e^{\frac{1}{x}}-\sqrt{x^6-1}\right]$.

**解** $\lim\limits_{x\to\infty}\left[\left(x^3-x^2+\frac{x}{2}\right)e^{\frac{1}{x}}-\sqrt{x^6+1}\right]$

$$=\lim_{x\to\infty}\left[\left(x^3-x^2+\frac{x}{2}\right)\left(1+\frac{1}{x}+\frac{1}{2x^2}+\frac{1}{6x^3}+o\left(\frac{1}{x^3}\right)\right)-x^3\left(1+\frac{1}{2x^6}-\frac{1}{8x^{12}}+o\left(\frac{1}{x^{12}}\right)\right)\right]$$

$$=\lim_{x\to\infty}\left[\frac{1}{6}+o\left(\frac{1}{x}\right)\right]=\frac{1}{6}.$$

**【1403】** $\lim\limits_{x\to+0}\frac{a^x-a^{-x}-2}{x^2}\quad(a>0)$.

**解** $\lim\limits_{x\to+0}\frac{a^x-a^{-x}-2}{x^2}=\lim\limits_{x\to+0}\frac{e^{x\ln a}+e^{-x\ln a}-2}{x^2}$

$$=\lim_{x\to+0}\frac{1}{x^2}\left[(1+x\ln a+\frac{x^2}{2!}\ln^2a+o(x^2))+(1-x\ln a+\frac{x^2}{2!}\ln^2a+o(x^2))-2\right]$$

$$=\lim_{x\to+0}[\ln^2a+o(1)]=\ln^2a\quad(a>0).$$

**【1404】** $\lim\limits_{x\to\infty}\left[x-x^2\ln\left(1+\frac{1}{x}\right)\right]$.

**解** $\lim\limits_{x\to\infty}\left[x-x^2\ln\left(1+\frac{1}{x}\right)\right]=\lim\limits_{x\to\infty}\left[x-x^2\left(\frac{1}{x}-\frac{1}{2x^2}+\frac{1}{3x^3}+o\left(\frac{1}{x^3}\right)\right)\right]=\lim\limits_{x\to\infty}\left[\frac{1}{2}+o\left(\frac{1}{x}\right)\right]=\frac{1}{2}.$

**【1405】** $\lim\limits_{x\to0}\left(\frac{1}{x}-\frac{1}{\sin x}\right)$.

**解** $\lim\limits_{x\to0}\left(\frac{1}{x}-\frac{1}{\sin x}\right)=\lim\limits_{x\to0}\frac{\sin x-x}{x\sin x}=\lim\limits_{x\to0}\frac{x-\frac{x^3}{3!}+o(x^4)-x}{x\left(x-\frac{x^3}{3!}+o(x^4)\right)}=\lim\limits_{x\to0}\frac{-\frac{1}{3!}x+o(x^4)}{1+o(x^2)}=0.$

**【1406】** $\lim\limits_{x\to0}\frac{1}{x}\left(\frac{1}{x}-\cot x\right)$.

**解** $\lim\limits_{x\to0}\frac{1}{x}\left(\frac{1}{x}-\cot x\right)=\lim\limits_{x\to0}\frac{1}{x}\left[\frac{1}{x}-\left(\frac{1}{x}-\frac{x}{3}-\frac{x^3}{45}+o(x^3)\right)\right]=\lim\limits_{x\to0}\left[\frac{1}{3}+o(x^2)\right]=\frac{1}{3}.$

**当 $x\to0$ 时,求出无穷小量 $y$ 的形如 $Cx^n$($C$ 为常数)的主项,设:**

**【1407】** $y=\tan(\sin x)-\sin(\tan x)$.

**解** $\sin x=x-\frac{x^3}{3!}+\frac{x^5}{5!}-\frac{x^7}{7!}+\cdots,\quad \tan x=x+\frac{x^3}{3}+\frac{2x^5}{15}+\frac{x^7}{35}+\cdots.$

从而,

$$y=\left(\sin x+\frac{1}{3}\sin^3x+\frac{2}{15}\sin^5x+\frac{1}{35}\sin^7x+o(\sin^7x)\right)$$

$$-\left(\tan x-\frac{1}{3!}\tan^3x+\frac{1}{5!}\tan^5x-\frac{1}{7!}\tan^7x+o(\tan^7x)\right)$$

$$=\left[\left(x-\frac{1}{6}x^3+\frac{1}{120}x^5-\frac{1}{5040}x^7+o(x^7)\right)+\frac{1}{3}\left(x-\frac{1}{6}x^3+\frac{1}{120}x^5-\frac{1}{5040}x^7+o(x^7)\right)^3\right.$$

$$\left.+\frac{2}{15}\left(x-\frac{1}{6}x^3+\frac{1}{120}x^5-\frac{1}{5040}x^7+o(x^7)\right)^5+\frac{1}{35}\left(x-\frac{x^3}{6}+\frac{x^5}{120}-\frac{x^7}{5040}+o(x^7)\right)^7\right]$$

$$-\left[\left(x+\frac{x^3}{3}+\frac{2x^5}{15}+\frac{x^7}{35}+o(x^7)\right)-\frac{1}{3!}\left(x+\frac{x^3}{3}+\frac{2x^5}{15}+\frac{x^7}{35}+o(x^7)\right)^3\right.$$
$$\left.+\frac{1}{5!}\left(x+\frac{x^3}{3}+\frac{2x^5}{15}+\frac{x^7}{35}+o(x^7)\right)^5-\frac{1}{7!}\left(x+\frac{x^3}{3}+\frac{2x^5}{15}+\frac{x^7}{35}+o(x^7)\right)^7+o(x^7)\right]$$
$$=\frac{x^7}{30}+o(x^7),$$

故 $y$ 的主项为$\frac{x^7}{30}$.

**【1408】** $y=(1+x)^x-1$

**解** $y=e^{x\ln(1+x)}-1=e^{x[x-\frac{x^2}{2}+o(x^2)]}-1=e^{x^2-\frac{x^3}{2}+o(x^3)}-1$

$$=1+\left[x^2-\frac{x^3}{2}+o(x^3)\right]+o\left(x^2-\frac{x^3}{2}+o(x^3)\right)-1=x^2+o(x^2),$$

故主项为 $x^2$.

**【1409】** $y=1-\frac{(1+x)^{\frac{1}{x}}}{e}$.

**解** $y=1-e^{\frac{1}{x}\ln(1+x)-1}=1-e^{\frac{1}{x}(x-\frac{x^2}{2}+o(x^2))-1}=1-e^{-\frac{x}{2}+o(x)}$

$$=1-\left[1+\left(-\frac{x}{2}+o(x)\right)+o\left(-\frac{x}{2}+o(x)\right)\right]=\frac{x}{2}+o(x),$$

故主项为$\frac{x}{2}$.

**【1410】** 当选择怎样的系数 $a$ 与 $b$ 时,量 $x-(a+b\cos x)\sin x$ 对于 $x$ 为 5 阶无穷小?

**提示** 将量 $x-(a+b\cos x)\sin x=x-a\sin x-\frac{b}{2}\sin 2x$ 展开到 $x^5$.

**解** $x-(a+b\cos x)\sin x=x-a\left[x-\frac{x^3}{3!}+\frac{x^5}{5!}+o(x^6)\right]-\frac{b}{2}\left[2x-\frac{1}{3!}(2x)^3+\frac{1}{5!}(2x)^5+o(x^6)\right]$

$$=(1-a-b)x+\left(\frac{a}{6}+\frac{2b}{3}\right)x^3-\left(\frac{a}{120}+\frac{2b}{15}\right)x^5+o(x^5).$$

要此量对于 $x$ 为 5 阶无穷小,当且仅当

$$\begin{cases}1-a-b=0,\\ \frac{a}{6}+\frac{2b}{3}=0.\end{cases}$$

解之,得 $a=\frac{4}{3}$, $b=-\frac{1}{3}$.

**【1411】** 假设 $|x|$ 为小量,推出下列各式的简单的近似公式:

(1) $\frac{1}{R^2}-\frac{1}{(R+x)^2}$ $(R>0)$;  (2) $\sqrt[3]{\frac{1+x}{1-x}}-\sqrt[3]{\frac{1-x}{1+x}}$;

(3) $\frac{A}{x}\left[1-\left(1+\frac{x}{100}\right)^{-n}\right]$;  (4) $\frac{\ln 2}{\ln\left(1+\frac{x}{100}\right)}$.

**解** (1) $\frac{1}{R^2}-\frac{1}{(R+x)^2}=\frac{1}{R^2}\left[1-\left(1+\frac{x}{R}\right)^{-2}\right]\approx\frac{1}{R^2}\left[1-1+\frac{2x}{R}\right]=\frac{2x}{R^3}$;

(2) $\sqrt[3]{\frac{1+x}{1-x}}-\sqrt[3]{\frac{1-x}{1+x}}=\left(1+\frac{2x}{1-x}\right)^{\frac{1}{3}}-\left(1-\frac{2x}{1+x}\right)^{\frac{1}{3}}\approx\left[1+\frac{2x}{3(1-x)}\right]-\left[1-\frac{2x}{3(1+x)}\right]$

$$=\frac{4x}{3(1-x^2)}\approx\frac{4}{3}x;$$

(3) $\frac{A}{x}\left[1-\left(1+\frac{x}{100}\right)^{-n}\right]\approx\frac{A}{x}\left[1-(1-\frac{nx}{100})\right]=\frac{nA}{100}$;

(4) $\frac{\ln 2}{\ln\left(1+\frac{x}{100}\right)}=\frac{\ln 2}{\frac{x}{100}-\frac{x^2}{20000}+\cdots}\approx\frac{\ln 2}{\frac{x}{100}}=\frac{100\ln 2}{x}\approx\frac{70}{x}$.

【1412】 假设 $x$ 的绝对值为小量，推出形如 $x=\alpha\sin x+\beta\tan x$ 且精确到 $x^5$ 项的近似公式. 应用此公式近似地求小角度的弧长.

**提示** 仿 1410 题的解法.

**解** $$x=\alpha\left[x-\frac{x^3}{3!}+\frac{x^5}{5!}+o(x^6)\right]+\beta\left[x+\frac{x^3}{3}+\frac{2x^5}{15}+o(x^5)\right]$$
$$=(\alpha+\beta)x-\left(\frac{\alpha}{6}-\frac{\beta}{3}\right)x^3+\left(\frac{\alpha}{120}+\frac{2\beta}{15}\right)x^5+o(x^5),$$

所以

$$(1-\alpha-\beta)x+\left(\frac{\alpha}{6}-\frac{\beta}{3}\right)x^3-\left(\frac{\alpha}{120}+\frac{2\beta}{15}\right)x^5+o(x^5)=0.$$

要此近似公式精确到 $x^5$ 项，当且仅当 $\begin{cases}1-\alpha-\beta=0,\\ \dfrac{\alpha}{6}-\dfrac{\beta}{3}=0.\end{cases}$ 解之，得 $\alpha=\frac{2}{3}$，$\beta=\frac{1}{3}$.

于是，近似公式为 $$x\approx\frac{2}{3}\sin x+\frac{1}{3}\tan x;$$

弧长=中心角×半径，设中心角为 $x$，半径为 $R$，则弧长 $=Rx\approx\frac{2R}{3}\sin x+\frac{R}{3}\tan x$，此即小角度的弧长的近似公式.

【1413】 估计下面的**切比雪夫法则**的相对误差：圆弧长近似地等于以此弧的弦为底，以其拱高的 $\sqrt{\frac{4}{3}}$ 为高的等腰三角形两腰的和.

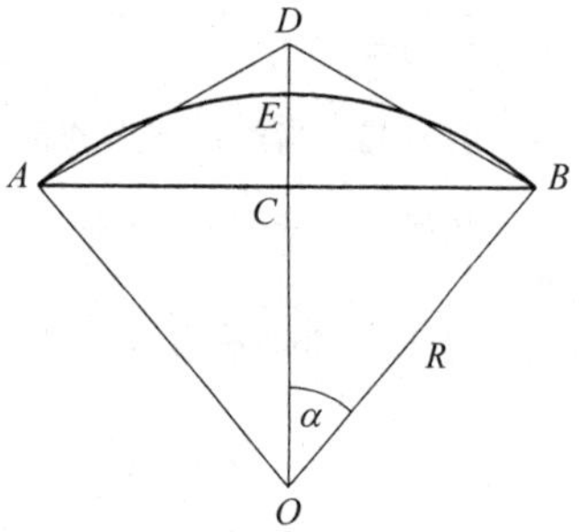

图 2.51

**解** 如图 2.51 所示

$$BC=R\sin\alpha,\quad BC^2=R^2\sin^2\alpha=\frac{R^2}{2}(1-\cos2\alpha),$$
$$DC=\sqrt{\frac{4}{3}}EC=\sqrt{\frac{4}{3}}R(1-\cos\alpha),$$
$$DC^2=\frac{4}{3}R^2(1-2\cos\alpha+\cos^2\alpha)=R^2\left(2-\frac{8}{3}\cos\alpha+\frac{2}{3}\cos2\alpha\right).$$

于是，

$$BD^2=BC^2+DC^2=R^2\left(\frac{5}{2}-\frac{8}{3}\cos\alpha+\frac{1}{6}\cos2\alpha\right)$$
$$=R^2\left\{\frac{5}{2}-\frac{8}{3}\left(1-\frac{1}{2}\alpha^2+\frac{1}{24}\alpha^4-\frac{1}{720}\alpha^6\right)+\frac{1}{6}\left(1-2\alpha^2+\frac{2}{3}\alpha^4-\frac{4}{45}\alpha^6\right)\right\}+o(\alpha^7)$$
$$=R^2\left(\alpha^2-\frac{1}{90}\alpha^6\right)+o(\alpha^7)=R^2\alpha^2\left[1-\frac{1}{90}\alpha^4+o(\alpha^5)\right]=R^2\alpha^2[1-\Delta],$$

其中 $\Delta=\frac{1}{90}\alpha^4+o(\alpha^5)$.

$$BD=R\alpha\sqrt{1-\Delta}=R\alpha\left[1-\frac{1}{2}\Delta+o(\Delta^2)\right]=R\alpha\left[1-\frac{1}{180}\alpha^4+(\alpha^5)\right],$$

从而得

$$|\overset{\frown}{BE}-BD|=\left|R\alpha-R\alpha\left[1-\frac{\alpha^4}{180}+o(\alpha^5)\right]\right|=\frac{\alpha^5}{180}R+o(\alpha^6).$$

因此，所求的相对误差为

$$\left|\frac{\overset{\frown}{AB}-(AD+DB)}{\overset{\frown}{AB}}\right|=\left|\frac{2\overset{\frown}{BE}-2BD}{2\overset{\frown}{BE}}\right|=\frac{|\overset{\frown}{BE}-BD|}{|\overset{\frown}{BE}|}=\frac{\frac{\alpha^5}{180}R+o(\alpha^6)}{\alpha R}=\frac{\alpha^4}{180}+o(\alpha^5).$$

可见 $\alpha$ 愈小，相对误差就愈小，就愈精确.

# §11. 函数的极值. 函数的最大值和最小值

1° **极值存在的必要条件** 若函数在点 $x_0$ 的双侧邻域中有定义,并且对于某区域 $0<|x-x_0|<\delta$ 内的一切点 $x$,下列不等式分别成立:

$$f(x)<f(x_0) \quad 或 \quad f(x)>f(x_0),$$

则称函数 $f(x)$在点 $x_0$ 有**极值(极大值或极小值)**. 在有极值的点导数 $f'(x_0)=0$ (若它存在).

2° **极值存在的充分条件**

第一法则:若

(1)函数 $f(x)$在点 $x_0$ 的某邻域$|x-x_0|<\delta$内有定义并且是连续的,且在点 $x_0$,导数 $f'(x_0)=0$ 或不存在(临界点);

(2)$f(x)$在区域 $0<|x-x_0|<\delta$ 内有有限的导数$f'(x)$;

(3)导数 $f'(x)$在 $x_0$ 的左侧与右侧有固定的符号,则函数 $f(x)$的性质可用下表表示出来:

| | 导数的符号 | | 结 论 |
|---|---|---|---|
| | $x<x_0$ | $x>x_0$ | |
| Ⅰ | + | + | 无极值 |
| Ⅱ | + | − | 极大值 |
| Ⅲ | − | + | 极小值 |
| Ⅳ | − | − | 无极值 |

第二法则:若函数 $f(x)$有二阶导数 $f''(x)$,并且在点 $x_0$ 下列条件成立:

$$f'(x_0)=0 \quad 与 \quad f''(x_0)\neq 0,$$

则函数 $f(x)$在此点有极值,并且当 $f''(x_0)<0$ 时有极大值,当 $f''(x_0)>0$ 时有极小值.

第三法则:设函数 $f(x)$ 在某区间 $|x-x_0|<\delta$ 内有导数$f'(x),\cdots,f^{(n-1)}(x)$,在点 $x_0$ 有导数 $f^{(n)}(x_0)$,并且

$$f^{(k)}(x_0)=0 \quad (k=1,\cdots,n-1), \quad f^{(n)}(x_0)\neq 0.$$

这时:(1)若 $n$ 为偶数,则函数 $f(x)$在点 $x_0$ 有极值,并且当 $f^{(n)}(x_0)<0$ 时有极大值;当 $f^{(n)}(x_0)>0$ 时有极小值;(2)若 $n$ 为奇数,则函数$f(x)$在点 $x_0$ 无极值.

3° **绝对极值** 在闭区间$[a,b]$上,连续函数 $f(x)$或者在其临界点(就是导数 $f'(x)$等于零或不存在的点)达到最大(最小)值,或者在所给闭区间的端点 $a$ 和 $b$ 达到最大(最小)值.

**研究下列函数的极值:**

**【1414】** $y=2+x-x^2$.

**解** $y'=1-2x$,令 $y'=0$ 得 $x=\frac{1}{2}$. 由于 $y''=-2<0$,所以,当 $x=\frac{1}{2}$时,函数 $y$ 取极大值

$$y=2+\frac{1}{2}-\frac{1}{4}=2\frac{1}{4}.$$

**【1415】** $y=(x-1)^3$.

**解** 由于 $y'=3(x-1)^2>0$(除 $x=1$ 外),即函数始终上升,故函数 $y$ 无极值.

**【1416】** $y=(x-1)^4$.

**解** $y'=4(x-1)^3$,令 $y'=0$ 得 $x=1$. 当 $x<1$ 时 $y'<0$,当 $x>1$ 时 $y'>0$,所以,函数 $y$ 当 $x=1$ 时取极小值 $y=0$.

**【1417】** $y=x^m(1-x)^n$ ($m$ 及 $n$ 为正整数)

**解题思路** 要区分下列四种情况:

(1)在 $x=0$ 处,若 $m$ 为偶数.
(2)在 $x=0$ 处,若 $m$ 为奇数.
(3)在 $x=\frac{m}{m+n}$ 处,不论 $m$、$n$ 是奇数还是偶数.
(4)在 $x=1$ 处,若 $n$ 为偶数或若 $n$ 为奇数.

**解** $y'=x^{m-1}(1-x)^{n-1}[m-(m+n)x]$,由 $y'=0$ 得 $x=0$, $x=1$, $x=\frac{m}{m+n}$.

(1) 若 $m$ 为偶数,则当 $0<x<\frac{m}{m+n}$ 时, $y'>0$,当 $x<0$ 时, $y'<0$,所以,函数 $y$ 在 $x=0$ 处有极小值 $y=0$.

(2) 若 $m$ 为奇数,则 $y'$ 在 $x=0$ 邻近不变号,故无极值.

(3) 不论 $m$、$n$ 是奇数还是偶数时,由于当 $0<x<\frac{m}{m+n}$ 时, $y'>0$,当 $\frac{m}{m+n}<x<1$ 时, $y'<0$,所以,函数 $y$ 在 $x=\frac{m}{m+n}$ 处有极大值 $y=\frac{m^m n^n}{(m+n)^{m+n}}$.

(4) 同理,容易得知:若 $n$ 为偶数时,则当 $x=1$ 时有极小值 $y=0$. 若 $n$ 为奇数,则当 $x=1$ 时函数 $y$ 无极值.

**【1418】** $y=\cos x+\operatorname{ch} x$.

**解** $y'=-\sin x+\operatorname{sh} x$,令 $y'=0$ 得 $x=0$. 由于

$$y''=-\cos x+\operatorname{ch} x, y''(0)=0, y'''=\sin x+\operatorname{sh} x, y'''(0)=0, y^{(4)}=\cos x+\operatorname{ch} x, y^{(4)}(0)=2>0,$$

所以,当 $x=0$ 时有极小值 $y=2$.

**【1419】** $y=(x+1)^{10}e^{-x}$.

**解** $y'=e^{-x}(x+1)^9(9-x)$, 令 $y'=0$, 得 $x=-1$或 $x=9$. 由于
当 $x<-1$ 时, $y'<0$,当 $-1<x<9$ 时, $y'>0$,当 $x>9$ 时, $y'<0$,
所以,当 $x=-1$ 时有极小值 $y=0$;当 $x=9$ 时有极大值 $y=10^{10}e^{-9}\approx1234000$.

**【1420】** $y=\left(1+x+\frac{x^2}{2!}+\cdots+\frac{x^n}{n!}\right)e^{-x}$ ($n$ 为正整数).

**提示** 同 1417 题,要讨论 $n$ 的奇偶性.

**解** $y'=-\frac{1}{n!}e^{-x}x^n$,令 $y'=0$ 得 $x=0$.

(1)若 $n$ 为偶数,由于 $y'<0$(除 $x=0$ 外),故当 $x=0$ 时函数 $y$ 无极值.
(2)若 $n$ 为奇数,则当 $x<0$ 时, $y'>0$,当 $x>0$ 时, $y'<0$,所以,当 $x=0$ 时有极大值 $y=1$.

**【1421】** $y=|x|$.

**提示** 注意函数 $y=|x|$ 在 $x=0$ 处不可导,因此,无法使用导数来求极值. 但可以直接从极值的定义出发,求得在 $x=0$ 处函数有极小值 $y=0$.

**解** 当 $x=0$ 时,得 $y=0$,又在 $x=0$ 的邻域内对于任意 $x\neq0$,恒有 $y=|x|>0$,所以,当 $x=0$ 时函数有极小值 $y=0$. 注意,$y'\big|_{x=0}$ 不存在.

**【1422】** $y=x^{\frac{1}{3}}(1-x)^{\frac{2}{3}}$.

**解** $y'=\frac{1-3x}{3\sqrt[3]{x^2(1-x)}}$,令 $y'=0$ 得 $x=\frac{1}{3}$. 因为

当 $x<0$ 时, $y'>0$,当 $0<x<\frac{1}{3}$ 时, $y'>0$,当 $\frac{1}{3}<x<1$ 时, $y'<0$,当 $x>1$ 时, $y'>0$,

所以,当 $x=0$ 时无极值;当 $x=\frac{1}{3}$ 时有极大值 $y=\frac{1}{3}\sqrt[3]{4}\approx0.529$;当 $x=1$ 时有极小值 $y=0$.

**【1423】** 设
$$f(x)=(x-x_0)^n\varphi(x) \quad (n \text{ 为正整数}),$$
其中函数 $\varphi(x)$ 当 $x=x_0$ 时连续,且 $\varphi(x_0)\neq0$. 研究此函数在点 $x=x_0$ 的极值.

**解题思路** 由于$\varphi(x)$在$x=x_0$处连续且$\varphi(x_0)\neq0$，故在点$x_0$的充分小邻域$(x_0-\delta,\ x_0+\delta)$内$\varphi(x)$与$\varphi(x_0)$同号，且$f(x_0)=0$. 因此，$f(x)$的符号与$n$的奇偶性及$\varphi(x_0)$的符号有关. 为此，可直接从极值的定义出发，对$n$为奇数或偶数及$\varphi(x_0)$的正负，分别求极值.

**解** 由于$\varphi(x)$在点$x=x_0$连续且$\varphi(x_0)\neq0$，所以，$\varphi(x)$在点$x_0$的充分小邻域$(x_0-\delta,\ x_0+\delta)$内与$\varphi(x_0)$同号. 于是，$f(x)$的符号与$n$的奇偶性及$\varphi(x_0)$的符号有关.

(1) 若$n$为奇数，则当$x$经过$x_0$时，函数$f(x)$的值变号，所以，在$x=x_0$时没有极值.

(2) 若$n$为偶数，则$(x-x_0)^n>0\ (x\neq x_0)$. 因而当$\varphi(x_0)>0$时，则

$$f(x)>f(x_0)=0\quad(0<|x-x_0|<\delta),$$

所以，当$x=x_0$时有极小值$f(x_0)=0$.

当$\varphi(x_0)<0$时，则

$$f(x)<f(x_0)=0\quad(0<|x-x_0|<\delta),$$

所以，当$x=x_0$时有极大值$f(x_0)=0$.

**【1424】** 设$f(x)=\dfrac{P(x)}{Q(x)}$，$f'(x)=\dfrac{P_1(x)}{Q^2(x)}$及$x_0$为函数$f(x)$的临界点，即$P_1(x_0)=0$，$Q(x_0)\neq0$. 证明：$\operatorname{sgn}f''(x_0)=\operatorname{sgn}P'(x_0)$.

**提示** 容易求得$f''(x_0)=\dfrac{P_1'(x_0)}{Q^2(x_0)}$，且注意$Q^2(x_0)>0$，故有$\operatorname{sgn}f''(x_0)=\operatorname{sgn}P'(x_0)$.

**证** 因为

$$f''(x)=\frac{P_1'(x)Q^2(x)-2Q(x)Q'(x)P_1(x)}{Q^4(x)},$$

于是，

$$f''(x_0)=\frac{P_1'(x_0)}{Q^2(x_0)}.$$

由于$Q^2(x_0)>0$，所以有$\operatorname{sgn}f''(x_0)=\operatorname{sgn}P'(x_0)$.

**【1425】** 可否断定：若函数$f(x)$在点$x_0$有极大值，则在此点某充分小邻域内，函数$f(x)$在点$x_0$的左侧递增，而在其右侧递减？

**提示** 不能断定. 例如，函数

$$f(x)=\begin{cases}2-x^2\left(2+\sin\dfrac{1}{x}\right), & x\neq0,\\ 2, & x=0.\end{cases}$$

在点$x=0$有极大值$f(0)=2$，但在该点的充分小邻域内$f(x)$为振荡的. 即时递增时递减.

**解** 不能断定. 例如，函数

$$f(x)=\begin{cases}2-x^2\left(2+\sin\dfrac{1}{x}\right), & x\neq0,\\ 2, & x=0,\end{cases}$$

则$f(x)-f(0)=-x^2\left(2+\sin\dfrac{1}{x}\right)<0\quad(x\in(-\delta,\delta),\ x\neq0)$.

所以，在点$x=0$有极大值$f(0)=2$. 易知

$$f'(x)=\cos\frac{1}{x}-2x\left(2+\sin\frac{1}{x}\right)\quad(x\neq0).$$

故在$x=0$的任意小邻域内$f'(x)$都时正时负，故在$x=0$的左侧或右侧的任意小邻近$f(x)$都是振荡的(即时递增时递减).

**【1426】** 证明：函数$f(x)=\begin{cases}e^{-\frac{1}{x^2}}, & x\neq0,\\ 0, & x=0\end{cases}$在点$x=0$有极小值，尽管$f^{(n)}(0)=0\ (n=1,2,\cdots)$.

作出此函数的图像.

**证** 在 1225 题中已证 $f^{(n)}(0)=0$ $(n=1,2,\cdots)$. 由于

$$f'(x)=\frac{2}{x^3}e^{-\frac{1}{x^2}},\quad f''(x)=\frac{4-6x^2}{x^6}e^{-\frac{1}{x^2}},$$

又当 $x$ 经过点 $x=0$ $f'(x)$ 从负变到正,故 $f(0)=0$ 为极小值.

令 $f''(x)=0$ 解得拐点

$$x=\pm\sqrt{\frac{2}{3}}.$$

又由 $f(x)=f(-x)$, $\lim\limits_{x\to\infty}f(x)=1$ 可知,$f(x)$ 为偶函数,$y=1$ 为渐近线(图 2.52).

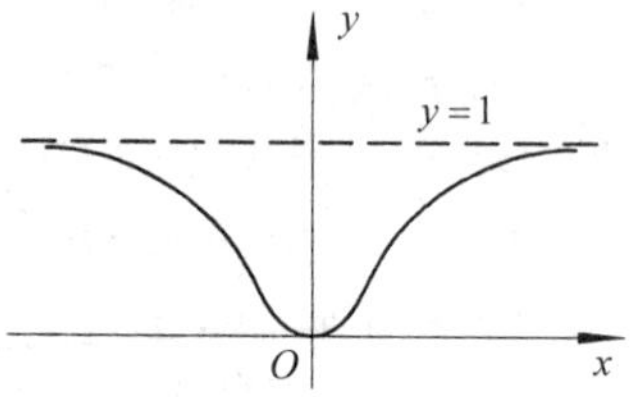

图 2.52

**【1427】** 研究下列函数的极值并作出其图像:

(1) $f(x)=\begin{cases} e^{-\frac{1}{|x|}}\left(\sqrt{2}+\sin\dfrac{1}{x}\right), & x\neq 0, \\ 0, & x=0; \end{cases}$

(2) $f(x)=\begin{cases} e^{-\frac{1}{|x|}}\left(\sqrt{2}+\cos\dfrac{1}{x}\right), & x\neq 0, \\ 0, & x=0. \end{cases}$

**解** 由于 $\left|\sin\dfrac{1}{x}\right|<\sqrt{2}$, $\left|\cos\dfrac{1}{x}\right|<\sqrt{2}$ 及 $e^{-\frac{1}{|x|}}>0$,所以,对于(1)和(2)均有 $f(x)>f(0)$ $(x\neq 0)$,故当 $x=0$ 时这两个函数均有极小值 $f(0)=0$. 对于 $x\neq 0$,(1)和(2)均存在 $f'(x)$,但易知 $f'(x)=0$ 无解,因而无其他极值.

它们的图像分别如图 2.53 及图 2.54 所示.

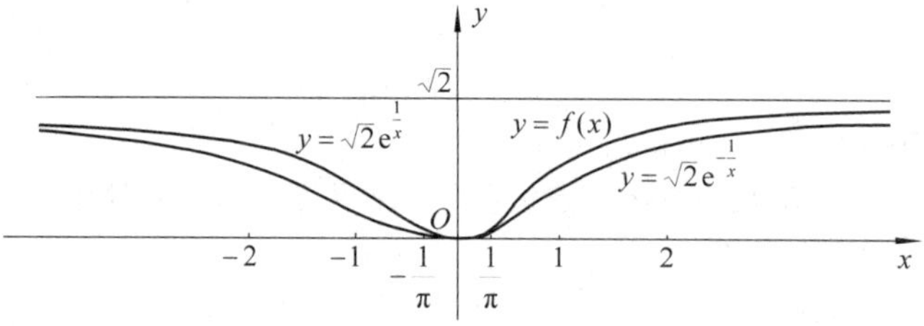

图 2.53

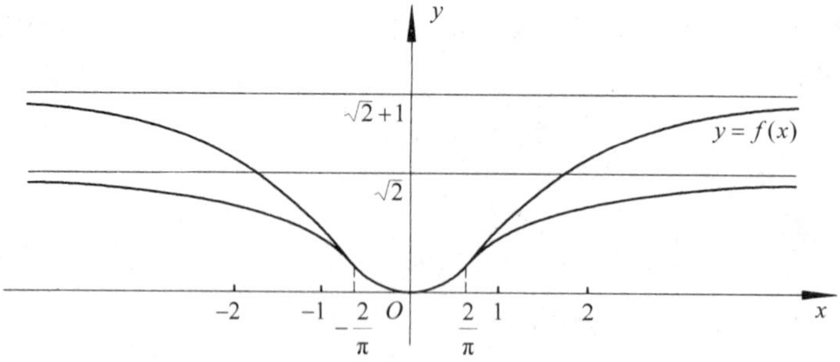

图 2.54

**【1428】** 研究函数

$$f(x)=\begin{cases} |x|\left(2+\cos\dfrac{1}{x}\right), & x\neq 0, \\ 0, & x=0 \end{cases}$$

在点 $x=0$ 处的极值,并作出此函数的图像.

**解** 由于当 $x\neq 0$ 时,恒有 $f(x)>f(0)$,故当 $x=0$ 时函数有极小值 $f(0)=0$,其图像如图 2.55 所示,

它对称于 $Oy$ 轴，又当 $x\to 0$ 时，$f(x)\to 0$.

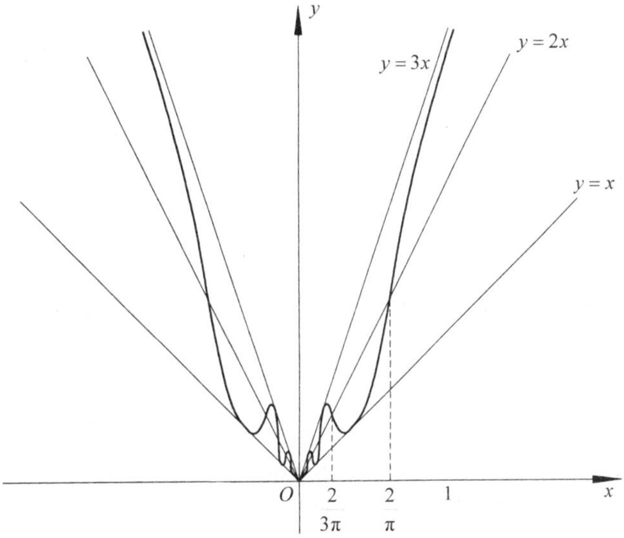


图 2.55

**求下列函数的极值：**

**【1429】** $y=x^3-6x^2+9x-4$.

**解** $y'=3x^2-12x+9$，令 $y'=0$ 得 $x=1$ 或 3.

因为 $y''=6x-12$，$y''(1)=-6<0$，$y''(3)=6>0$，

所以，当 $x=1$ 时有极大值 $y=1-6+9-4=0$；当 $x=3$ 时有极小值 $y=3^3-6\times 3^2+9\times 3-4=-4$.

**【1430】** $y=2x^2-x^4$.

**解** $y'=4x-4x^3$，令 $y'=0$ 得 $x=\pm 1$ 或 0.

因为 $y''=4-12x^2$，$y''(-1)=-8<0$，$y''(0)=4>0$，$y''(1)=-8<0$，

所以，当 $x=-1$ 时有极大值 $y=1$；当 $x=0$ 时有极小值 $y=0$；当 $x=1$ 时有极大值 $y=1$.

**【1431】** $y=x(x-1)^2(x-2)^3$.

**解** $y'=(x-1)(x-2)^2(6x^2-10x+2)$. 令 $y'=0$ 得 $x=1,2$ 或 $\dfrac{5\pm\sqrt{13}}{6}$.

因为当 $x<\dfrac{5-\sqrt{13}}{6}$ 时，$y'<0$，当 $\dfrac{5-\sqrt{13}}{6}<x<1$ 时，$y'>0$，当 $1<x<\dfrac{5+\sqrt{13}}{6}$ 时，$y'<0$，

当 $\dfrac{5+\sqrt{13}}{6}<x<2$ 时，$y'>0$，当 $x>2$ 时，$y'>0$，

所以，

当 $x=\dfrac{5-\sqrt{13}}{6}\approx 0.23$ 时有极小值 $y\approx -0.76$；当 $x=1$ 时有极大值 $y=0$；

当 $x=\dfrac{5+\sqrt{13}}{6}\approx 1.43$ 时有极小值 $y\approx -0.05$；当 $x=2$ 时无极值.

**【1432】** $y=x+\dfrac{1}{x}$.

**解** $y'=1-\dfrac{1}{x^2}$，令 $y'=0$ 得 $x=\pm 1$.

因为当 $x<-1$ 时，$y'>0$，当 $-1<x<0$ 时，$y'<0$，当 $0<x<1$ 时，$y'<0$，当 $x>1$ 时，$y'>0$，

所以，当 $x=-1$ 时有极大值 $y=-2$；当 $x=1$ 时有极小值 $y=2$.

**【1433】** $y=\frac{2x}{1+x^2}$.

**解** $y'=\frac{2(1-x^2)}{(1+x^2)^2}$，令 $y'=0$ 得 $x=\pm1$.

因为当 $x<-1$ 时，$y'<0$，当 $-1<x<1$ 时，$y'>0$，当 $x>1$ 时，$y'<0$，
所以，当 $x=-1$ 时有极小值 $y=-1$；当 $x=1$ 时有极大值 $y=1$

**【1434】** $y=\frac{x^2-3x+2}{x^2+2x+1}$.

**解** $y'=\frac{5x-7}{(x+1)^3}$，令 $y'=0$ 得 $x=\frac{7}{5}$.

因为当 $-1<x<\frac{7}{5}$ 时，$y'<0$，当 $x>\frac{7}{5}$ 时，$y'>0$，所以，当 $x=\frac{7}{5}$ 时有极小值 $y=-\frac{1}{24}$.

**【1435】** $y=\sqrt{2x-x^2}$.

**解** $y'=\frac{1-x}{\sqrt{2x-x^2}}$，令 $y'=0$ 得 $x=1$.

因为当 $0<x<1$ 时，$y'>0$，当 $1<x<2$ 时，$y'<0$，所以，当 $x=1$ 时有极大值 $y=1$.
其次，由于函数 $y$ 的值不为负数，故当 $x=0$ 及 $x=2$ 时，有边界的极小值 $y=0$.

**【1436】** $y=x\sqrt[3]{x-1}$.

**解** $y'=\frac{4x-3}{3(x-1)^{\frac{2}{3}}}$，令 $y'=0$ 得 $x=\frac{3}{4}$.

因为当 $x<\frac{3}{4}$ 时，$y'<0$，当 $x>\frac{3}{4}$ 时，$y'>0$，所以，当 $x=\frac{3}{4}$ 时有极小值 $y=-\frac{3}{8}\sqrt[3]{2}\approx-0.47$.

此外，对于 $y'\to\infty$ 的点也可能有极值，但在此题中，当 $x$ 经过 1 时，导数不变号，故当 $x=1$ 时无极值.

**【1437】** $y=xe^{-x}$

**解** $y'=e^{-x}(1-x)$，令 $y'=0$ 得 $x=1$.
因为当 $x<1$ 时，$y'>0$，当 $x>1$ 时，$y'<0$，所以，当 $x=1$ 时有极大值 $y=e^{-1}\approx0.368$.

**【1438】** $y=\sqrt{x}\ln x$.

**解** $y'=\frac{1}{2\sqrt{x}}(\ln x+2)$，令 $y'=0$ 得 $x=e^{-2}$.

因为当 $0<x<e^{-2}$ 时，$y'<0$，当 $x>e^{-2}$ 时，$y'>0$，
所以，当 $x=e^{-2}\approx0.135$ 时有极小值 $y=-\frac{2}{e}\approx-0.736$.

又因当 $0<x<1$ 时，$y<0$，而 $y=\lim\limits_{x\to+0}\sqrt{x}\ln x=0$，所以，当 $x=+0$ 时有边界的极大值 $y=0$.

**【1439】** $y=\frac{\ln^2 x}{x}$.

**解** $y'=\frac{2\ln x-\ln^2 x}{x^2}$，令 $y'=0$ 得 $x=1$ 或 $e^2$.

因为当 $0<x<1$ 时，$y'<0$，当 $1<x<e^2$ 时，$y'>0$，当 $e^2<x<+\infty$ 时，$y'<0$，
所以，当 $x=1$ 时有极小值 $y=0$；当 $x=e^2\approx7.389$ 时有极大值 $y=\frac{4}{e^2}\approx0.541$.

**【1440】** $y=\cos x+\frac{1}{2}\cos 2x$.

**解** $y'=-\sin x(1+2\cos x)$，令 $y'=0$ 得 $x=k\pi$ 或 $\pm\frac{2\pi}{3}+2k\pi(k=0,\pm1,\pm2,\cdots)$.

因为 $y''=-\cos x-2\cos 2x$，$y''\Big|_{x=k\pi}=(-1)^{k+1}-2<0$，$y''\Big|_{x=\pm\frac{2\pi}{3}+2k\pi}=\frac{1}{2}+1>0$.

所以，当 $x=k\pi$ 时有极大值 $y=(-1)^k+\frac{1}{2}$；当 $x=\pm\frac{2\pi}{3}+2k\pi$ 时有极小值 $y=-\frac{3}{4}$.

【1441】 $y=\frac{10}{1+\sin^2 x}$.

解 当 $x=k\pi\quad(k=0,\pm1,\cdots)$时，$\sin x=0$，所以，此时有极大值 $y=10$；

当 $x=\left(k+\frac{1}{2}\right)\pi\quad(k=0,\pm1,\cdots)$时，$|\sin x|=1$，所以，此时有极小值 $y=5$.

【1442】 $y=\arctan x-\frac{1}{2}\ln(1+x^2)$.

解 $y'=\frac{1-x}{1+x^2}$，令 $y'=0$ 得 $x=1$. 因为当 $x<1$ 时，$y'>0$，当 $x>1$ 时，$y'<0$；

所以，当 $x=1$ 时有极大值 $y=\frac{\pi}{4}-\frac{1}{2}\ln2\approx0.439$.

【1443】 $y=e^x\sin x$.

解 $y'=e^x(\sin x+\cos x)$，令 $y'=0$ 得 $x=-\frac{\pi}{4}+2k\pi$ 或 $\frac{3\pi}{4}+2k\pi\quad(k=0,\pm1,\cdots)$.

因为 $y''=2e^x\cos x$，$y''\Big|_{x=-\frac{\pi}{4}+2k\pi}>0$，$y''\Big|_{x=\frac{3\pi}{4}+2k\pi}<0$，

所以，当 $x=-\frac{\pi}{4}+2k\pi$ 时有极小值 $y=-\frac{\sqrt{2}}{2}e^{-\frac{\pi}{4}+2k\pi}$；当 $x=\frac{3\pi}{4}+2k\pi$ 时有极大值 $y=\frac{\sqrt{2}}{2}e^{\frac{3\pi}{4}+2k\pi}$.

【1444】 $y=|x|e^{-|x-1|}$.

解 当 $x<0$ 时，$y=-xe^{x-1}$，$y'=-(x+1)e^{x-1}$. 令 $y'=0$ 得 $x=-1$.

因为当 $x<-1$ 时，$y'>0$，当 $-1<x<0$ 时，$y'<0$，所以，当 $x=-1$ 时有极大值 $y=e^{-2}\approx0.135$.

又当 $0<x<1$ 时，有

$$y=xe^{x-1},\quad y'=(x+1)e^{x-1}>0,$$

所以，当 $x=0$ 时有极小值 $y=0$.

而当 $x>1$ 时，有

$$y=xe^{1-x},\quad y'=(1-x)e^{1-x}<0.$$

所以，当 $x=1$ 时有极大值 $y=1$.

**求下列函数在所给闭区间上的最大值和最小值：**

【1445】 $f(x)=2^x$，在闭区间$[-1,5]$上.

解 由于 $f'(x)=2^x\ln2>0$，故 $f(x)=2^x$ 在$[-1,5]$上递增. 于是，它的最小值和最大值分别为

$$m=2^{-1}=\frac{1}{2}\quad 及\quad M=2^5=32.$$

【1446】 $f(x)=x^2-4x+6$，在闭区间$[-3,10]$上.

解 $f'(x)=2x-4$，$f''(x)=2$，令 $f'(x)=0$ 得 $x=2$.

由于 $f''(2)=2>0$，所以，当 $x=2$ 时有极小值 $f(2)=2$. 因为这是唯一的极小值，因此也就是最小值，即 $m=2$.

又由于 $f''(x)>0$，曲线呈凹状，所以在端点取得最大值，从而，$M=\max\{f(-3),f(10)\}=66$.

【1447】 $f(x)=|x^2-3x+2|$ 在闭区间$[-10,10]$上.

解 由于 $f(x)\geqslant0$，故对于在区间$[-10,10]$上能使 $f(x)=0$ 的点取得最小值. 由 $x^2-3x+2=0$ 得 $x=1,2$. 即当 $x=1,2$ 时，函数取得最小值 $m=0$.

其次，$f'(x)=(2x-3)\operatorname{sgn}(x^2-2x+3)$，当 $1<x<\frac{3}{2}$ 时，$f'(x)>0$，当 $\frac{3}{2}<x<2$ 时，$f'(x)<0$，

所以，当 $x=\frac{3}{2}$ 时有极大值 $y=\frac{1}{4}$，于是，$M=\max\left\{f\left(\frac{3}{2}\right),f(-10),f(10)\right\}=132$.

【1448】 $f(x)=x+\frac{1}{x}$ 在闭区间$[0.01,100]$上.

提示 利用 1432 题的结果.

解　利用 1432 题结果知 $f(x)$ 当 $x=1$ 时有极小值 $f(1)=2$.
由于在此闭区间 $[0.01,100]$ 上 $f(1)$ 为唯一的极小值，因此也就是最小值，即 $m=2$.
其次，最大值 $M=\max\{f(0.01),f(100)\}=100.01$.

**【1449】**　$f(x)=\sqrt{5-4x}$ 在闭区间 $[-1,1]$ 上.

解　$f'(x)=-\dfrac{2}{\sqrt{5-4x}}<0$.

因此，函数 $f(x)$ 在 $[-1,1]$ 上递减，所以，最小值和最大值分别为 $m=f(1)=1$，$M=f(-1)=3$.

**求下列函数在所给区间上的下确界(inf)与上确界(sup)：**

**【1450】**　$f(x)=xe^{-0.01x}$，在区间 $(0,+\infty)$ 内.

解　当 $x\in(0,+\infty)$ 时，$f(x)>0$，而 $\lim\limits_{x\to0}f(x)=0$. 于是，$\inf\{f(x)\}=0$.
其次，求极值判断得知，当 $x=100$ 时，函数 $f(x)$ 取极大值，并且是唯一的极值，即为最大值. 于是，

$$\sup\{f(x)\}=f(100)=\frac{100}{e}\approx36.8.$$

**【1451】**　$f(x)=\left(1+x+\dfrac{x^2}{2!}+\cdots+\dfrac{x^n}{n!}\right)e^{-x}$ 在区间 $(0,+\infty)$ 内.

**解题思路**　利用 1420 题的结果可知，在 $(0,+\infty)$ 内 $f(x)$ 递减，并注意 $f(0)=1$ 及 $\lim\limits_{x\to+\infty}f(x)=0$.

解　由 1420 题知，$f'(x)<0$，即 $f(x)$ 在区间 $(0,+\infty)$ 内递减，且 $\lim\limits_{x\to+\infty}f(x)=0$，$f(0)=1$. 于是，

$$\inf\{f(x)\}=0,\quad \sup\{f(x)\}=1.$$

**【1452】**　$f(x)=\dfrac{1+x^2}{1+x^4}$，在区间 $(0,+\infty)$ 内.

解　$f(x)>0$ 且 $\lim\limits_{x\to+\infty}f(x)=0$. 于是，$\inf\{f(x)\}=0$.

容易验证，当 $x=\sqrt{\sqrt{2}-1}$ 时函数 $f(x)$ 有极大值，并且只有一个极值，因而就是最大值. 于是，

$$\sup\{f(x)\}=f(\sqrt{\sqrt{2}-1})=\frac{1}{2}(1+\sqrt{2})\approx1.2.$$

**【1453】**　$f(x)=e^{-x^2}\cos x^2$ 在区间 $(-\infty,+\infty)$ 内.

解　可以求得，函数的最小值和最大值分别为

$$m=f\left(\pm\sqrt{\frac{3\pi}{4}}\right)=-\frac{\sqrt{2}}{2}e^{-\frac{3\pi}{4}}\approx-0.067,\quad M=f(0)=1.$$

于是，

$$\inf\{f(x)\}=-\frac{\sqrt{2}}{2}e^{-\frac{3\pi}{4}}\approx-0.067,\quad \sup\{f(x)\}=1.$$

**【1454】**　求函数 $f(\xi)=\dfrac{1+\xi}{3+\xi^2}$ 在区间 $x<\xi<+\infty$ 内的下确界与上确界，作出下列函数的图像：

$$m(x)=\inf_{x<\xi<+\infty}f(\xi),\quad M(x)=\sup_{x<\xi<+\infty}f(\xi).$$

解　由于 $f(-3)$，$f(1)$ 分别是函数 $f(\xi)$ 的极小值和极大值，又 $\lim\limits_{\xi\to+\infty}f(\xi)=0$，于是，

当 $-\infty<x\leqslant-3$ 时，$m(x)=f(-3)=-\dfrac{1}{6}$，　当 $-3<x\leqslant-1$ 时，$m(x)=\dfrac{1+x}{3+x^2}$，

当 $-1<x<+\infty$ 时，$m(x)=0$；　当 $-\infty<x\leqslant1$ 时，$M(x)=f(1)=\dfrac{1}{2}$，

当 $1<x<+\infty$ 时，$M(x)=\dfrac{1+x}{3+x^2}$.

函数 $m(x)$ 及 $M(x)$ 的图像分别如图 2.56 及图 2.57 所示.

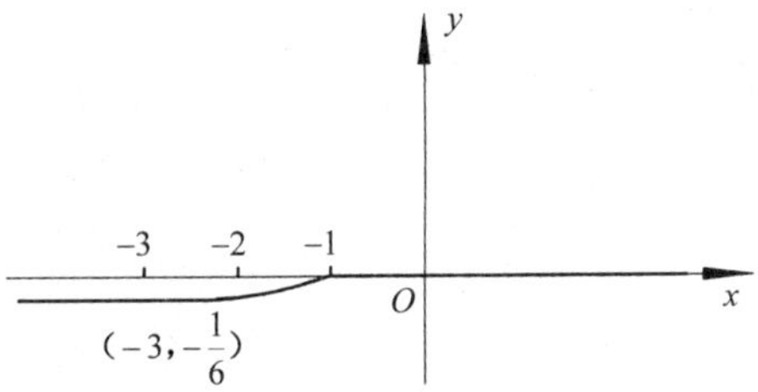


图 2.56

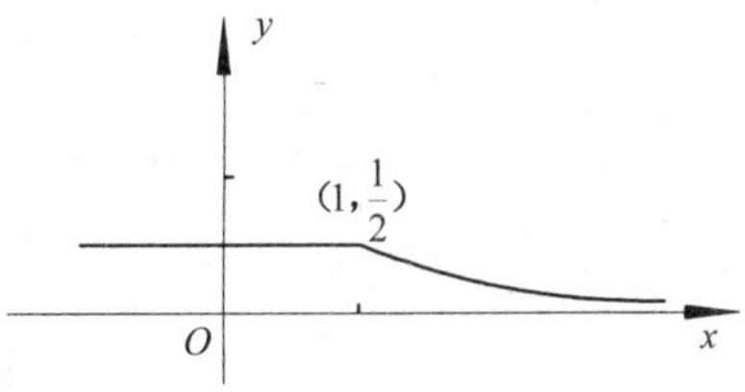


图 2.57

**【1455】** 求以下各数列的最大项：

(1) $\frac{n^{10}}{2^n}$ $(n=1,2,\cdots)$；　(2) $\frac{\sqrt{n}}{n+10000}$ $(n=1,2,\cdots)$；　(3) $\sqrt[n]{n}$ $(n=1,2,\cdots)$.

**解题思路**　(1)经判断知，当 $x=\frac{10}{\ln 2}$ 时，函数 $f(x)=\frac{x^{10}}{2^x}$ 有唯一的极大值.(2)经判断知，当 $x=10000$ 时，函数 $f(x)=\frac{\sqrt{x}}{x+10000}$ 有唯一的极大值.(3)经判断知，当 $x=\mathrm{e}$ 时，函数 $f(x)=x^{\frac{1}{x}}$ $(x>0)$ 有唯一的极大值.

**解**　(1) 经判断知，当 $x=\frac{10}{\ln 2}$ 时，$f(x)=\frac{x^{10}}{2^x}$ 有极大值，并且是唯一的极值. 从而，最大项

$$\max\left(\frac{n^{10}}{2^n}\right)=\max\left(\frac{(N-1)^{10}}{2^{N-1}},\frac{N^{10}}{2^N},\frac{(N+1)^{10}}{2^{N+1}}\right),$$

其中 $N=\left[\frac{10}{\ln 2}\right]=14$. 于是，最大项为

$$\max\left(\frac{n^{10}}{2^n}\right)=\max\left(\frac{13^{10}}{2^{13}},\frac{14^{10}}{2^{14}},\frac{15^{10}}{2^{15}}\right)=\frac{14^{10}}{2^{14}}\approx 1.77\times 10^7.$$

(2) 经判断知，当 $x=10000$ 时 $f(x)=\frac{\sqrt{x}}{x+10000}$ 有极大值，并且是唯一的极值. 于是，最大项为

$$\max\left(\frac{\sqrt{n}}{n+10000}\right)=f(100000)=\frac{1}{200}.$$

(3) 经判断知，当 $x=\mathrm{e}$ 时，$f(x)=x^{\frac{1}{x}}$ $(x>0)$ 有极大值，并且是唯一的极值. 于是，最大项为

$$\max(\sqrt[n]{n})=\max(\sqrt[3]{3},\sqrt{2})=\sqrt[3]{3}\approx 1.44.$$

**【1456】** 证明下列不等式：

(1) 当 $|x|\leqslant 2$ 时，$|3x-x^3|\leqslant 2$；

(2) 若 $0\leqslant x\leqslant 1$ 及 $p>1$，则 $\frac{1}{2^{p-1}}\leqslant x^p+(1-x)^p\leqslant 1$；

(3) 当 $m>0$，$n>0$ 及 $0\leqslant x\leqslant a$ 时，$x^m(a-x)^n\leqslant\frac{m^m n^n}{(m+n)^{m+n}}a^{m+n}$；

(4) $\frac{x+a}{2^{\frac{n-1}{n}}}\leqslant\sqrt[n]{x^n+a^n}\leqslant x+a$　$(x>0,\ a>0,\ n>1)$；

(5) $|a\sin x+b\cos x|\leqslant\sqrt{a^2+b^2}$.

**证**　(1) 设 $f(x)=3x-x^3$，经判断知，在 $|x|\leqslant 2$ 上，其最小值和最大值分别为 $m=f(-1)=-2$，$M=f(1)=2$. 而边界函数值为 $f(-2)=2$，$f(2)=-2$. 于是，$|3x-x^3|\leqslant 2$.

(2) 设 $f(x)=x^p+(1-x)^p$，经判断知，$f\left(\frac{1}{2}\right)=\frac{1}{2^{p-1}}$ 为 $0\leqslant x\leqslant 1$ 上的唯一的极小值，而边界值 $f(0)=f(1)=1$，所以，$\frac{1}{2^{p-1}}\leqslant x^p+(1-x)^p\leqslant 1$.

(3) 设 $f(x)=x^m(a-x)^n$，经判断知，$f\left(\frac{ma}{m+n}\right)$ 为 $0\leqslant x\leqslant a$ 上的唯一的极大值，所以，

$$x^m(a-x)^n\leqslant\left(\frac{ma}{m+n}\right)^m\left(a-\frac{ma}{m+n}\right)^n=\frac{m^mn^n}{(m+n)^{m+n}}a^{m+n}.$$

(4) 设 $f(x)=\frac{(x^n+a^n)^{\frac{1}{n}}}{x+a}$，经判断知，$f(a)=\frac{1}{2^{\frac{n-1}{n}}}$ 为满足$x>0$的唯一的极小值，而边界值 $f(+0)=f(+\infty)=1$，所以，

$$\frac{1}{2^{\frac{n-1}{n}}}\leqslant\frac{(x^n+a^n)^{\frac{1}{n}}}{x+a}\leqslant 1.$$

由于 $x+a>0$，于是，$\frac{x+a}{2^{\frac{n-1}{n}}}\leqslant\sqrt[n]{x^n+a^n}\leqslant x+a$.

(5) $a\sin x+b\cos x=\sqrt{a^2+b^2}\sin(x+\varphi)$，其中 $\cos\varphi=\frac{a}{\sqrt{a^2+b^2}}$，$\sin\varphi=\frac{b}{\sqrt{a^2+b^2}}$，所以，恒有

$$|a\sin x+b\cos x|\leqslant\sqrt{a^2+b^2}.$$

**【1457】** 求多项式 $P(x)=x(x-1)^2(x+2)$ 在闭区间$[-2,1]$上“与零的偏差”，就是求

$$E_P=\sup_{-2\leqslant x\leqslant 1}|P(x)|.$$

**解** $P'(x)=2(x-1)(2x^2+2x-1)$.

令 $P'(x)=0$ 得 $x=1$ 或$\frac{-1\pm\sqrt{3}}{2}$，所以，

$$\begin{aligned}E_P&=\max\left\{|P(-2)|,|P(1)|,\left|P\left(\frac{-1-\sqrt{3}}{2}\right)\right|,\left|P\left(\frac{-1+\sqrt{3}}{2}\right)\right|\right\}\\&=\left|P\left(\frac{-1-\sqrt{3}}{2}\right)\right|=\frac{9+6\sqrt{3}}{4}\approx 4.85.\end{aligned}$$

**【1458】** 应当选择怎样的系数 $q$，使多项式 $P(x)=x^2+q$ 在闭区间$[-1,1]$上与零的偏差最小，即

$$E_P=\sup_{-1\leqslant x\leqslant 1}|P(x)|=\min?$$

**解** $P'(x)=2x$，令 $P'(x)=0$ 得 $x=0$，所以，

$$E_P=\max\{|P(0)|,|P(1)|,|P(-1)|\}=\max\{|q|,|1+q|\}.$$

当$|q|=|1+q|$时，$E_P$ 最小. 解之，得 $q=-\frac{1}{2}$.

**【1459】** 数 $\Delta=\sup\limits_{a\leqslant x\leqslant b}|f(x)-g(x)|$ 称为函数 $f(x)$及 $g(x)$在闭区间$[a,b]$上的**绝对偏差**.

求函数 $f(x)=x^2$ 与 $g(x)=x^3$ 在闭区间$[0,1]$上的绝对偏差.

**解** 由于 $f(x)-g(x)=x^2-x^3$，$f'(x)-g'(x)=2x-3x^2$，从而令 $f'(x)-g'(x)=0$，得 $x=0$ 或$\frac{2}{3}$.

又因 $f''(x)-g''(x)=2-6x$，$f''\left(\frac{2}{3}\right)-g''\left(\frac{2}{3}\right)=2-4=-2<0$，

所以，当 $x=\frac{2}{3}$时 $f(x)-g(x)$取极大值；又由于当 $0\leqslant x\leqslant 1$ 时，$f(x)-g(x)\geqslant 0$，所以，绝对偏差

$$\Delta=f\left(\frac{2}{3}\right)-g\left(\frac{2}{3}\right)=\frac{4}{27}.$$

**【1460】** 在闭区间$[x_1,x_2]$上用线性函数 $g(x)=(x_1+x_2)x+b$ 近似地代替函数 $f(x)=x^2$，使函数 $f(x)$与 $g(x)$的绝对偏差(参阅上题)最小，并求此最小的绝对偏差.

**解** 由于

$$f(x)-g(x)=x^2-[(x_1+x_2)x+b],\quad f'(x)-g'(x)=2x-(x_1+x_2),$$

从而令 $f'(x)-g'(x)=0$，得 $x=\frac{x_1+x_2}{2}$. 又因

$$f''(x)-g''(x)=2>0,$$

故当 $x=\frac{x_1+x_2}{2}$时，$f(x)-g(x)$取极小值. 于是，

$$\Delta=\max\left\{\left|f\left(\frac{x_1+x_2}{2}\right)-g\left(\frac{x_1+x_2}{2}\right)\right|,|f(x_1)-g(x_1)|,|f(x_2)-g(x_2)|\right\}$$

$$=\max\left\{\left|b+\frac{(x_1+x_2)^2}{4}\right|,|b+x_1x_2|\right\}.$$

要 $\Delta$ 为最小，需

$$\left|b+\frac{(x_1+x_2)^2}{4}\right|=|b+x_1x_2|.$$

解之，得

$$b=-\frac{1}{8}(x_1^2+x_2^2+6x_1x_2).$$

此时

$$g(x)=(x_1+x_2)x-\frac{1}{8}(x_1^2+x_2^2+6x_1x_2),$$

而最小的绝对偏差 $\Delta=\frac{1}{8}(x_1-x_2)^2$.

**【1461】** 求函数 $f(x)=\max\{2|x|,|1+x|\}$ 的极小值.

**解题思路** 先作函数 $y=2|x|$ 及 $y=|1+x|$ 的图像，并求得交点，由此即知

$$f(x)=\begin{cases}2x, & 1\leqslant x<+\infty,\\ 1+x, & -\frac{1}{3}\leqslant x\leqslant 1,\\ -2x, & -\infty<x\leqslant -\frac{1}{3}.\end{cases}$$

**解** $y=2|x|$ 及 $y=|1+x|$ 的图像如图 2.58 所示，它们的交点是 $A\left(-\frac{1}{3},\frac{2}{3}\right)$ 及 $B(1,2)$. 从而，

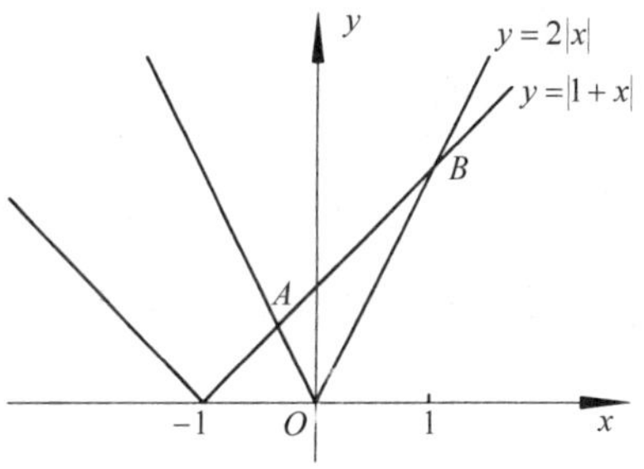


图 2.58

$$f(x)=\begin{cases}2x, & 1\leqslant x<+\infty,\\ 1+x, & -\frac{1}{3}\leqslant x\leqslant 1,\\ -2x, & -\infty<x\leqslant -\frac{1}{3}.\end{cases}$$

于是，函数 $f(x)$ 的极小值为 $f\left(-\frac{1}{3}\right)=\frac{2}{3}$.

**确定下列各方程实根的数目，并划分出这些根所在的区间：**

**【1462】** $x^3-6x^2+9x-10=0$.

**提示** 利用函数的单调性.

**解** 设 $f(x)=x^3-6x^2+9x-10$，则 $f(x)$ 为在 $(-\infty,+\infty)$ 内的连续函数，且有

$$f'(x)=3x^2-12x+9.$$

令 $f'(x)=0$，得临界点*(也即驻点)$x=1$ 或 3.

当 $x\in(-\infty,1)$ 时，由于

$$\lim_{x\to-\infty}f(x)=-\infty,\quad f'(x)>0,\quad f(1)=-6<0,$$

故在区间 $(-\infty,1)$ 内方程无实根.

当 $x\in(1,3)$ 时，由于

$$f'(x)<0,\quad f(3)=-10<0,$$

* $f'(x)=0$ 的临界点也称为驻点.

《题解》作者注

故在(1,3)内也无实根.

当 $x\in(3,+\infty)$,由于

$$f'(x)>0,\quad f(3)=-10<0,\quad \lim_{x\to+\infty}f(x)=+\infty,$$

故在 $(3,+\infty)$ 内方程有且仅有一实根.

**【1463】** $x^3-3x^2-9x+h=0$.

**解题思路** 令 $f(x)=x^3-3x^2-9x+h$,注意到在临界点 $x=-1$ 及 3 处,有 $f(-1)=5+h$,$f(3)=-27+h$ 及 $\lim\limits_{x\to-\infty}f(x)=-\infty$,$\lim\limits_{x\to+\infty}f(x)=+\infty$.分别就 $h<-5$,$-5<h<27$ 及 $h>27$ 加以讨论.

**解** 设 $f(x)=x^3-3x^2-9x+h$,则 $f'(x)=3x^2-6x-9$.令 $f'(x)=0$,得临界点 $x=-1$ 或 3.

由于

$$f(-1)=5+h,\quad f(3)=-27+h,\quad \lim_{x\to-\infty}f(x)=-\infty,\quad \lim_{x\to+\infty}f(x)=+\infty,$$

故当 $h<-5$ 时,$f(-1)<0$,$f(3)<0$,且

$$f'(x)>0,\ x\in(-\infty,-1),\quad f'(x)<0,\ x\in(-1,3),\quad f'(x)>0,\ x\in(3,+\infty),$$

因此,有且仅有一实根位于 $(3,+\infty)$ 内.

当 $-5<h<27$ 时,$f(-1)>0$,$f(3)<0$,导数 $f'(x)$ 的符号变化同上,于是,有三个实根,分别位于 $(-\infty,-1)$,$(-1,3)$ 及 $(3,+\infty)$ 内.

当 $h>27$ 时,$f(3)>0$,$f(-1)>0$,因此,有且仅有一实根位于 $(-\infty,-1)$ 内.

**【1464】** $3x^4-4x^3-6x^2+12x-20=0$.

**解** 设 $f(x)=3x^4-4x^3-6x^2+12x-20$,则 $f'(x)=12x^3-12x^2-12x+12$.令 $f'(x)=0$,得临界点 $x=\pm1$.由于

$$\lim_{x\to-\infty}f(x)=+\infty,\quad \lim_{x\to+\infty}f(x)=+\infty,\quad f(-1)=-31<0,\quad f(1)=-15<0,$$

并且

$$f'(x)<0,\quad x\in(-\infty,-1),\qquad f'(x)>0,\quad x\in(-1,+\infty),$$

故有两实根,分别位于 $(-\infty,-1)$ 和 $(1,+\infty)$ 内.

**【1465】** $x^5-5x=a$.

**解题思路** 仿 1463 题的解法.

**解** 设 $f(x)=x^5-5x-a$,则 $f'(x)=5x^4-5$.令 $f'(x)=0$,得临界点 $x=\pm1$.由于

$$\lim_{x\to-\infty}f(x)=-\infty,\quad \lim_{x\to+\infty}f(x)=+\infty,$$
$$f'(x)>0,\quad x\in(-\infty,-1),\quad x\in(1,+\infty),$$
$$f'(x)<0,\quad x\in(-1,1),$$
$$f(-1)=4-a,\quad f(1)=-4-a,$$

故 当 $a<-4$ 时,$f(-1)>0$,$f(1)>0$.因此,有且仅有一实根,位于 $(-\infty,-1)$ 内;

当 $-4<a<4$ 时,$f(-1)>0$,$f(1)<0$,此时有三个实根,分别位于 $(-\infty,-1)$,$(-1,1)$ 和 $(1,+\infty)$ 内;

当 $a>4$ 时,$f(-1)<0$,$f(1)<0$.因此,有且仅有一实根位于 $(1,+\infty)$ 内.

**【1466】** $\ln x=kx$.

**解题思路** 当 $k=0$ 时,显然方程仅有一根 $x=1$.故不妨设 $k\neq0$.令 $f(x)=\ln x-kx$,求得临界点 $x=\frac{1}{k}$ 后,分别就 $-\infty<k<0$,$0<k<\frac{1}{e}$ 及 $k>\frac{1}{e}$ 加以讨论.

**解** 当 $k=0$ 时,方程显然仅有一个根 $x=1$.因此,不妨设 $k\neq0$.令 $f(x)=\ln x-kx\,(x>0)$,则

$$f'(x)=\frac{1}{x}-k.$$

令 $f'(x)=0$,得临界点 $x=\frac{1}{k}$.由于 $f''(x)=-\frac{1}{x^2}<0$,故曲线的图像始终呈凸状.

当 $x\in\left(0,\frac{1}{k}\right)$ 时,$f'(x)>0$;当 $x\in\left(\frac{1}{k},+\infty\right)$ 时,$f'(x)<0$.又因

$$f\left(\frac{1}{k}\right)=\ln\frac{1}{k}-1,$$

故当 $k>\frac{1}{e}$ 时，$f\left(\frac{1}{k}\right)<0$，此时方程无根.

当 $0<k<\frac{1}{e}$ 时，$f\left(\frac{1}{k}\right)>0$，因此，方程有两个实根，分别位于 $\left(0,\frac{1}{k}\right)$ 和 $\left(\frac{1}{k},+\infty\right)$ 内.

当 $-\infty<k<0$ 时，由于 $\lim\limits_{x\to+0}f(x)=-\infty$，$f(1)=-k>0$，$f'(x)=\frac{1}{x}-k>0$，故此时方程有且仅有一实根位于 $(0,1)$ 内.

**【1467】**$^+$　$e^x=ax^2$　$(a>0)$.

**解**　对于函数 $f(x)=e^x-ax^2$，有 $f(0)=1>0$；又因 $\lim\limits_{x\to-\infty}f(x)=-\infty$，故总存在充分大的正数 $x_0$，使 $f(-x_0)<0$. 由函数 $f(x)$ 的连续性得知在 $(-x_0,0)$ 中，从而在 $(-\infty,0)$ 中至少有 $f(x)=0$ 的一个实根. 而当 $x\in(-\infty,0)$ 时，$f'(x)=e^x-2ax>0$，即函数递增. 因此，$f(x)=0$，当 $x\in(-\infty,0)$ 时只有唯一的根.

对于 $x>0$ 的情况，为求方程 $e^x=ax^2$ 的根，只要求方程 $x=\ln a+2\ln x(a>0,x>0)$ 的根. 设

$$g(x)=x-\ln a-2\ln x,\quad 则有\quad g'(x)=1-\frac{2}{x}=\frac{x-2}{x}.$$

令 $g'(x)=0$ 得 $x=2$.

当 $0<x<2$ 时，$g'(x)<0$；当 $x>2$ 时，$g'(x)>0$，所以，$g(2)=\ln\frac{e^2}{4a}$ 为极小值.

又因 $\lim\limits_{x\to+0}g(x)=+\infty$，$\lim\limits_{x\to+\infty}g(x)=+\infty$，因此，

当 $g(2)>0$，即 $0<a<\frac{e^2}{4}$ 时，$g(x)=0$ 无根.

当 $g(2)=0$，即 $a=\frac{e^2}{4}$ 时，$g(x)=0$ 有唯一的根.

当 $g(2)<0$，即 $a>\frac{e^2}{4}$ 时，$g(x)=0$ 有二个根，它们分别位于 $(0,2)$ 和 $(2,+\infty)$ 内.

综上所述，方程 $e^x=ax^2$ 根的情况如下：

当 $0<a<\frac{e^2}{4}$ 时有唯一的根，位于 $(-\infty,0)$ 内；当 $a=\frac{e^2}{4}$ 时，有两个根，一根为 2，一根位于 $(-\infty,0)$ 内；当 $\frac{e^2}{4}<a<+\infty$ 时有三个根，分别位于 $(-\infty,0)$，$(0,2)$ 和 $(2,+\infty)$ 内.

**【1468】**　当 $0\leqslant x\leqslant\pi$ 时，$\sin^3x\cos x=a$.

**解**　当 $a=0$ 时，方程显然有实根 $x=0,\frac{\pi}{2}$ 或 $\pi$. 因此，不妨设 $a\neq0$. 令 $f(x)=\sin^3x\cos x-a$，则

$$f'(x)=3\sin^2x\cos^2x-\sin^4x.$$

令 $f'(x)=0$，得临界点 $x=\frac{\pi}{3}$，$\frac{2\pi}{3}$. 由于

$$f\left(\frac{\pi}{3}\right)=\frac{3\sqrt{3}}{16}-a,\quad f\left(\frac{2\pi}{3}\right)=-\frac{3\sqrt{3}}{16}-a,\quad f(0)=f(\pi)=-a,$$

并且当 $x\in\left(0,\frac{\pi}{3}\right)$，$x\in\left(\frac{2\pi}{3},\pi\right)$ 时，$f'(x)>0$，当 $x\in\left(\frac{\pi}{3},\frac{2\pi}{3}\right)$ 时，$f'(x)<0$.

于是，当 $|a|<\frac{3\sqrt{3}}{16}$ 时，方程有两个实根位于 $(0,\pi)$ 内；当 $|a|>\frac{3\sqrt{3}}{16}$ 时，方程无实根.

**【1469】**　$\operatorname{ch}x=kx$.

**解**　设 $f(x)=\operatorname{ch}x-kx$，则 $f'(x)=\operatorname{sh}x-k$. 令 $f'(x)=0$，得唯一临界点 $x_0$，它适合 $k=\operatorname{sh}x_0$.

由于 $f''(x)=\operatorname{ch}x>0$，故曲线图像呈凹状，且在 $x=x_0$ 达最小值. 显然 $\lim\limits_{x\to\pm\infty}f(x)=+\infty$，因此，我们只要考虑 $f(x_0)$ 的符号. 而

$$f(x_0)=\operatorname{ch}x_0-kx_0=\operatorname{ch}x_0-x_0\operatorname{sh}x_0.$$

先设 $k>0$，于是 $x_0>0$. 引进辅助函数

$$g(x)=\operatorname{ch}x-x\operatorname{sh}x,$$

方程 $g(x)=0$，即 $\operatorname{coth}x=x$ 的(唯一)正根 $\xi\approx1.2$*). 由于

$$g'(x)=\operatorname{sh}x-\operatorname{sh}x-x\operatorname{ch}x=-x\operatorname{ch}x,$$

因此假如 $x>0$，则 $g'(x)<0$，故 $g(x)$ 在 $[0,+\infty)$ 上递减.

若 $k>\operatorname{sh}\xi$，即 $\operatorname{sh}x_0>\operatorname{sh}\xi$，由于 $\operatorname{sh}x$ 是递增的，故必 $x_0>\xi$，从而有

$$f(x_0)=\operatorname{ch}x_0-x_0\operatorname{sh}x_0<\operatorname{ch}\xi-\xi\operatorname{sh}\xi=0.$$

因此，方程 $f(x)=0$ 恰有两个实根. 由于

$$f(\xi)=\operatorname{ch}\xi-k\xi<\operatorname{ch}\xi-\xi\operatorname{sh}\xi=0,\quad f(0)=1,$$

故两根分别位于 $(0,\xi)$ 及 $(\xi,+\infty)$ 内.

若 $k=\operatorname{sh}\xi$，则 $\operatorname{sh}x_0=\operatorname{sh}\xi$，从而，$x_0=\xi$. 因此，$f(x_0)=0$，此时方程 $f(x)=0$ 恰有一实根 $x_0$.

若 $0<k<\operatorname{sh}\xi$，则 $\operatorname{sh}x_0<\operatorname{sh}\xi$，从而 $x_0<\xi$. 因此，

$$f(x_0)=\operatorname{ch}x_0-x_0\operatorname{sh}x_0>\operatorname{ch}\xi-\xi\operatorname{sh}\xi=0,$$

故方程 $f(x)=0$ 无实根.

若 $k=0$，显然方程 $f(x)=0$ 无根.

若 $k>0$，则可令 $x=-t$. 于是，得 $\operatorname{ch}t=-kt\quad(-k>0)$.

通过按上述的方法讨论该方程的根，易知当 $\operatorname{sh}\xi<-k$ 时，原方程有两实根，分别位于 $(-\xi,0)$ 及 $(-\infty,-\xi)$ 内，其中 $\xi$ 满足 $\operatorname{coth}\xi=\xi(\approx1.2)$. 而当 $-\operatorname{sh}\xi<k<0$ 时，方程无实根.

综上所述，若 $|k|>\operatorname{sh}\xi\approx1.50$，方程有两实根 $x_1$ 及 $x_2$，满足 $0<|x_1|<\xi$, $\xi<|x_2|<+\infty$；若 $|k|=\operatorname{sh}\xi$，方程只有一个实根($k=\operatorname{sh}\xi$ 时，根为 $\xi$，$k=-\operatorname{sh}\xi$ 时，根为 $-\xi$)；若 $|k|<\operatorname{sh}\xi$，则方程无实根.

*) 方程根的近似解法见本章 § 15.

**【1470】** 在什么条件下方程 $x^3+px+q=0$ 有：(1) 一个实根；(2) 三个实根.

在平面 $(p,q)$ 上画出相应的区域.

**解** 设 $f(x)=x^3+px+q$，则 $f'(x)=3x^2+p$. 若 $p\geq0$，则 $f'(x)>0(x\neq0)$，故 $f(x)$ 在 $(-\infty,+\infty)$ 上是递增的，并且显然 $\lim\limits_{x\to-\infty}f(x)=-\infty$，$\lim\limits_{x\to+\infty}f(x)=+\infty$，故 $f(x)=0$ 有唯一实根.

若 $p<0$，令 $f'(x)=0$ 解得 $x_1=\sqrt{-\dfrac{p}{3}}$，$x_2=-\sqrt{-\dfrac{p}{3}}$. 在 $(-\infty,x_2]$ 和 $[x_1,+\infty)$ 上 $f(x)$ 递增，在 $[x_2,x_1]$ 上 $f(x)$ 递减.

因此，若 $f(x_1)f(x_2)>0$，则方程 $f(x)=0$ 仅有一个实根. 若 $f(x_2)>0$，$f(x_1)<0$，则方程 $f(x)=0$ 恰有三个实根.

由于

$$f(x_1)=-\frac{p}{3}\sqrt{-\frac{p}{3}}+p\sqrt{-\frac{p}{3}}+q,$$

$$f(x_2)=\frac{p}{3}\sqrt{-\frac{p}{3}}-p\sqrt{-\frac{p}{3}}+q,$$

故 $f(x_1)f(x_2)>0$ 相当于

$$\frac{q^2}{4}+\frac{p^3}{27}>0,$$

此即方程仅有一实根的条件(前面 $p\geq0$ 的情形可合并到此条件中去).

而 $f(x_1)<0$ 及 $f(x_2)>0$ 相当于

$$\frac{q^2}{4}+\frac{p^3}{27}<0,$$

此即方程有三实根的条件.

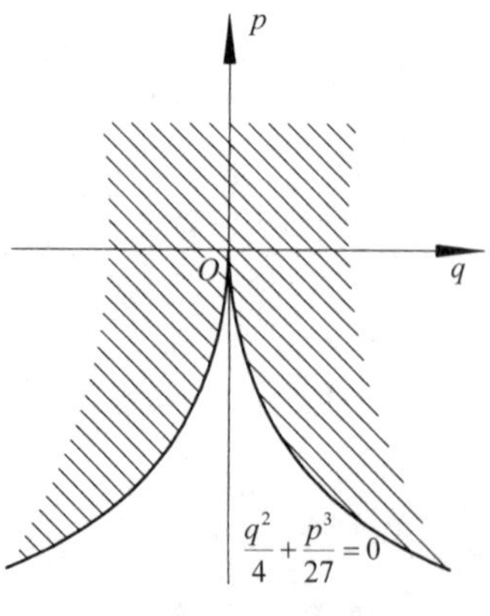


图 2.59

如图 2.59 所示，曲线 $\dfrac{q^2}{4}+\dfrac{p^3}{27}=0$ 的左右上方是方程仅有一实根的 $(p,q)$ 域，以阴影表之；而曲线的下方则是方程有三实根的 $(p,q)$ 域，以不具阴影表之.

# §12. 依据函数的特征点作函数图像

为了作出函数 $y=f(x)$的图像,必须:(1)确定此函数的存在域;并研究函数在其存在域边界点的性质;(2)查明图像的对称性和周期性;(3)求出函数的不连续点及连续的区间;(4)确定函数的零点及同号区间;(5)求出极值点并查明函数上升和下降的区间;(6)确定拐点及函数图像凹凸的区间;(7)若有渐近线存在则求出渐近线;(8)指出函数图像的各种特性.

**作出下列函数的图像:**

**【1471】** $y=3x-x^3$.

**解** $y'=3-3x^2$,令 $y'=0$ 得 $x=-1$ 或 1. $y''=-6x$,令 $y''=0$ 得 $x=0$.

列表

| $x$ | | $-1$ | | 0 | | 1 | |
|---|---|---|---|---|---|---|---|
| $y'$ | $-$ | 0 | $+$ | $+$ | $+$ | 0 | $-$ |
| $y''$ | $+$ | $+$ | $+$ | 0 | $-$ | $-$ | $-$ |
| $y$ | ↘ | 极小点 | ↗ | 拐点 | ↗ | 极大点 | ↘ |

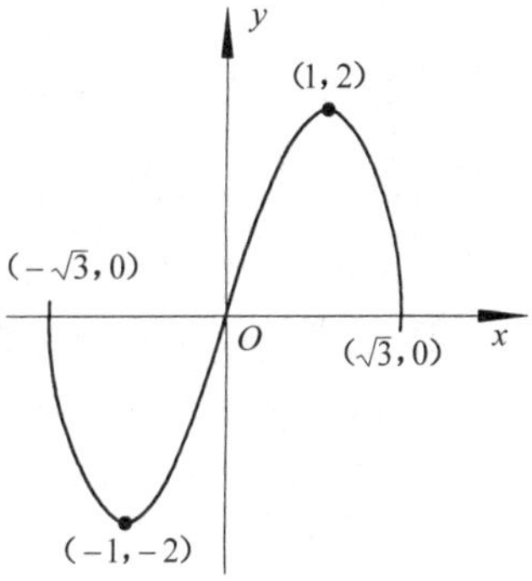

图 2.60

当 $x=-1$ 时,$y=-2$;$x=0$,$\pm\sqrt{3}$时,$y=0$;$x=1$ 时,$y=2$.
图像对称于原点,如图 2.60 所示.

**【1472】** $y=1+x^2-\dfrac{x^4}{2}$.

**解** 以$-x$替代$x$,$y$值不变,故图像对称于 $Oy$ 轴.

零点处:$x=\pm\sqrt{1+\sqrt{3}}\approx\pm1.65$.

$$y'=2x-2x^3,\text{令 } y'=0 \text{ 得 } x=0,\text{或}\pm1.\ y''=2-6x^2,\text{令 } y''=0 \text{ 得 } x=\pm\frac{1}{\sqrt{3}}.$$

列表

| $x$ | | 0 | | $\frac{1}{\sqrt{3}}$ | | 1 | |
|---|---|---|---|---|---|---|---|
| $y'$ | $-$ | 0 | $+$ | $+$ | $+$ | 0 | $-$ |
| $y''$ | $+$ | $+$ | $+$ | 0 | $-$ | $-$ | $-$ |
| $y$ | ↘ | 极小点 | ↗ | 拐点 | ↗ | 极大点 | ↘ |

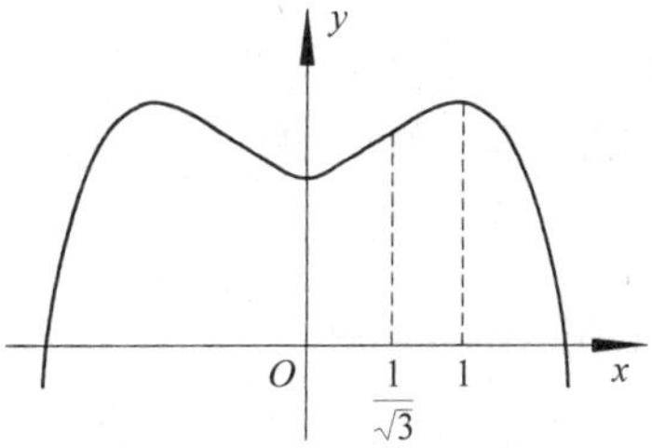

图 2.61

当 $x=0$ 时,$y=1$;$x=\dfrac{1}{\sqrt{3}}$时,$y=\dfrac{23}{18}$;$x=1$ 时,$y=\dfrac{3}{2}$.(图 2.61)

**【1473】** $y=(x+1)(x-2)^2$.

**解** $y'=3x(x-2)$,令 $y'=0$ 得 $x=0$ 或 2;$y''=6x-6$,令 $y''=0$ 得 $x=1$.

列表

| $x$ | | 0 | | 1 | | 2 | |
|---|---|---|---|---|---|---|---|
| $y'$ | $+$ | 0 | $-$ | $-$ | $-$ | 0 | $+$ |
| $y''$ | $-$ | $-$ | $-$ | 0 | $+$ | $+$ | $+$ |
| $y$ | ↗ | 极大点 | ↘ | 拐点 | ↘ | 极小点 | ↗ |

当 $x=0$ 时，$y=4$；$x=1$ 时，$y=2$；$x=2,-1$ 时，$y=0$.（图 2.62）

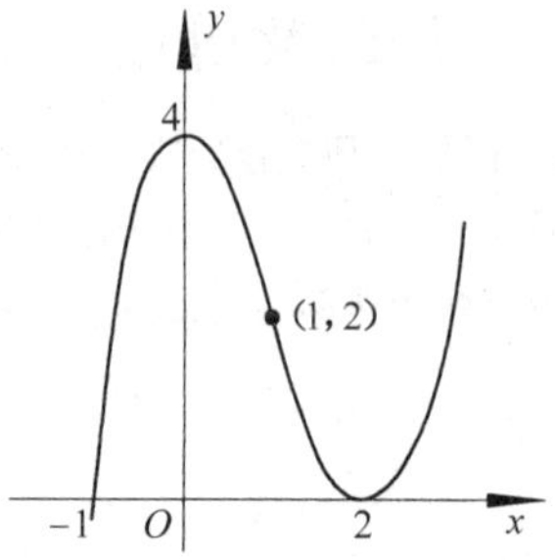


图 2.62

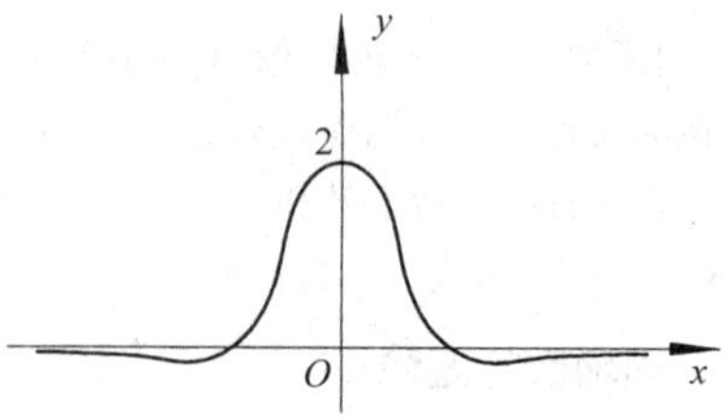


图 2.63

**【1474】** $y=\dfrac{2-x^2}{1+x^4}$.

**解题思路** 图像关于 $Oy$ 轴对称. 零点处：$x=\pm\sqrt{2}$.

当 $x=0$ 时有极大值 $y=2$；当 $x=\pm\sqrt{2+\sqrt{5}}\approx\pm 2.06$ 时有极小值 $y=1-\dfrac{\sqrt{5}}{2}\approx -0.12$.

拐点处：$x=\pm 2.67$ 或 $\pm 0.77$. 渐近线：$y=0$.

**解** 显见图像对称于 $Oy$ 轴.

零点处：$x=\pm\sqrt{2}$. $y'=\dfrac{2x(x^4-4x^2-1)}{(1+x^4)^2}$,

令 $y'=0$ 得 $x=0$ 或 $\pm\sqrt{2+\sqrt{5}}\approx\pm 2.06$.

$$y''=-\frac{2(3x^8-20x^6-12x^4+12x^2+1)}{(1+x^4)^3},$$

令 $y''=0$ 得 $x=\pm 2.67$ 或 $\pm 0.77$. 经判别知，它们为拐点，又因 $y''\Big|_{x=0}=-2<0$，故有极大值 $y=2$；

$y''\Big|_{x=\pm\sqrt{2+\sqrt{5}}}>0$，故有极小值 $y=1-\dfrac{\sqrt{5}}{2}\approx -0.12$.

渐近线为 $y=0$. 事实上，它的斜率和截距分别为

$$k=\lim_{n\to\infty}\frac{y}{x}=\lim_{x\to\infty}\frac{2-x^2}{x(1+x^4)}=0,$$

它在 $y$ 轴上的截距为

$$b=\lim_{x\to\infty}[y-kx]=\lim_{x\to+\infty}\frac{2-x^2}{1+x^4}=0.$$

如图 2.63 所示.

**【1475】** $y=\dfrac{x^2-1}{x^2-5x+6}$.

**解** 零点处：$x=-1$ 及 $x=1$. 渐近线：$x=2$，$x=3$ 和 $y=1$.

$$y'=\frac{-5x^2+14x-5}{(x^2-5x+6)^2},$$

$$y''=\frac{2(5x^3-21x^2+15x+17)}{(x^2-5x+6)^3}.$$

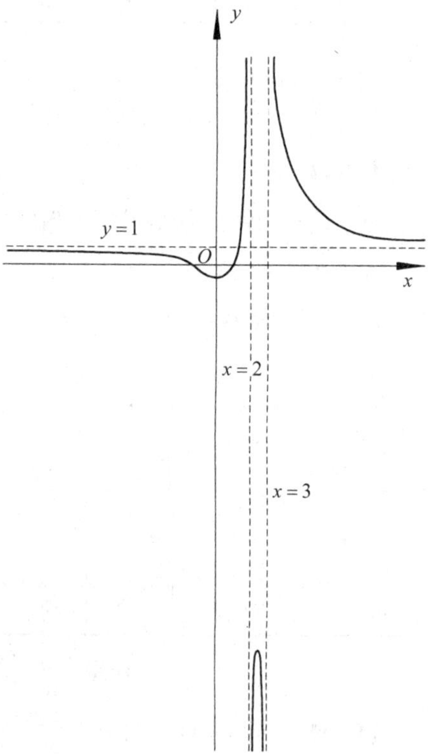


图 2.64

令 $y'=0$ 得 $x\approx 0.42$，$x\approx 2.38$. 令 $y''=0$ 得 $x\approx -0.586$. 经判别知，$y\Big|_{x\approx 0.42}\approx -0.20$ 为极小值，$y\Big|_{x\approx 2.38}\approx -19.80$ 为极大值；$x\approx -0.586$，$y\approx -0.07$为拐点. 由于

$$y=1-\frac{3}{x-2}+\frac{8}{x-3},$$

故可用图像相加法作出函数的图像(图 2.64).

【1476】 $y=\frac{x}{(1+x)(1-x)^2}$.

解 零点处：$x=0$. 不连续点：$x=-1$ 及 $x=1$. 渐近线：$y=0$，$x=-1$ 和 $x=1$.

$$y'=\frac{2x^2+x+1}{(1+x)^2(1-x)^3},\quad y''=\frac{2(3x^3+3x^2+5x+1)}{(1+x)^3(1-x)^4},$$

$y'=0$ 无实根，无极值点. 令 $y''=0$ 得 $x\approx-0.22$，经判别知，它为拐点，此时 $y\approx-0.20$.

当 $x<-1$ 时，$y'>0$，曲线上升；当 $-1<x<1$ 时，$y'>0$，曲线上升；当 $x>1$ 时，$y'<0$，曲线下降. (图 2.65)

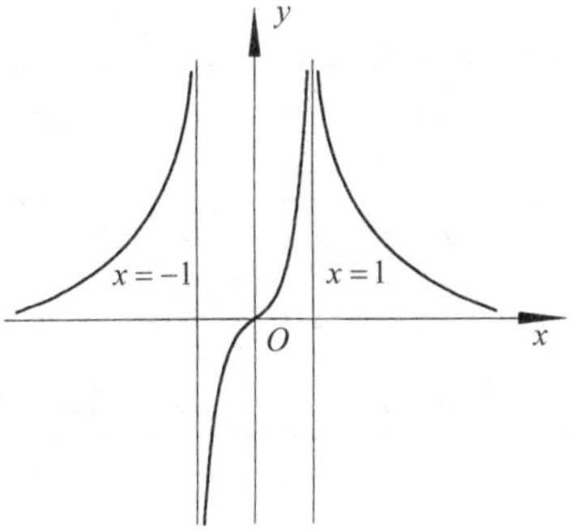


图 2.65

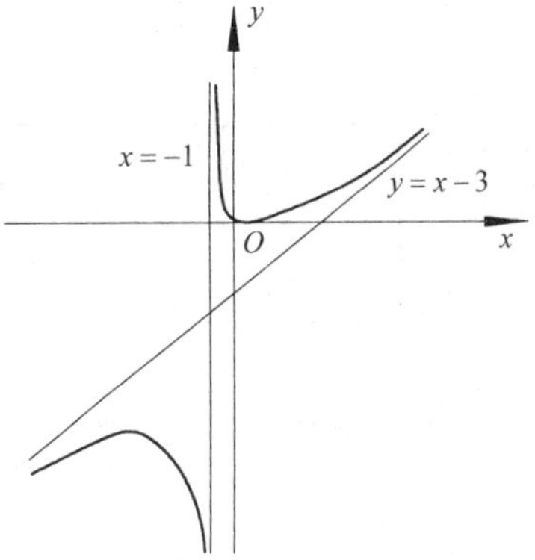


图 2.66

【1477】 $y=\frac{x^4}{(1+x)^3}$.

解 零点处：$x=0$. 不连续点：$x=-1$. 斜渐近线：$y=x-3$，事实上，$k=\lim\limits_{x\to\infty}\frac{y}{x}=1$，$b=\lim\limits_{x\to\infty}(y-kx)=-3$.

垂直渐近线：$x=-1$. $y'=\frac{x^3(x+4)}{(1+x)^4}$. 令 $y'=0$，得 $x=0$，或 $x=-4$. $y''=\frac{12x^2}{(1+x)^5}$.

当 $x<-1$ 时，$y''<0$，图像呈凸状；当 $x>-1$ 时，$y''>0$，图像呈凹状；

又 $y''\Big|_{x=-4}<0$，故当 $x=-4$ 时有极大值 $y=-9\frac{13}{27}$；由于 $y'$ 经过 $x=0$ 从负变到正，故当 $x=0$ 时取得极小值 $y=0$. (图 2.66)

【1478】 $y=\left(\frac{1+x}{1-x}\right)^4$.

解 零点处：$x=-1$. 垂直渐近线：$x=1$；

又 $k=\lim\limits_{x\to\infty}\frac{y}{x}=0$，$b=\lim\limits_{x\to\infty}(y-kx)=1$，故还有水平渐近线为 $y=1$.

$$y'=\frac{8(1+x)^3}{(1-x)^5}，令\ y'=0\ 得\ x=-1；\quad y''=\frac{16(x+1)^2(x+4)}{(1-x)^6}，令\ y''=0\ 得\ x=-1\ 或\ -4.$$

列表

| $x$ | | $-4$ | | $-1$ | | $1$ | |
|---|---|---|---|---|---|---|---|
| $y'$ | $-$ | $-$ | $-$ | $0$ | $+$ | $\infty$ | $-$ |
| $y''$ | $-$ | $0$ | $+$ | $0$ | $+$ | $\infty$ | $+$ |
| $y$ | ↘ | 拐点 | ↘ | 极小点 | ↗ | 不连续点 | ↘ |

当 $x=-4$ 时，$y=\frac{81}{625}$；$x=-1$ 时，$y=0$；$x=0$ 时，$y=1$. (图 2.67)

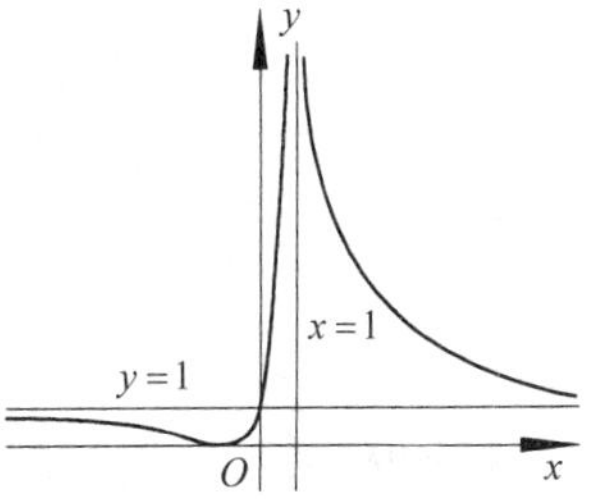


图 2.67

【1479】 $y=\dfrac{x^2(x-1)}{(x+1)^2}$.

**解** 零点处:$x=0$ 及 $x=1$.

垂直渐近线:$x=-1$; 斜渐近线:$y=x-3$.

事实上,$k=\lim\limits_{x\to\infty}\dfrac{y}{x}=1$, $b=\lim\limits_{x\to\infty}(y-kx)=-3$.

$y'=\dfrac{x(x^2+3x-2)}{(x+1)^3}$, 令 $y'=0$ 得 $x=0$ 或 $\dfrac{-3\pm\sqrt{17}}{2}$.

$y''=\dfrac{10x-2}{(x+1)^4}$, 令 $y''=0$ 得 $x=\dfrac{1}{5}$.

列表

| $x$ | | $-\dfrac{\sqrt{17}+3}{2}$ | | $-1$ | | $0$ | | $\dfrac{1}{5}$ | | $\dfrac{\sqrt{17}-3}{2}$ | |
|---|---|---|---|---|---|---|---|---|---|---|---|
| $y'$ | + | 0 | − | ∞ | + | 0 | − | − | − | 0 | + |
| $y''$ | − | − | − | ∞ | − | − | − | 0 | + | + | + |
| $y$ | ↗ | 极大点 | ↘ | 不连续点 | ↗ | 极大点 | ↘ | 拐点 | ↘ | 极小点 | ↗ |

当 $x=-\dfrac{\sqrt{17}+3}{2}\approx-3.56$ 时,有极大值 $y=-\dfrac{34\sqrt{17}+142}{32}\approx-8.82$;

当 $x=0$ 时,有极小值 $y=0$;

当 $x=\dfrac{\sqrt{17}-3}{2}\approx0.56$ 时,有极小值 $y=\dfrac{34\sqrt{17}-142}{32}\approx-0.06$;

当 $x=\dfrac{1}{5}$ 时,$y=-\dfrac{1}{45}$ (图 2.68).

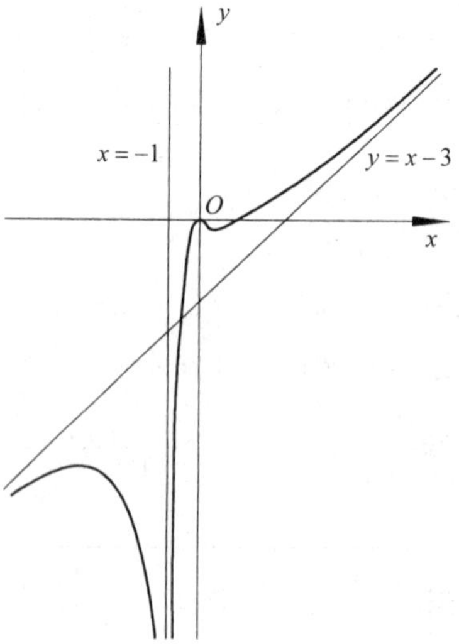


图 2.68

【1480】 $y=\dfrac{x}{(1-x^2)^2}$.

**解题思路** 零点处:$x=0$. 渐近线:$x=-1$,$x=1$ 及 $y=0$. 图像关于原点对称. 无极值,拐点处:$x=0$.

**解** 零点处:$x=0$. 不连续点:$x=-1$ 及 $x=1$. 渐近线:$x=-1$,$x=1$ 及 $y=0$.

以 $-x$ 替代 $x$，$y$ 的绝对值不变，符号改变，故图像关于原点对称.

$$y'=\frac{3x^2+1}{(1-x^2)^3}，令 y'=0，无实根.$$

$$y''=\frac{12x(x^2+1)}{(1-x^2)^4}，令 y''=0，得 x=0.$$

经判别知：无极值，$x=0$ 为拐点（图 2.69）.

列表

| $x$ | | $-1$ | | $0$ | | $1$ | |
|---|---|---|---|---|---|---|---|
| $y'$ | $-$ | $\infty$ | $+$ | $+$ | $+$ | $\infty$ | $-$ |
| $y''$ | $-$ | $\infty$ | $-$ | $0$ | $+$ | $\infty$ | $+$ |
| $y$ | ↘ | 不连续点 | ↗ | 拐点 | ↗ | 不连续点 | ↘ |

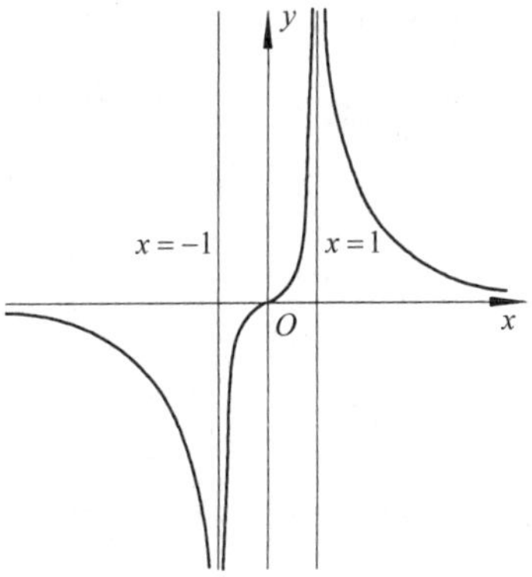

图 2.69

【1481】 $y=\frac{(x+1)^3}{(x-1)^2}$.

解 零点处：$x=-1$. 不连续点：$x=1$. 垂直渐近线：$x=1$；斜渐近线：$y=x+5$. 事实上，

$$k=\lim_{x\to\infty}\frac{y}{x}=1,\quad b=\lim_{x\to\infty}(y-kx)=5.$$

$$y'=\frac{(x+1)^2(x-5)}{(x-1)^3}，令 y'=0 得 x=-1 或 5.$$

$$y''=\frac{24(x+1)}{(x-1)^4}，令 y''=0 得 x=-1.$$

列表

| $x$ | | $-1$ | | $1$ | | $5$ | |
|---|---|---|---|---|---|---|---|
| $y'$ | $+$ | $0$ | $+$ | $\infty$ | $-$ | $0$ | $+$ |
| $y''$ | $-$ | $0$ | $+$ | $\infty$ | $+$ | $+$ | $+$ |
| $y$ | ↗ | 拐点 | ↗ | 不连续点 | ↘ | 极小点 | ↗ |

当 $x=-1$ 时，$y=0$；当 $x=5$ 时，$y=13\frac{1}{2}$（图 2.70）.

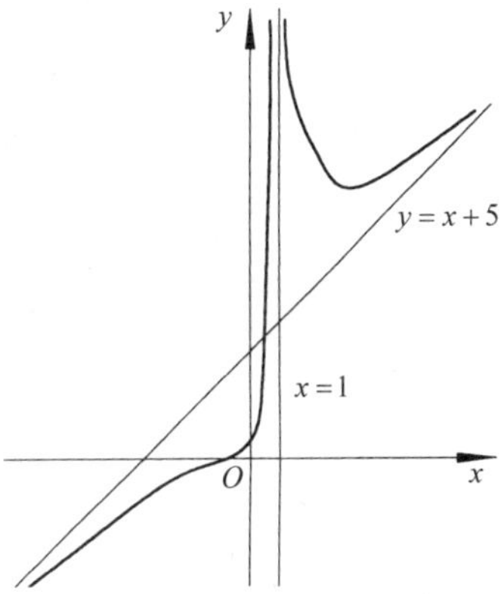

图 2.70

【1482】 $y=\frac{x^4+8}{x^3+1}$.

解 垂直渐近线：$x=-1$；

斜渐近线：$y=x$. 事实上，

$$k=\lim_{x\to\infty}\frac{y}{x}=1,\quad b=\lim_{x\to\infty}(y-kx)=0.$$

$$y'=\frac{x^6+4x^3-24x^2}{(x^3+1)^2},$$

$$y''=\frac{-6x^5+96x^4+12x^2-48x}{(x^3+1)^3},$$

令 $y'=0$，得 $x=0,2$ 及 $x\approx-2.4$.

$y''\Big|_{x=2}>0$，故当 $x=2$ 时有极小值 $y=2\frac{2}{3}$；

$y''\Big|_{x=-2.4}<0$；故当 $x\approx-2.4$ 时有极大值 $y\approx-3.2$.

经判别知：当 $x=0,\ 0.752,\ 16.006$ 时有拐点. 渐近线 $y=x$ 与曲线交于点 $(8,8)$. 如图 2.71 所示.

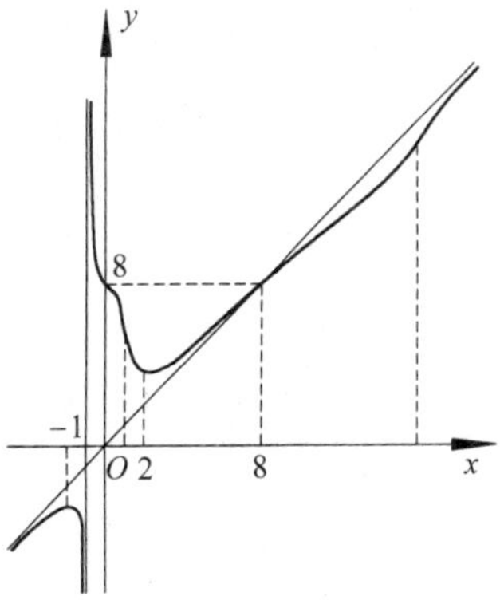

图 2.71

**【1483】** $y=\frac{1}{1+x}-\frac{10}{3x^2}+\frac{1}{1-x}$.

**解** 图像关于 $Oy$ 轴对称.

零点处:$x=\pm\frac{\sqrt{10}}{4}\approx\pm0.79$.

$y'=\frac{4(8x^4-10x^2+5)}{3x^3(1-x^2)^2}$ ,$y'=0$ 无实根,无极值点.

$y''=\frac{4(24x^6-42x^4+45x^2-15)}{x^4(1-x^2)^3}$,令 $y''=0$,得 $x=\pm\sqrt{\frac{1}{2}}\approx\pm0.71$.

经判别知,此为拐点,相应纵坐标 $y=-2\frac{2}{3}$.

渐近线:$x=0$, $x=-1$, $x=1$ 和 $y=0$.

当 $x>0$ 时,$y'>0$,曲线上升.

当 $0<x<0.71$ 时,$y''<0$,图像呈凸状.

当 $0.71<x<1$ 时,$y''>0$,图像呈凹状.

当 $1<x<+\infty$时,$y''<0$,图像呈凸状.

图像如图 2.72 所示.

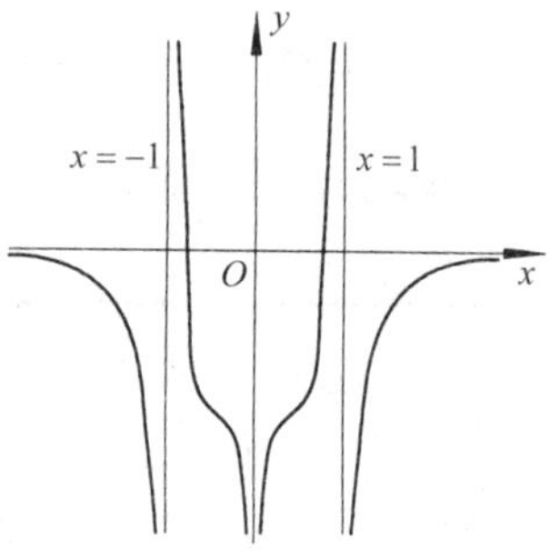


图 2.72

**【1484】** $y=(x-3)\sqrt{x}$.

**解** 存在域:$0\leqslant x<+\infty$. 零点处:$x=0$ 和 $x=3$.

$y'=\frac{3(x-1)}{2\sqrt{x}}$,令 $y'=0$ 得 $x=1$;

$y''=\frac{3(x+1)}{4x\sqrt{x}}>0\quad(0<x<+\infty)$,

所以,图像始终是凹的.

由于 $y''\Big|_{x=1}>0$,故当 $x=1$ 时有极小值 $y=-2$;当 $x=0$ 时,由 $\lim\limits_{x\to0+}y'=-\infty$知,曲线在 $x=0$ 点与 $y$ 轴相切,易见它有边界极大值$y=0$.

图像如图 2.73 所示.

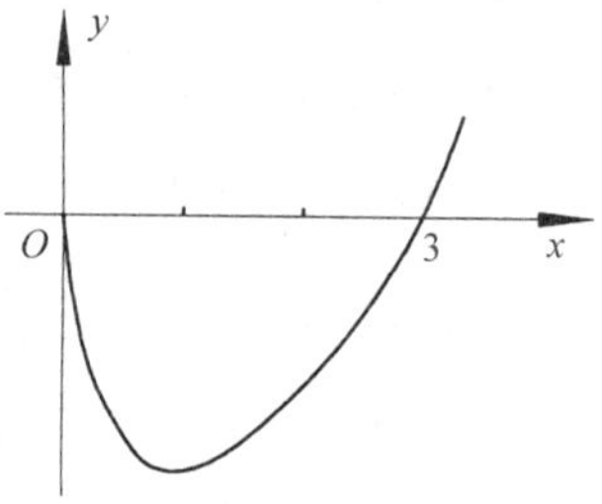


图 2.73

**【1485】** $y=\pm\sqrt{8x^2-x^4}$.

**解** 存在域:$8-x^2\geqslant0$,即 $|x|\leqslant2\sqrt{2}\approx2.83$.

零点处:$x=0$ 和 $x=\pm2\sqrt{2}$.

图像关于坐标原点及坐标轴对称.

下面就第一象限讨论之:

$y'=\frac{2(4-x^2)}{\sqrt{8-x^2}}$,令 $y'=0$ 得 $x=2$.

$y''=\frac{2x(x^2-12)}{(8-x^2)^{\frac{3}{2}}}$,令 $y''=0$ 得 $x=2\sqrt{3}$或 $x=0$.

然而点 $x=2\sqrt{3}$不在存在域内,对于 $x=0$ 来说,如果将曲线由第三象限穿向第一象限看成一分支曲线的话,则也可理解为拐点. 同样由第四象限到第二象限的那个分支也有同样情况,故曲线呈双纽状.

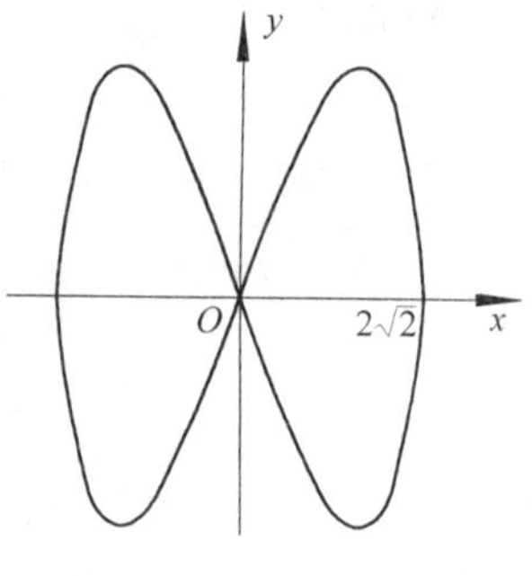


图 2.74

当 $0<x<2$ 时,$y'>0$,当 $2<x<2\sqrt{2}$时,$y'<0$,故当 $x=2$ 时,有极大值 $y=4$. 当 $x=2\sqrt{2}$及 $x=0$ 时,显然有极小值 $y=0$.

前者是边界的极小值,而且曲线在 $x=2\sqrt{2}$处以 $x=2\sqrt{2}$为垂直切线. 图像如图 2.74 所示.

**【1486】** $y=\pm\sqrt{(x-1)(x-2)(x-3)}$.

**解** 存在域：$1\leqslant x\leqslant 2$ 及 $3\leqslant x<+\infty$.

零点处：$x=1$, $x=2$ 和 $x=3$.

图像关于 $Ox$ 轴对称. 下面就第一象限讨论之：

$$y'=\frac{3x^2-12x+11}{2\sqrt{(x-1)(x-2)(x-3)}},$$

令 $y'=0$，得 $x=\frac{6-\sqrt{3}}{3}\approx 1.42$，经判别知，此时有极大值

$$|y|=\frac{1}{3}\sqrt[4]{12}\approx 0.62.$$

令 $y''=0$ 解得 $x\approx 3.468$，经判别知，它是拐点.

当 $x>3$ 时，$y'>0$，函数递增，其图像是上升的.

当 $x=1,2$ 和 3 时有边界的极小值 $y=0$ 且 $y'=\infty$.

(图 2.75)

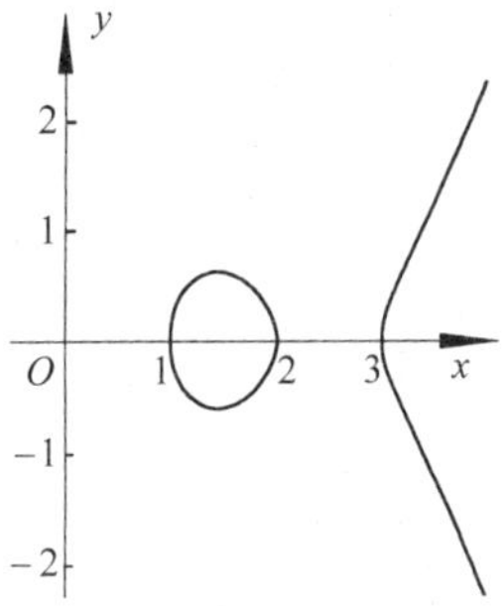


图 2.75

**【1487】** $y=\sqrt[3]{x^3-x^2-x+1}$.

**解** 零点处：$x=-1$ 和 $x=1$. 又当 $x=0$ 时，$y=1$.

渐近线：$y=x-\frac{1}{3}$. 事实上，

$$k=\lim_{x\to\infty}\frac{y}{x}=1,\quad b=\lim_{x\to\infty}(y-kx)=-\frac{1}{3}.$$

$$y'=\frac{3x^2-2x-1}{3\sqrt[3]{(x^3-x^2-x+1)^2}}，令\ y'=0\ 得\ x=-\frac{1}{3};$$

当 $x=\pm 1$ 时，$y'=\infty$.

$$y''=\frac{-8}{9}\cdot\frac{1}{(x-1)^{\frac{4}{3}}(x+1)^{\frac{5}{3}}}，当\ x=\pm 1\ 时，y''=\infty.$$

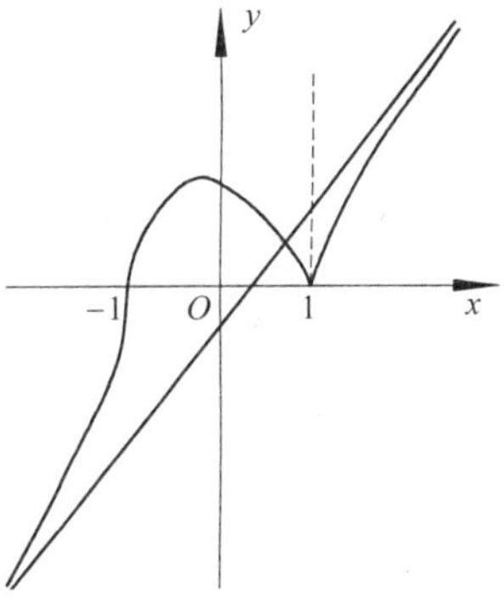


图 2.76

列表

| $x$ | | $-1$ | | $-\frac{1}{3}$ | | $1$ | |
|---|---|---|---|---|---|---|---|
| $y'$ | + | $\infty$ | + | 0 | − | $\infty$ | + |
| $y''$ | + | $\infty$ | − | − | − | $\infty$ | − |
| $y$ | ↗ | 拐点 | ↗ | 极大点 | ↘ | 极小点 | ↗ |

当 $x=-\frac{1}{3}$ 时，有极大值 $y\approx 1.06$；当 $x=1$ 时，有极小值 $y=0$.

图像如图 2.76 所示.

**【1488】** $y=\sqrt[3]{x^2}-\sqrt[3]{x^2+1}$.

**解** 图像关于 $Oy$ 轴对称.

$$y'=\frac{2}{3}\cdot\frac{(x^2+1)^{\frac{2}{3}}-x^{\frac{4}{3}}}{x^{\frac{1}{3}}(x^2+1)^{\frac{2}{3}}}.$$

当 $x$ 经过 $x=0$ 时，$y'$ 由负变正，故当 $x=0$ 时有极小值 $y=-1$，且 $y'\big|_{x=0^-}=-\infty$，$y'\big|_{x=0^+}=+\infty$，又当 $x<0$ 时，$y'<0$，当 $x>0$ 时，$y'>0$. 同时，$y'=0$ 和 $y=0$ 均无实根，故知图像是凸的，且以 $y=0$ 为渐近线(图 2.77).

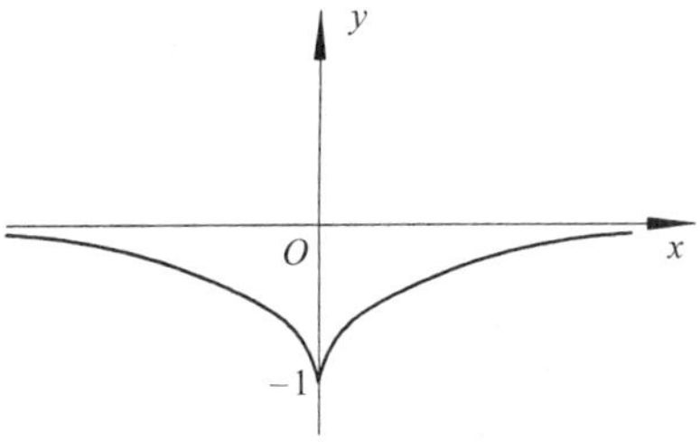


图 2.77

**【1489】** $y=(x+2)^{\frac{2}{3}}-(x-2)^{\frac{2}{3}}$.

**解** 以 $-x$ 替代 $x$，$y$ 变成 $-y$，故图像关于坐标原点对称.

渐近线：$y=0$. 零点处：$x=0$.

$$y'=\frac{2}{3}\cdot\frac{(x-2)^{\frac{1}{3}}-(x+2)^{\frac{1}{3}}}{(x+2)^{\frac{1}{3}}(x-2)^{\frac{1}{3}}}$$，当 $x=\pm2$ 时，$y'=\infty$.

$$y''=\frac{2}{9}\cdot\frac{(x+2)^{\frac{4}{3}}-(x-2)^{\frac{4}{3}}}{(x+2)^{\frac{4}{3}}(x-2)^{\frac{4}{3}}}$$，令 $y''=0$ 得 $x=0$.

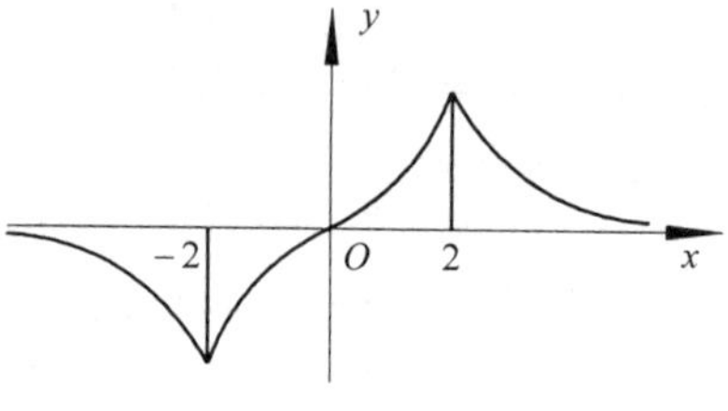


图 2.78

列表

| $x$ | | $-2$ | | $0$ | | $2$ | |
|---|---|---|---|---|---|---|---|
| $y'$ | $-$ | $\infty$ | $+$ | $+$ | $+$ | $\infty$ | $-$ |
| $y''$ | $-$ | $\infty$ | $-$ | $0$ | $+$ | $\infty$ | $+$ |
| $y$ | ↘ | 最小点 | ↗ | 拐点 | ↗ | 最大点 | ↘ |

当 $x=-2$ 时，有最小值 $y=-\sqrt[3]{16}$；当 $x=2$ 时，有最大值 $y=\sqrt[3]{16}$.

图像如图 2.78 所示.

**【1490】** $y=(x+1)^{\frac{2}{3}}+(x-1)^{\frac{2}{3}}$.

**解** 图像关于 $Oy$ 轴对称.

$$y'=\frac{2}{3}\left[\frac{1}{(x+1)^{\frac{1}{3}}}+\frac{1}{(x-1)^{\frac{1}{3}}}\right],$$

令 $y'=0$ 得 $x=0$；当 $x=\pm1$时，$y'=\infty$.

$$y''=-\frac{2}{9}\left[\frac{1}{(x+1)^{\frac{4}{3}}}+\frac{1}{(x-1)^{\frac{4}{3}}}\right]<0$$，图像始终呈凸状.

当 $x=\pm1$ 时，取得最小值 $y=\sqrt[3]{4}\approx1.59$.

当 $x=0$ 时，有极大值 $y=2$.

图像如图 2.79 所示.

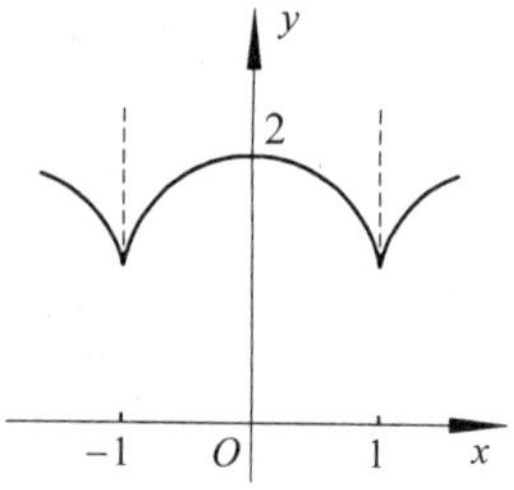


图 2.79

**【1491】** $y=\dfrac{x}{\sqrt[3]{x^2-1}}$.

**解** 图像关于坐标原点对称. 零点处：$x=0$. 不连续点：$x=\pm1$.

$$y'=\frac{x^2-3}{3(x^2-1)^{\frac{4}{3}}}$$，令 $y'=0$，得 $x=\pm\sqrt{3}$. 当 $x=\pm1$ 时，$y'=\infty$.

$$y''=-\frac{2x(x^2-9)}{9(x^2-1)^{\frac{7}{3}}}$$，令 $y''=0$ 得 $x=0$ 或 $\pm3$.

列表

| $x$ | | $-3$ | | $-\sqrt{3}$ | | $-1$ | | $0$ | | $1$ | | $\sqrt{3}$ | | $3$ | |
|---|---|---|---|---|---|---|---|---|---|---|---|---|---|---|---|
| $y'$ | $+$ | $+$ | $+$ | $0$ | $-$ | $\infty$ | $-$ | $-$ | $-$ | $\infty$ | $-$ | $0$ | $+$ | $+$ | $+$ |
| $y''$ | $+$ | $0$ | $-$ | $-$ | $-$ | $\infty$ | $+$ | $0$ | $-$ | $\infty$ | $+$ | $+$ | $+$ | $0$ | $-$ |
| $y$ | ↗ | 拐点 | ↗ | 极大点 | ↘ | 不连续点 | ↘ | 拐点 | ↘ | 不连续点 | ↘ | 极小点 | ↗ | 拐点 | ↗ |

渐近线：$x=-1$，$x=1$. 当 $x=\pm\sqrt{3}$时，$y=\pm\dfrac{\sqrt{3}}{\sqrt[3]{2}}\approx\pm1.38$；当 $x=\pm3$ 时，$y=\pm1\dfrac{1}{2}$.

图像如图 2.80 所示.

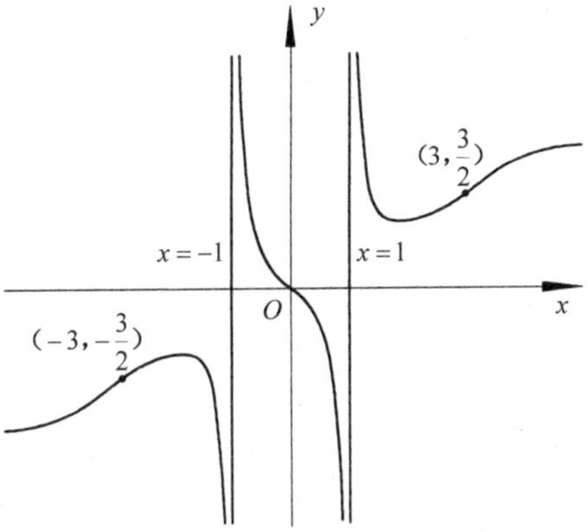


图 2.80

【1492】 $y=\frac{x^2\sqrt{x^2-1}}{2x^2-1}$.

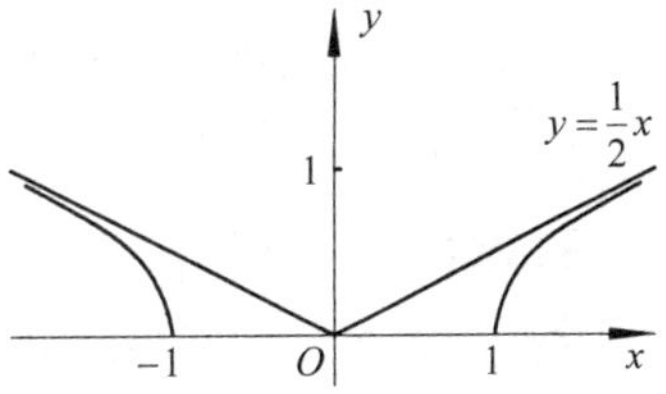


图 2.81

解 存在域：$|x|\geqslant 1$ 及孤立点 $x=0$. 图像关于 $Oy$ 轴对称，且位于 $Ox$ 轴的上方. 渐近线：$y=\pm\frac{x}{2}$.

$y'=\frac{2x^5-3x^3+2x}{(2x^2-1)^2\sqrt{x^2-1}}$,

$y''=\frac{1}{(2x^2-1)^3(x^2-1)^{\frac{3}{2}}}(-6x^4+3x^2+2)$.

当 $x>1$ 时，$y'>0$，$y''<0$，故图像上升，且呈凸状. 又当 $x=\pm 1$ 时，有边界的极小值 $y=0$.（图 2.81）

【1493】 $y=\frac{(1+x)^{\frac{3}{2}}}{\sqrt{x}}$.

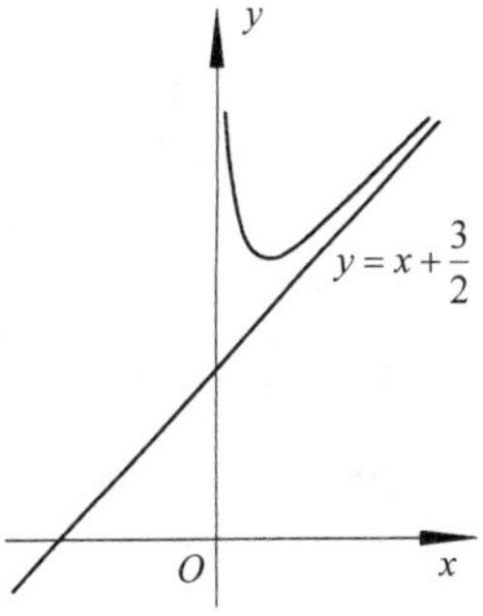


图 2.82

解 存在域：$x>0$.

渐近线：$x=0$ 及 $y=x+\frac{3}{2}$.

$y'=\frac{(2x-1)\sqrt{x+1}}{2x\sqrt{x}}$，令 $y'=0$ 得 $x=\frac{1}{2}$.

$y''=\frac{3}{4x^{\frac{5}{2}}(x+1)^{\frac{1}{2}}}>0$，故图像是凹的.

当 $x=\frac{1}{2}$ 时，有极小值 $y=\frac{3}{2}\sqrt{3}\approx 2.60$.

图像如图 2.82 所示.

【1494】 $y=1-x+\sqrt{\frac{x^3}{3+x}}$.

解 存在域：$x\geqslant 0$ 及 $x<-3$. 零点处：$x=\frac{5+\sqrt{13}}{2}\approx 4.30$.

斜渐近线：$y=\frac{5}{2}-2x$. 事实上，

$k=\lim\limits_{x\to-\infty}\frac{y}{x}=-2$.

$b=\lim\limits_{x\to-\infty}(y-kx)=\lim\limits_{x\to-\infty}\left(1+x+\sqrt{\frac{x^3}{x+3}}\right)=\lim\limits_{x\to-\infty}\frac{\frac{x^3}{x+3}-(x+1)^2}{\sqrt{\frac{x^3}{x+3}}-x-1}=\frac{5}{2}$.

水平渐近线：$y=-\frac{1}{2}$. 事实上，

$$k=\lim_{x\to+\infty}\frac{y}{x}=0,$$

$$b=\lim_{x\to+\infty}(y-kx)=\lim_{x\to+\infty}\left(1-x+\sqrt{\frac{x^3}{x+3}}\right)$$

$$=\lim_{x\to+\infty}\frac{\frac{x^3}{x-3}-(x-1)^2}{\sqrt{\frac{x^3}{x+1}}+x-1}=-\frac{1}{2}$$

由于 $\lim\limits_{x\to-3}y=\infty$，故垂直渐近线为 $x=-3$.

$$y'=-1+\frac{\sqrt{x}(2x+9)}{2(x+3)^{\frac{3}{2}}}，令\ y'=0\ 得\ x=-4；$$

$$y''=\frac{27}{4(x+3)^2\sqrt{x(x+3)}}>0，故图像呈凹状.$$

当 $x=-4$ 时有极小值 $y=13$. 当 $x=0$ 时有边界极大值 $y=1$.

图像如图 2.83 所示.

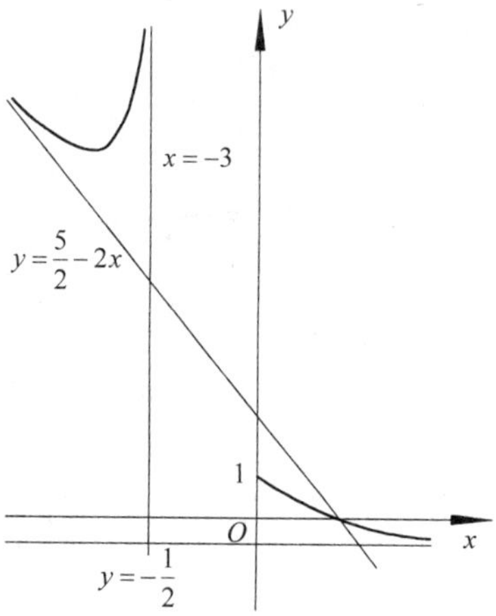

图 2.83

**【1495】** $y=\sqrt[3]{\frac{x^2}{x+1}}$.

**解** 零点处：$x=0$. 垂直渐近线：$x=-1$.

$$y'=\frac{x+2}{3(x+1)\sqrt[3]{x(x+1)}}，令\ y'=0\ 得\ x=-2.\ 当\ x=0\ 时\ y'=\infty.$$

$$y''=-\frac{2(x^2+4x+1)}{9x(x+1)^2\sqrt[3]{x(x+1)}}，令\ y''=0\ 得\ x=-2\pm\sqrt{3}.$$

经判别知：

当 $x=0$ 时有极小值 $y=0$；当 $x=-2$ 时有极大值 $y=-\sqrt[3]{4}\approx-1.59$.

拐点：$x=-(2-\sqrt{3})\approx-0.27$，此时 $y\approx0.46$；

$x=-(2+\sqrt{3})\approx-3.73$，此时 $y\approx-1.72$. 图像如图 2.84 所示.

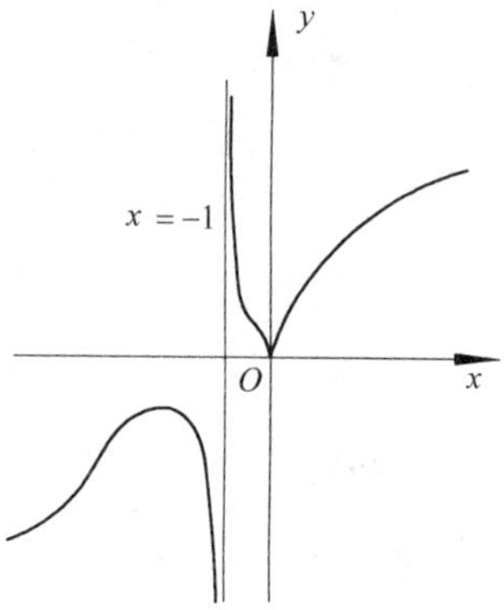

图 2.84

**【1496】** $y=\sqrt{\frac{x^4+3}{x^2+1}}$.

**解** 图像关于 $Oy$ 轴对称. 函数值始终是正的.

渐近线：$y=\pm x$.

$$y'=\frac{x(x-1)(x+1)(x^2+3)}{(x^4+3)^{\frac{1}{2}}(x^2+1)^{\frac{3}{2}}}，令\ y'=0\ 得\ x=0\ 或\ \pm1.$$

$$y''=\frac{-x^8+20x^6+18x^4+36x^2-9}{(x^4+3)^{\frac{3}{2}}(x^2+1)^{\frac{5}{2}}}，令\ y''=0\ 得\ x\approx\pm0.47\ 或\ \pm4.58,$$

经判别知，它们均为拐点：

当 $x\approx\pm0.47$ 时，$y\approx1.58$； 当 $x\approx\pm4.58$ 时，$y\approx4.49$.

当 $x=0$ 时有极大值 $y=\sqrt{3}\approx1.73$；

当 $x=\pm1$ 时有极小值 $y=\sqrt{2}\approx1.41$.

图像如图 2.85 所示.

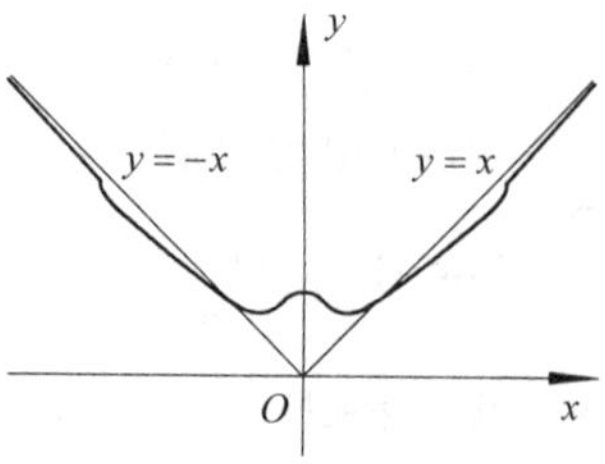

图 2.85

**【1497】** $y=\sin x+\cos^2 x$.

**提示** 函数的周期 $T=2\pi$，故建议在闭区间 $[0,2\pi]$ 内作其图像.

**解** 函数的周期 $T=2\pi$. 在一周期 $0\leqslant x\leqslant 2\pi$ 内的图像讨论如下：

零点处：$x=\pi+\arcsin\dfrac{\sqrt{5}-1}{2}\approx1.21\pi$ 及 $x=2\pi-\arcsin\dfrac{\sqrt{5}-1}{2}\approx1.79\pi$.

$y'=\cos x(1-2\sin x)$，令 $y'=0$ 得 $x=\dfrac{\pi}{6},\dfrac{\pi}{2},\dfrac{5\pi}{6}$及$\dfrac{3\pi}{2}$；

$y''=-\sin x-2\cos2x$，令 $y''=0$ 得 $4\sin^2x-\sin x-2=0$，

解之得

$x_1=\arcsin\dfrac{1+\sqrt{33}}{8}$，此时 $y_1\approx1.13$；

$x_2=\pi-\arcsin\dfrac{1+\sqrt{33}}{8}$，此时 $y_2\approx1.13$；

$x_3=\pi+\arcsin\dfrac{\sqrt{33}-1}{8}$，此时 $y_3\approx0.055$；

$x_4=2\pi-\arcsin\dfrac{\sqrt{33}-1}{8}$此时 $y_4\approx0.055$，

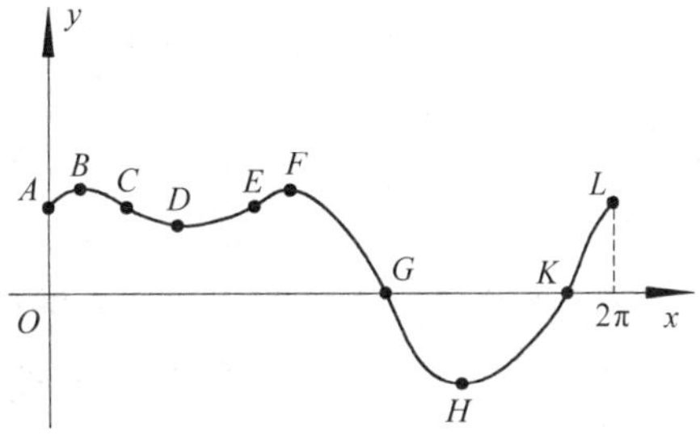

图 2.86

经判断知：$x_1\approx0.32\pi,x_2\approx0.68\pi,x_3\approx1.20\pi,x_4\approx1.80\pi$ 均为拐点；

当 $x=\dfrac{\pi}{2}$时有极小值 $y=1$； 当 $x=\dfrac{3\pi}{2}$时有极小值 $y=-1$；

当 $x=\dfrac{\pi}{6}$和 $x=\dfrac{5\pi}{6}$时，有极大值 $y=1\dfrac{1}{4}$. 如图 2.86 所示. 图中主要点的坐标：

$A(0,1)$， $B\left(\dfrac{\pi}{6},1\dfrac{1}{4}\right)$， $C(0.32\pi,1.13)$， $D\left(\dfrac{\pi}{2},1\right)$， $E(0.68\pi,1.13)$， $F\left(\dfrac{5}{6}\pi,1\dfrac{1}{4}\right)$，

$G(1.20\pi,0.055)$， $H\left(\dfrac{3}{2}\pi,-1\right)$， $K(1.80\pi,0.055)$ 和 $L(2\pi,1)$.

**【1498】** $y=(7+2\cos x)\sin x$.

**提示** 由于图像关于坐标原点对称. 又函数的周期 $T=2\pi$. 故建议在$[-\pi,\pi]$内作其图像.

**解** 图像关于原点对称. 函数的周期 $T=2\pi$. 在一周期$-\pi\leqslant x\leqslant\pi$内的图像讨论如下：

零点处：$x=0$ 或$\pm\pi$.

$y'=7\cos x+2\cos2x$，令 $y'=0$ 得 $2\cos2x+7\cos x=0$，解之得

$x=\arccos\dfrac{1}{4}\approx0.42\pi$， $x=-\arccos\dfrac{1}{4}\approx-0.42\pi$.

$y''=-7\sin x-4\sin2x$，令 $y''=0$ 得 $\sin x(7+8\cos x)=0$，解之得 $x_1=0$，此时 $y_1=0$；

$x_{2,3}=\pm\arccos\left(-\dfrac{7}{8}\right)\approx\pm0.84\pi$，此时 $y_{2,3}\approx\pm2.54$；

$x_{4,5}=\pm\pi$，此时 $y_{4,5}=0$.

经判别知：点 $x_1,x_2,x_3,x_4$ 和 $x_5$ 均为拐点；

当 $x=-\arccos\dfrac{1}{4}$时有极小值 $y=-\dfrac{15}{8}\sqrt{15}\approx-7.3$；

当 $x=\arccos\dfrac{1}{4}$时有极大值 $y=\dfrac{15}{8}\sqrt{15}\approx7.3$. 图像如图2.87所示，图中主要点的坐标：

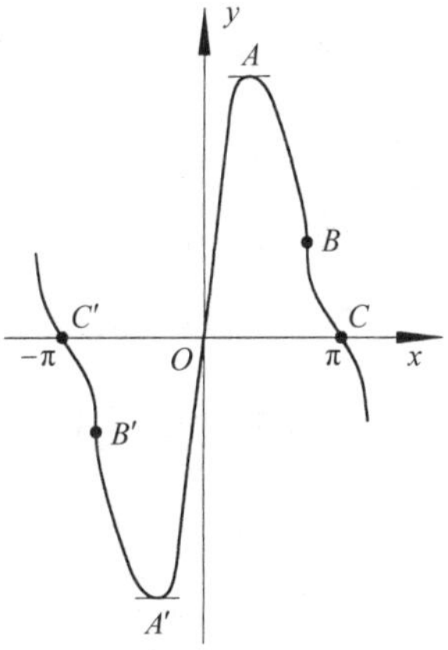

图 2.87

$A(0.42\pi,7.3)$， $B(0.84\pi,2.54)$， $C(\pi,0)$；

$A'(-0.42\pi,-7.3)$， $B'(-0.84\pi,-2.54)$， $C'(-\pi,0)$.

**【1499】** $y=\sin x+\dfrac{1}{3}\sin3x$.

**解** 图像关于坐标原点对称. 函数的周期 $T=2\pi$. 在一周期$-\pi\leqslant x\leqslant\pi$ 内讨论图像.

零点处：$x=0$ 或 $\pm\pi$.

$y'=\cos x+\cos 3x$，令 $y'=0$ 得 $x=-\frac{3\pi}{4},-\frac{\pi}{2},-\frac{\pi}{4},\frac{\pi}{4},\frac{\pi}{2},\frac{3\pi}{4}$；

$y''=-\sin x-3\sin 3x$，令 $y''=0$ 得

$x_1=0,\quad y_1=0$；

$x_{2,3}=\pm\arcsin\sqrt{\frac{5}{6}}\approx\pm 0.37\pi,\quad y_{2,3}=\pm\frac{4}{27}\sqrt{30}=\pm 0.81$；

$x_{4,5}=\pm\left(\pi-\arcsin\sqrt{\frac{5}{6}}\right)\approx\pm 0.63\pi,\quad y_{4,5}=\pm\frac{4}{27}\sqrt{30}=\pm 0.81$；

$x_{6,7}=\pm\pi,\quad y_{6,7}=0$.

经判别知：点 $x_1,x_2,x_3,x_4,x_5,x_6$ 和 $x_7$ 均为拐点；

极小值：当 $x=-\frac{3\pi}{4},-\frac{\pi}{4}$ 时，$y=-\frac{2}{3}\sqrt{2}\approx-0.94$；当 $x=\frac{\pi}{2}$ 时，$y=\frac{2}{3}$；

极大值：当 $x=-\frac{\pi}{2}$ 时，$y=-\frac{2}{3}$ 当 $x=\frac{\pi}{4},\frac{3\pi}{4}$ 时，$y=\frac{2}{3}\sqrt{2}\approx 0.94$.

图像如图 2.88 所示，图中主要点的坐标：

$A\left(\frac{\pi}{4},0.94\right)$，$B(0.37\pi,0.81)$，$C\left(\frac{\pi}{2},\frac{2}{3}\right)$，$D(0.63\pi.0.81)$，$E\left(\frac{3\pi}{4},0.94\right)$，$F(\pi,0)$；

点 $A',B',C',D',E',F'$ 和点 $A,B,C,D,E,F$ 关于原点对称.

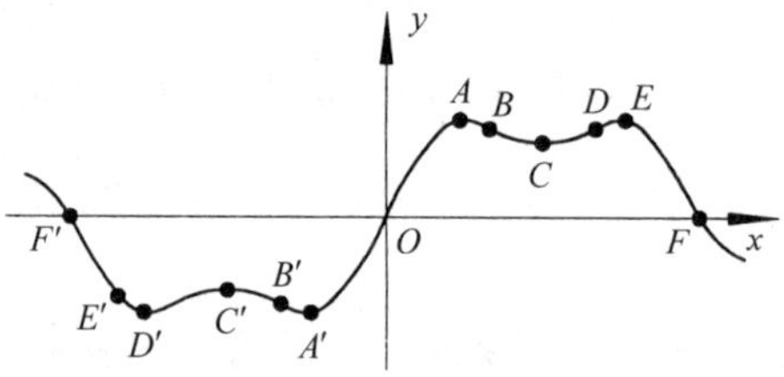


图 2.88

【1500】 $y=\cos x-\frac{1}{2}\cos 2x$.

**解** 图像关于 $Oy$ 轴对称. 函数的周期 $T=2\pi$. 在一周期 $-\pi\leqslant x\leqslant\pi$ 内讨论图像.

零点处：$x=\pm\arccos\frac{1-\sqrt{3}}{2}\approx\pm 0.62\pi$.

$y'=-\sin x+\sin 2x$，令 $y'=0$ 得 $x=0,\pm\frac{\pi}{3},\pm\pi$.

$y''=-\cos x+2\cos 2x$，令 $y''=0$ 得

$x_{1,2}=\pm\arccos\frac{1+\sqrt{33}}{8}\approx\pm 0.18\pi,\quad y_{1,2}\approx 0.63$；

$x_{3,4}=\pm\arccos\frac{1-\sqrt{33}}{8}\approx\pm 0.70\pi,\quad y_{3,4}\approx-0.44$.

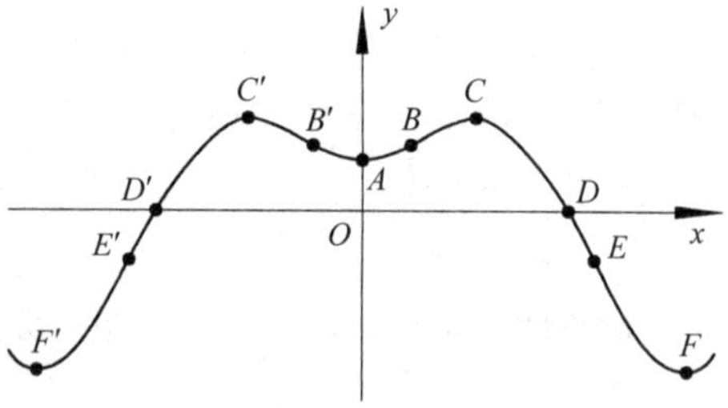


图 2.89

经判别知：点 $x_1,x_2,x_3$ 和 $x_4$ 均为拐点；

当 $x=0$ 时有极小值 $y=\frac{1}{2}$；当 $x=\pm\pi$ 时有极小值 $y=-\frac{3}{2}$；当 $x=\pm\frac{\pi}{3}$ 时有极大值 $y=\frac{3}{4}$.

图像如图 2.89 所示，图中主要点的坐标：

$A\left(0,\frac{1}{2}\right)$，$B(0.18\pi,0.63)$，$C\left(\frac{\pi}{3},\frac{3}{4}\right)$ $D(0.62\pi,0)$，$E(0,70\pi,-0.44)$，$F\left(\pi,-\frac{3}{2}\right)$；

点 $B',C',D',E',F'$ 与点 $B,C,D,E,F$ 关于 $Oy$ 轴对称.

【1501】 $y=\sin^4 x+\cos^4 x$.

**提示** 由于函数的图像关于 $Oy$ 轴对称，且其周期 $T=\frac{\pi}{2}$，故建议在 $\left[-\frac{\pi}{4},\frac{\pi}{4}\right]$ 内作其图像.

**解** 图像关于 $Oy$ 轴对称. 由于

$$y=\sin^4 x+\cos^4 x=\left(\frac{1-\cos2x}{2}\right)^2+\left(\frac{1+\cos2x}{2}\right)^2=\frac{1}{4}(3+\cos4x),$$

故函数的周期 $T=\frac{\pi}{2}$. 在一周期 $-\frac{\pi}{4}\leqslant x\leqslant\frac{\pi}{4}$ 内讨论图像.

$y'=-\sin4x$. 令 $y'=0$，得 $x=0$ 或 $\pm\frac{\pi}{4}$.

$y''=-4\cos4x$. 令 $y''=0$，得 $x_{1,2}=\pm\frac{\pi}{8}$，$y_{1,2}=\frac{3}{4}$.

经判别知：点 $x_1$ 和 $x_2$ 均为拐点；

当 $x=0$ 时有极大值 $y=1$；当 $x=\pm\frac{\pi}{4}$ 时有极小值 $y=\frac{1}{2}$.

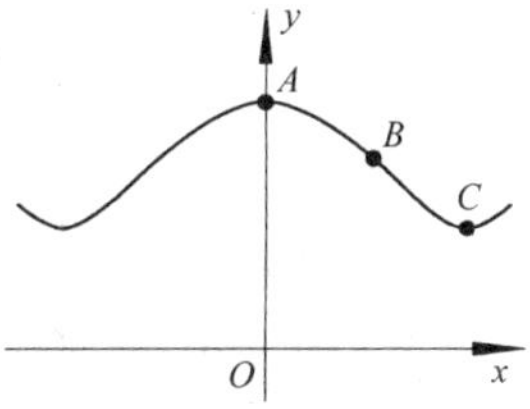

图 2.90

图像如图 2.90 所示，图中主要点的坐标： $A(0,1)$， $B\left(\frac{\pi}{8},\frac{3}{4}\right)$， $C\left(\frac{\pi}{4},\frac{1}{2}\right)$.

**【1502】** $y=\sin x\sin3x$.

**解** 图像关于 $Oy$ 轴对称.

由于 $y=\sin x\sin3x=-\left(\cos2x-\frac{1}{4}\right)^2+\frac{9}{16}$，故函数的周期 $T=\pi$. 在一周期 $-\frac{\pi}{2}\leqslant x\leqslant\frac{\pi}{2}$ 内讨论图像.

零点处：$x=0$ 或 $\pm\frac{\pi}{3}$.

$y'=2\sin4x-\sin2x$，令 $y'=0$ 得 $x=0,\pm\frac{\pi}{2},\pm\frac{1}{2}\arccos\frac{1}{4}$.

$y''=8\cos4x-2\cos2x$，令 $y''=0$ 得

$x_{1,2}=\pm\frac{1}{2}\arccos\frac{1+\sqrt{129}}{16}\approx0.11\pi$， $y_{1,2}\approx0.29$；

$x_{3,4}=\pm\frac{1}{2}\arccos\frac{1-\sqrt{129}}{16}\approx\pm0.36\pi$， $y_{3,4}\approx-0.24$.

经判别知：

点 $x_1,x_2,x_3$ 和 $x_4$ 均为拐点；

极小值：当 $x=0$ 时 $y=0$， 当 $x=\pm\frac{\pi}{2}$ 时，$y=-1$；

极大值：当 $x=\pm\frac{1}{2}\arccos\frac{1}{4}\approx\pm0.21\pi$ 时，$y=\frac{9}{16}$.

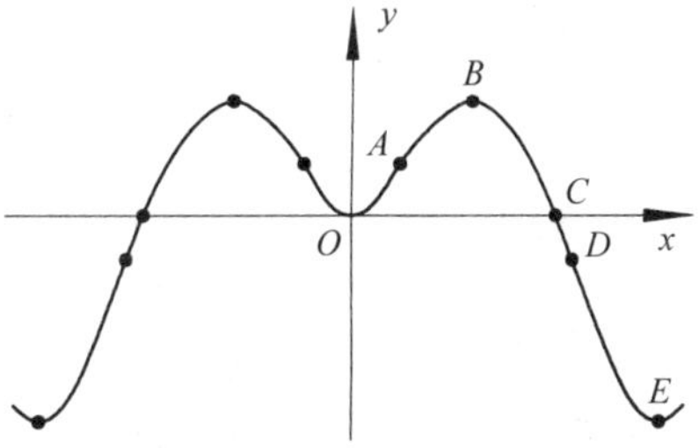

图 2.91

图像如图 2.91 所示，图中主要点的坐标：

$A(0.11\pi,0.29)$， $B\left(0.21\pi,\frac{9}{16}\right)$， $C\left(\frac{\pi}{3},0\right)$， $D(0.36\pi,-0.24)$， $E\left(\frac{\pi}{2},-1\right)$.

**【1503】** $y=\dfrac{\sin x}{\sin\left(x+\frac{\pi}{4}\right)}$.

**解** 利用 $\sin(\pi+x)=-\sin x$，易知函数的周期 $T=\pi$. 在一周期 $0\leqslant x\leqslant\pi$ 内讨论图像.

不连续点：$x=\frac{3\pi}{4}$. 零点处：$x=0$ 或 $\pi$. 渐近线：$x=\frac{3\pi}{4}$.

$$y'=\frac{\sin\frac{\pi}{4}}{\sin^2\left(x+\frac{\pi}{4}\right)}>0$$，无极值，函数递增，其图像是上升的.

$$y''=-\frac{2\sin\frac{\pi}{4}\cos\left(x+\frac{\pi}{4}\right)}{\sin^3\left(x+\frac{\pi}{4}\right)}$$，令 $y''=0$ 得 $x=\frac{\pi}{4}$，对应的 $y=\frac{\sqrt{2}}{2}$.

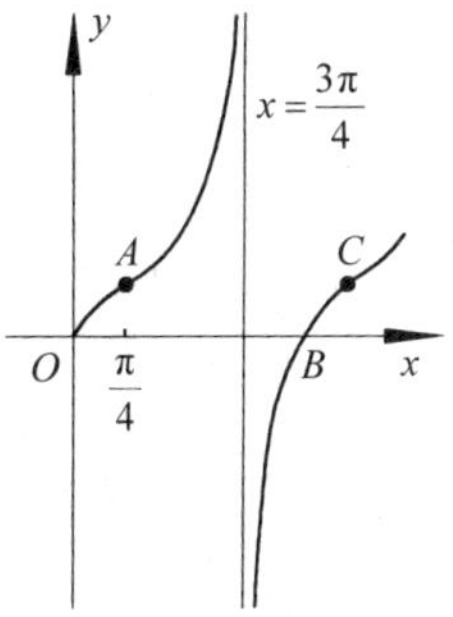

图 2.92

经判别知，它为拐点. 图像如图 2.92 所示，图中主要点的坐标：$A\left(\frac{\pi}{4},\frac{\sqrt{2}}{2}\right)$，$B(\pi,0)$ 和 $C\left(\frac{5\pi}{4},\frac{\sqrt{2}}{2}\right)$.

【1504】 $y=\frac{\cos x}{\cos 2x}$.

解 图像关于 $Oy$ 轴对称. 函数的周期 $T=2\pi$. 在一周期 $-\pi\leqslant x\leqslant\pi$ 内讨论图像.

零点处: $x=\pm\frac{\pi}{2}$. 渐近线: $x=\pm\frac{\pi}{4}$ 及 $x=\pm\frac{3\pi}{4}$.

$y'=\frac{\sin x(1+2\cos^2 x)}{\cos^2 2x}$, 令 $y'=0$ 得 $x=0$ 或 $\pm\pi$;

$y''=\frac{1}{\cos^3 2x}[3\cos x\cos^2 2x+4\sin 2x\sin x(1+2\cos^2 x)]$, 令 $y''=0$ 得 $x=\pm\frac{\pi}{2}$.

经判别知:

当 $x=0$ 时有极小值 $y=1$;

当 $x=\pm\pi$ 时有极大值 $y=-1$; 点 $x=\pm\frac{\pi}{2}$ 均为拐点, 此时 $y=0$.

当 $0<x<\pi$ 时, $y'>0$, 函数递增, 其图像是上升的; 当 $-\pi<x<0$ 时, $y'<0$, 函数递减, 其图像是下降的. 图像如图 2.93 所示.

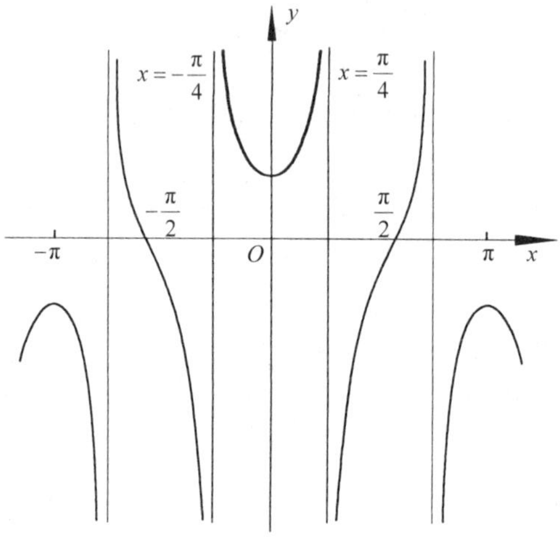


图 2.93

【1505】 $y=2x-\tan x$.

解 零点处: $x=0$ 及 $x\approx\pm0.37\pi,\cdots$. 对称中心: $(k\pi, 2k\pi)$ $(k=0,\pm1,\pm2,\cdots)$.

渐近线: $x=\frac{2k+1}{2}\pi$ $(k=0,\pm1,\pm2,\cdots)$.

$y'=2-\sec^2 x$, 令 $y'=0$ 得 $x=\frac{\pi}{4}+k\pi$ 或 $x=-\left(\frac{\pi}{4}+k\pi\right)$.

经判别知: 当 $x=\frac{\pi}{4}+k\pi$ 时, 有极大值 $y=\frac{\pi}{2}-1+2k\pi$;

当 $x=-\left(\frac{\pi}{4}+k\pi\right)$ 时, 有极小值

$$y=-\left(\frac{\pi}{2}-1+2k\pi\right)\quad (k=0,1,2,\cdots).$$

$y''=-2\sec^2 x\tan x$, 令 $y''=0$ 得 $x=k\pi$ $(k=0,\pm1,\pm2,\cdots)$.

经判别知, 此为拐点.

图像如图 2.94 所示(仅描绘从 $-\frac{3\pi}{2}$ 到 $\frac{3\pi}{2}$ 区间内的图像).

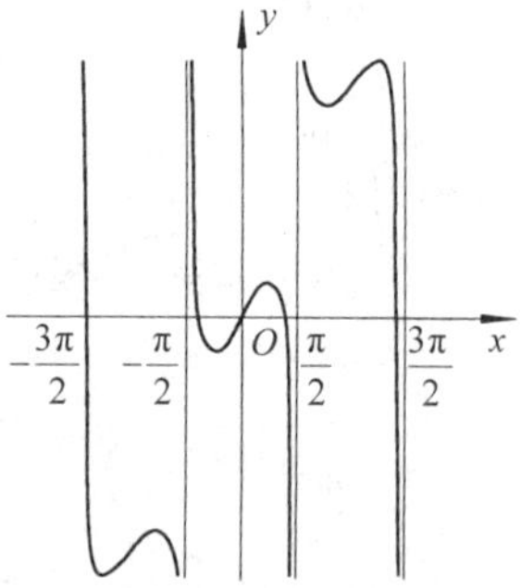


图 2.94

【1506】 $y=e^{2x-x^2}$.

解 函数值始终为正的, 故图像在 $Ox$ 轴的上方. $y=e^{-(x-1)^2+1}$, 于是, 图像关于直线 $x=1$ 对称.

渐近线：$y=0$.

$y'=(2-2x)e^{2x-x^2}$，令 $y'=0$ 得 $x=1$，

经判别知，此时有极大值 $y=e$；

$y''=2(2x^2-4x+1)e^{2x-x^2}$，令 $y''=0$ 得 $x=1\pm\frac{\sqrt{2}}{2}$，

经判别知，它为拐点，$y=\sqrt{e}\approx1.65$.

图像如图 2.95 所示，图中各点的位置：

$A(0,1)$，$B\left(1-\frac{\sqrt{2}}{2},\sqrt{e}\right)$，$C(1,e)$，$D\left(1+\frac{\sqrt{2}}{e},\sqrt{e}\right)$.

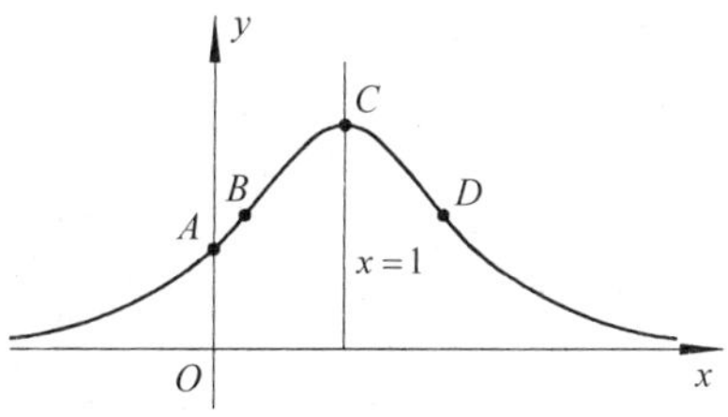


图 2.95

**【1507】** $y=(1+x^2)e^{-x^2}$.

**解** 图像关于 $Oy$ 轴对称，在 $Ox$ 轴的上方.

渐近线：$y=0$.

$y'=-2x^3e^{-x^2}$，令 $y'=0$ 得 $x=0$，经过 $x=0$ 点，导数 $y'$ 从正变负，所以，当 $x=0$ 时取极大值 $y=1$.

$y''=2x^2e^{-x^2}(2x^2-3)$，令 $y''=0$ 得 $x=\pm\sqrt{\frac{3}{2}}\approx\pm1.22$，

经判别知，它为拐点，而 $y=\frac{5}{2}e^{-\frac{3}{2}}\approx0.56$.

图像如图 2.96 所示，图中主要点的坐标：$A(0,1)$，$B(1.22,0.56)$.

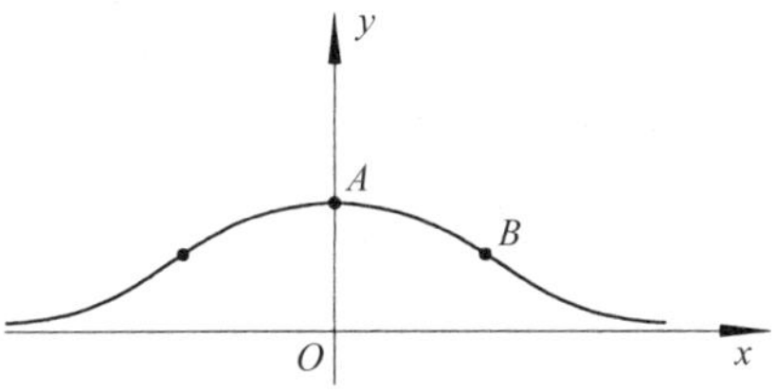


图 2.96

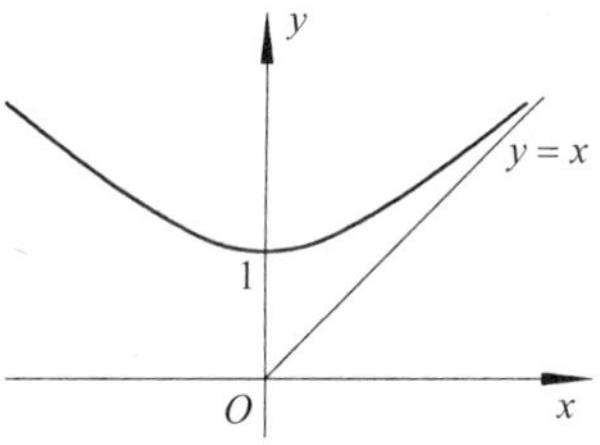


图 2.97

**【1508】** $y=x+e^{-x}$.

**解** $y'=1-e^{-x}$，令 $y'=0$ 得 $x=0$，$y=1$. $y''=e^{-x}>0$，图像是凹的，故当 $x=0$ 时有极小值 $y=1$.

斜渐近线：$y=x$. 事实上，$k=\lim\limits_{x\to+\infty}\frac{y}{x}=1$，$b=\lim\limits_{x\to+\infty}(y-kx)=0$.

图像如图 2.97 所示.

**【1509】** $y=x^{\frac{2}{3}}e^{-x}$.

**解** 零点处：$x=0$. 渐近线：$y=0$ （当→$+\infty$时）.

$y'=-x^{-\frac{1}{3}}e^{-x}\left(x-\frac{2}{3}\right)$，令 $y'=0$ 得 $x=\frac{2}{3}$，当 $x=0$ 时，$y'=\infty$.

经判别知：当 $x=0$ 时有极小值 $y=0$，且 $(0,0)$ 点为尖点.

当 $x=\frac{2}{3}$ 时有极大值 $y=\sqrt[3]{\frac{4}{9}}e^{-\frac{2}{3}}\approx0.39$. 由此可知函数值始终为正的，故图像在 $Ox$ 轴上方.

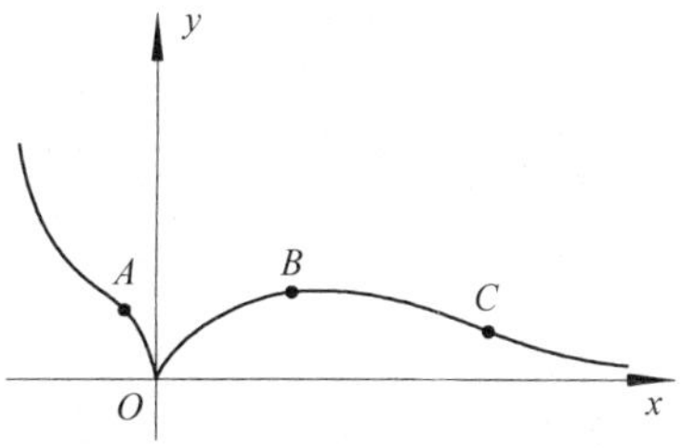


图 2.98

$y''=\frac{1}{9}e^{-x}x^{-\frac{4}{3}}(9x^2-12x-2)$，令 $y''=0$，得

$x_1=\frac{2-\sqrt{6}}{3}\approx-0.15$，$y_1\approx0.34$，$x_2=\frac{2+\sqrt{6}}{3}\approx1.48$，$y_2\approx0.30$，经判别知，它们均为拐点.

图像如图 2.98 所示，图中主要点的坐标：

$$A(-0.15,0.34),\quad B\left(\frac{2}{3},0.39\right),\quad C(1.48,0.30).$$

【1510】 $y=\frac{e^x}{1+x}$.

解 当 $x<-1$ 时,函数值为负的,当 $x>-1$ 时,函数值为正的.

不连续点:$x=-1$. 垂直渐近线:$x=-1$.

又水平渐近线:$y=0$ (当 $x\to-\infty$时). 事实上,

$$k=\lim_{x\to-\infty}\frac{y}{x}=0,\quad b=\lim_{x\to-\infty}(y-kx)=0.$$

$y'=\frac{xe^x}{(1+x)^2}$,令 $y'=0$ 得 $x=0$. 经判别知,此时有极小值 $y=1$.

$y''=\frac{e^x(x^2+1)}{(1+x)^3}$,当 $x<-1$ 时,$y''<0$,故图像是凸的;当$x>-1$时,$y''>0$,故图像是凹的. 图像如图 2.99 所示.

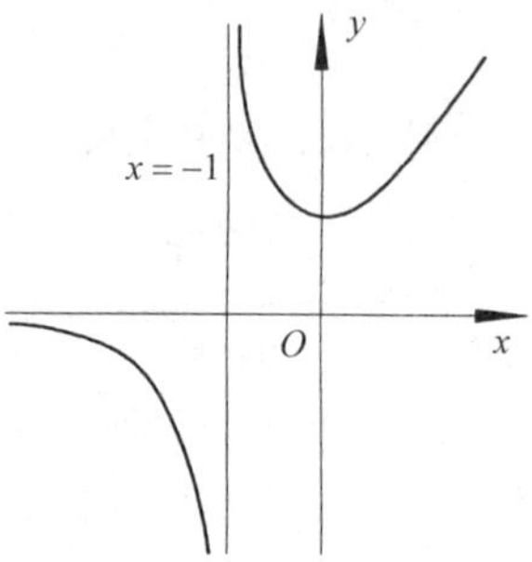


图 2.99

【1511】 $y=\sqrt{1-e^{-x^2}}$.

解 图像关于 $Oy$ 轴对称.

零点处:$x=0$. 函数值不为负. 当 $x=0$ 时有最小值 $y=0$. 渐近线:$y=1$.

$y'=\frac{xe^{-x^2}}{\sqrt{1-e^{-x^2}}}$. 当 $x<0$,$y'<0$;当 $x>0$,$y'>0$.

$y''=e^{-x^2}\frac{1-3x^2-e^{-x^2}+2x^2e^{-x^2}}{(1-e^{-x^2})\sqrt{1-e^{-x^2}}}$.

令 $g(t)=1-3t-e^{-t}+2te^{-t}(0\leqslant t<+\infty)$,易证 $g(t)\leqslant 0$.

于是,对于 $x\neq 0$,恒有 $y''<0$,即图像呈凸状. 而(0,0)点为尖点(图 2.100).

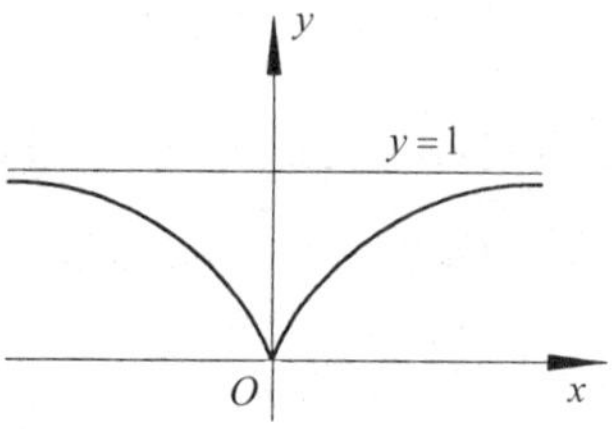


图 2.100

【1512】 $y=\frac{\ln x}{\sqrt{x}}$.

解 存在域:$x>0$. 零点处:$x=1$. 渐近线:$x=0(x\to+0)$,$y=0(x\to+\infty)$.

$y'=\frac{2-\ln x}{2x^{\frac{3}{2}}}$,令 $y'=0$ 得 $x=e^2\approx 7.39$. 经判别知,此时有极大值 $y=\frac{2}{e}\approx 0.74$.

$y''=\frac{3\ln x-8}{4x^{\frac{5}{2}}}$,令 $y''=0$ 得 $x=e^{\frac{8}{3}}\approx 14.39$,经判别知,此为拐点,此时 $y=\frac{8}{3}e^{-\frac{4}{3}}\approx 0.70$.

图像如图 2.101 所示. 图中主要点的坐标:$A(1,\ 0)$,$B(7.39,\ 0.74)$,$C(14.39,\ 0.70)$.

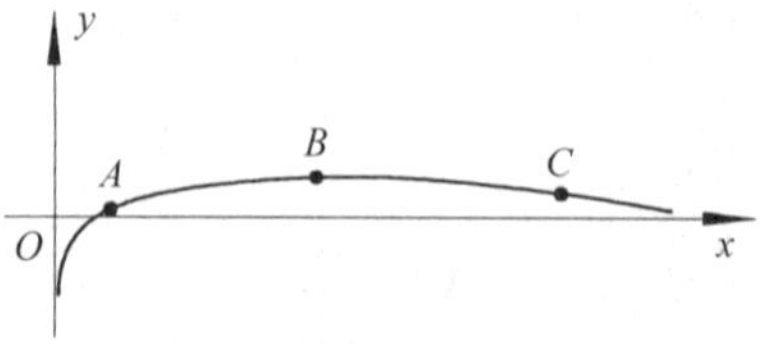


图 2.101

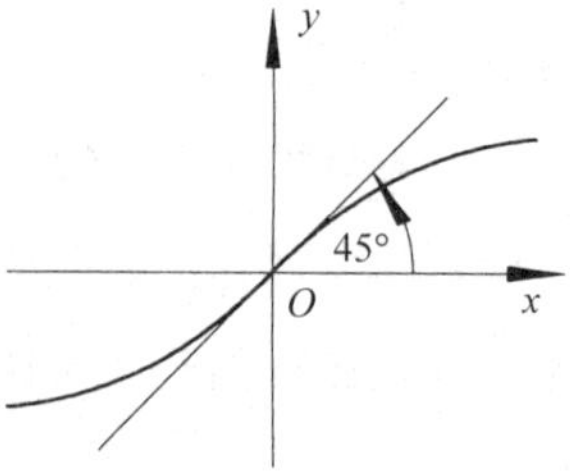


图 2.102

【1513】 $y=\ln(x+\sqrt{x^2+1})$.

解 由于 $\ln(\sqrt{x^2+1}-x)=-\ln(x+\sqrt{x^2+1})$,故图像关于坐标原点对称. 零点处:$x=0$.

$y'=\frac{1}{\sqrt{x^2+1}}>0$,故函数递增,其图像始终上升,无极值点.

$y''=\frac{-x}{(x^2+1)^{\frac{3}{2}}}$,令 $y''=0$,得 $x=0$,在此点切线斜率为$k=1$.

经判别知,此为拐点,此时 $y=0$. 图像如图 2.102 所示.

**【1514】** $y=\sqrt{x^2+1}\ln(x+\sqrt{x^2+1})$.

**解** 图像关于坐标原点对称.

零点处:$x=0$.

$$y'=1+\frac{x}{\sqrt{x^2+1}}\ln(x+\sqrt{x^2+1}),\quad y''=\frac{\ln(x+\sqrt{x^2+1})+x\sqrt{x^2+1}}{(x^2+1)^{\frac{3}{2}}}.$$

当 $x>0$ 时,$y''>0$,故图像是凹的. 当 $x<0$ 时,由对称性知图像是凸的. 于是,点$x=0$为拐点,在此点切线斜率为 $k=1$.

从而,函数图像始终上升,如图 2.103 所示.

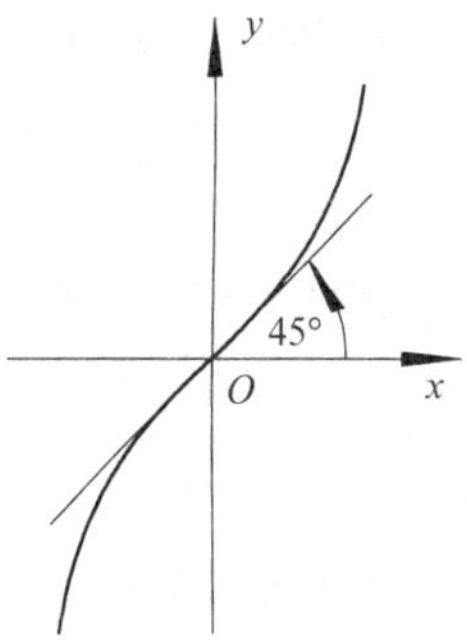


图 2.103

**【1515】** $y=\dfrac{\arcsin x}{\sqrt{1-x^2}}$.

**解** 图像关于坐标原点对称.

零点处:$x=0$. 存在域:$|x|<1$. 渐近线:$x=\pm1$.

$y'=\dfrac{\sqrt{1-x^2}+x\arcsin x}{(1-x^2)^{\frac{3}{2}}}>0 \quad (|x|<1)$,故函数递增,其图像始终上升.

$y''=\dfrac{3x}{(1-x^2)^2}+\dfrac{(1+2x^2)\arcsin x}{(1-x^2)^{\frac{5}{2}}}$,令 $y''=0$ 得 $x=0$.

当$-1<x<0$ 时,$y''<0$,故图像是凸的. 当 $0<x<1$ 时,$y''>0$,故图像是凹的. 点 $x=0$ 为拐点,在此点切线斜率为 $k=1$.

图像如图 2.104 所示.

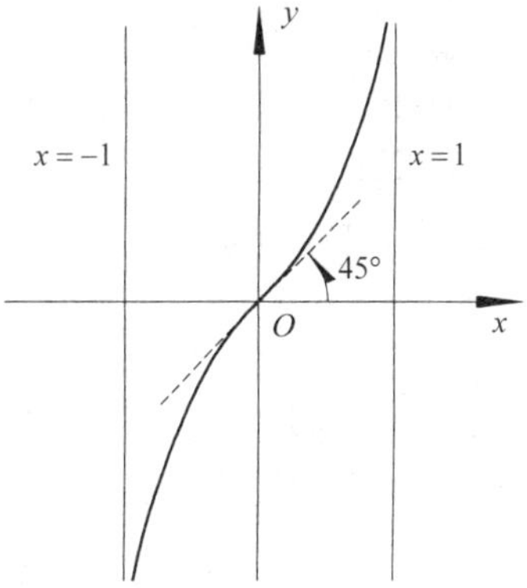


图 2.104

**【1516】** $y=x+\arctan x$.

**解** 图像关于坐标原点对称.

零点处:$x=0$.

渐近线:$y=x-\dfrac{\pi}{2}$,$y=x+\dfrac{\pi}{2}$. 事实上,$k=\lim\limits_{x\to\infty}\dfrac{y}{x}=1$,

$$b_1=\lim_{x\to-\infty}(y-kx)=-\frac{\pi}{2},\quad b_2=\lim_{x\to+\infty}(y-kx)=\frac{\pi}{2}.$$

$y'=1+\dfrac{1}{1+x^2}>0$,故函数递增,图像始终上升,无极值点.

$y''=-\dfrac{2x}{(1+x^2)^2}$. 令 $y''=0$ 得 $x=0$,经判别知,它为拐点,在此点切线斜率为 $k=2$.

图像如图 2.105 所示.

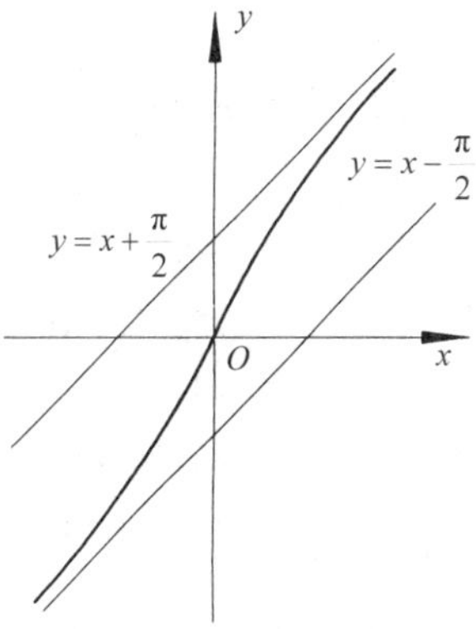


图 2.105

**【1517】** $y=\dfrac{x}{2}+\operatorname{arccot}x$.

**解** 零点处:$x\approx-5.95$.

渐近线:$y=\dfrac{x}{2}+\pi$. 事实上,

$$k=\lim_{x\to-\infty}\frac{\frac{x}{2}+\operatorname{arccot}x}{x}=\frac{1}{2}. b=\lim_{x\to-\infty}\left[\left(\frac{x}{2}+\operatorname{arccot}x\right)-\frac{1}{2}x\right]=\pi;$$

同法还可得渐近线 $y=\dfrac{x}{2}$(当 $x\to+\infty$时).

$y'=\dfrac{1}{2}-\dfrac{1}{1+x^2}$,令 $y'=0$ 得 $x=\pm1$.

当 $x<-1$ 及当 $x>1$ 时,$y'>0$,函数递增,其图像上升;

当$-1<x<1$ 时,$y'<0$,函数递减,其图像下降;

故当 $x=1$ 时有极小值 $y=\frac{1}{2}+\frac{\pi}{4}\approx1.285$，

当 $x=-1$ 时有极大值 $y=-\frac{1}{2}+\frac{3\pi}{4}\approx1.856$.

$y''=\frac{2x}{(1+x^2)^2}$，令 $y''=0$ 得 $x=0$.

当 $x<0$ 时，$y''<0$，故图像是凸的.

当 $x>0$ 时，$y''>0$，故图像是凹的.

从而有拐点 $x=0$，此时 $y=\frac{\pi}{2}$，$y'=-\frac{1}{2}$.

图像如图 2.106 所示.

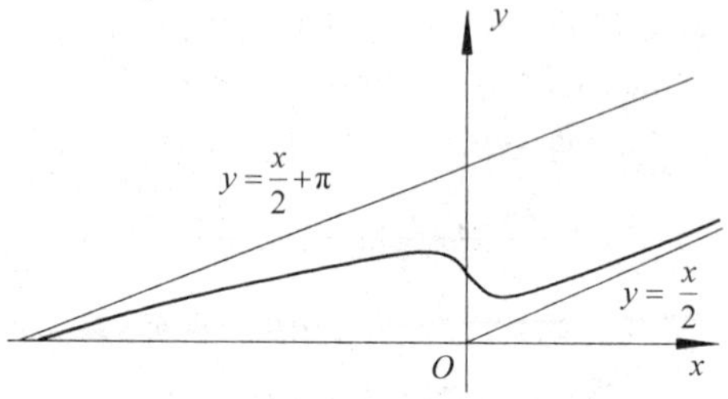


图 2.106

**【1518】** $y=x\arctan x$.

**解** 零点处：$x=0$. 图像关于 $Oy$ 轴对称.

函数值不为负，故图像始终在 $Ox$ 轴上方.

渐近线：

$y=-\frac{\pi}{2}x-1$（当 $x\to-\infty$时）；$y=\frac{\pi}{2}x-1$（当 $x\to+\infty$时）.

$y'=\frac{x}{1+x^2}+\arctan x$，令 $y'=0$ 得 $x=0$. 当 $x<0$ 时，$y'<0$，函数递减，其图像下降；当 $x>0$ 时，$y'>0$，函数递增，其图像上升，故当 $x=0$ 时，有极小值 $y=0$.

$y''=\frac{2}{(1+x^2)^2}>0$，图像是凹的.

图像如图 2.107 所示.

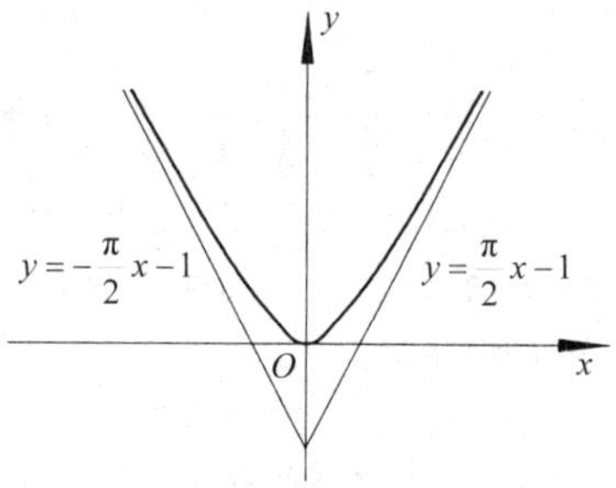


图 2.107

**【1519】** $y=\arcsin\frac{2x}{1+x^2}$.

**解** 零点处：$x=0$. 图像关于坐标原点对称. 渐近线：$y=0$. 事实上，

$$k=\lim_{x\to\infty}\frac{\arcsin\frac{2x}{1+x^2}}{x}=0,\quad b=\lim_{x\to\infty}(y-kx)=0.\quad y'=\frac{2\operatorname{sgn}(1-x^2)}{1+x^2}\quad(|x|\neq1).$$

当 $|x|<1$ 时，$y'>0$，函数递增，其图像上升，

当 $|x|>1$ 时，$y'<0$，函数递减，其图像下降，

当 $x=1$ 时，直接从定义出发，可得 $y'_-(1)=1$，　$y'_+(1)=-1$，

故点 $\left(1,\frac{\pi}{2}\right)$ 为角点，且当 $x=1$ 时有最大值 $y=\frac{\pi}{2}$.

利用对称性可知点 $\left(-1,-\frac{\pi}{2}\right)$ 也为角点，且当 $x=-1$ 时有最小值 $y=-\frac{\pi}{2}$；

$$y'_-(-1)=-1,\ y'_+(-1)=1.$$

当 $x=0$ 时，$y'=2$. 又点 $x=0$ 为拐点.

图像如图 2.108 所示.

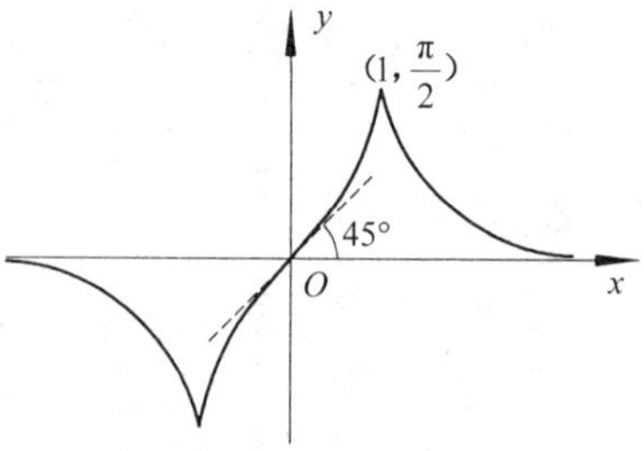


图 2.108

**【1520】** $y=\arccos\frac{1-x^2}{1+x^2}$.

**解** 零点处：$x=0$. 图像关于 $Oy$ 轴对称. 函数值不为负，故图像始终在 $Ox$ 轴上方.

渐近线：$y=\pi$. 事实上，

$$k=\lim_{x\to\infty}\frac{\arccos\frac{1-x^2}{1+x^2}}{x}=0,\quad b=\lim_{x\to\infty}\arccos\frac{1-x^2}{1+x^2}=\pi.$$

$y'=\frac{2}{1+x^2}>0\ (x>0)$，函数递增，其图像上升. 当 $x=0$ 时，直接从定义出发，得 $y'_+(0)=2$.

由对称性知，$y'_-(0)=-2$，且当 $x<0$ 时，函数递减，其图像下降，故当 $x=0$ 时有极小值 $y=0$. 此点为角点.

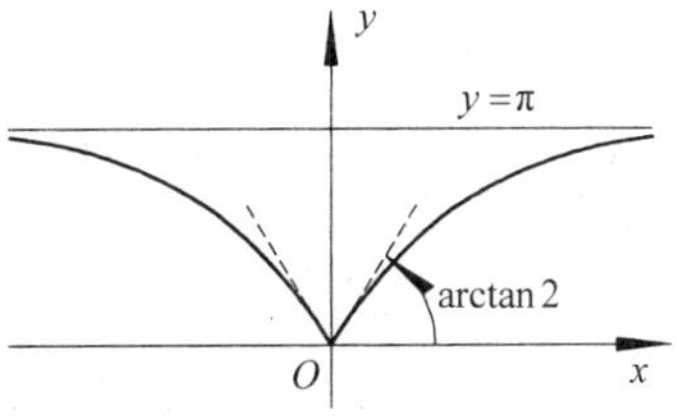

图 2.109

$y''=-\frac{4x}{(1+x^2)^2}<0\ (x>0)$，图像是凸的. 由对称性知，当 $x<0$ 时，图像也是凸的. 图像如图 2.109 所示.

**【1521】** $y=(x+2)e^{\frac{1}{x}}$.

**解** 零点处：$x=-2$. 不连续点：$x=0$. 渐近线：$y=x+3$. 事实上，

$$k=\lim_{x\to\infty}\frac{(x+2)e^{\frac{1}{x}}}{x}=1,\quad b=\lim_{x\to\infty}[(x+2)e^{\frac{1}{x}}-x]=\lim_{x\to\infty}\left[3+x+o\left(\frac{1}{x}\right)-x\right]=3.$$

$y'=e^{\frac{1}{x}}\left(\frac{x^2-x-2}{x^2}\right)$. 令 $y'=0$ 得 $x=2$ 或 $-1$.

当 $0<x<2$ 时，$y'<0$，函数递减，其图像下降；当 $-1<x<0$ 时，$y'<0$，函数递减，其图像下降；

当 $x<-1$ 及 $x>2$ 时，$y'>0$，函数递增，其图像上升；

故当 $x=-1$ 时有极大值 $y=\frac{1}{e}\approx0.37$.

当 $x=2$ 时有极小值 $y=4\sqrt{e}\approx6.59$.

$y''=e^{\frac{1}{x}}\left(\frac{5x+2}{x^4}\right)$. 令 $y''=0$ 得 $x=-\frac{2}{5}$，

当 $x<-\frac{2}{5}$ 时，$y''<0$，图像是凸的，

当 $x>-\frac{2}{5}\ (x\neq0)$ 时，$y''>0$，图像是凹的，故该点是拐点，

此时 $y=\frac{8}{5}e^{-\frac{5}{2}}\approx0.13$.

又 $\lim\limits_{x\to0-}y=0$，$\lim\limits_{x\to0+}y=+\infty$.

图像如图 2.110 所示. 图中各点的位置：

$A(-2,0)$，$B(-1,\ 0.37)$，$C(-0.40,\ 0.13)$，$D(2,\ 6.59)$.

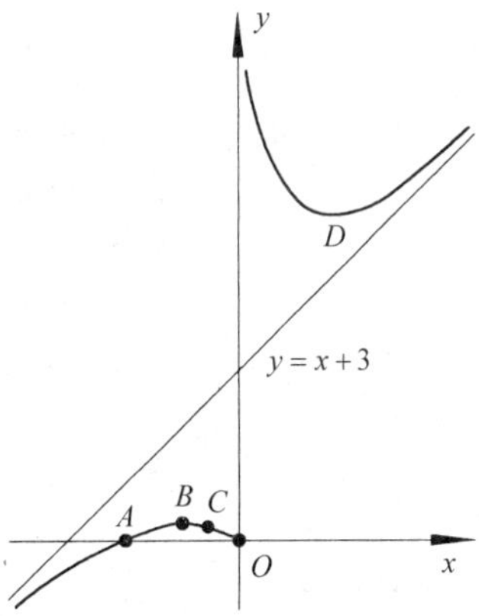

图 2.110

**【1522】** $y=2^{\sqrt{x^2+1}-\sqrt{x^2-1}}$.

**解** 存在域：$|x|\geqslant1$. 图像关于 $Oy$ 轴对称. 渐近线：$y=1$. 事实上，

$$k=\lim_{x\to\infty}\frac{2^{\sqrt{x^2+1}-\sqrt{x^2-1}}}{x}=0,\quad b=\lim_{x\to\infty}[2^{\sqrt{x^2+1}-\sqrt{x^2-1}}]=1.$$

当 $x=\pm1$ 时有边界的极大值 $y=2^{\sqrt{2}}\approx2.67$.

$y'_+(1)=-\infty,\quad y'_-(-1)=+\infty$.

$$y'(x)=2^{\sqrt{x^2+1}-\sqrt{x^2-1}}\ln2\cdot\left(\frac{x}{\sqrt{x^2+1}}-\frac{x}{\sqrt{x^2-1}}\right),$$

故当 $x<-1$ 时，$y'>0$，函数递增，其图像上升；$x>1$ 时，$y'<0$，函数递减，其图像下降.

$$y''(x)=(\ln2)^2 2^{\sqrt{x^2+1}-\sqrt{x^2-1}}\left(\frac{x}{\sqrt{x^2+1}}-\frac{x}{\sqrt{x^2-1}}\right)^2+\ln2\cdot2^{\sqrt{x^2+1}-\sqrt{x^2-1}}\left(\frac{1}{\sqrt{(x^2+1)^3}}+\frac{1}{\sqrt{(x^2-1)^3}}\right)>0,$$

故图像呈凹状. 图像如图 2.111 所示.

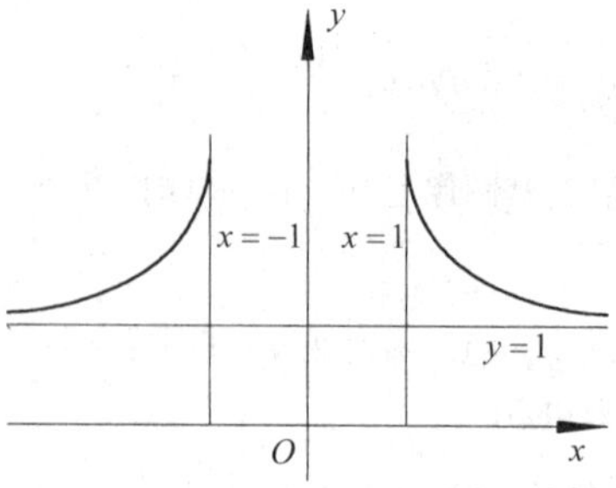


图 2.111

【1523】 $y=\ln\dfrac{x^2-3x+2}{x^2+1}$.

解 存在域：$x<1$ 及 $x>2$. 与坐标轴的交点：$(0,\ln 2)$及$\left(\dfrac{1}{3},0\right)$.

渐近线：$y=0$. 事实上，$k=\lim\limits_{x\to\infty}\dfrac{\ln\dfrac{x^2-3x+2}{x^2+1}}{x}=0$, $b=\lim\limits_{x\to\infty}\ln\dfrac{x^2-3x+2}{x^2+1}=0$.

$y'=\dfrac{3x^2-2x-3}{(x-1)(x-2)(x^2+1)}$，令 $y'=0$ 得 $x=\dfrac{1-\sqrt{10}}{3}\approx-0.72$（另一根不在存在域内），经判别知，当 $x\approx-0.72$ 时有极大值 $y\approx1.12$.

$y''=\dfrac{-6x^5+15x^4-30x^2+30x-13}{(x-1)^2(x-2)^2(x^2+1)^2}$,

令 $y''=0$ 得 $x\approx-1.52$. 经判别知，它为拐点，此时 $y\approx0.99$.

当 $x<-1.52$ 时，$y''>0$，图像是凹的.

当 $x>2$ 时，$y''<0$，图像是凸的.

当 $x\to1-0$ 及 $x\to2+0$时，$y\to-\infty$.

图像如图 2.112 所示. 图中主要点的坐标：

$A(-1.52,\ 0.99)$, $B(-0.72,\ 1.12)$,

$C(0,\ \ln2)$, $D\left(\dfrac{1}{3},\ 0\right)$.

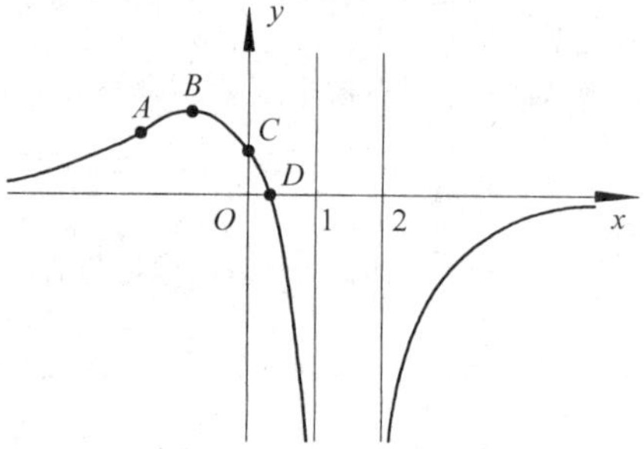


图 2.112

【1524】 $y=a\arcsin\dfrac{x}{a}-\sqrt{a^2-x^2}\quad(a>0)$

解 存在域：$|x|\leqslant a$. 与坐标轴交点：$(0,-a)$及$(0.67a,0)$.

当 $x=-a$ 时有边界的极小值 $y=-\dfrac{\pi}{2}a$. 当 $x=a$ 时有边界的极大值 $y=\dfrac{\pi}{2}a$.

$y'=\dfrac{a+x}{\sqrt{a^2-x^2}}>0$ (当 $|x|<a$ 时),

故函数递增，其图像上升. 又

$$y'_-(a)=+\infty,\quad y'_+(-a)=0.\quad y''=\frac{a(a+x)}{(a^2-x^2)^{\frac{3}{2}}}>0\quad(|x|<a),$$

故图像是凹的.

图像如图 2.113 所示. 图中主要点的坐标：

$$A\left(-a,-\frac{\pi}{2}a\right),\quad B(0,-a),\quad C(0.67a,0),\quad D\left(a,\frac{\pi}{2}a\right).$$

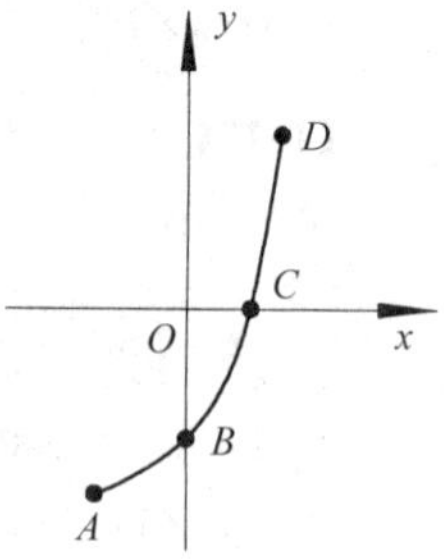


图 2.113

【1525】 $y=\arccos\dfrac{1-x}{1-2x}$.

解 存在域：$\left|\dfrac{1-x}{1-2x}\right|\leqslant1$，两端平方之，解得 $x\leqslant0$ 或 $x\geqslant\dfrac{2}{3}$.

渐近线：$y=\frac{\pi}{3}$. 事实上，$k=\lim\limits_{x\to\infty}\frac{\arccos\frac{1-x}{1-2x}}{x}=0$， $b=\lim\limits_{x\to\infty}\arccos\frac{1-x}{1-2x}=\frac{\pi}{3}$.

当 $x=0$ 时有边界的极小值 $y=0$. 当 $x=\frac{2}{3}$ 时有边界的极大值 $y=\pi$.

$$y'=-\frac{\operatorname{sgn}(1-2x)}{(1-2x)\sqrt{3x^2-2x}},\quad y''=\begin{cases}\frac{1}{(3x^2-2x)^{\frac{3}{2}}(1-2x)^2}(9x-12x^2-1), & x\leqslant 0,\\ \frac{1}{(3x^2-2x)^{\frac{3}{2}}(1-2x)^2}(12x^2-9x+1), & x\geqslant\frac{2}{3}.\end{cases}$$

当 $x\leqslant 0$ 时，$y''<0$，图像是凸的；当 $x\geqslant\frac{2}{3}$ 时，$y''>0$，图像是凹的.

又当 $x<0$ 时，$y'<0$，函数递减，其图像下降；当 $x>\frac{2}{3}$ 时，$y'<0$，函数递减，其图像也下降；

$$y'_-(0)=-\infty,\quad y'_+\left(\frac{2}{3}\right)=-\infty.$$

图像如图 2.114 所示.

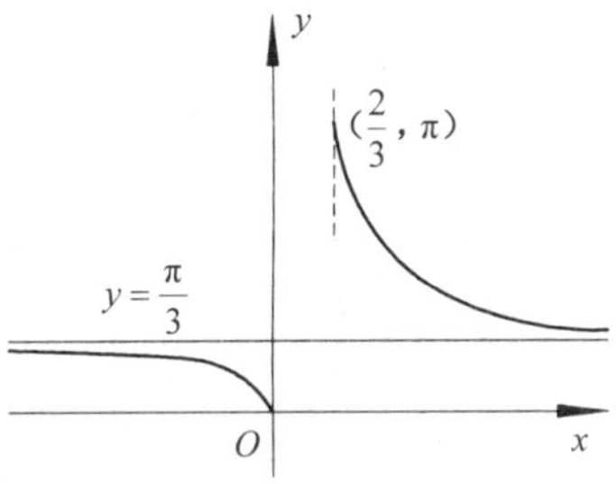


图 2.114

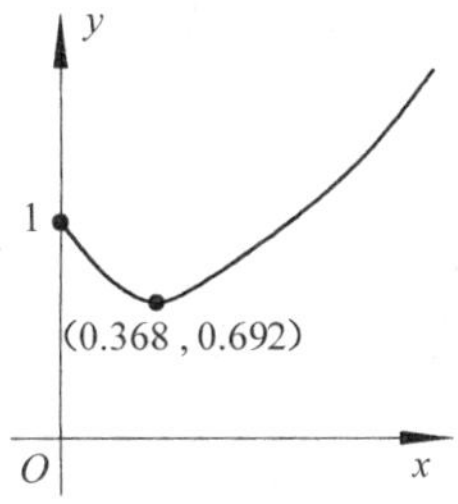


图 2.115

**【1526】** $y=x^x$.

**解** 一般只讨论 $x>0$. 函数值始终为正的，故图像在 $Ox$ 轴的上方.

$y'=x^x(1+\ln x)$. 令 $y'=0$ 得 $x=\frac{1}{\mathrm{e}}\approx 0.368$. 经判别知，此时有极小值 $y=\left(\frac{1}{\mathrm{e}}\right)^{\frac{1}{\mathrm{e}}}\approx 0.692$.

$y''=x^x\left[(1+\ln x)^2+\frac{1}{x}\right]>0$，图像是凹的. 当 $x=+0$ 时有边界极大值 $y=1$（利用洛必达法则求得）.

图像如图 2.115 所示.

**【1527】** $y=x^{\frac{1}{x}}$.

**解** 一般只讨论 $x>0$.

渐近线：$y=1$. 事实上，$k=\lim\limits_{x\to+\infty}x^{\frac{1}{x}-1}=0$，$b=\lim\limits_{x\to+\infty}x^{\frac{1}{x}}=1$.

当 $x=+0$ 时有边界的极小值 $y=0$.

$y'=x^{\frac{1}{x}-2}(1-\ln x)$. 令 $y'=0$ 得 $x=\mathrm{e}$.

当 $x<\mathrm{e}$ 时，$y'>0$，函数递增，其图像上升；

当 $x>\mathrm{e}$ 时，$y'<0$，函数递减，其图像下降.

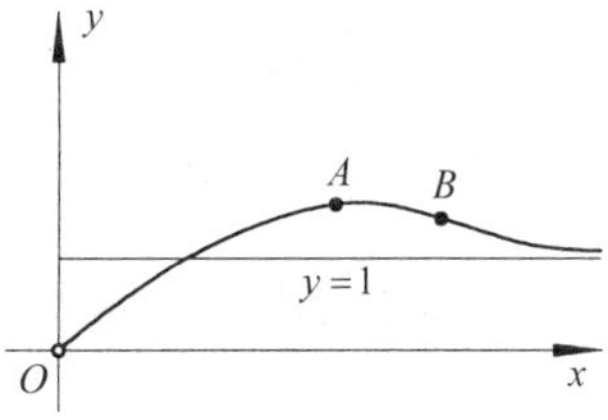


图 2.116

当 $x=\mathrm{e}$ 时有极大值 $y=\mathrm{e}^{\frac{1}{\mathrm{e}}}\approx 1.445$.

$y''=x^{\frac{1}{x}-4}(1-2\ln x+\ln^2 x-3x+2x\ln x)$，令 $y''=0$ 得 $x\approx\mathrm{e}^{1.47}(\approx 4.35)$.

当 $0<x<\mathrm{e}^{1.47}$ 时，$y''<0$，图像是凸的.

当 $x>\mathrm{e}^{1.47}$ 时，$y''>0$，图像是凹的，故 $x=\mathrm{e}^{1.47}$ 是拐点，$y\approx 1.402$.

图像如图 2.116 所示. 图中各点位置：$A(\mathrm{e},\ 1.445)$，$B(4.35,\ 1.402)$.

【1528】 $y=(1+x)^{\frac{1}{x}}$.

解 存在域:$x>-1, x\neq 0$. 函数值为正的,故图像在 $Ox$ 轴上方.

$$y'=\frac{(1+x)^{\frac{1}{x}}}{x^2}\left[\frac{x}{1+x}-\ln(1+x)\right],$$

易证 $\frac{x}{1+x}-\ln(1+x)<0$,故 $y'<0$,从而,函数递减,其图像下降.

渐近线:$x=-1$ 和 $y=1$. 图像是凹的. $x=0$ 为"可去"不连续点.

图像如图 2.117 所示.

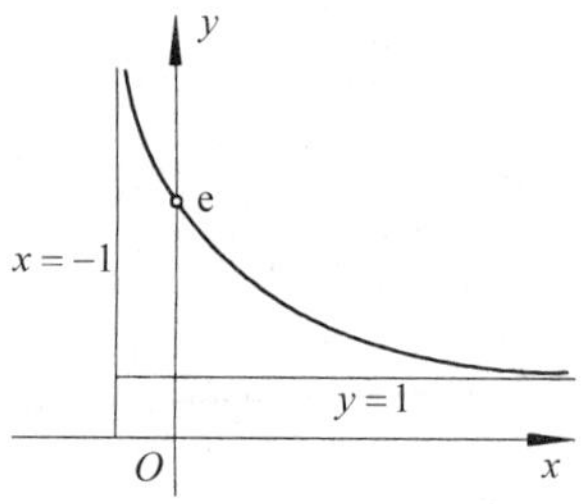


图 2.117

【1529】 $y=x\left(1+\frac{1}{x}\right)^x\ (x>0)$.

解 $y'=\left(1+\frac{1}{x}\right)^x+x\left(1+\frac{1}{x}\right)^x\left[\ln\left(1+\frac{1}{x}\right)-\frac{1}{x+1}\right]>0$,

易证 $\ln\left(1+\frac{1}{x}\right)-\frac{1}{x+1}>0\ (x>0)$,故 $y'>0$,从而函数递增,其图像上升.

当 $x\to+0$ 时,有边界的极小值 $y=0$.

渐近线:$y=\mathrm{e}\left(x-\frac{1}{2}\right)$. 事实上,

$$k=\lim_{x\to+\infty}\left(1+\frac{1}{x}\right)^x=\mathrm{e}.$$

$$b=\lim_{x\to+\infty}\frac{\left(1+\frac{1}{x}\right)^x-\mathrm{e}}{\frac{1}{x}}=\lim_{x\to+\infty}\frac{\left(1+\frac{1}{x}\right)^x\left[\ln\left(1+\frac{1}{x}\right)-\frac{1}{x+1}\right]}{-\frac{1}{x^2}}$$

$$=-\mathrm{e}\lim_{x\to+\infty}x^2\left[\frac{1}{x}-\frac{1}{2x^2}+o\left(\frac{1}{x^2}\right)-\frac{1}{x+1}\right]=-\frac{\mathrm{e}}{2}.$$

图像如图 2.118 所示.

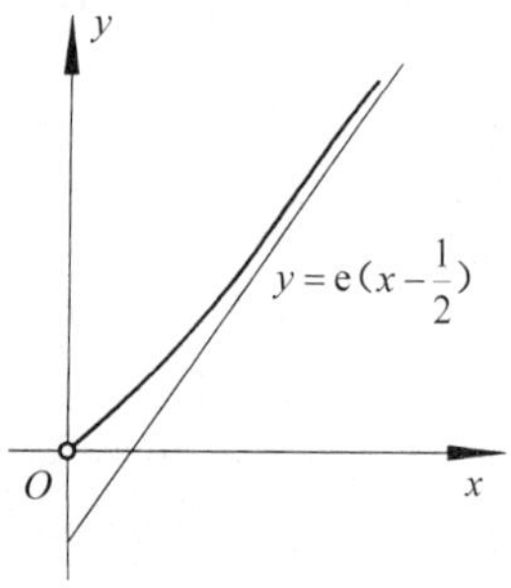


图 2.118

【1530】 $y=\frac{\frac{1}{\mathrm{e}^{1-x^2}}}{1+x^2}$ (不研究凹凸性).

解 函数值始终为正的,故图像在 $Ox$ 轴的上方. 图像关于 $Oy$ 轴对称.
不连续点:$x=1$ 及 $x=-1$.

$y'=\frac{2x^3\mathrm{e}^{\frac{1}{1-x^2}}(3-x^2)}{(1-x^2)^2(1+x^2)^2}$,令 $y'=0$ 得 $x=0$ 或 $x=\pm\sqrt{3}$. 经判别知:

当 $x=0$ 时有极小值 $y=\mathrm{e}$;

当 $x=-\sqrt{3}$ 时有极大值 $y=\frac{1}{4\sqrt{\mathrm{e}}}\approx 0.15$;

当 $x=\sqrt{3}$ 时有极大值 $y=\frac{1}{4\sqrt{\mathrm{e}}}\approx 0.15$.

渐近线:$y=0$; $x=-1$ 及 $x=1$;

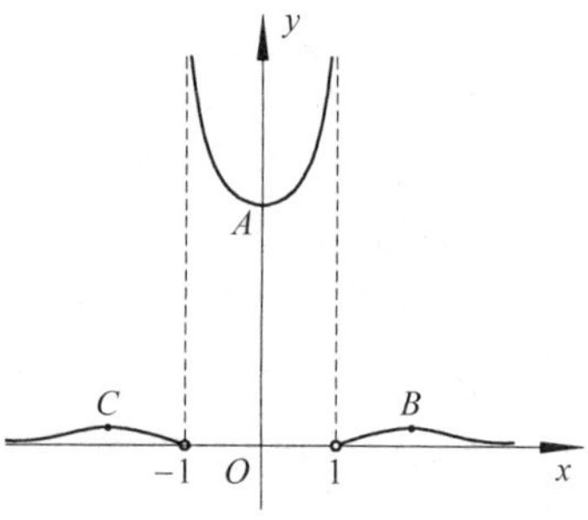


图 2.119

图像如图 2.119 所示. 图中主要点的坐标:$A(0,\mathrm{e})$, $B(\sqrt{3}, 0.15)$, $C(-\sqrt{3}, 0.15)$

**作出下列参数方程所表示的曲线:**

【1531】 $x=\frac{(t+1)^2}{4}$, $y=\frac{(t-1)^2}{4}$.

解 先把此参数方程化成直角坐标系下的方程.

$$\sqrt{x}=\frac{|t+1|}{2},\quad \sqrt{y}=\frac{|t-1|}{2}.$$

当 $t\geqslant 1$ 时，$\sqrt{x}=\frac{t+1}{2}$，$\sqrt{y}=\frac{t-1}{2}$. 相减得

$$\sqrt{x}-\sqrt{y}=1 \quad (x\geqslant 1, x>y); \tag{1}$$

当 $t\leqslant -1$ 时，$\sqrt{x}=\frac{-t-1}{2}$，$\sqrt{y}=\frac{1-t}{2}$. 因而，

$$\sqrt{y}-\sqrt{x}=1 \quad (y\geqslant 1, y>x); \tag{2}$$

当 $-1\leqslant t\leqslant 1$ 时，$\sqrt{x}=\frac{t+1}{2}$，$\sqrt{y}=\frac{1-t}{2}$. 相加得

$$\sqrt{x}+\sqrt{y}=1 \quad (0\leqslant x\leqslant 1, 0\leqslant y\leqslant 1). \tag{3}$$

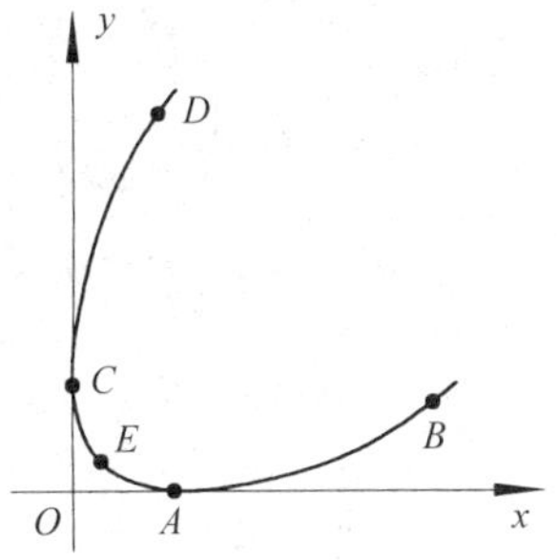

图 2.120

由方程(1)，(2)及(3)即得所给曲线的图像. 图像关于 $y=x$ 对称，如图 2.120 所示. 图中主要点的坐标：

$$A(1,0),\quad B(4,1),\quad C(0,1),\quad D(1,4),\quad E\left(\frac{1}{4},\frac{1}{4}\right).$$

**【1532】** $x=2t-t^2$，$y=3t-t^3$.

**解** $x'_t=2(1-t)$，$y'_t=3(1-t^2)$. 令 $x'_t=0$，$y'_t=0$，得 $t=\pm 1$.

作下表：

| $t$ 的范围 | $x'_t$ | $y'_t$ | $x$ | $y$ |
|---|---|---|---|---|
| $(-\infty,-1)$ | + | − | 由 $-\infty$ 上升到 $-3$ | 由 $+\infty$ 下降到 $-2$ |
| $(-1,1)$ | + | + | 由 $-3$ 上升到 1 | 由 $-2$ 上升到 2 |
| $(1,+\infty)$ | − | − | 由 1 下降到 $-\infty$ | 由 2 下降到 $-\infty$ |

$\frac{dy}{dx}=\frac{3(1-t^2)}{2(1-t)}=\frac{3}{2}(1+t)\ (t\neq 1)$. 令 $\frac{dy}{dx}=0$ 得 $t=-1$，此时 $x=-3$，$y=-2$.

由于 $t=1\pm\sqrt{1-x}$，故存在域为 $x\leqslant 1$，且图像有两支，

又因 $\frac{d^2y}{dx^2}=\frac{3}{4(1-t)}$，故当 $t>1$ 时图像呈凸状，而当 $t<1$ 时图像呈凹状.

当 $x=0$ 时，$t=0$ 或 $t=2$，此时 $y=0$ 或 $y=-2$

当 $y=0$ 时，$t=0$，$+\sqrt{3}$ 或 $-\sqrt{3}$，此时 $x=0$，0.464 或 $-6.464$.

图像如图 2.121 所示. 图中主要点的坐标：

$A(-6.464, 0)$，$B(-3,-2)$，$D(1, 2)$，$E(0,-2)$.

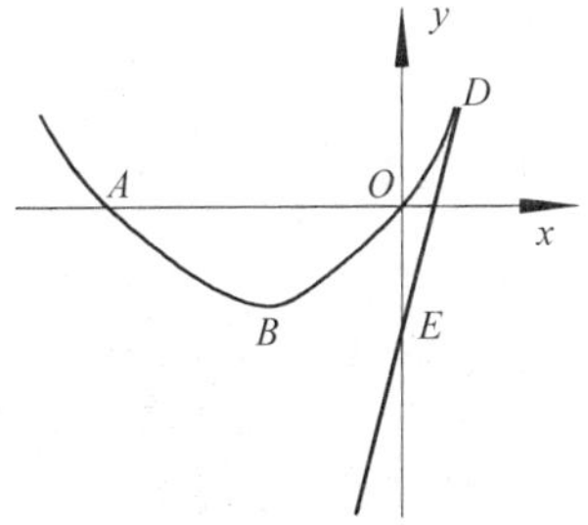

图 2.121

**【1533】** $x=\frac{t^2}{t-1}$，$y=\frac{t}{t^2-1}$.

**解** $x'_t=\frac{t(t-2)}{(t-1)^2}$，$y'_t=-\frac{1+t^2}{(t^2-1)^2}$.

考虑 $x'_t=0$，$y'_t=0$ 及 $x'_t$，$y'_t$ 趋于 $\infty$ 的 $t$ 值：$t=0$，$\pm 1$ 及 2.

作下表：

| $t$ 的范围 | $x'_t$ | $y'_t$ | $x$ | $y$ |
|---|---|---|---|---|
| $(-\infty,-1)$ | + | − | 由 $-\infty$ 上升到 $-\frac{1}{2}$ | 由 0 下降到 $-\infty$ |
| $(-1,0)$ | + | − | 由 $-\frac{1}{2}$ 上升到 0 | 由 $+\infty$ 下降到 0 |
| $(0,1)$ | − | − | 由 0 下降到 $-\infty$ | 由 0 下降到 $-\infty$ |
| $(1,2)$ | − | − | 由 $+\infty$ 下降到 4 | 由 $+\infty$ 下降到 $\frac{2}{3}$ |
| $(2,+\infty)$ | + | − | 由 4 上升到 $+\infty$ | 由 $\frac{2}{3}$ 下降到 0 |

$\frac{dy}{dx}=-\frac{1+t^2}{t(t-2)(t+1)^2}$，当 $x\in(-\infty,0)$ 及 $(4,+\infty)$ 时，$\frac{dy}{dx}<0$，因而，函数递减，其图像下降.

$\frac{d^2y}{dx^2}=\frac{2(t-1)^3(t^4+3t^2+4t+1)}{t^3(t-2)^3(t+1)^4}$，令 $\frac{d^2y}{dx^2}=0$ 得 $t\approx-0.33$，经判别知，此时对应于拐点 $(-0.08,0.30)$.

令 $\frac{dx}{dy}=0$ 得 $t=0,2$ 及 $-1$，其中当 $t=0$ 及 2 时有垂直切线，切点为 $(0,0)$ 及 $\left(4,\frac{2}{3}\right)$. 当 $t=-1$ 时 $x=-\frac{1}{2}$，此为垂直渐近线. 事实上，$\lim\limits_{x\to-\frac{1}{2}}y=\lim\limits_{t\to-1}\frac{t}{t^2-1}=\infty$.

斜渐近线为 $y=\frac{1}{2}x-\frac{3}{4}$. 事实上，

$$k=\lim_{x\to\infty}\frac{y}{x}=\lim_{t\to1}\frac{1}{t(t+1)}=\frac{1}{2},\quad b=\lim_{x\to\infty}\left(y-\frac{x}{2}\right)=-\lim_{t\to1}\frac{t(t+2)}{2(t+1)}=-\frac{3}{4}.$$

又当 $x\to+\infty$ 时，即当 $t\to1+0$ 时，$y\to+\infty$ 或当 $t\to+\infty$ 时，$y\to0$；

又当 $x\to-\infty$ 时，即当 $t\to-\infty$ 时，$y\to0$ 或当 $t\to1-0$ 时，$y\to-\infty$.

总之，$\lim\limits_{x\to+\infty}y=+\infty$ 或 0，$\lim\limits_{x\to-\infty}y=0$ 或 $-\infty$. 图像如图2.122所示. 图中主要点的坐标：$A\left(-\frac{4}{3},-\frac{2}{3}\right)$，$B\left(4,\frac{2}{3}\right)$.

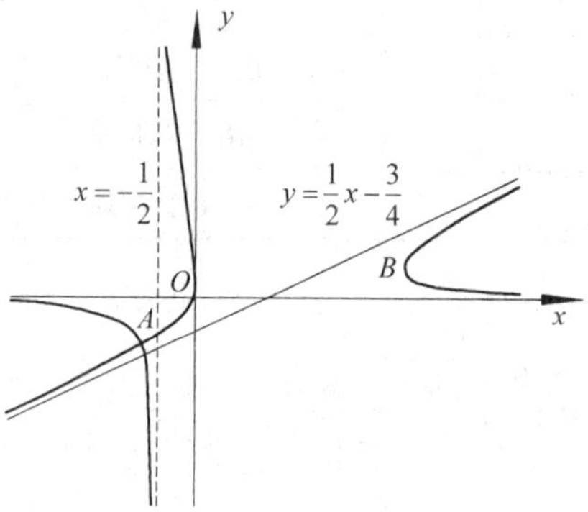


图 2.122

**【1534】** $x=\frac{t^2}{1-t^2}$，$y=\frac{1}{1+t^2}$.

**解** 由于以 $-t$ 换 $t$，$x$ 及 $y$ 值不变，故只须考虑 $t$ 的正值. 又因 $t^2=\frac{x}{1+x}$，故 $x\geqslant0$ 或 $x\leqslant-1$.

$x'_t=\frac{2t}{(1-t^2)^2}$，$y'_t=\frac{-2t}{(1+t^2)^2}$，$\frac{dy}{dx}=-\left(\frac{1-t^2}{1+t^2}\right)^2<0$，函数递减，其图像下降.

$\frac{d^2y}{dx^2}=\frac{4(1-t^2)^3}{(1+t^2)}$，当 $|t|<1$ 时图像呈凹状，当 $|t|>1$ 时图像呈凸状.

考虑 $x'_t=0$，$y'_t=0$，及 $x'_t$，$y'_t$ 趋于 $\infty$ 的 $t$ 值：$t=0$，$t=1$.

作下表：

| $t$ 的范围 | $x'_t$ | $y'_t$ | $x$ | $y$ |
|---|---|---|---|---|
| $(0,1)$ | + | − | 由 0 上升到 $+\infty$ | 由 1 下降到 $\frac{1}{2}$ |
| $(1,+\infty)$ | + | − | 由 $-\infty$ 上升到 $-1$ | 由 $\frac{1}{2}$ 下降到 0 |

渐近线为 $y=\frac{1}{2}$. 事实上

$$k=\lim_{x\to\infty}\frac{y}{x}=\lim_{t\to\pm1}\frac{1-t^2}{t^2(1+t^2)}=0,$$

$$b=\lim_{x\to\infty}(y-kx)=\lim_{t\to\pm1}\frac{1}{1+t^2}=\frac{1}{2}.$$

在点$(-1,0)$处$(t=+\infty)$，$\frac{dy}{dx}=-1$；而在点$(0,1)$处$(t=0)$仍有$\frac{dy}{dx}=-1$. 这说明在这两点处的切线均与$Ox$轴成$135°$的角. 这两点且为边界极值点.

图像如图 2.123 所示.

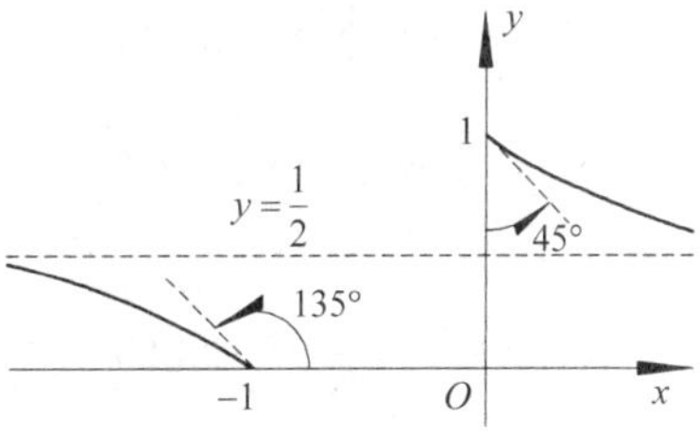


图 2.123

【1535】 $x=t+e^{-t}$，$y=2t+e^{-2t}$.

**解** $x'_t=\frac{e^t-1}{e^t}$，$y'_t=\frac{2(e^{2t}-1)}{e^{2t}}$，$\frac{dy}{dx}=\frac{2(e^t+1)}{e^t}$，$\frac{d^2y}{dx^2}=\frac{-2}{e^t-1}$.

作下表：

| $t$的范围 | $x'_t$ | $y'_t$ | $x$ | $y$ | $\frac{dy}{dx}$ | $\frac{d^2y}{dx^2}$ | 图像 |
|---|---|---|---|---|---|---|---|
| $(-\infty,0)$ | $-$ | $-$ | 由$+\infty$下降到 1 | 由$+\infty$下降到 1 | $+$ | $+$ | 上升，凹状 |
| $(0,+\infty)$ | $+$ | $+$ | 由 1 上升到$+\infty$ | 由 1 上升到$+\infty$ | $+$ | $-$ | 上升，凸状 |

渐近线：$y=2x$. 事实上，

$$k=\lim_{x\to+\infty}\frac{y}{x}=\lim_{x\to+\infty}\frac{2t+e^{-2t}}{t+e^{-t}}=2,$$

$$b=\lim_{x\to+\infty}(y-2x)=\lim_{x\to+\infty}[(2t+e^{-2t})-2t-2e^{-t}]=0.$$

当$t=0$时，对应于曲线上的点$A(1,1)$，此点的导数$\frac{dy}{dx}=4$. 当$t=-\ln2$时，曲线与渐近线相交. 图像如图 2.124 所示.

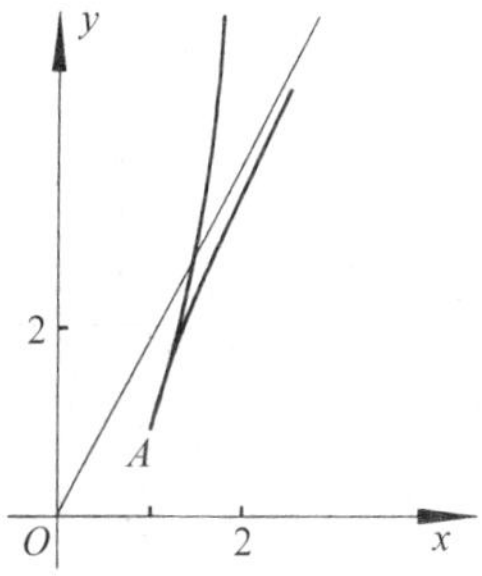


图 2.124

【1536】 $x=a\cos2t$，$y=a\cos3t$ $(a>0)$.

**解** 由于$a\cos2(t+2\pi)=a\cos2t$及$a\cos3(t+2\pi)=a\cos3t$.
因此，我们只须考虑$t$在$(0,2\pi)$内变化时，$x$及$y$的变化情况.

$$x'_t=-2a\sin2t,\quad y'_t=-3a\sin3t,\quad \frac{dy}{dx}=\frac{3\sin3t}{2\sin2t}.$$

考虑$x'_t=0$，$y'_t=0$的值：$t=0$，$\frac{\pi}{3}$，$\frac{\pi}{2}$，$\frac{2\pi}{3}$，$\pi$，$\frac{4\pi}{3}$，$\frac{3\pi}{2}$，$\frac{5\pi}{3}$，及$2\pi$.

作下表：

| $t$的范围 | $x'_t$ | $y'_t$ | $x$ | $y$ | $\frac{dy}{dx}$ | 图像 |
|---|---|---|---|---|---|---|
| $(0,\frac{\pi}{3})$ | $-$ | $-$ | 由$a$下降到$-\frac{a}{2}$ | 由$a$下降到$-a$ | $+$ | 上升 |
| $(\frac{\pi}{3},\frac{\pi}{2})$ | $-$ | $+$ | 由$-\frac{a}{2}$下降到$-a$ | 由$-a$上升到 0 | $-$ | 下降 |
| $(\frac{\pi}{2},\frac{2\pi}{3})$ | $+$ | $+$ | 由$-a$上升到$-\frac{a}{2}$ | 由 0 上升到$a$ | $+$ | 上升 |
| $(\frac{2\pi}{3},\pi)$ | $+$ | $-$ | 由$-\frac{a}{2}$上升到$a$ | 由$a$下降到$-a$ | $-$ | 下降 |
| $(\pi,\frac{4\pi}{3})$ | $-$ | $+$ | 由$a$下降到$-\frac{a}{2}$ | 由$-a$上升到$a$ | $-$ | 下降 |
| $(\frac{4\pi}{3},\frac{3\pi}{2})$ | $-$ | $-$ | 由$-\frac{a}{2}$下降到$-a$ | 由$a$下降到 0 | $+$ | 上升 |
| $(\frac{3\pi}{2},\frac{5\pi}{3})$ | $+$ | $-$ | 由$-a$上升到$-\frac{a}{2}$ | 由 0 下降到$-a$ | $-$ | 下降 |
| $(\frac{5\pi}{3},2\pi)$ | $+$ | $+$ | 由$-\frac{a}{2}$上升到$a$ | 由$-a$上升到$a$ | $+$ | 上升 |

当 $t=\frac{\pi}{3}$ 时，$\frac{dy}{dx}=0$，此时 $x=-\frac{a}{2}$，$y=-a$；

当 $t=\frac{\pi}{2}$ 时，$\frac{dy}{dx}=\infty$（$t$ 从小于 $\frac{\pi}{2}$ 趋于 $\frac{\pi}{2}$ 时，$\frac{dy}{dx}=-\infty$；从大于 $\frac{\pi}{2}$ 趋于 $\frac{\pi}{2}$ 时，$\frac{dy}{dx}=+\infty$），此时 $x=-a$，$y=0$；

当 $t=\frac{2\pi}{3}$ 时，$\frac{dy}{dx}=0$，此时 $x=-\frac{a}{2}$，$y=a$；

当 $t=\pi$ 时，利用洛必达法则可求得 $\frac{dy}{dx}=-\frac{9}{4}$，此时 $x=a$，$y=-a$；

当 $t=0$ 时，利用洛必达法则可求得 $\frac{dy}{dx}=\frac{9}{4}$，此时 $x=y=a$.

图像如图 2.125 所示.

图中主要点的坐标：

$$A(a,a),\quad B\left(\frac{a}{2},0\right),\quad C\left(0,-\frac{\sqrt{2}}{2}a\right),\quad D\left(-\frac{a}{2},-a\right),$$

$$E(-a,0),\quad F\left(-\frac{a}{2},a\right),\quad G\left(0,\frac{\sqrt{2}}{2}a\right),\quad H(a,-a).$$

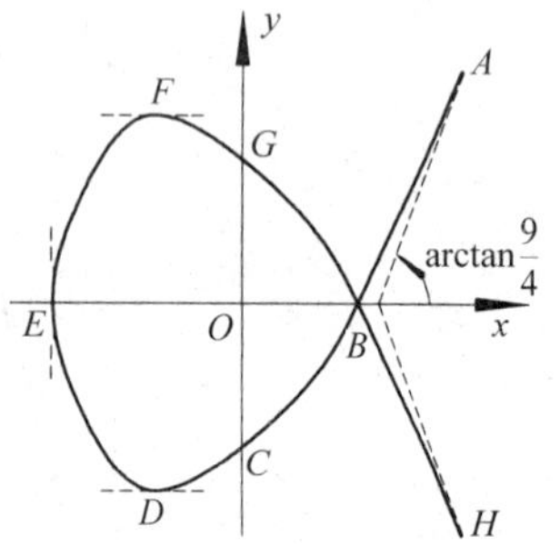

图 2.125

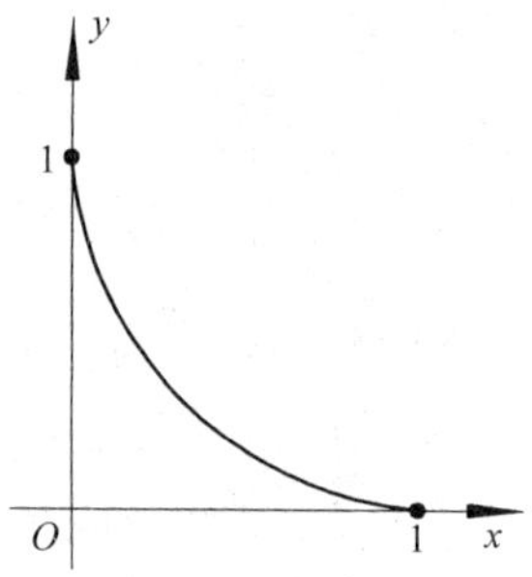

图 2.126

【1537】 $x=\cos^4 t$，$y=\sin^4 t$.

**解** $\sqrt{x}=\cos^2 t$，$\sqrt{y}=\sin^2 t$，相加即得 $\sqrt{x}+\sqrt{y}=1$. 图像如图 2.126 所示 *）.

*） 参看 1531 题.

【1538】 $x=t\ln t$，$y=\frac{\ln t}{t}$.

**解** 当 $t>0$ 时，$x$ 及 $y$ 才有意义.

当 $0<t\leqslant 1$ 时，令 $t'=\frac{1}{t}$，则 $t'\geqslant 1$，且 $x=-\frac{\ln t'}{t'}$，$y=-t'\ln t'$，所以，图像关于直线 $x+y=0$ 对称.

以下讨论图像的极值点，凹凸性及拐点，不妨设 $t\geqslant 1$：

$$\frac{dy}{dx}=\frac{1-\ln t}{t^2(1+\ln t)},\quad \frac{d^2 y}{dx^2}=\frac{2\ln^2 t-4}{t^3(1+\ln t)^2}.$$

令 $1-\ln t=0$，得 $t=e$. 经判别知，此时图像有极大值点：$A\left(e,\frac{1}{e}\right)$.

令 $\ln^2 t-2=0$，得 $t=e^{\sqrt{2}}$，相应的点 $B\left(\sqrt{2}e^{\sqrt{2}},\frac{\sqrt{2}}{e^{\sqrt{2}}}\right)$ 为图像的拐点.

当 $1\leqslant t\leqslant e^{\sqrt{2}}$，即当 $0\leqslant x\leqslant\sqrt{2}e^{\sqrt{2}}$ 时，图像呈凸状. 当 $t\geqslant e^{\sqrt{2}}$，即当 $x\geqslant\sqrt{2}e^{\sqrt{2}}$ 时，图像呈凹状.

作下表：

| $t$ 的范围 | $x'_t$ | $y'_t$ | $x$ | $y$ | $\frac{dy}{dx}$ | 图像 |
| --- | --- | --- | --- | --- | --- | --- |
| $(0,\frac{1}{e})$ | $-$ | $+$ | 由 0 下降到 $-\frac{1}{e}$ | 由 $-\infty$ 上升到 $-e$ | $-$ | 下降 |
| $(\frac{1}{e},e)$ | $+$ | $+$ | 由 $-\frac{1}{e}$ 上升到 e | 由 $-e$ 上升到 $\frac{1}{e}$ | $+$ | 上升 |
| $(e,+\infty)$ | $+$ | $-$ | 由 e 上升到 $+\infty$ | 由 $\frac{1}{e}$ 下降到 0 | $-$ | 下降 |

曲线通过点(0,0),在此点切线的倾角为 45°.

水平渐近线为 $y=0$. 事实上,

$$k=\lim_{x\to+\infty}\frac{y}{x}=\lim_{t\to+\infty}\frac{1}{t^2}=0,$$

$$b=\lim_{x\to+\infty}(y-kx)=\lim_{t\to+\infty}\frac{\ln t}{t}=\lim_{t\to+\infty}\frac{\frac{1}{t}}{1}=0.$$

垂直渐近线为 $x=0$. 事实上,

$$\lim_{x\to0}y=\lim_{t\to+0}y=\lim_{t\to+0}\frac{\ln t}{t}=-\infty.$$

图像如图 2.127 所示.

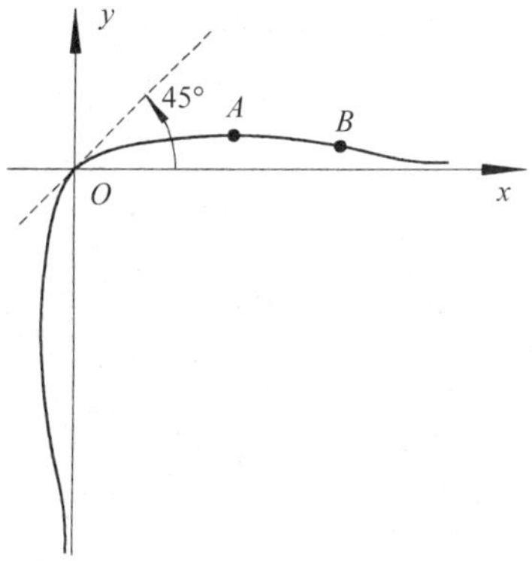

图 2.127

**【1539】** $x=\frac{a}{\cos^3 t},\quad y=a\tan^3 t\ (a>0)$.

**解** 将此参数方程化为直角坐标系下的方程:$x^{\frac{2}{3}}-y^{\frac{2}{3}}=a^{\frac{2}{3}}$.
显然,$|x|\geqslant a$ 且图像对于两坐标轴都对称,故只须考虑在第一象限部分的函数图像. 由于

$$y'=x^{-\frac{1}{3}}y^{\frac{1}{3}},\quad y''=\frac{1}{3}x^{-\frac{2}{3}}y^{\frac{1}{3}}(y^{-\frac{2}{3}}-x^{-\frac{2}{3}}).$$

而当 $x>0,y>0$ 时,有 $x>y$. 从而有 $y'>0$, $y''>0$, 故图像上升且呈凹状.

在$(a,0)$点的切线的倾角为 0°.

图像如图 2.128 所示.

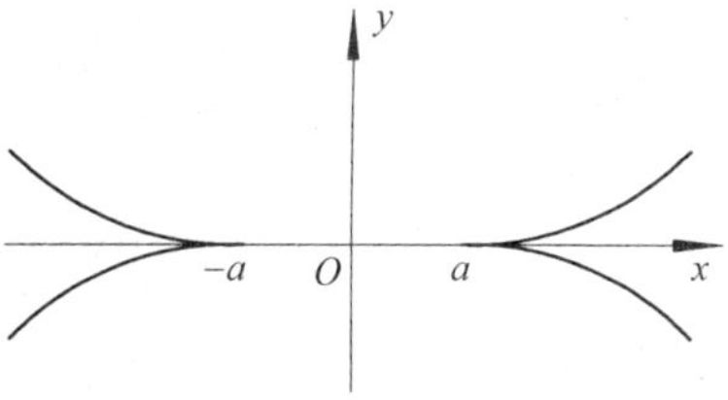

图 2.128

**【1540】** $x=a(\mathrm{sh}t-t),y=a(\mathrm{ch}t-1)\ (a>0)$.

**解** 当 $t$ 用 $-t$ 换时,$x$ 的大小不变符号相反,而 $y$ 却不变,故图像对于 $Oy$ 轴对称.

$$x'_t=a(\mathrm{ch}t-1),\quad y'_t=a\mathrm{sh}t,\quad \frac{dy}{dx}=\frac{e^t+1}{e^t-1},\quad \frac{d^2y}{dx^2}=-\frac{4e^{2t}}{a(e^t-1)^4}.$$

作下表:

| $t$ 的范围 | $x'_t$ | $y'_t$ | $x$ | $y$ | $\frac{dy}{dx}$ | $\frac{d^2y}{dx^2}$ | 图像 |
| --- | --- | --- | --- | --- | --- | --- | --- |
| $(-\infty,0)$ | $+$ | $-$ | 由 $-\infty$ 上升到 0 | 由 $+\infty$ 下降到 0 | $-$ | $-$ | 下降 |
| $(0,+\infty)$ | $+$ | $+$ | 由 0 上升到 $+\infty$ | 由 0 上升到 $+\infty$ | $+$ | $-$ | 上升 |

当 $t\to-0$ 时,$x\to-0,\frac{dy}{dx}\to-\infty$;

当 $t\to+0$ 时,$x\to+0,\frac{dy}{dx}\to+\infty$. 因此,在(0,0)点的切线垂直于 $Ox$ 轴.

图像如图 2.129 所示.

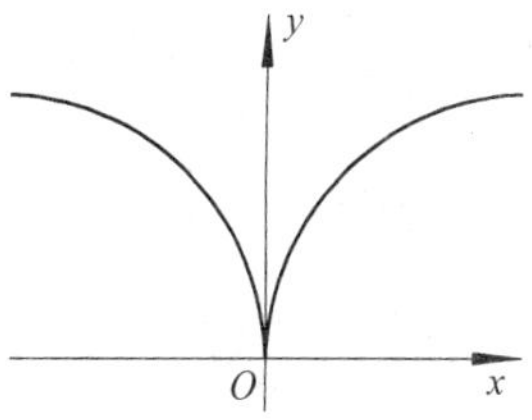

图 2.129

**把下列曲线方程化为参数方程,然后作出这些曲线的图像:**

**【1541】** $x^3+y^3-3axy=0\ (a>0)$.

**解** 设 $y=tx$，代入方程，并消去 $x^2$，即得 $x=\frac{3at}{1+t^3}$， $y=\frac{3at^2}{1+t^3}$.

由于 $x'_t=\frac{6a\left(\frac{1}{2}-t^3\right)}{(1+t^3)^2}$，$y'_t=\frac{3at(2-t^3)}{(1+t^3)^2}$.

考虑 $x'_t=0$，$y'_t=0$，及 $x'_t$，$y'_t$ 趋于无穷的 $t$ 值：$t=-1$，$0$，$\frac{1}{\sqrt[3]{2}}$ 及 $\sqrt[3]{2}$.

作下表：

| $t$ 的范围 | $x'_t$ | $y'_t$ | $x$ | $y$ |
|---|---|---|---|---|
| $(-\infty,\ -1)$ | + | − | 由 0 上升到 $+\infty$ | 由 0 下降到 $-\infty$ |
| $(-1,\ 0)$ | + | − | 由 $-\infty$ 上升到 0 | 由 $+\infty$ 下降到 0 |
| $(0,\ \frac{1}{\sqrt[3]{2}})$ | + | + | 由 0 上升到 $\sqrt[3]{4}a$ | 由 0 上升到 $\sqrt[3]{2}a$ |
| $(\frac{1}{\sqrt[3]{2}},\ \sqrt[3]{2})$ | − | + | 由 $\sqrt[3]{4}a$ 下降到 $\sqrt[3]{2}a$ | 由 $\sqrt[3]{2}a$ 上升到 $\sqrt[3]{4}a$ |
| $(\sqrt[3]{2},\ +\infty)$ | − | − | 由 $\sqrt[3]{2}a$ 下降到 0 | 由 $\sqrt[3]{4}a$ 下降到 0 |

$\frac{\mathrm{d}y}{\mathrm{d}x}=\frac{t(2-t^3)}{2\left(\frac{1}{2}-t^3\right)}$，当 $t=0$ 时，$x=0$，$y=0$，$\frac{\mathrm{d}y}{\mathrm{d}x}=0$；当 $t\to+\infty$ 时，$x=0$，$y=0$，$\frac{\mathrm{d}y}{\mathrm{d}x}=\lim\limits_{t\to+\infty}\frac{t(2-t^3)}{2\left(\frac{1}{2}-t^3\right)}=\infty$.

这说明，坐标原点是曲线的二重点. 曲线的一支与 $Ox$ 轴相切，一支与 $Oy$ 轴相切.

渐近线：$x+y+a=0$. 事实上，

$$k=\lim_{x\to\infty}\frac{y}{x}=\lim_{t\to-1}\frac{3at^2(1+t^3)}{3at(1+t^3)}=-1,$$

$$b=\lim_{x\to\infty}(y-kx)=\lim_{t\to-1}\frac{3at^2+3at}{1+t^3}=\lim_{t\to-1}\frac{6at+3a}{3t^2}=-a.$$

图像如图 2.130 所示. 图中主要点的坐标：

$$A(a\sqrt[3]{4},a\sqrt[3]{2}),\quad B\left(\frac{3}{2}a,\frac{3}{2}a\right),\quad C(a\sqrt[3]{2},a\sqrt[3]{4}).$$

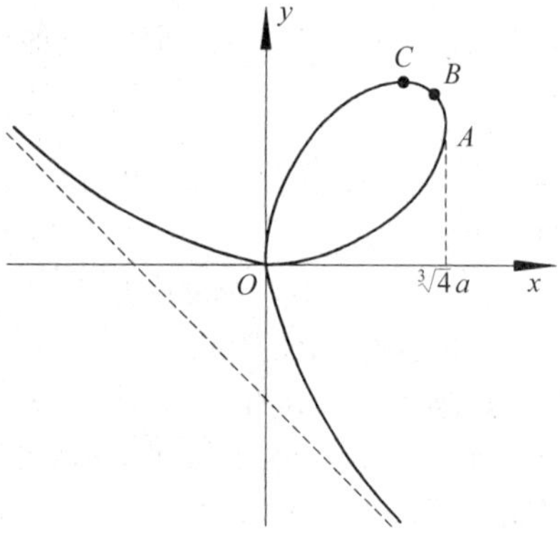

图 2.130

**【1542】** $x^2+y^2=x^4+y^4$.

**解** 显见曲线关于两坐标轴对称，同时关于直线 $y=x$ 对称.

设 $x=ty$，则当 $y\neq0$ 时，得 $y=\pm\sqrt{\frac{t^2+1}{t^4+1}}$.

根据对称性，不妨限于考察方程

$$\begin{cases}x=t\sqrt{\frac{t^2+1}{t^4+1}},\\ y=\sqrt{\frac{t^2+1}{t^4+1}}.\end{cases}\quad(0\leqslant t\leqslant1).$$

由于 $0\leqslant x\leqslant1$，$x\leqslant y$，故曲线界于纵轴正半轴与直线 $y=x$ 之间，由此根据对称性即可作出全部图像. 当 $t$ 由 0 连续变到 1 时，曲线上的点 $(0,1)$ 连续变化到点 $(1,1)$. 由于

$$\frac{\mathrm{d}x}{\mathrm{d}t}=\sqrt{\frac{t^2+1}{t^4+1}}+\sqrt{\frac{t^4+1}{t^2+1}}\cdot\frac{t^2(1-2t^2-t^4)}{(t^4+1)^2},\quad \frac{\mathrm{d}y}{\mathrm{d}t}=\sqrt{\frac{t^4+1}{t^2+1}}\cdot\frac{t(1-2t^2-t^4)}{(t^4+1)^2}.$$

令 $\frac{\mathrm{d}y}{\mathrm{d}x}=0$，得 $t=0,\sqrt{\sqrt{2}-1}$. 相应地，有 $x=0$，$y=1$；$x=\frac{1}{\sqrt{2}}\approx0.71$，$y\approx1.10$.

经判别知，当 $x=0$ 时 $y$ 取得极小值；当 $x=\frac{1}{\sqrt{2}}$ 时，$y$ 取得极大值. 类似地，当 $y=0$ 时，$x$ 取得极小值 $x=1$；当

$y=\frac{1}{\sqrt{2}}$时，$x$取得极大值$x\approx1.10$.

由对称性即得知：当$x=0$时，有极小值$|y|=1$；当$|x|=\frac{1}{\sqrt{2}}$时，有极大值$|y|\approx1.10$；当$y=0$时有极小值$|x|=1$；当$|y|=\frac{1}{\sqrt{2}}$时，有极大值$|x|\approx1.10$.

值得注意的是，当$t=1$时即在点(1,1)处，$\frac{dy}{dx}=-1$，因而，曲线在点(1,1)光滑连接.

原点(0,0)是一个孤立点，再计算几点的坐标($0\leqslant t\leqslant1$)：

作下表：

| $t$ | 0 | 0.2 | 0.4 | 0.6 | $\sqrt{\sqrt{2}-1}$ | 0.8 | 0.9 | 1 |
|---|---|---|---|---|---|---|---|---|
| $x$ | 0 | 0.20 | 0.42 | 0.65 | 0.71 | 0.86 | 0.94 | 1 |
| $y$ | 1 | 1.02 | 1.06 | 1.09 | 1.10 | 1.08 | 1.04 | 1 |

曲线与两坐标轴的交点为(−1,0)，(1,0)，(0,1)及(0,−1).

如图2.131所示.

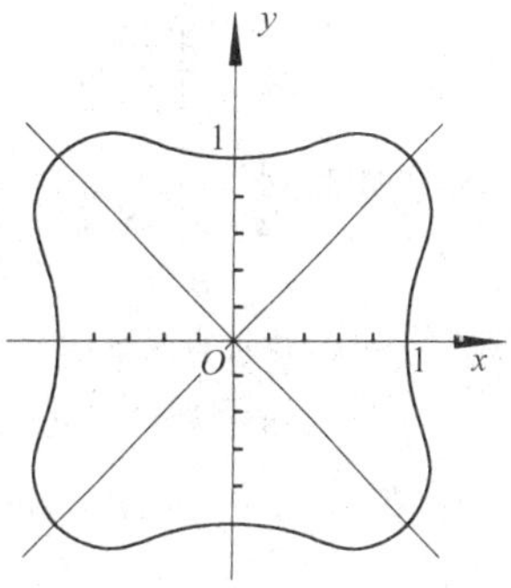

图2.131

**【1543】** $x^2y^2=x^3-y^3$.

**解** 设$y=tx$，代入原方程，即得

$$x=\frac{1-t^3}{t^2},\quad y=\frac{1-t^3}{t}\quad(t\neq0).\quad x'_t=-\frac{2+t^3}{t^3},\quad y'_t=-\frac{1+2t^3}{t^2}.\quad \frac{dy}{dx}=\frac{t(1+2t^3)}{2t^3}.$$

令$x'_t=0$，$y'_t=0$及$x'_t$，$y'_t$趋于∞，得$t=-\sqrt[3]{2}$，$-\frac{1}{\sqrt[3]{2}}$，0.

作下表：

| $t$的范围 | $x'_t$ | $y'_t$ | $x$ | $y$ | $\frac{dy}{dx}$ | 图像 |
|---|---|---|---|---|---|---|
| $(-\infty,-\sqrt[3]{2})$ | − | + | 由$+\infty$下降到$\frac{3}{\sqrt[3]{4}}$ | 由$-\infty$上升到$-\frac{3}{\sqrt[3]{2}}$ | − | 下降 |
| $(-\sqrt[3]{2},-\frac{1}{\sqrt[3]{2}})$ | + | + | 由$\frac{3}{\sqrt[3]{4}}$上升到$\frac{3}{\sqrt[3]{2}}$ | 由$-\frac{3}{\sqrt[3]{2}}$上升到$-\frac{3}{\sqrt[3]{4}}$ | + | 上升 |
| $(-\frac{1}{\sqrt[3]{2}},0)$ | + | − | 由$\frac{3}{\sqrt[3]{2}}$上升到$+\infty$ | 由$-\frac{3}{\sqrt[3]{4}}$下降到$-\infty$ | − | 下降 |
| $(0,+\infty)$ | − | − | 由$+\infty$下降到$-\infty$ | 由$+\infty$下降到$-\infty$ | + | 上升 |

$$\left.\frac{dy}{dx}\right|_{t=-\sqrt[3]{2}}=\infty,\quad \left.\frac{dy}{dx}\right|_{t=-\frac{1}{\sqrt[3]{2}}}=0,\quad \left.\frac{dy}{dx}\right|_{t=1}=1.$$

图像通过点$A\left(\frac{3}{\sqrt[3]{4}},-\frac{3}{\sqrt[3]{2}}\right)$，$B\left(\frac{3}{\sqrt[3]{2}},-\frac{3}{\sqrt[3]{4}}\right)$，及$O(0,0)$. 如图2.132所示.

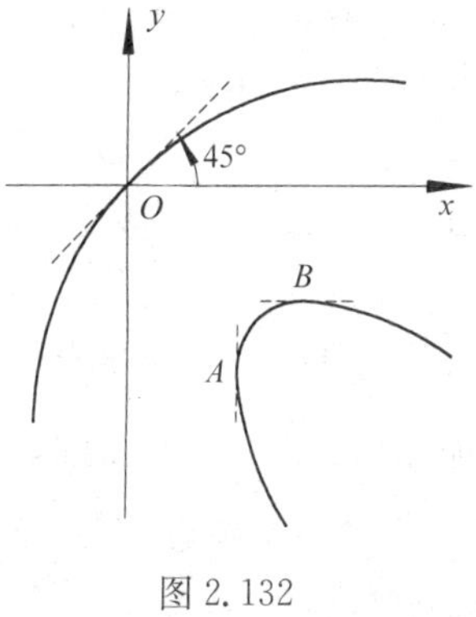

图2.132

**【1544】** $x^y=y^x\quad(x>0,y>0)$.

**解** 由方程显见直线$y=x$是图像的一部分. 对于$y\neq x$的部分，图像显然关于直线$y=x$对称.

设$x=(1+t)^{\frac{1}{t}}$，则$y=(1+t)^{1+\frac{1}{t}}$，即当$x\neq y$时，曲线的参数方程为

$$\begin{cases}x=(1+t)^{\frac{1}{t}},\\ y=(1+t)^{1+\frac{1}{t}}.\end{cases}$$

由条件 $x>0, y>0$ 知，$t$ 满足 $-1<t<+\infty$，由于

$$\lim_{t\to-1+0}x=\lim_{t\to-1+0}(1+t)^{\frac{1}{t}}=+\infty,\quad \lim_{t\to-1+0}y=\lim_{t\to-1+0}(1+t)^{1+\frac{1}{t}}=1;\quad \lim_{t\to+\infty}x=1,\quad \lim_{t\to+\infty}y=+\infty,$$

故直线 $x=1$ 和 $y=1$ 是曲线的渐近线. 又因 $\lim\limits_{t\to0}x=\lim\limits_{t\to0}y=\mathrm{e}$，故点 $(\mathrm{e},\mathrm{e})$ 是曲线上的二重点. 由于

$$\frac{\mathrm{d}y}{\mathrm{d}t}=(1+t)^{1+\frac{1}{t}}\left[\frac{t-\ln(1+t)}{t^2}\right],\quad \frac{\mathrm{d}x}{\mathrm{d}t}=(1+t)^{\frac{t}{t}}\left[\frac{t-(1+t)\ln(1+t)}{t^2(1+t)}\right],$$

于是，

$$\frac{\mathrm{d}y}{\mathrm{d}x}=(1+t)\left[1+\frac{t^2}{t-(1+t)\ln(1+t)}\right].$$

容易证明：$\lim\limits_{t\to0}\frac{\mathrm{d}y}{\mathrm{d}x}=-1$. 并且当 $t\in(0,+\infty)$，从而 $x\in(1,\mathrm{e})$ 时，恒有 $\frac{\mathrm{d}y}{\mathrm{d}x}<0$. 事实上，设

$$g(x)=t^2-[(1+t)\ln(1+t)-t],$$

则 $g(0)=0$，并且容易证明

$$g'(t)=2t-\ln(1+t)>0,\quad (1+t)\ln(1+t)-t>0.$$

从而，有 $g(t)=t^2-[(1+t)\ln(1+t)-t]>0$，即 $\frac{t^2}{(1+t)\ln(1+t)-t}>1$.

于是，

$$\frac{\mathrm{d}y}{\mathrm{d}x}=(1+t)\left[1-\frac{t^2}{(1+t)\ln(1+t)-t}\right]<0.$$

由对称性知，对于 $t\in(-1,0)$，也有 $\frac{\mathrm{d}y}{\mathrm{d}x}<0$. 而当 $t=0$ 时，有

$$\left.\frac{\mathrm{d}y}{\mathrm{d}x}\right|_{t=0}=\lim_{t\to0}\frac{\mathrm{d}y}{\mathrm{d}x}=-1,$$

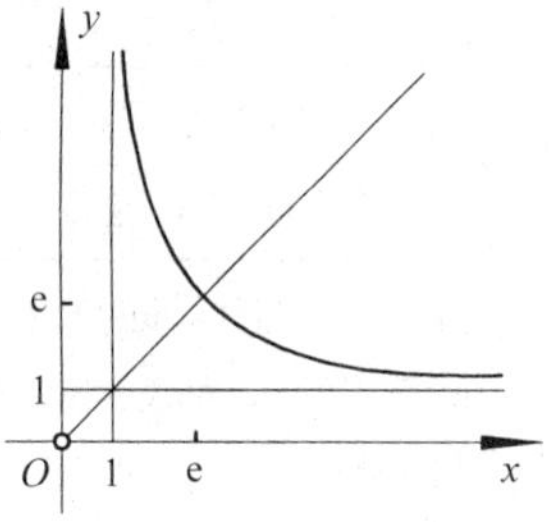

图 2.133

所以，图像始终是下降的，并呈凹状，无极值和拐点. 对应于 $t$ 的变化范围 0 至 1.

计算几点坐标如下：

| $t$ | 0 | −0.2 | −0.4 | −0.6 | −0.8 | −0.9 | $t\to-1$ |
|---|---|---|---|---|---|---|---|
| $x$ | e | 3.05 | 3.59 | 4.50 | 7.48 | 12.9 | $x\to+\infty$ |
| $y$ | e | 2.44 | 2.15 | 1.84 | 1.49 | 1.29 | $y\to1$ |

综上所述，曲线的图像由两部分组成，一部分是直线，另一部分是对称于直线 $y=x$ 的曲线(图 2.133).

**【1545】** 作出曲线 $\mathrm{ch}^2x-\mathrm{ch}^2y=1$ 的图像.

**解** 显见曲线的图像关于两坐标轴是对称的，故只须在第一象限 $x\geqslant0, y\geqslant0$ 范围内进行讨论. 考虑渐近线

$$\lim_{x\to+\infty}\frac{y}{x}=\lim_{x\to+\infty}\frac{\ln(\mathrm{sh}x+\sqrt{\mathrm{sh}^2x-1})}{x}=\lim_{x\to+\infty}\frac{1}{\mathrm{sh}x+\sqrt{\mathrm{sh}^2x-1}}\left(\mathrm{ch}x+\frac{\mathrm{sh}x}{\sqrt{\mathrm{sh}^2x-1}}\mathrm{ch}x\right)$$

$$=\lim_{x\to+\infty}\frac{\mathrm{ch}x}{\sqrt{\mathrm{sh}^2x-1}}=\lim_{x\to+\infty}\sqrt{\frac{\mathrm{sh}^2x+1}{\mathrm{sh}^2x-1}}=1.$$

为求 $\lim\limits_{x\to+\infty}(y-x)$，令

$$u=y-x=\ln(\mathrm{sh}x+\sqrt{\mathrm{sh}^2x-1})-x.$$

因为

$$\lim_{x\to+\infty}\mathrm{e}^u=\lim_{x\to+\infty}\frac{\mathrm{sh}x+\sqrt{\mathrm{sh}^2x-1}}{\mathrm{e}^x}=\lim_{x\to+\infty}\frac{\mathrm{ch}x+\frac{\mathrm{sh}x\mathrm{ch}x}{\sqrt{\mathrm{sh}^2x-1}}}{\mathrm{e}^x}=\lim_{x\to+\infty}\frac{\mathrm{ch}x(\mathrm{sh}x+\sqrt{\mathrm{sh}^2x-1})}{\mathrm{e}^x\sqrt{\mathrm{sh}^2x-1}}=1,$$

所以，$\lim\limits_{x\to+\infty}(y-x)=0$. 因此，直线 $y=x$ 是原曲线的渐近线.

因为当 $y=0$ 时 $\mathrm{ch}y$ 取最小值 $\mathrm{ch}y=1$，所以，$x$ 必须满足 $\mathrm{ch}^2x\geqslant2$ 或 $|x|\geqslant\ln(1+\sqrt{2})\approx0.88$，并且当 $y=0$时，$|x|=\ln(1+\sqrt{2})$.

曲线方程也可表示成

$$(\operatorname{ch}x-\operatorname{ch}y)(\operatorname{ch}x+\operatorname{ch}y)=1,$$

从而令

$$\operatorname{ch}x-\operatorname{ch}y=t,\quad 即\quad \operatorname{ch}x+\operatorname{ch}y=\frac{1}{t}.$$

所以，对于第一象限部分的曲线方程可表示为

$$\begin{cases}\operatorname{ch}x=\dfrac{t+\dfrac{1}{t}}{2},\\ \operatorname{ch}y=\dfrac{\dfrac{1}{t}-t}{2},\end{cases}\quad (0<t\leqslant\sqrt{2}-1).$$

由原方程知 $2\operatorname{ch}x\operatorname{sh}x-2\operatorname{ch}y\operatorname{sh}y\cdot y'=0$ 或 $y'=\dfrac{\operatorname{ch}x\operatorname{sh}x}{\operatorname{ch}y\operatorname{sh}y}>0.$

因而，图像是上升的.

又由于 $y''=\dfrac{(\operatorname{ch}^2x+\operatorname{sh}^2x)\operatorname{ch}y\operatorname{sh}y-(\operatorname{sh}^2y+\operatorname{ch}^2y)\cdot y'\cdot\operatorname{ch}x\operatorname{sh}x}{(\operatorname{ch}y\operatorname{sh}y)^2}$

$$=\frac{(\operatorname{ch}^2x+\operatorname{sh}^2x)\operatorname{ch}^2y\operatorname{sh}^2y-(\operatorname{sh}^2y+\operatorname{ch}^2y)\operatorname{ch}^2x\operatorname{sh}^2x}{(\operatorname{ch}y\operatorname{sh}x)^3},$$

而

$$(\operatorname{ch}^2x+\operatorname{sh}^2x)\operatorname{ch}^2y\operatorname{sh}^2y-(\operatorname{sh}^2y+\operatorname{ch}^2y)\operatorname{ch}^2x\operatorname{sh}^2x=\operatorname{ch}^2x\operatorname{ch}^2y(\operatorname{sh}^2y-\operatorname{sh}^2x)+\operatorname{sh}^2x\operatorname{sh}^2y(\operatorname{ch}^2y-\operatorname{ch}^2x)$$

$$=\operatorname{ch}^2x\operatorname{ch}^2y(\operatorname{ch}^2y-\operatorname{ch}^2x)+\operatorname{sh}^2x\operatorname{sh}^2y(\operatorname{ch}^2y-\operatorname{ch}^2x)=(\operatorname{ch}^2y-\operatorname{ch}^2x)(\operatorname{ch}^2x\operatorname{ch}^2y+\operatorname{sh}^2x\operatorname{sh}^2y)$$

$$=-(\operatorname{ch}^2x\operatorname{ch}^2y+\operatorname{sh}^2x\operatorname{sh}^2y)<0.$$

于是，$y''<0$ 恒成立. 所以，曲线呈凸状.

计算几点的坐标如下：

| $t$ | $\sqrt{2}-1$ | 0.4 | 0.3 | 0.2 | 0.1 | $t\to 0$ |
|---|---|---|---|---|---|---|
| $x$ | $\ln(1+\sqrt{2})$ | 0.92 | 1.07 | 1.61 | 2.31 | $x\to+\infty$ |
| $y$ | 0 | 0.33 | 0.98 | 1.53 | 2.28 | $y\to+\infty$ |

曲线形状如图 2.134 所示.

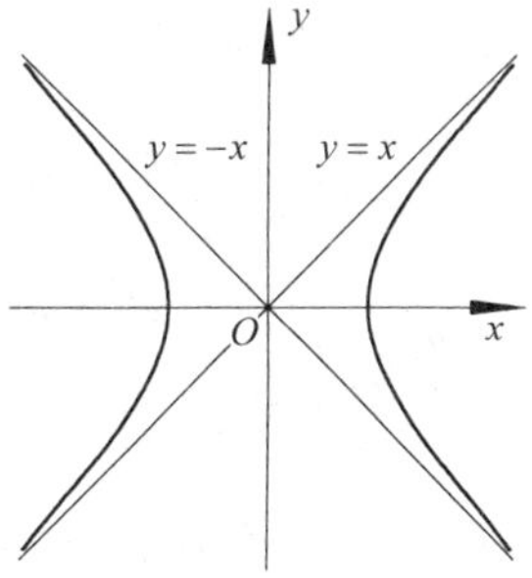


图 2.134

## 作出下列用极坐标$(\varphi,r)$$(r\geqslant 0)$表示的函数的图像：

**【1546】** $r=a+b\cos\varphi\ (0<a\leqslant b)$.

**解** 当 $a=b$ 时，$r=a(1+\cos\varphi)$，这就是心脏线，如图2.135所示.

当 $0<a<b$ 时，其几何轨迹叫做蚶线，由于 $r(-\varphi)=r(\varphi)$，故图像关于极轴对称.

由于当 $r\geqslant 0$ 时，$|\varphi|\leqslant\alpha=\arccos\left(-\dfrac{a}{b}\right)$，故当 $\varphi=0$ 时 $r$ 有极大值 $r=a+b$；当 $\varphi=\pm\alpha$ 时 $r$ 有边界的极

小值 $r=0$. 又由于 $r'=-b\sin\varphi<0$,故当 $\varphi$ 由 0 变到 $\alpha$ 时,$r$ 由$a+b$变到 0.

当 $r<0$ 时,$\alpha<|\varphi|\leqslant\pi$,仿照上述讨论,$r$ 由 0 下降到 $a-b$.

极点 $O$ 为二重点,如图 2.136 所示. 如果不考虑 $r<0$,则极点 $O$ 不是二重点.

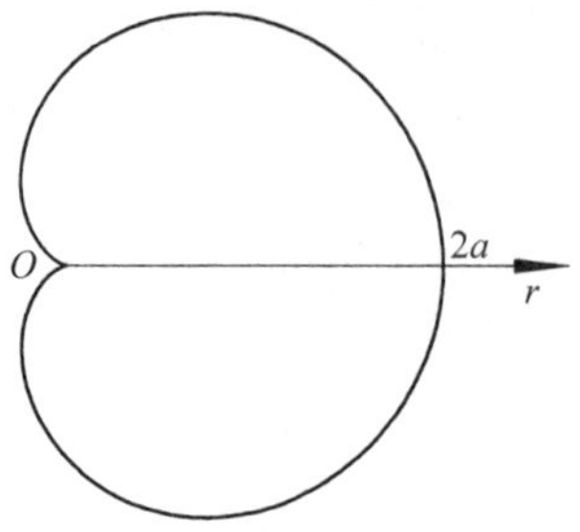


图 2.135

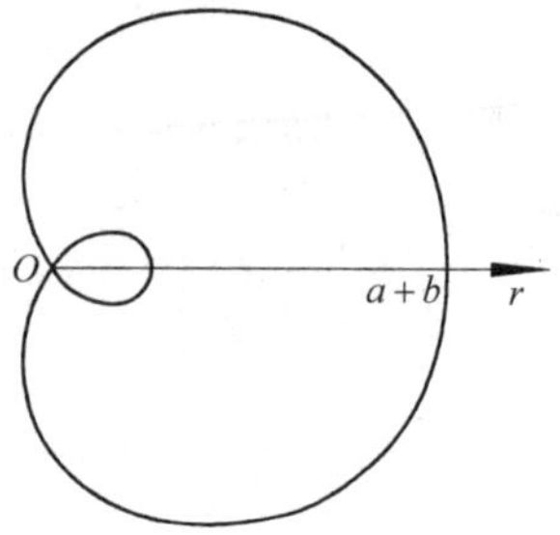


图 2.136

**【1547】** $r=a\sin3\varphi\quad(a>0)$.

**解** 由于 $r\left(\varphi+\frac{2\pi}{3}\right)=r(\varphi)$,故函数 $r$ 是以$\frac{2\pi}{3}$为周期的函数. 函数的存在域为:

$$0\leqslant\varphi\leqslant\frac{\pi}{3};\quad \frac{2\pi}{3}\leqslant\varphi\leqslant\pi;\quad \frac{4\pi}{3}\leqslant\varphi\leqslant\frac{5\pi}{3}.$$

为此,只要讨论 $0\leqslant\varphi\leqslant\frac{\pi}{3}$ 即可.

$$r'=3a\cos3\varphi\begin{cases}>0, & \varphi\in\left(0,\frac{\pi}{6}\right),\\ <0, & \varphi\in\left(\frac{\pi}{6},\frac{\pi}{3}\right),\end{cases}$$

故当 $\varphi=\frac{\pi}{6}$时 $r$ 有极大值$r=a$;当 $\varphi=0$ 及$\frac{\pi}{3}$时,$r$ 有极小值$r=0$. 射线 $\varphi=\frac{\pi}{6}$,$\varphi=\frac{5\pi}{6}$及 $\varphi=\frac{3\pi}{2}$为图像的三对称轴.

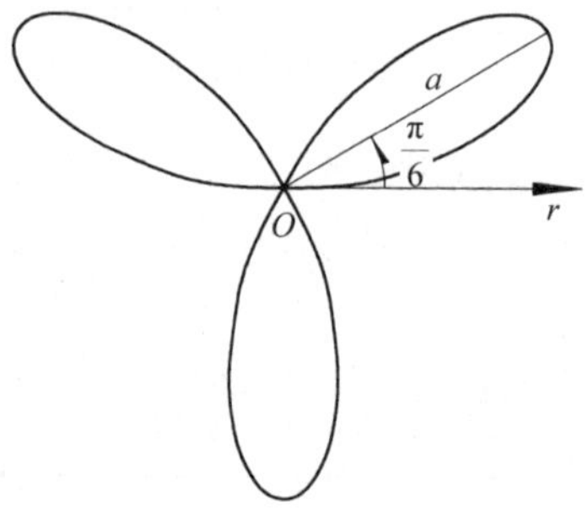


图 2.137

曲线在点 $O$ 自交且为三重点,整个图像有三个形状相同的瓣. 如图 2.137 所示.

**【1548】** $r=\dfrac{a}{\sqrt{\cos3\varphi}}\quad(a>0)$.

**解** 由于 $r\left(\varphi+\frac{2\pi}{3}\right)=r(\varphi)$,故函数 $r$ 是以$\frac{2\pi}{3}$为周期的函数. 显然图像关于极轴对称.

函数的存在域为:$|\varphi|<\frac{\pi}{6}$ 及 $\frac{\pi}{2}<|\varphi|<\frac{5\pi}{6}$. 为此只要讨论$-\frac{\pi}{6}\leqslant\varphi\leqslant\frac{\pi}{6}$即可.

$$r'=\frac{3a\sin3\varphi}{2(\cos3\varphi)^{\frac{3}{2}}}\begin{cases}<0, & \varphi\in\left(-\frac{\pi}{6},0\right),\\ >0, & \varphi\in\left(0,\frac{\pi}{6}\right),\end{cases}$$

故当 $\varphi=0$ 时有极小值 $r=a$. 当 $\varphi$ 由 0 单调地增大到$\frac{\pi}{6}$时,$r$ 由 $a$ 单调地增大到$+\infty$,在这种意义上,$\varphi=\frac{\pi}{6}$为曲线的渐近线. 同样地 $\varphi=-\frac{\pi}{6}$ 也为渐近线.

由周期性可知,当 $\varphi=\pm\frac{2\pi}{3}$时有极小值 $r=a$. $\varphi=\pm\frac{\pi}{2}$及 $\varphi=\pm\frac{5\pi}{6}$均为曲线的渐近线.

最后,还要研究在点$(a,0)$附近的状态. 为此,只要考虑在该点切线的斜率:

$$\tan\alpha=\frac{\dfrac{dr}{d\varphi}\sin\varphi+r\cos\varphi}{\dfrac{dr}{d\varphi}\cos\varphi-r\sin\varphi},$$

再以$\dfrac{dr}{d\varphi}=\dfrac{3a\sin3\varphi}{2(\cos3\varphi)^{\frac{3}{2}}}$代入上式,即得

$$\tan\alpha=\frac{3a\sin3\varphi\sin\varphi+2a\cos\varphi\cos3\varphi}{3a\sin3\varphi\cos\varphi-2a\sin\varphi\cos3\varphi}.$$

于是,$\tan\alpha\Big|_{\varphi=0}=\infty$,即在$(a,0)$点曲线的切线垂直于极轴.

如图 2.138 所示.

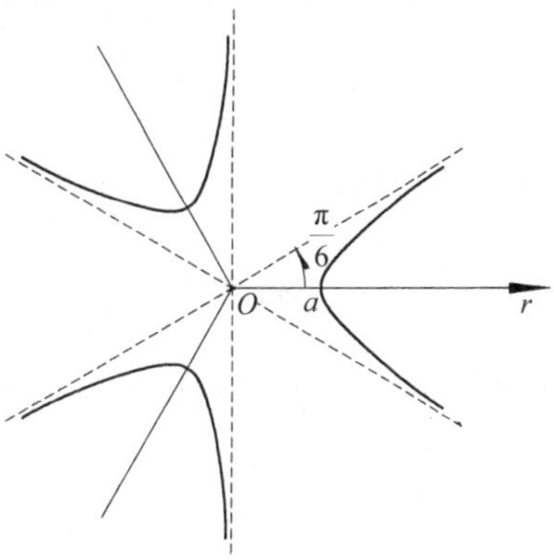


图 2.138

**【1549】** $r=a\dfrac{\text{th}\varphi}{\varphi-1}$,其中 $\varphi>1\quad(a>0)$.

**解** 由于

$$\lim_{\varphi\to1}r=\lim_{\varphi\to1}\frac{a\text{th}\varphi}{\varphi-1}=+\infty,\quad \lim_{\varphi\to+\infty}r=\lim_{\varphi\to+\infty}\frac{a\text{th}\varphi}{\varphi-1}=\lim_{\varphi\to+\infty}\frac{a}{\text{ch}^2\varphi}=0,$$

从而,曲线以 $\varphi=1$ 为渐近线,以极点为渐近点. 又

$$\frac{dr}{d\varphi}=a\cdot\frac{\frac{1}{\text{ch}^2\varphi}(\varphi-1)-\text{th}\varphi}{(\varphi-1)^2}=a\cdot\frac{(\varphi-1)-\frac{1}{2}\text{sh}2\varphi}{(\varphi-1)^2\text{ch}^2\varphi},$$

当 $1<\varphi<+\infty$时恒有$(\varphi-1)-\dfrac{1}{2}\text{sh}2\varphi<0$. 事实上,令 $y(\varphi)=(\varphi-1)-\dfrac{1}{2}\text{sh}2\varphi$,则 $y(1)=-\dfrac{1}{2}\text{sh}2<0$,而$y'(\varphi)=1-\text{ch}2\varphi<0$,故有 $y(\varphi)\leqslant y(1)<0$. 这就证明了当 $1<\varphi<+\infty$时恒有$\dfrac{dr}{d\varphi}<0$,即当 $\varphi$ 增大时 $r$ 单调减小.

为考察当 $r\to+\infty$时曲线的变化趋势,令

$$y_1=x\tan1,\quad y_2=a\frac{\text{th}\varphi}{\varphi-1}\sin\varphi.$$

由于

$$\begin{aligned}y_2-y_1&=a\frac{\text{th}\varphi}{\varphi-1}\sin\varphi-x\tan1=a\frac{\text{th}\varphi}{\varphi-1}\sin\varphi-a\frac{\text{th}\varphi}{\varphi-1}\cos\varphi\tan1\\&=a\frac{\text{th}\varphi}{\varphi-1}\cos\varphi\frac{\sin\varphi}{\cos\varphi}-a\frac{\text{th}\varphi}{\varphi-1}\cos\varphi\tan1=a\text{th}\varphi\cos\varphi\frac{\tan\varphi-\tan1}{\varphi-1},\end{aligned}$$

从而,

$$\lim_{\varphi\to1}(y_2-y_1)=\lim_{\varphi\to1}a\text{th}\varphi\cos\varphi\frac{\tan\varphi-\tan1}{\varphi-1}=\frac{a\text{th}1}{\cos1}.$$

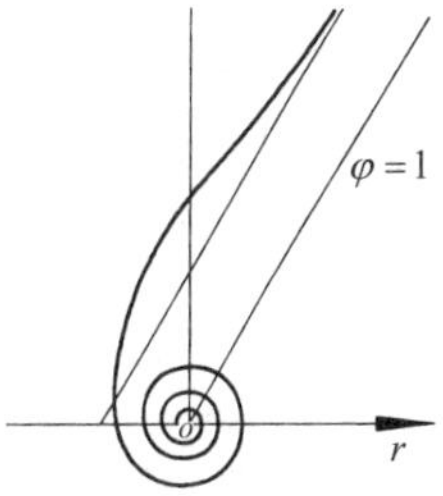


图 2.139

于是,在直角坐标系下,当 $r\to+\infty$时,曲线 $r=a\dfrac{\text{th}\varphi}{\varphi-1}$以直线 $y=x\tan1+a\dfrac{\text{th}1}{\cos1}$为渐近线.

计算几点的坐标如下表:

| $\varphi$ | 1.2 | 1.4 | $\frac{\pi}{2}$ | 1.6 | 1.8 | 2 | 2.5 | $\pi$ | 5 | $\frac{3\pi}{2}$ | $2\pi$ | 10 | $\varphi\to+\infty$ |
|---|---|---|---|---|---|---|---|---|---|---|---|---|---|
| $r$ | 4.15$a$ | 2.20$a$ | 1.59$a$ | 1.53$a$ | 1.17$a$ | 0.96$a$ | 0.65$a$ | 0.46$a$ | 0.24$a$ | 0.21$a$ | 0.18$a$ | 0.11$a$ | $r\to0$ |

综上分析知,曲线是螺状线,如图 2.139 所示.

**【1550】** $\cos\varphi=\dfrac{r-1}{r^2}$.

**解** 由方程容易判定,曲线关于极轴对称. 因而只需在 $0\leqslant\varphi\leqslant\pi$ 范围内研究图像. 方程可化为

$$r=\frac{1\pm\sqrt{1-4\cos\varphi}}{2\cos\varphi}.$$

由于必有 $1-4\cos\varphi\geqslant0$,故角的最小值应为 $\varphi=\arccos\dfrac{1}{4}\approx75°30'$,对应的 $r=2$. 由 $r>0$ 知曲线方程为

$$r=\frac{1+\sqrt{1-4\cos\varphi}}{2\cos\varphi}\qquad\left(\arccos\frac{1}{4}\leqslant\varphi<\frac{\pi}{2}\right);\tag{1}$$

$$r=\frac{1-\sqrt{1-4\cos\varphi}}{2\cos\varphi}\qquad\left(\frac{\pi}{2}<\varphi\leqslant\pi\right).\tag{2}$$

首先研究方程(1)所表示的曲线的图像. 因为随着 $\varphi$ 增加, $2\cos\varphi$ 减小, $\sqrt{1-4\cos\varphi}$ 增大, 因而 $r$ 随 $\varphi$ 增加而单调增加. 事实上, 易证 $\frac{dr}{d\varphi}>0$. 又

$$\lim_{\varphi\to\frac{\pi}{2}-0} r=\lim_{\varphi\to\frac{\pi}{2}-0}\frac{1+\sqrt{1-4\cos\varphi}}{2\cos\varphi}=+\infty,$$

所以, 当 $r\to+\infty$ 时有渐近线 $\varphi=\frac{\pi}{2}$. 又由 $\cos\varphi=\frac{r-1}{r^2}$, 得 $x=\frac{r-1}{r}$, 故当 $r\to+\infty$ 时 $x\to1$, 即当 $r\to+\infty$ 时, 曲线与直线 $r=\frac{1}{\cos\varphi}$ 无限接近(直角坐标系下 $x=1$ 为渐近线).

下面研究拐点. 由

$$\frac{d\cos\varphi}{dr}=\frac{r^2-2r(r-1)}{r^4}=\frac{2-r}{r^3},\quad -\sin\varphi\frac{d\varphi}{dr}=\frac{2-r}{r^3},\quad \frac{dr}{d\varphi}=\frac{r^3}{r-2}\sin\varphi,$$

从而,

$$\begin{aligned}\frac{d^2r}{d\varphi^2}&=\frac{3r^2(r-2)-r^3}{(r-2)^2}\frac{dr}{d\varphi}\sin\varphi+\frac{r^3}{r-2}\cos\varphi=\frac{r^3(2r^3-6r^2)}{(r-2)^3}\sin^2\varphi+\frac{r^3}{r-2}\cos\varphi\\&=\frac{r^5(2r-6)}{(r-2)^3}\left[1-\frac{(r-1)^2}{r^4}\right]+\frac{r^3}{r-2}\cdot\frac{r-1}{r^2}\\&=\frac{r\{(2r-6)[r^4-(r-1)^2]+(r-2)^2(r-1)\}}{(r-2)^3}.\end{aligned}$$

由 $r^2+2\left(\frac{dr}{d\varphi}\right)^2-r\frac{d^2r}{d\varphi^2}=0$ 得 $2r^4-3r^2+8r-6=0$, 经判别知: 拐点的 $r$ 介于 $\frac{\sqrt{5}-1}{2}$ 和 1 之间.

再来研究方程(2). 由于

$$\lim_{\varphi\to\frac{\pi}{2}-0} r=\lim_{\varphi\to\frac{\pi}{2}-0}\frac{1-\sqrt{1-4\cos\varphi}}{2\cos\varphi}=1,$$

事实上, 由 $\cos\varphi=\frac{r-1}{r^2}$ 也可得: 当 $\varphi=\frac{\pi}{2}$ 时, $r=1$. 因而点 $\left(1,\frac{\pi}{2}\right)$ 是曲线上的点. 又

$$\begin{aligned}\frac{dr}{d\varphi}&=\frac{1}{(2\cos\varphi)^2}[(1-4\cos\varphi)^{-\frac{1}{2}}(-2\sin\varphi)(2\cos\varphi)+2\sin\varphi(1-\sqrt{1-4\cos\varphi})]\\&=\frac{2\sin\varphi[(1-\sqrt{1-4\cos\varphi})\sqrt{1-4\cos\varphi}-2\cos\varphi]}{(2\cos\varphi)^2\sqrt{1-4\cos\varphi}}=\frac{2\sin\varphi[\sqrt{1-4\cos\varphi}-(1-2\cos\varphi)]}{(2\cos\varphi)^2\sqrt{1-4\cos\varphi}}.\end{aligned}\tag{3}$$

容易证明: $f(\varphi)=\sqrt{1-4\cos\varphi}-(1-2\cos\varphi)<0$. 事实上, 有

$$f'(\varphi)=2\sin\varphi\left(\frac{1}{\sqrt{1-4\cos\varphi}}-1\right)<0\quad 且\ f\left(\frac{\pi}{2}\right)=0.$$

又因当 $\varphi\in\left(\frac{\pi}{2},\pi\right)$ 时, (3)的其它因子均为正, 故得 $\frac{dr}{d\varphi}<0$, 即 $r$ 随 $\varphi$ 的增加而单调下降, 并且当 $\varphi=\pi$ 时达到极小值

$$r=\frac{1-\sqrt{5}}{-2}=\frac{\sqrt{5}-1}{2}.$$

事实上, $\frac{dr}{d\varphi}$ 经过 $\varphi=\pi$ 从负变到正.

计算几点的坐标列表如下:

| $\varphi$ | $75°30'$ | $76°5'$ | $77°10'$ | $81°$ | $84°$ | $87°$ | $\varphi\to\frac{\pi}{2}-0$ | $90°$ | $105°$ | $140°$ | $155°$ | $180°$ |
|---|---|---|---|---|---|---|---|---|---|---|---|---|
| $r$ | 2 | 2.5 | 3 | 5 | 8.85 | 19.7 | $r\to+\infty$ | 1 | 0.81 | 0.66 | 0.63 | 0.62 |

曲线如图 2.140 所示.

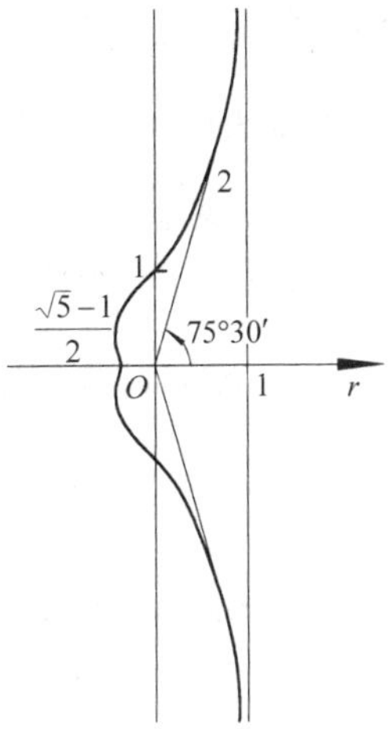


图 2.140

**作出下列曲线族的图像($a$ 表参变量):**

**【1551】** $y=x^2-2x+a$.

**提示** 将方程变形后作平移,并就 $a>1$,$a=1$ 及 $a<1$ 讨论抛物线顶点的位置.

**解** 将方程变形:$y-(a-1)=(x-1)^2$. 作平移

$$\begin{cases}x=x'+1\\ y=y'+(a-1),\end{cases}$$

即得标准方程 $y'=x'^2$,此为呈凹状的抛物线.

当 $a>1$ 时,抛物线的顶点位于第一象限;当 $a<1$ 时,抛物线的顶点位于第四象限;当 $a=1$ 时,抛物线的顶点在(1,0). 不论 $a$ 为何值,此抛物线的顶点位于直线 $x=1$ 上. 如图 2.141 所示.

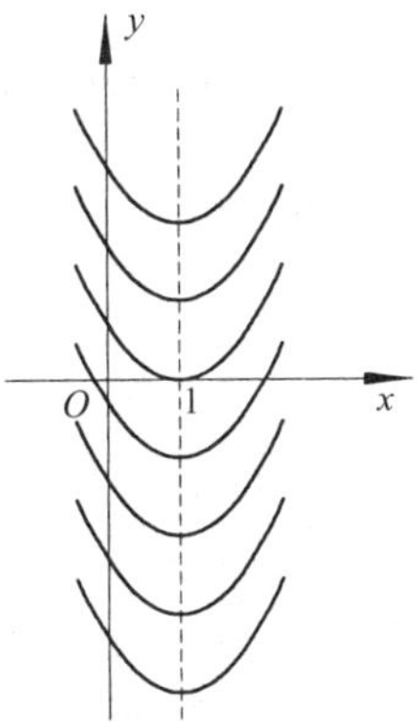


图 2.141

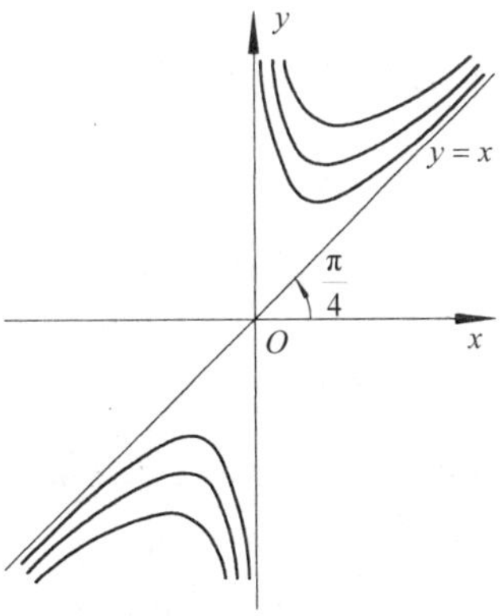


图 2.142

**【1552】** $y=x+\frac{a^2}{x}$.

**解** 当 $a=0$ 时为直线 $y=x$.

当 $a\neq0$ 时为双曲线族,其图像可由 $y=x$ 和 $y=\frac{a^2}{x}$ 相加而成,它们均以直线 $y=x$ 和 $x=0$ 为渐近线.

当 $x=|a|$ 时,有极小值 $y=2|a|$;当 $x=-|a|(a\neq0)$时,有极大值 $y=-2|a|$.

如图 2.142 所示.

**【1553】** $y=x\pm\sqrt{a(1-x^2)}$.

**解** $y-x=\pm\sqrt{a(1-x^2)}$,即$(y-x)^2+ax^2=a$.

作仿射变换$\begin{cases}\xi_1=-x+y,\\ \xi_2=x,\end{cases}$ 则原方程变形为 $\xi_1^2+a\xi_2^2=a$.

当 $0<a<+\infty$ 时为椭圆族；当 $-\infty<a<0$ 时为双曲线族；当 $a=0$ 时为直线 $y=x$. 全族曲线均通过点 $(-1,-1)$ 及 $(1,1)$.

$y'=1\mp\dfrac{ax}{\sqrt{a(1-x^2)}}$，令 $y'=0$，得 $x^2=\dfrac{1}{1+a}$，则 $1+a>0$ 或 $a>-1$.

$y''=\mp\dfrac{a^2}{[a(1-x^2)]^{\frac{3}{2}}}$，当 $y\geqslant x$ 时上式取负号；当 $y\leqslant x$ 时上式取正号. 于是，当 $y\geqslant x$ 时，有

(1)若 $a>0$，则当 $x=\dfrac{1}{\sqrt{1+a}}$ 时，由于 $y''<0$，故取得极大值 $y=\sqrt{1+a}$.

若 $-1<a<0$，则当 $x=-\dfrac{1}{\sqrt{1+a}}$ 时也取得极大值 $y=-\sqrt{1+a}$. 当 $x=\mp1$ 时取得边界极小值 $y=\mp1$ $(a\neq0)$.

(2)由于 $y''<0$，故曲线是凸的. 当 $y\leqslant x$ 时，有

(3)若 $a>0$，当 $x=-\dfrac{1}{\sqrt{1+a}}$ 时有极小值 $y=-\sqrt{1+a}$. 若 $-1<a<0$，当 $x=\dfrac{1}{\sqrt{1+a}}$ 时有极小值 $y=\sqrt{1+a}$. 当 $x=\mp1$ 时取得边界极大值 $y=\mp1$.

(4)由于 $y''>0$，故曲线是凹的. 此外，当 $a<0$ 时，曲线有渐近线，容易求得它们为 $y=(1\pm\sqrt{-a})x$.

椭圆族、双曲线族与直线已为大家所熟悉，故图略.

**【1554】** $y=\dfrac{x}{2}+e^{-ax}$.

**解** 原方程可变形为 $y-\dfrac{x}{2}=e^{-ax}$. 因此，若作仿射变换 $\begin{cases}\xi_1=-\dfrac{x}{2}+y,\\ \xi_2=x,\end{cases}$ 则原方程化成标准形式 $\xi_1=e^{-a\xi_2}$

当 $a\neq0$ 时，表示一指数曲线族；当 $a=0$ 时，表示直线 $y=1+\dfrac{x}{2}$. 全族曲线均通过点 $(0,1)$.

$y'=\dfrac{1}{2}-ae^{-ax}$. 令 $y'=0$ 得 $x=\dfrac{1}{a}\ln2a$.

$y''=a^2e^{-ax}>0$，故曲线呈凹状. 若 $a>0$，则当 $x=\dfrac{1}{a}\ln2a$ 时有极小值 $y=\dfrac{1}{2a}(1+\ln2a)$；

若 $a\leqslant0$，则因 $y'>0$，故函数 $y$ 是递增的.

现求渐近线：当 $a>0$ 时，

$$k=\lim_{x\to+\infty}\frac{y}{x}=\lim_{x\to+\infty}\left(\frac{1}{2}+\frac{1}{xe^{ax}}\right)=\frac{1}{2},$$
$$b=\lim_{x\to+\infty}(y-kx)=0,$$

故渐近线为 $y=\dfrac{x}{2}$.

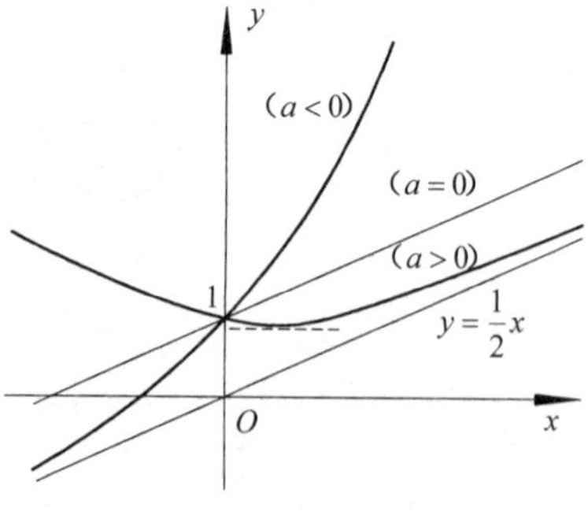


图 2.143

同法求得当 $a<0$ 时，渐近线也为 $y=\dfrac{x}{2}$，然此时应考虑 $x\to-\infty$. 如图 2.143 所示.

**【1555】** $y=xe^{-\frac{x}{a}}$

**解** 全族曲线均通过原点.

$y'=e^{-\frac{x}{a}}\left(1-\dfrac{x}{a}\right)$. 令 $y'=0$，得 $x=a$.

$y''=e^{-\frac{x}{a}}\left(\frac{x}{a^2}-\frac{2}{a}\right)$. 令 $y''=0$,得 $x=2a$.

经判别知：

若 $a>0$，当 $x=a$ 时有极大值 $y=ae^{-1}\approx 0.37a$；

若 $a<0$，当 $x=a$ 时有极小值 $y=ae^{-1}$.

拐点 $x=2a$，$y=2ae^{-2}\approx 0.27a$.

容易求得,渐近线为 $y=0$. 与 1554 题类似,当 $a>0$ 时应考虑 $x\to+\infty$；当 $a<0$ 时应考虑 $x\to-\infty$

又曲线族与直线 $y=x$ 在原点相切,如图 2.144 所示.

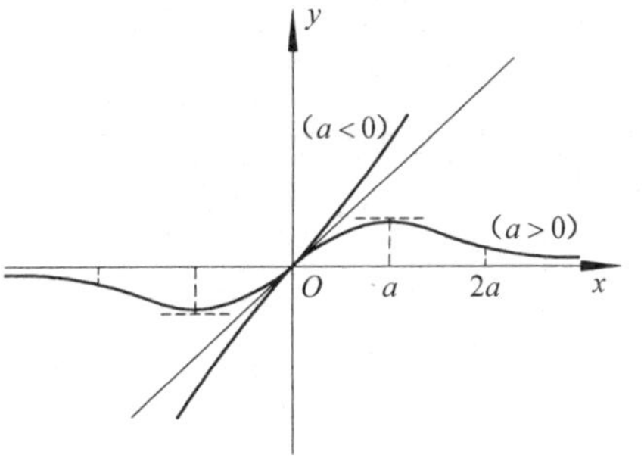


图 2.144

## §13. 函数的极大值与极小值问题

**【1556】** 证明:若函数 $f(x)$不为负,则函数

$$F(x)=Cf^2(x) \quad (C>0)$$

与函数 $f(x)$有相同的极值点.

**证** 如果 $x_0$ 为 $F(x)$的极大值点,则在 $x_0$ 点附近有

$$F(x_0)>F(x) \quad (x\neq x_0) \qquad (*)$$

即 $Cf^2(x_0)>Cf^2(x)$. 根据 $C>0$,以及 $f(x)$不为负,必有

$$f(x_0)>f(x) \quad (x \text{ 在 } x_0 \text{ 附近,且 } x\neq x_0)$$

这就证明了 $x_0$ 点也为 $f(x)$的极大值点. 反之,若 $x_0$ 为 $f(x)$的极大值点,则在 $x_0$ 附近,有

$$f(x_0)>f(x) \quad (x\neq x_0).$$

于是,

$$Cf^2(x_0)>Cf^2(x),$$

即(*)式成立. 这就证明了 $x_0$ 点也为 $F(x)$的极大值点. 同样道理,若 $x_0$ 为极小值点时,也可证明 $F(x)$与 $f(x)$有相同的极小值点.

**【1557】** 证明:若当 $-\infty<x<+\infty$时,函数 $\varphi(x)$严格单调递增,则函数

$$f(x) \quad 与 \quad \varphi(f(x))$$

有相同的极值点.

**证** 设 $x_0$ 点为 $f(x)$的极值点,例如是极大值点,则在 $x_0$ 点附近有

$$f(x_0)>f(x) \quad (x\neq x_0). \qquad (1)$$

因为函数 $\varphi(x)$为严格单调递增的,故也有

$$\varphi(f(x_0))>\varphi(f(x)) \quad (x\neq x_0). \qquad (2)$$

这就证明了点 $x_0$ 也是 $\varphi(f(x))$的极大值点. 反之也对,因为由(2),从 $\varphi(x)$的严格单调递增性质知必有(1). 另一种情形,即设点 $x_0$ 是极小值点时,也可类似获证. 于是,原命题得证.

**【1558】** 二正数的和等于常数 $a$，求此二正数的 $m$ 次幂与 $n$ 次幂($m>0, n>0$)之积的极大值.

**提示** 设一正数为 $x$，由题设，我们只要求函数 $f(x)=x^m(a-x)^n(0<x<a; m>0, n>0)$ 的极大值.

**解** 设一正数为 $x$，则按题设，我们只要求函数

$$f(x)=x^m(a-x)^n \quad (0<x<a)$$

的极大值. 由于 $f'(x)=x^{m-1}(a-x)^{n-1}[ma-(m+n)x]$，故若令 $f'(x)=0$，即得 $x=\frac{ma}{m+n}$. 当 $0<x<\frac{ma}{m+n}$ 时，$f'(x)>0$；当 $\frac{ma}{m+n}<x<a$ 时，$f'(x)<0$. 因此，当 $x=\frac{ma}{m+n}$ 时，$f(x)$ 有极大值

$$f\left(\frac{ma}{m+n}\right)=\frac{a^{m+n}m^m n^n}{(m+n)^{m+n}}.$$

**【1559】** 二正数的乘积等于常数 $a$，求此二数的 $m$ 次幂与 $n$ 次幂($m>0, n>0$)之和的极小值.

**解** 设一正数为 $x$，则按题设，我们只要求函数

$$f(x)=x^m+\left(\frac{a}{x}\right)^n \quad (0<x<+\infty)$$

的极小值.

由于

$$f'(x)=\frac{mx^{m+n}-na^n}{x^{n+1}}.$$

令 $f'(x)=0$，得 $x=\left(\frac{n}{m}\right)^{\frac{1}{m+n}}a^{\frac{n}{m+n}}$. 显然，在此点的左边，$f'(x)<0$，而在此点的右边，有 $f'(x)>0$，故知当 $x=\left(\frac{n}{m}\right)^{\frac{1}{m+n}}a^{\frac{n}{m+n}}$ 时，函数 $f(x)$ 有极小值

$$f\left[\left(\frac{n}{m}\right)^{\frac{1}{m+n}}a^{\frac{n}{m+n}}\right]=(m+n)\left(\frac{a^{mn}}{m^m n^n}\right)^{\frac{1}{m+n}}.$$

**【1560】** 当对数之底取何值时存在这样的数，它本身和它的对数相等?

**解** 解法 1：

设所求之数为 $a$，则对于 $0<a<1$，$1<a<+\infty$ 及 $x>0$ 时

$$\log_a x=x \quad 或 \quad a^x=x. \tag{1}$$

问题即为取怎样的数 $a$，上式才成立.

为研究使(1)式成立的 $a$ 及相应的 $x$ 的取值情况，我们在直角坐标系内取曲线

$$\begin{cases} y=a^x, \\ y=x. \end{cases} \tag{2}$$

在交点处，方程(1)与(2)等价(图 2.145).

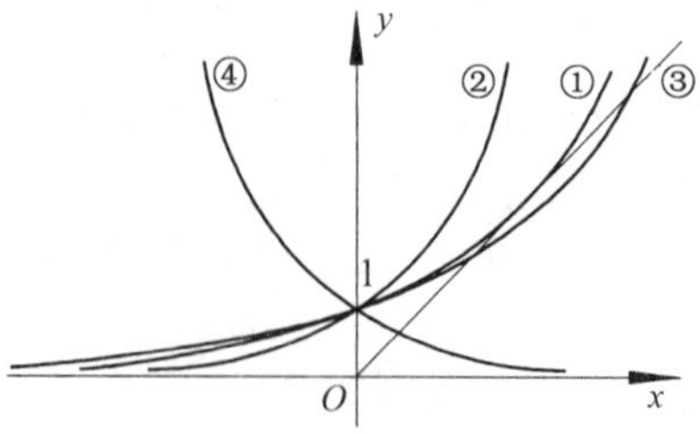


图 2.145

注意，指数曲线 $y=a^x$ 与直线 $y=x$ 是否有公共点，就看其差

$$\Delta=f(x)=a^x-x$$

有无使 $\Delta=f(x)=0$ 的点 $x$.

设 $y=a_0^x$ 与 $y=x$ 相切于一点 $(x_0, a_0^{x_0})$，此时 $f'(x_0)=0$，即有

$$a_0^{x_0}\ln a_0-1=0. \tag{3}$$

从 $\Delta=0$ 知有(1),即

$$a_0^{x_0}-x_0=0. \tag{4}$$

由(3)和(4)可解得

$$a_0=e^{\frac{1}{e}},\quad x_0=e. \tag{5}$$

当 $a>a_0$ 时,易见 $y=a^x$ 比 $y=a_0^x$ 远离直线 $y=x$. 故此时无交点. 实际上,注意到有 $a_0^x\geqslant x$,并记 $g(a,x)=a^x$,对于 $x\geqslant 0$,只要 $a>a_0$ 就有 $a^x>a_0^x\geqslant x$,也即 $g(a_0,x)$是 $g(a,x)$的极小值. 故当 $a>a_0$ 时,$y=a$ 与 $y=x$ 无交点. 而当 $0<a\leqslant a_0$ 时(且要求 $a\neq 1$),此时(2)有解,从而(1)有解. 如图 2.145 中曲线①、②、③、④所示.

解法 2:

设 $f(x)=e^{\frac{\ln x}{x}}$,则由 $f'(x)=e^{\frac{\ln x}{x}}\cdot\dfrac{1-\ln x}{x^2}=0$ 得 $x=e$. 显然当 $x$ 通过 e 时 $f'(x)$由正变负,故知 $f(e)=e^{\frac{1}{e}}\approx 1.445$ 为极大值. 从而,$0<x^{\frac{1}{x}}\leqslant e^{\frac{1}{e}}$.

因此,当 $0<a\leqslant e^{\frac{1}{e}}$ 且 $a\neq 1$ 时,有 $\log_a x=x$.

**【1561】** 从面积为给定值 $S$ 的一切矩形中,求其周长为最小者.

**解** 设矩形的一边长为 $x$,则另一边长为 $\dfrac{S}{x}$,周长为

$$f(x)=2\left(x+\frac{S}{x}\right),$$

按题设,我们只要求其最小值.

由于 $f'(x)=2\left(1-\dfrac{S}{x^2}\right)$,故令 $f'(x)=0$,即得 $x=\sqrt{S}$. 由 $f''(\sqrt{S})>0$ 知,此时 $f(x)$有极小值. 又由于极值的唯一性,故此值也为最小值. 因此,所求的矩形为以$\sqrt{S}$为边的正方形.

**【1562】** 若直角三角形的一直角边与斜边之和为常数,求具有最大面积的直角三角形.

**解** 设一直角边为 $x$,则按题设,另一直角边为 $\sqrt{(a-x)^2-x^2}=\sqrt{a^2-2ax}$,故直角三角形的面积为

$$S(x)=\frac{1}{2}x\sqrt{a^2-2ax}.$$

利用极值的解法得:当 $x=\dfrac{a}{3}$时,$S(x)$值为极大值. 又由于极值的唯一性,故知当 $x=\dfrac{a}{3}$时,$S(x)$取最大值. 此时斜边为$a-x=a-\dfrac{a}{3}=\dfrac{2}{3}a$,它为直角边的两倍,故此三角形的两锐角分别为 30°及 60°.

本题也可用 1556 题的结论求得结果. 事实上,令 $F(x)=4S^2(x)$,则 $F(x)$与 $S(x)$有相同的极值点,对 $F(x)$求极值可得同样的结果.

**【1563】** 要使容积为给定值 $V$ 的圆柱形闭合容器有最小的表面积,其尺寸如何?

**解** 设容器的底半径为 $x$,则高为 $H=\dfrac{V}{\pi x^2}$,故圆柱体的表面积为

$$S(x)=2\pi x\cdot\frac{V}{\pi x^2}+2\pi x^2.$$

由于

$$S'(x)=\frac{4\pi x^3-2V}{x^2},$$

令 $S'(x)=0$ 得 $x=\sqrt[3]{\dfrac{V}{2\pi}}$. 由 $S''\left(\sqrt[3]{\dfrac{V}{2\pi}}\right)>0$ 知,当 $x=\sqrt[3]{\dfrac{V}{2\pi}}$时,$S(x)$有极小值

$$S\left(\sqrt[3]{\frac{V}{2\pi}}\right)=\sqrt[3]{54\pi V^2}.$$

由于只有一个极值,故知当底半径为$\sqrt[3]{\dfrac{V}{2\pi}}$,而高为$\dfrac{V}{\pi x^2}=2\sqrt[3]{\dfrac{V}{2\pi}}$时有最小表面积 $\sqrt[3]{54\pi V^2}$.

【1564】 在不超过半圆的给定弓形内作出具有最大面积的内接矩形.

**解** 由图 2.146 知,不妨设圆的半径为单位长度,则

$$OA=\cos\varphi,\quad BC=\sin\alpha,\quad BA=\cos\alpha-\cos\varphi.$$

从而,矩形面积为

$$S(\alpha)=2BC\cdot BA=2\sin\alpha(\cos\alpha-\cos\varphi)=\sin2\alpha-2\sin\alpha\cos\varphi.$$

而

$$S'(\alpha)=2\cos2\alpha-2\cos\alpha\cos\varphi=4\cos^2\alpha-2\cos\alpha\cos\varphi-2,$$

令 $S'(\alpha)=0$,可得

$$\cos\alpha=\frac{\cos\varphi+\sqrt{\cos^2\varphi+8}}{4}.$$

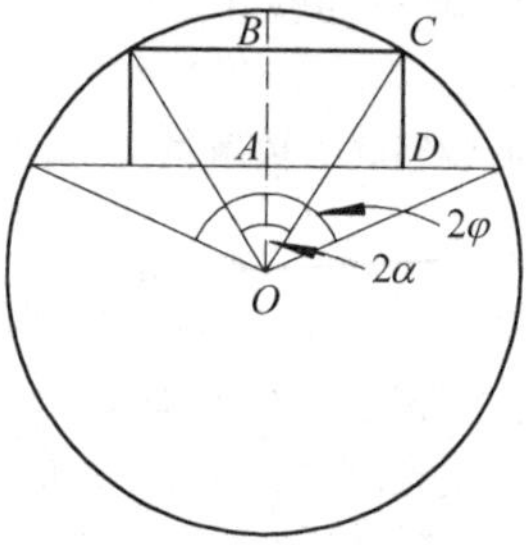


图 2.146

注意到 $\alpha\leqslant\varphi\leqslant\frac{\pi}{2}$,故 $\cos\varphi\leqslant\cos\alpha$. 于是,有

$$S''(\alpha)=-4\sin2\alpha+2\cos\varphi\sin\alpha\leqslant-4\sin2\alpha+2\cos\alpha\sin\alpha=-3\sin2\alpha<0.$$

这就说明

$$\alpha=\arccos\frac{\cos\varphi+\sqrt{\cos^2\varphi+8}}{4}$$

是使 $S(\alpha)$ 达到极大值的点,也就是说此时弓形内所对应的内接矩形面积最大.

【1565】 在椭圆

$$\frac{x^2}{a^2}+\frac{y^2}{b^2}=1$$

中,作出具有最大面积而边平行于椭圆轴的内接矩形.

**解** 如图 2.147 所示.

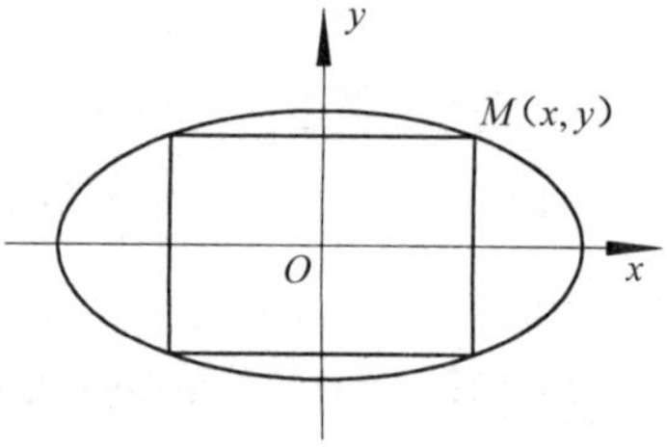


图 2.147

由于点 $M(x,y)$ 在椭圆上,故适合方程 $\frac{x^2}{a^2}+\frac{y^2}{b^2}=1$.

解之,得 $y=\frac{b}{a}\sqrt{a^2-x^2}$. 于是,按题设,求函数

$$f(x)=4x\cdot\frac{b}{a}\sqrt{a^2-x^2}$$

当 $x$ 为何值时最大,记 $C=\frac{a^2}{16b^2}$,利用 1556 题的结果,$f(x)$ 与 $F(x)=Cf^2(x)=x^2(a^2-x^2)$ 有相同的极值点. 但 $F'(x)=4x\left(\frac{a^2}{2}-x^2\right)$,令 $F'(x)=0$,则 $x=0$(不适合),$x=\frac{a}{\sqrt2}$. 当 $x=\frac{a}{\sqrt2}$ 时,有 $F''\left(\frac{a}{\sqrt2}\right)=-4a^2<0$,

故 $f\left(\frac{a}{\sqrt2}\right)=2ab$ 为最大面积. 此时内接矩形的边为 $a\sqrt2$ 和 $b\sqrt2$.

【1566】 在底边为 $b$ 及高为 $h$ 的三角形中,作出具有最大周长的内接矩形,研究此问题有解的可能性.

**解** 如图 2.148 所示.

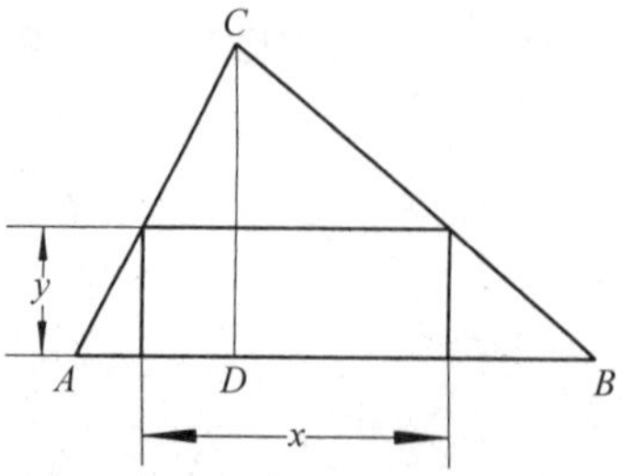


图 2.148

$AB=b,CD=h$. 由于 $\frac{x}{b}=\frac{h-y}{h}$,故 $x=\frac{b}{h}(h-y)$. 矩形的周长为

$$p=2\left[y+\frac{b}{h}(h-y)\right]=2\left[\left(1-\frac{b}{h}\right)y+b\right].$$

显见,当 $h=b$ 时,周长 $p=2b$ 为一定值;当 $h>b$ 时,$p'_y>0$,$p$ 单调增加,故当 $y=h$ 时有边界的极大值 $p=2h$;当 $h<b$ 时,$p'_y<0$,$p$ 单调减少,理论上当 $y=0$ 时有边界的极大值 $2b$. 但作出的内接矩形不允许边长为零,故当 $h<b$ 时作出的内接矩形有最大周长是不存在的,即此时问题无解.

【1567】 从直径为 $d$ 的原木(圆柱横截面)切出横截面为矩形的梁,此矩形的底等于 $b$,高等于 $h$. 若梁

的强度与 $bh^2$ 成正比，问梁的尺寸如何，其强度最大？

**解** 由于 $b^2+h^2=d^2$，故 $h^2=d^2-b^2$，按题设，我们只要考虑函数

$$f(b)=b(d^2-b^2)$$

何时取最大值.

由于 $f'(b)=d^2-3b^2$，令 $f'(b)=0$ 得 $b=\frac{d}{\sqrt{3}}$. 此时 $h=d\sqrt{\frac{2}{3}}$，$f''(b)=-6b<0$，$f(b)$的值最大. 因此，所求矩形的底为$\frac{d}{\sqrt{3}}$，高为 $d\sqrt{\frac{2}{3}}$.

**【1568】** 在半径为 $R$ 的半球中作出具有最大体积且底为正方形的内接长方体.

**解** 设底边之一半为 $x$，则按题设，有

$$2x^2+y^2=R^2,$$

其中 $y$ 为长方体高之一半. 解之，得 $y=\sqrt{R^2-2x^2}$. 由题设，我们只要考虑函数

$$f(x)=4x^2y=4x^2\sqrt{R^2-2x^2}$$

何时取最大值.

$$f'(x)=\frac{8x(R^2-3x^2)}{\sqrt{R^2-2x^2}},$$

令 $f'(x)=0$ 得 $x=\frac{R}{\sqrt{3}}$，此时 $y=\frac{R}{\sqrt{3}}$. 经判别可知，$f\left(\frac{R}{\sqrt{3}}\right)$值为最大. 因此，所求的长方体之底、宽、高分别为$\frac{2R}{\sqrt{3}}$，$\frac{2R}{\sqrt{3}}$，$\frac{R}{\sqrt{3}}$，而最大体积为

$$f\left(\frac{R}{\sqrt{3}}\right)=\frac{4R^3}{3\sqrt{3}}.$$

**【1569】** 在半径为 $R$ 的球内作出具有最大体积的内接圆柱体.

**提示** 设圆柱体的底半径为 $r$，高为 $2h$，则有 $h=\sqrt{R^2-r^2}$. 由题设，我们只要考虑函数 $f(r)=2\pi r^2h=2\pi r^2\sqrt{R^2-r^2}$ 何时最大.

**解** 设圆柱体的底半径为 $r$，高为 $2h$，则有

$$r^2+h^2=R^2,$$

即 $h=\sqrt{R^2-r^2}$. 按题设，我们只要考虑函数

$$f(r)=2\pi r^2h=2\pi r^2\sqrt{R^2-r^2}$$

何时取最大值.

$f'(r)=\frac{2\pi r(2R^2-3r^2)}{\sqrt{R^2-r^2}}$，令 $f'(r)=0$ 得 $r=\sqrt{\frac{2}{3}}R$，此时 $h=\frac{R}{\sqrt{3}}$，且

$$f(r)=f\left(\sqrt{\frac{2}{3}}R\right)=\frac{4\pi R^3}{3\sqrt{3}}.$$

经判别可知，此值即为圆柱体体积的最大值.

**【1570】** 在半径为 $R$ 的球内作出具有最大表面积的内接圆柱体.

**解** 如图 2.149 所示，圆柱体的表面积为

$$S=2\pi(R\cos\varphi)^2+4\pi(R\cos\varphi)(R\sin\varphi)=\pi R^2(1+\cos 2\varphi)+2\pi R^2\sin 2\varphi.$$

由$\frac{dS}{d\varphi}=0$ 得 $\tan 2\varphi=2$. 记其解为

$$\varphi_0=\frac{1}{2}\arctan 2,\varphi_0\in\left(0,\frac{\pi}{2}\right).$$

于是，$\sin 2\varphi_0=\frac{2}{\sqrt{5}}$，$\cos 2\varphi_0=\frac{1}{\sqrt{5}}$. 又由于

$$\left.\frac{d^2S}{d\varphi^2}\right|_{\varphi=\varphi_0}=-4\pi R^2\left[2\sin2\varphi+\cos2\varphi\right]_{\varphi=\varphi_0}$$
$$=-4\pi R^2\left[2\sin2\varphi_0+\frac{1}{2}\sin2\varphi_0\right]=-10\pi R^2\sin2\varphi_0<0,$$

故此时表面积最大,且最大表面积为

$$S=\pi R^2\left(1+\frac{1}{\sqrt{5}}\right)+2\pi R^2\cdot\frac{2}{\sqrt{5}}=\pi R^2(1+\sqrt{5})\approx0.81\times4\pi R^2.$$

从而,球内接圆柱体的最大表面积约为球面面积的 81%.

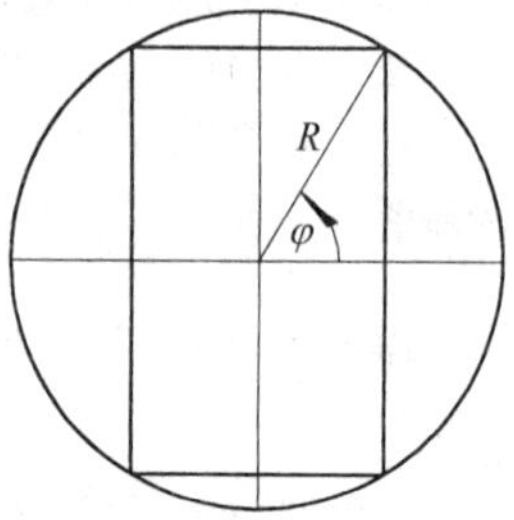

图 2.149

【1571】 在已知球外作出具有最小体积的外切圆锥体.

解 设外切圆锥体的底半径为 $x$,高为 $h$,球的半径为 $R$,则可求得 $h=\frac{2Rx^2}{x^2-R^2}$,于是,外切圆锥体的体积为

$$V=\frac{1}{3}\pi x^2\cdot\frac{2Rx^2}{x^2-R^2}=\frac{2}{3}\pi R\cdot\frac{x^4}{x^2-R^2}\quad(x>0).$$

由

$$\frac{dV}{dx}=\frac{4}{3}\pi R\cdot\frac{x^3(x^2-2R^2)}{(x^2-R^2)^2}=0,$$

得 $x=\sqrt{2}R$,经判别可知,此时体积最小,且

$$V\Big|_{x=\sqrt{2}R}=2\cdot\frac{4}{3}\pi R^3.$$

所以,外切圆锥体的最小体积是球体体积的二倍.

【1572】 求母线为给定值 $l$ 的圆锥体之最大体积.

解 设圆锥体的底半径为 $r$,高为 $h$,则 $h=\sqrt{l^2-r^2}$,圆锥体的体积为$\frac{1}{3}\pi r^2h=\frac{1}{3}\pi r^2\sqrt{l^2-r^2}$. 按题设,只要求函数

$$f(r)=r^4(l^2-r^2)$$

的最大值.

由于 $f'(r)=4l^2r^3-6r^5$,令 $f'(r)=0$ 得 $r=\sqrt{\frac{2}{3}}l$,此时 $h=\frac{l}{\sqrt{3}}$. 经判别可知,$f\left(\sqrt{\frac{2}{3}}l\right)$最大,因此,所求的圆锥体的底半径为$\sqrt{\frac{2}{3}}l$,高为$\frac{l}{\sqrt{3}}$,体积最大值为 $f\left(\sqrt{\frac{2}{3}}l\right)=\frac{2\pi}{9\sqrt{3}}l^3$.

【1573】 在顶角为 $2\alpha$ 底半径为 $R$ 的直圆锥体中作出具有最大表面积的圆柱体.

解 设 $r$ 及 $h$ 为圆柱体的底半径与高,$H$ 为圆锥体的高(如图2.150). 按题设,只要求函数

$$S=2\pi r^2+2\pi rh$$

的最大值. 由于

$$\frac{MN}{BD}=\frac{AN}{AD},\quad 即\quad \frac{h}{H}=\frac{R-r}{R},\quad 故\quad h=\frac{R-r}{R}H,$$

其中 $H=R\cot\alpha$ 是已知常数. 于是,

$$S=f(r)=2\pi\left[r^2+rH\left(1-\frac{r}{R}\right)\right]\quad(0\leqslant r\leqslant R),$$
$$f'(r)=2\pi\left(2r+H-\frac{2r}{R}H\right).$$

令 $f'(x)=0$,得 $r=\frac{HR}{2(H-R)}$,此值应在 0 与 $R$ 之间,即 $H>R$ 与 $\frac{R}{H}=\tan\alpha<\frac{1}{2}$. 经判别可知,此时 $f(r)$为最大,因此,所求的圆柱体

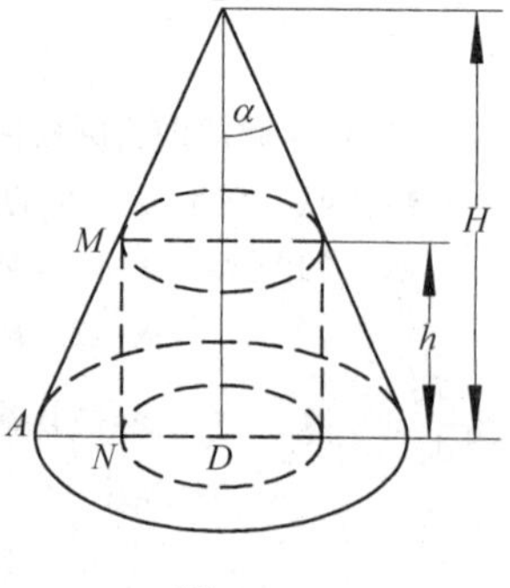

图 2.150

当 $\tan\alpha<\frac{1}{2}$ 及 $r=\frac{R}{2(1-\tan\alpha)}$ 时达到最大值. 当 $\tan\alpha\geqslant\frac{1}{2}$ 即 $H\leqslant 2R$ 时, 由于 $f'(r)=\frac{2\pi}{R}[(2R-H)r+H(R-r)]$ 大于零. 因此, 当 $r=R$ 时, 达到边界的极大值, 但是, 当 $r=R$ 时, 显然有 $h=0$, 于是, 得到的解可以考虑作为一个扁平的圆柱体, 它的两底都与已知圆锥的底重合, 而全表面积为 $2\pi R^2$.

**【1574】** 求从点 $M(p,p)$ 到抛物线 $y^2=2px$ 的最短距离.

**解** 按题设, 只要求函数

$$f(y)=(x-p)^2+(y-p)^2=x^2+2p^2-2py=\frac{y^4}{4p^2}+2p^2-2py$$

的极小值.

由于 $f'(y)=\frac{y^3-2p^3}{p^2}$. 令 $f'(y)=0$ 得 $y=\sqrt[3]{2}\,p$, 此时 $x=\frac{\sqrt[3]{4}}{2}p$. 经判别可知, $f(\sqrt[3]{2}\,p)$ 为最小. 因此, 所求的最短距离为

$$\sqrt{f(\sqrt[3]{2})}=p\sqrt{\left(\frac{\sqrt[3]{4}}{2}-1\right)^2+(\sqrt[3]{2}-1)^2}=p(\sqrt[3]{2}-1)\sqrt{\left[\frac{\sqrt[3]{4}-2}{2(\sqrt[3]{2}-1)}\right]^2+1}=p(\sqrt[3]{2}-1)\sqrt{\frac{\sqrt[3]{2}+2}{2}}.$$

**【1575】** 求从点 $A(2,0)$ 到圆 $x^2+y^2=1$ 的最短与最长距离.

**解** 显见, 最短距离为 1, 最长距离为 3, 事实上, 用微分法也可解之, 只要求函数

$$(x-2)^2+y^2=5-4x=f(x)$$

的极值.

由于 $f'(x)=-4<0$, 故 $f(x)$ 递减, 因此, 当 $x=-1$ 时, 有最大值 $\sqrt{f(-1)}=3$; 而当 $x=1$ 时有最小值 $\sqrt{f(1)}=1$.

**【1576】** 求椭圆 $\frac{x^2}{a^2}+\frac{y^2}{b^2}=1$ $(0<b<a)$ 的经过顶点 $(0,-b)$ 的最大弦.

**解** 按题设, 我们只要求函数

$$\begin{aligned}x^2+(y+b)^2&=x^2+y^2+2by+b^2=\left(a^2-\frac{a^2}{b^2}y^2\right)+y^2+2by+b^2\\&=\left(1-\frac{a^2}{b^2}\right)y^2+2by+(a^2+b^2)=f(y)\end{aligned}$$

的最大值. 为此, 先求得 $f'(y)=2\left(1-\frac{a^2}{b^2}\right)y+2b$. 令 $f'(y)=0$, 得 $y=\frac{b^3}{a^2-b^2}=\frac{b^3}{c^2}$ $(c=\sqrt{a^2-b^2})$, 此时

$$x^2=a^2-\frac{a^2}{b^2}\cdot\frac{b^6}{c^4}=a^2\left(1-\frac{b^4}{c^4}\right),$$

或

$$x=\pm\frac{a}{c^2}\sqrt{c^4-b^4}=\pm\frac{a^2}{c^2}\sqrt{a^2-2b^2}\quad\left(b\leqslant\frac{a}{\sqrt{2}}\right).$$

经判别可知, 此时弦长为最大值, 且其值为

$$\sqrt{a^2\left(1-\frac{b^4}{c^4}\right)+\left(\frac{b^3}{c^2}+b\right)^2}=\frac{a^2}{c}.$$

此即最大弦长. 弦的一端点为 $(0,-b)$, 另一端点为 $\left(\pm\frac{a^2}{c^2}\sqrt{a^2-2b^2}\cdot\frac{b^3}{c^2}\right)$, 但仅当 $b\leqslant\frac{a}{\sqrt{2}}$ 时, $\sqrt{a^2-2b^2}$ 才有意义.

若 $b>\frac{a}{\sqrt{2}}$, 则由于

$$f'(y)=2\left(1-\frac{a^2}{b^2}\right)+2b>2\left(1-\frac{a^2}{b^2}\right)(-b)+2b=\frac{2a^2}{b}>0,$$

故当 $y=b$, $x=0$ 时, 取得弦长的边界最大值, 此时最大弦长为 $2b$.

**【1577】** 过椭圆 $\frac{x^2}{a^2}+\frac{y^2}{b^2}=1$ 上的点 $M(x,y)$ 引切线, 使由此切线与坐标轴构成的三角形具有最小的面积.

**解** 切线斜率为 $k=-\dfrac{b^2x}{a^2y}$，于是，切线方程为

$$Y-y=-\frac{b^2x}{a^2y}(X-x).$$

不失一般性，可设点 $M$ 在第一象限. 它在两坐标轴上的截距分别为 $\dfrac{a^2}{x}$ 和 $\dfrac{b^2}{y}$. 因此，所求三角形的面积为

$$\frac{a^2b^2}{2xy}=\frac{a^3b}{2x\sqrt{a^2-x^2}}.$$

按题设，我们只要求函数

$$f(x)=x^2(a^2-x^2)$$

的最大值. 为此，先求得

$$f'(x)=2a^2x-4x^3.$$

令 $f'(x)=0$，得 $x=\dfrac{a}{\sqrt{2}}$，此时 $y=\dfrac{b}{\sqrt{2}}$，经判别可知，$f\left(\dfrac{a}{\sqrt{2}}\right)$ 为最大值. 因此，所求的点为 $\left(\dfrac{a}{\sqrt{2}},\dfrac{b}{\sqrt{2}}\right)$，三角形面积的最小值为 $ab$.

**【1578】** 直径相同的圆柱体与半球体拼接在一起构成一物体，其体积为给定值 $V$. 要使此物体具有最小的表面积，其尺寸如何？

**解** 设 $r$ 为圆柱体的底半径，$h$ 为其高，则按题设，我们有

$$V=\frac{2}{3}\pi r^3+\pi r^2h \quad 或 \quad h=\frac{V}{\pi r^2}-\frac{2}{3}r,$$

故知其表面积为

$$S(x)=3\pi r^2+2\pi r\left(\frac{V}{\pi r^2}-\frac{2}{3}r\right)=\frac{5}{3}\pi r^2+\frac{2V}{r}.$$

$$S'(r)=\frac{10}{3}\pi r-\frac{2V}{r^2},$$

令 $S'(r)=0$，得 $r=\sqrt[3]{\dfrac{3V}{5\pi}}$，此时 $h=\sqrt[3]{\dfrac{3V}{5\pi}}$. 经判别可知，$S\left(\sqrt[3]{\dfrac{3V}{5\pi}}\right)$ 为最小值. 因此，当 $r=h=\sqrt[3]{\dfrac{3V}{5\pi}}$ 时表面积最小.

**【1579】** 若明渠的横截面为等腰梯形，渠中流水的横截面面积为 $S$，水面的高为 $h$，问水渠侧边的倾角 $\varphi$ 如何，才使其横截面边界被水浸湿的部分具有最小的长度？

**解** 浸湿长 $l=a+2h\csc\varphi$，其中 $a$ 为底边长，而截面面积为

$$S=\frac{1}{2}(2a+2h\cot\varphi)h=ah+h^2\cot\varphi.$$

于是，被水浸湿部分的长度为 $\qquad l=2h\csc\varphi+\dfrac{S}{h}-h\cot\varphi.$

由 $\dfrac{\mathrm{d}l}{\mathrm{d}\varphi}=-\dfrac{2h\cos\varphi}{\sin^2\varphi}+\dfrac{h}{\sin^2\varphi}=0$，得 $\cos\varphi=\dfrac{1}{2}$，$\varphi=60°$. 因为

$$\left.\frac{\mathrm{d}^2l}{\mathrm{d}\varphi^2}\right|_{\varphi=60°}=\left.\frac{2h\sin^3\varphi-h\sin2\varphi(1-2\cos\varphi)}{\sin^4\varphi}\right|_{\varphi=60°}>0,$$

所以，当 $\varphi=60°$ 时，横截面被水浸湿的部分具有最小的长度.

**【1580】** 设封闭曲线所围面积为 $S$，则该曲线的周长与面积同为 $S$ 的圆的周长之比称为封闭曲线的 **"弯曲度"**.

设等腰梯形 $ABCD(AD/\!/BC)$ 的底边 $AD=2a$，锐角 $BAD=\alpha$，问等腰梯形的形状如何，才有最小的弯曲度？

**解** 设腰 $AB=CD=b$，则梯形的周长为

$$l=4a+2b(1-\cos\alpha),$$

梯形的面积为

$$S=(2a-b\cos\alpha)b\sin\alpha.$$

令 $S=\pi R^2$ 得

$$R=\frac{1}{\sqrt{\pi}}\sqrt{(2a-b\cos\alpha)b\sin\alpha},$$

相应的圆周长为

$$L=2\pi R=2\sqrt{\pi(2a-b\cos\alpha)b\sin\alpha}.$$

令弯曲度为 $K$,则

$$K=\frac{l}{L}=\frac{2a+b(1-\cos\alpha)}{\sqrt{\pi(2a-b\cos\alpha)b\sin\alpha}}.$$

由 $\frac{\mathrm{d}K}{\mathrm{d}b}=0$,得 $b=a\sec^2\frac{\alpha}{2}$. 可以验证,当 $AB=CD=a\sec^2\frac{\alpha}{2}$ 时,具有最小的弯曲度,此时,梯形恰好外切于某圆.

**【1581】** 从半径为 $R$ 的圆中应切去怎样的扇形,才能使余下的部分可卷成一漏斗,其容积为最大?

**解** 设余下部分的中心角为 $x$,则漏斗(呈圆锥形)底的周长为 $Rx$,底半径为 $\frac{Rx}{2\pi}$($R$ 为原圆的半径),其高为

$$h=\sqrt{R^2-\left(\frac{Rx}{2\pi}\right)^2}=\frac{R}{2\pi}\sqrt{4\pi^2-x^2},$$

其容积为

$$V=\frac{1}{3}\pi\left(\frac{Rx}{2\pi}\right)^2\frac{R}{2\pi}\sqrt{4\pi^2-x^2}=\frac{R^3}{24\pi^2}x^2\sqrt{4\pi^2-x^2}.$$

按题设,我们只要求 $x$ 为何值时,函数 $f(x)=x^4(4\pi^2-x^2)$ 的值最大. 为此,先求得

$$f'(x)=16\pi^2x^3-6x^5.$$

令 $f'(x)=0$,要注意不允许 $x=0$,得 $x=2\pi\sqrt{\frac{2}{3}}$. 经判别可知,$f\left(2\pi\sqrt{\frac{2}{3}}\right)$ 最大. 因此,所切去的扇形的中心角应为

$$2\pi\left(1-\sqrt{\frac{2}{3}}\right).$$

**【1582】** 从南至北的铁路经过 $B$ 城,某工厂 $A$ 距此铁路的最短距离为 $a$ km,距偏北面之 $B$ 城所在纬线的距离为 $b$km. 为了从 $A$ 到 $B$ 运输货物最经济,从工厂修建一条专线铁路,若每吨货物沿专线铁路运输的价格是 $p$ 元/km,而沿常规铁路为 $q$ 元/km($p>q$),则专线应向常规铁路取怎样的角度 $\varphi$?

**解** 如图 2.151 所示,所需运费为

$$M=(b-a\cot\varphi)q+\sqrt{a^2+a^2\cot^2\varphi}\,p=qb-aq\cot\varphi+pa\csc\varphi.$$

由 $\frac{\mathrm{d}M}{\mathrm{d}\varphi}=\frac{aq}{\sin^2\varphi}-\frac{ap\cos\varphi}{\sin^2\varphi}=0$,得 $\varphi_0=\arccos\frac{q}{p}$. 又

$$\left.\frac{\mathrm{d}^2M}{\mathrm{d}\varphi^2}\right|_{\varphi=\varphi_0}=ap\frac{1}{\sin\varphi_0}>0,$$

故当 $\arccos\frac{q}{p}\geqslant\arctan\frac{a}{b}$ 时,$\varphi_0=\arccos\frac{q}{p}$,相应运费最省;

当 $\arccos\frac{q}{p}<\arctan\frac{a}{b}$ 时,$\varphi_0=\arctan\frac{a}{b}$,运费最省.

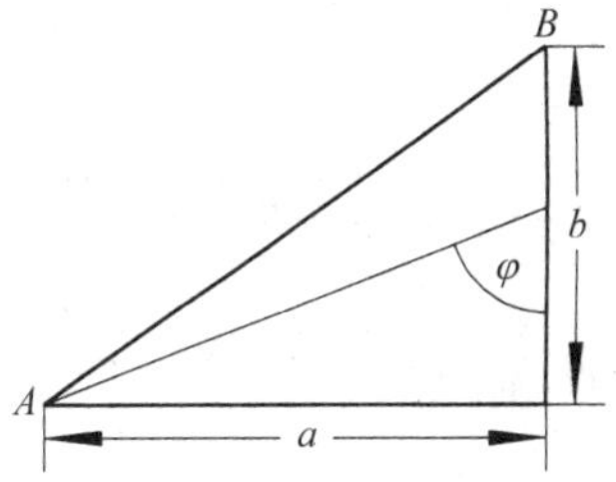


图 2.151

**【1583】** 两船各以恒定的速度 $u$ 和 $v$ 沿直线前进,二者前进方向所成的角为 $\theta$. 若在某时刻它们到其路线交点之距离分别为 $a$ 和 $b$,求二船的最小距离.

**解** 设两船与路线交点的距离分别为 $a$,$b$ 时的时刻 $t_0=0$,则时刻为 $t$ 时两船的距离 $s$ 适合下式:

$$s^2=(a+ut)^2+(b+vt)^2-2(a+ut)(b+vt)\cos\theta.$$

由 $2s\frac{\mathrm{d}s}{\mathrm{d}t}=2(a+ut)u+2(b+vt)v-2(bu+2uvt+av)\cos\theta=0$,解得

$$t_1=-\frac{au+bv-(av+bu)\cos\theta}{u^2+v^2-2uv\cos\theta}.$$

于是,相应地有

$$\begin{aligned}s^2&=(a^2+b^2-2ab\cos\theta)+2[(au+bv)-(av+bu)\cos\theta]t_1+(u^2+v^2-2uv\cos\theta)t_1^2\\&=\frac{1}{u^2+v^2-2uv\cos\theta}\{(a^2+b^2-2ab\cos\theta)(u^2+v^2-2uv\cos\theta)-2[(au+bv)-(av+bu)\cos\theta]^2\\&\quad+[(au+bv)-(av+bu)\cos\theta]^2\}\\&=\frac{[(av-bu)\sin\theta]^2}{u^2+v^2-2uv\cos\theta}.\end{aligned}$$

经判别可知,此时 $s$ 最小:

$$s=\frac{|av-bu|\sin\theta}{\sqrt{u^2+v^2-2uv\cos\theta}}.$$

又两船的最小距离也可在 $t_0=0$ 之前达到.类似地,可求得最小距离为 $s=\frac{|av+bu|\sin\theta}{\sqrt{u^2+v^2-2uv\cos\theta}}$.

总之,两船间的最小距离为

$$s=\frac{|av\mp bu|\sin\theta}{\sqrt{u^2+v^2-2uv\cos\theta}}.$$

**【1584】** 在 $A$ 与 $B$ 二点处各有一光源,其发光强度分别为 $S_1$ 与 $S_2$.在线段 $AB=a$ 上求出最小照度的点 $M$.

**解** 设 $AM=x$,则照度

$$I=\frac{S_1}{x^2}+\frac{S_2}{(a-x)^2}.$$

由 $\frac{dI}{dx}=-\frac{2S_1}{x^3}+\frac{2S_2}{(a-x)^3}=0$ 得 $S_2x^3=S_1(a-x)^3$.解之,得

$$x=a\left(1+\sqrt[3]{\frac{S_2}{S_1}}\right)^{-1}.$$

经判别可知,此时照度最小.

**【1585】** 发光点位于半径为 $R$ 与 $r(R>r)$ 的二互不相交之球的连心线上,并在此二球的外面,此发光点的位置如何,才可使二球表面上被照明部分之和为最大?

**解** 设发光点离大球中心之距离为 $x$,两球中心之距离为 $a$,则按球冠面积公式推知被照明部分面积之和为

$$S=2\pi R\left(R-\frac{R^2}{x}\right)+2\pi r\left(r-\frac{r^2}{a-x}\right),$$

式中 $x$ 应满足 $R<x\leqslant a-r$.由

$$\frac{dS}{dx}=2\pi R^3\cdot\frac{1}{x^2}-2\pi r^3\cdot\frac{1}{(a-x)^2}=0,$$

得

$$x=\frac{a}{1+\left(\frac{r}{R}\right)^{\frac{3}{2}}},$$

又由 $x\leqslant a-r$ 可得

$$\frac{R^{\frac{3}{2}}}{R^{\frac{3}{2}}+r^{\frac{3}{2}}}a\leqslant a-r,\quad 即\quad a\geqslant r+R\sqrt{\frac{R}{r}},$$

经判别可知,此时被照明面积最大.

当 $R+r<a<r+R\sqrt{\frac{R}{r}}$ 时,显然有 $x=a-r$,经判别可知,此时被照明面积也为最大.

**【1586】** 设圆桌面的半径为 $a$，应当在正对桌面中央多高的地方安置电灯，才可使桌面边缘的照度为最大？

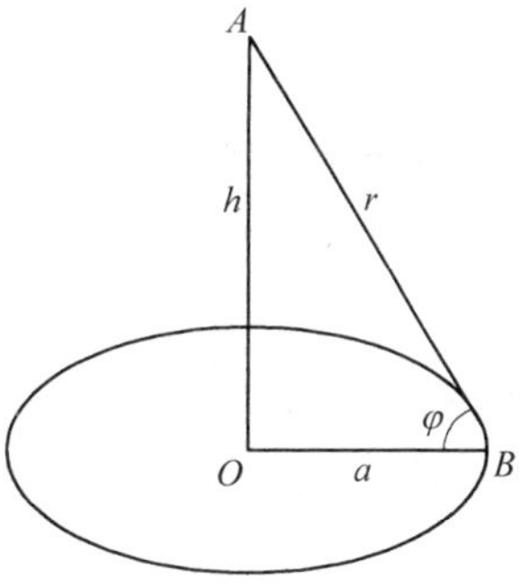

图 2.152

**解** 如图 2.152 所示. 由物理学知，照度 $I$ 为

$$I=I_0\frac{\sin\varphi}{r^2}=I_0\frac{\sqrt{r^2-a^2}}{r^3}\quad(I_0\text{ 为光源的发光强度，它是常数}).$$

考虑函数 $f(r)=\frac{r^2-a^2}{r^6}=\frac{1}{r^4}-\frac{a^2}{r^6}$ 何时最大，$f'(r)=-\frac{4}{r^5}+\frac{6a^2}{r^7}=\frac{6a^2-4r^2}{r^7}$，令 $f'(r)=0$ 得 $r=\sqrt{\frac{3}{2}}a$. 经判别可知，$f\left(a\sqrt{\frac{2}{3}}\right)$最大. 因此，我们应在高 $h=\sqrt{\frac{3}{2}a^2-a^2}=\frac{a}{\sqrt{2}}$ 的地方安置电灯，才可使桌面边缘上的照度为最大.

**【1587】** 向宽为 $a$ 的河修建一宽为 $b$ 的运河，二者成直角相交，问能驶进这运河的船，其最大的长度如何？

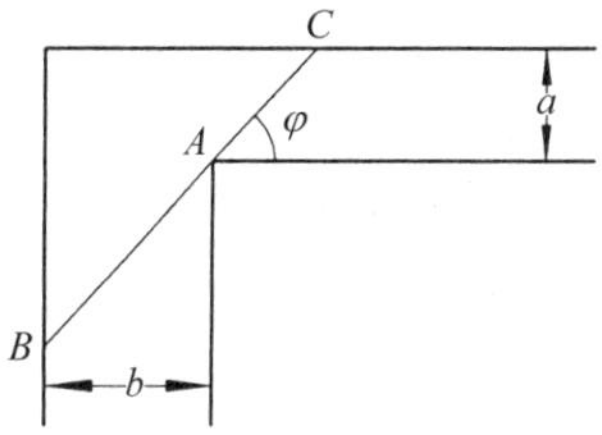

图 2.153

**解** 如图 2.153 所示. $BC$ 的长度为

$$l=a\csc\varphi+b\sec\varphi.\quad l'=\frac{b\sin^3\varphi-a\cos^3\varphi}{\cos^2\varphi\sin^2\varphi},$$

令 $l'=0$ 得 $\tan\varphi_0=\left(\frac{a}{b}\right)^{\frac{1}{3}}$ 或 $\cot\varphi_0=\left(\frac{b}{a}\right)^{\frac{1}{3}}$，从而有

$$\csc\varphi_0=\frac{(a^{\frac{2}{3}}+b^{\frac{2}{3}})^{\frac{1}{2}}}{a^{\frac{1}{3}}},\quad \sec\varphi_0=\frac{(a^{\frac{2}{3}}+b^{\frac{2}{3}})^{\frac{1}{2}}}{b^{\frac{1}{3}}}.$$

$$l''\Big|_{\varphi=\varphi_0}=3\left(\frac{b}{\cos\varphi_0}+\frac{a}{\sin\varphi_0}\right)>0,$$

因此，$l\Big|_{\varphi=\varphi_0}$ 为最小值，即船的最大长度为 $l\Big|_{\varphi=\varphi_0}=(a^{\frac{2}{3}}+b^{\frac{2}{3}})^{\frac{3}{2}}$.

**【1588】** 船航行一昼夜的耗费由两部分组成：固定部分等于 $a$ 元，变动部分与速度的立方成正比增加. 在怎样的速度 $v$ 时，船航行最为经济？

**解** 设航行的全路程为 $s$，速度为 $v$，则总耗费为

$$Q=(a+kv^3)\frac{s}{v}=\frac{as}{v}+skv^2.$$

由 $\frac{\mathrm{d}Q}{\mathrm{d}v}=0$ 得 $v=\sqrt[3]{\frac{a}{2k}}$. 经判别可知，此时船航行最经济.

**【1589】** 重量为 $P$ 的物体位于粗糙的水平面上，需用力把物体从原位置移动. 若物体摩擦因子等于 $k$，问作用力对水平面的倾斜程度如何，才使所需的力为最小？

**解** 设作用力 $F$ 对水平面的倾角为 $\alpha$，则

$$F\cos\alpha=k(P-F\sin\alpha),$$

即

$$F=\frac{kP}{\cos\alpha+k\sin\alpha}.$$

令 $y=\cos\alpha+k\sin\alpha$，为使 $F$ 最小，只要使 $y$ 最大. 由

$y'_\alpha=-\sin\alpha+k\cos\alpha=0$ 得 $\alpha_0=\arctan k$. 此时

$y''_\alpha\Big|_{\alpha=\alpha_0}=-\cos\alpha_0-k\sin\alpha_0=-\sqrt{1+k^2}<0$. 即当 $\alpha_0=\arctan k$时，$y$ 为最大值，从而 $F$ 为最小值，也即此时用力最省.

**【1590】** 有一茶杯，其形状为半径为 $a$ 的半球，在茶杯中放一长为 $l>2a$ 的杆，求杆的平衡位置.

**解** 取球心为坐标原点. 当 $2a<l\leqslant 4a$ 时，设杆的质心的纵坐标为 $y$，杆对杯口所在平面的倾角为 $\varphi$，则

$$y=-\left(2a\cos\varphi-\frac{l}{2}\right)\sin\varphi\quad\left(0<\varphi<\frac{\pi}{2}\right).$$

当杆平衡时，$y$ 最小，为此，求 $y$ 的极值. 由 $y'_\varphi=-4a\cos^2\varphi+\frac{l}{2}\cos\varphi+2a=0$ 得

$$\cos\varphi=\frac{l+\sqrt{l^2+128a^2}}{16a}\quad(\text{负值不合适，舍去}).$$

经判别可知，此时 $y$ 取最小值，即当 $\cos\varphi=\frac{l+\sqrt{l^2+128a^2}}{16a}$ 时，棒取平衡位置.

当 $l>4a$ 时，杆的质心必在半球心外，于是，此时杆失去平衡，无平衡位置.

## §14. 曲线的相切. 曲率圆. 渐屈线

1° **$n$ 阶相切** 对于两曲线 $y=\varphi(x)$ 及 $y=\psi(x)$，若在点 $x_0$ 有

$$\varphi^{(k)}(x_0)=\psi^{(k)}(x_0)\quad(k=0,1,2,\cdots,n)$$

且
$$\varphi^{(n+1)}(x_0)\neq\psi^{(n+1)}(x_0),$$

便说这两曲线在此点 $n$ 阶相切(在严格的意义上讲!)，当 $x\to x_0$ 时有：

$$\varphi(x)-\psi(x)=O^*((x-x_0)^{n+1}).$$

2° **曲率圆** 若圆周

$$(x-\xi)^2+(y-\eta)^2=R^2,$$

与已知曲线 $y=f(x)$ 二阶或更高阶相切，则称此圆为在相应点的曲率圆. 这个圆的半径

$$R=\frac{(1+y'^2)^{\frac{3}{2}}}{|y''|}$$

称为曲率半径，而量 $k=\frac{1}{R}$ 称为曲率.

3° **渐屈线** 曲率圆中心$(\xi,\eta)$(曲率中心)

$$\xi=x-\frac{y'(1+y'^2)}{y''},\quad \eta=y+\frac{1+y'^2}{y''}$$

的轨迹称为已知曲线 $y=f(x)$ 的渐屈线.

**【1591】** 选择直线

$$y=kx+b$$

的参数 $k$ 与 $b$，使它与曲线

$$y=x^3-3x^2+2$$

二阶或更高阶相切.

**解** 要二阶或更高阶相切，必需使 $y''=6x-6=0$，即要 $x=1$；同时在 $x=1$ 时，两个一阶导数也应相等，即 $k=3\cdot1^2-6\cdot1=-3$.

当 $x=1$ 时，代入方程 $x^3-3x^2+2-y=0$，得 $y=0$. 由于直线 $y=kx+b$ 也需通过点$(1,0)$，故有

$$0=-3\cdot1+b,\quad 即\quad b=3.$$

因此，所求的直线为

$$y=3(1-x),$$

参数 $k=-3$, $b=3$.

**【1592】** 应当怎样选择参数 $a$，$b$ 和 $c$，才能使抛物线

$$y=ax^2+bx+c$$

在点 $x=x_0$ 与曲线 $y=e^x$ 二阶相切?

**提示** 由两曲线在点 $x=x_0$ 处 $n$ 阶相切的定义，应有 $ax_0^2+bx_0+c=e^{x_0}$，$2ax_0+b=e^{x_0}$ 及 $2a=e^{x_0}$.

**解** 对于抛物线 $y=ax^2+bx+c$，在点 $x=x_0$ 有

$$y'\Big|_{x=x_0}=2ax_0+b,\quad y''\Big|_{x=x_0}=2a,\quad y'''=0.$$

按假设，应有

$$\begin{cases}ax_0^2+bx_0+c=e^{x_0},\\2ax_0+b=e^{x_0},\\2a=e^{x_0},\end{cases}$$

解之，得

$$a=\frac{1}{2}e^{x_0},\quad b=e^{x_0}(1-x_0),\quad c=e^{x_0}\left(1-x_0+\frac{x_0^2}{2}\right).$$

**【1593】** 下列曲线与 $Ox$ 轴在点 $x=0$ 相切的阶如何：

(1) $y=1-\cos x$； (2) $y=\tan x-\sin x$； (3) $y=e^x-\left(1+x+\dfrac{x^2}{2}\right)$.

**解** (1) $y'=\sin x$，$y''=\cos x$，于是，

$$y'\Big|_{x=0}=0,\quad y''\Big|_{x=0}=1.$$

而对于 $Ox$ 轴 $y=0$，始终有 $y'=0$，$y''=0$. 因此，曲线 $y=1-\cos x$ 与 $Ox$ 轴有一阶相切.

(2) $y'=\sec^2x-\cos x$， $y''=2\sec^2x\tan x+\sin x$， $y'''=4\sec^2x\tan^2x+2\sec^4x+\cos x$，

于是，$y'\Big|_{x=0}=y''\Big|_{x=0}=0$，$y'''\Big|_{x=0}=3\neq0$. 因此，曲线 $y=\tan x-\sin x$ 与 $Ox$ 轴有二阶相切.

(3) $y'=e^x-1-x$，$y''=e^x-1$，$y'''=e^x$，于是，

$$y'\Big|_{x=0}=y''\Big|_{x=0}=0,\quad y'''\Big|_{x=0}=1\neq0.$$

因此，曲线 $y=e^x-\left(1+x+\dfrac{x^2}{2}\right)$ 与 $Ox$ 轴有二阶相切.

**【1594】** 证明：曲线

$$y=\begin{cases}e^{-\frac{1}{x^2}}, & x\neq0,\\0, & x=0\end{cases}$$

在点 $x=0$ 与 $Ox$ 轴相切的阶为无穷大.

**提示** 利用 1225 题的结果.

**解** 由 1225 题的结果知，对于任意正整数 $n$，有

$$y^{(n)}\Big|_{x=0}=0,$$

此即证明了所给的曲线在点 $x=0$ 与 $Ox$ 轴相切的阶为无穷大.

**【1595】** 求双曲线 $xy=1$ 在下列各点的曲率半径和曲率中心：

(1) $M(1,1)$； (2) $N(100,0.01)$.

**解** $y=\dfrac{1}{x}$， $y'=-\dfrac{1}{x^2}$， $y''=\dfrac{2}{x^3}$.

(1) 在点 $M(1,1)$，$y=1$，$y'=-1$，$y''=2$. 于是，曲率半径为

$$R=\frac{[1+(-1)^2]^{\frac{3}{2}}}{2}=\sqrt{2},$$

曲率中心 $(\xi,\eta)$ 为

$$\xi=x-\frac{y'(1+y'^2)}{y''}=1-\frac{-1(1+1)}{2}=2,\quad \eta=y+\frac{1+y'^2}{y''}=1+\frac{2}{2}=2.$$

(2) 在点 $N(100,0.01)$. $y=0.01$，$y'=-0.0001$，$y''=0.000002$.

与(1)相似，代入公式，近似地有曲率半径 $R=500000$ 和曲率中心为 $(150,500000)$.

**求下列曲线的曲率半径：**

【1596】 抛物线 $y^2=2px$.

解 $y'=\frac{p}{y}$, $y''=-\frac{p}{y^2}y'=-\frac{p^2}{y^3}$. 于是,曲率半径为

$$R=\frac{(1+y'^2)^{\frac{3}{2}}}{|y''|}=\frac{\left(1+\frac{p^2}{y^2}\right)^{\frac{3}{2}}}{\left|\frac{p^2}{y^3}\right|}=\frac{(y^2+p^2)^{\frac{3}{2}}}{p^2}=p\left(1+\frac{y^2}{p^2}\right)^{\frac{3}{2}}=p\left(1+\frac{2x}{p}\right)^{\frac{3}{2}}.$$

【1597】 椭圆 $\frac{x^2}{a^2}+\frac{y^2}{b^2}=1$.

解 不妨设 $a>b$. 由于

$$y'=-\frac{b^2x}{a^2y},\quad y''=-\frac{b^4}{a^2y^3},$$

于是,曲率半径为

$$R=\frac{\left(1+\frac{b^4x^2}{a^4y^2}\right)^{\frac{3}{2}}}{\frac{b^4}{a^2|y|^3}}=\frac{(a^4y^2+b^4x^2)^{\frac{3}{2}}}{a^4b^4}=\frac{(a^4b^2-a^2b^2x^2+b^4x^2)^{\frac{3}{2}}}{a^4b^4}=\frac{a^3b^3\left(a^2-\frac{a^2-b^2}{a^2}x^2\right)^{\frac{3}{2}}}{a^4b^4}$$

$$=\frac{(a^2-\varepsilon^2x^2)^{\frac{3}{2}}}{ab},$$

其中 $\varepsilon=\frac{\sqrt{a^2-b^2}}{a}$ 为椭圆的离心率.

【1598】 双曲线 $\frac{x^2}{a^2}-\frac{y^2}{b^2}=1$.

解 由于 $y'=\frac{b^2x}{a^2y}$, $y''=-\frac{b^4}{a^2y^3}$,于是,曲率半径为

$$R=\frac{\left(1+\frac{b^4x^2}{a^4y^2}\right)^{\frac{3}{2}}}{\frac{b^4}{a^2|y|^3}}=\frac{(a^4y^2+b^4x^2)^{\frac{3}{2}}}{a^4b^4}=\frac{(a^2b^2x^2-a^4b^2+b^4x^2)^{\frac{3}{2}}}{a^4b^4}=\frac{\left(\frac{a^2+b^2}{a^2}x^2-a^2\right)^{\frac{3}{2}}}{ab}$$

$$=\frac{(\varepsilon^2x^2-a^2)^{\frac{3}{2}}}{ab},$$

其中 $\varepsilon=\frac{\sqrt{a^2+b^2}}{a}$ 为双曲线的离心率.

【1599】 星形线 $x^{\frac{2}{3}}+y^{\frac{2}{3}}=a^{\frac{2}{3}}$.

解 由于 $y'=-\sqrt[3]{\frac{y}{x}}$, $y''=\frac{a^{\frac{2}{3}}}{3x^{\frac{4}{3}}y^{\frac{1}{3}}}$,于是,曲率半径为

$$R=\frac{\left[1+\left(\frac{y}{x}\right)^{\frac{2}{3}}\right]^{\frac{3}{2}}}{\left|\frac{a^{\frac{2}{3}}}{3x^{\frac{4}{3}}y^{\frac{1}{3}}}\right|}=\left|\frac{\frac{a}{x}}{\frac{a^{\frac{2}{3}}}{3x^{\frac{4}{3}}y^{\frac{1}{3}}}}\right|=3|axy|^{\frac{1}{3}}.$$

【1600】 椭圆 $x=a\cos t, y=b\sin t$.

解 由于

$$\frac{dy}{dx}=\frac{b\cos t}{-a\sin t}=-\frac{b}{a}\cot t,\quad \frac{d^2y}{dx^2}=\frac{-\frac{b}{a}\left(-\frac{1}{\sin^2t}\right)}{-a\sin t}=-\frac{b}{a^2\sin^3t},$$

于是,曲率半径为

$$R=\frac{\left(1+\frac{b^2\cot^2t}{a^2}\right)^{\frac{3}{2}}}{\frac{b}{a^2|\sin t|^3}}=\frac{(a^2\sin^2t+b^2\cos^2t)^{\frac{3}{2}}}{ab}=\frac{a^3\left(1-\frac{a^2-b^2}{a^2}\cos^2t\right)^{\frac{3}{2}}}{ab}=\frac{a^2}{b}(1-\varepsilon^2\cos^2t)^{\frac{3}{2}},$$

其中 $\varepsilon$ 为椭圆的离心率.

**【1601】** 摆线 $x=a(t-\sin t)$， $y=a(1-\cos t)$.

**解** 由于

$$\frac{dy}{dx}=\frac{a\sin t}{a(1-\cos t)}=\cot\frac{t}{2},\quad \frac{d^2y}{dx^2}=\frac{-\dfrac{1}{2\sin^2\dfrac{t}{2}}}{a(1-\cos t)}=-\frac{1}{4a\sin^4\dfrac{t}{2}},$$

于是，曲率半径为

$$R=\frac{\left(1+\cot^2\dfrac{t}{2}\right)^{\frac{3}{2}}}{\dfrac{1}{4a\sin^4\dfrac{t}{2}}}=4a\left|\sin\frac{t}{2}\right|=2\sqrt{2ay}.$$

**【1602】** 圆的渐伸线

$$x=a(\cos t+t\sin t),\quad y=a(\sin t-t\cos t).$$

**解** 由于 $\dfrac{dy}{dx}=\tan t$， $\dfrac{d^2y}{dx^2}=\dfrac{1}{at\cos^3 t}$，于是，曲率半径为

$$R=\frac{(1+\tan^2 t)^{\frac{3}{2}}}{\dfrac{1}{a\,|t\cos^3 t|}}=a\,|t|.$$

**【1603】** 证明：二次曲线 $y^2=2px-qx^2$ 的曲率半径与法线段的立方成正比.

**证明思路** 注意到曲率半径为 $R=\dfrac{(1+y'^2)^{\frac{3}{2}}}{|y''|}$，法线段为 $l=\left|y\sqrt{1+y'^2}\right|$，即知 $\dfrac{R}{l^3}=\dfrac{1}{|y^3y''|}$. 可以证明 $y^3y''=-p^2$.

**证** 曲线的曲率半径公式为

$$R=\frac{(1+y'^2)^{\frac{3}{2}}}{|y''|},$$

而法线段公式为

$$l=\left|y\sqrt{1+y'^2}\right|,$$

因此，$\dfrac{R}{l^3}=\dfrac{1}{|y^3y''|}$. 下面求 $y^3y''$：

因为 $y^2=2px-qx^2$，故在等式两端分别对 $x$ 求两次导数，即得

$$2yy'=2p-2qx \quad 或 \quad yy'=p-qx, \tag{1}$$

$$yy''+y'^2=-q. \tag{2}$$

以 $y^2$ 乘(2)式两端，并以(1)式及原二次曲线的表达式代入左右端，即得

$$y^3y''+(p-qx)^2=-q(2px-qx^2);$$

化简之，最后得

$$y^3y''=-p^2.$$

因此，$\dfrac{R}{l^3}=\dfrac{1}{p^2}$ 为一常数. 证毕.

**【1604】** 写出以极坐标表示的曲线的曲率半径公式.

**提示** 由 $x=r\cos\varphi$，$y=r\sin\varphi$，其中 $r=r(\varphi)$，求出 $\dfrac{dy}{dx}$ 及 $\dfrac{d^2y}{dx^2}$ 后，易得

$$R=\frac{(r^2+r'^2)^{\frac{3}{2}}}{|r^2+2r'^2-rr''|},$$

其中 $r'=\dfrac{dr}{d\varphi}$，$r''=\dfrac{d^2r}{d\varphi^2}$.

**解** 设曲线的极坐标方程为 $r=r(\varphi)$，则由

$$x=r\cos\varphi,\quad y=r\sin\varphi$$

可求得

$$\frac{dy}{dx}=\frac{r'\sin\varphi+r\cos\varphi}{r'\cos\varphi-r\sin\varphi},\quad \frac{d^2y}{dx^2}=\frac{r^2+2r'r'-rr''}{(r'\cos\varphi-r\sin\varphi)^3},$$

其中 $r'=\frac{dr}{d\varphi}$，$r''=\frac{d^2r}{d\varphi^2}$. 于是，曲率半径为

$$R=\frac{\left[1+\left(\frac{dy}{dx}\right)^2\right]^{\frac{3}{2}}}{\left|\frac{d^2y}{dx^2}\right|}=\frac{(r^2+r'^2)^{\frac{3}{2}}}{|r^2+2r'^2-rr''|}.$$

**求下列极坐标方程所表示的曲线的曲率半径：**

**【1605】** 阿基米德螺线 $r=a\varphi$.

**提示** 利用 1604 题的结果.

**解** 由于 $r'=a$，$r''=0$，于是，曲率半径为

$$R=\frac{(a^2+r^2)^{\frac{3}{2}}}{2a^2+r^2}.$$

**【1606】** 对数螺线 $r=ae^{m\varphi}$.

**提示** 利用 1604 题的结果.

**解** 由于 $r'=mae^{m\varphi}=mr$，$r''=m^2r$，于是，曲率半径为

$$R=\frac{r^3(1+m^2)^{\frac{3}{2}}}{r^2+m^2r^2}=r\sqrt{1+m^2}.$$

**【1607】** 心脏线 $r=a(1+\cos\varphi)$.

**提示** 利用 1604 题的结果.

**解** $r'=-a\sin\varphi$，$r''=-a\cos\varphi$. 于是，曲率半径为

$$R=\frac{[a^2(1+\cos\varphi)^2+a^2\sin^2\varphi]^{\frac{3}{2}}}{a^2(1+\cos\varphi)^2+2a^2\sin^2\varphi+a^2\cos\varphi(1+\cos\varphi)}=\frac{2\sqrt{2}a^3(1+\cos\varphi)^{\frac{3}{2}}}{3a^2(1+\cos\varphi)}=\frac{2}{3}\sqrt{2ar}.$$

**【1608】** 双纽线 $r^2=a^2\cos2\varphi$.

**提示** 利用 1604 题的结果.

**解** $r'=-\frac{a^2\sin2\varphi}{r}$，$r''=-\frac{r^4+a^4}{r^3}$，

$$r^2+2r'^2-rr''=\frac{3a^4}{r^2},\quad (r^2+r'^2)^{\frac{3}{2}}=\frac{a^6}{r^3}.$$

于是，曲率半径为

$$R=\frac{\frac{a^6}{r^3}}{\frac{3a^4}{r^2}}=\frac{a^2}{3r}.$$

**【1609】** 在曲线 $y=\ln x$ 上求曲率最大的点.

**解题思路** 先求出曲率半径

$$R=\frac{(1+x^2)^{\frac{3}{2}}}{|x|}.$$

由题设，我们只要考虑函数 $f(x)=\frac{(1+x^2)^3}{x^2}$ 当 $x$ 取何值时达到最小值.

**解** 由于 $y'=\frac{1}{x}$，$y''=-\frac{1}{x^2}$，所以，曲率半径为

$$R=\frac{\left(1+\frac{1}{x^2}\right)^{\frac{3}{2}}}{\frac{1}{x^2}}=\frac{(1+x^2)^{\frac{3}{2}}}{|x|}.$$

按题设，我们只要考虑函数

$$f(x)=\frac{(1+x^2)^3}{x^2}$$

当 $x$ 取何值时达到最小值. 由于

$$f'(x)=\frac{2(1+x^2)^2(2x^2-1)}{x^3},$$

故令 $f'(x)=0$ 求得正根 $x=\frac{1}{\sqrt{2}}$. 当 $0<x<\frac{1}{\sqrt{2}}$ 时，$f'(x)<0$；当 $x>\frac{1}{\sqrt{2}}$ 时，$f'(x)>0$. 因此，当 $x=\frac{1}{\sqrt{2}}$ 时，$f(x)$ 取极小值. 又由于只有一个极小值，故也是最小值.

这样一来，当 $x=\frac{1}{\sqrt{2}}$，$y=-\frac{\ln 2}{2}$ 时，曲率半径为最小，也即曲率为最大. 因此，所求的点为 $\left(\frac{1}{\sqrt{2}},-\frac{\ln 2}{2}\right)$.

**【1610】** 三次抛物线 $y=\frac{kx^3}{6}$ $(0\leqslant x<+\infty, k>0)$ 的最大曲率等于 $\frac{1}{1000}$，求达到此最大曲率的点 $x$.

**解** 为方便起见，令 $c=\frac{k}{6}$. 因为 $y'=3cx^2$，$y''=6cx$，所以，曲率为

$$K=\frac{|y''|}{(1+y'^2)^{\frac{3}{2}}}=\frac{6cx}{(1+9c^2x^4)^{\frac{3}{2}}}\quad(x\geqslant 0).$$

由 $\frac{\mathrm{d}K}{\mathrm{d}x}=6c\,\frac{\sqrt{1+9c^2x^4}\,(1-45c^2x^4)}{(1+9c^2x^4)^3}=0$，得 $x_0^4=\frac{1}{45c^2}$.

可证 $\left.\frac{\mathrm{d}^2K}{\mathrm{d}x^2}\right|_{x=x_0}<0$，又根据条件，$K(x_0)$ 为 $K(x)$ 的最大值，且有

$$K(x_0)=\frac{6c\sqrt[4]{\frac{1}{45c^2}}}{\left(1+9c^2\cdot\frac{1}{45c^2}\right)^{\frac{3}{2}}}=\frac{6\sqrt{c}\sqrt[4]{\frac{1}{45}}}{\left(\frac{6}{5}\right)^{\frac{3}{2}}}=\frac{1}{10^3},$$

解之，得 $c=\frac{18\sqrt{5}}{5^3\times 10^6}$，从而，

$$x_0^2=\frac{1}{\sqrt{45}\,c}=\frac{5^2\times 10^6}{54}\quad\text{或}\quad x_0=\sqrt{\frac{5^2\times 10^6}{54}}\approx 680,$$

此即达到最大曲率的点.

### 求下列各曲线的渐屈线方程：

**【1611】** 抛物线 $y^2=2px$.

**解** 由于 $y'=\frac{p}{y}$，$y''=-\frac{p^2}{y^3}$，故曲率中心坐标为

$$\xi=x-\frac{y'(1+y'^2)}{y''}=x+\frac{\frac{p}{y}\left(1+\frac{p^2}{y^2}\right)}{\frac{p^2}{y^3}}=x+\frac{y^2+p^2}{p}=x+\frac{2px+p^2}{p}=3x+p,$$

$$\eta=y+\frac{1+y'^2}{y''}=y-\frac{1+\frac{p^2}{y^2}}{\frac{p^2}{y^3}}=-\frac{y^3}{p^2},$$

即

$$x=\frac{\xi-p}{3},\quad y^3=-p^2\eta. \tag{1}$$

由于 $y^6=8p^3x^3$，故将(1)式代入后，消去 $x$ 及 $y$，即得渐屈线方程为

$$27p\eta^2=8(\xi-p)^3.$$

【1612】 椭圆$\frac{x^2}{a^2}+\frac{y^2}{b^2}=1$.

**解** 由于 $y'=-\frac{b^2x}{a^2y}, y''=-\frac{b^4}{a^2y^3}$，故曲率中心的坐标为

$$\xi=x-\frac{y'(1+y'^2)}{y''}=x-\frac{\frac{b^2x}{a^2y}\left(1+\frac{b^4x^2}{a^4y^2}\right)}{\frac{b^4}{a^2y^3}}=x-\frac{b^2xa^2y^3(a^4y^2+b^4x^2)}{a^6y^3b^4}$$

$$=x-\frac{xa^2b^2\left(a^2-\frac{a^2-b^2}{a^2}x^2\right)}{a^4b^2}=x-\frac{x\left(a^2-\frac{c^2}{a^2}x^2\right)}{a^2}=\frac{c^2}{a^4}x^3,$$

$$\eta=y+\frac{1+y'^2}{y''}=y-\frac{1+\frac{b^4x^2}{a^4y^2}}{\frac{b^4}{a^2y^3}}=y-\frac{y(a^4y^2+b^4x^2)}{a^2b^4}=y-\frac{ya^2b^2\left(b^2+\frac{c^2}{b^2}y^2\right)}{a^2b^4}=-\frac{c^2}{b^4}y^3,$$

即

$$c^2y^3=-b^4\eta,\quad c^2x^3=a^4\xi.$$

于是，

$$c^{\frac{4}{3}}y^2=b^{\frac{8}{3}}\eta^{\frac{2}{3}},\quad c^{\frac{4}{3}}x^2=a^{\frac{8}{3}}\xi^{\frac{2}{3}},$$

从而，将$\frac{x^2}{a^2}=\frac{a^{\frac{2}{3}}\xi^{\frac{2}{3}}}{c^{\frac{4}{3}}}$，$\frac{y^2}{b^2}=\frac{b^{\frac{2}{3}}\eta^{\frac{2}{3}}}{c^{\frac{4}{3}}}$相加即得渐屈线方程为

$$(a\xi)^{\frac{2}{3}}+(b\eta)^{\frac{2}{3}}=c^{\frac{4}{3}},$$

其中 $c^2=a^2-b^2$. 它为一星形线.

【1613】 星形线 $x^{\frac{2}{3}}+y^{\frac{2}{3}}=a^{\frac{2}{3}}$.

**解** 由于 $y'=-\left(\frac{y}{x}\right)^{\frac{1}{3}}$，$y''=\frac{1}{3}a^{\frac{2}{3}}x^{-\frac{4}{3}}y^{-\frac{1}{3}}$，故曲率中心的坐标为

$$\xi=x-\frac{y'(1+y'^2)}{y''}=x+\frac{3x^{\frac{4}{3}}y^{\frac{1}{3}}y^{\frac{1}{3}}\left(1+\frac{y^{\frac{2}{3}}}{x^{\frac{2}{3}}}\right)}{a^{\frac{2}{3}}x^{\frac{1}{3}}}=x+3x^{\frac{1}{3}}y^{\frac{2}{3}},$$

$$\eta=y+\frac{1+y'^2}{y''}=y+\frac{3x^{\frac{4}{3}}y^{\frac{1}{3}}\left(1+\frac{y^{\frac{2}{3}}}{x^{\frac{2}{3}}}\right)}{a^{\frac{2}{3}}}=y+3x^{\frac{2}{3}}y^{\frac{1}{3}}.$$

于是，

$$\xi+\eta=(x+y)+3x^{\frac{1}{3}}y^{\frac{1}{3}}(x^{\frac{1}{3}}+y^{\frac{1}{3}})=(x^{\frac{1}{3}}+y^{\frac{1}{3}})[(x^{\frac{2}{3}}+y^{\frac{2}{3}}-x^{\frac{1}{3}}y^{\frac{1}{3}})+3x^{\frac{1}{3}}y^{\frac{1}{3}}]=(x^{\frac{1}{3}}+y^{\frac{1}{3}})^3,$$

$$\xi-\eta=(x-y)-3x^{\frac{1}{3}}y^{\frac{1}{3}}(x^{\frac{1}{3}}-y^{\frac{1}{3}})=(x^{\frac{1}{3}}-y^{\frac{1}{3}})[(x^{\frac{2}{3}}+y^{\frac{2}{3}}+x^{\frac{1}{3}}y^{\frac{1}{3}})-3x^{\frac{1}{3}}y^{\frac{1}{3}}]=(x^{\frac{1}{3}}-y^{\frac{1}{3}})^3,$$

因此，

$$(\xi+\eta)^{\frac{2}{3}}+(\xi-\eta)^{\frac{2}{3}}=(x^{\frac{1}{3}}+y^{\frac{1}{3}})^2+(x^{\frac{1}{3}}-y^{\frac{1}{3}})^2=2(x^{\frac{2}{3}}+y^{\frac{2}{3}})=2a^{\frac{2}{3}},$$

此即所求的渐屈线方程，它仍为一星形线.

【1614】 曳物线 $x=a\ln\frac{a+\sqrt{a^2-y^2}}{y}-\sqrt{a^2-y^2}$.

**解** 先求 $y'$和 $y''$. 在等式

$$x=a\ln\frac{a+\sqrt{a^2-y^2}}{y}-\sqrt{a^2-y^2}$$

两端分别对 $x$ 求导，得

$$1=a\left(\frac{-1}{a+\sqrt{a^2-y^2}}\cdot\frac{yy'}{\sqrt{a^2-y^2}}-\frac{y'}{y}\right)+\frac{yy'}{\sqrt{a^2-y^2}}.$$

化简得

$$y'=-\frac{y}{\sqrt{a^2-y^2}}. \tag{1}$$

再将(1)式两端分别对 $x$ 求导并以(1)式代入，化简即得

$$y''=\frac{a^2y}{(a^2-y^2)^2}.$$

于是，曲率中心的坐标为

$$\xi=x-\frac{y'(1+y'^2)}{y''}=x+\frac{\dfrac{a^2y}{(a^2-y^2)^{\frac{3}{2}}}}{\dfrac{a^2y}{(a^2-y^2)^2}}=x+\sqrt{a^2-y^2},$$

$$\eta=y+\frac{1+y'^2}{y''}=y+\frac{\dfrac{a^2}{a^2-y^2}}{\dfrac{a^2y}{(a^2-y^2)^2}}=\frac{a^2}{y}.$$

由于点$(x,y)$的坐标 $x$ 和 $y$，适合方程

$$x+\sqrt{a^2-y^2}=a\ln\frac{a+\sqrt{a^2-y^2}}{y},$$

故

$$\xi=a\ln\frac{a+\sqrt{a^2-y^2}}{y},$$

即

$$\frac{a+\sqrt{a^2-y^2}}{y}=e^{\frac{\xi}{a}}. \tag{2}$$

将(2)式分子有理化，得

$$\frac{a^2-(a^2-y^2)}{y(a-\sqrt{a^2-y^2})}=e^{\frac{\xi}{a}},$$

即

$$\frac{a-\sqrt{a^2-y^2}}{y}=e^{-\frac{\xi}{a}}. \tag{3}$$

(2)+(3)并除以 2，即得

$$\frac{a}{y}=\operatorname{ch}\frac{\xi}{a},$$

从而得

$$\eta=a\operatorname{ch}\frac{\xi}{a},$$

此即所要求的渐屈线方程，它为一悬链线.

**【1615】** 对数螺线 $r=ae^{m\varphi}$.

**解** 利用直角坐标与极坐标的互化公式来求渐屈线方程. 首先，我们有

$$\frac{1}{2}\ln(x^2+y^2)=\ln a+m\arctan\frac{y}{x}.$$

两边对 $x$ 求导得

$$\frac{x+yy'}{x^2+y^2}=\frac{m(xy'-y)}{x^2+y^2},$$

即

$$x+yy'=m(xy'-y). \tag{1}$$

由(1)式即得

$$y'=\frac{x+my}{mx-y}.$$

由(1)式再对 $x$ 求导,化简得

$$y''=\frac{1+y'^2}{mx-y}.$$

以 $y'$ 及 $y''$ 代入曲率中心的表达式中,化简整理得

$$\xi=-my,\quad \eta=mx. \tag{2}$$

设 $\rho=\sqrt{\xi^2+\eta^2}$,$\psi=\arctan\frac{\eta}{\xi}$,于是,由(2)式得

$$\begin{cases}\xi^2+\eta^2=m^2(x^2+y^2), & (3)\\ -\frac{\xi}{\eta}=\frac{y}{x}. & (4)\end{cases}$$

(3) 式即 $\rho=mr=mae^{m\varphi}$,(4) 式即 $-\cot\psi=\tan\varphi$ 或 $\varphi=\psi-\frac{\pi}{2}$. 因此,最后我们得到所求的渐屈线方程为对数螺线

$$\rho=mae^{m(\psi-\frac{\pi}{2})}.$$

**【1616】** 证明:摆线

$$x=a(t-\sin t),\quad y=a(1-\cos t)$$

的渐屈线仍为一摆线,仅其位置与已知摆线不同而已.

**证** 由于

$$y'=\frac{dy}{dx}=\cot\frac{t}{2},\quad y''=\frac{d^2y}{dx^2}=-\frac{1}{4a\sin^4\frac{t}{2}},$$

于是,

$$\xi=x-\frac{y'(1+y'^2)}{y''}=a(t-\sin t)+\frac{\cot\frac{t}{2}\cdot\left(1+\cot^2\frac{t}{2}\right)}{\frac{1}{4a\sin^4\frac{t}{2}}}=a(t+\sin t),$$

$$\eta=y+\frac{1+y'^2}{y''}=a(\cos t-1).$$

令 $t-\pi=\tau$,即得

$$\xi=\pi a+a(\tau-\sin\tau),\quad \eta=-2a+a(1-\cos\tau),$$

此仍为摆线,显然,只是位置与原摆线不同而已.

## §15. 方程的近似解法

1° **比例法(弦线法)** 若函数 $f(x)$ 在闭区间 $[a,b]$ 上连续且

$$f(a)f(b)<0,$$

而当 $a<x<b$ 时,$f'(x)\neq0$,则方程

$$f(x)=0 \tag{1}$$

在区间 $(a,b)$ 内有而且仅有一个实根 $\xi$. 可取下面的值作为此根的第一个近似值:

$$x_1=a+\delta_1$$

式中 $\delta_1=-\frac{f(a)}{f(b)-f(a)}(b-a)$.

进而，对区间$(a,x_1)$和$(x_1,b)$中使函数 $f(x)$在其两端异号的那一个区间运用此方法，得到根 $\xi$ 的第二个近似值 $x_2$，并不断重复此过程. 对于第 $n$ 个近似值 $x_n$，有以下估计：

$$|x_n-\xi|\leqslant\frac{|f(x_n)|}{m},\tag{2}$$

其中 $m=\inf\limits_{a<x<b}|f'(x)|$，并且$\lim\limits_{n\to\infty}x_n=\xi$.

2° **牛顿法(切线法)**　若在闭区间$[a,b]$内 $f''(x)\neq0$，且 $f(a)f''(a)>0$，则可取数值

$$\xi_1=a-\frac{f(a)}{f'(a)}$$

作为方程(1)的根 $\xi$ 的第一个近似值 $\xi_1$.

重复利用这个方法，很快就得到趋近于根 $\xi$ 的一系列近似值 $\xi_n(n=1,2,\cdots)$，这些近似值的精度可根据公式(2)来估计.

为了大致确定方程的根，最好作出函数 $y=f(x)$的图像.

**利用比例法，求下列方程的根(精确到 0.001)：**

**【1617】**　$x^3-6x+2=0$.

**解**　设 $f(x)=x^3-6x+2$，则 $f(x)$在$[0,1]$上连续及$f(0)=2$，$f(1)=-3$，且当 $0<x<1$ 时，$f'(x)=3x^2-6x\neq0$. 因而，所给方程在$(0,1)$内有且仅有一实根 $\xi_1$. 现求之，以 $x_i$ 表示此根的第 $i$ 个近似值，则有

$$x_1=0+\delta_1=-\frac{f(0)}{f(1)-f(0)}(1-0)=0.4;$$

又因 $f(0.4)=-0.336$，故

$$x_2=-\frac{f(0)}{f(0.4)-f(0)}(0.4-0)=0.342;$$

$f(0.342)=-0.012$，故

$$x_3=-\frac{f(0)}{f(0.342)-f(0)}(0.342-0)=0.340;$$

由于 $f(0.340)=-0.001$，$m_1=\inf\limits_{0<x<1}|f'(x)|=3$，因此，如果取 0.340 作为此根的第三个近似值，其误差为

$$|0.340-\xi_1|\leqslant\frac{|f(0.340)|}{m_1}<0.001,$$

已达到所需的精确度. 于是，所给方程的一近似根为 0.340.

再求其他的根：

因为 $f(2)=-2$，$f(3)=11$，且当 $2<x<3$ 时，$f'(x)\neq0$，故方程在$(2,3)$内有且仅有一实根 $\xi_2$. 与求 $\xi_1$ 的方法类似，依次求得其第 $i$ 个近似值 $x_i$ 为：

$$x_1=2-\frac{f(2)}{f(3)-f(2)}(3-2)=2.15;$$

$$x_2=2.15-\frac{f(2.15)}{f(3)-f(2.15)}(3-2.15)=2.22;$$

$$x_3=2.22-\frac{f(2.22)}{f(2)-f(2.22)}(3-2.22)=2.245;$$

$$x_4=2.245-\frac{f(2.245)}{f(3)-f(2.245)}(3-2.245)=2.256;$$

$$x_5=2.256-\frac{f(2.256)}{f(3)-f(2.256)}(3-2.256)=2.260;$$

$$x_6=2.260-\frac{f(2.260)}{f(3)-f(2.260)}(3-2.260)=2.261;$$

$$x_7=2.261-\frac{f(2.261)}{f(3)-f(2.261)}(3-2.261)=2.262.$$

由于 $f(2.262)=0.003$，$m_2=\inf\limits_{2<x<3}|f'(x)|=6$，因此，如果取 2.262 作为 $\xi_2$ 的第七个近似值，则其误差为

$$|2.262-\xi_2|\leqslant\frac{|f(2.262)|}{m_2}<0.001,$$

已达到所需的精确度.于是,所给方程的一近似根为 2.262.

由于此方程为一个三次方程,最后必然还有一实根.

因为 $f(-2)=6$,$f(-3)=-7$,且当 $-3<x<-2$ 时,$f'(x)\neq0$,故此根 $\xi_3$ 介于 $-3$ 和 $-2$ 之间.同上法依次求得其第 $i$ 个近似值 $x_i$ 为:

$$x_1=-3-\frac{f(-3)}{f(-2)-f(-3)}(-2+3)=-2.461;$$

$$x_2=-3-\frac{f(-3)}{f(-2.461)-f(-3)}(-2.461+3)=-2.574;$$

$$x_3=-3-\frac{f(-3)}{f(-2.574)-f(-3)}(-2.574+3)=-2.596;$$

$$x_4=-3-\frac{f(-3)}{f(-2.596)-f(-3)}(-2.596+3)=-2.601;$$

$$x_5=-3-\frac{f(-3)}{f(-2.601)-f(-3)}(-2.601+3)=-2.602.$$

由于 $f(-2.602)=-0.004$,$m_3=\inf\limits_{-3<x<-2}|f'(x)|=6$,因此,如果取 $-2.602$ 作为 $\xi_3$ 的第五个近似值,则其误差为

$$|-2.602-\xi_3|\leqslant\frac{|f(-2.602)|}{m_3}<0.001,$$

已达到所需的精确度.于是,所给方程的第三个根的近似值为 $-2.602$.

**【1618】** $x^4-x-1=0$.

**解** 设 $f(x)=x^4-x-1$.由于 $f(1)=-1$,$f(2)=13$,且当 $1<x<2$ 时,$f'(x)\neq0$,故所给方程在 $(1,2)$ 内有且仅有一实根 $\xi_1$,按 1617 题的方法,依次求得该根的第 $i$ 个近似值 $x_i$ 为:

$x_1=1.07$; $x_2=1.12$; $x_3=1.156$; $x_4=1.180$; $x_5=1.196$; $x_6=1.205$; $x_7=1.217$; $x_8=1.220$; $x_9=1.221$.

由于 $f(1.221)=0.002$,$m_1=\inf\limits_{1<x<2}|f'(x)|=3$,因此,如果取 1.221 作为 $\xi_1$ 的第九个近似值,则其误差为

$$|1.221-\xi_1|\leqslant\frac{|f(1.221)|}{m_1}<0.001,$$

已达到所需的精确度.于是,所给方程的一近似根为 1.221.

又因 $f(-1)=1$,$f(-0.5)=-0.4375$,且当 $-1<x<-0.5$ 时,$f'(x)\neq0$,故所给方程在 $(-1,-0.5)$ 内有且仅有一实根 $\xi_2$,依次求得第 $i$ 个近似值 $x_i$ 为:

$x_1=-0.652$; $x_2=-0.789$; $x_3=-0.706$; $x_4=-0.719$; $x_5=-0.723$; $x_6=-0.724$.

由于 $f(-0.724)=-0.001$,$m_2=\inf\limits_{-1<x<-0.5}|f'(x)|=1$,因此,如果取 $-0.724$ 作为 $\xi_2$ 的第六个近似值,则其误差为

$$|-0.724-\xi_2|\leqslant\frac{|f(-0.724)|}{m_2}=0.001,$$

已达到所需的精确度.于是,所给方程的另一近似根为 $-0.724$.

由于 $f'(x)=4x^3-1=0$ 只有一实根,且 $f''(x)=12x^2>0(x\neq0)$,故所给方程仅有二实根,其余二根为一对共轭复根.

**【1619】** $x-0.1\sin x=2$.

**解** 设 $f(x)=x-0.1\sin x-2$,则 $f(2)=-0.091$,$f\left(\frac{2\pi}{3}\right)=0.0237$,且当 $2<x<\frac{2\pi}{3}$ 时,$f'(x)\neq0$,故所给方程在 $\left(2,\frac{2\pi}{3}\right)$ 内有且仅有一实根 $\xi_1$,依次求得其第 $i$ 个近似值 $x_i$ 为:

$$x_1=2.075;\quad x_2=2.080;\quad x_3=2.083;\quad x_4=2.087.$$

由于 $f(2.087)=0.00003$，$m_1=\inf\limits_{2<x<\frac{3\pi}{2}}|f'(x)|=1-0.1\cos2^{*)}\approx0.959$，因此，如果取 2.087 作为 $\xi_1$ 的第四个近似值，则其误差为

$$|2.087-\xi_1|\leqslant\frac{|f(2.087)|}{m_1}<0.001,$$

已达到所需的精确度. 于是，所给方程的近似根为 2.087(弪).

又方程 $x-0.1\sin x=2$ 与方程 $x-2=0.1\sin x$ 等价，而曲线 $y=x-2$ 与 $y=0.1\sin x$ 只有一个交点，因此，原方程只有一个实根.

*) 因 $f'(x)=1-0.1\cos x$，$f''(x)=0.1\sin x>0$，故 $m_1=|f'(2)|=1-0.1\cos2$. 以下同样情况不再说明.

**【1620】** $\cos x=x^2$.

**解** 设 $f(x)=\cos x-x^2$，则因 $f(-x)=f(x)$，故原方程若有一根 $\xi$，必有另一根 $-\xi$. 又曲线 $y=x^2$ 与 $y=\cos x$ 只有两个交点. 因此，原方程有且仅有两个根 $\pm\xi$. 为此，只需求一正根即可.

由于 $f(\frac{\pi}{4})=0.09$，$f(1)=-0.46$，且当 $\frac{\pi}{4}<x<1$ 时，$f'(x)\neq0$，故所给方程在 $(\frac{\pi}{4},1)$ 内有且仅有一实根 $\xi$，依次求得其第 $i$ 个近似值 $x_i$ 为：

$$x_1=0.821;\quad x_2=0.828;\quad x_3=0.826;\quad x_4=0.825.$$

由于 $f(0.825)=-0.002$，$m=\inf\limits_{\frac{\pi}{4}<x<1}|f'(x)|=\left|f'\left(\frac{\pi}{4}\right)\right|=2.278$，因此，如果取 0.825 作为 $\xi$ 的第四个近似值，则其误差为

$$|0.825-\xi|\leqslant\frac{f(0.825)}{m}<0.001,$$

已达到所需的精确度. 于是，所给方程的二近似根为 $\pm0.825$.

如果注意到 $f(0.824)=0.002$，$f(0.825)=-0.002$，因此，取 $\pm0.824$ 作为所给方程的二近似根，也可保证所需的精确度.

### 利用牛顿法，求下列方程的根(精确到所指定的精度)：

**【1621】** $x^2+\frac{1}{x^2}=10x$ (精确到 $10^{-3}$).

**解** 曲线 $y=x^2+\frac{1}{x^2}$ 与 $y=10x$ 共有两个交点. 因此，所给方程共有两个实根.

设 $f(x)=x^2+\frac{1}{x^2}-10x$，则因 $f(0.4)=2.41$，$f(0.5)=-0.75$，且当 $0.4<x<0.5$ 时，$f'(x)\neq0$，故所给方程在 $(0.4,0.5)$ 内有且仅有一实根. 又由于在 $[0.4,0.5]$ 内 $f''(x)\neq0$ 且 $f(0.4)f''(0.4)>0$，故利用牛顿法求近似根时，切点应取 $(0.4,f(0.4))$. 依次求得其第 $i$ 个近似值 $x_i$ 为：

$$x_1=0.4-\frac{f(0.4)}{f'(0.4)}=0.459;$$

$$x_2=0.459-\frac{f(0.459)}{f'(0.459)}=0.471;$$

$$x_3=0.471-\frac{f(0.471)}{f'(0.471)}=0.472.$$

今估计误差：$f(0.472)=-0.013$. 由于 $f'(x)$ 在 $(0.4,0.5)$ 内为增函数，且为负的，故

$$m=\inf_{0.4<x<0.5}|f'(x)|=|f'(0.5)|=25.$$

因此，如果取 0.472 作为根的近似值，则其误差为

$$|0.472-\xi|\leqslant\frac{f(0.472)}{m}<0.001,$$

已达到所需的精确度. 于是，所给方程的一近似根为 0.472.

现求第二个近似根，由于 $f(10)=0.001$，故此根可能逼近 10. 现分别以 9.9 及 9.99 试之：

$$f(9.9)=-0.98,\qquad f(9.99)=-0.09.$$

因此，$f(9.99)f(10)<0$，加以在 $(9.99,10)$ 内 $f'(x)\neq0$，故所给方程在 $(9.99,10)$ 内有且仅有一实根. 又因 $f(10)f''(10)>0$ 及 $f''(x)\neq0$，故利用牛顿法求近似根时，切点应选在 $(10,f(10))$ 处. 于是，

$$x_1=10-\frac{f(10)}{f'(10)}=9.99999,$$

如果取 9.999 作为根的近似值，则其误差显然已达到所需的精确度. 于是，所给方程的又一近似根为 9.999.

**【1622】** $x\lg x=1$ （精确到 $10^{-4}$）.

**解** 曲线 $y=\lg x$ 与 $y=\dfrac{1}{x}$ 只有一个交点. 因此，所给方程只有一个实根. 现确定其范围. 设 $f(x)=x\lg x-1$，由于 $f(2.506)=-0.0004$，$f(2.507)=0.0005$，且当 $2.506<x<2.507$ 时，$f'(x)>0$，$f''(x)>0$，故在 $(2.506,2.507)$ 内有且仅有一实根，切点选在 $(2.507,f(2.507))$. 依次求得其第 $i$ 个近似值 $x_i$ 为：

$$x_1=2.5064;\quad x_2=2.5062.$$

由于

$$f(2.5062)=0.00002,\quad m=\inf_{2.506<x<2.507}|f'(x)|=|f'(2.506)|=0.84,$$

因此，如果取 2.5062 作为根的近似值时，则其误差为

$$|2.5062-\xi|\leqslant\frac{|f(2.5062)|}{m}<0.0001,$$

已达到所需的精确度，故所求的唯一近似根为 2.5062.

**【1623】** $\cos x\,\mathrm{ch}x=1$ （精确到 $10^{-3}$） （二正根）.

**解** 曲线 $y=\cos x$ 与 $y=\dfrac{1}{\mathrm{ch}x}$ 的交点有无穷多个，其中最小的三个正根分别记为 $\alpha,\beta,\gamma$，且

$$\frac{3\pi}{2}<\alpha<2\pi,\quad 2\pi<\beta<\frac{5\pi}{2},\quad \frac{7\pi}{2}<\gamma<4\pi.$$

现在我们将求 $\alpha$ 与 $\gamma$ 两正根的计算方法叙述如下. 设 $f(x)=\cos x\,\mathrm{ch}x-1$.

(1) 先求 $\alpha$.

由于 $f(4.7)=-1.6812$，$f(4.8)=4.3159$，故知 $4.7<\alpha<4.8$. 又因在 $(4.7,4.8)$ 内 $f''(x)>0$，故切点应取在 $(4.8,f(4.8))$ 处，依次求得 $\alpha$ 的第 $i$ 个近似值 $x_i$ 为：

$$x_1=4.7345;\quad x_2=4.7301.$$

本题若采用 $\dfrac{|f(x_n)|}{m}$ 估计误差，由于 $m$ 本身也需估计，而且繁琐，今用比例法与牛顿法联合使用求根的近似值. 设以右上角带“′”的 $x_i'$ 表示用比例法求出的第 $i$ 个近似值，则有

$$x_1'=4.7-\frac{f(4.7)}{f(4.8)-f(4.7)}(4.8-4.7)=4.7280,$$

从而知

$$4.7280<\alpha<4.7345.$$

于是，

$$x_2'=4.7280-\frac{f(4.7280)}{f(4.7345)-f(4.7280)}(4.7345-4.7280)=4.7300.$$

因此，

$$4.7300<\alpha<4.7301.$$

取 4.730 作为 $\alpha$ 的近似值，即可保证所需的精确度. 于是，所给方程的一正根的近似值为 4.730.

(2) 再求 $\gamma$.

由于 $f\left(\dfrac{7\pi}{2}\right)=-1$，$f(11)\approx133$，故知 $\dfrac{7\pi}{2}<\gamma<11$. 切点取在 $(11,f(11))$ 处. 分别用比例法及牛顿法求得

$$x_1'=10.9956,\quad x_1=10.9956,$$

因而取 10.996 作为 $\gamma$ 的近似值,即可保证所需的精确度.于是,所给方程的又一正根的近似值为 10.996.

**【1624】** $x+e^x=0$ (精确到 $10^{-5}$).

**解** 设 $f(x)=x+e^x$,则 $f'(x)=1+e^x>0$,$f''(x)=e^x>0$.由于 $f(0)=1$,$f(-1)=\frac{1}{e}-1<0$,故在 $(-1,0)$ 内所给方程有且仅有一实根,切点选在 $(0,f(0))$ 处.依次求得此根的第 $i$ 个近似值 $x_i$ 为:

$$x_1=-0.5;\quad x_2=-0.56631;\quad x_3=-0.567132;\quad x_4=-0.567145.$$

由于

$$|x_4-\xi|\leqslant\frac{|f(-0.567145)|}{m}=\frac{|f(-0.567145)|}{1+e^{-1}}<10^{-5},$$

故取 $-0.56715$ 作为根的近似值,即可保证所需的精确度.

由于曲线 $y=e^x$ 与 $y=-x$ 只有一个交点,故上述近似根 $-0.56715$ 即为所给方程的唯一近似根.

**【1625】** $x\,\mathrm{th}x=1$ (精确到 $10^{-6}$).

**解** 设 $f(x)=\mathrm{th}x-\frac{1}{x}$,则因曲线 $y=\mathrm{th}x$ 与 $y=\frac{1}{x}$ 仅有两个交点,故所给方程仅有二实根.又因在 $x\,\mathrm{th}x$ 中以 $-x$ 代 $x$,其值不变,故方程的二实根为 $\pm\xi$.

由 $f'(x)=\frac{1}{\mathrm{ch}^2x}+\frac{1}{x^2}>0$,知 $f(x)$ 是增函数.又因 $f(1)=-0.2384$,$f(2)=0.4640$.故所给方程在 $(1,2)$ 内有且仅有一实根.又

$$f''(x)=-\frac{2\mathrm{sh}x}{\mathrm{ch}^3x}-\frac{2}{x^3}<0\quad(x>0),$$

因此,切点应选为 $(1,f(1))$.仍以 $x_i'$ 及 $x_i$ 分别表示用比例法及牛顿法求得的根的第 $i$ 次近似值,重复使用,即得

$$x_1'=1.339,\quad x_1=1.168,$$

故 $1.168<\xi<1.339$.

$$x_2'=1.2032,\quad x_2=1.1989,$$

有 $1.1989<\xi<1.2032$.

$$x_3'=1.1996796,\quad x_3=1.1996781,$$

故 $1.1996781<\xi<1.1996796$.

于是,取 $\pm1.199678$ 作为根的近似值,即可保证所需的精确度.

**【1626】** 求方程 $\tan x=x$ 最小的三个正根(精确到 0.001).

**解** 由 $y=\tan x$ 及 $y=x$ 的图像知方程有正根,且有无穷个,只求其最小三正根,设 $f(x)=\tan x-x$.

(1) 由于 $f'(x)=\tan^2x>0$,$f''(x)=2\tan x\sec^2x>0$ $(x\in(\pi,\frac{3\pi}{2}))$ 及 $f(\frac{4\pi}{3})f(\frac{23\pi}{16})<0$,故在 $(\frac{4\pi}{3},\frac{23\pi}{16})$ 内所给方程有且仅有一实根 $\xi_1$,切点应选在 $(\frac{23\pi}{16},f(\frac{23\pi}{16}))$ 处.依次求得 $\xi_1$ 的第 $i$ 个近似值 $x_i$ 为:

$$x_1=4.4959;\quad x_2=4.4933.$$

由于 $|f(4.4933)|=0.0012$,$m=\inf\limits_{\frac{4\pi}{3}<x<\frac{23\pi}{16}}|f'(x)|=\tan^2\frac{4\pi}{3}=3$,因此,如果取 4.493 作为根 $\xi_1$ 的近似值,则其误差为

$$|x_2-\xi_1|\leqslant\frac{|f(4.4933)|}{m}<0.001,$$

已达到所需的精确度.于是,所给方程的一最小正近似根为4.493.

(2) 再求第二个最小正根.

由于 $f(\frac{23\pi}{16})<0$,$f(\frac{79\pi}{32})>0$,故在 $(\frac{39\pi}{16},\frac{79\pi}{32})$ 内方程有且仅有一实根 $\xi_2$.又因在此区间内 $f'(x)>0$,$f''(x)>0$,故切点应选在 $(\frac{79\pi}{32},f(\frac{79\pi}{32}))$ 处.依次求得 $\xi_2$ 的第 $i$ 个近似值 $x_i$ 为:

$$x_1=7.7325;\quad x_2=7.7258;\quad x_3=7.7254,$$

由于$|f(7.7254)|=0.0083$，$m=\inf\limits_{\frac{39\pi}{16}<x<\frac{79\pi}{32}}|f'(x)|=\tan^2\frac{39\pi}{16}>25$，因此，如果取7.725作为$\xi_2$的近似值，则其误差为

$$|x_3-\xi_2|\leqslant\frac{|f(7.7254)|}{m}<0.001,$$

已达到所需的精确度.于是，所给方程的第二个最小正根的近似值为7.725.

(3)最后求第三个最小正根.

由于$f(\frac{111\pi}{32})<0$，$f(\frac{223\pi}{64})>0$，故在$(\frac{111\pi}{32},\frac{223\pi}{64})$内方程有且仅有一实根$\xi_3$.又因在此区间内$f'(x)>0$，$f''(x)>0$，故切点应选在$(\frac{223\pi}{64},f(\frac{223\pi}{64}))$处.依次求得$\xi_3$的第$i$个近似值$x_i$为：

$$x_1=10.9233;\quad x_2=10.9086;\quad x_3=10.9041.$$

由于$|f(10.9041)|=0.014$，$m=\tan^2\frac{111\pi}{32}=102.78$.因此，如果取10.904作为$\xi_3$的近似值，则其误差为

$$|x_3-\xi_3|\leqslant\frac{|f(10.9041)|}{m}<0.001,$$

已达到所需的精确度.于是，所给方程的第三个最小正根的近似值为10.904.

**【1627】** 求方程$\cot x=\frac{1}{x}-\frac{x}{2}$的二正根(精确到$10^{-3}$).

**解** 由$y=\cot x$与$y=\frac{1}{x}-\frac{x}{2}$的图像知交点有无穷个，我们只求其最小二正根$\xi_1$及$\xi_2$：

$$\frac{\pi}{2}<\xi_1<\pi,\quad \frac{3\pi}{2}<\xi_2<2\pi.$$

(1) 先求$\xi_1$.

设$f(x)=\cot x-\frac{1}{x}+\frac{x}{2}$，则在所考虑的区间内

$$f'(x)=-\cot^2x-\frac{1}{2}+\frac{1}{x^2}<0,\quad f''(x)=\frac{2\cos x}{\sin^3x}-\frac{2}{x^3}<0.$$

又因$f(2.0708)=0.0062$，$f(2.1708)=-0.0593$，故切点应选在$(2.1708,f(2.1708))$处.用比例法与牛顿法联合求$\xi_1$.重复应用，即得

$$x_1'=2.0803,\quad x_1=2.0923,$$

故$2.0803<\xi_1<2.0923$.

$$x_2'=2.0815,\quad x_2=2.0816,$$

故取2.081作为$\xi_1$的近似值，即可保证所需的精确度.于是，所给方程的一正根的近似值为2.081.

(2) 再求$\xi_2$.

由于$f(5.9324)=0.0648$，$f(5.9424)=-0.0169$，故

$$5.9324<\xi_2<5.9424,$$

切点取$(5.9424,f(5.9424))$.

用比例法及牛顿法各一次，即得

$$x_1'=5.9403,\quad x_1=5.9404,$$

因此，取5.940作为$\xi_2$的近似值，即可保证所需的精确度.于是，所给方程的又一正根的近似值为5.940.

# 3

费定晖 周学圣 编著
郭大钧 邵品琮 主审

# 吉米多维奇
# 数学分析
# 习题集题解

第4版

山东科学技术出版社
·济南·

**图书在版编目（CIP）数据**

吉米多维奇数学分析习题集题解. 3 / 费定晖，周学圣编著. --4版. --济南：山东科学技术出版社，2012.7（2023.10 重印）
ISBN 978-7-5331-5898-9

Ⅰ. ①吉… Ⅱ. ①费… ②周… Ⅲ. ①数学分析-高等学校-题解 Ⅳ. ①O17-44

中国版本图书馆CIP数据核字（2012）第120115号

**吉米多维奇数学分析习题集题解 3**

JIMIDUOWEIQI SHUXUE FENXI XITIJI TIJIE 3

责任编辑：段 琰

---

**主管单位：山东出版传媒股份有限公司**
**出 版 者：山东科学技术出版社**
地址：济南市市中区舜耕路517号
邮编：250003 电话：（0531）82098088
网址：www. lkj. com. cn
电子邮件：sdkj@sdcbcm. com
**发 行 者：山东科学技术出版社**
地址：济南市市中区舜耕路517号
邮编：250003 电话：（0531）82098067
**印 刷 者：山东华立印务有限公司**
地址：山东省济南市莱芜高新区钱塘江街 019 号
邮编：271100 电话：（0531）76216033

---

**规格：** 16开（185 mm × 260 mm）
**印张：** 15
**版次：** 2012年7月第4版 **印次：** 2023年10月第18次印刷
**定价：** 25.00元

# 第4版前言 DISIBANQIANYAN

本书自1979年出版发行以来，历经30多个春秋，一直畅销不衰，深得读者厚爱。在郭大钧教授的帮助和指导下，对全书我不断地修订和补充，不断地修正错误，不断地替换更为简洁的解法和证明，力求本书一直保持其先进性、完整性和准确性，以求对读者的高度责任感。读者通过学习该书，对掌握数学分析的基本知识、基础理论和基本技能的训练，感到获益匪浅，赞誉其为学习数学分析"不可替代"之图书，对此我们倍感欣慰，鞭策我们为读者作出更多的奉献。

这次受山东科学技术出版社的约请，并得到郭大钧教授的大力支持，仍由我负责全书第4版的修订、增补和校阅工作，以适应文化建设繁荣发展的需要，更加激发全国广大读者的强烈求知欲。具体主要做了以下几方面的工作：

第一，为全书4462题中的近三成的习题，根据题型的不同，在原题解的前面，分别或给出提示，或给出解题思路，或给出证明思路。冀图启发读者怎样分析该题，怎样下手求解；启发读者怎样总结解题的规律；启发读者怎样正确使用有关的数学公式、概念和理论，开拓视野，活跃思路；帮助读者逐步解决学习中的困难，为他们在学习过程中提供一个良师益友。这是本次修订的主要工作。

第二，根据当前的语言习惯，对全书的文字作了较多的润色，使其表述更加准确，更加简洁凝练。

第三，改正了第3版中的个别印刷错误，修正了函数图像中的个别问题和个别习题的答案。

第四，根据国家相关标准，规范了有关术语和数学式子的表达，并对全书使用的外国人名按照现在的标准或通用译法重新翻译人名，以求统一标准。

第五，对全书的版面和开本重新进行了调整，使其更富有时代的色彩。

我们殷切期望使用本书的读者，懂得只有通过个人的独立思考，加上

勤学苦练才能取得成功,“只看不练假把式”,数学的学习是在个人的独立解题中逐步弄懂有关的概念、公式和理论的,我们编写本书,就是希望能对数学分析课程的学习起到一个抛砖引玉的作用。读者使用本书最好是不要先看题解,更不要查抄解答和答案,而是自己先对照教材中的有关概念、公式和理论独立进行思考,必要时可参照书中的提示、解题思路或证明思路独立完成解题,然后再查看书中是怎样解答的,比较自己的解答和书中解答的异同,从中找出差距,找出自己的问题所在,甚至找出书中解答的错误和不足之处,进而找到更为简洁的解答。只有这样才能提高自己的思维能力和创造才能,任何削弱独立思考的做法都是违背我们出版本书的初衷的。

山东科学技术出版社颜秀锦、宋德万、胡新蓉等老一代资深编辑为本书前三版的出版和发行付出了艰辛努力,责任编辑宋涛为本书第 4 版怎样提高质量倾注了不少心血,在此我们一并表示感谢。同时感谢山东大学、华东交通大学、山东师范大学等兄弟学校对本书出版的支持。感谢社会各界同仁对本书的支持。虽然历经 30 余年的反复修订,面对如此庞大的图书,限于本人水平,书中难免有错误和不当之处,敬请各位专家、同仁和广大读者批评指正,不胜感激,并在新版中改正。

费 定 晖

2012 年 5 月于南昌华东交通大学

# 出版说明 CHUBANSHUOMING

吉米多维奇(Б. П. ДЕМИДОВИЧ)著《数学分析习题集》一书的中译本,自 50 年代初在我国翻译出版以来,引起了全国各大专院校广大师生的巨大反响。凡从事数学分析教学的师生,常以试解该习题集中的习题,作为检验掌握数学分析基本知识和基本技能的一项重要手段。二十多年来,对我国数学分析的教学工作是甚为有益的。

该书四千多道习题,数量多,内容丰富,由浅入深,部分题目难度大。涉及的内容有函数与极限,一元函数微分学,不定积分,定积分,级数,多元函数微分学,带参数的积分以及多重积分与曲线积分、曲面积分等等,概括了数学分析的全部主题。当前,我国广大读者,特别是肯于刻苦自学的广大数学爱好者,在为四个现代化而勤奋学习的热潮中,迫切需要对一些疑难习题有一个较明确的回答。有鉴于此,我们特约作者,将全书 4462 题的所有解答汇辑成书,共分六册出版。本书可以作为高等院校的教学参考用书,同时也可作为广大读者在自学微积分过程中的参考用书。

众所周知,原习题集,题多难度大,其中不少习题如果认真习作的话,既可以深刻地巩固我们所学到的基本概念,又可以有效地提高我们的运算能力,特别是有些难题还可以迫使我们学会综合分析的思维方法。正由于这样,我们殷切期望初学数学分析的青年读者,一定要刻苦钻研,千万不要轻易查抄本书的解答,因为任何削弱独立思索的作法,都是违背我们出版此书的本意。何况所作解答并非一定标准,仅作参考而已。如有某些误解、差错也在所难免,一经发觉,恳请指正,不胜感谢。

本书蒙潘承洞教授对部分难题进行了审校。特请郭大钧教授、邵品琮教授对全书作了重要仔细的审校。其中相当数量的难度大的题,都是郭大钧、邵品琮亲自作的解答。

参加本册审校工作的还有张效先、徐沅同志。

参加编演工作的还有黄春朝同志。

本书在编审过程中,还得到山东大学、山东工学院、山东师范学院和曲阜师范学院的领导和同志们的大力支持,特在此一并致谢。

1979 年于济南

# 目录 MULU

# 第三章　不定积分

## §1. 最简单的不定积分

1° **不定积分的概念**　若函数 $f(x)$ 在区间 $(a,b)$ 内有定义且连续，$F(x)$ 是它的原函数，即当 $a<x<b$ 时 $F'(x)=f(x)$，则

$$\int f(x)\mathrm{d}x=F(x)+C,\quad a<x<b,$$

式中 $C$ 为任意常数.

2° **不定积分的基本性质**：

(1) $\mathrm{d}\left[\int f(x)\mathrm{d}x\right]=f(x)\mathrm{d}x$；

(2) $\int \mathrm{d}\Phi(x)=\Phi(x)+C$；

(3) $\int Af(x)\mathrm{d}x=A\int f(x)\mathrm{d}x$　($A$ 为常数，$A\neq 0$)；

(4) $\int [f(x)+g(x)]\mathrm{d}x=\int f(x)\mathrm{d}x+\int g(x)\mathrm{d}x$.

3° **最简积分表**：

Ⅰ. $\int x^n\mathrm{d}x=\dfrac{x^{n+1}}{n+1}+C$　$(n\neq -1)$；

Ⅱ. $\int \dfrac{\mathrm{d}x}{x}=\ln|x|+C$　$(x\neq 0)$；

Ⅲ. $\int \dfrac{\mathrm{d}x}{1+x^2}=\begin{cases}\arctan x+C,\\ -\mathrm{arccot}\,x+C;\end{cases}$

Ⅳ. $\int \dfrac{\mathrm{d}x}{1-x^2}=\dfrac{1}{2}\ln\left|\dfrac{1+x}{1-x}\right|+C$；

Ⅴ. $\int \dfrac{\mathrm{d}x}{\sqrt{1-x^2}}=\begin{cases}\arcsin x+C,\\ -\arccos x+C;\end{cases}$

Ⅵ. $\int \dfrac{\mathrm{d}x}{\sqrt{x^2\pm 1}}=\ln\left|x+\sqrt{x^2\pm 1}\right|+C$；

Ⅶ. $\int a^x\mathrm{d}x=\dfrac{a^x}{\ln a}+C$ $(a>0,a\neq 1)$；$\int \mathrm{e}^x\mathrm{d}x=\mathrm{e}^x+C$；

Ⅷ. $\int \sin x\mathrm{d}x=-\cos x+C$；

Ⅸ. $\int \cos x\mathrm{d}x=\sin x+C$；

Ⅹ. $\int \dfrac{\mathrm{d}x}{\sin^2 x}=-\cot x+C$；

ⅩⅠ $\int \dfrac{\mathrm{d}x}{\cos^2 x}=\tan x+C$；.

ⅩⅡ. $\int \mathrm{sh}x\mathrm{d}x=\mathrm{ch}x+C$；

ⅩⅢ. $\int \mathrm{ch}x\mathrm{d}x=\mathrm{sh}x+C$；

ⅩⅣ. $\int \dfrac{\mathrm{d}x}{\mathrm{sh}^2 x}=-\mathrm{coth}x+C$；

ⅩⅤ. $\int \dfrac{\mathrm{d}x}{\mathrm{ch}^2 x}=\mathrm{th}x+C$.

4° **积分的基本方法**

(1) 引入新变量法　若

$$\int f(x)\mathrm{d}x=F(x)+C,$$

则

$$\int f(u)\mathrm{d}u=F(u)+C,\quad 式中\ u=\varphi(x)\ 是连续可微函数.$$

(2) 分项积分法　若

$$f(x)=f_1(x)+f_2(x),$$

则

$$\int f(x)\mathrm{d}x=\int f_1(x)\mathrm{d}x+\int f_2(x)\mathrm{d}x.$$

(3) 代入法　若 $f(x)$ 连续，令　$x=\varphi(t)$，　式中 $\varphi(t)$ 及其导数 $\varphi'(t)$ 皆连续，

则得

$$\int f(x)\mathrm{d}x=\int f[\varphi(t)]\varphi'(t)\mathrm{d}t.$$

(4) 分部积分法　若 $u$ 和 $v$ 为 $x$ 的可微函数，则　$\int u\mathrm{d}v=uv-\int v\mathrm{d}u.$

利用最简积分表,求下列积分*:

【1628】 $\int (3-x^2)^3 dx$.

解 $\int (3-x^2)^3 dx=\int (27-27x^2+9x^4-x^6)dx=27x-9x^3+\frac{9}{5}x^5-\frac{1}{7}x^7+C$.

【1629】 $\int x^2(5-x)^4 dx$.

解 $\int x^2(5-x)^4 dx=\int (625x^2-500x^3+150x^4-20x^5+x^6)dx=\frac{625}{3}x^3-125x^4+30x^5-\frac{10}{3}x^6+\frac{1}{7}x^7+C$.

【1630】 $\int (1-x)(1-2x)(1-3x)dx$.

解 $\int (1-x)(1-2x)(1-3x)dx=\int (1-6x+11x^2-6x^3)dx=x-3x^2+\frac{11}{3}x^3-\frac{3}{2}x^4+C$.

【1631】 $\int \left(\frac{1-x}{x}\right)^2 dx$.

解 $\int \left(\frac{1-x}{x}\right)^2 dx=\int \left(\frac{1}{x^2}-\frac{2}{x}+1\right)dx=-\frac{1}{x}-2\ln|x|+x+C$.

【1632】 $\int \left(\frac{a}{x}+\frac{a^2}{x^2}+\frac{a^3}{x^3}\right)dx$.

解 $\int \left(\frac{a}{x}+\frac{a^2}{x^2}+\frac{a^3}{x^3}\right)dx=a\ln|x|-\frac{a^2}{x}-\frac{a^3}{2x^2}+C$.

【1633】 $\int \frac{x+1}{\sqrt{x}}dx$.

解 $\int \frac{x+1}{\sqrt{x}}dx=\int (x^{\frac{1}{2}}+x^{-\frac{1}{2}})dx=\frac{2}{3}x\sqrt{x}+2\sqrt{x}+C$.

【1634】 $\int \frac{\sqrt{x}-2\sqrt[3]{x^2}+1}{\sqrt[4]{x}}dx$.

解 $\int \frac{\sqrt{x}-2\sqrt[3]{x^2}+1}{\sqrt[4]{x}}dx=\int (x^{\frac{1}{4}}-2x^{\frac{5}{12}}+x^{-\frac{1}{4}})dx=\frac{4}{5}x\sqrt[4]{x}-\frac{24}{17}x\sqrt[12]{x^5}+\frac{4}{3}\sqrt[4]{x^3}+C$.

【1635】 $\int \frac{(1-x)^3}{x\sqrt[3]{x}}dx$.

解 $\int \frac{(1-x)^3}{x\sqrt[3]{x}}dx=\int (x^{-\frac{4}{3}}-3x^{-\frac{1}{3}}+3x^{\frac{2}{3}}-x^{\frac{5}{3}})dx=-\frac{3}{\sqrt[3]{x}}\left(1+\frac{3}{2}x-\frac{3}{5}x^2+\frac{1}{8}x^3\right)+C$.

【1636】 $\int \left(1-\frac{1}{x^2}\right)\sqrt{x\sqrt{x}}\,dx$.

提示 注意 $\left(1-\frac{1}{x^2}\right)\sqrt{x\sqrt{x}}=x^{\frac{3}{4}}-x^{-\frac{5}{4}}$.

1634题,1635题,1637题及1638题均可仿本题,将被积函数化成若干个幂函数的代数和,然后再利用分项积分法.

解 $\int \left(1-\frac{1}{x^2}\right)\sqrt{x\sqrt{x}}\,dx=\int (x^{\frac{3}{4}}-x^{-\frac{5}{4}})dx=\frac{4}{7}x^{\frac{7}{4}}+4x^{-\frac{1}{4}}+C=\frac{4(x^2+7)}{7\sqrt[4]{x}}+C$.

【1637】 $\int \frac{(\sqrt{2x}-\sqrt[3]{3x})^2}{x}dx$.

---

* 本章在叙述习题及其解答过程中,凡出现的函数,无论是被积函数还是原函数,均默认是在有意义的定义域上进行的.例如,最简积分表Ⅰ中当 $n\leqslant -2$ 时,要求 $x\neq 0$;Ⅳ中要求 $|x|\neq 1$;Ⅴ中要求 $|x|<1$;以及Ⅵ中,当取负号时要求 $|x|>1$;等等,就未加声明.在题解中也有相当多的类似情况.因此,如无特别声明,在一般情况下,这些定义域是很容易被读者确定的,此处就不再予以一一指明.

《题解》作者注

解 $\int \frac{(\sqrt{2x}-\sqrt[3]{3x})^2}{x}dx=\int (2-2\sqrt[6]{72}x^{-\frac{1}{6}}+\sqrt[3]{9}x^{-\frac{1}{3}})dx=2x-\frac{12}{5}\sqrt[6]{72x^5}+\frac{3}{2}\sqrt[3]{9x^2}+C.$

【1638】 $\int \frac{\sqrt{x^4+x^{-4}+2}}{x^3}dx.$

解 $\int \frac{\sqrt{x^4+x^{-4}+2}}{x^3}dx=\int \frac{x^2+\frac{1}{x^2}}{x^3}dx=\int \left(\frac{1}{x}+\frac{1}{x^5}\right)dx=\ln|x|-\frac{1}{4x^4}+C.$

【1639】 $\int \frac{x^2}{1+x^2}dx.$

解 $\int \frac{x^2}{1+x^2}dx=\int \left(1-\frac{1}{x^2+1}\right)dx=x-\arctan x+C.$

【1640】 $\int \frac{x^2}{1-x^2}dx.$

解 $\int \frac{x^2}{1-x^2}dx=\int \left(-1+\frac{1}{1-x^2}\right)dx=-x+\frac{1}{2}\ln\left|\frac{1+x}{1-x}\right|+C.$

【1641】 $\int \frac{x^2+3}{x^2-1}dx.$

解 $\int \frac{x^2+3}{x^2-1}dx=\int \left(1+\frac{4}{x^2-1}\right)dx=x+2\ln\left|\frac{x-1}{x+1}\right|+C.$

【1642】 $\int \frac{\sqrt{1+x^2}+\sqrt{1-x^2}}{\sqrt{1-x^4}}dx.$

解 $\int \frac{\sqrt{1+x^2}+\sqrt{1-x^2}}{\sqrt{1-x^4}}dx=\int \left(\frac{1}{\sqrt{1-x^2}}+\frac{1}{\sqrt{1+x^2}}\right)dx=\arcsin x+\ln(x+\sqrt{1+x^2})+C.$

【1643】 $\int \frac{\sqrt{x^2+1}-\sqrt{x^2-1}}{\sqrt{x^4-1}}dx.$

解 $\int \frac{\sqrt{x^2+1}-\sqrt{x^2-1}}{\sqrt{x^4-1}}dx=\int \left(\frac{1}{\sqrt{x^2-1}}-\frac{1}{\sqrt{x^2+1}}\right)dx=\ln\left|\frac{x+\sqrt{x^2-1}}{x+\sqrt{x^2+1}}\right|+C.$

【1644】 $\int (2^x+3^x)^2dx.$

解 $\int (2^x+3^x)^2dx=\int (4^x+2\cdot 6^x+9^x)dx=\frac{4^x}{\ln 4}+2\cdot\frac{6^x}{\ln 6}+\frac{9^x}{\ln 9}+C.$

【1645】 $\int \frac{2^{x+1}-5^{x-1}}{10^x}dx.$

解 $\int \frac{2^{x+1}-5^{x-1}}{10^x}dx=\int \left[2\left(\frac{1}{5}\right)^x-\frac{1}{5}\left(\frac{1}{2}\right)^x\right]dx=-\frac{2}{\ln 5}\left(\frac{1}{5}\right)^x+\frac{1}{5\ln 2}\left(\frac{1}{2}\right)^x+C.$

【1646】 $\int \frac{e^{3x}+1}{e^x+1}dx.$

解 $\int \frac{e^{3x}+1}{e^x+1}dx=\int (e^{2x}-e^x+1)dx=\frac{1}{2}e^{2x}-e^x+x+C.$

【1647】 $\int (1+\sin x+\cos x)dx.$

解 $\int (1+\sin x+\cos x)dx=x-\cos x+\sin x+C.$

【1648】 $\int \sqrt{1-\sin 2x}\,dx.$

提示 注意 $\sqrt{1-\sin 2x}=\sqrt{(\cos x-\sin x)^2}=[\mathrm{sgn}(\cos x-\sin x)](\cos x-\sin x).$

解 $\int \sqrt{1-\sin 2x}\,dx=\int \sqrt{(\cos x-\sin x)^2}\,dx=\int [\mathrm{sgn}(\cos x-\sin x)](\cos x-\sin x)dx$

$=(\sin x+\cos x)\mathrm{sgn}(\cos x-\sin x)+C.$

【1649】 $\int \cot^2 x\mathrm{d}x$.

**提示** 注意 $\cot^2 x=\csc^2 x-1$.

**解** $\int \cot^2 x\mathrm{d}x=\int (\csc^2 x-1)\mathrm{d}x=-\cot x-x+C$.

【1650】 $\int \tan^2 x\mathrm{d}x$.

**解** $\int \tan^2 x\mathrm{d}x=\int (\sec^2 x-1)\mathrm{d}x=\tan x-x+C$.

【1651】 $\int (a\mathrm{sh}x+b\mathrm{ch}x)\mathrm{d}x$.

**解** $\int (a\mathrm{sh}x+b\mathrm{ch}x)\mathrm{d}x=a\mathrm{ch}x+b\mathrm{sh}x+C$.

【1652】 $\int \mathrm{th}^2 x\mathrm{d}x$.

**提示** 注意 $\mathrm{th}^2 x=1-\frac{1}{\mathrm{ch}^2 x}$.

**解** $\int \mathrm{th}^2 x\mathrm{d}x=\int \left(1-\frac{1}{\mathrm{ch}^2 x}\right)\mathrm{d}x=x-\mathrm{th}x+C$.

【1653】 $\int \mathrm{coth}^2 x\mathrm{d}x$.

**提示** 注意 $\mathrm{coth}^2 x=1+\frac{1}{\mathrm{sh}^2 x}$.

**解** $\int \mathrm{coth}^2 x\mathrm{d}x=\int \left(1+\frac{1}{\mathrm{sh}^2 x}\right)\mathrm{d}x=x-\mathrm{coth}x+C$.

【1654】 证明:若$\int f(x)\mathrm{d}x=F(x)+C$,则$\int f(ax+b)\mathrm{d}x=\frac{1}{a}F(ax+b)+C \quad (a\neq 0)$.

**提示** 由不定积分的定义,命题即获证.

**证** 由$\int f(x)\mathrm{d}x=F(x)+C$得知$F'(x)=f(x)$. 因而有$F'(ax+b)=f(ax+b)$,且

$$\frac{\mathrm{d}}{\mathrm{d}x}\left[\frac{1}{a}F(ax+b)\right]=F'(ax+b),$$

于是,
$$\frac{\mathrm{d}}{\mathrm{d}x}\left[\frac{1}{a}F(ax+b)\right]=f(ax+b),$$

所以,
$$\int f(ax+b)\mathrm{d}x=\frac{1}{a}F(ax+b)+C.$$

**求下列积分:**

【1655】 $\int \frac{\mathrm{d}x}{x+a}$.

**解** $\int \frac{\mathrm{d}x}{x+a}=\ln|x+a|+C$.

【1656】 $\int (2x-3)^{10}\mathrm{d}x$.

**解** $\int (2x-3)^{10}\mathrm{d}x=\frac{1}{2}\cdot\frac{1}{11}(2x-3)^{11}+C=\frac{1}{22}(2x-3)^{11}+C$.

【1657】 $\int \sqrt[3]{1-3x}\,\mathrm{d}x$.

**解** $\int \sqrt[3]{1-3x}\,\mathrm{d}x=-\frac{1}{3}\cdot\frac{3}{4}(1-3x)^{\frac{4}{3}}+C=-\frac{1}{4}(1-3x)^{\frac{4}{3}}+C$.

【1658】 $\int \frac{\mathrm{d}x}{\sqrt{2-5x}}$.

解 $\int \frac{dx}{\sqrt{2-5x}}=-\frac{1}{5}\cdot 2(2-5x)^{\frac{1}{2}}+C=-\frac{2}{5}\sqrt{2-5x}+C.$

【1659】 $\int \frac{dx}{(5x-2)^{\frac{5}{2}}}.$

解 $\int \frac{dx}{(5x-2)^{\frac{5}{2}}}=\frac{1}{5}\cdot\left(-\frac{2}{3}\right)(5x-2)^{-\frac{3}{2}}+C=-\frac{2}{15(5x-2)^{\frac{3}{2}}}+C.$

【1660】+ * $\int \frac{\sqrt[5]{1-2x+x^2}}{1-x}dx.$

解 $\int \frac{\sqrt[5]{1-2x+x^2}}{1-x}dx=\int (1-x)^{-\frac{3}{5}}dx=-\frac{5}{2}\sqrt[5]{(1-x)^2}+C.$

【1661】 $\int \frac{dx}{2+3x^2}.$

解 $\int \frac{dx}{2+3x^2}=\int \frac{dx}{(\sqrt{2})^2+(\sqrt{3}x)^2}=\frac{1}{\sqrt{6}}\arctan\left(x\sqrt{\frac{3}{2}}\right)+C.$

【1662】 $\int \frac{dx}{2-3x^2}.$

解 $\int \frac{dx}{2-3x^2}=\frac{1}{2}\int \frac{dx}{1-\left(\sqrt{\frac{3}{2}}x\right)^2}=\frac{1}{2}\cdot\sqrt{\frac{2}{3}}\cdot\frac{1}{2}\ln\left|\frac{1+\sqrt{\frac{3}{2}}x}{1-\sqrt{\frac{3}{2}}x}\right|+C=\frac{1}{2\sqrt{6}}\ln\left|\frac{\sqrt{2}+x\sqrt{3}}{\sqrt{2}-x\sqrt{3}}\right|+C.$

【1663】 $\int \frac{dx}{\sqrt{2-3x^2}}.$

解 $\int \frac{dx}{\sqrt{2-3x^2}}=\frac{1}{\sqrt{3}}\arcsin\left(x\sqrt{\frac{3}{2}}\right)+C.$

【1664】 $\int \frac{dx}{\sqrt{3x^2-2}}.$

解 $\int \frac{dx}{\sqrt{3x^2-2}}=\frac{1}{\sqrt{2}}\int \frac{dx}{\sqrt{\left(\sqrt{\frac{3}{2}}x\right)^2-1}}=\frac{1}{\sqrt{2}}\cdot\sqrt{\frac{2}{3}}\ln\left|x\sqrt{\frac{3}{2}}+\sqrt{\frac{3}{2}x^2-1}\right|+C_1$

$=\frac{1}{\sqrt{3}}\ln\left|x\sqrt{3}+\sqrt{3x^2-2}\right|+C.$

【1665】 $\int (e^{-x}+e^{-2x})dx.$

解 $\int (e^{-x}+e^{-2x})dx=-\left(e^{-x}+\frac{1}{2}e^{-2x}\right)+C.$

【1666】 $\int (\sin 5x-\sin 5\alpha)dx.$

解 $\int (\sin 5x-\sin 5\alpha)dx=-\frac{1}{5}\cos 5x-x\sin 5\alpha+C.$

【1667】 $\int \frac{dx}{\sin^2\left(2x+\frac{\pi}{4}\right)}.$

解 $\int \frac{dx}{\sin^2\left(2x+\frac{\pi}{4}\right)}=-\frac{1}{2}\cot\left(2x+\frac{\pi}{4}\right)+C$

---

* 题号右上角带"+"号表示题解答案与原习题集中译本所附答案不一致，以后不再说明. 中译本基本是按俄文第二版翻译的. 俄文第二版中有一些错误已在俄文第三版中改正.

【1668】 $\int \frac{dx}{1+\cos x}$.

解 $\int \frac{dx}{1+\cos x}=\frac{1}{2}\int \frac{dx}{\cos^2 \frac{x}{2}}=\tan \frac{x}{2}+C$.

【1669】 $\int \frac{dx}{1-\cos x}$.

解 $\int \frac{dx}{1-\cos x}=\frac{1}{2}\int \frac{dx}{\sin^2 \frac{x}{2}}=-\cot \frac{x}{2}+C$.

【1670】 $\int \frac{dx}{1+\sin x}$.

提示 注意$\frac{1}{1+\sin x}=\frac{1}{1+\cos\left(\frac{\pi}{2}-x\right)}$，并利用 1668 题的结果.

解 $\int \frac{dx}{1+\sin x}=\int \frac{dx}{1+\cos\left(\frac{\pi}{2}-x\right)}=-\tan\left(\frac{\pi}{4}-\frac{x}{2}\right)+C$.

【1671】 $\int [\operatorname{sh}(2x+1)+\operatorname{ch}(2x-1)]dx$.

解 $\int [\operatorname{sh}(2x+1)+\operatorname{ch}(2x-1)]dx=\frac{1}{2}[\operatorname{ch}(2x+1)+\operatorname{sh}(2x-1)]+C$.

【1672】 $\int \frac{dx}{\operatorname{ch}^2 \frac{x}{2}}$.

解 $\int \frac{dx}{\operatorname{ch}^2 \frac{x}{2}}=2\operatorname{th} \frac{x}{2}+C$.

【1673】 $\int \frac{dx}{\operatorname{sh}^2 \frac{x}{2}}$.

解 $\int \frac{dx}{\operatorname{sh}^2 \frac{x}{2}}=-2\operatorname{coth} \frac{x}{2}+C$.

用适当地变换被积函数的方法求下列积分：

【1674】 $\int \frac{x dx}{\sqrt{1-x^2}}$.

解 $\int \frac{x dx}{\sqrt{1-x^2}}=-\int \frac{d(1-x^2)}{2\sqrt{1-x^2}}=-\sqrt{1-x^2}+C$.

【1675】 $\int x^2 \sqrt[3]{1+x^3}\, dx$.

提示 注意 $x^2 \sqrt[3]{1+x^3}\, dx=\frac{1}{3}(1+x^3)^{\frac{1}{3}} d(1+x^3)$.

解 $\int x^2 \sqrt[3]{1+x^3}\, dx=\frac{1}{3}\int (1+x^3)^{\frac{1}{3}} d(1+x^3)=\frac{1}{4}(1+x^3)^{\frac{4}{3}}+C$.

【1676】 $\int \frac{x dx}{3-2x^2}$.

解 $\int \frac{x dx}{3-2x^2}=-\frac{1}{4}\int \frac{d(3-2x^2)}{3-2x^2}=-\frac{1}{4}\ln|3-2x^2|+C$.

【1677】 $\int \frac{x dx}{(1+x^2)^2}$.

解 $\int \frac{x\mathrm{d}x}{(1+x^2)^2}=\frac{1}{2}\int \frac{\mathrm{d}(1+x^2)}{(1+x^2)^2}=-\frac{1}{2(1+x^2)}+C.$

【1678】 $\int \frac{x\mathrm{d}x}{4+x^4}.$

提示 注意$\frac{x\mathrm{d}x}{4+x^4}=\frac{1}{2}\cdot\frac{\mathrm{d}(x^2)}{2^2+(x^2)^2}.$

解 $\int \frac{x\mathrm{d}x}{4+x^4}=\frac{1}{2}\int \frac{\mathrm{d}(x^2)}{2^2+(x^2)^2}=\frac{1}{4}\arctan\frac{x^2}{2}+C.$

【1679】 $\int \frac{x^3\mathrm{d}x}{x^8-2}.$

解 $\int \frac{x^3\mathrm{d}x}{x^8-2}=\frac{1}{4}\int \frac{\mathrm{d}(x^4)}{(x^4)^2-(\sqrt{2})^2}=\frac{1}{8\sqrt{2}}\ln\left|\frac{x^4-\sqrt{2}}{x^4+\sqrt{2}}\right|+C.$

【1680】 $\int \frac{\mathrm{d}x}{\sqrt{x}(1+x)}.$

提示 注意$\frac{\mathrm{d}x}{\sqrt{x}(1+x)}=2\cdot\frac{\mathrm{d}(\sqrt{x})}{1+(\sqrt{x})^2}.$

解 $\int \frac{\mathrm{d}x}{\sqrt{x}(1+x)}=2\int \frac{\mathrm{d}(\sqrt{x})}{1+(\sqrt{x})^2}=2\arctan\sqrt{x}+C.$

【1681】 $\int \sin\frac{1}{x}\cdot\frac{\mathrm{d}x}{x^2}.$

解 $\int \sin\frac{1}{x}\cdot\frac{\mathrm{d}x}{x^2}=-\int \sin\frac{1}{x}\mathrm{d}\left(\frac{1}{x}\right)=\cos\frac{1}{x}+C.$

【1682】 $\int \frac{\mathrm{d}x}{x\sqrt{x^2+1}}.$

提示 注意$\frac{\mathrm{d}x}{x\sqrt{x^2+1}}=\frac{\mathrm{d}x}{x|x|\sqrt{1+\frac{1}{x^2}}}=-\frac{\mathrm{d}\left(\frac{1}{|x|}\right)}{\sqrt{1+\left(\frac{1}{|x|}\right)^2}}.$

解 $$\int \frac{\mathrm{d}x}{x\sqrt{x^2+1}}=\int \frac{\mathrm{d}x}{x|x|\sqrt{1+\frac{1}{x^2}}}=-\int \frac{\mathrm{d}\left(\frac{1}{|x|}\right)}{\sqrt{1+\left(\frac{1}{|x|}\right)^2}}=-\ln\left(\frac{1}{|x|}+\sqrt{1+\frac{1}{x^2}}\right)+C$$

$$=-\ln\left|\frac{1+\sqrt{x^2+1}}{x}\right|+C.$$

【1683】 $\int \frac{\mathrm{d}x}{x\sqrt{x^2-1}}.$

提示 仿1682题的解法.

解 $\int \frac{\mathrm{d}x}{x\sqrt{x^2-1}}=\int \frac{\mathrm{d}x}{x|x|\sqrt{1-\frac{1}{x^2}}}=-\int \frac{\mathrm{d}\left(\frac{1}{|x|}\right)}{\sqrt{1-\left(\frac{1}{|x|}\right)^2}}=-\arcsin\frac{1}{|x|}+C.$

【1684】 $\int \frac{\mathrm{d}x}{(x^2+1)^{\frac{3}{2}}}.$

提示 注意$\frac{\mathrm{d}x}{(x^2+1)^{\frac{3}{2}}}=\frac{\operatorname{sgn}x\mathrm{d}x}{x^3\left(1+\frac{1}{x^2}\right)^{\frac{3}{2}}}=-\frac{1}{2}\left(1+\frac{1}{x^2}\right)^{-\frac{3}{2}}\operatorname{sgn}x\mathrm{d}\left(1+\frac{1}{x^2}\right).$

解 $\int \frac{\mathrm{d}x}{(x^2+1)^{\frac{3}{2}}}=\int \frac{\operatorname{sgn}x\mathrm{d}x}{x^3\left(1+\frac{1}{x^2}\right)^{\frac{3}{2}}}=-\frac{1}{2}\int \left(1+\frac{1}{x^2}\right)^{-\frac{3}{2}}\operatorname{sgn}x\mathrm{d}\left(1+\frac{1}{x^2}\right)$

$$=\left(1+\frac{1}{x^2}\right)^{-\frac{1}{2}}\operatorname{sgn}x+C=\frac{x}{\sqrt{x^2+1}}+C.$$

**【1685】** $\displaystyle\int\frac{x\mathrm{d}x}{(x^2-1)^{\frac{3}{2}}}$.

解 $\displaystyle\int\frac{x\mathrm{d}x}{(x^2-1)^{\frac{3}{2}}}=\frac{1}{2}\int(x^2-1)^{-\frac{3}{2}}\mathrm{d}(x^2-1)=-\frac{1}{\sqrt{x^2-1}}+C.$

**【1686】** $\displaystyle\int\frac{x^2\mathrm{d}x}{(8x^3+27)^{\frac{2}{3}}}$.

解 $\displaystyle\int\frac{x^2\mathrm{d}x}{(8x^3+27)^{\frac{2}{3}}}=\frac{1}{24}\int(8x^3+27)^{-\frac{2}{3}}\mathrm{d}(8x^3+27)=\frac{1}{8}\sqrt[3]{8x^3+27}+C.$

**【1687】** $\displaystyle\int\frac{\mathrm{d}x}{\sqrt{x(1+x)}}$.

提示 分别就 $x>0$ 及 $x<-1$ 时求解，然后将这两个结果合并，其结果为

$$\int\frac{\mathrm{d}x}{\sqrt{x(1+x)}}=2\operatorname{sgn}x\ln(\sqrt{|x|}+\sqrt{|1+x|})+C.$$

解 由 $x(1+x)>0$ 知：$x>0$ 或 $x<-1$. 当 $x>0$ 时，

$$\int\frac{\mathrm{d}x}{\sqrt{x(1+x)}}=2\int\frac{\mathrm{d}(\sqrt{x})}{\sqrt{1+(\sqrt{x})^2}}=2\ln(\sqrt{x}+\sqrt{1+x})+C;$$

当 $x<-1$ 时，$\displaystyle\int\frac{\mathrm{d}x}{\sqrt{x(1+x)}}=-\int\frac{\mathrm{d}(-(1+x))}{\sqrt{(-x)(-(1+x))}}=-2\int\frac{\mathrm{d}(\sqrt{-(1+x)})}{\sqrt{1+(\sqrt{-(1+x)})^2}}$

$$=-2\ln(\sqrt{-x}+\sqrt{-(1+x)})+C.$$

总之，得 $$\int\frac{\mathrm{d}x}{\sqrt{x(1+x)}}=2\operatorname{sgn}x\ln(\sqrt{|x|}+\sqrt{|1+x|})+C.$$

**【1688】** $\displaystyle\int\frac{\mathrm{d}x}{\sqrt{x(1-x)}}$.

解 由 $x(1-x)>0$ 知：$0<x<1$. 于是，得

$$\int\frac{\mathrm{d}x}{\sqrt{x(1-x)}}=2\int\frac{\mathrm{d}(\sqrt{x})}{\sqrt{1-(\sqrt{x})^2}}=2\arcsin\sqrt{x}+C.$$

**【1689】** $\displaystyle\int xe^{-x^2}\mathrm{d}x$.

解 $\displaystyle\int xe^{-x^2}\mathrm{d}x=-\frac{1}{2}\int e^{-x^2}\mathrm{d}(-x^2)=-\frac{1}{2}e^{-x^2}+C.$

**【1690】** $\displaystyle\int\frac{e^x\mathrm{d}x}{2+e^x}$.

解 $\displaystyle\int\frac{e^x\mathrm{d}x}{2+e^x}=\int\frac{\mathrm{d}(2+e^x)}{2+e^x}=\ln(2+e^x)+C.$

**【1691】** $\displaystyle\int\frac{\mathrm{d}x}{e^x+e^{-x}}$.

提示 注意$\displaystyle\frac{\mathrm{d}x}{e^x+e^{-x}}=\frac{\mathrm{d}(e^x)}{1+(e^x)^2}$.

解 $\displaystyle\int\frac{\mathrm{d}x}{e^x+e^{-x}}=\int\frac{\mathrm{d}(e^x)}{1+(e^x)^2}=\arctan(e^x)+C.$

**【1692】** $\displaystyle\int\frac{\mathrm{d}x}{\sqrt{1+e^{2x}}}$.

提示 注意$\displaystyle\frac{\mathrm{d}x}{\sqrt{1+e^{2x}}}=-\frac{\mathrm{d}(e^{-x})}{\sqrt{1+(e^{-x})^2}}$.

解 $\int \frac{dx}{\sqrt{1+e^{2x}}}=-\int \frac{d(e^{-x})}{\sqrt{1+(e^{-x})^2}}=-\ln(e^{-x}+\sqrt{1+e^{-2x}})+C.$

【1693】 $\int \frac{\ln^2 x}{x}dx.$

解 $\int \frac{\ln^2 x}{x}dx=\int \ln^2 x d(\ln x)=\frac{1}{3}\ln^3 x+C.$

【1694】 $\int \frac{dx}{x\ln x\ln(\ln x)}.$

解 $\int \frac{dx}{x\ln x\ln(\ln x)}=\int \frac{d(\ln x)}{\ln x\ln(\ln x)}=\int \frac{d[\ln(\ln x)]}{\ln(\ln x)}=\ln|\ln(\ln x)|+C.$

【1695】 $\int \sin^5 x\cos x dx.$

解 $\int \sin^5 x\cos x dx=\int \sin^5 x d(\sin x)=\frac{1}{6}\sin^6 x+C.$

【1696】 $\int \frac{\sin x}{\sqrt{\cos^3 x}}dx.$

解 $\int \frac{\sin x}{\sqrt{\cos^3 x}}dx=-\int (\cos x)^{-\frac{3}{2}}d(\cos x)=\frac{2}{\sqrt{\cos x}}+C.$

【1697】 $\int \tan x dx.$

解 $\int \tan x dx=\int \frac{\sin x}{\cos x}dx=-\int \frac{d(\cos x)}{\cos x}=-\ln|\cos x|+C.$

【1698】 $\int \cot x dx.$

解 $\int \cot x dx=\int \frac{\cos x}{\sin x}dx=\int \frac{d(\sin x)}{\sin x}=\ln|\sin x|+C.$

【1699】 $\int \frac{\sin x+\cos x}{\sqrt[3]{\sin x-\cos x}}dx.$

解 $\int \frac{\sin x+\cos x}{\sqrt[3]{\sin x-\cos x}}dx=\int (\sin x-\cos x)^{-\frac{1}{3}}d(\sin x-\cos x)=\frac{3}{2}\sqrt[3]{(\sin x-\cos x)^2}+C$

$=\frac{3}{2}\sqrt[3]{1-\sin 2x}+C.$

【1700】⁺ $\int \frac{\sin x\cos x}{\sqrt{a^2\sin^2 x+b^2\cos^2 x}}dx.$

提示 分别就$|a|=|b|\neq 0$及$|a|\neq|b|$两种情况求解.

解 当$|a|=|b|\neq 0$时，

$$\int \frac{\sin x\cos x}{\sqrt{a^2\sin^2 x+b^2\cos^2 x}}dx=\frac{1}{|a|}\int \sin x\cos x dx=\frac{1}{2|a|}\sin^2 x+C;$$

当$|a|\neq|b|$时，

$$\int \frac{\sin x\cos x}{\sqrt{a^2\sin^2 x+b^2\cos^2 x}}dx=\frac{1}{2}\int \frac{d(\sin^2 x)}{\sqrt{(a^2-b^2)\sin^2 x+b^2}}=\frac{1}{a^2-b^2}\sqrt{(a^2-b^2)\sin^2 x+b^2}+C$$

$$=\frac{\sqrt{a^2\sin^2 x+b^2\cos^2 x}}{a^2-b^2}+C.$$

【1701】 $\int \frac{dx}{\sin^2 x\sqrt[4]{\cot x}}.$

解 $\int \frac{dx}{\sin^2 x\sqrt[4]{\cot x}}=-\int (\cot x)^{-\frac{1}{4}}d(\cot x)=-\frac{4}{3}\sqrt[4]{\cot^3 x}+C.$

【1702】 $\int \frac{dx}{\sin^2 x+2\cos^2 x}.$

**提示** 注意 $\dfrac{\mathrm{d}x}{\sin^2 x+2\cos^2 x}=\dfrac{\dfrac{1}{\cos^2 x}\mathrm{d}x}{\tan^2 x+2}=\dfrac{\mathrm{d}(\tan x)}{(\sqrt{2})^2+(\tan x)^2}$.

**解** $\displaystyle\int\frac{\mathrm{d}x}{\sin^2 x+2\cos^2 x}=\int\frac{\dfrac{1}{\cos^2 x}}{\tan^2 x+2}\mathrm{d}x=\int\frac{\mathrm{d}(\tan x)}{\tan^2 x+2}=\frac{1}{\sqrt{2}}\arctan\left(\frac{\tan x}{\sqrt{2}}\right)+C.$

**【1703】** $\displaystyle\int\frac{\mathrm{d}x}{\sin x}$.

**提示** 注意 $\dfrac{\mathrm{d}x}{\sin x}=\dfrac{\dfrac{1}{2\cos^2\dfrac{x}{2}}\mathrm{d}x}{\tan\dfrac{x}{2}}=\dfrac{\mathrm{d}\left(\tan\dfrac{x}{2}\right)}{\tan\dfrac{x}{2}}$.

**解** $\displaystyle\int\frac{\mathrm{d}x}{\sin x}=\int\frac{\dfrac{1}{2\cos^2\dfrac{x}{2}}}{\tan\dfrac{x}{2}}\mathrm{d}x=\int\frac{\mathrm{d}\left(\tan\dfrac{x}{2}\right)}{\tan\dfrac{x}{2}}=\ln\left|\tan\frac{x}{2}\right|+C.$

**【1704】** $\displaystyle\int\frac{\mathrm{d}x}{\cos x}$.

**提示** 注意 $\cos x=\sin\left(x+\dfrac{\pi}{2}\right)$，并利用 1703 题的结果.

**解** $\displaystyle\int\frac{\mathrm{d}x}{\cos x}=\int\frac{\mathrm{d}\left(x+\dfrac{\pi}{2}\right)}{\sin\left(x+\dfrac{\pi}{2}\right)}=\ln\left|\tan\left(\frac{x}{2}+\frac{\pi}{4}\right)\right|+C.$

**【1705】** $\displaystyle\int\frac{\mathrm{d}x}{\mathrm{sh}x}$.

**解** $\displaystyle\int\frac{\mathrm{d}x}{\mathrm{sh}x}=\int\frac{\dfrac{1}{2\mathrm{ch}^2\dfrac{x}{2}}}{\mathrm{th}\dfrac{x}{2}}\mathrm{d}x=\int\frac{\mathrm{d}\left(\mathrm{th}\dfrac{x}{2}\right)}{\mathrm{th}\dfrac{x}{2}}=\ln\left|\mathrm{th}\frac{x}{2}\right|+C.$

**【1706】** $\displaystyle\int\frac{\mathrm{d}x}{\mathrm{ch}x}$.

**解** $\displaystyle\int\frac{\mathrm{d}x}{\mathrm{ch}x}=\int\frac{2\mathrm{d}x}{\mathrm{e}^x+\mathrm{e}^{-x}}=2\int\frac{\mathrm{d}(\mathrm{e}^x)}{1+(\mathrm{e}^x)^2}=2\arctan(\mathrm{e}^x)+C.$

**【1707】** $\displaystyle\int\frac{\mathrm{sh}x\mathrm{ch}x}{\sqrt{\mathrm{sh}^4 x+\mathrm{ch}^4 x}}\mathrm{d}x$.

**提示** 注意 $\mathrm{sh}^4 x+\mathrm{ch}^4 x=\dfrac{1}{2}(1+\mathrm{ch}^2 2x)$.

**解** 因为 $\mathrm{sh}^4 x+\mathrm{ch}^4 x=(\mathrm{sh}^2 x+\mathrm{ch}^2 x)^2-2\mathrm{sh}^2 x\mathrm{ch}^2 x=\mathrm{ch}^2 2x-\dfrac{1}{2}\mathrm{sh}^2 2x=\dfrac{1+\mathrm{ch}^2 2x}{2}$,

所以，
$$\int\frac{\mathrm{sh}x\mathrm{ch}x}{\sqrt{\mathrm{sh}^4 x+\mathrm{ch}^4 x}}\mathrm{d}x=\int\frac{\dfrac{1}{4}\mathrm{d}(\mathrm{ch}2x)}{\dfrac{1}{\sqrt{2}}\sqrt{1+\mathrm{ch}^2 2x}}=\frac{1}{2\sqrt{2}}\ln(\mathrm{ch}2x+\sqrt{1+\mathrm{ch}^2 2x})+C_1$$
$$=\frac{1}{2\sqrt{2}}\ln\left(\frac{\mathrm{ch}2x}{\sqrt{2}}+\sqrt{\mathrm{sh}^4 x+\mathrm{ch}^4 x}\right)+C.$$

**【1708】** $\displaystyle\int\frac{\mathrm{d}x}{\mathrm{ch}^2 x\sqrt[3]{\mathrm{th}^2 x}}$.

**解** $\displaystyle\int\frac{\mathrm{d}x}{\mathrm{ch}^2 x\sqrt[3]{\mathrm{th}^2 x}}=\int(\mathrm{th}x)^{-\frac{2}{3}}\mathrm{d}(\mathrm{th}x)=3\sqrt[3]{\mathrm{th}x}+C.$

【1709】 $\int \frac{\arctan x}{1+x^2}\mathrm{d}x.$

解 $\int \frac{\arctan x}{1+x^2}\mathrm{d}x=\int \arctan x\mathrm{d}(\arctan x)=\frac{1}{2}(\arctan x)^2+C.$

【1710】 $\int \frac{\mathrm{d}x}{(\arcsin x)^2\sqrt{1-x^2}}.$

解 $\int \frac{\mathrm{d}x}{(\arcsin x)^2\sqrt{1-x^2}}=\int \frac{\mathrm{d}(\arcsin x)}{(\arcsin x)^2}=-\frac{1}{\arcsin x}+C.$

【1711】 $\int \sqrt{\frac{\ln(x+\sqrt{1+x^2})}{1+x^2}}\mathrm{d}x.$

解 $\int \sqrt{\frac{\ln(x+\sqrt{1+x^2})}{1+x^2}}\mathrm{d}x=\int [\ln(x+\sqrt{1+x^2})]^{\frac{1}{2}}\mathrm{d}[\ln(x+\sqrt{1+x^2})]=\frac{2}{3}\ln^{\frac{3}{2}}(x+\sqrt{1+x^2})+C.$

【1712】 $\int \frac{x^2+1}{x^4+1}\mathrm{d}x.$

提示 注意$\frac{x^2+1}{x^4+1}\mathrm{d}x=\frac{1+\frac{1}{x^2}}{x^2+\frac{1}{x^2}}\mathrm{d}x=\frac{\mathrm{d}\left(x-\frac{1}{x}\right)}{\left(x-\frac{1}{x}\right)^2+2}.$

解 $\int \frac{x^2+1}{x^4+1}\mathrm{d}x=\int \frac{1+\frac{1}{x^2}}{x^2+\frac{1}{x^2}}\mathrm{d}x=\int \frac{\mathrm{d}\left(x-\frac{1}{x}\right)}{\left(x-\frac{1}{x}\right)^2+2}=\frac{1}{\sqrt{2}}\arctan\frac{x^2-1}{x\sqrt{2}}+C.$

【1713】 $\int \frac{x^2-1}{x^4+1}\mathrm{d}x.$

提示 注意$\frac{x^2-1}{x^4+1}\mathrm{d}x=\frac{1-\frac{1}{x^2}}{x^2+\frac{1}{x^2}}\mathrm{d}x=\frac{\mathrm{d}\left(x+\frac{1}{x}\right)}{\left(x+\frac{1}{x}\right)^2-2}.$

解 $\int \frac{x^2-1}{x^4+1}\mathrm{d}x=\int \frac{1-\frac{1}{x^2}}{x^2+\frac{1}{x^2}}\mathrm{d}x=\int \frac{\mathrm{d}\left(x+\frac{1}{x}\right)}{\left(x+\frac{1}{x}\right)^2-2}=\frac{1}{2\sqrt{2}}\ln\left(\frac{x^2-x\sqrt{2}+1}{x^2+x\sqrt{2}+1}\right)+C.$

【1714】+ $\int \frac{x^{14}\mathrm{d}x}{(x^5+1)^4}.$

提示 注意$\frac{x^{14}\mathrm{d}x}{(x^5+1)^4}=\frac{x^{14}\mathrm{d}x}{x^{20}(1+x^{-5})^4}=-\frac{1}{5}(1+x^{-5})^{-4}\mathrm{d}(1+x^{-5}).$

解 $\int \frac{x^{14}\mathrm{d}x}{(x^5+1)^4}=\int \frac{x^{14}\mathrm{d}x}{x^{20}(1+x^{-5})^4}=-\frac{1}{5}\int (1+x^{-5})^{-4}\mathrm{d}(1+x^{-5})=\frac{1}{15}(1+x^{-5})^{-3}+C_1$

$=\frac{x^{15}}{15(x^5+1)^3}+C_1=\frac{(x^5+1)^3-3x^{10}-3x^5-1}{15(x^5+1)^3}+C_1=-\frac{3x^{10}+3x^5+1}{15(x^5+1)^3}+C.$

【1715】 $\int \frac{x^{\frac{n}{2}}\mathrm{d}x}{\sqrt{1+x^{n+2}}}.$

提示 分别就 $n=-2$ 及 $n\neq-2$ 两种情况求解.

解 当 $n=-2$ 时，$\int \frac{x^{\frac{n}{2}}}{\sqrt{1+x^{n+2}}}\mathrm{d}x=\int \frac{\mathrm{d}x}{x\sqrt{2}}=\frac{1}{\sqrt{2}}\ln|x|+C$；

当 $n\neq-2$ 时，$\int \frac{x^{\frac{n}{2}}}{\sqrt{1+x^{n+2}}}dx=\frac{2}{n+2}\int \frac{\mathrm{d}(x^{\frac{n+2}{2}})}{\sqrt{1+(x^{\frac{n+2}{2}})^2}}=\frac{2}{n+2}\ln(x^{\frac{n+2}{2}}+\sqrt{1+x^{n+2}})+C.$

【1716】+ $\int \frac{1}{1-x^2}\ln\frac{1+x}{1-x}\mathrm{d}x.$

**提示** 注意 $\frac{1}{1-x^2}dx=\frac{1}{2}d\left(\ln\frac{1+x}{1-x}\right)$.

**解** $\int\frac{1}{1-x^2}\ln\frac{1+x}{1-x}dx=\frac{1}{2}\int\ln\frac{1+x}{1-x}d\left(\ln\frac{1+x}{1-x}\right)=\frac{1}{4}\ln^2\frac{1+x}{1-x}+C.$

**【1717】** $\int\frac{\cos x dx}{\sqrt{2+\cos 2x}}$.

**提示** 注意 $\frac{\cos x dx}{\sqrt{2+\cos 2x}}=\frac{d(\sin x)}{\sqrt{3-2\sin^2 x}}$.

**解** $\int\frac{\cos x dx}{\sqrt{2+\cos 2x}}=\int\frac{d(\sin x)}{\sqrt{3-2\sin^2 x}}=\frac{1}{\sqrt{2}}\arcsin\left(\sqrt{\frac{2}{3}}\sin x\right)+C.$

**【1718】** $\int\frac{\sin x\cos x}{\sin^4 x+\cos^4 x}dx$.

**提示** 注意 $\frac{\sin x\cos x}{\sin^4 x+\cos^4 x}dx=\frac{1}{2}\cdot\frac{\sin 2x dx}{1-\frac{1}{2}\sin^2 2x}=-\frac{1}{2}\cdot\frac{d(\cos 2x)}{1+\cos^2 2x}$.

**解** $\int\frac{\sin x\cos x}{\sin^4 x+\cos^4 x}dx=\frac{1}{2}\int\frac{\sin 2x dx}{1-\frac{1}{2}\sin^2 2x}=-\frac{1}{2}\int\frac{d(\cos 2x)}{1+\cos^2 2x}=-\frac{1}{2}\arctan(\cos 2x)+C.$

**【1719】** $\int\frac{2^x\cdot 3^x}{9^x-4^x}dx$.

**解** $\int\frac{2^x\cdot 3^x}{9^x-4^x}dx=\int\frac{\left(\frac{3}{2}\right)^x}{\left[\left(\frac{3}{2}\right)^x\right]^2-1}dx=\frac{1}{\ln 3-\ln 2}\int\frac{d\left[\left(\frac{3}{2}\right)^x\right]}{\left[\left(\frac{3}{2}\right)^x\right]^2-1}=\frac{1}{2(\ln 3-\ln 2)}\ln\left|\frac{3^x-2^x}{3^x+2^x}\right|+C.$

**【1720】** $\int\frac{x dx}{\sqrt{1+x^2+\sqrt{(1+x^2)^3}}}$.

**解** $\int\frac{x dx}{\sqrt{1+x^2+\sqrt{(1+x^2)^3}}}=\frac{1}{2}\int\frac{d(1+x^2)}{\sqrt{1+x^2}\sqrt{1+\sqrt{1+x^2}}}=\int\frac{d(1+\sqrt{1+x^2})}{\sqrt{1+\sqrt{1+x^2}}}=2\sqrt{1+\sqrt{1+x^2}}+C.$

**用分项积分法计算下列积分:**

**【1721】** $\int x^2(2-3x^2)^2dx$.

**解** $\int x^2(2-3x^2)^2dx=\int(4x^2-12x^4+9x^6)dx=\frac{4}{3}x^3-\frac{12}{5}x^5+\frac{9}{7}x^7+C.$

**【1722】** $\int\frac{1+x}{1-x}dx$.

**解** $\int\frac{1+x}{1-x}dx=\int\left(-1+\frac{2}{1-x}\right)dx=-x-2\ln|1-x|+C.$

**【1723】** $\int\frac{x^2}{1+x}dx$.

**解** $\int\frac{x^2}{1+x}dx=\int\left(x-1+\frac{1}{1+x}\right)dx=\frac{1}{2}x^2-x+\ln|1+x|+C.$

**【1724】** $\int\frac{x^3}{3+x}dx$.

**解** $\int\frac{x^3}{3+x}dx=\int\left(x^2-3x+9-\frac{27}{3+x}\right)dx=\frac{1}{3}x^3-\frac{3}{2}x^2+9x-27\ln|3+x|+C.$

**【1725】** $\int\frac{(1+x)^2}{1+x^2}dx$.

**解** $\int\frac{(1+x)^2}{1+x^2}dx=\int\left(1+\frac{2x}{1+x^2}\right)dx=x+\ln(1+x^2)+C.$

**【1726】** $\int \frac{(2-x)^2}{2-x^2}dx$.

**解** $\int \frac{(2-x)^2}{2-x^2}dx=\int \frac{(x^2-2)-4x+6}{2-x^2}dx=\int \left(-1-\frac{4x}{2-x^2}+\frac{6}{2-x^2}\right)dx$

$=-x+2\ln|2-x^2|+\frac{3}{\sqrt{2}}\ln\left|\frac{\sqrt{2}+x}{\sqrt{2}-x}\right|+C.$

**【1727】** $\int \frac{x^2}{(1-x)^{100}}dx$.

**提示** 注意 $x^2=[(x-1)+1]^2$.

**解** $\int \frac{x^2}{(1-x)^{100}}dx=\int \frac{(x-1+1)^2}{(1-x)^{100}}dx=\int [(1-x)^{-98}-2(1-x)^{-99}+(1-x)^{-100}]dx$

$=\frac{1}{97(1-x)^{97}}-\frac{1}{49(1-x)^{98}}+\frac{1}{99(1-x)^{99}}+C.$

**【1728】** $\int \frac{x^5}{x+1}dx$.

**解** $\int \frac{x^5}{x+1}dx=\int \left(x^4-x^3+x^2-x+1-\frac{1}{x+1}\right)dx=\frac{1}{5}x^5-\frac{1}{4}x^4+\frac{1}{3}x^3-\frac{1}{2}x^2+x-\ln|1+x|+C.$

**【1729】** $\int \frac{dx}{\sqrt{x+1}+\sqrt{x-1}}$.

**解** $\int \frac{dx}{\sqrt{x+1}+\sqrt{x-1}}=\int \frac{1}{2}(\sqrt{x+1}-\sqrt{x-1})dx=\frac{1}{3}[(x+1)^{\frac{3}{2}}-(x-1)^{\frac{3}{2}}]+C.$

**【1730】** $\int x\sqrt{2-5x}\,dx$.

**提示** 注意 $x=-\frac{1}{5}(2-5x)+\frac{2}{5}$.

**解** $\int x\sqrt{2-5x}\,dx=\int \left[-\frac{1}{5}(2-5x)+\frac{2}{5}\right](2-5x)^{\frac{1}{2}}dx=\int \left[-\frac{1}{5}(2-5x)^{\frac{3}{2}}+\frac{2}{5}(2-5x)^{\frac{1}{2}}\right]dx$

$=\frac{2}{125}(2-5x)^{\frac{5}{2}}-\frac{4}{75}(2-5x)^{\frac{3}{2}}+C=-\frac{8+30x}{375}(2-5x)^{\frac{3}{2}}+C.$

**【1731】** $\int \frac{x\,dx}{\sqrt[3]{1-3x}}$.

**解** $\int \frac{x\,dx}{\sqrt[3]{1-3x}}=-\frac{1}{3}\int \frac{(1-3x)-1}{(1-3x)^{\frac{1}{3}}}dx=-\frac{1}{3}\int [(1-3x)^{\frac{2}{3}}-(1-3x)^{-\frac{1}{3}}]dx$

$=\frac{1}{15}(1-3x)^{\frac{5}{3}}-\frac{1}{6}(1-3x)^{\frac{2}{3}}+C=-\frac{1+2x}{10}(1-3x)^{\frac{2}{3}}+C.$

**【1732】** $\int x^3\sqrt[3]{1+x^2}\,dx$.

**解** $\int x^3\sqrt[3]{1+x^2}\,dx=\frac{1}{2}\int [(x^2+1)-1](1+x^2)^{\frac{1}{3}}d(1+x^2)=\frac{1}{2}\int [(1+x^2)^{\frac{4}{3}}-(1+x^2)^{\frac{1}{3}}]d(1+x^2)$

$=\frac{3}{14}(1+x^2)^{\frac{7}{3}}-\frac{3}{8}(1+x^2)^{\frac{4}{3}}+C=\frac{12x^2-9}{56}(1+x^2)^{\frac{4}{3}}+C.$

**【1733】** $\int \frac{dx}{(x-1)(x+3)}$.

**提示** 注意 $1=\frac{1}{4}[(x+3)-(x-1)]$. 1734 题,1735 题及 1736 题均可仿本题的解法.

**解** $\int \frac{dx}{(x-1)(x+3)}=\frac{1}{4}\int \left(\frac{1}{x-1}-\frac{1}{x+3}\right)dx=\frac{1}{4}\ln\left|\frac{x-1}{x+3}\right|+C.$

**【1734】** $\int \frac{dx}{x^2+x-2}$.

**解** $\int \frac{dx}{x^2+x-2}=\frac{1}{3}\int \left(\frac{1}{x-1}-\frac{1}{x+2}\right)dx=\frac{1}{3}\ln\left|\frac{x-1}{x+2}\right|+C.$

【1735】 $\int \frac{dx}{(x^2+1)(x^2+2)}$.

解 $\int \frac{dx}{(x^2+1)(x^2+2)}=\int\left(\frac{1}{x^2+1}-\frac{1}{x^2+2}\right)dx=\arctan x-\frac{1}{\sqrt{2}}\arctan\frac{x}{\sqrt{2}}+C.$

【1736】 $\int \frac{dx}{(x^2-2)(x^2+3)}$.

解 $\int \frac{dx}{(x^2-2)(x^2+3)}=\frac{1}{5}\int\left(\frac{1}{x^2-2}-\frac{1}{x^2+3}\right)dx=\frac{1}{10\sqrt{2}}\ln\left|\frac{x-\sqrt{2}}{x+\sqrt{2}}\right|-\frac{1}{5\sqrt{3}}\arctan\frac{x}{\sqrt{3}}+C.$

【1737】 $\int \frac{xdx}{(x+2)(x+3)}$.

解 $\int \frac{xdx}{(x+2)(x+3)}=\int\left(\frac{3}{x+3}-\frac{2}{x+2}\right)dx=\ln\frac{|x+3|^3}{(x+2)^2}+C.$

【1738】 $\int \frac{xdx}{x^4+3x^2+2}$.

提示 注意$\frac{xdx}{x^4+3x^2+2}=\frac{1}{2}\cdot\frac{d(x^2)}{(x^2+1)(x^2+2)}$，并仿 1733 题的解法.

解 $\int \frac{xdx}{x^4+3x^2+2}=\frac{1}{2}\int\frac{d(x^2)}{(x^2+1)(x^2+2)}=\frac{1}{2}\int\left(\frac{1}{x^2+1}-\frac{1}{x^2+2}\right)d(x^2)=\frac{1}{2}\ln\frac{x^2+1}{x^2+2}+C.$

【1739】 $\int \frac{dx}{(x+a)^2(x+b)^2}\quad(a\neq b)$.

提示 注意 $\frac{1}{(x+a)^2(x+b)^2}=\frac{1}{(a-b)^2}\left(\frac{1}{x+b}-\frac{1}{x+a}\right)^2=\frac{1}{(a-b)^2}\left[\frac{1}{(x+a)^2}+\frac{1}{(x+b)^2}-\frac{2}{(x+a)(x+b)}\right]$.

解
$$\begin{aligned}\int \frac{dx}{(x+a)^2(x+b)^2}&=\frac{1}{(a-b)^2}\int\left(\frac{1}{x+a}-\frac{1}{x+b}\right)^2dx\\&=\frac{1}{(a-b)^2}\int\left[\frac{1}{(x+a)^2}+\frac{1}{(x+b)^2}-\frac{2}{(x+a)(x+b)}\right]dx\\&=-\frac{1}{(a-b)^2}\left(\frac{1}{x+a}+\frac{1}{x+b}\right)-\frac{2}{(a-b)^2}\int\frac{dx}{(x+a)(x+b)}\\&=-\frac{2x+a+b}{(a-b)^2(x+a)(x+b)}+\frac{2}{(a-b)^3}\ln\left|\frac{x+a}{x+b}\right|+C.\end{aligned}$$

【1740】 $\int \frac{dx}{(x^2+a^2)(x^2+b^2)}\quad(|a|\neq|b|)$.

解 $\int \frac{dx}{(x^2+a^2)(x^2+b^2)}=\frac{1}{a^2-b^2}\int\left(\frac{1}{x^2+b^2}-\frac{1}{x^2+a^2}\right)dx=\frac{1}{a^2-b^2}\left(\frac{1}{b}\arctan\frac{x}{b}-\frac{1}{a}\arctan\frac{x}{a}\right)+C.$

【1741】 $\int \sin^2 xdx$.

解 $\int \sin^2 xdx=\int\frac{1-\cos 2x}{2}dx=\frac{x}{2}-\frac{1}{4}\sin 2x+C.$

【1742】 $\int \cos^2 xdx$.

解 $\int \cos^2 xdx=\int\frac{1+\cos 2x}{2}dx=\frac{x}{2}+\frac{1}{4}\sin 2x+C.$

【1743】 $\int \sin x\sin(x+\alpha)dx$.

解 $\int \sin x\sin(x+\alpha)dx=\frac{1}{2}\int[\cos\alpha-\cos(2x+\alpha)]dx=\frac{x}{2}\cos\alpha-\frac{1}{4}\sin(2x+\alpha)+C.$

【1744】 $\int \sin 3x\sin 5xdx$.

解 $\int \sin 3x\sin 5xdx=\frac{1}{2}\int(\cos 2x-\cos 8x)dx=\frac{1}{4}\sin 2x-\frac{1}{16}\sin 8x+C.$

【1745】 $\int \cos\frac{x}{2}\cos\frac{x}{3}\mathrm{d}x$.

解 $\int \cos\frac{x}{2}\cos\frac{x}{3}\mathrm{d}x=\frac{1}{2}\int\left(\cos\frac{5x}{6}+\cos\frac{x}{6}\right)\mathrm{d}x=\frac{3}{5}\sin\frac{5x}{6}+3\sin\frac{x}{6}+C.$

【1746】 $\int \sin\left(2x-\frac{\pi}{6}\right)\cos\left(3x+\frac{\pi}{4}\right)\mathrm{d}x$.

解 $\int \sin\left(2x-\frac{\pi}{6}\right)\cos\left(3x+\frac{\pi}{4}\right)\mathrm{d}x=\frac{1}{2}\int\left[\sin\left(5x+\frac{\pi}{12}\right)-\sin\left(x+\frac{5\pi}{12}\right)\right]\mathrm{d}x$

$=-\frac{1}{10}\cos\left(5x+\frac{\pi}{12}\right)+\frac{1}{2}\cos\left(x+\frac{5\pi}{12}\right)+C.$

【1747】 $\int \sin^3 x\mathrm{d}x$.

提示 注意 $\sin^3 x\mathrm{d}x=\sin^2 x\sin x\mathrm{d}x=(\cos^2 x-1)\mathrm{d}(\cos x)$.

解 $\int \sin^3 x\mathrm{d}x=\int(\cos^2 x-1)\mathrm{d}(\cos x)=\frac{1}{3}\cos^3 x-\cos x+C.$

【1748】 $\int \cos^3 x\mathrm{d}x$.

提示 仿 1747 题的解法.

解 $\int \cos^3 x\mathrm{d}x=\int(1-\sin^2 x)\mathrm{d}(\sin x)=\sin x-\frac{1}{3}\sin^3 x+C.$

【1749】 $\int \sin^4 x\mathrm{d}x$.

提示 注意 $\sin^4 x=\left(\frac{1-\cos 2x}{2}\right)^2=\frac{1}{4}\left(1-2\cos 2x+\frac{1+\cos 4x}{2}\right)=\frac{1}{8}(3-4\cos 2x+\cos 4x)$.

解 $\int \sin^4 x\mathrm{d}x=\int\left(\frac{1-\cos 2x}{2}\right)^2\mathrm{d}x=\frac{1}{4}\int\left(1-2\cos 2x+\frac{1+\cos 4x}{2}\right)\mathrm{d}x$

$=\frac{1}{8}\int(3-4\cos 2x+\cos 4x)\mathrm{d}x=\frac{3}{8}x-\frac{1}{4}\sin 2x+\frac{1}{32}\sin 4x+C.$

【1750】 $\int \cos^4 x\mathrm{d}x$.

解 $\int \cos^4 x\mathrm{d}x=\int\left(\frac{1+\cos 2x}{2}\right)^2\mathrm{d}x=\frac{1}{4}\int\left(1+2\cos 2x+\frac{1+\cos 4x}{2}\right)\mathrm{d}x$

$=\frac{1}{8}\int(3+4\cos 2x+\cos 4x)\mathrm{d}x=\frac{3}{8}x+\frac{1}{4}\sin 2x+\frac{1}{32}\sin 4x+C.$

【1751】 $\int \cot^2 x\mathrm{d}x$.

解 $\int \cot^2 x\mathrm{d}x=\int(\csc^2 x-1)\mathrm{d}x=-\cot x-x+C.$

【1752】 $\int \tan^3 x\mathrm{d}x$.

提示 注意 $\tan^3 x=\tan x(\sec^2 x-1)$，并利用 1697 题的结果.

解 $\int \tan^3 x\mathrm{d}x=\int\tan x(\sec^2 x-1)\mathrm{d}x=\int\tan x\mathrm{d}(\tan x)-\int\tan x\mathrm{d}x=\frac{1}{2}\tan^2 x+\ln|\cos x|+C.$

注 其中第二个积分见 1697 题.

【1753】 $\int \sin^2 3x\sin^3 2x\mathrm{d}x$.

提示 注意 $\sin^2 3x\sin^3 2x=\frac{3}{8}\sin 2x+\frac{3}{16}\sin 4x-\frac{1}{8}\sin 6x-\frac{3}{16}\sin 8x+\frac{1}{16}\sin 12x$.

解 因为 $\sin^2 3x\sin^3 2x=\frac{1}{2}(1-\cos 6x)\cdot\frac{1}{4}(3\sin 2x-\sin 6x)$

$=\frac{1}{8}(3\sin 2x-3\cos 6x\sin 2x-\sin 6x+\sin 6x\cos 6x)$

$$=\frac{3}{8}\sin 2x+\frac{3}{16}\sin 4x-\frac{1}{8}\sin 6x-\frac{3}{16}\sin 8x+\frac{1}{16}\sin 12x,$$

所以，$$\int \sin^2 3x\sin^3 2x\mathrm{d}x=-\frac{3}{16}\cos 2x-\frac{3}{64}\cos 4x+\frac{1}{48}\cos 6x+\frac{3}{128}\cos 8x-\frac{1}{192}\cos 12x+C.$$

**【1754】** $\int \frac{\mathrm{d}x}{\sin^2 x\cos^2 x}$.

**提示** 注意 $1=\sin^2 x+\cos^2 x$.

**解** $\int \frac{\mathrm{d}x}{\sin^2 x\cos^2 x}=\int\left(\frac{1}{\sin^2 x}+\frac{1}{\cos^2 x}\right)\mathrm{d}x=-\cot x+\tan x+C.$

**【1755】** $\int \frac{\mathrm{d}x}{\sin^2 x\cos x}$.

**提示** 仿 1754 题的解法，并利用 1704 题的结果.

**解** $\int \frac{\mathrm{d}x}{\sin^2 x\cos x}=\int\left(\frac{1}{\cos x}+\frac{\cos x}{\sin^2 x}\right)\mathrm{d}x=\int\frac{\mathrm{d}x}{\cos x}+\int\frac{\mathrm{d}(\sin x)}{\sin^2 x}=\ln\left|\tan\left(\frac{x}{2}+\frac{\pi}{4}\right)\right|-\frac{1}{\sin x}+C.$

其中第一个积分见 1704 题.

**【1756】** $\int \frac{\mathrm{d}x}{\sin x\cos^3 x}$.

**提示** 仿 1754 题的解法，并利用 1703 题的结果.

**解** $\int \frac{\mathrm{d}x}{\sin x\cos^3 x}=\int\left(\frac{\sin x}{\cos^3 x}+\frac{1}{\sin x\cos x}\right)\mathrm{d}x=-\int\frac{\mathrm{d}(\cos x)}{\cos^3 x}+\int\frac{\mathrm{d}(2x)}{\sin 2x}=\frac{1}{2\cos^2 x}+\ln|\tan x|+C.$

其中第二个积分见 1703 题.

**【1757】** $\int \frac{\cos^3 x}{\sin x}\mathrm{d}x$.

**解** $\int \frac{\cos^3 x}{\sin x}\mathrm{d}x=\int\frac{1-\sin^2 x}{\sin x}\cos x\mathrm{d}x=\int\left(\frac{1}{\sin x}-\sin x\right)\mathrm{d}(\sin x)=\ln|\sin x|-\frac{1}{2}\sin^2 x+C.$

**【1758】** $\int \frac{\mathrm{d}x}{\cos^4 x}$.

**解** $\int \frac{\mathrm{d}x}{\cos^4 x}=\int\sec^2 x\frac{\mathrm{d}x}{\cos^2 x}=\int(1+\tan^2 x)\mathrm{d}(\tan x)=\tan x+\frac{1}{3}\tan^3 x+C.$

**【1759】** $\int \frac{\mathrm{d}x}{1+\mathrm{e}^x}$.

**提示** 注意 $1=(1+\mathrm{e}^x)-\mathrm{e}^x$.

**解** $\int \frac{\mathrm{d}x}{1+\mathrm{e}^x}=\int\left(1-\frac{\mathrm{e}^x}{1+\mathrm{e}^x}\right)\mathrm{d}x=x-\ln(1+\mathrm{e}^x)+C.$

**【1760】** $\int \frac{(1+\mathrm{e}^x)^2}{1+\mathrm{e}^{2x}}\mathrm{d}x$.

**解** $\int \frac{(1+\mathrm{e}^x)^2}{1+\mathrm{e}^{2x}}\mathrm{d}x=\int\left(1+\frac{2\mathrm{e}^x}{1+\mathrm{e}^{2x}}\right)\mathrm{d}x=x+2\arctan(\mathrm{e}^x)+C.$

**【1761】** $\int \mathrm{sh}^2 x\mathrm{d}x$.

**解** $\int \mathrm{sh}^2 x\mathrm{d}x=\int\frac{\mathrm{ch}2x-1}{2}\mathrm{d}x=\frac{1}{4}\mathrm{sh}2x-\frac{x}{2}+C.$

**【1762】** $\int \mathrm{ch}^2 x\mathrm{d}x$.

**解** $\int \mathrm{ch}^2 x\mathrm{d}x=\int\frac{\mathrm{ch}2x+1}{2}\mathrm{d}x=\frac{1}{4}\mathrm{sh}2x+\frac{x}{2}+C.$

**【1763】** $\int \mathrm{sh}x\,\mathrm{sh}2x\mathrm{d}x$.

**解** $\int \mathrm{sh}x\,\mathrm{sh}2x\mathrm{d}x=2\int\mathrm{sh}^2 x\,\mathrm{ch}x\mathrm{d}x=2\int\mathrm{sh}^2 x\mathrm{d}(\mathrm{sh}x)=\frac{2}{3}\mathrm{sh}^3 x+C.$

**【1764】** $\int \mathrm{ch}x\mathrm{ch}3x\mathrm{d}x$.

**解** $\int \mathrm{ch}x\mathrm{ch}3x\mathrm{d}x=\frac{1}{2}\int(\mathrm{ch}4x+\mathrm{ch}2x)\mathrm{d}x=\frac{1}{8}\mathrm{sh}4x+\frac{1}{4}\mathrm{sh}2x+C$.

**【1765】** $\int \frac{\mathrm{d}x}{\mathrm{sh}^2x\mathrm{ch}^2x}$.

**解** $\int \frac{\mathrm{d}x}{\mathrm{sh}^2x\mathrm{ch}^2x}=\int\left(\frac{1}{\mathrm{sh}^2x}-\frac{1}{\mathrm{ch}^2x}\right)\mathrm{d}x=-(\mathrm{coth}x+\mathrm{th}x)+C$.

**用适当的代换,求下列积分:**

**【1766】** $\int x^2\sqrt[3]{1-x}\,\mathrm{d}x$.

**解** 设 $1-x=t$,则 $x=1-t$,$\mathrm{d}x=-\mathrm{d}t$,

故得 $$\int x^2\sqrt[3]{1-x}\,\mathrm{d}x=-\int(1-t)^2t^{\frac{1}{3}}\mathrm{d}t=-\int(t^{\frac{1}{3}}-2t^{\frac{4}{3}}+t^{\frac{7}{3}})\mathrm{d}t=-\frac{3}{4}t^{\frac{4}{3}}+\frac{6}{7}t^{\frac{7}{3}}-\frac{3}{10}t^{\frac{10}{3}}+C$$

$$=-\frac{3}{140}(9+12x+14x^2)(1-x)^{\frac{4}{3}}+C.$$

**【1767】** $\int x^3(1-5x^2)^{10}\mathrm{d}x$.

**解** 设 $1-5x^2=t$,则 $x^2=\frac{1}{5}(1-t)$,从而,

$$x^3\mathrm{d}x=\frac{1}{2}x^2\mathrm{d}(x^2)=\frac{1}{10}(1-t)\left(-\frac{1}{5}\right)\mathrm{d}t=-\frac{1}{50}(1-t)\mathrm{d}t,$$

故得 $$\int x^3(1-5x^2)^{10}\mathrm{d}x=-\frac{1}{50}\int(t^{10}-t^{11})\mathrm{d}t=-\frac{1}{550}t^{11}+\frac{1}{600}t^{12}+C=-\frac{1+55x^2}{6600}(1-5x^2)^{11}+C.$$

**【1768】** $\int\frac{x^2}{\sqrt{2-x}}\mathrm{d}x$.

**解** 设 $2-x=t$,则 $x=2-t$,$\mathrm{d}x=-\mathrm{d}t$,

故得 $$\int\frac{x^2}{\sqrt{2-x}}\mathrm{d}x=-\int t^{-\frac{1}{2}}(2-t)^2\mathrm{d}t=-\int(4t^{-\frac{1}{2}}-4t^{\frac{1}{2}}+t^{\frac{3}{2}})\mathrm{d}t=-8t^{\frac{1}{2}}+\frac{8}{3}t^{\frac{3}{2}}-\frac{2}{5}t^{\frac{5}{2}}+C$$

$$=-\frac{2}{15}(32+8x+3x^2)\sqrt{2-x}+C.$$

**【1769】** $\int\frac{x^5}{\sqrt{1-x^2}}\mathrm{d}x$.

**解** 设 $1-x^2=t$,则 $x^2=1-t$,从而,

$$x^5\mathrm{d}x=\frac{1}{2}(x^2)^2\mathrm{d}(x^2)=-\frac{1}{2}(1-t)^2\mathrm{d}t,$$

故得 $$\int\frac{x^5}{\sqrt{1-x^2}}\mathrm{d}x=-\frac{1}{2}\int t^{-\frac{1}{2}}(1-t)^2\mathrm{d}t=-\frac{1}{2}\int(t^{-\frac{1}{2}}-2t^{\frac{1}{2}}+t^{\frac{3}{2}})\mathrm{d}t=-t^{\frac{1}{2}}+\frac{2}{3}t^{\frac{3}{2}}-\frac{1}{5}t^{\frac{5}{2}}+C$$

$$=-\frac{1}{15}(8+4x^2+3x^4)\sqrt{1-x^2}+C.$$

**【1770】** $\int x^5(2-5x^3)^{\frac{2}{3}}\mathrm{d}x$.

**解** 设 $2-5x^3=t$,则 $x^3=\frac{1}{5}(2-t)$,从而,

$$x^5\mathrm{d}x=\frac{1}{3}x^3\mathrm{d}(x^3)=-\frac{1}{75}(2-t)\mathrm{d}t,$$

故得 $$\int x^5(2-5x^3)^{\frac{2}{3}}\mathrm{d}x=-\frac{1}{75}\int t^{\frac{2}{3}}(2-t)\mathrm{d}t=-\frac{1}{75}\int(2t^{\frac{2}{3}}-t^{\frac{5}{3}})\mathrm{d}t=-\frac{2}{125}t^{\frac{5}{3}}+\frac{1}{200}t^{\frac{8}{3}}+C$$

$$=-\frac{6+25x^3}{1000}(2-5x^3)^{\frac{5}{3}}+C.$$

【1771】$^+$ $\int \cos^5 x\sqrt{\sin x}\,dx$.

解 设 $\sin x=t$，则 $\cos^5 x\,dx=(1-\sin^2 x)^2 d(\sin x)=(1-t^2)^2 dt$，

故得 $\int \cos^5 x\sqrt{\sin x}\,dx=\int (1-t^2)^2 t^{\frac{1}{2}}dt=\int (t^{\frac{1}{2}}-2t^{\frac{5}{2}}+t^{\frac{9}{2}})dt=\frac{2}{3}t^{\frac{3}{2}}-\frac{4}{7}t^{\frac{7}{2}}+\frac{2}{11}t^{\frac{11}{2}}+C$

$=\left(\frac{2}{3}-\frac{4}{7}\sin^2 x+\frac{2}{11}\sin^4 x\right)\sqrt{\sin^3 x}+C.$

【1772】 $\int \frac{\sin x\cos^3 x}{1+\cos^2 x}dx$.

提示 令 $\cos^2 x=t$.

解 设 $\cos^2 x=t$，则 $\sin x\cos x\,dx=-\frac{1}{2}dt$，

故得 $\int \frac{\sin x\cos^3 x}{1+\cos^2 x}dx=-\frac{1}{2}\int \frac{t}{1+t}dt=-\frac{1}{2}\int \left(1-\frac{1}{1+t}\right)dt=-\frac{1}{2}t+\frac{1}{2}\ln(1+t)+C$

$=-\frac{1}{2}\cos^2 x+\frac{1}{2}\ln(1+\cos^2 x)+C.$

【1773】 $\int \frac{\sin^2 x}{\cos^6 x}dx$.

提示 令 $\tan x=t$.

解 设 $\tan x=t$，则 $\frac{1}{\cos^4 x}dx=(1+t^2)dt$，

故得 $\int \frac{\sin^2 x}{\cos^6 x}dx=\int (t^4+t^2)dt=\frac{1}{5}t^5+\frac{1}{3}t^3+C=\frac{1}{5}\tan^5 x+\frac{1}{3}\tan^3 x+C.$

【1774】 $\int \frac{\ln x\,dx}{x\sqrt{1+\ln x}}$.

解 设 $1+\ln x=t$，则 $\frac{\ln x\,dx}{x}=(1+\ln x-1)d(1+\ln x)=(t-1)dt$，

故得 $\int \frac{\ln x\,dx}{x\sqrt{1+\ln x}}=\int t^{-\frac{1}{2}}(t-1)dt=\int (t^{\frac{1}{2}}-t^{-\frac{1}{2}})dt=\frac{2}{3}t^{\frac{3}{2}}-2t^{\frac{1}{2}}+C=\frac{2}{3}(\ln x-2)\sqrt{1+\ln x}+C.$

【1775】 $\int \frac{dx}{e^{\frac{x}{2}}+e^x}$.

提示 令 $e^{\frac{x}{2}}=t$.

解 设 $e^{\frac{x}{2}}=t$，则 $e^x=t^2$，$dx=\frac{2dt}{t}$，

故得 $\int \frac{dx}{e^{\frac{x}{2}}+e^x}=2\int \frac{dt}{t^2(1+t)}=2\int \left(\frac{1-t}{t^2}+\frac{1}{1+t}\right)dt=-\frac{2}{t}-2\ln t+2\ln(1+t)+C$

$=-2e^{-\frac{x}{2}}-x+2\ln(1+e^{\frac{x}{2}})+C.$

【1776】 $\int \frac{dx}{\sqrt{1+e^x}}$.

解 设 $\sqrt{1+e^x}=t$，则 $x=\ln(t^2-1)$，$dx=\frac{2t}{t^2-1}dt$，

故得 $\int \frac{dx}{\sqrt{1+e^x}}=2\int \frac{dt}{t^2-1}=\ln\left(\frac{t-1}{t+1}\right)+C=\ln\left(\frac{\sqrt{1+e^x}-1}{\sqrt{1+e^x}+1}\right)+C=x-2\ln(1+\sqrt{1+e^x})+C.$

【1777】 $\int \frac{\arctan\sqrt{x}}{\sqrt{x}}\cdot\frac{dx}{1+x}$.

提示 令 $\arctan\sqrt{x}=t$.

解 设 $\arctan\sqrt{x}=t$，则 $dt=\frac{1}{1+x}\cdot\frac{1}{2\sqrt{x}}dx$，

故得 $\int \frac{\arctan\sqrt{x}}{\sqrt{x}}\cdot\frac{dx}{1+x}=2\int t dt=t^2+C=(\arctan\sqrt{x})^2+C.$

**运用三角函数的代换 $x=a\sin t, x=a\tan t, x=a\sin^2 t$ 等,求下列积分(参数为正的):**

**【1778】** $\int \frac{dx}{(1-x^2)^{\frac{3}{2}}}.$

**解** 由于被积函数的存在域为 $-1<x<1$,因此,可设 $x=\sin t$,并限制 $-\frac{\pi}{2}<t<\frac{\pi}{2}$. 从而,

$$(1-x^2)^{\frac{3}{2}}=\cos^3 t,\quad dx=\cos t dt.$$

代入得 $$\int \frac{dx}{(1-x^2)^{\frac{3}{2}}}=\int \frac{dt}{\cos^2 t}=\tan t+C=\frac{\sin t}{\sqrt{1-\sin^2 t}}+C=\frac{x}{\sqrt{1-x^2}}+C.$$

**【1779】** $\int \frac{x^2 dx}{\sqrt{x^2-2}}.$

**解题思路** 注意被积函数的存在域为 $x>\sqrt{2}$ 及 $x<-\sqrt{2}$.

(1)当 $x>\sqrt{2}$ 时,可设 $x=\sqrt{2}\sec t$,并限制 $0<t<\frac{\pi}{2}$.

(2)当 $x<-\sqrt{2}$ 时,仍设 $x=\sqrt{2}\sec t$,但限制 $\pi<t<\frac{3\pi}{2}$.

**解** 被积函数的存在域为 $x>\sqrt{2}$ 及 $x<-\sqrt{2}$,分别考虑.

(1) 当 $x>\sqrt{2}$ 时,可设 $x=\sqrt{2}\sec t$,并限制 $0<t<\frac{\pi}{2}$. 从而,

$$\frac{x^2}{\sqrt{x^2-2}}=\frac{2\sec^2 t}{\sqrt{2}\tan t},\qquad dx=\sqrt{2}\sec t\tan t dt.$$

代入得 $$\int \frac{x^2 dx}{\sqrt{x^2-2}}=2\int \sec^3 t dt=2\int \frac{d(\sin t)}{(1-\sin^2 t)^2}=\frac{1}{2}\int \left(\frac{1}{1+\sin t}+\frac{1}{1-\sin t}\right)^2 d(\sin t)$$

$$=\frac{1}{2}\int \frac{d(1+\sin t)}{(1+\sin t)^2}-\frac{1}{2}\int \frac{d(1-\sin t)}{(1-\sin t)^2}+\int \frac{d(\sin t)}{1-\sin^2 t}=\frac{1}{2}\left(\frac{1}{1-\sin t}-\frac{1}{1+\sin t}\right)+\frac{1}{2}\ln\left(\frac{1+\sin t}{1-\sin t}\right)+C_1$$

$$=\tan t\sec t+\ln(\sec t+\tan t)+C_1=\frac{x}{2}\sqrt{x^2-2}+\ln(x+\sqrt{x^2-2})+C.$$

(2) 当 $x<-\sqrt{2}$ 时,仍设 $x=\sqrt{2}\sec t$,但限制 $\pi<t<\frac{3\pi}{2}$. 其余步骤与上相同,注意到,此时 $\sec t+\tan t<0$,因此,在对数符号里要加绝对值,即结果为 $\frac{x}{2}\sqrt{x^2-2}+\ln|x+\sqrt{x^2-2}|+C.$

总之,当 $|x|>\sqrt{2}$ 时, $$\int \frac{x^2 dx}{\sqrt{x^2-2}}=\frac{x}{2}\sqrt{x^2-2}+\ln|x+\sqrt{x^2-2}|+C.$$

**【1780】** $\int \sqrt{a^2-x^2}dx.$

**解** 被积函数的存在域为 $-a\leqslant x\leqslant a$,因此,可设 $x=a\sin t$,并限制 $-\frac{\pi}{2}\leqslant t\leqslant\frac{\pi}{2}$. 从而,

$$\sqrt{a^2-x^2}=a\cos t,\quad dx=a\cos t dt.$$

代入得 $$\int \sqrt{a^2-x^2}dx=a^2\int \cos^2 dt=a^2\left(\frac{t}{2}+\frac{1}{4}\sin 2t\right)^{*)}+C=\frac{a^2}{2}t+\frac{a^2}{2}\sin t\cos t+C$$

$$=\frac{a^2}{2}\arcsin\frac{x}{a}+\frac{x}{2}\sqrt{a^2-x^2}+C.$$

*) 利用 1742 题的结果.

**【1781】** $\int \frac{dx}{(x^2+a^2)^{\frac{3}{2}}}.$

**解** 被积函数的存在域为 $-\infty<x<+\infty$,因此,可设 $x=a\tan t$,并限制 $-\frac{\pi}{2}<t<\frac{\pi}{2}$. 从而,

$$(x^2+a^2)^{\frac{3}{2}}=a^3\sec^3 t,\quad \mathrm{d}x=a\sec^2 t\mathrm{d}t.$$

代入得 $$\int\frac{\mathrm{d}x}{(x^2+a^2)^{\frac{3}{2}}}=\frac{1}{a^2}\int\cos t\mathrm{d}t=\frac{1}{a^2}\sin t+C=\frac{1}{a^2}\cdot\frac{\tan t}{\sqrt{1+\tan^2 t}}+C=\frac{x}{a^2\sqrt{a^2+x^2}}+C.$$

**【1782】** $\int\sqrt{\frac{a+x}{a-x}}\mathrm{d}x.$

**解题思路** 注意被积函数的存在域为 $-a\leqslant x<a$. 设 $x=a\sin t$，并限制 $-\frac{\pi}{2}<t<\frac{\pi}{2}$. 求出结果的存在域为 $-a<x<a$. 可以证明：此结果在端点 $x=-a$ 处也成立. 即原函数在点 $x=-a$ 的(右)导数等于被积函数在点 $x=-a$ 之值.

**解** 被积函数的存在域为 $-a\leqslant x<a$，因此，可设 $x=a\sin t$，并限制 $-\frac{\pi}{2}<x<\frac{\pi}{2}$. 从而，

$$\sqrt{\frac{a+x}{a-x}}=\sqrt{\frac{1+\sin t}{1-\sin t}}=\frac{1+\sin t}{\cos t},\quad \mathrm{d}x=a\cos t\mathrm{d}t.$$

代入得 $\int\sqrt{\frac{a+x}{a-x}}\mathrm{d}x=a\int(1+\sin t)\mathrm{d}t=a(t-\cos t)+C=a\arcsin\frac{x}{a}-\sqrt{a^2-x^2}+C\quad(-a<x<a).$

注意，上式在端点 $x=-a$ 也成立. 即函数 $F(x)=a\arcsin\frac{x}{a}-\sqrt{a^2-x^2}$ 在点 $x=-a$ 的(右)导数等于被积函数 $f(x)=\sqrt{\frac{a+x}{a-x}}$ 在点 $x=-a$ 之值. 事实上，由于 $F(x)$ 和 $f(x)$ 都在 $-a\leqslant x<a$ 连续，且 $F'(x)=f(x)$ 在 $-a<x<a$ 成立. 故由中值定理知，当 $-a<x<a$ 时，有

$$\frac{F(x)-F(-a)}{x+a}=F'(\xi)=f(\xi),\quad -a<\xi<x.$$

由此可知，(右)导数 $$F'(-a)=\lim_{x\to-a+0}\frac{F(x)-F(-a)}{x+a}=\lim_{\xi\to-a+0}f(\xi)=f(-a).$$

下面有些题目在端点的情况可类似地进行讨论，从略.

**【1783】** $\int x\sqrt{\frac{x}{2a-x}}\mathrm{d}x.$

**解题思路** 注意被积函数的存在域为 $0\leqslant x<2a$，设 $x=2a\sin^2 t$，并限制 $0\leqslant t<\frac{\pi}{2}$. 利用 1749 题的结果.

**解** 被积函数的存在域为 $0\leqslant x<2a$，因此，可设 $x=2a\sin^2 t$，并限制 $0\leqslant t<\frac{\pi}{2}$. 从而，

$$x\sqrt{\frac{x}{2a-x}}=\frac{2a\sin^3 t}{\cos t},\quad \mathrm{d}x=4a\sin t\cos t\mathrm{d}t.$$

代入得 $$\int x\sqrt{\frac{x}{2a-x}}=8a^2\int\sin^4 t\mathrm{d}t=8a^2\left(\frac{3}{8}t-\frac{1}{4}\sin 2t+\frac{1}{32}\sin 4t\right)^{*)}+C.$$

注意到 $$\sin 2t=2\sin t\cos t=2\sqrt{\frac{x}{2a}}\sqrt{1-\frac{x}{2a}}=\frac{1}{a}\sqrt{x(2a-x)}$$

及 $$\sin 4t=2\sin 2t\cos 2t=4\sin t\cos t(1-2\sin^2 t)=\frac{2}{a^2}(a-x)\sqrt{x(2a-x)},$$

最后得 $$\int x\sqrt{\frac{x}{2a-x}}\mathrm{d}x=3a^2\arcsin\sqrt{\frac{x}{2a}}-2a^2\frac{1}{a}\sqrt{x(2a-x)}+\frac{1}{4}a^2\frac{2}{a^2}(a-x)\sqrt{x(2a-x)}+C$$

$$=3a^2\arcsin\sqrt{\frac{x}{2a}}-\frac{3a+x}{2}\sqrt{x(2a-x)}+C.$$

*) 利用 1749 题的结果.

**【1784】** $\int\frac{\mathrm{d}x}{\sqrt{(x-a)(b-x)}}.$

**解题思路** 不妨设 $a<b$. 注意被积函数的存在域为 $a<x<b$，设 $x-a=(b-a)\sin^2 t$，并限制 $0<t<\frac{\pi}{2}$.

**解** 不妨设 $a<b$. 被积函数的存在域为 $a<x<b$,因此,可设 $x-a=(b-a)\sin^2 t$,并限制 $0<t<\frac{\pi}{2}$. 从而,

$$\sqrt{(x-a)(b-x)}=(b-a)\sin t\cos t,\quad dx=2(b-a)\sin t\cos t dt.$$

代入得
$$\int\frac{dx}{\sqrt{(x-a)(b-x)}}=2\int dt=2t+C=2\arcsin\sqrt{\frac{x-a}{b-a}}+C.$$

**【1785】** $\int\sqrt{(x-a)(b-x)}\,dx$.

**解题思路** 与 1784 题相同,作同一代换,并注意到

$$\sin 4t=4\sin t\cos t(1-2\sin^2 t)=4\sqrt{\frac{x-a}{b-a}}\sqrt{1-\frac{x-a}{b-a}}\left(1-2\frac{x-a}{b-a}\right)=-4\frac{2x-(a+b)}{(b-a)^2}\sqrt{(x-a)(b-x)}.$$

**解** 与 1784 题相同,作同一代换,并注意到

$$\sin 4t=4\sin t\cos t(1-2\sin^2 t)=4\sqrt{\frac{x-a}{b-a}}\sqrt{1-\frac{x-a}{b-a}}\left(1-2\frac{x-a}{b-a}\right)=-4\frac{2x-(a+b)}{(b-a)^2}\sqrt{(x-a)(b-x)},$$

即得
$$\int\sqrt{(x-a)(b-x)}\,dx=2(b-a)^2\int\sin^2 t\cos^2 t dt=\frac{(b-a)^2}{2}\int\sin^2 2t dt=\frac{(b-a)^2}{4}\int(1-\cos 4t)dt$$

$$=\frac{(b-a)^2}{4}\left(t-\frac{1}{4}\sin 4t\right)+C=\frac{(b-a)^2}{4}\arcsin\sqrt{\frac{x-a}{b-a}}+\frac{2x-(a+b)}{4}\sqrt{(x-a)(b-x)}+C.$$

**用双曲函数代换 $x=a\operatorname{sh}t$, $x=a\operatorname{ch}t$ 等,求下列积分(参数为正的):**

**【1786】** $\int\sqrt{a^2+x^2}\,dx$.

**提示** 设 $x=a\operatorname{sh}t$,并利用 1762 题的结果.

**解** 被积函数的存在域为 $-\infty<x<+\infty$,因此,可设 $x=a\operatorname{sh}t$. 从而,

$$\sqrt{a^2+x^2}=a\operatorname{ch}t,\quad dx=a\operatorname{ch}t dt.$$

代入得
$$\int\sqrt{a^2+x^2}\,dx=a^2\int\operatorname{ch}^2 t dt=a^2\left(\frac{t}{2}+\frac{1}{4}\operatorname{sh}2t\right)^{*)}+C_1.$$

注意到 $x+\sqrt{a^2+x^2}=a(\operatorname{sh}t+\operatorname{ch}t)=ae^t$,即 $t=\ln\frac{x+\sqrt{a^2+x^2}}{a}$ 及 $\operatorname{sh}2t=2\operatorname{sh}t\operatorname{ch}t=\frac{2x\sqrt{a^2+x^2}}{a^2}$,最后得

$$\int\sqrt{a^2+x^2}\,dx=\frac{a^2}{2}\ln(x+\sqrt{a^2+x^2})+\frac{x}{2}\sqrt{a^2+x^2}+C.$$

*) 利用 1762 题的结果.

**【1787】** $\int\frac{x^2}{\sqrt{a^2+x^2}}dx$.

**提示** 设 $x=a\operatorname{sh}t$,并利用 1761 题的结果.

**解** 与 1786 题相同,设 $x=a\operatorname{sh}t$,则 $\frac{x^2}{\sqrt{a^2+x^2}}=\frac{a\operatorname{sh}^2 t}{\operatorname{ch}t}$, $dx=a\operatorname{ch}t dt$.

代入得
$$\int\frac{x^2}{\sqrt{a^2+x^2}}dx=a^2\int\operatorname{sh}^2 t dt=a^2\left(\frac{1}{4}\operatorname{sh}2t-\frac{t}{2}\right)^{*)}+C_1=\frac{x}{2}\sqrt{a^2+x^2}-\frac{a^2}{2}\ln(x+\sqrt{a^2+x^2})+C.$$

*) 利用 1761 题的结果.

**【1788】**+ $\int\sqrt{\frac{x-a}{x+a}}\,dx$.

**解题思路** 注意被积函数的存在域为 $x\geqslant a$ 及 $x<-a$.

(1) 当 $x>a$ 时,设 $x=a\operatorname{ch}t$,并限制 $t>0$. (2) 当 $x<-a$ 时,设 $x=-a\operatorname{ch}t$,并限制 $t>0$.

**解** 被积函数的存在域为 $x\geqslant a$ 及 $x<-a$.

(1) 当 $x>a$ 时,可设 $x=a\operatorname{ch}t$,并限制 $t>0$. 从而,

$$\sqrt{\frac{x-a}{x+a}}=\frac{\operatorname{ch}t-1}{\operatorname{sh}t},\quad dx=a\operatorname{sh}t dt.$$

代入得 $\int\sqrt{\frac{x-a}{x+a}}\mathrm{d}x=a\int(\mathrm{ch}t-1)\mathrm{d}t=a\mathrm{sh}t-at+C_1=a\sqrt{\mathrm{ch}^2t-1}-at+C_1$

$$=a\sqrt{\left(\frac{x}{a}\right)^2-1}-a\ln\left(\sqrt{\left(\frac{x}{a}\right)^2-1}+\frac{x}{a}\right)+C_1=\sqrt{x^2-a^2}-a\ln(\sqrt{x^2-a^2}+x)+C_2$$

$$=\sqrt{x^2-a^2}-2a\ln(\sqrt{x-a}+\sqrt{x+a})+C.$$

(2) 当 $x<-a$ 时，可设 $x=-a\mathrm{ch}t$，并限制 $t>0$. 从而，$\sqrt{\frac{x-a}{x+a}}=\frac{\mathrm{ch}t+1}{\mathrm{sh}t}$， $\mathrm{d}x=-a\mathrm{sh}t\mathrm{d}t$.

代入得 $\int\sqrt{\frac{x-a}{x+a}}\mathrm{d}x=-a\int(\mathrm{ch}t+1)\mathrm{d}t=-a\mathrm{sh}t-at+C_1$

$$=-a\sqrt{\left(\frac{x}{a}\right)^2-1}-a\ln\left(\sqrt{\left(\frac{x}{a}\right)^2-1}-\frac{x}{a}\right)+C_1=-\sqrt{x^2-a^2}-a\ln(\sqrt{x^2-a^2}-x)+C_2$$

$$=-\sqrt{x^2-a^2}-2a\ln(\sqrt{-x+a}+\sqrt{-x-a})+C.$$

总之，当 $|x|>a$ 时，

$$\int\sqrt{\frac{x-a}{x+a}}\mathrm{d}x=\mathrm{sgn}x\sqrt{x^2-a^2}-2a\ln(\sqrt{|x-a|}+\sqrt{|x+a|})+C.$$

**【1789】** $\int\frac{\mathrm{d}x}{\sqrt{(x+a)(x+b)}}$.

**解** 不妨设 $a<b$. 注意被积函数的存在域为 $x>-a$ 及 $x<-b$.

(1) 当 $x>-a$ 时，设 $x+a=(b-a)\mathrm{sh}^2t$，并限制 $t>0$.

(2) 当 $x<-b$ 时，设 $x+b=(a-b)\mathrm{sh}^2t$，并限制 $t>0$.

**解** 不妨设 $a<b$. 被积函数的存在域为 $x>-a$ 及 $x<-b$.

(1) 当 $x>-a$ 时，可设 $x+a=(b-a)\mathrm{sh}^2t$，并限制 $t>0$.

从而， $\sqrt{(x+a)(x+b)}=(b-a)\mathrm{sh}t\mathrm{ch}t$， $\mathrm{d}x=2(b-a)\mathrm{sh}t\mathrm{ch}t\mathrm{d}t$.

代入得 $$\int\frac{\mathrm{d}x}{\sqrt{(x+a)(x+b)}}=2\int\mathrm{d}t=2t+C_1.$$

注意到 $\sqrt{x+a}+\sqrt{x+b}=\sqrt{b-a}(\mathrm{sh}t+\mathrm{ch}t)=\sqrt{b-a}\,\mathrm{e}^t$，就有 $t=\ln\frac{\sqrt{x+a}+\sqrt{x+b}}{\sqrt{b-a}}$，最后得

$$\int\frac{\mathrm{d}x}{\sqrt{(x+a)(x+b)}}=2\ln(\sqrt{x+a}+\sqrt{x+b})+C.$$

(2) 当 $x<-b$ 时，可设 $x+b=(a-b)\mathrm{sh}^2t$，并限制 $t>0$.

从而， $\sqrt{(x+a)(x+b)}=(b-a)\mathrm{sh}t\mathrm{ch}t$， $\mathrm{d}x=-(b-a)2\mathrm{sh}t\mathrm{ch}t\mathrm{d}t$.

代入得 $$\int\frac{\mathrm{d}x}{\sqrt{(x+a)(x+b)}}=-2\int\mathrm{d}t=-2t+C_1=-2\ln(\sqrt{-(x+a)}+\sqrt{-(x+b)})+C.$$

总之， $$\int\frac{\mathrm{d}x}{\sqrt{(x+a)(x+b)}}=\begin{cases}2\ln(\sqrt{x+a}+\sqrt{x+b}), & x+a>0\text{ 及 }x+b>0,\\ -2\ln(\sqrt{-x-a}+\sqrt{-x-b}), & x+a<0\text{ 及 }x+b<0.\end{cases}$$

**【1790】** $\int\sqrt{(x+a)(x+b)}\,\mathrm{d}x$.

**提示** 仿 1789 题的解法.

**解** 与 1789 题相同，作同一代换，只是在求积分的过程中变动个别地方. 今以 $x>-a$ 时为例，解法如下：

$$\int\sqrt{(x+a)(x+b)}\,\mathrm{d}x=2(b-a)^2\int\mathrm{sh}^2t\mathrm{ch}^2t\mathrm{d}t=\frac{1}{2}(b-a)^2\int\mathrm{sh}^22t\mathrm{d}t=\frac{1}{4}(b-a)^2\int(\mathrm{ch}4t-1)\mathrm{d}t$$

$$=\frac{1}{4}(b-a)^2\left(\frac{1}{4}\mathrm{sh}4t-t\right)+C_1=\frac{1}{4}(b-a)^2[\mathrm{sh}t\mathrm{ch}t(1+2\mathrm{sh}^2t)-t]+C_1$$

$$=\frac{1}{4}(b-a)^2\left[\sqrt{\frac{x+a}{b-a}}\sqrt{1+\frac{x+a}{b-a}}\left(1+2\cdot\frac{x+a}{b-a}\right)-\ln(\sqrt{x+a}+\sqrt{x+b})\right]+C$$

$$=\frac{2x+a+b}{4}\sqrt{(x+a)(x+b)}-\frac{(b-a)^2}{4}\ln(\sqrt{x+a}+\sqrt{x+b})+C.$$

当 $x<-b$ 时，与 1789 题类似，只是将结果改成

$$\frac{2x+a+b}{4}\sqrt{(x+a)(x+b)}+\frac{(b-a)^2}{4}\ln(\sqrt{-x-a}+\sqrt{-x-b})+C,$$

此处不再写出解法步骤.

总之，

$$\int\sqrt{(x+a)(x+b)}\,dx$$

$$=\begin{cases}\dfrac{2x+a+b}{4}\sqrt{(x+a)(x+b)}-\dfrac{(b-a)^2}{4}\ln(\sqrt{x+a}+\sqrt{x+b})+C, & x+a>0\text{ 及 }x+b>0,\\ \dfrac{2x+a+b}{4}\sqrt{(x+a)(x+b)}+\dfrac{(b-a)^2}{4}\ln(\sqrt{-x-a}+\sqrt{-x-b})+C, & x+a<0\text{ 及 }x+b<0.\end{cases}$$

**用分部积分法，求下列积分：**

**【1791】** $\int\ln x\,dx.$

解 $\int\ln x\,dx=x\ln x-\int x\cdot\frac{1}{x}dx=x(\ln x-1)+C.$

**【1792】** $\int x^n\ln x\,dx\quad(n\neq-1).$

解 $\int x^n\ln x\,dx=\frac{1}{n+1}\int\ln x\,d(x^{n+1})=\frac{1}{n+1}x^{n+1}\ln x-\frac{1}{n+1}\int x^{n+1}\cdot\frac{1}{x}dx=\frac{x^{n+1}}{n+1}\left(\ln x-\frac{1}{n+1}\right)+C.$

**【1793】** $\int\left(\frac{\ln x}{x}\right)^2dx.$

解 $\int\left(\frac{\ln x}{x}\right)^2dx=-\int\ln^2x\,d\left(\frac{1}{x}\right)=-\frac{1}{x}\ln^2x+\int\frac{1}{x}2\ln x\frac{1}{x}dx=-\frac{1}{x}\ln^2x-2\int\ln x\,d\left(\frac{1}{x}\right)$

$$=-\frac{1}{x}\ln^2x-\frac{2}{x}\ln x+2\int\frac{1}{x}\cdot\frac{1}{x}dx=-\frac{1}{x}(\ln^2x+2\ln x+2)+C.$$

**【1794】** $\int\sqrt{x}\ln^2x\,dx$

解 $\int\sqrt{x}\ln^2x\,dx=\frac{2}{3}\int\ln^2x\,d(x^{\frac{3}{2}})=\frac{2}{3}x^{\frac{3}{2}}\ln^2x-\frac{4}{3}\int x^{\frac{3}{2}}\ln x\frac{1}{x}dx$

$$=\frac{2}{3}x^{\frac{3}{2}}\ln^2x-\frac{8}{9}\int\ln x\,d(x^{\frac{3}{2}})=\frac{2}{3}x^{\frac{3}{2}}\ln^2x-\frac{8}{9}x^{\frac{3}{2}}\ln x+\frac{8}{9}\int x^{\frac{3}{2}}\frac{1}{x}dx$$

$$=\frac{2}{3}x^{\frac{3}{2}}\left(\ln^2x-\frac{4}{3}\ln x+\frac{8}{9}\right)+C.$$

**【1795】** $\int xe^{-x}dx.$

解 $\int xe^{-x}dx=-\int x\,d(e^{-x})=-xe^{-x}+\int e^{-x}dx$

$$=-e^{-x}(x+1)+C.$$

**【1796】** $\int x^2e^{-2x}dx$

解 $\int x^2e^{-2x}dx=-\frac{1}{2}\int x^2d(e^{-2x})=-\frac{1}{2}x^2e^{-2x}+\frac{1}{2}\int e^{-2x}2x\,dx=-\frac{1}{2}x^2e^{-2x}-\frac{1}{2}\int x\,d(e^{-2x})$

$$=-\frac{1}{2}x^2e^{-2x}-\frac{1}{2}xe^{-2x}+\frac{1}{2}\int e^{-2x}dx=-\frac{1}{2}e^{-2x}\left(x^2+x+\frac{1}{2}\right)+C.$$

**【1797】** $\int x^3e^{-x^2}dx.$

**提示** 注意 $x^3e^{-x^2}dx=-\frac{1}{2}x^2d(e^{-x^2})$.

**解** $\int x^3e^{-x^2}dx=-\frac{1}{2}\int x^2d(e^{-x^2})=-\frac{1}{2}x^2e^{-x^2}+\frac{1}{2}\int e^{-x^2}d(x^2)=-\frac{x^2+1}{2}e^{-x^2}+C.$

**【1798】** $\int x\cos x dx.$

**解** $\int x\cos x dx=\int xd(\sin x)=x\sin x-\int \sin x dx=x\sin x+\cos x+C.$

**【1799】** $\int x^2\sin 2x dx.$

**解** $\int x^2\sin 2x dx=-\frac{1}{2}\int x^2d(\cos 2x)=-\frac{1}{2}x^2\cos 2x+\frac{1}{2}\int xd(\sin 2x)$

$=-\frac{1}{2}x^2\cos 2x+\frac{1}{2}x\sin 2x-\frac{1}{2}\int \sin 2x dx=-\frac{2x^2-1}{4}\cos 2x+\frac{1}{2}x\sin 2x+C.$

**【1800】** $\int x\,\mathrm{sh}x dx.$

**解** $\int x\,\mathrm{sh}x dx=\int xd(\mathrm{ch}x)=x\,\mathrm{ch}x-\int \mathrm{ch}x dx=x\,\mathrm{ch}x-\mathrm{sh}x+C.$

**【1801】** $\int x^3\mathrm{ch}3x dx.$

**解** $\int x^3\mathrm{ch}3x dx=\frac{1}{3}\int x^3d(\mathrm{sh}3x)=\frac{1}{3}x^3\mathrm{sh}3x-\int x^2\mathrm{sh}3x dx=\frac{1}{3}x^3\mathrm{sh}3x-\frac{1}{3}\int x^2d(\mathrm{ch}3x)$

$=\frac{1}{3}x^3\mathrm{sh}3x-\frac{1}{3}x^2\mathrm{ch}3x+\frac{2}{3}\int x\,\mathrm{ch}3x dx=\frac{1}{3}x^3\mathrm{sh}3x-\frac{1}{3}x^2\mathrm{ch}3x+\frac{2}{9}\int xd(\mathrm{sh}3x)$

$=\frac{1}{3}x^3\mathrm{sh}3x-\frac{1}{3}x^2\mathrm{ch}3x+\frac{2}{9}x\,\mathrm{sh}3x-\frac{2}{9}\int \mathrm{sh}3x dx=\left(\frac{x^3}{3}+\frac{2x}{9}\right)\mathrm{sh}3x-\left(\frac{x^2}{3}+\frac{2}{27}\right)\mathrm{ch}3x+C.$

**【1802】** $\int \arctan x dx.$

**解** $\int \arctan x dx=x\arctan x-\int\frac{x}{1+x^2}dx=x\arctan x-\frac{1}{2}\ln(1+x^2)+C.$

**【1803】** $\int \arcsin x dx.$

**解** $\int \arcsin x dx=x\arcsin x-\int\frac{x}{\sqrt{1-x^2}}dx=x\arcsin x+\sqrt{1-x^2}+C.$

**【1804】** $\int x\arctan x dx.$

**解** $\int x\arctan x dx=\frac{1}{2}\int \arctan x d(x^2)=\frac{1}{2}x^2\arctan x-\frac{1}{2}\int\frac{x^2}{1+x^2}dx$

$=\frac{1}{2}x^2\arctan x-\frac{1}{2}\int\left(1-\frac{1}{1+x^2}\right)dx=\frac{1+x^2}{2}\arctan x-\frac{x}{2}+C.$

**【1805】** $\int x^2\arccos x dx.$

**解** $\int x^2\arccos x dx=\frac{1}{3}\int \arccos x d(x^3)=\frac{1}{3}x^3\arccos x+\frac{1}{3}\int\frac{x^3}{\sqrt{1-x^2}}dx$

$=\frac{1}{3}x^3\arccos x-\frac{1}{6}\int\frac{x^2}{\sqrt{1-x^2}}d(1-x^2)=\frac{1}{3}x^3\arccos x-\frac{1}{6}\int\left(\frac{1}{\sqrt{1-x^2}}-\sqrt{1-x^2}\right)d(1-x^2)$

$=\frac{1}{3}x^3\arccos x-\frac{1}{3}\sqrt{1-x^2}+\frac{1}{9}(1-x^2)^{\frac{3}{2}}+C=\frac{1}{3}x^3\arccos x-\frac{x^2+2}{9}\sqrt{1-x^2}+C.$

**【1806】** $\int\frac{\arcsin x}{x^2}dx.$

**提示** 使用分部积分法后，令 $x=\sin t$，并利用 1703 题的结果.

解 $\int \frac{\arcsin x}{x^2}dx=-\int \arcsin x d\left(\frac{1}{x}\right)=-\frac{1}{x}\arcsin x+\int \frac{dx}{x\sqrt{1-x^2}}$.

对最后一个积分作代换 $x=\sin t$,得

$$\int \frac{dx}{x\sqrt{1-x^2}}=\int \frac{\cos t dt}{\sin t\cos t}=\int \frac{dt}{\sin t}=\ln\left|\tan\frac{t}{2}\right|^{*)}+C=\ln\left|\frac{\sin t}{1+\cos t}\right|+C=-\ln\left|\frac{1+\cos t}{\sin t}\right|+C$$

$$=-\ln\left|\frac{1+\sqrt{1-x^2}}{x}\right|+C,$$

最后得
$$\int \frac{\arcsin x}{x^2}dx=-\frac{1}{x}\arcsin x-\ln\left|\frac{1+\sqrt{1-x^2}}{x}\right|+C.$$

*) 利用 1703 题的结果.

**【1807】** $\int \ln(x+\sqrt{1+x^2})dx$.

解 $\int \ln(x+\sqrt{1+x^2})dx=x\ln(x+\sqrt{1+x^2})-\int \frac{x}{\sqrt{1+x^2}}dx=x\ln(x+\sqrt{1+x^2})-\sqrt{1+x^2}+C$.

**【1808】** $\int x\ln\frac{1+x}{1-x}dx$.

解 $\int x\ln\frac{1+x}{1-x}dx=\frac{1}{2}\int \ln\frac{1+x}{1-x}d(x^2)=\frac{x^2}{2}\ln\frac{1+x}{1-x}-\int \frac{x^2}{1-x^2}dx=\frac{x^2}{2}\ln\frac{1+x}{1-x}+\int\left(1-\frac{1}{1-x^2}\right)dx$

$=x-\frac{1-x^2}{2}\ln\frac{1+x}{1-x}+C$.

**【1809】** $\int \arctan\sqrt{x}dx$.

解 $\int \arctan\sqrt{x}dx=x\arctan\sqrt{x}-\frac{1}{2}\int \frac{x}{\sqrt{x}(1+x)}dx=x\arctan\sqrt{x}-\int\left(1-\frac{1}{1+x}\right)d(\sqrt{x})$

$=(x+1)\arctan\sqrt{x}-\sqrt{x}+C$.

**【1810】** $\int \sin x\ln(\tan x)dx$.

解 $\int \sin x\ln(\tan x)dx=-\int \ln(\tan x)d(\cos x)=-\cos x\ln(\tan x)+\int \cos x\cot x\sec^2 x dx$

$=-\cos x\ln(\tan x)+\int \frac{dx}{\sin x}=-\cos x\ln(\tan x)+\ln\left|\tan\frac{x}{2}\right|+C$.

## 求下列积分:

**【1811】** $\int x^5 e^{x^3}dx$.

解 $\int x^5 e^{x^3}dx=\frac{1}{3}\int x^3 d(e^{x^3})=\frac{1}{3}x^3e^{x^3}-\frac{1}{3}\int e^{x^3}d(x^3)=\frac{1}{3}(x^3-1)e^{x^3}+C$.

**【1812】** $\int (\arcsin x)^2 dx$.

解 $\int (\arcsin x)^2dx=x(\arcsin x)^2-2\int \frac{x\arcsin x}{\sqrt{1-x^2}}dx=x(\arcsin x)^2+2\int \arcsin x d(\sqrt{1-x^2})$

$=x(\arcsin x)^2+2\sqrt{1-x^2}\arcsin x-2\int dx=x(\arcsin x)^2+2\sqrt{1-x^2}\arcsin x-2x+C$.

**【1813】** $\int x(\arctan x)^2dx$.

解 $\int x(\arctan x)^2dx=\frac{1}{2}\int (\arctan x)^2d(x^2)=\frac{x^2}{2}(\arctan x)^2-\int \frac{x^2\arctan x}{1+x^2}dx$

$=\frac{x^2}{2}(\arctan x)^2-\int\left(1-\frac{1}{1+x^2}\right)\arctan x dx=\frac{x^2}{2}(\arctan x)^2-\int \arctan x dx+\int \arctan x d(\arctan x)$

$$=\frac{x^2}{2}(\arctan x)^2-x\arctan x+\int\frac{x\mathrm{d}x}{1+x^2}+\frac{1}{2}(\arctan x)^2=\frac{x^2+1}{2}(\arctan x)^2-x\arctan x+\frac{1}{2}\ln(1+x^2)+C.$$

**【1814】** $\int x^2\ln\frac{1-x}{1+x}\mathrm{d}x.$

**解** $\int x^2\ln\frac{1-x}{1+x}\mathrm{d}x=\frac{1}{3}\int\ln\frac{1-x}{1+x}\mathrm{d}(x^3)=\frac{x^3}{3}\ln\frac{1-x}{1+x}+\frac{2}{3}\int\frac{x^3}{1-x^2}\mathrm{d}x$

$$=\frac{x^3}{3}\ln\frac{1-x}{1+x}+\frac{2}{3}\int\left(-x+\frac{x}{1-x^2}\right)\mathrm{d}x=\frac{x^3}{3}\ln\frac{1-x}{1+x}-\frac{1}{3}x^2-\frac{1}{3}\ln(1-x^2)+C.$$

**【1815】** $\int\frac{x\ln(x+\sqrt{1+x^2})}{\sqrt{1+x^2}}\mathrm{d}x.$

**解** $\int\frac{x\ln(x+\sqrt{1+x^2})}{\sqrt{1+x^2}}\mathrm{d}x=\int\ln(x+\sqrt{1+x^2})\mathrm{d}(\sqrt{1+x^2})$

$$=\sqrt{1+x^2}\ln(x+\sqrt{1+x^2})-\int\sqrt{1+x^2}\frac{1}{\sqrt{1+x^2}}\mathrm{d}x=\sqrt{1+x^2}\ln(x+\sqrt{1+x^2})-x+C.$$

**【1816】** $\int\frac{x^2}{(1+x^2)^2}\mathrm{d}x.$

**提示** 注意$\frac{x^2}{(1+x^2)^2}\mathrm{d}x=\frac{1}{2}\cdot\frac{x}{(1+x^2)^2}\mathrm{d}(1+x^2)=-\frac{1}{2}x\,\mathrm{d}\left(\frac{1}{1+x^2}\right).$

**解** $\int\frac{x^2}{(1+x^2)^2}\mathrm{d}x=\frac{1}{2}\int\frac{x}{(1+x^2)^2}\mathrm{d}(1+x^2)=-\frac{1}{2}\int x\mathrm{d}\left(\frac{1}{1+x^2}\right)=-\frac{x}{2(1+x^2)}+\frac{1}{2}\int\frac{\mathrm{d}x}{1+x^2}$

$$=-\frac{x}{2(1+x^2)}+\frac{1}{2}\arctan x+C.$$

**【1817】** $\int\frac{\mathrm{d}x}{(a^2+x^2)^2}.$

**解** 当$a=0$时,因为 $\int\frac{\mathrm{d}x}{(a^2+x^2)^2}=\int\frac{\mathrm{d}x}{x^4}=-\frac{1}{3x^3}+C;$

当$a\neq0$时,因为 $\frac{1}{a}\arctan\frac{x}{a}=\int\frac{\mathrm{d}x}{x^2+a^2}=\frac{x}{x^2+a^2}+2\int\frac{x^2+a^2-a^2}{(x^2+a^2)^2}\mathrm{d}x,$

故得 $\int\frac{\mathrm{d}x}{(x^2+a^2)^2}=\frac{1}{2a^2}\left(\frac{x}{x^2+a^2}+\frac{1}{a}\arctan\frac{x}{a}\right)+C.$

**【1818】** $\int\sqrt{a^2-x^2}\,\mathrm{d}x.$

**提示** 使用分部积分法后,并注意$x^2=a^2-(a^2-x^2)$.

**解** $\int\sqrt{a^2-x^2}\,\mathrm{d}x=x\sqrt{a^2-x^2}+\int\frac{x^2}{\sqrt{a^2-x^2}}\mathrm{d}x=x\sqrt{a^2-x^2}+\int\frac{a^2-(a^2-x^2)}{\sqrt{a^2-x^2}}\mathrm{d}x$

$$=x\sqrt{a^2-x^2}+a^2\arcsin\frac{x}{|a|}-\int\sqrt{a^2-x^2}\,\mathrm{d}x.$$

于是,得 $\int\sqrt{a^2-x^2}\,\mathrm{d}x=\frac{x}{2}\sqrt{a^2-x^2}+\frac{a^2}{2}\arcsin\frac{x}{|a|}+C\quad(a\neq0).$

**【1819】** $\int\sqrt{x^2+a}\,\mathrm{d}x.$

**解** $\int\sqrt{x^2+a}\,\mathrm{d}x=x\sqrt{x^2+a}-\int\frac{x^2\mathrm{d}x}{\sqrt{x^2+a}}=x\sqrt{x^2+a}-\int\sqrt{x^2+a}\,\mathrm{d}x+a\int\frac{\mathrm{d}x}{\sqrt{x^2+a}}.$

于是,得 $\int\sqrt{x^2+a}\,\mathrm{d}x=\frac{x}{2}\sqrt{x^2+a}+\frac{a}{2}\int\frac{\mathrm{d}x}{\sqrt{x^2+a}}=\frac{x}{2}\sqrt{x^2+a}+\frac{a}{2}\ln|x+\sqrt{x^2+a}|+C.$

**【1820】** $\int x^2\sqrt{a^2+x^2}\,\mathrm{d}x.$

**解题思路** 首先,有$x^2\sqrt{a^2+x^2}\,\mathrm{d}x=\frac{1}{2}x(a^2+x^2)^{\frac{1}{2}}\mathrm{d}(a^2+x^2)=\frac{1}{3}x\mathrm{d}[(a^2+x^2)^{\frac{3}{2}}]$,使用分部积分

法. 其次,将积分 $\int(a^2+x^2)^{\frac{3}{2}}\mathrm{d}x$ 分成 $a^2\int(a^2+x^2)^{\frac{1}{2}}\mathrm{d}x$ 与 $\int x^2(a^2+x^2)^{\frac{1}{2}}\mathrm{d}x$ 两项,并利用 1786 题的结果.

**解** $\int x^2\sqrt{a^2+x^2}\,\mathrm{d}x=\frac{1}{2}\int x(a^2+x^2)^{\frac{1}{2}}\mathrm{d}(a^2+x^2)=\frac{1}{3}\int x\mathrm{d}[(a^2+x^2)^{\frac{3}{2}}]$

$=\frac{1}{3}x(a^2+x^2)^{\frac{3}{2}}-\frac{1}{3}\int(a^2+x^2)^{\frac{3}{2}}\mathrm{d}x$

$=\frac{1}{3}x(a^2+x^2)\sqrt{a^2+x^2}-\frac{a^2}{3}\int\sqrt{a^2+x^2}\,\mathrm{d}x-\frac{1}{3}\int x^2\sqrt{a^2+x^2}\,\mathrm{d}x.$

于是,得 $\int x^2\sqrt{a^2+x^2}\,\mathrm{d}x=\frac{3}{4}\left[\frac{1}{3}x(a^2+x^2)\sqrt{a^2+x^2}-\frac{a^2}{3}\int\sqrt{a^2+x^2}\,\mathrm{d}x\right]$

$=\frac{1}{4}x(a^2+x^2)\sqrt{a^2+x^2}-\frac{a^2}{4}\left[\frac{x}{2}\sqrt{a^2+x^2}+\frac{a^2}{2}\ln(x+\sqrt{a^2+x^2})\right]^{*)}+C$

$=\frac{x(2x^2+a^2)}{8}\sqrt{a^2+x^2}-\frac{a^4}{8}\ln(x+\sqrt{x^2+a^2})+C.$

*) 利用 1786 题的结果.

**【1821】** $\int x\sin^2 x\mathrm{d}x.$

**解** $\int x\sin^2 x\mathrm{d}x=\frac{1}{2}\int x(1-\cos 2x)\mathrm{d}x=\frac{1}{2}\int x\mathrm{d}x-\frac{1}{2}\int x\cos 2x\mathrm{d}x=\frac{1}{4}x^2-\frac{1}{4}\int x\mathrm{d}(\sin 2x)$

$=\frac{1}{4}x^2-\frac{1}{4}x\sin 2x+\frac{1}{4}\int\sin 2x\mathrm{d}x=\frac{1}{4}x^2-\frac{x}{4}\sin 2x-\frac{1}{8}\cos 2x+C.$

**【1822】** $\int \mathrm{e}^{\sqrt{x}}\mathrm{d}x.$

**提示** 令$\sqrt{x}=t$ 后,再使用分部积分法,最后将 $t$ 换成$\sqrt{x}$.

**解** 设$\sqrt{x}=t$,则 $x=t^2$,$\mathrm{d}x=2t\mathrm{d}t$,代入得

$\int\mathrm{e}^{\sqrt{x}}\mathrm{d}x=2\int t\mathrm{e}^t\mathrm{d}t=2\int t\mathrm{d}(\mathrm{e}^t)=2t\mathrm{e}^t-2\int\mathrm{e}^t\mathrm{d}t=2t\mathrm{e}^t-2\mathrm{e}^t+C=2(\sqrt{x}-1)\mathrm{e}^{\sqrt{x}}+C.$

**【1823】** $\int x\sin\sqrt{x}\,\mathrm{d}x.$

**提示** 令$\sqrt{x}=t$ 后,多次使用分部积分法,最后将 $t$ 换成$\sqrt{x}$.

**解** 设$\sqrt{x}=t$,则 $x=t^2$, $\mathrm{d}x=2t\mathrm{d}t$,代入得

$\int x\sin\sqrt{x}\,\mathrm{d}x=2\int t^3\sin t\mathrm{d}t=-2\int t^3\mathrm{d}(\cos t)=-2t^3\cos t+6\int t^2\cos t\mathrm{d}t=-2t^3\cos t+6\int t^2\mathrm{d}(\sin t)$

$=-2t^3\cos t+6t^2\sin t-12\int t\sin t\mathrm{d}t=-2t^3\cos t+6t^2\sin t+12\int t\mathrm{d}(\cos t)$

$=-2t^3\cos t+6t^2\sin t+12t\cos t-12\int\cos t\mathrm{d}t=-2(t^2-6)t\cos t+6(t^2-2)\sin t+C$

$=2(6-x)\sqrt{x}\cos\sqrt{x}-6(2-x)\sin\sqrt{x}+C.$

**【1824】** $\int\frac{x\mathrm{e}^{\arctan x}}{(1+x^2)^{\frac{3}{2}}}\mathrm{d}x.$

**解** 记 $I_1=\int\frac{x\mathrm{e}^{\arctan x}}{(1+x^2)^{\frac{3}{2}}}\mathrm{d}x,\ I_2=\int\frac{\mathrm{e}^{\arctan x}}{(1+x^2)^{\frac{3}{2}}}\mathrm{d}x.$

则
$$\begin{cases}I_1=\int\mathrm{e}^{\arctan x}\mathrm{d}(-(1+x^2)^{-\frac{1}{2}})=-\frac{\mathrm{e}^{\arctan x}}{\sqrt{1+x^2}}+I_2, & ①\\ I_1=\int\frac{x}{\sqrt{1+x^2}}\mathrm{d}(\mathrm{e}^{\arctan x})=\frac{x\mathrm{e}^{\arctan x}}{\sqrt{1+x^2}}-I_2. & ②\end{cases}$$

由①+②即得 $\int\frac{x\mathrm{e}^{\arctan x}}{(1+x^2)^{\frac{3}{2}}}\mathrm{d}x=\frac{x-1}{2\sqrt{1+x^2}}\mathrm{e}^{\arctan x}+C.$

**【1825】** $\int \frac{e^{\arctan x}}{(1+x^2)^{\frac{3}{2}}}dx.$

**解** 同 1824 题②－①，即得 $\int \frac{e^{\arctan x}}{(1+x^2)^{\frac{3}{2}}}dx=\frac{x+1}{2\sqrt{1+x^2}}e^{\arctan x}+C.$

**【1826】** $\int \sin(\ln x)dx.$

**解** $\int \sin(\ln x)dx=x\sin(\ln x)-\int x\cos(\ln x)\frac{1}{x}dx=x\sin(\ln x)-x\cos(\ln x)-\int \sin(\ln x)dx.$

于是，得 $\int \sin(\ln x)dx=\frac{x}{2}[\sin(\ln x)-\cos(\ln x)]+C.$

**【1827】** $\int \cos(\ln x)dx.$

**提示** 利用 1826 题的结果.

**解** $\int \cos(\ln x)dx=x\cos(\ln x)+\int \sin(\ln x)dx=x\cos(\ln x)+\frac{x}{2}[\sin(\ln x)-\cos(\ln x)]^{*)}+C$

$=\frac{x}{2}[\sin(\ln x)+\cos(\ln x)]+C.$

*） 利用 1826 题的结果.

**【1828】** $\int e^{ax}\cos bx dx.$

**解** 如果 $a,b$ 同时为零，积分显然为 $x+C$；若 $a=0,b\neq0$，积分显然为 $\frac{1}{b}\sin bx+C$；以下设 $a\neq0$.

$\int e^{ax}\cos bx dx=\frac{1}{a}\int \cos bx d(e^{ax})=\frac{1}{a}e^{ax}\cos bx+\frac{b}{a}\int e^{ax}\sin x dx=\frac{1}{a}e^{ax}\cos bx+\frac{b}{a^2}\int \sin bx d(e^{ax})$

$=\frac{1}{a}e^{ax}\cos bx+\frac{b}{a^2}e^{ax}\sin bx-\frac{b^2}{a^2}\int e^{ax}\cos bx dx.$

于是，得 $\int e^{ax}\cos bx dx=\frac{a^2}{a^2+b^2}\left[\frac{1}{a}e^{ax}\cos bx+\frac{b}{a^2}e^{ax}\sin bx\right]+C=\frac{e^{ax}(a\cos bx+b\sin bx)}{a^2+b^2}+C.$

**【1829】** $\int e^{ax}\sin bx dx.$

**解** 若 $a=b=0$，则积分为 $x+C$；若 $a=0,b\neq0$，则积分为 $-\frac{1}{b}\cos bx+C$；以下设 $a\neq0$.

$\int e^{ax}\sin bx dx=\frac{1}{a}\int \sin bx d(e^{ax})=\frac{1}{a}e^{ax}\sin bx-\frac{b}{a}\int e^{ax}\cos bx dx=\frac{1}{a}e^{ax}\sin bx-\frac{b}{a^2}\int \cos bx d(e^{ax})$

$=\frac{1}{a}e^{ax}\sin bx-\frac{b}{a^2}e^{ax}\cos bx-\frac{b^2}{a^2}\int e^{ax}\sin bx dx.$

于是，得 $\int e^{ax}\sin bx dx=\frac{e^{ax}(a\sin bx-b\cos bx)}{a^2+b^2}+C.$

**【1830】** $\int e^{2x}\sin^2 x dx.$

**提示** 注意 $\sin^2 x=\frac{1}{2}(1-\cos 2x)$，并利用 1828 题的结果.

**解** $\int e^{2x}\sin^2 x dx=\frac{1}{2}\int e^{2x}(1-\cos 2x)dx=\frac{1}{2}\int e^{2x}dx-\frac{1}{2}\int e^{2x}\cos 2x dx$

$=\frac{1}{4}e^{2x}-\frac{1}{2}\left(\frac{2\cos 2x+2\sin 2x}{8}e^{2x}\right)^{*)}+C=\frac{1}{8}e^{2x}(2-\cos 2x-\sin 2x)+C.$

*) 利用 1828 题的结果.

**【1831】** $\int (e^x - \cos x)^2 dx$.

**解** $\int (e^x - \cos x)^2 dx = \int (e^{2x} - 2e^x \cos x + \cos^2 x) dx$

$= \frac{1}{2}e^{2x} - 2\frac{e^x(\cos x + \sin x)}{2}^{*)} + \left(\frac{x}{2} + \frac{1}{4}\sin 2x\right)^{**)} + C$

$= \frac{1}{2}e^{2x} - e^x(\cos x + \sin x) + \frac{x}{2} + \frac{1}{4}\sin 2x + C.$

*) 利用 1828 题的结果.

**) 利用 1742 题的结果.

**【1832】** $\int \frac{\operatorname{arccot}(e^x)}{e^x} dx$.

**提示** 利用 1759 题的结果.

**解** $\int \frac{\operatorname{arccot}(e^x)}{e^x} dx = -\int \operatorname{arccot}(e^x) d(e^{-x}) = -e^{-x}\operatorname{arccot}(e^x) - \int \frac{dx}{1+e^{2x}}$

$= -e^{-x}\operatorname{arccot}(e^x) - \frac{1}{2}[2x - \ln(1+e^{2x})]^{*)} + C = -e^{-x}\operatorname{arccot}(e^x) - x + \frac{1}{2}\ln(1+e^{2x}) + C.$

*) 利用 1759 题的结果.

**【1833】** $\int \frac{\ln(\sin x)}{\sin^2 x} dx$.

**提示** $\frac{1}{\sin^2 x}dx = -d(\cot x)$,使用分部积分法后,并利用 1751 题的结果.

**解** $\int \frac{\ln(\sin x)}{\sin^2 x} dx = -\int \ln(\sin x) d(\cot x) = -\cot x \ln(\sin x) + \int \cot^2 x dx$

$= -\cot x \ln(\sin x) + (-\cot x - x)^{*)} + C = -[x + \cot x \ln(e\sin x)] + C.$

*) 利用 1649 题或 1751 题的结果.

**【1834】** $\int \frac{x dx}{\cos^2 x}$.

**提示** 仿 1833 题,并利用 1697 题的结果.

**解** $\int \frac{x dx}{\cos^2 x} = \int x d(\tan x) = x\tan x - \int \tan x dx = x\tan x + \ln|\cos x|^{*)} + C.$

*) 利用 1697 题的结果.

**【1835】** $\int \frac{xe^x}{(x+1)^2} dx$.

**解** $\int \frac{xe^x}{(x+1)^2} dx = -\int xe^x d\left(\frac{1}{1+x}\right) = -\frac{x}{1+x}e^x + \int \frac{1}{1+x}e^x(x+1)dx = -\frac{x}{1+x}e^x + e^x + C$

$= \frac{e^x}{1+x} + C.$

**下列积分的求法需要把二次三项式化成标准形式,并利用下列公式:**

Ⅰ. $\int \frac{dx}{a^2+x^2} = \frac{1}{a}\arctan\frac{x}{a} + C \quad (a \neq 0)$;

Ⅱ. $\int \frac{dx}{a^2-x^2} = \frac{1}{2a}\ln\left|\frac{a+x}{a-x}\right| + C \quad (a \neq 0)$;

Ⅲ. $\int \frac{x dx}{a^2 \pm x^2} = \pm\frac{1}{2}\ln|a^2 \pm x^2| + C$;

Ⅳ. $\int \frac{dx}{\sqrt{a^2-x^2}} = \arcsin\frac{x}{a} + C \quad (a > 0)$;

Ⅴ. $\int \frac{dx}{\sqrt{x^2 \pm a^2}} = \ln|x + \sqrt{x^2 \pm a^2}| + C$;

Ⅵ. $\int \frac{x dx}{\sqrt{a^2 \pm x^2}} = \pm\sqrt{a^2 \pm x^2} + C$;

Ⅶ. $\int \sqrt{a^2-x^2}\,dx=\frac{x}{2}\sqrt{a^2-x^2}+\frac{a^2}{2}\arcsin\frac{x}{a}+C \quad (a>0)$;

Ⅷ. $\int \sqrt{x^2\pm a^2}\,dx=\frac{x}{2}\sqrt{x^2\pm a^2}\pm\frac{a^2}{2}\ln|x+\sqrt{x^2\pm a^2}|+C$.

求下列积分：

**【1836】**+ $\int\frac{dx}{a+bx^2} \quad (ab\neq0)$.

解 当 $ab>0$ 时，

$$\int\frac{dx}{a+bx^2}=\operatorname{sgn}a\frac{1}{\sqrt{|b|}}\int\frac{d(\sqrt{|b|}x)}{(\sqrt{|a|})^2+(\sqrt{|b|}x)^2}=\operatorname{sgn}a\frac{1}{\sqrt{ab}}\arctan\left(x\sqrt{\frac{b}{a}}\right)+C;$$

当 $ab<0$ 时，$\int\frac{dx}{a+bx^2}=\operatorname{sgn}a\int\frac{dx}{|a|-|b|x^2}=\operatorname{sgn}a\frac{1}{\sqrt{|b|}}\int\frac{d(\sqrt{|b|}x)}{(\sqrt{|a|})^2-(\sqrt{|b|}x)^2}$

$$=\frac{\operatorname{sgn}a}{2\sqrt{-ab}}\ln\left|\frac{\sqrt{|a|}+x\sqrt{|b|}}{\sqrt{|a|}-x\sqrt{|b|}}\right|+C.$$

**【1837】** $\int\frac{dx}{x^2-x+2}$.

解 $\int\frac{dx}{x^2-x+2}=\int\frac{d\left(x-\frac{1}{2}\right)}{\left(x-\frac{1}{2}\right)^2+\left(\frac{\sqrt{7}}{2}\right)^2}=\frac{2}{\sqrt{7}}\arctan\frac{2x-1}{\sqrt{7}}+C.$

**【1838】** $\int\frac{dx}{3x^2-2x-1}$.

解 $\int\frac{dx}{3x^2-2x-1}=\frac{1}{3}\int\frac{dx}{x^2-\frac{2}{3}x-\frac{1}{3}}=\frac{1}{3}\int\frac{d\left(x-\frac{1}{3}\right)}{\left(x-\frac{1}{3}\right)^2-\left(\frac{2}{3}\right)^2}$

$$=-\frac{1}{3}\cdot\frac{3}{4}\ln\left|\frac{\frac{2}{3}+\left(x-\frac{1}{3}\right)}{\frac{2}{3}-\left(x-\frac{1}{3}\right)}\right|+C_1=\frac{1}{4}\ln\left|\frac{x-1}{3x+1}\right|+C.$$

**【1839】** $\int\frac{x\,dx}{x^4-2x^2-1}$.

解 $\int\frac{x\,dx}{x^4-2x^2-1}=\frac{1}{2}\int\frac{d(x^2-1)}{(x^2-1)^2-(\sqrt{2})^2}=\frac{1}{4\sqrt{2}}\ln\left|\frac{x^2-(\sqrt{2}+1)}{x^2+(\sqrt{2}-1)}\right|+C.$

**【1840】** $\int\frac{x+1}{x^2+x+1}dx$.

解 $\int\frac{x+1}{x^2+x+1}dx=\int\frac{\frac{1}{2}(2x+1)+\frac{1}{2}}{x^2+x+1}dx=\frac{1}{2}\int\frac{2x+1}{x^2+x+1}dx+\frac{1}{2}\int\frac{d\left(x+\frac{1}{2}\right)}{\left(x+\frac{1}{2}\right)^2+\left(\frac{\sqrt{3}}{2}\right)^2}$

$$=\frac{1}{2}\ln(x^2+x+1)+\frac{1}{\sqrt{3}}\arctan\left(\frac{2x+1}{\sqrt{3}}\right)+C.$$

**【1841】** $\int\frac{x\,dx}{x^2-2x\cos\alpha+1}$.

解 $\int\frac{x\,dx}{x^2-2x\cos\alpha+1}=\int\frac{x-\cos\alpha+\cos\alpha}{(x-\cos\alpha)^2+\sin^2\alpha}dx$

$$=\frac{1}{2}\int\frac{d\left[(x-\cos\alpha)^2+\sin^2\alpha\right]}{(x-\cos\alpha)^2+\sin^2\alpha}+\cos\alpha\int\frac{d(x-\cos\alpha)}{(x-\cos\alpha)^2+\sin^2\alpha}$$

$$=\frac{1}{2}\ln(x^2-2x\cos\alpha+1)+\cot\alpha\cdot\arctan\left(\frac{x-\cos\alpha}{\sin\alpha}\right)+C \quad (\alpha\neq k\pi;\ k=0,\pm1,\pm2,\cdots)$$

**【1842】** $\int \frac{x^3\,dx}{x^4-x^2+2}$.

**解** $\int \frac{x^3\,dx}{x^4-x^2+2}=\frac{1}{2}\int \frac{x^2\,d(x^2)}{\left(x^2-\frac{1}{2}\right)^2+\frac{7}{4}}=\frac{1}{2}\int \frac{\left(x^2-\frac{1}{2}\right)+\frac{1}{2}}{\left(x^2-\frac{1}{2}\right)^2+\frac{7}{4}}d\left(x^2-\frac{1}{2}\right)$

$=\frac{1}{4}\int \frac{d\left(x^2-\frac{1}{2}\right)^2}{\left(x^2-\frac{1}{2}\right)^2+\frac{7}{4}}+\frac{1}{4}\int \frac{d\left(x^2-\frac{1}{2}\right)}{\left(x^2-\frac{1}{2}\right)^2+\left(\frac{\sqrt{7}}{2}\right)^2}$

$=\frac{1}{4}\ln(x^4-x^2+2)+\frac{1}{2\sqrt{7}}\arctan\left(\frac{2x^2-1}{\sqrt{7}}\right)+C.$

**【1843】** $\int \frac{x^5\,dx}{x^6-x^3-2}$.

**提示** 如果本题不化成标准形式来做,则可有更简单的做法,只需注意

$$\frac{x^5\,dx}{x^6-x^3-2}=\frac{1}{3}\cdot\frac{x^3\,d(x^3)}{(x^3-2)(x^3+1)}=\frac{1}{9}\left(\frac{2}{x^3-2}+\frac{1}{x^3+1}\right)d(x^3),$$

即易获解.

**解** $\int \frac{x^5\,dx}{x^6-x^3-2}=\frac{1}{3}\int \frac{x^3\,d(x^3)}{\left(x^3-\frac{1}{2}\right)^2-\frac{9}{4}}=\frac{1}{3}\int \frac{\left(x^3-\frac{1}{2}\right)+\frac{1}{2}}{\left(x^3-\frac{1}{2}\right)^2-\frac{9}{4}}\,d\left(x^3-\frac{1}{2}\right)$

$=\frac{1}{6}\int \frac{d\left(x^3-\frac{1}{2}\right)^2}{\left(x^3-\frac{1}{2}\right)^2-\frac{9}{4}}-\frac{1}{6}\int \frac{d\left(x^3-\frac{1}{2}\right)}{\left(\frac{3}{2}\right)^2-\left(x^3-\frac{1}{2}\right)^2}$

$=\frac{1}{6}\ln|x^6-x^3-2|-\frac{1}{18}\ln\left|\frac{\frac{3}{2}+\left(x^3-\frac{1}{2}\right)}{\frac{3}{2}-\left(x^3-\frac{1}{2}\right)}\right|+C=\frac{1}{9}\ln\{|x^3+1|(x^3-2)^2\}+C.$

如果本题不化成标准形式来作,则有更简单的作法.事实上,

$$\int \frac{x^5\,dx}{x^6-x^3-2}=\frac{1}{3}\int \frac{x^3\,d(x^3)}{(x^3-2)(x^3+1)}=\frac{1}{9}\int \left(\frac{2}{x^3-2}+\frac{1}{x^3+1}\right)d(x^3)$$

$=\frac{1}{9}\ln\{|x^3+1|(x^3-2)^2\}+C.$

**【1844】** $\int \frac{dx}{3\sin^2 x-8\sin x\cos x+5\cos^2 x}$.

**解** $\int \frac{dx}{3\sin^2 x-8\sin x\cos x+5\cos^2 x}=\int \frac{d(\tan x)}{3\tan^2 x-8\tan x+5}=\frac{1}{3}\int \frac{d\left(\tan x-\frac{4}{3}\right)}{\left(\tan x-\frac{4}{3}\right)^2-\left(\frac{1}{3}\right)^2}$

$=\frac{1}{2}\ln\left|\frac{\frac{1}{3}-\left(\tan x-\frac{4}{3}\right)}{\frac{1}{3}+\left(\tan x-\frac{4}{3}\right)}\right|+C_1=\frac{1}{2}\ln\left|\frac{3\sin x-5\cos x}{\sin x-\cos x}\right|+C.$

**【1845】** $\int \frac{dx}{\sin x+2\cos x+3}$.

**解** $\int \frac{dx}{\sin x+2\cos x+3}=\int \frac{\frac{1}{\cos^2\frac{x}{2}}dx}{2\tan\frac{x}{2}+4+\sec^2\frac{x}{2}}=2\int \frac{d\left(\tan\frac{x}{2}\right)}{\left(\tan\frac{x}{2}+1\right)^2+4}=\arctan\left[\frac{\tan\frac{x}{2}+1}{2}\right]+C.$

**【1846】** $\int \frac{dx}{\sqrt{a+bx^2}}\quad(b\neq 0).$

**解** 当 $b>0$ 时，

$$\int\frac{\mathrm{d}x}{\sqrt{a+bx^2}}=\frac{1}{\sqrt{b}}\ln|x\sqrt{b}+\sqrt{a+bx^2}|+C;$$

当 $a>0$ 及 $b<0$ 时，

$$\int\frac{\mathrm{d}x}{\sqrt{a+bx^2}}=\frac{1}{\sqrt{-b}}\int\frac{\mathrm{d}(\sqrt{-b}x)}{\sqrt{(\sqrt{a})^2-(\sqrt{-b}x)^2}}=\frac{1}{\sqrt{-b}}\arcsin\left(x\sqrt{-\frac{b}{a}}\right)+C.$$

**【1847】** $\displaystyle\int\frac{\mathrm{d}x}{\sqrt{1-2x-x^2}}$.

**解** $$\int\frac{\mathrm{d}x}{\sqrt{1-2x-x^2}}=\int\frac{\mathrm{d}(x+1)}{\sqrt{2-(x+1)^2}}=\arcsin\left(\frac{x+1}{\sqrt{2}}\right)+C.$$

**【1848】** $\displaystyle\int\frac{\mathrm{d}x}{\sqrt{x+x^2}}$.

**解** $$\int\frac{\mathrm{d}x}{\sqrt{x+x^2}}=\int\frac{\mathrm{d}\left(x+\frac{1}{2}\right)}{\sqrt{\left(x+\frac{1}{2}\right)^2-\frac{1}{4}}}=\ln\left|x+\frac{1}{2}+\sqrt{x+x^2}\right|+C.$$

**注** 本题即 1687 题，注意不同的解法及不同形式的结果.

**【1849】** $\displaystyle\int\frac{\mathrm{d}x}{\sqrt{2x^2-x+2}}$.

**解** $$\int\frac{\mathrm{d}x}{\sqrt{2x^2-x+2}}=\frac{1}{\sqrt{2}}\int\frac{\mathrm{d}\left(x-\frac{1}{4}\right)}{\sqrt{\left(x-\frac{1}{4}\right)^2+\frac{15}{16}}}=\frac{1}{\sqrt{2}}\ln\left(x-\frac{1}{4}+\sqrt{x^2-\frac{x}{2}+1}\right)+C.$$

**【1850】** 证明：若 $y=ax^2+bx+c\quad(a\neq0)$，

则当 $a>0$ 时，$\displaystyle\int\frac{\mathrm{d}x}{\sqrt{y}}=\frac{1}{\sqrt{a}}\ln\left|\frac{y'}{2}+\sqrt{ay}\right|+C$;

当 $a<0$ 时，$\displaystyle\int\frac{\mathrm{d}x}{\sqrt{y}}=\frac{1}{\sqrt{-a}}\arcsin\frac{-y'}{\sqrt{b^2-4ac}}+C$.

**证** 当 $a>0$ 时，

$$\int\frac{\mathrm{d}x}{\sqrt{y}}=\frac{1}{\sqrt{a}}\int\frac{\mathrm{d}x}{\sqrt{x^2+\frac{b}{a}x+\frac{c}{a}}}=\frac{1}{\sqrt{a}}\int\frac{\mathrm{d}\left(x+\frac{b}{2a}\right)}{\sqrt{\left(x+\frac{b}{2a}\right)^2+\frac{4ac-b^2}{4a^2}}}=\frac{1}{\sqrt{a}}\ln\left|x+\frac{b}{2a}+\sqrt{x^2+\frac{b}{a}x+\frac{c}{a}}\right|+C_1$$

$$=\frac{1}{\sqrt{a}}\ln\left|\frac{y'}{2}+\sqrt{ay}\right|+C;$$

当 $a<0$ 时，

$$\int\frac{\mathrm{d}x}{\sqrt{y}}=\frac{1}{\sqrt{-a}}\int\frac{\mathrm{d}x}{\sqrt{-x^2-\frac{b}{a}x-\frac{c}{a}}}=\frac{1}{\sqrt{-a}}\int\frac{\mathrm{d}\left(x+\frac{b}{2a}\right)}{\sqrt{\frac{b^2-4ac}{4a^2}-\left(x+\frac{b}{2a}\right)^2}}$$

$$=\frac{1}{\sqrt{-a}}\arcsin\left(\frac{x+\frac{b}{2a}}{\frac{\sqrt{b^2-4ac}}{-2a}}\right)+C=\frac{1}{\sqrt{-a}}\arcsin\left(\frac{-y'}{\sqrt{b^2-4ac}}\right)+C.$$

**【1851】** $\displaystyle\int\frac{x\mathrm{d}x}{\sqrt{5+x-x^2}}$.

**解** $$\int\frac{x\mathrm{d}x}{\sqrt{5+x-x^2}}=\int\frac{\left(x-\frac{1}{2}\right)+\frac{1}{2}}{\sqrt{\frac{21}{4}-\left(x-\frac{1}{2}\right)^2}}\mathrm{d}x=-\frac{1}{2}\int\frac{d\left[\frac{21}{4}-\left(x-\frac{1}{2}\right)^2\right]}{\sqrt{\frac{21}{4}-\left(x-\frac{1}{2}\right)^2}}+\frac{1}{2}\int\frac{\mathrm{d}\left(x-\frac{1}{2}\right)}{\sqrt{\frac{21}{4}-\left(x-\frac{1}{2}\right)^2}}$$

$$=-\sqrt{5+x-x^2}+\frac{1}{2}\arcsin\left(\frac{2x-1}{\sqrt{21}}\right)+C.$$

**【1852】** $\int \frac{x+1}{\sqrt{x^2+x+1}}\mathrm{d}x.$

**解** $$\int \frac{x+1}{\sqrt{x^2+x+1}}\mathrm{d}x=\int \frac{\left(x+\frac{1}{2}\right)+\frac{1}{2}}{\sqrt{\left(x+\frac{1}{2}\right)^2+\frac{3}{4}}}\mathrm{d}x=\frac{1}{2}\int \frac{\mathrm{d}\left[\left(x+\frac{1}{2}\right)^2+\frac{3}{4}\right]}{\sqrt{\left(x+\frac{1}{2}\right)^2+\frac{3}{4}}}+\frac{1}{2}\int \frac{\mathrm{d}\left(x+\frac{1}{2}\right)}{\sqrt{\left(x+\frac{1}{2}\right)^2+\frac{3}{4}}}$$

$$=\sqrt{x^2+x+1}+\frac{1}{2}\ln\left(x+\frac{1}{2}+\sqrt{x^2+x+1}\right)+C.$$

**【1853】** $\int \frac{x\mathrm{d}x}{\sqrt{1-3x^2-2x^4}}.$

**解** $$\int \frac{x\mathrm{d}x}{\sqrt{1-3x^2-2x^4}}=\frac{1}{2\sqrt{2}}\int \frac{\mathrm{d}\left(x^2+\frac{3}{4}\right)}{\sqrt{\frac{17}{16}-\left(x^2+\frac{3}{4}\right)^2}}=\frac{1}{2\sqrt{2}}\arcsin\left(\frac{4x^2+3}{\sqrt{17}}\right)+C.$$

**【1854】** $\int \frac{x^3\mathrm{d}x}{\sqrt{x^4-2x^2-1}}.$

**解** $$\int \frac{x^3\mathrm{d}x}{\sqrt{x^4-2x^2-1}}=\frac{1}{2}\int \frac{x^2\mathrm{d}(x^2)}{\sqrt{(x^2-1)^2-2}}=\frac{1}{2}\int \frac{(x^2-1)\mathrm{d}(x^2-1)}{\sqrt{(x^2-1)^2-2}}+\frac{1}{2}\int \frac{\mathrm{d}(x^2-1)}{\sqrt{(x^2-1)^2-2}}$$

$$=\frac{1}{2}\sqrt{x^4-2x^2-1}+\frac{1}{2}\ln\left|x^2-1+\sqrt{x^4-2x^2-1}\right|+C.$$

**【1855】** $\int \frac{x+x^3}{\sqrt{1+x^2-x^4}}\mathrm{d}x.$

**解** $$\int \frac{x+x^3}{\sqrt{1+x^2-x^4}}\mathrm{d}x=\frac{1}{2}\int \frac{(1+x^2)\mathrm{d}(x^2)}{\sqrt{\frac{5}{4}-\left(x^2-\frac{1}{2}\right)^2}}$$

$$=\frac{1}{2}\int \frac{\left(x^2-\frac{1}{2}\right)\mathrm{d}\left(x^2-\frac{1}{2}\right)}{\sqrt{\frac{5}{4}-\left(x^2-\frac{1}{2}\right)^2}}+\frac{3}{4}\int \frac{\mathrm{d}\left(x^2-\frac{1}{2}\right)}{\sqrt{\frac{5}{4}-\left(x^2-\frac{1}{2}\right)^2}}$$

$$=-\frac{1}{2}\sqrt{1+x^2-x^4}+\frac{3}{4}\arcsin\left(\frac{2x^2-1}{\sqrt{5}}\right)+C.$$

**【1856】** $\int \frac{\mathrm{d}x}{x\sqrt{x^2+x+1}}.$

**解** 当 $x>0$，设 $x=\frac{1}{t}$，$t>0$，则

$$\int \frac{\mathrm{d}x}{x\sqrt{x^2+x+1}}=-\int \frac{\mathrm{d}t}{\sqrt{t^2+t+1}}=-\int \frac{\mathrm{d}(t+\frac{1}{2})}{\sqrt{(t+\frac{1}{2})^2+\frac{3}{4}}}$$

$$=-\ln\left|t+\frac{1}{2}+\sqrt{t^2+t+1}\right|+C_1=-\ln\left|\frac{x+2+2\sqrt{x^2+x+1}}{x}\right|+C_2,$$

当 $x<0$，设 $x=-\frac{1}{t}$，$t>0$，显然有

$$\int \frac{\mathrm{d}x}{x\sqrt{x^2+x+1}}=-\ln\left|t-\frac{1}{2}+\sqrt{t^2-t+1}\right|+C_3=-\ln\left|\frac{-x-2-2\sqrt{x^2+x+1}}{x}\right|+C_4,$$

总之，不论 $x$ 为正或为负，均有

$$\int \frac{\mathrm{d}x}{x\sqrt{x^2+x+1}}=-\ln\left|\frac{x+2+2\sqrt{x^2+x+1}}{x}\right|+C.$$

【1857】 $\int \frac{dx}{x^2\sqrt{x^2+x-1}}$.

**解** 作代换 $t=\frac{1}{x}$,则

$$x^2\sqrt{x^2+x-1}=\operatorname{sgn}t\,\frac{\sqrt{-t^2+t+1}}{t^3},\quad dx=-\frac{dt}{t^2}.$$

于是, $\int \frac{dx}{x^2\sqrt{x^2+x-1}}=-(\operatorname{sgn}t)\int \frac{t}{\sqrt{-t^2+t-1}}dt=-(\operatorname{sgn}t)\left(-\frac{1}{2}\int \frac{d(-t^2+t+1)}{\sqrt{-t^2+t+1}}+\frac{1}{2}\int \frac{dt}{\sqrt{-t^2+t+1}}\right)$

$=-(\operatorname{sgn}t)\left(-\sqrt{-t^2+t+1}+\frac{1}{2}\arcsin\frac{2t-1}{\sqrt{5}}\right)^{*)}+C=(\operatorname{sgn}x)\left[\frac{\sqrt{x^2+x-1}}{|x|}+\frac{1}{2}\arcsin\left(\frac{x-2}{x\sqrt{5}}\right)\right]+C$

$=\frac{\sqrt{x^2+x-1}}{x}+\frac{1}{2}\arcsin\left(\frac{x-2}{|x|\sqrt{5}}\right)+C.$

其存在域为 $\left|x+\frac{1}{2}\right|>\frac{\sqrt{5}}{2}$.

*) 利用 1850 题的结果.

【1858】 $\int \frac{dx}{(x+1)\sqrt{x^2+1}}$.

**提示** 设 $y=x+1$,本题即转化为 1856 题的类型.

**解** 设 $y=x+1$,本题即转化为 1856 题的类型.由于解法类似,且 $x+1$ 的符号对结果没有影响,故仅就 $x+1>0$ 列出解法的主要步骤如下:

$$\int \frac{dx}{(x+1)\sqrt{x^2+1}}=\int \frac{dy}{y\sqrt{y^2-2y+2}}=-\int \frac{d\left(\frac{1}{y}\right)}{\sqrt{\frac{2}{y^2}-\frac{2}{y}+1}}=-\frac{1}{\sqrt{2}}\ln\left|\frac{1}{y}-\frac{1}{2}+\frac{\sqrt{y^2-2y+2}}{y\sqrt{2}}\right|+C_1$$

$$=-\frac{1}{\sqrt{2}}\ln\left|\frac{1-x+\sqrt{2(x^2+1)}}{x+1}\right|+C.$$

【1859】 $\int \frac{dx}{(x-1)\sqrt{x^2-2}}$.

**提示** 设 $x-1=\frac{1}{t}$.

**解** 设 $x-1=\frac{1}{t}$,则 $(x-1)\sqrt{x^2-2}=\frac{\sqrt{1+2t-t^2}}{t|t|}$, $dx=-\frac{1}{t^2}dt$,

代入得 $\int \frac{dx}{(x-1)\sqrt{x^2-2}}=-\int \frac{\operatorname{sgn}t\,dt}{\sqrt{1+2t-t^2}}=-\operatorname{sgn}t\arcsin\left(\frac{t-1}{\sqrt{2}}\right)+C=\arcsin\left(\frac{x-2}{|x-1|\sqrt{2}}\right)+C$

$(|x|>\sqrt{2})$.

【1860】+ $\int \frac{dx}{(x+2)^2\sqrt{x^2+2x-5}}$.

**提示** 设 $x+2=\frac{1}{t}$.

**解** 设 $x+2=\frac{1}{t}$,则 $(x+2)^2\sqrt{x^2+2x-5}=\frac{\sqrt{1-2t-5t^2}}{t^2|t|}$, $dx=-\frac{1}{t^2}dt$,

代入得 $\int \frac{dx}{(x+2)^2\sqrt{x^2+2x-5}}=-\int \frac{t\operatorname{sgn}t\,dt}{\sqrt{1-2t-5t^2}}=-\frac{1}{\sqrt{5}}\int \frac{\left[\left(t+\frac{1}{5}\right)-\frac{1}{5}\right]\operatorname{sgn}t\,dt}{\sqrt{\frac{6}{25}-\left(t+\frac{1}{5}\right)^2}}$

$=\frac{1}{\sqrt{5}}\operatorname{sgn}t\sqrt{\frac{1}{5}-\frac{2}{5}t-t^2}+\frac{1}{5\sqrt{5}}\operatorname{sgn}t\arcsin\left(\frac{5t+1}{\sqrt{6}}\right)+C=\frac{\sqrt{x^2+2x-5}}{5(x+2)}+\frac{1}{5\sqrt{5}}\arcsin\left(\frac{x+7}{|x+2|\sqrt{6}}\right)+C.$

其存在域为满足不等式 $x^2+2x-5>0$ 的一切 $x$ 值，即 $|x+1|>\sqrt{6}$.

**【1861】** $\int\sqrt{2+x-x^2}\,dx$.

解 $\int\sqrt{2+x-x^2}\,dx=\int\sqrt{\frac{9}{4}-\left(x-\frac{1}{2}\right)^2}\,d\left(x-\frac{1}{2}\right)=\frac{2x-1}{4}\sqrt{2+x-x^2}+\frac{9}{8}\arcsin\left(\frac{2x-1}{3}\right)+C.$

**【1862】** $\int\sqrt{2+x+x^2}\,dx$.

解 $\int\sqrt{2+x+x^2}\,dx=\int\sqrt{\frac{7}{4}+\left(x+\frac{1}{2}\right)^2}\,d\left(x+\frac{1}{2}\right)$

$=\frac{2x+1}{4}\sqrt{2+x+x^2}+\frac{7}{8}\ln\left(x+\frac{1}{2}+\sqrt{2+x+x^2}\right)+C.$

**【1863】** $\int\sqrt{x^4+2x^2-1}\,x\,dx$.

解 $\int\sqrt{x^4+2x^2-1}\,x\,dx=\frac{1}{2}\int\sqrt{(x^2+1)^2-2}\,d(x^2+1)$

$=\frac{x^2+1}{4}\sqrt{x^4+2x^2-1}-\frac{1}{2}\ln(x^2+1+\sqrt{x^4+2x^2-1})+C.$

**【1864】** $\int\frac{1-x+x^2}{x\sqrt{1+x-x^2}}\,dx$.

解 由于 $\int\frac{dx}{x\sqrt{1+x-x^2}}=-\ln\left|\frac{2+x+2\sqrt{1+x-x^2}}{x}\right|+C_1$（可仿照 1856 题求得），

$$\int\frac{dx}{\sqrt{1+x-x^2}}=\int\frac{d\left(x-\frac{1}{2}\right)}{\sqrt{\frac{5}{4}-\left(x-\frac{1}{2}\right)^2}}=\arcsin\left(\frac{2x-1}{\sqrt{5}}\right)+C_2,$$

$$\int\frac{x\,dx}{\sqrt{1+x-x^2}}=\int\frac{\left(x-\frac{1}{2}\right)+\frac{1}{2}}{\sqrt{\frac{5}{4}-\left(x-\frac{1}{2}\right)^2}}\,d\left(x-\frac{1}{2}\right)=-\sqrt{1+x-x^2}+\frac{1}{2}\arcsin\left(\frac{2x-1}{\sqrt{5}}\right)+C_3,$$

所以， $\int\frac{1-x+x^2}{x\sqrt{1+x-x^2}}\,dx=\int\frac{dx}{x\sqrt{1+x-x^2}}-\int\frac{dx}{\sqrt{1+x-x^2}}+\int\frac{x\,dx}{\sqrt{1+x-x^2}}$

$=-\ln\left|\frac{2+x+2\sqrt{1+x-x^2}}{x}\right|+\frac{1}{2}\arcsin\left(\frac{1-2x}{\sqrt{5}}\right)-\sqrt{1+x-x^2}+C.$

其中存在域为满足不等式 $1+x-x^2>0$ 且 $x\neq0$ 的一切 $x$ 值，即 $\left|x-\frac{1}{2}\right|<\frac{\sqrt{5}}{2}$ 及 $x\neq0$.

**【1865】** $\int\frac{x^2+1}{x\sqrt{x^4+1}}\,dx$.

**提示** 注意 $$\frac{x^2+1}{x\sqrt{x^4+1}}dx=\frac{\operatorname{sgn}x\cdot\left(1+\frac{1}{x^2}\right)}{\sqrt{x^2+\frac{1}{x^2}}}dx=\frac{\operatorname{sgn}x\,d\left(x-\frac{1}{x}\right)}{\sqrt{\left(x-\frac{1}{x}\right)^2+2}}.$$

解 $\int\frac{x^2+1}{x\sqrt{x^4+1}}dx=\int\frac{\operatorname{sgn}x\left(1+\frac{1}{x^2}\right)}{\sqrt{x^2+\frac{1}{x^2}}}dx=\int\frac{\operatorname{sgn}x\,d\left(x-\frac{1}{x}\right)}{\sqrt{\left(x-\frac{1}{x}\right)^2+2}}=\operatorname{sgn}x\ln\left(x-\frac{1}{x}+\sqrt{\left(x-\frac{1}{x}\right)^2+2}\right)+C_1$

$=\ln\left|\frac{x^2-1+\sqrt{x^4+1}}{x}\right|+C.$

## §2. 有理函数的积分法

利用待定系数法,求下列积分:

**【1866】** $\int \frac{2x+3}{(x-2)(x+5)}dx$.

**解题思路** 注意被积函数分解成部分分式$\frac{A}{x-2}+\frac{B}{x+5}$,经通分后得恒等式 $2x+3\equiv A(x+5)+B(x-2)$,令 $x=2$ 及 $x=-5$,求得 $A$、$B$.

**解** 设 $\frac{2x+3}{(x-2)(x+5)}=\frac{A}{x-2}+\frac{B}{x+5}$,通分后应有$2x+3\equiv A(x+5)+B(x-2)$. 在这恒等式中,

令 $x=2$*),得 $7=7A$, $A=1$; 令 $x=-5$,得 $-7=-7B$, $B=1$.

于是,
$$\int \frac{2x+3}{(x-2)(x+5)}dx=\int\left(\frac{1}{x-2}+\frac{1}{x+5}\right)dx=\ln|(x-2)(x+5)|+C.$$

*) 注意,这是一种习惯的说法.实际上,不能直接令 $x=2$(因为上述恒等式是当 $x\neq 2$, $x\neq -5$ 时得出来的),而应令 $x\to 2$ 取极限,得 $7=7A$,以下类似情况都作此理解,不再一一说明.

**【1867】** $\int \frac{x\,dx}{(x+1)(x+2)(x+3)}$.

**解** 设 $\frac{x}{(x+1)(x+2)(x+3)}=\frac{A}{x+1}+\frac{B}{x+2}+\frac{C}{x+3}$,通分后应有 $x\equiv A(x+2)(x+3)+B(x+1)(x+3)+C(x+1)(x+2)$. 在这恒等式中,

令 $x=-1$,得 $-1=2A$, $A=-\frac{1}{2}$; 令 $x=-2$,得 $-2=-B$, $B=2$;

令 $x=-3$,得 $-3=2C$, $C=-\frac{3}{2}$.

于是,
$$\int \frac{x\,dx}{(x+1)(x+2)(x+3)}=\int\left(\frac{-\frac{1}{2}}{x+1}+\frac{2}{x+2}+\frac{-\frac{3}{2}}{x+3}\right)dx$$
$$=-\frac{1}{2}\ln|x+1|+2\ln|x+2|-\frac{3}{2}\ln|x+3|+C=\frac{1}{2}\ln\left|\frac{(x+2)^4}{(x+1)(x+3)^3}\right|+C.$$

**【1868】** $\int \frac{x^{10}}{x^2+x-2}dx$.

**解** $\frac{x^{10}}{x^2+x-2}=x^8-x^7+3x^6-5x^5+11x^4-21x^3+43x^2-85x+171+\frac{-341x+342}{x^2+x-2}$,

设 $\frac{-341x+342}{x^2+x-2}=\frac{A}{x+2}+\frac{B}{x-1}$,通分后应有$-341x+342\equiv A(x-1)+B(x+2)$. 在这恒等式中,

令 $x=-2$,得 $1024=-3A$, $A=-\frac{1024}{3}$; 令 $x=1$,得 $1=3B$, $B=\frac{1}{3}$.

于是,
$$\int \frac{x^{10}}{x^2+x-2}dx=\int\left[x^8-x^7+3x^6-5x^5+11x^4-21x^3+43x^2-85x+171-\frac{1024}{3(x+2)}+\frac{1}{3(x-1)}\right]dx$$
$$=\frac{x^9}{9}-\frac{x^8}{8}+\frac{3x^7}{7}-\frac{5x^6}{6}+\frac{11x^5}{5}-\frac{21x^4}{4}+\frac{43x^3}{3}-\frac{85x^2}{2}+171x+\frac{1}{3}\ln\left|\frac{x-1}{(x+2)^{1024}}\right|+C.$$

**【1869】** $\int \frac{x^3+1}{x^3-5x^2+6x}dx$.

**解** $\frac{x^3+1}{x^3-5x^2+6x}=1+\frac{5x^2-6x+1}{x^3-5x^2+6x}=1+\frac{5x^2-6x+1}{x(x-2)(x-3)}$,

设$\frac{5x^2-6x+1}{x(x-2)(x-3)}=\frac{A}{x}+\frac{B}{x-2}+\frac{C}{x-3}$,通分后应有 $5x^2-6x+1\equiv A(x-2)(x-3)+Bx(x-3)+Cx(x-2)$. 在这恒等式中,

令 $x=0$,得 $1=6A$, $A=\frac{1}{6}$; 令 $x=2$,得 $9=-2B$, $B=-\frac{9}{2}$; 令 $x=3$,得 $28=3C$, $C=\frac{28}{3}$.

于是,
$$\int \frac{x^3+1}{x^3-5x^2+6x}dx=\int\left[1+\frac{1}{6x}-\frac{9}{2(x-2)}+\frac{28}{3(x-3)}\right]dx$$
$$=x+\frac{1}{6}\ln|x|-\frac{9}{2}\ln|x-2|+\frac{28}{3}\ln|x-3|+C.$$

**【1870】** $\int \frac{x^4}{x^4+5x^2+4}dx$.

**提示** 可不用代入法,而用比较恒等式两端 $x$ 的同次幂的系数,解方程组求得待定系数(当然,首先将被积函数化为真分式).

**解** $\frac{x^4}{x^4+5x^2+4}=1+\frac{-(5x^2+4)}{(x^2+1)(x^2+4)}$.

设 $\frac{-(5x^2+4)}{(x^2+1)(x^2+4)}=\frac{A_1x+B_1}{x^2+1}+\frac{A_2x+B_2}{x^2+4}$,通分后应有 $-(5x^2+4)\equiv(A_1x+B_1)(x^2+4)+(A_2x+B_2)(x^2+1)$. 比较等式两端 $x$ 的同次幂的系数,得

$$\begin{array}{c|l} x^3 & A_1+A_2=0, \\ x^2 & B_1+B_2=-5, \\ x^1 & 4A_1+A_2=0, \\ x^0 & 4B_1+B_2=-4. \end{array}$$

由此,$A_1=0$, $B_1=\frac{1}{3}$, $A_2=0$, $B_2=-\frac{16}{3}$. 于是,

$$\int \frac{x^4}{x^4+5x^2+4}dx=\int\left[1+\frac{1}{3(x^2+1)}-\frac{16}{3(x^2+4)}\right]dx=x+\frac{1}{3}\arctan x-\frac{8}{3}\arctan\frac{x}{2}+C.$$

**【1871】** $\int \frac{x dx}{x^3-3x+2}$.

**解** $\frac{x}{x^3-3x+2}=\frac{x}{(x-1)^2(x-2)}=\frac{A}{x-1}+\frac{B}{(x-1)^2}+\frac{C}{x+2}$,通分后应有 $x\equiv A(x-1)(x+2)+B(x+2)+C(x-1)^2$. 在这恒等式中,

令 $x=1$, 得 $1=3B$, $B=\frac{1}{3}$; 令 $x=-2$, 得 $-2=9C$, $C=-\frac{2}{9}$;

比较 $x^2$ 的系数,得 $A+C=0$,从而,$A=\frac{2}{9}$. 于是,

$$\int \frac{x dx}{x^3-3x+2}=\int\left[\frac{2}{9(x-1)}+\frac{1}{3(x-1)^2}-\frac{2}{9(x+2)}\right]dx=-\frac{1}{3(x-1)}+\frac{2}{9}\ln\left|\frac{x-1}{x+2}\right|+C.$$

**【1872】** $\int \frac{x^2+1}{(x+1)^2(x-1)}dx$.

**解** 设 $\frac{x^2+1}{(x+1)^2(x-1)}=\frac{A}{x+1}+\frac{B}{(x+1)^2}+\frac{C}{x-1}$,通分后应有 $x^2+1\equiv A(x+1)(x-1)+B(x-1)+C(x+1)^2$. 在这恒等式中,

令 $x=-1$, 得 $2=-2B$, $B=-1$; 令 $x=1$, 得 $2=4C$, $C=\frac{1}{2}$;

比较 $x^2$ 的系数,得 $A+C=1$. 从而,$A=\frac{1}{2}$. 于是,

$$\int \frac{x^2+1}{(x+1)^2(x-1)}dx=\int\left[\frac{1}{2(x+1)}-\frac{1}{(x+1)^2}+\frac{1}{2(x-1)}\right]dx=\frac{1}{2}\ln|x^2-1|+\frac{1}{x+1}+C.$$

**【1873】** $\int\left(\frac{x}{x^2-3x+2}\right)^2dx$.

**解** $\left(\frac{x}{x^2-3x+2}\right)^2=\frac{x^2}{(x-1)^2(x-2)^2}=\frac{A}{x-1}+\frac{B}{(x-1)^2}+\frac{C}{x-2}+\frac{D}{(x-2)^2}$,

通分后应有 $x^2 \equiv A(x-1)(x-2)^2+B(x-2)^2+C(x-2)(x-1)^2+D(x-1)^2$. 在这恒等式中，

令 $x=1$，得 $B=1$；令$x=2$,得 $D=4$；比较 $x^3$ 及 $x^2$ 的系数,得

$$A+C=0 \quad 及 \quad -5A+B-4C+D=1;$$

由此,$A=4$，$C=-4$. 于是,

$$\int\left(\frac{x}{x^2-3x+2}\right)^2 dx=\int\left[\frac{4}{x-1}+\frac{1}{(x-1)^2}-\frac{4}{x-2}+\frac{4}{(x-2)^2}\right]dx$$

$$=4\ln|x-1|-\frac{1}{x-1}-4\ln|x-2|-\frac{4}{x-2}+C=4\ln\left|\frac{x-1}{x-2}\right|-\frac{5x-6}{x^2-3x+2}+C.$$

**【1874】** $\displaystyle\int\frac{dx}{(x+1)(x+2)^2(x+3)^3}$.

**提示** 为了求得待定系数,可同时使用代入法及比较等式两端 $x$ 的同次幂的系数,这样做,可减少确定待定系数的计算工作量.

**解** 设 $\displaystyle\frac{1}{(x+1)(x+2)^2(x+3)^3}=\frac{A}{x+1}+\frac{B}{x+2}+\frac{C}{(x+2)^2}+\frac{D}{x+3}+\frac{E}{(x+3)^2}+\frac{F}{(x+3)^3}$,

通分后应有

$$1\equiv A(x+2)^2(x+3)^3+B(x+1)(x+2)(x+3)^3+C(x+1)(x+3)^3+D(x+1)(x+2)^2(x+3)^2+E(x+1)(x+2)^2(x+3)+F(x+1)(x+2)^2.$$

在这恒等式中,

令 $x=-1$,得 $1=8A$, $A=\frac{1}{8}$； 令 $x=-2$,得 $1=-C$, $C=-1$； 令 $x=-3$,得 $1=-2F$, $F=-\frac{1}{2}$；

比较 $x^5$、$x^4$ 及 $x^3$ 的系数,得

$$\begin{array}{c|l} x^5 & A+B+D=0, \\ x^4 & 13A+12B+C+11D+E=0, \\ x^3 & 67A+56B+10C+47D+8E+F=0. \end{array}$$

由此,$B=2$, $D=-\frac{17}{8}$, $E=-\frac{5}{4}$. 于是,

$$\int\frac{dx}{(x+1)(x+2)^2(x+3)^3}=\int\left[\frac{1}{8(x+1)}+\frac{2}{x+2}-\frac{1}{(x+2)^2}-\frac{17}{8(x+3)}-\frac{5}{4(x+3)^2}-\frac{1}{2(x+3)^3}\right]dx$$

$$=\frac{1}{8}\ln|x+1|+2\ln|x+2|+\frac{1}{x+2}-\frac{17}{8}\ln|x+3|+\frac{5}{4(x+3)}+\frac{1}{4(x+3)^2}+C$$

$$=\frac{1}{8}\ln\left|\frac{(x+1)(x+2)^{16}}{(x+3)^{17}}\right|+\frac{9x^2+50x+68}{4(x+2)(x+3)^2}+C.$$

**【1875】** $\displaystyle\int\frac{dx}{x^5+x^4-2x^3-2x^2+x+1}$.

**解** $\displaystyle\frac{1}{x^5+x^4-2x^3-2x^2+x+1}=\frac{1}{(x-1)^2(x+1)^3}=\frac{A}{x-1}+\frac{B}{(x-1)^2}+\frac{C}{x+1}+\frac{D}{(x+1)^2}+\frac{E}{(x+1)^3}$,

通分后应有 $1\equiv A(x-1)(x+1)^3+B(x+1)^3+C(x-1)^2(x+1)^2+D(x-1)^2(x+1)+E(x-1)^2$. 在这恒等式中,

令 $x=1$,得 $1=8B$, $B=\frac{1}{8}$； 令 $x=-1$,得 $1=4E$, $E=\frac{1}{4}$； 令 $x=0$, 得$-A+B+C+D+E=1$；

令 $x=2$, 得 $27A+27B+9C+3D+E=1$； 令 $x=-2$, 得 $3A-B+9C-9D+9E=1$；

由此,$A=-\frac{3}{16}$, $C=\frac{3}{16}$, $D=\frac{1}{4}$. 于是,

$$\int\frac{dx}{x^5+x^4-2x^3-2x^2+x+1}=\int\left[-\frac{3}{16(x-1)}+\frac{1}{8(x-1)^2}+\frac{3}{16(x+1)}+\frac{1}{4(x+1)^2}+\frac{1}{4(x+1)^3}\right]dx$$

$$=-\frac{3}{16}\ln|x-1|-\frac{1}{8(x-1)}+\frac{3}{16}\ln|x+1|-\frac{1}{4(x+1)}-\frac{1}{8(x+1)^2}+C$$

$$=\frac{3}{16}\ln\left|\frac{x+1}{x-1}\right|-\frac{3x^2+3x-2}{8(x-1)(x+1)^2}+C.$$

【1876】 $\int \frac{x^2+5x+4}{x^4+5x^2+4}dx$.

**解** 设 $\frac{x^2+5x+4}{x^4+5x^2+4}=\frac{Ax+B}{x^2+1}+\frac{Cx+D}{x^2+4}$,通分后应有

$$x^2+5x+4\equiv(Ax+B)(x^2+4)+(Cx+D)(x^2+1).$$

比较等式两端 $x$ 的同次幂的系数,得

$$\begin{array}{c|l} x^3 & A+C=0, \\ x^2 & B+D=1, \\ x^1 & 4A+C=5, \\ x^0 & 4B+D=4. \end{array}$$

由此,$A=\frac{5}{3}$, $B=1$, $C=-\frac{5}{3}$, $D=0$. 于是,

$$\int \frac{x^2+5x+4}{x^4+5x^2+4}dx=\int\left(\frac{\frac{5}{3}x+1}{x^2+1}+\frac{-\frac{5}{3}x}{x^2+4}\right)dx=\frac{5}{6}\ln\frac{x^2+1}{x^2+4}+\arctan x+C.$$

本题如不直接用待定系数法将被积函数进行分解,而使用其他技巧,也可有更简单的方法.事实上,

$$\int \frac{x^2+5x+4}{x^4+5x^2+4}dx=\int\frac{x^2+4}{(x^2+1)(x^2+4)}dx+5\int\frac{xdx}{(x^2+4)(x^2+1)}=\int\frac{dx}{x^2+1}+\frac{5}{2}\int\frac{d(x^2)}{(x^2+4)(x^2+1)}$$

$$=\arctan x+\frac{5}{6}\int\left(\frac{1}{x^2+1}-\frac{1}{x^2+4}\right)d(x^2)=\arctan x+\frac{5}{6}\ln\frac{x^2+1}{x^2+4}+C.$$

【1877】 $\int \frac{dx}{(x+1)(x^2+1)}$.

**解** 设 $\frac{1}{(x+1)(x^2+1)}=\frac{A}{x+1}+\frac{Bx+C}{x^2+1}$,通分后应有 $1\equiv A(x^2+1)+(Bx+C)(x+1)$. 比较等式两端 $x$ 的同次幂的系数,得

$$\begin{array}{c|l} x^2 & A+B=0, \\ x^1 & B+C=0, \\ x^0 & A+C=1. \end{array}$$

由此,$A=\frac{1}{2}$, $B=-\frac{1}{2}$, $C=\frac{1}{2}$. 于是,

$$\int\frac{dx}{(x+1)(x^2+1)}=\int\left[\frac{1}{2(x+1)}-\frac{x-1}{2(x^2+1)}\right]dx=\frac{1}{2}\ln|x+1|-\frac{1}{4}\ln(x^2+1)+\frac{1}{2}\arctan x+C$$

$$=\frac{1}{4}\ln\frac{(x+1)^2}{x^2+1}+\frac{1}{2}\arctan x+C.$$

【1878】 $\int \frac{dx}{(x^2-4x+4)(x^2-4x+5)}$.

**提示** 本题若用待定系数法,较麻烦一些.可将被积函数变形为 $\frac{1}{(x-2)^2}-\frac{1}{(x-2)^2+1}$ 后,即易获解.

**解** 由于 $\frac{1}{(x^2-4x+4)(x^2-4x+5)}=\frac{(x^2-4x+5)-(x^2-4x+4)}{(x^2-4x+4)(x^2-4x+5)}=\frac{1}{(x-2)^2}-\frac{1}{x^2-4x+5}$,

于是, $$\int\frac{dx}{(x^2-4x+4)(x^2-4x+5)}=\int\left[\frac{1}{(x-2)^2}-\frac{1}{x^2-4x+5}\right]dx=-\frac{1}{x-2}-\int\frac{d(x-2)}{(x-2)^2+1}$$

$$=-\frac{1}{x-2}-\arctan(x-2)+C.$$

本题若用待定系数法,较麻烦一些,也可获得同样的结果,此处从略.

【1879】 $\int \frac{xdx}{(x-1)^2(x^2+2x+2)}$.

**解** 设 $\frac{x}{(x-1)^2(x^2+2x+2)}=\frac{A}{x-1}+\frac{B}{(x-1)^2}+\frac{Cx+D}{x^2+2x+2}$,通分后应有

$$x\equiv A(x-1)(x^2+2x+2)+B(x^2+2x+2)+(Cx+D)(x-1)^2.$$

比较等式两端 $x$ 的同次幂系数，得

$$\begin{array}{c|l} x^3 & A+C=0, \\ x^2 & A+B-2C+D=0, \\ x^1 & 2B+C-2D=1, \\ x^0 & -2A+2B+D=0. \end{array}$$

由此 $A=\frac{1}{25}$，$B=\frac{1}{5}$，$C=-\frac{1}{25}$，$D=-\frac{8}{25}$. 于是，

$$\int\frac{x\mathrm{d}x}{(x-1)^2(x^2+2x+2)}=\int\left[\frac{1}{25(x-1)}+\frac{1}{5(x-1)^2}-\frac{x+8}{25(x^2+2x+2)}\right]\mathrm{d}x$$

$$=\frac{1}{25}\ln|x-1|-\frac{1}{5(x-1)}-\frac{1}{50}\int\frac{2x+2}{x^2+2x+2}\mathrm{d}x-\frac{7}{25}\int\frac{\mathrm{d}(x+1)}{(x+1)^2+1}$$

$$=\frac{1}{25}\ln|x-1|-\frac{1}{5(x-1)}-\frac{1}{50}\ln(x^2+2x+2)-\frac{7}{25}\arctan(x+1)+C$$

$$=\frac{1}{50}\ln\frac{(x-1)^2}{x^2+2x+2}-\frac{1}{5(x-1)}-\frac{7}{25}\arctan(x+1)+C.$$

**【1880】** $\int\frac{\mathrm{d}x}{x(1+x)(1+x+x^2)}$.

**解** 设 $\frac{1}{x(1+x)(1+x+x^2)}=\frac{A}{x}+\frac{B}{x+1}+\frac{Cx+D}{x^2+x+1}$，通分后应有

$$1\equiv A(x+1)(1+x+x^2)+Bx(1+x+x^2)+x(x+1)(Cx+D).$$

比较等式两端 $x$ 的同次幂系数，得

$$\begin{array}{c|l} x^3 & A+B+C=0, \\ x^2 & 2A+B+C+D=0, \\ x^1 & 2A+B+D=0, \\ x^0 & A=1. \end{array}$$

由此，$A=1$，$B=-1$，$C=0$，$D=-1$. 于是，

$$\int\frac{\mathrm{d}x}{x(1+x)(1+x+x^2)}=\int\left(\frac{1}{x}-\frac{1}{1+x}-\frac{1}{1+x+x^2}\right)\mathrm{d}x=\ln\left|\frac{x}{1+x}\right|-\frac{2}{\sqrt{3}}\arctan\frac{2x+1}{\sqrt{3}}+C.$$

本题也可以不用待定系数法. 事实上，

$$\frac{1}{x(1+x)(1+x+x^2)}=\frac{1}{(x+x^2)(1+x+x^2)}=\frac{1}{x+x^2}-\frac{1}{1+x+x^2}=\frac{1}{x}-\frac{1}{1+x}-\frac{1}{1+x+x^2}.$$

**【1881】** $\int\frac{\mathrm{d}x}{x^3+1}$.

**解** 设 $\frac{1}{x^3+1}=\frac{A}{x+1}+\frac{Bx+C}{x^2-x+1}$，通分后应有 $1\equiv A(x^2-x+1)+(Bx+C)(x+1)$. 比较等式两端 $x$ 的同次幂系数，得

$$\begin{array}{c|l} x^2 & A+B=0, \\ x^1 & -A+B+C=0, \\ x^0 & A+C=1. \end{array}$$

由此，$A=\frac{1}{3}$，$B=-\frac{1}{3}$，$C=\frac{2}{3}$. 于是，

$$\int\frac{\mathrm{d}x}{x^3+1}=\int\left[\frac{1}{3(x+1)}-\frac{x-2}{3(x^2-x+1)}\right]\mathrm{d}x=\frac{1}{3}\int\frac{\mathrm{d}x}{x+1}-\frac{1}{6}\int\frac{2x-1}{x^2-x+1}\mathrm{d}x+\frac{1}{2}\int\frac{\mathrm{d}\left(x-\frac{1}{2}\right)}{\left(x-\frac{1}{2}\right)^2+\frac{3}{4}}$$

$$=\frac{1}{6}\ln\frac{(x+1)^2}{x^2-x+1}+\frac{1}{\sqrt{3}}\arctan\frac{2x-1}{\sqrt{3}}+C.$$

【1882】 $\int \frac{x\mathrm{d}x}{x^3-1}$.

**解** 设$\frac{x}{x^3-1}=\frac{A}{x-1}+\frac{Bx+C}{x^2+x+1}$,通分后应有 $x\equiv A(x^2+x+1)+(Bx+C)(x-1)$. 比较等式两端 $x$ 的同次幂系数,得

$$\begin{array}{c|l} x^2 & A+B=0, \\ x^1 & A-B+C=1, \\ x^0 & A-C=0. \end{array}$$

由此,$A=\frac{1}{3}$, $B=-\frac{1}{3}$, $C=\frac{1}{3}$. 于是,

$$\begin{aligned}\int \frac{x}{x^3-1}\mathrm{d}x &= \int \left[\frac{1}{3(x-1)}-\frac{x-1}{3(x^2+x+1)}\right]\mathrm{d}x \\ &= \frac{1}{3}\int \frac{\mathrm{d}x}{x-1}-\frac{1}{6}\int \frac{2x+1}{x^2+x+1}\mathrm{d}x+\frac{1}{2}\int \frac{\mathrm{d}\left(x+\frac{1}{2}\right)}{\left(x+\frac{1}{2}\right)^2+\frac{3}{4}} \\ &= \frac{1}{6}\ln \frac{(x-1)^2}{x^2+x+1}+\frac{1}{\sqrt{3}}\arctan \frac{2x+1}{\sqrt{3}}+C.\end{aligned}$$

【1883】 $\int \frac{\mathrm{d}x}{x^4-1}$.

**提示** 本题若用待定系数法,较麻烦一些. 可将被积函数变形为$\frac{1}{2}(\frac{1}{x^2-1}-\frac{1}{x^2+1})$后,即易获解.

**解** $\int \frac{\mathrm{d}x}{x^4-1}=\frac{1}{2}\int \left(\frac{1}{x^2-1}-\frac{1}{x^2+1}\right)\mathrm{d}x=\frac{1}{4}\ln\left|\frac{x-1}{x+1}\right|-\frac{1}{2}\arctan x+C.$

本题若用待定系数法,则较麻烦. 从略.

【1884】 $\int \frac{\mathrm{d}x}{x^4+1}$

**解题思路** 本题若用待定系数法,较麻烦一些. 可将被积函数变形为

$$\frac{1}{2}\left(\frac{x^2+1}{x^4+1}-\frac{x^2-1}{x^4+1}\right),$$

然后利用 1712 题及 1713 题的结果,并注意

$$\arctan\left(\frac{x^2-1}{x\sqrt{2}}\right)=\frac{\pi}{2}+\arctan\left(\frac{x\sqrt{2}}{1-x^2}\right),$$

即可获得所需的答案.

**解** 本题如用待定系数法来作,主要步骤如下:

设 $\frac{1}{x^4+1}=\frac{Ax+B}{x^2+x\sqrt{2}+1}+\frac{Cx+D}{x^2-x\sqrt{2}+1}$, 经计算可求得$A=\frac{\sqrt{2}}{4}$, $B=\frac{1}{2}$, $C=-\frac{\sqrt{2}}{4}$, $D=\frac{1}{2}$. 于是,

$$\begin{aligned}\int \frac{\mathrm{d}x}{x^4+1} &= \int \frac{\frac{\sqrt{2}}{4}x+\frac{1}{2}}{x^2+x\sqrt{2}+1}\mathrm{d}x+\int \frac{-\frac{\sqrt{2}}{4}x+\frac{1}{2}}{x^2-x\sqrt{2}+1}\mathrm{d}x \\ &= \frac{\sqrt{2}}{4}\int \frac{\left(x+\frac{\sqrt{2}}{2}\right)\mathrm{d}x}{\left(x+\frac{\sqrt{2}}{2}\right)^2+\frac{1}{2}}+\frac{1}{4}\int \frac{\mathrm{d}x}{\left(x+\frac{\sqrt{2}}{2}\right)^2+\frac{1}{2}}-\frac{\sqrt{2}}{4}\int \frac{\left(x-\frac{\sqrt{2}}{2}\right)\mathrm{d}x}{\left(x-\frac{\sqrt{2}}{2}\right)^2+\frac{1}{2}}+\frac{1}{4}\int \frac{\mathrm{d}x}{\left(x-\frac{\sqrt{2}}{2}\right)^2+\frac{1}{2}} \\ &= \frac{1}{4\sqrt{2}}[\ln(x^2+x\sqrt{2}+1)-\ln(x^2-x\sqrt{2}+1)]+\frac{\sqrt{2}}{4}\left[\arctan\left(\frac{2x+\sqrt{2}}{\sqrt{2}}\right)+\arctan\left(\frac{2x-\sqrt{2}}{\sqrt{2}}\right)\right]+C \\ &= \frac{1}{4\sqrt{2}}\ln \frac{x^2+x\sqrt{2}+1}{x^2-x\sqrt{2}+1}+\frac{\sqrt{2}}{4}\arctan\left(\frac{x\sqrt{2}}{1-x^2}\right)+C.\end{aligned}$$

如应用下列解法,则更简单些.

$$\int\frac{dx}{x^4+1}=\frac{1}{2}\int\frac{x^2+1}{x^4+1}dx-\frac{1}{2}\int\frac{x^2-1}{x^4+1}dx=\frac{1}{2\sqrt{2}}\arctan\left(\frac{x^2-1}{x\sqrt{2}}\right)^{*)}-\frac{1}{4\sqrt{2}}\ln\frac{x^2-x\sqrt{2}+1}{x^2+x\sqrt{2}+1}^{**)}+C_1,$$

注意到 $\arctan\left(\frac{x^2-1}{x\sqrt{2}}\right)=\frac{\pi}{2}+\arctan\left(\frac{x\sqrt{2}}{1-x^2}\right)$,最后即得

$$\int\frac{dx}{x^4+1}=\frac{1}{2\sqrt{2}}\arctan\left(\frac{x\sqrt{2}}{1-x^2}\right)+\frac{1}{4\sqrt{2}}\ln\frac{x^2+x\sqrt{2}+1}{x^2-x\sqrt{2}+1}+C.$$

*) 利用 1712 题的结果.

**) 利用 1713 题的结果.

**【1885】** $\int\frac{dx}{x^4+x^2+1}$.

**解** 设 $\frac{1}{x^4+x^2+1}=\frac{Ax+B}{x^2+x+1}+\frac{Cx+D}{x^2-x+1}$,通分后应有 $1\equiv(Ax+B)(x^2-x+1)+(Cx+D)(x^2+x+1)$. 比较等式两端 $x$ 的同次幂系数,得

$$\begin{array}{c|l} x^3 & A+C=0,\\ x^2 & -A+B+C+D=0,\\ x^1 & A-B+C+D=0,\\ x^0 & B+D=1.\end{array}$$

由此,$A=\frac{1}{2}$, $B=\frac{1}{2}$, $C=-\frac{1}{2}$, $D=\frac{1}{2}$. 于是,

$$\int\frac{dx}{x^4+x^2+1}=\int\frac{\frac{1}{2}(x+1)}{x^2+x+1}dx-\int\frac{\frac{1}{2}(x-1)}{x^2-x+1}dx$$

$$=\frac{1}{4}\int\frac{(2x+1)dx}{x^2+x+1}+\frac{1}{4}\int\frac{d\left(x+\frac{1}{2}\right)}{\left(x+\frac{1}{2}\right)^2+\frac{3}{4}}-\frac{1}{4}\int\frac{(2x-1)dx}{x^2-x+1}+\frac{1}{4}\int\frac{d\left(x-\frac{1}{2}\right)}{\left(x-\frac{1}{2}\right)^2+\frac{3}{4}}$$

$$=\frac{1}{4}[\ln(x^2+x+1)-\ln(x^2-x+1)]+\frac{1}{2\sqrt{3}}\left[\arctan\left(\frac{2x+1}{\sqrt{3}}\right)+\arctan\left(\frac{2x-1}{\sqrt{3}}\right)\right]+C_1$$

$$=\frac{1}{4}\ln\frac{x^2+x+1}{x^2-x+1}+\frac{1}{2\sqrt{3}}\arctan\left(\frac{\sqrt{3}x}{1-x^2}\right)+C_1=\frac{1}{4}\ln\frac{x^2+x+1}{x^2-x+1}+\frac{1}{2\sqrt{3}}\arctan\left(\frac{x^2-1}{x\sqrt{3}}\right)+C.$$

如不用待定系数法解本题,则更简单些,解法与上题类似:

$$\int\frac{dx}{x^4+x^2+1}=\frac{1}{2}\int\frac{x^2+1}{x^4+x^2+1}dx-\frac{1}{2}\int\frac{x^2-1}{x^4+x^2+1}dx=\frac{1}{2}\int\frac{1+\frac{1}{x^2}}{x^2+1+\frac{1}{x^2}}dx-\frac{1}{2}\int\frac{1-\frac{1}{x^2}}{x^2+1+\frac{1}{x^2}}dx$$

$$=\frac{1}{2}\int\frac{d\left(x-\frac{1}{x}\right)}{\left(x-\frac{1}{x}\right)^2+3}-\frac{1}{2}\int\frac{d\left(x+\frac{1}{x}\right)}{\left(x+\frac{1}{x}\right)^2-1}=\frac{1}{2\sqrt{3}}\arctan\left(\frac{x^2-1}{x\sqrt{3}}\right)+\frac{1}{4}\ln\frac{x^2+x+1}{x^2-x+1}+C.$$

**【1886】** $\int\frac{dx}{x^6+1}$.

**解** 本题如用待定系数法来作,运算较麻烦,经计算可得

$$\frac{1}{x^6+1}=\frac{1}{3(x^2+1)}+\frac{\frac{\sqrt{3}}{6}x+\frac{1}{3}}{x^2+x\sqrt{3}+1}+\frac{\frac{-\sqrt{3}}{6}x+\frac{1}{3}}{x^2-x\sqrt{3}+1},$$

积分步骤与 1884 题与 1885 题完全类似,不再详解,其结果为

$$\frac{1}{2}\arctan x+\frac{1}{6}\arctan(x^3)+\frac{1}{4\sqrt{3}}\ln\frac{x^2+x\sqrt{3}+1}{x^2-x\sqrt{3}+1}+C.$$

本题如不用待定系数法来作，则更简单些. 下面列举两种解法：

解法 1：

$$\int\frac{dx}{x^6+1}=\frac{1}{2}\int\frac{x^4+1}{x^6+1}dx-\frac{1}{2}\int\frac{x^4-1}{x^6+1}dx=\frac{1}{2}\int\frac{x^2+(x^4-x^2+1)}{x^6+1}dx-\frac{1}{2}\int\frac{(x^2-1)(x^2+1)}{(x^2+1)(x^4-x^2+1)}dx$$

$$=\frac{1}{2}\int\frac{x^2}{x^6+1}dx+\frac{1}{2}\int\frac{dx}{1+x^2}-\frac{1}{2}\int\frac{x^2-1}{x^4-x^2+1}dx=\frac{1}{6}\int\frac{d(x^3)}{1+(x^3)^2}+\frac{1}{2}\arctan x-\frac{1}{2}\int\frac{d\left(x+\frac{1}{x}\right)}{\left(x+\frac{1}{x}\right)^2-3}$$

$$=\frac{1}{6}\arctan(x^3)+\frac{1}{2}\arctan x+\frac{1}{4\sqrt{3}}\ln\frac{x^2+x\sqrt{3}+1}{x^2-x\sqrt{3}+1}+C.$$

解法 2：仿照 1881 题的分解法，可得

$$\frac{1}{x^6+1}=\frac{1}{3(x^2+1)}-\frac{x^2-2}{3(x^4-x^2+1)}.$$

于是，

$$\int\frac{dx}{x^6+1}=\frac{1}{3}\int\frac{dx}{x^2+1}-\frac{1}{3}\int\frac{(x^2-2)dx}{x^4-x^2+1}$$

$$=\frac{1}{3}\arctan x-\frac{1}{6}\int\frac{(x^2+1)+(x^2-1)}{x^4-x^2+1}dx+\frac{1}{3}\int\frac{(x^2+1)-(x^2-1)}{x^4-x^2+1}dx$$

$$=\frac{1}{3}\arctan x+\frac{1}{6}\int\frac{x^2+1}{x^4-x^2+1}dx-\frac{1}{2}\int\frac{x^2-1}{x^4-x^2+1}dx$$

$$=\frac{1}{3}\arctan x+\frac{1}{6}\int\frac{d\left(x-\frac{1}{x}\right)}{\left(x-\frac{1}{x}\right)^2+1}-\frac{1}{2}\int\frac{d\left(x+\frac{1}{x}\right)}{\left(x+\frac{1}{x}\right)^2-3}$$

$$=\frac{1}{3}\arctan x+\frac{1}{6}\arctan\left(\frac{x^2-1}{x}\right)+\frac{1}{4\sqrt{3}}\ln\frac{x^2+x\sqrt{3}+1}{x^2-x\sqrt{3}+1}+C.$$

两种答案形式不同，实质上是一致的.

**【1887】** $\int\frac{dx}{(1+x)(1+x^2)(1+x^3)}$.

**解** 设$\frac{1}{(1+x)(1+x^2)(1+x^3)}=\frac{A}{x+1}+\frac{B}{(x+1)^2}+\frac{Cx+D}{x^2+1}+\frac{Ex+F}{x^2-x+1}$，通分后应有

$$1\equiv A(x+1)(x^2+1)(x^2-x+1)+B(x^2+1)(x^2-x+1)+(Cx+D)(x+1)^2(x^2-x+1)$$
$$+(Ex+F)(x+1)^2(x^2+1).$$

比较等式两端 $x$ 的同次幂系数，得

$$\begin{array}{c|l} x^5 & A+C+E=0, \\ x^4 & B+C+D+2E+F=0, \\ x^3 & A-B+D+2E+2F=0, \\ x^2 & A+2B+C+2E+2F=0, \\ x^1 & -B+C+D+E+2F=0, \\ x^0 & A+B+D+F=1. \end{array}$$

由此，$A=\frac{1}{3}$，$B=\frac{1}{6}$，$C=0$，$D=\frac{1}{2}$，$E=-\frac{1}{3}$，$F=0$. 于是，

$$\int\frac{dx}{(1+x)(1+x^2)(1+x^3)}=\int\left[\frac{1}{3(x+1)}+\frac{1}{6(x+1)^2}+\frac{1}{2(x^2+1)}-\frac{x}{3(x^2-x+1)}\right]dx$$

$$=\frac{1}{3}\ln|1+x|-\frac{1}{6(x+1)}+\frac{1}{2}\arctan x-\frac{1}{6}\int\frac{(2x-1)\mathrm{d}x}{x^2-x+1}-\frac{1}{6}\int\frac{\mathrm{d}\left(x-\frac{1}{2}\right)}{\left(x-\frac{1}{2}\right)^2+\frac{3}{4}}$$

$$=\frac{1}{6}\ln\frac{(x+1)^2}{x^2-x+1}-\frac{1}{6(x+1)}+\frac{1}{2}\arctan x-\frac{1}{3\sqrt{3}}\arctan\left(\frac{2x-1}{\sqrt{3}}\right)+C.$$

**【1888】** $\displaystyle\int\frac{\mathrm{d}x}{x^5-x^4+x^3-x^2+x-1}$.

**解** 设 $\displaystyle\frac{1}{x^5-x^4+x^3-x^2+x-1}=\frac{1}{(x-1)(x^2-x+1)(x^2+x+1)}=\frac{A}{x-1}+\frac{Bx+C}{x^2+x+1}+\frac{Dx+E}{x^2-x+1}$,

通分后应有 $1\equiv A(x^2+x+1)(x^2-x+1)+(Bx+C)(x-1)(x^2-x+1)+(Dx+E)(x-1)(x^2+x+1)$.

比较等式两端 $x$ 的同次幂系数,得

$$\begin{array}{c|l} x^4 & A+B+D=0, \\ x^3 & -2B+C+E=0, \\ x^2 & A+2B-2C=0, \\ x^1 & -B+2C-D=0, \\ x^0 & A-C-E=1. \end{array}$$

由此,$A=\frac{1}{3}$, $B=-\frac{1}{3}$, $C=-\frac{1}{6}$, $D=0$, $E=-\frac{1}{2}$. 于是,

$$\int\frac{\mathrm{d}x}{x^5-x^4+x^3-x^2+x-1}=\int\left[\frac{1}{3(x-1)}-\frac{2x+1}{6(x^2+x+1)}-\frac{1}{2(x^2-x+1)}\right]\mathrm{d}x$$

$$=\frac{1}{6}\ln\frac{(x-1)^2}{x^2+x+1}-\frac{1}{\sqrt{3}}\arctan\left(\frac{2x-1}{\sqrt{3}}\right)+C.$$

**【1889】** $\displaystyle\int\frac{x^2\,\mathrm{d}x}{x^4+3x^3+\frac{9}{2}x^2+3x+1}$.

**解** 设 $\displaystyle\frac{x^2}{x^4+3x^3+\frac{9}{2}x^2+3x+1}=\frac{Ax+B}{x^2+2x+2}+\frac{Cx+D}{x^2+x+\frac{1}{2}}$,通分后应有

$$x^2\equiv(Ax+B)\left(x^2+x+\frac{1}{2}\right)+(Cx+D)(x^2+2x+2).$$

比较等式两端 $x$ 的同次幂系数,得

$$\begin{array}{c|l} x^3 & A+C=0, \\ x^2 & A+B+2C+D=1, \\ x^1 & \frac{A}{2}+B+2C+2D=0, \\ x^0 & \frac{B}{2}+2D=0. \end{array}$$

由此,$A=\frac{4}{5}$,$B=\frac{12}{5}$,$C=-\frac{4}{5}$,$D=-\frac{3}{5}$. 于是,

$$\int\frac{x^2\,\mathrm{d}x}{x^4+3x^3+\frac{9}{2}x^2+3x+1}=\int\left[\frac{4(x+3)}{5(x^2+2x+2)}-\frac{4x+3}{5\left(x^2+x+\frac{1}{2}\right)}\right]\mathrm{d}x$$

$$=\frac{2}{5}\int\frac{(2x+2)\mathrm{d}x}{x^2+2x+2}+\frac{8}{5}\int\frac{\mathrm{d}(x+1)}{(x+1)^2+1}-\frac{2}{5}\int\frac{(2x+1)\mathrm{d}x}{x^2+x+\frac{1}{2}}-\frac{1}{5}\int\frac{\mathrm{d}\left(x+\frac{1}{2}\right)}{\left(x+\frac{1}{2}\right)^2+\frac{1}{4}}$$

$$=\frac{2}{5}\ln\frac{x^2+2x+2}{x^2+x+\frac{1}{2}}+\frac{8}{5}\arctan(x+1)-\frac{2}{5}\arctan(2x+1)+C.$$

【1890】 在什么条件下,积分 $\int \frac{ax^2+bx+c}{x^3(x-1)^2}dx$ 为有理函数?

解 设 $\frac{ax^2+bx+c}{x^3(x-1)^2}=\frac{A}{x}+\frac{B}{x^2}+\frac{C}{x^3}+\frac{D}{x-1}+\frac{E}{(x-1)^2}$,通分后应有

$$ax^2+bx+c\equiv Ax^2(x-1)^2+Bx(x-1)^2+C(x-1)^2+Dx^3(x-1)+Ex^3.$$

比较等式两端 $x$ 的同次幂系数,得

$$\begin{array}{c|l} x^4 & A+D=0, \\ x^3 & -2A+B-D+E=0, \\ x^2 & A-2B+C=a, \\ x^1 & B-2C=b, \\ x^0 & C=c. \end{array}$$

由此,$A=a+2b+3c$,$B=b+2c$,$C=c$,$D=-(a+2b+3c)$,$E=a+b+c$. 当 $A=D=0$,即 $a+2b+3c=0$ 时,积分 $\int \frac{ax^2+bx+c}{x^3(x-1)^2}dx$ 为有理函数.

**利用奥斯特罗格拉茨基方法:*,求积分:**

【1891】 $\int \frac{xdx}{(x-1)^2(x+1)^3}$.

解 $Q=(x-1)^2(x+1)^3$, $Q_1=(x-1)(x+1)^2=x^3+x^2-x-1$, $Q_2=(x-1)(x+1)=x^2-1$.

设 $\frac{x}{(x-1)^2(x+1)^3}=\left(\frac{Ax^2+Bx+C}{x^3+x^2-x-1}\right)'+\frac{Dx+E}{x^2-1}$,从而,

$$x\equiv(2Ax+B)(x-1)(x+1)-(3x-1)(Ax^2+Bx+C)+(Dx+E)(x-1)(x+1)^2.$$

比较等式两端 $x$ 的同次幂系数,得

$$\begin{array}{c|l} x^4 & D=0, \\ x^3 & -A+D+E=0, \\ x^2 & A-2B-D+E=0, \\ x^1 & -2A+B-3C-D-E=1, \\ x^0 & -B+C-E=0. \end{array}$$

由此,$A=-\frac{1}{8}$, $B=-\frac{1}{8}$, $C=-\frac{1}{4}$, $D=0$, $E=-\frac{1}{8}$. 于是,

$$\int \frac{xdx}{(x-1)^2(x+1)^3}=-\frac{x^2+x+2}{8(x-1)(x+1)^2}-\frac{1}{8}\int \frac{dx}{x^2-1}=-\frac{x^2+x+2}{8(x-1)(x+1)^2}+\frac{1}{16}\ln\left|\frac{x+1}{x-1}\right|+C.$$

【1892】 $\int \frac{dx}{(x^3+1)^2}$.

---

* 所谓奥斯特罗格拉茨基方法,是指关于有理真分式 $\frac{P(x)}{Q(x)}$ 的积分,可以借助代数方法来分离成一个真分式与另一个真分式积分的和,使在新的被积真分式函数中,其分母次数达到最低状态,也即在公式

$$\int \frac{P(x)}{Q(x)}dx=\frac{P_1(x)}{Q_1(x)}+\int \frac{P_2(x)}{Q_2(x)}dx \qquad (1)$$

中,如果 $P(x)$,$Q(x)$ 已知,且设分母 $Q(x)$ 可以分解成一次与二次类型的实因式:

$$Q(x)=(x-a)^k\cdots(x^2+px+q)^m\cdots.$$

其中 $k,\cdots,m,\cdots$ 是正整数. 在公式(1)的右端分母已知,形如:

$$Q_1(x)=(x-a)^{k-1}\cdots(x^2+px+q)^{m-1}\cdots, Q_2(x)=(x-a)\cdots(x^2+px+q)\cdots,$$

且满足 $Q_1(x)\cdot Q_2(x)=Q(x)$. 而 $P_1(x)$ 和 $P_2(x)$ 为相应比 $Q_1(x)$ 和 $Q_2(x)$ 更低次的多项式,一般可用待定系数法求得. 这种利用公式(1)求积分的方法,就是所谓的奥斯特罗格拉茨基方法. 详细可以参见 Γ. M. 菲赫金哥尔茨著(北京大学译),微积分学教程,第二卷一分册,第264目.

——《题解》作者注

**提示** 令 $\frac{1}{(x^3+1)^2}=\left(\frac{Ax^2+Bx+C}{x^3+1}\right)'+\frac{Dx^2+Ex+F}{x^3+1}$,并利用1881题的结果.

**解** $Q=(x+1)^2(x^2-x+1)^2$, $Q_1=Q_2=x^3+1$.

设 $\frac{1}{(x^3+1)^2}=\left(\frac{Ax^2+Bx+C}{x^3+1}\right)'+\frac{Dx^2+Ex+F}{x^3+1}$, 从而,

$$1\equiv(2Ax+B)(x^3+1)-3x^2(Ax^2+Bx+C)+(Dx^2+Ex+F)(x^3+1).$$

比较等式两端 $x$ 的同次幂系数,得

$$\begin{array}{c|l} x^5 & D=0, \\ x^4 & -A+E=0, \\ x^3 & -2B+F=0, \\ x^2 & -3C+D=0, \\ x^1 & 2A+E=0, \\ x^0 & B+F=1. \end{array}$$

由此,$A=0$, $B=\frac{1}{3}$, $C=0$, $D=0$, $E=0$, $F=\frac{2}{3}$. 于是,

$$\int\frac{dx}{(x^3+1)^2}=\frac{x}{3(x^3+1)}+\frac{2}{3}\int\frac{dx}{x^3+1}=\frac{x}{3(x^3+1)}+\frac{1}{9}\ln\frac{(x+1)^2}{x^2-x+1}+\frac{2}{3\sqrt{3}}\arctan\left(\frac{2x-1}{\sqrt{3}}\right)^{*)}+C.$$

*) 利用1881题的结果.

**【1893】** $\int\frac{dx}{(x^2+1)^3}$.

**解** $Q=(x^2+1)^3$, $Q_1=(x^2+1)^2$, $Q_2=x^2+1$.

设 $\frac{1}{(x^2+1)^3}=\left[\frac{Ax^3+Bx^2+Cx+D}{(x^2+1)^2}\right]'+\frac{Ex+F}{x^2+1}$, 从而,

$$1\equiv(3Ax^2+2Bx+C)(x^2+1)-4x(Ax^3+Bx^2+Cx+D)+(Ex+F)(x^2+1)^2.$$

比较等式两端 $x$ 的同次幂系数,得

$$\begin{array}{c|l} x^5 & E=0, \\ x^4 & -A+F=0, \\ x^3 & -2B+2E=0, \\ x^2 & 3A-3C+2F=0, \\ x^1 & 2B-4D+E=0, \\ x^0 & C+F=1. \end{array}$$

由此,$A=\frac{3}{8}$, $B=0$, $C=\frac{5}{8}$, $D=0$, $E=0$,$F=\frac{3}{8}$. 于是,

$$\int\frac{dx}{(x^2+1)^3}=\frac{x(3x^2+5)}{8(x^2+1)^2}+\frac{3}{8}\int\frac{dx}{x^2+1}=\frac{x(3x^2+5)}{8(x^2+1)^2}+\frac{3}{8}\arctan x+C.$$

**【1894】** $\int\frac{x^2dx}{(x^2+2x+2)^2}$.

**提示** 本题如不用奥斯特罗格拉茨基方法,可有更简单的方法.事实上,有

$$\frac{x^2}{(x^2+2x+2)^2}=\frac{(x^2+2x+2)-(2x+2)}{(x^2+2x+2)^2}.$$

**解** $Q=(x^2+2x+2)^2$, $Q_1=Q_2=x^2+2x+2$.

设 $\frac{x^2}{(x^2+2x+2)^2}=\left(\frac{Ax+B}{x^2+2x+2}\right)'+\frac{Cx+D}{x^2+2x+2}$, 从而,

$$x^2\equiv A(x^2+2x+2)-2(x+1)(Ax+B)+(Cx+D)(x^2+2x+2).$$

比较等式两端 $x$ 的同次幂系数,得

$$\begin{array}{c|l} x^3 & C=0, \\ x^2 & -A+2C+D=1, \\ x^1 & -2B+2C+2D=0, \\ x^0 & 2A-2B+2D=0. \end{array}$$

由此，$A=0$，$B=1$，$C=0$，$D=1$. 于是，

$$\int\frac{x^2\,dx}{(x^2+2x+2)^2}=\frac{1}{x^2+2x+2}+\int\frac{dx}{x^2+2x+2}=\frac{1}{x^2+2x+2}+\int\frac{d(x+1)}{(x+1)^2+1}=\frac{1}{x^2+2x+2}+\arctan(x+1)+C.$$

本题如不用奥斯特罗格拉茨基方法，则更容易得出上述结果. 事实上，

$$\int\frac{x^2\,dx}{(x^2+2x+2)^2}=\int\frac{(x^2+2x+2)-(2x+2)}{(x^2+2x+2)^2}dx=\int\frac{dx}{x^2+2x+2}-\int\frac{(2x+2)dx}{(x^2+2x+2)^2}$$

$$=\int\frac{d(x+1)}{(x+1)^2+1}-\int\frac{d(x^2+2x+2)}{(x^2+2x+2)^2}=\arctan(x+1)+\frac{1}{x^2+2x+2}+C.$$

**【1895】** $\int\frac{dx}{(x^4+1)^2}$.

**解** $Q=(x^4+1)^2$，$Q_1=Q_2=x^4+1$，

设 $\frac{1}{(x^4+1)^2}=\left(\frac{Ax^3+Bx^2+Cx+D}{x^4+1}\right)'+\frac{Ex^3+Fx^2+Gx+H}{x^4+1}$，从而，

$$1\equiv(3Ax^2+2Bx+C)(x^4+1)-4x^3(Ax^3+Bx^2+Cx+D)+(Ex^3+Fx^2+Gx+H)(x^4+1).$$

比较等式两端 $x$ 的同次幂系数，得

$$\begin{array}{c|l} x^7 & E=0, \\ x^6 & -A+F=0, \\ x^5 & -2B+G=0, \\ x^4 & -3C+H=0, \\ x^3 & -4D+E=0, \\ x^2 & 3A+F=0, \\ x^1 & 2B+G=0, \\ x^0 & C+H=1. \end{array}$$

由此，$A=0$，$B=0$，$C=\frac{1}{4}$，$D=0$，$E=0$，$F=0$，$G=0$，$H=\frac{3}{4}$. 于是，

$$\int\frac{dx}{(x^4+1)^2}=\frac{x}{4(x^4+1)}+\frac{3}{4}\int\frac{dx}{x^4+1}=\frac{x}{4(x^4+1)}+\frac{3}{16\sqrt{2}}\ln\frac{x^2+x\sqrt{2}+1}{x^2-x\sqrt{2}+1}-\frac{3}{8\sqrt{2}}\arctan\frac{x\sqrt{2}}{x^2-1}{}^{*)}+C.$$

*) 利用 1884 题的结果.

**【1896】** $\int\frac{x^2+3x-2}{(x-1)(x^2+x+1)^2}dx$.

**解** $Q=(x-1)(x^2+x+1)^2$，$Q_1=x^2+x+1$，$Q_2=(x-1)(x^2+x+1)$.

设 $\frac{x^2+3x-2}{(x-1)(x^2+x+1)^2}=\left(\frac{Ax+B}{x^2+x+1}\right)'+\frac{Cx^2+Dx+E}{(x-1)(x^2+x+1)}$，从而，

$$x^2+3x-2\equiv A(x-1)(x^2+x+1)-(2x+1)(Ax+B)(x-1)+(Cx^2+Dx+E)(x^2+x+1).$$

比较等式两端 $x$ 的同次幂系数，得

$$\begin{array}{c|l} x^4 & C=0, \\ x^3 & -A+C+D=0, \\ x^2 & A-2B+C+D+E=1, \\ x^1 & A+B+D+E=3, \\ x^0 & -A+B+E=-2. \end{array}$$

由此,$A=\frac{5}{3}$, $B=\frac{2}{3}$, $C=0$, $D=\frac{5}{3}$, $E=-1$,再将$\frac{\frac{5}{3}x-1}{(x-1)(x^2+x+1)}$分解,可得

$$\frac{\frac{5}{3}x-1}{(x-1)(x^2+x+1)}=\frac{2}{9(x-1)}-\frac{2x-11}{9(x^2+x+1)}.$$

于是,
$$\int\frac{x^2+3x-2}{(x-1)(x^2+x+1)^2}dx=\frac{5x+2}{3(x^2+x+1)}+\frac{2}{9}\int\frac{dx}{x-1}-\frac{1}{9}\int\frac{2x-11}{x^2+x+1}dx$$

$$=\frac{5x+2}{3(x^2+x+1)}+\frac{2}{9}\ln|x-1|-\frac{1}{9}\int\frac{2x+1}{x^2+x+1}dx+\frac{4}{3}\int\frac{d\left(x+\frac{1}{2}\right)}{\left(x+\frac{1}{2}\right)^2+\frac{3}{4}}$$

$$=\frac{5x+2}{3(x^2+x+1)}+\frac{1}{9}\ln\frac{(x-1)^2}{x^2+x+1}+\frac{8}{3\sqrt{3}}\arctan\left(\frac{2x+1}{\sqrt{3}}\right)+C.$$

**【1897】** $\int\frac{dx}{(x^4-1)^3}$.

**解** $Q=(x^4-1)^3$, $Q_1=(x^4-1)^2$, $Q_2=x^4-1$.

设 $\frac{1}{(x^4-1)^3}=\left[\frac{P(x)}{(x^4-1)^2}\right]'+\frac{P_1(x)}{x^4-1}$,其中

$P(x)=Ax^7+Bx^6+Cx^5+Dx^4+Ex^3+Fx^2+Gx+H$, $\quad P_1(x)=A_1x^3+B_1x^2+C_1x+D_1$,

从而,利用待定系数法,解出 $A=0$, $B=0$, $C=\frac{7}{32}$, $D=0$, $E=0$, $F=0$, $G=-\frac{11}{32}$, $H=0$,$A_1=0$, $B_1=0$, $C_1=0$, $D_1=\frac{21}{32}$. 于是,

$$\int\frac{dx}{(x^4-1)^2}=\frac{7x^5-11x}{32(x^4-1)^2}+\frac{21}{32}\int\frac{dx}{x^4-1}=\frac{7x^5-11x}{32(x^4-1)^2}+\frac{21}{128}\ln\left|\frac{x-1}{x+1}\right|-\frac{21}{64}\arctan x^{*)}+C.$$

*) 利用 1883 题的结果.

## 分出下列积分的代数部分:

**【1898】** $\int\frac{x^2+1}{(x^4+x^2+1)^2}dx$.

**解** 设 $\int\frac{x^2+1}{(x^4+x^2+1)^2}dx=\frac{Ax^3+Bx^2+Cx+D}{x^4+x^2+1}+\int\frac{A_1x^3+B_1x^2+C_1x+D_1}{x^4+x^2+1}dx$.

上述等式右端的积分为非代数部分,因此,只需要求出 $A$、$B$、$C$、$D$ 就可以了. 等式两端求导并通分,得

$$x^2+1\equiv(3Ax^2+2Bx+C)(x^4+x^2+1)-(4x^3+2x)(Ax^3+Bx^2+Cx+D)+(A_1x^3+B_1x^2+C_1x+D_1)\cdot(x^4+x^2+1).$$

比较等式两端 $x$ 的同次幂系数,解出 $A=\frac{1}{6}$, $B=0$, $C=\frac{1}{3}$, $D=0$, $A_1=0$, $B_1=\frac{1}{6}$, $C_1=0$, $D_1=\frac{2}{3}$. 因此,所求积分的代数部分为 $\frac{x^3+2x}{6(x^4+x^2+1)}$.

**【1899】**[+] $\int\frac{dx}{(x^3+x+1)^3}$.

**解** 设$\int\frac{dx}{(x^3+x+1)^3}=\frac{Ax^5+Bx^4+Cx^3+Dx^2+Ex+F}{(x^3+x+1)^2}+\int\frac{Gx^2+Hx+L}{x^3+x+1}dx$.

对上述等式两端求导并通分,得

$$1\equiv(5Ax^4+4Bx^3+3Cx^2+2Dx+E)(x^3+x+1)-2(3x^2+1)(Ax^5+Bx^4+Cx^3+Dx^2+Ex+F)+(Gx^2+Hx+L)(x^3+x+1)^2.$$

比较等式两端 $x$ 的同次幂系数,解出 $A=-\frac{243}{961}$, $B=\frac{357}{1922}$, $C=-\frac{405}{961}$, $D=-\frac{315}{1922}$, $E=\frac{156}{961}$, $F=-\frac{224}{961}$, $G=0$, $H=-\frac{243}{961}$, $L=\frac{357}{961}$. 因此,所求积分的代数部分为

$$-\frac{486x^5-357x^4+810x^3+315x^2-312x+448}{1922(x^3+x+1)^2}.$$

【1900】 $\int\frac{4x^5-1}{(x^5+x+1)^2}\mathrm{d}x$.

解 设 $\int\frac{4x^5-1}{(x^5+x+1)^2}\mathrm{d}x=\frac{Ax^4+Bx^3+Cx^2+Dx+E}{x^5+x+1}+\int\frac{Fx^4+Gx^3+Hx^2+Lx+M}{x^5+x+1}\mathrm{d}x$.

对上述等式两端求导再通分,得

$$4x^5-1\equiv(4Ax^3+3Bx^2+2Cx+D)(x^5+x+1)-(5x^4+1)(Ax^4+Bx^3+Cx^2+Dx+E)+(Fx^4+Gx^3+Hx^2+Lx+M)(x^5+x+1).$$

比较等式两端 $x$ 的同次幂系数,解出 $A=0$, $B=0$, $C=0$, $D=-1$, $E=0$, $F=0$, $G=0$, $H=0$, $L=0$, $M=0$.

因此,所求积分的代数部分为 $-\frac{x}{x^5+x+1}$（全部积分）.

【1901】 计算积分 $\int\frac{\mathrm{d}x}{x^4+2x^3+3x^2+2x+1}$.

解 $Q=x^4+2x^3+3x^2+2x+1=(x^2+x+1)^2$, $Q_1=Q_2=x^2+x+1$.

设 $\frac{1}{x^4+2x^3+3x^2+2x+1}=\left(\frac{Ax+B}{x^2+x+1}\right)'+\frac{Cx+D}{x^2+x+1}$,从而,

$$1\equiv A(x^2+x+1)-(2x+1)(Ax+B)+(Cx+D)(x^2+x+1).$$

比较等式两端 $x$ 的同次幂系数,解出 $A=\frac{2}{3}$, $B=\frac{1}{3}$, $C=0$, $D=\frac{2}{3}$. 于是,

$$\int\frac{\mathrm{d}x}{x^4+2x^3+3x^2+2x+1}=\frac{2x+1}{3(x^2+x+1)}+\frac{2}{3}\int\frac{\mathrm{d}x}{x^2+x+1}=\frac{2x+1}{3(x^2+x+1)}+\frac{2}{3}\int\frac{\mathrm{d}\left(x+\frac{1}{2}\right)}{\left(x+\frac{1}{2}\right)^2+\frac{3}{4}}$$

$$=\frac{2x+1}{3(x^2+x+1)}+\frac{4}{3\sqrt{3}}\arctan\left(\frac{2x+1}{\sqrt{3}}\right)+C.$$

【1902】 在什么条件下,积分 $\int\frac{\alpha x^2+2\beta x+\gamma}{(ax^2+2bx+c)^2}\mathrm{d}x$ 为有理函数?

解 (1) 当 $a\neq0$ 且 $b^2-ac=0$ 时, $ax^2+2bx+c=a(x-x_0)^2$,其中 $x_0$ 为实数. 此时

$$\frac{\alpha x^2+2\beta x+\gamma}{(ax^2+2bx+c)^2}=\frac{\alpha(x-x_0)^2+2\alpha x_0(x-x_0)+\alpha x_0^2+2\beta(x-x_0)+2\beta x_0+\gamma}{a^2(x-x_0)^4}$$

$$=\frac{\alpha}{a^2(x-x_0)^2}+\frac{2\alpha x_0+2\beta}{a^2(x-x_0)^3}+\frac{\alpha x_0^2+2\beta x_0+\gamma}{a^2(x-x_0)^4},$$

从而,积分为有理函数.

(2) 当 $a\neq0$ 且 $b^2-ac\neq0$ 时,则设

$$\frac{\alpha x^2+2\beta x+\gamma}{(ax^2+2bx+c)^2}=\left(\frac{Ax+B}{ax^2+2bx+c}\right)'+\frac{Cx+D}{ax^2+2bx+c},$$

从而, $\alpha x^2+2\beta x+\gamma\equiv A(ax^2+2bx+c)-(2ax+2b)(Ax+B)+(Cx+D)(ax^2+2bx+c)$.

比较等式两端 $x$ 的同次幂系数,可解得 $C=0$, $D=\frac{2b\beta-a\gamma-c\alpha}{2(b^2-ac)}$. 从而,当 $a\gamma+c\alpha=2b\beta$ 时 $D=0$,此时积分为有理函数.

(3) 当 $a=0$, $b\neq0$ 时,

$$\frac{\alpha x^2+2\beta x+\gamma}{(ax^2+2bx+c)^2}=\frac{\alpha\left(x+\frac{c}{2b}\right)^2-\frac{\alpha c}{b}\left(x+\frac{c}{2b}\right)+\frac{\alpha c^2}{4b^2}+2\beta\left(x+\frac{c}{2b}\right)-\frac{\beta c}{b}+\gamma}{4b^2\left(x+\frac{c}{2b}\right)^2}$$

$$=\frac{\alpha}{4b^2}+\frac{2\beta-\frac{\alpha c}{b}}{4b^2\left(x+\frac{c}{2b}\right)}+\frac{\frac{\alpha c^2}{4b^2}-\frac{\beta c}{b}+\gamma}{4b^2\left(x+\frac{c}{2b}\right)^2}.$$

故当 $2\beta-\frac{\alpha c}{b}=0$ 即 $\alpha c=2b\beta$ 时,积分为有理函数. 这种情况可归并到 $a\gamma+c\alpha=2b\beta$ 中去.

(4) 当 $a=b=0$, $c\neq 0$ 时,积分显然为有理函数. 这种情况可归并到 $b^2-ac=0$ 中去.

综上所述,当 $b^2-ac=0$ 或 $a\gamma+c\alpha=2b\beta$ 时,积分为有理函数.

**利用不同方法,计算下列积分:**

**【1903】** $\int\frac{x^3}{(x-1)^{100}}dx$.

解 $\int\frac{x^3}{(x-1)^{100}}dx=\int\frac{[(x-1)+1]^3}{(x-1)^{100}}dx=\int\left[\frac{1}{(x-1)^{97}}+\frac{3}{(x-1)^{98}}+\frac{3}{(x-1)^{99}}+\frac{1}{(x-1)^{100}}\right]dx$

$$=-\frac{1}{96(x-1)^{96}}-\frac{3}{97(x-1)^{97}}-\frac{3}{98(x-1)^{98}}-\frac{1}{99(x-1)^{99}}+C$$

**【1904】** $\int\frac{xdx}{x^8-1}$.

提示 利用 1883 题的结果.

解 $\int\frac{xdx}{x^8-1}=\frac{1}{2}\int\frac{d(x^2)}{(x^2)^4-1}=\frac{1}{8}\ln\left|\frac{x^2-1}{x^2+1}\right|-\frac{1}{4}\arctan(x^2)^{*)}+C.$

*) 利用 1883 题的结果.

**【1905】** $\int\frac{x^3dx}{x^8+3}$.

解 $\int\frac{x^3dx}{x^8+3}=\frac{1}{4}\int\frac{d(x^4)}{(x^4)^2+3}=\frac{1}{4\sqrt{3}}\arctan\left(\frac{x^4}{\sqrt{3}}\right)+C.$

**【1906】** $\int\frac{x^2+x}{x^6+1}dx$.

提示 注意 $\frac{x^2+x}{x^6+1}dx=\frac{1}{3}\frac{d(x^3)}{(x^3)^2+1}+\frac{1}{2}\frac{d(x^2)}{(x^2)^3+1}$,并利用 1881 题的结果.

解 $\int\frac{x^2+x}{x^6+1}dx=\frac{1}{3}\int\frac{d(x^3)}{(x^3)^2+1}+\frac{1}{2}\int\frac{d(x^2)}{(x^2)^3+1}$

$$=\frac{1}{3}\arctan(x^3)+\frac{1}{2}\left[\frac{1}{6}\ln\frac{(x^2+1)^2}{x^4-x^2+1}+\frac{1}{\sqrt{3}}\arctan\left(\frac{2x^2-1}{\sqrt{3}}\right)\right]^{*)}+C$$

$$=\frac{1}{3}\arctan(x^3)+\frac{1}{12}\ln\frac{(x^2+1)^2}{x^4-x^2+1}+\frac{1}{2\sqrt{3}}\arctan\left(\frac{2x^2-1}{\sqrt{3}}\right)+C.$$

*) 利用 1881 题的结果.

**【1907】** $\int\frac{x^4-3}{x(x^8+3x^4+2)}dx$.

解 $\int\frac{x^4-3}{x(x^8+3x^4+2)}dx=\int\frac{\left(1-\frac{3}{x^4}\right)dx}{x^5\left(1+\frac{3}{x^4}+\frac{2}{x^8}\right)}=\int\frac{-\frac{1}{4}\left(1-\frac{3}{x^4}\right)d\left(\frac{1}{x^4}\right)}{\frac{2}{x^8}+\frac{3}{x^4}+1}$

$$=-\frac{1}{4}\int\left(\frac{5}{\frac{2}{x^4}+1}-\frac{4}{\frac{1}{x^4}+1}\right)d\left(\frac{1}{x^4}\right)=-\frac{5}{8}\ln\left(\frac{2}{x^4}+1\right)+\ln\left(\frac{1}{x^4}+1\right)+C$$

$$=\frac{5}{8}\ln\frac{x^4}{x^4+2}-\ln\frac{x^4}{x^4+1}+C.$$

**【1908】** $\int\frac{x^4dx}{(x^{10}-10)^2}$.

解 $\int\frac{x^4dx}{(x^{10}-10)^2}=\frac{1}{5}\int\frac{d(x^5)}{[(x^5-\sqrt{10})(x^5+\sqrt{10})]^2}=\frac{1}{200}\int\frac{[(x^5-\sqrt{10})-(x^5+\sqrt{10})]^2}{[(x^5-\sqrt{10})(x^5+\sqrt{10})]^2}d(x^5)$

$$=\frac{1}{200}\int\left(\frac{1}{x^5-\sqrt{10}}-\frac{1}{x^5+\sqrt{10}}\right)^2 d(x^5)=\frac{1}{200}\int\frac{d(x^5-\sqrt{10})}{(x^5-\sqrt{10})^2}-\frac{1}{100}\int\frac{d(x^5)}{(x^5)^2-10}+\frac{1}{200}\int\frac{d(x^5+\sqrt{10})}{(x^5+\sqrt{10})^2}$$

$$=-\frac{1}{200(x^5-\sqrt{10})}-\frac{1}{200\sqrt{10}}\ln\left|\frac{x^5-\sqrt{10}}{x^5+\sqrt{10}}\right|-\frac{1}{200(x^5+\sqrt{10})}+C$$

$$=-\frac{1}{100}\left[\frac{x^5}{x^{10}-10}+\frac{1}{2\sqrt{10}}\ln\left|\frac{x^5-\sqrt{10}}{x^5+\sqrt{10}}\right|\right]+C.$$

**【1909】** $\int\frac{x^{11}dx}{x^8+3x^4+2}$.

**解** $\int\frac{x^{11}}{x^8+3x^4+2}dx=\frac{1}{4}\int\frac{x^8d(x^4)}{(x^4+1)(x^4+2)}=\frac{1}{4}\int\left[1-\frac{3x^4+2}{(x^4+1)(x^4+2)}\right]d(x^4)$

$$=\frac{1}{4}\int\left[1+\frac{1}{x^4+1}-\frac{4}{x^4+2}\right]d(x^4)=\frac{x^4}{4}+\frac{1}{4}\ln\frac{x^4+1}{(x^4+2)^4}+C.$$

**【1910】** $\int\frac{x^9dx}{(x^{10}+2x^5+2)^2}$.

**解** $\int\frac{x^9dx}{(x^{10}+2x^5+2)^2}=\frac{1}{5}\int\frac{x^5d(x^5)}{[(x^5+1)^2+1]^2}=\frac{1}{5}\int\frac{(x^5+1)d(x^5+1)}{[(x^5+1)^2+1]^2}-\frac{1}{5}\int\frac{d(x^5+1)}{[(x^5+1)^2+1]^2}$

$$=\frac{1}{10}\int\frac{d[(x^5+1)^2+1]}{[(x^5+1)^2+1]^2}-\frac{1}{5}\int\frac{d(x^5+1)}{[(x^5+1)^2+1]^2}=-\frac{1}{10[(x^5+1)^2+1]}-\frac{1}{5}\left\{\frac{x^5+1}{2[(x^5+1)^2+1]}\right.$$

$$\left.+\frac{1}{2}\arctan(x^5+1)\right\}^{*)}+C=-\frac{x^5+2}{10(x^{10}+2x^5+2)}-\frac{1}{10}\arctan(x^5+1)+C.$$

*) 利用 1817 题的结果.

**【1911】** $\int\frac{x^{2n-1}}{x^n+1}dx$.

**提示** 分别就 $n\neq0$ 及 $n=0$ 两种情况求解.

**解** 当 $n\neq0$ 时,

$$\int\frac{x^{2n-1}}{x^n+1}dx=\int\frac{x^n x^{n-1}dx}{x^n+1}=\frac{1}{n}\int\frac{x^nd(x^n)}{x^n+1}=\frac{1}{n}\int\left(1-\frac{1}{x^n+1}\right)d(x^n)=\frac{1}{n}(x^n-\ln|x^n+1|)+C;$$

当 $n=0$ 时, $$\int\frac{x^{2n-1}}{x^n+1}dx=\int\frac{dx}{2x}=\frac{1}{2}\ln|x|+C.$$

**【1912】** $\int\frac{x^{3n-1}}{(x^{2n}+1)^2}dx$.

**提示** 当 $n\neq0$ 时,经恒等变形后可利用 1817 题的结果. 当 $n=0$ 时,易获解.

**解** 当 $n\neq0$ 时,

$$\int\frac{x^{3n-1}}{(x^{2n}+1)^2}dx=\int\frac{x^{2n}x^{n-1}dx}{(x^{2n}+1)^2}=\frac{1}{n}\int\frac{x^{2n}d(x^n)}{(x^{2n}+1)^2}=\frac{1}{n}\int\frac{(x^{2n}+1)-1}{(x^{2n}+1)^2}d(x^n)$$

$$=\frac{1}{n}\int\frac{d(x^n)}{x^{2n}+1}-\frac{1}{n}\int\frac{d(x^n)}{(x^{2n}+1)^2}=\frac{1}{n}\arctan(x^n)-\frac{1}{n}\left[\frac{x^n}{2(x^{2n}+1)}+\frac{1}{2}\arctan(x^n)\right]^{*)}+C$$

$$=\frac{1}{2n}\left[\arctan(x^n)-\frac{x^n}{x^{2n}+1}\right]+C.$$

当 $n=0$ 时, $$\int\frac{x^{3n-1}}{(x^{2n}+1)^2}dx=\frac{1}{4}\int\frac{dx}{x}=\frac{1}{4}\ln|x|+C.$$

*) 利用 1817 题的结果.

**【1913】** $\int\frac{dx}{x(x^{10}+2)}$.

**解** $\int\frac{dx}{x(x^{10}+2)}=\int\frac{1}{2}\left(\frac{1}{x}-\frac{x^9}{x^{10}+2}\right)dx=\frac{1}{2}\ln|x|-\frac{1}{20}\int\frac{d(x^{10}+2)}{x^{10}+2}$

$$=\frac{1}{2}\ln|x|-\frac{1}{20}\ln(x^{10}+2)+C=\frac{1}{20}\ln\frac{x^{10}}{x^{10}+2}+C.$$

**【1914】** $\int\frac{\mathrm{d}x}{x(x^{10}+1)^2}$.

**提示** 两次使用 $1=x^{10}+1-x^{10}$，就可将被积函数变形为 $\frac{1}{x}-\frac{x^9}{x^{10}+1}-\frac{x^9}{(x^{10}+1)^2}$，从而易获解.

**解** 由于

$$\frac{1}{x(x^{10}+1)^2}=\frac{x^{10}+1-x^{10}}{x(x^{10}+1)^2}=\frac{1}{x(x^{10}+1)}-\frac{x^9}{(x^{10}+1)^2}=\frac{1}{x}-\frac{x^9}{x^{10}+1}-\frac{x^9}{(x^{10}+1)^2},$$

所以，

$$\int\frac{\mathrm{d}x}{x(x^{10}+1)^2}=\int\left[\frac{1}{x}-\frac{x^9}{x^{10}+1}-\frac{x^9}{(x^{10}+1)^2}\right]\mathrm{d}x=\ln|x|-\frac{1}{10}\int\frac{\mathrm{d}(x^{10}+1)}{x^{10}+1}-\frac{1}{10}\int\frac{\mathrm{d}(x^{10}+1)}{(x^{10}+1)^2}$$

$$=\ln|x|-\frac{1}{10}\ln(x^{10}+1)+\frac{1}{10(x^{10}+1)}+C=\frac{1}{10}\ln\frac{x^{10}}{x^{10}+1}+\frac{1}{10(x^{10}+1)}+C.$$

**【1915】** $\int\frac{1-x^7}{x(1+x^7)}\mathrm{d}x$.

**解** $\int\frac{1-x^7}{x(1+x^7)}\mathrm{d}x=\int\left(\frac{1}{x}-\frac{2x^6}{1+x^7}\right)\mathrm{d}x=\ln|x|-\frac{2}{7}\int\frac{\mathrm{d}(1+x^7)}{1+x^7}=\ln|x|-\frac{2}{7}\ln|1+x^7|+C$

$$=\frac{1}{7}\ln\frac{|x|^7}{(1+x^7)^2}+C.$$

**【1916】** $\int\frac{x^4-1}{x(x^4-5)(x^5-5x+1)}\mathrm{d}x$.

**解** $\int\frac{x^4-1}{x(x^4-5)(x^5-5x+1)}\mathrm{d}x=\frac{1}{5}\int\frac{\mathrm{d}(x^5-5x)}{(x^5-5x)(x^5-5x+1)}$

$$=\frac{1}{5}\int\left(\frac{1}{x^5-5x}-\frac{1}{x^5-5x+1}\right)\mathrm{d}(x^5-5x)=\frac{1}{5}\int\frac{\mathrm{d}(x^5-5x)}{x^5-5x}-\frac{1}{5}\int\frac{\mathrm{d}(x^5-5x+1)}{x^5-5x+1}$$

$$=\frac{1}{5}\ln\left|\frac{x(x^4-5x)}{x^5-5x+1}\right|+C.$$

**【1917】** $\int\frac{x^2+1}{x^4+x^2+1}\mathrm{d}x$.

**解** 由于 $\frac{x^2+1}{x^4+x^2+1}=\frac{x^2+1}{(x^2+1)^2-x^2}=\frac{x^2+1}{(x^2-x+1)(x^2+x+1)}=\frac{1}{2}\left(\frac{1}{x^2-x+1}+\frac{1}{x^2+x+1}\right)$,

所以，

$$\int\frac{x^2+1}{x^4+x^2+1}\mathrm{d}x=\frac{1}{2}\int\frac{\mathrm{d}x}{x^2-x+1}+\frac{1}{2}\int\frac{\mathrm{d}x}{x^2+x+1}$$

$$=\frac{1}{2}\int\frac{\mathrm{d}\left(x-\frac{1}{2}\right)}{\left(x-\frac{1}{2}\right)^2+\frac{3}{4}}+\frac{1}{2}\int\frac{\mathrm{d}\left(x+\frac{1}{2}\right)}{\left(x+\frac{1}{2}\right)^2+\frac{3}{4}}$$

$$=\frac{1}{\sqrt{3}}\arctan\frac{2x-1}{\sqrt{3}}+\frac{1}{\sqrt{3}}\arctan\frac{2x+1}{\sqrt{3}}+C_1=\frac{1}{\sqrt{3}}\arctan\frac{x^2-1}{x\sqrt{3}}+C.$$

**【1918】** $\int\frac{x^2-1}{x^4+x^3+x^2+x+1}\mathrm{d}x$.

**解** $\int\frac{x^2-1}{x^4+x^3+x^2+x+1}\mathrm{d}x=\int\frac{\left(1-\frac{1}{x^2}\right)\mathrm{d}x}{\left(x^2+\frac{1}{x^2}\right)+\left(x+\frac{1}{x}\right)+1}=\int\frac{\mathrm{d}\left(x+\frac{1}{x}\right)}{\left(x+\frac{1}{x}\right)^2+\left(x+\frac{1}{x}\right)-1}$

$$=\int\frac{\mathrm{d}\left(x+\frac{1}{x}+\frac{1}{2}\right)}{\left[\left(x+\frac{1}{x}\right)+\frac{1}{2}\right]^2-\frac{5}{4}}=\frac{1}{\sqrt{5}}\ln\frac{x+\frac{1}{x}+\frac{1}{2}-\frac{\sqrt{5}}{2}}{x+\frac{1}{x}+\frac{1}{2}+\frac{\sqrt{5}}{2}}+C=\frac{1}{\sqrt{5}}\ln\frac{2x^2+(1-\sqrt{5})x+2}{2x^2+(1+\sqrt{5})x+2}+C.$$

**【1919】** $\int\frac{x^5-x}{x^8+1}\mathrm{d}x$.

**解** $\int\frac{x^5-x}{x^8+1}\mathrm{d}x=\frac{1}{2}\int\frac{(x^2)^2-1}{(x^2)^4+1}\mathrm{d}(x^2)=\frac{1}{4\sqrt{2}}\ln\frac{x^4-x^2\sqrt{2}+1}{x^4+x^2\sqrt{2}+1}$ *) $+C$.

*） 利用 1713 题的结果.

**【1920】** $\int \frac{x^4+1}{x^6+1}dx$.

解 $\int \frac{x^4+1}{x^6+1}dx=\int \frac{(x^4-x^2+1)+x^2}{x^6+1}dx=\int \frac{x^4-x^2+1}{(x^2+1)(x^4-x^2+1)}dx+\int \frac{x^2dx}{x^6+1}$

$=\int \frac{1}{x^2+1}dx+\frac{1}{3}\int \frac{d(x^3)}{(x^3)^2+1}=\arctan x+\frac{1}{3}\arctan(x^3)+C.$

**【1921】** 试导出用于计算积分 $I_n=\int \frac{dx}{(ax^2+bx+c)^n}$ $(a\neq 0)$的递推公式. 利用这个公式计算

$$I_3=\int \frac{dx}{(x^2+x+1)^3}.$$

**解题思路** 首先，注意

$$4a(ax^2+bx+c)=(2ax+b)^2+(4ac-b^2)=t^2+\Delta,$$

其中 $t=2ax+b$, $\Delta=4ac-b^2$. 这样，原积分就变形为 $2^{2n-1}a^{n-1}\int \frac{dt}{(t^2+\Delta)^n}$.

其次，当 $\Delta\neq 0$ 时，对积分 $\int \frac{dt}{(t^2+\Delta)^n}$ 使用分部积分法，并注意 $t^2=t^2+\Delta-\Delta$，经运算即可得递推公式

$$I_n=\frac{1}{(n-1)\Delta}\cdot\frac{2ax+b}{(ax^2+bx+c)^{n-1}}+\frac{2n-3}{n-1}\cdot\frac{2a}{\Delta}I_{n-1}.$$

当 $\Delta=0$ 时，易获解.

解 由于 $4a(ax^2+bx+c)=(2ax+b)^2+(4ac-b^2)=t^2+\Delta$，其中 $t=2ax+b$, $\Delta=4ac-b^2$. 于是，

$$I_n=\int \frac{dx}{(ax^2+bx+c)^n}=\int \frac{(4a)^n dx}{[(2ax+b)^2+\Delta]^n}=2^{2n-1}a^{n-1}\int \frac{dt}{(t^2+\Delta)^n}.$$

当 $\Delta\neq 0$ 时，对于积分 $\int \frac{dt}{(t^2+\Delta)^n}$ 施用分部积分法，即有

$$\int \frac{dt}{(t^2+\Delta)^n}=\frac{t}{(t^2+\Delta)^n}+2n\int \frac{t^2dt}{(t^2+\Delta)^{n+1}}=\frac{t}{(t^2+\Delta)^n}+2n\int \frac{(t^2+\Delta)-\Delta}{(t^2+\Delta)^{n+1}}dt$$

$$=\frac{t}{(t^2+\Delta)^n}+2n\int \frac{dt}{(t^2+\Delta)^n}-2n\Delta\int \frac{dt}{(t^2+\Delta)^{n+1}}.$$

若令 $\bar{I}_n=\int \frac{dt}{(t^2+\Delta)^n}$，则得 $\bar{I}_n=\frac{t}{(t^2+\Delta)^n}+2n\bar{I}_n-2n\Delta\bar{I}_{n+1}$，

或 $\bar{I}_{n+1}=\frac{1}{2n\Delta}\cdot\frac{t}{(t^2+\Delta)^n}+\frac{2n-1}{2n}\cdot\frac{1}{\Delta}\bar{I}_n$，从而，

$$\bar{I}_n=\frac{1}{2(n-1)\Delta}\cdot\frac{t}{(t^2+\Delta)^{n-1}}+\frac{2n-3}{2n-2}\cdot\frac{1}{\Delta}\bar{I}_{n-1}.$$

代入 $I_n$，即得

$$I_n=2^{2n-1}a^{n-1}\left\{\frac{1}{2(n-1)\Delta}\cdot\frac{t}{(t^2+\Delta)^{n-1}}+\frac{2n-3}{2n-2}\cdot\frac{1}{\Delta}\bar{I}_{n-1}\right\}$$

$$=2^{2n-1}a^{n-1}\left\{\frac{1}{2(n-1)\Delta}\cdot\frac{2ax+b}{(4a)^{n-1}(ax^2+bx+c)^{n-1}}+\frac{2n-3}{2n-2}\cdot\frac{1}{\Delta}\right.$$

$$\left.\cdot\frac{2a}{(4a)^{n-1}}\int \frac{dx}{(ax^2+bx+c)^{n-1}}\right\}=\frac{1}{(n-1)\Delta}\cdot\frac{2ax+b}{(ax^2+bx+c)^{n-1}}+\frac{2n-3}{n-1}\cdot\frac{2a}{\Delta}I_{n-1},$$

最后得递推公式

$$I_n=\frac{1}{(n-1)\Delta}\cdot\frac{2ax+b}{(ax^2+bx+c)^{n-1}}+\frac{2n-3}{n-1}\cdot\frac{2a}{\Delta}I_{n-1}.$$

当 $\Delta=0$ 时，则有

$$I_n=\int \frac{(4a)^n dx}{(2ax+b)^{2n}}=2^{2n-1}a^{n-1}\int \frac{d(2ax+b)}{(2ax+b)^{2n}}=\frac{1}{a^n(1-2n)}\left(x+\frac{b}{2a}\right)^{1-2n}+C.$$

对于 $I_3$，$\Delta\neq 0$，两次运用上述递推公式，即得

$$I_3=\int\frac{dx}{(x^2+x+1)^3}=\frac{2x+1}{6(x^2+x+1)^2}+\int\frac{dx}{(x^2+x+1)^2}=\frac{2x+1}{6(x^2+x+1)^2}+\frac{2x+1}{3(x^2+x+1)}+\frac{2}{3}\int\frac{dx}{x^2+x+1}$$

$$=\frac{2x+1}{6(x^2+x+1)^2}+\frac{2x+1}{3(x^2+x+1)}+\frac{4}{3\sqrt{3}}\arctan\left(\frac{2x+1}{\sqrt{3}}\right)+C.$$

**【1922】** 利用代换 $t=\frac{x+a}{x+b}$计算积分:

$$I=\int\frac{dx}{(x+a)^m(x+b)^n}.\quad (m \text{ 及 } n \text{ 为正整数}).$$

利用这个代换,求$\int\frac{dx}{(x-2)^2(x+3)^3}$.

**解** 设 $t=\frac{x+a}{x+b}$,则 $1-t=\frac{b-a}{x+b}$ 或 $x+b=\frac{b-a}{1-t}$,$dt=\frac{b-a}{(x+b)^2}dx=\frac{(1-t)^2}{b-a}dx$ 或 $dx=\frac{b-a}{(1-t)^2}dt$,

及 $x+a=t(x+b)=\frac{t(b-a)}{1-t}$. 代入 $I$,即得

$$I=\frac{I}{(b-a)^{m+n-1}}\int\frac{(1-t)^{m+n-2}}{t^m}dt\quad (a\neq b).$$

将$(1-t)^{m+n-2}$展开,即可分项积分求得 $I$.

如果 $b=a$,则

$$I=\int\frac{dx}{(x+a)^{m+n}}=\frac{1}{1-m-n}(x+a)^{1-m-n}+C.$$

令 $a=-2$, $b=3$, $m=2$ 及 $n=3$,并设 $t=\frac{x-2}{x+3}$, 即得

$$\int\frac{dx}{(x-2)^2(x+3)^3}=\frac{1}{5^4}\int\frac{(1-t)^3}{t^2}dt=\frac{1}{5^4}\int\left(\frac{1}{t^2}-\frac{3}{t}+3-t\right)dt=\frac{1}{625}\left(-\frac{1}{t}-3\ln|t|+3t-\frac{t^2}{2}\right)+C$$

$$=\frac{1}{625}\left[-\frac{x+3}{x-2}-3\ln\left|\frac{x-2}{x+3}\right|+\frac{3(x-2)}{x+3}-\frac{(x-2)^2}{2(x+3)^2}\right]+C.$$

**【1923】** 若 $P_n(x)$为 $x$ 的 $n$ 次多项式,计算 $\int\frac{P_n(x)}{(x-a)^{n+1}}dx$.

**提示** 利用泰勒公式.

**解** 由于 $P_n(x)$为 $x$ 的 $n$ 次多项式,故得

$$P_n(x)=\sum_{k=0}^{n}\frac{P_n^{(k)}(a)}{k!}(x-a)^k,$$

其中 $P_n^{(0)}(a)=P_n(a)$, $0!=1$. 于是,

$$\int\frac{P_n(x)}{(x-a)^{n+1}}dx=\sum_{k=0}^{n-1}\frac{1}{k!}P_n^{(k)}(a)\int\frac{dx}{(x-a)^{n-k+1}}+\frac{1}{n!}P_n^{(n)}(a)\int\frac{dx}{x-a}$$

$$=-\sum_{k=0}^{n-1}\frac{P_n^{(k)}(a)}{k!(n-k)(x-a)^{n-k}}+\frac{1}{n!}P_n^{(n)}(a)\ln|x-a|+C,$$

其中 $\frac{P_n^{(n)}(a)}{n!}=a_0$ 为 $P_n(x)$的首项系数,即

$$P_n(x)=a_0(x-a)^n+a_1(x-a)^{n-1}+\cdots+a_{n-1}(x-a)+a_n.$$

**【1924】**+ 设 $R(x)=R^*(x^2)$,其中 $R^*$ 为有理函数,则函数 $R(x)$分解为有理分式时有什么特性?

**解** 设 $R^*(x)=P(x)+H(x)$,其中 $P(x)$是多项式;若 $R^*(x)$本身也为多项式,则 $H(x)\equiv 0$;否则$H(x)=\frac{P_1(x)}{Q_1(x)}$是真分式,而 $P_1(x)$,$Q_1(x)$也均为多项式.

设 $Q_1(x)$有非负实根为 $a_i^2$,其重数为 $\alpha_i(i=1,2,\cdots,m)$;负根为$-b_k^2$,其重数为 $\beta_k(k=1,2,\cdots,t)$;二次因式为 $x^2+C_px+D_p$,其重数为 $\gamma_p(p=1,2,\cdots,s)$,其中 $C_p^2-4D_p<0$. 于是,

$$Q_1(x)=\begin{cases} a_0\prod\limits_{i=1}^{m}(x-a_i^2)^{\alpha_i}\prod\limits_{k=1}^{t}(x+b_k^2)^{\beta_k}\prod\limits_{p=1}^{s}(x^2+C_px+D_p)^{\gamma_p}, & m\neq 0,\ t\neq 0,\ s\neq 0,\\ a_0\prod\limits_{k=1}^{t}(x+b_k^2)^{\beta_k}\prod\limits_{p=1}^{s}(x^2+C_px+D_p)^{\gamma_p}, & m=0,\ t\neq 0,\ s\neq 0,\\ a_0\prod\limits_{i=1}^{m}(x-a_i^2)^{\alpha_i}\prod\limits_{p=1}^{s}(x^2+C_px+D_p)^{\gamma_p}, & m\neq 0,\ t=0,\ s\neq 0,\\ a_0\prod\limits_{i=1}^{m}(x-a_i^2)^{\alpha_i}\prod\limits_{k=1}^{t}(x+b_k^2)^{\beta_k}, & m\neq 0,\ t\neq 0,\ s=0,\\ a_0\prod\limits_{i=1}^{m}(x-a_i^2)^{\alpha_i}, & m\neq 0, t=0, s=0,\\ a_0\prod\limits_{k=1}^{t}(x+b_k^2)^{\beta_k}, & m=0, t\neq 0, s=0,\\ a_0\prod\limits_{p=1}^{s}(x^2+C_px+D_p)^{\gamma_p}, & m=0, t=0, s\neq 0. \end{cases}$$

以下就 $Q_1(x)$表达式中的第一种情形予以论证.

由 $C_p^2-4D_p<0$,可得

$$x^4+C_px^2+D_p=(x^2+E_px+F_p)(x^2-E_px+F_p)\quad(p=1,2,\cdots,s),$$

则此时有

$$Q_1(x^2)=a_0\prod_{i=1}^{m}(x-a_i)^{\alpha_i}(x+a_i)^{\alpha_i}\prod_{k=1}^{t}(x^2+b_k^2)^{\beta_k}\prod_{p=1}^{s}(x^2+E_px+F_p)^{\gamma_p}(x^2-E_px+F_p)^{\gamma_p},$$

以及

$$H(x^2)=\frac{P_1(x^2)}{Q_1(x^2)}$$

$$=\sum_{i=1}^{m}\sum_{\iota=1}^{\alpha_i}\left[\frac{A_{i\iota}}{(a_i-x)^\iota}+\frac{A'_{i\iota}}{(a_i+x)^\iota}\right]+\sum_{k=1}^{t}\sum_{\iota=1}^{\beta_k}\frac{B_{k\iota}x+C_{k\iota}}{(x^2+b_k^2)^\iota}+\sum_{p=1}^{s}\sum_{\iota=1}^{\gamma_p}\left[\frac{M_{p\iota}x+N_{p\iota}}{(x^2+E_px+F_p)^\iota}+\frac{M'_{p\iota}x+N'_{p\iota}}{(x^2-E_px+F_p)^\iota}\right].$$

显然有 $H(x^2)=H((-x)^2)$,由 $H(x^2)$的分解式的唯一性,比较系数,即得常数关系为:

$$A'_{i\iota_1}=A_{i\iota_1},\ M'_{p\iota_2}=-M_{p\iota_2},\ N'_{p\iota_2}=N_{p\iota_2},\ B_{k\iota_3}=0.$$

$$(\iota_1=1,2,\cdots,a_i,\ i=1,2,\cdots,m;\iota_2=1,2,\cdots,\gamma_p,\ p=1,2,\cdots,s;\iota_3=1,2,\cdots,\beta_k,\ k=1,2,\cdots,t)$$

最后得 $$R(x)=P(x^2)+H(x^2)=P(x^2)+\sum_{i=1}^{m}\sum_{\iota=1}^{\alpha_i}A_{i\iota}\left[\frac{1}{(a_i-x)^\iota}+\frac{1}{(a_i+x)^\iota}\right]+\sum_{k=1}^{\iota}\sum_{\iota=1}^{\beta_k}\frac{C_{k\iota}}{(x^2+b_k^2)^\iota}$$

$$+\sum_{p=1}^{s}\sum_{\iota=1}^{\gamma_p}\left[\frac{M_{p\iota}x+N_{p\iota}}{(x^2+E_px+F_p)^\iota}-\frac{M_{p\iota}x-N_{p\iota}}{(x^2-E_px+F_p)^\iota}\right].$$

如若 $H(x)\neq 0$,而 $m=0$,但 $t\neq 0$, $s\neq 0$ 时,则在上述表达式中就应缺乏第二项的和式,形如

$$R(x)=P(x^2)+\sum_{k=1}^{\iota}\sum_{\iota=1}^{\beta_k}\ +\sum_{p=1}^{s}\sum_{\iota=1}^{\gamma_p}\ ,$$

其他情形可以类似推演,此处不再一一细叙. 至于当 $H(x)\equiv 0$ 时,当然有 $R(x)=P(x^2)$.

另外,本题也可在复数域上作分解考虑.

仍记 $R^*(x)=P(x)+H(x)$,其中 $P(x)$为多项式,而$H(x)$要么是零(当 $R^*(x)$为多项式时),要么是一个真分式,例如 $H(x)\neq 0$ 时,记 $H(x)=\dfrac{P_1(x)}{Q_1(x)}$是其真分式. $P_1(x)$,$Q_1(x)$为多项式. 若记$Q_1(x)$在复数域中的根为 $\alpha_i$,其相应重数记为 $n_i(i=1,2,\cdots,m$;显然 $m\geqslant 1)$,即

$$Q_1(x)=a_0\prod_{i=1}^{m}(x-\alpha_i)^{n_i},$$

那么 $Q_1(x^2)$ 中的每一项 $x^2-\alpha_i$ 可分解为一次式乘积

$$x^2-a_i=(x-b_i)(x+b_i),$$

于是，

$$Q_1(x^2)=a_0\prod_{i=1}^{m}(x-b_i)^{n_i}(x+b_i)^{n_i}.$$

相应地有 $H(x^2)=\dfrac{P_1(x^2)}{Q_1(x^2)}=\sum\limits_{i=1}^{m}\sum\limits_{k=1}^{n_i}\left[\dfrac{B_{ik}}{(x-b_i)^k}+\dfrac{B'_{ik}}{(x+b_i)^k}\right]=\sum\limits_{i=1}^{m}\sum\limits_{k=1}^{n_i}\left[\dfrac{A_{ik}}{(x-b_i)^k}+\dfrac{A'_{ik}}{(x+b_i)^k}\right].$

由 $H(x^2)=H((-x)^2)$，从 $H(x^2)$ 的分解式的唯一性，比较系数，即得

$$A'_{ik}=A_{ik}(k=1,2,\cdots,n_i;\ i=1,2,\cdots,m).$$

最后得到

$$R(x)=P(x^2)+H(x^2)=P(x^2)+\sum_{i=1}^{m}\sum_{k=1}^{n_i}\left[\frac{A_{ik}}{(b_i-x)^k}+\frac{A_{ik}}{(b_i+x)^k}\right],$$

其中 $b_i$ 为分母 $Q_1(x^2)$ 的根，$A_{ik}$ 为常系数.

**【1925】** 计算 $\int\dfrac{\mathrm{d}x}{1+x^{2n}}$，式中 $n$ 为正整数.

**解** 先将被积函数分解成部分分式之和，我们可以证明：

$$\frac{1}{1+x^{2n}}=\frac{1}{n}\sum_{k=1}^{n}\frac{1-x\cos\frac{2k-1}{2n}\pi}{x^2-2x\cos\frac{2k-1}{2n}\pi+1}.$$

事实上，记多项式 $x^{2n}+1$ 的 $2n$ 个根为 $a_k$ $(k=1,2,\cdots,2n)$，显然 $a_k=\cos\dfrac{2k-1}{2n}\pi+\mathrm{i}\sin\dfrac{2k-1}{2n}\pi$，其中 $\mathrm{i}^2=-1$.

于是，

$$|a_k|=1,\quad a_k^{2n}=-1,\quad \bar{a}_k=a_{2n-k+1},\ a_k\bar{a}_k=1,\quad a_k+\bar{a}_k=2\cos\frac{2k-1}{2n}\pi.$$

设 $\dfrac{1}{1+x^{2n}}=\sum\limits_{k=1}^{2n}\dfrac{A_k}{x-a_k}$，

即

$$1=\sum_{k=1}^{2n}\frac{A_k(1+x^{2n})}{x-a_k}.$$

令 $x\to a_i$，并应用洛必达法则，即得

$$1=\lim_{x\to a_i}\sum_{k=1}^{2n}\frac{A_k(1+x^{2n})}{x-a_k}=\lim_{x\to a_i}\frac{A_i(1+x^{2n})}{x-a_i}=\lim_{x\to a_i}(2nA_ix^{2n-1})=2nA_i\frac{a_i^{2n}}{a_i}=-\frac{2nA_i}{a_i}\quad(i=1,2,\cdots,2n),$$

即 $A_k=-\dfrac{a_k}{2n}$ $(k=1,2,\cdots,2n)$. 于是，

$$\frac{1}{1+x^{2n}}=-\frac{1}{2n}\sum_{k=1}^{2n}\frac{a_k}{x-a_k}=-\frac{1}{2n}\sum_{k=1}^{n}\left(\frac{a_k}{x-a_k}+\frac{\bar{a}_k}{x-\bar{a}_k}\right)=-\frac{1}{2n}\sum_{k=1}^{n}\frac{(a_k+\bar{a}_k)x-2a_k\bar{a}_k}{x^2-(a_k+\bar{a}_k)x+a_k\bar{a}_k}$$

$$=\frac{1}{n}\sum_{k=1}^{n}\frac{1-x\cos\frac{2k-1}{2n}\pi}{x^2-2x\cos\frac{2k-1}{2n}\pi+1}.$$

最后得到

$$\int\frac{\mathrm{d}x}{1+x^{2n}}=\frac{1}{n}\sum_{k=1}^{n}\int\frac{1-x\cos\frac{2k-1}{2n}\pi}{x^2-2x\cos\frac{2k-1}{2n}\pi+1}\mathrm{d}x=-\frac{1}{2n}\sum_{k=1}^{n}\left(\cos\frac{2k-1}{2n}\pi\int\frac{2x-2\cos\frac{2k-1}{2n}\pi}{x^2-2x\cos\frac{2k-1}{2n}\pi+1}\mathrm{d}x\right)$$

$$+\frac{1}{n}\sum_{k=1}^{n}\left[\sin^2\frac{2k-1}{2n}\pi\int\frac{\mathrm{d}x}{\left(x-\cos\frac{2k-1}{2n}\pi\right)^2+\sin^2\frac{2k-1}{2n}\pi}\right]$$

$$=-\frac{1}{2n}\sum_{k=1}^{n}\left[\cos\frac{2k-1}{2n}\pi\ln\left(x^2-2x\cos\frac{2k-1}{2n}\pi+1\right)\right]$$

$$+\frac{1}{n}\sum_{k=1}^{n}\left(\sin\frac{2k-1}{2n}\pi\arctan\frac{x-\cos\frac{2k-1}{2n}\pi}{\sin\frac{2k-1}{2n}\pi}\right)+C.$$

# §3. 无理函数的积分法

利用化被积函数为有理函数的方法,求下列积分:

【1926】 $\int \frac{dx}{1+\sqrt{x}}$.

解 设 $\sqrt{x}=t$,则 $x=t^2$, $dx=2tdt$. 代入得

$$\int \frac{dx}{1+\sqrt{x}}=2\int \frac{tdt}{1+t}=2\int \left(1-\frac{1}{1+t}\right)dt=2[t-\ln(1+t)]+C=2\sqrt{x}-2\ln(1+\sqrt{x})+C.$$

【1927】 $\int \frac{dx}{x(1+2\sqrt{x}+\sqrt[3]{x})}$.

解 设 $\sqrt[6]{x}=t$,则 $x=t^6$, $dx=6t^5dt$. 代入得

$$\int \frac{dx}{x(1+2\sqrt{x}+\sqrt[3]{x})}=6\int \frac{dt}{t(1+2t^3+t^2)}=6\int \frac{dt}{t(1+t)(2t^2-t+1)}=6\int \left[\frac{1}{t}-\frac{1}{4(1+t)}-\frac{6t-1}{4(2t^2-t+1)}\right]dt$$

$$=6\left\{\ln t-\frac{1}{4}\ln|1+t|-\frac{3}{8}\int \frac{4t-1}{2t^2-t+1}dt-\frac{1}{16}\int \frac{d\left(t-\frac{1}{4}\right)}{\left(t-\frac{1}{4}\right)^2+\frac{7}{16}}\right\}$$

$$=6\left\{\ln|t|-\frac{1}{4}\ln|1+t|-\frac{3}{8}\ln(2t^2-t+1)-\frac{1}{4\sqrt{7}}\arctan\frac{4t-1}{\sqrt{7}}\right\}+C$$

$$=\frac{3}{4}\ln\frac{t^8}{(1+t)^2(2t^2-t+1)^3}-\frac{3}{2\sqrt{7}}\arctan\frac{4t-1}{\sqrt{7}}+C$$

$$=\frac{3}{4}\ln\frac{x\sqrt[3]{x}}{(1+\sqrt[6]{x})^2(2\sqrt[3]{x}-\sqrt[6]{x}+1)^3}-\frac{3}{2\sqrt{7}}\arctan\frac{4\sqrt[6]{x}-1}{\sqrt{7}}+C.$$

【1928】+ $\int \frac{x\sqrt[3]{2+x}}{x+\sqrt[3]{2+x}}dx$.

解 设 $\sqrt[3]{2+x}=t$,则 $x=t^3-2$, $dx=3t^2dt$. 代入得

$$\int \frac{x\sqrt[3]{2+x}}{x+\sqrt[3]{2+x}}dx=3\int \frac{t^6-2t^3}{t^3+t-2}dt=3\int \left(t^3-t+\frac{t^2-2t}{t^3+t-2}\right)dt$$

$$=\frac{3}{4}t^4-\frac{3}{2}t^2+3\int \left[-\frac{1}{4(t-1)}+\frac{\frac{5}{4}t-\frac{1}{2}}{t^2+t+2}\right]dt$$

$$=\frac{3}{4}t^4-\frac{3}{2}t^2-\frac{3}{4}\ln|t-1|+\frac{15}{8}\int \frac{2t+1}{t^2+t+2}dt-\frac{27}{8}\int \frac{d\left(t+\frac{1}{2}\right)}{\left(t+\frac{1}{2}\right)^2+\frac{7}{4}}$$

$$=\frac{3}{4}t^4-\frac{3}{2}t^2-\frac{3}{4}\ln|t-1|+\frac{15}{8}\ln(t^2+t+2)-\frac{27}{4\sqrt{7}}\arctan\left(\frac{2t+1}{\sqrt{7}}\right)+C,$$

其中 $t=\sqrt[3]{2+x}$.

【1929】 $\int \frac{1-\sqrt{x+1}}{1+\sqrt[3]{x+1}}dx$.

提示 令 $\sqrt[6]{x+1}=t$.

解 设 $\sqrt[6]{x+1}=t$,则 $x=t^6-1$, $dx=6t^5dt$. 代入得

$$\int \frac{1-\sqrt{x+1}}{1+\sqrt[3]{x+1}}dx=6\int \frac{t^5(1-t^3)}{1+t^2}dt=6\int \left(-t^6+t^4+t^3-t^2-t+1+\frac{t-1}{1+t^2}\right)dt$$

$$=-\frac{6}{7}t^7+\frac{6}{5}t^5+\frac{3}{2}t^4-2t^3-3t^2+6t+3\ln(1+t^2)-6\arctan t+C,$$

其中　$t=\sqrt[6]{x+1}$.

**【1930】** $\int\frac{dx}{\sqrt{x}(1+\sqrt[4]{x})^3}$.

**解**　设 $\sqrt[4]{x}=t$,则 $x=t^4$, $dx=4t^3dt$. 代入得

$$\int\frac{dx}{\sqrt{x}(1+\sqrt[4]{x})^3}=4\int\frac{tdt}{(1+t)^3}=4\int\left[\frac{1}{(1+t)^2}-\frac{1}{(1+t)^3}\right]dt=-\frac{4}{1+t}+\frac{2}{(1+t)^2}+C$$

$$=\frac{2}{(1+\sqrt[4]{x})^2}-\frac{4}{1+\sqrt[4]{x}}+C.$$

**【1931】** $\int\frac{\sqrt{x+1}-\sqrt{x-1}}{\sqrt{x+1}+\sqrt{x-1}}dx$.

**提示**　注意 $\frac{\sqrt{x+1}-\sqrt{x-1}}{\sqrt{x+1}+\sqrt{x-1}}=\frac{(\sqrt{x+1}-\sqrt{x-1})^2}{(x+1)-(x-1)}=x-\sqrt{x^2-1}$.

**解**　设 $\sqrt{\frac{x+1}{x-1}}=t$, 则 $x=\frac{t^2+1}{t^2-1}$, $dx=-\frac{4t}{(t^2-1)^2}dt$. 代入得

$$\int\frac{\sqrt{x+1}-\sqrt{x-1}}{\sqrt{x+1}+\sqrt{x-1}}dx=\int\frac{\sqrt{\frac{x+1}{x-1}}-1}{\sqrt{\frac{x+1}{x-1}}+1}dx=-4\int\frac{tdt}{(t-1)(t+1)^3}$$

$$=\int\left[-\frac{2}{(t+1)^3}+\frac{1}{(t+1)^2}+\frac{1}{2(t+1)}-\frac{1}{2(t-1)}\right]dt=\frac{1}{(t+1)^2}-\frac{1}{t+1}+\frac{1}{2}\ln\left|\frac{t+1}{t-1}\right|+C_1$$

$$=\frac{1}{2}x^2-\frac{1}{2}x\sqrt{x^2-1}+\frac{1}{2}\ln\left|x+\sqrt{x^2-1}\right|+C.$$

如果不限制将被积函数化为有理函数,本题的解法可简单些. 事实上,

$$\int\frac{\sqrt{x+1}-\sqrt{x-1}}{\sqrt{x+1}+\sqrt{x-1}}dx=\int\frac{(\sqrt{x+1}-\sqrt{x-1})^2}{(x+1)-(x-1)}dx=\int(x-\sqrt{x^2-1})dx$$

$$=\frac{1}{2}x^2-\frac{1}{2}x\sqrt{x^2-1}+\frac{1}{2}\ln\left|x+\sqrt{x^2-1}\right|+C.$$

**【1932】** $\int\frac{dx}{\sqrt[3]{(x+1)^2(x-1)^4}}$.

**提示**　令 $\sqrt[3]{\frac{x+1}{x-1}}=t$.

**解**　设 $\sqrt[3]{\frac{x+1}{x-1}}=t$, 则 $x=\frac{t^3+1}{t^3-1}$, $dx=-\frac{6t^2}{(t^3-1)^2}dt$. 代入得

$$\int\frac{dx}{\sqrt[3]{(x+1)^2(x-1)^4}}=-\frac{3}{2}\int dt=-\frac{3}{2}t+C=-\frac{3}{2}\sqrt[3]{\frac{x+1}{x-1}}+C.$$

**【1933】** $\int\frac{xdx}{\sqrt[4]{x^3(a-x)}}$　$(a>0)$.

**提示**　令 $\sqrt[4]{\frac{a-x}{x}}=t$,并分别利用 1921 题的递推公式及 1884 题的结果.

**解**　设 $\sqrt[4]{\frac{a-x}{x}}=t$, 则 $x=\frac{a}{1+t^4}$, $dx=-\frac{4at^3}{(1+t^4)^2}dt$. 代入得

$$\int\frac{xdx}{\sqrt[4]{x^3(a-x)}}=\int\frac{dx}{\sqrt[4]{\frac{a-x}{x}}}=-4a\int\frac{t^2}{(1+t^4)^2}dt=-4a\int\left[\frac{t}{(t^2-t\sqrt{2}+1)(t^2+t\sqrt{2}+1)}\right]^2dt$$

$$=-\frac{a}{2}\int\left(\frac{1}{t^2-t\sqrt{2}+1}-\frac{1}{t^2+t\sqrt{2}+1}\right)^2\mathrm{d}t=-\frac{a}{2}\int\frac{\mathrm{d}t}{(t^2-t\sqrt{2}+1)^2}-\frac{a}{2}\int\frac{\mathrm{d}t}{(t^2+t\sqrt{2}+1)^2}+a\int\frac{\mathrm{d}t}{t^4+1}.$$

现在分别求上述积分，利用 1921 题的递推公式，即得

$$\int\frac{\mathrm{d}t}{(t^2-t\sqrt{2}+1)^2}=\frac{2t-\sqrt{2}}{2(t^2-t\sqrt{2}+1)}+\int\frac{\mathrm{d}t}{t^2-t\sqrt{2}+1}=\frac{2t-\sqrt{2}}{2(t^2-t\sqrt{2}+1)}+\int\frac{\mathrm{d}\left(t-\frac{\sqrt{2}}{2}\right)}{\left(t-\frac{\sqrt{2}}{2}\right)^2+\frac{1}{2}}$$

$$=\frac{2t-\sqrt{2}}{2(t^2-t\sqrt{2}+1)}+\sqrt{2}\arctan(\sqrt{2}t-1)+C_1$$

及

$$\int\frac{\mathrm{d}t}{(t^2+t\sqrt{2}+1)^2}=\frac{2t+\sqrt{2}}{2(t^2+t\sqrt{2}+1)}+\int\frac{\mathrm{d}t}{t^2+t\sqrt{2}+1}=\frac{2t+\sqrt{2}}{2(t^2+t\sqrt{2}+1)}+\int\frac{\mathrm{d}\left(t+\frac{\sqrt{2}}{2}\right)}{\left(t+\frac{\sqrt{2}}{2}\right)^2+\frac{1}{2}}$$

$$=\frac{2t+\sqrt{2}}{2(t^2+t\sqrt{2}+1)}+\sqrt{2}\arctan(\sqrt{2}t+1)+C_2.$$

利用 1884 题的结果，即得 $\displaystyle\int\frac{\mathrm{d}t}{t^4+1}=\frac{1}{4\sqrt{2}}\ln\frac{t^2+t\sqrt{2}+1}{t^2-t\sqrt{2}+1}+\frac{1}{2\sqrt{2}}\arctan\frac{t\sqrt{2}}{1-t^2}+C_3.$

最后得到

$$\int\frac{x\mathrm{d}x}{\sqrt[4]{x^3(a-x)}}=-\frac{a}{2}\left[\frac{2t-\sqrt{2}}{2(t^2-t\sqrt{2}+1)}+\frac{2t+\sqrt{2}}{2(t^2+t\sqrt{2}+1)}\right]-\frac{a\sqrt{2}}{2}[\arctan(\sqrt{2}t-1)+\arctan(\sqrt{2}t+1)]$$

$$+\frac{a}{4\sqrt{2}}\ln\frac{t^2+t\sqrt{2}+1}{t^2-t\sqrt{2}+1}+\frac{a}{2\sqrt{2}}\arctan\left(\frac{t\sqrt{2}}{1-t^2}\right)+C_4$$

$$=-\frac{at^3}{1+t^4}+\frac{a}{4\sqrt{2}}\ln\frac{t^2+t\sqrt{2}+1}{t^2-t\sqrt{2}+1}-\frac{a}{2\sqrt{2}}\arctan\left(\frac{t\sqrt{2}}{1-t^2}\right)+C_4$$

$$=-\frac{at^3}{1+t^4}+\frac{a}{4\sqrt{2}}\ln\frac{t^2+t\sqrt{2}+1}{t^2-t\sqrt{2}+1}+\frac{a}{2\sqrt{2}}\arctan\left(\frac{1-t^2}{t\sqrt{2}}\right)+C,$$

其中 $t=\sqrt[4]{\dfrac{a-x}{x}}$ $(0<x<a)$.

**【1934】** $\displaystyle\int\frac{\mathrm{d}x}{\sqrt[n]{(x-a)^{n+1}(x-b)^{n-1}}}$ （$n$ 为正整数）.

**解** 当 $a=b$ 时，显然被积函数为 $(x-a)^{-2}$，因此，所求的积分为 $-\dfrac{1}{x-a}+C$；当 $a\neq b$ 时，设 $\sqrt[n]{\dfrac{x-b}{x-a}}=t$，

则 $$x=a+\frac{a-b}{t^n-1},\quad \mathrm{d}x=-\frac{n(a-b)t^{n-1}}{(t^n-1)^2}\mathrm{d}t,x-a=\frac{a-b}{t^n-1},\quad x-b=\frac{(a-b)t^n}{t^n-1}.$$

代入得 $$\int\frac{\mathrm{d}x}{\sqrt[n]{(x-a)^{n+1}(x-b)^{n-1}}}=-\frac{n}{a-b}\int\mathrm{d}t=-\frac{n}{a-b}t+C=-\frac{n}{a-b}\sqrt[n]{\frac{x-b}{x-a}}+C.$$

**【1935】** $\displaystyle\int\frac{\mathrm{d}x}{1+\sqrt{x}+\sqrt{1+x}}.$

**提示** 设 $\sqrt{x}=\dfrac{t^2-1}{2t}$，并限制 $t>1$.

**解** 设 $\sqrt{x}=\dfrac{t^2-1}{2t}$ 并限制 $t>1$，则 $x=\left(\dfrac{t^2-1}{2t}\right)^2$，$\mathrm{d}x=\dfrac{t^4-1}{2t^3}\mathrm{d}t$，$\sqrt{x+1}=\dfrac{t^2+1}{2t}$，$t=\sqrt{x}+\sqrt{x+1}$.

代入得 $$\int\frac{\mathrm{d}x}{1+\sqrt{x}+\sqrt{x+1}}=\frac{1}{2}\int\frac{t^4-1}{t^3(t+1)}\mathrm{d}t=\frac{1}{2}\int\left(1-\frac{1}{t}+\frac{1}{t^2}-\frac{1}{t^3}\right)\mathrm{d}t=\frac{1}{2}\left(t-\ln t-\frac{1}{t}+\frac{1}{2t^2}\right)+C_1$$

$$=\sqrt{x}-\frac{1}{2}\ln(\sqrt{x}+\sqrt{x+1})+\frac{x}{2}-\frac{1}{2}\sqrt{x(x+1)}+C.$$

**【1936】** 证明：若 $p+q=kn$，式中 $k$ 为整数，则积分

$$\int R\left[x,(x-a)^{\frac{p}{n}}(x-b)^{\frac{q}{n}}\right]dx$$

(式中 $R$ 为有理函数及 $p,q,n$ 为整数)为初等函数.

**证** 当 $a=b$ 时,$(x-a)^{\frac{p}{n}}(x-b)^{\frac{q}{n}}=(x-a)^k$,则积分显然为初等函数.

当 $a\neq b$ 时,设 $\frac{x-a}{x-b}=y\ (\neq 1)$,则

$$x=\frac{a-by}{1-y},\quad dx=\frac{a-b}{(1-y)^2}dy,\quad x-a=\frac{(a-b)y}{1-y},\quad x-b=\frac{a-b}{1-y}.$$

代入得 $$\int R[x,(x-a)^{\frac{p}{n}}(x-b)^{\frac{q}{n}}]dx=(a-b)\int R\left[\frac{a-by}{1-y},y^{\frac{p}{n}}\left(\frac{a-b}{1-y}\right)^k\right]\frac{dy}{(1-y)^2}.$$

再设 $\sqrt[n]{y}=t$,则 $y=t^n$,$dy=nt^{n-1}dt$. 从而,上述积分化为

$$\int R[x,(x-a)^{\frac{p}{n}}(x-b)^{\frac{q}{n}}]dx=n(a-b)\int R\left[\frac{a-bt^n}{1-t^n},t^p\left(\frac{a-b}{1-t^n}\right)^k\right]\frac{t^n-1}{(1-t^n)^2}\,dt,$$

因为被积函数为 $t$ 的有理函数,所以,积分是初等函数.

**求最简单二次无理式的积分:**

**【1937】** $\int\frac{x^2}{\sqrt{1+x+x^2}}dx.$

**解** $$\int\frac{x^2}{\sqrt{1+x+x^2}}\,dx=\int\frac{x^2+x+1}{\sqrt{x^2+x+1}}\,dx-\frac{1}{2}\int\frac{2x+1}{\sqrt{1+x+x^2}}\,dx-\frac{1}{2}\int\frac{dx}{\sqrt{1+x+x^2}}$$

$$=\int\sqrt{\left(x+\frac{1}{2}\right)^2+\frac{3}{4}}\,d\left(x+\frac{1}{2}\right)-\frac{1}{2}\int\frac{d(1+x+x^2)}{\sqrt{1+x+x^2}}-\frac{1}{2}\int\frac{d\left(x+\frac{1}{2}\right)}{\sqrt{\left(x+\frac{1}{2}\right)^2+\frac{3}{4}}}$$

$$=\frac{2x+1}{4}\sqrt{1+x+x^2}+\frac{3}{8}\ln\left(x+\frac{1}{2}+\sqrt{1+x+x^2}\right)-\sqrt{1+x+x^2}-\frac{1}{2}\ln\left(x+\frac{1}{2}+\sqrt{1+x+x^2}\right)+C$$

$$=\frac{2x-3}{4}\sqrt{1+x+x^2}-\frac{1}{8}\ln\left(x+\frac{1}{2}+\sqrt{1+x+x^2}\right)+C.$$

**【1938】**$^+$ $\int\frac{dx}{(1+x)\sqrt{x^2+x+1}}.$

**解** 设 $x+1=\frac{1}{t}$,则 $x=\frac{1-t}{t}$, $dt=-\frac{1}{t^2}dt$, $\sqrt{x^2+x+1}=\frac{\sqrt{t^2-t+1}}{|t|}=\operatorname{sgn}t\,\frac{\sqrt{t^2-t+1}}{t}$.

代入得 $$\int\frac{dx}{(1+x)\sqrt{x^2+x+1}}=-\operatorname{sgn}t\int\frac{dx}{\sqrt{t^2-t+1}}=-\operatorname{sgn}t\,\ln\left|t-\frac{1}{2}+\sqrt{t^2-t+1}\right|+C_1$$

$$=-\operatorname{sgn}(x+1)\ln\left|\frac{1-x+2[\operatorname{sgn}(x+1)]\sqrt{x^2+x+1}}{2(x+1)}\right|+C_1.$$

当 $x+1>0$ 时, $$\int\frac{dx}{(1+x)\sqrt{x^2+x+1}}=-\ln\left|\frac{1-x+2\sqrt{x^2+x+1}}{x+1}\right|+C;$$

当 $x+1<0$ 时, $$\int\frac{dx}{(1+x)\sqrt{x^2+x+1}}=\ln\left|\frac{1-x-2\sqrt{x^2+x+1}}{2(x+1)}\right|+C_1$$

$$=\ln\left|\frac{-3(x+1)}{2(1-x+2\sqrt{x^2+x+1})}\right|+C_1=-\ln\left|\frac{1-x+2\sqrt{x^2+x+1}}{x+1}\right|+C.$$

总之, $$\int\frac{dx}{(1+x)\sqrt{x^2+x+1}}=-\ln\left|\frac{1-x+2\sqrt{x^2+x+1}}{x+1}\right|+C.$$

**【1939】** $\int\frac{dx}{(1-x)^2\sqrt{1-x^2}}.$

**提示** 令 $\sqrt{\frac{1-x}{1+x}}=t.$

**解** 设$\sqrt{\frac{1-x}{1+x}}=t$,则 $x=\frac{1-t^2}{1+t^2}$, $dx=-\frac{4t}{(1+t^2)^2}dt$, $1-x=\frac{2t^2}{1+t^2}$, $\sqrt{1-x^2}=\frac{2t}{1+t^2}$.

代入得 $$\int\frac{dx}{(1-x)^2\sqrt{1-x^2}}=-\frac{1}{2}\int\frac{1+t^2}{t^4}dt=\frac{1}{6t^3}+\frac{1}{2t}+C=\frac{2-x}{3(1-x)^2}\sqrt{1-x^2}+C.$$

**【1940】** $\int\frac{\sqrt{x^2+2x+2}}{x}dx$.

**提示** 令$\sqrt{x^2+2x+2}=t-x$.

**解** 设$\sqrt{x^2+2x+2}=t-x$,则 $x=\frac{t^2-2}{2(t+1)}$, $dx=\frac{t^2+2t+2}{2(t+1)^2}dt$, $\sqrt{x^2+2x+2}=\frac{t^2+2t+2}{2(t+1)}$.

代入得
$$\int\frac{\sqrt{x^2+2x+2}}{x}dx=\frac{1}{2}\int\frac{(t^2+2t+2)^2}{(t^2-2)(t+1)^2}dt$$
$$=\frac{1}{2}\int\left[1+\frac{2}{t+1}-\frac{1}{(t+1)^2}-\frac{2\sqrt{2}}{t+\sqrt{2}}+\frac{2\sqrt{2}}{t-\sqrt{2}}\right]dt$$
$$=\frac{t}{2}+\ln|t+1|+\frac{1}{2(t+1)}-\sqrt{2}\ln\left|\frac{t+\sqrt{2}}{t-\sqrt{2}}\right|+C_1$$
$$=\sqrt{x^2+2x+2}+\ln(x+1+\sqrt{x^2+2x+2})-\sqrt{2}\ln\left|\frac{x+2+\sqrt{2(x^2+2x+2)}}{x}\right|+C.$$

**【1941】** $\int\frac{x\,dx}{(1+x)\sqrt{1-x-x^2}}$.

**提示** 令$1+x=\frac{1}{t}$,并就$1+x>0$及$1+x<0$两种情况分别求解.

**解** 设$1+x=\frac{1}{t}$,则 $x=\frac{1-t}{t}$, $dx=-\frac{1}{t^2}dt$, $\sqrt{1-x-x^2}=\frac{\sqrt{t^2+t-1}}{|t|}=\operatorname{sgn}t\,\frac{\sqrt{t^2+t-1}}{t}$.

代入得
$$\int\frac{x\,dx}{(1+x)\sqrt{1-x-x^2}}=\int\left(\frac{1}{\sqrt{1-x-x^2}}-\frac{1}{(1+x)\sqrt{1-x-x^2}}\right)dx$$
$$=\int\frac{dx}{\sqrt{1-x-x^2}}+\operatorname{sgn}t\int\frac{dt}{\sqrt{t^2+t-1}}$$
$$=\arcsin\left(\frac{2x+1}{\sqrt{5}}\right)+[\operatorname{sgn}(1+x)]\ln\left|\frac{3+x+2[\operatorname{sgn}(x+1)]\sqrt{1-x-x^2}}{2(1+x)}\right|+C_1.$$

当$x+1>0$时, $$\int\frac{x\,dx}{(1+x)\sqrt{1-x-x^2}}=\arcsin\left(\frac{2x+1}{\sqrt{5}}\right)+\ln\left|\frac{3+x+2\sqrt{1-x-x^2}}{1+x}\right|+C;$$

当$x+1<0$时, $$\int\frac{x\,dx}{(1+x)\sqrt{1-x-x^2}}=\arcsin\left(\frac{2x+1}{\sqrt{5}}\right)-\ln\left|\frac{3+x-2\sqrt{1-x-x^2}}{2(1+x)}\right|+C_1$$
$$=\arcsin\left(\frac{2x+1}{\sqrt{5}}\right)+\ln\left|\frac{3+x+2\sqrt{1-x-x^2}}{1+x}\right|+C.$$

总之, $$\int\frac{x\,dx}{(1+x)\sqrt{1-x-x^2}}=\arcsin\left(\frac{2x+1}{\sqrt{5}}\right)+\ln\left|\frac{3+x+2\sqrt{1-x-x^2}}{2(1+x)}\right|+C.$$

**注** 以后诸题中,出现二次无理式时也会碰到用 $\operatorname{sgn}t$ 的问题,可参照1938题及1941题类似地处理.在解这类习题时,不妨就开方后取正值求解.如无特殊情况,今后不再另加说明.

**【1942】** $\int\frac{1-x+x^2}{\sqrt{1+x-x^2}}dx$.

**解** $$\int\frac{1-x+x^2}{\sqrt{1+x-x^2}}dx=\int\frac{(x^2-x-1)+2}{\sqrt{1+x-x^2}}dx=-\int\sqrt{\frac{5}{4}-\left(x-\frac{1}{2}\right)^2}\,d\left(x-\frac{1}{2}\right)+2\int\frac{d\left(x-\frac{1}{2}\right)}{\sqrt{\frac{5}{4}-\left(x-\frac{1}{2}\right)^2}}$$

$$=\frac{1-2x}{4}\sqrt{1+x-x^2}-\frac{5}{8}\arcsin\left(\frac{2x-1}{\sqrt{5}}\right)+2\arcsin\left(\frac{2x-1}{\sqrt{5}}\right)+C$$

$$=\frac{1-2x}{4}\sqrt{1+x-x^2}-\frac{11}{8}\arcsin\left(\frac{1-2x}{\sqrt{5}}\right)+C.$$

**利用公式 $\int\frac{P_n(x)}{y}dx=Q_{n-1}(x)y+\lambda\int\frac{dx}{y}$，式中 $y=\sqrt{ax^2+bx+c}$，$P_n(x)$ 为 $n$ 次多项式，$Q_{n-1}(x)$ 为 $n-1$ 次多项式及 $\lambda$ 为常数，求下列积分：**

**【1943】** $\int\frac{x^3}{\sqrt{1+2x-x^2}}dx.$

**解** 设 $\int\frac{x^3}{\sqrt{1+2x-x^2}}dx=(ax^2+bx+c)\sqrt{1+2x-x^2}+\lambda\int\frac{dx}{\sqrt{1+2x-x^2}}$，

两边对 $x$ 求导数，得

$$\frac{x^3}{\sqrt{1+2x-x^2}}=(2ax+b)\sqrt{1+2x-x^2}+\frac{(ax^2+bx+c)(1-x)}{\sqrt{1+2x-x^2}}+\frac{\lambda}{\sqrt{1+2x-x^2}}.$$

从而有

$$x^3\equiv(2ax+b)(1+2x-x^2)+(ax^2+bx+c)(1-x)+\lambda.$$

比较等式两端 $x$ 的同次幂系数，得

$$\begin{array}{c|l} x^3 & -3a=1, \\ x^2 & 5a-2b=0, \\ x^1 & 2a+3b-c=0, \\ x^0 & b+c+\lambda=0. \end{array}$$

由此，$a=-\frac{1}{3}$，$b=-\frac{5}{6}$，$c=-\frac{19}{6}$，$\lambda=4$. 于是，

$$\int\frac{x^3}{\sqrt{1+2x-x^2}}dx=-\frac{19+5x+2x^2}{6}\sqrt{1+2x-x^2}+4\int\frac{dx}{\sqrt{1+2x-x^2}}$$

$$=-\frac{19+5x+2x^2}{6}\sqrt{1+2x-x^2}+4\arcsin\left(\frac{x-1}{\sqrt{2}}\right)+C.$$

**【1944】** $\int\frac{x^{10}}{\sqrt{1+x^2}}dx.$

**解** 设 $\int\frac{x^{10}}{\sqrt{1+x^2}}dx=(ax^9+bx^8+cx^7+dx^6+ex^5+fx^4+gx^3+hx^2+lx+m)\sqrt{1+x^2}+\lambda\int\frac{dx}{\sqrt{1+x^2}}$，

从而有

$$x^{10}\equiv(9ax^8+8bx^7+7cx^6+6dx^5+5ex^4+4fx^3+3gx^2+2hx+l)(1+x^2)$$
$$+x(ax^9+bx^8+cx^7+dx^6+ex^5+fx^4+gx^3+hx^2+lx+m)+\lambda.$$

比较等式两端 $x$ 的同次幂系数，求得

$$a=\frac{1}{10},b=0,c=-\frac{9}{80},d=0,e=\frac{21}{160},f=0,g=-\frac{21}{128},h=0,l=\frac{63}{256},m=0,\lambda=-\frac{63}{256}.$$

于是，$\int\frac{x^{10}}{\sqrt{1+x^2}}dx=\left(\frac{63}{256}x-\frac{21}{128}x^3+\frac{21}{160}x^5-\frac{9}{80}x^7+\frac{1}{10}x^9\right)\sqrt{1+x^2}-\frac{63}{256}\ln(x+\sqrt{1+x^2})+C.$

**【1945】** $\int x^4\sqrt{a^2-x^2}\,dx.$

**解** $\int x^4\sqrt{a^2-x^2}\,dx=\int\frac{x^4(a^2-x^2)}{\sqrt{a^2-x^2}}dx=(Ax^5+Bx^4+Cx^3+Dx^2+Ex+F)\sqrt{a^2-x^2}+\lambda\int\frac{dx}{\sqrt{a^2-x^2}}$，

从而有 $x^4(a^2-x^2)\equiv(5Ax^4+4Bx^3+3Cx^2+2Dx+E)(a^2-x^2)-x(Ax^5+Bx^4+Cx^3+Dx^2+Ex+F)+\lambda.$

比较等式两端 $x$ 同次幂的系数，求得

$$A=\frac{1}{6},\quad B=0,\quad C=-\frac{a^2}{24},\quad D=0, E=-\frac{a^4}{16},\quad F=0,\quad \lambda=\frac{a^4}{16}.$$

于是，$$\int x^4\sqrt{a^2-x^2}\,\mathrm{d}x=\left(\frac{1}{6}x^5-\frac{a^2}{24}x^3-\frac{a^4}{16}x\right)\sqrt{a^2-x^2}+\frac{a^4}{16}\arcsin\frac{x}{|a|}+C\quad(a\neq 0).$$

**【1946】** $\displaystyle\int\frac{x^3-6x^2+11x-6}{\sqrt{x^2+4x+3}}\mathrm{d}x.$

**解** 设$\displaystyle\int\frac{x^3-6x^2+11x-6}{\sqrt{x^2+4x+3}}\mathrm{d}x=(ax^2+bx+c)\sqrt{x^2+4x+3}+\lambda\int\frac{\mathrm{d}x}{\sqrt{x^2+4x+3}}$，

从而有 $$x^3-6x^2+11x-6\equiv(2ax+b)(x^2+4x+3)+(x+2)(ax^2+bx+c)+\lambda.$$

比较等式两端 $x$ 同次幂的系数，求得 $a=\frac{1}{3},\quad b=-\frac{14}{3},\quad c=37,\quad \lambda=-66.$

于是，$$\int\frac{x^3-6x^2+11x-6}{\sqrt{x^2+4x+3}}\mathrm{d}x=\left(\frac{1}{3}x^2-\frac{14}{3}x+37\right)\sqrt{x^2+4x+3}-66\ln\left|x+2+\sqrt{x^2+4x+3}\right|+C.$$

**【1947】** $\displaystyle\int\frac{\mathrm{d}x}{x^3\sqrt{x^2+1}}.$

**解** 设 $x=\frac{1}{t}$，则 $\mathrm{d}x=-\frac{1}{t^2}\mathrm{d}t$，这里碰到二次无理式 $\sqrt{x^2+1}$ 需引用 $\mathrm{sgn}t$ 的问题，不妨设

$$\sqrt{x^2+1}=\frac{\sqrt{t^2+1}}{t}\quad(t>0).$$

代入得 $$\int\frac{\mathrm{d}x}{x^3\sqrt{x^2+1}}=-\int\frac{t^2}{\sqrt{t^2+1}}\mathrm{d}t=-\int\frac{(t^2+1)-1}{\sqrt{t^2+1}}\mathrm{d}t=-\int\sqrt{t^2+1}\,\mathrm{d}t+\int\frac{\mathrm{d}t}{\sqrt{t^2+1}}$$

$$=-\frac{t}{2}\sqrt{t^2+1}-\frac{1}{2}\ln\left|t+\sqrt{t^2+1}\right|+\ln\left|t+\sqrt{t^2+1}\right|+C=-\frac{\sqrt{x^2+1}}{2x^2}+\frac{1}{2}\ln\frac{1+\sqrt{x^2+1}}{|x|}+C.$$

**【1948】**[+] $\displaystyle\int\frac{\mathrm{d}x}{x^4\sqrt{x^2-1}}.$

**解** 不妨设 $x=\frac{1}{t}>0$，则 $\mathrm{d}x=-\frac{1}{t^2}\mathrm{d}t$. 由 $|x|>1$ 知必有 $|t|<1$，则有

$$\sqrt{x^2-1}=\frac{\sqrt{1-t^2}}{t}\quad(0<t<1).$$

代入得 $$\int\frac{\mathrm{d}x}{x^4\sqrt{x^2-1}}=-\int\frac{t^3}{\sqrt{1-t^2}}\mathrm{d}t=\int\frac{t(1-t^2)-t}{\sqrt{1-t^2}}\mathrm{d}t=\int t\sqrt{1-t^2}\,\mathrm{d}t-\int\frac{t}{\sqrt{1-t^2}}\mathrm{d}t$$

$$=-\frac{1}{2}\int(1-t^2)^{\frac{1}{2}}\mathrm{d}(1-t^2)+\frac{1}{2}\int(1-t^2)^{-\frac{1}{2}}\mathrm{d}(1-t^2)=-\frac{1}{3}(1-t^2)^{\frac{3}{2}}+(1-t^2)^{\frac{1}{2}}+C$$

$$=\frac{1+2x^2}{3x^3}\sqrt{x^2-1}+C.$$

**【1949】**[+] $\displaystyle\int\frac{\mathrm{d}x}{(x-1)^3\sqrt{x^2+3x+1}}.$

**解** 设 $x-1=\frac{1}{t}$，则 $\mathrm{d}x=-\frac{1}{t^2}\mathrm{d}t$. 不妨设 $t>0$，则有

$$\sqrt{x^2+3x+1}=\frac{\sqrt{5t^2+5t+1}}{t}.$$

代入得 $\displaystyle\int\frac{\mathrm{d}x}{(x-1)^3\sqrt{x^2+3x+1}}=-\int\frac{t^2}{\sqrt{5t^2+5t+1}}\mathrm{d}t=(at+b)\sqrt{5t^2+5t+1}+\lambda\int\frac{\mathrm{d}t}{\sqrt{5t^2+5t+1}}$，

从而有 $$-t^2\equiv a(1+5t+5t^2)+\left(5t+\frac{5}{2}\right)(at+b)+\lambda.$$

比较等式两端 $t$ 的同次幂系数，求得 $a=-\frac{1}{10},\quad b=\frac{3}{20},\quad \lambda=-\frac{11}{40}.$

于是，$$\int\frac{\mathrm{d}x}{(x-1)^3\sqrt{x^2+3x+1}}=\left(-\frac{t}{10}+\frac{3}{20}\right)\sqrt{5t^2+5t+1}-\frac{11}{40}\int\frac{\mathrm{d}t}{\sqrt{5t^2+5t+1}}$$

$$=\frac{3-2t}{20}\sqrt{5t^2+5t+1}-\frac{11}{40\sqrt5}\ln\left|t+\frac12+\sqrt{t^2+t+\frac15}\right|+C_1$$

$$=\frac{3x-5}{20(x-1)^2}\sqrt{x^2+3x+1}-\frac{11}{40\sqrt5}\ln\left|\frac{\sqrt5(x+1)+2\sqrt{x^2+3x+1}}{x-1}\right|+C.$$

**【1950】**[+] $\int\frac{dx}{(x+1)^5\sqrt{x^2+2x}}.$

**解** 设 $x+1=\frac1t$，则 $dx=-\frac{1}{t^2}dt$. 先设 $t>0$，则有 $\sqrt{x^2+2x}=\frac{\sqrt{1-t^2}}{t}$.

代入得 $$\int\frac{dx}{(x+1)^5\sqrt{x^2+2x}}=-\int\frac{t^4}{\sqrt{1-t^2}}dt=(at^3+bt^2+ct+e)\sqrt{1-t^2}+\lambda\int\frac{dt}{\sqrt{1-t^2}}.$$

从而有 $$-t^4\equiv(3at^2+2bt+c)(1-t^2)-t(at^3+bt^2+ct+e)+\lambda.$$

比较等式两端 $t$ 的同次幂系数，求得 $a=\frac14,\quad b=0,\quad c=\frac38,\quad e=0,\quad \lambda=-\frac38.$

于是， $$\int\frac{dx}{(x+1)^5\sqrt{x^2+2x}}=\left(\frac14t^3+\frac38t\right)\sqrt{1-t^2}-\frac38\int\frac{dt}{\sqrt{1-t^2}}$$

$$=\frac{3x^2+6x+5}{8(x+1)^4}\sqrt{x^2+2x}-\frac38\arcsin\frac{1}{x+1}+C.$$

再设 $t<0$，则答案前一项不改变符号，但后一项要改变符号，因此，最后得到

$$\int\frac{dx}{(x+1)^5\sqrt{x^2+2x}}=\frac{3x^2+6x+5}{8(x+1)^4}\sqrt{x^2+2x}-\frac38\arcsin\frac{1}{|x+1|}+C,$$

其中 $x>0$ 或 $x<-2$.

**【1951】** 在什么条件下，积分 $\int\frac{a_1x^2+b_1x+c_1}{\sqrt{ax^2+bx+c}}dx$ 是代数函数？

**解** 设 $$\int\frac{a_1x^2+b_1x+c_1}{\sqrt{ax^2+bx+c}}dx=(Ax+B)\sqrt{ax^2+bx+c}+\lambda\int\frac{dx}{\sqrt{ax^2+bx+c}},$$

从而有 $$a_1x^2+b_1x+c_1\equiv A(ax^2+bx+c)+\left(ax+\frac b2\right)(Ax+B)+\lambda.$$

比较等式两端 $x$ 的同次幂系数，当 $a\neq0$ 时求得

$$A=\frac{a_1}{2a},\quad B=\frac{4ab_1-3a_1b}{4a^2},\lambda=\frac{8a^2c_1+3a_1b^2-4a(a_1c+bb_1)}{8a^2}.$$

于是，当 $a\neq0$ 且 $8a^2c_1+3a_1b^2=4a(a_1c+bb_1)$ 时，$\lambda=0$，积分为代数函数；当 $a=0$ 时积分显然为代数函数.

## 分解有理函数 $\frac{P(x)}{Q(x)}$ 为最简分式，求积分 $\int\frac{P(x)}{Q(x)y}dx$，式中 $y=\sqrt{ax^2+bx+c}$.

**【1952】** $\int\frac{xdx}{(x-1)^2\sqrt{1+2x-x^2}}.$

**解** $$\int\frac{xdx}{(x-1)^2\sqrt{1+2x-x^2}}=\int\frac{dx}{(x-1)^2\sqrt{1+2x-x^2}}+\int\frac{dx}{(x-1)\sqrt{1+2x-x^2}}.$$

设 $x-1=\frac1t$，则 $dx=-\frac{1}{t^2}dt$. 不妨设 $t>0$，则有 $\sqrt{1+2x-x^2}=\frac{\sqrt{2t^2-1}}{t}$.

代入得 $$\int\frac{xdx}{(x-1)^2\sqrt{1+2x-x^2}}=-\int\frac{tdt}{\sqrt{2t^2-1}}-\int\frac{dt}{\sqrt{2t^2-1}}$$

$$=-\frac12\sqrt{2t^2-1}-\frac{1}{\sqrt2}\ln\left|\sqrt2t+\sqrt{2t^2-1}\right|+C$$

$$=\frac{\sqrt{1+2x-x^2}}{2(1-x)}-\frac{1}{\sqrt2}\ln\left|\frac{\sqrt2+\sqrt{1+2x-x^2}}{1-x}\right|+C.$$

**【1953】** $\int\frac{xdx}{(x^2-1)\sqrt{x^2-x-1}}.$

解 $\int\frac{x\mathrm{d}x}{(x^2-1)\sqrt{x^2-x-1}}=\frac{1}{2}\int\left(\frac{1}{x+1}+\frac{1}{x-1}\right)\frac{\mathrm{d}x}{\sqrt{x^2-x-1}}$

$=\frac{1}{2}\int\frac{\mathrm{d}x}{(x+1)\sqrt{x^2-x-1}}+\frac{1}{2}\int\frac{\mathrm{d}x}{(x-1)\sqrt{x^2-x-1}}=\frac{1}{2}I_1+\frac{1}{2}I_2.$

对于 $I_1$,设 $x+1=\frac{1}{t}$,则 $\mathrm{d}x=-\frac{1}{t^2}\mathrm{d}t$. 不妨设 $t>0$,则有 $\sqrt{x^2-x-1}=\frac{\sqrt{t^2-3t+1}}{t}$.

代入 $I_1$,得 $I_1=\int\frac{\mathrm{d}x}{(x+1)\sqrt{x^2-x-1}}=-\int\frac{\mathrm{d}t}{\sqrt{t^2-3t+1}}=-\ln\left|t-\frac{3}{2}+\sqrt{t^2-3t+1}\right|+C_1$

$=-\ln\left|\frac{3x+1-2\sqrt{x^2-x-1}}{x+1}\right|+C_2$;

对于 $I_2$,设 $x-1=\frac{1}{t}$,同上可得 $I_2=\int\frac{\mathrm{d}x}{(x-1)\sqrt{x^2-x-1}}=\arcsin\left(\frac{x-3}{|x-1|\sqrt{5}}\right)+C_3$.

于是, $\int\frac{x\mathrm{d}x}{(x^2-1)\sqrt{x^2-x-1}}=-\frac{1}{2}\ln\left|\frac{3x+1-2\sqrt{x^2-x-1}}{x+1}\right|+\frac{1}{2}\arcsin\left(\frac{x-3}{|x-1|\sqrt{5}}\right)+C.$

**【1954】** $\int\frac{\sqrt{x^2+x+1}}{(x+1)^2}\mathrm{d}x.$

解 $\int\frac{\sqrt{x^2+x+1}}{(x+1)^2}\mathrm{d}x=\int\frac{x^2+x+1}{(x+1)^2}\cdot\frac{\mathrm{d}x}{\sqrt{x^2+x+1}}=\int\frac{(x+1)^2-(x+1)+1}{(x+1)^2}\cdot\frac{\mathrm{d}x}{\sqrt{x^2+x+1}}$

$=\int\frac{\mathrm{d}x}{\sqrt{x^2+x+1}}-\int\frac{\mathrm{d}x}{(x+1)\sqrt{x^2+x+1}}+\int\frac{\mathrm{d}x}{(x+1)^2\sqrt{x^2+x+1}}=I_1-I_2+I_3.$

对于 $I_1$,显然有 $I_1=\int\frac{\mathrm{d}x}{\sqrt{x^2+x+1}}=\ln\left(x+\frac{1}{2}+\sqrt{x^2+x+1}\right)+C_1$;

对于 $I_2$,利用1938题的结果,即得

$$I_2=\int\frac{\mathrm{d}x}{(x+1)\sqrt{x^2+x+1}}=-\ln\left|\frac{1-x+2\sqrt{x^2+x+1}}{x+1}\right|+C_2;$$

对于 $I_3$,设 $x+1=\frac{1}{t}$,则 $\mathrm{d}x=-\frac{1}{t^2}\mathrm{d}t$. 不妨设 $t>0$,则有 $\sqrt{x^2+x+1}=\frac{\sqrt{t^2-t+1}}{t}$.

代入 $I_3$,得 $I_3=-\int\frac{t\mathrm{d}t}{\sqrt{t^2-t+1}}=-\frac{1}{2}\int\frac{(2t-1)\mathrm{d}t}{\sqrt{t^2-t+1}}-\frac{1}{2}\int\frac{\mathrm{d}t}{\sqrt{t^2-t+1}}$

$=-\sqrt{t^2-t+1}-\frac{1}{2}\ln\left|t-\frac{1}{2}+\sqrt{t^2-t+1}\right|+C_3$

$=-\frac{\sqrt{x^2+x+1}}{x+1}-\frac{1}{2}\ln\left|\frac{1-x+2\sqrt{x^2+x+1}}{x+1}\right|+C_4.$

于是,最后得到

$$\int\frac{\sqrt{x^2+x+1}}{(x+1)^2}\mathrm{d}x=\ln\left(x+\frac{1}{2}+\sqrt{x^2+x+1}\right)-\frac{\sqrt{x^2+x+1}}{x+1}+\frac{1}{2}\ln\left|\frac{1-x+2\sqrt{x^2+x+1}}{x+1}\right|+C.$$

如用下述解法更简单些:

$$\int\frac{\sqrt{x^2+x+1}}{(x+1)^2}\mathrm{d}x=-\int\sqrt{x^2+x+1}\,\mathrm{d}\left(\frac{1}{x+1}\right)=-\frac{\sqrt{x^2+x+1}}{x+1}+\int\frac{\left(x+\frac{1}{2}\right)\mathrm{d}x}{(x+1)\sqrt{x^2+x+1}}$$

$$=-\frac{\sqrt{x^2+x+1}}{x+1}+\int\frac{\mathrm{d}x}{\sqrt{x^2+x+1}}-\frac{1}{2}\int\frac{\mathrm{d}x}{(x+1)\sqrt{x^2+x+1}}$$

$$=-\frac{\sqrt{x^2+x+1}}{x+1}+\ln\left(x+\frac{1}{2}+\sqrt{x^2+x+1}\right)+\frac{1}{2}\ln\left|\frac{1-x+2\sqrt{x^2+x+1}}{x+1}\right|^{*)}+C.$$

*) 利用1938题的结果.

**【1955】** $\displaystyle\int\frac{x^3}{(1+x)\sqrt{1+2x-x^2}}\mathrm{d}x.$

**解** $$\int\frac{x^3}{(1+x)\sqrt{1+2x-x^2}}\mathrm{d}x=\int\frac{(x^3+1)-1}{(1+x)\sqrt{1+2x-x^2}}\mathrm{d}x$$

$$=\int\frac{x^2-x+1}{\sqrt{1+2x-x^2}}\mathrm{d}x-\int\frac{\mathrm{d}x}{(1+x)\sqrt{1+2x-x^2}}$$

$$=-\int\frac{1+2x-x^2}{\sqrt{1+2x-x^2}}\mathrm{d}x+\frac{1}{2}\int\frac{(2x-2)\mathrm{d}x}{\sqrt{1+2x-x^2}}+3\int\frac{\mathrm{d}x}{\sqrt{1+2x-x^2}}-\int\frac{\mathrm{d}x}{(x+1)\sqrt{1+2x-x^2}}$$

$$=-\int\sqrt{2-(x-1)^2}\,\mathrm{d}(x-1)-\frac{1}{2}\int\frac{\mathrm{d}(1+2x-x^2)}{\sqrt{1+2x-x^2}}+3\int\frac{\mathrm{d}(x-1)}{\sqrt{2-(x-1)^2}}-I_1$$

$$=\frac{1-x}{2}\sqrt{1+2x-x^2}-\arcsin\left(\frac{x-1}{\sqrt{2}}\right)-\sqrt{1+2x-x^2}+3\arcsin\left(\frac{x-1}{\sqrt{2}}\right)-I_1$$

$$=-\frac{x+1}{2}\sqrt{1+2x-x^2}+2\arcsin\left(\frac{x-1}{\sqrt{2}}\right)-I_1.$$

对于 $I_1$，设 $x+1=\frac{1}{t}$，可得

$$I_1=\int\frac{\mathrm{d}x}{(x+1)\sqrt{1+2x-x^2}}=\frac{1}{\sqrt{2}}\arcsin\left(\frac{x\sqrt{2}}{x+1}\right)+C_1.$$

于是，最后得到

$$\int\frac{x^3}{(x+1)\sqrt{1+2x-x^2}}\mathrm{d}x=-\frac{1+x}{2}\sqrt{1+2x-x^2}-2\arcsin\left(\frac{1-x}{\sqrt{2}}\right)-\frac{1}{\sqrt{2}}\arcsin\left(\frac{x\sqrt{2}}{1+x}\right)+C.$$

**【1956】** $\displaystyle\int\frac{x\mathrm{d}x}{(x^2-3x+2)\sqrt{x^2-4x+3}}.$

**解** $$\int\frac{x\mathrm{d}x}{(x^2-3x+2)\sqrt{x^2-4x+3}}=\int\left(\frac{2}{x-2}-\frac{1}{x-1}\right)\frac{\mathrm{d}x}{\sqrt{x^2-4x+3}}$$

$$=\int\frac{2\mathrm{d}x}{(x-2)\sqrt{x^2-4x+3}}-\int\frac{\mathrm{d}x}{(x-1)\sqrt{x^2-4x+3}}=2I_1-I_2.$$

对于 $I_1$，设 $x-2=\frac{1}{t}$，可得

$$I_1=\int\frac{\mathrm{d}x}{(x-2)\sqrt{x^2-4x+3}}=-\arcsin\left(\frac{1}{|x-2|}\right)+C_1;$$

对于 $I_2$，设 $x-1=\frac{1}{t}$，可得

$$I_2=\int\frac{\mathrm{d}x}{(x-1)\sqrt{x^2-4x+3}}=\frac{\sqrt{x^2-4x+3}}{x-1}+C_2.$$

于是，最后得到

$$\int\frac{x\mathrm{d}x}{(x^2-3x+2)\sqrt{x^2-4x+3}}=-2\arcsin\left(\frac{1}{|x-2|}\right)-\frac{\sqrt{x^2-4x+3}}{x-1}+C,$$

其中 $x<1$ 或 $x>3$.

**【1957】** $\displaystyle\int\frac{\mathrm{d}x}{(1+x^2)\sqrt{1-x^2}}.$

**解** 设 $x=\sin t$，并限制 $-\frac{\pi}{2}<t<\frac{\pi}{2}$，则 $\quad \mathrm{d}x=\cos t\mathrm{d}t,\quad \sqrt{1-x^2}=\cos t.$

代入得
$$\int\frac{\mathrm{d}x}{(1+x^2)\sqrt{1-x^2}}=\int\frac{\mathrm{d}t}{1+\sin^2t}=\int\frac{\mathrm{d}t}{2\sin^2t+\cos^2t}=\frac{1}{\sqrt{2}}\int\frac{\mathrm{d}(\sqrt{2}\tan t)}{(\sqrt{2}\tan t)^2+1}$$

$$=\frac{1}{\sqrt{2}}\arctan(\sqrt{2}\tan t)+C=\frac{1}{\sqrt{2}}\arctan\left(\frac{x\sqrt{2}}{\sqrt{1-x^2}}\right)+C.$$

**【1958】** $\int\frac{\mathrm{d}x}{(x^2+1)\sqrt{x^2-1}}$.

**解** 当 $x>1$ 时，设 $x=\sec t$，并限制 $0<t<\frac{\pi}{2}$，则 $\mathrm{d}x=\sec t\tan t\mathrm{d}t$， $\sqrt{x^2-1}=\tan t$.

代入得
$$\int\frac{\mathrm{d}x}{(x^2+1)\sqrt{x^2-1}}=\int\frac{\sec t\mathrm{d}t}{1+\sec^2 t}=\int\frac{\cos t}{\cos^2 t+1}\mathrm{d}t=\int\frac{\mathrm{d}(\sin t)}{2-\sin^2 t}$$
$$=\frac{1}{2\sqrt{2}}\ln\left|\frac{\sqrt{2}+\sin t}{\sqrt{2}-\sin t}\right|+C=\frac{1}{2\sqrt{2}}\ln\left|\frac{\sqrt{2}x+\sqrt{x^2-1}}{\sqrt{2}x-\sqrt{x^2-1}}\right|+C.$$

当 $x<-1$ 时，仍设 $x=\sec t$，但限制 $\pi<t<\frac{3}{2}\pi$，经计算可获得同样的结果.

总之，当 $|x|>1$ 时，
$$\int\frac{\mathrm{d}x}{(x^2+1)\sqrt{x^2-1}}=\frac{1}{2\sqrt{2}}\ln\left|\frac{x\sqrt{2}+\sqrt{x^2-1}}{x\sqrt{2}-\sqrt{x^2-1}}\right|+C.$$

**【1959】** $\int\frac{\mathrm{d}x}{(1-x^4)\sqrt{1+x^2}}$.

**解** 设 $x=\tan t$，并限制 $-\frac{\pi}{2}<t<\frac{\pi}{2}$ 且 $|t|\neq\frac{\pi}{4}$，则 $\mathrm{d}x=\sec^2 t\mathrm{d}t$， $\sqrt{1+x^2}=\sec t$.

代入得
$$\int\frac{\mathrm{d}x}{(1-x^4)\sqrt{x^2+1}}=\int\frac{\sec^2 t\mathrm{d}t}{(1-\tan^4 t)\sec t}=\int\frac{\cos^3 t\mathrm{d}t}{1-2\sin^2 t}=\int\frac{1-\sin^2 t}{1-2\sin^2 t}\mathrm{d}(\sin t)$$
$$=\frac{1}{2}\int\frac{1-2\sin^2 t}{1-2\sin^2 t}\mathrm{d}(\sin t)+\frac{1}{2}\int\frac{\mathrm{d}(\sin t)}{1-2\sin^2 t}=\frac{1}{2}\sin t+\frac{1}{4\sqrt{2}}\ln\left|\frac{1+\sqrt{2}\sin t}{1-\sqrt{2}\sin t}\right|+C$$
$$=\frac{x}{2\sqrt{1+x^2}}+\frac{1}{4\sqrt{2}}\ln\left|\frac{\sqrt{1+x^2}+x\sqrt{2}}{\sqrt{1+x^2}-x\sqrt{2}}\right|+C\quad(|x|\neq 1).$$

**【1960】** $\int\frac{\sqrt{x^2+2}}{x^2+1}\mathrm{d}x$.

**解**
$$\int\frac{\sqrt{x^2+2}}{x^2+1}\mathrm{d}x=\int\frac{(x^2+2)\mathrm{d}x}{(x^2+1)\sqrt{x^2+2}}=\int\left(1+\frac{1}{x^2+1}\right)\frac{\mathrm{d}x}{\sqrt{x^2+2}}$$
$$=\int\frac{\mathrm{d}x}{\sqrt{x^2+2}}+\int\frac{\mathrm{d}x}{(x^2+1)\sqrt{x^2+2}}=\ln(x+\sqrt{x^2+2})+I_1.$$

对于 $I_1$，设 $x=\sqrt{2}\tan t$，并限制 $-\frac{\pi}{2}<t<\frac{\pi}{2}$，则 $\mathrm{d}x=\sqrt{2}\sec^2 t\mathrm{d}t$， $\sqrt{x^2+2}=\sqrt{2}\sec t$.

代入得
$$I_1=\int\frac{\mathrm{d}x}{(x^2+1)\sqrt{x^2+2}}=\int\frac{\sec t\mathrm{d}t}{1+2\tan^2 t}=\int\frac{\cos t\mathrm{d}t}{1+\sin^2 t}=\int\frac{\mathrm{d}(\sin t)}{1+\sin^2 t}=\arctan(\sin t)+C_1$$
$$=\arctan\left(\frac{x}{\sqrt{2+x^2}}\right)+C_1=-\arctan\left(\frac{\sqrt{x^2+2}}{x}\right)+C.$$

于是，最后得到
$$\int\frac{\sqrt{x^2+2}}{x^2+1}\mathrm{d}x=\ln(x+\sqrt{x^2+2})-\arctan\left(\frac{\sqrt{x^2+2}}{x}\right)+C.$$

**化二次三项式为标准形式，计算下列积分：**

**【1961】** $\int\frac{\mathrm{d}x}{(x^2+x+1)\sqrt{x^2+x-1}}$.

**解**
$$\int\frac{\mathrm{d}x}{(x^2+x+1)\sqrt{x^2+x-1}}=\int\frac{\mathrm{d}x}{\left[\left(x+\frac{1}{2}\right)^2+\frac{3}{4}\right]\sqrt{\left(x+\frac{1}{2}\right)^2-\frac{5}{4}}}.$$

当 $x+\frac{1}{2}>\frac{\sqrt{5}}{2}$ 时，设 $x+\frac{1}{2}=\frac{\sqrt{5}}{2}\sec t$，并限制 $0<t<\frac{\pi}{2}$，则
$$\mathrm{d}x=\frac{\sqrt{5}}{2}\sec t\tan t\mathrm{d}t,\quad \sqrt{x^2+x-1}=\frac{\sqrt{5}}{2}\tan t,\quad x^2+x+1=\frac{1}{4}(5\sec^2 t+3).$$

代入得 $$\int\frac{\mathrm{d}x}{(x^2+x+1)\sqrt{x^2+x-1}}=4\int\frac{\sec t\mathrm{d}t}{5\sec^2t+3}=4\int\frac{\cos t\mathrm{d}t}{5+3\cos^2t}=4\frac{1}{\sqrt3}\int\frac{\mathrm{d}(\sqrt3\sin t)}{(\sqrt8)^2-(\sqrt3\sin t)^2}$$

$$=4\frac{1}{\sqrt3}\cdot\frac{1}{2\sqrt8}\ln\left|\frac{\sqrt8+\sqrt3\sin t}{\sqrt8-\sqrt3\sin t}\right|+C=\frac{1}{\sqrt6}\left|\frac{(2x+1)\sqrt2+\sqrt{3(x^2+x-1)}}{(2x+1)\sqrt2-\sqrt{3(x^2+x-1)}}\right|+C.$$

当 $x+\frac12<-\frac{\sqrt5}{2}$ 时,仍设 $x+\frac12=\frac{\sqrt5}{2}\sec t$ 但限制$\pi<t<\frac32\pi$. 经计算可获同样的结果.

总之,当 $\left|x+\frac12\right|>\frac{\sqrt5}{2}$ 时,

$$\int\frac{\mathrm{d}x}{(x^2+x+1)\sqrt{x^2+x-1}}=\frac{1}{\sqrt6}\ln\left|\frac{(2x+1)\sqrt2+\sqrt{3(x^2+x-1)}}{(2x+1)\sqrt2-\sqrt{3(x^2+x-1)}}\right|+C.$$

**【1962】** $\displaystyle\int\frac{x^2\mathrm{d}x}{(4-2x+x^2)\sqrt{2+2x-x^2}}$.

**解** $$\int\frac{x^2\mathrm{d}x}{(4-2x+x^2)\sqrt{2+2x-x^2}}=\int\frac{(x-1)^2+2(x-1)+1}{[3+(x-1)^2]\sqrt{3-(x-1)^2}}\mathrm{d}x.$$

设 $x-1=\sqrt3\sin t$,并限制$-\frac{\pi}{2}<t<\frac{\pi}{2}$,则 $\mathrm{d}x=\sqrt3\cos t\mathrm{d}t$, $\sqrt{2+2x-x^2}=\sqrt3\cos t$.

代入得 $$\int\frac{x^2\mathrm{d}x}{(4-2x+x^2)\sqrt{2+2x-x^2}}=\int\frac{1+2\sqrt3\sin t+3\sin^2t}{3(1+\sin^2t)}\mathrm{d}t$$

$$=\int\mathrm{d}t+\frac{2}{\sqrt3}\int\frac{\sin t}{1+\sin^2t}\mathrm{d}t-\frac23\int\frac{\mathrm{d}t}{1+\sin^2t}=t-\frac{2}{\sqrt3}\int\frac{\mathrm{d}(\cos t)}{2-\cos^2t}-\frac23\int\frac{\mathrm{d}(\tan t)}{1+2\tan^2t}$$

$$=t-\frac{1}{\sqrt6}\ln\left|\frac{\sqrt2+\cos t}{\sqrt2-\cos t}\right|-\frac{\sqrt2}{3}\arctan(\sqrt2\tan t)+C$$

$$=\arcsin\frac{x-1}{\sqrt3}-\frac{1}{\sqrt6}\ln\frac{\sqrt6+\sqrt{2+2x-x^2}}{\sqrt6-\sqrt{2+2x-x^2}}-\frac{\sqrt2}{3}\arctan\frac{(x-1)\sqrt2}{\sqrt{2+2x-x^2}}+C.$$

**【1963】** $\displaystyle\int\frac{(x+1)\mathrm{d}x}{(x^2+x+1)\sqrt{x^2+x+1}}$.

**解** $$\int\frac{(x+1)\mathrm{d}x}{(x^2+x+1)\sqrt{x^2+x+1}}=\int\frac{\left(x+\frac12\right)+\frac12}{\left[\left(x+\frac12\right)^2+\frac34\right]^{\frac32}}\mathrm{d}\left(x+\frac12\right)$$

$$=\int\frac{\left(x+\frac12\right)\mathrm{d}\left(x+\frac12\right)}{\left[\left(x+\frac12\right)^2+\frac32\right]^{\frac32}}+\frac12\int\frac{\mathrm{d}\left(x+\frac12\right)}{\left[\left(x+\frac12\right)^2+\frac34\right]^{\frac32}}$$

$$=\frac12\int\frac{\mathrm{d}\left[\left(x+\frac12\right)^2+\frac34\right]}{\left[\left(x+\frac12\right)^2+\frac34\right]^{\frac32}}+\frac12\cdot\frac{x+\frac12}{\frac34\sqrt{x^2+x+1}}\ {}^{*)}$$

$$=-\frac{1}{\sqrt{x^2+x+1}}+\frac{2x+1}{3\sqrt{x^2+x+1}}+C=\frac{2(x-1)}{3\sqrt{x^2+x+1}}+C.$$

*) 利用 1781 题的结果.

**【1964】**+ 利用分式线性代换 $x=\frac{\alpha+\beta t}{1+t}$,计算积分:$\displaystyle\int\frac{\mathrm{d}x}{(x^2-x+1)\sqrt{x^2+x+1}}$.

**解** 分式线性代换 $x=\frac{\alpha+\beta t}{1+t}$ 给出

$$x^2\pm x+1=\frac{(\beta^2\pm\beta+1)t^2+[2\alpha\beta\pm(\alpha+\beta)+2]t+(\alpha^2\pm\alpha+1)}{(1+t)^2}.$$

要求 $2\alpha\beta\pm(\alpha+\beta)+2=0$ 即化成标准形式，当 $\alpha+\beta=0$ 及$\alpha\beta=-1$时即得上式. 例如，取 $\alpha=-1$， $\beta=1$，

我们有 $\quad x=\frac{t-1}{1+t}$ 或 $t=\frac{1+x}{1-x}, \mathrm{d}x=\frac{2\mathrm{d}t}{(1+t)^2}$， $x^2-x+1=\frac{t^2+3}{(t+1)^2}$， $\sqrt{x^2+x+1}=\frac{\sqrt{1+3t^2}}{t+1}$，

其中不妨设 $t+1>0$. 于是，

$$\int\frac{\mathrm{d}x}{(x^2-x+1)\sqrt{x^2+x+1}}=2\int\frac{t+1}{(t^2+3)\sqrt{1+3t^2}}\mathrm{d}t=2\int\frac{t\mathrm{d}t}{(t^2+3)\sqrt{1+3t^2}}+2\int\frac{\mathrm{d}t}{(t^2+3)\sqrt{1+3t^2}}$$

$$=2(I_1+I_2).$$

对于 $I_1$，设 $u=\sqrt{1+3t^2}$，则 $\qquad \mathrm{d}u=\frac{3t\mathrm{d}t}{\sqrt{1+3t^2}}$， $t^2+3=\frac{u^2+8}{3}$.

代入 $I_1$，得

$$I_1=\int\frac{t\mathrm{d}t}{(t^2+3)\sqrt{1+3t^2}}=\int\frac{\mathrm{d}u}{u^2+8}=\frac{1}{2\sqrt{2}}\arctan\left(\frac{u}{2\sqrt{2}}\right)+C_1=\frac{1}{2\sqrt{2}}\arctan\left(\frac{\sqrt{x^2+x+1}}{(1-x)\sqrt{2}}\right)+C_1.$$

对于 $I_2$，设 $u=\frac{3t}{\sqrt{1+3t^2}}$，则 $\qquad \frac{\mathrm{d}t}{\sqrt{1+3t^2}}=\frac{\mathrm{d}u}{3-u^2}$， $t^2+3=\frac{27-8u^2}{3(3-u^2)}$，

代入 $I_2$，得

$$I_2=\int\frac{\mathrm{d}t}{(t^2+3)\sqrt{1+3t^2}}=3\int\frac{\mathrm{d}u}{27-8u^2}=\frac{1}{4\sqrt{6}}\ln\left|\frac{3\sqrt{3}+2\sqrt{2}u}{3\sqrt{3}-2\sqrt{2}u}\right|+C_2$$

$$=\frac{1}{4\sqrt{6}}\ln\left|\frac{\sqrt{3(x^2+x+1)}+(x+1)\sqrt{2}}{\sqrt{3(x^2+x+1)}-(x+1)\sqrt{2}}\right|+C_2=\frac{1}{2\sqrt{6}}\ln\left|\frac{\sqrt{x^2-x+1}}{\sqrt{3(x^2+x+1)}-(x+1)\sqrt{2}}\right|+C_2.$$

于是，最后得到

$$\int\frac{\mathrm{d}x}{(x^2-x+1)\sqrt{x^2+x+1}}=-\frac{1}{\sqrt{2}}\arctan\left[\frac{\sqrt{x^2+x+1}}{(x-1)\sqrt{2}}\right]+\frac{1}{\sqrt{6}}\ln\left|\frac{\sqrt{x^2-x+1}}{\sqrt{3(x^2+x+1)}-(x+1)\sqrt{2}}\right|+C.$$

**【1965】**$^+$ 求 $\int\frac{\mathrm{d}x}{(x^2+2)\sqrt{2x^2-2x+5}}$.

**解** 此题与 1964 题均属于下述类型的积分

$$\int\frac{Mx+N}{(x^2+px+q)^m\sqrt{ax^2+bx+c}}\mathrm{d}x$$

（参看微积分学教程（Г. М. 菲赫金哥尔茨）第二卷第一分册 55 页“272. 其他的计算方法”）

设 $x=\frac{\alpha+\beta t}{1+t}$，适当选择 $\alpha$ 与 $\beta$，使得在两个三项式中同时消 去一次项. 为此，将 $x=\frac{\alpha+\beta t}{1+t}$ 分别代入 $x^2+2$及 $2x^2-2x+5$ 中，并令一次项的系数等于零，求得

$$\alpha=-1,\quad \beta=2,$$

即设 $x=\frac{2t-1}{1+t}$. 从而有

$$\mathrm{d}x=\frac{3}{(t+1)^2}\mathrm{d}t,\quad x^2+2=\frac{3(2t^2+1)}{(t+1)^2}, \sqrt{2x^2-2x+5}=\frac{3\sqrt{t^2+1}}{|t+1|}.$$

以下不妨设 $t+1>0$. 代入得

$$\int\frac{\mathrm{d}x}{(x^2+2)\sqrt{2x-2x+5}}=\frac{1}{3}\int\frac{t+1}{(2t^2+1)\sqrt{t^2+1}}\mathrm{d}t=\frac{1}{3}\int\frac{t\mathrm{d}t}{(2t^2+1)\sqrt{t^2+1}}+\frac{1}{3}\int\frac{\mathrm{d}t}{(2t^2+1)\sqrt{t^2+1}}.$$

对于右端的第一个积分，设 $u=\sqrt{t^2+1}$，代入后计算得

$$\frac{1}{3}\int\frac{t\mathrm{d}t}{(2t^2+1)\sqrt{t^2+1}}=\frac{1}{3}\int\frac{\mathrm{d}u}{2u^2-1}=\frac{1}{6\sqrt{2}}\ln\frac{\sqrt{2}u-1}{\sqrt{2}u+1}+C_1=\frac{1}{6\sqrt{2}}\ln\frac{\sqrt{2(2x^2-2x+5)}+(x-2)}{\sqrt{2(2x^2-2x+5)}-(x-2)}+C_1.$$

对于右端的第二个积分，设 $u=\frac{t}{\sqrt{t^2+1}}$，代入后计算得

$$\frac{1}{3}\int\frac{dt}{(2t^2+1)\sqrt{t^2+1}}=\frac{1}{3}\int\frac{du}{1+u^2}=\frac{1}{3}\arctan u+C_2=\frac{1}{3}\arctan\left(\frac{1+x}{\sqrt{2x^2-2x+5}}\right)+C_2$$

$$=-\frac{1}{3}\arctan\left(\frac{\sqrt{2x^2-2x+5}}{x+1}\right)+C_3.$$

于是,最后得到 $$\int\frac{dx}{(x^2+2)\sqrt{2x^2-2x+5}}$$

$$=\frac{1}{6\sqrt{2}}\ln\frac{\sqrt{2(2x^2-2x+5)}+(x-2)}{\sqrt{2(2x^2-2x+5)}-(x-2)}-\frac{1}{3}\arctan\left(\frac{\sqrt{2x^2-2x+5}}{x+1}\right)+C.$$

**利用欧拉代换**

(1) 若 $a>0$, $\sqrt{ax^2+bx+c}=\pm\sqrt{a}x+z$;　　(2) 若 $c>0$, $\sqrt{ax^2+bx+c}=xz\pm\sqrt{c}$;

(3) $\sqrt{a(x-x_1)(x-x_2)}=z(x-x_1)$.

**求下列积分:**

**【1966】** $\displaystyle\int\frac{dx}{x+\sqrt{x^2+x+1}}$.

**提示** 令 $\sqrt{x^2+x+1}=z-x$.

**解** 设 $\sqrt{x^2+x+1}=z-x$,则 $x=\dfrac{z^2-1}{1+2z}$, $dx=\dfrac{2(z^2+z+1)}{(1+2z)^2}dz$, $\sqrt{x^2+x+1}=\dfrac{z^2+z+1}{1+2z}$.

代入得 $$\int\frac{dx}{x+\sqrt{x^2+x+1}}=\frac{1}{2}\int\frac{z^2+z+1}{z\left(z+\frac{1}{2}\right)^2}dz=\frac{1}{2}\int\left[\frac{4}{z}-\frac{3}{z+\frac{1}{2}}-\frac{3}{2\left(z+\frac{1}{2}\right)^2}\right]dz$$

$$=\frac{1}{2}\ln\frac{z^4}{\left|z+\frac{1}{2}\right|^3}+\frac{3}{4\left(z+\frac{1}{2}\right)}+C_1=\frac{1}{2}\ln\frac{z^4}{|2z+1|^3}+\frac{3}{2(2z+1)}+C,$$

其中 $z=x+\sqrt{x^2+x+1}$.

**【1967】** $\displaystyle\int\frac{dx}{1+\sqrt{1-2x-x^2}}$.

**提示** 令 $\sqrt{1-2x-x^2}=xz-1$.

**解** 设 $\sqrt{1-2x-x^2}=xz-1$,则

$$z=\frac{1+\sqrt{1-2x-x^2}}{x},\quad x=\frac{2(z-1)}{z^2+1},dx=\frac{2(1+2z-z^2)}{(z^2+1)^2}dz,\quad \sqrt{1-2x-x^2}+1=\frac{2z(z-1)}{z^2+1}.$$

代入得 $$\int\frac{dx}{1+\sqrt{1-2x-x^2}}=\int\frac{1+2z-z^2}{z(z-1)(z^2+1)}dz=\int\left[\frac{1}{z-1}-\frac{1}{z}-\frac{2}{z^2+1}\right]dz$$

$$=\ln\left|\frac{z-1}{z}\right|-2\arctan z+C,$$

其中 $z=\dfrac{1+\sqrt{1-2x-x^2}}{x}$.

**【1968】** $\displaystyle\int x\sqrt{x^2-2x+2}\,dx$.

**解** 设 $\sqrt{x^2-2x+2}=z-x$,则 $x=\dfrac{z^2-2}{2(z-1)}$, $dx=\dfrac{z^2-2z+2}{2(z-1)^2}dz$, $\sqrt{x^2-2x+2}=\dfrac{z^2-2z+2}{2(z-1)}$.

代入得 $$\int x\sqrt{x^2-2x+2}\,dx=\frac{1}{8}\int\frac{(z^2-2)(z^2-2z+2)^2}{(z-1)^4}dz$$

$$=\frac{1}{8}\int\frac{[(z-1)^2+2(z-1)-1][(z-1)^2+1]^2}{(z-1)^4}dz$$

$$=\frac{1}{8}\int\left\{\left[(z-1)^2-(z-1)^{-4}\right]+\left[2(z-1)+2(z-1)^{-3}\right]+\left[1-(z-1)^{-2}\right]+4(z-1)^{-1}\right\}d(z-1)$$

$$=\frac{1}{8}\left\{\frac{1}{3}\left[(z-1)^3+(z-1)^{-3}\right]+\left[(z-1)^2-(z-1)^{-2}\right]+\left[(z-1)+(z-1)^{-1}\right]\right\}+\frac{1}{2}\ln|z-1|+C,$$

其中 $z=x+\sqrt{x^2-2x+2}$.

**【1969】** $\displaystyle\int\frac{x-\sqrt{x^2+3x+2}}{x+\sqrt{x^2+3x+2}\,x}\mathrm{d}x$.

**提示** 令 $\sqrt{x^2+3x+2}=z(x+1)$.

**解** 设 $\sqrt{x^2+3x+2}=z(x+1)$,则 $x=\dfrac{2-z^2}{z^2-1}$, $\mathrm{d}x=-\dfrac{2z}{(z^2-1)^2}\mathrm{d}z$, $\sqrt{x^2+3x+2}=\dfrac{z}{z^2-1}$.

代入得
$$\int\frac{x-\sqrt{x^2+3x+2}}{x+\sqrt{x^2+3x+2}}\mathrm{d}x=\int\frac{2z(2-z-z^2)}{(z^2-z-2)(z^2-1)^2}\mathrm{d}z$$
$$=\int\left[-\frac{17}{108(z+1)}+\frac{5}{18(z+1)^2}+\frac{1}{3(z+1)^3}+\frac{3}{4(z-1)}-\frac{16}{27(z-2)}\right]\mathrm{d}z$$
$$=-\frac{17}{108}\ln|z+1|-\frac{5}{18(z+1)}-\frac{1}{6(z+1)^2}+\frac{3}{4}\ln|z-1|-\frac{16}{27}\ln|z-2|+C,$$

其中 $z=\dfrac{\sqrt{x^2+3x+2}}{x+1}$.

**【1970】** $\displaystyle\int\frac{\mathrm{d}x}{[1+\sqrt{x(1+x)}]^2}$.

**解** 设 $\sqrt{x(1+x)}=z+x$,则 $x=\dfrac{z^2}{1-2z}$, $\mathrm{d}x=\dfrac{2z(1-z)}{(1-2z)^2}\mathrm{d}z$, $1+\sqrt{x(1+x)}=\dfrac{1-z-z^2}{1-2z}$.

代入得
$$\int\frac{\mathrm{d}x}{[1+\sqrt{x(1+x)}]^2}=2\int\frac{z(1-z)}{(1-z-z^2)^2}\mathrm{d}z=2\int\frac{(1-z-z^2)+(2z+1)-2}{(1-z-z^2)^2}\mathrm{d}z$$
$$=2\int\frac{\mathrm{d}z}{1-z-z^2}-2\int\frac{\mathrm{d}(1-z-z^2)}{(1-z-z^2)^2}-4\int\frac{\mathrm{d}z}{(1-z-z^2)^2}$$
$$=2\int\frac{\mathrm{d}\left(z+\frac{1}{2}\right)}{\frac{5}{4}-\left(z+\frac{1}{2}\right)^2}+\frac{2}{1-z-z^2}-4\left\{\frac{2z+1}{5(1-z-z^2)}+\frac{2}{5}\int\frac{\mathrm{d}\left(z+\frac{1}{2}\right)}{\frac{5}{4}-\left(z+\frac{1}{2}\right)^2}{}^{*)}\right\}$$
$$=\frac{2}{5\sqrt{5}}\ln\left|\frac{\frac{\sqrt{5}}{2}+z+\frac{1}{2}}{\frac{\sqrt{5}}{2}-z-\frac{1}{2}}\right|+\frac{2}{1-z-z^2}-\frac{4(2z+1)}{5(1-z-z^2)}+C=\frac{2}{5\sqrt{5}}\ln\left|\frac{\sqrt{5}+2z+1}{\sqrt{5}-2z-1}\right|+\frac{2(3-4z)}{5(1-z-z^2)}+C,$$

其中 $z=\sqrt{x(1+x)}-x$.

*)利用 1921 题的递推公式.

**利用不同方法,计算下列积分:**

**【1971】** $\displaystyle\int\frac{\mathrm{d}x}{\sqrt{x^2+1}-\sqrt{x^2-1}}$.

**解** 
$$\int\frac{\mathrm{d}x}{\sqrt{x^2+1}-\sqrt{x^2-1}}=\int\frac{\sqrt{x^2+1}+\sqrt{x^2-1}}{(x^2+1)-(x^2-1)}\mathrm{d}x=\frac{1}{2}\int\sqrt{x^2+1}\,\mathrm{d}x+\frac{1}{2}\int\sqrt{x^2-1}\,\mathrm{d}x$$
$$=\frac{x}{4}(\sqrt{x^2+1}+\sqrt{x^2-1})+\frac{1}{4}\ln\left|\frac{x+\sqrt{x^2+1}}{x+\sqrt{x^2-1}}\right|+C.$$

**【1972】** $\displaystyle\int\frac{x\mathrm{d}x}{(1-x^3)\sqrt{1-x^2}}$.

**提示** 令 $\dfrac{1+x}{1-x}=z$,并利用 1884 题的结果.

**解** 设 $\dfrac{1+x}{1-x}=z$,则 $x=\dfrac{z-1}{z+1}$, $\mathrm{d}x=\dfrac{2}{(z+1)^2}\mathrm{d}z$.

代入得 $\displaystyle\int\frac{x\mathrm{d}x}{(1-x^3)\sqrt{1-x^2}}=\frac{1}{2}\int\frac{(z^2-1)\mathrm{d}z}{\sqrt{z}(3z^2+1)}=\int\frac{(z^2-1)\mathrm{d}(\sqrt{z})}{3z^2+1}=\int\left[\frac{1}{3}-\frac{4}{3(3z^2+1)}\right]\mathrm{d}(\sqrt{z})$

$$=\frac{\sqrt{z}}{3}-\frac{4}{3}\cdot\frac{1}{\sqrt[4]{3}}\int\frac{\mathrm{d}(\sqrt[4]{3z^2})}{(\sqrt[4]{3z^2})^4+1}=\frac{\sqrt{z}}{3}-\frac{4}{3\sqrt[4]{3}}\left[\frac{1}{4\sqrt{2}}\ln\frac{z\sqrt{3}+\sqrt[4]{12z^2}+1}{z\sqrt{3}-\sqrt[4]{12z^2}+1}+\frac{1}{2\sqrt{2}}\arctan\left(\frac{\sqrt[4]{12z^2}}{1-z\sqrt{3}}\right)\right]^{*)}+C$$

$$=\frac{\sqrt{z}}{3}-\frac{1}{3\sqrt[4]{12}}\left[\ln\frac{z\sqrt{3}+\sqrt[4]{12z^2}+1}{z\sqrt{3}-\sqrt[4]{12z^2}+1}-2\arctan\left(\frac{\sqrt[4]{12z^2}}{z\sqrt{3}-1}\right)\right]+C,$$

其中 $z=\dfrac{1+x}{1-x}$.

*)利用 1884 题的结果.

**【1973】** $\displaystyle\int\frac{\mathrm{d}x}{\sqrt{2}+\sqrt{1-x}+\sqrt{1+x}}$.

**解** $\displaystyle\int\frac{\mathrm{d}x}{\sqrt{2}+\sqrt{1-x}+\sqrt{1+x}}=\int\frac{-\sqrt{2}+\sqrt{1-x}+\sqrt{1+x}}{(\sqrt{2}+\sqrt{1-x}+\sqrt{1+x})(-\sqrt{2}+\sqrt{1-x}+\sqrt{1+x})}\mathrm{d}x$

$$=\int\frac{-\sqrt{2}+\sqrt{1-x}+\sqrt{1+x}}{2\sqrt{1-x^2}}\mathrm{d}x=-\frac{1}{\sqrt{2}}\int\frac{\mathrm{d}x}{\sqrt{1-x^2}}+\frac{1}{2}\int\frac{\mathrm{d}x}{\sqrt{1+x}}+\frac{1}{2}\int\frac{\mathrm{d}x}{\sqrt{1-x}}$$

$$=-\frac{1}{\sqrt{2}}\arcsin x+\sqrt{1+x}-\sqrt{1-x}+C.$$

**【1974】** $\displaystyle\int\frac{x+\sqrt{1+x+x^2}}{1+x+\sqrt{1+x+x^2}}\mathrm{d}x$.

**解** $\displaystyle\int\frac{x+\sqrt{1+x+x^2}}{1+x+\sqrt{1+x+x^2}}\mathrm{d}x=\int\frac{(x+\sqrt{1+x+x^2})(1+x-\sqrt{1+x+x^2})}{(1+x)^2-(1+x+x^2)}\mathrm{d}x$

$$=\int\frac{\sqrt{1+x+x^2}-1}{x}\mathrm{d}x=\int\frac{\sqrt{1+x+x^2}}{x}\mathrm{d}x-\ln|x|.$$

对于积分 $\displaystyle\int\frac{\sqrt{1+x+x^2}}{x}\mathrm{d}x$,设 $x=\dfrac{1}{t}$,则 $\mathrm{d}x=-\dfrac{1}{t^2}\mathrm{d}t$, $\sqrt{1+x+x^2}=\dfrac{\sqrt{t^2+t+1}}{|t|}$.
不妨设 $t>0$,代入得

$$\int\frac{\sqrt{1+x+x^2}}{x}\mathrm{d}x=-\int\frac{\sqrt{t^2+t+1}}{t^2}\mathrm{d}t=\int\sqrt{t^2+t+1}\,\mathrm{d}\left(\frac{1}{t}\right)$$

$$=\frac{\sqrt{t^2+t+1}}{t}-\frac{1}{2}\int\frac{2t+1}{t\sqrt{1+t+t^2}}\mathrm{d}t=\sqrt{x^2+x+1}-\int\frac{\mathrm{d}t}{\sqrt{1+t+t^2}}-\frac{1}{2}\int\frac{\mathrm{d}t}{t\sqrt{1+t+t^2}}$$

$$=\sqrt{x^2+x+1}-\ln\left(t+\frac{1}{2}+\sqrt{1+t+t^2}\right)+\frac{1}{2}\int\frac{\mathrm{d}\left(\frac{1}{t}\right)}{\sqrt{\left(\frac{1}{t}\right)^2+\left(\frac{1}{t}\right)+1}}$$

$$=\sqrt{x^2+x+1}-\ln\frac{2+x+2\sqrt{1+x+x^2}}{2x}+\frac{1}{2}\ln\left(\frac{1}{t}+\frac{1}{2}+\sqrt{\frac{1}{t^2}+\frac{1}{t}+1}\right)+C_1$$

$$=\sqrt{x^2+x+1}-\ln\frac{2+x+2\sqrt{1+x+x^2}}{2x}+\frac{1}{2}\ln\frac{2x+1+2\sqrt{1+x+x^2}}{2}+C_1$$

$$=\sqrt{x^2+x+1}+\frac{1}{2}\ln\frac{2x+1+2\sqrt{1+x+x^2}}{(2+x+2\sqrt{1+x+x^2})^2}+\ln x+C.$$

于是,当 $x>0$ 时,最后得到

$$\int\frac{x+\sqrt{1+x+x^2}}{1+x+\sqrt{1+x+x^2}}\mathrm{d}x=\sqrt{x^2+x+1}+\frac{1}{2}\ln\frac{2x+1+2\sqrt{1+x+x^2}}{(2+x+2\sqrt{1+x+x^2})^2}+C.$$

当 $x<0$ 时,可获得同样的结果.

【1975】 $\int \frac{\sqrt{x(x+1)}}{\sqrt{x}+\sqrt{x+1}}dx$.

解 $\int \frac{\sqrt{x(x+1)}}{\sqrt{x}+\sqrt{x+1}}dx=\int \frac{\sqrt{x(x+1)}\ (\sqrt{x+1}-\sqrt{x})}{(x+1)-x}dx=\int [(x+1)\sqrt{x}-x\sqrt{x+1}]dx$

$=\int [x^{\frac{3}{2}}+x^{\frac{1}{2}}-(x+1)^{\frac{3}{2}}+(x+1)^{\frac{1}{2}}]dx=\frac{2}{3}[(x+1)^{\frac{3}{2}}+x^{\frac{3}{2}}]-\frac{2}{5}[(x+1)^{\frac{5}{2}}-x^{\frac{5}{2}}]+C.$

【1976】 $\int \frac{(x^2-1)dx}{(x^2+1)\sqrt{x^4+1}}$.

解 $\int \frac{(x^2-1)dx}{(x^2+1)\sqrt{x^4+1}}=\int \frac{\frac{x^2-1}{(x^2+1)^2}dx}{\sqrt{\frac{x^4+1}{(x^2+1)^2}}}=\int \frac{\frac{x^2-1}{(x^2+1)^2}dx}{\sqrt{1-\left(\frac{x\sqrt{2}}{x^2+1}\right)^2}}$.

下面我们先考虑积分$\int \frac{x^2-1}{(x^2+1)^2}dx$. 设 $x=\tan t$, $-\frac{\pi}{2}<t<\frac{\pi}{2}$,则有 $dx=\sec^2 t dt$. 代入得

$$\int \frac{x^2-1}{(x^2+1)^2}dx=\int \frac{\tan^2 t-1}{\sec^4 t}\sec^2 t dt=\int (\sin^2 t-\cos^2 t)dt=-\int \cos 2t dt=-\frac{1}{2}\sin 2t+C_1=-\frac{x}{1+x^2}+C_1,$$

从而,可得$\frac{x^2-1}{(x^2+1)^2}dx=-\frac{1}{\sqrt{2}}d\left(\frac{x\sqrt{2}}{1+x^2}\right)$. 于是,

$$\int \frac{(x^2-1)dx}{(x^2+1)\sqrt{x^4+1}}=-\frac{1}{\sqrt{2}}\int \frac{d\left(\frac{x\sqrt{2}}{1+x^2}\right)}{\sqrt{1-\left(\frac{x\sqrt{2}}{1+x^2}\right)^2}}=-\frac{1}{\sqrt{2}}\arcsin\left(\frac{x\sqrt{2}}{1+x^2}\right)+C.$$

【1977】 $\int \frac{x^2+1}{(x^2-1)\sqrt{x^4+1}}dx$.

解 仿照1976题,可得

$$\int \frac{x^2+1}{(x^2-1)\sqrt{x^4+1}}dx=\int \frac{\frac{x^2+1}{(x^2-1)^2}}{\sqrt{\frac{x^4+1}{(x^2-1)^2}}}dx=-\frac{1}{\sqrt{2}}\int \frac{d\left(\frac{x\sqrt{2}}{x^2-1}\right)}{\sqrt{1+\left(\frac{x\sqrt{2}}{x^2-1}\right)^2}}$$

$$=-\frac{1}{\sqrt{2}}\ln\left|\frac{x\sqrt{2}}{x^2-1}+\sqrt{1+\left(\frac{x\sqrt{2}}{x^2-1}\right)^2}\right|+C=-\frac{1}{\sqrt{2}}\ln\left|\frac{x\sqrt{2}+\sqrt{x^4+1}}{x^2-1}\right|+C.$$

【1978】 $\int \frac{dx}{x\sqrt{x^4+2x^2-1}}$.

提示 令 $\frac{1}{x}=\sqrt{t}$(这里设 $x>0$. 若 $x<0$,则令$\frac{1}{x}=-\sqrt{t}$,最后结果相同).

解 作代换$\frac{1}{x}=\sqrt{t}$(这里设 $x>0$. 若 $x<0$,则作变换$\frac{1}{x}=-\sqrt{t}$,最后结果相同),则

$$dx=-\frac{1}{2t\sqrt{t}}dt,\quad \sqrt{x^4+2x^2-1}=\frac{\sqrt{1+2t-t^2}}{t}.$$

代入得 $\int \frac{dx}{x\sqrt{x^4+2x^2-1}}=-\frac{1}{2}\int \frac{dt}{\sqrt{1+2t-t^2}}=\frac{1}{2}\int \frac{d(1-t)}{\sqrt{2-(1-t)^2}}=\frac{1}{2}\arcsin\left(\frac{1-t}{\sqrt{2}}\right)+C$

$=\frac{1}{2}\arcsin\left(\frac{x^2-1}{x^2\sqrt{2}}\right)+C\quad (|x|>\sqrt{\sqrt{2}-1}).$

【1979】 $\int \frac{(x^2+1)dx}{x\sqrt{x^4+x^2+1}}$.

解 $\int \frac{(x^2+1)dx}{x\sqrt{x^4+x^2+1}}=\int \frac{xdx}{\sqrt{x^4+x^2+1}}+\int \frac{dx}{x\sqrt{x^4+x^2+1}}$

$$=\frac{1}{2}\int\frac{\mathrm{d}\left(x^2+\frac{1}{2}\right)}{\sqrt{\left(x^2+\frac{1}{2}\right)^2+\frac{3}{4}}}-\frac{1}{2}\int\frac{\mathrm{d}\left(\frac{1}{x^2}\right)}{\sqrt{\left(\frac{1}{x^2}+\frac{1}{2}\right)^2+\frac{3}{4}}}=\frac{1}{2}\ln\frac{x^2+\frac{1}{2}+\sqrt{x^4+x^2+1}}{\frac{1}{x^2}+\frac{1}{2}+\sqrt{\frac{x^4+x^2+1}{x^4}}}+C.$$

$$=\frac{1}{2}\ln\frac{x^2(1+2x^2+2\sqrt{x^4+x^2+1})}{2+x^2+2\sqrt{x^4+x^2+1}}+C.$$

**【1980】** 证明:积分

$$\int R(x,\sqrt{ax+b},\sqrt{cx+d})\mathrm{d}x\ (R\text{ 为有理函数})$$

的求法,归结为有理函数的积分法.

**证明思路** 当 $a,c$ 中至少有一个为零时,则积分的求法显然可归结为有理函数的积分法.

当 $a\neq0$ 及 $c\neq0$ 时,设 $\sqrt{ax+b}=z$,则 $\sqrt{cx+d}=\sqrt{c_1z^2+d_1}$,其中 $c_1=\frac{c}{a}$, $d_1=d-\frac{bc}{a}$. 从而,原积分变形为

$$\int R\left(\frac{z^2-b}{a},z,\sqrt{c_1z^2+d_1}\right)\frac{2}{a}z\mathrm{d}z=\int R_1(z,\sqrt{c_1z^2+d_1})\mathrm{d}z,$$

其中 $R_1$ 为有理函数.

若 $c_1>0$,设 $\sqrt{c_1z^2+d_1}=\pm\sqrt{c_1}z+u$;若 $d_1>0$,设 $\sqrt{c_1z^2+d_1}=zu\pm\sqrt{d_1}$,即可将被积函数有理化. 从而命题获证.

**证** 当 $a,c$ 中至少有一个为零时,则积分

$$\int R(x,\sqrt{ax+b},\sqrt{cx+d})\mathrm{d}x$$

的求法显然可归结为有理函数的积分法.

当 $a\neq0,c\neq0$ 时,设 $\sqrt{ax+b}=z$,则

$$x=\frac{z^2-b}{a},\quad \mathrm{d}x=\frac{2}{a}z\mathrm{d}z,\sqrt{cx+d}=\sqrt{\frac{c}{a}z^2+d-\frac{bc}{a}}=\sqrt{c_1z^2+d_1},$$

式中 $c_1=\frac{c}{a}$, $d_1=d-\frac{bc}{a}$. 代入得

$$\int R(x,\sqrt{ax+b},\sqrt{cx+d})\mathrm{d}x=\int R\left(\frac{z^2-b}{a},z,\sqrt{c_1z^2+d_1}\right)\frac{2}{a}z\mathrm{d}z=\int R_1(z,\sqrt{c_1z^2+d_1})\mathrm{d}z,$$

其中 $R_1$ 为有理函数.

再设 $\sqrt{c_1z^2+d_1}=\pm\sqrt{c_1}z+u\ (c_1>0)$ 或 $\sqrt{c_1z^2+d_1}=zu\pm\sqrt{d_1}\ (d_1>0)$——欧拉代换,就可将被积函数有理化. 于是,积分

$$\int R(x,\sqrt{ax+b},\sqrt{cx+b})\mathrm{d}x$$

的求法可归结为有理函数的积分法.

二项微分式的积分

$$\int x^m(a+bx^n)^p\mathrm{d}x,\quad (\text{式中 } m,n \text{ 和 } p \text{ 为有理数})$$

仅在下列三种情形可化为有理函数的积分(切比雪夫定理):

第一种情形,$p$ 为整数. 此时令 $x=z^N$,其中 $N$ 为分数 $m$ 和 $n$ 的公分母.

第二种情形,$\frac{m+1}{n}$ 为整数. 此时令 $a+bx^n=z^N$,其中 $N$ 为分数 $p$ 的分母.

第三种情形,$\frac{m+1}{n}+p$ 为整数. 此时利用代换:$ax^{-n}+b=z^N$,其中 $N$ 为分数 $p$ 的分母.

若 $n=1$,则这些情形等价于:(1) $p$ 为整数. (2) $m$ 为整数. (3) $m+p$ 为整数.

计算下列积分:

**【1981】** $\int \sqrt{x^3+x^4}\,dx$.

提示 令 $x^{-1}+1=z^2$.

解 $\sqrt{x^3+x^4}=x^{\frac{3}{2}}(1+x)^{\frac{1}{2}}$. $m=\frac{3}{2}$, $n=1$, $p=\frac{1}{2}$; $\frac{m+1}{n}+p=3$, 这是二项微分式的第三种情形.

设 $x^{-1}+1=z^2$,则 $x=\frac{1}{z^2-1}$, $dx=-\frac{2z}{(z^2-1)^2}dz$, $\sqrt{x^3+x^4}=\frac{z}{(z^2-1)^2}$

(不妨设 $z>0$,以下各题不再说明). 代入得

$$\int \sqrt{x^3+x^4}\,dx=-2\int \frac{z^2}{(z^2-1)^4}dz=-2\int \frac{dz}{(z^2-1)^4}-2\int \frac{dz}{(z^2-1)^3}$$

$$=-2\left[-\frac{z}{6(z^2-1)^3}-\frac{5}{6}\int \frac{dz}{(z^2-1)^3}\right]^{*)}-2\int \frac{dz}{(z^2-1)^3}=\frac{z}{3(z^2-1)^3}-\frac{1}{3}\int \frac{dz}{(z^2-1)^3}$$

$$=\frac{z}{3(z^2-1)^3}+\frac{z}{12(z^2-1)^2}-\frac{z}{8(z^2-1)}+\frac{1}{16}\ln\frac{z+1}{z-1}+C$$

$$=\frac{1}{3}\sqrt{(x+x^2)^3}-\frac{1+2x}{8}\sqrt{x+x^2}+\frac{1}{8}\ln(\sqrt{x}+\sqrt{1+x})+C \quad (x>0).$$

*) 利用 1921 题的结果.

**【1982】** $\int \frac{\sqrt{x}}{(1+\sqrt[3]{x})^2}dx$.

提示 令 $x=z^6$.

解 $\frac{\sqrt{x}}{(1+\sqrt[3]{x})^2}=x^{\frac{1}{2}}(1+x^{\frac{1}{3}})^{-2}$. $m=\frac{1}{2}$, $n=\frac{1}{3}$, $p=-2$; $p$ 为整数,这是二项微分式的第一种情形.

设 $x=z^6$, 则 $dx=6z^5dz$, $\sqrt{x}=z^3$, $\sqrt[3]{x}=z^2$. 代入得

$$\int \frac{\sqrt{x}}{(1+\sqrt[3]{x})^2}\,dx=6\int \frac{z^8}{(z^2+1)^2}\,dz=6\int \left[z^4-2z^2+3-\frac{4}{z^2+1}+\frac{1}{(z^2+1)^2}\right]dz$$

$$=\frac{6}{5}z^5-4z^3+18z-24\arctan z+6\left[\frac{z}{2(z^2+1)}+\frac{1}{2}\arctan z\right]^{*)}+C$$

$$=\frac{6}{5}x^{\frac{5}{6}}-4x^{\frac{1}{2}}+18x^{\frac{1}{6}}+\frac{3x^{\frac{1}{6}}}{1+x^{\frac{1}{3}}}-21\arctan(x^{\frac{1}{6}})+C.$$

*) 利用 1921 题的结果.

**【1983】** $\int \frac{x\,dx}{\sqrt{1+\sqrt[3]{x^2}}}$.

提示 令 $1+x^{\frac{2}{3}}=z^2$.

解 $\frac{x}{\sqrt{1+\sqrt[3]{x^2}}}=x(1+x^{\frac{2}{3}})^{-\frac{1}{2}}$. $m=1$, $n=\frac{2}{3}$, $p=-\frac{1}{2}$; $\frac{m+1}{n}=3$, 这是二项微分式的第二种情形.

设 $1+x^{\frac{2}{3}}=z^2$, 则 $x=(z^2-1)^{\frac{3}{2}}$, $dx=3z(z^2-1)^{\frac{1}{2}}dz$. 代入得

$$\int \frac{x\,dx}{\sqrt{1+\sqrt[3]{x^2}}}=3\int (z^2-1)^2dz=\frac{3}{5}z^5-2z^3+3z+C,$$

其中 $z=\sqrt{1+\sqrt[3]{x^2}}$.

**【1984】** $\int \frac{x^5\,dx}{\sqrt{1-x^2}}$.

解 $\frac{x^5}{\sqrt{1-x^2}}=x^5(1-x^2)^{-\frac{1}{2}}$. $m=5$, $n=2$, $p=-\frac{1}{2}$; $\frac{m+1}{n}=3$,这是二项微分式的第二种情形.

设 $\sqrt{1-x^2}=z$（不妨设 $x>0$），则 $x=\sqrt{1-z^2}$， $dx=-\frac{z}{\sqrt{1-z^2}}dz$. 代入得

$$\int\frac{x^5dx}{\sqrt{1-x^2}}=-\int(1-z^2)^2dz=-z+\frac{2}{3}z^3-\frac{1}{5}z^5+C,$$

其中 $z=\sqrt{1-x^2}$.

**【1985】** $\int\frac{dx}{\sqrt[3]{1+x^3}}$.

**提示** 令 $x^{-3}+1=z^3$.

**解** $\frac{1}{\sqrt[3]{1+x^3}}=x^0(1+x^3)^{-\frac{1}{3}}$，$m=0$，$n=3$，$p=-\frac{1}{3}$；$\frac{m+1}{n}+p=0$,这是二项微分式的第三种情形.

设 $x^{-3}+1=z^3$，则 $x=(z^3-1)^{-\frac{1}{3}}$， $dx=-z^2(z^3-1)^{-\frac{4}{3}}dz$. 代入得

$$\int\frac{dx}{\sqrt[3]{1+x^3}}=-\int\frac{z}{z^3-1}dz=-\frac{1}{3}\int\frac{dz}{z-1}+\frac{1}{3}\int\frac{z-1}{z^2+z+1}dz$$

$$=-\frac{1}{3}\ln|z-1|+\frac{1}{6}\ln(z^2+z+1)-\frac{1}{\sqrt{3}}\arctan\left(\frac{2z+1}{\sqrt{3}}\right)+C$$

$$=\frac{1}{6}\ln\frac{z^2+z+1}{(z-1)^2}-\frac{1}{\sqrt{3}}\arctan\left(\frac{2z+1}{\sqrt{3}}\right)+C,$$

其中 $z=\frac{\sqrt[3]{1+x^3}}{x}$.

**【1986】** $\int\frac{dx}{\sqrt[4]{1+x^4}}$.

**解** $\frac{1}{\sqrt[4]{1+x^4}}=x^0(1+x^4)^{-\frac{1}{4}}$，$m=0$，$n=4$，$p=-\frac{1}{4}$；$\frac{m+1}{n}+p=0$，这是二项微分式的第三种情形.

设 $x^{-4}+1=z^4$,则 $z=\frac{\sqrt[4]{1+x^4}}{x}$ $(z>0, x>0)$,$x=(z^4-1)^{-\frac{1}{4}}$， $dx=-z^3(z^4-1)^{-\frac{5}{4}}dz$. 代入得

$$\int\frac{dx}{\sqrt[4]{1+x^4}}=-\int\frac{z^2}{z^4-1}dz=\int\left[\frac{1}{4(z+1)}-\frac{1}{4(z-1)}-\frac{1}{2(z^2+1)}\right]dz=\frac{1}{4}\ln\left|\frac{z+1}{z-1}\right|-\frac{1}{2}\arctan z+C,$$

其中 $z=\frac{\sqrt[4]{1+x^4}}{x}$.

**【1987】**+ $\int\frac{dx}{x\sqrt[6]{1+x^6}}$.

**解** $\frac{1}{x\sqrt[6]{1+x^6}}=x^{-1}(1+x^6)^{-\frac{1}{6}}$. $m=-1$，$n=6$，$p=-\frac{1}{6}$；$\frac{m+1}{n}=0$，这是二项微分式的第二种情形.

设 $1+x^6=z^6$,则 $z=\sqrt[6]{1+x^6}$ $(z>0,x>0)$,$x=\sqrt[6]{z^6-1}$， $dx=z^5(z^6-1)^{-\frac{5}{6}}dz$. 代入得

$$\int\frac{dx}{x\sqrt[6]{1+x^6}}=\int\frac{z^4dz}{z^6-1}=\int\left[-\frac{1}{6(z+1)}+\frac{z+1}{6(z^2-z+1)}+\frac{1}{6(z-1)}+\frac{-z+1}{6(z^2+z+1)}\right]dz$$

$$=\frac{1}{6}\ln\frac{z-1}{z+1}+\frac{1}{12}\ln\frac{z^2-z+1}{z^2+z+1}+\frac{1}{2\sqrt{3}}\left[\arctan\left(\frac{2z-1}{\sqrt{3}}\right)+\arctan\left(\frac{2z+1}{\sqrt{3}}\right)\right]+C_1$$

$$=\frac{1}{6}\ln\frac{z-1}{z+1}+\frac{1}{12}\ln\frac{z^2-z+1}{z^2+z+1}+\frac{1}{2\sqrt{3}}\arctan\left(\frac{z^2-1}{z\sqrt{3}}\right)+C,$$

其中 $z=\sqrt[6]{1+x^6}$.

**【1988】** $\int\frac{dx}{x^3\sqrt[5]{1+\frac{1}{x}}}$.

解 $\dfrac{1}{x^3\sqrt[5]{1+\dfrac{1}{x}}}=x^{-3}(1+x^{-1})^{-\frac{1}{5}}$. $m=-3$, $n=-1$, $p=-\dfrac{1}{5}$; $\dfrac{m+1}{n}=2$,这是二项微分式的第二种情形. 设 $1+x^{-1}=z^5$,则 $x=(z^5-1)^{-1}$, $dx=-5z^4(z^5-1)^{-2}dz$. 代入得

$$\int\frac{dx}{x^3\sqrt[5]{1+\dfrac{1}{x}}}=-5\int z^3(z^5-1)dz=-\frac{5}{9}z^9+\frac{5}{4}z^4+C,$$

其中 $z=\sqrt[5]{1+\dfrac{1}{x}}$.

**【1989】** $\int\sqrt[3]{3x-x^3}\,dx$.

解 $\sqrt[3]{3x-x^3}=x^{\frac{1}{3}}(3-x^2)^{\frac{1}{3}}$. $m=\dfrac{1}{3}$, $n=2$, $p=\dfrac{1}{3}$; $\dfrac{m+1}{n}+p=1$,这是二项微分式的第三种情形.

设 $3x^{-2}-1=z^3$(不妨设 $x>0$),则

$$z=\frac{\sqrt[3]{3x-x^3}}{x},\quad x=\frac{\sqrt{3}}{\sqrt{z^3+1}},\quad dx=-\frac{3\sqrt{3}}{2}\cdot\frac{z^2}{(z^3+1)^{\frac{3}{2}}}dz.$$

代入得

$$\int\sqrt[3]{3x-x^3}\,dx=-\frac{9}{2}\int\frac{z^3}{(z^3+1)^2}dz=-\frac{9}{2}\int\frac{dz}{z^3+1}+\frac{9}{2}\int\frac{dz}{(z^3+1)^2}$$

$$=-\frac{9}{2}\left[\frac{1}{6}\ln\frac{(z+1)^2}{z^2-z+1}+\frac{1}{\sqrt{3}}\arctan\left(\frac{2z-1}{\sqrt{3}}\right)\right]^{*)}+\frac{9}{2}\left[\frac{z}{3(z^3+1)}+\frac{1}{9}\ln\frac{(z+1)^2}{z^2-z+1}\right.$$

$$\left.+\frac{2}{3\sqrt{3}}\arctan\left(\frac{2z-1}{\sqrt{3}}\right)\right]^{**)}+C=\frac{3z}{2(z^3+1)}-\frac{1}{4}\ln\frac{(z+1)^2}{z^2-z+1}-\frac{\sqrt{3}}{2}\arctan\left(\frac{2z-1}{\sqrt{3}}\right)+C,$$

其中 $z=\dfrac{\sqrt[3]{3x-x^3}}{x}$.

*) 利用 1881 题的结果.

**) 利用 1892 题的结果.

**【1990】** 在什么情形下,积分 $\int\sqrt{1+x^m}\,dx$ ($m$ 为有理数)为初等函数?

解 $\sqrt{1+x^m}=x^0(1+x^m)^{\frac{1}{2}}$. 由于 $p=\dfrac{1}{2}$,故由切比雪夫定理知,仅在下述两种情形,此函数的积分可化为有理函数的积分.

第一种情形,$\dfrac{1}{m}$为整数,即 $m=\dfrac{1}{k_1}=\dfrac{2}{2k_1}$,其中 $k_1=\pm1,\pm2,\cdots$.

第二种情形,$\dfrac{1}{m}+\dfrac{1}{2}$为整数,即 $m=\dfrac{2}{2k_2-1}$,其中 $k_2=0,\pm1,\pm2,\cdots$.

综上所述,即得:当 $m=\dfrac{2}{k}$ (式中 $k=\pm1,\pm2,\cdots$)时,积分 $\int\sqrt{1+x^m}\,dx$ 为初等函数.

## §4. 三角函数的积分法

形如

$$\int\sin^m x\cos^n x\,dx\quad(m\text{ 及 }n\text{ 为整数})$$

的积分,可利用巧妙的变换或运用递推公式计算.

**求下列积分:**

**【1991】** $\int\cos^5 x\,dx$.

解 $\int \cos^5 x\mathrm{d}x=\int \cos^4 x\cos x\mathrm{d}x=\int (1-\sin^2 x)^2\mathrm{d}(\sin x)$

$=\int (1-2\sin^2 x+\sin^4 x)\mathrm{d}(\sin x)=\sin x-\frac{2}{3}\sin^3 x+\frac{1}{5}\sin^5 x+C.$

**【1992】** $\int \sin^6 x\mathrm{d}x.$

解 $\int \sin^6 x\mathrm{d}x=\int \left(\frac{1-\cos 2x}{2}\right)^3\mathrm{d}x=\frac{1}{8}\int (1-3\cos 2x+3\cos^2 2x-\cos^3 2x)\mathrm{d}x$

$=\frac{x}{8}-\frac{3}{16}\sin 2x+\frac{3}{8}\int \frac{1+\cos 4x}{2}\mathrm{d}x-\frac{1}{8}\int (1-\sin^2 2x)\cos 2x\mathrm{d}x$

$=\frac{x}{8}-\frac{3}{16}\sin 2x+\frac{3x}{16}+\frac{3}{64}\sin 4x-\frac{1}{16}\int (1-\sin^2 2x)\mathrm{d}(\sin 2x)$

$=\frac{5x}{16}-\frac{3}{16}\sin 2x+\frac{3}{64}\sin 4x-\frac{1}{16}\sin 2x+\frac{1}{48}\sin^3 2x+C$

$=\frac{5x}{16}-\frac{1}{4}\sin 2x+\frac{3}{64}\sin 4x+\frac{1}{48}\sin^3 2x+C.$

**【1993】** $\int \cos^6 x\mathrm{d}x.$

解 $\int \cos^6 x\mathrm{d}x=\int \sin^6\left(x-\frac{\pi}{2}\right)\mathrm{d}\left(x-\frac{\pi}{2}\right)$

$=\frac{5}{16}\left(x-\frac{\pi}{2}\right)-\frac{1}{4}\sin 2\left(x-\frac{\pi}{2}\right)+\frac{3}{64}\sin 4\left(x-\frac{\pi}{2}\right)+\frac{1}{48}\sin^3 2\left(x-\frac{\pi}{2}\right)^{*)}+C_1$

$=\frac{5x}{16}+\frac{1}{4}\sin 2x+\frac{3}{64}\sin 4x-\frac{1}{48}\sin^3 2x+C.$

*) 利用 1992 题的结果.

**【1994】** $\int \sin^2 x\cos^4 x\mathrm{d}x.$

解 $\int \sin^2 x\cos^4 x\mathrm{d}x=\frac{1}{4}\int \sin^2 2x\cos^2 x\mathrm{d}x=\frac{1}{8}\int \sin^2 2x(1+\cos 2x)\mathrm{d}x$

$=\frac{1}{8}\int \frac{1-\cos 4x}{2}\mathrm{d}x+\frac{1}{16}\int \sin^2 2x\mathrm{d}(\sin 2x)=\frac{x}{16}-\frac{1}{64}\sin 4x+\frac{1}{48}\sin^3 2x+C.$

**【1995】** $\int \sin^4 x\cos^5 x\mathrm{d}x.$

解 $\int \sin^4 x\cos^5 x\mathrm{d}x=\int \sin^4 x(1-\sin^2 x)^2\mathrm{d}(\sin x)=\frac{1}{5}\sin^5 x-\frac{2}{7}\sin^7 x+\frac{1}{9}\sin^9 x+C.$

**【1996】** $\int \sin^5 x\cos^5 x\mathrm{d}x.$

解 $\int \sin^5 x\cos^5 x\mathrm{d}x=\int \frac{1}{32}\sin^5 2x\mathrm{d}x=-\frac{1}{64}\int (1-\cos^2 2x)^2\mathrm{d}(\cos 2x)$

$=-\frac{1}{64}\cos 2x+\frac{1}{96}\cos^3 2x-\frac{1}{320}\cos^5 2x+C.$

**【1997】** $\int \frac{\sin^3 x}{\cos^4 x}\mathrm{d}x.$

解 $\int \frac{\sin^3 x}{\cos^4 x}\mathrm{d}x=-\int \frac{1-\cos^2 x}{\cos^4 x}\mathrm{d}(\cos x)=\frac{1}{3\cos^3 x}-\frac{1}{\cos x}+C.$

**【1998】** $\int \frac{\cos^4 x}{\sin^3 x}\mathrm{d}x.$

解 $\int \frac{\cos^4 x}{\sin^3 x}\mathrm{d}x=\int \frac{\cos^3 x}{\sin^3 x}\mathrm{d}(\sin x)=-\frac{1}{2}\int \cos^3 x\mathrm{d}\left(\frac{1}{\sin^2 x}\right)$

$=-\frac{\cos^3 x}{2\sin^2 x}-\frac{3}{2}\int \frac{\cos^2 x\sin x}{\sin^2 x}\mathrm{d}x=-\frac{\cos^3 x}{2\sin^2 x}-\frac{3}{2}\int \frac{1-\sin^2 x}{\sin x}\mathrm{d}x$

$$=-\frac{\cos^3 x}{2\sin^2 x}-\frac{3}{2}\ln\left|\tan\frac{x}{2}\right|-\frac{3}{2}\cos x+C$$

**【1999】** $\int\frac{dx}{\sin^3 x}$.

解 $\int\frac{dx}{\sin^3 x}=-\int\frac{1}{\sin x}d(\cot x)=-\frac{\cot x}{\sin x}-\int\cot x\frac{\cos x}{\sin^2 x}dx=-\frac{\cos x}{\sin^2 x}-\int\frac{1-\sin^2 x}{\sin^3 x}dx$

$$=-\frac{\cos x}{\sin^2 x}-\int\frac{dx}{\sin^3 x}+\ln\left|\tan\frac{x}{2}\right|,$$

于是，
$$\int\frac{dx}{\sin^3 x}=-\frac{\cos x}{2\sin^2 x}+\frac{1}{2}\ln\left|\tan\frac{x}{2}\right|+C.$$

**【2000】** $\int\frac{dx}{\cos^3 x}$.

解 $\int\frac{dx}{\cos^3 x}=\int\frac{d\left(x+\frac{\pi}{2}\right)}{\sin^3\left(x+\frac{\pi}{2}\right)}=-\frac{\cos\left(x+\frac{\pi}{2}\right)}{2\sin^2\left(x+\frac{\pi}{2}\right)}+\frac{1}{2}\ln\left|\tan\left(\frac{x+\frac{\pi}{2}}{2}\right)\right|^{*)}+C$

$$=\frac{\sin x}{2\cos^2 x}+\frac{1}{2}\ln\left|\tan\left(\frac{x}{2}+\frac{\pi}{4}\right)\right|+C.$$

*） 利用 1999 题的结果.

**【2001】** $\int\frac{dx}{\sin^4 x\cos^4 x}$.

解 $\int\frac{dx}{\sin^4 x\cos^4 x}=16\int\frac{dx}{\sin^4 2x}=-8\int\csc^2 2x\,d(\cot 2x)$

$$=-8\int(1+\cot^2 2x)d(\cot 2x)=-8\cot 2x-\frac{8}{3}\cot^3 2x+C.$$

**【2002】** $\int\frac{dx}{\sin^3 x\cos^5 x}$.

**提示：** 多次利用等式 $1=\sin^2 x+\cos^2 x$.

解 $\int\frac{dx}{\sin^3 x\cos^5 x}=\int\frac{\sin^2 x+\cos^2 x}{\sin^3 x\cos^5 x}dx=\int\frac{dx}{\sin x\cos^5 x}+\int\frac{dx}{\sin^3 x\cos^3 x}$

$$=\int\frac{\sin^2 x+\cos^2 x}{\sin x\cos^5 x}dx+\int\frac{\sin^2 x+\cos^2 x}{\sin^3 x\cos^3 x}dx=\int\frac{\sin x}{\cos^5 x}dx+2\int\frac{dx}{\sin x\cos^3 x}+\int\frac{dx}{\sin^3 x\cos x}$$

$$=-\int\frac{d(\cos x)}{\cos^5 x}+2\int\frac{\sin x}{\cos^3 x}dx+3\int\frac{dx}{\sin x\cos x}+\int\frac{\cos x}{\sin^3 x}dx$$

$$=\frac{1}{4\cos^4 x}-2\int\frac{d(\cos x)}{\cos^3 x}+3\int\frac{d(\tan x)}{\tan x}+\int\frac{d(\sin x)}{\sin^3 x}=\frac{1}{4\cos^4 x}+\frac{1}{\cos^2 x}+3\ln|\tan x|-\frac{1}{2\sin^2 x}+C_1$$

$$=\frac{1}{4}\tan^4 x+\frac{3}{2}\tan^2 x-\frac{1}{2}\cot^2 x+3\ln|\tan x|+C.$$

**【2003】** $\int\frac{dx}{\sin x\cos^4 x}$.

**提示：** 与 2002 题相同.

解 $\int\frac{dx}{\sin x\cos^4 x}=\int\frac{\sin^2 x+\cos^2 x}{\sin x\cos^4 x}dx=\int\frac{\sin x}{\cos^4 x}dx+\int\frac{dx}{\sin x\cos^2 x}$

$$=-\int\frac{d(\cos x)}{\cos^4 x}+\int\frac{\sin x}{\cos^2 x}dx+\int\frac{dx}{\sin x}=\frac{1}{3\cos^3 x}-\int\frac{d(\cos x)}{\cos^2 x}+\ln\left|\tan\frac{x}{2}\right|$$

$$=\frac{1}{3\cos^3 x}+\frac{1}{\cos x}+\ln\left|\tan\frac{x}{2}\right|+C.$$

**【2004】** $\int\tan^5 x\,dx$.

解 $\int\tan^5 x\,dx=\int\tan x(\sec^2 x-1)^2dx=\int\sec^4 x\tan x\,dx-2\int\sec^2 x\tan x\,dx+\int\tan x\,dx$

$$=\int \sec^3 x\,\mathrm{d}(\sec x)-2\int \sec x\,\mathrm{d}(\sec x)-\int \frac{\mathrm{d}(\cos x)}{\cos x}=\frac{1}{4}\sec^4 x-\sec^2 x-\ln|\cos x|+C_1$$

$$=\frac{1}{4}\tan^4 x-\frac{1}{2}\tan^2 x-\ln|\cos x|+C.$$

**【2005】** $\int \cot^6 x\,\mathrm{d}x.$

**解** $\int \cot^6 x\,\mathrm{d}x=\int \cot^2 x(\csc^2 x-1)^2\,\mathrm{d}x=\int \cot^2 x\csc^4 x\,\mathrm{d}x-2\int \cot^2 x\csc^2 x\,\mathrm{d}x+\int \cot^2 x\,\mathrm{d}x$

$$=-\int \cot^2 x(1+\cot^2 x)\,\mathrm{d}(\cot x)+2\int \cot^2 x\,\mathrm{d}(\cot x)+\int (\csc^2 x-1)\,\mathrm{d}x$$

$$=-\frac{1}{3}\cot^3 x-\frac{1}{5}\cot^5 x+\frac{2}{3}\cot^3 x-\cot x-x+C=-\frac{1}{5}\cot^5 x+\frac{1}{3}\cot^3 x-\cot x-x+C.$$

**【2006】** $\int \frac{\sin^4 x}{\cos^6 x}\,\mathrm{d}x.$

**解** $\int \frac{\sin^4 x}{\cos^6 x}\,\mathrm{d}x=\int \tan^4 x\,\mathrm{d}(\tan x)=\frac{1}{5}\tan^5 x+C.$

**【2007】** $\int \frac{\mathrm{d}x}{\sqrt{\sin^3 x\cos^5 x}}.$

**解** $\int \frac{\mathrm{d}x}{\sqrt{\sin^3 x\cos^5 x}}=\int \frac{\sin^2 x\,\mathrm{d}x}{\sqrt{\sin^3 x\cos^5 x}}+\int \frac{\cos^2 x\,\mathrm{d}x}{\sqrt{\sin^3 x\cos^5 x}}=\int \sqrt{\tan x}\,\mathrm{d}(\tan x)-\int \frac{\mathrm{d}(\cot x)}{\sqrt{\cot x}}$

$$=\frac{2}{3}\sqrt{\tan^3 x}-2\sqrt{\cot x}+C.$$

**【2008】**+ $\int \frac{\mathrm{d}x}{\cos x\sqrt[3]{\sin^2 x}}.$

**解** 设 $t=\sqrt[3]{\sin x}$，不妨只考虑 $\cos x$ 为正的情况，即 $-\frac{\pi}{2}<x<\frac{\pi}{2}$ 且 $x\neq 0$，则有

$$\mathrm{d}x=\frac{3t^2}{\sqrt{1-t^6}}\mathrm{d}t,\qquad \cos x=\sqrt{1-t^6}.$$

代入得 $\int \frac{\mathrm{d}x}{\cos x\sqrt[3]{\sin^2 x}}=3\int \frac{\mathrm{d}t}{1-t^6}=\frac{3}{2}\int \left(\frac{1}{1-t^3}+\frac{1}{1+t^3}\right)\mathrm{d}t=\frac{1}{2}\int \left(\frac{1}{1-t}+\frac{t+2}{1+t+t^2}\right)\mathrm{d}t+\frac{3}{2}\int \frac{dt}{1+t^3}$

$$=-\frac{1}{2}\ln|1-t|+\frac{1}{4}\int \frac{2t+1}{t^2+t+1}\,\mathrm{d}t+\frac{3}{4}\int \frac{\mathrm{d}\left(t+\frac{1}{2}\right)}{\left(t+\frac{1}{2}\right)^2+\frac{3}{4}}+\frac{3}{2}\left[\frac{1}{6}\ln\frac{(t+1)^2}{t^2-t+1}+\frac{1}{\sqrt{3}}\arctan\frac{2t-1}{\sqrt{3}}\right]^{*)}+C$$

$$=\frac{1}{4}\ln\frac{(t+1)^2(t^2+t+1)}{(1-t)^2(t^2-t+1)}+\frac{\sqrt{3}}{2}\left[\arctan\left(\frac{2t+1}{\sqrt{3}}\right)+\arctan\left(\frac{2t-1}{\sqrt{3}}\right)\right]+C$$

$$=\frac{1}{4}\ln\frac{(1+t)^3(1-t^3)}{(1-t)^3(1+t^3)}+\frac{\sqrt{3}}{2}\arctan\left(\frac{t\sqrt{3}}{1-t^2}\right)+C,$$

其中 $t=\sqrt[3]{\sin x}$.

*) 利用 1881 题的结果.

**【2009】** $\int \frac{\mathrm{d}x}{\sqrt{\tan x}}.$

**解** 设 $t=\sqrt{\tan x}$，则 $x=\arctan t^2$，$\mathrm{d}x=\frac{2t}{1+t^4}\mathrm{d}t$. 代入得

$$\int \frac{\mathrm{d}x}{\sqrt{\tan x}}=2\int \frac{\mathrm{d}t}{1+t^4}=2\left(\frac{1}{4\sqrt{2}}\ln\frac{t^2+t\sqrt{2}+1}{t^2-t\sqrt{2}+1}+\frac{1}{2\sqrt{2}}\arctan\frac{t\sqrt{2}}{1-t^2}\right)^{*)}+C$$

$$=\frac{1}{2\sqrt{2}}\ln\frac{t^2+t\sqrt{2}+1}{t^2-t\sqrt{2}+1}+\frac{1}{\sqrt{2}}\arctan\frac{t\sqrt{2}}{1-t^2}+C.$$

其中 $t=\sqrt{\tan x}$.

*) 利用 1884 题的结果.

【2010】 $\int \frac{dx}{\sqrt[3]{\tan x}}$.

解 设 $\sqrt[3]{\tan x}=t$,则 $x=\arctan t^3$, $dx=\frac{3t^2}{1+t^6}dt$. 代入得

$$\int \frac{dx}{\sqrt[3]{\tan x}}=3\int \frac{tdt}{1+t^6}=\frac{3}{2}\int \frac{d(t^2)}{1+(t^2)^3}=\frac{3}{2}\left[\frac{1}{6}\ln\frac{(t^2+1)^2}{t^4-t^2+1}+\frac{1}{\sqrt{3}}\arctan\frac{2t^2-1}{\sqrt{3}}\right]^{*)}+C$$

$$=\frac{1}{4}\ln\frac{(t^2+1)^2}{t^4-t^2+1}+\frac{\sqrt{3}}{2}\arctan\frac{2t^2-1}{\sqrt{3}}+C,$$

其中 $t=\sqrt[3]{\tan x}$.

*) 利用 1881 题的结果.

【2011】 推出下列积分的递推公式:

(1) $I_n=\int \sin^n x dx$; (2) $K_n=\int \cos^n x dx$ $(n>2)$.

利用这些公式计算 $\int \sin^6 x dx$ 和 $\int \cos^8 x dx$.

提示 利用分部积分法,易得:

(1) $I_n=-\frac{\cos x\sin^{n-1}x}{n}+\frac{n-1}{n}I_{n-2}$; (2) $K_n=\frac{\sin x\cos^{n-1}x}{n}+\frac{n-1}{n}K_{n-2}$.

解 (1) $I_n=\int \sin^n x dx=-\int \sin^{n-1}x d(\cos x)=-\cos x\sin^{n-1}x+(n-1)\int \cos^2 x\sin^{n-2}x dx$

$$=-\cos x\sin^{n-1}x+(n-1)\int (1-\sin^2 x)\sin^{n-2}x dx=-\cos x\sin^{n-1}x+(n-1)I_{n-2}+(1-n)I_n,$$

于是, $$I_n=-\frac{\cos x\sin^{n-1}x}{n}+\frac{n-1}{n}I_{n-2};$$

利用此公式及 $I_0=\int dx=x+C$, 即得

$$I_6=\int \sin^6 x dx=-\frac{\cos x\sin^5 x}{6}+\frac{5}{6}I_4=-\frac{\cos x\sin^5 x}{6}-\frac{5\cos x\sin^3 x}{24}+\frac{5}{8}I_2$$

$$=-\frac{\cos x\sin^5 x}{6}-\frac{5\cos x\sin^3 x}{24}-\frac{5\cos x\sin x}{16}+\frac{5}{16}x+C.$$

(2) $K_n=\int \cos^n x dx=\int \cos^{n-1}x d(\sin x)$

$$=\sin x\cos^{n-1}x+(n-1)\int \sin^2 x\cos^{n-2}x dx=\sin x\cos^{n-1}x+(n-1)\int (1-\cos^2 x)\cos^{n-2}x dx$$

$$=\sin x\cos^{n-1}x+(n-1)K_{n-2}-(n-1)K_n,$$

于是, $$K_n=\frac{\sin x\cos^{n-1}x}{n}+\frac{n-1}{n}K_{n-2};$$

利用此公式及 $K_0=x+C$, 即得

$$K_8=\int \cos^8 x dx=\frac{1}{8}\sin x\cos^7 x+\frac{7}{8}K_6=\cdots$$

$$=\frac{1}{8}\sin x\cos^7 x+\frac{7}{48}\sin x\cos^5 x+\frac{35}{192}\sin x\cos^3 x+\frac{35}{128}\sin x\cos x+\frac{35}{128}x+C.$$

【2012】 推出下列积分的递推公式:

(1) $I_n=\int \frac{dx}{\sin^n x}$; (2) $K_n=\int \frac{dx}{\cos^n x}$ $(n>2)$.

利用这些公式计算 $\int \frac{dx}{\sin^5 x}$ 和 $\int \frac{dx}{\cos^7 x}$.

**提示** 利用分部积分法及 $1=\sin^2x+\cos^2x$，易得

(1) $I_n=-\dfrac{\cos x}{(n-1)\sin^{n-1}x}+\dfrac{n-2}{n-1}I_{n-2}$；(2) $K_n=\dfrac{\sin x}{(n-1)\cos^{n-1}x}+\dfrac{n-2}{n-1}K_{n-2}$.

**解** (1) $I_n=\displaystyle\int\frac{dx}{\sin^n x}=\int\frac{\sin^2x+\cos^2x}{\sin^n x}dx=I_{n-2}-\frac{1}{n-1}\int\cos x\,d\left(\frac{1}{\sin^{n-1}x}\right)$

$$=I_{n-2}-\frac{\cos x}{(n-1)\sin^{n-1}x}-\frac{1}{n-1}I_{n-2}=-\frac{\cos x}{(n-1)\sin^{n-1}x}+\frac{n-2}{n-1}I_{n-2};$$

利用此公式及 $I_1=\displaystyle\int\frac{dx}{\sin x}=\ln\left|\tan\frac{x}{2}\right|+C$，即得

$$I_5=\int\frac{dx}{\sin^5x}=-\frac{\cos x}{4\sin^4x}+\frac{3}{4}I_3=\cdots=-\frac{\cos x}{4\sin^4x}-\frac{3\cos x}{8\sin^2x}+\frac{3}{8}\ln\left|\tan\frac{x}{2}\right|+C.$$

(2) $K_n=\displaystyle\int\frac{dx}{\cos^n x}=\int\frac{\sin^2x+\cos^2x}{\cos^n x}dx=\frac{1}{n-1}\int\sin x\,d\left(\frac{1}{\cos^{n-1}x}\right)+K_{n-2}$

$$=\frac{\sin x}{(n-1)\cos^{n-1}x}-\frac{1}{n-1}K_{n-2}+K_{n-2}=\frac{\sin x}{(n-1)\cos^{n-1}x}+\frac{n-2}{n-1}K_{n-2};$$

利用此公式及 $K_1=\displaystyle\int\frac{dx}{\cos x}=\ln\left|\tan\left(\frac{x}{2}+\frac{\pi}{4}\right)\right|+C$，即得

$$K_7=\int\frac{dx}{\cos^7x}=\frac{\sin x}{6\cos^6x}+\frac{5}{6}K_5=\cdots=\frac{\sin x}{6\cos^6x}+\frac{5\sin x}{24\cos^4x}+\frac{5\sin x}{16\cos^2x}+\frac{5}{16}\ln\left|\tan\left(\frac{x}{2}+\frac{\pi}{4}\right)\right|+C.$$

**为了计算下面的积分，可以运用公式**

Ⅰ. $\sin\alpha\sin\beta=\dfrac{1}{2}[\cos(\alpha-\beta)-\cos(\alpha+\beta)]$;

Ⅱ. $\cos\alpha\cos\beta=\dfrac{1}{2}[\cos(\alpha+\beta)+\cos(\alpha-\beta)]$;

Ⅲ. $\sin\alpha\cos\beta=\dfrac{1}{2}[\sin(\alpha-\beta)+\sin(\alpha+\beta)]$.

**求积分：**

**【2013】** $\displaystyle\int\sin5x\cos x\,dx.$

**解** $\displaystyle\int\sin5x\cos x\,dx=\frac{1}{2}\int[\sin4x+\sin6x]dx=-\frac{1}{8}\cos4x-\frac{1}{12}\cos6x+C.$

**【2014】** $\displaystyle\int\cos x\cos2x\cos3x\,dx.$

**解** $\displaystyle\int\cos x\cos2x\cos3x\,dx=\frac{1}{2}\int\cos2x(\cos4x+\cos2x)dx=\frac{1}{4}\int(\cos6x+\cos2x)dx+\frac{1}{4}\int(1+\cos4x)dx$

$$=\frac{1}{24}\sin6x+\frac{1}{8}\sin2x+\frac{1}{16}\sin4x+\frac{x}{4}+C.$$

**【2015】** $\displaystyle\int\sin x\sin\frac{x}{2}\sin\frac{x}{3}dx.$

**解** $\displaystyle\int\sin x\sin\frac{x}{2}\sin\frac{x}{3}dx=\frac{1}{2}\int\left(\cos\frac{2}{3}x-\cos\frac{4}{3}x\right)\sin\frac{x}{2}dx$

$$=\frac{1}{2}\int\cos\frac{2}{3}x\sin\frac{x}{2}dx-\frac{1}{2}\int\cos\frac{4}{3}x\sin\frac{x}{2}dx$$

$$=\frac{1}{4}\int\left(\sin\frac{7}{6}x-\sin\frac{1}{6}x\right)dx-\frac{1}{4}\int\left(\sin\frac{11}{6}x-\sin\frac{5}{6}x\right)dx$$

$$=-\frac{3}{14}\cos\frac{7}{6}x+\frac{3}{2}\cos\frac{x}{6}+\frac{3}{22}\cos\frac{11}{6}x-\frac{3}{10}\cos\frac{5}{6}x+C.$$

**【2016】** $\displaystyle\int\sin x\sin(x+a)\sin(x+b)dx.$

**解** $\displaystyle\int\sin x\sin(x+a)\sin(x+b)dx=\frac{1}{2}\int\sin x[\cos(a-b)-\cos(2x+a+b)]dx$

$$=-\frac{1}{2}\cos x\cos(a-b)-\frac{1}{4}\int[\sin(3x+a+b)-\sin(x+a+b)]dx$$

$$=-\frac{1}{2}\cos x\cos(a-b)+\frac{1}{12}\cos(3x+a+b)-\frac{1}{4}\cos(x+a+b)+C.$$

**【2017】** $\int\cos^2 ax\cos^2 bx dx.$

**解** $\int\cos^2 ax\cos^2 bx dx=\int(\cos ax\cos bx)^2 dx=\frac{1}{4}\int[\cos(a-b)x+\cos(a+b)x]^2 dx$

$$=\frac{1}{4}\int[\cos^2(a-b)x+\cos^2(a+b)x+2\cos(a-b)x\cos(a+b)x]dx$$

$$=\frac{1}{8}\int[2+\cos 2(a+b)x+\cos 2(a-b)x]dx+\frac{1}{4}\int(\cos 2ax+\cos 2bx)dx$$

$$=\frac{x}{4}+\frac{\sin 2(a+b)x}{16(a+b)}+\frac{\sin 2(a-b)x}{16(a-b)}+\frac{1}{8a}\sin 2ax+\frac{1}{8b}\sin 2bx+C.$$

**【2018】** $\int\sin^3 2x\cos^2 3x dx.$

**解** 先利用三角公式化简 $\sin^3 2x\cos^2 3x dx$，得

$$\sin^3 2x\cos^2 3x=-\frac{1}{16}\sin 12x+\frac{3}{16}\sin 8x-\frac{1}{8}\sin 6x-\frac{3}{16}\sin 4x+\frac{3}{8}\sin 2x.$$

于是，
$$\int\sin^3 2x\cos^2 3x dx=\frac{1}{192}\cos 12x-\frac{3}{128}\cos 8x+\frac{1}{48}\cos 6x+\frac{3}{64}\cos 4x-\frac{3}{16}\cos 2x+C.$$

**为了计算下面的积分，可以运用恒等式：**

$$\sin(\alpha-\beta)\equiv\sin[(x+\alpha)-(x+\beta)],\quad \cos(\alpha-\beta)\equiv\cos[(x+\alpha)-(x+\beta)].$$

**求积分：**

**【2019】** $\int\frac{dx}{\sin(x+a)\sin(x+b)}.$

**解** $\int\frac{dx}{\sin(x+a)\sin(x+b)}=\frac{1}{\sin(a-b)}\int\frac{\sin[(x+a)-(x+b)]}{\sin(x+a)\sin(x+b)}dx$

$$=\frac{1}{\sin(a-b)}\int\left[\frac{\cos(x+b)}{\sin(x+b)}-\frac{\cos(x+a)}{\sin(x+a)}\right]dx=\frac{1}{\sin(a-b)}\ln\left|\frac{\sin(x+b)}{\cos(x+a)}\right|+C,$$

其中 $\sin(a-b)\neq 0$.

**【2020】** $\int\frac{dx}{\sin(x+a)\cos(x+b)}.$

**解** $\int\frac{dx}{\sin(x+a)\cos(x+b)}=\frac{1}{\cos(a-b)}\int\frac{\cos[(x+a)-(x+b)]}{\sin(x+a)\cos(x+b)}dx$

$$=\frac{1}{\cos(a-b)}\int\left[\frac{\cos(x+a)}{\sin(x+a)}+\frac{\sin(x+b)}{\cos(x+b)}\right]dx=\frac{1}{\cos(a-b)}\ln\left|\frac{\sin(x+a)}{\cos(x+b)}\right|+C.$$

其中 $\cos(a-b)\neq 0$.

**【2021】** $\int\frac{dx}{\cos(x+a)\cos(x+b)}.$

**解** $\int\frac{dx}{\cos(x+a)\cos(x+b)}=\frac{1}{\sin(a-b)}\int\frac{\sin[(x+a)-(x+b)]dx}{\cos(x+a)\cos(x+b)}$

$$=\frac{1}{\sin(a-b)}\int\left[\frac{\sin(x+a)}{\cos(x+a)}-\frac{\sin(x+b)}{\cos(x+b)}\right]dx=\frac{1}{\sin(a-b)}\ln\left|\frac{\cos(x+b)}{\cos(x+a)}\right|+C,$$

其中 $\sin(a-b)\neq 0$ *).

*) 当 $a-b=2k\pi$ $(k=0,\pm 1,\pm 2,\cdots)$时，是更简单的积分，2019 题及 2020 题与本题类似，解法从略.

**【2022】** $\int\frac{dx}{\sin x-\sin a}.$

**解** $\int\frac{dx}{\sin x-\sin a}=\frac{1}{\cos a}\int\frac{\cos\left(\frac{x+a}{2}-\frac{x-a}{2}\right)}{\sin x-\sin a}dx=\frac{1}{\cos a}\int\frac{\cos\frac{x+a}{2}\cos\frac{x-a}{2}+\sin\frac{x+a}{2}\sin\frac{x-a}{2}}{2\cos\frac{x+a}{2}\sin\frac{x-a}{2}}dx$

$$=\frac{1}{2\cos a}\int\left(\frac{\cos\frac{x-a}{2}}{\sin\frac{x-a}{2}}+\frac{\sin\frac{x+a}{2}}{\cos\frac{x+a}{2}}\right)dx=\frac{1}{\cos a}\ln\left|\frac{\sin\frac{x-a}{2}}{\cos\frac{x+a}{2}}\right|+C,$$

其中 $\cos a\neq 0$.

**【2023】** $\int\frac{dx}{\cos x+\cos a}$.

**解** $$\int\frac{dx}{\cos x+\cos a}=\int\frac{d\left(x+\frac{\pi}{2}\right)}{\sin\left(x+\frac{\pi}{2}\right)-\sin\left(a+\frac{3}{2}\pi\right)}$$

$$=\frac{1}{\cos\left(a+\frac{3}{2}\pi\right)}\ln\left|\frac{\sin\frac{x-a-\pi}{2}}{\cos\frac{x+a+2\pi}{2}}\right|^{*)}+C=\frac{1}{\sin a}\ln\left|\frac{\cos\frac{x-a}{2}}{\cos\frac{x+a}{2}}\right|+C,$$

其中 $\sin a\neq 0$.

*) 利用 2022 题的结果.

**【2024】** $\int\tan x\tan(x+a)dx$.

**解** $$\int\tan x\tan(x+a)dx=\int\frac{\sin x\sin(x+a)}{\cos x\cos(x+a)}dx$$

$$=\int\frac{\cos x\cos(x+a)+\sin x\sin(x+a)-\cos x\cos(x+a)}{\cos x\cos(x+a)}dx=\int\frac{\cos a-\cos x\cos(x+a)}{\cos x\cos(x+a)}dx$$

$$=-x+\cos a\int\frac{dx}{\cos(x+a)\cos x}=-x+\cot a\ln\left|\frac{\cos x}{\cos(x+a)}\right|^{*)}+C,$$

其中 $\sin a\neq 0$.

*) 利用 2021 题的结果.

形如 $$\int R(\sin x,\cos x)dx\ (R\text{ 为有理函数})$$

的积分在一般情形下可利用代换 $\tan\frac{x}{2}=t$ 化为有理函数的积分.

(1) 若等式

$$R(-\sin x,\cos x)\equiv -R(\sin x,\cos x)\quad\text{或}\quad R(\sin x,-\cos x)\equiv -R(\sin x,\cos x)$$

成立,则最好利用相应的代换 $\cos x=t$ 或 $\sin x=t$.

(2) 若等式 $R(-\sin x,-\cos x)\equiv R(\sin x,\cos x)$ 成立,则最好利用代换 $\tan x=t$.

求积分:

**【2025】** $\int\frac{dx}{2\sin x-\cos x+5}$.

**解** 设 $t=\tan\frac{x}{2}$,则 $\sin x=\frac{2t}{1+t^2}$, $\cos x=\frac{1-t^2}{1+t^2}$, $dx=\frac{2dt}{1+t^2}$. 代入得

$$\int\frac{dx}{2\sin x-\cos x+5}=\int\frac{dt}{3t^2+2t+2}=\frac{1}{\sqrt{5}}\arctan\left(\frac{3t+1}{\sqrt{5}}\right)+C=\frac{1}{\sqrt{5}}\arctan\left(\frac{3\tan\frac{x}{2}+1}{\sqrt{5}}\right)+C.$$

**【2026】** $\int\frac{dx}{(2+\cos x)\sin x}$.

**解** 设 $t=\tan\frac{x}{2}$,同 2025 题,得

$$\int\frac{dx}{(2+\cos x)\sin x}=\int\frac{1+t^2}{t(3+t^2)}dt=\int\left[\frac{1}{3t}+\frac{2t}{3(3+t^2)}\right]dt=\frac{1}{3}\ln|t(3+t^2)|+C_1$$

$$=\frac{1}{6}\ln\frac{(1-\cos x)(2+\cos x)^{2\,*)}}{(1+\cos x)^3}+C.$$

*） 由于 $t(3+t^2)=\tan\frac{x}{2}\left(2+\sec^2\frac{x}{2}\right)=\frac{\sin\frac{x}{2}}{\cos^3\frac{x}{2}}\left(1+2\cos^2\frac{x}{2}\right)$

$$=\frac{\left(\frac{1-\cos x}{2}\right)^{\frac{1}{2}}}{\left(\frac{1+\cos x}{2}\right)^{\frac{3}{2}}}(\cos x+2)=2\left[\frac{(1-\cos x)(\cos x+2)^2}{(1+\cos x)^3}\right]^{\frac{1}{2}},$$

因而，$\ln|t(3+t^2)|=\ln2+\frac{1}{2}\ln\frac{(1-\cos x)(2+\cos x)^2}{(1+\cos x)^3}$.

**【2027】** $\int\frac{\sin^2x}{\sin x+2\cos x}dx$.

**解** 设 $\tan\frac{x}{2}=t$,同 2025 题,得

$$\int\frac{\sin^2x}{\sin x+2\cos x}dx=4\int\frac{t^2dt}{(1+t^2)^2(1+t-t^2)}=\frac{4}{5}\int\left[\frac{1}{1+t^2}+\frac{-2+t}{(1+t^2)^2}+\frac{1}{1+t-t^2}\right]dt$$

$$=\frac{4}{5}\int\frac{dt}{1+t^2}-\frac{8}{5}\int\frac{dt}{(1+t^2)^2}+\frac{2}{5}\int\frac{2tdt}{(1+t^2)^2}+\frac{4}{5}\int\frac{d\left(t-\frac{1}{2}\right)}{\frac{5}{4}-\left(t-\frac{1}{2}\right)^2}$$

$$=\frac{4}{5}\arctan t-\frac{8}{5}\left[\frac{t}{2(1+t^2)}+\frac{1}{2}\arctan t\right]^{*)}-\frac{2}{5}\cdot\frac{1}{1+t^2}+\frac{4}{5\sqrt5}\ln\left|\frac{\frac{\sqrt5}{2}+(t-\frac{1}{2})}{\frac{\sqrt5}{2}-(t-\frac{1}{2})}\right|+C_1$$

$$=-\frac{2}{5}\cdot\frac{1+2t}{1+t^2}+\frac{4}{5\sqrt5}\ln\left|\frac{\frac{\sqrt5-1}{2}+t}{\frac{\sqrt5+1}{2}-t}\right|+C_1$$

$$=-\frac{1}{5}(\cos x+2\sin x)^{**)}+\frac{4}{5\sqrt5}\ln\left|\tan\left(\frac{x}{2}+\frac{\arctan2}{2}\right)\right|^{***)}+C.$$

*） 利用 1817 题的结果.

**） $-\frac{2}{5}\cdot\frac{1+2t}{1+t^2}=-\frac{2}{5}\cdot\frac{1+2\tan\frac{x}{2}}{\sec^2\frac{x}{2}}=-\frac{2}{5}\cdot\frac{1+2\cdot\frac{\sin x}{1+\cos x}}{\frac{2}{1+\cos x}}=-\frac{1}{5}(\cos x+2\sin x)-\frac{1}{5}$.

***） $\ln\left|\frac{\frac{\sqrt5-1}{2}+t}{\frac{\sqrt5+1}{2}-t}\right|=\ln\left|\frac{\tan\left(\frac{\arctan2}{2}\right)+\tan\frac{x}{2}}{\cot\left(\frac{\arctan2}{2}\right)-\tan\frac{x}{2}}\right|$

$$=\ln\left|\frac{\tan\left(\frac{\arctan2}{2}\right)+\tan\frac{x}{2}}{1-\tan\left(\frac{\arctan2}{2}\right)\tan\frac{x}{2}}\right|+\ln\frac{1}{\cot\left(\frac{\arctan2}{2}\right)}$$

$$=\ln\left|\tan\left(\frac{x}{2}+\frac{\arctan2}{2}\right)\right|-\ln\left[\cot\left(\frac{\arctan2}{2}\right)\right].$$

**【2028】** $\int\frac{dx}{1+\varepsilon\cos x}$, (1)$0<\varepsilon<1$; (2)$\varepsilon>1$.

**解** 设 $t=\tan\frac{x}{2}$,同 2025 题,得 $\int\frac{dx}{1+\varepsilon\cos x}=2\int\frac{dt}{(1+\varepsilon)+(1-\varepsilon)t^2}=I$.

(1) $0<\varepsilon<1$,

$$I=\frac{2}{1+\varepsilon}\int\frac{\mathrm{d}t}{1+\left(\frac{1-\varepsilon}{1+\varepsilon}\right)t^2}=\frac{2}{\sqrt{1-\varepsilon^2}}\arctan\left(t\sqrt{\frac{1-\varepsilon}{1+\varepsilon}}\right)+C=\frac{2}{\sqrt{1-\varepsilon^2}}\arctan\left(\sqrt{\frac{1-\varepsilon}{1+\varepsilon}}\tan\frac{x}{2}\right)+C;$$

(2) $\varepsilon>1$,

$$I=\frac{2}{\varepsilon-1}\int\frac{\mathrm{d}t}{\left(\frac{\varepsilon+1}{\varepsilon-1}\right)-t^2}=\frac{1}{\sqrt{\varepsilon^2-1}}\ln\left|\frac{\sqrt{\varepsilon+1}+\sqrt{\varepsilon-1}\,t}{\sqrt{\varepsilon+1}-\sqrt{\varepsilon-1}\,t}\right|+C$$

$$=\frac{1}{\sqrt{\varepsilon^2-1}}\ln\left|\frac{\varepsilon+\cos x+\sqrt{\varepsilon^2-1}\sin x}{1+\varepsilon\cos x}\right|^{*)}+C.$$

*) $\frac{\sqrt{\varepsilon+1}+t\sqrt{\varepsilon-1}}{\sqrt{\varepsilon+1}-t\sqrt{\varepsilon-1}}=\frac{\varepsilon+1+2t\sqrt{\varepsilon^2-1}+(\varepsilon-1)t^2}{(\varepsilon+1)-(\varepsilon-1)t^2}=\frac{\varepsilon(1+t^2)+(1-t^2)+2\sqrt{\varepsilon^2-1}\,t}{\varepsilon(1-t^2)+(1+t^2)}$

$$=\frac{\varepsilon(1+t^2)+(1+t^2)\cos x+2t\sqrt{\varepsilon^2-1}}{\varepsilon(1+t^2)\cos x+(1+t^2)}$$

$$=\frac{\varepsilon+\cos x+\sqrt{\varepsilon^2-1}\,\frac{2t}{1+t^2}}{\varepsilon\cos x+1}=\frac{\varepsilon+\cos x+\sqrt{\varepsilon^2-1}\sin x}{\varepsilon\cos x+1}.$$

**【2029】** $\int\frac{\sin^2 x}{1+\sin^2 x}\mathrm{d}x.$

解 $\int\frac{\sin^2 x}{1+\sin^2 x}\mathrm{d}x=\int\left(1-\frac{1}{1+\sin^2 x}\right)\mathrm{d}x=x-\int\frac{\mathrm{d}(\tan x)}{\sec^2 x+\tan^2 x}=x-\int\frac{\mathrm{d}(\tan x)}{1+2\tan^2 x}$

$$=x-\frac{1}{\sqrt{2}}\arctan(\sqrt{2}\tan x)+C.$$

**【2030】** $\int\frac{\mathrm{d}x}{a^2\sin^2 x+b^2\cos^2 x}.$

解 $\int\frac{\mathrm{d}x}{a^2\sin^2 x+b^2\cos^2 x}=\int\frac{\mathrm{d}(\tan x)}{a^2\tan^2 x+b^2}=\frac{1}{ab}\arctan\left(\frac{a\tan x}{b}\right)+C,$

其中 $ab\neq0$.

**【2031】** $\int\frac{\cos^2 x\mathrm{d}x}{(a^2\sin^2 x+b^2\cos^2 x)^2}.$

解 $\int\frac{\cos^2 x\mathrm{d}x}{(a^2\sin^2 x+b^2\cos^2 x)^2}=\frac{1}{a}\int\frac{\mathrm{d}(a\tan x)}{(a^2\tan^2 x+b^2)^2}=\frac{\tan x}{2b^2(a^2\tan^2 x+b^2)}+\frac{1}{2ab^3}\arctan\left(\frac{a\tan x}{b}\right)^{*)}+C,$

其中 $ab\neq0$.

*) 利用 1921 题的结果.

**【2032】** $\int\frac{\sin x\cos x}{\sin x+\cos x}\mathrm{d}x.$

解 $\int\frac{\sin x\cos x}{\sin x+\cos x}\mathrm{d}x=\int\frac{\sin^2\left(x+\frac{\pi}{4}\right)-\frac{1}{2}}{\sqrt{2}\sin\left(x+\frac{\pi}{4}\right)}\mathrm{d}x=\frac{1}{\sqrt{2}}\int\sin\left(x+\frac{\pi}{4}\right)\mathrm{d}x-\frac{1}{2\sqrt{2}}\int\frac{\mathrm{d}x}{\sin\left(x+\frac{\pi}{4}\right)}$

$$=-\frac{1}{\sqrt{2}}\cos\left(x+\frac{\pi}{4}\right)-\frac{1}{2\sqrt{2}}\ln\left|\tan\left(\frac{x}{2}+\frac{\pi}{8}\right)\right|+C$$

$$=\frac{1}{2}(\sin x-\cos x)-\frac{1}{2\sqrt{2}}\ln\left|\tan\left(\frac{x}{2}+\frac{\pi}{8}\right)\right|+C.$$

**【2033】** $\int\frac{\mathrm{d}x}{(a\sin x+b\cos x)^2}.$

解 $\int\frac{\mathrm{d}x}{(a\sin x+b\cos x)^2}=\frac{1}{a}\int\frac{\mathrm{d}(a\tan x+b)}{(a\tan x+b)^2}=-\frac{1}{a\tan x+b}+C=-\frac{\cos x}{a(a\sin x+b\cos x)}+C.$

**【2034】** $\int\frac{\sin x\mathrm{d}x}{\sin^3 x+\cos^3 x}.$

解 $\int\frac{\sin x\mathrm{d}x}{\sin^3x+\cos^3x}=\int\frac{\sin x\mathrm{d}x}{(\sin x+\cos x)(1-\sin x\cos x)}$

$=\frac{1}{2}\int\frac{(\sin x-\cos x)\mathrm{d}x}{(\sin x+\cos x)(1-\sin x\cos x)}+\frac{1}{2}\int\frac{\mathrm{d}x}{1-\sin x\cos x}$

$=\frac{1}{3}\int\frac{-(\cos x-\sin x)\mathrm{d}x}{\sin x+\cos x}+\frac{1}{6}\int\frac{\sin^2x-\cos^2x}{1-\sin x\cos x}\mathrm{d}x+\frac{1}{2}\int\frac{\mathrm{d}x}{1-\sin x\cos x}$

$=-\frac{1}{3}\int\frac{\mathrm{d}(\sin x+\cos x)}{\sin x+\cos x}+\frac{1}{6}\int\frac{\mathrm{d}(1-\sin x\cos x)}{1-\sin x\cos x}-\frac{1}{2}\int\frac{\mathrm{d}(\cot x)}{\left(\cot x-\frac{1}{2}\right)^2+\frac{3}{4}}$

$=-\frac{1}{6}\ln\frac{(\sin x+\cos x)^2}{1-\sin x\cos x}-\frac{1}{\sqrt{3}}\arctan\left(\frac{2\cos x-\sin x}{\sqrt{3}\sin x}\right)+C.$

**【2035】** $\int\frac{\mathrm{d}x}{\sin^4x+\cos^4x}.$

解 $\int\frac{\mathrm{d}x}{\sin^4x+\cos^4x}=\int\frac{2\mathrm{d}x}{2-\sin^22x}=\int\frac{\mathrm{d}(\tan2x)}{2\sec^22x-\tan^22x}=\int\frac{\mathrm{d}(\tan2x)}{2+\tan^22x}=\frac{1}{\sqrt{2}}\arctan\left(\frac{\tan2x}{\sqrt{2}}\right)+C.$

**【2036】** $\int\frac{\sin^2x\cos^2x}{\sin^8x+\cos^8x}\mathrm{d}x.$

解 $\int\frac{\sin^2x\cos^2x}{\sin^8x+\cos^8x}\mathrm{d}x=\int\frac{2\sin^22x\mathrm{d}x}{\sin^42x-8\sin^22x+8}=\int\frac{\tan^22x\mathrm{d}(\tan2x)}{\tan^42x-8\tan^22x\sec^22x+8\sec^42x}$

$=\int\frac{\tan^22x\mathrm{d}(\tan2x)}{\tan^42x+8\tan^22x+8}=\frac{\sqrt{2}}{4}(2+\sqrt{2})\int\frac{\mathrm{d}(\tan2x)}{\tan^22x+4+2\sqrt{2}}-\frac{\sqrt{2}}{4}(2-\sqrt{2})\int\frac{\mathrm{d}(\tan2x)}{\tan^22x+4-2\sqrt{2}}$

$=\frac{1}{4}\left[\sqrt{2+\sqrt{2}}\arctan\left(\frac{\tan2x}{\sqrt{4+2\sqrt{2}}}\right)-\sqrt{2-\sqrt{2}}\arctan\left(\frac{\tan2x}{\sqrt{4-2\sqrt{2}}}\right)\right]+C.$

**【2037】** $\int\frac{\sin^2x-\cos^2x}{\sin^4x+\cos^4x}\mathrm{d}x.$

解 $\int\frac{\sin^2x-\cos^2x}{\sin^4x+\cos^4x}\mathrm{d}x=-\int\frac{\cos2x}{1-\frac{1}{2}\sin^22x}\mathrm{d}x=-\frac{1}{2\sqrt{2}}\int\left(\frac{2\cos2x}{\sqrt{2}-\sin2x}+\frac{2\cos2x}{\sqrt{2}+\sin2x}\right)\mathrm{d}x$

$=\frac{1}{2\sqrt{2}}\ln\frac{\sqrt{2}-\sin2x}{\sqrt{2}+\sin2x}+C.$

**【2038】** $\int\frac{\sin x\cos x}{1+\sin^4x}\mathrm{d}x.$

解 $\int\frac{\sin x\cos x}{1+\sin^4x}\mathrm{d}x=\int\frac{\tan x\sec^2x}{\sec^4x+\tan^4x}\mathrm{d}x=\frac{1}{2}\int\frac{\mathrm{d}(\tan^2x)}{2\tan^4x+2\tan^2x+1}=\frac{1}{2}\arctan(1+2\tan^2x)+C.$

**【2039】** $\int\frac{\mathrm{d}x}{\sin^6x+\cos^6x}.$

解 $\int\frac{\mathrm{d}x}{\sin^6x+\cos^6x}=\int\frac{\mathrm{d}x}{1-3\sin^2x\cos^2x}=\int\frac{\mathrm{d}x}{1-\frac{3}{4}\sin^22x}=\int\frac{2\mathrm{d}(\tan2x)}{4\sec^22x-3\tan^22x}=\arctan\left(\frac{\tan2x}{2}\right)+C.$

**【2040】** $\int\frac{\mathrm{d}x}{(\sin^2x+2\cos^2x)^2}.$

解 $\int\frac{\mathrm{d}x}{(\sin^2x+2\cos^2x)^2}=\int\frac{\frac{1}{\cos^4x}\mathrm{d}x}{(\tan^2x+2)^2}=\int\frac{\sec^2x\mathrm{d}(\tan x)}{(\tan^2x+2)^2}$

$=\int\frac{\tan^2x}{(\tan^2x+2)^2}\mathrm{d}(\tan x)+\int\frac{\mathrm{d}(\tan x)}{(\tan^2x+2)^2}=\int\frac{(\tan^2x+2)-2}{(\tan^2x+2)^2}\mathrm{d}(\tan x)+\int\frac{\mathrm{d}(\tan x)}{(\tan^2x+2)^2}$

$=\int\frac{\mathrm{d}(\tan x)}{\tan^2x+2}-\int\frac{\mathrm{d}(\tan x)}{(\tan^2x+2)^2}=\frac{1}{\sqrt{2}}\arctan\left(\frac{\tan x}{\sqrt{2}}\right)-\frac{\tan x}{4(\tan^2x+2)}-\frac{1}{4\sqrt{2}}\arctan\left(\frac{\tan x}{\sqrt{2}}\right)^{*)}+C$

$=\frac{3}{4\sqrt{2}}\arctan\left(\frac{\tan x}{\sqrt{2}}\right)-\frac{\tan x}{4(\tan^2x+2)}+C.$

*） 利用 1817 题的结果.

**【2041】** 把分母化为对数的形式，求积分 $\int\frac{dx}{a\sin x+b\cos x}$.

**解** $\int\frac{dx}{a\sin x+b\cos x}=\frac{1}{\sqrt{a^2+b^2}}\int\frac{dx}{\sin(x+\varphi)}=\frac{1}{\sqrt{a^2+b^2}}\ln\left|\tan\left(\frac{x+\varphi}{2}\right)\right|+C$,

式中 $\cos\varphi=\frac{a}{\sqrt{a^2+b^2}}$, $\sin\varphi=\frac{b}{\sqrt{a^2+b^2}}$, $a^2+b^2\neq0$.

**【2042】** 证明：$\int\frac{a_1\sin x+b_1\cos x}{a\sin x+b\cos x}dx=Ax+B\ln|a\sin x+b\cos x|+C$，式中 $A,B,C$ 为常数.

**提示** 首先，$a$ 及 $b$ 不可能同时为零. 其次，令

$$a_1\sin x+b_1\cos x\equiv A(a\sin x+b\cos x)+B(a\cos x-b\sin x),$$

比较等式两端同类项的系数，可得 $A,B$：

$$A=\frac{aa_1+bb_1}{a^2+b^2},\ B=\frac{ab_1-a_1b}{a^2+b^2}\quad(a^2+b^2\neq0),$$

并注意$(a\cos x-b\sin x)dx=d(a\sin x+b\cos x)$，命题即易获证.

**证** 设 $a_1\sin x+b_1\cos x\equiv A(a\sin x+b\cos x)+B(a\cos x-b\sin x)$,

比较等式两端同类项的系数，可得 $A=\frac{aa_1+bb_1}{a^2+b^2}$, $B=\frac{ab_1-a_1b}{a^2+b^2}$, $a^2+b^2\neq0$. 于是，

$$\int\frac{a_1\sin x+b_1\cos x}{a\sin x+b\cos x}dx=A\int dx+B\int\frac{d(a\sin x+b\cos x)}{a\sin x+b\cos x}=Ax+B\ln|a\sin x+b\cos x|+C.$$

**求积分：**

**【2043】** $\int\frac{\sin x-\cos x}{\sin x+2\cos x}dx$.

**解** 此为 2042 题的特例，这里 $a_1=1$, $b_1=-1$, $a=1$, $b=2$;

$$A=\frac{aa_1+bb_1}{a^2+b^2}=\frac{1-2}{1+4}=-\frac{1}{5},B=\frac{ab_1-a_1b}{a^2+b^2}=\frac{-1-2}{1+4}=-\frac{3}{5}.$$

代入得 $\int\frac{\sin x-\cos x}{\sin x+2\cos x}dx=-\frac{x}{5}-\frac{3}{5}\ln|\sin x+2\cos x|+C$.

**【2044】** $\int\frac{dx}{3+5\tan x}$.

**解** $\int\frac{dx}{3+5\tan x}=\int\frac{\cos x}{5\sin x+3\cos x}dx$. 此为 2042 题的特例，这里

$$a_1=0,\quad b_1=1,\quad a=5,\quad b=3;A=\frac{3}{34},\quad B=\frac{5}{34}.$$

代入得 $\int\frac{dx}{3+5\tan x}=\frac{3}{34}x+\frac{5}{34}\ln|5\sin x+3\cos x|+C$.

**【2045】** $\int\frac{a_1\sin x+b_1\cos x}{(a\sin x+b\cos x)^2}dx$.

**提示** 仿 2042 题，并利用 2041 题的结果.

**解** 仿 2042 题，有

$$\int\frac{a_1\sin x+b_1\cos x}{(a\sin x+b\cos x)^2}dx=A\int\frac{a\sin x+b\cos x}{(a\sin x+b\cos x)^2}dx+B\int\frac{a\cos x-b\sin x}{(a\sin x+b\cos x)^2}dx$$

$$=A\int\frac{dx}{a\sin x+b\cos x}dx+B\int\frac{d(a\sin x+b\cos x)}{(a\sin x+b\cos x)^2}=\frac{A}{\sqrt{a^2+b^2}}\ln\left|\tan\left(\frac{x}{2}+\frac{\varphi}{2}\right)\right|^{*)}-\frac{B}{a\sin x+b\cos x}+C$$

$$=\frac{aa_1+bb_1}{(a^2+b^2)^{\frac{3}{2}}}\ln\left|\tan\left(\frac{x}{2}+\frac{\varphi}{2}\right)\right|-\frac{ab_1-a_1b}{(a^2+b^2)(a\sin x+b\cos x)}+C,$$

式中 $A=\frac{aa_1+bb_1}{a^2+b^2}$, $B=\frac{ab_1-a_1b}{a^2+b^2}$, $\cos\varphi=\frac{a}{\sqrt{a^2+b^2}}$, $\sin\varphi=\frac{b}{\sqrt{a^2+b^2}}$, $a^2+b^2\neq0$

(显然按题意 $a,b$ 不同时为零).

*) 利用 2041 题的结果.

**【2046】** 证明:

$$\int \frac{a_1\sin x+b_1\cos x+c_1}{a\sin x+b\cos x+c}dx=Ax+B\ln|a\sin x+b\cos x+c|+C\int\frac{dx}{a\sin x+b\cos x+c},$$

式中 $A,B,C$ 为常数.

**提示** 首先,$a$ 及 $b$ 不可能同时为零. 其次,令

$$a_1\sin x+b_1\cos x+c_1\equiv A(a\sin x+b\cos x+c)+B(a\cos x-b\sin x)+C,$$

比较等式两端同类项的系数,可得 $A,B,C$:

$$A=\frac{aa_1+bb_1}{a^2+b^2},\ B=\frac{ab_1-a_1b}{a^2+b^2},\ C=\frac{a(ac_1-a_1c)+b(bc_1-b_1c)}{a^2+b^2}\quad(a^2+b^2\neq0),$$

并注意 $(a\cos x-b\sin x)dx=d(a\sin x+b\cos x+c)$,命题即易获证.

**证** 按题意 $a$、$b$ 不同时为零. 设

$$a_1\sin x+b_1\cos x+c_1\equiv A(a\sin x+b\cos x+c)+B(a\cos x-b\sin x)+C,$$

比较等式两端同类项的系数,则有

$$A=\frac{aa_1+bb_1}{a^2+b^2},\quad B=\frac{ab_1-a_1b}{a^2+b^2},C=\frac{a(ac_1-a_1c)+b(bc_1-b_1c)}{a^2+b^2}.$$

代入得

$$\int\frac{a_1\sin x+b_1\cos x+c_1}{a\sin x+b\cos x+c}dx=A\int dx+B\int\frac{d(a\sin x+b\cos x+c)}{a\sin x+b\cos x+c}+C\int\frac{dx}{a\sin x+b\cos x+c}$$

$$=Ax+B\ln|a\sin x+b\cos x+c|+C\int\frac{dx}{a\sin x+b\cos x+c}.$$

**求积分:**

**【2047】** $\int\frac{\sin x+2\cos x-3}{\sin x-2\cos x+3}dx.$

**解** 此为 2046 题的特例,这里

$a_1=1,\ b_1=2,\ c_1=-3,\ a=1,\ b=-2,\ c=3;$

$$A=\frac{aa_1+bb_1}{a^2+b^2}=\frac{1-4}{1+4}=-\frac{3}{5},\qquad B=\frac{ab_1-a_1b}{a^2+b^2}=\frac{2+2}{1+4}=\frac{4}{5},$$

$$C=\frac{a(ac_1-a_1c)+b(bc_1-b_1c)}{a^2+b^2}=\frac{(-3-3)+(-2)(6-6)}{1+4}=-\frac{6}{5}.$$

代入得

$$\int\frac{\sin x+2\cos x-3}{\sin x-2\cos x+3}dx=-\frac{3}{5}x+\frac{4}{5}\ln|\sin x-2\cos x+3|-\frac{6}{5}\int\frac{dx}{\sin x-2\cos x+3}$$

$$=-\frac{3}{5}x+\frac{4}{5}\ln|\sin x-2\cos x+3|-\frac{6}{5}\arctan\frac{1+5\tan\frac{x}{2}}{2}{}^{*)}+C.$$

*) 设 $t=\tan\frac{x}{2}$,积分即得所求式子.

**【2048】** $\int\frac{\sin x dx}{\sqrt{2}+\sin x+\cos x}.$

**解** 此为 2046 题的特例,这里

$$a_1=1,\ b_1=0,\ c_1=0,\ a=1,\ b=1,\ c=\sqrt{2};A=\frac{1}{2},B=-\frac{1}{2},C=-\frac{1}{\sqrt{2}}.$$

代入得

$$\int\frac{\sin x dx}{\sqrt{2}+\sin x+\cos x}=\frac{1}{2}x-\frac{1}{2}\ln|\sqrt{2}+\sin x+\cos x|-\frac{1}{\sqrt{2}}\int\frac{dx}{\sqrt{2}+\sin x+\cos x}$$

$$=\frac{1}{2}x-\frac{1}{2}\ln|\sqrt{2}+\sin x+\cos x|-\frac{1}{\sqrt{2}}\int\frac{dx}{\sqrt{2}+\sqrt{2}\cos\left(x-\frac{\pi}{4}\right)}$$

$$=\frac{1}{2}x-\frac{1}{2}\ln\left|\sqrt{2}+\sin x+\cos x\right|-\frac{1}{2}\int\frac{\mathrm{d}x}{2\cos^2\left(\frac{x}{2}-\frac{\pi}{8}\right)}$$

$$=\frac{1}{2}x-\frac{1}{2}\ln\left|\sqrt{2}+\sin x+\cos x\right|-\frac{1}{2}\tan\left(\frac{x}{2}-\frac{\pi}{8}\right)+C.$$

**【2049】** $\int\frac{2\sin x+\cos x}{3\sin x+4\cos x-2}\mathrm{d}x.$

**解** 本题也是 2046 题的特例,这里

$$a_1=2,\ b_1=1,\ c_1=0,\ a=3,\ b=4,\ c=-2;\quad A=\frac{2}{5},\quad B=-\frac{1}{5},\quad C=\frac{4}{5}.$$

代入得 $$\int\frac{2\sin x+\cos x}{3\sin x+4\cos x-2}\mathrm{d}x=\frac{2}{5}x-\frac{1}{5}\ln|3\sin x+4\cos x-2|+\frac{4}{5}\int\frac{\mathrm{d}x}{3\sin x+4\cos x-2}$$

$$=\frac{2}{5}x-\frac{1}{5}\ln|3\sin x+4\cos x-2|+\frac{4}{5\sqrt{21}}\ln\left|\frac{\sqrt{7}+\sqrt{3}\left(2\tan\frac{x}{2}-1\right)}{\sqrt{7}-\sqrt{3}\left(2\tan\frac{x}{2}-1\right)}\right|^{*)}+C.$$

*) 设 $t=\tan\frac{x}{2}$,积分即得所求式子.

**【2050】** 证明:

$$\int\frac{a_1\sin^2x+2b_1\sin x\cos x+c_1\cos^2x}{a\sin x+b\cos x}\mathrm{d}x=A\sin x+B\cos x+C\int\frac{\mathrm{d}x}{a\sin x+b\cos x},$$

式中 $A,B,C$ 为常数.

**提示** 首先,$a$ 及 $b$ 不可能同时为零.其次,令

$$a_1\sin^2x+2b_1\sin x\cos x+c_1\cos^2x\equiv A\cos x(a\sin x+b\cos x)-B\sin x(a\sin x+b\cos x)+C,$$

比较等式两端同类项的系数,可得 $A,B,C$:

$$A=\frac{bc_1-a_1b+2ab_1}{a^2+b^2},\ B=\frac{ac_1-aa_1-2bb_1}{a^2+b^2},\ C=\frac{a_1b^2+a^2c_1-2abb_1}{a^2+b^2}\quad(a^2+b^2\neq0),$$

命题即易获证.

**证** 按题意 $a$、$b$ 不同时为零.设

$$a_1\sin^2x+2b_1\sin x\cos x+c_1\cos^2x\equiv A\cos x(a\sin x+b\cos x)-B\sin x(a\sin x+b\cos x)+C,$$

比较等式两端同类项的系数,则有

$$aA-bB=2b_1,\quad C-aB=a_1,\quad C+bA=c_1,$$

从而, $$A=\frac{bc_1-a_1b+2ab_1}{a^2+b^2},\quad B=\frac{ac_1-aa_1-2bb_1}{a^2+b^2},C=\frac{a_1b^2+a^2c_1-2abb_1}{a^2+b^2}.$$

代入得

$$\int\frac{a_1\sin^2x+2b_1\sin x\cos x+c_1\cos^2x}{a\sin x+b\cos x}\mathrm{d}x=A\int\cos x\mathrm{d}x-B\int\sin x\mathrm{d}x+C\int\frac{\mathrm{d}x}{a\sin x+b\cos x}$$

$$=A\sin x+B\cos x+C\int\frac{\mathrm{d}x}{a\sin x+b\cos x}.$$

## 求积分:

**【2051】** $\int\frac{\sin^2x-4\sin x\cos x+3\cos^2x}{\sin x+\cos x}\mathrm{d}x.$

**解** 此为 2050 题的特例,这里

$$a_1=1,\ b_1=-2,\ c_1=3,\ a=1,\ b=1;$$

$$A=\frac{bc_1-a_1b+2ab_1}{a^2+b^2}=\frac{3-1-4}{1+1}=-1,B=\frac{ac_1-aa_1-2bb_1}{a^2+b^2}=\frac{3-1+4}{1+1}=3,C=\frac{a_1b^2+a^2c_1-2abb_1}{a^2+b^2}=\frac{1+3+4}{1+1}=4.$$

代入得 $$\int\frac{\sin^2x-4\sin x\cos x+3\cos^2x}{\sin x+\cos x}\mathrm{d}x=-\sin x+3\cos x+4\int\frac{\mathrm{d}x}{\sin x+\cos x}$$

$$=-\sin x+3\cos x+\frac{4}{\sqrt{2}}\int\frac{\mathrm{d}x}{\sin\left(x+\frac{\pi}{4}\right)}=-\sin x+3\cos x+2\sqrt{2}\ln\left|\tan\left(\frac{x}{2}+\frac{\pi}{8}\right)\right|+C.$$

**【2052】** $\int\frac{\sin^2x-\sin x\cos x+2\cos^2x}{\sin x+2\cos x}\mathrm{d}x.$

**解** 本题也是2050题的特例，这里

$$a_1=1,\ b_1=-\frac{1}{2},\ c_1=2,\ a=1,\ b=2;A=\frac{1}{5},\quad B=\frac{3}{5},\quad C=\frac{8}{5}.$$

代入得 $\int\frac{\sin^2x-\sin x\cos x+2\cos^2x}{\sin x+2\cos x}\mathrm{d}x$

$$=\frac{1}{5}\sin x+\frac{3}{5}\cos x+\frac{8}{5}\int\frac{\mathrm{d}x}{\sin x+2\cos x}=\frac{1}{5}(\sin+3\cos x)+\frac{8}{5\sqrt{5}}\ln\left|\frac{\sqrt{5}+2\tan\frac{x}{2}-1}{\sqrt{5}-2\tan\frac{x}{2}+1}\right|^{*)}+C.$$

*) 设 $t=\tan\frac{x}{2}$，积分即得所求式子.

**【2053】** 证明：若$(a-c)^2+b^2\neq0$，则

$$\int\frac{a_1\sin x+b_1\cos x}{a\sin^2x+2b\sin x\cos x+c\cos^2x}\mathrm{d}x=A\int\frac{\mathrm{d}u_1}{k_1u_1^2+\lambda_1}+B\int\frac{\mathrm{d}u_2}{k_2u_2^2+\lambda_2},$$

式中$A,B$为待定系数，$\lambda_1,\lambda_2$为方程 $\begin{vmatrix}a-\lambda & b\\ b & c-\lambda\end{vmatrix}=0\quad(\lambda_1\neq\lambda_2)$

的根，而 $u_i=(a-\lambda_i)\sin x+b\cos x,\quad k_i=\frac{1}{a-\lambda_i}\quad(i=1,2).$

**证** 记

$$a^2\sin^2x+2b\sin x\cos x+c\cos^2x=(a-\lambda_i)\sin^2x+2b\sin x\cos x+(c-\lambda_i)\cos^2x+\lambda_i$$

$$=\frac{1}{a-\lambda_i}[(a-\lambda_i)^2\sin^2x+2b(a-\lambda_i)\sin x\cos x+(c-\lambda_i)(a-\lambda_i)\cos^2x]+\lambda_i,$$

其中$\lambda_i(i=1,2)$为方程$\begin{vmatrix}a-\lambda & b\\ b & c-\lambda\end{vmatrix}=0$的根.

由假定$(a-c)^2+b^2\neq0$，从而，$(a-c)^2+4b^2\neq0$，因此$\lambda_1\neq\lambda_2$. 再设$k_i=\frac{1}{a-\lambda_i}$ $(i=1,2)$ 及 $u_i=(a-\lambda_i)\cdot\sin x+b\cos x$. 由于$(a-\lambda_i)(c-\lambda_i)-b^2=0$，即$b^2=(a-\lambda_i)(c-\lambda_i)$. 于是，

$$a^2\sin^2x+2b\sin x\cos x+c\cos^2x=k_i[(a-\lambda_i)^2\sin^2x+2b(a-\lambda_i)\sin x\cos x+b^2\cos^2x]+\lambda_i$$

$$=k_i[(a-\lambda_i)\sin x+b\cos x]^2+\lambda_i=k_iu_i^2+\lambda_i. \tag{1}$$

其次，设

$$a_1\sin x+b_1\cos x=A[(a-\lambda_1)\cos x-b\sin x]+B[(a-\lambda_2)\cos x-b\sin x], \tag{2}$$

比较等式两端同类项的系数，则有

$$-b(A+B)=a_1,\quad A(a-\lambda_1)+B(a-\lambda_2)=b_1,$$

$$A=-\frac{a_1(\lambda_1-\lambda_2)+bb_1+a_1(a-\lambda_1)}{b(\lambda_1-\lambda_2)},\quad B=\frac{bb_1+a_1(a-\lambda_1)}{b(\lambda_1-\lambda_2)}^{*)}.$$

由(1)式及(2)式即得

$$\int\frac{a_1\sin x+b_1\cos x}{a^2\sin^2x+2b\sin x\cos x+c\cos^2x}\mathrm{d}x$$

$$=A\int\frac{(a-\lambda_1)\cos x-b\sin x}{k_1[(a-\lambda_1)\sin x+b\cos x]^2+\lambda_1}\mathrm{d}x+B\int\frac{(a-\lambda_2)\cos x-b\sin x}{k_2[(a-\lambda_2)\sin x+b\cos x]^2+\lambda_2}\mathrm{d}x$$

$$=A\int\frac{\mathrm{d}u_1}{k_1u_1^2+\lambda_1}+B\int\frac{\mathrm{d}u_2}{k_2u_2^2+\lambda_2}.$$

*) 按题意，$b\neq0$. 因若$b=0$，则$\lambda_1=a,\lambda_2=c$，从而，$k_1$无意义. 不过，当$b=0$时，仍能化为所要求的类似形式. 事实上，当$b=0$时，$a\neq c$，我们有

$$\int\frac{a_1\sin x+b_1\cos x}{a\sin^2x+2b\sin x\cos x+c\cos^2x}dx=\int\frac{a_1\sin x+b_1\cos x}{a\sin^2x+c\cos^2x}dx$$
$$=a_1\int\frac{\sin x}{a\sin^2x+c\cos^2x}dx+b_1\int\frac{\cos x}{a\sin^2x+c\cos^2x}dx=-a_1\int\frac{d(\cos x)}{(c-a)\cos^2x+a}+b_1\int\frac{d(\sin x)}{(a-c)\sin^2x+c}$$
$$=A\int\frac{du_1}{k_1u_1^2+\lambda_1}+B\int\frac{du_2}{k_2u_2^2+\lambda_2},$$

式中　$A=-a_1$，$B=b_1$，$k_1=c-a$，$k_2=a-c$，$u_1=\cos x$，$u_2=\sin x$，$\lambda_1=a$，$\lambda_2=c$.

本题也可用下法另证：命 $u_i=(a-\lambda_i)\sin x+b\cos x$，$k_i=\frac{1}{a-\lambda_i}(i=1,2)$，代入积分等式. 然后两边求导，整理并比较系数，便可知 $\lambda_i$ 必为方程 $\begin{vmatrix}a-\lambda & b\\ b & c-\lambda\end{vmatrix}=0$ 的根，相应可求出系数 $A,B$.

**求积分：**

**【2054】** $\int\frac{2\sin x-\cos x}{3\sin^2x+4\cos^2x}dx.$

**解** $$\int\frac{2\sin x-\cos x}{3\sin^2x+4\cos^2x}dx=\int\frac{2\sin x}{3\sin^2x+4\cos^2x}dx-\int\frac{\cos x}{3\sin^2x+4\cos^2x}dx$$
$$=-2\int\frac{d(\cos x)}{3+\cos^2x}-\int\frac{d(\sin x)}{4-\sin^2x}=-\frac{2}{\sqrt3}\arctan\left(\frac{\cos x}{\sqrt3}\right)-\frac14\ln\frac{2+\sin x}{2-\sin x}+C.$$

**【2055】** $\int\frac{\sin x+\cos x}{2\sin^2x-4\sin x\cos x+5\cos^2x}dx.$

**解** 此为 2053 题的特例，这里 $a_1=1$，$b_1=1$，$a=2$，$b=-2$，$c=5$. 由 $\begin{vmatrix}a-\lambda & b\\ b & c-\lambda\end{vmatrix}=\lambda^2-7\lambda+6=0$，求得 $\lambda_1=1$，$\lambda_2=6$，从而，

$$A=-\frac{a_1(\lambda_1-\lambda_2)+b_1b+a_1(a-\lambda_1)}{b(\lambda_1-\lambda_2)}=-\frac{(1-6)-2+(2-1)}{-2(1-6)}=\frac35,$$
$$B=\frac{bb_1+a_1(a-\lambda_1)}{b(\lambda_1-\lambda_2)}=\frac{-2+1}{10}=-\frac{1}{10};$$
$$u_1=(a-\lambda_1)\sin x+b\cos x=\sin x-2\cos x,u_2=(a-\lambda_2)\sin x+b\cos x=-4\sin x-2\cos x;$$
$$k_1=\frac{1}{a-\lambda_1}=1,\quad k_2=\frac{1}{a-\lambda_2}=-\frac14.$$

代入得
$$\int\frac{\sin x+\cos x}{2\sin^2x-4\sin x\cos x+5\cos^2x}dx=\frac35\int\frac{d(\sin x-2\cos x)}{(\sin x-2\cos x)^2+1}+\frac{1}{10}\int\frac{d(4\sin x+2\cos x)}{6-\frac14(4\sin x+2\cos x)^2}$$
$$=\frac35\arctan(\sin x-2\cos x)+\frac{1}{10\sqrt6}\ln\left|\frac{\sqrt6+2\sin x+\cos x}{\sqrt6-2\sin x-\cos x}\right|+C.$$

**【2056】** $\int\frac{\sin x-2\cos x}{1+4\sin x\cos x}dx.$

**解** 本题也是 2053 题的特例，且

$$\int\frac{\sin x-2\cos x}{1+4\sin x\cos x}dx=\int\frac{\sin x-2\cos x}{\sin^2x+4\sin x\cos x+\cos^2x}dx,$$

这里，$a_1=1$，$b_1=-2$，$a=1$，$b=2$，$c=1$；$\lambda_1=3$，$\lambda_2=-1$；$k_1=-\frac12$，$k_2=\frac12$；$A=\frac14$，$B=-\frac34$；

$u_1=2(\cos x-\sin x)$，$u_2=2(\cos x+\sin x)$.

代入得
$$\int\frac{\sin x-2\cos x}{1+4\sin x\cos x}dx=\frac14\int\frac{2d(\cos x-\sin x)}{-2(\cos x-\sin x)^2+3}-\frac34\int\frac{2d(\cos x+\sin x)}{2(\cos x+\sin x)^2-1}$$
$$=-\frac{3}{4\sqrt2}\ln\left|\frac{\sqrt2(\sin x+\cos x)+1}{\sqrt2(\sin x+\cos x)-1}\right|-\frac{1}{4\sqrt6}\ln\left|\frac{\sqrt3+\sqrt2(\sin x-\cos x)}{\sqrt3-\sqrt2(\sin x-\cos x)}\right|+C.$$

**【2057】** 证明：$\int\frac{dx}{(a\sin x+b\cos x)^n}=\frac{A\sin x+B\cos x}{(a\sin x+b\cos x)^{n-1}}+C\int\frac{dx}{(a\sin x+b\cos x)^{n-2}},$

式中 $A,B,C$ 为待定系数.

**证** $a\sin x+b\cos x=\sqrt{a^2+b^2}\sin(x+\alpha)$， 式中 $\sin\alpha=\dfrac{b}{\sqrt{a^2+b^2}}$，$\cos\alpha=\dfrac{a}{\sqrt{a^2+b^2}}$.

于是，
$$\int\frac{dx}{(a\sin x+b\cos x)^n}=(a^2+b^2)^{-\frac{n}{2}}\int\frac{dx}{\sin^n(x+\alpha)}=-(a^2+b^2)^{-\frac{n}{2}}\int\frac{1}{\sin^{n-2}(x+\alpha)}d[\cot(x+\alpha)]$$
$$=-(a^2+b^2)^{-\frac{n}{2}}\frac{\cot(x+\alpha)}{\sin^{n-2}(x+\alpha)}-\frac{n-2}{(a^2+b^2)^{\frac{n}{2}}}\int\frac{\cot(x+\alpha)\cos(x+\alpha)}{\sin^{n-1}(x+\alpha)}dx$$
$$=\frac{\frac{b}{a^2+b^2}\sin x-\frac{a}{a^2+b^2}\cos x}{(a\sin x+b\cos x)^{n-1}}-\frac{n-2}{(a^2+b^2)^{\frac{n}{2}}}\int\frac{1-\sin^2(x+\alpha)}{\sin^n(x+\alpha)}dx.$$

设 $I_n=\int\dfrac{dx}{(a\sin x+b\cos x)^n}$，则由上式可得
$$I_n=\frac{\frac{b}{a^2+b^2}\sin x-\frac{a}{a^2+b^2}\cos x}{(a\sin x+b\cos x)^{n-1}}+(2-n)I_n+\frac{n-2}{a^2+b^2}I_{n-2}.$$

于是，
$$I_n=\frac{\frac{b}{(n-1)(a^2+b^2)}\sin x-\frac{a}{(n-1)(a^2+b^2)}\cos x}{(a\sin x+b\cos x)^{n-1}}+\frac{n-2}{(n-1)(a^2+b^2)}I_{n-2}.$$

即
$$\int\frac{dx}{(a\sin x+b\cos x)^n}=\frac{A\sin x+B\cos x}{(a\sin x+b\cos x)^{n-1}}+C\int\frac{dx}{(a\sin x+b\cos x)^{n-2}},$$

式中
$$A=\frac{b}{(n-1)(a^2+b^2)},\quad B=-\frac{a}{(n-1)(a^2+b^2)},\quad C=\frac{n-2}{(n-1)(a^2+b^2)}.$$

**【2058】** 求 $\int\dfrac{dx}{(\sin x+2\cos x)^3}$.

**解** 此为 2057 题的特例，这里 $a=1$， $b=2$， $n=3$； $A=\dfrac{2}{10}$， $B=-\dfrac{1}{10}$， $C=\dfrac{1}{10}$.

代入得
$$\int\frac{dx}{(\sin x+2\cos x)^3}=\frac{2\sin x-\cos x}{10(\sin x+2\cos x)^2}+\frac{1}{10}\int\frac{dx}{\sin x+2\cos x}$$
$$=\frac{2\sin x-\cos x}{10(\sin x+2\cos x)^2}+\frac{1}{10\sqrt5}\int\frac{dx}{\sin(x+\alpha)}$$
$$=\frac{2\sin x-\cos x}{10(\sin x+2\cos x)^2}+\frac{1}{10\sqrt5}\ln\left|\tan\left(\frac{x}{2}+\frac{\alpha}{2}\right)\right|+C.$$

其中 $\cos\alpha=\dfrac{1}{\sqrt5}$，$\sin\alpha=\dfrac{2}{\sqrt5}$，$\alpha=\arctan2$.

**【2059】** 若 $n$ 为大于 1 的正整数，证明：
$$\int\frac{dx}{(a+b\cos x)^n}=\frac{A\sin x}{(a+b\cos x)^{n-1}}+B\int\frac{dx}{(a+b\cos x)^{n-1}}+C\int\frac{dx}{(a+b\cos x)^{n-2}}\quad(|a|\neq|b|),$$
并求出系数 $A,B$ 和 $C$.

**证** 设 $I_n=\int\dfrac{dx}{(a+b\cos x)^n}$，先考虑 $I_{n-1}$.
$$I_{n-1}=\frac{1}{a}\int\frac{(a+b\cos x)-b\cos x}{(a+b\cos x)^{n-1}}dx=\frac{1}{a}I_{n-2}-\frac{b}{a}\int\frac{d(\sin x)}{(a+b\cos x)^{n-1}}$$
$$=\frac{1}{a}I_{n-2}-\frac{b\sin x}{a(a+b\cos x)^{n-1}}+\frac{(n-1)b^2}{a}\int\frac{\sin^2x}{(a+b\cos x)^n}dx$$
$$=\frac{1}{a}I_{n-2}-\frac{b\sin x}{a(a+b\cos x)^{n-1}}+\frac{n-1}{a}\int\frac{(b^2-a^2)+(a+b\cos x)(a-b\cos x)}{(a+b\cos x)^n}dx$$
$$=\frac{1}{a}I_{n-2}-\frac{b\sin x}{a(a+b\cos x)^{n-1}}+\frac{(n-1)(b^2-a^2)}{a}I_n+\frac{n-1}{a}\int\frac{a-b\cos x}{(a+b\cos x)^{n-1}}dx$$
$$=\frac{1}{a}I_{n-2}-\frac{b\sin x}{a(a+b\cos x)^{n-1}}+\frac{(n-1)(b^2-a^2)}{a}I_n-\frac{n-1}{a}\int\frac{(a+b\cos x)-2a}{(a+b\cos x)^{n-1}}dx$$

$$=\frac{1}{a}I_{n-2}-\frac{b\sin x}{a(a+b\cos x)^{n-1}}+\frac{(n-1)(b^2-a^2)}{a}I_n-\frac{n-1}{a}I_{n-2}+2(n-1)I_{n-1}.$$

于是，$$\frac{(n-1)(a^2-b^2)}{a}I_n=-\frac{b\sin x}{a(a+b\cos x)^{n-1}}+(2n-3)I_{n-1}-\frac{n-2}{a}I_{n-2}.$$

最后得到 $$I_n=-\frac{b\sin x}{(n-1)(a^2-b^2)(a+b\cos x)^{n-1}}+\frac{(2n-3)a}{(n-1)(a^2-b^2)}I_{n-1}-\frac{n-2}{(n-1)(a^2-b^2)}I_{n-2},$$

即 $$\int\frac{dx}{(a+b\cos x)^n}=\frac{A\sin x}{(a+b\cos x)^{n-1}}+B\int\frac{dx}{(a+b\cos x)^{n-1}}+C\int\frac{dx}{(a+b\cos x)^{n-2}}.$$

式中 $A=-\dfrac{b}{(n-1)(a^2-b^2)}$，$B=\dfrac{(2n-3)a}{(n-1)(a^2-b^2)}$，$C=-\dfrac{n-2}{(n-1)(a^2-b^2)}$ （$|a|\neq|b|$；$n>1$ 且 $a\neq0$）.

若 $a=0$，则 $b\neq0$，我们有

$$\int\frac{dx}{(a+b\cos x)^n}=\frac{1}{b^n}\int\frac{dx}{\cos^n x}=\frac{1}{b^n}\left[\frac{\sin x}{(n-1)\cos^{n-1}x}+\frac{n-2}{n-1}\int\frac{dx}{\cos^{n-2}x}\right]^{*)}.$$

*) 利用 2012 题(2)的结果.

**求积分：**

**【2060】** $\displaystyle\int\frac{\sin x\,dx}{\cos x\sqrt{1+\sin^2 x}}$.

**解** $$\int\frac{\sin x\,dx}{\cos x\sqrt{1+\sin^2x}}=\int\frac{-d(\cos x)}{\cos x\sqrt{2-\cos^2x}}=-\int\frac{d(\cos x)}{\cos^2x\sqrt{2\sec^2x-1}}=\int\frac{d(\sec x)}{\sqrt{2\sec^2x-1}}$$

$$=\frac{1}{\sqrt2}\ln\left|\sqrt2\sec x+\sqrt{2\sec^2x-1}\right|+C=\frac{1}{\sqrt2}\ln\frac{\sqrt2+\sqrt{1+\sin^2x}}{|\cos x|}+C.$$

**【2061】** $\displaystyle\int\frac{\sin^2x}{\cos^2x\sqrt{\tan x}}dx$.

**解** $$\int\frac{\sin^2x}{\cos^2x\sqrt{\tan x}}dx=\int\frac{\sin^2x\,d(\tan x)}{\sqrt{\tan x}}=2\int\sin^2x\,d(\sqrt{\tan x})=2\int(1-\cos^2x)d(\sqrt{\tan x})$$

$$=2\sqrt{\tan x}-2\int\frac{d(\sqrt{\tan x})}{1+\tan^2x}=2\sqrt{\tan x}-\frac{1}{2\sqrt2}\ln\frac{\tan x+\sqrt{2\tan x}+1}{\tan x-\sqrt{2\tan x}+1}+\frac{1}{\sqrt2}\arctan\frac{\sqrt{2\tan x}}{\tan x-1}{}^{*)}+C\quad(\tan x>0).$$

*) 利用 1884 题的结果.

**【2062】** $\displaystyle\int\frac{\sin x\,dx}{\sqrt{2+\sin2x}}$.

**解** 由于 $2+\sin2x=1+(\sin x+\cos x)^2=3-(\sin x-\cos x)^2$，

于是，

$$\int\frac{\sin x\,dx}{\sqrt{2+\sin2x}}=\int\frac{\cos x-(\cos x-\sin x)}{\sqrt{1+(\sin x+\cos x)^2}}dx=\int\frac{\cos x}{\sqrt{3-(\sin x-\cos x)^2}}dx-\ln(\sin x+\cos x+\sqrt{2+\sin2x})$$

$$=-\int\frac{\sin x\,dx}{\sqrt{2+\sin2x}}+\int\frac{d(\sin x-\cos x)}{\sqrt{3-(\sin x-\cos x)^2}}-\ln(\sin x+\cos x+\sqrt{2+\sin2x}).$$

因而，

$$\int\frac{\sin x\,dx}{\sqrt{2+\sin2x}}=\frac12\int\frac{d(\sin x-\cos x)}{\sqrt{3-(\sin x-\cos x)^2}}-\frac12\ln(\sin x+\cos x+\sqrt{2+\sin2x})$$

$$=\frac12\arcsin\left(\frac{\sin x-\cos x}{\sqrt3}\right)-\frac12\ln(\sin x+\cos x+\sqrt{2+\sin2x})+C.$$

**【2063】** $\displaystyle\int\frac{dx}{(1+\varepsilon\cos x)^2}\quad(0<\varepsilon<1)$.

**解** 此为 2059 题之特例，这里

$$a=1,\quad b=\varepsilon,\quad n=2,\quad A=-\frac{\varepsilon}{1-\varepsilon^2},\quad B=\frac{1}{1-\varepsilon^2},\quad C=0.$$

代入得
$$\int\frac{dx}{(1+\varepsilon\cos x)^2}=-\frac{\varepsilon\sin x}{(1-\varepsilon^2)(1+\varepsilon\cos x)}+\frac{1}{1-\varepsilon^2}\int\frac{1}{1+\varepsilon\cos x}dx$$
$$=-\frac{\varepsilon\sin x}{(1-\varepsilon^2)(1+\varepsilon\cos x)}+\frac{2}{(1-\varepsilon^2)^{\frac{3}{2}}}\arctan\left(\sqrt{\frac{1-\varepsilon}{1+\varepsilon}}\tan\frac{x}{2}\right)^{*)}+C.$$

*） 利用 2028 题(1)的结果.

**【2064】**+ $\displaystyle\int\frac{\cos^{n-1}\frac{x+a}{2}}{\sin^{n+1}\frac{x-a}{2}}dx.$

**提示** 令$\dfrac{\cos\frac{x+a}{2}}{\sin\frac{x-a}{2}}=t$，则有$\dfrac{dx}{\sin^2\frac{x-a}{2}}=-\dfrac{2}{\cos a}dt\ (\cos a\neq0).$

**解** 设 $t=\dfrac{\cos\frac{x+a}{2}}{\sin\frac{x-a}{2}}$，则 $dt=\dfrac{-\frac{1}{2}\cos a}{\sin^2\frac{x-a}{2}}dx$，$\dfrac{dx}{\sin^2\frac{x-a}{2}}=-\dfrac{2}{\cos a}dt.$

于是，
$$\int\frac{\cos^{n-1}\frac{x+a}{2}}{\sin^{n+1}\frac{x-a}{2}}dx=-\frac{2}{\cos a}\int t^{n-1}dt=-\frac{2}{n\cos a}t^n+C=-\frac{2}{n\cos a}\left(\frac{\cos\frac{x+a}{2}}{\sin\frac{x-a}{2}}\right)^n+C\quad(\cos a\neq0).$$

**【2065】** 推出积分 $I_n=\displaystyle\int\left(\frac{\sin\frac{x-a}{2}}{\sin\frac{x+a}{2}}\right)^n dx$（$n$ 为正整数）的递推公式.

**解** 解法 1：

设 $t=\dfrac{\sin\frac{x-a}{2}}{\sin\frac{x+a}{2}}$，则 $x=2\arctan\left(\dfrac{1+t}{1-t}\tan\dfrac{a}{2}\right)$，$dx=\dfrac{4\tan\frac{a}{2}}{t^2\sec^2\frac{a}{2}+2t\left(\tan^2\frac{a}{2}-1\right)+\sec^2\frac{a}{2}}dt.$

由于
$$\frac{4t^n\tan\frac{a}{2}}{t^2\sec^2\frac{a}{2}+2t\left(\tan^2\frac{a}{2}-1\right)+\sec^2\frac{a}{2}}$$
$$=\frac{4\tan\frac{a}{2}}{\sec^2\frac{a}{2}}t^{n-2}+\frac{-4\tan\frac{a}{2}}{t^2\sec^2\frac{a}{2}+2t\left(\tan^2\frac{a}{2}-1\right)+\sec^2\frac{a}{2}}\cdot\frac{2\left(\tan^2\frac{a}{2}-1\right)}{\sec^2\frac{a}{2}}t^{n-1}$$
$$+\frac{-4\tan\frac{a}{2}}{t^2\sec^2\frac{a}{2}+2t\left(\tan^2\frac{a}{2}-1\right)+\sec^2\frac{a}{2}}t^{n-2}\quad(n>2),$$

两端对 $t$ 积分，即得递推公式 $\quad I_n=\dfrac{2\sin a}{n-1}t^{n-1}+2\cos a I_{n-1}-I_{n-2}.$

解法 2：

设 $y=\dfrac{x+a}{2}$，则$\dfrac{x-a}{2}=y-a$，从而，
$$I_n=2\int\left[\frac{\sin(y-a)}{\sin y}\right]^n dy=2\int\frac{\sin(y-a)}{\sin y}\left[\frac{\sin(y-a)}{\sin y}\right]^{n-1}dy=2\int\frac{\sin y\cos a-\cos y\sin a}{\sin y}\left[\frac{\sin(y-a)}{\sin y}\right]^{n-1}dy$$
$$=\cos aI_{n-1}-2\sin a\int\frac{\cos y}{\sin y}\left[\frac{\sin(y-a)}{\sin y}\right]^{n-1}dy.$$

再设 $$\frac{\sin(y-a)}{\sin y}=t=\frac{\sin\frac{x-a}{2}}{\sin\frac{x+a}{2}},\quad J_n=2\int\frac{\cos y}{\sin y}t^n\mathrm{d}y,$$

则 $$I_n=\cos aI_{n-1}-\sin aJ_{n-1},\quad J_{n-1}=\frac{\cos aI_{n-1}-I_n}{\sin a}.\tag{1}$$

又 $$J_n=2\int\frac{\cos y}{\sin y}\left[\frac{\sin(y-a)}{\sin y}\right]^n\mathrm{d}y=-\frac{2}{n}\int\sin^n(y-a)\mathrm{d}\left(\frac{1}{\sin^n y}\right)$$
$$=-\frac{2}{n}\left[\frac{\sin(y-a)}{\sin y}\right]^n+2\int\frac{\sin^{n-1}(y-a)}{\sin^n y}\cos(y-a)\mathrm{d}y=-\frac{2}{n}t^n+2\int t^{n-1}\frac{\cos y\cos a+\sin y\sin a}{\sin y}\mathrm{d}y$$
$$=-\frac{2}{n}t^n+\cos aJ_{n-1}+\sin aI_{n-1}.\tag{2}$$

由(1)式和(2)式解得

$$I_n=\cos aI_{n-1}-\sin aJ_{n-1}=\cos aI_{n-1}-\sin a\left(-\frac{2}{n-1}t^{n-1}+\cos aJ_{n-2}+\sin aI_{n-2}\right)$$
$$=\cos aI_{n-1}+\frac{2\sin a}{n-1}t^{n-1}-\sin a\cos a\left(\frac{\cos aI_{n-2}-I_{n-1}}{\sin a}\right)-\sin^2 aI_{n-2}=2\cos aI_{n-1}-I_{n-2}+\frac{2\sin a}{n-1}t^{n-1}.$$

## §5. 各种超越函数的积分法

**【2066】** 证明:若 $P(x)$ 为 $n$ 次多项式,则

$$\int P(x)\mathrm{e}^{ax}\mathrm{d}x=\mathrm{e}^{ax}\left[\frac{P(x)}{a}-\frac{P'(x)}{a^2}+\cdots+(-1)^n\frac{P^{(n)}(x)}{a^{n+1}}\right]+C.$$

**证** $$\int P(x)\mathrm{e}^{ax}\mathrm{d}x=\frac{1}{a}\int P(x)\mathrm{d}(\mathrm{e}^{ax})=\frac{1}{a}P(x)\mathrm{e}^{ax}-\frac{1}{a}\int\mathrm{e}^{ax}P'(x)\mathrm{d}x$$
$$=\frac{1}{a}P(x)\mathrm{e}^{ax}-\frac{1}{a^2}\int P'(x)\mathrm{d}(\mathrm{e}^{ax})=\frac{1}{a}P(x)\mathrm{e}^{ax}-\frac{1}{a^2}P'(x)\mathrm{e}^{ax}+\frac{1}{a^2}\int\mathrm{e}^{ax}P''(x)\mathrm{d}x$$
$$=\cdots=\mathrm{e}^{ax}\left[\frac{P(x)}{a}-\frac{P'(x)}{a^2}+\cdots+(-1)^n\frac{P^{(n)}(x)}{a^{n+1}}\right]+C.$$

因为 $P(x)$ 为 $n$ 次多项式,所以,$P^{(n+1)}(x)\equiv0$. 从而,上述等式括号中的导数到 $P^{(n)}(x)$ 为止.

**【2067】** 证明:若 $P(x)$ 为 $n$ 次多项式,则

$$\int P(x)\cos ax\mathrm{d}x=\frac{\sin ax}{a}\left[P(x)-\frac{P''(x)}{a^2}+\frac{P^{(4)}(x)}{a^4}-\cdots\right]+\frac{\cos ax}{a^2}\left[P'(x)-\frac{P'''(x)}{a^2}+\frac{P^{(5)}(x)}{a^4}-\cdots\right]+C,$$
$$\int P(x)\sin ax\mathrm{d}x=-\frac{\cos ax}{a}\left[P(x)-\frac{P''(x)}{a^2}+\frac{P^{(4)}(x)}{a^4}-\cdots\right]+\frac{\sin ax}{a^2}\left[P'(x)-\frac{P'''(x)}{a^2}+\frac{P^{(5)}(x)}{a^4}-\cdots\right]+C.$$

**证** $$\int P(x)\cos ax\mathrm{d}x=\frac{1}{a}\int P(x)\mathrm{d}(\sin ax)=\frac{1}{a}P(x)\sin ax-\frac{1}{a}\int P'(x)\sin ax\mathrm{d}x$$
$$=\frac{1}{a}P(x)\sin ax+\frac{1}{a^2}\int P'(x)\mathrm{d}(\cos ax)=\frac{1}{a}P(x)\sin ax+\frac{1}{a^2}P'(x)\cos ax-\frac{1}{a^2}\int P''(x)\cos ax\mathrm{d}x$$
$$=\frac{1}{a}P(x)\sin ax+\frac{1}{a^2}P'(x)\cos ax-\frac{1}{a^3}P''(x)\sin ax-\frac{1}{a^4}P'''(x)\cos ax+\frac{1}{a^4}\int P^{(4)}(x)\cos ax\mathrm{d}x$$
$$=\cdots=\frac{\sin ax}{a}\left[P(x)-\frac{P''(x)}{a^2}+\frac{P^{(4)}(x)}{a^4}-\cdots\right]+\frac{\cos ax}{a^2}\left[P'(x)-\frac{P'''(x)}{a^2}+\frac{P^{(5)}(x)}{a^4}-\cdots\right]+C.$$

$$\int P(x)\sin ax\mathrm{d}x=-\frac{1}{a}\int P(x)\mathrm{d}(\cos ax)=-\frac{1}{a}P(x)\cos ax+\frac{1}{a}\int P'(x)\cos ax\mathrm{d}x$$
$$=-\frac{1}{a}P(x)\cos ax+\frac{1}{a^2}\int P'(x)\mathrm{d}(\sin ax)=-\frac{1}{a}P(x)\cos ax+\frac{1}{a^2}P'(x)\sin ax-\frac{1}{a^2}\int P''(x)\sin ax\mathrm{d}x$$
$$=-\frac{1}{a}P(x)\cos ax+\frac{1}{a^2}P'(x)\sin ax+\frac{1}{a^3}P''(x)\cos ax-\frac{1}{a^4}P'''(x)\cos ax+\frac{1}{a^4}\int P^{(4)}(x)\cos ax\mathrm{d}x$$
$$=\cdots=-\frac{\cos ax}{a}\left[P(x)-\frac{P''(x)}{a^2}+\frac{P^{(4)}(x)}{a^4}-\cdots\right]+\frac{\sin ax}{a^2}\left[P'(x)-\frac{P'''(x)}{a^2}+\frac{P^{(5)}(x)}{a^4}-\cdots\right]+C.$$

上述导数项是有限的,其阶数$\leqslant n, a\neq 0$.

**求积分:**

**【2068】** $\int x^3 e^{3x} dx$.

**解** $\int x^3 e^{3x} dx = e^{3x}\left(\frac{x^3}{3}-\frac{3x^2}{9}+\frac{6x}{27}-\frac{6}{81}\right)^{*)}+C = e^{3x}\left(\frac{x^3}{3}-\frac{x^2}{3}+\frac{2x}{9}-\frac{2}{27}\right)+C$.

*) 利用 2066 题的结果.

**【2069】** $\int (x^2-2x+2)e^{-x} dx$.

**解** $\int (x^2-2x+2)e^{-x} dx = e^{-x}\left(\frac{x^2-2x+2}{-1}-\frac{2x-2}{1}+\frac{2}{-1}\right)^{*)}+C = -e^{-x}(x^2+2)+C$.

*) 利用 2066 题的结果.

**【2070】** $\int x^5 \sin 5x dx$.

**解** $\int x^5 \sin 5x dx = -\frac{\cos 5x}{5}\left(x^5-\frac{20x^3}{25}+\frac{120x}{625}\right)+\frac{\sin 5x}{25}\left(5x^4-\frac{60x^2}{25}+\frac{120}{625}\right)^{*)}+C$

$= -\frac{\cos 5x}{5}\left(x^5-\frac{4x^3}{5}+\frac{24x}{125}\right)+\frac{\sin 5x}{25}\left(5x^4-\frac{12x^2}{5}+\frac{24}{125}\right)+C$.

*) 利用 2067 题的结果.

**【2071】** $\int (1+x^2)^2 \cos x dx$.

**解** $\int (1+x^2)^2 \cos x dx = \int (1+2x^2+x^4)\cos x dx$

$= \sin x[(1+2x^2+x^4)-(4+12x^2)+24]+\cos x[(4x+4x^3)-24x]^{*)}+C$

$= (21-10x^2+x^4)\sin x-(20x-4x^3)\cos x+C$.

*) 利用 2067 题的结果.

**【2072】** $\int x^7 e^{-x^2} dx$.

**解** $\int x^7 e^{-x^2} dx = \frac{1}{2}\int (x^2)^3 e^{-x^2} d(x^2) = \frac{1}{2}e^{-x^2}\left(\frac{x^6}{-1}-\frac{3x^4}{1}+\frac{6x^2}{-1}-\frac{6}{1}\right)^{*)}+C$

$= -\frac{1}{2}e^{-x^2}(x^6+3x^4+6x^2+6)+C$.

*) 利用 2066 题的结果.

**【2073】** $\int x^2 e^{\sqrt{x}} dx$.

**解** $\int x^2 e^{\sqrt{x}} dx = 2\int (\sqrt{x})^5 e^{\sqrt{x}} d(\sqrt{x}) = 2e^{\sqrt{x}}(x^{\frac{5}{2}}-5x^2+20x^{\frac{3}{2}}-60x+120x^{\frac{1}{2}}-120)^{*)}+C$.

*) 利用 2066 题的结果.

**【2074】** $\int e^{ax}\cos^2 bx dx$.

**解** $\int e^{ax}\cos^2 bx dx = \frac{1}{2}\int e^{ax}(1+\cos 2bx) dx = \frac{1}{2a}e^{ax}+\frac{1}{2}e^{ax}\frac{a\cos 2bx+2b\sin 2bx}{a^2+4b^2}^{*)}+C$.

*) 利用 1828 题的结果.

**【2075】** $\int e^{ax}\sin^3 bx dx$.

**提示** 注意 $e^{ax}\sin^3 bx = e^{ax}\left(\frac{3}{4}\sin bx-\frac{1}{4}\sin 3bx\right)$,并利用 1829 题的结果.

**解** $\int e^{ax}\sin^3 bx dx = \int e^{ax}\sin bx \frac{1-\cos 2bx}{2} dx = \int e^{ax}\left(\frac{3}{4}\sin bx-\frac{1}{4}\sin 3bx\right) dx$

$$=\frac{3}{4}e^{ax}\frac{a\sin bx-b\cos bx}{a^2+b^2}^{*)}-\frac{1}{4}e^{ax}\frac{a\sin 3bx-3b\cos 3bx}{a^2+9b^2}^{*)}+C.$$

*） 利用 1829 题的结果.

**【2076】** $\int xe^x\sin x\mathrm{d}x.$

**解** $\int xe^x\sin x\mathrm{d}x=\int x\sin x\mathrm{d}(e^x)=xe^x\sin x-\int e^x(\sin x+x\cos x)\mathrm{d}x$

$=xe^x\sin x-\int(\sin x+x\cos x)\mathrm{d}(e^x)=e^x(x\sin x-\sin x-x\cos x)+\int e^x(2\cos x-x\sin x)\mathrm{d}x$

$=e^x(x\sin x-\sin x-x\cos x)+2\int e^x\cos x\mathrm{d}x-\int xe^x\sin x\mathrm{d}x.$

于是， $\int xe^x\sin x\mathrm{d}x=\frac{e^x}{2}(x\sin x-\sin x-x\cos x)+\int e^x\cos x\mathrm{d}x$

$=\frac{e^x}{2}(x\sin x-\sin x-x\cos x)+\frac{e^x}{2}(\sin x+\cos x)^{*)}+C=\frac{e^x}{2}[x(\sin x-\cos x)+\cos x]+C.$

*） 利用 1828 题的结果.

**【2077】** $\int x^2e^x\cos x\mathrm{d}x.$

**解** $\int x^2e^x\cos x\mathrm{d}x=\int x^2\cos x\mathrm{d}(e^x)=x^2e^x\cos x-\int e^x(2x\cos x-x^2\sin x)\mathrm{d}x$

$=x^2e^x\cos x-\int(2x\cos x-x^2\sin x)\mathrm{d}(e^x)$

$=x^2e^x\cos x-e^x(2x\cos x-x^2\sin x)+\int e^x(2\cos x-4x\sin x-x^2\cos x)\mathrm{d}x$

$=e^x[x^2(\sin x+\cos x)-2x\cos x]+2\int e^x\cos x\mathrm{d}x-4\int xe^x\sin x\mathrm{d}x-\int x^2e^x\cos x\mathrm{d}x.$

于是， $\int x^2e^x\cos x\mathrm{d}x=\frac{e^x}{2}[x^2(\sin x+\cos x)-2x\cos x]+\int e^x\cos x\mathrm{d}x-2\int xe^x\sin x\mathrm{d}x$

$=\frac{e^x}{2}[x^2(\sin x+\cos x)-2x\cos x]+\frac{e^x}{2}(\sin x+\cos x)^{*)}-2\,\frac{e^x}{2}[x(\sin x-\cos x)+\cos x]^{**)}+C$

$=\frac{e^x}{2}[x^2(\sin x+\cos x)-2x\sin x+(\sin x-\cos x)]+C.$

*） 利用 1828 题的结果.

**） 利用 2076 题的结果.

**【2078】** $\int xe^x\sin^2x\mathrm{d}x.$

**解** $\int xe^x\sin^2x\mathrm{d}x=\frac{1}{2}\int xe^x(1-\cos 2x)\mathrm{d}x=\frac{1}{2}\int xe^x\mathrm{d}x-\frac{1}{2}\int xe^x\cos 2x\mathrm{d}x$

$=\frac{1}{2}e^x(x-1)-\frac{1}{2}\int x\cos 2x\mathrm{d}(e^x)=\frac{1}{2}e^x(x-1)-\frac{1}{2}xe^x\cos 2x+\frac{1}{2}\int e^x(\cos 2x-2x\sin 2x)\mathrm{d}x$

$=\frac{1}{2}e^x(x-1)-\frac{1}{2}xe^x\cos 2x+\frac{e^x}{2}\cdot\frac{\cos 2x+2\sin 2x}{5}^{*)}-\int xe^x\sin 2x\mathrm{d}x,$

而 $\int xe^x\sin 2x\mathrm{d}x=\int x\sin 2x\mathrm{d}(e^x)=xe^x\sin 2x-\int e^x(\sin 2x+2x\cos 2x)\mathrm{d}x$

$=xe^x\sin 2x-\frac{e^x}{5}(\sin 2x-2\cos 2x)^{**)}-2\int xe^x(1-2\sin^2x)\mathrm{d}x$

$=xe^x\sin 2x-\frac{e^x}{5}(\sin 2x-2\cos 2x)-2(x-1)e^x+4\int xe^x\sin^2x\mathrm{d}x.$

代入得 $\int xe^x\sin^2x\mathrm{d}x=e^x\left[\frac{x-1}{2}-\frac{x}{10}(2\sin 2x+\cos 2x)+\frac{1}{50}(4\sin 2x-3\cos 2x)\right]+C.$

*） 利用 1828 题的结果.

* *) 利用 1829 题的结果.

**【2079】** $\int(x-\sin x)^3\mathrm{d}x$.

**解** $\int(x-\sin x)^3\mathrm{d}x=\int(x^3-3x^2\sin x+3x\sin^2x-\sin^3x)\mathrm{d}x$

$$=\frac{x^4}{4}+3\int x^2\mathrm{d}(\cos x)+\frac{3}{2}\int x(1-\cos 2x)\mathrm{d}x+\int(1-\cos^2x)\mathrm{d}(\cos x)$$

$$=\frac{x^4}{4}+3x^2\cos x-6\int x\cos x\mathrm{d}x+\frac{3}{4}x^2-\frac{3}{4}\int x\mathrm{d}(\sin 2x)+\cos x-\frac{1}{3}\cos^3x$$

$$=\frac{x^4}{4}+\frac{3x^2}{4}+3x^2\cos x-6\int x\mathrm{d}(\sin x)-\frac{3}{4}x\sin 2x+\frac{3}{4}\int\sin 2x\mathrm{d}x+\cos x-\frac{1}{3}\cos^3x$$

$$=\frac{x^4}{4}+\frac{3x^2}{4}+3x^2\cos x-6x\sin x-6\cos x-\frac{3}{4}x\sin 2x+\cos x-\frac{3}{8}\cos 2x-\frac{1}{3}\cos^3x+C$$

$$=\frac{x^4}{4}+\frac{3x^2}{4}+3x^2\cos x-x\left(6\sin x+\frac{3}{4}\sin 2x\right)-\left(5\cos x+\frac{3}{8}\cos 2x\right)-\frac{1}{3}\cos^3x+C.$$

**【2080】** $\int\cos^2\sqrt{x}\mathrm{d}x$.

**解** 设$\sqrt{x}=t$,则 $x=t^2$,$\mathrm{d}x=2t\mathrm{d}t$. 于是,

$$\int\cos^2\sqrt{x}\mathrm{d}x=2\int t\cos^2t\mathrm{d}t=\int t(1+\cos 2t)\mathrm{d}t$$

$$=\frac{t^2}{2}+\frac{1}{2}\int t\mathrm{d}(\sin 2t)=\frac{t^2}{2}+\frac{1}{2}t\sin 2t-\frac{1}{2}\int\sin 2t\mathrm{d}t$$

$$=\frac{t^2}{2}+\frac{1}{2}t\sin 2t+\frac{1}{4}\cos 2t+C=\frac{x}{2}+\frac{1}{2}\sqrt{x}\sin(2\sqrt{x})+\frac{1}{4}\cos(2\sqrt{x})+C.$$

**【2081】** 证明:若 $R$ 为有理函数,数 $a_1,a_2,\cdots,a_n$ 为可公约的,则积分

$$\int R(\mathrm{e}^{a_1x},\mathrm{e}^{a_2x},\cdots,\mathrm{e}^{a_nx})\mathrm{d}x$$

是初等函数.

**证明思路** 由题设 $a_1,a_2,\cdots,a_n$ 为可公约的数,故存在一个不为零的实数 $\alpha$,使有

$$a_1=k_1\alpha,a_2=k_2\alpha,\cdots,a_n=k_n\alpha,$$

其中,$k_1,k_2,\cdots,k_n$ 为整数.

令 $\mathrm{e}^{\alpha x}=t$,即可获证.

**证** 按题意 $a_1,a_2,\cdots,a_n$ 为可公约的数,于是,存在一个实数 $\alpha$,使得

$$a_1=k_1\alpha,a_2=k_2\alpha,\cdots,a_n=k_n\alpha\quad(\alpha\neq 0),$$

其中,$k_1,k_2,\cdots,k_n$ 为整数.

设 $\mathrm{e}^{\alpha x}=t$,则 $x=\frac{1}{\alpha}\ln t$,$\mathrm{d}x=\frac{1}{\alpha t}\mathrm{d}t$. 于是,

$$\int R(\mathrm{e}^{a_1x},\mathrm{e}^{a_2x},\cdots,\mathrm{e}^{a_nx})\mathrm{d}x=\frac{1}{\alpha}\int R(t^{k_1},t^{k_2},\cdots,t^{k_n})\frac{\mathrm{d}t}{t}=\int R^*(t)\mathrm{d}t,$$

其中 $R^*(t)$是 $t$ 的有理函数. 因此,积分$\int R(\mathrm{e}^{a_1x},\mathrm{e}^{a_2x},\cdots,\mathrm{e}^{a_nx})\mathrm{d}x$ 为初等函数.

## 求下列积分:

**【2082】** $\int\frac{\mathrm{d}x}{(1+\mathrm{e}^x)^2}$.

**解** $\int\frac{\mathrm{d}x}{(1+\mathrm{e}^x)^2}=\int\frac{(1+\mathrm{e}^x)-\mathrm{e}^x}{(1+\mathrm{e}^x)^2}\mathrm{d}x=\int\frac{\mathrm{d}x}{1+\mathrm{e}^x}-\int\frac{\mathrm{e}^x\mathrm{d}x}{(1+\mathrm{e}^x)^2}=\int\left(1-\frac{\mathrm{e}^x}{1+\mathrm{e}^x}\right)\mathrm{d}x-\int\frac{\mathrm{d}(1+\mathrm{e}^x)}{(1+\mathrm{e}^x)^2}$

$$=x-\ln(1+\mathrm{e}^x)+\frac{1}{1+\mathrm{e}^x}+C.$$

**【2083】** $\int\frac{\mathrm{e}^{2x}\mathrm{d}x}{1+\mathrm{e}^x}$.

解 $\int\frac{e^{2x}dx}{1+e^x}=\int\frac{(e^{2x}-1)+1}{1+e^x}dx=\int(e^x-1)dx+\int\frac{1}{1+e^x}dx=e^x-x+\int\left(1-\frac{e^x}{1+e^x}\right)dx$

$=e^x-\ln(1+e^x)+C.$

【2084】 $\int\frac{dx}{e^{2x}+e^x-2}.$

解 $\int\frac{dx}{e^{2x}+e^x-2}=\int\frac{dx}{(e^x+2)(e^x-1)}=\frac{1}{3}\int\frac{1}{e^x-1}dx-\frac{1}{3}\int\frac{1}{e^x+2}dx$

$=-\frac{1}{3}\int\left(1-\frac{e^x}{e^x-1}\right)dx-\frac{1}{6}\int\left(1-\frac{e^x}{e^x+2}\right)dx=-\frac{x}{3}+\frac{1}{3}\ln|e^x-1|-\frac{x}{6}+\frac{1}{6}\ln(e^x+2)+C$

$=-\frac{x}{2}+\frac{1}{3}\ln|e^x-1|+\frac{1}{6}\ln(e^x+2)+C.$

【2085】 $\int\frac{dx}{1+e^{\frac{x}{2}}+e^{\frac{x}{3}}+e^{\frac{x}{6}}}.$

解 设 $e^{\frac{x}{6}}=t$，则 $x=6\ln t$，$dx=\frac{6}{t}dt$. 代入得

$$\int\frac{dx}{1+e^{\frac{x}{2}}+e^{\frac{x}{3}}+e^{\frac{x}{6}}}=6\int\frac{dt}{t(1+t^3+t^2+t)}$$

$$=6\int\frac{dt}{t(t+1)(t^2+1)}=6\int\left[\frac{1}{t}-\frac{1}{2(t+1)}-\frac{t+1}{2(t^2+1)}\right]dt$$

$$=6\ln t-3\ln(t+1)-\frac{3}{2}\ln(1+t^2)-3\arctan t+C$$

$$=x-3\ln\left[(1+e^{\frac{x}{6}})\sqrt{1+e^{\frac{x}{3}}}\right]-3\arctan(e^{\frac{x}{6}})+C.$$

【2086】 $\int\frac{1+e^{\frac{x}{2}}}{(1+e^{\frac{x}{4}})^2}dx.$

解 设 $e^{\frac{x}{4}}=t$，则 $x=4\ln t$，$dx=\frac{4}{t}dt$. 代入得

$$\int\frac{1+e^{\frac{x}{2}}}{(1+e^{\frac{x}{4}})^2}dx=4\int\frac{1+t^2}{t(1+t)^2}dt=4\int\left[\frac{1}{t}-\frac{2}{(1+t)^2}\right]dt=4\ln t+\frac{8}{1+t}+C=x+\frac{8}{1+e^{\frac{x}{4}}}+C.$$

【2087】 $\int\frac{dx}{\sqrt{e^x-1}}.$

解 $\int\frac{dx}{\sqrt{e^x-1}}=\int\frac{dx}{e^{\frac{x}{2}}\sqrt{1-(e^{-\frac{x}{2}})^2}}=-2\int\frac{d(e^{-\frac{x}{2}})}{\sqrt{1-(e^{-\frac{x}{2}})^2}}=-2\arcsin(e^{-\frac{x}{2}})+C.$

【2088】 $\int\sqrt{\frac{e^x-1}{e^x+1}}dx.$

解 $\int\sqrt{\frac{e^x-1}{e^x+1}}dx=\int\frac{e^x-1}{\sqrt{e^{2x}-1}}dx=\int\frac{e^xdx}{\sqrt{e^{2x}-1}}-\int\frac{dx}{\sqrt{e^{2x}-1}}$

$=\int\frac{d(e^x)}{\sqrt{(e^x)^2-1}}+\int\frac{d(e^{-x})}{\sqrt{1-(e^{-x})^2}}=\ln(e^x+\sqrt{e^{2x}-1})+\arcsin(e^{-x})+C.$

【2089】 $\int\sqrt{e^{2x}+4e^x-1}\,dx.$

解 $\int\sqrt{e^{2x}+4e^x-1}\,dx=\int\frac{e^{2x}+4e^x-1}{\sqrt{e^{2x}+4e^x-1}}dx$

$=\int\frac{2e^{2x}+4e^x}{2\sqrt{e^{2x}+4e^x-1}}dx+2\int\frac{e^xdx}{\sqrt{e^{2x}+4e^x-1}}-\int\frac{dx}{\sqrt{e^{2x}+4e^x-1}}$

$=\int\frac{d(e^{2x}+4e^x-1)}{2\sqrt{e^{2x}+4e^x-1}}+2\int\frac{d(e^x+2)}{\sqrt{(e^x+2)^2-5}}+\int\frac{d(e^{-x}-2)}{\sqrt{5-(e^{-x}-2)^2}}$

$$=\sqrt{e^{2x}+4e^x-1}+2\ln(e^x+2+\sqrt{e^{2x}+4e^x-1})-\arcsin\frac{2e^x-1}{\sqrt{5}\,e^x}+C.$$

**【2090】** $\displaystyle\int\frac{dx}{\sqrt{1+e^x}+\sqrt{1-e^x}}$.

**解** $$\int\frac{dx}{\sqrt{1+e^x}+\sqrt{1-e^x}}=\frac{1}{2}\int e^{-x}(\sqrt{1+e^x}-\sqrt{1-e^x})dx$$

$$=-\frac{1}{2}\int(\sqrt{1+e^x}-\sqrt{1-e^x})d(e^{-x})$$

$$=-\frac{e^{-x}}{2}(\sqrt{1+e^x}-\sqrt{1-e^x})+\frac{1}{4}\int\left(\frac{1}{\sqrt{1+e^x}}+\frac{1}{\sqrt{1-e^x}}\right)dx$$

$$=-\frac{1}{2}e^{-x}(\sqrt{1+e^x}-\sqrt{1-e^x})+\frac{1}{4}I_1+\frac{1}{4}I_2.$$

对于 $I_1=\displaystyle\int\frac{dx}{\sqrt{1+e^x}}$，设 $\sqrt{1+e^x}=t$，则 $x=\ln(t^2-1)$， $dx=\dfrac{2tdt}{t^2-1}$.

于是， $$I_1=\int\frac{dx}{\sqrt{1+e^x}}=2\int\frac{dt}{t^2-1}=\ln\frac{t-1}{t+1}+C=\ln\frac{\sqrt{1+e^x}-1}{\sqrt{1+e^x}+1}+C_1.$$

对于 $I_2=\displaystyle\int\frac{dx}{\sqrt{1-e^x}}$，设 $\sqrt{1-e^x}=t$，则 $x=\ln(1-t^2)$， $dx=-\dfrac{2tdt}{1-t^2}$.

于是， $$I_2=\int\frac{dx}{\sqrt{1-e^x}}=-2\int\frac{dt}{1-t^2}=-\ln\frac{1+t}{1-t}+C_2=-\ln\frac{1+\sqrt{1-e^x}}{1-\sqrt{1-e^x}}+C_2.$$

代入得 $$\int\frac{dx}{\sqrt{1+e^x}+\sqrt{1-e^x}}=-\frac{e^{-x}}{2}(\sqrt{1+e^x}-\sqrt{1-e^x})+\frac{1}{4}\ln\frac{(\sqrt{1+e^x}-1)(1-\sqrt{1-e^x})}{(\sqrt{1+e^x}+1)(1+\sqrt{1-e^x})}+C.$$

**【2091】** 证明:若 $R$ 为有理函数,其分母仅有实根,则积分 $\displaystyle\int R(x)e^{ax}dx$ 可用初等函数和超越函数

$$\int\frac{e^{ax}}{x}dx=\mathrm{li}(e^{ax})+C,\ \text{式中}\ \mathrm{li}x=\int\frac{dx}{\ln x}$$

来表示.

**证** 因为 $R$ 的分母仅有实根,所以仅包含形如 $(x-a_i)^{k_i}$ 的因子($i=1,2,\cdots,l$). 分解 $R(x)$ 为部分分式得

$$R(x)=P(x)+\sum_{i=1}^{l}\sum_{j=1}^{k_i}\frac{A_{ij}}{(x-a_i)^j},$$

其中 $P(x)$ 为 $x$ 的多项式，$A_{ij}$ 是常系数. 从而,积分

$$\int R(x)e^{ax}dx=\int P(x)e^{ax}dx+\sum_{i=1}^{l}\sum_{j=1}^{k_i}A_{ij}\int\frac{e^{ax}}{(x-a^i)^j}dx.$$

上式右端第一个积分显然是初等函数. 而积分 $\displaystyle\int\frac{e^{ax}}{(x-a_i)^j}dx$ 可用初等函数和超越函数来表示. 事实上,设 $x-a_i=t$,则

$$\int\frac{e^{ax}}{(x-a_i)^j}dx=\int\frac{e^{a(a_i+t)}}{t^j}dt=\frac{e^{aa_i}}{1-j}\int e^{at}d\left(\frac{1}{t^{j-1}}\right)=\frac{e^{aa_i}}{1-j}e^t\cdot\frac{1}{t^{j-1}}-\frac{ae^{aa_i}}{1-j}\int\frac{e^{at}}{t^{j-1}}dt.$$

这样,被积函数中分母的次数便降低一次,再继续运用分部积分法($j-2$)次,即可得

$$\int\frac{e^{ax}}{(x-a_i)^j}dx=g_{ij}(x)+B_{ij}\ \mathrm{li}(e^{a(x-a_i)}),$$

其中 $g_{ij}(x)$ 为 $x$ 的初等函数，$B_{ij}$ 为常数. 因此,积分

$$\int R(x)e^{ax}dx=\int P(x)e^{ax}dx+\sum_{i=1}^{l}\sum_{j=1}^{k_i}A_{ij}\,g_{ij}(x)+\sum_{i=1}^{l}\sum_{j=1}^{k_i}A_{ij}\,B_{ij}\ \mathrm{li}(e^{a(x-a_i)})$$

是初等函数与超越函数之和.

**【2092】** 若 $P\left(\dfrac{1}{x}\right)=a_0+\dfrac{a_1}{x}+\cdots+\dfrac{a_n}{x^n}$，$a_0,a_1,\cdots,a_n$ 为常数,则在什么情形下,积分 $\displaystyle\int P\left(\frac{1}{x}\right)e^x dx$

为初等函数?

解 $\int \frac{a_k}{x^k}e^x dx = -\frac{a_k}{k-1}\cdot\frac{e^x}{x^{k-1}} + \frac{a_k}{k-1}\int\frac{e^x}{x^{k-1}}dx = \cdots$

$= -\frac{a_k}{k-1}\cdot\frac{e^x}{x^{k-1}} - \frac{a_k}{(k-1)(k-2)}\cdot\frac{e^x}{x^{k-2}} - \cdots - \frac{a_k}{(k-1)!}\cdot\frac{e^x}{x} + \frac{a_k}{(k-1)!}\int\frac{e^x}{x}dx.$

于是, $\int P\left(\frac{1}{x}\right)e^x dx = \int\left(\sum_{k=0}^{n}\frac{a_k}{x^k}\right)e^x dx = \sum_{k=0}^{n}\int\frac{a_k}{x^k}dx$

$= -\sum_{k=2}^{n}\sum_{j=1}^{k-1}\frac{a_k}{(k-1)(k-2)\cdots(k-j)}\cdot\frac{e^x}{x^{k-j}} + \sum_{k=1}^{n}\frac{a_k}{(k-1)!}\int\frac{e^x}{x}dx + a_0 e^x.$

因而,若 $\sum_{k=1}^{n}\frac{a_k}{(k-1)!}=0$, 即 $a_1+\frac{a_2}{1!}+\frac{a_3}{2!}+\cdots+\frac{a_n}{(n-1)!}=0$, 则积分 $\int P\left(\frac{1}{x}\right)e^x dx$ 是初等函数.

**求积分:**

**【2093】** $\int\left(1-\frac{2}{x}\right)^2 e^x dx.$

解 $\int\left(1-\frac{2}{x}\right)^2 e^x dx = \int\left(1-\frac{4}{x}+\frac{4}{x^2}\right)e^x dx = e^x - 4\mathrm{li}(e^x) - 4\int e^x d\left(\frac{1}{x}\right)$

$= e^x - 4\mathrm{li}(e^x) - \frac{4}{x}e^x + 4\int\frac{e^x}{x}dx = e^x\left(1-\frac{4}{x}\right)+C.$

**【2094】** $\int\left(1-\frac{1}{x}\right)e^{-x}dx.$

解 $\int\left(1-\frac{1}{x}\right)e^{-x}dx = -e^{-x} - \mathrm{li}(e^{-x}) + C.$

**【2095】** $\int\frac{e^{2x}}{x^2-3x+2}dx.$

解 $\int\frac{e^{2x}}{x^2-3x+2}dx = \int\frac{e^{2x}}{(x-2)(x-1)}dx = \int\frac{e^{2x}}{x-2}dx - \int\frac{e^{2x}}{x-1}dx$

$= e^4\int\frac{e^{2(x-2)}d(x-2)}{x-2} - e^2\int\frac{e^{2(x-1)}d(x-1)}{x-1} = e^4\mathrm{li}(e^{2x-4}) - e^2\mathrm{li}(e^{2x-2}) + C.$

**【2096】** $\int\frac{xe^x}{(x+1)^2}dx.$

解 $\int\frac{xe^x}{(x+1)^2}dx = -\int xe^x d\left(\frac{1}{x+1}\right) = -xe^x\frac{1}{x+1} + \int e^x dx = -\frac{xe^x}{x+1} + e^x + C = \frac{e^x}{x+1} + C.$

**【2097】** $\int\frac{x^4e^{2x}}{(x-2)^2}dx.$

解 $\int\frac{x^4e^{2x}}{(x-2)^2}dx = \int(x^2+4x+12)e^{2x}dx + 32\int\frac{e^{2x}dx}{x-2} + 16\int\frac{e^{2x}dx}{(x-2)^2}$

$= e^{2x}\left(\frac{x^2}{2}+\frac{3x}{2}+\frac{21}{4}\right)^{*)} + 32e^4\mathrm{li}(e^{2x-4}) - 16\int e^{2x}d\left(\frac{1}{x-2}\right)$

$= \frac{e^{2x}}{2}\left(x^2+3x+\frac{21}{2}\right) + 32e^4\mathrm{li}(e^{2x-4}) - \frac{16e^{2x}}{x-2} + 32\int\frac{e^{2x}dx}{x-2}$

$= \frac{e^{2x}}{2}\left(x^2+3x+\frac{21}{2}-\frac{32}{x-2}\right) + 64e^4\mathrm{li}(e^{2x-4}) + C.$

*) 利用 2066 题的结果.

**求含有 $\ln f(x)$, $\arctan f(x)$, $\arcsin f(x)$, $\arccos f(x)$等函数的积分,其中 $f(x)$为代数函数:**

**【2098】** $\int\ln^n x dx$ ($n$ 为正整数).

解 $\int\ln^n x dx = x\ln^n x - n\int\ln^{n-1}x dx = x\ln^n x - nx\ln^{n-1}x + n(n-1)\int\ln^{n-2}x dx = \cdots$

$= x\left[\ln^n x - n\ln^{n-1}x + n(n-1)\ln^{n-2}x - \cdots + (-1)^{n-1}n!\ln x + (-1)^n n!\right] + C.$

【2099】 $\int x^3\ln^3 x\mathrm{d}x$.

解 $\int x^3\ln^3 x\mathrm{d}x=\frac{1}{4}\int \ln^3 x\mathrm{d}(x^4)$

$=\frac{1}{4}x^4\ln^3 x-\frac{3}{4}\int x^3\ln^2 x\mathrm{d}x=\frac{1}{4}x^4\ln^3 x-\frac{3}{16}\int \ln^2 x\mathrm{d}(x^4)$

$=\frac{1}{4}x^4\ln^3 x-\frac{3}{16}x^4\ln^2 x+\frac{3}{8}\int x^3\ln x\mathrm{d}x=\frac{1}{4}x^4\ln^3 x-\frac{3}{16}x^4\ln^2 x+\frac{3}{32}\int \ln x\mathrm{d}(x^4)$

$=\frac{1}{4}x^4\ln^3 x-\frac{3}{16}x^4\ln^2 x+\frac{3}{32}x^4\ln x-\frac{3}{32}\int x^3\mathrm{d}x=\frac{1}{4}x^4\left(\ln^3 x-\frac{3}{4}\ln^2 x+\frac{3}{8}\ln x-\frac{3}{32}\right)+C.$

【2100】 $\int \left(\frac{\ln x}{x}\right)^3\mathrm{d}x$.

解 $\int \left(\frac{\ln x}{x}\right)^3\mathrm{d}x=-\frac{1}{2}\int \ln^3 x\mathrm{d}\left(\frac{1}{x^2}\right)=-\frac{1}{2x^2}\ln^3 x+\frac{3}{2}\int \frac{\ln^2 x}{x^3}\mathrm{d}x=-\frac{1}{2x^2}\ln^3 x-\frac{3}{4}\int \ln^2 x\mathrm{d}\left(\frac{1}{x^2}\right)$

$=-\frac{1}{2x^2}\ln^3 x-\frac{3}{4x^2}\ln^2 x+\frac{3}{2}\int \frac{\ln x}{x^3}\mathrm{d}x=-\frac{1}{2x^2}\ln^3 x-\frac{3}{4x^2}\ln^2 x-\frac{3}{4}\int \ln x\mathrm{d}\left(\frac{1}{x^2}\right)$

$=-\frac{1}{2x^2}\ln^3 x-\frac{3}{4x^2}\ln^2 x-\frac{3}{4x^2}\ln x+\frac{3}{4}\int \frac{\mathrm{d}x}{x^3}=-\frac{1}{2x^2}\left(\ln^3 x+\frac{3}{2}\ln^2 x+\frac{3}{2}\ln x+\frac{3}{4}\right)+C.$

【2101】 $\int \ln[(x+a)^{x+a}(x+b)^{x+b}]\frac{\mathrm{d}x}{(x+a)(x+b)}$.

解 $\int \ln[(x+a)^{x+a}(x+b)^{x+b}]\frac{\mathrm{d}x}{(x+a)(x+b)}=\int \frac{\ln(x+a)}{x+b}\mathrm{d}x+\int \frac{\ln(x+b)}{x+a}\mathrm{d}x$

$=\int \ln(x+a)\,\mathrm{d}\,[\ln(x+b)]+\int \ln(x+b)\,\mathrm{d}\,[\ln(x+a)]$

$=\ln(x+a)\ln(x+b)-\int \ln(x+b)\,\mathrm{d}\,[\ln(x+a)]+\int \ln(x+b)\,\mathrm{d}\,[\ln(x+a)]$

$=\ln(x+a)\ln(x+b)+C.$

【2102】 $\int \ln^2(x+\sqrt{1+x^2})\mathrm{d}x$.

解 $\int \ln^2(x+\sqrt{1+x^2})\mathrm{d}x=x\ln^2(x+\sqrt{1+x^2})-2\int \frac{x}{\sqrt{1+x^2}}\ln(x+\sqrt{1+x^2})\mathrm{d}x$

$=x\ln^2(x+\sqrt{1+x^2})-2\int \ln(x+\sqrt{1+x^2})\mathrm{d}(\sqrt{1+x^2})$

$=x\ln^2(x+\sqrt{1+x^2})-2\sqrt{1+x^2}\ln(x+\sqrt{1+x^2})+2\int \mathrm{d}x$

$=x\ln^2(x+\sqrt{1+x^2})-2\sqrt{1+x^2}\ln(x+\sqrt{1+x^2})+2x+C.$

【2103】 $\int \ln(\sqrt{1-x}+\sqrt{1+x})\mathrm{d}x$.

解 $\int \ln(\sqrt{1-x}+\sqrt{1+x})\mathrm{d}x=x\ln(\sqrt{1-x}+\sqrt{1+x})+\frac{1}{2}\int \frac{1-\sqrt{1-x^2}}{\sqrt{1-x^2}}\mathrm{d}x$

$=x\ln(\sqrt{1-x}+\sqrt{1+x})+\frac{1}{2}\arcsin x-\frac{1}{2}x+C.$

【2104】 $\int \frac{\ln x}{(1+x^2)^{\frac{3}{2}}}\mathrm{d}x$.

解 $\int \frac{\ln x}{(1+x^2)^{\frac{3}{2}}}\mathrm{d}x=\int \ln x\mathrm{d}\left(\frac{x}{\sqrt{1+x^2}}\right)=\frac{x\ln x}{\sqrt{1+x^2}}-\int \frac{\mathrm{d}x}{\sqrt{1+x^2}}=\frac{x\ln x}{\sqrt{1+x^2}}-\ln(x+\sqrt{1+x^2})+C.$

【2105】 $\int x\arctan(x+1)\mathrm{d}x$.

解 $\int x\arctan(x+1)\mathrm{d}x=\frac{1}{2}\int \arctan(x+1)\mathrm{d}(x^2)=\frac{1}{2}x^2\arctan(x+1)-\frac{1}{2}\int \frac{x^2}{x^2+2x+2}\mathrm{d}x$

$$=\frac{1}{2}x^2\arctan(x+1)-\frac{1}{2}\int\left(1-\frac{2x+2}{x^2+2x+2}\right)dx=\frac{1}{2}x^2\arctan(x+1)-\frac{x}{2}+\frac{1}{2}\ln(x^2+2x+2)+C.$$

**【2106】** $\int\sqrt{x}\arctan\sqrt{x}\,dx.$

解 $$\int\sqrt{x}\arctan\sqrt{x}\,dx=\frac{2}{3}\int\arctan\sqrt{x}\,d(x^{\frac{3}{2}})=\frac{2}{3}x^{\frac{3}{2}}\arctan\sqrt{x}-\frac{1}{3}\int\frac{x}{1+x}dx$$

$$=\frac{2}{3}x^{\frac{3}{2}}\arctan\sqrt{x}-\frac{1}{3}\int\left(1-\frac{1}{1+x}\right)dx=\frac{2}{3}x\sqrt{x}\arctan\sqrt{x}-\frac{x}{3}+\frac{1}{3}\ln(1+x)+C.$$

**【2107】** $\int x\arcsin(1-x)\,dx.$

解 $$\int x\arcsin(1-x)\,dx=\frac{1}{2}\int\arcsin(1-x)\,d(x^2)$$

$$=\frac{1}{2}x^2\arcsin(1-x)+\frac{1}{2}\int\frac{x^2}{\sqrt{1-(1-x)^2}}dx.$$

对于积分 $\int\frac{x^2}{\sqrt{1-(1-x)^2}}dx$，设 $1-x=t$，则

$$\int\frac{x^2}{\sqrt{1-(1-x)^2}}dx=-\int\frac{1-2t+t^2}{\sqrt{1-t^2}}dt=\int\frac{-t^2+1}{\sqrt{1-t^2}}\,dt-2\int\frac{dt}{\sqrt{1-t^2}}+2\int\frac{tdt}{\sqrt{1-t^2}}$$

$$=\int\sqrt{1-t^2}\,dt-2\arcsin t-2\sqrt{1-t^2}=\frac{t}{2}\sqrt{1-t^2}+\frac{1}{2}\arcsin t-2\arcsin t-2\sqrt{1-t^2}+C_1$$

$$=\frac{-3-x}{2}\sqrt{2x-x^2}-\frac{3}{2}\arcsin(1-x)+C_1.$$

于是，$$\int x\arcsin(1-x)\,dx=\frac{2x^2-3}{4}\arcsin(1-x)-\frac{3+x}{4}\sqrt{2x-x^2}+C.$$

**【2108】** $\int\arcsin\sqrt{x}\,dx.$

解 $$\int\arcsin\sqrt{x}\,dx=x\arcsin\sqrt{x}-\frac{1}{2}\int\frac{\sqrt{x}}{\sqrt{1-x}}dx.$$

对于积分 $\int\frac{\sqrt{x}}{\sqrt{1-x}}dx$，设 $\sqrt{x}=t$，则 $dx=2tdt$，于是，

$$\int\frac{\sqrt{x}}{\sqrt{1-x}}dx=2\int\frac{t^2}{\sqrt{1-t^2}}dt=-2\int\sqrt{1-t^2}\,dt+2\int\frac{dt}{\sqrt{1-t^2}}$$

$$=-t\sqrt{1-t^2}-\arcsin t+2\arcsin t+C_1=\arcsin\sqrt{x}-\sqrt{x-x^2}+C_1.$$

因而，$$\int\arcsin\sqrt{x}\,dx=\left(x-\frac{1}{2}\right)\arcsin\sqrt{x}+\frac{1}{2}\sqrt{x-x^2}+C.$$

**【2109】** $\int x\arccos\frac{1}{x}dx.$

解 $$\int x\arccos\frac{1}{x}dx=\frac{1}{2}\int\arccos\frac{1}{x}d(x^2)=\frac{1}{2}x^2\arccos\frac{1}{x}-\frac{1}{2}\int\frac{|x|}{\sqrt{x^2-1}}dx$$

$$=\frac{1}{2}x^2\arccos\frac{1}{x}-\frac{1}{2}(\operatorname{sgn}x)\sqrt{x^2-1}+C.$$

**【2110】** $\int\arcsin\frac{2\sqrt{x}}{1+x}dx.$

解 $$\int\arcsin\frac{2\sqrt{x}}{1+x}dx=\int\arcsin\frac{2\sqrt{x}}{1+x}d(x+1)=(x+1)\arcsin\frac{2\sqrt{x}}{1+x}-\operatorname{sgn}(1-x)\int\frac{1}{\sqrt{x}}dx$$

$$=(x+1)\arcsin\frac{2\sqrt{x}}{1+x}-2\sqrt{x}\operatorname{sgn}(1-x)+C,$$

其中用到了

$$\left(\arcsin\frac{2\sqrt{x}}{1+x}\right)'=\frac{\frac{1}{(1+x)^2}\left[(1+x)\frac{1}{\sqrt{x}}-2\sqrt{x}\right]}{\sqrt{1-\frac{4x}{(1+x)^2}}}=\frac{1}{1+x}\cdot\frac{1-x}{\sqrt{(1-x)^2}\sqrt{x}}=\frac{1}{1+x}\operatorname{sgn}(1-x)\frac{1}{\sqrt{x}}.$$

**【2111】** $\int\frac{\arccos x}{(1-x^2)^{\frac{3}{2}}}dx.$

解 $\int\frac{\arccos x}{(1-x^2)^{\frac{3}{2}}}dx=\int\arccos x d\left(\frac{x}{\sqrt{1-x^2}}\right)=\frac{x\arccos x}{\sqrt{1-x^2}}+\int\frac{xdx}{1-x^2}=\frac{x\arccos x}{\sqrt{1-x^2}}-\ln\sqrt{1-x^2}+C.$

**【2112】** $\int\frac{x\arccos x}{(1-x^2)^{\frac{3}{2}}}dx.$

解 $\int\frac{x\arccos x}{(1-x^2)^{\frac{3}{2}}}dx=\int\arccos x d\left(\frac{1}{\sqrt{1-x^2}}\right)=\frac{\arccos x}{\sqrt{1-x^2}}+\int\frac{dx}{1-x^2}=\frac{\arccos x}{\sqrt{1-x^2}}+\frac{1}{2}\ln\frac{1+x}{1-x}+C.$

**【2113】** $\int x\arctan x\ln(1+x^2)dx.$

解 $\int x\arctan x\ln(1+x^2)dx$

$=\frac{1}{2}\int\arctan x\ln(1+x^2)d(x^2)=\frac{1}{2}x^2\arctan x\ln(1+x^2)-\frac{1}{2}\int x^2\left[\frac{\ln(1+x^2)}{1+x^2}+\frac{2x\arctan x}{1+x^2}\right]dx$

$=\frac{1}{2}x^2\arctan x\ln(1+x^2)-\frac{1}{2}\int\ln(1+x^2)dx+\frac{1}{2}\int\frac{\ln(1+x^2)}{1+x^2}dx+\int\frac{x\arctan x}{1+x^2}dx-\int x\arctan x dx$

$=\frac{1}{2}x^2\arctan x\ln(1+x^2)-\frac{1}{2}x\ln(1+x^2)+\frac{1}{2}\int\frac{2x^2dx}{1+x^2}+\frac{1}{2}\arctan x\ln(1+x^2)-\int\frac{x\arctan x}{1+x^2}dx$

$+\int\frac{x\arctan x}{1+x^2}dx-\frac{1}{2}x^2\arctan x+\frac{1}{2}\int\frac{x^2}{1+x^2}dx$

$=\frac{1}{2}x^2\arctan x\ln(1+x^2)-\frac{1}{2}x\ln(1+x^2)+x-\arctan x+\frac{1}{2}\arctan x\ln(1+x^2)-\frac{1}{2}x^2\arctan x+\frac{1}{2}x$

$-\frac{1}{2}\arctan x+C$

$=x-\arctan x+\left(\frac{1+x^2}{2}\arctan x-\frac{x}{2}\right)[\ln(1+x^2)-1]+C.$

**【2114】** $\int x\ln\frac{1+x}{1-x}dx.$

解 $\int x\ln\frac{1+x}{1-x}dx=\frac{1}{2}\int\ln\frac{1+x}{1-x}d(x^2)=\frac{1}{2}x^2\ln\frac{1+x}{1-x}-\int\frac{x^2}{1-x^2}dx$

$=\frac{1}{2}x^2\ln\frac{1+x}{1-x}+\int\left(1-\frac{1}{1-x^2}\right)dx=\frac{x^2-1}{2}\ln\frac{1+x}{1-x}+x+C.$

**【2115】** $\int\frac{\ln(x+\sqrt{1+x^2})}{(1+x^2)^{\frac{3}{2}}}dx.$

解 $\int\frac{\ln(x+\sqrt{1+x^2})}{(1+x^2)^{\frac{3}{2}}}dx=\int\ln(x+\sqrt{1+x^2})d\left(\frac{x}{\sqrt{1+x^2}}\right)=\frac{x\ln(x+\sqrt{1+x^2})}{\sqrt{1+x^2}}-\int\frac{x}{1+x^2}dx$

$=\frac{x\ln(x+\sqrt{1+x^2})}{\sqrt{1+x^2}}-\ln\sqrt{1+x^2}+C.$

**求含有双曲函数的积分：**

**【2116】** $\int\mathrm{sh}^2x\,\mathrm{ch}^2x\,dx.$

解 $\int\mathrm{sh}^2x\,\mathrm{ch}^2x\,dx=\frac{1}{4}\int\mathrm{sh}^2 2x\,dx=\frac{1}{8}\int\mathrm{sh}^2 2x\,d(2x)=-\frac{x}{8}+\frac{\mathrm{sh}4x}{32}$*) $+C.$

*) 利用1761题的结果.

**【2117】** $\int \mathrm{ch}^4 x\mathrm{d}x.$

解 $\int \mathrm{ch}^4 x\mathrm{d}x=\int \left(\frac{1+\mathrm{ch}2x}{2}\right)^2\mathrm{d}x=\int \left(\frac{1}{4}+\frac{1}{2}\mathrm{ch}2x+\frac{1}{4}\mathrm{ch}^2 2x\right)\mathrm{d}x$

$=\frac{1}{4}x+\frac{1}{4}\mathrm{sh}2x+\frac{1}{8}\left(x+\frac{1}{4}\mathrm{sh}4x\right)^{*)}+C=\frac{3}{8}x+\frac{1}{4}\mathrm{sh}2x+\frac{1}{32}\mathrm{sh}4x+C.$

*) 利用 1762 题的结果.

**【2118】** $\int \mathrm{sh}^3 x\mathrm{d}x.$

解 $\int \mathrm{sh}^3 x\mathrm{d}x=\int \mathrm{sh}^2 x\mathrm{sh}x\mathrm{d}x=\int (\mathrm{ch}^2 x-1)\mathrm{d}(\mathrm{ch}x)=\frac{1}{3}\mathrm{ch}^3 x-\mathrm{ch}x+C.$

**【2119】** $\int \mathrm{sh}x\mathrm{sh}2x\mathrm{sh}3x\mathrm{d}x.$

解 $\int \mathrm{sh}x\mathrm{sh}2x\mathrm{sh}3x\mathrm{d}x=\int \frac{1}{2}(\mathrm{ch}4x-\mathrm{ch}2x)\mathrm{sh}2x\mathrm{d}x=\frac{1}{2}\int \mathrm{ch}4x\mathrm{sh}2x\mathrm{d}x-\frac{1}{2}\int \mathrm{ch}2x\mathrm{sh}2x\mathrm{d}x$

$=\frac{1}{4}\int (\mathrm{sh}6x-\mathrm{sh}2x)\mathrm{d}x-\frac{1}{4}\int \mathrm{sh}4x\mathrm{d}x=\frac{1}{24}\mathrm{ch}6x-\frac{1}{16}\mathrm{ch}4x-\frac{1}{8}\mathrm{ch}2x+C.$

**【2120】** $\int \mathrm{th}x\mathrm{d}x.$

解 $\int \mathrm{th}x\mathrm{d}x=\int \frac{\mathrm{sh}x}{\mathrm{ch}x}\mathrm{d}x=\ln(\mathrm{ch}x)+C.$

**【2121】** $\int \coth^2 x\mathrm{d}x.$

解 $\int \coth^2 x\mathrm{d}x=\int \frac{\mathrm{ch}^2 x}{\mathrm{sh}^2 x}\mathrm{d}x=\int \frac{1+\mathrm{sh}^2 x}{\mathrm{sh}^2 x}\mathrm{d}x=x-\coth x+C.$

**【2122】** $\int \sqrt{\mathrm{th}x}\,\mathrm{d}x.$

解 $\int \sqrt{\mathrm{th}x}\,\mathrm{d}x=\int \sqrt{\frac{\mathrm{e}^x-\mathrm{e}^{-x}}{\mathrm{e}^x+\mathrm{e}^{-x}}}\,\mathrm{d}x=\int \frac{\mathrm{e}^x-\mathrm{e}^{-x}}{\sqrt{\mathrm{e}^{2x}-\mathrm{e}^{-2x}}}\mathrm{d}x=\int \frac{\mathrm{e}^{2x}\mathrm{d}x}{\sqrt{\mathrm{e}^{4x}-1}}-\int \frac{\mathrm{e}^{-2x}\mathrm{d}x}{\sqrt{1-\mathrm{e}^{-4x}}}$

$=\frac{1}{2}\int \frac{\mathrm{d}(\mathrm{e}^{2x})}{\sqrt{(\mathrm{e}^{2x})^2-1}}+\frac{1}{2}\int \frac{\mathrm{d}(\mathrm{e}^{-2x})}{\sqrt{1-(\mathrm{e}^{-2x})^2}}=\frac{1}{2}\ln(\mathrm{e}^{2x}+\sqrt{\mathrm{e}^{4x}-1})+\frac{1}{2}\arcsin(\mathrm{e}^{-2x})+C.$

**【2123】** $\int \frac{\mathrm{d}x}{\mathrm{sh}x+2\mathrm{ch}x}.$

解 设 $\mathrm{th}\frac{x}{2}=t$，则 $\mathrm{sh}x=\frac{2t}{1-t^2}$， $\mathrm{ch}x=\frac{1+t^2}{1-t^2}$，$x=\ln\frac{1+t}{1-t}$， $\mathrm{d}x=\frac{2}{1-t^2}\mathrm{d}t$. 代入得

$$\int \frac{\mathrm{d}x}{\mathrm{sh}x+2\mathrm{ch}x}=\int \frac{\mathrm{d}t}{t^2+t+1}=\frac{2}{\sqrt{3}}\arctan\frac{2t+1}{\sqrt{3}}+C=\frac{2}{\sqrt{3}}\arctan\frac{1+2\mathrm{th}\frac{x}{2}}{\sqrt{3}}+C.$$

**【2124】** $\int \mathrm{sh}ax\sin bx\mathrm{d}x.$

解 $\int \mathrm{sh}ax\sin bx\mathrm{d}x=\frac{1}{2}\int \mathrm{e}^{ax}\sin bx\mathrm{d}x-\frac{1}{2}\int \mathrm{e}^{-ax}\sin bx\mathrm{d}x$

$=\frac{1}{2}\mathrm{e}^{ax}\frac{a\sin bx-b\cos bx}{a^2+b^2}^{*)}+\frac{1}{2}\mathrm{e}^{-ax}\frac{a\sin bx+b\cos bx}{a^2+b^2}^{*)}+C=\frac{a\mathrm{ch}ax\sin bx-b\mathrm{sh}ax\cos bx}{a^2+b^2}+C.$

*) 利用 1829 题的结果.

**【2125】** $\int \mathrm{sh}ax\cos bx\mathrm{d}x.$

解 $\int \mathrm{sh}ax\cos bx\mathrm{d}x=\frac{1}{2}\int \mathrm{e}^{ax}\cos bx\mathrm{d}x-\frac{1}{2}\int \mathrm{e}^{-ax}\cos bx\mathrm{d}x$

$$=\frac{1}{2}e^{ax}\frac{a\cos bx+b\sin bx}{a^2+b^2}^{*)}+\frac{1}{2}e^{-ax}\frac{a\cos bx-b\sin bx}{a^2+b^2}^{*)}+C=\frac{a\operatorname{ch}ax\cos bx-b\operatorname{sh}ax\sin bx}{a^2+b^2}+C.$$

*) 利用 1828 题的结果.

## §6. 求函数积分的各种例子

**求积分:**

**【2126】** $\int\frac{dx}{x^6(1+x^2)}$.

**解** $\int\frac{dx}{x^6(1+x^2)}=\int\frac{(x^2+1)-x^2}{x^6(1+x^2)}dx=\int\frac{dx}{x^6}-\int\frac{dx}{x^4(1+x^2)}=-\frac{1}{5x^5}-\int\frac{(x^2+1)-x^2}{x^4(1+x^2)}dx$

$=-\frac{1}{5x^5}-\int\frac{dx}{x^4}+\int\frac{x^2}{x^4(1+x^2)}dx=-\frac{1}{5x^5}+\frac{1}{3x^3}+\int\left(\frac{1}{x^2}-\frac{1}{1+x^2}\right)dx$

$=-\frac{1}{5x^5}+\frac{1}{3x^3}-\frac{1}{x}-\arctan x+C.$

**【2127】** $\int\frac{x^2dx}{(1-x^2)^3}$.

**解** $\int\frac{x^2dx}{(1-x^2)^3}=\int\frac{(x^2-1)+1}{(1-x^2)^3}dx=-\int\frac{dx}{(x^2-1)^2}-\int\frac{dx}{(x^2-1)^3}$

$=-\int\frac{dx}{(x^2-1)^2}-\left[\frac{2x}{2(-4)(x^2-1)^2}-\frac{3}{4}\int\frac{dx}{(x^2-1)^2}\right]^{*)}$

$=-\frac{1}{4}\int\frac{dx}{(x^2-1)^2}+\frac{x}{4(1-x^2)^2}=-\frac{1}{4}\left\{-\frac{x}{2(x^2-1)}-\frac{1}{2}\int\frac{dx}{x^2-1}\right\}^{(*)}+\frac{x}{4(1-x^2)^2}$

$=\frac{x+x^3}{8(1-x^2)^2}-\frac{1}{16}\ln\left|\frac{1+x}{1-x}\right|+C.$

*) 利用 1921 题的递推公式.

**【2128】** $\int\frac{dx}{1+x^4+x^8}$.

**提示** 注意 $1+x^4+x^8=(x^4+x^2+1)(x^4-x^2+1)$, $x^4+x^2+1=(x^2+x+1)(x^2-x+1)$,

$x^4-x^2+1=(x^2+x\sqrt{3}+1)(x^2-x\sqrt{3}+1)$.

**解** 因为

$$1+x^4+x^8=(x^4+1)^2-x^4=(x^4+x^2+1)(x^4-x^2+1),$$
$$x^4+x^2+1=(x^2+1)^2-x^2=(x^2+x+1)(x^2-x+1),$$
$$x^4-x^2+1=(x^2+1)^2-3x^3=(x^2+x\sqrt{3}+1)(x^2-x\sqrt{3}+1),$$

所以, $\frac{1}{1+x^4+x^8}=\frac{1}{2}\left(\frac{x^2+1}{x^4+x^2+1}-\frac{x^2-1}{x^4-x^2+1}\right)$, $\frac{x^2+1}{x^4+x^2+1}=\frac{1}{2}\left(\frac{1}{x^2+x+1}+\frac{1}{x^2-x+1}\right)$,

$$\frac{x^2-1}{x^4-x^2+1}=\frac{-\frac{1}{\sqrt{3}}x-\frac{1}{2}}{x^2+x\sqrt{3}+1}+\frac{\frac{1}{\sqrt{3}}x-\frac{1}{2}}{x^2-x\sqrt{3}+1}.$$

于是, $\int\frac{dx}{1+x^4+x^8}=\frac{1}{4}\int\frac{dx}{x^2+x+1}+\frac{1}{4}\int\frac{dx}{x^2-x+1}+\frac{1}{4\sqrt{3}}\int\frac{2x+\sqrt{3}}{x^2+x\sqrt{3}+1}dx-\frac{1}{4\sqrt{3}}\int\frac{2x-\sqrt{3}}{x^2-x\sqrt{3}+1}dx$

$=\frac{1}{2\sqrt{3}}\left[\arctan\left(\frac{2x+1}{\sqrt{3}}\right)+\arctan\left(\frac{2x-1}{\sqrt{3}}\right)\right]+\frac{1}{4\sqrt{3}}[\ln(x^2+x\sqrt{3}+1)-\ln(x^2-x\sqrt{3}+1)]+C_1$

$=-\frac{1}{2\sqrt{3}}\arctan\left(\frac{1-x^2}{x\sqrt{3}}\right)+\frac{1}{4\sqrt{3}}\ln\frac{x^2+x\sqrt{3}+1}{x^2-x\sqrt{3}+1}+C.$

【2129】 $\int \frac{\mathrm{d}x}{\sqrt{x}+\sqrt[3]{x}}$.

提示 令$\sqrt[6]{x}=t$.

解 设 $\sqrt[6]{x}=t$，则 $\sqrt{x}=t^3$，$\sqrt[3]{x}=t^2$，$\mathrm{d}x=6t^5\mathrm{d}t$. 代入得

$$\int \frac{\mathrm{d}x}{\sqrt{x}+\sqrt[3]{x}}=6\int \frac{t^3\mathrm{d}t}{t+1}=6\int \left(t^2-t+1-\frac{1}{t+1}\right)\mathrm{d}t=2t^3-3t^2+6t-6\ln(1+t)+C$$
$$=2\sqrt{x}-3\sqrt[3]{x}+6\sqrt[6]{x}-6\ln(1+\sqrt[6]{x})+C \quad (x>0).$$

【2130】 $\int x^2\sqrt{\frac{x}{1-x}}\mathrm{d}x$.

提示 令$\sqrt{\frac{1-x}{x}}=t$，并利用 1921 题的递推公式.

解 设$\sqrt{\frac{1-x}{x}}=t$，则 $x=\frac{1}{1+t^2}$，$\mathrm{d}x=-\frac{2t}{(1+t^2)^2}\mathrm{d}t$. 代入得

$$\int x^2\sqrt{\frac{x}{1-x}}\mathrm{d}x=-2\int \frac{\mathrm{d}t}{(t^2+1)^4}$$
$$=-2\left[\frac{t}{6(t^2+1)^3}+\frac{5t}{24(t^2+1)^2}+\frac{5t}{16(t^2+1)}+\frac{5}{16}\arctan t\right]^{*)}+C_1$$
$$=-\frac{1}{24}(8x^2+10x+15)\sqrt{x(1-x)}-\frac{5}{8}\arctan\sqrt{\frac{1-x}{x}}+C_1$$
$$=-\frac{1}{24}(8x^2+10x+15)\sqrt{x(1-x)}+\frac{5}{8}\arcsin\sqrt{x}+C \quad (0<x<1).$$

*） 利用 1921 题的递推公式.

【2131】 $\int \frac{x+2}{x^2\sqrt{1-x^2}}\mathrm{d}x$.

解 设 $x=\sin t$，并限制 $-\frac{\pi}{2}<t<\frac{\pi}{2}$，则 $\mathrm{d}x=\cos t\mathrm{d}t$. 代入得

$$\int \frac{x+2}{x^2\sqrt{1-x^2}}\mathrm{d}x=\int \frac{\sin t+2}{\sin^2 t}\mathrm{d}t=\int \frac{\mathrm{d}t}{\sin t}+2\int \frac{\mathrm{d}t}{\sin^2 t}=\ln|\csc t-\cot t|-2\cot t+C$$
$$=-\ln\frac{1+\sqrt{1-x^2}}{|x|}-\frac{2\sqrt{1-x^2}}{x}+C \quad (0<|x|<1).$$

【2132】 $\int \sqrt{\frac{x}{1-x\sqrt{x}}}\mathrm{d}x$.

提示 令$\sqrt{1-x\sqrt{x}}=t$.

解 设$\sqrt{1-x\sqrt{x}}=t$，则 $x=(1-t^2)^{\frac{2}{3}}$，$\mathrm{d}x=-\frac{4}{3}t(1-t^2)^{-\frac{1}{3}}\mathrm{d}t$. 代入得

$$\int \sqrt{\frac{x}{1-x\sqrt{x}}}\mathrm{d}x=-\frac{4}{3}\int \mathrm{d}t=-\frac{4}{3}t+C=-\frac{4}{3}\sqrt{1-x\sqrt{x}}+C \quad (0<x<1).$$

【2133】 $\int \frac{x^5\mathrm{d}x}{\sqrt{1+x^2}}$.

解 设 $\sqrt{1+x^2}=t$，则 $x^2=t^2-1$，$x\mathrm{d}x=t\mathrm{d}t$. 代入得

$$\int \frac{x^5\mathrm{d}x}{\sqrt{1+x^2}}=\int (t^2-1)^2\mathrm{d}t=\int (t^4-2t^2+1)\mathrm{d}t=\frac{1}{5}t^5-\frac{2}{3}t^3+t+C=\frac{1}{15}(8-4x^2+3x^4)\sqrt{1+x^2}+C.$$

【2134】 $\int \frac{\mathrm{d}x}{\sqrt[3]{x^2(1-x)}}$.

**提示** 令$\sqrt[3]{\frac{1-x}{x}}=t$.

**解** 设$\sqrt[3]{\frac{1-x}{x}}=t$，则$x=\frac{1}{t^3+1}$，$\mathrm{d}x=-\frac{3t^2}{(t^3+1)^2}\mathrm{d}t$. 代入得

$$\int\frac{\mathrm{d}x}{\sqrt[3]{x^2(1-x)}}=-3\int\frac{t}{t^3+1}\mathrm{d}t=\int\frac{\mathrm{d}t}{t+1}-\int\frac{t+1}{t^2-t+1}\mathrm{d}t$$

$$=\ln|t+1|-\frac{1}{2}\int\frac{2t-1}{t^2-t+1}\mathrm{d}t-\frac{3}{2}\int\frac{\mathrm{d}t}{t^2-t+1}=\frac{1}{2}\ln\frac{(t+1)^2}{t^2-t+1}-\sqrt{3}\arctan\left(\frac{2t-1}{\sqrt{3}}\right)+C,$$

其中 $t=\sqrt[3]{\frac{1-x}{x}}$.

**【2135】** $\int\frac{\mathrm{d}x}{x\sqrt{1+x^3+x^6}}$.

**解** $$\int\frac{\mathrm{d}x}{x\sqrt{1+x^3+x^6}}=\int\frac{\mathrm{d}x}{x^4\sqrt{x^{-6}+x^{-3}+1}}=-\frac{1}{3}\int\frac{\mathrm{d}\left(x^{-3}+\frac{1}{2}\right)}{\sqrt{\left(x^{-3}+\frac{1}{2}\right)^2+\frac{3}{4}}}$$

$$=-\frac{1}{3}\ln\left|x^{-3}+\frac{1}{2}+\sqrt{x^{-6}+x^{-3}+1}\right|+C_1=-\frac{1}{3}\ln\left|\frac{2+x^3+2\sqrt{x^6+x^3+1}}{x^3}\right|+C.$$

**注** 以上实际已设$x>0$. 对于$x<0$，利用1856题的方法可得同一结果.

**【2136】** $\int\frac{\mathrm{d}x}{x\sqrt{x^4-2x^2-1}}$.

**解** $$\int\frac{\mathrm{d}x}{x\sqrt{x^4-2x^2-1}}=\int\frac{\mathrm{d}x}{x^3\sqrt{1-2x^{-2}-x^{-4}}}=-\frac{1}{2}\int\frac{\mathrm{d}(x^{-2}+1)}{\sqrt{2-(x^{-2}+1)^2}}=-\frac{1}{2}\arcsin\left(\frac{x^{-2}+1}{\sqrt{2}}\right)+C_1$$

$$=-\frac{1}{2}\arcsin\left(\frac{x^2+1}{x^2\sqrt{2}}\right)+C_1=\frac{1}{2}\arccos\left(\frac{x^2+1}{x^2\sqrt{2}}\right)+C.$$

**【2137】** $\int\frac{1+\sqrt{1-x^2}}{1-\sqrt{1-x^2}}\mathrm{d}x$.

**解** $$\int\frac{1+\sqrt{1-x^2}}{1-\sqrt{1-x^2}}\mathrm{d}x=\int\frac{(1+\sqrt{1-x^2})(1+\sqrt{1-x^2})}{(1-\sqrt{1-x^2})(1+\sqrt{1-x^2})}\mathrm{d}x$$

$$=\int\frac{2-x^2+2\sqrt{1-x^2}}{x^2}\mathrm{d}x=-\frac{2}{x}-x-2\int\sqrt{1-x^2}\,\mathrm{d}\left(\frac{1}{x}\right)$$

$$=-\frac{2}{x}-x-\frac{2}{x}\sqrt{1-x^2}-2\int\frac{\mathrm{d}x}{\sqrt{1-x^2}}=-\frac{2+x^2}{x}-\frac{2}{x}\sqrt{1-x^2}-2\arcsin x+C.$$

**【2138】** $\int\frac{(1+x)\mathrm{d}x}{x+\sqrt{x+x^2}}$.

**解** $$\int\frac{(1+x)\mathrm{d}x}{x+\sqrt{x+x^2}}=\int\frac{(1+x)(x-\sqrt{x+x^2})}{(x+\sqrt{x+x^2})(x-\sqrt{x+x^2})}\mathrm{d}x$$

$$=\int\frac{x+x^2-\sqrt{x+x^2}-x\sqrt{x+x^2}}{-x}\mathrm{d}x=-x-\frac{1}{2}x^2+\int\frac{\sqrt{1+x}}{\sqrt{x}}\mathrm{d}x+\int\sqrt{x+x^2}\,\mathrm{d}x$$

$$=-x-\frac{1}{2}x^2+2\int\sqrt{1+(\sqrt{x})^2}\,\mathrm{d}(\sqrt{x})+\int\sqrt{\left(x+\frac{1}{2}\right)^2-\left(\frac{1}{2}\right)^2}\,\mathrm{d}\left(x+\frac{1}{2}\right)$$

$$=-x-\frac{1}{2}x^2+\sqrt{x}\sqrt{1+x}+\ln(\sqrt{x}+\sqrt{1+x})+\frac{2x+1}{4}\sqrt{x+x^2}-\frac{1}{8}\ln\left(x+\frac{1}{2}+\sqrt{x+x^2}\right)+C_1$$

$$=-x-\frac{1}{2}x^2+\frac{5+2x}{4}\sqrt{x+x^2}+\frac{1}{2}\ln(2x+1+2\sqrt{x+x^2})-\frac{1}{8}\ln\left(x+\frac{1}{2}+\sqrt{x+x^2}\right)+C_1$$

$$=-\frac{1}{2}(x+1)^2+\frac{5+2x}{4}\sqrt{x+x^2}+\frac{3}{8}\ln\left(x+\frac{1}{2}+\sqrt{x+x^2}\right)+C,$$

其中设 $x>0$，对于 $x<-1$，同样可获得上述结果，但要注意在对数中要加绝对值.

**【2139】** $\int\frac{\ln(1+x+x^2)}{(1+x)^2}\mathrm{d}x.$

解 $\int\frac{\ln(1+x+x^2)}{(1+x)^2}\mathrm{d}x=-\int\ln(1+x+x^2)\mathrm{d}\left(\frac{1}{1+x}\right)$

$$=-\frac{\ln(1+x+x^2)}{1+x}+\int\frac{2x+1}{(x+1)(1+x+x^2)}\mathrm{d}x=-\frac{\ln(1+x+x^2)}{1+x}+\int\left(\frac{x+2}{1+x+x^2}-\frac{1}{1+x}\right)\mathrm{d}x$$

$$=-\frac{\ln(1+x+x^2)}{1+x}+\frac{1}{2}\int\left(\frac{2x+1}{1+x+x^2}+\frac{3}{1+x+x^2}\right)\mathrm{d}x-\ln|1+x|$$

$$=-\frac{\ln(1+x+x^2)}{1+x}+\frac{1}{2}\ln(1+x+x^2)+\sqrt{3}\arctan\left(\frac{2x+1}{\sqrt{3}}\right)-\ln|1+x|+C$$

$$=-\frac{\ln(1+x+x^2)}{1+x}-\frac{1}{2}\ln\frac{(1+x)^2}{1+x+x^2}+\sqrt{3}\arctan\left(\frac{2x+1}{\sqrt{3}}\right)+C.$$

**【2140】** $\int(2x+3)\arccos(2x-3)\mathrm{d}x.$

解 $\int(2x+3)\arccos(2x-3)\mathrm{d}x=\int\arccos(2x-3)\mathrm{d}(x^2+3x)$

$$=(x^2+3x)\arccos(2x-3)+\int\frac{x^2+3x}{\sqrt{-x^2+3x-2}}\mathrm{d}x$$

$$=(x^2+3x)\arccos(2x-3)-\int\sqrt{-x^2+3x-2}\,\mathrm{d}x-3\int\frac{-2x+3}{\sqrt{-x^2+3x-2}}\mathrm{d}x+7\int\frac{\mathrm{d}x}{\sqrt{-x^2+3x-2}}$$

$$=(x^2+3x)\arccos(2x-3)-\int\sqrt{\left(\frac{1}{2}\right)^2-\left(x-\frac{3}{2}\right)^2}\mathrm{d}\left(x-\frac{3}{2}\right)-6\sqrt{-x^2+3x-2}$$

$$+7\int\frac{\mathrm{d}\left(x-\frac{3}{2}\right)}{\sqrt{\left(\frac{1}{2}\right)^2-\left(x-\frac{3}{2}\right)^2}}$$

$$=(x^2+3x)\arccos(2x-3)-\frac{2x-3}{4}\sqrt{-x^2+3x-2}-\frac{1}{8}\arcsin(2x-3)-6\sqrt{-x^2+3x-2}$$

$$-7\arccos(2x-3)+C_1$$

$$=\left(x^2+3x-\frac{55}{8}\right)\arccos(2x-3)-\frac{2x+21}{4}\sqrt{-x^2+3x-2}+C\quad(1<x<2).$$

**【2141】** $\int x\ln(4+x^4)\mathrm{d}x.$

解 $\int x\ln(4+x^4)\mathrm{d}x=\frac{1}{2}\int\ln(4+x^4)\mathrm{d}(x^2)=\frac{1}{2}x^2\ln(4+x^4)-2\int\frac{x^5}{4+x^4}\mathrm{d}x$

$$=\frac{1}{2}x^2\ln(4+x^4)-2\int\left(x-\frac{4x}{4+x^4}\right)\mathrm{d}x=\frac{1}{2}x^2\ln(4+x^4)-x^2+2\arctan\left(\frac{x^2}{2}\right)+C.$$

**【2142】** $\int\frac{\arcsin x}{x^2}\cdot\frac{1+x^2}{\sqrt{1-x^2}}\mathrm{d}x.$

解 $\int\frac{\arcsin x}{x^2}\cdot\frac{1+x^2}{\sqrt{1-x^2}}\mathrm{d}x=\int\frac{\arcsin x}{x^2\sqrt{1-x^2}}\mathrm{d}x+\int\frac{\arcsin x}{\sqrt{1-x^2}}\mathrm{d}x$

$$=(\operatorname{sgn}x)\int\frac{\arcsin x\mathrm{d}x}{x^3\sqrt{x^{-2}-1}}+\int\arcsin x\mathrm{d}(\arcsin x)=-(\operatorname{sgn}x)\int\arcsin x\mathrm{d}(\sqrt{x^{-2}-1})+\frac{1}{2}(\arcsin x)^2$$

$$=-(\operatorname{sgn}x)\left(\frac{\sqrt{1-x^2}}{|x|}\arcsin x-\int\frac{\mathrm{d}x}{|x|}\right)+\frac{1}{2}(\arcsin x)^2=-\frac{\sqrt{1-x^2}}{x}\arcsin x+\int\frac{\mathrm{d}x}{x}+\frac{1}{2}(\arcsin x)^2$$

$$=-\frac{\sqrt{1-x^2}}{x}(\arcsin x)^2+\ln|x|+\frac{1}{2}(\arcsin x)^2+C\quad(0<|x|<1).$$

**【2143】** $\int\frac{x\ln(1+\sqrt{1+x^2})}{\sqrt{1+x^2}}dx.$

**解** $\int\frac{x\ln(1+\sqrt{1+x^2})}{\sqrt{1+x^2}}dx=\int\ln(1+\sqrt{1+x^2})d(1+\sqrt{1+x^2})$

$$=(1+\sqrt{1+x^2})\ln(1+\sqrt{1+x^2})-\int\frac{xdx}{\sqrt{1+x^2}}=(1+\sqrt{1+x^2})\ln(1+\sqrt{1+x^2})-\sqrt{1+x^2}+C.$$

**【2144】** $\int x\sqrt{x^2+1}\ln\sqrt{x^2-1}dx.$

**解** $\int x\sqrt{x^2+1}\ln\sqrt{x^2-1}dx=\frac{1}{3}\int\ln\sqrt{x^2-1}d[(x^2+1)^{\frac{3}{2}}]$

$$=\frac{1}{3}(x^2+1)^{\frac{3}{2}}\ln\sqrt{x^2-1}-\frac{1}{3}\int(x^2+1)^{\frac{3}{2}}\cdot\frac{x}{x^2-1}dx,$$

对于右端的积分，设 $\sqrt{x^2+1}=t$，则 $x^2+1=t^2$，$xdx=tdt$. 于是，

$$-\frac{1}{3}\int(x^2+1)^{\frac{3}{2}}\frac{xdx}{x^2-1}=-\frac{1}{3}\int\frac{t^4dt}{t^2-2}=-\frac{1}{3}\int\left(t^2+2+\frac{4}{t^2-2}\right)dt$$

$$=-\frac{1}{9}t^3-\frac{2}{3}t-\frac{\sqrt{2}}{3}\ln\left|\frac{t-\sqrt{2}}{t+\sqrt{2}}\right|+C=-\frac{x^2+7}{9}\sqrt{1+x^2}-\frac{\sqrt{2}}{3}\ln\frac{\sqrt{1+x^2}-\sqrt{2}}{\sqrt{1+x^2}+\sqrt{2}}+C.$$

最后得到

$$\int x\sqrt{x^2+1}\ln\sqrt{x^2-1}dx=\frac{1}{3}(x^2+1)^{\frac{3}{2}}\ln\sqrt{x^2-1}-\frac{x^2+7}{9}\sqrt{1+x^2}-\frac{\sqrt{2}}{3}\ln\frac{\sqrt{1+x^2}-\sqrt{2}}{\sqrt{1+x^2}+\sqrt{2}}+C\quad(|x|>1).$$

**【2145】**+ $\int\frac{x}{\sqrt{1-x^2}}\ln\frac{x}{\sqrt{1-x}}dx.$

**解** $\int\frac{x}{\sqrt{1-x^2}}\ln\frac{x}{\sqrt{1-x}}dx=-\int\ln\frac{x}{\sqrt{1-x}}d(\sqrt{1-x^2})$

$$=-\sqrt{1-x^2}\ln\frac{x}{\sqrt{1-x}}+\frac{1}{2}\int\frac{\sqrt{1-x^2}(2-x)}{x(1-x)}dx.$$

右端的积分

$$\int\frac{\sqrt{1-x^2}(2-x)}{x(1-x)}dx=\int\frac{(1-x^2)(2-x)}{x(1-x)\sqrt{1-x^2}}dx=\int\frac{2+x-x^2}{x\sqrt{1-x^2}}dx$$

$$=2\int\frac{dx}{x\sqrt{1-x^2}}+\int\frac{dx}{\sqrt{1-x^2}}-\int\frac{xdx}{\sqrt{1-x^2}}=-2\int\frac{d\left(\frac{1}{x}\right)}{\sqrt{\left(\frac{1}{x}\right)^2-1}}+\arcsin x+\sqrt{1-x^2}$$

$$=-2\ln\left|\frac{1}{x}+\sqrt{\frac{1}{x^2}-1}\right|+\arcsin x+\sqrt{1-x^2}+C_1=-2\ln\frac{1+\sqrt{1-x^2}}{x}+\arcsin x+\sqrt{1-x^2}+C_1.$$

于是，$\int\frac{x}{\sqrt{1-x^2}}\ln\frac{x}{\sqrt{1-x}}dx=\left(\frac{1}{2}-\ln\frac{x}{\sqrt{1-x}}\right)\sqrt{1-x^2}-\ln\frac{1+\sqrt{1-x^2}}{x}+\frac{1}{2}\arcsin x+C\quad(0<x<1).$

**【2146】** $\int\frac{dx}{(2+\sin x)^2}.$

**解** 设 $\tan\frac{x}{2}=t$，不妨限制 $-\pi<x<\pi$，则 $\sin x=\frac{2t}{1+t^2}$，$dx=\frac{2dt}{1+t^2}$. 代入得

$$\int\frac{dx}{(2+\sin x)^2}=\frac{1}{2}\int\frac{1+t^2}{(1+t+t^2)^2}dt=\frac{1}{2}\int\frac{(1+t+t^2)-\frac{1}{2}(2t+1)+\frac{1}{2}}{(1+t+t^2)^2}dt$$

$$=\frac{1}{2}\int\frac{dt}{1+t+t^2}-\frac{1}{4}\int\frac{(2t+1)dt}{(1+t+t^2)^2}+\frac{1}{4}\int\frac{dt}{(1+t+t^2)^2}$$

$$=\frac{1}{\sqrt{3}}\arctan\left(\frac{2t+1}{\sqrt{3}}\right)+\frac{1}{4(1+t+t^2)}+\frac{1}{4}\left[\frac{2t+1}{3(1+t+t^2)}+\frac{4}{3\sqrt{3}}\arctan\left(\frac{2t+1}{\sqrt{3}}\right)\right]^{*)}+C_1$$

$$=\frac{4}{3\sqrt{3}}\arctan\left(\frac{1+2\tan\frac{x}{2}}{\sqrt{3}}\right)+\frac{\cos x}{3(2+\sin x)}^{**)}+C.$$

*） 利用 1921 题的递推公式.

**）

$$\frac{1}{4(1+t+t^2)}+\frac{2t+1}{12(1+t+t^2)}=\frac{t+2}{6(1+t+t^2)}=\frac{1}{6}\cdot\frac{\dfrac{\sin\frac{x}{2}+2\cos\frac{x}{2}}{\cos\frac{x}{2}}}{\dfrac{1+\sin\frac{x}{2}\cos\frac{x}{2}}{\cos^2\frac{x}{2}}}$$

$$=\frac{1}{6}\cdot\frac{\frac{1}{2}\sin x+1+\cos x}{\frac{1}{2}\sin x+1}=\frac{1}{6}+\frac{\cos x}{3(2+\sin x)}.$$

**【2147】**+ $\displaystyle\int\frac{\sin4x}{\sin^8x+\cos^8x}dx.$

**解** $\sin^8x+\cos^8x=(\sin^4x+\cos^4x)^2-2\sin^4x\cos^4x=[(\sin^2x+\cos^2x)^2-2\sin^2x\cos^2x]^2-\frac{1}{8}\sin^42x$

$$=\left(1-\frac{1}{2}\sin^22x\right)^2-\frac{1}{8}\sin^42x=\frac{1}{8}(\sin^42x-8\sin^22x+8)$$

$$=\frac{1}{8}(\sin^22x-4-2\sqrt{2})(\sin^22x-4+2\sqrt{2})=\frac{1}{32}(\cos4x+7+4\sqrt{2})(\cos4x+7-4\sqrt{2}).$$

于是，
$$\int\frac{\sin4x}{\sin^8x+\cos^8x}dx=32\cdot\frac{1}{8\sqrt{2}}\left[\int\frac{\sin4x}{\cos4x+7-4\sqrt{2}}dx-\int\frac{\sin4x}{\cos4x+7+4\sqrt{2}}dx\right]$$

$$=-\frac{1}{\sqrt{2}}\int\frac{d(\cos4x+7-4\sqrt{2})}{\cos4x+7-4\sqrt{2}}+\frac{1}{\sqrt{2}}\int\frac{d(\cos4x+7+4\sqrt{2})}{\cos4x+7+4\sqrt{2}}=\frac{1}{\sqrt{2}}\ln\frac{\cos4x+7+4\sqrt{2}}{\cos4x+7-4\sqrt{2}}+C.$$

**【2148】** $\displaystyle\int\frac{dx}{\sin x\sqrt{1+\cos x}}.$

**解** 设 $1+\cos x=t^2$，并限制 $t>0$，则 $\sin x=t\sqrt{2-t^2}$，$dx=-\frac{2}{\sqrt{2-t^2}}dt$. 代入得

$$\int\frac{dx}{\sin x\sqrt{1+\cos x}}=-\int\frac{2dt}{t^2(2-t^2)}=-\int\left(\frac{1}{t^2}+\frac{1}{2-t^2}\right)dt=\frac{1}{t}-\frac{1}{2\sqrt{2}}\ln\frac{\sqrt{2}+t}{\sqrt{2}-t}+C$$

$$=\frac{1}{\sqrt{1+\cos x}}-\frac{1}{2\sqrt{2}}\ln\frac{\sqrt{2}+\sqrt{1+\cos x}}{\sqrt{2}-\sqrt{1+\cos x}}+C.$$

**【2149】** $\displaystyle\int\frac{ax^2+b}{x^2+1}\arctan x\,dx.$

**解** $\displaystyle\int\frac{ax^2+b}{x^2+1}\arctan x\,dx=\int\left(a-\frac{a-b}{x^2+1}\right)\arctan x\,dx=ax\arctan x-a\int\frac{x\,dx}{1+x^2}-\frac{a-b}{2}(\arctan x)^2$

$$=a\left[x\arctan x-\frac{1}{2}\ln(1+x^2)\right]-\frac{a-b}{2}(\arctan x)^2+C.$$

**【2150】** $\displaystyle\int\frac{ax^2+b}{x^2-1}\ln\left|\frac{x-1}{x+1}\right|dx.$

**解** $\displaystyle\int\frac{ax^2+b}{x^2-1}\ln\left|\frac{x-1}{x+1}\right|dx=\int\left(a+\frac{a+b}{x^2-1}\right)\ln\left|\frac{x-1}{x+1}\right|dx$

$$=ax\ln\left|\frac{x-1}{x+1}\right|-a\int\frac{2x\mathrm{d}x}{x^2-1}+\frac{a+b}{2}\int\ln\left|\frac{x-1}{x+1}\right|\mathrm{d}\left(\ln\left|\frac{x-1}{x+1}\right|\right)$$

$$=a\left(x\ln\left|\frac{x-1}{x+1}\right|-\ln|x^2-1|\right)+\frac{a+b}{4}\ln^2\left|\frac{x-1}{x+1}\right|+C.$$

**【2151】** $\int\frac{x\ln x}{(1+x^2)^2}\mathrm{d}x.$

解 $\int\frac{x\ln x}{(1+x^2)^2}\mathrm{d}x=-\frac{1}{2}\int\ln x\mathrm{d}\left(\frac{1}{1+x^2}\right)=-\frac{\ln x}{2(1+x^2)}+\frac{1}{2}\int\frac{\mathrm{d}x}{x(1+x^2)}$

$$=-\frac{\ln x}{2(1+x^2)}+\frac{1}{2}\int\left(\frac{1}{x}-\frac{x}{1+x^2}\right)\mathrm{d}x=-\frac{\ln x}{2(1+x^2)}+\frac{1}{2}\ln x-\frac{1}{4}\ln(1+x^2)+C$$

$$=-\frac{\ln x}{2(1+x^2)}+\frac{1}{4}\ln\frac{x^2}{1+x^2}+C.$$

**【2152】** $\int\frac{x\arctan x}{\sqrt{1+x^2}}\mathrm{d}x.$

解 $\int\frac{x\arctan x}{\sqrt{1+x^2}}\mathrm{d}x=\int\arctan x\mathrm{d}(\sqrt{1+x^2})=\sqrt{1+x^2}\arctan x-\int\frac{\mathrm{d}x}{\sqrt{1+x^2}}$

$$=\sqrt{1+x^2}\arctan x-\ln(x+\sqrt{1+x^2})+C.$$

**【2153】**+ $\int\frac{\sin 2x\mathrm{d}x}{\sqrt{1+\cos^4x}}.$

解 $\int\frac{\sin 2x\mathrm{d}x}{\sqrt{1+\cos^4x}}=-\int\frac{\mathrm{d}(1+\cos 2x)}{\sqrt{(1+\cos 2x)^2+4}}=-\ln(1+\cos 2x+\sqrt{(1+\cos 2x)^2+4})+C_1$

$$=-\ln(\cos^2x+\sqrt{1+\cos^4x})+C.$$

**【2154】** $\int\frac{x^3\arccos x}{\sqrt{1-x^2}}\mathrm{d}x.$

解 $\int\frac{x^3\arccos x}{\sqrt{1-x^2}}\mathrm{d}x=-\int x^2\arccos x\mathrm{d}(\sqrt{1-x^2})$

$$=-x^2\sqrt{1-x^2}\arccos x+\int\sqrt{1-x^2}\left(2x\arccos x-\frac{x^2}{\sqrt{1-x^2}}\right)\mathrm{d}x$$

$$=-x^2\sqrt{1-x^2}\arccos x-\frac{2}{3}\int\arccos x\mathrm{d}[(1-x^2)^{\frac{3}{2}}]-\int x^2\mathrm{d}x$$

$$=-x^2\sqrt{1-x^2}\arccos x-\frac{2}{3}(1-x^2)^{\frac{3}{2}}\arccos x-\frac{2}{3}\int(1-x^2)^{\frac{3}{2}}\frac{\mathrm{d}x}{\sqrt{1-x^2}}-\frac{1}{3}x^3$$

$$=-x^2\sqrt{1-x^2}\arccos x-\frac{2}{3}(1-x^2)^{\frac{3}{2}}\arccos x-\frac{2}{3}x+\frac{2}{9}x^3-\frac{1}{3}x^3+C$$

$$=-\frac{6x+x^3}{9}-\frac{2+x^2}{3}\sqrt{1-x^2}\arccos x+C.$$

**【2155】** $\int\frac{x^4\arctan x}{1+x^2}\mathrm{d}x.$

解 $\int\frac{x^4\arctan x}{1+x^2}\mathrm{d}x=\int\left(x^2-1+\frac{1}{x^2+1}\right)\arctan x\mathrm{d}x$

$$=\frac{1}{3}\int\arctan x\mathrm{d}(x^3)-\int\arctan x\mathrm{d}x+\int\arctan x\mathrm{d}(\arctan x)$$

$$=\frac{1}{3}x^3\arctan x-\frac{1}{3}\int\frac{x^3\mathrm{d}x}{1+x^2}-x\arctan x+\int\frac{x\mathrm{d}x}{1+x^2}+\frac{1}{2}(\arctan x)^2$$

$$=\frac{1}{3}x^3\arctan x-\frac{1}{3}\int\left(x-\frac{x}{1+x^2}\right)\mathrm{d}x-x\arctan x+\frac{1}{2}\ln(1+x^2)+\frac{1}{2}(\arctan x)^2$$

$$=\frac{1}{3}x^3\arctan x-\frac{1}{6}x^2+\frac{1}{6}\ln(1+x^2)-x\arctan x+\frac{1}{2}\ln(1+x^2)+\frac{1}{2}(\arctan x)^2+C$$

$$=-\frac{1}{6}x^2-\left(x-\frac{x^3}{3}\right)\arctan x+\frac{1}{2}(\arctan x)^2+\frac{2}{3}\ln(1+x^2)+C.$$

**【2156】** $\int\frac{x\operatorname{arccot}x}{(1+x^2)^2}\mathrm{d}x.$

**解** $\int\frac{x\operatorname{arccot}x}{(1+x^2)^2}\mathrm{d}x=-\frac{1}{2}\int\operatorname{arccot}x\mathrm{d}\left(\frac{1}{1+x^2}\right)=-\frac{\operatorname{arccot}x}{2(1+x^2)}-\frac{1}{2}\int\frac{\mathrm{d}x}{(1+x^2)^2}$

$$=-\frac{\operatorname{arccot}x}{2(1+x^2)}-\frac{1}{2}\left[\frac{x}{2(x^2+1)}-\frac{1}{2}\operatorname{arccot}x\right]^{*)}+C=-\frac{1-x^2}{4(1+x^2)}\operatorname{arccot}x-\frac{x}{4(1+x^2)}+C.$$

*） 利用 1921 题的递推公式.

**【2157】** $\int\frac{x\ln(x+\sqrt{1+x^2})}{(1-x^2)^2}\mathrm{d}x.$

**解** $\int\frac{x\ln(x+\sqrt{1+x^2})}{(1-x^2)^2}\mathrm{d}x=\frac{1}{2}\int\ln(x+\sqrt{1+x^2})\mathrm{d}\left(\frac{1}{1-x^2}\right)$

$$=\frac{1}{2(1-x^2)}\ln(x+\sqrt{1+x^2})-\frac{1}{2}\int\frac{\mathrm{d}x}{(1-x^2)\sqrt{x^2+1}}.$$

对于右端积分设 $x=\tan t$，并限制 $-\frac{\pi}{2}<t<\frac{\pi}{2}$，则 $\sqrt{1+x^2}=\sec t$， $\mathrm{d}x=\sec^2t\mathrm{d}t$. 代入得

$$\int\frac{\mathrm{d}x}{(1-x^2)\sqrt{1+x^2}}=\int\frac{\sec t\mathrm{d}t}{1-\tan^2t}=\int\frac{\cos t\mathrm{d}t}{\cos^2t-\sin^2t}=\int\frac{\mathrm{d}(\sin t)}{1-2\sin^2t}=\frac{1}{2\sqrt{2}}\ln\left|\frac{1+\sqrt{2}\sin t}{1-\sqrt{2}\sin t}\right|+C$$

$$=\frac{1}{2\sqrt{2}}\ln\left|\frac{\sqrt{1+x^2}+x\sqrt{2}}{\sqrt{1+x^2}-x\sqrt{2}}\right|+C,$$

于是， $$\int\frac{x\ln(x+\sqrt{1+x^2})}{(1+x^2)^2}\mathrm{d}x=\frac{\ln(x+\sqrt{1+x^2})}{2(1-x^2)}+\frac{1}{4\sqrt{2}}\ln\left|\frac{\sqrt{1+x^2}-x\sqrt{2}}{\sqrt{1+x^2}+x\sqrt{2}}\right|+C.$$

**【2158】** $\int\sqrt{1-x^2}\arcsin x\mathrm{d}x.$

**解** $\int\sqrt{1-x^2}\arcsin x\mathrm{d}x=x\sqrt{1-x^2}\arcsin x-\int x\left(1-\frac{x}{\sqrt{1-x^2}}\arcsin x\right)\mathrm{d}x$

$$=x\sqrt{1-x^2}\arcsin x-\frac{x^2}{2}-\int\sqrt{1-x^2}\arcsin x\mathrm{d}x+\int\frac{\arcsin x}{\sqrt{1-x^2}}\mathrm{d}x$$

$$=x\sqrt{1-x^2}\arcsin x-\frac{x^2}{2}+\frac{1}{2}(\arcsin x)^2-\int\sqrt{1-x^2}\arcsin x\mathrm{d}x.$$

于是， $$\int\sqrt{1-x^2}\arcsin x\mathrm{d}x=\frac{x}{2}\sqrt{1-x^2}\arcsin x-\frac{x^2}{4}+\frac{1}{4}(\arcsin x)^2+C\quad(|x|<1).$$

**【2159】** $\int x(1+x^2)\operatorname{arccot}x\mathrm{d}x.$

**解** $\int x(1+x^2)\operatorname{arccot}x\mathrm{d}x=\frac{1}{4}\int\operatorname{arccot}x\mathrm{d}[(1+x^2)^2]=\frac{1}{4}(1+x^2)^2\operatorname{arccot}x+\frac{1}{4}\int(1+x^2)\mathrm{d}x$

$$=\frac{1}{4}(1+x^2)^2\operatorname{arccot}x+\frac{x}{4}+\frac{x^3}{12}+C.$$

**【2160】** $\int x^x(1+\ln x)\mathrm{d}x.$

**解** $\int x^x(1+\ln x)\mathrm{d}x=\int e^{x\ln x}(1+\ln x)\mathrm{d}x=\int e^{x\ln x}\mathrm{d}(x\ln x)=e^{x\ln x}+C=x^x+C\quad(x>0).$

**【2161】** $\int\frac{\arcsin e^x}{e^x}\mathrm{d}x.$

**解** $\int\frac{\arcsin e^x}{e^x}\mathrm{d}x=-\int\arcsin e^x\mathrm{d}(e^{-x})=-e^{-x}\arcsin e^x+\int\frac{\mathrm{d}x}{\sqrt{1-e^{2x}}}$

$$=-e^{-x}\arcsin e^{x}-\int\frac{d(e^{-x})}{\sqrt{(e^{-x})^2-1}}=-e^{-x}\arcsin e^{x}-\ln(e^{-x}+\sqrt{e^{-2x}-1})+C$$

$$=x-e^{-x}\arcsin e^{x}-\ln(1+\sqrt{1-e^{2x}})+C\quad(x<0).$$

**【2162】** $\int\frac{\arctan e^{\frac{x}{2}}}{e^{\frac{x}{2}}(1+e^{x})}dx.$

**解** $\int\frac{\arctan e^{\frac{x}{2}}}{e^{\frac{x}{2}}(1+e^{x})}dx=\int\left(e^{-\frac{x}{2}}-\frac{e^{\frac{x}{2}}}{1+e^{x}}\right)\arctan e^{\frac{x}{2}}\,dx$

$$=-2\int\arctan e^{\frac{x}{2}}\,d(e^{-\frac{x}{2}})-2\int\arctan e^{\frac{x}{2}}\,d(\arctan e^{\frac{x}{2}})=-2e^{-\frac{x}{2}}\arctan e^{\frac{x}{2}}+\int\frac{dx}{1+e^{x}}-(\arctan e^{\frac{x}{2}})^2$$

$$=-2e^{-\frac{x}{2}}\arctan e^{\frac{x}{2}}+\int\left(1-\frac{e^{x}}{1+e^{x}}\right)dx-(\arctan e^{\frac{x}{2}})^2$$

$$=-2e^{-\frac{x}{2}}\arctan e^{\frac{x}{2}}+x-\ln(1+e^{x})-(\arctan e^{\frac{x}{2}})^2+C.$$

**【2163】** $\int\frac{dx}{(e^{x+1}+1)^2-(e^{x-1}+1)^2}.$

**解** $\int\frac{dx}{(e^{x+1}+1)^2-(e^{x-1}+1)^2}=\int\frac{dx}{(e^{x+1}-e^{x-1})(e^{x+1}+e^{x-1}+2)}=\int\frac{dx}{e^{2x}(e-e^{-1})(e+e^{-1}+2e^{-x})}$

$$=\int\frac{dx}{e^{2x}\,2\operatorname{sh}1(2\operatorname{ch}1+2e^{-x})}=\int\frac{dx}{4e^{x}\operatorname{sh}1(1+e^{x}\operatorname{ch}1)}=\frac{1}{4\operatorname{sh}1}\int\left(\frac{1}{e^{x}}-\frac{\operatorname{ch}1}{1+e^{x}\operatorname{ch}1}\right)dx$$

$$=-\frac{e^{-x}}{4\operatorname{sh}1}-\frac{\operatorname{ch}1}{4\operatorname{sh}1}\int\left(1-\frac{e^{x}\operatorname{ch}1}{1+e^{x}\operatorname{ch}1}\right)dx=-\frac{e^{-x}}{4\operatorname{sh}1}-\frac{\operatorname{coth}1}{4}[x-\ln(1+e^{x}\operatorname{ch}1)]+C.$$

**【2164】** $\int\sqrt{\operatorname{th}^2x+1}\,dx.$

**解** $\int\sqrt{\operatorname{th}^2x+1}\,dx=\int\frac{\operatorname{th}^2x+1}{\sqrt{\operatorname{th}^2x+1}}dx=\int\frac{\frac{\operatorname{sh}^2x+\operatorname{ch}^2x}{\operatorname{ch}^2x}dx}{\sqrt{\operatorname{th}^2x+1}}$

$$=\int\frac{2\operatorname{ch}^2x-1}{\sqrt{1+\operatorname{th}^2x}}d(\operatorname{th}x)=2\int\frac{\operatorname{ch}^2x\,d(\operatorname{th}x)}{\sqrt{1+\operatorname{th}^2x}}-\int\frac{d(\operatorname{th}x)}{\sqrt{1+\operatorname{th}^2x}}$$

$$=2\int\frac{dx}{\sqrt{\operatorname{th}^2x+1}}-\ln(\operatorname{th}x+\sqrt{1+\operatorname{th}^2x})=2\int\frac{\operatorname{ch}x\,dx}{\sqrt{\operatorname{sh}^2x+\operatorname{ch}^2x}}-\ln(\operatorname{th}x+\sqrt{1+\operatorname{th}^2x})$$

$$=\sqrt{2}\int\frac{d(\sqrt{2}\operatorname{sh}x)}{\sqrt{1+2\operatorname{sh}^2x}}-\ln(\operatorname{th}x+\sqrt{1+\operatorname{th}^2x})=\sqrt{2}\ln(\sqrt{2}\operatorname{sh}x+\sqrt{1+2\operatorname{sh}^2x})-\ln(\operatorname{th}x+\sqrt{1+\operatorname{th}^2x})+C$$

$$=\frac{1}{\sqrt{2}}\ln\frac{\sqrt{1+\operatorname{th}^2x}+\sqrt{2}\operatorname{th}x}{\sqrt{1+\operatorname{th}^2x}-\sqrt{2}\operatorname{th}x}-\ln(\operatorname{th}x+\sqrt{1+\operatorname{th}^2x})+C.$$

**【2165】** $\int\frac{1+\sin x}{1+\cos x}e^{x}dx.$

**解** $\int\frac{1+\sin x}{1+\cos x}e^{x}dx=\int\left(\frac{1+2\sin\frac{x}{2}\cos\frac{x}{2}}{2\cos^2\frac{x}{2}}\right)e^{x}dx=\int\frac{e^{x}}{2\cos^2\frac{x}{2}}dx+\int e^{x}\tan\frac{x}{2}dx$

$$=\int e^{x}d\left(\tan\frac{x}{2}\right)+\int\tan\frac{x}{2}d(e^{x})=e^{x}\tan\frac{x}{2}-\int\tan\frac{x}{2}d(e^{x})+\int\tan\frac{x}{2}d(e^{x})=e^{x}\tan\frac{x}{2}+C.$$

**【2166】** $\int|x|dx.$

**提示** 注意$|x|=(\operatorname{sgn}x)x$.

**解** $\int|x|dx=(\operatorname{sgn}x)\int x\,dx=(\operatorname{sgn}x)\frac{1}{2}x^2+C=\frac{x|x|}{2}+C.$

**【2167】** $\int x|x|\mathrm{d}x$.

**解** $\int x|x|\mathrm{d}x=(\mathrm{sgn}x)\int x^2\mathrm{d}x=(\mathrm{sgn}x)\frac{x^3}{3}+C=\frac{x^2|x|}{3}+C$.

**【2168】** $\int (x+|x|)^2\mathrm{d}x$.

**提示** 利用 2167 题的结果.

**解** $\int (x+|x|)^2\mathrm{d}x=\int (x^2+2x|x|+x^2)\mathrm{d}x=\frac{2x^3}{3}+\frac{2x^2|x|}{3}^{*)}+C=\frac{2x^2}{3}(x+|x|)+C$.

*) 利用 2167 题的结果.

**【2169】** $\int (|1+x|-|1-x|)\mathrm{d}x$.

**提示** 利用 2166 题的结果.

**解** $\int (|1+x|-|1-x|)\mathrm{d}x=\int |1+x|\mathrm{d}(1+x)+\int |1-x|\mathrm{d}(1-x)$

$$=\frac{(1+x)|1+x|}{2}^{*)}+\frac{(1-x)|1-x|}{2}^{*)}+C$$

*) 利用 2166 题的结果.

**【2170】** $\int \mathrm{e}^{-|x|}\mathrm{d}x$.

**解题思路** 由于 $\mathrm{e}^{-|x|}$ 在 $(-\infty,+\infty)$ 上连续,故其原函数 $F(x)$ 必在 $(-\infty,+\infty)$ 上连续可微,而且任意两个原函数之间差一常数. 可求满足 $F(0)=0$ 的原函数 $F(x)$. 易知

$$F(x)=\begin{cases}-\mathrm{e}^{-x}+C_1, & x\geqslant 0,\\ \mathrm{e}^{x}+C_2, & x<0.\end{cases}$$

其中 $C_1,C_2$ 为常数,并注意 $0=F(0)=\lim\limits_{x\to 0-0}F(x)$. 求得 $C_1$、$C_2$ 后即获解.

**解** 当 $x\geqslant 0$ 时, $\int \mathrm{e}^{-|x|}\mathrm{d}x=\int \mathrm{e}^{-x}\mathrm{d}x=-\mathrm{e}^{-x}+C_1$,

当 $x<0$ 时, $\int \mathrm{e}^{-|x|}\mathrm{d}x=\int \mathrm{e}^{x}\mathrm{d}x=\mathrm{e}^{x}+C_2$.

由于 $\mathrm{e}^{-|x|}$ 在 $(-\infty,+\infty)$ 上连续,故其原函数 $F(x)$ 必在 $(-\infty,+\infty)$ 上连续可微,而且任意两个原函数之间差一常数. 今求满足 $F(0)=0$ 的原函数 $F(x)$. 由上述知,必有

$$F(x)=\begin{cases}-\mathrm{e}^{-x}+C_1, & x\geqslant 0,\\ \mathrm{e}^{x}+C_2, & x<0.\end{cases}$$

其中 $C_1,C_2$ 是两个常数. 由于 $0=F(0)=\lim\limits_{x\to 0-}F(x)$,即 $0=-1+C_1=1+C_2$,因此, $C_1=1$, $C_2=-1$. 从而,

$$F(x)=\begin{cases}1-\mathrm{e}^{-x}, & x\geqslant 0,\\ \mathrm{e}^{x}-1, & x<0.\end{cases}$$

所以,
$$\int \mathrm{e}^{-|x|}\mathrm{d}x=\begin{cases}1-\mathrm{e}^{-x}+C, & x\geqslant 0,\\ \mathrm{e}^{x}-1+C, & x<0.\end{cases}$$

**【2171】** $\int \max(1,x^2)\mathrm{d}x$.

**提示** 仿 2170 题,可求满足 $F(1)=1$ 的原函数 $F(x)$.

**解** 仿 2170 题,

当 $|x|\leqslant 1$ 时, $\int \max(1,x^2)\mathrm{d}x=\int \mathrm{d}x=x+C_1$;

当 $x>1$ 时, $\int \max(1,x^2)\mathrm{d}x=\int x^2\mathrm{d}x=\frac{1}{3}x^3+C_2$;

当 $x<-1$ 时，$\int \max(1,x^2)\mathrm{d}x=\int x^2\mathrm{d}x=\frac{1}{3}x^3+C_3$.

今求满足 $F(1)=1$ 的原函数 $F(x)$. 由上述知，必有

$$F(x)=\begin{cases} x+C_1, & -1\leqslant x\leqslant 1, \\ \frac{1}{3}x^3+C_2, & x>1, \\ \frac{1}{3}x^3+C_3, & x<-1, \end{cases}$$

其中 $C_1,C_2,C_3$ 是三个常数. 由于 $1=F(1)=\lim\limits_{x\to 1+0}F(x)$，即 $1=1+C_1=\frac{1}{3}+C_2$，故 $C_1=0,C_2=\frac{2}{3}$. 再由 $F(-1)=\lim\limits_{x\to -1-0}F(x)$，得 $-1=-\frac{1}{3}+C_3$，故 $C_3=-\frac{2}{3}$. 由此可知，有

$$F(x)=\begin{cases} x, & -1\leqslant x\leqslant 1, \\ \frac{1}{3}x^3+\frac{2}{3}, & x>1, \\ \frac{1}{3}x^3-\frac{2}{3}, & x<-1. \end{cases}$$

最后得

$$\int \max(1,x^2)\mathrm{d}x=\begin{cases} x+C, & |x|\leqslant 1, \\ \frac{x^3}{3}+\frac{2}{3}\operatorname{sgn}x+C, & |x|>1. \end{cases}$$

**【2172】** $\int \varphi(x)\mathrm{d}x$，其中 $\varphi(x)$ 为数 $x$ 至其最接近的整数之距离.

**提示** 仿 2170 题，可求满足 $F(0)=0$ 的原函数 $F(x)$.

**解** 显然 $\varphi(x)$ 在 $(-\infty,+\infty)$ 上连续，故其原函数在 $(-\infty,+\infty)$ 上连续可微. 今求满足 $F(0)=0$ 的原函数. 由于

$$\varphi(x)=\begin{cases} x-n, & n\leqslant x<n+\frac{1}{2}, \\ -x+n+1, & n+\frac{1}{2}\leqslant x<n+1, \end{cases}$$

故

$$F(x)=\begin{cases} \frac{x^2}{2}-nx+C_n, & n\leqslant x<n+\frac{1}{2}, \\ -\frac{x^2}{2}+(n+1)x+C_n', & n+\frac{1}{2}\leqslant x<n+1, \end{cases}$$

其中 $C_n,C_n'$ 是两个常数. 由 $\lim\limits_{x\to\left(n+\frac{1}{2}\right)-0}F(x)=F\left(n+\frac{1}{2}\right)$ 得，$C_n'=C_n-\left(n+\frac{1}{2}\right)^2$. 故

$$F(x)=\begin{cases} \frac{x^2}{2}-nx+C_n, & n\leqslant x<n+\frac{1}{2}, \\ -\frac{x^2}{2}+(n+1)x-\left(n+\frac{1}{2}\right)^2+C_n, & n+\frac{1}{2}\leqslant x<n+1. \end{cases}$$

由 $\lim\limits_{x\to(n+1)-0}F(x)=F(n+1)$ 得递推公式 $C_{n+1}=C_n+n+\frac{3}{4}$.

显然 $0=F(0)=C_0$. 由此得 $C_n=\frac{1}{4}n(2n+1)$. 于是，

$$F(x)=\begin{cases}\dfrac{x^2}{2}-nx+\dfrac{1}{4}n(2n+1)=\dfrac{x}{4}+\dfrac{1}{4}\left(x-n-\dfrac{1}{2}\right)\left[1+2\left(\dfrac{1}{2}-x-n\right)\right], & n\leqslant x<n+\dfrac{1}{2},\\ -\dfrac{x^2}{2}+(n+1)x-\dfrac{1}{4}(2n+1)(n+1)=\dfrac{x}{4}+\dfrac{1}{4}\left(x-n-\dfrac{1}{2}\right)\left[1-2\left(x-n-\dfrac{1}{2}\right)\right], & n+\dfrac{1}{2}\leqslant x<n+1.\end{cases}$$

记 $(x)=x-[x]$ 表数 $x$ 去掉其整数部分$[x]$后所剩下的零头部分，那么最后得

$$F(x)=\frac{x}{4}+\frac{1}{4}\left[(x)-\frac{1}{2}\right]\left\{1-2\left|(x)-\frac{1}{2}\right|\right\}\quad(-\infty<x<+\infty).$$

故
$$\int\varphi(x)\mathrm{d}x=\frac{x}{4}+\frac{1}{4}\left[(x)-\frac{1}{2}\right]\left\{1-2\left|(x)-\frac{1}{2}\right|\right\}+C\quad(-\infty<x<+\infty).$$

**【2173】** $\int[x]|\sin\pi x|\mathrm{d}x\quad(x\geqslant0)$.

**解** 分别求出在区间$[0,1),[1,2),[2,3),\cdots,[[x],x]$上满足 $F(0)=0$ 的原函数 $F(x)$的增量如下：

在$[0,1)$上，$\int 0\cdot\sin\pi x\mathrm{d}x=C_1$，$F(1)-F(0)=0$；

在$[1,2)$上，$-\int\sin\pi x\mathrm{d}x=\frac{1}{\pi}\cos\pi x+C_2$，$F(2)-F(1)=\frac{2}{\pi}$；

在$[2,3)$上，$2\int\sin\pi x\mathrm{d}x=-\frac{2}{\pi}\cos\pi x+C_3$，$F(3)-F(2)=\frac{2\cdot2}{\pi}$；…

在$[[x],x]$上，　$(-1)^{[x]}[x]\int\sin\pi x\mathrm{d}x=(-1)^{[x]}[x]\left(-\frac{1}{\pi}\right)\cos\pi x+C_{[x]+1}$，

$$F(x)-F([x])=\frac{(-1)^{[x]}[x]}{\pi}(\cos\pi[x]-\cos\pi x).$$

从而，对于 $x\geqslant0$，得到

$$\begin{aligned}&\int[x]|\sin\pi x|\mathrm{d}x=F(x)+C\\&=[F(1)-F(0)]+[F(2)-F(1)]+[F(3)-F(2)]+\cdots+\frac{(-1)^{[x]}[x]}{\pi}(\cos\pi[x]-\cos\pi x)+C\\&=\frac{2}{\pi}+\frac{2\cdot2}{\pi}+\cdots+\frac{2([x]-1)}{\pi}+\frac{(-1)^{[x]}[x]}{\pi}(\cos\pi[x]-\cos\pi x)+C\\&=\frac{[x]([x]-1)}{\pi}+\frac{(-1)^{[x]}[x](-1)^{[x]}}{\pi}-\frac{(-1)^{[x]}[x]\cos\pi x}{\pi}+C\\&=\frac{[x]}{\pi}([x]-(-1)^{[x]}\cos\pi x)+C.\end{aligned}$$

**【2174】** $\int f(x)\mathrm{d}x$　其中　$f(x)=\begin{cases}1-x^2, & |x|\leqslant1,\\1-|x|, & |x|>1.\end{cases}$

**解** 当$|x|\leqslant1$时，$\int f(x)\mathrm{d}x=\int(1-x^2)\mathrm{d}x=x-\frac{x^3}{3}+C_1$；

当$x>1$时，$\int f(x)\mathrm{d}x=\int(1-|x|)\mathrm{d}x=x-\frac{x|x|}{2}+C_2$；

当$x<-1$时，$\int f(x)\mathrm{d}x=\int(1-|x|)\mathrm{d}x=x-\frac{x|x|}{2}+C_3$.

今求满足 $F(0)=0$ 的原函数 $F(x)$. 利用$F(0)=0$，$\lim\limits_{x\to1+0}F(x)=F(1)$，$\lim\limits_{x\to-1-0}F(x)=F(-1)$，仿 2171 题，可得

$$F(x)=\begin{cases} x-\dfrac{x^3}{3}, & |x|\leqslant 1, \\ x-\dfrac{x|x|}{2}+\dfrac{1}{6}, & x>1, \\ x-\dfrac{x|x|}{2}-\dfrac{1}{6}, & x<-1. \end{cases}$$

于是，
$$\int f(x)\mathrm{d}x=\begin{cases} x-\dfrac{x^3}{3}+C, & |x|\leqslant 1; \\ x-\dfrac{x|x|}{2}+\dfrac{1}{6}\operatorname{sgn}x+C, & |x|>1. \end{cases}$$

**【2175】** $\int f(x)\mathrm{d}x$,式中 $f(x)=\begin{cases} 1, & -\infty<x<0, \\ x+1, & 0\leqslant x\leqslant 1, \\ 2x, & 1<x<+\infty. \end{cases}$

**解** 当$-\infty<x<0$时，$\int f(x)\mathrm{d}x=\int \mathrm{d}x=x+C_1$；

当$0\leqslant x\leqslant 1$时，$\int f(x)\mathrm{d}x=\int (x+1)\mathrm{d}x=\dfrac{x^2}{2}+x+C_2$；

当$1<x<+\infty$时，$\int f(x)\mathrm{d}x=\int 2x\mathrm{d}x=x^2+C_3$.

今求满足 $F(0)=0$ 的原函数 $F(x)$. 利用 $F(0)=0$，$\lim\limits_{x\to 0-0}F(x)=F(0)$，$\lim\limits_{x\to 1+0}F(x)=F(1)$,仿 2171 题，可得

$$F(x)=\begin{cases} x, & -\infty<x<0, \\ \dfrac{x^2}{2}+x, & 0\leqslant x\leqslant 1, \\ x^2+\dfrac{1}{2}, & 1<x<+\infty. \end{cases}$$

于是，
$$\int f(x)\mathrm{d}x=\begin{cases} x+C, & -\infty<x<0, \\ \dfrac{x^2}{2}+x+C, & 0\leqslant x\leqslant 1, \\ x^2+\dfrac{1}{2}+C, & 1<x<+\infty. \end{cases}$$

**【2176】** 求$\int xf''(x)\mathrm{d}x$.

**解*** $\int xf''(x)\mathrm{d}x=\int x\mathrm{d}[f'(x)]=xf'(x)-\int f'(x)\mathrm{d}x=xf'(x)-f(x)+C.$

**【2177】** 求$\int f'(2x)\mathrm{d}x$.

**解*** $\int f'(2x)\mathrm{d}x=\dfrac{1}{2}\int f'(2x)\mathrm{d}(2x)=\dfrac{1}{2}f(2x)+C.$

*) 这里暗中分别假定了被积函数 $f'$,$f$ 是连续的.

**【2178】** 设 $f'(x^2)=\dfrac{1}{x}$ $(x>0)$,求 $f(x)$.

**解** 由 $f'(x^2)=\dfrac{1}{x}$，得 $f'(x)=\dfrac{1}{\sqrt{x}}$ $(x>0)$. 于是，

$$f(x)=\int f'(x)\mathrm{d}x=\int\frac{\mathrm{d}x}{\sqrt{x}}=2\sqrt{x}+C.$$

**【2179】**$^+$ 设 $f'(\sin^2 x)=\cos^2 x$，求 $f(x)$.

**解** 由 $f'(\sin^2 x)=\cos^2 x=1-\sin^2 x$ 得 $f'(x)=1-x$. 于是，

$$f(x)=\int f'(x)\mathrm{d}x=\int(1-x)\mathrm{d}x=x-\frac{1}{2}x^2+C\quad(|x|\leqslant 1).$$

**【2180】** 设 $f'(\ln x)=\begin{cases}1, & 0<x\leqslant 1,\\ x, & 1<x<+\infty,\end{cases}$ 且 $f(0)=0$，求 $f(x)$.

**提示** 令 $\ln x=t$.

**解** 设 $t=\ln x$，则 $f'(t)=\begin{cases}1, & -\infty<t\leqslant 0,\\ \mathrm{e}^t, & 0<t<+\infty.\end{cases}$ 于是，

$$f(x)=\int f'(x)\mathrm{d}x=\begin{cases}x+C_1, & -\infty<x\leqslant 0,\\ \mathrm{e}^x+C_2, & 0<x<+\infty,\end{cases}$$

其中 $C_1$，$C_2$ 是两个常数. 由假定 $f(0)=0$，得 $C_1=0$. 再由 $f(x)$在 $x=0$ 的连续性知，$f(0)=\lim\limits_{x\to 0+}f(x)$，由此得 $C_2=-1$. 于是，

$$f(x)=\begin{cases}x, & -\infty<x\leqslant 0,\\ \mathrm{e}^x-1, & 0<x<+\infty.\end{cases}$$

# 第四章　定　积　分

## §1. 定积分是积分和的极限

1° **黎曼积分**　若函数 $f(x)$ 在闭区间 $[a,b]$ 上有定义且 $a=x_0<x_1<x_2<\cdots<x_n=b$，则数

$$\int_a^b f(x)\mathrm{d}x=\lim_{\max|\Delta x_i|\to 0}\sum_{i=0}^{n-1} f(\xi_i)\Delta x_i,\ (x_i\leqslant\xi_i\leqslant x_{i+1},\Delta x_i=x_{i+1}-x_i)\tag{1}$$

称为函数 $f(x)$ 在区间 $[a,b]$ 上的积分*.

极限(1)存在的充分必要条件为：

$$\text{下积分和 } \underline{S}=\sum_{i=0}^{n-1} m_i\Delta x_i \quad \text{及} \quad \text{上积分和 } \overline{S}=\sum_{i=0}^{n-1} M_i\Delta x_i$$

当 $|\Delta x_i|\to 0$ 时有共同的极限，其中

$$m_i=\inf_{x_i\leqslant x\leqslant x_i+1} f(x) \quad \text{及} \quad M_i=\sup_{x_i\leqslant x\leqslant x_i+1} f(x).$$

若等式(1)右端的极限存在，则函数 $f(x)$ 称为相应区间上的可积函数(常义的)，例如：(ⅰ)连续函数；(ⅱ)具有有限个不连续点的有界函数；(ⅲ)单调有界的函数，这些都是任意有限闭区间上的可积函数. 若函数 $f(x)$ 在闭区间 $[a,b]$ 上无界，则它在 $[a,b]$ 上不可积(常义的).

2° **可积条件**　函数 $f(x)$ 在已知闭区间 $[a,b]$ 上可积的充分必要条件为成立等式

$$\lim_{\max|\Delta x_i|\to 0}\sum_{i=0}^{n-1}\omega_i\Delta x_i=0,$$

式中 $\omega_i$ 为函数 $f(x)$ 有闭区间 $[x_i,x_{i+1}]$ 上的振幅.

**【2181】**　把区间 $[-1,4]$ 分为 $n$ 个相等的子区间，并取这些子区间中点的坐标作自变量 $\xi_i$ 的值 $(i=0,1,\cdots,n-1)$. 求函数 $f(x)=1+x$ 在此区间上的积分和 $S_n$.

**解**　每个子区间长为 $\frac{5}{n}$，第 $i$ 个子区间为 $\left(-1+\frac{5i}{n},\ -1+\frac{5i}{n}+\frac{5}{n}\right)$，其中点 $\xi_i=-1+\left(i+\frac{1}{2}\right)\frac{5}{n}$. 于是，所求的积分和为

$$S_n=\sum_{i=0}^{n-1}\left\{1+\left[-1+\left(i+\frac{1}{2}\right)\frac{5}{n}\right]\right\}\frac{5}{n}=\frac{25}{n^2}\sum_{i=0}^{n-1}\left(i+\frac{1}{2}\right)=12\frac{1}{2}.$$

**【2182】**　把所给区间分为 $n$ 个相等的子区间，求下列函数 $f(x)$ 在相应区间上的下积分和 $\underline{S_n}$ 及上积分和 $\overline{S_n}$：

(1) $f(x)=x^3\quad(-2\leqslant x\leqslant 3)$；　(2) $f(x)=\sqrt{x}\quad(0\leqslant x\leqslant 1)$；　(3) $f(x)=2^x\quad(0\leqslant x\leqslant 10)$.

**解**　(1) 把区间 $[-2,3]$ $n$ 等分，则每一个子区间的长为 $h=\frac{5}{n}$，且第 $i$ 个子区间为 $[-2+ih,\ -2+(i+1)h]$ $(i=0,1,\cdots,n-1)$. 若令 $m_i$ 及 $M_i$ 分别表示函数 $f(x)$ 在第 $i$ 个子区间上的下确界及上确界，则因 $f(x)=x^3$ 为增函数，所以，

$$m_i=(-2+ih)^3,\quad M_i=[-2+(i+1)h]^3\quad(i=0,1,2,\cdots,n-1).$$

于是，　$\underline{S_n}=\sum_{i=0}^{n-1} m_i\Delta x_i=\sum_{i=0}^{n-1}(-2+ih)^3 h$

---

* 这里的和 $\sum_{i=0}^{n-1} f(\xi_i)\Delta x_i$ 称为积分和.

$$=-8nh+12h^2\sum_{i=0}^{n-1}i-6h^3\sum_{i=0}^{n-1}i^2+h^4\sum_{i=0}^{n-1}i^3$$

$$=-40+\frac{12\cdot 25n(n-1)}{2n^2}-\frac{125(2n^3-3n^2+n)}{n^3}+\frac{625(n^4-2n^3+n^2)}{4n^4}=\frac{65}{4}-\frac{175}{2n}+\frac{125}{4n^2};$$

$$\overline{S_n}=\sum_{i=0}^{n-1}M_i\Delta x_i=\sum_{i=0}^{n-1}[-2+(i+1)h]^3=\frac{65}{4}+\frac{175}{2n}+\frac{125}{4n^2}.$$

(2) $h=\frac{1}{n}$, $m_i=\sqrt{\frac{i}{n}}$, $M_i=\sqrt{\frac{i+1}{n}}$ $(i=0,1,2,\cdots,n-1)$.

于是，$$\underline{S_n}=\sum_{i=0}^{n-1}\frac{1}{n}\sqrt{\frac{i}{n}}=\frac{1}{n}\sum_{i=0}^{n-1}\sqrt{\frac{i}{n}};\qquad \overline{S_n}=\sum_{i=0}^{n-1}\frac{1}{n}\sqrt{\frac{i+1}{n}}=\frac{1}{n}\sum_{i=1}^{n}\sqrt{\frac{i}{n}}.$$

(3) $h=\frac{10}{n}$, $m_i=2^{ih}$, $M_i=2^{(i+1)h}$ $(i=0,1,2,\cdots,n-1)$.

于是，$$\underline{S_n}=\sum_{i=0}^{n-1}h2^{ih}=\frac{h(2^{nh}-1)}{2^h-1}=\frac{10230}{n(2^{\frac{10}{n}}-1)};\qquad \overline{S_n}=\sum_{i=0}^{n-1}h2^{(i+1)h}=\frac{h2^h(2^{nh}-1)}{2^h-1}=\frac{10230\cdot 2^{\frac{10}{n}}}{n(2^{\frac{10}{n}}-1)}.$$

**【2183】** 把闭区间[1,2]分为 $n$ 份，使这分点的横坐标构成一等比数列 *)，求函数 $f(x)=x^4$ 在[1,2]上的下积分和. 当 $n\to\infty$ 时此和的极限等于什么？

**解** 设 $\sqrt[n]{2}=q$ 或 $2=q^n$，分点为 $1=q^0<q^1<q^2<\cdots<q^n=2$. 由于 $f(x)=x^4$ 在[1,2]上为增函数，故下积分和为

$$\underline{S_n}=\sum_{i=0}^{n-1}m_i\Delta x_i=\sum_{i=0}^{n-1}[(q^i)^4(q^{i+1}-q^i)]=(q-1)\sum_{i=0}^{n-1}(q^i)^5=\frac{(q-1)(q^{5n}-1)}{q^5-1}=\frac{31(\sqrt[n]{2}-1)}{\sqrt[n]{32}-1},$$

且 $$\lim_{n\to\infty}\underline{S_n}=31\lim_{n\to\infty}\frac{\sqrt[n]{2}-1}{\sqrt[n]{32}-1}=31\lim_{n\to\infty}\frac{1}{\sqrt[n]{16}+\sqrt[n]{8}+\sqrt[n]{4}+\sqrt[n]{2}+1}=\frac{31}{5}.$$

*) 原题为“使这 $n$ 份的长构成等比数列”，现根据原题答案予以改正.

**【2184】**+ 从积分的定义出发，求 $\int_0^T(v_0+gt)\mathrm{d}t$，其中 $T,v_0,g$ 为常数.

**解** $f(t)=v_0+gt$ 在[0,T]上为增函数$(T>0)$.

$$h=\frac{T}{n},\quad m_i=v_0+igh,\quad M_i=v_0+(i+1)gh\quad(i=0,1,2,\cdots,n-1)$$

于是，$$\underline{S_n}=\sum_{i=0}^{n-1}(v_0+igh)h=nv_0h+gh^2\sum_{i=0}^{n-1}i=v_0T+\frac{gT^2}{n^2}\cdot\frac{n(n-1)}{2}=v_0T+\frac{gT^2}{2}-\frac{gT^2}{2n},$$

$$\overline{S_n}=\sum_{i=0}^{n-1}[v_0+(i+1)gh]h=v_0T+\frac{gT^2}{2}+\frac{gT^2}{2n}.$$

因为 $$\lim_{n\to\infty}\underline{S_n}=\lim_{n\to\infty}\overline{S_n}=v_0T+\frac{gT^2}{2},$$

所以，$$\int_0^T(v_0+gt)\mathrm{d}t=v_0T+\frac{gT^2}{2}.$$

**以适当的方法分割积分区间，并视积分为相应积分和的极限，计算下列定积分：**

**【2185】** $\int_{-1}^{2}x^2\mathrm{d}x$.

**解题思路** 由于 $f(x)=x^2$ 在[-1,2]上连续，故所给的定积分存在，且它与分法无关，同时也与点 $\xi_i$ 的取法无关. 本题将[-1,2]$n$ 等分，得子区间的长 $h=\frac{3}{n}$，并取点 $\xi_i=-1+ih$ $(i=0,1,2,\cdots,n-1)$，这种和的极限就是所求的定积分. 以下各题如无特殊情况，不再说明定积分的存在性，直接对区间分段并取点 $\xi_i$，作和求极限.

**解** 将区间[-1,2]$n$ 等分，得 $h=\frac{3}{n}$. 取 $\xi_i=-1+ih$ $(i=0,1,\cdots,n-1)$.

作和
$$S_n=\sum_{i=0}^{n-1}(-1+ih)^2h=nh-2h^2\sum_{i=0}^{n-1}i+h^3\sum_{i=0}^{n-1}i^2=3+\frac{9-9n}{2n^2}.$$

于是，
$$\lim_{n\to\infty}S_n=3.$$

由于 $f(x)=x^2$ 在$[-1,2]$上连续，故积分 $\int_{-1}^{2}x^2\mathrm{d}x$ 是存在的，且它与分法无关，同时也与点的取法无关. 因此，上述和的极限就是所求的积分值，即定积分
$$\int_{-1}^{2}x^2\mathrm{d}x=3.$$

**【2186】** $\int_0^1 a^x\mathrm{d}x\quad(a>0)$.

**提示** 当 $a\neq1$ 时，将$[0,1]$ $n$ 等分，得 $h=\frac{1}{n}$，并取点 $\xi_i=ih\ (i=0,1,2,\cdots,n-1)$. 同时利用 541 题的结果. 当 $a=1$ 时，定积分显然为 1.

**解** 当 $a\neq1$ 时，将区间$[0,1]$ $n$ 等分，得 $h=\frac{1}{n}$. 取 $\xi_i=ih\quad(i=0,1,\cdots,n-1)$.

作和
$$S_n=\sum_{i=0}^{n-1}ha^{ih}=\frac{h(a^{nh}-1)}{a^h-1}=\frac{a-1}{n(a^{\frac{1}{n}}-1)}.$$

于是，
$$\lim_{n\to\infty}S_n=\lim_{n\to\infty}\frac{a-1}{\frac{a^{\frac{1}{n}}-1}{\frac{1}{n}}}=\frac{a-1}{\ln a},\quad 即\quad \int_0^1 a^x\mathrm{d}x=\frac{a-1}{\ln a}\quad(a\neq1).$$

当 $a=1$ 时，积分显然为 1.

**【2187】** $\int_0^{\frac{\pi}{2}}\sin x\mathrm{d}x$.

**解** 将区间$[0,\frac{\pi}{2}]$ $n$ 等分，得 $h=\frac{\pi}{2n}$. 取 $\xi_i=ih\quad(i=0,1,\cdots,n-1)$.

作和
$$S_n=\sum_{i=0}^{n-1}h\sin ih.$$

由于
$$\sin ih=\frac{1}{2\sin\frac{h}{2}}\left(\cos\frac{2i-1}{2}h-\cos\frac{2i+1}{2}h\right),$$

所以，
$$S_n=\frac{h}{2\sin\frac{h}{2}}\sum_{i=0}^{n-1}\left(\cos\frac{2i-1}{2}h-\cos\frac{2i+1}{2}h\right)=\frac{h}{2\sin\frac{h}{2}}\left(\cos\frac{h}{2}-\cos\frac{2n-1}{2}h\right).$$

最后得到
$$\lim_{n\to\infty}S_n=\lim_{n\to\infty}\frac{\frac{h}{2}}{\sin\frac{h}{2}}\left(\cos\frac{\pi}{4n}-\cos\frac{2n-1}{4n}\pi\right)=1,$$

即
$$\int_0^{\frac{\pi}{2}}\sin x\mathrm{d}x=1.$$

**【2188】** $\int_0^x\cos t\mathrm{d}t$.

**解** 将区间$[0,x]$ $n$ 等分，得 $h=\frac{x}{n}$. 取 $\xi_i=ih\ (i=0,1,\cdots,n-1)$. 与 2187 题类似，可得
$$\lim_{n\to\infty}\sum_{i=0}^{n-1}h\cos ih=\lim_{n\to\infty}\frac{h}{2\sin\frac{h}{2}}\left(\sin\frac{h}{2}+\sin\frac{2n-1}{2}h\right)=\lim_{n\to\infty}\frac{\frac{h}{2}}{\sin\frac{h}{2}}\left[\sin\frac{x}{2n}+\sin\frac{(2n-1)x}{2n}\right]=\sin x,$$

即
$$\int_0^x\cos t\mathrm{d}t=\sin x.$$

**【2189】** $\int_a^b \frac{\mathrm{d}x}{x^2}$ $(0<a<b)$.

**提示** 将$[a,b]n$等分,设分点为$x_0=a<x_1<x_2<\cdots<x_n=b$.并取$\xi_i=\sqrt{x_ix_{i+1}}$ $(i=0,1,2,\cdots,n-1)$.

**解** 将区间$[a,b]n$等分,设分点为

$$x_0=a<x_1<x_2<\cdots<x_n=b.$$

取$\xi_i=\sqrt{x_ix_{x+1}}$ $(i=1,2,\cdots,n-1)$. 显然$\xi_i\in[x_i,x_{i+1}]$.作和

$$S_n=\sum_{i=0}^{n-1}\frac{1}{x_ix_{i+1}}(x_{i+1}-x_i)=\sum_{i=0}^{n-1}\left(\frac{1}{x_i}-\frac{1}{x_{i+1}}\right)=\frac{1}{a}-\frac{1}{b}.$$

于是,

$$\lim_{n\to\infty}S_n=\frac{1}{a}-\frac{1}{b}.$$

即

$$\int_a^b\frac{\mathrm{d}x}{x^2}=\frac{1}{a}-\frac{1}{b}.$$

**【2190】** $\int_a^b x^m\mathrm{d}x$ $(0<a<b;\ m\neq-1)$.

**提示** 选择诸分点,使它们的横坐标构成一等比数列,即

$$a<aq<aq^2<\cdots<aq^i<\cdots<aq^{n-1}<aq^n=b,$$

其中$q=\sqrt[n]{\frac{b}{a}}$,并取$\xi_i=aq^i(i=0,1,2,\cdots,n-1)$.

**解** 选择诸分点,使它们的横坐标构成一等比数列,即

$$a<aq<aq^2<\cdots<aq^i<\cdots<aq^{n-1}<aq^n=b,\quad 其中\quad q=\sqrt[n]{\frac{b}{a}}.$$

取$\xi_i=aq^i$ $(i=0,1,2,\cdots,n-1)$.作和

$$\begin{aligned}S_n&=\sum_{i=0}^{n-1}(aq^i)^m(aq^{i+1}-aq^i)=a^{m+1}(q-1)\sum_{i=0}^{n-1}q^{(m+1)i}=a^{m+1}(q-1)\frac{q^{n(m+1)}-1}{q^{m+1}-1}\\&=(b^{m+1}-a^{m+1})\frac{q-1}{q^{m+1}-1}.\end{aligned}$$

由于$\lim\limits_{n\to\infty}q=1$,所以,

$$\lim_{n\to\infty}S_n=(b^{m+1}-a^{m+1})\lim_{n\to\infty}\frac{q-1}{q^{m+1}-1}=(b^{m+1}-a^{m+1})\lim_{n\to\infty}\frac{1}{q^m+q^{m-1}+\cdots+1}=\frac{b^{m+1}-a^{m+1}}{m+1},$$

即

$$\int_a^b x^m\mathrm{d}x=\frac{b^{m+1}-a^{m+1}}{m+1}.$$

**【2191】** $\int_a^b\frac{\mathrm{d}x}{x}$ $(0<a<b)$.

**解** 同2190题的区间分法及点$\xi_i$取法,得和

$$S_n=\sum_{i=0}^{n-1}(aq^i)^{-1}(aq^{i+1}-aq^i)=n(q-1)=n\left(\sqrt[n]{\frac{b}{a}}-1\right).$$

由于

$$\lim_{t\to0}\frac{\alpha^t-1}{t}=\ln\alpha\ (\alpha>0)\quad(可用洛必达法则),$$

命$\alpha=\frac{b}{a}$,而$\frac{1}{n}$是趋于0的变量,应用这一极限即得

$$\lim_{n\to\infty}S_n=\lim_{n\to\infty}n\left(\sqrt[n]{\frac{b}{a}}-1\right)=\ln\frac{b}{a},$$

即

$$\int_a^b\frac{\mathrm{d}x}{x}=\ln\frac{b}{a}.$$

**【2192】** 计算泊松积分$\int_0^\pi\ln(1-2\alpha\cos x+\alpha^2)\mathrm{d}x$. 考虑两种情形:(1) $|\alpha|<1$; (2) $|\alpha|>1$.

**提示** 分解多项式$\alpha^{2n}-1$为二次因式.

**解** 因为$(1-|\alpha|)^2\leqslant 1-2\alpha\cos x+\alpha^2$,所以当$|\alpha|\neq 1$时,被积函数是连续的,于是,积分就存在.把区间$[0,\pi]$分成$n$个相等部分,即有

$$S_n=\frac{\pi}{n}\sum_{i=1}^{n}\ln\left(1-2\alpha\cos\frac{i\pi}{n}+\alpha^2\right)=\frac{\pi}{n}\ln\left[(1+\alpha)^2\prod_{i=1}^{n-1}\left(1-2\alpha\cos\frac{i\pi}{n}+\alpha^2\right)\right].$$

另一方面,我们可以证明 $$t^{2n}-1=(t^2-1)\prod_{i=1}^{n-1}\left(1-2t\cos\frac{i\pi}{n}+t^2\right).$$

事实上,方程$t^{2n}-1=0$共有$2n$个根,记作

$$1,\varepsilon_1,\varepsilon_2,\cdots,\varepsilon_{n-1},\varepsilon_n=-1,\bar{\varepsilon}_1,\bar{\varepsilon}_2,\cdots,\bar{\varepsilon}_{n-1},$$

其中 $$\varepsilon_i=\cos\frac{i\pi}{n}+\mathrm{i}\ \sin\frac{i\pi}{n}$$

及 $$\bar{\varepsilon}_i=\cos\frac{i\pi}{n}-\mathrm{i}\ \sin\frac{i\pi}{n}\quad(\mathrm{i}^2=-1).$$

于是, $$t^{2n}-1=(t+1)(t-1)\prod_{i=1}^{n-1}(t-\varepsilon_i)(t-\bar{\varepsilon}_i)$$

$$=(t^2-1)\prod_{i=1}^{n-1}\left(t-\cos\frac{i\pi}{n}-\mathrm{i}\ \sin\frac{i\pi}{n}\right)\left(t-\cos\frac{i\pi}{n}+\mathrm{i}\ \sin\frac{i\pi}{n}\right)=(t^2-1)\prod_{i=1}^{n-1}\left(1-2t\cos\frac{i\pi}{n}+t^2\right).$$

当$t=\alpha$时,利用上式就可把$S_n$表成下面的形式

$$S_n=\frac{\pi}{n}\ln\left[\frac{\alpha+1}{\alpha-1}(\alpha^{2n}-1)\right].$$

于是,(1) 当$|\alpha|<1$时,$\lim\limits_{n\to\infty}S_n=0$,即$\int_0^{\pi}\ln(1-2\alpha\cos x+\alpha^2)\mathrm{d}x=0$.

(2) 当$|\alpha|>1$时,把$S_n$改写成$S_n=2\pi\ln|\alpha|+\frac{\pi}{n}\ln\left[\frac{\alpha+1}{\alpha-1}\cdot\frac{\alpha^{2n}-1}{\alpha^{2n}}\right]$后,由于$\lim\limits_{n\to\infty}\frac{\alpha^{2n}-1}{\alpha^{2n}}=1$,从而,$\lim\limits_{n\to\infty}S_n=2\pi\ln|\alpha|$,即$\int_0^{\pi}\ln(1-2\alpha\cos x+\alpha^2)\mathrm{d}x=2\pi\ln|\alpha|$.

**【2193】** 设函数$f(x)$及$\varphi(x)$在$[a,b]$上连续,证明:

$$\lim_{\max|\Delta x_i|\to 0}\sum_{i=0}^{n-1}f(\xi_i)\varphi(\theta_i)\Delta x_i=\int_a^b f(x)\varphi(x)\mathrm{d}x.$$

其中 $$x_i\leqslant\xi_i\leqslant x_{i+1},x_i\leqslant\theta_i\leqslant x_{i+1}\quad(i=0,1,\cdots,n-1),$$

且 $$\Delta x_i=x_{i+1}-x_i\quad(x_0=a,\ x_n=b).$$

**证** 因为$f(x)$及$\varphi(x)$均在$[a,b]$上连续,所以,它们的乘积$f(x)\varphi(x)$也在$[a,b]$上连续.因此,积分

$$\int_a^b f(x)\varphi(x)\mathrm{d}x=\lim_{\max|\Delta x_i|\to 0}\sum_{i=0}^{n-1}f(\xi_i)\varphi(\xi_i)\Delta x_i\tag{1}$$

存在.由于$f(x)$在$[a,b]$连续,故有界,即存在常数$M>0$,使$|f(x)|\leqslant M\ (a\leqslant x\leqslant b)$;又由于$\varphi(x)$在$[a,b]$连续,故一致连续,因此,任给$\varepsilon>0$,存在$\delta>0$,使当$\max|\Delta x_i|<\delta$时,恒有

$$|\varphi(\theta_i)-\varphi(\xi_i)|<\frac{\varepsilon}{M(b-a)}\quad(i=0,1,\cdots,n-1).$$

从而, $$\left|\sum_{i=0}^{n-1}[f(\xi_i)\varphi(\theta_i)-f(\xi_i)\varphi(\xi_i)]\Delta x_i\right|\leqslant\sum_{i=0}^{n-1}|f(\xi_i)|\cdot|\varphi(\theta_i)-\varphi(\xi_i)|\cdot|\Delta x_i|$$

$$<\sum_{i=0}^{n-1}M\frac{\varepsilon}{M(b-a)}|\Delta x_i|=\varepsilon.$$

由此可知 $$\lim_{\max|\Delta x_i|\to 0}\sum_{i=0}^{n-1}[f(\xi_i)\varphi(\theta_i)-f(\xi_i)\varphi(\xi_i)]\Delta x_i=0.\tag{2}$$

由(1)式和(2)式,最后得到$\int_a^b f(x)\varphi(x)\mathrm{d}x=\lim\limits_{\max|\Delta x_i|\to 0}\sum\limits_{i=0}^{n-1}f(\xi_i)\varphi(\theta_i)\Delta x_i$.

**【2194】** 证明:不连续函数$f(x)=\mathrm{sgn}\left(\sin\frac{\pi}{x}\right)$在区间$[0,1]$上可积.

**证** 首先注意,函数 $f(x)=\operatorname{sgn}\left(\sin\frac{\pi}{x}\right)$在[0,1]上有界,其不连续点是

$$0,\ 1,\ \frac{1}{2},\ \frac{1}{3},\cdots,\frac{1}{n},\ \cdots$$

并且,$f(x)$在[0,1]的任何部分区间上的振幅 $\omega\leqslant 2$.

任给 $\varepsilon>0$. 由于 $f(x)$在$\left[\frac{\varepsilon}{5},\ 1\right]$上只有有限个不连续点,故可积. 因此,存在 $\eta>0$,使得对$\left[\frac{\varepsilon}{5},1\right]$的任何分法,只要$\max|\Delta x'_i|<\eta$,就有 $\sum\limits_{i'}\omega'_i\Delta x'_i<\frac{\varepsilon}{5}$. 显然,若$[\alpha,\beta]\subset\left[\frac{\varepsilon}{5},1\right]$,则对于$[\alpha,\beta]$的任何分法,只要$\max|\Delta x'_i|<\eta$,也有 $\sum\limits_{i'}\omega'_i\Delta x'_i<\frac{\varepsilon}{5}$.

令 $\delta=\min\left\{\frac{\varepsilon}{5},\eta\right\}$. 现设 $0=x_0<x_1<\cdots<x_i<x_{i+1}<\cdots<x_n=1$ 是[0,1] 的满足$\max|\Delta x_i|<\delta$ 的任一分法,设$x_{i_0}\leqslant\frac{\varepsilon}{5}<x_{i_0+1}$.

由上述,有 $\sum\limits_{i=i_0+1}^{n-1}\omega_i\Delta x_i<\frac{\varepsilon}{5}$. 又显然有

$$\sum_{i=0}^{i_0}\omega_i\Delta x_i\leqslant 2\sum_{i=0}^{i_0}\Delta x_i<2\ \frac{2\varepsilon}{5}=\frac{4\varepsilon}{5}.$$

故
$$\sum_{i=0}^{n-1}\omega_i\Delta x_i=\sum_{i=0}^{i_0}\omega_i\Delta x_i+\sum_{i=i_0+1}^{n-1}\omega_i\Delta x_i<\varepsilon.$$

由此可知
$$\lim_{\max|\Delta x_i|\to 0}\sum_{i=0}^{n-1}\omega_i\Delta x_i=0.$$

于是,$f(x)$在[0,1]可积.

**【2195】** 证明:黎曼函数

$$\varphi(x)=\begin{cases}0, & x\text{ 为无理数},\\ \frac{1}{n}, & x=\frac{m}{n}\quad(m\text{ 及 }n(n\geqslant 1)\text{为互素的整数})\end{cases}$$

在任何有限区间上可积分

**证** 为简单起见,我们只考虑闭区间[0,1](对于一般的有限闭区间[$a$,$b$],可类似地讨论之).

命 $\lambda>0$ 将区间[0,1]分成长度 $\Delta x_i<\lambda$ 的若干部分区间,取任意的正整数 $N$,将所有的部分区间分成两类:把包含分母 $n\leqslant N$ 的数$\frac{m}{n}$的区间列入第一类,而把不包含上述数的那些区间列入第二类. 对于第一类,由于满足条件 $n\leqslant N$ 的数$\frac{m}{n}$只有有限个,个数记为 $k=k_N$,所以,第一类区间的个数就不大于 $2k$,而它们长度的总和不超出 $2k\lambda$;对于第二类,由于在这些区间内除含有无理数外,仅能含 $n>N$ 的有理数$\frac{m}{n}$,而在这种有理点上,$\varphi\left(\frac{m}{n}\right)=\frac{1}{n}<\frac{1}{N}$,所以,振幅 $\omega_i$ 小于$\frac{1}{N}$.

这样一来,和数 $\sum\limits_{i=0}^{n-1}\omega_i\Delta x_i$ 就分成两部分,分别估计它们的值,即得

$$\sum_{i=0}^{n-1}\omega_i\Delta x_i<2k_N\lambda+\frac{1}{N}.$$

对于任意给定的 $\varepsilon>0$,取定一个 $N>\frac{2}{\varepsilon}$,然后取 $\delta=\frac{\varepsilon}{4k_N}$. 于是,当 $\lambda<\delta$ 时,必有

$$\sum_{i=0}^{n-1}\omega_i\Delta x_i<\varepsilon,$$

故
$$\lim_{\max|\Delta x_i|\to 0}\sum_{i=0}^{n-1}\omega_i\Delta x_i=0.$$

所以，函数 $\varphi(x)$ 在 $[0,1]$ 上可积.

**【2196】** 证明：函数 $f(x)=\begin{cases}\dfrac{1}{x}\left[\dfrac{1}{x}\right], & x\neq 0,\\ 0, & x=0\end{cases}$ 在闭区间 $[0,1]$ 上可积.

**证** 首先注意，函数 $f(x)$ 在 $[0,1]$ 上有界，其不连续点是

$$0,\ \frac{1}{2},\ \frac{1}{3},\ \frac{1}{4},\ \cdots,\ \frac{1}{n},\ \cdots$$

并且，$f(x)$ 在 $[0,1]$ 的任何部分区间上的振幅 $\omega\leqslant 1$.

任给 $\varepsilon>0$. 由于 $f(x)$ 在 $\left[\frac{\varepsilon}{3},1\right]$ 上只有有限个不连续点，故可积. 因此，存在 $\eta>0$，使得对 $\left[\frac{\varepsilon}{3},1\right]$ 的任何分法，只要 $\max|\Delta x_{i'}|<\eta$，就有 $\sum\limits_{i'}\omega_{i'}\Delta x_{i'}<\frac{\varepsilon}{3}$. 显然，若 $[\alpha,\beta]\subset\left[\frac{\varepsilon}{3},1\right]$，则对于 $[\alpha,\beta]$ 的任何分法，只要 $\max|\Delta x_i|<\eta$，也有 $\sum\limits_{i'}\omega_{i'}\Delta x_{i'}<\frac{\varepsilon}{3}$.

令 $\delta=\min\left(\frac{\varepsilon}{3},\eta\right)$. 现设 $0=x_0<x_1<\cdots<x_i<x_{i+1}<\cdots<x_n=1$ 是 $[0,1]$ 的满足 $\max|\Delta x_i|<\delta$ 的任一分法. 设 $x_{i_0}\leqslant\frac{\varepsilon}{3}<x_{i_0+1}$. 由上述，有

$$\sum_{i=i_0+1}^{n-1}\omega_i\,\Delta x_i<\frac{\varepsilon}{3}.$$

又显然有

$$\sum_{i=0}^{i_0}\omega_i\,\Delta x_i\leqslant\sum_{i=0}^{i_0}\Delta x_i<\frac{2\varepsilon}{3}.$$

故

$$\sum_{i=0}^{n-1}\omega_i\,\Delta x_i=\sum_{i=0}^{i_0}\omega_i\,\Delta x_i+\sum_{i=i_0+1}^{n-1}\omega_i\,\Delta x_i<\varepsilon.$$

于是，

$$\lim_{\max|\Delta x_i|\to 0}\sum_{i=0}^{n-1}\omega_i\,\Delta x_i=0.$$

由此可知，$f(x)$ 在 $[0,1]$ 上可积.

**【2197】** 证明：狄利克雷函数 $\chi(x)=\begin{cases}0, & x\text{ 为无理数},\\ 1, & x\text{ 为有理数}\end{cases}$ 在任意区间上不可积.

**提示** 注意 $\omega_i=1$.

**证** 在任意区间 $[a,b]$ 的任何部分区间上均有 $\omega_i=1$，所以，$\sum\limits_{i=0}^{n-1}\omega_i\,\Delta x_i=b-a$，它不趋于零. 因此，函数 $\chi(x)$ 在 $[a,b]$ 上不可积.

**【2198】** 设函数 $f(x)$ 在 $[a,b]$ 上可积，且

$$f_n(x)=\sup f(x)\ (x_i\leqslant x\leqslant x_{i+1}),$$

其中

$$x_i=a+\frac{i}{n}(b-a)(i=0,1,\cdots,n-1;n=1,2,\cdots).$$

证明：

$$\lim_{n\to\infty}\int_a^b f_n(x)\mathrm{d}x=\int_a^b f(x)\mathrm{d}x.$$

**证明思路** 注意 $f_n(x)$ 是不超过 $(n+1)$ 个不连续点的阶梯函数，因此，它在 $[a,b]$ 上可积. 于是，有

$$\left|\int_a^b f_n(x)\mathrm{d}x-\int_a^b f(x)\mathrm{d}x\right|\leqslant\int_a^b|f_n(x)-f(x)|\mathrm{d}x,$$

从而，命题易获证.

**证** $f_n(x)$ 是不超过 $n+1$ 个不连续点的阶梯函数，因此，$f_n(x)$ 在 $[a,b]$ 上可积. 于是，

$$\left|\int_a^b f_n(x)\mathrm{d}x-\int_a^b f(x)\mathrm{d}x\right|\leqslant\int_a^b|f_n(x)-f(x)|\mathrm{d}x$$

$$=\sum_{i=0}^{n-1}\int_{x_i}^{x_{i+1}}|f_n(x)-f(x)|\mathrm{d}x\leqslant\sum_{i=0}^{n-1}\int_{x_i}^{x_{i+1}}\omega_i\mathrm{d}x=\sum_{i=0}^{n-1}\omega_i\Delta x_i\to 0\quad\left(\text{当 }\max|\Delta x_i|=\frac{b-a}{n}\to 0\text{ 时}\right),$$

即

$$\lim_{n\to\infty}\int_a^b f_n(x)\mathrm{d}x=\int_a^b f(x)\mathrm{d}x.$$

**【2199】** 证明：若函数 $f(x)$ 在 $[a,b]$ 上可积，则存在连续函数 $\varphi_n(x)(n=1,2,\cdots)$ 的序列，使得在 $a\leqslant c\leqslant b$ 时

$$\int_a^c f(x)\mathrm{d}x=\lim_{n\to\infty}\int_a^c \varphi_n(x)\mathrm{d}x.$$

**证** 将区间 $[a,b]$ $n$ 等分，设分点为

$$a=x_0^{(n)}<x_1^{(n)}<\cdots<x_{n-1}^{(n)}<x_n^{(n)}=b,$$

即

$$x_i^{(n)}=a+\frac{i}{n}(b-a)\quad(i=0,1,\cdots,n).$$

在 $\Delta x_i^{(n)}=[x_{i-1}^{(n)},x_i^{(n)}]$ 上令 $\varphi_n(x)$ 为过点 $[x_{i-1}^{(n)},f(x_{i-1}^{(n)})]$ 及 $[x_i^{(n)},f(x_i^{(n)})]$ 的直线，即当 $x\in[x_{i-1}^{(n)},x_i^{(n)}]$ 时，令

$$\varphi_n(x)=f(x_{i-1}^{(n)})+\frac{x-x_{i-1}^{(n)}}{x_i^{(n)}-x_{i-1}^{(n)}}[f(x_i^{(n)})-f(x_{i-1}^{(n)})],$$

则 $\varphi_n(x)$ 是 $[a,b]$ 上的连续函数，因此，它是可积的.

若令 $m_i^{(n)}$，$M_i^{(n)}$ 及 $\omega_i^{(n)}$ 分别表示函数 $f(x)$ 在 $[x_{i-1}^{(n)},x_i^{(n)}]$ 上的下确界，上确界及振幅，则当 $x\in[x_{i-1}^{(n)},x_i^{(n)}]$ 时，

$$m_i^{(n)}\leqslant\varphi_n(x)\leqslant M_i^{(n)},\quad m_i^{(n)}\leqslant f(x)\leqslant M_i^{(n)},$$

从而，

$$|\varphi_n(x)-f(x)|\leqslant\omega_i^{(n)}.$$

于是，当 $a\leqslant c\leqslant b$ 时，

$$\left|\int_a^c f(x)\mathrm{d}x-\int_a^c\varphi_n(x)\mathrm{d}x\right|\leqslant\int_a^c|f(x)-\varphi_n(x)|\mathrm{d}x\leqslant\int_a^b|f(x)-\varphi_n(x)|\mathrm{d}x$$

$$=\sum_{i=1}^n\int_{x_{i-1}^{(n)}}^{x_i^{(n)}}|f(x)-\varphi_n(x)|\mathrm{d}x\leqslant\sum_{i=1}^n\omega_i^{(n)}\Delta x_i^{(n)}.$$

由于 $f(x)$ 在 $[a,b]$ 上可积，因此，当 $\max|\Delta x_i^{(n)}|=\frac{b-a}{n}\to0$ 时，必有

$$\sum_{i=1}^n\omega_i^{(n)}\Delta x_i^{(n)}\to0.$$

由此可知 $\int_a^c f(x)\mathrm{d}x=\lim\limits_{n\to\infty}\int_a^c\varphi_n(x)\mathrm{d}x\quad(a\leqslant c\leqslant b).$

**【2200】** 证明：若有界的函数 $f(x)$ 在闭区间 $[a,b]$ 上可积，则其绝对值 $|f(x)|$ 在 $[a,b]$ 上也可积，并且 $\left|\int_a^b f(x)\mathrm{d}x\right|\leqslant\int_a^b|f(x)|\mathrm{d}x.$

**证明思路** 设 $x'$ 及 $x''$ 为区间 $[x_i,x_{i+1}]$ 上的任意两点，则由

$$\big||f(x')|-|f(x'')|\big|\leqslant|f(x')-f(x'')|$$

可知，函数 $|f(x)|$ 在 $[x_i,x_{i+1}]$ 上的振幅 $\omega_i^*$ 不超过 $f(x)$ 在该区间上的振幅 $\omega_i$，因而，

$$\sum_{i=0}^{n-1}\omega_i^*\Delta x_i\leqslant\sum_{i=0}^{n-1}\omega_i\Delta x_i\to0,$$

即函数 $|f(x)|$ 在 $[a,b]$ 上可积.

其次，由 $-|f(x)|\leqslant f(x)\leqslant|f(x)|$，命题易获证.

**证** 对于区间 $[x_i,x_{i+1}]$ 上任意两点 $x'$ 及 $x''$，总有

$$\big||f(x')|-|f(x'')|\big|\leqslant|f(x')-f(x'')|,$$

所以，函数 $|f(x)|$ 在 $[x_i,x_{i+1}]$ 上的振幅 $\omega_i^*$ 不超过 $f(x)$ 在此区间上的振幅 $\omega_i$，因而，

$$\sum_{i=0}^{n-1}\omega_i^*\Delta x_i\leqslant\sum_{i=0}^{n-1}\omega_i\Delta x_i\to0,$$

即 $|f(x)|$ 在 $[a,b]$ 上可积.

其次，因为 $-|f(x)|\leqslant f(x)\leqslant|f(x)|$，所以，

$$-\int_a^b|f(x)|\mathrm{d}x\leqslant\int_a^b f(x)\mathrm{d}x\leqslant\int_a^b|f(x)|\mathrm{d}x,$$

即 $$\left|\int_a^b f(x)\mathrm{d}x\right|\leqslant\int_a^b |f(x)|\mathrm{d}x.$$

**【2201】** 若函数 $f(x)$ 在闭区间 $[a,b]$ 上绝对可积. 即积分 $\int_a^b |f(x)|\mathrm{d}x$ 存在. 这个函数在 $[a,b]$ 上是否为可积函数?

**提示** 不一定可积. 例如, 函数 $f(x)=\begin{cases}1, & x\text{ 为有理数},\\ -1, & x\text{ 为无理数}.\end{cases}$

**解** 一般地说, 不. 例如, 函数

$$f(x)=\begin{cases}1, & x\text{ 为有理数},\\ -1, & x\text{ 为无理数}.\end{cases}$$

$|f(x)|=1$, 它在 $[a,b]$ 上连续, 因此, 它在 $[a,b]$ 上可积. 但对于函数 $f(x)$ 而言, 在 $[a,b]$ 的任一部分区间上 $\omega_i=2$, 所以,

$$\sum_{i=0}^{n-1}\omega_i\Delta x_i=2(b-a),$$

它不趋向于零. 于是, 函数 $f(x)$ 在 $[a,b]$ 上不可积.

**【2202】** 设函数 $\varphi(x)$ 在闭区间 $[A,B]$ 上有定义并连续, 函数 $f(x)$ 在 $[a,b]$ 上可积, 并且当 $a\leqslant x\leqslant b$ 时 $A\leqslant f(x)\leqslant B$. 证明: 函数 $\varphi[f(x)]$ 在 $[a,b]$ 上可积.

**证** 任给 $\varepsilon>0$, 根据函数 $\varphi(x)$ 在 $[A,B]$ 的一致连续性, 存在 $\eta>0$, 使得在 $[A,B]$ 中长度小于 $\eta$ 的任一闭区间上, 函数 $\varphi$ 的振幅都小于 $\frac{\varepsilon}{2(b-a)}$. 用 $\Omega$ 表 $\varphi(x)$ 在 $[A,B]$ 上的振幅. 由 $f(x)$ 在 $[a,b]$ 的可积性知, 必有 $\delta>0$ 存在, 使对 $[a,b]$ 的任一分法, 只要 $\max|\Delta x_i|<\delta$, 就有 $\sum_{i=0}^{n-1}\omega_i(f)\Delta x_i<\frac{\eta\varepsilon}{2\Omega}$. ($\omega_i(f)$ 表 $f(x)$ 在 $[x_i,x_{i+1}]$ 上的振幅).

下证对 $[a,b]$ 的任何分法, 只要 $\max|\Delta x_i|<\delta$, 就有

$$\sum_{i=0}^{n-1}\omega_i(\varphi(f))\Delta x_i<\varepsilon.$$

事实上, 将诸区间 $[x_i,x_{i+1}]$ 分成两组, 第一组是满足 $\omega_i(f)<\eta$ 的(其下标以"$i'$"记之), 第二组是满足 $\omega_i(f)\geqslant\eta$ 的(下标以"$i''$"记之). 于是,

$$\sum_{i=0}^{n-1}\omega_i(\varphi(f))\Delta x_i=\sum_{i'}\omega_{i'}(\varphi(f))\Delta x_{i'}+\sum_{i''}\omega_{i''}(\varphi(f))\Delta x_{i''}<\frac{\varepsilon}{2(b-a)}\sum_{i'}\Delta x_{i'}+\Omega\sum_{i''}\Delta x_{i''},$$

但 $$\frac{\eta\varepsilon}{2\Omega}>\sum_{i=0}^{n-1}\omega_i(f)\Delta x_i=\sum_{i'}\omega_{i'}(f)\Delta x_{i'}+\sum_{i''}\omega_{i''}(f)\Delta x_{i''}\geqslant\sum_{i''}\omega_{i''}(f)\Delta x_{i''}\geqslant\eta\sum_{i''}\Delta x_{i''},$$

于是, $$\sum_{i=0}^{n-1}\omega_i(\varphi(f))\Delta x_i<\frac{\varepsilon}{2(b-a)}(b-a)+\Omega\frac{\varepsilon}{2\Omega}=\varepsilon.$$

由此可知, $\varphi[f(x)]$ 在 $[a,b]$ 上可积.

**【2203】** 若函数 $f(x)$ 及 $\varphi(x)$ 可积, 则函数 $f[\varphi(x)]$ 是否也必定可积?

**解题思路** 不一定可积. 例如, 函数 $f(x)=\begin{cases}0, & x=0,\\ 1, & x\neq0.\end{cases}$ $\varphi(x)$ 为黎曼函数(参阅 2195 题). 并利用 2197 题的结果.

**解** 不一定可积. 例如, 函数 $f(x)=\begin{cases}0, & x=0,\\ 1, & x\neq0,\end{cases}$ 及 $\varphi(x)$ 为黎曼函数(参阅 2195 题). 它们在任何有限区间上均可积(前者不连续点仅为原点一个, 且是有界函数, 因而是可积分的).

但 $f[\varphi(x)]=\chi(x)$, 利用 2197 题的结果得知, 它在任何有限区间上不可积.

**【2204】** 设函数 $f(x)$ 在闭区间 $[A,B]$ 上可积, 证明: 函数 $f(x)$ 有积分连续性, 即

$$\lim_{h\to0}\int_a^b|f(x+h)-f(x)|\mathrm{d}x=0,$$

其中$[a,b]\subset[A,B]$.

**证** 证法1：

不妨设$A<a$, $b<B$. 由于$f(x)$在$[A,B]$可积,故对任给$\varepsilon>0$,存在$\eta>0$,使对$[A,B]$的任何分法,只要$\max|\Delta x_i|<\eta$,就恒有

$$\sum_i \omega_i \Delta x_i<\varepsilon;$$

显然，对$[A,B]$的任一子区间$[A',B']$的任何分法，只要$\max|\Delta x_{i'}|<\eta$,也有

$$\sum_{i'} \omega_{i'}(f)\Delta x_{i'}<\varepsilon. \tag{1}$$

今设$0<h<\delta=\min\left\{\frac{\eta}{2},\frac{B-b}{3}\right\}$,则对于$h$,存在正整数$n=n(h)$,使有$a+(2n-2)h<b\leqslant a+2nh<a+(2n+1)h<B$. 用$\omega_i$表$f(x)$在$[a+ih, a+(i+2)h]$上的振幅,则

$$\int_a^b|f(x+h)-f(x)|dx\leqslant\int_a^{a+2nh}|f(x+h)-f(x)|dx=\sum_{i=0}^{2n-1}\int_{a+ih}^{a+(i+1)h}|f(x+h)-f(x)|dx\leqslant\sum_{i=0}^{2n-1}\omega_i h$$
$$=\frac{1}{2}\sum_{i=0}^{n-1}\omega_{2i}2h+\frac{1}{2}\sum_{i=0}^{n-1}\omega_{2i+1}2h.$$

显然，$\sum\limits_{i=0}^{n-1}\omega_{2i}2h$是对于区间$[a,a+2nh]$的分法$a<a+2h<a+4h<\cdots<a+2nh$所作的(1)式中的和,而$\sum\limits_{i=0}^{n-1}\omega_{2i+1}2h$是对于区间$[a+h,a+(2n+1)h]$的分法$a+h<a+3h<a+5h<\cdots<a+(2n+1)h$所作的(1)式中的和. 故

$$\sum_{i=0}^{n-1}\omega_{2i}2h<\varepsilon,\quad \sum_{i=0}^{n-1}\omega_{2i+1}2h<\varepsilon.$$

从而，
$$\int_a^b|f(x+h)-f(x)|dx<\frac{\varepsilon}{2}+\frac{\varepsilon}{2}=\varepsilon.$$

由此可知
$$\lim_{h\to0+}\int_a^b|f(x+h)-f(x)|dx=0.$$

同理可证
$$\lim_{h\to0-}\int_a^b|f(x+h)-f(x)|dx=0.$$

于是，
$$\lim_{h\to0}|f(x+h)-f(x)|dx=0.$$

证法2：

由2199题的结果可知:对于任意给定的$\varepsilon>0$,由于$f(x)$在$[A,B]$上可积,故存在$[A,B]$上的连续函数$\varphi(x)$,使

$$\int_A^B|f(x)-\varphi(x)|dx<\frac{\varepsilon}{4}.$$

由于$\varphi(x)$在$[A,B]$上一致连续,故存在$\delta>0$,使当$|x'-x''|<\delta$ ($x'\in[A,B]$, $x''\in[A,B]$)时,恒有

$$|\varphi(x')-\varphi(x'')|<\frac{\varepsilon}{2(b-a)}.$$

于是,当$|h|<\delta$时,

$$\int_a^b|f(x+h)-f(x)|dx\leqslant\int_a^b|f(x+h)-\varphi(x+h)|dx+\int_a^b|\varphi(x+h)-\varphi(x)|dx+\int_a^b|f(x)-\varphi(x)|dx$$
$$\leqslant2\int_A^B|f(x)-\varphi(x)|dx+\int_a^b|\varphi(x+h)-\varphi(x)|dx<2\frac{\varepsilon}{4}+\frac{\varepsilon}{2(b-a)}(b-a)=\varepsilon.$$

故
$$\lim_{h\to0}\int_a^b|f(x+h)-f(x)|dx=0.$$

**【2205】** 设函数$f(x)$在闭区间$[a,b]$上可积,证明:等式

$$\int_a^b f^2(x)dx=0$$

当且仅当对属于闭区间$[a,b]$内函数$f(x)$连续的一切点有$f(x)=0$时方成立.

**证** 先证必要性：

采用反证法. 设 $f(x)$在点 $x_0$ 连续，但 $f(x_0)\neq0$，则存在$\delta>0$，$[x_0-\delta,x_0+\delta]\subset[a,b]$，使当$|x-x_0|\leqslant\delta$时

$$|f(x)|>\frac{|f(x_0)|}{2}.$$

从而，
$$\int_a^b f^2(x)\mathrm{d}x\geqslant\int_{x_0-\delta}^{x_0+\delta}f^2(x)\mathrm{d}x>\frac{f^2(x_0)}{4}\ 2\delta=\frac{\delta f^2(x_0)}{2}>0.$$

这与假设$\int_a^b f^2(x)\mathrm{d}x=0$ 矛盾.

再证充分性：

也即要证：$f(x)$在$[a,b]$上可积条件下，假设 $f(x)$在一切连续点 $x_0$ 上均有 $f(x_0)=0$，则必有

$$\int_a^b f^2(x)\mathrm{d}x=0.$$

证明分两个部分. 第一，首先要指出当 $f(x)$在$[a,b]$上可积时，$f(x)$的连续点在$[a,b]$中必定是稠密的. 此处所谓“稠密”性是指：对于任意区间$[\alpha,\beta]\subset[a,b]$，总存在一点 $x_0\in[\alpha,\beta]$，使 $f(x)$在 $x_0$ 连续. 第二，利用假设，并借助于稠密性，可证得充分性.

现在先证第二部分：由 $f(x)$在$[a,b]$上的全体连续点 $X$ 的稠密性以及当 $x_0\in X$ 时有 $f(x_0)=0$ 的假设. 即知，对于区间$[a,b]$的任一分法，均可适当地取 $x_i\leqslant\xi_i\leqslant x_{i+1}$，使$f(\xi_i)=0$. 从而积分和 $\sum\limits_{i=0}^{n-1}f^2(\xi_i)\Delta x_i=0$. 由此，再注意到$f^2(x)$在$[a,b]$的可积性，便有

$$\int_a^b f^2(x)\mathrm{d}x=\lim_{\max|\Delta x_i|\to0}\sum_{i=0}^{n-1}f^2(\xi_i)\Delta x_i=0.$$

如今再补证第一部分：应当首先指明，若 $f(x)$在$[\alpha,\beta]$上可积，则对任给的 $\varepsilon>0$，总存在$[\alpha,\beta]$的子区间$[\alpha',\beta']$，使得振幅

$$\varepsilon(\alpha',\beta')<\varepsilon.$$

事实上，如果上述结论不成立，则存在一个 $\varepsilon_0>0$，使对于$[\alpha,\beta]$的任意分法，有

$$\sum_i\omega_i\Delta x_i\geqslant\varepsilon_0\sum_i\Delta x=\varepsilon_0(\beta-\alpha)>0,$$

这与 $f(x)$在$[\alpha,\beta]$可积矛盾，因此，结论为真.

今取$[\alpha,\beta]$为$[a_1,b_1]$. 由于 $f(x)$在$\left[a_1+\frac{b_1-a_1}{4},b_1-\frac{b_1-a_1}{4}\right]$上可积，故存在区间$[a_2,b_2]\subset\left[a_1+\frac{b_1-a_1}{4},b_1-\frac{b_1-a_1}{4}\right]\subset[a_1,b_1]$，使 $\omega[a_2,b_2]<\frac{1}{2}$. 同样，存在区间

$$[a_3,b_3]\subset\left[a_2+\frac{b_2-a_2}{4},\ b_2-\frac{b_2-a_2}{4}\right]\subset[a_2,b_2],$$

使$\omega[a_3,b_3]<\frac{1}{3}$. 这样继续下去，得一串闭区间$[a_n,b_n]$$(n=1,2,3,\cdots)$，满足

$$\alpha=a_1<a_2<\cdots<a_n<\cdots<b_n<\cdots<b_2<b_1=\beta,$$

并且
$$b_n-a_n\leqslant\frac{\beta-\alpha}{2^{n-1}}\to0,\quad\omega[a_n,b_n]<\frac{1}{n}\quad(n=1,2,3,\cdots).$$

由区间套定理，诸$[a_n,b_n]$具有唯一的公共点 $c$. 显然 $a_n<c<b_n$$(n=1,2,3,\cdots)$. 下证 $f(x)$在点 $c$ 连续.

任给 $\varepsilon>0$，取正整数 $n_0$ 使 $n_0>\frac{1}{\varepsilon}$. 再取 $\delta>0$ 使$(c-\delta,c+\delta)\subset[a_{n_0},b_{n_0}]$. 于是，当$|x-c|<\delta$时，必有

$$|f(x)-f(c)|\leqslant\omega[a_{n_0},b_{n_0}]<\frac{1}{n_0}<\varepsilon.$$

故 $f(x)$在点 $x=c$ 连续. 到此，充分性证毕.

## § 2. 利用不定积分计算定积分的方法

1° **牛顿—莱布尼茨公式** 若函数 $f(x)$ 在闭区间 $[a,b]$ 上有定义且连续，$F(x)$ 为它的原函数，即 $F'(x)=f(x)$，则

$$\int_a^b f(x)\mathrm{d}x = F(b)-F(a) = F(x)\Big|_a^{b\,*)}.$$

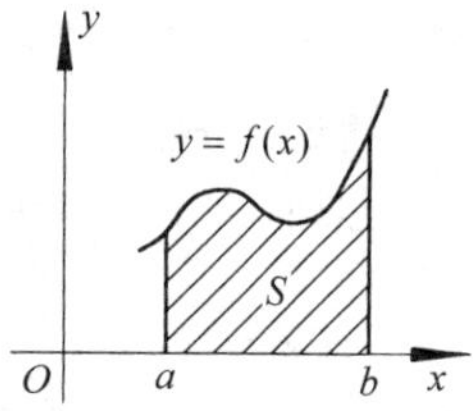

图 4.1

当 $f(x)\geqslant 0$ 时，定积分 $\int_a^b f(x)\mathrm{d}x$ 在几何上表示由曲线 $y=f(x)$，$OX$ 轴及垂直于 $OX$ 轴的二直线 $x=a$ 和 $x=b$ 所围成的面积 $S$（图 4.1）.

2° **分部积分法** 若函数 $f(x)$ 和 $g(x)$ 在闭区间 $[a,b]$ 上连续并有连续导数 $f'(x)$ 和 $g'(x)$（即 $f(x),g(x)\in C^{(1)}(a,b)$），则

$$\int_a^b f(x)g'(x)\mathrm{d}x = f(x)g(x)\Big|_a^b - \int_a^b g(x)f'(x)\mathrm{d}x.$$

3° **变量代换** 若：(1) 函数 $f(x)$ 在闭区间 $[a,b]$ 上连续，(2) 函数 $\varphi(t)$ 及其导数 $\varphi'(t)$ 皆在闭区间 $[\alpha,\beta]$ 上连续，其中 $a=\varphi(\alpha)$，$b=\varphi(\beta)$；(3) 复合函数 $f[\varphi(t)]$ 在闭区间 $[\alpha,\beta]$ 上有定义并连续，则

$$\int_a^b f(x)\mathrm{d}x = \int_\alpha^\beta f[\varphi(t)]\varphi'(t)\mathrm{d}t.$$

**利用牛顿—莱布尼茨公式，求下列定积分并绘出对应的曲边图形面积：**

**【2206】** $\int_{-1}^{8}\sqrt[3]{x}\,\mathrm{d}x.$

解 $\int_{-1}^{8}\sqrt[3]{x}\,\mathrm{d}x = \frac{3}{4}x^{\frac{4}{3}}\Big|_{-1}^{8} = 11\frac{1}{4}$ （图 4.2）.

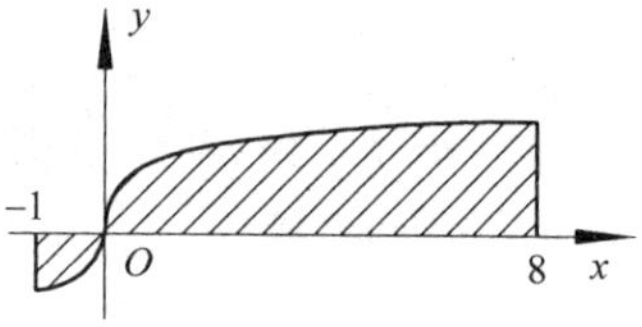

图 4.2

**【2207】** $\int_0^\pi \sin x\mathrm{d}x.$

解 $\int_0^\pi \sin x\mathrm{d}x = -\cos x\Big|_0^\pi = 2$ （图 4.3）.

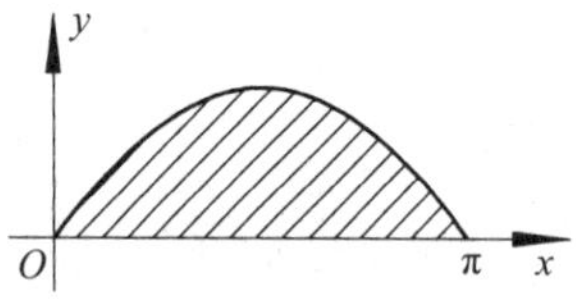

图 4.3

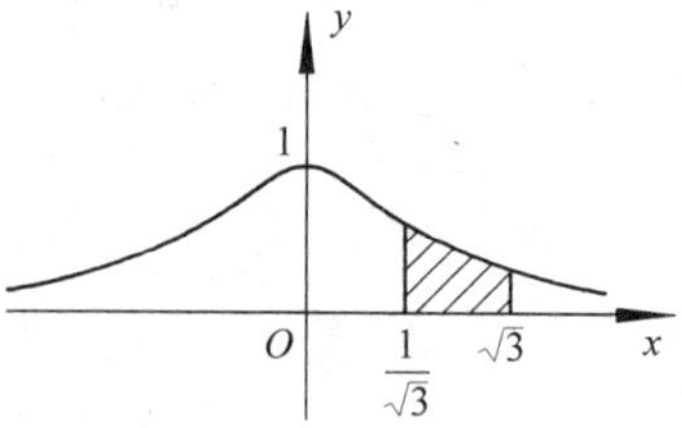

图 4.4

**【2208】** $\int_{\frac{1}{\sqrt{3}}}^{\sqrt{3}} \frac{\mathrm{d}x}{1+x^2}.$

解 $\int_{\frac{1}{\sqrt{3}}}^{\sqrt{3}} \frac{\mathrm{d}x}{1+x^2} = \arctan x\Big|_{\frac{1}{\sqrt{3}}}^{\sqrt{3}} = \frac{\pi}{6}$ （图 4.4）.

**【2209】** $\int_{-\frac{1}{2}}^{\frac{1}{2}} \frac{\mathrm{d}x}{\sqrt{1-x^2}}.$

解 $\int_{-\frac{1}{2}}^{\frac{1}{2}} \frac{\mathrm{d}x}{\sqrt{1-x^2}} = \arcsin x\Big|_{-\frac{1}{2}}^{\frac{1}{2}} = \frac{\pi}{3}$ （图 4.5）.

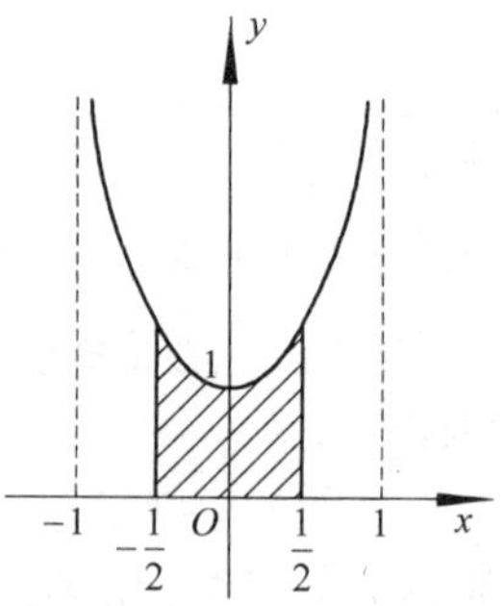

图 4.5

* 本节个别题是收敛的广义积分，仍按此公式计算. ——《题解》作者注.

**【2210】** $\int_{\mathrm{sh}1}^{\mathrm{sh}2}\frac{\mathrm{d}x}{\sqrt{1+x^2}}$.

**解** $\int_{\mathrm{sh}1}^{\mathrm{sh}2}\frac{\mathrm{d}x}{\sqrt{1+x^2}}=\ln(x+\sqrt{1+x^2})\Big|_{\mathrm{sh}1}^{\mathrm{sh}2}=\mathrm{arsh}x\Big|_{\mathrm{sh}1}^{\mathrm{sh}2}=1.$ （图 4.6）.

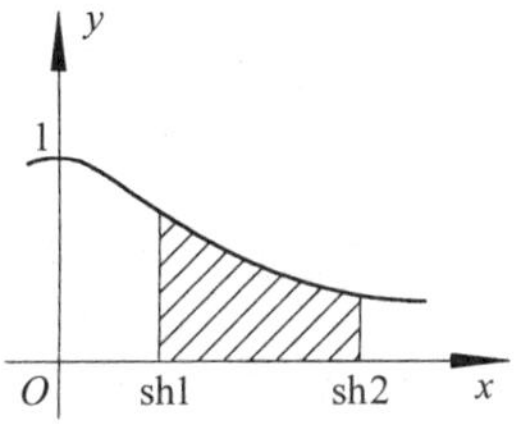


图 4.6

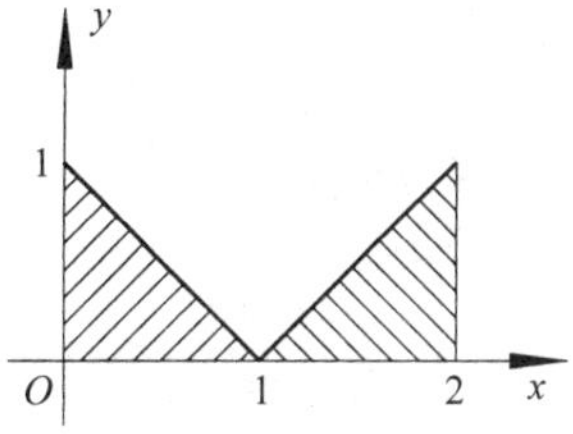


图 4.7

**【2211】** $\int_0^2|1-x|\mathrm{d}x$.

**解** $\int_0^2|1-x|\mathrm{d}x=\int_0^1(1-x)\mathrm{d}x-\int_1^2(1-x)\mathrm{d}x=1$ （图 4.7）.

**【2212】** $\int_{-1}^{1}\frac{\mathrm{d}x}{x^2-2x\cos\alpha+1}$ $(0<\alpha<\pi)$.

**解** $\int_{-1}^{1}\frac{\mathrm{d}x}{x^2-2x\cos\alpha+1}=\frac{1}{\sin\alpha}\arctan\frac{x-\cos\alpha}{\sin\alpha}\Big|_{-1}^{1}$

$=\frac{1}{\sin\alpha}\left[\arctan\left(\tan\frac{\alpha}{2}\right)+\arctan\left(\cot\frac{\alpha}{2}\right)\right]$

$=\frac{1}{\sin\alpha}\left\{\frac{\alpha}{2}+\arctan\left[\tan\left(\frac{\pi}{2}-\frac{\alpha}{2}\right)\right]\right\}=\frac{\pi}{2\sin\alpha}$ （图 4.8）.

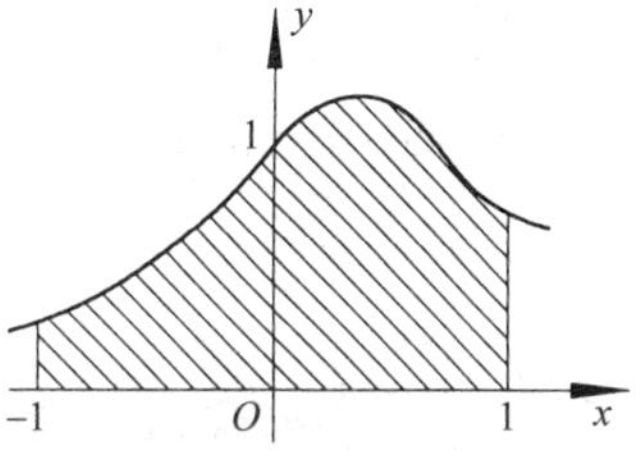


图 4.8

**注** 以下图形从略.

**【2213】** $\int_0^{2\pi}\frac{\mathrm{d}x}{1+\varepsilon\cos x}$ $(0\leqslant\varepsilon<1)$.

**解** 令 $\tan\frac{x}{2}=t$，并记 $a=\sqrt{\frac{1-\varepsilon}{1+\varepsilon}}$，则有

$$\int\frac{\mathrm{d}x}{1+\varepsilon\cos x}=\frac{2}{(1+\varepsilon)a}\int\frac{\mathrm{d}(at)}{1+(at)^2}=\frac{2}{\sqrt{1-\varepsilon^2}}\arctan\left(a\tan\frac{x}{2}\right)+C,$$

故 $$\int_0^{2\pi}\frac{\mathrm{d}x}{1+\varepsilon\cos x}=\frac{2}{\sqrt{1-\varepsilon^2}}\left[\arctan\left(a\tan\frac{x}{2}\right)\Big|_0^{\pi-0}+\arctan\left(a\tan\frac{x}{2}\right)\Big|_{\pi+0}^{2\pi-0}\right]=\frac{2\pi}{\sqrt{1-\varepsilon^2}}.$$

**【2214】** $\int_{-1}^{1}\frac{\mathrm{d}x}{\sqrt{(1-2ax+a^2)(1-2bx+b^2)}}$ $(|a|<1,|b|<1,\ ab>0)$.

**解** 在公式

$$\int\frac{\mathrm{d}x}{\sqrt{Ax^2+Bx+C}}=\frac{1}{\sqrt{A}}\ln\left|Ax+\frac{B}{2}+\sqrt{A}\sqrt{Ax^2+Bx+C}\right|+C^{*)}$$

中，设 $Ax^2+Bx+C=(1-2ax+a^2)(1-2bx+b^2)$，两端求导数，得

$$Ax+\frac{B}{2}=-b(1-2ax+a^2)-a(1-2bx+b^2).$$

由此推得，当 $x=1$ 时，在对数符号下的表达式的值为

$$-a(1-b)^2-b(1-a)^2+2\sqrt{ab}(1-a)(1-b)=-(\sqrt{a}-\sqrt{b})^2(1+\sqrt{ab})^2,$$

而当 $x=-1$ 时，得到值 $-(\sqrt{a}-\sqrt{b})^2(1-\sqrt{ab})^2$. 于是，

$$\int_{-1}^{1}\frac{\mathrm{d}x}{\sqrt{(1-2ax+a^2)(1-2bx+b^2)}}=\frac{1}{\sqrt{ab}}\ln\frac{1+\sqrt{ab}}{1-\sqrt{ab}}.$$

*） 利用 1850 题的结果.

**【2215】** $\int_0^{\frac{\pi}{2}}\frac{\mathrm{d}x}{a^2\sin^2x+b^2\cos^2x}$ （$ab\neq0$）.

**提示** 利用 2030 题的结果.

**解** $\int_0^{\frac{\pi}{2}}\frac{\mathrm{d}x}{a^2\sin^2x+b^2\cos^2x}=\frac{1}{|ab|}\arctan\left(\frac{|a|\tan x}{|b|}\right)\Bigg|_0^{\frac{\pi}{2}*)}=\frac{\pi}{2|ab|}$

*） 利用 2030 题的结果.

**【2216】** 对于下列定积分：

(1) $\int_{-1}^{1}\frac{\mathrm{d}x}{x^2}$； (2) $\int_0^{2\pi}\frac{\sec^2x\mathrm{d}x}{2+\tan^2x}$； (3) $\int_{-1}^{1}\frac{\mathrm{d}}{\mathrm{d}x}\left(\arctan\frac{1}{x}\right)\mathrm{d}x$.

说明为什么运用牛顿—莱布尼茨公式会得到不正确的结果.

**解** (1) 若应用公式得

$$\int_{-1}^{1}\frac{\mathrm{d}x}{x^2}=-\frac{1}{x}\Bigg|_{-1}^{1}=-2<0.$$

这是不正确的.事实上，由于函数 $f(x)=\frac{1}{x^2}>0$，所以，当积分存在时，其值必大于零.原因在于该函数在区间$[-1,1]$上有第二类不连续点 $x=0$.因而，不能运用公式.

(2) 若应用公式得

$$\int_0^{2\pi}\frac{\sec^2x\mathrm{d}x}{2+\tan^2x}=\frac{1}{\sqrt{2}}\arctan\left(\frac{\tan x}{\sqrt{2}}\right)\Bigg|_0^{2\pi}=0.$$

但$\frac{\sec^2x}{2+\tan^2x}>0$，故积分若存在，必为正.原因在于原函数在$[0,2\pi]$上 $x=\frac{\pi}{2}$，$x=\frac{3\pi}{2}$为第一类不连续点，故不能直接运用公式.

(3) 若应用公式得

$$\int_{-1}^{1}\frac{\mathrm{d}}{\mathrm{d}x}\left(\arctan\frac{1}{x}\right)\mathrm{d}x=\arctan\frac{1}{x}\Bigg|_{-1}^{1}=\frac{\pi}{2}>0.$$

这是不正确的.因为$\frac{\mathrm{d}}{\mathrm{d}x}\left(\arctan\frac{1}{x}\right)=-\frac{1}{1+x^2}<0$. 所以，积分值必为负.原因在于原函数 $\arctan\frac{1}{x}$ 在 $x=0$ 为第一类不连续点，故不能直接运用公式.

**【2217】** 求 $\int_{-1}^{1}\frac{\mathrm{d}}{\mathrm{d}x}\left(\frac{1}{1+2^{\frac{1}{x}}}\right)\mathrm{d}x$.

**解** 我们有

$$\int_{-1}^{1}\frac{\mathrm{d}}{\mathrm{d}x}\left(\frac{1}{1+2^{\frac{1}{x}}}\right)\mathrm{d}x=\int_{-1}^{0}\frac{\mathrm{d}}{\mathrm{d}x}\left(\frac{1}{1+2^{\frac{1}{x}}}\right)\mathrm{d}x+\int_0^{1}\frac{\mathrm{d}}{\mathrm{d}x}\left(\frac{1}{1+2^{\frac{1}{x}}}\right)\mathrm{d}x=\frac{1}{1+2^{\frac{1}{x}}}\Bigg|_{-1}^{0}+\frac{1}{1+2^{\frac{1}{x}}}\Bigg|_0^{1}=\frac{2}{3}.$$

**注意** 被积函数$\frac{\mathrm{d}}{\mathrm{d}x}\left(\frac{1}{1+2^{\frac{1}{x}}}\right)$显然在 $x=0$ 不连续，但易知

$$\lim_{x\to0}\frac{\mathrm{d}}{\mathrm{d}x}\left(\frac{1}{1+2^{\frac{1}{x}}}\right)=0,$$

故 $x=0$ 是可去不连续点.若我们补充定义被积函数在 $x=0$ 时的值为 0，则被积函数在整个$[-1,1]$上都是连续的，从而，积分$\int_{-1}^{1}\frac{\mathrm{d}}{\mathrm{d}x}\left(\frac{1}{1+2^{\frac{1}{x}}}\right)\mathrm{d}x$ 存在.以后，凡是被积函数有可去不连续点的情形，我们都按此法处理，理解为连续函数的积分，另外，

$$\int_{-1}^{0}\frac{\mathrm{d}}{\mathrm{d}x}\left(\frac{1}{1+2^{\frac{1}{x}}}\right)\mathrm{d}x=\frac{1}{1+2^{\frac{1}{x}}}\Bigg|_{-1}^{0}=\frac{1}{3}$$

应理解为 $$\int_{-1}^{0}\frac{d}{dx}\left(\frac{1}{1+2^{\frac{1}{x}}}\right)dx=\lim_{\eta\to 0+}\int_{-1}^{-\eta}\frac{d}{dx}\left(\frac{1}{1+2^{\frac{1}{x}}}\right)dx=\lim_{\eta\to 0+}\frac{1}{1+2^{\frac{1}{x}}}\Bigg|_{-1}^{-\eta}=\frac{1}{3}.$$

以后，凡是定积分存在而原函数有不连续点的情况，都按此理解，省去取极限的式子，但应理解为取极限的结果.

**【2218】** 求 $\int_{0}^{100\pi}\sqrt{1-\cos 2x}\,dx$.

**提示** 在每一个区间$[(k-1)\pi,k\pi]$ $(k=1,2,\cdots,100)$上积分，再相加.

**解** $\int_{0}^{100\pi}\sqrt{1-\cos 2x}\,dx=\sum_{k=1}^{100}\sqrt{2}\int_{(k-1)\pi}^{k\pi}\sqrt{\sin^2 x}\,dx=\sum_{k=1}^{100}\sqrt{2}\int_{0}^{\pi}\sqrt{\sin^2 x}\,dx=100\sqrt{2}\int_{0}^{\pi}\sin x\,dx=200\sqrt{2}.$

**利用定积分求下列和的极限值：**

**【2219】** $\lim\limits_{n\to\infty}\left(\frac{1}{n^2}+\frac{2}{n^2}+\cdots+\frac{n-1}{n^2}\right)$.

**解** 这是和的极限，该极限即为函数 $f(x)=x$ 在区间$[0,1]$上的定积分. 事实上，函数 $f(x)=x$ 在$[0,1]$上是连续的. 因而可积分. 这样便可将$[0,1]$$n$ 等分，并取 $\xi_i$ 为小区间的左端点，这样作出的和的极限就是题中所要求的极限. 于是，

$$\lim_{n\to\infty}\left(\frac{1}{n^2}+\frac{2}{n^2}+\cdots+\frac{n-1}{n^2}\right)=\lim_{n\to\infty}\sum_{i=0}^{n-1}\left(\frac{i}{n}\cdot\frac{1}{n}\right)=\int_{0}^{1}x\,dx=\frac{1}{2}.$$

以下各题不再说明.

**【2220】** $\lim\limits_{n\to\infty}\left(\frac{1}{n+1}+\frac{1}{n+2}+\cdots+\frac{1}{n+n}\right)$.

**解** $\lim\limits_{n\to\infty}\sum\limits_{i=1}^{n}\frac{1}{n+i}=\lim\limits_{n\to\infty}\sum\limits_{i=1}^{n}\left(\frac{1}{1+\frac{i}{n}}\cdot\frac{1}{n}\right)=\int_{0}^{1}\frac{1}{1+x}dx=\ln 2.$

**【2221】** $\lim\limits_{n\to\infty}\left(\frac{n}{n^2+1^2}+\frac{n}{n^2+2^2}+\cdots+\frac{n}{n^2+n^2}\right)$.

**解** $\lim\limits_{n\to\infty}\sum\limits_{i=1}^{n}\frac{n}{n^2+i^2}=\lim\limits_{n\to\infty}\sum\limits_{i=1}^{n}\left(\frac{1}{1+\left(\frac{i}{n}\right)^2}\cdot\frac{1}{n}\right)=\int_{0}^{1}\frac{1}{1+x^2}dx=\frac{\pi}{4}.$

**【2222】** $\lim\limits_{n\to\infty}\frac{1}{n}\left[\sin\frac{\pi}{n}+\sin\frac{2\pi}{n}+\cdots+\sin\frac{(n-1)}{n}\pi\right]$.

**解** $\lim\limits_{n\to\infty}\sum\limits_{i=1}^{n-1}\frac{1}{n}\sin\frac{i\pi}{n}=\int_{0}^{1}\sin\pi x\,dx=-\frac{1}{\pi}\cos\pi x\Big|_{0}^{1}=\frac{2}{\pi}.$

**【2223】** $\lim\limits_{n\to\infty}\frac{1^p+2^p+\cdots+n^p}{n^{p+1}}$ $(p>0)$.

**解** $\lim\limits_{n\to\infty}\sum\limits_{i=1}^{n}\left(\frac{i}{n}\right)^p\frac{1}{n}=\int_{0}^{1}x^p\,dx=\frac{1}{p+1}.$

**【2224】** $\lim\limits_{n\to\infty}\frac{1}{n}\left(\sqrt{1+\frac{1}{n}}+\sqrt{1+\frac{2}{n}}+\cdots+\sqrt{1+\frac{n}{n}}\right)$.

**解** $\lim\limits_{n\to\infty}\sum\limits_{i=1}^{n}\frac{1}{n}\sqrt{1+\frac{i}{n}}=\int_{0}^{1}\sqrt{1+x}\,dx=\frac{2}{3}(2\sqrt{2}-1).$

**【2225】** $\lim\limits_{n\to\infty}\frac{\sqrt[n]{n!}}{n}$.

**解** 由于

$$\lim_{n\to\infty}\ln\frac{\sqrt[n]{n!}}{n}=\lim_{n\to\infty}\frac{1}{n}\left[\left(\sum_{i=1}^{n}\ln i\right)-n\ln n\right]=\lim_{n\to\infty}\sum_{i=1}^{n}\left(\ln\frac{i}{n}\cdot\frac{1}{n}\right)=\int_{0}^{1}\ln x\,dx^{*)}$$

$$=\lim_{\varepsilon\to+0}\int_{\varepsilon}^{1}\ln x\,dx=\lim_{\varepsilon\to+0}x(\ln x-1)\Big|_{\varepsilon}^{1}=-1,$$

从而，$\lim\limits_{n\to\infty}\dfrac{\sqrt[n]{n!}}{n}=e^{-1}=\dfrac{1}{e}$.

*）参看后面 2388 题.

【2226】$\lim\limits_{n\to\infty}\left[\dfrac{1}{n}\sum\limits_{k=1}^{n}f\left(a+k\dfrac{b-a}{n}\right)\right]$.

解 $\lim\limits_{n\to\infty}\left[\dfrac{1}{n}\sum\limits_{k=1}^{n}f\left(a+k\dfrac{b-a}{n}\right)\right]=\int_0^1 f[a+(b-a)x]dx=\dfrac{1}{b-a}\int_a^b f(x)dx$.

**弃掉高阶无穷小量，求下列和的极限值：**

【2227】$\lim\limits_{n\to\infty}\left[\left(1+\dfrac{1}{n}\right)\sin\dfrac{\pi}{n^2}+\left(1+\dfrac{2}{n}\right)\sin\dfrac{2\pi}{n^2}+\cdots+\left(1+\dfrac{n-1}{n}\right)\sin\dfrac{(n-1)\pi}{n^2}\right]$.

解 由于对一切 $k<n$，$3<n$ 有

$$0\leqslant\frac{k\pi}{n^2}-\sin\frac{k\pi}{n^2}\leqslant\tan\frac{k\pi}{n^2}-\sin\frac{k\pi}{n^2}\leqslant\tan\frac{k\pi}{n^2}\left(1-\cos\frac{k\pi}{n^2}\right)\leqslant\frac{\sin\frac{k\pi}{n^2}}{\cos\frac{k\pi}{n^2}}\left(1-\cos\frac{k\pi}{n^2}\right)\leqslant\frac{2k\pi}{n^2}\left(1-\cos\frac{\pi}{n}\right).$$

从而，$0\leqslant\sum\limits_{k=1}^{n-1}\left(1+\dfrac{k}{n}\right)\left(\dfrac{k\pi}{n^2}-\sin\dfrac{k\pi}{n^2}\right)\leqslant\sum\limits_{k=1}^{n-1}\left(1+\dfrac{k}{n}\right)\dfrac{2k\pi}{n^2}\left(1-\cos\dfrac{\pi}{n}\right)\leqslant2\pi\left(1-\cos\dfrac{\pi}{n}\right)\to0\quad(n\to+\infty)$.

于是，

$$\lim_{n\to\infty}\sum_{k=1}^{n-1}\left(1+\frac{k}{n}\right)\sin\frac{k\pi}{n^2}=\lim_{n\to\infty}\sum_{k=1}^{n-1}\left(1+\frac{k}{n}\right)\frac{k\pi}{n^2}-\lim_{n\to\infty}\sum_{k=1}^{n-1}\left(1+\frac{k}{n}\right)\left(\frac{k\pi}{n^2}-\sin\frac{k\pi}{n^2}\right)$$

$$=\lim_{n\to\infty}\frac{1}{n}\sum_{k=1}^{n-1}\left(\frac{k\pi}{n}+\frac{k^2\pi}{n^2}\right)=\int_0^1\pi(x+x^2)dx=\frac{5\pi}{6}.$$

【2228】$\lim\limits_{n\to\infty}\sin\dfrac{\pi}{n}\sum\limits_{k=1}^{n}\dfrac{1}{2+\cos\dfrac{k\pi}{n}}$.

解 由于 $\sin\dfrac{\pi}{n}=\dfrac{\pi}{n}(1+\alpha_n)$，式中 $\lim\limits_{n\to\infty}\alpha_n=0$. 于是，

$$\lim_{n\to\infty}\sin\frac{\pi}{n}\sum_{k=1}^{n}\frac{1}{2+\cos\frac{k\pi}{n}}=\lim_{n\to\infty}(1+\alpha_n)\frac{\pi}{n}\sum_{k=1}^{n}\frac{1}{2+\cos\frac{k\pi}{n}}=\left(\lim_{n\to 1}\frac{\pi}{n}\sum_{k=1}^{n}\frac{1}{2+\cos\frac{k\pi}{n}}\right)\lim_{n\to\infty}(1+\alpha_n)$$

$$=\pi\int_0^1\frac{dx}{2+\cos\pi x}=\frac{2}{\sqrt3}\arctan\left(\frac{\tan\frac{\pi x}{2}}{\sqrt3}\right)\Bigg|_0^1=\frac{\pi}{\sqrt3}.$$

【2229】$\lim\limits_{n\to\infty}\dfrac{\sum\limits_{k=1}^{n}\sqrt{(nx+k)(nx+k+1)}}{n^2}\quad(x>0)$.

解 由于

$$0\leqslant\sqrt{\left(x+\frac{k}{n}\right)\left(x+\frac{k+1}{n}\right)}-\left(x+\frac{k}{n}\right)=\frac{\left(x+\frac{k}{n}\right)\left(x+\frac{k+1}{n}\right)-\left(x+\frac{k}{n}\right)^2}{\sqrt{\left(x+\frac{k}{n}\right)\left(x+\frac{k+1}{n}\right)}+\left(x+\frac{k}{n}\right)}\leqslant\frac{1}{2x}\left(x+\frac{k}{n}\right)\frac{1}{n},$$

故

$$0\leqslant\frac{\sum\limits_{k=1}^{n}\sqrt{(nx+k)(nx+k+1)}}{n^2}-\sum_{k=1}^{n}\frac{1}{n}\left(x+\frac{k}{n}\right)$$

$$\leqslant\frac{1}{2xn^2}\sum_{k=1}^{n}\left(x+\frac{k}{n}\right)=\frac{1}{2n}+\frac{1}{4x}\left(1+\frac{1}{n}\right)\frac{1}{n}\to0\quad(n\to\infty)$$

于是，

$$\lim_{n\to\infty}\frac{\sum\limits_{k=1}^{n}\sqrt{(nx+k)(nx+k+1)}}{n^2}=\lim_{n\to\infty}\frac{1}{n}\sum_{k=1}^{n}\left(x+\frac{k}{n}\right)=\int_0^1(x+t)dt=x+\frac{1}{2}.$$

【2230】 $\lim\limits_{n\to\infty}\left(\dfrac{2^{\frac{1}{n}}}{n+1}+\dfrac{2^{\frac{2}{n}}}{n+\frac{1}{2}}+\cdots+\dfrac{2^{\frac{n}{n}}}{n+\frac{1}{n}}\right)$.

**解** 由于 $0<\dfrac{1}{n}-\dfrac{1}{n+\frac{1}{k}}=\dfrac{1}{n(nk+1)}<\dfrac{1}{n^2}$，故

$$0<\frac{1}{n}\sum_{k=1}^{n}2^{\frac{k}{n}}-\sum_{k=1}^{n}\frac{2^{\frac{k}{n}}}{n+\frac{1}{k}}<\frac{1}{n^2}\sum_{k=1}^{n}2^{\frac{k}{n}}<\frac{2}{n}\to 0\quad(n\to\infty).$$

于是，
$$\lim_{n\to\infty}\sum_{k=1}^{n}\left(\frac{1}{n+\frac{1}{k}}\cdot 2^{\frac{k}{n}}\right)=\lim_{n\to\infty}\frac{1}{n}\sum_{k=1}^{n}2^{\frac{k}{n}}=\int_0^1 2^x\,dx=\frac{1}{\ln 2}.$$

【2231】 求：$\dfrac{d}{dx}\displaystyle\int_a^b \sin x^2\,dx$，$\dfrac{d}{da}\displaystyle\int_a^b \sin x^2\,dx$，$\dfrac{d}{db}\displaystyle\int_a^b \sin x^2\,dx$.

**解** $\dfrac{d}{dx}\displaystyle\int_a^b \sin x^2\,dx=0$，$\dfrac{d}{da}\displaystyle\int_a^b \sin x^2\,dx=-\dfrac{d}{da}\int_b^a \sin x^2\,dx=-\sin a^2$，$\dfrac{d}{db}\displaystyle\int_a^b \sin x^2\,dx=\sin b^2$.

【2232】 求：(1) $\dfrac{d}{dx}\displaystyle\int_0^{x^2}\sqrt{1+t^2}\,dt$； (2) $\dfrac{d}{dx}\displaystyle\int_{x^2}^{x^3}\frac{dt}{\sqrt{1+t^4}}$； (3) $\dfrac{d}{dx}\displaystyle\int_{\sin x}^{\cos x}\cos(\pi t^2)\,dt$.

**解** (1) $\dfrac{d}{dx}\displaystyle\int_0^{x^2}\sqrt{1+t^2}\,dt=\left(\frac{d}{d(x^2)}\int_0^{x^2}\sqrt{1+t^2}\,dt\right)\frac{d}{dx}(x^2)=2x\sqrt{1+x^4}$；

(2) $\dfrac{d}{dx}\displaystyle\int_{x^2}^{x^3}\frac{dt}{\sqrt{1+t^4}}=\frac{d}{dx}\int_{x^2}^{0}\frac{dt}{\sqrt{1+t^4}}+\frac{d}{dx}\int_0^{x^3}\frac{dt}{\sqrt{1+t^4}}$

$=\dfrac{d}{dx}(x^3)\dfrac{d}{d(x^3)}\displaystyle\int_0^{x^3}\frac{dt}{\sqrt{1+t^4}}-\frac{d}{dx}(x^2)\frac{d}{d(x^2)}\int_0^{x^2}\frac{dt}{\sqrt{1+t^4}}=\frac{3x^2}{\sqrt{1+x^{12}}}-\frac{2x}{\sqrt{1+x^8}}$；

(3) $\dfrac{d}{dx}\displaystyle\int_{\sin x}^{\cos x}\cos(\pi t^2)\,dt=\frac{d}{dx}\int_{\sin x}^{0}\cos(\pi t^2)\,dt+\frac{d}{dx}\int_0^{\cos x}\cos(\pi t^2)\,dt$

$=-\dfrac{d(\sin x)}{dx}\cdot\dfrac{d}{d(\sin x)}\displaystyle\int_0^{\sin x}\cos(\pi t^2)\,dt+\frac{d(\cos x)}{dx}\cdot\frac{d}{d(\cos x)}\int_0^{\cos x}\cos(\pi t^2)\,dt$

$=-\cos x\cos(\pi\sin^2 x)-\sin x\cos(\pi\cos^2 x)^{*)}=(\sin x-\cos x)\cos(\pi\sin^2 x)$.

*) $\cos(\pi\cos^2 x)=\cos(\pi-\pi\sin^2 x)=-\cos(\pi\sin^2 x)$.

【2233】 求：

(1) $\lim\limits_{x\to 0}\dfrac{\int_0^x\cos x^2\,dx}{x}$； (2) $\lim\limits_{x\to+\infty}\dfrac{\int_0^x(\arctan x)^2\,dx}{\sqrt{x^2+1}}$； (3) $\lim\limits_{x\to+\infty}\dfrac{\left(\int_0^x e^{x^2}\,dx\right)^2}{\int_0^x e^{2x^2}\,dx}$.

**提示** 利用洛必达法则及变上限积分的求导法则.

**解** (1) $\lim\limits_{x\to 0}\dfrac{\int_0^x\cos x^2\,dx}{x}=\lim\limits_{x\to 0}\cos x^2=1$；

(2) $\lim\limits_{x\to+\infty}\dfrac{\int_0^x(\arctan x)^2\,dx}{\sqrt{x^2+1}}=\lim\limits_{x\to+\infty}\dfrac{(\arctan x)^2}{\frac{x}{\sqrt{1+x^2}}}=\dfrac{\pi^2}{4}$；

(3) $\lim\limits_{x\to+\infty}\dfrac{\left(\int_0^x e^{x^2}\,dx\right)^2}{\int_0^x e^{2x^2}\,dx}=\lim\limits_{x\to+\infty}\dfrac{2e^{x^2}\int_0^x e^{x^2}\,dx}{e^{2x^2}}=\lim\limits_{x\to+\infty}\dfrac{2\int_0^x e^{x^2}\,dx}{e^{x^2}}=\lim\limits_{x\to+\infty}\dfrac{2e^{x^2}}{2xe^{x^2}}=\lim\limits_{x\to+\infty}\dfrac{1}{x}=0$.

【2234】 证明：当 $x\to\infty$ 时，$\displaystyle\int_0^x e^{x^2}\,dx\sim\frac{1}{2x}e^{x^2}$.

**提示** 利用洛必达法则及变上限积分的求导法则.

**证** 由于 $\lim\limits_{x\to\infty}\dfrac{\int_0^x e^{x^2}dx}{\frac{1}{2x}e^{x^2}}=\lim\limits_{x\to\infty}\dfrac{e^{x^2}}{e^{x^2}\left(1-\frac{1}{2x^2}\right)}=1$,所以,当 $x\to\infty$ 时,$\int_0^x e^{x^2}dx\sim\dfrac{1}{2x}e^{x^2}$.

**【2235】** 求 $\lim\limits_{x\to+0}\dfrac{\int_0^{\sin x}\sqrt{\tan x}\,dx}{\int_0^{\tan x}\sqrt{\sin x}\,dx}$.

**解** $\lim\limits_{x\to+0}\dfrac{\int_0^{\sin x}\sqrt{\tan x}\,dx}{\int_0^{\tan x}\sqrt{\sin x}\,dx}=\lim\limits_{x\to+0}\dfrac{\sqrt{\tan(\sin x)}\,(\sin x)'}{\sqrt{\sin(\tan x)}\,(\tan x)'}=\lim\limits_{x\to+0}\sqrt{\dfrac{\tan(\sin x)}{\sin x}\,\dfrac{\sin x}{\tan x}\,\dfrac{\tan x}{\sin x(\tan x)}}\lim\limits_{x\to+0}\cos^3x=1.$

**【2236】** 设 $f(x)$为连续正值函数,证明:当 $x\geqslant0$ 时,函数

$$\varphi(x)=\frac{\int_0^x tf(t)dt}{\int_0^x f(t)dt}$$

递增.

**证** 首先注意,$\lim\limits_{x\to0+}\varphi(x)=\lim\limits_{x\to0+}\dfrac{xf(x)}{f(x)}=0$,故若规定$\varphi(0)=0$,则 $\varphi(x)$是 $x\geqslant0$ 上的连续函数. 因为

$$\varphi'(x)=\frac{1}{\left(\int_0^x f(t)dt\right)^2}\left\{xf(x)\int_0^x f(t)dt-f(x)\int_0^x tf(t)dt\right\}=\frac{f(x)}{\left(\int_0^x f(t)dt\right)^2}\int_0^x(x-t)f(t)dt>0$$

$$(x>0),$$

所以,当 $x\geqslant0$ 时,函数 $\varphi(x)$递增.

**【2237】** 求:

(1) $\int_0^2 f(x)dx$,设 $f(x)=\begin{cases}x^2, & 0\leqslant x\leqslant1,\\ 2-x, & 1<x\leqslant2;\end{cases}$ (2) $\int_0^1 f(x)dx$,设 $f(x)=\begin{cases}x, & 0\leqslant x\leqslant t,\\ t\,\dfrac{1-x}{1-t}, & t\leqslant x\leqslant1.\end{cases}$

**解** (1) $\int_0^2 f(x)dx=\int_0^1 x^2dx+\int_1^2(2-x)dx=\dfrac{5}{6}$.

(2) $\int_0^1 f(x)dx=\int_0^t xdx+\int_t^1 t\,\dfrac{1-x}{1-t}\,dx=\dfrac{t}{2}$.

**【2238】** 计算下列积分,并作出这些积分对参数 $\alpha$ 的函数关系 $I=I(\alpha)$的图像:

(1) $I=\int_0^1 x|x-\alpha|dx$;  (2) $I=\int_0^\pi\dfrac{\sin^2x}{1+2\alpha\cos x+\alpha^2}dx$;  (3) $I=\int_0^\pi\dfrac{\sin x\,dx}{\sqrt{1-2\alpha\cos x+\alpha^2}}$.

**解题思路** (1)分别就 $\alpha<0$,$0\leqslant\alpha\leqslant1$ 及 $\alpha>1$ 三种情况求积分.

(2)分别就 $|\alpha|\leqslant1$ 及 $|\alpha|>1$ 两种情况求积分,其中当 $|\alpha|>1$ 时还要利用 2028 题(1)的结果.

(3)分别就 $|\alpha|\leqslant1$ 及 $|\alpha|>1$ 求积分.

**解** (1)分三种情况:

(ⅰ) 若 $\alpha<0$,则 $I=\int_0^1 x(x-\alpha)dx=\dfrac{1}{3}-\dfrac{\alpha}{2}$;

(ⅱ) 若 $\alpha>1$,则 $I=\int_0^1 x(\alpha-x)dx=\dfrac{\alpha}{2}-\dfrac{1}{3}$;

(ⅲ) 若 $0\leqslant\alpha\leqslant1$,则 $I=\int_0^\alpha x(\alpha-x)dx+\int_\alpha^1 x(x-\alpha)dx=\dfrac{\alpha^3}{3}-\dfrac{\alpha}{2}+\dfrac{1}{3}$.

于是,

$$\int_0^1 x|x-\alpha|\mathrm{d}x=\begin{cases}\dfrac{1}{3}-\dfrac{\alpha}{2}, & \alpha<0,\\ \dfrac{\alpha^3}{3}-\dfrac{\alpha}{2}+\dfrac{1}{3}, & 0\leqslant\alpha\leqslant1,\\ \dfrac{\alpha}{2}-\dfrac{1}{3}, & \alpha>1.\end{cases}\quad(\text{图 } 4.9)$$

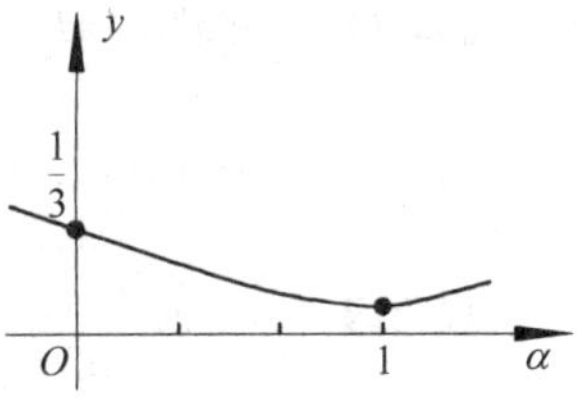

图 4.9

(2) 分两种情况:

(ⅰ) 若 $|\alpha|\leqslant 1$,则

$$I=\int_0^\pi \frac{\sin^2 x}{1+2\alpha\cos x+\alpha^2}\mathrm{d}x=\frac{1}{4\alpha^2}\int_0^\pi \frac{4\alpha^2(1-\cos^2 x)\mathrm{d}x}{(1+\alpha^2)+2\alpha\cos x}$$

$$=\frac{1}{4\alpha^2}\int_0^\pi \frac{[(1+\alpha^2)^2-4\alpha^2\cos^2 x]+[4\alpha^2-(1+\alpha^2)^2]}{(1+\alpha^2)+2\alpha\cos x}\mathrm{d}x$$

$$=\frac{1}{4\alpha^2}\int_0^\pi [(1+\alpha^2)-2\alpha\cos x]\mathrm{d}x-\frac{(1-\alpha^2)^2}{4\alpha^2}\int_0^\pi \frac{\mathrm{d}x}{(1+\alpha^2)+2\alpha\cos x}$$

$$=\frac{1}{4\alpha^2}[(1+\alpha^2)x-2\alpha\sin x]\Big|_0^\pi-\frac{(1-\alpha^2)^2}{4\alpha^2}\cdot\frac{2}{1-\alpha^2}\arctan\left(\sqrt{\frac{1+\alpha^2-2\alpha}{1+\alpha^2+2\alpha}}\tan\frac{x}{2}\right)^{*)}\Big|_0^\pi$$

$$=\frac{(1+\alpha^2)\pi}{4\alpha^2}-\frac{(1-\alpha^2)\pi}{4\alpha^2}=\frac{\pi}{2}.$$

(ⅱ) 若 $|\alpha|>1$,则同上述情况类似有

$$I=\frac{(1+\alpha^2)\pi}{4\alpha^2}-\frac{(\alpha^2-1)^2}{4\alpha^2}\cdot\frac{2}{\alpha^2-1}\arctan\left(\sqrt{\frac{1+\alpha^2-2\alpha}{1+\alpha^2+2\alpha}}\tan\frac{x}{2}\right)\Big|_0^\pi=\frac{(1+\alpha^2)\pi}{4\alpha^2}-\frac{(1-\alpha^2)\pi}{4\alpha^2}=\frac{\pi}{2\alpha^2}.$$

于是,
$$\int_0^\pi \frac{\sin^2 x\mathrm{d}x}{1+2\alpha\cos x+\alpha^2}=\begin{cases}\dfrac{\pi}{2}, & |\alpha|\leqslant 1,\\ \dfrac{\pi}{2\alpha^2}, & |\alpha|>1.\end{cases}\quad(\text{图 } 4.10)$$

*) 利用 2028 题(1)的结果.

(3)
$$\int_0^\pi \frac{\sin x\mathrm{d}x}{\sqrt{1-2\alpha\cos x+\alpha^2}}=\frac{1}{\alpha}\sqrt{1+\alpha^2-2\alpha\cos x}\Big|_0^\pi=\begin{cases}2, & |\alpha|\leqslant 1,\\ \dfrac{2}{|\alpha|}, & |\alpha|>1.\end{cases}\quad(\text{图 } 4.11)$$

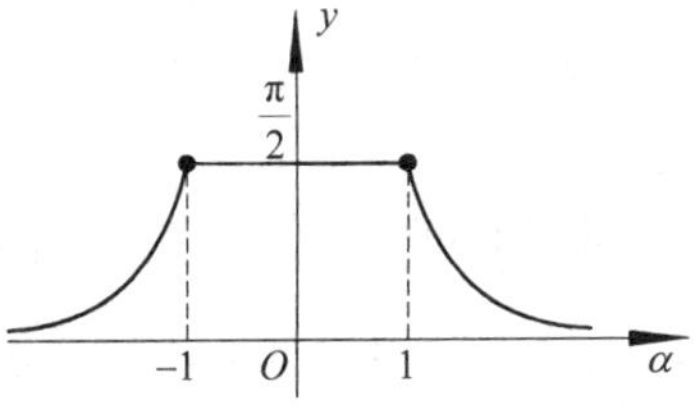

图 4.10

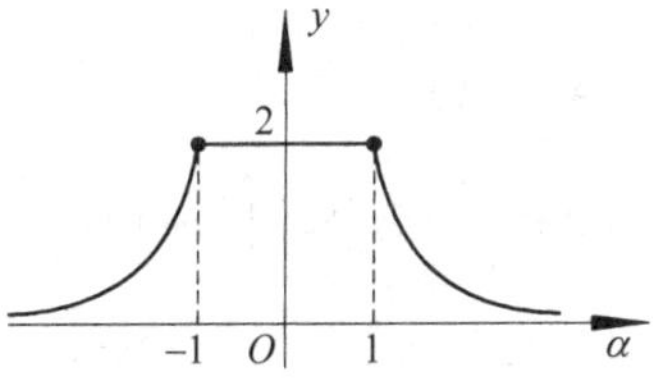

图 4.11

## 利用分部积分法公式,求下列定积分:

**【2239】** $\int_0^{\ln 2} x\mathrm{e}^{-x}\mathrm{d}x$.

解 $\int_0^{\ln 2} x\mathrm{e}^{-x}\mathrm{d}x=-\int_0^{\ln 2} x\mathrm{d}(\mathrm{e}^{-x})=-x\mathrm{e}^{-x}\Big|_0^{\ln 2}+\int_0^{\ln 2}\mathrm{e}^{-x}\mathrm{d}x=-\frac{1}{2}\ln 2-\mathrm{e}^{-x}\Big|_0^{\ln 2}=-\frac{1}{2}\ln 2+\frac{1}{2}=\frac{1}{2}\ln\frac{\mathrm{e}}{2}$.

**【2240】** $\int_0^\pi x\sin x\mathrm{d}x$.

解 $\int_0^\pi x\sin x\mathrm{d}x=-x\cos x\Big|_0^\pi+\int_0^\pi \cos x\mathrm{d}x=\pi$.

【2241】 $\int_0^{2\pi} x^2\cos x\mathrm{d}x.$

解 $\int_0^{2\pi} x^2\cos x\mathrm{d}x=x^2\sin x\Big|_0^{2\pi}-2\int_0^{2\pi} x\sin x\mathrm{d}x=2\left(x\cos x\Big|_0^{2\pi}-\int_0^{2\pi}\cos x\mathrm{d}x\right)=4\pi.$

【2242】+ $\int_{\frac{1}{e}}^{e} |\lg x|\,\mathrm{d}x.$

提示 将区间$[\frac{1}{e},e]$分成$[\frac{1}{e},1]$及$[1,\frac{1}{e}]$.

解 $\int_{\frac{1}{e}}^{e} |\lg x|\,\mathrm{d}x=\int_{\frac{1}{e}}^{1}(-\lg x)\mathrm{d}x+\int_1^e\lg x\mathrm{d}x=\left(-x\lg x\Big|_{\frac{1}{e}}^{1}+\int_{\frac{1}{e}}^{1}\frac{1}{\ln 10}\mathrm{d}x\right)+x\lg x\Big|_1^e-\int_1^e\frac{1}{\ln 10}\mathrm{d}x$

$=2(1-\frac{1}{e})\lg e.$

【2243】 $\int_0^1 \arccos x\mathrm{d}x.$

解 $\int_0^1\arccos x\mathrm{d}x=x\arccos x\Big|_0^1+\lim\limits_{\varepsilon\to+0}\int_0^{1-\varepsilon}\frac{x}{\sqrt{1-x^2}}\mathrm{d}x=-\lim\limits_{\varepsilon\to+0}\sqrt{1-x^2}\Big|_0^{1-\varepsilon}=1.$

【2244】+ $\int_0^{\sqrt{3}} x\arctan x\mathrm{d}x.$

解 $\int_0^{\sqrt{3}} x\arctan x\mathrm{d}x=\frac{1}{2}x^2\arctan x\Big|_0^{\sqrt{3}}-\frac{1}{2}\int_0^{\sqrt{3}}\frac{x^2}{1+x^2}\mathrm{d}x=\frac{3}{2}\arctan\sqrt{3}-\frac{\sqrt{3}}{2}+\frac{1}{2}\arctan\sqrt{3}$

$=2\arctan\sqrt{3}-\frac{\sqrt{3}}{2}=\frac{2\pi}{3}-\frac{\sqrt{3}}{2}.$

**利用适当的变量代换，求下列定积分：**

【2245】 $\int_{-1}^{1}\frac{x\mathrm{d}x}{\sqrt{5-4x}}.$

解 设$\sqrt{5-4x}=t$,则 $\int_{-1}^{1}\frac{x\mathrm{d}x}{\sqrt{5-4x}}=-\int_3^1\frac{5-t^2}{8}\mathrm{d}t=\frac{1}{6}.$

【2246】 $\int_0^a x^2\sqrt{a^2-x^2}\,\mathrm{d}x\quad(a>0).$

解 设$x=a\sin t$,则

$$\int_0^a x^2\sqrt{a^2-x^2}\,\mathrm{d}x=a^4\int_0^{\frac{\pi}{2}}\sin^2 t\cos^2 t\mathrm{d}t=\frac{a^2}{4}\int_0^{\frac{\pi}{2}}\sin^2 2t\mathrm{d}t=\frac{a^4}{8}\left(t-\frac{1}{4}\sin 4t\right)\Big|_0^{\frac{\pi}{2}}=\frac{\pi a^4}{16}.$$

【2247】 $\int_0^{0.75}\frac{\mathrm{d}x}{(x+1)\sqrt{x^2+1}}.$

提示 令$\frac{1}{x+1}=t$.

解 设$t=\frac{1}{x+1}$,则

$$\int_0^{0.75}\frac{\mathrm{d}x}{(x+1)\sqrt{x^2+1}}=\int_{\frac{4}{7}}^{1}\frac{\mathrm{d}x}{\sqrt{2t^2-2t+1}}=\frac{1}{\sqrt{2}}\ln(2t-1+\sqrt{4t^2-4t+2})\Big|_{\frac{4}{7}}^{1}=\frac{1}{\sqrt{2}}\ln\frac{1+\sqrt{2}}{\frac{1}{7}+\sqrt{\frac{50}{49}}}$$

$=\frac{1}{\sqrt{2}}\ln\frac{7+7\sqrt{2}}{1+5\sqrt{2}}=\frac{1}{\sqrt{2}}\ln\frac{9+4\sqrt{2}}{7}.$

【2248】 $\int_0^{\ln 2}\sqrt{e^x-1}\,\mathrm{d}x.$

解 设$\sqrt{e^x-1}=t$,则

$$\int_0^{\ln 2}\sqrt{e^x-1}\,dx=2\int_0^1\frac{t^2\,dt}{1+t^2}=2(t-\arctan t)\Big|_0^1=2-\frac{\pi}{2}.$$

**【2249】** $\int_0^1\frac{\arcsin\sqrt{x}}{\sqrt{x(1-x)}}dx.$

**解** 设$\sqrt{x}=t$,则

$$\int_0^1\frac{\arcsin\sqrt{x}}{\sqrt{x(1-x)}}dx=2\int_0^1\frac{\arcsin t}{\sqrt{1-t^2}}dt=(\arcsin t)^2\Big|_0^1=\frac{\pi^2}{4}.$$

**【2250】** 令 $x-\frac{1}{x}=t$,计算积分 $\int_{-1}^1\frac{1+x^2}{1+x^4}dx.$

**解** 由于被积函数是偶函数,于是,

$$\int_{-1}^1\frac{1+x^2}{1+x^4}dx=2\int_0^1\frac{1+x^2}{1+x^4}dx=\lim_{N\to-\infty}2\int_N^0\frac{dt}{t^2+2}=\lim_{N\to-\infty}\sqrt{2}\arctan\frac{t}{\sqrt{2}}\Big|_N^0=\frac{\pi}{\sqrt{2}}.$$

**【2251】** 对于下列定积分和代换 $x=\varphi(t)$:

(1) $\int_{-1}^1 dx$, $t=x^{\frac{2}{3}}$; (2) $\int_{-1}^1\frac{dx}{1+x^2}$, $x=\frac{1}{t}$; (3) $\int_0^{\pi}\frac{dx}{1+\sin^2x}$, $\tan x=t$.

说明为什么用 $\varphi(t)$代换 $x$ 会引致不正确的结果.

**解** (1) $\int_{-1}^1 dx=2$. 但若作代换 $t=x^{\frac{2}{3}}$,则得

$$\int_{-1}^1 dx=\pm\frac{3}{2}\int_1^1 t^{\frac{1}{2}}\,dt=0.$$

其错误在于代换 $t=x^{\frac{2}{3}}$ 的反函数 $x=\pm t^{\frac{3}{2}}$ 不是单值的.

(2) $\int_{-1}^1\frac{dx}{1+x^2}=\arctan x\Big|_{-1}^1=\frac{\pi}{2}$. 但若作代换 $x=\frac{1}{t}$,则得

$$\int_{-1}^1\frac{dx}{1+x^2}=-\int_{-1}^1\frac{dt}{1+t^2},$$

于是得出错误的结果:$\int_{-1}^1\frac{dx}{1+x^2}=0$. 其错误在于 $x=\frac{1}{t}$,当$t=0$ (0 属于$[-1,1]$)时不连续.

(3) $\int_0^{\pi}\frac{dx}{1+\sin^2x}$大于零,但若作代换 $t=\tan x$,则得

$$\int_0^{\pi}\frac{dx}{1+\sin^2x}=\frac{1}{\sqrt{2}}\arctan(\sqrt{2}\tan x)\Big|_0^{\pi}=0.$$

其错误在于 $t=\tan x$ 在 $x=\frac{\pi}{2}$ 处不连续.

**【2252】** 在积分 $\int_0^3 x\sqrt[3]{1+x^2}\,dx$ 中,令 $x=\sin t$ 是否可以?

**提示** 不可以.

**解** 不可以. 因为 $\sin t=x$ 不可能大于 1.

**【2253】** 若在积分$\int_0^1\sqrt{1-x^2}\,dx$ 中作变量代换 $x=\sin t$ 时,可否取数 $\pi$ 和$\frac{\pi}{2}$作为新的积分上下限?

**提示** 可以. 因为满足定积分换元的条件.

**解** 可以. 因为满足定积分换元的条件. 事实上,

$$\int_0^1\sqrt{1-x^2}\,dx=\int_{\pi}^{\frac{\pi}{2}}\sqrt{1-\sin^2t}\,d(\sin t)=\int_{\pi}^{\frac{\pi}{2}}|\cos t|\cos t\,dt=-\int_{\pi}^{\frac{\pi}{2}}\cos^2t\,dt=\left(\frac{t}{2}+\frac{\sin 2t}{4}\right)\Big|_{\frac{\pi}{2}}^{\pi}=\frac{\pi}{4}.$$

**【2254】** 证明:若函数 $f(x)$在闭区间$[a,b]$内连续,则

$$\int_a^b f(x)\,dx=(b-a)\int_0^1 f[a+(b-a)x]\,dx.$$

**提示** 令 $x=a+(b-a)t$.

**证** 设 $x=a+(b-a)t$，则 $\mathrm{d}x=(b-a)\mathrm{d}t$. 代入得

$$\int_a^b f(x)\mathrm{d}x=(b-a)\int_0^1 f[a+(b-a)t]\mathrm{d}t,\quad \text{即}\quad \int_a^b f(x)\mathrm{d}x=(b-a)\int_0^1 f[a+(b-a)x]\mathrm{d}x.$$

**【2255】** 证明等式： $\int_0^a x^3 f(x^2)\mathrm{d}x=\frac{1}{2}\int_0^{a^2} xf(x)\mathrm{d}x\quad(a>0)$.

**提示** 令 $x=\sqrt{t}$.

**证** 设 $x=\sqrt{t}$，则

$$\int_0^a x^3 f(x^2)\mathrm{d}x=\int_0^{a^2} t^{\frac{3}{2}} f(t)\frac{\mathrm{d}t}{2\sqrt{t}}=\frac{1}{2}\int_0^{a^2} tf(t)\mathrm{d}t,\quad \text{即}\quad \int_0^a x^3 f(x^2)\mathrm{d}x=\frac{1}{2}\int_0^{a^2} xf(x)\mathrm{d}x.$$

**【2256】** 设 $f(x)$ 为闭区间 $[A,B]\supset[a,b]$ 上的连续函数，当 $[a-x,b-x]\subset[A,B]$ 时，求 $\frac{\mathrm{d}}{\mathrm{d}x}\int_a^b f(x+y)\mathrm{d}y$.

**解** $\frac{\mathrm{d}}{\mathrm{d}x}\int_a^b f(x+y)\mathrm{d}y=\frac{\mathrm{d}}{\mathrm{d}x}\int_{a+x}^{b+x} f(y)\mathrm{d}y=f(b+x)-f(a+x)$.

**【2257】** 证明：若函数 $f(x)$ 在闭区间 $[0,1]$ 上连续，则

(1) $\int_0^{\frac{\pi}{2}} f(\sin x)\mathrm{d}x=\int_0^{\frac{\pi}{2}} f(\cos x)\mathrm{d}x$； (2) $\int_0^{\pi} xf(\sin x)\mathrm{d}x=\frac{\pi}{2}\int_0^{\pi} f(\sin x)\mathrm{d}x$.

**提示** (1) 令 $x=\frac{\pi}{2}-t$. (2) 令 $x=\pi-t$.

**证** (1) 设 $\frac{\pi}{2}-t=x$，则 $\mathrm{d}x=-\mathrm{d}t$，且 $f(\sin x)=f(\cos t)$. 代入得

$$\int_0^{\frac{\pi}{2}} f(\sin x)\mathrm{d}x=-\int_{\frac{\pi}{2}}^0 f(\cos t)\mathrm{d}t=\int_0^{\frac{\pi}{2}} f(\cos t)\mathrm{d}t,$$

即

$$\int_0^{\frac{\pi}{2}} f(\sin x)\mathrm{d}x=\int_0^{\frac{\pi}{2}} f(\cos x)\mathrm{d}x.$$

(2) 设 $\pi-t=x$，则 $\mathrm{d}x=-\mathrm{d}t$，且 $xf(\sin x)=(\pi-t)f(\sin t)$. 代入得

$$\int_0^{\pi} xf(\sin x)\mathrm{d}x=-\int_{\pi}^0 (\pi-t)f(\sin t)\mathrm{d}t=\pi\int_0^{\pi} f(\sin t)\mathrm{d}t-\int_0^{\pi} tf(\sin t)\mathrm{d}t,$$

即

$$\int_0^{\pi} xf(\sin x)\mathrm{d}x=\frac{\pi}{2}\int_0^{\pi} f(\sin x)\mathrm{d}x.$$

**【2258】** 证明：若函数 $f(x)$ 在闭区间 $[-l,l]$ 上连续，则

(1) 若函数 $f(x)$ 为偶函数时， $\int_{-l}^{l} f(x)\mathrm{d}x=2\int_0^l f(x)\mathrm{d}x$；

(2) 若函数 $f(x)$ 为奇函数时， $\int_{-l}^{l} f(x)\mathrm{d}x=0$.

给出这些事实的几何解释.

**提示** (1)令 $x=-t$. (2)同(1).

**证** (1) 由于 $f(x)$ 为偶函数，即 $f(x)=f(-x)$，$(x\in[-l,l])$. 于是，设 $x=-t$，则有

$$\int_{-l}^{l} f(x)\mathrm{d}x=\int_{-l}^{0} f(x)\mathrm{d}x+\int_0^l f(x)\mathrm{d}x=-\int_{-l}^{0} f(-x)\mathrm{d}(-x)+\int_0^l f(x)\mathrm{d}x$$

$$=-\int_l^0 f(t)\mathrm{d}t+\int_0^l f(x)\mathrm{d}x=\int_0^l f(t)\mathrm{d}t+\int_0^l f(x)\mathrm{d}x=2\int_0^l f(x)\mathrm{d}x.$$

其几何解释如下：

由于 $f(x)=f(-x)$，故它的图像关于 $Oy$ 轴对称. 于是，由曲线 $y=f(x)$，直线 $x=-l$ 及 $x=l$ 所围成的面积为由曲线 $y=f(x)$，直线 $x=0$ 及 $x=l$ 所围成的面积 $S$ 的两倍(图 4.12).

(2) 由于 $f(x)=-f(-x)$，设 $x=-t$，则

$$\int_{-l}^{l} f(x)\mathrm{d}x=-\int_{-l}^{0} f(-x)\mathrm{d}x+\int_0^l f(x)\mathrm{d}x=\int_l^0 f(t)\mathrm{d}t+\int_0^l f(x)\mathrm{d}x=0.$$

其几何解释如下：

由于 $f(x)=-f(-x)$，故它的图像关于原点对称. 于是，由 $-l$ 到 0 之间所围之面积，与由 0 到 $l$ 之间所围成之面积绝对值相等，符号相反，故其面积的代数和为零(图 4.13).

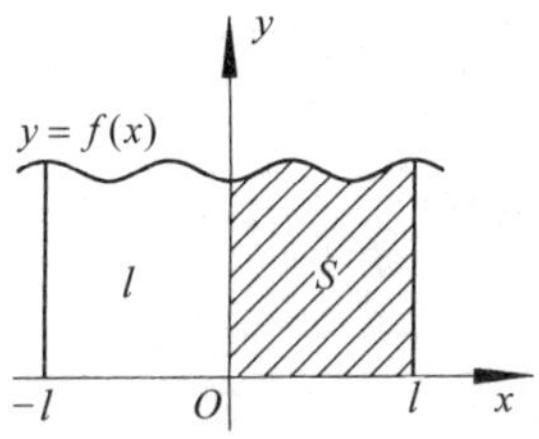

图 4.12

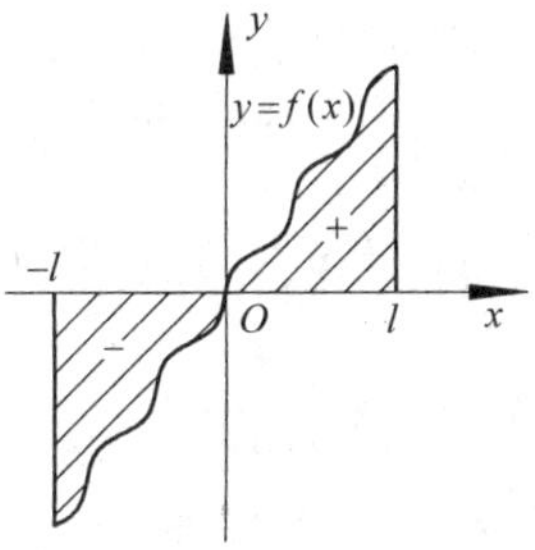

图 4.13

**【2259】** 证明：偶函数的原函数中的一个为奇函数，而奇函数的一切原函数皆为偶函数.

**证** 设 $f(x)$在$[-l,l]$上定义*)，且 $F(x)$是 $f(x)$的一个原函数. 当$f(-x)=f(x)$时，由于

$$f(x)=\frac{\mathrm{d}}{\mathrm{d}x}F(x) \quad 及 \quad f(-x)=-\frac{\mathrm{d}}{\mathrm{d}x}F(-x),$$

故有$\frac{\mathrm{d}}{\mathrm{d}x}[F(x)+F(-x)]=0$. 从而可得 $F(x)+F(-x)=C_1$，且 $C_1=2F(0)$. 于是，$f(x)$有一个原函数 $F(x)-F(0)$是奇函数.

当 $f(-x)=-f(x)$时，类似地可得 $F(x)-F(-x)=C_2$，且 $C_2=0$. 于是，$F(-x)=F(x)$，即 $f(x)$的任一原函数$F(x)+C$ ($C$ 为任意常数)也为偶函数.

*) 如果 $f(x)$在$[-l,l]$上可积，则由 $F_c(x)=\int_0^x f(t)\mathrm{d}t+C$ ($C$ 是任意常数) 也可获证，其中 $F_c(x)$ 为 $f(x)$的全部原函数.

**【2260】** 引入新变量 $t=x+\frac{1}{x}$，计算积分

$$\int_{\frac{1}{2}}^{2}\left(1+x-\frac{1}{x}\right)\mathrm{e}^{x+\frac{1}{x}}\mathrm{d}x.$$

**解** 设 $t=x+\frac{1}{x}$，则 $\qquad t^2-4=\left(x-\frac{1}{x}\right)^2, \quad x=\frac{1}{2}(t\pm\sqrt{t^2-4})$.

于是，

$$\begin{aligned}\int_{\frac{1}{2}}^{2}\left(1+x-\frac{1}{x}\right)\mathrm{e}^{x+\frac{1}{x}}\mathrm{d}x&=\int_{1}^{2}\left(1+x-\frac{1}{x}\right)\mathrm{e}^{x+\frac{1}{x}}\mathrm{d}x+\int_{\frac{1}{2}}^{1}\left(1+x-\frac{1}{x}\right)\mathrm{e}^{x+\frac{1}{x}}\mathrm{d}x\\&=\int_{2}^{\frac{5}{2}}(1+\sqrt{t^2-4})\mathrm{e}^t\mathrm{d}\left[\frac{1}{2}(t+\sqrt{t^2-4})\right]+\int_{\frac{5}{2}}^{2}(1-\sqrt{t^2-4})\mathrm{e}^t\mathrm{d}\left[\frac{1}{2}(t-\sqrt{t^2-4})\right]\\&=\frac{1}{2}\int_{2}^{\frac{5}{2}}(1+\sqrt{t^2-4})\mathrm{e}^t\left(1+\frac{t}{\sqrt{t^2-4}}\right)\mathrm{d}t-\frac{1}{2}\int_{2}^{\frac{5}{2}}(1-\sqrt{t^2-4})\mathrm{e}^t\left(1-\frac{t}{\sqrt{t^2-4}}\right)\mathrm{d}t\\&=\int_{2}^{\frac{5}{2}}\mathrm{e}^t\left[\sqrt{t^2-4}+\frac{t}{\sqrt{t^2-4}}\right]\mathrm{d}t=\int_{2}^{\frac{5}{2}}\left[\sqrt{t^2-4}\,\mathrm{d}(\mathrm{e}^t)+\mathrm{e}^t\mathrm{d}\sqrt{t^2-4}\right]\\&=(\sqrt{t^2-4})\mathrm{e}^t\Big|_{2}^{\frac{5}{2}}=\frac{3}{2}\mathrm{e}^{\frac{5}{2}}.\end{aligned}$$

**【2261】** 在积分$\int_0^{2\pi}f(x)\cos x\mathrm{d}x$ 中进行变量代换 $\sin x=t$.

**解** $\int_0^{2\pi}f(x)\cos x\mathrm{d}x=\int_0^{\frac{\pi}{2}}f(x)\cos x\mathrm{d}x+\int_{\frac{\pi}{2}}^{\pi}f(x)\cos x\mathrm{d}x+\int_{\pi}^{\frac{3\pi}{2}}f(x)\cos x\mathrm{d}x+\int_{\frac{3\pi}{2}}^{2\pi}f(x)\cos x\mathrm{d}x.$

在右端的第一个积分中，设$\sin x=t$；第二、第三个积分中，设$\sin(\pi-x)=t$；第四个积分中，设$\sin(2\pi-x)=-t$. 代入得

$$\int_0^{2\pi} f(x)\cos x\mathrm{d}x=\int_0^1[f(\arcsin t)-f(\pi-\arcsin t)]\mathrm{d}t+\int_{-1}^0[f(2\pi+\arcsin t)-f(\pi-\arcsin t)]\mathrm{d}t.$$

**【2262】** 计算积分 $\int_{e^{-2\pi n}}^1\left|\left[\cos\left(\ln\frac{1}{x}\right)\right]'\right|\mathrm{d}x$ ($n$ 为正数).

**提示** 令 $x=e^{-t}$.

**解** $\left[\cos\left(\ln\frac{1}{x}\right)\right]'=\frac{\sin(-\ln x)}{x}$. 设 $x=e^{-t}$，则 $\mathrm{d}x=-e^{-t}\mathrm{d}t$，$\frac{\sin(-\ln x)}{x}=\frac{\sin t}{e^{-t}}=e^t\sin t$. 代入得

$$\int_{e^{-2\pi n}}^1\left|\left[\cos\left(\ln\frac{1}{x}\right)\right]'\right|\mathrm{d}x=\int_0^{2\pi n}|\sin t|\mathrm{d}t=\sum_{k=1}^{2n}\int_{(k-1)\pi}^{k\pi}|\sin t|\mathrm{d}t=\sum_{k=1}^{2n}\int_0^{\pi}\sin t\mathrm{d}t=2\cdot 2n=4n.$$

**【2263】** 求积分 $\int_0^{\pi}\frac{x\sin x}{1+\cos^2 x}\mathrm{d}x$.

**提示** 利用 2257 题(2)的结果.

**解** $\int_0^{\pi}\frac{x\sin x}{1+\cos^2 x}\mathrm{d}x=\frac{\pi}{2}\int_0^{\pi}\frac{\sin x}{1+\cos^2 x}\mathrm{d}x^{*)}=\frac{\pi}{2}[-\arctan(\cos x)]\Big|_0^{\pi}=\frac{\pi^2}{4}$.

*) 利用 2257 题(2)结果.

**【2264】** 设 $f(x)=\frac{(x+1)^2(x-1)}{x^3(x-2)}$，求积分 $\int_{-1}^3\frac{f'(x)}{1+f^2(x)}\mathrm{d}x$.

**提示** 参看 2217 题后面所加的注意.

**解**

$$\begin{aligned}\int_{-1}^3\frac{f'(x)}{1+f^2(x)}\mathrm{d}x&=\int_{-1}^0\frac{f'(x)}{1+f^2(x)}\mathrm{d}x+\int_0^2\frac{f'(x)}{1+f^2(x)}\mathrm{d}x+\int_2^3\frac{f'(x)}{1+f^2(x)}\mathrm{d}x\\&=\arctan f(x)\Big|_{-1}^0+\arctan f(x)\Big|_0^2+\arctan f(x)\Big|_2^3\\&=\left(-\frac{\pi}{2}-0\right)^{*)}+\left(-\frac{\pi}{2}-\frac{\pi}{2}\right)+\left(\arctan\frac{4^2\cdot 2}{3^3\cdot 1}-\frac{\pi}{2}\right)\\&=\arctan\frac{32}{27}-2\pi.\end{aligned}$$

*) 参看 2217 题后的注意.

**【2265】** 证明：若 $f(x)$ 为定义在 $-\infty<x<+\infty$ 而周期为 $T$ 的连续的周期函数，则

$$\int_a^{a+T}f(x)\mathrm{d}x=\int_0^T f(x)\mathrm{d}x.$$

式中 $a$ 为任意的数.

**提示** 将区间 $[a,a+T]$ 分成 $[a,0]$、$[0,T]$ 及 $[T,a+T]$，并在积分 $\int_T^{a+T}f(x)\mathrm{d}x$ 中，令 $x=t+T$.

**证**

$$\int_a^{a+T}f(x)\mathrm{d}x=\int_a^0 f(x)\mathrm{d}x+\int_0^T f(x)\mathrm{d}x+\int_T^{a+T}f(x)\mathrm{d}x.$$

对上述等式右端的第三个积分，设 $x-T=t$，则

$$\int_T^{a+T}f(x)\mathrm{d}x=\int_0^a f(t+T)\mathrm{d}t=\int_0^a f(t)\mathrm{d}t.$$

于是，

$$\int_a^{a+T}f(x)\mathrm{d}x=\int_0^T f(x)\mathrm{d}x.$$

**【2266】** 证明：当 $n$ 为奇数时，函数

$$F(x)=\int_0^x\sin^n x\mathrm{d}x\quad 及\quad G(x)=\int_0^x\cos^n x\mathrm{d}x$$

为以 $2\pi$ 为周期的周期函数；而当 $n$ 为偶数时，则其中的任何一个皆为线性函数与周期函数之和.

**证** 当 $n$ 为奇数时，$\sin^n x$ 是奇函数，而且是以 $2\pi$ 为周期的函数. 于是，

$$F(x+2\pi)=\int_0^{x+2\pi}\sin^n x\mathrm{d}x=\int_0^{2\pi}\sin^n x\mathrm{d}x+\int_{2\pi}^{2\pi+x}\sin^n x\mathrm{d}x$$

$$=\int_{-\pi}^{\pi}\sin^n(\pi-x)\mathrm{d}x+\int_0^x\sin^n x\mathrm{d}x=0+\int_0^x\sin^n x\mathrm{d}x=F(x)$$

及

$$G(x+2\pi)=G(x)+\int_0^{2\pi}\cos^n x\mathrm{d}x=G(x)+\int_0^{\pi}\cos^n x\mathrm{d}x+\int_{\pi}^{2\pi}\cos^n x\mathrm{d}x$$

$$=G(x)+\int_0^{\pi}\cos^n x\mathrm{d}x+\int_0^{\pi}\cos^n(x+\pi)\mathrm{d}x=G(x),$$

从而得知：$F(x)$和$G(x)$都是以$2\pi$为周期的周期函数. 当$n$为偶数时，显然有

$$F(x+2\pi)=F(x)+\int_0^{2\pi}\sin^n x\mathrm{d}x,\quad G(x+2\pi)=G(x)+\int_0^{2\pi}\cos^n x\mathrm{d}x.$$

但因

$$\int_0^{2\pi}\sin^n x\mathrm{d}x=\int_0^{2\pi}\cos^n x\mathrm{d}x=a>0,$$

所以，$F(x)$和$G(x)$都不是以$2\pi$为周期的周期函数.

设$F_1(x)=F(x)-\frac{a}{2\pi}x$，则

$$F_1(x+2\pi)=F(x+2\pi)-\frac{a}{2\pi}(x+2\pi)=F(x)+a-\frac{a}{2\pi}x-a=F(x)-\frac{a}{2\pi}x=F_1(x).$$

即$F_1(x)$是以$2\pi$为周期的周期函数，而

$$F(x)=F_1(x)+\frac{a}{2\pi}x.$$

所以，$F(x)$为周期函数与线性函数之和.

同理，可以证明$G(x)$也是周期函数与线性函数之和.

一般地，当$f(x)$为周期函数时，可以证明：函数$F(x)=\int_{x_0}^x f(t)\mathrm{d}t$可表示成线性函数与周期函数之和.

**【2267】** 证明：若$f(x)$为以$T$为周期的连续的周期函数，则函数

$$F(x)=\int_{x_0}^x f(x)\mathrm{d}x$$

在一般的情形下是线性函数与周期等于$T$的周期函数之和.

**证明思路** 注意

$$F(x+T)-F(x)=\int_x^{x+T}f(x)\mathrm{d}x=\int_{x_0}^{x_0+T}f(x)\mathrm{d}x=K\quad(K\text{ 为常数}).$$

当$K=0$时，则$F(x)$为一周期函数. 当$K\neq0$时，可令$\varphi(x)=F(x)-\frac{K}{T}x$，只要证明$\varphi(x)$是以$T$为周期的周期函数.

**证** 因为$F(x)=\int_{x_0}^x f(x)\mathrm{d}x$，所以，

$$F(x+T)-F(x)=\int_x^{x+T}f(x)\mathrm{d}x.$$

又因$f(x)$是一周期为$T$的连续函数，所以，

$$\int_x^{x+T}f(x)\mathrm{d}x=\int_{x_0}^{x_0+T}f(x)\mathrm{d}x=K.$$

于是，$F(x+T)-F(x)=K$.

如果$K=0$，则$F(x)$为周期等于$T$的周期函数.

如果$K\neq0$，可考虑函数$\varphi(x)=F(x)-\frac{K}{T}x$，则因

$$\varphi(x+T)=F(x+T)-\frac{K}{T}(x+T)=F(x+T)-\frac{K}{T}x-K=F(x)-\frac{K}{T}x=\varphi(x),$$

所以，$\varphi(x)$为以$T$为周期的周期函数，从而，$F(x)=\varphi(x)+\frac{K}{T}x$，即$F(x)$是线性函数与周期等于$T$的周期函数之和.

**计算下列积分：**

**【2268】** $\int_0^1 x(2-x^2)^{12}\mathrm{d}x$.

**解** $\int_0^1 x(2-x^2)^{12}\mathrm{d}x=-\frac{1}{26}(2-x^2)^{13}\Big|_0^1=315\frac{1}{26}$.

**【2269】** $\int_{-1}^1 \frac{x\mathrm{d}x}{x^2+x+1}$.

**解** $\int_{-1}^1 \frac{x\mathrm{d}x}{x^2+x+1}=\frac{1}{2}\int_{-1}^1 \frac{2x+1}{x^2+x+1}\mathrm{d}x-\frac{1}{2}\int_{-1}^1 \frac{\mathrm{d}x}{\frac{3}{4}+\left(x+\frac{1}{2}\right)^2}$

$$=\frac{1}{2}\ln(x^2+x+1)\Big|_{-1}^1-\frac{1}{\sqrt{3}}\arctan\frac{2x+1}{\sqrt{3}}\Big|_{-1}^1=\frac{1}{2}\ln 3-\frac{\pi}{2\sqrt{3}}.$$

**【2270】**+ $\int_1^{\mathrm{e}} (x\ln x)^2\mathrm{d}x$.

**解** $\int_1^{\mathrm{e}} (x\ln x)^2\mathrm{d}x=x^3\ln^2 x\Big|_1^{\mathrm{e}}-2\int_1^{\mathrm{e}} x^2\ln x(1+\ln x)\mathrm{d}x=\mathrm{e}^3-2\int_1^{\mathrm{e}} x^2\ln x\mathrm{d}x-2\int_1^{\mathrm{e}} (x\ln x)^2\mathrm{d}x$.

移项合并得 $\int_1^{\mathrm{e}} (x\ln x)^2\mathrm{d}x=\frac{\mathrm{e}^3}{3}-\frac{2}{3}\int_1^{\mathrm{e}} x^2\ln x\mathrm{d}x=\frac{\mathrm{e}^3}{3}-\left(\frac{2}{9}x^3\ln x-\frac{2}{27}x^3\right)\Big|_1^{\mathrm{e}}=\frac{5}{27}\mathrm{e}^3-\frac{2}{27}$.

**【2271】** $\int_1^9 x\sqrt[3]{1-x}\mathrm{d}x$.

**提示** 令 $\sqrt[3]{1-x}=t$.

**解** 设 $\sqrt[3]{1-x}=t$，则 $\int_1^9 x\sqrt[3]{1-x}\mathrm{d}x=-3\int_0^{-2}(t^3-t^6)\mathrm{d}t=-66\frac{6}{7}$.

**【2272】**+ $\int_{-2}^{-1} \frac{\mathrm{d}x}{x\sqrt{x^2-1}}$.

**提示** 令 $x=\frac{1}{t}$.

**解** 设 $x=\frac{1}{t}$，则 $\int_{-2}^{-1} \frac{\mathrm{d}x}{x\sqrt{x^2-1}}=\int_{-\frac{1}{2}}^{-1} \frac{\mathrm{d}t}{\sqrt{1-t^2}}=\arcsin x\Big|_{-\frac{1}{2}}^{-1}=-\frac{\pi}{3}$.

**【2273】** $\int_0^1 x^{15}\sqrt{1+3x^8}\mathrm{d}x$.

**提示** 令 $1+3x^8=t$.

**解** 设 $1+3x^8=t$，则 $24x^7\mathrm{d}x=\mathrm{d}t$，$x^8=\frac{1}{3}(t-1)$. 于是，

$$\int_0^1 x^{15}\sqrt{1+3x^8}\mathrm{d}x=\frac{1}{72}\int_1^4 (t-1)t^{\frac{1}{2}}\mathrm{d}t=\frac{29}{270}.$$

**【2274】** $\int_0^3 \arcsin\sqrt{\frac{x}{1+x}}\mathrm{d}x$.

**提示** 使用分部积分法后，再令 $\sqrt{x}=t$.

**解** $\int_0^3 \arcsin\sqrt{\frac{x}{1+x}}\mathrm{d}x=x\arcsin\sqrt{\frac{x}{1+x}}\Big|_0^3-\int_0^3 \frac{\sqrt{x}\mathrm{d}x}{2(1+x)}=\pi-\int_0^{\sqrt{3}} \frac{t^2\mathrm{d}t}{1+t^2}$ *)

$$=\pi-(t-\arctan t)\Big|_0^{\sqrt{3}}=\frac{4\pi}{3}-\sqrt{3}.$$

*) 设 $\sqrt{x}=t$.

**【2275】** $\int_0^{2\pi} \frac{\mathrm{d}x}{(2+\cos x)(3+\cos x)}$.

解 $\int_0^{2\pi}\frac{dx}{(2+\cos x)(3+\cos x)}=\int_0^{2\pi}\frac{dx}{2+\cos x}-\int_0^{2\pi}\frac{dx}{3+\cos x}=\int_0^{\pi}\frac{dx}{2+\cos x}+\int_0^{\pi}\frac{dx}{2-\cos x}-\int_0^{2\pi}\frac{dx}{3+\cos x}$

$=4\int_0^{\pi}\frac{dx}{4-\cos^2 x}-6\int_0^{\pi}\frac{dx}{9-\cos^2 x}=8\int_0^{\frac{\pi}{2}}\frac{dx}{4\sin^2 x+3\cos^2 x}-12\int_0^{\frac{\pi}{2}}\frac{dx}{9\sin^2 x+8\cos^2 x}$

$=8\frac{1}{2\sqrt{3}}\arctan\frac{2\tan x}{\sqrt{3}}\Big|_0^{\frac{\pi}{2}}-12\frac{1}{3\sqrt{8}}\arctan\frac{3\tan x}{\sqrt{8}}\Big|_0^{\frac{\pi}{2}}=\pi\left(\frac{2}{\sqrt{3}}-\frac{1}{\sqrt{2}}\right).$

**【2276】** $\int_0^{2\pi}\frac{dx}{\sin^4 x+\cos^4 x}.$

提示 注意 $\int_0^{2\pi}\frac{dx}{\sin^4 x+\cos^4 x}=8\int_0^{\frac{\pi}{4}}\frac{dx}{\sin^4 x+\cos^4 x}$,并利用 2035 题的结果.

解 $\int_0^{2\pi}\frac{dx}{\sin^4 x+\cos^4 x}=8\int_0^{\frac{\pi}{4}}\frac{dx}{\sin^4 x+\cos^4 x}=\frac{1}{\sqrt{2}}\arctan\left(\frac{\tan 2x}{\sqrt{2}}\right)^{*)}\Big|_0^{2\pi}=2\pi\sqrt{2}.$

*) 利用 2035 题的结果.

**【2277】** $\int_0^{\frac{\pi}{2}}\sin x\sin 2x\sin 3x\,dx.$

提示 同 1167 题.

解 $\sin x\sin 2x\sin 3x=\frac{1}{2}(\cos 2x-\cos 4x)\sin 2x=\frac{1}{4}\sin 4x-\frac{1}{4}(\sin 6x-\sin 2x).$

于是,
$$\int_0^{\frac{\pi}{2}}\sin x\sin 2x\sin 3x\,dx=\left(-\frac{1}{16}\cos 4x+\frac{1}{24}\cos 6x-\frac{1}{8}\cos 2x\right)\Big|_0^{\frac{\pi}{2}}=\frac{1}{6}.$$

**【2278】** $\int_0^{\pi}(x\sin x)^2 dx.$

解 $\int_0^{\pi}(x\sin x)^2 dx=\frac{1}{2}\int_0^{\pi}x^2(1-\cos 2x)dx=\frac{1}{6}x^3\Big|_0^{\pi}-\frac{1}{2}\int_0^{\pi}x^2\cos 2x\,dx$

$=\frac{\pi^3}{6}-\frac{x^2}{4}\sin 2x\Big|_0^{\pi}+\frac{1}{2}\int_0^{\pi}x\sin 2x\,dx=\frac{\pi^3}{6}-\frac{x}{4}\cos 2x\Big|_0^{\pi}+\frac{1}{4}\int_0^{\pi}\cos 2x\,dx=\frac{\pi^3}{6}-\frac{\pi}{4}.$

**【2279】** $\int_0^{\pi}e^x\cos^2 x\,dx.$

提示 注意 $\cos^2 x=\frac{1+\cos 2x}{2}$,并利用 1828 题的结果.

解 $\int_0^{\pi}e^x\cos^2 x\,dx=\int_0^{\pi}\frac{e^x(1+\cos 2x)}{2}dx=\frac{e^x}{2}+\frac{e^x}{10}(\cos 2x+2\sin 2x)^{*)}\Big|_0^{\pi}=\frac{3}{5}(e^{\pi}-1).$

*) 利用 1828 题的结果.

**【2280】** $\int_0^{\ln 2}\mathrm{sh}^4 x\,dx.$

提示 利用 1761 题的结果.

解 $\int_0^{\ln 2}\mathrm{sh}^4 x\,dx=\int_0^{\ln 2}\mathrm{sh}^2 x(\mathrm{ch}^2 x-1)dx=\frac{1}{4}\int_0^{\ln 2}\mathrm{sh}^2 2x\,dx-\int_0^{\ln 2}\mathrm{sh}^2 x\,dx$

$=\frac{1}{4}\left(-\frac{x}{2}+\frac{1}{8}\mathrm{sh}4x\right)^{*)}\Big|_0^{\ln 2}-\left(-\frac{x}{2}+\frac{1}{4}\mathrm{sh}2x\right)^{*)}\Big|_0^{\ln 2}=\frac{3}{8}\ln 2-\frac{225}{1042}.$

*) 利用 1761 题的结果.

**利用递推公式来计算下列依赖于取正整数值的参数 $n$ 的积分:**

**【2281】** $I_n=\int_0^{\frac{\pi}{2}}\sin^n x\,dx.$

提示 $I_n=\frac{n-1}{n}I_{n-2}.$

**解** $I_n=-\int_0^{\frac{\pi}{2}}\sin^{n-1}x\mathrm{d}(\cos x)=-\sin^{n-1}x\cos x\Big|_0^{\frac{\pi}{2}}+(n-1)\int_0^{\frac{\pi}{2}}\sin^{n-2}x\cos^2 x\mathrm{d}x$

$$=(n-1)\int_0^{\frac{\pi}{2}}\sin^{n-2}x\mathrm{d}x-(n-1)\int_0^{\frac{\pi}{2}}\sin^n x\mathrm{d}x,$$

移项合并得

$$I_n=\frac{n-1}{n}I_{n-2}.$$

利用上述递推公式即可求得

$$I_n=\begin{cases}\dfrac{(2k-1)!!}{(2k)!!}\cdot\dfrac{\pi}{2}, & n=2k,\\ \dfrac{(2k)!!}{(2k+1)!!}, & n=2k+1.\end{cases}$$

**【2282】** $I_n=\int_0^{\frac{\pi}{2}}\cos^n x\mathrm{d}x.$

**提示** 令$\frac{\pi}{2}-x=t$,并利用 2281 题的结果.

**解** 设$\frac{\pi}{2}-x=t$,则 $\mathrm{d}x=-\mathrm{d}t$,且 $\cos x=\cos\left(\frac{\pi}{2}-t\right)=\sin t$.

代入得
$$I_n=\int_0^{\frac{\pi}{2}}\sin^n t\mathrm{d}t.$$

因此,与 2281 题的结果相同.

**【2283】** $I_n=\int_0^{\frac{\pi}{4}}\tan^{2n}x\mathrm{d}x.$

**提示** $I_n=\frac{1}{2n-1}-I_{n-1}.$

**解** $I_n=\int_0^{\frac{\pi}{4}}\tan^{2n-2}x(\sec^2 x-1)\mathrm{d}x=\int_0^{\frac{\pi}{4}}\tan^{2n-2}x\mathrm{d}(\tan x)-\int_0^{\frac{\pi}{4}}\tan^{2n-2}x\mathrm{d}x=\frac{1}{2n-1}-I_{n-1},$

即
$$I_n=\frac{1}{2n-1}-I_{n-1}.$$

由于 $I_0=\int_0^{\frac{\pi}{4}}\mathrm{d}x=\frac{\pi}{4}$,于是,利用上述递推公式即可求得

$$I_n=\frac{1}{2n-1}-\left(\frac{1}{2n-3}-I_{n-2}\right)=\cdots=\frac{1}{2n-1}-\frac{1}{2n-3}+\frac{1}{2n-5}-\cdots+(-1)^n I_0$$
$$=(-1)^n\left[\frac{\pi}{4}-\left(1-\frac{1}{3}+\frac{1}{5}-\cdots+\frac{(-1)^{n-1}}{2n-1}\right)\right].$$

**【2284】** $I_n=\int_0^1(1-x^2)^n\mathrm{d}x.$

**提示** 令 $x=\sin t$,并利用 2282 题的结果.

**解** 设 $x=\sin t$,代入得

$$I_n=\int_0^{\frac{\pi}{2}}\cos^{2n+1}t\mathrm{d}t=\frac{(2n)!!}{(2n+1)!!}=2^{2n}\frac{(n!)^2}{(2n+1)!}.$$

**【2285】** $I_n=\int_0^1\frac{x^n\mathrm{d}x}{\sqrt{1-x^2}}.$

**解** 设 $x=\sin t$,代入得

$$I_n=\int_0^{\frac{\pi}{2}}\sin^n t\mathrm{d}t.$$

因此,与 2281 题的结果相同.

**【2286】** $I_n=\int_0^1 x^m(\ln x)^n\mathrm{d}x.$

提示 $I_n=-\frac{n}{m+1}I_{n-1}$.

解 $I_n=\frac{1}{m+1}x^{m+1}\ln^n x\Big|_0^1-\frac{n}{m+1}\int_0^1 x^m(\ln x)^{n-1}\mathrm{d}x$,

于是，$$I_n=-\frac{n}{m+1}I_{n-1}=\left(-\frac{n}{m+1}\right)\left(-\frac{n-1}{m+1}\right)\cdots\left(-\frac{1}{m+1}\right)I_0=(-1)^n\frac{n!}{(m+1)^{n+1}}.$$

【2287】 $I_n=\int_0^{\frac{\pi}{4}}\left(\frac{\sin x-\cos x}{\sin x+\cos x}\right)^{2n+1}\mathrm{d}x$.

提示 注意 $\frac{\sin x-\cos x}{\sin x+\cos x}=\tan(x-\frac{\pi}{4})$及 $I_n=-\frac{1}{2n}-I_{n-1}$.

解 $$I_n=\int_0^{\frac{\pi}{4}}\tan^{2n+1}\left(x-\frac{\pi}{4}\right)\mathrm{d}x=\int_0^{\frac{\pi}{4}}\tan^{2n-1}\left(x-\frac{\pi}{4}\right)\left[\sec^2\left(x-\frac{\pi}{4}\right)-1\right]\mathrm{d}x$$
$$=\int_0^{\frac{\pi}{4}}\tan^{2n-1}\left(x-\frac{\pi}{4}\right)\mathrm{d}\left[\tan\left(x-\frac{\pi}{4}\right)\right]-I_{n-1}=-\frac{1}{2n}-I_{n-1},$$

即 $I_n=-\frac{1}{2n}-I_{n-1}$. 递推之，得

$$I_n=-\frac{1}{2n}+\frac{1}{2(n-1)}-\frac{1}{2(n-2)}+\cdots+(-1)^n\frac{1}{2}+(-1)^n I_0.$$

但 $$I_0=\int_0^{\frac{\pi}{4}}\tan\left(x-\frac{\pi}{4}\right)\mathrm{d}x=-\ln\left|\cos\left(x-\frac{\pi}{4}\right)\right|\Bigg|_0^{\frac{\pi}{4}}=\ln\frac{\sqrt{2}}{2}=-\ln\sqrt{2},$$

于是，$$I_n=(-1)^n\left\{-\ln\sqrt{2}+\frac{1}{2}\left[1-\frac{1}{2}+\cdots+(-1)^{n-1}\frac{1}{n}\right]\right\}.$$

**设 $f(x)=f_1(x)+\mathrm{i}f_2(x)$是实变量 $x$ 的复函数，其中$f_1(x)=\mathrm{Re}f(x)$，$f_2(x)=\mathrm{Im}f(x)$ 及 $\mathrm{i}^2=-1$，则按定义有：**

$$\int f(x)\mathrm{d}x=\int f_1(x)\mathrm{d}x+\mathrm{i}\int f_2(x)\mathrm{d}x.$$

**显然，** $$\mathrm{Re}\int f(x)\mathrm{d}x=\int \mathrm{Re}f(x)\mathrm{d}x.\qquad \mathrm{Im}\int f(x)\mathrm{d}x=\int \mathrm{Im}f(x)\mathrm{d}x.$$

【2288】 利用欧拉公式 $\mathrm{e}^{\mathrm{i}x}=\cos x+\mathrm{i}\sin x$,

证明：$$\int_0^{2\pi}\mathrm{e}^{\mathrm{i}nx}\mathrm{e}^{-\mathrm{i}mx}\mathrm{d}x=\begin{cases}0, & m\neq n,\\ 2\pi, & m=n\end{cases}\quad (n\text{ 及 }m\text{ 为整数}).$$

证 当 $m=n$ 时，$\int_0^{2\pi}\mathrm{e}^{\mathrm{i}nx}\mathrm{e}^{-\mathrm{i}mx}\mathrm{d}x=\int_0^{2\pi}\mathrm{d}x=2\pi$.

当 $m\neq n$ 时，

$$\int_0^{2\pi}\mathrm{e}^{\mathrm{i}nx}\mathrm{e}^{-\mathrm{i}mx}\mathrm{d}x=\int_0^{2\pi}(\cos nx+\mathrm{i}\sin nx)(\cos mx-\mathrm{i}\sin mx)\mathrm{d}x$$
$$=\int_0^{2\pi}\cos(m-n)x\mathrm{d}x-\mathrm{i}\int_0^{2\pi}\sin(m-n)x\mathrm{d}x=0.$$

【2289】 证明：$\int_a^b \mathrm{e}^{(\alpha+\mathrm{i}\beta)x}\mathrm{d}x=\frac{\mathrm{e}^{b(\alpha+\mathrm{i}\beta)}-\mathrm{e}^{a(\alpha+\mathrm{i}\beta)}}{\alpha+\mathrm{i}\beta}$ （$\alpha$ 及 $\beta$ 为常数）.

证 $$\int_a^b \mathrm{e}^{(\alpha+\mathrm{i}\beta)x}\mathrm{d}x=\int_a^b\mathrm{e}^{\alpha x}\cos\beta x\mathrm{d}x+\mathrm{i}\int_a^b\mathrm{e}^{\alpha x}\sin\beta x\mathrm{d}x=\frac{\mathrm{e}^{\alpha x}[\alpha\cos\beta x+\beta\sin\beta x+\mathrm{i}(\alpha\sin\beta x-\beta\cos\beta x)]}{\alpha^2+\beta^2}\Bigg|_a^b$$
$$=\frac{\mathrm{e}^{\alpha x}(\alpha-\mathrm{i}\beta)(\cos\beta x+\mathrm{i}\sin\beta x)}{(\alpha+\mathrm{i}\beta)(\alpha-\mathrm{i}\beta)}\Bigg|_a^b=\frac{\mathrm{e}^{(\alpha+\mathrm{i}\beta)x}}{\alpha+\mathrm{i}\beta}\Bigg|_a^b=\frac{\mathrm{e}^{(\alpha+\mathrm{i}\beta)b}-\mathrm{e}^{(\alpha+\mathrm{i}\beta)a}}{\alpha+\mathrm{i}\beta}.$$

**利用欧拉公式：$\cos x=\frac{1}{2}(\mathrm{e}^{\mathrm{i}x}+\mathrm{e}^{-\mathrm{i}x})$，$\sin x=\frac{1}{2\mathrm{i}}(\mathrm{e}^{\mathrm{i}x}-\mathrm{e}^{-\mathrm{i}x})$，计算下列积分（$m$ 及 $n$ 为正整数）：**

**【2290】** $\int_0^{\frac{\pi}{2}} \sin^{2m}x\cos^{2n}x\,dx.$

**解** 方法 1：记
$$I_0=\int_0^{\frac{\pi}{2}} \sin^{2m}x\cos^{2n}x\,dx,$$
易见 $I_0=\frac{1}{4}I$，其中
$$I=\int_0^{2\pi} \sin^{2m}x\cos^{2n}x\,dx.$$
利用欧拉公式，有
$$\begin{aligned}\sin^{2m}x\cos^{2n}x&=\left(\frac{e^{ix}-e^{-ix}}{2i}\right)^{2m}\left(\frac{e^{ix}+e^{-ix}}{2}\right)^{2n}\\&=\frac{(-1)^m}{2^{2n+2m}}\sum_{k=0}^{2m}(-1)^kC_{2m}^k e^{2(m-k)ix}\sum_{l=0}^{2n}C_{2n}^l e^{2(n-l)ix}\\&=\frac{(-1)^m}{2^{2n+2m}}\sum_{k=0}^{2m}\sum_{l=0}^{2n}(-1)^kC_{2m}^kC_{2n}^l e^{2(m+n-k-l)ix}\\&=\frac{(-1)^m}{2^{2n+2m}}\sum_{k=0}^{2m}\sum_{l=0}^{2n}(-1)^kC_{2m}^kC_{2n}^l[\cos2(m+n-k-l)x+i\sin2(m+n-k-l)x],\end{aligned}$$
令不妨设 $m\leqslant n^*$，作积分计算，则有
$$\begin{aligned}I&=\frac{(-1)^m}{2^{2m+2n}}\sum_{k=0}^{2m}\sum_{l=0}^{2n}(-1)^kC_{2m}^kC_{2n}^l\left(\int_0^{2\pi}\cos2(m+n-k-l)x\,dx+i\int_0^{2\pi}\sin2(m+n-k-l)x\,dx\right)\\&=\frac{(-1)^m\pi}{2^{2m+2n-1}}\sum_{\substack{k+l=m+n\\0\leqslant k\leqslant 2m\\0\leqslant l\leqslant 2n}}(-1)^kC_{2m}^kC_{2n}^l=\frac{(-1)^m\pi}{2^{2m+2n-1}}\sum_{k=0}^{2m}(-1)^kC_{2m}^kC_{2n}^{m+n-k}\end{aligned}$$
经计算，可以验证有**
$$(-1)^m\sum_{k=0}^{2m}(-1)^kC_{2m}^kC_{2n}^{m+n-k}=\frac{(2m)!(2n)!}{m!n!(m+n)!}.$$
于是，得
$$I_0=\frac{1}{4}I=\frac{\pi(2m)!(2n)!}{2^{2m+2n+1}m!n!(m+n)!}.$$

方法 2：令 $I_{m,n}=\int_0^{\frac{\pi}{2}}\sin^{2m}x\cos^{2n}x\,dx$. 显然有
$$I_{m,0}=\int_0^{\frac{\pi}{2}}\sin^{2m}x\,dx=\frac{(2m-1)!!}{(2m)!!}\cdot\frac{\pi}{2},$$
$$\begin{aligned}I_{m,n}&=\int_0^{\frac{\pi}{2}}\sin^{2m}x\cos^{2n-1}x\,d(\sin x)=\frac{1}{2m+1}\int_0^{\frac{\pi}{2}}\cos^{2n-1}x\,d(\sin^{2m+1}x)\\&=\frac{1}{2m+1}\cos^{2n-1}x\sin^{2m+1}x\Big|_0^{\frac{\pi}{2}}-\frac{1}{2m+1}\int_0^{\frac{\pi}{2}}\sin^{2m+1}x\,d(\cos^{2n-1}x)\\&=\frac{2n-1}{2m+1}\int_0^{\frac{\pi}{2}}\sin^{2m+2}x\cos^{2n-2}x\,dx=\frac{2n-1}{2m+1}\int_0^{\frac{\pi}{2}}\sin^{2m}x(1-\cos^2x)\cos^{2(n-1)}x\,dx\\&=\frac{2n-1}{2m+1}I_{m,n-1}-\frac{2n-1}{2m+1}I_{m,n},\end{aligned}$$
整理后得
$$I_{m,n}=\frac{2n-1}{2(m+n)}I_{m,n-1}.$$
由此不难得到
$$I_{m,n}=\frac{(2n-1)!!}{2^n(m+n)(m+n-1)\cdots(m+1)}I_{m,0}=\frac{(2n-1)!!m!}{2^n(m+n)!}\cdot\frac{(2m-1)!!}{(2m)!!}\cdot\frac{\pi}{2}$$

---

* 若 $m>n$ 作代换 $x=\frac{\pi}{2}-u$ 即得.

** 用 $C_m^kC_2^{m+n-k}n=C_{2n}^mC_{2n}^n(C_{m+n}^m)^{-2}C_{m+n}^kC_{m+n}^{2m-k}$，以及由恒等式 $(1-x)^{m+n}(1+x)^{m+n}=(1-x^2)^{m+n}$ 展开，取 $x^{2m}$ 的系数的关系式 $\sum_{k=0}^{2m}(-1)^kC_{m+n}^kC_{m+n}^{2m-k}=(-1)^mC_{m+n}^m$ 可以验证.

$$=\frac{\pi(2n-1)!!(2m-1)!!}{2^{m+n+1}(m+n)!}=\frac{\pi(2m)!(2n)!}{2^{2m+2n+1}m!n!(m+n)!}.$$

【2291】 $\int_0^{\pi}\frac{\sin nx}{\sin x}dx.$

解 设 $u=\frac{\sin nx}{\sin x}$,利用欧拉公式得 $u=\frac{e^{inx}-e^{-inx}}{e^{ix}-e^{-ix}}.$

当 $n=2k$ 时,

$$\begin{aligned}u&=(e^{ikx}+e^{-ikx})(e^{i(k-1)x}+e^{i(k-3)x}+\cdots+e^{-i(k-3)x}+e^{-i(k-1)x})\\&=e^{(2k-1)ix}+e^{(2k-3)ix}+\cdots+e^{ix}+e^{-ix}+\cdots+e^{-(2k-1)ix}\\&=2[\cos(2k-1)x+\cos(2k-3)x+\cdots+\cos x].\end{aligned}$$

于是, $$\int_0^{\pi}u dx=2\left[\frac{\sin(2k-1)x}{2k-1}+\frac{\sin(2k-3)x}{2k-3}+\cdots+\sin x\right]\Bigg|_0^{\pi}=0.$$

当 $n=2k+1$ 时,同上得 $u=2[\cos 2kx+\cos 2(k-1)x+\cdots+\cos 2x]+1,$

于是,$\int_0^{\pi}u dx=\pi.$

最后得到 $$\int_0^{\pi}\frac{\sin nx}{\sin x}dx=\begin{cases}0, & n\text{ 为偶数},\\ \pi, & n\text{ 为奇数}.\end{cases}$$

【2292】 $\int_0^{\pi}\frac{\cos(2n+1)x}{\cos x}dx.$

解 $$\begin{aligned}\frac{\cos(2n+1)x}{\cos x}&=\frac{e^{i(2n+1)x}+e^{-i(2n+1)x}}{e^{ix}+e^{-ix}}=e^{2nix}-e^{2(n-1)ix}+\cdots+(-1)^n+\cdots+e^{-2nix}\\&=2[\cos 2nx-\cos 2(n-1)x+\cdots+(-1)^{n-1}\cos 2x]+(-1)^n.\end{aligned}$$

于是, $$\int_0^{\pi}\frac{\cos(2n+1)x}{\cos x}dx=(-1)^n\pi.$$

【2293】 $\int_0^{\pi}\cos^n x\cos nx dx$

解 $$\cos^n x\cos nx=\frac{1}{2^{n+1}}(e^{ix}+e^{-ix})^n(e^{inx}+e^{-inx})=\frac{1}{2^n}[\cos 2nx+C_n^1\cos 2(n-1)x+\cdots+C_n^{n-1}\cos 2x+1].$$

于是, $$\int_0^{\pi}\cos^n x\cos nx dx=\frac{\pi}{2^n}.$$

【2294】 $\int_0^{\pi}\sin^n x\sin nx dx.$

解 解法 1:

$$\int_0^{\pi}\sin^n x\sin nx dx=\frac{1}{(2i)^{n+1}}\int_0^{\pi}\left[\sum_{k=0}^{n}(-1)^kC_n^k e^{i(n-2k)x}(e^{inx}-e^{-inx})\right]dx$$

$$=\frac{1}{(2i)^{n+1}}\left[\sum_{k=0}^{n}(-1)^kC_n^k\int_0^{\pi}e^{i(2n-2k)x}dx-\sum_{k=0}^{n}(-1)^kC_n^k\int_0^{\pi}e^{-i2kx}dx\right]$$

$$=\frac{1}{2^{n+1}i^{n+1}}[(-1)^nC_n^n\pi-(-1)^0C_n^0\pi]=\begin{cases}0, & n\text{ 为偶数},\\ \frac{\pi}{2^n}(-1)^{\frac{n+1}{2}+1}, & n\text{ 为奇数}.\end{cases}$$

由于 $$\sin\frac{n\pi}{2}=\begin{cases}0, & n\text{ 为偶数},\\ (-1)^{\frac{n+1}{2}+1}, & n\text{ 为奇数},\end{cases}$$

于是, $$\int_0^{\pi}\sin^n x\sin nx dx=\frac{\pi}{2^n}\sin\frac{n\pi}{2}.$$

解法 2:设 $x=\frac{\pi}{2}-t$,则

$$\int_0^{\pi}\sin^n x\sin nx dx=\int_{-\frac{\pi}{2}}^{\frac{\pi}{2}}\cos^n t\sin\left(\frac{n\pi}{2}-nt\right)dt=\sin\frac{n\pi}{2}\int_{-\frac{\pi}{2}}^{\frac{\pi}{2}}\cos^n t\cos nt dt-\cos\frac{n\pi}{2}\int_{-\frac{\pi}{2}}^{\frac{\pi}{2}}\cos^n t\sin nt dt$$

$$=\sin\frac{n\pi}{2}\int_0^{\pi}\cos^n x\cos nx\mathrm{d}x=\frac{\pi}{2^n}\sin\frac{n\pi}{2}.$$

**求下列积分 ($n$ 为正整数):**

**【2295】** $\int_0^{\pi}\sin^{n-1}x\cos(n+1)x\mathrm{d}x.$

**解** $\int_0^{\pi}\sin^{n-1}x\cos(n+1)x\mathrm{d}x=\int_0^{\pi}\sin^{n-1}x(\cos nx\cos x-\sin nx\sin x)\mathrm{d}x$

$$=\int_0^{\pi}\sin^{n-1}x\cos nx\mathrm{d}(\sin x)-\int_0^{\pi}\sin^n x\sin nx\mathrm{d}x$$

$$=\frac{\sin^n x\cos nx}{n}\Bigg|_0^{\pi}-\frac{1}{n}\int_0^{\pi}\sin^n x\mathrm{d}(\cos nx)-\int_0^{\pi}\sin^n x\sin nx\mathrm{d}x=0.$$

**【2296】** $\int_0^{\pi}\cos^{n-1}x\sin(n+1)x\mathrm{d}x.$

**提示** 对积分 $\int_0^{\pi}\cos^{n+1}x\sin(n+1)x\mathrm{d}x$ 使用两次分部积分.

**解** 考虑积分 $$I=\int_0^{\pi}\cos^{n+1}x\sin(n+1)x\mathrm{d}x,$$

并对它作两次分部积分,可得 $$I=I-\frac{n}{n+1}\int_0^{\pi}\cos^{n-1}x\sin(n+1)x\mathrm{d}x.$$

于是, $$\int_0^{\pi}\cos^{n-1}x\sin(n+1)x\mathrm{d}x=0.$$

本题也可不用分部积分法.事实上,$\cos^{n-1}x\sin(n+1)x$ 是以 $\pi$ 为周期的函数,又是奇函数,于是,

$$\int_0^{\pi}\cos^{n-1}x\sin(n+1)x\mathrm{d}x=\int_{-\frac{\pi}{2}}^{\frac{\pi}{2}}\cos^{n-1}x\sin(n+1)x\mathrm{d}x=0.$$

**【2297】** $\int_0^{2\pi}\mathrm{e}^{-ax}\cos^{2n}x\mathrm{d}x.$

**解** 解法1: $$\cos^{2n}x=\left(\frac{\mathrm{e}^{\mathrm{i}x}+\mathrm{e}^{-\mathrm{i}x}}{2}\right)^{2n}=\frac{1}{2^{2n}}\left[C_{2n}^n+2\sum_{k=0}^{n-1}C_{2n}^k\cos2(n-k)x\right]$$

于是, $$I=\int_0^{2\pi}\mathrm{e}^{-ax}\cos^{2n}x\mathrm{d}x=\frac{1}{2^{2n}}\left\{C_{2n}^n\int_0^{2\pi}\mathrm{e}^{-ax}\mathrm{d}x+2\sum_{k=0}^{n-1}C_{2n}^k\int_0^{2\pi}\mathrm{e}^{-ax}\cos2(n-k)x\mathrm{d}x\right\}$$

$$=\frac{1}{2^{2n}}\left\{-\frac{1}{a}C_{2n}^n\mathrm{e}^{-ax}\Bigg|_0^{2\pi}+2\sum_{k=0}^{n-1}C_{2n}^k\frac{(2n-2k)\sin2(n-k)x-a\cos2(n-k)x}{a^2+(2n-2k)^2}\mathrm{e}^{-ax}\Bigg|_0^{2\pi}\right\}$$

$$=\frac{1}{2^{2n}}\left\{-\frac{1}{a}C_{2n}^n(\mathrm{e}^{-2\pi a}-1)-a(\mathrm{e}^{-2\pi a}-1)\sum_{k=0}^{n-1}\frac{2C_{2n}^k}{a^2+(2n-2k)^2}\right\}$$

$$=\frac{1-\mathrm{e}^{-2\pi a}}{2^{2n}a}\left\{C_{2n}^n+2\sum_{k=0}^{n-1}C_{2n}^k\frac{a^2}{a^2+(2n-2k)^2}\right\},$$

即 $$\int_0^{2\pi}\mathrm{e}^{-ax}\cos^{2n}x\mathrm{d}x=\frac{1-\mathrm{e}^{-2\pi a}}{2^{2n}a}\left\{C_{2n}^n+2\sum_{k=0}^{n-1}C_{2n}^k\frac{a^2}{a^2+(2n-2k)^2}\right\}.$$

解法2: 由于 $$\int_0^{2\pi}\mathrm{e}^{(\alpha+\mathrm{i}k)x}\mathrm{d}x=\frac{\mathrm{e}^{(\alpha+\mathrm{i}k)x}}{\alpha+\mathrm{i}k}\Bigg|_0^{2\pi}=\frac{\mathrm{e}^{2\pi\alpha}-1}{\alpha+\mathrm{i}k}=\frac{(\mathrm{e}^{2\pi\alpha}-1)(\alpha-\mathrm{i}k)}{\alpha^2+k^2},$$

取实部,得 $$\mathrm{Re}\int_0^{2\pi}\mathrm{e}^{(\alpha+\mathrm{i}k)x}\mathrm{d}x=\frac{\alpha(\mathrm{e}^{2\pi\alpha}-1)}{\alpha^2+k^2}.$$

于是, $$\int_0^{2\pi}\mathrm{e}^{-ax}\cos^{2n}x\mathrm{d}x=\int_0^{2\pi}\mathrm{e}^{-ax}\left(\frac{\mathrm{e}^{\mathrm{i}x}+\mathrm{e}^{-\mathrm{i}x}}{2}\right)^{2n}\mathrm{d}x$$

$$=\frac{1}{2^{2n}}\int_0^{2\pi}\mathrm{e}^{-ax}\left(\sum_{k=0}^{2n}C_{2n}^k\mathrm{e}^{\mathrm{i}(2n-2k)x}\right)\mathrm{d}x=\frac{1}{2^{2n}}\sum_{k=0}^{2n}C_{2n}^k\int_0^{2\pi}\mathrm{e}^{-a+\mathrm{i}(2n-2k)x}\mathrm{d}x$$

$$=\frac{1}{2^{2n}}\sum_{k=0}^{2n}C_{2n}^{k}\frac{e^{-2\pi a}-1}{-a+i(2n-2k)}=\frac{1}{2^{2n}}\sum_{k=0}^{2n}C_{2n}^{k}\frac{a(1-e^{-2\pi a})}{a^2+(2n-2k)^2}$$

$$=\frac{1-e^{-2\pi a}}{2^{2n}a}\left[C_{2n}^{n}+2\sum_{k=0}^{n-1}C_{2n}^{k}\frac{a^2}{a^2+(2n-2k)^2}\right].$$

**【2298】** $\int_0^{\frac{\pi}{2}}\ln\cos x\cos 2nx\,dx.$

**解** 利用分部积分法，得

$$\int_0^{\frac{\pi}{2}}\ln\cos x\cos 2nx\,dx=\frac{1}{2n}\sin 2nx\ln\cos x\Big|_0^{\frac{\pi}{2}}+\frac{1}{2n}\int_0^{\frac{\pi}{2}}\frac{\sin 2nx\sin x}{\cos x}dx$$

$$=0^{*)}+\frac{1}{4n}\int_0^{\frac{\pi}{2}}\frac{\cos(2n-1)x}{\cos x}dx-\frac{1}{4n}\int_0^{\frac{\pi}{2}}\frac{\cos(2n+1)x}{\cos x}dx.$$

对于上述等式右端的第二项和第三项的被积函数有下列等式：

$$\frac{\cos(2n-1)x}{\cos x}=\frac{e^{i(2n-1)x}+e^{-i(2n-1)x}}{e^{ix}+e^{-ix}}=2[\cos 2(n-1)x-\cos 2(n-2)x+\cdots+(-1)^{n-2}\cos 2x]+(-1)^{n-1},$$

$$\frac{\cos(2n+1)x}{\cos x}=2[\cos 2nx-\cos 2(n-1)x+\cdots+(-1)^{n-1}\cos 2x]+(-1)^n.$$

由于积分

$$\int_0^{\frac{\pi}{2}}\cos 2kx\,dx\quad(k\text{ 为任意的正整数})$$

的值恒等于零，所以，积分

$$\int_0^{\frac{\pi}{2}}\frac{\cos(2n-1)x}{\cos x}dx\quad\text{及}\quad\int_0^{\frac{\pi}{2}}\frac{\cos(2n+1)x}{\cos x}dx$$

分别等于$(-1)^{n-1}\frac{\pi}{2}$及$(-1)^n\frac{\pi}{2}$. 这样，我们得到

$$\int_0^{\frac{\pi}{2}}\ln\cos x\cos 2nx\,dx=\frac{1}{4n}\left[(-1)^{n-1}\frac{\pi}{2}-(-1)^n\frac{\pi}{2}\right]=\frac{\pi}{4n}(-1)^{n-1}.$$

*) 在 $x=0$ 处，$\sin 2nx\ln\cos x=0$；而在 $x=\frac{\pi}{2}$ 处，为“$0\cdot\infty$”型，采用洛必达法则定值：

$$\lim_{x\to\frac{\pi}{2}-0}\sin 2nx\ln\cos x=\lim_{x\to\frac{\pi}{2}-0}\frac{\ln\cos x}{\frac{1}{\sin 2nx}}=\frac{1}{2n}\lim_{x\to\frac{\pi}{2}-0}\frac{\sin x\sin^2 2nx}{\cos x\cos 2nx}$$

$$=\frac{1}{2n}\lim_{x\to\frac{\pi}{2}-0}\frac{\cos x\sin^2 nx+4n\sin x\sin 2nx\cos 2nx}{-\sin x\cos 2nx-2n\cos x\sin 2nx}=0.$$

**【2299】** 利用多次的分部积分法，计算欧拉积分：

$$B(m,n)=\int_0^1 x^{m-1}(1-x)^{n-1}dx,$$

式中 $m$ 及 $n$ 为正整数.

**解** $B(m,n)=\frac{1}{m}x^m(1-x)^{n-1}\Big|_0^1+\frac{n-1}{m}\int_0^1 x^m(1-x)^{n-2}dx=\frac{n-1}{m}B(m+1,n-1).$

继续利用分部积分法，可得

$$B(m,n)=\frac{(n-1)(n-2)\cdots 2\cdot 1}{m(m+1)\cdots(m+n-2)}\int_0^1 x^{m+n-2}dx=\frac{(n-1)!(m-1)!}{(m+n-2)!}\cdot\frac{1}{m+n-1}x^{m+n-1}\Big|_0^1$$

$$=\frac{(n-1)!(m-1)!}{(m+n-1)!}.$$

**【2300】** 勒让德多项式 $P_n(x)$可由下面公式来定义：

$$P_n(x)=\frac{1}{2^n n!}\frac{d^n}{dx^n}[(x^2-1)^n]\quad(n=0,1,2,\cdots).$$

证明：
$$\int_{-1}^{1} P_m(x)P_n(x)\mathrm{d}x=\begin{cases}0, & m\neq n,\\ \dfrac{2}{2n+1}, & m=n.\end{cases}$$

**证** 当 $m\neq n$ 时，不失一般性，设 $n<m$. 由于 $P_m(x)$ 为一 $m$ 次的多项式，我们记
$$P_m(x)=R^{(m)}(x),$$
其中 $R(x)=\dfrac{1}{2^n m!}(x^2-1)^m$. 利用多次分部积分法，得
$$\int_{-1}^{1} P_m(x)P_n(x)\mathrm{d}x$$
$$=\left[P_n(x)R^{(m-1)}(x)-P_n'(x)R^{(m-2)}(x)+\cdots+(-1)^{m-1}P_n^{(m-1)}(x)R(x)\right]\Big|_{-1}^{1}+(-1)^m\int_{-1}^{1}R(x)P_n^{(m)}(x)\mathrm{d}x$$
$$=0.$$
当 $m=n$ 时，
$$\int_{-1}^{1} P_m(x)P_n(x)\mathrm{d}x=\frac{1}{2^{2n}(n!)^2}\int_{-1}^{1}\left[\frac{\mathrm{d}^n(x^2-1)^n}{\mathrm{d}x^n}\right]^2\mathrm{d}x,$$
设 $u=\dfrac{\mathrm{d}^n}{\mathrm{d}x^n}[(x^n-1)^n]$，$v=(x^2-1)^n$，则
$$\int_{-1}^{1} P_n^2(x)\mathrm{d}x=\frac{1}{2^{2n}(n!)^2}\left[uv^{(n-1)}-u'v^{(n-2)}+\cdots+(-1)^{n-1}u^{(n-1)}v\right]\Big|_{-1}^{1}+(-1)^n\frac{1}{2^{2n}(n!)^2}\int_{-1}^{1}vu^{(n)}\mathrm{d}x$$
$$=\frac{(-1)^n}{2^{2n}(n!)^2}\int_{-1}^{1}(x^2-1)^n\frac{\mathrm{d}^{2n}}{\mathrm{d}x^{2n}}[(x^2-1)^n]\mathrm{d}x=\frac{(2n)!}{2^{2n-1}(n!)^2}\int_{0}^{1}(1-x^2)^n\mathrm{d}x=\frac{(2n)!}{2^{2n-1}(n!)^2}\int_{0}^{\frac{\pi}{2}}\cos^{2n+1}t\mathrm{d}t^{*)}$$
$$=\frac{(2n)!}{2^{2n-1}(n!)^2}\cdot\frac{(2n)!!}{(2n+1)!!}^{**)}=\frac{2}{2n+1}.$$

*) 设 $x=\sin t$.

**) 利用 2282 题的结果.

**【2301】** 设函数 $f(x)$ 在 $[a,b]$ 上可积，函数 $F(x)$ 在 $[a,b]$ 内除了有限个内点 $c_i(i=1,\cdots,p)$ 及点 $a$ 与 $b$ 外皆满足等式 $F'(x)=f(x)$，而在这些点上 $F(x)$ 有第一类不连续点（广义原函数）. 证明：
$$\int_a^b f(x)\mathrm{d}x=F(b-0)-F(a+0)-\sum_{i=1}^{p}[F(c_i+0)-F(c_i-0)].$$

**证** 为确定起见，设 $a<c_1<c_2<\cdots<c_p<b$，并记 $a=c_0$，$b=c_{p+1}$. 由于 $f(x)$ 在 $[a,b]$ 上可积，故
$$\int_a^b f(x)\mathrm{d}x=\lim_{\eta\to 0+}\sum_{i=1}^{p}\int_{c_i+\eta}^{c_{i+1}-\eta}f(x)\mathrm{d}x.$$
显然，在 $[c_i+\eta,c_{i+1}-\eta]$ 上 $F'(x)=f(x)$，从而可应用牛顿—莱布尼茨公式，得
$$\int_{c_i+\eta}^{c_{i+1}-\eta}f(x)\mathrm{d}x=F(c_{i+1}-\eta)-F(c_i+\eta),$$
由此可知
$$\int_a^b f(x)\mathrm{d}x=\lim_{\eta\to 0+}\sum_{i=0}^{p}[F(c_{i+1}-\eta)-F(c_i+\eta)]=\sum_{i=0}^{p}[F(c_{i+1}-0)-F(c_i+0)]$$
$$=F(b-0)-F(a+0)-\sum_{i=1}^{p}[F(c_i+0)-F(c_i-0)].$$

**【2302】** 设函数 $f(x)$ 在闭区间 $[a,b]$ 上可积，而 $F(x)=C+\int_a^x f(\xi)\mathrm{d}\xi$ 为 $f(x)$ 的不定积分. 证明：函数 $F(x)$ 连续，且在函数 $f(x)$ 连续的一切点处成立等式
$$F'(x)=f(x),$$
问在函数 $f(x)$ 的不连续点处函数 $F(x)$ 的导数是什么？

**解** 由于 $f(x)$ 在 $[a,b]$ 上可积，故必有界：$|f(x)|\leqslant M\ (a\leqslant x\leqslant b)$. 因此，对任何 $x\in[a,b]$，有

$$|F(x+\Delta x)-F(x)|=\left|\int_x^{x+\Delta x} f(\xi)\mathrm{d}\xi\right|\leqslant M\,|\Delta x|\to 0 \quad (\text{当 } \Delta x\to 0 \text{ 时}).$$

由此可知 $F(x)$ 在 $[a,b]$ 上连续.

现设 $f(\xi)$ 在点 $\xi=x$ 处连续. 于是，任给 $\varepsilon>0$，存在 $\delta>0$，使当 $|\xi-x|<\delta$ 时，恒有 $|f(\xi)-f(x)|<\varepsilon$. 于是，当 $0<|\Delta x|<\delta$ 时，恒有

$$\left|\frac{F(x+\Delta x)-F(x)}{\Delta x}-f(x)\right|=\left|\frac{1}{\Delta x}\int_x^{x+\Delta x}[f(\xi)-f(x)]\mathrm{d}\xi\right|<\frac{1}{|\Delta x|}\varepsilon|\Delta x|=\varepsilon,$$

故 $F'(x)$ 存在，且

$$F'(x)=\lim_{\Delta x\to 0}\frac{F(x+\Delta x)-F(x)}{\Delta x}=f(x).$$

而在不连续点处 $F'(x)$ 可能存在也可能不存在. 例如，设

$$f(x)=\begin{cases}1, & x=\dfrac{1}{n},\\ 0, & x\neq\dfrac{1}{n}\end{cases}\quad (n=1,2,3,\cdots).$$

则 $f(x)$ 在 $[0,1]$ 的可积性可仿 2194 题证明，而且显然有

$$\int_0^x f(t)\mathrm{d}t=0\quad (0\leqslant x\leqslant 1).$$

然而在点 $x=\dfrac{1}{n}$ 处，$F(x)=C$ 的导数 $F'(x)=0$ 是存在的.

但函数 $f(x)=\operatorname{sgn}x$，它在 $[-1,1]$ 上是可积的，且

$$\int_0^x f(x)\mathrm{d}x=|x|,$$

然而在 $x=0$ 点处，$F(x)=|x|+C$ 的导数 $F'(x)$ 不存在.

**求下列有界不连续函数的不定积分：**

**【2303】** $\int \operatorname{sgn}x\mathrm{d}x$.

解 $\int \operatorname{sgn}x\mathrm{d}x=\int_0^x \operatorname{sgn}x\mathrm{d}x+C=|x|+C.$

**【2304】** $\int \operatorname{sgn}(\sin x)\mathrm{d}x$.

解 由于 $\operatorname{sgn}(\sin x)$ 在任何有限区间上都可积，故其原函数 $F(x)=\int_0^x \operatorname{sgn}(\sin t)\mathrm{d}t$ 是 $(-\infty,+\infty)$ 上的连续函数. 对任何 $x$，必存在唯一的整数 $k$ 使 $k\pi\leqslant x<(k+1)\pi$. 于是，

$$\begin{aligned}F(x)&=\int_0^x \operatorname{sgn}(\sin t)\mathrm{d}t=\int_0^{k\pi+\frac{\pi}{2}}\operatorname{sgn}(\sin t)\mathrm{d}t+\int_{k\pi+\frac{\pi}{2}}^x \operatorname{sgn}(\sin t)\mathrm{d}t\\&=\frac{\pi}{2}+\int_{k\pi+\frac{\pi}{2}}^x\frac{\sin t}{\sqrt{1-\cos^2 t}}\mathrm{d}t=\frac{\pi}{2}+\arccos(\cos t)\Big|_{k\pi+\frac{\pi}{2}}^x\\&=\frac{\pi}{2}+\arccos(\cos x)-\frac{\pi}{2}=\arccos(\cos x).\end{aligned}$$

故

$$\int \operatorname{sgn}(\sin x)\mathrm{d}x=\arccos(\cos x)+C\quad (-\infty<x<+\infty).$$

**【2305】** $\int [x]\mathrm{d}x\quad (x\geqslant 0)$.

解 $$\begin{aligned}\int [x]\mathrm{d}x&=C+\int [x]\mathrm{d}x=C+\sum_{k=0}^{[x]-1}\int_k^{k+1}x\mathrm{d}x+\int_{[x]}^x [x]\mathrm{d}x\\&=C+\sum_{k=0}^{[x]-1}k+[x](x-[x])=x[x]-\frac{[x]^2+[x]}{2}+C.\end{aligned}$$

【2306】 $\int x[x]\mathrm{d}x \quad (x\geqslant 0)$.

解 $\int x[x]\mathrm{d}x = C+\int_0^x x[x]\mathrm{d}x = \sum_{k=0}^{[x]-1}\int_k^{k+1} kt\,\mathrm{d}t+\int_{[x]}^x [x]t\mathrm{d}t+C$

$$=\sum_{k=0}^{[x]-1}\left(\frac{kt^2}{2}\bigg|_k^{k+1}\right)+\frac{[x]t^2}{2}\bigg|_{[x]}^x+C=\sum_{k=0}^{[x]-1}\left(k^2+\frac{k}{2}\right)+\frac{[x](x^2-[x]^2)}{2}+C$$

$$=\frac{([x]-1)[x](2[x]-1)}{6}+\frac{[x]([x]-1)}{4}+\frac{x^2[x]-[x]^3}{2}+C$$

$$=\frac{x^2[x]}{2}-\frac{6[x]^3-3[x]([x]-1)-2[x]([x]-1)(2[x]-1)}{12}+C$$

$$=\frac{x^2[x]}{2}-\frac{[x]([x]+1)(2[x]+1)}{12}+C.$$

【2307】 $\int (-1)^{[x]}\mathrm{d}x$.

解 $\int (-1)^{[x]}\mathrm{d}x=\int_0^x \mathrm{sgn}(\sin\pi x)\mathrm{d}x+C=\frac{1}{\pi}\arccos(\cos\pi x)\bigg|_0^{x\,*)}+C=\frac{1}{\pi}\arccos(\cos\pi x)+C.$

*） 利用 2304 题的结果.

【2308】 $\int_0^x f(x)\mathrm{d}x$,其中 $f(x)=\begin{cases}1, & |x|<l,\\ 0, & |x|>l.\end{cases}$

解 $\int_0^x f(x)\mathrm{d}x=\int_0^l f(x)\mathrm{d}x+\int_l^x f(x)\mathrm{d}x=\int_0^l 1\mathrm{d}x+\int_l^x 0\mathrm{d}x=l \quad (x\geqslant l)$,

$\int_0^x f(x)\mathrm{d}x=\int_0^x 1\mathrm{d}x=x \quad (|x|<l)$,

$\int_0^x f(x)\mathrm{d}x=-\int_x^{-l} f(x)\mathrm{d}x-\int_{-l}^0 f(x)\mathrm{d}x=-l \quad (x\leqslant -l)$.

合并得
$$\int_0^x f(x)\mathrm{d}x=\frac{1}{2}(|l+x|-|l-x|).$$

## 计算下列有界不连续函数的定积分:

【2309】 $\int_0^3 \mathrm{sgn}(x-x^3)\mathrm{d}x$.

提示 注意 $\mathrm{sgn}(x-x^3)=\begin{cases}1, & x\in(0,1),\\ -1, & x\in(1,3].\end{cases}$

解 $\mathrm{sgn}(x-x^3)=\begin{cases}1, & x\in(0,1),\\ -1, & x\in(1,3].\end{cases}$

于是，
$$\int_0^3 \mathrm{sgn}(x-x^3)\mathrm{d}x=\int_0^1 \mathrm{d}x-\int_1^3 \mathrm{d}x=-1.$$

【2310】 $\int_0^2 [e^x]\mathrm{d}x$.

提示 将区间[0,2]分成[0,ln2],[ln2,ln3],[ln3,ln4],…,[ln7,2].

解 $\int_0^2 [e^x]\mathrm{d}x=\int_0^{\ln 2} 1\mathrm{d}x+\int_{\ln 2}^{\ln 3} 2\mathrm{d}x+\int_{\ln 3}^{\ln 4} 3\mathrm{d}x+\cdots+\int_{\ln 7}^2 7\mathrm{d}x$

$$=\ln 2+2(\ln 3-\ln 2)+3(\ln 4-\ln 3)+\cdots+7(-\ln 7+2)$$

$$=14-(\ln 2+\ln 3+\ln 4+\cdots+\ln 7)=14-\ln 7!.$$

【2311】 $\int_0^6 [x]\sin\frac{\pi x}{6}\mathrm{d}x$.

提示 将区间[0,6]分成[0,1],[1,2],[2,3],…,[5,6].

解 $\int_0^6 [x]\sin\frac{\pi x}{6}\mathrm{d}x=\int_1^2 \sin\frac{\pi x}{6}\mathrm{d}x+\int_2^3 2\sin\frac{\pi x}{6}\mathrm{d}x+\cdots+\int_5^6 5\sin\frac{\pi x}{6}\mathrm{d}x=\frac{30}{\pi}.$

【2312】 $\int_0^{\pi} x\operatorname{sgn}(\cos x)\mathrm{d}x$.

提示 将区间$[0,\pi]$分成$[0,\frac{\pi}{2}]$及$[\frac{\pi}{2},\pi]$.

解 $\int_0^{\pi} x\operatorname{sgn}(\cos x)\mathrm{d}x=\int_0^{\frac{\pi}{2}} x\mathrm{d}x+\int_{\frac{\pi}{2}}^{\pi}(-x)\mathrm{d}x=-\frac{\pi^2}{4}$.

【2313】 $\int_1^{n+1}\ln[x]\mathrm{d}x$,其中$n$为正整数.

提示 将区间$[1,n+1]$分成$[1,2],[2,3],[3,4],\cdots,[n,n+1]$.

解 $\int_1^{n+1}\ln[x]\mathrm{d}x=\int_2^3\ln 2\mathrm{d}x+\int_3^4\ln 3\mathrm{d}x+\cdots+\int_n^{n+1}\ln n\mathrm{d}x=\ln n!$.

【2314】 $\int_0^1\operatorname{sgn}[\sin(\ln x)]\mathrm{d}x$.

提示 注意原式$=\int_{e^{-\pi}}^1(-1)\mathrm{d}x+\lim\limits_{n\to+\infty}\sum\limits_{k=1}^{n}(-1)^{k+1}\int_{e^{-(k+1)\pi}}^{e^{-k\pi}}\mathrm{d}x$.

解 $\int_0^1\operatorname{sgn}[\sin(\ln x)]\mathrm{d}x=\int_{e^{-\pi}}^1(-1)\mathrm{d}x+\lim\limits_{n\to+\infty}\sum\limits_{k=1}^{n}(-1)^{k+1}\int_{e^{-(k+1)\pi}}^{e^{-k\pi}}\mathrm{d}x$

$$=-1+2e^{-\pi}\lim_{n\to+\infty}\sum_{k=1}^{n}(-1)^{k-1}e^{-(k-1)\pi}=-1+\frac{2e^{-\pi}}{1+e^{-\pi}}=\frac{e^{-\pi}-1}{e^{-\pi}+1}=-\operatorname{th}\frac{\pi}{2}.$$

【2315】 求$\int_E|\cos x|\sqrt{\sin x}\,\mathrm{d}x$,其中$E$为闭区间$[0,4\pi]$中使被积分式有意义的一切值的集合.

提示 $E$中使被积函数有意义的区域为$[0,\pi]$及$[2\pi,3\pi]$;再将区间$[0,\pi]$分成$[0,\frac{\pi}{2}]$及$[\frac{\pi}{2},\pi]$,将区间$[2\pi,3\pi]$分成$[2\pi,\frac{5\pi}{2}]$及$[\frac{5\pi}{2},3\pi]$.

解 $\int_E|\cos x|\sqrt{\sin x}\,\mathrm{d}x=\int_0^{\pi}|\cos x|\sqrt{\sin x}\,\mathrm{d}x+\int_{2\pi}^{3\pi}|\cos x|\sqrt{\sin x}\,\mathrm{d}x$

$$=\int_0^{\frac{\pi}{2}}\cos x\sqrt{\sin x}\,\mathrm{d}x+\int_{\frac{\pi}{2}}^{\pi}(-\cos x)\sqrt{\sin x}\,\mathrm{d}x+\int_{2\pi}^{\frac{5\pi}{2}}\cos x\sqrt{\sin x}\,\mathrm{d}x+\int_{\frac{5\pi}{2}}^{3\pi}(-\cos x)\sqrt{\sin x}\,\mathrm{d}x$$

$$=4\int_0^{\frac{\pi}{2}}\cos x\sqrt{\sin x}\,\mathrm{d}x=\frac{8}{3}(\sin x)^{\frac{3}{2}}\Big|_0^{\frac{\pi}{2}}=\frac{8}{3}.$$

## §3. 中值定理

1° **函数的平均值** 数
$$M[f]=\frac{1}{b-a}\int_a^b f(x)\mathrm{d}x$$
称为函数$f(x)$在区间$[a,b]$上的平均值.

若函数$f(x)$在$[a,b]$上连续,则可求得一点$c\in(a,b)$,使得
$$M[f]=f(c).$$

2° **第一中值定理** 若:(1)函数$f(x)$和$\varphi(x)$在闭区间$[a,b]$上有界并可积;(2)当$a<x<b$时,函数$\varphi(x)$不变号,则
$$\int_a^b f(x)\varphi(x)\mathrm{d}x=\mu\int_a^b\varphi(x)\mathrm{d}x,$$
式中$m\leqslant\mu\leqslant M$且$M=\sup\limits_{a\leqslant x\leqslant b}f(x)$, $m=\inf\limits_{a\leqslant x\leqslant b}f(x)$;(3)此外,若函数$f(x)$在闭区间$[a,b]$上连续,则$\mu=f(c)$,其中$a\leqslant c\leqslant b$(作者注:可以证明,$c$可取值使$a<c<b$).

3° **第二中值定理** 若:(1)函数$f(x)$和$\varphi(x)$在闭区间$[a,b]$上有界并可积;(2)当$a<x<b$时,函数$\varphi(x)$是单调的,则
$$\int_a^b f(x)\varphi(x)\mathrm{d}x=\varphi(a+0)\int_a^{\xi}f(x)\mathrm{d}x+\varphi(b-0)\int_{\xi}^b f(x)\mathrm{d}x,$$

式中 $a\leqslant\xi\leqslant b$；(3)此外，若函数 $\varphi(x)$ 单调下降(广义的)且不为负，则

$$\int_a^b f(x)\varphi(x)\mathrm{d}x=\varphi(a+0)\int_a^{\xi} f(x)\mathrm{d}x\quad(a\leqslant\xi\leqslant b);$$

(3′)若函数 $\varphi(x)$ 单调上升(广义的)且不为负，则

$$\int_a^b f(x)\varphi(x)\mathrm{d}x=\varphi(b-0)\int_{\xi}^b f(x)\mathrm{d}x\quad(a\leqslant\xi\leqslant b).$$

**【2316】** 确定下列定积分的符号：

(1) $\int_0^{2\pi} x\sin x\mathrm{d}x$； (2) $\int_0^{2\pi}\frac{\sin x}{x}\mathrm{d}x$； (3) $\int_{-2}^{2} x^3 2^x\mathrm{d}x$； (4) $\int_{\frac{1}{2}}^{1} x^2\ln x\mathrm{d}x$.

**提示** (2)及(3)使用第一中值定理.

**解** (1) $\int_0^{2\pi} x\sin x\mathrm{d}x=\int_0^{\pi} x\sin x\mathrm{d}x+\int_{\pi}^{2\pi} x\sin x\mathrm{d}x=\int_0^{\pi} x\sin x\mathrm{d}x-\int_0^{\pi}(t+\pi)\sin t\mathrm{d}t=-\pi\int_0^{\pi}\sin x\mathrm{d}x<0.$

(2) 由第一中值定理知

$$\int_0^{2\pi}\frac{\sin x}{x}\mathrm{d}x=\int_0^{\pi}\frac{\sin x}{x}\mathrm{d}x+\int_{\pi}^{2\pi}\frac{\sin x}{x}\mathrm{d}x=\int_0^{\pi}\frac{\sin x}{x}\mathrm{d}x-\int_0^{\pi}\frac{\sin t}{t+\pi}\mathrm{d}t=\pi\int_0^{\pi}\frac{\sin x}{x(x+\pi)}\mathrm{d}x$$

$=\frac{\pi^2\sin c}{c(c+\pi)}>0$，(其中 $0<c<\pi$).

(3) 由第一中值定理知

$$\int_{-2}^{2} x^3 e^x\mathrm{d}x=\int_{-2}^{0} x^3 e^x\mathrm{d}x+\int_0^2 x^3 e^x\mathrm{d}x=\int_2^0 t^3 e^{-t}\mathrm{d}t+\int_0^2 x^3 e^x\mathrm{d}x=\int_0^2 x^3(e^x-e^{-x})\mathrm{d}x$$

$=2c^3(e^c-e^{-c})>0$ (其中 $0<c<2$).

(4) $\int_{\frac{1}{2}}^{1} x^2\ln x\mathrm{d}x=\frac{1}{2}c^2\ln c<0$ (其中 $\frac{1}{2}<c<1$).

**【2317】** 确定哪个积分较大：

(1) $\int_0^{\frac{\pi}{2}}\sin^{10}x\mathrm{d}x$ 或 $\int_0^{\frac{\pi}{2}}\sin^2 x\mathrm{d}x$； (2) $\int_0^1 e^{-x}\mathrm{d}x$ 或 $\int_0^1 e^{-x^2}\mathrm{d}x$；

(3) $\int_0^{\pi} e^{-x^2}\cos^2 x\mathrm{d}x$ 或 $\int_0^{2\pi} e^{-x^2}\cos^2 x\mathrm{d}x$.

**解** (1) 当 $x\in(0,\frac{\pi}{2})$ 时，$0<\sin x<1$，从而，$0<\sin^{10}x<\sin^2 x$. 于是，

$$\int_0^{\frac{\pi}{2}}\sin^{10}x\mathrm{d}x\leqslant\int_0^{\frac{\pi}{2}}\sin^2 x\mathrm{d}x.$$

(2) 当 $0<x<1$ 时，$x>x^2$，从而，$e^{-x}<e^{-x^2}$. 于是，

$$\int_0^1 e^{-x}\mathrm{d}x\leqslant\int_0^1 e^{-x^2}\mathrm{d}x.$$

(3) $\int_0^{2\pi} e^{-x^2}\cos^2 x\mathrm{d}x=\int_0^{\pi} e^{-(\pi+x)^2}\cos^2 x\mathrm{d}x\leqslant\int_0^{\pi} e^{-x^2}\cos^2 x\mathrm{d}x.$

**【2318】** 求下列函数在所给区间内的平均值：

(1) $f(x)=x^2$ 在$[0,1]$上； (2) $f(x)=\sqrt{x}$ 在$[0,100]$上；

(3) $f(x)=10+2\sin x+3\cos x$ 在$[0,2\pi]$上； (4) $f(x)=\sin x\sin(x+\varphi)$ 在$[0,2\pi]$上.

**解** (1) $M[f]=\int_0^1 x^2\mathrm{d}x=\frac{1}{3}$；

(2) $M[f]=\frac{1}{100}\int_0^{100}\sqrt{x}\mathrm{d}x=6\frac{2}{3}$；

(3) $M[f]=\frac{1}{2\pi}\int_0^{2\pi}(10+2\sin x+3\cos x)\mathrm{d}x=10$；

(4) $M[f]=\frac{1}{2\pi}\int_0^{2\pi}\sin x\sin(x+\varphi)\mathrm{d}x=\frac{1}{2}\cos\varphi$.

**【2319】** 求椭圆之焦径 $r=\frac{p}{1-\varepsilon\cos\varphi}$ $(0<\varepsilon<1)$之长的平均值.

**解** 设 $\varphi=\pi+t$,则

$$M(r)=\frac{1}{2\pi}\int_0^{2\pi}\frac{p}{1-\varepsilon\cos\varphi}d\varphi=\frac{1}{2\pi}\int_{-\pi}^{\pi}\frac{p}{1+\varepsilon\cos t}dt=\frac{1}{2\pi}\int_0^{2\pi}\frac{p}{1+\varepsilon\cos\varphi}d\varphi=\frac{p}{2\pi}\frac{2\pi}{\sqrt{1-\varepsilon^2}}^{*)}=\frac{p}{\sqrt{1-\varepsilon^2}}=b,$$

其中 $b$ 为椭圆的短半轴.

*) 利用 2213 题的结果.

**【2320】** 求初速度为 $v_0$ 之自由落体的速度之平均值.

**解** 自由落体的速度为 $v=v_0+gt$,从 $t=0$ 到 $t=T$ 时间内的速度的平均值为

$$M[v]=\frac{1}{T}\int_0^T(v_0+gt)dt=\frac{1}{2}gT+v_0=\frac{1}{2}(v_0+v_T).$$

物理意义:平均速度等于初速与末速之和的一半.

**【2321】** 电流强度依规律 $$i=i_0\sin\left(\frac{2\pi t}{T}+\varphi\right)$$

变化,其中 $i_0$ 为振幅,$t$ 为时间,$T$ 为周期,$\varphi$ 为初相,求电流强度之平方的平均值.

**解** $$M(i^2)=\frac{1}{T}\int_0^T i_0^2\sin^2\left(\frac{2\pi t}{T}+\varphi\right)dt=\frac{i_0^2}{2\pi}\left[\frac{1}{2}\left(\frac{2\pi t}{T}+\varphi\right)-\frac{1}{4}\sin2\left(\frac{2\pi t}{T}+\varphi\right)\right]\Bigg|_0^T=\frac{i_0^2}{2}.$$

将上式开平方,即得电流的有效值$\frac{i_0}{\sqrt{2}}$.

**【2322】** 命 $\int_0^x f(t)dt=xf(\theta x)$,求 $\theta$,设: (1) $f(t)=t^n(n>-1)$; (2) $f(t)=\ln t$; (3) $f(t)=e^t$,

$\lim\limits_{x\to0}\theta$ 及 $\lim\limits_{x\to+\infty}\theta$ 等于什么?

**解** (1) $\int_0^x f(t)dt=\int_0^x t^n dt=\frac{x^{n+1}}{n+1}$,从而,$\frac{x^{n+1}}{n+1}=\theta^n x^{n+1}$. 于是, $\theta=\sqrt[n]{\frac{1}{n+1}}$.

(2) $\int_0^x f(t)dt=\int_0^x \ln t dt=t(\ln t-1)\Big|_0^x=x(\ln x-1)$,从而,$x(\ln x-1)=x\ln\theta x$. 于是, $\theta=\frac{1}{e}$.

(3) $\int_0^x f(t)dt=\int_0^x e^t dt=e^t\Big|_0^x=e^x-1$,从而,$e^x-1=xe^{\theta x}$,于是,$\theta=\frac{1}{x}\ln\frac{e^x-1}{x}$. 由于$\lim\limits_{x\to0}\frac{e^x-1}{x}=1$,故

当 $x\to0$ 时,$\frac{1}{x}\ln\frac{e^x-1}{x}$是 $\frac{0}{0}$型不定式. 因此,

$$\lim_{x\to0}\theta=\lim_{x\to0}\frac{1}{x}\ln\frac{e^x-1}{x}=\lim_{x\to0}\left[\frac{x}{e^x-1}\cdot\frac{xe^x-(e^x-1)}{x^2}\right]=\lim_{x\to0}\frac{xe^x-e^x+1}{x(e^x-1)}=\lim_{x\to0}\frac{xe^x}{e^x-1+xe^x}$$

$$=\lim_{x\to0}\frac{1}{e^{-x}\frac{e^x-1}{x}+1}=\frac{1}{2},$$

$$\lim_{x\to+\infty}\theta=\lim_{x\to+\infty}\frac{1}{x}\ln\frac{e^x-1}{x}=\lim_{x\to+\infty}\frac{xe^x-e^x+1}{x(e^x-1)}=\lim_{x\to+\infty}\frac{1-\frac{1}{x}+\frac{1}{xe^x}}{1-\frac{1}{e^x}}=1.$$

于是, $\lim\limits_{x\to0}\theta=\frac{1}{2}$ 及 $\lim\limits_{x\to+\infty}\theta=1$.

**利用第一中值定理,估计积分:**

**【2323】** $\int_0^{2\pi}\frac{dx}{1+0.5\cos x}$.

**解** 由于 $$\frac{1}{1+0.5}\leqslant\frac{1}{1+0.5\cos x}\leqslant\frac{1}{1-0.5},$$

即 $$\frac{2}{3}\leqslant\frac{1}{1+0.5\cos x}\leqslant2.$$

于是, $$\frac{4\pi}{3}\leqslant\int_0^{2\pi}\frac{dx}{1+0.5\cos x}\leqslant4\pi$$

即
$$\int_0^{2\pi}\frac{dx}{1+0.5\cos x}=\frac{8\pi}{3}\pm\frac{4\pi}{3}\theta\quad(|\theta|\leqslant 1).$$

**【2324】** $\int_0^1\frac{x^9}{\sqrt{1+x}}dx$.

**解** 由于 $\frac{x^9}{\sqrt{2}}\leqslant\frac{x^9}{\sqrt{1+x}}\leqslant x^9\quad(0\leqslant x\leqslant 1)$，从而，
$$\frac{1}{\sqrt{2}}\int_0^1 x^9dx\leqslant\int_0^1\frac{x^9}{\sqrt{1+x}}dx\leqslant\int_0^1 x^9dx,$$
即
$$\frac{1}{10\sqrt{2}}\leqslant\int_0^1\frac{x^9}{\sqrt{1+x}}dx\leqslant\frac{1}{10}.$$

**【2325】** $\int_0^{100}\frac{e^{-x}}{x+100}dx$.

**解** $$I=\int_0^{50}\frac{e^{-x}}{x+100}dx+\int_{50}^{100}\frac{e^{-x}}{x+100}dx=\frac{1}{100+\xi_1}\int_0^{50}e^{-x}dx+\frac{1}{100+\xi_2}\int_{50}^{100}e^{-x}dx$$
$$=\frac{1-e^{-50}}{100+\xi_1}+\frac{e^{-50}-e^{-100}}{100+\xi_2},$$
其中 $0\leqslant\xi_1\leqslant 50$，$50\leqslant\xi_2\leqslant 100$. 显然
$$\frac{1-e^{-50}}{100+\xi_1}+\frac{e^{-50}-e^{-100}}{100+\xi_2}\leqslant\frac{1-e^{-50}}{100+\xi_1}+\frac{e^{-50}-e^{-100}}{100+\xi_1}=\frac{1-e^{-100}}{100+\xi_1}<\frac{1}{100},$$
$$\frac{1-e^{-50}}{100+\xi_1}+\frac{e^{-50}-e^{-100}}{100+\xi_2}>\frac{1-e^{-50}}{100+\xi_1}\geqslant\frac{1-e^{-50}}{150}>\frac{1}{200},$$
故 $\frac{1}{200}<I<\frac{1}{100}$，即 $I=0.01-0.005\theta$，$0<\theta<1$. 此外，按中值定理，可写
$$I=\int_0^{100}\frac{e^{-x}}{x+100}dx=\frac{1}{\xi+100}\int_0^{100}e^{-x}dx=\frac{1}{\xi+100}\left(1-\frac{1}{e^{100}}\right),$$
其中 $0\leqslant\xi\leqslant 100$，如果改写 $I$ 为 $I=0.01-0.005\theta$，则有 $\theta=f(\xi)=\frac{2}{100+\xi}\left(\xi+\frac{100}{e^{100}}\right)$.

易见导数
$$f'(\xi)=\frac{200(1-e^{-100})}{(100+\xi)^2}>0,$$
$f(\xi)$单调上升，故在$[0,100]$上有 $f(0)\leqslant f(\xi)\leqslant f(100)$，也即有$\frac{2}{e^{100}}\leqslant\theta\leqslant 1+\frac{1}{e^{100}}$.

根据前面的估计 $0<\theta<1$，综合起来，便有 $\qquad\frac{2}{e^{100}}\leqslant\theta<1.$

这个结果比原来的估计又好了一些. 如果更精确一些，采用些近似计算方法，还可进一步明确 $\theta$ 的数值范围. 此处从略.

**【2326】** 证明等式：(1) $\lim\limits_{n\to\infty}\int_0^1\frac{x^n}{1+x}dx=0$； (2) $\lim\limits_{n\to\infty}\int_0^{\frac{\pi}{2}}\sin^n x\,dx=0$.

**证** (1) $\lim\limits_{n\to\infty}\int_0^1\frac{x^n}{1+x}dx=\lim\limits_{n\to\infty}\frac{1}{1+\xi_n}\int_0^1 x^n dx=\lim\limits_{n\to\infty}\left(\frac{1}{1+\xi_n}\cdot\frac{1}{n+1}\right)=0$；

(2) 任意给定 $\varepsilon>0$，且设 $\varepsilon<\frac{\pi}{2}$，则
$$0\leqslant\int_0^{\frac{\pi}{2}}\sin^n x\,dx\leqslant\int_0^{\frac{\pi}{2}-\varepsilon}\sin^n x\,dx+\varepsilon\leqslant\varepsilon+\left(\frac{\pi}{2}-\varepsilon\right)\sin^n\left(\frac{\pi}{2}-\varepsilon\right).$$
当 $n\to\infty$时，上述不等式的第二项趋于零，于是，
$$\lim_{n\to\infty}\int_0^{\frac{\pi}{2}}\sin^n x\,dx=0.$$

**【2327】** 设函数 $f(x)$在$[a,b]$上连续，而 $\varphi(x)$在$[a,b]$上连续且在$(a,b)$上可微，并且当 $a<x<b$ 时 $\varphi'(x)\geqslant 0$，应用分部积分法及第一中值定理，证明第二中值定理.

**证** 设 $F(x)=\int_a^x f(t)dt$，则

$$\int_a^b f(x)\varphi(x)\mathrm{d}x=\int_a^b \varphi(x)\mathrm{d}F(x)=F(x)\varphi(x)\Big|_a^b-\int_a^b F(x)\varphi'(x)\mathrm{d}x$$

$$=F(b)\varphi(b)-F(a)\varphi(a)-F(\xi)\int_a^b \varphi'(x)\mathrm{d}x=F(b)\varphi(b)-F(a)\varphi(a)-F(\xi)[\varphi(b)-\varphi(a)]^{*)}$$

$$=\varphi(b)[F(b)-F(\xi)]+\varphi(a)[F(\xi)-F(a)]=\varphi(b)\int_\xi^b f(x)\mathrm{d}x+\varphi(a)\int_a^\xi f(x)\mathrm{d}x.$$

*) 一般数学分析教程中已有第二中值定理的证明，本题限用分部积分法证明，应加 $\varphi'(x)$ 在 $[a,b]$ 上连续的条件.

**利用第二中值定理，估计积分：**

**【2328】** $\displaystyle\int_{100\pi}^{200\pi}\frac{\sin x}{x}\mathrm{d}x.$

**解** 设

$$f(x)=\sin x,\ \varphi(x)=\frac{1}{x},$$

则 $f(x)$ 及 $\varphi(x)$ 在 $[100\pi,200\pi]$ 上满足第二中值定理的条件，又 $\varphi(x)=\dfrac{1}{x}$ 单调下降且不为负，于是，

$$\int_{100\pi}^{200\pi}\frac{\sin x}{x}\mathrm{d}x=\frac{1}{100\pi}\int_{100\pi}^{\xi}\sin x\mathrm{d}x=\frac{1-\cos\xi}{100\pi}=\frac{\sin^2\frac{\xi}{2}}{50\pi}=\frac{\theta}{50\pi},$$

其中 $100\pi\leqslant\xi\leqslant200\pi$ 及 $0\leqslant\theta\leqslant1$.

**【2329】** $\displaystyle\int_a^b \frac{\mathrm{e}^{-\alpha x}}{x}\sin x\mathrm{d}x\quad(\alpha\geqslant0;\ 0<a<b).$

**解** 设 $f(x)=\sin x,\ \varphi(x)=\dfrac{\mathrm{e}^{-\alpha x}}{x}$，同上题，有

$$\int_a^b \frac{\mathrm{e}^{-\alpha x}}{x}\sin x\mathrm{d}x=\frac{\mathrm{e}^{-\alpha a}}{a}\int_a^\xi \sin x\mathrm{d}x=\frac{1}{a\mathrm{e}^{\alpha a}}(\cos a-\cos\xi)=-\frac{2}{a}\mathrm{e}^{-\alpha a}\sin\frac{a+\xi}{2}\sin\frac{a-\xi}{2}=\frac{2}{a}\theta,$$

其中 $a\leqslant\xi\leqslant b$ 及 $|\theta|<1$.

**【2330】** $\displaystyle\int_a^b \sin x^2\mathrm{d}x\quad(0<a<b).$

**解** 设 $x=\sqrt{t}$. 则

$$\int_a^b \sin x^2\mathrm{d}x=\frac{1}{2}\int_{a^2}^{b^2}\frac{\sin t}{\sqrt{t}}\mathrm{d}t.$$

其次，设 $f(t)=\sin t,\ \varphi(t)=(\sqrt{t})^{-1}$，则 $\varphi(t)$ 单调下降，且 $\varphi(t)>0$. 于是，

$$\frac{1}{2}\int_{a^2}^{b^2}\frac{\sin t}{\sqrt{t}}\mathrm{d}t=\frac{1}{2a}\int_{a^2}^{\xi}\sin t\mathrm{d}t=\frac{1}{2a}(\cos a^2-\cos\xi)=\frac{1}{a}\sin\frac{\xi+a^2}{2}\sin\frac{\xi-a^2}{2}=\frac{1}{a}\theta,$$

其中

$$a^2\leqslant\xi\leqslant b^2,\ |\theta|\leqslant1.$$

所以，

$$\int_a^b \sin x^2\mathrm{d}x=\frac{\theta}{a}\quad(|\theta|\leqslant1).$$

**【2331】** 设函数 $\varphi(x)$ 及 $\psi(x)$ 和它们的平方在区间 $[a,b]$ 上可积. 证明柯西—布尼亚科夫斯基不等式：

$$\left\{\int_a^b \varphi(x)\psi(x)\mathrm{d}x\right\}^2\leqslant\int_a^b \varphi^2(x)\mathrm{d}x\int_a^b \psi^2(x)\mathrm{d}x.$$

**提示** 考虑积分 $\displaystyle\int_a^b[\varphi(x)-\lambda\psi(x)]^2\mathrm{d}x$，其中 $\lambda$ 为任意实数.

**证** 证法1：我们有

$$\left(\int_a^b \varphi^2(x)\mathrm{d}x\right)\left(\int_a^b \psi^2(x)\mathrm{d}x\right)-\left(\int_a^b \varphi(x)\psi(x)\mathrm{d}x\right)^2$$

$$=\frac{1}{2}\left(\int_a^b \varphi^2(y)\mathrm{d}x\right)\left(\int_a^b \psi^2(y)\mathrm{d}x\right)+\frac{1}{2}\left(\int_a^b \psi^2(y)\mathrm{d}x\right)\left(\int_a^b \varphi^2(y)\mathrm{d}y\right)-\left(\int_a^b \varphi(x)\psi(x)\mathrm{d}x\right)\left(\int_a^b \varphi(y)\psi(y)\mathrm{d}y\right)$$

$$=\frac{1}{2}\int_a^b\left\{\int_a^b[\varphi(x)\psi(y)-\psi(x)\varphi(y)]^2\mathrm{d}x\right\}\mathrm{d}y\geqslant0,$$

故
$$\left\{\int_a^b\varphi(x)\psi(x)\mathrm{d}x\right\}^2\leqslant\int_a^b\varphi^2(x)\mathrm{d}x\int_a^b\psi^2(x)\mathrm{d}x.$$

证法 2:考虑积分
$$\int_a^b[\varphi(x)-\lambda\psi(x)]^2\mathrm{d}x,$$
其中 $\lambda$ 为任意实数.从而有
$$\int_a^b\varphi^2(x)\mathrm{d}x-2\lambda\int_a^b\varphi(x)\psi(x)\mathrm{d}x+\lambda^2\int_a^b\psi^2(x)\mathrm{d}x\geqslant0.$$
这是关于变量 $\lambda$ 的不等式,左端是二次三项式.于是,其判别式
$$\left\{\int_a^b\varphi(x)\psi(x)\mathrm{d}x\right\}^2-\int_a^b\varphi^2(x)\mathrm{d}x\int_a^b\psi^2(x)\mathrm{d}x\leqslant0,$$
即
$$\left\{\int_a^b\varphi(x)\psi(x)\mathrm{d}x\right\}^2\leqslant\int_a^b\varphi^2(x)\mathrm{d}x\int_a^b\psi^2(x)\mathrm{d}x.$$

**【2332】** 设函数 $f(x)$ 在闭区间 $[a,b]$ 上连续可微且 $f(a)=0$,证明不等式:
$$M^2\leqslant(b-a)\int_a^b f'^2(x)\mathrm{d}x,$$
其中 $M=\sup\limits_{a\leqslant x\leqslant b}|f(x)|$.

**提示** 利用 2331 题的结果,有
$$\left[\int_a^x f'(t)\mathrm{d}t\right]^2\leqslant\int_a^x 1\mathrm{d}t\int_a^x f'^2(t)\mathrm{d}t.$$

**证** 设 $x$ 为 $[a,b]$ 上任一点,利用柯西—布尼亚科夫斯基不等式得到
$$\left\{\int_a^x f'(x)\mathrm{d}x\right\}^2\leqslant\int_a^x 1\mathrm{d}x\int_a^x f'^2(x)\mathrm{d}x,$$
即
$$f^2(x)=[f(x)-f(a)]^2\leqslant(x-a)\int_a^x f'^2(x)\mathrm{d}x\leqslant(b-a)\int_a^b f'^2(x)\mathrm{d}x.$$
由此可知 $M^2=\sup\limits_{x\in[a,b]}f^2(x)\leqslant(b-a)\int_a^b f'^2(x)\mathrm{d}x.$

**【2333】** 证明:等式
$$\lim_{n\to\infty}\int_n^{n+p}\frac{\sin x}{x}\mathrm{d}x=0.$$

**提示** 使用第一中值定理或第二中值定理.

**证** 证法 1:应用第一中值定理,知
$$\lim_{n\to\infty}\int_n^{n+p}\frac{\sin x}{x}\mathrm{d}x=\lim_{n\to\infty}\frac{\sin\xi_n}{\xi_n}p=0,$$
其中 $\xi_n$ 为界于 $n$ 与 $n+p$ 之间的某值.

证法 2:应用第二中值定理,得
$$\left|\int_n^{n+p}\frac{\sin x}{x}\mathrm{d}x\right|=\frac{1}{n}\left|\int_n^{\xi_n'}\sin x\mathrm{d}x\right|=\frac{1}{n}|\cos n-\cos\xi_n'|\leqslant\frac{2}{n}\to0\quad(n\to\infty),$$
其中 $\xi_n'$ 是界于 $n$ 与 $n+p$ 之间的某值.于是,$\lim\limits_{n\to\infty}\int_p^{n+p}\frac{\sin x}{x}\mathrm{d}x=0.$

## §4. 广义积分

1° **函数的广义可积分性** 若函数 $f(x)$ 在每一个有限区间 $[a,b]$ 上依寻常的意义是可积的,则可定义
$$\int_a^{+\infty}f(x)\mathrm{d}x=\lim_{b\to+\infty}\int_a^b f(x)\mathrm{d}x.\tag{1}$$
若函数 $f(x)$ 在点 $b$ 的邻域内无界且在每一个区间 $(a,b-\varepsilon)(\varepsilon>0)$ 内依寻常的意义是可积的,则取
$$\int_a^b f(x)\mathrm{d}x=\lim_{\varepsilon\to0}\int_a^{b-\varepsilon}f(x)\mathrm{d}x.\tag{2}$$
若极限(1)或(2)存在,则相应的积分称为收敛的,否则称为发散的(在基本的意义上).

2° **柯西准则** 积分(1)收敛的充要条件为:对于任意的 $\varepsilon>0$,存在数 $b=b(\varepsilon)$,当 $b'>b$ 及 $b''>b$ 时,下面

的不等式成立：

$$\left|\int_{b'}^{b''} f(x)\mathrm{d}x\right|<\varepsilon.$$

对于形如(2)的积分柯西准则的表述是类似的.

3° **绝对收敛的判别法** 若$|f(x)|$是广义可积的，则函数 $f(x)$所对应的积分(1)或(2)称为绝对收敛的，而且显然也是收敛的.

比较判别法Ⅰ. 设当 $x\geqslant a$ 时$|f(x)|\leqslant F(x)$. 若$\int_a^{+\infty}F(x)\mathrm{d}x$收敛，则积分$\int_a^{+\infty}f(x)\mathrm{d}x$绝对收敛.

比较判别法Ⅱ. 若 $\psi(x)>0$ 及当 $x\to+\infty$时，$\varphi(x)=O^*[\psi(x)]$，则积分$\int_a^{+\infty}\varphi(x)\mathrm{d}x$ 及 $\int_a^{+\infty}\psi(x)\mathrm{d}x$同时收敛或同时发散. 就特别情形来说，若当 $x\to+\infty$时，$\varphi(x)\sim\psi(x)$，则上面的结果也成立.

比较判别法Ⅲ. (1) 设当 $x\to+\infty$时，$f(x)=O^*\left(\frac{1}{x^p}\right)$. 在这种情况下，当 $p>1$ 时，积分(1)收敛；当 $p\leqslant 1$时，积分(1)发散.

(2) 设当 $x\to b-0$ 时，$f(x)=O^*\left[\frac{1}{(b-x)^p}\right]$. 在这种情况下，当 $p<1$ 时，积分(2)收敛；当 $p\geqslant 1$ 时，积分(2)发散.

4° **收敛性的较精密的判别法** 若(1)当 $x\to+\infty$时，函数 $\varphi(x)$单调地趋近于零；(2)函数 $f(x)$有有界的原函数

$$F(x)=\int_a^x f(\xi)\mathrm{d}\xi,$$

则积分

$$\int_a^{+\infty}f(x)\varphi(x)\mathrm{d}x$$

收敛，但一般地说，并非绝对收敛.

在特殊情形下，若 $p>0$，则积分

$$\int_a^{+\infty}\frac{\cos x}{x^p}\mathrm{d}x \quad 及 \quad \int_a^{+\infty}\frac{\sin x}{x^p}\mathrm{d}x \quad (a>0)$$

收敛.

5° **柯西主值** 若对于任意的 $\varepsilon>0$，函数 $f(x)$的积分

$$\int_a^{c-\varepsilon}f(x)\mathrm{d}x \quad 及 \quad \int_{c+\varepsilon}^b f(x)\mathrm{d}x \quad (a<c<b)$$

存在，则柯西主值(V・P・)为

$$V\cdot P\cdot\int_a^b f(x)\mathrm{d}x=\lim_{\varepsilon\to+0}\left[\int_a^{c-\varepsilon}f(x)\mathrm{d}x+\int_{c+\varepsilon}^b f(x)\mathrm{d}x\right].$$

相仿地，

$$V\cdot P\cdot\int_{-\infty}^{+\infty}f(x)\mathrm{d}x=\lim_{a\to+\infty}\int_{-a}^{a}f(x)\mathrm{d}x.$$

**计算下列积分：**

**【2334】** $\int_a^{+\infty}\frac{\mathrm{d}x}{x^2}\quad(a>0)$.

**解** 由于 $\lim\limits_{b\to+\infty}\int_a^b\frac{\mathrm{d}x}{x^2}=\lim\limits_{b\to+\infty}\left(\frac{1}{a}-\frac{1}{b}\right)=\frac{1}{a}$，所以，$\int_a^{+\infty}\frac{\mathrm{d}x}{x^2}=\frac{1}{a}$.

**【2335】** $\int_0^1\ln x\mathrm{d}x$.

**解** 由于 $\lim\limits_{\varepsilon\to+0}\int_\varepsilon^1\ln x\mathrm{d}x=\lim\limits_{\varepsilon\to+0}(\varepsilon-\varepsilon\ln\varepsilon-1)=-1$，所以，$\int_0^1\ln x\mathrm{d}x=-1$.

**【2336】** $\int_{-\infty}^{+\infty}\frac{\mathrm{d}x}{1+x^2}$.

**解** 由于 $\lim\limits_{a\to-\infty}\int_a^0\frac{dx}{1+x^2}+\lim\limits_{b\to+\infty}\int_0^b\frac{dx}{1+x^2}=\pi$，所以，$\int_{-\infty}^{+\infty}\frac{dx}{1+x^2}=\pi$.

**【2337】** $\int_{-1}^{1}\frac{dx}{\sqrt{1-x^2}}$.

**解** 由于 $\lim\limits_{\varepsilon\to+0}\int_{-1+\varepsilon}^{0}\frac{dx}{\sqrt{1-x^2}}+\lim\limits_{\varepsilon'\to+0}\int_0^{1-\varepsilon'}\frac{dx}{\sqrt{1-x^2}}=\lim\limits_{\varepsilon\to+0}[-\arcsin(-1+\varepsilon)]+\lim\limits_{\varepsilon'\to+0}\arcsin(1-\varepsilon')=\pi$,

所以，$\int_{-1}^{1}\frac{dx}{\sqrt{1-x^2}}=\pi$.

**【2338】** $\int_2^{+\infty}\frac{dx}{x^2+x-2}$.

**解** 由于 $\lim\limits_{b\to+\infty}\int_2^b\frac{dx}{x^2+x-2}=\lim\limits_{b\to+\infty}\left(\frac{1}{3}\ln\frac{x-1}{x+2}\right)\Big|_2^b=\frac{1}{3}\lim\limits_{b\to+\infty}\left(\ln\frac{b-1}{b+2}+2\ln2\right)=\frac{2}{3}\ln2$,

所以，$\int_2^{+\infty}\frac{dx}{x^2+x-2}=\frac{2}{3}\ln2$.

**【2339】** $\int_{-\infty}^{+\infty}\frac{dx}{(x^2+x+1)^2}$.

**提示** 从定义出发,并利用 1921 题的递推公式.

**解** $\int\frac{dx}{(x^2+x+1)^2}=\frac{2x+1}{3(x^2+x+1)}+\frac{4}{3\sqrt{3}}\arctan\frac{2x+1}{\sqrt{3}}{}^{*)}+C$.

由于

$$\begin{aligned}&\lim_{a\to-\infty}\int_a^0\frac{dx}{(x^2+x+1)^2}+\lim_{b\to+\infty}\int_0^b\frac{dx}{(x^2+x+1)^2}\\&=\lim_{a\to-\infty}\left\{\left(\frac{1}{3}+\frac{4}{3\sqrt{3}}\arctan\frac{1}{\sqrt{3}}\right)-\left[\frac{2a+1}{3(a^2+a+1)}+\frac{4}{3\sqrt{3}}\arctan\frac{2a+1}{\sqrt{3}}\right]\right\}\\&\quad+\lim_{b\to+\infty}\left\{\left[\frac{2b+1}{3(b^2+b+1)}+\frac{4}{3\sqrt{3}}\arctan\frac{2b+1}{\sqrt{3}}\right]-\left(\frac{1}{3}+\frac{4}{3\sqrt{3}}\arctan\frac{1}{\sqrt{3}}\right)\right\}\\&=\frac{4\pi}{3\sqrt{3}},\end{aligned}$$

所以，$\int_{-\infty}^{+\infty}\frac{dx}{(x^2+x+1)^2}=\frac{4\pi}{3\sqrt{3}}$.

*) 利用 1921 题的递推公式.

**【2340】** $\int_0^{+\infty}\frac{dx}{1+x^3}$.

**提示** 从定义出发,并利用 1881 题的结果.

**解** 由于 $\lim\limits_{b\to+\infty}\int_0^b\frac{dx}{1+x^3}=\lim\limits_{b\to+\infty}\left[\frac{1}{6}\ln\frac{(x+1)^2}{x^2-x+1}+\frac{1}{\sqrt{3}}\arctan\frac{2x-1}{\sqrt{3}}\right]^{*)}\Big|_0^b=\frac{2\pi}{3\sqrt{3}}$,

所以，$\int_0^{+\infty}\frac{dx}{1+x^3}=\frac{2\pi}{3\sqrt{3}}$.

*) 利用 1881 题的结果.

**【2341】** $\int_0^{+\infty}\frac{x^2+1}{x^4+1}dx$.

**提示** 从定义出发,并利用 1712 题的结果.

**解** 由于 $\lim\limits_{\substack{b\to+\infty\\ \varepsilon\to+0}}\int_\varepsilon^b\frac{x^2+1}{x^4+1}dx=\lim\limits_{\substack{b\to+\infty\\ \varepsilon\to+0}}\left(\frac{1}{\sqrt{2}}\arctan\frac{x^2-1}{x\sqrt{2}}\right)^{*)}\Big|_\varepsilon^b=\frac{\pi}{\sqrt{2}}$，所以，$\int_0^{+\infty}\frac{x^2+1}{x^4+1}dx=\frac{\pi}{\sqrt{2}}$.

*) 利用 1712 题的结果.

**【2342】** $\int_0^1\frac{dx}{(2-x)\sqrt{1-x}}$.

**提示** 令$\sqrt{1-x}=t$,并从定义出发.

**解** 先求$\int\frac{\mathrm{d}x}{(2-x)\sqrt{1-x}}$. 设$\sqrt{1-x}=t$,则 $x=1-t^2$, $\mathrm{d}x=-2t\mathrm{d}t$, $2-x=1+t^2$.

代入得
$$\int\frac{\mathrm{d}x}{(2-x)\sqrt{1-x}}=-2\int\frac{\mathrm{d}t}{1+t^2}=-2\arctan t+C=-2\arctan\sqrt{1-x}+C.$$

由于
$$\lim_{\varepsilon\to+0}\int_0^{1-\varepsilon}\frac{\mathrm{d}x}{(2-x)\sqrt{1-x}}=\lim_{\varepsilon\to+0}\left(-2\arctan\sqrt{1-x}\,\Big|_0^{1-\varepsilon}\right)=-2\lim_{\varepsilon\to+0}\left[\arctan\sqrt{1-(1-\varepsilon)}-\frac{\pi}{4}\right]=\frac{\pi}{2}.$$

所以,$\int_0^1\frac{\mathrm{d}x}{(2-x)\sqrt{1-x}}=\frac{\pi}{2}$.

**【2343】** $\int_1^{+\infty}\frac{\mathrm{d}x}{x\sqrt{1+x^5+x^{10}}}$.

**提示** 令$\sqrt{1+x^5+x^{10}}=t-x^5$,并从定义出发.

**解** 设$\sqrt{1+x^5+x^{10}}=t-x^5$. 则当$1\leqslant x<+\infty$时,$1+\sqrt{3}\leqslant t<+\infty$. 代入得
$$\int_1^{+\infty}\frac{\mathrm{d}x}{x\sqrt{1+x^5+x^{10}}}=\frac{2}{5}\int_{1+\sqrt{3}}^{+\infty}\frac{\mathrm{d}t}{t^2-1}=\frac{1}{5}\ln\frac{t-1}{t+1}\Big|_{1+\sqrt{3}}^{+\infty\;*)}=\frac{1}{5}\ln 1-\frac{1}{5}\ln\frac{\sqrt{3}}{2+\sqrt{3}}=\frac{1}{5}\ln\left(1+\frac{2}{\sqrt{3}}\right).$$

*) 牛顿—莱布尼茨公式对于广义积分也成立.例如,
$$\int_a^{+\infty}f(x)\mathrm{d}x=F(+\infty)-F(a)=F(x)\Big|_a^{+\infty},$$
其中$F(+\infty)$是一个符号,代表$\lim\limits_{x\to+\infty}F(x)$(假定此极限存在有限),下同,不再说明.

**【2344】** $\int_a^{+\infty}\frac{x\ln x}{(1+x^2)}\mathrm{d}x$.

**解** 我们有
$$\int\frac{x\ln x}{(1+x^2)^2}\mathrm{d}x=-\frac{1}{2}\int\ln x\,\mathrm{d}\left(\frac{1}{1+x^2}\right)=-\frac{\ln x}{2(1+x^2)}+\frac{1}{2}\int\frac{\mathrm{d}x}{x(1+x^2)}$$
$$=-\frac{\ln x}{2(1+x^2)}+\frac{1}{2}\int\left(\frac{1}{x}-\frac{x}{1+x^2}\right)\mathrm{d}x=-\frac{\ln x}{2(1+x^2)}+\frac{1}{4}\ln\frac{x^2}{1+x^2}+C.$$

由于
$$\lim_{\substack{\varepsilon\to+0\\b\to+\infty}}\int_a^b\frac{x\ln x}{(1+x^2)^2}\mathrm{d}x=\lim_{\substack{\varepsilon\to+0\\b\to+\infty}}\left[-\frac{\ln x}{2(1+x^2)}+\frac{1}{4}\ln\frac{x^2}{1+x^2}\right]\Bigg|_\varepsilon^b$$
$$=\lim_{\substack{\varepsilon\to+0\\b\to+\infty}}\left[-\frac{\ln b}{2(1+b^2)}+\frac{\ln\varepsilon}{2(1+\varepsilon^2)}+\frac{1}{4}\ln\frac{b^2}{b^2+1}-\frac{1}{4}\ln\frac{\varepsilon^2}{\varepsilon^2+1}\right]$$
$$=\lim_{\varepsilon\to+0}\left[-\frac{\varepsilon^2}{2(\varepsilon^2+1)}\ln\varepsilon+\frac{1}{4}\ln(\varepsilon^2+1)\right]=0,$$

所以,$\int_0^{+\infty}\frac{x\ln x}{(1+x^2)^2}\mathrm{d}x=0$.

**注** $\varepsilon\to+0$与$b\to+\infty$的极限过程是独立的,因此,可分别取极限.

**【2345】** $\int_0^{+\infty}\frac{\arctan x}{(1+x^2)^{\frac{3}{2}}}\mathrm{d}x$.

**解** 设$x=\tan t$,则 $\int_0^{+\infty}\frac{\arctan x}{(1+x^2)^{\frac{3}{2}}}\mathrm{d}x=\int_0^{\frac{\pi}{2}}\frac{t\sec^2t\mathrm{d}t}{\sec^3t}=(t\sin t+\cos t)\Big|_0^{\frac{\pi}{2}}=\frac{\pi}{2}-1$.

**【2346】** $\int_a^{+\infty}\mathrm{e}^{-ax}\cos bx\mathrm{d}x\quad(a>0)$.

**解** $\int_a^{+\infty}\mathrm{e}^{-ax}\cos bx\mathrm{d}x=\left(\frac{-a\cos bx+b\sin bx}{a^2+b^2}\mathrm{e}^{-ax}\right)^{*)}\Big|_a^{+\infty}=\frac{a}{a^2+b^2}$.

*) 利用1828题的结果.

【2347】 $\int_0^{+\infty} e^{-ax}\sin bx\,dx \quad (a>0)$.

解 $\int_0^{+\infty} e^{-ax}\sin bx\,dx=\left(\frac{-a\sin bx-b\cos bx}{a^2+b^2}e^{-ax}\right)^{*)}\Bigg|_0^{+\infty}=\frac{b}{a^2+b^2}$.

*) 利用 1829 题的结果.

**利用递推公式计算下列广义积分($n$ 为正整数):**

【2348】 $I_n=\int_0^{+\infty} x^n e^{-x}\,dx$.

提示 $I_n=nI_{n-1}$.

解 $I_n=\int_0^{+\infty} x^n d(-e^{-x})=-x^n e^{-x}\Big|_0^{+\infty}+n\int_0^{+\infty} x^{n-1}e^{-x}dx=n\int_0^{+\infty} x^{n-1}e^{-x}dx=nI_{n-1}$.

即 $I_n=nI_{n-1}$,利用此递推公式及 $I_0=\int_0^{+\infty} e^{-x}dx=1$,

容易得到 $I_n=n(n-1)\cdots2\cdot1I_0=n!$.

【2349】+ $I_n=\int_{-\infty}^{+\infty}\frac{dx}{(ax^2+2bx+c)^n} \quad (ac-b^2>0)$.

解题思路 利用 1921 题的递推公式及定义可得

$$I_n=\frac{2n-3}{2(n-1)}\cdot\frac{a}{ac-b^2}I_{n-1},$$

并注意 $I_1=\frac{\pi\operatorname{sgn}a}{\sqrt{ac-b^2}}$.

解 $I_n=\frac{ax+b}{2(n-1)(ac-b^2)(ax^2+2bx+c)^{n-1}}\Bigg|_{-\infty}^{+\infty}+\frac{2n-3}{n-1}\cdot\frac{a}{2(ac-b^2)}I_{n-1}{}^{*)}=\frac{2n-3}{2(n-1)}\cdot\frac{a}{ac-b^2}I_{n-1}$,

即 $$I_n=\frac{2n-3}{2(n-1)}\cdot\frac{a}{ac-b^2}I_{n-1}\quad(n>1).$$

$$I_1=\int_{-\infty}^{+\infty}\frac{dx}{ax^2+2bx+c}=\frac{\operatorname{sgn}a}{\sqrt{ac-b^2}}\arctan\frac{|a|\left(x+\frac{b}{a}\right)}{\sqrt{ac-b^2}}\Bigg|_{-\infty}^{+\infty}=\frac{\pi\operatorname{sgn}a}{\sqrt{ac-b^2}}.$$

利用递推公式及 $I_1$ 容易得到

$$I_n=\frac{(2n-3)(2n-5)\cdots3\cdot1}{(2n-2)(2n-4)\cdots4\cdot2}\cdot\frac{\pi a^{n-1}\operatorname{sgn}a}{(ac-b^2)^{n-\frac12}}=\frac{(2n-3)!!}{(2n-2)!!}\cdot\frac{\pi a^{n-1}\operatorname{sgn}a}{(ac-b^2)^{n-\frac12}}.$$

*) 利用 1921 题的结果.

【2350】+ $I_n=\int_1^{+\infty}\frac{dx}{x(x+1)\cdots(x+n)}$.

解 由于 $x^{n+1}\frac{1}{x(x+1)\cdots(x+n)}\to1$(当 $x\to+\infty$时),且 $n+1>1$,所以,积分 $I_n$ 收敛.

其次,我们来计算 $I_n$. 由于

$$\frac{1}{x(x+1)\cdots(x+n)}=\frac{1}{n!x}-\frac{1}{(n-1)!(x+1)}+\frac{1}{2!(n-2)!(x+2)}-\cdots+(-1)^k\frac{1}{k!(n-k)!(x+k)}+\cdots+(-1)^n\frac{1}{n!(x+n)},$$

所以, $$I_n=\frac{1}{n!}\int_1^{+\infty}\sum_{k=0}^{n}C_n^k(-1)^k\frac{dx}{x+k}=\frac{1}{n!}\sum_{k=0}^{n}(-1)^kC_n^k\ln(x+k)\Bigg|_1^{+\infty},$$

其中 $C_n^k$ 为从 $n$ 个元素中每次取 $k$ 个的组合数.

对于 $n$,不论是偶数还是奇数,用上限代入(此处理解为趋近于无穷时的极限)后均为零. 事实上,当 $n=$

$2m$ 时，

$$\sum_{k=0}^{2m}(-1)^k C_n^k \ln(x+k)=\ln\frac{x(x+2)^{C_{2n}^2}\cdots(x+2m)^{C_{2m}^{2m}}}{(x+1)^{C_{2m}^1}(x+3)^{C_{2m}^3}\cdots(x+2m-1)^{C_{2m}^{2m-1}}}.$$

由于 $$1+C_{2m}^2+\cdots+C_{2m}^{2m}=C_{2m}^1+C_{2m}^3+\cdots+C_{2m}^{2m-1},$$

所以,当 $m\to+\infty$ 时 $$\sum_{k=0}^{2m}(-1)^k C_n^k \ln(x+k)\to\ln 1=0;$$

当 $n=2m-1$ 时，

$$\sum_{k=0}^{2m-1}(-1)^k C_n^k \ln(x+k)=\ln\frac{x(x+2)^{C_{2n-1}^2}\cdots(x+2m-2)^{C_{2m-1}^{2m-2}}}{(x+1)^{C_{2m-1}^1}(x+3)^{C_{2m-1}^3}\cdots(x+2m-2)^{C_{2m-1}^{2m-1}}}\to 0$$

(当 $m\to+\infty$ 时).

最后我们得到 $I_n=\dfrac{1}{n!}\sum\limits_{k=0}^{n}(-1)^{k+1}C_n^k\ln(1+k)$.

**【2351】** $I_n=\displaystyle\int_0^1\frac{x^n\mathrm{d}x}{\sqrt{(1-x)(1+x)}}$.

**解题思路** 注意到当 $x\to1-0$ 时,

$$\sqrt{1-x}\frac{x^n}{\sqrt{(1-x)(1+x)}}\to\frac{1}{\sqrt2},$$

故积分 $I_n$ 收敛.

**解** 由于 $\sqrt{1-x}\dfrac{x^n}{\sqrt{(1-x)(1+x)}}\to\dfrac12$ (当 $x\to1-0$ 时),且 $p=\dfrac12<1$,所以,积分 $I_n$ 收敛.

其次,设 $x=\sin t$,则 $$I_n=\int_0^{\frac{\pi}{2}}\sin^n t\,\mathrm{d}t=\begin{cases}\dfrac{(2k-1)!!}{(2k)!!}\cdot\dfrac{\pi}{2}, & n=2k,^{*)}\\[2mm] \dfrac{(2k-2)!!}{(2k-1)!!}, & n=2k-1.\end{cases}$$

*) 利用 2281 题的结果.

**【2352】** $I_n=\displaystyle\int_0^{+\infty}\frac{\mathrm{d}x}{\mathrm{ch}^{n+1}x}$.

**提示** 令 $x=\ln\left(\tan\dfrac{t}{2}\right)$,并利用 2282 题的结果.

**解** 设 $x=\ln\left(\tan\dfrac{t}{2}\right)$,则当 $0\leqslant x<+\infty$ 时,$\dfrac{\pi}{2}\leqslant t\leqslant\pi$,

$$I_n=\int_0^{+\infty}\frac{\mathrm{d}x}{\mathrm{ch}^{n+1}x}=\int_{\frac{\pi}{2}}^{\pi}\sin^n t\,\mathrm{d}t=\int_0^{\frac{\pi}{2}}\cos^n u\,\mathrm{d}u=\begin{cases}\dfrac{(2k-1)!!}{(2k)!!}\cdot\dfrac{\pi}{2}, & n=2k,^{*)}\\[2mm] \dfrac{(2k-2)!!}{(2k-1)!!}, & n=2k-1.\end{cases}$$

*) 利用 2282 题的结果.

**【2353】** (1) $\displaystyle\int_0^{\frac{\pi}{2}}\ln\sin x\,\mathrm{d}x$;  (2) $\displaystyle\int_0^{\frac{\pi}{2}}\ln\cos x\,\mathrm{d}x$.

**解题思路** 首先,容易证明它们是收敛的.

其次,令 $t=\dfrac{\pi}{2}-x$,可得 $\displaystyle\int_0^{\frac{\pi}{2}}\ln\sin x\,\mathrm{d}x=\int_0^{\frac{\pi}{2}}\ln\cos x\,\mathrm{d}x=A$. 相加即得 $2A=A-\dfrac{\pi}{2}\ln2$.

**解** 先证明它们是收敛的. 事实上,当 $x\to+0$ 时,$\sqrt{x}\ln\sin x\to0$,所以,积分 $\displaystyle\int_0^{\frac{\pi}{2}}\ln\sin x\,\mathrm{d}x$ 收敛.

同法可证积分 $\displaystyle\int_0^{\frac{\pi}{2}}\ln\cos x\,\mathrm{d}x$ 也收敛.

其次,求这两个积分的值. 设 $t=\dfrac{\pi}{2}-x$,则有

$$\int_0^{\frac{\pi}{2}} \ln\cos x\,\mathrm{d}x=\int_0^{\frac{\pi}{2}} \ln\sin x\,\mathrm{d}x=A.$$

相加得
$$2A=\int_0^{\frac{\pi}{2}}(\ln\sin x+\ln\cos x)\mathrm{d}x=\int_0^{\frac{\pi}{2}}\ln\left(\frac{1}{2}\sin 2x\right)\mathrm{d}x=\int_0^{\frac{\pi}{2}}\ln\sin 2x\,\mathrm{d}x-\ln 2\int_0^{\frac{\pi}{2}}\mathrm{d}x$$
$$=\frac{1}{2}\int_0^{\pi}\ln\sin t\,\mathrm{d}t-\frac{\pi}{2}\ln 2=\frac{1}{2}\left(\int_0^{\frac{\pi}{2}}\ln\sin t\,\mathrm{d}t+\int_{\frac{\pi}{2}}^{\pi}\ln\sin t\,\mathrm{d}t\right)-\frac{\pi}{2}\ln 2$$
$$=\int_0^{\frac{\pi}{2}}\ln\sin t\,\mathrm{d}t-\frac{\pi}{2}\ln 2=A-\frac{\pi}{2}\ln 2,$$

于是，$2A=A-\frac{\pi}{2}\ln 2$，$A=-\frac{\pi}{2}\ln 2$，即

$$\int_0^{\frac{\pi}{2}}\ln\sin x\,\mathrm{d}x=\int_0^{\frac{\pi}{2}}\ln\cos x\,\mathrm{d}x=-\frac{\pi}{2}\ln 2.$$

**【2354】** 求
$$\int_E \mathrm{e}^{-\frac{x}{2}}\frac{|\sin x-\cos x|}{\sqrt{\sin x}}\mathrm{d}x,$$
其中 $E$ 表区间$(0,+\infty)$中使被积分式有意义的一切 $x$ 值的集合.

**解题思路** 首先，注意到
$$\text{原式}=\sum_{k=0}^{\infty}\int_{2k\pi}^{(2k+1)\pi}\mathrm{e}^{-\frac{x}{2}}\frac{|\sin x-\cos x|}{\sqrt{\sin x}}\mathrm{d}x.$$

其次，将$[2k\pi,(2k+1)\pi]$分成$[2k\pi,(2k+\frac{1}{4})\pi]$及$[(2k+\frac{1}{4})\pi,(2k+1)\pi]$，并注意到
$$(2\mathrm{e}^{-\frac{x}{2}}\sqrt{\sin x})'=\mathrm{e}^{-\frac{x}{2}}\frac{\cos x-\sin x}{\sqrt{\sin x}},$$
分区间积分即易获解.

**解**
$$\int_E \mathrm{e}^{-\frac{x}{2}}\frac{|\sin x-\cos x|}{\sqrt{\sin x}}\mathrm{d}x=\sum_{k=0}^{\infty}\int_{2k\pi}^{(2k+1)\pi}\mathrm{e}^{-\frac{x}{2}}\frac{|\sin x-\cos x|}{\sqrt{\sin x}}\mathrm{d}x,^{*}$$

对于广义积分 $\int_{2k\pi}^{(2k+1)\pi}\mathrm{e}^{-\frac{x}{2}}\frac{|\sin x-\cos x|}{\sqrt{\sin x}}\mathrm{d}x$ 作如下处理：
$$\int_{2k\pi}^{(2k+1)\pi}\mathrm{e}^{-\frac{x}{2}}\frac{|\sin x-\cos x|}{\sqrt{\sin x}}\mathrm{d}x=\int_{2k\pi}^{(2k+\frac{1}{4})\pi}\mathrm{e}^{-\frac{x}{2}}\frac{\cos x-\sin x}{\sqrt{\sin x}}\mathrm{d}x+\int_{(2k+\frac{1}{4})\pi}^{(2k+1)\pi}\mathrm{e}^{-\frac{x}{2}}\frac{\sin x-\cos x}{\sqrt{\sin x}}\mathrm{d}x$$
$$=2\mathrm{e}^{-\frac{x}{2}}\sqrt{\sin x}\Big|_{2k\pi}^{(2k+\frac{1}{4})\pi}-2\mathrm{e}^{-\frac{x}{2}}\sqrt{\sin x}\Big|_{(2k+\frac{1}{4})\pi}^{(2k+1)\pi}=2\sqrt[4]{8}\,\mathrm{e}^{-k\pi}\,\mathrm{e}^{-\frac{\pi}{8}}.$$

注意到
$$\sum_{k=0}^{n}2\sqrt[4]{8}\,\mathrm{e}^{-\frac{\pi}{8}}\mathrm{e}^{-k\pi}=2\sqrt[4]{8}\,\mathrm{e}^{-\frac{\pi}{8}}\frac{1-\mathrm{e}^{-(n+1)\pi}}{1-\mathrm{e}^{-\pi}},$$
当 $n\to+\infty$时，上式的极限为 $2\sqrt[4]{8}\,\mathrm{e}^{-\frac{\pi}{8}}\frac{1}{1-\mathrm{e}^{-\pi}}$. 于是，
$$\int_E \mathrm{e}^{-\frac{x}{2}}\frac{|\sin x-\cos x|}{\sqrt{\sin x}}\mathrm{d}x=\frac{2\sqrt[4]{8}\,\mathrm{e}^{-\frac{\pi}{8}}}{1-\mathrm{e}^{-\pi}}.$$

**【2355】** 证明等式：
$$\int_0^{+\infty}f\left(ax+\frac{b}{x}\right)\mathrm{d}x=\frac{1}{a}\int_0^{+\infty}f(\sqrt{x^2+4ab})\mathrm{d}x.$$
其中 $a>0$，$b>0$ （假定等式左端的积分有意义）.

**证** 设 $ax-\frac{b}{x}=t$，则当 $0<x<+\infty$时，$-\infty<t<+\infty$，$ax+\frac{b}{x}=\sqrt{t^2+4ab}$.

将此二式相加得
$$x=\frac{1}{2a}(t+\sqrt{t^2+4ab}).$$

---

* 记号 $\sum_{k=0}^{\infty}S_k$ 理解为极限 $\lim_{n\to+\infty}\sum_{k=0}^{n}S_k$. 以后题解中不再说明.

从而有
$$dx=\frac{1}{2a}\frac{t+\sqrt{t^2+4ab}}{\sqrt{t^2+4ab}}dt.$$

代入要证的等式左端，得

$$\int_0^{+\infty}\left(ax+\frac{b}{x}\right)dx=\frac{1}{2a}\int_{-\infty}^{+\infty}f(\sqrt{t^2+4ab})\frac{t+\sqrt{t^2+4ab}}{\sqrt{t^2+4ab}}dt$$

$$=\frac{1}{2a}\int_{-\infty}^{0}f(\sqrt{t^2+4ab})\frac{t+\sqrt{t^2+4ab}}{\sqrt{t^2+4ab}}dt+\frac{1}{2a}\int_0^{+\infty}f(\sqrt{t^2+4ab})\frac{t+\sqrt{t^2+4ab}}{\sqrt{t^2+4ab}}dt$$

$$=\frac{1}{2a}\int_0^{+\infty}f(\sqrt{t^2+4ab})\frac{\sqrt{t^2+4ab}-t}{\sqrt{t^2+4ab}}dt+\frac{1}{2a}\int_0^{+\infty}f(\sqrt{t^2+4ab})\frac{t+\sqrt{t^2+4ab}}{\sqrt{t^2+4ab}}dt$$

$$=\frac{1}{2a}\int_0^{+\infty}f(\sqrt{t^2+4ab})\frac{\sqrt{t^2+4ab}-t+\sqrt{t^2+4ab}+t}{\sqrt{t^2+4ab}}dt$$

$$=\frac{1}{a}\int_0^{+\infty}f(\sqrt{t^2+4ab})dt,$$

于是，
$$\int_0^{+\infty}f\left(ax+\frac{b}{x}\right)dx=\frac{1}{a}\int_0^{+\infty}f(\sqrt{x^2+4ab})dx.$$

**【2356】** 数
$$M[f]=\lim_{x\to+\infty}\frac{1}{x}\int_0^x f(\xi)d\xi$$
称为函数 $f(x)$ 在区间 $(0,+\infty)$ 上的平均值.求下列函数在此区间上的平均值：

(1) $f(x)=\sin^2 x+\cos^2(x\sqrt{2})$； (2) $f(x)=\arctan x$； (3) $f(x)=\sqrt{x}\sin x$.

**解** (1) 由于

$$\int_0^x[\sin^2\xi+\cos^2(\xi\sqrt{2})]d\xi=\int_0^x\left[\frac{1-\cos2\xi}{2}+\frac{1+\cos(2\xi\sqrt{2})}{2}\right]d\xi=x-\frac{1}{4}\sin2x+\frac{1}{4\sqrt{2}}\sin(2x\sqrt{2}),$$

所以，

$$M[f]=\lim_{x\to+\infty}\frac{1}{x}\int_0^x[\sin^2\xi+\cos^2(\xi\sqrt{2})]d\xi=\lim_{x\to+\infty}\left[1+\frac{1}{4x}\sin2x+\frac{1}{4x\sqrt{2}}\sin(2x\sqrt{2})\right]=1;$$

(2) $$M[f]=\lim_{x\to+\infty}\frac{1}{x}\int_0^x\arctan\xi d\xi=\lim_{x\to+\infty}\frac{1}{x}\left[x\arctan x-\frac{1}{2}\ln(1+x^2)\right]$$

$$=\frac{\pi}{2}-\lim_{x\to+\infty}\frac{\ln(1+x^2)}{2x}=\frac{\pi}{2}-\lim_{x\to+\infty}\frac{2x}{2(1+x^2)}=\frac{\pi}{2};$$

(3) 利用第二中值定理，得

$$\int_0^x\sqrt{\xi}\sin\xi d\xi=\sqrt{x}\int_c^x\sin\xi d\xi=\sqrt{x}(\cos c-\cos x)\ (0\leqslant c\leqslant x).$$

于是， $M[f]=\lim\limits_{x\to+\infty}\frac{1}{x}\int_0^x\sqrt{\xi}\sin\xi d\xi=\lim\limits_{x\to+\infty}\frac{\cos c-\cos x}{\sqrt{x}}=0.$

**【2357】** 求：

(1) $\lim\limits_{x\to0}x\int_x^1\frac{\cos t}{t^2}dt$； (2) $\lim\limits_{x\to\infty}\frac{\int_0^x\sqrt{1+t^4}dt}{x^3}$； (3) $\lim\limits_{x\to+0}\frac{\int_x^{+\infty}t^{-1}e^{-t}dt}{\ln\frac{1}{x}}$ *)； (4) $\lim\limits_{x\to+0}x^a\int_x^1\frac{f(t)}{t^{a+1}}dt$ *)，

其中 $a>0$，$f(t)$ 为闭区间 $[0,1]$ 上的连续函数.

**解** (1) 由于 $1-\frac{t^2}{2}\leqslant\cos t\leqslant1$，所以，$\int_x^1\frac{1-\frac{t^2}{2}}{t^2}dt\leqslant\int_x^1\frac{\cos t}{t^2}dt\leqslant\int_x^1\frac{dt}{t^2}$，

计算得 $-\frac{3}{2}+\frac{x}{2}+\frac{1}{x}\leqslant\int_x^1\frac{\cos t}{t^2}dt\leqslant-1+\frac{1}{x}$. 又由于

$$\lim_{x\to0}x\left(-\frac{3}{2}+\frac{x}{2}+\frac{1}{x}\right)=1\quad 及\quad \lim_{x\to0}x\left(-1+\frac{1}{x}\right)=1,$$

故最后得到 $\lim\limits_{x\to 0} x\int_x^1 \frac{\cos t}{t^2}\mathrm{d}t=1$；

(2) 由于 $t^2<\sqrt{1+t^4}$，所以，$\int_0^x \sqrt{1+t^4}\,\mathrm{d}t \geqslant \int_0^x t^2\,\mathrm{d}t=\frac{x^3}{3}$，从而，当 $x\to+\infty$ 时，$\int_0^x \sqrt{1+t^4}\,\mathrm{d}t\to+\infty$. 利用洛必达法则，得

$$\lim_{x\to+\infty}\frac{\int_0^x \sqrt{1+t^4}\,\mathrm{d}t}{x^3}=\lim_{x\to+\infty}\frac{\sqrt{1+x^4}}{3x^2}=\frac{1}{3};$$

(3) 由于 $\lim\limits_{t\to+0} t(t^{-1}\mathrm{e}^{-t})=1$，故广义积分 $\int_0^{+\infty} t^{-1}\mathrm{e}^{-t}\mathrm{d}t$ 发散. 从而，所求的极限是 $\frac{\infty}{\infty}$ 型不定式. 利用洛必达法则，得

$$\lim_{x\to+0}\frac{\int_x^{+\infty} t^{-1}\mathrm{e}^{-t}\mathrm{d}t}{\ln\frac{1}{x}}=\lim_{x\to+0}\frac{-\mathrm{e}^{-x}x^{-1}}{-\frac{1}{x}}=1;$$

(4) 由于 $f(t)$ 在 $t=0$ 处右连续，故对任意的 $\varepsilon>0$，存在 $\delta'>0$，使当 $0<t<\delta'$ 时，有 $|f(t)-f(0)|<\frac{a\varepsilon}{2}$. 今又取 $0<\delta<\delta'$，使当 $0<x<\delta$ 时，有

$$\left|x^a\int_{\delta'}^1 \frac{f(t)-f(0)}{t^{a+1}}\mathrm{d}t\right|<\frac{\varepsilon}{2}.$$

于是，当 $0<x<\delta$ 时，就有

$$\left|x^a\int_x^1 \frac{f(t)-f(0)}{t^{a+1}}\mathrm{d}t\right|=\left|x^a\int_x^{\delta'} \frac{f(t)-f(0)}{t^{a+1}}\mathrm{d}t+x^a\int_{\delta'}^1 \frac{f(t)-f(0)}{t^{a+1}}\mathrm{d}t\right|$$

$$\leqslant\frac{a\varepsilon}{2}x^a\int_x^{\delta'}\frac{\mathrm{d}t}{t^{a+1}}+\frac{\varepsilon}{2}=\frac{\varepsilon}{2}x^a\left(\frac{1}{x^a}-\frac{1}{\delta'^a}\right)+\frac{\varepsilon}{2}<\frac{\varepsilon}{2}+\frac{\varepsilon}{2}=\varepsilon.$$

故
$$\lim_{x\to+0} x^a\int_x^1 \frac{f(t)-f(0)}{t^{a+1}}\mathrm{d}x=0,$$

最后得到
$$\lim_{x\to+0} x^a\int_x^1 \frac{f(t)}{t^{a+1}}\mathrm{d}t=\lim_{x\to+0} x^a\int_x^1 \frac{f(0)}{t^{a+1}}\mathrm{d}t=\lim_{x\to+0} x^a f(0)\left[-\frac{1}{a}t^{-a}\right]\Big|_x^1$$

$$=\lim_{x\to+0} x^a f(0)\left(\frac{1}{ax^a}-\frac{1}{a}\right)=\frac{f(0)}{a}.$$

*) 原题(3)、(4)中 $x\to+0$ 误印为 $x\to 0$.

**研究下列积分的收敛性：**

**【2358】** $\int_0^{+\infty}\frac{x^2\,\mathrm{d}x}{x^4-x^2+1}$.

**提示** 注意当 $x\to+\infty$ 时，$x^2\frac{x^2}{x^4-x^2+1}\to 1$ .

**解** 由于 $x^2\frac{x^2}{x^4-x^2+1}\to 1$（当 $x\to+\infty$ 时），所以，积分 $\int_0^{+\infty}\frac{x^2\,\mathrm{d}x}{x^4-x^2+1}$ 收敛.

**【2359】** $\int_1^{+\infty}\frac{\mathrm{d}x}{x\sqrt[3]{x^2+1}}$.

**提示** 注意当 $x\to+\infty$ 时，$x^{\frac{5}{3}}\frac{1}{x\sqrt[3]{x^2+1}}\to 1$.

**解** 由于 $x^{\frac{5}{3}}\frac{1}{x\sqrt[3]{x^2+1}}\to 1$（当 $x\to+\infty$ 时），所以，积分 $\int_1^{+\infty}\frac{\mathrm{d}x}{x\sqrt[3]{x^2+1}}$ 收敛.

**【2360】** $\int_0^2\frac{\mathrm{d}x}{\ln x}$.

**提示** 注意由 $(1-x)\frac{1}{-\ln x}\to 1$（当 $x\to 1-0$），即知 $\int_0^1\frac{\mathrm{d}x}{\ln x}$ 发散. 从而，原积分也发散.

**解** 当 $0<x<1$ 时，$\ln x<0$. 由于 $\lim\limits_{x\to1-0}(1-x)\dfrac{1}{-\ln x}=\lim\limits_{x\to1-0}\dfrac{-1}{-\dfrac{1}{x}}=1$,

所以，积分 $\int_0^1\dfrac{dx}{\ln x}$ 发散，从而，积分 $\int_0^2\dfrac{dx}{\ln x}$ 也发散.

**【2361】** $\int_0^{+\infty}x^{p-1}e^{-x}dx$.

**解题思路** 先将原积分分成

$$原式=\int_0^1 x^{p-1}e^{-x}dx+\int_1^{+\infty}x^{p-1}e^{-x}dx.$$

对于上式右端第一个积分，只要注意当 $x\to+0$ 时，$x^{1-p}(x^{p-1}e^{-x})\to1$；而对于第二个积分，只要注意当 $x\to+\infty$ 时，$x^2(x^{p-1}e^{-x})\to0$. 从而，当 $p>0$ 时，原积分收敛.

**解** 将积分分成

$$\int_0^{+\infty}x^{p-1}e^{-x}dx=\int_0^1 x^{p-1}e^{-x}dx+\int_1^{+\infty}x^{p-1}e^{-x}dx.$$

对于积分 $\int_0^1 x^{p-1}e^{-x}dx$. 由于 $x^{1-p}(x^{p-1}e^{-x})\to1$（当 $x\to+0$ 时），故当 $p>0$ 时（从而 $1-p<1$），积分 $\int_0^1 x^{p-1}e^{-x}dx$ 收敛.

对于积分 $\int_1^{+\infty}x^{p-1}e^{-x}dx$. 由于

$$x^2(x^{p-1}e^{-x})=\frac{x^{p+1}}{e^x}\to0\quad（当 x\to+\infty 时），$$

故对于一切 $p$ 值，积分 $\int_1^{+\infty}x^{p-1}e^{-x}dx$ 恒收敛.

于是，当 $p>0$ 时，积分 $\int_0^{+\infty}x^{p-1}e^{-x}dx$ 收敛.

**【2362】** $\int_0^1 x^p\ln^q\dfrac{1}{x}dx$.

**解** 将积分分成

$$\int_0^1 x^p\ln^q\frac{1}{x}dx=\int_0^{\frac{1}{2}}x^p\ln^q\frac{1}{x}dx+\int_{\frac{1}{2}}^1 x^p\ln^q\frac{1}{x}dx.$$

对于积分 $\int_{\frac{1}{2}}^1 x^p\ln^q\dfrac{1}{x}dx$，由于

$$\lim_{x\to1-0}(1-x)^{-q}x^p\ln^q\frac{1}{x}=\lim_{x\to1-0}x^p\left(\frac{\ln\frac{1}{x}}{1-x}\right)^q=\left(\lim_{x\to1-0}\frac{\ln\frac{1}{x}}{1-x}\right)^q=\left[\lim_{x\to1-0}\frac{x\left(-\frac{1}{x^2}\right)}{-1}\right]^q=1,$$

故积分 $\int_{\frac{1}{2}}^1 x^p\ln^q\dfrac{1}{x}dx$ 当 $-q<1$（即 $q>-1$）时收敛，当 $-q\geqslant1$（即 $q\leqslant-1$）时发散. 于是，当 $q\leqslant-1$ 时，积分 $\int_0^1 x^p\ln^q\dfrac{1}{x}dx$ 必发散. 故下面可在 $q>-1$ 的假定下来讨论 $\int_0^{\frac{1}{2}}x^p\ln^q\dfrac{1}{x}dx$.

若 $p>-1$，可取 $\tau>0$ 充分小，使 $p-\tau>-1$. 于是，

$$\lim_{x\to+0}x^{-p+\tau}x^p\ln^q\frac{1}{x}=\lim_{x\to+0}\frac{\left(\ln\frac{1}{x}\right)^q}{\left(\frac{1}{x}\right)^\tau}=0.$$

由于 $-p+\tau<1$，故此时 $\int_0^{\frac{1}{2}}x^p\ln^q\dfrac{1}{x}dx$ 收敛；

若 $p\leqslant-1$（设 $q>-1$），则

$$\int_0^{\frac{1}{2}}x^p\ln^q\frac{1}{x}dx\geqslant\int_0^{\frac{1}{2}}x^{-1}\ln^q\frac{1}{x}dx=-\int_0^{\frac{1}{2}}\left(\ln\frac{1}{x}\right)^q d\left(\ln\frac{1}{x}\right)=-\frac{\left(\ln\frac{1}{x}\right)^{q+1}}{q+1}\Bigg|_0^{\frac{1}{2}}=+\infty.$$

故此时$\int_0^{\frac{1}{2}} x^p \ln^q \frac{1}{x} dx$发散.

总之,仅当$p>-1$且$q>-1$时,积分$\int_0^1 x^p \ln^q \frac{1}{x} dx$收敛.

**【2363】** $\int_0^{+\infty} \frac{x^m}{1+x^n} dx \quad (n \geqslant 0)$.

**解题思路** 仿2361题,有 原式$=\int_0^1 \frac{x^m}{1+x^n} dx+\int_1^{+\infty} \frac{x^m}{1+x^n} dx$.

对于上式右端第一个积分,只要注意当$x \to +0$时,$x^{-m} \frac{x^m}{1+x^n} \to 1$;而对于第二个积分,只要注意当$x \to +\infty$时,$x^{n-m} \frac{x^m}{1+x^n} \to 1$.

从而,当$m>-1$且$n-m>1$时,原积分收敛.

**解** 先考虑积分$\int_0^1 \frac{x^m}{1+x^n} dx$. 由于

$$x^{-m} \frac{x^m}{1+x^n} \to 1 \quad (\text{当 } x \to +0 \text{ 时}),$$

故积分$\int_0^1 \frac{x^m}{1+x^n} dx$仅当$-m<1$,即仅当$m>-1$时收敛.

再考虑积分$\int_1^{+\infty} \frac{x^m}{1+x^n} dx$. 由于$x^{n-m} \frac{x^m}{1+x^n} \to 1 \quad (\text{当 } x \to +\infty \text{时})$,

故积分$\int_1^{+\infty} \frac{x^m}{1+x^n} dx$仅当$n-m>1$时收敛.

于是,当$m>-1$且$n-m>1$时,积分$\int_0^{+\infty} \frac{x^m}{1+x^n} dx \ (n \geqslant 0)$收敛.

**【2364】** $\int_0^{+\infty} \frac{\arctan ax}{x^n} dx \quad (a \neq 0)$.

**解** 由于$\arctan ax=-\arctan(-ax)$,故可设$a>0$,先考虑积分$\int_0^1 \frac{\arctan ax}{x^n} dx$. 由于

$$\lim_{x \to +0} x^{n-1} \frac{\arctan ax}{x^n}=\lim_{x \to +0} \frac{\arctan ax}{x}=\lim_{x \to +0} \frac{\frac{a}{1+a^2 x^2}}{1}=a,$$

故积分$\int_0^1 \frac{\arctan ax}{x^n} dx$仅当$n-1<1$即当$n<2$时收敛.

再考虑积分$\int_1^{+\infty} \frac{\arctan ax}{x^n} dx$. 由于

$$x^n \frac{\arctan ax}{x^n} \to \frac{\pi}{2} \quad (\text{当 } x \to +\infty \text{时}),$$

故积分$\int_1^{+\infty} \frac{\arctan ax}{x^n} dx$仅当$n>1$时收敛.

于是,当$1<n<2$时,积分$\int_1^{+\infty} \frac{\arctan ax}{x^n} dx \ (a \neq 0)$收敛.

**【2365】** $\int_0^{+\infty} \frac{\ln(1+x)}{x^n} dx$.

**解** 先考虑积分$\int_1^{+\infty} \frac{\ln(1+x)}{x^n} dx$. 当$n>1$时,取$a>0$充分小,使$n-a>1$. 由于

$$x^{n-a} \frac{\ln(1+x)}{x^n}=\frac{\ln(1+x)}{x^a} \to 0 \quad (\text{当 } x \to +\infty \text{时}),$$

故此时积分$\int_1^{+\infty} \frac{\ln(1+x)}{x^n} dx$收敛. 当$n \leqslant 1$时,由于

$$x^n\frac{\ln(1+x)}{x^n}\to+\infty\quad(当 x\to+\infty时),$$

故此时积分 $\int_1^{+\infty}\frac{\ln(1+x)}{x^n}dx$ 发散.

再考虑积分 $\int_0^1\frac{\ln(1+x)}{x^n}dx$. 由于 $\lim\limits_{x\to+0}x^{n-1}\frac{\ln(1+x)}{x^n}=\lim\limits_{x\to+0}\frac{\ln(1+x)}{x}=1$,

故积分 $\int_0^1\frac{\ln(1+x)}{x^n}dx$ 仅当 $n-1<1$ 即当 $n<2$ 时收敛.

于是,当 $1<n<2$ 时,积分 $\int_0^{+\infty}\frac{\ln(1+x)}{x^n}dx$ 收敛.

**【2366】** $\int_0^{+\infty}\frac{x^m\arctan x}{2+x^n}dx\quad(n\geqslant0)$.

**解题思路** 仿 2361 题,有

$$原式=\int_0^1\frac{x^m\arctan x}{2+x^n}dx+\int_1^{+\infty}\frac{x^m\arctan x}{2+x^n}dx.$$

对于上式右端第一个积分,只要注意当 $x\to+0$ 时,$x^{-m-1}\frac{x^m\arctan x}{2+x^n}\to\frac{1}{2}$;而对于第二个积分,只要注意当 $x\to+\infty$时,$x^{n-m}\frac{x^m\arctan x}{2+x^n}\to\frac{\pi}{2}$.

从而,当 $m>-2$ 且 $n-m>1$ 时,原积分收敛.

**解** 先考虑积分 $\int_0^1\frac{x^m\arctan x}{2+x^n}dx$.

由于
$$\lim_{x\to+0}x^{-m-1}\frac{x^m\arctan x}{2+x^n}=\frac{1}{2}\lim_{x\to+0}\frac{\arctan x}{x}=\frac{1}{2}\lim_{x\to+0}\frac{\frac{1}{1+x^2}}{1}=\frac{1}{2},$$

故积分 $\int_0^1\frac{x^m\arctan x}{2+x^n}dx$ 仅当 $-m-1<1$ 即当 $m>-2$ 时收敛.

再考虑积分 $\int_1^{+\infty}\frac{x^m\arctan x}{2+x^n}dx$. 由于

$$x^{n-m}\frac{x^m\arctan x}{2+x^n}=\frac{x^n\arctan x}{2+x^n}\to\frac{\pi}{2}\quad(当 x\to+\infty时),$$

故积分 $\int_1^{+\infty}\frac{x^m\arctan x}{2+x^n}dx$ 仅当 $n-m>1$ 时收敛.

于是,当 $m>-2$ 且 $n-m>1$ 时,积分 $\int_0^{+\infty}\frac{x^m\arctan x}{2+x^n}dx\ (n\geqslant0)$ 收敛.

**【2367】**+ $\int_0^{+\infty}\frac{\cos ax}{1+x^n}dx\quad(n\geqslant0)$.

**解** 当 $a\neq0$ 时,设 $f(x)=\cos ax$, $g(x)=\frac{1}{1+x^n}$,则对于任意的 $A>0$,均有 $\left|\int_0^A f(x)dx\right|\leqslant\frac{2}{a}$;其次,当 $n>0$ 时,$g(x)$单调下降且趋于零($n\to+\infty$). 从而得知积分 $\int_0^{+\infty}\frac{\cos ax}{1+x^n}dx$ 收敛. 至于当 $n=0$ 时,积分显然发散.

当 $a=0$ 时,由于 $x^n\frac{1}{1+x^n}\to1$ (当 $x\to+\infty$时),故积分 $\int_0^{+\infty}\frac{\cos ax}{1+x^n}dx$ 仅当 $n>1$ 时收敛.

于是,当 $a\neq0$、$n>0$ 及 $a=0$、$n>1$ 时,积分 $\int_0^{+\infty}\frac{\cos ax}{1+x^n}dx$. 收敛.

**【2368】** $\int_0^{+\infty}\frac{\sin^2 x}{x}dx$.

**解题思路** 首先,注意到 $\frac{\sin^2 x}{x}=\frac{1}{2}\left(\frac{1}{x}-\frac{\cos2x}{x}\right)$.

其次，易证$\int_1^{+\infty}\frac{\cos 2x}{x}\mathrm{d}x$收敛. 而$\int_1^{+\infty}\frac{\mathrm{d}x}{x}$发散. 于是，积分$\int_1^{+\infty}\frac{\sin^2 x}{x}\mathrm{d}x$发散，从而，原积分也发散.

**解** 方法1：
$$\frac{\sin^2 x}{x}=\frac{1-\cos 2x}{2x}=\frac{1}{2}\left(\frac{1}{x}-\frac{\cos 2x}{x}\right).$$
积分$\int_1^{+\infty}\frac{\mathrm{d}x}{x}$显然发散.

又因对于任意的$A>1$，$\left|\int_1^A\cos 2x\mathrm{d}x\right|\leqslant 2$，且当$x\to+\infty$时，$\frac{1}{x}$单调地趋于零，故积分$\int_1^{+\infty}\frac{\cos 2x}{x}\mathrm{d}x$收敛.

于是，积分$\int_1^{+\infty}\frac{\sin^2 x}{x}\mathrm{d}x$发散，从而，积分$\int_0^{+\infty}\frac{\sin^2 x}{x}\mathrm{d}x$发散.

方法2：
$$\int_0^{+\infty}\frac{\sin^2 x}{x}\mathrm{d}x=\sum_{n=0}^{\infty}\int_{n\pi}^{(n+1)\pi}\frac{\sin^2 x}{x}\mathrm{d}x=\sum_{n=0}^{\infty}\int_0^{\pi}\frac{\sin^2 t}{t+n\pi}\mathrm{d}t\geqslant\frac{1}{\pi}\int_0^{\pi}\sin^2 t\mathrm{d}t\sum_{n=0}^{\infty}\frac{1}{n+1}=\frac{1}{2}\sum_{n=1}^{\infty}\frac{1}{n},$$
由于不论$N$取多大，只要取$p=N$，就有
$$\sum_{k=N+1}^{N+p}\frac{1}{k}=\sum_{k=N+1}^{2N}\frac{1}{k}=\frac{1}{N+1}+\cdots+\frac{1}{2N}>\underbrace{\frac{1}{2N}+\frac{1}{2N}+\cdots+\frac{1}{2N}}_{N\text{个}}=\frac{1}{2N}N=\frac{1}{2},$$
故递增数列$S_n=\sum_{k=1}^{n}\frac{1}{k}$ $(n=1,2,\cdots)$的极限$\lim_{n\to\infty}S_n$是$+\infty$，即$\sum_{k=0}^{\infty}\frac{1}{k}=+\infty$.

于是，积分$\int_0^{+\infty}\frac{\sin^2 x}{x}\mathrm{d}x$发散.

**【2369】** $\int_0^{\frac{\pi}{2}}\frac{\mathrm{d}x}{\sin^p x\cos^q x}$.

**解** 先考虑积分$\int_0^{\frac{\pi}{4}}\frac{\mathrm{d}x}{\sin^p x\cos^q x}$. 对于任何$q$值，由于
$$\lim_{x\to+0}x^p\frac{1}{\sin^p x\cos^q x}=\lim_{x\to+0}\left(\frac{x}{\sin x}\right)^p\lim_{x\to+0}\left(\frac{1}{\cos^q x}\right)=1,$$
故积分$\int_0^{\frac{\pi}{4}}\frac{\mathrm{d}x}{\sin^p x\cos^q x}$仅当$p<1$（$q$为任意值）时收敛.

再考虑积分$\int_{\frac{\pi}{4}}^{\frac{\pi}{2}}\frac{\mathrm{d}x}{\sin^p x\cos^q x}$. 对于任何$p$值，由于
$$\lim_{x\to\frac{\pi}{2}-0}\left(\frac{\pi}{2}-x\right)^q\frac{1}{\sin^p x\cos^q x}=\lim_{x\to\frac{\pi}{2}-0}\left(\frac{\frac{\pi}{2}-x}{\cos x}\right)^q\lim_{x\to\frac{\pi}{2}-0}\left(\frac{1}{\sin^p x}\right)=\lim_{t\to+0}\left(\frac{t}{\sin t}\right)^q=1,$$
故积分$\int_{\frac{\pi}{4}}^{\frac{\pi}{2}}\frac{\mathrm{d}x}{\sin^p x\cos^q x}$仅当$q<1$（$p$为任意值）时收敛.

于是，当$p<1$且$q<1$时，积分$\int_0^{\frac{\pi}{2}}\frac{\mathrm{d}x}{\sin^p x\cos^q x}$收敛.

**【2370】** $\int_0^1\frac{x^n\mathrm{d}x}{\sqrt{1-x^2}}$.

**解** 先考虑积分$\int_0^{\frac{1}{2}}\frac{x^n\mathrm{d}x}{\sqrt{1-x^2}}$. 由于$\lim_{x\to+0}\left(x^{-n}\frac{x^n}{\sqrt{1-x^2}}\right)=1$，故积分$\int_0^{\frac{1}{2}}\frac{x^n\mathrm{d}x}{\sqrt{1-x^2}}$仅当$-n<1$即当$n>-1$时收敛.

再考虑积分$\int_{\frac{1}{2}}^1\frac{x^n}{\sqrt{1-x^2}}\mathrm{d}x$. 对于任意的$n$，由于
$$\lim_{x\to1-0}\left(\sqrt{1-x}\frac{x^n}{\sqrt{1-x^2}}\right)=\lim_{x\to1-0}\frac{x^n}{\sqrt{1+x}}=\frac{1}{\sqrt{2}},$$
故积分$\int_{\frac{1}{2}}^1\frac{x^n}{\sqrt{1-x^2}}\mathrm{d}x$恒收敛.

于是，当 $n>-1$ 时，积分 $\int_0^1 \frac{x^n\mathrm{d}x}{\sqrt{1-x^2}}$ 收敛.

【2371】 $\int_0^{+\infty} \frac{\mathrm{d}x}{x^p+x^q}$.

解 先考虑积分 $\int_0^1 \frac{\mathrm{d}x}{x^p+x^q}$. 不妨设 $\min(p,q)=p$，由于

$$\lim_{x\to+0}\left(x^p \frac{\mathrm{d}x}{x^p+x^q}\right)=\lim_{x\to+0}\frac{1}{1+x^{q-p}}=1,$$

故积分 $\int_0^1 \frac{\mathrm{d}x}{x^p+x^q}$ 仅当 $p<1$，即当 $\min(p,q)<1$ 时收敛.

再考虑积分 $\int_1^{+\infty} \frac{\mathrm{d}x}{x^p+x^q}$. 不妨设 $\max(p,q)=q$，由于

$$\lim_{x\to+\infty}\left(x^q \frac{1}{x^p+x^q}\right)=\lim_{x\to+\infty}\frac{1}{x^{-(q-p)}+1}=1,$$

故积分 $\int_1^{+\infty} \frac{\mathrm{d}x}{x^p+x^q}$ 仅当 $q>1$ 即当 $\max(p,q)>1$ 时收敛.

于是，当 $\min(p,q)<1$ 且 $\max(p,q)>1$ 时，积分 $\int_0^{+\infty} \frac{\mathrm{d}x}{x^p+x^q}$ 收敛.

【2372】 $\int_0^1 \frac{\ln x}{1-x^2}\mathrm{d}x$.

解 先考虑积分 $\int_0^{\frac{1}{2}} \frac{\ln x}{1-x^2}\mathrm{d}x$. 由于 $\lim_{x\to+0}\left(\sqrt{x}\,\frac{\ln x}{1-x^2}\right)=0$，故积分 $\int_0^{\frac{1}{2}} \frac{\ln x}{1-x^2}\mathrm{d}x$ 收敛.

再考虑积分 $\int_{\frac{1}{2}}^1 \frac{\ln x}{1-x^2}\mathrm{d}x$. 由于 $\lim_{x\to1-0}\left(\sqrt{1-x}\,\frac{\ln x}{1-x^2}\right)=0$，故积分 $\int_{\frac{1}{2}}^1 \frac{\ln x}{1-x^2}\mathrm{d}x$ 收敛.

于是，积分 $\int_0^1 \frac{\ln x}{1-x^2}\mathrm{d}x$ 收敛.

【2373】 $\int_0^{\frac{\pi}{2}} \frac{\ln(\sin x)}{\sqrt{x}}\mathrm{d}x$.

解 由于

$$\lim_{x\to+0}\left[x^{\frac{5}{6}}\frac{\ln(\sin x)}{\sqrt{x}}\right]=\lim_{x\to+0}\left[\left(\frac{x}{\sin x}\right)^{\frac{1}{3}}\sqrt[3]{\sin x}\,\ln(\sin x)\right]=0,$$

故积分 $\int_0^{\frac{\pi}{2}} \frac{\ln(\sin x)}{\sqrt{x}}\mathrm{d}x$ 收敛.

【2374】 $\int_1^{+\infty} \frac{\mathrm{d}x}{x^p\ln^q x}$.

解 先考虑 $\int_1^2 \frac{\mathrm{d}x}{x^p\ln^q x}$. 对于任意的 $p$，由于

$$\lim_{x\to1+0}\left[(x-1)^q\frac{1}{x^p\ln^q x}\right]=\lim_{x\to1+0}\left[\frac{1}{x^p}\left(\frac{x-1}{\ln x}\right)^q\right]=\left(\lim_{x\to1+0}\frac{x-1}{\ln x}\right)^q=\left(\lim_{x\to1+0}\frac{1}{\frac{1}{x}}\right)^q=1,$$

故积分 $\int_1^2 \frac{\mathrm{d}x}{x^p\ln^q x}$ 仅当 $q<1$ 且 $p$ 为任意值时收敛.

再考虑积分 $\int_2^{+\infty} \frac{\mathrm{d}x}{x^p\ln^q x}$. 如果 $p>1$，取 $\alpha>0$ 充分小，使 $p-\alpha>1$，则对于任意的 $q$，由于

$$\lim_{x\to+\infty}\left(x^{p-\alpha}\frac{1}{x^p\ln^q x}\right)=\lim_{x\to+\infty}\left(\frac{1}{x^\alpha\ln^q x}\right)=0,$$

故积分 $\int_2^{+\infty} \frac{\mathrm{d}x}{x^p\ln^q x}$ 收敛；如果 $p\leqslant1$，$q<1$，由于

$$\int_2^{+\infty}\frac{\mathrm{d}x}{x^p\ln^q x}\geqslant\int_2^{+\infty}\frac{\mathrm{d}x}{x\ln^q x}=\frac{(\ln x)^{1-q}}{1-q}\Bigg|_2^{+\infty}=+\infty,$$

故积分 $\int_2^{+\infty} \frac{\mathrm{d}x}{x^p\ln^q x}$ 发散.

于是，当 $p>1$ 且 $q<1$ 时，积分 $\int_1^{+\infty}\frac{dx}{x^p\ln^q x}$ 收敛.

**【2375】** $\int_e^{+\infty}\frac{dx}{x^p(\ln x)^q(\ln\ln x)^r}$.

**解** 先考虑积分 $\int_e^3\frac{dx}{x^p(\ln x)^q(\ln\ln x)^r}$. 对于任意的 $p$ 和 $q$，由于

$$\lim_{x\to e+0}\frac{(x-e)^r}{x^p(\ln x)^q(\ln\ln x)^r}=\frac{1}{e^p}\left(\lim_{x\to e+0}\frac{x-e}{\ln\ln x}\right)^r=\frac{1}{e^p}\left(\lim_{x\to e+0}\frac{1}{\frac{1}{x\ln x}}\right)^r=e^{r-p},$$

故积分 $\int_e^3\frac{dx}{x^p(\ln x)^q(\ln\ln x)^r}$ 仅当 $r<1$ 和 $p$、$q$ 为任意值时收敛.

再考虑积分 $\int_3^{+\infty}\frac{dx}{x^p(\ln x)^q(\ln\ln x)^r}$. 分三种情形讨论:

(1) 如果 $p>1$，$q$ 和 $r$ 为任意值. 取 $\alpha>0$ 充分小，使 $p-\alpha>1$，由于

$$\lim_{x\to+\infty}\frac{x^{p-\alpha}}{x^p(\ln x)^q(\ln\ln x)^r}=\lim_{x\to+\infty}\frac{1}{x^\alpha(\ln x)^q(\ln\ln x)^r}=0,$$

故此时积分 $\int_3^{+\infty}\frac{dx}{x^p(\ln x)^q(\ln\ln x)^r}$ 收敛;

(2) 当 $p=1$ 时，则有

$$\int_3^{+\infty}\frac{dx}{x^p(\ln x)^q(\ln\ln x)^r}=\int_{\ln 3}^{+\infty}\frac{dx}{x^q(\ln x)^r},$$

利用 2374 题的结果得知，当 $p=1$，$q>1$ 和 $r<1$ 时，积分 $\int_3^{+\infty}\frac{dx}{x^p(\ln x)^q(\ln\ln x)^r}$ 收敛;

(3) 当 $p<1$ 时，取 $\delta>0$ 充分小，使 $p+\delta<1$. 对于任意的 $q$ 和 $r$，由于

$$\lim_{x\to+\infty}\frac{x^{p+\delta}}{x^p(\ln x)^q(\ln\ln x)^r}=\lim_{x\to+\infty}\frac{x^\delta}{(\ln x)^q(\ln\ln x)^r}=+\infty,$$

故此时积分 $\int_3^{+\infty}\frac{dx}{x^p(\ln x)^q(\ln\ln x)^r}$ 发散.

于是，当 $p>1$，$q$ 是任意的，$r<1$ 和当 $p=1$，$q>1$，$r<1$ 时，积分 $\int_e^{+\infty}\frac{dx}{x^p(\ln x)^q(\ln\ln x)^r}$ 收敛.

**【2376】** $\int_{-\infty}^{+\infty}\frac{dx}{|x-a_1|^{p_1}|x-a_2|^{p_2}\cdots|x-a_n|^{p_n}}$ $(a_1<a_2<\ldots<a_n)$.

**解** 首先，被积函数关于 $\frac{1}{x}$ 是 $\sum_{i=1}^n p_i$ 级无穷小(当 $x\to\pm\infty$ 时).

其次，

$$\lim_{x\to a_i}\left(|x-a_i|^{p_i}\frac{1}{|x-a_1|^{p_1}|x-a_2|^{p_2}\cdots|x-a_n|^{p_n}}\right)=c_i,\qquad (0<c_i<+\infty,\ (i=1,2,\cdots,n),$$

故积分 $\int_{-\infty}^{+\infty}\frac{1}{|x-a_1|^{p_1}|x-a_2|^{p_2}\cdots|x-a_n|^{p_n}}$ 当 $\sum_{i=1}^n p_i>1$ 且 $p_i<1$ $(i=1,2,\cdots,n)$ 时收敛.

**【2377】** $\int_0^{+\infty}\frac{P_m(x)}{P_n(x)}dx$. 式中 $P_m(x)$ 及 $P_n(x)$ 为次数分别为 $m$ 及 $n$ 的互素的多项式.

**解** 当 $P_n(x)=0$ 在 $[0,+\infty)$ 上有根 $\lambda$ 并设其重数为 $r(\geqslant1)$ 时，由于 $P_n(x)$ 与 $P_m(x)$ 互素，故 $\lambda$ 不是 $P_m(x)$ 的根. 从而有

$$\lim_{x\to\lambda}\left[(x-\lambda)^r\frac{P_m(x)}{P_n(x)}\right]=a\neq0,$$

而且显然在点 $\lambda$ 的右(左)近旁，$\frac{P_m(x)}{P_n(x)}$ 都保持定号. 由于 $r\geqslant1$，故积分发散. 由于 $\lim_{x\to+\infty}\left[x^{n-m}\frac{P_m(x)}{P_n(x)}\right]=b\neq0$，故积分 $\int_0^{+\infty}\frac{P_m(x)}{P_n(x)}dx$ 仅当 $n-m>1$ 即当 $n>m+1$ 时收敛.

于是,当 $P_n(x)$ 在区间 $[0,+\infty)$ 内无根且 $n>m+1$ 时,积分 $\int_0^{+\infty}\frac{P_m(x)}{P_n(x)}dx$ 收敛.

**研究下列积分的绝对收敛性和条件收敛性:**

**【2378】** $\int_0^{+\infty}\frac{\sin x}{x}dx$.

**解题思路** 易证积分 $\int_1^{+\infty}\frac{\sin x}{x}dx$ 收敛.而积分 $\int_0^1\frac{\sin x}{x}dx$ 显然收敛,故积分 $\int_0^{+\infty}\frac{\sin x}{x}dx$ 收敛.

其次,由 $\left|\frac{\sin x}{x}\right|\geqslant\frac{\sin^2 x}{x}$ $(x>0)$ 及 2368 题的结果可知,原积分不是绝对收敛的.

**解** 对于任意的 $A>1$,由于 $\left|\int_1^A\sin x dx\right|\leqslant 2$,且当 $x\to+\infty$ 时,$\frac{1}{x}$ 单调地趋于零,故积分 $\int_1^{+\infty}\frac{\sin x}{x}dx$ 收敛.而积分 $\int_0^1\frac{\sin x}{x}dx$ 是普通的定积分($\frac{\sin x}{x}$ 在 $x=0$ 有可去不连续点,故补充定义其值为 1 后,$\frac{\sin x}{x}$ 可视为 $[0,1]$ 上的连续函数),故积分 $\int_0^{+\infty}\frac{\sin x}{x}dx$ 收敛.但它不是绝对收敛的.

事实上,当 $x>0$ 时,$\left|\frac{\sin x}{x}\right|\geqslant\frac{\sin^2 x}{x}$,由 2368 题知,积分 $\int_0^{+\infty}\frac{\sin^2 x}{x}dx$ 发散,故积分 $\int_0^{+\infty}\left|\frac{\sin x}{x}\right|dx$ 发散.

**【2379】** $\int_0^{+\infty}\frac{\sqrt{x}\cos x}{x+100}dx$.

**解** 对于任意的 $A>0$,由于 $\left|\int_0^A\cos x dx\right|\leqslant 2$,且当 $x\to+\infty$ 时,$\frac{\sqrt{x}}{x+100}$ 单调地趋于零,因此,积分 $\int_0^{+\infty}\frac{\sqrt{x}\cos x}{x+100}dx$ 收敛.但它不是绝对收敛的.

事实上,由于

$$\frac{\sqrt{x}\,|\cos x|}{x+100}\geqslant\frac{\sqrt{x}\cos^2 x}{x+100}=\frac{1}{2}\left(\frac{\sqrt{x}}{x+100}-\frac{\sqrt{x}\cos 2x}{x+100}\right),$$

且 $\lim\limits_{x\to+\infty}\left(x^{\frac{1}{2}}\frac{\sqrt{x}}{x+100}\right)=1$,故积分 $\int_0^{+\infty}\frac{\sqrt{x}}{x+100}dx$ 发散.仿照前半段证明,可知 $\int_0^{+\infty}\frac{\sqrt{x}\cos 2x}{x+100}dx$ 收敛.从而,积分 $\int_0^{+\infty}\frac{\sqrt{x}\cos^2 x}{x+100}dx$ 发散.

于是,积分 $\int_0^{+\infty}\frac{\sqrt{x}\,|\cos x|}{x+100}dx$ 发散.

**【2380】** $\int_0^{+\infty}x^p\sin(x^q)dx$ $(q\neq 0)$.

**解** 设 $t=x^q$,则 $dx=\frac{1}{q}t^{\frac{1}{q}-1}$.于是,

$$\int_0^{+\infty}x^p\sin(x^q)dx=\frac{1}{|q|}\int_0^{+\infty}t^{\frac{p+1}{q}-1}\sin t dt.$$

先考虑积分 $\int_0^1 t^{\frac{p+1}{q}-1}\sin t dt$.由于

$$\lim_{t\to+0}\left(t^{-\frac{p+1}{q}}\cdot t^{\frac{p+1}{q}-1}\sin t\right)=\lim_{t\to+0}\frac{\sin t}{t}=1,$$

故积分 $\int_0^1 t^{\frac{p+1}{q}-1}\sin t dt$ 仅当 $-\frac{p+1}{q}<1$,即当 $\frac{p+1}{q}>-1$ 时收敛.又由于被积函数在 $[0,1]$ 上非负,故也是绝对收敛的.

再考虑积分 $\int_1^{+\infty}t^{\frac{p+1}{q}-1}\sin t dt$.如果 $\frac{p+1}{q}<1$,则由于对任意的 $A>1$,$\left|\int_1^A\sin t dt\right|\leqslant 2$ 且 $t^{\frac{p+1}{q}-1}$ 单调地趋于零(当 $t\to+\infty$ 时),故此时积分 $\int_1^{+\infty}t^{\frac{p+1}{q}-1}\sin t dt$ 收敛.如果 $\frac{p+1}{q}=1$,则积分 $\int_1^{+\infty}t^{\frac{p+1}{q}-1}\sin t dt$ 显然发散.

从而,积分$\int_0^{+\infty} t^{\frac{p+1}{q}-1}\sin t\mathrm{d}t$也发散.如果$\frac{p+1}{q}>1$,则由于$\lim\limits_{t\to+\infty} t^{\frac{p+1}{q}-1}=+\infty$,故对任给的$A>0$,总存在正整数$N$,使有$2N\pi+\frac{\pi}{4}>A$,且当$t>2N\pi+\frac{\pi}{4}$时,$t^{\frac{p+1}{q}-1}>\sqrt{2}$.

今取$A'=2N\pi+\frac{\pi}{4}$, $A''=2N\pi+\frac{\pi}{2}$,则有

$$\left|\int_{A'}^{A''} t^{\frac{p+1}{q}-1}\sin t\mathrm{d}t\right|>\sqrt{2}\left|\int_{A'}^{A''}\sin t\mathrm{d}t\right|=1,$$

它不可能小于任给的$\varepsilon(0<\varepsilon<1)$,因而,积分$\int_1^{+\infty} t^{\frac{p+1}{q}-1}\sin t\mathrm{d}t$发散,从而,积分$\int_0^{+\infty} t^{\frac{p+1}{q}-1}t\mathrm{d}t$也发散.

于是,仅当$-1<\frac{p+1}{q}<1$时,积分$\int_0^{+\infty} t^{\frac{p+1}{q}-1}\sin t\mathrm{d}t$收敛,且当$\frac{p+1}{q}>-1$时,积分$\int_0^1 t^{\frac{p+1}{q}-1}\sin t\mathrm{d}t$绝对收敛.

下面我们考虑积分$\int_1^{+\infty} t^{\frac{p+1}{q}-1}\sin t\mathrm{d}t$的绝对收敛性.分三种情形讨论:

(1) 当$\frac{p+1}{q}<0$时,由于

$$\left|t^{\frac{p+1}{q}-1}\sin t\right|\leqslant t^{\frac{p+1}{q}-1}\quad(1\leqslant t<+\infty),$$

且$\int_1^{+\infty} t^{\frac{p+1}{q}-1}\mathrm{d}t$收敛,故当$\frac{p+1}{q}<0$时,积分$\int_1^{+\infty} t^{\frac{p+1}{q}-1}\sin t\mathrm{d}t$绝对收敛;

(2) 当$\frac{p+1}{q}=0$时,由于

$$\int_1^{+\infty}\left|t^{\frac{p+1}{q}-1}\sin t\right|\mathrm{d}t=\int_1^{+\infty}\left|\frac{\sin t}{t}\right|\mathrm{d}t=+\infty$$

故此时积分不绝对收敛(但条件收敛);

(3) 当$\frac{p+1}{q}>0$时,由于

$$\int_1^{+\infty}\left|t^{\frac{p+1}{q}-1}\sin t\right|\mathrm{d}t\geqslant\int_1^{+\infty}\frac{|\sin t|}{t}\mathrm{d}t=+\infty,$$

故此时积分也不是绝对收敛的.

于是,当$-1<\frac{p+1}{q}<0$时,积分$\int_0^{+\infty} t^{\frac{p+1}{q}-1}\sin t\mathrm{d}t$绝对收敛.

最后我们得到:当$-1<\frac{p+1}{q}<0$时,积分$\int_0^{+\infty} x^p\sin(x^q)\mathrm{d}x$绝对收敛;当$0\leqslant\frac{p+1}{q}<1$时,积分条件收敛.

**【2381】** $\int_0^{+\infty}\frac{x^p\sin x}{1+x^q}\mathrm{d}x\quad(q\geqslant 0)$.

**解** 先考虑积分$\int_0^1\frac{x^p\sin x}{1+x^q}\mathrm{d}x$.由于

$$\lim_{x\to+0}\left(x^{-1-p}\,\frac{x^p\sin x}{1+x^q}\right)=\lim_{x\to+0}\left(\frac{\sin x}{x}\cdot\frac{1}{1+x^q}\right)=1,$$

故积分$\int_0^1\frac{x^p\sin x}{1+x^q}\mathrm{d}x$仅当$-1-p<1$即当$p>-2$时收敛,且是绝对收敛的.

再考虑积分$\int_1^{+\infty}\frac{x^p\sin x}{1+x^q}\mathrm{d}x$.

(1)若$p\geqslant q$,则对任何$A>1$,必存在正整数$N$,使$2N\pi+\frac{\pi}{4}>A$且当$x\geqslant 2N\pi+\frac{\pi}{4}$时,恒有$\frac{x^p}{1+x^q}>\frac{1}{3}$.于是,对$A'=2N\pi+\frac{\pi}{4}$,$A''=2N\pi+\frac{\pi}{2}$,有

$$\left|\int_{A'}^{A''}\frac{x^p}{1+x^q}\sin x\mathrm{d}x\right|>\frac{1}{3}\int_{A'}^{A''}\sin x\mathrm{d}x=\frac{\sqrt{2}}{6},$$

它不可能小于任给的 ε，故积分 $\int_1^{+\infty}\frac{x^p\sin x}{1+x^q}\mathrm{d}x$ 发散.

(2)若$p<q-1$,取 $\alpha>0$ 使 $p+\alpha<q-1$,即 $q-p-\alpha>1$,由于

$$\lim_{x\to+\infty}x^{q-p-\alpha}\frac{x^p}{1+x^q}|\sin x|=\lim_{x\to+\infty}\left(\frac{x^q}{1+x^q}\cdot\frac{|\sin x|}{x^\alpha}\right)=0,$$

故积分 $\int_1^{+\infty}\frac{x^p\sin x}{1+x^q}\mathrm{d}x$ 绝对收敛.

(3)现设 $q-1\leqslant p<q$. 先证 $\int_1^{+\infty}\frac{x^p|\sin x|}{1+x^q}\mathrm{d}x$ 发散. 事实上，此时，可取 $A_0>1$，使当 $x\geqslant A_0$ 时，$\frac{x^{p+1}}{1+x^q}>\frac{1}{3}$；故

$$\int_{A_0}^{+\infty}\frac{x^p|\sin x|}{1+x^q}\mathrm{d}x=\int_{A_0}^{+\infty}\left(\frac{x^{p+1}}{1+x^q}\cdot\left|\frac{\sin x}{x}\right|\right)\mathrm{d}x\geqslant\frac{1}{3}\int_{A_0}^{+\infty}\left|\frac{\sin x}{x}\right|\mathrm{d}x=+\infty,$$

从而，$\int_1^{+\infty}\frac{x^p|\sin x|}{1+x^q}\mathrm{d}x$ 发散.

再证 $\int_1^{+\infty}\frac{x^p\sin x}{1+x^q}\mathrm{d}x$ 收敛. 事实上，若 $q=0$，则 $-1\leqslant p<0$，此时积分 $\int_1^{+\infty}\frac{x^p\sin x}{1+x^q}\mathrm{d}x=\frac{1}{2}\int_1^{+\infty}x^p\sin x\mathrm{d}x$ 显然收敛；若$q>0$，由于 $\left(\frac{x^p}{1+x^q}\right)'=\frac{x^{p-1}[p-(q-p)x^q]}{(1+x^q)^2}<0$（当 $x$ 充分大时），故当$x\to+\infty$时，$\frac{x^p}{1+x^q}$单调递减趋于零. 而 $\left|\int_1^A\sin x\mathrm{d}x\right|=|\cos1-\cos A|\leqslant2$ 有界，故积分 $\int_1^{+\infty}\frac{x^p\sin x}{1+x^q}\mathrm{d}x$ 收敛. 总之，我们证明了：当 $q-1\leqslant p<q$ 时，$\int_1^{+\infty}\frac{x^p\sin x}{1+x^q}\mathrm{d}x$ 条件收敛.

于是，最后得结论：积分 $\int_0^{+\infty}\frac{x^p\sin x}{1+x^q}\mathrm{d}x$ 当 $p>-2$，$q>p+1$ 时绝对收敛；当 $p>-2$，$p<q\leqslant p+1$ 时条件收敛.

**【2382】** $\int_0^{+\infty}\frac{\sin\left(x+\frac{1}{x}\right)}{x^n}\mathrm{d}x$.

**解** 当 $n\leqslant0$ 时，积分显然是发散的.

当 $n>0$ 时，首先考虑积分 $\int_a^{+\infty}\frac{\sin\left(x+\frac{1}{x}\right)}{x^n}\mathrm{d}x\ (a>1)$. 由于

$$\int_a^{+\infty}\frac{\sin\left(x+\frac{1}{x}\right)}{x^n}\mathrm{d}x=\int_a^{+\infty}\frac{\left(1-\frac{1}{x^2}\right)\sin\left(x+\frac{1}{x}\right)}{x^n\left(1-\frac{1}{x^2}\right)}\mathrm{d}x,$$

而

$$\left|\int_a^A\left(1-\frac{1}{x^2}\right)\sin\left(x+\frac{1}{x}\right)\mathrm{d}x\right|=\left|\cos\left(a+\frac{1}{a}\right)-\cos\left(A+\frac{1}{A}\right)\right|\leqslant2.$$

又当 $x$ 充分大时，有

$$\frac{\mathrm{d}}{\mathrm{d}x}x^n\left(1-\frac{1}{x^2}\right)=nx^{n-3}\left(x^2-\frac{n-2}{n}\right)>0,$$

故当 $x$ 充分大时，函数 $x^n\left(1-\frac{1}{x^2}\right)$是递增的，从而，函数$\frac{1}{x^n\left(1-\frac{1}{x^2}\right)}$当 $x\to+\infty$时递减趋于零. 由此可知，积分 $\int_a^{+\infty}\frac{\sin\left(1+\frac{1}{x}\right)}{x^n}\mathrm{d}x$ 当$n>0$时收敛.

再考虑积分 $\int_0^{a'}\frac{\sin\left(x+\frac{1}{x}\right)}{x^n}dx$ $(0<a'<1)$. 设 $x=\frac{1}{t}$,则

$$\int_0^{a'}\frac{\sin\left(x+\frac{1}{x}\right)}{x^n}dx=\int_{\frac{1}{a'}}^{+\infty}\frac{\sin\left(t+\frac{1}{t}\right)}{t^{2-n}}dt,$$

由前所述,此积分仅当 $2-n>0$ 即当 $n<2$ 时收敛.

请注意,$\int_{a'}^{a}\frac{\sin\left(x+\frac{1}{x}\right)}{x^n}dx$ $(0<a'<1<a)$是一个通常的积分,它对任意 $n$ 均有意义. 于是,当 $0<n<2$ 时,积分

$$\int_0^{+\infty}\frac{\sin\left(x+\frac{1}{x}\right)}{x^n}dx$$

收敛.

可以证明:积分 $\int_0^{+\infty}\frac{\left|\sin\left(x+\frac{1}{x}\right)\right|}{x^n}dx$ 当 $0<n<2$ 时发散. 事实上,

$$\frac{\left|\sin\left(x+\frac{1}{x}\right)\right|}{x^n}\geqslant\frac{\sin^2\left(x+\frac{1}{x}\right)}{x^n}=\frac{1-\cos\left(2x+\frac{2}{x}\right)}{2x^n},$$

而当 $0<n\leqslant1$ 时,积分 $\int_a^{+\infty}\frac{dx}{x^n}$ 显然发散,积分 $\int_a^{+\infty}\frac{\cos\left(2x+\frac{2}{x}\right)}{x^n}dx$ 收敛(仿前半段证明),故当 $0<n\leqslant1$ 时,积分 $\int_a^{+\infty}\frac{\left|\sin\left(x+\frac{1}{x}\right)\right|}{x^n}dx$ 发散,从而,当 $0<n\leqslant1$ 时,积分 $\int_0^{+\infty}\frac{\left|\sin\left(x+\frac{1}{x}\right)\right|}{x^n}dx$ 发散.

对于 $1<n<2$ 的情况,可考虑对积分作变换 $x=\frac{1}{t}$,则得

$$\int_0^{a}\frac{\left|\sin\left(x+\frac{1}{x}\right)\right|}{x^n}dx=\int_{\frac{1}{a}}^{+\infty}\frac{\left|\sin\left(t+\frac{1}{t}\right)\right|}{t^{2-n}}dt.$$

仿前可知,当 $0<2-n\leqslant1$ 即当 $1\leqslant n<2$ 时,积分

$$\int_0^{a}\frac{\left|\sin\left(x+\frac{1}{x}\right)\right|}{x^n}dx$$

发散. 从而,当 $1<n<2$ 时,积分 $\int_0^{+\infty}\frac{\left|\sin\left(x+\frac{1}{x}\right)\right|}{x^n}dx$ 发散.

最后我们得到:当 $0<n<2$ 时,积分 $\int_0^{+\infty}\frac{\sin\left(x+\frac{1}{x}\right)}{x^n}dx$ 条件收敛.

**【2383】**$^+$ $\int_a^{+\infty}\frac{P_m(x)}{P_n(x)}\sin x dx$,式中 $P_m(x)$ 及 $P_n(x)$ 为整多项式,且若 $x\geqslant a$, $P_n(x)>0$.

**解** 今仿 2381 题解之,设

$$P_m(x)=a_0x^m+a_1x^{m-1}+\cdots+a_m,\quad P_n(x)=b_0x^n+b_1x^{n-1}+\cdots+b_n,$$

其中 $m,n$ 是非负整数,$a_0\neq0,b_0\neq0$.

(1) 若 $n>m+1$,可取 $\alpha>0$ 充分小,使 $n-\alpha>m+1$. 由于

$$\lim_{x\to+\infty}x^{n-m-\alpha}\left|\frac{P_m(x)}{P_n(x)}\sin x\right|=\lim_{x\to+\infty}\left|\frac{x^nP_m(x)}{x^mP_n(x)}\right|\frac{|\sin x|}{x^\alpha}=0,$$

而 $n-m-\alpha>1$,故积分 $\int_a^{+\infty}\frac{P_m(x)}{P_n(x)}\sin x dx$ 绝对收敛.

(2) 若 $n=m+1$. 我们证明此时 $\int_a^{+\infty}\frac{P_m(x)}{P_n(x)}\sin x\mathrm{d}x$ 条件收敛. 事实上，由于 $\lim\limits_{x\to+\infty}\frac{xP_m(x)}{P_n(x)}=\frac{a_0}{b_0}$，故存在 $A_0>a$，使当 $x\geqslant A_0$ 时，恒有 $\left|\frac{xP_m(x)}{P_n(x)}\right|>\frac{|a_0|}{2|b_0|}$，于是，

$$\int_{A_0}^{+\infty}\left|\frac{P_m(x)}{P_n(x)}\sin x\right|\mathrm{d}x=\int_{A_0}^{+\infty}\left|\frac{xP_m(x)}{P_n(x)}\right|\ \left|\frac{\sin x}{x}\right|\mathrm{d}x\geqslant\frac{|a_0|}{2|b_0|}\int_{A_0}^{+\infty}\left|\frac{\sin x}{x}\right|\mathrm{d}x=+\infty,$$

故 $\int_a^{+\infty}\left|\frac{P_m(x)}{P_n(x)}\sin x\right|\mathrm{d}x$ 发散. 此外，易知($n=m+1$)时

$$\left(\frac{P_m(x)}{P_n(x)}\right)'=\frac{1}{[P_n(x)]^2}\{-a_0b_0x^{2m}-2a_1b_0x^{2m-1}+\cdots+(a_{m-1}b_{m+1}-a_mb_m)\},$$

故若 $a_0b_0>0$，则当 $x$ 充分大时，$\left(\frac{P_m(x)}{P_n(x)}\right)'<0$，函数 $\frac{P_m(x)}{P_n(x)}$ 递减；若 $a_0b_0<0$，则当 $x$ 充分大时，$\left(\frac{P_m(x)}{P_n(x)}\right)'>0$，函数 $\frac{P_m(x)}{P_n(x)}$ 递增. 总之，当 $x\to+\infty$ 时，$\frac{P_m(x)}{P_n(x)}$ 单调地趋于零. 又显然可知 $\left|\int_a^A\sin x\mathrm{d}x\right|\leqslant 2$，因此，积分 $\int_a^{+\infty}\frac{P_m(x)}{P_n(x)}\sin x\mathrm{d}x$ 收敛.

(3)若 $n<m+1$. 由于 $n,m$ 都是非负整数，故 $n\leqslant m$. 因此，

$$\lim_{n\to+\infty}\frac{P_m(x)}{P_n(x)}=\begin{cases}\frac{a_0}{b_0}, & n=m,\\ +\infty, & n<m \text{ 且 } a_0b_0>0,\\ -\infty, & n<m \text{ 且 } a_0b_0<0.\end{cases}$$

于是，存在 $A^*>a$ 及 $\tau>0$，使当 $x\geqslant A^*$ 时，$\frac{P_m(x)}{P_n(x)}$ 保持定号且 $\left|\frac{P_m(x)}{P_n(x)}\right|>\tau$. 今对任何 $A>a$，可取正整数 $N$，使 $2N\pi+\frac{\pi}{4}\geqslant\max\{A,A^*\}$. 令 $A'=2N\pi+\frac{\pi}{4}$，$A''=2N\pi+\frac{\pi}{2}$，则

$$\left|\int_{A'}^{A''}\frac{P_m(x)}{P_n(x)}\sin x\mathrm{d}x\right|>\tau\int_{A'}^{A''}\sin x\mathrm{d}x=\frac{\tau\sqrt{2}}{2},$$

它不能小于任意的 $\varepsilon$ $\left(0<\varepsilon<\frac{\tau\sqrt{2}}{2}\right)$，故 $\int_a^{+\infty}\frac{P_m(x)}{P_n(x)}\sin x\mathrm{d}x$ 发散.

最后，我们得出：$\int_a^{+\infty}\frac{P_m(x)}{P_n(x)}\sin x\mathrm{d}x$ 当 $n>m+1$ 时绝对收敛；当 $n=m+1$ 时条件收敛.

**【2384】** 若 $\int_a^{+\infty}f(x)\mathrm{d}x$ 收敛，则当 $x\to+\infty$ 时是否必有 $f(x)\to 0$? 研究例子：

(1) $\int_0^{+\infty}\sin(x^2)\mathrm{d}x$；　(2) $\int_0^{+\infty}(-1)^{[x^2]}\mathrm{d}x$.

**解** 不一定. 例如，

(1) 积分 $\int_0^{+\infty}\sin(x^2)\mathrm{d}x$ 收敛. 事实上，它是 2380 题之特例：$p=0,q=2$. 但是，$\lim\limits_{x\to+\infty}\sin(x^2)$ 不存在；

(2) 先证积分 $\int_0^{+\infty}(-1)^{[x^2]}\mathrm{d}x$ 收敛. 事实上，对任何 $A>0$，存在唯一的非负整数 $n$，使 $\sqrt{n}\leqslant A<\sqrt{n+1}$. 显然 $A\to+\infty$ 相当于 $n\to\infty$. 当 $\sqrt{k}\leqslant x<\sqrt{k+1}$ ($k$—非负整数)时，$[x^2]=k$. 于是，

$$\begin{aligned}\int_0^A(-1)^{[x^2]}\mathrm{d}x&=\sum_{k=0}^{n-1}\int_{\sqrt{k}}^{\sqrt{k+1}}(-1)^k\mathrm{d}x+(-1)^n(A-\sqrt{n})\\&=\sum_{k=0}^{n-1}(-1)^k\frac{1}{\sqrt{k+1}+\sqrt{k}}+(-1)^n(A-\sqrt{n}).\end{aligned}$$

由于 $\frac{1}{\sqrt{k+1}+\sqrt{k}}$ 递减趋于 0(当 $k\to\infty$ 时)，故 $\lim\limits_{n\to\infty}\sum_{k=0}^{n-1}(-1)^k\frac{1}{\sqrt{k+1}+\sqrt{k}}$ 存在有限(参看 2656 题前面的变号级数的莱布尼茨判别法)，设为 $S$. 又显然

$$|(-1)^n(A-\sqrt{n})|<\sqrt{n+1}-\sqrt{n}=\frac{1}{\sqrt{n+1}+\sqrt{n}}\to 0\quad(\text{当 } n\to\infty\text{时}),$$

故 $\lim\limits_{A\to+\infty}\int_a^A(-1)^{[x^2]}\mathrm{d}x=S$,因此,积分 $\int_0^{+\infty}(-1)^{[x^2]}\mathrm{d}x$ 收敛.但显然 $\lim\limits_{x\to+\infty}(-1)^{[x^2]}$ 不存在.

**【2385】** 设函数 $f(x)$ 在 $[a,b]$ 上有定义且无界,可否把函数 $f(x)$ 的收敛广义积分

$$\int_a^b f(x)\mathrm{d}x$$

看作对应积分和

$$\sum_{i=0}^{n-1}f(\xi_i)\Delta x_i\quad(x_i\leqslant\xi_i\leqslant x_{i+1},\Delta x_i=x_{i+1}-x_i)$$

的极限?

**提示** 不能.

**解** 不能.因为若 $c(a\leqslant c\leqslant b)$ 是瑕点,则对于 $[a,b]$ 的任何分法,不论其 $\max|\Delta x_i|$ 多么小,当分法确定以后,设 $c\in[x_j,x_{j+1}]$,则总可以取 $\xi_j$,使 $\sum\limits_{i=0}^{n-1}f(\xi_i)\Delta x_i$ 大于任何预先给定的值.因此,当 $\max|\Delta x_i|\to 0$ 时,$\sum\limits_{i=0}^{n-1}f(\xi_i)\Delta x_i$ 不可能具有有限极限.

**【2386】** 设

$$\int_a^{+\infty}f(x)\mathrm{d}x \tag{1}$$

收敛,函数 $\varphi(x)$ 有界,则积分

$$\int_a^{+\infty}f(x)\varphi(x)\mathrm{d}x \tag{2}$$

是否必定收敛? 举出适当的例子.

若积分(1)绝对收敛,问积分(2)的收敛性如何?

**解题思路** 不一定收敛.例如,积分 $\int_0^{+\infty}\frac{\sin x}{x}\mathrm{d}x$ 收敛,$\varphi(x)=\sin x$ 有界,但是,积分 $\int_0^{+\infty}\frac{\sin^2x}{x}\mathrm{d}x$ 发散.

其次,设 $|\varphi(x)|\leqslant L$,则由 $|f(x)\varphi(x)|\leqslant L|f(x)|$ 及 $\int_a^{+\infty}|f(x)|\mathrm{d}x$ 收敛,即知 $\int_a^{+\infty}f(x)\varphi(x)\mathrm{d}x$ 绝对收敛.

**解** 不一定.例如,积分 $\int_0^{+\infty}\frac{\sin x}{x}\mathrm{d}x$ 收敛*),且 $\varphi(x)=\sin x$ 有界,但是积分 $\int_0^{+\infty}\frac{\sin^2x}{x}\mathrm{d}x$ 是发散的**).

若积分(1)绝对收敛,$\varphi(x)$ 有界,则积分(2)一定是绝对收敛的.事实上,设 $|\varphi(x)|\leqslant L$,则由不等式

$$|f(x)\varphi(x)|\leqslant L|f(x)|\quad\text{及}\quad\int_a^{+\infty}|f(x)|\mathrm{d}x$$

的收敛性即可获证.

*) 利用 2378 题的结果.

**) 利用 2368 题的结果.

**【2387】** 证明:若 $\int_a^{+\infty}f(x)\mathrm{d}x$ 收敛,$f(x)$ 为单调函数,则

$$f(x)=o\left(\frac{1}{x}\right)^{*)}.$$

**证明思路** 不妨设 $f(x)$ 单调递减(若 $f(x)$ 单调递增,可用 $-f(x)$ 代替 $f(x)$ 即可).用反证法易证,当 $x\geqslant a$ 时,$f(x)\geqslant 0$.任给 $\varepsilon>0$,由于 $\int_a^{+\infty}f(x)\mathrm{d}x$ 收敛,故存在 $A>a$,使当 $x>A$ 时,恒有

$$\left|\int_{\frac{x}{2}}^x f(t)\mathrm{d}t\right|<\frac{\varepsilon}{2}.$$

但是,

$$\left|\int_{\frac{x}{2}}^x f(t)\mathrm{d}t\right|=\int_{\frac{x}{2}}^x f(t)\mathrm{d}t\geqslant f(x)\left(x-\frac{x}{2}\right)=\frac{x}{2}f(x),$$

故当 $x>A$ 时,$0\leqslant xf(x)<\varepsilon$.于是,$\lim\limits_{x\to+\infty}xf(x)=0$,即 $f(x)=o\left(\frac{1}{x}\right)$.

**证** 不妨设 $f(x)$ 单调递减. 先证当 $x\geqslant a$ 时, $f(x)\geqslant 0$. 若不然,则存在点 $c\geqslant a$, 使 $f(c)<0$. 由于 $f(x)$ 单调递减,故当 $x\geqslant c$ 时, $f(x)\leqslant f(c)$, 从而,

$$\int_c^{+\infty} f(x)\,\mathrm{d}x\leqslant\int_c^{+\infty} f(c)\,\mathrm{d}x=-\infty.$$

因此,积分 $\int_c^{+\infty} f(x)\,\mathrm{d}x$ 发散,这与积分 $\int_a^{+\infty} f(x)\,\mathrm{d}x$ 收敛矛盾. 于是, $f(x)$ 为非负的单调函数.

下面证明 $f(x)=o\left(\frac{1}{x}\right)$. 由于积分 $\int_a^{+\infty} f(x)\,\mathrm{d}x$ 收敛,故对任给的 $\varepsilon>0$, 总存在 $A>a$, 使当 $x>A$ 时,恒有

$$\left|\int_{\frac{x}{2}}^{x} f(t)\,\mathrm{d}t\right|<\frac{\varepsilon}{2}.$$

但是, $\left|\int_{\frac{x}{2}}^{x} f(t)\,\mathrm{d}t\right|=\int_{\frac{x}{2}}^{x} f(t)\,\mathrm{d}t\geqslant f(x)\left(x-\frac{x}{2}\right)=\frac{x}{2}f(x)$, 故当 $x>A$ 时, $0\leqslant xf(x)<\varepsilon$, 即

$$\lim_{x\to+\infty} xf(x)=0 \quad 或 \quad f(x)=o\left(\frac{1}{x}\right).$$

如果 $f(x)$ 单调递增,则可考虑 $-f(x)$(它是单调递减的). 同法可证得 $f(x)=o\left(\frac{1}{x}\right)$.

*) 原题为 $f(x)=O\left(\frac{1}{x}\right)$,现在的结果更好.

**【2388】** 设函数 $f(x)$ 在区间 $0<x\leqslant 1$ 内是单调函数,且在点 $x=0$ 的邻域内是无界的,证明:若 $\int_0^1 f(x)\,\mathrm{d}x$ 存在,则

$$\lim_{n\to\infty}\frac{1}{n}\sum_{k=1}^{n} f\left(\frac{k}{n}\right)=\int_0^1 f(x)\,\mathrm{d}x.$$

**证** 设函数 $f(x)$ 在 $(0,1]$ 内是单调递减的. 这时 $\lim\limits_{x\to+0} f(x)=+\infty$. 先设 $f(x)\geqslant 0$ $(0<x\leqslant 1$ 时). 由于积分 $\int_0^1 f(x)\,\mathrm{d}x$ 存在,故把区间 $[0,1]$ $n$ 等分后,即得

$$\int_0^1 f(x)\,\mathrm{d}x=\sum_{k=0}^{n-1}\int_{\frac{k}{n}}^{\frac{k+1}{n}} f(x)\,\mathrm{d}x<\int_0^{\frac{1}{n}} f(x)\,\mathrm{d}x+\sum_{k=1}^{n-1} f\left(\frac{k}{n}\right)\frac{1}{n}<\int_0^{\frac{1}{n}} f(x)\,\mathrm{d}x+\sum_{k=1}^{n} f\left(\frac{k}{n}\right)\frac{1}{n}.$$

另一方面,又有 $\int_0^1 f(x)\,\mathrm{d}x>\sum\limits_{k=1}^{n} f\left(\frac{k}{n}\right)\frac{1}{n}$. 从而就有

$$0<\int_0^1 f(x)\,\mathrm{d}x-\frac{1}{n}\sum_{k=1}^{n} f\left(\frac{k}{n}\right)<\int_0^{\frac{1}{n}} f(x)\,\mathrm{d}x.$$

由于 $\lim\limits_{n\to\infty}\int_0^{\frac{1}{n}} f(x)\,\mathrm{d}x=0$, 故

$$\lim_{x\to\infty}\frac{1}{n}\sum_{k=1}^{n} f\left(\frac{k}{n}\right)=\int_0^1 f(x)\,\mathrm{d}x.$$

如果不满足 $f(x)\geqslant 0$, 即 $f(x)$ 可正可负. 则函数 $\varphi(x)=f(x)-f(1)$ 满足 $\varphi(x)\geqslant 0$ $(0<x\leqslant 1)$, 且同样是单调递减, $\lim\limits_{x\to+0}\varphi(x)=+\infty$. 故根据已证的结果,知

$$\lim_{n\to\infty}\frac{1}{n}\sum_{k=1}^{n}\varphi\left(\frac{k}{n}\right)=\int_0^1\varphi(x)\,\mathrm{d}x,$$

即

$$\lim_{x\to\infty}\frac{1}{n}\sum_{k=1}^{n}\left[f\left(\frac{k}{n}\right)-f(1)\right]=\int_0^1[f(x)-f(1)]\,\mathrm{d}x,$$

由此即得 $\lim\limits_{x\to\infty}\frac{1}{n}\sum\limits_{k=1}^{n} f\left(\frac{k}{n}\right)=\int_0^1 f(x)\,\mathrm{d}x$.

当 $f(x)$ 在 $[0,1]$ 单调递增时(这时 $\lim\limits_{x\to+0} f(x)=-\infty$), 只需对函数 $-f(x)$ 应用上述结果即获证.

**【2389】** 证明:若函数 $f(x)$ 在区间 $0<x<a$ 内是单调的,且 $\int_0^a x^p f(x)\,\mathrm{d}x$ 存在, 则 $\lim\limits_{x\to+0} x^{p+1} f(x)=0$.

**证** 不妨设 $f(x)$ 在 $0<x<a$ 单调递减. 先设存在 $0<\delta<a$ 使当 $0<x<\delta$ 时, $f(x)\geqslant 0$. 这时, 当 $0<x<\delta$ 时, 有

$$\int_{\frac{x}{2}}^{x} t^p f(t)\mathrm{d}t \geqslant f(x)\int_{\frac{x}{2}}^{x} t^p \mathrm{d}t = C_p x^{p+1} f(x)\geqslant 0,$$

其中
$$C_p=\begin{cases}\dfrac{1-\left(\frac{1}{2}\right)^{p+1}}{p+1}, & p\neq -1,\\ \ln 2, & p=-1.\end{cases}$$

故 $C_p$ 是正的常数. 于是, 由 $\int_0^a x^p f(x)\mathrm{d}x$ 存在, 知 $\lim\limits_{x\to+0}\int_{\frac{x}{2}}^{x} t^p f(t)\mathrm{d}t=0$,

从而,
$$\lim_{x\to+0} x^{p+1} f(x)=0.$$

再设不存在上述 $\delta$. 于是, 由 $f(x)$ 的递减性知, 当 $0<x<a$ 时, 恒有 $f(x)<0$. 于是, 当 $0<x<\frac{a}{2}$ 时, 有

$$\int_{x}^{2x} t^p f(t)\mathrm{d}t \leqslant f(x)\int_{x}^{2x} t^p \mathrm{d}t = C_p^* x^{p+1} f(x)<0,$$

其中
$$C_p^*=\begin{cases}\dfrac{2^{p+1}-1}{p+1}, & p\neq -1,\\ \ln 2, & p=-1.\end{cases}$$

故 $C_p^*$ 也是正的常数. 于是,
$$|x^{p+1}f(x)|<\frac{1}{C_p^*}\left|\int_x^{2x} t^p f(t)\mathrm{d}t\right|.$$

由 $\int_0^a x^p f(x)\mathrm{d}x$ 的存在性知, $\lim\limits_{x\to+0}\int_x^{2x} t^p f(t)\mathrm{d}t=0$, 从而, $\lim\limits_{x\to+0} x^{p+1}f(x)=0$. 证毕.

**【2390】** 证明: (1) $V.P.\int_{-1}^{1}\frac{\mathrm{d}x}{x}=0$; (2) $V.P.\int_0^{+\infty}\frac{\mathrm{d}x}{1-x^2}=0$; (3) $V.P.\int_{-\infty}^{+\infty}\sin x\mathrm{d}x=0$.

**提示** 从定义出发.

**证** (1) 由于 $\lim\limits_{\varepsilon\to+0}\left\{\int_{-1}^{0-\varepsilon}\frac{\mathrm{d}x}{x}+\int_{0+\varepsilon}^{1}\frac{\mathrm{d}x}{x}\right\}=\lim\limits_{\varepsilon\to+0}(\ln\varepsilon-\ln 1+\ln 1-\ln\varepsilon)=0$,

所以, $V.P.\int_{-1}^{1}\frac{\mathrm{d}x}{x}=0$;

(2) 由于

$$\lim_{\substack{\varepsilon\to+0\\ b\to+\infty}}\left(\int_0^{1-\varepsilon}\frac{\mathrm{d}x}{1-x^2}+\int_{1+\varepsilon}^{b}\frac{\mathrm{d}x}{1-x^2}\right)=\lim_{\substack{\varepsilon\to+0\\ b\to+\infty}}\left(\frac{1}{2}\ln\left|\frac{2-\varepsilon}{\varepsilon}\right|+\frac{1}{2}\ln\left|\frac{1+b}{1-b}\right|-\frac{1}{2}\ln\left|\frac{2+\varepsilon}{\varepsilon}\right|\right)$$
$$=\frac{1}{2}\lim_{\varepsilon\to+0}\ln\left|\frac{2-\varepsilon}{2+\varepsilon}\right|=0,$$

所以, $V.P.\int_0^{+\infty}\frac{\mathrm{d}x}{1-x^2}=0$;

(3) 由于 $\lim\limits_{b\to+\infty}\int_{-b}^{b}\sin x\mathrm{d}x=\lim\limits_{b\to+\infty}(-\cos b+\cos b)=0$,

所以, $V.P\int_{-\infty}^{+\infty}\sin x\mathrm{d}x=0$.

**【2391】** 证明: 当 $x\geqslant 0$ 且 $x\neq 1$ 时存在 $\mathrm{li}x=V.P.\int_0^x\frac{\mathrm{d}\xi}{\ln\xi}$ *).

**证** 当 $0\leqslant x<1$ 时, 由于 $\lim\limits_{\xi\to+0}\frac{1}{\ln\xi}=0$, 故将 $\frac{1}{\ln x}$ 在 $x=0$ 处补充定义后成为连续函数, 于是, 积分存在.

当 $x>1$ 时, 首先注意到下面这样一个结论: 当 $a<c<b$ 时,

$$V.P.\int_a^b\frac{\mathrm{d}x}{x-c}=\lim_{\varepsilon\to+0}\left(\int_a^{c-\varepsilon}\frac{\mathrm{d}x}{x-c}+\int_{c+\varepsilon}^{b}\frac{\mathrm{d}x}{x-c}\right)=\ln\frac{b-c}{c-a}.$$

其次, 利用具比亚诺型余项的泰勒公式, 有

$$\ln x=(x-1)+[\alpha(x)-1]\frac{(x-1)^2}{2},$$

式中$\lim\limits_{x\to1}\alpha(x)=0$. 由此即得 $$\frac{1}{\ln x}=\frac{1}{x-1}-\frac{\frac{1}{2}[\alpha(x)-1]}{1+\frac{[\alpha(x)-1]}{2}(x-1)},$$

上式等式右端的第二项在 $x=1$ 的附近保持有界，且对于任意的 $x$ 值连续，因而是可积分的. 第一项的"主值"如前所述，它是存在的.

于是，当 $x\geqslant0$ 且 $x\neq1$ 时，$\mathrm{li}x$ 存在.

*） 原题误为"当 $x\geqslant0$ 时，…".

**求下列积分：**

**【2392】** $V.P.\int_0^{+\infty}\frac{\mathrm{d}x}{x^2-3x+2}$.

**提示** 注意点 $x=1$ 及 $x=2$ 为被积函数的瑕点，从而，由定义即易获解.

**解** 由于

$$\begin{aligned}&\lim_{\substack{\varepsilon\to+0\\ \eta\to+0\\ b\to+\infty}}\left(\int_0^{1-\varepsilon}\frac{\mathrm{d}x}{x^2-3x+2}+\int_{1+\varepsilon}^{2-\eta}\frac{\mathrm{d}x}{x^2-3x+2}+\int_{2+\eta}^{b}\frac{\mathrm{d}x}{x^2-3x+2}\right)\\
&=\lim_{\substack{\varepsilon\to+0\\ \eta\to+0\\ b\to+\infty}}\left(\ln\frac{\varepsilon+1}{\varepsilon}-\ln2+\ln\frac{\eta}{1-\eta}-\ln\frac{1-\varepsilon}{\varepsilon}+\ln\left|\frac{b-2}{b-1}\right|-\ln\frac{\eta}{1+\eta}\right)\\
&=\lim_{\substack{\varepsilon\to+0\\ \eta\to+0}}\left(\ln\frac{\varepsilon+1}{1-\varepsilon}-\ln2+\ln\frac{1+\eta}{1-\eta}\right)=-\ln2=\ln\frac{1}{2},\end{aligned}$$

所以， $V.P.\int_0^{+\infty}\frac{\mathrm{d}x}{x^2-3x+2}=\ln\frac{1}{2}$.

**【2393】** $V.P.\int_{\frac{1}{2}}^{2}\frac{\mathrm{d}x}{x\ln x}$.

**解** 由于

$$\lim_{\varepsilon\to+0}\left[\int_{\frac{1}{2}}^{1-\varepsilon}\frac{\mathrm{d}x}{x\ln x}+\int_{1+\varepsilon}^{2}\frac{\mathrm{d}x}{x\ln x}\right]=\lim_{\varepsilon\to+0}[\ln|\ln(1-\varepsilon)|-\ln(\ln2)+\ln(\ln2)-\ln|\ln(1+\varepsilon)|]$$

$$=\lim_{\varepsilon\to+0}\ln\left|\frac{\ln(1-\varepsilon)}{\ln(1+\varepsilon)}\right|=\ln\left|\lim_{\varepsilon\to+0}\frac{\ln(1-\varepsilon)}{\ln(1+\varepsilon)}\right|=\ln\left|\lim_{\varepsilon\to+0}\frac{\frac{-1}{1-\varepsilon}}{\frac{1}{1+\varepsilon}}\right|=\ln1=0,$$

所以， $V.P.\int_{\frac{1}{2}}^{2}\frac{\mathrm{d}x}{x\ln x}=0$.

**【2394】** $V.P.\int_{-\infty}^{+\infty}\frac{1+x}{1+x^2}\mathrm{d}x$.

**解** 由于

$$\lim_{b\to+\infty}\int_{-b}^{b}\frac{1+x}{1+x^2}\mathrm{d}x=\lim_{b\to+\infty}\left[\arctan b-\arctan(-b)+\frac{1}{2}\ln(1+b^2)-\frac{1}{2}\ln(1+b^2)\right]=2\lim_{b\to+\infty}\arctan b=\pi,$$

所以， $V.P.\int_{-\infty}^{+\infty}\frac{1+x}{1+x^2}\mathrm{d}x=\pi$.

**【2395】** $V.P.\int_{-\infty}^{+\infty}\arctan x\mathrm{d}x$.

**解** 由于 $\lim\limits_{b\to+\infty}\int_{-b}^{b}\arctan x\mathrm{d}x=\lim\limits_{b\to+\infty}\left[b\arctan b-(-b)\arctan(-b)-\frac{1}{2}\ln(1+b^2)+\frac{1}{2}\ln(1+b^2)\right]=0$,

所以， $V.P.\int_{-\infty}^{+\infty}\arctan x\mathrm{d}x=0$.

## §5. 面积的计算法

1° **直角坐标系中的面积** 以两条连续的曲线 $y=y_1(x)$和 $y=y_2(x)$ $[y_2(x)\geqslant y_1(x)]$与两条直线$x=a$和$x=b$ $(a<b)$为界的图形 $A_1A_2B_2B_1$(图 4.14),其面积等于

$$S=\int_a^b[y_2(x)-y_1(x)]\mathrm{d}x.$$

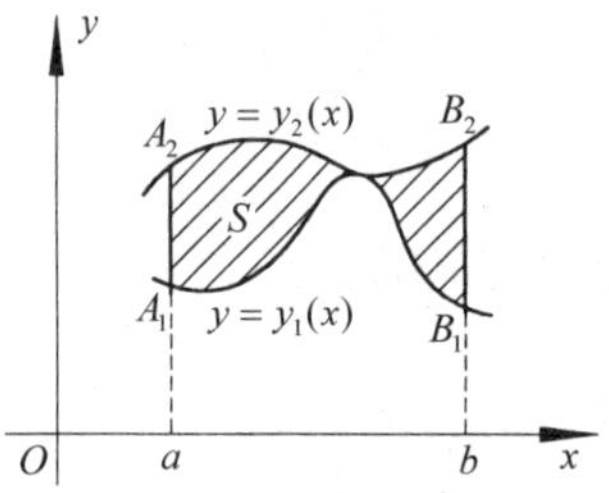


图 4.14

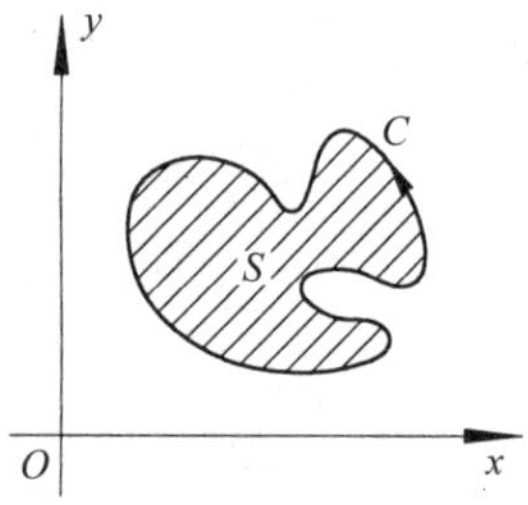


图 4.15

2° **用参数方程给出的曲线所围成的面积** 若 $x=x(t)$,$y=y(t)$ $(0\leqslant t\leqslant T)$为一分段光滑的简单封闭曲线 $C$ 的参数方程,并且沿曲线的环绕方向为逆时针方向,使得该曲线所围图形总是位于其左侧(图 4.15),则此图形的面积 $S$ 等于

$$S=-\int_0^T y(t)x'(t)\mathrm{d}t=\int_0^T x(t)y'(t)\mathrm{d}t$$

或
$$S=\frac{1}{2}\int_0^T[x(t)y'(t)-x'(t)y(t)]\mathrm{d}t.$$

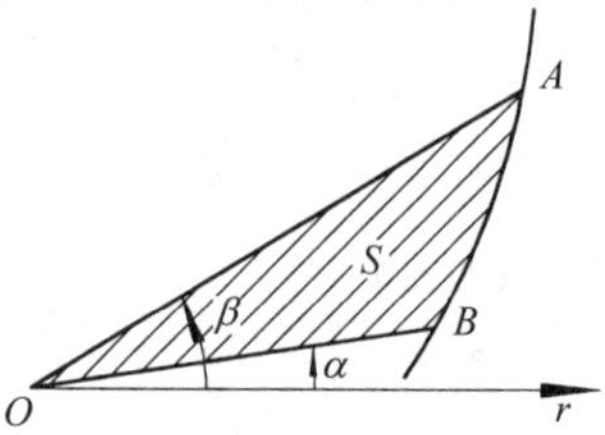


图 4.16

3° **极坐标系中的面积** 以连续的曲线 $r=r(\varphi)$和两条射线 $\varphi=\alpha$ 和 $\varphi=\beta$ $(\alpha<\beta)$为界的扇形 $OAB$(图 4.16).其面积 $S$ 等于

$$S=\frac{1}{2}\int_\alpha^\beta r^2(\varphi)\mathrm{d}\varphi.$$

**【2396】** 证明:正抛物线弓形的面积等于 $S=\frac{2}{3}bh$,式中 $b$ 为弓形的底,$h$ 为高(图 4.17).

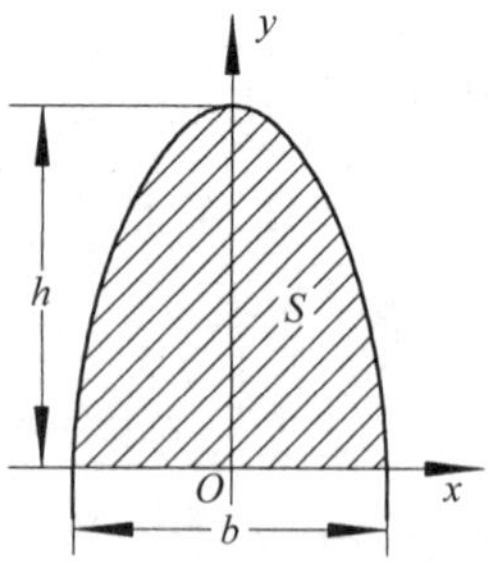


图 4.17

**提示** 易知抛物线的方程为 $y=-\frac{4h}{b^2}x^2+h$.

**证** 设抛物线的方程为 $y=Ax^2+Bx+C$,

则当 $x=\pm\frac{b}{2}$时,得 $y=\frac{Ab^2}{4}\pm\frac{Bb}{2}+C=0$;

当 $x=0$ 时,得 $y=C=h$. 解之得 $A=-\frac{4h}{b^2}$, $B=0$.

从而,$y=-\frac{4h}{b^2}x^2+h$. 于是,所求的面积为

$$S=2\int_0^{\frac{b}{2}}\left(h-\frac{4h}{b^2}x^2\right)\mathrm{d}x=2\left(hx-\frac{4h}{3b^2}x^3\right)\Bigg|_0^{\frac{b}{2}}=\frac{2}{3}bh.$$

### 求以下列直角坐标方程所给曲线为界的图形的面积*:

**【2397】** $ax=y^2$, $ay=x^2$.

**解** 如图 4.18 所示,交点为 $A(a,a)$及 $O(0,0)$. 所求的面积为

---

* 在第四章的这一节和以后各节都把一切的参数当作是正的.

$$S=\int_0^a\left(\sqrt{ax}-\frac{x^2}{a}\right)dx=\left[\frac{2}{3a}(ax)^{\frac{3}{2}}-\frac{1}{3a}x^3\right]\Bigg|_0^a=\frac{a^2}{3}.$$

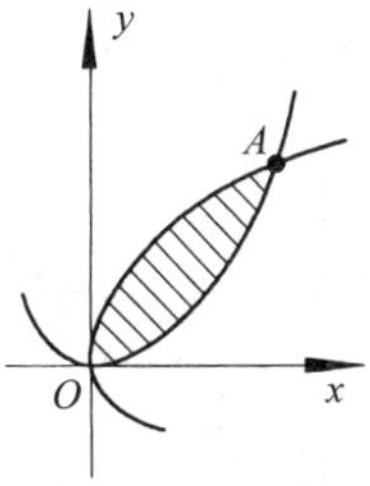


图 4.18

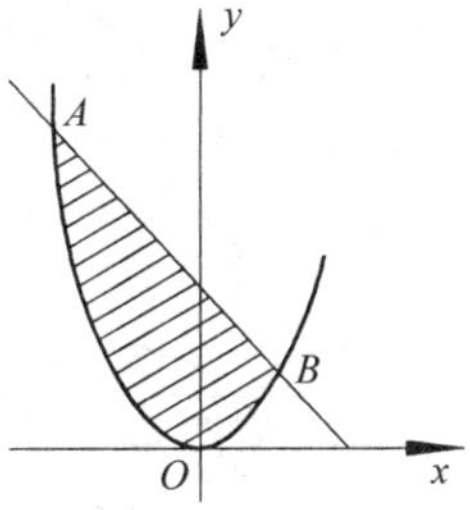


图 4.19

**【2398】** $y=x^2,\ x+y=2.$

**解** 如图 4.19 所示,交点为 $A(-2,4)$及 $B(1,1)$. 所求的面积为

$$S=\int_{-2}^1[(2-x)-x^2]dx=\left(2x-\frac{x^2}{2}-\frac{x^3}{3}\right)\Bigg|_{-2}^1=4\frac{1}{2}.$$

**【2399】** $y=2x-x^2,\quad x+y=0.$

**解** 如图 4.20 所示,交点为 $A(3,-3)$及 $O(0,0)$. 所求的面积为

$$S=\int_0^3[(2x-x^2)-(-x)]dx=\left(\frac{3x^2}{2}-\frac{1}{3}x^3\right)\Bigg|_0^3=4\frac{1}{2}.$$

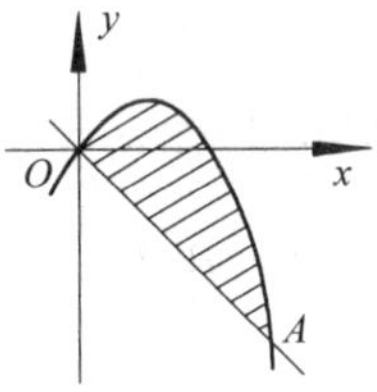


图 4.20

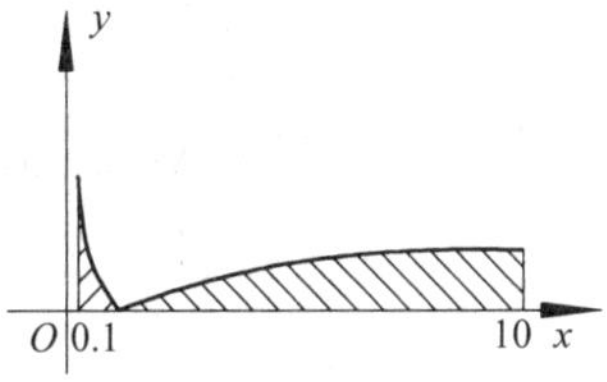


图 4.21

**【2400】** $y=|\lg x|,\quad y=0,\quad x=0.1,\quad x=10.$

**解** 如图 4.21 所示,所求的面积为

$$S=-\int_{0.1}^1\lg x dx+\int_1^{10}\lg x dx=(-x\lg x+x\lg e)\Bigg|_{0.1}^1+(x\lg x-x\lg e)\Bigg|_1^{10}=9.9-8.1\lg e\approx 6.38.$$

**【2401】** $y=x,\ y=x+\sin^2 x\quad (0\leqslant x\leqslant\pi).$

**解** 所求的面积为

$$S=\int_0^\pi(x+\sin^2 x-x)dx=\left(\frac{x}{2}-\frac{1}{4}\sin 2x\right)\Bigg|_0^\pi=\frac{\pi}{2}.$$

**【2402】** $y=\dfrac{a^3}{a^2+x^2},\ y=0.$

**解** 所求的面积为

$$S=\int_{-\infty}^{+\infty}\frac{a^3}{a^2+x^2}dx=2a^3\lim_{b\to+\infty}\int_0^b\frac{dx}{a^2+x^2}=2a^3\lim_{b\to+\infty}\frac{1}{a}\arctan b=\pi a^2.$$

**【2403】** $\dfrac{x^2}{a^2}+\dfrac{y^2}{b^2}=1.$

**解** 所求的面积为

$$S=4\int_0^a\frac{b}{a}\sqrt{a^2-x^2}\,dx=\frac{4b}{a}\left(\frac{x}{2}\sqrt{a^2-x^2}+\frac{a^2}{2}\arcsin\frac{x}{a}\right)\Bigg|_0^a=\pi ab.$$

【2404】 $y^2=x^2(a^2-x^2)$.

解 如图 4.22 所示，图形对称于原点. 所求的面积为

$$S=4\int_0^a x\sqrt{a^2-x^2}\,dx=-\frac{4}{3}(a^2-x^2)^{\frac{3}{2}}\Big|_0^a=\frac{4}{3}a^3.$$

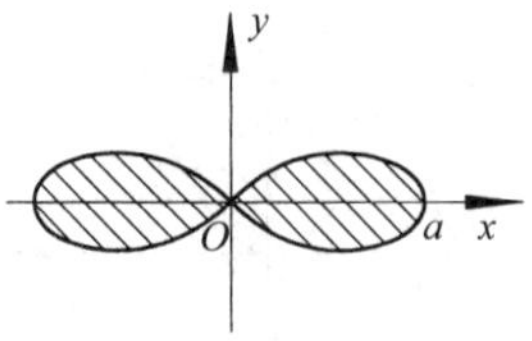

图 4.22

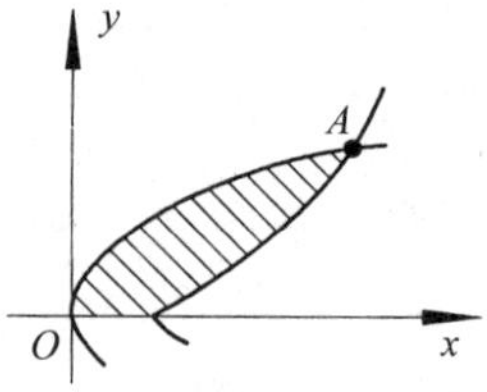

图 4.23

【2405】 $y^2=2px$, $27py^2=8(x-p)^3$.

解 曲线 $L_1:27py^2=8(x-p)^3$ 与曲线 $L_2:y^2=2px$ 在第一象限内的交点为 $A(4p,2\sqrt{2}p)$，如图 4.23 所示，所求的面积为

$$S=2\int_0^{2\sqrt{2}p}\left[\left(p+\frac{3}{2}p^{\frac{1}{3}}y^{\frac{2}{3}}\right)-\frac{1}{2p}y^2\right]dy=2\left(py+\frac{9}{10}p^{\frac{1}{3}}y^{\frac{5}{3}}-\frac{1}{6p}y^3\right)\Big|_0^{2\sqrt{2}p}=\frac{88}{15}\sqrt{2}p^2.$$

【2406】 $Ax^2+2Bxy+Cy^2=1\quad(AC-B^2>0)$.

解 解方程，得

$$y_1=\frac{-Bx-\sqrt{B^2x^2-C(Ax^2-1)}}{C}\quad\text{及}\quad y_2=\frac{-Bx+\sqrt{B^2x^2-C(Ax^2-1)}}{C},$$

当 $B^2x^2-C(Ax^2-1)\geqslant 0$，即 $|x|\leqslant\sqrt{\dfrac{C}{AC-B^2}}$ 时，$y_1$ 及 $y_2$ 才有实数值. 设 $a=\sqrt{\dfrac{C}{AC-B^2}}$，则所求的面积为

$$S=\int_{-a}^a(y_2-y_1)dx=\frac{2}{C}\int_{-a}^a\sqrt{C^2-(AC-B^2)x^2}\,dx=\frac{2}{C}\sqrt{AC-B^2}\int_{-a}^a\sqrt{a^2-x^2}\,dx$$

$$=\frac{2}{C}\sqrt{AC-B^2}\,\frac{\pi}{2}a^2=\frac{\pi}{\sqrt{AC-B^2}}.$$

【2407】 $y^2=\dfrac{x^3}{2a-x}$（蔓叶线），$x=2a$.

提示 参阅 272 题的图像. 令 $t=\sqrt{\dfrac{x}{2a-x}}$，并利用 1921 题的递推公式.

解 所求的面积为

$$S=2\int_0^{2a}x\sqrt{\frac{x}{2a-x}}\,dx=16a^2\int_0^{+\infty}\frac{t^4}{(t^2+1)^3}\,dt^{*)}=16a^2\lim_{b\to+\infty}\int_0^b\left[\frac{1}{t^2+1}-\frac{2}{(t^2+1)^2}+\frac{1}{(t^2+1)^3}\right]dt$$

$$=16a^2\lim_{b\to+\infty}\left[\frac{3}{8}\arctan t-\frac{5t}{8(t^2+1)}+\frac{t}{4(t^2+1)^2}\right]^{**)}\Big|_0^b=3\pi a^2.$$

*） 设 $t=\sqrt{\dfrac{x}{2a-x}}$.

**） 利用 1921 题的递推公式.

【2408】 $x=a\ln\dfrac{a+\sqrt{a^2-y^2}}{y}-\sqrt{a^2-y^2}$（曳物线），$y=0$.

提示 所求面积为

$$S=2\int_0^a\left(a\ln\frac{a+\sqrt{a^2-y^2}}{y}-\sqrt{a^2-y^2}\right)dy,$$

并注意 $y=0$ 为瑕点.

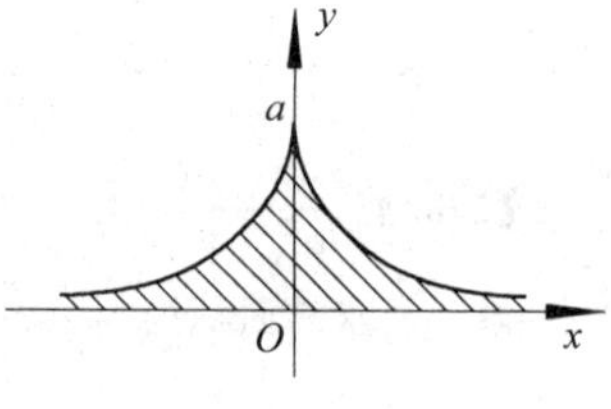

图 4.24

解 如图 4.24 所示，所求的面积为

$$S=2\int_0^a\left(a\ln\frac{a+\sqrt{a^2-y^2}}{y}-\sqrt{a^2-y^2}\right)dy$$

$$=2a\lim_{\varepsilon\to+0}\int_\varepsilon^a\ln\frac{a+\sqrt{a^2-y^2}}{y}dy-2\left(\frac{y}{2}\sqrt{a^2-y^2}+\frac{a^2}{2}\arcsin\frac{y}{a}\right)\Bigg|_0^a$$

$$=2a\lim_{\varepsilon\to+0}\left(y\ln\frac{a+\sqrt{a^2-y^2}}{y}+a\arcsin\frac{y}{a}\right)\Bigg|_\varepsilon^a-\frac{\pi a^2}{2}=\pi a^2-\frac{\pi a^2}{2}=\frac{\pi a^2}{2}.$$

**【2409】** $y^2=\frac{x^n}{(1+x^{n+2})^2}$ $(x>0;\ n>-2)$.

**解** 所求的面积为

$$S=2\int_0^{+\infty}\frac{x^{\frac{n}{2}}}{1+x^{n+2}}dx=2\lim_{\substack{\varepsilon\to+0\\ b\to+\infty}}\int_\varepsilon^b\frac{2}{n+2}\cdot\frac{dt}{1+t^2}\overset{*)}{=}2\frac{2}{n+2}\lim_{b\to+\infty}\arctan t\Big|_0^b=\frac{2\pi}{n+2}.$$

*） 设 $t=x^{\frac{n+2}{2}}$.

**【2410】** $y=e^{-x}\sin x,\ y=0$ $(x\geqslant0)$.

**提示** 所求的面积为 $S=\lim\limits_{n\to+\infty}\sum\limits_{k=0}^{n}(-1)^k\int_{k\pi}^{(k+1)\pi}e^{-x}\sin x dx$,并利用 1829 题的结果.

**解** 令 $\sin x=0$,得 $x=k\pi(k=0,\pm1,\pm2,\cdots)$. 当 $x\geqslant0$ 时,由于 $\sin x$ 在$(\pi,2\pi)$,$(3\pi,4\pi)$,$\cdots$,$((2k-1)\pi,2k\pi)$,$\cdots$ 中的值为负,而在$(0,\pi)$,$(2\pi,3\pi)$,$\cdots$,$(2k\pi,(2k+1)\pi)$,$\cdots$ 中的值为正,故所求的面积为

$$S=\int_0^\pi e^{-x}\sin x dx-\int_\pi^{2\pi}e^{-x}\sin x dx+\int_{2\pi}^{3\pi}e^{-x}\sin x dx-\cdots+(-1)^k\int_{k\pi}^{(k+1)\pi}e^{-x}\sin x dx+\cdots$$

$$=\lim_{n\to+\infty}\sum_{k=0}^{n}(-1)^k\int_{k\pi}^{(k+1)\pi}e^{-x}\sin x dx=\lim_{n\to\infty}\sum_{k=0}^{n}(-1)^k\frac{-e^{-x}(\sin x+\cos x)}{2}\Bigg|_{k\pi}^{(k+1)\pi}$$

$$=\lim_{n\to\infty}\sum_{k=0}^{n}(-1)^{k+1}\frac{1}{2}\left[e^{-(k+1)\pi}\cos(k+1)\pi-e^{-k\pi}\cos k\pi\right]$$

$$=\lim_{n\to\infty}\sum_{k=0}^{n}\frac{1}{2}(-1)^{k+1}\left[(-1)^{k+1}e^{-(k+1)\pi}-(-1)^ke^{-k\pi}\right]=\frac{1}{2}\lim_{n\to\infty}\sum_{k=0}^{n}\left[e^{-(k+1)\pi}+e^{-k\pi}\right]$$

$$=\frac{1}{2}\lim_{n\to\infty}\left[1+2e^{-\pi}\sum_{k=0}^{n-1}e^{-k\pi}+e^{-(n+1)\pi}\right]=\frac{1}{2}\lim_{n\to\infty}\left[1+2e^{-\pi}\frac{1-e^{-n\pi}}{1-e^{-\pi}}+e^{-(n+1)\pi}\right]$$

$$=\frac{1}{2}\left(1+\frac{2e^{-\pi}}{1-e^{-\pi}}\right)=\frac{1}{2}\cdot\frac{e^\pi+1}{e^\pi-1}=\frac{1}{2}\coth\frac{\pi}{2}\approx0.545.$$

**【2411】** 抛物线 $y^2=2x$ 把圆$x^2+y^2=8$的面积分为两部分,这两部分的比如何?

**解** 抛物线 $y^2=2px$ 和圆$x^2+y^2=8$ 在第一象限内的交点为 $A(2,2)$.

设这两部分的面积分别为 $S_1$ 及 $S_2$（图 4.25),则有

$$S_1=2\int_0^2\left(\sqrt{8-y^2}-\frac{y^2}{2}\right)dy=2\left(\frac{y}{2}\sqrt{8-y^2}+\frac{8}{2}\arcsin\frac{y}{2\sqrt2}-\frac{1}{6}y^3\right)\Bigg|_0^2=2\pi+\frac{4}{3},$$

及 $$S_2=8\pi-\left(2\pi+\frac{4}{3}\right)=6\pi-\frac{4}{3}.$$

于是,它们之比为 $\frac{S_1}{S_2}=\frac{2\pi+\frac{4}{3}}{6\pi-\frac{4}{3}}=\frac{3\pi+2}{9\pi-2}.$

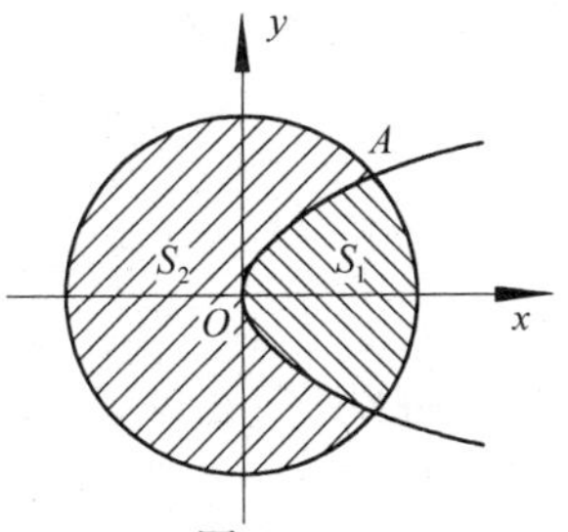

图 4.25

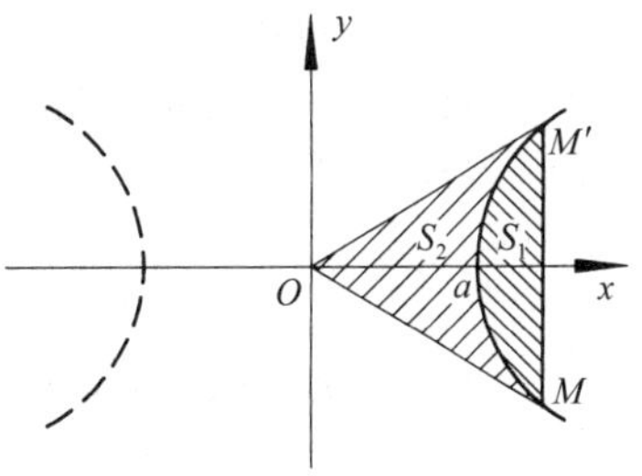

图 4.26

【2412】 把双曲线 $x^2-y^2=a^2$ 上的点 $M(x,y)$ 的坐标表示为双曲线扇形 $OM'M$ 的面积 $S$ 的函数,此扇形以双曲线的弧 $M'M$ 与二射线 $OM$ 及 $OM'$ 为界,其中 $M'(x,-y)$ 是点 $M$ 相对于 $Ox$ 轴的对称点.

**解** 如图 4.26 所示,则有

$$\frac{S_1}{2}=\int_a^x \sqrt{x^2-a^2}\,dx=\left[\frac{x}{2}\sqrt{x^2-a^2}-\frac{a^2}{2}\ln(x+\sqrt{x^2-a^2})\right]\Big|_a^x=\frac{1}{2}xy-\frac{a^2}{2}\ln\frac{x+y}{a}$$

及 $$S_2=2\left(\frac{xy}{2}-\frac{S_1}{2}\right)=a^2\ln\frac{x+y}{a}.$$

若记 $S_2=S$,则由上式得

$$x+y=ae^{\frac{S}{a^2}}. \quad (1)$$

以(1)式代入 $x^2-y^2=a^2$ 中,易得

$$x-y=ae^{-\frac{S}{a^2}}. \quad (2)$$

由(1)式及(2)式,解得

$$x=a\frac{e^{\frac{S}{a^2}}+e^{-\frac{S}{a^2}}}{2}=a\operatorname{ch}\frac{S}{a^2} \quad 及 \quad y=a\frac{e^{\frac{S}{a^2}}-e^{-\frac{S}{a^2}}}{2}=a\operatorname{sh}\frac{S}{a^2}.$$

**求下列参数方程所给曲线所围图形的面积:**

【2413】 $x=a(t-\sin t)$, $y=a(1-\cos t)$ $(0\leqslant t\leqslant 2\pi)$ (摆线)及 $y=0$.

**解** 所求的面积为

$$S=\int_0^{2\pi} a(1-\cos t)\,a(1-\cos t)\,dt=a^2\int_0^{2\pi}\left(1-2\cos t+\frac{1+\cos 2t}{2}\right)dt$$

$$=a^2\left(\frac{3}{2}t-2\sin t+\frac{1}{4}\sin 2t\right)\Big|_0^{2\pi}=3\pi a^2.$$

由此可见,所求摆线一拱的面积等于原来母圆面积的三倍.

【2414】 $x=2t-t^2$, $y=2t^2-t^3$.

**解** 当 $t=0$ 及 2 时,$x=0$, $y=0$;当 $0<t<2$ 时,$x>0$, $y>0$;当 $t<0$ 时,$x<0$, $y>0$;当 $t>2$ 时,$x<0$, $y<0$. 如图 4.27 所示,所求的面积为

$$S=-\int_0^2 (2t^2-t^3)\,2(1-t)\,dt=-2\int_0^2 (t^4-3t^3+2t^2)\,dt=\frac{8}{15}.$$

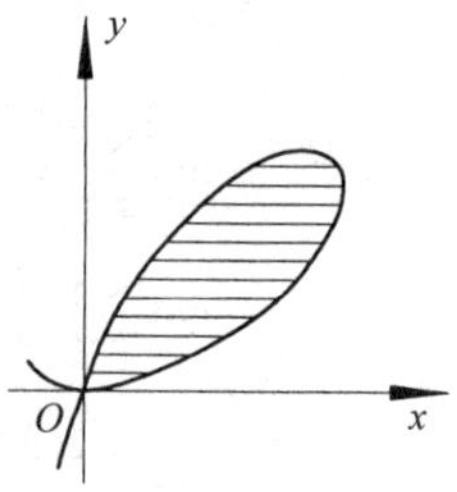

图 4.27

【2415】 $x=a(\cos t+t\sin t)$, $y=a(\sin t-t\cos t)$ $[0\leqslant t\leqslant 2\pi]$ (圆的渐伸线)及 $x=a$, $y\leqslant 0$.

**解** 所求的面积为

$$S=-\int_0^{2\pi} a(\sin t-t\cos t)\,at\cos t\,dt-\int_{\overline{AB}} y\,dx$$

$$=a^2\left(\frac{1}{6}t^3+\frac{1}{4}t^2\sin 2t+\frac{1}{2}t\cos 2t-\frac{1}{4}\sin 2t\right)\Big|_0^{2\pi}-\int_{\overline{AB}} y\,dx=\frac{a^2}{3}(4\pi^3+3\pi)-\int_{\overline{AB}} y\,dx,$$

其中 $\int_{\overline{AB}} y\,dx$ 表沿着从点 $A(a,-2\pi a)$ 到点 $B(a,0)$ 的直线 $\overline{AB}$ 上的积分. 由于在 $\overline{AB}$ 上 $x\equiv a$, 故 $dx=0$. 从而, $\int_{\overline{AB}} y\,dx=0$.

于是,得 $S=\frac{a^2}{3}(4\pi^3+3\pi)$.

【2416】 $x=a(2\cos t-\cos 2t)$, $y=a(2\sin t-\sin 2t)$.

**解** 所求的面积为

$$S=\frac{1}{2}\int_0^{2\pi} (xy'_t-yx'_t)\,dt$$

$$=\frac{1}{2}\int_0^{2\pi} [a(2\cos t-\cos 2t)a(2\cos t-2\cos 2t)-a(2\sin t-\sin 2t)a(-2\sin t+2\sin 2t)]\,dt$$

$$=3a^2\int_0^{2\pi} (1-\cos t\cos 2t-\sin t\sin 2t)\,dt=3a^2\int_0^{2\pi} (1-\cos t)\,dt=6\pi a^2.$$

【2417】 $x=\frac{c^2}{a}\cos^3 t, y=\frac{c^2}{b}\sin^3 t\ (c^2=a^2-b^2)$（椭圆的渐屈线）.

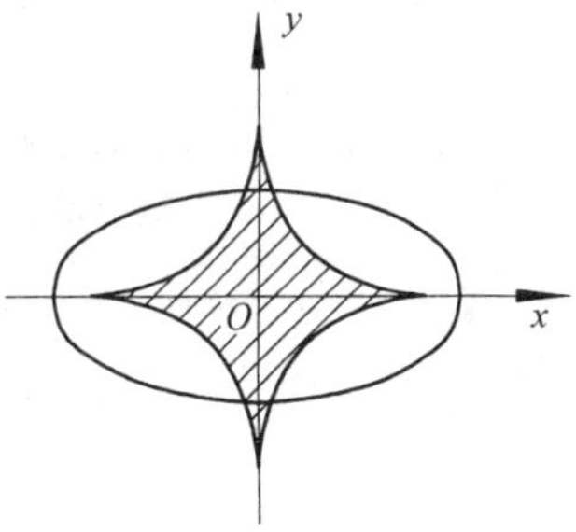

图 4.28

解 如图 4.28 所示，所求的面积为

$$S=4\int_0^{\frac{\pi}{2}}\frac{c^2}{b}\sin^3 t\frac{3c^2}{a}\cos^2 t\sin t\mathrm{d}t=\frac{12c^4}{ab}\int_0^{\frac{\pi}{2}}\sin^4 t(1-\sin^2 t)\mathrm{d}t$$
$$=\frac{3\pi c^4}{8ab}.$$

**求下列极坐标方程所给曲线所围图形 $S$ 的面积：**

【2418】 $r^2=a^2\cos 2\varphi$ （双纽线）.

解 如图 4.29 所示. 所求的面积为

$$S=4\cdot\frac{1}{2}\int_0^{\frac{\pi}{4}}a^2\cos 2\varphi\mathrm{d}\varphi=a^2.$$

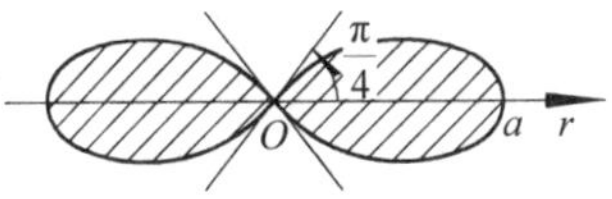

图 4.29

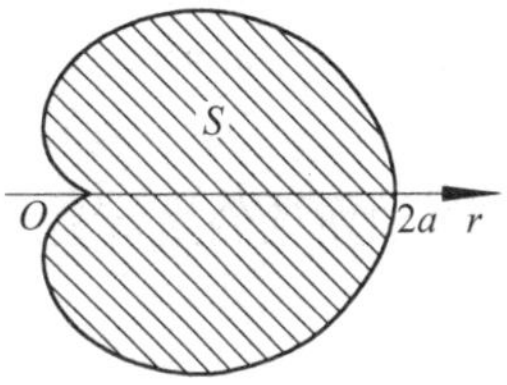

图 4.30

【2419】 $r=a(1+\cos\varphi)$ （心脏线）.

解 如图 4.30 所示. 所求的面积为

$$S=2\cdot\frac{1}{2}\int_0^{\pi}a^2(1+\cos\varphi)^2\mathrm{d}\varphi=\frac{3}{2}\pi a^2.$$

【2420】 $r=a\sin 3\varphi$ （三叶线）.

解 如图 4.31 所示，所求的面积为

$$S=6\cdot\frac{1}{2}\int_0^{\frac{\pi}{6}}a^2\sin^2 3\varphi\mathrm{d}\varphi=\frac{\pi a^2}{4}.$$

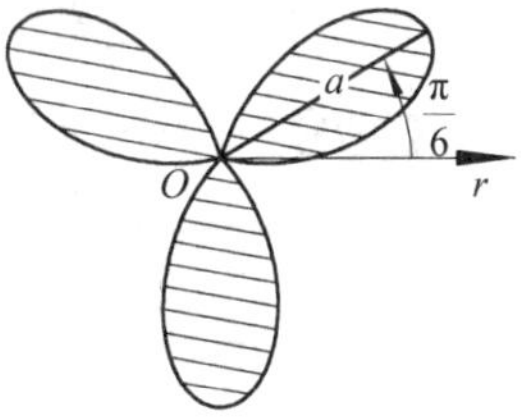

图 4.31

【2421】 $r=\frac{p}{1-\cos\varphi}$（抛物线），$\varphi=\frac{\pi}{4}$， $\varphi=\frac{\pi}{2}$.

解 所求的面积为

$$S=\frac{1}{2}\int_{\frac{\pi}{4}}^{\frac{\pi}{2}}\frac{p^2}{(1-\cos\varphi)^2}\mathrm{d}\varphi=\frac{p^2}{4}\int_{\frac{\pi}{4}}^{\frac{\pi}{2}}\csc^4\frac{\varphi}{2}\mathrm{d}\left(\frac{\varphi}{2}\right)=-\frac{p^2}{4}\left(\cot\frac{\varphi}{2}+\frac{1}{3}\cot^3\frac{\varphi}{2}\right)\Bigg|_{\frac{\pi}{4}}^{\frac{\pi}{2}}$$
$$=\frac{p^2}{6}(4\sqrt{2}+3)^{*)}.$$

*) $\cot\frac{\pi}{8}=1+\sqrt{2}$.

【2422】 $r=\frac{p}{1+\varepsilon\cos\varphi}$ （$0<\varepsilon<1$）（椭圆）.

解 所求的面积为

$$S=2\cdot\frac{1}{2}\int_0^{\pi}\frac{p^2\mathrm{d}\varphi}{(1+\varepsilon\cos\varphi)^2}=p^2\int_0^{\pi}\frac{\mathrm{d}\varphi}{(1+\varepsilon\cos\varphi)^2}.$$

设 $\tan\frac{\varphi}{2}=t$，并记 $a^2=\frac{1+\varepsilon}{1-\varepsilon}$，则有

$$\int\frac{\mathrm{d}\varphi}{(1+\varepsilon\cos\varphi)^2}=\int\frac{2(t^2+1)\mathrm{d}t}{(1-\varepsilon)^2(t^2+a^2)^2}=\frac{2}{(1-\varepsilon)^2}\int\frac{\mathrm{d}t}{t^2+a^2}+\frac{2(1-a^2)}{(1-\varepsilon)^2}\int\frac{\mathrm{d}t}{(t^2+a^2)^2}$$
$$=\frac{2}{a(1-\varepsilon)^2}\arctan\frac{t}{a}+\frac{2(1-a^2)}{(1-\varepsilon)^2}\left\{\frac{t}{2a^2(t^2+a^2)}+\frac{1}{2a^3}\arctan\frac{t}{a}\right\}^{*)}+C.$$

当 $0\leqslant\varphi\leqslant\pi$ 时，$0\leqslant t<+\infty$，从而得一广义积分. 于是，经计算得

$$S=\left\{\frac{\pi}{a(1-\varepsilon)^2}+\frac{(1-a^2)\pi}{2a^3(1-\varepsilon)^2}\right\}p^2=\frac{\pi p^2}{(1-\varepsilon^2)^{\frac{3}{2}}}.$$

*）利用 1921 题的递推公式.

【2423】 $r=a\cos\varphi$，$r=a(\cos\varphi+\sin\varphi)\left[M\left(\frac{a}{2},0\right)\in S\right]$.

解 如图 4.32 所示，

$$|OA|=a,\quad \alpha=-\frac{\pi}{4},$$

阴影部分即为所求的面积.

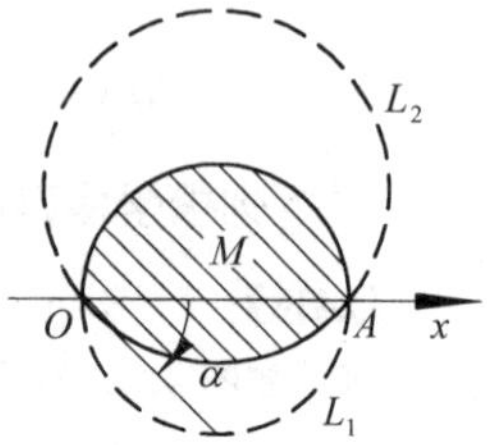

图 4.32

曲线 $L_1:r=a\cos\varphi$，$L_2:r=a(\cos\varphi+\sin\varphi)$. 所求的面积为

$$S=\frac{\pi}{2}\left(\frac{a}{2}\right)^2+\frac{1}{2}\int_{-\frac{\pi}{4}}^{0}a^2(\cos\varphi+\sin\varphi)^2\mathrm{d}\varphi=\frac{a^2(\pi-1)}{4}.$$

【2424】⁺ 求由曲线 $\varphi=r\arctan r$ 及二射线 $\varphi=0$ 及 $\varphi=\frac{\pi}{\sqrt{3}}$ 所围成之扇形的面积.

解 当 $\varphi$ 由 0 变到 $\frac{\pi}{\sqrt{3}}$，$r$ 从 0 变到 $\sqrt{3}$，而

$$\mathrm{d}\varphi=\left(\frac{r}{1+r^2}+\arctan r\right)\mathrm{d}r.$$

所求的面积为

$$S=\frac{1}{2}\int_0^{\frac{\pi}{\sqrt{3}}}r^2\mathrm{d}\varphi=\frac{1}{2}\int_0^{\sqrt{3}}\left(\frac{r^3}{1+r^2}+r^2\arctan r\right)\mathrm{d}r=\left[\frac{1}{6}r^2-\frac{1}{6}\ln(1+r^2)+\frac{1}{6}r^3\arctan r\right]\Bigg|_0^{\sqrt{3}}$$
$$=\frac{1}{2}-\frac{1}{3}\ln2+\frac{\sqrt{3}}{6}\pi.$$

【2425】 求封闭曲线 $r=\frac{2at}{1+t^2}$，$\varphi=\frac{\pi t}{1+t}$ 所围图形的面积.

解 当曲线封闭时，$t$ 由 0 变化到 $+\infty$，所求的面积为

$$S=\frac{1}{2}\int_0^{+\infty}r^2\mathrm{d}\varphi=2\pi a^2\int_0^{+\infty}\frac{t^2}{(1+t^2)(1+t)^2}\mathrm{d}t$$
$$=2\pi a^2\lim_{b\to+\infty}\left\{\int_0^b\frac{\mathrm{d}t}{4(1+t)^2}-\frac{1}{4}\int_0^b\frac{\mathrm{d}t}{1+t^2}+\frac{1}{2}\int_0^b\frac{t\mathrm{d}t}{(1+t^2)^2}\right\}$$
$$=2\pi a^2\lim_{b\to+\infty}\left\{-\frac{1}{4(1+t)}-\frac{1}{4}\arctan t-\frac{1}{4}\cdot\frac{1}{1+t^2}\right\}\Bigg|_0^b=\pi a^2\left(1-\frac{\pi}{4}\right).$$

**变为极坐标，求下列曲线所围图形的面积：**

【2426】 $x^3+y^3=3axy$ （笛卡儿叶形线）.

提示 注意 $r=\frac{3a\cos\varphi\sin\varphi}{\cos^3\varphi+\sin^3\varphi}$，$0\leqslant\varphi\leqslant\frac{\pi}{2}$，并令 $\tan\varphi=t$.

解 $r^3(\cos^3\varphi+\sin^3\varphi)=3ar^2\cos\varphi\sin\varphi$，于是，$r=\frac{3a\sin\varphi\cos\varphi}{\sin^3\varphi+\cos^3\varphi}$.

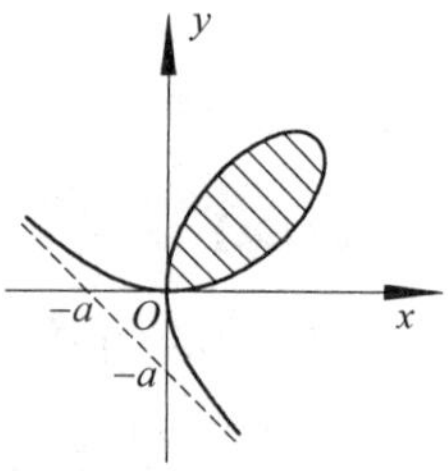

图 4.33

当 $\varphi\in\left[0,\frac{\pi}{2}\right]$ 时，$r\geqslant0$，且当 $\varphi=0$ 及 $\varphi=\frac{\pi}{2}$ 时，$r=0$. 所以，从 $\varphi=0$ 到 $\varphi=\frac{\pi}{2}$，叶形线位于第一象限部分所围成的面积，即为所要求的面积(图 4.33)

$$S=\frac{1}{2}\int_0^{\frac{\pi}{2}}\frac{9a^2\sin^2\varphi\cos^2\varphi}{(\sin^3\varphi+\cos^3\varphi)^2}\mathrm{d}\varphi=\frac{9a^2}{2}\int_0^{+\infty}\frac{t^2\mathrm{d}t}{(1+t^3)^2}\overset{*)}{=}\frac{9a^2}{2}\lim_{b\to+\infty}\frac{-1}{3(1+t^3)}\Bigg|_0^b$$
$$=\frac{3a^2}{2}.$$

*）设 $\tan\varphi=t$.

【2427】 $x^4+y^4=a^2(x^2+y^2)$.

提示 注意 $r=\dfrac{\sqrt{2}a}{\sqrt{2-\sin^2 2\varphi}}$. 由于图像关于 $x$ 轴及 $y$ 轴均对称,故所求面积为

$$S=8\cdot\frac{1}{2}\int_0^{\frac{\pi}{4}}\frac{2a^2}{2-\sin^2 2\varphi}d\varphi.$$

解 $r^4(\sin^4\varphi+\cos^4\varphi)=a^2r^2$,于是,$r=\dfrac{\sqrt{2}a}{\sqrt{2-\sin^2 2\varphi}}$.

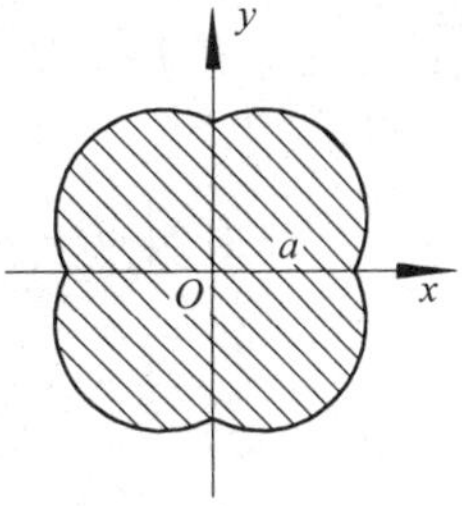



图 4.34

如图 4.34 所示,所求的面积为

$$\begin{aligned}S&=8\cdot\frac{1}{2}\int_0^{\frac{\pi}{4}}\frac{2a^2}{2-\sin^2 2\varphi}d\varphi\\&=4a^2\int_0^{\frac{\pi}{2}}\frac{1}{2-\sin^2 t}dt=\frac{2a^2}{\sqrt{2}}\int_0^{\frac{\pi}{2}}\left(\frac{1}{\sqrt{2}-\sin t}+\frac{1}{\sqrt{2}+\sin t}\right)dt\\&=\sqrt{2}a^2\left\{2\arctan\left(\sqrt{2}\tan\frac{t}{2}-1\right)+2\arctan\left(\sqrt{2}\tan\frac{t}{2}+1\right)\right\}\Bigg|_0^{\frac{\pi}{2}}\\&=2\sqrt{2}a^2\left\{\arctan(\sqrt{2}-1)+\arctan(\sqrt{2}+1)\right\}=2\sqrt{2}a^2\,\frac{\pi}{2}=\sqrt{2}\pi a^2.\end{aligned}$$

【2428】 $(x^2+y^2)^2=2a^2xy$ (双纽线).

解 $r^2=a^2\sin 2\varphi$(图 4.35),所求的面积为

$$S=4\cdot\frac{1}{2}\int_0^{\frac{\pi}{4}}a^2\sin 2\varphi d\varphi=a^2.$$

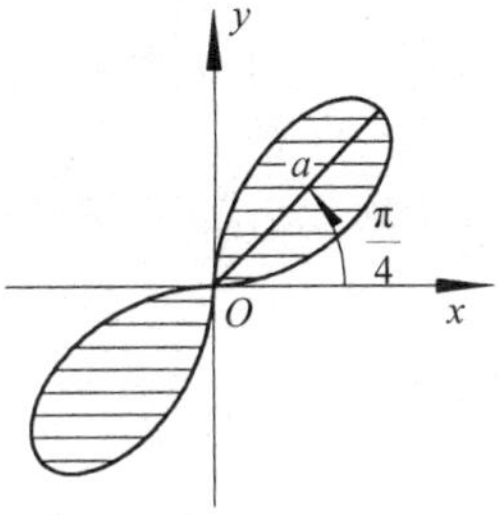



图 4.35

**用参数方程的形式给出下列曲线,再求曲线所围图形的面积:**

【2429】 $x^{\frac{2}{3}}+y^{\frac{2}{3}}=a^{\frac{2}{3}}$ (星形线).

提示 令 $x=a\cos^3 t$, $y=a\sin^3 t$, $0\leqslant t\leqslant\dfrac{\pi}{2}$,它对应于四分之一的面积.

解 设 $x=a\cos^3 t$, $y=a\sin^3 t$,

其中 $0\leqslant t\leqslant\dfrac{\pi}{2}$,它对应于四分之一的面积. 所求的面积为其四倍,即

$$S=4\int_0^a y dx=4\int_{\frac{\pi}{2}}^0(-3a^2\sin^4 t\cos^2 t)dt=12a^2\int_0^{\frac{\pi}{2}}(\sin^4 t-\sin^6 t)dt=\frac{3\pi a^2}{8}.$$

【2430】 $x^4+y^4=ax^2y$.

提示 令 $y=tx$.

解 设 $y=tx$,则曲线的参数方程为

$$\begin{cases}x=\dfrac{at}{1+t^4},\\ y=\dfrac{at^2}{1+t^4}.\end{cases}\quad(-\infty<t<+\infty)$$

利用对称性知,所求的面积为

$$S=-2\int_0^{+\infty}\frac{at^2}{1+t^4}\,\frac{a(1-3t^4)}{(1+t^4)^2}dt=-2a^2\left(\int_0^{+\infty}\frac{t^2}{(1+t^4)^3}dt-3\int_0^{+\infty}\frac{t^6}{(1+t^4)^3}dt\right).$$

因为

$$\int\frac{x^n dx}{(a+bx^4)^m}=\frac{x^{n-3}}{(n+1-4m)b(a+bx^4)^{m-1}}-\frac{(n-3)a}{b(n+1-4m)}\int\frac{x^{n-4}}{(a+bx^4)^m}dx^{*)},$$

所以,

$$\int_0^{+\infty}\frac{t^6}{(1+t^4)^3}dt=-\frac{t^3}{5(1+t^4)^2}\Bigg|_0^{+\infty}+\frac{3}{5}\int_0^{+\infty}\frac{t^2}{(1+t^4)^3}dt=\frac{3}{5}\int_0^{+\infty}\frac{t^2}{(1+t^4)^3}dt,$$

于是,$S=\dfrac{8}{5}a^2\displaystyle\int_0^{+\infty}\frac{t^2}{(1+t^4)^3}dt$. 又因

$$\int \frac{x^n\mathrm{d}x}{(a+bx^4)^m}=\frac{x^{n+1}}{4a(m-1)(a+bx^4)^{m-1}}+\frac{4m-n-5}{4a(m-1)}\int \frac{x^n\mathrm{d}x}{(a+bx^4)^{m-1}}{}^{**)},$$

所以，

$$\int_0^{+\infty}\frac{t^2}{(1+t^4)^3}\mathrm{d}t=\frac{t^3}{8(1+t^4)^2}\Big|_0^{+\infty}+\frac{5}{8}\int_0^{+\infty}\frac{t^2}{(1+t^4)^2}\mathrm{d}t=\frac{5}{8}\int_0^{+\infty}\frac{t^2}{(1+t^4)^2}\mathrm{d}t$$

$$=\frac{5}{8}\left[\frac{t^3}{4(1+t^4)}\Big|_0^{+\infty}+\frac{1}{4}\int_0^{+\infty}\frac{t^2\mathrm{d}t}{1+t^4}\right]=\frac{5}{32}\int_0^{+\infty}\frac{t^2}{1+t^4}\mathrm{d}t.$$

于是，$S=\frac{1}{4}a^2\int_0^{+\infty}\frac{t^2}{1+t^4}\,\mathrm{d}t$. 利用

$$\int\frac{x^2}{a+bx^4}\,\mathrm{d}x=\frac{1}{4b\sqrt[4]{\frac{a}{b}}\sqrt{2}}\left\{\ln\frac{x^2-\sqrt[4]{\frac{a}{b}}\sqrt{2}x+\sqrt{\frac{a}{b}}}{x^2+\sqrt[4]{\frac{a}{b}}\sqrt{2}x+\sqrt{\frac{a}{b}}}+2\arctan\frac{\sqrt[4]{\frac{a}{b}}\sqrt{2}x}{\sqrt{\frac{a}{b}}-x^2}\right\}^{***)}\quad(ab>0),$$

即得
$$\int\frac{t^2}{1+t^4}\mathrm{d}t=\frac{1}{4\sqrt{2}}\left\{\ln\frac{t^2-\sqrt{2}t+1}{t^2+\sqrt{2}t+1}+2\arctan\frac{\sqrt{2}t}{1-t^2}\right\}+C.$$

考虑到上述式子右端的函数 $\arctan\frac{\sqrt{2}t}{1-t^2}$ 在 $(0,+\infty)$ 中的 $t=1$ 点不连续，并且

$$\lim_{t\to1+0}\arctan\frac{\sqrt{2}t}{1-t^2}=-\frac{\pi}{2}\quad 及 \quad\lim_{t\to1-0}\arctan\frac{\sqrt{2}t}{1-t^2}=\frac{\pi}{2},$$

于是，

$$\int_0^{+\infty}\frac{t^2}{1+t^4}\mathrm{d}t=\int_0^1\frac{t^2}{1+t^4}\mathrm{d}t+\int_1^{+\infty}\frac{t^2}{1+t^4}\mathrm{d}t$$

$$=\frac{1}{4\sqrt{2}}\left\{\ln\frac{t^2-\sqrt{2}t+1}{t^2+\sqrt{2}t+1}+2\arctan\frac{\sqrt{2}t}{1-t^2}\right\}\Big|_0^1+\frac{1}{4\sqrt{2}}\left\{\ln\frac{t^2-\sqrt{2}t+1}{t^2+\sqrt{2}t+1}+2\arctan\frac{\sqrt{2}t}{1-t^2}\right\}\Big|_1^{+\infty}$$

$$=\frac{2}{4\sqrt{2}}\left(\frac{\pi}{2}+\frac{\pi}{2}\right)=\frac{\sqrt{2}\pi}{4},$$

最后得所求的面积为
$$S=\frac{\sqrt{2}\pi}{16}a^2.$$

*) 参阅“函数表与积分表”(И. М. 雷日克，И. С. 格拉德什坦)第 64 页“(2.133)2”.

**) 参阅同书第 64 页“(2.133)1”.

***) 参阅同书第 64 页“(2.132)3”.

## §6. 弧长的计算法

1° **直角坐标系中的弧长** 一段光滑(连续可微)曲线 $y=y(x)$ $(a\leqslant x\leqslant b)$ 的弧长等于

$$s=\int_a^b\sqrt{1+y'^2(x)}\,\mathrm{d}x.$$

2° **参数方程所给曲线的弧长** 若曲线 $C$ 由参数方程

$$x=x(t),\quad y=y(t)\quad(t_0\leqslant t\leqslant T),$$

给出，式中 $x(t),y(t)\in C^{(1)}[t_0,T]$，则曲线 $C$ 的弧长等于

$$s=\int_{t_0}^T\sqrt{x'^2(t)+y'^2(t)}\,\mathrm{d}t.$$

3° **极坐标系中的弧长** 若 $r=r(\varphi)\quad(\alpha\leqslant\varphi\leqslant\beta)$,
式中 $r(\varphi)\in C^{(1)}[\alpha,\beta]$，则相应曲线段的弧长等于

$$s=\int_\alpha^\beta\sqrt{r^2(\varphi)+r'^2(\varphi)}\,\mathrm{d}\varphi.$$

关于空间曲线的弧长可参阅第八章.

求下列曲线的弧长：

【2431】 $y=x^{\frac{3}{2}}$ $(0\leqslant x\leqslant 4)$.

解 所求的弧长为

$$s=\int_0^4\sqrt{1+\frac{9}{4}x}\,dx=\frac{8}{27}(10\sqrt{10}-1).$$

【2432】 $y^2=2px$ $(0\leqslant x\leqslant x_0)$.

解 $y'=\frac{p}{y}$, $\sqrt{1+y'^2}=\sqrt{1+\frac{p^2}{y^2}}=\sqrt{1+\frac{p}{2x}}=\frac{1}{\sqrt{2}}\frac{\sqrt{p+2x}}{\sqrt{x}}$. 所求的弧长为

$$s=2\int_0^{x_0}\frac{1}{\sqrt{2}}\frac{\sqrt{p+2x}}{\sqrt{x}}dx=2\sqrt{2}\int_0^{x_0}\sqrt{p+2x}\,d(\sqrt{x})$$

$$=2\sqrt{2}\left\{\frac{1}{2}\sqrt{x(p+2x)}+\frac{p}{2\sqrt{2}}\ln\left(\sqrt{x}+\sqrt{x+\frac{p}{2}}\right)\right\}\Bigg|_0^{x_0}$$

$$=2\sqrt{x_0\left(x_0+\frac{p}{2}\right)}+p\ln\left(\frac{\sqrt{x_0}+\sqrt{x_0+\frac{p}{2}}}{\sqrt{\frac{p}{2}}}\right).$$

【2433】 $y=a\operatorname{ch}\frac{x}{a}$ 从点 $A(0,a)$ 至点 $B(b,h)$.

解 所求的弧长为

$$s=\int_0^b\sqrt{1+\operatorname{sh}^2\frac{x}{a}}\,dx=\int_0^b\operatorname{ch}\frac{x}{a}dx=a\operatorname{sh}\frac{x}{a}\Big|_0^b=a\operatorname{sh}\frac{b}{a}=\sqrt{h^2-a^2}\ ^{*)}.$$

*) 由于 $h=a\operatorname{ch}\frac{b}{a}$，故 $\operatorname{sh}\frac{b}{a}=\sqrt{\operatorname{ch}^2\frac{b}{a}-1}=\frac{1}{a}\sqrt{h^2-a^2}$.

【2434】 $y=e^x$ $(0\leqslant x\leqslant x_0)$.

解 所求的弧长为

$$s=\int_0^{x_0}\sqrt{1+e^{2x}}\,dx=\left(\sqrt{1+e^{2x}}+\frac{1}{2}\ln\frac{\sqrt{1+e^{2x}}-1}{\sqrt{1+e^{2x}}+1}\right)\Bigg|_0^{x_0}$$

$$=\sqrt{1+e^{2x_0}}-\sqrt{2}+\frac{1}{2}\ln\frac{\sqrt{1+e^{2x_0}}-1}{\sqrt{1+e^{2x_0}}+1}-\frac{1}{2}\ln\frac{\sqrt{2}-1}{\sqrt{2}+1}$$

$$=x_0-\sqrt{2}+\sqrt{1+e^{2x_0}}-\ln\frac{1+\sqrt{1+e^{2x_0}}}{1+\sqrt{2}}.$$

【2435】 $x=\frac{1}{4}y^2-\frac{1}{2}\ln y$ $(1\leqslant y\leqslant e)$.

解 所求的弧长为

$$s=\int_1^e\sqrt{1+\left(\frac{y}{2}-\frac{1}{2y}\right)^2}\,dy=\int_1^e\frac{1+y^2}{2y}dy=\frac{e^2+1}{4}.$$

【2436】 $y=a\ln\frac{a^2}{a^2-x^2}$ $(0\leqslant x\leqslant b<a)$.

解 $y'=\frac{2ax}{a^2-x^2}$，$\sqrt{1+y'^2}=\frac{a^2+x^2}{a^2-x^2}$. 所求的弧长为

$$s=\int_0^b\frac{a^2+x^2}{a^2-x^2}dx=a\ln\frac{a+b}{a-b}-b.$$

【2437】 $y=\ln\cos x$ $\left(0\leqslant x\leqslant a<\frac{\pi}{2}\right)$.

解 所求的弧长为

$$s=\int_0^a\sqrt{1+\tan^2x}\,dx=\int_0^a\frac{dx}{\cos x}=\ln\tan\left(\frac{\pi}{4}+\frac{a}{2}\right).$$

【2438】 $x=a\ln\dfrac{a+\sqrt{a^2-y^2}}{y}-\sqrt{a^2-y^2}\quad(0<b\leqslant y\leqslant a)$.

解 $\dfrac{dx}{dy}=-\dfrac{\sqrt{a^2-y^2}}{y}$，$\sqrt{1+\left(\dfrac{dx}{dy}\right)^2}=\dfrac{a}{y}$. 所求的弧长为

$$s=\int_b^a\frac{a}{y}dy=a\ln\frac{a}{b}.$$

【2439】 $y^2=\dfrac{x^3}{2a-x}\left(0\leqslant x\leqslant\dfrac{5}{3}a\right)^{*)}$.

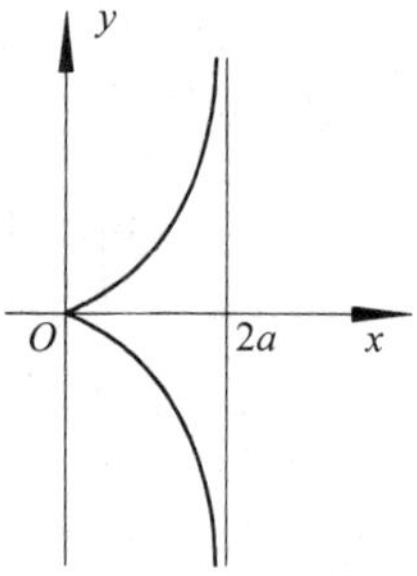

图 4.36

解 如图 4.36 所示. 设 $y=tx$，得 $\begin{cases}x=\dfrac{2at^2}{1+t^2},\\ y=\dfrac{2at^3}{1+t^2}.\end{cases}$

当 $0\leqslant x\leqslant\dfrac{5}{3}a$ 时，$0\leqslant t\leqslant\sqrt{5}$（一半弧长）.

$$x_t'=\frac{4at}{(t^2+1)^2},y_t'=\frac{2at^4+6at^2}{(t^2+1)^2},\sqrt{x_t'^2+y_t'^2}=\frac{2at\sqrt{t^2+4}}{t^2+1}.$$

所求的弧长为

$$s=2\int_0^{\sqrt5}\frac{2at\sqrt{t^2+4}}{t^2+1}dt=32a\int_0^{\arctan\frac{\sqrt5}{2}}\frac{\sin\theta d\theta}{\cos^2\theta(1+3\sin^2\theta)}{}^{**)}$$

$$=\frac{32a}{3}\int_1^{\frac23}\frac{dz}{z^2\left(z^2-\frac43\right)}{}^{***)}=\frac{32a}{3}\left\{\frac34\cdot\frac1z+\frac{3\sqrt3}{16}\ln\frac{z-\frac{2}{\sqrt3}}{z+\frac{2}{\sqrt3}}\right\}\Bigg|_1^{\frac23}$$

$$=4a\left(1+3\sqrt3\ln\frac{1+\sqrt3}{\sqrt2}\right).$$

*) 原题误为 $y^2=\dfrac{x^2}{2a-x}$，现按原答案予以改正.

**) 设 $t=2\tan\theta$.

***) 设 $z=\cos\theta$.

【2440】 $x^{\frac23}+y^{\frac23}=a^{\frac23}$ （星形线）.

解 $y'=-\sqrt[3]{\dfrac{y}{x}}$，$\sqrt{1+y'^2}=\left(\dfrac{a}{x}\right)^{\frac13}$. 所求的弧长为

$$s=4\int_0^a\left(\frac{a}{x}\right)^{\frac13}dx=6a.$$

【2441】 $x=\dfrac{c^2}{a}\cos^3t,\quad y=\dfrac{c^2}{b}\sin^3t,\quad c^2=a^2-b^2$ （椭圆的渐屈线）.

解 $\sqrt{x_t'^2+y_t'^2}=\dfrac{3c^2}{ab}\sin t\cos t\sqrt{b^2\cos^2t+a^2\sin^2t}$. 所求的弧长为

$$s=4\int_0^{\frac{\pi}{2}}\frac{3c^2}{ab}\sin t\cos t\sqrt{b^2\cos^2t+a^2\sin^2t}\,dt=\frac{12c^2}{3ab(a^2-b^2)}\{b^2+(a^2-b^2)\sin^2t\}^{\frac32}\Big|_0^{\frac{\pi}{2}}=\frac{4(a^3-b^3)}{ab}.$$

【2442】+ $x=a\cos^4t,\quad y=a\sin^4t$.

解 $\sqrt{x_t'^2+y_t'^2}=4a\sin t\cos t\sqrt{\cos^4t+\sin^4t}$. 所求的弧长为

$$s=\int_0^{\frac{\pi}{2}}4a\sin t\cos t\sqrt{\cos^4t+\sin^4t}\,dt=2a\int_0^{\frac{\pi}{2}}\sqrt{2\left(\sin^2t-\frac12\right)^2+\frac12}\,d\left(\sin^2t-\frac12\right)$$

$$=2a\left[\frac{\sin^2 t-\frac{1}{2}}{2}\sqrt{\cos^4 t+\sin^4 t}+\frac{1}{4\sqrt{2}}\ln\left|\sin^2 t-\frac{1}{2}+\sqrt{\frac{1}{2}(\cos^4 t+\sin^4 t)}\right|\right]\Bigg|_0^{\frac{\pi}{2}}$$

$$=\left[1+\frac{1}{\sqrt{2}}\ln(1+\sqrt{2})\right]a.$$

**【2443】** $x=a(t-\sin t)$，$y=a(1-\cos t)$ $(0\leqslant t\leqslant 2\pi)$.

**解** 所求的弧长为

$$s=\int_0^{2\pi}\sqrt{a^2(1-\cos t)^2+a^2\sin^2 t}\,dt=2a\int_0^{2\pi}\sin\frac{t}{2}dt=8a.$$

**【2444】** $x=a(\cos t+t\sin t)$， $y=a(\sin t-t\cos t)$ $(0\leqslant t\leqslant 2\pi)$ （圆的渐伸线）.

**解** $x_t'=at\cos t$， $y_t'=at\sin t$， $\sqrt{x_t'^2+y_t'^2}=at$. 所求的弧长为

$$s=\int_0^{2\pi}at\,dt=2\pi^2 a.$$

**【2445】**+ $x=a(\operatorname{sh}t-t)$， $y=a(\operatorname{ch}t-1)$ $(0\leqslant t\leqslant T)$.

**解** $\sqrt{x_t'^2+y_t'^2}=\sqrt{2}a\ \sqrt{\operatorname{ch}^2 t-\operatorname{ch}t}$. 所求的弧长为

$$s=\int_0^T\sqrt{2}a\ \sqrt{\operatorname{ch}^2 t-\operatorname{ch}t}\,dt=\sqrt{2}a\int_1^{\operatorname{ch}T}\sqrt{\frac{\theta}{\theta+1}}\,d\theta^{*)}=2\sqrt{2}a\int_{\frac{\pi}{4}}^{\arctan\sqrt{\operatorname{ch}T}}\frac{\sin^2 z}{\cos^3 z}dz^{**)}$$

$$=2\sqrt{2}a\left\{\frac{\sin z}{2\cos^2 z}-\frac{1}{2}\ln\tan\left(\frac{\pi}{4}+\frac{z}{2}\right)\right\}\Bigg|_{\frac{\pi}{4}}^{\arctan\sqrt{\operatorname{ch}T}}$$

$$=\sqrt{2}a(\sqrt{\operatorname{ch}T}\ \sqrt{1+\operatorname{ch}T}-\sqrt{2})-\sqrt{2}a[\ln(\sqrt{\operatorname{ch}T}+\sqrt{1+\operatorname{ch}T})-\ln(1+\sqrt{2})]$$

$$=2a\left(\operatorname{ch}\frac{T}{2}\ \sqrt{\operatorname{ch}T}-1\right)-\sqrt{2}a\ln\frac{\sqrt{2}\operatorname{ch}\frac{T}{2}+\sqrt{\operatorname{ch}T}}{\sqrt{2}+1}^{***)}.$$

*) 设 $\theta=\operatorname{ch}t$.

**) 设 $\theta=\tan^2 z$.

***) $\sqrt{1+\operatorname{ch}T}=\sqrt{2}\operatorname{ch}\frac{T}{2}$.

**【2446】** $r=a\varphi$ （阿基米德螺线）$(0\leqslant\varphi\leqslant 2\pi)$.

**解** 所求的弧长为

$$s=\int_0^{2\pi}\sqrt{a^2\varphi^2+a^2}\,d\varphi=a\left\{\frac{\varphi}{2}\sqrt{\varphi^2+1}+\frac{1}{2}\ln(\varphi+\sqrt{\varphi^2+1})\right\}\Bigg|_0^{2\pi}$$

$$=a\left\{\pi\sqrt{1+4\pi^2}+\frac{1}{2}\ln(2\pi+\sqrt{1+4\pi^2})\right\}.$$

**【2447】** $r=ae^{m\varphi}$ $(m>0)$ 当 $0<r<a$.

**解** $0<r<a$，$-\infty<\varphi<0$. 所求的弧长为

$$s=\int_{-\infty}^0\sqrt{a^2e^{2m\varphi}+a^2m^2e^{2m\varphi}}\,d\varphi=a\sqrt{m^2+1}\int_{-\infty}^0 e^{m\varphi}d\varphi=\frac{a\sqrt{1+m^2}}{m}.$$

**【2448】** $r=a(1+\cos\varphi)$.

**解** $\sqrt{r^2+r'^2}=2a\cos\frac{\varphi}{2}$. 所求的弧长为

$$s=2\int_0^{\pi}2a\cos\frac{\varphi}{2}d\varphi=8a.$$

**【2449】** $r=\dfrac{p}{1+\cos\varphi}$ $\left(|\varphi|\leqslant\dfrac{\pi}{2}\right)$.

**解** $r'=\dfrac{p\sin\varphi}{(1+\cos\varphi)^2}$， $\sqrt{r^2+r'^2}=\dfrac{2p\cos\frac{\varphi}{2}}{(1+\cos\varphi)^2}$. 所求的弧长为

$$s=\int_{-\frac{\pi}{2}}^{\frac{\pi}{2}}\frac{2p\cos\frac{\varphi}{2}}{(1+\cos\varphi)^2}d\varphi=\frac{p}{2}\int_{-\frac{\pi}{2}}^{\frac{\pi}{2}}\sec^3\frac{\varphi}{2}d\varphi=\frac{p}{2}\int_{-\frac{\pi}{2}}^{\frac{\pi}{2}}\sec\frac{\varphi}{2}\left(1+\tan^2\frac{\varphi}{2}\right)d\varphi$$

$$=p\left\{\int_0^{\frac{\pi}{2}}\frac{d\varphi}{\cos\frac{\varphi}{2}}+2\int_0^{\frac{\pi}{2}}\sqrt{\sec^2\frac{\varphi}{2}-1}\,d\left(\sec\frac{\varphi}{2}\right)\right\}$$

$$=2p\left\{\ln\tan\left(\frac{\pi}{4}+\frac{\varphi}{4}\right)+\frac{\sec\frac{\varphi}{2}}{2}\sqrt{\sec^2\frac{\varphi}{2}-1}-\frac{1}{2}\ln\left(\sec\frac{\varphi}{2}+\tan\frac{\varphi}{2}\right)\right\}\Bigg|_0^{\frac{\pi}{2}}$$

$$=p\{\sqrt{2}+\ln(\sqrt{2}+1)\}.$$

**【2450】** $r=a\sin^3\frac{\varphi}{3}$.

**解** $\sqrt{r^2+r'^2}=a\sin^2\frac{\varphi}{3}$ $(0\leqslant\varphi\leqslant3\pi)$（图 4.37）. 所求的弧长为

$$s=\int_0^{3\pi}a\sin^2\frac{\varphi}{3}d\varphi=\frac{3\pi a}{2}.$$

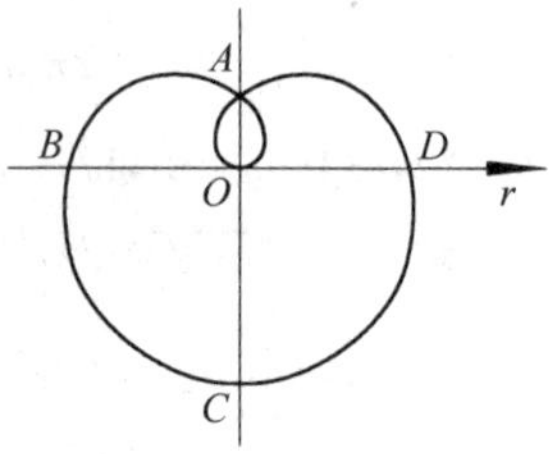

图 4.37

我们甚至可以证明：

1° 弧$\overset{\frown}{AB}$为弧$\overset{\frown}{OABC}$的三分之一；

2° $\overset{\frown}{OA}$，$\overset{\frown}{AB}$，$\overset{\frown}{BC}$之间依次是等差的，其公差为$\frac{3a}{8}\sqrt{3}$.

不仅如此，我们还可以证明更一般的情况：

曲线：$r=a\sin^n\frac{\theta}{n}$ （$n$ 为正整数）之全长为

$$s=\begin{cases}\frac{(2k-2)!!}{(2k-1)!!}4ka, & n=2k,\\ \frac{(2k+1)!!}{(2k)!!}\pi a, & n=2k+1.\end{cases}$$

**【2451】** $r=a\,\text{th}\frac{\varphi}{2}$ $(0\leqslant\varphi\leqslant2\pi)$.

**解** $r'=\frac{a}{2}\cdot\frac{1}{\text{ch}^2\frac{\varphi}{2}}$.

$$\sqrt{r^2+r'^2}=\frac{a}{2\text{ch}^2\frac{\varphi}{2}}\sqrt{4\text{sh}^2\frac{\varphi}{2}\text{ch}^2\frac{\varphi}{2}+1}=\frac{a}{2\text{ch}^2\frac{\varphi}{2}}\sqrt{\text{sh}^2\varphi+1}$$

$$=\frac{a\,\text{ch}\varphi}{2\text{ch}^2\frac{\varphi}{2}}=\frac{a\,\text{ch}\varphi}{1+\text{ch}\varphi}=a\left(1-\frac{1}{1+\text{ch}\varphi}\right)=a\left(1-\frac{1}{2\text{ch}^2\frac{\varphi}{2}}\right).$$

所求的弧长为

$$s=\int_0^{2\pi}a\left(1-\frac{1}{2\text{ch}^2\frac{\varphi}{2}}\right)d\varphi=a\left(\varphi-\text{th}\frac{\varphi}{2}\right)\Bigg|_0^{2\pi}=a(2\pi-\text{th}\pi).$$

**【2452】** $\varphi=\frac{1}{2}\left(r+\frac{1}{r}\right)$ $(1\leqslant r\leqslant3)$.

**解** $r^2-2r\varphi+1=0$，两边对 $\varphi$ 求导，得 $2rr'-2\varphi r'-2r=0$ 即 $r'=\frac{r}{r-\varphi}$，从而 $\sqrt{r^2+r'^2}=\frac{r\varphi}{r-\varphi}=\frac{r^3+r}{r^2-1}$，$d\varphi=\frac{1}{2}\left(1-\frac{1}{r^2}\right)dr$. 所求的弧长为

$$s=\frac{1}{2}\int_1^3\frac{r^3+r}{r^2-1}\cdot\frac{r^2-1}{r^2}dr=\frac{1}{2}\int_1^3\left(r+\frac{1}{r}\right)dr=2+\frac{1}{2}\ln3.$$

【2453】 证明：椭圆 $x=a\cos t, y=b\sin t$ 的弧长等于正弦曲线 $y=c\sin\frac{x}{b}$ 的一波之长，其中 $c=\sqrt{a^2-b^2}$.

**证** 对于椭圆，其全长为

$$s_1=\int_0^{2\pi}\sqrt{a^2\sin^2 t+b^2\cos^2 t}\,dt=\int_0^{2\pi}\sqrt{a^2-c^2\cos^2 t}\,dt=a\int_0^{2\pi}\sqrt{1-\varepsilon^2\cos^2 t}\,dt=a\int_0^{2\pi}\sqrt{1-\varepsilon^2\sin^2 t}\,dt.$$

对于正弦曲线，其一波（$x$ 由 0 到 $2\pi b$）之长为

$$s_2=\int_0^{2\pi b}\sqrt{1+\frac{c^2}{b^2}\cos^2\frac{x}{b}}\,dx=\int_0^{2\pi}\sqrt{b^2+c^2\cos^2 t}\,dt=\int_0^{2\pi}\sqrt{a^2-c^2\sin^2 t}\,dt=a\int_0^{2\pi}\sqrt{1-\varepsilon^2\sin^2 t}\,dt.$$

所以，$s_1=s_2$，本题得证.

【2454】 抛物线 $4ay=x^2$ 沿 $Ox$ 轴滚动. 证明：抛物线的焦点的轨迹是悬链线.

**解** 如图 4.38 所示，设抛物线切 $Ox$ 轴于点 $A(s,0)$，$O'$ 为抛物线的顶点，$P'$ 为焦点，且 $O'Y'$ 为对称轴，$O'X'\perp O'Y'$，过 $A$ 作 $AB\perp O'X'$.

引入参数 $O'N=t$，则由抛物线的性质易知：$P'N\perp Ox$，$O'B=2O'N=2t$. 从而有

$$AB=\frac{(2t)^2}{4a}=\frac{t^2}{a},\qquad AN=t\sqrt{1+\frac{t^2}{a^2}},$$

$$s=\int_0^{2t}\sqrt{1+\left(\frac{x}{2a}\right)^2}\,dx=t\sqrt{1+\left(\frac{t}{a}\right)^2}+a\ln\left[\frac{t}{a}+\sqrt{1+\left(\frac{t}{a}\right)^2}\right],$$

$$P'N=a\sqrt{1+\left(\frac{t}{a}\right)^2}.$$

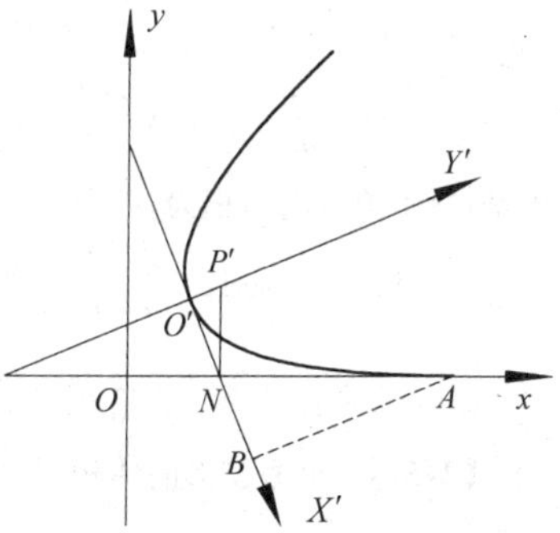

图 4.38

于是，焦点 $P'$ 的坐标 $x,y$ 由参数 $t$ 表出：

$$\begin{cases}x=s-AN=a\ln\left[\dfrac{t}{a}+\sqrt{1+\left(\dfrac{t}{a}\right)^2}\right], & (1)\\ y=P'N=a\sqrt{1+\left(\dfrac{t}{a}\right)^2}. & (2)\end{cases}$$

由(1)式得

$$e^{\frac{x}{a}}=\frac{t}{a}+\sqrt{1+\left(\frac{t}{a}\right)^2},\qquad e^{-\frac{x}{a}}=-\frac{t}{a}+\sqrt{1+\left(\frac{t}{a}\right)^2}.$$

上面两式相加，得 $e^{\frac{x}{a}}+e^{-\frac{x}{a}}=2\sqrt{1+\left(\frac{t}{a}\right)^2}$.

再以(2)式代入上式，最后得 $y=\frac{a}{2}\left(e^{\frac{x}{a}}+e^{-\frac{x}{a}}\right)=a\,\mathrm{ch}\frac{x}{a}$.

这说明抛物线的焦点的轨迹是悬链线.

【2455】 求曲线 $y=\pm\left(\frac{1}{3}-x\right)\sqrt{x}$ 的封闭部分与等周长圆周所分别围成的面积之比.

**解** 当 $x=0$ 及 $x=\frac{1}{3}$ 时，$y=0$. 此曲线所围图形的面积为

$$S_1=2\int_0^{\frac{1}{3}}\left(\frac{1}{3}-x\right)\sqrt{x}\,dx=\frac{8}{135\sqrt{3}}.$$

此环线的周长为

$$s=2\int_0^{\frac{1}{3}}\sqrt{1+\left(\frac{1}{6\sqrt{x}}-\frac{3\sqrt{x}}{2}\right)^2}\,dx=2\int_0^{\frac{1}{3}}\left(\frac{1}{6\sqrt{x}}+\frac{3\sqrt{x}}{2}\right)dx=\frac{4}{3\sqrt{3}}.$$

按题设有 $\frac{4}{3\sqrt{3}}=2\pi R$，所以，$R=\frac{2}{3\sqrt{3}\pi}$. 圆面积 $S_2=\pi R^2=\frac{4}{27\pi}$.

于是，
$$\frac{S_1}{S_2}=\frac{2\pi}{5\sqrt{3}}\approx 0.73.$$

# §7. 体积的计算法

1° **由已知横截面计算物体的体积** 若物体的体积 $V$ 存在，且 $S=S(x)(a\leqslant x\leqslant b)$ 为物体的横截面面积，此横截面经过点 $x$ 且垂直于 $Ox$ 轴，则 $V=\int_a^b S(x)\mathrm{d}x$.

2° **旋转体的体积** 曲边梯形

$$a\leqslant x\leqslant b,\quad 0\leqslant y\leqslant y(x),$$

绕 $Ox$ 轴旋转所成旋转体的体积等于

$$V_x=\pi\int_a^b y^2(x)\mathrm{d}x.$$

在这里 $y(x)$ 为单值连续函数. 在更一般的情形下，图形

$$a\leqslant x\leqslant b,\quad y_1(x)\leqslant y\leqslant y_2(x),$$

绕 $Ox$ 轴旋转所成的环状体的体积等于

$$V=\pi\int_a^b [y_2^2(x)-y_1^2(x)]\mathrm{d}x.$$

这里 $y_1(x)$ 和 $y_2(x)$ 是非负的连续函数

**【2456】** 求顶楼的体积，其底是边长等于 $a$ 及 $b$ 的矩形，其顶的棱边等于 $c$，而高等于 $h$.

**解** 如图 4.39 所示的顶楼，取 $x$ 轴向下，则有

$$\frac{y}{b}=\frac{x}{h}\quad 或\quad y=\frac{b}{h}x,\ \frac{z-c}{a-c}=\frac{x}{h}\quad 或\quad z=\frac{a-c}{h}x+c.$$

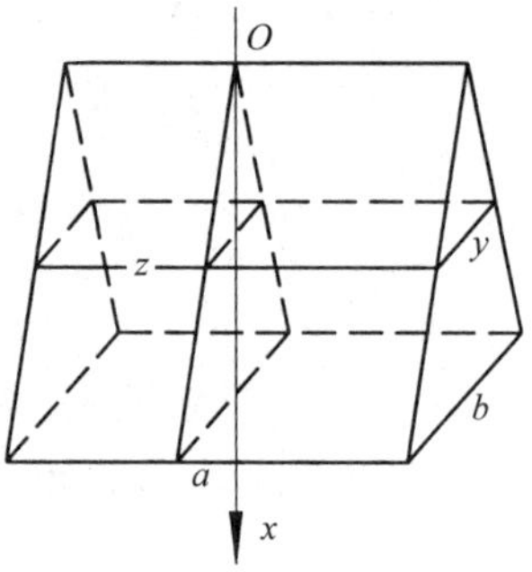


图 4.39

于是，所求顶楼的体积为

$$V=\int_0^h yz\mathrm{d}x=\int_0^h \frac{b}{h}x\left(\frac{a-c}{h}x+c\right)\mathrm{d}x$$

$$=\frac{b}{h}\cdot\frac{a-c}{h}\cdot\frac{1}{3}h^3+\frac{bc}{h}\cdot\frac{1}{2}h^2=\frac{bh}{6}(2a+c).$$

**【2457】** 求截楔形的体积，其平行的上下底为边长分别等于 $A,B$ 和 $a,b$ 的矩形，而高等于 $h$.

**解** 如图 4.40 所示，$OO'=\frac{A}{2}$，$QQ'=\frac{a}{2}$，$OQ=h$.

设 $OP=x$，则 $$PP'=\frac{a}{2}+\frac{h-x}{h}\left(\frac{A-a}{2}\right).$$

同样可得 $$LP'=\frac{b}{2}+\frac{h-x}{h}\left(\frac{B-b}{2}\right).$$

从而，面积

$$KLMN=ab+(A-a)(B-b)\left(1-\frac{x}{h}\right)^2+[a(B-b)+b(A-a)]\left(1-\frac{x}{h}\right)$$

$$=f(x).$$

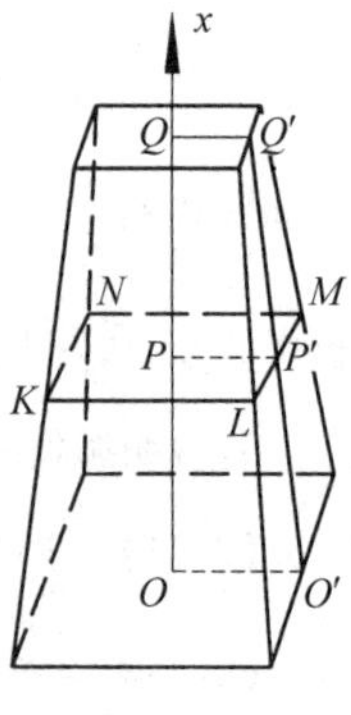


图 4.40

于是，所求截楔形的体积为 $V=\int_0^h f(x)\mathrm{d}x=\frac{h}{6}[(2A+a)B+(2a+A)b]$.

**【2458】** 求截锥体的体积，其上下底为半轴长分别等于 $A,B$ 和 $a,b$ 的椭圆，而高等于 $h$.

**解** 同 2457 题，任一平行于上下底且距离下底为 $x$ 的截面为一椭圆，其半轴分别为

$$a'=a+\left(1-\frac{x}{h}\right)(A-a)\quad 及\quad b'=b+\left(1-\frac{x}{h}\right)(B-b),$$

从而，此截面的面积为

$$S(x)=\pi a'b'=\pi\left\{ab+(A-a)(B-b)\left(1-\frac{x}{h}\right)^2+[a(B-b)+b(A-a)]\left(1-\frac{x}{h}\right)\right\}.$$

于是,所求的体积为 $V=\int_0^h S(x)\mathrm{d}x=\frac{\pi h}{6}[(2A+a)B+(A+2a)b]$.

【2459】 求旋转抛物体的体积,其底为 $S$,而高等于 $H$.

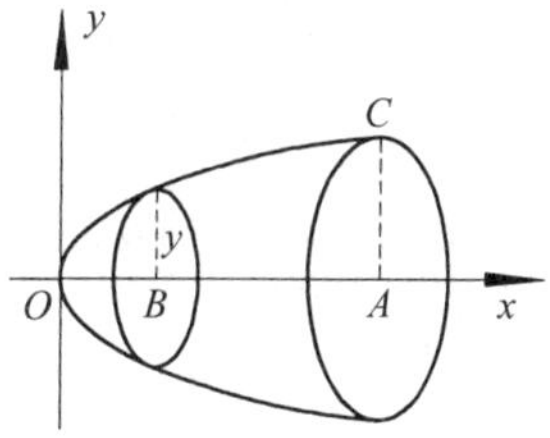

图 4.41

**解** 不失一般性,假设抛物线方程为 $y^2=2px$,绕 $Ox$ 轴旋转,如图 4.41 所示. 记 $OA=H, OB=x$,按假设有

$$S=\pi AC^2=\pi(2pH)=2\pi pH,$$

距原点为 $x$ 的截面面积为

$$S(x)=\pi y^2=2\pi px.$$

于是,所求的体积为 $V=\int_0^H S(x)\mathrm{d}x=\pi pH^2=\frac{SH}{2}$.

【2460】 设立体之垂直于 $Ox$ 轴的横截面的面积 $S=S(x)$ 依下面的二次式规律变化:

$$S(x)=Ax^2+Bx+C \quad (a\leqslant x\leqslant b),$$

其中 $A,B$ 及 $C$ 为常数. 证明:此物体之体积等于

$$V=\frac{H}{6}\left[S(a)+4S\left(\frac{a+b}{2}\right)+S(b)\right],$$

其中 $H=b-a$ (辛普森公式).

**证** $V=\int_a^b (Ax^2+Bx+C)\mathrm{d}x=\frac{A}{3}(b^3-a^3)+\frac{B}{2}(b^2-a^2)+C(b-a)$

$$=\frac{b-a}{6}[2A(b^2+ab+a^2)+3B(a+b)+6C]$$

$$=\frac{H}{6}[(Aa^2+Ba+C)+(Ab^2+Bb+C)+A(a^2+2ab+b^2)+2B(a+b)+4C]$$

$$=\frac{H}{6}\left[S(a)+S(b)+4S\left(\frac{a+b}{2}\right)\right].$$

【2461】 物体是点 $M(x,y,z)$ 的集合,其中 $0\leqslant z\leqslant 1$,而且当 $z$ 为有理数时,$0\leqslant x\leqslant 1$,$0\leqslant y\leqslant 1$;当 $z$ 为无理数时,$-1\leqslant x\leqslant 0$,$-1\leqslant y\leqslant 0$. 证明:此物体的体积不存在,尽管相应积分

$$\int_0^1 S(z)\mathrm{d}z=1.$$

**证** 显然,对任何 $0\leqslant z\leqslant 1$,不论 $z$ 是有理数还是无理数,都有 $S(z)=1$. 从而,

$$\int_0^1 S(z)\mathrm{d}z=\int_0^1 \mathrm{d}z=1.$$

下证此物体$(V)$的体积不存在. 显然,无完全含于$(V)$内的多面体$(X)$存在,从而,这种$(X)$的体积的上确界为零,即$(V)$的内体积$V_*=\sup\{X\}=0$. 另一方面,$(V)$的外体积$V^*=\inf\{Y\}$,其中的下确界是对所有完全包含着$(V)$的多面体$(Y)$的体积 $Y$ 来取的. 由于 $0\leqslant z\leqslant 1$ 中的有理数和无理数都在 $0\leqslant z\leqslant 1$ 中是稠密的,故显然知,上述任何完全包含着$(V)$的多面体$(Y)$都必完全包含着点集$(Y_0)=\{(x,y,z)\mid 0\leqslant z\leqslant 1;\ 0\leqslant x\leqslant 1,\ 0\leqslant y\leqslant 1$,以及$-1\leqslant x\leqslant 0, -1\leqslant y\leqslant 0\}$. 而$(Y_0)$又完全包含着$(V)$,并且$(Y_0)$的体积 $Y_0=2$. 由此可知$V^*=\inf\{Y\}=2$. 于是,$V_*\neq V^*$. 故此物体$(V)$的体积不存在.

**求下列曲面所围成的体积:**

【2462】 $\frac{x^2}{a^2}+\frac{y^2}{b^2}=1$, $z=\frac{c}{a}x$, $z=0$.

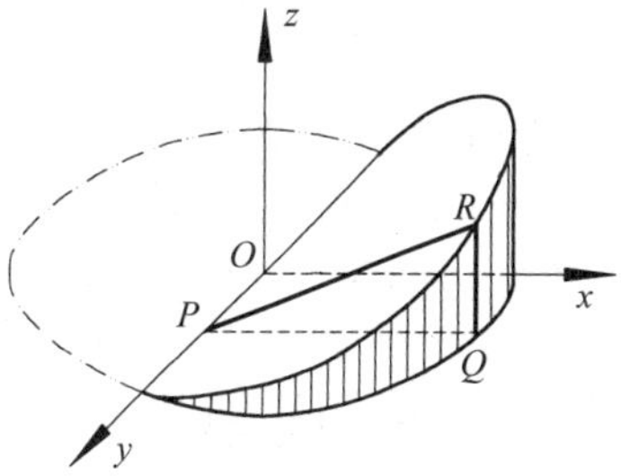

图 4.42

**解** 如图 4.42 所示,用垂直 $Oy$ 轴的平面截割,得一直角三角形 $PQR$. 设 $OP=y$,则高 $QR=\frac{c}{a}x$,从而,它的面积为

$$\frac{1}{2}\cdot\frac{c}{a}x^2=\frac{ac}{2}\left(1-\frac{y^2}{b^2}\right).$$

于是,所求的体积为 $V=2\int_0^b \frac{ac}{2}\left(1-\frac{y^2}{b^2}\right)\mathrm{d}y=\frac{2}{3}abc$.

【2463】 $\frac{x^2}{a^2}+\frac{y^2}{b^2}+\frac{z^2}{c^2}=1$ （椭球面）.

**提示** 用垂直于 $Ox$ 轴的平面截椭球面，其截痕为一椭圆，易知其面积为

$$S(x)=\pi bc\left(1-\frac{x^2}{a^2}\right),\quad -a\leqslant x\leqslant a.$$

**解** 用垂直于 $Ox$ 轴的平面截椭球面得截痕为一椭圆，它在 $yOz$ 平面上的投影为

$$\frac{y^2}{b^2\left(1-\frac{x^2}{a^2}\right)}+\frac{z^2}{c^2\left(1-\frac{x^2}{a^2}\right)}=1.$$

由此显见其半轴分别为

$$b\sqrt{1-\frac{x^2}{a^2}}\quad 及\quad c\sqrt{1-\frac{x^2}{a^2}},$$

从而，此椭圆的面积为

$$S(x)=\pi bc\left(1-\frac{x^2}{a^2}\right),\quad -a\leqslant x\leqslant a.$$

于是，所求的椭球面的体积为 $V=\int_{-a}^{a}S(x)\,\mathrm{d}x=\int_{-a}^{a}\left(1-\frac{x^2}{a^2}\right)\pi bc\,\mathrm{d}x=\frac{4}{3}\pi abc.$

【2464】 $\frac{x^2}{a^2}+\frac{y^2}{b^2}-\frac{z^2}{c^2}=1,\ z=\pm c.$

**提示** 方程表示的图形为单叶双曲面. 用平面 $z=h$ 截此曲面，其截痕为一椭圆，易知其面积为

$$S(h)=\pi ab\left(1+\frac{h^2}{c^2}\right),\quad -c\leqslant h\leqslant c.$$

**解** 方程表示的图形为单叶双曲面，用平面 $z=h$ 截得椭圆

$$\frac{x^2}{a^2\left(1+\frac{h^2}{c^2}\right)}+\frac{y^2}{b^2\left(1+\frac{h^2}{c^2}\right)}=1,$$

其面积为

$$S(x)=\pi ab\left(1+\frac{h^2}{c^2}\right),-c\leqslant h\leqslant c.$$

于是，所求的体积为 $V=\pi ab\int_{-c}^{c}\left(1+\frac{h^2}{c^2}\right)\mathrm{d}h=\frac{8}{3}\pi abc.$

【2465】 $x^2+z^2=a^2,\ y^2+z^2=a^2.$

**提示** 过点 $(0,0,z)$ 垂直于 $Oz$ 轴作一平面，在所给立体上截出一个正方形，其面积为 $S(z)=a^2-z^2$，$0\leqslant z\leqslant a$，它对应于八分之一的体积.

**解** 如图 4.43 所示，过点 $M(0,0,z)$ 垂直于 $Oz$ 轴作一平面，在所给立体上截出一正方形，其边长为 $\sqrt{a^2-z^2}$，所以，其面积为

$$S(z)=a^2-z^2,\ 0\leqslant z\leqslant a.$$

于是，所求的体积为

$$V=8\int_0^a(a^2-z^2)\,\mathrm{d}z=\frac{16}{3}a^3.$$

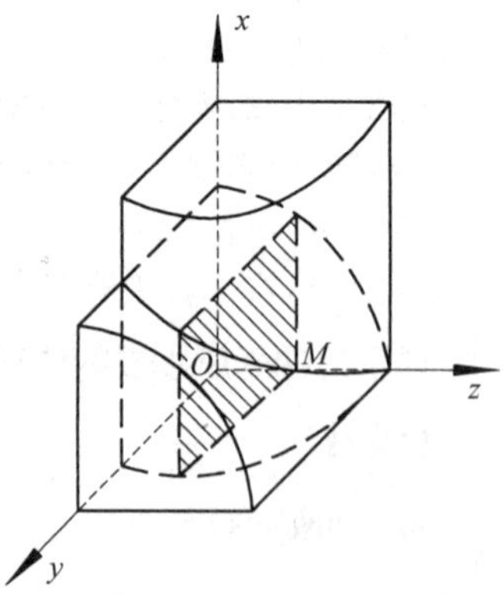

图 4.43

【2466】 $x^2+y^2+z^2=a^2,\quad x^2+y^2=ax.$

**解** 如图 4.44 所示，过点 $M(x,0,0)$ 垂直于 $Ox$ 轴作一平面，在所给立体上截出一曲边梯形，其曲边由方程

$$z=\sqrt{(a^2-x^2)-y^2}$$

给出（上半面），其变化范围为：

$$-\sqrt{ax-x^2}\leqslant y\leqslant\sqrt{ax-x^2}\quad（如图中 ABCD）.$$

从而，其截面积为

$$S(x)=2\int_0^{\sqrt{ax-x^2}}\sqrt{(a^2-x^2)-y^2}\,\mathrm{d}y$$
$$=a^{\frac{3}{2}}x^{\frac{1}{2}}-a^{\frac{1}{2}}x^{\frac{3}{2}}+(a^2-x^2)\arcsin\sqrt{\frac{x}{a+x}}.$$

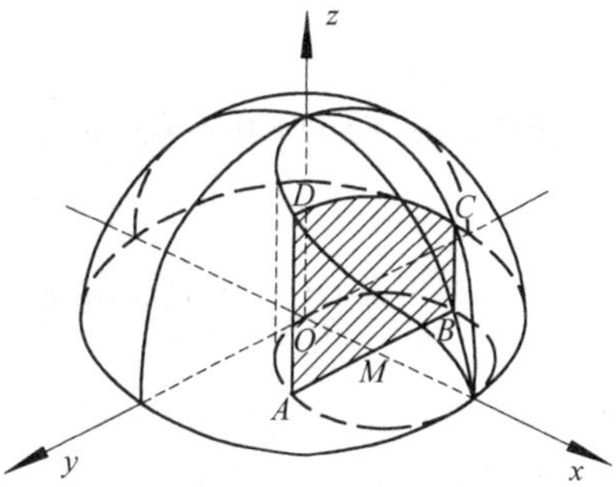

图 4.44

于是，所求的体积为

$$V=2\int_0^a S(x)\mathrm{d}x$$
$$=2\int_0^a\left[a^{\frac{3}{2}}x^{\frac{1}{2}}-a^{\frac{1}{2}}x^{\frac{3}{2}}+(a^2-x^2)\arcsin\sqrt{\frac{x}{a+x}}\right]\mathrm{d}x$$
$$=4\left\{\frac{1}{3}a^3-\frac{1}{5}a^3+\left[\left(\frac{\pi a^3}{4}-\frac{1}{2}a^3\right)-\left(\frac{1}{12}\pi a^3-\frac{13}{90}a^3\right)\right]\right\}$$
$$=\frac{2}{3}a^3\left(\pi-\frac{4}{3}\right).$$

**【2467】** $z^2=b(a-x)$， $x^2+y^2=ax$.

**解** 先求体积的四分之一部分，截面积为

$$S(x)=\int_0^{\sqrt{ax-x^2}}\sqrt{b(a-x)}\,\mathrm{d}y=\sqrt{ax-x^2}\,\sqrt{b(a-x)}.$$

从而， $$\frac{1}{4}V=\int_0^a S(x)\mathrm{d}x=\int_0^a\sqrt{ax-x^2}\,\sqrt{b(a-x)}\,\mathrm{d}x=\sqrt{b}\int_0^a\sqrt{x}(a-x)\mathrm{d}x=\frac{4}{15}a^2\sqrt{ab}.$$

于是，所求的体积为 $V=\frac{16}{15}a^2\sqrt{ab}$.

**【2468】** $\frac{x^2}{a^2}+\frac{y^2}{z^2}=1$ $(0<z<a)$.

**解** 固定 $z$，则截面为一椭圆，其面积为 $P(z)=\pi az$.

于是，所求的体积为 $V=\int_0^a P(z)\mathrm{d}z=\pi a\int_0^a z\mathrm{d}z=\frac{\pi a^3}{2}$.

**【2469】**$^+$ $x+y+z^2=1$，$x=0$，$y=0$，$z=0$.

**解** 固定 $z$，则截面为一直角三角形，其面积为

$$P(z)=\frac{1}{2}(1-z^2)^2.$$

于是，所求的体积为 $V=\int_0^1\frac{1}{2}(1-z^2)^2\mathrm{d}z=\frac{1}{2}\int_0^1(1-2z^2+z^4)\mathrm{d}z=\frac{4}{15}$.

**注意** 曲面 $x+y+z^2=1$ 关于平面 $z=0$ 对称，故它与三个平面 $x=0$，$y=0$，$z=0$ 围成的图形有两个，一个位于 $Oxy$ 平面之上，一个位于 $Oxy$ 平面之下，彼此是对称的(关于 $Oxy$ 平面)，从而，它们的体积相等. 我们以上求的是位于 $Oxy$ 平面之上的那一个图形的体积.

**【2470】** $x^2+y^2+z^2+xy+yz+zx=a^2$.

**解** 不妨设 $a>0$. 此为一有心椭球面. 固定 $z$，得在平面 $xOy$ 上的投影为

$$x^2+xy+y^2+zx+zy+(z^2-a^2)=0,$$

此截面的面积为 $$S(z)=-\frac{\pi\Delta}{\left(1-\frac{1}{4}\right)^{\frac{3}{2}}}{}^{*)}=-\frac{8\pi\Delta}{3\sqrt{3}},$$

其中

$$\Delta=\begin{vmatrix}1&\frac{1}{2}&\frac{z}{2}\\ \frac{1}{2}&1&\frac{z}{2}\\ \frac{z}{2}&\frac{z}{2}&z^2-a^2\end{vmatrix}=\frac{2z^2-3a^2}{4},$$

所以，
$$S(z)=\frac{2(3a^2-2z^2)\pi}{3\sqrt{3}}.$$
$z$ 的变化范围为适合下述不等式的集合：
$$2z^2-3a^2\leqslant 0,\quad 即\quad |z|\leqslant\sqrt{\frac{3}{2}}a.$$
于是，所求的体积为 $V=\int_{-\sqrt{\frac{3}{2}}a}^{\sqrt{\frac{3}{2}}a}\frac{2(3a^2-2z^2)\pi}{3\sqrt{3}}\mathrm{d}z=\frac{4\sqrt{2}\pi}{3}a^3.$

*) 此公式详见 Г. М. 菲赫金哥尔茨著《微积分学教程》第二卷第一分册第 330 目 7.

**【2471】** 证明：将平面图形 $a\leqslant x\leqslant b, 0\leqslant y\leqslant y(x)$，绕 $Oy$ 轴旋转所成的旋转体的体积等于
$$V_y=2\pi\int_a^b xy(x)\mathrm{d}x.$$
这里 $y(x)$ 为单值连续函数.

**证** $\Delta V_y=\pi[(x+\Delta x)^2-x^2]y(x)\approx 2\pi xy(x)\Delta x$. 于是，所求的体积为
$$V_y=2\pi\int_a^b xy(x)\mathrm{d}x.$$

**求下列曲线段旋转所成旋转体的体积：**

**【2472】** $y=b\left(\frac{x}{a}\right)^{\frac{2}{3}}$ $(0\leqslant x\leqslant a)$ 绕 $Ox$ 轴（半立方抛物线）.

**解** 所求的体积为 $V_x=\pi b^2\int_0^a\left(\frac{x}{a}\right)^{\frac{4}{3}}\mathrm{d}x=\frac{3}{7}\pi ab^2.$

**【2473】** $y=2x-x^2$，$y=0$：(1)绕 $Ox$ 轴；(2)绕 $Oy$ 轴.

**解** 令 $y=0$ 得 $x=0$ 或 $x=2$. 于是，所求的体积为

(1) $V_x=\pi\int_0^2(2x-x^2)^2\mathrm{d}x=\frac{16\pi}{15}$； (2) $V_y=2\pi\int_0^2 x(2x-x^2)\mathrm{d}x=\frac{8\pi}{3}.$

**【2474】** $y=\sin x$，$y=0$ $(0\leqslant x\leqslant\pi)$：(1) 绕 $Ox$ 轴；(2) 绕 $Oy$ 轴.

**解** 所求的体积为

(1) $V_x=\pi\int_0^\pi\sin^2 x\mathrm{d}x=\frac{\pi^2}{2}$； (2) $V_y=2\pi\int_0^\pi x\sin x\mathrm{d}x=2\pi^2.$

**【2475】** $y=b\left(\frac{x}{a}\right)^2$，$y=b\left|\frac{x}{a}\right|$：(1) 绕 $Ox$ 轴；(2) 绕 $Oy$ 轴.

**解** 交点为 $(a,b)$ 及 $(-a,b)$. 所求的体积为

(1) $V_x=2\pi\int_0^a\left(b^2\frac{x^2}{a^2}-b^2\frac{x^4}{a^4}\right)\mathrm{d}x=\frac{4\pi}{15}ab^2$； (2) $V_y=\pi\int_0^b\left(\frac{a^2y}{b}-\frac{a^2y^2}{b^2}\right)\mathrm{d}y=\frac{\pi a^2b}{6}.$

**【2476】** $y=\mathrm{e}^{-x}$，$y=0$ $(0\leqslant x<+\infty)$：(1) 绕 $Ox$ 轴；(2) 绕 $Oy$ 轴.

**解** 所求的体积为

(1) $V_x=\pi\int_0^{+\infty}\mathrm{e}^{-2x}\mathrm{d}x=\frac{\pi}{2}$； (2) $V_y=\pi\int_0^1(-\ln y)^2\mathrm{d}y=2\pi.$

**【2477】** $x^2+(y-b)^2=a^2$ $(0<a\leqslant b)$ 绕 $Ox$ 轴.

**解** $y_1=b+\sqrt{a^2-x^2}$，$y_2=b-\sqrt{a^2-x^2}$ $(-a\leqslant x\leqslant a)$. 所求的体积为
$$V_x=\pi\int_{-a}^a(y_1^2-y_2^2)\mathrm{d}x=8b\pi\int_0^a\sqrt{a^2-x^2}\mathrm{d}x=2\pi^2a^2b.$$

**【2478】** $x^2-xy+y^2=a^2$ 绕 $Ox$ 轴.

**解** 原方程即 $y^2-xy+x^2-a^2=0$，从而，
$$y=\frac{x\pm\sqrt{4a^2-3x^2}}{2},$$
函数的定义域为 $\left[-\frac{2}{\sqrt{3}}a,\frac{2}{\sqrt{3}}a\right]$. 与 $Ox$ 轴的交点分别为 $x=-a$ 与 $x=a$. 于是，所求的体积为

$$V_x=2\left\{\pi\int_0^a\frac{1}{4}(x+\sqrt{4a^2-3x^2})^2\mathrm{d}x+\pi\int_a^{\frac{2}{\sqrt{3}}a}\left[\frac{1}{4}(x+\sqrt{4a^2-3x^2})^2-\frac{1}{4}(x-\sqrt{4a^2-3x^2})^2\right]\mathrm{d}x\right\}$$

$$=\frac{\pi}{2}\int_0^a(4a^2-2x^2+2x\sqrt{4a^2-3x^2})\mathrm{d}x+2\pi\int_a^{\frac{2}{\sqrt{3}}a}x\sqrt{4a^2-3x^2}\,\mathrm{d}x$$

$$=\pi\left[2a^3-\frac{1}{3}a^3-\frac{1}{9}(4a^2-3x^2)^{\frac{3}{2}}\bigg|_0^a-\frac{2}{9}(4a^2-3x^2)^{\frac{3}{2}}\bigg|_a^{\frac{2}{\sqrt{3}}a}\right]=\frac{8}{3}\pi a^3.$$

**【2479】** $y=\mathrm{e}^{-x}\sqrt{\sin x}$ $(0\leqslant x<+\infty)$ 绕 $Ox$ 轴.

**解** 函数定义域为$[2n\pi,(2n+1)\pi]$,$(n=0,1,2,\cdots)$. 于是,所求的体积为

$$V_x=\pi\sum_{n=0}^{\infty}\int_{2n\pi}^{(2n+1)\pi}\mathrm{e}^{-2x}\sin x\mathrm{d}x=\sum_{n=0}^{\infty}\frac{\pi}{5}\mathrm{e}^{-2x}(-2\sin x-\cos x)\bigg|_{2n\pi}^{(2n+1)\pi}$$

$$=\frac{\pi}{5}(\mathrm{e}^{-2\pi}+1)\sum_{n=0}^{\infty}\mathrm{e}^{-4n\pi}=\frac{\pi}{5}\cdot\frac{\mathrm{e}^{-2\pi}+1}{1-\mathrm{e}^{-4\pi}}=\frac{\pi}{5(1-\mathrm{e}^{-2\pi})}.$$

**【2480】** $x=a(t-\sin t)$, $y=a(1-\cos t)$ $(0\leqslant t\leqslant 2\pi)$, $y=0$:

(1) 绕 $Ox$ 轴; (2) 绕 $Oy$ 轴; (3) 绕直线 $y=2a$.

**解** 所求的体积为

(1) $V_x=\pi\int_0^{2\pi}a^3(1-\cos t)^3\mathrm{d}t=5\pi^2a^3$; (2) $V_y=2\pi\int_0^{2\pi}a^3(t-\sin t)(1-\cos t)^2\mathrm{d}t=6\pi^3a^3$;

(3) 作平移: $y=\bar{y}+2a$, $x=\bar{x}$ 则曲线方程为,

$$\bar{x}=a(t-\sin t),\quad \bar{y}=-a(1+\cos t),$$

及

$$\bar{y}=-2a.$$

于是,所求的体积为 $$V_{\bar{x}}=\pi\int_0^{2\pi}[4a^2-a^2(1+\cos t)^2]a(1-\cos t)\mathrm{d}t=7\pi^2a^3.$$

**【2481】** $x=a\sin^3 t$, $y=b\cos^3 t$ $(0\leqslant t\leqslant 2\pi)$:

(1) 绕 $Ox$ 轴; (2) 绕 $Oy$ 轴.

**解** 所求的体积为

(1) $V_x=2\pi\int_0^{\frac{\pi}{2}}(b^2\cos^6 t)(3a\sin^2 t\cos t)\mathrm{d}t=6\pi ab^2\left(\int_0^{\frac{\pi}{2}}\cos^7 t\mathrm{d}t-\int_0^{\frac{\pi}{2}}\cos^9 t\mathrm{d}t\right)=6\pi ab^2\left(\frac{6!!}{7!!}-\frac{8!!}{9!!}\right)$ *)

$$=\frac{32}{105}\pi ab^2;$$

(2) 利用对称性,只需将上述答案中 $a,b$ 对调即得 $V_y=\frac{32}{105}\pi a^2b$.

*) 利用 2282 题的结果.

**【2482】** 证明:把平面图形

$$0\leqslant\alpha\leqslant\varphi\leqslant\beta\leqslant\pi,\quad 0\leqslant r\leqslant r(\varphi)\quad(\varphi \text{ 与 } r \text{ 为极坐标})$$

绕极轴旋转所成旋转体的体积等于 $$V=\frac{2\pi}{3}\int_\alpha^\beta r^3(\varphi)\sin\varphi\,\mathrm{d}\varphi.$$

**证** 证法 1:

微小面积元 $\mathrm{d}S=r\mathrm{d}\varphi\mathrm{d}r$ 绕极轴旋转所得微小环状体积元

$$\mathrm{d}V=2\pi r\sin\varphi\mathrm{d}S=2\pi r^2\sin\varphi\mathrm{d}\varphi\mathrm{d}r.$$

于是,所求的体积为

$$V=2\pi\int_\alpha^\beta\sin\varphi\mathrm{d}\varphi\int_0^{r(\varphi)}r^2\mathrm{d}r=\frac{2\pi}{3}\int_\alpha^\beta r^3(\varphi)\sin\varphi\mathrm{d}\varphi.$$

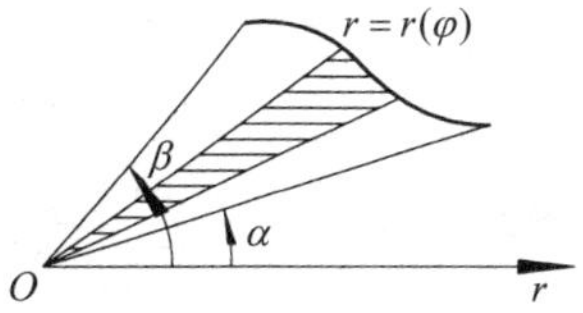

图 4.45

证法 2:

应用直角坐标系下的古尔丹第二定理*)来证明. 对于微小面积元,它的质心可以看成在点$\left(\frac{2}{3}r\cos\varphi,\frac{2}{3}r\sin\varphi\right)$处(图 4.45).

于是，面积元 $dS=\frac{1}{2}r^2d\varphi$，其所对应的绕极轴旋转所成旋转体的体积元为

$$dV=2\pi\frac{2}{3}r\sin\varphi\frac{1}{2}r^2d\varphi.$$

于是，所求的体积为 $V=\frac{2\pi}{3}\int_\alpha^\beta r^3(\varphi)\sin\varphi d\varphi.$

*）参看 2506 题.

**求下列由极坐标或直角坐标给出的平面图形经旋转后所成旋转体的体积：**

**【2483】** $r=a(1+\cos\varphi)\quad(0\leqslant\varphi\leqslant2\pi)$：

（1）绕极轴；（2）绕直线 $r\cos\varphi=-\frac{a}{4}$.

**解** （1）$V=\frac{2\pi}{3}\int_0^\pi a^3(1+\cos\varphi)^3\sin\varphi d\varphi=\frac{8\pi a^3}{3}$；

（2）方法 1：所求的旋转体的体积为

$$V=2\pi\int_0^\pi r^2\left(\frac{2}{3}r\cos\varphi+\frac{a}{4}\right)d\varphi=\frac{4\pi a^3}{3}\int_0^\pi(1+\cos\varphi)^3\cos\varphi d\varphi+\frac{\pi a^3}{2}\int_0^\pi(1+\cos\varphi)^2d\varphi$$

$$=\left(4\pi a^3+\frac{\pi a^3}{2}\right)\int_0^\pi\cos^2\varphi d\varphi+\frac{4\pi a^3}{3}\int_0^\pi\cos^4\varphi d\varphi+\frac{\pi^2a^3}{2}$$

$$=\left(4\pi a^3+\frac{\pi a^3}{2}\right)\frac{\pi}{2}+\frac{4\pi a^3}{3}\cdot\frac{3\cdot1}{4\cdot2}\pi+\frac{\pi^2a^3}{2}=\frac{13}{4}\pi^2a^3.$$

**注** （1）在 $V$ 的表达式中 $\frac{2}{3}r\cos\varphi$ 的系数 $\frac{2}{3}$ 是把微小面积元集中在其质心 $\left(\frac{2}{3}r,\varphi\right)$ 处得出的.

（2）$\int_0^\pi\cos^{2k+1}\varphi d\varphi=0,\quad\int_0^\pi\cos^{2k}\varphi d\varphi=\frac{(2k-1)(2k-3)\cdots3\cdot1}{2k(2k-2)\cdots4\cdot2}\pi.$

方法 2：

心脏线 $r=a(1+\cos\varphi)$ 的面积为 $\frac{3\pi a^2}{2}$*），而其质心为 $\varphi_0=0$，$r_0=\frac{5}{6}a$**）. 根据古尔丹第二定理可得所求的体积为

$$V=2\pi\left(\frac{5a}{6}+\frac{a}{4}\right)\frac{3\pi a^2}{2}=\frac{13}{4}\pi^2a^3.$$

*）利用 2419 题的结果.

**）利用 2512 题的结果.

**【2484】** $(x^2+y^2)^2=a^2(x^2-y^2)$：

（1）绕 $Ox$ 轴；（2）绕 $Oy$ 轴；（3）绕直线 $y=x$.

**解** （1）曲线的极坐标方程为 $r^2=a^2(2\cos^2\varphi-1)$.

$$V_x=2\cdot\frac{2\pi}{3}\int_0^{\frac{\pi}{4}}\left[a^2(2\cos^2\varphi-1)\right]^{\frac{3}{2}}\sin\varphi d\varphi.$$

由于 $\int(2\cos^2\varphi-1)^{\frac{3}{2}}\sin\varphi d\varphi$

$$=-\frac{1}{\sqrt2}\int\left[(\sqrt2\cos\varphi)^2-1\right]^{\frac{3}{2}}d(\sqrt2\cos\varphi)$$

$$=-\frac{1}{\sqrt2}\left[\frac{\sqrt2\cos\varphi}{8}(4\cos^2\varphi-5)\sqrt{2\cos^2\varphi-1}+\frac{3}{8}\ln(\sqrt2\cos\varphi+\sqrt{2\cos^2\varphi-1})\right]+C,$$

所以，$V_x=-\frac{4\pi a^3}{3\sqrt2}\left[\frac{\sqrt2\cos\varphi}{8}(4\cos^2\varphi-5)\sqrt{2\cos^2\varphi-1}+\frac{3}{8}\ln(\sqrt2\cos\varphi+\sqrt{2\cos^2\varphi-1})\right]\Bigg|_0^{\frac{\pi}{4}}$

$$=\frac{4\pi a^3}{3\sqrt2}\left[\frac{3}{8}\ln(\sqrt2+1)-\frac{\sqrt2}{8}\right]=\frac{1}{4}\pi a^3\left[\sqrt2\ln(\sqrt2+1)-\frac{2}{3}\right].$$

(2) 利用对称性知,所求的体积为

$$V_y=\frac{4\pi}{3}\int_0^{\frac{\pi}{4}} r^3\cos\varphi d\varphi=\frac{4\pi a^3}{3}\int_0^{\frac{\pi}{4}}\sqrt{\cos^3 2\varphi}\cos\varphi d\varphi.$$

令 $\sin\varphi=\frac{1}{\sqrt{2}}\sin x$,则 $\sqrt{\cos 2\varphi}=\cos x$,$\cos\varphi d\varphi=\frac{1}{\sqrt{2}}\cos x dx$,并且 $x$ 的变化范围为$\left(0,\frac{\pi}{2}\right)$. 于是,得

$$V=\frac{4\pi a^3}{3}\int_0^{\frac{\pi}{2}}\frac{1}{\sqrt{2}}\cos^4 x dx=\frac{4\pi a^3}{3}\cdot\frac{1}{\sqrt{2}}\cdot\frac{3\cdot 1}{4\cdot 2}\cdot\frac{\pi}{2}=\frac{\pi^2 a^3}{4\sqrt{2}}.$$

(3) 利用对称性知,所求的体积为

$$V=\frac{4\pi}{3}\int_{-\frac{\pi}{4}}^{\frac{\pi}{4}} r^3\sin\left(\frac{\pi}{4}-\varphi\right)d\varphi=\frac{4\pi a^3}{3}\int_{-\frac{\pi}{4}}^{\frac{\pi}{4}}\sqrt{\cos^3 2\varphi}\left(\frac{1}{\sqrt{2}}\cos\varphi-\frac{1}{\sqrt{2}}\sin\varphi\right)d\varphi$$

$$=\frac{4\pi a^3}{3\sqrt{2}}\int_{-\frac{\pi}{4}}^{\frac{\pi}{4}}\sqrt{\cos^3 2\varphi}\cos\varphi d\varphi.$$

若用本题(2)的变换,即得

$$V=\frac{4\pi a^3}{3\sqrt{2}}\,2\int_0^{\frac{\pi}{2}}\frac{1}{\sqrt{2}}\cos^4 x dx=\frac{4\pi a^3}{3}\int_0^{\frac{\pi}{2}}\cos^4 x dx=\frac{4\pi a^3}{3}\cdot\frac{3\cdot 1}{4\cdot 2}\cdot\frac{\pi}{2}=\frac{\pi^2 a^3}{4}.$$

**【2485】** 求图形 $a\leqslant r\leqslant a\sqrt{2\sin 2\varphi}$ 绕极轴旋转而成的旋转体的体积.

**解** $r=a$ 与 $r=a\sqrt{2\sin 2\varphi}$,在第一象限部分的交点的极角分别为 $\alpha=\frac{\pi}{12}$及 $\beta=\frac{5\pi}{12}$. 利用对称性知,所求的体积应为

$$V=\frac{4\pi}{3}\int_{\frac{\pi}{12}}^{\frac{5\pi}{12}}[(a\sqrt{2\sin 2\varphi})^3-a^3]\sin\varphi d\varphi=\frac{4\pi a^3}{3}\int_{\frac{\pi}{12}}^{\frac{5\pi}{12}}(4\sqrt{2}\sqrt{\sin 2\varphi}\sin^2\varphi\cos\varphi-\sin\varphi)d\varphi.$$

为求上述积分,令 $I_1=\int\sqrt{\sin 2\varphi}\sin^2\varphi\cos\varphi d\varphi$, $I_2=\int\sqrt{\sin 2\varphi}\cos^2\varphi\cos\varphi d\varphi$,

则有

$$I_2-I_1=\frac{1}{3}\cos\varphi(\sin 2\varphi)^{\frac{3}{2}}+\frac{2}{3}I_1,$$

即

$$I_2-\frac{5}{3}I_1=\frac{1}{3}\cos\varphi(\sin 2\varphi)^{\frac{3}{2}}. \tag{1}$$

又

$$I_2+I_1=\int\sqrt{\sin 2\varphi}\cos\varphi d\varphi=\sqrt{2}\int\frac{\tan\varphi}{1+\tan^2\varphi}\sqrt{\cot\varphi}d\varphi.$$

令 $\tan\varphi=t$,就可将上述积分化成二项微分式的积分. 积分之,得

$$I_2+I_1=\frac{1}{2}\sin\varphi\sqrt{\sin 2\varphi}+\frac{1}{2}\ln(\sin\varphi+\cos\varphi-\sqrt{\sin 2\varphi})+\frac{1}{4}[\ln(\sin\varphi+\cos\varphi+\sqrt{\sin 2\varphi})$$
$$+\arcsin(\sin\varphi-\cos\varphi)]. \tag{2}$$

(2)−(1),得

$$I_1=\frac{3}{8}\left\{\frac{1}{2}\sin\varphi\sqrt{\sin 2\varphi}+\frac{1}{2}\ln(\sin\varphi+\cos\varphi-\sqrt{\sin 2\varphi})+\frac{1}{4}[\ln(\sin\varphi+\cos\varphi+\sqrt{\sin 2\varphi})+\arcsin(\sin\varphi-\cos\varphi)]\right.$$
$$\left.-\frac{1}{3}\cos\varphi(\sin 2\varphi)^{\frac{3}{2}}\right\}+C.$$

从而,得

$$\int_{\frac{\pi}{12}}^{\frac{5\pi}{12}}\sqrt{\sin 2\varphi}\sin^2\varphi\cos\varphi d\varphi=\frac{1}{8}+\frac{3}{64}\pi.$$

于是,所求的体积为

$$V=\frac{4\pi a^3}{3}\left[4\sqrt{2}\left(\frac{1}{8}+\frac{3\pi}{64}\right)+\cos\varphi\Big|_{\frac{\pi}{12}}^{\frac{5\pi}{12}}\right]=\frac{\pi^2 a^3}{2\sqrt{2}}.$$

## §8. 旋转曲面表面积的计算法

平滑曲线 $AB$ 绕 $Ox$ 轴旋转所成曲面的面积等于

$$P=2\pi\int_A^B y\,\mathrm{d}s,$$

式中 $\mathrm{d}s$ 为弧的微分.

**求旋转下列曲线所成曲面的面积:**

**【2486】** $y=x\sqrt{\dfrac{x}{a}}$ $(0\leqslant x\leqslant a)$ 绕 $Ox$ 轴.

**解** $\sqrt{1+y'^2}=\sqrt{1+\dfrac{9x}{4a}}$. 于是,所求的表面积为

$$P_x=2\pi\int_0^a x\sqrt{\frac{x}{a}}\sqrt{1+\frac{9x}{4a}}\,\mathrm{d}x=\frac{3\pi}{a}\int_0^a x\sqrt{x^2+\frac{4ax}{9}}\,\mathrm{d}x$$

$$=\frac{3\pi}{a}\int_0^a\left(x+\frac{2a}{9}\right)\sqrt{\left(x+\frac{2a}{9}\right)^2-\left(\frac{2a}{9}\right)^2}\,\mathrm{d}\left(x+\frac{2a}{9}\right)-\frac{3\pi}{a}\cdot\frac{2a}{9}\int_0^a\sqrt{x^2+\frac{4ax}{9}}\,\mathrm{d}x$$

$$=\frac{3\pi}{a}\cdot\frac{1}{3}\left(x^2+\frac{4ax}{9}\right)^{\frac{3}{2}}\Bigg|_0^a-\frac{2\pi}{3}\left[\frac{x+\frac{2a}{9}}{2}\sqrt{x^2+\frac{4ax}{9}}-\frac{\frac{4a^2}{81}}{2}\ln\left(x+\frac{2a}{9}-\sqrt{x^2+\frac{4ax}{9}}\right)\right]\Bigg|_0^a$$

$$=\frac{13\sqrt{13}}{27}\pi a^2-\frac{11\sqrt{13}}{81}\pi a^2+\frac{4\pi a^2}{243}\ln\frac{11+3\sqrt{13}}{2}$$

$$=\frac{4\pi a^2}{243}\left(21\sqrt{13}+2\ln\frac{3+\sqrt{13}}{2}\right).$$

**【2487】** $y=a\cos\dfrac{\pi x}{2b}$ $(|x|\leqslant b)$ 绕 $Ox$ 轴.

**解** $y'=-\dfrac{\pi a}{2b}\sin\dfrac{\pi x}{2b}$, $\sqrt{1+y'^2}=\dfrac{1}{2b}\sqrt{4b^2+\pi^2a^2\sin^2\dfrac{\pi x}{2b}}$.

于是,所求的表面积为

$$P_x=2\pi\int_{-b}^{b}y\sqrt{1+y'^2}\,\mathrm{d}x=2\pi\int_{-b}^{b}\frac{a}{2b}\cos\frac{\pi x}{2b}\sqrt{4b^2+\pi^2a^2\sin^2\frac{\pi x}{2b}}\,\mathrm{d}x$$

$$=\frac{4}{\pi}\left[\frac{1}{2}\pi a\sin\frac{\pi x}{2b}\sqrt{4b^2+\pi^2a^2\sin^2\frac{\pi x}{2b}}+\frac{4b^2}{2}\ln\left|\pi a\sin\frac{\pi x}{2b}+\sqrt{4b^2+\pi^2a^2\sin^2\frac{\pi x}{2b}}\right|\right]\Bigg|_0^b$$

$$=2a\sqrt{\pi^2a^2+4b^2}+\frac{8b^2}{\pi}\ln\frac{\pi a+\sqrt{4b^2+\pi^2a^2}}{2b}.$$

**【2488】** $y=\tan x$ $\left(0\leqslant x\leqslant\dfrac{\pi}{4}\right)$ 绕 $Ox$ 轴.

**解** $\sqrt{1+y'^2}=\sqrt{1+\sec^4x}=\dfrac{\sqrt{\cos^4x+1}}{\cos^2x}$. 于是,所求的表面积为

$$P_x=2\pi\int_0^{\frac{\pi}{4}}\tan x\frac{\sqrt{\cos^4x+1}}{\cos^2x}\,\mathrm{d}x=\pi\int_0^{\frac{\pi}{4}}\sqrt{\cos^4x+1}\,\mathrm{d}\left(\frac{1}{\cos^2x}\right)$$

$$=\pi\left[\frac{\sqrt{\cos^4x+1}}{\cos^2x}-\ln(\cos^2x+\sqrt{\cos^4x+1})\right]\Bigg|_0^{\frac{\pi}{4}}=\pi\left[\sqrt{5}-\sqrt{2}+\ln\frac{(\sqrt{2}+1)(\sqrt{5}-1)}{2}\right].$$

**【2489】** $y^2=2px$ $(0\leqslant x\leqslant x_0)$:(1) 绕 $Ox$ 轴; (2) 绕 $Oy$ 轴.

**解** (1) $\sqrt{1+y_x'^2}=\dfrac{\sqrt{p+2x}}{\sqrt{2x}}$. 于是,所求的表面积为

$$P_x=2\pi\int_0^{x_0}\sqrt{2px}\frac{\sqrt{p+2x}}{\sqrt{2x}}\,\mathrm{d}x=\frac{2\pi}{3}[(2x_0+p)\sqrt{2px_0+p^2}-p^2].$$

(2) $\sqrt{1+x_y'^2}=\dfrac{\sqrt{p^2+y^2}}{p}$. 于是,所求的表面积为

$$P_y=4\pi\int_0^{\sqrt{2px_0}} x\sqrt{1+x_y'^2}\,dy$$
$$=4\pi\int_0^{\sqrt{2px_0}}\frac{y^2}{2p}\cdot\frac{\sqrt{p^2+y^2}}{p}dy=\frac{2\pi}{p^2}\int_0^{\sqrt{2px_0}} y^2\sqrt{p^2+y^2}\,dy$$
$$=\frac{2\pi}{p^2}\left[\frac{y(2y^2+p^2)}{8}\sqrt{p^2+y^2}-\frac{p^4}{8}\ln(y+\sqrt{y^2+p^2})\right]\Bigg|_0^{\sqrt{2px_0}}$$
$$=\frac{\pi}{4}\left[(p+4x_0)\sqrt{2x_0(p+2x_0)}-p^2\ln\frac{\sqrt{2x_0}+\sqrt{p+2x_0}}{\sqrt{p}}\right].$$

**【2490】** $\dfrac{x^2}{a^2}+\dfrac{y^2}{b^2}=1$ $(0<b\leqslant a)$:(1) 绕 $Ox$ 轴; (2) 绕 $Oy$ 轴.

**解** (1) $y^2=b^2-\dfrac{b^2}{a^2}x^2$, $yy'=-\dfrac{b^2}{a^2}x$,

$$y\sqrt{1+y'^2}=\sqrt{y^2+(yy')^2}=\frac{b}{a}\sqrt{a^2-\frac{a^2-b^2}{a^2}x^2}=\frac{b}{a}\sqrt{a^2-\varepsilon^2x^2}.$$

于是,所求的表面积为

$$P_x=2\pi\frac{b}{a}\int_{-a}^{a}\sqrt{a^2-\varepsilon^2x^2}\,dx=\frac{2\pi b}{a}\left(a\sqrt{a^2-\varepsilon^2a^2}+\frac{a^2}{\varepsilon}\arcsin\varepsilon\right)=2\pi b\left(b+\frac{a}{\varepsilon}\arcsin\varepsilon\right),$$

其中 $\varepsilon=\dfrac{\sqrt{a^2-b^2}}{a}$是椭圆的离心率.

(2) 将 $x,y$ 轴对调,即将 $x$ 轴作为短轴. 于是,在所得出的 $y\sqrt{1+y'^2}$ 中仅需将 $a$ 与 $b$ 的位置对调一下即可,即

$$y\sqrt{1+y'^2}=\frac{a}{b}\sqrt{b^2+\frac{a^2-b^2}{b^2}x^2}=\frac{a}{b}\sqrt{b^2+\frac{c^2}{b^2}x^2}.$$

于是,所求的表面积为

$$P_y=2\pi\frac{a}{b}\int_{-b}^{b}\sqrt{b^2+\frac{c^2}{b^2}x^2}\,dx=2\pi a\frac{1}{b}\left[\frac{x}{2}\sqrt{b^2+\frac{c^2}{b^2}x^2}+\frac{b^3}{2c}\ln\left(\frac{c}{b}x+\sqrt{b^2+\frac{c^2}{b^2}x^2}\right)\right]\Bigg|_{-b}^{b}$$
$$=2\pi a\left[\sqrt{b^2+c^2}+\frac{b^2}{2c}\ln\left(\frac{\sqrt{b^2+c^2}+c}{\sqrt{b^2+c^2}-c}\right)\right]=2\pi a\left[a+\frac{b^2}{2c}\ln\left(\frac{a+c}{a-c}\right)\right]=2\pi a\left(a+\frac{b^2}{2a}\cdot\frac{1}{\varepsilon}\ln\frac{1+\varepsilon}{1-\varepsilon}\right)$$
$$=2\pi a\left\{a+\frac{b^2}{a}\cdot\frac{1}{\varepsilon}\ln\left[\frac{a}{b}(1+\varepsilon)\right]\right\}.$$

**【2491】** $x^2+(y-b)^2=a^2$ $(b\geqslant a)$ 绕 $Ox$ 轴.

**解** 此圆分成两单值支

$$y=b+\sqrt{a^2-x^2} \quad 及 \quad y=b-\sqrt{a^2-x^2}.$$

于是,所求的表面积为

$$P_x=2\pi\int_{-a}^{a}(b+\sqrt{a^2-x^2})\frac{a}{\sqrt{a^2-x^2}}dx+2\pi\int_{-a}^{a}(b-\sqrt{a^2-x^2})\frac{a}{\sqrt{a^2-x^2}}dx=4\pi^2ab.$$

**【2492】** $x^{\frac{2}{3}}+y^{\frac{2}{3}}=a^{\frac{2}{3}}$ 绕 $Ox$ 轴.

**解** $y'=-\sqrt[3]{\dfrac{y}{x}}$, $\sqrt{1+y'^2}=\dfrac{a^{\frac{1}{3}}}{x^{\frac{1}{3}}}$.

于是,所求的表面积为

$$P_x=2\cdot2\pi\int_0^a(a^{\frac{3}{2}}-x^{\frac{2}{3}})^{\frac{2}{3}}\frac{a^{\frac{1}{3}}}{x^{\frac{1}{3}}}dx=-\frac{12\pi a^{\frac{1}{3}}}{5}(a^{\frac{2}{3}}-x^{\frac{2}{3}})^{\frac{5}{2}}\Bigg|_0^a=\frac{12\pi a^2}{5}.$$

**【2493】** $y=a\operatorname{ch}\dfrac{x}{a}$ $(|x|\leqslant b)$:(1) 绕 $Ox$ 轴; (2) 绕 $Oy$ 轴.

**解** (1) $\sqrt{1+y'^2}=\sqrt{\operatorname{sh}^2\frac{x}{a}+1}=\operatorname{ch}\frac{x}{a}$.

于是,所求的表面积为

$$P_x=2\pi a\int_{-b}^{b}\operatorname{ch}^2\frac{x}{a}\mathrm{d}x=2\pi a\int_0^b\left(1+\operatorname{ch}\frac{2x}{a}\right)\mathrm{d}x=\pi a\left(2b+a\operatorname{sh}\frac{2b}{a}\right).$$

(2) $P_y=2\pi\int_0^b x\sqrt{1+y'^2}\mathrm{d}x=2\pi\int_0^b x\operatorname{ch}\frac{x}{a}\mathrm{d}x=2\pi a\left(a+b\operatorname{sh}\frac{b}{a}-a\operatorname{ch}\frac{b}{a}\right)$.

**【2494】** $\pm x=a\ln\frac{a+\sqrt{a^2-y^2}}{y}-\sqrt{a^2-y^2}$ 绕 $Ox$ 轴.

**解** $x'_y=\mp\frac{a+\sqrt{a^2-y^2}}{y}$, $\sqrt{1+x_y'^2}=\frac{a}{y}$ $(0\leqslant y\leqslant a)$.

于是,所求的表面积为

$$P_x=2\cdot 2\pi\int_0^a y\frac{a}{y}\mathrm{d}y=4\pi a^2.$$

**【2495】** $x=a(t-\sin t)$, $y=a(1-\cos t)$ $(0\leqslant t\leqslant 2\pi)$:

(1) 绕 $Ox$ 轴; (2) 绕 $Oy$ 轴; (3) 绕直线 $y=2a$.

**解** 先求 $\mathrm{d}s$:

$$\mathrm{d}s=\sqrt{x_t'^2+y_t'^2}\,\mathrm{d}t=2a\sin\frac{t}{2}\mathrm{d}t.$$

于是,所求的表面积为

(1) $P_x=2\pi\int_0^{2\pi}a(1-\cos t)2a\sin\frac{t}{2}\mathrm{d}t=16\pi a^2\int_0^{\pi}\sin^3u\,\mathrm{d}u=\frac{64}{3}\pi a^2$.

(2) $P_y=2\pi\int_0^{2\pi}a(t-\sin t)2a\sin\frac{t}{2}\mathrm{d}t=4\pi a^2\int_0^{2\pi}(t-\sin t)\sin\frac{t}{2}\mathrm{d}t=16\pi^2a^2$.

(3) 作平移 $x=\bar{x}$, $y=\bar{y}+2a$ 则 $\bar{y}=-a(1+\cos t)$.

$$P_{\bar{y}}=\left|2\pi\int_0^{2\pi}\left[-a(1+\cos t)2a\sin\frac{t}{2}\mathrm{d}t\right]\right|^{*)}=\frac{32}{3}\pi a^2.$$

*) 在此取绝对值,是由于被积函数始终不为正之故.

**【2496】** $x=a\cos^3t$, $y=a\sin^3t$ 绕直线 $y=x$.

**解** 先求 $\mathrm{d}s$:

$$\mathrm{d}s=\sqrt{x_t'^2+y_t'^2}\,\mathrm{d}t=\begin{cases}3a\sin t\cos t\mathrm{d}t, & \frac{\pi}{4}\leqslant t\leqslant\frac{\pi}{2},\\ -3a\sin t\cos t\mathrm{d}t, & \frac{\pi}{2}\leqslant t\leqslant\frac{3\pi}{4}.\end{cases}$$

利用对称性,并作旋转,即得所求的表面积为

$$\begin{aligned}P&=2\left[2\pi\int_{\frac{\pi}{4}}^{\frac{\pi}{2}}\frac{y-x}{\sqrt{2}}\sqrt{x_t'^2+y_t'^2}\,\mathrm{d}t+\int_{\frac{\pi}{2}}^{\frac{3\pi}{4}}\frac{y-x}{\sqrt{2}}\sqrt{x_t'^2+y_t'^2}\,\mathrm{d}t\right]\\&=\frac{4\pi}{\sqrt{2}}\left[\int_{\frac{\pi}{4}}^{\frac{\pi}{2}}(a\sin^3t-a\cos^3t)3a\sin t\cos t\mathrm{d}t-\int_{\frac{\pi}{2}}^{\frac{3\pi}{4}}(a\sin^3t-a\cos^3t)3a\sin t\cos t\mathrm{d}t\right]\\&=\frac{12\pi a^2}{\sqrt{2}}\left[\left(\frac{1}{5}\sin^5t+\frac{1}{5}\cos^5t\right)\Bigg|_{\frac{\pi}{4}}^{\frac{\pi}{2}}-\left(\frac{1}{5}\sin^5t+\frac{1}{5}\cos^5t\right)\Bigg|_{\frac{\pi}{2}}^{\frac{3\pi}{4}}\right]\\&=\frac{3}{5}\pi a^2(4\sqrt{2}-1).\end{aligned}$$

**【2497】** $r=a(1+\cos\varphi)$,绕极轴.

**解** $\mathrm{d}s=\sqrt{r^2+r_\varphi'^2}\,\mathrm{d}\varphi=2a\cos\frac{\varphi}{2}\mathrm{d}\varphi$, $y=r\sin\varphi=a(1+\cos\varphi)\sin\varphi=4a\cos^3\frac{\varphi}{2}\sin\frac{\varphi}{2}$.

于是,所求的表面积为

$$P=2\pi\int_0^{\pi}8a^2\cos^4\frac{\varphi}{2}\sin\frac{\varphi}{2}\mathrm{d}\varphi=\frac{32}{5}\pi a^2.$$

**【2498】** $r^2=a^2\cos 2\varphi$:(1) 绕极轴; (2) 绕轴 $\varphi=\frac{\pi}{2}$; (3)绕轴 $\varphi=\frac{\pi}{4}$.

**解** (1) $y=a\sqrt{\cos 2\varphi}\sin\varphi$, $\mathrm{d}s=\frac{a}{\sqrt{\cos 2\varphi}}\mathrm{d}\varphi$. 于是,所求的表面积为

$$P=2\cdot 2\pi\int_0^{\frac{\pi}{4}}a^2\sin\varphi\mathrm{d}\varphi=2\pi a^2(2-\sqrt{2}).$$

(2) $x=a\sqrt{\cos 2\varphi}\cos\varphi\ \left(-\frac{\pi}{4}\leqslant\varphi\leqslant\frac{\pi}{4}\right)$. 于是,所求的表面积为

$$P=2\pi\int_{-\frac{\pi}{4}}^{\frac{\pi}{4}}a\sqrt{\cos 2\varphi}\cos\varphi\frac{a}{\sqrt{\cos 2\varphi}}\mathrm{d}\varphi=2\pi a^2\sqrt{2}.$$

(3) $x=a\sqrt{\cos 2\varphi}\cos\varphi$, $y=a\sqrt{\cos 2\varphi}\sin\varphi$, $\mathrm{d}s=\frac{a}{\sqrt{\cos 2\varphi}}\mathrm{d}\varphi$.

注意到在 $-\frac{\pi}{4}\leqslant\varphi\leqslant\frac{\pi}{4}$ 内恒有 $x-y\geqslant 0$,于是,所求的表面积为

$$P=2\cdot 2\pi\int_{-\frac{\pi}{4}}^{\frac{\pi}{4}}\frac{x-y}{\sqrt{2}}\frac{a}{\sqrt{\cos 2\varphi}}\mathrm{d}\varphi=\frac{4\pi a^2}{\sqrt{2}}\int_{-\frac{\pi}{4}}^{\frac{\pi}{4}}(\cos\varphi-\sin\varphi)\mathrm{d}\varphi=\frac{4\pi a^2}{\sqrt{a}}(\sin\varphi+\cos\varphi)\Big|_{-\frac{\pi}{4}}^{\frac{\pi}{4}}=4\pi a^2.$$

**【2499】** 由抛物线 $ay=a^2-x^2$ 及 $Ox$ 轴围成的图形绕 $Ox$ 轴旋转而构成一旋转体.求其表面积与等体积球的表面积之比.

**解** 首先求此旋转体的表面积.

$$\sqrt{1+y'^2}=\frac{2\sqrt{x^2+\frac{a^2}{4}}}{a},$$

从而,
$$\begin{aligned}P_x&=2\cdot 2\pi\int_0^a\left(a-\frac{x^2}{a}\right)\frac{2\sqrt{x^2+\frac{a^2}{4}}}{a}\mathrm{d}x=8\pi\int_0^a\sqrt{x^2+\frac{a^2}{4}}\mathrm{d}x-\frac{8\pi}{a^2}\int_0^a x^2\sqrt{x^2+\frac{a^2}{4}}\mathrm{d}x\\&=8\pi\left[\frac{x}{2}\sqrt{x^2+\frac{a^2}{4}}+\frac{a^2}{8}\ln\left(x+\sqrt{x^2+\frac{a^2}{4}}\right)\right]\Big|_0^a-\frac{8\pi}{a^2}\left[\frac{x\left(2x^2+\frac{a^2}{4}\right)}{8}\sqrt{x^2+\frac{a^2}{4}}\right.\\&\quad\left.-\frac{a^4}{128}\ln\left(x+\sqrt{x^2+\frac{a^2}{4}}\right)\right]^{*)}\Big|_0^a\\&=\frac{\pi a^2}{8}\left[7\sqrt{5}+\frac{17}{2}\ln(2+\sqrt{5})\right];\end{aligned}$$

其次,求旋转体的体积. $V_x=\pi\int_{-a}^a\left(a-\frac{x^2}{a}\right)^2\mathrm{d}x=\frac{16\pi a^3}{15}.$

设与其等体积球的半径为 $R$, 则 $\frac{4\pi R^3}{3}=\frac{16\pi a^3}{15}$, $R=\sqrt[3]{\frac{4}{5}}a$. 于是,此球的表面积为

$$P=4\pi R^2=4\pi\sqrt[3]{\frac{16}{25}}a^2=\frac{8\pi a^2}{5}\sqrt[3]{10}.$$

最后得到
$$\frac{P_x}{P}=\frac{\frac{\pi a^2}{8}\left[7\sqrt{5}+\frac{17}{2}\ln(2+\sqrt{5})\right]}{\frac{8\pi a^2}{5}\sqrt[3]{10}}=\frac{5[14\sqrt{5}+17\ln(2+\sqrt{5})]}{128\sqrt[3]{10}}\approx 1.013.$$

*) 利用 1820 题的结果.

**【2500】** 由直线 $x=\frac{p}{2}$ 与抛物线 $y^2=2px$ 围成的图形绕直线 $y=p$ 旋转而构成一旋转体,求其体积和表面积.

**解** 所求的体积为

$$V_{y=p}=\int_0^{\frac{p}{2}}\pi(p+\sqrt{2px})^2\mathrm{d}x-\int_0^{\frac{p}{2}}\pi(p-\sqrt{2px})^2\mathrm{d}x=4\pi p\int_0^{\frac{p}{2}}\sqrt{2px}\,\mathrm{d}x=\frac{4}{3}\pi p^3.$$

旋转体的侧面积为

$$S_{侧}=\int_{(l)}2\pi(p+\sqrt{2px})\mathrm{d}s+\int_{(l)}2\pi(p-\sqrt{2px})\mathrm{d}s=4\pi p\int_{(l)}\mathrm{d}s=4\pi p\int_0^p\sqrt{1+\frac{y^2}{p^2}}\,\mathrm{d}y$$
$$=4\pi\int_0^p\sqrt{y^2+p^2}\,\mathrm{d}y=4\pi\left[\frac{y}{2}\sqrt{y^2+p^2}+\frac{p^2}{2}\ln(y+\sqrt{y^2+p^2})\right]\Bigg|_0^p$$
$$=2\pi p^2[\sqrt{2}+\ln(1+\sqrt{2})],$$

而底面积为

$$S_{底}=\pi(2p)^2=4\pi p^2,$$

于是,所求的表面积为

$$P=S_{侧}+S_{底}=2\pi p^2[(2+\sqrt{2})+\ln(1+\sqrt{2})].$$

## §9. 矩的计算法. 质心的坐标

1° **矩** 若密度为 $\rho=\rho(y)$ 的质量 $M$ 充满了 $Oxy$ 平面上的某有界连续统 $\Omega$(曲线,平面的区域),而 $\omega=\omega(y)$ 为 $\Omega$ 中纵坐标不超过 $y$ 的部分的相应度量(弧长,面积),则数

$$M_k=\lim_{\max|\Delta y_i|\to 0}\sum_{i=1}^n\rho(y_i)y_i^k\Delta\omega(y_i)=\int_\Omega\rho y^k\mathrm{d}\omega(y)\quad(k=0,1,2,\cdots)$$

称为质量 $M$ 对于 $Ox$ 轴的 $k$ 次矩.

作为特殊情形,当 $k=0$ 时得质量 $M$,当 $k=1$ 时得静矩,当 $k=2$ 时得转动惯量.

类似地可定义出质量对于坐标平面的矩.

若 $\rho=1$,则相应的矩称为几何矩(线矩,面积矩,体积矩等).

2° **质心** 均质平面图形 $S$ 的质心的坐标 $(x_0,y_0)$ 可由以下公式来定义:

$$x_0=\frac{M_1^{(y)}}{S},\qquad y_0=\frac{M_1^{(x)}}{S},$$

式中 $M_1^{(y)}$,$M_1^{(x)}$ 为图形 $S$ 对于 $Oy$ 轴和 $Ox$ 轴的几何静矩.

**【2501】** 求半径为 $a$ 的半圆弧对于过此弧两端点的直径的静矩和转动惯量.

**解** 取此直径所在的直线作为 $Ox$ 轴,圆心作为原点,则圆的方程为 $x^2+y^2=a^2$. 从而,

$$y=\sqrt{a^2-x^2}\quad 及\quad \mathrm{d}s=\sqrt{1+y'^2}\,\mathrm{d}x=\frac{a}{y}\mathrm{d}x=\frac{a}{\sqrt{a^2-x^2}}\mathrm{d}x.$$

于是,所求的静矩和转动惯量* 分别为

$$M_1=\int_{-a}^a\sqrt{a^2-x^2}\,\frac{a}{\sqrt{a^2-x^2}}\mathrm{d}x=2a^2,$$
$$M_2=\int_{-a}^a(a^2-x^2)\frac{a}{\sqrt{a^2-x^2}}\mathrm{d}x=2a\int_0^a\sqrt{a^2-x^2}\,\mathrm{d}x=\frac{\pi a^3}{2}.$$

**【2502】** 求底为 $b$,高为 $h$ 的均质三角形平板对于其底边的静矩和转动惯量($\rho=1$).

**解** 取坐标系如图 4.46 所示.

$$M_1^{(x)}=\frac{1}{2}\int_0^b y^2\mathrm{d}x=\frac{1}{2}\int_0^c y_1^2\mathrm{d}x+\frac{1}{2}\int_c^b y_2^2\mathrm{d}x.$$

---

* 这里假定 $\rho=1$,今后有类似情况,不再说明.

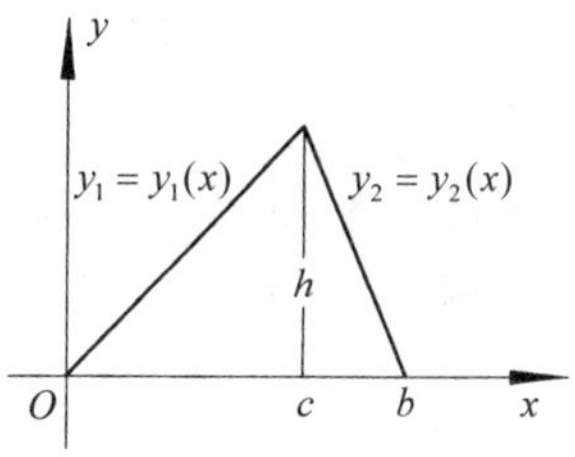

图 4.46

由于 $y_1=y_1(x)=\frac{h}{c}x$, $y_2=y_2(x)=\frac{h}{c-b}(x-b)$,

于是,所求的静矩为

$$M_1^{(x)}=\frac{1}{2}\int_0^c \frac{h^2}{c^2}x^2\mathrm{d}x+\frac{1}{2}\int_c^b \frac{h^2}{(c-b)^2}(x-b)^2\mathrm{d}x=\frac{bh^2}{6}.$$

又由于 $x_1=x_1(y)=\frac{c}{h}y$, $x_2=x_2(y)=b+\frac{c-b}{h}y$,

于是,所求的转动惯量为

$$M_2^{(x)}=\int_0^h y^2(x_2-x_1)\mathrm{d}y=\int_0^h y^2\left(b-\frac{b}{h}y\right)\mathrm{d}y=\frac{bh^3}{12}.$$

**【2503】** 求半轴长为 $a$ 和 $b$ 的均质椭圆形平板对其主轴的转动惯量($\rho=1$).

**解** 不妨设椭圆的方程为 $\frac{x^2}{a^2}+\frac{y^2}{b^2}=1$,则上、下半椭圆方程为

$$x_1=-\frac{a}{b}\sqrt{b^2-y^2},\quad x_2=\frac{a}{b}\sqrt{b^2-y^2}.$$

于是,所求的转动惯量为

$$M_2^{(x)}=\int_{-b}^b y^2(x_2-x_1)\mathrm{d}y=2\int_{-b}^b \frac{a}{b}y^2\sqrt{b^2-y^2}\,\mathrm{d}y$$

$$=4ab^3\int_0^{\frac{\pi}{2}}\sin^2\varphi\cos^2\varphi\mathrm{d}\varphi^{*)}=\frac{\pi ab^3}{4}.$$

至于 $M_2^{(y)}$,由对称性知,只需在 $M_2^{(x)}$ 的结果中将 $a,b$ 对调即得. 所以,

$$M_2^{(y)}=\frac{\pi a^3b}{4}.$$

*) 设 $y=b\sin\varphi$.

**【2504】** 求底半径为 $r$ 和高为 $h$ 的均质圆锥对其底平面的静矩和转动惯量($\rho=1$).

**解** 取坐标系如图 4.47 所示,则

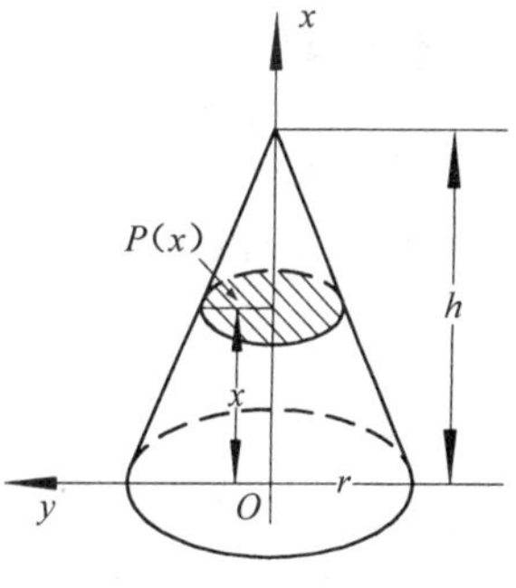

图 4.47

$$M_1=\int_0^h x\,P(x)\mathrm{d}x,$$

其中 $$P(x)=\pi y^2=\pi\left[\frac{r}{h}(h-x)\right]^2.$$

于是,所求的静矩和转动惯量分别为

$$M_1=\frac{\pi r^2}{h^2}\int_0^h x(h-x)^2\mathrm{d}x=\frac{\pi r^2h^2}{12};$$

$$M_2=\int_0^h x^2P(x)\mathrm{d}x=\frac{\pi r^2}{h^2}\int_0^h x^2(h-x)^2\mathrm{d}x=\frac{\pi r^2h^3}{30}.$$

**【2505】** 证明古尔丹第一定理:平面曲线弧 $C$ 绕此弧所在平面上不与它相交的轴旋转而成的旋转面,其面积等于此弧的长度与它的质心所画出的圆周之长的乘积.

**证** 质心$(\xi,\eta)$具有这样的性质,即如把曲线的全部"质量"都集中到它上面,则此质量对于任何一个轴的静矩,都与曲线对此轴的静矩相同. 即

$$\xi s=M_y=\int_0^s x\mathrm{d}s,\quad \eta s=M_x=\int_0^s y\mathrm{d}s,$$

式中 $s$ 表示弧长. 于是 $$2\pi\eta s=2\pi\int_0^s y\mathrm{d}s.$$

上式右端是弧 $C$ 旋转而成的曲面面积,左端 $2\pi\eta$ 表示弧 $C$ 绕 $Ox$ 轴旋转时其质心所画出的圆周之长. 从而,定理得证.

**【2506】** 证明古尔丹第二定理:平面图形 $S$ 绕此图形所在平面上不与它相交的轴旋转而成的旋转体,其体积等于图形 $S$ 的面积与此图形的质心所画出的圆周之长的乘积.

**证** 由于 $\eta S=M_x=\frac{1}{2}\int_a^b y^2\mathrm{d}x$，所以，$2\pi\eta S=\pi\int_a^b y^2\mathrm{d}x$.

上式右端即为旋转体的体积，从而，定理得证.

**【2507】** 求圆弧 $x=a\cos\varphi$，$y=a\sin\varphi$（$|\varphi|\leqslant\alpha\leqslant\pi$）的质心的坐标.

**解** 显见 $\eta=0$，圆弧长 $s=2a\alpha$. 由于

$$M_y=\int_0^s x\mathrm{d}s=\int_{-\alpha}^{\alpha} a^2\cos\varphi\mathrm{d}\varphi=2a^2\sin\alpha,$$

所以，

$$\xi=\frac{2a^2\sin\alpha}{2a\alpha}=\frac{a\sin\alpha}{\alpha}.$$

于是，所求的质心为 $(\frac{a\sin\alpha}{\alpha},0)$.

**【2508】** 求抛物线：$ax=y^2$，$ay=x^2$（$a>0$）所围图形的质心的坐标.

**提示** 利用 2506 题及 2397 题的结果，并注意对称性.

**解** 利用古尔丹第二定理来解此题. 首先，此面积为

$$S=\frac{a^2}{3}{}^{*)},$$

体积为

$$V=\pi\int_0^a\left(ax-\frac{x^4}{a^2}\right)\mathrm{d}x=\frac{3\pi a^3}{10}.$$

于是，$2\pi\eta\frac{a^2}{3}=\frac{3\pi a^3}{10}$，$\eta=\frac{9a}{20}$. 利用对称性知 $\xi=\eta=\frac{9a}{20}$.

于是，所求的质心为 $(\frac{9a}{20},\frac{9a}{20})$.

*) 利用 2397 题的结果.

**【2509】** 求图形 $\frac{x^2}{a^2}+\frac{y^2}{b^2}\leqslant1$ （$0\leqslant x\leqslant a$，$0\leqslant y\leqslant b$）的质心的坐标.

**解** 首先，我们已知第一象限椭圆的面积等于$\frac{\pi ab}{4}$.

其次，我们再求椭圆绕 $Ox$ 轴旋转所得的旋转体体积. 因为

$$y^2=\frac{b^2}{a^2}(a^2-x^2),$$

所以，

$$V=\pi\int_{-a}^{a}\frac{b^2}{a^2}(a^2-x^2)\mathrm{d}x=\frac{4}{3}\pi ab^2.$$

按古尔丹第二定理，我们有 $2\pi\eta\frac{\pi ab}{4}=\frac{2}{3}\pi ab^2$，$\eta=\frac{4b}{3\pi}$. 在结果中间将 $a$ 和 $b$ 对调即得 $\xi=\frac{4a}{3\pi}$.

于是，所求的质心为 $(\frac{4a}{3\pi},\frac{4b}{3\pi})$.

**【2510】** 求半径为 $a$ 的均质半球的质心的坐标.

**解** 取圆心作为原点，则球的方程为 $x^2+y^2+z^2=a^2$.

设质心为 $(\xi,\eta,\zeta)$，显见 $\xi=\eta=0$. 而 $V_{半球}=\frac{2\pi a^3}{3}$. 将圆 $y^2+z^2=a^2$ 绕 $Oz$ 轴旋转，即得球. 又

$$M_1^{(z)}=\int_{(V)} z\mathrm{d}V=\pi\int_0^a zy^2\mathrm{d}z=\pi\int_0^a z(a^2-z^2)\mathrm{d}z=\frac{\pi a^4}{4}.$$

最后得到

$$\zeta=\frac{M_1^{(z)}}{V}=\frac{\frac{\pi a^4}{4}}{\frac{2\pi a^3}{3}}=\frac{3a}{8}.$$

于是，所求的质心为 $(0,0,\frac{3a}{8})$.

**【2511】** 求对数螺线 $r=ae^{m\varphi}$ （$m>0$）

上由点 $O(-\infty,0)$ 到点 $P(\varphi,r)$ 的弧 $OP$ 的质心 $C(\varphi_0,r_0)$ 的坐标. 当点 $P$ 移动时，点 $C$ 画出怎样的曲线？

**解** 质心的直角坐标为

$$\xi=\frac{\int_{(l)}x\mathrm{d}s}{\int_{(l)}\mathrm{d}s}=\frac{\int_{-\infty}^{\varphi}r\cos\varphi\sqrt{a^2(1+m^2)}\,\mathrm{e}^{m\varphi}\mathrm{d}\varphi}{\int_{-\infty}^{\varphi}\sqrt{a^2(1+m^2)}\,\mathrm{e}^{m\varphi}\mathrm{d}\varphi}=\frac{a\int_{-\infty}^{\varphi}\mathrm{e}^{2m\varphi}\cos\varphi\mathrm{d}\varphi}{\int_{-\infty}^{\varphi}\mathrm{e}^{2m\varphi}\mathrm{d}\varphi}=\frac{ma\,\mathrm{e}^{m\varphi}(\sin\varphi+2m\cos\varphi)}{4m^2+1}.$$

同法可得 $$\eta=\frac{\int_{(l)}y\mathrm{d}s}{\int_{(l)}\mathrm{d}s}=\frac{ma\,\mathrm{e}^{m\varphi}(2m\sin\varphi-\cos\varphi)}{4m^2+1}.$$

于是，质心的极坐标为

$$r_0=\sqrt{\xi^2+\eta^2}=\frac{ma}{4m^2+1}\sqrt{4m^2+1}\,\mathrm{e}^{m\varphi}=\frac{mr}{\sqrt{4m^2+1}},\quad \tan\varphi_0=\frac{\eta}{\xi}=\frac{2m\tan\varphi-1}{\tan\varphi+2m}=\frac{\tan\varphi-\frac{1}{2m}}{1+\frac{1}{2m}\tan\varphi},$$

即 $\varphi_0=\varphi-\alpha$，其中 $\alpha=\arctan\frac{1}{2m}$.

当点 $P$ 移动时，点 $C(\varphi_0,r_0)$ 画出的曲线为

$$r_0=\frac{ma}{\sqrt{4m^2+1}}\mathrm{e}^{m\varphi}=\frac{ma}{\sqrt{4m^2+1}}\mathrm{e}^{m(\varphi_0+\alpha)},$$

这也是一条对数螺线.

**【2512】** 求曲线 $r=a(1+\cos\varphi)$ 所围图形的质心的坐标.

**解** 计算时，将小扇形的重量集中在其质心$(\frac{2}{3}r\cos\varphi,\ \frac{2}{3}r\sin\varphi)$处. 由对称性知 $\eta=0$，而

$$\xi=\frac{\int_{(l)}xy\mathrm{d}x}{\int_{(l)}y\mathrm{d}x}=\frac{\frac{2}{3}\int_0^{\pi}r\cos\varphi\frac{1}{2}r^2\mathrm{d}\varphi}{\int_0^{\pi}\frac{1}{2}r^2\mathrm{d}\varphi}=\frac{2}{3}\frac{\int_0^{\pi}a^3(1+\cos\varphi)^3\cos\varphi\mathrm{d}\varphi}{\int_0^{\pi}a^2(1+\cos\varphi)^2\mathrm{d}\varphi}$$

$$=\frac{2a}{3}\frac{\int_0^{\pi}(1+3\cos\varphi+3\cos^2\varphi+\cos^3\varphi)\cos\varphi\mathrm{d}\varphi}{\int_0^{\pi}(1+2\cos\varphi+\cos^2\varphi)\mathrm{d}\varphi}=\frac{5a}{6}.$$

于是，质心的极坐标为 $\varphi_0=0$，$r_0=\frac{5a}{6}$.

**【2513】** 求摆线 $x=a(t-\sin t)$，$y=a(1-\cos t)$ $(0\leqslant t\leqslant 2\pi)$的第一拱与 $Ox$ 轴所围图形的质心的坐标.

**解** 由旋转性知 $\xi=\pi a$. 由于面积 $S=3\pi a^2$ *) 及图形 $S$ 绕 $Ox$ 轴旋转而成的曲面包围的体积

$$V_x=5\pi^2a^3\ {}^{**)},$$

利用古尔丹第二定理***)，即得质心$(\xi,\eta)$适合下列关系式

$$2\pi\eta S=V_x\quad 或\quad \eta=\frac{V_x}{2\pi S}=\frac{5\pi^2a^3}{2\pi\cdot 3\pi a^2}=\frac{5a}{6}.$$

于是，所求的质心为 $(\pi a,\frac{5a}{6})$.

*) 利用 2413 题的结果.

**) 利用 2480 题(1)的结果.

***) 参看 2506 题.

**【2514】** 求图形 $0\leqslant x\leqslant a$；$y^2\leqslant 2px$ 绕 $Ox$ 轴旋转所成旋转体的质心的坐标.

**解** 由对称性知 $\eta=0$. 又

$$\xi=\frac{\int_0^a x\pi y^2\mathrm{d}x}{\int_0^a\pi y^2\mathrm{d}x}=\frac{\int_0^a 2px^2\mathrm{d}x}{\int_0^a 2px\mathrm{d}x}=\frac{2}{3}a.$$

于是，所求的质心为 $(\frac{2}{3}a,0)$.

【2515】 求半球 $x^2+y^2+z^2=a^2(z\geqslant 0)$ 的质心的坐标.

**解** 由对称性知 $\xi=\eta=0$.

$$\zeta=\frac{\int_0^a z2\pi x\sqrt{1+x'^2_z}\,dz^{*)}}{\int_0^a 2\pi x\sqrt{1+x'^2_z}\,dz}=\frac{\int_0^a 2\pi z\sqrt{a^2-z^2}\,\frac{a}{\sqrt{a^2-z^2}}dz}{\int_0^a 2\pi\sqrt{a^2-z^2}\,\frac{a}{\sqrt{a^2-z^2}}dz}=\frac{2\pi a\int_0^a zdz}{2\pi a\int_0^a dz}=\frac{2\pi a\,\frac{1}{2}a^2}{2\pi a^2}=\frac{a}{2}.$$

于是,所求的质心为 $(0, 0, \frac{a}{2})$.

*) 在此是将 $x^2+z^2=a^2$ 绕 $Oz$ 轴旋转而得半球面.

## §10. 力学和物理学中的问题

**组成适当的积分和并求出其极限,以便求解下列问题:**

【2516】 杆的长度 $l=10$m,若该杆的线密度按规律 $\delta=6+0.3x$ kg/m而变,其中 $x$ 为到杆的一个端点的距离,求杆的质量.

**解** 将杆 $n$ 等分,每份的长 $\Delta x=\frac{10}{n}$,把每小段近似地看成是均质的,并以右端点的密度作为小段的密度.这样,便得到杆的质量 $M$ 的近似值,即 $M\approx\sum_{i=1}^{n}\left(6+0.3\,\frac{10}{n}i\right)\frac{10}{n}$,显然,$n$ 愈大愈近似.

于是,杆的质量为

$$M=\lim_{n\to\infty}\sum_{i=1}^{n}\left(6+0.3\,\frac{10}{n}i\right)\frac{10}{n}=\lim_{n\to\infty}\left[60+\frac{15(n+1)}{n}\right]=75\text{kg}.$$

【2517】 把质量为 $m$ 的物体从地球(其半径为 $R$)表面抬升到高度为 $h$ 的地方,需要对它作多大的功?若物体远离至无穷远处,则功等于多少?

**解** 由牛顿万有引力定律

$$f=k\frac{mM}{r^2},$$

其中 $M$ 为地球的质量,$r$ 为物体离开地球中心的距离,$k$ 为比例常数.将 $h$ 分成 $n$ 等份,在每份上把引力近似地看作是不变的,在第 $i$ 份上取

$$r_i=\sqrt{\left[\frac{h}{n}(i-1)+R\right]\left[\frac{h}{n}i+R\right]},$$

则力

$$f_i=k\frac{mM}{\left[\frac{h}{n}(i-1)+R\right]\left[\frac{h}{n}i+R\right]},$$

于是,所要作的功为

$$W=\lim_{n\to\infty}\sum_{i=1}^{n}\left(k\frac{mM}{\left[\frac{h}{n}(i-1)+R\right]\left[\frac{hi}{n}+R\right]}\cdot\frac{h}{n}\right)=\lim_{n\to\infty}kmMn\sum_{i=1}^{n}\left[\frac{1}{h(i-1)+nR}-\frac{1}{hi+nR}\right]$$

$$=\lim_{n\to\infty}kmMn\left[\frac{1}{nR}-\frac{1}{n(R+h)}\right]=\frac{kmMh}{(R+h)R},$$

其中 $g$ 为重力加速度,$k=\frac{gR^2}{M}$ 为引力常数.若物体远离至无穷远处,则功为

$$A_\infty=\lim_{h\to\infty}W=\lim_{h\to\infty}\frac{kmMh}{(R+h)R}=mgR.$$

【2518】 若10N的力能使弹簧伸长1cm,现在要使这弹簧伸长10cm,问需要作多少功?

**提示** 利用胡克定律

**解** 由胡克定律知,弹性恢复力 $F$ 与伸长量 $x$ 成正比,即 $F=kx$.由条件知:$k=10$. 因而,$F=10x$.

现将 10cm $n$ 等分，每份上恢复力的大小近似地看作是不变的，并取右端点来作和，即得功 $W$ 的近似值为

$$W\approx\sum_{i=1}^{n}\frac{10}{n}i\frac{10^2}{n}.$$

显然，$n$ 愈大愈近似. 于是，所要求的功为

$$W=\lim_{n\to\infty}\sum_{i=1}^{n}\frac{10}{n}i\frac{10^2}{n}=\lim_{n\to\infty}500\frac{n+1}{n}=500(\mathrm{N\cdot cm})=5(\mathrm{N\cdot m})=5\mathrm{J}.$$

**【2519】** 直径 20cm，长 80cm 的圆柱形汽缸充满压强为 $100\mathrm{N/cm^2}$ 的蒸汽. 假定蒸气的温度保持不变，要使其体积减小一半，需要作多少功?

**解** 由玻意耳—马略特定律有 $pv=C$，其中 $p$ 表示气体的压强，$v$ 表示体积，$C$ 为常量. 由条件知，常量

$$C=10\cdot\pi\cdot100\cdot80=8000\pi(\mathrm{N\cdot m}).$$

设初始时气体体积为 $v_0$，将区间 $\left[\frac{v_0}{2},v_0\right]$ 分成 $n$ 个小区间，分点依次为

$$\frac{v_0}{2},\ \frac{v_0}{2}q,\ \frac{v_0}{2}q^2,\ \cdots,\ \frac{v_0}{2}q^i,\ \cdots,\ \frac{v_0}{2}q^n=v_0,$$

其中 $q=\sqrt[3]{\frac{v_0}{\frac{v_0}{2}}}=\sqrt[3]{2}$. 由于气体体积从 $\frac{v_0}{2}q^{i+1}$ 减小至 $\frac{v_0}{2}q^i$ 需要花费功的近似值为

$$C\left(\frac{v_0}{2}q^i\right)^{-1}\left(\frac{v_0}{2}q^{i+1}-\frac{v_0}{2}q^i\right),$$

于是，所要求的功为

$$W=\lim_{n\to\infty}\sum_{i=0}^{n}C\left(\frac{v_0}{2}q^i\right)^{-1}\left(\frac{v_0}{2}q^{i+1}-\frac{v_0}{2}q^i\right)=\lim_{n\to\infty}Cn(\sqrt[n]{2}-1)=C\ln2^{*)}=8000\pi\ln2\approx17420\mathrm{J}.$$

*) 利用 541 题的结果.

**【2520】** 求水对于垂直壁上的压力，这壁的形状为半圆形，半径为 $a$ 且其直径位于水的表面上.

**解** 为求出水对半圆形的压力，只要计算出作用于四分之一圆上的压力，然后再把它两倍起来. 现将四分之一圆等分成 $n$ 个圆心角为 $\Delta\theta$ 的小扇形(图 4.48). 作用于该小扇形上的压力的近似值为

$$\frac{1}{2}a^2\Delta\theta\ \frac{2}{3}a\sin\theta_i,$$

其中 $\Delta\theta=\frac{\pi}{2n}$，$\theta_i=\frac{i\pi}{2n}$. 于是，作用于半圆上的压力为

$$P=2\lim_{n\to\infty}\sum_{i=1}^{n}\left(\frac{1}{2}a^2\ \frac{2}{3}a\sin\frac{i\pi}{2n}\cdot\frac{\pi}{2n}\right)=\frac{2a^3}{3}\lim_{n\to\infty}\sum_{i=1}^{n}\left(\sin\frac{i\pi}{2n}\cdot\frac{\pi}{2n}\right)=\frac{2a^3}{3}^{*)}.$$

*) 利用 2187 题的结果.

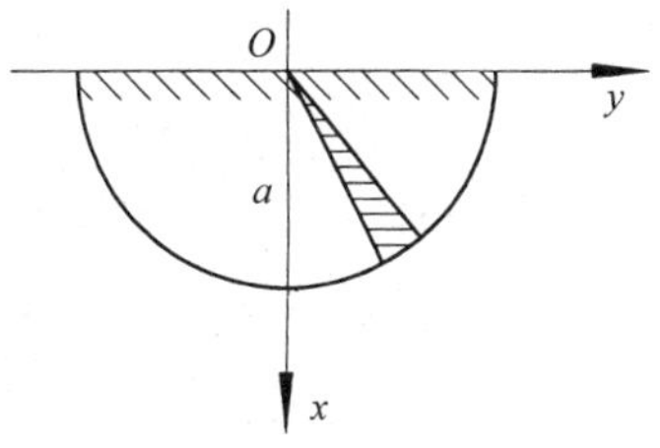


图 4.48

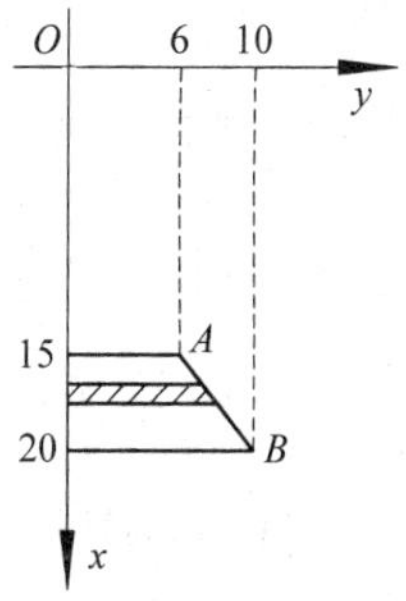


图 4.49

**【2521】** 求水对于垂直壁上的压力，这壁的形状为梯形，其下底 $a=10\mathrm{m}$，上底 $b=6\mathrm{m}$，高 $h=5\mathrm{m}$，下底沉没于水面下的距离为 $c=20\mathrm{m}$.

**解** 取坐标系如图 4.49 所示. $AB$ 所满足的方程为

$$y=\frac{4}{5}x-6.$$

将区间[15,20]$n$等分，每份长$\Delta x=\frac{5}{n}$. 对应于$\Delta x$的小条上所受的压力的近似值为

$$\left[\frac{4}{5}\left(15+\frac{5i}{n}\right)-6\right]\left(15+\frac{5i}{n}\right)\frac{5}{n}.$$

于是，所要求的压力为

$$P=\lim_{n\to\infty}\sum_{i=1}^{n}\left[\frac{4}{5}\left(15+\frac{5i}{n}\right)-6\right]\left(15+\frac{5i}{n}\right)\frac{5}{n}=708\frac{1}{3}\,(\mathrm{T})^{*)}$$

*） 仿照2185题和2518题的作法.

**写出微分方程并解下列问题：**

**【2522】** 一质点运动的速度按规律：

$$v=v_0+at \quad (v_0=\text{常数},a=\text{常数})$$

变化，问在闭间隔$[0,T]$内此质点经过怎样的路程？

**解** 设路程为$s$，则由导数的力学意义知

$$\frac{\mathrm{d}s}{\mathrm{d}t}=v=v_0+at,$$

即$\mathrm{d}t$时间内经历的路程为 $\mathrm{d}s=(v_0+at)\mathrm{d}t$,

于是，所经过的路程为 $s=\int_0^T(v_0+at)\mathrm{d}t=v_0T+\frac{1}{2}aT^2.$

**【2523】** 半径为$R$而密度为$\delta$的均质球体以角速度$\omega$绕其直径旋转. 求此球的动能.

**解** 已知半径为$R$质量为$M$的盘绕垂直盘心的轴的转动惯量为$\frac{1}{2}MR^2$. 不妨设球面方程为

$$x^2+y^2+z^2=R^2,$$

则考察以$\mathrm{d}z$为厚度的垂直于$z$轴的圆盘，其转动惯量为

$$\mathrm{d}J_z=\frac{1}{2}\pi(R^2-z^2)\delta\,(R^2-z^2)\mathrm{d}z=\frac{1}{2}\pi\delta(R^2-z^2)^2\mathrm{d}z.$$

从而，球体的转动惯量为

$$J_z=\int_{-R}^{R}\frac{1}{2}\pi\delta(R^2-z^2)^2\mathrm{d}z=\frac{8}{15}\pi\delta R^5.$$

于是，球的动能为 $E=\frac{1}{2}J\omega^2=\frac{4}{15}\pi\delta\omega^2R^5.$

**注** 原题误为球壳，现根据答案予以改正.

**【2524】** 线密度$\mu_0$为常数的无穷直线以怎样的力吸引距此直线距离为$a$质量为$m$的质点？

**解** 取坐标系如图4.50所示，$|AO|=a$. 设引力在坐标轴上的投影为$F_x$和$F_y$. 由于

$$\mathrm{d}F_y=k\frac{m\mu_0\mathrm{d}x}{a^2+x^2}\cos\varphi=-\frac{km\mu_0a}{(a^2+x^2)^{\frac{3}{2}}}\mathrm{d}x,$$

于是，

$$F_y=-2km\mu_0a\int_0^{+\infty}\frac{\mathrm{d}x}{(a^2+x^2)^{\frac{3}{2}}}$$

$$=-2km\mu_0a\frac{x}{a^2\sqrt{a^2+x^2}}\bigg|_0^{+\infty}=-\frac{2km\mu_0}{a}.$$

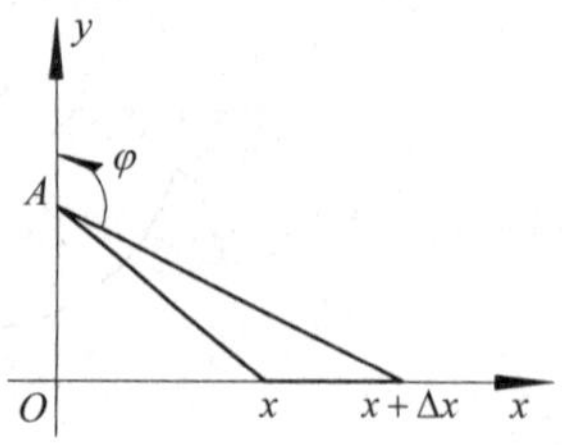

图4.50

由对称性知，$F_x=0$. 事实上，我们有

$$F_x=\int_{-\infty}^{+\infty}\frac{km\mu_0\sin\varphi}{a^2+x^2}\mathrm{d}x=km\mu_0\int_{-\infty}^{+\infty}\frac{x}{(a^2+x^2)^{\frac{3}{2}}}\mathrm{d}x=0.$$

其中$k$为引力常数. 由上述分析知，引力指向$y$轴的负向.

**【2525】** 计算半径为$a$且面密度$\delta_0$为常数的圆形薄板以怎样的力吸引质量为$m$的质点$P$，此质点位于通过薄板中心$Q$且垂直于薄板平面的直线上，距离$PQ$等于$b$.

**解** 取坐标系如图4.51所示. 显然，引力指向$y$轴的正向. 对于以$x$为半径的圆环，其质量为$\mathrm{d}m=$

$\delta_0 2\pi x\mathrm{d}x$,对质点 $P$ 的引力为

$$\mathrm{d}F_y=2km\delta_0\pi\frac{\cos\theta}{b^2+x^2}\mathrm{d}x=2km\delta_0\pi\frac{bx}{(b^2+x^2)^{\frac{3}{2}}}\mathrm{d}x.$$

于是,所要求的引力为

$$F_y=2km\delta_0\pi\int_0^a\frac{bx}{(b^2+x^2)^{\frac{3}{2}}}\mathrm{d}x=2km\delta_0\pi\left(1-\frac{b}{\sqrt{a^2+b^2}}\right).$$

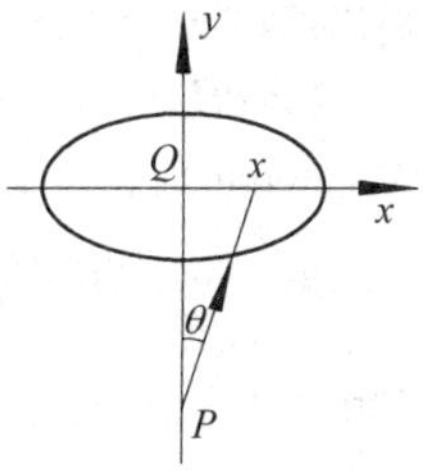


图 4.51

【2526】 根据托里拆利定律,液体通过小孔从容器中流出的速度等于

$$v=c\sqrt{2gh},$$

式中 $g$ 为重力加速度,$h$ 为液体表面在小孔以上之高度,$c=0.6$ 为实验系数.

直径为 $D=1\mathrm{m}$ 及高为 $H=2\mathrm{m}$ 的直立圆柱形大桶,其底部有一个直径为 $d=1\mathrm{cm}$的圆孔,问此桶充满液体后经过多长时间,方可完全排空?

**解** 取坐标系如图 4.52 所示.对于 $\mathrm{d}t$ 时间,从圆孔流出的液体体积

$$\mathrm{d}V=0.15\pi\sqrt{2gx}\,\mathrm{d}t,$$

而桶内液体体积的减少量为$\mathrm{d}V=-\pi(50)^2\mathrm{d}x$,其中 $x$ 随时间 $t$ 的增大而减小.流出的量应等于桶内减少的量,于是,

$$-0.15\pi\sqrt{2gx}\,\mathrm{d}t=\pi(50)^2\mathrm{d}x.$$

积分,得
$$\int_0^t\mathrm{d}t=-\int_{200}^x\frac{2500}{0.15}\frac{\mathrm{d}x}{\sqrt{2gx}},$$

即
$$t=-33333\frac{1}{\sqrt{2g}}(\sqrt{x}-\sqrt{200}),$$

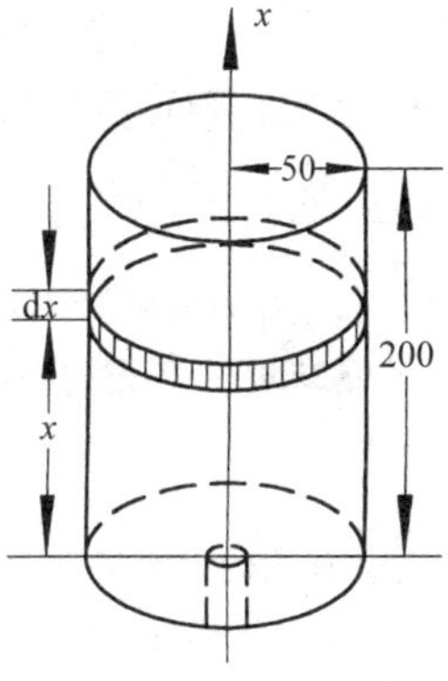


图 4.52

其中 $g=980\mathrm{cm/s^2}$.当 $x=0$ 时,$t$ 表示水流完所需的时间.因而所要求的时间为

$$t=\frac{33333\sqrt{200}}{\sqrt{2\times980}}=10648(\mathrm{s})\approx3(\mathrm{h}).$$

【2527】 旋转体的容器应当具有什么形状,才能使液体从容器底部流出时,液体表面的下降是均匀的?

**解** 取坐标系如图 4.53 所示.不妨设流出孔的半径为单位 cm.仿上题分析,得

$$\pi x^2\mathrm{d}y=-\pi v\mathrm{d}t=-\pi c\sqrt{2gy}\,\mathrm{d}t,$$

即
$$\mathrm{d}y=-c\sqrt{2g}\frac{\sqrt{y}}{x^2}\mathrm{d}t.$$

其中 $c$ 为实验系数,$g$ 为重力加速度.

由题意知 $\frac{\mathrm{d}y}{\mathrm{d}t}=-c\sqrt{2g}\frac{\sqrt{y}}{x^2}$ 应等于常数 $k$,即

$$-c\sqrt{2g}\frac{\sqrt{y}}{x^2}=k,$$

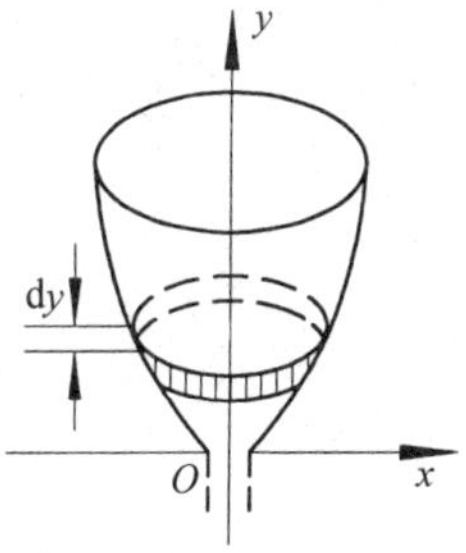


图 4.53

于是 $y=Cx^4$,其中 $C$ 为常数.所以,容器应当是把曲线 $y=Cx^4$ 绕铅直轴 $Oy$ 旋转而得的曲面所构成的.

【2528】 镭在每一时刻的衰变速度与其现存的量成正比,设镭的量在初始时刻 $t=0$ 有镭 $Q_0$,经过时间 $T=1600$ 年它的量减少了一半.求镭的衰变规律.

**解** 设 $Q$ 为现存的量,按题设有$\frac{\mathrm{d}Q}{\mathrm{d}t}=kQ$,其中 $k$ 为比例系数,即 $\frac{\mathrm{d}Q}{Q}=k\mathrm{d}t$,

两端积分
$$\int_{Q_0}^{\frac{Q_0}{2}}\frac{\mathrm{d}Q}{Q}=\int_0^{1600}k\mathrm{d}t,$$

从而,
$$k=-\frac{\ln2}{1600}.$$

于是,
$$\int_{Q_0}^{Q}\frac{\mathrm{d}Q}{Q}=-\frac{\ln2}{1600}\int_0^t\mathrm{d}t,\qquad \ln\frac{Q}{Q_0}=\ln2^{-\frac{t}{1600}}$$

所以,镭的衰变规律为 $Q=Q_0\,2^{-\frac{t}{1600}}$.

【2529】$^+$ 在一种把物质 $A$ 变为物质 $B$ 的二阶化学反应中,反应速度与此二物质浓度之积成正比.若在 $t=0\text{min}$ 时在容器中有 20%的物质 $B$,而当 $t=15\text{min}$ 时其浓度变成 80%.问在 $t=1\text{h}$ 时其浓度如何?

**解** 设 $x$ 为生成物 $B$ 的浓度,按题设有 $\dfrac{\mathrm{d}x}{\mathrm{d}t}=kx(1-x)$,

其中 $k$ 为比例常数,即
$$\frac{\mathrm{d}x}{x(1-x)}=k\mathrm{d}t.$$

两端积分
$$\int_{0.2}^{0.8}\frac{\mathrm{d}x}{x(1-x)}=\int_0^{15}k\mathrm{d}t,$$

从而,
$$k=\frac{1}{15}\ln16.$$

于是,$\displaystyle\int_{0.2}^{x}\frac{\mathrm{d}x}{x(1-x)}=\int_0^t k\mathrm{d}t=\frac{t}{15}\ln16$,即 $\displaystyle t=\frac{15}{\ln16}\ln\frac{4x}{1-x}$.

以 $t=60$ 代入上式,得
$$x=\frac{16^4}{16^4+4}=99.99\%.$$

所以,经过 $t=1\text{h}$ 在容器中所含有的物质 $B$ 之浓度为 99.99%.

【2530】 根据胡克定律,杆的相对伸长 $\varepsilon$ 与相应横断面上的应力 $\sigma$ 成正比,即
$$\varepsilon=\frac{\sigma}{E},$$
式中 $E$ 为杨氏模量.

求圆锥形杆在自重作用下的伸长量,此锥形的顶向下而底固定,设底半径等于 $R$,圆锥的高为 $H$,密度为 $\rho$.

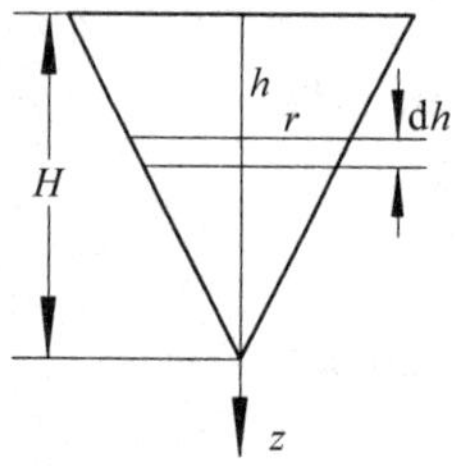

图 4.54

**解** 取坐标系如图 4.54 所示.

设 $z=h$ 截面处,对于高度为 $\mathrm{d}h$ 的锥体伸长为 $\mathrm{d}l$,则有
$$\varepsilon=\frac{\mathrm{d}l}{\mathrm{d}h}=\frac{\frac{1}{3}\pi r^2(H-h)\rho g}{\pi r^2E}=\frac{1}{3}\cdot\frac{(H-h)}{E}\rho g,$$

即 $\mathrm{d}l=\dfrac{1}{3}\dfrac{(H-h)}{E}\rho g\mathrm{d}h$. 于是,圆锥形杆总的伸长量为
$$l=\int_0^H\frac{1}{3}\cdot\frac{(H-h)\rho g}{E}\mathrm{d}h=\frac{\rho gH^2}{6E}.$$

## §11. 定积分的近似计算法

1° **矩形公式** 若函数 $y=y(x)$ 在有限的闭区间 $[a,b]$ 上连续且充分多次可微,并且 $h=\dfrac{b-a}{n}$, $x_i=a+ih$ $(i=0,1,\cdots,n)$, $y_i=y(x_i)$,则 $\displaystyle\int_a^b y(x)\mathrm{d}x=h(y_0+y_1+\cdots+y_{n-1})+R_n$,

式中
$$R_n=\frac{(b-a)^2}{2n}y'(\xi)\quad(a\leqslant\xi\leqslant b).$$

2° **梯形公式** 在相同的记号下,有
$$\int_a^b y(x)\mathrm{d}x=h\left(\frac{y_0+y_n}{2}+y_1+y_2+\cdots+y_{n-1}\right)+R_n,$$

式中
$$R_n=-\frac{(b-a)^3}{12n^2}f''(\xi')\quad(a\leqslant\xi'\leqslant b).$$

3° **抛物线公式(辛普森公式)** 命 $n=2k$,得
$$\int_a^b y(x)\mathrm{d}x=\frac{h}{3}[(y_0+y_{2k})+4(y_1+y_3+\cdots+y_{2k-1})+2(y_2+y_4+\cdots+y_{2k-2})]+R_n,$$

式中 $$R_n=-\frac{(b-a)^5}{180n^4}f^{(4)}(\zeta'')\quad(a\leqslant\zeta''\leqslant b).$$

**【2531】** 利用矩形公式($n=12$),近似地计算 $\int_0^{2\pi}x\sin x\mathrm{d}x$ 并把结果同精确答案进行比较.

**解** $h=\frac{\pi}{6}$.

$x_0=0$, $y_0=0$; $x_1=\frac{\pi}{6}$, $y_1=\frac{\pi}{6}\sin\frac{\pi}{6}=0.2618$;

$x_2=\frac{\pi}{3}$, $y_2=\frac{\pi}{3}\sin\frac{\pi}{3}=0.9069$; $x_3=\frac{\pi}{2}$, $y_3=\frac{\pi}{2}\sin\frac{\pi}{2}=1.5708$;

$x_4=\frac{2\pi}{3}$, $y_4=\frac{2\pi}{3}\sin\frac{2\pi}{3}=1.8138$; $x_5=\frac{5\pi}{6}$, $y_5=\frac{5\pi}{6}\sin\frac{5\pi}{6}=1.3090$;

$x_6=\pi$, $y_6=\pi\sin\pi=0$; $x_7=\frac{7\pi}{6}$, $y_7=\frac{7\pi}{6}\sin\frac{7\pi}{6}=-1.8326$;

$x_8=\frac{4\pi}{3}$, $y_8=\frac{4\pi}{3}\sin\frac{4\pi}{3}=-3.6276$; $x_9=\frac{3\pi}{2}$, $y_9=\frac{3\pi}{2}\sin\frac{3\pi}{2}=-4.7124$;

$x_{10}=\frac{5\pi}{3}$, $y_{10}=\frac{5\pi}{3}\sin\frac{5\pi}{3}=-4.5345$; $x_{11}=\frac{11\pi}{6}$, $y_{11}=\frac{11\pi}{6}\sin\frac{11\pi}{6}=-2.8798$.

按矩形公式,得

$$\int_0^{2\pi}x\sin x\mathrm{d}x\approx\frac{\pi}{6}(y_0+y_1+y_2+y_3+y_4+y_5+y_6+y_7+y_8+y_9+y_{10}+y_{11})\approx-6.1390.$$

实际上, $\int_0^{2\pi}x\sin x\mathrm{d}x=-x\cos x\Big|_0^{2\pi}+\int_0^{2\pi}\cos x\mathrm{d}x\approx-6.2832.$

**利用梯形公式计算下列积分并估计它们的误差:**

**【2532】** $\int_0^1\frac{\mathrm{d}x}{1+x}\quad(n=8).$

**解** $h=\frac{1}{8}=0.125.$

$x_0=0$, $y_0=1$;
$x_8=1$, $y_8=0.5$; $\frac{y_0+y_8}{2}=0.75$,

$x_1=\frac{1}{8}=0.125$, $y_1=0.88889$;
$x_2=0.25$, $y_2=0.8$;
$x_3=0.375$, $y_3=0.72727$;
$x_4=0.5$, $y_4=0.66667$;
$x_5=0.625$, $y_5=0.61538$;
$x_6=0.75$, $y_6=0.57143$;
$x_7=0.875$, $y_7=0.53333$ (+

$\sum_{i=1}^{7}y_i=4.80297.$

按梯形公式,得

$$\int_0^1\frac{\mathrm{d}x}{1+x}\approx h\left(\frac{y_0+y_8}{2}+\sum_{i=1}^{7}y_i\right)=0.125(0.75+4.80297)\approx0.69412,$$

误差为 $$|R_n|=\left|\frac{1}{12\times8^2}\cdot\frac{2}{(1+\xi)^3}\right|\quad(0\leqslant\xi\leqslant1).$$

于是, $$|R_n|\leqslant\frac{2}{12\times8^2}<0.0027=2.7\times10^{-3}$$

实际上, $$\int_0^1\frac{\mathrm{d}x}{1+x}=\ln(1+x)\Big|_0^1=\ln2\approx0.69315.$$

【2533】 $\int_0^1 \frac{dx}{1+x^3}\quad (n=12)$.

解 $h=\frac{1}{12}=0.08333$.

$x_0=0,\quad y_0=1;$

$x_{12}=1,\ y_{12}=\frac{1}{2}=0.5;\qquad \frac{y_0+y_{12}}{2}=0.75,$

$x_1=\frac{1}{12},\quad y_1=0.99942;\quad x_2=\frac{1}{6},\quad y_2=0.99539;$

$x_3=\frac{1}{4},\quad y_3=0.98462;\quad x_4=\frac{1}{3},\quad y_4=0.96429;$

$x_5=\frac{5}{12},\quad x_5=0.93254;\quad x_6=\frac{1}{2},\quad y_6=0.88889;$

$x_7=\frac{7}{12},\quad y_7=0.83438;\quad x_8=\frac{2}{3},\quad y_8=0.77143;$

$x_9=\frac{3}{4},\quad y_9=0.70330;\quad x_{10}=\frac{5}{6},\quad y_{10}=0.63343;$

$x_{11}=\frac{11}{12},\quad \underline{y_{11}=0.56489\quad (+}$

$$\sum_{i=1}^{11} y_i=9.27258.$$

按梯形公式,得

$$\int_0^1 \frac{dx}{1+x^3}\approx h\left(\frac{y_0+y_{12}}{2}+\sum_{i=1}^{11}y_i\right)=0.08333(0.75+9.27258)\approx 0.83518,$$

误差为
$$|R_n|=\left|\frac{1}{12\times 12^2}\cdot\frac{12\xi^4-6\xi}{(1+\xi^3)^3}\right|\quad (0\leqslant\xi\leqslant 1).$$

利用求极值的方法,估计得 $\left|\frac{12\xi^4-6\xi}{(1+\xi^3)^3}\right|$ 在[0,1]上不超过 2. 于是,

$$|R_n|\leqslant\frac{2}{12\times 12^2}<0.00116=1.16\times 10^{-3}.$$

实际上,
$$\int_0^1 \frac{dx}{1+x^3}=\left[\frac{1}{6}\ln\frac{(x+1)^2}{x^2-x+1}+\frac{1}{\sqrt{3}}\arctan\frac{2x-1}{\sqrt{3}}\right]^{*)}\Bigg|_0^1=\frac{1}{3}\ln 2+\frac{\pi}{3\sqrt{3}}\approx 0.83565.$$

*) 利用 1881 题的结果.

【2534】 $\int_0^{\frac{\pi}{2}}\sqrt{1-\frac{1}{4}\sin^2 x}\,dx\quad (n=6)$.

解 $h=\frac{\pi}{12}=0.2618,$

$x_0=0,\quad y_0=1;$

$x_6=\frac{\pi}{2},\ y_6=0.8660;\qquad \frac{y_0+y_6}{2}=0.9330,$

$x_1=\frac{\pi}{12},\quad y_1=0.9916;\quad x_2=\frac{\pi}{6},\quad y_2=0.9682;$

$x_3=\frac{\pi}{4},\quad y_3=0.9354;\quad x_4=\frac{\pi}{3},\quad y_4=0.9014;$

$x_5=\frac{5\pi}{12},\quad \underline{y_5=0.8756\quad (+}$

$$\sum_{i=1}^{5} y_i=4.6722.$$

按梯形公式,得

$$\int_0^{\frac{\pi}{2}}\sqrt{1-\frac{1}{4}\sin^2 x}\ dx\approx h\left(\frac{y_0+y_6}{2}+\sum_{i=1}^{5}y_i\right)=0.2618(0.9330+4.6722)\approx 1.4674.$$

误差为
$$|R_n|=\frac{\left(\frac{\pi}{2}\right)^3}{12\cdot 6^2}|y''(\xi)|,$$

式中 $y=\sqrt{1-\frac{1}{4}\sin^2 x}$，$0\leqslant\xi\leqslant\frac{\pi}{2}$. 利用 $\frac{\sqrt{3}}{2}\leqslant y\leqslant 1$ 及 $y^2=1-\frac{1}{4}\sin^2 x$,依次求导可得 $|y''|\leqslant\frac{\sqrt{3}}{6}$. 于是,

$$|R_n|\leqslant\frac{\pi^3}{8\times 12\times 6}\cdot\frac{\sqrt{3}}{6}<2.59\times 10^{-3}.$$

**利用辛普森公式计算下列积分:**

**【2535】** $\int_1^9\sqrt{x}\,dx\quad(n=4)$.

**解** $h=2$.

$x_0=1$, $y_0=1$; $x_1=3$, $y_1=\sqrt{3}=1.732$;

$x_2=5$, $y_2=\sqrt{5}=2.236$; $x_3=7$, $y_3=\sqrt{7}=2.646$;

$x_4=9$, $y_4=3$.

按辛普森公式,得

$$\int_1^9\sqrt{x}\,dx\approx\frac{h}{3}[(y_0+y_4)+4(y_1+y_3)+2y_2]$$
$$=\frac{2}{3}[4+4(1.732+2.646)+2(2.236)]\approx 17.323.$$

实际上, $\int_1^9\sqrt{x}\,dx=\frac{2}{3}x^{\frac{3}{2}}\Big|_1^9=\frac{52}{3}\approx 17.333.$

**【2536】** $\int_0^{\pi}\sqrt{3+\cos x}\,dx\quad(n=6)$.

**解** $h=\frac{\pi}{6}$.

$x_0=0$, $y_0=2$;

$x_1=\frac{\pi}{6}$, $y_1=\sqrt{3+\cos\frac{\pi}{6}}=\sqrt{3.866}=1.966$;

$x_2=\frac{\pi}{3}$, $y_2=\sqrt{3+\cos\frac{\pi}{3}}=\sqrt{3.5}=1.871$;

$x_3=\frac{\pi}{2}$, $y_3=\sqrt{3+\cos\frac{\pi}{2}}=\sqrt{3}=1.732$;

$x_4=\frac{2\pi}{3}$, $y_4=\sqrt{3+\cos\frac{2\pi}{3}}=\sqrt{2.5}=1.581$;

$x_5=\frac{5\pi}{6}$, $y_5=\sqrt{3+\cos\frac{5\pi}{6}}=\sqrt{2.134}=1.461$;

$x_6=\pi$, $y_6=\sqrt{3+\cos\pi}=\sqrt{2}=1.414$.

按辛普森公式,得

$$\int_0^{\pi}\sqrt{3+\cos x}\ dx\approx\frac{\pi}{18}[(2+1.414)+4(1.966+1.732+1.461)+2(1.871+1.581)]$$
$$\approx 5.4025.$$

**【2537】**$^+$ $\int_0^{\frac{\pi}{2}}\frac{\sin x}{x}dx\quad(n=10)$.

**解** $h=\frac{\pi}{20}$.

$x_0=0,\quad y_0=1;\qquad x_1=\frac{\pi}{20},\quad y_1=\frac{20}{\pi}\sin\frac{\pi}{20}=0.99589;$

$x_2=\frac{\pi}{10},\quad y_2=\frac{10}{\pi}\sin\frac{\pi}{10}=0.98363;\qquad x_3=\frac{3\pi}{20},\quad y_3=\frac{20}{3\pi}\sin\frac{3\pi}{20}=0.96340;$

$x_4=\frac{\pi}{5},\quad y_4=\frac{5}{\pi}\sin\frac{\pi}{5}=0.93549;\qquad x_5=\frac{\pi}{4},\quad y_5=\frac{4}{\pi}\sin\frac{\pi}{4}=0.90032;$

$x_6=\frac{3\pi}{10},\quad y_6=\frac{10}{3\pi}\sin\frac{3\pi}{10}=0.85839;\qquad x_7=\frac{7\pi}{20},\quad y_7=\frac{20}{7\pi}\sin\frac{7\pi}{20}=0.81033;$

$x_8=\frac{2\pi}{5},\quad y_8=\frac{5}{2\pi}\sin\frac{2\pi}{5}=0.75683;\qquad x_9=\frac{9\pi}{20},\quad y_9=\frac{20}{9\pi}\sin\frac{9\pi}{20}=0.69865;$

$x_{10}=\frac{\pi}{2},\quad y_{10}=\frac{2}{\pi}=0.63662.$

按辛普森公式,得

$$\int_0^{\frac{\pi}{2}}\frac{\sin x}{x}dx\approx\frac{h}{3}[(y_0+y_{10})+4(y_1+y_3+y_5+y_7+y_9)+2(y_2+y_4+y_6+y_8)]$$

$$=\frac{\pi}{60}[(1+0.63662)+4(0.99589+0.96340+0.90032+0.81033+0.69865)$$
$$+2(0.98363+0.93549+0.85839+0.75683)]$$
$$\approx 1.37076.$$

**【2538】**+ $\int_0^1\frac{x\,dx}{\ln(1+x)}\quad(n=6).$

**解** $h=\frac{1}{6}.$

$x_0=0,\quad y_0=\lim\limits_{x\to 0}\frac{x}{\ln(1+x)}=1;\qquad x_1=\frac{1}{6},\quad y_1=1.0812$

$x_2=\frac{1}{3},\quad y_2=1.1587;\qquad x_3=\frac{1}{2},\quad y_3=1.2332;$

$x_4=\frac{2}{3},\quad y_4=1.3051;\qquad x_5=\frac{5}{6},\quad y_5=1.3748;$

$x_6=1,\quad y_6=1.4427.$

按辛普森公式,得

$$\int_0^1\frac{x\,dx}{\ln(1+x)}\approx\frac{h}{3}[(y_0+y_6)+4(y_1+y_3+y_5)+2(y_2+y_4)]$$

$$=\frac{1}{18}[(1+1.4427)+4(1.0812+1.2332+1.3748)+2(1.1587+1.3051)]$$
$$\approx 1.2293.$$

**【2539】** 取 $n=10$,计算卡塔兰常数. $G=\int_0^1\frac{\arctan x}{x}dx.$

**解** $h=\frac{1}{10}.$

$x_0=0,\quad y_0=1;\qquad x_1=0.1,\quad y_1=0.99669;$

$x_2=0.2,\quad y_2=0.98698;\qquad x_3=0.3,\quad y_3=0.97152;$

$x_4=0.4,\quad y_4=0,95127;\qquad x_5=0.5,\quad y_5=0.92730;$

$x_6=0.6,\quad y_6=0.90070;\qquad x_7=0.7,\quad y_7=0.87247;$

$x_8=0.8,\quad y_8=0.84343;\qquad x_9=0.9,\quad y_9=0.81424;$

$x_{10}=1,\quad y_{10}=0.78540.$

按辛普森公式,得

$$G\approx\frac{h}{3}[(y_0+y_{10})+4(y_1+y_3+y_5+y_7+y_9)+2(y_2+y_4+y_6+y_8)]$$

$=\frac{1}{30}(1.78540+18.32888+7.36476)$

$\approx 0.91597.$

【2540】 利用公式$\frac{\pi}{4}=\int_0^1\frac{\mathrm{d}x}{1+x^2}$计算数 π，精确到 $10^{-5}$.

**解** 利用辛普森公式计算其误差

$$R_n(x)=-\frac{(b-a)^5}{180n^4}f^{(4)}(\xi)\quad(a\leqslant\xi\leqslant b).$$

现在 $f(x)=\frac{1}{1+x^2}$，事实上，它是 $y=\arctan x$ 的导数，因而，

$$f^{(4)}(x)=(\arctan x)^{(5)}.$$

利用第二章 1218 题的结果得知

$$f^{(4)}(x)=\frac{24}{(1+x^2)^{\frac{5}{2}}}\sin\left(5\arctan\frac{1}{x}\right).$$

在区间[0,1]上，$|f^{(4)}(x)|\leqslant 24$，所以，

$$|R_n(x)|\leqslant\frac{24}{180n^4}.$$

要误差小于 0.00001，只要

$$\frac{24}{180n^4}<\frac{1}{100000},$$

即只要取 $n=12$，就有 $|R_n|\leqslant 6.5\times10^{-6}$.

其次，我们还取加进近似于函数值的误差，设法使这个新的误差小于 $3.5\times10^{-6}$，这样，就能保证总误差小于 $10^{-5}$. 为了这个目的，只要计算$\frac{1}{1+x^2}$的值到六位小数精确到 $0.5\times10^{-6}$ 就够了.

现取 $n=12$，则有

$x_0=0$, $y_0=1$; $x_1=\frac{1}{12}$, $y_1=0.993103$;

$x_2=\frac{1}{6}$, $y_2=0.972973$; $x_3=\frac{1}{4}$, $y_3=0.941176$;

$x_4=\frac{1}{3}$, $y_4=0.900000$; $x_5=\frac{5}{12}$, $y_5=0.852071$;

$x_6=\frac{1}{2}$, $y_6=0.800000$; $x_7=\frac{7}{12}$, $y_7=0.746114$;

$x_8=\frac{2}{3}$, $y_8=0.692308$; $x_9=\frac{3}{4}$, $y_9=0.640000$;

$x_{10}=\frac{5}{6}$, $y_{10}=0.590164$; $x_{11}=\frac{11}{12}$, $y_{11}=0.543396$;

$x_{12}=1$, $y_{12}=0.500000$.

最后得到

$$\frac{\pi}{4}=\int_0^1\frac{\mathrm{d}x}{1+x^2}\approx\frac{1}{36}[(y_0+y_{12})+4(y_1+y_3+y_5+y_7+y_9+y_{11})+2(y_2+y_4+y_6+y_8+y_{10})]$$

$$=0.785398,$$

所以，

$$\pi\approx 0.785398\times4=3.14159,$$

精确到 0.00001.

【2541】 计算$\int_0^1 \mathrm{e}^{x^2}\mathrm{d}x$，精确到 0.001.

**解** 采用辛普森公式计算，则其误差为

$$R_n(x)=-\frac{1}{180n^4}2\mathrm{e}^{\xi^2}(8\xi^4+24\xi^2+6)\quad(0<\xi<1),$$

故有
$$|R_n(x)|<\frac{1}{180n^4}\ 2\mathrm{e}\cdot 38.$$

要 $|R_n(x)|<10^{-3}$，只要 $\frac{2\cdot 38\mathrm{e}^1}{180n^4}<10^{-3}$，即只要取 $n=6$.

现取 $n=6$，则有

$$x_0=0,\quad y_0=1\quad x_1=\frac{1}{6},\quad y_1=\mathrm{e}^{\frac{1}{36}}=1.0282;$$

$$x_2=\frac{1}{3},\quad y_2=\mathrm{e}^{\frac{1}{9}}=1.1175;\quad x_3=\frac{1}{2},\quad y_3=\mathrm{e}^{\frac{1}{4}}=1.2840$$

$$x_4=\frac{2}{3},\quad y_4=\mathrm{e}^{\frac{4}{9}}=1.5596;\quad x_5=\frac{5}{6},\quad y_5=\mathrm{e}^{\frac{25}{36}}=2.0026;$$

$$x_6=1,\quad y_6=\mathrm{e}=2.7183.$$

于是，

$$\int_0^1 \mathrm{e}^{x^2}\,\mathrm{d}x\approx\frac{1}{18}[(y_0+y_6)+4(y_1+y_3+y_5)+2(y_2+y_4)]\approx 1.463.$$

**【2542】** 计算 $\int_0^1 (\mathrm{e}^x-1)\ln\frac{1}{x}\mathrm{d}x$，精确到 $10^{-4}$.

**解** 对于函数 $f(x)=\mathrm{e}^x$ 在 $0\leqslant x\leqslant 1$ 上采用泰勒展开式以及相应的拉格朗日余项公式来计算误差：

$$\mathrm{e}^x=1+x+\frac{x^2}{2!}+\frac{x^3}{3!}+\cdots+\frac{x^n}{n!}+\Delta_{n+1},$$

其中
$$\Delta_{n+1}=\frac{f^{(n+1)}(\theta x)}{(n+1)!}x^{n+1}=\frac{\mathrm{e}^{\theta x}}{(n+1)!}x^{n+1}\quad(0<\theta<1).$$

于是，
$$|\Delta_{n+1}|\leqslant\frac{\mathrm{e}}{(n+1)!}x^{n+1},$$

从而，原来的积分数值为

$$I=\int_0^1(\mathrm{e}^x-1)\ln\frac{1}{x}\mathrm{d}x=\sum_{k=1}^{n}\frac{1}{k!}\int_0^1 x^k\ln\frac{1}{x}\mathrm{d}x+R_{n+1},$$

其中
$$|R_{n+1}|=\left|\int_0^1\Delta_{n+1}\ln\frac{1}{x}\mathrm{d}x\right|\leqslant\frac{\mathrm{e}}{(n+1)!}\int_0^1 x^{n+1}\ln\frac{1}{x}\mathrm{d}x.$$

记 $I_k=\int_0^1 x^k\ln\frac{1}{x}\mathrm{d}x\ (k\geqslant 1)$，则有

$$I_k=\frac{1}{k+1}\int_0^1\ln\frac{1}{x}\mathrm{d}(x^{k+1})=\frac{1}{k+1}x^{k+1}\ln\frac{1}{x}\Big|_0^1+\frac{1}{k+1}\int_0^1 x^k\,\mathrm{d}x=\frac{1}{(k+1)^2}.$$

如果取 $n=5$，则有

$$|R_6|\leqslant\frac{\mathrm{e}}{6!}I_6=\frac{\mathrm{e}}{6!}\cdot\frac{1}{7^2}=\frac{\mathrm{e}}{7\times 7!}=\frac{\mathrm{e}}{35280}<\frac{3}{35280}<\frac{1}{1.1\times 10^4}<10^{-4}.$$

记 $I=J+R_6$，则有

$$\begin{aligned}J&=\sum_{k=1}^{5}\frac{1}{k!}I_k=\sum_{k=1}^{5}\left[\frac{1}{k!}\cdot\frac{1}{(k+1)^2}\right]=\sum_{k=1}^{5}\frac{1}{(k+1)!(k+1)}\\&=\frac{1}{2!\cdot 2}+\frac{1}{3!\cdot 3}+\frac{1}{4!\cdot 4}+\frac{1}{5!\cdot 5}+\frac{1}{6!\cdot 6}=\frac{1}{4}+\frac{1}{18}+\frac{1}{96}+\frac{1}{600}+\frac{1}{4320}\\&=0.31787^{+}=0.3179+\Delta',\end{aligned}$$

其中 $|\Delta'|\leqslant 0.00004=4\times 10^{-5}$，且 $\Delta'<0$.

注意到由 $\Delta_{n+1}>0$ 即可推知 $R_{n+1}>0$. 于是，

$$I=J+R_6=0.3179+(R_6+\Delta')=0.3179+(R_6-|\Delta'|)=0.3179+\Delta,$$

且有 $I\approx 0.3179$，而此时其相应的误差已有

$$|\Delta|=|R_6-|\Delta'||\leqslant\begin{cases}R_6, & 若|\Delta'|\leqslant R_6,\\ |\Delta'|, & 若|\Delta'|>R_6\end{cases}\leqslant\max(R_6,|\Delta'|)<10^{-4}.$$

**注** 本题不能直接利用辛普森公式来计算所给的定积分的近似值，因为被积函数$(e^x-1)\ln\frac{1}{x}$的四阶导数在$x=0$的右近旁是无界的，从而不能估计出误差. 所以，上面我们用泰勒公式来作近似计算. 这样，计算以及估计误差都较为简单. 当然，也可间接地利用辛普森公式来计算所给定积分的近似值，这时需要或者改变被积函数或者把积分区域分成两个. 例如，我们可以改变被积函数如下：令

$$I=\int_0^1(e^x-1)\ln\frac{1}{x}dx=-\int_0^1(e^x-1)\ln x dx,$$

设 $f(x)=(e^x-1)\ln x$，若补充定义 $f(0)=\lim\limits_{x\to+0}f(x)=0$，

则 $f(x)$是 $0\leqslant x\leqslant 1$ 上的连续函数. 由于

$$f'(x)=e^x\ln x+\frac{e^x-1}{x}=f(x)+\frac{e^x-1}{x}+\ln x\quad(0<x\leqslant 1),$$

故

$$\int_0^1 f'(x)dx=\int_0^1 f(x)dx+\int_0^1\frac{e^x-1}{x}dx+\int_0^1\ln x dx.$$

注意到

$$\int_0^1 f'(x)dx=f(1)-f(0)=0,\quad \int_0^1\ln x dx=(x\ln x-x)\Big|_0^1=-1,$$

得

$$I=\int_0^1\frac{e^x-1}{x}dx-1.$$

于是，我们把求$\int_0^1(e^x-1)\ln\frac{1}{x}dx$的近似值问题，归结为求$\int_0^1\frac{e^x-1}{x}dx$的近似值问题. 令 $g(x)=\frac{e^x-1}{x}$，并补充定义

$$g(0)=\lim_{x\to+0}g(x)=1,$$

则 $g(x)$是 $0\leqslant x\leqslant 1$ 上的连续函数. 由求高阶导数的莱布尼茨法则，易得

$$g^{(n)}(x)=\frac{e^xP_n(x)-(-1)^n n!}{x^{n+1}}\quad(0<x\leqslant 1),$$

其中

$$P_n(x)=\sum_{k=0}^{n}C_n^k(-1)^k k!x^{n-k}\quad(n=1,2,\cdots).$$

下面证明 $g^{(n)}(0)$存在并且 $g^{(n)}(0)=\frac{1}{n+1}$ $(n=1,2,\cdots)$. 首先，由洛必达法则，我们有

$$\lim_{x\to+0}g^{(n)}(x)=\lim_{x\to+0}\frac{e^xP_n(x)-(-1)^n n!}{x^{n+1}}=\lim_{x\to+0}\frac{e^x[P_n(x)+P_n'(x)]}{(n+1)x^n}=\lim_{x\to+0}\frac{e^x x^n}{(n+1)x^n}=\frac{1}{n+1}$$
$$(n=1,2,\cdots).$$

于是，根据中值定理，得

$$g'(0)=\lim_{x\to+0}\frac{g(x)-g(0)}{x-0}=\lim_{\xi\to+0}g'(\xi)=\frac{1}{2}\quad(0<\xi<x).$$

今假定 $g^{(n)}(0)$存在且 $g^{(n)}(0)=\frac{1}{n+1}$. 于是，

$$g^{(n+1)}(0)=\lim_{x\to+0}\frac{g^{(n)}(x)-g^{(n)}(0)}{x-0}=\lim_{x\to+0}g^{n+1}(\eta)=\frac{1}{n+2}\quad(0<\eta<x).$$

根据数学归纳法，知 $g^{(n)}(0)$存在且 $g^{(n)}(0)=\frac{1}{n+1}$ $(n=1,2,\cdots)$.

由此又知 $g^{(n)}(x)$是 $0\leqslant x\leqslant 1$ 上的连续函数$(n=1,2,\cdots)$. 令 $h(x)=e^xP_n(x)-(-1)^n n!$. 由于

$$h'(x)=e^x[P_n(x)+P_n'(x)]=e^x x^n>0\quad(0<x\leqslant 1),$$

故 $h(x)$在$[0,1]$上是递增的，从而，

$$h(x)>h(0)=0\quad(0<x\leqslant 1).$$

因此，当 $0<x\leqslant 1$ 时，$g^{(n)}(x)>0$ $(n=1,2,\cdots)$，故 $g^{(n-1)}(x)$是 $0\leqslant x\leqslant 1$ 上的严格增函数$(n=1,2,\cdots)$. 特别地，$g^{(4)}(x)$当然是$0\leqslant x\leqslant 1$上的严格增函数. 于是，当 $0\leqslant x\leqslant 1$ 时，恒有

$$\frac{1}{5}=g^{(4)}(0)\leqslant g^{(4)}(x)\leqslant g^{(4)}(1).$$

由于当 $0<x\leqslant 1$ 时，

$$g^{(4)}(x)=\frac{e^x(x^4-4x^3+12x^2-24x+24)-24}{x^5},$$

故 $g^{(4)}(1)=9e-24<0.5$. 因此，当 $0\leqslant x\leqslant 1$ 时，

$$0.2\leqslant g^{(4)}(x)\leqslant 0.5.$$

代入辛普森公式的误差表达式，得

$$|R_n(x)|=\left|-\frac{g^{(4)}(\xi'')}{180n^4}\right|\leqslant\frac{1}{360n^4},\quad R_n(x)<0.$$

取 $n=4$，有

$$|R_4(x)|\leqslant\frac{1}{360n^4}<1.1\times 10^{-5}.$$

计算得

$$g(0)=1,\ g\left(\frac{1}{4}\right)=1.13610,\ g\left(\frac{1}{2}\right)=1.29744,\ g\left(\frac{3}{4}\right)=1.48933,\ g(1)=1.71828.$$

于是，代入后最终得

$$I=\int_0^1 g(x)dx-1\approx\frac{1}{12}\left\{g(0)+g(1)+2g(\frac{1}{2})+4\left[g(\frac{1}{4})+g(\frac{3}{4})\right]\right\}-1=1.3179-1=0.3179,$$

其误差的绝对值显然小于 $0.0001=10^{-4}$.

也可不改变被积函数，而把积分区间分成两个，步骤如下：

令 $u=\frac{1-x}{x}$ $(0<x<1)$，则 $\frac{1}{x}=1+u$ $(u>0)$. 于是，当 $0<x<1$ 时，有

$$0<(e^x-1)\ln\frac{1}{x}=(e^x-1)\ln(1+u)<(e^x-1)u=\frac{1-x}{x}(e^x-1)<\frac{e^x-1}{x}.$$

前面已证函数 $g(x)=\frac{e^x-1}{x}$ 在 $0\leqslant x\leqslant 1$ 上是严格增大的(注意，规定 $g(0)=\lim\limits_{x\to+0}\frac{e^x-1}{x}=1$)，故当 $0<x<1$ 时，有

$$1<\frac{e^x-1}{x}<g(1)=e-1<2;$$

从而，

$$0<\int_0^{10^{-5}}(e^x-1)\ln\frac{1}{x}dx<\int_0^{10^{-5}}\frac{e^x-1}{x}dx<2\int_0^{10^{-5}}dx=0.2\times 10^{-4}.$$

求出函数 $(e^x-1)\ln\frac{1}{x}$ 的四阶导数的表达式后，易知它在闭区间 $10^{-5}\leqslant x\leqslant 1$ 上是连续的，从而是有界的，并且不难估计出其绝对值的上界. 因此，可利用辛普森公式计算积分

$$\int_{10^{-5}}^1(e^x-1)\ln\frac{1}{x}dx$$

的近似值，使误差的绝对值小于 $0.8\times 10^{-4}$. 显然，若以此作为积分 $\int_0^1(e^x-1)\ln\frac{1}{x}dx$ 的近似值，则其误差的绝对值小于 $10^{-4}$. 由于计算较繁，从略.

**【2543】** 近似地计算概率积分 $\int_0^{+\infty}e^{-x^2}dx.$

**解** 作变换 $x=\frac{t}{1-t}$，则积分 $\int_0^{+\infty}e^{-x^2}dx=\int_0^1 e^{-(\frac{t}{1-t})^2}\frac{1}{(1-t)^2}dt.$

由于题中对精确度未提出明确要求，故 $n$ 可任取. 例如，取 $n=2k=18$，$\Delta t=\frac{1}{18}$，则有

$t_0=0$，　$y_0=1$；　$t_1=\frac{1}{18}$，　$4y_1=4.46894$；

$t_2=\frac{1}{9}$，　$2y_2=2.49201$；　$t_3=\frac{1}{6}$，　$4y_3=5.53415$；

$t_4=\frac{2}{9}$, $2y_4=3.04696$; $t_5=\frac{5}{18}$, $4y_5=6.61414$

$t_6=\frac{1}{3}$, $2y_6=3.50460$; $t_7=\frac{7}{18}$, $4y_7=7.14411$;

$t_8=\frac{4}{9}$, $2y_8=3.41685$; $t_9=\frac{1}{2}$, $4y_9=5.88607$;

$t_{10}=\frac{5}{9}$, $2y_{10}=2.12232$; $t_{11}=\frac{11}{18}$, $4y_{11}=2.23855$;

$t_{12}=\frac{2}{3}$, $2y_{12}=0.32968$; $t_{13}=\frac{13}{18}$, $4y_{13}=0.06009$;

$t_{14}=\frac{7}{9}$, $2y_{14}=0.00010$; $t_{15}=\frac{5}{6}$, $4y_{15}=0$;

$t_{16}=\frac{8}{9}$, $2y_{16}=0$; $t_{17}=\frac{17}{18}$, $4y_{17}=0$;

$t_{18}=1$, $y_{18}=\lim\limits_{t\to1}e^{-(\frac{1}{1-t})^2}\left(\frac{1}{1-t}\right)^2=0.$

按辛普森公式,得

$$\int_0^{+\infty}e^{-x^2}dx=\int_0^1 e^{-(\frac{t}{1-t})^2}\frac{1}{(1-t)^2}dt$$

$$\approx\frac{1}{54}(1+4.46894+2.49201+5.53415+3.04696+6.61414+3.50460+7.14411+3.41685+5.88607+2.12232+2.23855+0.32968+0.06009+0.00010)$$

$$=\frac{47.85857}{54}\approx0.88627.$$

**【2544】** 近似地求出半轴为 $a=10$ 及 $b=6$ 的椭圆的周长.

**解** 设椭圆的参数方程为

$$x=10\cos t,\quad y=6\sin t.$$

于是有
$$ds=\sqrt{x_t'^2+y_t'^2}\,dt=10\sqrt{1-\frac{16}{25}\sin^2 t}\,dt,$$

从而得椭圆的周长为
$$s=4\int_0^{\frac{\pi}{2}}ds=40\int_0^{\frac{\pi}{2}}\sqrt{1-\frac{16}{25}\sin^2 t}\,dt.$$

现取 $n=2k=6$ 近似计算积分

$$\int_0^{\frac{\pi}{2}}\sqrt{1-\frac{16}{25}\sin^2 t}\,dt.$$

注意到 $\sin^2\frac{\pi}{12}=\frac{2-\sqrt{3}}{4}$, $\sin^2\frac{5\pi}{12}=\frac{2+\sqrt{3}}{4}$, $h=\frac{\pi}{12}$, 即有

$t_0=0$, $y_0=1$;

$t_1=\frac{\pi}{12}$, $4y_1=4\sqrt{1-\frac{16}{25}\cdot\frac{1}{4}(2-\sqrt{3})}=3.913$;

$t_2=\frac{\pi}{6}$, $2y_2=2\sqrt{1-\frac{16}{25}\cdot\frac{1}{4}}=1.833$;

$t_3=\frac{\pi}{4}$, $4y_3=4\sqrt{1-\frac{16}{25}\cdot\frac{1}{2}}=3.293$;

$t_4=\frac{\pi}{3}$, $2y_4=2\sqrt{1-\frac{16}{25}\cdot\frac{3}{4}}=1.442$;

$t_5=\frac{5\pi}{12}$, $4y_5=4\sqrt{1-\frac{16}{25}\cdot\frac{1}{4}(2+\sqrt{3})}=2.539$;

$t_6=\frac{\pi}{2}$, $y_6=4\sqrt{1-\frac{16}{25}}=0.6.$

按辛普森公式，得

$$\int_0^{\frac{\pi}{2}}\sqrt{1-\frac{16}{25}\sin^2 t}\,dt \approx \frac{h}{3}[(y_0+y_6)+4(y_1+y_3+y_5)+2(y_2+y_4)]$$

$$=\frac{\pi}{36}(1+0.6+3.913+3.293+2.539+1.833+1.442)$$

$$\approx 1.276,$$

所以，椭圆周长的近似值为 $s=40\int_0^{\frac{\pi}{2}}\sqrt{1-\frac{16}{25}\sin^2 t}\ dt\approx 40\times 1.276=51.04$.

**【2545】** 取 $\Delta x=\frac{\pi}{3}$，描点作出函数 $y=\int_0^x \frac{\sin t}{t}dt\ (0\leqslant x\leqslant 2\pi)$ 的图像.

**解** 取 $n=2k=6$ 计算函数 $y=\int_0^x \frac{\sin t}{t}dt$ 的值. 先计算 $y=\int_0^{\frac{\pi}{3}}\frac{\sin t}{t}dt$. 由于 $h=\frac{\pi}{18}$，且

$t_0=0$，$y_0=1$； $t_1=\frac{\pi}{18}$，$4y_1=3.980$； $t_2=\frac{\pi}{9}$，$2y_2=1.960$；

$t_3=\frac{\pi}{6}$，$4y_3=3.820$； $t_4=\frac{2\pi}{9}$，$2y_4=1.841$； $t_5=\frac{5\pi}{18}$，$4y_5=3.511$；

$t_6=\frac{\pi}{3}$，$y_6=0.827$.

按辛普森公式，得

$$\int_0^{\frac{\pi}{3}}\frac{\sin t}{t}dt\approx\frac{\pi}{54}(1+0.827+3.980+3.820+3.511+1.960+1.841)\approx 0.99.$$

再计算 $y=\int_0^{\frac{2\pi}{3}}\frac{\sin t}{t}dt$. 由于 $h=\frac{\pi}{9}$，且

$t_0=0$，$y_0=1$； $t_1=\frac{\pi}{9}$，$4y_1=3.919$； $t_2=\frac{2\pi}{9}$，$2y_2=1.841$；

$t_3=\frac{\pi}{3}$，$4y_3=3.308$； $t_4=\frac{4\pi}{9}$，$2y_4=1.411$； $t_5=\frac{5\pi}{9}$，$4y_5=2.257$；

$t_6=\frac{2\pi}{3}$，$y_6=0.413$.

所以，

$$\int_0^{\frac{2\pi}{3}}\frac{\sin t}{t}dt\approx\frac{\pi}{27}(1+0.413+3.919+3.308+2.257+1.841+1.411)\approx 1.65.$$

选取适当的 $n$，类似地可求得

$$\int_0^{\pi}\frac{\sin t}{t}dt\approx 1.85,\quad \int_0^{\frac{4\pi}{3}}\frac{\sin t}{t}dt\approx 1.72,\quad \int_0^{\frac{5\pi}{3}}\frac{\sin t}{t}dt\approx 1.52,\quad \int_0^{2\pi}\frac{\sin t}{t}dt\approx 1.42.$$

列表作图如下(图 4.55)：

| $x$ | 0 | $\frac{\pi}{3}$ | $\frac{2\pi}{3}$ | $\pi$ | $\frac{4\pi}{3}$ | $\frac{5\pi}{3}$ | $2\pi$ |
|---|---|---|---|---|---|---|---|
| $y$ | 0 | 0.99 | 1.65 | 1.85 | 1.72 | 1.52 | 1.42 |

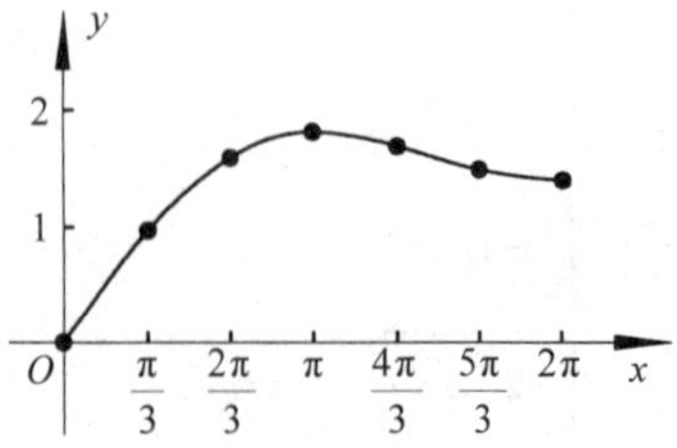


图 4.55

# 4

费定晖 周学圣 编著
郭大钧 邵品琮 主审

# 吉米多维奇 数学分析 习题集题解

第4版

山东科学技术出版社
·济南·

图书在版编目（CIP）数据

吉米多维奇数学分析习题集题解. 4 /费定晖，周学圣编著. --4版. --济南：山东科学技术出版社，2012.7（2023.10 重印）
ISBN 978-7-5331-5897-2

Ⅰ. ①吉… Ⅱ. ①费… ②周… Ⅲ. ①数学分析-高等学校-题解 Ⅳ. ①O17-44

中国版本图书馆CIP数据核字（2012）第120148号

# 吉米多维奇数学分析习题集题解 4

JIMIDUOWEIQI SHUXUE FENXI XITIJI TIJIE 4

责任编辑：段 琰

主管单位：山东出版传媒股份有限公司
出 版 者：山东科学技术出版社
地址：济南市市中区舜耕路517号
邮编：250003 电话：（0531）82098088
网址：www. lkj. com. cn
电子邮件：sdkj@sdcbcm. com
发 行 者：山东科学技术出版社
地址：济南市市中区舜耕路517号
邮编：250003 电话：（0531）82098067
印 刷 者：山东华立印务有限公司
地址：山东省济南市莱芜高新区钱塘江街 019 号
邮编：271100 电话：（0531）76216033

规格：16开（185 mm × 260 mm）
印张：14.5
版次：2012年7月第4版 印次：2023年10月第18次印刷
定价：24.00元

# 第4版前言 DISIBANQIANYAN

本书自 1979 年出版发行以来，历经 30 多个春秋，一直畅销不衰，深得读者厚爱。在郭大钧教授的帮助和指导下，对全书我不断地修订和补充，不断地修正错误，不断地替换更为简洁的解法和证明，力求本书一直保持其先进性、完整性和准确性，以求对读者的高度责任感。读者通过学习该书，对掌握数学分析的基本知识、基础理论和基本技能的训练，感到获益匪浅，赞誉其为学习数学分析“不可替代”之图书，对此我们倍感欣慰，鞭策我们为读者作出更多的奉献。

这次受山东科学技术出版社的约请，并得到郭大钧教授的大力支持，仍由我负责全书第 4 版的修订、增补和校阅工作，以适应文化建设繁荣发展的需要，更加激发全国广大读者的强烈求知欲。具体主要做了以下几方面的工作：

第一，为全书 4462 题中的近三成的习题，根据题型的不同，在原题解的前面，分别或给出提示，或给出解题思路，或给出证明思路。冀图启发读者怎样分析该题，怎样下手求解；启发读者怎样总结解题的规律；启发读者怎样正确使用有关的数学公式、概念和理论，开拓视野，活跃思路；帮助读者逐步解决学习中的困难，为他们在学习过程中提供一个良师益友。这是本次修订的主要工作。

第二，根据当前的语言习惯，对全书的文字作了较多的润色，使其表述更加准确，更加简洁凝练。

第三，改正了第 3 版中的个别印刷错误，修正了函数图像中的个别问题和个别习题的答案。

第四，根据国家相关标准，规范了有关术语和数学式子的表达，并对全书使用的外国人名按照现在的标准或通用译法重新翻译人名，以求统一标准。

第五，对全书的版面和开本重新进行了调整，使其更富有时代的色彩。

我们殷切期望使用本书的读者，懂得只有通过个人的独立思考，加上

勤学苦练才能取得成功,“只看不练假把式”,数学的学习是在个人的独立解题中逐步弄懂有关的概念、公式和理论的,我们编写本书,就是希望能对数学分析课程的学习起到一个抛砖引玉的作用。读者使用本书最好是不要先看题解,更不要查抄解答和答案,而是自己先对照教材中的有关概念、公式和理论独立进行思考,必要时可参照书中的提示、解题思路或证明思路独立完成解题,然后再查看书中是怎样解答的,比较自己的解答和书中解答的异同,从中找出差距,找出自己的问题所在,甚至找出书中解答的错误和不足之处,进而找到更为简洁的解答。只有这样才能提高自己的思维能力和创造才能,任何削弱独立思考的做法都是违背我们出版本书的初衷的。

山东科学技术出版社颜秀锦、宋德万、胡新蓉等老一代资深编辑为本书前三版的出版和发行付出了艰辛努力,责任编辑宋涛为本书第 4 版怎样提高质量倾注了不少心血,在此我们一并表示感谢。同时感谢山东大学、华东交通大学、山东师范大学等兄弟学校对本书出版的支持。感谢社会各界同仁对本书的支持。虽然历经 30 余年的反复修订,面对如此庞大的图书,限于本人水平,书中难免有错误和不当之处,敬请各位专家、同仁和广大读者批评指正,不胜感激,并在新版中改正。

费定晖

2012 年 5 月于南昌华东交通大学

# 出版说明 CHUBANSHUOMING

吉米多维奇(Б. П. ДЕМИДОВИЧ)著《数学分析习题集》一书的中译本,自 50 年代初在我国翻译出版以来,引起了全国各大专院校广大师生的巨大反响。凡从事数学分析教学的师生,常以试解该习题集中的习题,作为检验掌握数学分析基本知识和基本技能的一项重要手段。二十多年来,对我国数学分析的教学工作是甚为有益的。

该书四千多道习题,数量多,内容丰富,由浅入深,部分题目难度大。涉及的内容有函数与极限,一元函数微分学,不定积分,定积分,级数,多元函数微分学,带参数的积分以及多重积分与曲线积分、曲面积分等等,概括了数学分析的全部主题。当前,我国广大读者,特别是肯于刻苦自学的广大数学爱好者,在为四个现代化而勤奋学习的热潮中,迫切需要对一些疑难习题有一个较明确的回答。有鉴于此,我们特约作者,将全书 4462 题的所有解答汇辑成书,共分六册出版。本书可以作为高等院校的教学参考用书,同时也可作为广大读者在自学微积分过程中的参考用书。

众所周知,原习题集,题多难度大,其中不少习题如果认真习作的话,既可以深刻地巩固我们所学到的基本概念,又可以有效地提高我们的运算能力,特别是有些难题还可以迫使我们学会综合分析的思维方法。正由于这样,我们殷切期望初学数学分析的青年读者,一定要刻苦钻研,千万不要轻易查抄本书的解答,因为任何削弱独立思索的作法,都是违背我们出版此书的本意。何况所作解答并非一定标准,仅作参考而已。如有某些误解、差错也在所难免,一经发觉,恳请指正,不胜感谢。

本书蒙潘承洞教授对部分难题进行了审校。特请郭大钧教授、邵品琮教授对全书作了重要仔细的审校。其中相当数量的难度大的题,都是郭大钧、邵品琮亲自作的解答。

参加本册审校工作的还有周家云同志。

参加编演工作的还有黄春朝同志。

本书在编审过程中,还得到山东大学、山东工学院、山东师范学院和曲阜师范学院的领导和同志们的大力支持,特在此一并致谢。

1979 年于济南

# 目录 MULU

# 第五章　级　　数

## §1.　数项级数. 同号级数收敛性的判别法

1° **一般概念**　对于数项级数

$$a_1+a_2+\cdots+a_n+\cdots=\sum_{n=1}^{\infty}a_n, \tag{1}$$

若存在极限

$$\lim_{n\to\infty}S_n=S\quad(\text{级数的和}),$$

式中 $S_n=a_1+a_2+\cdots+a_n$，则称级数(1)为收敛的. 反之，则称级数(1)为发散的.

2° **柯西准则**　级数(1)收敛的充分必要条件为：对于任何的 $\varepsilon>0$，都存在数 $N=N(\varepsilon)$，使得当 $n>N$ 和 $p>0$ 时，不等式

$$|S_{n+p}-S_n|=\left|\sum_{i=n+1}^{n+p}a_i\right|<\varepsilon$$

成立. 特别是，若级数收敛，则

$$\lim_{n\to\infty}a_n=0.$$

3° **比较判别法Ⅰ**　设除级数(1)外，还有级数

$$b_1+b_2+\cdots+b_n+\cdots. \tag{2}$$

若当 $n\geqslant n_0$ 时，不等式

$$0\leqslant a_n\leqslant b_n$$

成立，则：1) 从级数(2)收敛可推得级数(1)收敛；2) 从级数(1)发散可推得级数(2)发散.

特别是，当 $n\to\infty$ 时，若 $a_n\sim b_n$，则正项级数(1)和(2)同时收敛或同时发散.

4° **比较判别法Ⅱ**　若

$$a_n=O^*\left(\frac{1}{n^p}\right)^*,$$

则(ⅰ)当 $p>1$ 时级数(1)收敛，(ⅱ)当 $p\leqslant1$ 时级数(1)发散.

5° **达朗贝尔判别法**　若 $a_n>0\ (n=1,2,\cdots)$ 及

$$\lim_{n\to\infty}\frac{a_{n+1}}{a_n}=q,$$

则(ⅰ)当 $q<1$ 时级数(1)收敛，(ⅱ)当 $q>1$ 时级数(1)发散.

6° **柯西判别法**　若 $a_n\geqslant0\ (n=1,2,\cdots)$ 及

$$\lim_{n\to\infty}\sqrt[n]{a_n}=q,$$

则(ⅰ)当 $q<1$ 时级数(1)收敛，(ⅱ)当 $q>1$ 时级数(1)发散.

7° **拉比判别法**　若 $a_n>0\ (n=1,2,\cdots)$ 及

$$\lim_{n\to\infty}n\left(\frac{a_n}{a_{n+1}}-1\right)=p,$$

则(ⅰ)当 $p>1$ 时级数(1)收敛；(ⅱ)当 $p<1$ 时级数(1)发散.

8° **高斯判别法**　若 $a_n>0\ (n=1,2,\cdots)$ 及

---

* 记号 $O^*$ 的意义参阅第一章§6,1°.

$$\frac{a_n}{a_{n+1}}=\lambda+\frac{\mu}{n}+\frac{\theta_n}{n^{1+\varepsilon}},$$

式中$|\theta_n|<C$而$\varepsilon>0$,则(ⅰ)当$\lambda>1$时级数(1)收敛;(ⅱ)当$\lambda<1$时级数(1)发散;(ⅲ)当$\lambda=1$时,若$\mu>1$则级数(1)收敛;若$\mu\leqslant 1$则级数(1)发散.

9° **柯西积分判别法** 若$f(x)$ $(x\geqslant 1)$是非负不增函数,则

$$\text{级数}\ \sum_{n=1}^{\infty} f(n)\quad\text{与}\quad\text{积分}\int_1^{+\infty} f(x)\mathrm{d}x$$

同时收敛或同时发散.

**直接证明下列级数的收敛性并求它们的和:**

**【2546】** $1-\frac{1}{2}+\frac{1}{4}-\frac{1}{8}+\cdots+\frac{(-1)^{n-1}}{2^{n-1}}+\cdots$.

**解** 由于

$$S_n=1-\frac{1}{2}+\frac{1}{4}-\frac{1}{8}+\cdots+\frac{(-1)^{n-1}}{2^{n-1}}=\frac{1-\frac{(-1)^n}{2^n}}{1+\frac{1}{2}},$$

故得$S=\lim\limits_{n\to\infty}S_n=\frac{1}{1+\frac{1}{2}}=\frac{2}{3}$,即所给级数收敛,且其和为$\frac{2}{3}$.(以下有关各题省略这两句话)

**【2547】** $\left(\frac{1}{2}+\frac{1}{3}\right)+\left(\frac{1}{2^2}+\frac{1}{3^2}\right)+\cdots+\left(\frac{1}{2^n}+\frac{1}{3^n}\right)+\cdots$.

**解** 由于

$$S_n=\left(\frac{1}{2}+\frac{1}{3}\right)+\left(\frac{1}{2^2}+\frac{1}{3^2}\right)+\cdots+\left(\frac{1}{2^n}+\frac{1}{3^n}\right)=\left(\frac{1}{2}+\frac{1}{2^2}+\cdots+\frac{1}{2^n}\right)+\left(\frac{1}{3}+\frac{1}{3^2}+\cdots+\frac{1}{3^n}\right)$$

$$=\frac{1}{2}\cdot\frac{1-\frac{1}{2^n}}{1-\frac{1}{2}}+\frac{1}{3}\cdot\frac{1-\frac{1}{3^n}}{1-\frac{1}{3}},$$

故得$S=\lim\limits_{n\to\infty}S_n=\frac{1}{2}\cdot\frac{1}{1-\frac{1}{2}}+\frac{1}{3}\cdot\frac{1}{1-\frac{1}{3}}=\frac{3}{2}$.

**【2548】** $\frac{1}{2}+\frac{3}{2^2}+\frac{5}{2^3}+\cdots+\frac{2n-1}{2^n}+\cdots$.

**提示** 注意$\frac{1}{2}S_n=S_n-\frac{1}{2}S_n=\frac{1}{2}\left(1+\frac{1-\frac{1}{2^{n-1}}}{1-\frac{1}{2}}-\frac{2n-1}{2^n}\right)$,并利用58题的结果.

**解** 由于

$$S_n=\frac{1}{2}+\frac{3}{2^2}+\frac{5}{2^3}+\cdots+\frac{2n-1}{2^n},$$

从而有

$$\frac{1}{2}S_n=\frac{1}{2^2}+\frac{3}{2^3}+\cdots+\frac{2n-3}{2^n}+\frac{2n-1}{2^{n+1}},$$

并且

$$\frac{1}{2}S_n=S_n-\frac{1}{2}S_n=\frac{1}{2}+\frac{2}{2^2}+\cdots+\frac{2}{2^n}-\frac{2n-1}{2^{n+1}}=\frac{1}{2}\left(1+1+\cdots+\frac{1}{2^{n-2}}-\frac{2n-1}{2^n}\right)$$

$$=\frac{1}{2}\left(1+\frac{1-\frac{1}{2^{n-1}}}{1-\frac{1}{2}}-\frac{2n-1}{2^n}\right),$$

故得 $S=\lim\limits_{n\to\infty}S_n=1+\dfrac{1}{1-\dfrac{1}{2}}=3.$

**【2549】** $\dfrac{1}{1\cdot 2}+\dfrac{1}{2\cdot 3}+\dfrac{1}{3\cdot 4}+\cdots+\dfrac{1}{n(n+1)}+\cdots.$

**提示** 注意$\dfrac{1}{n(n+1)}=\dfrac{1}{n}-\dfrac{1}{n+1}$，即知 $S_n=1-\dfrac{1}{n+1}$.

**解** 由于

$$S_n=\frac{1}{1\cdot 2}+\frac{1}{2\cdot 3}+\frac{1}{3\cdot 4}+\cdots+\frac{1}{n(n+1)}=\left(1-\frac{1}{2}\right)+\left(\frac{1}{2}-\frac{1}{3}\right)+\cdots+\left(\frac{1}{n}-\frac{1}{n+1}\right)$$
$$=1-\frac{1}{n+1},$$

故得 $S=\lim\limits_{n\to+\infty}S_n=1.$

**【2550】** $\dfrac{1}{1\cdot 4}+\dfrac{1}{4\cdot 7}+\cdots+\dfrac{1}{(3n-2)(3n+1)}+\cdots.$

**提示** 注意$\dfrac{1}{(3n-2)(3n+1)}=\dfrac{1}{3}\left(\dfrac{1}{3n-2}-\dfrac{1}{3n+1}\right)$，即知 $S_n=\dfrac{1}{3}\left(1-\dfrac{1}{3n+1}\right)$.

**解** 由于

$$S_n=\frac{1}{1\cdot 4}+\frac{1}{4\cdot 7}+\cdots+\frac{1}{(3n-2)(3n+1)}=\sum_{k=1}^{n}\frac{1}{(3k-2)(3k+1)}=\frac{1}{3}\sum_{k=1}^{n}\left(\frac{1}{3k-2}-\frac{1}{3k+1}\right)$$
$$=\frac{1}{3}\left(1-\frac{1}{3n+1}\right),$$

故得 $S=\lim\limits_{n\to\infty}S_n=\dfrac{1}{3}.$

**【2551】** (1) $q\sin\alpha+q^2\sin 2\alpha+\cdots+q^n\sin n\alpha+\cdots \quad (|q|<1)$;

(2) $q\cos\alpha+q^2\cos 2\alpha+\cdots+q^n\cos n\alpha+\cdots \quad (|q|<1)$.

**提示** 令 $z=q(\cos\alpha+\mathrm{i}\sin\alpha)=q\mathrm{e}^{\mathrm{i}\alpha}$，其中 $\mathrm{i}^2=-1$. 并注意 $\sum\limits_{n=0}^{\infty}z^n=\dfrac{1}{1-z}$及利用棣莫弗公式.

**解** 令 $z=q(\cos\alpha+\mathrm{i}\sin\alpha)=q\mathrm{e}^{\mathrm{i}\alpha}$，其中 $\mathrm{i}^2=-1$. 于是，得$|z|=|q|<1$，并且有

$$\sum_{n=0}^{\infty}z^n=\sum_{n=0}^{\infty}q^n\cos n\alpha+\mathrm{i}\sum_{n=0}^{\infty}q^n\sin n\alpha \tag{1'}$$

及

$$\sum_{n=0}^{\infty}z^n=\frac{1}{1-z}=\frac{1}{1-q\cos\alpha-\mathrm{i}q\sin\alpha}=\frac{(1-q\cos\alpha)+\mathrm{i}q\sin\alpha}{1-2q\cos\alpha+q^2}. \tag{2'}$$

比较(1′)、(2′)两式的实部及虚部，即得

(1) $\sum\limits_{n=1}^{\infty}q^n\sin n\alpha=\sum\limits_{n=0}^{\infty}q^n\sin n\alpha=\dfrac{q\sin\alpha}{1-2q\cos\alpha+q^2}$;

(2) $\sum\limits_{n=1}^{\infty}q^n\cos n\alpha=\sum\limits_{n=0}^{\infty}q^n\cos n\alpha-1=\dfrac{1-q\cos\alpha}{1-2q\cos\alpha+q^2}-1=\dfrac{q\cos\alpha-q^2}{1-2q\cos\alpha+q^2}$.

**【2552】** $\sum\limits_{n=1}^{\infty}(\sqrt{n+2}-2\sqrt{n+1}+\sqrt{n})$.

**提示** $S_n=1-\sqrt{2}+\dfrac{1}{\sqrt{n+2}+\sqrt{n+1}}$.

**解** 由于

$$S_n=(\sqrt{3}-2\sqrt{2}+1)+(\sqrt{4}-2\sqrt{3}+\sqrt{2})+(\sqrt{5}-2\sqrt{4}+\sqrt{3})+(\sqrt{6}-2\sqrt{5}+\sqrt{4})$$
$$+\cdots+(\sqrt{n+2}-2\sqrt{n+1}+\sqrt{n})$$
$$=1-\sqrt{2}+\sqrt{n+2}-\sqrt{n+1}=1-\sqrt{2}+\frac{1}{\sqrt{n+2}+\sqrt{n+1}},$$

故得 $S=\lim\limits_{n\to\infty}S_n=1-\sqrt{2}$.

**【2553】** 研究级数 $\sum\limits_{n=1}^{\infty}\sin nx$ 的收敛性.

**提示** 记 $x=k\pi$. 若 $k$ 为非整数,可用反证法证明 $\lim\limits_{n\to\infty}\sin nx\neq 0$. 若 $k$ 为整数,则级数收敛.

**解** 记 $x=k\pi$. 若 $k$ 为整数,则由 $\sin nx=0$ 知级数 $\sum\limits_{n=1}^{\infty}\sin nx$ 是收敛的,且其和为零. 若 $k$ 为非整数,我们以下将证 $\sin nx$ 并不趋于零,于是,级数 $\sum\limits_{n=1}^{\infty}\sin nx$ 发散. 可采用反证法. 假设

$$\lim_{n\to\infty}\sin nx=0,$$

则当 $n\to\infty$ 时也有 $\sin(n+1)x\to 0$. 但是,

$$\sin(n+1)x=\sin nx\cos x+\cos nx\sin x,$$

由 $\sin(n+1)x\to 0$ 及 $\sin nx\to 0$(当 $n\to\infty$ 时)知 $\cos nx\sin x\to 0$(当 $n\to\infty$ 时),而 $\sin x=\sin k\pi\neq 0$,故必有

$$\lim_{n\to\infty}\cos nx=0.$$

但

$$1=\sin^2 nx+\cos^2 nx.$$

令 $n\to\infty$,两端取极限,即得左端为 1 而右端为 0,这就产生了 1 与 0 相等的谬论. 这个矛盾证明了此假设不真,也即 $\sin nx\not\to 0$(当 $n\to\infty$ 时),从而,级数 $\sum\limits_{n=1}^{\infty}\sin nx$ 的发散性获证.

**【2554】** 证明:若级数 $\sum\limits_{n=1}^{\infty}a_n$ 收敛,则把该级数的各项在不变更其先后次序的情况下分别组合起来,所得级数

$$\sum_{n=1}^{\infty}A_n \quad \left(\text{其中 } A_n=\sum_{i=p_n}^{p_{n+1}-1}a_i \quad (p_1=1,\ p_1<p_2<\cdots)\right)$$

也收敛且有相同的和. 反之不真. 举出例子.

**证明思路** 注意到级数 $\sum\limits_{n=1}^{\infty}A_n$ 的前 $n$ 项之和为 $l_n=\sum\limits_{k=1}^{n}A_k=\sum\limits_{k=1}^{p_{n+1}-1}a_k$,而级数 $\sum\limits_{n=1}^{\infty}a_n$ 的前 $p_{n+1}-1$ 项之和 $S_{p_{n+1}-1}=\sum\limits_{k=1}^{p_{n+1}-1}a_k$,故 $l_n=S_{p_{n+1}-1}$. 由级数 $\sum\limits_{n=1}^{\infty}a_n$ 的收敛性,即知 $\lim\limits_{n\to\infty}l_n=\lim\limits_{n\to\infty}S_{p_{n+1}-1}=S$,其中 $S$ 为定值. 于是,命题获证.

反之不真. 例如,级数 $\sum\limits_{n=1}^{\infty}(-1)^{n-1}=1-1+1-1+\cdots$ 发散,但按下述方法组成的级数 $(1-1)+(1-1)+\cdots+(1-1)+\cdots$ 却收敛.

**证** 设级数 $\sum\limits_{n=1}^{\infty}A_n$ 的部分和数列为 $l_1,l_2,\cdots,l_n,\cdots$,则 $l_n=\sum\limits_{k=1}^{n}A_k=\sum\limits_{k=1}^{p_{n+1}-1}a_k$.

由于级数 $\sum\limits_{n=1}^{\infty}a_n$ 收敛,故其部分和数列 $\{S_n\}$ 趋于定值 $S$,因此,

$$\lim_{n\to\infty}l_n=\lim_{n\to\infty}S_{p_{n+1}-1}=S,$$

即级数 $\sum\limits_{n=1}^{\infty}A_n$ 是收敛的,且与级数 $\sum\limits_{n=1}^{\infty}a_n$ 有相同的和. 反之不真. 例如,级数

$$1-1+1-1+\cdots+(-1)^{n-1}+\cdots$$

是发散的,但按下述方法组成的级数

$$(1-1)+(1-1)+\cdots+(1-1)+\cdots$$

却是收敛的.

**【2555】** 证明:若级数 $\sum_{n=1}^{\infty} a_n$ 的各项是正的,且把这级数的各项分别组合而得到的级数 $\sum_{n=1}^{\infty} A_n$ 收敛,则原来的级数 $\sum_{n=1}^{\infty} a_n$ 也收敛.

**证明思路** 记原级数的前 $n$ 项之和为 $S_n$,注意到 $a_k>0$ $(k=1,2,\cdots)$,则显然可知:

(1)$S_n<S_{n+1}(n=1,2,\cdots)$;

(2)存在正整数 $n_0$,使有 $S_n=\sum_{k=1}^{n} a_k<\sum_{l=1}^{n_0} A_l<S$,其中 $S$ 为收敛级数 $\sum_{n=1}^{\infty} A_n$ 之和. 于是,命题易获证.

**证** 由于 $\sum_{n=1}^{\infty} A_n$ 收敛,记其和为 $S$. 考虑原级数的部分和 $S_n=\sum_{k=1}^{n} a_k$,并注意到 $a_k>0$ $(k=1,2,\cdots)$,故存在正整数 $n_0$,使

$$S_n=\sum_{k=1}^{n} a_k<\sum_{l=1}^{n_0} A_l<S.$$

显然 $S_n<S_{n+1}$ 对一切 $n$ 成立. 于是,$\{S_n\}$ 单调上升且有界. 因此,极限 $\lim_{n\to\infty} S_n$ 存在有限,即原级数 $\sum_{n=1}^{\infty} a_n$ 收敛.

**研究下列级数的收敛性:**

**【2556】** $1-1+1-1+1-1+\cdots$.

**提示** 注意 $\lim_{n\to\infty}(-1)^{n-1}$ 不存在.

**解** 由于通项 $a_n=(-1)^{n-1}$ 当 $n\to\infty$ 时的极限不存在,更不可能趋于零,故级数 $\sum_{n=1}^{\infty}(-1)^{n-1}$ 发散.

**【2557】** $0.001+\sqrt{0.001}+\sqrt[3]{0.001}+\cdots$.

**提示** 利用 63 题的结果.

**解** 由于 $\lim_{n\to\infty} a_n=\lim_{n\to\infty}\sqrt[n]{0.001}=1\neq 0$,故级数 $\sum_{n=1}^{\infty}\sqrt[n]{0.001}$ 发散.

**【2558】** $\frac{1}{1!}+\frac{1}{2!}+\frac{1}{3!}+\cdots+\frac{1}{n!}+\cdots$.

**提示** 利用 72 题的结果.

**解** 由于

$$\lim_{n\to\infty} S_n=\lim_{n\to\infty}\left(1+\frac{1}{1!}+\frac{1}{2!}+\cdots+\frac{1}{n!}\right)-1=\mathrm{e}-1,$$

故级数 $\sum_{n=1}^{\infty}\frac{1}{n!}$ 收敛,且其和为 $\mathrm{e}-1$.

**【2559】** $1+\frac{1}{3}+\frac{1}{5}+\frac{1}{7}+\cdots+\frac{1}{2n-1}+\cdots$.

**提示** 注意 $\frac{1}{2n-1}>\frac{1}{2n}>0$.

**解** 由于 $\frac{1}{2n-1}>\frac{1}{2n}>0$,且级数 $\sum_{n=1}^{\infty}\frac{1}{2n}$ 发散,故级数 $\sum_{n=1}^{\infty}\frac{1}{2n-1}$ 也发散.

**【2560】** $\frac{1}{1001}+\frac{1}{2001}+\frac{1}{3001}+\cdots+\frac{1}{1000n+1}+\cdots$.

**提示** 注意 $\frac{1}{1000n+1}\geqslant\frac{1}{1001n}>0$.

**解** 由于 $\frac{1}{1000n+1}\geqslant\frac{1}{1001n}$,且级数 $\sum_{n=1}^{\infty}\frac{1}{1001n}$ 发散,故级数 $\sum_{n=1}^{\infty}\frac{1}{1000n+1}$ 也发散.

**【2561】** $1+\frac{2}{3}+\frac{3}{5}+\cdots+\frac{n}{2n-1}+\cdots$.

**提示** 注意$\lim\limits_{n\to\infty}\frac{n}{2n-1}=\frac{1}{2}$.

**解** 由于$\lim\limits_{n\to\infty}a_n=\lim\limits_{n\to\infty}\frac{n}{2n-1}=\frac{1}{2}\neq0$,故级数$\sum\limits_{n=1}^{\infty}\frac{n}{2n-1}$发散.

**【2562】** $1+\frac{1}{3^2}+\frac{1}{5^2}+\cdots+\frac{1}{(2n-1)^2}+\cdots$.

**提示** 注意$0<\frac{1}{(2n-1)^2}\leqslant\frac{1}{n^2}$.

**解** 由于$0<\frac{1}{(2n-1)^2}\leqslant\frac{1}{n^2}$,且级数$\sum\limits_{n=1}^{\infty}\frac{1}{n^2}$收敛,故级数$\sum\limits_{n=1}^{\infty}\frac{1}{(2n-1)^2}$也收敛.

**【2563】** $\frac{1}{\sqrt{2}}+\frac{1}{2\sqrt{3}}+\frac{1}{3\sqrt{4}}+\cdots+\frac{1}{n\sqrt{n+1}}+\cdots$.

**提示** 注意$0<\frac{1}{n\sqrt{n+1}}<\frac{1}{n^{\frac{3}{2}}}$.

**解** 由于$0<\frac{1}{n\sqrt{n+1}}<\frac{1}{n^{\frac{3}{2}}}$,且级数$\sum\limits_{n=1}^{\infty}\frac{1}{n^{\frac{3}{2}}}$收敛,故级数$\sum\limits_{n=1}^{\infty}\frac{1}{n\sqrt{n+1}}$也收敛.

**【2564】** $\frac{1}{\sqrt{1\cdot3}}+\frac{1}{\sqrt{3\cdot5}}+\cdots+\frac{1}{\sqrt{(2n-1)(2n+1)}}+\cdots$.

**提示** 注意$\frac{1}{\sqrt{(2n-1)(2n+1)}}>\frac{1}{2n}>0$.

**解** 由于$\frac{1}{\sqrt{(2n-1)(2n+1)}}>\frac{1}{2n}>0$,且级数$\sum\limits_{n=1}^{\infty}\frac{1}{2n}$发散,故级数$\sum\limits_{n=1}^{\infty}\frac{1}{\sqrt{(2n-1)(2n+1)}}$也发散.

**【2565】** 证明:由等差级数各项的倒数组成的级数是发散的.

**证明思路** 设等差级数为$\sum\limits_{n=1}^{\infty}[a+(n-1)d]$,其中$d$为公差.可以从下面三种情况来证明命题.

(1) $d>0$,总存在正整数$n_0$,使有$a<(n_0-1)d$,则当$n\geqslant n_0$时,有$a+(n-1)d<2(n-1)d$.于是,只需注意到

$$\frac{1}{a+(n-1)d}>\frac{1}{2(n-1)d}>\frac{1}{2nd}>0,$$

即知级数$\sum\limits_{n=1}^{\infty}\frac{1}{a+(n-1)d}$发散.

(2) $d=0$,则$a\neq0$,该级数$\sum\limits_{n=1}^{\infty}\frac{1}{a}$显然发散.

(3) $d<0$.将此级数的各项乘以$-1$,即化为$d>0$的情形.

**证** 设等差级数为$\sum\limits_{n=1}^{\infty}[a+(n-1)d]$,其中$d$为公差.

当$d>0$时,总存在正整数$n_0$,使$a<(n_0-1)d$,则当$n\geqslant n_0$时,有$a+(n-1)d<2(n-1)d$.于是,

$$\frac{1}{a+(n-1)d}>\frac{1}{2(n-1)d}>\frac{1}{2nd}>0,$$

注意到级数$\sum\limits_{n=n_0}^{\infty}\frac{1}{2nd}$发散,因而,级数$\sum\limits_{n=n_0}^{\infty}\frac{1}{a+(n-1)d}$发散,故级数$\sum\limits_{n=1}^{\infty}\frac{1}{a+(n-1)d}$也发散.

当$d=0$时,$a$不可能为零,此时级数$\frac{1}{a}+\frac{1}{a}+\cdots+\frac{1}{a}+\cdots$显然发散.

当$d<0$时,将此级数的各项乘以$-1$即化为$d>0$的情形,于是,这级数也发散.

总上所述,不论$d$为何值,级数$\sum\limits_{n=1}^{\infty}\frac{1}{a+(n-1)d}$均发散.

**【2566】** 证明:若级数$\sum\limits_{n=1}^{\infty}a_n$ (A)及$\sum\limits_{n=1}^{\infty}b_n$ (B)皆收敛且$a_n\leqslant c_n\leqslant b_n(n=1,2,\cdots)$,则级数$\sum\limits_{n=1}^{\infty}c_n$ (C)

也收敛,若级数(A)与(B)皆发散,问级数(C)的收敛性若何?

**提示** (1)先证级数 $\sum_{n=1}^{\infty}(c_n-a_n)$ 收敛.(2)可能收敛,也可能发散.例如,$a_n=-1, b_n=1, c_n=0, c_n=\frac{1}{2}$ $(n=1,2,\cdots)$.

**证** 当级数(A)及(B)收敛时,由于 $a_n\leqslant c_n\leqslant b_n$,故 $0\leqslant c_n-a_n\leqslant b_n-a_n$. 因为级数 $\sum_{n=1}^{\infty}(b_n-a_n)$ 收敛,故级数 $\sum_{n=1}^{\infty}(c_n-a_n)$ 也收敛,再由级数 $\sum_{n=1}^{\infty}a_n$ 及 $\sum_{n=1}^{\infty}(c_n-a_n)$ 的收敛性即知,级数 $\sum_{n=1}^{\infty}[a_n+(c_n-a_n)]=\sum_{n=1}^{\infty}c_n$ 也收敛.

若级数(A)与(B)皆发散,则级数(C)可能收敛,也可能发散.例如,级数

$$-1-1-1-\cdots \quad 及 \quad 1+1+1+\cdots$$

皆发散,而级数 $\sum_{n=1}^{\infty}c_n$ 当 $c_n=0$ $(-1<c_n<1)$ 时收敛;当 $c_n=\frac{1}{2}$ $(-1<c_n<1)$ 也发散.

**【2567】** 设已知二发散级数 $\sum_{n=1}^{\infty}a_n$ 及 $\sum_{n=1}^{\infty}b_n$ 的各项不为负数,问下列级数的收敛性若何:

(1) $\sum_{n=1}^{\infty}\min(a_n,b_n)$ 及 (2) $\sum_{n=1}^{\infty}\max(a_n,b_n)$?

**提示** (1)可能收敛,也可能发散.例如,

$$a_n=\frac{1+(-1)^n}{2},\quad b_n=\frac{1-(-1)^n}{2} \quad 及 \quad a_n=\frac{1}{n},\quad b_n=\frac{1}{2n}.$$

(2)注意 $\max(a_n,b_n)\geqslant a_n\geqslant 0$.

**解** (1) $\sum_{n=1}^{\infty}\min(a_n,b_n)$ 可能收敛,也可能发散.例如,级数 $\sum_{n=1}^{\infty}\frac{1+(-1)^n}{2}$ 及 $\sum_{n=1}^{\infty}\frac{1-(-1)^n}{2}$ 皆发散,但是 $\sum_{n=1}^{\infty}\min(a_n,b_n)=0+0+\cdots+0+\cdots$ 却收敛.又如,级数 $\sum_{n=1}^{\infty}\frac{1}{n}$ 及 $\sum_{n=1}^{\infty}\frac{1}{2n}$ 皆发散,但是 $\sum_{n=1}^{\infty}\min(a_n,b_n)=\sum_{n=1}^{\infty}\frac{1}{2n}$ 也发散.

(2) $\sum_{n=1}^{\infty}\max(a_n,b_n)$ 一定发散.事实上,$\max(a_n,b_n)\geqslant a_n\geqslant 0$,而级数 $\sum_{n=1}^{\infty}a_n$ 发散,故级数 $\sum_{n=1}^{\infty}\max(a_n,b_n)$ 也发散.

**【2568】** 证明:若级数 $\sum_{n=1}^{\infty}a_n$ $(a_n\geqslant 0)$ 收敛,则级数 $\sum_{n=1}^{\infty}a_n^2$ 也收敛.逆命题不成立,举出例子.

**证明思路** 注意到 $a_n\to 0$,故存在 $n_0$,使当 $n\geqslant n_0$ 时,有 $0\leqslant a_n<1$. 从而也有 $0\leqslant a_n^2<a_n$.

反之不真.例如,$a_n=\frac{1}{n}$.

**证** 由于 $\sum_{n=1}^{\infty}a_n$ 收敛,故 $\lim\limits_{n\to\infty}a_n=0$. 于是,总存在 $n_0$. 使当 $n\geqslant n_0$ 时,有 $0\leqslant a_n<1$. 从而,当 $n\geqslant n_0$ 时,有 $0\leqslant a_n^2<a_n$. 由于级数 $\sum_{n=1}^{\infty}a_n$ 收敛,当然级数 $\sum_{n=n_0}^{\infty}a_n$ 收敛,故级数 $\sum_{n=n_0}^{\infty}a_n^2$ 收敛,从而,级数 $\sum_{n=1}^{\infty}a_n^2$ 也收敛.

反之不真.例如,$a_n=\frac{1}{n}$,级数 $\sum_{n=1}^{\infty}a_n^2$ 收敛,而级数 $\sum_{n=1}^{\infty}a_n$ 却发散.

**【2569】** 证明:若级数 $\sum_{n=1}^{\infty}a_n^2$ 及 $\sum_{n=1}^{\infty}b_n^2$ 收敛,则级数 $\sum_{n=1}^{\infty}|a_nb_n|$, $\sum_{n=1}^{\infty}(a_n+b_n)^2$, $\sum_{n=1}^{\infty}\frac{|a_n|}{n}$ 也收敛.

**证明思路** 首先,只要注意 $0\leqslant 2|a_nb_n|\leqslant a_n^2+b_n^2$,第一个结果即获证.其次,由 $(a_n+b_n)^2=a_n^2+2a_nb_n+b_n^2$,易证第二个结果.对于最后一个结果,只要令 $b_n=\frac{1}{n}$,利用第一个结果即获证.

**证** 由于$0\leqslant 2|a_nb_n|\leqslant a_n^2+b_n^2$,且级数$\sum\limits_{n=1}^{\infty}(a_n^2+b_n^2)$收敛,故级数$\sum\limits_{n=1}^{\infty}|a_nb_n|$收敛.

其次,由于$(a_n+b_n)^2=a_n^2+b_n^2+2a_nb_n$,且级数$\sum\limits_{n=1}^{\infty}a_n^2$, $\sum\limits_{n=1}^{\infty}b_n^2$及$\sum\limits_{n=1}^{\infty}a_nb_n$皆收敛,故知级数$\sum\limits_{n=1}^{\infty}(a_n+b_n)^2$也收敛.

最后,设$b_n=\dfrac{1}{n}$,利用第一个结果即证得级数$\sum\limits_{n=1}^{\infty}\dfrac{|a_n|}{n}$收敛.

**【2570】** 证明:若$\lim\limits_{n\to\infty}na_n=a\neq 0$,则级数$\sum\limits_{n=1}^{\infty}a_n$发散.

**证明思路** 不妨设$a>0$. 由题设$\lim\limits_{n\to\infty}na_n=a$可知,对任给的$0<\varepsilon<a$,存在正整数$n_0$,使当$n\geqslant n_0$时,有

$$na_n>a-\varepsilon \quad 或 \quad a_n>(a-\varepsilon)\frac{1}{n},$$

命题易获证.

对于$a<0$. 只须将级数各项乘以$-1$,即化为$a>0$的情形.

**证** $na_n=\dfrac{a_n}{\frac{1}{n}}$. 不妨设$a>0$. 由于$\lim\limits_{n\to\infty}na_n=a$,故对于任给的$0<\varepsilon<a$,总存在正整数$n_0$,使当$n\geqslant n_0$时,有

$$\frac{a_n}{\frac{1}{n}}>a-\varepsilon>0 \quad 或 \quad a_n>(a-\varepsilon)\frac{1}{n}>0.$$

如果级数$\sum\limits_{n=1}^{\infty}a_n$收敛,则级数$\sum\limits_{n=n_0}^{\infty}a_n$也收敛,从而会得出级数$\sum\limits_{n=n_0}^{\infty}\dfrac{1}{n}$收敛的错误结论. 因此,原级数$\sum\limits_{n=1}^{\infty}a_n$发散.

若$a<0$,只要将级数各项乘以$-1$,即化为$a>0$的情形.

**【2571】** 证明:若各项为正且其值单调递减的级数$\sum\limits_{n=1}^{\infty}a_n$收敛,则$\lim\limits_{n\to\infty}na_n=0$.

**证** 对于任何的$m$与$n>m$,我们有

$$(n-m)a_n<a_{m+1}+a_{m+2}+\cdots+a_n<\alpha_m,$$

其中$\alpha_m$为该收敛级数的余式,由此得$na_n<\dfrac{n}{n-m}\alpha_m$.

由于级数$\sum\limits_{n=1}^{\infty}a_n$收敛,故对于任给的$\varepsilon>0$,我们可取定某$m_0$,使$\alpha_{m_0}<\varepsilon$.

其次,由于$\lim\limits_{n\to\infty}\dfrac{n}{n-m_0}=1$,故存在正整数$n_0(n_0>m_0)$,使当$n\geqslant n_0$时,有$\dfrac{n}{n-m_0}<2$.

于是,当$n\geqslant n_0$时,有$0<na_n<2\varepsilon$,因此,$\lim\limits_{n\to\infty}na_n=0$. 本题得证.

**【2572】** 若当$p=1,2,3,\cdots$时,$\lim\limits_{n\to\infty}(a_{n+1}+a_{n+2}+\cdots+a_{n+p})=0$. 问级数$\sum\limits_{n=1}^{\infty}a_n$是否收敛?

**提示** 不一定收敛. 例如,$a_n=\dfrac{1}{n}$.

**解** 若当$p=1,2,3\cdots$时,

$$\lim_{n\to\infty}(a_{n+1}+a_{n+2}+\cdots+a_{n+p})=0, \tag{1}$$

并不一定有级数$\sum\limits_{n=1}^{\infty}a_n$收敛. 例如,取$a_n=\dfrac{1}{n}$,显然级数$\sum\limits_{n=1}^{\infty}\dfrac{1}{n}$发散,但却有

$$0<a_{n+1}+a_{n+2}+\cdots+a_{n+p}=\frac{1}{n+1}+\frac{1}{n+2}+\cdots+\frac{1}{n+p}<\frac{p}{n+1},$$

而$\lim\limits_{n\to\infty}\dfrac{p}{n+1}=0$,故对于一切$p$,(1)式均成立.

这个事实与柯西准则并不矛盾,因为在柯西准则中,对于任给的 $\varepsilon>0$,存在数 $N=N(\varepsilon)$,使当 $n>N$ 和 $p>0$ 时,不等式

$$|a_{n+1}+a_{n+2}+\cdots+a_{n+p}|<\varepsilon$$

成立,则级数 $\sum\limits_{n=1}^{\infty} a_n$ 收敛,其中的 $N$ 只依赖于 $\varepsilon$,而与 $p$ 无关. 本题的叙述中,条件并没有排除 $N$ 要与 $p$ 有关.

**利用柯西准则,证明下列正项级数的收敛性:**

**【2573】** $a_0+\frac{a_1}{10}+\cdots+\frac{a_n}{10^n}+\cdots \quad (|a_n|<10)$.

**证** $$|S_{n+p}-S_n|=\left|\frac{a_n}{10^n}+\frac{a_{n+1}}{10^{n+1}}+\cdots+\frac{a_{n+p-1}}{10^{n+p-1}}\right|\leqslant\frac{|a_n|}{10^n}+\frac{|a_{n+1}|}{10^{n+1}}+\cdots+\frac{|a_{n+p-1}|}{10^{n+p-1}}$$
$$<\frac{1}{10^{n-1}}\left(1+\frac{1}{10}+\cdots+\frac{1}{10^{p-1}}\right)<\frac{1}{10^{n-1}}\cdot\frac{1}{1-\frac{1}{10}}=\frac{1}{9\cdot 10^{n-2}}.$$

任给 $\varepsilon>0$,要 $|S_{n+p}-S_n|<\varepsilon$,只要 $\frac{1}{10^{n-2}}<9\varepsilon$,即只要 $n>2+\lg\frac{1}{9\varepsilon}$. 取 $N=2+[\lg\frac{1}{9\varepsilon}]$,则当 $n>N$ 时,不等式 $|S_{n+p}-S_n|<\varepsilon$ 对一切正整数 $p$ 皆成立,因此,级数 $\sum\limits_{n=1}^{\infty}\frac{a_n}{10^n}$ 收敛.

**【2574】** $\frac{\sin x}{2}+\frac{\sin 2x}{2^2}+\cdots+\frac{\sin nx}{2^n}+\cdots$.

**提示** 注意级数 $\sum\limits_{n=1}^{\infty}\frac{1}{2^n}$ 收敛,以及有 $|S_{n+p}-S_n|\leqslant\frac{1}{2^{n+1}}+\frac{1}{2^{n+2}}+\cdots+\frac{1}{2^{n+p}}$.

**证** $$|S_{n+p}-S_n|=\left|\frac{\sin(n+1)x}{2^{n+1}}+\cdots+\frac{\sin(n+p)x}{2^{n+p}}\right|\leqslant\frac{1}{2^{n+1}}+\cdots+\frac{1}{2^{n+p}}. \tag{1}$$

由于级数 $\sum\limits_{n=1}^{\infty}\frac{1}{2^n}$ 收敛,故按柯西准则,对于任给的 $\varepsilon>0$,总存在正整数 $N$,使当 $n>N$ 时,对任意正整数 $p$,有

$$\frac{1}{2^{n+1}}+\frac{1}{2^{n+2}}+\cdots+\frac{1}{2^{n+p}}<\varepsilon. \tag{2}$$

由(1)式及(2)式得知,当 $n>N$ 时,不等式 $|S_{n+p}-S_n|<\varepsilon$ 对一切正整数 $p$ 皆成立.

因此,级数 $\sum\limits_{n=1}^{\infty}\frac{\sin nx}{2^n}$ 收敛.

**【2575】** $\frac{\cos x-\cos 2x}{1}+\frac{\cos 2x-\cos 3x}{2}+\cdots+\frac{\cos nx-\cos(n+1)x}{n}+\cdots$.

**解** $$S_{n+p}-S_n=\sum_{i=n+1}^{n+p}\frac{\cos ix-\cos(i+1)x}{i}$$
$$=\frac{\cos(n+1)x}{n+1}-\sum_{i=n+1}^{n+p-1}\left(\frac{1}{i}-\frac{1}{i+1}\right)\cos(i+1)x-\frac{\cos(n+p+1)x}{n+p},$$

故

$$|S_{n+p}-S_n|\leqslant\frac{1}{n+1}+\sum_{i=n+1}^{n+p-1}\left(\frac{1}{i}-\frac{1}{i+1}\right)+\frac{1}{n+p}=\frac{2}{n+1}<\frac{2}{n}.$$

对于任给的 $\varepsilon>0$,取正整数 $N=[\frac{2}{\varepsilon}]$,则当 $n>N$ 时,对于一切正整数 $p$,有

$$|S_{n+p}-S_n|<\frac{2}{n}<\varepsilon.$$

因此,级数 $\sum\limits_{n=1}^{\infty}\frac{\cos nx-\cos(n+1)x}{n}$ 收敛.

**利用柯西准则,证明下列级数的发散性:**

【2576】 $1+\frac{1}{2}+\frac{1}{3}+\cdots+\frac{1}{n}+\cdots$.

**证明思路** 不论 $n$ 多大,若令 $p=n$,则有

$$|S_{n+p}-S_n|=\frac{1}{n+1}+\frac{1}{n+2}+\cdots+\frac{1}{2n}>\underbrace{\frac{1}{2n}+\frac{1}{2n}+\cdots+\frac{1}{2n}}_{n\text{项}}=\frac{1}{2}.$$

**解** 取 $0<\varepsilon_0<\frac{1}{2}$.不论 $n$ 多大,若令 $p=n$,则有

$$|S_{n+p}-S_n|=\frac{1}{n+1}+\frac{1}{n+2}+\cdots+\frac{1}{2n}>\underbrace{\frac{1}{2n}+\cdots+\frac{1}{2n}}_{n\text{项}}=\frac{1}{2}>\varepsilon_0.$$

因此,级数 $\sum\limits_{n=1}^{\infty}\frac{1}{n}$ 发散.

【2577】 $1+\frac{1}{2}-\frac{1}{3}+\frac{1}{4}+\frac{1}{5}-\frac{1}{6}+\cdots$.

**证明思路** 不论 $n$ 多大,若令 $p=3n$,则有

$$\begin{aligned}|S_{3n+p}-S_{3n}|&=\frac{1}{3n+1}+\frac{1}{3n+2}-\frac{1}{3n+3}+\cdots+\frac{1}{6n-2}+\frac{1}{6n-1}-\frac{1}{6n}\\&>\frac{1}{3n+3}+\frac{1}{3n+3}-\frac{1}{3n+3}+\cdots+\frac{1}{6n}+\frac{1}{6n}-\frac{1}{6n}\\&=\frac{1}{3}\left(\frac{1}{n+1}+\cdots+\frac{1}{2n}\right)>\frac{1}{6}.\end{aligned}$$

**解** 取 $0<\varepsilon_0<\frac{1}{6}$.不论 $n$ 多大,若令 $p=3n$,则有

$$\begin{aligned}|S_{3n+p}-S_{3n}|&=\frac{1}{3n+1}+\frac{1}{3n+2}-\frac{1}{3n+3}+\cdots+\frac{1}{6n-2}+\frac{1}{6n-1}-\frac{1}{6n}\\&>\frac{1}{3n+3}+\frac{1}{3n+3}-\frac{1}{3n+3}+\cdots+\frac{1}{6n}+\frac{1}{6n}-\frac{1}{6n}\\&=\frac{1}{3}\left(\frac{1}{n+1}+\frac{1}{n+2}+\cdots+\frac{1}{2n}\right)>\frac{1}{3}\left(\underbrace{\frac{1}{2n}+\frac{1}{2n}+\cdots+\frac{1}{2n}}_{n\text{ 项}}\right)=\frac{1}{6}>\varepsilon_0.\end{aligned}$$

因此,级数 $\sum\limits_{n=1}^{\infty}\left(\frac{1}{3n+1}+\frac{1}{3n+2}-\frac{1}{3n+3}\right)$ 发散.

运用达朗贝尔判别法、柯西判别法或比较判别法,研究下列级数的收敛性:

【2578】 $\frac{1000}{1!}+\frac{1000^2}{2!}+\frac{1000^3}{3!}+\cdots+\frac{1000^n}{n!}+\cdots$.

**解** 由于

$$\lim_{n\to\infty}\frac{a_{n+1}}{a_n}=\lim_{n\to\infty}\frac{\frac{1000^{n+1}}{(n+1)!}}{\frac{1000^n}{n!}}=\lim_{n\to\infty}\frac{1000}{n+1}=0<1,$$

故级数 $\sum\limits_{n=1}^{\infty}\frac{1000^n}{n!}$ 收敛.

【2579】 $\frac{(1!)^2}{2!}+\frac{(2!)^2}{4!}+\cdots+\frac{(n!)^2}{(2n)!}+\cdots$.

**解** 由于

$$\lim_{n\to\infty}\frac{a_{n+1}}{a_n}=\lim_{n\to\infty}\frac{\frac{[(n+1)!]^2}{(2n+2)!}}{\frac{(n!)^2}{(2n)!}}=\lim_{n\to\infty}\frac{n+1}{2(2n+1)}=\frac{1}{4}<1,$$

故级数 $\sum\limits_{n=1}^{\infty}\frac{(n!)^2}{(2n)!}$收敛.

**【2580】** $\frac{1!}{1^1}+\frac{2!}{2^2}+\frac{3!}{3^3}+\cdots+\frac{n!}{n^n}+\cdots$.

**提示** 利用达朗贝尔判别法及 69 题的结果.

**解** 由于

$$\lim_{n\to\infty}\frac{a_{n+1}}{a_n}=\lim_{n\to\infty}\frac{\frac{(n+1)!}{(n+1)^{n+1}}}{\frac{n!}{n^n}}=\lim_{n\to\infty}\left(\frac{n}{n+1}\right)^n=\lim_{n\to\infty}\left[\left(1+\frac{1}{n}\right)^n\right]^{-1}=e^{-1}<1,$$

故级数 $\sum\limits_{n=1}^{\infty}\frac{n!}{n^n}$收敛.

**【2581】** (1) $\frac{2\cdot 1!}{1^1}+\frac{2^2\cdot 2!}{2^2}+\frac{2^3\cdot 3!}{3^3}+\cdots+\frac{2^n n!}{n^n}+\cdots$;

(2) $\frac{3\cdot 1!}{1^1}+\frac{3^2\cdot 2!}{2^2}+\frac{3^3\cdot 3!}{3^3}+\cdots+\frac{3^n n!}{n^n}+\cdots$.

**解** (1)由于

$$\lim_{n\to\infty}\frac{a_{n+1}}{a_n}=\lim_{n\to\infty}\frac{\frac{2^{n+1}(n+1)!}{(n+1)^{n+1}}}{\frac{2^n n!}{n^n}}=\lim_{n\to\infty}2\left(1+\frac{1}{n}\right)^{-n}=\frac{2}{e}<1,$$

故级数 $\sum\limits_{n=1}^{\infty}\frac{2^n n!}{n^n}$收敛.

(2)由于

$$\lim_{n\to\infty}\frac{a_{n+1}}{a_n}=\lim_{n\to\infty}\frac{\frac{3^{n+1}(n+1)!}{(n+1)^{n+1}}}{\frac{3^n n!}{n^n}}=\lim_{n\to\infty}3\left(1+\frac{1}{n}\right)^{-n}=\frac{3}{e}>1,$$

故级数 $\sum\limits_{n=1}^{\infty}\frac{3^n n!}{n^n}$发散.

**【2582】** $\frac{(1!)^2}{2}+\frac{(2!)^2}{2^4}+\frac{(3!)^2}{2^9}+\cdots+\frac{(n!)^2}{2^{n^2}}+\cdots$.

**解** 由于

$$\lim_{n\to\infty}\frac{a_{n+1}}{a_n}=\lim_{n\to\infty}\frac{\frac{[(n+1)!]^2}{2^{(n+1)^2}}}{\frac{(n!)^2}{2^{n^2}}}=\lim_{n\to\infty}\frac{(n+1)^2}{2^{2n+1}}=0<1,$$

故级数 $\sum\limits_{n=1}^{\infty}\frac{(n!)^2}{2^{n^2}}$收敛.

**【2583】** $\frac{1000}{1}+\frac{1000\cdot 1001}{1\cdot 3}+\frac{1000\cdot 1001\cdot 1002}{1\cdot 3\cdot 5}+\cdots$.

**解** 由于

$$\lim_{n\to\infty}\frac{a_{n+1}}{a_n}=\lim_{n\to\infty}\frac{1000+n}{2n+1}=\frac{1}{2}<1.$$

故级数 $\sum\limits_{n=1}^{\infty}\frac{1000\cdot 1001\cdots(1000+n)}{1\cdot 3\cdot 5\cdots(2n+1)}$ 收敛.

**【2584】** $\frac{4}{2}+\frac{4\cdot 7}{2\cdot 6}+\frac{4\cdot 7\cdot 10}{2\cdot 6\cdot 10}+\cdots$.

**解** 由于

$$\lim_{n\to\infty}\frac{a_{n+1}}{a_n}=\lim_{n\to\infty}\frac{3n+4}{4n+2}=\frac{3}{4}<1,$$

故级数 $\sum\limits_{n=0}^{\infty}\frac{4\cdot 7\cdot 10\cdots(3n+4)}{2\cdot 6\cdot 10\cdots(4n+2)}$收敛.

**【2585】** $\sum\limits_{n=1}^{\infty}(\sqrt{2}-\sqrt[3]{2})(\sqrt{2}-\sqrt[5]{2})\cdots(\sqrt{2}-\sqrt[2n+1]{2})$.

**提示** 同 2580 题并利用 63 题的结果.

**解** 由于

$$\lim_{n\to\infty}\frac{a_{n+1}}{a_n}=\lim_{n=1}(\sqrt{2}-\sqrt[2n+3]{2})=\sqrt{2}-1<1,$$

故级数 $\sum\limits_{n=1}^{\infty}(\sqrt{2}-\sqrt[3]{2})(\sqrt{2}-\sqrt[5]{2})\cdots(\sqrt{2}-\sqrt[2n+1]{2})$收敛.

**【2586】** $\sum\limits_{n=1}^{\infty}\frac{n^2}{\left(2+\frac{1}{n}\right)^n}$.

**提示** 利用柯西判别法及 65 题的结果.

**解** 由于

$$\lim_{n\to\infty}\sqrt[n]{a_n}=\lim_{n\to\infty}\sqrt[n]{\frac{n^2}{\left(2+\frac{1}{n}\right)^n}}=\lim_{n\to\infty}\frac{\sqrt[n]{n}\ \sqrt[n]{n}}{2+\frac{1}{n}}=\frac{1}{2}<1,$$

故级数 $\sum\limits_{n=1}^{\infty}\frac{n^2}{\left(2+\frac{1}{n}\right)^n}$收敛.

**【2587】** $\sum\limits_{n=1}^{\infty}\frac{n^{n+\frac{1}{n}}}{\left(n+\frac{1}{n}\right)^n}$.

**提示** 注意通项 $a_n\geqslant\left(1+\frac{1}{n}\right)^{-n}\sqrt[n]{n}\to e^{-1}$,并利用比较判别法.

**解** $\frac{n^{n+\frac{1}{n}}}{\left(n+\frac{1}{n}\right)^n}\geqslant\frac{n^n\cdot n^{\frac{1}{n}}}{(n+1)^n}=\left(1+\frac{1}{n}\right)^{-n}\sqrt[n]{n}>0$, 对于级数 $\sum\limits_{n=1}^{\infty}\left(1+\frac{1}{n}\right)^{-n}\sqrt[n]{n}$. 由于其通项趋于$\frac{1}{e}\neq 0$,故它是发散的. 因此,原级数也是发散的.

**注意** 若用达朗贝尔判别法,则有$\lim\limits_{n\to\infty}\frac{a_{n+1}}{a_n}=1$,无明确结论,此时还应改用高斯判别法.

**【2588】** $\sum\limits_{n=2}^{\infty}\frac{1}{\sqrt[n]{\ln n}}$.

**提示** 注意当 $n\geqslant 2$ 时,$\frac{1}{\sqrt[n]{\ln n}}>\frac{1}{\sqrt[n]{n}}>0$. 并利用 65 题的结果及比较判别法.

**解** 当 $n\geqslant 2$ 时, $\ln n<n$. 于是,

$$\frac{1}{\sqrt[n]{\ln n}}>\frac{1}{\sqrt[n]{n}}>0.$$

对于级数 $\sum\limits_{n=2}^{\infty}\frac{1}{\sqrt[n]{n}}$,由于$\lim\limits_{n\to\infty}\frac{1}{\sqrt[n]{n}}=1\neq 0$,故它是发散的. 因此,原级数也发散.

**注意** 若用达朗贝尔判别法,将遇到与 2587 题类似的情况.

**【2589】** $\sum\limits_{n=1}^{\infty}\frac{n^{n-1}}{(2n^2+n+1)^{\frac{n+1}{2}}}$.

**提示** 注意 $0<\frac{n^{n-1}}{(2n^2+n+1)^{\frac{n+1}{2}}}<\frac{n^{n-1}}{(n^2)^{\frac{n+1}{2}}}=\frac{1}{n^2}$,并利用比较判别法.

**解** 由于 $0<\frac{n^{n-1}}{(2n^2+n+1)^{\frac{n+1}{2}}}<\frac{n^{n-1}}{(n^2)^{\frac{n+1}{2}}}=\frac{1}{n^2}$,且级数 $\sum\limits_{n=1}^{\infty}\frac{1}{n^2}$收敛,故原级数也收敛.

**注意** 若用达朗贝尔判别法，则有

$$\lim_{n\to\infty}\frac{a_{n+1}}{a_n}=\left[\lim_{n\to\infty}\frac{(n+1)^n}{n^{n-1}}\cdot\frac{(2n^2+n+1)^{\frac{n+1}{2}}}{(2n^2+5n+4)^{\frac{n+2}{2}}}\right]$$

$$=\lim_{n\to\infty}\left[\left(1+\frac{1}{n}\right)^n\cdot\frac{n}{(2n^2+5n+4)^{\frac{1}{2}}}\cdot\left(\frac{2n^2+n+1}{2n^2+5n+4}\right)^{\frac{n+1}{2}}\right]$$

$$=\mathrm{e}\cdot\frac{1}{\sqrt{2}}\cdot\frac{1}{\mathrm{e}}=\frac{1}{\sqrt{2}}<1,$$

也可证得原级数收敛.

**【2590】** $\sqrt{2}+\sqrt{2-\sqrt{2}}+\sqrt{2-\sqrt{2+\sqrt{2}}}+\sqrt{2-\sqrt{2+\sqrt{2+\sqrt{2}}}}+\cdots$.

**提示** 注意$\sqrt{2}=2\cos\frac{\pi}{4}=2\sin\frac{\pi}{4}$，利用数学归纳法，可证通项 $a_n=2\sin\frac{\pi}{2^{n+1}}$，并利用达朗贝尔判别法.

**解** 解法 1：$\sqrt{2}=2\cos\frac{\pi}{4}=2\sin\frac{\pi}{4}$，

$$\sqrt{2-\sqrt{2}}=\sqrt{2-2\cos\frac{\pi}{4}}=2\sin\frac{\pi}{8},$$

$$\sqrt{2-\sqrt{2+\sqrt{2}}}=\sqrt{2-\sqrt{2+2\cos\frac{\pi}{4}}}=\sqrt{2-2\cos\frac{\pi}{8}}=2\sin\frac{\pi}{16},$$

利用数学归纳法，可证得通项为 $a_n=2\sin\frac{\pi}{2^{n+1}}$. 由于

$$\lim_{n\to\infty}\frac{a_{n+1}}{a_n}=\lim_{n\to\infty}\frac{2\sin\frac{\pi}{2^{n+2}}}{2\sin\frac{\pi}{2^{n+1}}}=\lim_{n\to\infty}\frac{\frac{\pi}{2^{n+2}}}{\frac{\pi}{2^{n+1}}}=\frac{1}{2}<1,$$

故级数收敛.

解法 2：$\sqrt{2-\sqrt{2}}=\frac{\sqrt{2-\sqrt{2}}\sqrt{2+\sqrt{2}}}{\sqrt{2+\sqrt{2}}}=\frac{\sqrt{2}}{\sqrt{2+\sqrt{2}}}$,

$$\sqrt{2-\sqrt{2+\sqrt{2}}}=\frac{\sqrt{2-\sqrt{2+\sqrt{2}}}\sqrt{2+\sqrt{2+\sqrt{2}}}}{\sqrt{2+\sqrt{2+\sqrt{2}}}}=\frac{\sqrt{2-\sqrt{2}}}{\sqrt{2+\sqrt{2+\sqrt{2}}}}.$$

利用数学归纳法，可证得

$$\sqrt{2-\underbrace{\sqrt{2+\sqrt{2+\cdots+\sqrt{2}}}}_{n\text{ 重根号}}}=\frac{1}{\sqrt{2+\underbrace{\sqrt{2+\sqrt{2+\cdots+\sqrt{2}}}}_{n\text{ 重根号}}}}\sqrt{2-\underbrace{\sqrt{2+\sqrt{2+\cdots+\sqrt{2}}}}_{(n-1)\text{ 重根号}}}.$$

由于

$$\lim_{n\to\infty}\frac{a_{n+1}}{a_n}=\lim_{n\to\infty}\frac{1}{\sqrt{2+\underbrace{\sqrt{2+\sqrt{2+\cdots+\sqrt{2}}}}_{n\text{ 重根号}}}}=\frac{1}{2}^{*)}<1,$$

故级数收敛.

*） 利用 637 题的结果.

**【2591】** 证明：若$\lim\limits_{n\to\infty}\frac{a_{n+1}}{a_n}=q\ (a_n>0)$，则 $a_n=o(q_1^n)$，其中 $q_1>q$.

**证** 由于$\lim\limits_{n\to\infty}\frac{a_{n+1}}{a_n}=q$，故利用 141 题的结果，即得$\lim\limits_{n\to\infty}\sqrt[n]{a_n}=q$.

令 $\varepsilon=\frac{1}{2}(q_1-q)>0$，则由上式知存在 $n_0$，使当 $n\geqslant n_0$ 时，有$|\sqrt[n]{a_n}-q|<\varepsilon$，从而有

$$\sqrt[n]{a_n}<q+\varepsilon=\lambda q_1\quad(n\geqslant n_0),$$

其中 $\lambda=\frac{q_1+q}{2q_1}<1$. 利用 $\lambda^n=o(1)$，即证得 $a_n=\lambda^n q_1^n=o(q_1^n)$.

【2592】 证明：若 $\overline{\lim\limits_{n\to\infty}}\frac{a_{n+1}}{a_n}=q<1\ (a_n>0)$，则级数 $\sum\limits_{n=1}^{\infty}a_n$ 收敛.

逆命题不成立. 研究例子 $\frac{1}{2}+\frac{1}{3}+\frac{1}{2^2}+\frac{1}{3^2}+\frac{1}{2^3}+\frac{1}{3^3}+\cdots$.

**证** 取 $0<\varepsilon<1-q$，由于 $\overline{\lim\limits_{n\to\infty}}\frac{a_{n+1}}{a_n}=q<1$，故存在 $n_0$，使当 $n\geqslant n_0$ 时，有 $\frac{a_{n+1}}{a_n}<q+\varepsilon=l<1$. 从而，

$$0<a_n\leqslant a_{n_0}l^{n-n_0}\quad(n\geqslant n_0).$$

由于级数 $\sum\limits_{n=n_0}^{\infty}l^{n-n_0}$ 收敛，故级数 $\sum\limits_{n=n_0}^{\infty}a_n$ 收敛，从而，级数 $\sum\limits_{n=1}^{\infty}a_n$ 收敛.

反之不真，例如，级数 $\frac{1}{2}+\frac{1}{3}+\frac{1}{2^2}+\frac{1}{3^2}+\frac{1}{2^3}+\frac{1}{3^3}+\cdots$ 显然是收敛的. 但是，

$$\frac{a_{n+1}}{a_n}=\begin{cases}\left(\frac{2}{3}\right)^{m+1}, & n=2m+1,\\ \frac{1}{2}\left(\frac{3}{2}\right)^m, & n=2m,\end{cases}$$

故有 $\overline{\lim\limits_{n\to\infty}}\frac{a_{n+1}}{a_n}=+\infty$.

【2593】 证明：若对于级数 $\sum\limits_{n=1}^{\infty}a_n\ (a_n>0)$，存在极限

$$\lim_{n\to\infty}\frac{a_{n+1}}{a_n}=q,\tag{1}$$

则

$$\lim_{n\to\infty}\sqrt[n]{a_n}=q\tag{2}$$

也存在.

逆命题不成立：若极限(2)存在，则极限(1)可以不存在. 研究例子 $\sum\limits_{n=1}^{\infty}\frac{3+(-1)^n}{2^{n+1}}$.

**证** 利用 141 题的结论，本题的前半部分即得证.

反之不真. 例如，对于级数 $\sum\limits_{n=1}^{\infty}\frac{3+(-1)^n}{2^{n+1}}$ 有

$$\lim_{n\to\infty}\sqrt[n]{a_n}=\lim_{n\to\infty}\frac{\sqrt[n]{3+(-1)^n}}{2\cdot\sqrt[n]{2}}=\frac{1}{2}.$$

但是，

$$\frac{a_{n+1}}{a_n}=\frac{3+(-1)^{n+1}}{2[3+(-1)^n]}=\begin{cases}\frac{1}{4}, & n\text{ 为偶数};\\ 1, & n\text{ 为奇数},\end{cases}$$

故极限 $\lim\limits_{n\to\infty}\frac{a_{n+1}}{a_n}$ 不存在.

【2594】 证明：若 $\overline{\lim\limits_{n\to\infty}}\sqrt[n]{a_n}=q\ (a_n\geqslant 0)$，则 (1) 当 $q<1$ 时级数 $\sum\limits_{n=1}^{\infty}a_n$ 收敛；(2) 当 $q>1$ 时级数发散(柯西判别法的推广).

**证** (1) 取 $0<\varepsilon<\frac{1}{2}(1-q)$. 由于 $\overline{\lim\limits_{n\to\infty}}\sqrt[n]{a_n}=q$，故存在 $n_0$，使当 $n\geqslant n_0$ 时，有 $0<\sqrt[n]{a_n}<q+\varepsilon$. 从而，

$$0<\sqrt[n]{a_n}<\frac{q+1}{2}\quad(n\geqslant n_0)\quad\text{或}\quad 0<a_n<\left(\frac{q+1}{2}\right)^n\quad(n\geqslant n_0).$$

由于 $0\leqslant q<1$，故 $0<\frac{q+1}{2}<1$. 又因级数 $\sum\limits_{n=n_0}^{\infty}\left(\frac{q+1}{2}\right)^n$ 收敛，故级数 $\sum\limits_{n=n_0}^{\infty}a_n$ 收敛，从而，级数 $\sum\limits_{n=1}^{\infty}a_n$ 收敛.

(2) 由于 $q>1$，故对于数列 $\{a_n\}$，必有无穷多个 $a_n$，能使不等式 $\sqrt[n]{a_n}>1$ 成立，从而，$a_n>1$. 于是，当 $n\to\infty$ 时，$a_n$ 不可能趋于零，故级数 $\sum\limits_{n=1}^{\infty} a_n$ 发散.

**研究下列级数的收敛性：**

**【2595】** $\sum\limits_{n=1}^{\infty}\frac{2+(-1)^n}{2^n}$.

**提示** 利用柯西判别法及63题的结果.

**解** 由于 $\lim\limits_{n\to\infty}\sqrt[n]{a_n}=\lim\limits_{n\to\infty}\frac{\sqrt[n]{2+(-1)^n}}{2}=\frac{1}{2}<1$，故级数 $\sum\limits_{n=1}^{\infty}\frac{2+(-1)^n}{2^n}$ 收敛.

**【2596】** $\sum\limits_{n=1}^{\infty}\frac{n\cos^2\frac{n\pi}{3}}{2^n}$.

**提示** 注意 $0<\frac{n\cos^2\frac{n\pi}{3}}{2^n}<\frac{n}{2^n}$. 对级数 $\sum\limits_{n=1}^{\infty}\frac{n}{2^n}$ 利用柯西判别法及65题的结果.

**解** $0<\frac{n\cos^2\frac{n\pi}{3}}{2^n}\leqslant\frac{n}{2^n}$. 对于级数 $\sum\limits_{n=1}^{\infty}\frac{n}{2^n}$，由于 $\lim\limits_{n\to\infty}\sqrt[n]{a_n}=\lim\limits_{n\to\infty}\frac{\sqrt[n]{n}}{2}=\frac{1}{2}<1$，故它是收敛的，从而，级数 $\sum\limits_{n=1}^{\infty}\frac{n\cos^2\frac{n\pi}{3}}{2^n}$ 也是收敛的.

**【2597】** $\sum\limits_{n=1}^{\infty}\frac{n^3[\sqrt{2}+(-1)^n]^n}{3^n}$.

**提示** 注意 $0<\frac{n^3[\sqrt{2}+(-1)^n]^n}{3^n}\leqslant\frac{n^3(\sqrt{2}+1)^n}{3^n}$. 对级数 $\sum\limits_{n=1}^{\infty}\frac{n^3(\sqrt{2}+1)^n}{3^n}$ 利用达朗贝尔判别法.

**解** $0<\frac{n^3[\sqrt{2}+(-1)^n]^n}{3^n}\leqslant\frac{n^3(\sqrt{2}+1)^n}{3^n}$.

对于级数 $\sum\limits_{n=1}^{\infty}\frac{n^3(\sqrt{2}+1)^n}{3^n}$，由于 $\lim\limits_{n\to\infty}\frac{a_{n+1}}{a_n}=\lim\limits_{n\to\infty}\frac{\sqrt{2}+1}{3}\left(1+\frac{1}{n}\right)^3=\frac{\sqrt{2}+1}{3}<1$，故它是收敛的，从而，级数 $\sum\limits_{n=1}^{\infty}\frac{n^3[\sqrt{2}+(-1)^n]^n}{3^n}$ 也是收敛的.

**利用拉比判别法和高斯判别法，研究下列级数的收敛性：**

**【2598】** $\left(\frac{1}{2}\right)^p+\left(\frac{1\cdot3}{2\cdot4}\right)^p+\left(\frac{1\cdot3\cdot5}{2\cdot4\cdot6}\right)^p+\cdots$.

**提示** 注意 $\lim\limits_{n\to\infty}n\left(\frac{a_n}{a_{n+1}}-1\right)=\frac{p}{2}$.

**解** $\frac{a_n}{a_{n+1}}=\left(\frac{2n+2}{2n+1}\right)^p$. 由于

$$\lim_{n\to\infty}n\left(\frac{a_n}{a_{n+1}}-1\right)=\lim_{n\to\infty}\frac{\left(\frac{2n+2}{2n+1}\right)^p-1}{\frac{1}{n}}=\lim_{n\to\infty}\frac{1+\frac{p}{2n+1}+o\left(\frac{1}{n}\right)-1}{\frac{1}{n}}=\frac{p}{2},$$

故当 $\frac{p}{2}>1$ 即 $p>2$ 时，级数 $\sum\limits_{n=1}^{\infty}\left[\frac{(2n-1)!!}{(2n)!!}\right]^p$ 收敛.

**【2599】** $\frac{a}{b}+\frac{a(a+d)}{b(b+d)}+\frac{a(a+d)(a+2d)}{b(b+d)(b+2d)}+\cdots\quad(a>0,b>0,d>0)$.

**提示** 注意 $\lim\limits_{n\to\infty}n\left(\frac{a_n}{a_{n+1}}-1\right)=\frac{b-a}{d}$.

解 $\dfrac{a_n}{a_{n+1}}=\dfrac{b+nd}{a+nd}$. 由于$\lim\limits_{n\to\infty}n\left(\dfrac{a_n}{a_{n+1}}-1\right)=\lim\limits_{n\to\infty}n\left(\dfrac{b+nd}{a+nd}-1\right)=\lim\limits_{n\to\infty}\dfrac{(b-a)n}{a+nd}=\dfrac{b-a}{d}$,

故当$\dfrac{b-a}{d}>1$时,级数$\sum\limits_{n=1}^{\infty}\dfrac{a(a+d)\cdots[a+(n-1)d]}{b(b+d)\cdots[b+(n-1)d]}$收敛.

**【2600】** $\sum\limits_{n=1}^{\infty}\dfrac{n!\mathrm{e}^n}{n^{n+p}}$.

提示 注意$\lim\limits_{n\to\infty}n\left(\dfrac{a_n}{a_{n+1}}-1\right)=p-\dfrac{1}{2}$.

解 $\dfrac{a_n}{a_{n+1}}=\dfrac{\dfrac{n!\mathrm{e}^n}{n^{n+p}}}{\dfrac{(n+1)!\mathrm{e}^{n+1}}{(n+1)^{n+1+p}}}=\dfrac{1}{\mathrm{e}}\left(\dfrac{n+1}{n}\right)^{n+p}$.

由于

$$\lim_{n\to\infty}n\left(\frac{a_n}{a_{n+1}}-1\right)=\lim_{n\to\infty}\frac{\frac{1}{\mathrm{e}}\left(\frac{n+1}{n}\right)^{n+p}-1}{\frac{1}{n}}=\lim_{x\to0}\frac{\frac{1}{\mathrm{e}}(1+x)^{\frac{1}{x}+p}-1}{x}=\lim_{x\to0}\frac{\frac{1}{\mathrm{e}}\mathrm{e}^{(\frac{1}{x}+p)\ln(1+x)}-1}{x}$$

$$=\lim_{x\to0}\frac{\frac{1}{\mathrm{e}}\mathrm{e}^{1+(p-\frac{1}{2})x+o(x)}-1}{x}=p-\frac{1}{2},$$

故当$p-\dfrac{1}{2}>1$即$p>\dfrac{3}{2}$时,级数$\sum\limits_{n=1}^{\infty}\dfrac{n!\mathrm{e}^n}{n^{n+p}}$收敛.

**【2601】** $\sum\limits_{n=1}^{\infty}\dfrac{\sqrt{n!}}{(2+\sqrt{1})(2+\sqrt{2})\cdots(2+\sqrt{n})}$.

解 $\dfrac{a_n}{a_{n+1}}=\dfrac{2+\sqrt{n+1}}{\sqrt{n+1}}$. 由于$\lim\limits_{n\to\infty}n\left(\dfrac{a_n}{a_{n+1}}-1\right)=\lim\limits_{n\to\infty}n\left(\dfrac{2+\sqrt{n+1}}{\sqrt{n+1}}-1\right)=\lim\limits_{n\to\infty}\dfrac{2n}{\sqrt{n+1}}=+\infty$,

故级数$\sum\limits_{n=1}^{\infty}\dfrac{\sqrt{n!}}{(2+\sqrt{1})(2+\sqrt{2})\cdots(2+\sqrt{n})}$收敛.

**【2602】** $\sum\limits_{n=1}^{\infty}\dfrac{n!n^{-p}}{q(q+1)\cdots(q+n)}$ $(p>0,q>0)$.

解 $\dfrac{a_n}{a_{n+1}}=\left(\dfrac{n+1}{n}\right)^p\left(1+\dfrac{q}{n+1}\right)$. 由于

$$\lim_{n\to\infty}n\left(\frac{a_n}{a_{n+1}}-1\right)=\lim_{n\to\infty}n\left[\left(1+\frac{1}{n}\right)^p\left(1+\frac{q}{n+1}\right)-1\right]=\lim_{x\to0}\frac{(1+x)^p\left(1+\frac{qx}{1+x}\right)-1}{x}=p+q,$$

故当$p+q>1$时,级数$\sum\limits_{n=1}^{\infty}\dfrac{n!n^{-p}}{q(q+1)\cdots(q+n)}$收敛.

**【2603】** $\sum\limits_{n=1}^{\infty}\dfrac{p(p+1)\cdots(p+n-1)}{n!}\cdot\dfrac{1}{n^q}$ $(p>0,q>0)$.

提示 注意$\lim\limits_{n\to\infty}n\left(\dfrac{a_n}{a_{n+1}}-1\right)=q+1-p$.

解 $\dfrac{a_n}{a_{n+1}}=\left(\dfrac{n+1}{n}\right)^q\dfrac{1+n}{p+n}$. 由于

$$\lim_{n\to\infty}n\left(\frac{a_n}{a_{n+1}}-1\right)=\lim_{n\to\infty}n\left[\left(1+\frac{1}{n}\right)^q\frac{1+n}{p+n}-1\right]=\lim_{x\to0}\frac{\frac{(1+x)^{q+1}}{1+px}-1}{x}=q+1-p,$$

故当$q+1-p>1$即$q>p$时,级数$\sum\limits_{n=1}^{\infty}\dfrac{p(p+1)\cdots(p+n-1)}{n!}\cdot\dfrac{1}{n^q}$收敛.

**【2604】** $\sum\limits_{n=1}^{\infty}\left[\dfrac{1\cdot3\cdot5\cdots(2n-1)}{2\cdot4\cdot6\cdots(2n)}\right]^p\cdot\dfrac{1}{n^q}$.

**解** $\frac{a_n}{a_{n+1}}=\left(\frac{2n+2}{2n+1}\right)^p\left(\frac{n+1}{n}\right)^q$. 由于

$$\lim_{n\to\infty}n\left(\frac{a_n}{a_{n+1}}-1\right)=\lim_{n\to\infty}n\left[\left(\frac{2n+2}{2n+1}\right)^p\left(\frac{n+1}{n}\right)^q-1\right]=\lim_{x\to 0}\frac{\left(\frac{2+2x}{2+x}\right)^p(1+x)^q-1}{x}=q+\frac{p}{2},$$

故当 $q+\frac{p}{2}>1$ 时,级数 $\sum_{n=1}^{\infty}\left[\frac{(2n-1)!!}{(2n)!!}\right]^p\cdot\frac{1}{n^q}$ 收敛.

**【2605】** $\sum_{n=1}^{\infty}\frac{1}{n^p}\left(1-\frac{x\ln n}{n}\right)^n\quad(p>0)$.

**解** 令 $a_n=\frac{1}{n^p}\left(1-\frac{x\ln n}{n}\right)^n$. 由于 $\lim_{n\to\infty}\frac{x\ln n}{n}=0$, 故当 $n$ 充分大时,$a_n>0$.

当 $x=0$ 时,级数为 $\sum_{n=1}^{\infty}\frac{1}{n^p}$,它当 $p>1$ 时收敛,而当 $p\leqslant 1$ 时发散. 当 $x\neq 0$ 时,我们有

$$\ln(a_n n^{p+x})=x\ln n+n\ln\left(1-\frac{x\ln n}{n}\right)=nu_n+n\ln(1-u_n)=nu_n^2\cdot\frac{u_n+\ln(1-u_n)}{u_n^2},$$

其中 $u_n=\frac{x\ln n}{n}$, $u_n\neq 0\ (n>1)$, $u_n\to 0$, $nu_n^2\to 0\ (n\to\infty)$. 由洛必达法则,可得

$$\lim_{n\to\infty}\frac{u_n+\ln(1-u_n)}{u_n^2}=\lim_{v\to 0}\frac{v+\ln(1-v)}{v^2}=\lim_{v\to 0}\frac{1-\frac{1}{1-v}}{2v}=\lim_{v\to 0}\frac{1}{2(v-1)}=-\frac{1}{2},$$

故有

$$\lim_{n\to\infty}\ln(a_n n^{p+x})=0\quad\text{或}\quad\lim_{n\to\infty}\frac{a_n}{\frac{1}{n^{p+x}}}=1.$$

由此可知,级数 $\sum_{n=1}^{\infty}a_n$ 与 $\sum_{n=1}^{\infty}\frac{1}{n^{p+x}}$ 有相同的敛散性,故当 $p+x>1$ 时,级数 $\sum_{n=1}^{\infty}a_n$ 收敛,而当 $p+x\leqslant 1$ 时级数 $\sum_{n=1}^{\infty}a_n$ 发散.

综上所述,级数 $\sum_{n=1}^{\infty}a_n$ 仅当 $x>1-p$ 时收敛.

**【2606】** 证明:若 $a_n>0\ (n=1,2,\cdots)$, 且 $\lim_{n\to\infty}n\left(\frac{a_n}{a_{n+1}}-1\right)=p$,则 $a_n=o\left(\frac{1}{n^{p-\varepsilon}}\right)\ (\varepsilon>0)$.

**证** 下面记 $\alpha_n,\alpha_n',\beta_n,\beta_n',\beta_n'',\varepsilon_n$ 为无穷小量,即

$$\alpha_n=o(1),\alpha_n'=o(1),\ \beta_n=o(1),\ \beta_n'=o(1),\ \beta_n''=o(1),\ \varepsilon_n=o(1)\ (n\to\infty).$$

由题设知,当 $n\to\infty$ 时有 $\frac{a_n}{a_{n+1}}=1+\frac{p}{n}+\frac{\alpha_n}{n}$. 取对数,即得

$$\ln a_n-\ln a_{n+1}=\ln\left(1+\frac{p}{n}+\frac{\alpha_n}{n}\right)=\frac{p}{n}+\frac{\alpha_n}{n}+O\left(\frac{1}{n^2}\right)=\frac{1}{n}(p+\alpha_n').$$

令 $n=1,2,\cdots,N-1$ 并求和,则得

$$\ln a_1-\ln a_N=\sum_{n=1}^{N-1}\frac{1}{n}(p+\alpha_n').$$

由 143 题(在其中令 $x_N=\sum_{n=1}^{N-1}\frac{\alpha_n'}{n}$, $y_N=\sum_{n=1}^{N-1}\frac{1}{n}$)知

$$\lim_{N\to\infty}\frac{\left(\sum_{n=1}^{N-1}\frac{\alpha_n'}{n}\right)}{\left(\sum_{n=1}^{N-1}\frac{1}{n}\right)}=\lim_{N\to\infty}\alpha_N'=0.$$

又由 146 题知 $\sum_{n=1}^{N-1}\frac{1}{n}=C+\ln(N-1)+\varepsilon_n$,其中 $C$ 是欧拉常数, $\varepsilon_N\to 0$. 于是,令

$$\beta_N=\frac{\left(\sum\limits_{n=1}^{N-1}\frac{\alpha_n'}{n}\right)}{\left(\sum\limits_{n=1}^{N-1}\frac{1}{n}\right)},$$

有

$$\ln a_1-\ln a_N=(p+\beta_N)\sum_{n=1}^{N-1}\frac{1}{n}=(p+\beta_N)[C+\ln(N-1)+\varepsilon_N]=(p+\beta_N)\ln(N-1)+k+\beta'_N,$$

其中 $k=Cp$ 为常数. 于是,

$$\ln a_N=-(p+\beta_N)\ln(N-1)+k'-\beta'_N,$$

其中 $k'=\ln a_1-k$ 为常数,从而,

$$a_N=e^{k'-\beta'_N}(N-1)^{-(p+\beta_N)}=e^{k'-\beta'_N}\left(\frac{N-1}{N}\right)^{-(p+\beta_N)}N^{\beta''_N}N^{-p}.$$

其中 $\beta''_N=-\beta_N$. 由于 $\beta''_N=o(1)$,故对于任给的 $\varepsilon>0$,当 $N$ 充分大时,有 $|\beta''_N|<\frac{\varepsilon}{2}$,从而,$N^{\beta''_N}<N^{\frac{\varepsilon}{2}}$. 再注意到

$$\lim_{N\to\infty}\left(\frac{N-1}{N}\right)^{-(p+\beta_N)}=1,$$

即知:当 $N$ 充分大时,有

$$0<a_N\leqslant k''N^{\frac{\varepsilon}{2}}N^{-p}=O\left(\frac{1}{N^{p-\frac{\varepsilon}{2}}}\right),$$

其中 $k''$ 是常数. 于是,得 $a_N=o\left(\frac{1}{N^{p-\varepsilon}}\right)$. 本题获证.

### 求出通项 $a_n$ 的减小的阶,从而研究级数 $\sum\limits_{n=1}^{\infty}a_n$ 的收敛性:

**【2607】** $a_n=\dfrac{n^p+a_1n^{p-1}+\cdots+a_p}{n^q+b_1n^{q-1}+\cdots+b_q}$,其中 $n^q+b_1n^{q-1}+\cdots+b_q>0$.

**提示** 注意 $a_n=O^*\left(\frac{1}{n^{q-p}}\right)$.

**解** 由于 $a_n=O^*\left(\frac{1}{n^{q-p}}\right)$,故当 $q-p>1$ 即 $q>1+p$ 时,级数收敛.

**【2608】** $a_n=\dfrac{1}{n^p}\sin\dfrac{\pi}{n}$.

**提示** 注意 $a_n=O^*\left(\frac{1}{n^{p+1}}\right)$.

**解** 由于 $a_n\geqslant0$,且

$$\lim_{n\to\infty}\frac{\frac{1}{n^p}\sin\frac{\pi}{n}}{\frac{1}{n^{p+1}}}=\pi\quad\text{或}\quad a_n=O^*\left(\frac{1}{n^{p+1}}\right),$$

故仅当 $1+p>1$ 即 $p>0$ 时,级数收敛.

**【2609】** $a_n=(\sqrt{n+1}-\sqrt{n})^p\ln\dfrac{n-1}{n+1}\quad(n>1)$.

**解** 由于 $a_n<0$, 且

$$a_n=\left(\frac{1}{\sqrt{n+1}+\sqrt{n}}\right)^p\ln\left(1-\frac{2}{n+1}\right)=O^*\left(\frac{1}{n^{\frac{p}{2}+1}}\right),$$

故仅当 $\frac{p}{2}+1>1$ 即 $p>0$ 时,级数收敛.

**【2610】** $a_n=\ln^p\left(\sec\dfrac{\pi}{n}\right)$.

**解** 由于 $a_n>0$ ($n>2$ 时),且

$$a_n=\frac{1}{2^p}\ln^p\left(1+\tan^2\frac{\pi}{n}\right)\sim\frac{1}{2^p}\tan^{2p}\frac{\pi}{n}\sim\frac{1}{2^p}\left(\frac{\pi}{n}\right)^{2p}=O^*\left(\frac{1}{n^{2p}}\right),$$

故仅当 $2p>1$ 即 $p>\dfrac{1}{2}$ 时,级数收敛.

**【2611】** $a_n=\lg_{b^n}\left(1+\dfrac{\sqrt[n]{a}}{n}\right)$ $(a>0,b>0)$.

**解** 显然 $b\neq1$ (否则 $a_n$ 无意义). 由于

$$a_n=\frac{\ln\left(1+\dfrac{\sqrt[n]{a}}{n}\right)}{n\ln b}\sim\frac{1}{\ln b}\cdot\frac{\sqrt[n]{a}}{n^2}=O^*\left(\frac{1}{n^2}\right),$$

故级数收敛.

**【2612】** $a_n=\left[\mathrm{e}-\left(1+\dfrac{1}{n}\right)^n\right]^p$.

**解** $\left(1+\dfrac{1}{n}\right)^n=\mathrm{e}^{n\ln\left(1+\frac{1}{n}\right)}=\mathrm{e}^{n\left[\frac{1}{n}-\frac{1}{2n^2}+O^*\left(\frac{1}{n^3}\right)\right]}=\mathrm{e}^{1-\frac{1}{2n}+O^*\left(\frac{1}{n^2}\right)}$.

由于 $a_n>0$,且

$$a_n=\left[\mathrm{e}\left(1-\mathrm{e}^{-\frac{1}{2n}+O^*\left(\frac{1}{n^2}\right)}\right)\right]^p\sim\mathrm{e}^p\left[\frac{1}{2n}+O^*\left(\frac{1}{n^2}\right)\right]^p=O^*\left(\frac{1}{n^p}\right),$$

故仅当 $p>1$ 时,级数收敛.

**【2613】** $a_n=\dfrac{1}{n^{1+\frac{k}{\ln n}}}$

**提示** 注意 $a_n=n^{-\left(1+\frac{k}{\ln n}\right)}=O^*\left(\dfrac{1}{n}\right)$.

**解** 由于 $a_n=n^{-\left(1+\frac{k}{\ln n}\right)}=\mathrm{e}^{-\left(1+\frac{k}{\ln n}\right)\ln n}=\mathrm{e}^{-(\ln n+k)}=\dfrac{1}{n}\mathrm{e}^{-k}=O^*\left(\dfrac{1}{n}\right)$,故级数显然发散.

**【2614】** $a_n=\dfrac{1}{n^{1+\frac{1}{n}}}$.

**提示** 注意 $a_n=\dfrac{1}{n\sqrt[n]{n}}=O^*\left(\dfrac{1}{n}\right)$.

**解** 由于 $a_n=\dfrac{1}{n\sqrt[n]{n}}=O^*\left(\dfrac{1}{n}\right)$,故级数发散.

**【2615】** 证明:若存在 $\alpha>0$ 使当 $n\geqslant n_0$ 时 $\dfrac{\ln\frac{1}{a_n}}{\ln n}\geqslant1+\alpha$ $(a_n>0)$,则级数 $\sum\limits_{n=1}^{\infty}a_n$ $(a_n>0)$ 收敛;若 $n\geqslant n_0$ 时 $\dfrac{\ln\frac{1}{a_n}}{\ln n}\leqslant1$,则此级数发散(对数差别法).

**证明思路** 分别注意 $0<a_n\leqslant\dfrac{1}{n^{1+\alpha}}$ 及 $a_n\geqslant\dfrac{1}{n}$,利用比较判别法,命题即获证.

**证** 若 $\dfrac{\ln\frac{1}{a_n}}{\ln n}\geqslant1+\alpha$,则 $\dfrac{1}{a_n}\geqslant n^{1+\alpha}$ 或 $a_n\leqslant\dfrac{1}{n^{1+\alpha}}$. 由于级数 $\sum\limits_{n=1}^{\infty}\dfrac{1}{n^{1+\alpha}}$ 收敛,故级数 $\sum\limits_{n=1}^{\infty}a_n$ 也收敛.

若 $\dfrac{\ln\frac{1}{a_n}}{\ln n}\leqslant1$,则 $\dfrac{1}{a_n}\leqslant n$ 或 $a_n\geqslant\dfrac{1}{n}$. 由于级数 $\sum\limits_{n=1}^{\infty}\dfrac{1}{n}$ 发散,故级数 $\sum\limits_{n=1}^{\infty}a_n$ 也发散.

**研究具有如下通项的级数的收敛性:**

**【2616】** $a_n=n^{\ln x}$ $(x>0)$.

**提示** 利用 2615 题所示的对数差别法.

**解** 由于

$$\frac{\ln\frac{1}{a_n}}{\ln n}=\frac{-\ln x\ \ln n}{\ln n}=-\ln x,$$

故利用 2615 题的对数差别法,即知仅当 $-\ln x>1$ 或 $x<\frac{1}{e}$ 时,级数收敛.

**【2617】** $a_n=\frac{1}{(\ln\ln n)^{\ln n}}\quad(n>1)$.

**解** $\frac{\ln\frac{1}{a_n}}{\ln n}=\ln[\ln(\ln n)]$. 对于 $\alpha>0$,显然存在 $n_0$,使当 $n\geqslant n_0$ 时,$\ln[\ln(\ln n)]\geqslant 1+\alpha$,故级数收敛.

**【2618】** $a_n=\frac{1}{(\ln n)^{\ln\ln n}}\quad(n>1)$.

**解** $\frac{\ln\frac{1}{a_n}}{\ln n}=\frac{(\ln\ln n)^2}{\ln n}$. 由洛必达法则知

$$\lim_{x\to+\infty}\frac{(\ln\ln x)^2}{\ln x}=\lim_{x\to+\infty}\frac{2\ln\ln x}{\ln x}=\lim_{x\to+\infty}\frac{2}{\ln x}=0,$$

故 $\lim\limits_{n\to\infty}\frac{(\ln\ln n)^2}{\ln n}=0$,从而,存在 $n_0$,使当 $n\geqslant n_0$ 时,有 $\frac{\ln\frac{1}{a_n}}{\ln n}<1$,利用 2615 题的结论,即知级数发散.

**利用柯西积分判别法,研究具有如下通项的级数的收敛性:**

**【2619】** $a_n=\frac{1}{n\ln^p n}$.

**解题思路** 注意不论 $p$ 为何值,当 $x$ 充分大时,函数 $\frac{1}{x\ln^p x}$ 为非负递减函数,且积分

$$\int_2^{+\infty}\frac{dx}{x\ln^p x}=\begin{cases}\left.\frac{1}{(1-p)\ln^{p-1}x}\right|_2^{+\infty}, & p\neq1,\\ \left.\ln\ln x\right|_2^{+\infty}, & p=1.\end{cases}$$

**解** 由于不论 $p$ 为何数,当 $x$ 充分大时,函数 $\frac{1}{x\ln^p x}$ 是非负递减的,并且

$$\int_2^{+\infty}\frac{dx}{x\ln^p x}=\begin{cases}\left.\frac{1}{(1-p)\ln^{p-1}x}\right|_2^{+\infty}, & p\neq1,\\ \left.\ln\ln x\right|_2^{+\infty}, & p=1\end{cases}$$

仅当 $p>1$ 时收敛,故级数仅当 $p>1$ 时收敛.

**【2620】** $a_n=\frac{1}{n(\ln n)^p(\ln\ln n)^q}\quad(n>2)$.

**解** 易知函数 $f(x)=\frac{1}{x(\ln x)^p(\ln\ln x)^q}$ (不论 $p,q$ 为何实数)的导数当 $x$ 充分大时是负的,故当 $x$ 充分大时,$f(x)$ 是非负递减函数.

若 $p=1$,则

$$\int_3^{+\infty}\frac{dx}{x\ln x(\ln\ln x)^q}=\begin{cases}\left.\frac{1}{(1-q)(\ln\ln x)^{q-1}}\right|_3^{+\infty}, & q\neq1,\\ \left.\ln\ln\ln x\right|_3^{+\infty}, & q=1.\end{cases}$$

当 $q>1$ 时收敛，$q\leqslant 1$ 时发散，故由柯西积分判别法知，原级数当 $p=1,q>1$ 时收敛，$p=1,q\leqslant 1$ 时发散.

若 $p\neq 1$，作代换 $\ln x=t$，有

$$\int_3^{+\infty}\frac{\mathrm{d}x}{x(\ln x)^p(\ln\ln x)^q}=\int_{\ln 3}^{+\infty}\frac{\mathrm{d}t}{t^p(\ln t)^q}.$$

当 $p>1$ 时，取 $\eta>0$ 使 $p-\eta>1$，由于(不论 $q$ 为何实数)

$$\lim_{t\to+\infty}t^{p-\eta}\frac{1}{t^p(\ln t)^q}=\lim_{t\to+\infty}\frac{1}{t^{\eta}(\ln t)^q}=0,$$

故积分 $\int_{\ln 3}^{+\infty}\frac{\mathrm{d}t}{t^p(\ln t)^q}$ 收敛，从而，原级数收敛；当 $p<1$ 时，取 $\tau>0$ 使 $p+\tau<1$. 由于

$$\lim_{t\to+\infty}t^{p+\tau}\frac{1}{t^p(\ln t)^q}=\lim_{t\to+\infty}\frac{t^{\tau}}{(\ln t)^q}=+\infty,$$

故积分 $\int_{\ln 3}^{+\infty}\frac{\mathrm{d}t}{t^p(\ln t)^q}$ 发散. 从而，原级数发散.

综上所述，可知原级数仅当 $p=1$，$q>1$ 及 $p>1$，$q$ 任意时收敛.

**【2621】** 研究级数 $\sum\limits_{n=2}^{\infty}\frac{1}{\ln(n!)}$ 的收敛性.

**提示** 注意 $\ln(n!)<n\ln n$，并利用 2619 题的结果，可知级数 $\sum\limits_{n=2}^{\infty}\frac{1}{n\ln n}$ 发散.

**解** 由于 $\ln(n!)=\sum\limits_{k=1}^{n}\ln k<n\ln n$，故 $\frac{1}{\ln(n!)}>\frac{1}{n\ln n}>0$.

利用 2619 题中 $p=1$ 的结果，知级数 $\sum\limits_{n=2}^{\infty}\frac{1}{n\ln n}$ 发散，故级数 $\sum\limits_{n=2}^{\infty}\frac{1}{\ln(n!)}$ 也发散.

**【2622】** 证明：设正项级数 $\sum\limits_{n=1}^{\infty}a_n$ 的项单调递减，则级数 $\sum\limits_{n=1}^{\infty}a_n$ 与级数 $\sum\limits_{n=1}^{\infty}2^n a_{2^n}$ 同时收敛或同时发散.

**证明思路** 令 $S_{2^n}=a_1+a_2+\cdots+a_{2^n}$，由不等式

$$0<S_{2^n}<a_1+(a_2+a_3)+\cdots+(a_{2^n}+\cdots+a_{2^{n+1}-1})<a_1+2a_2+\cdots+2^n a_{2^n}$$

和不等式

$$\begin{aligned}S_{2^n}&=a_1+a_2+(a_3+a_4)+\cdots+(a_{2^{n-1}+1}+\cdots+a_{2^n})\\&>\frac{1}{2}a_1+a_2+2a_4+\cdots+2^{n-1}a_{2^n}=\frac{1}{2}(a_1+2a_2+2^2a_{2^2}+\cdots+2^na_{2^n})>0,\end{aligned}$$

命题即获证.

**证** 设 $S_{2^n}=a_1+a_2+\cdots+a_{2^n}$，则因 $a_1>a_2>\cdots>a_{2^n}>a_{2^n+1}>\cdots>0$，故得

$$0<S_{2^n}<a_1+(a_2+a_3)+\cdots+(a_{2^n}+\cdots+a_{2^{n+1}-1})<a_1+2a_2+\cdots+2^n a_{2^n},\tag{1}$$

且有

$$\begin{aligned}S_{2^n}&=a_1+a_2+(a_3+a_4)+\cdots+(a_{2^{n-1}+1}+\cdots+a_{2^n})\\&>\frac{1}{2}a_1+a_2+2a_4+\cdots+2^{n-1}a_{2^n}=\frac{1}{2}(a_1+2a_2+2^2a_{2^2}+\cdots+2^na_{2^n})>0.\end{aligned}\tag{2}$$

由(1)式得知：若 $\sum\limits_{n=1}^{\infty}2^na_{2^n}$ 收敛，则 $\sum\limits_{n=1}^{\infty}a_n$ 也收敛；由(2)式得知：若 $\sum\limits_{n=1}^{\infty}2^na_{2^n}$ 发散，则 $\sum\limits_{n=1}^{\infty}a_n$ 也发散. 由此本题获证.

**注** 在此命题中，用作比较的级数 $\sum\limits_{n=1}^{\infty}2^na_{2^n}$ 可以用更普遍的级数 $\sum\limits_{n=1}^{\infty}m^na_{m^n}$ 来代替，其中 $m$ 为任一正整数. 证法类似.

**【2623】** 设 $f(x)$ 为单调不增的正值函数. 证明：若级数 $\sum\limits_{n=1}^{\infty}f(n)$ 收敛，则对于其余项 $R_n=\sum\limits_{k=n+1}^{\infty}f(k)$ 有以下的估计：

$$\int_{n+1}^{+\infty} f(x)\mathrm{d}x < R_n < f(n+1) + \int_{n+1}^{+\infty} f(x)\mathrm{d}x.$$

利用此式，求级数 $\sum\limits_{n=1}^{\infty} \frac{1}{n^3}$ 的和精确到 0.01.

**解** 由级数 $\sum\limits_{n=1}^{\infty} f(n)$ 的收敛性，根据柯西积分判别法，知积分 $\int_1^{+\infty} f(x)\mathrm{d}x$ 收敛. 由于 $f(x)$ 单调不增，故

$$f(n+k+1) \leqslant \int_{n+k}^{n+k+1} f(x)\mathrm{d}x \leqslant f(n+k) \quad (k=1,2,3,\cdots).$$

将这些不等式相加，得

$$\sum_{k=1}^{\infty} f(n+k+1) \leqslant \int_{n+1}^{+\infty} f(x)\mathrm{d}x \leqslant \sum_{k=1}^{\infty} f(n+k),$$

即

$$R_n - f(n+1) \leqslant \int_{n+1}^{+\infty} f(x)\mathrm{d}x \leqslant R_n,$$

或

$$\int_{n+1}^{+\infty} f(x)\mathrm{d}x \leqslant R_n \leqslant f(n+1) + \int_{n+1}^{+\infty} f(x)\mathrm{d}x, \tag{1}$$

这就是所需证的不等式.

最后，利用不等式(1)来求级数 $\sum\limits_{n=1}^{\infty} \frac{1}{n^3}$ 的和，精确到 0.01. 易知，当取 $n=8$ 时，即有

$$R_8 \leqslant \frac{1}{9^3} + \int_9^{+\infty} \frac{\mathrm{d}x}{x^3} < 0.008,$$

故取 $\sum\limits_{k=1}^{8} \frac{1}{k^3} \approx 1.20$ 作为级数和的近似值，即可保证误差不超过 0.01.

**注意** 原题中将(1)中的“$\leqslant$”误写为“$<$”，这是不对的，例如，若令 $f(x)=\frac{1}{n^2}$，当 $n \leqslant x < n+1$ 时($n=1,2,\cdots$)，则不等式(1)中左端的“$\leqslant$”号成为“$=$”号：

$$\int_{n+1}^{+\infty} f(x)\mathrm{d}x = R_n = \frac{1}{(n+1)^2} + \frac{1}{(n+2)^2} + \cdots;$$

若令 $f(x)=\frac{1}{n^2}$ 当 $n < x \leqslant n+1$ 时($n=1,2,\cdots$)，则不等式(1)中右端的“$\leqslant$”号成为“$=$”号：

$$R_n = f(n+1) + \int_{n+1}^{+\infty} f(x)\mathrm{d}x = \frac{1}{n^2} + \frac{1}{(n+1)^2} + \cdots.$$

**【2624】** 证明叶尔马科夫判别法：设 $f(x)$ 为单调递减的正值函数，且

$$\lim_{x\to+\infty} \frac{e^x f(e^x)}{f(x)} = \lambda.$$

则级数 $\sum\limits_{n=1}^{\infty} f(n)$ 在 $\lambda<1$ 时收敛，在 $\lambda>1$ 时发散.

**证** 由于 $\lim\limits_{x\to+\infty} \frac{e^x f(e^x)}{f(x)} = \lambda$，故对任给的 $\varepsilon>0$，总存在 $N>0$，使当 $x>N$ 时，有

$$e^x f(e^x) < (\lambda+\varepsilon) f(x).$$

当 $\lambda<1$ 时，取 $\varepsilon$ 使 $\lambda+\varepsilon=\rho<1$，则有 $e^x f(e^x) < \rho f(x)$. 于是，当 $m>N$ 时有

$$\int_N^m e^x f(e^x)\mathrm{d}x < \rho \int_N^m f(x)\mathrm{d}x,$$

即 $\int_{e^N}^{e^m} f(x)\mathrm{d}x < \rho \int_N^m f(x)\mathrm{d}x$，也即

$$(1-\rho)\int_{e^N}^{e^m} f(x)\mathrm{d}x < \rho \int_N^m f(x)\mathrm{d}x - \rho \int_{e^N}^{e^m} f(x)\mathrm{d}x = \rho \int_N^{e^N} f(x)\mathrm{d}x - \rho \int_m^{e^m} f(x)\mathrm{d}x.$$

由于 $N$ 充分大且 $m>N$，故 $m<e^m$. 又因 $f(x)>0$，故 $\int_m^{e^m} f(x)\mathrm{d}x > 0$. 从而，

$$(1-\rho)\int_{e^N}^{e^m} f(x)dx<\rho\int_N^{e^N} f(x)dx,\quad \int_{e^N}^{e^m} f(x)dx<\frac{\rho}{1-\rho}\int_N^{e^N} f(x)dx.$$

固定 $N$,让 $m\to+\infty$,取极限即得

$$\int_{e^N}^{+\infty} f(x)dx\leqslant\frac{\rho}{1-\rho}\int_N^{e^N} f(x)dx=\text{常数}.$$

于是,由柯西积分判别法知级数 $\sum\limits_{n=1}^{\infty} f(n)$收敛.

当 $\lambda>1$ 时,则取 $N$ 为充分大,可得

$$e^x f(e^x)\geqslant f(x)\quad(x>N).$$

从而,$\int_N^m e^x f(e^x)dx\geqslant\int_N^m f(x)dx$, 即

$$\int_{e^N}^{e^m} f(x)dx\geqslant\int_N^m f(x)dx\quad\text{或}\quad\int_{e^N}^m+\int_m^{e^m}\geqslant\int_N^{e^N}+\int_{e^N}^m,$$

故

$$\int_m^{e^m} f(x)dx\geqslant\int_N^{e^N} f(x)dx\quad(m>N).$$

今设 $e_0=N+1$, $e_1=e^{e_0}$, $e_2=e^{e_1}$, $\cdots$, $e_{k+1}=e^{e_k}$,$\cdots$,并分别取 $m=e_0,e_1,e_2,\cdots$,则

$$\int_{e_1}^{e_2} f(x)dx\geqslant\int_N^{e^N} f(x)dx,\quad\int_{e_2}^{e_3} f(x)dx\geqslant\int_N^{e^N} f(x)dx,\quad\cdots,\quad\int_{e_k}^{e_{k+1}} f(x)dx\geqslant\int_N^{e^N} f(x)dx,\cdots$$

最后得

$$\int_{e_0}^{+\infty}f(x)dx=\lim_{n\to\infty}\sum_{k=1}^{\infty}\int_{e_{k-1}}^{e_k} f(x)dx\geqslant\lim_{n\to\infty}n\int_N^{e^N} f(x)dx=+\infty,$$

即$\int_{e_0}^{+\infty}f(x)dx$ 发散,故由柯西积分判别法知,级数 $\sum\limits_{n=1}^{\infty} f(n)$发散.

**【2625】** 证明罗巴切夫斯基判别法:若正项级数 $\sum\limits_{n=1}^{\infty} a_n$ 的项单调趋于零,则级数 $\sum\limits_{n=1}^{\infty} a_n$ 与级数 $\sum\limits_{m=0}^{\infty} p_m 2^{-m}$同时收敛或同时发散,其中 $p_m$ 是满足不等式

$$a_n\geqslant 2^{-m}\quad(n=1,2,\cdots,p_m)$$

的项 $a_n$ 的最大的序号.

**证** 由题设 $p_m$ 是满足不等式$a_n\geqslant 2^{-m}$的项$a_n$ 的最大序号,故有

$$\frac{1}{2^m}\leqslant a_{p_{m-1}+1}<\frac{1}{2^{m-1}},\quad\frac{1}{2^m}\leqslant a_{p_{m-1}+2}<\frac{1}{2^{m-1}},\quad\cdots,\quad\frac{1}{2^m}\leqslant a_{p_m}<\frac{1}{2^{m-1}},\quad a_{p_m+1}<\frac{1}{2^m},$$

于是,

$$a_{p_{m-1}+1}+a_{p_{m-1}+2}+\cdots+a_{p_m}\geqslant(p_m-p_{m-1})\frac{1}{2^m},\tag{1}$$

$$a_{p_{m-1}+1}+a_{p_{m-1}+2}+\cdots+a_{p_m}<(p_m-p_{m-1})\frac{1}{2^{m-1}}.\tag{2}$$

将(1)式及(2)式对 $m$ 从 1 到 $N$ 求和(其中 $N$ 为任意正整数),得

$$\sum_{m=1}^{N}(a_{p_{m-1}+1}+\cdots+a_{p_m})\geqslant\sum_{m=1}^{N}(p_m-p_{m-1})\frac{1}{2^m},$$

$$\sum_{m=1}^{N}(a_{p_{m-1}+1}+\cdots+a_{p_m})<\sum_{m=1}^{N}(p_m-p_{m-1})\frac{1}{2^{m-1}},$$

由上述两个不等式可知,级数 $\sum\limits_{m=1}^{\infty} a_n$ 与级数 $\sum\limits_{m=1}^{\infty}(p_m-p_{m-1})\frac{1}{2^{m-1}}$同时收敛或同时发散. 因此,我们如果能证明级数 $\sum\limits_{m=1}^{\infty}(p_m-p_{m-1})\frac{1}{2^{m-1}}$与级数 $\sum\limits_{m=1}^{\infty} p_m 2^{-m}$同时收敛或同时发散,则命题即获证.

由 $\sum\limits_{m=1}^{\infty} p_m 2^{-m}$ 的收敛性易得 $\sum\limits_{m=1}^{\infty}(p_m-p_{m-1})\frac{1}{2^{m-1}}$ 的收敛性. 反之,若级数 $\sum\limits_{m=1}^{\infty}(p_m-p_{m-1})\frac{1}{2^{m-1}}$ 收敛,则 $\sum\limits_{m=1}^{\infty} p_m 2^{-m}$ 也收敛. 事实上,记 $A=\sum\limits_{m=1}^{\infty}(p_m-p_{m-1})\frac{1}{2^{m-1}}$,由于 $p_m-p_{m-1}\geqslant 0(m=1,2,\cdots)$,故有

$$A\geqslant\sum_{m=1}^{N}(p_m-p_{m-1})\frac{1}{2^{m-1}}=\sum_{m=1}^{N}p_m\frac{1}{2^{m-1}}-\sum_{m=1}^{N}p_{m-1}\frac{1}{2^{m-1}}=\sum_{m=1}^{N}p_m\frac{1}{2^{m-1}}-\sum_{l=0}^{N-1}p_l\frac{1}{2^l}$$
$$=\frac{1}{2^{N-1}}p_N+\sum_{m=1}^{N-1}p_m\left(\frac{1}{2^{m-1}}-\frac{1}{2^m}\right)-p_0=\sum_{m=1}^{N-1}p_m 2^{-m}+\frac{1}{2^{N-1}}p_N-p_0.$$

若记 $S_N=\sum\limits_{m=1}^{N-1}p_m 2^{-m}$,则由上式得

$$S_N=\sum_{m=1}^{N}(p_m-p_{m-1})\frac{1}{2^{m-1}}+p_0-\frac{1}{2^{N-1}}p_N\leqslant p_0+\sum_{m=1}^{N}(p_m-p_{m-1})\frac{1}{2^{m-1}}\leqslant p_0+A.$$

因而数列 $\{S_N\}$ 单调递增且有界,故 $\lim\limits_{N\to+\infty}S_N$ 存在有限,即级数 $\sum\limits_{m=1}^{\infty}p_m 2^{-m}$ 收敛. 证毕.

**研究下列级数的收敛性:**

**【2626】** $\sum\limits_{n=2}^{\infty}\frac{\sqrt{n+2}-\sqrt{n-2}}{n^a}$.

**提示** 注意 $\lim\limits_{n\to\infty}\dfrac{\frac{\sqrt{n+2}-\sqrt{n-2}}{n^a}}{\frac{1}{n^{a+\frac{1}{2}}}}=2$.

**解** 由于 $0<\frac{\sqrt{n+2}-\sqrt{n-2}}{n^a}=\frac{4}{n^a(\sqrt{n+2}+\sqrt{n-2})}$,而

$$\lim_{n\to\infty}\frac{\frac{4}{n^a(\sqrt{n+2}+\sqrt{n-2})}}{\frac{1}{n^{a+\frac{1}{2}}}}=2,$$

注意到级数 $\sum\limits_{n=1}^{\infty}\frac{1}{n^{a+\frac{1}{2}}}$ 仅当 $a+\frac{1}{2}>1$(即 $a>\frac{1}{2}$)时收敛,即知原级数仅当 $a>\frac{1}{2}$ 时收敛.

**【2627】** $\sum\limits_{n=1}^{\infty}(\sqrt{n+a}-\sqrt[4]{n^2+n+b})$.

**解** 利用公式 $\alpha-\beta=\frac{\alpha^4-\beta^4}{(\alpha+\beta)(\alpha^2+\beta^2)}$, 得

$$\sqrt{n+a}-\sqrt[4]{n^2+n+b}=\frac{(2a-1)n+a^2-b}{(\sqrt{n+a}+\sqrt[4]{n^2+n+b})(n+a+\sqrt{n^2+n+b})}.$$

由此可知,不论 $a=\frac{1}{2}$ 还是 $a\neq\frac{1}{2}$,当 $n$ 充分大时,上式右端均保持定号,故原级数可当成正项级数处理. 若 $a=\frac{1}{2}$,由于

$$\lim_{n\to\infty}\frac{\frac{a^2-b}{(\sqrt{n+a}+\sqrt[4]{n^2+n+b})(n+a+\sqrt{n^2+n+b})}}{\frac{1}{n^{\frac{3}{2}}}}=\frac{a^2-b}{4},$$

而级数 $\sum\limits_{n=1}^{\infty}\frac{1}{n^{\frac{3}{2}}}$ 收敛,故原级数收敛;若 $a\neq\frac{1}{2}$,由于

$$\lim_{n\to\infty}\frac{\frac{(2a-1)n+a^2-b}{(\sqrt{n+a}+\sqrt[4]{n^2+n+b})(n+a+\sqrt{n^2+n+b})}}{\frac{1}{\sqrt{n}}}=\frac{2a-1}{4}\neq 0,$$

而级数 $\sum_{n=1}^{\infty}\frac{1}{\sqrt{n}}$ 发散,故原级数发散.

**【2628】** $\sum_{n=1}^{\infty}\left(\cot\frac{n\pi}{4n-2}-\sin\frac{n\pi}{2n+1}\right)$.

**解题思路** 注意 $\cot\frac{n\pi}{4n-2}-\sin\frac{n\pi}{2n+1}=\left(\cot\frac{n\pi}{4n-2}-1\right)+\left(1-\sin\frac{n\pi}{2n+1}\right)$.

分别考虑级数 $\sum_{n=1}^{\infty}\left(1-\cot\frac{n\pi}{4n-2}\right)$ 及 $\sum_{n=1}^{\infty}\left(1-\sin\frac{n\pi}{2n+1}\right)$,它们均为正项级数. 由

$$\lim_{n\to\infty}\frac{1-\cot\frac{n\pi}{4n-2}}{\frac{1}{n}}=\frac{\pi}{4}\quad 及\quad \lim_{n\to\infty}\frac{1-\sin\frac{n\pi}{2n+1}}{\frac{1}{n^2}}=\frac{\pi^2}{32}.$$

即知原级数发散.

**解** $\sum_{n=1}^{\infty}\left(\cot\frac{n\pi}{4n-2}-\sin\frac{n\pi}{2n+1}\right)=\sum_{n=1}^{\infty}\left[\left(\cot\frac{n\pi}{4n-2}-1\right)+\left(1-\sin\frac{n\pi}{2n+1}\right)\right]$.

分别考虑级数

$$\sum_{n=1}^{\infty}\left(1-\cot\frac{n\pi}{4n-2}\right)\quad 及\quad \sum_{n=1}^{\infty}\left(1-\sin\frac{n\pi}{2n+1}\right),$$

它们都是正项级数. 由于

$$\lim_{n\to\infty}\frac{1-\cot\frac{n\pi}{4n-2}}{\frac{1}{n}}=\frac{\pi}{4},\qquad \lim_{n\to\infty}\frac{1-\sin\frac{n\pi}{2n+1}}{\frac{1}{n^2}}=\frac{\pi^2}{32},$$

而 $\sum_{n=1}^{\infty}\frac{1}{n}$ 发散, $\sum_{n=1}^{\infty}\frac{1}{n^2}$ 收敛,故 $\sum_{n=1}^{\infty}\left(1-\cot\frac{n\pi}{4n-2}\right)$ 发散, $\sum_{n=1}^{\infty}\left(1-\sin\frac{n\pi}{2n+1}\right)$ 收敛,

从而,级数 $\sum_{n=1}^{\infty}\left(\cot\frac{n\pi}{4n-2}-\sin\frac{n\pi}{2n+1}\right)$ 发散.

**【2629】** $\sum_{n=1}^{\infty}\left(\frac{1}{\sqrt{n}}-\sqrt{\ln\frac{n+1}{n}}\right)$.

**解题思路** 注意当 $x\neq0$ 及 $x>-1$ 时,有 $\ln(1+x)<x$. 于是,可得 $\frac{1}{n+1}<\ln\frac{n+1}{n}<\frac{1}{n}$. 从而,

$$0<\frac{1}{\sqrt{n}}-\sqrt{\ln\frac{n+1}{n}}<\frac{1}{\sqrt{n}}-\frac{1}{\sqrt{n+1}},$$

而

$$\frac{1}{\sqrt{n}}-\frac{1}{\sqrt{n+1}}=\frac{\frac{1}{n}-\frac{1}{n+1}}{\frac{1}{\sqrt{n}}+\frac{1}{\sqrt{n+1}}}<\frac{\frac{1}{n(n+1)}}{\frac{2}{\sqrt{n+1}}}<\frac{1}{2n^{\frac{3}{2}}}.$$

**解** 当 $x\neq0$ 及 $-1<x<+\infty$ 时,有 $\ln(1+x)<x$. 利用上式,即得

$$\ln\frac{n+1}{n}=\ln\left(1+\frac{1}{n}\right)<\frac{1}{n},\quad \ln\frac{n+1}{n}=-\ln\frac{n}{n+1}=-\ln\left(1-\frac{1}{n+1}\right)>\frac{1}{n+1},$$

即

$$\frac{1}{n+1}<\ln\frac{n+1}{n}<\frac{1}{n}.$$

于是,

$$0<\frac{1}{\sqrt{n}}-\sqrt{\ln\frac{n+1}{n}}<\frac{1}{\sqrt{n}}-\frac{1}{\sqrt{n+1}}=\frac{\frac{1}{n}-\frac{1}{n+1}}{\frac{1}{\sqrt{n}}+\frac{1}{\sqrt{n+1}}}<\frac{\frac{1}{n(n+1)}}{\frac{2}{\sqrt{n+1}}}<\frac{1}{2n^{\frac{3}{2}}}.$$

但级数 $\sum_{n=1}^{\infty}\frac{1}{n^{\frac{3}{2}}}$ 收敛,故原级数也收敛.

**【2630】** $\sum_{n=1}^{\infty}\frac{\ln(n!)}{n^a}$.

**解** 先设 $a>2$. 利用斯特林公式 $n!=\sqrt{2\pi n}n^n\mathrm{e}^{-n+\frac{\theta_n}{12n}}$ $(0<\theta_n<1)$,即得

$$\frac{\ln(n!)}{n^a}=\frac{\ln 2\pi}{2n^a}+\frac{\ln n}{2n^a}+\frac{\ln n}{n^{a-1}}+\frac{\theta_n}{12n^{a+1}}-\frac{1}{n^{a-1}}.$$

显然,当 $a>2$ 时,级数 $\sum_{n=1}^{\infty}\frac{1}{n^a}$、$\sum_{n=1}^{\infty}\frac{\ln n}{n^a}$、$\sum_{n=1}^{\infty}\frac{\ln n}{n^{a-1}}$、$\sum_{n=1}^{\infty}\frac{\theta_n}{n^{a+1}}$ 以及 $\sum_{n=1}^{\infty}\frac{1}{n^{a-1}}$ 均收敛,故原级数 $\sum_{n=1}^{\infty}\frac{\ln(n!)}{n^a}$ 收敛.

现设 $a\leqslant 2$. 由于 $\lim_{n\to\infty}\ln n=+\infty$,利用 139 题的结果可知

$$\lim_{n\to\infty}\frac{\sum_{k=1}^{n}\ln k}{n}=+\infty,$$

从而,

$$\lim_{n\to\infty}\frac{\frac{\ln(n!)}{n^a}}{\frac{1}{n^{a-1}}}=\lim_{n\to\infty}\frac{\sum_{k=1}^{n}\ln k}{n}=+\infty,$$

再注意到此时 $\sum_{n=1}^{\infty}\frac{1}{n^{a-1}}$ 发散,即知原级数 $\sum_{n=1}^{\infty}\frac{\ln(n!)}{n^a}$ 发散.

**【2631】** $\sum_{n=1}^{\infty}\mathrm{e}^{-\sqrt[3]{n}}$.

**解题思路** 注意当 $t$ 充分大时,有 $\mathrm{e}^t\geqslant At^4$($A$ 为正常数),故存在正整数 $n_0$,使当 $n\geqslant n_0$ 时,有

$$\mathrm{e}^{\sqrt[3]{n}}\geqslant An^{\frac{4}{3}}\quad 或\quad 0<\mathrm{e}^{-\sqrt[3]{n}}\leqslant\frac{1}{A}n^{-\frac{4}{3}},$$

利用比较判别法即可获解. 利用拉比判别法也可获解.

**解** 解法 1:利用拉比判别法.

$$n\left(\frac{a_n}{a_{n+1}}-1\right)=n(\mathrm{e}^{\sqrt[3]{n+1}-\sqrt[3]{n}}-1)=\frac{\mathrm{e}^{\sqrt[3]{n+1}-\sqrt[3]{n}}-1}{\sqrt[3]{n+1}-\sqrt[3]{n}}\cdot n(\sqrt[3]{n+1}-\sqrt[3]{n}).$$

由于

$$\lim_{n\to\infty}(\sqrt[3]{n+1}-\sqrt[3]{n})=\lim_{n\to\infty}\frac{1}{\sqrt[3]{(n+1)^2}+\sqrt[3]{n(n+1)}+\sqrt[3]{n^2}}=0,$$

$$\lim_{n\to\infty}n(\sqrt[3]{n+1}-\sqrt[3]{n})=\lim_{n\to\infty}\frac{n}{\sqrt[3]{(n+1)^2}+\sqrt[3]{n(n+1)}+\sqrt[3]{n^2}}=+\infty,$$

利用 $\lim_{t\to 0}\frac{\mathrm{e}^t-1}{t}=1$,即得 $\lim_{n\to\infty}n\left(\frac{a_n}{a_{n+1}}-1\right)=+\infty$,故级数 $\sum_{n=1}^{\infty}\mathrm{e}^{-\sqrt[3]{n}}$ 收敛.

解法 2:当 $t$ 充分大时,有 $\mathrm{e}^t\geqslant At^4$($A$ 为大于零的常数),故存在 $n_0$,使当 $n\geqslant n_0$ 时,有 $\mathrm{e}^{\sqrt[3]{n}}\geqslant An^{\frac{4}{3}}$. 从而,

$$0<\mathrm{e}^{-\sqrt[3]{n}}\leqslant\frac{1}{A}n^{-\frac{4}{3}}.$$

但级数 $\sum_{n=1}^{\infty}n^{-\frac{4}{3}}$ 收敛,故原级数收敛.

**【2632】** $\sum_{n=1}^{\infty}n^2\mathrm{e}^{-\sqrt{n}}$.

**解题思路** 注意当 $t$ 充分大时,有 $\mathrm{e}^t\geqslant Bt^7$($B$ 为正常数),并仿 2631 题解法 2.

**解** 当 $t$ 充分大时,有 $\mathrm{e}^t\geqslant Bt^7$($B>0$ 为常数),故存在 $n_0$,使当 $n\geqslant n_0$ 时,有

$$0<n^2\mathrm{e}^{-\sqrt{n}}\leqslant\frac{1}{B}n^{-\frac{7}{2}+2}=\frac{1}{B}n^{-\frac{3}{2}}.$$

但级数 $\sum_{n=1}^{\infty} n^{-\frac{3}{2}}$ 收敛，故原级数收敛.

**【2633】** $\sum_{n=1}^{\infty}\left(n^{\frac{1}{n^2+1}}-1\right)$.

**解题思路** 注意 $a_n=n^{\frac{1}{n^2+1}}-1=e^{\frac{\ln n}{n^2+1}}-1\sim\frac{\ln n}{n^2+1}\sim\frac{\ln n}{n^2}$. 又存在正整数 $n_0$，使当 $n\geqslant n_0$ 时，有

$$0<\frac{\ln n}{n^2}\leqslant\frac{A}{n^{\frac{3}{2}}}\quad(A\text{ 为正常数}).$$

利用比较判别法即可获解.

**解** $a_n=n^{\frac{1}{n^2+1}}-1=e^{\frac{\ln n}{n^2+1}}-1\sim\frac{\ln n}{n^2+1}\sim\frac{\ln n}{n^2}$. 又由于存在 $n_0$，使当 $n\geqslant n_0$ 时，有 $0<\frac{\ln n}{n^2}\leqslant\frac{A}{n^{\frac{3}{2}}}$ $(A>0$，常数)，而级数 $\sum_{n=1}^{\infty} n^{-\frac{3}{2}}$ 收敛，故级数 $\sum_{n=1}^{\infty}\frac{\ln n}{n^2}$ 收敛，从而，级数 $\sum_{n=1}^{\infty}\left(n^{\frac{1}{n^2+1}}-1\right)$ 收敛.

**【2634】** $\sum_{n=1}^{\infty} e^{\frac{a\ln n+b}{c\ln n+d}}$.

**解** 先设 $c\neq0$. 若 $bc-ad\neq0$，应用拉比判别法，我们有

$$n\left(\frac{a_n}{a_{n+1}}-1\right)=n\left[e^{\frac{a\ln n+b}{c\ln n+d}-\frac{a\ln(n+1)+b}{c\ln(n+1)+d}}-1\right]=n\left\{e^{\frac{(bc-ad)\ln\left(1+\frac{1}{n}\right)}{(c\ln n+d)[c\ln(n+1)+d]}}-1\right\}$$

$$=\frac{e^{\frac{(bc-ad)\ln\left(1+\frac{1}{n}\right)}{(c\ln n+d)[c\ln(n+1)+d]}}-1}{\frac{(bc-ad)\ln\left(1+\frac{1}{n}\right)}{(c\ln n+d)[c\ln(n+1)+d]}}\cdot\frac{(bc-ad)\ln\left(1+\frac{1}{n}\right)}{\frac{1}{n}}\cdot\frac{1}{(c\ln n+d)[c\ln(n+1)+d]}.$$

当 $n\to\infty$ 时，上述等式右端的第一个因子趋于 1，第二个因子趋于 $bc-ad$，第三个因子趋于零，因此，

$$\lim_{n\to\infty} n\left(\frac{a_n}{a_{n+1}}-1\right)=0.$$

从而，级数发散；若 $bc-ad=0$，此时 $a_n=$常数$>0$ $(n=1,2,\cdots)$，故级数发散. 若 $c=0$，则

$$n\left(\frac{a_n}{a_{n+1}}-1\right)=\frac{e^{-\frac{a\ln\left(1+\frac{1}{n}\right)}{d}}-1}{-\frac{a}{d}\ln\left(1+\frac{1}{n}\right)}\cdot\left(-\frac{a}{d}\right)\cdot\frac{\ln\left(1+\frac{1}{n}\right)}{\frac{1}{n}}\to-\frac{a}{d}\quad(d\neq0).$$

于是，如果 $-\frac{a}{d}>1$ 即 $\frac{a}{d}<-1$，则级数收敛；如果 $-\frac{a}{d}<1$，则级数发散；若 $-\frac{a}{d}=1$，则 $a_n=\frac{C}{n}$ $(C>0$ 是常数)，从而，级数发散.

**【2635】** $\sum_{n=1}^{\infty}\frac{1}{\ln^2\left(\sin\frac{1}{n}\right)}$.

**解** 考虑级数 $\sum_{n=1}^{\infty}\frac{1}{\ln^2\frac{1}{n}}$. 由于

$$\frac{\frac{1}{\ln^2\frac{1}{n}}}{\frac{1}{\ln^2\left(\sin\frac{1}{n}\right)}}=\left(\frac{\ln\sin\frac{1}{n}}{\ln\frac{1}{n}}\right)^2\quad\text{并且}\quad\lim_{n\to\infty}\frac{\ln\sin\frac{1}{n}}{\ln\frac{1}{n}}=\lim_{x\to+0}\frac{\ln\sin x}{\ln x}=\lim_{x\to+0}\frac{\frac{\cos x}{\sin x}}{\frac{1}{x}}=1,$$

故

$$\frac{1}{\ln^2\left(\sin\frac{1}{n}\right)}\sim\frac{1}{\ln^2\frac{1}{n}}=\frac{1}{\ln^2 n}.$$

又当 $n>1$ 时，$0<\ln n<\sqrt{n}$，故 $\frac{1}{\ln^2 n}>\frac{1}{n}$. 由于级数 $\sum\limits_{n=1}^{\infty}\frac{1}{n}$ 发散，故级数 $\sum\limits_{n=1}^{\infty}\frac{1}{\ln^2 n}$ 发散，从而，原级数发散.

**【2636】** $\sum\limits_{n=1}^{\infty}\left(\cos\frac{a}{n}\right)^{n^3}$.

**解** 若 $a=0$. 级数显然发散.

若 $a\neq 0$. 由于

$$\sqrt[n]{a_n}=\left(\cos\frac{a}{n}\right)^{n^2}=e^{n^2\ln\cos\frac{a}{n}}=e^{n^2\ln\left[1-\frac{a^2}{2n^2}+o\left(\frac{1}{n^4}\right)\right]}=e^{n^2\left[-\frac{a^2}{2n^2}+o\left(\frac{1}{n^4}\right)\right]}=e^{-\frac{a^2}{2}+o\left(\frac{1}{n^2}\right)}$$

并且 $\lim\limits_{n\to\infty}\sqrt[n]{a_n}=e^{-\frac{a^2}{2}}<1$，故级数 $\sum\limits_{n=1}^{\infty}\left(\cos\frac{a}{n}\right)^{n^3}$ 当 $a\neq 0$ 时收敛.

**【2637】** $\sum\limits_{n=1}^{\infty}\ln\left(\frac{\operatorname{ch}\frac{\pi}{n}}{\cos\frac{\pi}{n}}\right)$.

**解**

$$a_n=\ln\left(\frac{\operatorname{ch}\frac{\pi}{n}}{\cos\frac{\pi}{n}}\right)=\frac{\operatorname{ch}\frac{\pi}{n}-\cos\frac{\pi}{n}}{\cos\frac{\pi}{n}}\ln\left[1+\left(\frac{\operatorname{ch}\frac{\pi}{n}}{\cos\frac{\pi}{n}}-1\right)\right]^{\frac{\cos\frac{\pi}{n}}{\operatorname{ch}\frac{\pi}{n}-\cos\frac{\pi}{n}}},$$

其中 $\frac{\operatorname{ch}\frac{\pi}{n}}{\cos\frac{\pi}{n}}-1\to 0$（当 $n\to\infty$ 时）. 由于

$$\lim_{x\to 0}\frac{\operatorname{ch}\pi x-\cos\pi x}{x^2}=\lim_{x\to 0}\frac{\pi\operatorname{sh}\pi x+\pi\sin\pi x}{2x}=\lim_{x\to 0}\frac{\pi^2\operatorname{ch}\pi x+\pi^2\cos\pi x}{2}=\pi^2,$$

故得

$$\lim_{n\to\infty}\frac{a_n}{\frac{1}{n^2}}=\lim_{n\to\infty}\left\{\frac{\frac{\operatorname{ch}\frac{\pi}{n}-\cos\frac{\pi}{n}}{\cos\frac{\pi}{n}}}{\frac{1}{n^2}}\cdot\ln\left[1+\left(\frac{\operatorname{ch}\frac{\pi}{n}}{\cos\frac{\pi}{n}}-1\right)\right]^{\frac{\cos\frac{\pi}{n}}{\operatorname{ch}\frac{\pi}{n}-\cos\frac{\pi}{n}}}\right\}$$

$$=\lim_{n\to\infty}\frac{1}{\cos\frac{\pi}{n}}\cdot\lim_{n\to\infty}\frac{\operatorname{ch}\frac{\pi}{n}-\cos\frac{\pi}{n}}{\frac{1}{n^2}}\cdot\lim_{n\to\infty}\ln\left[1+\left(\frac{\operatorname{ch}\frac{\pi}{n}}{\cos\frac{\pi}{n}}-1\right)\right]^{\frac{\cos\frac{\pi}{n}}{\operatorname{ch}\frac{\pi}{n}-\cos\frac{\pi}{n}}}$$

$$=1\cdot\pi^2\cdot 1=\pi^2,$$

故存在常数 $k>0$，有 $\left|\frac{a_n}{\frac{1}{n^2}}\right|\leqslant k$（$n$ 充分大），即 $|a_n|\leqslant k\cdot\frac{1}{n^2}$，由于级数 $\sum\limits_{n=1}^{\infty}\frac{1}{n^2}$ 收敛，故原级数收敛.

**【2638】** $\sum\limits_{n=1}^{\infty}\frac{n!}{n^{\sqrt{n}}}$.

**解** 由于 $n!>\left(\frac{n}{e}\right)^{n}$*)，故有

$$\frac{n!}{n^{\sqrt{n}}}>\frac{1}{e^n}n^{n-\sqrt{n}}=b_n.$$

但 $\sqrt[n]{b_n}=\frac{1}{e}n^{1-\frac{1}{\sqrt{n}}}\to\infty$（当 $n\to\infty$ 时），因此，级数 $\sum\limits_{n=1}^{\infty}b_n$ 发散，从而，原级数发散.

*) 利用 74 题的结论.

【2639】 $\sum_{n=2}^{\infty}\frac{n^{\ln n}}{(\ln n)^n}$.

解 $a_n=\frac{n^{\ln n}}{(\ln n)^n}=\frac{e^{(\ln n)^2}}{e^{n\ln(\ln n)}}=e^{-[n\ln(\ln n)-\ln^2 n]}$. 由于

$$\lim_{n\to\infty}\frac{n\ln(\ln n)-\ln^2 n}{n}=+\infty,$$

故存在 $n_0$,使当 $n\geqslant n_0$ 时,有 $n\ln(\ln n)-\ln^2 n\geqslant An$, 其中 $A$ 为大于零的常数,从而,有

$$\frac{a_n}{\frac{1}{n^2}}=\frac{n^2}{e^{n\ln(\ln n)-\ln^2 n}}\leqslant\frac{n^2}{e^{An}}\to 0\quad(\text{当 } n\to\infty\text{时}),$$

于是,级数 $\sum_{n=2}^{\infty}\frac{n^{\ln n}}{(\ln n)^n}$收敛.

【2640】 $\sum_{n=1}^{\infty}\left(a^{\frac{1}{n}}-\frac{b^{\frac{1}{n}}+c^{\frac{1}{n}}}{2}\right)\quad(a>0,b>0,c>0)$.

解 由于

$$\lim_{n\to\infty}\frac{a^{\frac{1}{n}}-\frac{b^{\frac{1}{n}}+c^{\frac{1}{n}}}{2}}{\frac{1}{n}}=\lim_{n\to\infty}\left[\frac{a^{\frac{1}{n}}-1}{\frac{1}{n}}-\frac{1}{2}\left(\frac{b^{\frac{1}{n}}-1}{\frac{1}{n}}+\frac{c^{\frac{1}{n}}-1}{\frac{1}{n}}\right)\right]=\ln a-\frac{1}{2}(\ln b+\ln c)=\ln\frac{a}{\sqrt{bc}}.$$

当 $a\neq\sqrt{bc}$ 时 $\ln\frac{a}{\sqrt{bc}}\neq 0$,且当 $n$ 充分大时,级数的项不变号,故当 $a\neq\sqrt{bc}$ 时,级数 $\sum_{n=1}^{\infty}\left(a^{\frac{1}{n}}-\frac{b^{\frac{1}{n}}+c^{\frac{1}{n}}}{2}\right)$ 发散.

当 $a=\sqrt{bc}$ 时,级数为 $\sum_{n=1}^{\infty}\left[-\frac{(b^{\frac{1}{2n}}-c^{\frac{1}{2n}})^2}{2}\right]$. 由于当 $n\to\infty$时,有

$$\frac{\frac{(b^{\frac{1}{2n}}-c^{\frac{1}{2n}})^2}{2}}{\frac{1}{n^2}}\to\frac{1}{8}(\ln b-\ln c)^2,$$

并且级数 $\sum_{n=1}^{\infty}\frac{1}{n^2}$收敛,故级数 $\sum_{n=1}^{\infty}\left[-\frac{\left(b^{\frac{1}{2n}}-c^{\frac{1}{2n}}\right)^2}{2}\right]$收敛,即当$a=\sqrt{bc}$时,原级数收敛.

【2641】 $\sum_{n=1}^{\infty}(n^{n^{\alpha}}-1)$.

解 当 $\alpha\geqslant 0$ 时,$a_n=n^{n^{\alpha}}-1\to\infty$ (当 $n\to\infty$时),故级数发散.

当$-1\leqslant\alpha<0$ 时,由于

$$\lim_{x\to+\infty}\frac{x^{x^{\alpha}}-1}{\frac{1}{x^{|\alpha|}}}=\lim_{x\to+\infty}\frac{e^{\frac{\ln x}{x^{|\alpha|}}}-1}{\frac{1}{x^{|\alpha|}}}=\lim_{x\to+\infty}\left\{\frac{e^{\frac{\ln x}{x^{|\alpha|}}}\left(\frac{1}{x^{|\alpha|+1}}-|\alpha|\frac{\ln x}{x^{|\alpha|+1}}\right)}{-|\alpha|\frac{1}{x^{|\alpha|+1}}}\right\}$$

$$=\lim_{x\to+\infty}e^{\frac{\ln x}{x^{|\alpha|}}}(\ln x-|\alpha|^{-1})=+\infty,$$

故对于 $a_n=n^{n^{\alpha}}-1$,当 $n\to\infty$时,有$\frac{a_n}{\frac{1}{n^{|\alpha|}}}\to\infty$. 因此,存在常数 $k>0$,使 $a_n\geqslant k\cdot\frac{1}{n^{|\alpha|}}$,但当$|\alpha|\leqslant 1$ 时,级数 $\sum_{n=1}^{\infty}\frac{1}{n^{|\alpha|}}$ 发散,从而,当$-1\leqslant\alpha<0$ 时,原级数发散

当 $\alpha<-1$ 时,取 $\beta$ 使 $\alpha<\beta<-1$,于是,$|\alpha|>|\beta|>1$. 由于

$$\lim_{x\to+\infty}\frac{x^{x^{\alpha}}-1}{\frac{1}{x^{|\beta|}}}=\lim_{x\to+\infty}\frac{e^{\frac{\ln x}{x^{|\alpha|}}}-1}{\frac{1}{x^{|\beta|}}}=\lim_{x\to+\infty}\frac{e^{\frac{\ln x}{x^{|\alpha|}}}\left(\frac{1}{x^{|\alpha|+1}}-|\alpha|\cdot\frac{\ln x}{x^{|\alpha|+1}}\right)}{-|\beta|\frac{1}{x^{|\beta|+1}}}$$

$$=\lim_{n\to+\infty}\mathrm{e}^{\frac{\ln x}{x^{|\alpha|}}}\left(\left|\frac{\alpha}{\beta}\right|\frac{\ln x}{x^{|\alpha|-|\beta|}}-\frac{1}{|\beta|}\cdot\frac{1}{x^{|\alpha|-|\beta|}}\right)=0,$$

故有$\lim\limits_{n\to\infty}\dfrac{a_n}{\frac{1}{n^{|\beta|}}}=0$,但级数 $\sum\limits_{n=1}^{\infty}\dfrac{1}{n^{|\beta|}}$收敛,从而,当 $\alpha<-1$ 时,原级数收敛.

【2642】 $\sum\limits_{n=1}^{\infty}\left[\ln\dfrac{1}{n^a}-\ln\left(\sin\dfrac{1}{n^a}\right)\right]$.

解 $a_n=\ln\dfrac{1}{n^a}-\ln\left(\sin\dfrac{1}{n^a}\right)$. 显然必须设 $a\geqslant0$. 因若 $a<0$,则对于某些 $n$, $\ln(\sin n^{-a})$可能无意义. 当 $a=0$时,$a_n=-\ln\sin1=$常数$>0$ $(n=1,2,\cdots)$,故此时级数发散,当 $a>0$ 时,将 $a_n$ 改写为

$$a_n=\ln\frac{\frac{1}{n^a}}{\sin\frac{1}{n^a}}=\ln\left[1+\left(\frac{\frac{1}{n^a}}{\sin\frac{1}{n^a}}-1\right)\right]=\left(\frac{\frac{1}{n^a}}{\sin\frac{1}{n^a}}-1\right)\ln\left[1+\left(\frac{\frac{1}{n^a}}{\sin\frac{1}{n^a}}-1\right)\right]^{\frac{\sin\frac{1}{n^a}}{\frac{1}{n^a}-\sin\frac{1}{n^a}}}$$

由于

$$\lim_{x\to0}\frac{\frac{x^a}{\sin x^a}-1}{x^{2a}}=\lim_{y\to0}\frac{\frac{y}{\sin y}-1}{y^2}=\lim_{y\to0}\frac{y-\sin y}{y^2\sin y}=\lim_{y\to0}\frac{y-\sin y}{y^3}=\lim_{y\to0}\frac{1-\cos y}{3y^2}=\lim_{y\to0}\frac{\sin y}{6y}=\frac{1}{6},$$

故有

$$\lim_{n\to\infty}\frac{a_n}{\frac{1}{n^{2a}}}=\frac{1}{6}.$$

从而得知:当 $2a>1$ 即 $a>\dfrac{1}{2}$时,级数 $\sum\limits_{n=1}^{\infty}a_n$ 收敛;而当 $2a\leqslant1$ 即 $a\leqslant\dfrac{1}{2}$时,级数 $\sum\limits_{n=1}^{\infty}a_n$ 发散.

【2643】 $\sum\limits_{n=1}^{\infty}a^{-(b\ln n+c\ln^2n)}$ $(a>0)$.

解 $a_n=a^{-(b\ln n+c\ln^2n)}$. 当 $a=1$ 时,显然 $a_n=1$,因而,级数发散. 当 $a\neq1$ 时,考虑

$$\frac{\ln\frac{1}{a_n}}{\ln n}=(b+c\ln n)\ln a.$$

利用 2615 题的结果(对数差别法),即知:

(1) 当 $c=0$, $b\ln a>1$,即 $a^b>\mathrm{e}$ 时,原级数收敛;而当$c=0$, $b\ln a\leqslant1$,即 $a^b\leqslant\mathrm{e}$ 时,原级数发散.

(2) 当 $c\neq0$, $c\ln a>0$,即 $a^c>1$ 时,原级数收敛;而当 $c\neq0$, $c\ln a<0$ 即 $a^c<1$ 时,原级数发散.

综上所述,仅当 $c=0$, $a^b>\mathrm{e}$ 及 $a^c>1$ 时,原级数收敛.

【2644】 $\sum\limits_{n=1}^{\infty}\dfrac{n^{2n}}{(n+a)^{n+b}(n+b)^{n+a}}$ $(a>0,b>0)$.

解 由于

$$\lim_{n\to\infty}\frac{\frac{n^{2n}}{(n+a)^{n+b}(n+b)^{n+a}}}{\frac{1}{n^{a+b}}}=\lim_{n\to\infty}\frac{n^{2n+a+b}}{(n+a)^{n+b}(n+b)^{n+a}}=\lim_{n\to\infty}\frac{1}{\left(1+\frac{a}{n}\right)^{n+b}\left(1+\frac{b}{n}\right)^{n+a}}$$

$$=\frac{1}{\mathrm{e}^a\cdot\mathrm{e}^b}=\mathrm{e}^{-(a+b)},$$

故当 $a+b>1$ 时,级数收敛;而当 $a+b\leqslant1$ 时,级数发散.

【2645】 $\sum\limits_{n=1}^{\infty}\dfrac{[(n+1)!]^n}{2!\cdot4!\cdots(2n)!}$.

解 $a_n=\dfrac{[(n+1)!]^n}{2!\cdot4!\cdots(2n)!}$. 由于

$$\frac{a_{n+1}}{a_n}=\frac{(n+2)^n}{(n+3)\cdots(2n+2)}<\left(\frac{n+2}{n+3}\right)^n=\left[\left(1+\frac{1}{n+2}\right)^{n+2-2}\right]^{-1}\to\frac{1}{\mathrm{e}}<1\quad(\text{当 }n\to+\infty\text{时}),$$

于是，由 2592 题的结论知，原级数收敛．

**研究级数 $\sum\limits_{n=1}^{\infty} u_n$ 的收敛性，其通项如下：**

**【2646】** $u_n=\int_0^{\frac{1}{n}} \frac{\sqrt{x}\,dx}{1+x^2}$.

**提示** 注意 $0<u_n\leqslant\int_0^{\frac{1}{n}} \frac{n^{-\frac{1}{2}}dx}{1}=n^{-\frac{3}{2}}$.

**解** 由于 $0<u_u\leqslant\int_0^{\frac{1}{n}} \frac{n^{-\frac{1}{2}}}{1}dx=n^{-\frac{3}{2}}$，且级数 $\sum\limits_{n=1}^{\infty} n^{-\frac{3}{2}}$ 收敛，故级数 $\sum\limits_{n=1}^{\infty} u_n$ 收敛.

**【2647】** $u_n=\dfrac{1}{\int_0^n \sqrt[4]{1+x^4}\,dx}$.

**提示** 注意 $0<u_n\leqslant\dfrac{1}{\int_0^n x\,dx}=\dfrac{2}{n^2}$.

**解** 由于 $0<u_n\leqslant\dfrac{1}{\int_0^n x\,dx}=\dfrac{2}{n^2}$，且级数 $\sum\limits_{n=1}^{\infty}\dfrac{1}{n^2}$收敛，故级数 $\sum\limits_{n=1}^{\infty} u_n$ 收敛.

**【2648】** $u_n=\int_{n\pi}^{(n+1)\pi} \frac{\sin^2 x}{x}dx$.

**提示** 注意 $u_n\geqslant\dfrac{1}{(n+1)\pi}\int_{n\pi}^{(n+1)\pi} \sin^2 x\,dx=\dfrac{1}{2(n+1)}>0$.

**解** 由于 $u_n\geqslant\dfrac{1}{(n+1)\pi}\int_{n\pi}^{(n+1)\pi} \sin^2 x\,dx=\dfrac{1}{2(n+1)}>0$，且级数 $\sum\limits_{n=1}^{\infty}\dfrac{1}{n+1}$发散，故级数 $\sum\limits_{n=1}^{\infty} u_n$ 发散.

**【2649】** $u_n=\int_n^{n+1} e^{-\sqrt{x}}\,dx$.

**提示** 注意 $0<u_n\leqslant e^{-\sqrt{n}}$，可证级数 $\sum\limits_{n=1}^{\infty} e^{-\sqrt{n}}$ 收敛．

**解** 由于 $0<u_n\leqslant e^{-\sqrt{n}}$，而级数 $\sum\limits_{n=1}^{\infty} e^{-\sqrt{n}}$是收敛的*)，故级数 $\sum\limits_{n=1}^{\infty} u_n$ 收敛.

*） 事实上，$\lim\limits_{n\to\infty}\dfrac{e^{-\sqrt{n}}}{\frac{1}{n^2}}=\lim\limits_{n\to\infty}\dfrac{n^2}{e^{\sqrt{n}}}=0$，利用比较判别法即获证.

**【2650】** $u_n=\int_0^{\frac{\pi}{n}} \frac{\sin^3 x}{1+x}dx$.

**提示** 注意 $\sin^3 x$ 在$(0,\frac{\pi}{n})$ $(n\geqslant2)$内是单调递增的，故有 $0\leqslant u_n\leqslant\dfrac{\sin^3\frac{\pi}{n}}{1+0}\cdot\dfrac{\pi}{n}\leqslant\left(\dfrac{\pi}{n}\right)^4$ $(n\geqslant2)$.

**解** 由于函数 $\sin^3 x$ 在$(0,\frac{\pi}{n})$ $(n\geqslant2)$内是单调递增的，故有

$$0\leqslant u_n\leqslant\frac{\sin^3\frac{\pi}{n}}{1+0}\cdot\frac{\pi}{n}\leqslant\left(\frac{\pi}{n}\right)^4\quad(n\geqslant2).$$

而级数 $\sum\limits_{n=1}^{\infty} n^{-4}$收敛，故级数 $\sum\limits_{n=1}^{\infty} u_n$ 收敛.

**【2651】** $u_n=\dfrac{1!+2!+\cdots+n!}{(2n)!}$.

**解** 由于

$$0<u_n\leqslant\frac{n\cdot n!}{n!(n+1)\cdots(2n)}=\frac{n}{(n+1)\cdots(2n)}<\frac{1}{(2n-1)\cdot 2n}\quad(\text{当 }n\text{ 足够大}),$$

且级数 $\sum\limits_{n=1}^{\infty}\frac{1}{(2n-1)\cdot 2n}$收敛，故级数 $\sum\limits_{n=1}^{\infty}u_n$ 收敛.

**【2652】** $u_n=\frac{\sum\limits_{k=1}^{n}\ln^2 k}{n^{\alpha}}$.

**解** 首先，我们证明：当 $\alpha>2$ 时，级数 $\sum\limits_{n=1}^{\infty}u_n$ 收敛. 事实上，

$$0<u_n\leqslant\frac{n\ln^2 n}{n^{\alpha}}=\frac{\ln^2 n}{n^{\alpha-1}},$$

取 $\delta>0$ 使 $\alpha-1-\delta>1$，由于$\frac{\ln^2 n}{n^{\alpha-1}}=\frac{\frac{\ln^2 n}{n^{\delta}}}{n^{\alpha-1-\delta}}$，而$\lim\limits_{n\to\infty}\frac{\ln^2 n}{n^{\delta}}=0$，故当 $n$ 充分大时，有

$$\frac{\ln^2 n}{n^{\alpha-1}}\leqslant\frac{C}{n^{\alpha-1-\delta}}\quad (C\text{ 为正的常数}).$$

但级数 $\sum\limits_{n=1}^{\infty}\frac{1}{n^{\alpha-1-\delta}}$收敛，故当 $\alpha>2$ 时，级数 $\sum\limits_{n=1}^{\infty}u_n$ 收敛.

其次，我们证明：当 $\alpha\leqslant2$ 时，级数 $\sum\limits_{n=1}^{\infty}u_n$ 发散. 事实上，当 $n$ 充分大时，有

$$u_n\geqslant\frac{\sum\limits_{k=1}^{n}\ln k}{n^2}=\frac{\ln n!}{n^2}.$$

因为当 $1\leqslant r\leqslant n$ 时，$(n-r)(r-1)\geqslant0$，故有 $r(n-r+1)\geqslant n$. 令

$$r=1,\text{ 得 }1\cdot n=n;\quad r=2,\text{ 得 }2(n-1)\geqslant n;\quad\cdots;\quad r=n,\text{ 得 }n\cdot1=n.$$

连乘得
$$(n!)^2\geqslant n^n\quad\text{或}\quad n!\geqslant n^{\frac{n}{2}}.$$

利用上述不等式，可得
$$u_n\geqslant\frac{\ln n^{\frac{n}{2}}}{n^2}=\frac{\ln n}{2n}>\frac{1}{n}>0\quad(\text{当 }n\geqslant n_0\text{ 时}),$$

从而，级数 $\sum\limits_{n=1}^{\infty}u_n$ 发散.

**用相应的级数来代替数列 $x_n(n=1,2,\cdots)$，然后研究它们的收敛性，设：**

**【2653】** $x_n=1+\frac{1}{\sqrt{2}}+\cdots+\frac{1}{\sqrt{n}}-2\sqrt{n}$.

**解题思路** 注意

$$x_{n+1}-x_n=\frac{1}{\sqrt{n+1}}-2\sqrt{n+1}+2\sqrt{n}=\frac{1}{\sqrt{n+1}}-\frac{2}{\sqrt{n+1}+\sqrt{n}}$$
$$=\frac{\sqrt{n}-\sqrt{n+1}}{\sqrt{n+1}(\sqrt{n+1}+\sqrt{n})}=-\frac{1}{\sqrt{n+1}(\sqrt{n+1}+\sqrt{n})^2}=O\left(\frac{1}{n^{\frac{3}{2}}}\right).$$

**解** $x_{n+1}-x_n=\frac{1}{\sqrt{n+1}}-2\sqrt{n+1}+2\sqrt{n}=\frac{1}{\sqrt{n+1}}-\frac{2}{\sqrt{n+1}+\sqrt{n}}=\frac{\sqrt{n}-\sqrt{n+1}}{\sqrt{n+1}(\sqrt{n+1}+\sqrt{n})}$

$$=-\frac{1}{\sqrt{n+1}(\sqrt{n+1}+\sqrt{n})^2}=O\left(\frac{1}{n^{\frac{3}{2}}}\right).$$

由于级数 $\sum\limits_{n=1}^{\infty}\frac{1}{n^{\frac{3}{2}}}$收敛，记 $x_0=0$，故 $x_n=\sum\limits_{k=1}^{n}(x_k-x_{k-1})$当 $n\to\infty$时的极限存在，即数列$\{x_n\}$收敛.

**【2654】** $x_n=\sum\limits_{k=1}^{n}\frac{\ln k}{k}-\frac{(\ln n)^2}{2}$.

**解** $x_n-x_{n-1}=\frac{\ln n}{n}-\frac{1}{2}\{(\ln n)^2-[\ln(n-1)]^2\}=\frac{\ln n}{n}-\frac{1}{2}\ln\frac{n}{n-1}\cdot\ln[n(n-1)]$

$$=\frac{\ln n}{n}-\frac{1}{2}\ln\left(1+\frac{1}{n-1}\right)\left[\ln n^2+\ln\left(1-\frac{1}{n}\right)\right]$$

$$=\frac{\ln n}{n}-\frac{1}{2}\left[\frac{1}{n}+O\left(\frac{1}{n^2}\right)\right]\left[2\ln n-\frac{1}{n}+O\left(\frac{1}{n^2}\right)\right]=\frac{\ln n}{n}-\left[\frac{\ln n}{n}+O\left(\frac{\ln n}{n^2}\right)\right]=O\left(\frac{\ln n}{n^2}\right).$$

考虑级数 $\sum\limits_{n=2}^{\infty}(x_n-x_{n-1})$. 由级数 $\sum\limits_{n=2}^{\infty}\frac{\ln n}{n^2}$ 的收敛性可知级数 $\sum\limits_{n=2}^{\infty}(x_n-x_{n-1})$ 收敛，于是，

$$x_n=\sum_{k=2}^{n}(x_k-x_{k-1})$$

当 $n\to\infty$ 时的极限存在，即数列 $\{x_n\}$ 收敛.

**【2655】** 对于下列级数

(1) $\sum\limits_{n=1}^{\infty}\frac{1}{n^2}$； (2)$^+$ $\sum\limits_{n=1}^{\infty}\frac{2^n}{(n+1)!}$*； (3) $\sum\limits_{n=1}^{\infty}\frac{1}{(2n-1)!}$，

大约应取多少项来求级数的和方可精确到 $10^{-5}$.

**解** (1) 余项

$$R_N=\sum_{n=N+1}^{\infty}\frac{1}{n^2}<\sum_{n=N+1}^{\infty}\frac{1}{n(n-1)}=\sum_{n=N+1}^{\infty}\left(\frac{1}{n-1}-\frac{1}{n}\right)=\frac{1}{N}.$$

要精确到 $10^{-5}$，只要 $\frac{1}{N}<10^{-5}$，即只要 $N>10^5=100000$.

(2) 余项 $R_N=\sum\limits_{n=N+1}^{\infty}\frac{2^n}{(n+1)!}$. 利用 74 题的不等式 $k!>\left(\frac{k}{e}\right)^k(k=1,2,\cdots)$，于是，当 $n\geqslant N+1$，有

$$\frac{2^n}{(n+1)!}<2^n\left(\frac{e}{n+1}\right)^{n+1}=\frac{1}{n+1}\left(\frac{2e}{n+1}\right)^n\leqslant\frac{1}{N+2}\left(\frac{2e}{N+2}\right)^n=\frac{1}{2e}\left(\frac{2e}{N+2}\right)^{N+2}\left(\frac{2e}{N+2}\right)^{n-(N+1)}.$$

因此得

$$R_N<\frac{1}{2e}\left(\frac{2e}{N+2}\right)^{N+2}\sum_{n=N+1}^{\infty}\left(\frac{2e}{N+2}\right)^{n-(N+1)}=\frac{1}{2e}\left(\frac{2e}{N+2}\right)^{N+2}\sum_{l=0}^{\infty}\left(\frac{2e}{N+2}\right)^l.$$

取 $N\geqslant4$，则 $\frac{2e}{N+2}<1$，此时又有

$$R_N<\frac{1}{2e}\left(\frac{2e}{N+2}\right)^{N+2}\frac{1}{1-\frac{2e}{N+2}}.$$

取 $N=11$，则有 $R_N=\frac{1}{2e}\left(\frac{2e}{13}\right)^{13}\frac{1}{1-\frac{2e}{13}}=\Delta_N$. 利用对数对于 $\Delta_N$ 作数值计算，有

$$\Delta_N\leqslant\frac{13}{15.126e}\left(\frac{2e}{13}\right)^{13}\approx10^{-5.42266}<10^{-5},$$

即此级数取 $N\geqslant11$ 项求和就可保证精确到 $10^{-5}$.

(3) 余项 $R_N=\sum\limits_{n=N+1}^{\infty}\frac{1}{(2n-1)!}$. 仍用不等式 $k!>\left(\frac{k}{e}\right)^k(k=1,2,\cdots)$，则有

$$R_N<\sum_{n=N+1}^{\infty}\left(\frac{e}{2n-1}\right)^{2n-1}\leqslant\sum_{n=N+1}^{\infty}\left(\frac{e}{2N+1}\right)^{2n-1}=\left(\frac{e}{2N+1}\right)^{2N+1}\sum_{l=0}^{\infty}\left(\frac{e}{2N+1}\right)^{2l}.$$

取 $N\geqslant1$，则 $\frac{e}{2N+1}<1$，故有

$$R_N<\left(\frac{e}{2N+1}\right)^{2N+1}\frac{1}{1-\left(\frac{e}{2N+1}\right)^2}.$$

今取 $N=5$，则有
$$R_N<\left(\frac{e}{11}\right)^{11}\frac{121}{113.614}\approx10^{-6.6374}<10^{-5}.$$

则此级数取 $N\geqslant5$ 项求和就可保证精确到 $10^{-5}$.

---

* 题号上角带“+”号表示题解答案与原习题集中译本所附答案不一致，以后不再说明，中译本基本是按俄文第二版翻译的，俄文第二版中有一些错误已在俄文第三版中改正.

## §2. 变号级数收敛性的判别法

1° **级数的绝对收敛性** 级数

$$\sum_{n=1}^{\infty} a_n \tag{1}$$

称为绝对收敛,若

$$\sum_{n=1}^{\infty} |a_n| \tag{2}$$

收敛. 这时级数 $\sum\limits_{n=1}^{\infty} a_n$ 也收敛,绝对收敛级数的和与各项相加的顺序无关.

要确定级数(1)的绝对收敛性,只需把对于同号级数收敛性的已知判别法应用于级数(2)即可.

若级数(1)收敛,而级数(2)发散,则称级数(1)为条件收敛(非绝对收敛). 通过改变各项的顺序,可使条件收敛级数的和等于任何数(黎曼定理).

2° **莱布尼茨判别法** 若交错级数

$$b_1-b_2+b_3-\cdots+(-1)^{n-1}b_n+\cdots \quad (b_n\geqslant 0)$$

满足条件 1) $b_n\geqslant b_{n+1}$ $(n=1,2,\cdots)$ 和 2) $\lim\limits_{n\to\infty} b_n=0$,则该级数收敛(一般说来,非绝对收敛). 在这种情形下,对于级数的余项

$$R_n=(-1)^n b_{n+1}+(-1)^{n+1}b_{n+2}+\cdots$$

有以下的估计

$$R_n=(-1)^n\theta_n b_{n+1} \quad (0\leqslant\theta_n\leqslant 1).$$

3° **阿贝尔判别法** 若:1) 级数 $\sum\limits_{n=1}^{\infty} a_n$ 收敛;2) 数 $b_n$ $(n=1,2,\cdots)$ 构成单调有界数列,则级数

$$\sum_{n=1}^{\infty} a_n b_n \tag{3}$$

收敛.

4° **狄利克雷判别法** 若:1) 全体部分和 $A_n=\sum\limits_{i=1}^{n} a_i$ 是有界的;2) 当 $n\to\infty$ 时 $b_n$ 单调地趋近于零,则级数(3)收敛.

**【2656】** 证明:可把非绝对收敛级数的各项在不变更其顺序的情况下分群组合起来,使所得的新级数绝对收敛.

**证** 设级数 $\sum\limits_{n=1}^{\infty} a_n$ 为一收敛而非绝对收敛的级数. 利用柯西准则,即知:

对于给定的 $\varepsilon_1=\dfrac{1}{2}$,存在 $N_1$,使对于任意正整数 $m_1$,有 $|a_{N_1+1}+\cdots+a_{N_1+m_1}|<\varepsilon_1$;

对于给定的 $\varepsilon_2=\dfrac{1}{2^2}$,存在 $N_2$(可取 $N_2>N_1$),使对于任意正整数 $m_2$,有 $|a_{N_2+1}+\cdots+a_{N_2+m_2}|<\varepsilon_2$;

$$\vdots$$

对于给定的 $\varepsilon_k=\dfrac{1}{2^k}$,存在 $N_k$(可取 $N_k>N_{k-1}$),使对于任意正整数 $m_k$,有 $|a_{N_k+1}+\cdots+a_{N_k+m_k}|<\varepsilon_k$;

$$\vdots$$

令

$$A_0=a_1+a_2+\cdots+a_{N_1},\ A_1=a_{N_1+1}+a_{N_1+2}+\cdots+a_{N_2},\ \cdots,\ A_k=a_{N_k+1}+a_{N_k+2}+\cdots+a_{N_{k+1}},\ \cdots$$

则有 $|A_k|<\varepsilon_k=\dfrac{1}{2^k}$ $(k=1,2,\cdots)$,且 $\sum\limits_{k=0}^{\infty} A_k$ 是原级数的各项在不变更其顺序的情况下分群组合起来所得

的新级数. 由于

$$\sum_{k=1}^{\infty}\varepsilon_k=\sum_{k=1}^{\infty}\frac{1}{2^k}$$

收敛,故级数 $\sum\limits_{k=0}^{\infty}|A_k|$ 收敛,即级数 $\sum\limits_{k=0}^{\infty}A_k$ 绝对收敛. 证毕.

**【2657】** 设有级数 $\sum\limits_{n=1}^{\infty}a_n$,若:(1)当 $n\to\infty$ 时,此级数的通项 $a_n$ 趋于零;(2)在不变更原有顺序的情况下分别组合该级数的各项,所得级数 $\sum\limits_{n=1}^{\infty}A_n$ 收敛;(3)在项 $A_n=\sum\limits_{i=p_n}^{p_{n+1}-1}a_i\ (1=p_1<p_2<\cdots)$ 中相加项 $a_i$ 的数目是有界的,证明:级数 $\sum\limits_{n=1}^{\infty}a_n$ 是收敛的.

**证** 设 $A_n$ 中相加项的数目不超过某一固定的正整数 $m$,即

$$p_{n+1}-p_n\leqslant m\quad (n=1,2,\cdots).$$

任给 $\varepsilon>0$,考虑 $\varepsilon_1=\frac{\varepsilon}{2m+1}>0$. 由 $a_n\to0$ (当 $n\to\infty$ 时),故存在 $N'$,使当 $n\geqslant N'$ 时,有 $|a_n|<\varepsilon_1$. 再由 $\sum\limits_{n=1}^{\infty}A_n$ 的收敛性知,存在 $N_1\geqslant N'$,使当 $n\geqslant N_1$ 及 $p$ 为任意正整数时,有

$$|A_n+A_{n+1}+\cdots+A_{n+p}|<\varepsilon_1.$$

今取 $N=p_{N_1}$,当 $n\geqslant N$ 时,对任意正整数 $s$,考察 $\Delta_{n,s}=a_n+a_{n+1}+\cdots+a_{n+s}$,注意每一个 $a_i$ 必属于某一个 $A_k$. 记 $A_n$ 内各项 $a_i$ 元素的集合为 $\widetilde{A}_n$,即知:当 $i<j$ 时,若 $a_i\in\widetilde{A}_k$,$a_j\in\widetilde{A}_l$,则必有 $k\leqslant l$. 今在 $\Delta_{n,s}$ 中看各项,显然 $a_n\in\widetilde{A}_{N_1+r}(r\geqslant0)$. 再看以后各项,便有

$$\Delta_{n,s}=B+A_{N_1+r+1}+\cdots+A_{N_1+r+q}+B',$$

其中 $B=a_n+\cdots+a_{p_{N_1+r+1}}-1$, $B'=a_{p_{N_1+r+q+1}}+\cdots+a_{n+s}$. 很明显,$B$ 是 $A_{N_1+r}$ 中一部分项之和,$B'$ 是 $A_{N_1+r+q+1}$ 中一部分项之和,于是(注意 $n\geqslant N\geqslant N_1\geqslant N'$),

$$|B|\leqslant(p_{N_1+r+1}-p_{N_1+r})\varepsilon_1\leqslant m\varepsilon_1,$$

$$|B'|\leqslant(p_{N_1+r+q+2}-p_{N_1+r+q+1})\varepsilon_1\leqslant m\varepsilon_1,$$

$$|A_{N_1+r+1}+\cdots+A_{N_1+r+q}|<\varepsilon_1,$$

从而(当 $n\geqslant N$,$s$ 为任何正整数),

$$|\Delta_{n,s}|\leqslant|B|+|A_{N_1+r+1}+\cdots+A_{N_1+r+q}|+|B'|<(2m+1)\varepsilon_1=\varepsilon.$$

根据柯西收敛准则即知级数 $\sum\limits_{n=1}^{\infty}a_n$ 收敛. 证毕.

**【2658】** 证明:若将收敛级数的各项重新排列,使每一项离开原有的位置不超过 $m$ 个位置($m$ 为预先给定的数),则级数的和不变.

**证** 设原收敛级数为 $\sum\limits_{n=1}^{\infty}a_n$,当然有 $\lim\limits_{n\to\infty}a_n=0$. 又记重排出的新级数为 $\sum\limits_{n=1}^{\infty}b_n$,再记 $\sum\limits_{n=1}^{\infty}a_n$ 的前 $N$ 项部分和为 $S_N=\sum\limits_{n=1}^{N}a_n$,记 $\sum\limits_{n=1}^{\infty}b_n$ 的前 $N$ 项部分和为 $\sigma_N=\sum\limits_{n=1}^{N}b_n$. 当然有 $\lim\limits_{N\to\infty}S_N=S$. 今证 $\sigma_N$ 的极限也存在,且等于 $S$.

考察 $\sigma_N$ 与 $S_N$ 之差

$$\Delta_N=\sigma_N-S_N.$$

任给 $\varepsilon>0$,取 $\varepsilon_1=\frac{\varepsilon}{2m}>0$,则存在 $N_1$,使当 $n\geqslant N_1$ 时,有 $|a_n|<\varepsilon_1$. 今取

$$N\geqslant N_1+2m,$$

又记 $S_k$ 内各 $a_n$ 项元素集合为 $\widetilde{S}_k$,记 $\sigma_k$ 内各 $b_n$ 项元素集合为 $\widetilde{\sigma}_k$,则有

$$\Delta_N=\sum_{b_n\in\widetilde{\sigma}_N}b_n-\sum_{a_n\in\widetilde{S}_N}a_n.$$

今从 $a_1$ 查起，看 $a_1, a_2, \cdots$ 至 $a_N$，注意每一个 $a_i$ 被重排成 $b_j$ 时，$i$ 与 $j$ 的标号差不超过 $m$. 因此，对每一个 $a_i$ 总可以在 $b_i$ 的前后各不超过 $m$ 个元素内找到一个 $b_j = a_i$. 反过来，从 $b_1$ 查起，看 $b_1, b_2, \cdots$ 至 $b_N$，对每一个 $b_j$ 总可以在 $a_j$ 的前后各不超过 $m$ 个元素内找到一个 $a_i = b_j$. 但也可能且只有那种可能：最后一段不超过个 $m$ 元素的 $a_i$，即 $a_N, a_{N-1}, \cdots, a_{N-m}$ 之内若干个元素可能被迁到 $b_N$ 之后，从而，在 $\widetilde{\sigma}_N$ 内找不到搬迁元素，但个数(设为 $r$ 个)不超过 $m$. 同样，也有可能最后一段不超过 $m$ 个元素的 $b_j$，即 $b_N, b_{N-1}, \cdots, b_{N-m}$ 之内若干个元素在 $\widetilde{S}_n$ 内找不到搬迁元素，但个数(设为 $s$ 个)不超过 $m$. 除此之外均有对应的搬迁元素且一一对应. 于是，

$$|\Delta_N| = \left| \sum_{\substack{b_n \in \widetilde{\sigma}_N \\ b_n \overline{\in} \widetilde{S}_N}} b_n - \sum_{\substack{a_n \in \widetilde{S}_N \\ a_n \overline{\in} \widetilde{\sigma}_N}} a_n \right| \leqslant \sum_{\substack{b_n \in \widetilde{\sigma}_N \\ b_n \overline{\in} \widetilde{S}_N}} |b_n| + \sum_{\substack{a_n \in \widetilde{S}_N \\ a_n \overline{\in} \widetilde{\sigma}_N}} |a_n| < s\varepsilon_1 + r\varepsilon_1 \leqslant m\varepsilon_1 + m\varepsilon_1 = \varepsilon.$$

上式中 $a_n$ 的下标 $n \geqslant N_1 + m > N_1$，故 $|a_n| < \varepsilon$. 而 $b_n$ 的下标 $n \geqslant N_1 + m$，记住 $b_n$ 由某 $a_i$ 搬迁而来，其下标 $i$ 在 $n$ 的前后距离不超过 $m$，故此时 $i \geqslant N_1$，因而，此时 $|b_n| = |a_i| < \varepsilon_1$. 从而上述不等式是成立的. 由极限定义知

$$\lim_{N\to\infty} \Delta_N = 0, \quad \text{也即有} \quad \lim_{N\to\infty} \sigma_N = \lim_{N\to\infty} S_N = S.$$

从而，命题得证.

**证明下列级数的收敛性并求它们的和：**

**【2659】** $1 - \frac{3}{2} + \frac{5}{4} - \frac{7}{8} + \cdots.$

**证明思路** 注意

$$S_n = 1 - \frac{3}{2} + \frac{5}{2^2} - \frac{7}{2^3} + \cdots + (-1)^{n-1} \frac{2n-1}{2^{n-1}},$$

及

$$\frac{1}{2} S_n = \frac{1}{2} - \frac{3}{2^2} + \frac{5}{2^3} + \cdots + (-1)^{n-2} \frac{2n-3}{2^{n-1}} + (-1)^{n-1} \frac{2n-1}{2^n},$$

两式相加，可得 $3S_n = \dfrac{1 - \left(-\frac{1}{2}\right)^{n-2}}{1 - \left(-\frac{1}{2}\right)} + (-1)^{n-1} \dfrac{2n-1}{2^{n-1}}.$

**解** $S_n = 1 - \frac{3}{2} + \frac{5}{2^2} - \frac{7}{2^3} + \cdots + (-1)^{n-1} \frac{2n-1}{2^{n-1}},$

$$\frac{1}{2} S_n = \frac{1}{2} - \frac{3}{2^2} + \frac{5}{2^3} - \cdots + (-1)^{n-2} \frac{2n-3}{2^{n-1}} + (-1)^{n-1} \frac{2n-1}{2^n},$$

将上面两式相加，得

$$\frac{3}{2} S_n = 1 - \frac{2}{2} + \frac{2}{2^2} - \frac{2}{2^3} + \cdots + (-1)^{n-1} \frac{2}{2^{n-1}} + (-1)^{n-1} \frac{2n-1}{2^n}.$$

于是，

$$\begin{aligned} 3S_n &= 2 - 2 + \frac{2}{2} - \frac{2}{2^2} + \cdots + (-1)^{n-1} \frac{2}{2^{n-2}} + (-1)^{n-1} \frac{2n-1}{2^{n-1}} \\ &= \frac{1 - \left(-\frac{1}{2}\right)^{n-2}}{1 - \left(-\frac{1}{2}\right)} + (-1)^{n-1} \frac{2n-1}{2^{n-1}} \to \frac{2}{3} \quad (\text{当 } n \to \infty \text{时}), \end{aligned}$$

即 $\lim\limits_{n\to\infty} S_n = \frac{2}{9}$. 因此，原级数收敛，且其和为 $\frac{2}{9}$.

**【2660】** $1 + \frac{1}{2} - \frac{1}{4} + \frac{1}{8} + \frac{1}{16} - \frac{1}{32} + \cdots.$

**证明思路** 显然该级数绝对收敛，从而它是收敛的，记其和为 $S$. 可考虑一个特殊的部分和

$$S_{3n}=\left(1+\frac{1}{2^3}+\frac{1}{2^6}+\cdots+\frac{1}{2^{3n-3}}\right)+\left(\frac{1}{2}+\frac{1}{2^4}+\cdots+\frac{1}{2^{3n-2}}\right)-\left(\frac{1}{2^2}+\frac{1}{2^5}+\frac{1}{2^8}+\cdots+\frac{1}{2^{3n-1}}\right)$$

$$=\frac{5}{4}\cdot\frac{1-\frac{1}{2^{3n}}}{1-\frac{1}{2^3}}.$$

**解** 显然该级数绝对收敛,从而,它是收敛的,记其和为 $S$. 考虑一个特殊的部分和

$$S_{3n}=\left(1+\frac{1}{2^3}+\frac{1}{2^6}+\cdots+\frac{1}{2^{3n-3}}\right)+\left(\frac{1}{2}+\frac{1}{2^4}+\cdots+\frac{1}{2^{3n-2}}\right)-\left(\frac{1}{2^2}+\frac{1}{2^5}+\cdots+\frac{1}{2^{3n-1}}\right)$$

$$=\frac{1-\frac{1}{2^{3n}}}{1-\frac{1}{2^3}}+\frac{1}{2}\cdot\frac{1-\frac{1}{2^{3n}}}{1-\frac{1}{2^3}}-\frac{1}{2^2}\cdot\frac{1-\frac{1}{2^{3n}}}{1-\frac{1}{2^3}}=\left(1+\frac{1}{2}-\frac{1}{2^2}\right)\frac{1-\frac{1}{2^{3n}}}{1-\frac{1}{2^3}}=\frac{5}{4}\cdot\frac{1-\frac{1}{2^{3n}}}{1-\frac{1}{2^3}},$$

故得 $S=\lim\limits_{n\to\infty}S_{3n}=\frac{5}{4}\cdot\frac{1}{1-\frac{1}{2^3}}=\frac{10}{7}$.

**【2661】** $1-\frac{1}{2}+\frac{1}{3}-\frac{1}{4}+\frac{1}{5}-\frac{1}{6}+\cdots$

**证明思路** 首先,利用 146 题的结果,有

$$S_{2n}=\left(1+\frac{1}{2}+\frac{1}{3}+\cdots+\frac{1}{2n}\right)-2\left(\frac{1}{2}+\frac{1}{4}+\cdots+\frac{1}{2n}\right)=C+\ln 2n+\varepsilon_{2n}-2\cdot\frac{1}{2}(C+\ln n+\varepsilon_n)$$

$$=\ln 2+\varepsilon_{2n}-\varepsilon_n,$$

故 $\lim\limits_{n\to\infty}S_{2n}=\ln 2$.

其次,再注意 $S_{2n+1}=S_{2n}+\frac{1}{2n+1}$,即知 $\lim\limits_{n\to\infty}S_{2n}=\lim\limits_{n\to\infty}S_{2n+1}$.

**解** 考虑部分和 $S_m$. 当 $m=2n$ 时,有

$$S_{2n}=1-\frac{1}{2}+\frac{1}{3}-\frac{1}{4}+\cdots+\frac{1}{2n-1}-\frac{1}{2n}=\left(1+\frac{1}{3}+\cdots+\frac{1}{2n-1}\right)-\left(\frac{1}{2}+\frac{1}{4}+\cdots+\frac{1}{2n}\right)$$

$$=\left(1+\frac{1}{2}+\frac{1}{3}+\cdots+\frac{1}{2n}\right)-2\left(\frac{1}{2}+\frac{1}{4}+\cdots+\frac{1}{2n}\right)$$

$$=C+\ln 2n+\varepsilon_{2n}-2\cdot\frac{1}{2}(C+\ln n+\varepsilon_n)^{*)}=\ln 2+\varepsilon_{2n}-\varepsilon_n=\ln 2+O\left(\frac{1}{n}\right),$$

于是,得 $\lim\limits_{n\to\infty}S_{2n}=\ln 2$. 同样,当 $m=2n+1$ 时,也有

$$\lim_{n\to\infty}S_{2n+1}=\lim_{n\to\infty}\left(S_{2n}+\frac{1}{2n+1}\right)=\ln 2.$$

故有 $\lim\limits_{m\to\infty}S_m=\ln 2$,即原级数收敛,且其和为 $\ln 2$.

*) 利用 146 题的结果.

**【2662】** 已知 $\sum\limits_{n=1}^{\infty}\frac{(-1)^{n+1}}{n}=\ln 2$. 将该级数的各项重排,得到下列级数:

(1) $1+\frac{1}{3}-\frac{1}{2}+\frac{1}{5}+\frac{1}{7}-\frac{1}{4}+\cdots$;

(2) $1-\frac{1}{2}-\frac{1}{4}+\frac{1}{3}-\frac{1}{6}-\frac{1}{8}+\cdots$.

求这些级数的和.

**提示** 可考虑特殊的部分和 $S_{3n}$, $S_{3n+1}$ 及 $S_{3n+2}$.

**解** (1) 考虑部分和 $S_m$. 当 $m=3n$ 时,有

$$S_{3n}=1+\frac{1}{3}-\frac{1}{2}+\frac{1}{5}+\frac{1}{7}-\frac{1}{4}+\cdots+\frac{1}{4n-3}+\frac{1}{4n-1}-\frac{1}{2n}$$

$$=\left(1+\frac{1}{3}+\frac{1}{5}+\cdots+\frac{1}{4n-3}+\frac{1}{4n-1}\right)-\left(\frac{1}{2}+\frac{1}{4}+\cdots+\frac{1}{2n}\right)$$

$$=\left(1+\frac{1}{2}+\frac{1}{3}+\cdots+\frac{1}{4n-1}+\frac{1}{4n}\right)-\frac{1}{2}\left(1+\frac{1}{2}+\cdots+\frac{1}{2n}\right)-\left(\frac{1}{2}+\frac{1}{4}+\cdots+\frac{1}{2n}\right).$$

记 $\sigma_n=1+\frac{1}{2}+\cdots+\frac{1}{n}$，$l_n=1-\frac{1}{2}+\frac{1}{3}-\frac{1}{4}+\cdots+(-1)^{n-1}\frac{1}{n}$，则 $l_{2n}=\sigma_{2n}-\sigma_n$，$l_{4n}=\sigma_{4n}-\sigma_{2n}$，且有

$$S_{3n}=\sigma_{4n}-\frac{1}{2}\sigma_{2n}-\frac{1}{2}\sigma_n=(\sigma_{4n}-\sigma_{2n})+\frac{1}{2}(\sigma_{2n}-\sigma_n)=l_{4n}+\frac{1}{2}l_{2n}.$$

由于 $\lim\limits_{n\to\infty}l_{4n}=\lim\limits_{n\to\infty}l_{2n}=\ln 2$，故 $\lim\limits_{n\to\infty}S_{3n}=\ln 2+\frac{1}{2}\ln 2=\frac{3}{2}\ln 2$. 易证当 $m=3n+1$ 及 $m=3n+2$ 时，有

$$S_{3n+1}=S_{3n}+O\left(\frac{1}{n}\right),\quad S_{3n+2}=S_{3n}+O\left(\frac{1}{n}\right),$$

当 $n\to\infty$ 时，它们与 $S_{3n}$ 有相同的极限，从而，$\lim\limits_{m\to\infty}S_m=\frac{3}{2}\ln 2$，即原级数收敛，且其和为 $\frac{3}{2}\ln 2$.

(2) 部分和

$$S_{3n}=1-\frac{1}{2}-\frac{1}{4}+\frac{1}{3}-\frac{1}{6}-\frac{1}{8}+\cdots+\frac{1}{2n-1}-\frac{1}{4n-2}-\frac{1}{4n}$$
$$=\left(1+\frac{1}{3}+\cdots+\frac{1}{2n-1}\right)-\left(\frac{1}{2}+\frac{1}{4}+\cdots+\frac{1}{4n}\right)$$
$$=\left(1+\frac{1}{2}+\frac{1}{3}+\cdots+\frac{1}{2n-1}+\frac{1}{2n}\right)-\left(\frac{1}{2}+\frac{1}{4}+\cdots+\frac{1}{2n}\right)-\left(\frac{1}{2}+\frac{1}{4}+\cdots+\frac{1}{4n}\right)$$
$$=\sigma_{2n}-\frac{1}{2}\sigma_n-\frac{1}{2}\sigma_{2n}=\frac{1}{2}(\sigma_{2n}-\sigma_n)=\frac{1}{2}l_{2n},$$

于是，$\lim\limits_{n\to\infty}S_{3n}=\frac{1}{2}\ln 2$. 同样有

$$S_{3n+1}=S_{3n}+O\left(\frac{1}{n}\right),\quad S_{3n+2}=S_{3n}+O\left(\frac{1}{n}\right),$$

当 $n\to\infty$ 时，它们与 $S_{3n}$ 有相同的极限，从而，$\lim\limits_{m\to\infty}S_m=\frac{1}{2}\ln 2$，即原级数收敛，且其和为 $\frac{1}{2}\ln 2$.

**【2663】** 把收敛级数 $\sum\limits_{n=1}^{\infty}\frac{(-1)^{n+1}}{\sqrt{n}}$ 的各项重排，使它成为发散的.

**解题思路** 可这样重排：先取两个正项，然后取一个负项，得

$$1+\frac{1}{\sqrt{3}}-\frac{1}{\sqrt{2}}+\frac{1}{\sqrt{5}}+\frac{1}{\sqrt{7}}-\frac{1}{\sqrt{4}}+\cdots+\frac{1}{\sqrt{4n-3}}+\frac{1}{\sqrt{4n-1}}-\frac{1}{\sqrt{2n}}+\cdots$$

将上述重排后所得的级数每相邻三项结合而得一个新级数，并注意

$$\frac{1}{\sqrt{4n-3}}+\frac{1}{\sqrt{4n-1}}-\frac{1}{\sqrt{2n}}>\frac{\sqrt{2}-1}{\sqrt{2n}}>0.$$

**解** 我们这样进行重排：先取两个正项，然后取一个负项，得

$$1+\frac{1}{\sqrt{3}}-\frac{1}{\sqrt{2}}+\frac{1}{\sqrt{5}}+\frac{1}{\sqrt{7}}-\frac{1}{\sqrt{4}}+\cdots+\frac{1}{\sqrt{4n-3}}+\frac{1}{\sqrt{4n-1}}-\frac{1}{\sqrt{2n}}+\cdots \tag{1}$$

将上述重排后所得的级数(1)每相邻三项结合而得一个新级数，如果它发散，当然上述重排后所得的级数也发散. 由于

$$\frac{1}{\sqrt{4n-3}}>\frac{1}{\sqrt{4n}},\quad \frac{1}{\sqrt{4n-1}}>\frac{1}{\sqrt{4n}},$$

故有

$$\frac{1}{\sqrt{4n-3}}+\frac{1}{\sqrt{4n-1}}>\frac{2}{\sqrt{4n}}=\frac{1}{\sqrt{n}}=\frac{\sqrt{2}}{\sqrt{2n}},$$

因而，

$$\frac{1}{\sqrt{4n-3}}+\frac{1}{\sqrt{4n-1}}-\frac{1}{\sqrt{2n}}>\frac{\sqrt{2}-1}{\sqrt{2n}}>0\quad(n=1,2,\cdots).$$

但级数 $\sum_{n=1}^{\infty}\left(\frac{\sqrt{2}-1}{\sqrt{2}}\right)\frac{1}{\sqrt{n}}$ 发散，故级数 $\sum_{n=1}^{\infty}\left(\frac{1}{\sqrt{4n-3}}+\frac{1}{\sqrt{4n-1}}-\frac{1}{\sqrt{2n}}\right)$ 发散，从而，重排后所得的级数(1)也发散.

**研究变号级数的收敛性：**

**【2664】** $\sum_{n=1}^{\infty}\frac{(-1)^{\frac{n(n-1)}{2}}}{2^n}$.

**提示** 注意 $|a_n|=\frac{1}{2^n}$.

**解** 由于级数 $\sum_{n=1}^{\infty}\frac{1}{2^n}$ 收敛，故原级数绝对收敛，从而也是收敛的.

**【2665】** $\sum_{n=1}^{\infty}(-1)^n\left(\frac{2n+100}{3n+1}\right)^n$.

**解** $a_n=(-1)^n\left(\frac{2n+100}{3n+1}\right)^n$. 由于

$$\lim_{n\to\infty}\sqrt[n]{|a_n|}=\lim_{n\to\infty}\frac{2n+100}{3n+1}=\frac{2}{3}<1,$$

故原级数绝对收敛，从而也是收敛的.

**【2666】** $1+\frac{1}{2}+\frac{1}{3}-\frac{1}{4}-\frac{1}{5}-\frac{1}{6}+\frac{1}{7}+\frac{1}{8}+\frac{1}{9}-\cdots$.

**解题思路** 将此级数每相邻三项结合得一新级数，显然可知它是一个交错级数，再利用2657题的结果.

**解** 将此级数每相邻三项结合得一新级数，它是交错级数，满足莱布尼茨判别法的两个条件，因而，它是收敛的. 利用2657题的结果，即知原级数收敛. 显然此级数仅为条件收敛.

**【2667】** $\sum_{n=1}^{\infty}\frac{\ln^{100}n}{n}\sin\frac{n\pi}{4}$.

**提示** 利用狄利克雷判别法.

**解** 由于当 $n\to\infty$ 时，$\frac{\ln^{100}n}{n}$ 单调下降趋于零，且

$$\left|\sum_{k=1}^{n}\sin\frac{k\pi}{4}\right|=\left|\frac{\cos\frac{\pi}{8}-\cos\left(n+\frac{1}{2}\right)\frac{\pi}{4}}{2\sin\frac{\pi}{8}}\right|\leqslant\frac{1}{\sin\frac{\pi}{8}}$$

为有界的，故按狄利克雷判别法即知原级数收敛.

**【2668】** $\sum_{n=1}^{\infty}(-1)^n\frac{\sin^2 n}{n}$.

**解** 将通项改写为

$$(-1)^n\frac{\sin^2 n}{n}=(-1)^n\frac{1}{2n}+(-1)^{n+1}\frac{\cos 2n}{2n}.$$

显然级数 $\sum_{n=1}^{\infty}(-1)^n\frac{1}{2n}$ 收敛. 下面证明级数 $\sum_{n=1}^{\infty}(-1)^{n+1}\frac{\cos 2n}{2n}$ 也收敛. 事实上，部分和

$$S_N=\sum_{n=1}^{N}(-1)^{n+1}\frac{\cos 2n}{2n}=\sum_{n=1}^{N}\frac{\cos 2n}{2n}-\sum_{n=1}^{\left[\frac{N}{2}\right]}\frac{2\cos 4n}{4n}=S_N^{(1)}-S_N^{(2)}.$$

但级数 $\sum_{n=1}^{\infty}\frac{\cos 2n}{2n}$ 及 $\sum_{n=1}^{\infty}\frac{\cos 4n}{2n}$ 均收敛(因为当 $k\to\infty$ 时，$\frac{1}{2k}$ 单调趋于零，且

$$\left|\sum_{n=1}^{k}\cos 2n\right|=\left|\frac{\sin(2k+1)-\sin 1}{2\sin 1}\right|\leqslant\frac{1}{\sin 1},$$

故由狄利克雷判别法即获证)，记它们的和分别为 $S^{(1)}$ 及 $S^{(2)}$，则当 $N\to\infty$ 时，$S_N\to S^{(1)}-S^{(2)}$，即级数

$\sum_{n=1}^{\infty}(-1)^{n+1}\frac{\cos 2n}{2n}$收敛，从而，原级数$\sum_{n=1}^{\infty}(-1)^n\frac{\sin^2 n}{n}$收敛.

**【2669】** $\sum_{n=1}^{\infty}(-1)^n\frac{\sqrt{n}}{n+100}$.

**解** $(-1)^n\frac{\sqrt{n}}{n+100}=(-1)^n\frac{1}{\sqrt{n}}+O\left(\frac{1}{n^{\frac{3}{2}}}\right)$.

显见级数$\sum_{n=1}^{\infty}(-1)^n\frac{1}{\sqrt{n}}$及$\sum_{n=1}^{\infty}\frac{1}{n^{\frac{3}{2}}}$均收敛，故原级数$\sum_{n=1}^{\infty}(-1)^n\frac{\sqrt{n}}{n+100}$收敛.

**【2670】** $\sum_{n=2}^{\infty}\frac{(-1)^n}{\sqrt{n}+(-1)^n}$

**解** $\frac{(-1)^n}{\sqrt{n}+(-1)^n}=\frac{(-1)^n}{\sqrt{n}}\cdot\frac{1}{1+\frac{(-1)^n}{\sqrt{n}}}=\frac{(-1)^n}{\sqrt{n}}\left[1-\frac{(-1)^n}{\sqrt{n}}+O\left(\frac{1}{n}\right)\right]=\frac{(-1)^n}{\sqrt{n}}-\frac{1}{n}+O\left(\frac{1}{n^{\frac{3}{2}}}\right)$.

由于级数$\sum_{n=1}^{\infty}\frac{(-1)^n}{\sqrt{n}}$及$\sum_{n=1}^{\infty}\frac{1}{n^{\frac{3}{2}}}$均收敛，而级数$\sum_{n=1}^{\infty}\frac{1}{n}$发散，故原级数发散.

**【2671】** $\sum_{n=1}^{\infty}\sin(\pi\sqrt{n^2+k^2})$.

**解** $\sin(\pi\sqrt{n^2+k^2})=\sin\left[n\pi\sqrt{1+\left(\frac{k}{n}\right)^2}\right]=\sin n\pi\left[1+\frac{k^2}{2n^2}+O\left(\frac{1}{n^4}\right)\right]=\sin\left[n\pi+\frac{k^2\pi}{2n}+O\left(\frac{1}{n^3}\right)\right]$

$$=(-1)^n\sin\left[\frac{k^2\pi}{2n}+O\left(\frac{1}{n^3}\right)\right]=(-1)^n\frac{k^2\pi}{2n}+O\left(\frac{1}{n^3}\right),$$

由于级数$\sum_{n=1}^{\infty}(-1)^n\frac{k^2\pi}{2n}$条件收敛，$\sum_{n=1}^{\infty}\frac{1}{n^3}$收敛，故原级数收敛.

**【2672】** $\sum_{n=1}^{\infty}\frac{(-1)^{[\sqrt{n}]}}{n}$.

**解** 这级数首先出现三个负项，之后出现五个正项. 如此下去，若将这些相邻且具有相同符号的几项合并成一项，则所得的新级数为一交错级数：

$$\sum_{k=1}^{\infty}(-1)^k\left[\frac{1}{k^2}+\frac{1}{k^2+1}+\cdots+\frac{1}{(k+1)^2-1}\right].\tag{1}$$

容易证明不等式

$$\frac{2}{k+1}<\underbrace{\frac{1}{k^2}+\frac{1}{k^2+1}+\cdots+}_{k\text{项}}\underbrace{\frac{1}{k^2+k}+\cdots+\frac{1}{(k+1)^2-1}}_{(k+1)\text{项}}<\frac{2}{k}$$

事实上，开头$k$项的和小于$k\cdot\frac{1}{k^2}=\frac{1}{k}$，而后面$k+1$项的和小于$(k+1)\cdot\frac{1}{k^2+k}=\frac{1}{k}$，所以整个和数小于$\frac{2}{k}$. 左面的不等式可由整个和数大于$k\cdot\frac{1}{k^2+k}+(k+1)\cdot\frac{1}{(k+1)^2}=\frac{2}{k+1}$而得.

于是，级数(1)的通项当$k\to\infty$时趋于零，并且它的绝对值单调减小，由莱布尼茨判别法即知级数(1)收敛.

**注意** 原级数的部分和恰好包含在级数(1)的某相邻两部分和之间，由级数(1)的收敛性知此两相邻部分和趋于同一极限，因此，原级数部分和有极限，从而，原级数收敛. 显然$\sum_{n=1}^{\infty}\left|\frac{(-1)^{[\sqrt{n}]}}{n}\right|$发散，故原级数仅为条件收敛.

**【2673】** $\sum_{n=1}^{\infty}\frac{(-1)^n}{\sqrt[n]{n}}$.

**提示** 利用65题的结果.

**解** 由于$\lim_{n\to\infty}\sqrt[n]{n}=1$，即通项不趋于零，故级数发散.

【2674】 证明:若$\lim\limits_{n\to\infty}n\left(\dfrac{b_n}{b_{n+1}}-1\right)>0$,则交错级数 $b_1-b_2+b_3-b_4+\cdots+(-1)^{n-1}b_n+\cdots$ $(b_n>0)$收敛.

**证** 设$\lim\limits_{n\to\infty}n\left(\dfrac{b_n}{b_{n+1}}-1\right)=A$,我们取 $\varepsilon>0$,使得 $A-\varepsilon>0$,则存在正整数 $N$,使当 $n\geqslant N$ 时,有

$$A-\varepsilon<n\left(\frac{b_n}{b_{n+1}}-1\right)<A+\varepsilon \quad 或 \quad 1<1+\frac{A-\varepsilon}{n}<\frac{b_n}{b_{n+1}}<1+\frac{A+\varepsilon}{n}.$$

因此,当 $n\geqslant N$ 时,$b_n>b_{n+1}$,即 $b_n$ 单调下降.

下面证明$\lim\limits_{n\to\infty}b_n=0$. 事实上,利用 2606 题的结果即知,

$$b_n=o\left(\frac{1}{n^{A-\varepsilon}}\right).$$

例如,取 $\varepsilon=\dfrac{A}{2}$,于是,当 $n\to\infty$时,有 $b_n\to 0$.

因此,交错级数 $\sum\limits_{n=1}^{\infty}(-1)^{n-1}b_n$ 收敛.

**研究下列级数的绝对收敛性(除了习题 2690)和条件收敛性:**

【2675】 $\sum\limits_{n=1}^{\infty}\dfrac{(-1)^{n-1}}{n^p}$.

**提示** 当 $p\leqslant 0$ 时,级数发散. 当 $0<p\leqslant 1$ 时,级数条件收敛. 当 $p>1$ 时,级数绝对收敛.

**解** 当 $p<0$ 时,由于 $n^{-p}\to+\infty$,故级数发散.

当 $p=0$ 时,由于 $n^{-p}=1$,故级数也发散.

当 $0<p\leqslant 1$ 时,由于 $a_n>a_{n+1}$ 且 $a_n\to 0$ (其中 $a_n=\dfrac{1}{n^p}$),故此交错级数收敛;然当 $0<p\leqslant 1$ 时,级数 $\sum\limits_{n=1}^{\infty}\dfrac{1}{n^p}$ 发散,故此时级数 $\sum\limits_{n=1}^{\infty}\dfrac{(-1)^{n-1}}{n^p}$仅为条件收敛.

当 $p>1$ 时,由于级数 $\sum\limits_{n=1}^{\infty}\dfrac{1}{n^p}$收敛,故级数 $\sum\limits_{n=1}^{\infty}\dfrac{(-1)^{n-1}}{n^p}$绝对收敛.

【2676】 $\sum\limits_{n=1}^{\infty}\dfrac{(-1)^{n-1}}{n^{p+\frac{1}{n}}}$.

**解** 首先研究此级数当 $p$ 为何值时绝对收敛. 由于

$$\lim_{n\to\infty}\frac{\dfrac{1}{n^{p+\frac{1}{n}}}}{\dfrac{1}{n^p}}=\lim_{n\to\infty}\frac{1}{\sqrt[n]{n}}=1,$$

且当 $p>1$ 时级数 $\sum\limits_{n=1}^{\infty}\dfrac{1}{n^p}$收敛,故当 $p>1$ 时,级数 $\sum\limits_{n=1}^{\infty}\dfrac{(-1)^{n-1}}{n^{p+\frac{1}{n}}}$绝对收敛.

当 $p\leqslant 0$ 时,原级数显然发散.

下面研究当 $0<p\leqslant 1$ 时原级数的收敛性,将通项改写成$\dfrac{(-1)^{n-1}}{n^p}\cdot\dfrac{1}{\sqrt[n]{n}}$. 由于级数 $\sum\limits_{n=1}^{\infty}\dfrac{(-1)^{n-1}}{n^p}$当 $0<p\leqslant 1$ 时条件收敛,而数列$\dfrac{1}{\sqrt[n]{n}}$为一单调上升且趋于 1 的数列,故由阿贝尔判别法即知,级数 $\sum\limits_{n=1}^{\infty}\dfrac{(-1)^{n-1}}{n^{p+\frac{1}{n}}}$收敛. 但因级数 $\sum\limits_{n=1}^{\infty}\dfrac{1}{n^{p+\frac{1}{n}}}$当 $0<p\leqslant 1$ 时发散,故当 $0<p\leqslant 1$ 时,原级数仅为条件收敛.

【2677】 $\sum\limits_{n=2}^{\infty}\ln\left[1+\dfrac{(-1)^n}{n^p}\right]$.

**解** $\ln\left[1+\dfrac{(-1)^n}{n^p}\right]=\dfrac{(-1)^n}{n^p}-\dfrac{1}{2n^{2p}}+O\left(\dfrac{1}{n^{3p}}\right)$.

考虑级数 (1) $\sum\limits_{n=2}^{\infty}\dfrac{(-1)^n}{n^p}$, (2) $\sum\limits_{n=2}^{\infty}\dfrac{1}{n^{2p}}$, (3) $\sum\limits_{n=2}^{\infty}\dfrac{1}{n^{3p}}$.

显然当 $p>1$ 时,级数(1),(2),(3)均绝对收敛. 故当 $p>1$ 时,原级数绝对收敛.

当 $\frac{1}{2}<p\leqslant 1$ 时,级数(1)条件收敛,级数(2)及(3)均绝对收敛,故当 $\frac{1}{2}<p\leqslant 1$ 时原级数条件收敛.

当 $p\leqslant 0$ 时,由于通项不趋于零,故原级数发散.

最后,设 $0<p\leqslant\frac{1}{2}$. 令 $m$ 是满足 $mp\leqslant 1<(m+1)p$ 的唯一正整数(显然 $m\geqslant 2$). 我们有

$$\ln\left[1+\frac{(-1)^n}{n^p}\right]=\frac{(-1)^n}{n^p}-\frac{1}{2}\cdot\frac{1}{n^{2p}}+\frac{1}{3}\cdot\frac{(-1)^{3n}}{n^{3p}}-\frac{1}{4}\cdot\frac{1}{n^{4p}}$$
$$+\cdots+(-1)^{m-1}\cdot\frac{1}{m}\cdot\frac{(-1)^{mn}}{n^{mp}}+O\left(\frac{1}{n^{(m-1)p}}\right).$$

若 $m$ 为偶数,则由于交错级数 $\sum\limits_{n=2}^{\infty}\frac{(-1)^n}{n^p}$, $\sum\limits_{n=2}^{\infty}\frac{(-1)^{3n}}{n^{3p}}$, $\cdots$, $\sum\limits_{n=2}^{\infty}\frac{(-1)^{(m-1)n}}{n^{(m-1)p}}$ 均收敛(条件收敛),级数 $\sum\limits_{n=2}^{\infty}\frac{1}{n^{(m+1)p}}$ (绝对)收敛,而级数

$$\sum_{n=2}^{\infty}\left(\frac{1}{2}\cdot\frac{1}{n^{2p}}+\frac{1}{4}\cdot\frac{1}{n^{4p}}+\cdots+\frac{1}{m}\cdot\frac{1}{n^{mp}}\right)$$

显然发散,故知原级数 $\sum\limits_{n=2}^{\infty}\ln\left[1+\frac{(-1)^n}{n^p}\right]$ 发散;若 $m$ 为奇数,则可类似地证明原级数 $\sum\limits_{n=2}^{\infty}\ln\left[1+\frac{(-1)^n}{n^p}\right]$ 也发散.

**【2678】** $\sum\limits_{n=1}^{\infty}(-1)^{n-1}\frac{2^n\sin^{2n}x}{n}$.

**解** $a_n=(-1)^{n-1}\frac{2^n\sin^{2n}x}{n}$. 考虑

$$\lim_{n\to\infty}\sqrt[n]{|a_n|}=\lim_{n\to\infty}\frac{(\sqrt{2}\sin x)^2}{\sqrt[n]{n}}=(\sqrt{2}\sin x)^2,$$

故当 $\sqrt{2}\sin^2 x<1$,即 $|x-n\pi|<\frac{\pi}{4}$ 时,级数 $\sum\limits_{n=1}^{\infty}a_n$ 绝对收敛.

当 $\sqrt{2}\sin^2 x=1$,即当 $|x-n\pi|=\frac{\pi}{4}$ 时,原级数为 $\sum\limits_{n=1}^{\infty}a_n=\sum\limits_{n=1}^{\infty}(-1)^{n-1}\frac{1}{n}$,它为条件收敛.

当 $\sqrt{2}\sin^2 x>1$ 时,例如,可选取 $\alpha$,使 $\sqrt{2}\sin^2 x>\alpha>1$. 当 $n$ 充分大时,有

$$\sqrt[n]{|a_n|}\geqslant\alpha \quad 或 \quad |a_n|\geqslant\alpha^n>1,$$

上式表明,当 $n\to\infty$ 时,$a_n$ 并非趋于零,故此时原级数发散.

**【2679】** $\sum\limits_{n=1}^{\infty}\frac{(-1)^n}{x+n}$.

**提示** 对于不为负整数的任何 $x$ 值,级数条件收敛.

**解** 当 $x$ 为负整数时,级数显然无意义.

当 $x$ 不为负整数时,此交错级数满足莱布尼茨判别法的条件,故它是收敛的. 但因 $\sum\limits_{n=1}^{\infty}\frac{1}{x+n}$ 发散,故原级数当 $x$ 不为负整数时仅为条件收敛.

**【2680】** $\sum\limits_{n=2}^{\infty}\frac{(-1)^n}{[n+(-1)^n]^p}$.

**解** $\frac{(-1)^n}{[n+(-1)^n]^p}=\frac{(-1)^n}{n^p\left[1+\frac{(-1)^n}{n}\right]^p}=\frac{(-1)^n}{n^p}\left[1-\frac{p(-1)^n}{n}+O\left(\frac{1}{n^2}\right)\right]=\frac{(-1)^n}{n^p}-\frac{p}{n^{p+1}}+O\left(\frac{1}{n^{p+2}}\right).$

当 $0<p\leqslant 1$ 时, $\sum\limits_{n=1}^{\infty}\frac{(-1)^n}{n^p}$ 条件收敛, $\sum\limits_{n=1}^{\infty}\frac{1}{n^{p+1}}$ 及 $\sum\limits_{n=1}^{\infty}\frac{1}{n^{p+2}}$ 绝对收敛,故级数 $\sum\limits_{n=1}^{\infty}\frac{(-1)^n}{[n+(-1)^n]^p}$ 当 $0<p\leqslant 1$ 时条件收敛.

当 $p>1$ 时,由 $\frac{(-1)^n}{[n+(-1)^n]^p}=O\left(\frac{1}{n^p}\right)$ 即知,原级数绝对收敛.

当 $p\leqslant 0$ 时,通项不趋于零,原级数显然发散.

**【2681】** $\sum_{n=1}^{\infty}\frac{(-1)^{n-1}}{[\sqrt{n}+(-1)^{n-1}]^p}$.

**解** 由于

$$\frac{(-1)^{n-1}}{[\sqrt{n}+(-1)^{n-1}]^p}=\frac{(-1)^{n-1}}{n^{\frac{p}{2}}}\left[1+\frac{(-1)^{n-1}}{\sqrt{n}}\right]^{-p}=\frac{(-1)^{n-1}}{n^{\frac{p}{2}}}-\frac{p}{n^{\frac{p+1}{2}}}+O\left(\frac{1}{n^{\frac{p}{2}+1}}\right), \qquad (1)$$

故原级数当 $p>2$ 时绝对收敛;而当 $p\leqslant 0$ 时原级数显然发散. 下面我们来研究当 $0<p\leqslant 2$ 时原级数的收敛性.

当 $1<p\leqslant 2$ 时,由(1)式第一项组成的级数 $\sum_{n=1}^{\infty}\frac{(-1)^{n-1}}{n^{\frac{p}{2}}}$ 条件收敛,而由第二项、第三项组成的级数显然收敛,故此时原级数条件收敛.

当 $0<p\leqslant 1$ 时,由第一项及第三项组成的级数收敛,但由第二项组成的级数发散,故此时原级数发散.

**【2682】** $\sum_{n=1}^{\infty}\frac{\sin\frac{n\pi}{4}}{n^p+\sin\frac{n\pi}{4}}$.

**解** $\frac{\sin\frac{n\pi}{4}}{n^p+\sin\frac{n\pi}{4}}=\frac{\sin\frac{n\pi}{4}}{n^p}\left(1+\frac{\sin\frac{n\pi}{4}}{n^p}\right)^{-1}=\frac{\sin\frac{n\pi}{4}}{n^p}\left[1-\frac{\sin\frac{n\pi}{4}}{n^p}+O\left(\frac{1}{n^{2p}}\right)\right]=\frac{\sin\frac{n\pi}{4}}{n^p}-\frac{\sin^2\frac{n\pi}{4}}{n^{2p}}+O\left(\frac{1}{n^{3p}}\right)$.

当 $2p>1$ 即 $p>\frac{1}{2}$ 时,由第二项及第三项所组成的级数均收敛,而对于级数 $\sum_{n=1}^{\infty}\frac{\sin\frac{n\pi}{4}}{n^p}$,由于 $\lim_{n\to\infty}\frac{1}{n^p}=0$ 且 $\frac{1}{n^p}$ 单调减小,又

$$\left|\sum_{k=1}^{n}\sin\frac{k\pi}{4}\right|=\left|\frac{\cos\frac{\pi}{8}-\cos\left(n+\frac{1}{2}\right)\frac{\pi}{4}}{2\sin\frac{\pi}{8}}\right|\leqslant\frac{1}{\sin\frac{\pi}{8}},$$

故由狄利克雷判别法知它是收敛的. 从而,当 $p>\frac{1}{2}$ 时,原级数收敛. 又因

$$\frac{\left|\sin\frac{n\pi}{4}\right|}{n^p}\geqslant\frac{\sin^2\frac{n\pi}{4}}{n^p}=\frac{1}{2n^p}-\frac{\cos\frac{n\pi}{2}}{2n^p},$$

且当 $\frac{1}{2}<p\leqslant 1$ 时,$\sum_{n=1}^{\infty}\frac{1}{n^p}$ 发散,$\sum_{n=1}^{\infty}\frac{\cos\frac{n\pi}{2}}{n^p}$ 收敛,故当 $\frac{1}{2}<p\leqslant 1$ 时,级数 $\sum_{n=1}^{\infty}\frac{\left|\sin\frac{n\pi}{4}\right|}{n^p}$ 发散,从而,此时原级数条件收敛.

当 $p>1$ 时,由 $\frac{\sin\frac{n\pi}{4}}{n^p+\sin\frac{n\pi}{4}}=O\left(\frac{1}{n^p}\right)$ 即知,原级数绝对收敛.

当 $p\leqslant 0$ 时,原级数显然发散.

当 $0<p\leqslant\frac{1}{2}$ 时,由于 $\frac{\sin^2\frac{n\pi}{2}}{n^{2p}}\geqslant\frac{\sin^2\frac{n\pi}{2}}{n}=\frac{1-\cos n\pi}{2n}\geqslant 0$,$\sum_{n=1}^{\infty}\frac{1}{2n}$ 发散,而 $\sum_{n=1}^{\infty}\frac{\cos n\pi}{2n}$ 收敛,故级数 $\sum_{n=1}^{\infty}\frac{\sin^2\frac{n\pi}{4}}{n}$ 发散,从而,级数 $\sum_{n=1}^{\infty}\frac{\sin^2\frac{n\pi}{4}}{n^{2p}}$ 发散. 再仿 2677 题 $0<p\leqslant\frac{1}{2}$ 情形的证明,则易知原级数发散.

**【2683】** $\sum_{n=1}^{\infty}(-1)^n\frac{n-1}{n+1}\cdot\frac{1}{\sqrt[100]{n}}$.

**解** 通项为

$$a_n=(-1)^n\frac{n-1}{n+1}\cdot\frac{1}{\sqrt[100]{n}}=(-1)^n\frac{1}{\sqrt[100]{n}}\left[1+O\left(\frac{1}{n}\right)\right]=\frac{(-1)^n}{\sqrt[100]{n}}+O\left(\frac{1}{n^{1+\frac{1}{100}}}\right).$$

显然 $\sum\limits_{n=1}^{\infty}\frac{1}{n^{1+\frac{1}{100}}}$绝对收敛,而 $\sum\limits_{n=1}^{\infty}\frac{(-1)^n}{\sqrt[100]{n}}$条件收敛,故原级数条件收敛.

**【2684】** $\sum\limits_{n=1}^{\infty}(-1)^{\frac{n(n-1)}{2}}\frac{n^{100}}{2^n}$.

**解** 考虑绝对值组成的级数

$$\sum_{n=1}^{\infty}\left|(-1)^{\frac{n(n-1)}{2}}\frac{n^{100}}{2^n}\right|=\sum_{n=1}^{\infty}\frac{n^{100}}{2^n}.$$

由于

$$\lim_{n\to\infty}\frac{\frac{(n+1)^{100}}{2^{n+1}}}{\frac{n^{100}}{2^n}}=\lim_{n\to\infty}\frac{1}{2}\left(1+\frac{1}{n}\right)^{100}=\frac{1}{2}<1,$$

故原级数绝对收敛.

**【2685】** $\sum\limits_{n=1}^{\infty}\frac{(-1)^n}{\sqrt[n^2]{n}}$.

**解** 由于

$$\lim_{n\to\infty}\sqrt[n^2]{n}=\lim_{n\to\infty}e^{\frac{\ln n}{n^2}}=e^{\lim\limits_{n\to\infty}\frac{\ln n}{n^2}}=e^0=1,$$

从而知通项 $a_n=\frac{(-1)^n}{\sqrt[n^2]{n}}$当$n\to\infty$时并不趋于零,故原级数发散.

**【2686】** $\sum\limits_{n=2}^{\infty}\frac{\sin\frac{n\pi}{12}}{\ln n}$.

**解** 由于$\frac{1}{\ln n}$当$n\to\infty$时单调下降趋于零,又部分和

$$\left|\sum_{m=2}^{n}\sin\frac{m\pi}{12}\right|=\left|\frac{\cos\frac{\pi}{24}-\cos\left(n+\frac{1}{2}\right)\frac{\pi}{12}}{2\sin\frac{\pi}{24}}\right|\leqslant\frac{1}{\sin\frac{\pi}{12}}$$

有界,故级数收敛. 但是,

$$\left|\frac{\sin\frac{n\pi}{12}}{\ln n}\right|\geqslant\frac{\sin^2\frac{n\pi}{12}}{\ln n}=\frac{1-\cos\frac{n\pi}{6}}{2\ln n}=\frac{1}{2\ln n}-\frac{\cos\frac{n\pi}{6}}{2\ln n},$$

而级数 $\sum\limits_{n=2}^{\infty}\frac{1}{\ln n}$发散,级数 $\sum\limits_{n=2}^{\infty}\frac{\cos\frac{n\pi}{6}}{\ln n}$收敛,故级数 $\sum\limits_{n=2}^{\infty}\left|\frac{\sin\frac{n\pi}{12}}{\ln n}\right|$发散. 从而,原级数仅为条件收敛.

**【2687】** $\sum\limits_{n=1}^{\infty}\frac{(-1)^{[\sqrt{n}]}}{n^p}$.

**解** 记 $A_l=\{n\mid[\sqrt{n}]=l\}$ $(l=1,2,\cdots)$. 显然 $A_l$ 中的元素 $n$ 满足 $l^2\leqslant n<(l+1)^2$,于是,$A_l$ 中元素的个数为 $2l+1$. 考虑 $u_l=\sum\limits_{n\in A_l}\frac{(-1)^{[\sqrt{n}]}}{n^p}$,则有

$$u_l=\sum_{n\in A_l}\frac{(-1)^l}{n^p}=(-1)^l v_l,$$

其中 $v_l=\sum\limits_{n\in A_l}\frac{1}{n^p}$. 当 $p>0$ 时,有

$$v_l-v_{l+1}=\sum_{s=0}^{2l}\frac{1}{(l^2+s)^p}-\sum_{s=0}^{2(l+1)}\frac{1}{[(l+1)^2+s]^p}$$

$$=\sum_{s=0}^{2l}\left\{\frac{1}{(l^2+s)^p}-\frac{1}{[(l+1)^2+s]^p}\right\}-\frac{1}{[(l+1)^2+2l+1]^p}-\frac{1}{[(l+1)^2+2l+2]^p}$$

$$=\sum_{s=0}^{2l}\frac{[(l+1)^2+s]^p-(l^2+s)^p}{(l^2+s)^p[(l+1)^2+s]^p}-\frac{1}{[(l+1)^2+2l+1]^p}-\frac{1}{[(l+1)^2+2l+2]^p}.$$

考虑函数 $f(x)=x^r(r>1)$. 当 $x>y>0$ 时,由微分学中值公式,有

$$x^r-y^r=r\xi^{r-1}(x-y)\geqslant xy^{r-1}(x-y),$$

其中 $y<\xi<x$.

于是,令 $r=2p$, $x=\sqrt{(l+1)^2+s}$, $y=\sqrt{l^2+s}$,则当$p>\frac{1}{2}$时,有

$$\begin{aligned}&[(l+1)^2+s]^p-(l^2+s)^p\\&=(\sqrt{(l+1)^2+s})^{2p}-(\sqrt{l^2+s})^{2p}\geqslant 2p(\sqrt{l^2+s})^{2p-1}\left[\sqrt{(l+1)^2+s}-\sqrt{l^2+s}\right]\\&=2p(\sqrt{l^2+s})^{2p-1}\frac{2l+1}{\sqrt{(l+1)^2+s}+\sqrt{l^2+s}}\geqslant\frac{2p\,l^{2p-1}(2l+1)}{2\sqrt{l^2+4l+1}},\end{aligned}$$

从而,当 $p>\frac{1}{2}$时,有

$$v_l-v_{l+1}\geqslant\frac{pl^{2p-1}(2l+1)^2}{(l^2+4l+1)^{2p+\frac{1}{2}}}-\frac{2}{(l^2+4l+2)^p}\geqslant\frac{2l^{2p-1}(l^2+l+\frac{1}{4})}{(l^2+4l+1)^{2p+\frac{1}{2}}}\left(2p-\frac{(l^2+4l+1)^{p+\frac{1}{2}}}{l^{2p-1}(l^2+l+\frac{1}{4})}\right).$$

由于 $2p>1$,而

$$\lim_{l\to+\infty}\frac{(l^2+4l+1)^{p+\frac{1}{2}}}{l^{2p-1}(l^2+l+\frac{1}{4})}=1,$$

故当 $l$ 充分大时,$u_l-v_{l+1}>0$. 于是,存在 $l_0$,使当 $l\geqslant l_0$ 时,$v_l$ 是单调下降的数列. 又当 $n\in A_l$, $p>0$ 时,有

$$\frac{1}{(l+1)^{2p}}<\frac{1}{n^p}\leqslant\frac{1}{l^{2p}},\quad 故\quad \frac{2l+1}{(l+1)^{2p}}<v_l\leqslant\frac{2l+1}{l^{2p}}.$$

上述不等式说明,当 $p>\frac{1}{2}$时,$v_l$ 是单调下降且趋于零的数列(当 $l\to\infty$),从而知级数

$$\sum_{l=1}^{\infty}u_l=\sum_{l=1}^{\infty}(-1)^l v_l$$

是一个收敛级数. 显然当$\frac{1}{2}<p\leqslant 1$ 时,级数 $\sum\limits_{l=1}^{\infty}u_l$ 仅为条件收敛. 当 $p>1$ 时,级数 $\sum\limits_{l=1}^{\infty}u_l$ 绝对收敛. 当 $p\leqslant\frac{1}{2}$时,级数 $\sum\limits_{l=1}^{\infty}u_l$ 发散.

现在看原级数 $\sum\limits_{n=1}^{\infty}a_n$,其中 $a_n=\frac{(-1)^{[\sqrt{n}]}}{n^p}$. 记其部分和为 $S_N=\sum\limits_{n=1}^{N}a_n$,又记 $\sum\limits_{n=1}^{\infty}u_l$ 的部分和为 $\sigma_M=\sum\limits_{n=1}^{M}u_n$. 那么任意一个部分和 $S_N$ 均被包含在某相邻两个部分和 $\sigma_M$ 与 $\sigma_{M+1}$ 之间,即有

$$|S_N-\sigma_M|\leqslant|\sigma_{M+1}-\sigma_M|.$$

注意,当$\frac{1}{2}<p\leqslant 1$ 时, $\sum\limits_{n=1}^{\infty}u_n$ 条件收敛,而当 $p>1$ 时, $\sum\limits_{n=1}^{\infty}u_n$ 绝对收敛. 此时记其和为 $\sigma$,则有 $\lim\limits_{M\to\infty}\sigma_M=\sigma$. 因此,

$$\lim_{N\to\infty}S_N=\lim_{M\to\infty}\sigma_M=\sigma,$$

也即 $\sum\limits_{n=1}^{\infty}a_n$ 与 $\sum\limits_{n=1}^{\infty}u_n$ 有同样的收敛结论. 从而当$\frac{1}{2}<p\leqslant 1$ 时,原级数 $\sum\limits_{n=1}^{\infty}a_n$ 条件收敛;当 $p>1$ 时绝对收敛,当 $p\leqslant\frac{1}{2}$时发散(否则这时的 $\sum\limits_{n=1}^{\infty}u_n$ 收敛),其中当 $p=1$ 时就是 2672 题.

【2688】 $\sum_{n=1}^{\infty}\frac{(-1)^{[\ln n]}}{n}$.

**解** 记 $a_n=\frac{(-1)^{[\ln n]}}{n}$. 为研究级数 $\sum_{n=1}^{\infty}a_n$ 的收敛性，我们引进集合

$$A_k=\{n\,|\,[\ln n]=k\}\quad(k=1,2,\cdots).$$

那么集合 $A_k$ 内的元素 $n$ 具有性质 $k\leqslant\ln n<k+1$，或写成 $e^k\leqslant n<e\cdot e^k$，其个数 $p_k=[(e-1)e^k]$. 将 $A_k$ 内的元素从小到大排列，可记为 $n_k,n_k+1,\cdots,n_k+p_k-1$. 现考虑

$$u_k=\sum_{n\in A_k}a_n=\sum_{n\in A_k}\frac{(-1)^{[\ln n]}}{n}=(-1)^k\sum_{n\in A_K}\frac{1}{n}=(-1)^k v_k,$$

其中

$$v_k=\sum_{n\in A_k}\frac{1}{n}=\sum_{v=0}^{p_k-1}\frac{1}{n_k+v}\geqslant\sum_{v=0}^{p_k-1}\frac{1}{e\cdot e^k}=\frac{p_k}{e\cdot e^k}=\frac{1}{e\cdot e^k}[(e-1)e^k]\geqslant\frac{1}{e\cdot e^k}\ \frac{1}{2}(e-1)e^k=\frac{e-1}{2e}.$$

下面我们证明级数 $\sum_{n=1}^{\infty}a_n$ 是发散的. 采用反证法，假设 $\sum_{n=1}^{\infty}a_n$ 收敛，则由柯西准则，对于任给的 $\varepsilon>0$，存在 $N_0$，使当 $n\geqslant N_0$ 时，对于一切正整数 $p$，均有

$$|a_n+a_{n+1}+\cdots+a_{n+p}|<\varepsilon.$$

今取 $\varepsilon=\frac{e-1}{4e}>0$，对于由此 $\varepsilon$ 所找到的 $N_0$，在 $n\geqslant N_0$ 中选一数 $n_k$，此处 $k$ 是适当大的一个正整数，有 $n_k\in A_k$，即 $e^k\leqslant n_k<e\cdot e^k$. 又取正整数 $p=p_k-1$，则此时应有

$$|a_{n_k}+a_{n_k+1}+\cdots+a_{n_k+p_k-1}|<\varepsilon. \tag{1}$$

但另一方面却有

$$|a_{n_k}+a_{n_k+1}+\cdots+a_{n_k+p_k-1}|=|u_k|=v_k\geqslant\frac{e-1}{2e}=2\varepsilon>\varepsilon. \tag{2}$$

(1)式与(2)式矛盾. 因而，级数 $\sum_{n=1}^{\infty}a_n$ 发散.

【2689】 $\sum_{n=1}^{\infty}(-1)^{n-1}\left[\frac{1\cdot3\cdot5\cdots(2n-1)}{2\cdot4\cdot6\cdots(2n)}\right]^p$.

**解** 设 $a_n=(-1)^{n-1}\left[\frac{1\cdot3\cdot5\cdots(2n-1)}{2\cdot4\cdot6\cdots(2n)}\right]^p$.

当 $p\leqslant0$ 时，显然 $|a_n|\geqslant1$，故 $a_n$ 不趋于零(当 $n\to\infty$)，因而，级数 $\sum_{n=1}^{\infty}a_n$ 发散.

当 $0<p\leqslant2$ 时，记 $a_n=(-1)^{n-1}b_n$，其中

$$b_n=\left[\frac{1\cdot3\cdot\cdots(2n-1)}{2\cdot4\cdots(2n)}\right]^p.$$

由 $\left(\frac{2n+1}{2n+2}\right)^p<1$ 易知 $b_n>\left[\frac{2n+1}{2(n+1)}\right]^p b_n=b_{n+1}(n=1,2,\cdots)$，且有(见 10 题的不等式)

$$0<b_n<\left(\frac{1}{\sqrt{2n+1}}\right)^p\to0\quad(\text{当 } n\to\infty\text{时}),$$

故由莱布尼茨判别法即知级数 $\sum_{n=1}^{\infty}a_n$ 收敛. 但由 2598 题的结果知，当 $0<p\leqslant2$ 时，级数 $\sum_{n=1}^{\infty}|a_n|$ 发散. 于是，当 $0<p\leqslant2$ 时，原级数条件收敛.

当 $p>2$ 时，由 2598 题的结果知，原级数绝对收敛.

【2690】 $\sum_{n=1}^{\infty}\frac{\sin n\cdot\sin n^2}{n}$.

**解** 记 $a_n=\frac{1}{n}$，$b_n=\sin n\cdot\sin n^2$. 显然 $\{a_n\}$ 单调下降趋于零，且

$$\left|\sum_{n=1}^{N}b_n\right|=\left|\sum_{n=1}^{N}\frac{1}{2}[\cos n(n-1)-\cos n(n+1)]\right|=\left|\frac{1}{2}[\cos0-\cos N(N+1)]\right|\leqslant1,$$

有界($N=1,2,\cdots$),故由狄利克雷判别法知级数收敛.

**【2691】** $\sum_{n=1}^{\infty}\sin n^2$.

**提示** 用反证法证明 $\lim_{n\to\infty}\sin n^2\neq 0$.

**解** 我们即将指出 $\sin n^2$ 当 $n\to\infty$ 时并不趋于零,因而,级数 $\sum_{n=1}^{\infty}\sin n^2$ 发散.现用反证法,假设

$$\lim_{n\to\infty}\sin n^2=0,$$

于是,$\sin^2(n^2)\to 0$ (当 $n\to\infty$ 时).由 $\sin^2(n^2)+\cos^2(n^2)=1$ 知 $\cos^2(n^2)\to 1$ (当 $n\to\infty$ 时).由于

$$\sin(n+1)^2=\sin(n^2+2n+1)=\sin n^2\cos(2n+1)+\cos n^2\sin(2n+1),$$

故

$$\cos^2(n^2)\sin^2(2n+1)=[\sin(n+1)^2-\sin n^2\cos(2n+1)]^2.$$

让 $n\to\infty$,注意 $\sin n^2\to 0$.于是,由

$$\sin(n+1)^2\to 0 \quad 及 \quad \cos^2(n^2)\to 1.$$

便有 $\sin^2(2n+1)\to 0$,因此,$\sin(2n+1)\to 0$.同理可得 $\sin(2n-1)\to 0$(当 $n\to\infty$ 时).又从

$$\sin(2n+1)+\sin(2n-1)=2\sin 2n\cos 1$$

知还有 $\sin 2n\to 0$(当 $n\to\infty$ 时),即有 $\sin m\to 0$(当 $m\to\infty$ 时).从而也有 $\sin^2 n\to 0$ 及 $\cos^2 n\to 1$.但

$$\sin(n+1)=\sin n\cos 1+\cos n\sin 1,$$

或写成

$$\cos^2 n\sin^2 1=[\sin(n+1)-\sin n\cos 1]^2.$$

让 $n\to\infty$,于上式的两端取极限,并注意到 $\sin^2 1\neq 0$,$\cos^2 n\to 1$,从而产生左端为 $\sin^2 1$ 而右端为零的矛盾.因此,假设

$$\lim_{n\to\infty}\sin n^2=0$$

不真,即原命题 $\sin n^2\not\to 0$(当 $n\to\infty$ 时)成立.因此,级数 $\sum_{n=1}^{\infty}\sin n^2$ 发散.

**【2692】** 设

$$R(x)=\frac{a_0x^p+a_1x^{p-1}+\cdots+a_p}{b_0x^q+b_1x^{q-1}+\cdots+b_q}$$

为有理函数,式中 $a_0\neq 0$, $b_0\neq 0$,且当 $x\geqslant n_0$ 时, $|b_0x^q+b_1x^{q-1}+\cdots+b_q|>0$.

研究级数 $\sum_{n=n_0}^{\infty}(-1)^nR(n)$ 的绝对收敛性和条件收敛性.

**解** 首先考虑绝对收敛性.

当 $q-p>1$ 即当 $q>p+1$ 时,由于

$$|R(n)|=\left|\frac{a_0+a_1n^{-1}+\cdots+a_pn^{-p}}{b_0n^{q-p}+b_1n^{q-p-1}+\cdots b_qn^{-p}}\right|\sim\frac{|a_0|}{|b_0|n^{q-p}},$$

而 $\sum_{n=n_0}^{\infty}\frac{1}{n^{q-p}}$ 收敛,故级数 $\sum_{n=n_0}^{\infty}(-1)^nR(n)$ 绝对收敛.当 $q\leqslant p+1$ 时,级数 $\sum_{n=n_0}^{\infty}|R(n)|$ 发散.

但当 $p<q$ 时,$(-1)^nR(n)\sim(-1)^n\frac{a_0}{b_0n^{q-p}}$,容易验证原级数符合莱布尼茨判别法的条件,故当 $p<q\leqslant p+1$ 时,级数 $\sum_{n=n_0}^{\infty}(-1)^nR(n)$ 条件收敛.

当 $p\geqslant q$ 时,显见 $R(n)\not\to 0$(当 $n\to\infty$ 时),故级数 $\sum_{n=n_0}^{\infty}(-1)^nR(n)$ 发散.

**研究下列级数的收敛性:**

**【2693】** $\frac{1}{1^p}-\frac{1}{2^q}+\frac{1}{3^p}-\frac{1}{4^q}+\frac{1}{5^p}-\frac{1}{6^q}+\cdots$.

**解** 当 $p>1$, $q>1$ 时,显然级数绝对收敛.

当 $0<p=q\leqslant 1$ 时,显然级数并非绝对收敛,但由莱布尼茨判别法知级数收敛. 因此,当 $0<p=q\leqslant 1$ 时,级数条件收敛.

当 $p$、$q$ 中有一个小于或等于零时,由于通项不趋于零(当 $n\to\infty$),故级数发散.

**【2694】** $1+\frac{1}{3^p}-\frac{1}{2^p}+\frac{1}{5^p}+\frac{1}{7^p}-\frac{1}{4^p}+\cdots$.

**解** 当 $p>1$ 时,由于原级数是由绝对收敛的级数 $\sum\limits_{n=1}^{\infty}(-1)^{n-1}\frac{1}{n^p}$ 交换项数重排而得来的,因此,它也是绝对收敛的. 下面我们再讨论条件收敛性.

当 $0<p<1$ 时,考虑级数 $\sum\limits_{n=1}^{\infty}u_n$,其中

$$\begin{aligned}u_n&=\frac{1}{(4n-3)^p}+\frac{1}{(4n-1)^p}-\frac{1}{(2n)^p}=\frac{1}{(4n)^p\left(1-\frac{3}{4n}\right)^p}+\frac{1}{(4n)^p\left(1-\frac{1}{4n}\right)^p}-\frac{1}{(2n)^p}\\&=\frac{1}{(4n)^p}\left[1+\frac{3p}{4n}+1+\frac{p}{4n}+O\left(\frac{1}{n^2}\right)\right]-\frac{1}{(2n)^p}=\frac{1}{2^p(2n)^p}\left[2+\frac{p}{n}+O\left(\frac{1}{n^2}\right)\right]-\frac{1}{(2n)^p}\\&=\frac{1}{(2n)^p}\left(\frac{1}{2^{p-1}}-1\right)+\frac{4p}{(4n)^{p+1}}+O\left(\frac{1}{n^{p+2}}\right).\end{aligned}\tag{1}$$

由第一项组成的级数发散到 $+\infty$,而由其余各项分别组成的级数均收敛. 因此,$\sum\limits_{n=1}^{\infty}u_n$ 发散. 易证原级数与级数 $\sum\limits_{n=1}^{\infty}u_n$ 同时收敛或同时发散(这可用部分和作比较而得),从而,当 $0<p<1$ 时,原级数发散.

当 $p=1$ 时,(1)式第一项为零,而由第二项及第三项分别组成的级数显然收敛,故当 $p=1$ 时,原级数收敛,并且显然不是绝对收敛的,即原级数条件收敛.

当 $p\leqslant 0$ 时,原级数显然发散.

**【2695】** $1+\frac{1}{3^p}-\frac{1}{1^p}+\frac{1}{5^p}+\frac{1}{7^p}-\frac{1}{3^p}+\frac{1}{9^p}+\frac{1}{11^p}-\frac{1}{5^p}+\cdots$.

**解** 易证原级数与级数 $\sum\limits_{n=1}^{\infty}u_n$ 同时收敛或同时发散,其中

$$\begin{aligned}u_n&=\frac{1}{(4n-3)^p}+\frac{1}{(4n-1)^p}-\frac{1}{(2n-1)^p}=\frac{1}{2^p(2n)^p}\left[2+\frac{p}{n}+O\left(\frac{1}{n^2}\right)\right]-\frac{1}{(2n)^p}\frac{1}{\left(1-\frac{1}{2n}\right)^p}\\&=\frac{1}{(2n)^p}\left(\frac{1}{2^{p-1}}-1\right)+\frac{1}{2^p}\left(\frac{p}{2^p}-\frac{p}{2}\right)\frac{1}{n^{p+1}}+O\left(\frac{1}{n^{p+2}}\right)\end{aligned}\tag{1}$$

当 $p>1$ 时,级数显然绝对收敛.

当 $0<p<1$ 时,由(1)式第一项组成的级数发散,而由(1)式第二项及第三项所分别组成的级数均收敛. 因此,$\sum\limits_{n=1}^{\infty}u_n$ 发散. 从而当 $0<p<1$ 时,原级数发散.

当 $p=1$ 时,原级数条件收敛. 事实上,此时(1)式中第一项及第二项均为零,而由第三项所组成的级数收敛,故 $\sum\limits_{n=1}^{\infty}u_n$ 收敛,从而原级数收敛. 但级数

$$1+\frac{1}{3}+1+\frac{1}{5}+\frac{1}{7}+\frac{1}{3}+\frac{1}{9}+\frac{1}{11}+\frac{1}{5}+\cdots$$

是发散的.

当 $p\leqslant 0$ 时,原级数显然发散.

**【2696】** $1-\frac{2}{2^q}+\frac{1}{3^p}+\frac{1}{4^p}-\frac{2}{5^q}+\frac{1}{6^p}+\frac{1}{7^p}-\frac{2}{8^q}+\frac{1}{9^p}+\cdots$.

**解** 当 $p>1$, $q>1$ 时,记 $\delta=\min(p,q)>1$. 由于级数

$$1+\frac{2}{2^q}+\frac{1}{3^p}+\frac{1}{4^p}+\frac{2}{5^q}+\frac{1}{6^p}+\frac{1}{7^p}+\frac{2}{8^q}+\frac{1}{9^p}+\cdots \tag{1}$$

的前 $N$ 项部分和 $S_N$ 有

$$S_N\leqslant\sum_{k=1}^{N}\frac{2}{k^\delta}=2\sum_{k=1}^{N}\frac{1}{k^\delta}<+\infty,$$

故 $\{S_N\}$ 单调上升且有界,从而, $\lim\limits_{N\to\infty}S_N$ 存在. 于是,原级数当 $p>1$, $q>1$ 时绝对收敛.

当 $0<p=q\leqslant 1$ 时,由于级数(1)的 $S_N$ 有

$$S_N\geqslant\sum_{k=1}^{N}\frac{1}{k}\to+\infty\quad(\text{当 } N\to+\infty\text{时}),$$

故原级数并不绝对收敛. 但当 $0<p=q\leqslant 1$ 时,可考虑级数 $(1-\frac{2}{2^p})+\sum\limits_{k=1}^{\infty}u_k$,其中

$$\begin{aligned}u_k&=\frac{1}{(3k)^p}+\frac{1}{(3k+1)^p}-\frac{2}{(3k+2)^p}=\frac{1}{(3k)^p}\left[1-\left(1+\frac{2}{3k}\right)^{-p}\right]+\frac{1}{(3k+1)^p}\left[1-\left(1+\frac{1}{3k+1}\right)^{-p}\right]\\&=\frac{1}{(3k)^p}\left[\frac{2p}{3k}+O\left(\frac{1}{k^2}\right)\right]+\frac{1}{(3k+1)^p}\left[\frac{p}{3k+1}+O\left(\frac{1}{k^2}\right)\right]\\&=\frac{2p}{(3k)^{p+1}}+\frac{p}{(3k+1)^{p+1}}+O\left(\frac{1}{k^{p+2}}\right)=\frac{3p}{(3k)^{p+1}}+O\left(\frac{1}{k^{p+2}}\right).\end{aligned}$$

因此,显然 $\sum\limits_{k=1}^{\infty}u_k$ 收敛. 易证原级数与级数 $(1-\frac{2}{2^p})+\sum\limits_{k=1}^{\infty}u_k$ 同时收敛或同时发散. 因而原级数当 $0<p=q\leqslant 1$ 时条件收敛.

当 $p,q$ 中有一个小于或等于零时,原级数显然发散.

**【2697】** 证明:级数

(1) $\sin x+\frac{\sin 2x}{2}+\frac{\sin 3x}{3}+\cdots$, (2) $\cos x+\frac{\cos 2x}{2}+\frac{\cos 3x}{3}+\cdots$

在区间 $(0,\pi)$ 内不绝对收敛.

**证** (1) $\left|\frac{\sin nx}{n}\right|\geqslant\frac{\sin^2 nx}{n}=\frac{1-\cos 2nx}{2n}=\frac{1}{2n}-\frac{\cos 2nx}{2n}$.

由于 $\sum\limits_{n=1}^{\infty}\frac{1}{2n}$ 发散到 $+\infty$, $\sum\limits_{n=1}^{\infty}\frac{\cos 2nx}{2n}$ 收敛(这是因为 $\frac{1}{2n}$ 单调趋于零,且 $\sum\limits_{n=1}^{N}\cos 2nx$ 有界,故由狄利克雷判别法即获证),故级数

$$\sum_{n=1}^{\infty}\left|\frac{\sin nx}{n}\right|$$

在 $(0,\pi)$ 内发散. 至于原级数的收敛性是显然的. 因此,原级数在 $(0,\pi)$ 内仅为条件收敛.

(2) 可用(1)的方法证明. 事实上,由

$$\left|\frac{\cos nx}{n}\right|\geqslant\frac{\cos^2 nx}{n}=\frac{1}{2n}+\frac{\cos 2nx}{2n}$$

即知级数

$$\sum_{n=1}^{\infty}\left|\frac{\cos nx}{n}\right|$$

在 $(0,\pi)$ 内发散. 至于原级数的收敛性是显然的. 因此,原级数在 $(0,\pi)$ 内仅为条件收敛.

**【2698】** 对于级数

$$\sum_{n=1}^{\infty}\frac{\cos nx}{n^p},\quad\sum_{n=1}^{\infty}\frac{\sin nx}{n^p}\quad(0<x<\pi)$$

对全体参数 $(p,x)$ 定出:(1)绝对收敛域;(2)非绝对收敛域.

**解** 当 $p>1$ 时,由于

$$\left|\frac{\cos nx}{n^p}\right|\leqslant\frac{1}{n^p},\quad\left|\frac{\sin nx}{n^p}\right|\leqslant\frac{1}{n^p}\quad(0<x<\pi),$$

且 $\sum\limits_{n=1}^{\infty}\frac{1}{n^p}$收敛,故这两个级数当 $p>1$ 时,对于$(0,\pi)$内任一 $x$ 值均绝对收敛.

当$0<p\leqslant 1$时,由于$\frac{1}{n^p}$单调下降趋于零,且部分和 $\sum\limits_{n=1}^{N}\cos nx$ 及 $\sum\limits_{n=1}^{N}\sin nx$ 均有界$(0<x<\pi)$,故由狄利克雷判别法知两级数均收敛.但绝对值组成的级数均发散,事实上,

$$\left|\frac{\cos nx}{n^p}\right|\geqslant\frac{\cos^2 nx}{n^p}=\frac{1}{2n^p}+\frac{\cos 2nx}{2n^p},\quad \left|\frac{\sin nx}{n^p}\right|\geqslant\frac{\sin^2 nx}{n^p}=\frac{1}{2n^p}-\frac{\cos 2nx}{2n^p},$$

而 $\sum\limits_{n=1}^{\infty}\frac{1}{2n^p}$当$0<p\leqslant 1$时发散到$+\infty$, $\sum\limits_{n=1}^{\infty}\frac{\cos 2nx}{2n^p}$当$0<p\leqslant 1$时收敛,故级数

$$\sum_{n=1}^{\infty}\frac{|\cos nx|}{n^p},\quad \sum_{n=1}^{\infty}\frac{|\sin nx|}{n^p}$$

当$0<p\leqslant 1$时均发散.因此,当$0<p\leqslant 1$时,对于$(0,\pi)$内任一 $x$ 值,级数

$$\sum_{n=1}^{\infty}\frac{\cos nx}{n^p},\quad \sum_{n=1}^{\infty}\frac{\sin nx}{n^p}$$

均为条件收敛. 当 $p\leqslant 0$ 时,两级数显然发散.

总之,当$0<x<\pi$时,两级数的(1)绝对收敛域为 $p>1$;(2)条件收敛域为 $0<p\leqslant 1$.

**【2699】** 对于级数

$$\sum_{n=1}^{\infty}(-1)^{n-1}\frac{(1+p)(2+p)\cdots(n+p)}{n!\ n^q}$$

定出:(1)绝对收敛域;(2)条件收敛域.

**解** 记 $a_n=\frac{(1+p)(2+p)\cdots(n+p)}{n!\ n^q}$.

为研究级数 $\sum\limits_{n=1}^{\infty}(-1)^{n-1}a_n$ 的绝对收敛性,可考虑 $\sum\limits_{n=1}^{\infty}u_n$,其中 $u_n=|(-1)^{n-1}a_n|=a_n$. 由于

$$\frac{u_n}{u_{n+1}}=\frac{a_n}{a_{n+1}}=\left(\frac{n+1}{n+1+p}\right)\left(\frac{n+1}{n}\right)^q=\left(1-\frac{p}{n+1+p}\right)\left(1+\frac{1}{n}\right)^q$$
$$=\left[1-\frac{p}{n}+\frac{p(p+1)}{n^2}+O\left(\frac{1}{n^3}\right)\right]\left[1+\frac{q}{n}+\frac{q(q-1)}{2n^2}+O\left(\frac{1}{n^3}\right)\right]=1+\frac{q-p}{n}+\Delta_n,$$

其中

$$\Delta_n=\left[\frac{1}{2}q(q-1)-pq+p(p+1)\right]\frac{1}{n^2}+O\left(\frac{1}{n^3}\right),$$

故由高斯判别法知:当 $q>p+1$ 时, $\sum\limits_{n=1}^{\infty}u_n$ 收敛,从而,原级数绝对收敛.当然 $p=-1,-2,\cdots$时原级数也绝对收敛.当$q\leqslant p+1$时, $\sum\limits_{n=1}^{\infty}u_n$ 发散,从而,原级数并不绝对收敛.但当$p<q\leqslant p+1$时原级数是条件收敛的.因为当 $n$ 足够大时,易见 $a_n>a_{n+1}$,即 $a_n$ 单调下降.记 $q=p+\varepsilon$, $\varepsilon>0$,则

$$a_n=\frac{(1+p)(2+p)\cdots(n+p)}{n!\ n^{p+\varepsilon}},$$

取对数,有

$$\ln a_n=\sum_{k=1}^{n}\ln\left(1+\frac{p}{k}\right)-(p+\varepsilon)\ln n=\sum_{k=1}^{n}\frac{p}{k}+\sum_{k=1}^{n}O\left(\frac{1}{k^2}\right)-(p+\varepsilon)\ln n$$
$$=p\ln n+pr+A_1+O\left(\frac{1}{n}\right)-p\ln n-\varepsilon\ln n=pr+A_1+O\left(\frac{1}{n}\right)-\varepsilon\ln n\to-\infty\quad(\text{当 } n\to+\infty\text{时}),$$

其中 $r$ 及 $A_1$ 为某些常数,从而知$\lim\limits_{n\to\infty}a_n=0$. 由莱布尼茨判别法知 $\sum\limits_{n=1}^{\infty}(-1)^{n-1}a_n$ 收敛. 因此,当$p<q\leqslant p+1$时,原级数条件收敛.

当 $q=p$ 时,有 $\ln a_n=pr+A_1+O(\frac{1}{n})\to pr+A_1$(当 $n\to\infty$时),也即$\lim\limits_{n\to\infty}a_n=e^{pr+A_1}\neq 0$,原级数发散.

当 $q<p$ 时，对于足够大的 $n$ 有 $a_n<a_{n+1}$，可见通项也不趋于零，故原级数也发散.

总之，(1) 级数的绝对收敛域为 $q>p+1$；(2) 级数的条件收敛域为 $p<q\leqslant p+1$.

**【2700】** 研究级数 $\sum\limits_{n=1}^{\infty}\binom{m}{n}$ 的收敛性，其中 $\binom{m}{n}=\dfrac{m(m-1)\cdots(m-n+1)}{n!}$.

**解** 记 $a_n=\binom{m}{n}$，有

$$\left|\frac{a_n}{a_{n+1}}\right|=\left|\frac{n+1}{m-n}\right|=\left|\left(1+\frac{1}{n}\right)\left[1+\frac{m}{n}+O\left(\frac{1}{n^2}\right)\right]\right|=1+\frac{m+1}{n}+O\left(\frac{1}{n^2}\right),$$

故由高斯判别法知：当 $m+1>1$ 即当 $m>0$ 时，级数绝对收敛. 当 $m<0$ 时，$\sum\limits_{n=1}^{\infty}|a_n|$ 发散. 至于当 $m=0$ 时，级数每一项为零，因此，级数显然绝对收敛.

下面我们证明：当 $-1<m<0$ 时，级数收敛，从而知级数条件收敛. 事实上，当 $n$ 足够大之后，易见 $\sum\limits_{n=n_0}^{\infty}\binom{m}{n}$ 为交错级数. 又因 $-1<m<0$，故 $\left|\dfrac{m-n}{n+1}\right|<1$，它等价于 $|a_{n+1}|<|a_n|$，这表明级数 $\sum\limits_{n=n_0}^{\infty}a_n$ 的通项的绝对值是单调减少的. 现在再证明 $\lim\limits_{n\to\infty}|a_n|=0$. 为此，取对数，有

$$\begin{aligned}\ln|a_n|&=\ln\left|\frac{m(m-1)\cdots(m-n+1)}{n!}\right|\\&=\ln\left|\left(1-\frac{m+1}{1}\right)\left(1-\frac{m+1}{2}\right)\cdots\left(1-\frac{m+1}{n}\right)\right|=\sum_{k=1}^{n}\ln\left(1-\frac{m+1}{k}\right).\end{aligned}$$

由于当 $k\to+\infty$ 时，$\ln\dfrac{1-\frac{m+1}{k}}{-\frac{m+1}{k}}\to1$，而 $\sum\limits_{k=1}^{\infty}\dfrac{1}{k}$ 发散到 $+\infty$，故 $\sum\limits_{k=1}^{\infty}\ln\left(1-\dfrac{m+1}{k}\right)$ 发散到 $-\infty$，因此，$\lim\limits_{n\to\infty}|a_n|=0$. 由莱布尼茨判别法知 $\sum\limits_{n=n}^{\infty}a_n$ 收敛，从而，级数 $\sum\limits_{n=1}^{\infty}a_n$ 条件收敛.

当 $m\leqslant-1$ 时，由于级数的通项不趋于零，故级数发散.

总之，当 $m\geqslant0$ 时，$\sum\limits_{n=1}^{\infty}\binom{m}{n}$ 绝对收敛；当 $-1<m<0$ 时，$\sum\limits_{n=1}^{\infty}\binom{m}{n}$ 条件收敛.

**【2701】** 若级数 $\sum\limits_{n=1}^{\infty}a_n$ 收敛且 $\lim\limits_{n\to\infty}\dfrac{b_n}{a_n}=1$，则可否断定级数 $\sum\limits_{n=1}^{\infty}b_n$ 也收敛？研究例子

$$\sum_{n=1}^{\infty}\frac{(-1)^n}{\sqrt{n}}\quad 和 \quad\sum_{n=1}^{\infty}\left[\frac{(-1)^n}{\sqrt{n}}+\frac{1}{n}\right].$$

**提示** 当 $\sum\limits_{n=1}^{\infty}a_n$ 与 $\sum\limits_{n=1}^{\infty}b_n$ 均为正项级数时可断定. 但当它们不一定都是正项级数时不能断定，例如，$a_n=\dfrac{(-1)^n}{\sqrt{n}}$，$b_n=\dfrac{(-1)^n}{\sqrt{n}}+\dfrac{1}{n}$.

**解** 如果 $\sum\limits_{n=1}^{\infty}a_n$ 与 $\sum\limits_{n=1}^{\infty}b_n$ 均为正项级数，则由 $\sum\limits_{n=1}^{\infty}a_n$ 收敛可断定 $\sum\limits_{n=1}^{\infty}b_n$ 也收敛. 但当 $\sum\limits_{n=1}^{\infty}a_n$ 与 $\sum\limits_{n=1}^{\infty}b_n$ 不一定都是正项级数时，则由 $\sum\limits_{n=1}^{\infty}a_n$ 的收敛性不能断定 $\sum\limits_{n=1}^{\infty}b_n$ 也收敛. 例如，级数 $\sum\limits_{n=1}^{\infty}\dfrac{(-1)^n}{\sqrt{n}}$ 是收敛的，且

$$\lim_{n\to\infty}\frac{\frac{(-1)^n}{\sqrt{n}}+\frac{1}{n}}{\frac{(-1)^n}{\sqrt{n}}}=1,$$

但级数

$$\sum_{n=1}^{\infty}\left[\frac{(-1)^n}{\sqrt{n}}+\frac{1}{n}\right]$$

却是发散的. 事实上,它是由收敛级数 $\sum_{n=1}^{\infty}\frac{(-1)^n}{\sqrt{n}}$ 及发散级数 $\sum_{n=1}^{\infty}\frac{1}{n}$ 相加而得的,故它是发散的.

**【2702】** 设 $\sum_{n=1}^{\infty}a_n$ 为非绝对收敛的级数,

$$P_n=\sum_{i=1}^{n}\frac{|a_i|+a_i}{2},\quad N_n=\sum_{i=1}^{n}\frac{|a_i|-a_i}{2},$$

证明:$\lim_{n\to\infty}\frac{N_n}{P_n}=1$.

**证** 首先注意,非绝对收敛即条件收敛. 若级数发散,本命题不一定成立. 例如,取 $a_i=1$,则 $\lim_{n\to\infty}\frac{N_n}{P_n}=0$;若 $a_i=1$(当 $i=1(\text{mod}2)$ 时)或 $a_i=-\frac{1}{2}$(当 $i=0(\text{mod}2)$ 时),此时将有 $\lim_{n\to\infty}\frac{N_n}{P_n}=\frac{1}{2}$,等等.

当级数 $\sum_{n=1}^{\infty}a_n$ 条件收敛时,有

$$\frac{N_n}{P_n}=\frac{\sum_{i=1}^{n}|a_i|-\sum_{i=1}^{n}a_i}{\sum_{i=1}^{n}|a_i|+\sum_{i=1}^{n}a_i}=\frac{1-\dfrac{\sum_{i=1}^{n}a_i}{\sum_{i=1}^{n}|a_i|}}{1+\dfrac{\sum_{i=1}^{n}a_i}{\sum_{i=1}^{n}|a_i|}},$$

由于 $\sum_{n=1}^{\infty}a_n$ 收敛及 $\sum_{n=1}^{\infty}|a_n|=+\infty$,故

$$\lim_{n\to\infty}\frac{\sum_{i=1}^{n}a_i}{\sum_{i=1}^{n}|a_i|}=0,$$

从而,即得 $\lim_{n\to\infty}\frac{N_n}{P_n}=1$.

**【2703】** 证明:对于每一个 $p>0$,级数 $\sum_{n=1}^{\infty}\frac{(-1)^{n+1}}{n^p}$ 的和是在 $\frac{1}{2}$ 与 1 之间.

**证** 首先,由于此级数的前 $2n$ 项的和

$$S_{2n}=\left(1-\frac{1}{2^p}\right)+\left(\frac{1}{3^p}-\frac{1}{4^p}\right)+\cdots+\left[\frac{1}{(2n-1)^p}-\frac{1}{(2n)^p}\right]$$

中的每一个括号内的数大于零,故 $\{S_{2n}\}$ 是一个单调递增的数列. 又因

$$S_{2n}=1-\left(\frac{1}{2^p}-\frac{1}{3^p}\right)-\left(\frac{1}{4^p}-\frac{1}{5^p}\right)-\cdots-\left[\frac{1}{(2n-2)^p}-\frac{1}{(2n-1)^p}\right]-\frac{1}{(2n)^p}<1,$$

故 $\{S_{2n}\}$ 是以 1 为上界的数列. 从而知 $\lim_{n\to\infty}S_{2n}$ 存在且不超过 1.

由于此级数当 $p>0$ 时是收敛的,故对于数列 $\{S_{2n}\}$,它的极限与级数的和相等,即

$$\sum_{n=1}^{\infty}\frac{(-1)^{n+1}}{n^p}=\lim_{n\to\infty}S_{2n}\leqslant 1\quad (p>0)$$

(对于 $p=1$,此级数的和为 $\ln 2$).

其次,我们证明此和不小于 $\frac{1}{2}$,仍考虑前 $2n$ 项的部分和 $\widetilde{S}_{2n}$,则有 $S_{2n}=1-\frac{1}{2^p}+\widetilde{S}_{2n}$,其中

$$\widetilde{S}_{2n}=\sum_{k=2}^{n}\left[\frac{1}{(2k-1)^p}-\frac{1}{(2k)^p}\right]=\sum_{k=2}^{n}\frac{p}{(2k-1+\theta_k)^{p+1}},$$

这里 $0<\theta_k<1\ (k=2,3,\cdots,n)$. 由于 $p>0$ 以及

$$\frac{1}{(2k-1+\theta_k)^{p+1}} \geqslant \frac{1}{(2k)^{p+1}} \quad (k=2,3,\cdots),$$

即得 $\widetilde{S}_{2n} \geqslant \sum\limits_{k=2}^{n} \frac{p}{(2k)^{p+1}} = \frac{p}{2^{p+1}} \sum\limits_{k=2}^{n} \frac{1}{k^{p+1}} \geqslant \frac{p}{2^{p+1}} \left[\int_2^n \frac{\mathrm{d}x}{x^{p+1}} + \frac{1}{n^{p+1}}\right] = \frac{p}{2^{p+1}}\left[-\frac{1}{px^p}\Big|_2^n + \frac{1}{n^{p+1}}\right]$

$$= \frac{1}{2^{2p+1}} - \frac{1}{2^{p+1}} \cdot \frac{1}{n^p} + \frac{p}{2^{p+1}} \cdot \frac{1}{n^{p+1}} = \frac{1}{2^{2p+1}} - \frac{1}{2^{p+1}} \cdot \frac{1}{n^p}\left(1-\frac{p}{n}\right) = \frac{1}{2^{2p+1}} + \Delta_n,$$

此处

$$\Delta_n = \frac{-1}{2^{p+1}} \cdot \frac{1}{n^p}\left(1-\frac{p}{n}\right) = O\left(\frac{1}{n^p}\right) \quad (\text{当 } n\to\infty \text{时}).$$

于是，对任给的 $\varepsilon>0$，存在正整数 $N_0$，使当 $n \geqslant N_0$ 时，有 $|\Delta_n|<\varepsilon$. 这时有

$$S_{2n} = 1-\frac{1}{2^p} + \widetilde{S}_{2n} \geqslant 1-\frac{1}{2^p} + \frac{1}{2^{2p+1}} - \varepsilon.$$

但当 $p>0$ 时，$1-\frac{1}{2^p}+\frac{1}{2^{2p+1}}>\frac{1}{2}$，这是因为 $2^p+\frac{1}{2^p}>2$，故得

$$1+\frac{1}{2^{2p}}>\frac{2}{2^p} \quad \text{或} \quad \frac{1}{2}+\frac{1}{2^{2p+1}}>\frac{1}{2^p}.$$

从而，$S_{2n}>\frac{1}{2}-\varepsilon$，故收敛级数 $\sum\limits_{n=1}^{\infty} \frac{(-1)^{n+1}}{n^p}$ 的和

$$S = \lim_{n\to\infty} S_{2n} \geqslant \frac{1}{2} - \varepsilon.$$

由 $\varepsilon>0$ 的任意性，即得 $S \geqslant \frac{1}{2}$. 综上所述，$\frac{1}{2} \leqslant S \leqslant 1$.

**【2704】** 证明：若把级数

$$1-\frac{1}{2}+\frac{1}{3}-\frac{1}{4}+\frac{1}{5}-\cdots$$

的各项重新安排，使依次 $p$ 个正项的一组与依次 $q$ 个负项的一组相交替，则新级数的和为 $\ln 2+\frac{1}{2}\ln\frac{p}{q}$.

**证** 按题意，我们要证

$$1+\frac{1}{3}+\cdots+\frac{1}{2p-1}-\frac{1}{2}-\cdots-\frac{1}{2q}+\frac{1}{2p+1}+\cdots+\frac{1}{4p-1}-\frac{1}{2q+2}-\cdots = \ln 2+\frac{1}{2}\ln\frac{p}{q}. \tag{1}$$

首先，我们有

$$H_n = 1+\frac{1}{2}+\frac{1}{3}+\cdots+\frac{1}{n} = \ln n + C + \varepsilon_n,$$

其中 $C$ 为欧拉常数，而 $\varepsilon_n$ 为无穷小量，由此即得

$$\frac{1}{2}+\frac{1}{4}+\cdots+\frac{1}{2m} = \frac{1}{2}H_m = \frac{1}{2}\ln m + \frac{1}{2}C + \frac{1}{2}\varepsilon_m,$$

$$1+\frac{1}{3}+\cdots+\frac{1}{2k-1} = H_{2k}-\frac{1}{2}H_k = \ln 2+\frac{1}{2}\ln k+\frac{C}{2}+\varepsilon_{2k}-\frac{1}{2}\varepsilon_k.$$

于是，若把级数(1)的 $p$ 项或 $q$ 项的数串组合起来，考虑

$$S_{2n} = 1+\frac{1}{3}+\cdots+\frac{1}{2p-1}-\frac{1}{2}-\cdots-\frac{1}{2q}+\frac{1}{2p+1}+\cdots+\frac{1}{2(n-1)q}+\frac{1}{2(n-1)p+1}+\cdots+\frac{1}{2np-1}$$

$$= \ln 2+\frac{1}{2}\ln\frac{2np}{2(n-1)q}+\alpha_n = \ln 2+\frac{1}{2}\ln\frac{p}{q}+\alpha_n',$$

其中 $\alpha_n\to 0$，$\alpha_n'\to 0$（当 $n\to\infty$）；又因 $S_{2n+1}=S_{2n}+\beta_n$，其中 $\beta_n\to 0$（当 $n\to\infty$ 时），故

$$\lim_{n\to\infty} S_{2n} = \lim_{n\to\infty} S_{2n+1} = \frac{1}{2}\ln\frac{p}{q}+\ln 2.$$

从而，级数(1)的和为 $\ln 2+\frac{1}{2}\ln\frac{p}{q}$.

**【2705】** 证明：若改变调和级数

$$1+\frac{1}{2}+\frac{1}{3}+\frac{1}{4}+\cdots$$

部分项的符号，使得 $p$ 个正项之后跟随着 $q$ 个负项（$p\neq q$），但不变更原来的顺序，则此级数仍是发散的. 仅当 $p=q$ 时得到收敛级数.

**证** 若 $p\neq q$，不妨设 $p>q$，记

$$a_k=\frac{1}{(p+q)k+1}+\cdots+\frac{1}{(p+q)k+p}-\frac{1}{(p+q)k+p+1}-\cdots-\frac{1}{(p+q)k+p+q}.$$

由于其中正项的项数比负项的项数为多，且所有正项中任一项均比任一负值的绝对值为大，故有

$$a_k>\frac{1}{(p+q)k+1}>0\quad(k=1,2,\cdots).$$

但 $\sum\limits_{k=0}^{\infty}\frac{1}{(p+q)k+1}$ 发散，故 $\sum\limits_{k=0}^{\infty}a_k$ 发散. 从而比较一下即知所得级数发散（若 $p<q$ 同理可证）.

若 $p=q$，记 $$b_k=\frac{1}{kp+1}+\frac{1}{kp+2}+\cdots+\frac{1}{kp+p}\quad(k=0,1,2,\cdots).$$

考虑 $\sum\limits_{k=0}^{\infty}(-1)^kb_k$. 显然 $b_k>0$，$b_k>b_{k+1}(k=0,1,2,\cdots)$，且 $b_k\to0$（当 $k\to\infty$ 时），故由莱布尼茨判别法知级数 $\sum\limits_{k=0}^{\infty}(-1)^kb_k$ 收敛. 易见所得级数与级数 $\sum\limits_{k=0}^{\infty}(-1)^kb_k$ 同时收敛或同时发散. 因此，当 $p=q$ 时，所得级数收敛.

## §3. 级数的运算

**级数的和与积** 我们定义：

(1) $\sum\limits_{n=1}^{\infty}a_n\pm\sum\limits_{n=1}^{\infty}b_n=\sum\limits_{n=1}^{\infty}(a_n\pm b_n)$；

(2) $\sum\limits_{n=1}^{\infty}a_n\sum\limits_{n=1}^{\infty}b_n=\sum\limits_{n=1}^{\infty}c_n$，

式中 $c_n=a_1b_n+a_2b_{n-1}+\cdots+a_nb_1$.

若级数 $\sum\limits_{n=1}^{\infty}a_n$ 和 $\sum\limits_{n=1}^{\infty}b_n$ 二者收敛，则等式(1)并非仅有形式上的意义；至于等式(2)，则要求级数 $\sum\limits_{n=1}^{\infty}a_n$ 和 $\sum\limits_{n=1}^{\infty}b_n$ 二者收敛，并且其中最少有一个是绝对收敛的.

**【2706】** 若两个级数，(1)一个收敛，而另一个发散；(2)两个都发散，则关于这两个级数的和可下何种断言？

**提示** (1)一定发散. (2)可以收敛，也可以发散. 例如，$a_n=(-1)^n$，$b_n=(-1)^{n+1}$ 及 $a_n=b_n=\frac{1}{n}$.

**解** (1) 一定发散. 因为 $\sum\limits_{n=1}^{\infty}a_n$ 收敛，$\sum\limits_{n=1}^{\infty}b_n$ 发散，如果其和 $\sum\limits_{n=1}^{\infty}c_n$ 收敛，则将有

$$\sum_{n=1}^{\infty}b_n=\sum_{n=1}^{\infty}c_n-\sum_{n=1}^{\infty}a_n$$

也收敛，得出矛盾. 于是，此时两级数的和一定发散.

(2) 可以收敛，也可以发散. 例如：

(ⅰ) 设 $a_n=(-1)^n$，$b_n=(-1)^{n+1}$，则 $\sum\limits_{n=1}^{\infty}a_n$ 及 $\sum\limits_{n=1}^{\infty}b_n$ 均发散，但 $c_n=0$，故 $\sum\limits_{n=1}^{\infty}c_n$ 收敛；

(ⅱ) 设 $a_n=b_n=\frac{1}{n}$，则 $c_n=\frac{2}{n}$. 显见，级数 $\sum\limits_{n=1}^{\infty}a_n$，$\sum\limits_{n=1}^{\infty}b_n$，$\sum\limits_{n=1}^{\infty}c_n$ 均发散.

【2707】 求二级数的和：$\sum_{n=1}^{\infty}\left[\frac{1}{3^n}+\frac{(-1)^n}{n^3}\right]+\sum_{n=1}^{\infty}\left[\frac{1}{3^{n+1}}+\frac{(-1)^{n+1}}{n^3}\right]$.

**提示** 显然收敛，且和为$\frac{2}{3}$.

**解** 两级数显然是收敛的. 因此，它们的和也是收敛的. 逐项相加，即可求得两级数的和为

$$\sum_{n=1}^{\infty}\frac{4}{3^{n+1}}=\frac{4}{3^2}\cdot\frac{1}{1-\frac{1}{3}}=\frac{2}{3}.$$

## 求下列级数的和：

【2708】 $\sum_{n=1}^{\infty}\left[\frac{1}{2^n}+\frac{(-1)^n}{3^n}\right]$.

**解** 此级数是由两收敛级数逐项相加而得的，因此，它是收敛的，且其和为

$$\sum_{n=1}^{\infty}\frac{1}{2^n}+\sum_{n=1}^{\infty}\frac{(-1)^n}{3^n}=\frac{1}{2}\cdot\frac{1}{1-\frac{1}{2}}+\left(-\frac{1}{3}\right)\frac{1}{1-\left(-\frac{1}{3}\right)}=\frac{3}{4}.$$

【2709】 $\sum_{n=1}^{\infty}\frac{\cos\frac{2n\pi}{3}}{2^n}$.

**解题思路** 级数显然绝对收敛，且其和为

$$S=\sum_{n=0}^{\infty}\frac{\cos\frac{2n\pi}{3}}{2^n}-1=\sum_{n\in A_1}\frac{\cos\frac{2n\pi}{3}}{2^n}+\sum_{n\in A_2}\frac{\cos\frac{2n\pi}{3}}{2^n}+\sum_{n\in A_3}\frac{\cos\frac{2n\pi}{3}}{2^n}-1,$$

其中：$A_1=\{n|n=3k,\ k=0,1,2,\cdots\}$,

$A_2=\{n|n=3k+1,\ k=0,1,2,\cdots\}$,

$A_3=\{n|n=3k+2,\ k=0,1,2,\cdots\}$.

以上这样计算是合理的.

**解** 原级数显然绝对收敛，记其和为 $S$，则有

$$S=\sum_{n=0}^{\infty}\frac{\cos\frac{2n\pi}{3}}{2^n}-1.$$

设将 $n=0,1,2,\cdots$分成三类：

$A_1=\{n|n=3k,\ k=0,1,2,\cdots\}$,

$A_2=\{n|n=3k+1,\ k=0,1,2,\cdots\}$,

$A_3=\{n|n=3k+2,\ k=0,1,2,\cdots\}$,

则
$$\sum_{n=0}^{\infty}\frac{\cos\frac{2n\pi}{3}}{2^n}=\sum_{n\in A_1}\frac{\cos\frac{2n\pi}{3}}{2^n}+\sum_{n\in A_2}\frac{\cos\frac{2n\pi}{3}}{2^n}+\sum_{n\in A_3}\frac{\cos\frac{2n\pi}{3}}{2^n}=\sum_{k=0}^{\infty}\frac{1}{2^{3k}}+\sum_{k=0}^{\infty}\frac{\cos\frac{2\pi}{3}}{2^{3k+1}}+\sum_{k=0}^{\infty}\frac{\cos(\pi+\frac{\pi}{3})}{2^{3k+2}}$$
$$=\left[1+\frac{1}{2}\cos\frac{2\pi}{3}+\frac{1}{2^2}\cos\left(\pi+\frac{\pi}{3}\right)\right]\sum_{k=0}^{\infty}\left(\frac{1}{2^3}\right)^k=\left(1-\frac{1}{4}-\frac{1}{8}\right)\frac{1}{1-\frac{1}{8}}=\frac{5}{7},$$

以上计算是合理的，因为上述三个级数均绝对收敛，故其和为$\frac{5}{7}$. 从而，原级数的和为

$$S=\sum_{n=1}^{\infty}\frac{\cos\frac{2n\pi}{3}}{2^n}=\sum_{n=0}^{\infty}\frac{\cos\frac{2n\pi}{3}}{2^n}-1=\frac{5}{7}-1=-\frac{2}{7}.$$

【2710】$^+$ $\sum_{n=0}^{\infty}x^{\left[\frac{n}{2}\right]}y^{\left[\frac{n+1}{2}\right]}$ $\quad(|xy|<1)$.

**解题思路** 仿 2709 题，有

$$\sum_{n=0}^{\infty} x^{\left[\frac{n}{2}\right]} y^{\left[\frac{n+1}{2}\right]}=\sum_{n\in A_1} x^{\left[\frac{n}{2}\right]} y^{\left[\frac{n+1}{2}\right]}+\sum_{n\in A_2} x^{\left[\frac{n}{2}\right]} y^{\left[\frac{n+1}{2}\right]},$$

其中：$A_1=\{n|n=2k,\ k=0,1,2,\cdots\}$，$A_2=\{n|n=2k+1,\ k=0,1,2,\cdots\}$.

**解** 设将 $n=0,1,2,\cdots$分成二类：

$$A_1=\{n|n=2k,\ k=0,1,2,\cdots\},\quad A_2=\{n|n=2k+1,\ k=0,1,2,\cdots\},$$

则

$$\sum_{n=0}^{\infty} x^{\left[\frac{n}{2}\right]} y^{\left[\frac{n+1}{2}\right]}=\sum_{n\in A_1} x^{\left[\frac{n}{2}\right]} y^{\left[\frac{n+1}{2}\right]}+\sum_{n\in A_2} x^{\left[\frac{n}{2}\right]} y^{\left[\frac{n+1}{2}\right]}=\sum_{k=0}^{\infty} x^k y^k+\sum_{k=0}^{\infty} x^k y^{k+1}.$$

显然上式右端两级数当$|xy|<1$时绝对收敛，故原级数收敛，且其和为

$$\sum_{n=0}^{\infty} x^{\left[\frac{n}{2}\right]} y^{\left[\frac{n+1}{2}\right]}=\sum_{k=0}^{\infty}(xy)^k+y\sum_{k=0}^{\infty}(xy)^k=(1+y)\sum_{k=0}^{\infty}(xy)^k=\frac{1+y}{1-xy}.$$

**【2711】** 证明：$\sum\limits_{n=0}^{\infty}\frac{1}{n!}\sum\limits_{n=0}^{\infty}\frac{(-1)^n}{n!}=1$.

**证** 此两级数 $\sum\limits_{n=0}^{\infty}a_n$ 及 $\sum\limits_{n=0}^{\infty}b_n$ 均绝对收敛，其中

$$a_n=\frac{1}{n!},\quad b_n=\frac{(-1)^n}{n!},$$

故可写成

$$\sum_{n=0}^{\infty}a_n\sum_{n=0}^{\infty}b_n=\sum_{n=0}^{\infty}c_n=c_0+\sum_{n=1}^{\infty}c_n=1+\sum_{n=1}^{\infty}c_n,$$

其中

$$c_n=\sum_{i=0}^{n}a_i b_{n-i}=\sum_{i=0}^{n}\left[\frac{1}{i!}\cdot\frac{(-1)^{n-i}}{(n-i)!}\right]=\frac{1}{n!}\sum_{i=0}^{n}\left[(-1)^{n-i}\cdot\frac{n!}{i!(n-i)!}\right]=\frac{1}{n!}(1-1)^n=0$$

$$(n=1,2,\cdots).$$

从而知

$$\sum_{n=0}^{\infty}\frac{1}{n!}\sum_{n=0}^{\infty}\frac{(-1)^n}{n!}=1+\sum_{n=1}^{\infty}c_n=1.$$

当然，由 e 的定义知

$$\sum_{n=0}^{\infty}\frac{1}{n!}=\mathrm{e}\quad 及\quad \sum_{n=0}^{\infty}\frac{(-1)^n}{n!}=\mathrm{e}^{-1},$$

从而，就可以直接计算得

$$\sum_{n=0}^{\infty}\frac{1}{n!}\sum_{n=0}^{\infty}\frac{(-1)^n}{n!}=\mathrm{e}\cdot\mathrm{e}^{-1}=1.$$

**【2712】** 证明：$\left(\sum\limits_{n=0}^{\infty}q^n\right)^2=\sum\limits_{n=0}^{\infty}(n+1)q^n\quad(|q|<1)$.

**证** 由$|q|<1$知级数 $\sum\limits_{n=0}^{\infty}q^n$ 绝对收敛，故可写成 $\left(\sum\limits_{n=0}^{\infty}q^n\right)^2=\sum\limits_{n=0}^{\infty}c_n$，其中

$$c_n=\sum_{i=0}^{n}(q^i\cdot q^{n-i})=q^n\sum_{i=0}^{n}1=(n+1)q^n\quad(n=0,1,2,\cdots).$$

因此，$\left(\sum\limits_{n=0}^{\infty}q_n\right)^2=\sum\limits_{n=0}^{\infty}(n+1)\,q^n$.

**【2713】** 证明：收敛级数 $\sum\limits_{n=1}^{\infty}\frac{(-1)^{n+1}}{\sqrt{n}}$ 的平方是发散级数.

**证** 如果此级数的平方收敛，则可写其积为 $\sum\limits_{n=1}^{\infty}c_n$，即 $\left(\sum\limits_{n=1}^{\infty}\frac{(-1)^{n+1}}{\sqrt{n}}\right)^2=\sum\limits_{n=1}^{\infty}c_n$，其中

$$c_n=\frac{1}{1}\cdot\frac{(-1)^{n+1}}{\sqrt{n}}+\left(-\frac{1}{\sqrt{2}}\right)\cdot\frac{(-1)^n}{\sqrt{n-1}}+\cdots+\frac{(-1)^{k+1}}{\sqrt{k}}\cdot\frac{(-1)^{n-k+2}}{\sqrt{n-k+1}}+\cdots+\frac{(-1)^{n+1}}{\sqrt{n}}\cdot\frac{1}{1}$$

$$=(-1)^{n+1}\left(\frac{1}{1\cdot\sqrt{n}}+\frac{1}{\sqrt{2}\cdot\sqrt{n-1}}+\cdots+\frac{1}{\sqrt{k}\cdot\sqrt{n-k+1}}+\cdots+\frac{1}{\sqrt{n}\cdot 1}\right).$$

由于括号中的每一项都大于$\frac{1}{n}$ *)，故$|c_n|>1$，这与级数$\sum\limits_{n=1}^{\infty}c_n$收敛相矛盾.因此，级数$\left(\sum\limits_{n=1}^{\infty}\frac{(-1)^{n+1}}{\sqrt{n}}\right)^2$发散.

*） 只要证 $k(n-k+1)<n^2$ 或 $n^2-nk+k^2-k>0$. 由于

$$n^2-nk+k^2-k=\left(n-\frac{k}{2}\right)^2+\frac{3k^2-4k}{4},$$

故只要证 $3k^2-4k>0$. 但 $3k^2-4k=3k\left(k-\frac{4}{3}\right)$，可见对于 $k=2,3,\cdots$ 上式成立. 至于当 $k=1$ 时，显然有 $1\cdot(n-1+1)=n\leqslant n^2$ 或$\frac{1}{1\cdot\sqrt{n}}\geqslant\frac{1}{n}$. 因而不等式 $k(n-k+1)<n^2$ 成立.

**【2714】** 证明：下面二级数

$$\sum_{n=1}^{\infty}\frac{(-1)^{n-1}}{n^{\alpha}}\ (\alpha>0)\quad 及\quad \sum_{n=1}^{\infty}\frac{(-1)^{n-1}}{n^{\beta}}\ (\beta>0)$$

的积当$\alpha+\beta>1$时是收敛级数，而当$\alpha+\beta<1$时是发散级数.

**证** 记

$$\sum_{n=1}^{\infty}\frac{(-1)^{n-1}}{n^{\alpha}}\sum_{n=1}^{\infty}\frac{(-1)^{n-1}}{n^{\beta}}=\sum_{n=1}^{\infty}c_n\quad(\alpha>0,\ \beta>0).$$

按乘法法则应有

$$c_n=\sum_{i=1}^{n}\left[\frac{(-1)^{i-1}}{i^{\alpha}}\cdot\frac{(-1)^{n-i}}{(n-i+1)^{\beta}}\right]=(-1)^{n-1}\sum_{\substack{1\leqslant i\leqslant n\\ i+j=n+1}}\frac{1}{i^{\alpha}j^{\beta}}=(-1)^{n-1}d_n,$$

其中 $d_n=\sum\limits_{1\leqslant i\leqslant n}\frac{1}{i^{\alpha}(n-i+1)^{\beta}}\ (n=1,2,\cdots)$.

(1) 当$\alpha+\beta\leqslant1$时，有

$$d_n\geqslant\sum_{1\leqslant i\leqslant\frac{n}{2}}\frac{1}{i^{\alpha}(n-i+1)^{\beta}}\geqslant\frac{1}{\left(\frac{n}{2}\right)^{\alpha}}\sum_{1\leqslant i\leqslant\frac{n}{2}}\frac{1}{(n-i+1)^{\beta}}=\frac{1}{\left(\frac{n}{2}\right)^{\alpha}}\sum_{\frac{n}{2}<j\leqslant n}\frac{1}{j^{\beta}}\geqslant\frac{1}{\left(\frac{n}{2}\right)^{\alpha}}\int_{\frac{n}{2}}^{n}\frac{\mathrm{d}t}{t^{\beta}}$$

$$=2^{\alpha}\cdot\frac{1}{1-\beta}\left(1-\frac{1}{2^{1-\beta}}\right)n^{1-(\alpha+\beta)}.$$

于是，当$\alpha+\beta<1$时，$d_n\to\infty$(当$n\to\infty$时)；当$\alpha+\beta=1$时，$d_n\geqslant2^{\alpha}\cdot\frac{1}{1-\beta}\left(1-\frac{1}{2^{1-\beta}}\right)>0$，即当$\alpha+\beta\leqslant1$时，$d_n$不趋于零(当$n\to\infty$时)，从而知$\sum\limits_{n=1}^{\infty}c_n=\sum\limits_{n=1}^{\infty}(-1)^{n-1}d_n$为发散级数.

(2) 当$\alpha+\beta>1$时，有

$$d_n=\sum_{1\leqslant i\leqslant n}\frac{1}{i^{\alpha}(n-i+1)^{\beta}}=\sum_{1\leqslant i\leqslant\frac{n}{2}}\frac{1}{i^{\alpha}(n-i+1)^{\beta}}+\sum_{\frac{n}{2}<i\leqslant n}\frac{1}{i^{\alpha}(n-i+1)^{\beta}}=\sum\nolimits_1+\sum\nolimits_2,$$

其中 $$\sum\nolimits_1=\sum_{1\leqslant i\leqslant\frac{n}{2}}\frac{1}{i^{\alpha}(n-i+1)^{\beta}}\leqslant\frac{1}{\left(\frac{n}{2}+1\right)^{\beta}}\sum_{1\leqslant i\leqslant\frac{n}{2}}\frac{1}{i^{\alpha}}\leqslant\frac{1}{\left(\frac{n}{2}+1\right)^{\beta}}\left(1+\int_1^{\frac{n}{2}}\frac{\mathrm{d}t}{t^{\alpha}}\right)$$

$$=O\left(\frac{1}{n^{\beta}}\right)+O\left(n^{-\beta}\cdot\int_1^{\frac{n}{2}}\frac{\mathrm{d}t}{t^{\alpha}}\right)=O(n^{-\beta})+O(n^{1-(\alpha+\beta)}),$$

同理有 $\sum\nolimits_2\leqslant O(n^{-\alpha})+O(n^{1-(\alpha+\beta)})$.

由于$\alpha>0$, $\beta>0$, $1-(\alpha+\beta)<0$，故有$d_n$趋于零：

$$d_n\leqslant O(n^{-\alpha})+O(n^{-\beta})+O(n^{1-(\alpha+\beta)})\to0\quad(当\ n\to\infty\ 时).$$

记$\sum\limits_{n=1}^{\infty}c_n$的部分和为$S_n=c_1+c_2+\cdots+c_n$. 考虑原两级数的部分和

$$A_n=\sum_{k=1}^{n}\frac{(-1)^{k-1}}{k^{\alpha}},\quad B_n=\sum_{k=1}^{n}\frac{(-1)^{k-1}}{k^{\beta}}.$$

今考察下列差数

$$\begin{aligned}\Delta_n=A_nB_n-S_n&=\left(\sum_{i=1}^{n}\frac{(-1)^{i-1}}{i^{\alpha}}\right)\left(\sum_{j=1}^{n}\frac{(-1)^{j-1}}{j^{\beta}}\right)-S_n\\&=\left(\sum_{i=1}^{n}\frac{(-1)^{i-1}}{i^{\alpha}}\right)\left(\sum_{j=1}^{n}\frac{(-1)^{j-1}}{j^{\beta}}\right)-\sum_{k=1}^{n}(-1)^{k-1}\sum_{\substack{1\leqslant i\leqslant k\\ i+j=k+1}}\frac{1}{i^{\alpha}j^{\beta}}\\&=\left(\sum_{i=1}^{n}\frac{(-1)^{i}}{i^{\alpha}}\right)\left(\sum_{j=1}^{n}\frac{(-1)^{j}}{j^{\beta}}\right)-\sum\sum_{\substack{2\leqslant i+j\leqslant n+1\\ 1\leqslant i,\ j\leqslant n}}\left(\frac{(-1)^{a}}{i^{\alpha}}\right)\left(\frac{(-1)^{j}}{j^{\beta}}\right)\\&=\sum_{s=1}^{2n-1}\sum_{\substack{1\leqslant i\leqslant s\\ i+j=s+1}}\frac{(-1)^{s+1}}{i^{\alpha}j^{\beta}}-\sum_{k=1}^{n}\sum_{\substack{1\leqslant i\leqslant k\\ i+j=k+1}}\frac{(-1)^{k-1}}{i^{\alpha}j^{\beta}}=\sum_{s=n+1}^{2n-1}(-1)^{s-1}\sum_{\substack{1\leqslant i\leqslant s\\ i+j=s+1}}\frac{1}{i^{\alpha}j^{\beta}}.\end{aligned}$$

为估计上述差数各项，可看下列乘法表(图 5.1). $A_nB_n$ 表示下列乘法表正方形各交点上乘积的全部和，而 $S_n$ 表示下列乘法表对角线左上角各交点上乘积项(圆点号处的乘积项)的总和. 于是，剩下的差数实指下列乘法表对角线的右下部分各交点处乘积项(打×号处的乘积项)的总和.

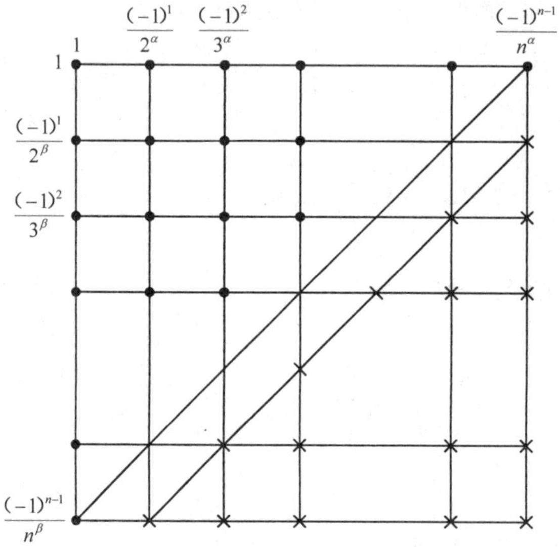


图 5.1

于是，有

$$\begin{aligned}\Delta_n&=\frac{(-1)^{n-1}}{n^{\beta}}\left[\frac{(-1)^1}{2^{\alpha}}+\frac{(-1)^2}{3^{\alpha}}+\cdots+\frac{(-1)^{n-1}}{n^{\alpha}}\right]+\frac{(-1)^{n-2}}{(n-1)^{\beta}}\left[\frac{(-1)^2}{3^{\alpha}}+\frac{(-1)^3}{4^{\alpha}}+\cdots+\frac{(-1)^{n-1}}{n^{\alpha}}\right]\\&\quad+\cdots+\frac{(-1)^1}{2^{\beta}}\left[\frac{(-1)^{n-1}}{n^{\alpha}}\right]\\&=(-1)^n\left\{\frac{1}{n^{\beta}}\left(\frac{1}{2^{\alpha}}-\frac{1}{3^{\alpha}}+\cdots+\frac{(-1)^n}{n^{\alpha}}\right)+\frac{1}{(n-1)^{\beta}}\left(\frac{1}{3^{\alpha}}-\frac{1}{4^{\alpha}}+\cdots+\frac{(-1)^{n-1}}{n^{\alpha}}\right)+\cdots+\frac{1}{2^{\beta}}\left(\frac{1}{n^{\alpha}}\right)\right\}.\end{aligned}$$

因此，得

$$\begin{aligned}|\Delta_n|&=\frac{1}{n^{\beta}}\left(\frac{1}{2^{\alpha}}-\frac{1}{3^{\alpha}}+\cdots+\frac{(-1)^n}{n^{\alpha}}\right)+\frac{1}{(n-1)^{\beta}}\left(\frac{1}{3^{\alpha}}-\frac{1}{4^{\alpha}}+\cdots+\frac{(-1)^{n-1}}{n^{\alpha}}\right)+\cdots+\frac{1}{2^{\beta}}\left(\frac{1}{n^{\alpha}}\right)\\&\leqslant\frac{1}{n^{\beta}}\cdot\frac{1}{2^{\alpha}}+\frac{1}{(n-1)^{\beta}}\cdot\frac{1}{3^{\alpha}}+\cdots+\frac{1}{2^{\beta}}\cdot\frac{1}{n^{\alpha}}\\&=\sum_{\substack{i+j=n+2\\ 2\leqslant i,\ j\leqslant n}}\frac{1}{j^{\beta}i^{\alpha}}\leqslant\sum_{\substack{1\leqslant i,\ j\leqslant n+1\\ i+j=n+2}}\frac{1}{i^{\alpha}j^{\beta}}=d^{n+1}.\end{aligned}$$

由前已证：当 $\alpha+\beta>1$ 时，$d_n\to 0$（当 $n\to\infty$ 时），故有 $\Delta_n\to 0$（当 $n\to\infty$ 时）. 于是，

$$\lim_{n\to\infty}S_n=\lim_{n\to\infty}(A_nB_n-\Delta_n)=\lim_{n\to\infty}A_n\cdot\lim_{n\to\infty}B_n=\left(\sum_{i=1}^{\infty}\frac{(-1)^{i-1}}{i^{\alpha}}\right)\left(\sum_{j=1}^{\infty}\frac{(-1)^{j-1}}{j^{\beta}}\right),$$

其中右端两级数的收敛性是由 $\alpha>0$，$\beta>0$，按莱布尼茨判别法获得的. 于是，当 $\alpha+\beta>1$ 时，级数 $\sum\limits_{n=1}^{\infty}\frac{(-1)^{n-1}}{n^{\alpha}}$ $(\alpha>0)$与级数 $\sum\limits_{n=1}^{\infty}\frac{(-1)^{n-1}}{n^{\beta}}$ $(\beta>0)$的积 $\sum\limits_{n=1}^{\infty}c_n$ 为收敛级数.

**【2715】** 验证下面二发散级数

$$1-\sum_{n=1}^{\infty}\left(\frac{3}{2}\right)^n \quad 和 \quad 1+\sum_{n=1}^{\infty}\left(\frac{3}{2}\right)^{n-1}\left(2^n+\frac{1}{2^{n+1}}\right)$$

的积是绝对收敛级数.

**证** 记 $1-\sum\limits_{n=1}^{\infty}\left(\frac{3}{2}\right)^n=\sum\limits_{m=1}^{\infty}u_m$， $1+\sum\limits_{n=1}^{\infty}\left(\frac{3}{2}\right)^{n-1}\left(2^n+\frac{1}{2^{n+1}}\right)=\sum\limits_{m=1}^{\infty}v_m$，

其中

$$u_1=1,u_2=-\frac{3}{2},u_3=-\left(\frac{3}{2}\right)^2,\cdots,u_m=-\left(\frac{3}{2}\right)^{m-1}\quad(m=2,3,\cdots),$$

$$v_1=1,v_2=2+\frac{1}{2^2},v_3=\frac{3}{2}\left(2^2+\frac{1}{2^3}\right),\cdots,v_m=\left(\frac{3}{2}\right)^{m-2}\left(2^{m-1}+\frac{1}{2^m}\right)\quad(m=2,3,\cdots).$$

因此 $c_1=u_1v_1=1$. 一般地，在 $\sum\limits_{n=1}^{\infty}u_n\sum\limits_{n=1}^{\infty}v_n=\sum\limits_{n=1}^{\infty}c_n$ 中，按乘积定义有

$$\begin{aligned}c_n&=u_1v_n+u_2v_{n-1}+\cdots+u_{n-1}v_2+u_nv_1\\&=\left(\frac{3}{2}\right)^{n-2}\left(2^{n-1}+\frac{1}{2^n}\right)+\left(-\frac{3}{2}\right)\left(\frac{3}{2}\right)^{n-3}\left(2^{n-2}+\frac{1}{2^{n-1}}\right)+\cdots+\left[-\left(\frac{3}{2}\right)^{n-2}\right]\left(2+\frac{1}{2^2}\right)\\&\quad+\left[-\left(\frac{3}{2}\right)^{n-1}\right]\\&=\left(\frac{3}{2}\right)^{n-2}\left[(2^{n-1}-2^{n-2}-2^{n-3}-\cdots-2-2^0)+\left(\frac{1}{2^n}-\frac{1}{2^{n-1}}-\cdots-\frac{1}{2}\right)\right]\\&=\left(\frac{3}{2}\right)^{n-2}\left[\left(2^{n-1}-\frac{2^{n-1}-1}{2-1}\right)+\left(\frac{1}{2^n}-\frac{\frac{1}{2}-\frac{1}{2^n}}{1-\frac{1}{2}}\right)\right]\\&=\left(\frac{3}{2}\right)^{n-2}\left(\frac{1}{2^n}+\frac{1}{2^{n-1}}\right)=\left(\frac{3}{2}\right)^{n-2}\cdot\frac{3}{2^n}=\left(\frac{3}{4}\right)^{n-1},\end{aligned}$$

故级数 $\sum\limits_{n=1}^{\infty}c_n=\sum\limits_{n=1}^{\infty}\left(\frac{3}{4}\right)^{n-1}$ 绝对收敛.

## §4. 函数项级数

1° **收敛域** 使函数项级数

$$u_1(x)+u_2(x)+\cdots+u_n(x)+\cdots \tag{1}$$

收敛的 $x$ 值的集合 $X$ 叫做此级数的收敛域，而函数

$$S(x)=\lim_{n\to\infty}\sum_{i=1}^{n}u_i(x)\quad(x\in X)$$

称为级数的和.

2° **一致收敛性** 对于函数序列

$$f_1(x),f_2(x),\cdots,f_n(x),\cdots \tag{1'}$$

若：1) 存在极限函数

$$f(x)=\lim_{n\to\infty}f_n(x)\quad(x\in X);$$

2) 对于任何的数 $\varepsilon>0$，可以确定 $N=N(\varepsilon)$，使得当 $n>N$ 和 $x\in X$ 时，

$$|f(x)-f_n(x)|<\varepsilon$$

成立，则称此函数序列在集合 $X$ 上一致收敛.

当序列(1′)一致收敛于 $f(x)$ 时，我们使用记号 $f_n(x)\rightrightarrows f(x)$.

若函数项级数(1)的部分和序列：

$$S_n(x)=\sum_{i=1}^{n}u_i(x)\quad(n=1,2,\cdots)$$

在集合 $X$ 上一致收敛，则称级数(1)在此集合上一致收敛.

3° **柯西准则** 级数(1)在集合 $X$ 上一致收敛的充分必要条件为：对于每一个 $\varepsilon>0$，都存在数 $N=N(\varepsilon)$，使得当 $n>N$ 和 $p>0$ 时，不等式

$$|S_{n+p}(x)-S_n(x)|=\Big|\sum_{i=n+1}^{n+p}u_i(x)\Big|<\varepsilon$$

对一切 $x\in X$ 都成立.

4° **魏尔斯特拉斯判别法** 对于级数(1)，若存在收敛的数项级数

$$c_1+c_2+\cdots+c_n+\cdots, \tag{2}$$

使得对于 $x\in X$ 下列不等式都成立：

$$|u_n(x)|\leqslant c_n\quad(n=1,2,\cdots),$$

则级数(1)在集合 $X$ 上绝对并一致收敛.

5° **阿贝尔判别法** 若：1)级数 $\sum\limits_{n=1}^{\infty}a_n(x)$ 在集合 $X$ 上一致收敛；2)函数 $b_n(x)(n=1,2,\cdots)$ 全体是有界的并对每一个 $x$ 组成一单调序列，则级数

$$\sum_{n=1}^{\infty}a_n(x)b_n(x) \tag{3}$$

在集合 $X$ 上一致收敛.

6° **狄利克雷判别法** 若：1)级数 $\sum\limits_{n=1}^{\infty}a_n(x)$ 的部分和全体是有界的；2)序列 $b_n(x)(n=1,2,\cdots)$ 对于每一个 $x$ 都是单调的，并且当 $n\to\infty$ 时在 $X$ 上一致地趋于零，则级数(3)在集合 $X$ 上一致收敛.

7° **函数项级数的性质** 1) 以连续函数为项的一致收敛级数的和是连续函数.

2) 若函数项级数(1)在每一个区间 $[\alpha,\beta]\subset(a,b)$ 上一致收敛且有有限的极限 $\lim\limits_{x\to a}u_n(x)=A_n$ $(n=1,2,\cdots)$，则：i)级数 $\sum\limits_{n=1}^{\infty}A_n$ 收敛，ii)成立等式

$$\lim_{x\to a}\Big\{\sum_{n=1}^{\infty}u_n(x)\Big\}=\sum_{n=1}^{\infty}\big[\lim_{x\to a}u_n(x)\big].$$

3) 若收敛级数(1)的各项当 $a<x<b$ 时皆连续可微，并且导数的级数 $\sum\limits_{n=1}^{\infty}u_n'(x)$ 在区间 $(a,b)$ 内一致收敛，则

$$\Big[\sum_{n=1}^{\infty}u_n(x)\Big]'=\sum_{n=1}^{\infty}u_n'(x).$$

4) 若级数(1)的各项连续，并且此级数在有限区间 $(a,b)$ 内一致收敛，则

$$\int_a^b\Big\{\sum_{n=1}^{\infty}u_n(x)\Big\}\mathrm{d}x=\sum_{n=1}^{\infty}\int_a^b u_n(x)\mathrm{d}x. \tag{4}$$

一般说来，若当 $n\to\infty$ 时 $\int_a^b R_n(x)\mathrm{d}x\to0$，这里 $R_n(x)=\sum\limits_{i=n+1}^{\infty}u_i(x)$，则公式(4)成立. 最后这个条件也适合于积分限是无穷大的情况.

定出下列函数项级数的绝对收敛域和条件收敛域.

【2716】 $\sum_{n=1}^{\infty}\frac{n}{x^n}$.

提示 令 $y=\frac{1}{x}$.

解 令 $\frac{1}{x}=y$,则有

$$\sum_{n=1}^{\infty}\frac{n}{x^n}=\sum_{n=1}^{\infty}ny^n.$$

显然上式右端级数的收敛半径为1.因此,仅当 $|y|=\left|\frac{1}{x}\right|<1$ 即 $|x|>1$ 时,原级数绝对收敛.

【2717】 $\sum_{n=1}^{\infty}\frac{(-1)^n}{2n-1}\left(\frac{1-x}{1+x}\right)^n$.

解 由于 $\lim\limits_{n\to\infty}\frac{\left|\frac{(-1)^n}{2n-1}\right|}{\left|\frac{(-1)^{n+1}}{2n+1}\right|}=1$,故仅当 $\left|\frac{1-x}{1+x}\right|<1$ 即 $(1-x)^2<(1+x)^2$ 或 $x>0$ 时,级数绝对收敛.

当 $x=0$ 时,原级数为 $\sum_{n=1}^{\infty}\frac{(-1)^n}{2n-1}$,显见它为条件收敛,当 $x<0$ 时,原级数通项不趋于零,故发散.

【2718】 $\sum_{n=1}^{\infty}\frac{n}{n+1}\left(\frac{x}{2x+1}\right)^n$.

提示 仿2717题的解法.

解 由于 $\lim\limits_{n\to\infty}\frac{\frac{n}{n+1}}{\frac{n+1}{n+2}}=1$,故仅当 $\left|\frac{x}{2x+1}\right|<1$ 即 $x^2<4x^2+4x+1$ 或

$$(3x+1)(x+1)>0 \tag{1}$$

时,级数绝对收敛.解不等式(1),得

$$x>-\frac{1}{3}\quad 或\quad x<-1,$$

即为所求的绝对收敛域.当 $x=-\frac{1}{3}$ 或 $x=-1$ 时,原级数通项不趋于零,故发散.

【2719】 $\sum_{n=1}^{\infty}\frac{1\cdot 3\cdots(2n-1)}{2\cdot 4\cdots(2n)}\left(\frac{2x}{1+x^2}\right)^n$.

解题思路 仿2717题,仅当 $\left|\frac{2x}{1+x^2}\right|<1$ 或 $|x|\neq 1$ 时,级数绝对收敛.

当 $x=-1$ 时,利用2689题的结果.当 $x=1$ 时,仍利用同题的结果.

解 由于

$$\lim_{n\to\infty}\frac{\frac{(2n-1)!!}{(2n)!!}}{\frac{(2n+1)!!}{(2n+2)!!}}=\lim_{n\to\infty}\frac{2n+2}{2n+1}=1,$$

故仅当 $\left|\frac{2x}{1+x^2}\right|<1$ 时,级数绝对收敛.解此不等式:

$$4x^2<1+2x^2+x^4,\quad (x^2-1)^2>0,$$

即 $|x|\neq 1$.于是,当 $|x|\neq 1$ 时,级数绝对收敛.

当 $x=-1$ 时,原级数为 $\sum_{n=1}^{\infty}(-1)^n\frac{(2n-1)!!}{(2n)!!}$,由2689题的结果知它是条件收敛的.

当 $x=1$ 时,原级数为 $\sum_{n=1}^{\infty}\frac{(2n-1)!!}{(2n)!!}$,仍由同题的结果知它是发散的.

【2720】 $\sum_{n=1}^{\infty}\frac{n\cdot 3^{2n}}{2^n}x^n(1-x)^n$.

解 由于

$$\lim_{n\to\infty}\frac{\frac{n\cdot 3^{2n}}{2^n}}{\frac{(n+1)3^{2n+2}}{2^{n+1}}}=\lim_{n\to\infty}\frac{2n}{3^2(n+1)}=\frac{2}{9},$$

故仅当 $|x(1-x)|<\frac{2}{9}$ 时,级数绝对收敛.解此不等式:

$$-\frac{2}{9}<x(1-x)<\frac{2}{9}.$$

于是,$x$ 的值应为 $x^2-x-\frac{2}{9}<0$ 及 $x^2-x+\frac{2}{9}>0$ 的公共部分,也即 $-\frac{\sqrt{17}-3}{6}<x<\frac{3+\sqrt{17}}{6}$ 及 $x>\frac{2}{3}$ 或 $x<\frac{1}{3}$ 的公共部分,合并得

$$-\frac{\sqrt{17}-3}{6}<x<\frac{1}{3} \quad 及 \quad \frac{2}{3}<x<\frac{\sqrt{17}+3}{6},$$

此即级数的绝对收敛域.

当在此二区间的端点时,级数显然发散.

【2721】 $\sum_{n=1}^{\infty}\frac{2^n\sin^n x}{n^2}$.

解 由于

$$\lim_{n\to\infty}\frac{\frac{2^n}{n^2}}{\frac{2^{n+1}}{(n+1)^2}}=\lim_{n\to\infty}\frac{1}{2}\left(1+\frac{1}{n}\right)^2=\frac{1}{2},$$

故仅当 $|\sin x|<\frac{1}{2}$ 时,级数绝对收敛.解之,得

$$|x-k\pi|<\frac{\pi}{6} \quad (k=0,\pm1,\pm2,\cdots).$$

当 $|x-k\pi|=\frac{\pi}{6}$ 时,由绝对值组成的级数为 $\sum_{n=1}^{\infty}\frac{1}{n^2}$,它是收敛的.

因此,当 $|x-k\pi|\leqslant\frac{\pi}{6}$ $(k=0,\pm1,\pm2,\cdots)$时,级数绝对收敛.

【2722】 $\sum_{n=1}^{\infty}\frac{(-1)^n}{(x+n)^p}$.

解 当 $p>1$ 及 $x\neq k(k=-1,-2,\cdots)$时,级数显然绝对收敛.

当 $0<p\leqslant 1$ 及 $x\neq k(k=-1,-2,\cdots)$时,级数条件收敛.

当 $p\leqslant 0$ 时,级数发散.

【2723】 $\sum_{n=1}^{\infty}\frac{n^p\sin nx}{1+n^q}$ $(q>0;\ 0<x<\pi)$.

解 由于

$$\frac{|\sin nx|}{2n^{q-p}}\leqslant\left|\frac{n^p\sin nx}{1+n^q}\right|\leqslant\frac{1}{n^{q-p}},$$

故当 $q-p>1$ 即 $q>p+1$ 时,级数绝对收敛;而当 $q\leqslant p+1$ 时,由绝对值组成的级数发散(理由可参看 2698 题的题解).

当 $p<q\leqslant p+1$ 时,由于对 $0<x<\pi$ 内任一固定的 $x$, $\sum_{k=1}^{\infty}\sin kx$ 有界,且 $\frac{n^p}{1+n^q}\sim\frac{1}{n^{q-p}}\to 0$ (当 $n\to\infty$时),故级数收敛.

当 $q\leqslant p$ 时，级数显然发散.

总之，当 $q>p+1$ 时，级数绝对收敛；而当 $p<q\leqslant p+1$ 时，级数条件收敛.

**【2724】** $\sum\limits_{n=1}^{\infty}\dfrac{x^n}{1-x^n}$ （兰伯特级数）.

**解** 考虑级数 (1) $\sum\limits_{n=1}^{\infty}\dfrac{x^n}{1-x^n}$ 与 (2) $\sum\limits_{n=1}^{\infty}x^n$.

当 $|x|<1$ 时，级数(2)绝对收敛. 根据阿贝尔判别法，以单调递减且有下界的因子 $\dfrac{1}{1-x^{2n}}$ 乘此级数的对应项所得的级数

$$\sum_{n=1}^{\infty}\frac{x^n}{1-x^{2n}} \tag{3}$$

也收敛，且为绝对收敛.

同理，再以单调递减且有界的因子 $x^n$ 乘级数(3)的对应项所得的级数 $\sum\limits_{n=1}^{\infty}\dfrac{x^{2n}}{1-x^{2n}}$ 仍然收敛，且为绝对收敛. 由于

$$\frac{x^n}{1-x^n}=\frac{x^n}{1-x^{2n}}+\frac{x^{2n}}{1-x^{2n}},$$

故原级数当 $|x|<1$ 时绝对收敛.

当 $|x|=1$ 时，级数(1)显然无意义.

当 $|x|>1$ 时，级数(2)显然发散. 下证级数(1)也发散. 若不然，当 $|x|>1$ 时，由级数

$$\sum_{n=1}^{\infty}\frac{x^n}{1-x^n}=-\sum_{n=1}^{\infty}\frac{1}{1-\left(\frac{1}{x}\right)^n}$$

收敛，再根据阿贝尔判别法，我们就会推出级数 $\sum\limits_{n=1}^{\infty}\dfrac{\left(\frac{1}{x}\right)^n}{1-\left(\frac{1}{x}\right)^n}$ 也收敛. 从而会得出

$$\sum_{n=1}^{\infty}\left[\frac{1}{1-\left(\frac{1}{x}\right)^n}-\frac{\left(\frac{1}{x}\right)^n}{1-\left(\frac{1}{x}\right)^n}\right]=\sum_{n=1}^{\infty}1$$

也收敛，这是错误的. 因此，当 $|x|>1$ 时，级数(1)发散.

**【2725】** $\sum\limits_{n=1}^{\infty}\left[\dfrac{x(x+n)}{n}\right]^n$.

**解** 记 $a_n=\left[\dfrac{x(x+n)}{n}\right]^n=x^n\left(1+\dfrac{x}{n}\right)^n$，则当 $|x|>1$时，显然 $a_n\to+\infty$ （当 $n\to\infty$时），故级数发散. 当 $|x|=1$ 时，$|a_n|\to e^{\pm1}\neq0$ （当 $n\to\infty$，$x=\pm1$ 时），故级数也发散. 当 $|x|<1$时，由于

$$\lim_{n\to\infty}\sqrt[n]{|a_n|}=\lim_{n\to\infty}\left(|x|\cdot\left|1+\frac{x}{n}\right|\right)=|x|<1,$$

故级数绝对收敛.

**【2726】** $\sum\limits_{n=1}^{\infty}\dfrac{x^n}{1+x^{2n}}$.

**解** 记 $a_n=\dfrac{x^n}{1+x^{2n}}$，则当 $|x|<1$ 时，有 $|a_n|\leqslant|x|^n$，而 $\sum\limits_{n=1}^{\infty}|x|^n$ 收敛，故当 $|x|<1$ 时，原级数绝对收敛.

当 $|x|=1$ 时，$|a_n|=\dfrac{1}{2}$ 它不趋于零，故原级数发散.

当 $|x|>1$ 时，原级数可写为 $\sum\limits_{n=1}^{\infty}\dfrac{\left(\frac{1}{x}\right)^n}{1+\left(\frac{1}{x}\right)^{2n}}$. 由于 $\left|\dfrac{1}{x}\right|<1$，再根据上面的讨论，故原级数绝对收敛.

总之，当$|x|\neq 1$时，原级数绝对收敛.

**【2727】** $\sum\limits_{n=1}^{\infty}\dfrac{x^n}{(1+x)(1+x^2)\cdots(1+x^n)}$.

**解** 记$a_n=\dfrac{x^n}{(1+x)(1+x^2)\cdots(1+x^n)}$，则当$|x|<1$时，有

$$\lim_{n\to\infty}\frac{|a_{n+1}|}{|a_n|}=\lim_{n\to\infty}\frac{|x|}{|1+x^{n+1}|}=|x|<1,$$

故级数绝对收敛.

当$|x|>1$时，级数可写为

$$\sum_{n=1}^{\infty}\frac{x^{\frac{n(1-n)}{2}}}{\left(1+\frac{1}{x}\right)\left(1+\frac{1}{x^2}\right)\cdots\left(1+\frac{1}{x^n}\right)}=\sum_{n=1}^{\infty}\frac{\left(\frac{1}{x}\right)^{\frac{n(n-1)}{2}}}{\left(1+\frac{1}{x}\right)\left(1+\frac{1}{x^2}\right)\cdots\left(1+\frac{1}{x^n}\right)},\tag{1}$$

其中级数$\sum\limits_{n=1}^{\infty}\left(\dfrac{1}{x}\right)^{\frac{n(n-1)}{2}}$当$|x|>1$即$\left|\dfrac{1}{x}\right|<1$时绝对收敛. 与$|x|<1$的情况一样，得知级数(1)当$|x|>1$时绝对收敛.

当$x=-1$时，通项无意义. 但当$x=1$时，原级数的通项$a_n=\dfrac{1}{2^n}$，显然级数收敛.

总之，当$x\neq -1$时，原级数绝对收敛.

**【2728】** $\sum\limits_{n=1}^{\infty}ne^{-nx}$.

**解** 由于

$$\lim_{n\to\infty}\frac{(n+1)e^{-(n+1)x}}{ne^{-nx}}=e^{-x},$$

故当$x>0$时，$e^{-x}<1$，级数绝对收敛，而当$x=0$时，级数可写为$\sum\limits_{n=1}^{\infty}n$，显然发散. 又当$x<0$时，$e^{-x}>1$，级数发散.

**【2729】** $\sum\limits_{n=1}^{\infty}\dfrac{1}{\sqrt[n]{n!}}\dfrac{1}{1+a^{2n}x^2}$.

**解** 记$a_n=\dfrac{1}{\sqrt[n]{n!}}\dfrac{1}{1+a^{2n}x^2}$，则当$x=0$时，$a_n=\dfrac{1}{\sqrt[n]{n!}}>\dfrac{1}{\sqrt[n]{n^n}}=\dfrac{1}{n}$，故原级数发散.

当$x\neq 0$时：

(1) 当$|a|>1$时，有$0<a_n<\dfrac{1}{a^{2n}x^2}=\dfrac{1}{x^2}\left(\dfrac{1}{|a|}\right)^{2n}$，由$\sum\limits_{n=1}^{\infty}\dfrac{1}{x^2}\left(\dfrac{1}{|a|}\right)^{2n}$的收敛性即知，原级数绝对收敛.

(2) 当$|a|\leqslant 1$时，有$|a_n|\geqslant\dfrac{1}{1+x^2}\cdot\dfrac{1}{\sqrt[n]{n}}>\dfrac{1}{1+x^2}\cdot\dfrac{1}{n}$，故原级数发散.

**【2730】** $\sum\limits_{n=1}^{\infty}(2-x)(2-x^{\frac{1}{2}})(2-x^{\frac{1}{3}})\cdots(2-x^{\frac{1}{n}})\ (x>0)$.

**解** 记$a_n=(2-x)(2-x^{\frac{1}{2}})\cdots(2-x^{\frac{1}{n}})$.

(1) 当$x=2$时，显然$a_n=0(n=1,2,\cdots)$，故级数绝对收敛.

(2) 当$x\neq 2$时，注意$x>0$，故有$x^{\frac{1}{n}}\to 1$(当$n\to\infty$). 因此，当$n$足够大时，$a_n$不变号，从而，若$\sum\limits_{n=1}^{\infty}a_n$收敛，则必绝对收敛. 今用拉比判别法，有

$$\lim_{n\to\infty}n\left(\frac{a_n}{a_{n+1}}-1\right)=\lim_{n\to\infty}\frac{n(x^{\frac{1}{n+1}}-1)}{2-x^{\frac{1}{n+1}}}=\lim_{n\to\infty}\left(\frac{x^{\frac{1}{n+1}}-1}{\frac{1}{n+1}}\cdot\frac{n}{n+1}\cdot\frac{1}{2-x^{\frac{1}{n+1}}}\right)=\ln x,$$

故当$\ln x>1$即$x>e$时，原级数绝对收敛. 当$x<e$时，原级数发散，而当$x=e$时，此时有(考虑当$n$足够大时)

$$\frac{a_{n-1}}{a_n}=\frac{1}{2-e^{\frac{1}{n}}}=\frac{1}{1-(e^{\frac{1}{n}}-1)}=1+(e^{\frac{1}{n}}-1)+O\left((e^{\frac{1}{n}}-1)^2\right),$$

但 $e^{\frac{1}{n}}-1=\frac{1}{n}+O\left(\frac{1}{n^2}\right)$，故得

$$\frac{a_{n-1}}{a_n}=1+\frac{1}{n}+O\left(\frac{1}{n^2}\right),$$

按高斯判别法，原级数发散.

总之，当 $x=2$ 及当 $x>e$ 时，原级数绝对收敛.

**【2731】** $\sum\limits_{n=1}^{\infty}\frac{(n+x)^n}{n^{n+x}}$.

**解** 对于任意的 $x$，只要 $n$ 足够大，该项就为正. 因此，它可以看成正项级数. 由于

$$\lim_{n\to\infty}\frac{\frac{(n+x)^n}{n^{n+x}}}{\frac{1}{n^x}}=\lim_{n\to\infty}\left(1+\frac{x}{n}\right)^n=e^x,$$

故利用正项级数的判别法知：当 $x>1$ 时，级数收敛，且为绝对收敛；当 $x\leqslant 1$ 时，级数发散.

**【2732】** $\sum\limits_{n=1}^{\infty}\frac{x^ny^n}{x^n+y^n}$ $(x>0,\ y>0)$.

**解** 若 $x<1$，将原级数写成

$$\sum_{n=1}^{\infty}\frac{x^n}{1+\left(\frac{x}{y}\right)^n}.$$

由于 $0<\frac{x^n}{1+\left(\frac{x}{y}\right)^n}\leqslant x^n$，而 $\sum\limits_{n=1}^{\infty}x^n$ 当 $|x|<1$ 时收敛，故原级数绝对收敛.

同理，当 $y<1$ 时，故级数绝对收敛.

总之，当 $0<\min(x,y)<1$ 时，原级数绝对收敛.

**【2733】** $\sum\limits_{n=1}^{\infty}\frac{x^n}{n+y^n}$ $(y\geqslant 0)$.

**解** 记 $a_n=\frac{x^n}{n+y^n}$ $(y\geqslant 0)$.

(1) 当 $|x|<1$ 时，易见 $|a_n|\leqslant|x|^n$ $(n=1,2,\cdots)$. 由 $\sum\limits_{n=1}^{\infty}|x|^n$ 的收敛性知原级数绝对收敛.

(2) 当 $x=1$ 时，(ⅰ)若 $y>1$，则由 $|a_n|=\frac{1}{n+y^n}<\left(\frac{1}{y}\right)^n$，易见原级数绝对收敛，(ⅱ)若 $0\leqslant y\leqslant 1$，由于 $\frac{a_n}{\frac{1}{n}}=\frac{n}{n+y^n}\to 1$ (当 $n\to\infty$ 时)，易见原级数发散.

(3) 当 $x=-1$ 时，(ⅰ)若 $y>1$，由 $|a_n|=\frac{1}{n+y^n}<\left(\frac{1}{y}\right)^n$ $(n=1,2,\cdots)$，易见原级数绝对收敛. (ⅱ) 若 $0\leqslant y\leqslant 1$，由 $a_n=\frac{(-1)^n}{n+y^n}$ $(n=1,2,\cdots)$，易见原级数条件收敛.

(4) 当 $|x|>1$ 时，(ⅰ)若 $y=0$，则由 $a_n=\frac{x^n}{n}$ $(n=1,2,\cdots)$，易见原级数发散. (ⅱ)若 $y>0$，则当 $\left|\frac{x}{y}\right|<1$ 即 $|x|<y$ 时，有 $|a_n|=\frac{|x|^n}{n+y^n}<\left|\frac{x}{y}\right|^n$，故原级数绝对收敛. 当 $\left|\frac{x}{y}\right|\geqslant 1$ 时，若 $y>1$，有 $|a_n|=\left|\frac{x}{y}\right|^n\cdot\frac{1}{1+\frac{n}{y^n}}\to+\infty$ (当 $n\to\infty$ 时)；若 $0<y\leqslant 1$，有 $|a_n|>\frac{|x|^n}{n+1}\to+\infty$ (当 $n\to\infty$ 时)，故当 $\left|\frac{x}{y}\right|\geqslant 1$ 时，原级数发散.

总之,当$|x|<1$, $0\leqslant y<+\infty$;当$|x|=1$, $y>1$ 及当$|x|>1$, $|x|<y$ 时,原级数绝对收敛.当 $x=-1$, $0\leqslant y\leqslant 1$ 时,原级数条件收敛.

**【2734】** $\sum\limits_{n=1}^{\infty}\sqrt[n]{|x|^{n^2}+|y|^{n^2}}$.

**提示** 注意

$$a_n=\sqrt[n]{\left(\frac{|x|}{\max(|x|,|y|)}\right)^{n^2}+\left(\frac{|y|}{\max(|x|,|y|)}\right)^{n^2}}\cdot\left[\max(|x|,|y|)\right]^n$$

及$\lim\limits_{n\to\infty}\sqrt[n]{a_n}=\max(|x|,|y|)$.

**解** 由于

$$a_n=\sqrt[n]{|x|^{n^2}+|y|^{n^2}}=\sqrt[n]{\left(\frac{|x|}{\max(|x|,|y|)}\right)^{n^2}+\left(\frac{|y|}{\max(|x|,|y|)}\right)^{n^2}}\cdot\left(\max(|x|,|y|)\right)^n$$

及$\lim\limits_{n\to\infty}\sqrt[n]{a_n}=\max(|x|,|y|)$,故当$\max(|x|,|y|)<1$时,级数绝对收敛;当$\max(|x|,|y|)>1$时,级数发散;当$\max(|x|,|y|)=1$时,由于$a_n\to1$(当$n\to\infty$),故级数发散.

**【2735】** $\sum\limits_{n=1}^{\infty}\frac{\ln(1+x^n)}{n^y}$ $(x\geqslant0)$.

**解** (1) 当$0\leqslant x<1$时,此级数可与级数$\sum\limits_{n=1}^{\infty}\frac{x^n}{n^y}$相比,它们具有相同的敛散性.事实上$\lim\limits_{n\to\infty}\frac{\ln(1+x^n)}{x^n}=1$,且这两个级数均为正项级数.对于正项级数

$$\sum_{n=1}^{\infty}\frac{x^n}{n^y},\tag{1}$$

其通项$\frac{x^n}{n^y}\leqslant n^{|y|}x^n=b_n(n=1,2,\cdots)$,但因$\lim\limits_{n\to\infty}\sqrt[n]{b_n}=x<1$,故级数$\sum\limits_{n=1}^{\infty}b_n$收敛,且为绝对收敛.因此,级数(1)绝对收敛,从而,原级数也是绝对收敛的.

(2) 当$x=1$时,级数为$\sum\limits_{n=1}^{\infty}\frac{\ln2}{n^y}$.于是,当$y>1$时收敛,且为绝对收敛;当$y\leqslant1$时发散.

(3) 当$x>1$时,原级数的通项可写成

$$\frac{\ln(1+x^n)}{n^y}=\frac{\ln x^n\left(1+\frac{1}{x^n}\right)}{n^y}=\frac{\ln x}{n^{y-1}}+\frac{\ln\left(1+\frac{1}{x^n}\right)}{n^y}.$$

由上式右端第一项所组成的级数当$y-1>1$即$y>2$时收敛,而当$y\leqslant2$时发散.由上式右端第二项所组成的级数,利用$0<\frac{1}{x}<1$及最初讨论的结果.得知它对任意的$y$值均收敛.因此,原级数当$x>1$, $y>2$时收敛,且为绝对收敛.

总之,当$0\leqslant x<1$, $-\infty<y<+\infty$;当$x=1$, $y>1$及当$x>1$, $y>2$时,原级数绝对收敛.

**【2736】** $\sum\limits_{n=1}^{\infty}\tan^n\left(x+\frac{y}{n}\right)$.

**解** 由于

$$\lim_{n\to\infty}\sqrt[n]{\left|\tan^n\left(x+\frac{y}{n}\right)\right|}=|\tan x|,$$

故当$|x-k\pi|<\frac{\pi}{4}$(其中$k$为整数时),$|\tan x|<1$,从而级数绝对收敛.而当$|x-k\pi|\geqslant\frac{\pi}{4}$时,由于$\tan^n\left(x+\frac{y}{n}\right)\to\infty$,故级数发散.

**【2737】** 证明:若洛朗级数$\sum\limits_{n=-\infty}^{+\infty}a_nx^n$当$x=x_1$和$x=x_2$($|x_1|<|x_2|$)时收敛,则此级数当$|x_1|<|x|<|x_2|$时也收敛.

**证明思路** 注意级数$\sum\limits_{n=0}^{\infty}a_nx_1^n$, $\sum\limits_{n=1}^{\infty}a_{-n}x_1^{-n}$, $\sum\limits_{n=0}^{\infty}a_nx_2^n$及$\sum\limits_{n=1}^{\infty}a_{-n}x_2^{-n}$均收敛,由此只要证明级数

$\sum\limits_{n=0}^{\infty} a_n x^n$ 及 $\sum\limits_{n=1}^{\infty} a_{-n} x^{-n}$ 的收敛性(当 $|x_1|<|x|<|x_2|$).

**证** 由于洛朗级数当 $x=x_1$ 和 $x=x_2$ 时收敛,故级数

$$(1)\ \sum_{n=0}^{\infty} a_n x_1^n,\quad (2)\ \sum_{n=1}^{\infty} a_{-n} x_1^{-n},\quad (3)\ \sum_{n=0}^{\infty} a_n x_2^n,\quad (4)\ \sum_{n=1}^{\infty} a_{-n} x_2^{-n}$$

均收敛. 于是,由(3)知,当 $|x|<|x_2|$ 时,级数 $\sum\limits_{n=0}^{\infty} a_n x^n$ 收敛. 由(2)知,当 $\left|\frac{1}{x}\right|<\left|\frac{1}{x_1}\right|$ 即当 $|x_1|<|x|$ 时,级数 $\sum\limits_{n=1}^{\infty} a_{-n} x^{-n}$ 收敛. 因而,当 $|x_1|<|x|<|x_2|$ 时,级数 $\sum\limits_{n=0}^{\infty} a_n x^n$ 与 $\sum\limits_{n=1}^{\infty} a_{-n} x^{-n}$ 均收敛,也即 $\sum\limits_{n=-\infty}^{+\infty} a_n x^n$ 收敛.

**【2738】** 求洛朗级数 $\sum\limits_{n=-\infty}^{+\infty} \frac{n}{2^{|n|}} x^n$ 的收敛域并求它的和.

**解** 考虑级数(1) $\sum\limits_{n=1}^{\infty} \frac{n}{2^n} x^n$, (2) $\sum\limits_{n=1}^{\infty} \frac{-n}{2^n} x^{-n}$.

显然仅当 $|x|<2$ 时,级数(1)收敛;仅当 $|x|>\frac{1}{2}$ 时,级数(2)收敛. 因此,当 $\frac{1}{2}<|x|<2$ 时,原级数收敛.

当 $\frac{1}{2}<|x|<2$ 时,记级数(1)的和为 $S_+(x)$,级数(2)的和为 $S_-(x)$. 显然有

$$S_-(x)=-\sum_{n=1}^{\infty} \frac{n}{2^n} x^{-n}=-S_+\left(\frac{1}{x}\right).$$

今求 $S_+(x)$. 注意当 $\frac{1}{2}<|x|<2$ 时,级数 $\sum\limits_{n=1}^{\infty} \frac{n-1}{2^n} x^n$, $\sum\limits_{n=1}^{\infty} \frac{1}{2^n} x^n$ 均收敛,且有

$$S_+(x)=\sum_{n=1}^{\infty} \frac{n}{2^n} x^n=\sum_{n=1}^{\infty} \frac{n-1}{2^n} x^n+\sum_{n=1}^{\infty} \frac{1}{2^n} x^n=\sum_{m=1}^{\infty} \frac{m}{2^{m+1}} x^{m+1}+\sum_{n=1}^{\infty} \left(\frac{x}{2}\right)^n$$

$$=\frac{x}{2}\sum_{n=1}^{\infty} \frac{n}{2^n} x^n+\frac{x}{2}\cdot\frac{1}{1-\frac{x}{2}}=\frac{x}{2}S_+(x)+\frac{x}{2-x},$$

得 $S_+(x)=\dfrac{\frac{x}{2-x}}{1-\frac{x}{2}}=\dfrac{2x}{(2-x)^2}$. 从而, $S_-(x)=-\dfrac{2\cdot\frac{1}{x}}{\left(2-\frac{1}{x}\right)^2}=-\dfrac{2x}{(2x-1)^2}$,

故当 $\frac{1}{2}<|x|<2$ 时,有

$$\sum_{n=-\infty}^{+\infty} \frac{n}{2^{|n|}} x^n=S_+(x)+S_-(x)=2x\left[\frac{1}{(2-x)^2}-\frac{1}{(2x-1)^2}\right]=\frac{6x(x^2-1)}{(2-x)^2(2x-1)^2}.$$

**【2739】** 求牛顿级数的绝对收敛域与条件收敛域:

$$(1)\ \sum_{n=1}^{\infty} \frac{x^{[n]}}{n!};\quad (2)^+\ \sum_{n=1}^{\infty} \frac{1}{n^p}\frac{x^{[n]}}{n!};\quad (3)\ \sum_{n=1}^{\infty} \frac{(ex)^n y^{[n]}}{n^n},$$

其中 $x^{[n]}=x(x-1)\cdots[x-(n-1)]$.

**解** (1)由 2700 题的结果知,当 $x\geqslant 0$ 时,级数绝对收敛;当 $-1<x<0$ 时,级数条件收敛.

(2)由于

$$x^{[n]}=x(x-1)\cdots[x-(n-1)]=(-1)^{n-1}(n-1-x)(n-2-x)\cdots(2-x)(1-x)x$$

$$=-(-1)^{n-1}(n+t)(n-1+t)\cdots(3+t)(2+t)(1+t),$$

其中 $t=-(1+x)$,故原级数可以改写为

$$-\sum_{n=1}^{\infty} (-1)^{n-1}\frac{(1+t)(2+t)\cdots(n+t)}{n!n^p}.$$

利用 2699 题的结果知:当 $p>t+1$ 即 $p>-x$ 时,原级数绝对收敛. 当然,当 $x=0,1,2,\cdots$ 时,原级数也绝对收敛. 当 $t<p\leqslant t+1$ 即 $-(1+x)<p\leqslant -x$ 时,原级数条件收敛.

(3) 令 $t=-(1+y)$，则有 $y^{[n]}=(-1)^n(1+t)(2+t)\cdots(n+t)$. 记 $a_n=\dfrac{(ex)^n y^{[n]}}{n^n}$. 显然，当 $x$ 为任意数，$y=0,1,2,\cdots$时，$a_n=0(n=1,2,\cdots)$. 于是，$\sum\limits_{n=1}^{\infty} a_n$ 绝对收敛. 研究一下 $y\neq k$ $(k=0,1,2,\cdots)$的情形，有

$$\frac{a_n}{a_{n+1}}=-\frac{n+1}{n+1+t}\cdot\frac{1}{ex}\left(1+\frac{1}{n}\right)^n=-\frac{n+1}{n-y}\cdot\frac{1}{ex}\left(1+\frac{1}{n}\right)^n.$$

(ⅰ) 当$|x|<1$时，由于

$$\lim_{n\to\infty}\left|\frac{a_n}{a_{n+1}}\right|=\lim_{n\to\infty}\left[\left|\frac{n+1}{n-y}\right|\cdot\frac{1}{e|x|}\left(1+\frac{1}{n}\right)^n\right]=\frac{1}{|x|}>1,$$

故此时级数 $\sum\limits_{n=1}^{\infty} a_n$ 绝对收敛.

(ⅱ) 当$|x|>1$且 $n$ 充分大时，有$|a_n|<|a_{n+1}|$，故 $a_n \not\to 0$，从而，原级数 $\sum\limits_{n=1}^{\infty} a_n$ 发散.

(ⅲ) 当$|x|=1$(考虑 $n$ 足够大时)，有

$$\left|\frac{a_n}{a_{n+1}}\right|=\frac{n+1}{n-y}\cdot\frac{1}{e}\left(1+\frac{1}{n}\right)^n$$

$$=\left[1+\frac{1+y}{n}+O\left(\frac{1}{n^2}\right)\right]\left[1-\frac{1}{2n}+O\left(\frac{1}{n^2}\right)\right]=1+\frac{1+\left(y-\frac{1}{2}\right)}{n}+O\left(\frac{1}{n^2}\right).$$

于是，1) 当 $y>\frac{1}{2}$时，由高斯判别法知，此时级数绝对收敛. 2) 当 $y\leqslant\frac{1}{2}$时，$\sum\limits_{n=1}^{\infty}|a_n|$发散. 但当$|y|<\frac{1}{2}$时，有

$$\frac{a_n}{a_{n+1}}=-\frac{1}{x}\left[1+\frac{\mu}{n}+O\left(\frac{1}{n^2}\right)\right],$$

其中 $0<\mu<1$. 显然，当 $x=-1$ 时，$a_n$ 不变号，因此，可看成正项级数，且

$$\frac{a_n}{a_{n+1}}=1+\frac{\mu}{n}+O\left(\frac{1}{n^2}\right),$$

由高斯判别法知，此时级数 $\sum\limits_{n=1}^{\infty} a_n$ 发散；当 $x=1$ 时，$\sum\limits_{n=1}^{\infty} a_n$ 为交错级数，且当 $n$ 足够大时，

$$\left|\frac{a_n}{a_{n+1}}\right|=1+\frac{\mu}{n}+O\left(\frac{1}{n^2}\right)>1,$$

也即$|a_n|$单调下降. 此外，还有

$$|a_n|=|y|(1-y)(2-y)\cdots(n-1-y)\frac{e}{n^n}=e|y|\frac{1-y}{n}\,\frac{2-y}{n}\cdots\frac{n-1-y}{n}\cdot\frac{1}{n}<\frac{e|y|}{n}\to 0\quad(n\to\infty).$$

由莱布尼茨判别法知，当 $x=1$，$|y|<\frac{1}{2}$时，级数 $\sum\limits_{n=1}^{\infty} a_n$ 条件收敛.

总之，当：(1)$|x|<1$，$y$ 为任意数；(2)$|x|=1$，$y>\frac{1}{2}$；(3)$x$ 为任意数，$y=0,1,2,\cdots$时，原级数绝对收敛. 当 $x=1$，$|y|<\frac{1}{2}$时，原级数条件收敛.

**【2740】** 证明：若狄利克雷级数 $\sum\limits_{n=1}^{\infty}\frac{a_n}{n^x}$ 当 $x=x_0$ 收敛，则此级数当 $x>x_0$ 时也收敛.

**证明思路** 注意 $\sum\limits_{n=1}^{\infty}\frac{a_n}{n^x}=\sum\limits_{n=1}^{\infty}\left(\frac{a_n}{n^{x_0}}\cdot\frac{1}{n^{x-x_0}}\right)$，并利用阿贝尔判别法.

**证** $\sum\limits_{n=1}^{\infty}\frac{a_n}{n^x}=\sum\limits_{n=1}^{\infty}\left(\frac{a_n}{n^{x_0}}\cdot\frac{1}{n^{x-x_0}}\right)$. 由于级数 $\sum\limits_{n=1}^{\infty}\frac{a_n}{n^{x_0}}$收敛，并且$\frac{1}{n^{x-x_0}}$当 $x>x_0$ 时单调下降趋于零，故根据阿贝尔判别法即知：当 $x>x_0$ 时，级数 $\sum\limits_{n=1}^{\infty}\frac{a_n}{n^x}$收敛.

**【2741】** 证明：序列 $f_n(x)(n=1,2,\cdots)$在集合 $X$ 上一致收敛于极限函数 $f(x)$的充分必要条件是

$$\lim_{n\to\infty}\{\sup_{a<x<b}\gamma_n(x)\}=0,$$

式中 $\gamma_n(x)=|f(x)-f_n(x)|$.

**提示** 利用一致收敛的定义即获证.

**证** 先证必要性.

由于 $f_n(x)$ 在集合 $X$ 上一致收敛于 $f(x)$，故对任给的 $\varepsilon>0$，总存在 $N(\varepsilon)>0$，使当 $n>N(\varepsilon)$ 时，对于集合 $X$ 上的一切 $x$ 值，均有

$$|f_n(x)-f(x)|<\varepsilon.$$

因此，当 $n>N(\varepsilon)$ 时，有 $\sup\limits_{a<x<b}\{\gamma_n(x)\}\leqslant\varepsilon$，从而，$\lim\limits_{n\to\infty}\{\sup\limits_{a<x<b}\gamma_n(x)\}=0$.

再证充分性.

由于 $\lim\limits_{n\to\infty}\{\sup\limits_{a<x<b}\gamma_n(x)\}=0$，故对任给的 $\varepsilon>0$，总存在 $N(\varepsilon)>0$，使当 $n>N(\varepsilon)$ 时，有

$$\sup_{a<x<b}|f_n(x)-f(x)|<\varepsilon.$$

于是，对于集合 $X$ 上的一切 $x$ 值，只要当 $n>N(\varepsilon)$ 时，就有

$$|f_n(x)-f(x)|<\varepsilon.$$

因此，$f_n(x)$ 在集合 $X$ 上一致收敛于 $f(x)$.

**【2742】** 序列 $f_n(x)(n=1,2,\cdots)$. (1) 在区间 $(x_0,+\infty)$ 上收敛；(2) 在每一个有限的区间 $(a,b)\subset(x_0,+\infty)$ 上一致收敛；(3) 在区间 $(x_0,+\infty)$ 上一致收敛，这分别是什么意思？

**解** (1) 对于任意的 $\varepsilon>0$ 及任意的 $x_0<x<+\infty$，都存在一个正整数 $N=N(\varepsilon,x)$，使得当 $n>N$ 时，恒有

$$|f_n(x)-f(x)|<\varepsilon,$$

则称序列 $f_n(x)$ 在区间 $(x_0,+\infty)$ 上收敛. 要注意的是，$N$ 不仅与 $\varepsilon$ 有关，而且与值 $x$ 有关.

(2) 对每一个 $(a,b)\subset(x_0,+\infty)$，如果对于任给的 $\varepsilon>0$，存在一个 $N=N(\varepsilon,a,b)$，使当 $n>N$ 时，对于 $(a,b)$ 内的一切 $x$ 值，均有

$$|f_n(x)-f(x)|<\varepsilon,$$

则称 $f_n(x)$ 在 $(a,b)$ 上一致收敛.

(3) 如果对于任给的 $\varepsilon>0$，都存在正整数 $N=N(\varepsilon)$（$N(\varepsilon)$ 仅与 $\varepsilon$ 有关），使当 $n>N$ 时，对所有的 $x_0<x<+\infty$，均有

$$|f_n(x)-f(x)|<\varepsilon,$$

则称 $f_n(x)$ 在 $(x_0,+\infty)$ 上一致收敛.

**【2743】** 对于序列

$$f_n(x)=x^n\quad(n=1,2,\cdots)\ (0<x<1)$$

求出其项的最小序号 $N=N(\varepsilon,x)$，使从这项起序列的项在已知点 $x$ 与极限函数的差不超过 0.001，设 $x=\frac{1}{10},\frac{1}{\sqrt{10}},\cdots,\frac{1}{\sqrt[m]{10}},\cdots$. 此序列在已知区间 $(0,1)$ 内是否一致收敛？

**解** 显见极限函数为零. 于是，考虑

$$|x^n-0|<\varepsilon,$$

其中 $\varepsilon=0.001$. 当 $0<x<1$ 时，上式即 $x^n<\varepsilon$ 或 $n>\frac{\lg\varepsilon}{\lg x}$，故最小序号为 $N=\left[\frac{\lg\varepsilon}{\lg x}\right]$.

$$\text{当 } x=\frac{1}{10}\text{ 时, } N=3;\quad \text{当 } x=\frac{1}{\sqrt{10}}\text{ 时, } N=6;\quad \cdots;\quad \text{当 } x=\frac{1}{\sqrt[m]{10}}\text{ 时, } N=3m;\quad \cdots$$

下面研究此序列在 $(0,1)$ 内的一致收敛性. 由于当 $x$ 趋于 1 时，$\lg x$ 趋于零，故

$$\frac{\lg\varepsilon}{\lg x}\to+\infty\quad(0<\varepsilon<1,\ x\to1-0),$$

即 $\frac{\lg\varepsilon}{\lg x}$ 无限增加. 因此，不可能找到一个公共的 $N$（它仅与 $\varepsilon$ 有关）值，使当 $n>N$ 时，对于 $(0,1)$ 内的一切 $x$

值,均有 $x^n<\varepsilon$. 因此,序列

$$f_n(x)=x^n \quad (n=1,2,\cdots)\ (0<x<1)$$

在区间(0,1)内不一致收敛.

**【2744】** 应当取级数 $\sum\limits_{n=1}^{\infty}\frac{\sin nx}{n(n+1)}$ 的多少项方可使部分和 $S_n(x)$ 当 $-\infty<x<+\infty$ 时与级数的和之差小于 $\varepsilon$? 对于下列 $\varepsilon$ 值,给出具体的计算结果:

(1) $\varepsilon=0.1$;　(2) $\varepsilon=0.01$;　(3) $\varepsilon=0.001$.

**解** 易证此级数收敛,记其和为

$$S(x)=\sum_{n=1}^{\infty}\frac{\sin nx}{n(n+1)}.$$

如果取 $n$ 值,其部分和为 $S_n(x)=\sum\limits_{k=1}^{n}\frac{\sin kx}{k(k+1)}$. 要使其误差 $\Delta_n(x)=|S(x)-S_n(x)|$ 小于 $\varepsilon$. 问项数 $n$ 为若干? 可用下列估计法:

$$\Delta_n(x)=\left|\sum_{k=n+1}^{\infty}\frac{\sin kx}{k(k+1)}\right|=\left|\lim_{N\to\infty}\sum_{k=n+1}^{N}\frac{\sin kx}{k(k+1)}\right|\leqslant\lim_{N\to\infty}\sum_{k=n+1}^{N}\frac{|\sin kx|}{k(k+1)}\leqslant\lim_{N\to\infty}\sum_{k=n+1}^{N}\frac{1}{k(k+1)}$$

$$=\lim_{N\to\infty}\sum_{k=n+1}^{N}\left(\frac{1}{k}-\frac{1}{k+1}\right)=\lim_{N\to\infty}\left(\frac{1}{n+1}-\frac{1}{N+1}\right)=\frac{1}{n+1}.$$

若令 $\frac{1}{n+1}<\varepsilon$,也即当 $n>\frac{1}{\varepsilon}-1$ 时就有 $\Delta_n(x)<\varepsilon$. 记 $N_0=\left[\frac{1}{\varepsilon}\right]$,则当

$$n>\left[\frac{1}{\varepsilon}\right]+\left\{\frac{1}{\varepsilon}\right\}-1=N_0-\left(1-\left\{\frac{1}{\varepsilon}\right\}\right)$$

时,即有 $\Delta_n(x)<\varepsilon$,其中 $\left\{\frac{1}{\varepsilon}\right\}$ 表示 $\frac{1}{\varepsilon}$ 的零头部分. 也即可取

$$n=N_0,N_0+1,N_0+2,\cdots$$

均有 $\Delta_n(x)<\varepsilon$. 所取的项数 $N_0$ 与 $\varepsilon$ 的关系,按题设数值,可有

| $\varepsilon$ | (1)0.1 | (2)0.01 | (3)0.001 |
|---|---|---|---|
| $N_0$ | 10 | 100 | 1000 |

**【2745】**$^+$ 对怎样的 $n$,不等式 $\left|e^x-\sum\limits_{i=0}^{n}\frac{x^i}{i!}\right|<0.001\ (0\leqslant x\leqslant 10)$ 能保证成立?

**解** 由泰勒公式,有

$$\Delta_n(x)=\left|e^x-\sum_{i=0}^{n}\frac{x^i}{i!}\right|=\left|\frac{e^{\theta x}}{(n+1)!}x^{n+1}\right|\leqslant\frac{e^{10}}{(n+1)!}10^{n+1},$$

其中 $0<\theta<1$. 要 $\Delta_n(x)<0.001$,只要 $\frac{e^{10}}{(n+1)!}10^{n+1}<\frac{1}{1000}$. 也即要求 $n$,使 $e^{10}10^{n+4}<(n+1)!$. 为此,两边取对数,有

$$10+(n+4)\ln 10<\sum_{k=2}^{n+1}\ln k=p_n. \tag{1}$$

注意到 $p_n>\int_1^{n+1}\ln t\,dt=(n+1)\ln(n+1)-n$. 若能有

$$(n+1)\ln(n+1)>n(1+\ln 10)+10+4\ln 10, \tag{2}$$

就可保证(1)式成立,从而,$\Delta_n(x)<0.001$. 为解(2)中的 $n$,可用估算法,例如,当 $n=39$ 时,(2)式就成立,故对于 $n$ 取 39,即取 39 项时就能保证 $\left|e^x-\sum\limits_{i=0}^{n}\frac{x^i}{i!}\right|<0.001\ (0\leqslant x\leqslant 10)$.

**研究序列在所给区间上的一致收敛性:**

**【2746】** $f_n(x)=x^n$; (1) $0\leqslant x\leqslant\frac{1}{2}$; (2) $0\leqslant x\leqslant 1$.

**提示** (1)一致收敛于零.(2)收敛而不一致收敛.取 $0<\varepsilon_0<\frac{1}{2}$ 及 $x=\frac{1}{\sqrt[n]{2}}$(不论 $n$ 多大)即可证不一致收敛.

**解** (1) 当 $0\leqslant x\leqslant\frac{1}{2}$ 时,$\lim\limits_{n\to\infty}f_n(x)=0=f(x)$.任给 $\varepsilon>0$,由于

$$|f_n(x)-f(x)|=|x|^n\leqslant\left(\frac{1}{2}\right)^n,$$

故要使 $|f_n(x)-f(x)|<\varepsilon$,只要 $\frac{1}{2^n}<\varepsilon$,即只要 $n>\frac{\ln\frac{1}{\varepsilon}}{\ln 2}$.取 $N=\left[\frac{\ln\frac{1}{\varepsilon}}{\ln 2}\right]$,则当 $n\geqslant N$ 时,对于 $[0,\frac{1}{2}]$ 上的一切 $x$ 值,均有

$$|f_n(x)-f(x)|=|f_n(x)-0|<\varepsilon.$$

因此,$f_n(x)=x^n$ 在 $[0,\frac{1}{2}]$ 上一致收敛于零.

(2) $f(x)=\lim\limits_{n\to\infty}f_n(x)=\begin{cases}1, & x=1,\\ 0, & 0\leqslant x<1.\end{cases}$ 取 $\varepsilon_0$ 使 $0<\varepsilon_0<\frac{1}{2}$,不论 $n$ 多么大,只要取 $x=\frac{1}{\sqrt[n]{2}}$,就有

$$\left|f_n\left(\frac{1}{\sqrt[n]{2}}\right)-f\left(\frac{1}{\sqrt[n]{2}}\right)\right|=\frac{1}{2}>\varepsilon_0.$$

因此,$f_n(x)$ 在 $[0,1]$ 上收敛而不一致收敛.

**【2747】** $f_n(x)=x^n-x^{n+1}$; $0\leqslant x\leqslant 1$.

**解** 当 $x=0$ 或 1 时,$f_n(x)=0$;当 $0<x<1$ 时,$\lim\limits_{n\to\infty}f_n(x)=0$.因此,当 $0\leqslant x\leqslant 1$ 时,$\lim\limits_{n\to\infty}f_n(x)=0=f(x)$,并有

$$|f_n(x)-f(x)|=x^n-x^{n+1}=g(x).$$

由于 $g'(x)=x^{n-1}[n-(n+1)x]$,故若令 $g'(x)=0$,即求得 $x=\frac{n}{n+1}$.显然,当 $0<x<\frac{n}{n+1}$ 时,$g'(x)>0$;当 $\frac{n}{n+1}<x<1$ 时,$g'(x)<0$,故 $g(x)$ 在 $x=\frac{n}{n+1}$ 达到 $[0,1]$ 上的最大值.于是,对于 $0\leqslant x\leqslant 1$,有

$$g(x)\leqslant\left(\frac{n}{n+1}\right)^n\left(1-\frac{n}{n+1}\right)=\left(\frac{n}{n+1}\right)^n\frac{1}{n+1}<\frac{1}{n+1}.$$

任给 $\varepsilon>0$,要使 $|f_n(x)-f(x)|<\varepsilon$,只要 $\frac{1}{n+1}<\varepsilon$,即只要 $n>\frac{1}{\varepsilon}$.取 $N=[\frac{1}{\varepsilon}]$,则当 $n>N$ 时,对于 $[0,1]$ 上的一切 $x$ 值,均有

$$|f_n(x)-f(x)|=|f_n(x)-0|<\varepsilon.$$

因此,$f_n(x)$ 在 $[0,1]$ 上一致收敛于零.

**【2748】** $f_n(x)=x^n-x^{2n}$; $0\leqslant x\leqslant 1$.

**提示** 收敛而不一致收敛.取 $0<\varepsilon_0<\frac{1}{4}$ 及 $x=\frac{1}{\sqrt[n]{2}}$(不论 $n$ 多大)即可证不一致收敛.

**解** 当 $0\leqslant x\leqslant 1$ 时,$\lim\limits_{n\to\infty}f_n(x)=0=f(x)$,并有

$$|f_n(x)-f(x)|=x^n-x^{2n}.$$

取 $\varepsilon_0$ 使 $0<\varepsilon_0<\frac{1}{4}$,不论 $n$ 多么大,只要取 $x=\frac{1}{\sqrt[n]{2}}$,就有

$$\left|f_n\left(\frac{1}{\sqrt[n]{2}}\right)-f\left(\frac{1}{\sqrt[n]{2}}\right)\right|=\frac{1}{4}>\varepsilon_0.$$

因此,$f_n(x)$ 在 $[0,1]$ 上收敛而不一致收敛.

**【2749】** $f_n(x)=\frac{1}{x+n}$; $0<x<+\infty$.

**提示** 利用一致收敛的定义,可知 $f_n(x)$ 在 $(0,+\infty)$ 上一致收敛于零.

**解** 当 $0<x<+\infty$ 时,$\lim\limits_{n\to\infty}f_n(x)=0=f(x)$,并有

$$|f_n(x)-f(x)|=\frac{1}{x+n}<\frac{1}{n}.$$

任给 $\varepsilon>0$,要使 $|f_n(x)-f(x)|<\varepsilon$,只要 $\frac{1}{n}<\varepsilon$,即只要 $n>\frac{1}{\varepsilon}$. 取 $N=[\frac{1}{\varepsilon}]$,则当 $n>N$ 时,对于 $x>0$ 的一切 $x$ 值,均有

$$|f_n(x)-f(x)|=|f_n(x)-0|<\varepsilon.$$

因此,$f_n(x)$ 在 $(0,+\infty)$ 内一致收敛于零.

【2750】 $f_n(x)=\frac{nx}{1+n+x}$; $0\leqslant x\leqslant 1$.

**提示** 利用一致收敛的定义,可知 $f_n(x)$ 在 $[0,1]$ 上一致收敛于 $x$.

**解** 当 $0\leqslant x\leqslant 1$ 时,$\lim\limits_{n\to\infty}f_n(x)=x=f(x)$,并有

$$|f_n(x)-f(x)|=\left|\frac{nx}{1+n+x}-x\right|=\frac{x+x^2}{1+n+x}<\frac{2}{n+1}<\frac{2}{n}.$$

任给 $\varepsilon>0$,要使 $|f_n(x)-f(x)|<\varepsilon$,只要 $n>\frac{2}{\varepsilon}$. 取 $N=[\frac{2}{\varepsilon}]$,则当 $n>N$ 时,对于 $[0,1]$ 上的一切 $x$ 值,均有

$$|f_n(x)-f(x)|=|f_n(x)-x|<\varepsilon.$$

因此,$f_n(x)$ 在 $[0,1]$ 上一致收敛于 $x$.

【2751】 $f_n(x)=\frac{x^n}{1+x^n}$; (1) $0\leqslant x\leqslant 1-\varepsilon$; (2) $1-\varepsilon\leqslant x\leqslant 1+\varepsilon$; (3) $1+\varepsilon\leqslant x<+\infty$, 其中 $\varepsilon>0$.

**解** (1) 当 $0\leqslant x\leqslant 1-\varepsilon$ 时,$\lim\limits_{n\to\infty}f_n(x)=0=f(x)$, 并有

$$|f_n(x)-f(x)|=\frac{x^n}{1+x^n}<(1-\varepsilon)^n.$$

任给 $\varepsilon'>0$,要使 $|f_n(x)-f(x)|<\varepsilon'$,只要 $(1-\varepsilon)^n<\varepsilon'$,即只要 $n>\frac{\lg\varepsilon'}{\lg(1-\varepsilon)}$. 取 $N=[\frac{\lg\varepsilon'}{\lg(1-\varepsilon)}]$,则当 $n>N$ 时,对于 $[0,1-\varepsilon]$ 上的一切 $x$ 值,均有 $|f_n(x)-f(x)|<\varepsilon'$. 因此,$f_n(x)$ 在 $[0,1-\varepsilon]$ 上一致收敛于零.

(2) $$f(x)=\lim_{n\to\infty}f_n(x)=\begin{cases}0, & 1-\varepsilon\leqslant x<1,\\ \frac{1}{2}, & x=1,\\ 1, & 1<x\leqslant 1+\varepsilon.\end{cases}$$

取 $\varepsilon_0$ 使 $0<\varepsilon_0<\frac{1}{3}$,不论 $n$ 多么大,只要取 $x=\frac{1}{\sqrt[n]{2}}$,就有

$$|f_n(x)-f(x)|=\frac{1}{3}>\varepsilon_0.$$

因此,$f_n(x)$ 在 $[1-\varepsilon,1+\varepsilon]$ 上收敛而不一致收敛.

(3) 当 $1+\varepsilon\leqslant x<+\infty$ 时,$\lim\limits_{n\to\infty}f_n(x)=1=f(x)$, 并有

$$|f_n(x)-f(x)|=\frac{1}{1+x^n}<\frac{1}{(1+\varepsilon)^n}.$$

任给 $\varepsilon'>0$,要使 $|f_n(x)-f(x)|<\varepsilon'$,只要 $\frac{1}{(1+\varepsilon)^n}<\varepsilon'$,即只要 $n>\frac{\lg\frac{1}{\varepsilon'}}{\lg(1+\varepsilon)}$. 取 $N=\left[\frac{\lg\frac{1}{\varepsilon'}}{\lg(1+\varepsilon)}\right]$,则当 $n>N$ 时,对于 $x\geqslant 1+\varepsilon$ 的一切 $x$ 值,均有

$$|f_n(x)-f(x)|=|f_n(x)-1|<\varepsilon'.$$

因此,$f_n(x)$ 在 $[1+\varepsilon,+\infty)$ 上一致收敛于数 1.

【2752】 $f_n(x)=\frac{2nx}{1+n^2x^2}$; (1) $0\leqslant x\leqslant 1$; (2) $1<x<+\infty$.

**解** (1) 当 $0\leqslant x\leqslant 1$ 时, $\lim\limits_{n\to\infty}f_n(x)=0=f(x)$. 取 $\varepsilon_0$ 使 $0<\varepsilon_0<1$,不论 $n$ 多么大,只要取 $x=\frac{1}{n}$,就有

$$\left|f_n\left(\frac{1}{n}\right)-f\left(\frac{1}{n}\right)\right|=1>\varepsilon_0.$$

因此，$f_n(x)$在$[0,1]$上不一致收敛.

(2)当 $1<x<+\infty$时，$\lim\limits_{n\to\infty}f_n(x)=0=f(x)$，并有

$$|f_n(x)-f(x)|=\frac{2nx}{1+n^2x^2}<\frac{2nx}{n^2x^2}<\frac{2}{n}.$$

任给 $\varepsilon>0$,要使$|f_n(x)-f(x)|<\varepsilon$,只要 $n>\frac{2}{\varepsilon}$. 取 $N=\left[\frac{2}{\varepsilon}\right]$,则当 $n>N$ 时,对于 $x>1$ 的一切 $x$ 值,均有 $|f_n(x)-f(x)|<\varepsilon$. 因此,$f_n(x)$在$(1,+\infty)$上一致收敛.

**【2753】** $f_n(x)=\sqrt{x^2+\frac{1}{n^2}}$；$-\infty<x<+\infty$.

**解** 当$-\infty<x<+\infty$时，$\lim\limits_{n\to\infty}f_n(x)=|x|=f(x)$，并有

$$|f_n(x)-f(x)|=\frac{x^2+\frac{1}{n^2}-x^2}{\sqrt{x^2+\frac{1}{n^2}}+|x|}<\frac{\frac{1}{n^2}}{\frac{1}{n}}=\frac{1}{n}.$$

任给 $\varepsilon>0$,要使$|f_n(x)-f(x)|<\varepsilon$,只要 $n>\frac{1}{\varepsilon}$. 取 $N=\left[\frac{1}{\varepsilon}\right]$,则当 $n>N$ 时,对于一切实数 $x$,均有 $|f_n(x)-f(x)|<\varepsilon$. 因此,$f_n(x)$在$(-\infty,+\infty)$上一致收敛.

**【2754】** $f_n(x)=n\left(\sqrt{x+\frac{1}{n}}-\sqrt{x}\right)$；$0<x<+\infty$.

**解** 当$0<x<+\infty$时，

$$\lim_{n\to\infty}f_n(x)=\lim_{n\to\infty}\frac{n\left[\left(x+\frac{1}{n}\right)-x\right]}{\sqrt{x+\frac{1}{n}}+\sqrt{x}}=\frac{1}{2\sqrt{x}}=f(x).$$

若取 $x=\frac{1}{n}$,则有

$$\left|f_n\left(\frac{1}{n}\right)-f\left(\frac{1}{n}\right)\right|=\left|n\left(\sqrt{\frac{2}{n}}-\sqrt{\frac{1}{n}}\right)-\frac{1}{2\sqrt{\frac{1}{n}}}\right|$$

$$=\sqrt{n}\left|\sqrt{2}-1-\frac{1}{2}\right|=\sqrt{n}\frac{\sqrt{2}-1}{2(\sqrt{2}+1)}=\frac{\sqrt{n}}{2(\sqrt{2}+1)^2}>\frac{1}{18}\sqrt{n}.$$

当 $n$ 充分大时,它就可以大于指定的 $\varepsilon_0>0$. 因此,$f_n(x)$在$(0,+\infty)$上收敛而不一致收敛.

**【2755】** (1) $f_n(x)=\frac{\sin nx}{n}$；$-\infty<x<+\infty$； (2) $f_n(x)=\sin\frac{x}{n}$；$-\infty<x<+\infty$.

**提示** (1)一致收敛.(2)收敛而不一致收敛.取 $0<\varepsilon_0<1$ 及 $x=\frac{n\pi}{2}$(不论 $n$ 多大)即可证不一致收敛.

**解** (1) 当$-\infty<x<+\infty$时，$\lim\limits_{n\to\infty}f_n(x)=0=f(x)$，并有

$$|f_n(x)-f(x)|=\frac{|\sin nx|}{n}\leqslant\frac{1}{n}.$$

任给 $\varepsilon>0$,要使$|f_n(x)-f(x)|<\varepsilon$,只要 $n>\frac{1}{\varepsilon}$. 取 $N=\left[\frac{1}{\varepsilon}\right]$,则当 $n>N$ 时,对于一切实数 $x$,均有

$$|f_n(x)-f(x)|<\varepsilon.$$

因此,$f_n(x)$在$(-\infty,+\infty)$上一致收敛.

(2)当$-\infty<x<+\infty$时,$\lim\limits_{n\to\infty}f_n(x)=0=f(x)$. 取 $\varepsilon_0$ 使$0<\varepsilon_0<1$,不论 $n$ 多么大,只要取 $x=\frac{n\pi}{2}$,就有

$$\left|f_n\left(\frac{n\pi}{2}\right)-f\left(\frac{n\pi}{2}\right)\right|=1>\varepsilon_0.$$

因此，$f_n(x)$在$(-\infty,+\infty)$上收敛而不一致收敛.

**【2756】** (1) $f_n(x)=\arctan nx$；$0<x<+\infty$； (2) $f_n(x)=x\arctan nx$；$0<x<+\infty$.

**解** (1) 当$0<x<+\infty$时，$\lim\limits_{n\to\infty}\arctan nx=\dfrac{\pi}{2}=f(x)$. 取$\varepsilon_0$使$0<\varepsilon_0<\dfrac{\pi}{4}$，不论$n$多么大，只要取$x=\dfrac{1}{n}$，就有

$$\left|f_n\left(\frac{1}{n}\right)-f\left(\frac{1}{n}\right)\right|=\left|\arctan 1-\frac{\pi}{2}\right|=\frac{\pi}{4}>\varepsilon_0.$$

因此，$f_n(x)$在$(0,+\infty)$上收敛而不一致收敛.

(2) 当$0<x<+\infty$时，$\lim\limits_{n\to\infty}f_n(x)=\dfrac{\pi}{2}x=f(x)$，并有

$$|f_n(x)-f(x)|=x\left|\arctan nx-\frac{\pi}{2}\right|=x\left|-\arctan\frac{1}{nx}\right|\leqslant x\cdot\frac{1}{nx}=\frac{1}{n}.$$

任给$\varepsilon>0$，要使$|f_n(x)-f(x)|<\varepsilon$，只要$n>\dfrac{1}{\varepsilon}$. 取$N=\left[\dfrac{1}{\varepsilon}\right]$，则当$n>N$时，对于$x>0$的一切$x$值，均有

$$|f_n(x)-f(x)|<\varepsilon.$$

因此，$f_n(x)$在$(0,+\infty)$上一致收敛.

**【2757】** $f_n(x)=e^{n(x-1)}$；$0<x<1$.

**提示** 显见$f_n(x)$在$(0,1)$上收敛. 但若取$0<\varepsilon_0<e^{-1}$，不论$n$多大，只要取$x=1-\dfrac{1}{n}$，即可知$f_n(x)$在$(0,1)$上不一致收敛.

**解** 当$0<x<1$时，$\lim\limits_{n\to\infty}f_n(x)=0=f(x)$. 取$\varepsilon_0$使$0<\varepsilon_0<e^{-1}$，不论$n$多么大，只要取$x=1-\dfrac{1}{n}$，就有

$$\left|f_n\left(1-\frac{1}{n}\right)-f\left(1-\frac{1}{n}\right)\right|=e^{n\left(1-\frac{1}{n}-1\right)}=e^{-1}>\varepsilon_0.$$

因此，$f_n(x)$在$(0,1)$上收敛而不一致收敛.

**【2758】** $f_n(x)=e^{-(x-n)^2}$；(1) $-l<x<l$，其中$l$为任意的正数；(2) $-\infty<x<+\infty$.

**解** (1) 当$-l<x<l$时，$\lim\limits_{n\to\infty}f_n(x)=0=f(x)$，并有(当$n>[l]$时)

$$|f_n(x)-f(x)|=e^{-(x-n)^2}\leqslant e^{-(n-l)^2}.$$

任给$\varepsilon>0$(可设$\varepsilon<1$)，要使$|f_n(x)-f(x)|<\varepsilon$，只要$n>[l]$且$e^{-(n-l)^2}<\varepsilon$，即只要$n>l+\ln\dfrac{1}{\sqrt{\varepsilon}}$. 取$N=\left[l+\ln\dfrac{1}{\sqrt{\varepsilon}}\right]$，则当$n>N$时，对于$(-l,l)$上的一切$x$值，均有

$$|f_n(x)-f(x)|<\varepsilon.$$

因此，$f_n(x)$在$(-l,l)$上一致收敛.

(2) 当$-\infty<x<+\infty$时，$\lim\limits_{n\to\infty}f_n(x)=0=f(x)$. 取$\varepsilon_0$使$0<\varepsilon_0<1$，不论$n$多么大，只要取$x=n$，就有

$$|f_n(n)-f(n)|=1>\varepsilon_0.$$

因此，$f_n(x)$在$(-\infty,+\infty)$上收敛而不一致收敛.

**【2759】** $f_n(x)=\dfrac{x}{n}\ln\dfrac{x}{n}$；$0<x<1$.

**解** 当$0<x<1$时，$\lim\limits_{n\to\infty}\dfrac{x}{n}=0$. 又$\lim\limits_{t\to+0}t\ln t=0$，故

$$\lim_{n\to\infty}f_n(x)=0=f(x).\quad |f_n(x)-f(x)|=\left|\frac{x}{n}\ln\frac{x}{n}\right|.$$

任给$\varepsilon>0$. 由于$\lim\limits_{t\to+0}t\ln t=0$，故存在$\delta=\delta(\varepsilon)>0$，使当$0<t<\delta$时，恒有$|t\ln t|<\varepsilon$. 取$N=\left[\dfrac{1}{\delta}\right]$，则当$n>N$时，$\dfrac{1}{n}<\delta$，从而对一切$0<x<1$，都有$0<\dfrac{x}{n}<\delta$，故

$$|f_n(x)-f(x)|=\left|\frac{x}{n}\ln\frac{x}{n}\right|<\varepsilon.$$

因此，$f_n(x)$在$(0,1)$上一致收敛.

**【2760】** $f_n(x)=\left(1+\frac{x}{n}\right)^n$；(1)在有限的区间$(a,b)$上；(2) 在区间$(-\infty,+\infty)$上.

**解** (1) 当$a<x<b$时，

$$\lim_{n\to\infty}f_n(x)=\lim_{n\to\infty}\left(\left(1+\frac{x}{n}\right)^{\frac{n}{x}}\right)^x=e^x=f(x).$$

记$c=\max\{|a|,|b|\}$.由泰勒公式知

$$\ln f_n(x)=n\ln\left(1+\frac{x}{n}\right)=n\left[\frac{x}{n}-\frac{x^2}{2n^2}+\frac{1}{3}\cdot\frac{1}{\left(1+\frac{\theta x}{n}\right)^3}\cdot\frac{x^3}{n^3}\right],$$

其中$0<\theta<1$，$\left|\frac{\theta x}{n}\right|\leqslant\frac{c}{n}$，$|x^3|\leqslant c^3$，故

$$\ln f_n(x)=x-\frac{x^2}{2n}+O\left(\frac{1}{n^2}\right).$$

于是，易知

$$f_n(x)=e^{x-\frac{x^2}{2n}+O\left(\frac{1}{n^2}\right)}=e^x\left[1-\frac{x^2}{2n}+O\left(\frac{1}{n^2}\right)\right].$$

取适当大的$N_1$，则当$n>N_1$时，就有

$$|f_n(x)-f(x)|=e^x\left|-\frac{x^2}{2n}+O\left(\frac{1}{n^2}\right)\right|\leqslant\frac{c^2e^c}{n}\quad(a<x<b).$$

任给$\varepsilon>0$，要使$|f_n(x)-f(x)|<\varepsilon$，只要$n>N_1$，且$n>\frac{c^2e^c}{\varepsilon}$. 取$N=\max\left(N_1,\left[\frac{c^2e^c}{\varepsilon}\right]\right)$，则当$n>N$时，对于$(a,b)$上的一切$x$值，均有

$$|f_n(x)-f(x)|<\varepsilon.$$

因此，$f_n(x)$在$(a,b)$上一致收敛.

(2) $|f_n(x)-f(x)|=\left|\left(1+\frac{x}{n}\right)^n-e^x\right|$. 不论$n$多么大，只要取$x=n$，就有

$$|f_n(n)-f(n)|=2^n\left[\left(\frac{e}{2}\right)^n-1\right],$$

它趋于$+\infty$，不可能小于任给的$\varepsilon>0$. 因此，$f_n(x)$在$(-\infty,+\infty)$上收敛而不一致收敛.

**【2761】** $f_n(x)=n(x^{\frac{1}{n}}-1)$；$1\leqslant x\leqslant a$.

**解** 当$1\leqslant x\leqslant a$时，

$$\lim_{n\to\infty}f_n(x)=\lim_{n\to\infty}\frac{x^{\frac{1}{n}}-1}{\frac{1}{n}}=\ln x=f(x),$$

并有

$$\begin{aligned}|f_n(x)-f(x)|&=|n(x^{\frac{1}{n}}-1)-n\ln[1+(x^{\frac{1}{n}}-1)]|\\&=\left|n(x^{\frac{1}{n}}-1)-n(x^{\frac{1}{n}}-1)+\frac{n}{2}(x^{\frac{1}{n}}-1)^2+nO((x^{\frac{1}{n}}-1)^3)\right|\\&=\frac{1}{2n}\left(\frac{x^{\frac{1}{n}}-1}{\frac{1}{n}}\right)^2+O\left(\frac{1}{n^2}\right)<\frac{(\ln a)^2}{n}+A\cdot\frac{1}{n^2},\end{aligned}$$

其中$A>0$为常数，上述不等式可在适当大的$N_1$取定后当$n>N_1$时成立. 显然对任给的$\varepsilon>0$，存在$N_2$，使当$n>N_2$时，$\frac{(\ln a)^2}{n}+A\cdot\frac{1}{n^2}<\varepsilon$，于是，取$N=\max(N_1,N_2)$，则当$n>N$时，对于$[1,a]$上的一切$x$值，均有

$$|f_n(x)-f(x)|<\varepsilon.$$

因此，$f_n(x)$在$[1,a]$上一致收敛.

【2762】 $f_n(x)=\sqrt[n]{1+x^n}$；$0\leqslant x\leqslant 2$.

**解** $f(x)=\lim\limits_{n\to\infty}f_n(x)=\begin{cases}1, & 0\leqslant x\leqslant 1,\\ x, & 1<x\leqslant 2.\end{cases}$

(1) 当 $0\leqslant x\leqslant 1$ 时，

$$|f_n(x)-f(x)|=|\sqrt[n]{1+x^n}-1|$$

$$=\frac{x^n}{(1+x^n)^{\frac{n-1}{n}}+(1+x^n)^{\frac{n-2}{n}}+\cdots+(1+x^n)^{\frac{1}{n}}+1}<\frac{1}{n};$$

(2) 当 $1<x\leqslant 2$ 时，

$$|f_n(x)-f(x)|=|\sqrt[n]{1+x^n}-x|$$

$$=\frac{1}{(1+x^n)^{\frac{n-1}{n}}+x(1+x^n)^{\frac{n-2}{n}}+\cdots+x^{n-2}(1+x^n)^{\frac{1}{n}}+x^{n-1}}<\frac{1}{nx^{n-1}}<\frac{1}{n}.$$

因此，对于 $0\leqslant x\leqslant 2$ 的一切 $x$ 值，均有

$$|f_n(x)-f(x)|<\frac{1}{n}.$$

任给 $\varepsilon>0$，要使$|f_n(x)-f(x)|<\varepsilon$，只要 $n>\frac{1}{\varepsilon}$. 取 $N=[\frac{1}{\varepsilon}]$，则当 $n>N$ 时，对于$[0,2]$上的一切 $x$ 值，均有

$$|f_n(x)-f(x)|<\varepsilon.$$

因此，$f_n(x)$在$[0,2]$上一致收敛.

【2763】

$$f_n(x)=\begin{cases}n^2x, & 0\leqslant x\leqslant\frac{1}{n},\\ n^2(\frac{2}{n}-x), & \frac{1}{n}<x<\frac{2}{n},\\ 0, & x\geqslant\frac{2}{n};\end{cases}$$

在闭区间 $0\leqslant x\leqslant 1$ 上.

**解** 当 $x=0$ 时，$f_n(x)=0$，因而$\lim\limits_{n\to\infty}f_n(0)=0$.

当 $x\neq 0$ 时，在$[0,1]$上，$x>0$. 对于任给的 $\varepsilon>0$，取适当大的正整数 $N>\frac{1}{\varepsilon}$，使$\frac{2}{N}\leqslant x$，则当 $n>N$ 时，有 $\frac{2}{n}<\frac{2}{N}\leqslant x$. 于是，$f_n(x)=0$. 因此，当 $0\leqslant x\leqslant 1$ 时，

$$\lim_{n\to\infty}f_n(x)=0=f(x).$$

取 $\varepsilon_0$ 使 $0<\varepsilon_0<1$，不论 $n$ 多么大，只要取 $x=\frac{1}{n^2}$，就有

$$\left|f_n\left(\frac{1}{n^2}\right)-f\left(\frac{1}{n^2}\right)\right|=n^2\cdot\frac{1}{n^2}=1>\varepsilon_0.$$

因此，$f_n(x)$在$[0,1]$上收敛而不一致收敛.

【2764】 设 $f(x)$为定义于闭区间$[a,b]$上的任意函数，且

$$f_n(x)=\frac{[nf(x)]}{n}\quad(n=1,2,\cdots).$$

证明：当 $n\to\infty$时，$f_n(x)\rightrightarrows f(x)\quad(a\leqslant x\leqslant b)$.

**证** 由于

$$|f_n(x)-f(x)|=\frac{1}{n}|[nf(x)]-nf(x)|\leqslant\frac{1}{n},$$

故对任给的 $\varepsilon>0$，若取 $N=[\frac{1}{\varepsilon}]$，则当 $n>N$ 时，对于一切$x\in[a,b]$，均有

$$|f_n(x)-f(x)|<\varepsilon.$$

因此，$f_n(x)$在$[a,b]$上一致收敛于 $f(x)$.

**【2765】** 设函数 $f(x)$在区间$(a,b)$内有连续的导数$f'(x)$，且

$$f_n(x)=n\left[f\left(x+\frac{1}{n}\right)-f(x)\right].$$

证明：在闭区间 $\alpha\leqslant x\leqslant\beta$ 上(其中 $a<\alpha<\beta<b$)，$f_n(x)\rightrightarrows f'(x)$.

**证** 考虑$[\alpha',\beta']$，其中 $a<\alpha'<\alpha<\beta<\beta'<b$. 由于 $f_n(x)$($n$ 充分大)在$[\alpha',\beta']$上有连续导数，由微分学中值公式，得

$$f_n(x)=n\left[f\left(x+\frac{1}{n}\right)-f(x)\right]=nf'\left(x+\frac{\theta}{n}\right)\cdot\frac{1}{n}=f'\left(x+\frac{\theta}{n}\right)\quad(0<\theta<1).$$

又因 $f'(x)$在$[\alpha',\beta']$上连续，所以 $f'(x)$在$[\alpha',\beta']$上一致连续，即对任给的 $\varepsilon>0$，存在 $\delta=\delta(\varepsilon)>0$，使对于$[\alpha',\beta']$上的任意点 $x'$及 $x''$，只要当$|x'-x''|<\delta$时，就有$|f'(x')-f'(x'')|<\varepsilon$. 今取 $N=\left[\frac{1}{\delta}\right]+1=N(\varepsilon)$，则当 $n>N$ 时，有$\frac{1}{n}<\frac{1}{N}<\delta$. 于是，对$[\alpha,\beta]$上的一切 $x$ 值，只要 $N$ 足够大，就可保证 $x$ 与$x+\frac{\theta}{n}$均属于$[\alpha',\beta']$. 于是，对于$[\alpha,\beta]$上的一切 $x$ 值，均有

$$|f_n(x)-f'(x)|=\left|f'\left(x+\frac{\theta}{n}\right)-f'(x)\right|<\varepsilon.$$

因此，$f_n(x)$在$[\alpha,\beta]$上一致收敛于 $f'(x)$.

**【2766】** 设 $f_n(x)=\sum\limits_{i=0}^{n-1}\frac{1}{n}f\left(x+\frac{i}{n}\right)$，其中 $f(x)$为$(-\infty,+\infty)$上的连续函数. 证明：序列 $f_n(x)$在任何有限闭区间$[a,b]$上一致收敛.

**证** 记 $f_n(x)$的极限函数为 $F(x)$，则

$$F(x)=\lim_{n\to\infty}f_n(x)=\int_x^{x+1}f(t)\,dt=\sum_{i=0}^{n-1}\int_{x+\frac{i}{n}}^{x+\frac{i+1}{n}}f(t)\,dt=\sum_{i=0}^{n-1}\frac{1}{n}f\left(x+\frac{i}{n}+\frac{\theta_i}{n}\right)$$
$$(0<\theta_i<1;\ i=0,1,\cdots,n-1).$$

由于 $f(x)$在$[a,b+1]$上连续，故它在$[a,b+1]$上一致连续，即对任给的 $\varepsilon>0$，存在 $\delta=\delta(\varepsilon)>0$，使对于$[a,b+1]$上的任意点 $x'$及 $x''$，只要当$|x'-x''|<\delta$时，就有$|f(x')-f(x'')|<\varepsilon$. 今取 $N=\left[\frac{1}{\delta}\right]+1$，则当$n>N$，$a\leqslant x\leqslant b$ 时，有

$$\left|\left(x+\frac{i}{n}+\frac{\theta_i}{n}\right)-\left(x+\frac{i}{n}\right)\right|<\frac{1}{n}<\frac{1}{N}<\delta$$

且

$$x+\frac{i}{n}\in[a,b+1],\ x+\frac{i}{n}+\frac{\theta_i}{n}\in[a,b+1]\quad(i=0,1,\cdots,n-1).$$

于是，

$$|F(x)-f_n(x)|\leqslant\sum_{i=0}^{n-1}\frac{1}{n}\left|f\left(x+\frac{i}{n}+\frac{\theta_i}{n}\right)-f\left(x+\frac{i}{n}\right)\right|<\sum_{i=0}^{n-1}\frac{1}{n}\cdot\varepsilon=\frac{1}{n}\cdot n\varepsilon=\varepsilon.$$

因此，$f_n(x)$在$[a,b]$上一致收敛于 $f(x)$.

**研究下列级数的收敛性：**

**【2767】** $\sum\limits_{n=0}^{\infty}x^n$；(1)在区间$|x|<q$ 内，此处 $q<1$，(2)在区间$|x|<1$ 内.

**解** (1) 由于$|x^n|<q^n$ 及 $\sum\limits_{n=0}^{\infty}q^n$ 收敛$(0<q<1)$，故由魏尔斯特拉斯判别法知，级数 $\sum\limits_{n=0}^{\infty}x^n$ 在$|x|<q<1$内绝对并一致收敛.

(2) $S_n(x)=\sum\limits_{k=0}^{n}x^k=\frac{1-x^{n+1}}{1-x}$. 当$|x|<1$ 时，有

$$S(x)=\lim_{n\to\infty}S_n(x)=\frac{1}{1-x}.$$

取 $\varepsilon_0$ 使 $0<\varepsilon_0<\frac{1}{2}$，不论 $n$ 多么大，只要取 $x=\frac{1}{\sqrt[n+1]{2}}$，就有

$$\left|S_n\left(\frac{1}{\sqrt[n+1]{2}}\right)-S\left(\frac{1}{\sqrt[n+1]{2}}\right)\right|=\left|\frac{\frac{1}{2}}{1-(\sqrt[n+1]{2})^{-1}}\right|>\frac{1}{2}>\varepsilon_0.$$

因此，级数 $\sum\limits_{n=0}^{\infty}$ 在 $|x|<1$ 内收敛而不一致收敛.

**【2768】** $\sum\limits_{n=1}^{\infty}\frac{x^n}{n^2}$；在闭区间 $-1\leqslant x\leqslant 1$ 上.

**提示** 注意 $\left|\frac{x^n}{n^2}\right|\leqslant\frac{1}{n^2}$ $(-1\leqslant x\leqslant 1)$，并利用魏尔斯特拉斯判别法.

**解** 由于当 $-1\leqslant x\leqslant 1$ 时 $\left|\frac{x^n}{n^2}\right|\leqslant\frac{1}{n^2}$ 及 $\sum\limits_{n=1}^{\infty}\frac{1}{n^2}$ 收敛，故由魏尔斯特拉斯判别法知，级数 $\sum\limits_{n=1}^{\infty}\frac{x^n}{n^2}$ 在 $[-1,1]$ 上绝对并一致收敛.

**【2769】** $\sum\limits_{n=0}^{\infty}(1-x)x^n$；在闭区间 $0\leqslant x\leqslant 1$ 上.

**提示** 注意 $S_n(x)=1-x^{n+1}$ 及 $S(x)=\begin{cases}1, & 0\leqslant x<1,\\ 0, & x=1.\end{cases}$ 收敛而不一致收敛. 取 $0<\varepsilon_0<\frac{1}{2}$ 及 $x=\frac{1}{\sqrt[n+1]{2}}$ (不论 $n$ 多大)即可证不一致收敛.

**解** $S_n(x)=\sum\limits_{k=0}^{n}(1-x)x^k=(1-x)\sum\limits_{k=0}^{n}x^k=1-x^{n+1}.$

于是，

$$S(x)=\lim_{n\to\infty}S_n(x)=\begin{cases}1, & 0\leqslant x<1,\\ 0, & x=1.\end{cases}$$

取 $\varepsilon_0$ 使 $0<\varepsilon_0<\frac{1}{2}$，不论 $n$ 多么大，只要取 $x=\frac{1}{\sqrt[n+1]{2}}$，就有

$$\left|S_n\left(\frac{1}{\sqrt[n+1]{2}}\right)-S\left(\frac{1}{\sqrt[n+1]{2}}\right)\right|=\left|\frac{1}{2}-1\right|=\frac{1}{2}>\varepsilon_0.$$

因此，级数 $\sum\limits_{n=0}^{\infty}(1-x)x^n$ 在 $[0,1]$ 上收敛而不一致收敛.

**【2770】** $\sum\limits_{n=1}^{\infty}\left(\frac{x^n}{n}-\frac{x^{n+1}}{n+1}\right)$； $-1\leqslant x\leqslant 1$.

**解** $S_n(x)=\sum\limits_{k=1}^{n}\left(\frac{x^k}{k}-\frac{x^{k+1}}{k+1}\right)=x-\frac{x^{n+1}}{n+1}.$

当 $-1\leqslant x\leqslant 1$ 时，有

$$S(x)=\lim_{n\to\infty}S_n(x)=x,\quad |S_n(x)-S(x)|=\frac{|x|^{n+1}}{n+1}\leqslant\frac{1}{n+1}<\frac{1}{n}.$$

于是，对任给的 $\varepsilon>0$，若取 $N=\left[\frac{1}{\varepsilon}\right]$，则当 $n>N$ 时，对于 $[-1,1]$ 上的一切 $x$ 值，均有

$$|S_n(x)-S(x)|<\frac{1}{n}<\varepsilon.$$

因此，级数 $\sum\limits_{n=1}^{\infty}\left(\frac{x^n}{n}-\frac{x^{n+1}}{n+1}\right)$ 在 $[-1,1]$ 上一致收敛.

**【2771】** $\sum\limits_{n=1}^{\infty}\frac{x}{[(n-1)x+1](nx+1)}$； $0<x<+\infty$.

**解** $S_n(x)=\sum\limits_{k=1}^{n}\frac{x}{[(k-1)x+1](kx+1)}=\sum\limits_{k=1}^{n}\left[\frac{1}{(k-1)x+1}-\frac{1}{kx+1}\right]=1-\frac{1}{nx+1}.$

当$0<x<+\infty$时,有$S(x)=\lim\limits_{n\to\infty}S_n(x)=1$.取$\varepsilon_0$使$0<\varepsilon_0<\frac{1}{2}$,不论$n$多么大,只要取$x=\frac{1}{n}$,就有

$$\left|S_n\left(\frac{1}{n}\right)-S\left(\frac{1}{n}\right)\right|=\frac{1}{2}>\varepsilon_0.$$

因此,级数$\sum\limits_{n=1}^{\infty}\frac{x}{[(n-1)x+1](nx+1)}$在$(0,+\infty)$上收敛而不一致收敛.

**【2772】** $\sum\limits_{n=1}^{\infty}\frac{1}{(x+n)(x+n+1)}$; $0<x<+\infty$.

**解** 由于$\left|\frac{1}{(x+n)(x+n+1)}\right|<\frac{1}{n^2}$ $(x>0)$及$\sum\limits_{n=1}^{\infty}\frac{1}{n^2}$收敛,故由魏尔斯特拉斯判别法知,原级数在$(0,+\infty)$上绝对并一致收敛.

**【2773】** $\sum\limits_{n=1}^{\infty}\frac{nx}{(1+x)(1+2x)\cdots(1+nx)}$; (1) $0\leqslant x\leqslant\varepsilon$,其中$\varepsilon>0$; (2) $\varepsilon\leqslant x<+\infty$.

**解** 当$x=0$时,显然级数收敛于零.

当$x>0$时,令$u_n(x)=\frac{nx}{(1+x)(1+2x)\cdots(1+nx)}$,则有

$$\lim_{n\to\infty}\frac{u_{n+1}(x)}{u_n(x)}=\lim_{n\to\infty}\left[\frac{n+1}{n}\cdot\frac{1}{1+(n+1)x}\right]=0<1,$$

故级数$\sum\limits_{n=1}^{\infty}u_n(x)$收敛$(x\geqslant0)$.易见,此时

$$\begin{aligned}S_n(x)&=\sum_{k=1}^{n}u_k(x)=\sum_{k=1}^{n}\frac{kx}{(1+x)(1+2x)\cdots(1+kx)}\\&=\sum_{k=1}^{n}\left[\frac{1}{(1+x)\cdots[1+(k-1)x]}-\frac{1}{(1+x)\cdots(1+kx)}\right]\\&=1-\frac{1}{(1+x)(1+2x)\cdots(1+nx)}\to1\quad(n\to\infty),\end{aligned}$$

因此有$2S(x)=\lim\limits_{n\to\infty}S_n(x)=\begin{cases}0, & x=0,\\1, & x>0.\end{cases}$

(1) 当$x>0$时,有

$$|S_n(x)-S(x)|=\frac{1}{(1+x)(1+2x)\cdots(1+nx)}.$$

取$0<\varepsilon_0<1$.对于任意大(但固定的)$n$,由于

$$\lim_{x\to+0}\frac{1}{(1+x)(1+2x)\cdots(1+nx)}=1,$$

故可取$0<x_0<\varepsilon$,使$\frac{1}{(1+x_0)(1+2x_0)\cdots(1+nx_0)}>\varepsilon_0$,即$|S_n(x_0)-S(x_0)|>\varepsilon_0$.由此可知,级数$\sum\limits_{n=1}^{\infty}u_n(x)$在$0\leqslant x\leqslant\varepsilon$上不一致收敛.

(2) 当$x\geqslant\varepsilon$及$n\geqslant3$时,由于

$$\begin{aligned}|u_n(x)|&=\left|\frac{nx}{(1+x)(1+2x)\cdots(1+nx)}\right|<\frac{nx}{(1+x)^n}\\&=\frac{nx}{1+nx+\frac{1}{2!}n(n-1)x^2+\cdots+x^n}<\frac{nx}{\frac{1}{3!}n(n-1)(n-2)x^3}\\&=\frac{6}{(n-1)(n-2)x^2}<\frac{6}{(n-2)^2\varepsilon^2},\end{aligned}$$

且级数$\sum\limits_{n=3}^{\infty}\frac{6}{(n-2)^2\varepsilon^2}$收敛,故由魏尔斯特拉斯判别法知,原级数在$[\varepsilon,+\infty)$上绝对并一致收敛.

【2774】 利用魏尔斯特拉斯判别法，证明下列函数项级数在所指区间内的一致收敛性：

(1) $\sum_{n=1}^{\infty}\frac{1}{x^2+n^2}$, $-\infty<x<+\infty$;　　(2) $\sum_{n=1}^{\infty}\frac{(-1)^n}{x+2^n}$, $-2<x<+\infty$;

(3) $\sum_{n=1}^{\infty}\frac{x}{1+n^4x^2}$, $0\leqslant x<+\infty$;　　(4) $\sum_{n=1}^{\infty}\frac{nx}{1+n^5x^2}$, $|x|<+\infty$;

(5) $\sum_{n=1}^{\infty}\frac{n^2}{\sqrt{n!}}(x^n+x^{-n})$, $\frac{1}{2}\leqslant|x|\leqslant 2$;　　(6) $\sum_{n=1}^{\infty}\frac{x^n}{\left[\frac{n}{2}\right]!}$, $|x|<a$, $a$ 为任意正数；

(7) $\sum_{n=1}^{\infty}\frac{\sin nx}{\sqrt[3]{n^4+x^4}}$, $|x|<+\infty$;　　(8) $\sum_{n=1}^{\infty}\frac{\cos nx}{n^2}$, $|x|<+\infty$;

(9) $\sum_{n=1}^{\infty}\frac{\sin nx}{n\sqrt{n}}$, $|x|<+\infty$;　　(10) $\sum_{n=2}^{\infty}\ln\left(1+\frac{x}{n\ln^2 n}\right)$, $|x|<a$;

(11) $\sum_{n=1}^{\infty}x^2\mathrm{e}^{-nx}$, $0\leqslant x<+\infty$;　　(12) $\sum_{n=1}^{\infty}\arctan\frac{2x}{x^2+n^3}$, $|x|<+\infty$.

**提示**　注意(2) $\left|\frac{(-1)^n}{x+2^n}\right|<\frac{1}{2^n-1}$ $(n\geqslant 2, x>-2)$，　(3) $1+n^4x^2\geqslant 2n^2x$ $(x>0)$，

(4) $1+n^5x^2\geqslant 2n^{\frac{5}{2}}x$，　　(5) $\left|\frac{n^2}{\sqrt{n!}}(x^n+x^{-n})\right|\leqslant\frac{n^2\cdot 2^{n+1}}{\sqrt{n!}}$，

(6) 当 $n=2m$ 或 $2m+1$ 时，$u_n(x)=\frac{x^n}{m!}$，考虑级数 $\sum_{m=1}^{\infty}u_{2m}(x)$ 与 $\sum_{m=1}^{\infty}u_{2m+1}(x)$，

**解**　(1) 由于 $\left|\frac{1}{x^2+n^2}\right|\leqslant\frac{1}{n^2}$ 及 $\sum_{n=1}^{\infty}\frac{1}{n^2}$ 收敛，故级数 $\sum_{n=1}^{\infty}\frac{1}{x^2+n^2}$ 在 $(-\infty,+\infty)$ 上一致收敛.

(2)考虑 $n\geqslant 2$，有 $\left|\frac{(-1)^n}{x+2^n}\right|<\frac{1}{2^n-2}\leqslant\frac{1}{2^{n-1}}$ $(x>-2)$. 但 $\sum_{n=1}^{\infty}\frac{1}{2^{n-1}}$ 收敛，故级数 $\sum_{n=1}^{\infty}\frac{(-1)^n}{x+2^n}$ 在 $(-2,+\infty)$ 上一致收敛.

(3) 当 $x=0$ 时，级数显然收敛于零. 当 $x>0$ 时，$1+n^4x^2\geqslant 2n^2x$，于是，$\left|\frac{x}{1+n^4x^2}\right|\leqslant\frac{1}{2n^2}$. 又因 $\sum_{n=1}^{\infty}\frac{1}{2n^2}$ 收敛，故级数 $\sum_{n=1}^{\infty}\frac{x}{1+n^4x^2}$ 在 $[0,+\infty)$ 上一致收敛.

(4) 当 $|x|<+\infty$ 时，$1+n^5x^2\geqslant 2n^{\frac{5}{2}}x$，于是，$\left|\frac{nx}{1+n^5x^2}\right|\leqslant\frac{1}{2n^{\frac{3}{2}}}$. 又因 $\sum_{n=1}^{\infty}\frac{1}{2n^{\frac{3}{2}}}$ 收敛，故级数 $\sum_{n=1}^{\infty}\frac{nx}{1+n^5x^2}$ 在 $(-\infty,+\infty)$ 上一致收敛.

(5) 当 $\frac{1}{2}\leqslant|x|\leqslant 2$ 时，

$$\left|\frac{n^2}{\sqrt{n!}}(x^n+x^{-n})\right|\leqslant\frac{n^2}{\sqrt{n!}}(|x|^n+|x|^{-n})\leqslant\frac{n^2\cdot 2^{n+1}}{\sqrt{n!}}.$$

对于级数 $\sum_{n=1}^{\infty}\frac{n^2\cdot 2^{n+1}}{\sqrt{n!}}$，应用达朗贝尔判别法，当 $n\to\infty$ 时，有

$$\frac{\frac{(n+1)^2\,2^{n+2}}{\sqrt{(n+1)!}}}{\frac{n^2\cdot 2^{n+1}}{\sqrt{n!}}}=\left(\frac{n+1}{n}\right)^2\frac{2}{\sqrt{n+1}}\to 0<1,$$

故 $\sum_{n=1}^{\infty}\frac{n^2\cdot 2^{n+1}}{\sqrt{n!}}$ 收敛. 因此，级数 $\sum_{n=1}^{\infty}\frac{n^2}{\sqrt{n!}}(x^n+x^{-n})$ 当 $\frac{1}{2}\leqslant|x|\leqslant 2$ 时一致收敛.

(6) 当 $n=2m$ 或 $2m+1$ 时，$u_n(x)=\frac{x^n}{m!}$. 考虑级数 $\sum_{m=1}^{\infty}u_{2m}(x)$ 与 $\sum_{m=1}^{\infty}u_{2m+1}(x)$，当 $|x|<a$ 时，不论 $n=2m$ 还是 $n=2m+1$，均有 $\left|\frac{x^n}{m!}\right|<\frac{a^n}{m!}$. 应用达朗贝尔判别法，易证级数 $\sum_{m=1}^{\infty}\frac{a^{2m}}{m!}$ 及 $\sum_{m=1}^{\infty}\frac{a^{2m+1}}{m!}$ 均收敛. 因此，级

数 $\sum\limits_{m=1}^{\infty} u_{2m}(x)$ 与 $\sum\limits_{m=1}^{\infty} u_{2m+1}(x)$ 当 $|x|<a$ 时绝对并一致收敛. 从而,原级数 $\sum\limits_{n=1}^{\infty} \dfrac{x^n}{\left[\frac{n}{2}\right]!}$ 当 $|x|<a$ 时一致收敛.

(7) 当 $|x|<+\infty$ 时, $\left|\dfrac{\sin nx}{\sqrt[3]{n^4+x^4}}\right| \leqslant \dfrac{1}{n^{\frac{4}{3}}}$, 且 $\sum\limits_{n=1}^{\infty} \dfrac{1}{n^{\frac{4}{3}}}$ 收敛,故级数 $\sum\limits_{n=1}^{\infty} \dfrac{\sin nx}{\sqrt[3]{n^4+x^4}}$ 当 $|x|<+\infty$ 时一致收敛.

(8) 当 $|x|<+\infty$ 时, $\left|\dfrac{\cos nx}{n^2}\right| \leqslant \dfrac{1}{n^2}$, 且 $\sum\limits_{n=1}^{\infty} \dfrac{1}{n^2}$ 收敛,故级数 $\sum\limits_{n=1}^{\infty} \dfrac{\cos nx}{n^2}$ 当 $|x|<+\infty$ 时一致收敛.

(9) 当 $|x|<+\infty$ 时, $\left|\dfrac{\sin nx}{n\sqrt{n}}\right| \leqslant \dfrac{1}{n^{\frac{3}{2}}}$, 且 $\sum\limits_{n=1}^{\infty} \dfrac{1}{n^{\frac{3}{2}}}$ 收敛,故级数 $\sum\limits_{n=1}^{\infty} \dfrac{\sin nx}{n\sqrt{n}}$ 当 $|x|<+\infty$ 时一致收敛.

(10) 当 $n$ 充分大(即 $n\geqslant n_0$)时,对于 $|x|<a$,有

$$\ln\left(1+\frac{x}{n\ln^2 n}\right)=\frac{x}{n\ln^2 n}+O\left(\frac{1}{n^2}\right).$$

但当 $|x|<a$ 时, $\left|\dfrac{x}{n\ln^2 n}\right| \leqslant \dfrac{a}{n\ln^2 n}$, 而 $\sum\limits_{n=n_0}^{\infty} \dfrac{a}{n\ln^2 n}$ 收敛*) 以及 $\sum\limits_{n=n_0}^{\infty} \dfrac{1}{n^2}$ 也收敛,故级数 $\sum\limits_{n=2}^{\infty} \ln\left(1+\dfrac{x}{n\ln^2 n}\right)$ 当 $|x|<a$ 时一致收敛.

*) 利用 2619 题的结果.

(11) 当 $x>0$ 时, $e^{nx}>1+nx+\dfrac{n^2x^2}{2}>\dfrac{n^2x^2}{2}$, 故 $e^{-nx}<\dfrac{2}{n^2x^2}$. 于是, $|x^2e^{-nx}|<\dfrac{2}{n^2}$, 此式对 $x=0$ 也成立. 又因 $\sum\limits_{n=1}^{\infty} \dfrac{1}{n^2}$ 收敛,故级数 $\sum\limits_{n=1}^{\infty} x^2 e^{-nx}$ 当 $0\leqslant x<+\infty$ 时一致收敛.

(12) 由于 $x^2+n^3 \geqslant 2n^{\frac{3}{2}}|x|$, 故 $\left|\dfrac{x}{x^2+n^3}\right| \leqslant \dfrac{1}{2n^{\frac{3}{2}}}$. 当 $n$ 充分大($n\geqslant n_0$)时,对于 $|x|<+\infty$,有

$$\left|\arctan\frac{2x}{x^2+n^3}\right| = \left|\frac{2x}{x^2+n^3}+O\left(\left(\frac{2x}{x^2+n^3}\right)^2\right)\right| \leqslant \frac{1}{n^{\frac{3}{2}}}+O\left(\frac{1}{n^3}\right).$$

又因 $\sum\limits_{n=n_0}^{\infty} \dfrac{1}{n^{\frac{3}{2}}}$ 及 $\sum\limits_{n=n_0}^{\infty} \dfrac{1}{n^3}$ 均收敛,故级数 $\sum\limits_{n=1}^{\infty} \arctan\dfrac{x}{x^2+n^3}$ 当 $|x|<+\infty$ 时一致收敛.

**研究下列函数项级数在指定区间上的一致收敛性:**

**【2775】** $\sum\limits_{n=1}^{\infty} \dfrac{\sin nx}{n}$; (1) 在闭区间 $\varepsilon \leqslant x \leqslant 2\pi-\varepsilon$ 上,其中 $\varepsilon>0$; (2) 在闭区间 $0\leqslant x\leqslant 2\pi$ 上.

**解** (1) 当 $\varepsilon \leqslant x \leqslant 2\pi-\varepsilon$ 时,

$$\left|\sum_{k=1}^{n} \sin kx\right| \leqslant \frac{1}{\left|\sin\frac{x}{2}\right|} \leqslant \frac{1}{\sin\frac{\varepsilon}{2}},$$

又 $\dfrac{1}{n}$ 趋于零并且不依赖于 $x$,故由狄利克雷判别法知,级数 $\sum\limits_{n=1}^{\infty} \dfrac{\sin nx}{n}$ 在 $[\varepsilon, 2\pi-\varepsilon]$ 上一致收敛.

(2) 级数 $\sum\limits_{n=1}^{\infty} \dfrac{\sin nx}{n}$ 在 $[0,2\pi]$ 上条件收敛*). 但它不一致收敛,这可用反证法获证. 设 $\sum\limits_{n=1}^{\infty} u_n(x)$ 在 $[0,2\pi]$ 上一致收敛,其中 $u_n(x)=\dfrac{\sin nx}{n}$ $(n=1,2,\cdots)$. 则应有:任给 $\varepsilon>0$,例如,取 $\varepsilon=\dfrac{1}{4}$,必存在 $N_1=N_1(\varepsilon)$ (它与 $x$ 无关),使当 $n\geqslant N_1$,对于 $[0,2\pi]$ 上的一切 $x$ 值,均有

$$|u_{n+1}(x)+u_{n+2}(x)+\cdots+u_{n+p}(x)|<\varepsilon,$$

其中 $p$ 为任意正整数. 取 $N_2\geqslant 2N_1$,记

$$n_0=\max\left(\left[\frac{N_2}{2}\right],\left[\frac{N_2+1}{2}\right]\right),$$

则 $n_0\geqslant N_1$,又取 $p$ 使 $n_0+p=N_2+1$,则应有

$$|u_{n_0+1}(x)+u_{n_0+2}(x)+\cdots+u_{n_0+p}(x)|<\varepsilon,$$

也即有

$$\left|\sum_{\frac{N_2}{2}+1\leqslant n<N_2+2} u_n(x)\right|<\varepsilon=\frac{1}{4}\quad(x\in[0,2\pi]).\tag{1'}$$

今取 $x_0=\frac{1}{N_2+2}\cdot\frac{\pi}{2}$，当然上式$(1')$也应成立. 但是另一方面，由于当$\frac{N_2}{2}+1\leqslant n<N_2+2$时，显然有 $0<nx_0<\frac{\pi}{2}$，故有 $\sin nx_0\geqslant nx_0\cdot\frac{2}{\pi}=\frac{n}{N_2+2}$. 于是，$u_n(x_0)=\frac{\sin nx_0}{n}\geqslant\frac{1}{N_2+2}$，从而有

$$\sum_{\frac{N_2}{2}+1\leqslant n<N_2+2} u_n(x_0)\geqslant\frac{1}{N_2+2}\sum_{\frac{N_2}{2}+1\leqslant n<N_2+2}1\geqslant\frac{1}{N_2+2}\cdot\frac{1}{2}(N_2+2)=\frac{1}{2},$$

它与$(1')$中当 $x=x_0$ 时相矛盾. 这就证明了级数 $\sum_{n=1}^{\infty}\frac{\sin nx}{n}$在$[0,2\pi]$上条件收敛而不一致收敛的结论.

*) 利用 2698 题的结果.

**【2776】** $\sum_{n=1}^{\infty}2^n\sin\frac{1}{3^nx}$; $0<x<+\infty$.

**解** 记 $u_n(x)=2^n\sin\frac{1}{3^nx}$ $(n=1,2,\cdots)$，当 $0<x<+\infty$时，由于

$$|u_n(x)|\leqslant 2^n\cdot\frac{1}{3^nx}=\frac{1}{x}\left(\frac{2}{3}\right)^n,$$

而 $\sum_{n=1}^{\infty}\frac{1}{x}\left(\frac{2}{3}\right)^n$ 收敛，故原级数绝对收敛，从而收敛. 但它在$(0,+\infty)$内并不一致收敛. 如若不然，即设它一致收敛，则对任给 $\varepsilon>0$，例如，取 $\varepsilon=1$，必存在 $N=N(\varepsilon)$（它与 $x$ 无关），使当$n\geqslant N$时，对于$(0,+\infty)$内的一切 $x$ 值，均有

$$|u_{n+1}(x)+u_{n+2}(x)+\cdots+u_{n+p}(x)|<\varepsilon,$$

其中 $p$ 为任意正整数. 今取 $p=1,n=N$，则对于一切$x\in(0,+\infty)$，应有

$$|u_{N+1}(x)|<\varepsilon=1.$$

又取 $x_0=\frac{2}{3^{N+1}\pi}\in(0,+\infty)$，则也应有$|u_{N+1}(x_0)|<1$. 但事实上却有

$$u_{N+1}(x_0)=2^{N+1}\sin\frac{1}{3^{N+1}x_0}=2^{N+1}\sin\frac{\pi}{2}=2^{N+1}>1,$$

这与$|u_{N+1}(x_0)|<1$ 矛盾. 证毕.

**【2777】** $\sum_{n=1}^{\infty}\frac{(-1)^n}{x+n}$; $0<x<+\infty$.

**提示** 利用狄利克雷判别法.

**解** $\left|\sum_{k=1}^{n}(-1)^k\right|\leqslant 1$. 当 $0<x<+\infty$时，$\frac{1}{n+x}<\frac{1}{n}$，它单调一致地趋于零. 因此，由狄利克雷判别法知，级数 $\sum_{n=1}^{\infty}\frac{(-1)^n}{x+n}$当 $0<x<+\infty$时一致收敛.

**【2778】** $\sum_{n=2}^{\infty}\frac{(-1)^n}{n+\sin x}$; $0\leqslant x\leqslant 2\pi$.

**提示** 利用狄利克雷判别法.

**解** 当 $0\leqslant x\leqslant 2\pi$ 时，显然$\frac{1}{n+\sin x}$对于 $n$ 单调递减，同时由于 $0<\frac{1}{n+\sin x}<\frac{1}{n-1}$，故当 $n\to\infty$时，$\frac{1}{n+\sin x}$在 $0\leqslant x\leqslant 2\pi$ 上一致地趋于零. 又由于$\left|\sum_{k=1}^{n}(-1)^k\right|\leqslant 1$，故级数在$[0,2\pi]$上一致收敛.

**【2779】** $\sum_{n=1}^{\infty}\frac{(-1)^{\frac{n(n-1)}{2}}}{\sqrt[3]{n^2+e^x}}$; $|x|\leqslant 10$.

**解** $\left|\sum_{k=1}^{n}(-1)^{\frac{k(k-1)}{2}}\right|\leqslant 2$，记 $b_n(x)=\frac{1}{\sqrt[3]{n^2+e^x}}$，由于

$$\frac{1}{\sqrt[3]{n^2+e^x}} > \frac{1}{\sqrt[3]{(n+1)^2+e^x}},$$

故 $b_n(x)$ 单调下降. 又由于

$$\frac{1}{\sqrt[3]{n^2+e^x}} < \frac{1}{\sqrt[3]{n^2}} \to 0 \quad (|x| \leqslant 10),$$

故 $b_n(x)$ 单调一致地趋于零. 因此, 由狄利克雷判别法知, 级数在 $[-10,10]$ 上一致收敛.

**【2780】** $\sum\limits_{n=1}^{\infty} \dfrac{\cos\dfrac{2n\pi}{3}}{\sqrt{n^2+x^2}}$; $-\infty < x < +\infty$.

**解** $\left|\sum\limits_{k=1}^{\infty} \cos\dfrac{2n\pi}{3}\right| \leqslant \dfrac{1}{\left|\sin\dfrac{\pi}{3}\right|} = \dfrac{2}{\sqrt{3}}$. 又 $\dfrac{1}{\sqrt{n^2+x^2}}$ 对于每一个 $x \in (-\infty,+\infty)$ 都是单调递减的, 且由于 $\dfrac{1}{\sqrt{n^2+x^2}} \leqslant \dfrac{1}{n}$, 故对每一个 $x$ 一致地趋于零. 因此, 由狄利克雷判别法知, 级数在 $(-\infty,+\infty)$ 上一致收敛.

**【2781】** $\sum\limits_{n=1}^{\infty} \dfrac{\sin x \sin nx}{\sqrt{n+x}}$; $0 \leqslant x < +\infty$.

**解** 当 $x = 2m\pi$ $(m=0,1,2,\cdots)$ 时, $\sum\limits_{k=1}^{n} \sin x \sin kx = 0$. 当 $x \neq 2m\pi$ $(m=0,1,2,\cdots)$ 时,

$$\left|\sum_{k=1}^{n} \sin x \sin kx\right| = |\sin x| \cdot \left|\sum_{k=1}^{n} \sin kx\right| \leqslant |\sin x| \cdot \frac{1}{\left|\sin\dfrac{x}{2}\right|} = 2\left|\cos\frac{x}{2}\right| \leqslant 2.$$

于是, 对于一切 $x \in [0,+\infty)$, 均有

$$\left|\sum_{k=1}^{n} \sin x \sin kx\right| \leqslant 2.$$

又 $\dfrac{1}{\sqrt{n+x}}$ 对于每一个 $x \in [0,+\infty)$ 关于 $n$ 都是单调递减的, 且由 $\dfrac{1}{\sqrt{n+x}} \leqslant \dfrac{1}{\sqrt{n}}$ 知, 当 $n \to \infty$ 时, $\dfrac{1}{\sqrt{n+x}}$ 关于 $x$ 在 $0 \leqslant x < +\infty$ 上一致地趋于零. 因此, 由狄利克雷判别法知, 级数在 $[0,+\infty)$ 上一致收敛.

**【2782】** $\sum\limits_{n=1}^{\infty} \dfrac{(-1)^{[\sqrt{n}]}}{\sqrt{n(n+x)}}$; $0 \leqslant x < +\infty$.

**提示** 注意 $\dfrac{(-1)^{[\sqrt{n}]}}{\sqrt{n(n+x)}} = \dfrac{(-1)^{[\sqrt{n}]}}{n} \cdot \dfrac{1}{\sqrt{1+\dfrac{x}{n}}}$, 并利用 2672 题的结果及阿贝尔判别法.

**解** $\dfrac{(-1)^{[\sqrt{n}]}}{\sqrt{n(n+x)}} = \dfrac{(-1)^{[\sqrt{n}]}}{n} \cdot \dfrac{1}{\sqrt{1+\dfrac{x}{n}}}$. 由于 $\sum\limits_{n=1}^{\infty} \dfrac{(-1)^{[\sqrt{n}]}}{n}$ 收敛*), 且与 $x$ 无关, 故它对 $x$ 而言是一致收敛的.

另一方面, $\dfrac{1}{\sqrt{1+\dfrac{x}{n}}}$ 对于每一个 $x \in [0,+\infty)$ 都是单调递减的且有界: $\left|\dfrac{1}{\sqrt{1+\dfrac{x}{n}}}\right| \leqslant 1$.

因此, 由阿贝尔判别法知, 原级数在 $[0,+\infty)$ 上一致收敛.

*) 利用 2672 题的结果.

**【2783】** 不连续函数序列可否一致收敛于连续函数?

**解题思路** 可以. 例如, 函数序列 $f_n(x) = \dfrac{1}{n}\varphi(x)$, 其中

$$\varphi(x) = \begin{cases} 0, & x \text{ 为无理数}, \\ 1, & x \text{ 为有理数}. \end{cases}$$

利用 734 题的结果, 可知 $f_n(x)$ 在 $(-\infty,+\infty)$ 上每一点均不连续, 但它在 $(-\infty,+\infty)$ 上一致收敛于连续

函数 $f(x)=0$.

**解** 可以. 例如,函数序列

$$f_n(x)=\frac{1}{n}\varphi(x)\ (n=1,2,\cdots),\quad 其中\quad \varphi(x)=\begin{cases}0, & x\text{为无理数},\\ 1, & x\text{为有理数}.\end{cases}$$

显然,$f_n(x)$在$-\infty<x<+\infty$上每一点均不连续,但由于

$$|f_n(x)|\leqslant\frac{1}{n}\quad(n=1,2,\cdots;\ -\infty<x<+\infty),$$

故当$n\to\infty$时,$f_n(x)$在$-\infty<x<+\infty$上一致趋于零. 而$f(x)\equiv 0\ (-\infty<x<+\infty)$显然是连续函数. 此例说明,不连续函数的序列仍然可以一致收敛于连续函数.

**【2784】** 证明:若级数 $\sum\limits_{n=1}^{\infty}|f_n(x)|$在$[a,b]$上一致收敛,则级数 $\sum\limits_{n=1}^{\infty}f_n(x)$在$[a,b]$上也一致收敛.

**提示** 由柯西准则并注意不等式

$$|f_{n+1}(x)+f_{n+2}(x)+\cdots+f_{n+p}(x)|\leqslant|f_{n+1}(x)|+|f_{n+2}(x)|+\cdots+|f_{n+p}(x)|,$$

命题即可获证.

**证** 由柯西准则及题设知:对于任给的$\varepsilon>0$,存在$N=N(\varepsilon)$,使当$n>N$时,对于$[a,b]$上的一切$x$值,均有

$$|f_{n+1}(x)|+|f_{n+2}(x)|+\cdots+|f_{n+p}(x)|<\varepsilon,$$

其中$p$为任意正整数. 由于

$$|f_{n+1}(x)+f_{n+2}(x)+\cdots+f_{n+p}(x)|\leqslant|f_{n+1}(x)|+|f_{n+2}(x)|+\cdots+|f_{n+p}(x)|<\varepsilon,$$

故根据一致收敛的柯西准则知,级数 $\sum\limits_{n=1}^{\infty}f_n(x)$在$[a,b]$上一致收敛.

**【2785】** 若级数 $\sum\limits_{n=1}^{\infty}f_n(x)$ 在$[a,b]$上绝对并一致收敛,则级数 $\sum\limits_{n=1}^{\infty}|f_n(x)|$在$[a,b]$上是否必定一致收敛?

**解** 未必. 例如,级数 $\sum\limits_{n=1}^{\infty}(-1)^n(1-x)x^n$ 在$[0,1]$上绝对并一致收敛,但其绝对值级数不一致收敛. 事实上,级数

$$\sum_{n=1}^{\infty}|(-1)^n(1-x)x^n|=\sum_{n=1}^{\infty}(1-x)x^n$$

在$[0,1]$上收敛而不一致收敛*). 因此,我们只要证明级数 $\sum\limits_{n=1}^{\infty}(-1)^n(1-x)x^n$ 在$[0,1]$上一致收敛就可以了. 首先,当$x=0$及$x=1$时,级数 $\sum\limits_{n=1}^{\infty}(-1)^n(1-x)x^n$ 显然收敛. 当$0<x<1$时,级数 $\sum\limits_{n=1}^{\infty}(-1)^n(1-x)x^n=(1-x)\sum\limits_{n=1}^{\infty}(-1)^nx^n$ 是交错级数且满足莱布尼茨条件,故也收敛. 要证其一致收敛,只要证其余式$R_n(x)=\sum\limits_{k=n+1}^{\infty}(-1)^k(1-x)x^k$ 一致趋于零(对$0\leqslant x\leqslant 1$)即可. 按满足莱布尼茨条件的交错级数的余式估计,有

$$|R_n(x)|\leqslant(1-x)x^{n+1}\quad(0\leqslant x\leqslant 1).\tag{1}$$

令 $f(x)=(1-x)x^{n+1}$,通过求导数易知此函数在 $x=\frac{n+1}{n+2}$时达到其在 $0\leqslant x\leqslant 1$ 上的最大值,故当 $0\leqslant x\leqslant 1$ 时,恒有

$$0\leqslant f(x)\leqslant f\left(\frac{n+1}{n+2}\right)=\frac{1}{n+2}\left(\frac{n+1}{n+2}\right)^{n+1}<\frac{1}{n+2}.$$

于是,由(1)式知

$$|R_n(x)|<\frac{1}{n+2}\quad(0\leqslant x\leqslant 1;\ n=1,2,\cdots).$$

由此即知，当 $n\to\infty$ 时 $R_n(x)$ 关于 $0\leqslant x\leqslant 1$ 一致趋于零.

*） 利用 2769 题的结果.

**【2786】** 证明：绝对收敛且一致收敛的级数

$$\sum_{n=1}^{\infty} f_n(x) \quad (0\leqslant x\leqslant 1),$$

其中

$$f_n(x)=\begin{cases}0, & 0\leqslant x\leqslant 2^{-(n+1)},\\ \dfrac{1}{n}\sin^2(2^{n+1}\pi x), & 2^{-(n+1)}<x<2^{-n},\\ 0, & 2^{-n}\leqslant x\leqslant 1,\end{cases}$$

不能用非负项的收敛数项级数作为其强级数.

**证** 首先指出 $\sum\limits_{n=1}^{\infty} f_n(x)$ 在 $[0,1]$ 上是一致收敛的. 事实上，当 $n\geqslant N$ 时，柯西余项函数为

$$R_{N,p}(x)=f_{N+1}(x)+f_{N+2}(x)+\cdots+f_{N+p}(x).$$

于是，当 $x\in[0,1]$ 时，有

$$R_{N,p}(x)=\begin{cases}\dfrac{1}{N+1}\sin^2(2^{N+2}\pi x), & x\in(2^{-(N+2)},2^{-(N+1)}),\\ \dfrac{1}{N+2}\sin^2(2^{N+3}\pi x), & x\in(2^{-(N+3)},2^{-(N+2)}),\\ \qquad\vdots & \\ \dfrac{1}{N+1}\sin^2(2^{N+p+1}\pi x), & x\in(2^{-(N+p+1)},2^{-(N+p)}),\\ 0, & \text{其他点 } x,\end{cases}$$

因此，当 $0\leqslant x\leqslant 1$ 时，恒有

$$|R_{N,p}(x)|<\frac{1}{N}.$$

由此即知：对于任给的 $\varepsilon>0$，只要取 $N=\left[\dfrac{1}{\varepsilon}\right]$，则当 $n>N$ 时，对于 $[0,1]$ 上的一切 $x$ 值，均有 $|R_{N,p}(x)|<\varepsilon$，其中 $p$ 为任意正整数. 由柯西准则知，级数 $\sum\limits_{n=1}^{\infty} f_n(x)$ 在 $[0,1]$ 上绝对收敛且一致收敛. 下面证明：不可能用某非负项收敛数项级数作为其强级数. 采用反证法，假设有某收敛的强级数 $\sum\limits_{n=1}^{\infty} a_n$，其中 $a_n\geqslant 0$ 是常数，即在 $[0,1]$ 上有

$$|f_n(x)|\leqslant a_n \quad (n=1,2,\cdots), \tag{1}$$

且 $\sum\limits_{n=1}^{\infty} a_n$ 收敛，以下将说明由此引出矛盾. 事实上，据(1)式对一切 $x\in[0,1]$ 均成立. 今取 $x_n=\dfrac{3}{2}2^{-(n+1)}$，显然有 $2^{-(n+1)}<x_n<2^{-n}$. 因此得

$$a_n\geqslant|f_n(x_n)|=\frac{1}{n}\sin^2(2^{n+1}\pi x_n)=\frac{1}{n}>0.$$

由 $\sum\limits_{n=1}^{\infty} a_n$ 收敛得知 $\sum\limits_{n=1}^{\infty}\dfrac{1}{n}$ 也应收敛，这与众所周知的级数 $\sum\limits_{n=1}^{\infty}\dfrac{1}{n}$ 的发散结论相抵触. 证毕.

**【2787】** 证明：若函数项级数 $\sum\limits_{n=1}^{\infty}\varphi_n(x)$ 的各项是闭区间 $[a,b]$ 上的单调函数，此级数在闭区间 $[a,b]$ 的两个端点绝对收敛，则此级数在闭区间 $[a,b]$ 上绝对并一致收敛.

**证明思路** 由题设，级数 $\sum\limits_{n=1}^{\infty}|\varphi_n(a)|$ 及 $\sum\limits_{n=1}^{\infty}|\varphi_n(b)|$ 均收敛. 令 $a_n=\max\{|\varphi_n(a)|,|\varphi_n(b)|\}$，则可知级数 $\sum\limits_{n=1}^{\infty} a_n$ 收敛. 又由

$$|\varphi_n(x)|\leqslant a_n \quad (a\leqslant x\leqslant b;\ n=1,2,\cdots),$$

利用魏尔斯特拉斯判别法,命题即获证.

**证** 按题设,$\sum_{n=1}^{\infty}|\varphi_n(a)|$ 与 $\sum_{n=1}^{\infty}|\varphi_n(b)|$ 均收敛. 令 $a_n=\max(|\varphi_n(a)|,|\varphi_n(b)|)$,由于 $0\leqslant a_n\leqslant|\varphi_n(a)|+|\varphi_n(b)|$,故知 $\sum_{n=1}^{\infty}a_n$ 收敛. 由于 $\varphi_n(x)$ 在 $[a,b]$ 上是单调的,故

$$|\varphi_n(x)|\leqslant a_n \quad (a\leqslant x\leqslant b;\ n=1,2,\cdots).$$

由魏尔斯特拉斯判别法知,级数 $\sum_{n=1}^{\infty}\varphi_n(x)$ 在 $[a,b]$ 上绝对并一致收敛.

**【2788】** 证明:幂级数 $\sum_{n=0}^{\infty}a_nx^n$ 在全部位于其收敛区间内的任何闭区间上一致收敛.

**证明思路** 设幂级数的收敛区间为 $(-R,R)$ $(R>0)$, $[a,b]\subset(-R,R)$.

令 $r=\max(|a|,|b|)$,则 $|a_nx^n|\leqslant|a_nr^n|$. 并利用魏尔斯特拉斯判别法.

**证** 设幂级数 $\sum_{n=0}^{\infty}a_nx^n$ 的收敛区间为 $(-R,R)$ $(R>0)$, $[a,b]\subset(-R,R)$. 令

$$r=\max(|a|,|b|),$$

则当 $x\in[a,b]$ 时,有

$$|a_nx^n|\leqslant|a_n|\cdot|r|^n=|a_nr^n|.$$

由题设知 $\sum_{n=0}^{\infty}|a_nr^n|$ 收敛,故原幂级数在 $[a,b]$ 上绝对并一致收敛,由 $[a,b]$ 的任意性,本题获证.

**【2789】** 设 $a_n\to\infty$ 且级数 $\sum_{n=1}^{\infty}\left|\frac{1}{a_n}\right|$ 收敛. 证明:级数 $\sum_{n=1}^{\infty}\frac{1}{x-a_n}$ 在不包含点 $a_n(n=1,2,\cdots)$ 的任何有界闭集合上绝对并一致收敛.

**证明思路** 设 $E$ 为任一不包含点 $a_n(n=1,2,\cdots)$ 的有界闭集,则存在常数 $M>0$,当 $x\in E$ 时,有 $|x|\leqslant M$ 及 $\left|\frac{x}{a_n}\right|\neq1$ $(n=1,2,\cdots)$. 由题设知,$\lim_{n\to\infty}\frac{1}{|a_n|}=0$,故存在正整数 $N$,使当 $n>N$ 且 $x\in E$ 时,有 $\left|\frac{x}{a_n}\right|<\frac{1}{2}$.

于是,当 $n>N$ 时,可证

$$\left|\frac{1}{x-a_n}\right|\leqslant\frac{2}{|a_n|},$$

由题设,并利用魏尔斯特拉斯判别法,命题即可获证.

**证** 设 $E$ 是任一不包含点 $a_n(n=1,2,\cdots)$ 的有界闭集,则存在常数 $M>0$,当 $x\in E$ 时有

$$|x|\leqslant M \quad 且 \quad \left|\frac{x}{a_n}\right|\neq1 \quad (n=1,2,\cdots).$$

由于 $\sum_{n=1}^{\infty}\left|\frac{1}{a_n}\right|$ 收敛,故 $\lim_{n\to\infty}\frac{1}{|a_n|}=0$. 因此,存在 $N$,使当 $n>N$, $x\in E$ 时,

$$\left|\frac{x}{a_n}\right|<\frac{1}{2}.$$

于是,当 $n>N$ 时,有

$$\left|\frac{1}{x-a_n}\right|=\frac{1}{|a_n|}\cdot\frac{1}{\left|1-\frac{x}{a_n}\right|}\leqslant\frac{1}{|a_n|}\cdot\frac{1}{1-\left|\frac{x}{a_n}\right|}\leqslant\frac{1}{|a_n|}\cdot\frac{1}{1-\frac{1}{2}}=\frac{2}{|a_n|}.$$

由于 $\sum_{n=1}^{\infty}\frac{2}{|a_n|}$ 收敛,故 $\sum_{n=1}^{\infty}\left|\frac{1}{x-a_n}\right|$ 在 $E$ 上绝对并一致收敛.

**【2790】** 证明:若级数 $\sum_{n=1}^{\infty}a_n$ 收敛,则狄利克雷级数 $\sum_{n=1}^{\infty}\frac{a_n}{n^x}$ 当 $x\geqslant0$ 时一致收敛.

**提示** 利用阿贝尔判别法.

**证** $0<\frac{1}{n^x}\leqslant1$,且 $\frac{1}{n^x}$ 对每一个 $x\geqslant0$ 是单调的. 又 $\sum_{n=1}^{\infty}a_n$ 当 $x\geqslant0$ 时一致收敛,故由阿贝尔判别法知,级

数 $\sum\limits_{n=1}^{\infty}\frac{a_n}{n^x}$ 当 $x\geqslant0$ 时一致收敛.

**【2791】** 设级数 $\sum\limits_{n=1}^{\infty}a_n$ 收敛.证明:级数 $\sum\limits_{n=1}^{\infty}a_n\mathrm{e}^{-nx}$ 在区域 $x\geqslant0$ 内一致收敛.

**提示** 利用阿贝尔判别法.

**证** $0<\mathrm{e}^{-nx}\leqslant1$,且 $\mathrm{e}^{-nx}$ 对每一个 $x\geqslant0$ 是单调的.又 $\sum\limits_{n=1}^{\infty}a_n$ 当 $x\geqslant0$ 时一致收敛,故由阿贝尔判别法知,级数 $\sum\limits_{n=1}^{\infty}a_n\mathrm{e}^{-nx}$ 当 $x\geqslant0$ 时一致收敛.

**【2792】** 证明:函数 $f(x)=\sum\limits_{n=1}^{\infty}\frac{\sin nx}{n^3}$ 在区域 $-\infty<x<+\infty$ 内连续并有连续的导数.

**证明思路** 首先,证明函数 $f(x)$ 在 $(-\infty,+\infty)$ 内连续.只需注意 $\left|\frac{\sin nx}{n^3}\right|\leqslant\frac{1}{n^3}$ 及 $\frac{\sin nx}{n^3}$ 在 $(-\infty,+\infty)$ 内的连续性,利用函数项级数一致收敛的性质 1),即知 $f(x)$ 在 $(-\infty,+\infty)$ 内连续.

其次,再证导数 $f'(x)$ 连续.注意 $\frac{\mathrm{d}}{\mathrm{d}x}\left(\frac{\sin nx}{n^3}\right)=\frac{\cos nx}{n^2}$,仿前半段的证明,即知 $\sum\limits_{n=1}^{\infty}\frac{\cos nx}{n^2}$ 的和在 $(-\infty,+\infty)$ 内连续,且由性质 3)有

$$f'(x)=\frac{\mathrm{d}}{\mathrm{d}x}\left(\sum_{n=1}^{\infty}\frac{\sin nx}{n^3}\right)=\sum_{n=1}^{\infty}\frac{\mathrm{d}}{\mathrm{d}x}\left(\frac{\sin nx}{n^3}\right)=\sum_{n=1}^{\infty}\frac{\cos nx}{n^2}.$$

**证** 首先证明 $f(x)$ 连续.事实上,由 $\left|\frac{\sin nx}{n^3}\right|\leqslant\frac{1}{n^3}$ 及 $\sum\limits_{n=1}^{\infty}\frac{1}{n^3}$ 的收敛性即知,原级数当 $-\infty<x<+\infty$ 时一致收敛.又由于 $\frac{\sin nx}{n^3}$ 在域 $(-\infty,+\infty)$ 内连续,故级数 $\sum\limits_{n=1}^{\infty}\frac{\sin nx}{n^3}$ 的和 $f(x)$ 在 $(-\infty,+\infty)$ 内连续.

其次再证明 $f'(x)$ 连续.由于 $\frac{\mathrm{d}}{\mathrm{d}x}\left(\frac{\sin nx}{n^3}\right)=\frac{\cos nx}{n^2}$ 连续,且级数 $\sum\limits_{n=1}^{\infty}\frac{\cos nx}{n^2}$ 当 $-\infty<x<+\infty$ 时一致收敛,故再次根据函数项级数一致收敛的性质,即知上述级数的和在 $(-\infty,+\infty)$ 内连续,且有

$$f'(x)=\sum_{n=1}^{\infty}\frac{\cos nx}{n^2}.$$

**【2793】** 证明:函数

$$f(x)=\sum_{n=-\infty}^{+\infty}\frac{1}{(n-x)^2}$$

(1)在除整数点 $x=0,\pm1,\pm2,\cdots$ 外的一切点有定义并且连续; (2)为周期函数,其周期等于 1.

**证** 考虑级数(1′) $\sum\limits_{n=0}^{+\infty}\frac{1}{(n-x)^2}$ 及(2′) $\sum\limits_{n=1}^{\infty}\frac{1}{(-n-x)^2}$.显然,当 $x\neq k$ $(k=0,1,2,\cdots)$ 时,级数(1′)收敛;当 $x\neq-l$ $(l=1,2,\cdots)$ 时,级数(2′)收敛.因此,当 $x\neq0,\pm1,\pm2,\cdots$ 时,级数 $\sum\limits_{n=-\infty}^{+\infty}\frac{1}{(n-x)^2}$ 收敛.

(1) 因而在除 $x=0,\pm1,\pm2,\cdots$ 外的一切点上 $f(x)$ 有定义.下面为了证明 $f(x)$ 在任一点 $x=x_0$ $(x_0\neq k$, $k=0,\pm1,\pm2,\cdots)$ 处 $f(x)$ 连续,我们可以在 $([x_0],[x_0]+1)$ 内考虑一个包含 $x_0$ 的区间 $[a,b]$:

$$[x_0]<a<x_0<b<[x_0]+1.$$

记 $p=\max(|a|,|b|)$.在 $[a,b]$ 上考虑级数(1′)及(2′).当 $n$ 适当大时(例如 $n\geqslant n_0$),由于

$$\left|\frac{1}{(n-x)^2}\right|\leqslant\frac{1}{(n-|x|)^2}\leqslant\frac{1}{(n-p)^2},\quad\left|\frac{1}{(-n-x)^2}\right|\leqslant\frac{1}{(n-|x|)^2}\leqslant\frac{1}{(n-p)^2},$$

且 $\sum\limits_{n=0}^{+\infty}\frac{1}{(n-p)^2}$ 收敛,故级数 $\sum\limits_{n=n_0}^{+\infty}\frac{1}{(n-x)^2}$ 及 $\sum\limits_{n=n_0}^{+\infty}\frac{1}{(-n-x)^2}$ 在 $[a,b]$ 上一致收敛.从而,级数 $\sum\limits_{n=0}^{+\infty}\frac{1}{(n-x)^2}$ 及 $\sum\limits_{n=1}^{\infty}\frac{1}{(-n-x)^2}$ 在 $[a,b]$ 上一致收敛,也即 $\sum\limits_{n=-\infty}^{+\infty}\frac{1}{(n-x)^2}$ 在 $[a,b]$ 上一致收敛.于是,其和函数 $f(x)$ 在 $[a,b]$ 上连续,因而 $f(x)$ 在点 $x_0$ 连续.

(2) 当 $x\neq 0,\pm 1,\pm 2,\cdots$时,有

$$f(x+1)=\sum_{n=-\infty}^{+\infty}\frac{1}{[n-(x+1)]^2}=\sum_{n=-\infty}^{+\infty}\frac{1}{[(n-1)-x]^2},$$

作指标交换 $m=n-1$,则当 $n=0,\pm 1,\pm 2,\cdots$时有 $m=0,\pm 1,\pm 2,\cdots$. 因而得

$$f(x+1)=\sum_{m=-\infty}^{+\infty}\frac{1}{(m-x)^2}=f(x),$$

上式表明,当 $x\neq 0,\pm 1,\pm 2,\cdots$时,$f(x)$是一个以 1 为周期的周期函数. 证毕.

**【2794】** 证明:级数

$$\sum_{n=1}^{\infty}\left[nx\mathrm{e}^{-nx}-(n-1)x\mathrm{e}^{-(n-1)x}\right]$$

在闭区间 $0\leqslant x\leqslant 1$ 上收敛但不一致收敛,而它的和是此区间上的连续函数.

**证** 考虑部分和

$$S_n(x)=\sum_{k=1}^{n}\left[kx\mathrm{e}^{-kx}-(k-1)x\mathrm{e}^{-(k-1)x}\right]=nx\mathrm{e}^{-nx},$$

显然,在$[0,1]$上其极限函数 $S(x)$存在(即级数的和)且连续:

$$S(x)=\lim_{n\to\infty}S_n(x)=0.$$

但此级数在$[0,1]$上不一致收敛. 用反证法. 若不然,即若一致收敛,则对任给的 $\varepsilon>0$,存在数 $N=N(\varepsilon)$,使当 $n\geqslant N$ 时,对于$[0,1]$上的一切 $x$ 值,均有$|S_n(x)-S(x)|<\varepsilon$. 今取$\varepsilon_0=\frac{1}{2}\mathrm{e}^{-1}$,应有

$$|S_n(x)-S(x)|<\frac{1}{2}\mathrm{e}^{-1}.$$

取 $x=x_0=\frac{1}{n}$,则也应有$|S_n(x)-S(x)|<\frac{1}{2}\mathrm{e}^{-1}$. 但另一方面,却有

$$|S_n(x_0)-S(x_0)|=S_n(x_0)=\mathrm{e}^{-1}>\varepsilon_0,$$

矛盾,证毕.

**【2795】** 确定函数 $f(x)$的存在域并研究它们的连续性,设

(1) $f(x)=\sum\limits_{n=1}^{\infty}\left(x+\frac{1}{n}\right)^n$; (2) $f(x)=\sum\limits_{n=1}^{\infty}\frac{x+(-1)^n n}{x^2+n^2}$; (3) $f(x)=\sum\limits_{n=1}^{\infty}\frac{x}{(1+x^2)^n}$.

**解** (1) 由于$\lim\limits_{n\to\infty}\sqrt[n]{\left|\left(x+\frac{1}{n}\right)^n\right|}=|x|$,故当$|x|<1$ 时,级数绝对收敛;而当$|x|>1$ 时,级数发散. 当$|x|=1$ 时,通项不趋于零,因而级数也发散. 于是,$f(x)$的存在域为$(-1,1)$. 下面证明 $f(x)$在$(-1,1)$内连续. 设 $0<\delta<1$,则当$|x|\leqslant 1-\delta$ 时,有

$$\left|\left(x+\frac{1}{n}\right)^n\right|\leqslant\left(1-\delta+\frac{1}{n}\right)^n.$$

上面已证级数 $\sum\limits_{n=1}^{\infty}\left(1-\delta+\frac{1}{n}\right)^n$ 收敛,故级数 $\sum\limits_{n=1}^{\infty}\left(x+\frac{1}{n}\right)^n$ 在$[-1+\delta,1-\delta]$上一致收敛,从而,$f(x)$在该区间上连续. 由于 $\delta$ 可以任意的小,故知 $f(x)$在开区间$(-1,1)$内连续.

(2) $\frac{x+n(-1)^n}{x^2+n^2}=\frac{x}{x^2+n^2}+(-1)^n\frac{n}{x^2+n^2}$. 由狄利克雷判别法易知,级数 $\sum\limits_{n=1}^{\infty}(-1)^n\frac{n}{x^2+n^2}$ 在整个数轴上一致收敛,故其和函数在整个数轴上连续. 又对于任意的 $M>0$,当$x\in[-M,M]$时,由于$\left|\frac{x}{x^2+n^2}\right|\leqslant\frac{M}{n^2}$及 $\sum\limits_{n=1}^{\infty}\frac{M}{n^2}$收敛,故级数 $\sum\limits_{n=1}^{\infty}\frac{x}{x^2+n^2}$ 在$[-M,M]$上一致收敛,从而,其和函数在$[-M,M]$上连续. 由 $M$ 的任意性知,上述和函数在整个数轴上连续.

于是,作为这两个级数的和 $f(x)$在整个数轴上有定义且是连续的.

(3) 由于当$-\infty<x<+\infty$且 $x\neq 0$ 时,有

$$\lim_{n\to\infty}\sqrt[n]{\frac{|x|}{(1+x^2)^n}}=\frac{1}{1+x^2}<1,$$

故此时级数绝对收敛. 显然当 $x=0$ 时级数收敛于零. 于是, $f(x)$ 的存在域为 $(-\infty,+\infty)$.

注意在任一点 $x_0\neq0$ 上, 例如, 当 $x_0>0$ 时, 我们可选 $a,b$ 使 $0<a<x_0<b$. 考虑 $x\in[a,b]$, 显然有

$$\left|\frac{x}{(1+x^2)^n}\right|\leqslant\frac{b}{(1+a^2)^n}.$$

但 $\sum\limits_{n=1}^{\infty}\frac{b}{(1+a^2)^n}$ 收敛, 故 $\sum\limits_{n=1}^{\infty}\frac{x}{(1+x^2)^n}$ 在 $[a,b]$ 上一致收敛. 注意每一个 $\frac{x}{(1+x^2)^n}$ 连续, 因而和函数 $f(x)$ 在 $[a,b]$ 上连续. 于是, $f(x)$ 在 $x=x_0$ 处连续(对于 $x_0<0$ 的情况可同理证明), 因而易得

$$f(x)=x\sum_{n=1}^{\infty}\frac{1}{(1+x^2)^n}=\frac{x}{1+x^2}\cdot\frac{1}{1-\frac{1}{1+x^2}}=\frac{1}{x}\quad(x\neq0).$$

由此可见 $f(x)=\begin{cases}0, & x=0,\\ \frac{1}{x}, & x\neq0,\end{cases}$ 即和函数 $f(x)$ 在 $x=0$ 处不连续, 而在 $x\neq0$ 处连续.

**【2796】** 设 $r_k(k=1,2,\cdots)$ 是闭区间 $[0,1]$ 上的有理数. 证明函数

$$f(x)=\sum_{n=1}^{\infty}\frac{|x-r_k|}{3^k}\quad(0\leqslant x\leqslant1)$$

具有下列性质: (1) 连续; (2) 在无理点可微而在有理点不可微.

**证** (1) 由于当 $0\leqslant x\leqslant1$ 时, $\left|\frac{x-r_k}{3^k}\right|\leqslant\frac{1}{3^k}$ 且 $\sum\limits_{n=1}^{\infty}\frac{1}{3^k}$ 收敛, 故原级数在 $[0,1]$ 上一致收敛, 又 $\frac{|x-r_k|}{3^k}$ 连续, 故和函数 $f(x)$ 在 $[0,1]$ 上连续.

(2) 先设 $x_0$ 为 $[0,1]$ 中的无理点. 当 $x\neq x_0$ 时, 我们有

$$\frac{f(x)-f(x_0)}{x-x_0}=\sum_{k=1}^{\infty}v_k(x),\tag{1'}$$

其中 $v_k(x)=\frac{|x-r_k|-|x_0-r_k|}{3^k(x-x_0)}$ $(k=1,2,\cdots)$. 由于

$$\big||x-r_k|-|x_0-r_k|\big|\leqslant|(x-r_k)-(x_0-r_k)|=|x-x_0|,$$

故 $|v_k(x)|\leqslant\frac{1}{3^k}(x\neq x_0)$. 由此可知, 级数 $\sum\limits_{k=1}^{\infty}v_k(x)$ 在 $0\leqslant x\leqslant1, x\neq x_0$ 上一致收敛. 此外, 对于每个固定的 $k$, 由于 $x_0\neq r_k$, 故当 $x$ 与 $x_0$ 充分近时, $(x-r_k)$ 必与 $(x_0-r_k)$ 同号, 由此易知

$$\lim_{x\to x_0}v_k(x)=\frac{1}{3^k}\operatorname{sgn}(x_0-r_k)\quad(k=1,2,\cdots).$$

从而, 当 $x\to x_0$ 时, 级数 $\sum\limits_{k=1}^{\infty}v_k(x)$ 可逐项求极限, 再根据 (1′) 式即得

$$\lim_{x\to x_0}\frac{f(x)-f(x_0)}{x-x_0}=\lim_{x\to x_0}\sum_{k=1}^{\infty}v_k(x)=\sum_{k=1}^{\infty}\lim_{x\to x_0}v_k(x)=\sum_{k=1}^{\infty}\frac{1}{3^k}\operatorname{sgn}(x_0-r_k).$$

由此可知, $f(x)$ 在点 $x_0$ 可微且 $f'(x_0)=\sum\limits_{k=1}^{\infty}\frac{1}{3^k}\operatorname{sgn}(x_0-r_k)$.

现设 $x_0$ 是 $[0,1]$ 中的一个有理点, 于是, $x_0=r_m$, $m$ 为某正整数. 这时, (1′) 式为: 当 $x\neq x_0$ 时,

$$\frac{f(x)-f(x_0)}{x-x_0}=v_m(x)+\sum_{k\neq m}v_k(x),\tag{2'}$$

其中

$$v_m(x)=\frac{|x-r_m|-|x_0-r_m|}{3^m(x-x_0)}=\frac{|x-x_0|}{3^m(x-x_0)}=\frac{1}{3^m}\operatorname{sgn}(x-x_0).$$

仿前段之证, 可知: 当 $x\to x_0$ 时, 级数 $\sum\limits_{k\neq m}v_k(x)$ 可逐项取极限, 得

$$\lim_{x\to x_0}\sum_{k\neq m}v_k(x)=\sum_{k\neq m}\lim_{x\to x_0}v_k(x)=\sum_{k\neq m}\frac{1}{3^k}\operatorname{sgn}(x_0-r_k).$$

由于显然 $\lim\limits_{x\to x_0+0} v_m(x)=\frac{1}{3^m}$, $\lim\limits_{x\to x_0-0} v_m(x)=-\frac{1}{3^m}$,故极限 $\lim\limits_{x\to x_0} v_m(x)$ 不存在. 于是,根据(2′)式即知极限 $\lim\limits_{x\to x_0}\frac{f(x)-f(x_0)}{x-x_0}$ 不存在,故 $f(x)$ 在点 $x_0$ 不可微. 证毕.

**【2797】** 证明:黎曼 $\zeta$ 函数 $\zeta(x)=\sum\limits_{n=1}^{\infty}\frac{1}{n^x}$ 在区域 $x>1$ 内是连续的并且在此区域内有连续的各阶导数.

**证** 显然级数 $\sum\limits_{n=1}^{\infty}\frac{1}{n^x}$ 当 $x>1$ 时收敛. 各项求导数所得级数为 $-\sum\limits_{n=1}^{\infty}\frac{\ln n}{n^x}$. 下证它在 $1<a\leqslant x<+\infty$ 上一致收敛($a$ 为大于一的任何数). 事实上,当 $a\leqslant x<+\infty$ 时,有

$$0<\frac{\ln n}{n^x}\leqslant\frac{\ln n}{n^a},$$

而级数 $\sum\limits_{n=1}^{\infty}\frac{\ln n}{n^a}$ 收敛$\left(\text{这是由于}\lim\limits_{n\to\infty}\frac{\frac{\ln n}{n^a}}{\frac{1}{n^{\frac{a+1}{2}}}}=\lim\limits_{n\to\infty}\frac{\ln n}{n^{\frac{a-1}{2}}}=0,\ \text{而}\frac{a+1}{2}>1,\ \sum\limits_{n=1}^{\infty}\frac{1}{n^{\frac{a+1}{2}}}\text{收敛}\right)$,故知级数 $\sum\limits_{n=1}^{\infty}\frac{\ln n}{n^x}$ 在 $a\leqslant x<+\infty$ 上一致收敛. 再注意到每项 $\frac{\ln n}{n^x}$ 都是 $x$ 的连续函数,即知:在 $a\leqslant x<+\infty$ 上可逐项求导数,得

$$\zeta'(x)=-\sum_{n=1}^{\infty}\frac{\ln n}{n^x},\tag{1}$$

并且 $\zeta'(x)$ 在 $a\leqslant x<+\infty$ 上连续. 再由 $a>1$ 的任意性即知(1)式对一切 $1<x<+\infty$ 成立,并且 $\zeta'(x)$ 在 $1<x<+\infty$ 上连续. 当然 $\zeta(x)$ 更在 $1<x<+\infty$ 上连续.

利用数学归纳法,并注意到对任何正整数 $k$,级数 $\sum\limits_{n=1}^{\infty}\frac{(\ln n)^k}{n^a}$ $(a>1)$ 都收敛,仿照上述,可证:对任何正整数 $k$, $\zeta^{(k)}(x)$ 在 $1<x<+\infty$ 上都存在且连续,并且可由原级数逐项求导数 $k$ 次而得:

$$\zeta^{(k)}(x)=(-1)^k\sum_{n=1}^{\infty}\frac{(\ln n)^k}{n^x}\quad(1<x<+\infty).$$

**【2798】** 证明:$\theta$ 函数 $\theta(x)=\sum\limits_{n=-\infty}^{+\infty}e^{-\pi n^2 x}$ 当 $x>0$ 时有定义并无穷多次可微.

**证** 首先,我们证明 $\theta(x)$ 在 $(0,+\infty)$ 内有定义且可微.

在级数 $\theta(x)=\sum\limits_{n=-\infty}^{+\infty}u_n(x)$ 中,$u_n(x)=e^{-\pi n^2 x}$ 显然有 $u_{-n}(x)=u_n(x)$,故只要考虑级数 $\sum\limits_{n=1}^{+\infty}e^{-\pi n^2 x}$ $(x>0)$ 即可. 对于每一个 $x>0$ 及充分大的 $n$,有

$$0<e^{-n^2 x}<\frac{1}{n^2 x},$$

而级数 $\sum\limits_{n=1}^{+\infty}\frac{1}{n^2 x}$ 收敛,故级数 $\sum\limits_{n=1}^{+\infty}e^{-\pi n^2 x}$ 收敛. 对此级数逐项求导后,得级数 $-\sum\limits_{n=1}^{+\infty}\pi n^2 e^{-\pi n^2 x}$,它在 $[\varepsilon,+\infty)$ 内是一致收敛的($\varepsilon$ 为任意正数). 事实上,当 $n$ 充分大时,对一切 $\varepsilon\leqslant x<+\infty$,均有

$$0<\pi n^2 e^{-\pi n^2 x}\leqslant\pi n^2 e^{-\pi n^2 \varepsilon}<\frac{1}{n^2\varepsilon},$$

而 $\sum\limits_{n=1}^{+\infty}\frac{1}{n^2\varepsilon}$ 收敛,故级数 $\sum\limits_{n=1}^{+\infty}\pi n^2 e^{-\pi n^2 x}$ 在 $\varepsilon\leqslant x<+\infty$ 上一致收敛. 再注意到各项都是连续函数,即知级数 $\theta(x)=\sum\limits_{n=-\infty}^{+\infty}e^{-\pi n^2 x}$ 在 $[\varepsilon,+\infty)$ 内连续可微,且可逐项求导数. 由 $\varepsilon>0$ 的任意性知,$\theta(x)$ 在 $(0,+\infty)$ 上连续可微且可逐项求导数.

其次,仿照前段可证明 $\theta'(x)$ 的可微性.

再次,利用数学归纳法,并注意到当 $n$ 充分大时,对于一切 $x\in[\varepsilon,+\infty)$,均有

$$0<(\pi n^2)^k e^{-\pi n^2 x}<\frac{1}{n^2\varepsilon},$$

仿照前段可证明$\theta(x)$在$(0,+\infty)$内可微分$k$次，其中$k$为任意正整数，从而，$\theta(x)$当$x>0$时无穷多次可微.

**【2799】** 确定函数$f(x)$的存在域并研究它们的可微性，设：

(1) $f(x)=\sum\limits_{n=1}^{\infty}\frac{(-1)^n x}{n+x}$； (2) $f(x)=\sum\limits_{n=1}^{\infty}\frac{|x|}{n^2+x^2}$.

**解** (1) 易知当$x\neq -k(k=1,2,\cdots)$时，级数是莱布尼茨型，因而收敛. 任取$x=x_0$，$x_0\neq -k(k=1,2,\cdots)$.

(ⅰ) 当$x_0\geqslant 0$，取$\beta\geqslant x_0$，则$x_0\in[-\frac{1}{2},\beta]$. 在区间$[-\frac{1}{2},\beta]$上，注意$u_n(x)=\frac{(-1)^n x}{n+x}$，有

$$u_n'(x)=\frac{(-1)^n n}{(n+x)^2}\quad (n=1,2,\cdots)$$

且连续. $\frac{n}{(n+x)^2}$随$n$单调下降且一致趋于零，事实上，当$x\in[-\frac{1}{2},\beta]$，$n>1$时，有

$$\left|\frac{n}{(n+x)^2}\right|\leqslant\frac{n}{(n-1)^2}\to 0\quad (n\to\infty);$$

显然$\sum\limits_{k=1}^{n}(-1)^k$有界（小于或等于1）. 因此，级数$\sum\limits_{n=1}^{\infty}u_n'(x)$在$[0,\beta]$上一致收敛. 从而，

$$f(x)=\sum_{n=1}^{\infty}u_n(x)=\sum_{n=1}^{\infty}\frac{(-1)^n x}{n+x}$$

在$[0,\beta]$上可微，当然它在$x=x_0$点可微.

(ⅱ) 当$x_0<0$时，必有$k_0$，使$-(k_0+1)<x_0<-k_0$. 今选取$\alpha,\beta$使

$$-(k_0+1)<\alpha<x_0<\beta<-k_0.$$

在区间$[\alpha,\beta]$上，$u_n'(x)=\frac{(-1)^n n}{(n+x)^2}$连续且随$n$单调下降，并且一致趋于零（考虑充分大的$n$）：

$$\left|\frac{n}{(n+x)^2}\right|=\frac{n}{n^2+2nx+x^2}\leqslant\frac{n}{n^2-2n|x|}\leqslant\frac{n}{n^2-2n|\alpha|}=\frac{1}{n-2|\alpha|}\to 0\quad (n\to\infty).$$

又显然知$\sum\limits_{k=1}^{n}(-1)^k$有界，故$\sum\limits_{n=1}^{\infty}u_n'(x)$在$[\alpha,\beta]$上一致收敛. 因而，

$$f(x)=\sum_{n=1}^{\infty}u_n(x)=\sum_{n=1}^{\infty}\frac{(-1)^n x}{n+x}$$

在$[\alpha,\beta]$上可微，当然它在$x=x_0$点可微.

总之，函数$f(x)=\sum\limits_{n=1}^{\infty}\frac{(-1)^n x}{n+x}$在$x\neq -k(k=1,2,\cdots)$上有定义且可微.

(2) 当$x=0$时，级数显然收敛. 当$x\neq 0$时，由于

$$\frac{\frac{|x|}{n^2+x^2}}{\frac{1}{n^2}}=\frac{n^2}{n^2+x^2}|x|\to|x|\quad (n\to\infty),$$

故$\sum\limits_{n=1}^{\infty}\frac{|x|}{n^2+x^2}$当$x\neq 0$时也收敛. 从而可知，$f(x)=\sum\limits_{n=1}^{\infty}\frac{|x|}{n^2+x^2}$在$(-\infty,+\infty)$上收敛. 令

$$\varphi(x)=\sum_{n=1}^{\infty}\frac{1}{n^2+x^2},$$

显然它在$(-\infty,+\infty)$上收敛，故可记$f(x)=|x|\varphi(x)$. 任取$x_0\in(-\infty,+\infty)$，则有$l>0$使$-l<x_0<l$. 当$x\in[-l,l]$时，由于

$$\left|\left(\frac{1}{n^2+x^2}\right)'\right|=\left|\frac{-2x}{(n^2+x^2)^2}\right|\leqslant\frac{2l}{n^4}\quad (n=1,2,\cdots),$$

且$\sum\limits_{n=1}^{\infty}\frac{2l}{n^4}$收敛. 因此，$\sum\limits_{n=1}^{\infty}\left(\frac{1}{n^2+x^2}\right)'$在$[-l,l]$上一致收敛. 从而知$\varphi(x)$在$[-l,l]$上可微，当然它在$x=x_0$点可微. 又因$|x|$在$x\neq 0$点可微，而在$x=0$点不可微，再注意到恒有$\varphi(x)>0$，即知$f(x)=|x|\varphi(x)$在$x\neq 0$点可微，而在$x=0$点不可微.

**【2800】** 证明:序列 $f_n(x)=\frac{1}{n}\arctan x^n(n=1,2,\cdots)$在区间$(-\infty,+\infty)$内一致收敛,但

$$[\lim_{n\to\infty}f_n(x)]'_{x=1}\neq\lim_{n\to\infty}f'_n(1).$$

**提示** 注意$|f_n(x)|<\frac{\pi}{2n}$.

**证** 由于当 $x\in(-\infty,+\infty)$时,$|\arctan x^n|<\frac{\pi}{2}\quad(n=1,2,\cdots)$,故有

$$|f_n(x)|<\frac{\pi}{2n}\quad(n=1,2,\cdots).$$

易见 $\lim_{n\to\infty}f_n(x)=0=f(x)$. 任给 $\varepsilon>0$, 选取 $N=\left[\frac{\pi}{2\varepsilon}\right]$,则当 $n>N$ 时,对于一切的 $x\in(-\infty,+\infty)$,均有

$$|f_n(x)-f(x)|<\frac{\pi}{2n}\leqslant\frac{\pi}{2(N+1)}<\frac{\pi}{2\cdot\frac{\pi}{2\varepsilon}}=\varepsilon.$$

于是,$f_n(x)$在$(-\infty,+\infty)$内一致收敛于零. 但 $f'_n(x)=\frac{x^{n-1}}{1+x^{2n}}$,易见

$$[\lim_{n\to\infty}f_n(x)]'_{x=1}=f'(x)|_{x=1}=0,\quad \lim_{n\to\infty}f'_n(1)=\frac{1}{2}\neq0.$$

因此,两个极限不相等. 值得注意的是,$f_n(x)$在$(-\infty,+\infty)$内一致收敛于零,但 $f'_n(x)$在$(-\infty,+\infty)$内却不一致收敛于其极限函数:

$$\lim_{n\to\infty}f'_n(x)=\begin{cases}0, & x\neq1,\\ \frac{1}{2}, & x=1.\end{cases}$$

**【2801】** 证明:序列 $f_n(x)=x^2+\frac{1}{n}\sin n\left(x+\frac{\pi}{2}\right)$在区间$(-\infty,+\infty)$内一致收敛,但$[\lim_{n\to\infty}f_n(x)]'\neq\lim_{n\to\infty}f'_n(x)$.

**证** $\lim_{n\to\infty}f_n(x)=x^2=f(x)$. 由于当 $x\in(-\infty,+\infty)$时

$$|f_n(x)-f(x)|=\left|\frac{1}{n}\sin n\left(x+\frac{\pi}{2}\right)\right|\leqslant\frac{1}{n},$$

故对任给 $\varepsilon>0$,只要取 $N=[\frac{1}{\varepsilon}]$,当 $n>N$ 时,对于一切$x\in(-\infty,+\infty)$,就有

$$|f_n(x)-f(x)|<\varepsilon.$$

因此,$f_n(x)$在$(-\infty,+\infty)$内一致收敛.

其次,由于

$$[\lim_{n\to\infty}f_n(x)]'=(x^2)'=2x,$$

而 $f'_n(x)=2x+\cos n(x+\frac{\pi}{2})$当 $n\to\infty$时极限不存在,当然有$[\lim_{n\to\infty}f_n(x)]'\neq\lim_{n\to\infty}f'_n(x)$.

**【2802】** 试确定参数 $\alpha$ 取何值时下列命题为真:

(1) 序列

$$f_n(x)=n^\alpha x\mathrm{e}^{-nx}(n=1,2,\cdots)\qquad(1')$$

在闭区间[0,1]上收敛;

(2)序列(1′)在[0,1]上一致收敛;

(3)$\lim_{n\to\infty}\int_0^1 f_n(x)\mathrm{d}x$ 可在积分号下取极限?

**解** (1) 当 $x=0$ 时,对于任意 $\alpha$,均有 $f_n(x)=0$;当 $x\neq0$ 且 $x\in(0,1]$时,对于任意 $\alpha$,均有

$$\lim_{n\to\infty}f_n(x)=\lim_{n\to\infty}n^\alpha x\mathrm{e}^{-nx}=0.$$

因此,对于任意的 $\alpha$, $f_n(x)$在[0,1]上收敛于函数 $f(x)=0$.

(2) 由于 $f_n'(x)=n^{\alpha}e^{-nx}(1-nx)$，故当 $x=\frac{1}{n}$ 时，$f_n'(x)=0$. 又由于当 $x<\frac{1}{n}$ 时，$f_n'(x)>0$；当 $x>\frac{1}{n}$ 时，$f_n'(x)<0$，故 $x=\frac{1}{n}$ 为 $f_n(x)$ 在 $0\leqslant x\leqslant 1$ 上的最大值点. 因此，

$$0\leqslant f_n(x)\leqslant f_n\left(\frac{1}{n}\right)=n^{\alpha-1}e^{-1}\quad(0\leqslant x\leqslant 1).$$

当 $\alpha<1$ 且 $n\to\infty$ 时，$n^{\alpha-1}e^{-1}\to 0$. 于是，当 $\alpha<1$ 时，对任给的 $\varepsilon>0$，总存在 $N$，使当 $n>N$ 时，对于一切的 $x\in[0,1]$，均有

$$|f_n(x)-0|<\varepsilon,$$

即当 $\alpha<1$ 时，$f_n(x)$ 在 $[0,1]$ 上一致收敛于零. 当 $\alpha\geqslant 1$ 时，由于 $f_n(\frac{1}{n})\not\to 0$，故 $f_n(x)$ 在 $[0,1]$ 上不一致收敛于零.

(3) 要证明 $\lim\limits_{n\to\infty}\int_0^1 f_n(x)dx$ 可在积分号下取极限，即只要证明

$$\lim_{n\to\infty}\int_0^1 f_n(x)dx=\int_0^1[\lim_{n\to\infty}f_n(x)]dx. \tag{2'}$$

事实上，

$$\int_0^1[\lim_{n\to\infty}f_n(x)]dx=\int_0^1 0\cdot dx=0,$$

而

$$\lim_{n\to\infty}\int_0^1 f_n(x)dx=\lim_{n\to\infty}n^{\alpha}\int_0^1 xe^{-nx}dx=\lim_{n\to\infty}n^{\alpha}\left(-\frac{1}{n}e^{-n}-\frac{1}{n^2}e^{-n}+\frac{1}{n^2}\right)=\lim_{n\to\infty}n^{\alpha-2}(1-e^{-n}-ne^{-n}).$$

要(2′)式成立，只要下式

$$\lim_{n\to\infty}\int_0^1 f_n(x)dx=0,$$

当 $\alpha<2$ 时成立. 于是，当 $\alpha<2$ 时，$\lim\limits_{n\to\infty}\int_0^1 f_n(x)dx$ 可在积分号下取极限.

**【2803】** 证明：序列 $f_n(x)=nxe^{-nx^2}\quad(n=1,2,\cdots)$ 在闭区间 $[0,1]$ 上收敛，但

$$\int_0^1[\lim_{n\to\infty}f_n(x)]dx\neq\lim_{n\to\infty}\int_0^1 f_n(x)dx.$$

**证** 当 $x=0$ 时，对于任意的 $n$，$f_n(x)=0$；当 $x\neq 0$ 时，$\lim\limits_{n\to\infty}f_n(x)=0$. 因此，序列 $f_n(x)$ 在 $[0,1]$ 上收敛于零. 下证

$$\lim_{n\to\infty}\int_0^1 f_n(x)dx\neq\int_0^1[\lim_{n\to\infty}f_n(x)]dx.$$

注意到

$$\int_0^1[\lim_{n\to\infty}f_n(x)]dx=\int_0^1 0\cdot dx=0,$$

$$\lim_{n\to\infty}\int_0^1 f_n(x)dx=\lim_{n\to\infty}\int_0^1 nxe^{-nx^2}dx=\lim_{n\to\infty}\left(-\frac{1}{2}e^{-nx^2}\right)\Big|_0^1=\lim_{n\to\infty}\left(\frac{1}{2}-\frac{1}{2}e^{-n}\right)=\frac{1}{2}\neq 0,$$

本题获证.

**【2804】** 证明：序列 $f_n(x)=nx(1-x)^n\quad(n=1,2,\cdots)$ 在闭区间 $[0,1]$ 上收敛而不一致收敛，但

$$\lim_{n\to\infty}\int_0^1 f_n(x)dx=\int_0^1[\lim_{n\to\infty}f_n(x)]dx.$$

**证明思路** 先证 $f_n(x)$ 在 $[0,1]$ 上收敛于零.

再证 $f_n(x)$ 在 $[0,1]$ 上不一致收敛. 为此，取 $\varepsilon_0$ 使 $0<\varepsilon_0<\frac{1}{2e}$，不论 $n$ 多么大，只要取 $x_n=\frac{1}{n+1}$，就有

$$\left|f_n\left(\frac{1}{n+1}\right)-0\right|=\left(\frac{n}{n+1}\right)^{n+1}\to e^{-1}\quad(当\ n\to\infty\ 时).$$

最后易证 $\lim\limits_{n\to\infty}\int_0^1 f_n(x)dx=\int_0^1[\lim\limits_{n\to\infty}f_n(x)]dx=0$. 从而，命题获证.

**证** 先证 $f_n(x)$在$[0,1]$上收敛. 事实上，当 $x=0$ 及$x=1$ 时，对任意的 $n$，均有 $f_n(x)=0$；而当 $0<x<1$ 时，$\lim\limits_{n\to\infty}f_n(x)=\lim\limits_{n\to\infty}nx(1-x)^n=0$. 因此，$f_n(x)$在$[0,1]$上收敛于零.

下证 $f_n(x)$在$[0,1]$上不一致收敛. 为此，取 $\varepsilon_0$ 使 $0<\varepsilon_0<\frac{1}{2e}$，不论 $n$ 多么大，只要取 $x_n=\frac{1}{n+1}$，就有

$$\left|f_n\left(\frac{1}{n+1}\right)-0\right|=n\cdot\frac{1}{n+1}\left(1-\frac{1}{n+1}\right)^n=\left(\frac{n}{n+1}\right)^{n+1}\to e^{-1}\quad(n\to\infty).$$

那么取适当大的 $n_0$，当 $n>n_0$ 时，就有

$$|f_n(x_n)|>\frac{1}{2e}>\varepsilon_0.$$

因此，$f_n(x)$在$[0,1]$上不一致收敛.

最后证明$\lim\limits_{n\to\infty}\int_0^1 f_n(x)dx=\int_0^1[\lim\limits_{n\to\infty}f_n(x)]dx$. 注意到

$$\int_0^1[\lim_{n\to\infty}f_n(x)]dx=\int_0^1 0\cdot dx=0,$$

$$\lim_{n\to\infty}\int_0^1 f_n(x)dx=\lim_{n\to\infty}\int_0^1 nx(1-x)^n dx=\lim_{n\to\infty}\int_0^1 n(1-y)y^n dy=\lim_{n\to\infty}\left(\frac{n}{n+1}y^{n+1}-\frac{n}{n+2}y^{n+2}\right)\Bigg|_0^1$$

$$=\lim_{n\to\infty}\frac{n}{(n+1)(n+2)}=0,$$

本题获证.

**【2805】** 在表达式$\lim\limits_{n\to\infty}\int_0^1\frac{nx}{1+n^2x^4}dx$ 中，在积分符号下取极限是否合理?

**解** 由于 $\int_0^1\left[\lim\limits_{n\to\infty}\frac{nx}{1+n^2x^4}\right]dx=\int_0^1 0\cdot dx=0$， $\lim\limits_{n\to\infty}\int_0^1\frac{nx}{1+n^2x^4}dx=\lim\limits_{n\to\infty}\left(\frac{1}{2}\arctan nx^2\right)\Big|_0^1=\frac{\pi}{4}$，

故在积分号下取极限不合理.

一般说来，若序列 $f_n(x)$在$[a,b]$上一致收敛，则是保证在积分符号下取极限为合理的一个充分条件，但当它不一致收敛时，则就不一定能保证可以在积分符号下取极限了，本题就是其中一例. 事实上，取 $\varepsilon_0$ 使 $0<\varepsilon_0<\frac{1}{2}$，不论 $n$ 多么大，只要取 $x=\frac{1}{n}$，就有

$$\left|f_n\left(\frac{1}{n}\right)-0\right|=\frac{n\cdot\frac{1}{n}}{1+n^2\cdot\frac{1}{n^4}}>\frac{1}{1+1}=\frac{1}{2}>\varepsilon_0,$$

故此处的 $f_n(x)=\frac{nx}{1+n^2x^4}$在$[0,1]$上并不一致收敛.

**求极限：**

**【2806】** $\lim\limits_{x\to1-0}\sum\limits_{n=1}^{\infty}\frac{(-1)^{n+1}}{n}\cdot\frac{x^n}{x^n+1}$.

**解题思路** 利用阿贝尔判别法，易知级数 $\sum\limits_{n=1}^{\infty}\frac{(-1)^{n+1}}{n}\cdot\frac{x^n}{x^n+1}$在$[0,1]$上一致收敛. 其次，由于 $\frac{(-1)^{n+1}}{n}\cdot\frac{x^n}{x^n+1}$在$[0,1]$上连续，且

$$\lim_{x\to1-0}\left[\frac{(-1)^{n+1}}{n}\cdot\frac{x^n}{x^n+1}\right]=\frac{(-1)^{n+1}}{2n}\quad(n=1,2,\cdots),$$

于是，当 $x\to1-0$ 时，级数可以逐项取极限，利用 2661 题的结果即可获解.

**解** 由于 $x\to1-0$，故可设 $0\leqslant x\leqslant1$. 此时，由于$\frac{x^n}{x^n+1}$小于 1，且当 $n$ 增加时单调下降，而级数 $\sum\limits_{n=1}^{\infty}\frac{(-1)^{n+1}}{n}$ 在$[0,1]$上一致收敛，故根据阿贝尔判别法知，级数

$$\sum_{n=1}^{\infty}\frac{(-1)^{n+1}}{n}\cdot\frac{x^n}{x^n+1} \qquad (1)$$

在[0,1]上一致收敛. 又因$\frac{(-1)^{n+1}}{n}\cdot\frac{x^n}{x^n+1}$在[0,1]上连续,且

$$\lim_{x\to1-0}\left[\frac{(-1)^{n+1}}{n}\cdot\frac{x^n}{x^n+1}\right]=\frac{(-1)^{n+1}}{2n} \quad (n=1,2,\cdots),$$

故当 $x\to1-0$ 时,级数(1)可以逐项取极限,其结果为

$$\lim_{x\to1-0}\sum_{n=1}^{\infty}\frac{(-1)^{n+1}}{n}\cdot\frac{x^n}{x^n+1}=\sum_{n=1}^{\infty}\left[\lim_{x\to1-0}\frac{(-1)^{n+1}}{n}\cdot\frac{x^n}{x^n+1}\right]=\frac{1}{2}\sum_{n=1}^{\infty}\frac{(-1)^{n+1}}{n}=\frac{1}{2}\ln2^{*)}.$$

*) 利用 2661 题的结果.

**【2807】** $\lim\limits_{x\to1-0}\sum\limits_{n=1}^{\infty}(x^n-x^{n+1})$.

**解** 由于 $x\to1-0$,故可设 $0\leqslant x<1$. 在此区间上,级数

$$\sum_{n=1}^{\infty}(x^n-x^{n+1})=\sum_{n=1}^{\infty}x^n(1-x)=\frac{x(1-x)}{1-x}=x, \quad 故 \quad \lim_{x\to1-0}\sum_{n=1}^{\infty}(x^n-x^{n+1})=\lim_{x\to1-0}x=1.$$

**【2808】** $\lim\limits_{x\to+0}\sum\limits_{n=1}^{\infty}\frac{1}{2^n n^x}$.

**提示** 仿 2806 题的解法,其结果为

$$\lim_{x\to+0}\sum_{n=1}^{\infty}\frac{1}{2^n n^x}=\sum_{n=1}^{\infty}\left(\lim_{x\to+0}\frac{1}{2^n n^x}\right)=\sum_{n=1}^{\infty}\frac{1}{2^n}=1.$$

**解** 由于$\frac{1}{n^x}$在$[0,l](l>0)$上单调下降且小于或等于 1,而数项级数 $\sum\limits_{n=1}^{\infty}\frac{1}{2^n}$在$[0,l]$上一致收敛,故级数 $\sum\limits_{n=1}^{\infty}\frac{1}{2^n n^x}$ 在$[0,l]$上一致收敛. 又因$\frac{1}{2^n n^x}$在$[0,l]$上连续,且$\lim\limits_{x\to+0}\frac{1}{2^n n^x}=\frac{1}{2^n}$,故当 $x\to+0$ 时,级数 $\sum\limits_{n=1}^{\infty}\frac{1}{2^n n^x}$ 可以逐项取极限,其结果为

$$\lim_{x\to+0}\sum_{n=1}^{\infty}\frac{1}{2^n n^x}=\sum_{n=1}^{\infty}\left(\lim_{x\to+0}\frac{1}{2^n n^x}\right)=\sum_{n=1}^{\infty}\frac{1}{2^n}=1.$$

**【2809】** 逐项微分级数 $\sum\limits_{n=1}^{\infty}\arctan\frac{x}{n^2}$ 合理否?

**提示** 合理.

**解** 由于当$-\infty<x<+\infty$时,

$$\left(\arctan\frac{x}{n^2}\right)'_x=\frac{1}{1+\left(\frac{x}{n^2}\right)^2}\cdot\frac{1}{n^2}=\frac{n^2}{n^4+x^2}\leqslant\frac{1}{n^2}.$$

而级数 $\sum\limits_{n=1}^{\infty}\frac{1}{n^2}$ 收敛,故逐项微分后所得的级数

$$\sum_{n=1}^{\infty}\left(\arctan\frac{x}{n^2}\right)'_x=\sum_{n=1}^{\infty}\frac{n^2}{n^4+x^2}$$

在$(-\infty,+\infty)$内一致收敛,再由$\left|\arctan\frac{x}{n^2}\right|\leqslant\frac{|x|}{n^2}$知,原级数 $\sum\limits_{n=1}^{\infty}\arctan\frac{x}{n^2}$ 收敛;因此,原级数和的导数用逐项微分级数 $\sum\limits_{n=1}^{\infty}\arctan\frac{x}{n^2}$ 来计算是合理的.

**【2810】** 在闭区间[0,1]上逐项积分级数 $\sum\limits_{n=1}^{\infty}\left(x^{\frac{1}{2n+1}}-x^{\frac{1}{2n-1}}\right)$ 合理否?

**解** 令 $S_n(x)=\sum\limits_{k=1}^{n}\left(x^{\frac{1}{2k+1}}-x^{\frac{1}{2k-1}}\right)$,则 $x=0,1$ 时,$S_n(x)=0$;当 $0<x<1$ 时,$S_n(x)=x^{\frac{1}{2n+1}}-x$. 因此,

$$S(x)=\lim_{n\to\infty}S_n(x)=\begin{cases}0, & x=0,1,\\ 1-x, & 0<x<1.\end{cases}$$

取 $\varepsilon_0$ 使 $0<\varepsilon_0<\frac{1}{2}$，不论 $n$ 多么大，只要取 $x_n=\frac{1}{2^{2n+1}}$ 就有

$$|S_n(x_n)-S(x_n)|=\frac{1}{2}>\varepsilon_0.$$

因此，$S_n(x)$ 在 $[0,1]$ 上不一致收敛.

注意，对于不一致收敛的级数而言，一般地讲逐项积分级数不一定合理. 但对于本题来说，由于

$$\int_0^1\left[\sum_{n=1}^{\infty}\left(x^{\frac{1}{2n+1}}-x^{\frac{1}{2n-1}}\right)\right]\mathrm{d}x=\int_0^1(1-x)\mathrm{d}x=\frac{1}{2}$$

及

$$\begin{aligned}\sum_{n=1}^{\infty}\int_0^1\left(x^{\frac{1}{2n+1}}-x^{\frac{1}{2n-1}}\right)\mathrm{d}x&=\sum_{n=1}^{\infty}\left(\frac{2n+1}{2n+2}-\frac{2n-1}{2n}\right)\\&=\sum_{n=1}^{\infty}\left\{\left(1-\frac{1}{2n+2}\right)-\left(1-\frac{1}{2n}\right)\right\}=\sum_{n=1}^{\infty}\left(\frac{1}{2n}-\frac{1}{2n+2}\right)=\frac{1}{2},\end{aligned}$$

故本题所给出的级数在 $[0,1]$ 上作逐项积分计算还是对的.

由此题说明，级数在 $[a,b]$ 上一致收敛仅是可以逐项积分的一个充分条件，并不是必要条件.

**【2811】** 设 $f(x)(-\infty<x<+\infty)$ 是无穷多次可微的函数，且其导数 $f^{(n)}(x)(n=1,2,\cdots)$ 的序列在每一个有限区间 $(a,b)$ 内一致收敛于函数 $\varphi(x)$. 证明：$\varphi(x)=C\,\mathrm{e}^x$，其中 $C$ 为常数.

**证** 由于 $f(x)$ 无穷多次可微，故 $f^{(n)}(x)$ 在 $(a,b)$ 内连续可微 $(n=1,2,\cdots)$. 又按题设 $f^{(n)}(x)$ 在 $(a,b)$ 内一致收敛于 $\varphi(x)$，且其导数序列 $f^{(n+1)}(x)(n=1,2,\cdots)$ 在 $(a,b)$ 内也一致收敛于 $\varphi(x)$，故 $\varphi(x)$ 在 $(a,b)$ 内可微，并且

$$\varphi'(x)=[\lim_{n\to\infty}f^{(n)}(x)]'=\lim_{n\to\infty}[f^{(n)}(x)]'=\lim_{n\to\infty}f^{(n+1)}(x)=\varphi(x).$$

积分之，即得

$$\ln\varphi(x)=x+C_1,$$

也即 $\varphi(x)=C\mathrm{e}^x$，其中 $C=\mathrm{e}^{C_1}$ 为常数.

## §5. 幂 级 数

1° **收敛区间** 对于每一个幂级数

$$a_0+a_1(x-a)+\cdots+a_n(x-a)^n+\cdots$$

都存在封闭的收敛区间：$|x-a|\leqslant R$，该级数在其内收敛，而在其外发散. 收敛半径 $R$ 可按柯西—阿达马公式

$$\frac{1}{R}=\overline{\lim_{n\to\infty}}\sqrt[n]{|a_n|}$$

来确定.

收敛半径 $R$ 也可按公式 $R=\lim\limits_{n\to\infty}\left|\frac{a_n}{a_{n+1}}\right|$ 来计算(若此极限存在).

2° **阿贝尔定理** 若幂级数 $S(x)=\sum\limits_{n=0}^{\infty}a_nx^n\ (|x|<R)$ 在收敛区间的端点 $x=R$ 处收敛，则

$$S(R)=\lim_{x\to R-0}S(x).$$

3° **泰勒级数** 在点 $a$ 解析的函数在该点的某邻域内可展开为幂级数

$$f(x)=\sum_{k=0}^{\infty}\frac{f^{(k)}(a)}{k!}(x-a)^k.$$

此级数的余项

$$R_n(x)=f(x)-\sum_{k=0}^{n}\frac{f^{(k)}(a)}{k!}(x-a)^k$$

可以表示为

$$R_n(x)=\frac{f^{(n+1)}[a+\theta(x-a)]}{(n+1)!}(x-a)^{n+1}\quad(0<\theta<1)\quad(\text{拉格朗日形式})$$

或

$$R_n(x)=\frac{f^{(n+1)}[a+\theta_1(x-a)]}{n!}(1-\theta_1)^n(x-a)^{n+1} \quad (0<\theta_1<1) \quad (\text{柯西形式}).$$

必须记住下列五个基本展开式：

Ⅰ. $e^x=1+x+\frac{x^2}{2!}+\cdots+\frac{x^n}{n!}+\cdots \quad (-\infty<x<+\infty)$.

Ⅱ. $\sin x=x-\frac{x^3}{3!}+\cdots+(-1)^{n-1}\frac{x^{2n-1}}{(2n-1)!}+\cdots \quad (-\infty<x<+\infty)$.

Ⅲ. $\cos x=1-\frac{x^2}{2!}+\cdots+(-1)^n\frac{x^{2n}}{(2n)!}+\cdots \quad (-\infty<x<+\infty)$.

Ⅳ. $(1+x)^m=1+mx+\frac{m(m-1)}{2!}x^2+\cdots+\frac{m(m-1)\cdots(m-n+1)}{n!}x^n+\cdots \quad (-1<x<1)$.

Ⅴ. $\ln(1+x)=x-\frac{x^2}{2}+\frac{x^3}{3}-\cdots+(-1)^{n-1}\frac{x^n}{n}+\cdots \quad (-1<x\leqslant 1)$.

4° **幂级数的运算** 在公共的收敛区间 $|x-a|<R$ 内有：

(1) $\sum\limits_{n=0}^{\infty}a_n(x-a)^n\pm\sum\limits_{n=0}^{\infty}b_n(x-a)^n=\sum\limits_{n=0}^{\infty}(a_n\pm b_n)(x-a)^n$；

(2) $\sum\limits_{n=0}^{\infty}a_n(x-a)^n\sum\limits_{n=0}^{\infty}b_n(x-a)^n=\sum\limits_{n=0}^{\infty}c_n(x-a)^n$， 式中 $c_n=a_0b_n+a_1b_{n-1}+\cdots+a_nb_0$；

(3) $\frac{d}{dx}\left[\sum\limits_{n=0}^{\infty}a_n(x-a)^n\right]=\sum\limits_{n=0}^{\infty}(n+1)a_{n+1}(x-a)^n$；

(4) $\int\left[\sum\limits_{n=0}^{\infty}a_n(x-a)^n\right]dx=C+\sum\limits_{n=0}^{\infty}\frac{a_n}{n+1}(x-a)^{n+1}$.

5° **在复数域内的幂级数** 研究级数

$$\sum_{n=0}^{\infty}c_n(z-a)^n.$$

式中 $c_n=a_n+ib_n$，$a=\alpha+i\beta$，$z=x+iy$，$i^2=-1$. 对于每一个这样的级数都有一封闭的收敛圆 $|z-a|\leqslant R$，该级数在其内收敛(并且绝对收敛)，而在其外发散. 收敛半径 $R$ 等于幂级数

$$\sum_{n=0}^{\infty}|c_n|r^n$$

在实数域内的收敛半径.

**求下列幂级数的收敛半径和收敛区间并研究其在收敛区间端点的性质：**

**【2812】** $\sum\limits_{n=1}^{\infty}\frac{x^n}{n^p}$.

**解** 记 $a_n=\frac{1}{n^p}$. 由于

$$\lim_{n\to\infty}\left|\frac{a_n}{a_{n+1}}\right|=\lim_{n\to\infty}\left(1+\frac{1}{n}\right)^p=1,$$

故收敛半径 $R=1$；收敛区间为 $(-1,1)$.

当 $x=-1$ 时，若 $p>1$，则幂级数为绝对收敛；若 $0<p\leqslant 1$，则为条件收敛；当 $p\leqslant 0$ 时，则为发散.

当 $x=1$ 时，若 $p>1$，则为绝对收敛；若 $p\leqslant 1$，则为发散.

**【2813】** $\sum\limits_{n=1}^{\infty}\frac{3^n+(-2)^n}{n}(x+1)^n$.

**解** 记 $a_n=\frac{3^n+(-2)^n}{n}$. 由于

$$\lim_{n\to\infty}\left|\frac{a_n}{a_{n+1}}\right|=\frac{1}{3},$$

故收敛半径 $R=\frac{1}{3}$；收敛区间为 $\left(-1-\frac{1}{3},-1+\frac{1}{3}\right)$，即 $\left(-\frac{4}{3},-\frac{2}{3}\right)$.

当 $x=-\frac{4}{3}$ 时，幂级数为

$$\sum_{n=1}^{\infty}\frac{3^n+(-2)^n}{n}(-1)^n\frac{1}{3^n}=\sum_{n=1}^{\infty}\frac{(-1)^n+\left(\frac{2}{3}\right)^n}{n}=\sum_{n=1}^{\infty}\frac{(-1)^n}{n}+\sum_{n=1}^{\infty}\frac{\left(\frac{2}{3}\right)^n}{n}.$$

但级数 $\sum\limits_{n=1}^{\infty}\frac{(-1)^n}{n}$ 条件收敛，而对于级数 $\sum\limits_{n=1}^{\infty}\frac{\left(\frac{2}{3}\right)^n}{n}$，由于

$$\lim_{n\to\infty}\frac{\frac{\left(\frac{2}{3}\right)^{n+1}}{n+1}}{\frac{\left(\frac{2}{3}\right)^n}{n}}=\frac{2}{3}<1,$$

故收敛. 因此，当 $x=-\frac{4}{3}$ 时，级数 $\sum\limits_{n=1}^{\infty}\frac{3^n+(-2)^n}{n}(x+1)^n$ 条件收敛.

当 $x=-\frac{2}{3}$ 时，幂级数为

$$\sum_{n=1}^{\infty}\frac{3^n+(-2)^n}{n}\left(\frac{1}{3}\right)^n=\sum_{n=1}^{\infty}\frac{1}{n}+\sum_{n=1}^{\infty}\frac{\left(-\frac{2}{3}\right)^n}{n}.$$

由于上式右端第一个级数发散，第二个级数收敛，故原级数发散.

**【2814】** $\sum\limits_{n=1}^{\infty}\frac{(n!)^2}{(2n)!}x^n$.

**解** 记 $a_n=\frac{(n!)^2}{(2n)!}$. 由于 $\lim\limits_{n\to\infty}\left|\frac{a_n}{a_{n+1}}\right|=\lim\limits_{n\to\infty}\frac{(2n+1)(2n+2)}{(n+1)^2}=4$，故收敛半径 $R=4$；收敛区间为 $(-4,4)$.

当 $x=-4$ 时，利用斯特林公式 $n!=\sqrt{2\pi n}n^n\mathrm{e}^{-n}(1+o(1))$ 得

$$\left|\frac{(n!)^2}{(2n)!}(-4)^n\right|=\frac{(\sqrt{2\pi n}\ n^n\mathrm{e}^{-n})^2+o(1)}{\sqrt{4\pi n}(2n)^{2n}\mathrm{e}^{-2n}+o(1)}4^n=\sqrt{n\pi}(1+o(1))\to+\infty\quad(n\to\infty),$$

因此，当 $x=-4$ 时级数发散.

当 $x=4$ 时，级数为

$$\sum_{n=1}^{\infty}\frac{(n!)^2}{(2n)!}4^n=\sum_{n=1}^{\infty}\frac{2\cdot4\cdot6\cdots(2n)}{1\cdot3\cdot5\cdots(2n-1)}=\sum_{n=1}^{\infty}u_n.$$

由于

$$\lim_{n\to\infty}n\left(\frac{u_n}{u_{n+1}}-1\right)=\lim_{n\to\infty}\left(-\frac{n}{2n+2}\right)=-\frac{1}{2}<1,$$

故由拉比判别法知级数 $\sum\limits_{n=1}^{\infty}u_n$ 发散.

**【2815】** $\sum\limits_{n=1}^{n}a^{n^2}x^n\quad(0<a<1)$.

**解** 记 $a_n=a^{n^2}$. 由于 $\lim\limits_{n\to\infty}\left|\frac{a_n}{a_{n+1}}\right|=\lim\limits_{n\to\infty}\frac{1}{a^{2n+1}}=+\infty$，故收敛半径 $R=+\infty$；收敛区间为 $(-\infty,+\infty)$.

**【2816】** $\sum\limits_{n=1}^{\infty}\left(1+\frac{1}{n}\right)^{n^2}x^n$.

**解** 记 $a_n=\left(1+\frac{1}{n}\right)^{n^2}$. 由于

$$\lim_{n\to\infty}\left|\frac{a_n}{a_{n+1}}\right|=\lim_{n\to\infty}\left\{\left[\frac{\left(1+\frac{1}{n}\right)^n}{\left(1+\frac{1}{n+1}\right)^{n+1}}\right]^n\cdot\frac{1}{\left(1+\frac{1}{n+1}\right)^{n+1}}\right\}=\frac{1}{\mathrm{e}},$$

故收敛半径 $R=\frac{1}{e}$；收敛区间为 $(-\frac{1}{e},\frac{1}{e})$.

当 $|x|=\frac{1}{e}$ 时，由于

$$\left|\left(1+\frac{1}{n}\right)^{n^2}\left(\frac{1}{e}\right)^n\cdot(\pm1)^n\right|\to1\neq0\quad(n\to\infty),$$

故级数发散.

**【2817】** $\sum\limits_{n=1}^{\infty}\frac{n!}{a^{n^2}}x^n\quad(a>1)$.

**解** 记 $a_n=\frac{n!}{a^{n^2}}$，由于 $\lim\limits_{n\to\infty}\left|\frac{a_n}{a_{n+1}}\right|=\lim\limits_{n\to\infty}\frac{a^{2n+1}}{n+1}=+\infty$，故收敛半径 $R=+\infty$；收敛区间为 $(-\infty,+\infty)$.

**【2818】** $\sum\limits_{n=1}^{\infty}\left[\frac{1\cdot3\cdot5\cdots(2n-1)}{2\cdot4\cdot6\cdots(2n)}\right]^p\left(\frac{x-1}{2}\right)^n$.

**解** 记 $a_n=\left[\frac{1\cdot3\cdots(2n-1)}{2\cdot4\cdots(2n)}\right]^p\cdot\frac{1}{2^n}$. 由于

$$\lim_{n\to\infty}\left|\frac{a_n}{a_{n+1}}\right|=\lim_{n\to\infty}2\left(\frac{2n+1}{2n+2}\right)^p=2,$$

故收敛半径 $R=2$；收敛区间为 $(-2+1,2+1)$，即 $(-1,3)$.

当 $x=-1$ 时，级数为 $\sum\limits_{n=1}^{\infty}(-1)^n\left[\frac{1\cdot3\cdot5\cdots(2n-1)}{2\cdot4\cdot6\cdots(2n)}\right]^p$，由 2689 题的结果知：若 $p>2$，为绝对收敛；若 $0<p\leqslant2$，为条件收敛；若 $p\leqslant0$，为发散.

当 $x=3$ 时，级数为 $\sum\limits_{n=1}^{\infty}\left[\frac{1\cdot3\cdot5\cdots(2n-1)}{2\cdot4\cdot6\cdots(2n)}\right]^p$. 若 $p>2$，为绝对收敛；若 $p\leqslant2$，为发散.

**【2819】** $\sum\limits_{n=1}^{\infty}(-1)^n\left[\frac{2^n(n!)^2}{(2n+1)!}\right]^p x^n$.

**解** 记 $a_n=(-1)^n\left[\frac{2^n(n!)^2}{(2n+1)!}\right]^p$. 由于

$$\lim_{n\to\infty}\left|\frac{a_n}{a_{n+1}}\right|=\lim_{n\to\infty}\left(\frac{2n+3}{n+1}\right)^p=2^p,$$

故收敛半径 $R=2^p$；收敛区间为 $(-2^p,2^p)$.

当 $x=-2^p$ 时，级数为 $\sum\limits_{n=1}^{\infty}\left[\frac{4^n(n!)^2}{(2n+1)!}\right]^p=\sum\limits_{n=1}^{\infty}u_n$，由于

$$\frac{u_n}{u_{n+1}}=\left(\frac{2n+3}{2n+2}\right)^p=\left(1+\frac{1}{2n+2}\right)^p=1+\frac{p}{2n+2}+O\left(\frac{1}{n^2}\right)=1+\frac{p}{2n}+O\left(\frac{1}{n^2}\right),$$

故由高斯判别法知：当 $\frac{p}{2}>1$（即 $p>2$）时，级数 $\sum\limits_{n=1}^{\infty}u_n$ 收敛（由于是正项级数，故也是绝对收敛）；当 $\frac{p}{2}\leqslant1$（即 $p\leqslant2$）时，级数 $\sum\limits_{n=1}^{\infty}u_n$ 发散.

当 $x=2^p$ 时，级数为

$$\sum_{n=1}^{\infty}(-1)^n\left[\frac{4^n(n!)^2}{(2n+1)!}\right]^p=\sum_{n=1}^{\infty}(-1)^n\left[\frac{2\cdot4\cdots(2n)}{1\cdot3\cdots(2n-1)}\right]^p,\tag{1}$$

由前段知，当 $p>2$ 时，为绝对收敛；当 $0<p\leqslant2$ 时，由于

$$\left|(-1)^n\left[\frac{4^n(n!)^2}{(2n+1)!}\right]^p\right|\sim\left[\frac{4^n\cdot2n\pi\cdot n^{2n}e^{-2n}}{\sqrt{(4n+2)\pi}\ (2n+1)^{2n+1}e^{-(2n+1)}}\right]^p$$

$$=\left[\frac{4^n\cdot2\pi e}{\sqrt{(4n+2)\pi}\cdot2^{2n+1}\left(1+\frac{1}{2n}\right)^{2n+1}}\right]^p\to0\quad(n\to\infty),$$

且

$$\frac{\left[\frac{4^{n+1}[(n+1)!]^2}{(2n+3)!}\right]^p}{\left[\frac{4^n(n!)^2}{(2n+1)!}\right]^p}=\left(\frac{2n+2}{2n+3}\right)^p<1,$$

故级数(1)逐项下降,根据莱布尼茨判别法知,级数(1)收敛,但由于由其绝对值组成的级数发散.因此,当$0<p\leqslant 2$时,级数(1)条件收敛.当$p=0$时,通项为$(-1)^n$,故级数为发散;当$p<0$时,通项趋于无穷,因而级数也发散.

**【2820】** $\sum\limits_{n=1}^{\infty}\frac{m(m-1)\cdots(m-n+1)}{n!}x^n$.

**解** 记$a_n=\frac{m(m-1)\cdots(m-n+1)}{n!}$.由于

$$\lim_{n\to\infty}\left|\frac{a_n}{a_{n+1}}\right|=\lim_{n\to\infty}\left|\frac{n+1}{m-n}\right|=1,$$

故收敛半径$R=1$;收敛区间为$(-1,1)$.

当$x=1$时,级数为

$$\sum_{n=1}^{\infty}\frac{m(m-1)\cdots(m-n+1)}{n!}=\sum_{n=1}^{\infty}\binom{m}{n},$$

利用2700题的结果,即知:当$m\geqslant 0$时,绝对收敛;当$-1<m<0$时,条件收敛;当$m\leqslant -1$时,发散.

当$x=-1$时,级数为

$$\sum_{n=1}^{\infty}(-1)^n\frac{m(m-1)\cdots(m-n+1)}{n!}=\sum_{n=1}^{\infty}(-1)^n\binom{m}{n},$$

显见当$m\geqslant 0$时为绝对收敛;当$m<0$时:若$m$为负整数,设为$-k$($k$为正整数),则通项为

$$\frac{k(k+1)\cdots(k+n-1)}{n!}=\frac{(n+1)(n+2)\cdots(k+n-1)}{(k-1)!}\to+\infty\quad(n\to\infty),$$

故级数发散;若$m$不为负整数,由于通项为正,并且总可以大于$\frac{k(k+1)\cdots(k+n-1)}{n!}$,其中$-m>k$,故级数也发散.因此,当$m<0$时,级数$\sum\limits_{n=1}^{\infty}(-1)^n\binom{m}{n}$发散.

**【2821】** $\sum\limits_{n=1}^{\infty}\left(\frac{a^n}{n}+\frac{b^n}{n^2}\right)x^n\quad(a>0,\ b>0)$.

**解** 考虑级数

$$\sum_{n=1}^{\infty}\frac{a^n}{n}x^n\quad 及\quad \sum_{n=1}^{\infty}\frac{b^n}{n^2}x^n,$$

容易求得它们的收敛半径分别为$R_1=\frac{1}{a}$及$R_2=\frac{1}{b}$,故原级数的收敛半径$R=\min(R_1,R_2)=\min\left(\frac{1}{a},\frac{1}{b}\right)$;收敛区间为$(-R,R)$.

当$x=-R$时,若$a<b$,则级数为

$$\sum_{n=1}^{\infty}\left(\frac{a^n}{n}+\frac{b^n}{n^2}\right)\left(-\frac{1}{b}\right)^n=\sum_{n=1}^{\infty}(-1)^n\frac{1}{n}\left(\frac{a}{b}\right)^n+\sum_{n=1}^{\infty}(-1)^n\frac{1}{n^2},\tag{1}$$

对于上式右端的第一个级数,利用达朗贝尔判别法有

$$\lim_{n\to\infty}\left|\frac{(-1)^{n+1}\frac{\left(\frac{a}{b}\right)^{n+1}}{n+1}}{(-1)^n\frac{\left(\frac{a}{b}\right)^n}{n}}\right|=\frac{a}{b}<1,$$

故知其为绝对收敛,而第二个级数显然为绝对收敛.因此,当$a<b$时,级数(1)绝对收敛.当$a\geqslant b$时,级数为

$$\sum_{n=1}^{\infty}\left(\frac{a^n}{n}+\frac{b^n}{n^2}\right)\left(-\frac{1}{a}\right)^n=\sum_{n=1}^{\infty}(-1)^n\frac{1}{n}+\sum_{n=1}^{\infty}(-1)^n\frac{1}{n}\left(\frac{b}{a}\right)^n,\tag{2}$$

上式右端的第一个级数条件收敛，第二个级数绝对收敛($b<a$)或条件收敛($b=a$)，故当 $a\geqslant b$ 时，级数(2)条件收敛.

当 $x=R$ 时，若 $a<b$，级数为

$$\sum_{n=1}^{\infty}\left(\frac{a^n}{n}+\frac{b^n}{n^2}\right)\left(\frac{1}{b}\right)^n=\sum_{n=1}^{\infty}\frac{1}{n}\left(\frac{a}{b}\right)^n+\sum_{n=1}^{\infty}\frac{1}{n^2},$$

由前段知其为绝对收敛；若 $a\geqslant b$，级数为

$$\sum_{n=1}^{\infty}\left(\frac{a^n}{n}+\frac{b^n}{n^2}\right)\left(\frac{1}{a}\right)^n=\sum_{n=1}^{\infty}\frac{1}{n}+\sum_{n=1}^{\infty}\frac{1}{n}\left(\frac{b}{a}\right)^n,$$

它是一个发散级数与收敛级数的和，故为发散级数.

**【2822】** $\sum\limits_{n=1}^{\infty}\frac{x^n}{a^n+b^n}\quad(a>0,b>0)$.

**解** 记 $a_n=\frac{1}{a^n+b^n}$. 由于

$$\lim_{n\to\infty}\left|\frac{a_n}{a_{n+1}}\right|=\lim_{n\to\infty}\left[\max(a,b)\cdot\frac{1+\theta^{n+1}}{1+\theta^n}\right]=\max(a,b),$$

其中 $\theta=\frac{\min(a,b)}{\max(a,b)}$，$0<\theta\leqslant1$，故收敛半径 $R=\max(a,b)$；收敛区间为$(-R,R)$.

当 $|x|=R$ 时，由于 $\frac{R^n}{a^n+b^n}\to1\neq0$，故级数发散.

**【2823】** $\sum\limits_{n=1}^{\infty}\frac{x^n}{a^{\sqrt{n}}}\quad(a>0)$.

**解** 记 $a_n=\frac{1}{a^{\sqrt{n}}}$. 由于 $\lim\limits_{n\to\infty}\left|\frac{a_n}{a_{n+1}}\right|=\lim\limits_{n\to\infty}a^{\frac{1}{\sqrt{n}+\sqrt{n+1}}}=1$，故收敛半径 $R=1$；收敛区间为$(-1,1)$.

当 $x=1$ 时，级数为 $\sum\limits_{n=1}^{\infty}\frac{1}{a^{\sqrt{n}}}$. 由于

$$n\left(\frac{a^{\frac{1}{\sqrt{n}}}}{a^{\frac{1}{\sqrt{n+1}}}}-1\right)=\frac{a^{\frac{1}{\sqrt{n}+\sqrt{n+1}}}-1}{\frac{1}{\sqrt{n}+\sqrt{n+1}}}\cdot\frac{n}{\sqrt{n}+\sqrt{n+1}},$$

且上式右端第一个因式当 $n\to\infty$ 时趋于 $\ln a$，故当 $a>1$ 时，上式趋于 $+\infty$，因而级数收敛；当 $a<1$ 时，上式趋于 $-\infty$，因而，级数发散；而当 $a=1$ 时，由于通项为 1，故级数也发散.

当 $x=-1$ 时，级数为 $\sum\limits_{n=1}^{\infty}(-1)^n\frac{1}{a^{\sqrt{n}}}$. 当 $a>1$ 时，级数绝对收敛；当 $a\leqslant1$ 时，由于通项不趋于零，故级数发散.

总之，当 $|x|=1$ 时，若 $a>1$，则级数绝对收敛；若 $a\leqslant1$，则级数发散.

**【2824】** $\sum\limits_{n=1}^{\infty}\frac{3^{-\sqrt{n}}x^n}{\sqrt{n^2+1}}$.

**解** 记 $a_n=\frac{3^{-\sqrt{n}}}{\sqrt{n^2+1}}$. 由于

$$\lim_{n\to\infty}\left|\frac{a_n}{a_{n+1}}\right|=\lim_{n\to\infty}3^{\sqrt{n+1}-\sqrt{n}}\ \frac{\sqrt{(n+1)^2+1}}{\sqrt{n^2+1}}=1,$$

故收敛半径 $R=1$；收敛区间为$(-1,1)$.

当 $x=1$ 时，级数为

$$\sum_{n=1}^{\infty}\frac{3^{-\sqrt{n}}}{\sqrt{n^2+1}}.\tag{1}$$

由于 $0<\frac{3^{-\sqrt{n}}}{\sqrt{n^2+1}}<\frac{1}{3^{\sqrt{n}}}$ 且 $\sum\limits_{n=1}^{\infty}\frac{1}{3^{\sqrt{n}}}$ 收敛*)，故级数(1)收敛.

当 $x=-1$ 时，级数绝对收敛.

总之,当$|x|=1$时,级数绝对收敛.

*) 利用2823题的结果.

【2825】 $\sum\limits_{n=1}^{\infty}\frac{(2n)!!}{(2n+1)!!}x^n$.

解 记$a_n=\frac{(2n)!!}{(2n+1)!!}$. 由于$\lim\limits_{n\to\infty}\left|\frac{a_n}{a_{n+1}}\right|=\lim\limits_{n\to\infty}\frac{2n+3}{2n+2}=1$,故收敛半径$R=1$;收敛区间为$(-1,1)$.

当$x=1$时,级数为$\sum\limits_{n=1}^{\infty}\frac{(2n)!!}{(2n+1)!!}$,由拉比判别法易知,它是发散级数.

当$x=-1$时,由于$\frac{|a_n|}{|a_{n+1}|}=\frac{2n+3}{2n+2}>1$,即$|a_n|>|a_{n+1}|$,且有$|a_n|\to 0$,故级数$\sum\limits_{n=1}^{\infty}(-1)^n\frac{(2n)!!}{(2n+1)!!}$收敛. 但$\sum\limits_{n=1}^{\infty}\frac{(2n)!!}{(2n+1)!!}$发散,故当$x=-1$时,级数条件收敛.

【2826】 $\sum\limits_{n=1}^{\infty}\frac{(-1)^n}{n!}\left(\frac{n}{e}\right)^n x^n$.

解 记$a_n=\frac{(-1)^n}{n!}\left(\frac{n}{e}\right)^n$. 由于$\lim\limits_{n\to\infty}\left|\frac{a_n}{a_{n+1}}\right|=\lim\limits_{n\to\infty}\frac{e}{\left(1+\frac{1}{n}\right)^n}=1$,故收敛半径$R=1$;收敛区间为$(-1,1)$.

当$x=-1$时,级数为

$$\sum_{n=1}^{\infty}\frac{1}{n!}\left(\frac{n}{e}\right)^n. \tag{1}$$

由于

$$\frac{1}{n!}\left(\frac{n}{e}\right)^n\sim\frac{1}{\sqrt{2n\pi}\ e^{-n}n^n}\left(\frac{n}{e}\right)^n=\frac{1}{\sqrt{2\pi n}}\geqslant\frac{1}{2\pi}\cdot\frac{1}{n}>0$$

且$\sum\limits_{n=1}^{\infty}\frac{1}{n}$发散,故级数(1)发散.

当$x=1$时,级数为

$$\sum_{n=1}^{\infty}(-1)^n\frac{1}{n!}\left(\frac{n}{e}\right)^n. \tag{2}$$

由于$\frac{1}{n!}\left(\frac{n}{e}\right)^n\sim\frac{1}{\sqrt{2\pi n}}$,故$\lim\limits_{n\to\infty}\frac{1}{n!}\left(\frac{n}{e}\right)^n=0$. 又由于

$$\left|\frac{a_n}{a_{n+1}}\right|=\frac{e}{\left(1+\frac{1}{n}\right)^n}>1\quad(n=1,2,\cdots),$$

故$|a_n|>|a_{n+1}|$. 因此,级数(2)收敛. 但由于级数(1)发散,故级数(2)条件收敛.

【2827】 $\sum\limits_{n=1}^{\infty}\left(1+\frac{1}{2}+\cdots+\frac{1}{n}\right)x^n$.

解 记$a_n=1+\frac{1}{2}+\cdots+\frac{1}{n}$. 由于$\lim\limits_{n\to\infty}\left|\frac{a_n}{a_{n+1}}\right|=1$,故收敛半径$R=1$;收敛区间为$(-1,1)$.

当$|x|=1$时,由于$a_n\to+\infty\ (n\to\infty)$,故级数发散.

【2828】 $\sum\limits_{n=1}^{\infty}\frac{[3+(-1)^n]^n}{n}x^n$.

提示 记$a_n=\frac{[3+(-1)^n]^n}{n}$,则$\overline{\lim\limits_{n\to\infty}}\sqrt[n]{|a_n|}=4$.

解 记$a_n=\frac{[3+(-1)^n]^n}{n}$. 由于$\overline{\lim\limits_{n\to\infty}}\sqrt[n]{|a_n|}=4$,故收敛半径$R=\frac{1}{4}$;收敛区间为$\left(-\frac{1}{4},\frac{1}{4}\right)$.

当$x=\frac{1}{4}$时,级数为

$$\sum_{n=1}^{\infty}\frac{[3+(-1)^n]^n}{n\cdot 4^n}. \tag{1}$$

将它拆成两部分,一部分为 $\sum_{k=1}^{\infty}\frac{1}{2k}$,一部分为 $\sum_{k=1}^{\infty}\frac{1}{(2k+1)2^{2k+1}}$. 前一级数显然发散;而对于后一级数,利用柯西判别法或达朗贝尔判别法易知其为收敛. 因此,级数(1)发散.

当 $x=-\frac{1}{4}$,同法可证,原级数可拆成一个发散级数与一个收敛级数. 因此,它是发散的.

**【2829】** $\sum_{n=2}^{\infty}\frac{\left(1+2\cos\frac{\pi n}{4}\right)^n}{\ln n}x^n$.

**解** 记 $a_n=\frac{\left(1+2\cos\frac{\pi n}{4}\right)^n}{\ln n}$. 由于 $\overline{\lim_{n\to\infty}}\sqrt[n]{|a_n|}=3$,故收敛半径 $R=\frac{1}{3}$;收敛区间为 $\left(-\frac{1}{3},\frac{1}{3}\right)$.

当 $|x|=\frac{1}{3}$ 时,对于 $n=8k$,由于

$$\sum_{k=1}^{\infty}\left[\frac{(1+2\cos 2k\pi)^{8k}}{\ln 8k}\cdot\frac{1}{3^{8k}}\right]=\sum_{k=1}^{\infty}\frac{1}{\ln k+\ln 8}\quad 及\quad \frac{1}{\ln k+\ln 8}>\frac{1}{k+\ln 8}>0,$$

且 $\sum_{k=1}^{\infty}\frac{1}{k+\ln 8}$ 发散,故级数 $\sum_{k=1}^{\infty}\frac{1}{\ln k+\ln 8}$ 发散.

不难证明:当 $n=8k+1,8k+2,\cdots,8k+7(k=1,2,\cdots)$ 时,级数

$$\sum_{n=2}^{\infty}\frac{\left(1+2\cos\frac{n\pi}{4}\right)^n}{\ln n}\left(\pm\frac{1}{3}\right)^n \tag{1}$$

收敛. 事实上,$\frac{1}{\ln n}$ 单调趋于零,且

$$\sum_{n=2}^{m}\left[\left|\left(1+2\cos\frac{n\pi}{4}\right)^n\right|\cdot\frac{1}{3^n}\right]\leqslant\sum_{n=2}^{m}\left(\frac{1+\sqrt{2}}{3}\right)^n<\sum_{n=1}^{m}\left(\frac{1+\sqrt{2}}{3}\right)^n<\frac{1+\sqrt{2}}{3}\cdot\frac{1}{1-\frac{1+\sqrt{2}}{3}}=\frac{1+\sqrt{2}}{2-\sqrt{2}}<5,$$

根据狄利克雷判别法可知级数(1)收敛.

于是,当 $|x|=\frac{1}{3}$ 时,原级数是由一个发散级数与诸收敛级数依次相加而成的. 因此,它是发散的.

**【2830】** $\sum_{n=1}^{\infty}\frac{x^{n^2}}{2^n}$.

**解** 记 $a_n=\frac{1}{2^n}$. 由于 $\lim_{n\to\infty}\sqrt[n]{a_n}=\frac{1}{2}$ 及 $\lim_{n\to\infty}\sqrt[n]{\frac{1}{2}}=1$,故收敛半径 $R=1$;收敛区间为$(-1,1)$.

当 $|x|=1$ 时,由于级数 $\sum_{n=1}^{\infty}\left|\frac{(\pm 1)^{n^2}}{2^n}\right|=\sum_{n=1}^{\infty}\frac{1}{2^n}$ 收敛,故原级数绝对收敛.

**【2831】** $\sum_{n=1}^{\infty}\frac{(-1)^{[\sqrt{n}]}}{n}x^n$ (普林斯海姆级数).

**解** 记 $a_n=\frac{(-1)^{[\sqrt{n}]}}{n}$. 由于 $\lim_{n\to\infty}\left|\frac{a_n}{a_{n+1}}\right|=1$,故收敛半径 $R=1$;收敛区间为$(-1,1)$.

当 $x=1$ 时,级数为 $\sum_{n=1}^{\infty}\frac{(-1)^{[n]}}{n}$,它是条件收敛的*).

当 $x=-1$ 时,级数为 $\sum_{n=1}^{\infty}\frac{(-1)^{[\sqrt{n}]+n}}{n}=\sum_{n=1}^{\infty}b_n$. 记 $A_l=\{n\,|\,[\sqrt{n}]=l\}$ $(l=1,2,\cdots)$. 显然 $A_l$ 内的元素可写成 $n=l^2+s$,而 $s=0,1,2,\cdots,2l$. 考虑

$$u_l=\sum_{n\in A_l}\frac{(-1)^{[\sqrt{n}]+n}}{n}=\sum_{s=0}^{2l}\frac{(-1)^{l^2+l+s}}{l^2+s}=\sum_{s=0}^{2l}\frac{(-1)^s}{l^2+s}$$

$$=\frac{1}{l^2}-\left(\frac{1}{l^2+1}-\frac{1}{l^2+2}\right)-\cdots-\left(\frac{1}{l^2+2l-1}-\frac{1}{l^2+2l}\right)\leqslant\frac{1}{l^2}\quad(l=1,2,\cdots).$$

由于 $\sum_{l=1}^{\infty}\frac{1}{l^2}$ 收敛,故 $\sum_{l=1}^{\infty}u_l$ 收敛. 注意 $A_i\cap A_j=0\ (i\neq j)$,且 $A_1\cup A_2\cup A_3\cup\cdots$ 就是全体正整数. 易证 $\sum_{n=1}^{\infty}b_n$

与 $\sum\limits_{l=1}^{\infty} u_l$ 同时收敛或同时发散. 由此可见，$\sum\limits_{n=1}^{\infty} b_n$ 收敛，因而，显然是条件收敛的.

*） 利用 2672 题的结果.

【2832】 求超几何级数

$$1+\frac{\alpha\cdot\beta}{1\cdot\gamma}x+\frac{\alpha(\alpha+1)\beta(\beta+1)}{1\cdot 2\cdot\gamma(\gamma+1)}x^2+\cdots+\frac{\alpha(\alpha+1)\cdots(\alpha+n-1)\beta(\beta+1)\cdots(\beta+n-1)}{1\cdot 2\cdots n\cdot\gamma(\gamma+1)\cdots(\gamma+n-1)}x^n+\cdots$$

的收敛域.

**解** 记 $a_n=\frac{\alpha(\alpha+1)\cdots(\alpha+n-1)\beta(\beta+1)\cdots(\beta+n-1)}{1\cdot 2\cdots n\gamma(\gamma+1)\cdots(\gamma+n-1)}$. 由于 $\lim\limits_{n\to\infty}\left|\frac{a_n}{a_{n+1}}\right|=\lim\limits_{n\to\infty}\frac{(n+1)(\gamma+n)}{((\alpha+n)(\beta+n)}=1$，故收敛半径 $R=1$；收敛区间为 $(-1,1)$.

当 $x=1$ 时，级数为

$$1+\frac{\alpha\cdot\beta}{1\cdot\gamma}+\cdots+\frac{\alpha(\alpha+1)\cdots(\alpha+n-1)\beta(\beta+1)\cdots(\beta+n-1)}{n!\gamma(\gamma+1)\cdots(\gamma+n-1)}+\cdots.$$

由于

$$\frac{a_n}{a_{n+1}}=1+\frac{\gamma-\alpha-\beta+1}{n}+\frac{\theta_n}{n^2}\quad(|\theta_n|\leqslant L),$$

故当 $\gamma-\alpha-\beta+1>1$ 即 $\gamma-\alpha-\beta>0$ 时，级数收敛且也是绝对收敛的；当 $\gamma-\alpha-\beta\leqslant 0$ 时，级数发散.

当 $x=-1$ 时，由上可知，$\left|\frac{a_n}{a_{n+1}}\right|=1+\frac{\gamma-\alpha-\beta+1}{n}+\frac{\theta_n}{n^2}$，当 $\gamma-\alpha-\beta>0$ 时，级数绝对收敛；当 $\gamma-\alpha-\beta<-1$ 时，从某项开始，将有

$$\left|\frac{a_n}{a_{n+1}}\right|<1\quad 即\quad |a_n|<|a_{n+1}|,$$

$a_n$ 不趋于零，级数发散；当 $-1<\gamma-\alpha-\beta$ 时，在弃去若干个开始项以后，就变成每项的绝对值单调递减的交错级数了，并在这里，把求通项（绝对值）的极限化成下列无穷乘积

$$\prod_{n=n_0}^{\infty}\frac{(\alpha+n)(\beta+n)}{(n+1)(\gamma+n)}$$

的值更为方便. 由于

$$\sum_{n=n_0}^{\infty}\ln\frac{a_n}{a_{n+1}}=\sum_{n=n_0}^{\infty}\ln\left(1-\frac{\gamma-\alpha-\beta+1}{n}+\frac{\theta'_n}{n^2}\right)=-\infty\quad(|\theta'_n|\leqslant M),$$

故上述无穷乘积的值为零，即 $a_n\to 0(n\to\infty)$. 因此，级数收敛. 当 $\gamma-\alpha-\beta=-1$ 时，由于 $\frac{a_n}{a_{n+1}}=1+\frac{\theta'_n}{n^2}$，故无穷乘积的值异于零，因而 $a_n\not\to 0$，级数发散.

综上所述，现将超几何级数的敛散情况列表如下：

| | | |
|---|---|---|
| $\lvert x\rvert<1$ | | 绝对收敛 |
| $\lvert x\rvert>1$ | | 发　散 |
| $x=1$ | $\gamma-\alpha-\beta>0$ | 绝对收敛 |
| | $\gamma-\alpha-\beta\leqslant 0$ | 发　散 |
| $x=-1$ | $\gamma-\alpha-\beta>0$ | 绝对收敛 |
| | $-1<\gamma-\alpha-\beta\leqslant 0$ | 条件收敛 |
| | $\gamma-\alpha-\beta\leqslant -1$ | 发　散 |

**求下列广义幂级数的收敛域：**

【2833】 $\sum\limits_{n=0}^{\infty}\frac{1}{2n+1}\left(\frac{1-x}{1+x}\right)^n$.

**解** 记 $a_n=\frac{1}{2n+1}$. 由于 $\lim\limits_{n\to\infty}\left|\frac{a_n}{a_{n+1}}\right|=1$,故当 $\left|\frac{1-x}{1+x}\right|<1$ (即 $x>0$)时,级数绝对收敛;当 $x<0$ 时,级数发散;当 $x=0$ 时,级数为 $\sum\limits_{n=0}^{\infty}\frac{1}{2n+1}$,显然发散. 于是,级数 $\sum\limits_{n=0}^{\infty}\frac{1}{2n+1}\left(\frac{1-x}{1+x}\right)^n$ 的收敛域为 $(0,+\infty)$.

**【2834】** $\sum\limits_{n=1}^{\infty}\frac{1}{x^n}\sin\frac{\pi}{2^n}$.

**解** 记 $a_n=\sin\frac{\pi}{2^n}$. 由于

$$\lim_{n\to\infty}\left|\frac{a_n}{a_{n+1}}\right|=\lim_{n\to\infty}\frac{\sin\frac{\pi}{2^n}}{\sin\frac{\pi}{2^{n+1}}}=\lim_{n\to\infty}\frac{\frac{\pi}{2^n}}{\frac{\pi}{2^{n+1}}}=2,$$

故当 $\left|\frac{1}{x}\right|<2$ 即当 $|x|>\frac{1}{2}$ 时,级数绝对收敛;当 $|x|<\frac{1}{2}$ 时,级数发散;当 $|x|=\frac{1}{2}$ 时,由于

$$\lim_{n\to\infty}2^n\sin\frac{\pi}{2^n}=\pi\neq0,$$

故级数发散. 于是,级数 $\sum\limits_{n=1}^{\infty}\frac{1}{x^n}\sin\frac{\pi}{2^n}$ 的收敛域为 $(-\infty,-\frac{1}{2})$ 及 $(\frac{1}{2},+\infty)$,即满足不等式 $|x|>\frac{1}{2}$ 的一切 $x$ 值所成的集合.

**【2835】** $\sum\limits_{n=-\infty}^{+\infty}\frac{x^n}{2^{n^2}}$.

**解** $\sum\limits_{n=-\infty}^{+\infty}\frac{x^n}{2^{n^2}}=\sum\limits_{n=-\infty}^{-1}\frac{x^n}{2^{n^2}}+\sum\limits_{n=0}^{\infty}\frac{x^n}{2^{n^2}}=\sum\limits_{n=1}^{\infty}\left(\frac{1}{2^{n^2}}\cdot\frac{1}{x^n}\right)+\sum\limits_{n=1}^{\infty}\frac{x^n}{2^{n^2}}$.

级数 $\sum\limits_{n=1}^{\infty}\frac{x^n}{2^{n^2}}$ 的收敛域为 $(-\infty,+\infty)$ *). 而级数 $\sum\limits_{n=1}^{\infty}\left(\frac{1}{2^{n^2}}\cdot\frac{1}{x^n}\right)$ 的收敛域为 $(-\infty,0)$ 及 $(0,+\infty)$. 因此,级数 $\sum\limits_{n=-\infty}^{+\infty}\frac{1}{2^{n^2}}x^n$ 的收敛域为 $(-\infty,0)$ 及 $(0,+\infty)$,即满足不等式 $0<|x|<+\infty$ 的一切 $x$ 值所成的集合.

*) 利用 2815 题的结果.

**【2836】** $\sum\limits_{n=1}^{\infty}\left(1+\frac{1}{n}\right)^{-n^2}e^{-nx}$.

**解** 记 $a_n=\left(1+\frac{1}{n}\right)^{-n^2}$,则原级数为 $\sum\limits_{n=1}^{\infty}a_n(e^{-x})^n$. 由于

$$\lim_{n\to\infty}\sqrt[n]{|a_n|}=\lim_{n\to\infty}\left(1+\frac{1}{n}\right)^{-n}=e^{-1},$$

故当 $|e^{-x}|<\frac{1}{e^{-1}}=e$ 即当 $1+x>0$ 或 $x>-1$ 时,级数绝对收敛;当 $x<-1$ 时,级数发散;当 $x=-1$ 时,由于

$$\lim_{n\to\infty}\left(1+\frac{1}{n}\right)^{-n^2}e^n=\lim_{n\to\infty}\left[\frac{e}{\left(1+\frac{1}{n}\right)^n}\right]^n=1\neq0,$$

故级数发散. 于是,级数 $\sum\limits_{n=1}^{\infty}\left(1+\frac{1}{n}\right)^{-n^2}e^{-nx}$ 的收敛域为 $(-1,+\infty)$.

**【2837】** $\sum\limits_{n=1}^{\infty}\frac{3^{3n}(n!)^3}{(3n)!}\tan^n x$.

**解** 记 $a_n=\frac{3^{3n}(n!)^3}{(3n)!}$. 由于

$$\lim_{n\to\infty}\left|\frac{a_n}{a_{n+1}}\right|=\lim_{n\to\infty}\frac{(3n+1)(3n+2)}{9(n+1)^2}=1,$$

故当 $|\tan x|<1$ 即当 $|x-k\pi|<\frac{\pi}{4}$ ($k$ 为整数)时,级数绝对收敛;当 $|x-k\pi|>\frac{\pi}{4}$ 时,级数发散. 当 $|x-k\pi|=\frac{\pi}{4}$

时，级数为

$$\sum_{n=1}^{\infty}\frac{3^{3n}(n!)^3}{(3n)!}(\pm1)^n.$$

由于

$$\left|\frac{a_n}{a_{n+1}}\right|=\frac{(3n+1)(3n+2)}{9(n+1)^2}<1,$$

故$|a_n|<|a_{n+1}|$，从而，$a_n \not\to 0$，级数发散. 于是，级数 $\sum\limits_{n=1}^{\infty}\frac{3^{3n}(n!)^3}{(3n)!}\tan^n x$ 的收敛域为满足不等式$|x-k\pi|<\frac{\pi}{4}$($k$ 为整数)的一切 $x$ 值所成的集合.

【2838】 按二项式 $x+1$ 的非负整数次幂展开函数 $f(x)=x^3$.

**解** 解法 1：$f(x)=[(x+1)-1]^3=(x+1)^3-3(x+1)^2+3(x+1)-1$.

解法 2：$f(-1)=-1$，$f'(-1)=3$，$f''(-1)=-6$，$f'''(-1)=6$，$f^{(4)}(-1)=f^{(5)}(-1)=\cdots=0$. 于是，

$$f(x)=-1+3(x+1)-\frac{6}{2!}(x+1)^2+\frac{6}{3!}(x+1)^3=-1+3(x+1)-3(x+1)^2+(x+1)^3.$$

【2839】 把函数 $f(x)=\frac{1}{a-x}$ $(a\neq0)$按以下方式展开为幂级数：

(1)依 $x$ 的幂展开；(2)依二项式 $x-b$ 的幂展开，此处 $b\neq a$；(3)依$\frac{1}{x}$的幂展开. 求出相应的收敛域.

**解** (1) $f(x)=\frac{1}{a}\cdot\frac{1}{1-\frac{x}{a}}=\frac{1}{a}\sum\limits_{n=0}^{\infty}\left(\frac{x}{a}\right)^n=\sum\limits_{n=0}^{\infty}\frac{x^n}{a^{n+1}}$，收敛域为$|x|<|a|$.

(2) $f(x)=\frac{1}{a-b-(x-b)}=\frac{1}{a-b}\cdot\frac{1}{1-\frac{x-b}{a-b}}=\sum\limits_{n=0}^{\infty}\frac{(x-b)^n}{(a-b)^{n+1}}$，收敛域为$|x-b|<|a-b|$.

(3) $f(x)=\frac{1}{x}\cdot\frac{1}{\frac{a}{x}-1}=-\frac{1}{x}\cdot\frac{1}{1-\frac{a}{x}}=-\frac{1}{x}\sum\limits_{n=0}^{\infty}\left(\frac{a}{x}\right)^n=-\sum\limits_{n=0}^{\infty}\frac{a^n}{x^{n+1}}$，收敛域为$|x|>|a|$.

【2840】 按差 $x-1$ 的非负整数次幂展开函数 $f(x)=\ln x$，并说明展开式的收敛区间. 求级数 $\sum\limits_{n=1}^{\infty}\frac{(-1)^{n+1}}{n}$ 的和.

**解** $f(x)=\ln[1+(x-1)]=\sum\limits_{n=1}^{\infty}(-1)^{n+1}\frac{(x-1)^n}{n}$. (1)

收敛区间为$|x-1|<1$ 或 $0<x<2$.

当 $x-1=1$ 即当 $x=2$ 时，级数为 $\sum\limits_{n=1}^{\infty}\frac{(-1)^{n+1}}{n}$. 显然收敛，故当 $0<x\leqslant2$ 时，级数(1)收敛.

由于 $\ln x$ 在 $x=2$ 连续，故当 $x=2$ 时，(1)式也成立，即 $\sum\limits_{n=1}^{\infty}\frac{(-1)^{n+1}}{n}=\ln2$.

**写出下列函数按变量 $x$ 的非负整数次幂的展开式，并求出相应的收敛区间：**

【2841】 $f(x)=\operatorname{sh}x$.

**解** $f(x)=\frac{e^x-e^{-x}}{2}=\frac{1}{2}\left[\sum\limits_{n=0}^{\infty}\frac{x^n}{n!}-\sum\limits_{n=0}^{\infty}\frac{(-1)^nx^n}{n!}\right]=\sum\limits_{n=0}^{\infty}\frac{x^{2n+1}}{(2n+1)!}$，

收敛区间为$|x|<+\infty$或$(-\infty,+\infty)$.

【2842】 $f(x)=\operatorname{ch}x$.

**解** $f(x)=\frac{e^x+e^{-x}}{2}=\sum\limits_{n=0}^{\infty}\frac{x^{2n}}{(2n)!}$，收敛区间为$(-\infty,+\infty)$.

【2843】 $f(x)=\sin^2x$.

**解** $f(x)=\frac{1-\cos 2x}{2}=\frac{1}{2}\left[1-\sum_{n=0}^{\infty}(-1)^n\frac{2^{2n}x^{2n}}{(2n)!}\right]=\sum_{n=0}^{\infty}(-1)^{n+1}\frac{2^{2n-1}x^{2n}}{(2n)!}$,

收敛区间为$(-\infty,+\infty)$.

**【2844】** $f(x)=a^x \quad (a>0,a\neq 1)$.

**解** $f(x)=e^{x\ln a}=\sum_{n=0}^{\infty}\frac{\ln^n a}{n!}x^n$. 由于

$$\overline{\lim_{n\to\infty}}\sqrt[n]{\left|\frac{\ln^n a}{n!}\right|}=|\ln a|\cdot\lim_{n\to\infty}\frac{1}{\sqrt[n]{n!}}=0,$$

故收敛半径 $R=+\infty$;收敛区间为$(-\infty,+\infty)$.

**【2845】** $f(x)=\sin(u\arcsin x)$.

**解** $\arcsin x=\int_0^x\frac{dt}{\sqrt{1-t^2}}=\int_0^x\left(1+\frac{1}{2}t^2+\frac{1\cdot 3}{2\cdot 4}t^4+\cdots\right)dt=x+\frac{1}{2\cdot 3}x^3+\frac{1\cdot 3}{2\cdot 4\cdot 5}x^5+\cdots \quad (|x|<1)$,

$$f(x)=u\arcsin x-\frac{u^3}{3!}(\arcsin x)^3+\frac{u^5}{5!}(\arcsin x)^5-\cdots$$

$$=ux+\frac{u(1^2-u^2)}{3!}x^3+\frac{u(1^2-u^2)(3^2-u^2)}{5!}x^5+\cdots,$$

收敛区间为$(-1,1)$.

**【2846】** $f(x)=\cos(u\arcsin x)$.

**解** $f(x)=1-\frac{u^2}{2!}(\arcsin x)^2+\frac{u^4}{4!}(\arcsin x)^4-\cdots=1-\frac{u^2}{2!}x^2-\frac{u^2(2^2-u^2)}{4!}x^4-\cdots$,

收敛区间为$(-1,1)$.

**【2847】** 写出函数 $f(x)=x^x$ 按差 $x-1$ 的非负整数次幂展开式的前三项.

**解** $f(x)=x^x$, $\qquad f(1)=1$;

$f'(x)=x^x(1+\ln x)$, $\qquad f'(1)=1$;

$f''(x)=x^x(1+\ln x)^2+x^{x-1}$, $\qquad f''(1)=2$;

$f'''(x)=x^x(1+\ln x)^3+2x^{x-1}(1+\ln x)+x^{x-1}\left(\ln x+\frac{x-1}{x}\right)$, $\qquad f'''(1)=3$.

于是,展开式的前三项为

$$1+(x-1)+(x-1)^2+\frac{1}{2}(x-1)^3+\cdots,$$

收敛区间为$|x-1|<1$,即 $0<x<2$.

**【2848】** 写出函数 $f(x)=(1+x)^{\frac{1}{x}}(x\neq 0)$和 $f(0)=e$ 按变量 $x$ 的非负整数次幂展开式的前三项.

**解** $f(x)=(1+x)^{\frac{1}{x}}(x\neq 0)$, $\qquad f(0)=e$;

$$f'(x)=(1+x)^{\frac{1}{x}}\left[-\frac{1}{x^2}\ln(1+x)+\frac{1}{x(1+x)}\right]=(1+x)^{\frac{1}{x}}\left[-\frac{1}{x^2}\left(x-\frac{x^2}{2}+\frac{x^3}{3}-\cdots\right)+\frac{1}{x}-\frac{1}{1+x}\right]$$

$$=(1+x)^{\frac{1}{x}}\left[\frac{1}{2}-\frac{x}{3}-\frac{1}{1+x}+o(x)\right] \quad (x\neq 0),$$

由微分学中值定理知$\frac{f(x)-f(0)}{x-0}=f'(\xi)$,其中 $\xi$ 介于 0 与 $x$ 之间,从而,

$$f'(0)=\lim_{x\to 0}\frac{f(x)-f(0)}{x-0}=\lim_{x\to 0}f'(\xi)=\lim_{\xi\to 0}f'(\xi)=-\frac{e}{2};$$

$$f''(x)=(1+x)^{\frac{1}{x}}\left\{\left[\frac{1}{2}-\frac{x}{3}-\frac{1}{1+x}+o(x)\right]^2+\frac{2}{x^3}\ln(1+x)-\frac{1}{x^2(1+x)}-\frac{1}{x^2}+\frac{1}{(1+x)^2}\right\}$$

$$=(1+x)^{\frac{1}{x}}\left\{\left[\frac{1}{2}-\frac{x}{3}-\frac{1}{1+x}+o(x)\right]^2+\frac{2}{3}-\frac{1}{1+x}+\frac{1}{(1+x)^2}+o_1(x)\right\} \quad (x\neq 0),$$

仿上可得

$$f''(0)=\frac{11}{12}e;$$

$$f'''(x)=(1+x)^{\frac{1}{x}}\left\{\left[\frac{1}{2}-\frac{x}{3}-\frac{1}{1+x}+o(x)\right]^3\right.$$
$$+3\left[\frac{1}{2}-\frac{x}{3}-\frac{1}{1+x}+o(x)\right]\cdot\left[\frac{2}{3}-\frac{1}{1+x}+\frac{1}{(1+x)^2}+o_1(x)\right]$$
$$\left.+\left[-\frac{6}{x^4}\ln(1+x)+\frac{2}{x^3(1+x)}+\frac{4}{x^3}+\frac{1}{(1+x)^2}-\frac{1}{x^2}-\frac{2}{(1+x)^3}\right]\right\}\quad(x\neq0),$$

同理可得

$$f'''(0)=-\frac{21}{8}\mathrm{e}.$$

于是,展开式的前三项为 $\mathrm{e}\left(1-\frac{1}{2}x+\frac{11}{24}x^2-\frac{7}{16}x^3+\cdots\right)$,收敛区间为$(-1,1)$.

**【2849】** 将函数 $\sin(x+h)$和 $\cos(x+h)$按变量 $h$ 的非负整数次幂展开.

**解** $\sin(x+h)=\sin x\cosh+\cos x\sin h=\sin x\cdot\left(1-\frac{h^2}{2!}+\frac{h^4}{4!}-\cdots\right)+\cos x\cdot\left(h-\frac{h^3}{3!}+\frac{h^5}{5!}-\cdots\right)$

$$=\sin x+h\cos x-\frac{h^2}{2!}\sin x-\frac{h^3}{3!}\cos x+\cdots.$$

同法可求得

$$\cos(x+h)=\cos x-h\sin x-\frac{h^2}{2!}\cos x+\frac{h^3}{3!}\sin x+\cdots.$$

它们的收敛区间均为$(-\infty,+\infty)$.

**【2850】** 不进行实际的展开工作而求函数 $f(x)=\frac{x}{x^2-5x+6}$的幂级数展开式的收敛区间:(1)依 $x$ 的幂展开;(2)依二项式 $x-5$ 的幂展开.

**解** (1) 由于

$$\frac{x}{x^2-5x+6}=\frac{-2}{x-2}+\frac{3}{x-3}=\frac{1}{1-\frac{x}{2}}-\frac{1}{1-\frac{x}{3}},$$

及等式右端第一项的展开式的收敛区间为$(-2,2)$,而第二项的展开式的收敛区间为$(-3,3)$,取其公共部分,即得函数 $f(x)$展为关于 $x$ 的幂的幂级数的收敛区间为$(-2,2)$.

(2) $$\frac{x}{x^2-5x+6}=\frac{3}{(x-5)+2}-\frac{2}{(x-5)+3}=\frac{3}{2}\cdot\frac{1}{1+\frac{x-5}{2}}-\frac{2}{3}\cdot\frac{1}{1+\frac{x-5}{3}}.$$

上式右端第一项的展开式的收敛区间为$|x-5|<2$,而第二项展开式的收敛区间为$|x-5|<3$,取其公共部分,即得函数$f(x)$展为关于 $x-5$ 的幂的幂级数的收敛区间为$|x-5|<2$ 或$(3,7)$.

### 利用基本展开式 Ⅰ～Ⅴ,写出下列函数关于 $x$ 的幂级数展开式

**【2851】** $\mathrm{e}^{-x^2}$.

**解** $\mathrm{e}^{-x^2}=\sum\limits_{n=0}^{\infty}\frac{(-x^2)^n}{n!}=\sum\limits_{n=0}^{\infty}(-1)^n\frac{x^{2n}}{n!}\quad(|x|<+\infty).$

**【2852】** $\cos^2x$.

**解** $\cos^2x=\frac{1+\cos2x}{2}=\frac{1}{2}+\frac{1}{2}\sum\limits_{n=0}^{\infty}(-1)^n\frac{(2x)^{2n}}{(2n)!}=1+\sum\limits_{n=1}^{\infty}(-1)^n\frac{2^{2n-1}}{(2n)!}x^{2n}\quad(|x|<+\infty).$

**【2853】** $\sin^3x$.

**解** $\sin^3x=\frac{3}{4}\sin x-\frac{1}{4}\sin3x=\frac{3}{4}\sum\limits_{n=0}^{\infty}(-1)^n\frac{x^{2n+1}}{(2n+1)!}-\frac{1}{4}\sum\limits_{n=0}^{\infty}(-1)^n\frac{3^{2n+1}x^{2n+1}}{(2n+1)!}$

$$=\frac{3}{4}\sum_{n=0}^{\infty}(-1)^{n+1}\frac{3^{2n}-1}{(2n+1)!}x^{2n+1}\quad(|x|<+\infty).$$

**【2854】** $\frac{x^{10}}{1-x}$.

解 $\frac{x^{10}}{1-x}=x^{10}\sum_{n=0}^{\infty}x^n=\sum_{n=10}^{\infty}x^n \quad (|x|<1).$

**【2855】** $\frac{1}{(1-x)^2}$.

解 $$\frac{1}{(1-x)^2}=(1-x)^{-2}$$
$$=1+(-2)(-x)+\frac{(-2)(-2-1)}{2!}(-x)^2+\cdots+\frac{(-2)(-2-1)\cdots(-2-n+1)}{n!}(-x)^n+\cdots$$
$$=\sum_{n=1}^{\infty}(n+1)x^n \quad (|x|<1).$$

**【2856】** $\frac{x}{\sqrt{1-2x}}$.

解 $$\frac{x}{\sqrt{1-2x}}=x(1-2x)^{-\frac{1}{2}}$$
$$=x\left[1+\left(-\frac{1}{2}\right)(-2x)+\frac{\left(-\frac{1}{2}\right)\left(-\frac{1}{2}-1\right)}{2!}(-2x)^2+\frac{\left(-\frac{1}{2}\right)\left(-\frac{1}{2}-1\right)\left(-\frac{1}{2}-2\right)}{3!}(-2x)^3+\cdots\right]$$
$$=x+x^2+\frac{1\cdot 3}{2!}x^3+\frac{1\cdot 3\cdot 5}{3!}x^4+\cdots=x+\sum_{n=1}^{\infty}\frac{(2n-1)!!}{n!}x^{n+1} \qquad \left(|x|<\frac{1}{2}\right).$$

当 $x=-\frac{1}{2}$ 时,上式右端为一交错级数
$$-\frac{1}{2}+\frac{1}{2}\sum_{n=1}^{\infty}(-1)^{n+1}\frac{(2n-1)!!}{(2n)!!},$$
利用 2689 题的结果,即知它是收敛的.

当 $x=\frac{1}{2}$ 时,$\frac{x}{\sqrt{1-2x}}$无定义,故不必研究级数的敛散性.从而,
$$\frac{x}{\sqrt{1-2x}}=x+\sum_{n=1}^{\infty}\frac{(2n-1)!!}{n!}x^{n+1} \quad \left(-\frac{1}{2}\leqslant x<\frac{1}{2}\right).$$

**【2857】** $\ln\sqrt{\frac{1+x}{1-x}}$.

解 $$\ln\sqrt{\frac{1+x}{1-x}}=\frac{1}{2}[\ln(1+x)-\ln(1-x)]=\frac{1}{2}\left[\sum_{n=1}^{\infty}(-1)^{n-1}\frac{x^n}{n}-\sum_{n=1}^{\infty}(-1)^{n-1}\frac{(-x)^n}{n}\right]$$
$$=\sum_{n=0}^{\infty}\frac{x^{2n+1}}{2n+1} \quad (|x|<1).$$

**【2858】** $\frac{x}{1+x-2x^2}$.

**提示** 将所给函数分解为部分分式.

解 $$\frac{x}{1+x-2x^2}=\frac{1}{3}\left(\frac{1}{1-x}-\frac{1}{1+2x}\right)=\frac{1}{3}\left[\sum_{n=0}^{\infty}x^n-\sum_{n=0}^{\infty}(-2)^nx^n\right]=\frac{1}{3}\sum_{n=0}^{\infty}[1-(-2)^n]x^n$$
$$\left(|x|<\frac{1}{2}\right).$$

**【2859】** $\frac{12-5x}{6-5x-x^2}$.

**提示** 仿 2858 题.

解 $$\frac{12-5x}{6-5x-x^2}=\frac{1}{1-x}+\frac{6}{6+x}=\frac{1}{1-x}+\frac{1}{1+\frac{x}{6}}=\sum_{n=0}^{\infty}\left[1+\frac{(-1)^n}{6^n}\right]x^n \quad (|x|<1).$$

**【2860】** $\frac{x}{(1-x)(1-x^2)}$.

**提示** 先将所给函数分解成部分分式,再利用基本展开式及 2855 题的结果.

**解** $$\frac{x}{(1-x)(1-x^2)}=-\frac{1}{4}\cdot\frac{1}{1+x}-\frac{1}{4}\cdot\frac{1}{1-x}+\frac{1}{2}\cdot\frac{1}{(1-x)^2}$$
$$=-\frac{1}{4}\sum_{n=0}^{\infty}(-1)^n x^n-\frac{1}{4}\sum_{n=0}^{\infty}x^n+\frac{1}{2}\sum_{n=0}^{\infty}(n+1)x^{n\,*)}$$
$$=\frac{1}{2}\sum_{n=0}^{\infty}\left[(n+1)-\frac{1+(-1)^n}{2}\right]x^n$$
$$=\frac{1}{2}\sum_{n=1}^{\infty}\left[n+\frac{1-(-1)^n}{2}\right]x^n\qquad(|x|<1).$$

*) 利用 2855 题的结果.

**【2861】** $\dfrac{1}{1-x-x^2}$.

**解** $$\frac{1}{1-x-x^2}=\frac{1}{\frac{5}{4}-\left(x+\frac{1}{2}\right)^2}=\frac{1}{\sqrt{5}}\left[\frac{1}{\frac{\sqrt{5}}{2}-\left(x+\frac{1}{2}\right)}+\frac{1}{\frac{\sqrt{5}}{2}+\left(x+\frac{1}{2}\right)}\right]$$
$$=\frac{1}{\sqrt{5}}\left[\frac{2}{\sqrt{5}-1}\left(1-\frac{2}{\sqrt{5}-1}x\right)^{-1}+\frac{2}{\sqrt{5}+1}\left(1+\frac{2}{\sqrt{5}+1}x\right)^{-1}\right]$$
$$=\frac{1}{\sqrt{5}}\sum_{n=0}^{\infty}\left[\left(\frac{2}{\sqrt{5}-1}\right)^{n+1}+(-1)^n\left(\frac{2}{\sqrt{5}+1}\right)^{n+1}\right]x^n$$
$$=\frac{1}{\sqrt{5}}\sum_{n=0}^{\infty}\left[\left(\frac{\sqrt{5}+1}{2}\right)^{n+1}+(-1)^n\left(\frac{\sqrt{5}-1}{2}\right)^{n+1}\right]x^n\quad\left(|x|<\frac{\sqrt{5}-1}{2}\right).$$

**【2862】** $\dfrac{1}{1+x+x^2}$.

**解** $$\frac{1}{1+x+x^2}=\frac{1}{\mathrm{i}\sqrt{3}}\left[\frac{1}{x+\frac{1-\mathrm{i}\sqrt{3}}{2}}-\frac{1}{x+\frac{1+\mathrm{i}\sqrt{3}}{2}}\right]$$
$$=\frac{1}{\mathrm{i}\sqrt{3}}\left[\frac{1+\mathrm{i}\sqrt{3}}{2}\left(1+\frac{1+\mathrm{i}\sqrt{3}}{2}x\right)^{-1}-\frac{1-\mathrm{i}\sqrt{3}}{2}\left(1+\frac{1-\mathrm{i}\sqrt{3}}{2}x\right)^{-1}\right]$$
$$=\frac{1}{\mathrm{i}\sqrt{3}}\left[\sum_{n=1}^{\infty}(-1)^n\left(\frac{1+\mathrm{i}\sqrt{3}}{2}\right)^{n+1}x^n-\sum_{n=0}^{\infty}(-1)^n\left(\frac{1-\mathrm{i}\sqrt{3}}{2}\right)^{n+1}x^n\right]$$
$$=\frac{1}{\mathrm{i}\sqrt{3}}\sum_{n=0}^{\infty}(-1)^n\left[\left(\frac{1+\mathrm{i}\sqrt{3}}{2}\right)^{n+1}-\left(\frac{1-\mathrm{i}\sqrt{3}}{2}\right)^{n+1}\right]x^n.$$

由于

$$(-1)^n\left[\left(\frac{1+\mathrm{i}\sqrt{3}}{2}\right)^{n+1}-\left(\frac{1-\mathrm{i}\sqrt{3}}{2}\right)^{n+1}\right]$$
$$=(-1)^n\left[\left(\cos\frac{\pi}{3}+\mathrm{i}\sin\frac{\pi}{3}\right)^{n+1}-\left(\cos\frac{\pi}{3}-\mathrm{i}\sin\frac{\pi}{3}\right)^{n+1}\right]$$
$$=(-1)^n\left[\left(\cos\frac{n+1}{3}\pi+\mathrm{i}\sin\frac{n+1}{3}\pi\right)-\left(\cos\frac{n+1}{3}\pi-\mathrm{i}\sin\frac{n+1}{3}\pi\right)\right]$$
$$=(-1)^n\cdot 2\,\mathrm{i}\sin\frac{n+1}{3}\pi=2\mathrm{i}\cdot(-1)^n\sin\left[(n+1)\pi-\frac{2(n+1)}{3}\pi\right]$$
$$=2\mathrm{i}\cdot(-1)^n\left[-\cos(n+1)\pi\sin\frac{2(n+1)}{3}\pi\right]$$
$$=2\mathrm{i}\cdot(-1)^n\cdot(-1)\cdot(-1)^{n+1}\sin\frac{2(n+1)}{3}\pi=2\,\mathrm{i}\sin\frac{2(n+1)}{3}\pi,$$

故得

$$\frac{1}{1+1+x^2}=\frac{2}{\sqrt{3}}\sum_{n=0}^{\infty}x^n\sin\frac{2(n+1)}{3}\pi,$$

其中$|x|<\min\left(\frac{2}{|1+\mathrm{i}\sqrt{3}|},\frac{2}{|1-\mathrm{i}\sqrt{3}|}\right)=1$,即$|x|<1$.

**【2863】** $\frac{x\cos\alpha-x^2}{1-2x\cos\alpha+x^2}$.

**解** $$\frac{x\cos\alpha-x^2}{1-2x\cos\alpha+x^2}=-1-\frac{1}{2}\left[\frac{\cos\alpha+\mathrm{i}\sin\alpha}{x-(\cos\alpha+\mathrm{i}\sin\alpha)}+\frac{\cos\alpha-\mathrm{i}\sin\alpha}{x-(\cos\alpha-\mathrm{i}\sin\alpha)}\right]$$
$$=-1+\frac{1}{2}\left[\frac{1}{1-x(\cos\alpha-\mathrm{i}\sin\alpha)}+\frac{1}{1-x(\cos\alpha+\mathrm{i}\sin\alpha)}\right]$$
$$=-1+\frac{1}{2}\left[\sum_{n=0}^{\infty}x^n(\cos\alpha-\mathrm{i}\sin\alpha)^n+\sum_{n=0}^{\infty}x^n(\cos\alpha+\mathrm{i}\sin\alpha)^n\right]$$
$$=\frac{1}{2}\sum_{n=1}^{\infty}x^n(\cos n\alpha-\mathrm{i}\sin n\alpha+\cos n\alpha+\mathrm{i}\sin n\alpha)$$
$$=\sum_{n=1}^{\infty}x^n\cos n\alpha,$$
其中 $|x|<\min\left(\frac{1}{|\cos\alpha+\mathrm{i}\sin\alpha|},\frac{1}{|\cos\alpha-\mathrm{i}\sin\alpha|}\right)=1$,即$|x|<1$.

**【2864】** $\frac{x\sin\alpha}{1-2x\cos\alpha+x^2}$ *).

**解** $$\frac{x\sin\alpha}{1-2x\cos\alpha+x^2}=\frac{\mathrm{i}x}{2}\left[\frac{1}{x-(\cos\alpha-\mathrm{i}\sin\alpha)}-\frac{1}{x-(\cos\alpha+\mathrm{i}\sin\alpha)}\right]$$
$$=\frac{\mathrm{i}x}{2}\left[-\frac{\cos\alpha-\mathrm{i}\sin\alpha}{1-x(\cos\alpha+\mathrm{i}\sin\alpha)}+\frac{\cos\alpha-\mathrm{i}\sin\alpha}{1-x(\cos\alpha-\mathrm{i}\sin\alpha)}\right]$$
$$=\frac{\mathrm{i}x}{2}\left[-\sum_{n=0}^{\infty}x^n(\cos\alpha+\mathrm{i}\sin\alpha)^{n+1}+\sum_{n=0}^{\infty}x^n(\cos\alpha-\mathrm{i}\sin\alpha)^{n+1}\right]$$
$$=\frac{\mathrm{i}x}{2}\sum_{n=0}^{\infty}x^n[-\cos(n+1)\alpha-\mathrm{i}\sin(n+1)\alpha+\cos(n+1)\alpha-\mathrm{i}\sin(n+1)\alpha]$$
$$=\sum_{n=0}^{\infty}x^{n+1}\sin(n+1)\alpha=\sum_{n=0}^{\infty}x^n\sin n\alpha,$$
其中 $|x|<1$.

*) 译本为$\frac{\sin\alpha}{1-2x\cos\alpha+x^2}$,两者答案实质上是相同的.

**【2865】** $\frac{x\,\mathrm{sh}\alpha}{1-2x\,\mathrm{ch}\alpha+x^2}$.

**解** $$\frac{x\,\mathrm{sh}\alpha}{1-2x\,\mathrm{ch}\alpha+x^2}=\frac{1}{2}\left[\frac{\mathrm{ch}\alpha+\mathrm{sh}\alpha}{x-(\mathrm{ch}\alpha+\mathrm{sh}\alpha)}-\frac{\mathrm{ch}\alpha-\mathrm{sh}\alpha}{x-(\mathrm{ch}\alpha-\mathrm{sh}\alpha)}\right]$$
$$=\frac{1}{2}\left[\frac{\mathrm{e}^{\alpha}}{x-\mathrm{e}^{\alpha}}-\frac{\mathrm{e}^{-\alpha}}{x-\mathrm{e}^{-\alpha}}\right]=\frac{1}{2}\left[-\frac{1}{1-x\mathrm{e}^{-\alpha}}+\frac{1}{1-x\mathrm{e}^{\alpha}}\right]$$
$$=\frac{1}{2}\left[-\sum_{n=0}^{\infty}x^n\mathrm{e}^{-n\alpha}+\sum_{n=0}^{\infty}x^n\mathrm{e}^{n\alpha}\right]=\sum_{n=0}^{\infty}x^n\,\mathrm{sh}\,n\alpha,$$
其中 $|x|<\min(\mathrm{e}^{-\alpha},\mathrm{e}^{\alpha})=\mathrm{e}^{-|\alpha|}$.

**【2866】** $\frac{1}{(1-x^2)\sqrt{1-x^2}}$.

**解** $$\frac{1}{(1-x^2)\sqrt{1-x^2}}=(1-x^2)^{-\frac{3}{2}}=\sum_{n=0}^{\infty}\frac{\left(-\frac{3}{2}\right)\left(-\frac{3}{2}-1\right)\cdots\left(-\frac{3}{2}-n+1\right)}{n!}(-x^2)^n$$
$$=\sum_{n=0}^{\infty}\frac{(2n+1)!!}{(2n)!!}x^{2n}\qquad(|x|<1).$$

**【2867】** $\ln(1+x+x^2+x^3)$.

**解** $\ln(1+x+x^2+x^3)=\ln[(1+x)(1+x^2)]=\ln(1+x)+\ln(1+x^2)$.

但

$$\ln(1+x)=\sum_{n=1}^{\infty}(-1)^{n-1}\frac{x^n}{n}\quad(-1<x\leqslant 1),$$

$$\ln(1+x^2)=\sum_{n=1}^{\infty}(-1)^{n-1}\frac{x^{2n}}{n}\quad(-1\leqslant x\leqslant 1),$$

故当$-1<x\leqslant 1$时,有

$$\begin{aligned}\ln(1+x+x^2+x^3)&=\sum_{n=1}^{\infty}(-1)^{n-1}\frac{x^n}{n}+\sum_{n=1}^{\infty}(-1)^{n-1}\frac{x^{2n}}{n}\\&=\sum_{m=1}^{\infty}(-1)^{m-1}\frac{x^m}{m}+\sum_{m=1}^{\infty}(-1)^{[\frac{m}{2}]-1}[1+(-1)^m]\frac{x^m}{m}\\&=\sum_{m=1}^{\infty}\frac{(-1)^{m-1}+(-1)^{[\frac{m}{2}]-1}[1+(-1)^m]}{m}x^m.\end{aligned}$$

**【2868】** $e^{x\cos\alpha}\cos(x\sin\alpha)$

**解** 首先注意到

$$e^{x\cos\alpha+ix\sin\alpha}=e^{x(\cos\alpha+i\sin\alpha)}=e^{xe^{i\alpha}}$$

的实部就是$e^{x\cos\alpha}\cos(x\sin\alpha)$. 为此,先求$e^{xe^{i\alpha}}$:

$$e^{xe^{i\alpha}}=\sum_{n=0}^{\infty}\frac{1}{n!}(xe^{i\alpha})^n=\sum_{n=0}^{\infty}\frac{x^n}{n!}e^{in\alpha}=\sum_{n=0}^{\infty}\frac{x^n}{n!}(\cos n\alpha+i\sin n\alpha).$$

比较上式两端的实部,即得

$$e^{x\cos\alpha}\cos(x\sin\alpha)=\sum_{n=0}^{\infty}\frac{\cos n\alpha}{n!}x^n\quad(|x|<+\infty).$$

比较虚部,还可得到

$$e^{x\cos n\alpha}\sin(x\sin\alpha)=\sum_{n=0}^{\infty}\frac{\sin n\alpha}{n!}x^n\quad(|x|<+\infty).$$

**首先展开导数,然后用逐项积分的方法求下列函数的幂级数展开式.**

**【2869】** $f(x)=\arctan x$,求级数$\sum\limits_{n=1}^{\infty}\frac{(-1)^{n+1}}{2n-1}$的和.

**解** $\arctan x=\int_0^x\frac{dt}{1+t^2}=\int_0^x\left(\sum\limits_{n=0}^{\infty}(-1)^n t^{2n}\right)dt=\sum\limits_{n=0}^{\infty}(-1)^n\frac{x^{2n+1}}{2n+1}$,

这里逐项积分的条件是满足的. 事实上,当$t\in[0,x]$且$|x|<1$时,$\sum\limits_{n=0}^{\infty}(-1)^n t^{2n}$是一致收敛的,并且各项均连续. 以下各题类似,不再一一说明. 上述级数的收敛区间为$|x|<1$,当$|x|=1$时,为交错级数,且满足莱布尼茨判别法的条件,故在端点$x=\pm1$处,级数均收敛. 因此,级数的收敛域为$|x|\leqslant 1$,在其上展式成立.

令$x=1$,即得

$$\sum_{n=0}^{\infty}(-1)^n\frac{1}{2n+1}=\sum_{n=1}^{\infty}\frac{(-1)^{n-1}}{2n-1}=\arctan 1=\frac{\pi}{4}.$$

**【2870】** $f(x)=\arcsin x$.

**解** $\arcsin x=\int_0^x\frac{dt}{\sqrt{1-t^2}}=\int_0^x\left[1+\sum\limits_{n=1}^{\infty}\frac{(2n-1)!!}{(2n)!!}t^{2n}\right]dt=x+\sum\limits_{n=1}^{\infty}\left[\frac{(2n-1)!!}{(2n)!!}\frac{x^{2n+1}}{2n+1}\right]$,

收敛区间为$|x|<1$. 当$|x|=1$时,利用2604题的结果,由于$\frac{p}{2}+q=\frac{1}{2}+1>1$,故级数收敛. 因此,级数的收敛域为$|x|\leqslant 1$,在其上展式成立.

**【2871】** $f(x)=\ln(x+\sqrt{1+x^2})$.

**解** $$\begin{aligned}\ln(x+\sqrt{1+x^2})&=\int_0^x\frac{dt}{\sqrt{1+t^2}}=\int_0^x\left[1+\sum_{n=1}^{\infty}(-1)^n\frac{(2n-1)!!}{(2n)!!}t^{2n}\right]dt\\&=x+\sum_{n=1}^{\infty}\left[(-1)^n\frac{(2n-1)!!}{(2n)!!}\frac{x^{2n+1}}{2n+1}\right],\end{aligned}$$

收敛区间为$|x|<1$. 当$|x|=1$时，级数为绝对收敛. 因此，级数的收敛域为$|x|\leqslant 1$，在其上展式成立.

【2872】 $f(x)=\ln(1-2x\cos\alpha+x^2)$.

解 $$\ln(1-2x\cos\alpha+x^2)=\int_0^x \frac{2t-2\cos\alpha}{1-2t\cos\alpha+t^2}dt=-2\int_0^x\left(\frac{1}{t}\ \frac{t\cos\alpha-t^2}{1-2t\cos\alpha+t^2}\right)dt$$

$$=-2\int_0^x\left(\frac{1}{t}\sum_{n=1}^{\infty}t^n\cos n\alpha\right)dt^{*)}=-2\sum_{n=1}^{\infty}\frac{\cos n\alpha}{n}x^n,$$

收敛区间为$|x|<1$. 当$|x|=1$时，由 2698 题知，对于$0<\alpha<\pi$，级数收敛. 因此，当$0<\alpha<\pi$时，级数的收敛域为$|x|\leqslant 1$. 但当$\alpha=0$且$x=1$时，级数发散；当$\alpha=0$且$x=-1$时，级数条件收敛；当$\alpha=\pi$且$x=1$时，级数条件收敛；当$\alpha=\pi$且$x=-1$时，级数发散.

*) 利用 2863 题的结果.

【2873】 利用不同方法，求下列函数的幂级数展开式：

(1) $f(x)=(1+x)\ln(1+x)$；

(2) $f(x)=\frac{1}{4}\ln\frac{1+x}{1-x}+\frac{1}{2}\arctan x$；

(3) $f(x)=\arctan\frac{2-2x}{1+4x}$；

(4) $f(x)=\arctan\frac{2x}{2-x^2}$；

(5) $f(x)=x\arctan x-\ln\sqrt{1+x^2}$；

(6) $f(x)=\arccos(1-2x^2)$；

(7) $f(x)=x\arcsin x+\sqrt{1-x^2}$；

(8) $f(x)=x\ln(x+\sqrt{1+x^2})-\sqrt{1+x^2}$.

解 (1) $f(x)=(1+x)\sum_{n=1}^{\infty}(-1)^{n-1}\frac{x^n}{n}=x+\sum_{n=1}^{\infty}(-1)^{n-1}\frac{x^{n+1}}{n(n+1)}\quad(|x|<1)$,

当$|x|=1$时，级数收敛. 因此，级数的收敛域为$|x|\leqslant 1$.

(2) $f(x)=\frac{1}{2}\sum_{n=0}^{\infty}\frac{x^{2n+1}}{2n+1}^{*)}+\frac{1}{2}\sum_{n=0}^{\infty}(-1)^n\frac{x^{2n+1}}{2n+1}^{**)}=\sum_{n=0}^{\infty}\frac{x^{4n+1}}{4n+1}\quad(|x|<1)$.

*) 利用 2857 题的结果.

**) 利用 2869 题的结果.

(3) 由于 $f'(x)=\left(\arctan\frac{2-2x}{1+4x}\right)'=-\frac{2}{1+4x^2}$，故

$$\arctan\frac{2-2x}{1+4x}=-2\int_0^x\frac{dt}{1+4t^2}+\arctan 2=-2\int_0^x\left[\sum_{n=1}^{\infty}(-1)^{n-1}(4t^2)^{n-1}\right]dt+\arctan 2$$

$$=\arctan 2+\sum_{n=1}^{\infty}(-1)^n\frac{2^{2n-1}}{2n-1}x^{2n-1}\quad\left(|x|<\frac{1}{2}\right).$$

当$|x|=\frac{1}{2}$时，级数为交错级数，且满足莱布尼茨判别法的条件，故收敛. 因此，级数的收敛域为$|x|\leqslant\frac{1}{2}$.

(4) 由于 $f'(x)=\left(\arctan\frac{2x}{2-x^2}\right)'=\frac{4+2x^2}{4+x^4}$，故

$$\arctan\frac{2x}{2-x^2}=\int_0^x\frac{4+2t^2}{4+t^4}dt=\int_0^x\left[\left(1+\frac{t^2}{2}\right)\cdot\sum_{n=0}^{\infty}(-1)^n\left(\frac{t^4}{4}\right)^n\right]dt$$

$$=\int_0^x\left[\sum_{n=0}^{\infty}(-1)^{\left[\frac{n}{2}\right]}\frac{t^{2n}}{2^n}\right]dt=\sum_{n=0}^{\infty}(-1)^{\left[\frac{n}{2}\right]}\frac{x^{2n+1}}{2^n(2n+1)}\quad(|x|<\sqrt{2}).$$

当$|x|=\sqrt{2}$时，级数为

$$\sqrt{2}\sum_{n=0}^{\infty}(-1)^{\left[\frac{n}{2}\right]}\frac{1}{2n+1}\quad 及\quad -\sqrt{2}\sum_{n=0}^{\infty}(-1)^{\left[\frac{n}{2}\right]}\frac{1}{2n+1},$$

它们均由两收敛级数

$$\sum_{n=0}^{\infty}(-1)^{n-1}\frac{1}{4n+1}\quad 及\quad \sum_{n=0}^{\infty}(-1)^{n-1}\frac{1}{4n+3}$$

逐项相加并分别乘以常数$\sqrt{2}$及$-\sqrt{2}$而得，故它们收敛. 因此，原级数的收敛域为$|x|\leqslant\sqrt{2}$.

(5) $f(x)=x\sum_{n=0}^{\infty}(-1)^n\frac{x^{2n+1}}{2n+1}^{*)}-\frac{1}{2}\sum_{n=1}^{\infty}(-1)^{n-1}\frac{x^{2n}}{n}$

$$=\sum_{n=1}^{\infty}(-1)^{n+1}\frac{x^{2n}}{2n-1}-\frac{1}{2}\sum_{n=1}^{\infty}(-1)^{n+1}\frac{x^{2n}}{n}$$

$$=\sum_{n=1}^{\infty}(-1)^{n+1}\frac{x^{2n}}{2n(2n+1)}\qquad(|x|<1).$$

当$|x|=1$时,级数$\sum_{n=1}^{\infty}\frac{(-1)^{n+1}}{2n(2n-1)}$收敛.因此,级数的收敛域为$|x|\leqslant 1$.

*) 利用 2869 题的结果.

(6) 由于$f'(x)=[\arccos(1-2x^2)]'=\frac{2\mathrm{sgn}x}{\sqrt{1-x^2}}$及$f(0)=0$,故

$$\arccos(1-2x^2)=2\mathrm{sgn}x\int_0^x\frac{\mathrm{d}t}{\sqrt{1-t^2}}=2\mathrm{sgn}x\cdot\int_0^x\left[1+\sum_{n=1}^{\infty}\frac{(2n-1)!!}{(2n)!!}t^{2n}\right]\mathrm{d}t$$

$$=2\mathrm{sgn}x\cdot\left[x+\sum_{n=1}^{\infty}\frac{(2n-1)!!}{(2n)!!}\cdot\frac{x^{2n+1}}{2n+1}\right]$$

$$=2|x|\cdot\left[1+\sum_{n=1}^{\infty}\left(\frac{(2n-1)!!}{(2n)!!}\cdot\frac{x^{2n}}{2n+1}\right)\right]\quad(|x|<1).\qquad(1')$$

当$|x|=1$时,级数为

$$2\left[1+\sum_{n=1}^{\infty}\left(\frac{(2n-1)!!}{(2n)!!}\cdot\frac{1}{2n+1}\right)\right].$$

对于级数

$$\sum_{n=1}^{\infty}\left[\frac{(2n-1)!!}{(2n)!!}\cdot\frac{1}{2n+1}\right]$$

应用拉比判别法:

$$\lim_{n\to\infty}n\left(\frac{a_n}{a_{n+1}}-1\right)=\lim_{n\to\infty}\frac{6n^2+5n}{(2n+1)^2}=\frac{3}{2}>1,$$

即知它是收敛的.因此,级数(1′)的收敛域为$|x|\leqslant 1$.

(7) $$f(x)=x\left[x+\sum_{n=1}^{\infty}\frac{(2n-1)!!}{(2n)!!}\frac{x^{2n+1}}{2n+1}\right]^{*)}+\left[1-\frac{x^2}{2}-\sum_{n=1}^{\infty}\frac{(2n-1)!!}{(2n+2)!!}x^{2n+2}\right]$$

$$=1+\frac{x^2}{2}+\sum_{n=1}^{\infty}\frac{(2n-1)!!}{(2n+2)!!}\frac{x^{2n+2}}{2n+1}\quad(|x|<1).$$

当$|x|=1$时,对于级数$\sum_{n=1}^{\infty}\left[\frac{(2n-1)!!}{(2n+2)!!}\frac{1}{2n+1}\right]$应用拉比判别法:

$$\lim_{n\to\infty}n\left(\frac{a_n}{a_{n+1}}-1\right)=\lim_{n\to\infty}\frac{10n^2+11n}{(2n+1)^2}=\frac{5}{2}>1,$$

即知它是收敛的.因此,原级数的收敛域为$|x|\leqslant 1$.

*) 利用 2870 题的结果.

(8) $$f(x)=x\left[x+\sum_{n=1}^{\infty}(-1)^n\frac{(2n-1)!!}{2n!!}\frac{x^{2n+1}}{2n+1}\right]^{*)}-\left[1+\frac{1}{2}x^2+\sum_{n=1}^{\infty}(-1)^n\frac{(2n-1)!!}{(2n+2)!!}x^{2n+2}\right]$$

$$=-1+\frac{x^2}{2}+\sum_{n=1}^{\infty}\left[(-1)^n\frac{(2n-1)!!}{(2n+2)!!}\frac{x^{2n+2}}{2n+1}\right]\quad(|x|\leqslant 1).$$

*) 利用 2871 题的结果.

**【2874】** 利用展开式

$$f(x+h)-f(x)=hf'(x)+\frac{h^2}{2!}f''(x)+\cdots$$

的唯一性,求下列函数的 $n$ 阶导数:(1) $f(x)=e^{x^2}$;(2)$^+$ $f(x)=e^{\frac{a}{x}}$;(3)$^+$ $f(x)=\arctan x$.

**解** (1) $f(x+h)-f(x)=e^{(x+h)^2}-e^{x^2}=e^{x^2}(e^{2xh+h^2}-1)$

$$=e^{x^2}\left[(2xh+h^2)+\frac{1}{2!}(2xh+h^2)^2+\cdots+\frac{1}{n!}(2xh+h^2)^n+\cdots\right],$$

其中 $h^n$ 的系数为

$$e^{x^2}\left[\frac{1}{n!}(2x)^n+\frac{1}{(n-1)!}C_{n-1}^1(2x)^{n-2}+\frac{1}{(n-2)!}C_{n-2}^2(2x)^{n-4}+\cdots\right]$$

$$=\frac{e^{x^2}}{n!}\left[(2x)^n+\frac{n(n-1)}{1!}(2x)^{n-2}+\frac{n(n-1)(n-2)(n-3)}{2!}(2x)^{n-4}+\cdots\right].$$

将 $f(x+h)-f(x)$的展开式中 $h^n$ 的系数$\frac{f^{(n)}(x)}{n!}$与之比较,即得

$$(e^{x^2})^{(n)}=e^{x^2}\left[(2x)^n+\frac{n(n-1)}{1!}(2x)^{n-2}+\frac{n(n-1)(n-2)(n-3)}{2!}(2x)^{n-4}+\cdots\right]$$

(2) $f(x+h)-f(x)=e^{\frac{a}{x+h}}-e^{\frac{e}{x}}=e^{\frac{a}{x}}\left(e^{-\frac{ah}{x(x+h)}}-1\right)=e^{\frac{a}{x}}\left(e^{\frac{-a\frac{h}{x^2}}{1+\frac{h}{x}}}-1\right)$

$$=e^{\frac{a}{x}}\left[e^{-\frac{ah}{x^2}+\frac{ah^2}{x^3}-\frac{ah^3}{x^4}+\cdots+(-1)^{n+1}\frac{ah^{n+1}}{x^{n+2}}+\cdots}-1\right]$$

$$=e^{\frac{a}{x}}\left\{\sum_{m=1}^{\infty}\frac{1}{m!}\left[\sum_{n=0}^{\infty}(-1)^{n+1}\frac{ah^{n+1}}{x^{n+2}}\right]^m\right\}$$

$$=e^{\frac{a}{x}}\sum_{m=1}^{\infty}\frac{a^m}{m!x^m}\sum_{k_1=0}^{\infty}(-1)^{k_1+1}\left(\frac{h}{x}\right)^{k_1+1}\sum_{k_2=0}^{\infty}(-1)^{k_2+1}\left(\frac{h}{x}\right)^{k_2+1}\cdots\sum_{k_m=0}^{\infty}(-1)^{k_m+1}\left(\frac{h}{x}\right)^{k_m+1}$$

$$=e^{\frac{a}{x}}\sum_{m=1}^{\infty}\frac{a^m}{m!x^m}\sum_{s=0}^{\infty}\sum_{k_1+\cdots+k_m=s}(-1)^{k_1+\cdots+k_m+m}\left(\frac{h}{x}\right)^{k_1+\cdots+k_m+m}$$

$$=e^{\frac{a}{x}}\sum_{m=1}^{\infty}\left[\frac{(-1)^m a^m}{m!x^m}\left(\frac{h}{x}\right)^m\sum_{s=0}^{\infty}\left(\sum_{k_1+\cdots+k_m=s}1\right)(-1)^s\left(\frac{h}{x}\right)^s\right]$$

$$=e^{\frac{a}{x}}\sum_{m=1}^{\infty}\left[\frac{(-1)^m a^m}{m!x^m}\left(\frac{h}{x}\right)^m\sum_{s=0}^{\infty}C_{s+m-1}^s(-1)^s\left(\frac{h}{x}\right)^s\right]^{*)}$$

$$=e^{\frac{a}{x}}\sum_{m=1}^{\infty}\sum_{s=0}^{\infty}\frac{(-1)^{m+s}a^m}{m!x^m}\left(\frac{h}{x}\right)^{m+s}C_{s+m-1}^s=e^{\frac{a}{x}}\sum_{n=1}^{\infty}\sum_{\substack{s+m=n\\ s\geqslant 0,\ m\geqslant 1}}\frac{(-1)^n a^m}{m!x^m}\left(\frac{h}{x}\right)^n C_{n-1}^s$$

$$=e^{\frac{a}{x}}\sum_{n=1}^{\infty}\frac{(-1)^n}{x^n}\left(\frac{h}{x}\right)^n\sum_{\substack{s+m=n\\ s\geqslant 0,\ m\geqslant 1}}C_{n-1}^s x^{n-m}\frac{a^m}{m!}$$

$$=e^{\frac{a}{x}}\sum_{n=1}^{\infty}\frac{(-1)^n}{x^{2n}}h^n\sum_{s=0}^{n-1}C_{n-1}^s\frac{x^s a^{n-s}}{(n-s)!}=e^{\frac{a}{x}}\sum_{n=1}^{\infty}\frac{1}{n!}A_n h^n,$$

其中 $A_n=\frac{(-1)^n}{x^{2n}}\sum_{s=0}^{n-1}s!\ C_n^s C_{n-1}^s a^{n-s}x^s$.

于是,比较 $h^n$ 的系数,即得

$$(e^{\frac{a}{x}})^{(n)}=\frac{(-1)^n}{x^{2n}}e^{\frac{a}{x}}\sum_{s=0}^{n-1}s!\,C_n^s C_{n-1}^s a^{n-s}x^s$$

$$=\frac{(-1)^n}{x^{2n}}e^{\frac{a}{x}}\left[a^n+\frac{n(n-1)}{1!}a^{n-1}x+\frac{n(n-1)\cdot(n-1)(n-2)}{2!}a^{n-2}x^2\right.$$

$$\left.+\frac{n(n-1)(n-2)\cdot(n-1)(n-2)(n-3)}{3!}a^{n-3}x^3+\cdots\right]$$

*) 其中 $\sum\limits_{\substack{k_1+\cdots+k_m=s\\ k_1\geqslant 0,\cdots,k_m\geqslant 0}}1=C_{s+m-1}^s$ 推导如下:

令$|t|<1$,一方面由$\frac{1}{1-t}=\sum\limits_{k=0}^{\infty}t^k$ 得

$$\left(\frac{1}{1-t}\right)^m=\sum_{k_1=0}^{\infty}t^{k_1}\sum_{k_2=0}^{\infty}t^{k_2}\cdots\sum_{k_m=0}^{\infty}t^{k_m}=\sum_{s=0}^{\infty}\sum_{k_1+\cdots+k_m=s}t^{k_1+k_2+\cdots+k_m}=\sum_{s=0}^{\infty}\left(\sum_{k_1+\cdots+k_m=s}1\right)t^s=\sum_{s=0}^{\infty}P_s t^s,$$

其中 $P_s=\sum\limits_{k_1+\cdots+k_m=s}1$. 另一方面,又由

$$\left(\frac{1}{1-t}\right)^m=(1-t)^{-m}=\sum_{s=0}^{\infty}\frac{(-m)(-m-1)\cdots(-m-s+1)}{s!}(-1)^s t^s$$
$$=\sum_{s=0}^{\infty}(-1)^{2s}\frac{m(m+1)\cdots(m+s-1)}{s!}t^5=\sum_{s=0}^{\infty}C_{m+s-1}^{s}t^s,$$

由幂级数展开的唯一性,即知 $P_s=C_{m+s-1}^{s}$.

(3) 根据 $\arctan x+\arctan y=\arctan\frac{x+y}{1-xy}$,令 $y=\frac{\frac{h}{1+x^2}}{1+\frac{x}{1+x^2}h}$,就有$\frac{x+y}{1-xy}=x+h$. 于是,

$$f(x+h)-f(x)=\arctan(x+h)-\arctan x=\arctan\frac{x+y}{1-xy}-\arctan x=\arctan y$$
$$=\arctan\left(\frac{h}{1+x^2}\cdot\frac{1}{1+\frac{x}{1+x^2}h}\right).$$

由 2869 题的结果知,当$|y|\leqslant 1$ 时,有

$$\arctan y=\sum_{m=0}^{\infty}(-1)^m\frac{y^{2m+1}}{2m+1}.$$

而当 $h$ 很小(且$|x|\leqslant 1$)时,有

$$y=\frac{h}{1+x^2}\cdot\frac{1}{1+\frac{x}{1+x^2}h}=\frac{h}{1+x^2}\sum_{k=0}^{\infty}(-1)^k\left(\frac{x}{1+x^2}h\right)^k.$$

于是,

$$f(x+h)-f(x)=\sum_{m=0}^{\infty}(-1)^m\frac{1}{2m+1}\left[\frac{h}{1+x^2}\sum_{k=0}^{\infty}(-1)^k\left(\frac{x}{1+x^2}h\right)^k\right]^m$$
$$=1+\sum_{m=1}^{\infty}(-1)^m\frac{1}{2m+1}\left(\frac{h}{1+x^2}\right)^m\cdot\sum_{k_1=0}^{\infty}\sum_{k_2=0}^{\infty}\cdots\sum_{k_m=0}^{\infty}(-1)^{k_1+k_2+\cdots+k_m}\left(\frac{xh}{1+x^2}\right)^{k_1+k_2+\cdots+k_m}$$
$$=1+\sum_{m=1}^{\infty}(-1)^m\frac{1}{2m+1}\left(\frac{h}{1+x^2}\right)^m\cdot\sum_{s=0}^{\infty}\Big(\sum_{k_1+\cdots+k_m=s}1\Big)(-1)^s\left(\frac{xh}{1+x^2}\right)^s$$
$$=1+\sum_{m=1}^{\infty}\sum_{s=0}^{\infty}(-1)^m\frac{1}{2m+1}\left(\frac{h}{1+x^2}\right)^{m+s}x^s(-1)^sC_{m+s-1}^{s}$$
$$=1+\sum_{n=1}^{\infty}\sum_{\substack{m+s=n\\ m\geqslant 1,\ s\geqslant 0}}(-1)^{m+s}\left(\frac{h}{1+x^2}\right)^{m+s}\frac{x^s}{2m+1}C_{m+s-1}^{s}=1+\sum_{n=1}^{\infty}(-1)^n\left(\frac{h}{1+x^2}\right)^nA_n,$$

其中 $A_n=\sum_{\substack{m+s=n\\ m\geqslant 1,\ s\geqslant 0}}\frac{x^s}{2m+1}C_{n-1}^{s}=\sum_{s=0}^{n-1}\frac{x^s}{2(n-s)+1}C_{n-1}^{s}\quad(n=1,2,\cdots).$

因此,比较 $h^n$ 的系数,即得

$$(\arctan x)^{(n)}=(-1)^n\frac{n!}{(1+x^2)^n}A_n=(-1)^n\frac{n!}{(1+x^2)^n}\sum_{s=0}^{n-1}\frac{x^s}{2(n-s)+1}C_{n-1}^{s}$$
$$=(-1)^n\frac{n!}{(1+x^2)^n}\left[\frac{1}{3}x^{n-1}+\frac{1}{5}(n-1)x^{n-2}+\cdots\right].$$

**【2875】** 依二项式 $x+1$ 的正整数次幂展开函数 $f(x)=\ln\frac{1}{2+2x+x^2}$.

**解** $f(x)=-\ln[1+(x+1)^2]=-\sum_{n=1}^{\infty}(-1)^{n-1}\frac{1}{n}(x+1)^{2n}=\sum_{n=1}^{\infty}(-1)^n\frac{(x+1)^{2n}}{n}$,

收敛域为$|x+1|\leqslant 1$ 或$-2\leqslant x\leqslant 0$.

**【2876】** 把函数 $f(x)=\frac{1}{1-x}$按变量 $x$ 的负整数次幂展开成幂级数.

**提示** 注意 $f(x)=\frac{1}{1-x}=-\frac{1}{x}\cdot\frac{1}{1-\frac{1}{x}}\quad(|x|>1).$

**解** $f(x)=\frac{1}{x}\cdot\frac{1}{\frac{1}{x}-1}=-\frac{1}{x}\sum_{n=0}^{\infty}\frac{1}{x^n}=-\sum_{n=1}^{\infty}\frac{1}{x^n}\quad(|x|>1).$

**【2877】** 把函数 $f(x)=\ln x$ 按分式$\frac{x-1}{x+1}$的正整数次幂展开成幂级数.

**提示** 注意 $f(x)=\ln x=\ln\frac{1+\frac{x-1}{x+1}}{1-\frac{x-1}{x+1}}\ (x>0)$，并利用 2857 题的结果.

**解** $f(x)=\ln\frac{1+\frac{x-1}{x+1}}{1-\frac{x-1}{x+1}}=2\sum_{n=0}^{\infty}\frac{1}{2n+1}\left(\frac{x-1}{x+1}\right)^{2n+1\ *)}\quad(x>0).$

*) 利用 2857 题的结果.

**【2878】** 把函数 $f(x)=\frac{x}{\sqrt{1+x}}$按分式$\frac{x}{1+x}$的正整数次幂展开成幂级数.

**解** $f(x)=\frac{x}{1+x}\sqrt{1+x}=\frac{x}{1+x}\cdot\frac{1}{\sqrt{1-\frac{x}{x+1}}}=\frac{x}{1+x}\left(1-\frac{x}{1+x}\right)^{-\frac{1}{2}}$

$$=\frac{x}{1+x}\left[1+\sum_{n=1}^{\infty}\frac{(2n-1)!!}{(2n)!!}\left(\frac{x}{1+x}\right)^n\right]=\frac{x}{1+x}+\sum_{n=1}^{\infty}\frac{(2n-1)!!}{(2n)!!}\left(\frac{x}{1+x}\right)^{n+1},$$

当$\left|\frac{x}{1+x}\right|<1$即当$x>-\frac{1}{2}$时，级数收敛. 当$x=-\frac{1}{2}$时，由 2689 题的结果知，它条件收敛. 因此，级数的收敛域为 $x\geqslant-\frac{1}{2}$.

**【2879】** 设 $f(x)=\sum_{n=0}^{\infty}\frac{x^n}{n!}$，直接证明：$f(x)f(y)=f(x+y)$.

**证** $f(x)f(y)=\sum_{n_1=0}^{\infty}\frac{x^{n_1}}{(n_1)!}\sum_{n_2=0}^{\infty}\frac{y^{n_2}}{(n_2)!}=\sum_{n_1=0}^{\infty}\sum_{n_2=0}^{\infty}\frac{1}{(n_1)!(n_2)!}x^{n_1}y^{n_2}$

$$=\sum_{n=0}^{\infty}\sum_{n_1+n_2=n}\frac{1}{(n_1)!\ (n_2)!}x^{n_1}y^{n_2}=\sum_{n=0}^{\infty}\frac{1}{n!}\left(\sum_{n_1+n_2=n}\frac{n!}{(n_1)!(n_2)!}x^{n_1}y^{n_2}\right)$$

$$=\sum_{n=0}^{\infty}\frac{1}{n!}\left(\sum_{n_1=0}^{\infty}C_n^{n_1}x^{n_1}y^{n-n_1}\right)=\sum_{n=0}^{\infty}\frac{1}{n!}(x+y)^n=f(x+y).$$

上述级数在$|x|<+\infty$及$|y|<+\infty$上绝对收敛，故重新组合是允许的.

事实上，$f(x)=e^x$，等式 $f(x)f(y)=f(x+y)$ 即为指数函数的特征.

**【2880】** 若我们定义

$$\sin x=\sum_{n=0}^{\infty}(-1)^n\frac{x^{2n+1}}{(2n+1)!},\quad \cos x=\sum_{n=0}^{\infty}(-1)^n\frac{x^{2n}}{(2n)!}.$$

证明：(1) $\sin x\cos x=\frac{1}{2}\sin 2x$；(2) $\sin^2x+\cos^2x=1$.

**证** 由于 $\sin x$ 及 $\cos x$ 的幂级数展开式在$|x|<+\infty$内绝对收敛，故级数相乘或相加、减均仍绝对收敛，且可重新组合. 因此，以下的级数运算都是合理的.

(1) $\sin x\cos x=\sum_{n_1=0}^{\infty}(-1)^{n_1}\frac{x^{2n_1+1}}{(2n_1+1)!}\sum_{n_2=0}^{\infty}(-1)^{n_2}\frac{x^{2n_2}}{(2n_2)!}$

$$=\sum_{n=0}^{\infty}\sum_{\substack{n_1+n_2=n\\ n_1\geqslant0,\ n_2\geqslant0}}(-1)^{n_1+n_2}\frac{x^{2n_1+2n_2+1}}{(2n_1+1)!(2n_2)!}$$

$$=\sum_{n=0}^{\infty}\left[(-1)^nx^{2n+1}\sum_{\substack{n_1+n_2=n\\ n_1\geqslant0,\ n_2\geqslant0}}\frac{1}{(2n_1+1)!(2n_2)!}\right]=\sum_{n=0}^{\infty}(-1)^nA_n x^{2n+1},$$

其中 $A_n=\sum\limits_{\substack{n_1+n_2=n\\ n_1\geqslant 0,\ n_2\geqslant 0}}\frac{1}{(2n_1+1)!(2n_2)!}=\sum\limits_{\substack{(2n_1+1)+(2n_2)=2n+1\\ n_1\geqslant 0,\ n_2\geqslant 0}}\frac{1}{(2n_1+1)!\,(2n_2)!}$

$$=\frac{1}{(2n+1)!}\sum_{\substack{k_1+k_2=2n+1\\ k_1\text{—奇数}\\ k_2\text{—偶数}}}\frac{(2n+1)!}{(k_1)!(k_2)!}=\frac{1}{(2n+1)!}\cdot\frac{1}{2}\left(\sum_{k_1\text{奇},\ k_2\text{偶}}+\sum_{k_1\text{偶},\ k_2\text{奇}}\right)$$

$$=\frac{1}{(2n+1)!}\cdot\frac{1}{2}\sum_{k=0}^{2n+1}\frac{(2n+1)!}{k!(2n+1-k)!}=\frac{1}{2}\cdot\frac{1}{(2n+1)!}2^{2n+1}.$$

从而得 $\sin x\cos x=\frac{1}{2}\sum\limits_{n=0}^{\infty}(-1)^n\frac{(2x)^{2n+1}}{(2n+1)!}=\frac{1}{2}\sin 2x.$

(2) $\sin^2x+\cos^2x$

$$=\sum_{n_1=0}^{\infty}\sum_{n_2=0}^{\infty}(-1)^{n_1+n_2}\frac{x^{2(n_1+n_2)+2}}{(2n_1+1)!(2n_2+1)!}+\sum_{k_1=0}^{\infty}\sum_{k_2=0}^{\infty}(-1)^{k_1+k_2}\frac{x^{2(k_1+k_2)}}{(2k_1)!\ (2k_2)!}$$

$$=\sum_{n=0}^{\infty}\left[(-1)^nx^{2n+2}\sum_{\substack{n_1+n_2=n\\ n_1\geqslant 0,\ n_2\geqslant 0}}\frac{1}{(2n_1+1)!(2n_2+1)!}\right]+\sum_{m=0}^{\infty}\left[(-1)^mx^{2m}\sum_{\substack{k_1+k_2=m\\ k_1\geqslant 0,\ k_2\geqslant 0}}\frac{1}{(2k_1)!(2k_2)!}\right]$$

$$=1+\sum_{m=1}^{\infty}+\sum_{n=0}^{\infty}=1+\sum_{n=0}^{\infty}(-1)^{n+1}x^{2n+2}A_n,$$

其中

$$A_n=\sum_{\substack{k_1+k_2=n+1\\ k_1\geqslant 0,\ k_2\geqslant 0}}\frac{1}{(2k_1)!(2k_2)!}-\sum_{\substack{n_1+n_2=n\\ n_1\geqslant 0,\ n_2\geqslant 0}}\frac{1}{(2n_1+1)!(2n_2+1)!}$$

$$=\frac{1}{(2n+2)!}\left[\sum_{\substack{2k_1+2k_2=2n+2\\ k_1\geqslant 0,\ k_2\geqslant 0}}\frac{(2n+2)!}{(2k_1)!(2k_2)!}-\sum_{\substack{(2n_1+1)+(2n_2+1)=2n+2\\ k_1\geqslant 0,\ k_2\geqslant 0}}\frac{(2n+2)!}{(2n_1+1)!(2n_2+1)!}\right]$$

$$=\frac{1}{(2n+2)!}\left[\sum_{k'=0,2,\cdots,2n+2}C_{2n+2}^{k'}-\sum_{l'=1,3,\cdots,2n+1}C_{2n+2}^{l'}\right]$$

$$=\frac{1}{(2n+2)!}\left[\sum_{s=0,2,\cdots,2n+2}(-1)^sC_{2n+2}^s+\sum_{s=1,3,\cdots,2n+1}(-1)^sC_{2n+2}^s\right]$$

$$=\frac{1}{(2n+2)!}\sum_{s=0}^{2n+2}(-1)^sC_{n+2}^s=\frac{1}{(2n+2)!}[1+(-1)]^{2n+2}=0\quad(n=0,1,2,\cdots).$$

因而得 $\sin^2x+\cos^2x=1\quad(|x|<+\infty).$

**【2881】** 写出函数 $f(x)=\left[\sum\limits_{n=0}^{\infty}\frac{x^n}{n+1}\right]^{-1}$ 的幂级数展开式中的若干项.

**解** $f(x)=\left(1+\frac{x}{2}+\frac{x^2}{3}+\frac{x^3}{4}+\cdots\right)^{-1}$

$$=1-\left(\frac{x}{2}+\frac{x^2}{3}+\frac{x^3}{4}+\cdots\right)+\left(\frac{x}{2}+\frac{x^2}{3}+\frac{x^3}{4}+\cdots\right)^2-\left(\frac{x}{2}+\frac{x^2}{3}+\frac{x^3}{4}+\cdots\right)^3+\cdots$$

$$=1-\frac{x}{2}-\frac{x^2}{12}-\frac{x^3}{24}-\cdots\quad(|x|<1).$$

**对幂级数进行相应的运算,从而求出下列函数的幂级数展开式:**

**【2882】** $f(x)=(1+x)e^{-x}$.

**解** $f(x)=(1+x)\sum\limits_{n=0}^{\infty}(-1)^n\frac{x^n}{n!}=1+\sum\limits_{n=2}^{\infty}\left[\frac{(-1)^n}{n!}+\frac{(-1)^{n-1}}{(n-1)!}\right]x^n$

$$=1+\sum_{n=2}^{\infty}(-1)^{n-1}\frac{n-1}{n!}x^n\quad(|x|<+\infty).$$

**【2883】** $f(x)=(1-x)^2\operatorname{ch}\sqrt{x}$.

**解** 当 $x\geqslant 0$ 时，

$$\operatorname{ch}\sqrt{x}=\frac{e^{\sqrt{x}}+e^{-\sqrt{x}}}{2}=\frac{1}{2}\sum_{n=0}^{\infty}\left[\frac{1}{n!}+\frac{(-1)^n}{n!}\right]x^{\frac{n}{2}}=\sum_{n=0}^{\infty}\frac{x^n}{(2n)!};$$

当 $x<0$ 时，易知 $\operatorname{ch}\sqrt{x}=\cos\sqrt{|x|}$，从而，

$$\operatorname{ch}\sqrt{x}=\sum_{n=0}^{\infty}(-1)^n\frac{(\sqrt{|x|})^{2n}}{(2n)!}=\sum_{n=0}^{\infty}\frac{x^n}{(2n)!},$$

故 $\operatorname{ch}\sqrt{x}=\sum\limits_{n=0}^{\infty}\frac{x^n}{(2n)!}$ $(|x|<+\infty)$. 于是，

$$f(x)=(1-2x+x^2)\sum_{n=0}^{\infty}\frac{x^n}{(2n)!}=1-\frac{3}{2}x+\sum_{n=2}^{\infty}\left[\frac{1}{(2n)!}-\frac{2}{(2n-2)!}+\frac{1}{(2n-4)!}\right]x^n$$
$$(|x|<+\infty).$$

**【2884】** $f(x)=\ln^2(1-x)$.

**解** 
$$f(x)=\left(-x-\frac{x^2}{2}-\frac{x^3}{3}-\cdots\right)^2$$
$$=\sum_{n=1}^{\infty}\left[\frac{1}{1\cdot n}+\frac{1}{2(n-1)}+\frac{1}{3(n-2)}+\cdots+\frac{1}{n\cdot 1}\right]x^{n+1}$$
$$=\sum_{n=1}^{\infty}\left[\left(\frac{1}{1}+\frac{1}{n}\right)\frac{1}{n+1}+\left(\frac{1}{2}+\frac{1}{n-1}\right)\frac{1}{n+1}+\cdots+\left(\frac{1}{n}+\frac{1}{1}\right)\frac{1}{n+1}\right]x^{n+1}$$
$$=2\sum_{n=1}^{\infty}\left(1+\frac{1}{2}+\frac{1}{3}+\cdots+\frac{1}{n}\right)\frac{x^{n+1}}{n+1}\quad(|x|<1).$$

当 $x=-1$ 时，级数为

$$2\sum_{n=1}^{\infty}\left(1+\frac{1}{2}+\frac{1}{3}+\cdots+\frac{1}{n}\right)\frac{(-1)^{n+1}}{n+1}.$$

由于

$$\left(1+\frac{1}{2}+\cdots+\frac{1}{n}\right)\frac{1}{n+1}>\left(1+\frac{1}{2}+\cdots+\frac{1}{n}+\frac{1}{n+1}\right)\frac{1}{n+2}\quad(n=2,3,\cdots),$$

并且有

$$\left(1+\frac{1}{2}+\cdots+\frac{1}{n}\right)\frac{1}{n+1}=\frac{C+\ln n+\varepsilon_n}{n+1}^{*)}\to 0\quad(n\to\infty),$$

故它是收敛的.

当 $x=1$ 时，由于 $\sum\limits_{n=1}^{\infty}\frac{C}{n+1}$ 发散且原级数为正项级数，故 $2\sum\limits_{n=1}^{\infty}\left(1+\frac{1}{2}+\cdots+\frac{1}{n}\right)\frac{1}{n+1}$ 也发散. 因此，级数

$$2\sum_{n=1}^{\infty}\left(1+\frac{1}{2}+\frac{1}{3}+\cdots+\frac{1}{n}\right)\frac{x^{n+1}}{n+1}$$

的收敛域为 $-1\leqslant x<1$.

*) 利用 146 题的结果.

**【2885】** $f(x)=(1+x^2)\arctan x$.

**解** 
$$f(x)=(1+x^2)\sum_{n=0}^{\infty}(-1)^n\frac{x^{2n+1}}{2n+1}^{*)}=x+\sum_{n=1}^{\infty}(-1)^{n+1}\left(\frac{1}{2n-1}-\frac{1}{2n+1}\right)x^{2n+1}$$
$$=x+2\sum_{n=1}^{\infty}\frac{(-1)^{n+1}}{4n^2-1}x^{2n+1}\quad(|x|\leqslant 1).$$

*) 利用 2869 题的结果.

**【2886】** $f(x)=e^x\cos x$.

**提示** 注意 $e^x(\cos x+i\sin x)=\sum\limits_{n=0}^{\infty}\frac{x^n}{n!}2^{\frac{n}{2}}\left(\cos\frac{n\pi}{4}+i\sin\frac{n\pi}{4}\right)$.

**解** $e^x\cos x$ 为 $e^x(\cos x+i\sin x)$ 的实部. 由于

$$\mathrm{e}^{x}(\cos x+\mathrm{i}\sin x)=\mathrm{e}^{x}\mathrm{e}^{\mathrm{i}x}=\mathrm{e}^{(1+\mathrm{i})x}$$

$$=\sum_{n=0}^{\infty}\frac{1}{n!}[(1+\mathrm{i})x]^{n}=\sum_{n=0}^{\infty}\frac{x^{n}}{n!}(1+\mathrm{i})^{n}=\sum_{n=0}^{\infty}\frac{x^{n}}{n!}\left[\sqrt{2}\left(\cos\frac{\pi}{4}+\mathrm{i}\sin\frac{\pi}{4}\right)\right]^{n}$$

$$=\sum_{n=0}^{\infty}\frac{x^{n}}{n!}2^{\frac{n}{2}}\left(\cos\frac{n\pi}{4}+\mathrm{i}\sin\frac{n\pi}{4}\right),$$

比较上式两端的实部，即得 $\mathrm{e}^{x}\cos x=\sum\limits_{n=0}^{\infty}\dfrac{2^{\frac{n}{2}}\cos\frac{n\pi}{4}}{n!}x^{n}\quad(|x|<+\infty)$.

**【2887】** $f(x)=\mathrm{e}^{x}\sin x$.

**提示** 利用 2886 题的等式.

**解** 利用 2886 题的等式，并比较此等式两端的虚部，即得

$$\mathrm{e}^{x}\sin x=\sum_{n=1}^{\infty}\frac{2^{\frac{n}{2}}\sin\frac{n\pi}{4}}{n!}x^{n}\qquad(|x|<+\infty).$$

**【2888】** $f(x)=\dfrac{\ln(1+x)}{1+x}$.

**解** $f(x)=\sum\limits_{n_1=0}^{\infty}(-1)^{n_1}x^{n_1}\sum\limits_{n_2=0}^{\infty}(-1)^{n_2}\dfrac{x^{n_2+1}}{n_2+1}$

$$=\sum_{n_1=0}^{\infty}\sum_{n_2=0}^{\infty}(-1)^{n_1+n_2}\frac{x^{n_1+n_2+1}}{n_2+1}=\sum_{n=0}^{\infty}\left[(-1)^{n}x^{n+1}\sum_{\substack{n_1+n_2=n\\ n_1\geqslant 0,\ n_2\geqslant 0}}\frac{1}{n_2+1}\right]$$

$$=\sum_{n=1}^{\infty}\left[(-1)^{n-1}\left(1+\frac{1}{2}+\frac{1}{3}+\cdots+\frac{1}{n}\right)x^{n}\right]\quad(|x|<1).$$

当 $|x|=1$ 时，通项的绝对值 $\geqslant 1$，显然发散. 因此，级数的收敛域为 $|x|<1$.

**【2889】** $f(x)=(\arctan x)^{2}$.

**解** $f(x)=\left(x-\dfrac{x^{3}}{3}+\dfrac{x^{5}}{5}-\cdots\right)^{2*)}$

$$=\sum_{n=1}^{\infty}(-1)^{n-1}\left[\frac{1}{(2n-1)\cdot 1}+\frac{1}{(2n-3)\cdot 3}+\cdots+\frac{1}{1\cdot(2n-1)}\right]x^{2n}$$

$$=\sum_{n=1}^{\infty}(-1)^{n-1}\left[\left(\frac{1}{2n-1}+\frac{1}{1}\right)\frac{1}{2n}+\left(\frac{1}{2n-3}+\frac{1}{3}\right)\frac{1}{2n}+\cdots+\left(\frac{1}{1}+\frac{1}{2n-1}\right)\frac{1}{2n}\right]x^{2n}$$

$$=\sum_{n=1}^{\infty}(-1)^{n-1}\left(1+\frac{1}{3}+\frac{1}{5}+\cdots+\frac{1}{2n-1}\right)\frac{x^{2n}}{n}\quad(|x|\leqslant 1).$$

*) 利用 2869 题的结果.

**【2890】** $f(x)=\left(\dfrac{\arcsin x}{x}\right)^{2}$.

**解** 令 $\varphi(x)=(\arcsin x)^{2}=\sum\limits_{n=0}^{\infty}a_{n}x^{n}\ (-1<x<1)$，则

$$\varphi'(x)=\frac{2\arcsin x}{\sqrt{1-x^{2}}}=\sum_{n=0}^{\infty}(n+1)a_{n+1}x^{n}\quad(-1<x<1).$$

由于 $\varphi(0)=\varphi'(0)=0$，故 $a_{0}=a_{1}=0$. 由 $\sqrt{1-x^{2}}\,\varphi'(x)=2\arcsin x$ 得

$$\sqrt{1-x^{2}}\,\varphi''(x)-\frac{x\varphi'(x)}{\sqrt{1-x^{2}}}=\frac{2}{\sqrt{1-x^{2}}}\quad(-1<x<1).$$

即

$$(1-x^{2})\varphi''(x)-x\varphi'(x)=2\quad(-1<x<1),$$

将 $\varphi(x)$ 的展开式代入，并注意到 $a_{0}=a_{1}=0$，可得

$$(1-x^{2})\sum_{n=2}^{\infty}n(n-1)a_{n}x^{n-2}-\sum_{n=2}^{\infty}na_{n}x^{n}=2$$

或 $\sum_{n=2}^{\infty} n(n-1)a_n x^{n-2} - \sum_{n=2}^{\infty} n^2 a_n x^n = 2$，也即

$$2a_2 + 6a_3 x + \sum_{n=2}^{\infty} [(n+2)(n+1)a_{n+2} - n^2 a_n] x^n = 2 \quad (-1<x<1).$$

比较上式 $x$ 的同次幂的系数，得

$$a_2 = 1, \quad a_3 = 0, \quad a_{n+2} = \frac{n^2}{(n+2)(n+1)} a_n \quad (n \geqslant 2).$$

从而可得

$$a_{2k+1} = 0, \quad a_{2k+2} = \frac{2[(2k)!!]^2}{(2k+2)!} = \frac{2^{2k+1}(k!)^2}{(2k+2)!} \quad (k=0,1,2,\cdots).$$

于是，

$$\varphi(x) = \sum_{k=0}^{\infty} \frac{2^{2k+1}(k!)^2}{(2k+2)!} x^{2k+2} \quad (-1<x<1).$$

从而得

$$f(x) = \sum_{k=0}^{\infty} \frac{2^{2k+1}(k!)^2}{(2k+2)!} x^{2k} \quad (-1<x<1).$$

显然右端的幂级数当 $x=\pm1$ 时均收敛，而左端的函数当$x=\pm1$时连续，故由幂级数的阿贝尔定理知，上述展式当 $x=1$ 及 $x=-1$ 时也成立.

**将下列函数按变量 $x$ 的正整数次幂展开成幂级数，写出展开式(异于零)的前三项：**

**【2891】** $f(x)=\tan x$.

**解** 解法 1：直接应用泰勒公式，先求导数，有

$f(x)=\tan x$， $f(0)=0$；

$f'(x)=\sec^2 x$， $f'(0)=1$；

$f''(x)=2\sec^2 x\tan x$， $f''(0)=0$；

$f'''(x)=2\sec^4 x+4\sec^2 x\tan^2 x$， $f'''(0)=2$；

$f^{(4)}(x)=8\sec^4 x\tan x+8\sec^2 x\tan^3 x+8\sec^4 x\tan x$， $f^{(4)}(0)=0$；

$f^{(5)}(x)=32\sec^4 x\tan^2 x+8\sec^6 x+16\sec^2 x\tan^4 x+24\sec^4 x\tan^2 x+32\sec^4 x\tan^2 x+8\sec^6 x$，

$f^{(5)}(0)=16$；

⋮

于是，$f(x)=x+\frac{2}{3!}x^3+\frac{16}{5!}x^5+\cdots=x+\frac{x^3}{3}+\frac{2x^5}{15}+\cdots \quad (|x|<\frac{\pi}{2})$.

解法 2：当 $|x|<\frac{\pi}{2}$ 时，记 $\xi=1-\cos x$，则 $|\xi|<1$，有

$$\tan x=\frac{\sin x}{\cos x}=\sin x\cdot\frac{1}{1-\xi}=\sum_{l=1}^{\infty}(-1)^{l-1}\frac{x^{2l-1}}{(2l-1)!}\sum_{m=0}^{\infty}\xi^m$$

$$=\sum_{l=1}^{\infty}(-1)^{l-1}\frac{x^{2l-1}}{(2l-1)!}+\sum_{l=1}^{\infty}(-1)^{l-1}\frac{x^{2l-1}}{(2l-1)!}\sum_{m=1}^{\infty}\left[\sum_{k=1}^{\infty}(-1)^{k+1}\frac{x^{2k}}{(2k!)}\right]^m$$

$$=x+\sum_{n=2}^{\infty}(-1)^{n-1}\frac{x^{2n-1}}{(2n-1)!}+\sum_{l=1}^{\infty}(-1)^{l-1}\frac{x^{2l-1}}{(2l-1)!}\cdot\sum_{m=1}^{\infty}\sum_{k_1=1}^{\infty}\cdots\sum_{k_m=1}^{\infty}(-1)^{k_1+\cdots+k_2+m}\frac{x^{2(k_1+\cdots+k_m)}}{(2k_1)!\cdots(2k_m)!}$$

$$=x+\sum_{n=2}^{\infty}(-1)^{n+1}\frac{x^{2n-1}}{(2n-1)!}+\sum_{l=1}^{\infty}\sum_{m=1}^{\infty}\sum_{s=m}^{\infty}\sum_{k_1+\cdots+k_m=s}(-1)^{s+l+m-1}\frac{x^{2s+2l-1}}{(2l-1)!(2k_1)!\cdots(2k_m)!}$$

$$=x+\sum_{n=2}^{\infty}(-1)^{n-1}\frac{x^{2n-1}}{(2n-1)!}+\sum_{n=2}^{\infty}(-1)^{n-1}x^{2n-1}\cdot\sum_{\substack{l+s=m\\ l\geqslant1}}\sum_{1\leqslant m\leqslant s}\sum_{\substack{k_1+\cdots+k_m=s\\ k_1\geqslant1,\cdots,k_m\geqslant1}}(-1)^m\frac{1}{(2l-1)!(2k_1)!\cdots(2k_m)!}$$

$$=\sum_{n=1}^{\infty}A_n x^{2n-1},$$

其中 $A_1=1$，而当 $n\geqslant 2$ 时，有

$$A_n=(-1)^{n-1}\left[\frac{1}{(2n-1)!}+\sum_{\substack{l+s=m\\ l\geqslant 1}}\sum_{1\leqslant m\leqslant s}\sum_{\substack{k_1+\cdots+k_m=s\\ k_1\geqslant 1,\cdots,k_m\geqslant 1}}\frac{(-1)^m}{(2l-1)!(2k_1)!\cdots(2k_m)!}\right].$$

例如，当 $n=2$ ($l=1,\ s=1,\ m=1,\ k_1=1$)时，得

$$A_2=\frac{1}{3};$$

当$n=3$ ($l=2,\ s=1,\ m=1,\ k_1=1;\ l=1,\ s=2,\ m=1,\ k_1=2;l=1,\ s=2,\ m=2,\ k_1=1,\ k_2=1$)时，得

$$A_3=\frac{1}{5!}+(-1)\frac{1}{3!\ 2!}+(-1)\frac{1}{4!}+\frac{1}{2!\ 2!}=\frac{2}{15},$$

等等. 于是，有 $\tan x=x+\frac{x^3}{3}+\frac{2x^5}{15}+\cdots\quad(|x|<\frac{\pi}{2})$.

**【2892】** $f(x)=\operatorname{th}x$.

**解** 运用幂级数展开式的唯一性定理，为求展开式可以考虑在 $x=0$ 点附近作幂级数展开. 注意当$|x|$很小，且幂级数中常数项为零时，其收敛的和是很小的. 于是，以下的写法是可以的，取其前三项，有

$$\begin{aligned}f(x)&=\frac{\operatorname{sh}x}{\operatorname{ch}x}=\frac{x+\frac{x^3}{3!}+\frac{x^5}{5!}+\cdots}{1+\left(\frac{x^2}{2!}+\frac{x^4}{4!}+\cdots\right)}\\&=\left(x+\frac{x^3}{3!}+\frac{x^5}{5!}+\cdots\right)\left[1-\left(\frac{x^2}{2!}+\frac{x^4}{4!}+\cdots\right)+\left(\frac{x^2}{2!}+\frac{x^4}{4!}+\cdots\right)^2-\cdots\right]\\&=\left(x+\frac{x^3}{3!}+\frac{x^5}{5!}+\cdots\right)\left(1-\frac{x^2}{2!}+\frac{5x^4}{24}+\cdots\right)=x-\frac{1}{3}x^3+\frac{2}{15}x^5+\cdots\quad(|x|<\frac{\pi}{2}).\end{aligned}$$

如果详细一些，可进一步叙述如下：

首先，可有一特殊的幂级数$\frac{e^x-1}{x}=1+\frac{x}{2!}+\frac{x^2}{3!}+\cdots$. 如若$|x|<\rho$ 且 $\frac{\frac{\rho}{2}}{1-\frac{\rho}{3}}=1$，例如，取 $\rho=\frac{6}{5}=1.2$ 时，有$\frac{\rho}{2!}+\frac{\rho^2}{3!}+\cdots\leqslant 1$，此时得

$$\frac{x}{e^x-1}=1-\frac{x}{2}+A_2x^2+A_3x^3+A_4x^4+\cdots\quad(|x|<1.2).$$

易见 $A_3=0,\ A_5=0,\ A_7=0,\ \cdots$. 于是，上式可改写为

$$\frac{x}{e^x-1}=1-\frac{x}{2}+B_1\cdot\frac{x^2}{2!}-B_2\cdot\frac{x^4}{4!}+B_3\cdot\frac{x^6}{6!}-\cdots,\tag{1}$$

其中 $B_1,B_2,B_3,\cdots$为伯努利(Bernoulli)常数*)，有

$$B_1=\frac{1}{6},\ B_2=\frac{1}{30},\ B_3=\frac{1}{42},\ B_4=\frac{1}{30},\ B_5=\frac{5}{66},\ \cdots.$$

由 $x\coth\frac{x}{2}=x\cdot\frac{e^x+1}{e^x-1}=\frac{2x}{e^x-1}+x$ 及(1)式，即得

$$\frac{x}{2}\coth\frac{x}{2}=1+B_1\frac{x^2}{2!}-B_2\frac{x^4}{4!}+B_3\frac{x^6}{6!}-\cdots.$$

于是，

$$x\coth x=1+B_1\frac{2^2x^2}{2!}-B_2\frac{2^4x^4}{4!}+B_3\frac{2^6x^6}{6!}-\cdots.$$

若 $x\neq 0$，则

$$\coth x=\frac{1}{x}+B_1\frac{2^2x}{2!}-B_2\frac{2^4x^3}{4!}+B_3\frac{2^6x^5}{6!}-\cdots.\tag{2}$$

注意到 $\operatorname{th}x=2\coth 2x-\coth x$ 及当 $x=0$ 时，$\operatorname{th}x=0$，由(2)式即有

$$\operatorname{th}x=\frac{B_1}{2!}(2^4-2^2)x-\frac{B_2}{4!}(2^8-2^4)x^3+\frac{B_3}{6!}(2^{12}-2^6)x^5-\cdots=x-\frac{1}{3}x^3+\frac{2}{15}x^5-\frac{17}{315}x^7+\cdots.\tag{3}$$

还可指出的是，它的系数与 $\tan x$ 展开式相应项的系数的绝对值是相同的，两者相应各系数只是符号上有交错变异而已(可参看本题解末加注的 Bromwich 所著一书的相应章节)，而 $\tan x$ 的幂级数展开式当 $|x|<\frac{\pi}{2}$ 时收敛，故上述的级数(3)当 $|x|<\frac{\pi}{2}$ 时收敛.

*) 参看 Bromwich 著 An introduction to the theory of infinite series 一书第十一章 100 款.

**【2893】** $f(x)=\cot x-\dfrac{1}{x}$

**解** 与 2892 题的想法一样，可以考虑 $x\neq 0$ 且 $|x|$ 很小的情形. 于是，有

$$f(x)=\frac{\cos x}{\sin x}-\frac{1}{x}=\frac{1-\frac{x^2}{2!}+\frac{x^4}{4!}-\cdots}{x-\frac{x^3}{3!}+\frac{x^5}{5!}-\cdots}-\frac{1}{x}$$

$$=\frac{1}{x}\left\{\left(1+\frac{x^2}{2!}+\frac{x^4}{4!}-\cdots\right)\left[1+\left(\frac{x^2}{3!}-\frac{x^4}{5!}+\frac{x^6}{7!}-\cdots\right)+\left(\frac{x^2}{3!}-\frac{x^4}{5!}+\frac{x^6}{7!}-\cdots\right)^2+\cdots\right]-1\right\}$$

$$=\frac{1}{x}\left\{\left(1-\frac{x^2}{2!}+\frac{x^4}{4!}-\cdots\right)\left(1+\frac{x^2}{6}+\frac{7}{360}x^4+\frac{31}{15120}x^6+\cdots\right)-1\right\}$$

$$=\frac{1}{x}\left(-\frac{1}{3}x^2-\frac{1}{45}x^4-\frac{2}{945}x^6-\cdots\right)=-\frac{1}{3}x-\frac{1}{45}x^3-\frac{2}{945}x^5-\cdots\quad(0<|x|<\pi).$$

一般说来，为求通项可作如下进一步的讨论：

考虑当 $x\neq 0$ 时，$g(x)=xf(x)=x\cot x-1$，而当 $|x|<\pi$ 时，有

$$g(x)=x\cot x-1=\frac{\cos x}{\frac{\sin x}{x}}-1=\frac{\cos x}{1-\xi}-1,$$

其中 $\xi=1-\frac{\sin x}{x}$. 注意到 $|\sin x|<|x|$，故 $|\xi|<1$. 因而，

$$g(x)=\cos x\sum_{m=0}^{\infty}\xi^m-1=\left[1+\sum_{l=1}^{\infty}(-1)^l\frac{x^{2l}}{(2l)!}\right]\left(1+\sum_{m=1}^{\infty}\xi^m\right)-1$$

$$=\sum_{m=1}^{\infty}\xi^m+\sum_{l=1}^{\infty}(-1)^l\frac{x^{2l}}{(2l)!}+\sum_{m=1}^{\infty}\sum_{l=1}^{\infty}(-1)^l\frac{x^{2l}}{(2l)!}\xi^m.$$

由于 $\xi=\sum\limits_{k=1}^{\infty}(-1)^{k+1}\dfrac{x^{2k}}{(2k+1)!}$，故有

$$\xi^m=\sum_{k_1=1}^{\infty}\sum_{k_2=1}^{\infty}\cdots\sum_{k_m=1}^{\infty}(-1)^{k_1+k_2+\cdots+k_m+m}\frac{x^{2(k_1+k_2+\cdots+k_m)}}{(2k_1+1)!(2k_2+1)!\cdots(2k_m+1)!}$$

$$-\sum_{s=m}^{\infty}\sum_{k_1+\cdots+k_m=s}(-1)^{s+m}\frac{x^{2s}}{(2k_1+1)!\ \cdots(2k_m+1)!}.$$

从而，

$$\sum_{m=1}^{\infty}\xi^m=\sum_{s=1}^{\infty}\sum_{1\leqslant m\leqslant s}\sum_{\substack{k_1+\cdots+k_m=s\\k_1\geqslant 1,\cdots,k_m\geqslant 1}}(-1)^{s+m}\frac{x^{2s}}{(2k_1+1)!\cdots(2k_m+1)!}=\sum_{s=1}^{\infty}(-1)^sA_s\,x^{2s},$$

其中

$$A_s=\sum_{1\leqslant m\leqslant s}\sum_{\substack{k_1+\cdots+k_m=s\\k_1\geqslant 1,\cdots,k_m\geqslant 1}}\frac{(-1)^m}{(2k_1+1)!\cdots(2k_m+1)!}\quad(s=1,2,\cdots).$$

又有

$$\sum_{m=1}^{\infty}\sum_{l=1}^{\infty}(-1)^l\frac{x^{2l}}{(2l)!}\xi^m=\sum_{m=1}^{\infty}\sum_{l=1}^{\infty}\sum_{s=m}^{\infty}\sum_{\substack{k_1+\cdots+k_m=s\\k_1\geqslant 1,\cdots,k_m\geqslant 1}}(-1)^{s+m+l}\frac{x^{2s+2l}}{(2l)!(2k_1+1)!\cdots(2k_m+1)!}$$

$$=\sum_{n=2}^{\infty}(-1)^nB_nx^{2n},$$

其中

$$B_n=\sum_{\substack{s+l=m\\ s\geqslant 1,\ l\geqslant 1}}\sum_{1\leqslant m\leqslant s}\sum_{\substack{k_1+\cdots+k_m=s\\ k_1\geqslant 1,\cdots,k_m\geqslant 1}}\frac{(-1)^m}{(2l)!(2k_1+1)!\cdots(2k_m+1)!}\quad(n=2,3,\cdots).$$

于是,

$$g(x)=\sum_{s=1}^{\infty}(-1)^s A_s\,x^{2s}+\sum_{l=1}^{\infty}(-1)^l\frac{x^{2l}}{(2l)!}+\sum_{n=2}^{\infty}(-1)^n B_n\,x^{2n}=\sum_{n=1}^{\infty}P_n\,x^{2n},$$

其中

$$P_1=-\left(A_1+\frac{1}{2}\right),\quad P_n=(-1)^n\left[A_n+\frac{2}{(2n)!}+B_n\right]\quad(n=2,3,\cdots).$$

因此,最后得知:当 $0<|x|<\pi$ 时,有

$$f(x)=\frac{1}{x}g(x)=\sum_{n=1}^{\infty}P_n\,x^{2n-1}.$$

经计算可得前几项如下:

$$A_1=-\frac{1}{6},\quad A_2=\frac{7}{360},\quad A_3=-\frac{31}{15120};\quad B_2=-\frac{1}{12},\quad B_3=\frac{1}{360}.$$

从而得

$$P_1=-\frac{1}{3},\quad P_2=-\frac{1}{45},\quad P_3=-\frac{2}{945}.$$

因此有

$$f(x)=\cot x-\frac{1}{x}=-\frac{1}{3}x-\frac{1}{45}x^3-\frac{2}{945}x^5-\cdots.$$

**【2894】** 设 $\sec x$ 的展开式写为以下形式:

$$\sec x=\sum_{n=0}^{\infty}\frac{E_n}{(2n)!}x^{2n}.$$

求出系数 $E_n$(欧拉数)的递推公式.

**解** 在等式 $\sec x=\sum\limits_{n=0}^{\infty}\frac{E_n}{(2n)!}x^{2n}$ 的两端同乘 $\cos x$,并注意 $\cos x$ 的展开式,就有

$$\begin{aligned}1&=\cos x\sum_{s=0}^{\infty}\frac{E_s}{(2s)!}x^{2s}=\sum_{k=0}^{\infty}(-1)^k\frac{x^{2k}}{(2k)!}\sum_{s=0}^{\infty}\frac{E_s}{(2s)!}x^{2s}\\&=\sum_{n=0}^{\infty}\sum_{s+k=n}(-1)^k x^{2(k+s)}\frac{E_s}{(2k)!(2s)!}\\&=\sum_{n=0}^{\infty}\left[\sum_{s+k=n}(-1)^k\frac{E_s}{(2k)!(2s)!}\right]x^{2n}=\sum_{n=0}^{\infty}A_n x^{2n}.\end{aligned}$$

根据幂级数展开式的唯一性,就有 $A_0=E_0=1$,而 $A_n=0\ (n=1,2,\cdots)$,其中

$$A_n=\sum_{k+s=n}(-1)^k\frac{E_s}{(2k)!(2s)!}=\sum_{k=0}^{\infty}(-1)^k\frac{E_{n-k}}{(2k)!(2n-2k)!},$$

故得递推关系

$$\sum_{k=0}^{n}(-1)^k\frac{E_{n-k}}{(2k)!(2n-2k)!}=0\quad(n=1,2,\cdots).$$

例如,已知 $E_0$,由上式令 $n=1$,即得 $E_1-E_0=0$,从而,$E_1=E_0=1$. 由 $E_0$,$E_1$,令 $n=2$,又可推出 $E_2$,…,等等. 一般说来,由 $E_0$,$E_1$,$E_2$,…,$E_{n-1}$,从上式可推出 $E_n$.

**【2895】** 把函数 $f(x)=\dfrac{1}{\sqrt{1-2tx+x^2}}\quad(|x|<1)$ 展开成幂级数.

**解** 只要 $x^2+2|tx|<1$,函数 $f(x)$ 就有展开的可能性. 记 $x^n$ 的系数为 $P_n(t)$,则

$$\frac{1}{\sqrt{1-2tx+x^2}}=1+P_1(t)x+P_2(t)x^2+\cdots+P_n(t)x^n+\cdots.\tag{1}$$

下面我们只要确定 $P_n(t)$ 即可. 为此,对(1)式两端同时对 $x$ 求导数,得

$$\frac{t-x}{(1-2tx+x^2)^{\frac{3}{2}}}=P_1(t)+2P_2(t)x+\cdots+nP_n(t)x^{n-1}+\cdots.$$

把上式与(1)式比较，易得

$$(1-2tx+x^2)(P_1+2P_2x+\cdots+nP_n\ x^{n-1}+\cdots)=(t-x)(1+P_1x+P_2x^2+\cdots+P_n\ x^n+\cdots).$$

比较上式两端 $x$ 的同次幂的系数，得

$$P_1(t)=t,\quad 2P_2(t)-2tP_1(t)=tP_1(t)-1,\quad \cdots,$$

$$(n+1)P_{n+1}(t)-2ntP_n(t)+(n-1)P_{n-1}(t)=tP_n(t)-P_{n-1}(t).$$

由此得

$$P_1(t)=t,\quad P_2(t)=\frac{3t^2-1}{2},\quad \cdots,\quad P_{n+1}(t)=\frac{2n+1}{n+1}tP_n(t)-\frac{n}{n+1}P_{n-1}(t).\tag{2}$$

例如，取 $n=2$，则由 $P_1(t)$ 及 $P_2(t)$ 可推得

$$P_3(t)=\frac{5}{3}t\cdot\frac{3t^2-1}{2}-\frac{2}{3}t=\frac{5\cdot 3}{3\cdot 2}t^3-\frac{3}{2}t=\frac{1\cdot 3\cdot 5}{3!}\left[t^3-\frac{3\cdot 2}{2(2\cdot 3-1)}t\right].$$

一般说来，由(2)式用数学归纳法可递推得

$$P_n(t)=\frac{(2n-1)!!}{n!}\left[t^n-\frac{n(n-1)}{2(2n-1)}t^{n-2}+\frac{n(n-1)(n-2)(n-3)}{2\cdot 4\cdot(2n-1)(2n-3)}t^{n-4}-\cdots\right]\quad (n\geqslant 1,\text{勒让德多项式}).$$

**【2896】** 设 $f(x)=\sum\limits_{n=0}^{\infty}a_nx^n$. 写出函数 $F(x)=\dfrac{f(x)}{1-x}$ 的展开式.

**解** $F(x)=\sum\limits_{n_1=0}^{\infty}a_{n_1}x^{n_1}\sum\limits_{n_2=0}^{\infty}x^{n_2}=\sum\limits_{n=0}^{\infty}\left(\sum\limits_{\substack{n_1+n_2=n\\ n_1\geqslant 0,\ n_2\geqslant 0}}a_{n_1}\right)x^n=\sum\limits_{n=0}^{\infty}\left(\sum\limits_{k=0}^{n}a_k\right)x^n\quad (|x|<1).$

**【2897】** 若级数 $\sum\limits_{n=0}^{\infty}a_nx^n$ 有收敛半径 $R_1$，而级数 $\sum\limits_{n=0}^{\infty}b_nx^n$ 有收敛半径 $R_2$，则级数：

(1) $\sum\limits_{n=0}^{\infty}(a_n+b_n)x^n$； (2) $\sum\limits_{n=0}^{\infty}a_nb_nx^n$

的收敛半径 $R$ 是怎样的?

**提示** 利用柯西—阿达马公式即可求得：(1)$R\geqslant\min(R_1,R_2)$. (2)$R\geqslant R_1R_2$.

**解** (1)记 $A_n=a_n+b_n$，则有

$$\sqrt[n]{|A_n|}=\sqrt[n]{|a_n+b_n|}\leqslant\sqrt[n]{|a_n|+|b_n|}\leqslant\sqrt[n]{2\max(|a_n|,|b_n|)}$$

$$=\sqrt[n]{2}\sqrt[n]{\max(|a_n|,|b_n|)}=\sqrt[n]{2}\max(\sqrt[n]{|a_n|},\sqrt[n]{|b_n|}).$$

注意到 $\overline{\lim\limits_{n\to\infty}}\sqrt[n]{2}=1$，故有

$$\frac{1}{R}=\overline{\lim_{n\to\infty}}\sqrt[n]{|A_n|}\leqslant\overline{\lim_{n\to\infty}}\{\sqrt[n]{2}\max(\sqrt[n]{|a_n|},\sqrt[n]{|b_n|})\}=\overline{\lim_{n\to\infty}}\{\max(\sqrt[n]{|a_n|},\sqrt[n]{|b_n|})\}$$

$$=\max\{\overline{\lim_{n\to\infty}}\sqrt[n]{|a_n|},\overline{\lim_{n\to\infty}}\sqrt[n]{|b_n|}\}=\max\left(\frac{1}{R_1},\frac{1}{R_2}\right),$$

从而得 $R\geqslant\dfrac{1}{\max\left(\dfrac{1}{R_1},\dfrac{1}{R_2}\right)}=\min(R_1,R_2)$.

(2)记 $B_n=a_nb_n$，则有 $\sqrt[n]{|B_n|}=\sqrt[n]{|a_nb_n|}=\sqrt[n]{|a_n|}\sqrt[n]{|b_n|}$. 于是，

$$\frac{1}{R}=\overline{\lim_{n\to\infty}}\sqrt[n]{|B_n|}=\overline{\lim_{n\to\infty}}\{\sqrt[n]{|a_n|}\sqrt[n]{|b_n|}\}\leqslant\{\overline{\lim_{n\to\infty}}\sqrt[n]{|a_n|}\}\{\overline{\lim_{n\to\infty}}\sqrt[n]{|b_n|}\}$$

$$=\frac{1}{R_1}\frac{1}{R_2}=\frac{1}{R_1R_2},$$

故得 $R\geqslant R_1R_2$.

**【2898】** 设 $l=\underline{\lim\limits_{n\to\infty}}\left|\dfrac{a_n}{a_{n+1}}\right|$ 和 $L=\overline{\lim\limits_{n\to\infty}}\left|\dfrac{a_n}{a_{n+1}}\right|$. 证明：幂级数的收敛半径 $R$ 满足下列不等式 $l\leqslant R\leqslant L$.

**证** 记 $l_1=\dfrac{1}{l}$，$L_1=\dfrac{1}{L}$. 注意 $l\geqslant 0$，$L\geqslant 0$. 若 $l=0$，则记 $l_1=+\infty$；若 $l=+\infty$，则记 $l_1=0$. 对 $L$ 与 $L_1$ 也作

同样规定. 易见 $L_1\leqslant l_1$. 任给 $\varepsilon>0$, 总可选 $\delta_1>0$, $\delta_2>0$, 使

$$\frac{1}{1+\delta_1}=1-\frac{\varepsilon}{2},\quad \frac{1}{1-\delta_2}=1+\frac{\varepsilon}{2}.$$

注意对 $\delta_1$, $\delta_2$ 而言, 存在正整数 $m$, 使当 $n>m$ 时, 有

$$l(1-\delta_2)<\left|\frac{a_n}{a_n+1}\right|<L(1+\delta_1)\quad 或\quad \frac{1}{L}\cdot\frac{1}{1+\delta_1}<\left|\frac{a_{n+1}}{a_n}\right|<\frac{1}{l}\cdot\frac{1}{1-\delta_2},$$

即当 $n>m$ 时, 有

$$L_1\left(1-\frac{\varepsilon}{2}\right)<\frac{|a_{n+1}|}{|a_n|}<l_1\left(1+\frac{\varepsilon}{2}\right).$$

易见当 $n>m$ 时, 有

$$\frac{|a_n|}{|a_m|}=\frac{|a_n|}{|a_{n-1}|}\cdot\frac{|a_{n-1}|}{|a_{n-2}|}\cdots\frac{|a_{m+1}|}{|a_m|}<\left[l_1\left(1+\frac{\varepsilon}{2}\right)\right]^{n-m}$$

或

$$\frac{|a_n|^{\frac{1}{n}}}{l_1}<\left(\frac{|a_m|}{l_1^m}\right)^{\frac{1}{n}}\left(1+\frac{\varepsilon}{2}\right).\tag{1}$$

同理可得

$$\frac{|a_n|^{\frac{1}{n}}}{L_1}>\left(\frac{|a_m|}{L_1^m}\right)^{\frac{1}{n}}\left(1-\frac{\varepsilon}{2}\right).\tag{2}$$

注意到若 $A>0$, 则有 $\lim\limits_{n\to\infty}\sqrt[n]{A}=1$, 故存在充分大的 $n_0(>m)$, 使当 $n\geqslant n_0$ 时, 有

$$\left(\frac{|a_m|}{l_1^m}\right)^{\frac{1}{n}}<1+\frac{\frac{\varepsilon}{2}}{1+\frac{\varepsilon}{2}}\quad 及\quad \left(\frac{|a_m|}{L_1^m}\right)^{\frac{1}{n}}>1-\frac{\frac{\varepsilon}{2}}{1-\frac{\varepsilon}{2}}.\tag{3}$$

将(3)式代入(1)式及(2)式, 即得

$$\frac{|a_n|^{\frac{1}{n}}}{l_1}<1+\varepsilon\quad 及\quad \frac{|a_n|^{\frac{1}{n}}}{L_1}>1-\varepsilon.$$

于是, 有 $L_1(1-\varepsilon)\leqslant\varlimsup\limits_{n\to\infty}|a_n|^{\frac{1}{n}}\leqslant l_1(1+\varepsilon)$. 从而得

$$\frac{1}{l_1(1+\varepsilon)}\leqslant R\leqslant\frac{1}{L_1(1-\varepsilon)}^{*)}.\quad 即\quad \frac{l}{1+\varepsilon}\leqslant R\leqslant\frac{L}{1-\varepsilon}.$$

由 $\varepsilon>0$ 的任意性知, 即得 $l\leqslant R\leqslant L$.

*) 若 $L_1=+\infty$, 即 $L=0$, 此时显然有 $R=0$(级数除 $x_0=0$ 点收敛以外, 对任一点 $x\neq x_0$ 均发散), 故可设 $L_1<+\infty$.

**【2899】** 证明: 若函数 $f(x)=\sum\limits_{n=0}^{\infty}a_n(x-x_0)^n$ 且 $|n!a_n|<M$ $(n=1,2,\cdots)$, 其中 $M$ 是常数, 则:

(1) $f(x)$ 在任一点 $a$ 无穷次可微; (2) 展开式 $f(x)=\sum\limits_{n=0}^{\infty}\frac{f^{(n)}(a)}{n!}(x-a)^n$ $(|x|<+\infty)$ 成立.

**证** (1) 由于 $|n!a_n|<M$, 故有

$$|a_n|<\frac{M}{n!}\qquad(n=1,2,\cdots).$$

设 $[-N,N]$ 是包含 $x_0$ 的任一有限区间. 由于

$$|a_n(x-x_0)^n|<\frac{M}{n!}(2N)^n$$

及级数 $\sum\limits_{n=0}^{\infty}\frac{M}{n!}(2N)^n$ 收敛, 故由魏尔斯特拉斯判别法知, 级数 $\sum\limits_{n=0}^{\infty}a_n(x-x_0)^n$ 在包含 $x_0$ 的任意有限区间上一致收敛, 即其收敛半径 $R=+\infty$. 于是, 此级数在任一点 $a\in(-\infty,+\infty)$ 无穷次可微.

(2) 由(1)段已证可知级数 $f(x)=\sum\limits_{n=0}^{\infty}a_n(x-x_0)^n$ 在任何点无穷次可微, 故

$$f^{(m)}(x)=\sum_{n=m}^{\infty}n(n-1)\cdots(n-m+1)a_n(x-x_0)^{n-m}=\sum_{n=m}^{\infty}\frac{n!}{(n-m)!}a_n(x-x_0)^{n-m}\quad(m=1,2,\cdots).$$

今设$|x-a|<R$($R$为任意固定的正数),于是,

$$|x-x_0|\leqslant|x-a|+|a-x_0|<R+|a-x_0|=L,$$

故由假定知

$$|f^{(m)}(x)|\leqslant\sum_{n=m}^{\infty}\frac{n!}{(n-m)!}|a_n|L^{n-m}\leqslant\sum_{n=m}^{\infty}\frac{n!}{(n-m)!}\frac{M}{n!}L^{n-m}=M\sum_{s=0}^{\infty}\frac{L^s}{s!}=MP\quad(m=1,2,\cdots),$$

其中 $P=\sum\limits_{s=0}^{\infty}\frac{L^s}{s!}<+\infty$.

考虑余项 $R_n(x)=f(x)-\sum\limits_{k=0}^{\infty}\frac{f^{(k)}(a)}{k!}(x-a)^k$ 的拉格朗日形式

$$R_n(x)=\frac{f^{(n+1)}[a+\theta(x-a)]}{(n+1)!}(x-a)^{n+1}\quad(0<\theta<1).$$

于是,当$|x-a|<R$时,有

$$|R_n(x)|\leqslant\frac{MP}{(n+1)!}R^{n+1}\quad(n=1,2,\cdots).$$

由于级数 $\sum\limits_{n=1}^{\infty}\frac{R^{n+1}}{(n+1)!}$收敛,故$\lim\limits_{n\to\infty}\frac{R^{n+1}}{(n+1)!}=0$,从而,$\lim\limits_{n\to\infty}R_n(x)=0$. 由此可知,当$|x-a|<R$时,展式

$$f(x)=\sum_{k=0}^{\infty}\frac{f^{(k)}(a)}{k!}(x-a)^k$$

成立. 再由$R>0$的任意性即知,此展式对一切$x(|x|<+\infty)$皆成立. 证毕.

**【2900】** 证明:若(1)$a_n\geqslant0$;(2)存在 $\lim\limits_{x\to R-0}\sum\limits_{n=0}^{\infty}a_nx^n=S$,则 $\sum\limits_{n=0}^{\infty}a_nR^n=S$.

**证** 首先,如果级数 $\sum\limits_{n=0}^{\infty}a_nR^n$ 收敛,则根据阿贝尔定理可知,函数 $f(x)=\sum\limits_{n=0}^{\infty}a_nx^n$ 在点 $x=R$ 处左连续. 因此,

$$\lim_{x\to R-0}\sum_{n=0}^{\infty}a_n\,x^n=f(R)=\sum_{n=0}^{\infty}a_nR^n=S.$$

其次,我们证明级数 $\sum\limits_{n=0}^{\infty}a_nR^n$ 发散是不可能的. 采用反证法,引出矛盾. 事实上,根据 $\sum\limits_{n=0}^{\infty}a_nR^n=+\infty$知,对于任取的正整数$A>S$,总存在正整数$N$,使有

$$\sum_{n=0}^{N}a_nR^n>A>S.$$

从而有

$$\lim_{x\to R-0}\sum_{n=0}^{N}a_n\,x^n=\sum_{n=0}^{N}a_nR^n>A>S.$$

注意到 $a_n\geqslant0$, $\sum\limits_{n=0}^{\infty}a_nx^n\geqslant\sum\limits_{n=0}^{N}a_nx^n(x\geqslant0)$,即得

$$\lim_{x\to R-0}\sum_{n=0}^{\infty}a_n\,x^n>A>S,$$

此与假设 $\lim\limits_{x\to R-0}\sum\limits_{n=0}^{\infty}a_nx^n=S$ 相矛盾. 因此,级数 $\sum\limits_{n=0}^{\infty}a_nR^n$ 一定收敛. 从而,命题获证.

**将下列函数展开成幂级数:**

**【2901】** $\int_0^x e^{-t^2}\,dt$.

**解** $\int_0^x e^{-t^2}\,dt=\int_0^x\left[\sum\limits_{n=0}^{\infty}(-1)^n\frac{t^{2n}}{n!}\right]dt=\sum\limits_{n=0}^{\infty}(-1)^n\frac{x^{2n+1}}{n!(2n+1)}\quad(|x|<+\infty)$.

【2902】 $\int_0^x \frac{dt}{\sqrt{1-t^4}}$.

解 $\int_0^x \frac{dt}{\sqrt{1-t^4}}=\int_0^x \left[1+\sum_{n=1}^{\infty}\frac{(2n-1)!!}{(2n)!!}t^{4n}\right]dt=x+\sum_{n=1}^{\infty}\left[\frac{(2n-1)!!}{(2n)!!}\cdot\frac{x^{4n+1}}{4n+1}\right]$ $(|x|\leqslant 1)$.

【2903】 $\int_0^x \frac{\sin t}{t}dt$.

解 $\int_0^x \frac{\sin t}{t}dt=\int_0^x\left[\sum_{n=0}^{\infty}(-1)^n\frac{t^{2n}}{(2n+1)!}\right]dt=\sum_{n=0}^{\infty}(-1)^n\frac{x^{2n+1}}{(2n+1)!(2n+1)}$ $(|x|<+\infty)$.

【2904】 $\int_0^x \frac{\arctan x}{x}dx$.

解 $\int_0^x \frac{\arctan x}{x}dx=\int_0^x\left[\sum_{n=0}^{\infty}(-1)^n\frac{x^{2n}}{2n+1}\right]dx=\sum_{n=0}^{\infty}(-1)^n\frac{x^{2n+1}}{(2n+1)^2}$ $(|x|\leqslant 1)$.

【2905】 $\int_0^x \frac{t\,dt}{\ln(1+t)}$ (写出四项).

解 令 $0<|t|<1$,注意

$$\frac{1}{t}\ln(1+t)=\frac{1}{t}\sum_{n=1}^{\infty}(-1)^{n-1}\frac{t^n}{n}=1-\sum_{m=1}^{\infty}(-1)^{m-1}\frac{t^m}{m+1}=1-\xi,$$

其中 $\xi=\sum_{m=1}^{\infty}(-1)^{m-1}\frac{t^m}{m+1}$. 容易判断交错级数

$$\xi=\sum_{m=1}^{\infty}(-1)^{m-1}\frac{t^m}{m+1}$$

当 $|t|<1$ 时是收敛的,且其和有性质 $|\xi|<1$. 于是,有

$$\frac{1}{\frac{1}{t}\ln(1+t)}=\frac{1}{1-\xi}=\sum_{n=0}^{\infty}\xi^n.$$

因而,当 $|x|<1$ 时,得

$$\int_0^x\frac{t\,dt}{\ln(1+t)}=\int_0^x\frac{dt}{\frac{1}{t}\ln(1+t)}=\int_0^x\frac{dt}{1-\xi}=\int_0^x\left(\sum_{n=0}^{\infty}\xi^n\right)dt.$$

为求四项近似,取到 $t^3$ 为止足够,有

$$\xi^0=1,\quad \xi^1=\frac{t}{2}-\frac{t^2}{3}+\frac{t^3}{4}-\cdots,\quad \xi^2=\frac{t^2}{4}-\frac{t^3}{3}+\cdots,\quad \xi^3=\frac{t^3}{8}-\cdots,$$

于是, $\sum_{n=0}^{\infty}\xi^n=1+\frac{t}{2}-\frac{t^2}{12}+\frac{t^3}{24}-\cdots$. 从而,当 $|x|<1$ 时,得原积分的前四项为

$$\int_0^x\frac{t\,dt}{\ln(1+t)}=\int_0^x\left(1+\frac{t}{2}-\frac{t^2}{12}+\frac{t^3}{24}\right)dt+O(x^5)=x+\frac{x^2}{4}-\frac{x^3}{36}+\frac{x^4}{96}+O(x^5).$$

## 运用逐项微分法计算下列级数的和:

【2906】 $x+\frac{x^3}{3}+\frac{x^5}{5}+\cdots$.

解题思路 令 $F(x)=x+\frac{x^3}{3}+\frac{x^5}{5}+\cdots$. 在其收敛域 $(-1,1)$ 内逐项微分之,得

$$F'(x)=1+x^2+x^4+\cdots=\frac{1}{1-x^2}.$$

注意 $F(0)=0$,即得 $F(x)=\int_0^x F'(t)dt$ $(|x|<1)$.

解 设 $F(x)=x+\frac{x^3}{3}+\frac{x^5}{5}+\cdots$. 在收敛域 $|x|<1$ 内逐项微分之,得

$$F'(x)=1+x^2+x^4+\cdots=\frac{1}{1-x^2}.$$

注意 $F(0)=0$,即得

$$F(x)=\int_0^x \frac{\mathrm{d}t}{1-t^2}=\frac{1}{2}\ln\frac{1+x}{1-x} \quad (|x|<1).$$

于是,当 $|x|<1$ 时,有 $\sum\limits_{n=0}^{\infty}\frac{x^{2n+1}}{2n+1}=\frac{1}{2}\ln\frac{1+x}{1-x}$.

**【2907】** $x-\frac{x^3}{3}+\frac{x^5}{5}-\cdots$.

**提示** 仿 2906 题的解法.

**解** 设 $F(x)=x-\frac{x^3}{3}+\frac{x^5}{5}-\cdots$. 在收敛域 $|x|\leqslant 1$ 内逐项微分之,得

$$F'(x)=1-x^2+x^4-\cdots=\frac{1}{1+x^2}.$$

注意 $F(0)=0$,即得

$$F(x)=\int_0^x \frac{\mathrm{d}t}{1+t^2}=\arctan x.$$

于是,当 $|x|\leqslant 1$ 时,有 $\sum\limits_{n=0}^{\infty}(-1)^n\frac{x^{2n+1}}{2n+1}=\arctan x$.

**【2908】** $1+\frac{x^2}{2!}+\frac{x^4}{4!}+\cdots$.

**提示** 令 $F(x)=1+\frac{x^2}{2!}+\frac{x^4}{4!}+\cdots$,将 $F(x)-F'(x)$ 与 $F(x)+F'(x)$ 相加即获解.

**解** 设 $F(x)=1+\frac{x^2}{2!}+\frac{x^4}{4!}+\cdots$. 在收敛域 $|x|<+\infty$ 内逐项微分之,得

$$F'(x)=x+\frac{x^3}{3!}+\frac{x^5}{5!}+\cdots.$$

于是,有

$$F(x)-F'(x)=1-x+\frac{x^2}{2!}-\frac{x^3}{3!}+\cdots=\mathrm{e}^{-x}, \tag{1}$$

$$F(x)+F'(x)=1+x+\frac{x^2}{2!}+\frac{x^3}{3!}+\cdots=\mathrm{e}^{x}. \tag{2}$$

将(1)式和(2)式相加,最后得 $F(x)=\sum\limits_{n=0}^{\infty}\frac{x^{2n}}{(2n)!}=\frac{\mathrm{e}^x+\mathrm{e}^{-x}}{2}=\operatorname{ch}x \quad (|x|<+\infty)$.

**【2909】** $\frac{x}{1\cdot 2}+\frac{x^2}{2\cdot 3}+\frac{x^3}{3\cdot 4}+\cdots$.

**解** 设 $F(x)=\frac{x}{1\cdot 2}+\frac{x^2}{2\cdot 3}+\frac{x^3}{3\cdot 4}+\cdots$. 在收敛域 $|x|\leqslant 1$ 内逐项微分之,得

$$F'(x)=\frac{1}{1\cdot 2}+\frac{x}{3}+\frac{x^2}{4}+\cdots=-\frac{1}{x}+\frac{1}{x^2}\left(x+\frac{x^2}{2}+\frac{x^3}{3}+\frac{x^4}{4}+\cdots\right)$$
$$=-\frac{1}{x}+\frac{1}{x^2}[-\ln(1-x)] \quad (0<|x|<1).$$

注意 $F(0)=0$,即得

$$F(x)=\int_0^x F'(t)\mathrm{d}t=1+\frac{1-x}{x}\ln(1-x) \quad (0<|x|<1).$$

当 $x=0$ 时,级数收敛于零. 当 $x=1$ 时,级数收敛于 1. 当 $x=-1$ 时,级数收敛于 $1-2\ln 2$. 事实上,

$$-\frac{1}{1\cdot 2}+\frac{1}{2\cdot 3}-\frac{1}{3\cdot 4}+\cdots=-\left(1-\frac{1}{2}\right)+\left(\frac{1}{2}-\frac{1}{3}\right)-\left(\frac{1}{3}-\frac{1}{4}\right)+\cdots$$
$$=2\left(-1+\frac{1}{2}-\frac{1}{3}+\frac{1}{4}\cdots\right)+1=1-2\ln 2.$$

于是,

$$\sum_{n=1}^{\infty}\frac{x^n}{n(n+1)}=\begin{cases}1+\frac{1-x}{x}\ln(1-x), & 0<|x|<1,\\ 0, & x=0,\\ 1-2\ln 2, & x=-1,\\ 1, & x=1.\end{cases}$$

**【2910】** $1+\frac{1}{2}x+\frac{1\cdot 3}{2\cdot 4}x^2+\frac{1\cdot 3\cdot 5}{2\cdot 4\cdot 6}x^3+\cdots$.

**解** 设 $F(x)=1+\frac{1}{2}x+\frac{1\cdot 3}{2\cdot 4}x^2+\frac{1\cdot 3\cdot 5}{2\cdot 4\cdot 6}x^3+\cdots$. 在收敛域内逐项微分之，得

$$F'(x)=\frac{1}{2}+\frac{1\cdot 3}{2\cdot 4}2x+\frac{1\cdot 3\cdot 5}{2\cdot 4\cdot 6}3x^2+\cdots.$$

以 $1-x$ 乘上式两端，得

$$(1-x)F'(x)=\frac{1}{2}+\frac{1}{4}x+\frac{1}{2}\cdot\frac{1\cdot 3}{2\cdot 4}x^2+\frac{1}{2}\cdot\frac{1\cdot 3\cdot 5}{2\cdot 4\cdot 6}x^3+\cdots=\frac{1}{2}F(x).$$

即 $\frac{F'(x)}{F(x)}=\frac{1}{2(1-x)}$. 积分得 $\ln F(x)=\ln\frac{1}{\sqrt{1-x}}$ 或

$$F(x)=\sum_{n=1}^{\infty}\frac{(2n-1)!!}{(2n)!!}x^n+1=\frac{1}{\sqrt{1-x}}\quad(|x|<1).$$

当 $x=1$ 时，应用拉比判别法：$n\left(\frac{a_n}{a_{n+1}}-1\right)=\frac{n}{2n+1}\to\frac{1}{2}<1$，因此，级数是发散的.

当 $x=-1$ 时，利用 2689 题的结果知，级数条件收敛. 于是，$1+\sum_{n=1}^{\infty}\frac{(2n-1)!!}{(2n)!!}x^n=\frac{1}{\sqrt{1-x}}$ $(-1\leqslant x<1)$.

**运用逐项积分法计算下列级数的和：**

**【2911】** $x+2x^2+3x^3+\cdots$.

**提示** 令 $F(x)=x+2x^2+3x^3+\cdots$，注意 $\int_0^x F(t)\mathrm{d}t=\frac{x}{1-x}+\ln(1-x)$ $(|x|<1)$.

**解** 设 $F(x)=x+2x^2+3x^3+\cdots$. 在收敛域内逐项积分之，得

$$\begin{aligned}\int_0^x F(t)\mathrm{d}t&=\frac{1}{2}x^2+\frac{2}{3}x^3+\frac{3}{4}x^4+\cdots\\&=\left(1-\frac{1}{2}\right)x^2+\left(1-\frac{1}{3}\right)x^3+\left(1-\frac{1}{4}\right)x^4+\cdots\\&=(x^2+x^3+x^4+\cdots)-\left(\frac{1}{2}x^2+\frac{1}{3}x^3+\frac{1}{4}x^4+\cdots\right)\\&=x(1+x+x^2+\cdots)-\left(x+\frac{1}{2}x^2+\frac{1}{3}x^3+\cdots\right)=\frac{x}{1-x}+\ln(1-x)\quad(|x|<1).\end{aligned}$$

于是，

$$F(x)=\sum_{n=1}^{\infty}nx^n=\left[\frac{x}{1-x}+\ln(1-x)\right]'=\frac{x}{(1-x)^2}\quad(|x|<1).$$

当 $|x|=1$ 时，由于级数的通项不趋于零，故它是发散的.

**【2912】** $x-4x^2+9x^3-16x^4+\cdots$.

**提示** 令 $F(x)=x-4x^2+9x^3-16x^4+\cdots$，注意 $\int_0^x F(x)\mathrm{d}x=x-\ln(1+x)-\frac{x^3}{(1+x)^2}$ $(|x|<1)$.

**解** 设 $F(x)=x-4x^2+9x^3-16x^4+\cdots$. 在收敛域内逐项积分之，得

$$\begin{aligned}\int_0^x F(t)\mathrm{d}t&=\frac{1}{2}x^2-\frac{4}{3}x^3+\frac{9}{4}x^4-\frac{16}{5}x^5+\cdots\\&=\frac{1}{2}x^2-\left(1+\frac{1}{3}\right)x^3+\left(2+\frac{1}{4}\right)x^4-\left(3+\frac{1}{5}\right)x^5+\cdots\end{aligned}$$

$$=x+\left(-x+\frac{1}{2}x^2-\frac{1}{3}x^3+\cdots\right)-x^3(1-2x+3x^2-\cdots)$$
$$=x-\ln(1+x)-x^3(x-x^2+x^3-\cdots)'$$
$$=x-\ln(1+x)-x^3\left(\frac{x}{1+x}\right)'=x-\ln(1+x)-\frac{x^3}{(1+x)^2}\quad(|x|<1).$$

于是,

$$F(x)=\sum_{n=1}^{\infty}(-1)^{n-1}n^2x^n=\left[x-\ln(1+x)-\frac{x^3}{(1+x)^2}\right]'=\frac{x(1-x)}{(1+x)^3}\qquad(|x|<1).$$

当$|x|=1$时,级数显然发散.

**【2913】** $1\cdot 2x+2\cdot 3x^2+3\cdot 4x^3+\cdots$.

**提示** 利用2911题的结果.

**解** 设$F(x)=1\cdot 2x+2\cdot 3x^2+3\cdot 4x^3+\cdots$. 在收敛域内逐项积分之,得

$$\int_0^x F(t)\mathrm{d}t=x^2+2x^3+3x^4+\cdots=x(x+2x^2+3x^3+\cdots)=x\cdot\frac{x}{(1-x)^2}^{*)}=\frac{x^2}{(1-x)^2}\quad(|x|<1).$$

于是,

$$F(x)=\sum_{n=0}^{\infty}n(n+1)x^n=\left[\frac{x^2}{(1-x)^2}\right]'=\frac{2x}{(1-x)^3}\quad(|x|<1).$$

当$|x|=1$时,级数显然发散.

*) 利用2911题的结果.

**【2914】** 证明:级数 $y=\sum\limits_{n=0}^{\infty}\frac{x^{4n}}{(4n)!}$满足方程 $y^{(4)}=y$.

**证** 所给级数的收敛域为$(-\infty,+\infty)$. 在收敛域内逐项微分之,得

$$y'=\sum_{n=1}^{\infty}\frac{x^{4n-1}}{(4n-1)!},\quad y''=\sum_{n=1}^{\infty}\frac{x^{4n-2}}{(4n-2)!},\quad y'''=\sum_{n=1}^{\infty}\frac{x^{4n-3}}{(4n-3)!},\quad y^{(4)}=\sum_{n=1}^{\infty}\frac{x^{4n-4}}{(4n-4)!}.$$

于是,$y^{(4)}=\sum\limits_{n=0}^{\infty}\frac{x^{4n}}{(4n)!}=y$.

**【2915】** 证明:级数 $y=\sum\limits_{n=0}^{\infty}\frac{x^n}{(n!)^2}$满足方程 $xy''+y'-y=0$.

**证** 所给级数的收敛域为$(-\infty,+\infty)$. 在收敛域内逐项微分之,得

$$y'=\sum_{n=1}^{\infty}\frac{x^{n-1}}{(n-1)!n!}=\sum_{n=0}^{\infty}\frac{x^n}{n!(n+1)!},\quad y''=\sum_{n=1}^{\infty}\frac{x^{n-1}}{(n-1)!(n+1)!}.$$

于是,

$$xy''+y'=1+\sum_{n=1}^{\infty}\left[\frac{1}{(n-1)!(n+1)!}+\frac{1}{n!(n+1)!}\right]x^n=1+\sum_{n=1}^{\infty}\frac{x^n}{(n!)^2}=\sum_{n=0}^{\infty}\frac{x^n}{(n!)^2}=y,$$

从而得 $xy''+y'-y=0$.

**求在复数域内($z=x+\mathrm{i}y$)下列幂级数的收敛半径及收敛圆:**

**【2916】** $\sum\limits_{n=1}^{\infty}\frac{(z-1-\mathrm{i})^n}{n\cdot 2^n}$.

**解** 记$c_n=\frac{1}{n\cdot 2^n}$. 由于$\lim\limits_{n\to\infty}\left|\frac{c_n}{c_{n+1}}\right|=2$,故收敛半径$R=2$;收敛圆为$|z-1-\mathrm{i}|<2$即

$$(x-1)^2+(y-1)^2<2^2.$$

**【2917】** $\sum\limits_{n=1}^{\infty}\frac{(1+\mathrm{i})^n z^n}{(n+1)(n+2)}$.

**解** 记$c_n=\frac{(1+\mathrm{i})^n}{n(n+1)}$. 由于$\lim\limits_{n\to\infty}\left|\frac{c_n}{c_{n+1}}\right|=\frac{1}{|1+\mathrm{i}|}=\frac{1}{\sqrt{2}}$,故收敛半径$R=\frac{1}{\sqrt{2}}$;收敛圆为$|z|<\frac{1}{\sqrt{2}}$即

$$x^2+y^2<\frac{1}{2}.$$

【2918】 $\sum\limits_{n=1}^{\infty}\frac{n!\ z^n}{(1+\mathrm{i})(1+2\mathrm{i})\cdots(1+n\mathrm{i})}$.

解 记 $c_n=\frac{n!}{(1+\mathrm{i})(1+2\mathrm{i})\cdots(1+n\mathrm{i})}$. 由于

$$\lim_{n\to\infty}\left|\frac{c_n}{c_{n+1}}\right|=\lim_{n\to\infty}\frac{|1+(n+1)\mathrm{i}|}{n+1}=\lim_{n\to\infty}\frac{\sqrt{1+(n+1)^2}}{n+1}=1,$$

故收敛半径 $R=1$;收敛圆为 $|z|<1$ 即 $x^2+y^2<1$.

【2919】 $\sum\limits_{n=1}^{\infty}\frac{z^n}{n^{\alpha+\mathrm{i}\beta}}$.

解 记 $c_n=\frac{1}{n^{\alpha+\mathrm{i}\beta}}$. 由于

$$\lim_{n\to\infty}\left|\frac{c_n}{c_{n+1}}\right|=\lim_{n\to\infty}\left|\left(\frac{n+1}{n}\right)^{\alpha+\mathrm{i}\beta}\right|=\lim_{n\to\infty}\left(\frac{n+1}{n}\right)^{\alpha}=1,$$

故收敛半径 $R=1$;收敛圆为 $|z|<1$ 即 $x^2+y^2<1$.

【2920】 $\sum\limits_{n=1}^{\infty}\frac{(z-\mathrm{e}^{\mathrm{i}\alpha})^n}{n(1-\mathrm{e}^{\mathrm{i}\alpha})^n}$.

解 记 $c_n=\frac{1}{n(1-\mathrm{e}^{\mathrm{i}\alpha})^n}$. 由于

$$\lim_{n\to\infty}\left|\frac{c_n}{c_{n+1}}\right|=\lim_{n\to\infty}\left|\frac{n+1}{n}(1-\mathrm{e}^{\mathrm{i}\alpha})\right|=|1-(\cos\alpha+\mathrm{i}\ \sin\alpha)|=\sqrt{(1-\cos\alpha)^2+\sin^2\alpha}=\left|2\sin\frac{\alpha}{2}\right|,$$

故收敛半径 $R=\left|2\sin\frac{\alpha}{2}\right|$;收敛圆为 $|z-\mathrm{e}^{\mathrm{i}\alpha}|<\left|2\sin\frac{\alpha}{2}\right|$,即 $(x-\cos\alpha)^2+(y-\sin\alpha)^2<4\sin^2\frac{\alpha}{2}$.

【2921】 利用牛顿二项式公式,近似地计算 $\sqrt[3]{9}$,并且估计当只取展开式的头三项时的误差.

解 $\sqrt[3]{9}=2\left(1+\frac{1}{8}\right)^{\frac{1}{3}}=2\left(1+\frac{1}{3}\cdot\frac{1}{8}-\frac{1}{2!}\cdot\frac{1}{3}\cdot\frac{2}{3}\cdot\frac{1}{8^2}+\frac{1}{3!}\cdot\frac{1}{3}\cdot\frac{2}{3}\cdot\frac{5}{3}\cdot\frac{1}{8^3}-\cdots\right)$.

当只取展开式的头三项时,误差

$$|R_3|<2\cdot\frac{1}{3!}\cdot\frac{2\cdot5}{3^3}\cdot\frac{1}{8^3}=\frac{10}{3^4\cdot8^3}<0.001.$$

计算头三项,每一项取到小数点后四位,即得

$$\sqrt[3]{9}\approx2\left(1+\frac{1}{3}\cdot\frac{1}{8}-\frac{1}{2!}\cdot\frac{2}{3^2}\cdot\frac{1}{8^2}\right)\approx2.080.$$

【2922】 近似地计算并估计相应误差:

(1) $\arctan1.2$; (2) $\sqrt[10]{1000}$; (3) $\frac{1}{\sqrt{\mathrm{e}}}$; (4) $\ln1.25$. .

解 (1) 利用 $\arctan x+\arctan y=\arctan\frac{x+y}{1-xy}$,并设 $x=1$, $\frac{x+y}{1-xy}=1.2$, 即得 $y=\frac{1}{11}$. 于是,

$$\arctan1.2=\arctan1+\arctan\frac{1}{11}=\frac{\pi}{4}+\frac{1}{11}-\frac{1}{3}\left(\frac{1}{11}\right)^3+\frac{1}{5}\left(\frac{1}{11}\right)^5-\cdots.$$

若取头三项*),则其误差 $|R_3|<\frac{1}{5}\cdot\left(\frac{1}{11}\right)^5<10^{-5}$. 计算头三项,每一项取到小数点后六位,即得

$$\arctan1.2\approx0.87606.$$

$$(2)\ \sqrt[10]{1000}=\sqrt[10]{1024-24}\approx2(1-0.024)^{\frac{1}{10}}=2\left[1-\frac{0.024}{10}+\frac{\frac{1}{10}\left(\frac{1}{10}-1\right)}{2!}(0.024)^2-\cdots\right].$$

若取头三项,注意到上述级数的各项递减,故其误差

$$|R_3|<2\cdot\frac{\frac{1}{10}\left(\frac{1}{10}-1\right)\left(\frac{1}{10}-2\right)}{3!}(0.024)^3\cdot[1+0.024+(0.024)^2+\cdots]<10^{-6}.$$

计算头三项,每一项取到小数点后七位,即得 $\sqrt[10]{1000}\approx1.995263$.

(3) $\frac{1}{\sqrt{e}}=e^{-\frac{1}{2}}=1-\frac{1}{2}+\frac{1}{2!}\cdot\frac{1}{2^2}-\frac{1}{3!}\cdot\frac{1}{2^3}+\frac{1}{4!}\cdot\frac{1}{2^4}-\frac{1}{5!}\cdot\frac{1}{2^5}+\frac{1}{6!}\cdot\frac{1}{2^6}-\cdots.$

若取头七项，则其误差 $|R_7|<\frac{1}{7!\ 2^7}<10^{-5}$. 计算头七项，每一项取到小数点后六位，即得 $\frac{1}{\sqrt{e}}\approx0.60653$.

(4) $\ln1.25=\ln\left(1+\frac{1}{4}\right)=\frac{1}{4}-\frac{1}{2\cdot4^2}+\frac{1}{3\cdot4^3}-\frac{1}{4\cdot4^4}+\frac{1}{5\cdot4^5}-\frac{1}{6\cdot4^6}+\cdots.$

若取头六项，则其误差 $|R_6|<\frac{1}{7\cdot4^7}<10^{-5}$. 计算头六项，每一项取到小数点后六位，即得 $\ln1.25\approx0.22314$.

*) 本题并未注明取多少项以估计误差，因此，我们可任意选取. 各小题均类似处理.

**利用适当的展开式，计算下列函数精确到所指出的程度的值.**

**【2923】** $\sin18°$，精确到 $10^{-5}$.

**解** $\sin18°=\sin\frac{\pi}{10}=\frac{\pi}{10}-\frac{\pi}{3!10^3}+\frac{\pi}{5!10^5}-\cdots$ 上述级数为交错级数，若取头 $n$ 项，则其误差

$$\Delta<\frac{1}{(2n+1)!}\left(\frac{\pi}{10}\right)^{2n+1}.$$

要使 $\Delta<10^{-5}$，只要 $\frac{1}{(2n+1)!}\left(\frac{\pi}{10}\right)^{2n+1}<10^{-5}$，以 $n=3$ 代入上式即满足($n=2$ 达不到要求的精确程度). 计算头三项，每一项取到小数点后六位，即得 $\sin18°\approx0.30902$.

**【2924】** $\cos1°$，精确到 $10^{-6}$.

**解** $\cos1°=\cos\frac{\pi}{180}=1-\frac{1}{2!}\left(\frac{\pi}{180}\right)^2+\frac{1}{4!}\left(\frac{\pi}{180}\right)^4-\cdots.$

取 $n=2$，即可保证 $\Delta<\frac{1}{4!}\left(\frac{\pi}{180}\right)^4<10^{-6}$. 计算得 $\cos1°\approx0.999848$.

**【2925】** $\tan9°$，精确到 $10^{-3}$.

**解** $\tan9°=\tan\frac{\pi}{20}=\frac{\pi}{20}+\frac{1}{3}\left(\frac{\pi}{20}\right)^3+\frac{2}{15}\left(\frac{\pi}{20}\right)^5+\cdots$ *)

若取头二项，考虑到上述级数的各项递减，则其误差

$$\Delta<\frac{2}{15}\left(\frac{\pi}{20}\right)^5\left[1+\left(\frac{\pi}{20}\right)^2+\left(\frac{\pi}{20}\right)^4+\cdots\right]<10^{-3}.$$

取两项计算，每一项取到小数点后四位，计算得 $\mathrm{tg}9°\approx0.158$.

*) 利用 2891 题的结果.

**【2926】** e，精确到 $10^{-6}$.

**解** $e=1+\sum_{m=1}^{\infty}\frac{1}{m!}$. 若取 $1+\sum_{m=1}^{n}\frac{1}{m!}$ 作为 e 的近似值，则其误差

$$\Delta=\sum_{m=n+1}^{\infty}\frac{1}{m!}=\frac{1}{n!}\sum_{m=n+1}^{\infty}\frac{1}{(n+1)\cdots m}<\frac{1}{n!}\sum_{m=n+1}^{\infty}\frac{1}{(n+1)^{m-n}}=\frac{1}{n!n}.$$

要 $\Delta<10^{-6}$，只要 $\frac{1}{n!n}<10^{-6}$，也即只要 $n!n>10^6$. 取 $n=9$ 即可. 于是，当每项取到小数点后七位，即得

$$e\approx1+\sum_{n=1}^{9}\frac{1}{n!}\approx2.718282.$$

**【2927】** $\ln1.2$，精确到 $10^{-4}$.

**解** $\ln1.2=\ln(1+0.2)=0.2-\frac{1}{2}(0.2)^2+\frac{1}{3}(0.2)^3-\frac{1}{4}(0.2)^4+\cdots.$

若取头 $n$ 项，则其误差 $\Delta<\frac{1}{n+1}(0.2)^{n+1}$. 要 $\Delta<10^{-4}$，只要 $\frac{1}{n+1}(0.2)^{n+1}<10^{-4}$. 取 $n=4$ 即可保证 $\Delta<\frac{1}{5}(0.2)^5<10^{-4}$. 于是，当每项取到小数点后五位，即得

$$\ln1.2\approx0.2-\frac{1}{2}(0.2)^2+\frac{1}{3}(0.2)^3-\frac{1}{4}(0.2)^4\approx0.1823.$$

**【2928】** 由等式$\frac{\pi}{6}=\arcsin\frac{1}{2}$求数 $\pi$,精确到 $10^{-4}$.

**解** $\pi=6\arcsin\frac{1}{2}$

$$=6\left[\frac{1}{2}+\frac{1}{2}\cdot\frac{1}{3}\left(\frac{1}{2}\right)^3+\frac{1\cdot3}{2\cdot4}\cdot\frac{1}{5}\left(\frac{1}{2}\right)^5+\frac{1\cdot3\cdot5}{2\cdot4\cdot6}\cdot\frac{1}{7}\left(\frac{1}{2}\right)^7+\frac{1\cdot3\cdot5\cdot7}{2\cdot4\cdot6\cdot8}\cdot\frac{1}{9}\left(\frac{1}{2}\right)^9\right.$$
$$\left.+\frac{1\cdot3\cdot5\cdot7\cdot9}{2\cdot4\cdot6\cdot8\cdot10}\cdot\frac{1}{11}\left(\frac{1}{2}\right)^{11}+\cdots\right].$$

若取头六项,考虑到上述级数的各项递减,则其误差

$$\Delta<6\,\frac{1\cdot3\cdot5\cdot7\cdot9\cdot11}{2\cdot4\cdot6\cdot8\cdot10\cdot12}\cdot\frac{1}{13}\left(\frac{1}{2}\right)^{13}\left[1+\left(\frac{1}{2}\right)^2+\left(\frac{1}{2}\right)^4+\cdots\right]<10^{-4}.$$

取头六项计算,每一项取到小数点后五位,即得 $\pi\approx3.1416$.

**【2929】** 利用等式$\frac{\pi}{4}=\arctan\frac{1}{2}+\arctan\frac{1}{3}$计算数 $\pi$,精确到 0.001.

**解** 按题设,有

$$\frac{\pi}{4}=\left(\frac{1}{2}-\frac{1}{3}\cdot\frac{1}{2^3}+\frac{1}{5}\cdot\frac{1}{2^5}-\frac{1}{7}\cdot\frac{1}{2^7}+\frac{1}{9}\cdot\frac{1}{2^9}-\cdots\right)+\left(\frac{1}{3}-\frac{1}{3}\cdot\frac{1}{3^3}+\frac{1}{5}\cdot\frac{1}{3^5}-\frac{1}{7}\cdot\frac{1}{3^7}+\cdots\right).$$

注意到等式右端的两个级数都是莱布尼茨型的,故在被加数与加数中,弃去未写出项的校正数分别为

$$0<\Delta_1<\frac{4}{11\cdot2^{11}}<0.0002,\quad 0<\Delta_2<\frac{4}{9\cdot3^9}<0.00002,$$

于是,总误差 $\Delta\leqslant\Delta_1+\Delta_2<0.001$. 计算保留下来的项近似到小数点后四位(末位由四舍五入而得),即可保证达到所需误差,列成下表(括号中的正、负号指示校正数的符号):

| 正项 | 负项 |
|---|---|
| $\frac{4}{2}=2.0000$ | $\frac{4}{3\cdot2^3}=0.1667(-)$ |
| $\frac{4}{5\cdot2^5}=0.0250$ | $\frac{4}{7\cdot2^7}=0.0045(-)$ |
| $\frac{4}{9\cdot2^9}=0.0009(-)$ | $\frac{4}{3\cdot3^3}=0.0494(-)$ |
| $\frac{4}{3}=1.3333(+)$ | $+)\ \frac{4}{7\cdot3^7}=0.0003(-)$ |
| $+)\ \frac{4}{5\cdot3^5}=0.0033(-)$ | 0.2209 |
| 3.3625 | |
| $-)$ 0.2209 | |
| 3.1416 | |

于是,$3.1415<\pi<3.1420$. 因此,取 $\pi\approx3.142$ 即可精确到 0.001.

**【2930】** 利用等式

$$\frac{\pi}{4}=4\arctan\frac{1}{5}-\arctan\frac{1}{239}$$

求数 $\pi$,精确到 $10^{-9}$.

**解** 在此,我们证明一下 2929 题及本题中的等式. 如果注意到反正切函数的加法公式

$$\arctan x+\arctan y=\arctan\frac{x+y}{1-xy}\quad\left(|x+y|<\frac{\pi}{2}\right),$$

并选取任何两个满足关系式$\frac{x+y}{1-xy}=1$ 或 $(1+x)(1+y)=2$ 的真分数作为 $x,y$,就有

$$\frac{\pi}{4}=\arctan x+\arctan y.$$

例如,令 $x=\frac{1}{2}$, $y=\frac{1}{3}$,即得 $\frac{\pi}{4}=\arctan\frac{1}{2}+\arctan\frac{1}{3}$. 这就是 2929 题中所出现的等式.

如果令 $x=\frac{1}{5}$, $\arctan\frac{1}{5}=\alpha$,则

$$\tan\alpha=\frac{1}{5},\quad \tan2\alpha=\frac{\frac{2}{5}}{1-\frac{1}{25}}=\frac{5}{12},\quad \tan4\alpha=\frac{\frac{10}{12}}{1-\frac{25}{144}}=\frac{120}{119}\approx1.$$

可见,$4\alpha\approx\frac{\pi}{4}$.

令 $\beta=4\alpha-\frac{\pi}{4}$,则 $\tan\beta=\frac{\frac{120}{119}-1}{1+\frac{120}{119}}=\frac{1}{239}$. 于是,$\beta=\arctan\frac{1}{239}$. 由此,得

$$\frac{\pi}{4}=4\alpha-\beta=4\arctan\frac{1}{5}-\arctan\frac{1}{239}$$

或

$$\begin{aligned}\pi&=16\arctan\frac{1}{5}-4\arctan\frac{1}{239}\\&=16\left\{\frac{1}{5}-\frac{1}{3}\cdot\frac{1}{5^3}+\frac{1}{5}\cdot\frac{1}{5^5}-\frac{1}{7}\cdot\frac{1}{5^7}+\frac{1}{9}\cdot\frac{1}{5^9}-\frac{1}{11}\cdot\frac{1}{5^{11}}+\frac{1}{13}\cdot\frac{1}{5^{13}}-\cdots\right\}-4\left\{\frac{1}{239}-\frac{1}{3}\cdot\frac{1}{239^3}+\cdots\right\}.\end{aligned}$$

这就是本题中所出现的等式,它就是著名的马信(J. Machin)公式.

我们要依靠此式计算 $\pi$,精确到 $10^{-9}$,只要上面已写出的那些项就够了. 事实上,这两个级数都是莱布尼茨型的,所以在被减数与减数中,弃去了未写出的项的校正数分别为

$$0<\Delta_1<\frac{16}{15\cdot5^{15}}<\frac{1}{2}\cdot\frac{1}{10^9}\quad 与\quad 0<\Delta_2<\frac{4}{5\cdot239^5}<\frac{1}{2}\cdot\frac{1}{10^9},$$

于是,总误差 $\Delta\leqslant\Delta_1+\Delta_2<\frac{1}{10^9}$. 计算保留下来的项近似到小数点后十位,列成下表(括号中的±号指示校正数的符号):

$$\frac{16}{5}=3.2000000000$$

$$\frac{16}{5\cdot5^5}=0.0010240000$$

$$\frac{16}{9\cdot5^9}=0.0000009102(+)$$

$$+)\frac{16}{13\cdot5^{13}}=0.0000000010(+)$$

$$\overline{\quad 3.2010249112}$$

$$-)0.0426959536$$

$$\overline{\quad 3.1583289576}$$

$$\frac{16}{3\cdot5^3}=0.0426666667(-)$$

$$\frac{16}{7\cdot5^7}=0.0000292571(+)$$

$$+)\frac{16}{11\cdot5^{11}}=0.0000000298(-)$$

$$\overline{\quad 0.0426959536}$$

$$\frac{4}{239}=0.0167364017(-)$$

$$-)\frac{4}{3\cdot239^3}=0.0000000977(+)$$

$$\overline{\quad 0.0167363040}.$$

于是,

$$3.1583289576<16\alpha<3.1583289577,\qquad -0.0167363040=-4\beta=-0.0167363040;$$
$$\pi=16\alpha-4\beta,\qquad 3.1415926536<\pi<3.1415926537.$$

因此,取 $\pi\approx3.141592654$ 可精确到 $10^{-9}$,并且可知:如取$\pi\approx3.141592653\cdots$所有写出的数字都是正确的.

**【2931】** 利用公式 $\ln(n+1)=\ln n+2\left[\frac{1}{2n+1}+\frac{1}{3(2n+1)^3}+\cdots\right]$ 求 ln2 和 ln3,精确到 $10^{-5}$.

**解** 当 $n=1$ 时,$\ln2=2\left(\frac{1}{3}+\frac{1}{3\cdot3^3}+\frac{1}{5\cdot3^5}+\frac{1}{7\cdot3^7}+\frac{1}{9\cdot3^9}+\cdots\right)$.

如取已写出的那些项计算 ln2,即知

$$0<\Delta<2\left(\frac{1}{11}\cdot\frac{1}{3^{11}}+\frac{1}{13}\cdot\frac{1}{3^{13}}+\cdots\right)<\frac{2}{11\cdot3^{11}}\cdot\frac{1}{1-\frac{1}{3^2}}<\frac{2}{10^6}.$$

计算到小数点后六位,并作出下表:

$$\frac{2}{3}=0.666667(-)$$
$$\frac{2}{3\cdot3^3}=0.024691(+)$$
$$\frac{2}{5\cdot3^5}=0.001646(+)$$
$$\frac{2}{7\cdot3^7}=0.000131(-)$$
$$+)\ \frac{2}{9\cdot3^9}=0.000011(+)$$
$$\overline{\qquad\qquad 0.693146}$$

故 $0.693146<\ln2<0.693148$.

于是,$\ln2=0.69314\cdots$,并且所有写出来的五位数字都是正确的.如果,将第六位四舍五入,即得 $\ln2\approx0.69315$,精确到 $10^{-5}$.

令 $n=2$,即得

$$\ln3=\ln2+2\left(\frac{1}{5}+\frac{1}{3\cdot5^3}+\frac{1}{5\cdot5^5}+\frac{1}{7\cdot5^7}+\frac{1}{9\cdot5^9}\right)+\cdots. \tag{1}$$

与 ln2 一样,取写出的诸项,计算到小数点后六位,并作出下表:

$$\frac{2}{5}=0.400000$$
$$\frac{2}{3\cdot5^3}=0.005333(+)$$
$$\frac{2}{5\cdot5^5}=0.000128$$
$$\frac{2}{7\cdot5^7}=0.000004(-)$$
$$+)\ \frac{2}{9\cdot5^9}=0.000000(+)$$
$$\overline{\qquad\qquad 0.405465}$$

于是,(1)式右端的级数的和为 $0.40546\cdots$,并且写出来的五位数字都是正确的.如将第六位四舍五入,可得 0.40547.

最后,由(1)式得

$$\ln3\approx0.693146\cdots+0.405465\cdots=1.09861\cdots,$$

并且所有写出来的数字都是正确的.

如果将第六位四舍五入,即得 $\ln3\approx0.69315+0.40546=1.09861$,它精确到 $10^{-5}$.

**【2932】** 将被积函数展开成级数,从而计算下列积分之值,精确到 0.001:

(1) $\int_0^1 e^{-x^2}\,dx$;　　(2) $\int_2^4 e^{\frac{1}{x}}\,dx$;　　(3) $\int_0^2\frac{\sin x}{x}dx$;

(4) $\int_0^1 \cos x^2 \mathrm{d}x$； (5) $\int_0^1 \frac{\operatorname{sh}x}{x}\mathrm{d}x$； (6) $\int_2^{+\infty} \frac{\mathrm{d}x}{1+x^3}$；

(7) $\int_0^{\frac{1}{3}} \frac{\mathrm{d}x}{\sqrt[3]{1-x^2}}$； (8) $\int_0^1 \frac{\mathrm{d}x}{\sqrt{1+x^4}}$； (9) $\int_{10}^{100} \frac{\ln(1+x)}{x}\mathrm{d}x$；

(10) $\int_0^{\frac{1}{2}} \frac{\arctan x}{x}\mathrm{d}x$； (11) $\int_0^{\frac{1}{2}} \frac{\arcsin x}{x}\mathrm{d}x$； (12) $\int_0^1 x^x \mathrm{d}x$.

**解** (1)
$$\int_0^1 \mathrm{e}^{-x^2}\mathrm{d}x = \int_0^1 \left(1-x^2+\frac{x^4}{2!}-\frac{x^6}{3!}+\frac{x^5}{4!}-\cdots\right)\mathrm{d}x$$
$$=1-\frac{1}{3}+\frac{1}{5\cdot 2!}-\frac{1}{7\cdot 3!}+\frac{1}{9\cdot 4!}-\cdots,$$

如取写出来的诸项，计算到小数点后四位，并作出下表：

$$\begin{array}{r}
1 \quad =1.0000\\
\frac{1}{5\cdot 2!}=0.1000\\
+)\frac{1}{9\cdot 4!}=0.0046(+)\\
\hline
1.1046\\
-)\ 0.3571\\
\hline
0.7475\\
\frac{1}{3}\quad=0.3333(+)\\
+)\frac{1}{7\cdot 3!}=0.0238(+)\\
\hline
0.3571
\end{array}$$

于是，$0.7473<\int_0^1 \mathrm{e}^{-x^2}\mathrm{d}x<0.7476$，即有 $\int_0^1 \mathrm{e}^{-x^2}\mathrm{d}x\approx 0.747$，精确到 $0.001$，并且所有写出来的数字都是正确的.

(2)
$$\int_2^4 \mathrm{e}^{\frac{1}{x}}\mathrm{d}x = \int_2^4 \left(1+\frac{1}{x}+\frac{1}{2!x^2}+\frac{1}{3!x^3}+\frac{1}{4!x^4}+\cdots\right)\mathrm{d}x=2+\ln 2+\frac{1}{2!\cdot 4}+\frac{3}{3!\cdot 32}+\frac{7}{4!\cdot 192}+\cdots$$
$$=2+0.\overset{(+)}{6}931+0.1250+0.015\overset{(+)}{6}+0.001\overset{(+)}{5}+\cdots\approx 2.8352 \quad (0<\Delta<0.001).$$

于是，$\int_2^4 \mathrm{e}^{\frac{1}{x}}\mathrm{d}x\approx 2.835$，精确到 $0.001$.

(3)
$$\int_0^2 \frac{\sin x}{x}\mathrm{d}x=\int_0^2 \frac{1}{x}\left(x-\frac{x^3}{3!}+\frac{x^5}{5!}-\frac{x^7}{7!}+\cdots\right)\mathrm{d}x=2-\frac{2^3}{3\cdot 3!}+\frac{2^5}{5\cdot 5!}-\frac{2^7}{7\cdot 7!}+\cdots,$$

如取写出来的诸项计算积分值，则其误差 $0<\Delta<\frac{2^9}{9\cdot 9!}<\frac{1}{10^3}$. 列下表：

$$\begin{array}{r}
2 \quad =2.0000\\
+)\frac{2^5}{5\cdot 5!}=0.0533(+)\\
\hline
2.0533\\
-)\ 0.4480\\
\hline
1.6053\\
\frac{2^3}{3\cdot 3!}=0.4444(+)\\
+)\frac{2^7}{7\cdot 7!}=0.0036(+)\\
\hline
0.4480
\end{array}$$

于是，$1.6051<\int_0^2 \frac{\sin x}{x}\mathrm{d}x<1.6054$，即 $\int_0^2 \frac{\sin x}{x}\mathrm{d}x\approx 1.605$，并且所有写出的数字都是正确的.

(4)
$$\int_0^1 \cos x^2 \mathrm{d}x=\int_0^1 \left(1-\frac{x^4}{2!}+\frac{x^8}{4!}-\cdots\right)\mathrm{d}x=1-\frac{1}{5\cdot 2!}+\frac{1}{9\cdot 4!}-\cdots,$$

如取写出的诸项计算积分值，则其误差 $0<\Delta<\frac{1}{13\cdot 6!}<\frac{1}{10^3}$. 列下表：

$$\begin{array}{r} 1 \ =1.0000 \\ +)\dfrac{1}{9\cdot 4!}=0.0046(+) \\ \hline 1.0046 \\ -)\ 0.1000 \\ \hline 0.9046 \\ \dfrac{1}{5\cdot 2!}=0.1000 \end{array}$$

所以，$\int_0^1 \cos x^2 \mathrm{d}x \approx 0.9046$. 于是，$\int_0^1 \cos x^2 \mathrm{d}x \approx 0.905$，精确到 0.001.

(5) $\int_0^1 \frac{\operatorname{sh}x}{x}\mathrm{d}x=\int_0^1 \frac{1}{x}\left(x+\frac{x^3}{3!}+\frac{x^5}{5!}+\cdots\right)\mathrm{d}x=1+\frac{1}{3\cdot 3!}+\frac{1}{5\cdot 5!}+\cdots$,

如取写出来的诸项计算积分值，则其误差

$$0<\Delta<\frac{1}{7\cdot 7!}\left(1+\frac{1}{7^2}+\frac{1}{7^4}+\cdots\right)=\frac{1}{7\cdot 7!}\cdot\frac{1}{1-\frac{1}{7^2}}<10^{-3}.$$

列下表：

$$\begin{array}{r} 1 \ =1.0000 \\ \dfrac{1}{3\cdot 3!}=0.0556(-) \\ +)\dfrac{1}{5\cdot 5!}=0.0017(+) \\ \hline 1.0573 \end{array}$$

于是，$\int_0^1 \frac{\operatorname{sh}x}{x}\mathrm{d}x \approx 1.057$，精确到 0.001.

(6) 当 $x\geqslant 2$ 时，

$$\frac{1}{1+x^3}=\frac{1}{x^3}\cdot\frac{1}{1+\left(\frac{1}{x}\right)^3}=\left(\frac{1}{x}\right)^3\sum_{n=0}^{\infty}(-1)^n\left(\frac{1}{x}\right)^{3n}=\sum_{n=0}^{\infty}(-1)^n\left(\frac{1}{x}\right)^{3n+3},$$

于是，

$$I=\int_2^{+\infty}\frac{\mathrm{d}x}{1+x^3}=\sum_{n=0}^{\infty}(-1)^n\int_2^{+\infty}\left(\frac{1}{x}\right)^{3n+3}\mathrm{d}x=\sum_{n=0}^{\infty}\frac{(-1)^n}{3n+2}\left(\frac{1}{2}\right)^{3n+2}$$
$$=\frac{1}{8}-\frac{1}{5}\left(\frac{1}{2}\right)^5+\frac{1}{8}\left(\frac{1}{2}\right)^8-\frac{1}{11}\left(\frac{1}{2}\right)^{11}+\cdots.$$

取前两项的近似值就有 $I=0.119+\theta\quad(0<\theta<0.001)$. 或者用直接积分法：

$$\int_2^{+\infty}\frac{\mathrm{d}x}{1+x^3}=\int_2^{+\infty}\left(\frac{1}{3}\cdot\frac{1}{1+x}-\frac{1}{3}\cdot\frac{x-2}{x^2-x+1}\right)\mathrm{d}x$$
$$=\frac{1}{6}\ln\frac{(x+1)^2}{x^2-x+1}+\frac{1}{\sqrt{3}}\arctan\frac{2x-1}{\sqrt{3}}\Bigg|_2^{+\infty}$$
$$=\frac{1}{\sqrt{3}}\cdot\frac{\pi}{2}-\frac{1}{6}\ln 3-\frac{1}{\sqrt{3}}\cdot\frac{\pi}{3}=\frac{\sqrt{3}}{3}\cdot\frac{\pi}{6}-\frac{1}{6}\ln 3\approx 0.119,$$

精确到 0.001.

(7) $\frac{1}{\sqrt[3]{1-x^2}}=(1-x^2)^{-\frac{1}{3}}=1+\frac{x^2}{3}+\frac{4x^4}{3^2\cdot 2!}+\cdots$,

故得 $\int_0^{\frac{1}{3}}\frac{\mathrm{d}x}{\sqrt[3]{1-x^2}}=\frac{1}{3}+\frac{1}{3^5}+\cdots\approx 0.337$，精确到 0.001.

(8) $\int_0^1 \frac{\mathrm{d}x}{\sqrt{1+x^4}}=\int_0^1(1+x^4)^{-\frac{1}{2}}\mathrm{d}x=\int_0^1\left(1-\frac{1}{2}x^4+\frac{1\cdot 3}{2^2\cdot 2!}x^8+\cdots\right)\mathrm{d}x$

$$=1-\frac{1}{5\cdot 2}+\frac{1\cdot 3}{9\cdot 2^2\cdot 2!}-\cdots-\frac{1\cdot 3\cdots 45}{93\cdot 2^{23}\cdot 23!}+\cdots$$

$=(1.0000+0.0417+0.0160+0.0090+0.0060+0.0043+0.0033+0.0026+0.0022+0.0018+0.0014+0.0012)-(0.1000+0.0240+0.0117+0.0072+0.0050+0.0037+0.0029+0.0024+0.0020+0.0016+0.0013+0.0010)+\cdots$

$\approx 0.927.$

$$0<\Delta<\frac{1\cdot 3\cdots 47}{97\cdot 2^{24}\cdot 24!}<10^{-3}.$$

(9) 注意,当 $10\leqslant x\leqslant 100$ 时,有

$$\ln(1+x)=\ln\left[x\left(1+\frac{1}{x}\right)\right]=\ln x+\sum_{n=1}^{\infty}\frac{(-1)^{n-1}}{n}\left(\frac{1}{x}\right)^n,$$

于是,得

$$\begin{aligned}I&=\int_{10}^{100}\frac{\ln(1+x)}{x}dx=\int_{10}^{100}\frac{\ln x}{x}dx+\sum_{n=1}^{\infty}\frac{(-1)^{n-1}}{n}\int_{10}^{100}x^{-n-1}dx\\&=\frac{3}{2}\ln^2 10+\sum_{n=1}^{\infty}\frac{(-1)^{n+1}}{n^2}\cdot\frac{1}{10^n}\left(1-\frac{1}{10^n}\right)\\&=\frac{3}{2}\ln^2 10+\frac{1}{10}\left(1-\frac{1}{10}\right)-\frac{1}{4\cdot 10^2}\left(1-\frac{1}{10^2}\right)+\frac{1}{9\cdot 10^3}\left(1-\frac{1}{10^3}\right)+\cdots\\&\approx 8.041\quad(\text{精确到 }0.001).\end{aligned}$$

(10) $\int_0^{\frac{1}{2}}\frac{\arctan x}{x}dx=\int_0^{\frac{1}{2}}\frac{1}{x}\left(x-\frac{x^3}{3}+\frac{x^5}{5}-\cdots\right)dx=\frac{1}{2}-\frac{1}{3^2\cdot 2^3}+\frac{1}{5^2\cdot 2^5}-\frac{1}{7^2\cdot 2^7}+\cdots,$

如取前三项计算积分值,则其误差 $0<\Delta<\frac{1}{7^2\cdot 2^7}<\frac{1}{10^3}$. 于是,$\int_0^{\frac{1}{2}}\frac{\arctan x}{x}dx\approx 0.488$ (精确到 0.001).

(11) $\int_0^{\frac{1}{2}}\frac{\arcsin x}{x}dx=\int_0^{\frac{1}{2}}\frac{1}{x}\left(x+\frac{x^3}{2\cdot 3}+\frac{1\cdot 3x^5}{2\cdot 4\cdot 5}+\cdots\right)dx=\frac{1}{2}+\frac{1}{2^4\cdot 3^2}+\frac{1\cdot 3}{2\cdot 4\cdot 5^2\cdot 2^5}+\cdots,$

如取前三项计算积分值,则其误差

$$0<\Delta<\frac{1\cdot 3\cdot 5}{2\cdot 4\cdot 6}\cdot\frac{1}{7^2}\cdot\frac{1}{2^7}\left(1+\frac{1}{2^2}+\cdots\right)<\frac{1}{7^2\cdot 2^7}\cdot\frac{1}{1-\frac{1}{2^2}}<\frac{1}{10^3}.$$

于是,$\int_0^{\frac{1}{2}}\frac{\arcsin x}{x}dx\approx 0.507$ (精确到 0.001).

(12) 注意到

$$x^x=e^{x\ln x}=1+x\ln x+\frac{(x\ln x)^2}{2!}+\cdots+\frac{(x\ln x)^n}{n!}+\cdots,$$

并有 $\int_0^1 x^n\ln^n x\,dx=(-1)^n\frac{n!}{(n+1)^{n+1}}$ *). 于是,

$$\int_0^1 x^x dx=1-\frac{1}{4}+\frac{1}{27}-\frac{1}{256}+\cdots,$$

如取前四项计算积分值,则其误差

$$0<\Delta<\frac{4!}{4!\cdot(4+1)^{4+1}}=\frac{1}{5^5}<\frac{1}{10^3},$$

故 $\int_0^1 x^x dx\approx 0.783$ (精确到 0.001).

*) 参看 2286 题,$m=n$.

**【2933】** 求一段正弦曲线 $y=\sin x$ $(0\leqslant x\leqslant\pi)$ 之弧长,并精确到 0.01.

**解** 弧长 $s$ 为

$$s=\int_0^{\pi}\sqrt{1+y'^2}dx=2\int_0^{\frac{\pi}{2}}\sqrt{1+\cos^2 x}dx=2\int_0^{\frac{\pi}{2}}\left(1+\frac{1}{2}\cos^2 x-\frac{1}{2!\cdot 2^2}\cos^4 x+\frac{1\cdot 3}{3!\cdot 2^3}\cos^6 x-\cdots\right)dx.$$

注意到 $\int_0^{\frac{\pi}{2}}\cos^{2n}x\,dx=\frac{\pi(2n)!}{2^{2n+1}\cdot n!\cdot n!}$ *),即有

$$s=2\left(\frac{\pi}{2}+\frac{\pi\cdot 2!}{2^4}-\frac{1}{2!2^2}\cdot\frac{\pi\cdot 4!}{2^5\cdot 2!2!}+\frac{1\cdot 3}{3!2^3}\cdot\frac{\pi\cdot 6!}{2^7\cdot 3!3!}-\cdots\right)=\pi\left(1+\frac{1}{4}-\frac{3}{64}+\frac{5}{256}-\cdots\right),$$

如取写出的诸项计算 $s$ 值，则其误差

$$0<\Delta<\frac{3\cdot 5\cdot 2\pi}{4!2^4}\cdot\frac{8!}{2^9\cdot 4!4!}<\frac{1}{10^2}.$$

于是，$s\approx 3.14(1+0.25-0.05+0.02)\approx 3.83$.

*） 利用 2290 题的结果，$m=0$.

**【2934】** 椭圆之半轴为 $a=1$ 及 $b=\frac{1}{2}$，求椭圆的弧长，并精确到 0.01.

**解** 椭圆的参数方程为 $x=a\sin t$，$y=b\cos t$. 于是，

$$ds=\sqrt{x_t'^2+y_t'^2}\,dt=\sqrt{a^2\cos^2 t+b^2\sin^2 t}\,dt=a\cdot\sqrt{1-\varepsilon^2\sin^2 t}\,dt,$$

其中 $\varepsilon=\frac{\sqrt{a^2-b^2}}{a}$ 为椭圆的离心率，从而得

$$\begin{aligned}s&=4a\int_0^{\frac{\pi}{2}}\sqrt{1-\varepsilon^2\sin^2 t}\,dt\\&=4a\int_0^{\frac{\pi}{2}}\left(1-\frac{1}{2}\varepsilon^2\sin^2 t-\frac{1}{2!2^2}\varepsilon^4\sin^4 t-\frac{1\cdot 3}{3!\cdot 2^3}\varepsilon^6\sin^6 t-\cdots\right)dt\\&=4a\left(\frac{\pi}{2}-\frac{1}{2}\varepsilon^2\cdot\frac{\pi\cdot 2!}{2^3}-\frac{1}{2!\,2^2}\varepsilon^4\cdot\frac{\pi\cdot 4!}{2^5\cdot 2!2!}-\frac{1\cdot 3}{3!\,2^3}\varepsilon^6\cdot\frac{\pi\cdot 6!}{2^7\cdot 3!3!}-\cdots\right)\end{aligned}$$

如取写出的前五项计算 $s$ 值，则其误差 $0<\Delta<10^{-2}$. 再以 $a,b$ 值代入，即得

$$\begin{aligned}s&=2\pi\left(1-\frac{1}{4}\cdot\frac{3}{4}-\frac{3}{64}\cdot\frac{9}{16}-\frac{5}{256}\cdot\frac{27}{64}-\frac{5\cdot 27\cdot 3}{256\cdot 64\cdot 4}-\cdots\right)\\&\approx 2\pi(1-0.188-0.026-0.008-0.003-\cdots)\approx 4.84.\end{aligned}$$

**【2935】** 两根电线杆相距 $2l=20$m，电线成抛物线的形状. 若电线下垂高度 $h=40$cm，计算电线的长度，并精确到 1cm.

**解** 先建立抛物线 $AOB$ 的方程.

取坐标系如图 5.2 所示，则方程的标准形式为 $x^2=2py$. 由于此抛物线过点 $B(10,0.4)$，所以，

$$10^2=2p(0.4),\quad p=125,$$

即 $y=\frac{1}{250}x^2$. 于是，所求的电线长为

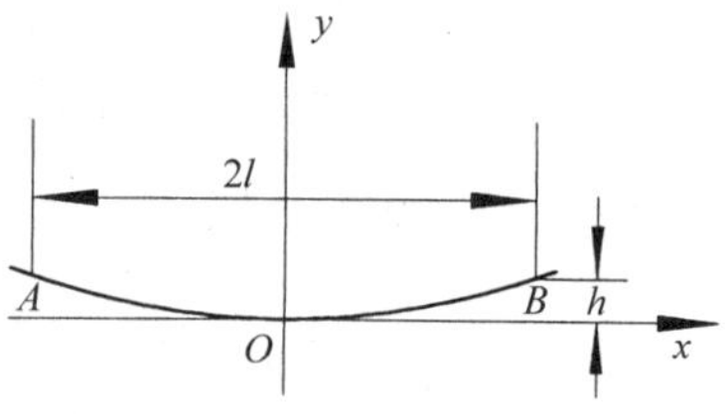

图 5.2

$$\begin{aligned}s&=2\int_0^{10}\sqrt{1+\left(\frac{1}{125}x\right)^2}\,dx\\&=250\int_0^{\frac{2}{25}}\sqrt{1+t^2}\,dt=250\int_0^{\frac{2}{25}}(1+t^2)^{\frac{1}{2}}\,dt\\&=250\int_0^{\frac{2}{25}}\left(1+\frac{1}{2}t^2-\frac{1}{2!2^2}t^4+\frac{1\cdot 3}{3!2^3}t^6-\frac{1\cdot 3\cdot 5}{4!2^4}t^8+\cdots\right)dt\\&=250\left(\frac{2}{25}+\frac{1}{3}\cdot\frac{1}{2}\cdot\frac{2^3}{25^3}-\frac{1}{5\cdot 2!2^2}\cdot\frac{2^5}{25^5}+\cdots\right),\end{aligned}$$

如取前两项计算积分值，则其误差 $0<\Delta<\frac{250}{5\cdot 2!\cdot 2^2}\cdot\frac{2^5}{25^5}<10^{-2}$. 因此，

$$s\approx 250\left(\frac{2}{25}+\frac{1}{3}\cdot\frac{1}{2}\cdot\frac{2^3}{25^3}\right)\approx 20+0.02=20.02\text{m},$$

即所求的电线长为 20.02m，精确到 0.01m.

**注** 严格地说，若不计电线的伸长，电线的形状应为悬链线.

# §6. 傅里叶级数

1° **展开定理** 若函数 $f(x)$ 在区间 $(-l,l)$ 内分段连续并有分段连续的导数 $f'(x)$，并且一切不连续点 $\xi$ 是正则的 $\left[\text{即 } f(\xi)=\frac{1}{2}[f(\xi-0)+f(\xi+0)]\right]$，则函数 $f(x)$ 在此区间上可用傅里叶级数表示：

$$f(x)=\frac{a_0}{2}+\sum_{n=1}^{\infty}\left(a_n\cos\frac{n\pi x}{l}+b_n\sin\frac{n\pi x}{l}\right), \tag{1}$$

式中

$$a_n=\frac{1}{l}\int_{-l}^{l}f(x)\cos\frac{n\pi x}{l}\mathrm{d}x \quad (n=0,1,2,\cdots), \tag{2}$$

$$b_n=\frac{1}{l}\int_{-l}^{l}f(x)\sin\frac{n\pi x}{l}\mathrm{d}x \quad (n=1,2,\cdots). \tag{2'}$$

特别是：

（i）若函数 $f(x)$ 是偶函数，则有：

$$f(x)=\frac{a_0}{2}+\sum_{n=1}^{\infty}a_n\cos\frac{n\pi x}{l}, \tag{3}$$

式中 $a_n=\frac{2}{l}\int_0^l f(x)\cos\frac{n\pi x}{l}\mathrm{d}x \quad (n=0,1,2,\cdots)$；

（ii）若函数 $f(x)$ 是奇函数，则有：

$$f(x)=\sum_{n=1}^{\infty}b_n\sin\frac{n\pi x}{l}, \tag{4}$$

式中 $b_n=\frac{2}{l}\int_0^l f(x)\sin\frac{n\pi x}{l}\mathrm{d}x \quad (n=1,2,\cdots)$.

一个在区间 $(0,l)$ 中有定义的并且具有上述连续性的函数 $f(x)$，可在该区间内用公式(3)及公式(4)表示.

2° **完全性条件** 对于任何在区间 $(-l,l)$ 上可积的且其平方也可积的函数 $f(x)$，组成具有系数(2)，(2′)的级数(1)，则李雅普诺夫等式成立：

$$\frac{a_0^2}{2}+\sum_{n=1}^{\infty}(a_n^2+b_n^2)=\frac{1}{l}\int_{-l}^{l}f^2(x)\mathrm{d}x.$$

3° **傅里叶级数的积分法** 在区间 $(-l,l)$ 内按黎曼意义可积的函数 $f(x)$ 之傅里叶级数(1)（即使是发散的），可以在此区间内逐项积分.

**【2936】** 将函数 $f(x)=\sin^4 x$ 展开成傅里叶级数.

**解** 在 $[-\pi,\pi]$ 上，函数 $f(x)=\sin^4 x$ 展开成傅里叶级数，有

$$f(x)=\frac{a_0}{2}+\sum_{n=1}^{\infty}(a_n\cos nx+b_n\sin nx).$$

由于

$$\sin^4 x=\left(\frac{1-\cos 2x}{2}\right)^2=\frac{1}{4}-\frac{1}{2}\cos 2x+\frac{1}{4}\cdot\frac{1+\cos 4x}{2}=\frac{3}{8}-\frac{1}{2}\cos 2x+\frac{1}{8}\cos 4x,$$

故有

$$a_0=\frac{2}{\pi}\int_0^{\pi}\sin^4 x\mathrm{d}x=\frac{2}{\pi}\int_0^{\pi}\left(\frac{3}{8}-\frac{1}{2}\cos 2x+\frac{1}{8}\cos 4x\right)\mathrm{d}x=\frac{3}{4},$$

$$a_n=\frac{2}{\pi}\int_0^{\pi}\sin^4 x\cos nx\mathrm{d}x=\frac{2}{\pi}\int_0^{\pi}\left(\frac{3}{8}\cos nx-\frac{1}{2}\cos 2x\cos nx+\frac{1}{8}\cos 4x\cos nx\right)\mathrm{d}x$$

$$=\begin{cases}0, & n\neq 2,\ n\neq 4,\\ -\frac{1}{2}, & n=2,\\ \frac{1}{8}, & n=4;\end{cases}$$

$$b_n=\frac{1}{\pi}\int_{-\pi}^{\pi}\sin^4 x\sin nx\mathrm{d}x=0\quad(n=1,2,\cdots).$$

又函数 $f(x)$ 处处连续，故其傅里叶级数收敛于函数本身，即 $f(x)=\frac{3}{8}-\frac{1}{2}\cos 2x+\frac{1}{8}\cos 4x$.

**注** 由此题可以看出，周期为 $2\pi$ 的三角多项式的傅里叶级数就是它本身，下面一题将给出一般的证明.

**【2937】** 三角多项式 $p_n(x)=\sum\limits_{i=0}^{n}(\alpha_i\cos ix+\beta_i\sin ix)$ 的傅里叶级数是怎样的？

**解** $p_n(x)$ 是以 $2\pi$ 为周期的函数，不妨在 $[-\pi,\pi]$ 上展开成傅里叶级数. 由于

$$a_0=\frac{1}{\pi}\int_{-\pi}^{\pi}p_n(x)\mathrm{d}x=\frac{1}{\pi}\int_{-\pi}^{\pi}\sum_{i=0}^{n}(\alpha_i\cos ix+\beta_i\sin ix)\mathrm{d}x=2\alpha_0,$$

$$a_n=\frac{1}{\pi}\int_{-\pi}^{\pi}p_n(x)\cos nx\mathrm{d}x=\frac{1}{\pi}\int_{-\pi}^{\pi}\sum_{i=0}^{n}(\alpha_i\cos ix+\beta_i\sin ix)\cos nx\mathrm{d}x=\alpha_n;$$

$$b_n=\frac{1}{\pi}\int_{-\pi}^{\pi}p_n(x)\sin nx\mathrm{d}x=\frac{1}{\pi}\int_{-\pi}^{\pi}\sum_{i=0}^{n}(\alpha_i\cos ix+\beta_i\sin ix)\sin nx\mathrm{d}x=\beta_n.$$

于是，在 $[-\pi,\pi]$ 上，有

$$p_n(x)=\frac{a_0}{2}+\sum_{n=1}^{\infty}(a_n\cos nx+b_n\sin nx)=\sum_{i=0}^{n}(\alpha_i\cos ix+\beta_i\sin ix),$$

即 $p_n(x)$ 的傅里叶级数就是它本身.

**【2938】** 将函数 $f(x)=\operatorname{sgn}x\ (-\pi<x<\pi)$ 展开为傅里叶级数.

绘出函数的图像及此函数之傅里叶级数之若干部分和的图像.

利用该展开式，求莱布尼茨级数 $\sum\limits_{n=1}^{\infty}\frac{(-1)^{n-1}}{2n-1}$ 的和.

**解** 由于

$$a_0=\frac{1}{\pi}\int_{-\pi}^{\pi}\operatorname{sgn}x\mathrm{d}x=0,\qquad a_n=\frac{1}{\pi}\int_{-\pi}^{\pi}\operatorname{sgn}x\cos nx\mathrm{d}x=0;$$

$$\begin{aligned}b_n&=\frac{1}{\pi}\int_{-\pi}^{\pi}\operatorname{sgn}x\sin nx\mathrm{d}x=\frac{2}{\pi}\int_{0}^{\pi}\operatorname{sgn}x\sin nx\mathrm{d}x\\&=\frac{2}{\pi}\int_{0}^{\pi}\sin nx\mathrm{d}x=-\frac{2}{n\pi}\cos nx\Big|_0^{\pi}=\frac{2}{n\pi}[1-(-1)^n],\end{aligned}$$

又函数 $f(x)$ 在 $(-\pi,\pi)$ 上只有一个第一类不连续点，故其傅里叶级数收敛，且有

$$\frac{4}{\pi}\sum_{k=1}^{\infty}\frac{\sin(2k-1)x}{2k-1}=\begin{cases}-1, & -\pi<x<0,\\ 0, & x=0,\\ 1, & 0<x<\pi.\end{cases}$$

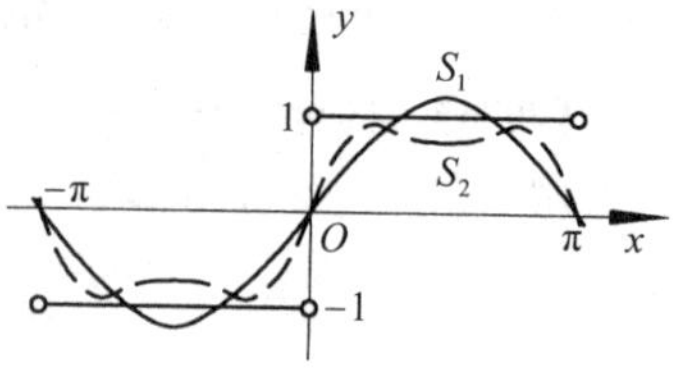


图 5.3

$f(x)$ 及其傅里叶级数之若干部分和的图像如图 5.3 所示，其中画的是一项 $S_1$、两项之和 $S_2$ 及 $f(x)$ 的图像.

若令 $x=\frac{\pi}{2}$，则得 $\frac{4}{\pi}\sum\limits_{k=1}^{\infty}\frac{(-1)^{k-1}}{2k-1}=1$，即莱布尼茨级数

$$\sum_{n=1}^{\infty}\frac{(-1)^{n-1}}{2n-1}=\frac{\pi}{4}.$$

## 在所指定的区间内把下列函数展开为傅里叶级数：

**【2939】** 在区间 $(0,2l)$ 内展开 $f(x)=\begin{cases}A, & 0<x<l,\\ 0, & l<x<2l,\end{cases}$ 其中 $A$ 为常数.

**解** 由于

$$a_0=\frac{1}{l}\int_{0}^{2l}f(x)\mathrm{d}x=\frac{1}{l}\int_{0}^{l}A\mathrm{d}x=A,$$

$$a_n=\frac{1}{l}\int_{0}^{2l}f(x)\cos\frac{n\pi x}{l}\mathrm{d}x=\frac{1}{l}\int_{0}^{l}A\cos\frac{n\pi x}{l}\mathrm{d}x=0;$$

$$b_n=\frac{1}{l}\int_0^{2l}f(x)\sin\frac{n\pi x}{l}dx=\frac{1}{l}\int_0^{l}A\sin\frac{n\pi x}{l}dx=\frac{A}{n\pi}[1-(-1)^n],$$

故按展开定理，$f(x)$可展开为

$$\frac{A}{2}+\frac{2A}{\pi}\sum_{k=0}^{\infty}\frac{1}{2k+1}\sin(2k+1)\frac{\pi x}{l}=\begin{cases}A, & 0<x<l\\ \frac{A}{2}, & x=l,\\ 0, & l<x<2l.\end{cases}$$

**【2940】** 在区间$(-\pi,\pi)$内展开 $f(x)=x$.

**解** 因为 $f(x)=x$ 为奇函数，从而，$a_0=a_n=0$，且

$$b_n=\frac{1}{\pi}\int_{-\pi}^{\pi}x\sin nx dx=\frac{2}{\pi}\int_0^{\pi}x\sin nx dx=(-1)^{n-1}\frac{2}{n},$$

故按展开定理，$f(x)$可展开为 $2\sum\limits_{n=1}^{\infty}(-1)^{n-1}\frac{\sin nx}{n}=x\quad(-\pi<x<\pi)$.

**【2941】** 在区间$(0,2\pi)$内展开 $f(x)=\frac{\pi-x}{2}$.

**解** 由于

$$a_0=\frac{1}{\pi}\int_0^{2\pi}\frac{\pi-x}{2}dx=\frac{1}{2\pi}\left(\pi x-\frac{x^2}{2}\right)\Big|_0^{2\pi}=0,$$

$$a_n=\frac{1}{\pi}\int_0^{2\pi}\frac{\pi-x}{2}\cos nx dx=\frac{\pi-x}{2n\pi}\sin nx\Big|_0^{2\pi}+\frac{1}{2n\pi}\int_0^{2\pi}\sin nx dx=0;$$

$$b_n=\frac{1}{\pi}\int_0^{2\pi}\frac{\pi-x}{2}\sin nx dx=-\frac{\pi-x}{2n\pi}\cos nx\Big|_0^{2\pi}-\frac{1}{2n\pi}\int_0^{2\pi}\cos nx dx=\frac{1}{n},$$

故按展开定理，$f(x)$可展开为 $\sum\limits_{n=1}^{\infty}\frac{\sin nx}{n}=\frac{\pi-x}{2}\quad(0<x<2\pi)$.

**【2942】** 在区间$(-\pi,\pi)$内展开 $f(x)=|x|$.

**解** 因为 $f(x)=|x|$为偶函数，从而，$b_n=0$，且

$$a_0=\frac{2}{\pi}\int_0^{\pi}x dx=\frac{2}{\pi}\cdot\frac{x^2}{2}\Big|_0^{\pi}=\pi,$$

$$a_n=\frac{2}{\pi}\int_0^{\pi}x\cos nx dx=\frac{2}{n\pi}x\sin nx\Big|_0^{\pi}-\frac{2}{n\pi}\int_0^{\pi}\sin nx dx=\frac{2}{n^2\pi}[(-1)^n-1],$$

故按展开定理，$f(x)$可展开为 $\frac{\pi}{2}-\frac{4}{\pi}\sum\limits_{k=0}^{\infty}\frac{\cos(2k+1)x}{(2k+1)^2}=|x|\quad(-\pi<x<\pi)$.

**【2943】** 在区间$(-\pi,\pi)$内展开 $f(x)=\begin{cases}ax, & -\pi<x<0,\\ bx, & 0<x<\pi,\end{cases}$ 其中 $a$ 和 $b$ 为常数.

**解** 由于

$$a_0=\frac{1}{\pi}\int_{-\pi}^{0}ax dx+\frac{1}{\pi}\int_0^{\pi}bx dx=\frac{b-a}{2}\pi,$$

$$a_n=\frac{1}{\pi}\int_{-\pi}^{0}ax\cos nx dx+\frac{1}{\pi}\int_0^{\pi}bx\cos nx dx=\frac{a-b}{n^2\pi}[1-(-1)^n];$$

$$b_n=\frac{1}{\pi}\int_{-\pi}^{0}ax\sin nx dx+\frac{1}{\pi}\int_0^{\pi}bx\sin nx dx=\frac{a+b}{n}(-1)^{n+1},$$

故按展开定理，$f(x)$可展开为

$$\frac{b-a}{4}\pi+\frac{2(a-b)}{\pi}\sum_{k=0}^{\infty}\frac{\cos(2k+1)x}{(2k+1)^2}+(a+b)\sum_{n=1}^{\infty}\frac{(-1)^{n+1}}{n}\sin nx=\begin{cases}ax, & -\pi<x<0,\\ 0, & x=0,\\ bx, & 0<x<\pi.\end{cases}$$

**【2944】** 在区间$(-\pi,\pi)$内展开 $f(x)=\pi^2-x^2$.

**解** 因为 $f(x)=\pi^2-x^2$ 为偶函数，从而，$b_n=0$，且

$$a_0=\frac{2}{\pi}\int_0^{\pi}(\pi^2-x^2)dx=\frac{2}{\pi}\left(\pi^2x-\frac{1}{3}x^3\right)\Big|_0^{\pi}=\frac{4\pi^2}{3},$$

$$a_n=\frac{2}{\pi}\int_0^{\pi}(\pi^2-x^2)\cos nx\,dx=-\frac{2}{\pi}\int_0^{\pi}x^2\cos nx\,dx=-\frac{2}{n\pi}x^2\sin nx\Big|_0^{\pi}+\frac{4}{n\pi}\int_0^{\pi}x\sin nx\,dx$$
$$=-\frac{4}{n^2\pi}x\cos nx\Big|_0^{\pi}+\frac{4}{n^2\pi}\int_0^{\pi}\cos nx\,dx=\frac{4}{n^2}(-1)^{n+1},$$

故按展开定理，$f(x)$可展开为 $\frac{2\pi^2}{3}+4\sum_{n=1}^{\infty}\frac{(-1)^{n+1}}{n^2}\cos nx=\pi^2-x^2\quad(-\pi<x<\pi)$.

**【2945】** 在区间$(-\pi,\pi)$内展开 $f(x)=\cos ax$($a$ 不是整数).

**解** 因为 $f(x)=\cos ax$ 为偶函数，从而，$b_n=0$，且

$$a_0=\frac{2}{\pi}\int_0^{\pi}\cos ax\,dx=\frac{2}{a\pi}\sin a\pi,$$
$$a_n=\frac{2}{\pi}\int_0^{\pi}\cos ax\cos nx\,dx=\frac{1}{\pi}\int_0^{\pi}[\cos(n+a)x+\cos(n-a)x]dx=\frac{2\sin a\pi}{\pi}\,\frac{(-1)^{n+1}a}{n^2-a^2},$$

故按展开定理，$f(x)$可展开为 $\frac{2\sin a\pi}{\pi}\left[\frac{1}{2a}+\sum_{n=1}^{\infty}(-1)^{n+1}\frac{a\cos nx}{n^2-a^2}\right]=\cos ax\quad(-\pi<x<\pi)$.

**【2946】** 在区间$(-\pi,\pi)$内展开 $f(x)=\sin ax$($a$ 不是整数).

**解** 因为 $f(x)=\sin ax$ 为奇函数，从而，$a_0=a_n=0$，且

$$b_n=\frac{2}{\pi}\int_0^{\pi}\sin ax\sin nx\,dx=\frac{1}{\pi}\int_0^{\pi}[\cos(n-a)x-\cos(n+a)x]dx=\frac{2\sin a\pi}{\pi}\,\frac{(-1)^{n+1}n}{n^2-a^2},$$

故按展开定理，$f(x)$可展开为 $\frac{2\sin a\pi}{\pi}\sum_{n=1}^{\infty}\frac{(-1)^{n+1}n\sin nx}{n^2-a^2}=\sin ax\quad(-\pi<x<\pi)$.

**【2947】** 在区间$(-\pi,\pi)$内展开 $f(x)=\operatorname{sh}ax$.

**解** 因为 $f(x)$为奇函数，从而，$a_0=a_n=0$，且

$$b_n=\frac{2}{\pi}\int_0^{\pi}\operatorname{sh}ax\sin nx\,dx$$
$$=\frac{2}{\pi}\left[-\frac{1}{n}\operatorname{sh}ax\cos nx\Big|_0^{\pi}+\frac{a}{n}\int_0^{\pi}\cos nx\operatorname{ch}ax\,dx\right]$$
$$=\frac{2}{\pi}\left[\frac{(-1)^{n+1}}{n}\operatorname{sh}a\pi+\frac{a}{n^2}\operatorname{ch}ax\sin nx\Big|_0^{\pi}-\frac{a^2}{n^2}\int_0^{\pi}\operatorname{sh}ax\sin nx\,dx\right]$$
$$=\frac{2}{\pi}\left[\frac{(-1)^{n+1}}{n}\operatorname{sh}a\pi-\frac{a^2}{n^2}\int_0^{\pi}\operatorname{sh}ax\sin nx\,dx\right]=\frac{2(-1)^{n+1}}{n\pi}\operatorname{sh}a\pi-\frac{a^2}{n^2}b_n,$$

即 $b_n=\frac{(-1)^{n+1}2n}{(n^2+a^2)\pi}\operatorname{sh}a\pi$，故按展开定理，$f(x)$可展开为

$$\frac{2\operatorname{sh}a\pi}{\pi}\sum_{n=1}^{\infty}(-1)^{n+1}\frac{n\sin nx}{n^2+a^2}=\operatorname{sh}ax\quad(-\pi<x<\pi).$$

**【2948】**+ 在区间$(-h,h)$内展开 $f(x)=e^{ax}$.

**解** 由于

$$a_0=\frac{1}{h}\int_{-h}^{h}e^{ax}\,dx=\frac{1}{ah}(e^{ah}-e^{-ah})=\frac{2}{ah}\operatorname{sh}ah,$$
$$a_n=\frac{1}{h}\int_{-h}^{h}e^{ax}\cos\frac{n\pi x}{h}dx=\frac{1}{h}\cdot\frac{a\cos\frac{n\pi x}{h}+\frac{n\pi}{h}\sin\frac{n\pi x}{h}}{a^2+\left(\frac{n\pi}{h}\right)^2}e^{ax}\Bigg|_{-h}^{h}=\frac{(-1)^n 2ah}{(ah)^2+(n\pi)^2}\operatorname{sh}ah;$$
$$b_n=\frac{1}{h}\int_{-h}^{h}e^{ax}\sin\frac{n\pi x}{h}dx=\frac{1}{h}\cdot\frac{a\sin\frac{n\pi x}{h}-\frac{n\pi}{h}\cos\frac{n\pi x}{h}}{a^2+\left(\frac{n\pi}{h}\right)^2}e^{ax}\Bigg|_{-h}^{h}=\frac{(-1)^{n+1}2n\pi}{(ah)^2+(n\pi)^2}\operatorname{sh}ah,$$

故按展开定理，$f(x)$可展开为

$$2\operatorname{sh}ah\left[\frac{1}{2ah}+\sum_{n=1}^{\infty}(-1)^n\frac{ah\cos\frac{n\pi x}{h}-n\pi\sin\frac{n\pi x}{h}}{(ah)^2+(n\pi)^2}\right]=e^{ax}\quad(-h<x<h).$$

【2949】 在区间$(a,a+2l)$内展开 $f(x)=x$.

解 由于

$$a_0=\frac{1}{l}\int_a^{a+2l}x\mathrm{d}x=2(a+l),$$

$$a_n=\frac{1}{l}\int_a^{a+2l}x\cos\frac{n\pi x}{l}\mathrm{d}x=\frac{1}{n\pi}x\sin\frac{n\pi x}{l}\Big|_a^{a+2l}-\frac{1}{n\pi}\int_a^{a+2l}\sin\frac{n\pi x}{l}\mathrm{d}x=\frac{2l}{n\pi}\sin\frac{n\pi a}{l};$$

$$b_n=\frac{1}{l}\int_a^{a+2l}x\sin\frac{n\pi x}{l}\mathrm{d}x=-\frac{1}{n\pi}x\cos\frac{n\pi x}{l}\Big|_a^{a+2l}+\frac{1}{n\pi}\int_a^{a+2l}\cos\frac{n\pi x}{l}\mathrm{d}x=-\frac{2l}{n\pi}\cos\frac{n\pi a}{l},$$

故按展开定理,$f(x)$可展开为

$$a+l+\frac{2l}{\pi}\sum_{n=1}^{\infty}\frac{1}{n}\left(\sin\frac{n\pi a}{l}\cos\frac{n\pi x}{l}-\cos\frac{n\pi a}{l}\sin\frac{n\pi x}{l}\right)=x\quad(a<x<a+2l).$$

【2950】 在区间$(-\pi,\pi)$内展开 $f(x)=x\sin x$.

解 因为 $f(x)$为偶函数,从而,$b_n=0$,且

$$a_0=\frac{2}{\pi}\int_0^{\pi}x\sin x\mathrm{d}x=\frac{2}{\pi}\left(-x\cos x\Big|_0^{\pi}+\int_0^{\pi}\cos x\mathrm{d}x\right)=2,$$

$$\begin{aligned}a_n&=\frac{2}{\pi}\int_0^{\pi}x\sin x\cos nx\mathrm{d}x=\frac{1}{\pi}\int_0^{\pi}x[\sin(n+1)x-\sin(n-1)x]\mathrm{d}x\\&=\frac{1}{\pi}\left[-\frac{x\cos(n+1)x}{n+1}+\frac{\sin(n+1)x}{(n+1)^2}+\frac{x\cos(n-1)x}{n-1}-\frac{\sin(n-1)x}{(n-1)^2}\right]\Bigg|_0^{\pi}\\&=\frac{2(-1)^{n+1}}{n^2-1}\quad(n=2,3,\cdots),\end{aligned}$$

$$a_1=\frac{2}{\pi}\int_0^{\pi}x\sin x\cos x\mathrm{d}x=\frac{1}{\pi}\int_0^{\pi}x\sin 2x\mathrm{d}x=\frac{1}{\pi}\left[-\frac{x}{2}\cos 2x+\frac{1}{4}\sin 2x\right]\Bigg|_0^{\pi}=-\frac{1}{2},$$

故按展开定理,$f(x)$可展开为 $1-\frac{1}{2}\cos x+2\sum_{n=2}^{\infty}\frac{(-1)^{n+1}}{n^2-1}\cos nx=x\sin x\quad(-\pi<x<\pi)$.

【2951】 在区间$(-\frac{\pi}{2},\frac{\pi}{2})$内展开 $f(x)=x\cos x$.

解 因为 $f(x)$为奇函数,从而,$a_0=a_n=0$,且

$$\begin{aligned}b_n&=\frac{4}{\pi}\int_0^{\frac{\pi}{2}}x\cos x\sin 2nx\mathrm{d}x=\frac{2}{\pi}\int_0^{\frac{\pi}{2}}x[\sin(2n+1)x+\sin(2n-1)x]\mathrm{d}x\\&=\frac{2}{\pi}\left[-\frac{x\cos(2n+1)x}{2n+1}+\frac{\sin(2n+1)x}{(2n+1)^2}-\frac{x\cos(2n-1)x}{2n-1}+\frac{\sin(2n-1)x}{(2n-1)^2}\right]\Bigg|_0^{\frac{\pi}{2}}\\&=\frac{(-1)^{n+1}16}{\pi}\frac{n}{(4n^2-1)^2},\end{aligned}$$

故按展开定理,$f(x)$可展开为$\frac{16}{\pi}\sum_{n=1}^{\infty}\frac{(-1)^{n+1}n}{(4n^2-1)^2}\sin 2nx=x\cos x\quad(-\frac{\pi}{2}<x<\frac{\pi}{2})$.

**将下列周期函数展开成傅里叶级数:**

【2952】 $f(x)=\mathrm{sgn}(\cos x)$.

解 由于

$$f(x+2\pi)=\mathrm{sgn}[\cos(x+2\pi)]=\mathrm{sgn}(\cos x)=f(x),$$

故 $f(x)$是以 $2\pi$ 为周期的周期函数,又 $f(x)$为偶函数,从而,$b_n=0$,且

$$a_0=\frac{2}{\pi}\int_0^{\pi}\mathrm{sgn}(\cos x)\mathrm{d}x=\frac{2}{\pi}\left(\int_0^{\frac{\pi}{2}}\mathrm{d}x+\int_{\frac{\pi}{2}}^{\pi}(-1)\mathrm{d}x\right)=0,$$

$$a_n=\frac{2}{\pi}\int_0^{\pi}\mathrm{sgn}(\cos x)\cos nx\mathrm{d}x=\frac{2}{\pi}\left(\int_0^{\frac{\pi}{2}}\cos nx\mathrm{d}x-\int_{\frac{\pi}{2}}^{\pi}\cos nx\mathrm{d}x\right)$$

$$=\frac{2}{\pi}\left(\frac{1}{n}\sin\frac{n\pi}{2}+\frac{1}{n}\sin\frac{n\pi}{2}\right)=\frac{4}{n\pi}\sin\frac{n\pi}{2}$$

$$=\begin{cases}0, & n=2k\ (k=1,2,3,\cdots),\\ (-1)^k\dfrac{4}{(2k+1)\pi}, & n=2k+1\ (k=0,1,2,\cdots),\end{cases}$$

故按展开定理，$f(x)$可展开为 $\frac{4}{\pi}\sum\limits_{k=0}^{\infty}\left[(-1)^k\frac{\cos(2k+1)x}{2k+1}\right]=\operatorname{sgn}(\cos x)\quad(-\pi<x<\pi)$.

**注意** 此式在 $f(x)$的不连续点 $x=-\frac{\pi}{2}$和 $x=\frac{\pi}{2}$也成立，这是因为在这些点满足 $f(x)=\frac{1}{2}[f(x-0)+f(x+0)]$. 于是，上述展式对一切$-\infty<x<+\infty$皆成立.

**【2953】** $f(x)=\arcsin(\sin x)$.

**解** $f(x)$是以 $2\pi$ 为周期的连续周期函数，又 $f(x)$在$(-\pi,\pi)$内为一奇函数，从而，$a_0=a_n=0$，且

$$b_n=\frac{2}{\pi}\int_0^{\pi}\arcsin(\sin x)\sin nx\,dx=\frac{2}{\pi}\left[\int_0^{\frac{\pi}{2}}x\sin nx\,dx+\int_{\frac{\pi}{2}}^{\pi}(\pi-x)\sin nx\,dx\right]$$

$$=\frac{2}{\pi}\left[\left(-\frac{x}{n}\cos nx+\frac{1}{n^2}\sin nx\right)\Big|_0^{\frac{\pi}{2}}-\frac{\pi}{n}\cos nx\Big|_{\frac{\pi}{2}}^{\pi}+\left(\frac{x}{n}\cos nx-\frac{1}{n^2}\sin nx\right)\Big|_{\frac{\pi}{2}}^{\pi}\right]=\frac{4}{n^2\pi}\sin\frac{n\pi}{2}$$

$$=\begin{cases}0, & n=2k\ (k=1,2,3,\cdots),\\ (-1)^k\dfrac{4}{\pi(2k+1)^2}, & n=2k+1\ (k=0,1,2,\cdots),\end{cases}$$

故按展开定理，$f(x)$可展开为$\frac{4}{\pi}\sum\limits_{k=0}^{\infty}\frac{(-1)^k}{(2k+1)^2}\sin(2k+1)x=\arcsin(\sin x)$. $(-\infty<x<+\infty)$.

**【2954】** $f(x)=\arcsin(\cos x)$.

**解** $f(x)$是以 $2\pi$ 为周期的连续周期函数，又 $f(x)$为偶函数，从而，$b_n=0$，且

$$a_0=\frac{2}{\pi}\int_0^{\pi}\arcsin(\cos x)\,dx=\frac{2}{\pi}\int_0^{\pi}\left(\frac{\pi}{2}-x\right)dx=0,$$

$$a_n=\frac{2}{\pi}\int_0^{\pi}\arcsin(\cos x)\cos nx\,dx=\frac{2}{\pi}\int_0^{\pi}\left(\frac{\pi}{2}-x\right)\cos nx\,dx$$

$$=\frac{2}{\pi}\left[\frac{\pi}{2n}\sin nx-\frac{x}{n}\sin nx-\frac{1}{n^2}\cos nx\right]\Big|_0^{\pi}=\frac{2}{\pi}\frac{1}{n^2}[1-(-1)^n]$$

$$=\begin{cases}0, & n=2k\ (k=1,2,3,\cdots),\\ \dfrac{4}{(2k+1)^2\pi}, & n=2k+1\ (k=0,1,2,\cdots),\end{cases}$$

故按展开定理，$f(x)$可展开为$\frac{4}{\pi}\sum\limits_{k=0}^{\infty}\frac{\cos(2k+1)x}{(2k+1)^2}=\arcsin(\cos x)\quad(-\infty<x<+\infty)$.

**【2955】** $f(x)=x-[x]$.

**提示** 注意函数 $f(x)$的周期为 1.

**解** 因为

$$f(x+1)=x+1-[x+1]=x+1-[x]-1=x-[x]=f(x),$$

故 $f(x)$是以 1 为周期的周期函数，而且，除 $x=k,k=0,\pm1,\pm2,\cdots$诸点外，$f(x)$都连续. 由于

$$a_0=\frac{1}{\frac{1}{2}}\int_0^1\{x-[x]\}dx=2\int_0^1 x\,dx=1,$$

$$a_n=\frac{1}{\frac{1}{2}}\int_0^1\{x-[x]\}\cos 2n\pi x\,dx=2\int_0^1 x\cos 2n\pi x\,dx$$

$$=2\left[\frac{x}{2n\pi}\sin 2n\pi x+\frac{1}{4(n\pi)^2}\cos 2n\pi x\right]\Big|_0^1=0,$$

$$b_n=\frac{1}{\frac{1}{2}}\int_0^1\{x-[x]\}\sin 2n\pi x\,dx=2\int_0^1 x\sin 2n\pi x\,dx$$

$$=2\left[-\frac{x}{2n\pi}\cos 2n\pi x+\frac{1}{4(n\pi)^2}\sin 2n\pi x\right]\Bigg|_0^1=-\frac{1}{n\pi},$$

故按展开定理，$f(x)$可展开为 $\frac{1}{2}-\frac{1}{\pi}\sum_{n=1}^{\infty}\frac{\sin 2n\pi x}{n}=x-[x]\quad(x\neq k,\ k=0,\pm1,\pm2,\cdots)$.

**【2956】** $f(x)=(x)$，其中$(x)$是$x$到与它最近的整数的距离.

**提示** 与2955题相同.

**解** $f(x)$是以1为周期的连续周期函数. 由于

$$a_0=2\int_0^1(x)\mathrm{d}x=2\left[\int_0^{\frac{1}{2}}x\mathrm{d}x+\int_{\frac{1}{2}}^1(1-x)\mathrm{d}x\right]=\frac{1}{2},$$

$$a_n=2\int_0^1(x)\cos 2n\pi x\mathrm{d}x=2\left[\int_0^{\frac{1}{2}}x\cos 2n\pi x\mathrm{d}x+\int_{\frac{1}{2}}^1(1-x)\cos 2n\pi x\mathrm{d}x\right]$$

$$=2\left\{\left[\frac{x}{2n\pi}\sin 2n\pi x+\frac{1}{4(n\pi)^2}\cos 2n\pi x\right]\Bigg|_0^{\frac{1}{2}}+\left[\frac{1}{2n\pi}\sin 2n\pi x-\frac{x}{2n\pi}\sin 2n\pi x-\frac{1}{4(n\pi)^2}\cos 2n\pi x\right]\Bigg|_{\frac{1}{2}}^1\right\}$$

$$=\frac{1}{(n\pi)^2}[(-1)^n-1]$$

$$=\begin{cases}0, & n=2k\ (k=1,2,3,\cdots),\\ -\frac{2}{\pi^2}\cdot\frac{1}{(2k+1)^2}, & n=2k+1\ (k=0,1,2,\cdots),\end{cases}$$

$$b_n=2\left[\int_0^{\frac{1}{2}}x\sin 2n\pi x\mathrm{d}x+\int_{\frac{1}{2}}^1(1-x)\sin 2n\pi x\mathrm{d}x\right]$$

$$=2\left\{\left[-\frac{x}{2n\pi}\cos 2n\pi x+\frac{1}{4(n\pi)^2}\sin 2n\pi x\right]\Bigg|_0^{\frac{1}{2}}+\left[-\frac{1}{2n\pi}\cos 2n\pi x+\frac{x}{2n\pi}\cos 2n\pi x-\frac{1}{4(n\pi)^2}\sin 2n\pi x\right]\Bigg|_{\frac{1}{2}}^1\right\}$$

$$=0,$$

故按展开定理，$f(x)$可展开为$\frac{1}{4}-\frac{2}{\pi^2}\sum_{k=0}^{\infty}\frac{\cos 2\pi(2k+1)x}{(2k+1)^2}=(x)\quad(-\infty<x<+\infty)$.

**【2957】** $f(x)=|\sin x|$.

**解** $f(x)$是以$\pi$为周期的连续周期函数，又$f(x)$为偶函数，从而，$b_n=0$，且

$$a_0=\frac{4}{\pi}\int_0^{\frac{\pi}{2}}|\sin x|\mathrm{d}x=\frac{4}{\pi}\int_0^{\frac{\pi}{2}}\sin x\mathrm{d}x=\frac{4}{\pi},$$

$$a_n=\frac{4}{\pi}\int_0^{\frac{\pi}{2}}|\sin x|\cos 2nx\mathrm{d}x=\frac{2}{\pi}\int_0^{\frac{\pi}{2}}[\sin(2n+1)x-\sin(2n-1)x]\mathrm{d}x$$

$$=\frac{2}{\pi}\left[-\frac{1}{2n+1}\cos(2n+1)x+\frac{1}{2n-1}\cos(2n-1)x\right]\Bigg|_0^{\frac{\pi}{2}}=-\frac{4}{\pi}\,\frac{1}{4n^2-1},$$

故按展开定理，$f(x)$可展开为 $\frac{2}{\pi}-\frac{4}{\pi}\sum_{n=1}^{\infty}\frac{\cos 2nx}{4n^2-1}=|\sin x|\quad(-\infty<x<+\infty)$.

**【2958】** $f(x)=|\cos x|$.

**解** 由于

$$f(x)=|\cos x|=\left|\sin\left(x+\frac{\pi}{2}\right)\right|,$$

故有 $$|\cos x|=\frac{2}{\pi}-\frac{4}{\pi}\sum_{n=1}^{\infty}\frac{\cos 2n\left(x+\frac{\pi}{2}\right)}{4n^2-1}{}^{*)}=\frac{2}{\pi}-\frac{4}{\pi}\sum_{n=1}^{\infty}\frac{(-1)^n\cos 2nx}{4n^2-1}$$

$$=\frac{2}{\pi}+\frac{4}{\pi}\sum_{n=1}^{\infty}(-1)^{n+1}\frac{\cos 2nx}{4n^2-1}\quad(-\infty<x<+\infty).$$

*) 利用2957题的结果.

**【2959】** $f(x)=\sum_{n=1}^{\infty}\alpha^n\frac{\sin nx}{\sin x}\quad(|\alpha|<1)$.

**解** 显然 $p_n(x)=\dfrac{\sin nx}{\sin x}$ 是 $-\infty<x<+\infty$ 的连续函数，注意，当 $x=k\pi\ (k=0,\pm1,\pm2,\cdots)$ 时，函数值理解为其极限值

$$\lim_{x\to k\pi}\frac{\sin nx}{\sin x}=\lim_{x\to k\pi}\frac{n\cos nx}{\cos x}=n(-1)^{(n-1)k},$$

并且 $p_n(x)$ 是一个周期为 $2\pi$ 的周期函数且为偶函数. 此外，

$$p_n(x)=\frac{\sin nx}{\sin x}=\frac{\sin(n-1)x\cos x+\cos(n-1)x\sin x}{\sin x}=p_{n-1}(x)\cos x+\cos(n-1)x,$$

故

$$|p_n(x)|\leqslant|p_{n-1}(x)|+1\quad(-\infty<x<+\infty;\ n=2,3,\cdots).$$

注意到 $p_1(x)\equiv1$，由上式，利用数学归纳法即知，

$$|p_n(x)|\leqslant n\quad(-\infty<x<+\infty;\ n=1,2,\cdots).$$

于是，

$$\left|\alpha^n\frac{\sin nx}{\sin x}\right|\leqslant n|\alpha|^n\quad(-\infty<x<+\infty;\ n=1,2,\cdots).$$

由于级数 $\sum\limits_{n=1}^{\infty}n|\alpha|^n$ 收敛(因为 $|\alpha|<1$)，故级数 $\sum\limits_{n=1}^{\infty}\alpha^n\dfrac{\sin nx}{\sin x}$ 在 $-\infty<x<+\infty$ 上一致收敛. 由此可知，$f(x)=\sum\limits_{n=1}^{\infty}\alpha^n\dfrac{\sin nx}{\sin x}$ 是 $-\infty<x<+\infty$ 上的连续函数，且在任何有限区间上均可逐项积分.

注意到 $f(x)$ 为以 $2\pi$ 为周期的周期函数，并且是偶函数，故 $b_n=0$，且

$$\begin{aligned}a_0&=\frac{2}{\pi}\int_0^{\pi}\sum_{n=1}^{\infty}\alpha^n\frac{\sin nx}{\sin x}dx=\frac{2}{\pi}\sum_{n=1}^{\infty}\alpha^n\int_0^{\pi}\frac{\sin nx}{\sin x}dx\\&=\frac{2}{\pi}\left[\sum_{n=2,4\cdots}\alpha^n\int_0^{\pi}\frac{\sin nx}{\sin x}dx+\sum_{n=1,3\cdots}\alpha^n\int_0^{\pi}\frac{\sin nx}{\sin x}dx\right]=2\sum_{k=0}^{\infty}\alpha^{2k+1\,*)}=\frac{2\alpha}{1-\alpha^2},\\a_n&=\frac{2}{\pi}\sum_{m=1}^{\infty}\alpha^m\int_0^{\pi}\frac{\sin mx\cos nx}{\sin x}dx=\frac{1}{\pi}\sum_{m=1}^{\infty}\alpha^m\int_0^{\pi}\frac{\sin(m+n)x+\sin(m-n)x}{\sin x}dx,=I_1+I_2,\end{aligned}$$

其中

$$I_1=\frac{1}{\pi}\sum_{m\leqslant n}\alpha^m\int_0^{\pi}\frac{\sin(m+n)x+\sin(m-n)x}{\sin x}dx,$$

$$I_2=\frac{1}{\pi}\sum_{m>n}\alpha^m\int_0^{\pi}\frac{\sin(m+n)x+\sin(m-n)x}{\sin x}dx.$$

当 $m\leqslant n$ 时，不论 $m+n$ 及 $m-n$ 是偶数，还是 $m+n$ 及 $m-n$ 是奇数，$I_1$ 中诸积分都为零，故有 $I_1=0$. 当 $m>n$ 时，若 $m+n$ 及 $m-n$ 为偶数，则 $I_2$ 中对应的积分等于零；若 $m+n$ 及 $m-n$ 为奇数，则 $I_2$ 中对应的积分等于 $2\pi$. 于是，

$$I_2=2\sum_{k=0}^{\infty}\alpha^{(2k+1)+n}=2\cdot\frac{\alpha^{n+1}}{1-\alpha^2}.$$

由于 $a_n=I_2$，故按展开定理，$f(x)$ 可展开为

$$f(x)=\frac{\alpha}{1-\alpha^2}\left(1+2\sum_{n=1}^{\infty}\alpha^n\cos nx\right)\quad(-\infty<x<+\infty).$$

*) 利用 2291 题的结果.

**【2960】**+ 把函数 $f(x)=\sec x\ \left(-\dfrac{\pi}{4}<x<\dfrac{\pi}{4}\right)$ 展开为傅里叶级数.

**解** 显然 $f(x)=\sec x$ 在 $\left(-\dfrac{\pi}{4},\dfrac{\pi}{4}\right)$ 内连续，而且是偶函数，故 $b_n=0$，且

$$a_0=\frac{8}{\pi}\int_0^{\frac{\pi}{4}}\sec x\,dx=\frac{8}{\pi}\left[\ln\left|\tan\left(\frac{x}{2}+\frac{\pi}{4}\right)\right|\right]\Bigg|_0^{\frac{\pi}{4}}$$

$$=\frac{8}{\pi}\left[\ln\left|\frac{\sin(\frac{x}{2}+\frac{\pi}{4})}{\cos(\frac{x}{2}+\frac{\pi}{4})}\right|\right]\Bigg|_0^{\frac{\pi}{4}}=\frac{8}{\pi}\left[\ln\left|\frac{1-\cos(x+\frac{x}{2})}{\sin(x+\frac{x}{2})}\right|\right]\Bigg|_0^{\frac{\pi}{4}}$$

$$=\frac{8}{\pi}\left[\ln\left|\frac{1+\sin x}{\cos x}\right|\right]\Bigg|_0^{\frac{\pi}{4}}=\frac{8}{\pi}\ln(1+\sqrt{2}),$$

$$a_n=\frac{8}{\pi}\int_0^{\frac{\pi}{4}}\frac{\cos 4nx}{\cos x}dx\quad(n=1,2,\cdots).$$

由于

$$\cos 4nx-\cos(4nx-4x)=-2\sin(4nx-2x)\sin 2x=-4\sin(4nx-2x)\sin x\cos x$$
$$=2[\cos(4nx-x)-\cos(4nx-3x)]\cos x,$$

故

$$\begin{aligned}a_n&=\frac{8}{\pi}\int_0^{\frac{\pi}{4}}\frac{\cos 4nx}{\cos x}dx\\&=\frac{16}{\pi}\int_0^{\frac{\pi}{4}}[\cos(4n-1)x-\cos(4n-3)x]dx+\frac{8}{\pi}\int_0^{\frac{\pi}{4}}\frac{\cos 4(n-1)x}{\cos x}dx\\&=\frac{16}{\pi}\left[\frac{1}{4n-1}\sin\left(n\pi-\frac{\pi}{4}\right)-\frac{1}{4n-3}\sin(n\pi-\frac{3}{4}\pi)\right]+a_{n-1}\\&=\frac{16}{\pi}\left[\frac{(-1)^{n-1}}{4n-1}\sin\frac{\pi}{4}-\frac{(-1)^{n-1}}{4n-3}\sin\frac{3\pi}{4}\right]+a_{n-1}\\&=\frac{16}{\pi}(-1)^n\frac{\sqrt{2}}{2}\left(\frac{1}{4n-3}-\frac{1}{4n-1}\right)+a_{n-1}\\&=\frac{16}{\pi}\frac{\sqrt{2}(-1)^n}{(4n-3)(4n-1)}+a_{n-1}\quad(n=1,2,\cdots).\end{aligned}$$

由此递推公式，得

$$a_n=\frac{16\sqrt{2}}{\pi}\sum_{k=1}^{n}\frac{(-1)^k}{(4k-3)(4k-1)}+a_0=\frac{16\sqrt{2}}{\pi}\sum_{k=1}^{n}\frac{(-1)^k}{(4k-3)(4k-1)}+\frac{8}{\pi}\ln(1+\sqrt{2})$$
$$(n=1,2,\cdots).$$

于是，下面的展式成立：

$$\sec x=\frac{4}{\pi}\ln(1+\sqrt{2})+\sum_{n=1}^{\infty}\left[\frac{8}{\pi}\ln(1+\sqrt{2})-\frac{16\sqrt{2}}{\pi}\sum_{k=1}^{n}\frac{(-1)^{k-1}}{(4k-3)(4k-1)}\right]\cos 4nx$$
$$\left(-\frac{\pi}{4}<x<\frac{\pi}{4}\right).$$

**【2961】** 将函数 $f(x)=x^2$ 展开成傅里叶级数：(1)在区间$(-\pi,\pi)$内按倍角的余弦展开；(2)在区间$(0,\pi)$内按倍角的正弦展开；(3)在区间$(0,2\pi)$内展开.

绘出函数的图像及情形(1)、(2)与(3)的傅里叶级数之和的图像.

利用这些展开式，求级数的和：$\sum\limits_{n=1}^{\infty}\frac{1}{n^2}$，$\sum\limits_{n=1}^{\infty}\frac{(-1)^{n+1}}{n^2}$ 及 $\sum\limits_{n=1}^{\infty}\frac{1}{(2n-1)^2}$.

**解** (1)由于 $b_n=0$，且

$$a_0=\frac{2}{\pi}\int_0^{\pi}x^2dx=\frac{2\pi^2}{3},$$

$$a_n=\frac{2}{\pi}\int_0^{\pi}x^2\cos nx dx=\frac{2}{\pi}\left(\frac{x^2}{n}\sin nx+\frac{2x}{n^2}\cos nx-\frac{2}{n^3}\sin nx\right)\Bigg|_0^{\pi}=(-1)^n\frac{4}{n^2},$$

故 $f(x)$在$(-\pi,\pi)$内按余弦展开为 $\frac{\pi^2}{3}+4\sum\limits_{n=1}^{\infty}\frac{(-1)^n}{n^2}\cos nx=x^2\quad(-\pi\leqslant x\leqslant\pi)$.

这里展式右端的成立区间中取等号，是由于当 $x=\pm\pi$ 时展式仍成立. 以后有类似情况不再一一说明.

(2) 由于 $a_0=a_n=0$，且

$$b_n=\frac{2}{\pi}\int_0^{\pi}x^2\sin nx dx=\frac{2}{\pi}\left(-\frac{x^2}{n}\cos nx+\frac{2}{n^2}x\sin nx+\frac{2}{n^3}\cos nx\right)\Bigg|_0^{\pi}$$

$$=\frac{2\pi}{n}(-1)^{n+1}+\frac{4}{n^3\pi}[(-1)^n-1],$$

故 $f(x)$ 在 $(0,\pi)$ 内按正弦展开为 $2\pi\sum\limits_{n=1}^{\infty}\frac{(-1)^{n+1}}{n}\sin nx-\frac{8}{\pi}\sum\limits_{k=0}^{\infty}\frac{\sin(2k+1)x}{(2k+1)^3}=x^2\quad(0\leqslant x<\pi)$.

(3)由于 $a_0=\frac{1}{\pi}\int_0^{2\pi}x^2\,dx=\frac{8\pi^2}{3}$,

$$a_n=\frac{1}{\pi}\int_0^{2\pi}x^2\cos nx\,dx=\frac{1}{\pi}\left(\frac{x^2}{n}\sin nx+\frac{2x}{n^2}\cos nx-\frac{2}{n^3}\sin nx\right)\Bigg|_0^{2\pi}=\frac{4}{n^2},$$

$$b_n=\frac{1}{\pi}\int_0^{2\pi}x^2\sin nx\,dx=\frac{1}{\pi}\left(-\frac{x^2}{n}\cos nx+\frac{2x}{n^2}\sin nx+\frac{2}{n^3}\cos nx\right)\Bigg|_0^{2\pi}=-\frac{4\pi}{n},$$

故 $f(x)$ 在 $(0,2\pi)$ 内可展开为 $\frac{4\pi^2}{3}+4\sum\limits_{n=1}^{\infty}\frac{\cos nx}{n^2}-4\pi\sum\limits_{n=1}^{\infty}\frac{\sin nx}{n}=x^2\quad(0<x<2\pi)$.

函数的图像,(1)、(2)及(3)的傅里叶级数之和的图像,如图 5.4、图 5.5、图 5.6 及图 5.7 所示.

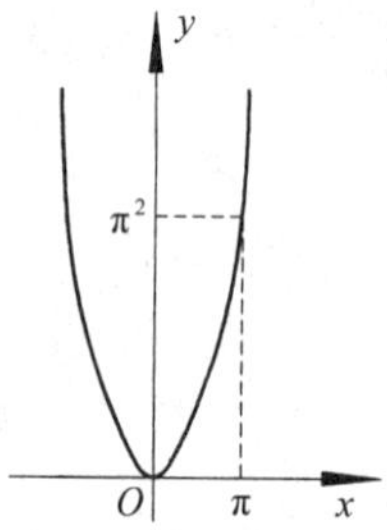


图 5.4

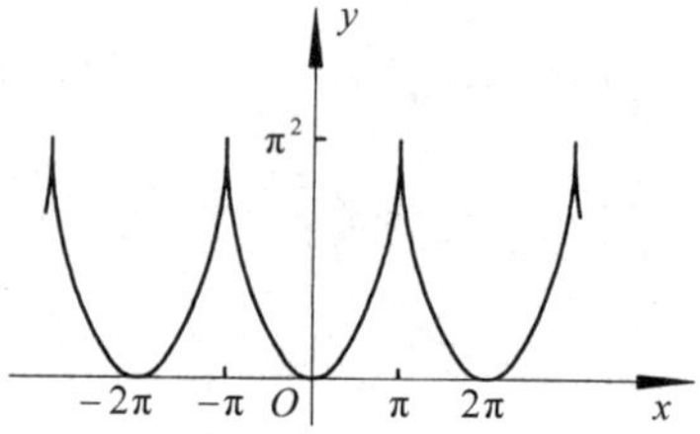


图 5.5

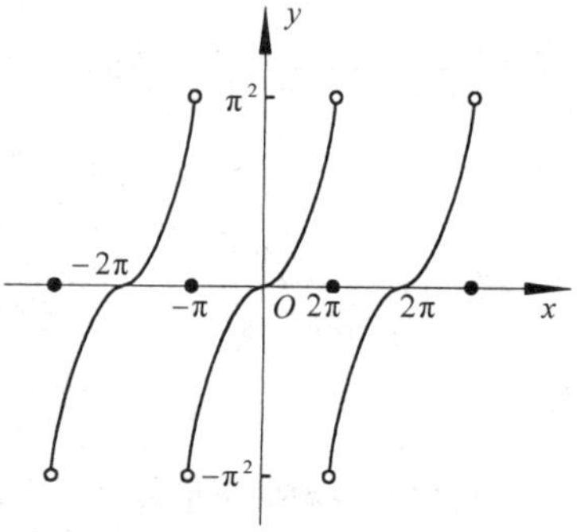


图 5.6

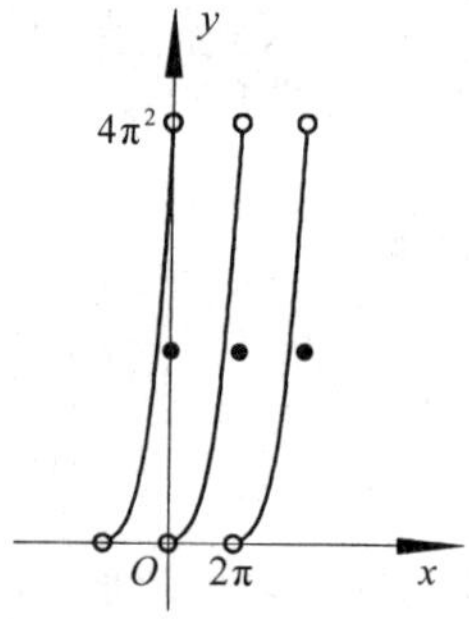


图 5.7

若在展开式(1)中令 $x=\pi$,则得 $\frac{\pi^2}{3}+4\sum\limits_{n=1}^{\infty}\frac{(-1)^n}{n^2}(-1)^n=\pi^2$,于是,

$$\sum_{n=1}^{\infty}\frac{1}{n^2}=\frac{\pi^2}{6}. \qquad (1')$$

若在展开式(3)中令 $x=\pi$, 则得 $\frac{4\pi^2}{3}+4\sum\limits_{n=1}^{\infty}\frac{(-1)^n}{n^2}=\pi^2$,于是,

$$\sum_{n=1}^{\infty}\frac{(-1)^{n+1}}{n^2}=\frac{\pi^2}{12}. \qquad (2')$$

将级数(1′)和(2′)相加,得 $\sum\limits_{n=1}^{\infty}\left[\frac{1}{n^2}+\frac{(-1)^{n+1}}{n^2}\right]=\frac{\pi^2}{4}$,即

$$\sum_{n=1}^{\infty}\frac{1}{(2n-1)^2}=\frac{\pi^2}{8}. \qquad (3')$$

**【2962】** 由展开式

$$x=2\sum_{n=1}^{\infty}(-1)^{n+1}\frac{\sin nx}{n}\quad(-\pi<x<\pi),$$

用逐项积分的方法,求函数 $x^2$,$x^3$ 和 $x^4$ 在区间$(-\pi,\pi)$内的傅里叶级数.

**解** 将原式在$[0,x]$上逐项积分,得

$$\frac{x^2}{2}=2\sum_{n=1}^{\infty}(-1)^n\frac{\cos nx-1}{n^2}.$$

由于

$$\sum_{n=1}^{\infty}\frac{(-1)^{n+1}}{n^2}=\frac{\pi^2}{12},$$

代入上式,即得

$$x^2=\frac{\pi^2}{3}+4\sum_{n=1}^{\infty}(-1)^n\frac{\cos nx}{n^2}\quad(-\pi<x<\pi).\tag{1}$$

将(1)式在$[0,x]$上逐项积分,并将 $x=2\sum_{n=1}^{\infty}\frac{(-1)^{n+1}}{n}\sin nx$ 的结果代入,即得

$$x^3=2\pi^2\sum_{n=1}^{\infty}(-1)^{n+1}\frac{\sin nx}{n}+12\sum_{n=1}^{\infty}(-1)^n\frac{\sin nx}{n^3}\quad(-\pi<x<\pi).\tag{2}$$

将上式从$-\pi$到 $x$ 积分,并以 $\sum_{n=1}^{\infty}\frac{1}{n^2}=\frac{\pi^2}{6}$ 及 $\sum_{n=1}^{\infty}\frac{1}{n^4}=\frac{\pi^4}{90}$ *) 代入,得

$$\frac{x^4}{4}-\frac{\pi^4}{4}=2\pi^2\sum_{n=1}^{\infty}(-1)^n\frac{\cos nx}{n^2}-2\pi^2\cdot\frac{\pi^2}{6}+12\sum_{n=1}^{\infty}(-1)^{n+1}\frac{\cos nx}{n^4}+12\cdot\frac{\pi^4}{90},$$

即

$$x^4=\frac{\pi^4}{5}+8\pi^2\sum_{n=1}^{\infty}(-1)^n\frac{\cos nx}{n^2}+48\sum_{n=1}^{\infty}(-1)^{n+1}\frac{\cos nx}{n^4}\quad(-\pi\leqslant x\leqslant\pi).\tag{3}$$

*) 由 $x=2\sum_{n=1}^{\infty}(-1)^{n+1}\frac{\sin nx}{n}$ 及

$$x^3=2\pi^2\sum_{n=1}^{\infty}(-1)^{n+1}\frac{\sin nx}{n}+12\sum_{n=1}^{\infty}(-1)^n\frac{\sin nx}{n^3}=\pi^2x+12\sum_{n=1}^{\infty}(-1)^n\frac{\sin nx}{n^3},$$

得

$$\sum_{n=1}^{\infty}(-1)^{n+1}\frac{\sin nx}{n^3}=\frac{\pi^2x-x^3}{12}\quad(-\pi\leqslant x\leqslant\pi).$$

将上式从 0 到 $x$ 积分,得

$$\sum_{n=1}^{\infty}(-1)^n\frac{\cos nx-1}{n^4}=\frac{2\pi^2x^2-x^4}{48}\quad(-\pi\leqslant x\leqslant\pi).$$

以 $x=\pi$ 代入,得 $\sum_{n=1}^{\infty}(-1)^{n+1}\frac{1-(-1)^n}{n^4}=\frac{\pi^4}{48}$,即

$$\sum_{n=1}^{\infty}\frac{1}{(2n+1)^4}=\frac{\pi^4}{96}.\tag{4}$$

由于级数

$$\sum_{n=1}^{\infty}\frac{1}{n^4}\tag{5}$$

收敛,故可设其和为 $S$. 于是,由(5)-(4)得

$$\sum_{n=1}^{\infty}\frac{1}{(2n)^4}=S-\frac{\pi^4}{96},$$

即 $\frac{S}{16}=S-\frac{\pi^4}{96}$,从而,$S=\sum_{n=1}^{\infty}\frac{1}{n^4}=\frac{\pi^4}{90}$. 同时,还可求出 $\sum_{n=1}^{\infty}\frac{1}{(2n)^4}=\frac{\pi^4}{2^4\cdot 90}$ 及

$$\sum_{n=1}^{\infty}\frac{(-1)^{n+1}}{n^4}=\sum_{n=1}^{\infty}\frac{1}{(2n+1)^4}-\sum_{n=1}^{\infty}\frac{1}{(2n)^4}=\pi^4\left(\frac{1}{96}-\frac{1}{2^4\cdot 90}\right)=\frac{7}{720}\pi^4.$$

也可利用此结果求得 $x^4$ 的展开式，事实上，将 $x^3$ 的展开式从 0 到 $x$ 积分，再以

$$\sum_{n=1}^{\infty}\frac{(-1)^{n+1}}{n^2}=\frac{\pi^2}{12} \quad 及 \quad \sum_{n=1}^{\infty}\frac{(-1)^{n+1}}{n^4}=\frac{7\pi^4}{720}$$

代入即得.

**【2963】** 写出函数 $f(x)=\begin{cases}1, & |x|<\alpha,\\ 0, & \alpha<|x|<\pi\end{cases}$ 的李雅普诺夫等式.

利用李雅普诺夫等式，求级数 $\sum\limits_{n=1}^{\infty}\frac{\sin^2 n\alpha}{n^2}$ 及 $\sum\limits_{n=1}^{\infty}\frac{\cos^2 n\alpha}{n^2}$ 之和.

**解** 由于 $f(x)$ 为偶函数，从而，$b_n=0$，且

$$a_0=\frac{2}{\pi}\int_0^{\alpha}\mathrm{d}x=\frac{2\alpha}{\pi},\quad a_n=\frac{2}{\pi}\int_0^{\alpha}\cos nx\mathrm{d}x=\frac{2\sin n\alpha}{n\pi},$$

又 $\frac{1}{\pi}\int_{-\pi}^{\pi}f^2(x)\mathrm{d}x=\frac{2}{\pi}\int_0^{\alpha}\mathrm{d}x=\frac{2\alpha}{\pi}$，故对应于 $f(x)$ 在 $[-\pi,\pi]$ 上展开的李雅普诺夫等式为

$$\frac{a_0^2}{2}+\sum_{n=1}^{\infty}(a_n^2+b_n^2)=\frac{2\alpha^2}{\pi^2}+\frac{4}{\pi^2}\sum_{n=1}^{\infty}\frac{\sin^2 n\alpha}{n^2}=\frac{1}{\pi}\int_{-\pi}^{\pi}f^2(x)\mathrm{d}x=\frac{2\alpha}{\pi}.$$

于是，$\sum\limits_{n=1}^{\infty}\frac{\sin^2 n\alpha}{n^2}=\frac{\alpha(\pi-\alpha)}{2}$，而

$$\sum_{n=1}^{\infty}\frac{\cos^2 n\alpha}{n^2}=\sum_{n=1}^{\infty}\frac{1}{n^2}-\sum_{n=1}^{\infty}\frac{\sin^2 n\alpha}{n^2}=\frac{\pi^2}{6}^{*)}-\frac{\alpha(\pi-\alpha)}{2}=\frac{\pi^2-3\pi\alpha+3\alpha^2}{6}.$$

*） 利用 2961 题的结果.

**【2964】** 将函数 $f(x)=\begin{cases}x, & 0\leqslant x\leqslant 1,\\ 1, & 1<x<2,\\ 3-x, & 2\leqslant x\leqslant 3\end{cases}$ 展开成傅里叶级数.

**解** 将 $f(x)$ 在 $[0,3]$ 上按周期为 3 作傅里叶展开，注意其图像，易见 $f(x)$ 的延拓(周期为 3)是偶函数，从而，$b_n=0$，且

$$a_0=\frac{1}{\frac{3}{2}}\int_0^3 f(x)\mathrm{d}x=\frac{2}{3}\int_0^1 x\mathrm{d}x+\frac{2}{3}\int_1^2\mathrm{d}x+\frac{2}{3}\int_2^3(3-x)\mathrm{d}x=\frac{4}{3},$$

$$\begin{aligned}a_n&=\frac{2}{3}\int_0^1 x\cos\frac{2n\pi x}{3}\mathrm{d}x+\frac{2}{3}\int_1^2\cos\frac{2n\pi x}{3}\mathrm{d}x+\frac{2}{3}\int_2^3(3-x)\cos\frac{2n\pi x}{3}\mathrm{d}x\\&=\frac{2}{3}\left\{\left[\frac{3}{2n\pi}x\sin\frac{2n\pi x}{3}+\frac{9}{4n^2\pi^2}\cos\frac{2n\pi x}{3}\right]\Bigg|_0^1+\frac{3}{2n\pi}\sin\frac{2n\pi x}{3}\Bigg|_1^2\right.\\&\quad\left.+\left[\frac{9}{2n\pi}\sin\frac{2n\pi x}{3}-\frac{3}{2n\pi}x\sin\frac{2n\pi x}{3}-\frac{9}{4n^2\pi^2}\cos\frac{2n\pi x}{3}\right]\Bigg|_2^3\right\}\\&=\frac{2}{3}\left[-\frac{9}{2(n\pi)^2}+\frac{9}{4(n\pi)^2}\left(\cos\frac{2n\pi}{3}+\cos\frac{4n\pi}{3}\right)\right]=-\frac{3}{(n\pi)^2}+\frac{3}{(n\pi)^2}(-1)^n\cos\frac{n\pi}{3},\end{aligned}$$

故按展开定理，$f(x)$ 在 $[0,3]$ 可按余弦展开为

$$\frac{2}{3}+\frac{3}{\pi^2}\sum_{n=1}^{\infty}\left[-\frac{1}{n^2}+\frac{(-1)^n}{n^2}\cos\frac{n\pi}{3}\right]\cos\frac{2n\pi x}{3}=f(x).$$

由于

$$\begin{aligned}&\sum_{n=1}^{\infty}\left[-\frac{1}{n^2}+\frac{(-1)^n}{n^2}\cos\frac{n\pi}{3}\right]\cos\frac{2n\pi x}{3}\\&=\left(-\frac{1}{1^2}-\frac{1}{1^2}\cdot\frac{1}{2}\right)\cos\frac{2\pi x}{3}+\left(-\frac{1}{2^2}-\frac{1}{2^2}\cdot\frac{1}{2}\right)\cos\frac{4\pi x}{3}+\left(-\frac{1}{3^2}+\frac{1}{3^2}\right)\cos 2\pi x\\&\quad+\left(-\frac{1}{4^2}-\frac{1}{4^2}\cdot\frac{1}{2}\right)\cos\frac{8\pi x}{3}+\left(-\frac{1}{5^2}-\frac{1}{5^2}\cdot\frac{1}{2}\right)\cos\frac{10\pi x}{3}+\left(-\frac{1}{6^2}+\frac{1}{6^2}\right)\cos 4\pi x+\cdots\\&=-\frac{3}{2}\sum_{n=1}^{\infty}\frac{1}{n^2}\cos\frac{2n\pi x}{3}+\frac{3}{2}\cdot\frac{1}{3^2}\sum_{n=1}^{\infty}\frac{1}{n^2}\cos 2n\pi x,\end{aligned}$$

故 $f(x)$ 的余弦展开式可写为

$$\frac{2}{3}-\frac{9}{2\pi^2}\sum_{n=1}^{\infty}\frac{1}{n^2}\cos\frac{2n\pi x}{3}+\frac{1}{2\pi^2}\sum_{n=1}^{\infty}\frac{1}{n^2}\cos 2n\pi x=f(x)\quad(0\leqslant x\leqslant 3).$$

**利用公式** $\cos x=\frac{1}{2}(t+\bar{t})$，$\sin x=\frac{1}{2\mathrm{i}}(t-\bar{t})$，**式中** $t=\mathrm{e}^{\mathrm{i}x}$ **及** $\bar{t}=\mathrm{e}^{-\mathrm{i}x}$，**将下列函数展开成傅里叶级数：**

【2965】$^+$ $\cos^{2m}x$ （$m$ 为正整数）.

**解** $$\cos^{2m}x=\left(\frac{\mathrm{e}^{\mathrm{i}x}+\mathrm{e}^{-\mathrm{i}x}}{2}\right)^{2m}=\frac{1}{2^{2m}}\sum_{l=0}^{2m}C_{2m}^{l}\mathrm{e}^{(2m-l)\mathrm{i}x}\mathrm{e}^{-l\mathrm{i}x}=\frac{1}{2^{2m}}C_{2m}^{m}+\frac{1}{2^{2m}}\left(\sum_{l=0}^{m-1}+\sum_{l=m+1}^{2m}\right)C_{2m}^{l}\mathrm{e}^{2(m-l)\mathrm{i}x}$$

$$=\frac{1}{2^{2m}}C_{2m}^{m}+\frac{1}{2^{2m}}\left[\sum_{l=0}^{m-1}C_{2m}^{l}\mathrm{e}^{2(m-l)\mathrm{i}x}+\sum_{l'=0}^{m-1}C_{2m}^{2m-l'}\mathrm{e}^{-2(m-l')\mathrm{i}x}\right]$$

$$=\frac{1}{2^{2m}}C_{2m}^{m}+\frac{1}{2^{2m}}\sum_{s=0}^{m-1}C_{2m}^{s}\left[\mathrm{e}^{2(m-s)\mathrm{i}x}+\mathrm{e}^{-2(m-s)\mathrm{i}x}\right]=\frac{1}{2^{2m}}C_{2m}^{m}+\frac{1}{2^{2m-1}}\sum_{s=0}^{m-1}C_{2m}^{s}\cos 2(m-s)x$$

$$=\frac{1}{2^{2m}}C_{2m}^{m}+\frac{1}{2^{2m-1}}\sum_{k=1}^{m}C_{2m}^{m-k}\cos 2kx.$$

由于上述表达式为一三角多项式，故在 $(-\infty,+\infty)$ 内的傅里叶级数展开式即为它本身.

【2966】$\dfrac{q\sin x}{1-2q\cos x+q^2}$ （$|q|<1$）.

**解** 由于

$$\frac{q\sin x}{1-2q\cos x+q^2}=\frac{\frac{q}{2\mathrm{i}}(\mathrm{e}^{\mathrm{i}x}-\mathrm{e}^{-\mathrm{i}x})}{1-q(\mathrm{e}^{\mathrm{i}x}+\mathrm{e}^{-\mathrm{i}x})+q^2}=\frac{1}{2\mathrm{i}}\frac{q(\mathrm{e}^{\mathrm{i}x}-\mathrm{e}^{-\mathrm{i}x})}{(1-q\mathrm{e}^{\mathrm{i}x})(1-q\mathrm{e}^{-\mathrm{i}x})}=\frac{1}{2\mathrm{i}}\left(\frac{1}{1-q\mathrm{e}^{\mathrm{i}x}}-\frac{1}{1-q\mathrm{e}^{-\mathrm{i}x}}\right)$$

$$=\frac{1}{2\mathrm{i}}\left[(1+q\mathrm{e}^{\mathrm{i}x}+q^2\mathrm{e}^{2\mathrm{i}x}+\cdots)-(1+q\mathrm{e}^{-\mathrm{i}x}+q^2\mathrm{e}^{-2\mathrm{i}x}+\cdots)\right]=q\sin x+q^2\sin 2x+\cdots,$$

及级数

$$q\sin x+q^2\sin 2x+\cdots+q^n\sin nx+\cdots$$

满足 $|q^n\sin nx|\leqslant q^n$，而 $\sum\limits_{n=1}^{\infty}q^n$（$|q|<1$）收敛，故级数在 $(-\infty,+\infty)$ 上一致收敛. 因此，级数

$$q\sin x+q^2\sin 2x+\cdots+q^n\sin nx+\cdots$$

即为其和 $\dfrac{q\sin x}{1-2q\cos x+q^2}$（它是周期为 $2\pi$ 的奇函数）的傅里叶级数，即

$$\sum_{n=1}^{\infty}q^n\sin nx=\frac{q\sin x}{1-2q\cos x+q^2}\quad(-\infty<x<+\infty).$$

【2967】$\dfrac{1-q^2}{1-2q\cos x+q^2}$ （$|q|<1$）.

**解** 由于 $$\frac{1-q^2}{1-2q\cos x+q^2}=\frac{1-q^2}{1-q(\mathrm{e}^{\mathrm{i}x}+\mathrm{e}^{-\mathrm{i}x})+q^2}=(1-q^2)\frac{1}{(1-q\mathrm{e}^{\mathrm{i}x})(1-q\mathrm{e}^{-\mathrm{i}x})}$$

$$=-1+\frac{1}{1-q\mathrm{e}^{\mathrm{i}x}}+\frac{1}{1-q\mathrm{e}^{-\mathrm{i}x}}$$

$$=-1+(1+q\mathrm{e}^{\mathrm{i}x}+q^2\mathrm{e}^{2\mathrm{i}x}+\cdots)+(1+q\mathrm{e}^{-\mathrm{i}x}+q^2\mathrm{e}^{-2\mathrm{i}x}+\cdots)$$

$$=1+2\sum_{n=1}^{\infty}q^n\cos nx.$$

又上式右端的级数在 $(-\infty,+\infty)$ 内一致收敛，因而，它就是函数 $\dfrac{1-q^2}{1-2q\cos x+q^2}$ 在 $-\infty<x<+\infty$ 内的傅里叶级数.

【2968】$\dfrac{1-q\cos x}{1-2q\cos x+q^2}$ （$|q|<1$）.

**解** 由于

$$\frac{1-q\cos x}{1-2q\cos x+q^2}=\frac{1-\frac{q}{2}(e^{ix}+e^{-ix})}{1-q(e^{ix}+e^{-ix})+q^2}$$

$$=\frac{1}{2}\ \frac{2-qe^{ix}-qe^{-ix}}{(1-qe^{ix})(1-qe^{-ix})}=\frac{1}{2}\left(\frac{1}{1-qe^{ix}}+\frac{1}{1-qe^{-ix}}\right)$$

$$=\frac{1}{2}[(1+qe^{ix}+q^2e^{2ix}+\cdots)+(1+qe^{-ix}+q^2e^{-2ix}+\cdots)]$$

$$=1+q\cos x+q^2\cos 2x+\cdots=\sum_{n=0}^{\infty}q^n\cos nx,$$

又上式右端的级数在$(-\infty,+\infty)$内一致收敛，因而它就是函数$\frac{1-q\cos x}{1-2q\cos x+q^2}$在$-\infty<x<+\infty$内的傅里叶级数.

**【2969】** $\ln(1-2q\cos x+q^2)\quad(|q|<1)$.

**解** 由于$1-2q\cos x+q^2\geqslant 1-2q+q^2=(1-q)^2>0$，故$\ln(1-2q\cos x+q^2)$是$(-\infty,+\infty)$内的连续函数，而且是周期为$2\pi$的偶函数，将函数对$x$求导数，得

$$[\ln(1-2q\cos x+q^2)]'=\frac{2q\sin x}{1-2q\cos x+q^2}=2\sum_{n=1}^{\infty}q^n\sin nx^{*)}\quad(-\infty<x<+\infty).$$

对上式从0到$x$积分(由于上式中级数在$(-\infty,+\infty)$内一致收敛，故可在有限区间上逐项积分)，则有

$$\ln(1-2q\cos x+q^2)=\int_0^x\frac{2q\sin x}{1-2q\cos x+q^2}dx+2\ln(1-q)=2\sum_{n=1}^{\infty}\int_0^x q^n\sin nx\,dx+2\ln(1-q)$$

$$=-2\sum_{n=1}^{\infty}\frac{q^n}{n}\cos nx+2\sum_{n=1}^{\infty}\frac{q^n}{n}+2\ln(1-q).$$

而 $\ln(1-q)=-\sum_{n=1}^{\infty}\frac{q^n}{n}$，于是，

$$\ln(1-2q\cos x+q^2)=-2\sum_{n=1}^{\infty}\frac{q^n}{n}\cos nx\quad(-\infty<x<+\infty).$$

由于右端级数在$(-\infty,+\infty)$内一致收敛，故它就是左端函数的傅里叶级数.

*) 利用2966题的结果

## 将下列无界周期函数展开成傅里叶级数：

**【2970】** $f(x)=\ln\left|\sin\frac{x}{2}\right|$.

**解** $f(x)$是以$2\pi$为周期的周期函数，当$x=2k\pi\ (k=0,\pm1,\pm2,\cdots)$时函数有无穷不连续点. 由于$f(x)$是偶函数，从而，$b_n=0$，且

$$a_0=\frac{2}{\pi}\int_0^{\pi}\ln\sin\frac{x}{2}dx=\frac{4}{\pi}\int_0^{\frac{\pi}{2}}\ln\sin t\,dt=\frac{4}{\pi}\left(-\frac{\pi}{2}\ln 2\right)^{*)}=-2\ln 2,$$

$$a_n=\frac{2}{\pi}\int_0^{\pi}\ln\sin\frac{x}{2}\cos nx\,dx=\frac{2}{n\pi}\sin nx\ln\sin\frac{x}{2}\Big|_0^{\pi}-\frac{1}{n\pi}\int_0^{\pi}\frac{\sin nx\cos\frac{x}{2}}{\sin\frac{x}{2}}dx$$

$$=-\frac{1}{2n\pi}\int_0^{\pi}\frac{\sin\left(n+\frac{1}{2}\right)x+\sin\left(n-\frac{1}{2}\right)x}{\sin\frac{x}{2}}dx$$

$$=-\frac{1}{n\pi}\int_0^{\frac{\pi}{2}}\frac{\sin(2n+1)t}{\sin t}dt-\frac{1}{n\pi}\int_0^{\frac{\pi}{2}}\frac{\sin(2n-1)t}{\sin t}dt,$$

由于

$$\int_0^{\pi}\frac{\sin(2n+1)x}{\sin x}dt=\pi^{**)}\quad(n=0,1,2,\cdots),$$

故

$$\int_0^{\frac{\pi}{2}} \frac{\sin(2n+1)x}{\sin x}dx+\int_{\frac{\pi}{2}}^{\pi} \frac{\sin(2n+1)x}{\sin x}dx=\pi.$$

在上式左端第二个积分中令 $\pi-x=u$，即得与第一个积分相同的积分，从而，

$$\int_0^{\frac{\pi}{2}} \frac{\sin(2n+1)}{\sin x}dx=\frac{\pi}{2}.$$

利用这一结果，易得

$$a_n=-\frac{1}{n}, \quad (n=1,2,\cdots).$$

由于 $f(x)=\ln\left|\sin\frac{x}{2}\right|$ 在$(-\pi,\pi)$内绝对可积(参看上面 $a_0$ 计算)：

$$\int_{-\pi}^{\pi} |f(x)|dx=2\int_0^{\pi}\left|\ln\sin\frac{x}{2}\right|dx=-2\int_0^{\pi}\ln\sin\frac{x}{2}dx=2\pi\ln2<+\infty,$$

且除 $x=2k\pi(k=0,\pm1,\pm2,\cdots)$诸点外，在其他的点 $f(x)$均可微，故根据傅里叶级数收敛的 Lipschitz 判别法(参看 T. M. 菲赫金哥尔茨著，微积分学教程，第三卷第三分册 658 目)知，除上述诸点外，$f(x)$的傅里叶级数收敛于 $f(x)$本身，即

$$\ln\left|\sin\frac{x}{2}\right|=-\ln2-\sum_{n=1}^{\infty}\frac{\cos nx}{n} \quad (x\neq 2k\pi;\ k=0,\pm1,\pm2,\cdots)$$

*） 利用 2353 题的结果.

**） 利用 2291 题的结果.

【2971】 $f(x)=\ln\left|\cos\frac{x}{2}\right|$.

**提示** 利用 2970 题的结果.

**解** 利用 2970 题的结果，即得

$$\ln\left|\cos\frac{x}{2}\right|=\ln\left|\sin\frac{\pi-x}{2}\right|=-\ln2-\sum_{n=1}^{\infty}\frac{\cos n(\pi-x)}{n}=-\ln2+\sum_{n=1}^{\infty}\frac{(-1)^{n+1}}{n}\cos nx$$

$$(x\neq(2m+1)\pi;\ m=0,\pm1,\pm2,\cdots).$$

【2972】 $f(x)=\ln\left|\tan\frac{x}{2}\right|$.

**提示** 利用 2970 题及 2971 题的结果.

**解** 利用 2970 题及 2971 题的结果，即得

$$\begin{aligned}\ln\left|\tan\frac{x}{2}\right|&=\ln\left|\sin\frac{x}{2}\right|-\ln\left|\cos\frac{x}{2}\right|\\&=\left[-\ln2-\sum_{n=1}^{\infty}\frac{\cos nx}{n}\right]-\left[-\ln2+\sum_{n=1}^{\infty}\frac{(-1)^{n+1}}{n}\cos nx\right]\\&=-2\sum_{n=0}^{\infty}\frac{\cos(2k+1)x}{2k+1} \quad (x\neq k\pi;\ k=0,\pm1,\pm2,\cdots).\end{aligned}$$

【2973】 将函数 $f(x)=\int_0^x \ln\sqrt{\left|\cot\frac{t}{2}\right|}dt\ (-\pi\leqslant x\leqslant\pi)$ 展开成傅里叶级数.

**解** 将函数对 $x$ 求导数，则得

$$f'(x)=\frac{1}{2}\ln\left|\cot\frac{x}{2}\right|=-\frac{1}{2}\ln\left|\tan\frac{x}{2}\right|=\sum_{k=0}^{\infty}\frac{\cos(2k+1)x}{2k+1}^{*)}.$$

由于

$$f'(x)=-\frac{1}{2}\ln\left|\tan\frac{x}{2}\right|=\frac{1}{2}\ln\left|\cos\frac{x}{2}\right|-\frac{1}{2}\ln\left|\sin\frac{x}{2}\right|$$

在$(-\pi,\pi)$内绝对可积，故得 $\int_0^x \ln\sqrt{\left|\cot\frac{t}{2}\right|}dt=\sum_{k=1}^{\infty}\frac{\sin(2k+1)x}{(2k+1)^2} \quad (-\pi\leqslant x\leqslant\pi).$

*） 利用 2972 题的结果.

【2974】 函数 $x=x(s)$，$y=y(s)$ $(0\leqslant s\leqslant 4a)$是正方形：$0<x<a$，$0<y<a$ 的围线的参数方程，其中 $s$

为依逆时针方向从点$O(0,0)$起计算的弧长.试将这两个函数展开成傅里叶级数.

**解** 根据定义,$x(s)$的表达式可写为

$$x(s)=\begin{cases}s, & 0\leqslant s\leqslant a,\\ a, & a\leqslant s\leqslant 2a,\\ 3a-s, & 2a\leqslant s\leqslant 3a,\\ 0, & 3a\leqslant s\leqslant 4a.\end{cases}$$

于是,$x(s)$在$[0,4a]$上的傅里叶级数展开式为

$$\frac{a_0}{2}+\sum_{n=1}^{\infty}\left(a_n\cos\frac{n\pi s}{2a}+b_n\sin\frac{n\pi s}{2a}\right),$$

其中

$$a_0=\frac{1}{2a}\int_0^{4a}x(s)\mathrm{d}s=\frac{1}{2a}\left[\int_0^a s\mathrm{d}s+\int_a^{2a}a\mathrm{d}s+\int_{2a}^{3a}(3a-s)\mathrm{d}s\right]=a,$$

$$\begin{aligned}a_n&=\frac{1}{2a}\int_0^{4a}x(s)\cos\frac{n\pi s}{2a}\mathrm{d}s\\&=\frac{1}{2a}\left[\int_0^a s\cos\frac{n\pi s}{2a}\mathrm{d}s+\int_a^{2a}a\cos\frac{n\pi s}{2a}\mathrm{d}s+\int_{2a}^{3a}(3a-s)\cos\frac{n\pi s}{2a}\mathrm{d}s\right]\\&=\frac{1}{2a}\left\{\left[\frac{2a^2}{n\pi}\sin\frac{n\pi}{2}+\left(\frac{2a}{n\pi}\right)^2\left(\cos\frac{n\pi}{2}-1\right)\right]+\left[-\frac{2a^2}{n\pi}\sin\frac{n\pi}{2}\right]\right.\\&\quad\left.+\left[\left(\frac{6a^2}{n\pi}\sin\frac{3n\pi}{2}\right)-\frac{6a^2}{n\pi}\sin\frac{3n\pi}{2}-\left(\frac{2a}{n\pi}\right)^2\left(\cos\frac{3n\pi}{2}-\cos n\pi\right)\right]\right\}\\&=\frac{2a}{(n\pi)^2}\left(\cos\frac{n\pi}{2}-1-\cos\frac{3n\pi}{2}+\cos n\pi\right)\\&=\begin{cases}0, & n=2k,\ k=1,2,3,\cdots;\\ -\dfrac{4a}{\pi^2(2k+1)^2}, & n=2k+1,\ k=0,1,2,3,\cdots.\end{cases}\end{aligned}$$

$$\begin{aligned}b_n&=\frac{1}{2a}\int_0^{4a}x(s)\sin\frac{n\pi s}{2a}\mathrm{d}s\\&=\frac{1}{2a}\left[\int_0^a s\sin\frac{n\pi s}{2a}\mathrm{d}s+\int_a^{2a}a\sin\frac{n\pi s}{2a}\mathrm{d}s+\int_{2a}^{3a}(3a-s)\sin\frac{n\pi s}{2a}\mathrm{d}s\right]\\&=\frac{1}{2a}\left\{\left[-\frac{2a^2}{n\pi}\cos\frac{n\pi}{2}+\left(\frac{2a}{n\pi}\right)^2\sin\frac{n\pi}{2}\right]+\left[-\frac{2a^2}{n\pi}\cos n\pi+\frac{2a^2}{n\pi}\cos\frac{n\pi}{2}\right]\right.\\&\quad\left.+\left[\left(-\frac{6a^2}{n\pi}\cos\frac{3n\pi}{2}+\frac{6a^2}{n\pi}\cos n\pi\right)+\left(\frac{6a^2}{n\pi}\cos\frac{3n\pi}{2}-\frac{4a^2}{n\pi}\cos n\pi\right)+\left(-\frac{4a^2}{n^2\pi^2}\sin\frac{3n\pi}{2}\right)\right]\right\}\\&=\frac{2a}{n^2\pi^2}\left(\sin\frac{n\pi}{2}-\sin\frac{3n\pi}{2}\right)\\&=\begin{cases}0, & n=2k,\ k=1,2,3,\cdots,\\ \dfrac{4a(-1)^k}{\pi^2(2k+1)^2}, & n=2k+1,\ k=0,1,2,3,\cdots.\end{cases}\end{aligned}$$

因此,按展开定理,注意到$x(0)=x(4a)$,$x(s)$的傅里叶展开式为

$$x(s)=\frac{a}{2}-\frac{4a}{\pi^2}\sum_{k=0}^{\infty}\frac{1}{(2k+1)^2}\cos\frac{(2k+1)\pi s}{2a}+\frac{4a}{\pi^2}\sum_{k=0}^{\infty}\frac{(-1)^k}{(2k+1)^2}\sin\frac{(2k+1)\pi s}{2a}\quad(0\leqslant s\leqslant 4a).$$

同样,根据定义,$y(s)$的表达式为

$$y(s)=\begin{cases}0, & 0\leqslant s\leqslant a,\\ s-a, & a\leqslant s\leqslant 2a,\\ a, & 2a\leqslant s\leqslant 3a,\\ 4a-s, & 3a\leqslant s\leqslant 4a.\end{cases}$$

于是,$y(s)$在$[0,4a]$上的傅里叶级数展开式为

$$\frac{A_0}{2}+\sum_{n=1}^{\infty}\left(A_n\cos\frac{n\pi s}{2a}+B_n\sin\frac{n\pi s}{2a}\right),$$

其中

$$A_0=\frac{1}{2a}\int_a^{4a}y(s)\mathrm{d}s=\frac{1}{2a}\left[\int_a^{2a}(s-a)\mathrm{d}s+\int_{2a}^{3a}a\,\mathrm{d}s+\int_{3a}^{4a}(4a-s)\mathrm{d}s\right]=a,$$

$$\begin{aligned}A_n&=\frac{1}{2a}\int_0^{4a}y(s)\cos\frac{n\pi s}{2a}\mathrm{d}s\\&=\frac{1}{2a}\left[\int_a^{2a}(s-a)\cos\frac{n\pi s}{2a}\mathrm{d}s+\int_{2a}^{3a}a\cos\frac{n\pi s}{2a}\mathrm{d}s+\int_{3a}^{4a}(4a-s)\cos\frac{n\pi s}{2a}\mathrm{d}s\right]\\&=\frac{1}{2a}\left\{\left[\left(-\frac{2a^2}{n\pi}\sin\frac{n\pi}{2}+\frac{4a^2}{n^2\pi^2}\left(\cos n\pi-\cos\frac{n\pi}{2}\right)\right)-\left(-\frac{2a^2}{n\pi}\sin\frac{n\pi}{2}\right)\right]\right.\\&\quad\left.+\left[\frac{2a^2}{n\pi}\sin\frac{3n\pi}{2}\right]+\left[\left(-\frac{8a^2}{n\pi}\sin\frac{3n\pi}{2}\right)-\left(-\frac{6a^2}{n\pi}\sin\frac{3n\pi}{2}+\frac{4a^2}{n^2\pi^2}-\frac{4a^2}{n^2\pi^2}\cos\frac{3n\pi}{2}\right)\right]\right\}\\&=\frac{2a}{n^2\pi^2}\left(\cos n\pi-\cos\frac{n\pi}{2}-1+\cos\frac{3n\pi}{2}\right)\\&=\begin{cases}0, & n=2k,\ k=1,2,3,\cdots,\\-\dfrac{4a}{\pi^2(2k+1)^2}, & n=2k+1,\ k=0,1,2,3,\cdots.\end{cases}\end{aligned}$$

$$\begin{aligned}B_n&=\frac{1}{2a}\int_0^{4a}y(s)\frac{n\pi s}{2a}\mathrm{d}s\\&=\frac{1}{2a}\left[\int_a^{2a}(s-a)\sin\frac{n\pi s}{2a}\mathrm{d}s+\int_{2a}^{3a}a\sin\frac{n\pi s}{2a}\mathrm{d}s+\int_{3a}^{4a}(4a-s)\sin\frac{n\pi s}{2a}\mathrm{d}s\right]\\&=\frac{1}{2a}\left\{\left[\left(-\frac{4a^2}{n\pi}\cos n\pi+\frac{2a^2}{n\pi}\cos\frac{n\pi}{2}-\frac{4a^2}{n^2\pi^2}\sin\frac{n\pi}{2}\right)-\left(-\frac{2a^2}{n\pi}\cos n\pi+\frac{2a^2}{n\pi}\cos\frac{n\pi}{2}\right)\right]\right.\\&\quad+\left(-\frac{2a^2}{n\pi}\cos\frac{3n\pi}{2}+\frac{2a^2}{n\pi}\cos n\pi\right)+\left[\left(-\frac{8a^2}{n\pi}+\frac{8a^2}{n\pi}\cos\frac{3n\pi}{2}\right)\right.\\&\quad\left.\left.-\left(-\frac{8a^2}{n\pi}-\frac{6a^2}{n\pi}\cos\frac{3n\pi}{2}-\frac{4a^2}{n^2\pi^2}\sin\frac{3n\pi}{2}\right)\right]\right\}\\&=\frac{2a}{n^2\pi^2}\left(\sin\frac{3n\pi}{2}-\sin\frac{n\pi}{2}\right)\\&=\begin{cases}0, & n=2k,\ k=1,2,3,\cdots,\\\dfrac{4a(-1)^{k+1}}{\pi^2(2k+1)^2}, & n=2k+1,\ k=0,1,2,3,\cdots.\end{cases}\end{aligned}$$

因此，按展开定理，注意到 $y(0)=y(4a)$，得 $y(s)$ 的傅里叶级数展开式为

$$y(s)=\frac{a}{2}-\frac{4a}{\pi^2}\sum_{k=0}^{\infty}\frac{1}{(2k+1)^2}\cos\frac{(2k+1)\pi s}{2a}+\frac{4a}{\pi^2}\sum_{k=0}^{\infty}\frac{(-1)^{k+1}}{(2k+1)^2}\sin\frac{(2k+1)\pi s}{2a}\quad(0\leqslant s\leqslant 4a).$$

**【2975】** 应当如何把给定在区间 $(0,\frac{\pi}{2})$ 内的可积函数 $f(x)$ 延拓到区间 $(-\pi,\pi)$ 内，使得它展开成傅里叶级数后具有以下形式：

$$f(x)=\sum_{n=1}^{\infty}a_n\cos(2n-1)x\quad(-\pi<x<\pi)?$$

**提示** 应有 $f(-x)=f(x)$，$f(\pi-x)=-f(x)$ $(-\pi<x<\pi)$.

**解** 由于展开式中无正弦项，故 $f(x)$ 延拓到 $(-\pi,\pi)$ 内应满足 $f(-x)=f(x)$. 函数 $f(x)$ 延拓到 $(\frac{\pi}{2},\pi)$ 的部分记以 $g(x)$，则按题设应有

$$\int_0^{\frac{\pi}{2}}f(x)\cos 2nx\mathrm{d}x+\int_{\frac{\pi}{2}}^{\pi}g(x)\cos 2nx\mathrm{d}x=0\quad(n=0,1,2,\cdots).$$

在上式左端第一个积分中作代换 $\pi-x=y$，即得

$$-\int_{\pi}^{\frac{\pi}{2}}f(\pi-y)\cos 2ny\mathrm{d}y+\int_{\frac{\pi}{2}}^{\pi}g(x)\cos 2nx\mathrm{d}x=0,$$

也即

$$\int_{\frac{\pi}{2}}^{\pi}[f(\pi-x)+g(x)]\cos 2nx\mathrm{d}x=0\quad(n=0,1,2,\cdots).$$

为要上式成立，显然只要求对于$(\frac{\pi}{2},\pi)$内任一 $x$ 值，恒有

$$f(\pi-x)+g(x)=0,\quad 即\quad g(x)=-f(\pi-x).$$

总之，首先要在$(\frac{\pi}{2},\pi)$内定义一个函数，使它等于$-f(\pi-x)$；然后，再按偶函数延拓到$(-\pi,0)$，不妨将延拓到$(-\pi,\pi)$内的函数仍记为 $f(x)$，则由上述讨论知，必有

$$f(-x)=f(x),\quad f(\pi-x)=-f(x)\quad(-\pi<x<\pi).$$

**【2976】** 应当如何把给定在区间$(0,\frac{\pi}{2})$内的可积函数$f(x)$延拓到区间$(-\pi,\pi)$内，使得它展开成傅里叶级数后具有以下形式：

$$f(x)=\sum_{n=1}^{\infty}b_n\sin(2n-1)x\quad(-\pi<x<\pi)?$$

**提示** 应有 $f(-x)=-f(x)$，$f(\pi-x)=f(x)$ $(-\pi<x<\pi)$.

**解** 由于展开式中无余弦项，故 $f(x)$ 延拓到$(-\pi,\pi)$内应满足 $f(-x)=-f(x)$. 函数 $f(x)$ 延拓到$(\frac{\pi}{2},\pi)$的部分记以$g(x)$，则按题设应有

$$\int_0^{\frac{\pi}{2}}f(x)\sin 2nx\mathrm{d}x+\int_{\frac{\pi}{2}}^{\pi}g(x)\sin 2nx\mathrm{d}x=0\quad(n=1,2,\cdots).$$

在上式左端第一个积分中作代换 $\pi-x=y$，即得

$$\int_{\pi}^{\frac{\pi}{2}}f(\pi-y)\sin 2ny\mathrm{d}y+\int_{\frac{\pi}{2}}^{\pi}g(x)\sin 2nx\mathrm{d}x=0,$$

也即

$$\int_{\frac{\pi}{2}}^{\pi}[-f(\pi-x)+g(x)]\sin 2nx\mathrm{d}x=0\quad(n=1,2,\cdots).$$

为要上式成立，显然只要求对于$(\frac{\pi}{2},\pi)$内任一 $x$ 值，恒有

$$-f(\pi-x)+g(x)=0,\quad 即\ g(x)=f(\pi-x).$$

总之，首先要在$(\frac{\pi}{2},\pi)$内定义一个函数，使它等于 $f(\pi-x)$；然后，再按奇函数延拓到$(-\pi,\pi)$，不妨将延拓到$(-\pi,\pi)$内的函数仍记为 $f(x)$，则由上述讨论知，必有

$$f(-x)=-f(x),\quad f(\pi-x)=f(x)\quad(-\pi<x<\pi).$$

**【2977】** 在区间$(0,\frac{\pi}{2})$内把函数 $f(x)=x\left(\frac{\pi}{2}-x\right)$展开：(1)依角的奇倍数的余弦展开；(2)依角的奇倍数的正弦展开.

绘出情形(1)与(2)的傅里叶级数之和的图像.

**提示** (1)利用 2975 题的结果，延拓函数，求出 $a_{2k+1}(k=0,1,2,\cdots)$.

(2)利用 2976 题的结果，延拓函数，求出 $b_{2k+1}(k=0,1,2,\cdots)$.

**解** (1) 利用 2975 题的结果，延拓函数，使有 $f(-x)=f(x)$，$f(\pi-x)=-f(x)$. 于是，有

$$a_{2k+1}=\frac{2}{\pi}\left\{\int_0^{\frac{\pi}{2}}f(x)\cos(2k+1)x\mathrm{d}x+\int_{\frac{\pi}{2}}^{\pi}[-f(\pi-x)]\cos(2k+1)x\mathrm{d}x\right\}.$$

若在上式右端第二个积分中令 $\pi-x=y$，则得到与第一个积分同样的结果，即

$$\begin{aligned}a_{2k+1}&=\frac{4}{\pi}\int_0^{\frac{\pi}{2}}f(x)\cos(2k+1)x\mathrm{d}x\\&=\frac{4}{\pi}\int_0^{\frac{\pi}{2}}x\left(\frac{\pi}{2}-x\right)\cos(2k+1)x\mathrm{d}x\end{aligned}$$

$$=\frac{4}{(2k+1)\pi}x\left(\frac{\pi}{2}-x\right)\sin(2k+1)x\Big|_0^{\frac{\pi}{2}}-\frac{4}{(2k+1)\pi}\int_0^{\frac{\pi}{2}}\left(\frac{\pi}{2}-2x\right)\sin(2k+1)x\mathrm{d}x$$

$$=\frac{4}{(2k+1)^2\pi}\left[\frac{\pi}{2}\cos(2k+1)x-2x\cos(2k+1)x\right]\Big|_0^{\frac{\pi}{2}}+\frac{8}{(2k+1)^2\pi}\int_0^{\frac{\pi}{2}}\cos(2k+1)x\mathrm{d}x$$

$$=-\frac{2}{(2k+1)^2}+\frac{8}{(2k+1)^3\pi}\sin(2k+1)\frac{\pi}{2}$$

$$=-\frac{2}{(2k+1)^2}+\frac{8(-1)^k}{(2k+1)^3\pi}\quad(k=0,1,2,\cdots).$$

于是，$f(x)$的展开式为

$$-2\sum_{k=0}^{\infty}\left\{\left[\frac{1}{(2k+1)^2}-\frac{4}{\pi}\frac{(-1)^k}{(2k+1)^3}\right]\cos(2k+1)x\right\}$$

$$=x\left(\frac{\pi}{2}-x\right)\quad\left(0\leqslant x\leqslant\frac{\pi}{2}\right),$$

其和的图像如图 5.8 所示.

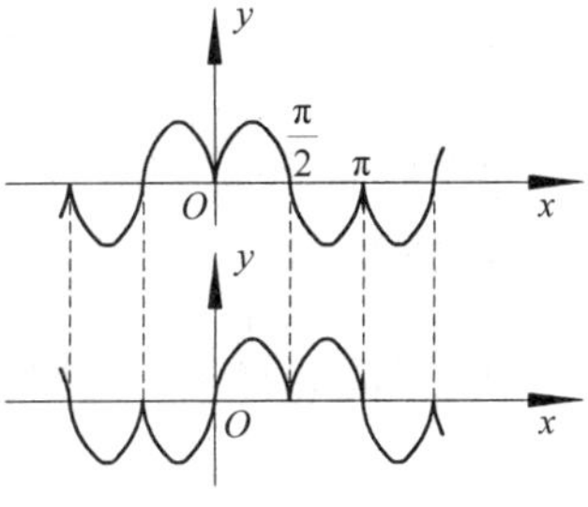

图 5.8

(2) 利用 2976 题的结果，延拓函数，使有

$$f(-x)=-f(x),\quad f(\pi-x)=f(x).$$

于是，有

$$b_{2k+1}=\frac{2}{\pi}\left[\int_0^{\frac{\pi}{2}}f(x)\sin(2k+1)x\mathrm{d}x+\int_{\frac{\pi}{2}}^{\pi}f(\pi-x)\sin(2k+1)x\mathrm{d}x\right].$$

若在上式右端第二个积分中令 $\pi-x=y$，则得到与第一个积分同样的结果，即

$$b_{2k+1}=\frac{4}{\pi}\int_0^{\frac{\pi}{2}}f(x)\sin(2k+1)x\mathrm{d}x$$

$$=\frac{4}{\pi}\int_0^{\frac{\pi}{2}}x\left(\frac{\pi}{2}-x\right)\sin(2k+1)x\mathrm{d}x$$

$$=-\frac{4}{(2k+1)\pi}x\left(\frac{\pi}{2}-x\right)\cos(2k+1)x\Big|_0^{\frac{\pi}{2}}+\frac{4}{(2k+1)\pi}\int_0^{\frac{\pi}{2}}\left(\frac{\pi}{2}-2x\right)\cos(2k+1)x\mathrm{d}x$$

$$=\frac{4}{(2k+1)^2\pi}\left[\left(\frac{\pi}{2}-2x\right)\sin(2k+1)x\right]\Big|_0^{\frac{\pi}{2}}+\frac{8}{(2k+1)^2\pi}\int_0^{\frac{\pi}{2}}\sin(2k+1)x\mathrm{d}x$$

$$=\frac{2(-1)^{k+1}}{(2k+1)^2}+\frac{8}{(2k+1)^3\pi}\quad(k=0,1,2,\cdots).$$

于是，$f(x)$的展开式为

$$2\sum_{k=0}^{\infty}\left\{\left[\frac{(-1)^{k+1}}{(2k+1)^2}+\frac{4}{(2k+1)^3\pi}\right]\sin(2k+1)x\right\}=x\left(\frac{\pi}{2}-x\right)\quad\left(0\leqslant x\leqslant\frac{\pi}{2}\right).$$

其和的图像如图 5.8 所示.

**【2978】** 设 $f(x)$是以为 $\pi$ 周期的反周期函数，即 $f(x+\pi)=-f(x)$. 问此函数在区间$(-\pi,\pi)$内的傅里叶级数具有怎样的特性？

**提示** $a_{2n}=0\ (n=0,1,2,\cdots)$，$b_{2n}=0\ (n=1,2,\cdots)$.

**解** 由于

$$a_n=\frac{1}{\pi}\int_{-\pi}^{\pi}f(x)\cos nx\mathrm{d}x=\frac{1}{\pi}\left[-\int_{-\pi}^{0}f(\pi+x)\cos nx\mathrm{d}x+\int_0^{\pi}f(x)\cos nx\mathrm{d}x\right]\quad(n=0,1,2,\cdots),$$

故在上式右端第一个积分中令 $x+\pi=y$，则得

$$a_n=\frac{1}{\pi}\int_0^{\pi}[(-1)^{n+1}+1]f(x)\cos nx\mathrm{d}x.$$

于是，得 $a_{2n}=0\ (n=0,1,2,\cdots)$. 同理，可得 $b_{2n}=0\ (n=1,2,\cdots)$. 因此，函数 $f(x)$在$(-\pi,\pi)$内的傅里叶级数的特性为

$$a_{2n}=0\quad(n=0,1,2,\cdots),\qquad b_{2n}=0\quad(n=1,2,\cdots).$$

**【2979】** 设 $f(x+\pi)=f(x)$，则函数 $f(x)$在区间$(-\pi,\pi)$内的傅里叶级数具有怎样的特性？

**提示** 与 2978 题解法类似，$a_{2n-1}=b_{2n-1}=0\ (n=1,2,\cdots)$.

**解** 与 2978 题解法类似，我们可求得

$$a_n=\frac{1}{\pi}\int_0^{\pi}[(-1)^n+1]f(x)\cos nx\,dx\quad (n=0,1,2,\cdots).$$

因此，有

$$a_{2n-1}=0\quad (n=1,2,3,\cdots).$$

同理，可求得

$$b_{2n-1}=0\quad (n=1,2,3,\cdots).$$

因此，函数 $f(x)$ 在 $(-\pi,\pi)$ 内的傅里叶级数的特性为 $a_{2n-1}=b_{2n-1}=0\quad (n=1,2,3,\cdots)$.

**【2980】** 对于一个周期为 $2\pi$ 的函数 $y=f(x)$，若函数的图像：(1) 以点 $(0,0)$，$(\pm\frac{\pi}{2},0)$ 为对称中心；(2) 以坐标原点为对称中心并以 $x=\pm\frac{\pi}{2}$ 为对称轴；问其傅里叶系数 $a_n$，$b_n\ (n=1,2,3,\cdots)$ 具有怎样的特性？

**提示** (1) $a_n=0\ (n=0,1,2,\cdots)$，$b_{2n-1}=0\ (n=1,2,3,\cdots)$； (2) $a_n=0\ (n=1,2,\cdots)$，$b_{2n}=0\ (n=1,2,3,\cdots)$.

**解** (1) 由题设函数 $f(x)$ 满足

$$f(-x)=-f(x),\quad f(\pi-x)=-f(x).$$

因此，$a_n=0\ (n=0,1,2,\cdots)$，且

$$\begin{aligned}b_n&=\frac{2}{\pi}\left\{\int_0^{\frac{\pi}{2}}f(x)\sin nx\,dx+\int_{\frac{\pi}{2}}^{\pi}[-f(\pi-x)]\sin nx\,dx\right\}\\&=\frac{2}{\pi}\left[\int_0^{\frac{\pi}{2}}f(x)\sin nx\,dx+(-1)^n\int_0^{\frac{\pi}{2}}f(y)\sin ny\,dy\right]\\&=\frac{2}{\pi}\int_0^{\frac{\pi}{2}}[1+(-1)^n]f(x)\sin nx\,dx,\end{aligned}$$

故 $b_{2n-1}=0\ (n=1,2,\cdots)$. 因此，$f(x)$ 的傅里叶级数的特性为

$$a_n=0\ (n=0,1,2,\cdots),\qquad b_{2n-1}=0\ (n=1,2,3,\cdots).$$

(2) 由题设函数 $f(x)$ 满足

$$f(-x)=-f(x),\quad f(\pi-x)=f(x).$$

同(1)一样，$a_n=0\ (n=0,1,2,\cdots)$，而

$$b_n=\frac{2}{\pi}\int_0^{\frac{\pi}{2}}[1+(-1)^{n+1}]f(x)\sin nx\,dx,$$

故 $b_{2n}=0\ (n=1,2,3,\cdots)$. 因此，$f(x)$ 的傅里叶系数的特性为

$$a_n=0\ (n=0,1,2,\cdots),\qquad b_{2n}=0\ (n=1,2,3,\cdots).$$

**【2981】** 若函数 $\varphi(-x)\equiv\psi(x)$，问 $\varphi(x)$ 与 $\psi(x)$ 的傅里叶系数 $a_n$，$b_n$ 与 $\alpha_n$，$\beta_n\ (n=0,1,2,\cdots)$ 之间有何关系？

**提示** $a_n=\alpha_n\ (n=0,1,2,\cdots)$，$b_n=-\beta_n\ (n=1,2,3,\cdots)$.

**解** 函数 $\varphi(x)$，$\psi(x)$ 的傅里叶系数分别为

$$a_n=\frac{1}{\pi}\int_{-\pi}^{\pi}\varphi(x)\cos nx\,dx,\qquad b_n=\frac{1}{\pi}\int_{-\pi}^{\pi}\varphi(x)\sin nx\,dx;$$

$$\alpha_n=\frac{1}{\pi}\int_{-\pi}^{\pi}\psi(x)\cos nx\,dx,\qquad \beta_n=\frac{1}{\pi}\int_{-\pi}^{\pi}\psi(x)\sin nx\,dx.$$

由于

$$a_n=\frac{1}{\pi}\left[\int_{-\pi}^{0}\varphi(x)\cos nx\,dx+\int_0^{\pi}\varphi(x)\cos nx\,dx\right],$$

故在上式右端两个积分中代作换 $-x=y$，并将 $\varphi(-x)=\psi(x)$ 代入，即得

$$a_n=\frac{1}{\pi}\left[\int_0^{\pi}\psi(x)\cos nx\,dx+\int_{-\pi}^{0}\psi(x)\cos nx\,dx\right]=\frac{1}{\pi}\int_{-\pi}^{\pi}\psi(x)\cos nx\,dx=\alpha_n.$$

同理，有

$$b_n=\frac{1}{\pi}\left[\int_{-\pi}^{0}\varphi(x)\sin nx\,dx+\int_{0}^{\pi}\varphi(x)\sin nx\,dx\right]=\frac{1}{\pi}\left[-\int_{0}^{\pi}\psi(x)\sin nx\,dx-\int_{-\pi}^{0}\psi(x)\sin nx\,dx\right]$$

$$=-\frac{1}{\pi}\int_{-\pi}^{\pi}\psi(x)\sin nx\,dx=-\beta_n.$$

因此，$\varphi(x)$、$\psi(x)$的傅里叶系数 $a_n$、$b_n$ 与 $\alpha_n$、$\beta_n$ 的关系为

$$a_n=\alpha_n(n=0,1,2,\cdots),\qquad b_n=-\beta_n(n=1,2,3,\cdots).$$

**【2982】** 若函数 $\varphi(-x)\equiv-\psi(x)$，问 $\varphi(x)$与 $\psi(x)$的傅里叶系数 $a_n$，$b_n$ 与 $\alpha_n$，$\beta_n(n=0,1,2,\cdots)$之间有何关系？

**提示** $a_n=-\alpha_n(n=0,1,2,\cdots)$，$b_n=\beta_n(n=1,2,3,\cdots)$.

**解** 函数 $\varphi(x)$，$\psi(x)$的傅里叶系数分别为

$$a_n=\frac{1}{\pi}\int_{-\pi}^{\pi}\varphi(x)\cos nx\,dx,\qquad b_n=\frac{1}{\pi}\int_{-\pi}^{\pi}\varphi(x)\sin nx\,dx;$$

$$\alpha_n=\frac{1}{\pi}\int_{-\pi}^{\pi}\psi(x)\cos nx\,dx,\qquad \beta_n=\frac{1}{\pi}\int_{-\pi}^{\pi}\psi(x)\sin nx\,dx.$$

由于

$$a_n=\frac{1}{\pi}\left[\int_{-\pi}^{0}\varphi(x)\cos nx\,dx+\int_{0}^{\pi}\varphi(x)\cos nx\,dx\right],$$

故在上式右端两个积分中作代换 $-x=y$，并将 $\varphi(-x)=-\psi(x)$代入，即得

$$a_n=\frac{1}{\pi}\left[-\int_{0}^{\pi}\psi(x)\cos nx\,dx-\int_{-\pi}^{0}\psi(x)\cos nx\,dx\right]=-\frac{1}{\pi}\int_{-\pi}^{\pi}\psi(x)\cos nx\,dx=-\alpha_n.$$

同理，有 $b_n=\beta_n$. 因此，$\varphi(x)$、$\psi(x)$ 的傅里叶系数 $a_n$、$b_n$与$\alpha_n$、$\beta_n$的关系为

$$a_n=-\alpha_n(n=0,1,2,\cdots),\qquad b_n=\beta_n(n=1,2,3,\cdots).$$

**【2983】** 已知周期为 $2\pi$ 的可积函数 $f(x)$的傅里叶系数为 $a_n$，$b_n(n=0,1,2,\cdots)$，试计算“平移”后的函数 $f(x+h)$($h$ 为常数)的傅里叶系数 $\bar{a}_n$，$\bar{b}_n(n=0,1,2,\cdots)$.

**提示** $\bar{a}_n=a_n\cos nh+b_n\sin nh$，$\bar{b}_n=b_n\cos nh-a_n\sin nh$.

**解** 在傅里叶系数 $\bar{a}_n$ 的表达式中作代换 $x+h=y$，并注意到 $f(x)$的周期性，即有

$$\bar{a}_n=\frac{1}{\pi}\int_{-\pi}^{\pi}f(x+h)\cos nx\,dx=\frac{1}{\pi}\int_{-\pi+h}^{\pi+h}f(y)[\cos nh\cos ny+\sin nh\sin ny]dy$$

$$=\frac{1}{\pi}\left[\int_{-\pi}^{\pi}f(x)\cos nx\cos nh\,dx+\int_{-\pi}^{\pi}f(x)\sin nx\sin nh\,dx\right]$$

$$=a_n\cos nh+b_n\sin nh.$$

同理，可求得 $\bar{b}_n=b_n\cos nh-a_n\sin nh$.

**【2984】** 已知周期为 $2\pi$ 的可积函数 $f(x)$的傅里叶系数为 $a_n$，$b_n(n=0,1,2,\cdots)$，试计算斯捷克洛夫函数

$$f_h(x)=\frac{1}{2h}\int_{x-h}^{x+h}f(\xi)d\xi$$

的傅里叶系数 $A_n$，$B_n(n=0,1,2,\cdots)$.

**提示** $A_0=a_0$，$A_n=a_n\dfrac{\sin nh}{nh}\ (n=1,2,\cdots)$；$B_n=b_n\dfrac{\sin nh}{nh}\ (n=1,2,\cdots)$.

**解** 由于

$$f_h(x+2\pi)=\frac{1}{2h}\int_{x+2\pi-h}^{x+2\pi+h}f(\xi)d\xi=\frac{1}{2h}\int_{x-h}^{x+h}f(\xi)d\xi=f_h(x),$$

故 $f_h(x)$仍为以 $2\pi$ 为周期的周期函数.

于是，有(作代换 $\xi=x+y$)

$$A_n=\frac{1}{\pi}\int_{-\pi}^{\pi}f_h(x)\cos nx\,dx=\frac{1}{2\pi h}\int_{-\pi}^{\pi}\cos nx\,dx\int_{x-h}^{x+h}f(\xi)d\xi=\frac{1}{2\pi h}\int_{-\pi}^{\pi}\cos nx\,dx\int_{-h}^{h}f(x+y)dy$$

$$=\frac{1}{2\pi h}\int_{-h}^{h}dy\int_{-\pi}^{\pi}f(x+y)\cos nx\,dx.$$

根据 2983 题的结果可知

$$\frac{1}{\pi}\int_{-\pi}^{\pi} f(x+y)\cos nx\mathrm{d}x=a_n\cos ny+b_n\sin ny,$$

故
$$A_n=\frac{1}{2h}\int_{-h}^{h}(a_n\cos ny+b_n\sin ny)\mathrm{d}y=\frac{a_n}{h}\int_0^h\cos ny\mathrm{d}y=\begin{cases}a_n, & n=0,\\ \dfrac{a_n\sin nh}{nh}, & n=1,2,3,\cdots.\end{cases}$$

即 $A_0=a_0$，$A_n=\dfrac{a_n\sin nh}{nh}$ $(n=1,2,3,\cdots)$. 同理可得 $B_n=\dfrac{b_n\sin nh}{nh}$ $(n=1,2,3,\cdots)$.

**【2985】** 设 $f(x)$是以 $2\pi$ 为周期的连续函数，并且 $a_n$，$b_n$ $(n=0,1,2,\cdots)$为其傅里叶系数. 求卷积函数

$$F(x)=\frac{1}{\pi}\int_{-\pi}^{\pi} f(t)f(x+t)\mathrm{d}t$$

的傅里叶系数 $A_n$，$B_n(n=0,1,2,\cdots)$.

利用所得的结果，推出李雅普诺夫等式.

**提示** $A_0=a_0^2$，$A_n=a_n^2+b_n^2(n=1,2,3,\cdots)$；$b_n=0$ $(n=1,2,3,\cdots)$. 由此易得李雅普诺夫等式.

**解** 由于 $F(x+2\pi)=\dfrac{1}{\pi}\displaystyle\int_{-\pi}^{\pi} f(t)f(x+2\pi+t)\mathrm{d}t=\dfrac{1}{\pi}\int_{-\pi}^{\pi} f(t)f(x+t)\mathrm{d}t=F(x)$，

故 $F(x)$仍为以 $2\pi$ 为周期的函数. 于是，有

$$\begin{aligned}A_0&=\frac{1}{\pi}\int_{-\pi}^{\pi}F(x)\mathrm{d}x=\frac{1}{\pi^2}\int_{-\pi}^{\pi}\mathrm{d}x\int_{-\pi}^{\pi}f(t)f(x+t)\mathrm{d}t=\frac{1}{\pi^2}\int_{-\pi}^{\pi}f(t)\mathrm{d}t\int_{-\pi+t}^{\pi+t}f(\xi)\mathrm{d}\xi\\&=\frac{1}{\pi^2}\left[\int_{-\pi}^{\pi}f(t)\mathrm{d}t\right]^2=a_0^2,\\A_n&=\frac{1}{\pi}\int_{-\pi}^{\pi}F(x)\cos nx\mathrm{d}x=\frac{1}{\pi^2}\int_{-\pi}^{\pi}\cos nx\mathrm{d}x\int_{-\pi}^{\pi}f(t)f(x+t)\mathrm{d}t\\&=\frac{1}{\pi^2}\int_{-\pi}^{\pi}f(t)\mathrm{d}t\int_{-\pi}^{\pi}f(x+t)\cos nx\mathrm{d}x\\&=\frac{1}{\pi^2}\int_{-\pi}^{\pi}f(t)\mathrm{d}t\int_{-\pi+t}^{\pi+t}f(\xi)(\cos n\xi\cos nt+\sin n\xi\sin nt)\mathrm{d}\xi\\&=\frac{1}{\pi}\int_{-\pi}^{\pi}[a_nf(t)\cos nt+b_nf(t)\sin nt]\mathrm{d}t=a_n^2+b_n^2\quad(n=1,2,3,\cdots);\\B_n&=\frac{1}{\pi}\int_{-\pi}^{\pi}F(x)\sin nx\mathrm{d}x=\frac{1}{\pi^2}\int_{-\pi}^{\pi}\sin nx\mathrm{d}x\int_{-\pi}^{\pi}f(t)f(x+t)\mathrm{d}t\\&=\frac{1}{\pi^2}\int_{-\pi}^{\pi}f(t)\mathrm{d}t\int_{-\pi}^{\pi}f(x+t)\sin nx\mathrm{d}x\\&=\frac{1}{\pi^2}\int_{-\pi}^{\pi}f(t)\mathrm{d}t\int_{-\pi+t}^{\pi+t}f(\xi)(\sin n\xi\cos nt-\cos n\xi\sin nt)\mathrm{d}\xi\\&=\frac{1}{\pi}\int_{-\pi}^{\pi}[b_nf(t)\cos nt-a_nf(t)\sin nt]\mathrm{d}t=b_na_n-a_nb_n=0\quad(n=1,2,3,\cdots).\end{aligned}$$

由 $f(x)$的连续性知，$F(x)$不仅以 $2\pi$ 为周期而且是连续函数，故按展开定理，注意到 $B_n=0$ $(n=1,2,3,\cdots)$，即得

$$F(x)=\frac{A_0}{2}+\sum_{n=1}^{\infty}A_n\cos nx.$$

因此，特别地，有
$$F(0)=\frac{A_0}{2}+\sum_{n=1}^{\infty}A_n.$$

但已知 $A_0=a_0^2$，$A_n=a_n^2+b_n^2$，且

$$F(0)=\frac{1}{\pi}\int_{-\pi}^{\pi}f(t)f(0+t)\mathrm{d}t=\frac{1}{\pi}\int_{-\pi}^{\pi}f^2(t)\mathrm{d}t,$$

故得
$$\frac{1}{\pi}\int_{-\pi}^{\pi}f^2(x)\mathrm{d}x=\frac{a_0^2}{2}+\sum_{n=1}^{\infty}(a_n^2+b_n^2).$$

这就是李雅普诺夫等式.

# §7. 级数求和法

1° **直接求和法** 若 $u_n=v_{n+1}-v_n$ $(n=1,2,\cdots)$ 及 $\lim\limits_{n\to\infty}v_n=v_\infty$，则

$$\sum_{n=1}^{\infty}u_n=v_\infty-v_1.$$

特别地，若 $u_n=\dfrac{1}{a_na_{n+1}\cdots a_{n+m}}$，其中数 $a_i$ $(i=1,2,\cdots)$ 组成以 $d$ 为公差的等差数列，则

$$v_n=-\frac{1}{md}\cdot\frac{1}{a_na_{n+1}\cdots a_{n+m-1}}.$$

在某些情形下，未知级数能表示为下列已知级数的线性组合：

$$\sum_{n=1}^{\infty}\frac{(-1)^{n+1}}{n}=\ln 2;\quad \sum_{n=1}^{\infty}\frac{1}{n^2}=\frac{\pi^2}{6};\quad \sum_{n=1}^{\infty}\frac{(-1)^{n+1}}{n^2}=\frac{\pi^2}{12},$$

等等.

2° **阿贝尔方法** 若级数 $\sum\limits_{n=0}^{\infty}a_n$ 收敛，则

$$\sum_{n=0}^{\infty}a_n=\lim_{x\to1-0}\sum_{n=0}^{\infty}a_nx^n.$$

在最简单的例子中，借助于逐项微分法或积分法来求幂级数 $\sum\limits_{n=0}^{\infty}a_nx^n$ 的和.

3° **三角级数求和法** 为了求级数

$$\sum_{n=0}^{\infty}a_n\cos nx \quad 及 \quad \sum_{n=0}^{\infty}a_n\sin nx$$

的和，通常把前者视为复数域内的幂级数：$\sum\limits_{n=0}^{\infty}a_nz^n$（其中 $z=e^{ix}$）的和的实部，而把后者视为该幂级数的和的虚部的系数.

在许多情形下级数

$$\sum_{n=1}^{\infty}\frac{z^n}{n}=\ln\frac{1}{1-z}\quad(|z|<1)$$

是有用的.

**求下列级数的和：**

**【2986】** $\dfrac{1}{1\cdot3}+\dfrac{1}{3\cdot5}+\dfrac{1}{5\cdot7}+\cdots.$

**提示** 注意 $\dfrac{1}{(2n-1)(2n+1)}=\dfrac{1}{2}\left(\dfrac{1}{2n-1}-\dfrac{1}{2n+1}\right).$

**解** 由 $\dfrac{1}{(2n-1)(2n+1)}=\dfrac{1}{2}\left(\dfrac{1}{2n-1}-\dfrac{1}{2n+1}\right)$，得

$$\frac{1}{1\cdot3}+\frac{1}{3\cdot5}+\cdots+\frac{1}{(2n-1)(2n+1)}+\cdots$$

$$=\lim_{N\to\infty}\sum_{n=1}^{N}\frac{1}{(2n-1)(2n+1)}=\lim_{N\to\infty}\sum_{n=1}^{N}\frac{1}{2}\left(\frac{1}{2n-1}-\frac{1}{2n+1}\right)=\lim_{N\to\infty}\left(\frac{1}{2}-\frac{1}{2}\cdot\frac{1}{2N+1}\right)=\frac{1}{2}.$$

**【2987】** $\dfrac{1}{1\cdot2\cdot3}+\dfrac{1}{2\cdot3\cdot4}+\dfrac{1}{3\cdot4\cdot5}+\cdots.$

**提示** 注意 $\dfrac{1}{n(n+1)(n+2)}=\dfrac{1}{2}\left[\dfrac{1}{n(n+1)}-\dfrac{1}{(n+1)(n+2)}\right]$，并利用 2549 题的结果.

**解** 由 $\dfrac{1}{n(n+1)(n+2)}=\dfrac{1}{2}\left[\dfrac{1}{n(n+1)}-\dfrac{1}{(n+1)(n+2)}\right]$，并注意到 $\sum\limits_{n=1}^{\infty}\dfrac{1}{n(n+1)}=1$*)，即得

$$\frac{1}{1\cdot2\cdot3}+\frac{1}{2\cdot3\cdot4}+\cdots+\frac{1}{n(n+1)(n+2)}+\cdots$$

$$=\lim_{N\to\infty}\sum_{n=1}^{N}\frac{1}{n(n+1)(n+2)}=\frac{1}{2}\lim_{N\to\infty}\sum_{n=1}^{N}\left[\frac{1}{n(n+1)}-\frac{1}{(n+1)(n+2)}\right]$$

$$=\frac{1}{2}\lim_{N\to\infty}\sum_{n=1}^{N}\frac{1}{n(n+1)}-\frac{1}{2}\lim_{N\to\infty}\left[\sum_{k=1}^{N+1}\frac{1}{k(k+1)}-\frac{1}{2}\right]$$

$$=\frac{1}{2}-\frac{1}{2}\left(1-\frac{1}{2}\right)=\frac{1}{4}.$$

*） 利用 2549 题的结果.

**【2988】** $\frac{1}{1\cdot2}-\frac{1}{2\cdot3}+\frac{1}{3\cdot4}-\frac{1}{4\cdot5}+\cdots$.

**解** $\frac{1}{1\cdot2}-\frac{1}{2\cdot3}+\frac{1}{3\cdot4}-\frac{1}{4\cdot5}+\cdots$

$$=\left(1-\frac{1}{2}\right)-\left(\frac{1}{2}-\frac{1}{3}\right)+\left(\frac{1}{3}-\frac{1}{4}\right)-\left(\frac{1}{4}-\frac{1}{5}\right)+\cdots$$

$$=\lim_{n\to\infty}\left\{2\left[1-\frac{1}{2}+\frac{1}{3}-\frac{1}{4}+\cdots+(-1)^{n+1}\frac{1}{n}\right]+(-1)^{n+2}\frac{1}{n+1}-1\right\}=2\ln2-1.$$

**【2989】** $\sum_{n=1}^{\infty}\frac{n}{(n+1)(n+2)(n+3)}$.

**提示** 注意 $\frac{1}{n+1}+\frac{1}{n+2}-\frac{2}{n+3}=\frac{3n+5}{(n+1)(n+2)(n+3)}$，并利用 2987 题的结果.

**解** 由于$\frac{1}{n+1}+\frac{1}{n+2}-\frac{2}{n+3}=\frac{3n+5}{(n+1)(n+2)(n+3)}$,故

$$\sum_{n=1}^{\infty}\frac{n}{(n+1)(n+2)(n+3)}=\frac{1}{3}\sum_{n=1}^{\infty}\left(\frac{1}{n+1}+\frac{1}{n+2}-\frac{2}{n+3}\right)-\frac{5}{3}\sum_{n=1}^{\infty}\frac{1}{(n+1)(n+2)(n+3)}$$

$$=\frac{1}{3}\left(\frac{1}{2}+\frac{2}{3}\right)-\frac{5}{3}\left(\frac{1}{4}-\frac{1}{1\cdot2\cdot3}\right)^{*)}=\frac{1}{4}.$$

*） 利用 2987 题的结果.

**【2990】** $\sum_{n=1}^{\infty}\frac{1}{n(n+m)}$ （$m$ 为正整数).

**解** 由$\frac{1}{n(n+m)}=\frac{1}{m}\left(\frac{1}{n}-\frac{1}{m+n}\right)$,考虑适当大的正整数 $N$,并令 $N\to\infty$,即得

$$\sum_{n=1}^{\infty}\frac{1}{n(n+m)}=\lim_{N\to\infty}\sum_{n=1}^{N}\frac{1}{n(n+m)}=\frac{1}{m}\lim_{N\to\infty}\sum_{n=1}^{N}\left(\frac{1}{n}-\frac{1}{n+m}\right)$$

$$=\frac{1}{m}\lim_{N\to\infty}\left(1+\frac{1}{2}+\cdots+\frac{1}{m}-\frac{1}{N+1}-\frac{1}{N+2}-\cdots-\frac{1}{N+m}\right)$$

$$=\frac{1}{m}\left(1+\frac{1}{2}+\cdots+\frac{1}{m}\right).$$

**【2991】** $\frac{1}{1\cdot2\cdot3}+\frac{1}{3\cdot4\cdot5}+\frac{1}{5\cdot6\cdot7}+\cdots$.

**解** 由$\frac{1}{(2n-1)2n(2n+1)}=\frac{1}{2}\left[\frac{1}{(2n-1)2n}-\frac{1}{2n(2n+1)}\right]$,得

$$\frac{1}{1\cdot2\cdot3}+\frac{1}{3\cdot4\cdot5}+\cdots+\frac{1}{(2n-1)2n(2n+1)}+\cdots$$

$$=\frac{1}{2}\left[\frac{1}{1\cdot2}-\frac{1}{2\cdot3}+\frac{1}{3\cdot4}-\frac{1}{5\cdot6}+\cdots+\frac{1}{(2n-1)2n}-\frac{1}{2n(2n+1)}+\cdots\right]$$

$$=\frac{1}{2}(2\ln2-1)^{*)}=\ln2-\frac{1}{2}.$$

*） 注意原级数的绝对收敛性,并利用 2988 题的结果.

**【2992】** $\sum_{n=2}^{\infty}\frac{1}{n^2-1}$.

解 $\sum_{n=2}^{\infty}\frac{1}{n^2-1}=\lim_{N\to\infty}\sum_{n=2}^{N}\frac{1}{n^2-1}=\lim_{N\to\infty}\sum_{n=2}^{N}\frac{1}{2}\left(\frac{1}{n-1}-\frac{1}{n+1}\right)=\frac{1}{2}\lim_{N\to\infty}\left(1+\frac{1}{2}-\frac{1}{N+1}\right)$

$$=\frac{1}{2}\left(1+\frac{1}{2}\right)=\frac{3}{4}.$$

**【2993】** $\sum_{n=1}^{\infty}\frac{2n+1}{n^2(n+1)^2}$.

解 由$\frac{2n+1}{n^2(n+1)^2}=\frac{1}{n^2}-\frac{1}{(n+1)^2}$,得

$$\sum_{n=1}^{\infty}\frac{2n+1}{n^2(n+1)^2}=\sum_{n=1}^{\infty}\frac{1}{n^2}-\sum_{n=1}^{\infty}\frac{1}{(n+1)^2}=\frac{\pi^2}{6}-\left(\frac{\pi^2}{6}-1\right)^{*)}=1.$$

*) 所写级数均为绝对收敛级数,并利用 2961 题的结果(或本节前言).

**【2994】** $\sum_{n=1}^{\infty}\frac{1}{n(2n+1)}$.

**提示** 利用 146 题的结果.

解 由$\frac{1}{n(2n+1)}=\frac{1}{n}-\frac{2}{2n+1}$,得

$$\sum_{n=1}^{N}\frac{1}{n(2n+1)}=\sum_{n=1}^{N}\frac{1}{n}-2\sum_{n=1}^{N}\frac{1}{2n+1}=\sum_{n=1}^{N}\frac{1}{n}-2\left(\sum_{n_1=1}^{2N+1}\frac{1}{n_1}-\frac{1}{2}\sum_{n_2=1}^{N}\frac{1}{n_2}-1\right)$$

$$=(C+\ln N+\varepsilon_1)-2\left[(C+\ln(2N+1)+\varepsilon_2)-\frac{1}{2}(C+\ln N+\varepsilon_3)-1\right]^{*)}$$

$$=2\ln\frac{N}{2N+1}+\alpha+2,$$

其中 $\varepsilon_1\to0,\varepsilon_2\to0,\varepsilon_3\to0,\alpha=\varepsilon_1-2\varepsilon_2+\varepsilon_3\to0$(当 $N\to\infty$). 于是,

$$\lim_{N\to\infty}\sum_{n=1}^{N}\frac{1}{n(2n+1)}=2\ln\frac{1}{2}+2=2(1-\ln2),$$

即 $\sum_{n=1}^{\infty}\frac{1}{n(2n+1)}=2(1-\ln2)$.

*) 利用 146 题的结果.

**【2995】** $\sum_{n=1}^{\infty}\frac{n^2}{n!}$.

解 $\sum_{n=1}^{\infty}\frac{n^2}{n!}=\lim_{N\to\infty}\sum_{n=1}^{N}\frac{n^2}{n!}=\lim_{N\to\infty}\left\{1+2+\sum_{n=3}^{N}\frac{n^2}{n!}\right\}=\lim_{N\to\infty}\left\{3+\sum_{n=3}^{N}\left[\frac{1}{(n-1)!}+\frac{1}{(n-2)!}\right]\right\}$

$$=\lim_{N\to\infty}\left\{3+\sum_{k=2}^{N-1}\frac{1}{k!}+\sum_{l=1}^{N-2}\frac{1}{l!}\right\}=\lim_{N\to\infty}\left\{2\left(1+\sum_{s=1}^{N}\frac{1}{s!}\right)+O\left(\frac{1}{N}\right)\right\}=2e.$$

**【2996】** $\sum_{n=0}^{\infty}\frac{2^n(n+1)}{n!}$.

解 $\sum_{n=0}^{\infty}\frac{2^n(n+1)}{n!}=1+\sum_{n=1}^{\infty}\frac{2^n}{(n-1)!}+\sum_{n=1}^{\infty}\frac{2^n}{n!}=2\sum_{m=0}^{\infty}\frac{2^m}{m!}+\sum_{n=0}^{\infty}\frac{2^n}{n!}=3\sum_{n=0}^{\infty}\frac{2^n}{n!}$.

利用级数运算的性质可知,对于绝对收敛的级数 $\sum_{n=0}^{\infty}\frac{1}{n!}$,有下述等式:

$$\sum_{k=0}^{\infty}\frac{1}{k!}\sum_{l=0}^{\infty}\frac{1}{l!}=\sum_{n=0}^{\infty}d_n,$$

其中 $d_n=\sum_{k+l=n}\frac{1}{k!l!}=\frac{1}{n!}\sum_{k+l=n}\frac{n!}{k!l!}=\frac{1}{n!}\sum_{s=0}^{n}C_n^s=\frac{2^n}{n!}$,故得 $\sum_{n=0}^{\infty}\frac{2^n}{n!}=\left(\sum_{k=0}^{\infty}\frac{1}{k!}\right)^2=e^2$, 因此,

$$\sum_{n=0}^{\infty}\frac{2^n(n+1)}{n!}=3e^2.$$

**【2997】** $\sum_{n=1}^{\infty}\frac{1}{n^2(n+1)^2}$.

**提示** 注意$\frac{1}{n^2(n+1)^2}=\frac{1}{n^2}+\frac{1}{(n+1)^2}-\frac{2}{n(n+1)}$,并利用 2549 题及 2961 题的结果.

**解** 由$\frac{1}{n^2(n+1)^2}=\frac{1}{n^2}+\frac{1}{(n+1)^2}-\frac{2}{n(n+1)}$,得

$$\sum_{n=1}^{\infty}\frac{1}{n^2(n+1)^2}=\sum_{n=1}^{\infty}\frac{1}{n^2}+\sum_{n=1}^{\infty}\frac{1}{(n+1)^2}-2\sum_{n=1}^{\infty}\frac{1}{n(n+1)}=\frac{\pi^2}{6}+\left(\frac{\pi^2}{6}-1\right)-2^{*)}=\frac{\pi^2}{3}-3.$$

*) 所写级数均为绝对收敛级数,并利用 2549 题及 2961 题的结果.

**【2998】** $\sum_{n=1}^{\infty}\frac{1}{n^2(n+1)^2(n+2)^2}$.

**解** 首先,注意到

$$\frac{1}{(n+1)^2}+\frac{1}{(n+2)^2}-\frac{2}{n^2}+\frac{6}{n(n+1)(n+2)}=-\frac{3}{(n+1)^2(n+2)^2}-\frac{12n+8}{n^2(n+1)^2(n+2)^2},\tag{1}$$

$$2\left[\frac{1}{n^2(n+1)^2}+\frac{1}{n^2(n+2)^2}-\frac{2}{(n+1)^2(n+2)^2}\right]=\frac{12n+10}{n^2(n+1)^2(n+2)^2},\tag{2}$$

$$\frac{1}{n^2}+\frac{1}{(n+2)^2}-\frac{2}{n(n+2)}=\frac{4}{n^2(n+2)^2}\tag{3}$$

将(1)、(2)、(3)三式相加,合并整理可得

$$\frac{1}{(n+1)^2}+\frac{3}{2}\cdot\frac{1}{(n+2)^2}-\frac{3}{2}\cdot\frac{1}{n^2}-\frac{1}{n(n+2)}+\frac{6}{n(n+1)(n+2)}-\frac{1}{(n+1)^2(n+2)^2}+\frac{2}{n^2(n+1)^2}$$
$$=\frac{2}{n^2(n+1)^2(n+2)^2}.$$

其次,先后利用 2961 题、2990 题、2987 题和 2997 题的结果,即得

$$\sum_{n=1}^{\infty}\frac{1}{n^2(n+1)^2(n+2)^2}$$
$$=\frac{1}{2}\left\{\sum_{n=1}^{\infty}\frac{1}{(n+1)^2}+\frac{3}{2}\sum_{n=1}^{\infty}\frac{1}{(n+2)^2}-\frac{3}{2}\sum_{n=1}^{\infty}\frac{1}{n^2}-\sum_{n=1}^{\infty}\frac{1}{n(n+2)}+6\sum_{n=1}^{\infty}\frac{1}{n(n+1)(n+2)}\right.$$
$$\left.-\sum_{n=1}^{\infty}\frac{1}{(n+1)^2(n+2)^2}+2\sum_{n=1}^{\infty}\frac{1}{n^2(n+1)^2}\right\}$$
$$=\frac{1}{2}\left\{\left(\frac{\pi^2}{6}-1\right)+\frac{3}{2}\left(\frac{\pi^2}{6}-1-\frac{1}{4}\right)-\frac{3}{2}\cdot\frac{\pi^2}{6}-\frac{1}{2}\left(1+\frac{1}{2}\right)+6\cdot\frac{1}{4}-\left(\frac{\pi^2}{3}-3-\frac{1}{4}\right)+2\left(\frac{\pi^2}{3}-3\right)\right\}$$
$$=\frac{\pi^2}{4}-\frac{39}{16}.$$

**【2999】** $\sum_{n=0}^{\infty}\frac{(-1)^n n}{(2n+1)!}$.

**解** 注意到

$$-\frac{1}{3!}=-\frac{1}{2}\left(\frac{1}{2!}-\frac{1}{3!}\right),\ \frac{2}{5!}=\frac{1}{2}\left(\frac{1}{4!}-\frac{1}{5!}\right),\ \cdots,\ \frac{(-1)^n n}{(2n+1)!}=\frac{(-1)^n}{2}\left[\frac{1}{(2n)!}-\frac{1}{(2n+1)!}\right],\ \cdots$$

相加即得

$$\sum_{n=0}^{\infty}\frac{(-1)^n n}{(2n+1)!}=\frac{1}{2}\left(-\frac{1}{2!}+\frac{1}{3!}+\frac{1}{4!}-\frac{1}{5!}-\cdots+\frac{(-1)^n}{(2n)!}-\frac{(-1)^n}{(2n+1)!}+\cdots\right)$$
$$=\frac{1}{2}\left[\sum_{n=0}^{\infty}\frac{(-1)^n}{(2n)!}-\sum_{n=0}^{\infty}\frac{(-1)^n}{(2n+1)!}\right]^{*)}=\frac{1}{2}(\cos 1-\sin 1).$$

*) 由于级数绝对收敛,从而其和与项相加的顺序无关.

**【3000】**$^+$ $\sum_{n=2}^{\infty}\frac{(-1)^n}{n^2+n-2}$.

**解** 考虑部分和

$$S_N=\sum_{n=2}^{N}\frac{(-1)^n}{n^2+n-2}=\sum_{n=2}^{N}\frac{(-1)^n}{3}\left(\frac{1}{n-1}-\frac{1}{n+2}\right)=\frac{1}{3}\sum_{k=1}^{N-1}\frac{(-1)^{k+1}}{k}+\frac{1}{3}\sum_{l=4}^{N+2}\frac{(-1)^{l+1}}{l}$$

$$=\frac{2}{3}\sum_{k=1}^{N}\frac{(-1)^{k-1}}{k}+\frac{1}{3}\left(-1+\frac{1}{2}-\frac{1}{3}\right)+O\left(\frac{1}{N}\right)$$

$$=\frac{2}{3}\sum_{k=1}^{N}\frac{(-1)^{k-1}}{k}-\frac{5}{18}+O\left(\frac{1}{N}\right)=\frac{2}{3}\ln 2-\frac{5}{18}+O\left(\frac{1}{N}\right),$$

故得 $\sum\limits_{n=2}^{\infty}\frac{(-1)^n}{n^2+n-2}=\lim\limits_{N\to\infty}S_N=\frac{2}{3}\ln 2-\frac{5}{18}=\frac{1}{18}(12\ln 2-5)$.

**【3001】** 设 $P(x)=a_0+a_1x+\cdots+a_mx^m$. 求级数 $\sum\limits_{n=0}^{\infty}\frac{P(n)}{n!}x^n$ 的和.

**解** 令 $P(n)=a_0+a_1n+\cdots+a_mn^m\equiv\alpha_0+\alpha_1n+\cdots+\alpha_mn(n-1)\cdots(n-m+1)$，其中 $\alpha_i(i=0,1,\cdots,m)$可由上述恒等式求出，则

$$\sum_{n=0}^{\infty}\frac{P(n)}{n!}x^n=\sum_{n=0}^{\infty}\frac{\alpha_0+\alpha_1n+\cdots+\alpha_mn(n-1)\cdots(n-m+1)}{n!}x^n$$

$$=\alpha_0\sum_{n=0}^{\infty}\frac{x^n}{n!}+\alpha_1x\sum_{n=1}^{\infty}\frac{x^{n-1}}{(n-1)!}+\cdots+\alpha_mx^m\sum_{n=m}^{\infty}\frac{x^{n-m}}{(n-m)!}$$

$$=\alpha_0e^x+\alpha_1xe^x+\cdots+\alpha_mx^me^x=e^x(\alpha_0+\alpha_1x+\cdots+\alpha_mx^m).$$

**求下列级数的和:**

**【3002】** $\sum\limits_{n=0}^{\infty}\frac{n^2+1}{2^nn!}x^n$.

**解** 对于任意的 $x$，考虑部分和

$$S_N=\sum_{n=0}^{\infty}\frac{n^2+1}{n!}\left(\frac{x}{2}\right)^n=1+2\left(\frac{x}{2}\right)+\frac{5}{2!}\left(\frac{x}{2}\right)^2+\sum_{n=3}^{N}\left[\frac{1}{(n-2)!}+\frac{1}{(n-1)!}+\frac{1}{n!}\right]\left(\frac{x}{2}\right)^n$$

$$=\left[\left(\frac{x}{2}\right)^2+\left(\frac{x}{2}\right)^2\sum_{k=1}^{N}\frac{1}{k!}\left(\frac{x}{2}\right)^k\right]+\left[\left(\frac{x}{2}\right)+\left(\frac{x}{2}\right)^2+\left(\frac{x}{2}\right)\sum_{l=2}^{N}\frac{1}{l!}\left(\frac{x}{2}\right)^l\right]$$

$$+\left[1+\left(\frac{x}{2}\right)+\frac{1}{2!}\left(\frac{x}{2}\right)^2+\sum_{n=3}^{N}\frac{1}{n!}\left(\frac{x}{2}\right)^n\right]+O\left(\frac{1}{N^2}\right)$$

$$=\left(\frac{x}{2}\right)^2\sum_{k=0}^{N}\frac{1}{k!}\left(\frac{x}{2}\right)^k+\left(\frac{x}{2}\right)\sum_{l=0}^{N}\frac{1}{l!}\left(\frac{x}{2}\right)^l+\sum_{n=0}^{N}\frac{1}{n!}\left(\frac{x}{2}\right)^n+O\left(\frac{1}{N^2}\right)$$

$$=\left[\left(\frac{x}{2}\right)^2+\left(\frac{x}{2}\right)+1\right]\sum_{n=0}^{N}\frac{1}{n!}\left(\frac{x}{2}\right)^n+O\left(\frac{1}{N^2}\right),$$

故得

$$\sum_{n=0}^{\infty}\frac{n^2+1}{n!}\left(\frac{x}{2}\right)^n=\lim_{N\to\infty}S_N=\left(1+\frac{x}{2}+\frac{x^2}{4}\right)\sum_{n=0}^{\infty}\frac{1}{n!}\left(\frac{x}{2}\right)^n=\left(1+\frac{x}{2}+\frac{x^2}{4}\right)e^{\frac{x}{2}}.$$

**【3003】** $\sum\limits_{n=0}^{\infty}\frac{(-1)^nn^3}{(n+1)!}x^n$.

**提示** 注意 $\frac{n^3}{(n+1)!}=\frac{1}{(n-2)!}+\frac{1}{n!}-\frac{1}{(n+1)!}$.

**解** 由$\frac{n^3}{(n+1)!}=\frac{1}{(n-2)!}+\frac{1}{n!}-\frac{1}{(n+1)!}$，得

$$\sum_{n=0}^{\infty}\frac{(-1)^nn^3}{(n+1)!}x^n=\sum_{n=0}^{\infty}\frac{n^3}{(n+1)!}(-x)^n$$

$$=\frac{1}{2}(-x)+\sum_{n=2}^{\infty}\frac{(-x)^n}{(n-2)!}+\sum_{n=2}^{\infty}\frac{(-x)^n}{n!}-\sum_{n=2}^{\infty}\frac{(-x)^n}{(n+1)!}$$

$$=-\frac{x}{2}+x^2\sum_{n=2}^{\infty}\frac{(-x)^{n-2}}{(n-2)!}+\sum_{n=2}^{\infty}\frac{(-x)^n}{n!}+\frac{1}{x}\sum_{n=2}^{\infty}\frac{(-x)^{n+1}}{(n+1)!}$$

$$=-\frac{x}{2}+x^2e^{-x}+(e^{-x}-1+x)+\frac{1}{x}\left(e^{-x}-1+x-\frac{x^2}{2!}\right)$$

$$=e^{-x}\left(x^2+1+\frac{1}{x}\right)-\frac{1}{x}.$$

**【3004】** $\sum\limits_{n=0}^{\infty}\frac{(-1)^n(2n^2+1)}{(2n)!}x^{2n}$.

**解** 由$\frac{2n^2+1}{(2n)!}=\frac{1}{2}\frac{1}{(2n-2)!}+\frac{1}{2}\frac{1}{(2n-1)!}+\frac{1}{(2n)!}$,得

$$\begin{aligned}\sum_{n=0}^{\infty}\frac{(-1)^n(2n^2+1)}{(2n)!}x^{2n}&=1+\frac{1}{2}\sum_{n=1}^{\infty}\frac{(-1)^n}{(2n-2)!}x^{2n}+\frac{1}{2}\sum_{n=1}^{\infty}\frac{(-1)^n}{(2n-1)!}x^{2n}+\sum_{n=1}^{\infty}\frac{(-1)^n}{(2n)!}x^{2n}\\&=1-\frac{x^2}{2}\sum_{n=1}^{\infty}\frac{(-1)^{n-1}}{(2n-2)!}x^{2n-2}-\frac{x}{2}\sum_{n=1}^{\infty}\frac{(-1)^{n-1}}{(2n-1)!}x^{2n-1}+\sum_{n=0}^{\infty}\frac{(-1)^n}{(2n)!}x^{2n}-1\\&=1-\frac{x^2}{2}\cos x-\frac{x}{2}\sin x+\cos x-1=\left(1-\frac{x^2}{2}\right)\cos x-\frac{x}{2}\sin x.\end{aligned}$$

**【3005】** $\sum\limits_{n=0}^{\infty}\frac{n^2x^n}{(2n+1)!}$.

**解** (1) 若 $x=0$,则级数的和显然为零.

(2) 若 $x>0$,记 $t=\sqrt{x}$. 考虑部分和,并注意:当任意固定 $x$ 时,某些常见幂级数的收敛性,下述记号 $o(1)$是指当 $N\to\infty$时的无穷小量. 于是,有

$$\begin{aligned}S_N&=\sum_{n=0}^{N}\frac{n^2t^{2n}}{(2n+1)!}=\frac{1}{4t}\sum_{n=0}^{N}\frac{(2n)^2-1}{(2n+1)!}t^{2n+1}+\frac{1}{4t}\sum_{n=0}^{N}\frac{t^{2n+1}}{(2n+1)!}\\&=\frac{1}{4t}\sum_{n=0}^{N}\frac{(2n-1)(2n+1)}{(2n+1)!}t^{2n+1}+\frac{1}{4t}\operatorname{sh}t+o(1)\\&=\frac{1}{4t}\left[t^2\sum_{n=1}^{N}\frac{t^{2n-1}}{(2n-1)!}-t\sum_{n=0}^{N}\frac{t^{2n}}{(2n)!}\right]+\frac{1}{4t}\operatorname{sh}t+o(1)\\&=\frac{1}{4t}[t^2\operatorname{sh}t-t\operatorname{ch}t+o(1)]+\frac{1}{4t}\operatorname{sh}t+o(1)=\frac{1}{4}\left(\frac{t^2+1}{t}\operatorname{sh}t-\operatorname{ch}t\right)+o(1)\\&=\frac{1}{4}\left(\frac{x+1}{\sqrt{x}}\operatorname{sh}\sqrt{x}-\operatorname{ch}\sqrt{x}\right)+o(1).\end{aligned}$$

因此,当 $x>0$ 时,$\sum\limits_{n=0}^{\infty}\frac{n^2x^n}{(2n+1)!}=\lim\limits_{N\to\infty}S_N=\frac{1}{4}\left(\frac{x+1}{\sqrt{x}}\operatorname{sh}\sqrt{x}-\operatorname{ch}\sqrt{x}\right)$.

(3) 若 $x<0$,记 $y=\sqrt{|x|}$,则 $x=-y^2$. 与上述讨论类似,有

$$\begin{aligned}S_N&=\sum_{n=0}^{N}\frac{n^2(-1)^ny^{2n}}{(2n+1)!}=\frac{1}{4y}\sum_{n=0}^{N}\frac{(-1)^n[(2n)^2-1]}{(2n+1)!}y^{2n+1}+\frac{1}{4y}\sum_{n=0}^{N}\frac{(-1)^ny^{2n+1}}{(2n+1)!}\\&=\frac{1}{4y}\sum_{n=0}^{N}\frac{(-1)^n(2n-1)(2n+1)}{(2n+1)!}y^{2n+1}+\frac{1}{4y}\sin y+o(1)\\&=\frac{1}{4y}\left[y^2\sum_{n=1}^{N}\frac{(-1)^ny^{2n-1}}{(2n-1)!}-y\sum_{n=0}^{N}\frac{(-1)^ny^{2n}}{(2n)!}\right]+\frac{1}{4y}\sin y+o(1)\\&=\frac{1}{4y}[-y^2\sin y-y\cos y+o(1)]+\frac{1}{4y}\sin y+o(1)=\frac{1}{4}\left(\frac{-y^2+1}{y}\sin y-\cos y\right)+o(1)\\&=\frac{1}{4}\left(\frac{x+1}{\sqrt{|x|}}\sin\sqrt{|x|}-\cos\sqrt{|x|}\right)+o(1).\end{aligned}$$

因此,当 $x<0$ 时,$\sum\limits_{n=0}^{\infty}\frac{n^2x^n}{(2n+1)!}=\lim\limits_{N\to\infty}S_N=\frac{1}{4}\left(\frac{x+1}{\sqrt{|x|}}\sin\sqrt{|x|}-\cos\sqrt{|x|}\right)$.

**利用逐项微分法求级数的和:**

**【3006】** $\sum\limits_{n=1}^{\infty}\frac{x^n}{n}$.

**解** 由于$\lim\limits_{n\to\infty}\left|\frac{a_n}{a_{n+1}}\right|=\lim\limits_{N\to\infty}\frac{n+1}{n}=1$,故收敛半径为 1. 当$x=1$ 时,级数发散;当 $x=-1$ 时,级数收敛. 因

此，级数的收敛域为$[-1,1)$.

当$x\in[-1,1)$时，令$f(x)=\sum_{n=1}^{\infty}\frac{x^n}{n}$. 当$|x|<1$时，逐项微分之，得

$$f'(x)=\sum_{n=1}^{\infty}x^{n-1}=\frac{1}{1-x}.$$

由于$f(0)=0$，故得

$$f(x)=\int_0^x f'(t)\mathrm{d}t=\int_0^x\frac{\mathrm{d}t}{1-t}=\ln\frac{1}{1-x}\quad(|x|<1).\tag{1}$$

由上述幂级数在$x=-1$的收敛性，且其和为$-\ln2=\ln\frac{1}{2}$，利用阿贝尔定理知，上述结果(1)当$-1\leqslant x<1$时成立.

**【3007】** $\sum_{n=1}^{\infty}\frac{(-1)^{n-1}x^{2n}}{n(2n-1)}$.

**解** 由$\lim_{n\to\infty}\left|\frac{a_n}{a_{n+1}}\right|=\lim_{n\to\infty}\frac{(n+1)(2n+1)}{n(2n-1)}=1$，故收敛半径为1. 当$|x|=1$时，级数绝对收敛. 因此，级数的收敛域为$[-1,1]$.

当$x\in[-1,1]$时，令$f(x)=\sum_{n=1}^{\infty}\frac{(-1)^{n-1}x^{2n}}{n(2n-1)}$. 当$|x|<1$时，逐项微分之，得

$$f'(x)=2\sum_{n=1}^{\infty}\frac{(-1)^{n-1}x^{2n-1}}{2n-1}=2\arctan x^{*)}.$$

由于$f(0)=0$，故得

$$f(x)=\int_0^x f'(t)\mathrm{d}t=2\int_0^x\arctan t\mathrm{d}t=2x\arctan x-2\int_0^x\frac{t}{1+t^2}\mathrm{d}t=2x\arctan x-\ln(1+x^2).\tag{1}$$

当$|x|=1$时，级数为

$$\sum_{n=1}^{\infty}\frac{(-1)^{n-1}}{n(2n-1)}=2\sum_{n=1}^{\infty}\frac{(-1)^{n-1}}{2n-1}-\sum_{n=1}^{\infty}\frac{(-1)^{n-1}}{n}=2\cdot\frac{\pi}{4}^{**)}-\ln2=\frac{\pi}{2}-\ln2,$$

利用阿贝尔定理知，上述结果(1)包括端点在内也成立，即当$-1\leqslant x\leqslant1$时，(1)式成立.

*) 利用2907题的结果.

**) 利用2938题的结果.

**【3008】** $\sum_{n=0}^{\infty}\frac{x^{4n+1}}{4n+1}$.

**解** 由于$\lim_{n\to\infty}\left|\frac{a_n}{a_{n+1}}\right|=\lim_{n\to\infty}\frac{4n+5}{4n+1}=1$，故收敛半径为1. 当$|x|=1$时，级数发散. 因此，级数的收敛域为$(-1,1)$.

当$x\in(-1,1)$时，令$f(x)=\sum_{n=0}^{\infty}\frac{x^{4n+1}}{4n+1}$. 逐项微分之，得$f'(x)=\sum_{n=0}^{\infty}x^{4n}=\frac{1}{1-x^4}$. 由于$f(0)=0$，故得

$$f(x)=\int_0^x f'(t)\mathrm{d}t=\int_0^x\frac{\mathrm{d}t}{1-t^4}=\frac{1}{2}\int_0^x\frac{\mathrm{d}t}{1-t^2}+\frac{1}{2}\int_0^x\frac{\mathrm{d}t}{1+t^2}=\frac{1}{4}\ln\frac{1+x}{1-x}+\frac{1}{2}\arctan x\quad(|x|<1).$$

**【3009】** $\sum_{n=1}^{\infty}\frac{a(a+d)\cdots[a+(n-1)d]}{d\cdot2d\cdots nd}x^n\quad(d>0)$.

**提示** 用$(1-x)$去乘级数的导数，得一阶线性微分方程并求其解.

**解** 首先，应设

$$a\neq-md\quad(m=0,1,2,\cdots),$$

因为否则，若$a=-md$（$m$—某正整数或零），则原级数从$m+1$项开始恒为零，此时原级数为一多项式

$$\sum_{n=1}^{m}\frac{a(a+d)\cdots[a+(n-1)d]}{d\cdot2d\cdots nd}x^n,$$

它对任何$x$均收敛.

令$a_n=\frac{a(a+d)\cdots[a+(n-1)d]}{d\cdot2d\cdots nd}$ $(n=1,2,3,\cdots)$. 由于

$$\lim_{n\to\infty}\left|\frac{a_n}{a_{n+1}}\right|=\lim_{n\to\infty}\frac{(n+1)d}{a+nd}=1,$$

故收敛半径为 1. 以下先设 $|x|<1$ 求原级数的和，最后再考虑端点 $x=\pm1$ 时的情形.

当 $x\in(-1,1)$ 时，令

$$f(x)=\sum_{n=1}^{\infty}\frac{a(a+d)\cdots[a+(n-1)d]}{d\cdot 2d\cdots nd}x^n.$$

逐项微分之，得

$$f'(x)=\sum_{n=1}^{\infty}\frac{a(a+d)\cdots[a+(n-1)d]}{d\cdot d\cdot 2d\cdots(n-1)d}x^{n-1}.$$

以 $(1-x)$ 乘上式两端，得

$$(1-x)f'(x)=\frac{a}{d}+\frac{a}{d}\sum_{n=1}^{\infty}\frac{a(a+d)\cdots[a+(n-1)d]}{d\cdot 2d\cdots nd}x^n=\frac{a}{d}+\frac{a}{d}f(x),$$

上述方程系一阶线性微分方程：

$$f'(x)-\frac{a}{d}\cdot\frac{1}{1-x}f(x)=\frac{a}{d}\cdot\frac{1}{1-x}.$$

解之，得

$$f(x)=C(1-x)^{-\frac{a}{d}}-1\quad(-1<x<1),$$

其中 $C$ 为常数. 由于 $f(0)=0$，故得 $0=C-1$，即 $C=1$. 于是，当 $|x|<1$ 时，

$$f(x)=(1-x)^{-\frac{a}{d}}-1. \tag{1}$$

最后，考虑端点 $x=\pm1$ 的情形，先考虑 $x=1$. 此时原级数为 $\sum\limits_{n=1}^{\infty}a_n$. 由于当 $n$ 充分大时，$a+nd>0$，故

$$\lim_{n\to\infty}n\left(\frac{|a_n|}{|a_{n+1}|}-1\right)=\lim_{n\to\infty}\frac{(d-a)n}{a+nd}=\frac{d-a}{d}.$$

于是，根据拉比判别法可知，当 $a<0$ 时级数 $\sum\limits_{n=1}^{\infty}|a_n|$ 收敛，当 $a>0$ 时级数 $\sum\limits_{n=1}^{\infty}|a_n|$ 发散；但当 $a>0$ 时，$a_n>0$. 由此可知：当 $a<0$ 时 $\sum\limits_{n=1}^{\infty}a_n$ 收敛，当 $a>0$ 时 $\sum\limits_{n=1}^{\infty}a_n$ 发散.

再考虑 $x=-1$. 此时原级数为 $\sum\limits_{n=1}^{\infty}(-1)^n a_n$. 当 $a<0$ 时，前面已证 $\sum\limits_{n=1}^{\infty}|a_n|$ 收敛，故 $\sum\limits_{n=1}^{\infty}(-1)^n a_n$ 收敛. 下设 $a>0$，若 $a\geqslant d$，则

$$\frac{a_n}{a_{n+1}}=\frac{(n+1)d}{a+nd}\leqslant 1,$$

故

$$a_{n+1}\geqslant a_n>0\quad(n=1,2,\cdots).$$

于是，级数 $\sum\limits_{n=1}^{\infty}(-1)^n a_n$ 的通项不趋于零，因此，它发散. 下设 $0<a<d$. 于是，有

$$\ln a_n=\sum_{k=1}^{n}\ln\left[\frac{a+(k-1)d}{kd}\right]=\sum_{k=1}^{n}\ln\left(1-\frac{d-a}{kd}\right). \tag{2}$$

由于 $0<a<d$，故 $\ln\left(1-\frac{d-a}{kd}\right)<0\ (k=1,2,3,\cdots)$. 注意到

$$\lim_{k\to\infty}\frac{\ln\left(1-\frac{d-a}{kd}\right)}{-\frac{d-a}{kd}}=1,$$

而级数 $\sum\limits_{k=1}^{\infty}\frac{1}{k}$ 发散，即知级数 $\sum\limits_{k=1}^{\infty}\ln\left(1-\frac{d-a}{kd}\right)$ 发散，从而(它的每一项都是负的)，

$$\sum_{k=1}^{\infty}\ln\left(1-\frac{d-a}{kd}\right)=-\infty.$$

于是,根据(2)式即知$\lim\limits_{n\to\infty}\ln a_n=-\infty$,从而,

$$\lim_{n\to\infty}a_n=0. \tag{3}$$

另外,因 $0<a<d$,有$\dfrac{a_n}{a_{n+1}}=\dfrac{(n+1)d}{a+nd}>1$,故

$$a_n>a_{n+1}>0 \quad (n=1,2,3,\cdots). \tag{4}$$

于是,由(3)式及(4)式,根据莱布尼茨判别法知,级数 $\sum\limits_{n=1}^{\infty}(-1)^n a_n$ 收敛.

综上所述,并根据幂级数的阿贝尔定理,即知:当 $a<0$ 时,原幂级数的收敛域为$-1\leqslant x\leqslant 1$,且在其上,公式(1)成立;当$0<a<d$时,原幂级数的收敛域为$-1\leqslant x<1$,且在其上,公式(1)成立;当 $a\geqslant d$ 时,原幂级数的收敛域为$-1<x<1$,且在其上,公式(1)成立.

**【3010】** $\dfrac{1}{3}\left(\dfrac{x}{2}\right)+\dfrac{1\cdot 4}{3\cdot 6}\left(\dfrac{x}{2}\right)^2+\dfrac{1\cdot 4\cdot 7}{3\cdot 6\cdot 9}\left(\dfrac{x}{2}\right)^3+\cdots$.

**提示** 用$\left(1-\dfrac{x}{2}\right)$去乘级数的导数,并仿 3009 题.

**解** 记 $a_n=\dfrac{1\cdot 4\cdots(3n-2)}{3\cdot 6\cdots 3n}\cdot\dfrac{1}{2^n}$,由于

$$\lim_{n\to\infty}\left|\frac{a_n}{a_{n+1}}\right|=\lim_{n\to\infty}\frac{2(3n+3)}{3n+1}=2,$$

故收敛半径为 2.先对$|x|<2$ 求级数的和,然后再考虑端点$x=\pm 2$的情况.

当 $x\in(-2,2)$时,令 $f(x)=\sum\limits_{n=1}^{\infty}\dfrac{1\cdot 4\cdots(3n-2)}{3\cdot 6\cdots 3n}\left(\dfrac{x}{2}\right)^n$. 逐项微分之,得

$$f'(x)=\frac{1}{2\cdot 3}+\frac{1}{2}\sum_{n=2}^{\infty}\frac{1\cdot 4\cdots(3n-2)}{3\cdot 3\cdot 6\cdots(3n-3)}\left(\frac{x}{2}\right)^{n-1}.$$

以$\left(1-\dfrac{x}{2}\right)$乘上式两端,得

$$\left(1-\frac{x}{2}\right)f'(x)=\frac{1}{6}f(x)+\frac{1}{6}.$$

上述方程系一阶线性方程

$$f'(x)-\frac{1}{6\left(1-\frac{x}{2}\right)}f(x)=\frac{1}{6\left(1-\frac{x}{2}\right)}.$$

解之,得

$$f(x)=C\left(1-\frac{x}{2}\right)^{-\frac{1}{3}}-1 \quad (-2<x<2).$$

由于 $f(0)=0$,故得 $0=C-1$,即 $C=1$. 于是,当$-2<x<2$ 时,有

$$f(x)=\left(1-\frac{x}{2}\right)^{-\frac{1}{3}}-1. \tag{1}$$

最后考虑端点 $x=\pm 2$ 的情况,先考虑 $x=2$,此时原级数为 $\sum\limits_{n=1}^{\infty}b_n$,其中 $b_n=\dfrac{1\cdot 4\cdots(3n-2)}{3\cdot 6\cdots 3n}$ $(n=1,2,\cdots)$. 由于

$$\lim_{n\to\infty}n\left(\frac{b_n}{b_{n+1}}-1\right)=\lim_{n\to\infty}\frac{2n}{3n+1}=\frac{2}{3}<1.$$

故由拉比判别法知,级数 $\sum\limits_{n=1}^{\infty}b_n$ 发散.

再考虑 $x=-2$,此时原级数为 $\sum\limits_{n=1}^{\infty}(-1)^n b_n$. 由于$\dfrac{b_n}{b_{n+1}}=\dfrac{3n+3}{3n+1}>1$,故

$$b_n>b_{n+1}>0 \quad (n=1,2,3,\cdots). \tag{2}$$

另外,

$$\ln b_n=\sum_{k=1}^{n}\ln\frac{3k-2}{3k}=\sum_{k=1}^{n}\ln\left(1-\frac{2}{3k}\right).$$

由于 $\ln(1-\frac{2}{3k})<0$ $(k=1,2,3,\cdots)$，且

$$\lim_{k\to\infty}\frac{\ln\left(1-\frac{2}{3k}\right)}{-\frac{2}{3k}}=1,$$

而级数 $\sum\limits_{k=1}^{\infty}\frac{1}{k}$ 发散，故级数 $\sum\limits_{k=1}^{\infty}\ln(1-\frac{2}{3k})$ 发散，并且 $\sum\limits_{k=1}^{\infty}\ln(1-\frac{2}{3k})=-\infty$. 于是，$\lim\limits_{n\to\infty}\ln b_n=-\infty$，从而有

$$\lim_{n\to\infty}b_n=0. \tag{3}$$

由(2)式及(3)式，根据莱布尼茨判别法知，级数 $\sum\limits_{n=1}^{\infty}(-1)^n b_n$ 收敛.

综上所述，并利用幂级数的阿贝尔定理，即知：原幂级数的收敛域为 $-2\leqslant x<2$，且在其上，公式(1)成立.

**利用逐项积分法求级数的和：**

**【3011】** $\sum\limits_{n=1}^{\infty}n^2x^{n-1}$.

**解题思路** 易知级数的收敛域为 $(-1,1)$. 当 $x\in(-1,1)$ 时，令 $f(x)=\sum\limits_{n=1}^{\infty}n^2x^{n-1}$. 逐项积分之，并利用 2911 题的结果，可得

$$\int_0^x f(t)\mathrm{d}t=\frac{x}{(1-x)^2}.$$

于是，当 $|x|<1$ 时，$f(x)=\left[\frac{x}{(1-x)^2}\right]'=\frac{1+x}{(1-x)^3}$.

**解** 由于 $\lim\limits_{n\to\infty}\left|\frac{a_n}{a_{n+1}}\right|=\lim\limits_{n\to\infty}\frac{n^2}{(n+1)^2}=1$，故收敛半径为 1. 当 $|x|=1$时，由于 $n^2\to\infty$，故级数发散. 因此，级数的收敛域为 $(-1,1)$.

当 $x\in(-1,1)$时，令 $f(x)=\sum\limits_{n=1}^{\infty}n^2x^{n-1}$. 逐项积分之，得

$$\int_0^x f(t)\mathrm{d}t=\sum_{n=1}^{\infty}\int_0^x n^2t^{n-1}\mathrm{d}t=\sum_{n=1}^{\infty}nx^n=\frac{x}{(1-x)^2}{}^{*)}.$$

于是，当 $|x|<1$ 时，$f(x)=\left[\frac{x}{(1-x)^2}\right]'=\frac{1+x}{(1-x)^3}$.

*) 利用 2911 题的结果.

**【3012】** $\sum\limits_{n=1}^{\infty}n(n+2)x^n$.

**解题思路** 易知级数的收敛域为 $(-1,1)$. 当 $x\in(-1,1)$ 时，令

$$f(x)=\sum_{n=1}^{\infty}n(n+2)x^n=x\sum_{n=1}^{\infty}n(n+2)x^{n-1}=xg(x),$$

其中 $g(x)=\sum\limits_{n=1}^{\infty}n(n+2)x^{n-1}$. 对后一级数逐项积分，并利用 2911 题的结果，可得

$$\int_0^x g(t)\mathrm{d}t=\frac{3x-2x^2}{(1-x)^2}.$$

于是，当 $|x|<1$ 时，有 $g(x)=\left[\frac{3x-2x^2}{(1-x)^2}\right]'=\frac{3-x}{(1-x)^3}$.

**解** 由于 $\lim\limits_{n\to\infty}\left|\frac{a_n}{a_{n+1}}\right|=\lim\limits_{n\to\infty}\frac{n(n+2)}{(n+1)(n+3)}=1$，故收敛半径为 1. 当 $|x|=1$ 时，由于 $n(n+2)\to\infty$，故级数发散. 因此，级数的收敛域为 $(-1,1)$.

当 $x\in(-1,1)$时,令

$$f(x)=\sum_{n=1}^{\infty}n(n+2)x^{n}=x\sum_{n=1}^{\infty}n(n+2)x^{n-1}=xg(x),$$

其中 $g(x)=\sum_{n=1}^{\infty}n(n+2)x^{n-1}$. 由于

$$G(x)=\int_0^x g(t)\mathrm{d}t=\sum_{n=1}^{\infty}n(n+2)\int_0^x t^{n-1}\mathrm{d}t=\sum_{n=1}^{\infty}(n+2)x^{n}=\sum_{n=1}^{\infty}nx^{n}+2\sum_{n=1}^{\infty}x^{n}$$
$$=\frac{x}{(1-x)^2}{}^{*)}+\frac{2x}{1-x}=\frac{3x-2x^2}{(1-x)^2},$$

故 $g(x)=[G(x)]'=\left[\frac{3x-2x^2}{(1-x)^2}\right]'=\frac{3-x}{(1-x)^3}$. 因此,当$|x|<1$时,$f(x)=xg(x)=\frac{x(3-x)}{(1-x)^3}$.

*) 利用 2911 题的结果.

**【3013】** $\sum_{n=0}^{\infty}\frac{(2n+1)x^{2n}}{n!}$.

**解题思路** 易知级数的收敛域为$(-\infty,+\infty)$. 下仿 3011 题的解法.

**解** 由于$\lim_{n\to\infty}\left|\frac{a_n}{a_{n+1}}\right|=\lim_{n\to\infty}\frac{(n+1)(2n+1)}{2n+3}=+\infty$,故级数的收敛域为$(-\infty,+\infty)$.

当 $x\in(-\infty,+\infty)$时,令 $f(x)=\sum_{n=0}^{\infty}\frac{(2n+1)x^{2n}}{n!}$. 逐项积分之,得

$$\int_0^x f(t)\mathrm{d}t=\sum_{n=0}^{\infty}\int_0^x\frac{(2n+1)t^{2n}}{n!}\mathrm{d}t=\sum_{n=0}^{\infty}\frac{x^{2n+1}}{n!}=x\sum_{n=0}^{\infty}\frac{(x^2)^n}{n!}=xe^{x^2}.$$

于是,当$|x|<+\infty$时,$f(x)=(xe^{x^2})'=e^{x^2}(1+2x^2)$.

**注** 本题也可直接求级数的和. 事实上,

$$f(x)=\sum_{n=0}^{\infty}\frac{(2n+1)x^{2n}}{n!}=1+\sum_{n=1}^{\infty}\left[\frac{2}{(n-1)!}+\frac{1}{n!}\right]x^{2n}=1+2x^2e^{x^2}+(e^{x^2}-1)=e^{x^2}(1+2x^2).$$

对于本题,还可用逐项微分法求级数的和. 事实上,

$$f'(x)=\sum_{n=1}^{\infty}\frac{2(2n+1)}{(n-1)!}x^{2n-1}=2\sum_{n=1}^{\infty}\frac{[2(n-1)+1]+2}{(n-1)!}x^{2(n-1)+1}$$
$$=2x\sum_{m=0}^{\infty}\frac{2m+1}{m!}x^{2m}+4x\sum_{k=0}^{\infty}\frac{(x^2)^k}{k!}=2xf(x)+4xe^{x^2},$$

解一阶线性微分方程 $f'(x)-2xf(x)=4xe^{x^2}$,得 $f(x)=e^{x^2}(2x^2+C)$. 由于 $f(0)=1$,故得 $1=1(2\cdot 0+C)$,即 $C=1$,于是,当 $x\in(-\infty,+\infty)$时,$f(x)=e^{x^2}(2x^2+1)$.

## 利用阿贝尔方法,求下列级数的和:

**【3014】** $1-\frac{1}{4}+\frac{1}{7}-\frac{1}{10}+\cdots$.

**解题思路** 易知级数 $x-\frac{x^4}{4}+\frac{x^7}{7}-\frac{x^{10}}{10}+\cdots$的收敛域为$(-1,1]$. 当$|x|<1$时,令

$$f(x)=x-\frac{x^4}{4}+\frac{x^7}{7}-\frac{x^{10}}{10}+\cdots,$$

逐项微分之,可得 $f'(x)=\frac{1}{1+x^3}$. 注意到 $f(0)=0$,并利用 1881 题的结果,可得

$$f(x)=\frac{1}{6}\ln\frac{(x+1)^2}{x^2-x+1}+\frac{1}{\sqrt{3}}\arctan\frac{2x-1}{\sqrt{3}}+\frac{\pi}{6\sqrt{3}}.$$

利用阿贝尔定理,即易获解.

**解** 易知级数 $x-\frac{x^4}{4}+\frac{x^7}{7}-\frac{x^{10}}{10}+\cdots$的收敛域为$(-1,1]$. 当$|x|<1$时,令

$$f(x)=x-\frac{x^4}{4}+\frac{x^7}{7}-\frac{x^{10}}{10}+\cdots$$

逐项微分之，得

$$f'(x)=1-x^3+x^6-x^9+\cdots=\frac{1}{1+x^3}.$$

由于 $f(0)=0$，故有

$$f(x)=\int_0^x f'(t)\mathrm{d}t=\int_0^x\frac{\mathrm{d}t}{1+t^3}=\frac{1}{6}\ln\frac{(x+1)^2}{x^2-x+1}+\frac{1}{\sqrt{3}}\arctan\frac{2x-1}{\sqrt{3}}^{*)}+\frac{\pi}{6\sqrt{3}}\quad(-1<x<1).$$

由阿贝尔定理，即得 $1-\frac{1}{4}+\frac{1}{7}-\frac{1}{10}+\cdots=\lim\limits_{x\to1-0}f(x)=f(1)=\frac{1}{3}\ln2+\frac{\pi}{3\sqrt{3}}$.

*）利用 1881 题的结果.

**【3015】** $1-\frac{1}{3}+\frac{1}{5}-\frac{1}{7}+\cdots$.

**提示** 利用 2907 题的结果.

**解** 级数 $x-\frac{x^3}{3}+\frac{x^5}{5}-\frac{x^7}{7}+\cdots$ 的收敛域为 $[-1,1]$，利用 2907 题的结果知，当 $x\in(-1,1)$ 时，有 $\arctan x=x-\frac{x^3}{3}+\frac{x^5}{5}-\frac{x^7}{7}+\cdots$. 由阿贝尔定理，即得

$$1-\frac{1}{3}+\frac{1}{5}-\frac{1}{7}+\cdots=\lim_{x\to1-0}\arctan x=\arctan1=\frac{\pi}{4}.$$

**【3016】** $1-\frac{1}{2}+\frac{1\cdot3}{2\cdot4}-\frac{1\cdot3\cdot5}{2\cdot4\cdot6}+\cdots$.

**提示** 利用 2910 题的结果（将其中的 $x$ 换成 $-x$）.

**解** 级数

$$1-\frac{x}{2}+\frac{1\cdot3}{2\cdot4}x^2-\frac{1\cdot3\cdot5}{2\cdot4\cdot6}x^3+\cdots$$

的收敛域为 $(-1,1]$. 利用 2910 题的结果（将 $x$ 换成 $-x$）或利用基本展开式Ⅳ（其中 $m=-\frac{1}{2}$）知，当 $x\in(-1,1)$ 时，有 $\frac{1}{\sqrt{1+x}}=1-\frac{1}{2}x+\frac{1\cdot3}{2\cdot4}x^2-\frac{1\cdot3\cdot5}{2\cdot4\cdot6}x^3+\cdots$. 由阿贝尔定理，即得

$$1-\frac{1}{2}+\frac{1\cdot3}{2\cdot4}-\frac{1\cdot3\cdot5}{2\cdot4\cdot6}+\cdots=\lim_{x\to1-0}\frac{1}{\sqrt{1+x}}=\frac{1}{\sqrt{2}}.$$

**【3017】** $1+\frac{1}{2}\cdot\frac{1}{3}+\frac{1\cdot3}{2\cdot4}\cdot\frac{1}{5}+\cdots$.

**提示** 利用 2870 题的结果.

**解** 级数 $x+\frac{1}{2}\cdot\frac{x^3}{3}+\frac{1\cdot3}{2\cdot4}\cdot\frac{x^5}{5}+\cdots$ 的收敛域为 $[-1,1]$. 利用 2870 题的结果知，当 $x\in(-1,1)$ 时，有 $\arcsin x=x+\frac{1}{2}\cdot\frac{x^3}{3}+\frac{1\cdot3}{2\cdot4}\cdot\frac{x^5}{5}+\cdots$. 由阿贝尔定理，即得

$$1+\frac{1}{2}\cdot\frac{1}{3}+\frac{1\cdot3}{2\cdot4}\cdot\frac{1}{5}+\cdots=\lim_{x\to1-0}\arcsin x=\frac{\pi}{2}.$$

### 求下列三角级数的和：

**【3018】** $\sum\limits_{n=1}^{\infty}\frac{\sin nx}{n}$.

**解** 注意到 $\sum\limits_{n=1}^{\infty}\frac{z^n}{n}=\ln\frac{1}{1-z}$，其中 $z=\mathrm{e}^{\mathrm{i}x}$，以及

$$\begin{aligned}\ln\frac{1}{1-z}&=-\ln(1-\cos x-\mathrm{i}\sin x)=-\frac{1}{2}\ln(2-2\cos x)+\mathrm{i}\arctan\frac{\sin x}{1-\cos x}^{*)}\\&=-\ln\left|2\sin\frac{x}{2}\right|+\mathrm{i}\arctan\frac{\sin x}{1-\cos x}\qquad(1)\end{aligned}$$

及

$$\sum_{n=1}^{\infty}\frac{z^n}{n}=\sum_{n=1}^{\infty}\frac{\cos nx}{n}+\mathrm{i}\sum_{n=1}^{\infty}\frac{\sin nx}{n},\tag{2}$$

比较(1),(2)两式实数部分及虚数部分,即得

$$\sum_{n=1}^{\infty}\frac{\cos nx}{n}=-\ln\left|2\sin\frac{x}{2}\right|\quad(0<x<2\pi),\tag{3}$$

$$\sum_{n=1}^{\infty}\frac{\sin nx}{n}=\arctan\frac{\sin x}{1-\cos x}=\arctan\left(\cot\frac{x}{2}\right)=\arctan\left(\tan\frac{\pi-x}{2}\right)=\frac{\pi-x}{2}\quad(0<x<2\pi).$$

*) 其中用到 $\ln z=\ln(|z|e^{\mathrm{i}\arg z})=\ln|z|+\mathrm{i}\arg z$. 若 $z=x+\mathrm{i}y$,则 $\ln|z|=\frac{1}{2}\ln(x^2+y^2)$,而 $\arg z=\arctan\frac{y}{x}$.

【3019】 $\sum_{n=1}^{\infty}\frac{\cos nx}{n}$.

解 参看3018题中的结果(3).

【3020】 $\sum_{n=1}^{\infty}\frac{\sin n\alpha\sin nx}{n}$.

解 利用积化和差公式及3019题的结果,即得

$$\sum_{n=1}^{\infty}\frac{\sin n\alpha\sin nx}{n}=\frac{1}{2}\sum_{n=1}^{\infty}\frac{\cos n(x-\alpha)}{n}-\frac{1}{2}\sum_{n=1}^{\infty}\frac{\cos n(x+\alpha)}{n}$$

$$=-\frac{1}{2}\ln\left|2\sin\frac{x-\alpha}{2}\right|+\frac{1}{2}\ln\left|2\sin\frac{x+\alpha}{2}\right|=\frac{1}{2}\ln\left|\frac{\sin\frac{x+\alpha}{2}}{\sin\frac{x-\alpha}{2}}\right|,$$

上式的存在域为 $0<x-\alpha<2\pi$ 及 $0<x+\alpha<2\pi$ 的公共部分,可视 $\alpha$ 之正负号而定:当 $\alpha>0$ 时为 $\alpha<x<2\pi-\alpha$;当 $\alpha<0$ 时为 $-\alpha<x<2\pi+\alpha$.

【3021】 $\sum_{n=1}^{\infty}\frac{\sin^2 n\alpha\sin nx}{n}\quad\left(0<\alpha<\frac{\pi}{2}\right)$.

解 利用半角公式、积化和差公式以及3018题的结果,即得

$$\sum_{n=1}^{\infty}\frac{\sin^2 n\alpha\sin nx}{n}=\frac{1}{2}\sum_{n=1}^{\infty}\frac{\sin nx}{n}-\frac{1}{2}\sum_{n=1}^{\infty}\frac{\cos 2n\alpha\sin nx}{n}$$

$$=\frac{1}{2}\sum_{n=1}^{\infty}\frac{\sin nx}{n}-\frac{1}{4}\sum_{n=1}^{\infty}\frac{\sin n(x+2\alpha)}{n}-\frac{1}{4}\sum_{n=1}^{\infty}\frac{\sin n(x-2\alpha)}{n}.$$

下面分三种情况求此级数的和 $S$:

(1) 取 $0<x<2\pi$, $0<x-2\alpha<2\pi$ 与 $0<x+2\alpha<2\pi$ 的公共部分,即 $2\alpha<x<2\pi-2\alpha$. 此时,级数的和为

$$S=\frac{\pi-x}{4}-\frac{\pi-(x+2\alpha)}{8}-\frac{\pi-(x-2\alpha)}{8}=0.$$

(2) 当 $0<x<2\alpha$ 时,$S=\frac{\pi-x}{4}-\frac{\pi-(x+2\alpha)}{8}+\frac{\pi-(2\alpha-x)}{8}=\frac{\pi}{4}$.

(3) 当 $2\pi-2\alpha<x<2\pi$ 时,$S=\frac{\pi-x}{4}-\frac{\pi-(x+2\alpha-2\pi)^{*)}}{8}-\frac{\pi-(x-2\alpha)}{8}=-\frac{\pi}{4}$.

*) 由于 $2\pi<x+2\alpha<3\pi$,故可令 $x+2\alpha=2\pi+\theta\ (0<\theta<\pi)$,则有 $\sin n(x+2\alpha)=\sin n(2\pi+\theta)=\sin n\theta$,从而以 $\theta=x+2\alpha-2\pi$ 代替3018题的结果中的 $x$ 即可.

【3022】 $\sum_{n=1}^{\infty}\frac{\sin(2n-1)x}{2n-1}$.

解 记 $I(x)=\sum_{n=1}^{\infty}\frac{\sin nx}{n}$,利用3018题的结果,有

$$I(x)=(\mathrm{sgn}x)\sum_{n=1}^{\infty}\frac{\sin n|x|}{n}=(\mathrm{sgn}x)\frac{\pi-|x|}{2}\quad(|x|<2\pi).$$

又记

$$I_1(x)=\sum_{k=1}^{\infty}\frac{\sin(2k-1)x}{2k-1},\qquad I_2(x)=\sum_{k=1}^{\infty}\frac{\sin 2kx}{2k},$$

则有

$$I_2(x)=(\operatorname{sgn}x)\frac{1}{2}\sum_{k=1}^{\infty}\frac{\sin k(2|x|)}{k}=\frac{1}{2}(\operatorname{sgn}x)\frac{\pi-2|x|}{2}\quad(|x|<\pi).$$

由 $I(x)=I_1(x)+I_2(x)$，当 $|x|<\pi$ 时，有

$$(\operatorname{sgn}x)\frac{\pi-|x|}{2}=I_1(x)+(\operatorname{sgn}x)\frac{\pi-2|x|}{4}.$$

于是，最后得 $I_1(x)=(\operatorname{sgn}x)\left(\frac{\pi-|x|}{2}-\frac{\pi-2|x|}{4}\right)=\frac{\pi}{4}\operatorname{sgn}x\quad(|x|<\pi)$.

**【3023】** $\sum\limits_{n=2}^{\infty}(-1)^n\frac{\cos nx}{n^2-1}$.

**解** 首先仿照 3018 题的解法，只要在公式 $\sum\limits_{n=1}^{\infty}\frac{z^n}{n}=\ln\frac{1}{1-z}$ 中令 $z=-e^{ix}$，并注意幅角主值的取法，就有

$$\sum_{n=1}^{\infty}(-1)^n\frac{\sin nx}{n}=-\frac{x}{2}\quad(|x|<\pi)\tag{1}$$

及

$$\sum_{n=1}^{\infty}(-1)^n\frac{\cos nx}{n}=-\ln\left(2\cos\frac{x}{2}\right).\tag{2}$$

由于 $\frac{1}{n^2-1}=\frac{1}{2}\left(\frac{1}{n-1}-\frac{1}{n+1}\right)$，故有

$$\begin{aligned}\sum_{n=2}^{\infty}(-1)^n\frac{\cos nx}{n^2-1}&=\frac{1}{2}\sum_{n=2}^{\infty}(-1)^n\frac{\cos nx}{n-1}-\frac{1}{2}\sum_{n=2}^{\infty}(-1)^n\frac{\cos nx}{n+1}\\&=-\frac{1}{2}\sum_{m=1}^{\infty}(-1)^m\frac{\cos(m+1)x}{m}+\frac{1}{2}\sum_{m=3}^{\infty}(-1)^m\frac{\cos(m-1)x}{m}\\&=\frac{1}{2}\sum_{m=1}^{\infty}(-1)^m\frac{1}{m}[\cos(m-1)x-\cos(m+1)x]-\left(-\frac{1}{2}+\frac{1}{2}\cdot\frac{1}{2}\cos x\right)\\&=\frac{1}{2}\left(1-\frac{\cos x}{2}\right)+\sum_{m=1}^{\infty}(-1)^m\frac{1}{m}\sin mx\sin x=\frac{1}{2}\left(1-\frac{\cos x}{2}\right)-\frac{x}{2}\sin x\\&\qquad(|x|<\pi).\end{aligned}$$

**【3024】** $\sum\limits_{n=1}^{\infty}\frac{\cos(2n-1)x}{(2n-1)^2}$.

**解** 记 $F(x)=\sum\limits_{n=1}^{\infty}\frac{\cos(2n-1)x}{(2n-1)^2}$，显然级数 $\sum\limits_{n=1}^{\infty}\frac{\cos(2n-1)x}{(2n-1)^2}$ 在 $-\infty<x<+\infty$ 上一致收敛，故 $F(x)$ 是 $-\infty<x<+\infty$ 上的连续函数，而且是以 $2\pi$ 为周期的周期函数. 因此，只要求 $F(x)$ 在 $|x|\leqslant\pi$ 上的值. 易知

$$2\sin x\sum_{k=1}^{n}\sin(2k-1)x=1-\cos 2nx.$$

故当 $\tau\leqslant x\leqslant\pi-\tau$ $\left(0<\tau<\frac{\pi}{2}\text{是任意的}\right)$ 时，有

$$\left|\sum_{k=1}^{n}\sin(2k-1)x\right|\leqslant\frac{1}{\sin\tau}.$$

于是，根据狄利克雷判别法知，级数 $\sum\limits_{n=1}^{\infty}\frac{\sin(2n-1)x}{2n-1}$ 在 $\tau\leqslant x\leqslant\pi-\tau$ 上一致收敛. 从而，由逐项求导数法则知，当 $\tau\leqslant x\leqslant\pi-\tau$ 时，有

$$F'(x)=-\sum_{n=1}^{\infty}\frac{\sin(2n-1)x}{2n-1}=-\frac{\pi}{4}{}^{*)}.\tag{1}$$

由 $\tau$ 的任意性知(1)式当 $0<x<\pi$ 时成立. 于是，

$$F(x)=-\frac{\pi}{4}x+C \quad (0<x<\pi). \tag{2}$$

其中 $C$ 是某常数. 由 $F(x)$ 在 $x=0$ 的连续性以及

$$F(0)=\sum_{n=1}^{\infty}\frac{1}{(2n-1)^2}=\frac{\pi^2}{8}{}^{**)},$$

在(2)式中令 $x\to+0$ 取极限,即得 $C=\frac{\pi^2}{8}$,于是,

$$F(x)=-\frac{\pi}{4}x+\frac{\pi^2}{8} \qquad (0\leqslant x<\pi).$$

由此,再注意到 $F(x)$ 是偶函数及连续函数,得 $F(x)=\frac{\pi^2}{8}-\frac{\pi}{4}|x| \quad (|x|\leqslant\pi)$.

*) 利用 3022 题的结果.

**) 利用 2961 题的结果.

**【3025】** $\sum\limits_{n=1}^{\infty}(-1)^{n-1}\frac{\sin nx}{n(n+1)}$.

**解** 由于$\frac{1}{n(n+1)}=\frac{1}{n}-\frac{1}{n+1}$,故得

$$\begin{aligned}\sum_{n=1}^{\infty}(-1)^{n-1}\frac{\sin nx}{n(n+1)}&=-\sum_{n=1}^{\infty}(-1)^n\frac{\sin nx}{n}+\sum_{n=1}^{\infty}(-1)^n\frac{\sin nx}{n+1}\\&=-\sum_{n=1}^{\infty}(-1)^n\frac{\sin nx}{n}-\sum_{m=1}^{\infty}(-1)^m\frac{\sin(m-1)x}{m}\\&=-\sum_{n=1}^{\infty}(-1)^n\frac{\sin nx}{n}-\sum_{m=1}^{\infty}(-1)^m\frac{\sin mx}{m}\cos x+\sum_{m=1}^{\infty}(-1)^m\frac{\cos mx}{m}\sin x\\&=-(1+\cos x)\left(-\frac{x}{2}\right)-\sin x\ln\left(2\cos\frac{x}{2}\right)^{*)}\\&=\frac{x}{2}(1+\cos x)-\sin x\ln\left(2\cos\frac{x}{2}\right) \quad (|x|<\pi).\end{aligned}$$

*) 利用解 3023 题的(1)、(2)两式的结果.

**【3026】** $\sum\limits_{n=0}^{\infty}\frac{\cos nx}{n!}$.

**解** 令 $z=e^{ix}$,考虑级数 $\sum\limits_{n=0}^{\infty}\frac{z^n}{n!}=e^z$. 注意到

$$\sum_{n=0}^{\infty}\frac{z^n}{n!}=\sum_{n=0}^{\infty}\frac{\cos nx}{n!}+i\sum_{n=0}^{\infty}\frac{\sin nx}{n!}, \quad e^z=e^{\cos x+i\sin x}=e^{\cos x}[\cos(\sin x)+i\sin(\sin x)],$$

故按实部和虚部分别各自相等的关系,即得 $\sum\limits_{n=0}^{\infty}\frac{\cos nx}{n!}=e^{\cos x}\cos(\sin x) \quad (|x|<+\infty)$.

**【3027】** 画出曲线 $\sum\limits_{n=1}^{\infty}\frac{\sin nx\cdot\sin ny}{n^2}=0$.

**解** 记

$$f(x,y)=\sum_{n=1}^{\infty}\frac{\sin nx\sin ny}{n^2},$$

注意到 $f(x,y)$ 对 $x$、$y$ 分别均为以 $2\pi$ 为周期的周期函数,故可考虑下列定义域:

$$R=\{0\leqslant x<2\pi,\ 0\leqslant y<2\pi\},$$

为研究 $f(x,y)=0$ 的图像,要用到下列函数:

$$g(t)=\sum_{n=1}^{\infty}\frac{\cos nt}{n^2} \quad (|t|<+\infty).$$

为求 $g(t)$,考虑 $g'(t)$,仿 3024 题的办法可知可逐项求导数,再注意到 3022 题求解过程中的关系,有

$$g'(t)=-\sum_{n=1}^{\infty}\frac{\sin nt}{n}=-(\operatorname{sgn}t)\frac{\pi-|t|}{2} \quad (0<|t|<2\pi).$$

注意常数 $g(0)=\sum\limits_{n=1}^{\infty}\frac{1}{n^2}=\frac{\pi^2}{6}$，于是，得

$$g(t)=g(0)+\int_0^t g'(t)\mathrm{d}t=g(0)-\frac{\pi}{2}|t|+\frac{1}{4}t^2.$$

由于 $\sin nx\sin ny=\frac{1}{2}[\cos n(x-y)-\cos n(x+y)]$，故得

$$\begin{aligned}f(x,y)&=\frac{1}{2}\sum_{n=1}^{\infty}\frac{\cos n(x-y)-\cos n(x+y)}{n^2}=\frac{1}{2}[g(x-y)-g(x+y)]\\&=\frac{1}{2}\left\{\left[g(0)-\frac{\pi}{2}|x-y|+\frac{1}{4}(x-y)^2\right]-\left[g(0)-\frac{\pi}{2}|x+y|+\frac{1}{4}(x+y)^2\right]\right\}\\&=\frac{\pi}{4}(|x+y|-|x-y|)+\frac{1}{8}[(x-y)^2-(x+y)^2]\\&=\frac{\pi}{4}\cdot 2\min\{x,y\}+\frac{1}{8}(-4xy)\\&=\frac{1}{2}[\pi-\max\{x,y\}]\min\{x,y\}.\end{aligned}$$

若 $x\leqslant y$，则令 $f(x,y)=0$，$(x,y)\in R$，有 $x(\pi-y)=0$，得 $x=0$ 或 $y=\pi$. 若 $x\geqslant y$，则令 $f(x,y)=0$，$(x,y)\in R$，有 $y(\pi-x)=0$，得 $y=0$ 或 $x=\pi$. 因此，在 $R$ 内，$x=0$，$x=\pi$；$y=0$，$y=\pi$ 诸直线是满足 $f(x,y)=0$ 的图像.

又根据 $f(x,y)$ 的表达式知，图像必然是按 $x$ 及按 $y$ 以 $2\pi$ 为周期的周期曲线，故得

$$x=l\pi,\ l=0,\pm1,\pm2,\cdots,\quad y=m\pi,\ m=0,\pm1,\pm2,\cdots,$$

诸直线均为 $f(x,y)=0$ 的图像，且除此而外，均有 $f(x,y)\neq0$，即不是 $f(x,y)=0$ 的图像. 因此，$f(x,y)=0$ 的图像即为上述所指的两族直线组. 由于这是两族分别与坐标轴平行且相距为 $\pi$ 的直线族，它们的图像已为大家所熟知，故省略.

**求下列级数的和：**

**【3028】** $\sum\limits_{n=1}^{\infty}\frac{[(n-1)!]^2}{(2n)!}(2x)^{2n}$.

**解** 由于

$$\lim_{n\to\infty}\frac{\frac{(n!)^2}{(2n+2)!}(2x)^{2n+2}}{\frac{[(n-1)!]^2}{(2n)!}(2x)^{2n}}=\lim_{n\to\infty}\frac{4n^2x^2}{(2n+2)(2n+1)}=x^2,$$

故原幂级数当 $|x|<1$ 时收敛，当 $|x|>1$ 时发散，即其收敛区间为 $(-1,1)$. 当 $|x|=1$，原级数为

$$\sum_{n=1}^{\infty}\frac{[(n-1)!]^2 4^n}{(2n)!}=\sum_{n=1}^{\infty}a_n.$$

由于

$$n\left(\frac{a_n}{a_{n+1}}-1\right)=\frac{3n+1}{2n}\to\frac{3}{2}>1\quad(n\to\infty),$$

故由拉比判别法知，当 $|x|=1$ 时原幂级数也收敛. 因此，原幂级数当 $-1\leqslant x\leqslant1$ 时一致收敛. 从而，其和函数 $f(x)$ 是 $-1\leqslant x\leqslant1$ 上的连续函数，且在 $-1<x<1$ 内可逐项微分，得

$$f'(x)=\sum_{n=1}^{\infty}\frac{[(n-1)!]^2}{(2n)!}4n(2x)^{2n-1}\quad(-1<x<1),$$

$$f''(x)=\sum_{n=1}^{\infty}\frac{[(n-1)!]^2}{(2n)!}8n(2n-1)(2x)^{2n-2}\quad(-1<x<1),$$

于是，

$$\begin{aligned}&-xf'(x)+(1-x^2)f''(x)\\&=-\sum_{n=1}^{\infty}\frac{[(n-1)!]^2}{(2n)!}2n(2x)^{2n}+\sum_{n=1}^{\infty}\frac{[(n-1)!]^2}{(2n)!}8n(2n-1)(2x)^{2n-2}-\sum_{n=1}^{\infty}\frac{[(n-1)!]^2}{(2n)!}2n(2n-1)(2x)^{2n}\end{aligned}$$

$$=-\sum_{n=1}^{\infty}\frac{[(n-1)!]^2}{(2n)!}4n^2(2x)^{2n}+4+\sum_{n=2}^{\infty}\frac{[(n-1)!]^2}{(2n)!}8n(2n-1)(2x)^{2n-2}$$

$$=-\sum_{n=1}^{\infty}\frac{[(n-1)!]^2}{(2n)!}4n^2(2x)^{2n}+4+\sum_{n=1}^{\infty}\frac{(n!)^2}{(2n+2)!}8(n+1)(2n+1)(2x)^{2n}=4\quad(-1<x<1).$$

因此，

$$-\frac{x}{\sqrt{1-x^2}}f'(x)+\sqrt{1-x^2}f''(x)=\frac{4}{\sqrt{1-x^2}}\quad(-1<x<1),$$

两端积分，得

$$\sqrt{1-x^2}f'(x)=4\arcsin x+C\quad(-1<x<1).$$

由 $f'(0)=0$，得 $C=0$，从而，

$$f'(x)=\frac{4\arcsin x}{\sqrt{1-x^2}}\quad(-1<x<1).$$

两端再积分，得

$$f(x)=2(\arcsin x)^2+C_1\quad(-1<x<1).$$

再由 $f(0)=0$，得 $C_1=0$. 于是，有

$$f(x)=2(\arcsin x)^2\quad(-1<x<1).$$

再注意到上式两端都是 $-1\leqslant x\leqslant 1$ 上的连续函数，通过取极限，即知上式当 $x=1$ 和 $x=-1$ 时也成立，故最后得

$$\sum_{n=1}^{\infty}\frac{[(n-1)!]^2}{(2n)!}(2x)^{2n}=2(\arcsin x)^2\quad(-1\leqslant x\leqslant 1).$$

**【3029】** $\sum_{n=0}^{\infty}\frac{(n!)^2}{(2n)!}x^n$.

**解** 由于

$$\lim_{n\to\infty}\frac{\frac{[(n+1)!]^2}{(2n+2)!}}{\frac{(n!)^2}{(2n)!}}=\lim_{n\to\infty}\frac{(n+1)^2}{(2n+2)(2n+1)}=\frac{1}{4},$$

故原幂级数的收敛半径等于 4，即它当 $|x|<4$ 时收敛，当 $|x|>4$ 时发散. 当 $x=\pm 4$ 时，原幂级数为

$$\sum_{n=0}^{\infty}\frac{(n!)^2}{(2n)!}(\pm 4)^n=\sum_{n=0}^{\infty}a_n.\qquad(1)$$

由于 $\left|\frac{a_{n+1}}{a_n}\right|=\frac{2n+2}{2n+1}>1$，故 $|a_{n+1}|>|a_n|$ $(n=0,1,\cdots)$，因此，$a_n$ 不趋于零，从而，级数(1)发散. 于是，原幂级数仅当 $|x|<4$ 时收敛，下面分两种情形讨论：

当 $0\leqslant x<4$ 时，令 $x=(2t)^2$，$0\leqslant t<1$，则

$$\sum_{n=0}^{\infty}\frac{(n!)^2}{(2n)!}x^n=\sum_{n=0}^{\infty}\frac{(n!)^2}{(2n)!}(2t)^{2n}=F(t)\quad(0\leqslant t<1).$$

由直接计算，易知

$$(1-t^2)F(t)-1=\frac{t}{4}\sum_{n=1}^{\infty}\frac{[(n-1)!]^2}{(2n)!}4n(2t)^{2n-1}\quad(0\leqslant t<1).$$

利用 3028 题的结果，得

$$(1-t^2)F(t)-1=\frac{t}{4}[2(\arcsin t)^2]'=\frac{t}{\sqrt{1-t^2}}\arcsin t\quad(0\leqslant t<1),$$

从而，

$$F(t)=\frac{1}{1-t^2}\left(1+\frac{t}{\sqrt{1-t^2}}\arcsin t\right)\quad(0\leqslant t<1).$$

将 $t=\frac{\sqrt{x}}{2}$ 代入，即得 $\sum_{n=0}^{\infty}\frac{(n!)^2}{(2n)!}x^n=\frac{4}{4-x}+\frac{4\sqrt{x}}{(4-x)^{\frac{3}{2}}}\arcsin\frac{\sqrt{x}}{2}\quad(0\leqslant x<4).$

现设 $-4<x<0$. 令 $x=-(2t)^2$, $0<t<1$. 于是,

$$\sum_{n=0}^{\infty}\frac{(n!)^2}{(2n)!}x^n=\sum_{n=0}^{\infty}\frac{(n!)^2}{(2n)!}(-1)^n(2t)^{2n}=G(t)\quad(0<t<1).$$

由直接计算可知

$$1-(1+t^2)G(t)=t\sum_{n=1}^{\infty}(-1)^{n-1}\frac{[(n-1)!]^2}{(2n)!}n(2t)^{2n-1}=t\cdot g(t)\quad(0<t<1),$$

其中

$$g(t)=\sum_{n=1}^{\infty}(-1)^{n-1}\frac{[(n-1)!]^2}{(2n)!}n(2t)^{2n-1}. \tag{2}$$

易知(2)式右端幂级数的收敛半径等于1. 于是,当 $|t|<1$ 时可逐项微分,得

$$g'(t)=\sum_{n=1}^{\infty}(-1)^{n-1}\frac{[(n-1)!]^2}{(2n)!}2n(2n-1)(2t)^{2n-2}.$$

由直接计算可知

$$\begin{aligned}&(1+t^2)g'(t)+t\cdot g(t)\\&=\sum_{n=1}^{\infty}(-1)^{n-1}\frac{[(n-1)!]^2}{(2n)!}\cdot 2n(2n-1)(2t)^{2n-2}\\&\quad+\sum_{n=1}^{\infty}(-1)^{n-1}\frac{[(n-1)!]^2}{(2n)!}\cdot\frac{1}{2}n(2n-1)(2t)^{2n}+\sum_{n=1}^{\infty}(-1)^{n-1}\frac{[(n-1)!]^2}{(2n)!}\cdot\frac{n}{2}(2t)^{2n}\\&=1+\sum_{n=2}^{\infty}(-1)^{n-1}\frac{[(n-1)!]^2}{(2n)!}2n(2n-1)(2t)^{2n-2}+\sum_{n=1}^{\infty}(-1)^{n-1}\frac{[(n-1)!]^2}{(2n)!}n^2(2t)^{2n}\\&=1+\sum_{n=1}^{\infty}(-1)^{n}\frac{(n!)^2}{(2n+2)!}2(n+1)(2n+1)(2t)^{2n}+\sum_{n=1}^{\infty}(-1)^{n-1}\frac{[(n-1)!]^2}{(2n)!}n^2(2t)^{2n}\\&=1\quad(-1<t<1),\end{aligned}$$

即

$$\sqrt{1+t^2}\,g'(t)+\frac{t}{\sqrt{1+t^2}}g(t)=\frac{1}{\sqrt{1+t^2}}\quad(-1<t<1).$$

两端积分,得

$$\sqrt{1+t^2}\,g(t)=\ln(t+\sqrt{1+t^2})+C\quad(-1<t<1).$$

由 $g(0)=0$,得 $C=0$,故

$$g(t)=\frac{1}{\sqrt{1+t^2}}\ln(t+\sqrt{1+t^2})\quad(-1<t<1).$$

于是,根据关系式

$$G(t)=\frac{1}{1+t^2}[1-t\cdot g(t)]\quad(0<t<1),$$

再将 $t=\frac{\sqrt{-x}}{2}=\frac{\sqrt{|x|}}{2}$ 代入,得

$$\sum_{n=0}^{\infty}\frac{(n!)^2}{(2n)!}x^n=\frac{4}{4-x}-\frac{4\sqrt{|x|}}{(4-x)^{\frac{3}{2}}}\ln\left(\frac{\sqrt{|x|}+\sqrt{4-x}}{2}\right)\quad(-4<x<0).$$

**【3030】** $\frac{1!}{x+1}+\frac{2!}{(x+1)(x+2)}+\frac{3!}{(x+1)(x+2)(x+3)}+\cdots$.

**解** 显然,要使本题有意义,首先要假定 $x$ 不是负整数,记

$$s_n=\frac{n!}{(x+1)(x+2)\cdots(x+n)}\quad(n=1,2,3,\cdots).$$

为研究级数 $\sum_{n=1}^{\infty}s_n$ 的收敛性及其和,注意当 $x\neq 1$ 时,有关系式

$$\frac{1}{x-1}=\frac{x+1}{x-1}\cdot\frac{1}{x+1}=\frac{1}{x+1}\left(1+\frac{2}{x-1}\right)$$

$$=\frac{1}{x+1}+\frac{1}{x+1}\cdot\frac{2}{x-1}=\frac{1}{x+1}+\frac{1}{x+1}\cdot\frac{2}{x+2}\left(\frac{x+2}{x-1}\right)$$
$$=\frac{1}{x+1}+\frac{1}{x+1}\cdot\frac{2}{x+2}+\frac{1}{x+1}\cdot\frac{2}{x+2}\cdot\frac{3}{x-1}$$
$$=\frac{1!}{x+1}+\frac{2!}{(x+1)(x+2)}+\frac{3!}{(x+1)(x+2)(x+3)}+\frac{3!}{(x+1)(x+2)(x+3)}\cdot\frac{4}{x-1}$$
$$=\cdots$$
$$=\frac{1!}{x+1}+\frac{2!}{(x+1)(x+2)}+\frac{3!}{(x+1)(x+2)(x+3)}+\cdots+\frac{n!}{(x+1)(x+2)\cdots(x+n)}$$
$$+\frac{n!}{(x+1)(x+2)\cdots(x+n)}\cdot\frac{n+1}{x-1}$$
$$=s_1+s_2+\cdots+s_n+R_n,\tag{1}$$

其中

$$R_n=s_n\cdot\frac{n+1}{x-1}=\frac{1}{x-1}\prod_{k=1}^{n}\frac{k+1}{x+k}=\frac{1}{x-1}\prod_{k=1}^{n}\frac{1+\frac{1}{k}}{1+\frac{x}{k}}=\frac{1}{x-1}\prod_{k=1}^{n}(1+\alpha_k),$$

这里(当 $k$ 充分大时)

$$\alpha_k=\frac{1+\frac{1}{k}}{1+\frac{x}{k}}-1=\left(1+\frac{1}{k}\right)\left(1+\frac{x}{k}\right)^{-1}-1=\frac{1-x}{k}+O\left(\frac{1}{k^2}\right).\tag{2}$$

由(1)式知,为研究 $\sum\limits_{n=1}^{\infty}s_n$,就是要研究 $R_n$ 有无极限.若 $R_n$ 有极限为 $\tau$,则由(1)得

$$\sum_{k=1}^{\infty}s_k=\lim_{n\to\infty}\sum_{k=1}^{n}s_k=\lim_{n\to\infty}\left(\frac{1}{x-1}-R_n\right)=\frac{1}{x-1}-\tau.$$

令 $u_n=\prod\limits_{k=1}^{n}(1+\alpha_n)$.分两种情形讨论:

若 $x>1$,这时 $0<1+\alpha_k=\frac{k+1}{x+k}<1\ (k=1,2,\cdots)$.于是,

$$\ln u_n=\sum_{k=1}^{n}\ln(1+\alpha_k),\quad \ln(1+\alpha_k)<0,\quad \alpha_k<0,\quad (k=1,2,3,\cdots),\ \alpha_k\to 0.\tag{3}$$

由(2)式与(3)式并注意到 $\sum\limits_{k=1}^{\infty}\frac{1}{k^2}$ 收敛,$\sum\limits_{k=1}^{\infty}\frac{1}{k}$ 发散知:$\sum\limits_{k=1}^{\infty}\alpha_k$ 发散且 $\sum\limits_{k=1}^{\infty}\alpha_k=-\infty$.于是,根据 $\lim\limits_{n\to\infty}\frac{\ln(1+\alpha_k)}{\alpha_k}=1$ 即知,级数 $\sum\limits_{k=1}^{\infty}\ln(1+\alpha_k)$ 发散且 $\sum\limits_{k=1}^{\infty}\ln(1+\alpha_k)=-\infty$.由此知 $\lim\limits_{n\to\infty}\ln u_n=-\infty$,从而,$\lim\limits_{n\to\infty}u_n=0$,于是,$\lim\limits_{n\to\infty}R_n=0$,故 $\sum\limits_{k=1}^{\infty}s_k=\frac{1}{x-1}$.

若 $x<1$.注意,已设 $x$ 不是负整数.另外,当 $x=0$ 时原级数为 $\sum\limits_{k=1}^{\infty}1$,显然发散,故可设 $-m<x<-m+1$,其中 $m$ 是某非负整数.于是,

$$1+\alpha_k=\frac{k+1}{x+k}<0\quad(k=1,2,\cdots,m-1),$$
$$1+\alpha_k=\frac{k+1}{x+k}>0\quad(k=m,m+1,\cdots).$$

令 $v_n=\prod\limits_{k=m}^{n}(1+\alpha_k)\ (n=m,m+1,\cdots)$,则

$$\ln v_n=\sum_{k=m}^{n}\ln(1+\alpha_k)\quad(n=m,m+1,\cdots).$$

根据(2)式知，当 $k$ 充分大时 $\alpha_k>0$ 并且级数 $\sum\limits_{k=m}^{n}\alpha_k$ 发散. 仿照前面的论述可知，级数 $\sum\limits_{k=m}^{\infty}\ln(1+\alpha_k)$ 发散，且 $\sum\limits_{k=m}^{\infty}\ln(1+\alpha_k)=+\infty$. 从而，当 $n\to\infty$ 时，$\ln v_n\to+\infty$，$v_n\to+\infty$. 由此可知

$$\lim_{n\to\infty}R_n=\pm\infty,$$

其中的正负号随 $m$ 是 $2,4,6,\cdots$ 之一或 $0,1,3,5,\cdots$ 之一而定. 由此可知，此时 $\sum\limits_{k=1}^{\infty}s_n$ 发散.

另外，若 $x=1$，原级数为 $\sum\limits_{k=1}^{\infty}\frac{1}{k+1}$，显然发散.

综上所述，可知原级数仅当 $x>1$ 时收敛，且此时有 $\sum\limits_{n=1}^{\infty}\frac{n!}{(x+1)(x+2)\cdots(x+n)}=\frac{1}{x-1}$.

**【3031】** $\frac{a_1}{a_2+x}+\frac{a_1}{a_2+x}\cdot\frac{a_2}{a_3+x}+\cdots$ 在 $x>0$，$a_n>0$ $(n=1,2,\cdots)$，且级数 $\sum\limits_{n=1}^{\infty}\frac{1}{a_n}$ 发散的条件下.

**解** 记

$$s_n=\frac{a_1}{a_2+x}\cdot\frac{a_2}{a_3+x}\cdots\frac{a_n}{a_{n+1}+x}\quad(n=1,2,3,\cdots).$$

注意条件 $x>0$, $a_n>0$，我们有

$$\begin{aligned}\frac{a_1}{x}&=\frac{a_1}{a_2+x}\cdot\frac{a_2+x}{x}=\frac{a_1}{a_2+x}+\frac{a_1}{a_2+x}\cdot\frac{a_2}{x}\\&=\frac{a_1}{a_2+x}+\frac{a_1}{a_2+x}\cdot\frac{a_2}{a_3+x}+\frac{a_1}{a_2+x}\cdot\frac{a_2}{a_3+x}\cdot\frac{a_3}{x}\\&=\cdots\\&=\frac{a_1}{a_2+x}+\frac{a_1}{a_2+x}\cdot\frac{a_2}{a_3+x}+\cdots+\frac{a_1}{a_2+x}\cdot\frac{a_2}{a_3+x}\cdots\frac{a_{n-1}}{a_n+x}\cdot\frac{a_n}{a_{n+1}+x}+\frac{a_1}{a_2+x}\cdot\frac{a_2}{a_3+x}\cdots\\&\quad\cdot\frac{a_{n-1}}{a_n+x}\cdot\frac{a_n}{a_{n+1}+x}\cdot\frac{a_{n+1}}{x}\\&=s_1+s_2+\cdots+s_n+R_n,\end{aligned}\tag{1}$$

其中

$$\begin{aligned}R_n&=\frac{a_{n+1}}{x}s_n=\frac{a_1}{x}\cdot\frac{a_2}{a_2+x}\cdot\frac{a_3}{a_3+x}\cdots\frac{a_n}{a_n+x}\cdot\frac{a_{n+1}}{a_{n+1}+x}=\frac{a_1}{x}\prod_{k=2}^{n+1}\frac{a_k}{a_k+x}=\frac{a_1}{x}\prod_{k=2}^{n+1}\left(1-\frac{x}{a_k+x}\right)\\&=\frac{a_1}{x}\prod_{k=2}^{n+1}(1+\alpha_k),\end{aligned}\tag{2}$$

这里

$$\alpha_k=-\frac{x}{a_k+x}\quad(k=2,3,\cdots,n+1).\tag{3}$$

由(1)知，为研究原级数 $\sum\limits_{n=1}^{\infty}s_n$，就是要研究 $R_n$ 有无极限. 若 $R_n$ 有极限 $\tau$，则由(1)得

$$\sum_{k=1}^{\infty}s_k=\lim_{n\to\infty}\sum_{k=1}^{n}s_k=\lim_{n\to\infty}\left(\frac{a_1}{x}-R_n\right)=\frac{a_1}{x}-\tau.\tag{4}$$

下面我们证明 $R_n$ 有极限 $\tau=0$. 显然

$$-1<\alpha_k<0,\quad 0<1+\alpha_k<1\quad(k=2,3,\cdots).$$

令 $u_n=\prod\limits_{k=2}^{n+1}(1+\alpha_k)$，则 $\ln u_n=\sum\limits_{k=2}^{n+1}\ln(1+\alpha_k)$. 易知正项级数 $\sum\limits_{k=2}^{\infty}\frac{1}{a_k+x}$是发散的. 事实上，由 $\sum\limits_{k=1}^{\infty}\frac{1}{a_k}$ 的发散性，可将 $a_k$ 分为以下情况来讨论：1)若 $a_k\geqslant x(k=2,3,\cdots)$，则

$$a_k+x\leqslant 2a_k\quad 即\quad \frac{1}{a_k+x}\geqslant\frac{1}{2}\cdot\frac{1}{a_k}.$$

由 $\sum\limits_{k=2}^{\infty}\frac{1}{a_k}$ 发散(无界)便知 $\sum\limits_{k=2}^{\infty}\frac{1}{a_k+x}$发散. 2)若除有限个 $a_k$ 之外均有 $a_k\geqslant x$($k$ 取除了某些有限个正整数以

外的所有正整数)，则仍有上述结论. 3)若存在一个数列 $a_{k_i}$ 使得 $a_{k_i}<x\ (i=1,2,3,\cdots)$，则我们有

$$a_{k_i}+x<2x \quad 即 \quad \frac{1}{a_{k_i}+x}>\frac{1}{2x} \quad (i=1,2,\cdots).$$

显然，有

$$\sum_{i=1}^{N}\frac{1}{a_{k_i}+x}>\frac{N}{2x}\to\infty \quad (当\ N\to\infty),$$

于是，级数 $\sum\limits_{k=2}^{\infty}\frac{1}{a_k+x}$ 发散. 从而，

$$\sum_{k=2}^{\infty}\frac{1}{a_k+x}=+\infty, \qquad \sum_{k=2}^{\infty}\alpha_k=-\infty.$$

注意到 $-1<\alpha_k<0$，$\ln(1+\alpha_k)<\alpha_k<0\ (k=2,3,\cdots)$，可知

$$\sum_{k=2}^{\infty}\ln(1+\alpha_k)=-\infty.$$

由此可知，当 $n\to\infty$ 时，$\ln u_n\to-\infty$，$u_n\to0$，$R_n\to0$，即 $\tau=0$. 于是，原级数收敛，且

$$\frac{a_1}{a_2+x}+\frac{a_1}{a_2+x}\cdot\frac{a_2}{a_3+x}+\cdots=\frac{a_1}{x}.$$

**【3032】** $\frac{x}{1-x^2}+\frac{x^2}{1-x^4}+\frac{x^4}{1-x^8}+\cdots$ *)，若(1) $|x|<1$；(2) $|x|>1$.

**解** 记

$$s_n=\frac{x^{2^n}}{1-x^{2^{n+1}}} \quad (n=0,1,2,\cdots;\ |x|\neq1).$$

注意，当 $|x|\neq1$ 时，有公式

$$\begin{aligned}\frac{x}{1-x}&=\frac{x}{1-x^2}(1+x)=\frac{x}{1-x^2}+\frac{x^2}{1-x^2}=\frac{x}{1-x^2}+\frac{x^2}{1-x^4}(1+x^2)\\&=\frac{x}{1-x^2}+\frac{x^2}{1-x^4}+\frac{x^4}{1-x^4}=\cdots=\frac{x}{1-x^2}+\frac{x^2}{1-x^4}+\cdots+\frac{x^{2^n}}{1-x^{2^{n+1}}}+\frac{x^{2^{n+1}}}{1-x^{2^{n+1}}}\\&=s_1+s_2+\cdots+s_n+R_n,\end{aligned}$$

其中 $R_n=\frac{x^{2^{n+1}}}{1-x^{2^{n+1}}}$. 上述恒等式对任何 $n$ 均成立. 为求 $\sum\limits_{n=1}^{\infty}s_n$，我们分两种情况予以处理:

(1) 当 $|x|<1$ 时，$R_n=\frac{|x|^{2^{n+1}}}{1-|x|^{2^{n+1}}}\to0\ (n\to\infty)$. 于是，得

$$\sum_{n=1}^{\infty}s_n=\lim_{N\to\infty}\sum_{k=1}^{N}s_n=\lim_{N\to\infty}\left(\frac{x}{1-x}-R_N\right)=\frac{x}{1-x}.$$

(2) 当 $|x|>1$ 时，由 $\lim\limits_{n\to\infty}\left(\frac{1}{|x|}\right)^{2^{n+1}}=0$ 得

$$\lim_{n\to\infty}R_n=\lim_{n\to\infty}\left(\frac{|x|^{2^{n+1}}}{1-|x|^{2^{n+1}}}\right)=\lim_{n\to\infty}\left\{\frac{1}{\left(\frac{1}{|x|}\right)^{2^{n+1}}-1}\right\}=-1.$$

从而得 $\sum\limits_{n=1}^{\infty}s_n=\lim\limits_{N\to\infty}\sum\limits_{k=1}^{N}s_k=\lim\limits_{N\to\infty}\left(\frac{x}{1-x}-R_N\right)=\frac{x}{1-x}+1=\frac{1}{1-x}$.

*) 本题第三项前原题为减号，应为加号.

**【3033】** $\sum\limits_{n=1}^{\infty}\frac{x^{n+1}}{(1-x^n)(1-x^{n+1})}$，若(1) $|x|<1$；(2) $|x|>1$.

**解** 记 $s_n=\frac{x^{n+1}}{(1-x^n)(1-x^{n+1})}\quad(n=1,2,\cdots;\ |x|\neq1)$.

注意到

$$\frac{1}{1-x^n}-\frac{1}{1-x^{n+1}}=\frac{x^n(1-x)}{(1-x^n)(1-x^{n+1})}=\frac{1-x}{x}\ \frac{x^{n+1}}{(1-x^n)(1-x^{n+1})}=\frac{1-x}{x}s_n \quad (n=1,2,\cdots),$$

即得

$$\sum_{k=1}^{N}\frac{1-x}{x}s_k=\sum_{k=1}^{N}\frac{1}{1-x^k}-\sum_{k=1}^{N}\frac{1}{1-x^{k+1}}=\frac{1}{1-x}-\frac{1}{1-x^{N+1}},$$

或有

$$\sum_{k=1}^{N}s_k=\frac{x}{(1-x)^2}-\frac{x}{1-x}\frac{1}{1-x^{N+1}}.$$

于是,(1) 当$|x|<1$时,

$$\sum_{n=1}^{\infty}s_n=\lim_{N\to\infty}\sum_{k=1}^{N}s_k=\frac{x}{(1-x)^2}-\frac{x}{1-x}\lim_{N\to\infty}\frac{1}{1-x^{N+1}}=\frac{x}{(1-x)^2}-\frac{x}{1-x}=\frac{x^2}{(1-x)^2}.$$

(2) 当$|x|>1$时,

$$\sum_{n=1}^{\infty}s_n=\lim_{N\to\infty}\sum_{k=1}^{N}s_k=\frac{x}{(1-x)^2}+\frac{x}{1-x}\lim_{N\to\infty}\frac{1}{x^{N+1}-1}=\frac{x}{(1-x)^2}.$$

## §8. 利用级数求定积分

**利用被积函数的级数展开式计算下列积分:**

**【3034】** $\int_0^1 \ln\frac{1}{1-x}dx.$

**解题思路** 利用2549题的结果.但必须注意,由于幂级数(收敛半径为1)

$$\ln(1-x)=-x-\frac{x^2}{2}-\frac{x^3}{3}-\cdots$$

当$x=1$时发散,故它在$0\leqslant x\leqslant 1$上逐项积分的合理性要给出证明,详见本题的证明.

**解** 
$$\int_0^1\ln\frac{1}{1-x}dx=-\int_0^1\ln(1-x)dx=-\int_0^1\left(-x-\frac{x^2}{2}-\frac{x^3}{3}-\cdots\right)dx$$
$$=\int_0^1 xdx+\int_0^1\frac{x^2}{2}dx+\int_0^1\frac{x^3}{3}dx+\cdots{}^{*)}$$
$$=\frac{1}{1\cdot 2}+\frac{1}{2\cdot 3}+\frac{1}{3\cdot 4}+\cdots=1.{}^{**)}$$

*) 由于幂级数(收敛半径为1)$\ln(1-x)=-x-\frac{x^2}{2}-\frac{x^3}{3}-\cdots$当$x=1$时发散,故它在$0\leqslant x\leqslant 1$上逐项积分的合理性要单独证明,今证如下:

对任何$0<\tau<1$,有

$$\int_0^\tau\ln(1-x)dx=\int_0^\tau\left(-x-\frac{x^2}{2}-\cdots-\frac{x^n}{n}\right)dx+R_n,\qquad(1)$$

其中

$$R_n=\int_0^\tau\left(-\frac{x^{n+1}}{n+1}-\frac{x^{n+2}}{n+2}-\cdots\right)dx.$$

由于$0<\tau<1$,故可在$0\leqslant x\leqslant\tau$上逐项积分,得

$$0>R_n=-\left[\frac{\tau^{n+2}}{(n+1)(n+2)}+\frac{\tau^{n+3}}{(n+2)(n+3)}+\cdots\right]>-\left[\frac{1}{(n+1)(n+2)}+\frac{1}{(n+2)(n+3)}+\cdots\right]$$
$$=-\left[\left(\frac{1}{n+1}-\frac{1}{n+2}\right)+\left(\frac{1}{n+2}-\frac{1}{n+3}\right)+\cdots\right]=-\frac{1}{n+1}.$$

于是,由(1)式知

$$\left|\int_0^\tau\ln(1-x)dx-\left(-\frac{\tau^2}{1\cdot 2}-\frac{\tau^3}{2\cdot 3}-\cdots\frac{\tau_{n+1}}{n(n+1)}\right)\right|<\frac{1}{n+1}.\qquad(2)$$

在(2)式中让$n$固定而令$\tau\to 1-0$取极限(注意,瑕积分$\int_0^1\ln(1-x)dx$显然收敛),得

$$\left|\int_0^1 \ln(1-x)\mathrm{d}x-\left(-\frac{1}{1\cdot 2}-\frac{1}{2\cdot 3}-\cdots\frac{1}{n(n+1)}\right)\right|<\frac{1}{n+1}\quad (n=1,2,3,\cdots).$$

由此式即知

$$\int_0^1 \ln(1-x)\mathrm{d}x=\lim_{n\to\infty}\left(-\frac{1}{1\cdot 2}-\frac{1}{2\cdot 3}-\cdots\frac{1}{n(n+1)}\right)=-\frac{1}{1\cdot 2}-\frac{1}{2\cdot 3}-\frac{1}{3\cdot 4}-\cdots,$$

也即

$$\int_0^1 \left(-x-\frac{x^2}{2}-\frac{x^3}{3}-\cdots\right)\mathrm{d}x=\int_0^1 (-x)\mathrm{d}x+\int_0^1 \left(-\frac{x^2}{2}\right)\mathrm{d}x+\int_0^1 \left(-\frac{x^3}{3}\right)\mathrm{d}x+\cdots,$$

换句话说，逐项积分公式成立.

本节以下诸题中，凡在端点发散的级数的逐项积分的合理性问题，都可仿照上面类似地去证明，不再一一写出.

**) 利用 2549 题的结果.

**【3035】** $\displaystyle\int_0^1 \frac{\ln(x+\sqrt{1+x^2})}{x}\mathrm{d}x.$

解 $$\int_0^1 \frac{\ln(x+\sqrt{1+x^2})}{x}\mathrm{d}x=\int_0^1 \frac{x+\sum\limits_{n=1}^{\infty}\left\{(-1)^n\frac{(2n-1)!!}{(2n)!!}\frac{x^{2n+1}}{2n+1}\right\}^{*)}}{x}\mathrm{d}x$$

$$=1+\sum_{n=1}^{\infty}(-1)^n\frac{(2n-1)!!}{(2n)!!}\frac{1}{(2n+1)^2}.$$

*) 利用 2871 题的结果.

**【3036】** $\displaystyle\int_0^1 \frac{\ln(1+x)}{x}\mathrm{d}x.$

解 $$\int_0^1 \frac{\ln(1+x)}{x}\mathrm{d}x=\int_0^1 \frac{x-\frac{x^2}{2}+\frac{x^3}{3}-\cdots}{x}\mathrm{d}x=\int_0^1 \left(1-\frac{x}{2}+\frac{x^2}{3}-\cdots\right)\mathrm{d}x=1-\frac{1}{2^2}+\frac{1}{3^2}-\cdots=\frac{\pi^2}{12}{}^{*)}.$$

*) 利用 2961 题的结果.

**【3037】** $\displaystyle\int_0^1 x^{p-1}\ln(1-x^q)\mathrm{d}x\quad (p>0,\ q>0).$

解 $$\int_0^1 x^{p-1}\ln(1-x^q)\mathrm{d}x=\int_0^1 x^{p-1}\left(-x^q-\frac{x^{2q}}{2}-\frac{x^{3q}}{3}-\cdots\right)\mathrm{d}x$$

$$=-\int_0^1 \left(x^{p+q-1}+\frac{1}{2}x^{p+2q-1}+\frac{1}{3}x^{p+3q-1}+\cdots\right)\mathrm{d}x=-\left(\frac{1}{p+q}+\frac{1}{p+2q}\cdot\frac{1}{2}+\frac{1}{p+3q}\cdot\frac{1}{3}+\cdots\right)$$

$$=-\sum_{n=1}^{\infty}\frac{1}{n(p+nq)}.$$

**【3038】** $\displaystyle\int_0^1 \ln x\cdot\ln(1-x)\mathrm{d}x.$

解 $$\int_0^1 \ln x\cdot\ln(1-x)\mathrm{d}x=-\int_0^1\left(\ln x\cdot\sum_{n=1}^{\infty}\frac{x^n}{n}\right)\mathrm{d}x$$

$$=-\sum_{n=1}^{\infty}\frac{x^{n+1}}{n(n+1)}\ln x\Big|_0^1+\sum_{n=1}^{\infty}\frac{x^{n+1}}{n(n+1)^2}\Big|_0^1=\sum_{n=1}^{\infty}\frac{1}{n(n+1)^2}=\sum_{n=1}^{\infty}\frac{1}{n(n+1)}-\sum_{n=1}^{\infty}\frac{1}{(n+1)^2}$$

$$=1-\left(\frac{\pi^2}{6}-1\right)^{*)}=2-\frac{\pi^2}{6}.$$

*) 利用 2549 题及 2961 题的结果.

**【3039】** $\displaystyle\int_0^{+\infty}\frac{x\mathrm{d}x}{\mathrm{e}^{2\pi x}-1}.$

解 $$\int_0^{+\infty}\frac{x\mathrm{d}x}{\mathrm{e}^{2\pi x}-1}=\int_0^{+\infty}\frac{x\mathrm{e}^{-2\pi x}}{1-\mathrm{e}^{-2\pi x}}\mathrm{d}x=\int_0^{+\infty}x\mathrm{e}^{-2\pi x}(1+\mathrm{e}^{-2\pi x}+\mathrm{e}^{-4\pi x}+\cdots)\mathrm{d}x$$

$$=\left[-\frac{x}{2\pi}\mathrm{e}^{-2\pi x}-\frac{1}{(2\pi)^2}\mathrm{e}^{-2\pi x}\right]_0^{+\infty}+\left[-\frac{x}{4\pi}\mathrm{e}^{-4\pi x}-\frac{1}{(4\pi)^2}\mathrm{e}^{-4\pi x}\right]_0^{+\infty}+\left[-\frac{x}{6\pi}\mathrm{e}^{-6\pi x}-\frac{1}{(6\pi)^2}\mathrm{e}^{-6\pi x}\right]_0^{+\infty}+\cdots$$

$$=\frac{1}{(2\pi)^2}\left(\frac{1}{1^2}+\frac{1}{2^2}+\frac{1}{3^2}+\cdots\right)=\frac{1}{4\pi^2}\cdot\frac{\pi^2}{6}^{*)}=\frac{1}{24}.$$

*） 利用 2961 题的结果.

【3040】 $\int_0^{+\infty}\frac{x\mathrm{d}x}{\mathrm{e}^x+1}$.

解 $\int_0^{+\infty}\frac{x\mathrm{d}x}{\mathrm{e}^x+1}=\int_0^{+\infty}\frac{x\mathrm{e}^{-x}\mathrm{d}x}{1+\mathrm{e}^{-x}}=\int_0^{+\infty}x\mathrm{e}^{-x}(1-\mathrm{e}^{-x}+\mathrm{e}^{-2x}-\cdots)\mathrm{d}x$

$$=\left[-x\mathrm{e}^{-x}-\mathrm{e}^{-x}\right]_0^{+\infty}-\left[-\frac{1}{2}x\mathrm{e}^{-2x}-\frac{1}{2^2}\mathrm{e}^{-2x}\right]_0^{+\infty}+\left[-\frac{1}{3}x\mathrm{e}^{-3x}-\frac{1}{3^2}\mathrm{e}^{-3x}\right]_0^{+\infty}-\cdots$$

$$=1-\frac{1}{2^2}+\frac{1}{3^2}-\cdots=\frac{\pi^2}{12}^{*)}.$$

*） 利用 2961 题的结果.

【3041】 按模数 $k(0\leqslant k<1)$ 的正整数次幂展开第一类完全椭圆积分 $F(k)=\int_0^{\frac{\pi}{2}}\frac{\mathrm{d}\varphi}{\sqrt{1-k^2\sin^2\varphi}}$.

解 $F(k)=\int_0^{\frac{\pi}{2}}\frac{\mathrm{d}\varphi}{\sqrt{1-k^2\sin^2\varphi}}$

$$=\int_0^{\frac{\pi}{2}}\left(1+\frac{1}{2}k^2\sin^2\varphi+\frac{3}{8}k^4\sin^4\varphi+\frac{5}{16}k^6\sin^6\varphi+\cdots+\frac{(2n-1)!!}{(2n)!!}k^{2n}\sin^{2n}\varphi+\cdots\right)\mathrm{d}\varphi$$

$$=\frac{\pi}{2}\left\{1+\sum_{n=1}^{\infty}\left[\frac{(2n-1)!!}{(2n)!!}\right]^2k^{2n}\right\}^{*)}.$$

*） 利用 2281 题的结果.

【3042】 按模数 $k(0\leqslant k<1)$ 的正整数次幂展开第二类完全椭圆积分 $E(k)=\int_0^{\frac{\pi}{2}}\sqrt{1-k^2\sin^2\varphi}\,\mathrm{d}\varphi$.

解 $E(k)=\int_0^{\frac{\pi}{2}}\sqrt{1-k^2\sin^2\varphi}\,\mathrm{d}\varphi$

$$=\int_0^{\frac{\pi}{2}}\left\{1-\sum_{n=1}^{\infty}\frac{(2n-3)!!}{(2n)!!}k^{2n}\sin^{2n}\varphi\right\}\mathrm{d}\varphi=\frac{\pi}{2}\left\{1-\sum_{n=1}^{\infty}\left[\frac{(2n-1)!!}{(2n)!!}\right]^2\frac{k^{2n}}{2n-1}\right\}^{*)}.$$

*） 利用 2281 题的结果.

【3043】 利用按椭圆离心率的正整数次幂展开的级数表示椭圆 $x=a\cos t$，$y=b\sin t$ $(0\leqslant t\leqslant 2\pi)$的弧长.

解 设 $a>b$,则 $\varepsilon=\frac{\sqrt{a^2-b^2}}{a}$，$\left(\frac{b}{a}\right)^2=1-\varepsilon^2$. 弧长为

$$s=4\int_0^{\frac{\pi}{2}}\sqrt{a^2\sin^2t+b^2\cos^2t}\,\mathrm{d}t=4a\int_0^{\frac{\pi}{2}}\sqrt{1-\varepsilon^2\cos^2t}\,\mathrm{d}t$$

$$=4a\int_0^{\frac{\pi}{2}}\left\{1-\sum_{n=1}^{\infty}\frac{(2n-3)!!}{(2n)!!}\varepsilon^{2n}\cos^{2n}t\right\}\mathrm{d}t=4a\cdot\frac{\pi}{2}\left\{1-\sum_{n=1}^{\infty}\left[\frac{(2n-1)!!}{(2n)!!}\right]^2\frac{\varepsilon^{2n}}{2n-1}\right\}$$

$$=2\pi a\left\{1-\left(\frac{1}{2}\right)^2\varepsilon^2-\left(\frac{1\cdot 3}{2\cdot 4}\right)^2\cdot\frac{\varepsilon^4}{3}-\cdots\right\}.$$

**证明下列等式：**

【3044】 $\int_0^1\frac{\mathrm{d}x}{x^x}=\sum_{n=1}^{\infty}\frac{1}{n^n}$.

解 $\int_0^1\frac{\mathrm{d}x}{x^x}=\int_0^1\mathrm{e}^{-x\ln x}\mathrm{d}x=\int_0^1\left(1-x\ln x+\frac{1}{2!}x^2\ln^2x-\frac{1}{3!}x^3\ln^3x+\cdots\right)\mathrm{d}x$

$$=\left[x-\frac{x^2}{2}\ln x+\frac{x^2}{2^2}+\frac{x^3}{2!\cdot 3}\ln^2x-\frac{x^3}{3^2}\ln x+\frac{x^3}{3^3}-\frac{x^4}{3!\cdot 4}\ln^3x+\frac{x^4}{2\cdot 4^2}\ln^2x-\frac{x^4}{4^3}\ln x+\frac{x^4}{4^4}+\cdots\right]_0^1$$

$$=1+\frac{1}{2^2}+\frac{1}{3^3}+\frac{1}{4^4}+\cdots=\sum_{n=1}^{\infty}\frac{1}{n^n},$$

本题得证.

【3045】 $\int_0^{+\infty} e^{-x^2}\sin ax\,dx=\frac{1}{2}\sum_{n=0}^{\infty}\frac{(-1)^n n!}{(2n+1)!}a^{2n+1}$.

解 $\int_0^{+\infty} e^{-x^2}\sin ax\,dx=\int_0^{+\infty} e^{-x^2}\sum_{n=0}^{\infty}(-1)^n\frac{a^{2n+1}}{(2n+1)!}x^{2n+1}dx$

$=\sum_{n=0}^{\infty}\frac{(-1)^n a^{2n+1}}{(2n+1)!}\int_0^{+\infty} e^{-x^2}x^{2n+1}dx=\frac{1}{2}\sum_{n=0}^{\infty}\frac{(-1)^n a^{2n+1}}{(2n+1)!}\int_0^{+\infty} t^n e^{-t}dt$

$=-\frac{1}{2}\sum_{n=0}^{\infty}\frac{(-1)^n a^{2n+1}}{(2n+1)!}e^{-t}\left[t^n+nt^{n-1}+n(n-1)t^{n-2}+\cdots+n!t+n!\right]\Big|_0^{+\infty}$

$=\frac{1}{2}\sum_{n=0}^{\infty}\frac{(-1)^n n!}{(2n+1)!}a^{2n+1}$.

本题得证.

【3046】 $\int_0^{2\pi} e^{\cos x}\cos(\sin x)\cos nx\,dx=\frac{\pi}{n!}\quad(n=0,1,2,\cdots)$.

解 若复数 $w=u+iv$,记 $\mathrm{Re}\{w\}=u$ 为其实部,则有 $\mathrm{Re}\{e^{e^{ix}}\}=e^{\cos x}\cos(\sin x)$. 因此,原定积分为

$$I_n=\int_0^{2\pi} e^{\cos x}\cos(\sin x)\cos nx\,dx$$

$$=\mathrm{Re}\left\{\int_0^{2\pi} e^{e^{ix}}\cos nx\,dx\right\}=\mathrm{Re}\left\{\int_0^{2\pi} e^{e^{ix}}\cdot\frac{1}{2}(e^{inx}+e^{-inx})dx\right\}$$

$$=\frac{1}{2}\mathrm{Re}\left\{\int_0^{2\pi}\sum_{m=0}^{\infty}\frac{(e^{ix})^m}{m!}(e^{inx}+e^{-inx})dx\right\}$$

$$=\frac{1}{2}\left[\sum_{m_1=0}^{\infty}\frac{1}{m_1!}\mathrm{Re}\left\{\int_0^{2n} e^{i(m_1+n)x}dx\right\}+\sum_{m_2=0}^{\infty}\frac{1}{m_2!}\mathrm{Re}\left\{\int_0^{2\pi} e^{i(m_2-n)x}dx\right\}\right].$$

注意,对任意整数 $k$,有积分关系:

$$\int_0^{2\pi} e^{ikx}dx=\begin{cases}2\pi, & k=0,\\ 0, & k\neq 0.\end{cases}$$

从而,当 $n\geqslant 0$, $m\geqslant 0$ 时,有:

(1) 当 $n=0$ 时,

$$\int_0^{2\pi} e^{i(m+n)x}dx=\begin{cases}2\pi, & m=0,\\ 0, & m\neq 0.\end{cases}\qquad \int_0^{2\pi} e^{i(m-n)x}dx=\begin{cases}2\pi, & m=n,\\ 0, & m\neq n.\end{cases}$$

此时相应地得 $I_0=\frac{1}{2}(2\pi+2\pi)=2\pi$.

(2) 当 $n=1,2,3,\cdots$ 时,

$$\int_0^{2\pi} e^{i(m+n)x}dx=0;\qquad \int_0^{2\pi} e^{i(m-n)x}dx=\begin{cases}2\pi, & m=n,\\ 0, & m\neq n.\end{cases}$$

此时相应地得 $I_n=\frac{1}{2}\cdot\left(\frac{1}{n!}2\pi\right)=\frac{\pi}{n!}$.

求:

【3047】 $\int_0^{2\pi} e^{a\cos x}\cos(a\sin x-nx)dx$ ($n$ 是正整数).

解 被积函数正是 $e^{ae^{ix}-inx}$ 的实部,故积分为

$$I=\int_0^{2\pi} e^{a\cos x}\cos(a\sin x-nx)dx=\int_0^{2\pi}\mathrm{Re}\{e^{ae^{ix}-inx}\}dx$$

$$=\mathrm{Re}\left\{\int_0^{2\pi} e^{ae^{ix}}e^{-inx}\,dx\right\}=\mathrm{Re}\left\{\int_0^{2\pi}\sum_{m=0}^{\infty}\frac{(ae^{ix})^m}{m!}e^{-inx}dx\right\}=\mathrm{Re}\left\{\sum_{m=0}^{\infty}\frac{a^m}{m!}\int_0^{2\pi} e^{i(m-n)x}dx\right\}$$

$$=\mathrm{Re}\left\{\frac{a^n}{n!}\cdot 2\pi+\sum_{\substack{m=0\\ m\neq n}}^{\infty}\frac{a^m}{m!}\int_0^{2\pi} e^{i(m-n)x}dx\right\}=\frac{2\pi a^n}{n!}.$$

**【3048】**$^+$ $\int_0^{\pi}\frac{x\sin x}{1-2\alpha\cos x+\alpha^2}dx$.

**提示** 利用 2864 题的结果.

**解** 利用 2864 题的结果,即得

$$\frac{x\sin x}{1-2\alpha\cos x+\alpha^2}=\sum_{n=1}^{\infty}\alpha^n x\sin nx \quad (|\alpha|<1).$$

由于$\int_0^{\pi}x\sin nx dx=(-1)^{n-1}\frac{\pi}{n}$,所以,当$|\alpha|<1$时,就有

$$\int_0^{\pi}\frac{x\sin x dx}{1-2\alpha\cos x+\alpha^2}=\sum_{n=1}^{\infty}(-1)^{n-1}\alpha^n\frac{\pi}{n}=\pi\ln(1+\alpha).$$

当$|\alpha|>1$时,$\left|\frac{1}{\alpha}\right|<1$,

$$\frac{x\sin x}{1-2\alpha\cos x+\alpha^2}=\frac{1}{\alpha^2}\cdot\frac{x\sin x}{1-2\left(\frac{1}{\alpha}\right)\cos x+\left(\frac{1}{\alpha}\right)^2}.$$

利用以上结果,即得:当$|\alpha|>1$时,$\int_0^{\pi}\frac{x\sin x}{1-2\alpha\cos x+\alpha^2}dx=\frac{\pi}{\alpha^2}\ln\left(1+\frac{1}{\alpha}\right)$.

**【3049】** $\int_0^{\pi}\ln(1-2\alpha\cos x+\alpha^2)dx$.

**提示** 利用 2872 题的结果.

**解** 利用 2872 题的结果,即得:当$|\alpha|\leqslant 1$时,

$$\int_0^{\pi}\ln(1-2\alpha\cos x+\alpha^2)dx=-2\sum_{n=1}^{\infty}\int_0^{\pi}\frac{\alpha^n\cos nx}{n}dx=0.$$

当$|\alpha|>1$时,即当$\left|\frac{1}{\alpha}\right|<1$时,

$$\ln(1-2\alpha\cos x+\alpha^2)=\ln\left[\alpha^2\left(1-2\frac{1}{\alpha}\cos x+\frac{1}{\alpha^2}\right)\right]=\ln\alpha^2+\ln\left(1-\frac{2}{\alpha}\cos\alpha+\frac{1}{\alpha^2}\right).$$

利用以上结果,即得:当$|\alpha|>1$时$\int_0^{\pi}\ln(1-2\alpha\cos x+\alpha^2)dx=\pi\ln\alpha^2=2\pi\ln|\alpha|$.

**【3050】** 证明公式:

$$\int_0^{+\infty}\frac{e^{-x}}{a+x}dx=\frac{1}{a}-\frac{1!}{a^2}+\frac{2!}{a^3}-\cdots+(-1)^{n-1}\frac{(n-1)!}{a^n}+(-1)^n\frac{\theta_n n!}{a^{n+1}}, \quad (1)$$

其中$a>0$且$0<\theta_n<1$.

若于公式(1)中取两项来表示积分$\int_0^{+\infty}\frac{e^{-x}}{100+x}dx$,其精确程度如何?

**解** 当$x\geqslant 0$时,考虑函数$f(x)=\frac{1}{x+a}$在$x=0$点的$n$阶泰勒展式,有

$$\begin{aligned}f(x)&=\frac{1}{x+a}=f(0)+f'(0)x+\frac{f''(0)}{2!}x^2+\cdots+\frac{f^{(n-1)}(0)}{(n-1)!}x^{n-1}+\frac{f^{n}(\theta x)}{n!}x^n\\&=\frac{1}{a}-\frac{x}{a^2}+\frac{x^2}{a^3}-\cdots+(-1)^{n-1}\frac{x^{n-1}}{a^n}+(-1)^n\frac{1}{(a+\theta x)^{n+1}}x^n\\&=\frac{1}{a}-\frac{x}{a^2}+\frac{x^2}{a^3}-\cdots+(-1)^{n-1}\frac{x^{n-1}}{a^n}+(-1)^n\frac{x^n}{a^{n+1}}\cdot\frac{1}{\left(1+\theta\cdot\frac{x}{a}\right)^{n+1}}\\&=\frac{1}{a}-\frac{x}{a^2}+\frac{x^2}{a^3}-\cdots+(-1)^{n-1}\frac{x^{n-1}}{a^n}+(-1)^n\bar{\theta}_n(x)\frac{x^n}{a^{n+1}},\end{aligned}$$

其中$0<\theta<1$,而对于函数$\bar{\theta}_n(x)=\frac{1}{\left(1+\theta\frac{x}{a}\right)^{n+1}}$,也有$0<\bar{\theta}_n(x)<1 \quad (0<x<+\infty)$. 由

$$\int_0^{+\infty}e^{-x}x^n dx=n!\ (n=0,1,2,\cdots) \quad 以及 \quad 0<\int_0^{+\infty}e^{-x}\bar{\theta}_n(x)x^n dx<\int_0^{+\infty}e^{-x}x^n dx=n!,$$

即知 $\int_0^{+\infty} e^{-x}\bar{\theta}_n(x)x^n dx=\theta_n n!$，其中 $0<\theta_n<1$. 于是，

$$\int_0^{+\infty}\frac{e^{-x}}{a+x}dx=\int_0^{+\infty}f(x)e^{-x}dx=\sum_{k=1}^{\infty}\frac{(-1)^{k-1}}{a^k}\int_0^{+\infty}x^{k-1}e^{-x}dx+(-1)^n\frac{1}{a^{n+1}}\int_0^{+\infty}\theta_n(x)x^n e^{-x}dx$$

$$=\frac{1}{a}-\frac{1!}{a^2}+\frac{2!}{a^3}-\cdots+(-1)^{n-1}\frac{(n-1)!}{a^n}+(-1)^n\frac{n!}{a^{n+1}}\theta_n.$$

公式证毕.

在上述公式中，令 $a=100=10^2$，则有

$$\int_0^{+\infty}\frac{e^{-x}}{100+x}dx=10^{-2}-1!10^{-4}+2!10^{-6}-\cdots+(-1)^{n-1}(n-1)!10^{-2n}+(-1)^n\theta_n n!10^{-2n-2}$$

$$(0<\theta_n<1).$$

如果取前两项来表示积分，即在上式中取 $n=2$，则误差为 $(-1)^2\theta_2 2!10^{-6}$，其绝对值小于 $2\cdot10^{-6}$，于是，

$$\left|\int_0^{+\infty}\frac{e^{-x}}{100+x}dx-0.01+0.0001\right|\leqslant0.000002=2\cdot10^{-6}.$$

## §9. 无穷乘积

1° **无穷乘积的收敛性** 若存在有限而且异于零的极限

$$\lim_{n\to\infty}\prod_{i=1}^{n}p_i=\lim_{n\to\infty}P_n=P,$$

则称无穷乘积

$$p_1p_2\cdots p_n\cdots=\prod_{n=1}^{\infty}p_n \tag{1}$$

是收敛的.

若 $P=0$ 而乘数 $p_n$ 中无一为零，则称乘积(1)发散于零；在相反的情形下，则称无穷乘积收敛于零.

乘积(1)的收敛性与级数

$$\sum_{n=n_0}^{\infty}\ln p_n \tag{2}$$

的收敛性是一样的.

收敛性的必要条件为：$\lim_{n\to\infty}p_n=1$.

若 $p_n=1+\alpha_n(n=1,2,\cdots)$ 及 $\alpha_n$ 不变号，则乘积(1)收敛的充分必要条件为级数

$$\sum_{n=1}^{\infty}\alpha_n=\sum_{n=1}^{\infty}(p_n-1) \tag{3}$$

收敛.

在一般的情形下，当 $\alpha_n$ 不保持固定的符号而级数(3)收敛时，乘积(1)与级数

$$\sum_{n=1}^{\infty}\alpha_n^2=\sum_{n=1}^{\infty}(p_n-1)^2$$

同时收敛或同时发散，且在发散的情形下，乘积发散于零.

2° **绝对收敛性** 若级数(2)绝对收敛或条件收敛，则称乘积(1)为绝对收敛或条件(非绝对)收敛. 级数(3)绝对收敛是乘积(1)绝对收敛的充分必要条件.

3° **函数的无穷乘积展开** 当 $-\infty<x<+\infty$ 时有展开式

$$\sin x=x\prod_{n=1}^{\infty}\left(1-\frac{x^2}{n^2\pi^2}\right),\quad \cos x=\prod_{n=1}^{\infty}\left[1-\frac{4x^2}{(2n-1)^2\pi^2}\right].$$

特别是，由第一式当 $x=\frac{\pi}{2}$ 时得沃利斯公式

$$\frac{\pi}{2}=\prod_{n=1}^{\infty}\left(\frac{2n}{2n-1}\cdot\frac{2n}{2n+1}\right).$$

证明下列等式:

**【3051】** $\prod_{n=2}^{\infty}\left(1-\frac{1}{n^2}\right)=\frac{1}{2}.$

**证** 记 $p_n=1-\frac{1}{n^2}$. 由于部分乘积

$$P_n=\prod_{i=2}^{n}p_i=(1-\frac{1}{2^2})(1-\frac{1}{3^2})\cdots(1-\frac{1}{n^2})=\frac{1}{2}\cdot\frac{n+1}{n}\to\frac{1}{2}\quad(\text{当 } n\to\infty\text{时}),$$

故 $\prod_{n=2}^{\infty}\left(1-\frac{1}{n^2}\right)=\frac{1}{2}.$

**【3052】** $\prod_{n=2}^{\infty}\frac{n^3-1}{n^3+1}=\frac{2}{3}.$

**证** 记 $p_n=\frac{n^3-1}{n^3+1}$. 由于部分乘积

$$P_n=\prod_{i=2}^{n}p_i=\frac{2^3-1}{2^3+1}\cdot\frac{3^3-1}{3^3+1}\cdots\frac{n^3-1}{n^3+1}=\frac{2}{3}\cdot\frac{n^2+n+1}{n(n+1)}\to\frac{2}{3}\quad(\text{当 } n\to\infty\text{时}),$$

故 $\prod_{n=2}^{\infty}\frac{n^3-1}{n^3+1}=\frac{2}{3}.$

**【3053】** $\prod_{n=2}^{\infty}\left[1-\frac{2}{n(n+1)}\right]=\frac{1}{3}.$

**证** 记 $p_n=1-\frac{2}{n(n+1)}$. 由于部分乘积

$$P_n=\prod_{i=2}^{n}p_i=\frac{4\cdot 1}{2\cdot 3}\cdot\frac{5\cdot 2}{3\cdot 4}\cdots\frac{(n+2)(n-1)}{n(n+1)}=\frac{1}{3}\cdot\frac{n+2}{n}\to\frac{1}{3}\quad(\text{当 } n\to\infty\text{时}),$$

故 $\prod_{n=2}^{\infty}\left[1-\frac{2}{n(n+1)}\right]=\frac{1}{3}.$

**【3054】** $\prod_{n=0}^{\infty}\left[1+\left(\frac{1}{2}\right)^{2^n}\right]=2.$

**证** 由于部分乘积满足下述等式:

$$\left(1-\frac{1}{2}\right)P_n=\left(1-\frac{1}{2}\right)\left(1+\frac{1}{2}\right)\left(1+\frac{1}{2^2}\right)\cdots\left(1+\frac{1}{2^{2^n}}\right)=1-\left(\frac{1}{2}\right)^{2^{n+1}},$$

从而,$P_n=\dfrac{1-\left(\frac{1}{2}\right)^{2n+1}}{1-\frac{1}{2}}\to\dfrac{1}{1-\frac{1}{2}}=2$ (当 $n\to\infty$时), 故 $\prod_{n=0}^{\infty}\left[1+\left(\frac{1}{2}\right)^{2^n}\right]=2.$

**【3055】** $\prod_{n=1}^{\infty}\cos\frac{\pi}{2^{n+1}}=\frac{2}{\pi}.$

**证** 由于部分乘积

$$P_n=\cos\frac{\pi}{2^2}\cos\frac{\pi}{2^3}\cdots\cos\frac{\pi}{2^{n+1}}=\frac{1}{2\sin\frac{\pi}{2^{n+1}}}\cos\frac{\pi}{2^2}\cos\frac{\pi}{2^3}\cdots\left(\cos\frac{\pi}{2^{n+1}}\cdot 2\sin\frac{\pi}{2^{n+1}}\right)=\cdots$$

$$=\frac{\sin\frac{\pi}{2}}{2^n\sin\frac{\pi}{2^{n+1}}}=\frac{\frac{\pi}{2^{n+1}}}{\sin\frac{\pi}{2^{n+1}}}\cdot\frac{2}{\pi}\to\frac{2}{\pi}\quad(\text{当 } n\to\infty\text{时}),$$

故 $\prod_{n=1}^{\infty}\cos\frac{\pi}{2^{n+1}}=\frac{2}{\pi}.$

**【3056】** $\prod_{n=1}^{\infty}\cos\frac{x}{2^n}=\frac{\sin x}{x}.$

**证** 当 $x\neq0$ 时,由于部分乘积

$$P_n=\cos\frac{x}{2}\cos\frac{x}{2^2}\cdots\cos\frac{x}{2^n}=\frac{\sin x}{2^n\sin\frac{x}{2^n}}=\frac{\frac{x}{2^n}}{\sin\frac{x}{2^n}}\cdot\frac{\sin x}{x}\to\frac{\sin x}{x}\quad(\text{当 } n\to\infty \text{ 时}),$$

故 $\prod\limits_{n=1}^{\infty}\cos\frac{x}{2^n}=\frac{\sin x}{x}$.

**【3057】** $\prod\limits_{n=1}^{\infty}\operatorname{ch}\frac{x}{2^n}=\frac{\operatorname{sh}x}{x}$.

**证** 由于部分乘积

$$P_n=\operatorname{ch}\frac{x}{2}\operatorname{ch}\frac{x}{2^2}\cdots\operatorname{ch}\frac{x}{2^n}=\frac{\operatorname{sh}x}{2^n\operatorname{sh}\frac{x}{2^n}}=\frac{\operatorname{sh}x}{x}\cdot\frac{\frac{x}{2^n}}{\operatorname{sh}\frac{x}{2^n}}\quad(x\neq0)\quad\text{及}\quad\lim_{y\to0}\frac{y}{\operatorname{sh}y}=\lim_{y\to0}\frac{1}{\operatorname{ch}y}=1,$$

故 $\prod\limits_{n=1}^{\infty}\operatorname{ch}\frac{x}{2^n}=\frac{\operatorname{sh}x}{x}$.

**【3058】** $\prod\limits_{n=0}^{\infty}(1+x^{2^n})=\frac{1}{1-x}\quad(|x|<1)$.

**证** 由于 $(1-x)P_n=(1-x)(1+x)\cdots(1+x^{2^n})=1-x^{2^{n+1}}$,从而(注意 $|x|<1$),

$$P_n=\frac{1-x^{2^{n+1}}}{1-x}\to\frac{1}{1-x}\qquad(\text{当 } n\to\infty \text{ 时}),$$

故 $\prod\limits_{n=0}^{\infty}(1+x^{2^n})=\frac{1}{1-x}$. 利用此题的结果,易得

$$\prod_{n=0}^{\infty}\left[1+\left(\frac{1}{2}\right)^{2^n}\right]=\frac{1}{1-\frac{1}{2}}=2,$$

此即 3054 题的结果.

**【3059】** $\frac{\pi}{2}=\frac{2}{\sqrt{2}}\cdot\frac{2}{\sqrt{2+\sqrt{2}}}\cdot\frac{2}{\sqrt{2+\sqrt{2+\sqrt{2}}}}\cdots$.

**提示** 在 3056 题中,令 $x=\frac{\pi}{2}$,并利用半角公式即易获解.

**证** 在 3056 题中,令 $x=\frac{\pi}{2}$,利用半角公式,有

$$\cos\frac{\pi}{4}=\frac{\sqrt{2}}{2},\quad\cos\frac{\pi}{8}=\sqrt{\frac{1+\cos\frac{\pi}{4}}{2}}=\frac{\sqrt{2+\sqrt{2}}}{2},\quad\cdots$$

则得

$$\frac{2}{\pi}=\frac{\sqrt{2}}{2}\cdot\frac{\sqrt{2+\sqrt{2}}}{2}\cdot\frac{\sqrt{2+\sqrt{2+\sqrt{2}}}}{2}\cdots,$$

也即 $\frac{\pi}{2}=\frac{2}{\sqrt{2}}\cdot\frac{2}{\sqrt{2+\sqrt{2}}}\cdot\frac{2}{\sqrt{2+\sqrt{2+\sqrt{2}}}}\cdots$.

**【3060】** $\prod\limits_{n=1}^{\infty}\left(\frac{3n}{3n-1}\cdot\frac{3n}{3n+1}\right)=\frac{2\pi}{3\sqrt{3}}$.

**提示** 在 $\sin x$ 的无穷乘积展开中,令 $x=\frac{\pi}{3}$,即易获解..

**证** 利用函数 $\sin x$ 的无穷乘积展开 $\sin x=x\prod\limits_{n=1}^{\infty}\left(1-\frac{x^2}{n^2\pi^2}\right)$,令 $x=\frac{\pi}{3}$,有

$$\sin\frac{\pi}{3}=\frac{\pi}{3}\prod_{n=1}^{\infty}\left(1-\frac{1}{(3n)^2}\right)=\frac{\pi}{3}\prod_{n=1}^{\infty}\frac{(3n-1)(3n+1)}{(3n)^2}.$$

于是，得 $\prod_{n=1}^{\infty}\left(\frac{3n}{3n-1}\cdot\frac{3n}{3n+1}\right)=\frac{\frac{\pi}{3}}{\sin\frac{\pi}{3}}=\frac{2\pi}{3\sqrt{3}}$.

**试证下列无穷乘积的收敛性并求出其值：**

**【3061】** $\prod_{n=3}^{\infty}\frac{n^2-4}{n^2-1}$.

**证** 由于部分乘积

$$P_n=\frac{1\cdot5}{2\cdot4}\cdot\frac{2\cdot6}{3\cdot5}\cdot\frac{3\cdot7}{4\cdot6}\cdots\frac{(n-4)n}{(n-3)(n-1)}\cdot\frac{(n-3)(n+1)}{(n-2)n}\cdot\frac{(n-2)(n+2)}{(n-1)(n+1)}=\frac{n+2}{4(n-1)}\to\frac{1}{4}$$

（当 $n\to\infty$ 时），

故无穷乘积 $\prod_{n=3}^{\infty}\frac{n^2-4}{n^2-1}$ 收敛，且其值为 $\frac{1}{4}$.

**【3062】** $\prod_{n=1}^{\infty}\left[1+\frac{1}{n(n+2)}\right]$.

**证** $1+\frac{1}{n(n+2)}=\frac{(n+1)^2}{n(n+2)}$. 由于部分乘积

$$P_n=\frac{2^2}{1\cdot3}\cdot\frac{3^2}{2\cdot4}\cdot\frac{4^2}{3\cdot5}\cdots\frac{(n-1)^2}{(n-2)n}\cdot\frac{n^2}{(n-1)(n+1)}\cdot\frac{(n+1)^2}{n(n+2)}=\frac{2(n+1)}{n+2}\to2\quad(\text{当 } n\to\infty \text{ 时}),$$

故无穷乘积 $\prod_{n=1}^{\infty}\left[1+\frac{1}{n(n+2)}\right]$ 收敛，且其值为 2.

**【3063】** $\prod_{n=1}^{\infty}\frac{(2n+1)(2n+7)}{(2n+3)(2n+5)}$.

**证** 由于部分乘积

$$P_n=\frac{3\cdot9}{5\cdot7}\cdot\frac{5\cdot11}{7\cdot9}\cdot\frac{7\cdot13}{9\cdot11}\cdots\frac{(2n-3)(2n+3)}{(2n-1)(2n+1)}\cdot\frac{(2n-1)(2n+5)}{(2n+1)(2n+3)}\cdot\frac{(2n+1)(2n+7)}{(2n+3)(2n+5)}$$

$$=\frac{3}{7}\cdot\frac{2n+7}{2n+3}\to\frac{3}{7}\quad(\text{当 } n\to\infty \text{ 时}),$$

故无穷乘积 $\prod_{n=1}^{\infty}\frac{(2n+1)(2n+7)}{(2n+3)(2n+5)}$ 收敛，且其值为 $\frac{3}{7}$.

**【3064】** $\prod_{n=1}^{\infty}a^{\frac{(-1)^n}{n}}\quad(a>0)$.

**证** 由于部分乘积

$$P_n=a^{-1}\cdot a^{\frac{1}{2}}\cdots a^{\frac{(-1)^n}{n}}=a^{-\left[1-\frac{1}{2}+\cdots+(-1)^{n-1}\frac{1}{n}\right]}\to a^{-\ln2}\quad(\text{当 } n\to\infty \text{ 时}),$$

故无穷乘积 $\prod_{n=1}^{\infty}a^{\frac{(-1)^n}{n}}$ 收敛，且其值为 $a^{-\ln2}$.

**【3065】** 可否由乘积 $\prod_{n=1}^{\infty}p_n$ 与 $\prod_{n=1}^{n}q_n$ 的收敛性得出下列乘积：

(1) $\prod_{n=1}^{n}(p_n+q_n)$； (2) $\prod_{n=1}^{n}p_n^2$； (3) $\prod_{n=1}^{\infty}p_nq_n$； (4) $\prod_{n=1}^{n}\frac{p_n}{q_n}$.

的收敛性？

**提示** (1) 不可以. 例如，乘积 $\prod_{n=1}^{\infty}\left(1-\frac{1}{n^2}\right)$ 及 $\prod_{n=1}^{\infty}\left(1+\frac{1}{n^2}\right)$.

(2) 可以，且其值为 $P^2\,(P\neq0)$，其中 $P=\prod_{n=1}^{\infty}p_n$.

(3) 可以，且其值为 $PQ\,(P\neq0,Q\neq0)$，其中 $P=\prod_{n=1}^{\infty}p_n$，$Q=\prod_{n=1}^{\infty}q_n$.

(4) 可以，且其值为 $\frac{P}{Q}\,(P\neq0,Q\neq0)$，其中 $P=\prod_{n=1}^{\infty}p_n$，$Q=\prod_{n=1}^{\infty}q_n$.

**解** (1) 不可以.例如,乘积 $\prod_{n=1}^{\infty}(1-\frac{1}{n^2})$ 及 $\prod_{n=1}^{\infty}(1+\frac{1}{n^2})$ 均收敛,但乘积 $\prod_{n=1}^{\infty}\left[\left(1-\frac{1}{n^2}\right)+\left(1+\frac{1}{n^2}\right)\right]=\prod_{n=1}^{\infty}(2\cdot n^0)$ 却发散.

(2) 可以.事实上,部分乘积 $Q_n=p_1^2\cdot p_2^2\cdots p_n^2=(p_1p_2\cdots p_n)^2$ 当 $n\to\infty$ 时的极限存在且为 $P^2$,故 $\prod_{n=1}^{\infty}p_n^2$ 收敛,且其值为 $P^2$,其中 $\prod_{n=1}^{\infty}p_n=P\neq 0$.

(3) 可以.事实上,部分乘积 $Q_n=(p_1p_2\cdots p_n)(q_1q_2\cdots q_n)$ 当 $n\to\infty$ 时的极限存在且为 $PQ$,故 $\prod_{n=1}^{\infty}p_nq_n$ 收敛,且其值为 $PQ$,其中 $\prod_{n=1}^{\infty}p_n=P\neq 0$, $\prod_{n=1}^{\infty}q_n=Q\neq 0$.

(4) 可以.事实上,部分乘积 $Q_n=\frac{p_1p_2\cdots p_n}{q_1q_2\cdots q_n}(q_i\neq 0,\ i=1,2,\cdots)$,当 $n\to\infty$ 时的极限存在且为 $\frac{P}{Q}$,故 $\prod_{n=1}^{\infty}\frac{p_n}{q_n}$ 收敛.且其值为 $\frac{P}{Q}$,其中 $\prod_{n=1}^{\infty}p_n=P\neq 0$, $\prod_{n=1}^{\infty}q_n=Q\neq 0$.

**研究下列无穷乘积的收敛性:**

**【3066】** $\prod_{n=1}^{\infty}\frac{1}{n}$.

**解** 由于通项 $p_n=\frac{1}{n}\to 0$(当 $n\to\infty$ 时),不满足收敛的必要条件($p_n\to 1$);或者说:由于部分乘积

$$p_n=\frac{1}{n!}\to 0 \quad (当 n\to\infty 时),$$

且每项不为零,故无穷乘积 $\prod_{n=1}^{\infty}\frac{1}{n}$ 发散于零.

**【3067】** $\prod_{n=1}^{\infty}\frac{(n+1)^2}{n(n+2)}$.

**解** 注意通项 $p_n=\frac{(n+1)^2}{n(n+2)}=1+\frac{1}{n(n+2)}$,而 $\sum_{n=1}^{\infty}\frac{1}{n(n+2)}$ 收敛,且 $\frac{1}{n(n+2)}$ 不变号,故无穷乘积 $\prod_{n=1}^{\infty}\frac{(n+1)^2}{n(n+2)}$ 收敛.事实上,已由 3062 题知,该无穷乘积是收敛的,且其值为 2.

**【3068】** $\prod_{n=1}^{\infty}\left(1+\frac{1}{n^p}\right)$.

**提示** 注意 $\frac{1}{n^p}$ 不变号以及级数 $\sum_{n=1}^{\infty}\frac{1}{n^p}$ 的敛散性.

**解** $p_n=1+\frac{1}{n^p}$,其中 $\frac{1}{n^p}$ 不变号.由于级数 $\sum_{n=1}^{\infty}\frac{1}{n^p}$ 当 $p>1$ 时收敛,而当 $p\leqslant 1$ 时发散,故无穷乘积 $\prod_{n=1}^{\infty}(1+\frac{1}{n^p})$ 当 $p>1$ 时收敛,而当 $p\leqslant 1$ 时发散.

**【3069】** $\prod_{n=2}^{\infty}\left(1-\frac{1}{n}\right)$.

**解** 由于 $p_n-1=-\frac{1}{n}$ 不变号,且 $\sum_{n=1}^{\infty}(-\frac{1}{n})$ 发散,故原无穷乘积发散.或由于部分乘积

$$P_n=\frac{1}{2}\cdot\frac{2}{3}\cdots\frac{n-2}{n-1}\cdot\frac{n-1}{n}=\frac{1}{n}$$

当 $n\to\infty$ 时的极限为零,且乘积中无一项为零,故原乘积发散于零.

**【3070】*** $\prod_{n=2}^{\infty}\left(\frac{n^2-1}{n^2+1}\right)^p$.

**解** 通项 $p_n=\left(\dfrac{n^2-1}{n^2+1}\right)^p=\left(1-\dfrac{1}{n^2+1}\right)^p$. 由于级数

$$\sum_{n=2}^{\infty}\ln\left(1-\frac{2}{n^2+1}\right)^p=p\sum_{n=2}^{\infty}\ln\left(1-\frac{2}{n^2+1}\right)$$

对任何 $p$ 均收敛(因为级数 $\sum\limits_{n=2}^{\infty}\dfrac{2}{n^2+1}$收敛),故原无穷乘积对任何 $p$ 均收敛.

*) 原题误为 $\prod\limits_{n=1}^{\infty}\left(\dfrac{n^2-1}{n^2+1}\right)^p$,这时,若 $p\geqslant 0$,第一个因子为零,按定义无穷乘积收敛于零;若 $p<0$,第一个因子无意义,因此整个无穷乘积无意义.

**【3071】** $\prod\limits_{n=n_0}^{\infty}\dfrac{n^2+a_1n+b_1}{n^2+an+b}$,其中当 $n\geqslant n_0$ 时 $n^2+an+b>0$.

**解** 通项 $p_n=\dfrac{n^2+a_1n+b_1}{n^2+an+b}=1+\dfrac{(a_1-a)n+(b_1-b)}{n^2+an+b}$,令

$$a_n=\frac{(a_1-a)n+(b_1-b)}{n^2+an+b}.$$

当 $a_1=a$ 时,$a_n\sim\dfrac{1}{n^2}$. 由于$\sum\limits_{n=n_0}^{\infty}\dfrac{1}{n^2}$收敛,故原无穷乘积收敛. 当$a_1\neq a$时,由于 $n^2+an+b>0$,且 $a_n\sim\dfrac{a_1-a}{n}$,故 $\sum\limits_{n=n_0}^{\infty}a_n$ 发散,从而,原无穷乘积也发散.

**【3072】** $\prod\limits_{n=n_0}^{\infty}\dfrac{(n-a_1)(n-a_2)\cdots(n-a_p)}{(n-b_1)(b-b_2)\cdots(n-b_p)}$,其中 $n_0>b_i(i=1,2,\cdots,p)$.

**解** $p_n=\dfrac{(n-a_1)(n-a_2)\cdots(n-a_p)}{(n-b_1)(b-b_2)\cdots(n-b_p)}=1+\dfrac{\left(\sum\limits_{i=1}^{p}b_i-\sum\limits_{i=1}^{p}a_i\right)n^{p-1}+\cdots+(-1)^p\left(\prod\limits_{i=1}^{p}a_i-\prod\limits_{i=1}^{p}b_i\right)}{\prod\limits_{i=1}^{p}(n-b_i)}$.

令

$$a_n=\frac{\left(\sum\limits_{i=1}^{p}b_i-\sum\limits_{i=1}^{p}a_i\right)n^{p-1}+\cdots+(-1)^p\left(\prod\limits_{i=1}^{p}a_i-\prod\limits_{i=1}^{p}b_i\right)}{\prod\limits_{i=1}^{p}(n-b_i)},$$

当 $\sum\limits_{i=1}^{p}a_i=\sum\limits_{i=1}^{p}b_i$ 时,$a_n=O\left(\dfrac{1}{n^2}\right)$,故 $\sum\limits_{n=n_0}^{\infty}a_n$ 收敛,从而,原无穷乘积收敛. 当 $\sum\limits_{i=1}^{p}a_i\neq\sum\limits_{i=1}^{p}b_i$ 时,由于当 $n>n_0$时,$\prod\limits_{i=1}^{p}(n-b_i)>0$,且 $a_n\sim\dfrac{1}{n}\left(\sum\limits_{i=1}^{p}b_i-\sum\limits_{i=1}^{p}a_i\right)$,故级数 $\sum\limits_{n=n_0}^{\infty}a_n$ 发散,从而,原无穷乘积也发散.

**【3073】** $\prod\limits_{n=0}^{\infty}\sqrt{\dfrac{n+1}{n+2}}$.

**解** $p_n=\sqrt{\dfrac{n+1}{n+2}}$, $\ln p_n=\dfrac{1}{2}\ln\dfrac{n+1}{n+2}=\dfrac{1}{2}\ln\left(1-\dfrac{1}{n+2}\right)$.

由于 $\sum\limits_{n=0}^{\infty}\ln\left(1-\dfrac{1}{n+2}\right)$发散(于$-\infty$),故原无穷乘积发散(于零).

**【3074】** $\prod\limits_{n=1}^{\infty}\dfrac{n}{\sqrt{n^2+1}}$.

**提示** 注意级数 $\sum\limits_{n=1}^{\infty}\ln\dfrac{n}{\sqrt{n^2+1}}=-\dfrac{1}{2}\sum\limits_{n=1}^{\infty}\ln\left(1+\dfrac{1}{n^2}\right)$的敛散性.

**解** $p_n=\dfrac{n}{\sqrt{n^2+1}}=\dfrac{1}{\sqrt{1+\dfrac{1}{n^2}}}$, $\ln p_n=-\dfrac{1}{2}\ln\left(1+\dfrac{1}{n^2}\right)$.

考虑级数

$$\sum_{n=1}^{\infty}\ln p_n=-\frac{1}{2}\sum_{n=1}^{\infty}\ln\left(1+\frac{1}{n^2}\right).$$

由于级数 $\sum\limits_{n=1}^{\infty}\frac{1}{n^2}$ 收敛，故级数 $\sum\limits_{n=1}^{\infty}\ln\left(1+\frac{1}{n^2}\right)$ 收敛，从而，级数 $\sum\limits_{n=1}^{\infty}\ln p_n$ 收敛. 因此，无穷乘积 $\prod\limits_{n=1}^{\infty}\frac{n}{\sqrt{n^2+1}}$ 收敛.

【3075】 $\prod\limits_{n=1}^{\infty}\sqrt[n]{1+\frac{1}{n}}$.

解 $p_n=\sqrt[n]{1+\frac{1}{n}}$，$\ln p_n=\frac{1}{n}\ln\left(1+\frac{1}{n}\right)>0$. 当 $n\to\infty$ 时，有

$$\frac{1}{n}\ln\left(1+\frac{1}{n}\right)\sim\frac{1}{n^2},$$

故 $\sum\limits_{n=1}^{\infty}\ln p_n$ 收敛，从而，原乘积也收敛.

【3076】 $\prod\limits_{n=1}^{\infty}\sqrt[n^2]{n}$.

解 $p_n=\sqrt[n^2]{n}$，$\ln p_n=\frac{1}{n^2}\ln n$. 考虑级数

$$\sum_{n=1}^{\infty}\ln p_n=\sum_{n=1}^{\infty}\frac{1}{n^2}\ln n.$$

由于 $\frac{1}{n^2}\ln n=O\left(\frac{1}{n^{1+\varepsilon}}\right)$，此处 $\varepsilon$ 为满足 $0<\varepsilon<1$ 的任一常数，而 $\sum\limits_{n=1}^{\infty}\frac{1}{n^{1+\varepsilon}}$ 收敛，故原无穷乘积收敛.

【3077】 $\prod\limits_{n=1}^{\infty}\left(1+\frac{x}{n}\right)e^{-\frac{x}{n}}$.

解 通项

$$p_n=\left(1+\frac{x}{n}\right)e^{-\frac{x}{n}}=\left(1+\frac{x}{n}\right)\left[1-\frac{x}{n}+\frac{x^2}{2n^2}+O\left(\frac{1}{n^2}\right)\right]=1-\frac{x^2}{2n^2}+O\left(\frac{1}{n^2}\right),$$

故若记 $p_n=1+\alpha_n$，则当 $n$ 充分大时，有

$$\alpha_n=-\frac{x^2}{2n^2}+O\left(\frac{1}{n^2}\right)<0,$$

保持不变号. 注意到对任何 $x$，级数

$$\sum_{n=n_0}^{\infty}\left[-\frac{x^2}{2n^2}+O\left(\frac{1}{n^2}\right)\right]$$

收敛，这里 $n_0$ 为适当大的某一正整数. 从而，$\sum\limits_{n=1}^{\infty}\alpha_n$ 收敛. 因此，原无穷乘积收敛.

【3078】 $\prod\limits_{n=1}^{\infty}\left(1-\frac{x}{c+n}\right)e^{-\frac{x}{n}}$，其中 $c>0$.

解 对任意 $x$，考虑通项

$$p_n=\left(1-\frac{x}{c+n}\right)e^{-\frac{x}{n}}=\left(1-\frac{x}{c+n}\right)\left[1+\frac{x}{n}+O\left(\frac{1}{n^2}\right)\right]=1-\frac{x}{c+n}+\frac{x}{n}-\frac{x^2}{n(c+n)}+O\left(\frac{1}{n^2}\right)$$

$$=1-\frac{x^2-cx}{n(c+n)}+O\left(\frac{1}{n^2}\right)=1+O\left(\frac{1}{n^2}\right).$$

易知级数 $\sum\limits_{n=1}^{\infty}\ln p_n$ 收敛，故原无穷乘积收敛.

【3079】 $\prod\limits_{n=1}^{\infty}(1-x^n)$.

解 当 $|x|\geqslant1$ 时，由于通项 $p_n=1-x^n\not\to1$，即不满足收敛的必要条件，故原无穷级数发散. 当 $|x|<1$

时，若 $x=0$ 显然收敛；若 $x\neq0$ 则有

$$\ln p_n=\ln(1-x^n)=-x^n\ln\left[(1-x^n)^{-\frac{1}{x^n}}\right].$$

由于

$$\lim_{n\to\infty}\ln\left[(1-x^n)^{-\frac{1}{x_n}}\right]=\lim_{y\to\infty}\ln\left[\left(1+\frac{1}{y}\right)^y\right]=1,$$

从而，$\ln p_n=O(|x|^n)$. 但级数 $\sum\limits_{n=1}^{\infty}|x|^n$ 当 $|x|<1$ 时收敛，故此时原无穷乘积收敛.

**【3080】** $\prod\limits_{n=1}^{\infty}\left(1+\dfrac{x^n}{2^n}\right)$.

**解** 当 $|x|\geqslant2$ 时，通项 $p_n=1+\left(\dfrac{x}{2}\right)^n\not\to1$，故原无穷乘积发散. 当 $|x|<2$ 时，若 $x=0$ 显然收敛；若 $x\neq0$，利用

$$\lim_{n\to\infty}\left(1+\frac{x^n}{2^n}\right)^{\frac{2^n}{x^n}}=\lim_{y_n\to\infty}\left(1+\frac{1}{y_n}\right)^{y_n}=\mathrm{e},$$

就有

$$\ln p_n=\ln\left(1+\frac{x^n}{2^n}\right)=\frac{x^n}{2^n}\ln\left(1+\frac{x^n}{2^n}\right)^{\frac{2^n}{x^n}}=O\left(\left|\frac{x}{2}\right|^n\right).$$

由于级数 $\sum\limits_{n=1}^{\infty}\left|\dfrac{x}{2}\right|^n$ 当 $|x|<2$ 时收敛，从而，$\sum\limits_{n=1}^{\infty}\ln p_n$ 收敛. 因此，原无穷乘积收敛.

**【3081】** $\prod\limits_{n=1}^{\infty}\left[1+\dfrac{\left(1+\frac{1}{n}\right)^{n^2}}{x^n}\right]$.

**解** (1) 当 $|x|<\mathrm{e}$ 时，利用

$$\left(1+\frac{1}{n}\right)^n=\mathrm{e}+o(1)\qquad(\text{当 } n\to\infty \text{ 时}),$$

存在适当大的整数 $n_0$，当 $n\geqslant n_0$ 时，有 $\left(1+\dfrac{1}{n}\right)^n>|x|$，于是，相应地得

$$\left|\frac{\left(1+\frac{1}{n}\right)^{n^2}}{x^n}\right|=\left[\frac{\left(1+\frac{1}{n}\right)^n}{|x|}\right]^n>1.$$

这表明，此时

$$p_n=1+\frac{\left(1+\frac{1}{n}\right)^{n^2}}{x^n}\not\to1\quad(\text{当 } n\to\infty \text{ 时}),$$

即不满足无穷乘积收敛的必要条件，故原无穷乘积发散.

(2) 当 $|x|=\mathrm{e}$ 时，利用 70 题的结果，有 $\left(1+\dfrac{1}{n}\right)^n>\mathrm{e}-\dfrac{3}{n}$. 此时，得

$$p_n=1+(\operatorname{sgn}x)^n\frac{\left(1+\frac{1}{n}\right)^{n^2}}{\mathrm{e}^n}=1+(\operatorname{sgn}x)^n\left[\frac{\left(1+\frac{1}{n}\right)^n}{\mathrm{e}}\right]^n=1+\alpha_n.$$

但

$$|\alpha_n|=\left|(\operatorname{sgn}x)^n\left[\frac{\left(1+\frac{1}{n}\right)^n}{\mathrm{e}}\right]^n\right|=\left[\frac{\left(1+\frac{1}{n}\right)^n}{\mathrm{e}}\right]^n>\left[\frac{\mathrm{e}-\frac{3}{n}}{\mathrm{e}}\right]^n=\left(1-\frac{3}{\mathrm{e}}\cdot\frac{1}{n}\right)^n,$$

而

$$\lim_{n\to\infty}\left(1-\frac{3}{\mathrm{e}}\cdot\frac{1}{n}\right)^n=\lim_{n\to\infty}\left[\left(1-\frac{3}{n\mathrm{e}}\right)^{\frac{n\mathrm{e}}{3}}\right]^{\frac{3}{\mathrm{e}}}=\mathrm{e}^{-\frac{3}{\mathrm{e}}}>0,$$

故此时有 $\alpha_n \not\to 0$，也即 $p_n \not\to 1$（当 $n\to\infty$ 时），从而，原无穷乘积发散.

(3) 当 $|x|>\mathrm{e}$ 时，记 $p_n=1+\alpha_n$. 为考察 $\alpha_n$ 的变化，仍利用

$$\left(1+\frac{1}{n}\right)^n=\mathrm{e}+o(1)\qquad(n\to\infty),$$

存在适当大正整数 $n_0$，当 $n\geqslant n_0$ 时，有

$$\left(1+\frac{1}{n}\right)^n<\frac{1}{2}(\mathrm{e}+|x|).$$

记 $q=\frac{1}{2}\cdot\frac{|x|+\mathrm{e}}{|x|}$，则 $0<q<1$，有

$$|\alpha_n|=\left[\frac{\left(1+\frac{1}{n}\right)^{n^2}}{x^n}\right]=\left[\frac{\left(1+\frac{1}{n}\right)^n}{|x|}\right]^n<\left[\frac{\frac{1}{2}(\mathrm{e}+|x|)}{|x|}\right]^n=q^n.$$

于是，级数 $\sum\limits_{n=1}^{\infty}\alpha_n$ 绝对收敛. 由 $\ln p_n=\ln(1+\alpha_n)$，从而，$\sum\limits_{n=1}^{\infty}\ln p_n$ 绝对收敛. 因此，原无穷乘积收敛.

**【3082】** $\prod\limits_{n=1}^{\infty}\left(1-\frac{x}{\sqrt{n}}\right)\mathrm{e}^{\frac{x}{\sqrt{n}}+\frac{x^2}{2n}}$.

**解** 对于任意 $x$，考虑通项

$$\begin{aligned}p_n&=\left(1-\frac{x}{\sqrt{n}}\right)\mathrm{e}^{\frac{x}{\sqrt{n}}+\frac{x^2}{2n}}\\&=\left(1-\frac{x}{\sqrt{n}}\right)\left[1+\left(\frac{x}{\sqrt{n}}+\frac{x^2}{2n}\right)+\frac{1}{2}\left(\frac{x}{\sqrt{n}}+\frac{x^2}{2n}\right)^2+O\left(\frac{1}{\sqrt{n^3}}\right)\right]\\&=\left[1+\frac{x}{\sqrt{n}}+\frac{x^2}{2n}+\frac{1}{2}\cdot\frac{x^2}{n}+O\left(\frac{1}{\sqrt{n^3}}\right)\right]+\left[-\frac{x}{\sqrt{n}}-\frac{x^2}{n}+O\left(\frac{1}{\sqrt{n^3}}\right)\right]=1+O\left(\frac{1}{\sqrt{n^3}}\right).\end{aligned}$$

因此，若记 $p_n=1+\alpha_n$，则有 $\alpha_n=O\left(\frac{1}{\sqrt{n^3}}\right)$. 于是，由级数 $\sum\limits_{n=1}^{\infty}\alpha_n$ 的绝对收敛，可知级数 $\sum\limits_{n=1}^{\infty}\ln(1+\alpha_n)$ 绝对收敛，从而知，原无穷乘积收敛.

**【3083】**$^{+}$ $\prod\limits_{n=1}^{\infty}\left(1+\frac{x^n}{n^p}\right)\cos\frac{x^n}{n^q}$.

**解** (1) 当 $|x|<1$ 时，通项

$$\begin{aligned}p_n&=\left(1+\frac{x^n}{n^p}\right)\cos\frac{x^n}{n^p}=\left(1+\frac{x^n}{n^p}\right)\left[1+O\left(\frac{x^{2n}}{n^{2q}}\right)\right]=1+\frac{x^n}{n^p}+O\left(\frac{x^{2n}}{n^{2q}}\right)+O\left(\frac{x^{3n}}{n^{p+2q}}\right)\\&=1+O\left(\frac{x^n}{n^p}\right)+O\left(\frac{x^{3n}}{n^{p+2q}}\right).\end{aligned}$$

当 $n$ 充分大时，不论 $p,q$ 为何值，均有

$$\frac{x^n}{n^p}=O\left(|x|^{\frac{n}{2}}\right),\quad\frac{x^{3n}}{x^{p+2q}}=O\left(|x|^{\frac{n}{2}}\right).$$

于是，可写 $p_n=1+\alpha_n$，$\alpha_n=O(|x|^{\frac{n}{2}})$. 因此，有

$$|\ln p_n|=|\ln(1+\alpha_n)|=O(|\alpha_n|)=O(|x|^{\frac{n}{2}}).$$

由于当 $|x|<1$ 时，$\sum\limits_{n=1}^{\infty}(\sqrt{|x|})^n<+\infty$，从而，$\sum\ln p_n$ 绝对收敛，故原无穷乘积 $\prod\limits_{n=1}^{\infty}p_n$ 收敛.

(2) 当 $x=1$ 时，在 $p>1,q>\frac{1}{2}$ 的情况下，由于通项

$$\begin{aligned}p_n&=\left(1+\frac{1}{n^p}\right)\cos\frac{1}{n^q}=\left(1+\frac{1}{n^p}\right)\left[1-\frac{1}{2n^{2q}}+O\left(\frac{1}{n^{4q}}\right)\right]=1+\frac{1}{n^p}-\frac{1}{2n^{2q}}+O\left(\frac{1}{n^{4q}}\right)+O\left(\frac{1}{n^{p+4q}}\right)\\&=1+\frac{1}{n^p}+O\left(\frac{1}{n^{2q}}\right),\end{aligned}$$

若记 $p_n=1+\alpha_n$，$\alpha_n=\frac{1}{n^p}+O\left(\frac{1}{n^{2q}}\right)$，则 $\sum\limits_{n=1}^{\infty}\alpha_n$ 绝对收敛，且由

$$\alpha_n^2=\frac{1}{n^{2p}}+O\left(\frac{1}{n^{4q}}\right)+O\left(\frac{1}{n^{2q+p}}\right)=\frac{1}{n^{2p}}+O\left(\frac{1}{n^{4q}}\right),$$

易知 $\sum\limits_{n=1}^{\infty}\alpha_n^2$ 也收敛，故此时无穷乘积 $\prod\limits_{n=1}^{\infty}p_n$ 收敛.

(3) 当 $x=-1$ 时，在 $p>\frac{1}{2}$，$q>\frac{1}{2}$ 的情况下，由于通项

$$\begin{aligned}p_n&=\left(1+\frac{(-1)^n}{n^p}\right)\cos\frac{(-1)^n}{n^q}=\left(1+\frac{(-1)^n}{n^p}\right)\left[1-\frac{1}{2}\cdot\frac{1}{n^{2q}}+O\left(\frac{1}{n^{4q}}\right)\right]\\&=1+\frac{(-1)^n}{n^p}-\frac{1}{2n^{2q}}+O\left(\frac{1}{n^{p+2q}}\right)+O\left(\frac{1}{n^{p+4q}}\right)=1+\frac{(-1)^n}{n^p}+O\left(\frac{1}{n^{2q}}\right),\end{aligned}$$

可记 $p_n=1+\beta_n$，$\beta_n=\frac{(-1)^n}{n^p}+O\left(\frac{1}{n^{2q}}\right)$，则有

$$\ln p_n=\ln(1+\beta_n)=\beta_n+O(\beta_n^2),$$

易见 $\sum\limits_{n=1}^{\infty}\beta_n$ 收敛，而

$$\beta_n^2=\frac{1}{n^{2p}}+O\left(\frac{1}{n^{4q}}\right)+O\left(\frac{1}{n^{2q+p}}\right)=\frac{1}{n^{2p}}+O\left(\frac{1}{n^{2q}}\right),$$

故 $\sum\limits_{n=1}^{\infty}\beta_n^2$ 绝对收敛，从而知，$\sum\limits_{n=1}^{\infty}\ln p_n$ 收敛. 于是，此时无穷乘积 $\prod\limits_{n=1}^{\infty}p_n$ 收敛.

**【3084】** $\prod\limits_{n=1}^{\infty}\left(\frac{\sin\frac{x}{n}}{\frac{x}{n}}\right)^p$.

**解** 显然应当要求 $x\neq0$. 记通项为 $p_n=(1+\alpha_n)^p$，其中

$$\alpha_n=\frac{\sin\frac{x}{n}}{\frac{x}{n}}-1=\left[1-\frac{x^2}{6n^2}+o\left(\frac{1}{n^2}\right)\right]-1=-\frac{x^2}{6n^2}+o\left(\frac{1}{n^2}\right)\quad(n\to\infty),$$

而

$$\ln p_n=p\ln(1+\alpha_n)=p\ln\left[1-\frac{x^2}{6n^2}+o\left(\frac{1}{n^2}\right)\right].$$

由于 $\sum\limits_{n=1}^{\infty}\ln(1+\alpha_n)$收敛*)，故 $\sum\limits_{n=1}^{\infty}\ln p_n$ 收敛，从而，原无穷乘积收敛(对任何的 $p$ 及 $x\neq0$).

*) 参看 2677 题的结果.

**【3085】** $\prod\limits_{n=1}^{\infty}\sqrt[n]{\ln(n+x)-\ln n}$.

**解** 记 $p_n=\sqrt[n]{\ln(n+x)-\ln n}$，由要求 $\ln(n+x)-\ln n\geqslant0$，知 $x\geqslant0$.

(1)当 $x=0$ 时，显然各项均为零，无穷乘积收敛于零.

(2)当 $x>0$ 时，由 $\ln p_n=\frac{1}{n}\ln\ln\left(1+\frac{x}{n}\right)$可知，当 $n\geqslant\frac{x}{e-1}$时，有 $\ln(1+\frac{x}{n})\leqslant1$，故此时 $\ln\ln\left(1+\frac{x}{n}\right)\leqslant$ 0. 再由

$$\frac{-\frac{1}{n}\ln\ln\left(1+\frac{x}{n}\right)}{\frac{1}{n}}=\ln\frac{1}{\ln\left(1+\frac{x}{n}\right)}\to+\infty$$

及 $\sum\limits_{n=1}^{\infty}\frac{1}{n}$发散知 $\sum\limits_{n=1}^{\infty}\frac{-1}{n}\ln\ln(1+\frac{x}{n})$发散，从而得知级数 $\sum\limits_{n=1}^{\infty}\ln p_n$ 发散. 因此，原无穷乘积发散.

**【3086】** 证明：若级数 $\sum\limits_{n=1}^{\infty}x_n^2$ 收敛，则乘积 $\prod\limits_{n=1}^{\infty}\cos x_n$ 收敛.

**证** 当 $x\to0$ 时，$p_n=\cos x_n=1+\alpha_n$，其中

$$\alpha_n=-\frac{1}{2}x_n^2+o(x_n^2),\alpha_n\leqslant0,$$

且由于级数 $\sum\limits_{n=1}^{\infty}\alpha_n=\sum\limits_{n=1}^{\infty}\left[-\frac{x_n^2}{2}+o(x_n^2)\right]$收敛,故无穷乘积 $\prod\limits_{n=1}^{\infty}\cos x_n$ 收敛.

**【3087】** 证明:若级数 $\sum\limits_{n=1}^{\infty}\alpha_n$ 绝对收敛,则乘积 $\prod\limits_{n=1}^{\infty}\tan\left(\frac{\pi}{4}+\alpha_n\right)$ $\left(|\alpha_n|<\frac{\pi}{4}\right)$ 收敛.

**证** 由于级数 $\sum\limits_{n=1}^{\infty}\alpha_n$ 收敛,故 $\lim\limits_{n\to\infty}\alpha_n=0$. 此时有

$$\tan\left(\frac{\pi}{4}+\alpha_n\right)=\frac{1+\tan\alpha_n}{1-\tan\alpha_n}=(1+\tan\alpha_n)(1+\tan\alpha_n+\tan^2\alpha_n+\cdots)$$
$$=1+2\tan\alpha_n+2\tan^2\alpha_n+\cdots=1+2\alpha_n+o(\alpha_n).$$

由于级数 $\sum\limits_{n=1}^{\infty}[2\alpha_n+o(\alpha_n)]$收敛,而且级数

$$\sum_{n=1}^{\infty}[2\alpha_n+o(\alpha_n)]^2=\sum_{n=1}^{\infty}4\alpha_n^2+4\sum_{n=1}^{\infty}\left[\alpha_n\cdot o(\alpha_n)\right]+\sum_{n=1}^{\infty}o^2(\alpha_n)$$

也收敛*),故无穷乘积 $\prod\limits_{n=1}^{\infty}\tan\left(\frac{\pi}{4}+\alpha_n\right)$ $\left(|\alpha_n|<\frac{\pi}{2}\right)$ 收敛.

*) 由于 $\sum\limits_{n=1}^{\infty}\alpha_n$ 绝对收敛,故 $\sum\limits_{n=1}^{\infty}\alpha_n^2\leqslant\sum\limits_{s=1}^{\infty}\left(|\alpha_{i_s}|\cdot|\alpha_{k_s}|\right)$,因而,$\sum\limits_{n=1}^{\infty}\alpha_n^2$ 也收敛. 又当 $n$ 充分大时,有

$$|\alpha_n\cdot o(\alpha_n)|\leqslant|\alpha_n|,\quad |o^2(\alpha_n)|\leqslant|\alpha_n|,$$

故 $\sum\limits_{n=1}^{\infty}\left[\alpha_n\cdot o(\alpha_n)\right]$及 $\sum\limits_{n=1}^{\infty}o^2(\alpha_n)$均收敛.

**研究下列无穷乘积的绝对收敛性和条件收敛性:**

**【3088】** $\prod\limits_{n=1}^{\infty}\left[1+\frac{(-1)^{n+1}}{n}\right]$.

**解** 由于级数 $\sum\limits_{n=1}^{\infty}\frac{(-1)^{n+1}}{n}$条件收敛,且级数 $\sum\limits_{n=1}^{\infty}\left[\frac{(-1)^{n+1}}{n}\right]^2$ 收敛,故原无穷乘积条件收敛.

**【3089】** $\prod\limits_{n=1}^{\infty}\left[1+\frac{(-1)^{n+1}}{\sqrt{n}}\right]$.

**解** 由于级数 $\sum\limits_{n=1}^{\infty}\frac{(-1)^{n+1}}{\sqrt{n}}$条件收敛,且级数 $\sum\limits_{n=1}^{\infty}\left[\frac{(-1)^{n+1}}{\sqrt{n}}\right]^2=\sum\limits_{n=1}^{\infty}\frac{1}{n}$发散,故原无穷乘积发散.

**【3090】** $\prod\limits_{n=1}^{\infty}\left[1+\frac{(-1)^{n+1}}{n^p}\right]$.

**提示** 就 $p>1,\frac{1}{2}<p\leqslant1,0<p\leqslant\frac{1}{2}$ 及 $p\leqslant0$ 四种情况加以讨论.

**解** 当 $p>1$ 时,由于级数 $\sum\limits_{n=1}^{\infty}\frac{(-1)^{n+1}}{n^p}$绝对收敛,故原无穷乘积绝对收敛.

当$\frac{1}{2}<p\leqslant1$ 时,由于级数 $\sum\limits_{n=1}^{\infty}\frac{(-1)^{n+1}}{n^p}$条件收敛及 $\sum\limits_{n=1}^{\infty}\left[\frac{(-1)^{n+1}}{n^p}\right]^2=\sum\limits_{n=1}^{\infty}\frac{1}{n^{2p}}$收敛,故原无穷乘积条件收敛.

当 $0<p\leqslant\frac{1}{2}$时,由于 $\sum\limits_{n=1}^{\infty}\frac{1}{n^{2p}}$发散,故原无穷乘积发散.

当 $p\leqslant0$ 时,由于$\frac{(-1)^{n+1}}{n^p}$不趋于零,故原无穷乘积也发散.

**【3091】** $\prod\limits_{n=2}^{\infty}\left[1+\frac{(-1)^n}{\ln n}\right]$.

**解** 由于级数 $\sum\limits_{n=2}^{\infty}\frac{(-1)^n}{\ln n}$条件收敛及 $\sum\limits_{n=2}^{\infty}\frac{1}{\ln^2 n}$发散*),故原无穷乘积发散.

*） 当 $n$ 充分大时，显然有 $n>\ln^2 n$，故 $\frac{1}{\ln^2 n}>\frac{1}{n}$. 由 $\sum\limits_{n=2}^{\infty}\frac{1}{n}$ 发散即知 $\sum\limits_{n=2}^{\infty}\frac{1}{\ln^2 n}$ 发散.

**【3092】** $\prod\limits_{n=2}^{\infty}\frac{\sqrt{n}}{\sqrt{n}+(-1)^n}$.

**解** 记 $p_n=\frac{\sqrt{n}}{\sqrt{n}+(-1)^n}$，则有 $\ln p_n=\ln\left[1-\frac{(-1)^n}{\sqrt{n}+(-1)^n}\right]$. 令 $u_k=\ln p_{2k}+\ln p_{2k+1}(k=1,2,3,\cdots)$，即得

$$u_k=\ln\left(1-\frac{1}{\sqrt{2k}+1}\right)+\ln\left(1+\frac{1}{\sqrt{2k+1}-1}\right)=\ln\left[1-\frac{\sqrt{2k+1}-\sqrt{2k}-1}{(\sqrt{2k}+1)(\sqrt{2k+1}-1)}\right]>0.$$

由于

$$\lim_{k\to\infty}\ln\left[1-\frac{\sqrt{2k+1}-\sqrt{2k}-1}{(\sqrt{2k}+1)(\sqrt{2k+1}-1)}\right]^{-\frac{(\sqrt{2k}+1)(\sqrt{2k+1}-1)}{\sqrt{2k+1}-\sqrt{2k}-1}}=1,$$

故有

$$u_k=-\frac{\sqrt{2k+1}-\sqrt{2k}-1}{(\sqrt{2k}+1)(\sqrt{2k+1}-1)}\ln\left[1-\frac{\sqrt{2k+1}-\sqrt{2k}-1}{(\sqrt{2k}+1)(\sqrt{2k+1}-1)}\right]^{-\frac{(\sqrt{2k}+1)(\sqrt{2k+1}-1)}{\sqrt{2k+1}-\sqrt{2k}-1}}$$

$$\sim-\left[\frac{\sqrt{2k+1}-\sqrt{2k}-1}{(\sqrt{2k}+1)(\sqrt{2k+1}-1)}\right]\sim\frac{1}{2k}\quad(k\to\infty).$$

由此可知 $\sum\limits_{k=1}^{\infty}u_k$ 发散，从而，级数 $\sum\limits_{n=2}^{\infty}\ln p_n$ 发散. 因此，原无穷乘积发散.

**【3093】** $\prod\limits_{n=1}^{\infty}n^{(-1)^n}$.

**提示** 令 $p_n=n^{(-1)^n}$，注意它的子数列 $p_{2k}=2k\to\infty\ (k\to\infty)$.

**解** 记 $p_n=n^{(-1)^n}$，则有子数列

$$p_{2k}=(2k)^{(-1)^{2k}}=2k\to\infty\quad(k\to\infty).$$

于是 $p_n\not\to1\ (n\to\infty)$. 因此，原无穷乘积发散.

**【3094】** $\prod\limits_{n=1}^{\infty}\sqrt[n]{n^{(-1)^n}}$.

**解** 记 $p_n=\sqrt[n]{n^{(-1)^n}}$，则有

$$\ln p_n=\frac{1}{n}\ln n^{(-1)^n}=\frac{(-1)^n}{n}\ln n.$$

注意到级数 $\sum\limits_{n=1}^{\infty}(-1)^n\frac{\ln n}{n}$ 是莱布尼茨型级数，它条件收敛，因此，原无穷乘积条件收敛.

**【3095】** $\prod\limits_{n=1}^{\infty}\left[1+\frac{(-1)^{\frac{n(n-1)}{2}}}{n}\right]$.

**解** 记 $p_n=1+\frac{(-1)^{\frac{n(n-1)}{2}}}{n}$，则有

$$|\ln p_n|=\frac{1}{n}\left|\ln\left[1+\frac{(-1)^{\frac{n(n-1)}{2}}}{n}\right]^{\frac{n}{(-1)^{\frac{n(n-1)}{2}}}}\right|\sim\frac{1}{n}\quad(n\to\infty).$$

因此，可知 $\sum\limits_{n=1}^{\infty}|\ln p_n|$ 发散. 若令 $u_n=\ln p_n$，则有

$$u_{2k-1}=\ln\left[1+\frac{(-1)^{k-1}}{2k-1}\right],\quad u_{2k}=\ln\left[1+\frac{(-1)^k}{2k}\right]\quad(k=1,2,3,\cdots).$$

记 $a_k=u_{2k-1}+u_{2k}$，可得

$$a_k=\ln\left[1+\frac{(-1)^{k-1}}{2k-1}+\frac{(-1)^k}{2k}+\frac{(-1)^{2k-1}}{2k(2k-1)}\right]=\ln\left[1+\frac{(-1)^{k-1}-1}{2k(2k-1)}\right]\quad(k=1,2,3,\cdots),$$

故

$$a_{2m-1}=0,\quad a_{2m}=\ln\left[1-\frac{2}{4m(4m-1)}\right]\quad (m=1,2,3,\cdots).$$

于是,级数 $\sum\limits_{k=1}^{\infty}a_k$ 收敛.注意到 $u_k\to0(k\to\infty)$,可得 $\sum\limits_{k=1}^{\infty}u_k$ 收敛.因此,原无穷乘积条件收敛.

**【3096】** $\left(1+\frac{1}{\sqrt{1}}\right)\left(1-\frac{1}{\sqrt{3}}\right)\left(1-\frac{1}{\sqrt{5}}\right)\left(1+\frac{1}{\sqrt{2}}\right)\left(1-\frac{1}{\sqrt{7}}\right)\left(1-\frac{1}{\sqrt{9}}\right)\left(1+\frac{1}{\sqrt{3}}\right)\cdots$.

**解** 研究无穷级数

$$\ln\left(1+\frac{1}{\sqrt{1}}\right)+\ln\left(1-\frac{1}{\sqrt{3}}\right)+\ln\left(1-\frac{1}{\sqrt{5}}\right)+\ln\left(1+\frac{1}{\sqrt{2}}\right)+\ln\left(1-\frac{1}{\sqrt{7}}\right)+\ln\left(1-\frac{1}{\sqrt{9}}\right)+\ln\left(1+\frac{1}{\sqrt{3}}\right)+\cdots \tag{1}$$

的收敛性问题.今将级数(1)每三项依次加括号,考虑如此形成的新级数:

$$\sum_{n=1}^{\infty}\left[\ln\left(1+\frac{1}{\sqrt{n}}\right)+\ln\left(1-\frac{1}{\sqrt{4n-1}}\right)+\ln\left(1-\frac{1}{\sqrt{4n+1}}\right)\right]. \tag{2}$$

以下将指出(2)发散,从而,(1)也发散,因此,原无穷乘积发散.现将(2)的通项记成

$$u_n=\ln\left(1+\frac{1}{\sqrt{n}}\right)+\ln\left(1-\frac{1}{\sqrt{4n-1}}\right)+\ln\left(1-\frac{1}{\sqrt{4n+1}}\right). \tag{3}$$

则有

$$\begin{aligned}
u_n&=\ln\left(1+\frac{1}{\sqrt{n}}\right)+\ln\left[\left(1-\frac{1}{\sqrt{4n-1}}\right)\left(1-\frac{1}{\sqrt{4n+1}}\right)\right]\\
&=\ln\left(1+\frac{1}{\sqrt{n}}\right)+\ln\left[1-\frac{1}{\sqrt{4n-1}}-\frac{1}{\sqrt{4n+1}}+\frac{1}{\sqrt{16n^2-1}}\right]\\
&=\ln\left\{\left(1+\frac{1}{\sqrt{n}}\right)\left[1-\frac{\sqrt{4n-1}+\sqrt{4n+1}}{\sqrt{16n^2-1}}+\frac{1}{\sqrt{16n^2-1}}\right]\right\}\\
&=\ln\left[1+\frac{1}{\sqrt{n}}-\frac{\sqrt{4n-1}+\sqrt{4n+1}}{\sqrt{16n^2-1}}-\frac{\sqrt{4n-1}+\sqrt{4n+1}}{\sqrt{n}\sqrt{16n^2-1}}+\frac{1}{\sqrt{16n^2-1}}+\frac{1}{\sqrt{n}\sqrt{16n^2-1}}\right]\\
&=\ln\left[1+\frac{1}{\sqrt{n}}-\frac{2(\sqrt{n}+1)\left(\sqrt{1-\frac{1}{4n}}+\sqrt{1+\frac{1}{4n}}\right)-1}{\sqrt{16n^2-1}}+\frac{1}{\sqrt{n}\sqrt{16n^2-1}}\right]\\
&=\ln\left[1+\frac{1}{\sqrt{n}}-\frac{2(\sqrt{n}+1)\left[1-\frac{1}{8n}+O\left(\frac{1}{n^2}\right)+1+\frac{1}{8n}+O\left(\frac{1}{n^2}\right)\right]-1}{\sqrt{16n^2-1}}+O\left(\frac{1}{n^{\frac{3}{2}}}\right)\right]\\
&=\ln\left[1+\frac{1}{\sqrt{n}}-\frac{2(\sqrt{n}+1)\left[2+O\left(\frac{1}{n^2}\right)\right]-1}{\sqrt{16n^2-1}}+O\left(\frac{1}{n^{\frac{3}{2}}}\right)\right]\\
&=\ln\left[1+\frac{1}{\sqrt{n}}-\frac{4\sqrt{n}}{\sqrt{16n^2-1}}-\frac{3}{\sqrt{16n^2-1}}+O\left(\frac{1}{n^{\frac{3}{2}}}\right)\right]\\
&=\ln\left[1-\frac{1}{\sqrt{n}\sqrt{16n^2-1}(\sqrt{16n^2-1}+4n)}-\frac{3}{\sqrt{16n^2-1}}+O\left(\frac{1}{n^{\frac{3}{2}}}\right)\right]\\
&=\ln\left[1-\frac{3}{\sqrt{16n^2-1}}+O\left(\frac{1}{n^{\frac{3}{2}}}\right)\right]=\ln(1+\alpha_n),
\end{aligned}$$

其中 $\alpha_n=-\frac{3}{\sqrt{16n^2-1}}+O\left(\frac{1}{n^{\frac{3}{2}}}\right)$,故 $\alpha_n\to0$,且当 $n$ 充分大时$\alpha_n<0$.

由于 $\sum\limits_{n=1}^{\infty}\frac{3}{\sqrt{16n^2-1}}$发散,而 $\sum\limits_{n=1}^{\infty}\frac{1}{n^{\frac{3}{2}}}$收敛,故 $\sum\limits_{n=1}^{\infty}\alpha_n$ 发散;因此 $\sum\limits_{n=1}^{\infty}u_n=\sum\limits_{n=1}^{\infty}\ln(1+\alpha_n)$发散.于是,原无

穷乘积发散.

【3097】 $\left(1+\frac{1}{1^\alpha}\right)\left(1-\frac{1}{2^\alpha}\right)^2\left(1+\frac{1}{3^\alpha}\right)\left(1+\frac{1}{4^\alpha}\right)\left(1-\frac{1}{5^\alpha}\right)^2\left(1+\frac{1}{6^\alpha}\right)\cdots$.

**解** 记

$$q_1=1+\frac{1}{1^\alpha},\ q_2=\left(1-\frac{1}{2^\alpha}\right)^2,\ q_3=1+\frac{1}{3^\alpha},q_4=1+\frac{1}{4^\alpha},\ q_5=\left(1-\frac{1}{5^\alpha}\right)^2,\ q_6=1+\frac{1}{6^\alpha},\cdots.$$

若记 $q_n=1+\alpha_n$,则

$$\alpha_1=\frac{1}{1^\alpha},\ \alpha_2=-\frac{2}{2^\alpha}+\frac{1}{2^{2\alpha}},\ \alpha_3=\frac{1}{3^\alpha},\alpha_4=\frac{1}{4^\alpha},\ \alpha_5=-\frac{2}{5^\alpha}+\frac{1}{5^{2\alpha}},\ \alpha_6=\frac{1}{6^\alpha},\cdots.$$

(ⅰ) 当 $\alpha>1$ 时,显然

$$\sum_{n=1}^{\infty}|\alpha_n|=\frac{1}{1^\alpha}+\left(\frac{2}{2^\alpha}-\frac{1}{2^{2\alpha}}\right)+\frac{1}{3^\alpha}+\frac{1}{4^\alpha}+\left(\frac{2}{5^\alpha}-\frac{1}{5^{2\alpha}}\right)+\frac{1}{6^\alpha}+\cdots. \tag{1}$$

是收敛的,故 $\sum_{n=1}^{\infty}q_n$ 绝对收敛.

(ⅱ) 注意当 $\alpha\leqslant0$ 时,不可能有 $\lim_{n\to\infty}q_n=1$,故 $\sum_{n=1}^{\infty}q_n$ 发散.

(ⅲ) 今讨论 $0<\alpha\leqslant1$ 时的情形. 将原无穷乘积写为

$$\left(1+\frac{1}{1^\alpha}\right)\left(1-\frac{1}{2^\alpha}\right)\left(1-\frac{1}{2^\alpha}\right)\left(1+\frac{1}{3^\alpha}\right)\left(1+\frac{1}{4^\alpha}\right)\left(1-\frac{1}{5^\alpha}\right)\left(1-\frac{1}{5^\alpha}\right)$$
$$\cdot\left(1+\frac{1}{6^\alpha}\right)\left(1+\frac{1}{7^\alpha}\right)\left(1-\frac{1}{8^\alpha}\right)\left(1-\frac{1}{8^\alpha}\right)\left(1+\frac{1}{9^\alpha}\right)\cdots,$$

记

$$p_1=1+\frac{1}{1^\alpha},\ p_2=1-\frac{1}{2^\alpha},\ p_3=1-\frac{1}{2^\alpha},\ p_4=1+\frac{1}{3^\alpha},p_5=1+\frac{1}{4^\alpha},$$
$$p_6=1-\frac{1}{5^\alpha},\ p_7=1-\frac{1}{5^\alpha},\ p_8=1+\frac{1}{6^\alpha},\ p_9=1+\frac{1}{7^\alpha},\cdots.$$

又记

$$p_n=1+\alpha_n^*\qquad(n=1,2,3,\cdots).$$

为研究乘积 $\prod_{n=1}^{\infty}p_n$ 的收敛性,考虑通项的表达式,有

$$\alpha_n^*=\begin{cases}\dfrac{1}{(1+3k)^\alpha}, & n=4k+1,\\ -\dfrac{1}{(2+3k)^\alpha}, & n=4k+2\text{ 或 }n=4k+3,\\ \dfrac{1}{(3+3k)^\alpha}, & n=4k+4\ (k=0,1,2,\cdots).\end{cases}$$

为考察级数 $\sum_{n=1}^{\infty}\alpha_n^*$ 的收敛性,可看级数

$$\sum_{k=0}^{\infty}\left[\frac{1}{(1+3k)^\alpha}-\frac{2}{(2+3k)^\alpha}+\frac{1}{(3+3k)^\alpha}\right]=\sum_{k=0}^{\infty}\alpha_k$$

的收敛性,为此,估算通项 $\alpha_k$,有

$$\alpha_k=\frac{1}{(1+3k)^\alpha}-\frac{2}{(2+3k)^\alpha}+\frac{1}{(3+3k)^\alpha}=\left[\frac{1}{(1+3k)^\alpha}-\frac{1}{(2+3k)^\alpha}\right]-\left[\frac{1}{(2+3k)^\alpha}-\frac{1}{(3+3k)^\alpha}\right]$$
$$=\frac{\alpha}{(3k+1+\theta_1)^{\alpha+1}}-\frac{\alpha}{(3k+2+\theta_2)^{\alpha+1}}=\frac{\alpha(\alpha+1)}{[3k+1+\theta(1+\theta_2-\theta_1)]^{\alpha+2}}(1+\theta_2-\theta_1),$$

其中 $0<\theta_1<1$, $0<\theta_2<1$, $0<\theta<1$,显然,令 $\delta=1+\theta_2-\theta_1$,则有 $0<\delta<2$,且 $\theta(1+\theta_2-\theta_1)=\theta\delta\in(0,2)$. 因而,

$$0<\alpha_k=\frac{\alpha(\alpha+1)\delta}{(3k+1+\theta\delta)^{\alpha+2}}\leqslant\frac{2\alpha(\alpha+1)}{(3k+1)^{\alpha+2}}.$$

由 $\sum_{k=1}^{\infty}\frac{1}{(3k+1)^{\alpha+2}}$ 的收敛性知 $\sum_{k=1}^{\infty}\alpha_k$ 收敛，故 $\sum_{n=1}^{\infty}\alpha_n^*$ 收敛. 但 $\alpha_n^*$ 变号，还需看级数 $\sum_{n=1}^{\infty}\alpha_n^{*2}$. 易见

$$\alpha_n^{*2}=\begin{cases}\dfrac{1}{(1+3k)^{2\alpha}}, & n=4k+1,\\ \dfrac{1}{(2+3k)^{2\alpha}}, & n=4k+2 \text{ 或 } n=4k+3,\\ \dfrac{1}{(3+3k)^{2\alpha}}, & n=4k+4\ (k=0,1,2,\cdots).\end{cases}$$

无论哪种情形，均有

$$\frac{1}{\left(\frac{3}{4}n+\frac{9}{4}\right)^{2\alpha}}<\alpha_n^{*2}<\frac{1}{\left(\frac{3}{4}n+\frac{1}{4}\right)^{2\alpha}}\quad (n=1,2,3,\cdots).$$

因而当 $0<\alpha\leqslant\frac{1}{2}$ 时，由上述左侧不等式，从级数 $\sum_{n=1}^{\infty}\frac{1}{\left(\frac{3}{4}n+\frac{9}{4}\right)^{2\alpha}}$ 的发散性，便知 $\sum_{n=1}^{\infty}\alpha_n^{*2}$ 发散，从而，$\prod_{n=1}^{\infty}p_n$ 此时发散. 因此，$\prod_{n=1}^{\infty}q_n$ 也发散. 当 $\frac{1}{2}<\alpha\leqslant 1$ 时，由上述不等式右侧部分，从级数

$$\sum_{n=1}^{\infty}\frac{1}{\left(\frac{3}{4}n+\frac{1}{4}\right)^{2\alpha}}<+\infty$$

即知 $\sum_{n=1}^{\infty}\alpha_n^{*2}$ 此时收敛. 从而，相应地 $\prod_{n=1}^{\infty}p_n$ 也收敛. 因此，$\prod_{n=1}^{\infty}q_n$，也收敛. 但由(1)式知(当 $\frac{1}{2}<\alpha\leqslant 1$ 时) $\sum_{n=1}^{\infty}|\alpha_n|$ 发散，故当 $\frac{1}{2}<\alpha\leqslant 1$ 时 $\prod_{n=1}^{\infty}q_n$ 条件收敛.

**【3098】** 证明：尽管级数

$$\left(\frac{1}{\sqrt{2}}+\frac{1}{2}\right)+\left(-\frac{1}{\sqrt{2}}\right)+\left(\frac{1}{\sqrt{3}}+\frac{1}{3}\right)+\left(-\frac{1}{\sqrt{3}}\right)+\cdots \tag{1}$$

发散，而乘积

$$\left(1+\frac{1}{\sqrt{2}}+\frac{1}{2}\right)\left(1-\frac{1}{\sqrt{2}}\right)\left(1+\frac{1}{\sqrt{3}}+\frac{1}{3}\right)\left(1-\frac{1}{\sqrt{3}}\right)\cdots \tag{2}$$

收敛

**证** 设原级数(1)的通项为 $u_n$，则

$$u_{2k-1}=\frac{1}{\sqrt{k+1}}+\frac{1}{k+1}\quad u_{2k}=-\frac{1}{\sqrt{k+1}}\quad (k=1,2,3,\cdots).$$

令 $a_k=u_{2k-1}+u_{2k}=\frac{1}{k+1}$. 显然，$\sum_{k=1}^{\infty}a_k$ 发散，故原级数(1)即 $\sum_{n=1}^{\infty}u_n$ 必然发散.

考虑原无穷乘积(2)所对应的级数 $\sum_{n=1}^{\infty}v_n=\sum_{n=1}^{\infty}\ln(1+u_n)$，则其通项 $v_n\to 0\ (n\to\infty)$，且

$$v_{2k-1}=\ln(1+u_{2k-1})=\ln\left(1+\frac{1}{\sqrt{k+1}}+\frac{1}{k+1}\right),$$

$$v_{2k}=\ln(1+u_{2k})=\ln\left(1-\frac{1}{\sqrt{k+1}}\right)\quad (k=1,2,\cdots),$$

从而，

$$b_k=v_{2k-1}+v_{2k}=\ln\left(1+\frac{1}{\sqrt{k+1}}+\frac{1}{k+1}\right)+\ln\left(1-\frac{1}{\sqrt{k+1}}\right)=\ln\left(1-\frac{1}{(k+1)\sqrt{k+1}}\right).$$

因此，级数 $\sum_{k=1}^{\infty}b_k$ 收敛，从而可知，级数 $\sum_{n=1}^{\infty}v_n$ 收敛，故原无穷乘积(2)必收敛.

**【3099】** 证明：尽管级数 $\sum_{n=1}^{\infty}\alpha_n$ 和 $\sum_{n=1}^{\infty}\alpha_n^2$ 二者发散，而乘积 $\prod_{n=1}^{\infty}(1+\alpha_n)$ 收敛，其中

$$\alpha_n=\begin{cases}-\dfrac{1}{\sqrt{k}}, & n=2k-1,\\ \dfrac{1}{\sqrt{k}}+\dfrac{1}{k}+\dfrac{1}{k\sqrt{k}}, & n=2k.\end{cases}$$

**证** 考虑 $\alpha_k=\alpha_{2k-1}+\alpha_{2k}$，则有

$$\alpha_k=\frac{1}{k}+\frac{1}{k\sqrt{k}}\qquad(k=1,2,3,\cdots).$$

由于 $\sum\limits_{k=1}^{\infty}\frac{1}{k\sqrt{k}}$ 收敛，而 $\sum\limits_{k=1}^{\infty}\frac{1}{k}$ 发散，即知正项级数 $\sum\limits_{k=1}^{\infty}\alpha_k$ 发散，从而，原级数 $\sum\limits_{n=1}^{\infty}\alpha_n$ 发散.

再记 $b_k=\alpha_{2k-1}^2+\alpha_{2k}^2$，则有

$$b_k=\left(\frac{1}{k}\right)+\left(\frac{1}{k}+\frac{2}{k\sqrt{k}}+\frac{3}{k^2}+\frac{2}{k^2\sqrt{k}}+\frac{1}{k^3}\right)=\frac{2}{k}+\frac{2}{k\sqrt{k}}+\frac{3}{k^2}+\frac{2}{k^2\sqrt{k}}+\frac{1}{k^3}=\frac{2}{k}+O\left(\frac{1}{\sqrt{k^3}}\right).$$

由级数 $\sum\limits_{k=1}^{\infty}\frac{1}{\sqrt{k^3}}$ 收敛，而级数 $\sum\limits_{k=1}^{\infty}\frac{2}{k}$ 发散，即知正项级数 $\sum\limits_{k=1}^{\infty}b_k$ 发散，从而，原级数 $\sum\limits_{n=1}^{\infty}\alpha_n^2$ 发散.

再考虑原无穷乘积 $\prod\limits_{n=1}^{\infty}(1+\alpha_n)$ 所对应的级数 $\sum\limits_{n=1}^{\infty}v_n$，其中通项 $v_n=\ln(1+\alpha_n)$ $(n=1,2,3,\cdots)$. 考虑

$$\begin{aligned}c_k&=v_{2k-1}+v_{2k}=\ln(1+\alpha_{2k-1})+\ln(1+\alpha_{2k})\\&=\ln\left(1-\frac{1}{\sqrt{k}}\right)+\ln\left(1+\frac{1}{\sqrt{k}}+\frac{1}{k}+\frac{1}{k\sqrt{k}}\right)=\ln\left[1-\frac{1}{k}+\frac{1}{k}\left(1-\frac{1}{k}\right)\right]=\ln\left(1-\frac{1}{k^2}\right).\end{aligned}$$

于是，级数 $\sum\limits_{n=1}^{\infty}c_n$ 收敛. 注意到 $v_n\to0(n\to\infty)$，从而，级数 $\sum\limits_{n=1}^{\infty}v_n$ 收敛. 因此，原无穷乘积 $\prod\limits_{n=1}^{\infty}(1+\alpha_n)$ 收敛.

**【3100】** 设 $\zeta(x)=\sum\limits_{n=1}^{\infty}\frac{1}{n^x}$(黎曼 ζ 函数)而 $p_n(n=1,2,\cdots)$ 是素数数列. 证明：$\prod\limits_{n=1}^{\infty}\left(1-\frac{1}{p_n^x}\right)^{-1}=\zeta(x)$.

**证** 设 $x>1$. 首先，有

$$\left(1-\frac{1}{p_n^x}\right)^{-1}=\frac{1}{p_n^x}+\frac{1}{(p_n^2)^x}+\cdots+\frac{1}{(p_n^m)^x}+\cdots.$$

如果把对应于不超过正整数 $N$ 的所有素数的有限个这种级数相乘起来，则部分乘积就等于

$$\prod_{p_n\leqslant N}\left(1-\frac{1}{p_n^x}\right)^{-1}=1+\frac{1}{n_1^x}+\frac{1}{n_2^x}+\cdots,$$

其中 $n_1,n_2,\cdots$ 是整数，它不包含超过 $N$ 的素因子，显然 $1,2,\cdots,N$ 这种整数全被包含在 $n_1,n_2,\cdots$ 之中. 因此，

$$\left|\zeta(x)-\prod_{p_n\leqslant N}\left(1-\frac{1}{p_n^x}\right)^{-1}\right|=\left|\zeta(x)-1-\frac{1}{n_1^x}-\frac{1}{n_2^x}-\cdots\right|\leqslant\frac{1}{(N+1)^x}+\frac{1}{(N+2)^x}+\cdots\to0\quad(n\to\infty),$$

取极限即得 $\prod\limits_{n=1}^{\infty}\left(1-\frac{1}{p_n^x}\right)^{-1}=\zeta(x)\quad(x>1)$.

**【3101】** 设 $p_n(n=1,2,\cdots)$ 是素数数列，证明：乘积 $\prod\limits_{n=1}^{\infty}\left(1-\frac{1}{p_n}\right)^{-1}$ 和级数 $\sum\limits_{n=1}^{\infty}\frac{1}{p_n}$ 发散(欧拉).

**证** 与 3100 题的处理方法类似，考虑部分乘积，易见也有

$$\prod_{p_n\leqslant N}\frac{1}{1-\frac{1}{p_n}}>\sum_{n=1}^{N}\frac{1}{n}.$$

由于当 $N\to+\infty$ 时，$\sum\limits_{n=1}^{N}\frac{1}{n}$ 发散，故 $\prod\limits_{n=1}^{\infty}\left(1-\frac{1}{p_n}\right)^{-1}$ 发散，且具有值 $+\infty$.

由上述可知，$\prod\limits_{n=1}^{\infty}\left(1-\frac{1}{p_n}\right)$ 发散于零. 又由于 $\frac{1}{p_n}>0$，它始终不变号，故级数 $\sum\limits_{n=1}^{\infty}\frac{1}{p_n}$ 发散.

**【3102】** 设 $a_n>0$ $(n=1,2,\cdots)$，且 $\frac{a_n}{a_{n+1}}=1+\frac{p}{n}+O\left(\frac{1}{n^{1+\varepsilon}}\right)$ $(\varepsilon>0)$，证明：$a_n=O^*\left(\frac{1}{n^p}\right)$.

**证** 考虑无穷乘积 $\prod\limits_{n=1}^{\infty}p_n$，其中 $p_n=\frac{a_{n+1}}{a_n}\left(1+\frac{1}{n}\right)^p$.

首先可证 $\prod_{n=1}^{\infty} p_n$ 是收敛的. 事实上,考察其对应级数 $\sum_{n=1}^{\infty} \ln p_n$,通项为

$$\ln p_n = \ln \frac{a_{n+1}}{a_n} + p\ln\left(1+\frac{1}{n}\right) = -\ln \frac{a_n}{a_{n+1}} + p\left[\frac{1}{n}+O\left(\frac{1}{n^2}\right)\right]$$
$$= -\ln(1+\Delta_n)+\frac{p}{n}+O\left(\frac{1}{n^2}\right) = -\Delta_n+O(\Delta_n^2)+\frac{p}{n}+O\left(\frac{1}{n^2}\right),$$

这里 $\Delta_n=\frac{p}{n}+O\left(\frac{1}{n^{1+\varepsilon}}\right)$ ($\varepsilon>0$),故有

$$\ln p_n = -\frac{p}{n}+\frac{p}{n}+O\left(\frac{1}{n^2}\right)=O\left(\frac{1}{n^2}\right).$$

但 $\sum_{n=1}^{\infty}\frac{1}{n^2}$ 收敛,故 $\sum_{n=1}^{\infty}\ln p_n$ 收敛,从而,原无穷乘积 $\prod_{n=1}^{\infty} p_n$ 收敛,记其值为 $k_0=\prod_{n=1}^{\infty} p_n$,则 $k_0\neq 0$,且 $k_0$ 为一有限正数,再研究部分乘积 $P_N=a_1\prod_{n=1}^{N} p_n$. 一方面,$P_N\to a_1k_0>0$(当 $N\to\infty$ 时);另一方面,由于

$$P_N=a_1\prod_{n=1}^{N}\frac{a_{n+1}}{a_n}\left(1+\frac{1}{n}\right)^p=a_{N+1}\prod_{n=1}^{N}\left(1+\frac{1}{n}\right)^p,$$

注意 $\ln\left(1+\frac{1}{n}\right)=\frac{1}{n}+\beta$,其中 $\beta_n=O\left(\frac{1}{n^2}\right)$,故当 $N$ 充分大时,有

$$\ln\prod_{n=1}^{N}\left(1+\frac{1}{n}\right)^p = p\sum_{n\leqslant N}\ln\left(1+\frac{1}{n}\right)=p\sum_{n\leqslant N}\left(\frac{1}{n}+\beta_n\right)=p\left[\ln N+C+O\left(\frac{1}{N}\right)+\sum_{n=1}^{N}\beta_n\right]$$
$$=p\left[\ln N+C+B+O\left(\frac{1}{N}\right)\right]=p\left[\ln N+C_0+O\left(\frac{1}{N}\right)\right],$$

其中 $C$ 为 Euler 常数,$C>0$, $\sum_{n=1}^{\infty}\beta_n=B$ 是一常数,而

$$\sum_{n=1}^{N}\beta_n=\sum_{n=1}^{\infty}\beta_n+O\left(\sum_{n=N+1}^{\infty}\frac{1}{n^2}\right)=B+O\left(\frac{1}{N}\right),$$

$C_0=C+B$ 是一常数. 于是,

$$\prod_{n=1}^{N}\left(1+\frac{1}{n}\right)^p=e^{p[\ln N+C_0+O(\frac{1}{N})]}=N^p\cdot G_N,$$

其中 $G_N=e^{C_0p+O(\frac{1}{N})}\to e^{C_0p}>0$ ($N\to+\infty$). 这样一来,就有

$$0<a_1k_0=\lim_{N\to\infty}P_N=\lim_{N\to\infty}\left[a_{N+1}\prod_{n=1}^{N}\left(1+\frac{1}{n}\right)^p\right]$$
$$=\lim_{N\to\infty}[a_{N+1}N^pG_N]=\lim_{N\to\infty}(a_{N+1}N^p)\cdot\lim_{N\to\infty}G_N=e^{C_0p}\lim_{N\to\infty}(a_{N+1}N^p).$$

上述式子中的各个极限运算是允许的,因为 $P_N$ 及 $G_N$ 的极限存在,且 $G_N$ 的极限不为零,故 $a_{N+1}N^p=\frac{P_N}{G_N}$ 的极限存在. 因此,就有

$$\lim_{N\to\infty}(a_{N+1}N^p)=\frac{a_1k_0}{e^{C_0p}}\quad(\text{非零常数}).$$

这表明 $a_{N+1}$ 与 $\frac{1}{N^p}$ 为同级无穷小量,或者说,$a_N$ 与 $\frac{1}{(N-1)^p}$ 为同级无穷小量,但 $\frac{1}{(N-1)^p}$ 与 $\frac{1}{N^p}$ 同级,故最后得:$a_N$ 与 $\frac{1}{N^p}$ 是同级无穷小量,也即当 $N$ 充分大时,有 $a_N=O^*\left(\frac{1}{N^p}\right)$.

**【3103】** 利用沃利斯公式证明:$\frac{1\cdot3\cdot5\cdots(2n-1)}{2\cdot4\cdot6\cdots(2n)}\sim\frac{1}{\sqrt{\pi n}}$.

**证** 沃利斯公式为 $\prod_{n=1}^{\infty}\frac{2n}{2n-1}\frac{2n}{2n+1}=\frac{\pi}{2}$,即 $\lim_{n\to\infty}\left\{\left[\frac{(2n)!!}{(2n-1)!!}\right]^2\frac{1}{2n+1}\right\}=\frac{\pi}{2}$,或

$$\left[\frac{(2n-1)!!}{(2n)!!}\right]^2\sim\frac{2}{\pi(2n+1)}.$$

上式两端开方,即得 $\frac{1\cdot3\cdot5\cdots(2n-1)}{2\cdot4\cdot6\cdots(2n)}\sim\frac{1}{\sqrt{\pi n}}$.

**【3104】** 证明:表示式 $a_n=\frac{n!e^n}{n^{n+\frac{1}{2}}}$ 当 $n\to\infty$ 时有异于零的极限 $A$.

由此推出斯特林公式 $n!=An^{n+\frac{1}{2}}e^{-n}(1+\varepsilon_n)$,其中 $\lim\limits_{n\to\infty}\varepsilon_n=0$ 和 $A=\sqrt{2\pi}$.

**证** 按题设我们可得 $\frac{a_n}{a_{n+1}}=\frac{\left(1+\frac{1}{n}\right)^{n+\frac{1}{2}}}{e}$. 下证不等式:

$$e<\left(1+\frac{1}{n}\right)^{n+\frac{1}{2}}<e^{1+\frac{1}{12n(n+1)}},\tag{1}$$

证明了这一点,即可知 $a_{n+1}<a_n$,从而,$\{a_n\}$ 为递减数列. 事实上,在等式 $\ln\frac{1+x}{1-x}=2x\left(1+\frac{x^2}{3}+\frac{x^4}{5}+\cdots\right)$ 中令 $x=\frac{1}{2n+1}$,即得

$$\ln\frac{n+1}{n}=\frac{2}{2n+1}\left[1+\frac{1}{3(2n+1)^2}+\frac{1}{5(2n+1)^4}+\cdots\right],$$

也即

$$\left(n+\frac{1}{2}\right)\ln\left(1+\frac{1}{n}\right)=1+\frac{1}{3(2n+1)^2}+\frac{1}{5(2n+1)^4}+\cdots.$$

上式右端显然大于 1,但小于

$$1+\frac{1}{3}\left[\frac{1}{(2n+1)^2}+\frac{1}{(2n+1)^4}+\cdots\right]=1+\frac{1}{12n(n+1)}.$$

因此,我们有

$$1<\left(n+\frac{1}{2}\right)\ln\left(1+\frac{1}{n}\right)<1+\frac{1}{12n(n+1)}.$$

由此,取指数(底为 e),即得(1)式:

$$e<\left(1+\frac{1}{n}\right)^{n+\frac{1}{2}}<e^{1+\frac{1}{12n(n+1)}}.$$

由上述不等式,即可推知:

$$0<a_{n+1}<a_n\ (n=1,2,\cdots)\quad 及\quad a_ne^{-\frac{1}{12n}}<a_{n+1}e^{-\frac{1}{12(n+1)}}.$$

由此可见,数列 $\{a_n\}$ 为单调递减且有下界的数列,因此,它有有限极限 $A$;而数列 $\{a_ne^{-\frac{1}{12n}}\}$ 为单调递增且有上界:$a_ne^{-\frac{1}{12n}}<a_n<a_1$,故也有极限. 由于 $e^{-\frac{1}{12n}}\to1\ (n\to\infty)$,故这两个数列有同一极限 $A$. 由于对任何的 $n$,不等式 $a_ne^{-\frac{1}{12n}}<A<a_0$ 成立,故在 0 与 1 之间存在这样的 $\theta$,使得

$$A=a_ne^{-\frac{\theta}{12n}}\quad 或\quad a_n=Ae^{\frac{\theta}{12n}}.$$

因此,$\frac{n!\ e^n}{n^{n+\frac{1}{2}}}=Ae^{\frac{\theta}{12n}}$,即

$$n!\ =An^{n+\frac{1}{2}}e^{-n}e^{\frac{\theta}{12n}}\quad(\theta=\theta(n);\ 0<\theta<1),\quad 或\quad n!=An^{n+\frac{1}{2}}e^{-n}(1+\varepsilon_n),$$

其中 $\lim\limits_{n\to\infty}\varepsilon_n=0$.

现在我们来确定常数 $A$,将沃利斯公式

$$\frac{\pi}{2}=\lim_{n\to\infty}\frac{1}{2n+1}\left[\frac{(2n)!!}{(2n-1)!!}\right]^2$$

稍加变形,并将 $n!$ 的表达式代入,即得

$$\frac{\pi}{2}=\lim_{n\to\infty}\frac{1}{2n+1}\left\{\frac{[(2n)!!]^2}{(2n)!}\right\}^2=\lim_{n\to\infty}\frac{1}{2n+1}\left\{\frac{2^{2n}(n!)^2}{(2n)!}\right\}^2=\lim_{n\to\infty}\frac{1}{2n+1}\left\{\frac{2^{2n}A^2n^{2n+1}e^{-2n}e^{\frac{\theta}{6n}}}{A\cdot2^{2n+\frac{1}{2}}n^{2n+\frac{1}{2}}e^{-2n}e^{\frac{\theta}{24n}}}\right\}^2$$

$$=\lim_{n\to\infty}\left(\frac{1}{2n+1}A^2\cdot\frac{n}{2}e^{\frac{\theta}{4n}}\right)=\frac{A^2}{4}.$$

由此得 $A^2=2\pi$ 或 $A=\sqrt{2\pi}$ $(A>0)$.

于是,最后证得斯特林公式为

$$n!=\sqrt{2\pi n}\left(\frac{n}{e}\right)^n e^{\frac{\theta}{12n}}\quad(0<\theta<1).$$

用上式可估计很大的 $n$ 时阶乘 $n!$ 的值.

**【3105】** 根据欧拉的定义 $\Gamma$ 函数 $\Gamma(x)$ 由下面的公式来确定:

$$\Gamma(x)=\lim_{n\to\infty}\frac{n!n^x}{x(x+1)\cdots(x+n)}.$$

由这个公式出发:(1)将函数 $\Gamma(x)$ 表示为无穷乘积的形状;(2)证明:$\Gamma(x)$ 对于不为负整数的一切实数 $x$ 皆有意义;(3)推出下面这个性质:$\Gamma(x+1)=x\Gamma(x)$;(4)对于正整数 $n$ 求 $\Gamma(n)$ 之值.

**解** (1) 由于

$$\frac{n!n^x}{x(x+1)\cdots(x+n)}=\frac{n^x}{x}\cdot\frac{1}{\left(1+\frac{x}{1}\right)\left(1+\frac{x}{2}\right)\cdots\left(1+\frac{x}{n}\right)}$$

$$=\frac{1}{x}\cdot\frac{\left(1+\frac{1}{1}\right)^x\left(1+\frac{1}{2}\right)^x\cdots\left(1+\frac{1}{n-1}\right)^x\left(1+\frac{1}{n}\right)^x}{\left(1+\frac{x}{1}\right)\left(1+\frac{x}{2}\right)\cdots\left(1+\frac{x}{n}\right)}\cdot\frac{1}{\left(1+\frac{1}{n}\right)^x},$$

故得 $\Gamma(x)=\dfrac{1}{x}\prod\limits_{n=1}^{\infty}\dfrac{\left(1+\frac{1}{n}\right)^x}{1+\frac{x}{n}}$.

(2) 由上面 $\Gamma(x)$ 写成无穷乘积的过程,得知 $x\neq-n(n=0,1,2,\cdots)$,即当 $x$ 为非负整数时 $\Gamma(x)$ 才允许写成上述形式.另一方面,由于

$$p_n=\frac{\left(1+\frac{1}{n}\right)^x}{1+\frac{x}{n}}=1+\alpha_n\quad(n=1,2,\cdots),$$

而 $\alpha_n=\dfrac{x(x-1)}{2n^2}+O\left(\dfrac{1}{n^3}\right)$,故级数 $\sum\limits_{n=1}^{\infty}\alpha_n$ 绝对收敛,从而,无穷乘积

$$\frac{1}{x}\prod_{n=1}^{\infty}p_n=\frac{1}{x}\prod_{n=1}^{\infty}\frac{\left(1+\frac{1}{n}\right)^x}{1+\frac{x}{n}}$$

绝对收敛,也即 $\Gamma(x)$ 对于 $x\neq-n$ $(n=0,1,2,\cdots)$ 的一切实数 $x$ 皆有意义.

(3) 由于

$$\frac{\Gamma(x+1)}{\Gamma(x)}=\frac{\lim\limits_{n\to\infty}\frac{n!\ n^{x+1}}{(x+1)\cdots(x+n+1)}}{\lim\limits_{n\to\infty}\frac{n!\ n^x}{x(x+1)\cdots(x+n)}}=\lim_{n\to\infty}\frac{\frac{n!\ n^{x+1}}{(x+1)\cdots(x+n+1)}}{\frac{n!\ n^x}{x(x+1)\cdots(x+n)}}=\lim_{n\to\infty}\frac{nx}{x+n+1}=x,$$

故 $\Gamma(x+1)=x\Gamma(x)$.

(4) 令 $x=n-1$,即得 $\Gamma(n)=(n-1)\Gamma(n-1)=(n-1)(n-2)\Gamma(n-2)=\cdots=(n-1)!$.

**【3106】** 设函数 $f(x)$ 在闭区间 $[a,b]$ 上可以积分,且

$$\delta_n=\frac{b-a}{n},\quad f_{in}=f(a+i\delta_n)\quad(i=1,2,\cdots,n),$$

证明:$\lim\limits_{n\to\infty}\prod\limits_{i=1}^{n}(1+\delta_n f_{in})=e^{\int_a^b f(x)dx}$.

**证** 令 $y_n=\prod\limits_{i=1}^{n}(1+\delta_n f_{in})$,则

$$\ln y_n=\sum_{i=1}^{n}\ln(1+\delta_n f_{in})=\sum_{i=1}^{n}[f_{in}\delta_n+O(\delta_n^2)]=\sum_{i=1}^{n}f_{in}\delta_n+O\left(\frac{1}{n}\right),$$

于是,

$$\lim_{n\to\infty}\ln y_n=\lim_{n\to\infty}\left\{\sum_{i=1}^{n}f_{in}\delta_n+O\left(\frac{1}{n}\right)\right\}=\int_a^b f(x)\mathrm{d}x,$$

即 $\lim\limits_{n\to\infty}y_n=\lim\limits_{n\to\infty}\prod\limits_{i=1}^{n}(1+\delta_n f_{in})=\mathrm{e}^{\int_a^b f(x)\mathrm{d}x}$. 证毕.

**【3107】** 证明:$\lim\limits_{n\to\infty}\dfrac{\sqrt[n]{\prod\limits_{i=0}^{n-1}(a+ib)}}{\frac{1}{n}\sum\limits_{i=0}^{n-1}(a+ib)}=\dfrac{2}{\mathrm{e}}$ *),其中 $a>0$ 和 $b>0$.

**证** 记 $t=\dfrac{b}{a}$,则 $t>0$,有

$$S_n=\frac{\sqrt[n]{\prod\limits_{i=0}^{n-1}(a+ib)}}{\frac{1}{n}\sum\limits_{i=0}^{n-1}(a+ib)}=\frac{\sqrt[n]{a^n}\sqrt[n]{\prod\limits_{i=0}^{n-1}(1+it)}}{\frac{a}{n}\prod\limits_{i=0}^{n-1}(1+it)}=\frac{\sqrt[n]{\prod\limits_{i=0}^{n-1}(1+it)}}{\frac{1}{n}\sum\limits_{i=0}^{n-1}(1+it)}.$$

注意,当 $n$ 充分大时,可算得

$$\sum_{i=0}^{n-1}(1+it)=n+t\sum_{i=0}^{n-1}i=n+\frac{t}{2}(n-1)n=\frac{t}{2}n^2+O(n).$$

记 $Q_n=\sqrt[n]{\prod\limits_{i=0}^{n-1}(1+it)}$,考虑

$$\ln Q_n=\frac{1}{n}\sum_{i=0}^{n-1}\ln(1+it)=\frac{1}{n}\sum_{i=0}^{n-1}\ln\left[\frac{1+it}{1+nt}(1+nt)\right]=\frac{1}{n}\sum_{i=0}^{n-1}\ln(1+nt)+\frac{1}{n}\sum_{i=0}^{n-1}\ln\frac{1+it}{1+nt}$$

$$=\ln(1+nt)+\frac{1}{n}\sum_{i=0}^{n-1}(1-\Delta_i),$$

其中

$$\Delta_i=1-\frac{1+it}{1+nt}=\frac{(n-i)t}{1+nt}\ (i=0,1,2,\cdots,n-1),$$

故得

$$\ln Q_n=\ln(nt)+\ln\left(1+\frac{1}{nt}\right)+\frac{1}{n}\sum_{j=1}^{n}\ln\left(1-\frac{t}{1+nt}j\right)$$

$$=\ln(nt)+O\left(\frac{1}{n}\right)-\frac{1}{n}\sum_{j=1}^{n}\sum_{k=1}^{\infty}\frac{1}{k}\left(\frac{tj}{1+nt}\right)^k$$

$$=\ln(nt)+O\left(\frac{1}{n}\right)-\frac{1}{n}\sum_{k=1}^{\infty}\frac{1}{k}\left(\frac{t}{1+nt}\right)^k\sum_{j=1}^{n}j^k$$

$$=\ln(nt)+O\left(\frac{1}{n}\right)-\frac{1}{n}\sum_{k=1}^{\infty}\frac{1}{k}\left(\frac{t}{1+nt}\right)^k\left[\frac{1}{k+1}n^{k+1}+O(n^k)\right]$$

$$=\ln(nt)+O\left(\frac{1}{n}\right)-\sum_{k=1}^{\infty}\frac{1}{k(k+1)}\left(\frac{nt}{1+nt}\right)^k+O\left[\frac{1}{n}\sum_{k=1}^{\infty}\frac{1}{k}\left(\frac{nt}{1+nt}\right)^k\right]$$

$$=\ln(nt)-\sum_{k=1}^{\infty}\left(\frac{1}{k}-\frac{1}{k+1}\right)\left(\frac{nt}{1+nt}\right)^k+O\left(\frac{1}{n}\ln n\right)$$

$$=\ln(nt)-\sum_{k=1}^{\infty}\frac{1}{k}\left(\frac{nt}{1+nt}\right)^k+\sum_{k=1}^{\infty}\frac{1}{k+1}\left(\frac{nt}{1+nt}\right)^k+O\left(\frac{1}{n}\ln n\right)$$

$$=\ln(nt)+\ln\left(1-\frac{nt}{1+nt}\right)+\left(\frac{1+nt}{nt}\right)\sum_{k=1}^{\infty}\frac{1}{k+1}\left(\frac{nt}{1+nt}\right)^{k+1}+O\left(\frac{1}{n}\ln n\right)$$

$$=\ln(nt)+\ln\frac{1}{1+nt}+\frac{1+nt}{nt}\left[\sum_{s=1}^{\infty}\frac{1}{s}\left(\frac{nt}{1+nt}\right)^s-\frac{nt}{1+nt}\right]+O\left(\frac{1}{n}\ln n\right)$$

$$=\ln(nt)-\ln(1+nt)-\frac{1+nt}{nt}\ln\left(1-\frac{nt}{1+nt}\right)-1+O\left(\frac{1}{n}\ln n\right)$$

$$=\ln(nt)-\ln(1+nt)-\ln\frac{1}{1+nt}-1+O\left(\frac{1}{n}\ln n\right)=\ln(nt)-1+O\left(\frac{1}{n}\ln n\right).$$

于是，$Q_n=\frac{nt}{\mathrm{e}}\ \mathrm{e}^{O(\frac{1}{n}\ln n)}$，因而，有

$$S_n=\frac{Q_n}{\frac{t}{2}n+O(1)}=\frac{\frac{nt}{\mathrm{e}}\ \mathrm{e}^{O(\frac{1}{n}\ln n)}}{\frac{t}{2}n+O(1)}=\frac{2}{\mathrm{e}}\ \frac{\mathrm{e}^{O(\frac{1}{n}\ln n)}}{1+O\left(\frac{1}{n}\right)},$$

最后得$\lim\limits_{n\to\infty}S_n=\frac{2}{\mathrm{e}}\lim\limits_{n\to\infty}\frac{\mathrm{e}^{O(\frac{1}{n}\ln n)}}{1+O\left(\frac{1}{n}\right)}=\frac{2}{\mathrm{e}}$. 证毕.

*） 原题实际上为由序列$\{a+ib\}$的几何平均与算术平均之比的极限，分母应为$\frac{1}{n}\sum\limits_{i=0}^{n-1}(a+ib)$，而不是$\sum\limits_{i=0}^{n-1}(a+ib)$，这样改更确切些.

**【3108】** 设$f_n(x)(n=1,2,\cdots)$在区间$(a,b)$内为连续函数且$|f_n(x)|\leqslant c_n(n=1,2,\cdots)$，其中级数$\sum\limits_{n=1}^{\infty}c_n$收敛. 证明：函数$F(x)=\prod\limits_{n=1}^{\infty}[1+f_n(x)]$在区间$(a,b)$内是连续的.

**证** （ⅰ）首先证明上述乘积对任何$x\in(a,b)$是收敛的. 注意级数$\sum\limits_{n=1}^{\infty}c_n$收敛，故$c_n\to0$（当$n\to\infty$时），因而，$f_n(x)\to0$（当$n\to\infty$时），故存在正整数$N_0$，当$n\geqslant N_0$时，有$|f_n(x)|<\delta$，此处$\delta$可事先取$(0,1)$内的任一实数. 现在只要研究乘积$\prod\limits_{n=N_0+1}^{\infty}[1+f_n(x)]$的收敛性即可，或改写

$$\prod_{n=N_0+1}^{\infty}[1+f_n(x)]=\prod_{k=1}^{\infty}[1+g_k(x)],\tag{1}$$

其中$g_k(x)=f_{N_0+k}(x)\ (k=1,2,\cdots)$. 如能证明

$$G(x)=\prod_{k=1}^{\infty}[1+g_k(x)]\tag{2}$$

是收敛的，以及下面再证$G(x)$是连续的，那么

$$F(x)=G(x)\prod_{n=1}^{N_0}[1+f_n(x)]\tag{3}$$

当然是收敛的而且是连续的. 今研究(2)式，其中$|g_n(x)|<\delta$，因而，$1+g_n(x)>0\ (n=1,2,\cdots)$. 现在考察乘积对应的另一级数$\sum\limits_{n=1}^{\infty}g_n(x)$. 显然，由$|g_n(x)|\leqslant c_{N_0+n}$，而$\sum\limits_{n=1}^{\infty}c_{N_0+n}$收敛，便知级数$\sum\limits_{n=1}^{\infty}g_n(x)$绝对收敛. 因此，原无穷乘积(2)（绝对）收敛.

（ⅱ）再证$G(x)$的连续性. 注意当$x\in(a,b)$时$G(x)>0$，故可考虑它的对数函数$L(x)=\ln G(x)$. 若能证得$L(x)$为$(a,b)$内的连续函数，则就可得知$G(x)$也在$(a,b)$内连续. 由于

$$L(x)=\ln G(x)=\ln\prod_{n=1}^{\infty}[1+g_n(x)]=\sum_{n=1}^{\infty}\ln[1+g_n(x)]$$

以及$|g_n(x)|\leqslant c_{N_0+n}$，$c_{N_0+n}\to0(n\to\infty)$，再注意到$\lim\limits_{u\to0}\frac{\ln(1+u)}{u}=1$，即知：当$n$充分大时$(n>N^*)$，对一切$x\in(a,b)$皆有

$$|\ln[1+g_n(x)]|\leqslant2|g_n(x)|\leqslant2c_{n+N_0}.$$

根据 $\sum_{n=1}^{\infty} c_{n+N_0}$ 的收敛性知,$L(x)$为一在区间$(a,b)$内一致收敛的连续函数项级数之和. 因而 $L(x)$在$(a,b)$内为一连续函数. 从而,$G(x)$在$(a,b)$内连续. 因此,最后得知 $F(x)$在$(a,b)$内连续. 证毕.

**【3109】** 求函数 $F(x)=\prod_{n=1}^{\infty}[1+f_n(x)]$的导数之表达式. $F'(x)$存在的充分条件为何?

**解** 首先假定 $1+f_n(x)\neq 0$ $(a<x<b, n=1,2,\cdots)$. 如果在区间$(a,b)$内的任意一点 $x$ 上,均有$\{f_n(x)\}$绝对收敛,也即

$$\sum_{n=1}^{\infty}|f_n(x)|<+\infty \quad (x\in(a,b)), \tag{1}$$

那么,显然无穷乘积 $\prod_{n=1}^{\infty}[1+f_n(x)]$在$(a,b)$内(绝对)收敛且$F(x)\neq 0$. 考虑函数

$$G(x)=\ln|F(x)|. \tag{2}$$

为研究取 $F(x)$的导数的计算式,先对(2)作形式求导,有

$$G'(x)=\frac{F'(x)}{F(x)} \quad 或 \quad F'(x)=F(x)G'(x). \tag{3}$$

今再研究 $G'(x)$,即研究形式导数

$$\begin{aligned} G'(x)&=\left(\ln\left|\prod_{n=1}^{\infty}[1+f_n(x)]\right|\right)'=\left(\sum_{n=1}^{\infty}\ln|1+[f_n(x)]|\right)'=\sum_{n=1}^{\infty}(\ln|1+f_n(x)|)' \\ &=\sum_{n=1}^{\infty}\frac{f_n'(x)}{1+f_n(x)}. \end{aligned} \tag{4}$$

为使(4)式的一切运算有意义,我们可给出如下充分条件:$f_n(x)$可导,且

$$|f_n'(x)|\leqslant c_n, \ \sum_{n=1}^{\infty}c_n<+\infty \ (x\in(a,b)). \tag{5}$$

下面我们证明:在条件(1)、(5)之下,$F(x)$在$(a,b)$内可导,且

$$F'(x)=F(x)\sum_{n=1}^{\infty}\frac{f_n'(x)}{1+f_n(x)}. \tag{6}$$

只要证明(6)式对$(a,b)$内的任一点 $x_0$ 成立. 设 $x_0\in(a,b)$已取定. 取 $a_1,b_1$ 使 $a<a_1<x_0<b_1<b$. 首先,证明级数

$$\sum_{n=1}^{\infty}|f_n(x)| \tag{7}$$

在$(a_1,b_1)$内一致收敛,注意到 $\sum_{n=1}^{\infty}|f_n(x_0)|$的收敛性,为此又只要证明级数

$$\sum_{n=1}^{\infty}|f_n(x)-f_n(x_0)| \tag{8}$$

在$(a_1,b_1)$内一致收敛. 但根据(5)式,有:当 $x\in(a_1,b_1)$时,

$$|f_n(x)-f_n(x_0)|=|f_n'(\xi_n)(x-x_0)|\leqslant(b_1-a_1)c_n \quad (n=1,2,3,\cdots), \tag{9}$$

其中 $x_0\leqslant\xi_n\leqslant x$. 由 $\sum_{n=1}^{\infty}c_n$ 的收敛性,根据魏尔斯特拉斯判别法知级数(8),从而,级数(7)在$(a_1,b_1)$内一致收敛. 于是,必有正整数 $N$ 存在,使当 $n>N$ 时,对一切 $x\in(a_1,b_1)$,恒同时满足下面两个不等式:

$$|f_n(x)|<\frac{1}{2}, \tag{10}$$

$$|\ln[1+f_n(x)]|\leqslant 2|f_n(x)|, \tag{11}$$

由(10)式与(5)式又知:当 $n>N$ 时,对一切 $x\in(a_1,b_1)$,有

$$\left|\frac{f_n'(x)}{1+f_n(x)}\right|\leqslant 2c_n. \tag{12}$$

根据(11)式与(12)式,注意到级数(7)在$(a_1,b_1)$内的一致收敛性知,$\sum_{n=1}^{\infty}\ln|1+f_n(x)|$与 $\sum_{n=1}^{\infty}\frac{f_n'(x)}{1+f_n(x)}$都

在$(a_1,b_1)$内一致收敛. 从而知(4)式中的逐项求导是允许的,即$G(x)$在$(a_1,b_1)$内可导,且(4)式成立. 由(2)式知

$$|F(x)|=e^{G(x)}. \tag{13}$$

由(9)式得:当$a_1<x<b_1$时,

$$|f_n(x)|\leqslant(b_1-a_1)c_n+|f_n(x_0)|=d_n \quad (n=1,2,3,\cdots),$$

而$\sum\limits_{n=1}^{\infty}d_n$收敛,故根据3108题的结果可知,$F(x)$在$(a_1,b_1)$内连续. 但前面已述$F(x)\neq 0$,故在$(a_1,b_1)$内或是$F(x)$恒大于零,这时(13)式为

$$F(x)=e^{G(x)} \quad (a_1<x<b_1); \tag{14}$$

或是$F(x)$恒小于零,这时(13)式为

$$F(x)=-e^{G(x)} \quad (a_1<x<b_1). \tag{15}$$

在(14)式成立的情形,由$G(x)$在$(a_1,b_1)$内可导知,$F(x)$在$(a_1,b_1)$内可导,且[注意到(4)式]

$$F'(x)=e^{G(x)}G'(x)=F(x)\sum_{n=1}^{\infty}\frac{f'_n(x)}{1+f_n(x)};$$

在(15)式成立的情形下,由$G(x)$在$(a_1,b_1)$内可导知,$F(x)$在$(a_1,b_1)$内可导,且[注意到(4)式]

$$F'(x)=-e^{G(x)}G'(x)=F(x)\sum_{n=1}^{\infty}\frac{f'_n(x)}{1+f_n(x)},$$

在$(a_1,b_1)$内(6)式必成立. 特别在点$x_0$成立.

总之,在条件(1)和条件(5)之下,再假定$1+f_n(x)\neq 0$ $(a<x<b,\ n=1,2,3,\cdots)$即可推出在$(a,b)$内$F'(x)$存在且公式(6)成立.

**【3110】** 证明:若$0<x<y$,则$\lim\limits_{n\to\infty}\dfrac{x(x+1)\cdots(x+n)}{y(y+1)\cdots(y+n)}=0$.

**证** 记$p_n=\dfrac{x+n}{y+n}$ $(n=1,2,3,\cdots)$. 显然,$0<p_n<1$. 由题意,现在要证无穷乘积$\dfrac{x}{y}\prod\limits_{n=1}^{\infty}p_n$发散到零. 因为部分乘积$\prod\limits_{k=1}^{n}p_k$是正的且递减,故只要证明它是发散的就行了. 为此先估计一下$p_n=1+\alpha_n$,则有

$$\alpha_n=p_n-1=\frac{1+\frac{x}{n}}{1+\frac{y}{n}}-1=\left(1+\frac{x}{n}\right)\left(1+\frac{y}{n}\right)^{-1}-1=\left(1+\frac{x}{n}\right)\left[1-\frac{y}{n}+O\left(\frac{1}{n^2}\right)\right]-1$$

$$=\left[1-\frac{y-x}{n}+O\left(\frac{1}{n^2}\right)\right]-1=-\frac{y-x}{n}+O\left(\frac{1}{n^2}\right),$$

故当$n$适当大时,$\alpha_n$保持定号. 但由$\sum\limits_{n=1}^{\infty}\dfrac{1}{n^2}$收敛,而$\sum\limits_{n=1}^{\infty}\dfrac{y-x}{n}$发散,即知$\sum\limits_{n=1}^{\infty}\alpha_n$发散. 因此,原无穷乘积发散,即它发散到零. 于是,有

$$\lim_{n\to\infty}\frac{x(x+1)\cdots(x+n)}{y(y+1)\cdots(y+n)}=\lim_{n\to\infty}\frac{x}{y}\prod_{k=1}^{n}\frac{x+k}{y+k}=\frac{x}{y}\prod_{k=1}^{\infty}p_k=0.$$

证毕.

# §10. 斯特林公式

**斯特林公式**

$$n!=\sqrt{2\pi n}\,n^n e^{-n+\frac{\theta_n}{12n}} \quad (0<\theta_n<1),$$

可用来计算当值$n$甚大时的$n!$.

**利用斯特林公式,近似地计算:**

**【3111】** lg100!.

解 $\lg 100! = \lg\{\sqrt{2\pi\cdot 100}\cdot 100^{100}e^{-100}e^{\frac{\theta}{12\cdot 100}}\}$

$$=\frac{1}{2}(\lg 2+\lg\pi+\lg 100)+100\lg 100-100\lg e+\frac{\theta}{1200}\lg e$$

$$=\frac{1}{2}(0.3010+0.4971+2)+200-100\cdot 0.4343+0.0004\theta$$

$$=157.9691+0.0004\theta,$$

其中 $0<\theta<1$.

**【3112】**+ $1\cdot 3\cdot 5\cdots 1999$.

解 $1\cdot 3\cdot 5\cdots 1999=\dfrac{2000!}{2^{1000}\cdot 1000!}=\dfrac{\sqrt{2\pi\cdot 2000}\cdot 2000^{2000}e^{-2000}e^{\frac{\theta_1}{24000}}}{2^{1000}\sqrt{2\pi\cdot 1000}\cdot 1000^{1000}e^{-1000}e^{\frac{\theta_2}{12000}}}$

$$=7.09\cdot 10^{2866}e^{\frac{\theta}{12000}}\approx 7.09\cdot 10^{2866}\left(1+\frac{\theta}{12000}\right),$$

其中 $|\theta|<1$ ($0<\theta_1<1$, $0<\theta_2<1$).

**【3113】** $\dfrac{1\cdot 3\cdot 5\cdots 99}{2\cdot 4\cdot 6\cdots 100}$.

解 $\dfrac{1\cdot 3\cdot 5\cdots 99}{2\cdot 4\cdot 6\cdots 100}=\dfrac{100!}{2^{100}(50!)^2}=\dfrac{\sqrt{2\pi\cdot 100}\cdot 100^{100}e^{-100}e^{\frac{\theta_1}{1200}}}{2^{100}\cdot 100\pi\cdot 50^{100}e^{-100}e^{\frac{\theta_2}{300}}}=0.0798e^{\frac{\theta}{300}}$

$$\approx 0.0798\left(1+\frac{\theta}{300}\right),$$

其中 $|\theta|<1$ ($0<\theta_1<1$, $0<\theta_2<1$).

**【3114】** $C_{100}^{40}$.

解 $C_{100}^{40}=\dfrac{100!}{40!\cdot 60!}=\dfrac{\sqrt{200\pi}\cdot 100^{100}e^{-100}e^{\frac{\theta_1}{1200}}}{\sqrt{2\pi\cdot 40}\sqrt{2\pi\cdot 60}\cdot 60^{60}\cdot 40^{40}e^{-100}e^{\frac{\theta_2}{480}+\frac{\theta_3}{720}}}=10^{28}\cdot 1.378e^{\frac{\theta}{288}}$

$$\approx 10^{28}\cdot 1.378\left(1+\frac{\theta}{288}\right),$$

其中 $|\theta|<1$ ($0<\theta_1<1$, $0<\theta_2<1$, $0<\theta_3<1$).

**【3115】** $\dfrac{100!}{20!\,30!\,50!}$.

解 $\dfrac{100!}{20!\,30!\,50!}=\dfrac{\sqrt{2\pi\cdot 100}\cdot 100^{100}e^{-100}e^{\frac{\theta_1}{1200}}}{\sqrt{2^3\pi^3 20\cdot 30\cdot 50}\cdot 20^{20}\cdot 30^{30}\cdot 50^{50}e^{-100}e^{\frac{\theta_2}{240}+\frac{\theta_3}{360}+\frac{\theta_4}{600}}}$

$$=10^{42}\cdot 4.792e^{\frac{\theta}{120}}\approx 10^{42}\cdot 4.792\left(1+\frac{\theta}{120}\right),$$

其中 $|\theta|<1$ ($0<\theta_1<1$, $0<\theta_2<1$, $0<\theta_3<1$, $0<\theta_4<1$).

**【3116】** $\displaystyle\int_0^1(1-x^2)^{50}dx$.

解 $\displaystyle\int_0^1(1-x^2)^{50}dx=\int_0^{\frac{\pi}{2}}\cos^{101}t\,dt=\frac{(100)!!}{(101)!!}=\frac{2^{100}\cdot(50!)^2}{101!}=\frac{2^{100}\cdot 100\pi\cdot 50^{100}e^{-100}e^{\frac{\theta_1}{300}}}{101\sqrt{2\pi\cdot 100}\cdot 100^{100}e^{-100}e^{\frac{\theta_2}{1200}}}$

$$=\frac{10\sqrt{\pi}}{101\sqrt{2}}e^{\frac{\theta}{300}}=0.1241e^{\frac{\theta}{300}}\approx 0.1241\left(1+\frac{\theta}{300}\right),$$

其中 $|\theta|<1$ ($0<\theta_1<1$, $0<\theta_2<1$).

**【3117】** $\displaystyle\int_0^{2\pi}\sin^{200}x\,dx$.

**解题思路** 先将$[0,2\pi]$分成$[0,\frac{\pi}{2}]$,$[\frac{\pi}{2},\pi]$,$[\pi,\frac{3}{2}\pi]$及$[\frac{3\pi}{2},2\pi]$四个子区间,然后对在这些子区间上的定积分,分别作代换$x=t$, $x=\frac{\pi}{2}+t$, $x=t+\pi$及$x=\frac{3\pi}{2}+t$,易得

$$\int_0^{2\pi}\sin^{200}x\mathrm{d}x=4\int_0^{\frac{\pi}{2}}\sin^{200}x\mathrm{d}x.$$

最后,利用2281题的结果及斯特林公式,可得原式近似等于$0.355\left(1+\frac{\theta}{600}\right)$,其中$|\theta|<1$.

**解** 先将$\int_0^{2\pi}$分成$\int_0^{\frac{\pi}{2}}$,$\int_{\frac{\pi}{2}}^{\pi}$,$\int_{\pi}^{\frac{3\pi}{2}}$及$\int_{\frac{3\pi}{2}}^{2\pi}$四部分,然后分别作代换$x=t$, $x=t+\frac{\pi}{2}$, $x=t+\pi$,及$x=t+\frac{3\pi}{2}$,再利用结果$\int_0^{\frac{\pi}{2}}\sin^n t\mathrm{d}t=\int_0^{\frac{\pi}{2}}\cos^n t\mathrm{d}t$,易得

$$\int_0^{2\pi}\sin^{200}x\mathrm{d}x=4\int_0^{\frac{\pi}{2}}\sin^{200}x\mathrm{d}x.$$

利用2281题的结果及斯特林公式,最后得

$$\int_0^{2\pi}\sin^{200}x\mathrm{d}x=4\frac{(199)!!}{(200)!!}\frac{\pi}{2}=\frac{200!}{2^{200}(100!)^2}\cdot 2\pi=\frac{2\pi\sqrt{2\pi\cdot 200}\cdot 200^{200}\mathrm{e}^{-200}\mathrm{e}^{\frac{\theta_1}{2400}}}{2^{200}\cdot 200\pi\cdot 100^{200}\mathrm{e}^{-200}\mathrm{e}^{\frac{\theta_2}{600}}}$$

$$=0.355\mathrm{e}^{\frac{\theta}{600}}\approx 0.355\left(1+\frac{\theta}{600}\right),$$

其中$|\theta|<1$ $(0<\theta_1<1,0<\theta_2<1)$.

**【3118】** 推出乘积$(2n-1)!!=1\cdot 3\cdot 5\cdots(2n-1)$的渐近公式.

**解** $(2n-1)!!=\frac{2n!}{2^n n!}=\frac{\sqrt{2\pi\cdot 2n}(2n)^{2n}\mathrm{e}^{-2n}\mathrm{e}^{\frac{\theta_1}{24n}}}{2^n\sqrt{2\pi n}n^n\mathrm{e}^{-n}\mathrm{e}^{\frac{\theta_2}{12n}}}=\sqrt{2}(2n)^n\mathrm{e}^{-n+\frac{\theta}{12n}}$,

其中$|\theta|<1$ $(0<\theta_1<1,0<\theta_2<1)$.

**【3119】** 若$n$甚大,近似地计算$C_{2n}^n$.

**解** $C_{2n}^n=\frac{2n(2n-1)\cdots(2n-n+1)}{n!}=\frac{(2n)!}{(n!)^2}=\frac{\sqrt{2\pi\cdot 2n}(2n)^{2n}\mathrm{e}^{-2n}\mathrm{e}^{\frac{\theta_1}{24n}}}{2\pi n n^{2n}\mathrm{e}^{-2n}\mathrm{e}^{\frac{\theta_2}{6n}}}=\frac{2^{2n}}{\sqrt{n\pi}}\mathrm{e}^{\frac{\theta}{6n}}$,

其中$|\theta|<1$ $(0<\theta_1<1,0<\theta_2<1)$.

**【3120】** 利用斯特林公式求下列极限:

(1)$\lim\limits_{n\to\infty}\sqrt[n^2]{n!}$; (2)$\lim\limits_{n\to\infty}\frac{n}{\sqrt[n]{n!}}$; (3)$\lim\limits_{n\to\infty}\frac{n}{\sqrt[n]{(2n-1)!!}}$; (4)$\lim\limits_{n\to\infty}\frac{\ln n!}{\ln n^n}$.

**解** (1)$\lim\limits_{n\to\infty}\sqrt[n^2]{n!}=\lim\limits_{n\to\infty}\left[\sqrt[2n^2]{2\pi n}\sqrt[n]{n}\,\mathrm{e}^{-\frac{1}{n}}\mathrm{e}^{\frac{\theta}{12n^3}}\right]=1$.

(2)$\lim\limits_{n\to\infty}\frac{n}{\sqrt[n]{n!}}=\lim\limits_{n\to\infty}\frac{n}{\sqrt[2n]{2\pi n}\,n\mathrm{e}^{-1}\mathrm{e}^{\frac{\theta}{12n^2}}}=\lim\limits_{n\to\infty}\frac{\mathrm{e}}{\sqrt[n]{2\pi n}\,\mathrm{e}^{\frac{\theta}{12n^2}}}=\mathrm{e}$.

(3)利用3118题的结果即得$\lim\limits_{n\to\infty}\frac{n}{\sqrt[n]{(2n-1)!!}}=\lim\limits_{n\to\infty}\frac{n}{\sqrt[2n]{2}\,2n\mathrm{e}^{-1}\mathrm{e}^{\frac{\theta}{12n^2}}}=\frac{\mathrm{e}}{2}$.

(4)$\lim\limits_{n\to\infty}\frac{\ln n!}{\ln n^n}=\lim\limits_{n\to\infty}\frac{\frac{1}{2}(\ln 2+\ln\pi+\ln n)+n\ln n-n+\frac{\theta}{12n}}{n\ln n}=1$.

## §11. 用多项式逼近连续函数

1° **拉格朗日插值公式** 拉格朗日多项式

$$P_n(x)=\sum_{i=0}^{n}\frac{(x-x_0)\cdots(x-x_{i-1})(x-x_{i+1})\cdots(x-x_n)}{(x_i-x_0)\cdots(x_i-x_{i-1})(x_i-x_{i+1})\cdots(x_i-x_n)}y_i$$

具有性质 $P_n(x_i)=y_i\quad(i=0,1,\cdots,n)$.

2° **伯恩斯坦多项式** 若 $f(x)$是闭区间$[0,1]$上的连续函数,则伯恩斯坦多项式

$$B_n(x)=\sum_{i=0}^{n}f\left(\frac{i}{n}\right)C_n^ix^i(1-x)^{n-i}$$

当 $n\to\infty$时在闭区间$[0,1]$上一致收敛于函数 $f(x)$.

**【3121】** 求在给定点按下表取值的最低次的 $n$ 次多项式 $P_n(x)$:

| $x$ | $-2$ | $0$ | $4$ | $5$ |
|---|---|---|---|---|
| $y$ | $5$ | $1$ | $-3$ | $1$ |

$P_n(-1)$, $P_n(1)$, $P_n(6)$近似地等于什么?

**解** $x_0=-2$, $x_1=0$, $x_2=4$, $x_3=5$;

$y_0=5$, $y_1=1$, $y_2=-3$, $y_3=1$.

$$P_3(x)=\frac{(x-x_1)(x-x_2)(x-x_3)}{(x_0-x_1)(x_0-x_2)(x_0-x_3)}y_0+\frac{(x-x_0)(x-x_2)(x-x_3)}{(x_1-x_0)(x_1-x_2)(x_1-x_3)}y_1$$
$$+\frac{(x-x_0)(x-x_1)(x-x_3)}{(x_2-x_0)(x_2-x_1)(x_2-x_3)}y_2+\frac{(x-x_0)(x-x_1)(x-x_2)}{(x_3-x_0)(x_3-x_1)(x_3-x_2)}y_3.$$

以$(x_i,y_i)(i=0,1,2,3)$代入上式,化简即得

$$P_3(x)=1-\frac{55}{21}x-\frac{1}{14}x^2+\frac{5}{42}x^3.\qquad P_3(-1)=1+\frac{55}{21}-\frac{1}{14}-\frac{5}{42}\approx3.43,$$

$$P_3(1)=1-\frac{55}{21}-\frac{1}{14}+\frac{5}{42}\approx-1.57,\qquad P_3(6)=1-\frac{110}{7}-\frac{18}{7}+\frac{180}{7}\approx8.43.$$

**【3122】** 写出经过三点:$A(x_0-h,y_{-1})$, $B(x_0,y_0)$, $C(x_0+h,y_1)$的抛物线方程 $y=ax^2+bx+c$.

**解** 将三点的坐标代入拉格朗日插值公式,即得

$$y=\frac{(x-x_0)(x-x_0-h)}{[(x_0-h)-x_0][(x_0-h)-(x_0+h)]}y_{-1}+\frac{(x-x_0+h)(x-x_0-h)}{[x_0-(x_0-h)][x_0-(x_0+h)]}y_0$$
$$+\frac{(x-x_0+h)(x-x_0)}{[(x_0+h)-(x_0-h)][(x_0+h)-x_0]}y_1$$
$$=y_0+\frac{y_1-y_{-1}}{2h}(x-x_0)+\frac{y_1-2y_0+y_{-1}}{2h^2}(x-x_0)^2.$$

**【3123】** 利用数值 $x_0=1$, $y_0=1$; $x_1=25$, $y_1=5$; $x_2=100$, $y_2=10$,推出开平方根:$y=\sqrt{x}$ $(1\leqslant x\leqslant 100)$的近似公式.

**解** $y=\sqrt{x}$的近似公式可由拉格朗日插值公式求出:

$$y\approx\frac{(x-25)(x-100)}{(-24)\cdot(-99)}\cdot1+\frac{(x-1)(x-100)}{24\cdot(-75)}\cdot5+\frac{(x-1)(x-25)}{99\cdot75}\cdot10$$
$$=0.808+0.193x-0.00101x^2.$$

例如,

$x=4$, $y\approx1.564$ (应为 2); $x=9$, $y\approx2.463$ (应为 3);

$x=16$, $y\approx3.637$ (应为 4); $x=36$, $y\approx6.447$ (应为 6);

由此看来,误差还较大.

**【3124】** 利用数值 $\sin 0°=0$, $\sin 30°=\frac{1}{2}$, $\sin 90°=1$,推出如下形式的近似公式:

$$\sin x°\approx ax+bx^3 \quad (0\leqslant x\leqslant 90).$$

利用这个公式,近似地求:$\sin 20°$, $\sin 40°$, $\sin 80°$.

**解** 将 $x=30$, $\sin 30°=\frac{1}{2}$; $x=90$, $\sin 90°=1$ 代入近似公式 $\sin x°\approx ax+bx^3$,即得联立方程组

$$\begin{cases}30a+27000b=\frac{1}{2},\\ 90a+729000b=1.\end{cases}$$

解之,得 $a=\frac{5}{288}$, $b=-\frac{5}{288}\left(\frac{1}{150}\right)^2$. 因此,

$$\sin x°\approx\frac{5x}{288}\left[1-\left(\frac{x}{150}\right)^2\right].$$

由此近似公式,可得

$$\sin 20°\approx 0.341,\quad \sin 40°\approx 0.645,\quad \sin 80°\approx 0.994,$$

这与查表(四位数学用表)所得的

$$\sin 20°=0.3420,\quad \sin 40°=0.6428,\quad \sin 80°=0.9848,$$

近似.

**【3125】** 取点 $x_i=0$, $\pm\frac{1}{2}$, $\pm 1$ 为拉格朗日多项式的插值节点,对函数 $f(x)=|x|$ 作出在闭区间 $[-1,1]$上的拉格朗日插值多项式.

**解** 以 $x_i=0$, $\pm\frac{1}{2}$, $\pm 1$, $y_i=0$, $\frac{1}{2}$, 1 代入拉格朗日插值公式,即得

$$\begin{aligned}P(x)=&\frac{x\left(x-\frac{1}{2}\right)(x^2-1)}{\left(-\frac{1}{2}\right)(-1)\cdot\frac{1}{2}\left(-\frac{3}{2}\right)}\cdot\frac{1}{2}+\frac{x\left(x+\frac{1}{2}\right)(x^2-1)}{\frac{1}{2}\cdot 1\cdot\frac{3}{2}\left(-\frac{1}{2}\right)}\cdot\frac{1}{2}\\&+\frac{x(x-1)\left(x^2-\frac{1}{4}\right)}{(-1)\left(-\frac{1}{2}\right)\left(-\frac{3}{2}\right)(-2)}\cdot 1+\frac{x(x+1)\left(x^2-\frac{1}{4}\right)}{1\cdot\frac{3}{2}\cdot\frac{1}{2}\cdot 2}\cdot 1\\&=\frac{x^2}{3}(7-4x^2)\quad(|x|\leqslant 1),\end{aligned}$$

此即所求的多项式.

**【3126】** 以拉格朗日多项式代换函数 $y(x)$,近似地计算 $\int_0^2 y(x)\mathrm{d}x$,其中

| $x$ | 0 | 0.5 | 1 | 1.5 | 2 |
|---|---|---|---|---|---|
| $y(x)$ | 5 | 4.5 | 3 | 2.5 | 5 |

**解** 
$$\begin{aligned}y(x)\approx&\frac{(x-0.5)(x-1)(x-1.5)(x-2)}{(-0.5)(-1)(-1.5)(-2)}\cdot 5+\frac{x(x-1)(x-1.5)(x-2)}{0.5\cdot(-0.5)\cdot(-1)\cdot(-1.5)}\cdot 4.5\\&+\frac{x(x-0.5)(x-1.5)(x-2)}{1\cdot 0.5(-0.5)\cdot(-1)}\cdot 3+\frac{x(x-0.5)(x-1)(x-2)}{1.5\cdot 1\cdot 0.5\cdot(-0.5)}\cdot 2.5\\&+\frac{x(x-0.5)(x-1)(x-1.5)}{2\cdot 1.5\cdot 1\cdot 0.5}\cdot 5\\&=\left(\frac{10}{3}x^4-\frac{50}{3}x^3+\frac{87.5}{3}x^2-\frac{62.5}{3}x+5\right)+(-12x^4+54x^3-78x^2+36x)\\&+(12x^4-48x^3+57x^2-18x)+\left(-\frac{20}{3}x^4+\frac{70}{3}x^3-\frac{70}{3}x^2+\frac{20}{3}x\right)\end{aligned}$$

$$+\left(\frac{10}{3}x^4-10x^3+\frac{27.5}{3}x^2-2.5x\right)$$

$$=\frac{8}{3}x^3-6x^2+\frac{4}{3}x+5.$$

于是，

$$\int_0^2 y(x)\mathrm{d}x\approx\int_0^2\left(\frac{8}{3}x^3-6x^2+\frac{4}{3}x+5\right)\mathrm{d}x=\left(\frac{2}{3}x^4-2x^3+\frac{2}{3}x^2+5x\right)\Big|_0^2=\frac{22}{3}=7\frac{1}{3}.$$

**【3127】** 对于函数 $x,x^2,x^3$，试在闭区间$[0,1]$上作出伯恩斯坦多项式 $B_n(x)$.

**解** 对于函数 $f(x)=x$，其伯恩斯坦多项式 $B_n(x)$ 为

$$B_n(x)=\sum_{k=0}^{n}\frac{k}{n}C_n^kx^k(1-x)^{n-k}=x\sum_{k=0}^{n-1}C_{n-1}^kx^k(1-x)^{n-k-1}=x[x+(1-x)]^{n-1}=x;$$

对于函数 $f(x)=x^2$，其伯恩斯坦多项式为

$$\begin{aligned}B_n(x)=&\sum_{k=0}^{n}\frac{k^2}{n^2}C_n^kx^k(1-x)^{n-k}\\
=&\frac{1^2}{n^2}C_n^1x(1-x)^{n-1}+\frac{2^2}{n^2}C_n^2x^2(1-x)^{n-2}+\frac{3^2}{n^2}C_n^3x^3(1-x)^{n-3}+\cdots\\
&+\frac{(n-1)^2}{n^2}C_n^{n-1}x^{n-1}(1-x)+\frac{n^2}{n^2}C_n^nx^n\\
=&\frac{1}{n}x(1-x)^{n-1}+\frac{2(n-1)}{n}x^2(1-x)^{n-2}+\frac{3}{n}\ \frac{(n-1)(n-2)}{2!}x^3(1-x)^{n-3}+\cdots\\
&+\frac{n-1}{n}\cdot\frac{(n-1)!}{(n-2)!}x^{n-1}(1-x)+x^n\\
=&\frac{1}{n}(C_{n-1}^0+C_{n-1}^1)x(1-x)^{n-1}+\frac{2}{n}(C_{n-1}^1+C_{n-1}^2)x^2(1-x)^{n-2}\\
&+\frac{3}{n}(C_{n-1}^2+C_{n-1}^3)x^3(1-x)^{n-3}+\cdots+\frac{n-1}{n}(C_{n-1}^{n-2}+C_{n-1}^{n-1})x^{n-1}(1-x)+x^n\\
&-\left[\frac{1}{n}C_{n-1}^1x(1-x)^{n-1}+\frac{2}{n}C_{n-1}^2x^2(1-x)^{n-2}+\cdots+\frac{n-1}{n}C_{n-1}^{n-1}x^{n-1}(1-x)\right]\\
=&\sum_{k=0}^{n}C_n^k\frac{k}{n}x^k(1-x)^{n-k}-\frac{n-1}{n}x(1-x)\sum_{k=0}^{n-2}C_{n-2}^kx^k(1-x)^{n-k-2}\\
=&x-\frac{n-1}{n}x(1-x)=x^2+\frac{x(1-x)}{n}.\end{aligned}$$

对于函数 $f(x)=x^3$，其伯恩斯坦多项式为

$$\begin{aligned}B_n(x)=&\sum_{k=0}^{n}\frac{k^3}{n^3}C_n^kx^k(1-x)^k\\
=&\frac{1^2}{n^2}C_{n-1}^0x(1-x)^{n-1}+\frac{2^2}{n^2}C_{n-1}^1x^2(1-x)^{n-2}+\cdots+\frac{(n-1)^2}{n^2}C_{n-1}^{n-2}x^{n-1}(1-x)+x^n\\
=&\frac{1^2}{n^2}(C_{n-1}^0+C_{n-1}^1)x(1-x)^{n-1}+\frac{2^2}{n^2}(C_{n-1}^1+C_{n-1}^2)x^2(1-x)^{n-2}+\cdots\\
&+\frac{(n-1)^2}{n^2}(C_{n-1}^{n-2}+C_{n-1}^{n-1})x^{n-1}(1-x)+x^n\\
&-\left[\frac{1^2}{n^2}C_{n-1}^1x(1-x)^{n-1}+\frac{2^2}{n^2}C_{n-1}^2x^2(1-x)^{n-2}+\cdots+\frac{(n-1)^2}{n^2}C_{n-1}^{n-1}x^{n-1}(1-x)\right]\\
=&\sum_{k=0}^{n}\frac{k^2}{n^2}C_n^kx^k(1-x)^{n-k}-\frac{(n-1)(n-2)}{n^2}x(1-x)\\
&\cdot\left[\frac{1}{n-2}C_{n-2}^0(1-x)^{n-2}+\frac{2}{n-2}C_{n-2}^1x(1-x)^{n-3}+\cdots+\frac{n-1}{n-2}C_{n-2}^{n-2}x^{n-2}\right]\\
=&x^2+\frac{x(1-x)}{n}-\frac{(n-1)(n-2)}{n^2}x(1-x)\left[\frac{1}{n-2}\sum_{k=0}^{n-2}\frac{k}{n-2}C_{n-2}^kx^k(1-x)^{n-k-2}\right.\end{aligned}$$

$$+\sum_{k=0}^{n-2}C_{n-2}^{k}x^{k}(1-x)^{n-2-k}\Big]$$

$$=x^2+\frac{x(1-x)}{n}-\frac{(n-1)(n-2)x(1-x)}{n^2}\Big[\frac{x}{n-2}\sum_{k=0}^{n-3}C_{n-3}^{k}x^{k}(1-x)^{n-3-k}+1\Big]$$

$$=x^2+\frac{x(1-x)}{n}-\frac{(n-1)(n-2)x(1-x)}{n^2}\left(\frac{x}{n-2}+1\right)$$

$$=\left(1-\frac{1}{n}\right)\left(1-\frac{2}{n}\right)x^3+\frac{3}{n}\left(1-\frac{1}{n}\right)x^2+\frac{1}{n^2}x.$$

**【3128】** 对于在闭区间$[a,b]$上的已知函数$f(x)$,写出伯恩斯坦多项式$B_n(x)$的公式.

**解** 令$a+(b-a)y=x$,则当$0\leqslant y\leqslant 1$时$a\leqslant x\leqslant b$,此时

$$y=\frac{x-a}{b-a},\quad 1-y=\frac{b-x}{b-a},\quad f(x)=f(a+(b-a)y),$$

故$f(x)$在$[a,b]$上的伯恩斯坦多项式为

$$B_n(x)=\sum_{k=0}^{n}f\left(a+(b-a)\frac{k}{n}\right)C_n^k\frac{(x-a)^k(b-x)^{n-k}}{(b-a)^n}.$$

**【3129】** 在闭区间$[-1,1]$上用伯恩斯坦多项式$B_4(x)$逼近函数$f(x)=\frac{|x|+x}{2}$. 作出函数$y=\frac{|x|+x}{2}$和$y=B_4(x)$的图像.

**解** 利用3128题的结果,易得

$$B_4(x)=\sum_{k=0}^{4}f\left(-1+\frac{k}{2}\right)C_4^k\frac{(x+1)^k(1-x)^{4-k}}{2^4}$$

$$=\frac{1}{2}C_4^3\frac{(x+1)^3(1-x)}{2^4}+1\cdot C_4^4\frac{(x+1)^4}{2^4}$$

$$=\frac{1}{8}(1-x)(1+x)^3+\frac{1}{16}(1+x)^4.$$

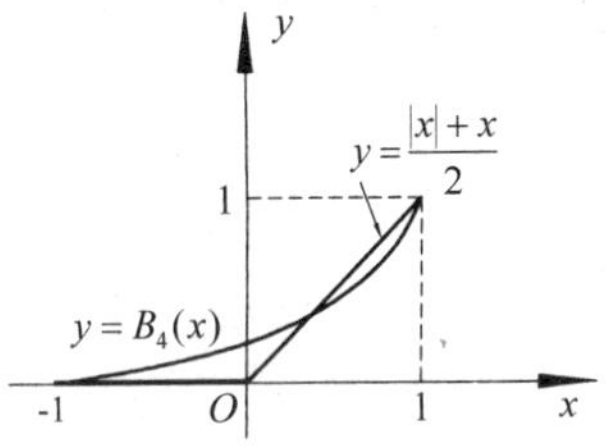

图 5.9

函数$y=\frac{|x|+x}{2}$和$y=B_4(x)$的图像如图5.9所示.

**注** $y=B_4(x)=\frac{1}{8}(1-x)(1+x)^3+\frac{1}{16}(1+x)^4$ 当$x=-1$时为0;当$x=1$时为1;当$x=0$时为$\frac{3}{16}$.

又$y'=\frac{(1+x)^2}{4}(2-x)$,当$x=-1$时,$y'=0$;当$x\in(-1,1)$时,$y'>0$,故图像上升.

$y''=\frac{3}{4}(1-x^2)\geqslant 0$,故图像向上凹.

**【3130】**$^+$ 在$-1\leqslant x\leqslant 1$内用偶数次的伯恩斯坦多项式逼近函数$f(x)=|x|$.

**解** 利用3128题的结果,即得

$$B_{2n}(x)=\sum_{k=0}^{2n}\left|-1+\frac{k}{n}\right|C_{2n}^{k}\frac{(x+1)^k(1-x)^{2n-k}}{2^{2n}}$$

$$=\frac{1}{2^{2n}}\left\{\sum_{k=0}^{n}\frac{n-k}{n}C_{2n}^{k}(x+1)^k(1-x)^{2n-k}+\sum_{k=n+1}^{2n}\frac{k-n}{n}C_{2n}^{k}(x+1)^k(1-x)^{2n-k}\right\}$$

$$=\left(\frac{1-x^2}{4}\right)^n\left\{\sum_{k=0}^{n}\frac{n-k}{n}C_{2n}^{k}\left(\frac{1-x}{1+x}\right)^{n-k}+\sum_{k=n+1}^{2n}\frac{k-n}{n}C_{2n}^{k}\left(\frac{1-x}{1+x}\right)^{n-k}\right\}$$

$$=\left(\frac{1-x^2}{4}\right)^n\left\{\sum_{k=0}^{n}\frac{k}{n}C_{2n}^{n-k}\left(\frac{1-x}{1+x}\right)^{k}+\sum_{k=1}^{n}\frac{k}{n}C_{2n}^{n+k}\left(\frac{1-x}{1+x}\right)^{-k}\right\}$$

$$=\left(\frac{1-x^2}{4}\right)^n\left\{\sum_{k=1}^{n}\frac{k}{n}C_{2n}^{n-k}\left(\frac{1-x}{1+x}\right)^{k}+\sum_{k=1}^{n}\frac{k}{n}C_{2n}^{n+k}\left(\frac{1+x}{1-x}\right)^{k}\right\}.$$

由于

$$C_{2n}^{n-k}+C_{2n}^{n+k}=C_{2n}^{n-k}\left[1+\frac{(n+k)(n+k-1)\cdots(n-k+1)}{(n-k+1)(n-k+2)\cdots(n+k)}\right]=2C_{2n}^{n-k},$$

故 $C_{2n}^{n-k}=C_{2n}^{n+k}$. 因此,可得

$$B_{2n}(x)=\frac{1}{n}\left(\frac{1-x^2}{4}\right)^n\sum_{k=1}^{n}\left\{kC_{2n}^{n-k}\left[\left(\frac{1+x}{1-x}\right)^k+\left(\frac{1-x}{1+x}\right)^k\right]\right\}.$$

**【3131】** 对于函数 $f(x)=e^{kx}(a\leqslant x\leqslant b)$写出伯恩斯坦多项式 $B_n(x)$.

**解** $B_n(x)=\sum\limits_{j=0}^{n}e^{k(a+(b-a)\frac{j}{n})}C_n^j\dfrac{(x-a)^j(b-x)^{n-j}}{(b-a)^n}$

$$=\frac{e^{ka}}{(b-a)^n}\sum_{j=0}^{n}e^{k\frac{(b-a)j}{n}}C_n^j(x-a)^j(b-x)^{n-j}=\frac{e^{ka}}{(b-a)^n}[e^{\frac{b-a}{n}k}(x-a)+(b-x)]^n$$

$$=e^{ka}\left[e^{\frac{b-a}{n}k}\frac{x-a}{b-a}+\frac{b-x}{b-a}\right]^n=e^{ka}\left[(e^{\frac{b-a}{n}k}-1)\frac{x-a}{b-a}+\frac{b-x+x-a}{b-a}\right]^n$$

$$=e^{ka}\left[1+(e^{\frac{b-a}{n}k}-1)\frac{x-a}{b-a}\right]^n.$$

**【3132】** 在闭区间$-\frac{\pi}{2}\leqslant x\leqslant\frac{\pi}{2}$上,对于函数 $f(x)=\cos x$ 计算多项式 $B_n(x)$.

**解** 我们有

$$\cos x=\frac{1}{2}(e^{ix}+e^{-ix}).\tag{1}$$

利用 3131 题的结果(在其中令 $a=-\frac{\pi}{2}$, $b=\frac{\pi}{2}$并分别令 $k=i$ 和 $k=-i$),得 $e^{ix}$在$[-\frac{\pi}{2},\frac{\pi}{2}]$的伯恩斯坦多项式 $B_n^{(1)}(x)$与 $e^{-ix}$在$[-\frac{\pi}{2},\frac{\pi}{2}]$的伯恩斯坦多项式 $B_n^{(2)}(x)$分别为:

$$B_n^{(1)}(x)=e^{-\frac{\pi}{2}i}\left[1+(e^{\frac{i\pi}{n}}-1)\left(\frac{x+\frac{\pi}{2}}{\pi}\right)\right]^n,\quad B_n^{(2)}(x)=e^{\frac{\pi}{2}i}\left[1+(e^{-\frac{i\pi}{n}}-1)\left(\frac{x+\frac{\pi}{2}}{\pi}\right)\right]^n.$$

于是,

$$B_n^{(1)}(x)=e^{-\frac{\pi i}{2}}\left\{e^{\frac{\pi i}{2n}}\left[e^{\frac{-\pi i}{2n}}+(e^{\frac{\pi i}{2n}}-e^{\frac{-\pi i}{2n}})\left(\frac{x}{\pi}+\frac{1}{2}\right)\right]\right\}^n$$

$$=e^{\frac{-\pi i}{2}}e^{\frac{\pi i}{2}}\left[\cos\frac{\pi}{2n}-i\sin\frac{\pi}{2n}+2i\sin\frac{\pi}{2n}\left(\frac{x}{\pi}+\frac{1}{2}\right)\right]^n=\left(\cos\frac{\pi}{2n}+i\frac{2x}{\pi}\sin\frac{\pi}{2n}\right)^n.$$

同理可得 $B_n^{(2)}(x)=\left(\cos\frac{\pi}{2n}-i\frac{2x}{\pi}\sin\frac{\pi}{2n}\right)^n$.

于是,根据(1)式,即知 $\cos x[-\frac{\pi}{2},\frac{\pi}{2}]$上的伯恩斯坦多项式$B_n(x)$为:

$$B_n(x)=\frac{1}{2}[B_n^{(1)}(x)+B^{(2)n}(x)]=\frac{1}{2}\left[\left(\cos\frac{\pi}{2n}+i\frac{2x}{\pi}\sin\frac{\pi}{2n}\right)^n+\left(\cos\frac{\pi}{2n}-i\frac{2x}{\pi}\sin\frac{\pi}{2n}\right)^n\right].$$

应当指出,我们也可不利用(1)式以及 3131 题的结果,而利用 3128 题的结果直接写出 $\cos x$ 在$[-\frac{\pi}{2},\frac{\pi}{2}]$上的伯恩斯坦多项式$B_n(x)$:

$$B_n(x)=\sum_{k=0}^{n}\cos\left(-\frac{\pi}{2}+\frac{k\pi}{n}\right)C_n^k\frac{\left(x+\frac{\pi}{2}\right)^k\left(\frac{\pi}{2}-x\right)^{n-k}}{\pi^n}=\sum_{k=0}^{n}\sin\frac{k\pi}{n}C_n^k\frac{(\pi+2x)^k(\pi-2x)^{n-k}}{(2\pi)^n},$$

这是 $B_n(x)$的另一表示式.

**【3133】** 证明:在闭区间$[-1,1]$上$|x|=\lim\limits_{n\to\infty}P_n(x)$,其中

$$P_n(x)=1-\frac{1-x^2}{2}-\sum_{i=2}^{n}\frac{1\cdot3\cdots(2i-3)}{2\cdot4\cdots(2i)}(1-x^2)^i.$$

**证** $|x|=\sqrt{x^2}=\sqrt{1-t}$,其中 $t=1-x^2$.

我们知道,函数 $\sqrt{1-t}$按幂级数展开有

$$\sqrt{1-t}=1+\frac{1}{2}(-t)+\sum_{n=2}^{\infty}\frac{\frac{1}{2}\left(\frac{1}{2}-1\right)\cdots\left(\frac{1}{2}-n+1\right)}{n!}(-t)^n$$

$$=1-\frac{t}{2}+\sum_{n=2}^{\infty}\frac{(-1)(-3)\cdots(-2n+3)}{n!\ 2^n}(-1)^n t^n$$

$$=1-\frac{t}{2}+\sum_{n=2}^{\infty}\frac{1\cdot 3\cdots(2n-3)}{2\cdot 4\cdots(2n)}(-1)^{2n-1}t^n$$

$$=1-\frac{t}{2}-\sum_{n=2}^{\infty}\frac{(2n-3)!!}{(2n)!!}t^n \quad (-1<t<1). \tag{1}$$

当 $t=\pm1$ 时,上式右端级数为

$$\sum_{n=2}^{\infty}\frac{(2n-3)!!}{(2n)!!}(\pm1)^n=\sum_{n=2}^{\infty}a_n.$$

由于

$$\lim_{n\to\infty}n\left(\frac{|a_n|}{|a_{n+1}|}-1\right)=\lim_{n\to\infty}n\left(\frac{2n+2}{2n-1}-1\right)=\frac{3}{2}>1,$$

故由拉比判别法可知级数 $\sum\limits_{n=2}^{\infty}|a_n|$ 收敛,从而,级数 $\sum\limits_{n=2}^{\infty}a_n$ 收敛. 因此,由幂级数的阿贝尔定理知,(1)式当 $t=\pm1$ 时也成立,即有

$$\sqrt{1-t}=1-\frac{t}{2}-\sum_{n=2}^{\infty}\frac{(2n-3)!!}{(2n)!!}t^n \quad (-1\leqslant t\leqslant 1). \tag{2}$$

于是,将 $t=1-x^2$ 代入,即得

$$|x|=1-\frac{1-x^2}{2}-\sum_{n=2}^{\infty}\frac{(2n-3)!!}{(2n)!!}(1-x^2)^n=\lim_{n\to\infty}P_n(x) \quad (-1\leqslant x\leqslant 1). \tag{3}$$

证毕.

**注** 由幂级数的性质知,(2)式右端的级数在 $0\leqslant t\leqslant 1$ 上一致收敛(实际在 $-1\leqslant t\leqslant 1$ 上也一致收敛),故(3)式中的级数在 $-1\leqslant x\leqslant 1$ 上一致收敛. 因此,我们实际证明了更强的结论:当 $n\to\infty$ 时 $P_n(x)$ 在 $-1\leqslant x\leqslant 1$ 上一致趋于 $|x|$.

**【3134】** 设 $f(x)$ 是对于 $-\pi\leqslant x\leqslant\pi$ 的连续函数,而 $a_n,b_n(n=0,1,2,\cdots)$ 是它的傅里叶系数. 证明:费耶尔三角多项式

$$\sigma_n(x)=\frac{a_0}{2}+\sum_{i=1}^{n-1}\left(1-\frac{i}{n}\right)(a_i\cos ix+b_i\sin ix)$$

在区间 $(-\pi,\pi)$ 上一致收敛于函数 $f(x)$.

**证** 首先指出,本题结论有误,在所设条件下,只能断定:对任何 $\eta>0$,$\sigma_n(x)$ 在 $[-\pi+\eta,\pi-\eta]$ 上一致收敛于 $f(x)$,而一般推不出 $\sigma_n(x)$ 在 $(-\pi,\pi)$ 上一致收敛于 $f(x)$. 但若再假定 $f(-\pi)=f(\pi)$,则能推出 $\sigma_n(x)$ 在 $[-\pi,\pi]$ 上一致收敛于 $f(x)$.

今证于下. 首先,以 $f(x)$ 在 $-\pi\leqslant x<\pi$ 上的函数值为基础按 $2\pi$ 为周期将函数 $f(x)$ 延拓到整个 $(-\infty,+\infty)$ 上,延拓后的函数仍记为 $f(x)$ (注意,若原来 $f(-\pi)\neq f(\pi)$,则延拓后的函数在 $x=\pi$ 的函数值不等于原来的函数值 $f(\pi)$. 但一个点的函数值对于下面各积分之值毫无影响). 用 $S_n(x)$ 表 $f(x)$ 的傅里叶级数的部分和,则

$$S_n(x)=\frac{a_0}{2}+\sum_{m=1}^{n}(a_m\cos mx+b_m\sin mx)=\frac{1}{\pi}\int_{-\pi}^{\pi}f(u)\left[\frac{1}{2}+\sum_{m=1}^{n}\cos m(u-x)\right]\mathrm{d}u,$$

将 $n$ 个等式

$$2\sin\frac{v}{2}\cos mv=\sin\left(m+\frac{1}{2}\right)v-\sin\left(m-\frac{1}{2}\right)v \quad (m=1,2,\cdots,n)$$

相加得 $\frac{1}{2}+\sum\limits_{m=1}^{n}\cos mv=\dfrac{\sin(2n+1)\frac{v}{2}}{2\sin\frac{v}{2}}$,从而(作代换 $u-x=t$),

$$S_n(x)=\frac{1}{\pi}\int_{-\pi}^{\pi}f(u)\frac{\sin(2n+1)\frac{u-x}{2}}{2\sin\frac{u-x}{2}}du=\frac{1}{\pi}\int_{-\pi-x}^{\pi-x}f(x+t)\frac{\sin\left(n+\frac{1}{2}\right)t}{2\sin\frac{t}{2}}dt.$$

由于周期为 $2\pi$ 的函数 $F(u)$ 在长为 $2\pi$ 的闭区间 $[\lambda,\lambda+2\pi]$ 上的积分 $\int_{\lambda}^{\lambda+2\pi}F(u)du$ 与 $\lambda$ 无关，故上式右端的积分 $\int_{-\pi-x}^{\pi-x}$ 可换为 $\int_{-\pi}^{\pi}$. 由此，再将 $\int_{-\pi}^{\pi}$ 表为 $\int_{-\pi}^{0}+\int_{0}^{\pi}$，并在 $\int_{-\pi}^{0}$ 中作代换 $t=-s$，即得表达式

$$S_n(x)=\frac{1}{\pi}\int_0^{\pi}[f(x+t)+f(x-t)]\frac{\sin\left(n+\frac{1}{2}\right)t}{2\sin\frac{t}{2}}dt.$$

显然 $\sigma_n(x)=\frac{1}{n}\sum_{k=0}^{n-1}S_k(x)$，故

$$\sigma_n(x)=\frac{1}{n\pi}\int_{-\pi}^{\pi}[f(x+t)+f(x-t)]\frac{\sum_{k=0}^{n-1}\sin\left(k+\frac{1}{2}\right)t}{2\sin\frac{t}{2}}dt.$$

由于

$$2\sin\frac{t}{2}\sum_{k=0}^{n-1}\sin\left(k+\frac{1}{2}\right)t=\sum_{k=0}^{n-1}[\cos kt-\cos(k+1)t]=1-\cos nt=2\sin^2\frac{nt}{2},$$

故

$$\sigma_n(x)=\frac{1}{2n\pi}\int_0^{\pi}[f(x+t)+f(x-t)]\left(\frac{\sin\frac{n}{2}t}{\sin\frac{t}{2}}\right)^2dt. \tag{1}$$

特别在(1)式中，令 $f(x)\equiv1$，则显然这时 $S_n(x)\equiv1$，从而 $\sigma_n(x)\equiv1$，因此得下面的等式：

$$1=\frac{1}{n\pi}\int_0^{\pi}\left(\frac{\sin\frac{n}{2}t}{\sin\frac{t}{2}}\right)^2dt. \tag{2}$$

(1)式减去(2)式乘 $f(x)$，得

$$\sigma_n(x)-f(x)=\frac{1}{2n\pi}\int_0^{\pi}[f(x+t)-f(x)+f(x-t)-f(x)]\left(\frac{\sin\frac{n}{2}t}{\sin\frac{t}{2}}\right)^2dt. \tag{3}$$

由(3)式证明下述两个结论：

(ⅰ)对任何 $\eta>0$，$\sigma_n(x)$ 在 $-\pi+\eta\leqslant x\leqslant\pi-\eta$ 上一致收敛于 $f(x)$.

(ⅱ)若更设 $f(-\pi)=f(\pi)$，则 $\sigma_n(x)$ 在 $-\pi\leqslant x\leqslant\pi$ 上一致收敛于 $f(x)$.

先证(ⅰ). 设已给 $\eta>0$. 显然，$f(x)$ 在 $(-\infty,+\infty)$ 上有界，故存在常数 $M>0$，使

$$|f(x)|\leqslant M\qquad(-\infty<x<+\infty).$$

注意，延拓后的函数在点 $x=\pi$，$x=-\pi$ 可能不连续，(可能有第一类不连续点)，但在 $-\pi<x<\pi$ 上肯定是连续的，因此，在 $\left[-\pi+\frac{\eta}{2},\pi-\frac{\eta}{2}\right]$ 上必一致连续. 于是，对任给的 $\varepsilon>0$，必有 $\delta>0$ 存在，使对于闭区间 $\left[-\pi+\frac{\eta}{2},\pi-\frac{\eta}{2}\right]$ 上任何两点 $x'$，$x''$，只要 $|x'-x''|\leqslant\delta$，就有 $|f(x')-f(x'')|<\frac{\varepsilon}{2}$. 令 $\tau=\min\left\{\delta,\frac{\eta}{2}\right\}$. 根据(3)式，有

$$\sigma_n(x)-f(x)=\frac{1}{2n\pi}\int_0^{\tau}[f(x+t)-f(x)+f(x-t)-f(x)]\left(\frac{\sin\frac{n}{2}t}{\sin\frac{t}{2}}\right)^2dt$$

$$+\frac{1}{2n\pi}\int_{\tau}^{\pi}[f(x+t)+f(x-t)-2f(x)]\left(\frac{\sin\frac{n}{2}t}{\sin\frac{t}{2}}\right)^2dt$$

$$=I_1+I_2;\tag{4}$$

显然,当 $0\leqslant t\leqslant\tau$, $-\pi+\eta\leqslant x\leqslant\pi-\eta$ 时,有 $x+t\in\left[-\pi+\frac{\eta}{2},\pi-\frac{\eta}{2}\right]$, $x-t\in\left[-\pi+\frac{\eta}{2},\pi-\frac{\eta}{2}\right]$,从而,

$$|f(x+t)-f(x)|<\frac{\varepsilon}{2},\quad |f(x-t)-f(x)|<\frac{\varepsilon}{2}.$$

因此(再注意到(2)式),当 $-\pi+\eta\leqslant x\leqslant\pi-\eta$ 时,有

$$|I_1|\leqslant\frac{1}{2n\pi}\int_0^\tau[|f(x+t)-f(x)|+|f(x-t)-f(x)|]\left(\frac{\sin\frac{n}{2}t}{\sin\frac{t}{2}}\right)^2\mathrm{d}t<\frac{\varepsilon}{2}\cdot\frac{1}{n\pi}\int_0^\tau\left(\frac{\sin\frac{n}{2}t}{\sin\frac{t}{2}}\right)^2\mathrm{d}t<\frac{\varepsilon}{2}.\tag{5}$$

另一方面,当 $\tau\leqslant x\leqslant\pi$ 时,有 $\left(\frac{\sin\frac{n}{2}t}{\sin\frac{t}{2}}\right)^2\leqslant\frac{1}{\sin^2\frac{\tau}{2}}$. 于是,当 $-\infty<x<+\infty$ 时,有

$$|I_2|\leqslant\frac{1}{2n\pi}\cdot\frac{1}{\sin^2\frac{\tau}{2}}\int_\tau^\pi 4M\mathrm{d}t<\frac{2M}{n\sin^2\frac{\tau}{2}}.\tag{6}$$

由(4)、(5)、(6)诸式可知:当 $-\pi+\eta\leqslant x\leqslant\pi-\eta$ 时,有

$$|\sigma_n(x)-f(x)|<\frac{\varepsilon}{2}+\frac{2M}{n\sin^2\frac{\tau}{2}}\quad(n=1,2,\cdots).$$

令 $N=\left[\frac{4M}{\varepsilon\sin^2\frac{\tau}{2}}\right]$,则当 $n>N$ 时,对一切 $x\in[-\pi+\eta,\pi-\eta]$,恒有 $|\sigma_n(x)-f(x)|<\frac{\varepsilon}{2}+\frac{\varepsilon}{2}=\varepsilon$. 由此可知,$\sigma_n(x)$ 在 $[-\pi+\eta,\pi-\eta]$ 上一致收敛于 $f(x)$.

再证(ⅱ),若原来给定的 $[-\pi,\pi]$ 上的连续函数 $f(x)$ 满足 $f(-\pi)=f(\pi)$,则前述延拓出去后的函数 $f(x)$ 是整个 $(-\infty,+\infty)$ 上的连续函数. 因此,在 $[-2\pi,2\pi]$ 上必一致连续. 于是,对于任给的 $\varepsilon>0$,必有 $\tau>0$ 存在(可取 $\tau<\pi$),使对于 $[-2\pi,2\pi]$ 中的任何两点 $x'$, $x''$,只要 $|x'-x''|\leqslant\tau$,就有

$$|f(x')-f(x'')|<\frac{\varepsilon}{2}.$$

以下的证明和(ⅰ)对应部分类似. 首先,对刚才确定的 $\tau$,写出(4)式. 显然,当 $0\leqslant t\leqslant\tau$, $-\pi\leqslant x\leqslant\pi$ 时,有 $x+t\in[-2\pi,2\pi]$, $x-t\in[-2\pi,2\pi]$,故

$$|f(x+t)-f(x)|<\frac{\varepsilon}{2},\quad |f(x-t)-f(x)|<\frac{\varepsilon}{2}.$$

从而,当 $-\pi\leqslant x\leqslant\pi$ 时(5)式成立. 同样(6)式成立. 于是,当 $n>N=\left[\frac{4M}{\varepsilon\sin^2\frac{\tau}{2}}\right]$ 时,对一切 $x\in[-\pi,\pi]$,恒有

$$|\sigma_n(x)-f(x)|<\varepsilon,$$

故 $\sigma_n(x)$ 在 $-\pi\leqslant x\leqslant\pi$ 上一致收敛于 $f(x)$.

最后,我们举例说明,若 $f(-\pi)\neq f(\pi)$,则一般不能断定 $\sigma_n(x)$ 在 $(-\pi,\pi)$ 内一致收敛于 $f(x)$. 例如,设

$$f(x)=x\qquad(-\pi\leqslant x\leqslant\pi).$$

我们证明这时的 $\sigma_n(x)$ 在 $-\pi<x<\pi$ 内不一致收敛于 $f(x)$. 用反证法,假定 $\sigma_n(x)$ 在 $-\pi<x<\pi$ 内一致收敛于 $f(x)=x$. 由傅里叶级数的收敛性定理(即狄利克雷定理)知,

$$\lim_{n\to\infty}S_n(x)=S(x)\quad(-\pi\leqslant x\leqslant\pi),\tag{7}$$

这里

$$S(x)=\begin{cases}f(x)=x, & -\pi<x<\pi,\\ \frac{f(-\pi+0)+f(\pi-0)}{2}=0, & x=\pm\pi,\end{cases}$$

由此可知，$S(x)$在点 $x=\pi$ 和 $x=-\pi$ 不连续，但另一方面，根据(7)式，利用 138 题的结果知，

$$\lim_{n\to\infty}\sigma_n(x)=S(x)\quad(-\pi\leqslant x\leqslant\pi).\tag{8}$$

由反证法的假定，$\sigma_n(x)$在$-\pi<x<\pi$ 内一致收敛于 $S(x)$(在$-\pi<x<\pi$ 内，$f(x)=x=S(x)$)．而由(8)式，当 $x=\pi$ 和 $x=-\pi$ 时，$\sigma_n(x)$也收敛于 $S(x)$，故知 $\sigma_n(x)$在$-\pi\leqslant x\leqslant\pi$ 上一致收敛于 $S(x)$．显然，$\sigma_n(x)$都是 $x$ 的连续函数($-\pi\leqslant x\leqslant\pi$)．由此可知，极限函数 $S(x)$也必在$-\pi\leqslant x\leqslant\pi$ 上连续；此与$S(x)$在 $x=\pi$ 和 $x=-\pi$ 不连续的事实相矛盾，此矛盾证明了$\sigma_n(x)$在$(-\pi,\pi)$内收敛于 $f(x)=x$ 不是一致的．

本题证毕．

**【3135】** 对于函数 $f(x)=|x|\ (-\pi\leqslant x\leqslant\pi)$．作出费耶尔多项式 $\sigma_{2n-1}(x)$．

**解** 由于 $f(x)$是偶函数，故

$$b_n=0\quad(n=1,2,\cdots),$$

$$a_0=\frac{2}{\pi}\int_0^{\pi}x\mathrm{d}x=\pi,$$

$$a_n=\frac{2}{\pi}\int_0^{\pi}x\cos nx\mathrm{d}x=\frac{2}{n^2\pi}[(-1)^n-1]\quad(n=1,2,\cdots),$$

故 $a_{2k}=0$，$a_{2k-1}=-\dfrac{4}{(2k-1)^2\pi}\quad(k=1,2,\cdots)$．于是，

$$\sigma_{2n-1}=\frac{\pi}{2}+\sum_{i=1}^{2n-2}\left(1-\frac{i}{2n-1}\right)a_i\cos ix=\frac{\pi}{2}+\sum_{k=1}^{n-1}\left(1-\frac{2k-1}{2n-1}\right)\left[-\frac{4}{(2k-1)^2\pi}\right]\cos(2k-1)x$$

$$=\frac{\pi}{2}-\frac{8}{\pi}\sum_{k=1}^{n-1}\frac{n-k}{2n-1}\,\frac{\cos(2k-1)x}{(2k-1)^2}.$$

5

费定晖 周学圣 编著
郭大钧 邵品琮 主审

# 吉米多维奇
# 数学分析
# 习题集题解

第4版

山东科学技术出版社
·济南·

**图书在版编目（CIP）数据**

吉米多维奇数学分析习题集题解. 5 / 费定晖，周学圣编著. --4版. --济南：山东科学技术出版社，2012.7（2023.10 重印）

ISBN 978-7-5331-5896-5

Ⅰ. ①吉… Ⅱ. ①费… ②周… Ⅲ. ①数学分析-高等学校-题解 Ⅳ. ①O17-44

中国版本图书馆CIP数据核字（2012）第120111号

# 吉米多维奇数学分析习题集题解 5

JIMIDUOWEIQI SHUXUE FENXI XITIJI TIJIE 5

责任编辑：段 琰

---

**主管单位：山东出版传媒股份有限公司**

**出 版 者：山东科学技术出版社**

地址：济南市市中区舜耕路517号

邮编：250003 电话：（0531）82098088

网址：www. lkj. com. cn

电子邮件：sdkj@sdcbcm. com

**发 行 者：山东科学技术出版社**

地址：济南市市中区舜耕路517号

邮编：250003 电话：（0531）82098067

**印 刷 者：山东华立印务有限公司**

地址：山东省济南市莱芜高新区钱塘江街 019 号

邮编：271100 电话：（0531）76216033

---

**规格：** 16开（185 mm × 260 mm）

**印张：** 17

**版次：** 2012年7月第4版 **印次：** 2023年10月第18次印刷

**定价：** 27.00元

# 第4版前言 DISIBANQIANYAN

本书自1979年出版发行以来，历经30多个春秋，一直畅销不衰，深得读者厚爱。在郭大钧教授的帮助和指导下，对全书我不断地修订和补充，不断地修正错误，不断地替换更为简洁的解法和证明，力求本书一直保持其先进性、完整性和准确性，以求对读者的高度责任感。读者通过学习该书，对掌握数学分析的基本知识、基础理论和基本技能的训练，感到获益匪浅，赞誉其为学习数学分析“不可替代”之图书，对此我们倍感欣慰，鞭策我们为读者作出更多的奉献。

这次受山东科学技术出版社的约请，并得到郭大钧教授的大力支持，仍由我负责全书第4版的修订、增补和校阅工作，以适应文化建设繁荣发展的需要，更加激发全国广大读者的强烈求知欲。具体主要做了以下几方面的工作：

第一，为全书4462题中的近三成的习题，根据题型的不同，在原题解的前面，分别或给出提示，或给出解题思路，或给出证明思路。冀图启发读者怎样分析该题，怎样下手求解；启发读者怎样总结解题的规律；启发读者怎样正确使用有关的数学公式、概念和理论，开拓视野，活跃思路；帮助读者逐步解决学习中的困难，为他们在学习过程中提供一个良师益友。这是本次修订的主要工作。

第二，根据当前的语言习惯，对全书的文字作了较多的润色，使其表述更加准确，更加简洁凝练。

第三，改正了第3版中的个别印刷错误，修正了函数图像中的个别问题和个别习题的答案。

第四，根据国家相关标准，规范了有关术语和数学式子的表达，并对全书使用的外国人名按照现在的标准或通用译法重新翻译人名，以求统一标准。

第五，对全书的版面和开本重新进行了调整，使其更富有时代的色彩。

我们殷切期望使用本书的读者，懂得只有通过个人的独立思考，加上

勤学苦练才能取得成功,"只看不练假把式",数学的学习是在个人的独立解题中逐步弄懂有关的概念、公式和理论的,我们编写本书,就是希望能对数学分析课程的学习起到一个抛砖引玉的作用。读者使用本书最好是不要先看题解,更不要查抄解答和答案,而是自己先对照教材中的有关概念、公式和理论独立进行思考,必要时可参照书中的提示、解题思路或证明思路独立完成解题,然后再查看书中是怎样解答的,比较自己的解答和书中解答的异同,从中找出差距,找出自己的问题所在,甚至找出书中解答的错误和不足之处,进而找到更为简洁的解答。只有这样才能提高自己的思维能力和创造才能,任何削弱独立思考的做法都是违背我们出版本书的初衷的。

山东科学技术出版社颜秀锦、宋德万、胡新蓉等老一代资深编辑为本书前三版的出版和发行付出了艰辛努力,责任编辑宋涛为本书第 4 版怎样提高质量倾注了不少心血,在此我们一并表示感谢。同时感谢山东大学、华东交通大学、山东师范大学等兄弟学校对本书出版的支持。感谢社会各界同仁对本书的支持。虽然历经 30 余年的反复修订,面对如此庞大的图书,限于本人水平,书中难免有错误和不当之处,敬请各位专家、同仁和广大读者批评指正,不胜感激,并在新版中改正。

费定晖

2012 年 5 月于南昌华东交通大学

# 出版说明 CHUBANSHUOMING

吉米多维奇(Б. П. ДЕМИДОВИЧ)著《数学分析习题集》一书的中译本,自50年代初在我国翻译出版以来,引起了全国各大专院校广大师生的巨大反响。凡从事数学分析教学的师生,常以试解该习题集中的习题,作为检验掌握数学分析基本知识和基本技能的一项重要手段。二十多年来,对我国数学分析的教学工作是甚为有益的。

该书四千多道习题,数量多,内容丰富,由浅入深,部分题目难度大。涉及的内容有函数与极限,一元函数微分学,不定积分,定积分,级数,多元函数微分学,带参数的积分以及多重积分与曲线积分、曲面积分等等,概括了数学分析的全部主题。当前,我国广大读者,特别是肯于刻苦自学的广大数学爱好者,在为四个现代化而勤奋学习的热潮中,迫切需要对一些疑难习题有一个较明确的回答。有鉴于此,我们特约作者,将全书4462题的所有解答汇辑成书,共分六册出版。本书可以作为高等院校的教学参考用书,同时也可作为广大读者在自学微积分过程中的参考用书。

众所周知,原习题集,题多难度大,其中不少习题如果认真习作的话,既可以深刻地巩固我们所学到的基本概念,又可以有效地提高我们的运算能力,特别是有些难题还可以迫使我们学会综合分析的思维方法。正由于这样,我们殷切期望初学数学分析的青年读者,一定要刻苦钻研,千万不要轻易查抄本书的解答,因为任何削弱独立思索的作法,都是违背我们出版此书的本意。何况所作解答并非一定标准,仅作参考而已。如有某些误解、差错也在所难免,一经发觉,恳请指正,不胜感谢。

本书蒙潘承洞教授对部分难题进行了审校。特请郭大钧教授、邵品琮教授对全书作了重要仔细的审校。其中相当数量的难度大的题,都是郭大钧、邵品琮亲自作的解答。

参加本册审校工作的还有张效先、徐沅同志。

参加编演工作的还有黄春朝同志。

本书在编审过程中,还得到山东大学、山东工学院、山东师范学院和曲阜师范学院的领导和同志们的大力支持,特在此一并致谢。

1979年于济南

# 目录 MULU

# 第六章　多元函数微分学

## §1. 函数的极限. 连续性

1° **函数的极限**　设函数 $f(P)=f(x_1,x_2,\cdots,x_n)$ 在以 $P_0$ 为聚点的集合 $E$ 上有定义. 若对于任何的 $\varepsilon>0$，存在 $\delta=\delta(\varepsilon,P_0)>0$，使得只要 $P\in E$ 及 $0<\rho(P,P_0)<\delta$，其中 $\rho(P,P_0)$ 为 $P$ 和 $P_0$ 二点间的距离，则有

$$|f(P)-A|<\varepsilon,$$

我们就说

$$\lim_{P\to P_0} f(P)=A.$$

2° **连续性**　若

$$\lim_{P\to P_0} f(P)=f(P_0),$$

则称函数 $f(P)$ 在 $P_0$ 点是连续的.

若函数 $f(P)$ 在所给区域内的每一点连续，则称函数 $f(P)$ 在此区域内是连续的.

3° **一致连续性**　若对于每一个 $\varepsilon>0$ 都存在仅与 $\varepsilon$ 有关的 $\delta>0$，使得对于区域 $G$ 中的任何点 $P'$，$P''$，只要

$$\rho(P',P'')<\delta,$$

便成立不等式

$$|f(P')-f(P'')|<\varepsilon,$$

则称函数 $f(P)$ 在区域 $G$ 内是一致连续的.

有界闭区域内的连续函数在此区域内是一致连续的.

**确定并画出下列函数的存在域：**

**【3136】**　$u=x+\sqrt{y}$.

**解**　存在域为半平面，$y\geqslant 0$，如图 6.1 阴影部分所示，包括整个 $Ox$ 轴在内.

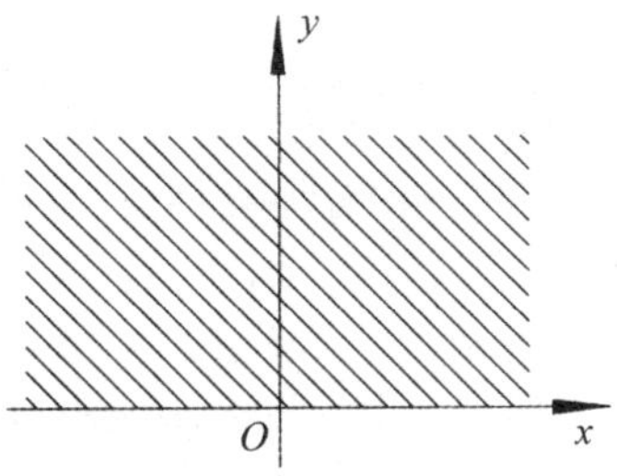


图 6.1

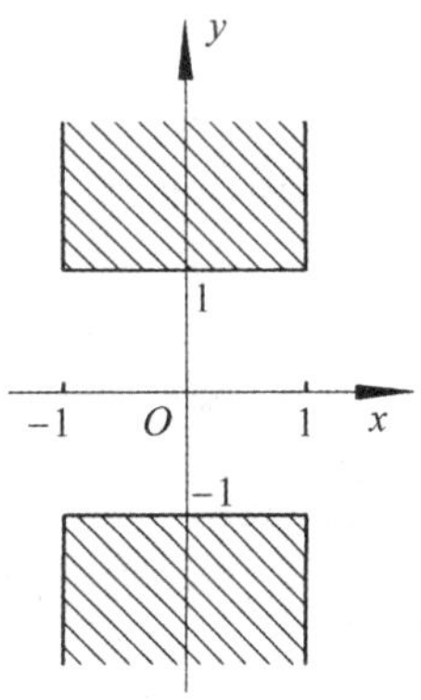


图 6.2

**【3137】**　$u=\sqrt{1-x^2}+\sqrt{y^2-1}$.

**解**　存在域为满足不等式 $|x|\leqslant 1$，$|y|\geqslant 1$ 的点集，如图6.2阴影部分所示，包括边界（粗实线）在内.

**【3138】**　$u=\sqrt{1-x^2-y^2}$.

**解**　存在域为圆 $x^2+y^2\leqslant 1$，如图 6.3 阴影部分所示，包括圆周在内.

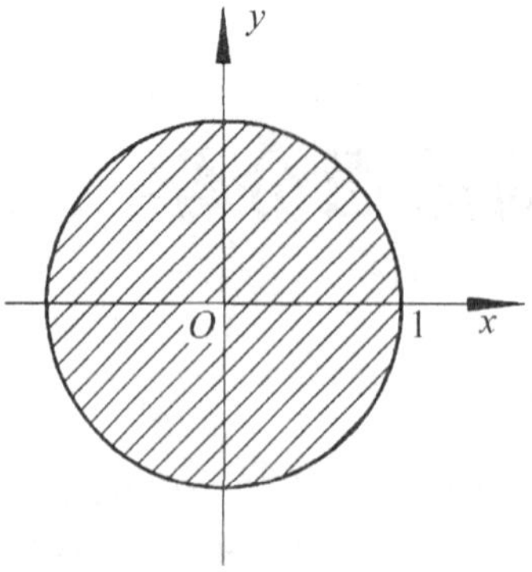


图 6.3

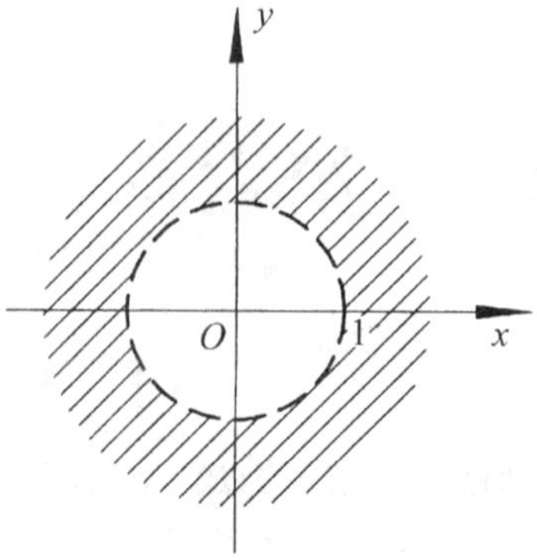


图 6.4

**【3139】** $u=\dfrac{1}{\sqrt{x^2+y^2-1}}$.

**解** 存在域为满足不等式 $x^2+y^2>1$ 的点集，即圆 $x^2+y^2=1$ 的外面，如图 6.4 所示，不包括圆周(虚线)在内.

**【3140】** $u=\sqrt{(x^2+y^2-1)(4-x^2-y^2)}$.

**解** 存在域为满足不等式 $1\leqslant x^2+y^2\leqslant 4$ 的点集，如图 6.5 所示的环，包括边界在内.

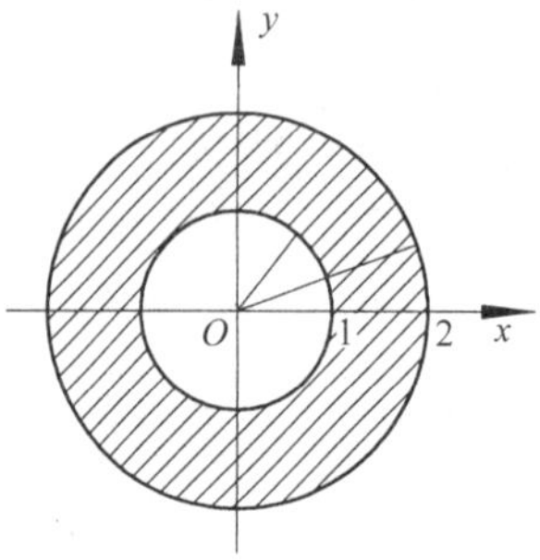


图 6.5

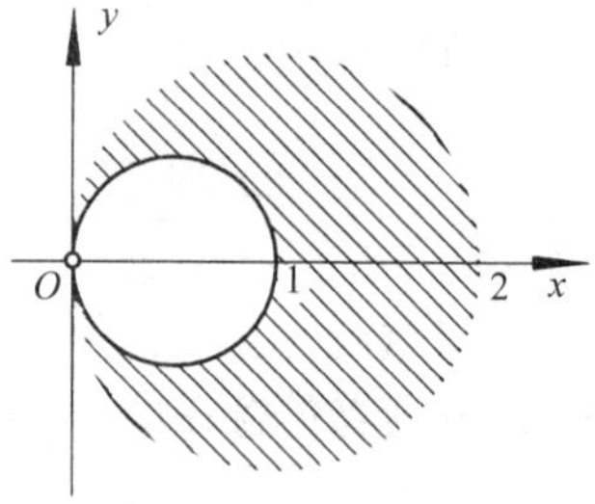


图 6.6

**【3141】** $u=\sqrt{\dfrac{x^2+y^2-x}{2x-x^2-y^2}}$.

**解** 存在域为满足不等式 $x\leqslant x^2+y^2<2x$ 的点集. 由 $x^2+y^2\geqslant x$ 得出

$$\left(x-\frac{1}{2}\right)^2+y^2\geqslant\left(\frac{1}{2}\right)^2,$$

由 $x^2+y^2<2x$ 得出 $(x-1)^2+y^2<1$，两者组成一月形，如图 6.6 阴影部分所示，不包括大圆圆周在内，但包括小圆圆周.

**【3142】** $u=\sqrt{1-(x^2+y)^2}$.

**解** 存在域为满足不等式 $-1\leqslant x^2+y\leqslant 1$ 的点集，如图 6.7 阴影部分所示，包括边界在内.

**【3143】** $u=\ln(-x-y)$.

**解** 存在域为半平面 $x+y<0$，如图 6.8 阴影部分所示，不包括直线 $x+y=0$ 在内.

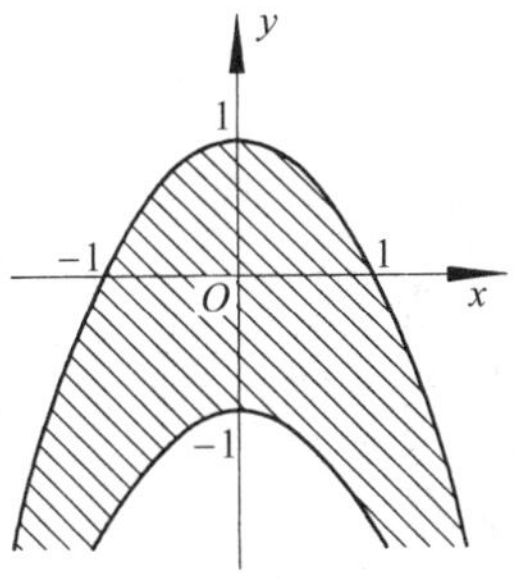


图 6.7

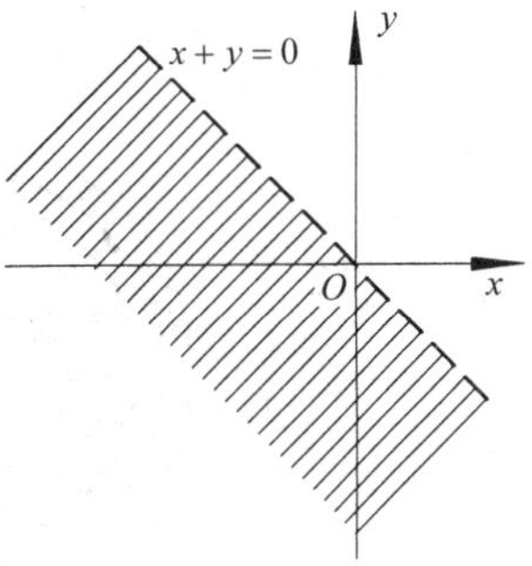


图 6.8

【3144】 $u=\arcsin\dfrac{y}{x}$.

解 存在域为满足不等式

$$\left|\frac{y}{x}\right|\leqslant 1 \quad 或 \quad |y|\leqslant|x| \quad (x\neq 0)$$

的点集,这是一对对顶的直角,如图 6.9 阴影部分所示,不包括原点在内.

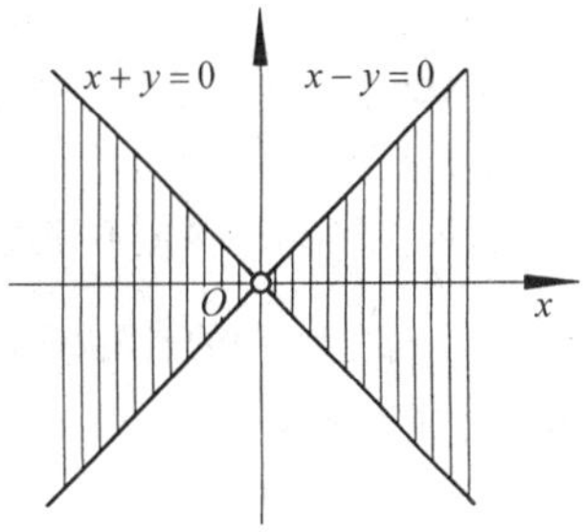


图 6.9

【3145】 $u=\arccos\dfrac{x}{x+y}$.

解 存在域为满足不等式

$$\left|\frac{x}{x+y}\right|\leqslant 1$$

的点集,由 $\left|\dfrac{x}{x+y}\right|\leqslant 1$ 得 $|x|\leqslant|x+y|$ $(x\neq -y)$,即 $x^2\leqslant x^2+2xy+y^2$ 或 $y(y+2x)\geqslant 0$,也即

$$\begin{cases} y\geqslant 0, \\ y\geqslant -2x, \end{cases} \quad 或 \quad \begin{cases} y\leqslant 0, \\ y\leqslant -2x. \end{cases}$$

但 $x,y$ 不能同时为零,这是由直线:$y=0$ 和 $y=-2x$ 所围成的一对对顶的角,如图 6.10 阴影部分所示,包括边界在内,但不包括公共顶点 $O(0,0)$ 在内.

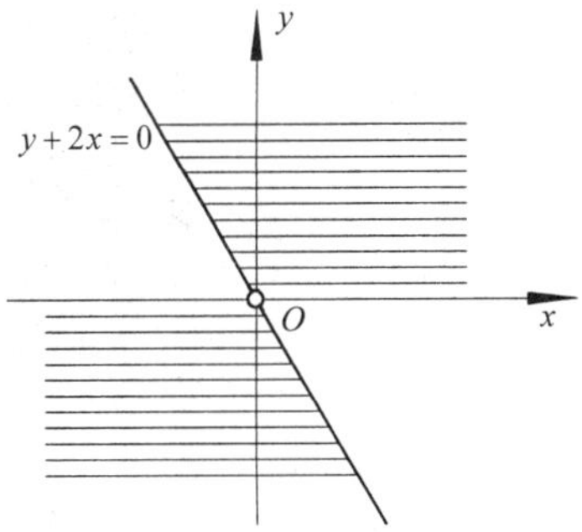


图 6.10

【3146】 $u=\arcsin\dfrac{x}{y^2}+\arcsin(1-y)$.

解 存在域为满足不等式

$$\left|\frac{x}{y^2}\right|\leqslant 1 \quad 及 \quad |1-y|\leqslant 1 \quad (y\neq 0)$$

的点集,即

$$\begin{cases} y^2\geqslant x, \\ 0<y\leqslant 2, \end{cases} \quad 和 \quad \begin{cases} y^2\geqslant -x, \\ 0<y\leqslant 2. \end{cases}$$

这是由抛物线:$y^2=x$,$y^2=-x$ 和直线 $y=2$ 所围成的的曲边三角形,如图 6.11 阴影部分所示,不包括原点在内.

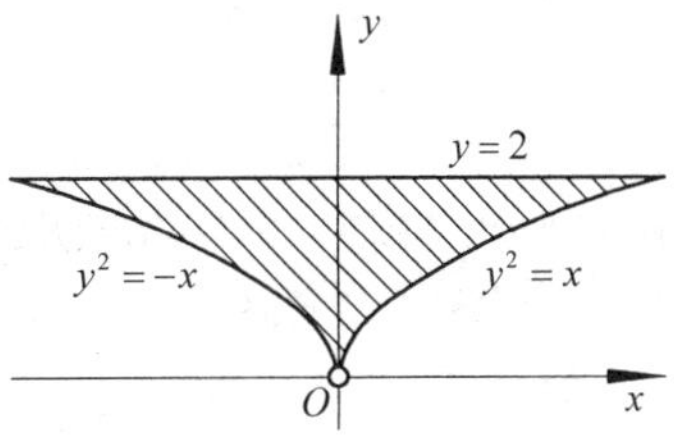


图 6.11

【3147】 $u=\sqrt{\sin(x^2+y^2)}$.

解 存在域为满足不等式

$$\sin(x^2+y^2)\geqslant 0 \quad 或 \quad 2k\pi\leqslant x^2+y^2\leqslant(2k+1)\pi$$

$(k=0,1,2,\cdots)$ 的点集,如图 6.12 所示的同心环族.

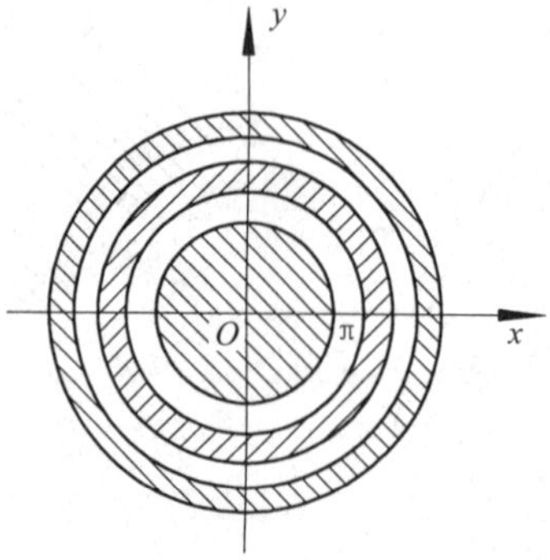


图 6.12

【3148】 $u=\arccos\frac{z}{\sqrt{x^2+y^2}}$.

解 存在域为满足不等式 $\left|\frac{z}{\sqrt{x^2+y^2}}\right|\leqslant 1$ 或 $x^2+y^2-z^2\geqslant 0$

($x,y$ 不同时为零)的点集，这是圆锥 $x^2+y^2-z^2=0$ 的外面，如图 6.13 阴影部分所示，包括边界在内，但要除去圆锥的顶点.

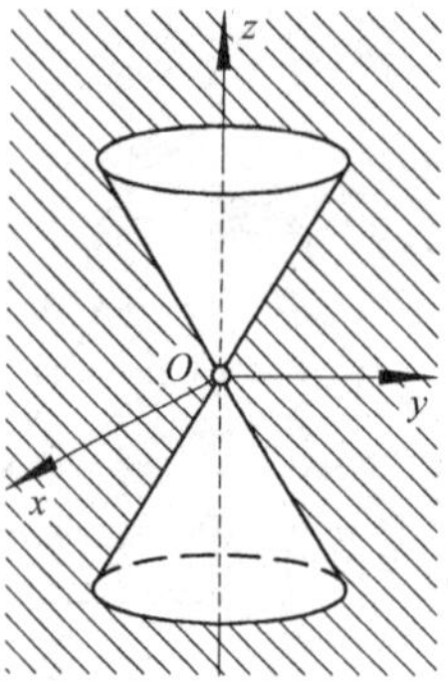


图 6.13

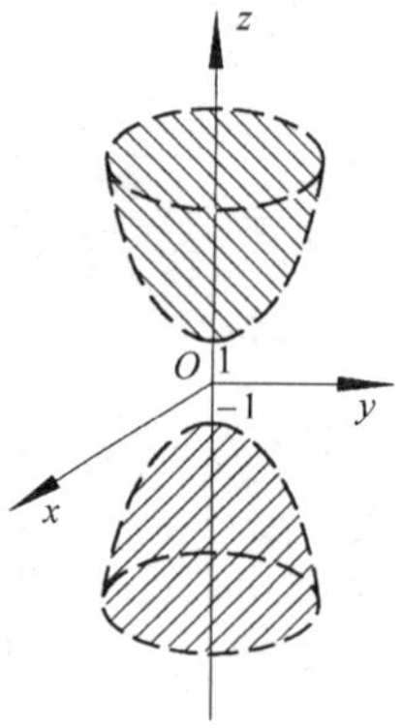


图 6.14

【3149】 $u=\ln(xyz)$.

解 存在域为满足不等式 $xyz>0$ 的点集，即

$$x>0,\ y>0,\ z>0;\quad \text{或}\quad x>0,\ y<0,\ z<0;$$

$$x<0,\ y<0,\ z>0;\quad \text{或}\quad x<0,\ y>0,\ z<0.$$

其图形为空间第一、第三、第六及第八卦限的总体，但不包括坐标面，由于图形为读者所熟知，故省略. 以下有类似情况，不再说明.

【3150】 $u=\ln(-1-x^2-y^2+z^2)$.

解 存在域为满足不等式 $-x^2-y^2+z^2>1$ 的点集. 这是双叶双曲面 $x^2+y^2-z^2=-1$ 的内部，如图 6.14 阴影部分所示，不包括界面在内.

**作出下列函数的等值线：**

【3151】 $z=x+y$.

解 等值线为平行直线族 $x+y=k$，其中 $k$ 为一切实数，如图 6.15 所示.

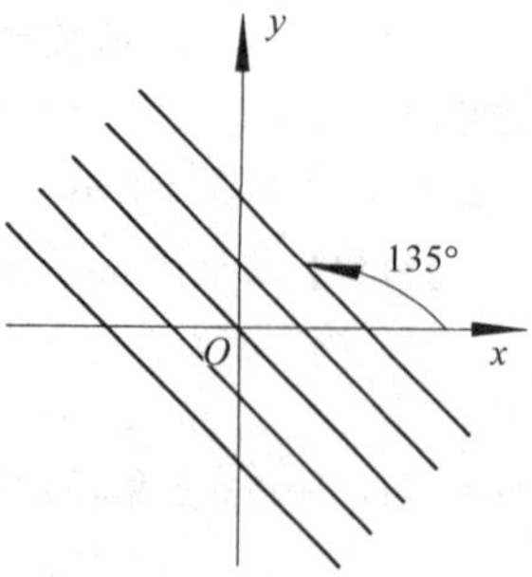


图 6.15

【3152】 $z=x^2+y^2$.

**解** 等值线为曲线族 $x^2+y^2=a^2 \quad (a\geqslant 0)$.
当 $a=0$ 时为原点；当 $a>0$ 时，等值线为以原点为圆心的同心圆族.

**【3153】** $z=x^2-y^2$.

**解** 等值线为曲线族 $x^2-y^2=k$.
当 $k=0$ 时为两条互相垂直的直线：$y=x$，$y=-x$. 当 $k\neq 0$ 时为以 $y=\pm x$ 为公共渐近线的等边双曲线族，其中当 $k>0$ 时顶点为 $(-\sqrt{k},0)$，$(\sqrt{k},0)$，当 $k<0$ 时顶点为 $(0,-\sqrt{-k})$，$(0,\sqrt{-k})$.

**【3154】** $z=(x+y)^2$.

**解** 等值线为曲线族 $(x+y)^2=a^2 \quad (a\geqslant 0)$.
当 $a=0$ 时为直线 $x+y=0$. 当 $a\neq 0$ 时为与直线 $x+y=0$ 平行的且等距的直线 $x+y=\pm a$.

**【3155】** $z=\dfrac{y}{x}$.

**解** 等值线为以坐标原点为束心的直线束 $y=kx \quad (x\neq 0)$，
不包括 $Oy$ 轴在内.

**【3156】** $z=\dfrac{1}{x^2+2y^2}$.

**解** 等值线为椭圆族 $x^2+2y^2=a^2 \quad (a>0)$.
长半轴为 $a$，短半轴为 $\dfrac{a}{\sqrt{2}}$，焦点为 $\left(-a\sqrt{\dfrac{3}{2}},0\right)$ 及 $\left(a\sqrt{\dfrac{3}{2}},0\right)$.

**【3157】** $z=\sqrt{xy}$.

**解** 等值线为曲线族 $xy=a^2 \quad (a\geqslant 0)$.
当 $a=0$ 时为坐标轴 $x=0$ 及 $y=0$. 当 $a>0$ 时为以两坐标轴为公共渐近线且位于第一、第三象限内的等边双曲线族，顶点为 $(-a,-a)$ 及 $(a,a)$.

**【3158】** $z=|x|+y$.

**解** 等值线为曲线族 $|x|+y=k$，
其中 $k$ 为一切实数. 当 $x\geqslant 0$ 时为 $x+y=k$；当 $x<0$ 时为 $-x+y=k$. 这是顶点在轴 $Oy$ 上两支互相垂直的射线所构成的折线族，如图 6.16 所示.

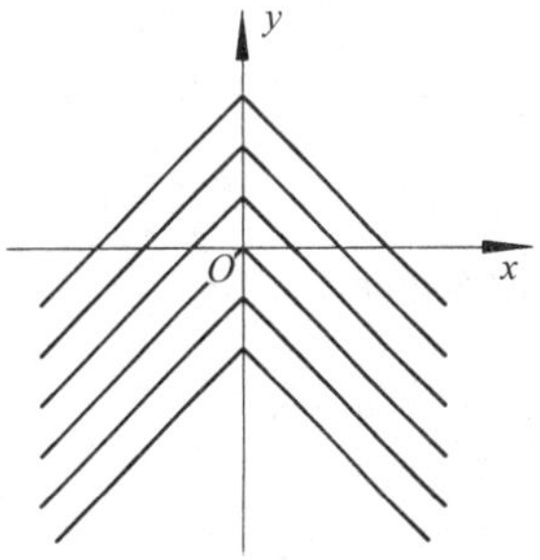

图 6.16

**【3159】** $z=|x|+|y|-|x+y|$.

**解** 等值线为曲线族 $|x|+|y|-|x+y|=a$.
因为恒有 $|x|+|y|\geqslant|x+y|$，所以 $a\geqslant 0$. 当 $a=0$ 时，由 $|x|+|y|=|x+y|$ 两边平方即得 $xy\geqslant 0$，
即为整个第一、第三象限，包括两坐标轴在内.

当 $a>0$ 时，$xy<0$ 分下面四组求解：

(1) $x>0$，$y<0$，$x+y\geqslant 0$，$|x|+|y|-|x+y|=a$，解之得 $y=-\dfrac{a}{2}$；

(2) $x>0$，$y<0$，$x+y\leqslant 0$，$|x|+|y|-|x+y|=a$，解之得 $x=\dfrac{a}{2}$；

(3) $x<0$，$y>0$，$x+y\geqslant 0$，$|x|+|y|-|x+y|=a$，解之得 $x=-\dfrac{a}{2}$；

(4) $x<0$，$y>0$，$x+y\leqslant 0$，$|x|+|y|-|x+y|=a$，解之得 $y=\dfrac{a}{2}$.

这是顶点位于直线 $x+y=0$ 上的两支互相垂直的折线族，它的各射线平行于坐标轴，如图 6.17 所示.

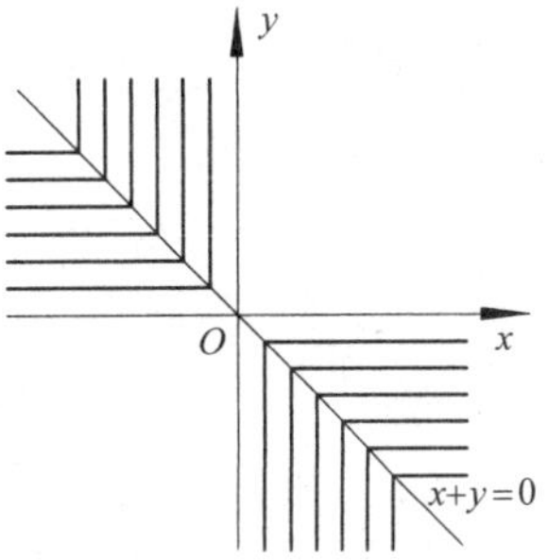

图 6.17

**【3160】** $z=e^{\frac{2x}{x^2+y^2}}$.

**解** 等值线为曲线族 $\dfrac{2x}{x^2+y^2}=k$ （$x,y$ 不同时为零），

其中 $k$ 为异于零的一切实数. 上式可变形为

$$\left(x-\frac{1}{k}\right)^2+y^2=\left(\frac{1}{k}\right)^2 \quad (k\neq 0).$$

当 $k=0$ 时,即得 $e^{\frac{2x}{x^2+y^2}}=1$,从而等值线为 $x=0$ 即 $Oy$ 轴,但不包括原点.

当 $k\neq 0$ 时为中心在 $Ox$ 轴上且经过坐标原点(但不包括原点在内)的圆束,圆心在 $\left(\frac{1}{k},0\right)$ 半径为 $\left|\frac{1}{k}\right|$,如图 6.18 所示.

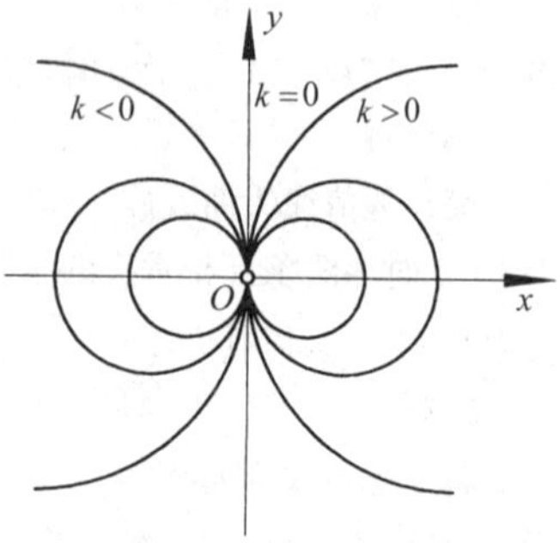

图 6.18

**【3161】** $z=x^y \quad (x>0)$.

**解** 等值线为曲线族 $x^y=a \quad (a>0)$.

当 $a=1$ 时为直线 $x=1$ 及 $Ox$ 轴的正向半射线,但不包括原点在内.

当 $0<a<1$ 与 $a>1$ 时的图像如图 6.19 所示.

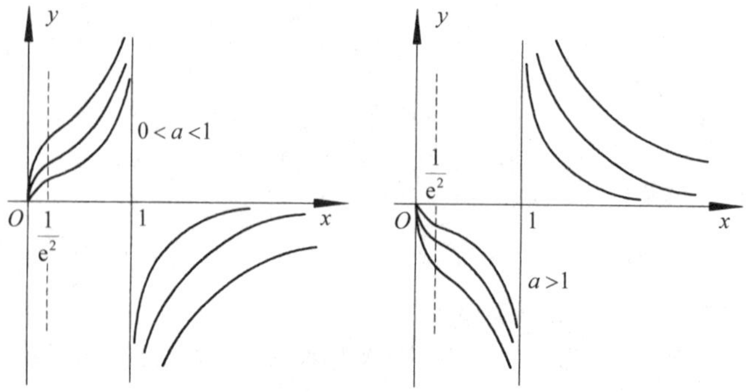

图 6.19

**【3162】** $z=x^y e^{-x} (x>0)$.

**解** 等值线为曲线族 $x^y e^{-x}=a \ (a>0)$,即 $y\ln x-x=\ln a$.

当 $a=e^{-1}$ 时为直线 $x=1$ 和曲线 $y=\frac{x-1}{\ln x}$;当 $0<a<\frac{1}{e}$,$\frac{1}{e}<a<1$ 或 $a\geqslant 1$ 时图像布满整个右半平面,如图 6.20 所示,不包括 $Oy$ 轴.

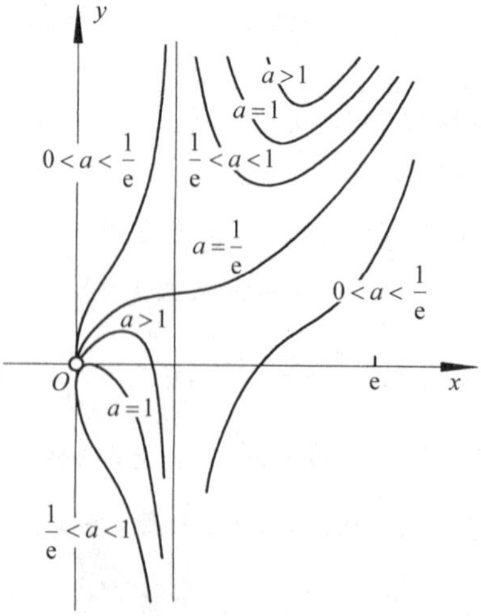

图 6.20

**【3163】** $z=\ln\sqrt{\frac{(x-a)^2+y^2}{(x+a)^2+y^2}} \quad (a>0)$.

**解** 等值线为曲线族 $\dfrac{(x-a)^2+y^2}{(x+a)^2+y^2}=k^2 \quad (k>0)$.

整理得 $(1-k^2)x^2-2a(1+k^2)x+(1-k^2)a^2+(1-k^2)y^2=0$.

当 $k=1$ 时得 $x=0$,即 $Oy$ 轴. 当 $k\neq1$ 时,上述方程可变形为

$$\left[x-\frac{a(1+k^2)}{1-k^2}\right]^2+y^2=\left(\frac{2ak}{1-k^2}\right)^2,$$

这是以点$\left(\dfrac{a(1+k^2)}{1-k^2},0\right)$为圆心,半径为$\left|\dfrac{2ak}{1-k^2}\right|$的圆族. 当 $0<k<1$ 时,圆分布在右半平面;当 $k>1$ 时,圆分布在左半平面.

如果注意到圆心与原点距离的平方为

$$\left[\frac{a(1+k^2)}{1-k^2}\right]^2=\frac{a^2[(1-k^2)^2+4k^2]}{(1-k^2)^2}=a^2+\left(\frac{2ak}{1-k^2}\right)^2,$$

即等值线圆族与圆 $x^2+y^2=a^2$ 在交点处的半径互相垂直(或圆心距与两圆的半径构成直角三角形),便知等值线圆族与圆 $x^2+y^2=a^2$ 成正交. 如图 6.21 所示.

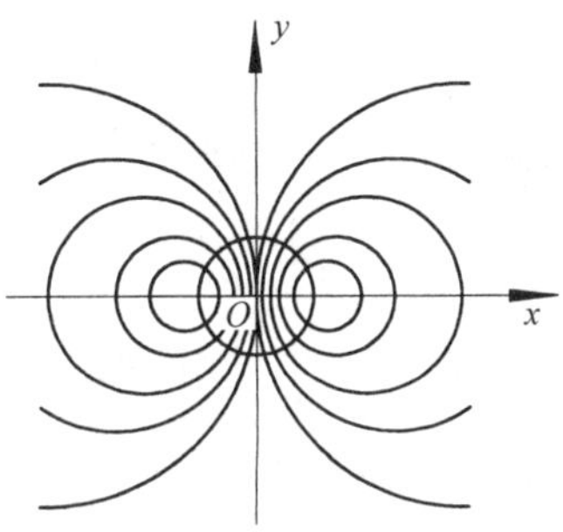


图 6.21

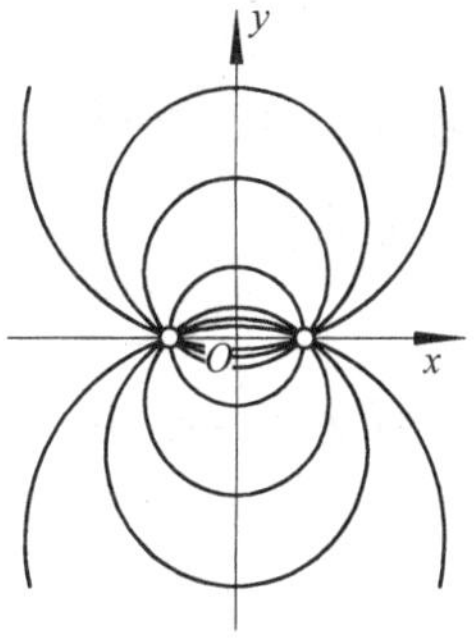


图 6.22

**【3164】** $z=\arctan\dfrac{2ay}{x^2+y^2-a^2} \quad (a>0)$.

**解** 等值线为曲线族 $\dfrac{2ay}{x^2+y^2-a^2}=k$,

其中 $k$ 为一切实数,但要除去点$(-a,0)$及$(a,0)$. 当 $k=0$ 时,$y=0$,即为 $Ox$ 轴,但不包括上述两点;当 $k\neq0$ 时,方程可变形为 $x^2+\left(y-\dfrac{a}{k}\right)^2=a^2\left(1+\dfrac{1}{k^2}\right)$,

这是圆心在 $Oy$ 轴上且经过点$(-a,0)$及$(a,0)$但不包括这两点在内的圆族,如图 6.22 所示.

**【3165】** $z=\operatorname{sgn}(\sin x\sin y)$.

**解** 若 $z=0$,则 $\sin x\sin y=0$,此即直线族

$$x=m\pi \quad 和 \quad y=n\pi \quad (m,n=0,\pm1,\pm2,\cdots);$$

若 $z=-1$ 或 $z=1$,则 $\sin x\sin y<0$ 或 $\sin x\sin y>0$,此即正方形系

$$m\pi<x<(m+1)\pi,\ n\pi<y<(n+1)\pi,$$

其中 $z=(-1)^{m+n}$. 如图 6.23 所示,$z=0$ 时为图中网格直线;$z=1$ 为图中带斜线的正方形;$z=-1$ 为图中空白正方形,但后两者都不包括边界.

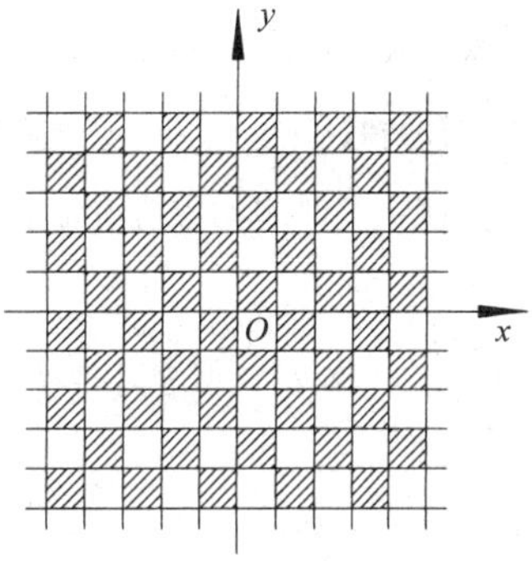


图 6.23

**求下列函数的等值面:**

**【3166】** $u=x+y+z$.

**解** 等值面为平行平面族 $x+y+z=k$,其中 $k$ 为一切实数.

**【3167】** $u=x^2+y^2+z^2$.

**解** 等值面为中心在原点的同心球族 $x^2+y^2+z^2=a^2$ $(a\geqslant 0)$，其中当 $a=0$ 时即为原点.

**【3168】** $u=x^2+y^2-z^2$.

**解** 当 $u=0$ 时等值面为圆锥 $x^2+y^2-z^2=0$；当 $u>0$ 时等值面为单叶双曲面族 $x^2+y^2-z^2=a^2$ $(a>0)$；当 $u<0$ 时等值面为双叶双曲面族 $-x^2-y^2+z^2=a^2$ $(a>0)$.

**【3169】** $u=(x+y)^2+z^2$.

**解** 等值面为曲面族

$$(x+y)^2+z^2=a^2 \quad (a\geqslant 0).$$

当 $a=0$ 时为 $x+y=0$ 和 $z=0$. 当 $a>0$ 时作坐标变换

$$\begin{cases} x'=x\cos\frac{\pi}{4}+y\sin\frac{\pi}{4}=\frac{\sqrt{2}}{2}(x+y), \\ y'=-x\sin\frac{\pi}{4}+y\cos\frac{\pi}{4}=\frac{\sqrt{2}}{2}(-x+y), \\ z'=z. \end{cases}$$

这是旋转变换. 在新坐标系中原等值面方程转化为

$$2x'^2+z'^2=a^2, \quad 即 \quad \frac{x'^2}{\frac{a^2}{2}}+\frac{z'^2}{a^2}=1,$$

这是以 $y'$ 轴为公共轴的椭圆柱面，母线的方向平行于 $y'$ 轴，准线为 $y'=0$ 平面上的椭圆

$$\frac{x'^2}{\frac{a^2}{2}}+\frac{z'^2}{a^2}=1,$$

长半轴为 $a$($z'$ 轴方向)，短半轴为 $\frac{a}{\sqrt{2}}$($x'$ 轴方向).

$y'$ 轴在新系 $O-x'y'z'$ 中的方程为

$$\begin{cases} x'=0, \\ z'=0, \end{cases}$$

而在旧系 $O-xyz$ 中的方程为

$$\begin{cases} x+y=0, \\ z=0, \end{cases}$$

即为所求的椭圆柱面族的公共对称轴.

**【3170】** $u=\operatorname{sgn}\sin(x^2+y^2+z^2)$.

**解** 当 $u=0$ 时等值面为球心在原点的同心球族

$$x^2+y^2+z^2=n\pi \quad (n=0,1,2,\cdots).$$

当 $u=-1$ 或 $u=1$ 时等值面为球层族

$$n\pi<x^2+y^2+z^2<(n+1)\pi \quad (n=0,1,2,\cdots),$$

其中 $u=(-1)^n$.

**根据曲面的已知方程研究其性质：**

**【3171】** $z=f(y-ax)$.

**解** 引入参数 $t$, $s$, 将曲面方程 $z=f(y-ax)$ 表成参数方程

$$\begin{cases}x=t,\\ y=at+s,\\ z=f(s).\end{cases}$$

今固定 $s$,得到以 $t$ 为参数的直线方程,其方向数为 $1,\ a,\ 0$. 因此,曲面为以 $1,\ a,\ 0$ 为母线方向的一个柱面. 令 $t=0$,可得

$$\begin{cases}x=0,\\ y=s,\\ z=f(s),\end{cases}\qquad 或\qquad \begin{cases}x=0,\\ z=f(y),\end{cases}$$

这是 $x=0$ 平面上的一条曲线,也是柱面 $z=f(y-ax)$ 的一条准线.

**【3172】** $z=f(\sqrt{x^2+y^2})$.

**解** 这是绕 $Oz$ 轴旋转的旋转曲面的标准形式. 令 $y=0$,得曲线

$$\begin{cases}y=0,\\ z=f(x)\quad (x\geqslant 0),\end{cases}$$

它是旋转曲线的一条母线.

**【3173】** $z=xf\left(\frac{y}{x}\right)$.

**解** 引入参数 $t,\ s$,将曲面方程 $z=xf\left(\frac{y}{x}\right)$ 表成参数方程

$$\begin{cases}x=t,\\ y=st,\\ z=tf(s)\end{cases}\qquad (t\neq 0).$$

今固定 $s$,这是以 $t$ 为参数的一条过原点的直线. 因此,所给曲面方程为顶点在原点的一锥面,但不包括原点在内. 令 $t=1$,得曲线

$$\begin{cases}x=1,\\ y=s,\\ z=f(s).\end{cases}\qquad 或\qquad \begin{cases}x=1,\\ z=f(y),\end{cases}$$

这是 $x=1$ 平面上的一条曲线,也是锥面 $z=xf\left(\frac{y}{x}\right)$ 的一条准线.

**【3174】**$^{+}$ * $z=f\left(\frac{y}{x}\right)$.

**解** 引入参数 $t,\ s$,将曲面方程 $z=f\left(\frac{y}{x}\right)$ 表成参数方程

$$\begin{cases}x=t,\\ y=st,\\ z=f(s).\end{cases}$$

今固定 $s$,这是一条过点 $(0,0,f(s))$ 的直线,方向数为 $1,\ s,\ 0$. 因此,它与 $Oz$ 轴垂直,与 $Oxy$ 平面平行,且其方向与 $s$ 有关. 从而得知,曲面 $z=f\left(\frac{y}{x}\right)$ 表示一个直纹面. 一般说来,它既不是柱面,也不是锥面. 令 $t=1$,得到直纹面的一条准线

$$\begin{cases}x=1,\\ z=f(y).\end{cases}$$

从此曲线上每一点引一条与 $Oz$ 轴垂直相交的直线. 这样的直线的全体,便构成由 $z=f\left(\frac{y}{x}\right)$ 所表示的直

---

* 题号右上角"+"号表示题解答案与原习题集中译本所附答案不一致,以后不再说明. 中译本基本是按俄文第二版翻译的. 俄文第二版中有一些错误已在俄文第三版中改正.

纹面.

【3175】 作出函数 $F(t)=f(\cos t,\sin t)$ 的图像，式中

$$f(x,y)=\begin{cases}1, & y\geqslant x,\\ 0, & y<x.\end{cases}$$

解 按题设，当 $\sin t\geqslant\cos t$，即 $\frac{\pi}{4}+2k\pi\leqslant t\leqslant\frac{5\pi}{4}+2k\pi$ $(k=0,\pm1,\pm2,\cdots)$ 时，$F(t)=1$；而当 $\sin t<\cos t$，即 $-\frac{3}{4}\pi+2k\pi<t<\frac{\pi}{4}+2k\pi$ 时，$F(t)=0$. 如图 6.24 所示.

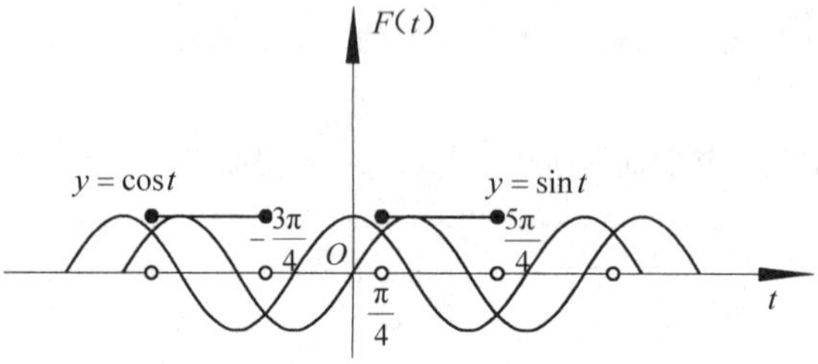


图 6.24

【3176】 若 $f(x,y)=\frac{2xy}{x^2+y^2}$，求 $f\left(1,\frac{y}{x}\right)$.

解 $f\left(1,\frac{y}{x}\right)=\frac{2\cdot1\cdot\frac{y}{x}}{1+\left(\frac{y}{x}\right)^2}=\frac{2xy}{x^2+y^2}=f(x,y)$.

【3177】 若 $f\left(\frac{y}{x}\right)=\frac{\sqrt{x^2+y^2}}{x}$ $(x>0)$，求 $f(x)$.

解 由 $f\left(\frac{y}{x}\right)=\sqrt{1+\left(\frac{y}{x}\right)^2}$ 知 $f(x)=\sqrt{1+x^2}$.

【3178】 设 $z=\sqrt{y}+f(\sqrt{x}-1)$. 若当 $y=1$ 时 $z=x$，求函数 $f$ 和 $z$.

提示 易知 $f(t)=t^2+2t$，且 $z=\sqrt{y}+x-1$ $(x>0)$.

解 因为当 $y=1$ 时 $z=x$，所以，

$$f(\sqrt{x}-1)=x-1=(\sqrt{x}-1)(\sqrt{x}+1)=(\sqrt{x}-1)[(\sqrt{x}-1)+2],$$

从而得

$$f(t)=t(t+2)=t^2+2t,$$

且

$$z=\sqrt{y}+x-1\quad(x>0).$$

【3179】 设 $z=x+y+f(x-y)$. 若当 $y=0$ 时，$z=x^2$. 求函数 $f$ 及 $z$.

提示 易知 $f(x)=x^2-x$，且 $z=(x-y)^2+2y$.

解 因为当 $y=0$ 时 $z=x^2$，所以，

$$x^2=x+f(x),\quad 即\quad f(x)=x^2-x,$$

且

$$z=x+y+(x-y)^2-(x-y)=2y+(x-y)^2.$$

【3180】 若 $f\left(x+y,\frac{y}{x}\right)=x^2-y^2$，求 $f(x,y)$.

提示 易得

$$f\left(x+y,\frac{y}{x}\right)=(x+y)^2\frac{1-\frac{y}{x}}{1+\frac{y}{x}}.$$

解 因为 $\quad f\left(x+y,\frac{y}{x}\right)=x^2-y^2=(x+y)(x-y)=(x+y)^2\frac{x-y}{x+y}=(x+y)^2\frac{1-\frac{y}{x}}{1+\frac{y}{x}}$,

所以，
$$f(x,y)=x^2\frac{1-y}{1+y}.$$

**【3181】** 证明:对于函数
$$f(x,y)=\frac{x-y}{x+y},$$
有
$$\lim_{x\to0}\{\lim_{y\to0}f(x,y)\}=1;\quad \lim_{y\to0}\{\lim_{x\to0}f(x,y)\}=-1,$$
从而，$\lim\limits_{\substack{x\to0\\y\to0}}f(x,y)$不存在.

**证明思路** 前面两个累次极限等式易证，但因它们不相等，故知极限$\lim\limits_{\substack{x\to0\\y\to0}}f(x,y)$不存在.

**证** $\lim\limits_{x\to0}\{\lim\limits_{y\to0}f(x,y)\}=\lim\limits_{x\to0}\left\{\lim\limits_{y\to0}\frac{x-y}{x+y}\right\}=\lim\limits_{x\to0}\frac{x}{x}=1,$

$\lim\limits_{y\to0}\{\lim\limits_{x\to0}f(x,y)\}=\lim\limits_{y\to0}\left\{\lim\limits_{x\to0}\frac{x-y}{x+y}\right\}=\lim\limits_{y\to0}\frac{-y}{y}=-1,$

由于两个单极限都存在，而累次极限不等，故$\lim\limits_{\substack{x\to0\\y\to0}}f(x,y)$不存在.

**【3182】** 证明:对于函数
$$f(x,y)=\frac{x^2y^2}{x^2y^2+(x-y)^2},$$
有
$$\lim_{x\to0}\{\lim_{y\to0}f(x,y)\}=\lim_{y\to0}\{\lim_{x\to0}f(x,y)\}=0,$$
然而$\lim\limits_{\substack{x\to0\\x\to0}}f(x,y)$不存在.

**证明思路** 前面两个累次极限等式易证. 尽管它们相等，但当点$(x,y)$沿直线$y=kx$的路径趋于$(0,0)$时，有
$$\lim_{\substack{y=kx\\x\to0}}f(x,y)=\lim_{x\to0}\frac{k^2x^4}{k^2x^4+(1-k)^2x^2}=\begin{cases}1, & k=1,\\0, & k=0.\end{cases}$$
于是，$\lim\limits_{\substack{x\to0\\y\to0}}f(x,y)$不存在.

**证** $\lim\limits_{x\to0}\{\lim\limits_{y\to0}f(x,y)\}=\lim\limits_{x\to0}\left\{\lim\limits_{y\to0}\frac{x^2y^2}{x^2y^2+(x-y)^2}\right\}=\lim\limits_{x\to0}0=0,$

$\lim\limits_{y\to0}\{\lim\limits_{x\to0}f(x,y)\}=\lim\limits_{y\to0}\left\{\lim\limits_{x\to0}\frac{x^2y^2}{x^2y^2+(x-y)^2}\right\}=\lim\limits_{y\to0}0=0.$

如果按$y=kx\to0$的方向取极限，则有
$$\lim_{\substack{y=kx\\x\to0}}f(x,y)=\lim_{x\to0}\frac{x^4k^2}{x^4k^2+x^2(1-k)^2}.$$
特别地，分别取$k=0$及$k=1$，便得到不同的极限0及1. 因此，$\lim\limits_{\substack{x\to0\\y\to0}}f(x,y)$不存在.

**【3183】** 证明:对于函数
$$f(x,y)=(x+y)\sin\frac{1}{x}\sin\frac{1}{y},$$
累次极限$\lim\limits_{x\to0}\{\lim\limits_{y\to0}f(x,y)\}$和$\lim\limits_{y\to0}\{\lim\limits_{x\to0}f(x,y)\}$不存在，但存在$\lim\limits_{\substack{x\to0\\y\to0}}f(x,y)=0$.

**证明思路** 只要注意不等式$0\leqslant|f(x,y)|\leqslant|x|+|y|$，即易证极限$\lim\limits_{\substack{x\to0\\y\to0}}f(x,y)$存在且等于零.

由于极限$\lim\limits_{\substack{x\neq\frac{1}{k\pi}\\y\to0}}f(x,y)$及$\lim\limits_{\substack{y\neq\frac{1}{k\pi}\\x\to0}}f(x,y)$均不存在，其中$k=\pm1,\pm2,\cdots$，故两个累次极限不存在.

**证** 由不等式
$$0\leqslant\left|(x+y)\sin\frac{1}{x}\sin\frac{1}{y}\right|\leqslant|x+y|\leqslant|x|+|y|$$
易知
$$\lim_{\substack{x\to0\\y\to0}}f(x,y)=0.$$

但当$x\neq\frac{1}{k\pi}$，$y\to0$时，$(x+y)\sin\frac{1}{x}\sin\frac{1}{y}$的极限不存在，因此，累次极限$\lim\limits_{x\to0}\{\lim\limits_{y\to0}f(x,y)\}$不存在. 同法可证累次极限$\lim\limits_{y\to0}\{\lim\limits_{x\to0}f(x,y)\}$也不存在.

**【3184】** 求$\lim\limits_{x\to a}\{\lim\limits_{y\to b}f(x,y)\}$及$\lim\limits_{y\to b}\{\lim\limits_{x\to a}f(x,y)\}$，设:

(1) $f(x,y)=\dfrac{x^2+y^2}{x^2+y^4}$, $a=\infty$, $b=\infty$;  (2) $f(x,y)=\dfrac{x^y}{1+x^y}$, $a=+\infty$, $b=+0$;

(3) $f(x,y)=\sin\dfrac{\pi x}{2x+y}$, $a=\infty$, $b=\infty$;  (4) $f(x,y)=\dfrac{1}{xy}\tan\dfrac{xy}{1+xy}$, $a=0$, $b=\infty$;

(5) $f(x,y)=\log_x(x+y)$, $a=1$, $b=0$.

**解**

(1) $\lim\limits_{x\to\infty}\{\lim\limits_{y\to\infty}f(x,y)\}=\lim\limits_{x\to\infty}\left\{\lim\limits_{y\to\infty}\dfrac{x^2+y^2}{x^2+y^4}\right\}=\lim\limits_{x\to\infty}0=0$,

$\lim\limits_{y\to\infty}\{\lim\limits_{x\to\infty}f(x,y)\}=\lim\limits_{y\to\infty}\left\{\lim\limits_{x\to\infty}\dfrac{x^2+y^2}{x^2+y^4}\right\}=\lim\limits_{y\to\infty}1=1$;

(2) $\lim\limits_{x\to+\infty}\{\lim\limits_{y\to+0}f(x,y)\}=\lim\limits_{x\to+\infty}\left\{\lim\limits_{y\to+0}\dfrac{x^y}{1+x^y}\right\}=\lim\limits_{x\to+\infty}\dfrac{1}{2}=\dfrac{1}{2}$,

$\lim\limits_{y\to+0}\{\lim\limits_{x\to+\infty}f(x,y)\}=\lim\limits_{y\to+0}\left\{\lim\limits_{x\to+\infty}\dfrac{x^y}{1+x^y}\right\}=\lim\limits_{y\to+0}1=1$;

(3) $\lim\limits_{x\to\infty}\{\lim\limits_{y\to\infty}f(x,y)\}=\lim\limits_{x\to\infty}\left\{\lim\limits_{y\to\infty}\sin\dfrac{\pi x}{2x+y}\right\}=\lim\limits_{x\to\infty}0=0$,

$\lim\limits_{y\to\infty}\{\lim\limits_{x\to\infty}f(x,y)\}=\lim\limits_{y\to\infty}\left\{\lim\limits_{x\to\infty}\sin\dfrac{\pi x}{2x+y}\right\}=\lim\limits_{y\to\infty}1=1$;

(4) $\lim\limits_{x\to0}\{\lim\limits_{y\to\infty}f(x,y)\}=\lim\limits_{x\to0}\left\{\lim\limits_{y\to\infty}\dfrac{1}{xy}\tan\dfrac{xy}{1+xy}\right\}=\lim\limits_{x\to0}\left\{\lim\limits_{y\to\infty}\dfrac{1}{xy}\cdot\lim\limits_{y\to\infty}\tan\dfrac{xy}{1+xy}\right\}=\lim\limits_{x\to0}\{0\cdot\tan1\}=0$,

$\lim\limits_{y\to\infty}\{\lim\limits_{x\to0}f(x,y)\}=\lim\limits_{y\to\infty}\left\{\lim\limits_{x\to0}\dfrac{1}{xy}\tan\dfrac{xy}{1+xy}\right\}=\lim\limits_{y\to\infty}\left\{\lim\limits_{x\to0}\dfrac{\tan\dfrac{xy}{1+xy}}{\dfrac{xy}{1+xy}}\cdot\lim\limits_{x\to0}\dfrac{1}{1+xy}\right\}=\lim\limits_{y\to\infty}1=1$;

(5) $\lim\limits_{x\to1}\{\lim\limits_{y\to0}f(x,y)\}=\lim\limits_{x\to1}\{\lim\limits_{y\to0}\log_x(x+y)\}=\lim\limits_{x\to1}\left\{\lim\limits_{y\to0}\dfrac{\ln(x+y)}{\ln x}\right\}=\lim\limits_{x\to1}\dfrac{\ln x}{\ln x}=1$,

$\lim\limits_{y\to0}\{\lim\limits_{x\to1}f(x,y)\}=\lim\limits_{y\to0}\left\{\lim\limits_{x\to1}\dfrac{\ln(x+y)}{\ln x}\right\}=\infty$.

**求下列二重极限:**

**【3185】** $\lim\limits_{\substack{x\to\infty\\y\to\infty}}\dfrac{x+y}{x^2-xy+y^2}$.

**提示** 注意由 $x^2+y^2\geqslant2|xy|$ 可得

$$0\leqslant\left|\frac{x+y}{x^2-xy+y^2}\right|\leqslant\frac{1}{|x|}+\frac{1}{|y|}.$$

**解** 由不等式 $x^2+y^2\geqslant2|xy|$ 得

$$0\leqslant\left|\frac{x+y}{x^2-xy+y^2}\right|\leqslant\frac{|x+y|}{x^2+y^2-|xy|}\leqslant\frac{|x+y|}{|xy|}\leqslant\frac{1}{|x|}+\frac{1}{|y|},$$

而 $\lim\limits_{\substack{x\to\infty\\y\to\infty}}\left(\dfrac{1}{|x|}+\dfrac{1}{|y|}\right)=0$,故有 $\lim\limits_{\substack{x\to\infty\\y\to\infty}}\dfrac{x+y}{x^2-xy+y^2}=0$.

**【3186】** $\lim\limits_{\substack{x\to\infty\\y\to\infty}}\dfrac{x^2+y^2}{x^4+y^4}$.

**提示** 注意不等式 $0\leqslant\dfrac{x^2+y^2}{x^4+y^4}\leqslant\dfrac{x^2+y^2}{2x^2y^2}=\dfrac{1}{2}\left(\dfrac{1}{x^2}+\dfrac{1}{y^2}\right)(x^2+y^2\neq0)$.

**解** 由不等式 $0\leqslant\dfrac{x^2+y^2}{x^4+y^4}\leqslant\dfrac{x^2+y^2}{2x^2y^2}=\dfrac{1}{2}\left(\dfrac{1}{x^2}+\dfrac{1}{y^2}\right)\quad(x^2+y^2\neq0)$

及
$$\lim_{\substack{x\to\infty\\y\to\infty}}\frac{1}{2}\left(\frac{1}{x^2}+\frac{1}{y^2}\right)=0,$$

即得 $\lim\limits_{\substack{x\to\infty\\y\to\infty}}\dfrac{x^2+y^2}{x^4+y^4}=0$.

**【3187】** $\lim\limits_{\substack{x\to 0\\ y\to a}}\dfrac{\sin xy}{x}$.

**提示** $\dfrac{\sin xy}{x}=\dfrac{\sin xy}{xy}\cdot y\ (y\neq 0)$.

**解** $\lim\limits_{\substack{x\to 0\\ y\to a}}\dfrac{\sin xy}{x}=\lim\limits_{\substack{x\to 0\\ y\to a}}\left(\dfrac{\sin xy}{xy}y\right)=a$.

**【3188】** $\lim\limits_{\substack{x\to +\infty\\ y\to +\infty}}(x^2+y^2)e^{-(x+y)}$.

**提示** 注意$(x^2+y^2)e^{-(x+y)}=(x+y)^2e^{-(x+y)}-2(xe^{-x})(ye^{-y})$，并利用564题的结果.

**解** $\lim\limits_{\substack{x\to +\infty\\ y\to +\infty}}(x^2+y^2)e^{-(x+y)}=\lim\limits_{\substack{x\to +\infty\\ y\to +\infty}}\left(\dfrac{(x+y)^2}{e^{x+y}}-2\dfrac{x}{e^x}\dfrac{y}{e^y}\right)=0^{*)}$.

*) 利用564题的结果.

**【3189】** $\lim\limits_{\substack{x\to +\infty\\ y\to +\infty}}\left(\dfrac{xy}{x^2+y^2}\right)^{x^2}$.

**提示** 注意 $0\leqslant\left(\dfrac{xy}{x^2+y^2}\right)^{x^2}\leqslant\left(\dfrac{1}{2}\right)^{x^2}$.

**解** 由不等式 $0\leqslant\left(\dfrac{xy}{x^2+y^2}\right)^{x^2}\leqslant\left(\dfrac{1}{2}\right)^{x^2}$ 及 $\lim\limits_{x\to+\infty}\left(\dfrac{1}{2}\right)^{x^2}=0$,

即得 $\lim\limits_{\substack{x\to +\infty\\ y\to +\infty}}\left(\dfrac{xy}{x^2+y^2}\right)^{x^2}=0$.

**【3190】** $\lim\limits_{\substack{x\to 0\\ y\to 0}}(x^2+y^2)^{x^2y^2}$.

**提示** 注意$|x^2y^2\ln(x^2+y^2)|\leqslant\dfrac{(x^2+y^2)^2}{4}|\ln(x^2+y^2)|$，并利用1341题的结果.

**解** 由不等式 $$|x^2y^2\ln(x^2+y^2)|\leqslant\frac{(x^2+y^2)}{4}|\ln(x^2+y^2)|$$

及 $$\lim\limits_{\substack{x\to 0\\ y\to 0}}\frac{(x^2+y^2)^2}{4}\ln(x^2+y^2)=\lim\limits_{t\to+0}\frac{1}{4}t^2\ln t=0,$$

即得 $\lim\limits_{\substack{x\to 0\\ y\to 0}}(x^2+y^2)^{x^2y^2}=\lim\limits_{\substack{x\to 0\\ y\to 0}}e^{x^2y^2\ln(x^2+y^2)}=e^0=1$.

**【3191】** $\lim\limits_{\substack{x\to \infty\\ y\to a}}\left(1+\dfrac{1}{x}\right)^{\frac{x^2}{x+y}}$.

**解** $\lim\limits_{\substack{x\to \infty\\ y\to a}}\left(1+\dfrac{1}{x}\right)^{\frac{x^2}{x+y}}=\lim\limits_{\substack{x\to \infty\\ y\to a}}\left(1+\dfrac{1}{x}\right)^{x\frac{x}{x+y}}=\lim\limits_{\substack{x\to \infty\\ y\to a}}e^{[x\ln(1+\frac{1}{x})]\frac{x}{x+y}}=e^{[\lim\limits_{x\to\infty}x\ln(1+\frac{1}{x})][\lim\limits_{\substack{x\to\infty\\ y\to a}}\frac{x}{x+y}]}=e^{1\cdot 1}=e$.

**【3192】** $\lim\limits_{\substack{x\to 1\\ y\to 0}}\dfrac{\ln(x+e^y)}{\sqrt{x^2+y^2}}$.

**解** $\lim\limits_{\substack{x\to 1\\ y\to 0}}=\dfrac{\ln(x+e^y)}{\sqrt{x^2+y^2}}=\dfrac{\ln(1+e^0)}{1}=\ln 2$.

**【3193】**$^+$ 若 $x=\rho\cos\varphi$，$y=\rho\sin\varphi$，问下列极限沿怎样的方向 $\varphi$ 存在有限的极限值：

(1) $\lim\limits_{\rho\to+0}e^{\frac{x}{x^2+y^2}}$； (2) $\lim\limits_{\rho\to+\infty}e^{x^2-y^2}\sin 2xy$.

**解** (1) $\lim\limits_{\rho\to+0}e^{\frac{x}{x^2+y^2}}=\lim\limits_{\rho\to+0}e^{\frac{\cos\varphi}{\rho}}=\begin{cases}0, & \cos\varphi<0,\\ 1, & \cos\varphi=0,\\ +\infty, & \cos\varphi>0.\end{cases}$

于是，仅当 $\cos\varphi\leqslant 0$ 即$\dfrac{\pi}{2}\leqslant\varphi\leqslant\dfrac{3\pi}{2}$时，所给的极限才存在有限的极限值.

(2) $e^{x^2-y^2}\sin 2xy=e^{\rho^2\cos 2\varphi}\sin(\rho^2\sin 2\varphi)$.

当 $\rho\to+\infty$ 时，$\sin(\rho^2\sin2\varphi)$ 有界，除 $\varphi=\frac{k\pi}{2}$ $(k=0,1,2,3)$ 外无极限，且

$$\lim_{\rho\to+\infty}e^{\rho^2\cos2\varphi}=\begin{cases}0, & \cos2\varphi<0,\\ 1, & \cos2\varphi=0,\\ +\infty & \cos2\varphi>0.\end{cases}$$

于是，仅当 $\frac{\pi}{4}<\varphi<\frac{3\pi}{4}$ 及 $\frac{5\pi}{4}<\varphi<\frac{7\pi}{4}$ 以及 $\varphi=0$，$\varphi=\pi$ 时，才存在有限的极限值.

**求下列函数的不连续点：**

**【3194】** $u=\frac{1}{\sqrt{x^2+y^2}}$.

**解** 函数 $u=\frac{1}{\sqrt{x^2+y^2}}$ 在点 $(0,0)$ 无定义，故原点 $(0,0)$ 为此函数的不连续点. 以下各题类似情况，不再说明.

**【3195】** $u=\frac{xy}{x+y}$.

**解** 直线 $x+y=0$ 上的一切点均为 $u=\frac{xy}{x+y}$ 的不连续点.

**【3196】** $u=\frac{x+y}{x^3+y^3}$.

**解** 对于任意不等于零的实数 $a$，有

$$\lim_{\substack{x\to a\\ y\to -a}}\frac{x+y}{x^3+y^3}=\lim_{\substack{x\to a\\ y\to -a}}\frac{1}{x^2-xy+y^2}=\frac{1}{3a^2}.$$

于是，对于直线 $x+y=0$ 上除去原点 $O$ 外的一切点均为可移去的不连续点. 而原点 $O(0,0)$ 为无穷型不连续点.

**【3197】** $u=\sin\frac{1}{xy}$.

**解** $xy=0$ 上的一切点即两坐标轴上的诸点均为 $u=\sin\frac{1}{xy}$ 的不连续点.

**【3198】** $u=\frac{1}{\sin x\sin y}$.

**解** 直线 $x=m\pi$ 及 $y=n\pi$ $(m,n=0,\pm1,\pm2,\cdots)$ 上的各点均为 $u=\frac{1}{\sin x\sin y}$ 的不连续点.

**【3199】** $u=\ln(1-x^2-y^2)$.

**解** 圆周 $x^2+y^2=1$ 上各点是 $u=\ln(1-x^2-y^2)$ 的不连续点.

**【3200】** $u=\frac{1}{xyz}$.

**解** 坐标面：$x=0$，$y=0$，$z=0$ 上各点均为 $u=\frac{1}{xyz}$ 的不连续点.

**【3201】** $u=\ln\frac{1}{\sqrt{(x-a)^2+(y-b)^2+(z-c)^2}}$.

**解** 点 $(a,b,c)$ 为

$$u=\ln\frac{1}{\sqrt{(x-a)^2+(y-b)^2+(z-c)^2}}$$

的不连续点.

**【3202】** 证明：函数

$$f(x,y)=\begin{cases}\frac{2xy}{x^2+y^2}, & x^2+y^2\neq0,\\ 0, & x^2+y^2=0\end{cases}$$

分别对于每一个变量 $x$ 或 $y$（当另一变量的值固定时）是连续的，但并非对这些变量的总体是连续的.

**提示** 对于命题的后半部分,只要证明极限$\lim\limits_{\substack{x\to0\\y\to0}}f(x,y)$不存在.

**证** 先固定 $y=a\neq0$,则得 $x$ 的函数

$$g(x)=f(x,a)=\begin{cases}\dfrac{2ax}{x^2+a^2}, & x\neq0,\\ 0, & x=0,\end{cases}$$

即 $g(x)=\dfrac{2ax}{x^2+a^2}$ $(-\infty<x<+\infty)$,它是处处有定义的有理函数. 又当 $y=0$ 时,$f(x,0)\equiv0$,它显然是连续的. 于是,当变数 $y$ 固定时,函数 $f(x,y)$对于变量 $x$ 是连续的. 同理可证,当变量 $x$ 固定时,函数 $f(x,y)$对于变量 $y$ 是连续的.

作为二元函数,$f(x,y)$虽在除点$(0,0)$外的各点均连续,但在点$(0,0)$不连续. 事实上,当动点 $P(x,y)$沿射线 $y=kx$ 趋于原点时,有

$$\lim_{\substack{x\to0\\(y=kx)}}f(x,y)=\lim_{x\to0}\frac{2kx^2}{x^2(1+k^2)}=\frac{2k}{1+k^2},$$

对于不同的 $k$ 可得不同的极限值,从而知$\lim\limits_{\substack{x\to0\\y\to0}}f(x,y)$不存在. 因此,函数 $f(x,y)$在原点不是二元连续的.

**【3203】** 证明:函数

$$f(x,y)=\begin{cases}\dfrac{x^2y}{x^4+y^4}, & x^2+y^2\neq0,\\ 0, & x^2+y^2=0\end{cases}$$

在点 $O(0,0)$处沿过此点的每一射线 $x=t\cos\alpha$, $y=t\sin\alpha$ $(0\leqslant t<+\infty)$连续,即存在

$$\lim_{t\to0}f(t\cos\alpha,t\sin\alpha)=f(0,0);$$

但此函数在点$(0,0)$并非连续的.

**证** 当 $\sin\alpha=0$ 时,$\cos\alpha=1$ 或$-1$. 于是,当 $t\neq0$ 时,$f(t\cos\alpha,t\sin\alpha)=\dfrac{t^2\cdot0}{t^4+0}=0$,而 $f(0,0)=0$,故有

$$\lim_{t\to0}f(t\cos\alpha,t\sin\alpha)=f(0,0).$$

当 $\sin\alpha\neq0$ 时,有

$$\lim_{t\to0}f(t\cos\alpha,t\sin\alpha)=\lim_{t\to0}\frac{t^3\cos^2\alpha\sin\alpha}{t^4\cos^4\alpha+t^2\sin^2\alpha}=\lim_{t\to0}\frac{t\cos^2\alpha\sin\alpha}{t^2\cos^4\alpha+\sin^2\alpha}=\frac{0}{0+\sin^2\alpha}=0,$$

故 $\lim\limits_{t\to0}f(t\cos\alpha,t\sin\alpha)=f(0,0)$.

其次,设动点 $P(x,y)$沿抛物线 $y=x^2$ 趋于原点,得

$$\lim_{\substack{x\to0\\(y=x^2)}}f(x,y)=\lim_{x\to0}\frac{x^4}{x^4+x^4}=\frac{1}{2}\neq f(0,0).$$

因此,函数 $f(x,y)$在点$(0,0)$不连续.

**【3204】** 证明:函数

$$f(x,y)=\begin{cases}x\sin\dfrac{1}{y}, & y\neq0,\\ 0, & y=0\end{cases}$$

的不连续点的集合不是闭集.

**证** 当 $y_0\neq0$ 时,函数 $f(x,y)$在点$(x_0,y_0)$显见是连续的,即 $f(x,y)$在除去 $Ox$ 轴以外的一切点均连续.

又因$|f(x,y)-f(0,0)|=|f(x,y)|\leqslant|x|$,故知 $f(x,y)$在原点也是连续的.

考虑当 $x_0\neq0$ 时,对于点$(x_0,0)$,由于极限

$$\lim_{y\to0}f(x_0,y)=\lim_{y\to0}x_0\sin\frac{1}{y}$$

不存在,故知 $f(x,y)$在点$(x_0,0)$不连续.

这样,我们证明了,函数 $f(x,y)$的全部不连续点为 $Ox$ 轴上除去原点外的一切点. 显然,原点是不连续点集合的一个聚点,但它本身却不是 $f(x,y)$的不连续点. 因此,$f(x,y)$的不连续点的集合不是闭集.

**【3205】** 证明:若函数 $f(x,y)$ 在某区域 $G$ 内对变量 $x$ 是连续的,而关于 $x$ 对变量 $y$ 是一致连续的,则此函数在该区域内是连续的.

**证** 任意固定一点 $P_0(x_0,y_0)\in G$.

由于 $f(x,y)$ 关于 $x$ 对变量 $y$ 一致连续,故对任给的 $\varepsilon>0$,存在 $\delta_1=\delta_1(\varepsilon)>0$,使当 $(x,y')\in G$, $(x,y'')\in G$ 且 $|y'-y''|<\delta_1$ 时,就有

$$|f(x,y')-f(x,y'')|<\frac{\varepsilon}{2}.$$

又因 $f(x,y)$ 在点 $(x_0,y_0)$ 关于变量 $x$ 是连续的,故对上述的 $\varepsilon$,存在 $\delta_2>0$,使当 $|x-x_0|<\delta_2$ 时,就有

$$|f(x,y_0)-f(x_0,y_0)|<\frac{\varepsilon}{2}.$$

取 $0<\delta\leqslant\min\{\delta_1,\delta_2\}$,并使点 $(x_0,y_0)$ 的 $\delta$ 邻域全部包含在区域 $G$ 内,则当点 $P(x,y)$ 属于点 $(x_0,y_0)$ 的 $\delta$ 邻域,即 $|PP_0|<\delta$ 时,

$$|x-x_0|<\delta\leqslant\delta_2,\quad |y-y_0|<\delta\leqslant\delta_1.$$

从而有 $$|f(x,y)-f(x_0,y_0)|\leqslant|f(x,y)-f(x,y_0)|+|f(x,y_0)-f(x_0,y_0)|<\frac{\varepsilon}{2}+\frac{\varepsilon}{2}=\varepsilon.$$

因此,$f(x,y)$ 在点 $P_0$ 连续.由 $P_0$ 的任意性知,函数 $f(x,y)$ 在 $G$ 内是连续的.

**【3206】** 证明:若在某区域 $G$ 内函数 $f(x,y)$ 对变量 $x$ 是连续的,并满足对变量 $y$ 的利普希茨条件,即

$$|f(x,y')-f(x,y'')|\leqslant L|y'-y''|,$$

式中 $(x,y')\in G$, $(x,y'')\in G$ 而 $L$ 为常数,则此函数在该区域内是连续的.

**提示** 利用 3205 题的结果.

**证** 由于 $f(x,y)$ 在 $G$ 内满足对 $y$ 的利普希茨条件,故知 $f(x,y)$ 在 $G$ 内关于 $x$ 对变量 $y$ 是一致连续的.

因此,由 3205 题的结果即知,$f(x,y)$ 在 $G$ 内是连续的.

**【3207】** 证明:若函数 $f(x,y)$ 分别对每一个变量 $x$ 和 $y$ 是连续的,并对其中的一个是单调的,则此函数对两个变量的总体是连续的(杨定理).

**证** 不妨设 $f(x,y)$ 关于 $x$ 是单调的.

设 $(x_0,y_0)$ 为函数 $f(x,y)$ 的定义域 $G$ 内的任一点.由于 $f(x,y)$ 关于 $x$ 连续,故对任给的 $\varepsilon>0$,存在 $\delta_1>0$(假定 $\delta_1$ 足够小,使我们所考虑的点都落在 $G$ 内),使当 $|x-x_0|<\delta_1$ 时,就有

$$|f(x,y_0)-f(x_0,y_0)|<\frac{\varepsilon}{2}.$$

对于点 $(x_0-\delta_1,y_0)$ 及 $(x_0+\delta_1,y_0)$,由于 $f(x,y)$ 关于 $y$ 连续,故对上述的 $\varepsilon$,存在 $\delta_2>0$(也要求 $\delta_2$ 足够小,使所考虑的点落在 $G$ 内),使当 $|y-y_0|<\delta_2$ 时,就有

$$|f(x_0-\delta_1,y)-f(x_0-\delta_1,y_0)|<\frac{\varepsilon}{2},$$

$$|f(x_0+\delta_1,y)-f(x_0+\delta_1,y_0)|<\frac{\varepsilon}{2}.$$

令 $\delta=\min\{\delta_1,\delta_2\}$,则当 $|\Delta x|<\delta$, $|\Delta y|<\delta$ 时,由于 $f(x,y)$ 关于 $x$ 单调,故有

$$\begin{aligned}&|f(x_0+\Delta x,\ y_0+\Delta y)-f(x_0,y_0)|\\ \leqslant&\max\left\{|f(x_0+\delta_1,\ y_0+\Delta y)-f(x_0,y_0)|,|f(x_0-\delta_1,\ y_0+\Delta y)-f(x_0,y_0)|\right\}.\end{aligned}$$

但是 $$\begin{aligned}&|f(x_0\pm\delta_1,\ y_0+\Delta y)-f(x_0,y_0)|\\ \leqslant&|f(x_0\pm\delta_1,\ y_0+\Delta y)-f(x_0\pm\delta_1,y_0)|+|f(x_0\pm\delta_1,\ y_0)-f(x_0,y_0)|<\frac{\varepsilon}{2}+\frac{\varepsilon}{2}=\varepsilon,\end{aligned}$$

故当 $|\Delta x|<\delta$, $|\Delta y|<\delta$ 时,就有

$$|f(x_0+\Delta x,\ y_0+\Delta y)-f(x_0,y_0)|<\varepsilon,$$

即 $f(x,y)$ 在点 $(x_0,y_0)$ 是连续的.由点 $(x_0,y_0)$ 的任意性知,$f(x,y)$ 是 $G$ 内的二元连续函数.

**【3208】** 设函数 $f(x,y)$在区域 $a\leqslant x\leqslant A$, $b\leqslant y\leqslant B$ 上是连续的，而函数序列 $\varphi_n(x)$ $(n=1,2,\cdots)$在$[a,A]$上一致收敛并满足条件 $b\leqslant\varphi_n(x)\leqslant B$. 证明：函数序列

$$F_n(x)=f[x,\varphi_n(x)] \quad (n=1,2,\cdots)$$

也在$[a,A]$上一致收敛.

**证** 由于 $b\leqslant\varphi_n(x)\leqslant B$,故 $F_n(x)=f[x,\varphi_n(x)]$有意义.

由题设 $f(x,y)$在区域 $a\leqslant x\leqslant A$, $b\leqslant y\leqslant B$ 上连续，故在此区域上一致连续，即对任给的 $\varepsilon>0$,存在 $\delta=\delta(\varepsilon)>0$,使对于此区域中的任意两点$(x_1,y_1)$,$(x_2,y_2)$,只要$|x_1-x_2|<\delta$, $|y_1-y_2|<\delta$时，就有

$$|f(x_1,y_1)-f(x_2,y_2)|<\varepsilon.$$

特别地，当$|y_1-y_2|<\delta$时，对于一切的 $x\in[a,A]$,均有

$$|f(x,y_1)-f(x,y_2)|<\varepsilon.$$

对于上述的 $\delta>0$,因为 $\varphi_n(x)$在$[a,A]$上一致收敛，故存在正整数 $N$,使当 $m>N$, $n>N$ 时，对于一切的 $x\in[a,A]$,均有

$$|\varphi_n(x)-\varphi_m(x)|<\delta.$$

于是，对任给的 $\varepsilon>0$,存在正整数 $N$,使当 $m>N$, $n>N$ 时，对于一切的 $x\in[a,A]$,均有

$$|F_n(x)-F_m(x)|=|f[x,\varphi_n(x)]-f[x,\varphi_m(x)]|<\varepsilon.$$

因此，$F_n(x)$在$[a,A]$上一致收敛.

**【3209】** 设：1)函数 $f(x,y)$在区域 $R(a<x<A;\ b<y<B)$内连续；2)函数 $\varphi(x)$在区间$(a,A)$内连续，且函数值属于区间$(b,B)$. 证明：函数 $F(x)=f[x,\varphi(x)]$在区间$(a,A)$内连续.

**证** 设点$(x_0,y_0)$为区域 $R$ 内的任一点. 由题设知函数 $f(x,y)$在区域 $R$ 内连续，故对任给的 $\varepsilon>0$,存在 $\delta>0$,使当$|x-x_0|<\delta$, $|y-y_0|<\delta$ $((x,y)\in R)$时，就有

$$|f(x,y)-f(x_0,y_0)|<\varepsilon.$$

再由 $\varphi(x)$在$(a,A)$内的连续性可知，对上述的 $\delta>0$,存在 $\eta>0$(可取 $\eta<\delta$),使当$|x-x_0|<\eta$ $(x\in(a,A))$时，恒有

$$|\varphi(x)-\varphi(x_0)|=|y-y_0|<\delta.$$

于是，

$$|f[x,\varphi(x)]-f[x_0,\varphi(x_0)]|<\varepsilon,$$

即

$$|F(x)-F(x_0)|<\varepsilon.$$

因此，$F(x)$在点 $x_0$ 处连续. 由点 $x_0$ 的任意性知，函数 $F(x)$在$(a,A)$内是连续的.

**【3210】** 设：1)函数 $f(x,y)$在区域 $R(a<x<A;\ b<x<B)$内连续；2)函数 $x=\varphi(u,v)$及 $y=\psi(u,v)$在区域 $R'(a'<u<A;\ b'<v<B')$内连续，且函数值分别属于区间$(a,A)$和$(b,B)$. 证明：函数

$$F(u,v)=f[\varphi(u,v),\ \psi(u,v)]$$

在区域 $R'$内连续.

**证** 以下假定所取的 $\delta$ 或 $\eta$ 足够小，使点的 $\delta$ 或 $\eta$ 邻域都在所给的区域内.

设点$(x_0,y_0)$为区域 $R$ 内的任一点，注意到 $f(x,y)$在 $R$ 内连续，即知对任给的 $\varepsilon>0$,存在 $\delta>0$,使当$|x-x_0|<\delta$,$|y-y_0|<\delta$时，就有$|f(x,y)-f(x_0,y_0)|<\varepsilon$.

再由 $\varphi$ 及 $\psi$ 的连续性知，对于上述的 $\delta$,存在 $\eta>0$,使当$|u-u_0|<\eta$, $|v-v_0|<\eta$,时，就有

$$|x-x_0|<\delta, \quad |y-y_0|<\delta,$$

其中 $x_0=\varphi(u_0,v_0)$, $y_0=\psi(u_0,v_0)$.

于是，对任给的 $\varepsilon>0$,存在 $\eta>0$,使当$|u-u_0|<\eta$, $|v-v_0|<\eta$时，就有

$$|f[\varphi(u,v),\ \psi(u,v)]-f[\varphi(u_0,v_0),\psi(u_0,v_0)]|<\varepsilon.$$

即

$$|F(u,v)-F(u_0,v_0)|<\varepsilon.$$

因此，$F(u,v)$在点$(u_0,v_0)$连续，由点$(u_0,v_0)$的任意性知，函数 $F(u,v)$在区域 $R'$内连续.

## §2. 偏导数. 函数的微分

1° **偏导数** 在求多元函数的偏导数时，若计算中出现的所有偏导数均连续，则求导的结果与求导的次序无关.

2° **函数的微分** 若自变量 $x,y,z$ 的函数 $f(x,y,z)$ 的全增量可写为以下形式：

$$\Delta f(x,y,z)=A\Delta x+B\Delta y+C\Delta z+o(\rho),$$

式中 $A,B,C$ 与 $\Delta x,\Delta y,\Delta z$ 无关而 $\rho=\sqrt{(\Delta x)^2+(\Delta y)^2+(\Delta z)^2}$，则称函数 $f(x,y,z)$ 在点 $(x,y,z)$ 可微，而增量的线性部分 $A\Delta x+B\Delta y+C\Delta z$，即

$$df(x,y,z)=f'_x(x,y,z)dx+f'_y(x,y,z)dy+f'_z(x,y,z)dz, \quad (1)$$

(其中 $dx=\Delta x$, $dy=\Delta y$, $dz=\Delta z$)称为此函数的微分.

当变数 $x,y,z$ 为其他自变量的可微函数时，公式(1)仍有其意义.

若 $x,y,z$ 为自变量，且函数 $f(x,y,z)$ 有连续的直至 $n$ 阶的偏导数，则对于高阶的微分，有符号公式：

$$d^n f(x,y,z)=\left(dx\frac{\partial}{\partial x}+dy\frac{\partial}{\partial y}+dz\frac{\partial}{\partial z}\right)^n f(x,y,z).$$

3° **复合函数的导数** 若 $w=f(x,y,z)$ 可微，其中 $x=\varphi(u,v)$，$y=\psi(u,v)$，$z=\chi(u,v)$，且函数 $\varphi,\psi,\chi$ 可微，则

$$\frac{\partial w}{\partial u}=\frac{\partial w}{\partial x}\frac{\partial x}{\partial u}+\frac{\partial w}{\partial y}\frac{\partial y}{\partial u}+\frac{\partial w}{\partial z}\frac{\partial z}{\partial u},\quad \frac{\partial w}{\partial v}=\frac{\partial w}{\partial x}\frac{\partial x}{\partial v}+\frac{\partial w}{\partial y}\frac{\partial y}{\partial v}+\frac{\partial w}{\partial z}\frac{\partial z}{\partial v}.$$

计算函数 $w$ 的二阶偏导数时最好用下列符号公式：

$$\frac{\partial^2 w}{\partial u^2}=\left(P_1\frac{\partial}{\partial x}+Q_1\frac{\partial}{\partial y}+R_1\frac{\partial}{\partial z}\right)^2 w+\frac{\partial P_1}{\partial u}\frac{\partial w}{\partial x}+\frac{\partial Q_1}{\partial u}\frac{\partial w}{\partial y}+\frac{\partial R_1}{\partial u}\frac{\partial w}{\partial z},$$

$$\frac{\partial^2 w}{\partial u\partial v}=\left(P_1\frac{\partial}{\partial x}+Q_1\frac{\partial}{\partial y}+R_1\frac{\partial}{\partial z}\right)\left(P_2\frac{\partial}{\partial x}+Q_2\frac{\partial}{\partial y}+R_2\frac{\partial}{\partial z}\right)w+\frac{\partial P_1}{\partial v}\frac{\partial w}{\partial x}+\frac{\partial Q_1}{\partial v}\frac{\partial w}{\partial y}+\frac{\partial R_1}{\partial v}\frac{\partial w}{\partial z},$$

其中 $$P_1=\frac{\partial x}{\partial u},\quad Q_1=\frac{\partial y}{\partial u},\quad R_1=\frac{\partial z}{\partial u},\quad R_2=\frac{\partial x}{\partial v},\quad Q_2=\frac{\partial y}{\partial v},\quad R_2=\frac{\partial z}{\partial v}.$$

4° **方向导数** 若用方向余弦 $\{\cos\alpha,\cos\beta,\cos\gamma\}$ 表示 $Oxyz$ 空间内的方向 $l$，且函数 $u=f(x,y,z)$ 可微，则沿方向 $l$ 的导数按下式来计算：

$$\frac{\partial u}{\partial l}=\frac{\partial u}{\partial x}\cos\alpha+\frac{\partial u}{\partial y}\cos\beta+\frac{\partial u}{\partial z}\cos\gamma.$$

函数在给定点的最大增长速度的大小与方向可用一个向量——函数的梯度

$$\mathrm{grad}u=\frac{\partial u}{\partial x}\boldsymbol{i}+\frac{\partial u}{\partial y}\boldsymbol{j}+\frac{\partial u}{\partial z}\boldsymbol{k}$$

给出，它的大小等于 $$|\mathrm{grad}u|=\sqrt{\left(\frac{\partial u}{\partial x}\right)^2+\left(\frac{\partial u}{\partial y}\right)^2+\left(\frac{\partial u}{\partial z}\right)^2}.$$

**【3211】** 证明： $$f'_x(x,b)=\frac{d}{dx}[f(x,b)].$$

**提示** 令 $\varphi(x)=f(x,b)$，命题即易获证.

注意在求某一固定点的导数及微分时，用本题的结果常可减少运算量. 例如，3212 题中，由于 $f(x,1)=x$，故 $f'_x(x,1)=1$.

**证** 令 $\varphi(x)=f(x,b)$，则

$$\frac{d}{dx}[f(x,b)]=\varphi'(x)=\lim_{\Delta x\to 0}\frac{\varphi(x+\Delta x)-\varphi(x)}{\Delta x}=\lim_{\Delta x\to 0}\frac{f(x+\Delta x,b)-f(x,b)}{\Delta x}=f'_x(x,b).$$

**【3212】** 设 $f(x,y)=x+(y-1)\arcsin\sqrt{\dfrac{x}{y}}$，求 $f'_x(x,1)$.

**解** 由于 $f(x,1)=x$，故 $f'_x(x,1)=1$.

求下列函数的一阶和二阶偏导数：

【3213】 $u=x^4+y^4-4x^2y^2$.

解 $\dfrac{\partial u}{\partial x}=4x^3-8xy^2$， $\dfrac{\partial u}{\partial y}=4y^3-8x^2y$， $\dfrac{\partial^2 u}{\partial x^2}=12x^2-8y^2$， $\dfrac{\partial^2 u}{\partial y^2}=12y^2-8x^2$，

$\dfrac{\partial^2 u}{\partial x\partial y}=\dfrac{\partial^2 u}{\partial y\partial x}=-16xy$ *）.

*） 以下各题不再写$\dfrac{\partial^2 u}{\partial y\partial x}=\dfrac{\partial^2 u}{\partial x\partial y}$，而仅写$\dfrac{\partial^2 u}{\partial x\partial y}$，因为当它们连续时是相等的，并且在今后各题中均把$\dfrac{\partial^2 u}{\partial x\partial y}$理解为$\dfrac{\partial}{\partial y}\left(\dfrac{\partial u}{\partial x}\right)$.

【3214】 $u=xy+\dfrac{x}{y}$.

解 $\dfrac{\partial u}{\partial x}=y+\dfrac{1}{y}$， $\dfrac{\partial u}{\partial y}=x-\dfrac{x}{y^2}$， $\dfrac{\partial^2 u}{\partial x^2}=0$， $\dfrac{\partial^2 u}{\partial y^2}=\dfrac{2x}{y^3}$， $\dfrac{\partial^2 u}{\partial x\partial y}=1-\dfrac{1}{y^2}$.

【3215】 $u=\dfrac{x}{y^2}$.

解 $\dfrac{\partial u}{\partial x}=\dfrac{1}{y^2}$， $\dfrac{\partial u}{\partial y}=-\dfrac{2x}{y^3}$， $\dfrac{\partial^2 u}{\partial x^2}=0$， $\dfrac{\partial^2 u}{\partial y^2}=\dfrac{6x}{y^4}$， $\dfrac{\partial^2 u}{\partial x\partial y}=-\dfrac{2}{y^3}$.

【3216】 $u=\dfrac{x}{\sqrt{x^2+y^2}}$.

解 $\dfrac{\partial u}{\partial x}=\dfrac{1}{\sqrt{x^2+y^2}}-\dfrac{2x\cdot x}{2(x^2+y^2)^{\frac{3}{2}}}=\dfrac{y^2}{(x^2+y^2)^{\frac{3}{2}}}$，

$\dfrac{\partial u}{\partial y}=-\dfrac{xy}{(x^2+y^2)^{\frac{3}{2}}}$，

$\dfrac{\partial^2 u}{\partial x^2}=-\dfrac{3}{2}y^2\dfrac{2x}{(x^2+y^2)^{\frac{5}{2}}}=-\dfrac{3xy^2}{(x^2+y^2)^{\frac{5}{2}}}$，

$\dfrac{\partial^2 u}{\partial y^2}=-\dfrac{x}{(x^2+y^2)^{\frac{3}{2}}}+\dfrac{3}{2}xy\dfrac{2y}{(x^2+y^2)^{\frac{5}{2}}}=\dfrac{x(2y^2-x^2)}{(x^2+y^2)^{\frac{5}{2}}}$，

$\dfrac{\partial^2 u}{\partial x\partial y}=\dfrac{\partial}{\partial y}\left[\dfrac{y^2}{(x^2+y^2)^{\frac{3}{2}}}\right]=\dfrac{2y}{(x^2+y^2)^{\frac{3}{2}}}-\dfrac{3y^3}{(x^2+y^2)^{\frac{5}{2}}}=\dfrac{y(2x^2-y^2)}{(x^2+y^2)^{\frac{5}{2}}}$.

【3217】 $u=x\sin(x+y)$.

解 $\dfrac{\partial u}{\partial x}=\sin(x+y)+x\cos(x+y)$， $\dfrac{\partial u}{\partial y}=x\cos(x+y)$，

$\dfrac{\partial^2 u}{\partial x^2}=\cos(x+y)+\cos(x+y)-x\sin(x+y)=2\cos(x+y)-x\sin(x+y)$，

$\dfrac{\partial^2 u}{\partial y^2}=-x\sin(x+y)$， $\dfrac{\partial^2 u}{\partial x\partial y}=\cos(x+y)-x\sin(x+y)$.

【3218】 $u=\dfrac{\cos x^2}{y}$.

解 $\dfrac{\partial u}{\partial x}=-\dfrac{2x\sin x^2}{y}$， $\dfrac{\partial u}{\partial y}=-\dfrac{\cos x^2}{y^2}$， $\dfrac{\partial^2 u}{\partial x^2}=-\dfrac{2\sin x^2+4x^2\cos x^2}{y}$， $\dfrac{\partial^2 u}{\partial y^2}=\dfrac{2\cos x^2}{y^3}$， $\dfrac{\partial^2 u}{\partial x\partial y}=\dfrac{2x\sin x^2}{y^2}$.

【3219】 $u=\tan\dfrac{x^2}{y}$.

解 $\dfrac{\partial u}{\partial x}=\dfrac{2x}{y}\sec^2\dfrac{x^2}{y}$， $\dfrac{\partial u}{\partial y}=-\dfrac{x^2}{y^2}\sec^2\dfrac{x^2}{y}$，

$\dfrac{\partial^2 u}{\partial x^2}=\dfrac{2}{y}\sec^2\dfrac{x^2}{y}+\dfrac{2x}{y}\cdot 2\sec^2\dfrac{x^2}{y}\cdot\tan\dfrac{x^2}{y}\cdot\dfrac{2x}{y}=\dfrac{2}{y}\sec^2\dfrac{x^2}{y}+\dfrac{8x^2}{y^2}\sec^3\dfrac{x^2}{y}\sin\dfrac{x^2}{y}$，

$\dfrac{\partial^2 u}{\partial y^2}=\dfrac{2x^2}{y^3}\sec^2\dfrac{x^2}{y}+\dfrac{2x^4}{y^4}\sec^3\dfrac{x^2}{y}\sin\dfrac{x^2}{y}$， $\dfrac{\partial^2 u}{\partial x\partial y}=-\dfrac{2x}{y^2}\sec^2\dfrac{x^2}{y}-\dfrac{4x^3}{y^3}\sec^3\dfrac{x^2}{y}\sin\dfrac{x^2}{y}$.

【3220】 $u=x^y$.

解 由 $u=x^y=e^{y\ln x}$ 即得

$$\frac{\partial u}{\partial x}=yx^{y-1},\quad \frac{\partial u}{\partial y}=e^{y\ln x}\cdot\ln x=x^y\ln x,\quad \frac{\partial^2 u}{\partial x^2}=y(y-1)x^{y-2},\quad \frac{\partial^2 u}{\partial y^2}=x^y\ln^2 x,$$

$$\frac{\partial^2 u}{\partial x\partial y}=x^{y-1}+yx^{y-1}\ln x=x^{y-1}(1+y\ln x)\quad (x>0).$$

【3221】 $u=\ln(x+y^2)$.

解 $$\frac{\partial u}{\partial x}=\frac{1}{x+y^2},\quad \frac{\partial u}{\partial y}=\frac{2y}{x+y^2},\quad \frac{\partial^2 u}{\partial x^2}=-\frac{1}{(x+y^2)^2},\quad \frac{\partial^2 u}{\partial y^2}=\frac{2}{x+y^2}-\frac{2y2y}{(x+y^2)^2}=\frac{2(x-y^2)}{(x+y^2)^2},$$

$$\frac{\partial^2 u}{\partial x\partial y}=-\frac{2y}{(x+y^2)^2}.$$

【3222】 $u=\arctan\frac{y}{x}$.

解 $$\frac{\partial u}{\partial x}=\frac{1}{1+\left(\frac{y}{x}\right)^2}\left(-\frac{y}{x^2}\right)=-\frac{y}{x^2+y^2},\qquad \frac{\partial u}{\partial y}=\frac{1}{1+\left(\frac{y}{x}\right)^2}\cdot\frac{1}{x}=\frac{x}{x^2+y^2},$$

$$\frac{\partial^2 u}{\partial x^2}=\frac{2xy}{(x^2+y^2)^2},\quad \frac{\partial^2 u}{\partial y^2}=-\frac{2xy}{(x^2+y^2)^2},\qquad \frac{\partial^2 u}{\partial x\partial y}=-\frac{1}{x^2+y^2}+\frac{y2y}{(x^2+y^2)^2}=-\frac{x^2-y^2}{(x^2+y^2)^2}.$$

【3223】 $u=\arctan\frac{x+y}{1-xy}$.

提示 利用 776 题的结果易获解. 直接求导也易获解.

解 由 776 题知 $\arctan\frac{x+y}{1-xy}=\arctan x+\arctan y-\varepsilon\pi$,其中 $\varepsilon=0,1$ 或 $-1$. 于是,

$$\frac{\partial u}{\partial x}=\frac{1}{1+x^2},\quad \frac{\partial u}{\partial y}=\frac{1}{1+y^2},\quad \frac{\partial^2 u}{\partial x^2}=-\frac{2x}{(1+x^2)^2},\quad \frac{\partial^2 u}{\partial y^2}=-\frac{2y}{(1+y^2)^2},\quad \frac{\partial^2 u}{\partial x\partial y}=0.$$

本题如不用 776 题的结果,直接求导也可获解. 例如,

$$\frac{\partial u}{\partial x}=\frac{1}{1+\left(\frac{x+y}{1-xy}\right)^2}\cdot\frac{1-xy+y(x+y)}{(1-xy)^2}=\frac{1}{1+x^2}.$$

【3224】 $u=\arcsin\frac{x}{\sqrt{x^2+y^2}}$.

提示 注意 $\frac{\partial u}{\partial y}=-\frac{x\,\mathrm{sgn}y}{x^2+y^2}$.

解 $$\frac{\partial u}{\partial x}=\frac{1}{\sqrt{1-\frac{x^2}{x^2+y^2}}}\left(\frac{x}{\sqrt{x^2+y^2}}\right)'_x=\frac{\sqrt{x^2+y^2}}{|y|}\cdot\frac{y^2}{(x^2+y^2)^{\frac{3}{2}}}\overset{*)}{=}\frac{|y|}{x^2+y^2},$$

$$\frac{\partial u}{\partial y}=\frac{1}{\sqrt{1-\frac{x^2}{x^2+y^2}}}\left(\frac{x}{\sqrt{x^2+y^2}}\right)'_y=\frac{\sqrt{x^2+y^2}}{|y|}\left[-\frac{xy}{(x^2+y^2)^{\frac{3}{2}}}\right]^{*)}=-\frac{x}{x^2+y^2}\cdot\frac{y}{|y|}=-\frac{x\,\mathrm{sgn}y}{x^2+y^2},$$

$$\frac{\partial^2 u}{\partial x^2}=-\frac{2x|y|}{(x^2+y^2)^2},$$

$$\frac{\partial^2 u}{\partial y^2}=\frac{\partial}{\partial y}\left[-\frac{xy}{|y|(x^2+y^2)}\right]=-\frac{x|y|(x^2+y^2)-xy\left[\frac{|y|}{y}(x^2+y^2)+2y|y|\right]}{y^2(x^2+y^2)^2}=\frac{2x|y|}{(x^2+y^2)^2},$$

$$\frac{\partial^2 u}{\partial x\partial y}=\frac{\frac{|y|}{y}(x^2+y^2)-2y|y|}{(x^2+y^2)^2}=\frac{x^2\,\mathrm{sgn}y-y|y|}{(x^2+y^2)^2}=\frac{(x^2-y^2)\mathrm{sgn}y}{(x^2+y^2)^2}\qquad (y\neq 0).$$

*) 利用 3216 题的结果.

【3225】 $u=\frac{1}{\sqrt{x^2+y^2+z^2}}$.

**提示** 先求$\frac{\partial^2 u}{\partial^2 x}$及$\frac{\partial^2 u}{\partial x\partial y}$，再利用对称性，即得$\frac{\partial^2 u}{\partial y^2}$，$\frac{\partial^2 u}{\partial z^2}$，$\frac{\partial^2 u}{\partial y\partial z}$及$\frac{\partial^2 u}{\partial z\partial x}$.

**解** $\frac{\partial u}{\partial x}=-\frac{x}{(x^2+y^2+z^2)^{\frac{3}{2}}}$，$\frac{\partial u}{\partial y}=-\frac{y}{(x^2+y^2+z^2)^{\frac{3}{2}}}$，$\frac{\partial u}{\partial z}=-\frac{z}{(x^2+y^2+z^2)^{\frac{3}{2}}}$，

$$\frac{\partial^2 u}{\partial x^2}=-\frac{1}{(x^2+y^2+z^2)^{\frac{3}{2}}}+\frac{3x^2}{(x^2+y^2+z^2)^{\frac{5}{2}}}=\frac{2x^2-y^2-z^2}{(x^2+y^2+z^2)^{\frac{5}{2}}},\quad \frac{\partial^2 u}{\partial x\partial y}=\frac{3xy}{(x^2+y^2+z^2)^{\frac{5}{2}}}.$$

利用对称性，即得

$$\frac{\partial^2 u}{\partial y^2}=\frac{2y^2-x^2-z^2}{(x^2+y^2+z^2)^{\frac{5}{2}}},\quad \frac{\partial^2 u}{\partial z^2}=\frac{2z^2-x^2-y^2}{(x^2+y^2+z^2)^{\frac{5}{2}}},$$

$$\frac{\partial^2 u}{\partial y\partial z}=\frac{3yz}{(x^2+y^2+z^2)^{\frac{5}{2}}},\quad \frac{\partial^2 u}{\partial z\partial x}=\frac{3xz}{(x^2+y^2+z^2)^{\frac{5}{2}}}.$$

**【3226】** $u=\left(\frac{x}{y}\right)^z$.

**解** $u=x^z y^{-z}$.

$$\frac{\partial u}{\partial x}=zx^{z-1}y^{-z}=\frac{z}{x}\left(\frac{x}{y}\right)^z,\quad \frac{\partial u}{\partial y}=-zx^z y^{-z-1}=-\frac{z}{y}\left(\frac{x}{y}\right)^z,$$

$$\frac{\partial u}{\partial z}=\left(\frac{x}{y}\right)^z\ln\frac{x}{y},\quad \frac{\partial^2 u}{\partial x^2}=z(z-1)x^{z-2}y^{-z}=\frac{z(z-1)}{x^2}\left(\frac{x}{y}\right)^z,$$

$$\frac{\partial^2 u}{\partial y^2}=(-z)(-z-1)x^z y^{-z-2}=\frac{z(z+1)}{y^2}\left(\frac{x}{y}\right)^z,\quad \frac{\partial^2 u}{\partial z^2}=\left(\frac{x}{y}\right)^z\ln^2\frac{x}{y},$$

$$\frac{\partial^2 u}{\partial x\partial y}=\left(\frac{z}{x}u\right)'_y=\frac{z}{x}\left[-\frac{z}{y}\left(\frac{x}{y}\right)^z\right]=-\frac{z^2}{xy}\left(\frac{x}{y}\right)^z,$$

$$\frac{\partial^2 u}{\partial y\partial z}=\left(-\frac{z}{y}u\right)'_z=-\frac{z}{y}\left(\frac{x}{y}\right)^z\ln\frac{x}{y}-\frac{1}{y}\left(\frac{x}{y}\right)^z=-\frac{1+z\ln\frac{x}{y}}{y}\left(\frac{x}{y}\right)^z,$$

$$\frac{\partial^2 u}{\partial z\partial x}=\left(u\ln\frac{x}{y}\right)'_z=\frac{z}{x}\left(\frac{x}{y}\right)^z\ln\frac{x}{y}+\frac{1}{x}\left(\frac{x}{y}\right)^z=\frac{1+z\ln\frac{x}{y}}{x}\left(\frac{x}{y}\right)^z\quad\left(\frac{x}{y}>0\right).$$

**【3227】** $u=x^{\frac{y}{z}}$.

**解** $\frac{\partial u}{\partial x}=\frac{y}{z}x^{\frac{y}{z}-1}=\frac{yu}{xz}$，$\frac{\partial u}{\partial y}=\frac{1}{z}x^{\frac{y}{z}}\ln x=\frac{u\ln x}{z}$，

$$\frac{\partial u}{\partial z}=-\frac{y}{z^2}x^{\frac{y}{z}}\ln x=-\frac{yu\ln x}{z^2},\quad \frac{\partial^2 u}{\partial x^2}=\frac{xyz\frac{\partial u}{\partial x}-yzu}{x^2z^2}=\frac{y(y-z)u}{x^2z^2},$$

$$\frac{\partial^2 u}{\partial y^2}=\frac{\ln x}{z}\frac{\partial u}{\partial y}=\frac{u\ln^2 x}{z^2},\quad \frac{\partial^2 u}{\partial z^2}=-y\ln x\left[\frac{z^2\frac{\partial u}{\partial z}-2uz}{z^4}\right]=\frac{yu\ln x(2z+y\ln x)}{z^4},$$

$$\frac{\partial^2 u}{\partial x\partial y}=\frac{1}{xz}\left(u+y\frac{\partial u}{\partial y}\right)=\frac{u(z+y\ln x)}{xz^2},\quad \frac{\partial^2 u}{\partial y\partial z}=\ln x\left(\frac{1}{z}\frac{\partial u}{\partial z}-\frac{u}{z^2}\right)=-\frac{u\ln x(z+y\ln x)}{z^3},$$

$$\frac{\partial^2 u}{\partial z\partial x}=-\frac{y}{z^2}\left(\ln x\frac{\partial u}{\partial x}+\frac{u}{x}\right)=-\frac{yu(z+y\ln x)}{xz^3}.$$

**【3228】** $u=x^{y^z}$.

**解** $\frac{\partial u}{\partial x}=y^z x^{y^z-1}=\frac{uy^z}{x}$，$\frac{\partial u}{\partial y}=zy^{z-1}x^{y^z}\ln x=zuy^{z-1}\ln x$，

$$\frac{\partial u}{\partial z}=x^{y^z}y^z\ln x\ln y=uy^z\ln x\ln y,\quad \frac{\partial^2 u}{\partial x^2}=y^z\left(-\frac{u}{x^2}+\frac{1}{x}\cdot\frac{\partial u}{\partial x}\right)=\frac{uy^z(y^z-1)}{x^2},$$

$$\frac{\partial^2 u}{\partial y^2}=z\ln x\left[y^{z-1}\frac{\partial u}{\partial y}+(z-1)y^{z-2}u\right]=uzy^{z-2}\ln x(zy^z\ln x+z-1),$$

$$\frac{\partial^2 u}{\partial z^2}=\left(y^z\frac{\partial u}{\partial z}+uy^z\ln y\right)\ln x\ln y=uy^z\ln x\ln^2 y(1+y^z\ln x),$$

$$\frac{\partial^2 u}{\partial x\partial y}=\frac{1}{x}\left(y^z\frac{\partial u}{\partial y}+uzy^{z-1}\right)=\frac{uzy^{z-1}(y^z\ln x+1)}{x},$$

$$\frac{\partial^2 u}{\partial y\partial z}=\left(y^{z-1}u+uzy^{z-1}\ln y+zy^{z-1}\frac{\partial u}{\partial z}\right)\ln x=uy^{z-1}\ln x[1+z\ln y(1+y^z\ln x)],$$

$$\frac{\partial^2 u}{\partial z\partial x}=y^z\ln y\left(\frac{\partial u}{\partial x}\ln x+\frac{u}{x}\right)=\frac{uy^z\ln y(y^z\ln x+1)}{x}\quad(x>0,\ y>0).$$

**【3229】** 设 (1) $u=x^2-2xy-3y^2$； (2) $u=x^{y^2}$； (3) $u=\arccos\sqrt{\frac{x}{y}}$，

验证等式
$$\frac{\partial^2 u}{\partial x\partial y}=\frac{\partial^2 u}{\partial y\partial x}.$$

**提示** (3) 注意应就 $0<x\leqslant y$ 及 $y\leqslant x<0$ 两种情况加以验证.

**证** (1) $\frac{\partial u}{\partial x}=2x-2y$， $\frac{\partial u}{\partial y}=-2x-6y$，$\frac{\partial^2 u}{\partial x\partial y}=-2$， $\frac{\partial^2 u}{\partial y\partial x}=-2$，

于是，$\frac{\partial^2 u}{\partial x\partial y}=\frac{\partial^2 u}{\partial y\partial x}$.

(2) $\frac{\partial u}{\partial x}=y^2x^{y^2-1}$， $\frac{\partial u}{\partial y}=2yx^{y^2}\ln x\quad(x>0)$，

$$\frac{\partial^2 u}{\partial x\partial y}=2yx^{y^2-1}+2y^3x^{y^2-1}\ln x,\qquad \frac{\partial^2 u}{\partial y\partial x}=2y^3x^{y^2-1}\ln x+2yx^{y^2-1},$$

于是，$\frac{\partial^2 u}{\partial x\partial y}=\frac{\partial^2 u}{\partial y\partial x}$.

(3) 当 $0<x\leqslant y$ 时，我们有

$$u=\arccos\sqrt{\frac{x}{y}}=\arccos\frac{\sqrt{x}}{\sqrt{y}}.$$

$$\frac{\partial u}{\partial x}=-\frac{1}{\sqrt{1-\frac{x}{y}}}\cdot\frac{1}{2\sqrt{x}\sqrt{y}}=-\frac{1}{2\sqrt{x(y-x)}},$$

$$\frac{\partial u}{\partial y}=-\frac{1}{\sqrt{1-\frac{x}{y}}}\left(-\frac{\sqrt{x}}{2y^{\frac{3}{2}}}\right)=\frac{\sqrt{x}}{2\sqrt{y^2(y-x)}},$$

$$\frac{\partial^2 u}{\partial x\partial y}=\frac{1}{4\sqrt{x}(y-x)^{\frac{3}{2}}},$$

$$\frac{\partial^2 u}{\partial y\partial x}=\frac{1}{4\sqrt{x}\sqrt{y^2(y-x)}}+\frac{\sqrt{x}}{4y(y-x)^{\frac{3}{2}}}=\frac{1}{4\sqrt{x}(y-x)^{\frac{3}{2}}},$$

于是，当 $0<x\leqslant y$ 时，有
$$\frac{\partial^2 u}{\partial x\partial y}=\frac{\partial^2 u}{\partial y\partial x}.$$

当 $y\leqslant x<0$ 时，$u=\arccos\frac{\sqrt{-x}}{\sqrt{-y}}$.

$$\frac{\partial u}{\partial x}=-\frac{1}{\sqrt{1-\frac{x}{y}}}\left(-\frac{1}{2\sqrt{-x}\sqrt{-y}}\right)=\frac{1}{2\sqrt{-x}\sqrt{x-y}},$$

$$\frac{\partial u}{\partial y}=-\frac{1}{\sqrt{1-\frac{x}{y}}}\left[\frac{\sqrt{-x}}{2(-y)^{\frac{3}{2}}}\right]=-\frac{\sqrt{-x}}{2\sqrt{xy^2-y^3}},$$

$$\frac{\partial^2 u}{\partial x\partial y}=\frac{1}{4\sqrt{-x}(x-y)^{\frac{3}{2}}},$$

$$\frac{\partial^2 u}{\partial y\partial x}=\frac{1}{4\sqrt{-x}\sqrt{xy^2-y^3}}+\frac{\sqrt{-x}}{4\sqrt{y^2}(x-y)^{\frac{3}{2}}}=\frac{1}{4\sqrt{-x}(x-y)^{\frac{3}{2}}},$$

于是，当 $y\leqslant x<0$ 时，也有 $$\frac{\partial^2 u}{\partial x\partial y}=\frac{\partial^2 u}{\partial y\partial x}.$$

仔细观察可以看到，在不同的区域上，一阶偏导数相差一个符号，但二阶混合偏导数却是相等的.

**【3230】** 设 $f(x,y)=\begin{cases} xy\dfrac{x^2-y^2}{x^2+y^2}, & x^2+y^2=0, \\ 0, & x^2+y^2=0. \end{cases}$

证明：$f''_{xy}(0,0)\neq f''_{yx}(0,0)$.

**证明思路** 先由导数定义求得 $f'_x(0,y)=-y$ 及 $f'_y(x,0)=x$. 再利用 3211 题的结果，即易获证.

**证** 由于

$$\lim_{x\to 0}\frac{f(x,y)-f(0,y)}{x}=\lim_{x\to 0}\frac{xy\dfrac{x^2-y^2}{x^2+y^2}-0}{x}=-y,$$

故 $f'_x(0,y)=-y$，从而，$$f''_{xy}(0,0)=\frac{\mathrm{d}}{\mathrm{d}y}[f'_x(0,y)]\Big|_{y=0}=-1.$$

同法可求得 $f'_y(x,0)=x$，从而，$f''_{yx}(0,0)=\dfrac{\mathrm{d}}{\mathrm{d}x}[f'_y(x,0)]\Big|_{x=0}=1$.

于是，$f''_{xy}(0,0)\neq f''_{yx}(0,0)$.

**【3231】** 设 $u=f(x,y,z)$ 为 $n$ 次齐次函数，就下列各题验证关于齐次函数的欧拉定理：

(1) $u=(x-2y+3z)^2$； (2) $u=\dfrac{x}{\sqrt{x^2+y^2+z^2}}$； (3) $u=\left(\dfrac{x}{y}\right)^{\frac{y}{z}}$.

**解题思路** 为了书写的简便，我们仅限于讨论三个变量的情形. 即只要证明下列等式

$$xf'_x(x,y,z)+yf'_y(x,y,z)+zf'_z(x,y,z)=nf(x,y,z).$$

对于(1)$n=2$，(2)$n=0$，(3)$n=0$.

**证** 关于 $n$ 次齐次函数的欧拉定理如下：

设 $n$ 次齐次函数 $f(x,y,z)$ * 在区域 $A$ 中关于所有变量均有连续偏导数，则下述等式成立：

$$xf'_x(x,y,z)+yf'_y(x,y,z)+zf'_z(x,y,z)=nf(x,y,z).$$

(1)由于$(tx-2ty+3tz)^2=t^2u$，故 $u$ 为二次齐次函数. 又因

$$\frac{\partial u}{\partial x}=2(x-2y+3z),\quad \frac{\partial u}{\partial y}=-4(x-2y+3z),\quad \frac{\partial u}{\partial z}=6(x-2y+3z),$$

故得 $$x\frac{\partial u}{\partial x}+y\frac{\partial u}{\partial y}+z\frac{\partial u}{\partial z}=(x-2y+3z)(2x-4y+6z)=2u,$$

即函数 $u$ 满足欧拉定理.

(2) 由于对任何的 $t>0$，$$\frac{tx}{\sqrt{(tx)^2+(ty)^2+(tz)^2}}=\frac{x}{\sqrt{x^2+y^2+z^2}}=t^0\cdot u,$$

故 $u$ 为零次齐次函数. 又因

$$\frac{\partial u}{\partial x}=\frac{y^2+z^2}{(x^2+y^2+z^2)^{\frac{3}{2}}},\quad \frac{\partial u}{\partial y}=-\frac{xy}{(x^2+y^2+z^2)^{\frac{3}{2}}},\frac{\partial u}{\partial z}=-\frac{xz}{(x^2+y^2+z^2)^{\frac{3}{2}}},$$

故得 $$x\frac{\partial u}{\partial x}+y\frac{\partial u}{\partial y}+z\frac{\partial u}{\partial z}=\frac{1}{(x^2+y^2+z^2)^{\frac{3}{2}}}(xy^2+xz^2-xy^2-xz^2)=0\cdot u,$$

即函数 $u$ 满足欧拉定理.

(3)由于 $$\left(\frac{tx}{ty}\right)^{\frac{ty}{tz}}=\left(\frac{x}{y}\right)^{\frac{y}{z}}=t^0\cdot u\quad(t>0),$$

故函数 $u$ 为零次齐次函数. 又因

---

* 为了书写的简便，在这里我们仅限于讨论三个变量的情形.

$$\frac{\partial u}{\partial x}=\frac{1}{y}\cdot\frac{y}{z}\left(\frac{x}{y}\right)^{\frac{y}{z}-1}=\frac{yu}{xz},$$

$$\frac{\partial u}{\partial y}=\left(e^{\frac{y}{z}\ln\frac{x}{y}}\right)'_y=\left(\frac{x}{y}\right)^{\frac{y}{z}}\left[\frac{1}{z}\ln\frac{x}{y}-\frac{y}{z}\frac{1}{y}\right]=\frac{u}{z}\left(\ln\frac{x}{y}-1\right),$$

$$\frac{\partial u}{\partial z}=\left(\frac{x}{y}\right)^{\frac{y}{z}}\ln\frac{x}{y}\left(-\frac{y}{z^2}\right)=-\frac{yu}{z^2}\ln\frac{x}{y},$$

故得 $$x\frac{\partial u}{\partial x}+y\frac{\partial u}{\partial y}+z\frac{\partial u}{\partial z}=x\frac{yu}{xz}+y\frac{u}{z}\left(\ln\frac{x}{y}-1\right)-z\frac{yu}{z^2}\ln\frac{x}{y}=0\cdot u,$$

即函数 $u$ 满足欧拉定理.

**【3232】** 证明:若可微函数 $u=f(x,y,z)$满足方程

$$x\frac{\partial u}{\partial x}+y\frac{\partial u}{\partial y}+z\frac{\partial u}{\partial z}=nu,$$

则它为 $n$ 次齐次函数.

**证明思路** 任意固定区域中一点$(x_0,y_0,z_0)$,令 $F(t)=\frac{f(tx_0,ty_0,tz_0)}{t^n}$,应用复合函数求导法则及题设条件可得 $F'(t)=0$. 由此可知:$F(t)=c\ (t>0)$. 令 $t=1$,即得 $c=f(x_0,y_0,z_0)$. 于是,$f(tx_0,ty_0,tz_0)=t^n\cdot f(x_0,y_0,z_0)$. 命题获证.

**证** 任意固定区域中一点$(x_0,y_0,z_0)$,考察下面 $t$ 的函数$(t>0)$:

$$F(t)=\frac{f(tx_0,ty_0,tz_0)}{t^n},$$

它当 $t>0$ 时有定义且是可微的. 应用复合函数的求导法则,对 $t$ 求导数即得

$$F'(t)=\frac{1}{t^n}\{x_0f'_x(tx_0,ty_0,tz_0)+y_0f'_y(tx_0,ty_0,tz_0)+z_0f'_z(tx_0,ty_0,tz_0)\}-\frac{n}{t^{n+1}}f(tx_0,ty_0,tz_0)$$

$$=\frac{1}{t^{n+1}}\{tx_0f'_x(tx_0,ty_0,tz_0)+ty_0f'_y(tx_0,ty_0,tz_0)+tz_0f'_z(tx_0,ty_0,tz_0)-nf(tx_0,ty_0,tz_0)\},$$

由于 $$tx_0f'_x(tx_0,ty_0,tz_0)+ty_0f'_y(tx_0,ty_0,tz_0)+tz_0f'_z(tx_0,ty_0,tz_0)=nf(tx_0,ty_0,tz_0),$$

故 $$F'(t)=0.$$

从而,当 $t>0$ 时,$F(t)=c$,其中 $c$ 为常数. 现在确定 $c$. 为此,在定义 $F(t)$的等式中令 $t=1$,则得

$$c=f(x_0,y_0,z_0).$$

于是, $$F(t)=\frac{f(tx_0,ty_0,tz_0)}{t^n}=f(x_0,y_0,z_0),$$

即 $$f(tx_0,ty_0,tz_0)=t^nf(x_0,y_0,z_0).$$

上式说明函数 $f(x,y,z)$为一个 $n$ 次的齐次函数,这就是所要证明的.

**【3233】** 证明:若 $f(x,y,z)$是可微的 $n$ 次齐次函数,则其偏导数 $f'_x(x,y,z)$, $f'_y(x,y,z)$, $f'_z(x,y,z)$是$(n-1)$次的齐次函数.

**证明思路** 由等式 $f(tx,ty,tz)=t^nf(x,y,z)$ 两端分别对 $x,y,z$ 求偏导数即获证.

**证** 由等式 $f(tx,ty,tz)=t^nf(x,y,z)$ 两端分别对 $x,y,z$ 求偏导数,则得

$$tf'_1(tx,ty,tz)=t^nf'_1(x,y,z),\quad tf'_2(tx,ty,tz)=t^nf'_2(x,y,z),\quad tf'_3(tx,ty,tz)=t^nf'_3(x,y,z).$$

其中 $f'_1(\cdot,\cdot,\cdot)$, $f'_2(\cdot,\cdot,\cdot)$, $f'_3(\cdot,\cdot,\cdot)$分别代表 $f(\cdot,\cdot,\cdot)$对第一个,第二个,第三个变量的偏导数. 于是,

$$f'_1(tx,ty,tz)=t^{n-1}f'_1(x,y,z),\quad f'_2(tx,ty,tz)=t^{n-1}f'_2(x,y,z),\quad f'_3(tx,ty,tz)=t^{n-1}f'_3(x,y,z),$$

即偏导数 $f'_x(x,y,z)$, $f'_y(x,y,z)$及 $f'_z(x,y,z)$均为$(n-1)$次的齐次函数.

**【3234】** 设 $u=f(x,y,z)$是二阶可微的 $n$ 次齐次函数. 证明:

$$\left(x\frac{\partial}{\partial x}+y\frac{\partial}{\partial y}+z\frac{\partial}{\partial z}\right)^2u=n(n-1)u.$$

**证明思路** 利用 3233 题的结果,并应用关于齐次函数的欧拉定理,即得

$$\left(x\frac{\partial}{\partial x}+y\frac{\partial}{\partial y}+z\frac{\partial}{\partial z}\right)\frac{\partial u}{\partial x}=(n-1)\frac{\partial u}{\partial x},\qquad(1)$$

$$\left(x\frac{\partial}{\partial x}+y\frac{\partial}{\partial y}+z\frac{\partial}{\partial z}\right)\frac{\partial u}{\partial y}=(n-1)\frac{\partial u}{\partial y},\qquad(2)$$

$$\left(x\frac{\partial}{\partial x}+y\frac{\partial}{\partial y}+z\frac{\partial}{\partial z}\right)\frac{\partial u}{\partial z}=(n-1)\frac{\partial u}{\partial z}.\qquad(3)$$

以上(1)、(2)、(3)各式的两端分别依次乘以 $x$、$y$、$z$,然后相加,命题即可获证.

**证** 由 3233 题知:$\frac{\partial u}{\partial x}$,$\frac{\partial u}{\partial y}$及$\frac{\partial u}{\partial z}$均为$(n-1)$次齐次函数.应用欧拉定理,即得

$$\left(x\frac{\partial}{\partial x}+y\frac{\partial}{\partial y}+z\frac{\partial}{\partial z}\right)\frac{\partial u}{\partial x}=(n-1)\frac{\partial u}{\partial x},\qquad(1)$$

$$\left(x\frac{\partial}{\partial x}+y\frac{\partial}{\partial y}+z\frac{\partial}{\partial z}\right)\frac{\partial u}{\partial y}=(n-1)\frac{\partial u}{\partial y},\qquad(2)$$

$$\left(x\frac{\partial}{\partial x}+y\frac{\partial}{\partial y}+z\frac{\partial}{\partial z}\right)\frac{\partial u}{\partial z}=(n-1)\frac{\partial u}{\partial z}.\qquad(3)$$

将(1)式两端乘以 $x$,(2)式两端乘以 $y$,(3)式两端乘以 $z$,然后相加,即得

$$\left(x\frac{\partial}{\partial x}+y\frac{\partial}{\partial y}+z\frac{\partial}{\partial z}\right)^2u=(n-1)\left(x\frac{\partial u}{\partial x}+y\frac{\partial u}{\partial y}+z\frac{\partial u}{\partial z}\right)=n(n-1)u,$$

这就是所要证明的等式.

**求下列函数的一阶和二阶微分($x,y,z$ 为自变量):**

**【3235】** $u=x^my^n$.

**解** $du=x^{m-1}y^{n-1}(my\,dx+nx\,dy)$,

$$\begin{aligned}d^2u&=m(m-1)x^{m-2}y^n dx^2+2mnx^{m-1}y^{n-1}dxdy+n(n-1)x^my^{n-2}dy^2\\&=x^{m-2}y^{n-2}[m(m-1)y^2dx^2+2mnxy\,dxdy+n(n-1)x^2dy^2].\end{aligned}$$

**【3236】** $u=\frac{x}{y}$.

**解** $du=\frac{ydx-xdy}{y^2}$,

$$d^2u=\frac{y^2(dxdy-dxdy)-2ydy(ydx-xdy)}{y^4}=-\frac{2}{y^3}(ydx-xdy)dy.$$

**【3237】** $u=\sqrt{x^2+y^2}$.

**解** $du=\frac{xdx+ydy}{\sqrt{x^2+y^2}}$,

$$d^2u=\frac{d(xdx+ydy)}{\sqrt{x^2+y^2}}+(xdx+ydy)d\left(\frac{1}{\sqrt{x^2+y^2}}\right)=\frac{dx^2+dy^2}{\sqrt{x^2+y^2}}-\frac{(xdx+ydy)^2}{(x^2+y^2)^{\frac{3}{2}}}=\frac{(ydx-xdy)^2}{(x^2+y^2)^{\frac{3}{2}}}.$$

**【3238】** $u=\ln\sqrt{x^2+y^2}$.

**解** $du=\frac{xdx+ydy}{x^2+y^2}$,

$$\begin{aligned}d^2u&=\frac{d(xdx+ydy)}{x^2+y^2}-\frac{2(xdx+ydy)^2}{(x^2+y^2)^2}=\frac{dx^2+dy^2}{x^2+y^2}-\frac{2(xdx+ydy)^2}{(x^2+y^2)^2}\\&=\frac{(y^2-x^2)(dx^2-dy^2)-4xydxdy}{(x^2+y^2)^2}.\end{aligned}$$

**【3239】** $u=e^{xy}$.

**解** $du=e^{xy}(ydx+xdy)$,

$$d^2u=e^{xy}[(ydx+xdy)^2+2dxdy]=e^{xy}[y^2dx^2+2(1+xy)dxdy+x^2dy^2].$$

**【3240】** $u=xy+yz+zx$.

**解** $du=(y+z)dx+(z+x)dy+(x+y)dz$,  $d^2u=2(dxdy+dydz+dzdx)$.

**【3241】** $u=\frac{z}{x^2+y^2}$.

**解** $du=-\frac{2z}{(x^2+y^2)^2}(xdx+ydy)+\frac{dz}{x^2+y^2}=\frac{(x^2+y^2)dz-2z(xdx+ydy)}{(x^2+y^2)^2}$,

$$d^2u=\frac{1}{(x^2+y^2)^4}\{(x^2+y^2)^2[2(xdx+ydy)dz-2(xdx+ydy)dz-2z(dx^2+dy^2)]$$
$$-4(x^2+y^2)(xdx+ydy)[(x^2+y^2)dz-2z(xdx+ydy)]\}$$
$$=\frac{1}{(x^2+y^2)^3}\{2z[(3x^2-y^2)dx^2+8xydxdy+(3y^2-x^2)dy^2]-4(x^2+y^2)(xdx+ydy)dz\}.$$

**【3242】** 设 $f(x,y,z)=\sqrt[z]{\frac{x}{y}}$,求 $df(1,1,1)$及 $d^2f(1,1,1)$.

**解题思路** 本题宜利用 3211 题的结果,先求出 $f'_x(x,1,1)$、$f'_y(1,y,1)$及 $f'_z(1,1,z)$后,得到 $f'_x(1,1,1)$、$f'_y(1,1,1)$及 $f'_z(1,1,1)$.

再次,利用同样的思路,由 $f'_x(x,1,1)$、$f'_x(1,y,1)$、$f'_x(1,1,z)$,$f'_y(1,y,1)$、$f'_y(1,1,z)$及$f'_z(1,1,z)$,可求得 $f''_{xx}(1,1,1)$、$f''_{xy}(1,1,1)$、$f''_{xz}(1,1,1)$、$f''_{yy}(1,1,1)$、$f''_{yz}(1,1,1)$及 $f''_{zz}(1,1,1)$.

最后,利用一阶微分及二阶微分的定义即可得

$$df(1,1,1)=dx-dy,\quad d^2f(1,1,1)=2(dy-dx)(dy+dz).$$

**解** 本题将采用分别先求一阶及二阶偏导数,然后再合成以求一阶及二阶微分的方法.由于

$$f'_x(x,1,1)=1,\quad f'_x(1,1,1)=1,\quad f'_y(1,y,1)=-\frac{1}{y^2},\quad f'_y(1,1,1)=-1,\quad f'_z(1,1,z)=0,$$
$$f'_z(1,1,1)=0,$$

故得 $$df(1,1,1)=f'_x(1,1,1)dx+f'_y(1,1,1)dy+f'_z(1,1,1)dz=dx-dy.$$

又因
$$f'_x(x,1,1)=1,\quad f''_{xx}(x,1,1)=0,\quad f''_{xx}(1,1,1)=0,$$
$$f'_x(1,y,1)=\frac{1}{y},\quad f''_{xy}(1,y,1)=-\frac{1}{y^2},\quad f''_{xy}(1,1,1)=-1,$$
$$f'_x(1,1,z)=\frac{1}{z},\quad f''_{xz}(1,1,z)=-\frac{1}{z^2},\quad f''_{xz}(1,1,1)=-1,$$
$$f'_y(1,y,1)=-\frac{1}{y^2},\quad f''_{yy}(1,y,1)=\frac{2}{y^3},\quad f''_{yy}(1,1,1)=2,$$
$$f'_y(1,1,z)=-\frac{1}{z},\quad f''_{yz}(1,1,z)=\frac{1}{z^2},\quad f''_{yz}(1,1,1)=1,$$
$$f'_z(1,1,z)=0,\quad f''_{zz}(1,1,z)=0,\quad f''_{zz}(1,1,1)=0,$$

故得
$$d^2f(1,1,1)=f''_{xx}(1,1,1)dx^2+f''_{yy}(1,1,1)dy^2+f''_{zz}(1,1,1)dz^2+2f''_{xy}(1,1,1)dxdy$$
$$+2f''_{yz}(1,1,1)dydz+2f''_{xz}(1,1,1)dxdz$$
$$=2dy^2-2dxdy+2dydz-2dxdz=2(dy-dx)(dy+dz).$$

**【3243】** 证明:若 $u=\sqrt{x^2+y^2+z^2}$,则 $d^2u\geqslant0$.

**证明思路** 由微分的运算法则,易得 $du=\frac{xdx+ydy+zdz}{u}$,及

$$d^2u=\frac{1}{u^3}[(xdy-ydx)^2+(ydz-zdy)^2+(zdx-xdz)^2],$$

并注意 $u>0$(在原点处 $du$ 不存在).

**证** $du=\frac{xdx+ydy+zdz}{u}$,

$$d^2u=\frac{1}{u^2}[u(dx^2+dy^2+dz^2)-(xdx+ydy+zdz)du]=\frac{1}{u^3}[(xdy-ydx)^2+(ydz-zdy)^2+(zdx-xdz)^2].$$

由于 $u>0$(在原点处 $du$ 不存在),故 $d^2u\geqslant0$.

**【3244】** 假定 $x,y$ 的绝对值很小,对下列各式推出近似公式:

(1) $(1+x)^m(1+y)^n$； (2) $\ln(1+x)\cdot\ln(1+y)$； (3) $\arctan\dfrac{x+y}{1+xy}$.

**解题思路** (1)令 $f(x,y)=(1+x)^m(1+y)^n$，并利用近似等式

$$f(x,y)\approx f(0,0)+f'_x(0,0)x+f'_y(0,0)y.$$

(2)令 $f(x,y)=\ln(1+x)\cdot\ln(1+y)$，并利用近似等式

$$f(x,y)\approx f(0,0)+f'_x(0,0)x+f'_y(0,0)y+\frac{1}{2!}[f''_{xx}(0,0)x^2+2f''_{xy}(0,0)xy+f''_{yy}(0,0)y^2].$$

(3)仿(1)的解法.

**解** (1) 设 $f(x,y)=(1+x)^m(1+y)^n$，则

$$f'_x(x,0)=m(1+x)^{m-1},\quad f'_x(0,0)=m,\quad f'_y(0,y)=n(1+y)^{n-1},\quad f'_y(0,0)=n.$$

于是，
$$f(x,y)\approx f(0,0)+f'_x(0,0)x+f'_y(0,0)y=1+mx+ny,$$

即有近似公式 $(1+x)^m(1+y)^n\approx 1+mx+ny$.

(2) 设 $f(x,y)=\ln(1+x)\cdot\ln(1+y)$，则

$$f'_x(x,0)=0,\quad f'_x(0,0)=0,\quad f'_y(0,y)=0,\quad f'_y(0,0)=0,$$

$$f''_{xx}(x,0)=0,\quad f''_{xx}(0,0)=0,\quad f''_{yy}(0,y)=0,\quad f''_{yy}(0,0)=0,$$

$$f'_x(0,y)=\ln(1+y),\quad f''_{xy}(0,y)=\frac{1}{1+y},\quad f''_{xy}(0,0)=1.$$

于是，$f(x,y)\approx f(0,0)+f'_x(0,0)x+f'_y(0,0)y+\dfrac{1}{2!}[f''_{xx}(0,0)x^2+2f''_{xy}(0,0)xy+f''_{yy}(0,0)y^2]=xy$，

即有近似公式
$$\ln(1+x)\cdot\ln(1+y)\approx xy.$$

本题如不用求偏导数的方法，也可直接获解：

$$\ln(1+x)\cdot\ln(1+y)=[x+o(x)][y+o(y)]\approx xy.$$

(3) 设 $f(x,y)=\arctan\dfrac{x+y}{1+xy}$，则

$$f'_x(x,0)=\frac{1}{1+x^2},\quad f'_x(0,0)=1,\quad f'_y(0,y)=\frac{1}{1+y^2},\quad f'_y(0,0)=1.$$

于是，
$$f(x,y)\approx f(0,0)+f'_x(0,0)x+f'_y(0,0)y=x+y,$$

即有近似公式 $\arctan\dfrac{x+y}{1+xy}\approx x+y$.

**【3245】** 用微分来代替函数的增量，近似地计算：

(1) $1.002\times 2.003^2\times 3.004^3$； (2) $\dfrac{1.03^2}{\sqrt[3]{0.98}\sqrt[4]{1.05^3}}$； (3) $\sqrt{1.02^3+1.97^3}$；

(4) $\sin 29°\tan 46°$； (5) $0.97^{1.05}$.

**解** (1) 设 $f(x,y,z)=(1+x)^m(1+y)^n(1+z)^l$，则当$|x|,|y|,|z|$甚小时，有近似公式(参阅3244(1))

$$f(x,y,z)\approx 1+mx+ny+lz.$$

利用上式即得

$$1.002\times 2.003^2\times 3.004^3=(1+0.002)\cdot 2^2\left(1+\frac{0.003}{2}\right)^2\cdot 3^3\left(1+\frac{0.004}{3}\right)^3$$

$$\approx 1\cdot 2^2\cdot 3^3\left(1+0.002+2\,\frac{0.003}{2}+3\,\frac{0.004}{3}\right)=108.972;$$

(2)
$$\frac{1.03^2}{\sqrt[3]{0.98}\sqrt[4]{1.05^3}}=(1+0.03)^2(1-0.02)^{-\frac{1}{3}}(1+0.05)^{-\frac{1}{4}}$$

$$\approx 1+2\times 0.03+\left(-\frac{1}{3}\right)(-0.02)+\left(-\frac{1}{4}\right)0.05\approx 1.054;$$

(3)
$$\sqrt{1.02^3+1.97^3}=(1.97)^{\frac{3}{2}}\left[1+\left(\frac{1.02}{1.97}\right)^3\right]^{\frac{1}{2}}=2^{\frac{3}{2}}\left(1-\frac{0.03}{2}\right)^{\frac{3}{2}}\left[1+\left(\frac{1.02}{1.97}\right)^3\right]^{\frac{1}{2}}$$

$$\approx 2^{\frac{3}{2}}\left[1+\frac{3}{2}\left(-\frac{0.03}{2}\right)+\frac{1}{2}\left(\frac{1.02}{1.97}\right)^3\right]\approx 2.958;$$

(4) 设 $f(x,y)=\sin x\tan y$，则有近似公式

$$f(x,y)\approx \sin x_0\tan y_0+\cos x_0\tan y_0(x-x_0)+\frac{\sin x_0}{\cos^2 y_0}(y-y_0).$$

在本题中，令 $x_0=\frac{\pi}{6}$，$y_0=\frac{\pi}{4}$，$x-x_0=-\frac{\pi}{180}$，$y-y_0=\frac{\pi}{180}$，即得

$$\sin 29^\circ\tan 46^\circ\approx \sin\frac{\pi}{6}\tan\frac{\pi}{4}+\cos\frac{\pi}{6}\tan\frac{\pi}{4}\left(-\frac{\pi}{180}\right)+\frac{\sin\frac{\pi}{6}}{\cos^2\frac{\pi}{4}}\left(\frac{\pi}{180}\right)\approx 0.502;$$

(5) 设 $f(x,y)=x^y$，由于

$$f'_x(1,1)=\frac{\mathrm{d}}{\mathrm{d}x}f(x,1)\Big|_{x=1}=1,\qquad f'_y(1,1)=\frac{\mathrm{d}}{\mathrm{d}y}f(1,y)\Big|_{y=1}=0,$$

于是，$x^y\approx x$. 所以，我们有 $0.97^{1.05}\approx 0.97$.

**【3246】** 设矩形的边 $x=6\text{m}$ 和 $y=8\text{m}$，若第一个边增加 2mm，而第二个边减少 5mm，问矩形的对角线和面积变化多少？

**解** 面积 $A=xy$，对角线 $l=\sqrt{x^2+y^2}$. 于是，

$$\Delta A\approx y\mathrm{d}x+x\mathrm{d}y,\quad \Delta l\approx\frac{x\mathrm{d}x+y\mathrm{d}y}{\sqrt{x^2+y^2}}.$$

以 $x=6000$，$y=8000$，$\mathrm{d}x=2$，$\mathrm{d}y=-5$ 代入上述二式，即得

$$\Delta A\approx 8000\cdot 2+6000(-5)=-14000\text{mm}^2=-140\text{cm}^2,\quad \Delta l\approx\frac{6000\cdot 2+8000(-5)}{\sqrt{6000^2+8000^2}}\approx -2.8\text{mm},$$

即对角线减少约 3mm，面积减少约 $140\text{cm}^2$.

**【3247】** 扇形的中心角 $\alpha=60^\circ$ 增加 $\Delta\alpha=1^\circ$. 为了使扇形的面积仍然不变，则应当把扇形的半径 $R=20\text{cm}$ 减少若干？

**解** 扇形的面积 $A=\frac{1}{2}R^2\alpha$. 于是，$\Delta A\approx \mathrm{d}A=R\alpha\mathrm{d}R+\frac{1}{2}R^2\mathrm{d}\alpha$.

按题设，应有 $\Delta A=0$，即

$$20\ \frac{\pi}{3}\mathrm{d}R+\frac{1}{2}\ 20^2\ \frac{\pi}{180}\approx 0.$$

解之，得

$$\mathrm{d}R\approx -\frac{1}{6}\text{cm}\approx -1.7\text{mm},$$

即应当使半径减少约 1.7mm.

**【3248】** 证明：乘积的相对误差近似地等于乘数的相对误差之和.

**证** 设 $u=xy$，则 $\mathrm{d}u=x\mathrm{d}y+y\mathrm{d}x$，从而，$\frac{\mathrm{d}u}{u}=\frac{\mathrm{d}x}{x}+\frac{\mathrm{d}y}{y}$.

取绝对值，得

$$\left|\frac{\mathrm{d}u}{u}\right|\leqslant\left|\frac{\mathrm{d}x}{x}\right|+\left|\frac{\mathrm{d}y}{y}\right|,$$

上式各项均表示该量的相对误差，本题获证.

**【3249】** 当测量圆柱的底半径 $R$ 和高 $H$ 时得到以下结果：

$$R=2.5\text{m}\pm 0.1\text{m};\quad H=4.0\text{m}\pm 0.2\text{m},$$

则计算出圆柱的体积会有怎样的绝对误差 $\Delta$ 和相对误差 $\delta$？

**解** 体积 $V=\pi R^2H$. 于是，$\Delta V\approx \mathrm{d}V=2\pi RH\mathrm{d}R+\pi R^2\mathrm{d}H$.

以 $R=2.5$，$H=4.0$，$\mathrm{d}R=0.1$，$\mathrm{d}H=0.2$ 代入上式，即得

$$\Delta V\approx 10.2\text{m}^3,\qquad \delta V=\left|\frac{\Delta V}{V}\right|\approx 13\%.$$

**【3250】** 三角形的边 $a=200\text{m}\pm 2\text{m}$，$b=300\text{m}\pm 5\text{m}$，它们之间的角 $C=60^\circ\pm 1^\circ$，则所计算出三角形的第三边 $c$ 会有怎样的绝对误差？

**解** 按余弦定律,有 $c^2=a^2+b^2-2ab\cos C$,

微分之,即得 $c\mathrm{d}c=a\mathrm{d}a+b\mathrm{d}b-b\cos C\mathrm{d}a-a\cos C\mathrm{d}b+ab\sin C\mathrm{d}C$.

以 $a=200$, $b=300$, $c=\sqrt{200^2+300^2-2\cdot200\cdot300\cos60^\circ}$, $C=\frac{\pi}{3}$, $\mathrm{d}a=2$, $\mathrm{d}b=5$, $\mathrm{d}C=\frac{\pi}{180}$ 代入上式,

即得 $\mathrm{d}c\approx7.6\mathrm{m}$

故第三边 $c$ 之绝对误差约为 7.6m.

**【3251】** 证明:在点(0,0)连续的函数 $f(x,y)=\sqrt{|xy|}$ 在点(0,0)有两个偏导数 $f'_x(0,0)$ 和 $f'_y(0,0)$,但在点(0,0)并非可微的.

说明导数 $f'_x(x,y)$ 和 $f'_y(x,y)$ 在点(0,0)的邻域中的性质.

**证明思路** 只要证明在点(0,0),表达式

$$f(x,y)-f(0,0)-f'_x(0,0)x-f'_y(0,0)y$$

不能表成 $o(\rho)$,其中 $\rho=\sqrt{x^2+y^2}$. 易知 $f'_x(x,y)$ 及 $f'_y(x,y)$ 在点(0,0)的任何邻域中无界且有无意义之点.

**解** $f'_x(0,0)=\frac{\mathrm{d}}{\mathrm{d}x}[f(x,0)]\Big|_{x=0}=0$, $f'_y(0,0)=\frac{\mathrm{d}}{\mathrm{d}y}[f(0,y)]\Big|_{y=0}=0$.

考察极限 $$\lim_{\rho\to+0}\frac{f(x,y)-f(0,0)-f'_x(0,0)x-f'_y(0,0)y}{\rho}=\lim_{\rho\to+0}\frac{\sqrt{|xy|}}{\sqrt{x^2+y^2}},$$

当动点$(x,y)$沿直线 $y=kx$ 趋于点(0,0)时,显然对不同的 $k$ 有不同的极限值$\frac{\sqrt{|k|}}{\sqrt{1+k^2}}$. 因此,上述极限不存在,即在点(0,0), $f(x,y)-f(0,0)-f'_x(0,0)x-f'_y(0,0)y$

不能表成 $o(\rho)$,其中 $\rho=\sqrt{x^2+y^2}$,故知 $\sqrt{|xy|}$ 在点(0,0)不可微分.

不难得到
$$f'_x(x,y)=\begin{cases}\frac{\sqrt{|xy|}}{2x}, & x\neq0,\\ 0, & x^2+y^2=0,\\ \text{无意义}, & x=0,\ y\neq0.\end{cases}$$

因此,$f'_x(x,y)$ 在点(0,0)的任何邻域中均有无意义之点及无界,$f'_y(x,y)$ 的性质类似.

**【3252】** 证明:函数 $$f(x,y)=\begin{cases}\frac{xy}{\sqrt{x^2+y^2}}, & x^2+y^2\neq0,\\ 0, & x^2+y^2=0\end{cases}$$

在点(0,0)的邻域中连续且有有界的偏导数 $f'_x(x,y)$ 和 $f'_y(x,y)$,但此函数在点(0,0)不可微.

**证明思路** 先证函数 $f(x,y)$ 在点(0,0)的邻域中连续. 由不等式

$$|f(x,y)|=\left|\frac{xy}{\sqrt{x^2+y^2}}\right|\leqslant\frac{x^2+y^2}{2\sqrt{x^2+y^2}}=\frac{\sqrt{x^2+y^2}}{2},$$

易知$\lim\limits_{\substack{x\to0\\y\to0}}f(x,y)=0=f(0,0)$. 又 $f(x,y)$ 在 $x^2+y^2\neq0$ 的点显然连续,故 $f(x,y)$ 在点(0,0)的邻域中连续.

其次,证明 $f'_x(x,y)$ 及 $f'_y(x,y)$ 有界. 为此,只要注意

$$f'_x(x,y)=\begin{cases}\frac{y^3}{(x^2+y^2)^{\frac{3}{2}}}, & x^2+y^2\neq0,\\ 0, & x^2+y^2=0.\end{cases}$$

又当 $x^2+y^2\neq0$ 时,有 $$|f'_x(x,y)|\leqslant\frac{|y^3|}{(y^2)^{\frac{3}{2}}}=1,$$

即知 $f'_x(x,y)$ 在点(0,0)的邻域内有界. $f'_y(x,y)$ 的有界性可类似地证明.

最后,证明函数 $f(x,y)$ 在点(0,0)不可微,仿 3251 题的证法.

**证** 函数 $f(x,y)$ 在 $x^2+y^2\neq0$ 的点显然是连续的. 由不等式

$$|f(x,y)|=\left|\frac{xy}{\sqrt{x^2+y^2}}\right|\leqslant\frac{x^2+y^2}{2\sqrt{x^2+y^2}}=\frac{\sqrt{x^2+y^2}}{2}$$

知
$$\lim_{\substack{x\to0\\y\to0}}f(x,y)=0=f(0,0),$$
故 $f(x,y)$ 在点 $(0,0)$ 的邻域中连续.

$$f'_x(x,y)=\begin{cases}\dfrac{y^3}{(x^2+y^2)^{\frac{3}{2}}}, & x^2+y^2\neq0,\\ 0, & x^2+y^2=0.\end{cases}$$

当 $x^2+y^2\neq0$ 时,由于
$$|f'_x(x,y)|\leqslant\frac{|y^3|}{(y^2)^{\frac{3}{2}}}=1,$$
故 $f'_x(x,y)$ 在点 $(0,0)$ 的邻域内有界. 同法可以证明 $f'_y(x,y)$ 在点 $(0,0)$ 的邻域内有界.

由于 $f'_x(0,0)=f'_y(0,0)=0$,且极限
$$\lim_{\rho\to+0}\frac{f(x,y)-f(0,0)-xf'_x(0,0)-yf'_y(0,0)}{\rho}=\lim_{\rho\to+0}\frac{xy}{x^2+y^2}$$
是不存在的,因此可知函数 $f(x,y)$ 在点 $(0,0)$ 不可微.

**【3253】** 证明:函数
$$f(x,y)=\begin{cases}(x^2+y^2)\sin\dfrac{1}{x^2+y^2}, & x^2+y^2\neq0,\\ 0, & x^2+y^2=0\end{cases}$$
在点 $(0,0)$ 的邻域中有偏导数 $f'_x(x,y)$ 和 $f'_y(x,y)$,这些偏导数在点 $(0,0)$ 是不连续的,且在此点的任何邻域中是无界的;然而,此函数在点 $(0,0)$ 可微.

**证明思路** 先证 $f'_x(x,y)$ 及 $f'_y(x,y)$ 存在. 事实上,有
$$f'_x(x,y)=\begin{cases}2x\sin\dfrac{1}{x^2+y^2}-\dfrac{2x}{x^2+y^2}\cos\dfrac{1}{x^2+y^2}, & x^2+y^2\neq0,\\ 0, & x^2+y^2=0\end{cases}$$
(其中 $f'_x(0,0)=\lim\limits_{x\to0}\dfrac{f(x,0)-f(0,0)}{x}=\lim\limits_{x\to0}x\sin\dfrac{1}{x^2}=0$),即 $f'_x(x,y)$ 存在.

类似地,可知 $f'_y(x,y)$ 存在.

其次,证明 $f'_x(x,y)$ 及 $f'_y(x,y)$ 在点 $(0,0)$ 不连续,且在此点的任何邻域中无界. 只对 $f'_x(x,y)$ 证明. 为此,考虑
$$f'_x\left(\frac{1}{\sqrt{2n\pi}},0\right)=\frac{2}{\sqrt{2n\pi}}\sin2n\pi-2\sqrt{2n\pi}\cos2n\pi=-2\sqrt{2n\pi}\to-\infty\quad(n\to\infty).$$
于是,$f'_x(x,y)$ 在点 $(0,0)$ 的任何邻域内无界,由此又知 $f'_x(x,y)$ 在点 $(0,0)$ 不连续. 至于对 $f'_y(x,y)$ 可仿 $f'_x(x,y)$ 的证法.

最后,证明函数 $f(x,y)$ 在点 $(0,0)$ 可微.

**证** 当 $x^2+y^2\neq0$ 时,$f'_x(x,y)$ 及 $f'_y(x,y)$ 均存在,且
$$f'_x(x,y)=2x\sin\frac{1}{x^2+y^2}-\frac{2x}{x^2+y^2}\cos\frac{1}{x^2+y^2},$$
$$f'_y(x,y)=2y\sin\frac{1}{x^2+y^2}-\frac{2y}{x^2+y^2}\cos\frac{1}{x^2+y^2},$$
又因
$$f'_x(0,0)=\lim_{x\to0}\frac{f(x,0)-f(0,0)}{x}=\lim_{x\to0}x\sin\frac{1}{x^2}=0,$$
$$f'_y(0,0)=\lim_{y\to0}\frac{f(0,y)-f(0,0)}{y}=\lim_{y\to0}y\sin\frac{1}{y^2}=0,$$
故知在点 $(0,0)$ 的邻域内有偏导数 $f'_x(x,y)$ 及 $f'_y(x,y)$.

考虑在点 $\left(\dfrac{1}{\sqrt{2n\pi}},0\right)$ 的偏导数 $f'_x(x,y)$:
$$f'_x\left(\frac{1}{\sqrt{2n\pi}},0\right)=\frac{2}{\sqrt{2n\pi}}\sin2\pi-2\sqrt{2n\pi}\cos2n\pi=-2\sqrt{2n\pi}\to-\infty\quad(n\to\infty),$$
因此,$f'_x(x,y)$ 在点 $(0,0)$ 的任何邻域内无界,由此又知 $f'_x(x,y)$ 在点 $(0,0)$ 不连续. 同法可证 $f'_y(x,y)$ 在

$(0,0)$的任何邻域中也无界,从而,$f'_y(x,y)$在点$(0,0)$也不连续.

最后,我们证明 $f(x,y)$在点$(0,0)$可微.事实上 $f'_x(0,0)=f'_y(0,0)=0$,且

$$\lim_{\rho\to 0}\frac{f(x,y)-f(0,0)-xf'_x(0,0)-yf'_y(0,0)}{\rho}=\lim_{\rho\to 0}\sqrt{x^2+y^2}\ \sin\frac{1}{x^2+y^2}=0,$$

故得
$$f(x,y)=f(0,0)+xf'_x(0,0)+yf'_y(0,0)+o(\rho),$$

即函数 $f(x,y)$在点$(0,0)$可微.

**【3254】** 证明:在某凸形的区域$E$内有有界偏导数$f'_x(x,y)$和$f'_y(x,y)$的函数$f(x,y)$在此区域$E$内一致连续.

**证** 由于$f'_x(x,y)$及$f'_y(x,y)$在$E$内有界,故存在$L>0$,使当$(x,y)\in E$时,恒有

$$|f'_x(x,y)|\leqslant\frac{L}{2},$$

及
$$|f'_y(x,y)|\leqslant\frac{L}{2}.$$

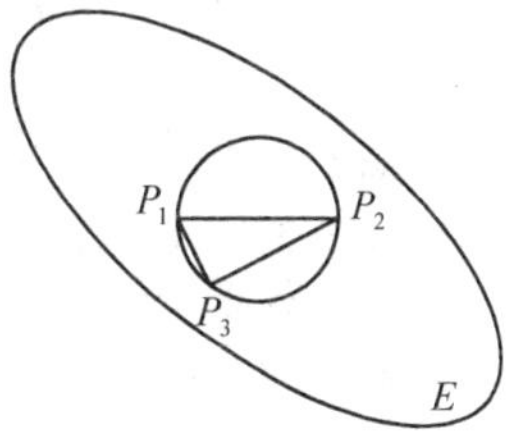

图 6.25

在$E$内任取两点$P_1(x_1,y_1)$及$P_2(x_2,y_2)$.

(1)如果以$|P_1P_2|$为直径的圆(包括圆周在内)都属于$E$(图 6.25),则点$P_3(x_1,x_2)$及线段$P_1P_3$、$P_2P_3$都在$E$内.于是,

$$\begin{aligned}&|f(x_1,y_1)-f(x_2,y_2)|\\ \leqslant&|f(x_1,y_1)-f(x_1,y_2)|+|f(x_1,y_2)-f(x_2,y_2)|\\ =&|f'_y(x_1,\xi)|\cdot|y_1-y_2|+|f'_x(\eta,y_2)|\cdot|x_1-x_2|;\end{aligned}$$

其中$\xi$介于$y_1,y_2$之间,$\eta$介于$x_1,x_2$之间.由偏导数的有界性,即得

$$\begin{aligned}&|f(x_1,y_1)-f(x_2,y_2)|\leqslant\frac{L}{2}|y_1-y_2|+\frac{L}{2}|x_1-x_2|\\ \leqslant&\frac{L}{2}\sqrt{(x_1-x_2)^2+(y_1-y_2)^2}+\frac{L}{2}\sqrt{(x_1-x_2)^2+(y_1-y_2)^2}=L\ \sqrt{(x_1-x_2)^2+(y_1,y_2)^2},\end{aligned}$$

或 $|f(P_1)-f(P_2)|\leqslant L|P_2P_2|$.

(2)如图 6.26 所示,$P_1\in E$, $P_2\in E$,但点$(x_1,y_2)$和$(x_2,y_1)$都不一定属于$E$.由于$P_1$和$P_2$均为$E$的内点,故存在$R>0$,使得分别以$P_1,P_2$为圆心,$R$为半径的圆(包括圆周在内)都在$E$内.作两圆的外公切线$Q_1Q_4$及$Q_2Q_3$,则由切点均在$E$内知,矩形$Q_1Q_2Q_3Q_4$整个落在$E$内.

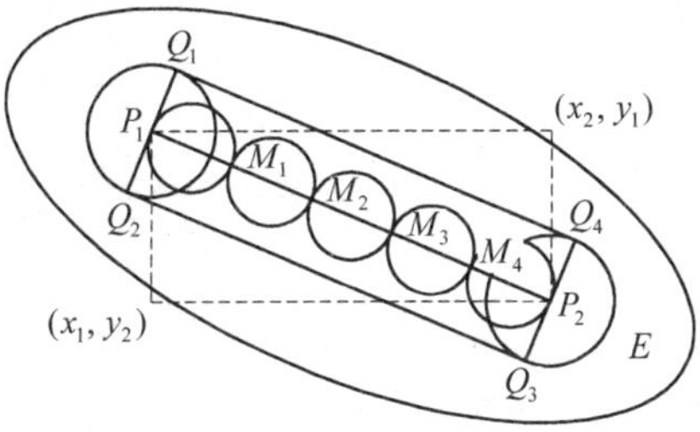

图 6.26

不难看出,在直线段$P_1P_2$上可取足够多的分点:$P_1=M_0,M_1,M_2,\cdots,M_n=P_2$,使

$$|M_{k-1}M_k|<2R\quad(k=1,2,\cdots,n),$$

则以$|M_{k-1}M_k|$为直径的圆全落在矩形内,从而也在$E$内.于是,

$$|f(P_1)-f(P_2)|\leqslant\sum_{k=1}^{n}|f(M_k)-f(M_{k-1})|\leqslant\sum_{k=1}^{n}L|M_kM_{k-1}|=L\sum_{k=1}^{n}|M_kM_{k-1}|=L|P_1P_2|.$$

这就证明了对$E$中任意两点,函数$f(P)$满足利普希茨条件.

对于任给的$\varepsilon>0$,取$\delta=\frac{\varepsilon}{L}$,则当$P_1\in E$, $P_2\in E$,且$|P_1P_2|<\delta$时,就恒有

$$|f(P_1)-f(P_2)|\leqslant L|P_1P_2|<L\delta=\varepsilon$$

即函数 $f(x,y)$在 $E$ 中一致连续.

**注** 用$\partial E$表区域$E$的边界,$\overline{E}$表$E$加上$\partial E$所成的闭区域.在本题的假定下,还可证明 $f(x,y)$可开拓为$\overline{E}$上的一致连续函数.事实上,对$\partial E$上任一点$P_0$,由柯西收敛准则知,当点$P$从$E$内趋于$P_0$时,$f(P)$的极限$A$存在(根据$f(P)$在$E$有一致连续性易知它满足柯西收敛准则).我们规定$f(P_0)=A$.于是,$f(P)$在整个$\overline{E}$上有定义.在不等式

$$|f(P_1)-f(P_2)|\leqslant L|P_1P_2|\quad (P_1,P_2\in E)$$

两端让$P_1\to P_0(P_0\in\partial E)$取极限,得

$$|f(P_0)-f(P_2)|\leqslant L|P_0P_2|\quad (P_0\in\partial E,\ P_2\in E),$$

再让$P_2\to P_0'(P_0'\in\partial E)$取极限,得

$$|f(P_0)-f(P_0')|\leqslant L|P_0P'_0|\quad (P_0\in\partial E,\ P_0'\in\partial E).$$

由此可知,$f(P)$在$\overline{E}$上满足利普希茨条件,从而,$f(P)$在$\overline{E}$上一致连续.

**【3255】** 证明:若函数 $f(x,y)$对变量 $x$ 是连续的(对每一个固定的值 $y$)且有对变量 $y$ 的有界的导数 $f'_y(x,y)$,则此函数对变量 $x$ 和 $y$ 的总体是连续的.

**提示** 利用 3206 题的结果.

**证** 设 $P_0(x_0,y_0)$是所论的开域 $E$ 中任一点.取以 $P_0$ 为中心的一个充分小的开球 $G_0$,使 $G_0$ 完全含于 $E$ 内.设在 $G_0$ 内,有$|f'_y(x,y)|\leqslant L$.于是,当$(x,y')$,$(x,y'')$属于 $G_0$ 时,有

$$|f(x,y')-f(x,y'')|=|f'_y(x,\xi)|\cdot|y'-y''|\leqslant L|y'-y''|,$$

其中$\xi$为介于$y'$,$y''$之间的一个数,故 $f(x,y)$在 $G_0$ 中满足利普希茨条件.因此,根据 3206 题的结果知 $f(x,y)$在 $G_0$ 中连续,特别是在 $P_0$ 点连续.由 $P_0$ 点的任意性,即知 $f(x,y)$在 $E$ 内连续,证毕.

**注** 从证明过程中很明显,本题只要假定 $f'_y(x,y)$在 $E$ 中每一点的某邻域中有界即可.

## 在下列问题中求所列偏导数:

**【3256】** $\dfrac{\partial^4 u}{\partial x^4}$, $\dfrac{\partial^4 u}{\partial x^3\partial y}$, $\dfrac{\partial^4 u}{\partial x^2\partial y^2}$, 若

$$u=x-y+x^2+2xy+y^2+x^3-3x^2y-y^3+x^4-4x^2y^2+y^4.$$

**解** $\dfrac{\partial^2 u}{\partial x^2}=2+6x-6y+12x^2-8y^2$, $\quad\dfrac{\partial^3 u}{\partial x^3}=6+24x$.

于是, $\dfrac{\partial^4 u}{\partial x^4}=24$, $\quad\dfrac{\partial^4 u}{\partial x^3\partial y}=0$, $\quad\dfrac{\partial^4 u}{\partial x^2\partial y^2}=-16$.

**【3257】** $\dfrac{\partial^3 u}{\partial x^2\partial y}$,若 $u=x\ln(xy)$.

**解** $\dfrac{\partial u}{\partial x}=\ln(xy)+1$, $\quad\dfrac{\partial^2 u}{\partial x^2}=\dfrac{1}{x}$.

于是,$\dfrac{\partial^3 u}{\partial x^2\partial y}=0$.

**【3258】** $\dfrac{\partial^6 u}{\partial x^3\partial y^3}$, 若 $u=x^3\sin y+y^3\sin x$.

**解** $\dfrac{\partial^3 u}{\partial x^3}=6\sin y+y^3\sin\left(x+\dfrac{3\pi}{2}\right)=6\sin y-y^3\cos x$.

于是,$\dfrac{\partial^6}{\partial x^3\partial y^3}=6\sin\left(y+\dfrac{3\pi}{2}\right)-6\cos x=-6(\cos y+\cos x)$.

**【3259】** $\dfrac{\partial^3 u}{\partial x\partial y\partial z}$, 若 $u=\arctan\dfrac{x+y+z-xyz}{1-xy-xz-yz}$.

**提示** 注意 $u=\arctan x+\arctan y+\arctan z+\varepsilon\pi\quad(\varepsilon=0,或\pm1)$.

**解** 注意到 $u=\arctan x+\arctan y+\arctan z+\varepsilon\pi\quad(\varepsilon=0,\pm1)$,

即得 $\dfrac{\partial^3 u}{\partial x\partial y\partial z}=0$.

【3260】 $\frac{\partial^3 u}{\partial x\partial y\partial z}$，若 $u=e^{xyz}$.

解 $\frac{\partial u}{\partial x}=yze^{xyz}$， $\frac{\partial^2 u}{\partial x\partial y}=ze^{xyz}+xyz^2e^{xyz}$.

于是， $\frac{\partial^3 u}{\partial x\partial y\partial z}=e^{xyz}+xyze^{xyz}+2xyze^{xyz}+x^2y^2z^2e^{xyz}=e^{xyz}(1+3xyz+x^2y^2z^2)$.

【3261】 $\frac{\partial^4 u}{\partial x\partial y\partial\xi\partial\eta}$，若 $u=\ln\frac{1}{\sqrt{(x-\xi)^2(y-\eta)^2}}$.

解 设 $r=\sqrt{(x-\xi)^2+(y-\eta)^2}$，则 $u=-\ln r$.

$$\frac{\partial u}{\partial x}=-\frac{1}{r}\frac{\partial r}{\partial x}=-\frac{x-\xi}{r^2},\qquad \frac{\partial^2 u}{\partial x\partial y}=\frac{2(x-\xi)(y-\eta)}{r^4},$$

$$\frac{\partial^3 u}{\partial x\partial y\partial\xi}=-\frac{2(y-\eta)}{r^4}+\frac{8(x-\xi)^2(y-\eta)}{r^6}.$$

于是，
$$\frac{\partial^4 u}{\partial x\partial y\partial\xi\partial\eta}=\frac{2}{r^4}-\frac{8(y-\eta)^2}{r^6}-\frac{8(x-\xi)^2}{r^6}+\frac{48(x-\xi)^2(y-\eta)^2}{r^8}=-\frac{6}{r^4}+\frac{48(x-\xi)^2(y-\eta)^2}{r^8}$$

【3262】 $\frac{\partial^{p+q}u}{\partial x^p\partial y^q}$，若 $u=(x-x_0)^p(y-y_0)^q$.

解 $\frac{\partial^p u}{\partial x^q}=p!(y-y_0)^q$. 于是， $\frac{\partial^{p+q}u}{\partial x^p\partial y^q}=p!q!$ （$p,q$ 均为正整数）.

【3263】 $\frac{\partial^{m+n}u}{\partial x^m\partial y^n}$，若 $u=\frac{x+y}{x-y}$.

提示 注意 $u=1+\frac{2y}{x-y}$，$\frac{\partial^m u}{\partial x^m}=(-1)^m m!\ \frac{2y}{(x-y)^{m+1}}$，并利用求高阶导数的莱布尼茨公式.

解 $u=1+\frac{2y}{x-y}$，$\frac{\partial^m u}{\partial x^m}=(-1)^m m!\frac{2y}{(x-y)^{m+1}}$. 利用求高阶导数的莱布尼茨公式，即得

$$\frac{\partial^{m+n}u}{\partial x^m\partial y^n}=(-1)^m\cdot 2(m!)\left\{y\frac{\partial^n}{\partial y^n}\left[\frac{1}{(x-y)^{m+1}}\right]+C_n^1\frac{\partial}{\partial y}(y)\cdot\frac{\partial^{n-1}}{\partial y^{n-1}}\left[\frac{1}{(x-y)^{m+1}}\right]\right\}$$
$$=2(-1)^m m!\left\{\frac{(m+1)(m+2)\cdots(m+n)y}{(x-y)^{m+n+1}}+\frac{n(m+1)(m+2)\cdots(m+n-1)}{(x-y)^{m+n}}\right\}$$
$$=\frac{2(-1)^m(m+n-1)!(nx+my)}{(x+y)^{m+n-1}}.$$

【3264】 $\frac{\partial^{m+n}u}{\partial x^m\partial y^n}$，若 $u=(x^2+y^2)e^{x+y}$.

提示 注意 $u=u_1+u_2$，其中 $u_1=x^2e^xe^y$，$u_2=y^2e^ye^x$，仿 3263 题的解法.

解 $u=(x^2+y^2)e^{x+y}=x^2e^xe^y+y^2e^ye^x=u_1+u_2$. 显见$\frac{\partial^m u_2}{\partial x^m}=e^xy^2e^y$，利用求高阶导数的莱布尼茨公式，即得

$$\frac{\partial^{m+n}u_2}{\partial x^m\partial y^n}=\frac{\partial^n}{\partial y^n}\left(\frac{\partial^m u_2}{\partial x^m}\right)=\frac{\partial^n}{\partial y^n}(e^xy^2e^y)=e^x\frac{\partial^n}{\partial y^n}(y^2)e^y$$
$$=e^x\left\{y^2\frac{\partial^n}{\partial y^n}(e^y)+C_n^1\frac{\partial}{\partial y}(y^2)\frac{\partial^{n-1}}{\partial y^{n-1}}(e^y)+C_n^2\frac{\partial^2}{\partial y^2}(y^2)\frac{\partial^{n-2}}{\partial y^{n-2}}(e^y)\right\}$$
$$=e^{x+y}\{y^2+2ny+n(n-1)\}.$$

同法可求得
$$\frac{\partial^{m+n}u_1}{\partial x^m\partial y^n}=e^{x+y}\{x^2+2mx+m(m-1)\}.$$

于是，
$$\frac{\partial^{m+n}u}{\partial x^m\partial y^n}=\frac{\partial^{m+n}u_1}{\partial x^m\partial y^n}+\frac{\partial^{m+n}u_2}{\partial x^m\partial y^n}=e^{x+y}[x^2+y^2+2mx+2ny+m(m-1)+n(n-1)].$$

【3265】⁺ $\frac{\partial^{p+q+r}u}{\partial x^p\partial y^q\partial z^r}$，若 $u=xyze^{x+y+z}$.

解 $$\frac{\partial^{p+q+r}u}{\partial x^p\partial y^q\partial z^r}=\frac{\partial^{p+q+r}}{\partial x^p\partial y^q\partial z^r}(xe^xye^yze^z)=\frac{\partial^p}{\partial x^p}(xe^x)\cdot\frac{\partial^q}{\partial y^q}(ye^y)\cdot\frac{\partial^r}{\partial z^r}(ze^z)$$

$=e^x(x+p)\cdot e^y(y+q)\cdot e^z(z+r)=e^{x+y+z}(x+p)(y+q)(z+r)$

【3266】 若 $f(x,y)=e^x\sin y$,求 $f^{(m+n)}_{x^my^n}(0,0)$.

解 $f^{(m+n)}_{x^my^n}(0,0)=e^x\sin\left(y+\frac{n\pi}{2}\right)\Big|_{\substack{x=0\\y=0}}=\sin\frac{n\pi}{2}$.

【3267】 证明:若 $u=f(xyz)$,则$\frac{\partial^3 u}{\partial x\partial y\partial z}=F(t)$,式中$t=xyz$,并求函数 $F$.

解 $\frac{\partial u}{\partial x}=yzf'(t)$, $\frac{\partial^2 u}{\partial x\partial y}=yzf''(t)xz+zf'(t)$.

于是,

$$\frac{\partial^3 u}{\partial x\partial y\partial z}=x^2y^2z^2f'''(t)+2xyzf''(t)+f'(t)+xyzf''(t)=x^2y^2z^2f'''(t)+3xyzf''(t)+f'(t)$$
$$=t^2f'''(t)+3tf''(t)+f'(t)=F(t).$$

【3268】 设 $u=x^4-2x^3y-2xy^3+y^4+x^3-3x^2y-3xy^2+y^3+2x^2-xy+2y^2+x+y+1$,求 $d^4u$.导数 $\frac{\partial^4 u}{\partial x^4}$,$\frac{\partial^4 u}{\partial x^3\partial y}$,$\frac{\partial^4 u}{\partial x^2\partial y^2}$,$\frac{\partial^4 u}{\partial x\partial y^3}$ 和 $\frac{\partial^4 u}{\partial y^4}$ 等于什么?

解 $d^4u=24dx^4-2C_4^1d^3(x^3)dy-2C_4^1dxd^3(y^3)+24dy^4=24(dx^4-2dx^3dy-2dxdy^3+dy^4)$.

由 $d^4u=(dx\frac{\partial}{\partial x}+dy\frac{\partial}{\partial y})^4u$,得 $\frac{\partial^4 u}{\partial x^4}=24$,$\frac{\partial^4 u}{\partial x^3\partial y}=-12$,$\frac{\partial^4 u}{\partial x^2\partial y^2}=0$,$\frac{\partial^4 u}{\partial x\partial y^3}=-12$,$\frac{\partial^4 u}{\partial y^4}=24$.

**在下列各题中求所指出的阶的全微分:**

【3269】 $d^3u$,若 $u=x^3+y^3-3xy(x-y)$.

解 $d^3u=6(dx^3+dy^3-3dx^2dy+3dxdy^2)$.

【3270】 $d^3u$,若 $u=\sin(x^2+y^2)$.

解 $du=2x\cos(x^2+y^2)dx+2y\cos(x^2+y^2)dy=2(x\,dx+y\,dy)\cos(x^2+y^2)$

$d^2u=-4\sin(x^2+y^2)(x\,dx+y\,dy)^2+2\cos(x^2+y^2)(dx^2+dy^2)$.

于是,

$$d^3u=-8\cos(x^2+y^2)(x\,dx+y\,dy)^3-8\sin(x^2+y^2)(x\,dx+y\,dy)(dx^2+dy^2)$$
$$-4\sin(x^2+y^2)(x\,dx+y\,dy)(dx^2+dy^2)$$
$$=-8(x\,dx+y\,dy)^3\cos(x^2+y^2)-12(x\,dx+y\,dy)(dx^2+dy^2)\sin(x^2+y^2).$$

【3271】 $d^{10}u$,若 $u=\ln(x+y)$.

解 $du=\frac{dx+dy}{x+y}$. 于是, $d^{10}u=-\frac{9!(dx+dy)^{10}}{(x+y)^{10}}$.

【3272】 $d^6u$,若 $u=\cos x\,\mathrm{ch}\,y$.

解 $d^6u=\left(dx\frac{\partial}{\partial x}+dy\frac{\partial}{\partial y}\right)^6u=-\cos x\,\mathrm{ch}\,y\,dx^6-6\sin x\,\mathrm{sh}\,y\,dx^5dy+15\cos x\,\mathrm{ch}\,y\,dx^4dy^2$

$$+20\sin x\,\mathrm{sh}\,y\,dx^3dy^3-15\cos x\,\mathrm{ch}\,y\,dx^2dy^4-6\sin x\,\mathrm{sh}\,y\,dx\,dy^5+\cos x\,\mathrm{ch}\,y\,dy^6$$
$$=-(dx^6-15dx^4dy^2+15dx^2dy^4-dy^6)\cos x\,\mathrm{ch}\,y-2dx\,dy(3dx^4-10dx^2dy^2+3dy^4)\sin x\,\mathrm{sh}\,y.$$

【3273】 $d^3u$,若 $u=xyz$.

提示 注意 $d^2x=d^2y=d^2z=0$.

解 注意到 $d^2x=d^2y=d^2z=0$,即得

$$d^3u=d^3(xyz)=C_3^1dxd^2(yz)=3dx(C_2^1dydz)=6dxdydz.$$

【3274】 $d^4u$,若 $u=\ln(x^xy^yz^z)$.

解 由于 $u=x\ln x+y\ln y+z\ln z$,故

$$d^4u=(x\ln x)^{(4)}dx^4+(y\ln y)^{(4)}dy^4+(z\ln z)^{(4)}dz^4=2\left(\frac{dx^4}{x^3}+\frac{dy^4}{y^3}+\frac{dz^4}{z^3}\right).$$

【3275】 $d^nu$,若 $u=e^{ax+by}$.

提示 注意 $d^2(ax+by)=0$.

**解** 注意到 $\mathrm{d}^2(ax+by)=0$，即得

$$\mathrm{d}^n u=\mathrm{d}^n(\mathrm{e}^{ax+by})=\mathrm{e}^{ax+by}[\mathrm{d}(ax+by)]^n=\mathrm{e}^{ax+by}(a\,\mathrm{d}x+b\,\mathrm{d}y)^n.$$

**【3276】** $\mathrm{d}^n u$，若 $u=X(x)Y(y)$.

**提示** 注意 $\mathrm{d}^n u=\sum\limits_{k=0}^{n}C_n^k\mathrm{d}^{n-k}X(x)\mathrm{d}^kY(y)$.

**解** $\mathrm{d}^n u=\sum\limits_{k=0}^{n}C_n^k\mathrm{d}^{n-k}X(x)\mathrm{d}^kY(y)=\sum\limits_{k=0}^{n}C_n^kX^{(n-k)}(x)Y^{(k)}(y)\mathrm{d}x^{n-k}\mathrm{d}y^k$，

**【3277】** $\mathrm{d}^n u$，若 $u=f(x+y+z)$.

**提示** 注意 $\mathrm{d}^2(x+y+z)=0$.

**解** 注意到 $\mathrm{d}^2(x+y+z)=0$，即得

$$\mathrm{d}^n u=f^{(n)}(x+y+z)(\mathrm{d}x+\mathrm{d}y+\mathrm{d}z)^n.$$

**【3278】** $\mathrm{d}^n u$，若 $u=\mathrm{e}^{ax+by+cz}$.

**提示** 注意 $\mathrm{d}^2(ax+by+cz)=0$.

**解** 注意到 $\mathrm{d}^2(ax+by+cz)=0$，即得

$$\mathrm{d}^n u=\mathrm{e}^{ax+by+cz}(a\mathrm{d}x+b\mathrm{d}y+c\mathrm{d}z)^n.$$

**【3279】** $P_n(x,y,z)$为 $n$ 次齐次多项式. 证明：

$$\mathrm{d}^nP_n(x,y,z)=n!P_n(\mathrm{d}x,\mathrm{d}y,\mathrm{d}z).$$

**证明思路** 注意到 $P_n(x,y,z)$可表示为形如 $Ax^py^qz^r$ 的单项式之和，其中 $A$ 为常数，$p$、$q$、$r$ 为非负整数，且 $p+q+r=n$.

由于微分运算对加法及乘以常数是线性的(可交换的)，故只要证明 $\mathrm{d}^n(x^py^qz^r)=n!\mathrm{d}x^p\mathrm{d}y^q\mathrm{d}z^r$，命题即获证.

**证** $P_n(x,y,z)$可表示为形如 $Ax^py^qz^r$ 的单项式之和，其中 $A$ 为常数，$p$、$q$、$r$ 为非负整数，且 $p+q+r=n$.

由于微分运算对加法及乘以常数是线性的(可交换的)，因此要证 $\mathrm{d}^nP_n(x,y,z)=n!P_n(\mathrm{d}x,\mathrm{d}y,\mathrm{d}z)$，只要证明 $\mathrm{d}^n(x^py^qz^r)=n!\mathrm{d}x^p\mathrm{d}y^q\mathrm{d}z^r$ 即可. 事实上，

$$\mathrm{d}^n(x^py^qz^r)=C_n^{p+q}\mathrm{d}^{p+q}(x^py^q)\mathrm{d}^r(z^r)=\frac{n!}{r!(p+q)!}[C_{p+q}^p\mathrm{d}^p(x^p)\mathrm{d}^q(y^q)\mathrm{d}^r(z^r)]$$

$$=\frac{n!}{r!(p+q)!}\cdot\frac{(p+q)!}{p!q!}\,p!q!r!\mathrm{d}x^p\mathrm{d}y^q\mathrm{d}z^r=n!\mathrm{d}x^p\mathrm{d}y^q\mathrm{d}z^r.$$

**【3280】** 设 $Au=x\dfrac{\partial u}{\partial x}+y\dfrac{\partial u}{\partial y}$. 求 $Au$ 和 $A^2u=A(Au)$，若

(1) $u=\dfrac{x}{x^2+y^2}$； (2) $u=\ln\sqrt{x^2+y^2}$.

**解** (1) $\dfrac{\partial u}{\partial x}=\dfrac{y^2-x^2}{(x^2+y^2)^2}$，$\dfrac{\partial u}{\partial y}=-\dfrac{2xy}{(x^2+y^2)^2}$.

于是， $Au=\dfrac{x(y^2-x^2)}{(x^2+y^2)^2}-\dfrac{2xy^2}{(x^2+y^2)^2}=-\dfrac{x}{x^2+y^2}=-u$， $A^2u=A(Au)=A(-u)=-Au=u$.

(2) $\dfrac{\partial u}{\partial x}=\dfrac{x}{x^2+y^2}$，$\dfrac{\partial u}{\partial y}=\dfrac{y}{x^2+y^2}$.

于是， $Au=\dfrac{x^2}{x^2+y^2}+\dfrac{y^2}{x^2+y^2}=1$， $A^2u=A(Au)=0$.

**【3281】** 设 $\Delta u=\dfrac{\partial^2u}{\partial x^2}+\dfrac{\partial^2u}{\partial y^2}$. 求 $\Delta u$，若

(1) $u=\sin x\operatorname{ch}y$； (2) $u=\ln\sqrt{x^2+y^2}$.

**解** (1) $\dfrac{\partial^2u}{\partial x^2}=-\sin x\operatorname{ch}y$，$\dfrac{\partial^2u}{\partial y^2}=\sin x\operatorname{ch}y$.

于是， $\Delta u=-\sin\operatorname{ch}y+\sin x\operatorname{ch}y=0$.

(2) $\frac{\partial u}{\partial x}=\frac{x}{x^2+y^2}$， $\frac{\partial^2 u}{\partial x^2}=\frac{y^2-x^2}{(x^2+y^2)^2}$，由对称性知，$\frac{\partial^2 u}{\partial y^2}=\frac{x^2-y^2}{(x^2+y^2)^2}$.

于是， $\Delta u=\frac{y^2-x^2}{(x^2+y^2)^2}+\frac{x^2-y^2}{(x^2+y^2)}=0$.

**【3282】** 设 $\Delta_1 u=\left(\frac{\partial u}{\partial x}\right)^2+\left(\frac{\partial u}{\partial y}\right)^2+\left(\frac{\partial u}{\partial z}\right)^2$， $\Delta_2 u=\frac{\partial^2 u}{\partial x^2}+\frac{\partial^2 u}{\partial y^2}+\frac{\partial^2 u}{\partial z^2}$. 求 $\Delta_1 u$ 和 $\Delta_2 u$，若

(1) $u=x^3+y^3+z^3-3xyz$； (2) $u=\frac{1}{\sqrt{x^2+y^2+z^2}}$.

**解** (1)$\Delta_1 u=9[(x^2-yz)^2+(y^2-zx)^2+(z^2-xy)^2]$， $\Delta_2 u=6(x+y+z)$.

(2) 令 $r=\sqrt{x^2+y^2+z^2}$，则 $u=\frac{1}{r}$.

$$\frac{\partial u}{\partial x}=-\frac{1}{r^2}\frac{\partial r}{\partial x}=-\frac{x}{r^3}，\quad \frac{\partial^2 u}{\partial x^2}=-\frac{1}{r^3}+\frac{3x}{r^4}\frac{\partial r}{\partial x}=-\frac{1}{r^3}+\frac{3x^2}{r^5}.$$

由对称性即知

$$\Delta_1 u=\frac{x^2+y^2+z^2}{r^6}=\frac{1}{r^4}=\frac{1}{(x^2+y^2+z^2)^2},$$

$$\Delta_2 u=\left(-\frac{1}{r^3}+\frac{3x^2}{r^5}\right)+\left(-\frac{1}{r^3}+\frac{3y^2}{r^5}\right)+\left(-\frac{1}{r^3}+\frac{3z^2}{r^5}\right)=0.$$

**求下列复合函数的一阶和二阶导数：**

**【3283】** $u=f(x^2+y^2+z^2)$.

**提示** 先求$\frac{\partial u}{\partial x}$，$\frac{\partial^2 u}{\partial x^2}$及$\frac{\partial^2 u}{\partial x\partial y}$，再利用对称性，即得$\frac{\partial u}{\partial y}$，$\frac{\partial u}{\partial z}$，$\frac{\partial^2 u}{\partial y^2}$，$\frac{\partial^2 u}{\partial z^2}$，$\frac{\partial^2 u}{\partial y\partial z}$及$\frac{\partial^2 u}{\partial z\partial x}$.

**解** $\frac{\partial u}{\partial x}=2xf'(x^2+y^2+z^2)$， $\frac{\partial^2 u}{\partial x^2}=2f'(x^2+y^2+z^2)+4x^2f''(x^2+y^2+z^2)$，

$\frac{\partial^2 u}{\partial x\partial y}=4xyf''(x^2+y^2+z^2)$.

由对称性即知

$$\frac{\partial u}{\partial y}=2yf'(x^2+y^2+z^2)，\quad \frac{\partial u}{\partial z}=2zf'(x^2+y^2+z^2),$$

$$\frac{\partial^2 u}{\partial y^2}=2f'(x^2+y^2+z^2)+4y^2f''(x^2+y^2+z^2),$$

$$\frac{\partial^2 u}{\partial z^2}=2f'(x^2+y^2+z^2)+4z^2f''(x^2+y^2+z^2),$$

$$\frac{\partial^2 u}{\partial y\partial z}=4yzf''(x^2+y^2+z^2)，\quad \frac{\partial^2 u}{\partial z\partial x}=4xzf''(x^2+y^2+z^2).$$

**【3284】** $u=f\left(x,\frac{x}{y}\right)$.

**解** $\frac{\partial u}{\partial x}=f'_1\left(x,\frac{x}{y}\right)+\frac{1}{y}f'_2\left(x,\frac{x}{y}\right)$， $\frac{\partial u}{\partial y}=-\frac{x}{y^2}f'_2\left(x,\frac{x}{y}\right)$，

$$\frac{\partial^2 u}{\partial x^2}=f''_{11}\left(x,\frac{x}{y}\right)+\frac{2}{y}f''_{12}+\frac{1}{y^2}f''_{22}\left(x,\frac{x}{y}\right),$$

$$\frac{\partial^2 u}{\partial y^2}=\frac{2x}{y^3}f'_2\left(x,\frac{x}{y}\right)+\frac{x^2}{y^4}f''_{22}\left(x,\frac{x}{y}\right),$$

$$\frac{\partial^2 u}{\partial x\partial y}=-\frac{x}{y^2}f''_{12}\left(x,\frac{x}{y}\right)-\frac{1}{y^2}f'_2\left(x,\frac{x}{y}\right)-\frac{x}{y^3}f''_{22}\left(x,\frac{x}{y}\right)^{*)}.$$

*) $f'_1$，$f'_2$，$f''_{11}$，$f''_{22}$均系按其下标的次序分别对第一、第二个中间变量求导数，以下各题均同，不再说明.

**【3285】** $u=f(x,xy,xyz)$.

**解** $\frac{\partial u}{\partial x}=f'_1(x,xy,xyz)+yf'_2(x,xy,xyz)+yzf'_3(x,xy,xyz)$.

将 $f'_1(x,xy,xyz)$，$f'_2(x,xy,xyz)$，$f'_3(x,xy,xyz)$，简记为 $f'_1,f'_2,f'_3$，以后不再说明. 于是，

$$\frac{\partial u}{\partial x}=f'_1+yf'_2+yzf'_3,\quad \frac{\partial u}{\partial y}=xf'_2+xzf'_3,\quad \frac{\partial u}{\partial z}=xyf'_3,$$

$$\frac{\partial^2 u}{\partial x^2}=f''_{11}+yf''_{12}+yzf''_{13}+y(f''_{21}+yf''_{22}+yzf''_{23})+yz(f''_{31}+yf''_{32}+yzf''_{33}).$$

由于 $f''_{12}=f''_{21}$，$f''_{13}=f''_{31}$，$f''_{23}=f''_{32}$（以下各题均同），故

$$\frac{\partial^2 u}{\partial x^2}=f''_{11}+y^2f''_{22}+y^2z^2f''_{33}+2yf''_{12}+2yzf''_{13}+2y^2zf''_{23}.$$

同法可求得

$$\frac{\partial^2 u}{\partial y^2}=x^2f''_{22}+x^2zf''_{23}+x^2zf''_{32}+x^2z^2f''_{33}=x^2f''_{22}+2x^2zf''_{23}+x^2z^2f''_{33},$$

$$\frac{\partial^2 u}{\partial z^2}=x^2y^2f''_{33},$$

$$\frac{\partial^2 u}{\partial x\partial y}=xf''_{12}+xzf''_{13}+f'_2+xyf''_{22}+xyzf''_{23}+zf'_3+xyzf''_{32}+xyz^2f''_{33}$$

$$=xyf''_{22}+xyz^2f''_{33}+xf''_{12}+xzf''_{13}+2xyzf''_{23}+f'_2+zf'_3,$$

$$\frac{\partial^2 u}{\partial x\partial z}=xyf''_{13}+xy^2f''_{23}+xy^2zf''_{33}+yf'_3,\qquad \frac{\partial^2 u}{\partial y\partial z}=x^2yf''_{23}+x^2yzf''_{33}+xf'_3.$$

**【3286】** 设 $u=f(x+y,xy)$，求 $\frac{\partial^2 u}{\partial x\partial y}$.

**解** $\frac{\partial u}{\partial x}=f'_1+yf'_2$.

于是，$\frac{\partial^2 u}{\partial x\partial y}=f''_{11}+xf''_{12}+yf''_{21}+xyf''_{22}+f'_2=f''_{11}+(x+y)f''_{12}+xyf''_{22}+f'_2$.

**【3287】** 设 $u=f(x+y+z,x^2+y^2+z^2)$，求 $\Delta u=\frac{\partial^2 u}{\partial x^2}+\frac{\partial^2 u}{\partial y^2}+\frac{\partial^2 u}{\partial z^2}$.

**解** $\frac{\partial u}{\partial x}=f'_1+2xf'_2$,

$$\frac{\partial^2 u}{\partial x^2}=f''_{11}+2xf''_{12}+2f'_2+2xf''_{21}+4x^2f''_{22}=f''_{11}+4xf''_{12}+4x^2f''_{22}+2f'_2.$$

由对称性即得 $\frac{\partial^2 u}{\partial y^2}=f''_{11}+4yf''_{12}+4y^2f''_{22}+2f'_2$，$\frac{\partial^2 u}{\partial z^2}=f''_{11}+4zf''_{12}+4z^2f''_{22}+2f'_2$.

于是，$\Delta u=3f''_{11}+4(x+y+z)f''_{12}+4(x^2+y^2+z^2)f''_{22}+6f'_2$.

**求下列复合函数的一阶和二阶全微分（$x,y$ 及 $z$ 为自变量）：**

**【3288】** $u=f(t)$，其中 $t=x+y$.

**解** $\mathrm{d}u=f'(t)(\mathrm{d}x+\mathrm{d}y)$，$\mathrm{d}^2u=f''(t)(\mathrm{d}x+\mathrm{d}y)^2$.

**【3289】** $u=f(t)$，其中 $t=\frac{y}{x}$.

**解** $\mathrm{d}u=f'(t)\frac{x\,\mathrm{d}y-y\,\mathrm{d}x}{x^2}$，$\mathrm{d}^2u=f''(t)\frac{(x\,\mathrm{d}y-y\,\mathrm{d}x)^2}{x^4}-2f'(t)\frac{\mathrm{d}x(x\,\mathrm{d}y-y\,\mathrm{d}x)}{x^3}$.

**【3290】** $u=f(\sqrt{x^2+y^2})$.

**解** $\mathrm{d}u=f'\frac{x\mathrm{d}x+y\,\mathrm{d}y}{\sqrt{x^2+y^2}}$，$\mathrm{d}^2u=f''\frac{(x\,\mathrm{d}x+y\,\mathrm{d}y)^2}{x^2+y^2}+f'\frac{(y\,\mathrm{d}x-x\,\mathrm{d}y)^2}{(x^2+y^2)^{\frac{3}{2}}}$.

**【3291】** $u=f(t)$，其中 $t=xyz$.

**解** $\mathrm{d}u=f'(t)(yz\mathrm{d}x+xz\mathrm{d}y+xy\mathrm{d}z)$,

$$\mathrm{d}^2u=f''(t)(yz\mathrm{d}x+xz\mathrm{d}y+xy\mathrm{d}z)^2+2f'(t)(z\mathrm{d}x\mathrm{d}y+y\mathrm{d}x\mathrm{d}z+x\mathrm{d}y\mathrm{d}z).$$

【3292】 $u=f(x^2+y^2+z^2)$.

解 $du=2f'\cdot(xdx+ydy+zdz)$,

$d^2u=4f''\cdot(xdx+ydy+zdz)^2+2f'\cdot(dx^2+dy^2+dz^2)$.

【3293】 $u=f(\xi,\eta)$，其中 $\xi=ax$，$\eta=by$.

解 $du=af'_1dx+bf'_2dy$，  $d^2u=a^2f''_{11}dx^2+2abf''_{12}dxdy+b^2f''_{22}dy^2$.

【3294】 $u=f(\xi,\eta)$，其中 $\xi=x+y$，$\eta=x-y$.

解 $du=f'_1\cdot(dx+dy)+f'_2\cdot(dx-dy)$,

$d^2u=f''_{11}\cdot(dx+dy)^2+2f''_{12}\cdot(dx^2-dy^2)+f''_{22}\cdot(dx-dy)^2$.

【3295】 $u=f(\xi,\eta)$，其中 $\xi=xy$，$\eta=\dfrac{x}{y}$.

解 $du=f'_1\cdot(ydx+xdy)+f'_2\dfrac{ydx-xdy}{y^2}$,

$$d^2u=f''_{11}\cdot(ydx+xdy)^2+f''_{22}\frac{(ydx-xdy)^2}{y^4}+2f''_{12}\frac{y^2dx^2-x^2dy^2}{y^2}+2f'_1dxdy-2f'_2\frac{(ydx-xdy)dy}{y^3}.$$

【3296】 $u=f(x+y,z)$.

解 $du=f'_1\cdot(dx+dy)+f'_2dz$,

$d^2u=f''_{11}\cdot(dx+dy)^2+2f''_{12}\cdot(dx+dy)dz+f''_{22}dz^2$.

【3297】 $u=f(x+y+z,\ x^2+y^2+z^2)$.

解 $du=f'_1\cdot(dx+dy+dz)+2f''_2\cdot(xdx+ydy+zdz)$,

$d^2u=f''_{11}\cdot(dx+dy+dz)^2+4f''_{12}\cdot(dx+dy+dz)(xdx+ydy+zdz)$

$\quad+4f''_{22}\cdot(xdx+ydy+zdz)^2+2f'_2\cdot(dx^2+dy^2+dz^2)$.

【3298】 $u=f\left(\dfrac{x}{y},\dfrac{y}{z}\right)$.

解 $du=f'_1\dfrac{ydx-xdy}{y^2}+f'_2\dfrac{zdy-ydz}{z^2}$,

$$d^2u=f''_{11}\frac{(ydx-xdy)^2}{y^4}+f''_{22}\frac{(zdy-ydz)^2}{z^4}+2f''_{12}\frac{(ydx-xdy)(zdy-ydz)}{y^2z^2}-2f'_1\frac{(ydx-xdy)dy}{y^3}$$

$$-2f'_2\frac{(zdy-ydz)dz}{z^3}.$$

【3299】 $u=f(x,y,z)$，其中 $x=t$，$y=t^2$，$z=t^3$.

解 $du=(f'_1+2tf'_2+3t^3f'_3)dt$,

$d^2u=(f''_{11}+4t^2f''_{22}+9t^4f''_{33}+4tf''_{12}+6t^2f''_{13}+12^3f''_{23}+2f'_2+6tf'_3)dt^2$.

【3300】 $u=f(\xi,\eta,\zeta)$，其中 $\xi=ax$，$\eta=by$，$\zeta=cz$.

解 $du=af'_1dx+bf'_2dy+cf'_3dz$,

$d^2u=a^2f''_{11}dx^2+b^2f''_{22}dy^2+c^2f''_{33}dz^2+2abf''_{12}dxdy+2acf''_{13}dxdz+2bcf''_{23}dydz$.

【3301】 $u=f(\xi,\eta,\zeta)$，其中 $\xi=x^2+y^2$，$\eta=x^2-y^2$，$\zeta=2xy$.

解 $du=2f'_1\cdot(xdx+ydy)+2f'_2\cdot(xdx-ydy)+2f'_3\cdot(ydx+xdy)$,

$d^2u=4f''_{11}\cdot(xdx+ydy)^2+4f''_{22}\cdot(xdx-ydy)^2+4f''_{33}\cdot(ydx+xdy)^2$

$\quad+8f''_{12}\cdot(x^2dx^2-y^2dy^2)+8f''_{13}\cdot(xdx+ydy)(ydx+xdy)$

$\quad+8f''_{23}\cdot(xdx-ydy)(ydx+xdy)+2f'_1\cdot(dx^2+dy^2)+2f'_2\cdot(dx^2-dy^2)+4f'_3dxdy$.

求 $d^nu$，设：

【3302】 $u=f(ax+by+cz)$.

解 $d^nu=f^{(n)}(ax+by+cz)(adx+bdy+cdz)^n$.

【3303】 $u=f(ax,by,cz)$.

**解** $d^n u=\left(a dx\frac{\partial}{\partial\xi}+b dy\frac{\partial}{\partial\eta}+c dz\frac{\partial}{\partial\zeta}\right)^n f(\xi,\eta,\zeta)$，其中

$$\xi=ax,\quad \eta=by,\quad \zeta=cz.$$

**【3304】** $u=f(\xi,\eta,\zeta)$，其中

$$\xi=a_1x+b_1y+c_1z,\qquad \eta=a_2x+b_2y+c_2z,\qquad \zeta=a_3x+b_3y+c_3z.$$

**解** $d^n u=\left[(a_1dx+b_1dy+c_1dz)\frac{\partial}{\partial\xi}+(a_2dx+b_2dy+c_2dz)\frac{\partial}{\partial\eta}+(a_3dx+b_3dy+c_3dz)\frac{\partial}{\partial\zeta}\right]^n f(\xi,\eta,\zeta)$

$$=\left[dx\left(a_1\frac{\partial}{\partial\xi}+a_2\frac{\partial}{\partial\eta}+a_3\frac{\partial}{\partial\zeta}\right)+dy\left(b_1\frac{\partial}{\partial\xi}+b_2\frac{\partial}{\partial\eta}+b_3\frac{\partial}{\partial\zeta}\right)+dz\left(c_1\frac{\partial}{\partial\xi}+c_2\frac{\partial}{\partial\eta}+c_3\frac{\partial}{\partial\zeta}\right)\right]^n f(\xi,\eta,\zeta).$$

**【3305】** 设 $u=f(r)$，其中 $r=\sqrt{x^2+y^2+z^2}$ 和 $f$ 为二阶可微的函数．证明：

$$\Delta u=F(r),$$

其中 $\Delta u=\frac{\partial^2 u}{\partial x^2}+\frac{\partial^2 u}{\partial y^2}+\frac{\partial^2 u}{\partial z^2}$，$\Delta$ 为拉普拉斯算子，并求函数 $F$．

**提示** 注意 $\frac{\partial^2 u}{\partial x^2}=f''(r)\frac{x^2}{r^2}+f'(r)\frac{r^2-x^2}{r^3}$，利用对称性，即可证

$$\Delta u=f''(r)+2f'(r)\frac{1}{r}=F(r).$$

**解** $\frac{\partial u}{\partial x}=f'(r)\frac{x}{r},\qquad \frac{\partial^2 u}{\partial x^2}=f''(r)\frac{x^2}{r^2}+f'(r)\frac{r^2-x^2}{r^3}.$

由对称性即得

$$\frac{\partial^2 u}{\partial y^2}=f''(r)\frac{y^2}{r^2}+f'(r)\frac{r^2-y^2}{r^3},\qquad \frac{\partial^2 u}{\partial z^2}=f''(r)\frac{z^2}{r^2}+f'(r)\frac{r^2-z^2}{r^3}.$$

于是，
$$\Delta u=\frac{\partial^2 u}{\partial x^2}+\frac{\partial^2 u}{\partial y^2}+\frac{\partial^2 u}{\partial z^2}=f''(r)+2f'(r)\frac{1}{r}=F(r).$$

**【3306】** 设 $u$ 和 $v$ 为二阶可微的函数，$\Delta$ 为拉普拉斯算子(参阅 3305 题)．证明：

$$\Delta(uv)=u\Delta v+v\Delta u+2\Delta(u,v),$$

其中 $\Delta(uv)=\frac{\partial u}{\partial x}\frac{\partial v}{\partial x}+\frac{\partial u}{\partial y}\frac{\partial v}{\partial y}+\frac{\partial u}{\partial z}\frac{\partial v}{\partial z}$.

**提示** 由拉普拉斯算子的定义易证本命题．

**证** $\Delta(uv)=\frac{\partial^2(uv)}{\partial x^2}+\frac{\partial^2(uv)}{\partial y^2}+\frac{\partial^2(uv)}{\partial z^2}$

$$=\left(u\frac{\partial^2 v}{\partial x^2}+v\frac{\partial^2 u}{\partial x^2}+2\frac{\partial u}{\partial x}\frac{\partial v}{\partial x}\right)+\left(u\frac{\partial^2 v}{\partial y^2}+v\frac{\partial^2 u}{\partial y^2}+2\frac{\partial u}{\partial y}\frac{\partial v}{\partial y}\right)+\left(u\frac{\partial^2 v}{\partial z^2}+v\frac{\partial^2 u}{\partial z^2}+2\frac{\partial u}{\partial z}\frac{\partial v}{\partial z}\right)$$

$$=u\Delta v+v\Delta u+2\Delta(u,v),$$

这就是所要证明的．

**【3307】** 证明：函数
$$u=\ln\sqrt{(x-a)^2+(y-b)^2}$$
($a$ 和 $b$ 为常数)满足拉普拉斯方程
$$\frac{\partial^2 u}{\partial x^2}+\frac{\partial^2 u}{\partial y^2}=0.$$

**证** $\frac{\partial u}{\partial x}=\frac{x-a}{(x-a)^2+(y-b)^2},\qquad \frac{\partial^2 u}{\partial x^2}=\frac{(y-b)^2-(x-a)^2}{[(x-a)^2+(y-b)^2]^2}.$

由对称性即得

$$\frac{\partial^2 u}{\partial y^2}=\frac{(x-a)^2-(y-b)^2}{[(x-a)^2+(y-b)^2]^2}.$$

于是，$\frac{\partial^2 u}{\partial x^2}+\frac{\partial^2 u}{\partial y^2}=0.$

**【3308】** 证明：若函数 $u=u(x,y)$ 满足拉普拉斯方程(参阅 3307 题)，则函数

$$v=u\left(\frac{x}{x^2+y^2},\frac{y}{x^2+y^2}\right)$$

也满足这方程.

**提示** 令 $\xi=\frac{x}{x^2+y^2}$，$\eta=\frac{y}{x^2+y}$，则 $v(x,y)=u(\xi,\eta)$，利用 $u''_{\xi\xi}(\xi,\eta)+u''_{\eta\eta}(\xi,\eta)=0$，可得 $\Delta v=0$，命题获证.

**证** 设 $\xi=\frac{x}{x^2+y^2}$，$\eta=\frac{y}{x^2+y^2}$，则 $v(x,y)=u(\xi,\eta)$.

从而，

$$v''_{xx}=u''_{\xi\xi}\cdot(\xi'_x)^2+u''_{\eta\eta}\cdot(\eta'_x)^2+2u''_{\xi\eta}\xi'_x\eta'_x+u'_\xi\xi''_{xx}+u'_\eta\eta''_{xx},$$
$$v''_{yy}=u''_{\xi\xi}\cdot(\xi'_y)^2+u''_{\eta\eta}\cdot(\eta'_y)^2+2u''_{\xi\eta}\xi'_y\eta'_y+u'_\xi\xi''_{yy}+u'_\eta\eta''_{yy},$$

由于

$$\xi'_x=\frac{y^2-x^2}{(x^2+y^2)^2}=-\eta'_y,\quad \xi'_y=-\frac{2xy}{(x^2+y^2)^2}=\eta'_x,$$
$$\xi''_{yy}=(\xi'_y)'_y=(\eta'_x)'_y=(\eta'_y)'_x=-\xi''_{xx},$$
$$\eta''_{yy}=(\eta'_y)'_y=(-\xi'_x)'_y=-(\xi'_y)'_x=-\eta''_{xx}$$

及

$$u''_{\xi\xi}(\xi,\eta)+u''_{\eta\eta}(\xi,\eta)=0,$$

故

$$\begin{aligned}\Delta v&=v''_{xx}+v''_{yy}\\&=u''_{\xi\xi}\cdot(\xi'_x)^2+u''_{\eta\eta}\cdot(\eta'_x)^2+2u''_{\xi\eta}\xi'_x\eta'_x+u'_\xi\xi''_{xx}+u'_\eta\eta''_{xx}+u''_{\xi\xi}\cdot(\eta'_x)^2+u''_{\eta\eta}\cdot(-\xi'_x)^2\\&\quad+2u''_{\xi\eta}\eta'_x\cdot(-\xi'_x)^2+u'_\xi\cdot(-\xi''_{xx})+u'_\eta\cdot(-\eta''_{xx})\\&=(u''_{\xi\xi}+u''_{\eta\eta})[(\xi'_x)^2+(\eta'_x)^2]=0,\end{aligned}$$

即函数 $v$ 也满足拉普拉斯方程.

**【3309】** 证明:函数

$$u=\frac{1}{2a\sqrt{\pi t}}e^{-\frac{(x-b)^2}{4a^2t}}$$

($a$ 和 $b$ 为常数)满足热传导方程

$$\frac{\partial u}{\partial t}=a^2\frac{\partial^2u}{\partial x^2}.$$

**证**

$$\frac{\partial u}{\partial t}=\frac{1}{8a^3t^2\sqrt{\pi t}}e^{-\frac{(x-b)^2}{4a^2t}}[(x-b)^2-2a^2t],$$
$$\frac{\partial u}{\partial x}=-\frac{x-b}{4a^3t\sqrt{\pi t}}e^{-\frac{(x-b)^2}{4a^2t}}$$
$$\frac{\partial^2u}{\partial x^2}=\frac{1}{8a^5t^2\sqrt{\pi t}}e^{-\frac{(x-b)^2}{4a^2t}}[(x-b)^2-2a^2t].$$

将 $\frac{\partial u}{\partial t}$ 与 $\frac{\partial^2u}{\partial x^2}$ 比较可得 $\frac{\partial u}{\partial t}=a^2\frac{\partial^2u}{\partial x^2}$，即函数 $u$ 满足热传导方程.

**【3310】** 证明:若函数 $u=u(x,t)$ 满足热传导方程(参阅 3309 题)，则函数

$$v=\frac{1}{a\sqrt{t}}e^{-\frac{x^2}{4a^2t}}u\left(\frac{x}{a^2t},-\frac{1}{a^4t}\right)\quad(t>0)$$

也满足该方程.

**证** 设 $w=w(x,t)=\frac{1}{a\sqrt{t}}e^{-\frac{x^2}{4a^2t}}$，此函数即 3309 题中的函数 $u$ 乘以 $2\sqrt{\pi}$，并令 $b=0$ 后得到. 因此，它满足热传导方程

$$\frac{\partial w}{\partial t}=a^2\frac{\partial^2w}{\partial x^2}.$$

显然有

$$\frac{\partial w}{\partial x}=-\frac{2x}{4a^2t}w=-\frac{xw}{2a^2t}.$$

令 $\xi=\xi(x,t)=\frac{x}{a^2t}$，$\eta=\eta(t)=-\frac{1}{a^4t}$，则

$$\xi'_x=\frac{1}{a^2t},\ \xi''_{xx}=0,\ \xi'_t=-\frac{x^2}{a^2t^2},\ \eta'_t=\frac{1}{a^4t^2}.$$

由于 $v=w(x,t)u(\xi,\eta)$ 及 $u'_\eta=a^2u''_{\xi\xi}$，故

$$v'_t=w'_tu+w\cdot(u'_\xi\xi'_t+u'_\eta\eta'_t)=a^2w''_{xx}u+w\cdot\left[u'_\xi\cdot\left(-\frac{x^2}{a^2t^2}\right)+a^2u''_{\xi\xi}\cdot\left(\frac{1}{a^4t^2}\right)\right],$$

$$v'_x = w'_x u + w u'_\xi \xi'_x,$$

$$v''_{xx} = w''_{xx} u + 2w'_x u'_\xi \xi'_x + w u''_{\xi\xi} \cdot (\xi'_x)^2 + w u'_\xi \xi''_{xx} = w''_{xx} u + 2\left(-\frac{xw}{2a^2 t}\right) u'_\xi \left(\frac{x}{a^2 t}\right) + w u''_{\xi\xi}\left(\frac{1}{a^2 t}\right)^2$$

$$= w''_{xx} u - \frac{x^2 w}{a^4 t^2} u'_\xi + \frac{w}{a^4 t^2} u''_{\xi\xi}.$$

将 $v'_t$ 与 $v''_{xx}$ 比较可得 $v'_t = a^2 v''_{xx}$，即函数 $v$ 也满足热传导方程.

**【3311】** 证明：函数
$$u = \frac{1}{r}$$
(式中 $r = \sqrt{(x-a)^2 + (y-b)^2 + (z-c)^2}$)当 $r \neq 0$ 时，满足拉普拉斯方程
$$\Delta u \equiv \frac{\partial^2 u}{\partial x^2} + \frac{\partial^2 u}{\partial y^2} + \frac{\partial^2 u}{\partial z^2} = 0.$$

**提示** 本题证法与 3282 题(2)的证法完全类似，只要将该题中的 $x, y, z$ 相应地换成 $x-a$, $y-b$, $z-b$ 即可.

**证** 本题证法与 3282 题(2)的证法完全类似，只要将该题中的 $x, y, z$ 换成 $x-a$, $y-b$, $z-b$ 即可. 事实上，

$$\frac{\partial^2 u}{\partial x^2} = -\frac{1}{r^3} + \frac{3(x-a)^2}{r^5},\quad \frac{\partial^2 u}{\partial y^2} = -\frac{1}{r^3} + \frac{3(y-b)^2}{r^5},\quad \frac{\partial^2 u}{\partial z^2} = -\frac{1}{r^3} + \frac{3(z-c)^2}{r^5}.$$

将上述三式相加，即证得
$$\Delta\left(\frac{1}{r}\right) = 0.$$

**【3312】** 证明：若函数 $u = u(x, y, z)$ 满足拉普拉斯方程(参阅 3311 题)，则函数
$$v = \frac{1}{r} u\left(\frac{k^2 x}{r^2}, \frac{k^2 y}{r^2}, \frac{k^2 z}{r^2}\right)$$
(式中 $k$ 为常数及 $r = \sqrt{x^2 + y^2 + z^2}$)也满足该方程.

**证** 证法 1：

设 $S = S(x, y, z) = \dfrac{1}{r}$，则由 3282 题(2)知

$$\Delta S = S''_{xx} + S''_{yy} + S''_{zz} = 0,\qquad (S'_x)^2 + (S'_y)^2 + (S'_z)^2 = \frac{1}{r^4} = S^4.$$

$$S'_x = -\frac{x}{r^3} = -S^3 x,\quad S'_y = -S^3 y,\quad S'_z = -S^3 z.$$

记 $v = \dfrac{1}{r} u\left(\dfrac{k^2 x}{r^2}, \dfrac{k^2 y}{r^2}, \dfrac{k^2 z}{r^2}\right) = S u(k^2 S^2 x, k^2 S^2 y, k^2 S^2 z) = S w(x, y, z, S) = F(x, y, z, S)$.

于是，
$$v'_x = F'_x + F'_s S'_x.$$
注意到 $F'_x$ 和 $F'_s$ 也是自变量 $x, y, z$ 和中间变量 $S$ 的函数，即得
$$v''_{xx} = F''_{xx} + 2F''_{xs} S'_x + F''_{ss} \cdot (S'_x)^2 + F'_s S''_{xx}.$$
由对称性得
$$v''_{yy} = F''_{yy} + 2F''_{ys} S'_y + F''_{ss} \cdot (S'_y)^2 + F'_s S''_{yy},$$
$$v''_{zz} = F''_{zz} + 2F''_{zs} S'_z + F''_{ss} \cdot (S'_z)^2 + F'_s S''_{zz}.$$
于是，
$$\Delta v = (F''_{xx} + F''_{yy} + F''_{zz}) + F'_s \cdot (S''_{xx} + S''_{yy} + S''_{zz}) + \{2(F''_{xs} S'_x + F''_{ys} S'_y + F''_{ys} S'_z)$$
$$+ F''_{ss} \cdot [(S'_x)^2 + (S'_y)^2 + (S'_z)^2]\}.$$
显然第二个括弧为零，也不难验证第一个括弧为零. 事实上，
$$F''_{xx} + F''_{yy} + F''_{zz} = k^4 S^5 \cdot (u''_{11} + u''_{22} + u''_{33}) = 0.$$

现在来计算最后一个括弧. 注意到
$$S w'_s = 2k^2 S^2 x u'_1 + 2k^2 S^2 y u'_2 + 2k^2 S^2 z u'_3 = 2x w'_x + 2y w'_y + 2z w'_z,$$
即得
$$F''_{ss} \cdot [(S'_x)^2 + (S'_y)^2 + (S'_z)^2] = (Sw)''_{ss} S^4 = (w + S w'_s)'_s S^4 = (w + 2x w'_x + 2y w'_y + 2z w'_z)'_z S^4$$
$$= S^4 w'_s + 2x S^4 w''_{xs} + 2y S^4 w''_{ys} + 2z S^4 w''_{zs}. \tag{1}$$

而

$$2(F''_{xs}S'_x+F''_{ys}S'_y+F''_{zs}S'_z)=2(Sw)''_{xs}(-S^3x)+2(Sw)''_{ys}(-S^3y)+2(Sw)''_{zs}(-S^3z)$$
$$=-2S^3x\cdot(Sw'_x)'_s-2S^3y\cdot(Sw'_y)'_s-2S^3z\cdot(Sw'_z)'_s$$
$$=-2S^3x\cdot(w'_x+Sw''_{xs})-2S^3y\cdot(w'_y+Sw''_{ys})-2S^3z\cdot(w'_z+Sw''_{zs})=-S^3\cdot(2xw'_x+2yw'_y+2zw'_z)$$
$$-2xS^4w''_{xs}-2yS^4w''_{ys}-2zS^4w''_{zs}$$
$$=-S^4w'_s-2xS^4w''_{xs}-2yS^4w''_{ys}-2zS^4w''_{zs}. \qquad (2)$$

比较(1)式和(2)式即知第三个括弧也为零.于是,最后证得 $\Delta v=0$.

证法 2:

本题也可直接求出$\frac{\partial^2 u}{\partial x^2}$、$\frac{\partial^2 u}{\partial y^2}$、$\frac{\partial^2 u}{\partial z^2}$,进而证得 $\Delta v=0$.事实上,设

$$\frac{k^2x}{r^2}=t_1,\quad \frac{k^2y}{r^2}=t_2,\quad \frac{k^2z}{r^2}=t_3,$$

利用 3306 题的结果即得

$$\Delta v=\frac{1}{r}\left[\frac{\partial^2(t_1,t_2,t_3)}{\partial x^2}+\frac{\partial^2u(t_1,t_2,t_3)}{\partial y^2}+\frac{\partial^2u(t_1,t_2,t_3)}{\partial z^2}\right]+u(t_1,t_2,t_3)\Delta\left(\frac{1}{r}\right)+2\left[\frac{\partial u(t_1,t_2,t_3)}{\partial x}\frac{\partial\left(\frac{1}{r}\right)}{\partial x}\right.$$
$$\left.+\frac{\partial u(t_1,t_2,t_3)}{\partial y}\frac{\partial\left(\frac{1}{r}\right)}{\partial y}+\frac{\partial u(t_1,t_2,t_3)}{\partial z}\frac{\partial\left(\frac{1}{r}\right)}{\partial z}\right]. \qquad (1)$$

为书写简便起见,记 $u(t_1,t_2,t_3)=u$.分别求 $u$ 及$\frac{1}{r}$对 $x$、$y$、$z$ 的一阶偏导数

$$\frac{\partial u}{\partial x}=k^2\left[\frac{\partial u}{\partial t_1}\left(\frac{r^2-2x^2}{r^4}\right)+\frac{\partial u}{\partial t_2}\left(-\frac{2xy}{r^4}\right)+\frac{\partial u}{\partial t_3}\left(-\frac{2xz}{r^4}\right)\right],$$
$$\frac{\partial u}{\partial y}=k^2\left[\frac{\partial u}{\partial t_1}\left(-\frac{2xy}{r^4}\right)+\frac{\partial u}{\partial t_2}\left(\frac{r^2-2y^2}{r^4}\right)+\frac{\partial u}{\partial t_3}\left(-\frac{2yz}{r^4}\right)\right],$$
$$\frac{\partial u}{\partial z}=k^2\left[\frac{\partial u}{\partial t_1}\left(-\frac{2xz}{r^4}\right)+\frac{\partial u}{\partial t_2}\left(-\frac{2yz}{r^4}\right)+\frac{\partial u}{\partial t_3}\left(\frac{r^2-2z^2}{r^4}\right)\right];$$
$$\frac{\partial\left(\frac{1}{r}\right)}{\partial x}=-\frac{x}{r^3},\quad \frac{\partial\left(\frac{1}{r}\right)}{\partial y^3}=-\frac{y}{r^3},\quad \frac{\partial\left(\frac{1}{r}\right)}{\partial z}=-\frac{z}{r^3}.$$

从而得

$$\frac{\partial^2 u}{\partial x^2}$$
$$=k^4\left[\frac{\partial^2u}{\partial t_1^2}\left(\frac{r^2-2x^2}{r^4}\right)+\frac{\partial^2u}{\partial t_1\partial t_2}\left(-\frac{2xy}{r^4}\right)+\frac{\partial^2u}{\partial t_1\partial t_3}\left(-\frac{2xz}{r^4}\right)\right]\left(\frac{r^2-2x^2}{r^4}\right)+k^2\frac{\partial u}{\partial t_1}\left[\frac{-2xr^4-4xr^2(r^2-2x^2)}{r^8}\right]$$
$$+k^4\left[\frac{\partial^2u}{\partial t_2\partial t_1}\left(\frac{r^2-2x^2}{r^4}\right)+\frac{\partial^2u}{\partial t_2^2}\left(-\frac{2xy}{r^4}\right)+\frac{\partial^2u}{\partial t_2\partial t_3}\left(-\frac{2xz}{r^4}\right)\right]\left(-\frac{2xy}{r^4}\right)+k^2\frac{\partial u}{\partial t_2}\left[\frac{-2yr^4-4xr^2(-2xy)}{r^8}\right]$$
$$+k^4\left[\frac{\partial^2u}{\partial t_3\partial t_1}\left(\frac{r^2-2x^2}{r^4}\right)+\frac{\partial^2u}{\partial t_3\partial t_2}\left(\frac{-2xy}{r^4}\right)+\frac{\partial^2u}{\partial t_3^2}\left(-\frac{2xz}{r^4}\right)\right]\left(-\frac{2xz}{r^4}\right)+k^2\frac{\partial u}{\partial t_3}\left[\frac{-2zr^4-4xr^2(-2xz)}{r^8}\right],$$

$$\frac{\partial^2 u}{\partial y^2}$$
$$=k^4\left[\frac{\partial^2u}{\partial t_1^2}\left(-\frac{2xy}{r^4}\right)+\frac{\partial^2u}{\partial t_1\partial t_2}\left(\frac{r^2-2y^2}{r^4}\right)+\frac{\partial^2u}{\partial t_1\partial t_3}\left(-\frac{2yz}{r^4}\right)\right]\left(-\frac{2xy}{r^4}\right)+k^2\frac{\partial u}{\partial t_1}\left[\frac{-2xr^4-4yr^2(-2xy)}{r^8}\right]$$
$$+k^4\left[\frac{\partial^2u}{\partial t_2\partial t_1}\left(-\frac{2xy}{r^4}\right)+\frac{\partial^2u}{\partial t_2^2}\left(\frac{r^2-2y^2}{r^4}\right)+\frac{\partial^2u}{\partial t_2\partial t_3}\left(-\frac{2yz}{r^4}\right)\right]\left(\frac{r^2-2y^2}{r^4}\right)+k^2\frac{\partial u}{\partial t_2}\left[\frac{-2yr^4-4yr^2(r^2-2y^2)}{r^8}\right]$$
$$+k^4\left[\frac{\partial^2u}{\partial t_3\partial t_1}\left(-\frac{2xy}{r^4}\right)+\frac{\partial^2u}{\partial t_3\partial t_2}\left(\frac{r^2-2y^2}{r^4}\right)+\frac{\partial^2u}{\partial t_3^2}\left(-\frac{2yz}{r^4}\right)\right]\left(-\frac{2yz}{r^4}\right)+k^2\frac{\partial u}{\partial t_3}\left[\frac{-2zr^4-4yr^2(-2yz)}{r^8}\right],$$

$$\frac{\partial^2 u}{\partial z^2}$$

$$=k^4\left[\frac{\partial^2 u}{\partial t_1^2}\left(-\frac{2xz}{r^4}\right)+\frac{\partial^2 u}{\partial t_1\partial t_2}\left(-\frac{2yz}{r^4}\right)+\frac{\partial^2 u}{\partial t_1\partial t_3}\left(\frac{r^2-2z^2}{r^4}\right)\right]\left(-\frac{2xz}{r^4}\right)+k^2\frac{\partial u}{\partial t_1}\left[\frac{-2xr^4-4zr^2(-2xz)}{r^8}\right]$$

$$+k^4\left[\frac{\partial^2 u}{\partial t_2\partial t_1}\left(-\frac{2xz}{r^4}\right)+\frac{\partial^2 u}{\partial t_2^2}\left(-\frac{2yz}{r^4}\right)+\frac{\partial^2 u}{\partial t_2\partial t_3}\left(\frac{r^2-2z^2}{r^4}\right)\right]\left(-\frac{2yz}{r^4}\right)+k^2\frac{\partial u}{\partial t_2}\left[\frac{-2yr^4-4zr^2(-2yz)}{r^8}\right]$$

$$+k^4\left[\frac{\partial^2 u}{\partial t_3\partial t_1}\left(-\frac{2xz}{r^4}\right)+\frac{\partial^2 u}{\partial t_3\partial t_2}\left(-\frac{2yz}{r^4}\right)+\frac{\partial^2 u}{\partial t_3^2}\left(\frac{r^2-2z^2}{r^4}\right)\right]\left(\frac{r^2-2z^2}{r^4}\right)+k^2\frac{\partial u}{\partial t_3}\left[\frac{-2zr^4-4zr^2(r^2-2z^2)}{r^8}\right].$$

将$\frac{\partial u}{\partial x}$，$\frac{\partial u}{\partial y}$，$\frac{\partial u}{\partial z}$，$\frac{\partial\left(\frac{1}{r}\right)}{\partial x}$，$\frac{\partial\left(\frac{1}{r}\right)}{\partial y}$，$\frac{\partial\left(\frac{1}{r}\right)}{\partial z}$及$\frac{\partial^2 u}{\partial x^2}$，$\frac{\partial^2 u}{\partial y^2}$，$\frac{\partial^2 u}{\partial z^2}$代入(1)式，合并整理，并注意到

$$\Delta\left(\frac{1}{r}\right)=0 \quad 及 \quad \frac{\partial^2 u}{\partial t_1^2}+\frac{\partial^2 u}{\partial t_2^2}+\frac{\partial^2 u}{\partial t_3^2}=0,$$

即得

$$\Delta v=\frac{1}{r}\left[\frac{k^4}{r^4}\left(\frac{\partial^2 u}{\partial t_1^2}+\frac{\partial^2 u}{\partial t_2^2}+\frac{\partial^2 u}{\partial t_3^2}\right)-\frac{2k^2}{r^4}\left(x\frac{\partial u}{\partial t_1}+y\frac{\partial u}{\partial t_2}+z\frac{\partial u}{\partial t_3}\right)+0\cdot\sum_{\substack{i,j=1\\(i\neq j)}}^{n}\frac{\partial^2 u}{\partial t_i\partial t_j}\right]+u\cdot 0$$

$$+\frac{2k^2}{r^5}\left(x\frac{\partial u}{\partial t_1}+y\frac{\partial u}{\partial t_2}+z\frac{\partial u}{\partial t_3}\right)=0,$$

上式说明函数 $v=v(x,y,z)$也满足拉普拉斯方程.

**【3313】** 证明：函数
$$u=\frac{C_1\mathrm{e}^{-ar}+C_2\mathrm{e}^{ar}}{r}$$
(式中 $r=\sqrt{x^2+y^2+z^2}$，$C_1$，$C_2$ 为常数)满足亥姆霍兹方程

$$\frac{\partial^2 u}{\partial x^2}+\frac{\partial^2 u}{\partial y^2}+\frac{\partial^2 u}{\partial z^2}=a^2 u.$$

**证** 设 $v=\frac{1}{r}\mathrm{e}^{-ar}$，$w=\frac{1}{r}\mathrm{e}^{ar}$则有

$$u=C_1 v+C_2 w.$$

$$v'_x=v'_r\,r'_x=\mathrm{e}^{-ar}\left(-\frac{1}{r^2}-\frac{a}{r}\right)\frac{x}{r}=-xv\cdot\left(\frac{1}{r^2}+\frac{a}{r}\right),$$

$$v''_{xx}=-v'_x\cdot\left(\frac{1}{r^2}+\frac{a}{r}\right)x-v\cdot\left(-\frac{2}{r^3}-\frac{a}{r^2}\right)\frac{x}{r}x-v\cdot\left(\frac{1}{r^2}+\frac{a}{r}\right)$$

$$=x^2v\cdot\left(\frac{1}{r^2}+\frac{a}{r}\right)^2+x^2v\frac{1}{r}\left(\frac{2}{r^3}+\frac{a}{r^2}\right)-v\cdot\left(\frac{1}{r^2}+\frac{a}{r}\right)$$

$$=v\cdot\left[\left(\frac{3}{r^4}+\frac{3a}{r^3}+\frac{a^2}{r^2}\right)x^2-\frac{1}{r^2}-\frac{a}{r}\right].$$

利用对称性，即得 $$\Delta v=v\cdot\left[\left(\frac{3}{r^4}+\frac{3a}{r^3}+\frac{a^2}{r^2}\right)(x^2+y^2+z^2)-\frac{3}{r^2}-\frac{3a}{r}\right]=a^2v.$$

记 $b=-a$，则 $w=\frac{1}{r}\mathrm{e}^{-br}$. 仿上述证明，有

$$\Delta w=b^2w=a^2w.$$

于是，

$$\Delta u=\Delta(C_1v+C_2w)=C_1\Delta v+C_2\Delta w=C_1a^2v+C_2a^2w=a^2u,$$

即 $\Delta u=a^2u$.

**【3314】** 设函数 $u_1=u_1(x,y,z)$及 $u_2=u_2(x,y,z)$满足拉普拉斯方程 $\Delta u=0$. 证明：函数

$$v=u_1(x,y,z)+(x^2+y^2+z^2)u_2(x,y,z)$$

满足双调和方程 $\Delta(\Delta v)=0$.

**证明思路** 对函数 $v$ 应用 3306 题的结果，并注意题设条件可得 $\Delta v$，再重复应用同一结果于 $\Delta v$，即可知函数 $v$ 满足双调和方程 $\Delta(\Delta v)=0$.

**证** 利用3306题的结果,即得

$$\Delta v=\Delta u_1+(x^2+y^2+z^2)\Delta u_2+u_2\Delta(x^2+y^2+z^2)+2\left(2x\frac{\partial u_2}{\partial x}+2y\frac{\partial u_2}{\partial y}+2z\frac{\partial u_2}{\partial z}\right)$$

$$=6u_2+4\left(x\frac{\partial u_2}{\partial x}+y\frac{\partial u_2}{\partial y}+z\frac{\partial u_2}{\partial z}\right).$$

重复应用同一结果于 $\Delta v$,得

$$\Delta(\Delta v)=6\Delta u_2+4\left\{x\Delta\left(\frac{\partial u_2}{\partial x}\right)+y\Delta\left(\frac{\partial u_2}{\partial y}\right)+z\Delta\left(\frac{\partial u_2}{\partial z}\right)+\frac{\partial u_2}{\partial x}\Delta x+\frac{\partial u_2}{\partial y}\Delta y+\frac{\partial u_2}{\partial z}\Delta z+2\left(\frac{\partial^2 u_2}{\partial x^2}+\frac{\partial^2 u_2}{\partial y^2}+\frac{\partial^2 u_2}{\partial z^2}\right)\right\}.$$

由于 $$\Delta\left(\frac{\partial u_2}{\partial x}\right)=\frac{\partial^2}{\partial x^2}\left(\frac{\partial u_2}{\partial x}\right)+\frac{\partial^2}{\partial y^2}\left(\frac{\partial u_2}{\partial x}\right)+\frac{\partial^2}{\partial z^2}\left(\frac{\partial u_2}{\partial x}\right)=\frac{\partial}{\partial x}\left(\frac{\partial^2 u_2}{\partial x^2}+\frac{\partial^2 u_2}{\partial y^2}+\frac{\partial^2 u_2}{\partial z^2}\right)=\frac{\partial}{\partial x}(\Delta u_2)=0,$$

$$\Delta\left(\frac{\partial u_2}{\partial y}\right)=0,\quad \Delta\left(\frac{\partial u_2}{\partial z}\right)=0,$$

故最后证得 $\Delta(\Delta v)=0$.

**【3315】** 设 $f(x,y,z)$是 $m$ 阶可微的 $n$ 次齐次函数.证明:

$$\left(x\frac{\partial}{\partial x}+y\frac{\partial}{\partial y}+z\frac{\partial}{\partial z}\right)^m f(x,y,z)=n(n-1)\cdots(n-m+1)f(x,y,z).$$

**提示** 利用数学归纳法加以证明.

**证** 证法1:根据齐次函数的定义知,函数 $f(x,y,z)$满足

$$f(tx,ty,tz)=t^n f(x,y,z). \tag{1}$$

在(1)式两端分别对 $t$ 求 $m$ 次导数.首先考察$\frac{\mathrm{d}^m f}{\mathrm{d}t^m}$.由求全导数的公式知

$$\frac{\mathrm{d}f}{\mathrm{d}t}=x\frac{\partial f}{\partial(xt)}+y\frac{\partial f}{\partial(yt)}+z\frac{\partial f}{\partial(zt)}=t^{n-1}\left(x\frac{\partial}{\partial x}+y\frac{\partial}{\partial y}+z\frac{\partial}{\partial z}\right)f(x,y,z.).$$

$$\frac{\mathrm{d}^2 f}{\mathrm{d}t^2}=\frac{\mathrm{d}}{\mathrm{d}t}\left(\frac{\mathrm{d}f}{\mathrm{d}t}\right)$$

$$=x\left\{x\frac{\partial^2 f}{\partial(xt)^2}+y\frac{\partial^2 f}{\partial(xt)\partial(yt)}+z\frac{\partial^2 f}{\partial(xt)\partial(zt)}\right\}+y\left\{x\frac{\partial^2 f}{\partial(yt)\partial(xt)}+y\frac{\partial^2 f}{\partial(yt)^2}+z\frac{\partial^2 f}{\partial(yt)\partial(zt)}\right\}$$

$$+z\left\{x\frac{\partial^2 f}{\partial(zt)\partial(xt)}+y\frac{\partial^2 f}{\partial(zt)\partial(yt)}+z\frac{\partial^2 f}{\partial(zt)^2}\right\}$$

$$=x^2\frac{\partial^2 f}{\partial(xt)^2}+y^2\frac{\partial^2 f}{\partial(yt)^2}+z^2\frac{\partial^2 f}{\partial(zt)^2}+2xy\frac{\partial^2 f}{\partial(xt)\partial(yt)}+2yz\frac{\partial^2 f}{\partial(yt)\partial(zt)}+2zx\frac{\partial^2 f}{\partial(zt)\partial(xt)}$$

$$=t^{n-2}\left(x\frac{\partial}{\partial x}+y\frac{\partial}{\partial y}+z\frac{\partial}{\partial z}\right)^2 f(x,y,z).$$

一般地,由数学归纳法可得

$$\frac{\mathrm{d}^m f}{\mathrm{d}t^m}=\sum_{a_1+a_2+a_3=m}C_{a_1,a_2,a_3}\frac{\partial^m f}{\partial(xt)^{a_1}\partial(yt)^{a_2}\partial(zt)^{a_3}}x^{a_1}y^{a_2}z^{a_3}=t^{n-m}\left(x\frac{\partial}{\partial x}+y\frac{\partial}{\partial y}+z\frac{\partial}{\partial z}\right)^m f(x,y,z), \tag{2}$$

其中总和是关于 $a_1+a_2+a_3=m$ 的非负整数 $a_1,a_2,a_3$ 的一切可能组合而取的,且

$$C_{a_1,a_2,a_3}=\frac{m!}{a_1!a_2!a_3!}.$$

而(1)式右端对 $t$ 求 $m$ 次导数,得

$$[t^n f(x,y,z)]^{(m)}=n(n-1)\cdots(n-m+1)t^{n-m}f(x,y,z). \tag{3}$$

比较(2)式和(3)式,令 $t=1$,即证得

$$\left(x\frac{\partial}{\partial x}+y\frac{\partial}{\partial y}+z\frac{\partial}{\partial z}\right)^m f(x,y,z)=n(n-1)\cdots(n-m+1)f(x,y,z).$$

证法2:

当 $m=1$ 时,由 $f(tx,ty,tz)=t^n f(x,y,z)$ 两端对 $t$ 求导,可得

$$x\frac{\partial f(tx,ty,tz)}{\partial(tx)}+y\frac{\partial f(tx,ty,tz)}{\partial(ty)}+z\frac{\partial f(tx,ty,tz)}{\partial(tz)}=nt^{n-1}f(x,y,z)\quad(t>0).$$

令 $t=1$，即有
$$\left(x\frac{\partial}{\partial x}+y\frac{\partial}{\partial y}+z\frac{\partial}{\partial z}\right)^1 f=nf.$$

当 $m=2$ 时，由 3234 题的结果知 $\left(x\frac{\partial}{\partial x}+y\frac{\partial}{\partial y}+z\frac{\partial}{\partial z}\right)^2 f=n(n-1)f.$

在 3233 题中已证得 $f'_x(x,y,z)$，$f'_y(x,y,z)$，$f'_z(x,y,z)$ 为 $(n-1)$ 次的齐次函数.

今设 $m=k-1$ 时命题成立. 对 $f'_x$，$f'_y$，$f'_z$，用数学归纳法的假设，即

$$\left(x\frac{\partial}{\partial x}+y\frac{\partial}{\partial y}+z\frac{\partial}{\partial z}\right)^{k-1} f'_x=(n-1)(n-2)\cdots(n-k+1)f'_x, \tag{4}$$

$$\left(x\frac{\partial}{\partial x}+y\frac{\partial}{\partial y}+z\frac{\partial}{\partial z}\right)^{k-1} f'_y=(n-1)(n-2)\cdots(n-k+1)f'_y, \tag{5}$$

$$\left(x\frac{\partial}{\partial x}+y\frac{\partial}{\partial y}+z\frac{\partial}{\partial z}\right)^{k-1} f'_z=(n-1)(n-2)\cdots(n-k+1)f'_z, \tag{6}$$

将(4)两端乘以 $x$，(5)式两端乘以 $y$，(6)式两端乘以 $z$，然后相加，即得

$$\begin{aligned}\left(x\frac{\partial}{\partial x}+y\frac{\partial}{\partial y}+z\frac{\partial}{\partial z}\right)^{k} f(x,y,z)&=(n-1)(n-2)\cdots(n-k+1)\left(x\frac{\partial}{\partial x}+y\frac{\partial}{\partial y}+z\frac{\partial}{\partial z}\right)f(x,y,z)\\&=n(n-1)(n-2)\cdots(n-k+1)f(x,y,z).\end{aligned}$$

即当 $m=k$ 时命题也成立.

于是，命题对于一切正整数 $m$ 成立，即

$$\left(x\frac{\partial}{\partial x}+y\frac{\partial}{\partial y}+z\frac{\partial}{\partial z}\right)^{m} f=n(n-1)\cdots(n-m+1)f.$$

**【3316】** 若 $z=\sin y+f(\sin x-\sin y)$，其中 $f$ 为可微函数. 试简化表达式

$$\sec x\frac{\partial z}{\partial x}+\sec y\frac{\partial z}{\partial y}.$$

**解** $\sec x\dfrac{\partial z}{\partial x}+\sec y\dfrac{\partial z}{\partial y}=\sec x\cos x f'+\sec y(\cos y-\cos y f')=f'+1-f'=1,$

即 $\sec x\dfrac{\partial z}{\partial x}+\sec y\dfrac{\partial z}{\partial y}=1.$

**【3317】** 证明：函数
$$z=x^n f\left(\frac{y}{x^2}\right)$$
（其中 $f$ 为任意的可微函数）满足方程 $x\dfrac{\partial z}{\partial x}+2y\dfrac{\partial z}{\partial y}=nz.$

**证** $x\dfrac{\partial z}{\partial x}+2y\dfrac{\partial z}{\partial y}=x\left\{nx^{n-1}f\left(\dfrac{y}{x^2}\right)-\dfrac{2x^n y}{x^3}f'\left(\dfrac{y}{x^2}\right)\right\}+2y\dfrac{x^n}{x^2}f'\left(\dfrac{y}{x^2}\right)=nx^n f\left(\dfrac{y}{x^2}\right)=nz,$

即 $x\dfrac{\partial z}{\partial x}+2y\dfrac{\partial z}{\partial y}=nz.$

**【3318】** 证明：
$$z=yf(x^2-y^2)$$
（其中为任意的可微函数）满足方程 $y^2\dfrac{\partial z}{\partial x}+xy\dfrac{\partial z}{\partial y}=xz.$

**证** $y^2\dfrac{\partial z}{\partial x}+xy\dfrac{\partial z}{\partial y}=y^2 2xyf'+xy(f-2y^2f')=xyf=xz,$

即 $y^2\dfrac{\partial z}{\partial x}+xy\dfrac{\partial z}{\partial y}=xz.$

**【3319】** 若
$$u=\frac{1}{12}x^4-\frac{1}{6}x^3(y+z)+\frac{1}{2}x^2yz+f(y-x,z-x),$$
其中 $f$ 为可微的函数. 试简化表达式 $\dfrac{\partial u}{\partial x}+\dfrac{\partial u}{\partial y}+\dfrac{\partial u}{\partial z}.$

**解** $\dfrac{\partial u}{\partial x}=\dfrac{1}{3}x^3-\dfrac{1}{2}x^2(y+z)+xyz-f'_1-f'_2,\qquad \dfrac{\partial u}{\partial y}=-\dfrac{1}{6}x^3+\dfrac{1}{2}x^2z+f'_1,$

$$\frac{\partial u}{\partial z}=-\frac{1}{6}x^3+\frac{1}{2}x^2y+f'_2.$$

将上述三式相加,即得 $\frac{\partial u}{\partial x}+\frac{\partial u}{\partial y}+\frac{\partial u}{\partial z}=xyz.$

**【3320】** 设 $x^2=vw,\ y^2=uw,\ z^2=uv.\ f(x,y,z)=F(u,v,w).$

证明:
$$xf'_x+yf'_y+zf'_z=uF'_u+vF'_v+wF'_w.$$

**证** 把 $u,v,w$ 当作自变量*),故

$$uF'_u=uf'_xx'_u+uf'_yy'_u+uf'_zz'_u,\quad vF'_v=vf'_xx'_v+vf'_yy'_v+vf'_zz'_v,$$
$$wF'_w=wf'_xx'_w+wf'_yy'_w+wf'_zz'_w.$$

将上述三式相加,得

$$uF'_u+vF'_v+wF'_w=(ux'_u+vx'_v+wx'_w)f'_x+(uy'_u+vy'_v+wy'_w)f'_y+(uz'_u+vz'_v+wz'_w)f'_z.\tag{1}$$

由题设得 $2x\frac{\partial x}{\partial u}=0$. 因为 $x$ 不恒等于零,所以 $\frac{\partial x}{\partial u}=0$. 同法可得 $\frac{\partial y}{\partial v}=0,\ \frac{\partial z}{\partial w}=0.$

再由题设,得 $2x\frac{\partial x}{\partial w}=v,\ 2x\frac{\partial x}{\partial v}=w,\ 2y\frac{\partial y}{\partial u}=w,\ 2y\frac{\partial y}{\partial w}=u,\ 2z\frac{\partial z}{\partial u}=v,\ 2z\frac{\partial z}{\partial v}=u.$

将上述结果代入(1)式,得

$$uF'_u+cF'_v+wF'_w=\left(\frac{vw}{2x}+\frac{wv}{2x}\right)f'_x+\left(\frac{uw}{2y}+\frac{wu}{2y}\right)f'_y+\left(\frac{uv}{2z}+\frac{vu}{2z}\right)f'_z=xf'_x+yf'_y+zf'_z.$$

即 $uF'_u+vF'_v+wF'_w=xf'_x+yf'_y+zf'_z.$

*) 如果把 $x,y,z$ 当作自变量,也可以证明本题的结果.

**假定任意函数 $\varphi,\psi$ 等为足够多次可微的函数,验证下列等式:**

**【3321】** $y\frac{\partial z}{\partial x}-x\frac{\partial z}{\partial y}=0$, 若 $z=\varphi(x^2+y^2)$.

**证** 由于
$$y\frac{\partial z}{\partial x}=y\cdot 2x\varphi'(x^2+y^2),\quad x\frac{\partial z}{\partial y}=x\cdot 2y\varphi'(x^2+y^2),$$

所以 $y\frac{\partial z}{\partial x}-x\frac{\partial z}{\partial y}=0.$

**【3322】** $x^2\frac{\partial z}{\partial x}-xy\frac{\partial z}{\partial y}+y^2=0$, 若 $z=\frac{y^2}{3x}+\varphi(xy)$.

**证** $x^2\frac{\partial z}{\partial x}-xy\frac{\partial z}{\partial y}+y^2=x^2\left[-\frac{y^2}{3x^2}+y\varphi'(x,y)\right]-xy\left(\frac{2y}{3x}+x\varphi'(xy)\right)+y^2=0.$

**【3323】** $(x^2-y^2)\frac{\partial z}{\partial x}+xy\frac{\partial z}{\partial y}=xyz$, 若 $z=e^y\varphi(ye^{\frac{x^2}{2y^2}})$.

**证** $(x^2-y^2)\frac{\partial z}{\partial x}+xy\frac{\partial z}{\partial y}=(x^2-y^2)e^y\frac{x\varphi'}{y^2}ye^{\frac{x^2}{2y^2}}+xy\left[e^y\varphi+e^y\varphi'\left(e^{\frac{x^2}{2y^2}}-\frac{x^2}{y^3}ye^{\frac{x^2}{2y^2}}\right)\right]=xye^y\varphi=xyz.$

**【3324】** $x\frac{\partial u}{\partial x}+\alpha y\frac{\partial u}{\partial y}+\beta z\frac{\partial u}{\partial z}=nu$, 若 $u=x^n\varphi\left(\frac{y}{x^\alpha},\frac{z}{x^\beta}\right)$.

**证** $x\frac{\partial u}{\partial x}+\alpha y\frac{\partial u}{\partial y}+\beta z\frac{\partial u}{\partial z}=nx^n\varphi-\alpha x^{n-\alpha}y\varphi'_1-\beta x^{n-\beta}z\varphi'_2+\alpha yx^{n-\alpha}\varphi'_1+\beta zx^{n-\beta}\varphi'_2=nx^n\varphi=nu.$

**【3325】** $x\frac{\partial u}{\partial x}+y\frac{\partial u}{\partial y}+z\frac{\partial u}{\partial z}=u+\frac{xy}{z}$, 若 $u=\frac{xy}{z}\ln x+x\varphi\left(\frac{y}{x},\frac{z}{x}\right)$.

**证** $x\frac{\partial u}{\partial x}=\frac{xy}{z}\ln x+\frac{xy}{z}+x\varphi-y\varphi'_1-z\varphi'_2,\quad y\frac{\partial u}{\partial y}=\frac{xy}{z}\ln x+y\varphi'_1,\quad z\frac{\partial u}{\partial z}=-\frac{xy}{z}\ln x+z\varphi'_2.$

将上述三式相加,即得
$$x\frac{\partial u}{\partial x}+y\frac{\partial u}{\partial y}+z\frac{\partial u}{\partial z}=u+\frac{xy}{z}.$$

**【3326】** $\frac{\partial^2 u}{\partial t^2}=a^2\frac{\partial^2 u}{\partial x^2}$, 若 $u=\varphi(x-at)+\psi(x+at)$.

**证** $\frac{\partial^2 u}{\partial t^2}=a^2\varphi''+a^2\psi'',\quad \frac{\partial^2 u}{\partial x^2}=\varphi''+\psi''.$

将上述二式比较，即得 $\dfrac{\partial^2 u}{\partial t^2}=a^2\dfrac{\partial^2 u}{\partial x^2}$.

**【3327】** $\dfrac{\partial^2 u}{\partial x^2}-2\dfrac{\partial^2 u}{\partial x\partial y}+\dfrac{\partial^2 u}{\partial y^2}=0$，若 $u=x\varphi(x+y)+y\psi(x+y)$.

**证** $\dfrac{\partial u}{\partial x}=\varphi+y\psi'+x\varphi'$，$\dfrac{\partial u}{\partial y}=x\varphi'+\psi+y\psi'$，

$$\frac{\partial^2 u}{\partial x^2}=2\varphi'+y\psi''+x\varphi'',\qquad(1)$$

$$\frac{\partial^2 u}{\partial x\partial y}=\varphi'+\psi'+y\psi''+x\varphi'',\qquad(2)$$

$$\frac{\partial^2 u}{\partial y^2}=x\varphi''+2\psi'+y\psi''.\qquad(3)$$

(1)−2×(2)+(3)，即得 $\dfrac{\partial^2 u}{\partial x^2}-2\dfrac{\partial^2 u}{\partial x\partial y}+\dfrac{\partial^2 u}{\partial y^2}=0$.

**【3328】** $x^2\dfrac{\partial^2 u}{\partial x^2}+2xy\dfrac{\partial^2 u}{\partial x\partial y}+y^2\dfrac{\partial^2 u}{\partial y^2}=0$，若 $u=\varphi\left(\dfrac{y}{x}\right)+x\psi\left(\dfrac{y}{x}\right)$.

**证** $u_1=\varphi\left(\dfrac{y}{x}\right)$为零次齐次函数，$u_2=x\psi\left(\dfrac{y}{x}\right)$为一次齐次函数．由 3234 题的结果(对于二元更成立)

知 $$\left(x\frac{\partial}{\partial x}+y\frac{\partial}{\partial y}\right)^2u_1=0,\qquad\left(x\frac{\partial}{\partial x}+y\frac{\partial}{\partial y}\right)^2u_2=0.$$

于是，

$$x^2\frac{\partial^2 u}{\partial x^2}+2xy\frac{\partial^2 u}{\partial x\partial y}+y^2\frac{\partial^2 u}{\partial y^2}=\left(x\frac{\partial}{\partial x}+y\frac{\partial}{\partial y}\right)^2(u_1+u_2)=\left(x\frac{\partial}{\partial x}+y\frac{\partial}{\partial y}\right)^2u_1+\left(x\frac{\partial}{\partial x}+y\frac{\partial}{\partial y}\right)^2u_2=0.$$

**注** 也可不用 3234 题的结果，求出偏导数直接验证.

**【3329】** $x^2\dfrac{\partial^2 u}{\partial x^2}+2xy\dfrac{\partial^2 u}{\partial x\partial y}+y^2\dfrac{\partial^2 u}{\partial y^2}=n(n-1)u$，若 $u=x^n\varphi\left(\dfrac{y}{x}\right)+x^{1-n}\psi\left(\dfrac{y}{x}\right)$.

**证明思路** 注意 $u_1=x^n\varphi\left(\dfrac{y}{x}\right)$为 $n$ 次齐次函数，$u_2=x^{1-n}\psi\left(\dfrac{y}{x}\right)$为$1-n$次齐次函数．对函数 $u_1$ 及 $u_2$ 应用 3234 题的结果(对于二元更成立)，即知

$$原式左端=\left(x\frac{\partial}{\partial x}+y\frac{\partial}{\partial y}\right)^2(u_1+u_2)=n(n-1)u.$$

**证** $u_1=x^n\varphi\left(\dfrac{y}{x}\right)$为 $n$ 次齐次函数，$u_2=x^{1-n}\psi\left(\dfrac{y}{x}\right)$为$1-n$次齐次函数．由 3234 题的结果知

$$\left(x\frac{\partial}{\partial x}+y\frac{\partial}{\partial y}\right)^2u_1=n(n-1)u_1,\quad\left(x\frac{\partial}{\partial x}+y\frac{\partial}{\partial y}\right)^2u_2=(1-n)(1-n-1)u_2=n(n-1)u_2.$$

于是，$$x^2\frac{\partial^2 u}{\partial x^2}+2xy\frac{\partial^2 u}{\partial x\partial y}+y^2\frac{\partial^2 u}{\partial y^2}=\left(x\frac{\partial}{\partial x}+y\frac{\partial}{\partial y}\right)^2(u_1+u_2)=n(n-1)(u_1+u_2)=n(n-1)u.$$

值得注意的是，3328 题即为本题的特殊情形：$n=0$.

**【3330】** $\dfrac{\partial u}{\partial x}\dfrac{\partial^2 u}{\partial x\partial y}=\dfrac{\partial u}{\partial y}\dfrac{\partial^2 u}{\partial x^2}$，若 $u=\varphi[x+\psi(y)]$.

**证** $\dfrac{\partial u}{\partial x}=\varphi'$，$\dfrac{\partial^2 u}{\partial x\partial y}=\varphi''\psi'$，$\dfrac{\partial u}{\partial y}=\varphi'\psi'$，$\dfrac{\partial^2 u}{\partial x^2}=\varphi''$．于是，$\dfrac{\partial u}{\partial x}\dfrac{\partial^2 u}{\partial x\partial y}=\dfrac{\partial u}{\partial y}\dfrac{\partial^2 u}{\partial x^2}$.

**用逐次微分的方法消去任意函数 $\varphi$ 和 $\psi$：**

**【3331】** $z=x+\varphi(xy)$.

**解** $\dfrac{\partial z}{\partial x}=1+y\varphi'$，$\dfrac{\partial z}{\partial y}=x\varphi'$．于是，$x\dfrac{\partial z}{\partial x}-y\dfrac{\partial z}{\partial y}=x$.

**【3332】** $z=x\varphi\left(\dfrac{x}{y^2}\right)$.

解 $\frac{\partial z}{\partial x}=\varphi+\frac{x}{y^2}\varphi'$， $\frac{\partial z}{\partial y}=-\frac{2x^2}{y^3}\varphi'$. 于是，$2x\frac{\partial z}{\partial x}+y\frac{\partial z}{\partial y}=2x\varphi+\frac{2x^2}{y^2}\varphi'-\frac{2x^2}{y^2}\varphi'=2x\varphi=2z$，

即 $2x\frac{\partial z}{\partial x}+y\frac{\partial z}{\partial y}=2z$.

**【3333】** $z=\varphi(\sqrt{x^2+y^2})$.

解 $\frac{\partial z}{\partial x}=\frac{x\varphi'}{\sqrt{x^2+y^2}}$， $\frac{\partial z}{\partial y}=\frac{y\varphi'}{\sqrt{x^2+y^2}}$. 于是，$y\frac{\partial z}{\partial x}-x\frac{\partial z}{\partial y}=0$.

**【3334】** $u=\varphi(x-y,y-z)$.

解 $\frac{\partial u}{\partial x}=\varphi_1'$， $\frac{\partial u}{\partial y}=-\varphi_1'+\varphi_2'$， $\frac{\partial u}{\partial z}=-\varphi_2'$. 于是，$\frac{\partial u}{\partial x}+\frac{\partial u}{\partial y}+\frac{\partial u}{\partial z}=0$.

**【3335】** $u=\varphi\left(\frac{x}{y},\frac{y}{z}\right)$.

提示 易得 $x\frac{\partial u}{\partial x}+y\frac{\partial u}{\partial y}+z\frac{\partial u}{\partial z}=0$.

解 $\frac{\partial u}{\partial x}=\frac{1}{y}\varphi_1'$，$\frac{\partial u}{\partial y}=-\frac{x}{y^2}\varphi_1'+\frac{1}{z}\varphi_2'$，$\frac{\partial u}{\partial z}=-\frac{y}{z^2}\varphi_2'$. 于是，$x\frac{\partial u}{\partial x}+y\frac{\partial u}{\partial y}+z\frac{\partial u}{\partial z}=0$ *).

*) 注意到 $\varphi(\frac{x}{y},\frac{y}{z})$ 为零次齐次函数，本题即 3315 题的特殊情形：$n=0$.

**【3336】** $z=\varphi(x)+\psi(y)$.

解 $\frac{\partial z}{\partial x}=\varphi'(x)$. 于是，$\frac{\partial^2 z}{\partial x\partial y}=0$.

**【3337】** $z=\varphi(x)\psi(y)$.

解 $\frac{\partial z}{\partial x}=\varphi'\psi$， $\frac{\partial z}{\partial y}=\varphi\psi'$， $\frac{\partial^2 z}{\partial x\partial y}=\varphi'\psi'$. 于是，$z\frac{\partial^2 z}{\partial x\partial y}=\frac{\partial z}{\partial x}\frac{\partial z}{\partial y}$.

**【3338】** $z=\varphi(x+y)+\psi(x-y)$.

解 $\frac{\partial z}{\partial x}=\varphi'+\psi'$， $\frac{\partial z}{\partial y}=\varphi'-\psi'$， $\frac{\partial^2 z}{\partial x^2}=\varphi''+\psi''$，$\frac{\partial^2 z}{\partial y^2}=\varphi''+\psi''$. 于是，$\frac{\partial^2 z}{\partial x^2}=\frac{\partial^2 z}{\partial y^2}$.

**【3339】** $z=x\varphi\left(\frac{x}{y}\right)+y\psi\left(\frac{x}{y}\right)$.

提示 注意函数 $z$ 为一次齐次函数，利用 3315 题的结果即获解.

解 注意到函数 $z$ 为一次齐次函数，由 3315 题知

$$x\frac{\partial z}{\partial x}+y\frac{\partial z}{\partial y}=z.$$

**【3340】** $z=\varphi(xy)+\psi\left(\frac{x}{y}\right)$.

解 设 $z_1=\varphi(xy)$，则由 3331 题知 $\quad x\frac{\partial z_1}{\partial x}-y\frac{\partial z_1}{\partial y}=0$.

又 $z_2=\psi\left(\frac{x}{y}\right)$ 为零次齐次函数，且函数 $x\frac{\partial z_2}{\partial x}-y\frac{\partial z_2}{\partial y}=\frac{2x}{y}\psi'$ 也为零次齐次函数. 从而，函数

$$u=x\frac{\partial z}{\partial x}-y\frac{\partial z}{\partial y}=\left(x\frac{\partial z_1}{\partial x}-y\frac{\partial z_1}{\partial y}\right)+\left(x\frac{\partial z_2}{\partial x}-y\frac{\partial z_2}{\partial y}\right)$$

是零次齐次函数. 于是，由 3315 题知 $x\frac{\partial u}{\partial x}+y\frac{\partial u}{\partial x}=0$. 但是，

$$\begin{aligned}x\frac{\partial u}{\partial x}+y\frac{\partial u}{\partial y}&=x\frac{\partial}{\partial x}\left(x\frac{\partial z}{\partial x}-y\frac{\partial z}{\partial y}\right)+y\frac{\partial}{\partial y}\left(x\frac{\partial z}{\partial x}-y\frac{\partial z}{\partial y}\right)\\&=x^2\frac{\partial^2 z}{\partial x^2}+x\frac{\partial z}{\partial x}-xy\frac{\partial^2 z}{\partial x\partial y}+xy\frac{\partial^2 z}{\partial x\partial y}-y\frac{\partial z}{\partial y}-y^2\frac{\partial^2 z}{\partial y^2}=x^2\frac{\partial^2 z}{\partial x^2}-y^2\frac{\partial^2 z}{\partial y^2}+x\frac{\partial z}{\partial x}-y\frac{\partial z}{\partial y},\end{aligned}$$

故得
$$x^2\frac{\partial^2 z}{\partial x^2}-y^2\frac{\partial^2 z}{\partial y^2}+x\frac{\partial z}{\partial x}-y\frac{\partial z}{\partial y}=0.$$

**【3341】** 求函数 $z=x^2-y^2$ 在点 $M(1,1)$ 沿与 $Ox$ 轴的正向组成角 $\alpha=60^\circ$ 的方向 $l$ 的导数.

**解** $\left.\dfrac{\partial z}{\partial x}\right|_{\substack{x=1\\y=1}}=2$，$\left.\dfrac{\partial z}{\partial y}\right|_{\substack{x=1\\y=1}}=-2$. $\cos\alpha=\cos60^\circ=\dfrac{1}{2}$，$\cos\beta=\cos30^\circ=\dfrac{\sqrt{3}}{2}$.

于是，$\left.\dfrac{\partial z}{\partial l}\right|_{\substack{x=1\\y=1}}=2\,\dfrac{1}{2}+(-2)\,\dfrac{\sqrt{3}}{2}=1-\sqrt{3}$.

**【3342】** 求函数 $x=x^2-xy+y^2$ 在点 $M(1,1)$ 沿与 $Ox$ 轴的正向组成 $\alpha$ 角的方向 $l$ 的导数. 在怎样的方向上此导数：

(1)有最大值；(2)有最小值；(3)等于 0.

**解** $\left.\dfrac{\partial z}{\partial x}\right|_{\substack{x=1\\y=1}}=1$，$\left.\dfrac{\partial z}{\partial y}\right|_{\substack{x=1\\y=1}}=1$. 于是，

$$\left.\frac{\partial z}{\partial l}\right|_{\substack{x=1\\y=1}}=\cos\alpha+\cos(90^\circ-\alpha)=\cos\alpha+\sin\alpha=\sqrt{2}\sin\left(\alpha+\frac{\pi}{4}\right).$$

(1) 当 $\sin\left(\alpha+\dfrac{\pi}{4}\right)=1$，即 $\alpha=\dfrac{\pi}{4}$ 时，$\dfrac{\partial z}{\partial l}$ 最大；

(2) 当 $\sin\left(\alpha+\dfrac{\pi}{4}\right)=-1$，即 $\alpha=\dfrac{5\pi}{4}$ 时，$\dfrac{\partial z}{\partial l}$ 最小；

(3) 当 $\sin\left(\alpha+\dfrac{\pi}{4}\right)=0$，即 $\alpha=\dfrac{3\pi}{4}$ 或 $\alpha=\dfrac{7\pi}{4}$ 时，$\dfrac{\partial z}{\partial l}=0$.

**【3343】** 求函数 $z=\ln(x^2+y^2)$ 在点 $M_0(x_0,y_0)$ 沿与过此点的等值线垂直方向的导数.

**解** 与等值线垂直的方向即梯度的方向或与梯度相反的方向. 于是

$$\left.\frac{\partial z}{\partial l}\right|_{\substack{x=x_0\\y=y_0}}=\pm|\mathrm{grad}z|\Big|_{\substack{x=x_0\\y=y_0}}=\pm\sqrt{\left(\frac{\partial z}{\partial x}\right)^2+\left(\frac{\partial z}{\partial y}\right)^2}\,\Bigg|_{\substack{x=x_0\\y=y_0}}=\pm\sqrt{\left(\frac{2x_0}{x_0^2+y_0^2}\right)^2+\left(\frac{2y_0}{x_0^2+y_0^2}\right)^2}$$

$$=\pm\frac{2}{\sqrt{x_0^2+y_0^2}}.$$

**【3344】** 求函数 $z=1-\left(\dfrac{x^2}{a^2}+\dfrac{y^2}{b^2}\right)$ 在点 $M\left(\dfrac{a}{\sqrt{2}},\dfrac{b}{\sqrt{2}}\right)$ 沿曲线 $\dfrac{x^2}{a^2}+\dfrac{y^2}{b^2}=1$ 在此点的内法线方向的导数.

**解** 曲线 $\dfrac{x^2}{a^2}+\dfrac{y^2}{b^2}=1$ 是函数 $z$ 的一条等值线. 随着 $x,y$ 的绝对值增大，$z$ 是减少的，因此，曲线的内法线方向即梯度方向. 于是，

$$\left.\frac{\partial z}{\partial l}\right|_{\substack{x=\frac{a}{\sqrt{2}}\\y=\frac{b}{\sqrt{2}}}}=|\mathrm{grad}z|\Big|_{\substack{x=\frac{a}{\sqrt{2}}\\y=\frac{b}{\sqrt{2}}}}=\sqrt{\frac{4x^2}{a^4}+\frac{4y^2}{b^4}}\,\Bigg|_{\substack{x=\frac{a}{\sqrt{2}}\\y=\frac{b}{\sqrt{2}}}}=\frac{\sqrt{2(a^2+b^2)}}{ab}\quad(a>0,\ b>0).$$

**【3345】** 求函数 $u=xyz$ 在点 $M(1,1,1)$ 沿方向 $l\{\cos\alpha,\cos\beta,\cos\gamma\}$ 的导数. 函数在该点的梯度的大小是什么?

**解** $\left.\dfrac{\partial u}{\partial l}\right|_{\substack{x=1\\y=1\\z=1}}=\cos\alpha+\cos\beta+\cos\gamma$. $\quad|\mathrm{grad}u|\Big|_{\substack{x=1\\y=1\\z=1}}=\sqrt{\left(\dfrac{\partial u}{\partial x}\right)^2+\left(\dfrac{\partial u}{\partial y}\right)^2+\left(\dfrac{\partial u}{\partial z}\right)^2}\,\Bigg|_{\substack{x=1\\y=1\\z=1}}=\sqrt{3}$.

**【3346】** 求函数 $u=\dfrac{1}{r}$(式中 $r=\sqrt{x^2+y^2+z^2}$)在点 $M_0(x_0,y_0,z_0)$ 处梯度的大小和方向.

**解** $\dfrac{\partial u}{\partial x}=-\dfrac{x}{r^3}$，$\dfrac{\partial u}{\partial y}=-\dfrac{y}{r^3}$，$\dfrac{\partial u}{\partial z}=-\dfrac{z}{r^3}$. 于是，

$$\mathrm{grad}u=-\frac{1}{r^3}(x\boldsymbol{i}+y\boldsymbol{j}+z\boldsymbol{k})$$

或简记成 $\qquad\mathrm{grad}u=\left\{-\dfrac{x}{r^3},-\dfrac{y}{r^3},-\dfrac{z}{r^3}\right\}$.

在点 $M_0$ 处的梯度为 $\qquad\mathrm{grad}u=\left\{-\dfrac{x_0}{r_0^3},-\dfrac{y_0}{r_0^3},-\dfrac{z_0}{r_0^3}\right\}$，

其中 $r_0=\sqrt{x_0^2+y_0^2+z_0^2}$. 从而得

$$|\mathrm{grad}u|=\sqrt{\left(-\frac{x_0}{r_0^3}\right)^2+\left(-\frac{y_0}{r_0^3}\right)^2+\left(-\frac{z_0}{r_0^3}\right)^2}=\frac{1}{r_0^2},$$

$$\cos(\mathrm{grad}\,\widehat{u,x})=\frac{-\frac{x_0}{r_0^3}}{\frac{1}{r_0^2}}=-\frac{x_0}{r_0},\quad \cos(\mathrm{grad}\,\widehat{u,y})=\frac{-\frac{y_0}{r_0^3}}{\frac{1}{r_0^2}}=-\frac{y_0}{r_0},\quad \cos(\mathrm{grad}\,\widehat{u,z})=\frac{-\frac{z_0}{r_0^3}}{\frac{1}{r_0^2}}=-\frac{z_0}{r_0}.$$

**【3347】** 求函数 $u=x^2+y^2-z^2$ 在点 $A(\varepsilon,0,0)$ 及 $B(0,\varepsilon,0)$ 二点的梯度之间的角度.

**解** $\mathrm{grad}u=\left\{\frac{\partial u}{\partial x},\frac{\partial u}{\partial y},\frac{\partial u}{\partial z}\right\}=\{2x,2y,-2z\}$. 若以 $\mathrm{grad}u_A$ 及 $\mathrm{grad}u_B$ 分别表示在 $A$ 点及 $B$ 点的梯度，则有

$$\mathrm{grad}u_A=\{2\varepsilon,0,0\},\quad \mathrm{grad}u_B=\{0,2\varepsilon,0\}.$$

由于

$$\mathrm{grad}u_A\cdot\mathrm{grad}u_B=2\varepsilon\cdot 0+0\cdot 2\varepsilon+0\cdot 0=0,$$

故知 $\mathrm{grad}u_A\perp\mathrm{grad}u_B$，即在点 $A$ 及点 $B$ 二点的梯度之间的夹角为

$$(\mathrm{grad}\,\widehat{u_A,\mathrm{grad}u_B})=\frac{\pi}{2}.$$

**【3348】**$^+$ 在点 $M(1,2,2)$处，函数

$$u=x+y+z\quad 和\quad v=x+y+z+0.001\sin(10^6\pi\sqrt{x^2+y^2+z^2})$$

的梯度之大小相差多少?

**解** $\mathrm{grad}u=\{1,1,1\}$, $|\mathrm{grad}u|=\sqrt{3}$.

令 $r=\sqrt{x^2+y^2+z^2}$，则

$$\frac{\partial v}{\partial x}=1-1000\pi\frac{x}{r}\cos(10^6\pi r),\qquad \frac{\partial v}{\partial y}=1-1000\pi\frac{y}{r}\cos(10^6\pi r),$$

$$\frac{\partial v}{\partial z}=1-1000\pi\frac{z}{r}\cos(10^6\pi r).$$

在点 $M(1,2,2)$处 $\quad\frac{\partial v}{\partial x}=\frac{1000\pi}{3}+1\approx\frac{1000\pi}{3},\quad \frac{\partial v}{\partial y}=\frac{2000\pi}{3}+1\approx\frac{2000\pi}{3},$

$$\frac{\partial v}{\partial z}=\frac{2000\pi}{3}+1\approx\frac{2000\pi}{3},\quad |\mathrm{grad}v|\approx 1000\pi\sqrt{\left(\frac{1}{3}\right)^2+\left(\frac{2}{3}\right)^2+\left(\frac{2}{3}\right)^2}=1000\pi.$$

于是，两梯度之大小相差为 $\quad |\mathrm{grad}v|-|\mathrm{grad}u|\approx 1000\pi-\sqrt{3}\approx 3140.$

**【3349】** 证明：在点 $M_0(x_0,y_0,z_0)$处，函数

$$u=ax^2+by^2+cz^2\quad 及\quad v=ax^2+by^2+cz^2+2mx+2ny+2pz$$

($a,b,c,m,n,p$ 为常数且 $a^2+b^2+c^2\neq 0$)二者的梯度之间的角度当点 $M_0$ 无限远移时趋于零.

**证** 本题的题设条件"点 $M_0(x_0,y_0,z_0)$无限远移"应该理解为"$x_0\to\infty$, $y_0\to\infty$, $z_0\to\infty$同时成立"(此时 $\sqrt{(ax_0)^2+(by_0)+(cz_0)^2}\to+\infty$). 否则，本题的结论不成立.

显见有

$$\mathrm{grad}u=\{2ax_0,2by_0,2cz_0\},\quad \mathrm{grad}v=\{2ax_0+2m,2by_0+2n,2cz_0+2p\},$$

令

$$\alpha=ax_0,\ \beta=by_0,\ \gamma=cz_0;\ \alpha_1=ax_0+m=\alpha+m,\ \beta_1=by_0+n=\beta+n,\ \gamma_1=cz_0+p=\gamma+p.$$

于是，$\mathrm{grad}u$ 与 $\mathrm{grad}v$ 的夹角 $\theta$ 满足

$$\cos\theta=\frac{\alpha\alpha_1+\beta\beta_1+\gamma\gamma_1}{\sqrt{\alpha^2+\beta^2+\gamma^2}\sqrt{\alpha_1^2+\beta_1^2+\gamma_1^2}}$$

或

$$\sin^2\theta=1-\cos^2\theta=\frac{(\alpha^2+\beta^2+\gamma^2)(\alpha_1^2+\beta_1^2+\gamma_1^2)-(\alpha\alpha_1+\beta\beta_1+\gamma\gamma_1)^2}{(\alpha^2+\beta^2+\gamma^2)(\alpha_1^2+\beta_1^2+\gamma_1^2)}$$

$$=\frac{(\alpha\beta_1-\alpha_1\beta)^2+(\alpha\gamma_1-\alpha_1\gamma)^2+(\beta\gamma_1-\beta_1\gamma)^2}{(\alpha^2+\beta^2+\gamma^2)(\alpha_1^2+\beta_1^2+\gamma_1^2)}=\frac{(n\alpha-m\beta)^2+(p\alpha-m\gamma)^2+(p\beta-n\gamma)^2}{(\alpha^2+\beta^2+\gamma^2)(\alpha_1^2+\beta_1^2+\gamma_1^2)}$$

令 $\delta=\max(|ax_0|,|by_0|,|cz_0|)=\max(|\alpha|,|\beta|,|\gamma|)$，则

$$\delta\leqslant\sqrt{\alpha^2+\beta^2+\gamma^2}\leqslant\sqrt{3}\delta.$$

于是，当 $\sqrt{\alpha^2+\beta^2+\gamma^2}\to+\infty$ 时，$\delta\to+\infty$.

再令 $q=\max(|m|,|n|,|p|)$，则下述不等式显然成立：

$$0\leqslant\sin^2\theta=\frac{(n\alpha-m\beta)^2+(p\alpha-m\gamma)^2+(p\beta-n\gamma)^2}{(\alpha^2+\beta^2+\gamma^2)(\alpha_1^2+\beta_1^2+\gamma_1^2)}$$

$$\leqslant\frac{(2q\delta)^2+(2q\delta)^2+(2q\delta)^2}{\delta^2(\delta^2-6\delta q-3q^2)}=\frac{12q^2}{\delta^2-6\delta q-3q^2}\to0\quad(\text{当 }\delta\to+\infty\text{ 时}).$$

于是，当 $\sqrt{\alpha^2+\beta^2+\gamma^2}\to+\infty$ 时，$\sin^2\theta\to0$，即当 $\sqrt{\alpha^2+\beta^2+\gamma^2}\to+\infty$，$\theta\to0$. 证毕.

**【3350】** 设 $u=f(x,y,z)$ 为二阶可微的函数. 若 $\cos\alpha$，$\cos\beta$，$\cos\gamma$ 为方向 $l$ 的方向余弦，求

$$\frac{\partial^2u}{\partial l^2}=\frac{\partial}{\partial l}\left(\frac{\partial u}{\partial l}\right).$$

**解** $\dfrac{\partial u}{\partial l}=\dfrac{\partial u}{\partial x}\cos\alpha+\dfrac{\partial u}{\partial y}\cos\beta+\dfrac{\partial u}{\partial z}\cos\gamma$，

$$\frac{\partial^2u}{\partial l^2}=\left(\frac{\partial^2u}{\partial x^2}\cos\alpha+\frac{\partial^2u}{\partial y\partial x}\cos\beta+\frac{\partial^2u}{\partial z\partial x}\cos\gamma\right)\cos\alpha+\left(\frac{\partial^2u}{\partial x\partial y}\cos\alpha+\frac{\partial^2u}{\partial y^2}\cos\beta+\frac{\partial^2u}{\partial z\partial y}\cos\gamma\right)\cos\beta$$

$$+\left(\frac{\partial^2u}{\partial x\partial z}\cos\alpha+\frac{\partial^2u}{\partial y\partial z}\cos\beta+\frac{\partial^2u}{\partial z^2}\cos\gamma\right)\cos\gamma$$

$$=\frac{\partial^2u}{\partial x^2}\cos^2\alpha+\frac{\partial^2u}{\partial y^2}\cos^2\beta+\frac{\partial^2u}{\partial z^2}\cos^2\gamma+2\frac{\partial^2u}{\partial x\partial y}\cos\alpha\cos\beta+2\frac{\partial^2u}{\partial y\partial z}\cos\beta\cos\gamma+2\frac{\partial^2u}{\partial z\partial x}\cos\gamma\cos\alpha.$$

**【3351】** 设 $u=f(x,y,z)$ 为二阶可微的函数及

$$l_1\{\cos\alpha_1,\cos\beta_1,\cos\gamma_1\},\qquad l_2\{\cos\alpha_2,\cos\beta_2,\cos\gamma_2\},\qquad l_3\{\cos\alpha_3,\cos\beta_3,\cos\gamma_3\}$$

为三个互相垂直的方向. 证明：

(1) $\left(\dfrac{\partial u}{\partial l_1}\right)^2+\left(\dfrac{\partial u}{\partial l_2}\right)^2+\left(\dfrac{\partial u}{\partial l_3}\right)^2=\left(\dfrac{\partial u}{\partial x}\right)^2+\left(\dfrac{\partial u}{\partial y}\right)^2+\left(\dfrac{\partial u}{\partial z}\right)^2$；

(2) $\dfrac{\partial^2u}{\partial l_1^2}+\dfrac{\partial^2u}{\partial l_2^2}+\dfrac{\partial^2u}{\partial l_3^2}=\dfrac{\partial^2u}{\partial x^2}+\dfrac{\partial^2u}{\partial y^2}+\dfrac{\partial^2u}{\partial z^2}$.

**证** (1) $\left(\dfrac{\partial u}{\partial l_1}\right)^2+\left(\dfrac{\partial u}{\partial l_2}\right)^2+\left(\dfrac{\partial u}{\partial l_3}\right)^2=\displaystyle\sum_{i=1}^{3}\left(\frac{\partial u}{\partial x}\cos\alpha_i+\frac{\partial u}{\partial y}\cos\beta_i+\frac{\partial u}{\partial z}\cos\gamma_i\right)^2$

$$=\left(\frac{\partial u}{\partial x}\right)^2\sum_{i=1}^{3}\cos^2\alpha_i+\left(\frac{\partial u}{\partial y}\right)^2\sum_{i=1}^{3}\cos^2\beta_i+\left(\frac{\partial u}{\partial z}\right)^2\sum_{i=1}^{3}\cos^2\gamma_i$$

$$+2\frac{\partial u}{\partial x}\frac{\partial u}{\partial y}\sum_{i=1}^{3}\cos\alpha_i\cos\beta_i+2\frac{\partial u}{\partial y}\frac{\partial u}{\partial z}\sum_{i=1}^{3}\cos\beta_i\cos\gamma_i+2\frac{\partial u}{\partial z}\frac{\partial u}{\partial x}\sum_{i=1}^{3}\cos\gamma_i\cos\alpha_i.\tag{1}$$

由于 $l_1,l_2,l_3$ 是互相垂直的三个单位向量，故

$$\sum_{i=1}^{3}\cos\alpha_i\cos\beta_i=0,\quad\sum_{i=1}^{3}\cos\beta_i\cos\gamma_i=0,\quad\sum_{i=1}^{3}\cos\gamma_i\cos\alpha_i=0,$$

$$\sum_{i=1}^{3}\cos^2\alpha_i=1,\quad\sum_{i=1}^{3}\cos^2\beta_i=1,\quad\sum_{i=1}^{3}\cos^2\gamma_i=1.\tag{2}$$

将上述诸等式(2)代入(1)式，即得

$$\left(\frac{\partial u}{\partial l_1}\right)^2+\left(\frac{\partial u}{\partial l_2}\right)^2+\left(\frac{\partial u}{\partial l_3}\right)^2=\left(\frac{\partial u}{\partial x}\right)^2+\left(\frac{\partial u}{\partial y}\right)^2+\left(\frac{\partial u}{\partial z}\right)^2.$$

(2) 利用 3350 题的结果，得

$$\sum_{i=1}^{3}\frac{\partial^2u}{\partial l_i^2}=\frac{\partial^2u}{\partial x^2}\sum_{i=1}^{3}\cos^2\alpha_i+\frac{\partial^2u}{\partial y^2}\sum_{i=1}^{3}\cos^2\beta_i+\frac{\partial^2u}{\partial z^2}\sum_{i=1}^{3}\cos^2\gamma_i+2\frac{\partial u\partial u}{\partial x\partial y}\sum_{i=1}^{3}\cos\alpha_i\cos\beta_i$$

$$+2\frac{\partial u\partial u}{\partial y\partial z}\sum_{i=1}^{3}\cos\beta_i\cos\gamma_i+2\frac{\partial u\partial u}{\partial z\partial x}\sum_{i=1}^{3}\cos\gamma_i\cos\alpha_i.\tag{3}$$

将诸等式(2)代入(3)式，即得 $\quad\dfrac{\partial^2u}{\partial l_1^2}+\dfrac{\partial^2u}{\partial l_2^2}+\dfrac{\partial^2u}{\partial l_3^2}=\dfrac{\partial^2u}{\partial x^2}+\dfrac{\partial^2u}{\partial y^2}+\dfrac{\partial^2u}{\partial z^2}$.

【3352】 设 $u=u(x,y)$ 为可微的函数且当 $y=x^2$ 时有

$$u(x,y)=1 \quad 及 \quad \frac{\partial u}{\partial x}=x.$$

求当 $y=x^2$ 时的 $\frac{\partial u}{\partial y}$.

解 $\frac{\mathrm{d}}{\mathrm{d}x}u(x,x^2)=\frac{\partial u}{\partial x}+\frac{\partial u}{\partial y}\frac{\mathrm{d}y}{\mathrm{d}x}$.

当 $y=x^2$，$u(x,y)=u(x,x^2)=1$，故 $\frac{\mathrm{d}u(x,x^2)}{\mathrm{d}x}=0$，且有 $\frac{\partial u}{\partial x}=x$，$\frac{\mathrm{d}y}{\mathrm{d}x}=2x$. 将这些结果代入上式，即得

$$x+2x\frac{\partial u}{\partial y}=0.$$

于是，$\frac{\partial u}{\partial y}=-\frac{1}{2}\quad(x\neq 0)$.

【3353】 设函数 $u=u(x,y)$ 满足方程 $\frac{\partial^2 u}{\partial x^2}-\frac{\partial^2 u}{\partial y^2}=0$ 以及下列条件：

$$u(x,2x)=x,\quad u'_x(x,2x)=x^2.$$

求：$u''_{xx}(x,2x)$， $u''_{xy}(x,2x)$， $u''_{yy}(x,2x)$.

解 由于 $u(x,2x)=x$，故

$$u'_x(x,2x)+2u'_y(x,2x)=1. \tag{1}$$

又因 $u'_x(x,2x)=x^2$，故由(1)式即得

$$u'_y(x,2x)=\frac{1-x^2}{2}. \tag{2}$$

将(2)式两端对求 $x$ 导数，有

$$u''_{yx}(x,2x)+2u''_{yy}(x,2x)=-x; \tag{3}$$

由 $u'_x(x,2x)=x^2$ 两端对 $x$ 求导数，有

$$u''_{xx}(x,2x)+2u''_{xy}(x,2x)=2x. \tag{4}$$

联立(3)式和(4)式并利用题设条件 $u''_{xx}=u''_{yy}$，解之，即得

$$u''_{xx}(x,2x)=u''_{yy}(x,2x)=-\frac{4}{3}x,\quad u''_{xy}(x,2x)=\frac{5}{3}x.$$

**假设 $z=z(x,y)$，解下列方程：**

【3354】 $\frac{\partial^2 z}{\partial x^2}=0$.

解 $\frac{\partial z}{\partial x}=\varphi(y)$， $z=x\varphi(y)+\psi(y)$.

【3355】 $\frac{\partial^2 z}{\partial x\partial y}=0$.

解 $\frac{\partial z}{\partial x}=\varphi_1(x)$，$z=\int_0^x\varphi_1(t)\mathrm{d}t+\psi(y)=\varphi(x)+\psi(y)$.

【3356】 $\frac{\partial^n z}{\partial y^n}=0$.

解 $\frac{\partial^{n-1} z}{\partial y^{n-1}}=\bar{\varphi}_{n-1}(x)$，$\frac{\partial^{n-2} z}{\partial y^{n-2}}=y\bar{\varphi}_{n-1}(x)+\bar{\varphi}_{n-2}(x)$，累次积分 $n$ 次，最后得

$$z=y^{n-1}\varphi_{n-1}(x)+y^{n-2}\varphi_{n-2}(x)+\cdots+y\varphi_1(x)+\varphi_0(x).$$

【3357】 假设 $u=u(x,y,z)$，解方程 $\frac{\partial^3 u}{\partial x\partial y\partial z}=0$.

解 $\frac{\partial^2 u}{\partial x\partial y}=\varphi_1(x,y)$， $\frac{\partial u}{\partial x}=\varphi_2(x,y)+\psi_1(x,z)$， $u=\varphi(x,y)+\psi(x,z)+\chi(y,z)$

【3358】 求方程 $\frac{\partial z}{\partial y}=x^2+2y$ 的解 $z=z(x,y)$，使它满足条件 $z(x,x^2)=1$.

**解** 由$\frac{\partial z}{\partial y}=x^2+2y$,得 $z=x^2y+y^2+\varphi(x)$.

又因 $z(x,x^2)=1$,故 $1=x^4+x^4+\varphi(x)$,从而有 $\varphi(x)=1-2x^4$.

最后得 $z=1+x^2y+y^2-2x^4$.

**【3359】** 求方程$\frac{\partial^2 z}{\partial y^2}=2$ 的解 $z=z(x,y)$,使它满足条件 $z(x,0)=1$, $z'_y(x,0)=x$.

**解** 由$\frac{\partial^2 z}{\partial y^2}=2$ 得 $\frac{\partial z}{\partial y}=2y+\varphi(x)$.

又因 $z'_y(x,0)=x$,所以,$x=0+\varphi(x)$ 或 $x=\varphi(x)$. 从而有

$$\frac{\partial z}{\partial y}=2y+x.$$

由此得 $z=y^2+xy+\varphi_1(x)$.

又因 $z(x,0)=1$,故 $1=0+0+\varphi_1(x)$ 或 $1=\varphi_1(x)$. 最后得

$$z=1+xy+y^2.$$

**【3360】** 求方程$\frac{\partial^2 z}{\partial x\partial y}=x+y$ 的解 $z=z(x,y)$,使它满足条件 $z(x,0)=x$, $z(0,y)=y^2$.

**解** 由$\frac{\partial^2 z}{\partial x\partial y}=x+y$ 得

$$\frac{\partial z}{\partial x}=xy+\frac{1}{2}y^2+\varphi_1(x),\quad z=\frac{1}{2}x^2y+\frac{1}{2}xy^2+\varphi(x)+\psi(y).$$

现确定 $\varphi(x)$及 $\psi(y)$. 由于 $z(x,0)=x$, $z(0,y)=y^2$,故有

$$x=\varphi(x)+\psi(0),\quad y^2=\varphi(0)+\psi(y),$$

于是, $z=x+y^2+\frac{1}{2}x^2y+\frac{1}{2}xy^2-[\varphi(0)+\psi(0)]$.

又因 $z(0,0)=0$,故 $\varphi(0)+\psi(0)=0$. 最后得

$$z=x+y^2+\frac{1}{2}xy(x+y).$$

## §3. 隐函数的微分法

1° **存在定理** 设:1)函数 $F(x,y,z)$在某点 $\hat{A}(x_0,y_0,z_0)$等于零;2)$F(x,y,z)$和 $F'_z(x,y,z)$在点$\hat{A}_0$ 的邻域内有定义并且是连续的;3)$F'_z(x_0,y_0,z_0)\neq 0$,则在点 $A_0(x_0,y_0)$的某充分小的邻域内存在唯一的单值连续函数

$$z=f(x,y),\tag{1}$$

它满足方程 $F(x,y,z)=0$

而且 $z_0=f(x_0,y_0)$.

2° **隐函数的可微性** 设除了上述条件,还有 4)函数 $F(x,y,z)$在点$\hat{A}_0(x_0,y_0,z_0)$的邻域内可微,则函数(1)在点 $A_0(x_0,y_0)$的邻域内也可微,并且它的导数$\frac{\partial z}{\partial x}$和$\frac{\partial z}{\partial y}$可从方程

$$\frac{\partial F}{\partial x}+\frac{\partial F}{\partial z}\frac{\partial z}{\partial x}=0,\quad \frac{\partial F}{\partial y}+\frac{\partial F}{\partial z}\frac{\partial z}{\partial y}=0\tag{2}$$

求得. 若函数 $F(x,y,z)$任意多次可微,则采用对方程(2)逐次微分的方法也可计算函数 $z$ 的高阶导数.

3° **由方程组定义的隐函数** 设函数 $F_i(x_1,\cdots,x_m;\ y_1,\cdots,y_n)(i=1,2,\cdots,n)$满足下列条件:

(ⅰ) 在点$\hat{A}_0(x_{10},\cdots,x_{m0};\ y_{10},\cdots,y_{n0})$等于零; (ⅱ) 在点$\hat{A}_0$ 的邻域内可微;

(ⅲ) 在点$\hat{A}_0$ 函数行列式$\frac{\partial(F_1,\cdots,F_n)}{\partial(y_1,\cdots,y_n)}\neq 0$.

在这种情况下，方程组

$$F_i(x_1,\cdots,x_m;\ y_1,\cdots,y_n)=0\quad(i=1,2,\cdots,n)\tag{3}$$

在点 $A_0(x_{10},\cdots,x_{m0})$ 的某邻域内唯一地确定出一组单值可微函数

$$y_i=f_i(x_1,\cdots,x_m)\quad(i=1,2,\cdots,n).$$

它们满足方程(3)及初始条件 $f_i(x_{10},\cdots,x_{m0})=y_{i0}\quad(i=1,2,\cdots,n)$.

这些隐函数的微分可由以下方程组求得：

$$\sum_{j=1}^{m}\frac{\partial F_i}{\partial x_j}\mathrm{d}x_j+\sum_{k=1}^{n}\frac{\partial F_i}{\partial y_k}\mathrm{d}y_k=0\quad(i=1,2,\cdots,n)^*$$

**【3361】** 证明：在每一点都不连续的狄利克雷函数

$$y(x)=\begin{cases}1, & x\text{ 为有理数;}\\ 0, & x\text{ 为无理数}\end{cases}$$

满足方程 $y^2-y=0$.

**证** 当 $x$ 为有理数时，$y^2-y=1-1=0$；当 $x$ 为无理数时，$y^2-y=0-0=0$. 因此，不论 $x$ 为任何实数 $x$，均有

$$y^2-y=0.$$

**【3362】** 设函数 $f(x)$ 定义于区间 $(a,b)$ 内. 在怎样的情况下，方程 $f(x)y=0$ 在 $a<x<b$ 时有唯一连续的解 $y=0$？

**解** 函数 $f(x)$ 的非零点的集合在区间 $(a,b)$ 内是处处稠密的，即 $f(x)$ 的零点的集合不能充满区间 $(a,b)$ 的任意一个子区间 $(\alpha,\beta)\subset(a,b)$. 此时，方程 $f(x)y=0$ 有唯一连续的解 $y=0$. 事实上，设 $y=y(x)$ 为方程 $f(x)y=0$ 的一个连续解，$x_0\in(a,b)$，则

(1) 当 $f(x_0)\neq0$ 时，显然有 $y(x_0)=0$；

(2) 当 $f(x_0)=0$ 时，由 $f(x)$ 的非零点的稠密性知：存在数列 $\{x_n\}$，满足 $x_n\to x_0$ 及 $f(x_n)\neq0$ $(n=1,2,\cdots)$. 于是，$y(x_n)=0$. 由 $y(x)$ 的连续性即得 $y(x_0)=y(\lim\limits_{n\to\infty}x_n)=\lim\limits_{n\to\infty}y(x_n)=0$.

于是，当 $a<x<b$ 时，$y\equiv0$.

反之，若方程 $f(x)y=0$ 在 $(a,b)$ 内只有唯一的连续解 $y=0$，则 $f(x)$ 的零点集必不能充满 $(a,b)$ 的任何子区间. 事实上，设在 $(a,b)$ 的某子区间 $(\alpha,\beta)$ 上 $f(x)\equiv0$. 定义 $(a,b)$ 上的函数 $y_0(x)$ 如下：

$$y_0(x)=\begin{cases}0, & a<x<\alpha+\dfrac{\beta-\alpha}{4},\\ \dfrac{4}{\beta-\alpha}\left(x-\alpha-\dfrac{\beta-\alpha}{4}\right), & \alpha+\dfrac{\beta-\alpha}{4}\leqslant x<\alpha+\dfrac{\beta-\alpha}{2},\\ -\dfrac{4}{\beta-\alpha}\left[x-\alpha-\dfrac{3(\beta-\alpha)}{4}\right], & \alpha+\dfrac{\beta-\alpha}{2}\leqslant x\leqslant\alpha+\dfrac{3}{4}(\beta-\alpha),\\ 0, & \alpha+\dfrac{3}{4}(\beta-\alpha)<x<b.\end{cases}$$

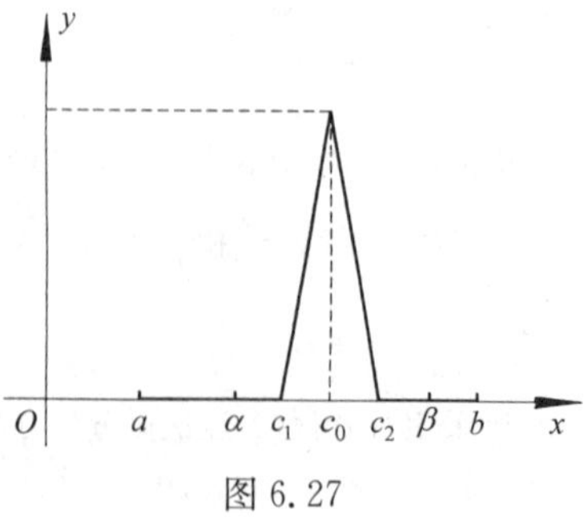


图 6.27

* 在陈述本节大多数题目时，无条件地假定隐函数和它们的相应导数存在的条件满足.

如图 6.27 所示,图中 $c_1=\alpha+\frac{\beta-\alpha}{4}$, $c_0=\alpha+\frac{\beta-\alpha}{2}$, $c_2=\alpha+\frac{3(\beta-\alpha)}{4}$.

显然,$y_0(x)\neq0$,但 $y=y_0(x)$ 是方程 $f(x)y=0$ 在$(a,b)$上的一个连续解.

**【3363】** 设函数 $f(x)$ 和 $g(x)$ 在区间$(a,b)$内有定义且连续. 在怎样的情况下,方程

$$f(x)y=g(x)$$

在区间$(a,b)$内有唯一连续的解.

**解** 下面三个条件显然是必要的:

(1) $f(x)$的零点必须是 $g(x)$的零点,否则 $y$ 无解;

(2) $f(x)$的非零点集合必须在$(a,b)$内稠密. 否则,存在$(\alpha,\beta)\subset(a,b)$,当 $x\in(\alpha,\beta)$时,恒有 $f(x)=g(x)=0$. 从而当 $x\in(\alpha,\beta)$时,任意改变原方程一个连续解 $y(x)$的函数值(但保持连续性)就得出原方程的另一个连续解(参看 3362 题的图),此与原方程连续解的唯一性矛盾.

(3) 如果 $f(x_0)=0$,则对任一点列 $x_n\to x_0$, $f(x_n)\neq0$ $(n=1,2,\cdots)$均有

$$\lim_{n\to\infty}\frac{g(x_n)}{f(x_n)}=y_0 \quad (y_0\text{ 是有限数且只与 }x_0\text{ 有关}).$$

显然,如果上述极限不存在或对不同的数列取不同的值均导致 $y$ 不连续.

反之,若上述三个条件满足,我们证明原方程的连续解存在且唯一. 事实上,这时令

$$y_0(x)=\begin{cases}\dfrac{g(x)}{f(x)}, & \text{在 } f(x)\neq0 \text{ 的点},\\ \lim\limits_{n\to\infty}\dfrac{g(x_n)}{f(x_n)}, & \text{在 } f(x)=0 \text{ 的点},\end{cases}$$

这里任取 $x_n\to x$, $f(x_n)\neq0$ $(n=1,2,\cdots)$. 易知 $y_0(x)$是$(a,b)$内的连续函数且满足原方程,即是原方程的一个连续解. 现若原方程在$(a,b)$内还有一连续解 $y=y_1(x)$,则

$$f(x)y_1(x)=g(x),\quad f(x)y_0(x)=g(x)\quad (a<x<b).$$

对任何 $x_0\in(a,b)$,若 $f(x_0)\neq0$,则 $y_1(x_0)=\frac{g(x_0)}{f(x_0)}=y_0(x_0)$;若 $f(x_0)=0$,取 $x_n\to x_0$, $f(x_n)\neq0$ $(n=1,2,\cdots)$则根据 $y_1(x)$的连续性,得 $y_1(x_0)=\lim\limits_{n\to\infty}y_1(x_n)=\lim\limits_{n\to\infty}\frac{g(x_n)}{f(x_n)}=y_0(x_0)$.

于是,$y_1(x)\equiv y_0(x)$ $(a<x<b)$,唯一性获证.

**【3364】** 已知方程

$$x^2+y^2=1, \tag{1'}$$

设

$$y=y(x)\quad (-1\leqslant x\leqslant1) \tag{2'}$$

为满足方程(1′)的单值函数.

(1) 有多少单值函数(2′)满足方程(1′)?

(2) 有多少单值连续函数(2′)满足方程(1′)?

(3) 设:(ⅰ)$y(0)=1$;(ⅱ)$y(1)=0$,则有多少单值连续函数(2′)满足方程(1′)?

**解** (1) 无限个. 例如,令

$$y_n(x)=\begin{cases}\sqrt{1-x^2}, & -1\leqslant x\leqslant1\text{ 且 }x\neq\dfrac{1}{n},\\ -\sqrt{1-x^2}, & x=\dfrac{1}{n}\quad(n=1,2,3,\cdots),\end{cases}$$

则显然 $y=y_n(x)$ $(n=1,2,3,\cdots)$都是满足方程(1′)的单值函数.

(2) 二个:$y=-\sqrt{1-x^2}$ 及 $y=\sqrt{1-x^2}$.

(3) (ⅰ)满足条件 $y(0)=1$ 的仅 $y=\sqrt{1-x^2}$ 这一个连续函数;

(ⅱ)满足条件 $y(1)=0$ 的有 $y=-\sqrt{1-x^2}$ 及 $y=\sqrt{1-x^2}$ 这二个连续函数.

**【3365】** 已知方程

$$x^2=y^2, \tag{1'}$$

设

$$y=y(x)\quad(-\infty<x<+\infty) \tag{2'}$$

是满足方程(1′)的单值函数.

(1) 有多少单值函数(2′)满足方程(1′)?

(2) 有多少单值连续函数(2′)满足方程(1′)?

(3) 有多少单值可微函数(2′)满足方程(1′)?

(4) 设:(ⅰ) $y(1)=1$;(ⅱ) $y(0)=0$,则有多少单值连续函数(2′)满足方程(1′)?

(5) 设 $y(1)=1$ 及 $\delta$ 为充分小的数,则有多少单值连续函数 $y=y(x)$ $(1-\delta<x<1+\delta)$满足方程(1′)?

**解** (1) 无限个.例如,

$$y_n(x)=\begin{cases}|x|, & x\neq\dfrac{1}{n},\\ -|x|, & x=\dfrac{1}{n},\end{cases}\quad(n=1,2,\cdots)$$

都是.

(2) 四个:$y=-x$. $y=x$,$y=|x|$和 $y=-|x|$.

(3) 二个:$y=-x$ 和 $y=x$.

(4) (ⅰ)二个:$y=x$ 和 $y=|x|$;(ⅱ)四个:即(2)中之四个.

(5) 一个:$y=x$.

**【3366】**+ 方程 $x^2+y^2=x^4+y^4$ 定义出多值函数 $y(x)$. 函数在怎样的区域内:

(1)单值, (2)有二个值, (3)有三个值, (4)有四个值?

求此函数的分支点及它的单值连续的各分支.

**解** 由 $x^2+y^2=x^4+y^4$ 得 $y^4-y^2+(x^4-x^2)=0$. 解之,得 $y^2=\frac{1}{2}\pm\sqrt{\frac{1}{4}+x^2-x^4}$. 一共有单值连续的六支,其中当$\frac{1}{4}+x^2-x^4\geqslant0$即$|x|\leqslant\sqrt{\frac{1+\sqrt{2}}{2}}$时有二支:

$$y_1=\sqrt{\frac{1}{2}+\sqrt{\frac{1}{4}+x^2-x^4}},\quad |x|\leqslant\sqrt{\frac{1+\sqrt{2}}{2}};\quad y_2=-\sqrt{\frac{1}{2}+\sqrt{\frac{1}{4}+x^2-x^4}},\quad |x|\leqslant\sqrt{\frac{1+\sqrt{2}}{2}}.$$

而当 $0\leqslant\frac{1}{4}+x^2-x^4\leqslant\left(\frac{1}{2}\right)^2$ 即 $1\leqslant x^2\leqslant\frac{1+\sqrt{2}}{2}$时有四支:

$$y_3=\sqrt{\frac{1}{2}-\sqrt{\frac{1}{4}+x^2-x^4}},\ 1\leqslant x\leqslant\sqrt{\frac{1+\sqrt{2}}{2}};\quad y_4=\sqrt{\frac{1}{2}-\sqrt{\frac{1}{4}+x^2-x^4}},\ -\sqrt{\frac{1+\sqrt{2}}{2}}\leqslant x\leqslant-1;$$

$$y_5=-\sqrt{\frac{1}{2}-\sqrt{\frac{1}{4}+x^2-x^4}},\ 1\leqslant x\leqslant\sqrt{\frac{1+\sqrt{2}}{2}};\quad y_6=-\sqrt{\frac{1}{2}-\sqrt{\frac{1}{4}+x^2-x^4}},\ -\sqrt{\frac{1+\sqrt{2}}{2}}\leqslant x\leqslant-1.$$

此外还有一个孤立点(0,0)(参看 1542 题的图像). 考虑上述六支的公共定义域知:

(1) 没有单值区域.

(2) 双值区域为 $0<|x|<1$ 及 $x=\pm\sqrt{\frac{1+\sqrt{2}}{2}}$.

(3) 三值区域为 $x=0$ 及 $x=\pm1$.

(4) 四值区域为 $1<|x|<\sqrt{\frac{1+\sqrt{2}}{2}}$. 支点的必要条件为$[y^4-y^2+(x^4-x^2)]'_y=0$, 即 $4y^3-2y=0$. 于是,$y=0$ 及$y=\pm\frac{1}{\sqrt{2}}$. 由 $y=0$ 解得 $x=0$ 及 $x=\pm1$;而由 $y=\pm\frac{1}{\sqrt{2}}$解得$x=\pm\sqrt{\frac{1+\sqrt{2}}{2}}$. 经验证,得六个支点:

$$(-1,0),\qquad (1,0),\qquad \left(\sqrt{\frac{1+\sqrt{2}}{2}},\frac{1}{\sqrt{2}}\right),$$

$$\left(\sqrt{\frac{1+\sqrt{2}}{2}},-\frac{1}{\sqrt{2}}\right),\quad \left(-\sqrt{\frac{1+\sqrt{2}}{2}},\frac{1}{\sqrt{2}}\right),\quad \left(-\sqrt{\frac{1+\sqrt{2}}{2}},-\frac{1}{\sqrt{2}}\right).$$

**【3367】** 求由方程$(x^2+y^2)^2=x^2-y^2$所定义的多值函数$y$的分支点和单值连续的各分支

$$y=y(x)\quad(-1\leqslant x\leqslant 1).$$

**解** 由$(x^2+y^2)^2=x^2-y^2$得 $\quad y^2=\dfrac{-(1+2x^2)\pm\sqrt{8x^2+1}}{2}.$

因为当$|x|\leqslant 1$时，$\sqrt{8x^2+1}\geqslant 1+2x^2$，故单值连续的各分支为(共有四分支)

$$y=\varepsilon(x)\sqrt{\frac{\sqrt{8x^2+1}-(1+2x^2)}{2}}\quad(-1\leqslant x\leqslant 1),$$

其中$\varepsilon(x)$分别为1，$-1$，$\operatorname{sgn}x$，$-\operatorname{sgn}x$.

下面再求分支点：

$$[(x^2+y^2)^2-x^2+y^2]'_y=2(x^2+y^2)2y+2y=0,$$

解之得$y=0$，从而得$x=0$及$x=\pm 1$. 经验证得分支点为

$$(0,0),\ (1,0)\quad 及\quad (-1,0).$$

**【3368】** 设函数$f(x)$当$a<x<b$时连续，函数$\varphi(y)$当$c<y<d$时单调增加而且连续. 在怎样的条件下，方程$\varphi(y)=f(x)$定义出单值函数$y=\varphi^{-1}[f(x)]$？

研究例子：(i) $\sin y+\operatorname{sh} y=x$； (ii) $e^{-y}=-\sin^2 x$.

**解** 根据$\varphi(y)$的严格增加性以及$\varphi(y)$、$f(x)$的连续性可知，若存在$(x_0,y_0)$满足$\varphi(y_0)=f(x_0)$，则在$x_0$近旁由方程$\varphi(y)=f(x)$可唯一地确定$y$为$x$的单值连续函数

$$y=\varphi^{-1}[f(x)]\quad(满足\ y_0=\varphi^{-1}[f(x_0)]);\tag{1}$$

若更设满足不等式

$$\lim_{y\to c+0}\varphi(y)<f(x)<\lim_{y\to d-0}\varphi(x)\quad(a<x<b),\tag{2}$$

则显然函数(1)是整个$a<x<b$上定义的连续函数.

(i) 设$\varphi(y)=\sin y+\operatorname{sh} y\ (-\infty<y<+\infty)$，$f(x)=x\ (-\infty<x<+\infty)$. 由于$\varphi'(y)=\cos y+\operatorname{ch} y>0\ (-\infty<y<+\infty)$，故$\varphi(y)$是$-\infty<y<+\infty$上的严格增函数，又显然有

$$\lim_{y\to-\infty}\varphi(y)=-\infty,\quad \lim_{y\to+\infty}\varphi(y)=+\infty,$$

故不等式(2)满足. 于是，由方程$\sin y+\operatorname{sh} y=x$唯一确定$y$为$x$的连续函数，它定义在整个数轴：$-\infty<x<+\infty$上.

(ii) $\varphi(y)=e^{-y}$及$f(x)=-\sin^2 x$虽然也满足题设条件，但此方程是矛盾的($e^{-y}>0$，$-\sin^2 x\leqslant 0$)，即不存在点$(x_0,y_0)$，使有$e^{-y_0}=-\sin x_0$. 因此，不能定义$y$为$x$的单值函数.

**【3369】** 设

$$x=y+\varphi(y),\tag{1}$$

其中$\varphi(0)=0$，且当$-a<y<a$时$\varphi'(y)$连续并满足$|\varphi'(y)|\leqslant k<1$. 证明：当$-\varepsilon<x<\varepsilon$时存在唯一的可微函数$y=y(x)$满足方程(1)且$y(0)=0$.

**证** 设$F(x,y)=x-y-\varphi(y)$，则

(i) 由于$\varphi(0)=0$，故$F(0,0)=0$；

(ii) 当$-\infty<x<+\infty$，$-a<y<a$时，$F(x,y)$，$F'_x(x,y)$及$F'_y(x,y)=-1-\varphi'(y)$均连续；

(iii) $F'_y(0,0)=-1-\varphi'(0)<0$，当然$F'_y(0,0)\neq 0$.

于是，由隐函数的存在及可微性定理知：存在$\varepsilon>0$，使当$-\varepsilon<x<\varepsilon$时，存在唯一的可微函数$y=y(x)$满足方程$x=y+\varphi(y)$及$y(0)=0$.

**【3370】** 设$y=y(x)$为由方程$x=ky+\varphi(y)$所定义的隐函数，其中常数$k\neq 0$，且$\varphi(y)$为以$\omega$为周期的

可微周期函数,且$|\varphi'(y)|<|k|$.证明:$y=\frac{x}{k}+\psi(x)$,其中$\psi(x)$为以$|k|\omega$为周期的周期函数.

**证** 由于$x=ky+\varphi(y)$,故$\frac{dx}{dy}=k+\varphi'(y)$.又因$|\varphi'(y)|<|k|$,故$\frac{dx}{dy}$与$k$同号,即$x$为$y$的严格单调函数,且为连续的.由于$\varphi(y)$是连续的以$\omega$为周期的函数,故有界,从而,当$k>0$时,

$$\lim_{y\to-\infty}x=-\infty,\quad \lim_{y\to+\infty}x=+\infty;$$

当$k<0$时,

$$\lim_{y\to-\infty}x=+\infty,\quad \lim_{y\to+\infty}x=-\infty;$$

由此可知,其反函数$y=y(x)$存在唯一,且是$-\infty<x<+\infty$上有定义的严格单调可微函数.令

$$y(x)-\frac{x}{k}=\psi(x)\quad(-\infty<x<+\infty),\tag{1}$$

则由$x=ky(x)+\varphi[y(x)]$,$\varphi[y(x)+\omega]=\varphi[y(x)]$知,

$$x+k\omega=ky(x)+\varphi[y(x)]+k\omega=k[y(x)+\omega]+\varphi[y(x)+\omega].$$

从而,根据反函数的唯一性,得

$$y(x+k\omega)=y(x)+\omega\quad(-\infty<x<+\infty).\tag{2}$$

由(1)式与(2)式,得

$$\psi(x+k\omega)=y(x+k\omega)-\frac{x+k\omega}{k}=y(x)-\frac{x}{k}=\psi(x)\quad(-\infty<x<+\infty).$$

同理可证

$$\psi(x-k\omega)=\psi(x)\quad(-\infty<x<+\infty),$$

故$\psi(x)$是以$|k|\omega$为周期的周期函数.由(1)得

$$y=y(x)=\frac{1}{k}x+\psi(x).$$

证毕.

### 对于由下列各方程定义的函数$y$,求$y'$和$y''$:

**【3371】** $x^2+2xy-y^2=a^2$.

**提示** 可用直接求导法或微分法解之.但必须注意,在使用微分法时,$d^2x=0$.

**解** 用求导及微分两种方法解之.

解法1:

等式两端分别对$x$求导数,得$2x+2y+2xy'-2yy'=0$,故有

$$y'=\frac{y+x}{y-x}.$$

再对上式求导数,得

$$y''=\frac{(y-x)(y'+1)-(y+x)(y'-1)}{(y-x)^2}=\frac{2y-2xy'}{(y-x)^2}=\frac{2y(y-x)-2x(y+x)}{(y-x)^3}$$

$$=\frac{2(y^2-2xy-x^2)}{(y-x)^3}=-\frac{2a^2}{(y-x)^3}=\frac{2a^2}{(x-y)^3}.$$

解法2:

等式两端分别微分,得

$$2xdx+2xdy+2ydx-2ydy=0,\tag{1}$$

故有 $\frac{dy}{dx}=\frac{y+x}{y-x}$.

对(1)式两端再微分一次,并注意$d^2x=0$,得

$$dx^2+2dxdy-dy^2+(x-y)d^2y=0,$$

故有

$$\frac{d^2y}{dx^2}=\frac{1+2\frac{dy}{dx}-\left(\frac{dy}{dx}\right)^2}{y-x}=\frac{1+\frac{2(y+x)}{y-x}-\left(\frac{y+x}{y-x}\right)^2}{y-x}=\frac{2a^2}{(x-y)^3}.$$

【3372】 $\ln\sqrt{x^2+y^2}=\arctan\dfrac{y}{x}$.

**提示** 仿 3371 题的解法.

**解** 解法 1:等式两端对 $x$ 求导数,得$\dfrac{x+yy'}{x^2+y^2}=\dfrac{xy'-y}{x^2+y^2}$. 解之即得

$$y'=\frac{x+y}{x-y}.$$

将上式再对 $x$ 求导,得

$$y''=\frac{(x-y)(1+y')-(x+y)(1-y')}{(x-y)^2}=\frac{2(xy'-y)}{(x-y)^2}=\frac{2x(x+y)-2y(x-y)}{(x-y)^3}=\frac{2(x^2+y^2)}{(x-y)^3}.$$

解法 2:等式两端分别微分,得$\dfrac{x\mathrm{d}x+y\mathrm{d}y}{x^2+y^2}=\dfrac{x\mathrm{d}y-y\mathrm{d}x}{x^2+y^2}$. 解之即得

$$\frac{\mathrm{d}y}{\mathrm{d}x}=\frac{x+y}{x-y}.$$

对 $x\mathrm{d}x+y\mathrm{d}y=x\mathrm{d}y-y\mathrm{d}x$ 再微分一次,得

$$\mathrm{d}x^2+\mathrm{d}y^2+y\mathrm{d}^2y=x\mathrm{d}y^2,$$

故有

$$\frac{\mathrm{d}^2y}{\mathrm{d}x^2}=\frac{1}{x-y}\left[1+\left(\frac{\mathrm{d}y}{\mathrm{d}x}\right)^2\right]=\frac{(x-y)^2+(x+y)^2}{(x-y)^3}=\frac{2(x^2+y^2)}{(x-y)^3}.$$

**以下各题根据情况采用直接求导法或微分法.**

【3373】 $y-\varepsilon\sin y=x\quad(0<\varepsilon<1)$.

**提示** 采用直接求导法较好.

**解** 等式两端对 $x$ 求导数,得 $y'-\varepsilon y'\cos y=1$, 故有

$$y'=\frac{1}{1-\varepsilon\cos y}.$$

将上式再对 $x$ 求导数,得

$$y''=-\frac{\varepsilon y'\sin y}{(1-\varepsilon\cos y)^2}=-\frac{\varepsilon\sin y}{(1-\varepsilon\cos y)^3}.$$

【3374】 $x^y=y^x\quad(x\neq y)$.

**提示** 等式两端取对数后,采用直接求导法.

**解** 取对数得 $\quad y\ln x=x\ln y$ 或 $\dfrac{\ln x}{x}=\dfrac{\ln y}{y}\quad(x>0,\ y>0)$.

两端对 $x$ 求导数,得$\dfrac{1-\ln x}{x^2}=\dfrac{y'(1-\ln y)}{y^2}$, 故有

$$y'=\frac{y^2(1-\ln x)}{x^2(1-\ln y)}.$$

将上式再对 $x$ 求导数,得

$$y''=\frac{1}{x^4(1-\ln y)^2}\left\{x^2(1-\ln y)\left[2yy'(1-\ln x)-\frac{y^2}{x}\right]-y^2(1-\ln x)\left[2x-2x\ln y-\frac{x^2y'}{y}\right]\right\}$$

$$=\frac{1}{x^4(1-\ln y)^3}\left\{y^2\left[y(1-\ln x)^2-2(x-y)(1-\ln x)(1-\ln y)-x(1-\ln y)^2\right]\right\}.$$

【3375】 $y=2x\arctan\dfrac{y}{x}$.

**提示** 先将原式变形为$\dfrac{y}{x}=2\arctan\dfrac{y}{x}$,其中$\dfrac{y}{x}\neq1$. 采用微分法后,可得 $\mathrm{d}\left(\dfrac{y}{x}\right)=0$,即$\dfrac{x\mathrm{d}y-y\mathrm{d}x}{x^2}=0$,可得$\dfrac{\mathrm{d}y}{\mathrm{d}x}=\dfrac{y}{x}$. 再采用直接求导法,易得$\dfrac{\mathrm{d}^2y}{\mathrm{d}x^2}=0$.

**解** $\dfrac{y}{x}=2\arctan\dfrac{y}{x}$,显然$\dfrac{y}{x}\neq1$. 两端微分,得

$$d\left(\frac{y}{x}\right)=\frac{2d\left(\frac{y}{x}\right)}{1+\left(\frac{y}{x}\right)^2},$$

于是,$d\left(\frac{y}{x}\right)=0$,即$\frac{xdy-ydx}{x^2}=0$,故有$\frac{dy}{dx}=\frac{y}{x}$.

将上式对 $x$ 求导数,即得
$$\frac{d^2y}{dx^2}=\frac{x\frac{dy}{dx}-y}{x^2}=0.$$

**【3376】** 证明:若 $1+xy=k(x-y)$,式中 $k$ 为常数,则成立等式

$$\frac{dx}{1+x^2}=\frac{dy}{1+y^2}.$$

**证明思路** 对等式 $1+xy=k(x-y)$ 两端微分,得 $xdy+ydx=k(dx-dy)$ 及

$$(x-y)(xdy+ydx)=k(x-y)(dx-dy)=(1+xy)(dx-dy).$$

命题易获证.

**证** 将等式 $1+xy=k(x-y)$ 两端微分,得

$$xdy+ydx=k(dx-dy),$$

故
$$(x-y)(xdy+ydx)=k(x-y)(dx-dy)=(1+xy)(dx-dy),$$

简化即得 $\frac{dx}{1+x^2}=\frac{dy}{1+y^2}$. 证毕.

**【3377】** 证明:若
$$x^2y^2+x^2+y^2-1=0,$$

则当 $xy>0$ 时成立等式
$$\frac{dx}{\sqrt{1-x^4}}+\frac{dy}{\sqrt{1-y^4}}=0.$$

**证明思路** 先对所给等式两端微分,得

$$x(y^2+1)dx+y(x^2+1)dy=0. \tag{1}$$

再由 $x^2y^2+x^2+y^2-1=0$ 可解得

$$x=\pm\sqrt{\frac{1-y^2}{1+y^2}},\quad y=\pm\sqrt{\frac{1-x^2}{1+x^2}}. \tag{2}$$

由于 $xy>0$,故知 $x,y$ 应取同号.不论 $x,y$ 同取正号还是同取负号,当用(2)式代入(1)式后,即获证.

**证** 将所给等式两端微分,得

$$2xy^2dx+2x^2ydy+2xdx+2ydy=0,$$

即
$$x(y^2+1)dx+y(x^2+1)dy=0. \tag{1}$$

由 $x^2y^2+x^2+y^2-1=0$ 可解得

$$x=\pm\sqrt{\frac{1-y^2}{1+y^2}},\quad y=\pm\sqrt{\frac{1-x^2}{1+x^2}}. \tag{2}$$

因为 $xy>0$,故知 $x,y$ 应同取正号或同取负号.不论取什么符号,当用(2)式代入(1)式后,均可得

$$\frac{dx}{\sqrt{1-x^4}}+\frac{dy}{\sqrt{1-y^4}}=0.$$

**【3378】** 证明:方程
$$(x^2+y^2)^2=a^2(x^2-y^2)\quad(a\neq 0)$$
在点 $x=0,y=0$ 的邻域中定义出两个可微函数:$y=y_1(x)$和 $y=y_2(x)$.求 $y_1'(0)$及 $y_2'(0)$.

**解** $(x^2+y^2)^2=a(x^2-y^2)^{*)}$ 即

$$y^4+(2x^2+a^2)y^2-(a^2x^2-x^4)=0.$$

解之得
$$y^2=\frac{-(2x^2+a^2)+\sqrt{8a^2x^2+a^4}}{2}$$

(根号前取正号是由于 $y^2\geqslant 0$).记

$$y=\pm\sqrt{\frac{\sqrt{8a^2x^2+a^4}-2x^2-a^2}{2}}=\pm f(x^2).$$

不难看出(0,0)为分支点. 从点(0,0)出发,有单值连续的四个分支:

$$y_1=f(x^2),\quad 0\leqslant x\leqslant\delta;\qquad y_2=f(x^2),\quad -\delta\leqslant x\leqslant 0;$$

$$y_3=-f(x^2),\quad 0\leqslant x\leqslant\delta\qquad y_4=-f(x^2),\quad -\delta\leqslant x\leqslant 0.$$

这几个单值分支能否组成$(-\delta,\delta)$上的可微函数,主要是看组成的函数在$x=0$是否可微. 为此,研究各分支在点$x=0$处的单侧导数.

$$y'_{1+}(0)=\lim_{x\to+0}\frac{y_1(x)-y_1(0)}{x-0}=\lim_{x\to+0}\frac{f(x^2)}{x}=\lim_{x\to+0}\frac{1}{x}\sqrt{\frac{\sqrt{8a^2x^2+a^4}-2x^2-a^2}{2}}$$

$$=\lim_{x\to+0}\sqrt{\frac{\sqrt{8a^2x^2+a^4}-2x^2-a^2}{2x^2}}=\lim_{x\to+0}\sqrt{\frac{8a^2x^2+a^4-(2x^2+a^2)^2}{2x^2(\sqrt{8a^2x^2+a^4}+2x^2+a^2)}}$$

$$=\lim_{x\to+0}\sqrt{\frac{4a^2-4x^2}{2(\sqrt{8a^2x^2+a^4}+2x^2+a^2)}}=1.$$

同法可得

$$y'_{2-}(0)=\lim_{x\to-0}\frac{f(x^2)}{x}=-1,\qquad y'_{3+}(0)=\lim_{x\to+0}\frac{-f(x^2)}{2}=-1,\qquad y'_{4-}(0)=\lim_{x\to-0}\frac{-f(x^2)}{2}=1.$$

由上可以看出

$$y_1(x)=\begin{cases}f(x^2), & 0\leqslant x<\delta,\\ -f(x^2), & -\delta<x<0,\end{cases}\quad 及\quad y_2(x)=\begin{cases}-f(x^2), & 0\leqslant x<\delta,\\ f(x^2), & -\delta<x<0\end{cases}$$

是仅有的两个过点(0,0)的可微函数,且

$$y'_1(0)=1\quad 及\quad y'_2(0)=-1.$$

*) 此方程的图像系双纽线(图6.28),它的极坐标方程为$r^2=a^2\cos2\theta$. 以上作法及结论由图很容易看出.

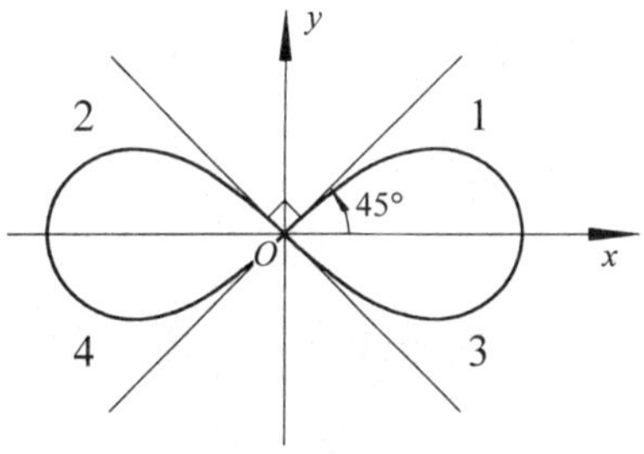


图 6.28

**【3379】** 设:

$$(x^2+y^2)^2=3x^2y-y^3,$$

求$y'$当$x=0$和$y=0$时的值.

**解** 本题讨论方法与3378题类似,但由于不能直接解出$y=f(x)$,故只能用隐函数表示. 由$(x^2+y^2)^2=3x^2y-y^3$*) 得

$$x^4+(2y^2-3y)x^2+y^4+y^3=0.$$

解之得

$$x^2=\frac{(3y-2y^2)\pm\sqrt{9y^2-16y^3}}{2}.$$

令

$$g(y)=\frac{3y-2y^2+\sqrt{9y^2-16y^3}}{2},$$

$$h(y)=\frac{3y-2y^2-\sqrt{9y^2-16y^3}}{2},$$

则不难验证:在$y=0$的邻域内均有$g(y)\geqslant0$;而仅当$y\geqslant0$时才有$h(y)\geqslant0$. 于是,点(0,0)为支点,且从该点

出发，有六个单值连续分支：

1. $x_1=\sqrt{g(y)}$，$0\leqslant y<\varepsilon$；它在 $0\leqslant x<\delta$ 上定义隐函数$y=f_1(x)$.

2. $x_2=-\sqrt{g(y)}$，$0\leqslant y<\varepsilon$；它在$-\delta<x\leqslant 0$ 上定义隐函数 $y=f_2(x)$.

3. $x_3=\sqrt{g(y)}$，$-\varepsilon<y\leqslant 0$；它在 $0\leqslant x<\delta$ 上定义隐函数 $y=f_3(x)$.

4. $x_4=-\sqrt{g(y)}$，$-\varepsilon<y\leqslant 0$；它在$-\delta<x\leqslant 0$ 上定义隐函数 $y=f_4(x)$.

5. $x_5=\sqrt{h(y)}$，$0\leqslant y<\varepsilon$；它在 $0\leqslant x<\delta$ 上定义隐函数$y=f_5(x)$.

6. $x_6=-\sqrt{h(y)}$，$0\leqslant y<\varepsilon$ 它在$-\delta<x\leqslant 0$ 上定义隐函数 $y=f_6(x)$.

上述隐函数的存在性，易从对右端 $y$ 的表达式求导数而导数不为零获证. 因此，只要求上述六分支在原点的单侧导数.

$$f'_{1+}(0)=\lim_{x\to+0}\frac{f_1(x)-f_1(0)}{x-0}=\lim_{y\to+0}\frac{y}{\sqrt{g(y)}}$$

$$=\lim_{y\to+0}\sqrt{\frac{2y^2}{3y-2y^2+\sqrt{9y^2-16y^3}}}=\lim_{y\to+0}\sqrt{\frac{2y}{3-2y+\sqrt{9-16y}}}=0.$$

$$f'_{2-}(0)=\lim_{x\to-0}\frac{f_2(x)-f_2(0)}{x-0}=\lim_{y\to+0}\frac{y}{-\sqrt{g(y)}}=0.$$

$$f'_{3+}(0)=\lim_{x\to+0}\frac{f_3(x)-f_3(0)}{x-0}=\lim_{y\to-0}\frac{y}{g(y)}=\lim_{z\to+0}\frac{-z}{\sqrt{g(-z)}}$$

$$=-\lim_{x\to+0}\sqrt{\frac{2z^2}{\sqrt{9zx^2+16z^3}-3z-2z^2}}=-\lim_{z\to+0}\sqrt{\frac{2z^2(\sqrt{9z^2+16z^3}+3z+2z^2)}{(9z^2+16z^3)-(3z+2z^2)^2}}$$

$$=-\lim_{z\to+0}\sqrt{\frac{2(\sqrt{9+16z}+3+2z)}{4-4z}}=-\sqrt{3}.$$

$$f'_{4-}(0)=\lim_{x\to-0}\frac{f_4(x)}{x}=\lim_{y\to-0}\frac{y}{-\sqrt{g(y)}}=-(-\sqrt{3})=\sqrt{3}.$$

$$f'_{5+}(0)=\lim_{x\to+0}\frac{f_5(x)}{x}=\lim_{y\to+0}\frac{y}{\sqrt{h(y)}}$$

$$=\lim_{y\to+0}\sqrt{\frac{2y^2}{3y-2y^2-\sqrt{9y^2-16y^3}}}=\lim_{y\to+0}\sqrt{\frac{2y^2(3y-2y^2+\sqrt{9y^2-16y^3})}{(3y-2y^2)^2-(9y^2-16y^3)}}$$

$$=\lim_{y\to+0}\sqrt{\frac{2(3-2y+\sqrt{9y^2-16y^3})}{4+4y}}=\sqrt{3}.$$

$$f'_{6-}(0)=\lim_{x\to-0}\frac{f_6(x)}{x}=\lim_{y\to+0}\frac{y}{-\sqrt{h(y)}}=-\sqrt{3}.$$

于是，上述六个单值连续分支可组成三个$(-\delta,\delta)$上的可微函数 $y=y_i(x)$ $(i=1,2,3)$：

$$y_1(x)=\begin{cases}f_1(x), & x\geqslant 0,\\ f_2(x), & x<0\end{cases}\quad y_1'(0)=0;$$

$$y_2(x)=\begin{cases}f_3(x), & x\geqslant 0,\\ f_6(x), & x<0\end{cases}\quad y_2'(0)=-\sqrt{3};$$

$$y_3(x)=\begin{cases}f_5(x), & x\geqslant 0,\\ f_4(x), & x<0\end{cases}\quad y_3'(0)=\sqrt{3}.$$

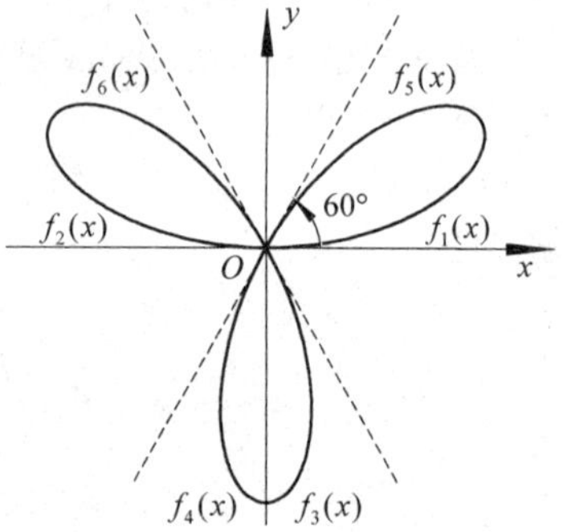

图 6.29

*） 此方程的图像为三瓣玫瑰线(图 6.29)，它的极坐标方程为

$$r=a\sin 3\theta.$$

以上作法及结论，由图很容易看出.

**【3380】** 设 $x^2+xy+y^2=3$，求 $y'$，$y''$及 $y'''$.

**提示** 采用直接求导法.

**解** 等式两端对 $x$ 求导数，得 $2x+y+xy'+2yy'=0$. 于是，

$$y'=-\frac{2x+y}{x+2y}.$$

再对上式求导数，得

$$y''=-\frac{1}{(x+2y)^2}\{(2+y')(x+2y)-(1+2y')(2x+y)\}=-\frac{18}{(x+2y)^3};$$

$$y'''=\frac{54}{(x+2y)^4}(1+2y')=-\frac{162x}{(x+2y)^5}.$$

**【3381】** 设 $x^2-xy+2y^2+x-y-1=0$，求 $y'$，$y''$及 $y'''$当 $x=0$，$y=1$ 时的值.

**解** 等式两端对 $x$ 求导数，得

$$2x-y-xy'+4yy'+1-y'=0. \tag{1}$$

以 $x=0$，$y=1$ 代入(1)式，得 $$y'\Big|_{\substack{x=0\\y=1}}=0.$$

将(1)式再对 $x$ 求导数，得

$$2-y'-y'-xy''+4y'^2+4yy''-y''=0. \tag{2}$$

以 $x=0$，$y=1$，$y'=0$ 代入(2)式，得 $$y''\Big|_{\substack{x=0\\y=1}}=-\frac{2}{3}.$$

将(2)式再对 $x$ 求导数，得

$$-3y''-xy'''+12y'y''+4yy'''-y'''=0. \tag{3}$$

以 $x=0$，$y=1$，$y'=0$，$y''=-\frac{2}{3}$代入(3)式，得

$$y'''\Big|_{\substack{x=0\\y=1}}=-\frac{2}{3}.$$

**【3382】** 证明：对于二次曲线 $ax^2+2bxy+cy^2+2dx+2ey+f=0$，

成立等式 $$\frac{d^3}{dx^3}\left[(y'')^{-\frac{2}{3}}\right]=0.$$

**证明思路** 原题中的二次曲线应是非退化的，即

$$\Delta=\begin{vmatrix} a & b & d\\ b & c & e\\ d & e & f\end{vmatrix}\neq 0,$$

由 $\Delta\neq 0$ 保证 $y''\neq 0$.

利用直接求导法，可得 $y''=\frac{\Delta}{(bx+cy+e)^3}$. 由此可得

$$(y'')^{-\frac{2}{3}}=\Delta^{-\frac{2}{3}}\left[(b^2-ac)x^2+2(be-cd)x+e^2-cf\right],$$

它是关于 $x$ 的二次三项式，因此，$\frac{d^3}{dx^3}\left[(y'')^{-\frac{2}{3}}\right]=0$.

**证** 原题中的二次曲线应是非退化的，即

$$\Delta=\begin{vmatrix} a & b & d\\ b & c & e\\ d & e & f\end{vmatrix}\neq 0,$$

由 $\Delta\neq 0$ 保证 $y''\neq 0$.

等式两端对 $x$ 求导数，得

$$2ax+2by+2bxy'+2cyy'+2d+2ey'=0. \tag{1}$$

于是， $$y'=-\frac{ax+by+d}{bx+cy+e}.$$

(1)式除以 2 后,等式两端再对 $x$ 求导数,得

$$a+2by'+cy'^2+(bx+cy+e)y''=0.$$

于是,

$$y''=-\frac{a+2by'+cy'^2}{bx+cy+e}=-\frac{1}{(bx+cy+e)^3}\{a(bx+cy+e)^2-2b(bx+cy+e)(ax+by+d)+c(ax+by+d)^2\}$$

$$=\frac{\Delta}{(bx+cy+e)^3},$$

$$(y'')^{-\frac{2}{3}}=\Delta^{-\frac{2}{3}}(bx+cy+e)^2=\Delta^{-\frac{2}{3}}[b^2x^2+c(cy^2+2bxy+2ey)+e^2+2bex]$$

$$=\Delta^{-\frac{2}{3}}[b^2x^2-c(ax^2+2dx+f)+2bex+e^2]=\Delta^{-\frac{2}{3}}[(b^2-ac)x^2+2(be-cd)x+e^2-cf],$$

即 $(y'')^{-\frac{2}{3}}$ 是关于 $x$ 的二次三项式,故 $\quad\frac{d^3}{dx^3}[(y'')^{-\frac{2}{3}}]=0.$

**求函数 $z=z(x,y)$ 的一阶和二阶偏导数,设:**

**【3383】** $x^2+y^2+z^2=a^2$.

**解题思路** 先对等式两端微分,得

$$xdx+ydy+zdz=0. \tag{1}$$

注意 $d^2x=d^2y=0$,再对(1)式两端微分,又可得

$$dx^2+dy^2+dz^2+zd^2z=0. \tag{2}$$

由(1)得 $dz=-\frac{x}{z}dx-\frac{y}{z}dy$,故有

$$\frac{\partial z}{\partial x}=-\frac{x}{z},\quad \frac{\partial z}{\partial y}=-\frac{y}{z}.$$

由(2)及(1)得 $d^2z=-\frac{z^2+x^2}{z^3}dx^2-\frac{2xy}{z^3}dxdy-\frac{z^2+y^2}{z^3}dy^2$,故有

$$\frac{\partial^2 z}{\partial x^2}=-\frac{z^2+x^2}{z^3},\quad \frac{\partial^2 z}{\partial x\partial y}=-\frac{xy}{z^3},\quad \frac{\partial^2 z}{\partial y^2}=-\frac{z^2+y^2}{z^3}.$$

以下 3384 题~3387 题均可仿本题求解.

**解** 等式两端微分,得

$$xdx+ydy+zdz=0, \tag{1}$$

$$dx^2+dy^2+dz^2+zd^2z=0. \tag{2}$$

由(1)得 $dz=-\frac{x}{z}dx-\frac{y}{z}dy$,故有 $\quad\frac{\partial z}{\partial x}=-\frac{x}{z},\quad \frac{\partial z}{\partial y}=-\frac{y}{z}.$

由(2)得

$$d^2z=-\frac{1}{z}(dx^2+dy^2+dz^2)=-\frac{1}{z}dx^2-\frac{1}{z}dy^2-\frac{1}{z}\left(\frac{x}{z}dx+\frac{y}{z}dy\right)^2$$

$$=-\frac{1}{z}\left(1+\frac{x^2}{z^2}\right)dx^2-\frac{2xy}{z^3}dxdy-\frac{1}{z}\left(1+\frac{y^2}{z^2}\right)dy^2,$$

故有 $\quad\frac{\partial^2 z}{\partial x^2}=-\frac{1}{z}\left(1+\frac{x^2}{z^2}\right)=-\frac{z^2+x^2}{z^3},\quad \frac{\partial^2 z}{\partial x\partial y}=-\frac{xy}{z^3},\quad \frac{\partial^2 z}{\partial y^2}=-\frac{z^2+y^2}{z^3}.$

**【3384】** $z^3-3xyz=a^3$.

**解** 等式两端对 $x$ 求偏导数,得

$$3z^2\frac{\partial z}{\partial x}-3yz-3xy\frac{\partial z}{\partial x}=0, \tag{1}$$

于是,$\frac{\partial z}{\partial x}=\frac{yz}{z^2-xy}$. 同法可得 $\frac{\partial z}{\partial y}=\frac{xz}{z^2-xy}$.

(1)式除以 3 后再分别对 $x$ 及对 $y$ 求偏导数,得

$$2z\left(\frac{\partial z}{\partial x}\right)^2+z^2\frac{\partial^2 z}{\partial x^2}-2y\frac{\partial z}{\partial x}-xy\frac{\partial^2 z}{\partial x^2}=0,\qquad \left(2z\frac{\partial z}{\partial y}-x\right)\frac{\partial z}{\partial x}+(z^2-xy)\frac{\partial^2 z}{\partial x\partial y}-z-y\frac{\partial z}{\partial y}=0.$$

将 $\frac{\partial z}{\partial x}$ 及 $\frac{\partial z}{\partial y}$ 代入上述两式，化简整理得

$$\frac{\partial^2 z}{\partial x^2}=-\frac{2xy^3 z}{(z^2-xy)^3};\qquad \frac{\partial^2 z}{\partial x\partial y}=\frac{z(z^4-2xyz^2-x^2y^2)}{(z^2-xy)^3}.$$

同法可得
$$\frac{\partial^2 z}{\partial y^2}=-\frac{2x^3yz}{(z^2-xy)^3}.$$

**【3385】** $x+y+z=e^z$.

**解** 等式两次微分，得

$$dx+dy+dz=e^z dz,\qquad (1)$$

故有
$$dz=\frac{1}{e^z-1}(dx+dy)=\frac{1}{x+y+z-1}(dx+dy).$$

于是，$\frac{\partial z}{\partial x}=\frac{\partial z}{\partial y}=\frac{1}{x+y+z-1}$. 再将(1)式微分一次，得

$$d^2z=e^z d^2z+e^z dz^2,$$

故有
$$d^2z=-\frac{e^z}{e^z-1}(dz)^2=-\frac{e^z}{(e^z-1)^3}(dx^2+2dxdy+dy^2).$$

于是，
$$\frac{\partial^2 z}{\partial x^2}=\frac{\partial^2 z}{\partial x\partial y}=\frac{\partial^2 z}{\partial y^2}=-\frac{e^z}{(e^z-1)^3}=-\frac{x+y+z}{(x+y+z-1)^3}.$$

**【3386】** $z=\sqrt{x^2-y^2}\tan\frac{z}{\sqrt{x^2-y^2}}$.

**解** 设 $r=\sqrt{x^2-y^2}$，则 $\frac{z}{r}=\tan\frac{z}{r}$，$d\left(\frac{z}{r}\right)=\frac{d\left(\frac{z}{r}\right)}{1+\left(\frac{z}{r}\right)^2}$.

从而有 $d\left(\frac{z}{r}\right)=0$，或 $rdz-zdr=0$，即

$$dz=\frac{z}{r^2}(xdx-ydy).\qquad (1)$$

于是，$\frac{\partial z}{\partial x}=\frac{zx}{r^2}=\frac{xz}{x^2-y^2}$，$\quad\frac{\partial z}{\partial y}=-\frac{yz}{r^2}=-\frac{yz}{x^2-y^2}$.

由(1)得

$$(x^2-y^2)dz=xzdx-yzdy.\qquad (2)$$

(2)式再微分一次，得

$$\begin{aligned}(x^2-y^2)d^2z&=-(2xdx-2ydy)dz+xdxdz+zdx^2-ydydz-zdy^2\\&=-(xdx-ydy)\left[\frac{z(xdx-ydy)}{x^2-y^2}\right]+zdx^2-zdy^2\\&=\frac{z}{x^2-y^2}[-x^2dx^2+2xydxdy-y^2dy^2+(x^2-y^2)dx^2-(x^2-y^2)dy^2]\\&=\frac{z(-y^2dx^2+2xydxdy-x^2dy^2)}{x^2-y^2}\end{aligned}$$

于是，
$$\frac{\partial^2 z}{\partial x^2}=-\frac{y^2z}{(x^2-y^2)^2},\quad \frac{\partial^2 z}{\partial x\partial y}=\frac{xyz}{(x^2-y^2)^2},\quad \frac{\partial^2 z}{\partial y^2}=-\frac{x^2z}{(x^2-y^2)^2}.$$

**【3387】** $x+y+z=e^{-(x+y+z)}$.

**解** 等式两端对 $x$ 求偏导数，得 $1+\frac{\partial z}{\partial x}=e^{-(x+y+z)}\left(-1-\frac{\partial z}{\partial x}\right)$.

于是，$\frac{\partial z}{\partial x}=-1$. 利用对称性，得
$$\frac{\partial z}{\partial y}=-1$$

显见 $\frac{\partial^2 z}{\partial x^2}=\frac{\partial^2 z}{\partial x\partial y}=\frac{\partial^2 z}{\partial y^2}=0$.

**【3388】** 设：
$$x^2+y^2+z^2-3xyz=0\qquad (1)$$

且
$$f(x,y,z)=xy^2z^3.$$
求 $f'_{x(1,1,1)}$，若:(ⅰ)$z=z(x,y)$是由方程(1)定义的隐函数,(ⅱ)$y=y(x,z)$是由方程(1)定义的隐函数. 说明为什么这些导数相异.

**解** (ⅰ)记 $F(x,y,z)=x^2+y^2+z^2-3xyz=0$，则由方程(1)所定义的隐函数 $z=z(x,y)$ 的偏导数 $z'_x(x,y)$ 在(1,1)点的值为

$$z'_x(1,1)=-\frac{F'_x(1,1,1)}{F'_z(1,1,1)}=-\frac{\left.\frac{\mathrm{d}}{\mathrm{d}x}F(x,1,1)\right|_{x=1}}{\left.\frac{\mathrm{d}}{\mathrm{d}z}F(1,1,z)\right|_{z=1}}=-\frac{\left.\frac{\mathrm{d}}{\mathrm{d}x}(x^2+2-3x)\right|_{x=1}}{\left.\frac{\mathrm{d}}{\mathrm{d}x}(2+z^2-3z)\right|_{z=1}}=-1.$$

于是，

$$\frac{\partial}{\partial x}[f(x,y,z(x,y))]\Big|_{(1,1,1)}=\frac{\mathrm{d}}{\mathrm{d}x}f(x,1,1)\Big|_{x=1}+\frac{\partial}{\partial z}f(1,1,z)\Big|_{z=1}z'_x(1,1)=1+3(-1)=-2.$$

(ⅱ) $$y'_x(1,1)=-\frac{F'_x(1,1,1)}{F'_y(1,1,1)}=-\frac{\left.\frac{\mathrm{d}}{\mathrm{d}x}F(x,1,1)\right|_{x=1}}{\left.\frac{\mathrm{d}}{\mathrm{d}y}F(1,y,1)\right|_{y=1}}=-1.$$

于是，

$$\frac{\partial}{\partial x}[f(x,y(x,z)z)]\Big|_{(1,1,1)}=\frac{\mathrm{d}}{\mathrm{d}x}f(x,1,1)\Big|_{x=1}+\frac{\mathrm{d}}{\mathrm{d}y}f(1,y,1)\Big|_{y=1}y'_x(1,1)=1+2(-1)=-1.$$

由(ⅰ)与(ⅱ)所求得的对 $x$ 的偏导数在(1,1,1)点的值不相等，可说明如下：

方程 $F(x,y,z)=0$ 代表一个空间曲面，而 $f(x,y,z)$ 表示定义在这个曲面上的一个函数. 函数 $G(x,y)=f(x,y,z(x,y))$ 表示把原曲面上的点投影到 $Oxy$ 平面上后，原曲面上的函数看成在 $Oxy$ 平面上定义的一个函数，$G'_x(x,y)$ 表示此函数在 $Ox$ 轴方向的变化率，它不仅包含了原来函数在 $Ox$ 轴方向的变化率，还包含了原来函数在 $Oz$ 轴方向的变化率的一部份. 同样地，$H(x,z)=f(x,y(x,z),z)$ 表示把原曲面上的点投影到 $Oxz$ 平面上后，原曲面上的函数看成在 $Oxz$ 平面上定义的函数，$H'_x(x,z)$ 表示此函数在 $Ox$ 轴方向的变化率，它不仅包含了原来函数在 $Ox$ 轴方向的变化率，还包含了原来函数在 $Oy$ 轴方向的变化率的一部份. 一般地，原来函数在 $Oy$ 轴和 $Oz$ 轴方向的变化率的那两部份是不相等的.

**【3389】** 设 $x^2+2y^2+3z^2+xy-z-9=0$，求 $\frac{\partial^2 z}{\partial x^2}$，$\frac{\partial^2 z}{\partial x\partial y}$，$\frac{\partial^2 z}{\partial y^2}$ 当 $x=1,y=-2,z=1$ 时的值.

**解** 等式两端微分一次，得 $2x\mathrm{d}x+4y\mathrm{d}y+6z\mathrm{d}z+x\mathrm{d}y+y\mathrm{d}x-\mathrm{d}z=0$.

即
$$(1-6z)\mathrm{d}z=(2x+y)\mathrm{d}x+(4y+x)\mathrm{d}y. \tag{1}$$
再微分一次，得
$$(1-6z)\mathrm{d}^2z=6\mathrm{d}z^2+2\mathrm{d}x^2+2\mathrm{d}x\mathrm{d}y+4\mathrm{d}y^2. \tag{2}$$
以 $x=1,\ y=-2,\ z=1$ 代入(1)式，得 $\mathrm{d}z=\frac{7}{5}\mathrm{d}y$. 再以 $z=1,\ \mathrm{d}z=\frac{7}{5}\mathrm{d}y$，代入(2)式，得

$$\mathrm{d}^2z=-\frac{2}{5}\mathrm{d}x^2-\frac{2}{5}\mathrm{d}x\mathrm{d}y-\frac{394}{125}\mathrm{d}y^2.$$

于是，当 $x=1,\ y=-2,\ z=1$ 时，$\frac{\partial^2 z}{\partial x^2}=-\frac{2}{5}$，$\frac{\partial^2 z}{\partial x\partial y}=-\frac{1}{5}$，$\frac{\partial^2 z}{\partial y^2}=-\frac{394}{125}$.

**求 $\mathrm{d}z$ 和 $\mathrm{d}^2z$，设：**

**【3390】** $\frac{x^2}{a^2}+\frac{y^2}{b^2}+\frac{z^2}{c^2}=1$.

**解** 等式两端微分一次，得 $$\frac{2x}{a^2}\mathrm{d}x+\frac{2y}{b^2}\mathrm{d}y+\frac{2z}{c^2}\mathrm{d}z=0.$$

于是，$\mathrm{d}z=-\frac{c^2}{z}\left(\frac{x\mathrm{d}x}{a^2}+\frac{y\mathrm{d}y}{c^2}\right)$. 再将 $\mathrm{d}z$ 微分一次，得

$$d^2z=-\frac{c^2}{z^2}\left[z\left(\frac{dx^2}{a^2}+\frac{dy^2}{b^2}\right)-\left(\frac{xdx}{a^2}+\frac{ydy}{b^2}\right)dz\right]=-\frac{c^4}{z^3}\left[\left(\frac{x^2}{a^2}+\frac{z^2}{c^2}\right)\frac{dx^2}{a^2}+\frac{2xy}{a^2b^2}dxdy+\left(\frac{y^2}{b^2}+\frac{z^2}{c^2}\right)\frac{dy^2}{b^2}\right].$$

**【3391】** $xyz=x+y+z$.

**解** 等式两端微分一次,得

$$yzdx+xzdy+xydz=dx+dy+dz. \tag{1}$$

于是,

$$dz=-\frac{(1-yz)dx+(1-xz)dy}{1-xy}. \tag{2}$$

对(1)式再微分一次,得

$$2zdxdy+2xdydz+2ydxdz+xyd^2z=d^2z. \tag{3}$$

以(2)式代入(3)式,化简整理得

$$d^2z=-\frac{2}{(1-xy)^2}\{y(1-yz)dx^2+[x+y-z(1+xy)dxdy+x(1-xz)dy^2\}$$
$$=-\frac{2\{y(1-yz)dx^2-2zdxdy+x(1-xz)dy^2\}}{(1-xy)^2}.$$

**【3392】** $\frac{x}{z}=\ln\frac{z}{y}+1$.

**解** 等式两端微分一次,得$\frac{zdx-xdz}{z^2}=\frac{dz}{z}-\frac{dy}{y}$. 于是,

$$dz=\frac{z(ydx+zdy)}{y(x+z)}.$$

对$(x+z)dz=zdx+\frac{z^2}{y}dy$再微分一次,得

$$(x+z)d^2z=-(dx+dz)dz+dzdx+\frac{2z}{y}dzdy-\frac{z^2}{y^2}dy^2=-dz^2+\frac{2z}{y}dydz-\frac{z^2}{y^2}dy^2=-\left(dz-\frac{z}{y}dy\right)^2$$
$$=-\frac{z^2[(ydx+zdy)-(x+z)dy]^2}{y^2(x+z)^2}=-\frac{z^2(ydx-xdy)^2}{y^2(x+z)^2}.$$

于是,

$$d^2z=-\frac{z^2(ydx-xdy)^2}{y^2(x+z)^3}.$$

**【3393】** $z=x+\arctan\frac{y}{z-x}$.

**解** 等式两端微分一次,得 $dz=dx+\frac{1}{1+\frac{y^2}{(z-x)^2}}\cdot\frac{(z-x)dy-y(dz-dx)}{(z-x)^2}$.

化简整理,得

$$dz=dx+\frac{z-x}{(z-x)^2+y(y+1)}dy.$$

再对上式微分一次,得

$$d^2z=\frac{1}{[(z-x)^2+y(y+1)]^2}\Big\{[(z-x)^2+y(y+1)]dy(dz-dx)-(z-x)dy[2(z-x)(dz-dx)$$
$$+2ydy+dy]\Big\}.$$

将 $dz$ 代入化简整理,即有

$$d^2z=\frac{2(x-z)(y+1)[(x-z)^2+y^2]}{[(x-z)^2+y(y+1)]^3}dy^2.$$

**【3394】** 设 $u^3-3(x+y)u^2+z^3=0$,求 $du$.

**解** 等式两端微分,得 $3u^2du-3u^2(dx+dy)-6u(x+y)du+3z^2dz=0$.

于是,

$$du=\frac{u^2(dx+dy)-z^2dz}{u[u-2(x+y)]}.$$

**【3395】** 设 $F(x+y+z,x^2+y^2+z^2)=0$, 求$\frac{\partial^2z}{\partial x\partial y}$.

**解** 等式两端对 $x$ 求偏导数,得

$$F'_1\cdot\left(1+\frac{\partial z}{\partial x}\right)+F'_2\cdot\left(2x+2z\frac{\partial z}{\partial x}\right)=0.$$

于是，
$$\frac{\partial z}{\partial x}=-\frac{F'_1+2xF'_2}{F'_1+2zF'_2}. \tag{1}$$

同法可得
$$\frac{\partial z}{\partial y}=-\frac{F'_1+2yF'_2}{F'_1+2zF'_2}.$$

(1)式两端对 $y$ 求偏导数，得

$$\begin{aligned}\frac{\partial^2 z}{\partial x\partial y}&=-\frac{1}{(F'_1+2zF'_2)^2}\{(F'_1+2zF'_2)[(F'_1)'_y+2x(F'_2)'_y]-(F'_1+2xF'_2)[(F'_1)'_y+2z(F'_2)'_y+2z'_y\cdot F'_2]\}\\&=-\frac{1}{(F'_1+2zF'_2)^2}\{2(x-z)F'_1\cdot(F'_2)'_y+2(z-x)F'_2(F'_1)'_y-2[F'_1F'_2+x(F'_2)^2]z'_y\}\\&=-\frac{2(x-z)}{(F'_1+2zF'_2)^2}\{F'_1(F'_2)'_y-F'_2(F'_1)'_y\}-\frac{2F'_2(F'_1+2xF'_2)(F'_1+2yF'_2)}{(F'_1+2zF'_2)^3}.\end{aligned}$$

现分别求 $(F'_1)'_y$ 及 $(F'_2)'_y$：
$$(F'_1)'_y=F''_{11}\cdot(1+z'_y)+F''_{12}\cdot(2y+2zz'_y),$$
$$(F'_2)'_y=F''_{21}\cdot(1+z'_y)+F''_{22}\cdot(2y+2zz'_y).$$

注意到
$$1+z'_y=\frac{2(z-y)F'_2}{F'_1+2zF'_2},\quad 2y+2zz'_y=\frac{2(y-z)F'_1}{F'_1+2zF'_2},$$

即得

$$\begin{aligned}&F'_1(F'_2)'_y-F'_2(F'_1)'_y\\&=F'_1F''_{21}\frac{2(z-y)F'_2}{F'_1+2zF'_2}+F'_1F''_{22}\frac{2(y-z)F'_1}{F'_1+2zF'_2}-F'_2F''_{11}\frac{2(z-y)F'_2}{F'_1+2zF'_2}-F'_2F''_{12}\frac{2(y-z)F'_1}{F'_1+2zF'_2}\\&=\frac{2(y-z)}{F'_1+2zF'_2}\{(F'_1)^2F''_{22}-2F'_1F'_2F''_{12}+(F'_2)^2F''_{11}\}.\end{aligned}$$

于是，
$$\frac{\partial^2 z}{\partial x\partial y}=-\frac{4(x-z)(y-z)}{(F'_1+2zF'_2)^3}\{(F'_1)^2F''_{22}-2F'_1F'_2F''_{12}+(F'_2)^2F''_{11}\}-\frac{2F'_2(F'_1+2xF'_2)(F'_1+2yF'_2)}{(F'_1+2zF'_2)^3}.$$

**【3396】** 设 $F(x-y,y-z,z-x)=0$，求 $\frac{\partial z}{\partial x}$ 和 $\frac{\partial z}{\partial y}$.

**解** 等式两端对 $x$ 求偏导数，得

$$F'_1+F'_2\cdot\left(-\frac{\partial z}{\partial x}\right)+F'_3\cdot\left(\frac{\partial z}{\partial x}-1\right)=0.$$

于是，$\frac{\partial z}{\partial x}=\frac{F'_1-F'_3}{F'_2-F'_3}$. 同法可得
$$\frac{\partial z}{\partial y}=\frac{F'_2-F'_1}{F'_2-F'_3}.$$

**【3397】** 设 $F(x,x+y,x+y+z)=0$，求 $\frac{\partial z}{\partial x}$，$\frac{\partial z}{\partial y}$ 和 $\frac{\partial^2 z}{\partial x^2}$.

**解** 等式两端分别对 $x$ 及对 $y$ 求偏导数，得

$$F'_1+F'_2+F'_3\left(1+\frac{\partial z}{\partial x}\right)=0,\qquad F'_2+F'_3\left(1+\frac{\partial z}{\partial y}\right)=0.$$

于是，
$$\frac{\partial z}{\partial x}=-\left(1+\frac{F'_1+F'_2}{F'_3}\right),\qquad \frac{\partial z}{\partial y}=-\left(1+\frac{F'_2}{F'_3}\right).$$

再将 $\frac{\partial z}{\partial x}$ 对 $x$ 求偏导数，得

$$\begin{aligned}\frac{\partial^2 z}{\partial x^2}=-\frac{1}{(F'_3)^2}\Big\{&F'_3\Big[F''_{11}+F''_{12}+F''_{13}\left(1+\frac{\partial z}{\partial x}\right)+F''_{21}+F''_{22}+F''_{23}\left(1+\frac{\partial z}{\partial x}\right)\Big]\\&-(F'_1+F'_2)\Big[F''_{31}+F''_{32}+F''_{33}\left(1+\frac{\partial z}{\partial x}\right)\Big]\Big\}.\end{aligned}$$

将 $\frac{\partial z}{\partial x}$ 代入化简整理得

$$\frac{\partial^2 z}{\partial x^2}=-\frac{1}{(F'_3)^3}\{(F'_3)^2(F''_{11}+2F''_{12}+F''_{22})-2(F'_1+F'_2)F'_3(F''_{13}+F''_{23})+(F'_1+F'_2)^2F''_{33}\}.$$

**【3398】** 设 $F(xz,yz)=0$,求$\frac{\partial^2 z}{\partial x^2}$.

**解** 等式两端对 $x$ 求偏导数,得 $F'_1\cdot\left(z+x\frac{\partial z}{\partial x}\right)+F'_2 y\frac{\partial z}{\partial x}=0$.

于是,$\frac{\partial z}{\partial x}=-\frac{zF'_1}{xF'_1+yF'_2}$. 将 $\frac{\partial z}{\partial x}$ 再对 $x$ 求偏导数,得

$$\frac{\partial^2 z}{\partial x^2}=-\frac{1}{(xF'_1+xF''_2)^2}\left\{(xF'_1+yF'_2)\left[F'_1\frac{\partial z}{\partial x}+z\left(F''_{11}\cdot\left(z+x\frac{\partial z}{\partial x}\right)+F''_{12}y\frac{\partial z}{\partial x}\right)\right]\right.$$
$$\left.-\left[F'_1+x\left(F''_{11}\cdot\left(z+x\frac{\partial z}{\partial x}\right)+F''_{12}y\frac{\partial z}{\partial x}\right)+y\left(F''_{21}\cdot\left(z+x\frac{\partial z}{\partial x}\right)+F''_{22}y\frac{\partial z}{\partial x}\right)\right]zF'_1\right\}.$$

将 $\frac{\partial z}{\partial x}$ 代入化简整理得

$$\frac{\partial^2 z}{\partial x^2}=-\frac{1}{(xF'_1+yF'_2)^3}\{y^2z^2[(F'_1)^2F''_{22}-2F'_1F'_2F''_{12}+(F'_2)^2F''_{11}]-2z(F'_1)^2(xF'_1+yF'_2)\}.$$

**【3399】** 设:(ⅰ)$F(x+z,y+z)=0$;(ⅱ)$F\left(\frac{x}{z},\frac{y}{z}\right)=0$,求 $\mathrm{d}^2z$.

**解** (ⅰ)等式两端微分,得

$$F'_1\cdot(\mathrm{d}x+\mathrm{d}z)+F'_2\cdot(\mathrm{d}y+\mathrm{d}z)=0. \tag{1}$$

于是, $\mathrm{d}z=-\frac{F'_1\mathrm{d}x+F'_2\mathrm{d}y}{F'_1+F'_2}$, $\mathrm{d}x+\mathrm{d}z=\frac{F'_2\cdot(\mathrm{d}x-\mathrm{d}y)}{F'_1+F'_2}$, $\mathrm{d}y+\mathrm{d}z=-\frac{F'_1\cdot(\mathrm{d}x-\mathrm{d}y)}{F'_1+F'_2}$.

对(1)式再求一次微分,得

$$F''_{11}\cdot(\mathrm{d}x+\mathrm{d}z)^2+2F''_{12}\cdot(\mathrm{d}x+\mathrm{d}z)(\mathrm{d}y+\mathrm{d}z)+F''_{22}\cdot(\mathrm{d}y+\mathrm{d}z)^2+(F'_1+F'_2)\mathrm{d}^2z=0.$$

于是, $$\mathrm{d}^2z=-\frac{1}{F'_1+F'_2}[F''_{11}\cdot(\mathrm{d}x+\mathrm{d}z)^2+2F''_{12}\cdot(\mathrm{d}x+\mathrm{d}z)(\mathrm{d}y+\mathrm{d}z)+F''_{22}\cdot(\mathrm{d}y+\mathrm{d}z)^2]$$
$$=-\frac{1}{(F'_1+F'_2)^3}[F''_{11}(F'_2)^2-2F'_1F'_2F''_{12}+F''_{22}(F'_1)^2](\mathrm{d}x-\mathrm{d}y^2).$$

(ⅱ)等式两端微分,得

$$F'_1\frac{z\mathrm{d}x-x\mathrm{d}z}{z^2}+F'_2\frac{z\mathrm{d}y-y\mathrm{d}z}{z^2}=0. \tag{2}$$

于是,

$$\mathrm{d}z=\frac{z(F'_1\mathrm{d}x+F'_2\mathrm{d}y)}{xF'_1+yF'_2},\quad z\mathrm{d}x-x\mathrm{d}z=\frac{zF'_2\cdot(y\mathrm{d}x-x\mathrm{d}y)}{xF'_1+yF'_2},\quad z\mathrm{d}y-y\mathrm{d}z=-\frac{zF'_1\cdot(y\mathrm{d}x-x\mathrm{d}y)}{xF'_1+yF'_2}.$$

(2)式乘以 $z^2$ 后再微分一次,得

$$F''_{11}\frac{(z\mathrm{d}x-x\mathrm{d}z)^2}{z^2}+2F''_{12}\frac{(z\mathrm{d}x-x\mathrm{d}z)(z\mathrm{d}y-y\,\mathrm{d}z)}{z^2}+F''_{22}\frac{(z\mathrm{d}y-y\mathrm{d}z)^2}{z^2}-(xF'_1+yF'_2)\mathrm{d}^2z=0.$$

于是,

$$\mathrm{d}^2z=\frac{1}{z^2(xF'_1+yF'_2)}[F''_{11}\cdot(z\mathrm{d}x-x\mathrm{d}z)^2+2F''_{12}\cdot(z\mathrm{d}x-x\mathrm{d}z)(z\mathrm{d}y-y\mathrm{d}z)+F''_{22}\cdot(z\mathrm{d}y-y\mathrm{d}z)^2]$$
$$=\frac{(y\,\mathrm{d}x-x\,\mathrm{d}y)^2}{(xF'_1+yF'_2)^3}[F''_{11}(F'_2)^2-2F'_1F'_2F''_{12}+F''_{22}(F'_1)^2].$$

**【3400】** 设 $x=x(y,z)$, $y=y(x,z)$, $z=z(x,y)$,为由方程 $F(x,y,z)=0$ 定义的函数. 证明:

$$\frac{\partial x}{\partial y}\cdot\frac{\partial y}{\partial z}\cdot\frac{\partial z}{\partial x}=-1$$

**提示** 根据隐函数求导法易证.

**证** 根据隐函数求导法,有 $\frac{\partial x}{\partial y}=-\frac{\frac{\partial F}{\partial y}}{\frac{\partial F}{\partial x}}$, $\frac{\partial y}{\partial z}=-\frac{\frac{\partial F}{\partial z}}{\frac{\partial F}{\partial y}}$, $\frac{\partial z}{\partial x}=-\frac{\frac{\partial F}{\partial x}}{\frac{\partial F}{\partial z}}$.

三式相乘即得
$$\frac{\partial x}{\partial y}\cdot\frac{\partial y}{\partial z}\cdot\frac{\partial z}{\partial x}=-1.$$

**【3401】** 设 $x+y+z=0$，$x^2+y^2+z^2=1$，求 $\frac{dx}{dz}$ 和 $\frac{dy}{dz}$.

**提示** 对 $z$ 求导数，即可获解.

**解** 对 $z$ 求导数，得
$$\begin{cases}\frac{dx}{dz}+\frac{dy}{dz}+1=0,\\ x\frac{dx}{dz}+y\frac{dy}{dz}+z=0.\end{cases}$$

联立求解，得
$$\frac{dx}{dz}=\frac{y-z}{x-y},\qquad \frac{dy}{dz}=\frac{z-x}{x-y}.$$

**【3402】** 设 $x^2+y^2=\frac{1}{2}z^2$，$x+y+z=2$，求 $\frac{dx}{dz}$，$\frac{dy}{dz}$，$\frac{d^2x}{dz^2}$ 和 $\frac{d^2y}{dz^2}$ 当 $x=1$，$y=-1$，$z=2$ 时的值.

**解** 对 $z$ 求导数，得
$$\begin{cases}2x\frac{dx}{dz}+2y\frac{dy}{dz}=z, & (1)\\ \frac{dx}{dz}+\frac{dy}{dz}+1=0, & (2)\end{cases}$$
$$\begin{cases}2\left(\frac{dx}{dz}\right)^2+2x\frac{d^2x}{dz^2}+2\left(\frac{dy}{dz}\right)^2+2y\frac{d^2y}{dz^2}=1, & (3)\\ \frac{d^2x}{dz^2}+\frac{d^2y}{dz^2}=0. & (4)\end{cases}$$

将 $x=1$，$y=-1$，$z=2$ 代入(1)，(2)，解得
$$\frac{dx}{dz}=0,\qquad \frac{dy}{dz}=-1.$$

将上述结果及 $x,y,z$ 值联同由(4)式所决定的式子 $\frac{d^2x}{dz^2}=-\frac{d^2y}{dz^2}$ 一起代入(3)式，即得
$$\frac{d^2x}{dz^2}=-\frac{1}{4},\qquad \frac{d^2y}{dz^2}=\frac{1}{4}.$$

**【3403】** 设 $xu-yv=0$，$yu+xv=1$，求 $\frac{\partial u}{\partial x}$，$\frac{\partial u}{\partial y}$，$\frac{\partial v}{\partial x}$ 和 $\frac{\partial v}{\partial y}$.

**提示** 微分得
$$\begin{cases}x\mathrm{d}u-y\mathrm{d}v=v\mathrm{d}y-u\mathrm{d}x,\\ y\mathrm{d}u+x\mathrm{d}v=-v\mathrm{d}x-u\mathrm{d}y.\end{cases}$$
求出 $\mathrm{d}u$ 及 $\mathrm{d}v$ 后，问题即可获解.

**解** 微分得
$$\begin{cases}x\mathrm{d}u-y\mathrm{d}v=v\mathrm{d}y-u\mathrm{d}x,\\ y\mathrm{d}u+x\mathrm{d}v=-v\mathrm{d}x-u\mathrm{d}y.\end{cases}$$

于是，
$$\mathrm{d}u=\frac{1}{x^2+y^2}[-(xu+yv)\mathrm{d}x+(xv-yu)\mathrm{d}y],$$
$$\frac{\partial u}{\partial x}=-\frac{xu+yv}{x^2+y^2},\qquad \frac{\partial u}{\partial y}=\frac{xv-yu}{x^2+y^2}.$$

同法可得
$$\frac{\partial v}{\partial x}=\frac{yu-xv}{x^2+y^2},\quad \frac{\partial v}{\partial y}=-\frac{xu+yv}{x^2+y^2}\quad (x^2+y^2>0).$$

**【3404】** 设 $u+v=x+y$，$\frac{\sin u}{\sin v}=\frac{x}{y}$ 求，$\mathrm{d}u$，$\mathrm{d}v$，$\mathrm{d}^2u$ 和 $\mathrm{d}^2v$.

**提示** 将原式改写为
$$\begin{cases}u+v=x+y,\\ y\sin u-x\sin v=0.\end{cases}$$
微分两次，并注意 $\mathrm{d}^2x=\mathrm{d}^2y=0$，，问题即可获解.

**解** 将原式改写为 $\begin{cases} u+v=x+y, \\ y\sin u=x\sin v. \end{cases}$ 微分得

$$\begin{cases} du+dv=dx+dy, & (1) \\ \sin u dy+y\cos u du=\sin v dx+x\cos v dv. & (2) \end{cases}$$

联立求解,得

$$du=\frac{1}{x\cos v+y\cos u}[(\sin v+x\cos v)dx-(\sin u-x\cos v)dy],$$

$$dv=\frac{1}{x\cos v+y\cos u}[-(\sin v-y\cos u)dx+(\sin u+y\cos u)dy].$$

对(1),(2)两式再微分一次,得

$$\begin{cases} d^2u+d^2v=0, \\ y\cos u d^2u+2\cos u dy du-y\sin u du^2=x\cos v d^2v+2\cos v dx dv-x\sin v dv^2. \end{cases}$$

联立求解,得 $d^2u=-d^2v=\frac{1}{x\cos v+y\cos u}[(2\cos v dx-x\sin v dv)dv-(2\cos u dy-y\sin u du)du]$.

**【3405】** 设
$$e^{\frac{u}{x}}\cos\frac{v}{y}=\frac{x}{\sqrt{2}},\qquad e^{\frac{u}{x}}\sin\frac{v}{y}=\frac{y}{\sqrt{2}},$$

求 $du$, $dv$, $d^2u$ 和 $d^2v$ 当 $x=1$, $y=1$, $u=0$, $v=\frac{\pi}{4}$时的表达式.

**提示** 将所给二式相除及平方相加,得

$$\begin{cases} \tan\frac{v}{y}=\frac{y}{x}, \\ e^{\frac{2u}{x}}=\frac{x^2+y^2}{2}. \end{cases}$$

**解** 将所给二式相除及平方相加,得

$$\begin{cases} \tan\frac{v}{y}=\frac{y}{x}, & (1) \\ e^{\frac{2u}{x}}=\frac{x^2+y^2}{2}. & (2) \end{cases}$$

微分(1)式:

$$\sec^2\frac{v}{y}\cdot\frac{ydv-vdy}{y^2}=\frac{xdy-ydx}{x^2}. \tag{3}$$

以 $x=1$, $y=1$, $v=\frac{\pi}{4}$代入(3)式,得 $dv=\frac{\pi}{4}dy-\frac{1}{2}(dx-dy)$.

微分(3)式:

$$2\sec^2\frac{v}{y}\tan\frac{v}{y}\left(\frac{ydv-vdy}{y^2}\right)^2+\sec^2\frac{v}{y}\cdot\frac{y^2d^2v-2(ydv-vdy)dy}{y^3}=\frac{-2(xdy-ydx)dx}{x^3}. \tag{4}$$

以 $x=1$, $y=1$, $v=\frac{\pi}{4}$及 $dv$ 值代入(4)式,得

$$d^2v=\frac{1}{2}(dx-dy)^2.$$

微分(2)式:

$$2e^{\frac{2u}{x}}\frac{xdu-udx}{x^2}=xdx+ydy. \tag{5}$$

以 $x=1$, $y=1$, $u=0$ 代入(5)式,得 $du=\frac{dx+dy}{2}$.

微分(5)式:

$$4e^{\frac{2u}{x}}\left(\frac{xdu-udx}{x^2}\right)^2+2e^{\frac{2u}{x}}\frac{x^2d^2u-2(xdu-udx)dx}{x^3}=dx^2+dy^2. \tag{6}$$

以 $x=1$, $y=1$, $u=0$ 及 $\mathrm{d}u$ 代入(6)式,得 $\mathrm{d}^2u=\mathrm{d}x^2$.

**【3406】** 设 $x=t+t^{-1}$, $y=t^2+t^{-2}$, $z=t^3+t^{-3}$. 求$\dfrac{\mathrm{d}y}{\mathrm{d}x}$, $\dfrac{\mathrm{d}z}{\mathrm{d}x}$, $\dfrac{\mathrm{d}^2y}{\mathrm{d}x^2}$和$\dfrac{\mathrm{d}^2z}{\mathrm{d}x^2}$.

**提示** 本题除了用参数形式给出的求导法外,也可消去 $t$,得 $y=y(x)$ 及 $z=z(x)$,求出结果后再将 $x=t+t^{-1}$ 代入.

**解** $\dfrac{\mathrm{d}y}{\mathrm{d}x}=\dfrac{\frac{\mathrm{d}y}{\mathrm{d}t}}{\frac{\mathrm{d}x}{\mathrm{d}t}}=\dfrac{2t-\frac{2}{t^3}}{1-\frac{1}{t^2}}=2\left(t+\dfrac{1}{t}\right)$; $\dfrac{\mathrm{d}z}{\mathrm{d}x}=\dfrac{\frac{\mathrm{d}z}{\mathrm{d}t}}{\frac{\mathrm{d}x}{\mathrm{d}t}}=\dfrac{3t^2-\frac{3}{t^4}}{1-\frac{1}{t^2}}=3\left(t^2+\dfrac{1}{t^2}+1\right)$;

$$\frac{\mathrm{d}^2y}{\mathrm{d}x^2}=\frac{\frac{\mathrm{d}}{\mathrm{d}t}\left(\frac{\mathrm{d}y}{\mathrm{d}x}\right)}{1-\frac{1}{t^2}}=\frac{2\left(1-\frac{1}{t^2}\right)}{1-\frac{1}{t^2}}=2;\qquad \frac{\mathrm{d}^2z}{\mathrm{d}x^2}=\frac{\frac{\mathrm{d}}{\mathrm{d}t}\left(\frac{\mathrm{d}z}{\mathrm{d}x}\right)}{\frac{\mathrm{d}x}{\mathrm{d}t}}=\frac{3\left(2t-\frac{2}{t^3}\right)}{1-\frac{1}{t^2}}=6\left(t+\frac{1}{t}\right).$$

**注** 本题也可消去 $t$ 以求 $\dfrac{\mathrm{d}y}{\mathrm{d}x}$, $\dfrac{\mathrm{d}z}{\mathrm{d}x}$, $\dfrac{\mathrm{d}^2y}{\mathrm{d}x^2}$ 和 $\dfrac{\mathrm{d}^2z}{\mathrm{d}x^2}$. 事实上,

$$y=\left(t+\frac{1}{t}\right)^2-2=x^2-2,\qquad z=\left(t+\frac{1}{t}\right)\left(t^2-1+\frac{1}{t^2}\right)=x(x^2-3)=x^3-3x.$$

于是, $\dfrac{\mathrm{d}y}{\mathrm{d}x}=2x$, $\dfrac{\mathrm{d}z}{\mathrm{d}x}=3x^2-3$, $\dfrac{\mathrm{d}^2y}{\mathrm{d}x^2}=2$, $\dfrac{\mathrm{d}^2z}{\mathrm{d}x^2}=6x$.

再将 $x=t+\dfrac{1}{t}$ 代入上述结果,即得

$$\frac{\mathrm{d}y}{\mathrm{d}x}=2\left(t+\frac{1}{t}\right),\quad \frac{\mathrm{d}z}{\mathrm{d}x}=3\left(t^2+\frac{1}{t^2}+1\right),\quad \frac{\mathrm{d}^2y}{\mathrm{d}x^2}=2,\quad \frac{\mathrm{d}^2z}{\mathrm{d}x^2}=6\left(t+\frac{1}{t}\right).$$

**【3407】** 在 $Oxy$ 平面上怎样的区域内方程组

$$x=u+v,\quad y=u^2+v^2,\quad z=u^3+v^3$$

(式中参数 $u$ 和 $v$ 取一切可能的实数值)定义 $z$ 为变量 $x$ 和 $y$ 的函数? 求导数$\dfrac{\partial z}{\partial x}$和$\dfrac{\partial z}{\partial y}$.

**提示** 仿 3406 题,本题也可消去 $u,v$,得 $z=\dfrac{x}{2}(3y-x^2)$.

**解** 由 $u+v=x$, $u^2+v^2=y$ 解得

$$u=\frac{x\pm\sqrt{2y-x^2}}{2},\qquad v=\frac{x\mp\sqrt{2y-x^2}}{4},$$

其中 $2y-x^2\geqslant 0$ 或 $y\geqslant\dfrac{x^2}{2}$,此即所求的区域.

再由 $x=u+v$ 及 $y=u^2+v^2$ 分别对 $x$ 求偏导数,得

$$1=\frac{\partial u}{\partial x}+\frac{\partial v}{\partial x},\qquad 0=2u\frac{\partial u}{\partial x}+2v\frac{\partial v}{\partial x}.$$

联立求解得 $$\frac{\partial u}{\partial x}=\frac{v}{v-u},\qquad \frac{\partial v}{\partial x}=-\frac{u}{v-u}\quad (u\neq v).$$

又由 $z=u^3+v^3$ 对 $x$ 求偏导数,即可得

$$\frac{\partial z}{\partial x}=3u^2\frac{\partial u}{\partial x}+3v^2\frac{\partial v}{\partial x}=3u^2\frac{v}{v-u}-3v^2\frac{u}{v-u}=-3uv.$$

同法求得 $$\frac{\partial z}{\partial y}=\frac{3}{2}(u+v).$$

**注** 本题也可消去 $u,v$ 求$\dfrac{\partial z}{\partial x}$及$\dfrac{\partial z}{\partial y}$. 事实上,

$$x^2-y=2uv,$$

$$z=(u+v)(u^2-uv+v^2)=x\left(\frac{3}{2}y-\frac{x^2}{2}\right)=\frac{x}{2}(3y-x^2).$$

于是 $\quad \dfrac{\partial z}{\partial x}=\dfrac{3}{2}y-\dfrac{3}{2}x^2=-3uv,\qquad \dfrac{\partial z}{\partial y}=\dfrac{3}{2}x=\dfrac{3}{2}(u+v).$

但一般说来,用参数表示的函数和消去参数后的函数,它们的定义域是不同的.

**【3408】** 设 $x=\cos\varphi\cos\psi,\ y=\cos\varphi\sin\psi,\ z=\sin\varphi$,求$\dfrac{\partial^2 z}{\partial x^2}$.

**提示** 本题也可消去 $\varphi,\psi$,得 $x^2+y^2+z^2=1$.

**解** 由 $x=\cos\varphi\cos\psi,\ y=\cos\varphi\sin\psi$ 对 $x$ 求偏导数,得

$$\begin{cases}1=-\sin\varphi\cos\psi\dfrac{\partial\varphi}{\partial x}-\cos\varphi\sin\psi\dfrac{\partial\psi}{\partial x},\\[2ex] 0=-\sin\varphi\sin\psi\dfrac{\partial\varphi}{\partial x}+\cos\varphi\cos\psi\dfrac{\partial\psi}{\partial x}.\end{cases}$$

联立求解,得$\dfrac{\partial\varphi}{\partial x}=-\dfrac{\cos\psi}{\sin\varphi},\ \dfrac{\partial\psi}{\partial x}=-\dfrac{\sin\psi}{\cos\varphi}$. 于是,

$$\frac{\partial z}{\partial x}=\cos\varphi\frac{\partial\varphi}{\partial x}=-\cot\varphi\cos\psi,$$

$$\frac{\partial^2 z}{\partial x^2}=\frac{\partial}{\partial\varphi}\left(\frac{\partial z}{\partial x}\right)\frac{\partial\varphi}{\partial x}+\frac{\partial}{\partial\psi}\left(\frac{\partial z}{\partial x}\right)\frac{\partial\psi}{\partial x}=\frac{\cos\psi}{\sin^2\varphi}\left(-\frac{\cos\psi}{\sin\varphi}\right)+\cot\varphi\sin\psi\left(-\frac{\sin\psi}{\cos\varphi}\right)$$

$$=-\frac{\cos^2\psi+\sin^2\psi\sin^2\varphi}{\sin^3\varphi}=-\frac{\sin^2\varphi+\cos^2\varphi\cos^2\psi}{\sin^3\varphi}.$$

**注** 本题也可消去 $\varphi,\psi$ 求$\dfrac{\partial^2 z}{\partial x^2}$. 事实上,

$$x^2+y^2+z^2=\cos^2\varphi\cos^2\psi+\cos^2\varphi\sin^2\psi+\sin^2\varphi=\cos^2\varphi+\sin^2\varphi=1.$$

于是, $\quad 2x+2z\dfrac{\partial z}{\partial x}=0,\qquad \dfrac{\partial z}{\partial x}=-\dfrac{x}{z},$

$$\frac{\partial^2 z}{\partial x^2}=-\frac{z-x\dfrac{\partial z}{\partial x}}{z^2}=-\frac{z^2+x^2}{z^3}=-\frac{\sin^2\varphi+\cos^2\varphi\cos^2\psi}{\sin^3\varphi}.$$

**【3409】** 设 $x=u\cos v,\ y=u\sin v,\ z=v$,求

$$\frac{\partial^2 z}{\partial x^2},\quad \frac{\partial^2 z}{\partial x\partial y}\quad 及\quad \frac{\partial^2 z}{\partial y^2}.$$

**解题思路** 本题用求二阶微分的方法,可将所有的二阶偏导数一起求出. 为此,应先求 $\mathrm{d}u$ 及 $\mathrm{d}v$,再注意 $\mathrm{d}^2z=\mathrm{d}^2v=-\dfrac{2}{u}\mathrm{d}u\mathrm{d}v$,即可获解.

本题也可消去 $u,v$,由 $z=v=\arctan\dfrac{y}{x}$ 获解.

**解** 本题求二阶微分,可将所有的二阶偏导数一起求出.

$$\mathrm{d}x=\cos v\mathrm{d}u-u\sin v\mathrm{d}v,\qquad \mathrm{d}y=\sin v\mathrm{d}u+u\cos v\mathrm{d}v.$$

联立求解,得

$$\mathrm{d}u=\cos v\mathrm{d}x+\sin v\mathrm{d}y,\quad \mathrm{d}v=\frac{1}{u}(-\sin v\mathrm{d}x+\cos v\mathrm{d}y),\quad u\mathrm{d}v=-\sin v\mathrm{d}x+\cos v\mathrm{d}y.$$

再对上面最后一个式子微分一次,得

$$u\mathrm{d}^2v+\mathrm{d}u\mathrm{d}v=-\cos v\mathrm{d}v\mathrm{d}x-\sin v\mathrm{d}v\mathrm{d}y=-\mathrm{d}u\mathrm{d}v,$$

于是, $\quad \mathrm{d}^2z=\mathrm{d}^2v=-\dfrac{2}{u}\mathrm{d}u\mathrm{d}v=-\dfrac{2}{u^2}(\cos v\mathrm{d}x+\sin v\mathrm{d}y)(-\sin v\mathrm{d}x+\cos v\mathrm{d}y)$

$$=\frac{2}{u^2}(\sin v\cos v\mathrm{d}x^2-\cos2v\mathrm{d}x\mathrm{d}y-\sin v\cos v\mathrm{d}y^2),$$

从而有 $\quad \dfrac{\partial^2 z}{\partial x^2}=\dfrac{2\sin v\cos v}{u^2}=\dfrac{\sin2v}{u^2},\quad \dfrac{\partial^2 z}{\partial x\partial y}=-\dfrac{\cos2v}{u^2},\quad \dfrac{\partial^2 z}{\partial y^2}=-\dfrac{\sin2v}{u^2}.$

**注** 本题也可消去 $u,v$，由 $z=v=\arctan\dfrac{y}{x}$ 获解.

**【3410】** 设函数 $z=z(x,y)$ 由方程组 $\begin{cases}x=e^{u+v},\\ y=e^{u-v},\\ z=uv\end{cases}$（$u$ 及 $v$ 为参数）定义，求当 $u=0$ 及 $v=0$ 时的 $dz$ 及 $d^2z$.

**解** $dx\Big|_{\substack{u=0\\v=0}}=e^{u+v}(du+dv)\Big|_{\substack{u=0\\v=0}}=du+dv$, $\qquad dy\Big|_{\substack{u=0\\v=0}}=e^{u-v}(du-dv)\Big|_{\substack{u=0\\v=0}}=du-dv$.

于是，当 $u=0$ 及 $v=0$ 时，

$$du=\frac{1}{2}(dx+dy),\quad dv=\frac{1}{2}(dx-dy),dz=udv+vdu=0;$$

$$d^2z=ud^2v+2dudv+vd^2u=2dudv=2\left(\frac{dx+dy}{2}\right)\left(\frac{dx-dy}{2}\right)=\frac{1}{2}(dx^2-dy^2).$$

**【3411】** 设 $z=x^2+y^2$，其中 $y=y(x)$ 为由方程 $x^2-xy+y^2=1$ 所定义的函数，求 $\dfrac{dz}{dx}$ 及 $\dfrac{d^2z}{dx^2}$.

**解** 先由 $x^2-xy+y^2=1$ 求 $\dfrac{dy}{dx}$ 及 $\dfrac{d^2y}{dx^2}$.

$$2x-y-xy'+2yy'=0,\qquad 2-2y'-xy''+2y'^2+2yy''=0.$$

于是，

$$y'=\frac{2x-y}{x-2y},\qquad y''=\frac{6(x^2-xy+y^2)}{(x-2y)^3}=\frac{6}{(x-2y)^3}.$$

下面求 $\dfrac{dz}{dx}$ 及 $\dfrac{d^2z}{dx^2}$.

$$\frac{dz}{dx}=2x+2yy'=2x+2y\frac{2x-y}{x-2y}=\frac{2(x^2-y^2)}{x-2y},$$

$$\frac{d^2z}{dx^2}=2+2y'^2+2y''y=2y'+xy''=\frac{2(2x-y)}{x-2y}+\frac{6x}{(x-2y)^3}.$$

**【3412】** 设 $u=\dfrac{x+z}{y+z}$，其中 $z$ 为由方程式 $ze^z=xe^x+ye^y$ 所定义的函数，求 $\dfrac{\partial u}{\partial x}$ 及 $\dfrac{\partial u}{\partial y}$.

**提示** 用求微分的方法较好.

**解** 将 $ze^z=xe^x+ye^y$ 两端微分，得

$$e^z(1+z)dz=e^x(1+x)dx+e^y(1+y)dy.$$

又因 
$$\begin{aligned}du&=\frac{1}{(y+z)^2}[(y+z)dx+(y+z)dz-(x+z)dy-(x+z)dz]\\&=\frac{1}{(y+z)^2}[(y+z)dx-(x+z)dy+(y-x)dz]\\&=\frac{1}{(y+z)^2}\left[(y+z)dx-(x+z)dy+\frac{(y-x)e^x(1+x)}{e^z(1+z)}dx+\frac{(y-x)e^y(1+y)}{e^z(1+z)}dy\right],\end{aligned}$$

故得 
$$\frac{\partial u}{\partial x}=\frac{1}{y+z}+\frac{(x+1)(y-x)}{(z+1)(y+z)^2}e^{x-z},\qquad \frac{\partial u}{\partial y}=-\frac{x+z}{(y+z)^2}+\frac{(y+1)(y-x)}{(z+1)(y+z)^2}e^{y-z}.$$

**【3413】** 设方程：$x=\varphi(u,v)$，$y=\psi(u,v)$，$z=\chi(u,v)$，定义 $z$ 为 $x$ 和 $y$ 的函数. 求 $\dfrac{\partial z}{\partial x}$ 和 $\dfrac{\partial z}{\partial y}$.

**提示** 对 $x,y$ 分别求偏导数即易获解.

**解** 对 $x$ 求偏导数，得

$$1=\frac{\partial\varphi}{\partial u}\frac{\partial u}{\partial x}+\frac{\partial\varphi}{\partial v}\frac{\partial v}{\partial x},\tag{1}$$

$$0=\frac{\partial\psi}{\partial u}\frac{\partial u}{\partial x}+\frac{\partial\psi}{\partial v}\frac{\partial v}{\partial x},\tag{2}$$

$$\frac{\partial z}{\partial x}=\frac{\partial\chi}{\partial u}\frac{\partial u}{\partial x}+\frac{\partial\chi}{\partial v}\frac{\partial v}{\partial x}.\tag{3}$$

由(1)及(2)解得

$$\frac{\partial u}{\partial x}=\frac{1}{I}\frac{\partial\psi}{\partial v},\quad \frac{\partial v}{\partial x}=-\frac{1}{I}\frac{\partial\psi}{\partial u},\tag{4}$$

其中 $$I=\begin{vmatrix}\frac{\partial\varphi}{\partial u} & \frac{\partial\varphi}{\partial v}\\ \frac{\partial\psi}{\partial u} & \frac{\partial\psi}{\partial v}\end{vmatrix}=\frac{\partial\varphi}{\partial u}\frac{\partial\psi}{\partial v}-\frac{\partial\psi}{\partial u}\frac{\partial\varphi}{\partial v}.$$

再将(4)的结果代入(3),即得 $$\frac{\partial z}{\partial x}=-\frac{1}{I}\left(\frac{\partial\psi}{\partial u}\frac{\partial\chi}{\partial v}-\frac{\partial\psi}{\partial v}\frac{\partial\chi}{\partial u}\right).$$

同法求得 $$\frac{\partial z}{\partial y}=-\frac{1}{I}\left(\frac{\partial\varphi}{\partial v}\frac{\partial\chi}{\partial u}-\frac{\partial\varphi}{\partial u}\frac{\partial\chi}{\partial v}\right).$$

**【3414】** 设:$x=\varphi(u,v)$, $y=\psi(u,v)$. 求反函数 $u=u(x,y)$ 和 $v=v(x,y)$ 的一阶和二阶偏导数.

**提示** 微分二次,先后求出 $\mathrm{d}u,\mathrm{d}v,\mathrm{d}^2u$ 及 $\mathrm{d}^2v$,可将所有的一阶及二阶偏导数一起求出.

**解** 微分二次,得

$$\mathrm{d}x=\varphi_1'\mathrm{d}u+\varphi_2'\mathrm{d}v, \tag{1}$$

$$\mathrm{d}y=\psi_1'\mathrm{d}u+\psi_2'\mathrm{d}v, \tag{2}$$

$$0=\varphi_{11}''\mathrm{d}u^2+2\varphi_{12}''\mathrm{d}u\mathrm{d}v+\varphi_{22}''\mathrm{d}v^2+\varphi_1'\mathrm{d}^2u+\varphi_2'\mathrm{d}^2v, \tag{3}$$

$$0=\psi_{11}''\mathrm{d}u^2+2\psi_{12}''\mathrm{d}u\mathrm{d}v+\psi_{22}''\mathrm{d}v^2+\psi_1'\mathrm{d}^2u+\psi_2'\mathrm{d}^2v. \tag{4}$$

其中右下角标号 1,2 分别代表对 $u,v$ 的偏导数,余类推.

令 $I=\varphi_1'\psi_2'-\varphi_2'\psi_1'$,则由(1),(2)可解得

$$\mathrm{d}u=\frac{1}{I}(\psi_1'\mathrm{d}x-\varphi_2'\mathrm{d}y), \tag{5}$$

$$\mathrm{d}v=\frac{1}{I}(\varphi_1'\mathrm{d}y-\psi_1'\mathrm{d}x). \tag{6}$$

于是, $$\frac{\partial u}{\partial x}=\frac{1}{I}\psi_2'=\frac{1}{I}\frac{\partial\psi}{\partial v},\quad \frac{\partial u}{\partial y}=-\frac{1}{I}\frac{\partial\varphi}{\partial v},\quad \frac{\partial v}{\partial x}=-\frac{1}{I}\frac{\partial\psi}{\partial u},\quad \frac{\partial v}{\partial y}=\frac{1}{I}\frac{\partial\varphi}{\partial u}.$$

由(3),(4)解出 $\mathrm{d}^2u,\mathrm{d}^2v$,并把(5),(6)的结果代入,即得

$$\begin{aligned}\mathrm{d}^2u&=\frac{1}{I}[\varphi_2'(\psi_{11}''\mathrm{d}u^2+2\psi_{12}''\mathrm{d}u\mathrm{d}v+\psi_{22}''\mathrm{d}v^2)-\psi_2'(\varphi_{11}''\mathrm{d}u^2+2\varphi_{12}''\mathrm{d}u\mathrm{d}v+\varphi_{22}''\mathrm{d}v^2)]\\&=\frac{1}{I^3}[(\varphi_2'\psi_{11}''-\psi_2'\varphi_{11}'')(\psi_2'\mathrm{d}x-\varphi_2'\mathrm{d}y)^2+2(\varphi_2'\psi_{12}''-\psi_2'\varphi_{12}'')(\psi_2'\mathrm{d}x-\varphi_2'\mathrm{d}y)(\varphi_1'\mathrm{d}y-\psi_1'\mathrm{d}x)\\&\quad+(\varphi_2'\psi_{22}''-\psi_2'\varphi_{22}'')(\varphi_1'\mathrm{d}y-\psi_1'\mathrm{d}x)^2]=\frac{\partial^2u}{\partial x^2}\mathrm{d}x^2+2\frac{\partial^2u}{\partial x\partial y}\mathrm{d}x\mathrm{d}y+\frac{\partial^2u}{\partial y^2}\mathrm{d}y^2.\end{aligned}$$

比较上式两端的系数,即得

$$\frac{\partial^2u}{\partial x^2}=\frac{1}{I^3}\left[\left(\frac{\partial\varphi}{\partial v}\frac{\partial^2\psi}{\partial u^2}-\frac{\partial\psi}{\partial v}\frac{\partial^2\varphi}{\partial u^2}\right)\left(\frac{\partial\psi}{\partial v}\right)^2-2\left(\frac{\partial\varphi}{\partial v}\frac{\partial^2\psi}{\partial u\partial v}-\frac{\partial\psi}{\partial v}\frac{\partial^2\varphi}{\partial u\partial v}\right)\frac{\partial\psi}{\partial u}\frac{\partial\psi}{\partial v}+\left(\frac{\partial\varphi}{\partial v}\frac{\partial^2\psi}{\partial v^2}-\frac{\partial\psi}{\partial v}\frac{\partial^2\varphi}{\partial v^2}\right)\left(\frac{\partial\psi}{\partial u}\right)^2\right],$$

$$\frac{\partial^2u}{\partial x\partial y}=\frac{1}{I^3}\left[\left(\frac{\partial\psi}{\partial v}\frac{\partial^2\varphi}{\partial u^2}-\frac{\partial\varphi}{\partial v}\frac{\partial^2\psi}{\partial u^2}\right)\frac{\partial\varphi}{\partial v}\frac{\partial\psi}{\partial v}-\left(\frac{\partial\psi}{\partial v}\frac{\partial^2\varphi}{\partial u\partial v}-\frac{\partial\varphi}{\partial v}\frac{\partial^2\psi}{\partial u\partial v}\right)\left(\frac{\partial\varphi}{\partial u}\frac{\partial\psi}{\partial v}+\frac{\partial\varphi}{\partial v}\frac{\partial\psi}{\partial u}\right)+\left(\frac{\partial\psi}{\partial v}\frac{\partial^2\varphi}{\partial v^2}-\frac{\partial\varphi}{\partial v}\frac{\partial^2\psi}{\partial v^2}\right)\frac{\partial\varphi}{\partial u}\frac{\partial\psi}{\partial u}\right],$$

$$\frac{\partial^2u}{\partial y^2}=\frac{1}{I^3}\left[\left(\frac{\partial\varphi}{\partial v}\frac{\partial^2\psi}{\partial u^2}-\frac{\partial\psi}{\partial v}\frac{\partial^2\varphi}{\partial u^2}\right)\left(\frac{\partial\varphi}{\partial v}\right)^2-2\left(\frac{\partial\varphi}{\partial v}\frac{\partial^2\psi}{\partial u\partial v}-\frac{\partial\psi}{\partial v}\frac{\partial^2\varphi}{\partial u\partial v}\right)\frac{\partial\varphi}{\partial u}\frac{\partial\varphi}{\partial v}+\left(\frac{\partial\varphi}{\partial v}\frac{\partial^2\psi}{\partial v^2}-\frac{\partial\psi}{\partial v}\frac{\partial^2\varphi}{\partial v^2}\right)\left(\frac{\partial\varphi}{\partial u}\right)^2\right].$$

同法可求得 $\mathrm{d}^2v$ 和 $\frac{\partial^2v}{\partial x^2}$, $\frac{\partial^2v}{\partial x\partial y}$, $\frac{\partial^2v}{\partial y^2}$.

**【3415】** 设(1) $x=u\cos\frac{v}{u}$, $y=u\sin\frac{v}{u}$; (2) $x=\mathrm{e}^u+u\sin v$, $y=\mathrm{e}^u-u\cos v$,

求 $\frac{\partial u}{\partial x}$, $\frac{\partial u}{\partial y}$, $\frac{\partial v}{\partial x}$, $\frac{\partial v}{\partial y}$.

**提示** 利用 3414 题的结果.

**解** 利用 3414 题的结果即得.

(1) $\varphi(u,v)=u\cos\frac{v}{u}$, $\psi(u,v)=u\sin\frac{v}{u}$.

于是, $\frac{\partial\varphi}{\partial u}=\cos\frac{v}{u}+\frac{v}{u}\sin\frac{v}{u}$, $\frac{\partial\varphi}{\partial v}=-\sin\frac{v}{u}$, $\frac{\partial\psi}{\partial u}=\sin\frac{v}{u}-\frac{v}{u}\cos\frac{v}{u}$, $\frac{\partial\psi}{\partial v}=\cos\frac{v}{u}$,

$$I=\frac{\partial\varphi}{\partial u}\frac{\partial\psi}{\partial v}-\frac{\partial\varphi}{\partial v}\frac{\partial\psi}{\partial u}=\left(\cos\frac{v}{u}+\frac{v}{u}\sin\frac{v}{u}\right)\cos\frac{v}{u}-\left(-\sin\frac{v}{u}\right)\left(\sin\frac{v}{u}-\frac{v}{u}\cos\frac{v}{u}\right)=1.$$

从而得 $\frac{\partial u}{\partial x}=\frac{1}{I}\frac{\partial\psi}{\partial v}=\cos\frac{v}{u}$， $\frac{\partial u}{\partial y}=-\frac{1}{I}\frac{\partial\varphi}{\partial v}=\sin\frac{v}{u}$，

$$\frac{\partial v}{\partial x}=-\frac{1}{I}\frac{\partial\psi}{\partial u}=\frac{v}{u}\cos\frac{v}{u}-\sin\frac{v}{u},\quad \frac{\partial v}{\partial y}=\frac{1}{I}\frac{\partial\varphi}{\partial u}=\frac{v}{u}\sin\frac{v}{u}+\cos\frac{v}{u}.$$

(2) $\varphi(u,v)=e^u+u\sin v$，$\psi(u,v)=e^u-u\cos v$.

于是， $\frac{\partial\varphi}{\partial u}=e^u+\sin v$， $\frac{\partial\varphi}{\partial v}=u\cos v$， $\frac{\partial\psi}{\partial u}=e^u-\cos v$， $\frac{\partial\psi}{\partial v}=u\sin v$，

$$I=(e^u+\sin v)u\sin v-(e^u-\cos v)u\cos v=u[e^u(\sin v-\cos v)+1].$$

从而得 $\frac{\partial u}{\partial x}=\frac{\sin v}{e^u(\sin v-\cos v)+1}$， $\frac{\partial u}{\partial y}=-\frac{\cos v}{e^u(\sin v-\cos v)+1}$，

$$\frac{\partial v}{\partial x}=-\frac{e^u-\cos v}{u[e^u(\sin v-\cos v)+1]},\quad \frac{\partial v}{\partial y}=\frac{e^u+\sin v}{u[e^u(\sin v-\cos v)+1]}.$$

**【3416】** 函数 $u=u(x)$ 由方程组 $\begin{cases}u=f(x,y,z),\\ g(x,y,z)=0,\\ h(x,y,z)=0\end{cases}$ 定义. 求 $\frac{du}{dx}$ 和 $\frac{d^2u}{dx^2}$.

**解** 微分得

$$du=f'_x dx+f'_y dy+f'_z dz=\left(dx\frac{\partial}{\partial x}+dy\frac{\partial}{\partial y}+dz\frac{\partial}{\partial z}\right)f, \tag{1}$$

$$0=g'_x dx+g'_y dy+g'_z dz=\left(dx\frac{\partial}{\partial x}+dy\frac{\partial}{\partial y}+dz\frac{\partial}{\partial z}\right)g, \tag{2}$$

$$0=h'_x dx+h'_y dy+h'_z dz=\left(dx\frac{\partial}{\partial x}+dy\frac{\partial}{\partial y}+dz\frac{\partial}{\partial z}\right)h. \tag{3}$$

令 $\frac{\partial(g,h)}{\partial(y,z)}=I_1$，$\frac{\partial(g,h)}{\partial(z,x)}=I_2$，$\frac{\partial(g,h)}{\partial(x,y)}=I_3$，则由(2)，(3)可解得

$$dy=\frac{I_2}{I_1}dx,\qquad dz=\frac{I_3}{I_1}dx.$$

将 dy，dz 代入(1)，得

$$du=f'_x dx+f'_y\frac{I_2}{I_1}dx+f'_z\frac{I_3}{I_1}dx=\frac{1}{I_1}(I_1f'_x+I_2f'_y+I_3f'_z)dx=\frac{I}{I_1}dx,$$

其中 $I=\frac{D(f,g,h)}{D(x,y,z)}$. 于是，$\frac{du}{dx}=\frac{I}{I_1}$.

对(1)，(2)，(3)再求一次微分，得

$$d^2u=\left(dx\frac{\partial}{\partial x}+dy\frac{\partial}{\partial y}+dz\frac{\partial}{\partial z}\right)^2f+f'_yd^2y+f'_zd^2z, \tag{4}$$

$$0=\left(dx\frac{\partial}{\partial x}+dy\frac{\partial}{\partial y}+dz\frac{\partial}{\partial z}\right)^2g+g'_yd^2y+g'_zd^2z, \tag{5}$$

$$0=\left(dx\frac{\partial}{\partial x}+dy\frac{\partial}{\partial y}+dz\frac{\partial}{\partial z}\right)^2h+h'_yd^2y+h'_zd^2z, \tag{6}$$

于是，
$$d^2y=\frac{1}{I_1}\left[g'_z\left(dx\frac{\partial}{\partial x}+dy\frac{\partial}{\partial y}+dz\frac{\partial}{\partial z}\right)^2h-h'_z\left(dx\frac{\partial}{\partial x}+dy\frac{\partial}{\partial y}+dz\frac{\partial}{\partial z}\right)^2g\right]$$

$$d^2z=\frac{1}{I_1}\left[h'_y\left(dx\frac{\partial}{\partial x}+dy\frac{\partial}{\partial y}+dz\frac{\partial}{\partial z}\right)^2g-g'_y\left(dx\frac{\partial}{\partial x}+dy\frac{\partial}{\partial y}+dz\frac{\partial}{\partial z}\right)^2h\right].$$

令 $\frac{\partial(h,f)}{\partial(y,z)}=I_4$，$\frac{\partial(f,g)}{\partial(y,z)}=I_5$，并将 $d^2y$ 及 $d^2z$ 代入(4)，即得

$$d^2u=\frac{1}{I_1}\left[I_1\left(dx\frac{\partial}{\partial x}+dy\frac{\partial}{\partial y}+dz\frac{\partial}{\partial z}\right)^2f+I_4\left(dx\frac{\partial}{\partial x}+dy\frac{\partial}{\partial y}+dz\frac{\partial}{\partial z}\right)^2g+I_5\left(dx\frac{\partial}{\partial x}+dy\frac{\partial}{\partial y}+dz\frac{\partial}{\partial a}\right)^2h\right],$$

再以 $dy=\frac{I_2}{I_1}dx$ 及 $dz=\frac{I_3}{I_1}dx$ 代入上式，即得

$$\frac{d^2u}{dx^2}=\frac{1}{I_1^3}\left[I_1\left(I_1\frac{\partial}{\partial x}+I_2\frac{\partial}{\partial y}+I_3\frac{\partial}{\partial z}\right)^2 f+I_4\left(I_1\frac{\partial}{\partial x}+I_2\frac{\partial}{\partial y}+I_3\frac{\partial}{\partial a}\right)^2 g+I_5\left(I_1\frac{\partial}{\partial x}+I_2\frac{\partial}{\partial y}+I_3\frac{\partial}{\partial a}\right)^2 h\right].$$

**【3417】** 函数 $u=u(x,y)$ 由方程组 $\begin{cases}u=f(x,y,z,t),\\ g(y,z,t)=0,\\ h(z,t)=0\end{cases}$ 定义. 求 $\frac{\partial u}{\partial x}$ 和 $\frac{\partial u}{\partial y}$.

**解** 微分得

$$du=f'_x dx+f'_y dy+f'_z dz+f'_t dt, \tag{1}$$

$$0=g'_y dy+g'_z dz+g'_t dt, \tag{2}$$

$$0=h'_z dz+h'_t dt. \tag{3}$$

令 $I_1=\frac{\partial(g,h)}{\partial(z,t)}$，则由(2)，(3)可解得

$$dz=\frac{1}{I_1}(-g'_y h'_t)dy,\quad dt=\frac{1}{I_1}(g'_y h'_z)dy.$$

将 $dz$ 及 $dt$ 代入(1)式，得 $\quad du=f'_x dx+f'_y dy-\frac{g'_y}{I_1}(f'_z h'_t-f'_t h'_z)dy.$

于是，

$$\frac{\partial u}{\partial x}=f'_x,\qquad \frac{\partial u}{\partial y}=f'_y+g'_y\frac{I_2}{I_1},$$

其中 $I_2=\frac{\partial(h,f)}{\partial(z,t)}$.

**【3418】** 设 $x=f(u,v,w)$, $y=g(u,v,w)$, $z=h(u,v,w)$，求 $\frac{\partial u}{\partial x}$, $\frac{\partial u}{\partial y}$ 和 $\frac{\partial u}{\partial z}$.

**提示** 用求微分的方法较好.

**解** 微分得 $dx=f'_u du+f'_v dv+f'_w dw$, $\quad dy=g'_u du+g'_v dv+g'_w dw$, $\quad dz=h'_u du+h'_v dv+h'_w dw$.

令 $I=\frac{D(f,g,h)}{D(u,v,w)}$，则有

$$du=\frac{1}{I}\begin{vmatrix}dx & f'_v & f'_w\\ dy & g'_v & g'_w\\ dz & h'_v & h'_w\end{vmatrix}=\frac{I_1}{I}dx+\frac{I_2}{I}dy+\frac{I_3}{I}dz,$$

其中 $I_1=\frac{\partial(g,h)}{\partial(v,w)}$, $I_2=\frac{\partial(h,f)}{\partial(v,w)}$, $I_3=\frac{\partial(f,g)}{\partial(v,w)}$. 于是，

$$\frac{\partial u}{\partial x}=\frac{I_1}{I},\qquad \frac{\partial u}{\partial y}=\frac{I_2}{I},\qquad \frac{\partial u}{\partial z}=\frac{I_3}{I}.$$

**【3419】** 设函数 $z=z(x,y)$ 满足方程组

$$\begin{cases}f(x,y,z,t)=0,\\ g(x,y,z,t)=0,\end{cases}$$

式中 $t$ 为参变量. 求 $dz$.

**解** 微分得 $\quad f'_x dx+f'_y dy+f'_z dz+f'_t dt=0,\quad g'_x dx+g'_y dy+g'_z dz+g'_t dt=0.$

把 $dz$, $dt$ 看作未知量，其他为系数. 解之得

$$dz=\frac{1}{I_3}[f'_t(g'_x dx+g'_y dy)-g'_t(f'_x dx+f'_y dy)]=\frac{1}{I_3}[(f'_t g'_x-g'_t f'_x)dx+(f'_t g'_y-g'_t f'_y)dy]$$

$$=-\frac{I_1 dx+I_2 dy}{I_3},$$

其中 $I_1=\frac{\partial(f,g)}{\partial(x,t)}$, $\quad I_2=\frac{\partial(f,g)}{\partial(y,t)}$, $\quad I_3=\frac{\partial(f,g)}{\partial(z,t)}$.

**【3420】** 设 $u=f(z)$，其中 $z$ 为由方程式 $z=x+y\varphi(z)$ 定义的隐函数. 证明拉格朗日公式：

$$\frac{\partial^n u}{\partial y^n}=\frac{\partial^{n-1}}{\partial x^{n-1}}\left\{[\varphi(z)]^n\frac{\partial u}{\partial x}\right\}.$$

**提示** 对 $n=1$ 证明公式并运用数学归纳法.

**证** $dz=dx+\varphi(z)dy+y\varphi'(z)dz$,

于是，$$\frac{\partial z}{\partial x}=\frac{1}{1-y\varphi'(z)},\quad \frac{\partial z}{\partial y}=\frac{\varphi(z)}{1-y\varphi'(z)}=\varphi(z)\frac{\partial z}{\partial x}.$$

从而得 $$\frac{\partial u}{\partial y}=f'(z)\frac{\partial z}{\partial y}=f'(z)\frac{\partial z}{\partial x}=\varphi(z)\frac{\partial u}{\partial x},$$

即当 $n=1$ 时，拉格朗日公式成立.

对于任意可微函数 $g(z)$，有

$$\frac{\partial}{\partial y}\left[g(z)\frac{\partial u}{\partial x}\right]=g'(z)\frac{\partial z}{\partial y}\frac{\partial u}{\partial x}+g(z)\frac{\partial^2 u}{\partial x\partial y}=\varphi(z)g'(z)\frac{\partial z}{\partial x}\frac{\partial u}{\partial x}+g(z)\frac{\partial}{\partial x}\left(\frac{\partial u}{\partial y}\right)$$
$$=\varphi(z)g'(z)\frac{\partial z}{\partial x}\frac{\partial u}{\partial x}+g(z)\frac{\partial}{\partial x}\left[\varphi(x)\frac{\partial u}{\partial x}\right]=\varphi(z)g'(z)\frac{\partial z}{\partial x}\frac{\partial u}{\partial x}+\varphi'(z)g(z)\frac{\partial z}{\partial x}\frac{\partial u}{\partial x}+\varphi(z)g(z)\frac{\partial^2 u}{\partial x^2}$$
$$=\frac{\partial}{\partial x}\left[\varphi(z)g(z)\frac{\partial u}{\partial x}\right].$$

令 $g(z)=\varphi(z)$，得 $$\frac{\partial^2 u}{\partial y^2}=\frac{\partial}{\partial y}\left(\frac{\partial u}{\partial y}\right)=\frac{\partial}{\partial y}\left[\varphi(z)\frac{\partial u}{\partial x}\right]=\frac{\partial}{\partial x}\left[\varphi^2(z)\frac{\partial u}{\partial x}\right],$$

即当 $n=2$ 时，拉格朗日公式也成立. 设当 $n=k$ 时，公式成立，

即有 $$\frac{\partial^k u}{\partial y^k}=\frac{\partial^{k-1}}{\partial x^{k-1}}\left[\varphi^k(z)\frac{\partial u}{\partial x}\right].$$

于是，

$$\frac{\partial^{k+1}u}{\partial y^{k+1}}=\frac{\partial}{\partial y}\left\{\frac{\partial^{k-1}}{\partial x^{k-1}}\left[\varphi^k(z)\frac{\partial u}{\partial x}\right]\right\}=\frac{\partial^{k-1}}{\partial x^{k-1}}\left\{\frac{\partial}{\partial y}\left[\varphi^k(z)\frac{\partial u}{\partial x}\right]\right\}=\frac{\partial^{k-1}}{\partial x^{k-1}}\left\{\frac{\partial}{\partial x}\left[\varphi^{k+1}(z)\frac{\partial u}{\partial x}\right]\right\}$$
$$=\frac{\partial^k}{\partial x^k}\left[\varphi^{k+1}(z)\frac{\partial u}{\partial x}\right],$$

即当 $n=k+1$ 时，拉格朗日公式也成立. 于是，对于一切正整数 $n$，均有

$$\frac{\partial^n u}{\partial y^n}=\frac{\partial^{n-1}}{\partial x^{n-1}}\left[\varphi^n(z)\frac{\partial u}{\partial x}\right].$$

**【3421】** 证明：由方程

$$\Phi(x-az,y-bz)=0 \tag{1}$$

（其中 $\Phi(u,v)$ 是变量 $u,v$ 的任意可微函数，$a$ 和 $b$ 为常数）定义的函数 $z=z(x,y)$ 为方程

$$a\frac{\partial z}{\partial x}+b\frac{\partial z}{\partial y}=1$$

的解. 说明曲面(1)的几何性质.

**解** 由于 $$\Phi_1'\cdot\left(1-a\frac{\partial z}{\partial x}\right)-b\Phi_2'\frac{\partial z}{\partial x}=0,\qquad -\Phi_1'a\frac{\partial z}{\partial y}+\Phi_2'\cdot\left(1-b\frac{\partial z}{\partial y}\right)=0,$$

故有 $$\frac{\partial z}{\partial x}=\frac{\Phi_1'}{a\Phi_1'+b\Phi_2'},\qquad \frac{\partial z}{\partial y}=\frac{\Phi_2'}{a\Phi_1'+b\Phi_2'}.$$

将上面二个等式依次乘以 $a,b$，然后相加，即得

$$a\frac{\partial z}{\partial x}+b\frac{\partial z}{\partial y}=1,$$

这就说明 $z=z(x,y)$ 为方程 $a\frac{\partial z}{\partial x}+b\frac{\partial z}{\partial y}=1$ 的解.

等式 $a\frac{\partial z}{\partial x}+b\frac{\partial z}{\partial y}-1=0$ 表示曲面(1)上任一点 $P_1(x_1,y_1,z_1)$ 的法向量 $\boldsymbol{n}_1=\left\{\left.\frac{\partial z}{\partial x}\right|_{P_1},\left.\frac{\partial z}{\partial y}\right|_{P_1},-1\right\}$ 皆与向量 $\boldsymbol{r}_1=\{a,b,1\}$ 垂直. 过点 $P_1$ 作平行于 $\boldsymbol{r}_1$ 的直线 $l_1$：

$$\frac{x-x_1}{a}=\frac{y-y_1}{b}=\frac{z-z_1}{1}.$$

易知 $l_1$ 上的点皆在曲面(1)上. 于是，曲面(1)是母线平行于 $\boldsymbol{r}_1$ 的柱面.

**【3422】** 证明：由方程

$$\Phi\left(\frac{x-x_0}{z-z_0},\frac{y-y_0}{z-z_0}\right)=0 \tag{2}$$

(其中 $\Phi(u,v)$ 是变量 $u$ 和 $v$ 的任意可微函数)定义的函数 $z=z(x,y)$ 满足方程

$$(x-x_0)\frac{\partial z}{\partial x}+(y-y_0)\frac{\partial z}{\partial y}=z-z_0.$$

说明曲面(2)的几何性质.

**解** 由于 $\Phi_1'\dfrac{z-z_0-(x-x_0)\frac{\partial z}{\partial x}}{(z-z_0)^2}-\Phi_2'\dfrac{(y-y_0)\frac{\partial z}{\partial x}}{(z-z_0)^2}=0,\quad -\Phi_1'\dfrac{(x-x_0)\frac{\partial z}{\partial y}}{(z-z_0)^2}+\Phi_2'\dfrac{z-z_0-(y-y_0)\frac{\partial z}{\partial y}}{(z-z_0)^2}=0,$

故有 $$\frac{\partial z}{\partial x}=\frac{(z-z_0)\Phi_1'}{(x-x_0)\Phi_1'+(y-y_0)\Phi_2'},\qquad \frac{\partial z}{\partial y}=\frac{(z-z_0)\Phi_2'}{(x-x_0)\Phi_1'+(y-y_0)\Phi_2'}.$$

将上面二个等式依次乘以 $x-x_0$ 及 $y-y_0$,然后相加,即得

$$(x-x_0)\frac{\partial z}{\partial x}+(y-y_0)\frac{\partial z}{\partial y}=z-z_0,$$

本题获证.

等式 $(x-x_0)\dfrac{\partial z}{\partial x}+(y-y_0)\dfrac{\partial z}{\partial y}-(z-z_0)=0$ 表示曲面(2)在其上任一点 $P_2(x_2,y_2,z_2)$ 的法向量 $\boldsymbol{n}_2=\left\{\dfrac{\partial z}{\partial x}\Big|_{P_2},\dfrac{\partial z}{\partial y}\Big|_{P_2},-1\right\}$ 与向量 $\boldsymbol{r}_2=\{x_2-x_0,y_2-y_0,z_2-z_0\}$ 垂直. 作过点 $P_0(x_0,y_0,z_0)$、$P_2(x_2,y_2,z_2)$ 的直线 $l_2$:

$$\frac{x-x_0}{x_2-x_0}=\frac{y-y_0}{y_2-y_0}=\frac{z-z_0}{z_2-z_0}.$$

易知 $l_2$ 上的任一点皆在曲面(2)上. 于是,曲面(2)是顶点在 $P_0$ 的锥面.

**【3423】** 证明:由方程

$$ax+by+cz=\Phi(x^2+y^2+z^2) \tag{3}$$

[其中 $\Phi(u)$ 是变量 $u$ 的任意可微函数,$a,b$ 和 $c$ 为常数]定义的函数 $z=z(x,y)$ 满足方程

$$(cy-bz)\frac{\partial z}{\partial x}+(az-cx)\frac{\partial z}{\partial y}=bx-ay.$$

说明曲面(3)的几何性质.

**解** 由于 $$a+c\frac{\partial z}{\partial x}=\Phi'\cdot\left(2x+2z\frac{\partial z}{\partial x}\right),\qquad b+c\frac{\partial z}{\partial y}=\Phi'\cdot\left(2y+2z\frac{\partial z}{\partial y}\right),$$

故有 $$\frac{\partial z}{\partial x}=\frac{2x\Phi'-a}{c-2z\Phi'},\qquad \frac{\partial z}{\partial y}=\frac{2y\Phi'-b}{c-2z\Phi'}.$$

将上面二个等式依次乘以 $(cy-bz)$ 及 $(az-cx)$,然后相加,即得

$$(cy-bz)\frac{\partial z}{\partial x}+(az-cx)\frac{\partial z}{\partial y}=\frac{(2x\Phi'-a)(cy-bz)+(2y\Phi'-b)(az-cx)}{c-2z\Phi'}$$
$$=\frac{(c-2z\Phi')(bx-ay)}{c-2z\Phi'}=bx-ay,$$

本题获证.

设 $P_3(x_3,y_3,z_3)$ 是曲面(3)上任意一点,并记 $\boldsymbol{r}_3=\{a,b,c\}$. 由于曲面(3)在点 $P_3$ 的法向量为 $\boldsymbol{n}_3=\left\{\dfrac{\partial z}{\partial x}\Big|_{P_3},\dfrac{\partial z}{\partial y}\Big|_{P_3},-1\right\}$,故由方程

$$(cy-bz)\frac{\partial z}{\partial x}+(az-cx)\frac{\partial z}{\partial y}-(bx-ay)=0$$

知 $\boldsymbol{n}_3\perp(\boldsymbol{P}_3\times\boldsymbol{r}_3)$,其中 $\boldsymbol{P}_3=\{x_3,y_3,z_3\}$.

设由原点到 $P_3$ 的距离为 $d$,即 $x_3^2+y_3^2+z_3^2=\mathrm{d}^2$. 考虑平面

$$\Pi: ax+by+cz=d$$

和过点 $P_3$ 的球面 $$S: x^2+y^2+z^2=d^2,$$

并设平面 $\Pi$ 与球面 $S$ 的交线为 $C$,则

1° 由点 $P_3$ 在曲面(3)上可知

$$ax_3+by_3+cz_3=\Phi(x_3^2+y_3^2+z_3^2),$$

即 $d=\Phi(d^2)$. 这表明曲线 $C$ 上的点的坐标皆满足方程(3),即曲线 $C$ 位于曲面(3)上.

2° 由 $\Pi$ 为平面,$S$ 为球面知交线 $C$ 为一圆周曲线.

3° 圆 $C$ 的圆心 $Q$ 即为由原点到平面 $\Pi$ 的垂足,故点 $Q$ 位于过原点且与平面 $\Pi$ 垂直的直线 $l$ 上.

综上所述,可见曲面(3)是以直线 $l$: $\dfrac{x}{a}=\dfrac{y}{b}=\dfrac{z}{c}$ 为旋转轴的旋转曲面.

**【3424】** 函数 $z=z(x,y)$ 由方程 $x^2+y^2+z^2=yf\left(\dfrac{z}{y}\right)$ 给出. 证明:

$$(x^2-y^2-z^2)\frac{\partial z}{\partial x}+2xy\frac{\partial z}{\partial y}=2xz.$$

**证** 由于 $2x+2z\dfrac{\partial z}{\partial x}=f'\left(\dfrac{z}{y}\right)\dfrac{\partial z}{\partial x}$, 故有 $\dfrac{\partial z}{\partial x}=\dfrac{2x}{f'\left(\dfrac{z}{y}\right)-2z}$.

同法可求得

$$\frac{\partial z}{\partial y}=\frac{x^2-y^2+z^2-zf'\left(\dfrac{z}{y}\right)}{2yz-yf'\left(\dfrac{z}{y}\right)}.$$

于是,

$$(x^2-y^2-z^2)\frac{\partial z}{\partial x}+2xy\frac{\partial z}{\partial y}=\frac{2xy(y^2+z^2-x^2)+2xy(x^2-y^2+z^2-zf')}{y(2z-f')}$$

$$=\frac{2xyz(2z-f')}{y(2z-f')}=2xz,$$

本题获证.

**【3425】** 函数 $z=z(x,y)$ 由方程 $F(x+zy^{-1},y+zx^{-1})=0$ 给出. 证明:$x\dfrac{\partial z}{\partial x}+y\dfrac{\partial z}{\partial y}=z-xy$.

**证** 由于 $F'_1\cdot\left(1+\dfrac{1}{y}\dfrac{\partial z}{\partial x}\right)+F'_2\cdot\left(\dfrac{x\dfrac{\partial z}{\partial x}-z}{x^2}\right)=0,\quad F'_1\cdot\left(\dfrac{y\dfrac{\partial z}{\partial y}-z}{y^2}\right)+F'_2\cdot\left(1+\dfrac{1}{x}\dfrac{\partial z}{\partial y}\right)=0,$

故有

$$\frac{\partial z}{\partial x}=\frac{yzF'_2-x^2yF'_1}{x(xF'_1+yF'_2)},\qquad \frac{\partial z}{\partial y}=\frac{xzF'_1-xy^2F'_2}{y(xF'_1+yF'_2)}.$$

于是,

$$x\frac{\partial z}{\partial x}+y\frac{\partial z}{\partial y}=\frac{yzF'_2-x^2yF'_1+xzF'_1-xy^2F'_2}{xF'_1+yF'_2}=\frac{(z-xy)(xF'_1+yF'_2)}{xF'_1+yF'_2}=z-xy,$$

本题获证.

**【3426】** 证明:由方程组 $\begin{cases}x\cos\alpha+y\sin\alpha+\ln z=f(\alpha),\\ -x\sin\alpha+y\cos\alpha=f'(\alpha)\end{cases}$

[其中 $\alpha=\alpha(x,y)$ 为参变量,$f(\alpha)$ 为任意可微函数]定义的函数 $z=z(x,y)$ 满足方程

$$\left(\frac{\partial z}{\partial x}\right)^2+\left(\frac{\partial z}{\partial y}\right)^2=z^2.$$

**证** 由 $x\cos\alpha+y\sin\alpha+\ln z=f(\alpha)$ 两端对 $x$ 求偏导数,得

$$\cos\alpha-x\sin\alpha\frac{\partial\alpha}{\partial x}+y\cos\alpha\frac{\partial\alpha}{\partial x}+\frac{1}{z}\frac{\partial z}{\partial x}=f'(\alpha)\frac{\partial\alpha}{\partial x}.$$

由于 $-x\sin\alpha+y\cos\alpha=f'(\alpha)$,代入上式,即得

$$\cos\alpha+\frac{1}{z}\frac{\partial z}{\partial x}=0 \quad 或 \quad \frac{\partial z}{\partial x}=-z\cos\alpha \tag{1}$$

同法可求得

$$\frac{\partial z}{\partial y}=-z\sin\alpha. \tag{2}$$

将(1),(2)两式依次平方,然后相加,即得

$$\left(\frac{\partial z}{\partial x}\right)^2+\left(\frac{\partial z}{\partial y}\right)^2=z^2,$$

本题获证.

**【3427】** 证明:由方程组
$$\begin{cases}z=\alpha x+\dfrac{y}{\alpha}+f(\alpha),\\ 0=x-\dfrac{y}{\alpha^2}+f'(\alpha)\end{cases}$$
给出的函数 $z=z(x,y)$ 满足方程 $$\frac{\partial z}{\partial x}\frac{\partial z}{\partial y}=1.$$

**证** 由于
$$dz=\alpha dx+\frac{1}{\alpha}dy+\left[x-\frac{y}{\alpha^2}+f'(\alpha)\right]d\alpha=\alpha dx+\frac{1}{\alpha}dy,$$
故有 $\dfrac{\partial z}{\partial x}=\alpha$, $\dfrac{\partial z}{\partial y}=\dfrac{1}{\alpha}$. 于是, $$\frac{\partial z}{\partial x}\frac{\partial z}{\partial y}=\alpha\cdot\frac{1}{\alpha}=1,$$
本题获证.

**【3428】** 证明:由方程组
$$\begin{cases}[z-f(\alpha)]^2=x^2(y^2-\alpha^2),\\ [z-f(\alpha)]f'(\alpha)=\alpha x^2\end{cases}$$
定义的函数 $z=z(x,y)$ 满足方程 $$\frac{\partial z}{\partial x}\frac{\partial z}{\partial y}=xy.$$

**证** $2[z-f(\alpha)][dz-f'(\alpha)d\alpha]=(y^2-\alpha^2)2xdx+x^2(2ydy-2\alpha d\alpha)$.

于是, $[z-f(\alpha)]dz=x(y^2-\alpha^2)dx+x^2ydy-\{\alpha x^2-[z-f(\alpha)]f'(\alpha)\}d\alpha=x(y^2-\alpha^2)dx+x^2ydy$,
$$\frac{\partial z}{\partial x}=\frac{x(y^2-\alpha^2)}{z-f(\alpha)},\qquad \frac{\partial z}{\partial y}=\frac{x^2y}{z-f(\alpha)}.$$
从而得 $$\frac{\partial z}{\partial x}\frac{\partial z}{\partial y}=\frac{x^3y(y^2-\alpha^2)}{[z-f(\alpha)]^2}=xy\frac{x^2(y^2-\alpha^2)}{[z-f(\alpha)]^2}=xy,$$
本题获证.

**【3429】** 证明:由方程组
$$\begin{cases}z=\alpha x+y\varphi(\alpha)+\psi(\alpha),\\ 0=x+y\varphi'(\alpha)+\psi'(\alpha)\end{cases}$$
给出的函数 $z=z(x,y)$ 满足方程 $$\frac{\partial^2 z}{\partial x^2}\frac{\partial^2 z}{\partial y^2}-\left(\frac{\partial^2 z}{\partial x\partial y}\right)^2=0.$$

**证** $$\frac{\partial z}{\partial x}=\alpha+x\frac{\partial\alpha}{\partial x}+y\varphi'(\alpha)\frac{\partial\alpha}{\partial x}+\psi'(\alpha)\frac{\partial\alpha}{\partial x}=\alpha+[x+y\varphi'(\alpha)+\psi'(\alpha)]\frac{\partial\alpha}{\partial x}=\alpha,$$
$$\frac{\partial^2 z}{\partial x^2}=\frac{\partial\alpha}{\partial x},\quad \frac{\partial^2 z}{\partial x\partial y}=\frac{\partial\alpha}{\partial y}.$$
又 $$\frac{\partial z}{\partial y}=x\frac{\partial\alpha}{\partial y}+\varphi(\alpha)+y\varphi'(\alpha)\frac{\partial\alpha}{\partial y}+\psi'(\alpha)\frac{\partial\alpha}{\partial y}=\varphi(\alpha),\quad \frac{\partial^2 z}{\partial y^2}=\varphi'(\alpha)\frac{\partial\alpha}{\partial y},\quad \frac{\partial^2 z}{\partial y\partial x}=\varphi'(\alpha)\frac{\partial\alpha}{\partial x}.$$
而 $$\frac{\partial^2 z}{\partial x^2}\frac{\partial^2 z}{\partial y^2}-\left(\frac{\partial^2 z}{\partial x\partial y}\right)^2=\frac{\partial\alpha}{\partial x}\frac{\partial\alpha}{\partial y}\varphi'(\alpha)-\left(\frac{\partial\alpha}{\partial y}\right)^2=\frac{\partial\alpha}{\partial y}\left[\varphi'(\alpha)\frac{\partial\alpha}{\partial x}-\frac{\partial\alpha}{\partial y}\right],$$
由于 $\dfrac{\partial^2 z}{\partial x\partial y}=\dfrac{\partial^2 z}{\partial y\partial x}$,故 $\dfrac{\partial\alpha}{\partial y}=\varphi'(\alpha)\dfrac{\partial\alpha}{\partial x}$. 于是,
$$\frac{\partial^2 z}{\partial x^2}\frac{\partial^2 z}{\partial y^2}-\left(\frac{\partial^2 z}{\partial x\partial y}\right)^2=0^{*)},$$
本题获证.

*) 此题也可由原方程组第二式两端分别对 $x$ 和 $y$ 求偏导数而获得.

**【3430】** 证明:由方程 $y=x\varphi(z)+\psi(z)$ 定义的隐函数 $z=z(x,y)$ 满足方程
$$\left(\frac{\partial z}{\partial y}\right)^2\frac{\partial^2 z}{\partial x^2}-2\frac{\partial z}{\partial x}\frac{\partial z}{\partial y}\frac{\partial^2 z}{\partial x\partial y}+\left(\frac{\partial z}{\partial x}\right)^2\frac{\partial^2 z}{\partial y^2}=0.$$

**证** 记 $\dfrac{\partial z}{\partial x}=p$, $\dfrac{\partial z}{\partial y}=q$, $\dfrac{\partial^2 z}{\partial x^2}=r$, $\dfrac{\partial^2 z}{\partial x\partial y}=s$, $\dfrac{\partial^2 z}{\partial y^2}=t$.

将所给方程两端分别对 $x$ 和对 $y$ 逐次求偏导数，得

$$\varphi(z)+[x\varphi'(z)+\psi'(z)]p=0,\quad [x\varphi'(z)+\psi'(z)]q=1;$$

$$2\varphi'(z)p+[x\varphi''(z)+\psi''(z)]p^2+[x\varphi'(z)+\psi'(z)]r=0,\tag{1}$$

$$\varphi'(z)q+[x\varphi''(z)+\psi''(z)]pq+[x\varphi'(z)+\psi'(z)]s=0,\tag{2}$$

$$[x\varphi''(z)+\psi''(z)]q^2+[x\varphi'(z)+\psi'(z)]t=0.\tag{3}$$

将(1),(2),(3)三式依次乘以 $q^2$，$(-2pq)$ 及 $p^2$，然后相加，并注意到 $x\varphi'(z)+\psi'(z)\neq 0$(因为$[x\varphi'(z)+\psi'(z)]q=1$)，即得

$$rq^2-2pqs+tp^2=0,$$

此即所要证明的.

## §4. 变量代换

1° **在含有导数的表达式中的变量代换.** 设在微分表达式

$$A=\Phi(x,y,y'_x,y''_{xx},\cdots)$$

中需要把 $x,y$ 换为新的变量 $t$(自变量)及 $u$(函数)，这些变量与归变量 $x,y$ 之间的关系由方程

$$x=f(t,u),\qquad y=g(t,u)\tag{1}$$

给出.

把方程式(1)微分，便有

$$y'_x=\frac{\dfrac{\partial g}{\partial t}+\dfrac{\partial g}{\partial u}u'_t}{\dfrac{\partial f}{\partial t}+\dfrac{\partial f}{\partial u}u'_t}.$$

类似地可表示出高阶导数 $y''_{xx}$，…结果得

$$A=\Phi_1(t,u,u'_t,u''_{tt},\cdots).$$

2° **在含有偏导数的表达式中自变量的代换.** 若在表达式

$$B=F\left(x,y,z,\frac{\partial z}{\partial x},\frac{\partial z}{\partial y},\frac{\partial^2 z}{\partial x^2},\frac{\partial^2 z}{\partial x\partial y},\frac{\partial^2 z}{\partial y^2},\cdots\right)$$

中令

$$x=f(u,v),\qquad y=g(u,v),\tag{2}$$

其中 $u$ 和 $v$ 为新的自变量，则偏导数$\dfrac{\partial z}{\partial x}$，$\dfrac{\partial z}{\partial y}$，…由下列方程确定：

$$\frac{\partial z}{\partial u}=\frac{\partial z}{\partial x}\frac{\partial f}{\partial u}+\frac{\partial z}{\partial y}\frac{\partial g}{\partial u},\quad \frac{\partial z}{\partial v}=\frac{\partial z}{\partial x}\frac{\partial f}{\partial v}+\frac{\partial z}{\partial y}\frac{\partial g}{\partial v},\quad \cdots$$

3° **在含有偏导数的表达式中自变量和函数的代换.** 在更一般的情况下，设有方程

$$x=f(u,v,w),\quad y=g(u,v,w),\quad z=h(u,v,w),\tag{3}$$

其中 $u,v$ 为新的自变量，$w=w(u,v)$为新的函数，则对于偏导数$\dfrac{\partial z}{\partial x}$,$\dfrac{\partial z}{\partial y}$,…得到这样的方程：

$$\frac{\partial z}{\partial x}\left(\frac{\partial f}{\partial t}+\frac{\partial f}{\partial w}\frac{\partial w}{\partial u}\right)+\frac{\partial z}{\partial y}\left(\frac{\partial g}{\partial u}+\frac{\partial g}{\partial w}\frac{\partial w}{\partial u}\right)=\frac{\partial h}{\partial u}+\frac{\partial h}{\partial w}\frac{\partial w}{\partial u},$$

$$\frac{\partial z}{\partial x}\left(\frac{\partial f}{\partial v}+\frac{\partial f}{\partial w}\frac{\partial w}{\partial v}\right)+\frac{\partial z}{\partial y}\left(\frac{\partial g}{\partial v}+\frac{\partial g}{\partial w}\frac{\partial w}{\partial v}\right)=\frac{\partial h}{\partial v}+\frac{\partial h}{\partial w}\frac{\partial w}{\partial v},\quad \cdots$$

在某些情况下，使用全微分法进行变量代换是方便的.

**【3431】** 把 $y$ 看作新的自变量，变换方程

$$y'y'''-3y''^2=x.$$

**提示** 先求出：$y'=\dfrac{1}{x'}$，$y''=-\dfrac{x''}{(x')^3}$及 $y'''=\dfrac{3(x'')^2-x'x'''}{(x')^5}$，其中 $x=x(y)$为 $y=y(x)$的反函数，再将所

求得的 $y'$、$y''$及 $y'''$代入所给方程,即可获解.

**解** 函数 $y=y(x)$的各阶导数 $y',y'',y''',\cdots$与其反函数 $x=x(y)$的各阶导函数 $x',x'',x''',\cdots$之间有下述关系.

$$y'=\frac{1}{x'} \qquad \text{公式 1}$$

$$y''=(y')'=\left(\frac{1}{x'}\right)'_y\cdot y'_x=-\frac{x''}{x'^2}\frac{1}{x'}=-\frac{x''}{(x')^3} \qquad \text{公式 2}$$

$$y'''=(y'')'=-\left[\frac{x''}{(x')^3}\right]'_y y'_x=\frac{3(x'')^2-x'x'''}{(x')^5}. \qquad \text{公式 3}$$

以公式 1、2、3 代入所给方程,化简整理即得 $x'''+x(x')^5=0$.

**【3432】** 用同样的方法变换方程

$$(y')^2y^{(4)}-10y'y''y'''+15(y'')^3=0.$$

**提示** 利用 3431 题的结果,可得

$$y^{(4)}=(y''')'=\frac{10x'x''x'''-(x')^2x^{(4)}-15(x'')^3}{(x')^7}.$$

将 $y'$、$y''$、$y'''$及 $y^{(4)}$代入所给方程,即可获解.

**解** 解法 1:

由公式 3 可得

$$y^{(4)}=(y''')'=\left[\frac{3(x'')^2-x'x'''}{(x')^5}\right]'_y y'_x=\frac{6x'x''x'''-(x')^2x^{(4)}-x'x''x'''-5[(3x'')^2-x'x''']x''}{(x')^6}\frac{1}{x'}$$

$$=\frac{10x'x''x'''-(x')^2x^{(4)}-15(x'')^3}{(x')^7}. \qquad \text{公式 4}$$

以公式 1、2、3、4 代入所给方程,化简整理得 $x^{(4)}=0$.

解法 2:

由公式 4 可看出 $x^{(4)}=\dfrac{10y'y''y'''-(y')^2y^{(4)}-15(y'')^3}{(y')^7}$.

因此,所给方程可改写为 $-x^{(4)}(y')^7=0$. 由于 $y'\neq 0$,故得 $x^{(4)}=0$.

**【3433】** 把 $x$ 看作函数,把 $t=xy$ 看作自变量,变换方程

$$y''+\frac{2}{x}y'+y=0.$$

**解** 将 $t=t(x)$看作 $x$ 的函数. 对 $t=xy$ 两端分别求 $x$ 的一阶、二阶导数,得

$$\frac{dt}{dx}=y+xy', \qquad (1)$$

$$\frac{d^2t}{dx^2}=2y'+xy''. \qquad (2)$$

由于$\dfrac{dx}{dt}=\dfrac{1}{\frac{dt}{dx}}$,故由(1)式得

$$y'=\frac{1-y\frac{dx}{dt}}{x\frac{dx}{dt}}. \qquad (3)$$

由公式 2 及(2)式可得

$$-\frac{\frac{d^2x}{dt^2}}{\left(\frac{dx}{dt}\right)^3}=2y'+xy'',\quad y''=-\frac{\frac{d^2x}{dt^2}}{x\left(\frac{dx}{dt}\right)^3}-\frac{2y'}{x}. \qquad (4)$$

将(4)式代入所给方程,得 $-\dfrac{d^2x}{dt^2}+xy\left(\dfrac{dx}{dt}\right)^3=0$ 或 $\dfrac{d^2x}{dt^2}-t\left(\dfrac{dx}{dt}\right)^3=0$.

引入新变量,变换下列常微分方程:

**【3434】** $x^2y''+xy'+y=0$,若 $x=e^t$.

**解题思路** 当函数 $y$ 不变,只作自变量的代换 $x=x(t)$ 时,注意到对 $\frac{dt}{dx}$ 及 $\frac{d^2t}{dx^2}$ 运用 3431 题中公式 1 及 2 的结果,可得

$$y'=\frac{\frac{dy}{dt}}{\frac{dx}{dt}} \quad 及 \quad y''=\frac{\frac{d^2y}{dt^2}\frac{dx}{dt}-\frac{dy}{dt}\frac{d^2x}{dt^2}}{\left(\frac{dx}{dt}\right)^3}.$$

将 $x=e^t$ 代入上面两式,再将所求得的 $y'$ 及 $y''$ 代入所给方程,即可获解.

**解** 当函数 $y$ 不变,只作自变量的代换 $x=x(t)$ 时,注意到对 $\frac{dt}{dx}$,$\frac{d^2t}{dx^2}$ 运用公式 1 及 2,即得

$$y'=\frac{dy}{dt}\frac{dt}{dx}=\frac{\frac{dy}{dt}}{\frac{dx}{dt}}, \qquad 公式 5$$

$$y''=\frac{d}{dx}\left(\frac{dy}{dt}\frac{dt}{dx}\right)=\frac{d^2y}{dt^2}\left(\frac{dt}{dx}\right)^2+\frac{dy}{dt}\frac{d^2t}{dx^2}=\frac{\frac{d^2y}{dt^2}\frac{dx}{dt}-\frac{dy}{dt}\frac{d^2x}{dt^2}}{\left(\frac{dx}{dt}\right)^3}. \qquad 公式 6$$

在本题中,$x=e^t$,故有
$$\frac{dx}{dt}=e^t=x,\quad \frac{d^2x}{dt^2}=e^t=x,$$

从而有
$$y'=\frac{\frac{dy}{dt}}{x},\quad y''=\frac{x\frac{d^2y}{dt^2}-x\frac{dy}{dt}}{x^3}=\frac{1}{x^2}\left(\frac{d^2y}{dt^2}-\frac{dy}{dt}\right).$$

将 $y'$ 及 $y''$ 代入所给方程,即得
$$\frac{d^2y}{dt^2}+y=0.$$

**【3435】** $y'''=\frac{6y}{x^3}$,若 $t=\ln|x|$.

**提示** 应用复合函数求导公式,可得 $y'$,$y''$,$y'''$,将 $y'''$ 代入所给方程,即得 $\frac{d^3y}{dt^3}-3\frac{d^2y}{dt^2}+2\frac{dy}{dt}-6y=0$.

**解** 应用复合函数求导公式,有

$$y'=\frac{dy}{dt}\frac{dt}{dx}=\frac{1}{x}\frac{dy}{dt},$$

$$y''=\frac{d}{dx}\left(\frac{1}{x}\frac{dy}{dt}\right)=\frac{1}{x^2}\left(x\frac{d^2y}{dt^2}\frac{dt}{dx}-\frac{dy}{dt}\right)=\frac{\frac{d^2y}{dt^2}-\frac{dy}{dt}}{x^2},$$

$$y'''=\frac{1}{x^4}\left[x^2\left(\frac{d^3y}{dt^3}-\frac{d^2y}{dt^2}\right)\frac{dt}{dx}-2x\left(\frac{d^2y}{dt^2}-\frac{dy}{dt}\right)\right]=\frac{1}{x^3}\left(\frac{d^3y}{dt^3}-3\frac{d^2y}{dt^2}+2\frac{dy}{dt}\right).$$

将 $y'''$ 代入所给方程,即得
$$\frac{d^3y}{dt^3}-3\frac{d^2y}{dt^2}+2\frac{dy}{dt}-6y=0.$$

**【3436】** $(1-x^2)y''-xy'+n^2y=0$,若 $x=\cos t$.

**提示** 注意到 $\frac{dx}{dt}=-\sin t$,$\frac{d^2x}{dt^2}=-\cos t$,运用 3434 题关于 $y'$ 及 $y''$ 的公式 5 及 6,求得 $y'$ 及 $y''$($t$ 为自变量)后连同 $x$ 代入所给方程,即可获解.

**解** 注意到 $\frac{dx}{dt}=-\sin t$,$\frac{d^2x}{dt^2}=-\cos t$,用公式 5 及 6,就有

$$y'=-\frac{\frac{dy}{dt}}{\sin t},\qquad y''=\frac{-\sin t\frac{d^2y}{dt^2}+\cos t\frac{dy}{dt}}{-\sin^3 t}.$$

将 $y'$,$y''$及 $x$ 代入所给方程,即得 $\frac{d^2y}{dt^2}+n^2y=0.$

【3437】 $y''+y'\text{th}x+\frac{m^2}{\text{ch}^2x}y=0$, 若 $x=\ln\tan\frac{t}{2}$.

**提示** 仿 3436 题的解法,并注意 $\text{ch}x=\frac{1}{\sin t}$, $\text{th}x=-\cos t$.

**解** 仍用公式 5 及 6,注意到 $\frac{dx}{dt}=\frac{1}{\sin t}$, $\frac{d^2x}{dt^2}=-\frac{\cos t}{\sin^2t}$, $\text{ch}x=\frac{1}{\sin t}$, $\text{th}x=-\cos t$,

就有 $y'=\sin t\frac{dy}{dt}$, $y''=\sin^2t\frac{d^2y}{dt^2}+\sin t\cos t\frac{dy}{dt}.$

将 $y'$,$y''$,$\text{ch}x$ 及 $\text{th}x$ 代入所给方程,即得 $\frac{d^2y}{dt^2}+m^2y=0.$

【3438】 $y''+p(x)y'+q(x)y=0$, 令 $y=ue^{-\frac{1}{2}\int_{x_0}^{x}p(\xi)d\xi}$.

**提示** 注意 $u=u(x)$,因而可知 $y=y(x)$,将所求得的 $y'$及 $y''$代入所给方程,即可获解.

**解** $y'=\frac{du}{dx}e^{-\frac{1}{2}\int_{x_0}^{x}p(\xi)d\xi}-\frac{1}{2}up(x)e^{-\frac{1}{2}\int_{x_0}^{x}p(\xi)d\xi}$,

$$y''=\frac{d^2u}{dx^2}e^{-\frac{1}{2}\int_{x_0}^{x}p(\xi)d\xi}-p(x)\frac{du}{dx}e^{-\frac{1}{2}\int_{x_0}^{x}p(\xi)d\xi}+\frac{1}{4}up^2(x)e^{-\frac{1}{2}\int_{x_0}^{x}p(\xi)d\xi}-\frac{1}{2}up'(x)e^{-\frac{1}{2}\int_{x_0}^{x}p(\xi)d\xi}.$$

将 $y'$,$y''$代入所给方程,化简整理即得

$$\frac{d^2u}{dx^2}+\left[q(x)-\frac{1}{4}p^2(x)-\frac{1}{2}p'(x)\right]u=0.$$

【3439】 $x^4y''+xyy'-2y^2=0$,若 $x=e^t$, $y=ue^{2t}$,其中 $u=u(t)$.

**提示** 由参数方程所确定的函数的求导法,求得 $y'$及 $y''$,将 $y'$,$y''$及 $x$,$y$ 代入所给方程,即可获解.以下 3440 题~3443 题均可仿本题求解.

**解** $y'=\frac{\frac{dy}{dt}}{\frac{dx}{dt}}=\frac{e^{2t}(2u+u')}{e^t}=e^t(2u+u')$, $y''=\frac{\frac{dy'}{dt}}{\frac{dx}{dt}}=\frac{e^t(u''+3u'+2u)}{e^t}=u''+3u'+2u$,

其中 $u'$及 $u''$表示 $u$ 对 $t$ 的一阶及二阶导数,以下各题类似,不再说明.

将 $y'$,$y''$及 $x$,$y$ 代入所给方程,化简整理即得

$$u''+(u+3)u'+2u=0.$$

【3440】 $(1+x^2)^2y''=y$, 若 $x=\tan t$,$y=\frac{u}{\cos t}$,其中 $u=u(t)$.

**解** $y'=\frac{\frac{u'\cos t+u\sin t}{\cos^2t}}{\frac{1}{\cos^2t}}=u'\cos t+u\sin t$, $y''=\frac{u''\cos t+u\cos t}{\frac{1}{\cos^2t}}=(u''+u)\cos^3t.$

将 $y'$,$y''$及 $x$,$y$ 代入所给方程,化简整理即得 $u''=0.$

【3441】 $(1-x^2)^2y''=-y$,若 $x=\text{th}t$,$y=\frac{u}{\text{ch}t}$,其中 $u=u(t)$.

**解** $y'=\frac{\frac{u'\text{ch}t-u\text{sh}t}{\text{ch}^2t}}{\frac{1}{\text{ch}^2t}}=u'\text{ch}t-u\text{sh}t$, $y''=\frac{u''\text{ch}t-u\text{ch}t}{\frac{1}{\text{ch}^2t}}=(u''-u)\text{ch}^3t.$

将 $y''$及 $x$,$y$ 代入所给方程,化简整理即得 $u''=0.$

【3442】 $y''+(x+y)(1+y')^3=0$,若 $x=u+t$, $y=u-t$,其中 $u=u(t)$.

**解** $y'=\frac{u'-1}{u'+1}$, $y''=\frac{\frac{u''(u'+1)-u''(u'-1)}{(u'+1)^2}}{u'+1}=\frac{2u''}{(u'+1)^3}.$

将 $y',y''$ 及 $x,y$ 代入所给方程,化简整理即得 $u''+8u(u')^3=0$.

**【3443】** $y'''-x^3y''+xy'-y=0$,若 $x=\dfrac{1}{t}$,$y=\dfrac{u}{t}$,其中 $u=u(t)$.

**解** $y'=\dfrac{\dfrac{u't-u}{t^2}}{-\dfrac{1}{t^2}}=u-tu'$, $y''=\dfrac{-tu''}{-\dfrac{1}{t^2}}=t^3u''$, $y'''=\dfrac{3t^2u''+t^3u'''}{-\dfrac{1}{t^2}}=-t^4(3u''+tu''')$.

将 $y',y'',y'''$ 及 $x,y$ 代入所给方程,化简整理即得 $t^5u'''+(3t^4+1)u''+u'=0$.

**【3444】** 令 $u=\dfrac{y}{x-b}$,$t=\ln\left|\dfrac{x-a}{x-b}\right|$,并把 $u$ 看作变量 $t$ 的函数,以变换斯托克斯方程

$$y''=\frac{Ay}{(x-a)^2(x-b)^2}.$$

**解** 由于 $t=\ln|x-a|-\ln|x-b|$,故有

$$\frac{\mathrm{d}t}{\mathrm{d}x}=\frac{1}{x-a}-\frac{1}{x-b}=\frac{a-b}{(x-a)(x-b)} \quad 或 \quad \frac{\mathrm{d}x}{\mathrm{d}t}=\frac{(x-a)(x-b)}{a-b} \tag{1}$$

又因 $u=\dfrac{y}{x-b}$,故 $y=u(x-b)$,

$$y'=(x-b)\frac{\mathrm{d}u}{\mathrm{d}x}+u=\frac{\dfrac{\mathrm{d}u}{\mathrm{d}t}}{\dfrac{\mathrm{d}x}{\mathrm{d}t}}(x-b)+u=\frac{(a-b)u'}{x-a}+u, \tag{2}$$

$$y''=\frac{\dfrac{\mathrm{d}y'}{\mathrm{d}t}}{\dfrac{\mathrm{d}x}{\mathrm{d}t}}=\left[\frac{(a-b)u''}{x-a}+u'-\frac{(a-b)u'}{(x-a)^2}\frac{\mathrm{d}x}{\mathrm{d}t}\right]\cdot\frac{a-b}{(x-a)(x-b)}=\frac{(a-b)^2(u''-u')}{(x-a)^2(x-b)}. \tag{3}$$

将(3)式代入所给方程,即得 $u''-u'=\dfrac{Au}{(a-b)^2}$ $(a\neq b)$.

**【3445】** 证明:若方程 $\dfrac{\mathrm{d}^2y}{\mathrm{d}x^2}+p(x)\dfrac{\mathrm{d}y}{\mathrm{d}x}+q(x)y=0$,

由代换 $x=\varphi(\xi)$ 变换为方程 $\dfrac{\mathrm{d}^2y}{\mathrm{d}\xi^2}+P(\xi)\dfrac{\mathrm{d}y}{\mathrm{d}\xi}+Q(\xi)y=0$,

则 $$[2P(\xi)Q(\xi)+Q'(\xi)][Q(\xi)]^{-\frac{3}{2}}=[2p(x)q(x)+q'(x)][q(x)]^{-\frac{3}{2}}.$$

**证** $\dfrac{\mathrm{d}x}{\mathrm{d}\xi}=\varphi'(\xi)$,$\dfrac{\mathrm{d}^2x}{\mathrm{d}\xi^2}=\varphi''(\xi)$. 由公式 5 及 6,得

$$\frac{\mathrm{d}y}{\mathrm{d}x}=\frac{\dfrac{\mathrm{d}y}{\mathrm{d}\xi}}{\varphi'(\xi)},\quad \frac{\mathrm{d}^2y}{\mathrm{d}x^2}=\frac{1}{[\varphi'(\xi)]^2}\frac{\mathrm{d}^2y}{\mathrm{d}\xi^2}-\frac{\varphi''(\xi)}{[\varphi'(\xi)]^3}\frac{\mathrm{d}y}{\mathrm{d}\xi}.$$

代入原方程,两端同乘 $[\varphi'(\xi)]^2$,即得

$$\frac{\mathrm{d}^2y}{\mathrm{d}\xi^2}+\left\{p[\varphi(\xi)]\varphi'(\xi)-\frac{\varphi''(\xi)}{\varphi'(\xi)}\right\}\frac{\mathrm{d}y}{\mathrm{d}\xi}+q[\varphi(\xi)][\varphi'(\xi)]^2y=0.$$

于是, $P(\xi)=p\varphi'-\dfrac{\varphi''}{\varphi'}$, $Q(\xi)=q\cdot(\varphi')^2$; $Q'(\xi)=q'\cdot(\varphi')^3+2q\varphi'\varphi''$.

从而得知

$$[2P(\xi)Q(\xi)+Q'(\xi)][Q(\xi)]^{-\frac{3}{2}}=\left\{2\left(p\varphi'-\frac{\varphi''}{\varphi'}\right)q\cdot(\varphi')^2+q'\cdot(\varphi')^3+2q\varphi'\varphi''\right\}[q\cdot(\varphi')^2]^{-\frac{3}{2}}$$

$$=\{2pq\cdot(\varphi')^3+q'\cdot(\varphi')^3\}q^{-\frac{3}{2}}\cdot(\varphi')^{-3}=[2p(x)q(x)+q'(x)][q(x)]^{-\frac{3}{2}},$$

本题获证.

**【3446】** 在方程 $\Phi(y,y',y'')=0$ (其中 $\Phi$ 为变量 $y,y',y''$ 的齐次函数)中令 $y=e^{\int_{x_0}^x u\mathrm{d}x}$.

**解** $y'=ue^{\int_{x_0}^x u\mathrm{d}x}$, $y''=(u'+u^2)e^{\int_{x_0}^x u\mathrm{d}x}$.

代入方程 $\Phi(y,y',y'')=0$，由于 $\Phi$ 关于 $y,y',y''$ 是齐次的，因此，各项含有的因式 $e^{\int_{x_0}^{x}u\mathrm{d}x}$ 均可约去，最后得

$$\Phi(1,u,u'+u^2)=0.$$

**【3447】** 在方程 $F(x^2y'',xy',y)=0$（其中 $F$ 为其自变量的齐次函数）中令 $u=x\dfrac{y'}{y}$.

**解** $y'=\dfrac{yu}{x}$，$y''=\dfrac{x(u'y+y'u)-yu}{x^2}=\dfrac{y[xu'+(u^2-u)]}{x^2}$. 于是，

$$xy'=uy,\qquad x^2y''=y[xu'+(u^2-u)].$$

由于 $F$ 为其自变量的齐次函数，因此，各项含有的因子 $y$ 均可约去，最后得

$$F(xu'+u^2-u,u,1)=0.$$

**【3448】** 证明：经射影变换 $x=\dfrac{a_1\xi+b_1\eta+c_1}{a\xi+b\eta+c}$，$\qquad y=\dfrac{a_2\xi+b_2\eta+c_2}{a\xi+b\eta+c}$，

方程

$$y'''(1+y'^2)-3y'y''^2=0$$

不变其形状.

**证** **本题似有误.** 事实上，作压缩变换

$$x=\xi,\qquad y=a\eta\quad(a\neq0)$$

（它是射影变换的特例），则原方程变为 $a\eta'''(1+a\eta'^2)-3a^3\eta'\eta''^2=0$，显然形式已改变.

**【3449】** 证明：施瓦茨函数 $\qquad S[x(t)]=\dfrac{x'''(t)}{x'(t)}-\dfrac{3}{2}\left[\dfrac{x''(t)}{x'(t)}\right]^2$

的值在分式线性变换 $\qquad y=\dfrac{ax(t)+b}{cx+d}\quad(ad-bc\neq0)$，

下保持不变.

**证明思路** 注意到已知的分式线形变换

$$y=\frac{ax+b}{cx+d}=\frac{a}{c}+\frac{bc-ad}{c(cx+d)}$$

可由下述三个变换构成： $\qquad y=\alpha+\beta y_2,\quad y_2=\dfrac{1}{y_1},\quad y_1=cx+d.$

因此，只要证明在上述各种变换下 $S$ 的值不变即可，即只要证明：

$$S[y_1(t)]=S[x(t)],S[y_2(t)]=S[y_1(t)],S[y(t)]=S[y_2(t)].$$

**证** 已知的变换 $\qquad y=\dfrac{ax+b}{cx+d}=\dfrac{a\left(x+\dfrac{d}{c}\right)+\left(b-\dfrac{ad}{c}\right)}{cx+d}=\dfrac{a}{c}+\dfrac{bc-ad}{c(cx+d)}$

可由下述变换所构成： $\qquad y=a+\beta y_2,\quad y_2=\dfrac{1}{y_1},\quad y_1=cx+d.$

只要证明在上述各种变换下 $S$ 的值不变即可.

1° 令 $y_1=cx+d$，则 $y_1'(t)=cx'(t)$，$y_1''(t)=cx''(t)$，$y_1'''(t)=cx'''(t)$. 于是，

$$S[y_1(t)]=\frac{y_1'''(t)}{y_1'(t)}-\frac{3}{2}\left[\frac{y_1''(t)}{y_1'(t)}\right]^2=\frac{x'''(t)}{x'(t)}-\frac{3}{2}\left[\frac{x''(t)}{x'(t)}\right]^2=S[x(t)];$$

2° 令 $y_2=\dfrac{1}{y_1}$，则 $y_2'(t)=-\dfrac{y_1'}{y_1^2}$，$y_2''(t)=-\dfrac{y_1y_1''-2y_1'^2}{y_1^3}$，$y_2'''(t)=-\dfrac{y_1'''y_1^2-6y_1''y_1'y_1+6y_1'^3}{y_1^4}$. 于是，

$$S[y_2(t)]=\frac{y_2'''(t)}{y_2'(t)}-\frac{3}{2}\left[\frac{y_2''(t)}{y_2'(t)}\right]^2=\frac{\dfrac{y_1'''y_1^2-6y_1''y_1'y_1+6y_1'^3}{y_1^4}}{\dfrac{y_1'}{y_1^2}}-\frac{3}{2}\left(\frac{\dfrac{y_1y_1''-2y_1'^2}{y_1^3}}{\dfrac{y_1'}{y_1^2}}\right)^2$$

$$=\frac{y_1'''}{y_1'}-\frac{6y_1''}{y_1}+\frac{6y_1'^2}{y_1^2}-\frac{3}{2}\left(\frac{y_1''}{y_1'}-\frac{2y_1'}{y_1}\right)^2=\frac{y_1'''}{y_1'}-\frac{3}{2}\left(\frac{y_1''}{y_1'}\right)^2=S[y_1(t)]=S[x(t)];$$

3° 由 1°及 2°即知

$$S[y(t)]=S[\alpha+\beta y_2]=\frac{(\alpha+\beta y_2)'''}{(\alpha+\beta y_2)'}-\frac{3}{2}\left\{\frac{(\alpha+\beta y_2)''}{(\alpha+\beta y_2)'}\right\}^2=\frac{y_2'''}{y_2'}-\frac{3}{2}\left(\frac{y_2''}{y_2'}\right)^2=S[y_2(t)]=S[x(t)].$$

证毕.

令 $x=r\cos\varphi,\ y=r\sin\varphi$,写出下列方程在极坐标 $r,\varphi$ 下的形式:

**【3450】** $\dfrac{dy}{dx}=\dfrac{x+y}{x-y}$.

**提示** 仿 3439 题,先求得$\dfrac{dy}{dx}=\dfrac{\sin\varphi\dfrac{dr}{d\varphi}+r\cos\varphi}{\cos\varphi\dfrac{dr}{d\varphi}-r\sin\varphi}$,将$\dfrac{dy}{dx}$及 $x,y$ 代入所给方程,即可获解.

**解** 当 $x=r\cos\varphi,\ y=r\sin\varphi$ 时,

$$\frac{dx}{d\varphi}=\cos\varphi\frac{dr}{d\varphi}-r\sin\varphi,\quad \frac{dy}{d\varphi}=\sin\varphi\frac{dr}{d\varphi}+r\cos\varphi,$$

$$\frac{d^2x}{d\varphi^2}=\cos\varphi\frac{d^2r}{d\varphi^2}-2\sin\varphi\frac{dr}{d\varphi}-r\cos\varphi,\quad \frac{d^2y}{d\varphi^2}=\sin\varphi\frac{d^2r}{d\varphi^2}+2\cos\varphi\frac{dr}{d\varphi}-r\sin\varphi.$$

由公式 5 及 6,即得

$$\frac{dy}{dx}=\frac{\dfrac{dy}{d\varphi}}{\dfrac{dx}{d\varphi}}=\frac{\sin\varphi\dfrac{dr}{d\varphi}+r\cos\varphi}{\cos\varphi\dfrac{dx}{d\varphi}-r\sin\varphi},\qquad \text{公式 7}$$

$$\frac{d^2y}{dx^2}=\frac{\dfrac{d^2y}{d\varphi^2}\dfrac{dx}{d\varphi}-\dfrac{dy}{d\varphi}\dfrac{d^2x}{d\varphi^2}}{\left(\dfrac{dx}{d\varphi}\right)^3}=\frac{r^2+2\left(\dfrac{dr}{d\varphi}\right)^2-r\dfrac{d^2r}{d\varphi^2}}{\left(\cos\varphi\dfrac{dr}{d\varphi}-r\sin\varphi\right)^3}.\qquad \text{公式 8}$$

将公式 7 及 $x,y$ 代入所给方程,化简整理即得$\dfrac{dr}{d\varphi}=r$ 或 $r'=r$.

以下各题,$\dfrac{dr}{d\varphi}$ 及 $\dfrac{d^2r}{d\varphi^2}$ 均简记为 $r'$ 及 $r''$.

**【3451】** $(xy'-y)^2=2xy(1+y'^2)$.

**提示** 先利用 3450 题中关于 $y'$ 的结果,求出 $xy'-y$ 及 $1+y'^2$. 然后将它们及 $x,y$ 代入所给方程,即可获解.

**解** 
$$xy'-y=r\cos\varphi\frac{r'\sin\varphi+r\cos\varphi}{r'\cos\varphi-r\sin\varphi}-r\sin\varphi=\frac{r(r'\sin\varphi\cos\varphi+r\cos^2\varphi-r'\sin\varphi\cos\varphi+r\sin^2\varphi)}{r'\cos\varphi-r\sin\varphi}$$
$$=\frac{r^2}{r'\cos\varphi-r\sin\varphi},$$
$$1+y'^2=1+\left(\frac{r'\sin\varphi+r\cos\varphi}{r'\cos\varphi-r\sin\varphi}\right)^2=\frac{r'^2+r^2}{(r'\cos\varphi-r\sin\varphi)^2}.$$

将 $xy'-y$, $1+y'^2$ 及 $x,y$ 代入所给方程,化简整理即得 $r'^2=\dfrac{1-\sin2\varphi}{\sin2\varphi}r^2$.

**【3452】** $(x^2+y^2)^2y''=(x+yy')^3$.

**提示** 仿 3451 题,先求出 $x+yy'$. 利用公式 8 求得 $y'$. 将 $x+yy'$, $y''$及 $x,y$ 代入所给方程,即可获解.

**解** 
$$x+yy'=r\cos\varphi+r\sin\varphi\frac{r'\sin\varphi+r\cos\varphi}{r'\cos\varphi-r\sin\varphi}=\frac{rr'\cos^2\varphi-r^2\sin\varphi\cos\varphi+rr'\sin^2\varphi+r^2\sin\varphi\cos\varphi}{r'\cos\varphi-r\sin\varphi}$$
$$=\frac{rr'}{r'\cos\varphi-r\sin\varphi}.$$

将公式 8, $x+yy'$及 $x,y$ 代入所给方程,化简整理即得 $r(r^2+2r'^2-rr'')=r'^3$.

**【3453】** 写出表达式$\dfrac{x+yy'}{xy'-y}$在极坐标下的形式.

**提示** 利用 3451 题中 $xy'-y$ 的结果及 3452 题中 $x+yy'$的结果.

**解** 将 3451 题中 $xy'-y$ 的结果及 3452 题中 $x+yy'$的结果代入所给表达式,即得

$$\frac{x+yy'}{xy'-y}=\frac{r'}{r}.$$

【3454】 把平面曲线的曲率 $$K=\frac{|y''_{xx}|}{(1+y'^2_x)^{\frac{3}{2}}}$$
用极坐标 $r$ 及 $\varphi$ 表示出来.

**提示** 将 3451 题中 $1+y'^2$ 的结果及 3450 题中 $y''$的结果(即公式 8)代入 $K$ 中,即可获解.

**解** 将 3451 题中 $1+y'^2$ 的结果及公式 8 代入,化简整理即得

$$K=\frac{|r^2+2r'^2-rr''|}{(r^2+r'^2)^{\frac{3}{2}}}.$$

【3455】 写出方程组
$$\begin{cases}\dfrac{dx}{dt}=y+kx(x^2+y^2),\\ \dfrac{dy}{dt}=-x+ky(x^2+y^2)\end{cases}$$
在极坐标下的形式.

**解** 由原方程组得 $\cos\varphi\dfrac{dr}{dt}-r\sin\varphi\dfrac{d\varphi}{dt}=r\sin\varphi+kr^3\cos\varphi$, $\sin\varphi\dfrac{dr}{dt}+r\cos\varphi\dfrac{d\varphi}{dt}=-r\cos\varphi+kr^3\sin\varphi.$
联立解之,即得

$$\frac{dr}{dt}=\frac{1}{r}[r\cos\varphi(r\sin\varphi+kr^3\cos\varphi)-(-r\sin\varphi)(-r\cos\varphi+kr^3\sin\varphi)]=kr^3,$$
$$\frac{d\varphi}{dt}=\frac{1}{r}[\cos\varphi(-r\cos\varphi+kr^3\sin\varphi)-\sin\varphi(r\sin\varphi+kr^3\cos\varphi)]=-1,$$

即原方程组转化为
$$\begin{cases}\dfrac{dr}{dt}=kr^3,\\ \dfrac{d\varphi}{dt}=-1.\end{cases}$$

【3456】 引用新函数 $r=\sqrt{x^2+y^2}$,$\varphi=\arctan\dfrac{y}{x}$,变换表达式
$$W=x\frac{d^2y}{dt^2}-y\frac{d^2x}{dt^2}.$$

**解** 由 $r=\sqrt{x^2+y^2}$ 两端微分,得
$$dr=\frac{xdx+ydy}{\sqrt{x^2+y^2}}=\frac{x}{r}dx+\frac{y}{r}dy$$
或
$$rdr=xdx+ydy. \tag{1}$$
由 $\varphi=\arctan\dfrac{y}{x}$ 两端微分,得 $$d\varphi=\frac{xdy-ydx}{x^2+y^2}=\frac{x}{r^2}dy-\frac{y}{r^2}dx$$
或
$$r^2d\varphi=xdy-ydx. \tag{2}$$
于是,由(1)及(2)可得 $xrdr-yr^2d\varphi=(x^2dx+xydy)-(xydy-y^2dx)=(x^2+y^2)dx=r^2dx$,
$$dx=\frac{x}{r}dr-yd\varphi. \tag{3}$$
同理可得
$$dy=\frac{y}{r}dr+xd\varphi. \tag{4}$$
从而由(3)及(4),得
$$xd^2y-yd^2x=x\left(\frac{y}{r}d^2r-\frac{y}{r^2}dr^2+\frac{1}{r}drdy+dxd\varphi+xd^2\varphi\right)-y\left(\frac{x}{r}d^2r-\frac{x}{r^2}dr^2+\frac{1}{r}dxdr-dyd\varphi-yd^2\varphi\right)$$
$$=\frac{dr}{r}(xdy-ydx)+(xdx+ydy)d\varphi+(x^2+y^2)d^2\varphi=\frac{dr}{r}(r^2d\varphi)+(rdr)d\varphi+r^2d^2\varphi=2rdrd\varphi+r^2d^2\varphi,$$
于是,
$$W=x\frac{d^2y}{dt^2}-y\frac{d^2x}{dt^2}=2r\frac{dr}{dt}\frac{d\varphi}{dt}+r^2\frac{d^2\varphi}{dt^2}=\frac{d}{dt}\left(r^2\frac{d\varphi}{dt}\right).$$

【3457】 在勒让德变换中曲线 $y=y(x)$的每一点$(x,y)$对应于点$(X,Y)$,其中
$$X=y',\quad Y=xy'-y.$$

求 $Y'$，$Y''$及 $Y'''$.

**解** $Y'=\dfrac{\mathrm{d}Y}{\mathrm{d}X}=\dfrac{\mathrm{d}Y}{\mathrm{d}x}\dfrac{\mathrm{d}x}{\mathrm{d}X}=\dfrac{xy''}{\dfrac{\mathrm{d}X}{\mathrm{d}x}}=\dfrac{xy''}{y''}=x$； $Y''=\dfrac{\dfrac{\mathrm{d}Y}{\mathrm{d}x}}{\dfrac{\mathrm{d}X}{\mathrm{d}x}}=\dfrac{1}{y''}$； $Y'''=\dfrac{\dfrac{\mathrm{d}Y''}{\mathrm{d}x}}{\dfrac{\mathrm{d}X}{\mathrm{d}x}}=\dfrac{-\dfrac{y'''}{y''^2}}{y''}=-\dfrac{y'''}{y''^3}$.

**引入新变量 $\xi$ 及 $\eta$，解下列方程：**

**【3458】** $\dfrac{\partial z}{\partial x}=\dfrac{\partial z}{\partial y}$，令 $\xi=x+y$，$\eta=x-y$.

**解题思路** 只要将 $\xi,\eta$ 看作中间变量，应用复合函数求偏导数的公式求出 $\dfrac{\partial z}{\partial x}$ 及 $\dfrac{\partial z}{\partial y}$，即易获解 $z=\varphi(x+y)$，其中 $\varphi$ 为任意的函数.

**解** 当仅作自变量代换，引入新自变量

$$\xi=\xi(x,y),\qquad \eta=\eta(x,y)$$

这个最简单的情形时，只要把 $\xi,\eta$ 看作中间变量，用复合函数求偏导数的公式，即可求出

$$\frac{\partial z}{\partial x}=\frac{\partial z}{\partial \xi}\frac{\partial \xi}{\partial x}+\frac{\partial z}{\partial \eta}\frac{\partial \eta}{\partial x},\qquad \frac{\partial z}{\partial y}=\frac{\partial z}{\partial \xi}\frac{\partial \xi}{\partial y}+\frac{\partial z}{\partial \eta}\frac{\partial \eta}{\partial y}.$$

代入原方程，即得变换后的方程，本题中，

$$\frac{\partial \xi}{\partial x}=\frac{\partial \xi}{\partial y}=\frac{\partial \eta}{\partial x}=1,\qquad \frac{\partial \eta}{\partial y}=-1.$$

于是，$\dfrac{\partial z}{\partial x}=\dfrac{\partial z}{\partial \xi}+\dfrac{\partial z}{\partial \eta}$，$\dfrac{\partial z}{\partial y}=\dfrac{\partial z}{\partial \xi}-\dfrac{\partial z}{\partial \eta}$，代入原方程，得

$$\frac{\partial z}{\partial \xi}+\frac{\partial z}{\partial \eta}=\frac{\partial z}{\partial \xi}-\frac{\partial z}{\partial \eta}\quad 或\quad \frac{\partial z}{\partial \eta}=0,$$

即 $z=\varphi(\xi)=\varphi(x+y)$，其中 $\varphi$ 为任意的函数.

**【3459】** $y\dfrac{\partial z}{\partial x}-x\dfrac{\partial z}{\partial y}=0$，令 $\xi=x$，$\eta=x^2+y^2$.

**解** $\dfrac{\partial \xi}{\partial x}=1$，$\dfrac{\partial \xi}{\partial y}=0$，$\dfrac{\partial \eta}{\partial x}=2x$，$\dfrac{\partial \eta}{\partial y}=2y$.

于是，

$$\frac{\partial z}{\partial x}=\frac{\partial z}{\partial \xi}+2x\frac{\partial z}{\partial \eta},\qquad \frac{\partial z}{\partial y}=2y\frac{\partial z}{\partial \eta}.$$

代入原方程，得

$$y\left(\frac{\partial z}{\partial \xi}+2x\frac{\partial z}{\partial \eta}\right)-2xy\frac{\partial z}{\partial \eta}=0\quad 或\quad y\frac{\partial z}{\partial \xi}=0.$$

由于 $y\neq0$，故 $\dfrac{\partial z}{\partial \xi}=0$，即

$$z=\varphi(\eta)=\varphi(x^2+y^2),$$

其中 $\varphi$ 为任意的函数.

**【3460】** $a\dfrac{\partial z}{\partial x}+b\dfrac{\partial z}{\partial y}=1\ (a\neq0)$，令 $\xi=x$，$\eta=y-bz$.

**解** 当变量间的变换关系比较复杂时，用全微分法较好. 首先，根据新旧变元之间的关系，求出它们微分之间的关系

$$\mathrm{d}\xi=\mathrm{d}x,\qquad \mathrm{d}\eta=\mathrm{d}y-b\mathrm{d}z. \tag{1}$$

其次，将所求得的微分式代入表示新变元关系的全微分式，并按旧变元关系重新整理.

$$\mathrm{d}z=\frac{\partial z}{\partial \xi}\mathrm{d}\xi+\frac{\partial z}{\partial \eta}\mathrm{d}\eta=\frac{\partial z}{\partial \xi}\mathrm{d}x+\frac{\partial z}{\partial \eta}(\mathrm{d}y-b\mathrm{d}z),\qquad \left(1+b\frac{\partial z}{\partial \eta}\right)\mathrm{d}z=\frac{\partial z}{\partial \xi}\mathrm{d}x+\frac{\partial z}{\partial \eta}\mathrm{d}y,$$

$$\mathrm{d}z=\frac{\dfrac{\partial z}{\partial \xi}}{1+b\dfrac{\partial z}{\partial \eta}}\mathrm{d}x+\frac{\dfrac{\partial z}{\partial \eta}}{1+b\dfrac{\partial z}{\partial \eta}}\mathrm{d}y.$$

把整理后的式子与表示旧变元的全微分式 $\mathrm{d}z=\dfrac{\partial z}{\partial x}\mathrm{d}x+\dfrac{\partial z}{\partial y}\mathrm{d}y$ 比较，即得

$$\frac{\partial z}{\partial x}=\frac{\dfrac{\partial z}{\partial \xi}}{1+b\dfrac{\partial z}{\partial \eta}},\qquad \frac{\partial z}{\partial y}=\frac{\dfrac{\partial z}{\partial \eta}}{1+b\dfrac{\partial z}{\partial \eta}}.$$

代入原方程,得 $$a\frac{\partial z}{\partial \xi}+b\frac{\partial z}{\partial \eta}=1+b\frac{\partial z}{\partial \eta}\quad 或\quad \frac{\partial z}{\partial \xi}=\frac{1}{a}.$$

于是, $$z=\frac{\xi}{a}+\varphi(\eta)=\frac{x}{a}+\varphi(y-bz).$$

**【3461】** $x\dfrac{\partial z}{\partial x}+y\dfrac{\partial z}{\partial y}=z$, 令 $\xi=x$ 及 $\eta=\dfrac{y}{x}$.

**提示** 仿 3458 题,解为 $z=x\varphi\left(\dfrac{y}{x}\right)$,其中 $\varphi$ 为任意的函数.

**解** $\dfrac{\partial \xi}{\partial x}=1,\quad \dfrac{\partial \xi}{\partial y}=0,\quad \dfrac{\partial \eta}{\partial x}=-\dfrac{y}{x^2},\quad \dfrac{\partial \eta}{\partial y}=\dfrac{1}{x}.\quad \dfrac{\partial z}{\partial x}=\dfrac{\partial z}{\partial \xi}-\dfrac{y}{x^2}\dfrac{\partial z}{\partial \eta},\quad \dfrac{\partial z}{\partial y}=\dfrac{1}{x}\dfrac{\partial z}{\partial \eta}.$

代入原方程,得 $x\left(\dfrac{\partial z}{\partial \xi}-\dfrac{y}{x^2}\dfrac{\partial z}{\partial \eta}\right)+\dfrac{y}{x}\dfrac{\partial z}{\partial \eta}=z$,

$$x\frac{\partial z}{\partial \xi}=z\quad 或\quad \xi\frac{\partial z}{\partial \xi}=z.$$

解之,得 $z=\xi\varphi(\eta)=x\varphi\left(\dfrac{y}{x}\right)$,其中 $\varphi$ 为任意的函数.

**把 $u$ 与 $v$ 看作新的自变量,变换下列方程:**

**【3462】** $x\dfrac{\partial z}{\partial x}+\sqrt{1+y^2}\dfrac{\partial z}{\partial y}=xy$, 若 $u=\ln x$, $v=\ln(y+\sqrt{1+y^2})$.

**解** $\dfrac{\partial u}{\partial x}=\dfrac{1}{x},\quad \dfrac{\partial u}{\partial y}=0,\quad \dfrac{\partial v}{\partial x}=0,\quad \dfrac{\partial v}{\partial y}=\dfrac{1}{\sqrt{1+y^2}}.\quad \dfrac{\partial z}{\partial x}=\dfrac{1}{x}\dfrac{\partial z}{\partial u},\quad \dfrac{\partial z}{\partial y}=\dfrac{1}{\sqrt{1+y^2}}\dfrac{\partial z}{\partial v}.$

注意到 $x=e^u$ 及 $y=\operatorname{sh}v$,代入原方程,即得 $\dfrac{\partial z}{\partial u}+\dfrac{\partial z}{\partial v}=e^u\operatorname{sh}v$.

**【3463】** $(x+y)\dfrac{\partial z}{\partial x}-(x-y)\dfrac{\partial z}{\partial y}=0$,若 $u=\ln\sqrt{x^2+y^2}$,$v=\arctan\dfrac{y}{x}$.

**解** $\dfrac{\partial u}{\partial x}=\dfrac{x}{x^2+y^2},\quad \dfrac{\partial u}{\partial y}=\dfrac{y}{x^2+y^2},\quad \dfrac{\partial v}{\partial x}=-\dfrac{y}{x^2+y^2},\quad \dfrac{\partial v}{\partial y}=\dfrac{x}{x^2+y^2}.$

$\dfrac{\partial z}{\partial x}=\dfrac{x}{x^2+y^2}\dfrac{\partial z}{\partial u}-\dfrac{y}{x^2+y^2}\dfrac{\partial z}{\partial v},\quad \dfrac{\partial z}{\partial y}=\dfrac{y}{x^2+y^2}\dfrac{\partial z}{\partial u}+\dfrac{x}{x^2+y^2}\dfrac{\partial z}{\partial v}.$

代入原方程,得 $$\frac{x+y}{x^2+y^2}\left(x\frac{\partial z}{\partial u}-y\frac{\partial z}{\partial v}\right)-\frac{x-y}{x^2+y^2}\left(y\frac{\partial z}{\partial u}+x\frac{\partial z}{\partial v}\right)=0,$$

$$\frac{\partial z}{\partial u}-\frac{\partial z}{\partial v}=0\quad 或\quad \frac{\partial z}{\partial u}=\frac{\partial z}{\partial v}.$$

**【3464】** $x\dfrac{\partial z}{\partial x}+y\dfrac{\partial z}{\partial y}=z+\sqrt{x^2+y^2+z^2}$, 若 $u=\dfrac{y}{x}$,$v=z+\sqrt{x^2+y^2+z^2}$.

**解题思路** 本题宜用微分法,先求出 $du$ 及 $dv$,进而由 $dz=\dfrac{\partial z}{\partial u}du+\dfrac{\partial z}{\partial v}dv$ 求得$\dfrac{\partial z}{\partial x}$及$\dfrac{\partial z}{\partial y}$,从而可得$\dfrac{\partial z}{\partial v}=\dfrac{1}{2}$.

**解** 本题用微分法较好.

$$du=\frac{xdy-ydx}{x^2},$$

$$dv=dz+\frac{xdx+ydy+zdz}{\sqrt{x^2+y^2+z^2}}=dz+\frac{xdx+ydy+zdz}{r}\quad (r=\sqrt{x^2+y^2+z^2}).$$

$$dz=\frac{\partial z}{\partial u}du+\frac{\partial z}{\partial v}dv=\frac{\partial z}{\partial u}\left(\frac{dy}{x}-\frac{ydx}{x^2}\right)+\frac{\partial z}{\partial v}\left(dz+\frac{x}{r}dx+\frac{y}{r}dy+\frac{z}{r}dz\right).$$

于是, $$\left(1-\frac{\partial z}{\partial v}-\frac{z}{r}\frac{\partial z}{\partial v}\right)dz=\left(-\frac{y}{x^2}\frac{\partial z}{\partial u}+\frac{x}{r}\frac{\partial z}{\partial v}\right)dx+\left(\frac{1}{x}\frac{\partial z}{\partial u}+\frac{y}{r}\frac{\partial z}{\partial v}\right)dy,$$

$$\frac{\partial z}{\partial x}=\left(-\frac{y}{x^2}\frac{\partial z}{\partial u}+\frac{x}{r}\frac{\partial z}{\partial v}\right)\left(1-\frac{\partial z}{\partial v}-\frac{z}{r}\frac{\partial z}{\partial v}\right)^{-1},\qquad \frac{\partial z}{\partial y}=\left(\frac{1}{x}\frac{\partial z}{\partial u}+\frac{y}{r}\frac{\partial z}{\partial v}\right)\left(1-\frac{\partial z}{\partial v}-\frac{z}{r}\frac{\partial z}{\partial v}\right)^{-1}.$$

代入原方程，得 $x\left(-\frac{y}{x^2}\frac{\partial z}{\partial u}+\frac{x}{r}\frac{\partial z}{\partial v}\right)+y\left(\frac{1}{x}\frac{\partial z}{\partial u}+\frac{y}{r}\frac{\partial z}{\partial v}\right)=(z+r)\left(1-\frac{\partial z}{\partial v}-\frac{z}{r}\frac{\partial z}{\partial v}\right)$,

$$2(z+r)\frac{\partial z}{\partial v}=z+r.$$

如果 $z+r=0$，则可推得 $x^2+y^2=0$，但由于 $x\neq0$，所以，$x^2+y^2$ 不可能为零. 于是，$z+r\neq0$. 从而，得

$$\frac{\partial z}{\partial v}=\frac{1}{2}.$$

**【3465】** $x\frac{\partial z}{\partial x}+y\frac{\partial z}{\partial y}=\frac{x}{z}$，若 $u=2x-z^2$，$v=\frac{y}{z}$.

**解** $\mathrm{d}u=2\mathrm{d}x-2z\mathrm{d}z$，$\qquad \mathrm{d}v=\frac{\mathrm{d}y}{z}-\frac{y}{z^2}\mathrm{d}z$.

$$\mathrm{d}z=\frac{\partial z}{\partial u}\mathrm{d}u+\frac{\partial z}{\partial v}\mathrm{d}v=\frac{\partial z}{\partial u}(2\mathrm{d}x-2z\mathrm{d}z)+\frac{\partial z}{\partial v}\left(\frac{1}{z}\mathrm{d}y-\frac{y}{z^2}\mathrm{d}z\right).$$

于是，
$$\left(1+2z\frac{\partial z}{\partial u}+\frac{y}{z^2}\frac{\partial z}{\partial v}\right)\mathrm{d}z=2\frac{\partial z}{\partial u}\mathrm{d}x+\frac{1}{z}\frac{\partial z}{\partial v}\mathrm{d}y,$$

$$\frac{\partial z}{\partial x}=2\frac{\partial z}{\partial u}\left(1+2z\frac{\partial z}{\partial u}+\frac{y}{z^2}\frac{\partial z}{\partial v}\right)^{-1},\qquad \frac{\partial z}{\partial y}=\frac{1}{z}\frac{\partial z}{\partial v}\left(1+2z\frac{\partial z}{\partial u}+\frac{y}{z^2}\frac{\partial z}{\partial v}\right)^{-1}.$$

代入原方程，得 $2x\frac{\partial z}{\partial u}+y\frac{1}{z}\frac{\partial z}{\partial v}=\frac{x}{z}\left(1+2z\frac{\partial z}{\partial u}+\frac{y}{z^2}\frac{\partial z}{\partial v}\right)$，$\left(\frac{y}{z}-\frac{xy}{z^3}\right)\frac{\partial z}{\partial v}=\frac{x}{z}$.

再以 $y=zv$，$x=\frac{1}{2}(u+z^2)$ 代入上式，最后得

$$\frac{\partial z}{\partial v}=\frac{z}{v}\frac{z^2+u}{z^2-u}.$$

**【3466】**⁺ $(x+z)\frac{\partial z}{\partial x}+(y+z)\frac{\partial z}{\partial y}=x+y+z$，若 $u=x+z$，$v=y+z$.

**解** $\mathrm{d}z=\frac{\partial z}{\partial u}\mathrm{d}u+\frac{\partial z}{\partial v}\mathrm{d}v=\frac{\partial z}{\partial u}(\mathrm{d}x+\mathrm{d}z)+\frac{\partial z}{\partial v}(\mathrm{d}y+\mathrm{d}z)$.

于是，$\left(1-\frac{\partial z}{\partial u}-\frac{\partial z}{\partial v}\right)\mathrm{d}z=\frac{\partial z}{\partial u}\mathrm{d}x+\frac{\partial z}{\partial v}\mathrm{d}y$，$\quad \frac{\partial z}{\partial x}=\frac{\partial z}{\partial u}\left(1-\frac{\partial z}{\partial u}-\frac{\partial z}{\partial v}\right)^{-1}$，$\quad \frac{\partial z}{\partial y}=\frac{\partial z}{\partial v}\left(1-\frac{\partial z}{\partial u}-\frac{\partial z}{\partial v}\right)^{-1}$.

将$\frac{\partial z}{\partial x}$及$\frac{\partial z}{\partial y}$代入原方程，并注意到 $x+y+z=u+v-z$，即得

$$u\frac{\partial z}{\partial u}+v\frac{\partial z}{\partial u}=(u+v-z)\left(1-\frac{\partial z}{\partial u}-\frac{\partial z}{\partial v}\right),\quad 即\quad (2u+v-z)\frac{\partial z}{\partial u}+(2v+u-z)\frac{\partial z}{\partial v}=u+v-z.$$

**【3467】** 取 $\xi=y+z\mathrm{e}^{-x}$，$\eta=x+z\mathrm{e}^{-y}$ 作为新的自变量，变换表达式

$$(z+\mathrm{e}^x)\frac{\partial z}{\partial x}+(z+\mathrm{e}^y)\frac{\partial z}{\partial y}-(z^2-\mathrm{e}^{x+y}).$$

**解** $\mathrm{d}z=\frac{\partial z}{\partial \xi}\mathrm{d}\xi+\frac{\partial z}{\partial \eta}\mathrm{d}\eta=\frac{\partial z}{\partial \xi}(\mathrm{d}y+\mathrm{e}^{-x}\mathrm{d}z-z\mathrm{e}^{-x}\mathrm{d}x)+\frac{\partial z}{\partial \eta}(\mathrm{d}x+\mathrm{e}^{-y}\mathrm{d}z-z\mathrm{e}^{-y}\mathrm{d}y)$.

于是，
$$\left(1-\mathrm{e}^{-x}\frac{\partial z}{\partial \xi}-\mathrm{e}^{-y}\frac{\partial z}{\partial \eta}\right)\mathrm{d}z=\left(\frac{\partial z}{\partial \eta}-z\mathrm{e}^{-x}\frac{\partial z}{\partial \xi}\right)\mathrm{d}x+\left(\frac{\partial z}{\partial \xi}-z\mathrm{e}^{-y}\frac{\partial z}{\partial \eta}\right)\mathrm{d}y,$$

$$\frac{\partial z}{\partial x}=\left(\frac{\partial z}{\partial \eta}-z\mathrm{e}^{-x}\frac{\partial z}{\partial \xi}\right)\left(1-\mathrm{e}^{-x}\frac{\partial z}{\partial \xi}-\mathrm{e}^{-y}\frac{\partial z}{\partial \eta}\right)^{-1},\qquad \frac{\partial z}{\partial y}=\left(\frac{\partial z}{\partial \xi}-z\mathrm{e}^{-y}\frac{\partial z}{\partial \eta}\right)\left(1-\mathrm{e}^{-x}\frac{\partial z}{\partial \xi}-\mathrm{e}^{-y}\frac{\partial z}{\partial \eta}\right)^{-1}.$$

代入原式，化简整理即得 $\qquad$ 原式$=\dfrac{\mathrm{e}^{x+y}-z^2}{1-\mathrm{e}^{-x}\frac{\partial z}{\partial \xi}-\mathrm{e}^{-y}\frac{\partial z}{\partial \eta}}$.

**【3468】** 令 $\qquad x=uv,\qquad y=\frac{1}{2}(u^2-v^2)$,

变换表达式 $$\left(\frac{\partial z}{\partial x}\right)^2+\left(\frac{\partial z}{\partial y}\right)^2.$$

**解** $\mathrm{d}x=v\mathrm{d}u+u\mathrm{d}v$, $\mathrm{d}y=u\mathrm{d}u-v\mathrm{d}v$. 解之，得

$$\mathrm{d}u=\frac{v\mathrm{d}x+u\mathrm{d}y}{u^2+v^2},\qquad \mathrm{d}v=\frac{u\mathrm{d}x-v\mathrm{d}y}{u^2+v^2}.$$

于是，

$$\begin{aligned}\mathrm{d}z&=\frac{\partial z}{\partial u}\mathrm{d}u+\frac{\partial z}{\partial v}\mathrm{d}v=\frac{1}{u^2+v^2}\left[\frac{\partial z}{\partial u}(v\mathrm{d}x+u\mathrm{d}y)+\frac{\partial z}{\partial v}(u\mathrm{d}x-v\mathrm{d}y)\right]\\&=\frac{1}{u^2+v^2}\left[\left(v\frac{\partial z}{\partial u}+u\frac{\partial z}{\partial v}\right)\mathrm{d}x+\left(u\frac{\partial z}{\partial u}-v\frac{\partial z}{\partial v}\right)\mathrm{d}y\right],\end{aligned}$$

$$\left(\frac{\partial z}{\partial x}\right)^2+\left(\frac{\partial z}{\partial y}\right)^2=\frac{1}{(u^2+v^2)^2}\left[\left(v\frac{\partial z}{\partial u}+u\frac{\partial z}{\partial v}\right)^2+\left(u\frac{\partial z}{\partial u}-v\frac{\partial z}{\partial v}\right)^2\right]=\frac{1}{u^2+v^2}\left[\left(\frac{\partial z}{\partial u}\right)^2+\left(\frac{\partial z}{\partial v}\right)^2\right].$$

**【3469】** 令 $\xi=x$, $\eta=y-x$, $\zeta=z-x$，变换方程

$$\frac{\partial u}{\partial x}+\frac{\partial u}{\partial y}+\frac{\partial u}{\partial z}=0.$$

**提示** 将 $\xi,\eta,\zeta$ 看作中间变量，仿 3458 题，可得 $\frac{\partial u}{\partial \xi}=0$.

**解** $\frac{\partial u}{\partial x}=\frac{\partial u}{\partial \xi}\frac{\partial \xi}{\partial x}+\frac{\partial u}{\partial \eta}\frac{\partial \eta}{\partial x}+\frac{\partial u}{\partial \zeta}\frac{\partial \zeta}{\partial x}=\frac{\partial u}{\partial \xi}-\frac{\partial u}{\partial \eta}-\frac{\partial u}{\partial \zeta}$, $\quad\frac{\partial u}{\partial y}=\frac{\partial u}{\partial \eta}$, $\quad\frac{\partial u}{\partial z}=\frac{\partial u}{\partial \zeta}$.

三式相加即得 $\frac{\partial u}{\partial \xi}=0$.

**【3470】** 取 $x$ 作为函数，而 $y$ 和 $z$ 作为自变量，变换方程

$$(x-z)\frac{\partial z}{\partial x}+y\frac{\partial z}{\partial y}=0.$$

**解** $\mathrm{d}x=\frac{\partial x}{\partial y}\mathrm{d}y+\frac{\partial x}{\partial z}\mathrm{d}z$, $\quad\mathrm{d}z=\frac{1}{\frac{\partial x}{\partial z}}\mathrm{d}x-\frac{\frac{\partial x}{\partial y}}{\frac{\partial x}{\partial z}}\mathrm{d}y.$

于是， $$\frac{\partial z}{\partial x}=\frac{1}{\frac{\partial x}{\partial z}},\qquad \frac{\partial z}{\partial y}=-\frac{\frac{\partial x}{\partial y}}{\frac{\partial x}{\partial z}}.$$

代入原方程，得 $$(x-z)\frac{1}{\frac{\partial x}{\partial z}}-y\frac{\frac{\partial x}{\partial y}}{\frac{\partial x}{\partial z}}=0,$$

即 $$\frac{\partial x}{\partial y}=\frac{x-z}{y}\quad(y\neq 0).$$

**【3471】** 取 $x$ 作为函数，而 $u=y-z$, $v=y+z$ 作为自变量，变换方程

$$(y-z)\frac{\partial z}{\partial x}+(y+z)\frac{\partial z}{\partial y}=0.$$

**解** $\mathrm{d}u=\mathrm{d}y-\mathrm{d}z$, $\quad\mathrm{d}v=\mathrm{d}y+\mathrm{d}z$.

$$\mathrm{d}x=\frac{\partial x}{\partial u}\mathrm{d}u+\frac{\partial x}{\partial v}\mathrm{d}v=\frac{\partial x}{\partial u}(\mathrm{d}y-\mathrm{d}z)+\frac{\partial x}{\partial v}(\mathrm{d}y+\mathrm{d}z).$$

于是， $$\left(\frac{\partial x}{\partial u}-\frac{\partial x}{\partial v}\right)\mathrm{d}z=-\mathrm{d}x+\left(\frac{\partial x}{\partial u}+\frac{\partial x}{\partial v}\right)\mathrm{d}y,\quad \frac{\partial z}{\partial x}=-\frac{1}{\frac{\partial x}{\partial u}-\frac{\partial x}{\partial v}},\quad \frac{\partial z}{\partial y}=\frac{\frac{\partial x}{\partial u}+\frac{\partial x}{\partial v}}{\frac{\partial x}{\partial u}-\frac{\partial x}{\partial v}}.$$

代入原方程，去分母，即得 $$\frac{\partial x}{\partial u}+\frac{\partial x}{\partial v}=\frac{u}{v}\quad(v\neq 0).$$

**【3472】**$^+$ 取 $x$ 作为函数及 $u=xz$, $v=yz$ 作为自变量，变换表达式

$$A=\left(\frac{\partial z}{\partial x}\right)^2+\left(\frac{\partial z}{\partial y}\right)^2.$$

**解** $du=xdz+zdx$, $dv=ydz+zdy$.

$$dx=\frac{\partial x}{\partial u}du+\frac{\partial x}{\partial v}dv=\frac{\partial x}{\partial u}(xdz+zdx)+\frac{\partial x}{\partial v}(ydz+zdy).$$

于是，$\left(x\frac{\partial x}{\partial u}+y\frac{\partial x}{\partial v}\right)dz=\left(1-z\frac{\partial x}{\partial u}\right)dx-z\frac{\partial x}{\partial v}dy$, $\frac{\partial z}{\partial x}=\dfrac{1-z\frac{\partial x}{\partial u}}{x\frac{\partial x}{\partial u}+y\frac{\partial x}{\partial v}}$, $\frac{\partial z}{\partial y}=-\dfrac{z\frac{\partial x}{\partial v}}{x\frac{\partial x}{\partial u}+y\frac{\partial x}{\partial v}}$.

代入原式，即得

$$A=\frac{\left(1-z\frac{\partial x}{\partial u}\right)^2+z^2\left(\frac{\partial x}{\partial v}\right)^2}{\left(x\frac{\partial x}{\partial u}+y\frac{\partial x}{\partial v}\right)^2}=\frac{1-2z\frac{\partial x}{\partial u}+z^2\left[\left(\frac{\partial x}{\partial u}\right)^2+\left(\frac{\partial x}{\partial v}\right)^2\right]}{\left(x\frac{\partial x}{\partial u}+y\frac{\partial x}{\partial v}\right)^2}$$

$$=\frac{1-2\frac{u}{x}\frac{\partial x}{\partial u}+\left(\frac{u}{x}\right)^2\left[\left(\frac{\partial x}{\partial u}\right)^2+\left(\frac{\partial x}{\partial v}\right)^2\right]}{x^2\left(\frac{\partial x}{\partial u}+\frac{v}{u}\frac{\partial x}{\partial v}\right)^2}=\frac{u^2\left\{x^2-2xu\frac{\partial x}{\partial u}+u^2\left[\left(\frac{\partial x}{\partial u}\right)^2+\left(\frac{\partial x}{\partial v}\right)^2\right]\right\}}{x^4\left(u\frac{\partial x}{\partial u}+v\frac{\partial x}{\partial v}\right)^2}.$$

**【3473】** 令 $e^{\xi}=x-u$, $e^{\eta}=y-u$, $e^{\zeta}=z-u$，变换方程

$$(y+z+u)\frac{\partial u}{\partial x}+(x+z+u)\frac{\partial u}{\partial y}+(x+y+u)\frac{\partial u}{\partial z}=x+y+z.$$

**解** $du=\frac{\partial u}{\partial \xi}d\xi+\frac{\partial u}{\partial \eta}d\eta+\frac{\partial u}{\partial \zeta}d\zeta=\frac{\partial u}{\partial \xi}e^{-\xi}(dx-du)+\frac{\partial u}{\partial \eta}e^{-\eta}(dy-du)+\frac{\partial u}{\partial \zeta}e^{-\zeta}(dz-du)$.

于是，
$$\left(1+e^{-\xi}\frac{\partial u}{\partial \xi}+e^{-\eta}\frac{\partial u}{\partial \eta}+e^{-\zeta}\frac{\partial u}{\partial \zeta}\right)du=e^{-\xi}\frac{\partial u}{\partial \xi}dx+e^{-\eta}\frac{\partial u}{\partial \eta}dy+e^{-\zeta}\frac{\partial u}{\partial \zeta}dz.$$

将由上式确定的$\frac{\partial u}{\partial x}$，$\frac{\partial u}{\partial y}$及$\frac{\partial u}{\partial z}$代入原方程，即得

$$(y+z+u)e^{-\xi}\frac{\partial u}{\partial \xi}+(x+z+u)e^{-\eta}\frac{\partial u}{\partial \eta}+(x+y+u)e^{-\zeta}\frac{\partial u}{\partial \zeta}=(x+y+z)\left(1+e^{-\xi}\frac{\partial u}{\partial \xi}+e^{-\eta}\frac{\partial u}{\partial \eta}+e^{-\zeta}\frac{\partial u}{\partial \zeta}\right).$$

消去同类项，得
$$(x-u)e^{-\xi}\frac{\partial u}{\partial \xi}+(y-u)e^{-\eta}\frac{\partial u}{\partial \eta}+(z-u)e^{-\zeta}\frac{\partial u}{\partial \zeta}+(x+y+z)=0$$

即
$$\frac{\partial u}{\partial \xi}+\frac{\partial u}{\partial \eta}+\frac{\partial u}{\partial \zeta}+3u+e^{\xi}+e^{\eta}+e^{\zeta}=0.$$

## 在下列方程中，代入新的变量 $u,v,w$，其中 $w=w(u,v)$：

**【3474】** $y\frac{\partial z}{\partial x}-x\frac{\partial z}{\partial y}=(y-x)z$，令 $u=x^2+y^2$，$v=\frac{1}{x}+\frac{1}{y}$，$w=\ln z-(x+y)$.

**解** $du=2xdx+2ydy$, $dv=-\frac{1}{x^2}dx-\frac{1}{y^2}dy$, $dw=\frac{1}{z}dz-dx-dy$.

另一方面，$dw=\frac{\partial w}{\partial u}du+\frac{\partial w}{\partial v}dv$，故有

$$\frac{1}{z}dz-dx-dy=\frac{\partial w}{\partial u}(2xdx+2ydy)+\frac{\partial w}{\partial v}\left(-\frac{1}{x^2}dx-\frac{1}{y^2}dy\right).$$

整理得
$$dz=\left(2xz\frac{\partial w}{\partial u}-\frac{z}{x^2}\frac{\partial w}{\partial v}+z\right)dx+\left(2yz\frac{\partial w}{\partial u}-\frac{z}{y^2}\frac{\partial w}{\partial v}+z\right)dy.$$

将由上式确定的$\frac{\partial z}{\partial x}$及$\frac{\partial z}{\partial y}$代入原方程，得

$$yz\left(2x\frac{\partial w}{\partial u}-\frac{1}{x^2}\frac{\partial w}{\partial v}+1\right)-xz\left(2y\frac{\partial w}{\partial u}-\frac{1}{y^2}\frac{\partial w}{\partial v}+1\right)=(y-x)z,$$

即
$$\frac{\partial w}{\partial v}=0.$$

**【3475】** $x^2\frac{\partial z}{\partial x}+y^2\frac{\partial z}{\partial y}=z^2$，令 $u=x,\quad v=\frac{1}{y}-\frac{1}{x},\quad w=\frac{1}{z}-\frac{1}{x}$.

**解** $\mathrm{d}u=\mathrm{d}x$，$\mathrm{d}v=\frac{1}{x^2}\mathrm{d}x-\frac{1}{y^2}\mathrm{d}y$，$\mathrm{d}w=\frac{1}{x^2}\mathrm{d}x-\frac{1}{z^2}\mathrm{d}z$. 于是，

$$\frac{1}{x^2}\mathrm{d}x-\frac{1}{z^2}\mathrm{d}z=\frac{\partial w}{\partial u}\mathrm{d}x+\frac{\partial w}{\partial v}\left(\frac{1}{x^2}\mathrm{d}x-\frac{1}{y^2}\mathrm{d}y\right),\qquad \mathrm{d}z=z^2\left(\frac{1}{x^2}-\frac{\partial w}{\partial u}-\frac{1}{x^2}\frac{\partial w}{\partial v}\right)\mathrm{d}x+\frac{z^2}{y^2}\frac{\partial w}{\partial v}\mathrm{d}y,$$

$$\frac{\partial z}{\partial x}=z^2\left(\frac{1}{x^2}-\frac{\partial w}{\partial u}-\frac{1}{x^2}\frac{\partial w}{\partial v}\right),\qquad \frac{\partial z}{\partial y}=\frac{z^2}{y^2}\frac{\partial w}{\partial v}.$$

代入原方程，得
$$z^2\left(1-x^2\frac{\partial w}{\partial u}-\frac{\partial w}{\partial v}\right)+z^2\frac{\partial w}{\partial v}=z^2\quad 或\quad x^2z^2\frac{\partial w}{\partial u}=0.$$

由于 $z\neq0$，$x\neq0$. 故得
$$\frac{\partial w}{\partial u}=0.$$

**【3476】** $(xy+z)\frac{\partial z}{\partial x}+(1-y^2)\frac{\partial z}{\partial y}=x+yz$，令 $u=yz-x$，$v=xz-y$，$w=xy-z$.

**解** $\mathrm{d}w=y\mathrm{d}x+x\mathrm{d}y-\mathrm{d}z=\frac{\partial w}{\partial u}(z\mathrm{d}y+y\mathrm{d}z-\mathrm{d}x)+\frac{\partial w}{\partial v}(z\mathrm{d}x+x\mathrm{d}z-\mathrm{d}y)$.

整理得
$$\left(1+x\frac{\partial w}{\partial v}+y\frac{\partial w}{\partial u}\right)\mathrm{d}z=\left(y+\frac{\partial w}{\partial u}-z\frac{\partial w}{\partial v}\right)\mathrm{d}x+\left(x+\frac{\partial w}{\partial v}-z\frac{\partial w}{\partial u}\right)\mathrm{d}y.$$

于是，$\frac{\partial z}{\partial x}=\left(y+\frac{\partial w}{\partial u}-z\frac{\partial w}{\partial v}\right)\left(1+x\frac{\partial w}{\partial v}+y\frac{\partial w}{\partial u}\right)^{-1}$，$\qquad\frac{\partial z}{\partial y}=\left(x+\frac{\partial w}{\partial v}-z\frac{\partial w}{\partial u}\right)\left(1+x\frac{\partial w}{\partial v}+y\frac{\partial w}{\partial u}\right)^{-1}$.

代入方程，得 $(xy+z)\left(y+\frac{\partial w}{\partial u}-z\frac{\partial w}{\partial v}\right)+(1-y^2)\left(x+\frac{\partial w}{\partial v}-z\frac{\partial w}{\partial u}\right)=(x+yz)\left(1+x\frac{\partial w}{\partial v}+y\frac{\partial w}{\partial u}\right)$，

即
$$(1-x^2-y^2-z^2-2xyz)\frac{\partial w}{\partial v}=0.$$

不难验证，由方程 $1-x^2-y^2-z^2-2xyz=0$ 确定的隐函数不是原方程的解(证略). 于是，
$$\frac{\partial w}{\partial v}=0.$$

**【3477】** $\left(x\frac{\partial z}{\partial x}\right)^2+\left(y\frac{\partial z}{\partial y}\right)^2=z^2\frac{\partial z}{\partial x}\frac{\partial z}{\partial y}$，令 $x=ue^w$，$y=ve^w$，$z=we^w$.

**解** $\mathrm{d}x=e^w\mathrm{d}u+ue^w\mathrm{d}w$，$\quad\mathrm{d}y=e^w\mathrm{d}v+ve^w\mathrm{d}w$，$\quad\mathrm{d}z=e^w(1+w)\mathrm{d}w$.

于是，有

$$e^w\mathrm{d}w=\frac{1}{1+w}\mathrm{d}z,\quad e^w\mathrm{d}u=\mathrm{d}x-ue^w\mathrm{d}w=\mathrm{d}x-\frac{u}{1+w}\mathrm{d}z,\quad e^w\mathrm{d}v=\mathrm{d}y-ve^w\mathrm{d}w=\mathrm{d}y-\frac{v}{1+w}\mathrm{d}z.$$

在全微分式 $\mathrm{d}w=\frac{\partial w}{\partial u}\mathrm{d}u+\frac{\partial w}{\partial v}\mathrm{d}v$ 的两端都乘以 $e^w$，并将上述结果代入，得

$$\frac{\mathrm{d}z}{1+w}=\frac{\partial w}{\partial u}\left(\mathrm{d}x-\frac{u}{1+w}\mathrm{d}z\right)+\frac{\partial w}{\partial v}\left(\mathrm{d}y-\frac{v}{1+w}\mathrm{d}z\right)$$

或
$$\left(1+u\frac{\partial w}{\partial u}+v\frac{\partial w}{\partial v}\right)\mathrm{d}z=(1+w)\frac{\partial w}{\partial u}\mathrm{d}x+(1+w)\frac{\partial w}{\partial v}\mathrm{d}y.$$

将由上式确定的 $\frac{\partial z}{\partial x}$ 及 $\frac{\partial z}{\partial y}$ 代入原方程，得

$$\left[ue^w(1+w)\frac{\partial w}{\partial u}\right]^2+\left[ve^w(1+w)\frac{\partial w}{\partial v}\right]^2=(we^w)^2(1+w)^2\frac{\partial w}{\partial u}\frac{\partial w}{\partial v}.$$

消去 $[e^w(1+w)]^2$，即得
$$u^2\left(\frac{\partial w}{\partial u}\right)^2+v^2\left(\frac{\partial w}{\partial v}\right)^2=w^2\frac{\partial w}{\partial u}\frac{\partial w}{\partial v}.$$

**【3478】** 令 $u=\ln\sqrt{x^2+y^2}$，$v=\arctan z$，$w=x+y+z$，其中 $w=w(u,v)$，变换表达式

$$(x-y):\left(\frac{\partial z}{\partial x}-\frac{\partial z}{\partial y}\right).$$

**解** $\mathrm{d}w=\mathrm{d}x+\mathrm{d}y+\mathrm{d}z=\frac{\partial w}{\partial u}\mathrm{d}u+\frac{\partial w}{\partial v}\mathrm{d}v=\frac{\partial w}{\partial u}\left(\frac{x\mathrm{d}x+y\mathrm{d}y}{x^2+y^2}\right)+\frac{\partial w}{\partial v}\left(\frac{\mathrm{d}z}{1+z^2}\right)$.

于是，
$$\left(1-\frac{1}{1+z^2}\frac{\partial w}{\partial v}\right)dz=\left(\frac{x}{x^2+y^2}\frac{\partial w}{\partial u}-1\right)dx+\left(\frac{y}{x^2+y^2}\frac{\partial w}{\partial u}-1\right)dy.$$

将由上式确定的 $\frac{\partial z}{\partial x}$ 及 $\frac{\partial z}{\partial y}$ 代入所给表达式，即得
$$\frac{x-y}{\frac{\partial z}{\partial x}-\frac{\partial z}{\partial y}}=\frac{(x-y)\left(1-\frac{1}{1+z^2}\frac{\partial w}{\partial v}\right)}{\frac{x-y}{x^2+y^2}\frac{\partial w}{\partial u}}=\frac{\left(1-\cos^2 v\frac{\partial w}{\partial v}\right)e^{2u}}{\frac{\partial w}{\partial u}}.$$

**【3479】** 令 $u=xe^z$，$v=ye^z$，$w=ze^z$，其中 $w=w(u,v)$，变换表达式
$$A=\frac{\partial z}{\partial x}:\frac{\partial z}{\partial y}.$$

**解** $dw=e^z(1+z)dz=\frac{\partial w}{\partial u}du+\frac{\partial w}{\partial v}dv=\frac{\partial w}{\partial u}(e^z dx+xe^z dz)+\frac{\partial w}{\partial v}(e^z dy+ye^z dz).$

于是，
$$\left(1+z-x\frac{\partial w}{\partial u}-y\frac{\partial w}{\partial v}\right)dz=\frac{\partial w}{\partial u}dx+\frac{\partial w}{\partial v}dy,\qquad \frac{\partial z}{\partial x}=\frac{\frac{\partial w}{\partial u}}{1+z-x\frac{\partial w}{\partial u}-y\frac{\partial w}{\partial v}},$$
$$\frac{\partial z}{\partial y}=\frac{\frac{\partial w}{\partial v}}{1+z-x\frac{\partial w}{\partial u}-y\frac{\partial w}{\partial v}}\qquad A=\frac{\partial z}{\partial x}:\frac{\partial z}{\partial y}=\frac{\partial w}{\partial u}:\frac{\partial w}{\partial v}.$$

**【3480】** 令 $\xi=\frac{x}{z}$，$\eta=\frac{y}{z}$，$\zeta=z$，$w=\frac{u}{z}$，其中 $w=w(\xi,\eta,\zeta)$，变换方程
$$x\frac{\partial u}{\partial x}+y\frac{\partial u}{\partial y}+z\frac{\partial u}{\partial z}=u+\frac{xy}{z}.$$

**解** $dw=\frac{zdu-udz}{z^2}=\frac{\partial w}{\partial \xi}d\xi+\frac{\partial w}{\partial \eta}d\eta+\frac{\partial w}{\partial \zeta}d\zeta=\frac{\partial w}{\partial \xi}\left(\frac{zdx-xdz}{z^2}\right)+\frac{\partial w}{\partial \eta}\left(\frac{zdy-ydz}{z^2}\right)+\frac{\partial w}{\partial \zeta}dz.$

两端同乘 $z^2$，整理得
$$zdu=z\frac{\partial w}{\partial \xi}dx+z\frac{\partial w}{\partial \eta}dy+\left(u-x\frac{\partial w}{\partial \xi}-y\frac{\partial w}{\partial \eta}+z^2\frac{\partial w}{\partial \zeta}\right)dz.$$

将由上式确定的 $\frac{\partial u}{\partial x}$，$\frac{\partial u}{\partial y}$ 及 $\frac{\partial u}{\partial z}$ 代入原方程，得
$$x\frac{\partial w}{\partial \xi}+y\frac{\partial w}{\partial \eta}+\left(u-x\frac{\partial w}{\partial \xi}-y\frac{\partial w}{\partial \eta}+z^2\frac{\partial w}{\partial \zeta}\right)=u+\frac{xy}{z},\quad 即\quad \frac{\partial w}{\partial \zeta}=\frac{xy}{z^3}=\frac{\xi\eta}{\zeta}.$$

**令 $x=r\cos\varphi$，$y=r\sin\varphi$，写出下列各式在极坐标 $r$ 和 $\varphi$ 下的形式：**

**【3481】** $w=x\frac{\partial u}{\partial y}-y\frac{\partial u}{\partial x}.$

**解** $dx=\cos\varphi dr-r\sin\varphi d\varphi$，$dy=\sin\varphi dr+r\cos\varphi d\varphi$. 联立解之，得
$$dr=\frac{x}{r}dx+\frac{y}{r}dy,\qquad d\varphi=\frac{x}{r^2}dy-\frac{y}{r^2}dx.$$

于是，
$$du=\frac{\partial u}{\partial r}dr+\frac{\partial u}{\partial \varphi}d\varphi=\left(\frac{x}{r}\frac{\partial u}{\partial r}-\frac{y}{r^2}\frac{\partial u}{\partial \varphi}\right)dx+\left(\frac{y}{r}\frac{\partial u}{\partial r}+\frac{x}{r^2}\frac{\partial u}{\partial \varphi}\right)dy,$$
$$\begin{cases}\frac{\partial u}{\partial x}=\frac{x}{r}\frac{\partial u}{\partial r}-\frac{y}{r^2}\frac{\partial u}{\partial \varphi},\\ \frac{\partial u}{\partial y}=\frac{y}{r}\frac{\partial u}{\partial r}+\frac{x}{r^2}\frac{\partial u}{\partial \varphi}\end{cases}\qquad 公式 9$$

将公式 9 代入原式，即得
$$w=x\left(\frac{y}{r}\frac{\partial u}{\partial r}+\frac{x}{r^2}\frac{\partial u}{\partial \varphi}\right)-y\left(\frac{x}{r}\frac{\partial u}{\partial r}-\frac{y}{r^2}\frac{\partial u}{\partial \varphi}\right)=\frac{\partial u}{\partial \varphi}.$$

**【3482】** $w=x\frac{\partial u}{\partial x}+y\frac{\partial u}{\partial y}.$

**解** 将公式 9 代入，即得

$$w=x\left(\frac{x}{r}\frac{\partial u}{\partial r}-\frac{y}{r^2}\frac{\partial u}{\partial \varphi}\right)+y\left(\frac{y}{r}\frac{\partial u}{\partial r}+\frac{x}{r^2}\frac{\partial u}{\partial \varphi}\right)=r\frac{\partial u}{\partial r}.$$

**【3483】** $w=\left(\frac{\partial u}{\partial x}\right)^2+\left(\frac{\partial u}{\partial y}\right)^2.$

**解** $w=\left(\frac{x}{r}\frac{\partial u}{\partial r}-\frac{y}{r^2}\frac{\partial u}{\partial \varphi}\right)^2+\left(\frac{y}{r}\frac{\partial u}{\partial r}+\frac{x}{r^2}\frac{\partial u}{\partial \varphi}\right)^2=\left(\frac{\partial u}{\partial r}\right)^2+\frac{1}{r^2}\left(\frac{\partial u}{\partial \varphi}\right)^2.$

**【3484】** $w=\frac{\partial^2 u}{\partial x^2}+\frac{\partial^2 u}{\partial y^2}.$

**解** 先导出极坐标变换的所有二阶偏导数的变换式，将 $r,\varphi$ 看作中间变量，$x,y$ 看作自变量. 由于

$$\begin{aligned}\mathrm{d}^2 r&=\mathrm{d}(\mathrm{d}r)=\mathrm{d}\left(\frac{x}{r}\mathrm{d}x+\frac{y}{r}\mathrm{d}y\right)\\&=\frac{1}{r}(\mathrm{d}x^2+\mathrm{d}y^2)-\frac{x\mathrm{d}x+y\mathrm{d}y}{r^2}\mathrm{d}r=\frac{1}{r}(\mathrm{d}x^2+\mathrm{d}y^2)-\frac{1}{r^3}(x\mathrm{d}x+y\mathrm{d}y)^2=\frac{1}{r^3}(y\mathrm{d}x-x\mathrm{d}y)^2,\end{aligned}$$

$$\mathrm{d}^2\varphi=\mathrm{d}(\mathrm{d}\varphi)=\mathrm{d}\left(\frac{x}{r^2}\mathrm{d}y-\frac{y}{r^2}\mathrm{d}x\right)=-\frac{2(x\mathrm{d}y-y\mathrm{d}x)}{r^3}\mathrm{d}r=-\frac{2}{r^4}(x\mathrm{d}y-y\mathrm{d}x)(x\mathrm{d}x+y\mathrm{d}y),$$

故有

$$\begin{aligned}\mathrm{d}^2 u&=\frac{\partial^2 u}{\partial r^2}\mathrm{d}r^2+2\frac{\partial^2 u}{\partial r\partial\varphi}\mathrm{d}r\mathrm{d}\varphi+\frac{\partial^2 u}{\partial\varphi^2}\mathrm{d}\varphi^2+\frac{\partial u}{\partial r}\mathrm{d}^2 r+\frac{\partial u}{\partial\varphi}\mathrm{d}^2\varphi\\&=\frac{\partial^2 u}{\partial r^2}\left(\frac{x\mathrm{d}x+y\mathrm{d}y}{r}\right)^2+2\frac{\partial^2 u}{\partial r\partial\varphi}\left(\frac{x\mathrm{d}x+y\mathrm{d}y}{r}\right)\left(\frac{x\mathrm{d}y-y\mathrm{d}x}{r^2}\right)+\frac{\partial^2 u}{\partial\varphi^2}\left(\frac{x\mathrm{d}y-y\mathrm{d}x}{r^2}\right)^2\\&\quad+\frac{\partial u}{\partial r}\frac{(y\mathrm{d}x-x\mathrm{d}y)^2}{r^3}+\frac{\partial u}{\partial\varphi}\left(-\frac{2}{r^4}\right)(x\mathrm{d}y-y\mathrm{d}x)(x\mathrm{d}x+y\mathrm{d}y).\end{aligned}$$

将上式右端按 $\mathrm{d}x^2$, $\mathrm{d}x\mathrm{d}y$, $\mathrm{d}y^2$ 合并同类项，并与全微分式

$$\mathrm{d}^2 u=\frac{\partial^2 u}{\partial x^2}\mathrm{d}x^2+2\frac{\partial^2 u}{\partial x\partial y}\mathrm{d}x\mathrm{d}y+\frac{\partial^2 u}{\partial y^2}\mathrm{d}y^2$$

比较，即得

$$\begin{cases}\frac{\partial^2 u}{\partial x^2}=\frac{x^2}{r^2}\frac{\partial^2 u}{\partial r^2}-\frac{2xy}{r^3}\frac{\partial^2 u}{\partial r\partial\varphi}+\frac{y^2}{r^4}\frac{\partial^2 u}{\partial\varphi^2}+\frac{y^2}{r^3}\frac{\partial u}{\partial r}+\frac{2xy}{r^4}\frac{\partial u}{\partial\varphi},\\\frac{\partial^2 u}{\partial y^2}=\frac{y^2}{r^2}\frac{\partial^2 u}{\partial r^2}+\frac{2xy}{r^3}\frac{\partial^2 u}{\partial r\partial\varphi}+\frac{x^2}{r^4}\frac{\partial^2 u}{\partial\varphi^2}+\frac{x^2}{r^3}\frac{\partial u}{\partial r}-\frac{2xy}{r^4}\frac{\partial u}{\partial\varphi},\\\frac{\partial^2 u}{\partial x\partial y}=\frac{xy}{r^2}\frac{\partial^2 u}{\partial r^2}+\frac{x^2-y^2}{r^3}\frac{\partial^2 u}{\partial r\partial\varphi}-\frac{xy}{r^4}\frac{\partial^2 u}{\partial\varphi^2}-\frac{xy}{r^3}\frac{\partial u}{\partial r}-\frac{x^2-y^2}{r^4}\frac{\partial u}{\partial\varphi}.\end{cases}\qquad\text{公式 10}$$

将公式 10 代入原式，即得 $w=\frac{\partial^2 u}{\partial r^2}+\frac{1}{r^2}\frac{\partial^2 u}{\partial\varphi^2}+\frac{1}{r}\frac{\partial u}{\partial r}.$

**【3485】** $w=x^2\frac{\partial^2 u}{\partial x^2}+2xy\frac{\partial^2 u}{\partial x\partial y}+y^2\frac{\partial^2 u}{\partial y^2}.$

**解** 将公式 10 代入原式，化简整理得 $w=r^2\frac{\partial^2 u}{\partial r^2}.$

**【3486】** $w=y^2\frac{\partial^2 z}{\partial x^2}-2xy\frac{\partial^2 z}{\partial x\partial y}+x^2\frac{\partial^2 z}{\partial y^2}-\left(x\frac{\partial z}{\partial x}+y\frac{\partial z}{\partial y}\right).$

**解** 将公式 10 中的 $u$ 换成 $z$，然后代入原式，化简整理得 $w=\frac{\partial^2 z}{\partial\varphi^2}.$

**【3487】** 令 $x=r\cos\varphi$, $y=r\sin\varphi$，变换表达式

$$I=\frac{\partial u}{\partial x}\frac{\partial v}{\partial y}-\frac{\partial u}{\partial y}\frac{\partial v}{\partial x}.$$

**解** 对函数 $u$ 及 $v$ 分别用公式 9，即得

$$I=\left(\frac{x}{r}\frac{\partial u}{\partial r}-\frac{y}{r^2}\frac{\partial u}{\partial\varphi}\right)\left(\frac{y}{r}\frac{\partial v}{\partial r}+\frac{x}{r^2}\frac{\partial v}{\partial\varphi}\right)-\left(\frac{y}{r}\frac{\partial u}{\partial r}+\frac{x}{r^2}\frac{\partial u}{\partial\varphi}\right)\left(\frac{x}{r}\frac{\partial v}{\partial r}-\frac{y}{r^2}\frac{\partial v}{\partial\varphi}\right)=\frac{1}{r}\left(\frac{\partial u}{\partial r}\frac{\partial v}{\partial\varphi}-\frac{\partial u}{\partial\varphi}\frac{\partial v}{\partial r}\right).$$

**【3488】** 引入新的自变量 $\xi=x-at,\eta=x+at$，解方程 $\frac{\partial^2 u}{\partial t^2}=a^2\frac{\partial^2 u}{\partial x^2}.$

**解** $\dfrac{\partial u}{\partial t}=\dfrac{\partial u}{\partial \xi}\dfrac{\partial \xi}{\partial t}+\dfrac{\partial u}{\partial \eta}\dfrac{\partial \eta}{\partial t}=-a\dfrac{\partial u}{\partial \xi}+a\dfrac{\partial u}{\partial \eta}$,

$\dfrac{\partial u}{\partial x}=\dfrac{\partial u}{\partial \xi}\dfrac{\partial \xi}{\partial x}+\dfrac{\partial u}{\partial \eta}\dfrac{\partial \eta}{\partial x}=\dfrac{\partial u}{\partial \xi}+\dfrac{\partial u}{\partial \eta}$,

$\dfrac{\partial^2 u}{\partial t^2}=\dfrac{\partial}{\partial t}\left(-a\dfrac{\partial u}{\partial \xi}+a\dfrac{\partial u}{\partial \eta}\right)=a^2\dfrac{\partial^2 u}{\partial \xi^2}-2a^2\dfrac{\partial^2 u}{\partial \xi\partial \eta}+a^2\dfrac{\partial^2 u}{\partial \eta^2}$,

$\dfrac{\partial^2 u}{\partial x^2}=\dfrac{\partial}{\partial x}\left(\dfrac{\partial u}{\partial \xi}+\dfrac{\partial u}{\partial \eta}\right)=\dfrac{\partial^2 u}{\partial \xi^2}+2\dfrac{\partial^2 u}{\partial \xi\partial \eta}+\dfrac{\partial^2 u}{\partial \eta^2}$.

于是,由 $\dfrac{\partial^2 u}{\partial t^2}=a^2\dfrac{\partial^2 u}{\partial x^2}$ 得 $\dfrac{\partial^2 u}{\partial \xi\partial \eta}=0$. 解之,得 $\dfrac{\partial u}{\partial \xi}=f(\xi)$,从而,

$$u=\varphi(\xi)+\psi(\eta)=\varphi(x-at)+\psi(x+at),$$

其中 $\varphi$ 及 $\psi$ 为任意的函数.

**取 $u$ 及 $v$ 作新的自变量,变换下列方程:**

**【3489】** $2\dfrac{\partial^2 z}{\partial x^2}+\dfrac{\partial^2 z}{\partial x\partial y}-\dfrac{\partial^2 z}{\partial y^2}+\dfrac{\partial z}{\partial x}+\dfrac{\partial z}{\partial y}=0$, 设 $u=x+2y+2$ 及 $v=x-y-1$.

**解** $\dfrac{\partial z}{\partial x}=\dfrac{\partial z}{\partial u}\dfrac{\partial u}{\partial x}+\dfrac{\partial z}{\partial v}\dfrac{\partial v}{\partial x}=\dfrac{\partial z}{\partial u}+\dfrac{\partial z}{\partial v}$, $\quad \dfrac{\partial z}{\partial y}=2\dfrac{\partial z}{\partial u}-\dfrac{\partial z}{\partial v}$,

$\dfrac{\partial^2 z}{\partial x^2}=\dfrac{\partial^2 z}{\partial u^2}+2\dfrac{\partial^2 z}{\partial u\partial v}+\dfrac{\partial^2 z}{\partial v^2}$, $\quad \dfrac{\partial^2 z}{\partial x\partial y}=\dfrac{\partial}{\partial y}\left(\dfrac{\partial z}{\partial x}\right)=2\dfrac{\partial^2 z}{\partial u^2}+\dfrac{\partial^2 z}{\partial u\partial v}-\dfrac{\partial^2 z}{\partial v^2}$,

$\dfrac{\partial^2 z}{\partial y^2}=4\dfrac{\partial^2 z}{\partial u^2}-4\dfrac{\partial^2 z}{\partial u\partial v}+\dfrac{\partial^2 z}{\partial v^2}$.

代入原方程,化简整理即得 $\quad 3\dfrac{\partial^2 z}{\partial u\partial v}+\dfrac{\partial z}{\partial u}=0$.

**【3490】** $(1+x^2)\dfrac{\partial^2 z}{\partial x^2}+(1+y^2)\dfrac{\partial^2 z}{\partial y^2}+x\dfrac{\partial z}{\partial x}+y\dfrac{\partial z}{\partial y}=0$, 设 $u=\ln(x+\sqrt{1+x^2})$ 及 $v=\ln(y+\sqrt{1+y^2})$.

**解** $\dfrac{\partial z}{\partial x}=\dfrac{\partial z}{\partial u}\dfrac{\partial u}{\partial x}=\dfrac{1}{\sqrt{1+x^2}}\dfrac{\partial z}{\partial u}$, $\quad \dfrac{\partial z}{\partial y}=\dfrac{1}{\sqrt{1+y^2}}\dfrac{\partial z}{\partial v}$,

$\dfrac{\partial^2 z}{\partial x^2}=\dfrac{\partial}{\partial x}\left(\dfrac{1}{\sqrt{1+x^2}}\dfrac{\partial z}{\partial u}\right)=-\dfrac{x}{(1+x^2)^{\frac{3}{2}}}\dfrac{\partial z}{\partial u}+\dfrac{1}{1+x^2}\dfrac{\partial^2 z}{\partial u^2}$,

$\dfrac{\partial^2 z}{\partial y^2}=-\dfrac{y}{(1+y^2)^{\frac{3}{2}}}\dfrac{\partial z}{\partial v}+\dfrac{1}{1+y^2}\dfrac{\partial^2 z}{\partial v^2}$.

代入原方程,化简整理即得 $\quad \dfrac{\partial^2 z}{\partial u^2}+\dfrac{\partial^2 z}{\partial v^2}=0$.

**【3491】**$^+$ $ax^2\dfrac{\partial^2 z}{\partial x^2}+2bxy\dfrac{\partial^2 z}{\partial x\partial y}+cy^2\dfrac{\partial^2 z}{\partial y^2}=0$ ($a,b,c$ 为常数),设 $u=\ln x$, $v=\ln y$.

**解** $\dfrac{\partial z}{\partial x}=\dfrac{1}{x}\dfrac{\partial z}{\partial u}$, $\quad \dfrac{\partial z}{\partial y}=\dfrac{1}{y}\dfrac{\partial z}{\partial v}$, $\quad \dfrac{\partial^2 z}{\partial x\partial y}=\dfrac{1}{xy}\dfrac{\partial^2 z}{\partial u\partial v}$,

$\dfrac{\partial^2 z}{\partial x^2}=-\dfrac{1}{x^2}\dfrac{\partial z}{\partial u}+\dfrac{1}{x^2}\dfrac{\partial^2 z}{\partial u^2}$, $\quad \dfrac{\partial^2 z}{\partial y^2}=-\dfrac{1}{y^2}\dfrac{\partial z}{\partial v}+\dfrac{1}{y^2}\dfrac{\partial^2 z}{\partial v^2}$.

代入原方程,化简整理得 $\quad a\left(\dfrac{\partial^2 z}{\partial u^2}-\dfrac{\partial z}{\partial u}\right)+2b\dfrac{\partial^2 z}{\partial u\partial v}+c\left(\dfrac{\partial^2 z}{\partial v^2}-\dfrac{\partial z}{\partial v}\right)=0$.

**【3492】** $\dfrac{\partial^2 z}{\partial x^2}+\dfrac{\partial^2 z}{\partial y^2}=0$,设 $u=\dfrac{x}{x^2+y^2}$,$v=-\dfrac{y}{x^2+y^2}$.

**解** $\dfrac{\partial z}{\partial x}=\dfrac{\partial z}{\partial u}\dfrac{\partial u}{\partial x}+\dfrac{\partial z}{\partial v}\dfrac{\partial v}{\partial x}$, $\quad \dfrac{\partial z}{\partial y}=\dfrac{\partial z}{\partial u}\dfrac{\partial u}{\partial y}+\dfrac{\partial z}{\partial v}\dfrac{\partial v}{\partial y}$,

$$\begin{cases}\dfrac{\partial^2 z}{\partial x^2}=\dfrac{\partial^2 z}{\partial u^2}\left(\dfrac{\partial u}{\partial x}\right)^2+2\dfrac{\partial^2 z}{\partial u\partial v}\dfrac{\partial u}{\partial x}\dfrac{\partial v}{\partial x}+\dfrac{\partial^2 z}{\partial v^2}\left(\dfrac{\partial v}{\partial x}\right)^2+\dfrac{\partial z}{\partial u}\dfrac{\partial^2 u}{\partial x^2}+\dfrac{\partial z}{\partial v}\dfrac{\partial^2 v}{\partial x^2},\\ \dfrac{\partial^2 z}{\partial y^2}=\dfrac{\partial^2 z}{\partial u^2}\left(\dfrac{\partial u}{\partial y}\right)^2+2\dfrac{\partial^2 z}{\partial u\partial v}\dfrac{\partial u}{\partial y}\dfrac{\partial v}{\partial y}+\dfrac{\partial^2 z}{\partial v^2}\left(\dfrac{\partial v}{\partial y}\right)^2+\dfrac{\partial z}{\partial u}\dfrac{\partial^2 u}{\partial y^2}+\dfrac{\partial z}{\partial v}\dfrac{\partial^2 v}{\partial y^2}.\end{cases}$$ 公式 11

本题中，$\frac{\partial u}{\partial x}=\frac{y^2-x^2}{(x^2+y^2)^2}$， $\frac{\partial v}{\partial x}=\frac{2xy}{(x^2+y^2)^2}$，

$$\frac{\partial u}{\partial y}=-\frac{2xy}{(x^2+y^2)^2}=-\frac{\partial v}{\partial x},\quad \frac{\partial v}{\partial y}=\frac{y^2-x^2}{(x^2+y^2)^2}=\frac{\partial u}{\partial x},$$

$$\frac{\partial^2 u}{\partial x^2}=\frac{\partial}{\partial x}\left(\frac{\partial v}{\partial y}\right)=\frac{\partial}{\partial y}\left(\frac{\partial v}{\partial x}\right)=\frac{\partial}{\partial y}\left(-\frac{\partial u}{\partial y}\right)=-\frac{\partial^2 u}{\partial y^2},$$

同法可得
$$\frac{\partial^2 u}{\partial x\partial y}=-\frac{\partial^2 v}{\partial x^2}=\frac{\partial^2 v}{\partial y^2}.$$

注意到

$$\left(\frac{\partial u}{\partial x}\right)^2+\left(\frac{\partial u}{\partial y}\right)^2=\left(\frac{\partial v}{\partial x}\right)^2+\left(\frac{\partial v}{\partial y}\right)^2,\quad \frac{\partial u}{\partial x}\frac{\partial v}{\partial x}=-\frac{\partial u}{\partial y}\frac{\partial v}{\partial y},\quad \frac{\partial^2 u}{\partial x^2}+\frac{\partial^2 u}{\partial y^2}=\frac{\partial^2 v}{\partial x^2}+\frac{\partial^2 v}{\partial y^2}=0,$$

则由公式 11，即得
$$\frac{\partial^2 z}{\partial x^2}+\frac{\partial^2 z}{\partial y^2}=\left[\left(\frac{\partial u}{\partial x}\right)^2+\left(\frac{\partial u}{\partial y}\right)^2\right]\left(\frac{\partial^2 z}{\partial u^2}+\frac{\partial^2 z}{\partial v^2}\right)=0.$$

由于$\left(\frac{\partial u}{\partial x}\right)^2+\left(\frac{\partial u}{\partial y}\right)^2\neq 0$，故得变换后的方程 $\frac{\partial^2 z}{\partial u^2}+\frac{\partial^2 z}{\partial v^2}=0$.

**【3493】** $\frac{\partial^2 z}{\partial x^2}+\frac{\partial^2 z}{\partial y^2}+m^2z=0$，设 $x=e^u\cos v$，$y=e^u\sin v$.

**解** 由于 $x=e^u\cos v$，$y=e^u\sin v$，故有

$$x^2+y^2=e^{2u},\quad u=\ln\sqrt{x^2+y^2},\quad \tan v=\frac{y}{x},\quad v=\text{Arctan}\,\frac{y}{x}$$

（$v$ 的多值性不影响求导所得的结果）. 于是，

$$\frac{\partial u}{\partial x}=\frac{x}{x^2+y^2}=\frac{\partial v}{\partial y},\quad \frac{\partial u}{\partial y}=\frac{y}{x^2+y^2}=-\frac{\partial v}{\partial x}.$$

由 3492 题得

$$\frac{\partial^2 z}{\partial x^2}+\frac{\partial^2 z}{\partial y^2}+m^2z=\left[\left(\frac{\partial u}{\partial x}\right)^2+\left(\frac{\partial u}{\partial y}\right)^2\right]\left(\frac{\partial^2 z}{\partial u^2}+\frac{\partial^2 z}{\partial v^2}\right)+m^2z=\left[\frac{x^2}{(x^2+y^2)^2}+\frac{y^2}{(x^2+y^2)^2}\right]\left(\frac{\partial^2 z}{\partial u^2}+\frac{\partial^2 z}{\partial v^2}\right)+m^2z$$

$$=e^{-2u}\left(\frac{\partial^2 z}{\partial u^2}+\frac{\partial^2 z}{\partial v^2}\right)+m^2z=0,$$

即
$$\frac{\partial^2 z}{\partial u^2}+\frac{\partial^2 z}{\partial v^2}+m^2e^{2u}z=0.$$

**【3494】** $\frac{\partial^2 z}{\partial x^2}-y\frac{\partial^2 z}{\partial y^2}=\frac{1}{2}\frac{\partial z}{\partial y}$ $(y>0)$，设 $u=x-2\sqrt{y}$ 及 $v=x+2\sqrt{y}$.

**解** $\frac{\partial u}{\partial x}=1$， $\frac{\partial v}{\partial x}=1$， $\frac{\partial u}{\partial y}=-\frac{1}{\sqrt{y}}$， $\frac{\partial v}{\partial y}=\frac{1}{\sqrt{y}}$，

$$\frac{\partial^2 u}{\partial x^2}=\frac{\partial^2 v}{\partial x^2}=0,\quad \frac{\partial^2 u}{\partial y^2}=\frac{1}{2y^{\frac{3}{2}}},\quad \frac{\partial^2 v}{\partial y^2}=-\frac{1}{2y^{\frac{3}{2}}}.$$

由公式 11 得

$$\frac{\partial^2 z}{\partial x^2}=\frac{\partial^2 z}{\partial u^2}+2\frac{\partial^2 z}{\partial u\partial v}+\frac{\partial^2 z}{\partial v^2},\quad \frac{\partial^2 z}{\partial y^2}=\frac{1}{2y^{\frac{3}{2}}}\frac{\partial z}{\partial u}-\frac{1}{2y^{\frac{3}{2}}}\frac{\partial z}{\partial v}+\frac{1}{y}\frac{\partial^2 z}{\partial u^2}-\frac{2}{y}\frac{\partial^2 z}{\partial u\partial v}+\frac{1}{y}\frac{\partial^2 z}{\partial v^2},$$

$$\frac{\partial z}{\partial y}=-\frac{1}{\sqrt{y}}\frac{\partial z}{\partial u}+\frac{1}{\sqrt{y}}\frac{\partial z}{\partial v}.$$

代入原方程，化简整理得 $\frac{\partial^2 z}{\partial u\partial v}=0$.

**【3495】** $x^2\frac{\partial^2 z}{\partial x^2}-y^2\frac{\partial^2 z}{\partial y^2}=0$，设 $u=xy$，$v=\frac{x}{y}$.

**解** $\frac{\partial u}{\partial x}=y$， $\frac{\partial v}{\partial x}=\frac{1}{y}$， $\frac{\partial u}{\partial y}=x$， $\frac{\partial v}{\partial y}=-\frac{x}{y^2}$， $\frac{\partial^2 u}{\partial x^2}=0$， $\frac{\partial^2 v}{\partial x^2}=0$， $\frac{\partial^2 u}{\partial y^2}=0$， $\frac{\partial^2 v}{\partial y^2}=\frac{2x}{y^3}$.

由公式 11 得 $\frac{\partial^2 z}{\partial x^2}=y^2\frac{\partial^2 z}{\partial u^2}+2\frac{\partial^2 z}{\partial u\partial v}+\frac{1}{y^2}\frac{\partial^2 z}{\partial v^2}$， $\frac{\partial^2 z}{\partial y^2}=x^2\frac{\partial^2 z}{\partial u^2}-\frac{2x^2}{y^2}\frac{\partial^2 z}{\partial u\partial v}+\frac{x^2}{y^4}\frac{\partial^2 z}{\partial v^2}+\frac{2x}{y^3}\frac{\partial z}{\partial v}$.

代入原方程，化简整理得 $\dfrac{\partial^2 z}{\partial u\partial v}=\dfrac{1}{2u}\dfrac{\partial z}{\partial v}$.

**【3496】** $x^2\dfrac{\partial^2 z}{\partial x^2}-(x^2+y^2)\dfrac{\partial^2 z}{\partial x\partial y}+y^2\dfrac{\partial^2 z}{\partial y^2}=0$，设 $u=x+y$，$v=\dfrac{1}{x}+\dfrac{1}{y}$.

**解** $\dfrac{\partial z}{\partial x}=\dfrac{\partial z}{\partial u}-\dfrac{1}{x^2}\dfrac{\partial z}{\partial v}$，$\dfrac{\partial z}{\partial y}=\dfrac{\partial z}{\partial u}-\dfrac{1}{y^2}\dfrac{\partial z}{\partial v}$. $\dfrac{\partial^2 z}{\partial x^2}=\dfrac{\partial^2 z}{\partial u^2}-\dfrac{2}{x^2}\dfrac{\partial^2 z}{\partial u\partial v}+\dfrac{1}{x^4}\dfrac{\partial^2 z}{\partial v^2}+\dfrac{2}{x^3}\dfrac{\partial z}{\partial v}$，

$\dfrac{\partial^2 z}{\partial y^2}=\dfrac{\partial^2 z}{\partial u^2}-\dfrac{2}{y^2}\dfrac{\partial^2 z}{\partial u\partial v}+\dfrac{1}{y^4}\dfrac{\partial^2 z}{\partial v^2}+\dfrac{2}{y^3}\dfrac{\partial z}{\partial v}$，$\dfrac{\partial^2 z}{\partial x\partial y}=\dfrac{\partial^2 z}{\partial u^2}-\left(\dfrac{1}{x^2}+\dfrac{1}{y^2}\right)\dfrac{\partial^2 z}{\partial u\partial v}+\dfrac{1}{x^2y^2}\dfrac{\partial^2 z}{\partial v^2}$.

代入原方程，得
$$\frac{(x^2-y^2)^2}{x^2y^2}\frac{\partial^2 z}{\partial u\partial v}+2\left(\frac{1}{x}+\frac{1}{y}\right)\frac{\partial z}{\partial v}=0.$$

注意到 $v=\dfrac{1}{x}+\dfrac{1}{y}=\dfrac{x+y}{xy}=\dfrac{u}{xy}$，即 $xy=\dfrac{u}{v}$，于是，
$$\frac{(x^2-y^2)^2}{x^2y^2}=\frac{(x+y)^2}{x^2y^2}(x-y)^2=\left(\frac{1}{x}+\frac{1}{y}\right)^2[(x+y)^2-4xy]=v^2\left(u^2-4\frac{u}{v}\right)=uv(uv-4).$$

从而得变换后的方程
$$\frac{\partial^2 z}{\partial u\partial v}=\frac{2}{u(4-uv)}\frac{\partial z}{\partial v}.$$

**【3497】** $xy\dfrac{\partial^2 z}{\partial x^2}-(x^2+y^2)\dfrac{\partial^2 z}{\partial x\partial y}+xy\dfrac{\partial^2 z}{\partial y^2}+y\dfrac{\partial z}{\partial x}+x\dfrac{\partial z}{\partial y}=0$，设 $u=\dfrac{1}{2}(x^2+y^2)$ 及 $v=xy$.

**解** $\dfrac{\partial z}{\partial x}=x\dfrac{\partial z}{\partial u}+y\dfrac{\partial z}{\partial v}$，$\dfrac{\partial z}{\partial y}=y\dfrac{\partial z}{\partial u}+x\dfrac{\partial z}{\partial v}$，$\dfrac{\partial^2 z}{\partial x^2}=x^2\dfrac{\partial^2 z}{\partial u^2}+2xy\dfrac{\partial^2 z}{\partial u\partial v}+y^2\dfrac{\partial^2 z}{\partial v^2}+\dfrac{\partial z}{\partial u}$，

$\dfrac{\partial^2 z}{\partial y^2}=y^2\dfrac{\partial^2 z}{\partial u^2}+2xy\dfrac{\partial^2 z}{\partial u\partial v}+x^2\dfrac{\partial^2 z}{\partial v^2}+\dfrac{\partial z}{\partial u}$，$\dfrac{\partial^2 z}{\partial x\partial y}=xy\left(\dfrac{\partial^2 z}{\partial u^2}+\dfrac{\partial^2 z}{\partial v^2}\right)+(x^2+y^2)\dfrac{\partial^2 z}{\partial u\partial v}+\dfrac{\partial z}{\partial v}$.

代入原方程，得
$$[(x^2+y^2)^2-4x^2y^2]\frac{\partial^2 z}{\partial u\partial v}=4xy\frac{\partial z}{\partial u},$$

即
$$(u^2-v^2)\frac{\partial^2 z}{\partial u\partial v}=v\frac{\partial z}{\partial u}.$$

**【3498】**$^+$ $x^2\dfrac{\partial^2 z}{\partial x^2}-2x\sin y\dfrac{\partial^2 z}{\partial x\partial y}+\sin^2 y\dfrac{\partial^2 z}{\partial y^2}=0$，设 $u=x\tan\dfrac{y}{2}$，$v=x$.

**解** $\dfrac{\partial z}{\partial x}=\tan\dfrac{y}{2}\dfrac{\partial z}{\partial u}+\dfrac{\partial z}{\partial v}$，$\dfrac{\partial z}{\partial y}=\dfrac{x}{2}\sec^2\dfrac{y}{2}\dfrac{\partial z}{\partial u}$，$\dfrac{\partial^2 z}{\partial x^2}=\tan^2\dfrac{y}{2}\dfrac{\partial^2 z}{\partial u^2}+2\tan\dfrac{y}{2}\dfrac{\partial^2 z}{\partial u\partial v}+\dfrac{\partial^2 z}{\partial v^2}$，

$\dfrac{\partial^2 z}{\partial y^2}=\dfrac{x}{2}\sec^2\dfrac{y}{2}\tan\dfrac{y}{2}\dfrac{\partial z}{\partial u}+\dfrac{x^2}{4}\sec^4\dfrac{y}{2}\dfrac{\partial^2 z}{\partial u^2}$，

$\dfrac{\partial^2 z}{\partial x\partial y}=\dfrac{1}{2}\sec^2\dfrac{y}{2}\dfrac{\partial z}{\partial u}+\dfrac{x}{2}\sec^2\dfrac{y}{2}\tan\dfrac{y}{2}\dfrac{\partial^2 z}{\partial u^2}+\dfrac{x}{2}\sec^2\dfrac{y}{2}\dfrac{\partial^2 z}{\partial u\partial v}$.

代入原方程，得
$$x^2\frac{\partial^2 z}{\partial v^2}=\left(x\sin y\sec^2\frac{y}{2}-\frac{x}{2}\sin^2 y\sec^2\frac{y}{2}\tan\frac{y}{2}\right)\frac{\partial z}{\partial u}=\left(2x\tan\frac{y}{2}-2x\tan\frac{y}{2}\sin^2\frac{y}{2}\right)\frac{\partial z}{\partial u}$$
$$=2x\tan\frac{y}{2}\cos^2\frac{y}{2}\frac{\partial z}{\partial u}=\frac{2x\tan\frac{y}{2}}{1+\tan^2\frac{y}{2}}\frac{\partial z}{\partial u},$$

即 $\dfrac{\partial^2 z}{\partial v^2}=\dfrac{2u}{u^2+v^2}\dfrac{\partial z}{\partial u}$.

**【3499】** $x\dfrac{\partial^2 z}{\partial x^2}-y\dfrac{\partial^2 z}{\partial y^2}=0\ (x>0,y>0)$，设 $x=(u+v)^2$ 及 $y=(u-v)^2$.

**解** 由 $x=(u+v)^2$ 及 $y=(u-v)^2$ 分别对 $x$ 及对 $y$ 求偏导数，得
$$\begin{cases}1=2(u+v)\left(\dfrac{\partial u}{\partial x}+\dfrac{\partial v}{\partial x}\right),\\[2mm] 0=2(u-v)\left(\dfrac{\partial u}{\partial x}-\dfrac{\partial v}{\partial x}\right);\end{cases}\qquad \begin{cases}0=2(u+v)\left(\dfrac{\partial u}{\partial y}+\dfrac{\partial v}{\partial y}\right),\\[2mm] 1=2(u-v)\left(\dfrac{\partial u}{\partial y}-\dfrac{\partial v}{\partial y}\right).\end{cases}$$

解得
$$\frac{\partial u}{\partial x}=\frac{\partial v}{\partial x}=\frac{1}{4(u+v)},\quad \frac{\partial u}{\partial y}=-\frac{\partial v}{\partial y}=\frac{1}{4(u-v)}.$$

于是,

$$\frac{\partial z}{\partial x}=\frac{\partial z}{\partial u}\frac{\partial u}{\partial x}+\frac{\partial z}{\partial v}\frac{\partial v}{\partial x}=\frac{1}{4(u+v)}\left(\frac{\partial z}{\partial u}+\frac{\partial z}{\partial v}\right),$$

$$\frac{\partial z}{\partial y}=\frac{1}{4(u-v)}\left(\frac{\partial z}{\partial u}-\frac{\partial z}{\partial v}\right),$$

$$\frac{\partial^2 z}{\partial x^2}=-\frac{1}{4(u+v)^2}\left(\frac{\partial u}{\partial x}+\frac{\partial v}{\partial x}\right)\left(\frac{\partial z}{\partial u}+\frac{\partial z}{\partial v}\right)+\frac{1}{4(u+v)}\left(\frac{\partial^2 z}{\partial u^2}\frac{\partial u}{\partial x}+\frac{\partial^2 z}{\partial u\partial v}\frac{\partial v}{\partial x}+\frac{\partial^2 z}{\partial u\partial v}\frac{\partial u}{\partial x}+\frac{\partial^2 z}{\partial v^2}\frac{\partial v}{\partial x}\right)$$

$$=-\frac{1}{8(u+v)^3}\left(\frac{\partial z}{\partial u}+\frac{\partial z}{\partial v}\right)+\frac{1}{16(u+v)^2}\left(\frac{\partial^2 z}{\partial u^2}+2\frac{\partial^2 z}{\partial u\partial v}+\frac{\partial^2 z}{\partial v^2}\right).$$

同法可求得

$$\frac{\partial^2 z}{\partial y^2}=-\frac{1}{8(u-v)^3}\left(\frac{\partial z}{\partial u}-\frac{\partial z}{\partial v}\right)+\frac{1}{16(u-v)^2}\left(\frac{\partial^2 z}{\partial u^2}-2\frac{\partial^2 z}{\partial u\partial v}+\frac{\partial^2 z}{\partial v^2}\right).$$

代入原方程,得

$$x\frac{\partial^2 z}{\partial x^2}-y\frac{\partial^2 z}{\partial y^2}$$

$$=-\frac{1}{8(u+v)}\left(\frac{\partial z}{\partial u}+\frac{\partial z}{\partial v}\right)+\frac{1}{16}\left(\frac{\partial^2 z}{\partial u^2}+2\frac{\partial^2 z}{\partial u\partial v}+\frac{\partial^2 z}{\partial v^2}\right)+\frac{1}{8(u-v)}\left(\frac{\partial z}{\partial u}-\frac{\partial z}{\partial v}\right)-\frac{1}{16}\left(\frac{\partial^2 z}{\partial u^2}-2\frac{\partial^2 z}{\partial u\partial v}+\frac{\partial^2 z}{\partial v^2}\right)$$

$$=\frac{1}{16}\left(\frac{4v}{u^2-v^2}\frac{\partial z}{\partial u}-\frac{4u}{u^2-v^2}\frac{\partial z}{\partial v}+4\frac{\partial^2 z}{\partial u\partial v}\right)=0,$$

即

$$\frac{\partial^2 z}{\partial u\partial v}+\frac{1}{u^2-v^2}\left(v\frac{\partial z}{\partial u}-u\frac{\partial z}{\partial v}\right)=0.$$

**【3500】** $\frac{\partial^2 z}{\partial x\partial y}=\left(1+\frac{\partial z}{\partial y}\right)^3$,设 $u=x$, $v=y+z$.

**解** 由 $u=x$, $v=y+z$ 得

$$du=dx,\quad dv=dy+dz,\quad dz=\frac{\partial z}{\partial u}du+\frac{\partial z}{\partial v}dv=\frac{\partial z}{\partial u}dx+\frac{\partial z}{\partial v}(dy+dz).$$

于是,

$$\left(1-\frac{\partial z}{\partial v}\right)dz=\frac{\partial z}{\partial u}dx+\frac{\partial z}{\partial v}dy,\quad \frac{\partial z}{\partial x}=\frac{\frac{\partial z}{\partial u}}{1-\frac{\partial z}{\partial v}},\quad \frac{\partial z}{\partial y}=\frac{\frac{\partial z}{\partial v}}{1-\frac{\partial z}{\partial v}}.$$

$$1+\frac{\partial z}{\partial y}=1+\frac{\frac{\partial z}{\partial v}}{1-\frac{\partial z}{\partial v}}=\frac{1}{1-\frac{\partial z}{\partial v}}.\tag{1}$$

又

$$\frac{\partial^2 z}{\partial x\partial y}=\frac{\partial}{\partial x}\left(1+\frac{\partial z}{\partial y}\right)=\frac{\partial}{\partial x}\left(\frac{1}{1-\frac{\partial z}{\partial v}}\right)=\frac{1}{\left(1-\frac{\partial z}{\partial v}\right)^2}\frac{\partial}{\partial x}\left(\frac{\partial z}{\partial v}\right)=\frac{1}{\left(1-\frac{\partial z}{\partial v}\right)^2}\left(\frac{\partial^2 z}{\partial u\partial v}\frac{\partial u}{\partial x}+\frac{\partial^2 z}{\partial v^2}\frac{\partial v}{\partial x}\right)$$

$$=\frac{1}{\left(1-\frac{\partial z}{\partial v}\right)^2}\left(\frac{\partial^2 z}{\partial u\partial v}+\frac{\partial^2 z}{\partial v^2}\frac{\partial z}{\partial x}\right)=\frac{1}{\left(1-\frac{\partial z}{\partial v}\right)^3}\left[\frac{\partial^2 z}{\partial u\partial v}\left(1-\frac{\partial z}{\partial v}\right)+\frac{\partial^2 z}{\partial v^2}\frac{\partial z}{\partial u}\right].\tag{2}$$

将(1)式和(2)式代入原方程,去分母即得

$$\left(1-\frac{\partial z}{\partial v}\right)\frac{\partial^2 z}{\partial u\partial v}+\frac{\partial z}{\partial u}\frac{\partial^2 z}{\partial v^2}=1.$$

**【3501】** 利用线性变换 $\xi=x+\lambda_1 y,\eta=x+\lambda_2 y$,把方程

$$A\frac{\partial^2 u}{\partial x^2}+2B\frac{\partial^2 u}{\partial x\partial y}+C\frac{\partial^2 u}{\partial y^2}=0,\tag{1}$$

(其中 $A,B$ 和 $C$ 为常数且 $C\neq0$, $AC-B^2<0$)变换为下面的形式:

$$\frac{\partial^2 u}{\partial\xi\partial\eta}=0.$$

求满足方程(1)的函数的一般形式.

**解** $\frac{\partial u}{\partial x}=\frac{\partial u}{\partial \xi}+\frac{\partial u}{\partial \eta}$, $\frac{\partial u}{\partial y}=\lambda_1\frac{\partial u}{\partial \xi}+\lambda_2\frac{\partial u}{\partial \eta}$, $\frac{\partial^2 u}{\partial x^2}=\frac{\partial^2 u}{\partial \xi^2}+2\frac{\partial^2 u}{\partial \xi\partial \eta}+\frac{\partial^2 u}{\partial \eta^2}$,

$\frac{\partial^2 u}{\partial x\partial y}=\lambda_1\frac{\partial^2 u}{\partial \xi^2}+(\lambda_1+\lambda_2)\frac{\partial^2 u}{\partial \xi\partial \eta}+\lambda_2\frac{\partial^2 u}{\partial \eta^2}$, $\frac{\partial^2 u}{\partial y^2}=\lambda_1^2\frac{\partial^2 u}{\partial \xi^2}+2\lambda_1\lambda_2\frac{\partial^2 u}{\partial \xi\partial \eta}+\lambda_2^2\frac{\partial^2 u}{\partial \eta^2}$.

将上述结果代入原方程,得

$$(A+2B\lambda_1+C\lambda_1^2)\frac{\partial^2 u}{\partial \xi^2}+2[A+B(\lambda_1+\lambda_2)+C\lambda_1\lambda_2]\frac{\partial^2 u}{\partial \xi\partial \eta}+(A+2B\lambda_2+C\lambda_2^2)\frac{\partial^2 u}{\partial \eta^2}=0.$$

当 $A+2B\lambda_1+C\lambda_1^2=0$ 及 $A+2B\lambda_2+C\lambda_2^2=0$. 即 $\lambda_1$ 与 $\lambda_2$ 为方程 $A+2B\lambda+C\lambda^2=0$ 的根时(注意,由假定 $C\neq 0$, $AC-B^2<0$,故此方程恰有两个相异的实根),原方程变换为

$$[A+B(\lambda_1+\lambda_2)+C\lambda_1\lambda_2]\frac{\partial^2 u}{\partial \xi\partial \eta}=0.$$

由根与系数的关系得: $\lambda_1+\lambda_2=-\frac{2B}{C}$, $\lambda_1\lambda_2=\frac{A}{C}$. 于是,

$$A+B(\lambda_1+\lambda_2)+C\lambda_1\lambda_2=\frac{2(AC-B^2)}{C}\neq 0.$$

从而,必有 $\frac{\partial^2 u}{\partial \xi\partial \eta}=0$. 此时, $\frac{\partial^2 u}{\partial \xi\partial \eta}=\frac{\partial}{\partial \eta}\left(\frac{\partial u}{\partial \xi}\right)=0$, 故 $\frac{\partial u}{\partial \xi}=f(\xi)$ 且

$$u=\int f(\xi)\mathrm{d}\xi+\psi(\eta)=\varphi(\xi)+\psi(\eta)=\varphi(x+\lambda_1 y)+\psi(x+\lambda_2 y).$$

**【3502】** 证明:拉普拉斯方程 $$\Delta z=\frac{\partial^2 z}{\partial x^2}+\frac{\partial^2 z}{\partial y^2}=0$$

的形式在满足条件 $$\frac{\partial \varphi}{\partial u}=\frac{\partial \psi}{\partial v},\quad \frac{\partial \varphi}{\partial v}=-\frac{\partial \psi}{\partial u}$$

的任何非退化变换 $$x=\varphi(u,v),\qquad y=\psi(u,v)$$

下保持不变.

**证** $\mathrm{d}x=\frac{\partial \varphi}{\partial u}\mathrm{d}u+\frac{\partial \varphi}{\partial v}\mathrm{d}v$, $\mathrm{d}y=\frac{\partial \psi}{\partial u}\mathrm{d}u+\frac{\partial \psi}{\partial v}\mathrm{d}v=-\frac{\partial \varphi}{\partial v}\mathrm{d}u+\frac{\partial \varphi}{\partial u}\mathrm{d}v$.

令 $I=\left(\frac{\partial \varphi}{\partial u}\right)^2+\left(\frac{\partial \varphi}{\partial v}\right)^2$. 由于变换是非退化的,故知

$$\frac{D(x,y)}{D(u,v)}=\begin{vmatrix}\frac{\partial \varphi}{\partial u} & \frac{\partial \varphi}{\partial v}\\ \frac{\partial \psi}{\partial u} & \frac{\partial \psi}{\partial v}\end{vmatrix}=\left(\frac{\partial \varphi}{\partial u}\right)^2+\left(\frac{\partial \varphi}{\partial v}\right)^2=I\neq 0.$$

由上述方程组解得 $$\mathrm{d}u=\frac{1}{I}\left(\frac{\partial \varphi}{\partial u}\mathrm{d}x-\frac{\partial \varphi}{\partial v}\mathrm{d}y\right),\qquad \mathrm{d}v=\frac{1}{I}\left(\frac{\partial \varphi}{\partial v}\mathrm{d}x+\frac{\partial \varphi}{\partial u}\mathrm{d}y\right).$$

于是, $$\frac{\partial u}{\partial x}=\frac{1}{I}\frac{\partial \varphi}{\partial u}=\frac{\partial v}{\partial y},\qquad \frac{\partial u}{\partial y}=-\frac{1}{I}\frac{\partial \varphi}{\partial v}=-\frac{\partial v}{\partial x}.$$

由 3492 题的证明及公式 11,并考虑到

$$\left(\frac{\partial u}{\partial x}\right)^2+\left(\frac{\partial u}{\partial y}\right)^2=\frac{1}{I^2}\left[\left(\frac{\partial \varphi}{\partial u}\right)^2+\left(\frac{\partial \varphi}{\partial v}\right)^2\right]=\frac{1}{I},$$

即得 $$\Delta z\equiv\frac{\partial^2 z}{\partial x^2}+\frac{\partial^2 z}{\partial y^2}=\left[\left(\frac{\partial u}{\partial x}\right)^2+\left(\frac{\partial u}{\partial y}\right)^2\right]\left(\frac{\partial^2 z}{\partial u^2}+\frac{\partial^2 z}{\partial v^2}\right)=\frac{1}{I}\left(\frac{\partial^2 z}{\partial u^2}+\frac{\partial^2 z}{\partial v^2}\right)=0,$$

或 $$\frac{\partial^2 z}{\partial u^2}+\frac{\partial^2 z}{\partial v^2}=0,$$

即形式是不变的.

**【3503】** 令 $u=f(r)$,其中 $r=\sqrt{x^2+y^2}$,变换方程:

(1) $\Delta u\equiv\frac{\partial^2 u}{\partial x^2}+\frac{\partial^2 u}{\partial y^2}=0$; (2) $\Delta(\Delta u)=0$.

**解** (1) $\frac{\partial u}{\partial x}=f'(r)\frac{\partial r}{\partial x}=f'(r)\frac{x}{r}$, $\frac{\partial u}{\partial y}=f'(r)\frac{\partial y}{\partial r}$.

于是，

$$\frac{\partial^2 u}{\partial x^2}=\frac{\partial}{\partial x}\left[f'(r)\frac{x}{r}\right]=\frac{f'(r)}{r}+\frac{x^2}{r^2}f''(r)+xf'(r)\left(-\frac{x}{r^3}\right)=\frac{x^2}{r^2}f''(r)+\frac{y^2}{r^3}f'(r).$$

同法可得 $\frac{\partial^2 u}{\partial y^2}=\frac{y^2}{r^2}f''(r)+\frac{x^2}{r^3}f'(r)$. 于是，

$$\Delta u=f''(r)+\frac{1}{r}f'(r)=\frac{\mathrm{d}^2 u}{\mathrm{d}r^2}+\frac{1}{r}\frac{\mathrm{d}u}{\mathrm{d}r}=0,$$

也可写成 $\Delta u=\frac{1}{r}\frac{\mathrm{d}}{\mathrm{d}r}\left(r\frac{\mathrm{d}u}{\mathrm{d}r}\right)=0$.

$$(2)\Delta(\Delta u)=\frac{1}{r}\frac{\mathrm{d}}{\mathrm{d}r}\left[r\frac{\mathrm{d}}{\mathrm{d}r}(\Delta u)\right]=\frac{1}{r}\frac{\mathrm{d}}{\mathrm{d}r}\left[r\frac{\mathrm{d}}{\mathrm{d}r}\left(\frac{\mathrm{d}^2 u}{\mathrm{d}r^2}+\frac{1}{r}\frac{\mathrm{d}u}{\mathrm{d}r}\right)\right]=\frac{1}{r}\frac{\mathrm{d}}{\mathrm{d}r}\left[r\frac{\mathrm{d}^3 u}{\mathrm{d}r^3}+\frac{\mathrm{d}^2 u}{\mathrm{d}r^2}-\frac{1}{r}\frac{\mathrm{d}u}{\mathrm{d}r}\right]$$

$$=\frac{\mathrm{d}^4 u}{\mathrm{d}r^4}+\frac{2}{r}\frac{\mathrm{d}^3 u}{\mathrm{d}r^3}-\frac{1}{r^2}\frac{\mathrm{d}^2 u}{\mathrm{d}r^2}+\frac{1}{r^3}\frac{\mathrm{d}u}{\mathrm{d}r}=0.$$

**【3504】** 若令 $w=f(u)$，其中 $u=(x-x_0)(y-y_0)$，则方程 $\frac{\partial^2 w}{\partial x\partial y}+cw=0$ 化为何种形式？

**解** $\frac{\partial w}{\partial x}=(y-y_0)\frac{\mathrm{d}w}{\mathrm{d}u}$，$\frac{\partial^2 w}{\partial x\partial y}=\frac{\mathrm{d}w}{\mathrm{d}u}+u\frac{\mathrm{d}^2 w}{\mathrm{d}u^2}$，于是，方程 $\frac{\partial^2 w}{\partial x\partial y}+cw=0$ 变换成

$$u\frac{\mathrm{d}^2 w}{\mathrm{d}u^2}+\frac{\mathrm{d}w}{\mathrm{d}u}+cw=0.$$

**【3505】** 令 $x+y=X$，$y=XY$，变换表达式

$$A=x\frac{\partial^2 u}{\partial x^2}+y\frac{\partial^2 u}{\partial x\partial y}+\frac{\partial u}{\partial x}.$$

**解** $X=x+y$，$Y=\frac{y}{X}=\frac{y}{x+y}=1-\frac{x}{x+y}$. 于是，

$$\frac{\partial X}{\partial x}=1,\ \frac{\partial X}{\partial y}=1,\ \frac{\partial Y}{\partial x}=-\frac{y}{(x+y)^2},\ \frac{\partial Y}{\partial y}=\frac{x}{(x+y)^2},$$

$$\frac{\partial u}{\partial x}=\frac{\partial u}{\partial X}-\frac{y}{(x+y)^2}\frac{\partial u}{\partial Y},$$

$$\frac{\partial^2 u}{\partial x^2}=\frac{\partial^2 u}{\partial X^2}-\frac{2y}{(x+y)^2}\frac{\partial^2 u}{\partial X\partial Y}+\frac{y^2}{(x+y)^4}\frac{\partial^2 u}{\partial Y^2}+\frac{2y}{(x+y)^3}\frac{\partial u}{\partial Y},$$

$$\frac{\partial^2 u}{\partial x\partial y}=\frac{\partial^2 u}{\partial X^2}+\frac{x-y}{(x+y)^2}\frac{\partial^2 u}{\partial X\partial Y}-\frac{xy}{(x+y)^4}\frac{\partial^2 u}{\partial Y^2}-\frac{x-y}{(x+y)^3}\frac{\partial u}{\partial Y}.$$

代入所给式子，得

$$A=X\frac{\partial^2 u}{\partial X^2}-Y\frac{\partial^2 u}{\partial X\partial Y}+\frac{\partial u}{\partial X}.$$

**【3506】** 证明：方程 $\frac{\partial^2 z}{\partial x^2}+2xy^2\frac{\partial z}{\partial x}+2(y-y^3)\frac{\partial z}{\partial y}+x^2y^2z^2=0$ 的形式在变换 $x=uv$ 及 $y=\frac{1}{v}$ 下保持不变.

**证** $v=\frac{1}{y}$，$u=\frac{x}{v}=xy$. 于是，

$$\frac{\partial z}{\partial x}=\frac{\partial z}{\partial u}\frac{\partial u}{\partial x}+\frac{\partial z}{\partial v}\frac{\partial v}{\partial x}=y\frac{\partial z}{\partial u},\qquad \frac{\partial z}{\partial y}=\frac{\partial z}{\partial u}\frac{\partial u}{\partial y}+\frac{\partial z}{\partial v}\frac{\partial v}{\partial y}=x\frac{\partial z}{\partial u}-\frac{1}{y^2}\frac{\partial z}{\partial v},$$

$$\frac{\partial^2 z}{\partial x^2}=\frac{\partial}{\partial x}\left(\frac{\partial z}{\partial x}\right)=\frac{\partial}{\partial x}\left(y\frac{\partial z}{\partial u}\right)=y^2\frac{\partial^2 z}{\partial u^2}.$$

代入原方程，得

$$y^2\frac{\partial^2 z}{\partial u^2}+2xy^3\frac{\partial z}{\partial u}+2x(y-y^3)\frac{\partial z}{\partial u}-2(y-y^3)\frac{1}{y^2}\frac{\partial z}{\partial v}+x^2y^2z^2=0.$$

即

$$\frac{\partial^2 z}{\partial u^2}+2uv^2\frac{\partial z}{\partial u}+2(v-v^3)\frac{\partial z}{\partial v}+u^2v^2z^2=0,$$

故其形式保持不变.

**【3507】** 证明：方程 $\frac{\partial^2 z}{\partial x^2}+2\frac{\partial^2 z}{\partial x\partial y}+\frac{\partial^2 z}{\partial y^2}=0$ 的形式在变换 $u=x+z$ 及 $v=y+z$ 下保持不变.

**证** 将 $u,v$ 作中间变量，$x,y$ 作自变量，微分得

$$du=dx+dz,\quad dv=dy+dz,\quad d^2u=d^2v=d^2z.$$

于是，
$$dz=\frac{\partial z}{\partial u}du+\frac{\partial z}{\partial v}dv=\left(\frac{\partial z}{\partial u}+\frac{\partial z}{\partial v}\right)dz+\frac{\partial z}{\partial u}dx+\frac{\partial z}{\partial v}dy.$$

令 $A=1-\frac{\partial z}{\partial u}-\frac{\partial z}{\partial v}$，则有 $dz=\frac{1}{A}\frac{\partial z}{\partial u}dx+\frac{1}{A}\frac{\partial z}{\partial v}dy$，且
$$\frac{\partial z}{\partial x}=\frac{1}{A}\frac{\partial z}{\partial u},\qquad \frac{\partial z}{\partial y}=\frac{1}{A}\frac{\partial z}{\partial v}.$$

从而有
$$du=dx+dz=\frac{1-\frac{\partial z}{\partial v}}{A}dx+\frac{\frac{\partial z}{\partial v}}{A}dy,\qquad dv=dy+dz=\frac{\frac{\partial z}{\partial u}}{A}dx+\frac{1-\frac{\partial z}{\partial u}}{A}dy,$$
$$d^2z=\frac{\partial^2 z}{\partial u^2}du^2+2\frac{\partial^2 z}{\partial u\partial v}dudv+\frac{\partial^2 z}{\partial v^2}dv^2+\frac{\partial z}{\partial u}d^2u+\frac{\partial z}{\partial v}d^2v.$$

上面最后一个等式即
$$Ad^2z=\frac{1}{A^2}\left\{\frac{\partial^2 z}{\partial u^2}\left[\left(1-\frac{\partial z}{\partial v}\right)dx+\frac{\partial z}{\partial v}dy\right]^2+2\frac{\partial^2 z}{\partial u\partial v}\left[\left(1-\frac{\partial z}{\partial v}\right)dx+\frac{\partial z}{\partial v}dy\right]\left[\frac{\partial z}{\partial u}dx+\left(1-\frac{\partial z}{\partial u}\right)dy\right]\right.$$
$$\left.+\frac{\partial^2 z}{\partial v^2}\left[\frac{\partial z}{\partial u}dx+\left(1-\frac{\partial z}{\partial u}\right)dy\right]^2\right\}.$$

于是，
$$\frac{\partial^2 z}{\partial x^2}=\frac{1}{A^3}\left[\left(1-\frac{\partial z}{\partial v}\right)^2\frac{\partial^2 z}{\partial u^2}+2\left(1-\frac{\partial z}{\partial v}\right)\frac{\partial z}{\partial u}\frac{\partial^2 z}{\partial u\partial v}+\left(\frac{\partial z}{\partial u}\right)^2\frac{\partial^2 z}{\partial u^2}\right],$$
$$\frac{\partial^2 z}{\partial x\partial y}=\frac{1}{A^3}\left[\frac{\partial z}{\partial v}\left(1-\frac{\partial z}{\partial v}\right)\frac{\partial^2 z}{\partial u^2}+\frac{\partial z}{\partial u}\frac{\partial z}{\partial v}\frac{\partial^2 z}{\partial u\partial v}+\left(1-\frac{\partial z}{\partial u}\right)\left(1-\frac{\partial z}{\partial v}\right)\frac{\partial^2 z}{\partial u\partial v}+\frac{\partial z}{\partial u}\left(1-\frac{\partial z}{\partial u}\right)\frac{\partial^2 z}{\partial v^2}\right],$$
$$\frac{\partial^2 z}{\partial y^2}=\frac{1}{A^3}\left[\left(\frac{\partial z}{\partial v}\right)^2\frac{\partial^2 z}{\partial u^2}+2\frac{\partial z}{\partial v}\left(1-\frac{\partial z}{\partial u}\right)\frac{\partial^2 z}{\partial u\partial v}+\left(1-\frac{\partial z}{\partial u}\right)^2\frac{\partial^2 z}{\partial v^2}\right].$$

代入原方程，化简整理即得
$$\frac{\partial^2 z}{\partial u^2}+2\frac{\partial^2 z}{\partial u\partial v}+\frac{\partial^2 z}{\partial v^2}=0,$$

故其形式保持不变.

**【3508】** 令
$$x=\eta\zeta,\qquad y=\xi\zeta,\qquad z=\xi\eta,$$

变换方程
$$xy\frac{\partial^2 u}{\partial x\partial y}+yz\frac{\partial^2 u}{\partial y\partial z}+xz\frac{\partial^2 u}{\partial x\partial z}=0.$$

**解** 由于
$$\begin{cases}1=\zeta\frac{\partial \eta}{\partial x}+\eta\frac{\partial \zeta}{\partial x},\\ 0=\zeta\frac{\partial \xi}{\partial x}+\xi\frac{\partial \zeta}{\partial x},\\ 0=\eta\frac{\partial \xi}{\partial x}+\xi\frac{\partial \eta}{\partial x}\end{cases}$$

故有
$$\frac{\partial \xi}{\partial x}=-\frac{\xi}{2\eta\zeta},\qquad \frac{\partial \eta}{\partial x}=\frac{1}{2\zeta},\qquad \frac{\partial \zeta}{\partial x}=\frac{1}{2\eta}.$$

同法求得
$$\frac{\partial \xi}{\partial y}=\frac{1}{2\zeta},\qquad \frac{\partial \eta}{\partial y}=-\frac{\eta}{2\xi\zeta},\qquad \frac{\partial \zeta}{\partial y}=\frac{1}{2\xi}.$$

于是，
$$\frac{\partial u}{\partial x}=\frac{\partial u}{\partial \xi}\frac{\partial \xi}{\partial x}+\frac{\partial u}{\partial \eta}\frac{\partial \eta}{\partial x}+\frac{\partial u}{\partial \zeta}\frac{\partial \zeta}{\partial x}=-\frac{\xi}{2\eta\zeta}\frac{\partial u}{\partial \xi}+\frac{1}{2\zeta}\frac{\partial u}{\partial \eta}+\frac{1}{2\eta}\frac{\partial u}{\partial \zeta},$$
$$\frac{\partial^2 u}{\partial x\partial y}=\frac{\partial}{\partial y}\left(\frac{\partial u}{\partial x}\right)$$
$$=-\frac{\partial}{\partial y}\left(\frac{\xi}{2\eta\zeta}\right)\frac{\partial u}{\partial \xi}-\frac{\xi}{2\eta\zeta}\frac{\partial}{\partial y}\left(\frac{\partial u}{\partial \xi}\right)+\frac{\partial}{\partial y}\left(\frac{1}{2\zeta}\right)\frac{\partial u}{\partial \eta}+\frac{1}{2\zeta}\frac{\partial}{\partial y}\left(\frac{\partial u}{\partial \eta}\right)+\frac{\partial}{\partial y}\left(\frac{1}{2\eta}\right)\frac{\partial u}{\partial \zeta}+\frac{1}{2\eta}\frac{\partial}{\partial y}\left(\frac{\partial u}{\partial \zeta}\right)$$
$$=-\frac{1}{4\eta\zeta^2}\frac{\partial u}{\partial \xi}-\frac{\xi}{4\eta\zeta^2}\frac{\partial^2 u}{\partial \xi^2}-\frac{1}{4\xi\zeta^2}\frac{\partial u}{\partial \eta}-\frac{\eta}{4\xi\zeta^2}\frac{\partial^2 u}{\partial \eta^2}+\frac{1}{4\xi\eta\zeta}\frac{\partial u}{\partial \zeta}+\frac{1}{4\xi\eta}\frac{\partial^2 u}{\partial \zeta^2}+\frac{1}{2\zeta^2}\frac{\partial^2 u}{\partial \xi\partial \eta}.\tag{1}$$

同法可求得
$$\frac{\partial^2 u}{\partial y\partial z}=\frac{1}{4\xi\eta\zeta}\frac{\partial u}{\partial \xi}+\frac{1}{4\eta\zeta}\frac{\partial^2 u}{\partial \xi^2}-\frac{1}{4\xi^2\zeta}\frac{\partial u}{\partial \eta}-\frac{\eta}{4\xi^2\zeta}\frac{\partial^2 u}{\partial \eta^2}-\frac{1}{4\xi^2\eta}\frac{\partial u}{\partial \zeta}-\frac{\zeta}{4\xi^2\eta}\frac{\partial^2 u}{\partial \zeta^2}+\frac{1}{2\xi^2}\frac{\partial^2 u}{\partial \eta\partial \zeta},\tag{2}$$
$$\frac{\partial^2 u}{\partial z\partial x}=-\frac{1}{4\eta^2\zeta}\frac{\partial u}{\partial \xi}-\frac{\xi}{4\eta^2\zeta}\frac{\partial^2 u}{\partial \xi^2}+\frac{1}{4\xi\eta\zeta}\frac{\partial u}{\partial \eta}+\frac{1}{4\xi\zeta}\frac{\partial^2 u}{\partial \eta^2}-\frac{1}{4\eta^2\xi}\frac{\partial u}{\partial \zeta}-\frac{\zeta}{4\eta^2\xi}\frac{\partial^2 u}{\partial \zeta^2}+\frac{1}{2\eta^2}\frac{\partial^2 u}{\partial \zeta\partial \xi}\tag{3}$$

将(1),(2),(3)三式连同 $x,y,z$ 一起代入原方程,化简整理得

$$\xi\frac{\partial u}{\partial\xi}+\eta\frac{\partial u}{\partial\eta}+\zeta\frac{\partial u}{\partial\zeta}+\xi^2\frac{\partial^2 u}{\partial\xi^2}+\eta^2\frac{\partial^2 u}{\partial\eta^2}+\zeta^2\frac{\partial^2 u}{\partial\zeta^2}=2\left(\xi\eta\frac{\partial^2 u}{\partial\xi\partial\eta}+\eta\zeta\frac{\partial_u}{\partial\eta\partial\zeta}+\zeta\xi\frac{\partial^2 u}{\partial\zeta\partial\xi}\right),$$

即

$$\xi\frac{\partial}{\partial\xi}\left(\xi\frac{\partial u}{\partial\xi}\right)+\eta\frac{\partial}{\partial\eta}\left(\eta\frac{\partial u}{\partial\eta}\right)+\zeta\frac{\partial}{\partial\zeta}\left(\zeta\frac{\partial u}{\partial\zeta}\right)=2\left(\xi\eta\frac{\partial^2 u}{\partial\xi\partial\eta}+\eta\zeta\frac{\partial^2 u}{\partial\eta\partial\zeta}+\zeta\xi\frac{\partial^2 u}{\partial\zeta\partial\xi}\right).$$

**【3509】** 令 $y_1=x_2+x_3-x_1,\quad y_2=x_1+x_3-x_2,\quad y_3=x_1+x_2-x_3,$

变换方程

$$\frac{\partial^2 z}{\partial x_1^2}+\frac{\partial^2 z}{\partial x_2^2}+\frac{\partial^2 z}{\partial x_3^2}+\frac{\partial^2 z}{\partial x_1\partial x_2}+\frac{\partial^2 z}{\partial x_1\partial x_3}+\frac{\partial^2 z}{\partial x_2\partial x_3}=0.$$

**解** 不难看出

$$\frac{\partial z}{\partial x_1}=\left(-\frac{\partial}{\partial y_1}+\frac{\partial}{\partial y_2}+\frac{\partial}{\partial y_3}\right)z,\quad \frac{\partial z}{\partial x_2}=\left(\frac{\partial}{\partial y_1}-\frac{\partial}{\partial y_2}+\frac{\partial}{\partial y_3}\right)z,\quad \frac{\partial z}{\partial x_3}=\left(\frac{\partial}{\partial y_1}+\frac{\partial}{\partial y_2}-\frac{\partial}{\partial y_3}\right)z.$$

把上述结果代入所给的方程的左端,即得

$$\begin{aligned}&\frac{\partial^2 z}{\partial x_1^2}+\frac{\partial^2 z}{\partial x_2^2}+\frac{\partial^2 z}{\partial x_3^2}+\frac{\partial^2 z}{\partial x_1\partial x_2}+\frac{\partial^2 z}{\partial x_1\partial x_3}+\frac{\partial^2 z}{\partial x_2\partial x_3}\\
&=\frac{\partial}{\partial x_1}\left(\frac{\partial z}{\partial x_1}+\frac{\partial z}{\partial x_2}\right)+\frac{\partial}{\partial x_2}\left(\frac{\partial z}{\partial x_2}+\frac{\partial z}{\partial x_3}\right)+\frac{\partial}{\partial x_3}\left(\frac{\partial z}{\partial x_3}+\frac{\partial z}{\partial x_1}\right)\\
&=\frac{\partial}{\partial x_1}\left(2\frac{\partial z}{\partial y_3}\right)+\frac{\partial}{\partial x_2}\left(2\frac{\partial z}{\partial y_1}\right)+\frac{\partial}{\partial x_3}\left(2\frac{\partial z}{\partial y_2}\right)\\
&=2\left[\left(-\frac{\partial}{\partial y_1}+\frac{\partial}{\partial y_2}+\frac{\partial}{\partial y_3}\right)\frac{\partial z}{\partial y_3}+\left(\frac{\partial}{\partial y_1}-\frac{\partial}{\partial y_2}+\frac{\partial}{\partial y_3}\right)\frac{\partial z}{\partial y_1}+\left(\frac{\partial}{\partial y_1}+\frac{\partial}{\partial y_2}-\frac{\partial}{\partial y_3}\right)\frac{\partial}{\partial y_2}\right]\\
&=2\left(\frac{\partial^2 z}{\partial y_1^2}+\frac{\partial^2 z}{\partial y_2^2}+\frac{\partial^2 z}{\partial y_3^2}\right).\end{aligned}$$

从而,原方程变换为

$$\frac{\partial^2 z}{\partial y_1^2}+\frac{\partial^2 z}{\partial y_2^2}+\frac{\partial^2 z}{\partial y_3^2}=0.$$

**【3510】** 令 $\xi=\dfrac{y}{x},\quad \eta=\dfrac{z}{x},\quad \zeta=y-z,$

变换方程

$$x^2\frac{\partial^2 u}{\partial x^2}+y^2\frac{\partial^2 u}{\partial y^2}+z^2\frac{\partial^2 u}{\partial z^2}+2xy\frac{\partial^2 u}{\partial x\partial y}+2xz\frac{\partial^2 u}{\partial x\partial z}+2yz\frac{\partial^2 u}{\partial y\partial z}=0.$$

**提示** 将方程写为 $A^2u-Au=0$ 的形式,其中

$$A=x\frac{\partial}{\partial x}+y\frac{\partial}{\partial y}+z\frac{\partial}{\partial z}.$$

**解** 定义算子 $A$: $Au=\left(x\dfrac{\partial}{\partial x}+y\dfrac{\partial}{\partial y}+z\dfrac{\partial}{\partial z}\right)u$, 则有

$$\begin{aligned}A^2u&=A(Au)=x\frac{\partial}{\partial x}(Au)+y\frac{\partial}{\partial y}(Au)+z\frac{\partial}{\partial z}(Au)=x\left(x\frac{\partial^2}{\partial x^2}+y\frac{\partial^2}{\partial x\partial y}+z\frac{\partial^2}{\partial x\partial z}+\frac{\partial}{\partial x}\right)u\\
&\quad+y\left(x\frac{\partial^2}{\partial x\partial y}+y\frac{\partial^2}{\partial y^2}+z\frac{\partial^2}{\partial y\partial z}+\frac{\partial}{\partial y}\right)u+z\left(x\frac{\partial^2}{\partial x\partial z}+y\frac{\partial^2}{\partial y\partial z}+z\frac{\partial^2}{\partial z^2}+\frac{\partial}{\partial z}\right)u\\
&=\left(x\frac{\partial}{\partial x}+y\frac{\partial}{\partial y}+z\frac{\partial}{\partial z}\right)^2u+Au.\end{aligned}$$

于是,原方程可改写成 $\left(x\dfrac{\partial}{\partial x}+y\dfrac{\partial}{\partial y}+z\dfrac{\partial}{\partial z}\right)^2u=0$ 或 $A^2u-Au=0.$

但是,

$$\begin{aligned}Au&=x\frac{\partial u}{\partial x}+y\frac{\partial u}{\partial y}+z\frac{\partial u}{\partial z}=x\left(-\frac{y}{x^2}\frac{\partial u}{\partial\xi}-\frac{z}{x^2}\frac{\partial u}{\partial\eta}\right)+y\left(\frac{1}{x}\frac{\partial u}{\partial\xi}+\frac{\partial u}{\partial\zeta}\right)+z\left(\frac{1}{x}\frac{\partial u}{\partial\eta}-\frac{\partial u}{\partial\zeta}\right)\\
&=(y-z)\frac{\partial u}{\partial\zeta}=\zeta\frac{\partial u}{\partial\zeta},\end{aligned}$$

$$A^2u=A(Au)=\left(\zeta\frac{\partial}{\partial\zeta}\right)Au=\zeta\frac{\partial}{\partial\zeta}\left(\zeta\frac{\partial u}{\partial\zeta}\right)=\zeta^2\frac{\partial^2 u}{\partial\zeta^2}+\zeta\frac{\partial u}{\partial\zeta},$$

从而,$A^2u-Au=\zeta^2\dfrac{\partial^2 u}{\partial\zeta^2}$. 由于 $\zeta\neq0$,故原方程变换为

$$\frac{\partial^2 u}{\partial \zeta^2}=0.$$

**【3511】** 令 $x=r\sin\theta\cos\varphi,\quad y=r\sin\theta\sin\varphi,\quad z=r\cos\theta,$
把表达式

$$\Delta_1 u=\left(\frac{\partial u}{\partial x}\right)^2+\left(\frac{\partial u}{\partial y}\right)^2+\left(\frac{\partial u}{\partial z}\right)^2 \quad 及 \quad \Delta_2 u=\frac{\partial^2 u}{\partial x^2}+\frac{\partial^2 u}{\partial y^2}+\frac{\partial^2 u}{\partial z^2}$$

变换为球坐标下的形式.

**提示** 所给变换由下面两个特殊的变换构成：

$$x=R\cos\varphi,\ y=R\sin\varphi,\ z=z;\qquad R=r\sin\theta,\ \varphi=\varphi,\ z=r\cos\theta,$$

并分别利用 3483 题及 3484 题的结果.

**解** 先作变换 $x=R\cos\varphi,\ y=R\sin\varphi,\ z=z$,它相当于对 $x,y$ 坐标作一次极坐标变换.

利用 3483 题及 3484 题的结果,对新变元 $R,\varphi,z$ 有

$$\Delta_1 u=\left(\frac{\partial u}{\partial x}\right)^2+\left(\frac{\partial u}{\partial y}\right)^2+\left(\frac{\partial u}{\partial z}\right)^2=\left(\frac{\partial u}{\partial R}\right)^2+\frac{1}{R^2}\left(\frac{\partial u}{\partial \varphi}\right)^2+\left(\frac{\partial u}{\partial z}\right)^2,$$

$$\Delta_2 u=\frac{\partial^2 u}{\partial x^2}+\frac{\partial^2 u}{\partial y^2}+\frac{\partial^2 u}{\partial z^2}=\frac{\partial^2 u}{\partial R^2}+\frac{1}{R^2}\frac{\partial^2 u}{\partial \varphi^2}+\frac{1}{R}\frac{\partial u}{\partial R}+\frac{\partial^2 u}{\partial z^2}.$$

再作变换 $R=r\sin\theta,\ \varphi=\varphi,\ z=r\cos\theta$. 它相当于对 $R,z$ 坐标又作一次极坐标变换,其中 $R$ 相当于公式 9 中的 $y,\theta$ 相当于公式 9 中的 $\varphi$. 于是,

$$\frac{\partial u}{\partial R}=\frac{R}{r}\frac{\partial u}{\partial r}+\frac{z}{r^2}\frac{\partial u}{\partial \varphi}=\sin\theta\frac{\partial u}{\partial r}+\frac{\cos\theta}{r}\frac{\partial u}{\partial \theta}.$$

再利用 3483 题及 3484 题的结果,得

$$\Delta_1 u=\left(\frac{\partial u}{\partial R}\right)^2+\frac{1}{R^2}\left(\frac{\partial u}{\partial \varphi}\right)^2+\left(\frac{\partial u}{\partial z}\right)^2=\left(\frac{\partial u}{\partial r}\right)^2+\frac{1}{r^2}\left(\frac{\partial u}{\partial \theta}\right)^2+\frac{1}{r^2\sin^2\theta}\left(\frac{\partial u}{\partial \varphi}\right)^2,$$

$$\begin{aligned}\Delta_2 u&=\frac{\partial^2 u}{\partial R^2}+\frac{1}{R^2}\frac{\partial^2 u}{\partial \varphi^2}+\frac{1}{R}\frac{\partial u}{\partial R}+\frac{\partial^2 u}{\partial z^2}\\&=\frac{\partial^2 u}{\partial r^2}+\frac{1}{r^2}\frac{\partial^2 u}{\partial \theta^2}+\frac{1}{r}\frac{\partial u}{\partial r}+\frac{1}{r^2\sin^2\theta}\frac{\partial^2 u}{\partial \varphi^2}+\frac{1}{r\sin\theta}\left(\sin\theta\frac{\partial u}{\partial r}+\frac{\cos\theta}{r}\frac{\partial u}{\partial \theta}\right)\\&=\frac{\partial^2 u}{\partial r^2}+\frac{1}{r^2}\frac{\partial^2 u}{\partial \theta^2}+\frac{2}{r}\frac{\partial u}{\partial r}+\frac{1}{r^2\sin^2\theta}\frac{\partial^2 u}{\partial \varphi^2}+\frac{1}{r^2\tan\theta}\frac{\partial u}{\partial \theta}\\&=\frac{1}{r^2}\left[\frac{\partial}{\partial r}\left(r^2\frac{\partial u}{\partial r}\right)+\frac{1}{\sin\theta}\frac{\partial}{\partial \theta}\left(\sin\theta\frac{\partial u}{\partial \theta}\right)+\frac{1}{\sin^2\theta}\frac{\partial^2 u}{\partial \varphi^2}\right].\end{aligned}$$

注意到两次变换的乘积就是所给的变换,因此,最后得到 $\Delta_1 u$ 及 $\Delta_2 u$ 的结果即为所求.

**【3512】** 引入新函数 $w$,令 $w=z^2$,变换方程

$$z\left(\frac{\partial^2 z}{\partial x^2}+\frac{\partial^2 z}{\partial y^2}\right)=\left(\frac{\partial z}{\partial x}\right)^2+\left(\frac{\partial z}{\partial y}\right)^2.$$

**解** $\dfrac{\partial z}{\partial x}=\dfrac{\mathrm{d}z}{\mathrm{d}w}\dfrac{\partial w}{\partial x}=\dfrac{1}{2z}\dfrac{\partial w}{\partial x},\qquad \dfrac{\partial z}{\partial y}=\dfrac{1}{2z}\dfrac{\partial w}{\partial y},$

$$\frac{\partial^2 z}{\partial x^2}=\frac{\partial}{\partial x}\left(\frac{\partial z}{\partial x}\right)=\frac{\partial}{\partial x}\left(\frac{1}{2z}\frac{\partial w}{\partial x}\right)=\frac{1}{2z}\frac{\partial^2 w}{\partial x^2}-\frac{1}{2z^2}\frac{\partial z}{\partial x}\frac{\partial w}{\partial x}=\frac{1}{2z}\frac{\partial^2 w}{\partial x^2}-\frac{1}{4z^3}\left(\frac{\partial w}{\partial x}\right)^2,$$

$$\frac{\partial^2 z}{\partial y^2}=\frac{1}{2z}\frac{\partial^2 w}{\partial y^2}-\frac{1}{4z^3}\left(\frac{\partial w}{\partial y}\right)^2.$$

代入原方程,化简整理即得 $\quad w\left(\dfrac{\partial^2 w}{\partial x^2}+\dfrac{\partial^2 w}{\partial y^2}\right)=\left(\dfrac{\partial w}{\partial x}\right)^2+\left(\dfrac{\partial w}{\partial y}\right)^2,$

即形式是不变的.

**取 $u$ 和 $v$ 为新的自变量,而 $w=w(u,v)$ 为新函数,变换下列方程:**

**【3513】** $y\dfrac{\partial^2 z}{\partial y^2}+2\dfrac{\partial z}{\partial y}=\dfrac{2}{x}$,设 $u=\dfrac{x}{y}$,$v=x$,$w=xz-y$.

**解** 从 3513 题到 3522 题均属作变换

$$u=u(x,y),\quad v=v(x,y),\quad w=w(x,y,z)$$

的类型.我们来导出一般公式,顺便指出一般方法.

将 $u,v$ 看作中间变量,$x,y$ 看作自变量,则有

$$\mathrm{d}u=\frac{\partial u}{\partial x}\mathrm{d}x+\frac{\partial u}{\partial y}\mathrm{d}y,\quad \mathrm{d}v=\frac{\partial v}{\partial x}\mathrm{d}x+\frac{\partial v}{\partial y}\mathrm{d}y,\quad \mathrm{d}w=\frac{\partial w}{\partial x}\mathrm{d}x+\frac{\partial w}{\partial y}\mathrm{d}y+\frac{\partial w}{\partial z}\mathrm{d}z.$$

$$\mathrm{d}^2u=\frac{\partial^2 u}{\partial x^2}\mathrm{d}x^2+2\frac{\partial^2 u}{\partial x\partial y}\mathrm{d}x\mathrm{d}y+\frac{\partial^2 u}{\partial y^2}\mathrm{d}y^2,\quad \mathrm{d}^2v=\frac{\partial^2 v}{\partial x^2}\mathrm{d}x^2+2\frac{\partial^2 v}{\partial x\partial y}\mathrm{d}x\mathrm{d}y+\frac{\partial^2 v}{\partial y^2}\mathrm{d}y^2.$$

$$\mathrm{d}^2w=\frac{\partial^2 w}{\partial x^2}\mathrm{d}x^2+\frac{\partial^2 w}{\partial y^2}\mathrm{d}y^2+\frac{\partial^2 w}{\partial z^2}\mathrm{d}z^2+2\frac{\partial^2 w}{\partial x\partial y}\mathrm{d}x\mathrm{d}y+2\frac{\partial^2 w}{\partial y\partial z}\mathrm{d}y\mathrm{d}z+2\frac{\partial^2 w}{\partial z\partial x}\mathrm{d}z\mathrm{d}x+\frac{\partial w}{\partial z}\mathrm{d}^2z.$$

将 $\mathrm{d}w,\mathrm{d}u$ 及 $\mathrm{d}v$ 代入全微分式 $\mathrm{d}w=\frac{\partial w}{\partial u}\mathrm{d}u+\frac{\partial w}{\partial v}\mathrm{d}v$,化简整理得

$$\frac{\partial w}{\partial z}\mathrm{d}z=\left(\frac{\partial w}{\partial u}\frac{\partial u}{\partial x}+\frac{\partial w}{\partial v}\frac{\partial v}{\partial x}-\frac{\partial w}{\partial x}\right)\mathrm{d}x+\left(\frac{\partial w}{\partial u}\frac{\partial u}{\partial y}+\frac{\partial w}{\partial v}\frac{\partial v}{\partial y}-\frac{\partial w}{\partial y}\right)\mathrm{d}y.$$

于是,

$$\begin{cases}\dfrac{\partial z}{\partial x}=\left(\dfrac{\partial w}{\partial z}\right)^{-1}\left(\dfrac{\partial w}{\partial u}\dfrac{\partial u}{\partial x}+\dfrac{\partial w}{\partial v}\dfrac{\partial v}{\partial x}-\dfrac{\partial w}{\partial x}\right),\\ \dfrac{\partial z}{\partial y}=\left(\dfrac{\partial w}{\partial z}\right)^{-1}\left(\dfrac{\partial w}{\partial u}\dfrac{\partial u}{\partial y}+\dfrac{\partial w}{\partial v}\dfrac{\partial v}{\partial y}-\dfrac{\partial w}{\partial y}\right),\end{cases}\qquad \text{公式 12}$$

其中$\frac{\partial z}{\partial x}$及$\frac{\partial z}{\partial y}$是原方程中旧变元间的偏导数,而$\frac{\partial w}{\partial u}$及$\frac{\partial w}{\partial v}$是变换后新变元间的偏导数,其他均为由已给变换导出的已知关系式.

把上面求得的 $\mathrm{d}^2w,\mathrm{d}u,\mathrm{d}v,\mathrm{d}^2u,\mathrm{d}^2v$ 代入表示新变元关系的二阶全微分式:

$$\mathrm{d}^2w=\frac{\partial^2 w}{\partial u^2}\mathrm{d}u^2+2\frac{\partial^2 w}{\partial u\partial v}\mathrm{d}u\mathrm{d}v+\frac{\partial^2 w}{\partial v^2}\mathrm{d}v^2+\frac{\partial w}{\partial u}\mathrm{d}^2u+\frac{\partial w}{\partial v}\mathrm{d}^2v,$$

再把式中的 $\mathrm{d}z$ 表成已求得的$\frac{\partial z}{\partial x}\mathrm{d}x+\frac{\partial z}{\partial y}\mathrm{d}y$,按 $\mathrm{d}x^2,\mathrm{d}x\mathrm{d}y$ 及 $\mathrm{d}y^2$ 合并同类项,最后把所得的结果与表示旧变元关系的全微分式:

$$\mathrm{d}^2z=\frac{\partial^2 z}{\partial x^2}\mathrm{d}x^2+2\frac{\partial^2 z}{\partial x\partial y}\mathrm{d}x\mathrm{d}y+\frac{\partial^2 z}{\partial y^2}\mathrm{d}y^2$$

相比较,即得

$$\begin{cases}\dfrac{\partial^2 z}{\partial x^2}=\left(\dfrac{\partial w}{\partial z}\right)^{-1}\left[\dfrac{\partial^2 w}{\partial u^2}\left(\dfrac{\partial u}{\partial x}\right)^2+2\dfrac{\partial^2 w}{\partial u\partial v}\dfrac{\partial u}{\partial x}\dfrac{\partial v}{\partial x}+\dfrac{\partial^2 w}{\partial v^2}\left(\dfrac{\partial v}{\partial x}\right)^2+\dfrac{\partial w}{\partial u}\dfrac{\partial^2 u}{\partial x^2}+\dfrac{\partial w}{\partial v}\dfrac{\partial^2 v}{\partial x^2}\right.\\ \qquad\left.-\dfrac{\partial^2 w}{\partial x^2}-\dfrac{\partial^2 w}{\partial z^2}\left(\dfrac{\partial z}{\partial x}\right)^2-2\dfrac{\partial^2 w}{\partial x\partial z}\dfrac{\partial z}{\partial x}\right],\\ \dfrac{\partial^2 z}{\partial x\partial y}=\left(\dfrac{\partial w}{\partial z}\right)^{-1}\left[\dfrac{\partial^2 w}{\partial u^2}\dfrac{\partial u}{\partial x}\dfrac{\partial u}{\partial y}+\dfrac{\partial^2 w}{\partial u\partial v}\left(\dfrac{\partial u}{\partial x}\dfrac{\partial v}{\partial y}+\dfrac{\partial u}{\partial y}\dfrac{\partial v}{\partial x}\right)+\dfrac{\partial^2 w}{\partial v^2}\dfrac{\partial v}{\partial x}\dfrac{\partial v}{\partial y}+\dfrac{\partial w}{\partial u}\dfrac{\partial^2 u}{\partial x\partial y}+\dfrac{\partial w}{\partial v}\dfrac{\partial^2 v}{\partial x\partial y}\right.\\ \qquad\left.-\dfrac{\partial^2 w}{\partial x\partial y}-\dfrac{\partial^2 w}{\partial z^2}\dfrac{\partial z}{\partial x}\dfrac{\partial z}{\partial y}-\dfrac{\partial^2 z}{\partial x\partial z}\dfrac{\partial z}{\partial y}-\dfrac{\partial^2 z}{\partial y\partial z}\dfrac{\partial z}{\partial x}\right],\\ \dfrac{\partial^2 z}{\partial y^2}=\left(\dfrac{\partial w}{\partial z}\right)^{-1}\left[\dfrac{\partial^2 w}{\partial u^2}\left(\dfrac{\partial u}{\partial y}\right)^2+2\dfrac{\partial^2 w}{\partial u\partial v}\dfrac{\partial u}{\partial y}\dfrac{\partial v}{\partial y}+\dfrac{\partial^2 w}{\partial v^2}\left(\dfrac{\partial v}{\partial y}\right)^2+\dfrac{\partial w}{\partial u}\dfrac{\partial^2 u}{\partial y^2}+\dfrac{\partial w}{\partial v}\dfrac{\partial^2 v}{\partial y^2}\right.\\ \qquad\left.-\dfrac{\partial^2 w}{\partial y^2}-\dfrac{\partial^2 w}{\partial z^2}\left(\dfrac{\partial z}{\partial y}\right)^2-2\dfrac{\partial^2 w}{\partial y\partial z}\dfrac{\partial z}{\partial y}\right].\end{cases}\qquad \text{公式 13}$$

公式 13 太复杂,一般不直接应用.本题用求偏导数法较方便.由于

$$\frac{\partial w}{\partial y}=x\frac{\partial z}{\partial y}-1\quad 及\quad \frac{\partial w}{\partial y}=\frac{\partial w}{\partial u}\frac{\partial u}{\partial y}+\frac{\partial w}{\partial v}\frac{\partial v}{\partial y}=-\frac{x}{y^2}\frac{\partial w}{\partial u},$$

故得

$$\frac{\partial z}{\partial y}=\frac{1}{x}-\frac{1}{y^2}\frac{\partial w}{\partial u}.$$

于是,

$$y\frac{\partial^2 z}{\partial y^2}+2\frac{\partial z}{\partial y}=\frac{1}{y}\left(y^2\frac{\partial^2 z}{\partial y^2}+2y\frac{\partial z}{\partial y}\right)=y^{-1}\frac{\partial}{\partial y}\left(y^2\frac{\partial z}{\partial y}\right)=y^{-1}\frac{\partial}{\partial y}\left[y^2\left(\frac{1}{x}-\frac{1}{y^2}\frac{\partial w}{\partial u}\right)\right]$$

$$=y^{-1}\frac{\partial}{\partial y}\left(\frac{y^2}{x}\right)-y^{-1}\frac{\partial}{\partial y}\left(\frac{\partial w}{\partial u}\right)=\frac{2}{x}-y^{-1}\left[\frac{\partial}{\partial u}\left(\frac{\partial w}{\partial u}\right)\frac{\partial u}{\partial y}+\frac{\partial}{\partial v}\left(\frac{\partial w}{\partial u}\right)\frac{\partial v}{\partial y}\right]=\frac{2}{x}+\frac{x}{y^3}\frac{\partial^2 w}{\partial u^2}=\frac{2}{x}.$$

由于$\frac{x}{y^3}\neq 0$,故原方程变换为 $\frac{\partial^2 w}{\partial u^2}=0$.

**【3514】** $\frac{\partial^2 z}{\partial x^2}-2\frac{\partial^2 z}{\partial x\partial y}+\frac{\partial^2 z}{\partial y^2}=0$,设 $u=x+y$, $v=\frac{y}{x}$, $w=\frac{z}{x}$.

**解** $\frac{\partial u}{\partial x}=\frac{\partial u}{\partial y}=1$, $\frac{\partial v}{\partial x}=-\frac{y}{x^2}$, $\frac{\partial v}{\partial y}=\frac{1}{x}$, $\frac{\partial w}{\partial x}=-\frac{z}{x^2}$, $\frac{\partial w}{\partial y}=0$, $\frac{\partial w}{\partial z}=\frac{1}{x}$.

代入公式12,得

$$\frac{\partial z}{\partial x}=x\left(\frac{\partial w}{\partial u}-\frac{y}{x^2}\frac{\partial w}{\partial v}+\frac{z}{x^2}\right)=x\frac{\partial w}{\partial u}-\frac{y}{x}\frac{\partial w}{\partial v}+\frac{z}{x},\quad \frac{\partial z}{\partial y}=x\left(\frac{\partial w}{\partial u}+\frac{1}{x}\frac{\partial w}{\partial v}\right)=x\frac{\partial w}{\partial u}+\frac{\partial w}{\partial v}.$$

令 $R=\frac{\partial z}{\partial x}-\frac{\partial z}{\partial y}=-\frac{y}{x}\frac{\partial w}{\partial v}+\frac{z}{x}-\frac{\partial w}{\partial v}=w-(1+v)\frac{\partial w}{\partial v}$. 于是,

$$\frac{\partial^2 z}{\partial x^2}-2\frac{\partial^2 z}{\partial x\partial y}+\frac{\partial^2 z}{\partial y^2}=\left(\frac{\partial^2 z}{\partial x^2}-\frac{\partial^2 z}{\partial x\partial y}\right)-\left(\frac{\partial^2 z}{\partial x\partial y}-\frac{\partial^2 z}{\partial y^2}\right)=\frac{\partial}{\partial x}\left(\frac{\partial z}{\partial x}-\frac{\partial z}{\partial y}\right)-\frac{\partial}{\partial y}\left(\frac{\partial z}{\partial x}-\frac{\partial z}{\partial y}\right)=\frac{\partial R}{\partial x}-\frac{\partial R}{\partial y}$$

$$=\frac{\partial R}{\partial u}\frac{\partial u}{\partial x}+\frac{\partial R}{\partial v}\frac{\partial v}{\partial x}-\frac{\partial R}{\partial u}\frac{\partial u}{\partial y}-\frac{\partial R}{\partial v}\frac{\partial v}{\partial y}=\frac{\partial}{\partial v}\left[w-(1+v)\frac{\partial w}{\partial v}\right]\left(-\frac{y}{x^2}-\frac{1}{x}\right)$$

$$=\left[\frac{\partial w}{\partial v}-\frac{\partial w}{\partial v}-(1+v)\frac{\partial^2 w}{\partial v^2}\right]\left[-\frac{1}{x}(1+v)\right]=\frac{1}{x}(1+v)^2\frac{\partial^2 w}{\partial v^2}=0,$$

由于 $x\neq 0$, $1+v\neq 0$,故原方程变为 $\frac{\partial^2 w}{\partial v^2}=0$.

**【3515】** $\frac{\partial^2 z}{\partial x^2}+2\frac{\partial^2 z}{\partial x\partial y}+\frac{\partial^2 z}{\partial y^2}=0$,设 $u=x+y, v=x-y, w=xy-z$.

**解** $\frac{\partial u}{\partial x}=\frac{\partial u}{\partial y}=\frac{\partial v}{\partial x}=1$, $\frac{\partial v}{\partial y}=-1$, $\frac{\partial w}{\partial x}=y$, $\frac{\partial w}{\partial y}=x$, $\frac{\partial w}{\partial z}=-1$.

代入公式12,得

$$\frac{\partial z}{\partial x}=y-\frac{\partial w}{\partial u}-\frac{\partial w}{\partial v},\qquad \frac{\partial z}{\partial y}=x-\frac{\partial w}{\partial u}+\frac{\partial w}{\partial v}.$$

令 $R=\frac{\partial z}{\partial x}+\frac{\partial z}{\partial y}=x+y-2\frac{\partial w}{\partial u}=u-2\frac{\partial w}{\partial u}$.

于是,

$$\frac{\partial^2 z}{\partial x^2}+2\frac{\partial^2 z}{\partial x\partial y}+\frac{\partial^2 z}{\partial y^2}=\frac{\partial}{\partial x}\left(\frac{\partial z}{\partial x}+\frac{\partial z}{\partial y}\right)+\frac{\partial}{\partial y}\left(\frac{\partial z}{\partial x}+\frac{\partial z}{\partial y}\right)=\frac{\partial R}{\partial x}+\frac{\partial R}{\partial y}=\frac{\partial R}{\partial u}\left(\frac{\partial u}{\partial x}+\frac{\partial u}{\partial y}\right)+\frac{\partial R}{\partial v}\left(\frac{\partial v}{\partial x}+\frac{\partial v}{\partial y}\right)$$

$$=2\frac{\partial}{\partial u}\left(u-2\frac{\partial w}{\partial u}\right)=2-4\frac{\partial^2 w}{\partial u^2}=0,$$

原方程变换为 $\frac{\partial^2 w}{\partial u^2}=\frac{1}{2}$.

**【3516】** $\frac{\partial^2 z}{\partial x^2}+\frac{\partial^2 z}{\partial x\partial y}+\frac{\partial z}{\partial x}=z$,设 $u=\frac{x+y}{2}, v=\frac{x-y}{2}, w=ze^y$.

**解** $\frac{\partial u}{\partial x}=\frac{\partial u}{\partial y}=\frac{\partial v}{\partial x}=\frac{1}{2}=-\frac{\partial v}{\partial y}$, $\frac{\partial w}{\partial x}=0$, $\frac{\partial w}{\partial y}=ze^y$, $\frac{\partial w}{\partial z}=e^y$.

代入公式12,得

$$\frac{\partial z}{\partial x}=\frac{1}{2}e^{-y}\left(\frac{\partial w}{\partial u}+\frac{\partial w}{\partial v}\right),\quad \frac{\partial z}{\partial y}=\frac{1}{2}e^{-y}\left(\frac{\partial w}{\partial u}-\frac{\partial w}{\partial v}\right)-z.$$

于是,
$$\frac{\partial^2 z}{\partial x^2}+\frac{\partial^2 z}{\partial x\partial y}+\frac{\partial z}{\partial x}=\frac{\partial}{\partial x}\left(\frac{\partial z}{\partial x}+\frac{\partial z}{\partial y}+z\right)=\frac{\partial}{\partial x}\left(e^{-y}\frac{\partial w}{\partial u}\right)=e^{-y}\frac{\partial}{\partial x}\left(\frac{\partial w}{\partial u}\right)=e^{-y}\left(\frac{\partial^2 w}{\partial u^2}\frac{\partial u}{\partial x}+\frac{\partial^2 w}{\partial u\partial v}\frac{\partial v}{\partial x}\right)$$

$$=\frac{1}{2}e^{-y}\left(\frac{\partial^2 w}{\partial u^2}+\frac{\partial^2 w}{\partial u\partial v}\right)=z.$$

原方程变换为

$$\frac{\partial^2 w}{\partial u^2}+\frac{\partial^2 w}{\partial u\partial v}=2ze^y=2w.$$

**【3517】** $\frac{\partial^2 z}{\partial x^2}-2\frac{\partial^2 z}{\partial x\partial y}+\left(1+\frac{y}{x}\right)\frac{\partial^2 z}{\partial y^2}=0$，设 $u=x,v=x+y,w=x+y+z$.

**解** 由公式 12 不难求出 $\frac{\partial z}{\partial x}=\frac{\partial w}{\partial u}+\frac{\partial w}{\partial v}-1,\qquad \frac{\partial z}{\partial y}=\frac{\partial w}{\partial v}-1.$

于是，$\frac{\partial z}{\partial x}-\frac{\partial z}{\partial y}=\frac{\partial w}{\partial u}$. 同 3514 题的方法可求得

$$\frac{\partial^2 z}{\partial x^2}-2\frac{\partial^2 z}{\partial x\partial y}+\frac{\partial^2 z}{\partial y^2}=\left(\frac{\partial}{\partial x}-\frac{\partial}{\partial y}\right)\left(\frac{\partial z}{\partial x}-\frac{\partial z}{\partial y}\right)=\frac{\partial}{\partial u}\left(\frac{\partial w}{\partial u}\right)\left(\frac{\partial u}{\partial x}-\frac{\partial u}{\partial y}\right)+\frac{\partial}{\partial v}\left(\frac{\partial w}{\partial u}\right)\left(\frac{\partial v}{\partial x}-\frac{\partial v}{\partial y}\right)=\frac{\partial^2 w}{\partial u^2},$$

$$\frac{y}{x}\frac{\partial^2 z}{\partial y^2}=\left(\frac{v}{u}-1\right)\frac{\partial}{\partial y}\left(\frac{\partial w}{\partial v}-1\right)=\left(\frac{v}{u}-1\right)\left[\frac{\partial}{\partial u}\left(\frac{\partial w}{\partial v}\right)\frac{\partial u}{\partial y}+\frac{\partial}{\partial v}\left(\frac{\partial w}{\partial v}\right)\frac{\partial v}{\partial y}\right]=\left(\frac{v}{u}-1\right)\frac{\partial^2 w}{\partial v^2}.$$

将上述结果代入原方程，即得 $\frac{\partial^2 w}{\partial u^2}+\left(\frac{v}{u}-1\right)\frac{\partial^2 w}{\partial v^2}=0.$

**【3518】** $(1-x^2)\frac{\partial^2 z}{\partial x^2}+(1-y^2)\frac{\partial^2 z}{\partial y^2}=x\frac{\partial z}{\partial x}+y\frac{\partial z}{\partial y}$，设 $x=\sin u,y=\sin v,z=\mathrm{e}^w$.

**解** $\frac{\partial z}{\partial x}=\frac{\partial z}{\partial w}\frac{\partial w}{\partial u}\frac{\partial u}{\partial x}=\frac{\mathrm{e}^w}{\cos u}\frac{\partial w}{\partial u},\qquad \frac{\partial z}{\partial y}=\frac{\mathrm{e}^w}{\cos v}\frac{\partial w}{\partial v},$

$$\frac{\partial^2 z}{\partial x^2}=\frac{\partial}{\partial x}\left(\frac{\mathrm{e}^w}{\cos u}\frac{\partial w}{\partial u}\right)=\frac{\partial}{\partial u}\left(\frac{\mathrm{e}^w}{\cos u}\frac{\partial w}{\partial u}\right)\frac{\mathrm{d}u}{\mathrm{d}x}=\frac{1}{\cos u}\left[\frac{\mathrm{e}^w}{\cos u}\left(\frac{\partial w}{\partial u}\right)^2+\frac{\mathrm{e}^w}{\cos u}\frac{\partial^2 w}{\partial u^2}+\frac{\mathrm{e}^w\sin u}{\cos^2 u}\frac{\partial w}{\partial u}\right]$$

$$=\frac{\mathrm{e}^w}{\cos^2 u}\left[\left(\frac{\partial w}{\partial u}\right)^2+\frac{\partial^2 w}{\partial u^2}+\tan u\frac{\partial w}{\partial u}\right],$$

$$\frac{\partial^2 z}{\partial y^2}=\frac{\mathrm{e}^w}{\cos^2 v}\left[\left(\frac{\partial w}{\partial v}\right)^2+\frac{\partial^2 w}{\partial v^2}+\tan v\frac{\partial w}{\partial v}\right].$$

将上述结果代入原方程，并注意到 $1-x^2=\cos^2 u,\qquad 1-y^2=\cos^2 v,$

化简整理即得 $\frac{\partial^2 w}{\partial u^2}+\frac{\partial^2 w}{\partial v^2}+\left(\frac{\partial w}{\partial u}\right)^2+\left(\frac{\partial w}{\partial v}\right)^2=0.$

**【3519】** $(1-x^2)\frac{\partial^2 z}{\partial x^2}-\frac{\partial^2 z}{\partial y^2}-2x\frac{\partial z}{\partial x}-\frac{1}{4}z=0\ (|x|<1)$，设

$$u=\frac{1}{2}(y+\arccos x),\quad v=\frac{1}{2}(y-\arccos x),\quad w=z\sqrt[4]{1-x^2}.$$

**解** 由公式 12 不难求出 $\frac{\partial z}{\partial x}=\frac{1}{2(1-x^2)^{\frac{3}{4}}}\left(\frac{\partial w}{\partial v}-\frac{\partial w}{\partial u}\right)+\frac{xz}{2(1-x^2)},$

$$\frac{\partial z}{\partial y}=\frac{1}{2(1-x^2)^{\frac{1}{4}}}\left(\frac{\partial w}{\partial u}+\frac{\partial w}{\partial v}\right).$$

于是，$(1-x^2)\frac{\partial^2 z}{\partial x^2}-2x\frac{\partial z}{\partial x}=\frac{\partial}{\partial x}\left[(1-x^2)\frac{\partial z}{\partial x}\right]=\frac{\partial}{\partial x}\left[\frac{(1-x^2)^{\frac{1}{4}}}{2}\left(\frac{\partial w}{\partial v}-\frac{\partial w}{\partial u}\right)+\frac{xz}{2}\right]$

$$=-\frac{x}{4(1-x^2)^{\frac{3}{4}}}\left(\frac{\partial w}{\partial v}-\frac{\partial w}{\partial u}\right)+\frac{z}{2}+\frac{x}{2}\frac{\partial z}{\partial x}+\frac{(1-x^2)^{\frac{1}{4}}}{2}\frac{\partial}{\partial x}\left(\frac{\partial w}{\partial v}-\frac{\partial w}{\partial u}\right)$$

$$=\frac{z}{2}+\frac{x^2 z}{4(1-x^2)}+\frac{(1-x^2)^{\frac{1}{4}}}{2}\left[\frac{\partial}{\partial u}\left(\frac{\partial w}{\partial v}-\frac{\partial w}{\partial u}\right)\frac{\partial u}{\partial x}+\frac{\partial}{\partial v}\left(\frac{\partial w}{\partial v}-\frac{\partial w}{\partial u}\right)\frac{\partial v}{\partial x}\right]$$

$$=\frac{z}{4}+\frac{z}{4(1-x^2)}+\frac{1}{4(1-x^2)^{\frac{1}{4}}}\left(\frac{\partial^2 w}{\partial u^2}-2\frac{\partial^2 w}{\partial u\partial v}+\frac{\partial^2 w}{\partial v^2}\right),$$

$$\frac{\partial^2 z}{\partial y^2}=\frac{\partial}{\partial y}\left(\frac{\partial z}{\partial y}\right)=\frac{1}{2(1-x^2)^{\frac{1}{4}}}\left[\frac{\partial}{\partial u}\left(\frac{\partial w}{\partial u}+\frac{\partial w}{\partial v}\right)\frac{\partial u}{\partial y}+\frac{\partial}{\partial v}\left(\frac{\partial w}{\partial u}+\frac{\partial w}{\partial v}\right)\frac{\partial v}{\partial y}\right]$$

$$=\frac{1}{4(1-x^2)^{\frac{1}{4}}}\left(\frac{\partial^2 w}{\partial u^2}+2\frac{\partial^2 w}{\partial u\partial v}+\frac{\partial^2 w}{\partial v^2}\right).$$

将上述结果代入原方程，并注意到 $\arccos x=u-v,\quad x=\cos(u-v),\quad 1-x^2=\sin^2(u-v),$

化简整理即得 $\frac{\partial^2 w}{\partial u\partial v}=\frac{w}{4\sin^2(u-v)}.$

**【3520】** $\dfrac{\partial^2 z}{\partial x^2}+\dfrac{\partial^2 z}{\partial y^2}=2\dfrac{x\dfrac{\partial z}{\partial x}-y\dfrac{\partial z}{\partial y}}{x^2-y^2}-\dfrac{3(x^2+y^2)z}{(x^2-y^2)^2}$ $(|x|>|y|)$,设

$$u=x+y,\ v=x-y,\ w=\frac{z}{\sqrt{x^2-y^2}}.$$

**解** 原方程可改写为

$$\frac{1}{x^2-y^2}\frac{\partial^2 z}{\partial x^2}+\frac{1}{x^2-y^2}\frac{\partial^2 z}{\partial y^2}-\frac{2x}{(x^2-y^2)^2}\frac{\partial z}{\partial x}+\frac{2y}{(x^2-y^2)^2}\frac{\partial z}{\partial y}=-\frac{3(x^2+y^2)z}{(x^2-y^2)^3}$$

或

$$\frac{\partial}{\partial x}\left(\frac{1}{x^2-y^2}\frac{\partial z}{\partial x}\right)+\frac{\partial}{\partial y}\left(\frac{1}{x^2-y^2}\frac{\partial z}{\partial y}\right)=-\frac{3(x^2+y^2)z}{(x^2-y^2)^3}. \tag{1}$$

由公式 12 不难求出

$$\frac{\partial z}{\partial x}=\sqrt{x^2-y^2}\left(\frac{\partial w}{\partial u}+\frac{\partial w}{\partial v}\right)+\frac{xz}{x^2-y^2},\qquad \frac{\partial z}{\partial y}=\sqrt{x^2-y^2}\left(\frac{\partial w}{\partial u}-\frac{\partial w}{\partial v}\right)-\frac{yz}{x^2-y^2}.$$

于是,

$$\frac{\partial}{\partial x}\left(\frac{1}{x^2-y^2}\frac{\partial z}{\partial x}\right)=\frac{\partial}{\partial x}\left[\frac{1}{\sqrt{x^2-y^2}}\left(\frac{\partial w}{\partial u}+\frac{\partial w}{\partial v}\right)+\frac{xz}{(x^2-y^2)^2}\right]$$

$$=-\frac{x}{(x^2-y^2)^{\frac{3}{2}}}\left(\frac{\partial w}{\partial u}+\frac{\partial w}{\partial v}\right)+\frac{x}{(x^2-y^2)^2}\frac{\partial z}{\partial x}+\frac{z}{(x^2-y^2)^2}-\frac{4x^2z}{(x^2-y^2)^3}+\frac{1}{\sqrt{x^2-y^2}}\frac{\partial}{\partial x}\left(\frac{\partial w}{\partial u}+\frac{\partial w}{\partial v}\right)$$

$$=\frac{z}{(x^2-y^2)^2}-\frac{3x^2z}{(x^2-y^2)^3}+\frac{1}{\sqrt{x^2-y^2}}\left[\frac{\partial}{\partial u}\left(\frac{\partial w}{\partial u}+\frac{\partial w}{\partial v}\right)\frac{\partial u}{\partial x}+\frac{\partial}{\partial v}\left(\frac{\partial w}{\partial u}+\frac{\partial w}{\partial v}\right)\frac{\partial v}{\partial x}\right]$$

$$=\frac{z}{(x^2-y^2)^2}-\frac{3x^2z}{(x^2-y^2)^3}+\frac{1}{\sqrt{x^2-y^2}}\left(\frac{\partial^2 w}{\partial u^2}+2\frac{\partial^2 w}{\partial u\partial v}+\frac{\partial^2 w}{\partial v^2}\right).$$

同法可求得

$$\frac{\partial}{\partial y}\left(\frac{1}{x^2-y^2}\frac{\partial z}{\partial y}\right)=\frac{\partial}{\partial y}\left[\frac{1}{\sqrt{x^2-y^2}}\left(\frac{\partial w}{\partial u}-\frac{\partial w}{\partial v}\right)-\frac{yz}{(x^2-y^2)^2}\right]$$

$$=-\frac{z}{(x^2-y^2)^2}-\frac{3y^2z}{(x^2-y^2)^3}+\frac{1}{\sqrt{x^2-y^2}}\left(\frac{\partial^2 w}{\partial u^2}-2\frac{\partial^2 w}{\partial u\partial v}+\frac{\partial^2 w}{\partial v^2}\right).$$

将上述结果代入方程(1),化简整理即得 $\dfrac{\partial^2 w}{\partial u^2}+\dfrac{\partial^2 w}{\partial v^2}=0.$

**【3521】** 证明:任何方程 $\dfrac{\partial^2 z}{\partial x\partial y}+a\dfrac{\partial z}{\partial x}+b\dfrac{\partial z}{\partial y}+cz=0$ ($a,b,c$ 为常数)

用代换 $z=ue^{\alpha x+\beta y}$[其中 $\alpha$ 与 $\beta$ 为常量,$u=u(x,y)$]可以化为下面的形式:

$$\frac{\partial^2 u}{\partial x\partial y}+c_1u=0\quad (c_1=\text{常数}).$$

**证** $\dfrac{\partial z}{\partial x}=e^{\alpha x+\beta y}\left(\alpha u+\dfrac{\partial u}{\partial x}\right)$, $\dfrac{\partial z}{\partial y}=e^{\alpha x+\beta y}\left(\beta u+\dfrac{\partial u}{\partial y}\right)$, $\dfrac{\partial^2 z}{\partial x\partial y}=e^{\alpha x+\beta y}\left(\alpha\beta u+\beta\dfrac{\partial u}{\partial x}+\alpha\dfrac{\partial u}{\partial y}+\dfrac{\partial^2 u}{\partial x\partial y}\right)$.

将上述结果代入所给方程,得

$$\frac{\partial^2 u}{\partial x\partial y}+(\beta+a)\frac{\partial u}{\partial x}+(\alpha+b)\frac{\partial u}{\partial y}+(\alpha\beta+\alpha a+b\beta+c)u=0.$$

按题意,需 $\beta+a=0$ 及 $\alpha+b=0$,即 $\beta=-a$,$\alpha=-b$,这是可能的.事实上,只需取代换 $z=ue^{-(bx+ay)}$,原方程即变换为

$$\frac{\partial^2 u}{\partial x\partial y}+c_1u=0\quad (c_1\text{ 为常数}).$$

**【3522】** 证明:方程$\dfrac{\partial^2 u}{\partial x^2}=\dfrac{\partial u}{\partial y}$的形式在变换 $x'=\dfrac{x}{y}$,$y'=-\dfrac{1}{y}$,$u=\dfrac{u'}{\sqrt{y}}e^{-\frac{x^2}{4y}}$ ($u'$为变量 $x'$ 与 $y'$ 的函数)下保持不变.

**证** $dx'=\dfrac{dx}{y}-\dfrac{x}{y^2}dy$, $dy'=\dfrac{1}{y^2}dy$, $\ln u'=\ln u+\dfrac{1}{2}\ln y+\dfrac{x^2}{4y}$, $du'=\dfrac{u'}{u}du+\dfrac{u'}{2y}dy+\dfrac{xu'}{2y}dx-\dfrac{x^2u'}{4y^2}dy.$

把上面三个微分式代入 $du'=\frac{\partial u'}{\partial x'}dx'+\frac{\partial u'}{\partial y'}dy'$，得

$$\frac{u'}{u}du+\frac{u'}{2y}dy+\frac{xu'}{2y}dx-\frac{x^2u'}{4y^2}dy=\frac{\partial u'}{\partial x'}\left(\frac{1}{y}dx-\frac{x}{y^2}dy\right)+\frac{\partial u'}{\partial y'}\frac{dy}{y^2},$$

整理得

$$du=\left(\frac{u}{yu'}\frac{\partial u'}{\partial x'}-\frac{xu}{2y}\right)dx+\left(\frac{u}{y^2u'}\frac{\partial u'}{\partial y'}-\frac{xu}{y^2u'}\frac{\partial u'}{\partial x'}+\frac{x^2u}{4y^2}-\frac{u}{2y}\right)dy.$$

于是，

$$\frac{\partial u}{\partial x}=\frac{u}{yu'}\frac{\partial u'}{\partial x'}-\frac{xu}{2y},\quad \frac{\partial u}{\partial y}=\frac{u}{y^2u'}\frac{\partial u'}{\partial y'}-\frac{xu}{y^2u'}\frac{\partial u'}{\partial x'}+\frac{x^2u}{4y^2}-\frac{u}{2y},\tag{1}$$

$$\begin{aligned}\frac{\partial^2u}{\partial x^2}&=\frac{\partial}{\partial x}\left(\frac{u}{yu'}\frac{\partial u'}{\partial x'}-\frac{xu}{2y}\right)=\frac{u}{yu'}\frac{\partial^2u'}{\partial x'^2}\frac{\partial x'}{\partial x}+\frac{1}{yu'}\frac{\partial u'}{\partial x'}\frac{\partial u}{\partial x}-\frac{u}{yu'^2}\left(\frac{\partial u'}{\partial x'}\right)^2\frac{\partial x'}{\partial x}-\frac{u}{2y}-\frac{x}{2y}\frac{\partial u}{\partial x}\\&=\frac{u}{y^2u'}\frac{\partial^2u'}{\partial x'^2}+\left(\frac{1}{yu'}\frac{\partial u'}{\partial x'}-\frac{x}{2y}\right)\left(\frac{u}{yu'}\frac{\partial u'}{\partial x'}-\frac{xu}{2y}\right)-\frac{u}{y^2u'^2}\left(\frac{\partial u'}{\partial x'}\right)^2-\frac{u}{2y}\\&=\frac{u}{y^2u'}\frac{\partial^2u'}{\partial x'^2}-\frac{xu}{y^2u'}\frac{\partial u'}{\partial x'}+\frac{x^2u}{4y^2}-\frac{u}{2y}.\end{aligned}\tag{2}$$

将(1)式和(2)式代入原方程，得

$$\frac{\partial^2u'}{\partial x'^2}=\frac{\partial u'}{\partial y'},$$

即方程的形式不变.

**【3523】** 令 $u=x+z,\ v=y+z,\ w=x+y+z$，且认为 $w=w(u,v)$，变换方程

$$q(1+q)\frac{\partial^2z}{\partial x^2}-(1+p+q+2pq)\frac{\partial^2z}{\partial x\partial y}+p(1+p)\frac{\partial^2z}{\partial y^2}=0,$$

其中 $p=\frac{\partial z}{\partial x},\ q=\frac{\partial z}{\partial y}$.

**解** 本题用全微分法解较好. 由

$$dz=pdx+qdy \quad 及 \quad u=x+z,\ v=y+z,\ w=x+y+z$$

可得

$$du=dx+dz=(1+p)dx+qdy,\quad dv=dy+dz=pdx+(1+q)dy,\quad d^2u=d^2v=d^2w=d^2z.$$

把上述结果代入新变元的全微分式

$$d^2w=\frac{\partial^2w}{\partial u^2}du^2+2\frac{\partial^2w}{\partial u\partial v}dudv+\frac{\partial^2w}{\partial v^2}dv^2+\frac{\partial w}{\partial u}d^2u+\frac{\partial w}{\partial v}d^2v,$$

并记 $S=1-\frac{\partial w}{\partial u}-\frac{\partial w}{\partial v}$，即得

$$Sd^2z=\frac{\partial^2w}{\partial u^2}[(p+1)dx+qdy]^2+2\frac{\partial^2w}{\partial u\partial v}[(p+1)dx+qdy][pdx+(q+1)dy]+\frac{\partial^2w}{\partial v^2}[pdx+(q+1)dy]^2.$$

将上式与

$$d^2z=\frac{\partial^2z}{\partial x^2}dx^2+2\frac{\partial^2z}{\partial x\partial y}dxdy+\frac{\partial^2z}{\partial y^2}dy^2$$

比较，可得

$$\frac{\partial^2z}{\partial x^2}=\frac{1}{S}\left[(1+p)^2\frac{\partial^2w}{\partial u^2}+2p(1+p)\frac{\partial^2w}{\partial u\partial v}+p^2\frac{\partial^2w}{\partial v^2}\right],$$

$$\frac{\partial^2z}{\partial x\partial y}=\frac{1}{S}\left[q(p+1)\frac{\partial^2w}{\partial u^2}+(1+p+q+2pq)\frac{\partial^2w}{\partial u\partial v}+p(q+1)\frac{\partial^2w}{\partial v^2}\right],$$

$$\frac{\partial^2z}{\partial y^2}=\frac{1}{S}\left[q^2\frac{\partial^2w}{\partial u^2}+2q(q+1)\frac{\partial^2w}{\partial u\partial v}+(q+1)^2\frac{\partial^2w}{\partial v^2}\right].$$

代入原方程，并注意到

$$\begin{aligned}&q(1+q)(1+p)^2-(1+p+q+2pq)q(p+1)+p(1+p)q^2\\&=q(1+p)[(1+p)(1+q)-(1+p+q+2pq)+pq]=0,\\&p^2q(1+q)-(1+p+q+2pq)p(q+1)+p(1+p)(q+1)^2=0\end{aligned}$$

及

$$2p(1+p)q(1+q)-(1+p+q+2pq)^2+2q(q+1)p(1+p)=-(1+p+q)^2,$$

原方程变换为

$$-\frac{(1+p+q)^2}{S}\frac{\partial^2w}{\partial u\partial v}=0 \text{ 或 } \frac{\partial^2w}{\partial u\partial v}=0.$$

**【3524】** 令 $x=e^{\xi}, y=e^{\eta}, z=e^{\zeta}, u=e^{w}$，其中 $w=w(\xi,\eta,\zeta)$，变换方程

$$x^2\frac{\partial^2 u}{\partial x^2}+y^2\frac{\partial^2 u}{\partial y^2}+z^2\frac{\partial^2 u}{\partial z^2}=\left(x\frac{\partial u}{\partial x}\right)^2+\left(y\frac{\partial u}{\partial y}\right)^2+\left(z\frac{\partial u}{\partial z}\right)^2.$$

**解** $\frac{\partial u}{\partial x}=\frac{\mathrm{d}u}{\mathrm{d}w}\frac{\partial w}{\partial \xi}\frac{\mathrm{d}\xi}{\mathrm{d}x}=\frac{\mathrm{e}^w}{x}\frac{\partial w}{\partial \xi}$,

$$x\frac{\partial u}{\partial x}=\mathrm{e}^w\frac{\partial w}{\partial \xi},\quad y\frac{\partial u}{\partial y}=\mathrm{e}^w\frac{\partial w}{\partial \eta},\quad z\frac{\partial u}{\partial z}=\mathrm{e}^w\frac{\partial w}{\partial \zeta}. \tag{1}$$

(1) 式两端对 $x$ 求偏导数，得 $x\frac{\partial^2 u}{\partial x^2}+\frac{\partial u}{\partial x}=\mathrm{e}^w\left(\frac{\partial w}{\partial \xi}\right)^2\frac{\mathrm{d}\xi}{\mathrm{d}x}+\mathrm{e}^w\frac{\partial^2 w}{\partial \xi^2}\frac{\mathrm{d}\xi}{\mathrm{d}x}$. 两端同乘 $x$，整理得

$$x^2\frac{\partial^2 u}{\partial x^2}=\mathrm{e}^w\left(\frac{\partial w}{\partial \xi}\right)^2+\mathrm{e}^w\frac{\partial^2 w}{\partial \xi^2}-\mathrm{e}^w\frac{\partial w}{\partial \xi}. \tag{2}$$

同法可得

$$y^2\frac{\partial^2 u}{\partial y^2}=\mathrm{e}^w\left(\frac{\partial w}{\partial \eta}\right)^2+\mathrm{e}^w\frac{\partial^2 w}{\partial \eta^2}-\mathrm{e}^w\frac{\partial w}{\partial \eta}, \tag{3}$$

$$z^2\frac{\partial^2 u}{\partial z^2}=\mathrm{e}^w\left(\frac{\partial w}{\partial \zeta}\right)^2+\mathrm{e}^w\frac{\partial^2 w}{\partial \zeta^2}-\mathrm{e}^w\frac{\partial w}{\partial \zeta} \tag{4}$$

将(2)，(3)，(4)三式代入原方程，化简整理即得

$$\frac{\partial^2 w}{\partial \xi^2}+\frac{\partial^2 w}{\partial \eta^2}+\frac{\partial^2 w}{\partial \zeta^2}=(\mathrm{e}^w-1)\left[\left(\frac{\partial w}{\partial \xi}\right)^2+\left(\frac{\partial w}{\partial \eta}\right)^2+\left(\frac{\partial w}{\partial \zeta}\right)^2\right]+\frac{\partial w}{\partial \xi}+\frac{\partial w}{\partial \eta}+\frac{\partial w}{\partial \zeta}.$$

**【3525】** 证明：方程 $\frac{\partial^2 z}{\partial x^2}\frac{\partial^2 z}{\partial y^2}-\left(\frac{\partial^2 z}{\partial x\partial y}\right)^2=0$ 的形式与变量 $x,y$ 和 $z$ 所分别担任的角色无关.

**证** 令 $p=\frac{\partial z}{\partial x}$, $q=\frac{\partial z}{\partial y}$，则 $\mathrm{d}z=p\mathrm{d}x+q\mathrm{d}y$. 若以 $x$ 作为新函数，则有

$$\mathrm{d}^2x=\frac{\partial^2 x}{\partial y^2}\mathrm{d}y^2+2\frac{\partial^2 x}{\partial y\partial z}\mathrm{d}y\mathrm{d}z+\frac{\partial^2 x}{\partial z^2}\mathrm{d}z^2+\frac{\partial x}{\partial y}\mathrm{d}^2y+\frac{\partial x}{\partial z}\mathrm{d}^2z.$$

今以作为旧变元的关系： $\mathrm{d}^2x=0$, $\mathrm{d}^2y=0$, $\mathrm{d}z=p\mathrm{d}x+q\mathrm{d}y$

代入上式，可得 $\mathrm{d}^2z=-\frac{1}{\frac{\partial x}{\partial z}}\left[\frac{\partial^2 x}{\partial y^2}\mathrm{d}y^2+2\frac{\partial^2 x}{\partial y\partial z}\mathrm{d}y(p\mathrm{d}x+q\mathrm{d}y)+\frac{\partial^2 x}{\partial z^2}(p\mathrm{d}x+q\mathrm{d}y)^2\right]$.

于是，

$$\frac{\partial^2 z}{\partial x^2}=-p\left(p^2\frac{\partial^2 x}{\partial z^2}\right), \tag{1}$$

$$\frac{\partial^2 z}{\partial x\partial y}=-p\left(p\frac{\partial^2 x}{\partial y\partial z}+pq\frac{\partial^2 x}{\partial z^2}\right), \tag{2}$$

$$\frac{\partial^2 z}{\partial y^2}=-p\left(\frac{\partial^2 x}{\partial y^2}+2q\frac{\partial^2 x}{\partial y\partial z}+q^2\frac{\partial^2 x}{\partial z^2}\right). \tag{3}$$

将(1)，(2)，(3)三式代入原方程，得

$$\frac{\partial^2 z}{\partial x^2}\frac{\partial^2 z}{\partial y^2}-\left(\frac{\partial^2 z}{\partial x\partial y}\right)^2=p^2\left(p^2\frac{\partial^2 x}{\partial z^2}\right)\left(\frac{\partial^2 x}{\partial y^2}+2q\frac{\partial^2 x}{\partial y\partial z}+q^2\frac{\partial^2 x}{\partial z^2}\right)-p^2\left(p\frac{\partial^2 x}{\partial y\partial z}+pq\frac{\partial^2 x}{\partial z^2}\right)^2$$

$$=p^4\left[\frac{\partial^2 x}{\partial y^2}\frac{\partial^2 x}{\partial z^2}-\left(\frac{\partial^2 x}{\partial y\partial z}\right)^2\right]=0,$$

即

$$\frac{\partial^2 x}{\partial y^2}\frac{\partial^2 x}{\partial z^2}-\left(\frac{\partial^2 x}{\partial y\partial z}\right)^2=0.$$

类似地，若以 $y$ 作为函数，则也有 $\frac{\partial^2 y}{\partial x^2}\frac{\partial^2 y}{\partial z^2}-\left(\frac{\partial^2 y}{\partial x\partial z}\right)^2=0$,

即方程的形式与变量 $x,y$ 和 $z$ 所分别担任的角色无关.

**【3526】** 取 $x$ 作为变量 $y$ 和 $z$ 的函数，解方程

$$\left(\frac{\partial z}{\partial y}\right)^2\frac{\partial^2 z}{\partial x^2}-2\frac{\partial z}{\partial x}\frac{\partial z}{\partial y}\frac{\partial^2 z}{\partial x\partial y}+\left(\frac{\partial z}{\partial x}\right)^2\frac{\partial^2 z}{\partial y^2}=0.$$

**解** 将 3525 题中的(1)，(2)，(3)三式及 $p=\frac{\partial z}{\partial x}, q=\frac{\partial z}{\partial y}$ 代入，得

$$q^2\left(-p^3\frac{\partial^2 x}{\partial z^2}\right)+2pq\left(p^2\frac{\partial^2 x}{\partial y\partial z}+p^2q\frac{\partial^2 x}{\partial z^2}\right)-p^2\left(p\frac{\partial^2 x}{\partial y^2}+2pq\frac{\partial^2 x}{\partial y\partial z}+pq^2\frac{\partial^2 x}{\partial z^2}\right)=-p^3\frac{\partial^2 x}{\partial y^2}=0,$$

即$\frac{\partial^2 x}{\partial y^2}=0$或$p=0$. 由$\frac{\partial^2 x}{\partial y^2}=0$解之，得原方程的解为

$$x=\varphi(z)y+\psi(z),$$

其中$\varphi,\psi$为任意函数；由$p=0$解之，得$z=f(y)$（$f$为任意函数），它也是原方程的解.

**【3527】**$^+$ 运用勒让德变换 $X=\frac{\partial z}{\partial x}$, $Y=\frac{\partial z}{\partial y}$, $Z=x\frac{\partial z}{\partial x}+y\frac{\partial z}{\partial y}-z$,

其中$Z=Z(X,Y)$，变换方程

$$A\left(\frac{\partial z}{\partial x},\frac{\partial z}{\partial y}\right)\frac{\partial^2 z}{\partial x^2}+2B\left(\frac{\partial z}{\partial x},\frac{\partial z}{\partial y}\right)\frac{\partial^2 z}{\partial x\partial y}+C\left(\frac{\partial z}{\partial x},\frac{\partial z}{\partial y}\right)\frac{\partial^2 z}{\partial y^2}=0.$$

**解** $\mathrm{d}Z=\mathrm{d}\left(x\frac{\partial z}{\partial x}+y\frac{\partial z}{\partial y}-z\right)=\frac{\partial z}{\partial x}\mathrm{d}x+\frac{\partial z}{\partial y}\mathrm{d}y-\mathrm{d}z+x\mathrm{d}X+y\mathrm{d}Y=x\mathrm{d}X+y\mathrm{d}Y.$

于是，
$$\frac{\partial Z}{\partial X}=x,\qquad \frac{\partial Z}{\partial Y}=y.$$

微分上式，得
$$\begin{cases}\mathrm{d}x=\frac{\partial^2 Z}{\partial X^2}\mathrm{d}X+\frac{\partial^2 Z}{\partial X\partial Y}\mathrm{d}Y,\\ \mathrm{d}y=\frac{\partial^2 Z}{\partial X\partial Y}\mathrm{d}X+\frac{\partial^2 Z}{\partial Y^2}\mathrm{d}Y.\end{cases}\qquad(1)$$

又由$X=\frac{\partial z}{\partial x}$, $Y=\frac{\partial z}{\partial y}$，微分得
$$\begin{cases}\mathrm{d}X=\frac{\partial^2 z}{\partial x^2}\mathrm{d}x+\frac{\partial^2 z}{\partial x\partial y}\mathrm{d}y,\\ \mathrm{d}Y=\frac{\partial^2 z}{\partial x\partial y}\mathrm{d}x+\frac{\partial^2 z}{\partial y^2}\mathrm{d}y.\end{cases}\qquad(2)$$

由(1)式与(2)式，得
$$\begin{pmatrix}\mathrm{d}x\\ \mathrm{d}y\end{pmatrix}=\begin{pmatrix}\frac{\partial^2 Z}{\partial X^2} & \frac{\partial^2 Z}{\partial X\partial Y}\\ \frac{\partial^2 Z}{\partial X\partial Y} & \frac{\partial^2 Z}{\partial Y^2}\end{pmatrix}\begin{pmatrix}\mathrm{d}X\\ \mathrm{d}Y\end{pmatrix}=\begin{pmatrix}\frac{\partial^2 Z}{\partial X^2} & \frac{\partial^2 Z}{\partial X\partial Y}\\ \frac{\partial^2 Z}{\partial X\partial Y} & \frac{\partial^2 Z}{\partial Y^2}\end{pmatrix}\begin{pmatrix}\frac{\partial^2 z}{\partial x^2} & \frac{\partial^2 z}{\partial x\partial y}\\ \frac{\partial^2 z}{\partial x\partial y} & \frac{\partial^2 z}{\partial y^2}\end{pmatrix}\begin{pmatrix}\mathrm{d}x\\ \mathrm{d}y\end{pmatrix}$$

由此可知
$$\begin{pmatrix}\frac{\partial^2 Z}{\partial X^2} & \frac{\partial^2 Z}{\partial X\partial Y}\\ \frac{\partial^2 Z}{\partial X\partial Y} & \frac{\partial^2 Z}{\partial Y^2}\end{pmatrix}\begin{pmatrix}\frac{\partial^2 z}{\partial x^2} & \frac{\partial^2 z}{\partial x\partial y}\\ \frac{\partial^2 z}{\partial x\partial y} & \frac{\partial^2 z}{\partial y^2}\end{pmatrix}=\begin{pmatrix}1 & 0\\ 0 & 1\end{pmatrix},$$

从而，
$$\begin{vmatrix}\frac{\partial^2 Z}{\partial X^2} & \frac{\partial^2 Z}{\partial X\partial Y}\\ \frac{\partial^2 Z}{\partial X\partial Y} & \frac{\partial^2 Z}{\partial Y^2}\end{vmatrix}\begin{vmatrix}\frac{\partial^2 z}{\partial x^2} & \frac{\partial^2 z}{\partial x\partial y}\\ \frac{\partial^2 z}{\partial x\partial y} & \frac{\partial^2 z}{\partial y^2}\end{vmatrix}=1,$$

因此
$$I=\begin{vmatrix}\frac{\partial^2 Z}{\partial X^2} & \frac{\partial^2 Z}{\partial X\partial Y}\\ \frac{\partial^2 Z}{\partial X\partial Y} & \frac{\partial^2 Z}{\partial Y^2}\end{vmatrix}\neq 0.$$

于是，由(1)式解之，得
$$\begin{cases}\mathrm{d}X=I^{-1}\left(\frac{\partial^2 Z}{\partial Y^2}\mathrm{d}x-\frac{\partial^2 Z}{\partial X\partial Y}\mathrm{d}y\right),\\ \mathrm{d}Y=I^{-1}\left(-\frac{\partial^2 Z}{\partial X\partial Y}\mathrm{d}x+\frac{\partial^2 Z}{\partial X^2}\mathrm{d}y\right).\end{cases}\qquad(3)$$

比较(2)式与(3)式，得 $\frac{\partial^2 z}{\partial x^2}=I^{-1}\frac{\partial^2 Z}{\partial Y^2}$, $\frac{\partial^2 z}{\partial x\partial y}=-I^{-1}\frac{\partial^2 Z}{\partial X\partial Y}$, $\frac{\partial^2 z}{\partial y^2}=I^{-1}\frac{\partial^2 Z}{\partial X^2}$.

代入原方程，即得
$$A(X,Y)\frac{\partial^2 Z}{\partial Y^2}-2B(X,Y)\frac{\partial^2 Z}{\partial X\partial Y}+C(X,Y)\frac{\partial^2 Z}{\partial X^2}=0.$$

## §5. 几何上的应用

1° **切线和法平面** 曲线

$$x=\varphi(t),\qquad y=\psi(t),\qquad z=\chi(t)$$

在其上一点 $M(x,y,z)$ 的切线方程为 $\dfrac{X-x}{\dfrac{dx}{dt}}=\dfrac{Y-y}{\dfrac{dy}{dt}}=\dfrac{Z-z}{\dfrac{dz}{dt}}.$

在此点的法平面方程为 $\dfrac{dx}{dt}(X-x)+\dfrac{dy}{dt}(Y-y)+\dfrac{dz}{dt}(Z-z)=0.$

2° **切平面和法线** 曲面 $z=f(x,y)$ 在其上一点 $M(x,y,z)$ 的切平面方程为

$$Z-z=\frac{\partial z}{\partial x}(X-x)+\frac{\partial z}{\partial y}(Y-y).$$

在点 $M$ 处的法线方程为 $\dfrac{X-x}{\dfrac{\partial z}{\partial x}}=\dfrac{Y-y}{\dfrac{\partial z}{\partial y}}=\dfrac{Z-z}{-1}.$

若曲面方程以隐函数的形式 $F(x,y,z)=0$ 给出，则切平面方程为

$$\frac{\partial F}{\partial x}(X-x)+\frac{\partial F}{\partial y}(Y-y)+\frac{\partial F}{\partial z}(Z-z)=0,$$

法线方程为 $\dfrac{X-x}{\dfrac{\partial F}{\partial x}}=\dfrac{Y-y}{\dfrac{\partial F}{\partial y}}=\dfrac{Z-z}{\dfrac{\partial F}{\partial z}}$

3° **平面曲线族的包络线** 含一个参数的曲线族 $f(x,y,\alpha)=0$（$\alpha$ 为参数）的包络线满足方程组：

$$f(x,y,\alpha)=0,\qquad f'_\alpha(x,y,\alpha)=0.$$

4° **曲面族的包络面** 含一个参数的曲面族 $F(x,y,z,\alpha)=0$ 的包络面满足方程组：

$$F(x,y,z,\alpha)=0,\qquad F'_\alpha(x,y,z,\alpha)=0.$$

含两个参数的曲面族 $\Phi(x,y,z,\alpha,\beta)=0$ 的包络面满足方程组：

$$\Phi(x,y,z,\alpha,\beta)=0,\quad \Phi'_\alpha(x,y,z,\alpha,\beta)=0,\quad \Phi'_\beta(x,y,z,\alpha,\beta)=0.$$

**写出下列曲线在已知点的切线和法平面方程：**

**【3528】** $x=a\cos\alpha\cos t, y=a\sin\alpha\cos t, z=a\sin t$；在点 $t=t_0$.

**解** 曲线 $x=x(t)$，$y=y(t)$，$z=z(t)$ 在点 $t=t_0$ 的切向量为 $\boldsymbol{v}(t_0)=\{x'(t_0),y'(t_0),z'(t_0)\}$. 本题中，当 $t=t_0$ 时曲线上点的坐标及曲线在该点的切向量分别为

$$x_0=x(t_0)=a\cos\alpha\cos t_0,\quad y_0=y(t_0)=a\sin\alpha\cos t_0,\quad z_0=z(t_0)=a\sin t_0;$$

$$\boldsymbol{v}(t_0)=\{-a\cos\alpha\sin t_0,-a\sin\alpha\sin t_0,a\cos t_0\}.$$

于是，切线方程为 $\dfrac{x-x_0}{-a\cos\alpha\sin t_0}=\dfrac{y-y_0}{-a\sin\alpha\sin t_0}=\dfrac{z-z_0}{a\cos t_0}$,

即 $\dfrac{x-x_0}{-\cos\alpha\sin t_0}=\dfrac{y-y_0}{-\sin\alpha\sin t_0}=\dfrac{z-z_0}{\cos t_0}$;

法平面方程为 $(-a\cos\alpha\sin t_0)(x-x_0)+(-a\sin\alpha\sin t_0)(y-y_0)+(a\cos t_0)(z-z_0)=0$,

以 $x_0,y_0,z_0$ 的值代入上式，化简整理得

$$x\cos\alpha\sin t_0+y\sin\alpha\sin t_0-z\cos t_0=0,$$

即法平面过原点.

**【3529】** $x=a\sin^2 t$，$y=b\sin t\cos t$，$z=c\cos^2 t$；在点 $t=\dfrac{\pi}{4}$.

**解** $x_0=a\sin^2\dfrac{\pi}{4}=\dfrac{a}{2}$，$y_0=\dfrac{b}{2}$，$z_0=\dfrac{c}{2}$；$\boldsymbol{v}\left(\dfrac{\pi}{4}\right)=\{a,0,-c\}$

于是,切线方程为 $\begin{cases}\dfrac{x-\frac{a}{2}}{a}=\dfrac{z-\frac{c}{2}}{-c},\\ y=\dfrac{b}{2};\end{cases}$ 或 $\begin{cases}\dfrac{x}{a}+\dfrac{z}{c}=1,\\ y=\dfrac{b}{2};\end{cases}$

法平面方程为 $$a\left(x-\frac{a}{2}\right)+(-c)\left(z-\frac{c}{2}\right)=0,$$

即 $ax-cz=\dfrac{1}{2}(a^2-c^2)$.

**【3530】** $y=x$, $z=x^2$; 在点 $M(1,1,1)$.

**解** 设 $x=t$, 则 $y=t$, $z=t^2$. 于是, $\boldsymbol{v}(1)=\{1,1,2\}$, 切线方程为

$$\frac{x-1}{1}=\frac{y-1}{1}=\frac{z-1}{2};$$

法平面方程为 $(x-1)+(y-1)+2(z-1)=0$ 或 $x+y+2z=4$.

**【3531】** $x^2+z^2=10$, $y^2+z^2=10$; 在点 $M(1,1,3)$.

**提示** 曲线在该点的切向量为 $\boldsymbol{v}=\{1,0,3\}\times\{0,1,3\}$.

**解** 当曲线以两个曲面方程 $F_1(x,y,z)=0$, $F_2(x,y,z)=0$ 交线形式给出时,可先求出两曲面在交点处的法向量:

$$\boldsymbol{n}_1=\{F'_{1x},F'_{1y},F'_{1z}\},\qquad \boldsymbol{n}_2=\{F'_{2x},F'_{2y},F'_{2z}\},$$

则曲线在该点的切向量为

$$\boldsymbol{v}=\boldsymbol{n}_1\times\boldsymbol{n}_2=\left\{\begin{vmatrix}F'_{1y} & F'_{1z}\\ F'_{2y} & F'_{2z}\end{vmatrix},\begin{vmatrix}F'_{1z} & F'_{1x}\\ F'_{2z} & F'_{2x}\end{vmatrix},\begin{vmatrix}F'_{1x} & F'_{1y}\\ F'_{2x} & F'_{2y}\end{vmatrix}\right\}.$$

本题中,

$$\boldsymbol{n}_1=\{2,0,6\},\quad \boldsymbol{n}_2=\{0,2,6\},\quad \boldsymbol{v}=\{1,0,3\}\times\{0,1,3\}=\{-3,-3,1\}.$$

于是,切线方程为 $\dfrac{x-1}{-3}=\dfrac{y-1}{-3}=\dfrac{z-3}{1}$ 或 $\dfrac{x-1}{3}=\dfrac{y-1}{3}=\dfrac{z-3}{-1}$;

法平面方程为 $$-3(x-1)-3(y-1)+(z-3)=0,$$

即 $$3x+3y-z=3.$$

**【3532】** $x^2+y^2+z^2=6$, $x+y+z=0$; 在点 $M(1,-2,1)$.

**提示** 曲线在该点的切向量为 $\boldsymbol{v}=\{1,-2,1\}\times\{1,1,1\}$.

**解** $F_1=x^2+y^2+z^2-6=0$, $F_2=x+y+z=0$.

$$\boldsymbol{n}_1=2\{1,-2,1\},\quad \boldsymbol{n}_2=\{1,1,1\},\quad \boldsymbol{v}=\{1,-2,1\}\times\{1,1,1\}=-3\{1,0,-1\}.$$

于是,切线方程为 $\begin{cases}\dfrac{x-1}{1}=\dfrac{z-1}{-1},\\ y=-2;\end{cases}$ 或 $\begin{cases}x+z=2,\\ y+2=0;\end{cases}$

法平面方程为 $(x-1)-(z-1)=0$ 或 $x-z=0$.

**【3533】** 在曲线 $x=t$, $y=t^2$, $z=t^3$ 上求一点,此点的切线是平行于平面 $x+2y+z=4$ 的.

**解** $\boldsymbol{v}=\{1,2t,3t^2\}$,平面法向量 $\boldsymbol{n}=\{1,2,1\}$. 按题设,应有

$$\boldsymbol{v}\cdot\boldsymbol{n}=1+4t+3t^2=0.$$

解之,得 $t=-1$ 或 $t=-\dfrac{1}{3}$. 于是,所求的点为 $M_1(-1,1,-1)$, $M_2\left(-\dfrac{1}{3},\dfrac{1}{9},-\dfrac{1}{27}\right)$.

**【3534】** 证明:螺旋线 $x=a\cos t$, $y=a\sin t$, $z=bt$ 的切线与 $Oz$ 轴形成定角.

**证明思路** 注意切线与 $Oz$ 轴形成之角 $\gamma$ 的余弦为

$$\cos\gamma=\frac{\dfrac{\mathrm{d}z}{\mathrm{d}t}}{\sqrt{\left(\dfrac{\mathrm{d}x}{\mathrm{d}t}\right)^2+\left(\dfrac{\mathrm{d}y}{\mathrm{d}t}\right)^2+\left(\dfrac{\mathrm{d}z}{\mathrm{d}t}\right)^2}},$$

将$\frac{dx}{dt}=-a\sin t$, $\frac{dy}{dt}=a\cos t$, $\frac{dz}{dt}=b$代入上式,命题即可获证.

**证** $\frac{dx}{dt}=-a\sin t$, $\frac{dy}{dt}=a\cos t$, $\frac{dz}{dt}=b$. 于是,切线与$Oz$轴形成之角$\gamma$的余弦为

$$\cos\gamma=\frac{\frac{dz}{dt}}{\sqrt{\left(\frac{dx}{dt}\right)^2+\left(\frac{dy}{dt}\right)^2+\left(\frac{dz}{dt}\right)^2}}=\frac{b}{\sqrt{a^2+b^2}}.$$

由于$\cos\gamma$为常数,故知切线与$Oz$轴形成定角.

**【3535】** 证明:曲线$x=ae^t\cos t, y=ae^t\sin t, z=ae^t$与锥面$x^2+y^2=z^2$的各母线相交的角度相同.

**证明思路** 注意锥面母线的方向向量为$\boldsymbol{v}_1=\{x,y,z\}$,曲线在任一点的切向量为

$$\boldsymbol{v}_2=\{x-y,x+y,z\}.$$

只要证明$\cos(\widehat{\boldsymbol{v}_1,\boldsymbol{v}_2})$为一常数.

**证** 圆锥$x^2+y^2=z^2$的顶点在原点,过圆锥上任一点$P(x,y,z)$的母线也过原点. 因此,母线的方向向量为$\boldsymbol{v}_1=\{x,y,z\}$.

曲线在点$P$的切向量为

$$\boldsymbol{v}_2=\{x',y',z'\}=\left\{ae^t(\cos t-\sin t),ae^t(\sin t+\cos t),ae^t\right\}=\{x-y,x+y,z\}.$$

注意到$x^2+y^2=z^2$,即得

$$\cos(\widehat{\boldsymbol{v}_1,\boldsymbol{v}_2})=\frac{\boldsymbol{v}_1\cdot\boldsymbol{v}_2}{|\boldsymbol{v}_1||\boldsymbol{v}_2|}=\frac{x(x-y)+y(x+y)+z^2}{\sqrt{x^2+y^2+z^2}\sqrt{(x-y)^2+(x+y)^2+z^2}}=\frac{2z^2}{\sqrt{2z^2}\sqrt{3z^2}}=\frac{2}{\sqrt{6}},$$

于是,交角相同.

**【3536】** 证明:斜驶线

$$\tan\left(\frac{\pi}{2}+\frac{\psi}{2}\right)=e^{k\varphi}\quad(k=\text{常数}),$$

(其中$\varphi$—地球上点的经度,$\psi$—地球上点的纬度)与地球的一切子午线相交成定角.

**解** 取直角坐标系如下:赤道平面为$Oxy$平面,球心为坐标原点,$Ox$轴正向过0°子午线,$Oz$轴正向过北极,并取$Oxyz$坐标系为右手系.

下面我们先确定斜驶线和子午线在直角坐标系中的方程. 为此,假定讨论地球上的点的经度为$\varphi(0\leqslant\varphi\leqslant2\pi)$,纬度为$\psi(-\frac{\pi}{2}\leqslant\psi\leqslant\frac{\pi}{2})$,则它在上述坐标系下的坐标为

$$\begin{cases}x=R\cos\psi\cos\varphi,\\y=R\cos\psi\sin\varphi,\\z=R\sin\psi,\end{cases}$$

其中$R$为地球半径.

对$\tan(\frac{\pi}{4}+\frac{\psi}{2})=e^{k\varphi}$的两端微分,得

$$\frac{d\psi}{2\cos^2\left(\frac{\pi}{4}+\frac{\psi}{2}\right)}=ke^{k\varphi}d\varphi=k\tan\left(\frac{\pi}{4}+\frac{\psi}{2}\right)d\varphi.$$

于是,
$$\frac{d\varphi}{d\psi}=\left[2\cos^2\left(\frac{\pi}{4}+\frac{\psi}{2}\right)k\tan\left(\frac{\pi}{4}+\frac{\psi}{2}\right)\right]^{-1}=\left[k\sin\left(\frac{\pi}{2}+\psi\right)\right]^{-1}=\frac{1}{k\cos\psi}.$$

今将斜驶线方程看作决定$\varphi$为$\psi$的隐函数. 因此,对斜驶线来说,在$(\varphi_0,\psi_0)$点,有

$$\frac{dx}{d\psi}=-R\sin\psi_0\cos\varphi_0-R\cos\psi_0\sin\varphi_0\frac{d\varphi}{d\psi}=-R\left(\sin\psi_0\cos\varphi_0+\frac{\sin\varphi_0}{k}\right),$$

$$\frac{dy}{d\psi}=-R\sin\psi_0\sin\varphi_0+R\cos\psi_0\cos\varphi_0\frac{d\varphi}{d\psi}=-R\left(\sin\psi_0\sin\varphi_0-\frac{\cos\varphi_0}{k}\right),$$

$$\frac{dz}{d\psi}=R\cos\psi_0.$$

于是，可取斜驶线切向量

$$\boldsymbol{v}_1=\left\{\sin\psi_0\cos\varphi_0+\frac{\sin\varphi_0}{k},\sin\psi_0\sin\varphi_0-\frac{\cos\varphi_0}{k},-\cos\psi_0\right\}.$$

当 $\varphi$ 为常数时即得子午线，故其参数方程为 $\begin{cases}x=R\cos\psi\cos\varphi_0,\\y=R\cos\psi\sin\varphi_0,\\z=R\sin\psi.\end{cases}$

于是，子午线在点 $(\varphi_0,\psi_0)$ 的切向量为

$$\boldsymbol{v}_2=\{\sin\psi_0\cos\varphi_0,\sin\psi_0\sin\varphi_0,-\cos\psi_0\}.$$

从而得

$$\cos(\widehat{\boldsymbol{v}_1,\boldsymbol{v}_2})=\frac{\boldsymbol{v}_1\cdot\boldsymbol{v}_2}{|\boldsymbol{v}_1||\boldsymbol{v}_2|}=\frac{1}{\sqrt{1+\frac{1}{k_2}}}=\text{常数},$$

即斜驶线与子午线相交成定角.

**【3537】** 求曲线

$$z=f(x,y),\qquad\frac{x-x_0}{\cos\alpha}=\frac{y-y_0}{\sin\alpha}$$

(其中 $f$ 为可微函数)在点 $M_0(x_0,y_0)$ 的切线与 $Oxy$ 平面所成角的正切.

**解题思路** 将曲线看作由参数方程

$$x=x,\ y=\varphi(x)=y_0+(x-x_0)\tan\alpha,z=\psi(x)=f[x,\varphi(x)]$$

给出，则曲线上 $M_0$ 点的切线与 $Oxy$ 平面所成角 $\varphi$ 的正切为

$$\tan\varphi=\frac{\psi'(x_0)}{\sqrt{1+\varphi'^2(x_0)}}.$$

**解** 解法 1：

将曲线看作由参数方程 $x=x,\ y=\varphi(x)=y_0+(x-x_0)\tan\alpha,z=\psi(x)=f[x,\varphi(x)]$ 给出，则切向量为

$$\begin{aligned}\boldsymbol{v}&=\{1,\varphi'(x_0),\psi'(x_0)\}=\{1,\tan\alpha,f'_x[x_0,\varphi(x_0)]+f'_y[x_0,\varphi(x_0)]\varphi'(x_0)\}\\&=\{1,\tan\alpha,f'_x(x_0,y_0)+\tan\alpha f'_y(x_0,y_0)\}.\end{aligned}$$

于是，曲线上点 $M_0$ 的切线与 $Oxy$ 平面所成角 $\varphi$ 的正切为

$$\begin{aligned}\tan\varphi&=\frac{\psi'(x_0)}{\sqrt{1+\varphi'^2(x_0)}}=\frac{f'_x(x_0,y_0)+\tan\alpha f'_y(x_0,y_0)}{\sqrt{1+\tan^2\alpha}}\\&=f'_x(x_0,y_0)\cos\alpha+f'_y(x_0,y_0)\sin\alpha.\end{aligned}$$

解法 2：

将曲线看作两条曲线的交线，则所给曲线在点 $M_0$ 的切线方程为

$$\frac{x-x_0}{\begin{vmatrix}f'_y(x_0,y_0)&-1\\-\frac{1}{\sin\alpha}&0\end{vmatrix}}=\frac{y-y_0}{\begin{vmatrix}-1&f'_x(x_0,y_0)\\0&\frac{1}{\cos\alpha}\end{vmatrix}}=\frac{z-z_0}{\begin{vmatrix}f'_x(x_0,y_0)&f'_y(x_0,y_0)\\\frac{1}{\cos\alpha}&-\frac{1}{\sin\alpha}\end{vmatrix}},$$

即

$$\frac{x-x_0}{\cos\alpha}=\frac{y-y_0}{\sin\alpha}=\frac{z-z_0}{f'_x(x_0,y_0)\cos\alpha+f'_y(x_0,y_0)\sin\alpha},$$

因此，切线与 $Oxy$ 平面所成角 $\varphi$ 的正切为

$$\tan\varphi=\frac{f'_x(x_0,y_0)\cos\alpha+f'_y(x_0,y_0)\sin\alpha}{\sqrt{\cos^2\alpha+\sin^2\alpha}}=f'_x(x_0,y_0)\cos\alpha+f'_y(x_0,y_0)\sin\alpha.$$

**【3538】** 求函数

$$u=\frac{x}{\sqrt{x^2+y^2+z^2}}$$

在点 $M(1,2,-2)$ 沿曲线 $\qquad x=t,\qquad y=2t^2,\qquad z=-2t^4$

在此点的切线方向的导数.

**解** $\dfrac{\partial u}{\partial x}=\dfrac{y^2+z^2}{(x^2+y^2+z^2)^{\frac{3}{2}}},\qquad\dfrac{\partial u}{\partial y}=-\dfrac{xy}{(x^2+y^2+z^2)^{\frac{3}{2}}},\qquad\dfrac{\partial u}{\partial z}=-\dfrac{xz}{(x^2+y^2+z^2)^{\frac{3}{2}}}.$

在点 $M(1,2,-2)$ 它们的值分别为 $\frac{8}{27}$，$-\frac{2}{27}$，$\frac{2}{27}$.

又曲线在该点的切线的方向余弦为 $\frac{1}{9}$，$\frac{4}{9}$，$-\frac{8}{9}$. 于是,所求的导数为

$$\left.\frac{\partial u}{\partial l}\right|_M=\frac{8}{27}\ \frac{1}{9}+\left(-\frac{2}{27}\right)\frac{4}{9}+\frac{2}{27}\left(-\frac{8}{9}\right)=-\frac{16}{243}.$$

**写出下列曲面上点 $M_0$ 的切平面和法线方程：**

**【3539】** $z=x^2+y^2$；在点 $M_0(1,2,5)$.

**解** 当曲面由方程 $F(x,y,z)=0$ 给出时,其法向量为 $\boldsymbol{n}=\left\{\frac{\partial F}{\partial x},\frac{\partial F}{\partial y},\frac{\partial F}{\partial z}\right\}$,特别是曲面由显式方程 $z=f(x,y)$ 给出时,其法向量为 $\boldsymbol{n}=\{f'_x,f'_y,-1\}$. 本题中,$\boldsymbol{n}=\{2x,2y,-1\}_{M_0}=\{2,4,-1\}$.
于是,切平面方程为

$$2(x-1)+4(y-2)-(z-5)=0,\quad \text{或}\quad 2x+4y-z=5;$$

法线方程为

$$\frac{x-1}{2}=\frac{y-2}{4}=\frac{z-5}{-1}.$$

**【3540】** $x^2+y^2+z^2=169$；在点 $M_0(3,4,12)$.

**解** 设 $F(x,y,z)=x^2+y^2+z^2-169=0$,则在点 $M_0$ 处 $\vec{n}=\{2x,2y,2z\}_{M_0}=\{6,8,24\}=2\{3,4,12\}$.
于是,切平面方程为

$$3(x-3)+4(y-4)+12(z-12)=0\quad \text{或}\quad 3x+4y+12z=169;$$

法线方程为

$$\frac{x-3}{3}=\frac{y-4}{4}=\frac{z-12}{12}\quad \text{或}\quad \frac{x}{3}=\frac{y}{4}=\frac{z}{12}.$$

**【3541】** $z=\arctan\frac{y}{x}$；在点 $M_0\left(1,1,\frac{\pi}{4}\right)$.

**解** $\boldsymbol{n}=\left\{\frac{-y}{x^2+y^2},\frac{x}{x^2+y^2},-1\right\}_{M_0}=\left\{-\frac{1}{2},\frac{1}{2},-1\right\}.$
于是,切平面方程为

$$z-\frac{\pi}{4}=-\frac{1}{2}(x-1)+\frac{1}{2}(y-1)\ \text{或}\ z=\frac{\pi}{4}-\frac{1}{2}(x-y);$$

法线方程为

$$\frac{x-1}{1}=\frac{y-1}{-1}=\frac{z-\frac{\pi}{4}}{2}.$$

**【3542】** $ax^2+by^2+cz^2=1$；在点 $M_0(x_0,y_0,z_0)$.

**解** $\boldsymbol{n}=2\{ax_0,by_0,cz_0\}$.
于是,切平面方程为 $$ax_0(x-x_0)+by_0(y-y_0)+cz_0(z-z_0)=0,$$
注意到 $ax_0^2+by_0^2+cz_0^2=1$,上述方程即化为

$$ax_0x+by_0y+cz_0z=1;$$

法线方程为

$$\frac{x-x_0}{ax_0}=\frac{y-y_0}{by_0}=\frac{z-z_0}{cz_0}.$$

**【3543】** $z=y+\ln\frac{x}{z}$；在点 $M_0(1,1,1)$.

**解** $F(x,y,z)=y+\ln x-\ln z-z=0$.

$$\boldsymbol{n}=\left\{\frac{1}{x},1,-\frac{1}{z}-1\right\}_{M_0}=\{1,1,-2\}.$$

于是,切平面方程为

$$(x-1)+(y-1)-2(z-1)=0\quad \text{或}\quad x+y-2z=0;$$

法线方程为

$$\frac{x-1}{1}=\frac{y-1}{1}=\frac{z-1}{-2}.$$

**【3544】** $2^{\frac{x}{z}}+2^{\frac{y}{z}}=8$；在点 $M_0(2,2,1)$.

**解** $F(x,y,z)=2^{\frac{x}{z}}+2^{\frac{y}{z}}-8$,

$$\boldsymbol{n}=\left\{\frac{1}{z}2^{\frac{x}{z}}\ln 2,\frac{1}{z}2^{\frac{y}{z}}\ln 2,(x2^{\frac{x}{z}}+y2^{\frac{y}{z}})\left(-\frac{1}{z^2}\ln 2\right)\right\}_{M_0}=4\ln 2\{1,1,-4\}.$$

于是,切平面方程为

$$(x-2)+(y-2)-4(z-1)=0 \quad 或 \quad x+y-4z=0;$$

法线方程为

$$\frac{x-2}{1}=\frac{y-2}{1}=\frac{z-1}{-4}.$$

**【3545】** $x=a\cos\psi\cos\varphi$, $y=b\cos\psi\sin\varphi$, $z=c\sin\psi$; 在点 $M_0(\varphi_0,\psi_0)$.

**解题思路** 当曲面由参数方程

$$x=x(u,v),\quad y=y(u,v),\quad z=z(u,v)$$

给出时,曲面上分别令 $u=u_0$,$v=v_0$ 得到的两条曲线的切向量分别为

$$\boldsymbol{v}_1=\left\{\frac{\partial x}{\partial u},\frac{\partial y}{\partial u},\frac{\partial z}{\partial u}\right\},\qquad \boldsymbol{v}_2=\left\{\frac{\partial x}{\partial v},\frac{\partial y}{\partial v},\frac{\partial z}{\partial v}\right\},$$

则切面的法向量为

$$\boldsymbol{n}=\boldsymbol{v}_1\times\boldsymbol{v}_2.$$

本题及 3546 题、3547 题均可按此思路先求出 $\boldsymbol{n}$,从而,问题即易获解.

**解** 当曲面由参数方程

$$x=x(u,v),\quad y=y(u,v),\quad z=z(u,v)$$

给出时,曲面上分别令 $u=u_0$,$v=v_0$ 得到的两条曲线的切向量分别为

$$\boldsymbol{v}_1=\left\{\frac{\partial x}{\partial u},\frac{\partial y}{\partial u},\frac{\partial z}{\partial u}\right\},\qquad \boldsymbol{v}_2=\left\{\frac{\partial x}{\partial v},\frac{\partial y}{\partial v},\frac{\partial z}{\partial v}\right\},$$

则切面的法向量为

$$\boldsymbol{n}=\boldsymbol{v}_1\times\boldsymbol{v}_2=\left\{\begin{vmatrix}\frac{\partial y}{\partial u} & \frac{\partial z}{\partial u}\\ \frac{\partial y}{\partial v} & \frac{\partial z}{\partial v}\end{vmatrix},\begin{vmatrix}\frac{\partial z}{\partial u} & \frac{\partial x}{\partial u}\\ \frac{\partial z}{\partial v} & \frac{\partial x}{\partial v}\end{vmatrix},\begin{vmatrix}\frac{\partial x}{\partial u} & \frac{\partial y}{\partial u}\\ \frac{\partial x}{\partial v} & \frac{\partial y}{\partial v}\end{vmatrix}\right\}.$$

本题中,

$$\boldsymbol{v}_1=\left\{\frac{\partial x}{\partial\varphi},\frac{\partial y}{\partial\varphi},\frac{\partial z}{\partial\varphi}\right\}_{M_0}=\{-a\cos\psi_0\sin\varphi_0,b\cos\psi_0\cos\varphi_0,0\}=\cos\psi_0\{-a\sin\varphi_0,b\cos\varphi_0,0\},$$

$$\boldsymbol{v}_2=\left\{\frac{\partial x}{\partial\psi},\frac{\partial y}{\partial\psi},\frac{\partial z}{\partial\psi}\right\}_{M_0}=\{-a\sin\psi_0\cos\varphi_0,-b\sin\psi_0\sin\varphi_0,c\cos\psi_0\},$$

$$\boldsymbol{n}=\boldsymbol{v}_1\times\boldsymbol{v}_2=abc\left\{\frac{\cos\psi_0\cos\varphi_0}{a},\frac{\cos\psi_0\sin\varphi_0}{b},\frac{\sin\psi_0}{c}\right\}.$$

于是,切平面方程为

$$\frac{\cos\psi_0\cos\varphi_0}{a}(x-a\cos\psi_0\cos\varphi_0)+\frac{\cos\psi_0\sin\varphi_0}{b}(y-b\cos\psi_0\sin\varphi_0)+\frac{\sin\psi_0}{c}(z-c\sin\psi_0)=0,$$

即

$$\frac{x}{a}\cos\psi_0\cos\varphi_0+\frac{y}{b}\cos\psi_0\sin\varphi_0+\frac{z}{c}\sin\psi_0=1;$$

法线方程为

$$\frac{x-a\cos\psi_0\cos\varphi_0}{\frac{\cos\psi_0\cos\varphi_0}{a}}=\frac{y-b\cos\psi_0\sin\varphi_0}{\frac{\cos\psi_0\sin\varphi_0}{b}}=\frac{z-c\sin\psi_0}{\frac{\sin\psi_0}{c}},$$

即

$$\frac{x\sec\psi_0\sec\varphi_0-a}{bc}=\frac{y\sec\psi_0\csc\varphi_0-b}{ac}=\frac{z\csc\psi_0-c}{ab}.$$

**【3546】** $x=r\cos\varphi$,$y=r\sin\varphi$,$z=r\cot\alpha$;在点 $M_0(\varphi_0,r_0)$.

**解** $\boldsymbol{v}_1=\left\{\frac{\partial x}{\partial\varphi},\frac{\partial y}{\partial\varphi},\frac{\partial z}{\partial\varphi}\right\}_{M_0}=r_0\{-\sin\varphi_0,\cos\varphi_0,0\}$, $\boldsymbol{v}_2=\left\{\frac{\partial x}{\partial r},\frac{\partial y}{\partial r},\frac{\partial z}{\partial r}\right\}_{M_0}=\{\cos\varphi_0,\sin\varphi_0,\cot\alpha\}$,

$$\boldsymbol{n}=\boldsymbol{v}_1\times\boldsymbol{v}_2=r_0\{\cos\varphi_0\cot\alpha,\sin\varphi_0\cot\alpha,-1\}.$$

于是,切平面方程为

$$\cos\varphi_0\cot\alpha(x-r_0\cos\varphi_0)+\sin\varphi_0\cot\alpha(y-r_0\sin\varphi_0)-(z-r_0\cot\alpha)=0.$$

即
$$x\cos\varphi_0+y\sin\varphi_0-z\tan\alpha=0;$$
法线方程为
$$\frac{x-r_0\cos\varphi_0}{\cos\varphi_0\cot\alpha}=\frac{y-r_0\sin\varphi_0}{\sin\varphi_0\cot\alpha}=\frac{z-r_0\cot\alpha}{-1}$$
即
$$\frac{x-r_0\cos\varphi_0}{\cos\varphi_0}=\frac{y-r_0\sin\varphi_0}{\sin\varphi_0}=\frac{z-r_0\cot\alpha}{-\tan\alpha}.$$

**【3547】** $x=u\cos v, y=u\sin v, z=av$;在点 $M_0(u_0,v_0)$.

**解** $\boldsymbol{v}_1=\left\{\frac{\partial x}{\partial u},\frac{\partial y}{\partial u},\frac{\partial z}{\partial u}\right\}_{M_0}=\{\cos v_0,\sin v_0,0\}$, $\boldsymbol{v}_2=\left\{\frac{\partial x}{\partial v},\frac{\partial y}{\partial v},\frac{\partial z}{\partial v}\right\}_{M_0}=\{-u_0\sin v_0,u_0\cos v_0,a\}$,

$\boldsymbol{n}=\boldsymbol{v}_1\times\boldsymbol{v}_2=\{a\sin v_0,-a\cos v_0,u_0\}$.

于是,切平面方程为
$$a\sin v_0(x-u_0\cos v_0)-a\cos v_0(y-u_0\sin v_0)+u_0(z-av_0)=0,$$
即
$$ax\sin v_0-ay\cos v_0+u_0z=au_0v_0;$$
法线方程为
$$\frac{x-u_0\cos v_0}{a\sin v_0}=\frac{y-u_0\sin v_0}{-a\cos v_0}=\frac{z-av_0}{u_0}.$$

**【3548】** 求曲面 $x=u+v, y=u^2+v^2, z=u^3+v^3$ 的切平面当切点 $M(u,v)(u\neq v)$无限接近于曲面的边界线$u=v$上的点 $M_0(u_0,v_0)$时的极限位置.

**解** $\boldsymbol{n}(u,v)=\{1.2u,3u^2\}\times\{1,2v,3v^2\}=(v-u)\{6uv,-3(u+v),2\}$.

则 $\boldsymbol{n}$ 方向上的单位向量为 $\boldsymbol{n}^{\circ}(u,v)=\left\{\frac{6uv}{l},-\frac{3(u+v)}{l},\frac{2}{l}\right\}$,

其中 $l=\sqrt{36u^2v^2+9(u+v)^2+4}$. 于是,
$$\lim_{\substack{u\to u_0\\ v\to v_0}}\boldsymbol{n}^{\circ}=\left\{\frac{6u_0^2}{l_0},-\frac{6u_0}{l_0},\frac{2}{l_0}\right\},$$
其中 $l_0=\sqrt{36u_0^4+36u_0^2+4}$. 而 $M_0(u_0,v_0)=(2u_0,2u_0^2,2u_0^3)$,故知切平面在 $M_0$ 点的极限位置为
$$3u_0^2x-3u_0y+z=3u_0^2(2u_0)-3u_0(2u_0^2)+2u_0^3=2u_0^3,$$
或
$$\frac{3x}{u_0}-\frac{3y}{u_0^2}+\frac{z}{u_0^3}=2.$$

**【3549】** 在曲面 $x^2+2y^2+3z^2+2xy+2xz+4yz=8$ 上求出切平面平行于坐标平面的诸切点.

**解** $\boldsymbol{n}=\{2(x+y+z),2(x+2y+2z),2(x+2y+3z)\}$当
$$\begin{cases}x+y+z=0,\\x+2y+2z=0,\\x+2y+3z=\lambda.\end{cases}$$
时,$\boldsymbol{n}$ 与 $\boldsymbol{k}=\{0,0,1\}$平行,即切平面平行于 $Oxy$ 平面.解之,得 $x=0$, $y=-\lambda$, $z=\lambda$. 将求得的 $x,y,z$ 值代入所给的曲面方程,得$\lambda=\pm2\sqrt{2}$. 于是,切平面平行于 $Oxy$ 坐标面的切点为$(0,\pm2\sqrt{2},\mp2\sqrt{2})$. 同法可求得切平面平行于 $Oyz$ 坐标面及 $Oxz$ 坐标面的诸切点分别为$(\pm4,\mp2,0)$及$(\pm2,\mp4,\pm2)$.

**【3550】** 在椭球面
$$\frac{x^2}{a^2}+\frac{y^2}{b^2}+\frac{z^2}{c^2}=1$$
上怎样的点,椭球面的法线与坐标轴成等角?

**解** $\boldsymbol{n}=2\left\{\frac{x}{a^2},\frac{y}{b^2},\frac{z}{c^2}\right\}$. 按题设,应有
$$\frac{\frac{x}{a^2}}{l}=\frac{\frac{y}{b^2}}{l}=\frac{\frac{z}{c^2}}{l}\quad\left(l=\sqrt{\frac{x^2}{a^4}+\frac{y^2}{b^4}+\frac{z^2}{c^4}}\right),\quad 即\quad \frac{x}{a^2}=\frac{y}{b^2}=\frac{z}{c^2}=\lambda.$$
将上式代入椭球面方程,得 $\lambda=\pm\frac{1}{\sqrt{a^2+b^2+c^2}}$.

于是,所求的点为 $x=\pm\frac{a^2}{d}$, $y=\pm\frac{b^2}{d}$, $x=\pm\frac{c^2}{d}$,其中$d=\sqrt{a^2+b^2+c^2}$.

【3551】 求曲面 $x^2+2y^2+3z^2=21$ 的平行于平面 $x+4y+6z=0$ 的各切平面.

解 $\boldsymbol{n}=2\{x,2y,3z\}$. 按题设,应有

$$x=\lambda,\quad 2y=4\lambda,\quad 3z=6\lambda,$$

解之,得 $x=\lambda, y=2\lambda, z=2\lambda$. 将它们代入方程 $x^2+2y^2+3z^2=21$,得 $\lambda=\pm1$,故切点为$(\pm1,\pm2,\pm2)$. 于是,所求的切平面方程为

$$(x\mp1)+4(y\mp2)+6(z\mp2)=0,$$

即

$$x+4y+6z=\pm21.$$

【3552】 证明:曲面 $xyz=a^3(a>0)$的切平面与坐标面形成体积一定的四面体.

**证明思路** 在曲面上任取一点 $P_0(x_0,y_0,z_0)$,可求得曲面在该点的切平面方程为

$$y_0z_0(x-x_0)+x_0z_0(y-y_0)+x_0y_0(z-z_0)=0,$$

它与各坐标面的交点为 $A(3x_0,0,0)$, $B(0,3y_0,0)$,及 $C(0,0,3z_0)$. 注意到各坐标轴的垂直关系,易知以 $A$、$B$、$C$、$O$ 诸点为顶点的四面体的体积为一个常数,命题获证.

**证** 在曲面上任取一点 $P_0(x_0,y_0,z_0)$,则曲面在该点的切平面方程为

$$y_0z_0(x-x_0)+x_0z_0(y-y_0)+x_0y_0(z-z_0)=0,$$

它与各坐标面的交点为 $A(3x_0,0,0)$, $B(0,3y_0,0)$, $C(0,0,3z_0)$. 注意到各坐标轴的垂直关系,即知以 $A$、$B$、$C$、$O$ 诸点为顶点的四面体的体积为

$$V_{ABCO}=\frac{1}{3}OC\left(\frac{1}{2}OA\cdot OB\right)=\frac{1}{6}3z_0 3x_0 3y_0=\frac{9}{2}x_0y_0z_0=\frac{9}{2}a^3,$$

它为一个常数,本题获证.

【3553】 证明:曲面$\sqrt{x}+\sqrt{y}+\sqrt{z}=\sqrt{a}\ (a>0)$的切平面在坐标轴上割下的诸线段,其和为常量.

**证明思路** 在曲面上任取一点 $P_0(x_0,y_0,z_0)$,可求得曲面在该点的切平面方程为

$$\sqrt{y_0z_0}(x-x_0)+\sqrt{x_0z_0}(y-y_0)+\sqrt{x_0y_0}(z-z_0)=0,$$

它在各坐标轴上所割下的诸线段分别为 $\sqrt{ax_0}$, $\sqrt{ay_0}$ 及 $\sqrt{az_0}$,易知其和为一个常数,命题获证.

**证** 在曲面上任取一点 $P_0(x_0,y_0,z_0)$,则曲面在该点的切平面方程为

$$\frac{1}{2\sqrt{x_0}}(x-x_0)+\frac{1}{2\sqrt{y_0}}(y-y_0)+\frac{1}{2\sqrt{z_0}}(z-z_0)=0,$$

即

$$\sqrt{y_0z_0}(x-x_0)+\sqrt{x_0z_0}(y-y_0)+\sqrt{x_0y_0}(z-z_0)=0.$$

此切面在坐标轴上所割下的诸线段分别为 $\sqrt{ax_0}$, $\sqrt{ay_0}$, $\sqrt{az_0}$,其和为

$$\sqrt{a}(\sqrt{x_0}+\sqrt{y_0}+\sqrt{z_0})=\sqrt{a}\sqrt{a}=a,$$

它是常数,本题获证.

【3554】 证明:锥面 $z=xf\left(\frac{y}{x}\right)$的切平面经过其顶点.

**证明思路** 在锥面上任取一点 $P_0(x_0,y_0,z_0)$(顶点(0,0,0)除外),可求得锥面在该点的切平面方程为

$$z=\left[f\left(\frac{y_0}{x_0}\right)-\frac{y_0}{x_0}f'\left(\frac{y_0}{x_0}\right)\right]x+f'\left(\frac{y_0}{x_0}\right)y,$$

它显然通过锥面 $z=xf\left(\frac{y}{x}\right)$的顶点(0,0,0).

**证** $\frac{\partial z}{\partial x}=f\left(\frac{y}{x}\right)-\frac{y}{x}f'\left(\frac{y}{x}\right)$, $\frac{\partial z}{\partial y}=f'\left(\frac{y}{x}\right)$. 于是,锥面在任一点 $P_0(x_0,y_0,z_0)$的切平面方程为

$$z-z_0=\left[f\left(\frac{y_0}{x_0}\right)-\frac{y_0}{x_0}f'\left(\frac{y_0}{x_0}\right)\right](x-x_0)+f'\left(\frac{y_0}{x_0}\right)(y-y_0),$$

化简整理得

$$z=\left[f\left(\frac{y_0}{x_0}\right)-\frac{y_0}{x_0}f'\left(\frac{y_0}{x_0}\right)\right]x+f'\left(\frac{y_0}{x_0}\right)y,$$

它显然通过锥面 $z=xf\left(\frac{y}{x}\right)$的顶点(0,0,0).

**【3555】** 证明:旋转面 $z=f(\sqrt{x^2+y^2})$ $(f'\neq 0)$的法线与旋转轴相交.

**证明思路** 在旋转面上任取一点 $P_0(x_0,y_0,z_0)$,其中 $z_0=f(\sqrt{x_0^2+y_0^2})(x_0^2+y_0^2\neq 0)$. 可求得曲面在该点的法线方程为

$$\frac{x-x_0}{x_0f'(\sqrt{x_0^2+y_0^2})}=\frac{y-y_0}{y_0f'(\sqrt{x_0^2+y_0^2})}=\frac{z-z_0}{-\sqrt{x_0^2+y_0^2}},$$

显然,法线通过 $Oz$ 轴上的点 $\left((0,0,f(\sqrt{x_0^2+y_0^2})+\frac{\sqrt{x_0^2+y_0^2}}{f'(\sqrt{x_0^2+y_0^2})}\right)$,

即法线与旋转轴——$Oz$ 轴相交.

**证** 在旋转面上任取一点 $P_0(x_0,y_0,z_0)$,其中 $z_0=f(\sqrt{x_0^2+y_0^2})$,则曲面在该点的法向量为

$$\boldsymbol{n}=\left\{\frac{\partial f}{\partial x},\frac{\partial f}{\partial y},-1\right\}_{P_0}=\frac{1}{\sqrt{x_0^2+y_0^2}}\{x_0f',y_0f',-\sqrt{x_0^2+y_0^2}\}.$$

于是,法线方程为 $$\frac{x-x_0}{x_0f'}=\frac{y-y_0}{y_0f'}=\frac{z-z_0}{-\sqrt{x_0^2+y_0^2}},$$

显然,法线通过 $Oz$ 轴上的点 $\left((0,0,f(\sqrt{x_0^2+y_0^2})+\frac{\sqrt{x_0^2+y_0^2}}{f'(\sqrt{x_0^2+y_0^2})}\right)$,

即法线和 $Oz$ 轴相交.

**【3556】** 求椭球面 $x^2+y^2+z^2-xy=1$ 在坐标面上的投影.

**解** 先考虑椭球面 $x^2+y^2+z^2-xy=1$ 在 $Oxy$ 平面上的投影. 该投影即通过所给曲面上的每一点向 $Oxy$ 平面作垂线所得到的垂足的全体,它是 $Oxy$ 平面上的一个区域,这个区域的边界由曲面上这样的点的投影构成:这一点向 $Oxy$ 平面所作的垂线在它的切平面内(这里用到了椭球面的凸性),即该点的法线与 $Oxy$ 平面平行. 注意到该点的法向量为$\{2x-y,\ 2y-x,\ 2z\}$. 因此,该点的坐标满足

$$\begin{cases}2z=0,\\ x^2+y^2+z^2-xy=1.\end{cases}$$

这些点的投影为 $$\begin{cases}z=0,\\ x^2+y^2-xy=1,\end{cases}$$

它即椭球面在 $Oxy$ 平面上投影的边界.

同法可考虑切平面与 $Oxz$ 平面垂直,则有 $2y-x=0$. 因此,对 $Oxz$ 平面投影为边界点的椭球面上的点应满足方程

$$\begin{cases}2y-x=0,\\ x^2+y^2+z^2-xy=1.\end{cases}$$

这是椭球面与平面的交线,将它改写为柱面与平面的交线

$$\begin{cases}2y-x=0,\\ \frac{3x^2}{4}+z^2=1.\end{cases}$$

于是,椭球面在 $Oxz$ 平面上投影的边界由方程

$$\begin{cases}y=0,\\ \frac{3x^2}{4}+z^2=1\end{cases}$$

确定.

同法可确定椭球面在 $Oyz$ 平面上投影的边界由方程

$$\begin{cases}x=0,\\ \frac{3y^2}{4}+z^2=1\end{cases}$$

确定.

于是，椭球面 $x^2+y^2+z^2-xy=1$ 在 $Oxy$ 平面上的投影为圆：$x^2+y^2-xy\leqslant 1$，$z=0$；在 $Oyz$ 平面上的投影为椭圆：$\frac{3}{4}y^2+z^2\leqslant 1$，$x=0$；在 $Oxz$ 平面上的投影为椭圆 $\frac{3}{4}x^2+z^2\leqslant 1$，$y=0$.

**【3557】** 分正方形 $\{0\leqslant x\leqslant 1,\ 0\leqslant y\leqslant 1\}$ 为直径不大于 $\delta$ 的有限个部分 $\sigma$. 若曲面

$$z=1-x^2-y^2$$

在属于同一部分 $\sigma$ 的任何两点 $P(x,y)$ 及 $P_1(x_1,y_1)$ 的法线方向相差小于 $1^\circ$，求数 $\delta$ 的上界.

**解** 记曲面在点 $P(x,y)$ 及 $P_1(x_1,y_1)$ 的法向量为 $\boldsymbol{n}$ 及 $\boldsymbol{n}_1$，则 $\boldsymbol{n}=\{2x,2y,1\}$，$|\boldsymbol{n}|\geqslant 1$，$\boldsymbol{n}_1=\{2x_1,2y_1,1\}$，$|\boldsymbol{n}_1|\geqslant 1$，且有

$$\boldsymbol{n}\times\boldsymbol{n}_1=\{2(y-y_1),2(x_1-x),4(xy_1-x_1y)\},$$

$$\sin(\widehat{\boldsymbol{n},\boldsymbol{n}_1})=\frac{\boldsymbol{n}\times\boldsymbol{n}_1}{|\boldsymbol{n}||\boldsymbol{n}_1|}\leqslant|\boldsymbol{n}\times\boldsymbol{n}_1|=2\sqrt{(y-y_1)^2+(x-x_1)^2+4(xy_1-x_1y)^2}.$$

注意到

$$(xy_1-x_1y)^2=[x(y_1-y)+y(x-x_1)]^2\leqslant 2[x^2(y_1-y)^2+y^2(x-x_1)^2]\leqslant 2[(y-y_1)^2+(x-x_1)^2],$$

并记 $\rho=\sqrt{(y-y_1)^2+(x-x_1)^2}$，即有

$$(\widehat{\boldsymbol{n},\boldsymbol{n}_1})\leqslant 2\sqrt{\rho^2+4\cdot 2\rho^2}=6\rho.$$

当 $\varphi=(\widehat{\boldsymbol{n},\boldsymbol{n}_1})<1^\circ$ 时，$\varphi\approx\sin(\widehat{\boldsymbol{n},\boldsymbol{n}_1})$. 于是，要 $\varphi<\frac{\pi}{180}$，只要 $6\rho<\frac{\pi}{180}$，即 $\rho<\frac{\pi}{1080}\approx 0.003$ 即可. 从而得 $\delta<0.003$.

**【3558】** 设

$$z=f(x,y),\quad 其中(x,y)\in D \tag{1}$$

为曲面的方程，$\varphi(P_1,P)$ 为曲面(1)在点 $P(x,y)\in D$ 及 $P_1(x_1,y_1)\in D$ 二点的法线之间的夹角.

证明：若 $D$ 为有界闭区域，函数 $f(x,y)$ 在区域 $D$ 内具有有界的二阶导数，则李雅普诺夫不等式

$$\varphi(P_1,P)<C\rho(P_1,P) \tag{2}$$

成立. 其中 $C$ 为常数，$\rho(P_1,P)$ 为点 $P$ 与 $P_1$ 之间的距离

**证** 本题应加区域是凸的这个条件，否则结论就不成立. 例如，

$$z=\begin{cases}0, & y\leqslant 0,\ x^2+y^2\leqslant 1,\\ y^3, & y>0,\ x\geqslant y^4,\ x^2+y^2\leqslant 1,\\ -y^3, & y>0,\ x\leqslant -y^4,\ x^2+y^2\leqslant 1,\end{cases}$$

如图 6.30 所示，函数 $z$ 在单位圆内缺一个角的闭区域内定义，且有连续的二阶偏导数，取 $P_n(\frac{1}{n^3},\frac{1}{n})$ 与 $P'_n(-\frac{1}{n^3},\frac{1}{n})$，则

$$\boldsymbol{n}=\boldsymbol{n}(P_n)=\{0,3y^2,-1\}_{P_n}=\left\{0,\frac{3}{n^2},-1\right\},$$

$$\boldsymbol{n}'=\boldsymbol{n}(P'_n)=\{0,-3y^2,-1\}_{P'_n}=\left\{0,-\frac{3}{n^2},-1\right\},$$

$$\boldsymbol{n}\times\boldsymbol{n}'=\left\{-\frac{6}{n^2},0,0\right\},$$

$$\sin\varphi_n=\frac{|\boldsymbol{n}\times\boldsymbol{n}'|}{|\boldsymbol{n}||\boldsymbol{n}'|}=\frac{\frac{6}{n^2}}{1+\frac{9}{n^4}}\to 0\quad(n\to\infty).$$

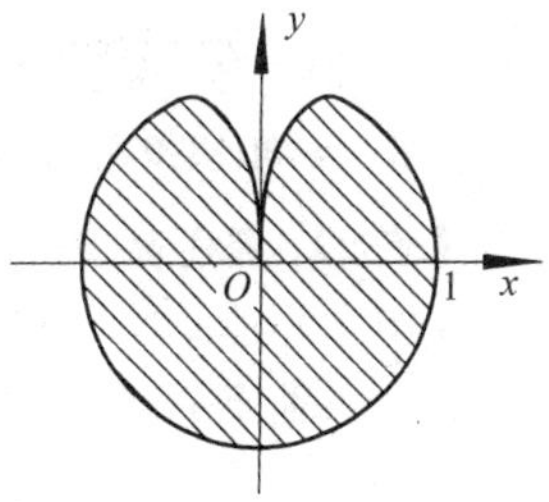

图 6.30

又因 $\rho_n(P_n,P'_n)=\frac{2}{n^3}$，

$$\lim_{n\to\infty}\frac{\varphi_n}{\rho_n}=\lim_{n\to\infty}\left(\frac{\sin\varphi_n}{\rho_n}\cdot\frac{\varphi_n}{\sin\varphi_n}\right)=\lim_{n\to\infty}\frac{\sin\varphi_n}{\rho_n}=\lim_{n\to\infty}\frac{\dfrac{\frac{6}{n^2}}{1+\frac{9}{n^4}}}{\dfrac{2}{n^3}}=+\infty,$$

故不存在常数 $C$,使 $\varphi_n<C\rho_n$

下面证明:当 $D$ 为凸的有界闭区域时,不等式(2)成立.

由 3255 题知:当 $f(x,y)$在 $D$ 内有二阶连续的偏导数时,$\frac{\partial f}{\partial x}$及$\frac{\partial f}{\partial y}$在 $D$ 内是二元连续的. 又因 $D$ 是有界闭区域,故$\frac{\partial f}{\partial x}$及$\frac{\partial f}{\partial y}$在 $D$ 上有界,记

$$\left|\frac{\partial f}{\partial x}\right|<M,\qquad \left|\frac{\partial f}{\partial y}\right|<M.$$

又由 3254 题的证明过程可知:当 $D$ 是凸域,$f(x,y)$有有界二阶偏导数时,对 $D$ 中任意两点 $P$ 及 $P_1$,$\frac{\partial f}{\partial x}$及$\frac{\partial f}{\partial y}$满足利普希茨条件,即存在常数 $L$,使有

$$\left|\frac{\partial f(P)}{\partial x}-\frac{\partial f(P_1)}{\partial x}\right|<L\rho(P_1,P),$$

$$\left|\frac{\partial f(P)}{\partial y}-\frac{\partial f(P_1)}{\partial y}\right|<L\rho(P_1,P).$$

由

$$\boldsymbol{n}(P_1)=\left\{\frac{\partial f(P_1)}{\partial x},\frac{\partial f(P_1)}{\partial y},-1\right\}\quad 及\quad \boldsymbol{n}(P)=\left\{\frac{\partial f(P)}{\partial x},\frac{\partial f(P)}{\partial y},-1\right\}$$

知:对于 $\varphi=\varphi(P_1,P)$有下列不等式

$$\begin{aligned}\sin^2\varphi&=\frac{|\boldsymbol{n}(P_1)\times\boldsymbol{n}(P)|^2}{|\boldsymbol{n}(P_1)|^2|\boldsymbol{n}(P)|^2}\leqslant|\boldsymbol{n}(P_1)\times\boldsymbol{n}(P)|^2\\&=\left[\frac{\partial f(P)}{\partial y}-\frac{\partial f(P_1)}{\partial y}\right]^2+\left[\frac{\partial f(P)}{\partial x}-\frac{\partial f(P_1)}{\partial x}\right]^2+\left[\frac{\partial f(P_1)}{\partial x}\frac{\partial f(P)}{\partial y}-\frac{\partial f(P_1)}{\partial y}\frac{\partial f(P)}{\partial x}\right]^2\\&<L^2\rho^2+L^2\rho^2+2\left[\frac{\partial f(P_1)}{\partial x}\right]^2\left[\frac{\partial f(P)}{\partial y}-\frac{\partial f(P_1)}{\partial y}\right]^2+2\left[\frac{\partial f(P_1)}{\partial y}\right]^2\left[\frac{\partial f(P_1)}{\partial x}-\frac{\partial f(P)}{\partial x}\right]^2\\&<2L^2\rho^2+2M^2L^2\rho^2+2M^2L^2\rho^2=2L^2\rho^2(1+2M^2).\end{aligned}$$

于是,$\sin\varphi<C_1\rho(P_1,P)$,其中 $C_1^2=2L^2(1+2M^2)$,从而得

$$\varphi(P_1,P)<\frac{\pi}{2}\sin\varphi^{*)}<\frac{\pi}{2}C_1\rho(P_1,P)=C\rho(P_1,P).$$

其中 $C=\frac{\pi}{2}C_1$ 为常数,本题获证.

*) 利用 1290 题的结果.

**【3559】** 圆柱面 $x^2+y^2=a^2$ 与曲面 $bz=xy$ 在公共点$M_0(x_0,y_0,z_0)$相交成怎样的角?

**提示** 先求出二曲面在 $M_0$ 点的法向量 $\boldsymbol{n}_1$及 $\boldsymbol{n}_2$.

**解** 二曲面在 $M_0$ 点的法向量为

$$\boldsymbol{n}_1=\{y_0,x_0,-b\}\quad 及\quad \boldsymbol{n}_2=\{2x_0,2y_0,0\}.$$

于是,交角 $\varphi$ 满足

$$\cos\varphi=\frac{\boldsymbol{n}_1\cdot\boldsymbol{n}_2}{|\boldsymbol{n}_1||\boldsymbol{n}_2|}=\frac{2x_0y_0+2x_0y_0+0}{\sqrt{x_0^2+y_0^2+b^2}\sqrt{4x_0^2+4y_0^2}}=\frac{4bz_0}{\sqrt{a^2+b^2}\,2a}=\frac{2bz_0}{a\sqrt{a^2+b^2}}.$$

**【3560】** 证明:球坐标的坐标曲面 $x^2+y^2+z^2=r^2$, $y=x\tan\varphi$, $x^2+y^2=z^2\tan^2\theta$ 两两正交.

**证明思路** 各曲面在其交点 $P(x,y,z)$处的法向量分别为

$$\boldsymbol{n}_1=\{2x,2y,2z\},\quad \boldsymbol{n}_2=\{\tan\varphi,-1,0\}\quad \boldsymbol{n}_3=\{2x,2y,-2z\tan^2\theta\}.$$

只要注意到 $\qquad n_1\cdot n_2=0,\quad n_1\cdot n_3=0,\quad n_2\cdot n_3=0,$

命题即获证.

**证** 各曲面在其交点 $P(x,y,z)$ 处的法向量分别为

$$n_1=\{2x,2y,2z\},\quad n_2=\{\tan\varphi,-1,0\},\quad n_3=\{2x,2y,-2z\tan^2\theta\}.$$

由于

$$n_1\cdot n_2=2x\tan\varphi-2y=2y-2y=0,$$

$$n_1\cdot n_3=4x^2+4y^2-4z^2\tan^2\theta=4z^2\tan^2\theta-4z^2\tan^2\theta=0,$$

$$n_2\cdot n_3=2x\tan\varphi-2y=0,$$

故知这些曲面在其交点处分别两两正交.

**【3561】** 证明:球面 $x^2+y^2+z^2=2ax$, $x^2+y^2+z^2=2by$, $x^2+y^2+z^2=2cz$,形成三重正交坐标系.

**提示** 仿 3560 题的证明思路.

**证** 设球 $x^2+y^2+z^2=2ax$ 与球 $x^2+y^2+z^2=2by$ 交于 $P_0(x_0,y_0,z_0)$ 点,则它们在 $P_0$ 点的法向量为

$$n_1=\{2(x_0-a),2y_0,2z_0\},\quad n_2=\{2x_0,2(y_0-b),2z_0\}.$$

由于

$$\begin{aligned}n_1\cdot n_2&=4[x_0(x_0-a)+y_0(y_0-b)+z_0^2]=2[2x_0^2+2y_0^2+2z_0^2-2ax_0-2by_0]\\&=2[(x_0^2+y_0^2+z_0^2-2ax_0)+(x_0^2+y_0^2+z_0^2-2by_0)]=0,\end{aligned}$$

故知这二球面在其交点处正交,同法可证其他球面的两两正交性.

**【3562】** 当 $\lambda=\lambda_1$, $\lambda=\lambda_2$, $\lambda=\lambda_3$ 时,经过每一点 $M(x,y,z)$ 有三个二次曲面:

$$\frac{x^2}{a^2-\lambda^2}+\frac{y^2}{b^2-\lambda^2}+\frac{z^2}{c^2-\lambda^2}=-1\quad(a>b>c>0).$$

证明:这些曲面是正交的.

**证** 先证 $\lambda_i(i=1,2,3)$ 的存在性.考虑 $\lambda^2$ 的多项式

$$F(\lambda^2)=x^2(b^2-\lambda^2)(c^2-\lambda^2)+y^2(a^2-\lambda^2)(c^2-\lambda^2)+z^2(a^2-\lambda^2)(b^2-\lambda^2)+(a^2-\lambda^2)(b^2-\lambda^2)(c^2-\lambda^2).$$

显然有

$$F(a^2)=x^2(b^2-a^2)(c^2-a^2)>0,\qquad F(b^2)=y^2(a^2-b^2)(c^2-b^2)<0,$$

$$F(c^2)=z^2(a^2-c^2)(b^2-c^2)>0,\qquad \lim_{\lambda\to\infty}F(\lambda^2)=-\infty.$$

因此,$F(\lambda^2)=0$ 在 $(a^2,+\infty)$,$(b^2,a^2)$ 及 $(c^2,b^2)$ 内各有一根,记为 $\lambda_1^2,\lambda_2^2,\lambda_3^2$.但 $F(\lambda^2)$ 是关于 $\lambda^2$ 的三次多项式,因此,也仅有三个实根 $\lambda_i^2(i=1,2,3)$,且知 $\lambda_i\neq\lambda_j(i\neq j;\ i,j=1,2,3)$.由 $F(\lambda_i^2)=0$ 不难推得

$$\frac{x^2}{a^2-\lambda_i^2}+\frac{y^2}{b^2-\lambda_i^2}+\frac{z^2}{c^2-\lambda_i^2}=-1\quad(i=1,2,3).$$

下面再证明这三个二次曲面是两两正交的.由于

$$n_i=\left\{\frac{2x}{a^2-\lambda_i^2},\frac{2y}{b^2-\lambda_i^2},\frac{2z}{c^2-\lambda_i^2}\right\}\quad(i=1,2,3),$$

及当 $i\neq j$ 时,

$$\begin{aligned}n_i\cdot n_j&=\frac{4x^2}{(a^2-\lambda_i^2)(a^2-\lambda_j^2)}+\frac{4y^2}{(b^2-\lambda_i^2)(b^2-\lambda_j^2)}+\frac{4z^2}{(c^2-\lambda_i^2)(c^2-\lambda_j^2)}\\&=\frac{4}{\lambda_i^2-\lambda_j^2}\left[\left(\frac{x^2}{a^2-\lambda_i^2}+\frac{y^2}{b^2-\lambda_i^2}+\frac{z^2}{c^2-\lambda_i^2}\right)-\left(\frac{x^2}{a^2-\lambda_j^2}+\frac{y^2}{b^2-\lambda_j^2}+\frac{z^2}{c^2-\lambda_j^2}\right)\right]\\&=\frac{4}{\lambda_i^2-\lambda_j^2}[(-1)-(-1)]=0,\end{aligned}$$

故本题获证.

**【3563】** 求函数 $u=x+y+z$ 沿球面 $x^2+y^2+z^2=1$ 在点 $M_0(x_0,y_0,z_0)$ 的外法线方向的导数.在球面上怎样的点,函数 $u$ 的上述法向导数有:(1)最大值,(2)最小值,(3)等于零?

**提示** 易得 $\dfrac{\partial u}{\partial n}=x_0+y_0+z_0$.

(1) 利用 1294 题的结果,易知所求的点为 $\left(\dfrac{1}{\sqrt3},\dfrac{1}{\sqrt3},\dfrac{1}{\sqrt3}\right)$.

(2) 同(1)，所求的点为$\left(-\frac{1}{\sqrt{3}},-\frac{1}{\sqrt{3}},-\frac{1}{\sqrt{3}}\right)$.

(3) 所求的点为由方程$x+y+z=0$及$x^2+y^2+z^2=1$所确定的解$(x,y,z)$.

**解** $r_0=\sqrt{x_0^2+y_0^2+z_0^2}=1$，则在点$M_0$处球面的外法线单位向量为$\left\{\frac{x_0}{r_0},\frac{y_0}{r_0},\frac{z_0}{r_0}\right\}=\{x_0,y_0,z_0\}$. 于是，

$$\frac{\partial u}{\partial n}=\left\{\frac{\partial u}{\partial x},\frac{\partial u}{\partial y},\frac{\partial u}{\partial z}\right\}\cdot\{x_0,y_0,z_0\}=\{1,1,1\}\cdot\{x_0,y_0,z_0\}=x_0+y_0+z_0.$$

(1) 利用1294题的结果，得

$$x_0+y_0+z_0=1x_0+1y_0+1z_0\leqslant\sqrt{3}\ \sqrt{x_0^2+y_0^2+z_0^2}=\sqrt{3}.$$

当$x_0=y_0=z_0=\frac{1}{\sqrt{3}}$时，上述等式成立，此点恰在球面上. 因此，在点$\left(\frac{1}{\sqrt{3}},\frac{1}{\sqrt{3}},\frac{1}{\sqrt{3}}\right)$处$\frac{\partial u}{\partial n}$取得最大值.

(2) 同法可得 $$-(x_0+y_0+z_0)=(-1)x_0+(-1)y_0+(-1)z_0\leqslant\sqrt{3},$$

或 $$x_0+y_0+z_0\geqslant-\sqrt{3}.$$

故在点$\left(-\frac{1}{\sqrt{3}},-\frac{1}{\sqrt{3}},-\frac{1}{\sqrt{3}}\right)$处$\frac{\partial u}{\partial n}$取得最小值.

(3) 当$x+y+z=0$及$x^2+y^2+z^2=1$时$\frac{\partial u}{\partial n}=0$. 因此，所求的点为由方程

$$\begin{cases}x+y+z=0,\\x^2+y^2+z^2=1\end{cases}$$

确定的解$(x,y,z)$，它在单位球面与过圆心的平面$x+y+z=0$的交线——圆上面.

**【3564】** 求函数$u=x^2+y^2+z^2$沿椭球面$\frac{x^2}{a^2}+\frac{y^2}{b^2}+\frac{z^2}{c^2}=1$在点$M_0(x_0,y_0,z_0)$的外法线方向的导数.

**解** $\boldsymbol{n}=\left\{\frac{2x_0}{a^2},\frac{2y_0}{b^2},\frac{2z_0}{c^2}\right\}$，此法向量的单位向量为$\boldsymbol{n}^\circ=\left\{\frac{x_0}{a^2\Delta},\frac{y_0}{b^2\Delta},\frac{z_0}{c^2\Delta}\right\}$，其中$\Delta=\sqrt{\frac{x_0^2}{a^4}+\frac{y_0^2}{b^4}+\frac{z_0^2}{c^4}}$.

于是，
$$\left.\frac{\partial u}{\partial n}\right|_{M_0}=\frac{x_0}{a^2\Delta}2x_0+\frac{y_0}{b^2\Delta}2y_0+\frac{z_0}{c^2\Delta}2z_0=\frac{2}{\Delta}\left(\frac{x_0^2}{a^2}+\frac{y_0^2}{b^2}+\frac{z_0^2}{c^2}\right)=\frac{2}{\Delta}=\frac{2}{\sqrt{\frac{x_0^2}{a^4}+\frac{y_0^2}{b^4}+\frac{z_0^2}{c^4}}}.$$

**【3565】** 设$\frac{\partial u}{\partial n}$知$\frac{\partial v}{\partial n}$为函数$u$和$v$在曲面$F(x,y,z)=0$上的点的法向导数，证明：

$$\frac{\partial}{\partial n}(uv)=u\frac{\partial v}{\partial n}+v\frac{\partial u}{\partial n}.$$

**提示** 由方向导数的计算公式命题易获证.

**证** $$\frac{\partial}{\partial n}(uv)=\frac{\partial}{\partial x}(uv)\cos\alpha+\frac{\partial}{\partial y}(uv)\cos\beta+\frac{\partial}{\partial z}(uv)\cos\gamma$$
$$=u\left(\frac{\partial v}{\partial x}\cos\alpha+\frac{\partial v}{\partial y}\cos\beta+\frac{\partial v}{\partial z}\cos\gamma\right)+v\left(\frac{\partial u}{\partial x}\cos\alpha+\frac{\partial u}{\partial y}\cos\beta+\frac{\partial u}{\partial z}\cos\gamma\right)=u\frac{\partial v}{\partial n}+v\frac{\partial u}{\partial n}.$$

## 求含一个参变量的平面曲线族的包络线：

**【3566】** $x\cos\alpha+y\sin\alpha=p$ ($p$=常数).

**解题思路** 令$f(x,y,\alpha)=x\cos\alpha+y\sin\alpha-p$. 由$f(x,y,\alpha)=0$及$f'_\alpha(x,y,\alpha)=0$消去$\alpha$，并注意原曲线没有奇点，且所得方程也不是原曲线族中某一支的方程，因而它就是包络线方程.

以下各题(3567～3580)说明所得的方程为所求的包络线(或包络面)方程的理由均与3566题相同.

**解** $$\begin{cases}f(x,y,\alpha)=x\cos\alpha+y\sin\alpha-p=0,\\f'_\alpha(x,y,\alpha)=-x\sin\alpha+y\cos\alpha=0.\end{cases}$$

消去$\alpha$，得 $$x^2+y^2=p^2. \tag{1}$$

由于原曲线没有奇点，且(1)也不是原曲线族中的某一支，故方程(1)为原曲线族的包络线方程.

【3567】 $(x-a)^2+y^2=\frac{a^2}{2}$.

**解** $\begin{cases}(x-a)^2+y^2-\frac{a^2}{2}=0,\\ 2(x-a)+a=0.\end{cases}$

消去 $a$，得 $y=\pm x$，同 3566 题的理由可知，它是包络线方程.

【3568】 $y=kx+\frac{a}{k}$ ($a$=常数).

**解** $\begin{cases}kx-y+\frac{a}{k}=0,\\ x-\frac{a}{k^2}=0.\end{cases}$

消去 $k$，得 $y^2=4ax$，同 3566 题的理由可知，它是包络线方程.

【3569】 $y^2=2px+p^2$.

**解** $\begin{cases}2px-y^2+p^2=0,\\ x+p=0.\end{cases}$

消去 $p$，得 $x^2+y^2=0$，它仅为一点(0,0). 于是，原曲线族无包络线.

【3570】 设有长为 $l$ 的线段，其两端点沿坐标轴滑动，求如此产生的线段族的包络线.

**解** 如图 6.31 所示，直线方程为 $\frac{x}{a}+\frac{y}{b}=1$.

但是 $a=l\sin\theta$，$b=l\cos\theta$，所以，

$$\frac{x}{\sin\theta}+\frac{y}{\cos\theta}=l. \tag{1}$$

对 $\theta$ 求导数，得

$$-\frac{x}{\sin^2\theta}\cos\theta+\frac{y}{\cos^2\theta}\sin\theta=0 \quad 或 \quad \frac{x}{\sin^3\theta}=\frac{y}{\cos^3\theta}. \tag{2}$$

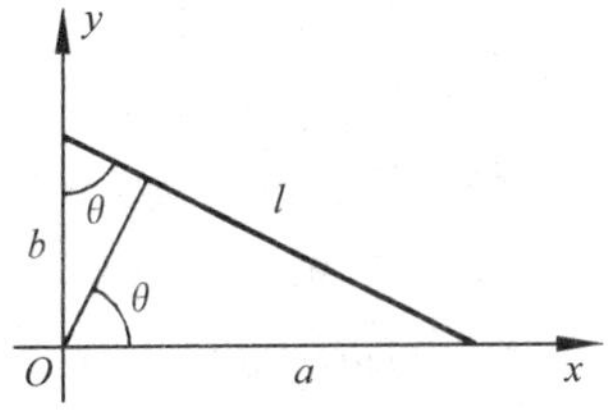

图 6.31

由(1)，(2)消去 $\theta$，得 $x^{\frac{2}{3}}+y^{\frac{2}{3}}=l^{\frac{2}{3}}$，同 3566 题的理由可知，它是包络线方程.

【3571】 求面积 $S$ 为常数的椭圆族 $\frac{x^2}{a^2}+\frac{y^2}{b^2}=1$ 的包络线.

**解** 由题设 $\pi ab=S$，得 $a=\frac{S}{\pi b}$，且

$$\frac{\pi^2b^2x^2}{S^2}+\frac{y^2}{b^2}=1. \tag{1}$$

对 $b$ 求导数，得

$$\frac{2\pi^2bx^2}{S^2}-\frac{2y^2}{b^3}=0. \tag{2}$$

由(2)式 $b^4=\frac{y^2S^2}{\pi^2x^2}$ 或 $b^2=\pm\frac{yS}{\pi x}$，再代入(1)，得 $\pm\frac{\pi xy}{S}\pm\frac{\pi xy}{S}=1$，即

$$|xy|=\frac{S}{2\pi},$$

同 3566 题的理由可知，它是包络线方程.

【3572】 炮弹在真空中以初速度 $v_0$ 射出，当投射角 $\alpha$ 在竖垂平面中变化时，求炮弹轨道的包络线.

**解** 炮弹轨道方程为

$$y=x\tan\alpha-\frac{gx^2}{2v_0^2\cos^2\alpha}. \tag{1}$$

对 $\alpha$ 求导数，得

$$0=\frac{x}{\cos^2\alpha}-\frac{gx^2\sin\alpha}{v_0^2\cos^3\alpha}. \tag{2}$$

由(2)式得 $\tan\alpha=\frac{v_0^2}{xg}$. 代入(1)式,得

$$y=x\tan\alpha-\frac{gx^2}{2v_0^2\cos^2\alpha}=x\frac{v_0^2}{xg}-\frac{gx^2}{2v_0^2}\left(1+\frac{v_0^2}{x^2g^2}\right)=\frac{v_0^2}{2g}-\frac{gx^2}{2v_0^2},$$

同 3566 题的理由可知,它是包络线方程.

**【3573】** 证明:平面曲线的法线的包络线是此曲线的渐屈线.

**提示** 可仅就由显式 $y=f(x)$ 所给出的平面曲线加以证明,并注意 $y=f(x)$ 在点 $P(x,y)$ 的法线方程为 $(X-x)+y'(Y-y)=0$.

**证** 这里我们仅就由显式 $y=f(x)$ 所给出的平面曲线情形加以证明.

曲线 $y=f(x)$ 在点 $P(x,y)$ 的法线方程为

$$(X-x)+y'(Y-y)=0. \tag{1}$$

对 $x$ 求导数,得

$$-1+y''(Y-y)-y'^2=0 \quad 或 \quad y''(Y-y)=1+y'^2. \tag{2}$$

由(1),(2)解得
$$\begin{cases} X=x-\dfrac{y'(1+y'^2)}{y''}, \\ Y=y+\dfrac{1+y'^2}{y''}, \end{cases}$$

此即 $y=f(x)$ 的渐屈线方程(参看第二章§14 前言 3°).

同 3566 题的理由可知,它是平面曲线的法线的包络线方程.

**【3574】** 研究下列曲线族的判别曲线的性质($c$ 是参变量):

(1) 立方抛物线 $y=(x-c)^3$; (2) 半立方抛物线 $y^2=(x-c)^3$;

(3) 尼尔抛物线 $y^3=(x-c)^2$; (4) 环索线 $(y-c)^2=x^2\frac{a-x}{a+x}$.

**解** (1) $\begin{cases} f(x,y,c)=y-(x-c)^3=0, \\ f'_c(x,y,c)=3(x-c)^2=0. \end{cases}$

消去 $c$,得 $y=0$,它为判别曲线的方程.

原曲线无奇点,且 $y=0$ 也不是原曲线族的某一支,因此,它是包络线. 此包络线与原曲线族在 $(c,0)$ 点相切,且 $(c,0)$ 点是曲线的拐点,即它又是原曲线族拐点的轨迹. 如图 6.32(1)所示.

(2) $\begin{cases} y^2-(x-c)^3=0, \\ 3(x-c)^2=0. \end{cases}$ 消去 $c$,得判别曲线 $y=0$.

原曲线的奇点为 $(c,0)$,因此它是奇点的轨迹. 要看是否为包络线,还要看在奇点的两支是否与判别曲线相切. 事实上,两支分别为 $y_1=(x-c)^{\frac{3}{2}}$, $y_2=-(x-c)^{\frac{3}{2}}$,均有 $y_1'(c)=0$, $y_2'(c)=0$. 因此,$y=0$ 为原曲线族的包络线. 如图 6.32(2)所示.

(3) $\begin{cases} y^3-(x-c)^2=0, \\ 2(x-c)=0. \end{cases}$ 消去 $c$,得判别曲线 $y=0$.

原曲线的奇点为 $(c,0)$. 由于 $y=(x-c)^{\frac{2}{3}}$ 在 $x=c$ 处的导数为无穷,因此,它与 $y=0$ 不相切,从而,它无包络线. 奇点 $(c,0)$ 为尖点. 如图 6.32(3)所示.

(4) $\begin{cases} (y-c)^2-x^2\dfrac{a-x}{a+x}=0, \\ -2(y-c)=0. \end{cases}$

消去 $c$,得 $x^2(a-x)=0$,即判别曲线为直线 $x=0$ 及 $x=a$.

显然 $x=0$ 为原曲线族奇点的轨迹,用§6. 的方法可判别出它是二重点的轨迹. 事实上,

$$A=f''_{xx}(0,c)=2,\quad B=f''_{xy}(0,c)=0,\quad C=f''_{yy}(0,c)=-2,\quad AC-B^2=-4<0.$$

从而知 $x=0$ 不是包络线.

但是,在 $x=a$ 处 $f'_x(a,y)\neq 0$ $(a\neq 0)$. 因此 $x=a$ 不是原曲线族奇点的轨迹,同时它又不是原曲线族的某一支. 因此,$x=a$是原曲线族的包络线,如图 6.32(4)所示.

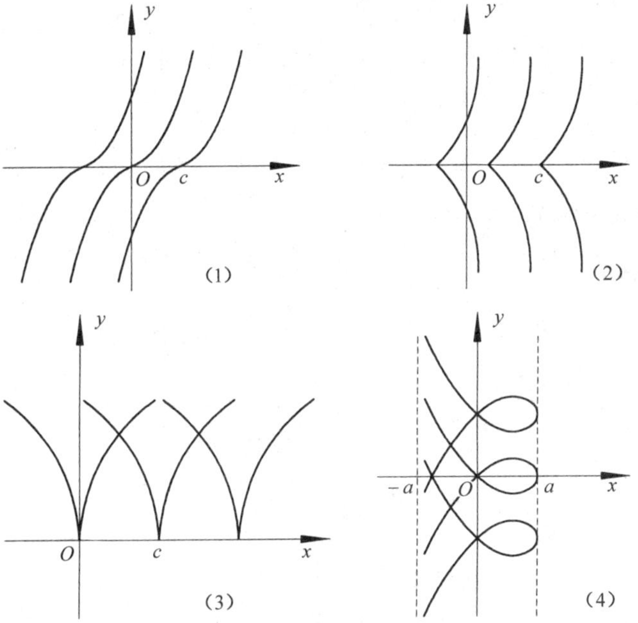


图 6.32

**【3575】** 求半径为 $r$,中心在圆周 $x=R\cos t$, $y=R\sin t$, $z=0$($t$ 是参数,$R>r$)上的球族的包络面.

**解**
$$\begin{cases}(X-R\cos t)^2+(Y-R\sin t)^2+Z^2=r^2, & (1)\\ 2R\sin t(X-R\cos t)-2R\cos t(Y-R\sin t)=0. & (2)\end{cases}$$

(2)式化简得 $X\sin t-Y\cos t=0$. 于是,

$$\tan t=\frac{Y}{X},\quad \cos t=\pm\frac{X}{\sqrt{X^2+Y^2}},\quad \sin t=\pm\frac{Y}{\sqrt{X^2+Y^2}},\tag{3}$$

将(3)式代入(1)式,得

$$(X^2+Y^2)\left(1\pm\frac{R}{\sqrt{X^2+Y^2}}\right)^2+Z^2=r^2.$$

当取"+"号时,由于 $R^2>r^2$,故它不代表任何点(不是虚的)的轨迹.

当取"−"号时,由于原曲面族无奇点,且$(\sqrt{X^2+Y^2}-R)^2+Z^2=r^2$ 不是原曲面族的某一个,因此,它是原曲面族的包络面(圆环).

**【3576】** 求球族

$$(x-t\cos\alpha)^2+(y-t\cos\beta)^2+(z-t\cos\gamma)^2=1\quad(\text{其中 }\cos^2\alpha+\cos^2\beta+\cos^2\gamma=1, t\text{ 是参变数})$$

的包络面.

**解**
$$\begin{cases}(x-t\cos\alpha)^2+(y-t\cos\beta)^2+(z-t\cos\gamma)^2-1=0, & (1)\\ -2\cos\alpha(x-t\cos\alpha)-2\cos\beta(y-t\cos\beta)-2\cos\gamma(z-t\cos\gamma)=0. & (2)\end{cases}$$

由(2)得
$$t=x\cos\alpha+y\cos\beta+z\cos\gamma\tag{3}$$

将(3)式代入(1)式,化简整理得

$$x^2+y^2+z^2-(x\cos\alpha+y\cos\beta+z\cos\gamma)^2=1.\tag{4}$$

由于原曲面族的奇点均不在此方程所表示的曲面上,并且曲面(4)也不是原曲面族中的某一个,因此,曲面(4)为原曲面族的包络面.

**【3577】** 求相应体积 $V$ 是常数的椭球面族$\frac{x^2}{a^2}+\frac{y^2}{b^2}+\frac{z^2}{c^2}=1$ 的包络面..

**解题思路** 引入辅助函数

$$F(x,y,z,a,b,c)=\frac{x^2}{a^2}+\frac{y^2}{b^2}+\frac{z^2}{c^2}+\lambda\left(abc-\frac{3V}{4\pi}\right),$$

则包络面的方程由下列方程组确定：

$$\begin{cases}\dfrac{x^2}{a^2}+\dfrac{y^2}{b^2}+\dfrac{z^2}{c^2}=1,\\ abc=\dfrac{3V}{4\pi},\\ F'_a=0,\ F'_b=0,\ F'_c=0.\end{cases}$$

消去 $a,b,c$，可得包络面方程 $|xyz|=\dfrac{V}{4\pi\sqrt{3}}$.

**解** 引入辅助函数

$$F(x,y,z,a,b,c)=\frac{x^2}{a^2}+\frac{y^2}{b^2}+\frac{z^2}{c^2}+\lambda\left(abc-\frac{3V}{4\pi}\right),$$

则包络面的方程由下列方程组确定：

$$\begin{cases}\dfrac{x^2}{a^2}+\dfrac{y^2}{b^2}+\dfrac{z^2}{c^2}=1, & (1)\\ abc=\dfrac{3V}{4\pi}, & (2)\\ F'_a=-\dfrac{2x^2}{a^3}+\lambda bc=0, & (3)\\ F'_b=-\dfrac{2y^2}{b^3}+\lambda ac=0, & (4)\\ F'_c=-\dfrac{2z^2}{c^3}+\lambda ab=0. & (5)\end{cases}$$

由(3)、(4)、(5)可解得

$$\frac{x^2}{a^2}=\frac{y^2}{b^2}=\frac{z^2}{c^2}=\frac{\lambda abc}{2}=\mu. \tag{6}$$

将(6)式代入(1)式，得 $\dfrac{x^2}{a^2}=\dfrac{y^2}{b^2}=\dfrac{z^2}{c^2}=\mu=\dfrac{1}{3}$. 于是，

$$a=\sqrt{3}|x|,\quad b=\sqrt{3}|y|,\quad c=\sqrt{3}|z|. \tag{7}$$

将(7)式代入(2)式，得

$$|xyz|=\frac{V}{4\pi\sqrt{3}}. \tag{8}$$

由于原曲面族无奇点，且曲面(8)也不是原曲面族中的某一个，故知曲面(8)为原曲面族的包络面.

**【3578】** 求半径为 $\rho$，中心在圆锥面 $x^2+y^2=z^2$ 上的球族的包络面.

**解** 设球心为 $(a,b,c)$，则球的方程为

$$(x-a)^2+(y-b)^2+(z-c)^2=\rho^2,$$

其中 $a^2+b^2=c^2$.

引入辅助函数 $F(x,y,z,a,b,c)=(x-a)^2+(y-b)^2+(z-c)^2+\lambda(a^2+b^2-c^2)$，

则包络面方程由下列方程组确定：

$$\begin{cases}(x-a)^2+(y-b)^2+(z-c)^2=\rho^2, & (1)\\ a^2+b^2=c^2, & (2)\\ F'_a=-2(x-a)+2\lambda a=0, & (3)\\ F'_b=-2(y-b)+2\lambda b=0, & (4)\\ F'_c=-2(z-c)+2\lambda c=0. & (5)\end{cases}$$

由(3)、(4)、(5)可得

$$\frac{x}{a}-1=\frac{y}{b}-1=-\frac{z}{c}+1=\lambda.$$

引入记号$\frac{1}{\mu}=\frac{x}{a}=\frac{y}{b}=2-\frac{z}{c}$,则有

$$a=\mu x,\quad b=\mu y,\quad c=\frac{\mu z}{2\mu-1}. \tag{6}$$

将(6)式代入(1),(2)两式,得

$$\begin{cases} x^2+y^2+\frac{z^2}{(2\mu-1)^2}=\frac{\rho^2}{(\mu-1)^2}, & (7)\\ x^2+y^2-\frac{z^2}{(2\mu-1)^2}=0. & (8)\end{cases}$$

(7)+(8)得

$$2(x^2+y^2)=\frac{\rho^2}{(\mu-1)^2}\quad 或\quad \sqrt{2}\rho=\sqrt{x^2+y^2}\,|2\mu-2|. \tag{9}$$

由(8)得

$$2\mu-1=\pm\frac{z}{\sqrt{x^2+y^2}}. \tag{10}$$

将(10)代入(9),整理得

$$\sqrt{2}\rho=|\sqrt{x^2+y^2}\pm z|. \tag{11}$$

由于原曲面族无奇点,且曲面(11)也不是原曲面族的某一个. 因此,曲面(11)为原曲面族的包络面.

**【3579】** 有一发光点位于坐标原点. 若$x_0^2+y_0^2+z_0^2>R^2$,求由球

$$(x-x_0)^2+(y-y_0)^2+(z-z_0)^2\leqslant R^2$$

投影所生成的阴影圆锥.

**解**　解法1:

所求的阴影圆锥的表面,可看作是一个过原点的平面族的包络面,此平面族的方程为$ax+bx+cz=0$,

其中$a,b,c$满足约束条件
$$\begin{cases} ax_0+by_0+cz_0=\pm R,\\ a^2+b^2+c^2=1.\end{cases}$$

引入辅助函数

$$F(x,y,z,a,b,c)=ax+by+cz+\lambda(ax_0+by_0+cz_0\mp R)+\mu(a^2+b^2+c^2-1),$$

则包络面方程由下列方程组确定:

$$\begin{cases} ax+by+cz=0, & (1)\\ a^2+b^2+c^2=1, & (2)\\ ax_0+by_0+cz_0=\pm R, & (3)\\ F'_a=x+\lambda x_0+2\mu a=0, & (4)\\ F'_b=y+\lambda y_0+2\mu b=0, & (5)\\ F'_c=z+\lambda z_0+2\mu c=0. & (6)\end{cases}$$

方程(4)、(5)、(6)要能解出$\lambda$、$\mu$,其中$a$、$b$、$c$必须满足关系式

$$\begin{vmatrix} x & x_0 & a\\ y & y_0 & b\\ z & z_0 & c\end{vmatrix}=0. \tag{7}$$

记

$$r_1=\begin{vmatrix} y & y_0\\ z & z_0\end{vmatrix},\quad r_2=\begin{vmatrix} z & z_0\\ x & x_0\end{vmatrix},\quad r_3=\begin{vmatrix} x & x_0\\ y & y_0\end{vmatrix},$$

则上述关系式可记为

$$ar_1+br_2+cr_3=0. \tag{8}$$

由(1)、(3)、(8)可解得

$$a=\frac{\begin{vmatrix} 0 & y & z\\ \pm R & y_0 & z_0\\ 0 & r_2 & r_3\end{vmatrix}}{\begin{vmatrix} x & y & z\\ x_0 & y_0 & z_0\\ r_1 & r_2 & r_3\end{vmatrix}}=\frac{\pm R(zr_2-yr_3)}{(r_1^2+r_2^2+r_3^2)}$$

或 $$a^2=\frac{R^2(zr_2-yr_3)^2}{(r_1^2+r_2^2+r_3^2)^2},b^2=\frac{R^2(xr_3-zr_1)^2}{(r_1^2+r_2^2+r_3^2)^2},c^2=\frac{R^2(xr_2-yr_1)^2}{(r_1^2+r_2^2+r_3^2)^2}. \qquad (9)$$

将(9)式代入(2)式,即得

$$\begin{aligned}(r_1^2+r_2^2+r_3^2)^2&=R^2[(yr_3-zr_2)^2+(xr_3-zr_1)^2+(xr_2-yr_1)^2]\\&=R^2[(r_1^2+r_2^2+r_3^2)(x^2+y^2+z^2)-(xr_1+yr_2+zr_3)^2]\\&=R^2(r_1^2+r_2^2+r_3^2)(x^2+y^2+z^2).\end{aligned}$$

(其中利用了 $xr_1+yr_2+zr_3=0$,这是不难验证的.)于是,有

$$r_1^2+r_2^2+r_3^2=R^2(x^2+y^2+z^2). \qquad (10)$$

由于原平面族无奇点,且曲面(10)不是平面族的某一个,因此,曲面(10)即为包络面.所求的阴影圆锥为此锥面的内部,即满足不等式

$$r_1^2+r_2^2+r_3^2\leqslant R^2(x^2+y^2+z^2)$$

的空间区域(严格说来,还要除去球前部的区域).

解法 2:

显然,阴影圆锥是由通过坐标原点的球面 $(x-x_0)^2+(y-y_0)^2+(z-z_0)^2=R^2$ 的全体切线构成的.由解析几何知,如果点 $P_1(x_1,y_1,z_1)$ 不在二次曲面

$$\begin{aligned}F(x,y,z)&=ax^2+by^2+cz^2+2fyz+2gxz+2hxy+2px+2qy+2rz+\mathrm{d}\\&=\varphi(x,y,z)+2px+2qy+2rz+\mathrm{d}=0 \qquad (1)\end{aligned}$$

上,则通过点 $P_1$ 而和二次曲面(1)相切的全体切线所构成的锥面方程为

$$[(x-x_1)F'_x(x_1,y_1,z_1)+(y-y_1)F'_y(x_1,y_1,z_1)+(z-z_1)F'_z(x_1,y_1,z_1)]^2-4\varphi(x-x_1,y-y_1,z-z_1)\cdot F(x_1,y_1,z_1)=0. \qquad (2)$$

今有

$$\begin{aligned}F(x,y,z)&=(x-x_0)^2+(y-y_0)^2+(z-z_0)^2-R^2\\&=x^2+y^2+z^2-2(x_0x+y_0y+z_0z)+(x_0^2+x_0^2+x_0^2-R^2).\end{aligned}$$

由于

$$F'_x(0,0,0)=-2x_0,\ F'_y(0,0,0)=-2y_0,\ F'_z(0,0,0)=-2z_0,$$

故由(2)即得阴影圆锥面的方程为

$$(-2x_0x-2y_0y-2z_0z)^2-4(x^2+y^2+z^2)(x_0^2+y_0^2+z_0^2-R^2)=0$$

或

$$(y_0^2+z_0^2)x^2+(x_0^2+z_0^2)y^2+(x_0^2+y_0^2)z^2-2x_0y_0xy-2y_0z_0yz-2z_0x_0zx-R^2(x^2+y^2+z^2)=0.$$

由于

$$\begin{aligned}&(y_0^2+z_0^2)x_0^2+(x_0^2+z_0^2)y_0^2+(x_0^2+y_0^2)z_0^2-2x_0^2y_0^2-2y_0^2z_0^2-2z_0^2x_0^2-R^2(x_0^2+y_0^2+z_0^2)\\&=-R^2(x_0^2+y_0^2+z_0^2)<0,\end{aligned}$$

故所求的阴影圆锥为此锥面的内部,即满足不等式

$$(y_0^2+z_0^2)x^2+(z_0^2+x_0^2)y^2+(x_0^2+y_0^2)z^2-2x_0y_0xy-2y_0z_0yz-2z_0x_0zx-R^2(x^2+y^2+z^2)\leqslant 0$$

或 $$\begin{vmatrix}x&y\\x_0&y_0\end{vmatrix}^2+\begin{vmatrix}y&z\\y_0&z_0\end{vmatrix}^2+\begin{vmatrix}z&x\\z_0&x_0\end{vmatrix}^2\leqslant R^2(x^2+y^2+z^2)$$

的空间区域(严格说来,还要除去球前部的区域).

解法 3:

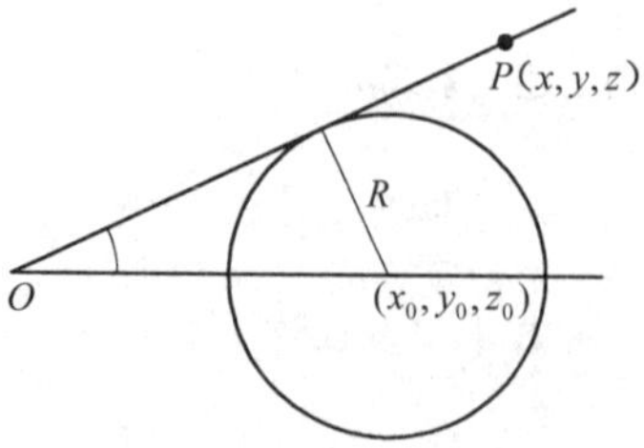

图 6.33

如图 6.33 所示,由三角形的面积公式 $\frac{1}{2}|\boldsymbol{r}||\boldsymbol{l}_0|\sin\alpha$ 得到

$$|\boldsymbol{r}\times\boldsymbol{l}_0|=|\boldsymbol{r}||\boldsymbol{l}_0|\frac{R}{|\boldsymbol{l}_0|},$$

其中 $\boldsymbol{l}_0=\{x_0,y_0,z_0\}$, $\boldsymbol{r}=\{x,y,z\}$,而 $P(x,y,z)$ 为锥面上的任意一点.平方之,即得圆锥曲面的方程为

$$|\boldsymbol{r}\times\boldsymbol{l}_0|^2=R^2|\boldsymbol{r}|^2.$$

于是,所求的阴影圆锥为适合不等式$|\boldsymbol{r}\times\boldsymbol{l}_0|^2\leqslant R^2|\boldsymbol{r}|^2$, 即

$$\begin{vmatrix} x & y \\ x_0 & y_0 \end{vmatrix}^2+\begin{vmatrix} y & z \\ y_0 & z_0 \end{vmatrix}^2+\begin{vmatrix} z & x \\ z_0 & x_0 \end{vmatrix}^2\leqslant R^2(x^2+y^2+z^2)$$

的空间区域(严格说来,还要除去球前部的区域).

**【3580】** 若参变量 $p$ 和 $q$ 满足方程 $p^2+q^2=1$,求平面族 $z-z_0=p(x-x_0)+q(y-y_0)$的包络面.

**提示** 仿 3577 题参变量为 $p$ 和 $q$,包络面方程为

$$(z-z_0)^2=(x-x_0)^2+(y-y_0)^2.$$

**解** 解法 1:

引入辅助函数 $F(x,y,z,p,q)=z-z_0-p(x-x_0)-q(y-y_0)+\lambda(p^2+q^2-1)$,

则包络面方程由下列方程组确定:

$$\begin{cases} z-z_0=p(x-x_0)+q(y-y_0), & (1)\\ p^2+q^2=1. & (2)\\ F'_p=-(x-x_0)+2\lambda p=0, & (3)\\ F'_q=-(y-y_0)+2\lambda q=0. & (4)\end{cases}$$

(3)$\times p+$(4)$\times q$,得 $2\lambda=z-z_0$. 于是,由(3),(4)得

$$p=\frac{x-x_0}{z-z_0},\qquad q=\frac{y-y_0}{z-z_0}. \tag{5}$$

将(5)式代入(1)式,得 $\qquad (z-z_0)^2=(x-x_0)^2+(y-y_0)^2.$

由于原平面族无奇点,且显见上述曲面不是平面,故上述曲面即为包络面.

解法 2:

引入新参数 $\theta$,令 $p=\sin\theta$, $q=\cos\theta$.

$$\begin{cases} z-z_0=\cos\theta\cdot(x-x_0)+\sin\theta\cdot(y-y_0), & (1)\\ \sin\theta\cdot(x-x_0)=\cos\theta\cdot(y-y_0). & (2)\end{cases}$$

于是,

$$\sin\theta=\frac{\pm(y-y_0)}{\sqrt{(x-x_0)^2+(y-y_0)^2}},\quad \cos\theta=\frac{\pm(x-x_0)}{\sqrt{(x-x_0)^2+(y-y_0)^2}}.$$

代入(1)式,得

$$(z-z_0)^2=(x-x_0)^2+(y-y_0)^2.$$

由于原平面族无奇点,且上述曲面不是平面,故上述曲面即为包络面.

## §6. 泰 勒 公 式

1° **泰勒公式** 若函数 $f(x,y)$在点$(a,b)$的某邻域内有直到 $n+1$ 阶(包括 $n+1$ 阶)的连续偏导数,则在此邻域内成立公式

$$f(x,y)=f(a,b)+\sum_{i=1}^{n}\frac{1}{i!}\left[(x-a)\frac{\partial}{\partial x}+(y-b)\frac{\partial}{\partial y}\right]^i f(a,b)+R_n(x,y), \tag{1}$$

其中 $R_n(x,y)=\dfrac{1}{(n+1)!}\left[(x-a)\dfrac{\partial}{\partial x}+(y-b)\dfrac{\partial}{\partial y}\right]^{n+1}f[a+\theta_n(x-a),b+\theta_n(y-b)]\quad(0<\theta_n<1).$

2° **泰勒级数** 若函数 $f(x,y)$无穷次可微且$\lim\limits_{n\to\infty}R_n(x,y)=0$,则此函数可表成幂级数的形式:

$$f(x,y)=f(a,b)+\sum_{i+j\geqslant 1}^{\infty}\frac{1}{i!j!}f^{(i+j)}_{x^iy^j}(a,b)(x-a)^i(y-b)^j \tag{2}$$

在 $a=b=0$ 的特殊情形下,公式(1)和(2)分别称为麦克劳林公式和麦克劳林级数.

对于多于两个变量的函数有类似的公式.

3° **平面曲线的奇点** 若可微曲线 $F(x,y)=0$ 上的点 $M_0(x_0,y_0)$ 满足下列条件：

$$F(x_0,y_0)=0,\quad F'_x(x_0,y_0)=0,\quad F'_y(x_0,y_0)=0,$$

则称此点为奇点. 设 $M_0(x_0,y_0)$ 是属于光滑曲线类 $C^{(2)}$ 的曲线的奇点，且数

$$A=F''_{xx}(x_0,y_0),\quad B=F''_{xy}(x_0,y_0),\quad C=F''_{yy}(x_0,y_0)$$

不全为零. 于是，若

(1) $AC-B^2>0$，则 $M_0$ 是孤立点；

(2) $AC-B^2<0$，则 $M_0$ 是二重点(节点)；

(3) $AC-B^2=0$，则 $M_0$ 是上升点或孤立点.

在 $A=B=C=0$ 的情形，奇点的种类可能更复杂. 至于不属于光滑曲线类 $C^{(2)}$ 的曲线，奇点还可能有更复杂的本质：中断点，角点等等.

**【3581】** 在点 $A(1,-2)$ 的邻域内根据泰勒公式展开函数

$$f(x,y)=2x^2-xy-y^2-6x-3y+5.$$

**解** $\frac{\partial f}{\partial x}=4x-y-6,\quad \frac{\partial f}{\partial y}=-x-2y-3;$

$$\frac{\partial^2 f}{\partial x^2}=4,\quad \frac{\partial^2 f}{\partial x\partial y}=-1,\quad \frac{\partial^2 f}{\partial y^2}=-2.$$

所有三阶偏导数均为零，因此，有 $R_2(x,y)=0$. 在点 $A(1,-2)$ 处，

$$f(1,-2)=5,\quad \frac{\partial f}{\partial x}=0,\quad \frac{\partial f}{\partial y}=0,\quad \frac{\partial^2 f}{\partial x^2}=4,\quad \frac{\partial^2 f}{\partial x\partial y}=-1,\quad \frac{\partial^2 f}{\partial y^2}=-2.$$

于是，
$$f(x,y)=5+2(x-1)^2-(x-1)(y+2)-(y+2)^2.$$

**【3582】** 在点 $A(1,1,1)$ 的邻域内根据泰勒公式展开函数

$$f(x,y,z)=x^3+y^3+z^3-3xyz.$$

**解** $\frac{\partial f}{\partial x}=3x^2-3yz,\quad \frac{\partial f}{\partial y}=3y^2-3xz,\quad \frac{\partial f}{\partial z}=3z^2-3xy;$

$$\frac{\partial^2 f}{\partial x^2}=6x,\quad \frac{\partial^2 f}{\partial y^2}=6y,\quad \frac{\partial^2 f}{\partial z^2}=6z;\quad \frac{\partial^2 f}{\partial x\partial y}=-3z,\quad \frac{\partial^2 f}{\partial y\partial z}=-3x,\quad \frac{\partial^2 f}{\partial x\partial z}=-3y;$$

$$\frac{\partial^3 f}{\partial x^3}=\frac{\partial^3 f}{\partial y^3}=\frac{\partial^3 f}{\partial z^3}=6,\quad \frac{\partial^3 f}{\partial x\partial y\partial z}=-3,$$

其余的三阶混合偏导数均为零；所有的四阶偏导数均为零，因此，$R_3(x,y,z)=0$. 在点 $A(1,1,1)$ 处，

$$f(1,1,1)=0,\quad \frac{\partial f}{\partial x}=\frac{\partial f}{\partial y}=\frac{\partial f}{\partial z}=0,\quad \frac{\partial^2 f}{\partial x^2}=\frac{\partial^2 f}{\partial y^2}=\frac{\partial^2 f}{\partial z^2}=6,\quad \frac{\partial^2 f}{\partial x\partial y}=\frac{\partial^2 f}{\partial y\partial z}=\frac{\partial^2 f}{\partial x\partial z}=-3,$$

$$\frac{\partial^3 f}{\partial x^3}=\frac{\partial^3 f}{\partial y^3}=\frac{\partial^3 f}{\partial z^3}=6,\quad \frac{\partial^3 f}{\partial x\partial y\partial z}=-3,\frac{\partial^3 f}{\partial x^2\partial y}=\cdots=\frac{\partial^3 f}{\partial z^2\partial x}=0,$$

于是，

$$f(x,y,z)=f(1,1,1)+\sum_{i=1}^{3}\frac{1}{i!}\left[(x-1)\frac{\partial}{\partial x}+(y-1)\frac{\partial}{\partial y}+(z-1)\frac{\partial}{\partial z}\right]^i f(1,1,1)$$

$$=3\left[(x-1)^2+(y-1)^2+(z-1)^2-(x-1)(y-1)-(x-1)(z-1)-(y-1)(z-1)\right]+(x-1)^3$$
$$+(y-1)^3+(z-1)^3-3(x-1)(y-1)(z-1).$$

**【3583】** 当自变量值从 $x=1,y=-1$ 变到 $x_1=1+h,y_1=-1+k$ 时，求函数 $f(x,y)=x^2y+xy^2-2xy$ 的增量.

**解** 记 $A(1,-1)$ 及 $P(1+h,-1+k)$，则

$$\left.\frac{\partial f}{\partial x}\right|_A=(2xy+y^2-2y)\Big|_A=1,\qquad \left.\frac{\partial f}{\partial y}\right|_A=(x^2+2xy-2x)\Big|_A=-3;$$

$$\left.\frac{\partial^2 f}{\partial x^2}\right|_A=2y\Big|_A=-2,\qquad \left.\frac{\partial^2 f}{\partial y^2}\right|_A=2x\Big|_A=2,\qquad \left.\frac{\partial^2 f}{\partial x\partial y}\right|_A=(2x+2y-2)\Big|_A=-2;$$

$$\left.\frac{\partial^3 f}{\partial x^3}\right|_A=\left.\frac{\partial^3 f}{\partial y^3}\right|_A=0,\qquad \left.\frac{\partial^3 f}{\partial x^2\partial y}\right|_A=\left.\frac{\partial^3 f}{\partial x\partial y^2}\right|_A=2;$$

所有四阶偏导数均为零，因此，$R_3(x,y)=0$. 于是，按泰勒公式即得

$$\Delta f=f(P)-f(A)=\sum_{i=1}^{3}\frac{1}{i!}\left(h\frac{\partial}{\partial x}+k\frac{\partial}{\partial y}\right)^i f(A)=(h-3k)+(-h^2-2hk+k^2)+hk(h+k).$$

**【3584】** 设 $\qquad f(x,y,z)=Ax^2+By^2+Cz^2+2Dxy+2Exz+2Fyz,$

按数 $h,k$ 和 $l$ 的正整数次幂展开 $f(x+h,y+k,z+l)$.

**解** $\frac{\partial f}{\partial x}=2(Ax+Dy+Ez)$， $\frac{\partial^2 f}{\partial x^2}=2A$， $\frac{\partial^2 f}{\partial x\partial y}=2D$， $\frac{\partial f}{\partial y}=2(By+Dx+Fz)$， $\frac{\partial^2 f}{\partial y^2}=2B$，

$\frac{\partial^2 f}{\partial y\partial z}=2F$， $\frac{\partial f}{\partial z}=2(Cz+Ex+Fy)$， $\frac{\partial^2 f}{\partial z^2}=2C$， $\frac{\partial^2 f}{\partial z\partial x}=2E$.

所有三阶偏导数均为零，因此 $R_2(x,y)=0$. 于是，按泰勒公式即得

$$\begin{aligned}&f(x+h,y+k,z+l)\\&=f(x,y,z)+\sum_{i=1}^{2}\frac{1}{i!}\left(h\frac{\partial}{\partial x}+k\frac{\partial}{\partial y}+l\frac{\partial}{\partial z}\right)^i f(x,y,z)\\&=f(x,y,z)+2[h(Ax+Dy+Ez)+k(By+Dx+Fz)+l(Cz+Ex+Fy)]+[Ah^2+Bk^2+Cl^2+2Dhk+2Ehl+2Fkl]\\&=f(x,y,z)+2[h(Ax+Dy+Ez)+k(Dx+By+Fz)+l(Ex+Fy+Cz)]+f(h,k,l).\end{aligned}$$

**【3585】** 写出函数 $f(x,y)=x^y$ 在点 $A(1,1)$ 的邻域内的展开式，到二次项为止.

**解** $\frac{\partial f}{\partial x}=yx^{y-1}$， $\qquad \frac{\partial f}{\partial y}=x^y\ln x$，

$\frac{\partial^2 f}{\partial x^2}=y(y-1)x^{y-2}$， $\frac{\partial^2 f}{\partial x\partial y}=x^{y-1}+yx^{y-1}\ln x$， $\frac{\partial^2 f}{\partial y^2}=x^y\ln^2 x$， $\frac{\partial^2 f}{\partial x^3}=y(y-1)(y-2)x^{y-3}$，

$\frac{\partial^3 f}{\partial y^3}=x^y\ln^3 x$， $\frac{\partial^3 f}{\partial x^2\partial y}=(2y-1)x^{y-2}+y(y-1)x^{y-2}\ln x$， $\frac{\partial^3 f}{\partial x\partial y^2}=yx^{y-1}\ln^2 x+2x^{y-1}\ln x$.

于是，按泰勒公式在点(1,1)附近展开到二次项，得

$$x^y=1+(x-1)+(x-1)(y-1)+R_2[1+\theta(x-1),1+\theta(y-1)]\quad 0<\theta<1,$$

其中余项

$$\begin{aligned}R_2(x,y)=&\frac{1}{3!}\{y(y-1)(y-2)x^{y-3}\mathrm{d}x^3+3[(2y-1)x^{y-2}+y(y-1)x^{y-2}\ln x]\mathrm{d}x^2\mathrm{d}y\\&+3[yx^{y-1}\ln^2 x+2x^{y-1}\ln x]\mathrm{d}x\mathrm{d}y^2+x^y\ln^3 x\mathrm{d}y^3\}\\=&\frac{1}{6}x^y\left[\left(\frac{y}{x}\mathrm{d}x+\ln x\mathrm{d}y\right)^3+3\left(\frac{y}{x}\mathrm{d}x+\ln x\mathrm{d}y\right)\left(-\frac{y}{x^2}\mathrm{d}x^2+\frac{2}{x}\mathrm{d}x\mathrm{d}y\right)\right.\\&\left.+\left(\frac{2y}{x^3}\mathrm{d}x^3-\frac{3}{x^2}\mathrm{d}x^2\mathrm{d}y\right)\right],\\&\mathrm{d}x=x-1,\qquad \mathrm{d}y=y-1.\end{aligned}$$

**【3586】** 根据麦克劳林公式展开函数 $f(x,y)=\sqrt{1-x^2-y^2}$ 到四次项为止.

**解** 由于

$$\begin{aligned}(1+x)^{\frac{1}{2}}&=1+\frac{1}{2}x+\frac{\left(\frac{1}{2}\right)\left(\frac{1}{2}-1\right)}{2!}x^2+\frac{\left(\frac{1}{2}\right)\left(\frac{1}{2}-1\right)\left(\frac{1}{2}-2\right)}{3!}x^3+\cdots\\&\approx 1+\frac{1}{2}x-\frac{1}{8}x^2+\frac{1}{16}x^3,\end{aligned}$$

故得 $\qquad f(x,y)=\sqrt{1-x^2-y^2}=[1+(-x^2-y^2)]^{\frac{1}{2}}\approx 1-\frac{1}{2}(x^2+y^2)-\frac{1}{8}(x^2+y^2)^2.$

**【3587】** 若 $|x|$ 和 $|y|$ 同 1 比较为很小的量，对于下列表达式：

(1) $\frac{\cos x}{\cos y}$； (2) $\arctan\frac{1+x+y}{1-x+y}$

推出精确到二次项的近似公式.

**解** (1) $\frac{\cos x}{\cos y}=\cos x(1-\sin^2 y)^{-\frac{1}{2}}=\left(1-\frac{x^2}{2}+\cdots\right)\left(1+\frac{1}{2}\sin^2 y+\cdots\right)$

$$\approx\left(1-\frac{x^2}{2}\right)\left(1+\frac{1}{2}\sin^2 y\right)\approx\left(1-\frac{x^2}{2}\right)\left(1+\frac{1}{2}y^2\right)\approx 1-\frac{1}{2}(x^2-y^2).$$

(2) $$\arctan\frac{1+x+y}{1-x+y}=\arctan\frac{1+\frac{x}{1+y}}{1-\frac{x}{1+y}}=\frac{\pi}{4}+\arctan\frac{x}{1+y}=\frac{\pi}{4}+\left(\frac{x}{1+y}\right)-\frac{1}{3}\left(\frac{x}{1+y}\right)^3+\cdots$$

$$\approx\frac{\pi}{4}+x(1-y+y^2)\approx\frac{\pi}{4}+x-xy.$$

**【3588】** 假定 $x,y,z$ 的绝对值是很小的量，简化表达式

$$\cos(x+y+z)-\cos x\cos y\cos z.$$

**解** 我们简化上式到二次项.

$$\cos(x+y+z)-\cos x\cos y\cos z\approx 1-\frac{1}{2}(x+y+z)^2-\left(1-\frac{1}{2}x^2\right)\left(1-\frac{1}{2}y^2\right)\left(1-\frac{1}{2}z^2\right)$$

$$\approx 1-\frac{1}{2}(x^2+y^2+z^2)-(xy+yz+zx)-\left(1-\frac{1}{2}x^2-\frac{1}{2}y^2-\frac{1}{2}z^2\right)=-(xy+yz+zx).$$

**【3589】** 按 $h$ 的幂次展开函数

$$F(x,y)=\frac{1}{4}[f(x+h,y)+f(x,y+h)+f(x-h,y)+f(x,y-h)]-f(x,y),$$

精确到 $h^4$.

**解** 记 $\frac{\partial f(x,y)}{\partial x}=\frac{\partial f}{\partial x}$ 及 $\frac{\partial f(x,y)}{\partial y}=\frac{\partial f}{\partial y},\cdots$，余类似，

即得

$$F(x,y)=\frac{1}{4}\{[f(x+h,y)-f(x,y)+[f(x,y+h)-f(x,y)]+[f(x-h,y)-f(x,y)]$$

$$+[f(x,y-h)-f(x,y)]\}$$

$$\approx\frac{1}{4}\left\{\left[h\frac{\partial f}{\partial x}+\frac{1}{2}h^2\frac{\partial^2 f}{\partial x^2}+\frac{1}{6}h^3\frac{\partial^3 f}{\partial x^3}+\frac{1}{24}h^4\frac{\partial^4 f}{\partial x^4}\right]+\left[h\frac{\partial f}{\partial y}+\frac{1}{2}h^2\frac{\partial^2 f}{\partial y^2}+\frac{1}{6}h^3\frac{\partial^3 f}{\partial y^3}+\frac{1}{24}h^4\frac{\partial^4 f}{\partial y^4}\right]\right.$$

$$\left.+\left[-h\frac{\partial f}{\partial x}+\frac{1}{2}h^2\frac{\partial^2 f}{\partial x^2}-\frac{1}{6}h^3\frac{\partial^3 f}{\partial x^3}+\frac{1}{24}h^4\frac{\partial^4 f}{\partial x^4}\right]+\left[-h\frac{\partial f}{\partial y}+\frac{1}{2}h^2\frac{\partial^2 f}{\partial y^2}-\frac{1}{6}h^3\frac{\partial^3 f}{\partial y^3}+\frac{1}{24}h^4\frac{\partial^4 f}{\partial y^4}\right]\right\}$$

$$=\frac{h^2}{4}\left(\frac{\partial^2 f}{\partial x^2}+\frac{\partial^2 f}{\partial y^2}\right)+\frac{h^4}{48}\left(\frac{\partial^4 f}{\partial x^4}+\frac{\partial^4 f}{\partial y^4}\right).$$

**【3590】** 已知中心在点 $P(x,y)$ 半径为 $\rho$ 的圆周，设 $f(P)=f(x,y)$ 及 $P_i(x_i,y_i)(i=1,2,3)$ 为已知圆周的内接正三角形的顶点，并且 $x_1=x+\rho$，$y_1=y$. 按 $\rho$ 的正整数次幂展开函数

$$F(\rho)=\frac{1}{3}[f(P_1)+f(P_2)+f(P_3)],$$

精确到 $\rho^2$.

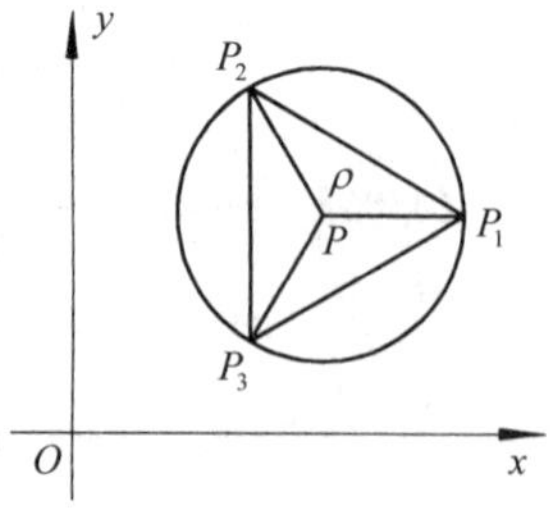


图 6.34

**解** 如图 6.34 所示. $\Delta P_1P_2P_3$ 之三顶点分别为

$$P_1(x+\rho,y),\quad P_2\left(x-\frac{\rho}{2},y+\frac{\sqrt{3}}{2}\rho\right),\quad P_3\left(x-\frac{\rho}{2},y-\frac{\sqrt{3}}{2}\rho\right).$$

于是，

$$F(\rho)=\frac{1}{3}[f(P_1)+f(P_2)+f(P_3)]$$

$$\approx\frac{1}{3}\left\{\left[f(P)+\rho\frac{\partial f}{\partial x}+\frac{\rho^2}{2}\frac{\partial^2 f}{\partial x^2}\right]+\left[f(P)+\left(-\frac{\rho}{2}\right)\frac{\partial f}{\partial x}+\frac{\sqrt{3}}{2}\rho\frac{\partial f}{\partial y}+\frac{\rho^2}{8}\frac{\partial^2 f}{\partial x^2}+\frac{3\rho^2}{8}\frac{\partial^2 f}{\partial y^2}-\frac{\sqrt{3}\rho^2}{4}\frac{\partial^2 f}{\partial x\partial y}\right]\right.$$

$$\left.+\left[f(P)+\left(-\frac{\rho}{2}\right)\frac{\partial f}{\partial x}+\left(-\frac{\sqrt{3}}{2}\right)\rho\frac{\partial f}{\partial y}+\frac{\rho^2}{8}\frac{\partial^2 f}{\partial x^2}+\frac{3\rho^2}{8}\frac{\partial^2 f}{\partial y^2}+\frac{\sqrt{3}\rho^2}{4}\frac{\partial^2 f}{\partial x\partial y}\right]\right\}=f(P)+\frac{\rho^2}{4}\left(\frac{\partial^2 f}{\partial x^2}+\frac{\partial^2 f}{\partial y^2}\right).$$

**【3591】** 按 $h$ 与 $k$ 的幂次展开函数

$$\Delta_{xy}f(x,y)=f(x+h,y+k)-f(x+h,y)-f(x,y+k)+f(x,y).$$

解 $$\Delta_{xy}f(x,y)=\left[f(x,y)+h\frac{\partial f}{\partial x}+k\frac{\partial f}{\partial y}+\sum_{n=2}^{\infty}\sum_{m=0}^{n}\frac{h^m k^{n-m}}{m!(n-m)!}\frac{\partial^n f}{\partial x^m\partial y^{n-m}}\right]$$
$$-\left[f(x,y)+\sum_{n=1}^{\infty}\frac{h^n}{n!}\frac{\partial^n f}{\partial x^n}\right]-\left[f(x,y)+\sum_{n=1}^{\infty}\frac{k^n}{n!}\frac{\partial^n f}{\partial y^n}\right]+f(x,y)$$
$$=\sum_{n=2}^{\infty}\sum_{m=1}^{n-1}\frac{h^m k^{n-m}}{m!(n-m)!}\frac{\partial^n f}{\partial x^m\partial y^{n-m}}=hk\left[\frac{\partial^2 f}{\partial x\partial y}+\sum_{n=3}^{\infty}\sum_{m=1}^{n-1}\frac{h^{m-1}k^{n-m-1}}{m!(n-m)!}\frac{\partial^n f}{\partial x^m\partial y^{n-m}}\right].$$

**【3592】** 按 $\rho$ 的幂次展开函数 $F(\rho)=\frac{1}{2\pi}\int_0^{2\pi}f(x+\rho\cos\varphi,y+\rho\sin\varphi)\mathrm{d}\varphi$.

解 $$F(\rho)=\frac{1}{2\pi}\int_0^{2\pi}\left[f(x,y)+\sum_{n=1}^{\infty}\sum_{m=0}^{n}\frac{\rho^n\cos^m\varphi\sin^{n-m}\varphi}{m!(n-m)!}\frac{\partial^n f(x,y)}{\partial x^m\partial y^{n-m}}\right]\mathrm{d}\varphi$$
$$=f(x,y)+\sum_{n=1}^{\infty}\sum_{m=0}^{n}\frac{\rho^n}{m!(n-m)!}\frac{\partial^n f(x,y)}{\partial x^m\partial y^{n-m}}\cdot\frac{1}{2\pi}\int_0^{2\pi}\cos^m\varphi\sin^{n-m}\varphi\mathrm{d}\varphi.$$

下面计算上式中的积分.

$$\frac{1}{2\pi}\int_0^{2\pi}\cos^m\varphi\sin^{n-m}\varphi\mathrm{d}\varphi$$
$$=\frac{1}{2\pi}\int_0^{\frac{\pi}{2}}\cos^m\varphi\sin^{n-m}\varphi\mathrm{d}\varphi+\frac{1}{2\pi}\int_0^{\frac{\pi}{2}}\cos^m(\pi-\varphi)\sin^{n-m}(\pi-\varphi)\mathrm{d}\varphi+\frac{1}{2\pi}\int_0^{\frac{\pi}{2}}\cos^m(\pi+\varphi)\sin^{n-m}(\pi+\varphi)\mathrm{d}\varphi$$
$$+\frac{1}{2\pi}\int_0^{\frac{\pi}{2}}\cos^m(2\pi-\varphi)\sin^{n-m}(2\pi-\varphi)\mathrm{d}\varphi$$
$$=\frac{1}{2\pi}[1+(-1)^m+(-1)^n+(-1)^{n-m}]\int_0^{\frac{\pi}{2}}\cos^m\varphi\sin^{n-m}\varphi\mathrm{d}\varphi.$$

当 $m,n$ 中至少有一个为奇数时,显见上述积分为零.

当 $m,n$ 均为偶数时,由 2290 题的结果知:

$$\frac{1}{2\pi}\int_0^{2\pi}\cos^{2m}\varphi\sin^{2n-2m}\varphi\mathrm{d}\varphi=\frac{4}{2\pi}\int_0^{\frac{\pi}{2}}\cos^{2m}\varphi\sin^{2n-2m}\varphi\mathrm{d}\varphi$$
$$=\frac{2}{\pi}\frac{\pi(2m)!(2n-2m)!}{2^{2n+1}m!n!(n-m)!}=\frac{(2m)!(2n-2m)!}{2^{2n}m!n!(n-m)!}.$$

代入原式,并注意到其中的 $m$、$n$ 只能为偶数,适当改变一下指标的编号,即得

$$F(\rho)=f(x,y)+\sum_{n=1}^{\infty}\sum_{m=0}^{n}\frac{\rho^{2n}}{(2m)!(2n-2m)!}\frac{\partial^{2n}f(x,y)}{\partial x^{2m}\partial y^{2n-2m}}\cdot\frac{(2m)!(2n-2m)}{2^{2n}m!n!(n-m)!}$$
$$=f(x,y)\sum_{n=1}^{\infty}\frac{1}{(n!)^2}\left(\frac{\rho}{2}\right)^{2n}\sum_{m=0}^{n}\frac{n!}{m!(n-m)!}\frac{\partial^{2n}f(x,y)}{\partial x^{2m}\partial y^{2n-2m}}$$
$$=f(x,y)+\sum_{n=1}^{\infty}\frac{1}{(n!)^2}\left(\frac{\rho}{2}\right)^{2n}\left(\frac{\partial^2}{\partial x^2}+\frac{\partial^2}{\partial y^2}\right)^n f(x,y).$$

**将下列函数展开成麦克劳林级数:**

**【3593】** $f(x,y)=(1+x)^m(1+y)^n$.

解 $$f(x,y)=(1+x)^m(1+y)^n=\left[1+mx+\frac{m(m-1)}{2!}x^2+\cdots\right]\left[1+ny+\frac{n(n-1)}{2!}y^2+\cdots\right]$$
$$=1+(mx+ny)+\frac{1}{2!}[m(m-1)x^2+2mnxy+n(n-1)y^2]+\cdots\quad(|x|<1,\ |y|<1).$$

**【3594】** $f(x,y)=\ln(1+x+y)$.

解 $$f(x,y)=\ln[1+(x+y)]=\sum_{k=1}^{\infty}\frac{(-1)^{k-1}}{k}(x+y)^k=\sum_{k=1}^{\infty}\left[\sum_{m=0}^{k}\frac{(-1)^{k-1}}{k}\frac{k!}{m!(k-m)!}x^m y^{k-m}\right]$$
$$=\sum_{k=1}^{\infty}\sum_{m=0}^{k}\frac{(-1)^{k-1}(k-1)!}{m!(k-m)!}x^m y^{k-m}\tag{1}$$
$$=\sum_{m=0}^{\infty}\sum_{n=0}^{\infty}\frac{(-1)^{n+m-1}(m+n-1)!}{m!n!}x^m y^n.\tag{2}$$

当 $m=0$, $n=0$ 时,分子出现 $(-1)!$,规定该项为零.下面讨论一下收敛区间.(1)式成立,只要求 $|x+y|$

$<1$ 即可. 但从(1)式到(2)式,必须要求(1)式绝对收敛,这样才能将各项重新排列. 不难看出(1)式级数各项取绝对值后即函数 $-\ln[1-(|x|+|y|)]$ 的展开式,它的收敛要求 $|x|+|y|<1$. 这就是 $f(x,y)$ 的展开式的收敛区域.

**【3595】** $f(x,y)=e^x\sin y$.

**解** $$f(x,y)=\left[\sum_{m=0}^{\infty}\frac{x^m}{m!}\right]\left[\sum_{n=0}^{\infty}(-1)^n\frac{y^{2n+1}}{(2n+1)!}\right]=\sum_{m=0}^{\infty}\sum_{n=0}^{\infty}(-1)^n\frac{x^my^{2n+1}}{m!(2n+1)!}$$
$$(|x|<+\infty,\ |y|<+\infty).$$

**【3596】** $f(x,y)=e^x\cos y$.

**解** $$f(x,y)=\left[\sum_{m=0}^{\infty}\frac{x^m}{m!}\right]\left[\sum_{n=0}^{\infty}(-1)^n\frac{y^{2n}}{(2n)!}\right]=\sum_{m=0}^{\infty}\sum_{n=0}^{\infty}(-1)^n\frac{x^my^{2n}}{m!(2n)!}$$
$$(|x|<+\infty,\ |y|<+\infty).$$

**【3597】** $f(x,y)=\sin x\,\mathrm{sh}y$.

**解** $$\mathrm{sh}y=\frac{e^y-e^{-y}}{2}=\frac{1}{2}\left[\sum_{n=0}^{\infty}\frac{y^n}{n!}-\sum_{n=0}^{\infty}(-1)^n\frac{y^n}{n!}\right]=\sum_{n=0}^{\infty}\frac{y^{2n+1}}{(2n+1)!}\qquad(|y|<+\infty).$$

于是, $$f(x,y)=\left[\sum_{m=0}^{\infty}(-1)^m\frac{x^{2m+1}}{(2m+1)!}\right]\left[\sum_{n=0}^{\infty}\frac{y^{2n+1}}{(2n+1)!}\right]=\sum_{m=0}^{\infty}\sum_{n=0}^{\infty}(-1)^m\frac{x^{2m+1}y^{2n+1}}{(2m+1)!(2n+1)!}$$
$$(|x|<+\infty,\ |y|<+\infty).$$

**【3598】** $f(x,y)=\cos x\,\mathrm{ch}y$.

**解** $$\mathrm{ch}y=\frac{e^y+e^{-y}}{2}=\sum_{n=0}^{\infty}\frac{y^{2n}}{(2n)!}\qquad(|y|<+\infty).$$

于是, $$f(x,y)=\left[\sum_{m=0}^{\infty}(-1)^m\frac{x^{2m}}{(2m)!}\right]\left[\sum_{n=0}^{\infty}\frac{y^{2n}}{(2n)!}\right]=\sum_{m=0}^{\infty}\sum_{n=0}^{\infty}(-1)^m\frac{x^{2m}y^{2n}}{(2m)!(2n)!}$$
$$(|x|<+\infty,\ |y|<+\infty).$$

**【3599】** $f(x,y)=\sin(x^2+y^2)$.

**解** $$f(x,y)=\sum_{n=0}^{\infty}(-1)^n\frac{(x^2+y^2)^{2n+1}}{(2n+1)!}=\sum_{n=0}^{\infty}\sum_{k=0}^{2n+1}(-1)^n\frac{x^{2k}y^{2(2n+1-k)}}{k!(2n+1-k)!}$$
$$=\sum_{m,n=0}^{\infty}\left(\sin\frac{n+m}{2}\pi\right)\frac{x^{2n}y^{2m}}{m!n!}\qquad(x^2+y^2<+\infty).$$

**【3600】** $f(x,y)=\ln(1+x)\ln(1+y)$.

**解** $$f(x,y)=\left[\sum_{m=1}^{\infty}(-1)^{m-1}\frac{x^m}{m}\right]\left[\sum_{n=1}^{\infty}(-1)^{n-1}\frac{y^n}{n}\right]=\sum_{m=1}^{\infty}\sum_{n=1}^{\infty}(-1)^{m+n}\frac{x^my^n}{mn}$$
$$(|x|<1,\ |y|<1).$$

**【3601】** 写出函数 $$f(x,y)=\int_0^1(1+x)^{t^2y}\mathrm{d}t$$
的麦克劳林级数前面不为零的三项.

**解** $$(1+x)^{t^2y}=e^{t^2y\ln(1+x)}\approx1+t^2y\ln(1+x)+\frac{1}{2!}[t^2y\ln(1+x)]^2\approx1+t^2y\left(x-\frac{x^2}{2}\right)$$
$$=1+t^2xy-\frac{t^2}{2}x^2y.$$

于是,
$$f(x,y)\approx\int_0^1\left(1+t^2xy-\frac{t^2}{2}x^2y\right)\mathrm{d}t=1+\frac{1}{3}y\left(x-\frac{x^2}{2}\right).$$

**【3602】** 按二项式 $x-1$ 和 $y+1$ 的正整数次幂将函数 $e^{x+y}$ 展开成幂级数.

**解** $$e^{x+y}=e^{(x-1)+(y+1)}=e^{x-1}e^{y+1}=\sum_{m=0}^{\infty}\sum_{n=0}^{\infty}\frac{(x-1)^m(y+1)^n}{m!n!}\qquad(|x|<+\infty,\ |y|<+\infty).$$

**【3603】** 写出函数 $f(x,y)=\dfrac{x}{y}$ 在点 $M(1,1)$ 的邻域内的泰勒级数展开式.

**解** 令 $x=1+h$, $y=1+k$,则得

$$\frac{x}{y}=\frac{1+h}{1+k}=(1+h)\sum_{n=0}^{\infty}(-1)^n k^n=\sum_{n=0}^{\infty}(-1)^n[1+(x-1)](y-1)^n \quad (|y|<+\infty,\ 0<y<2).$$

**【3604】** 设 $z$ 为由方程 $z^3-2xz+y=0$ 定义的 $x$ 和 $y$ 的隐函数,且当 $x=1$ 和 $y=1$ 时 $z=1$. 写出函数 $z$ 按二项式 $x-1$ 和 $y-1$ 的升幂排列的展开式中的若干项.

**解** 对原方程微分一次,得

$$3z^2\mathrm{d}z-2x\mathrm{d}z-2z\mathrm{d}x+\mathrm{d}y=0. \tag{1}$$

再微分一次,得

$$(3z^2-2x)\mathrm{d}^2z+6z\mathrm{d}z^2-4\mathrm{d}x\mathrm{d}z=0. \tag{2}$$

以 $x=1$, $y=1$, $z=1$ 代入(1),(2)两式,得

$\mathrm{d}z=2\mathrm{d}x-\mathrm{d}y.$

$\mathrm{d}^2z=(4\mathrm{d}x-6\mathrm{d}z)\mathrm{d}z=(4\mathrm{d}x-12\mathrm{d}x+6\mathrm{d}y)(2\mathrm{d}x-\mathrm{d}y)=-16\mathrm{d}x^2+20\mathrm{d}x\mathrm{d}y-6\mathrm{d}y^2,$

$\vdots$

于是,可求得在 $x=1$, $y=1$ 处,

$$\frac{\partial z}{\partial x}=2,\quad \frac{\partial z}{\partial y}=-1;\quad \frac{\partial^2 z}{\partial x^2}=-16,\quad \frac{\partial^2 z}{\partial x\partial y}=10,\quad \frac{\partial^2 z}{\partial y^2}=-6;$$

$\vdots$

从而,有 $z=1+2(x-1)-(y-1)-[8(x-1)^2-10(x-1)(y-1)+3(y-1)^2]+\cdots$

**研究下列曲线的奇点的种类并大略地画出这些曲线:**

**【3605】** $y^2=ax^2+x^3$.

**提示** 点(0,0)为奇点,分别就 $a>0$,$a<0$ 及 $a=0$ 三种情况加以讨论.

**解** 解方程组
$$\begin{cases}F(x,y)=ax^2+x^3-y^2=0,\\ F'_x(x,y)=2ax+3x^2=0,\\ F'_y(x,y)=-2y=0\end{cases}$$

得 $x=0$, $y=0$,故点(0,0)为奇点.

其次,由于

$$A=F''_{xx}(0,0)=2a,\quad B=F''_{xy}(0,0)=0,\quad C=F''_{yy}(0,0)=-2,\quad AC-B^2=-4a,$$

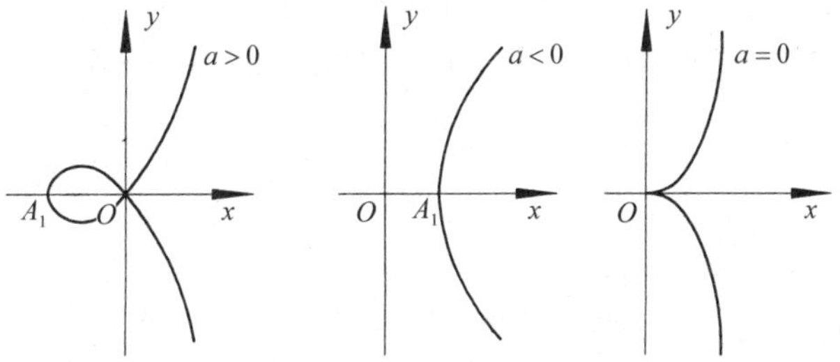


图 6.35

故当 $a>0$ 时,点(0,0)为二重点;当 $a<0$ 时,点(0,0)为孤立点;当 $a=0$ 时,原方程化为 $y^2=x^3$,由 3574(2)的讨论知,点(0,0)为尖点.

如图 6.35 所示,点 $A_1$ 为 $(-a,0)$

**【3606】** $x^3+y^3-3xy=0$.

**解** 解方程组

$$\begin{cases}F(x,y)=x^3+y^3-3xy=0,\\ F'_x(x,y)=3x^2-3y=0,\\ F'_y(x,y)=3y^2-3x=0\end{cases}$$

得 $x=0$, $y=0$,故点(0,0)为奇点.

又因 $A=F''_{xx}(0,0)=0$, $B=F''_{xy}(0,0)=-3$, $C=F''_{yy}(0,0)=0$,且 $AC-B^2=-9<0$,故点(0,0)为二重点. 图像参看 370 题(2).

**【3607】** $x^2+y^2=x^4+y^4$.

**解** 解方程组

$$\begin{cases}F(x,y)=x^2+y^2-x^4-y^4=0,\\F'_x(x,y)=2x-4x^3=0,\\F'_y(x,y)=2y-4y^3=0\end{cases}$$

得 $x=0$, $y=0$,故点(0,0)为奇点.

又因 $A=F''_{xx}(0,0)=2$, $B=F''_{xy}(0,0)=0$, $C=F''_{yy}(0,0)=2$,且 $AC-B^2=4>0$,故点(0,0)为孤立点. 图像参看 1542 题.

**【3608】** $x^2+y^4=x^6$.

**解** 解方程组

$$\begin{cases}F(x,y)=x^2+y^4-x^6=0,\\F'_x(x,y)=2x-6x^5=0,\\F'_y(x,y)=4y^3=0\end{cases}$$

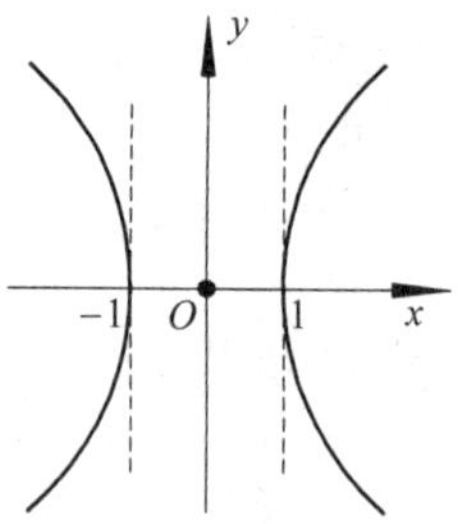

图 6.36

得 $x=0$, $y=0$,故点(0,0)为奇点.

又因 $A=F''_{xx}(0,0)=2$, $B=F''_{xy}(0,0)=0$, $C=F''_{yy}(0,0)=0$,且 $AC-B^2=0$,故点(0,0)为上升点或孤立点. 本题中,点(0,0)为孤立点(图 6.36). 事实上,将原方程改写为 $y^4=x^6-x^2$,对(0,0)点的很小的邻域内的点($|x|<1$, $|y|<1$),左端$y^4\geqslant 0$,右端 $x^6-x^2=x^2(x^4-1)\leqslant 0$,除点(0,0)外没有适合方程的点,故点(0,0)为孤立点.

**【3609】** $(x^2+y^2)^2=a^2(x^2-y^2)$.

**解** 解方程组

$$\begin{cases}F(x,y)=(x^2+y^2)^2-a^2(x^2-y^2)=0,\\F'_x(x,y)=4x(x^2+y^2)-2a^2x=0,\\F'_y(x,y)=4y(x^2+y^2)+2a^2y=0\end{cases}$$

得 $x=0$, $y=0$,故点(0,0)为奇点.

又因 $A=F''_{xx}(0,0)=-2a^2$, $B=F''_{xy}(0,0)=0$, $C=F''_{yy}(0,0)=2a^2$,且 $AC-B^2=-4a^4<0(a\neq 0)$,故点(0,0)为二重点. 图像参看 3378 题,讨论参考 3367 题,只需将该题中的 1 换成 $a$.

**【3610】** $(y-x^2)^2=x^5$.

**解** 解方程组

$$\begin{cases}F(x,y)=(y-x^2)^2-x^5=0,\\F'_x(x,y)=-4x(y-x^2)-5x^4=0,\\F'_y(x,y)=2(y-x^2)=0\end{cases}$$

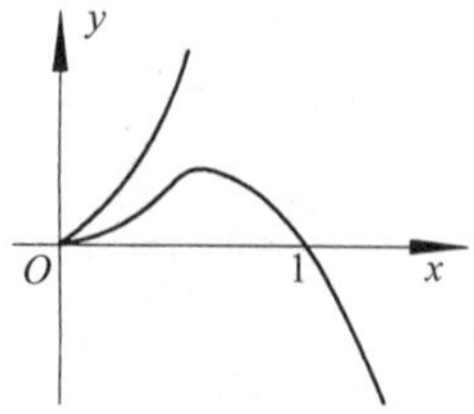

图 6.37

得 $x=0$, $y=0$,故点(0,0)为奇点.

又因 $A=F''_{xx}(0,0)=0$,$B=F''_{xy}(0,0)=0$,$C=F''_{yy}(0,0)=2$,且 $AC-B^2=0$,故对点(0,0)还需要再讨论一下. 由原方程可解出 $y=x^2\pm x^{\frac{5}{2}}$,右边只允许$x\geqslant 0$,当 $0<x<1$ 时不论取"+号"还是"−"号均有 $y>0$,且均有 $\lim\limits_{x\to+0}\frac{\mathrm{d}y}{\mathrm{d}x}=0$,故点(0,0)为尖点. 如图 6.37 所示.

**【3611】** $(a+x)y^2=(a-x)x^2$.

**解** 解方程组

$$\begin{cases}F(x,y)=(a+x)y^2-(a-x)x^2=0, & (1)\\ F'_x(x,y)=y^2-2ax+3ax^2=0, & (2)\\ F'_y(x,y)=2(a+x)y=0. & (3)\end{cases}$$

由(3)得 $x=-a$ 或 $y=0$.

将 $y=0$ 代入(1)、(2),得 $x=0$.

将 $x=-a$ 代入(1)式,得$(a-x)x^2=0$.若 $a\neq0$,则得出矛盾的结果.若 $a=0$,则也得到 $x=0$, $y=0$,故点(0,0)为奇点.

又因 $A=F''_{xx}(0,0)=-2a$, $B=F''_{xy}(0,0)=0$, $C=F''_{yy}(0,0)=2a$,且 $AC-B^2=-4a^2$,故当 $a\neq0$ 时,点(0,0)为二重点;当 $a=0$ 时,方程转化为 $xy^2=-x^3$,从而,曲线为 $x=0$,点(0,0)为上升点.

如图 6.38 所示,图中点 $A_1$ 为$(a,0)$.

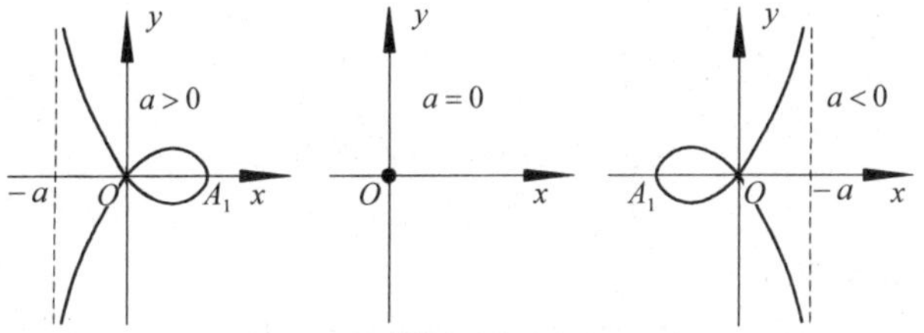


图 6.38

**【3612】** 研究参变量 $a,b,c$ $(a\leqslant b\leqslant c)$的值与曲线$y^2=(x-a)(x-b)(x-c)$的形状之关系.

**解** 解方程组

$$\begin{cases}F(x,y)=y^2-(x-a)(x-b)(x-c)=0, & (1)\\ F'_x(x,y)=-(x-a)(x-b)-(x-a)(x-c)-(x-b)(x-c)=0, & (2)\\ F'_y(x,y)=2y=0. & (3)\end{cases}$$

由(3)得 $y=0$,代入(1),联立(1),(2)求解.

当 $a<b<c$ 时,(1),(2)无解.因此无奇点,此时曲线如图 6.39(1)所示;

当 $a=b<c$ 时,显然(1),(2)有解 $x=a$, $y=0$,由于 $A=F''_{xx}(a,0)=-2(a-c)$,$B=F''_{xy}(a,0)=0$,$C=F''_{yy}(a,0)=2$,且 $AC-B^2=-4(a-c)>0$,故点$A_1(a,0)$为孤立点,如图6.39(2)所示;

当 $a<b=c$ 时,显然(1),(2)有解 $x=b$, $y=0$.由于 $A=F''_{xx}(b,0)=-2(c-a)$, $B=F''_{xy}(b,0)=0$, $C=F''_{yy}(b,0)=2$,且 $AC-B^2=-4(c-a)<0$,故点 $A_2(b,0)$为二重点,如图6.39(3)所示;

当 $a=b=c$ 时,显然有解 $x=a$, $y=0$.由于 $AC-B^2=0$,此时原方程为 $y^2=(x-a)^3$,且由 3574 题(2)的结果知,点$A_1(a,0)$为尖点,如图 6.39(4)所示.

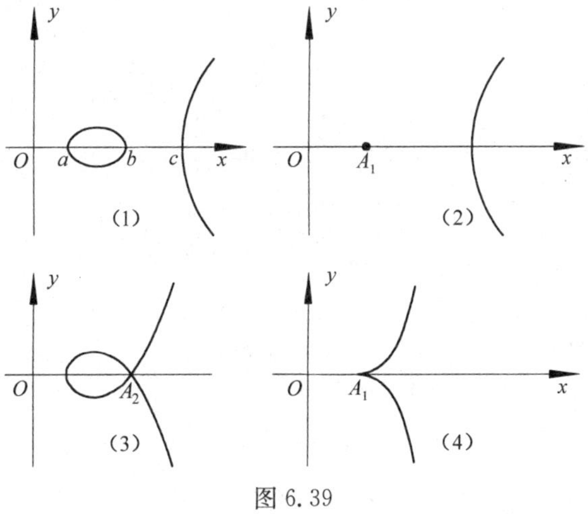


图 6.39

研究超越曲线的奇点:

【3613】 $y^2=1-e^{-x^2}$.

解 解方程组

$$\begin{cases}F(x,y)=y^2-1+e^{-x^2}=0,\\F'_x(x,y)=-2xe^{-x^2}=0,\\F'_y(x,y)=2y=0\end{cases}$$

得 $x=0$, $y=0$,故点(0,0)为奇点.

又 $A=F''_{xx}(0,0)=-2$, $B=F''_{xy}(0,0)=0$, $C=F''_{yy}(0,0)=2$,且 $AC-B^2=-4<0$,故点(0,0)为二重点.

【3614】 $y^2=1-e^{-x^3}$.

解 解方程组

$$\begin{cases}F(x,y)=y^2-1+e^{-x^3}=0,\\F'_x(x,y)=-3x^2e^{-x^3}=0,\\F'_y(x,y)=2y=0\end{cases}$$

得 $x=0$, $y=0$,故点(0,0)为奇点.

又 $A=F''_{xx}(0,0)=0$, $B=F''_{xy}(0,0)=0$, $C=F''_{yy}(0,0)=2$,且 $AC-B^2=0$,故对点(0,0)还需再讨论一下. 原式可解为 $x=-\sqrt[3]{\ln(1-y^2)}>0$,在(0,0)附近,第一及第四象限各有原曲线的一支,因此,点(0,0)为尖点.

【3615】 $y=x\ln x$.

解 $F(x,y)=x\ln x-y$, $F'_x(x,y)=1+\ln x$, $F'_y(x,y)=-1\neq0$,故无奇点. 如图 6.40 所示.

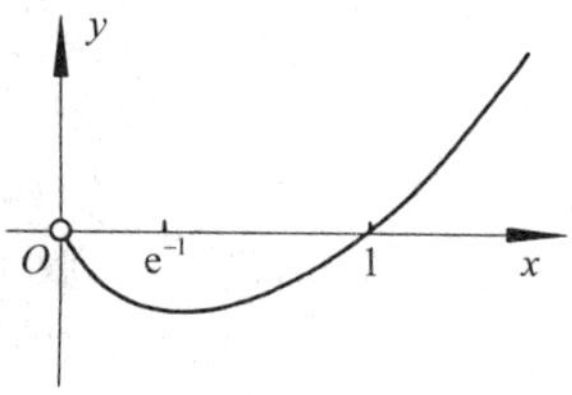


图 6.40

【3616】 $y=\dfrac{x}{1+e^{\frac{1}{x}}}$.

提示 注意点(0,0)为角点.

解 在 $x=0$ 处,由于 $\lim\limits_{x\to+0}y=\lim\limits_{x\to-0}y=0$,故 $x=0$ 为"可移去"的第一类不连续点,补充函数在该点的值为零后,即得知函数

$$y=\begin{cases}\dfrac{x}{1+e^{\frac{1}{x}}}, & x\neq0,\\0, & x=0\end{cases}$$

在点 $x=0$ 连续. 由于 $F'_y(x,y)=1\neq0$,故无奇点. 当 $x\neq0$ 时,由于

$$y'=\frac{\left(1+\dfrac{1}{x}\right)e^{\frac{1}{x}}+1}{(1+e^{\frac{1}{x}})^2},$$

$$\lim_{x\to+0}y'=\lim_{z\to+\infty}\frac{(1+z)e^z+1}{(1+e^z)^2}=\lim_{z\to+\infty}\frac{e^z(z+2)}{2e^z(1+e^z)}=\lim_{z\to+\infty}\frac{z+2}{2(1+e^z)}=0,$$

$$\lim_{x\to-0}y'=\lim_{z\to+\infty}\frac{(1-z)e^{-z}+1}{(1+e^{-z})^2}=1,$$

故点(0,0)为角点. 如图 6.41 所示.

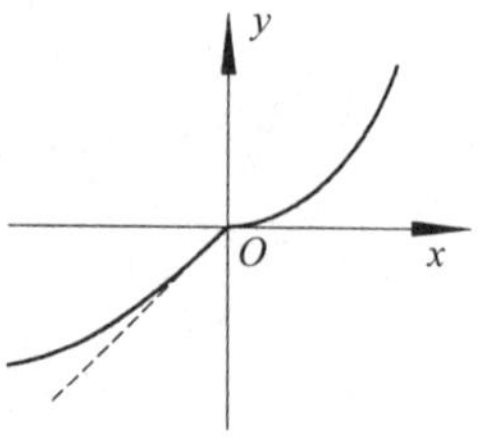


图 6.41

【3617】 $y=\arctan\left(\dfrac{1}{\sin x}\right)$.

解 $x=k\pi$ $(k=0,\pm1,\pm2,\cdots)$点为不连续点. 由于

$$\lim_{x\to k\pi-0}y=(-1)^k\frac{\pi}{2},\qquad \lim_{x\to k\pi-0}y=(-1)^{k+1}\frac{\pi}{2},$$

故点 $x=k\pi$ 为函数的第一类不连续点.

**【3618】** $y^2=\sin\dfrac{\pi}{x}$.

**解** $y=\pm\sqrt{\sin\dfrac{\pi}{x}}$，它在$\left(\dfrac{1}{2k},\dfrac{1}{2k-1}\right)(k=\pm1,\pm2,\cdots)$内无定义.

在边界点 $x=\dfrac{1}{2k}$ 及 $x=\dfrac{1}{2k-1}$，$y=0$. 函数图像有上下两支.

设 $F(x,y)=y^2-\sin\dfrac{\pi}{x}$，则在边界点，由于 $F'_x\neq0$，$F'_y=0$，故也无奇点.

在点(0,0)的任何邻域内，有无穷多个曲线的封闭分支，这些分支没有一个过(0,0)点，它不属于任何一种类型，但它是函数的第二类不连续点.

**【3619】** $y^2=\sin x^2$.

**解** 解方程组

$$\begin{cases}F(x,y)=y^2-\sin x^2=0,\\F'_x(x,y)=-2x\cos x^2=0,\\F'_y(x,y)=2y=0\end{cases}$$

得 $x=0$，$y=0$，故点(0,0)为奇点.

又因 $A=F''_{xx}(0,0)=-2$，$B=F''_{xy}(0,0)=0$，$C=F''_{yy}(0,0)=2$，且 $AC-B^2=-4<0$，故点(0,0)为二重点.

**【3620】** $y^2=\sin^3x$.

**解** 显见，函数 $y$ 的周期为 $2\pi$，在$(2k\pi,(2k+1)\pi)$内函数有定义，而在$((2k-1)\pi,2k\pi)(k=0,\pm1,\pm2,\cdots)$内无定义.

解方程组
$$\begin{cases}F(x,y)=y^2-\sin^3x=0,\\F'_x(x,y)=-3\sin^2x\cos x=0,\\F'_y(x,y)=2y=0\end{cases}$$

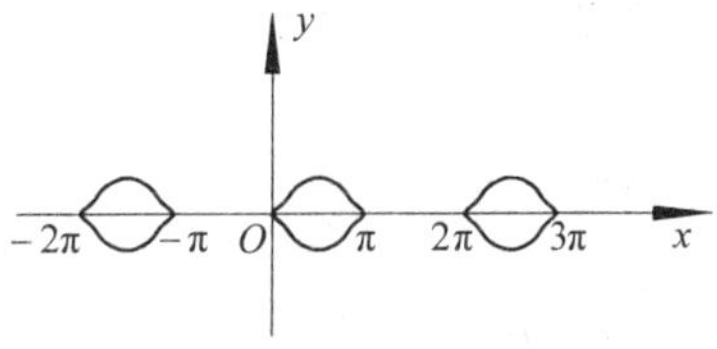

图 6.42

得 $x=0$，$y=0$，故点(0,0)为奇点.

在点(0,0)的左侧(指充分小的范围，下同，不再说明)无曲线的点，而在右侧的第一、第四象限分别有曲线的两枝，因此，点(0,0)为尖点，如图 6.42 所示.

由周期性可知，点$(k\pi,0)(k\pm1,\pm2,\cdots)$也为尖点. 只是当 $k$ 是偶数时，右侧才有曲线的两枝；当 $k$ 是奇数时，左侧才有曲线的两枝.

## §7. 多元函数的极值

1° **极值的定义** 若函数 $f(P)=f(x_1,\cdots,x_n)$在点 $P_0$ 的邻域内有定义，并且当 $0<\rho(P_0,P)<\delta$ 时，$f(P_0)>f(P)$或 $f(P_0)<f(P)$，则说，函数 $f(P)$在点 $P_0$ 有极值(相应地为极大值或极小值). *

2° **极值的必要条件** 可微函数 $f(P)$仅在临界点 $P_0$，即 $\mathrm{d}f(P_0)=0$ 的点 $P_0$ 能达到极值. 所以，函数 $f(P)$的极值点应当满足方程组 $f'_{x_i}(x_1,\cdots,x_n)=0\ (i=1,\cdots,n)$.

3° **极值的充分条件** 函数 $f(P)$在点 $P_0$ 有：

(1) 极大值，若 $\mathrm{d}f(P_0)=0$，且当 $\sum\limits_{i=1}^{n}|\mathrm{d}x|\neq0$ 时 $\mathrm{d}^2f(P_0)<0$，

(2) 极小值，若 $\mathrm{d}f(P_0)=0$，且当 $\sum\limits_{i=1}^{n}|\mathrm{d}x|\neq0$ 时 $\mathrm{d}^2f(P_0)>0$.

---

* 若将不等式 $f(P_0)>f(P)$[或 $f(P_0)<f(P)$]换为不等式 $f(P_0)\geqslant f(P)$[或 $f(P_0)\leqslant f(P)$]，则称 $f(P)$在点 $P_0$ 有弱极大值(或弱极小值).

《题解》作者注

研究二阶微分 $d^2 f(P_0)$ 的符号，可用化相应的二次型为标准形式的方法.

特别是，对于两个自变量 $x$ 和 $y$ 的函数 $f(x,y)$，若在临界点 $(x_0,y_0)$ $[df(x_0,y_0)=0]$ 成立条件 $D=AC-B^2\neq 0$，其中 $A=f''_{xx}(x_0,y_0)$，$B=f''_{xy}(x_0,y_0)$，$C=f''_{yy}(x_0,y_0)$，则那里有：

(1) 极小值，若 $D>0$，$A>0$ $(C>0)$； (2) 极大值，若 $D>0$，$A<0$ $(C<0)$； (3) 极值不存在，若 $D<0$.

4° **条件极值** 在关系式 $\varphi_i(P)=0$ $(i=1,\cdots,m;\ m<n)$ 存在的条件下，求函数 $f(P_0)=f(x_1,x_2,\cdots,x_n)$ 的极值的问题，可归结为求拉格朗日函数

$$L(P)=f(P)+\sum_{i=1}^{m}\lambda_i\varphi_i(P)$$

[其中 $\lambda_i(i=1,\cdots,m)$ 为常数因子]的普通极值的问题. 关于条件极值的存在和性质的问题，在最简单的情况下，可根据对函数 $L(P)$ 在临界点 $P_0$ 的二阶微分 $d^2L(P_0)$ 的符号的研究来解决，此时变量 $dx_1,dx_2,\cdots,dx_n$ 满足以下限制条件：

$$\sum_{j=1}^{n}\frac{\partial\varphi_i}{\partial x_j}dx_j=0\quad(i=1,\cdots,m).$$

5° **绝对极值** 在有界闭区域内的可微函数 $f(P)$ 在此区域内或于临界点，或于区域的边界点达到自己的最大值和最小值.

**研究下列多元函数的极值：**

**【3621】** $z=x^2+(y-1)^2$.

**解** 解方程组

$$\begin{cases}\dfrac{\partial z}{\partial x}=2x=0,\\ \dfrac{\partial z}{\partial y}=2(y-1)=0\end{cases}$$

得临界点 $P_0(0,1)$. 显然 $z(0,1)=0$，且当 $(x,y)\neq(0,1)$ 时 $z>0$，故函数 $z$ 在点 $P_0$ 取得极小值 $z(P_0)=0$（实际是最小值）.

**【3622】** $z=x^2-(y-1)^2$.

**解** 解方程组

$$\begin{cases}\dfrac{\partial z}{\partial x}=2x=0,\\ \dfrac{\partial z}{\partial y}=-2(y-1)=0\end{cases}$$

得临界点 $P_0(0,1)$. 由于 $A=z''_{xx}(0,1)=2$，$B=z''_{xy}(0,1)=0$，$C=z''_{yy}(0,1)=-2$ 且 $AC-B^2=-4<0$，故极值不存在（或用该点附近的 $z$ 值可正可负说明）.

**【3623】** $z=(x-y+1)^2$.

**解** 解方程组

$$\begin{cases}\dfrac{\partial z}{\partial x}=2(x-y+1)=0,\\ \dfrac{\partial z}{\partial y}=-2(x-y+1)=0\end{cases}$$

得临界点分布在直线 $x-y+1=0$ 上. 对于此直线上的点均有 $z=0$，但是 $z\geqslant 0$ 恒成立. 因此，函数 $z$ 在直线 $x-y+1=0$ 上的各点取得极小值 $z=0$.

**【3624】** $z=x^2-xy+y^2-2x+y$.

**解** 解方程组

$$\begin{cases}\dfrac{\partial z}{\partial x}=2x-y-2=0,\\ \dfrac{\partial z}{\partial y}=-x+2y+1=0\end{cases}$$

得临界点 $P_0(1,0)$. 由于 $A=z''_{xx}(1,0)=2$，$B=z''_{xy}(1,0)=-1$，$C=z''_{yy}(1,0)=2$ 且 $AC-B^2=3>0$，故函数 $z$ 在点 $P_0$ 取得极小值 $z(P_0)=-1$.

**【3625】** $z=x^2y^3(6-x-y)$.

**解** 解方程组

$$\begin{cases}\dfrac{\partial z}{\partial x}=xy^3(12-3x-2y)=0,\\ \dfrac{\partial z}{\partial y}=x^2y^2(18-3x-4y)=0\end{cases}$$

得临界点 $P_0(2,3)$. 并且直线 $x=0$ 及直线 $y=0$ 上的点都是临界点.

不难断定在点 $P_0$，$A=-162$, $B=-108$, $C=-144$, $AC-B^2>0$，故函数 $z$ 在点 $P_0$ 取得极大值 $z(P_0)=108$.

在直线 $x=0$ 及 $y=0$ 上的各点均有 $z=0$. 先分析直线$y=0$的情况. 在直线上 $x\neq0$ 及 $x\neq6$ 处，$x^2(6-x-y)\neq0$，在确定点的足够小的邻域内也不变号，但是 $y^3$ 可正可负，因此，函数 $z$ 变号，即在上述情况下没有极值. 当 $x=0$ 及 $x=6$ 类似地可判断也无极值.

其次，分析直线 $x=0$ 的情况. 在直线上 $y=0$ 及 $y=6$ 的点的情况类似地可判断无极值，但当 $0<y<6$ 时，$y^3(6-x-y)>0$，且在所讨论点的足够小的邻域内保持正号. 因此，在足够小的邻域内，$z=x^2y^3\cdot(6-x-y)\geqslant0$ 也成立，但邻域内任意近处总有 $z=0$ 的点. 于是，对于 $x=0$，$0<y<6$ 的点函数 $z$ 取得弱极小值 $z=0$. 同法可判定，对于直线 $x=0$ 上 $y<0$ 及 $y>6$ 的各点处，函数 $z$ 取得弱极大值 $z=0$.

**【3626】** $z=x^3+y^3-3xy$.

**解** 解方程组

$$\begin{cases}\dfrac{\partial z}{\partial x}=3x^2-3y=0,\\ \dfrac{\partial z}{\partial y}=3y^2-3x=0\end{cases}$$

得临界点 $P_0(0,0)$及 $P_1(1,1)$.

不难断定，在点 $P_0$ 有 $A=0$, $B=-3$, $C=0$ 及 $AC-B^2=-9<0$，故无极值；而在点 $P_1$ 有 $A=6$, $B=-3$, $C=6$ 及$AC-B^2=27>0$，故函数 $z$ 在该点取得极小值 $z(P_1)=-1$.

**【3627】** $z=x^4+y^4-x^2-2xy-y^2$.

**解** 解方程组

$$\begin{cases}\dfrac{\partial z}{\partial x}=4x^3-2x-2y=0,\\ \dfrac{\partial z}{\partial y}=4y^3-2x-2y=0\end{cases}$$

得临界点 $P_0(0,0)$，$P_1(1,1)$及 $P_2(-1,-1)$.

在点 $P_0$ 附近，当 $x=y$ 且足够小时，有 $z=2x^4-4x^2<0$；但当 $x=-y$ 时，$z=2x^4>0$，因此，在点 $P_0$ 无极值.

不难断定，在点 $P_1$ 及 $P_2$ 均有 $A=10$, $B=-2$, $C=10$ 及 $AC-B^2=96>0$，故函数 $z$ 在点 $P_1$ 及 $P_2$ 取得极小值 $z=-2$.

**【3628】** $z=xy+\dfrac{50}{x}+\dfrac{20}{y}\quad(x>0,\ y>0)$.

**解** 解方程组

$$\begin{cases}\dfrac{\partial z}{\partial x}=y-\dfrac{50}{x^2}=0,\\ \dfrac{\partial z}{\partial y}=x-\dfrac{20}{y^2}=0\end{cases}$$

得临界点 $P_0(5,2)$. 不难断定，在该点有 $A=\dfrac{4}{5}$, $B=1$, $C=5$ 及 $AC-B^2=3>0$，故函数 $z$ 在该点取得极小值 $z(P_0)=30$.

**【3629】** $z=xy\sqrt{1-\dfrac{x^2}{a^2}-\dfrac{y^2}{b^2}}\quad(a>0,\ b>0)$.

**解** 考虑函数 $u=z^2=x^2y^2\left(1-\dfrac{x^2}{a^2}-\dfrac{y^2}{b^2}\right)$, $\dfrac{x^2}{a^2}+\dfrac{y^2}{b^2}\leqslant1$. 显然 $z$ 的极值均为 $u$ 的极值；且 $u$ 在点$(x,y)$取得的极值不为零时，$z$ 也在点$(x,y)$取得极值；$u$ 在点$(x,y)$取得的极值为零时，情况复杂一些，但对 $z$ 也不难讨论.

解方程组
$$\begin{cases}\dfrac{\partial u}{\partial x}=2xy^2\left(1-\dfrac{x^2}{a^2}-\dfrac{y^2}{b^2}\right)-\dfrac{2}{a^2}x^3y^2=0,\\ \dfrac{\partial u}{\partial y}=2x^2y\left(1-\dfrac{x^2}{a^2}-\dfrac{y^2}{b^2}\right)-\dfrac{2}{b^2}x^2y^3=0\end{cases}$$

得临界点 $P_0(0,0)$，$P_1\left(\dfrac{a}{\sqrt{3}},\dfrac{b}{\sqrt{3}}\right)$，$P_2\left(-\dfrac{a}{\sqrt{3}},-\dfrac{b}{\sqrt{3}}\right)$，$P_3\left(\dfrac{a}{\sqrt{3}},-\dfrac{b}{\sqrt{3}}\right)$ 及 $P_4\left(-\dfrac{a}{\sqrt{3}},\dfrac{b}{\sqrt{3}}\right)$.
由于 $z$ 在点 $P_0$ 附近变号，所以，$z(P_0)$不是极值.

$$\frac{\partial^2 u}{\partial x^2}=2y^2\left(1-\frac{6x^2}{a^2}-\frac{y^2}{b^2}\right),\qquad \frac{\partial^2 u}{\partial y^2}=2x^2\left(1-\frac{x^2}{a^2}-\frac{6y^2}{b^2}\right),\qquad \frac{\partial^2 u}{\partial x\partial y}=4xy\left(1-\frac{2x^2}{a^2}-\frac{2y^2}{b^2}\right).$$

在 $P_1,P_2,P_3,P_4$ 各点，得 $A=-\dfrac{8}{9}b^2$，$B=\pm\dfrac{4}{9}ab$，$C=-\dfrac{8}{9}a^2$，$AC-B^2=\left(\dfrac{64}{81}-\dfrac{16}{81}\right)a^2b^2>0$，故函数 $u$ 取得极大值. 于是，相应地函数 $z$ 在点 $P_1$ 及 $P_2$ 取得极大值 $z(P_1)=z(P_2)=\dfrac{ab}{3\sqrt{3}}$；而在点 $P_3$ 及 $P_4$ 取得极小值$z(P_3)=z(P_4)=-\dfrac{ab}{3\sqrt{3}}$.

**【3630】** $z=\dfrac{ax+bx+c}{\sqrt{x^2+y^2+1}}$ $(a^2+b^2+c^2\neq 0)$.

**解** 令 $x=r\cos\varphi$，$y=r\sin\varphi$，则
$$z(x,y)=z(r\cos\varphi,r\sin\varphi)=\frac{ar\cos\varphi+br\sin\varphi+c}{\sqrt{r^2+1}}.$$

解方程组
$$\begin{cases}\dfrac{\partial z}{\partial r}=\dfrac{a\cos\varphi+b\sin\varphi-cr}{(1+r^2)^{\frac{3}{2}}}=0, & (1)\\ \dfrac{\partial z}{\partial \varphi}=\dfrac{-ar\sin\varphi+br\cos\varphi}{(1+r^2)^{\frac{1}{2}}}=0. & (2)\end{cases}$$

先设 $a,b$ 不同时为零. 由(2)考虑到 $r=0$ 不是解($r=0$，$\varphi$ 为任意值不满足(1)式)，故有 $a\sin\varphi=b\cos\varphi$. 于是，
$$\cos\varphi=\frac{\pm a}{\sqrt{a^2+b^2}},\qquad \sin\varphi=\frac{\pm b}{\sqrt{a^2+b^2}}.\tag{3}$$

显见当 $c=0$ 时无解[因由(1)有 $a\cos\varphi+b\sin\varphi=0$，再由(3)得 $a=b=0$. 与 $a,b$ 不同时为零之假定矛盾]. 当 $c\neq 0$ 时，
$$r=\frac{a\cos\varphi+b\sin\varphi}{c}=\pm\frac{\sqrt{a^2+b^2}}{c}.$$

为保证 $r>0$，在 $\cos\varphi$ 及 $\sin\varphi$ 前取与 $c$ 一致的符号. 此时，有
$$x=\frac{a}{c},\qquad y=\frac{b}{c}.$$

由于这时
$$z''_{rr}=-\frac{c(1+3r^2)}{(1+r^2)^{\frac{5}{2}}},\quad z''_{\varphi\varphi}=-\frac{cr^2}{(1+r^2)^{\frac{1}{2}}},\ z''_{r\varphi}=0\quad 及\quad z''_{rr}z''_{\varphi\varphi}-(z''_{r\varphi})^2>0.$$

故当 $c>0$ 时 $z''_{rr}<0$，函数 $z$ 在点 $\left(\dfrac{a}{c},\dfrac{b}{c}\right)$取得极大值 $z=\sqrt{a^2+b^2+c^2}$；当 $c<0$ 时 $z''_{rr}>0$，函数 $z$ 在点 $\left(\dfrac{a}{c},\dfrac{b}{c}\right)$取得极小值$z=-\sqrt{a^2+b^2+c^2}$.

下设 $a=b=0$. 由假定 $a^2+b^2+c^2\neq 0$ 知 $c\neq 0$. 此时解方程组(1)，(2)得 $r=0$，$\varphi$ 任意；即 $x=0$，$y=0$. 由于这时$z=\dfrac{c}{\sqrt{x^2+y^2+1}}$，故显然知：当 $c>0$ 时，$z$ 在点$(0,0)$取极大值$z=c$；当 $c<0$ 时，$z$ 在点$(0,0)$取极小值 $z=c$.

综合上述结果，得结论：若 $c>0$，则 $z$ 在点$\left(\dfrac{a}{c},\dfrac{b}{c}\right)$取极大值 $z_{极大}=\sqrt{a^2+b^2+c^2}$；若 $c<0$，则 $z$ 在点

$\left(\frac{a}{c},\frac{b}{c}\right)$取极小值$z_{极小}=-\sqrt{a^2+b^2+c^2}$;若$c=0$(由假定,这时$a^2+b^2\neq0$),则$z$无极值.

**注** 此题也可不作变量代换$x=r\cos\varphi$, $y=r\sin\varphi$(极坐标),而直接在直角坐标$x,y$下进行讨论,即解方程组$\frac{\partial z}{\partial x}=0$, $\frac{\partial z}{\partial y}=0$并计算$\frac{\partial^2 z}{\partial x^2}$,$\frac{\partial^2 z}{\partial x\partial y}$,$\frac{\partial^2 z}{\partial y^2}$之值.但此法计算较繁,没有用极坐标简单.

**【3631】** $z=1-\sqrt{x^2+y^2}$.

**提示** 注意点(0,0)为偏导数无意义的点,但当$(x,y)\neq(0,0)$时,恒有$z<1$.

**解** $\frac{\partial z}{\partial x}=-\frac{x}{\sqrt{x^2+y^2}}$, $\frac{\partial z}{\partial y}=-\frac{y}{\sqrt{x^2+y^2}}$.

点(0,0)为偏导数无意义的点.当$(x,y)\neq(0,0)$时,$z<1$,故$z(0,0)=1$为极大值.

**【3632】** $z=e^{2x+3y}(8x^2-6xy+3y^2)$.

**解** 解方程组

$$\begin{cases}\frac{\partial z}{\partial x}=2e^{2x+3y}(8x^2-6xy+3y^2+8x-3y)=0,\\ \frac{\partial z}{\partial y}=3e^{2x+3y}(8x^2-6xy+3y^2-2x+2y)=0\end{cases}$$

得临界点$P_0(0,0)$及$P_1\left(-\frac{1}{4},-\frac{1}{2}\right)$.

$$\frac{\partial^2 z}{\partial x^2}=4e^{2x+3y}(8x^2-6xy+3y^2+16x-6y+4),\qquad \frac{\partial^2 z}{\partial y^2}=9e^{2x+3y}\left(8x^2-6xy+3y^2-4x+4y+\frac{2}{3}\right),$$

$$\frac{\partial^2 z}{\partial x\partial y}=6e^{2x+3y}(8x^2-6xy+3y^2+6x-y-1).$$

在点$P_0$,$A=16$, $B=-6$, $C=6$及$AC-B^2=60>0$,故函数$z$取得极小值$z(P_0)=0$;在点$P_1$, $A=14e^{-2}$, $B=-9e^{-2}$, $C=\frac{3}{2}e^{-2}$及$AC-B=-60e^{-4}<0$,故无极值.

**【3633】** $z=e^{x^2-y}(5-2x+y)$.

**解** 解方程组

$$\begin{cases}\frac{\partial z}{\partial x}=2e^{x^2-y}(5x-2x^2+xy-1)=0,\\ \frac{\partial z}{\partial y}=e^{x^2-y}(2x-y-4)=0\end{cases}$$

得临界点$P_0(1,-2)$.

$$\frac{\partial^2 z}{\partial x^2}=2e^{x^2-y}(10x^2-4x^3+2x^2y-6x+y+5),$$

$$\frac{\partial^2 z}{\partial y^2}=e^{x^2-y}(3-2x+y),\qquad \frac{\partial^2 z}{\partial x\partial y}=2e^{x^2-y}(2x^2-xy-4x+1).$$

在点$P_0$, $A=-2e^3$, $B=2e^3$, $C=-e^3$及$AC-B^2=-2e^6<0$,故无极值.

**【3634】** $z=(5x+7y-25)e^{-(x^2+xy+y^2)}$.

**解** 解方程组

$$\begin{cases}\frac{\partial z}{\partial x}=5e^{-(x^2+xy+y^2)}-(5x+7y-25)(2x+y)e^{-(x^2+xy+y^2)}=0, & (1)\\ \frac{\partial z}{\partial y}=7e^{-(x^2+xy+y^2)}-(5x+7y-25)(x+2y)e^{-(x^2+xy+y^2)}=0. & (2)\end{cases}$$

(1)×7−(2)×5,消去因子$e^{-(x^2+xy+y^2)}$,得

$$3(5x+7y-25)(3x-y)=0.$$

以$5x+7y-25=0$代入(1),(2),显然矛盾,故必有$5x+7y-25\neq0$,从而$y=3x$.代入(1),得

$$26x^2-25x-1=0,$$

解得临界点$P_0(1,3)$及$P_1\left(-\frac{1}{26},-\frac{3}{26}\right)$.在点$P_0$,

$$A=z''_{xx}(P_0)=[z'_x(x,3)]'_x\Big|_{x=1}=\{e^{-(x^2+3x+9)}[5-(5x-4)(2x+3)]\}'_x\Big|_{x=1}$$

$$=[e^{-(x^2+3x+9)}]'\Big|_{x=1}[5-(5x-4)(2x+3)]\Big|_{x=1}+[e^{-(x^2+3x+9)}]\Big|_{x=1}[5-(5x-4)(2x+3)]'\Big|_{x=1}$$
$$=-27e^{-13}.$$

同法可求得

$$B=z''_{xy}(P_0)=-36e^{-13},\ C=z''_{yy}(P_0)=-51e^{-13}.$$

于是，$AC-B^2=81e^{-26}>0$，故函数 $z$ 在点 $P_0$ 取得极大值

$$z(P_0)=e^{-13}\approx 2.26\times 10^{-6}.$$

同法可得函数 $z$ 在点 $P_1$ 取得极小值

$$z(P_1)=-26e^{-\frac{1}{52}}\approx -25.50.$$

**【3635】** $z=x^2+xy+y^2-4\ln x-10\ln y.$

**解** 解方程组

$$\begin{cases}\dfrac{\partial z}{\partial x}=2x+y-\dfrac{4}{x}=0,\\ \dfrac{\partial z}{\partial y}=x+2y-\dfrac{10}{y}=0\end{cases}\quad (x>0,\ y>0)$$

得临界点 $P_0(1,2)$. 在点 $P_0$，$A=6$, $B=1$, $C=\dfrac{9}{2}$, $AC-B^2=26>0$，故函数 $z$ 在点 $P_0$ 取得极小值

$$z(P_0)=7-10\ln 2\approx 0.0685.$$

**【3636】** $z=\sin x+\cos y+\cos(x-y)\ \left(0\leqslant x\leqslant\dfrac{\pi}{2};0\leqslant y\leqslant\dfrac{\pi}{2}\right).$

**解** 解方程组

$$\begin{cases}\dfrac{\partial z}{\partial x}=\cos x-\sin(x-y)=0, & (1)\\ \dfrac{\partial z}{\partial y}=-\sin y+\sin(x-y)=0. & (2)\end{cases}$$

(1)+(2)，$\cos x=\sin y$. 由于 $x,y$ 均为锐角，故有 $y=\dfrac{\pi}{2}-x$，代入(1)，得

$$\cos x-\sin\left(2x-\frac{\pi}{2}\right)=\cos x+\cos 2x=2\cos\frac{x}{2}\cos\frac{3x}{2}=0.$$

但是 $\cos\dfrac{x}{2}\neq 0$，故 $\cos\dfrac{3x}{2}=0$. 从而得临界点 $P_0\left(\dfrac{\pi}{3},\dfrac{\pi}{6}\right)$. 由于

$$\frac{\partial^2 z}{\partial x^2}=-\sin x-\cos(x-y),\qquad \frac{\partial^2 z}{\partial y^2}=-\cos y-\cos(x-y),\qquad \frac{\partial^2 z}{\partial x\partial y}=\cos(x-y),$$

故在点 $P_0$，有 $A=-\sqrt{3}$, $B=\dfrac{\sqrt{3}}{2}$, $C=-\sqrt{3}$, $AC-B^2=\dfrac{9}{4}>0$.

于是，函数 $z$ 在点 $P_0$ 取得极大值 $z(P_0)=\dfrac{3}{2}\sqrt{3}$.

**【3637】** $z=\sin x\sin y\sin(x+y)\ (0\leqslant x\leqslant\pi;\ 0\leqslant y\leqslant\pi).$

**解** 解方程组

$$\begin{cases}\dfrac{\partial z}{\partial x}=\sin y\sin(2x+y)=0, & (1)\\ \dfrac{\partial z}{\partial y}=\sin x\sin(x+2y)=0. & (2)\end{cases}$$

由(1)及(2)可得下列四个方程组：

$$\text{Ⅰ}:\begin{cases}\sin x=0,\\ \sin y=0.\end{cases}\quad \text{Ⅱ}:\begin{cases}\sin x=0,\\ \sin(2x+y)=0.\end{cases}\quad \text{Ⅲ}:\begin{cases}\sin y=0,\\ \sin(x+2y)=0.\end{cases}\quad \text{Ⅳ}:\begin{cases}\sin(2x+y)=0,\\ \sin(x+2y)=0.\end{cases}$$

考虑到 $0\leqslant x\leqslant\pi$; $0\leqslant y\leqslant\pi$，于是得原方程组(1)与(2)的六个解

$$P_1(0,0),\quad P_2(0,\pi),\quad P_3(\pi,0),\quad P_4(\pi,\pi),\quad P_5\left(\frac{\pi}{3},\frac{\pi}{3}\right),\quad P_6\left(\frac{2\pi}{3},\frac{2\pi}{3}\right).$$

由于所考虑的区域是闭正方形 $0\leqslant x\leqslant\pi$; $0\leqslant y\leqslant\pi$，故点 $P_1,P_2,P_3,P_4$ 都是此区域的边界点. 因此，$P_1,P_2,P_3,P_4$ 不是函数 $z$ 达极值的点(根据极值的定义，首先要求函数在所考虑的点的某邻域中有定义). 由于

$$z''_{xx}=2\sin y\cos(2x+y),\qquad z''_{xy}=\sin 2(x+y),\qquad z''_{yy}=2\sin x\cos(x+2y).$$

在点 $P_5$ 有

$$AC-B^2=(-\sqrt{3})(-\sqrt{3})-\left(-\frac{\sqrt{3}}{2}\right)^2>0$$

且 $A=-\sqrt{3}<0$,故函数 $z$ 在点 $P_5$ 取得极大值 $z(P_5)=\frac{3\sqrt{3}}{8}$;在点 $P_6$ 有 $AC-B^2=(\sqrt{3})(\sqrt{3})-\left(\frac{\sqrt{3}}{2}\right)^2>0$

且 $A=\sqrt{3}>0$,故函数 $z$ 在点 $P_6$ 取得极小值 $z(P_6)=-\frac{3\sqrt{3}}{8}$.

**【3638】** $z=x-2y+\ln\sqrt{x^2+y^2}+3\arctan\frac{y}{x}$.

**解** 解方程组

$$\begin{cases}\frac{\partial z}{\partial x}=1+\frac{x}{x^2+y^2}-\frac{3y}{x^2+y^2}=0,\\ \frac{\partial z}{\partial y}=-2+\frac{y}{x^2+y^2}+\frac{3x}{x^2+y^2}=0\end{cases}$$

得临界点 $P_0(1,1)$.

$$\frac{\partial^2 z}{\partial x^2}=\frac{-x^2+6xy+y^2}{(x^2+y^2)^2},\qquad \frac{\partial^2 z}{\partial y^2}=\frac{x^2-6xy-y^2}{(x^2+y^2)^2},\qquad \frac{\partial^2 z}{\partial x\partial y}=\frac{-3x^2-2xy+3y^2}{(x^2+y^2)^2}.$$

在点 $P_0$ 有 $A=\frac{3}{2}$, $B=-\frac{1}{2}$, $C=-\frac{3}{2}$ 及 $AC-B^2=-\frac{5}{2}<0$,故无极值.

**【3639】** $z=xy\ln(x^2+y^2)$.

**解** 解方程组

$$\begin{cases}\frac{\partial z}{\partial x}=y\ln(x^2+y^2)+\frac{2x^2y}{x^2+y^2}=0, & (1)\\ \frac{\partial z}{\partial y}=x\ln(x^2+y^2)+\frac{2xy^2}{x^2+y^2}=0. & (2)\end{cases}$$

将(1)式乘以 $x$ 减去(2)式乘以 $y$,得 $\frac{2xy}{x^2+y^2}(x^2+y^2)=0$.

于是,$x=0$, $y=0$, $x=y$, $x=-y$ 为四组解,对应地得临界点

$$P_1(0,1),\quad P_2(0,-1),\quad P_3(1,0),\quad P_4(-1,0),$$

$$P_5\left(\frac{1}{\sqrt{2e}},\frac{1}{\sqrt{2e}}\right),P_6\left(-\frac{1}{\sqrt{2e}},-\frac{1}{\sqrt{2e}}\right),P_7\left(\frac{1}{\sqrt{2e}},-\frac{1}{\sqrt{2e}}\right)\text{ 及 }P_8\left(-\frac{1}{\sqrt{2e}},\frac{1}{\sqrt{2e}}\right).$$

代入原式,不难看出,函数 $z$ 在点 $P_1$、$P_2$、$P_3$ 及 $P_4$ 均无极值(邻域内函数值可正可负). 由于

$$\frac{\partial^2 z}{\partial x^2}=\frac{2xy(x^2+3y^2)}{(x^2+y^2)^2},\qquad \frac{\partial^2 z}{\partial y^2}=\frac{2xy(3x^2+y^2)}{(x^2+y^2)^2},\qquad \frac{\partial^2 z}{\partial x\partial y}=\ln(x^2+y^2)+\frac{2(x^4+y^4)}{(x^2+y^2)^2}.$$

在点 $P_5$ 及 $P_6$,$A=2,B=0,C=2$ 及 $AC-B^2=4>0$,故函数 $z$ 在点 $P_5$ 及 $P_6$ 取得极小值

$$z(P_5)=z(P_6)=-\frac{1}{2e}\approx-0.184.$$

在点 $P_7$ 及 $P_8$,$A=-2,B=0,C=-2$ 及 $AC-B^2=4>0$,故函数$z$ 在点 $P_7$ 及 $P_8$ 取极大值

$$z(P_7)=z(P_8)=\frac{1}{2e}\approx0.184.$$

**【3640】** $z=x+y+4\sin x\sin y$.

**解** 解方程组

$$\begin{cases}\frac{\partial z}{\partial x}=1+4\cos x\sin y=0, & (1)\\ \frac{\partial z}{\partial y}=1+4\sin x\cos y=0. & (2)\end{cases}$$

(2)−(1)得 $\sin(x-y)=0$,故 $x-y=n\pi$;

(2)+(1)得 $\sin(x+y)=-\frac{1}{2}$,故 $x+y=m\pi-(-1)^m\frac{\pi}{6}$.

于是,得临界点 $P_0(x_0,y_0)$,其中

$$\begin{cases} x_0=(-1)^{m+1}\dfrac{\pi}{12}+(m+n)\dfrac{\pi}{2}, \\ y_0=(-1)^{m+1}\dfrac{\pi}{12}+(m-n)\dfrac{\pi}{2}. \end{cases} \quad (m,n=0,\pm1,\pm2,\cdots)$$

在点 $P_0$,有

$$\begin{aligned} AC-B^2&=(-4\sin x_0\sin y_0)(-4\sin x_0\sin y_0)-(4\cos x_0\cos y_0)^2 \\ &=16(\sin x_0\sin y_0-\cos x_0\cos y_0)(\sin x_0\sin y_0+\cos x_0\cos y_0)=-16\cos(x_0+y_0)\cos(x_0-y_0) \\ &=-16\cos\left[m\pi-(-1)^m\frac{\pi}{6}\right]\cos n\pi=-16(-1)^{m+n}\cos\frac{\pi}{6}. \end{aligned}$$

当 $m$ 及 $n$ 有相同的奇偶性时,$m+n$ 为偶数,$AC-B^2<0$ 故无极值;当 $m$ 及 $n$ 有不同的奇偶性时,$m+n$ 为奇数,$AC-B^2>0$,故有极值,看 $A$ 的符号决定取得极大值还是极小值. 由于

$$A=-4\sin x_0\sin y_0=2[\cos(x_0+y_0)-\cos(x_0-y_0)]=2\left\{(-1)^m\cos\frac{\pi}{6}-(-1)^n\right\},$$

故当 $m$ 为奇数及 $n$ 为偶数时,$A<0$,取得极大值;当 $m$ 为偶数及 $n$ 为奇数时,$A>0$,取得极小值. 极值为

$$z(x_0,y_0)=m\pi+\left(\frac{\pi}{6}+\sqrt{3}\right)(-1)^{m+1}+2(-1)^n.$$

**【3641】** $z=(x^2+y^2)e^{-(x^2+y^2)}$.

**解** 解方程组
$$\begin{cases} \dfrac{\partial z}{\partial x}=2xe^{-(x^2+y^2)}(1-x^2-y^2)=0, \\ \dfrac{\partial z}{\partial y}=2ye^{-(x^2+y^2)}(1-x^2-y^2)=0 \end{cases}$$

得临界点 $P_0(0,0)$ 及 $P(x_0,y_0)$,其中 $x_0^2+y_0^2=1$.

在点 $P_0$ 有 $z=0$,而当 $(x,y)\neq(0,0)$ 时 $z>0$,故函数 $z$ 在点 $P_0$ 取得极小值 $z=0$.

由 1437 题知,在满足 $x_0^2+y_0^2=1$ 的点 $(x_0,y_0)$ 的邻域内,不论是 $x^2+y^2>1$ 还是 $x^2+y^2<1$,均有

$$z(x,y)=(x^2+y^2)e^{-(x^2+y^2)}<e^{-1}.$$

但是点 $(x_0,y_0)$ 的邻域内总有 $x^2+y^2=1$ 的点 $(x,y)$,因此,函数 $z$ 在点 $(x_0,y_0)$ 取得弱极大值 $z=e^{-1}$.

**【3642】** $u=x^2+y^2+z^2+2x+4y-6z$.

**解** $du=2(x+1)dx+2(y+2)dy+2(z-3)dz$.

令
$$\frac{\partial u}{\partial x}=2(x+1)=0,\quad \frac{\partial u}{\partial y}=2(y+2)=0,\quad \frac{\partial u}{\partial z}=2(z-3)=0,$$

得临界点 $P_0(-1,-2,3)$. 在该点由于

$$d^2u=2(dx^2+dy^2+dz^2)>0\quad(\text{当 } dx^2+dy^2+dz^2\neq0 \text{ 时}),$$

故函数 $u$ 在点 $P_0$ 取得极小值 $u(P_0)=-14$.

**【3643】** $u=x^3+y^2+z^2+12xy+2z$.

**解** $du=(3x^2+12y)dx+(2y+12x)dy+(2z+2)dz$.

令
$$\frac{\partial u}{\partial x}=3x^2+12y=0,\quad \frac{\partial u}{\partial y}=2y+12x=0,\quad \frac{\partial u}{\partial z}=2z+2=0,$$

得临界点 $P_0(0,0,-1)$ 及 $P_1(24,-144,-1)$.

$$d^2u=6xdx^2+2dy^2+2dz^2+24dxdy.$$

在点 $P_0$,有

$$d^2u=2dy^2+2dz^2+24dxdy=2dz^2+2dy(dy+12dx),$$

当 $dz=0$, $dy>0$ 及 $dy+12dx<0$ 时,$d^2u<0$;而当 $dx$、$dy$ 及 $dz$ 均大于零时,$d^2u>0$. 因此,$d^2u$ 的符号不定,故无极值.

在点 $P_1$,有

$$d^2u=144dx^2+2dy^2+2dz^2+24dxdy=(12dx+dy)^2+dy^2+2dz^2>0\quad(dx^2+dy^2+dz^2\neq0),$$

故函数 $u$ 在点 $P_1$ 取得极小值 $u(P_1)=-6913$.

**【3644】** $u=x+\frac{y^2}{4x}+\frac{z^2}{y}+\frac{2}{z}\quad(x>0,\ y>0,\ z>0)$.

**解** $\mathrm{d}u=\left(1-\frac{y^2}{4x^2}\right)\mathrm{d}x+\left(\frac{y}{2x}-\frac{z^2}{y^2}\right)\mathrm{d}y+\left(\frac{2z}{y}-\frac{2}{z^2}\right)\mathrm{d}z$. 令 $\frac{\partial u}{\partial x}=\frac{\partial u}{\partial y}=\frac{\partial u}{\partial z}=0$,得方程组

$$\begin{cases}1-\frac{y^2}{4x^2}=0,\\ \frac{y}{2x}-\frac{z^2}{y^2}=0,\\ \frac{2z}{y}-\frac{2}{z^2}=0.\end{cases}$$

解之得临界点 $P_0\left(\frac{1}{2},1,1\right)$.

$$\mathrm{d}^2u=\frac{y^2}{2x^3}\mathrm{d}x^2-\frac{y}{x^2}\mathrm{d}x\mathrm{d}y+\left(\frac{1}{2x}+\frac{2z^2}{y^3}\right)\mathrm{d}y^2-\frac{4z}{y^2}\mathrm{d}y\mathrm{d}z+\left(\frac{2}{y}+\frac{4}{z^3}\right)\mathrm{d}z^2.$$

在点 $P_0$,有

$$\mathrm{d}^2u=4\mathrm{d}x^2-4\mathrm{d}x\mathrm{d}y+3\mathrm{d}y^2-4\mathrm{d}y\mathrm{d}z+6\mathrm{d}z^2=(2\mathrm{d}x-\mathrm{d}y)^2+\mathrm{d}y^2+(\mathrm{d}y-2\mathrm{d}z)^2+2\mathrm{d}z^2>0\quad(\mathrm{d}x^2+\mathrm{d}y^2+\mathrm{d}z^2\neq0),$$

故函数 $u$ 在点 $P_0$ 取得极小值 $u(P_0)=4$.

**【3645】** $u=xy^2z^3(a-x-2y-3z)\quad(a>0)$.

**解** $\mathrm{d}u=y^2z^3(a-2x-2y-3z)\mathrm{d}x+2xyz^3(a-x-3y-3z)\mathrm{d}y+3xy^2z^2(a-x-2y-4z)\mathrm{d}z$.

令 $\frac{\partial u}{\partial x}=\frac{\partial u}{\partial y}=\frac{\partial u}{\partial z}=0$,得方程组

$$\begin{cases}y^2z^3(a-2x-2y-3z)=0,\\ 2xyz^3(a-x-3y-3z)=0,\\ 3xy^2z^2(a-x-2y-4z)=0.\end{cases}$$

解之得临界点 $P_0(\frac{a}{7},\frac{a}{7},\frac{a}{7})$;直线 $x=0,\ 2y+3z=a$;平面 $y=0$;平面 $z=0$.

同 3625 题的方法,不难确定:直线 $x=0,\ 2y+3z=a$ 及平面 $z=0$ 上的点不取得极值. $y=0$ 时,当 $xz^3(a-x-3z)>0$ 取得弱极小值 $u=0$;当 $xz^3(a-x-3z)<0$ 取得弱极大值 $u=0$;当 $xz^3(a-x-3z)=0$ 不取得极值.

在点 $P_0$,有

$$\begin{aligned}\mathrm{d}^2u&=-\frac{2a^5}{7^5}(\mathrm{d}x^2+3\mathrm{d}y^2+6\mathrm{d}z^2+2\mathrm{d}x\mathrm{d}y+6\mathrm{d}y\mathrm{d}z+3\mathrm{d}x\mathrm{d}z)\\&=-\frac{a^5}{7^5}[(\mathrm{d}x+2\mathrm{d}y+3\mathrm{d}z)^2+\mathrm{d}x^2+2\mathrm{d}y^2+3\mathrm{d}z^2]<0\quad(\mathrm{d}x^2+\mathrm{d}y^2+\mathrm{d}z^2\neq0),\end{aligned}$$

故函数 $u$ 在点 $P_0$ 取得极大值 $u(P_0)=\frac{a^7}{7^7}$.

**【3646】** $u=\frac{a^2}{x}+\frac{x^2}{y}+\frac{y^2}{z}+\frac{z^2}{b}(x>0,y>0,z>0,a>0,b>0)$.

**解** $\mathrm{d}u=\left(\frac{2x}{y}-\frac{a^2}{x^2}\right)\mathrm{d}x+\left(\frac{2y}{z}-\frac{x^2}{y^2}\right)\mathrm{d}y+\left(\frac{2z}{b}-\frac{y^2}{z^2}\right)\mathrm{d}z$. 令 $\frac{\partial u}{\partial x}=\frac{\partial u}{\partial y}=\frac{\partial u}{\partial z}=0$,得方程组

$$\begin{cases}\frac{2x}{y}-\frac{a^2}{x^2}=0,\\ \frac{2y}{z}-\frac{x^2}{y^2}=0,\\ \frac{2z}{b}-\frac{y^2}{z^2}=0.\end{cases}$$

解之得临界点 $P_0\left(\frac{1}{2}\sqrt[15]{16a^{14}b},\frac{1}{4}\sqrt[5]{16a^4b},\frac{1}{2}\sqrt[15]{\frac{1}{4}a^8b^7}\right)$.

$$\begin{aligned}d^2u&=\frac{2a^2}{x^3}dx+\frac{2}{y}dx^2-\frac{4x}{y^2}dxdy+\frac{2}{z}dy^2+\frac{2x^2}{y^3}dy^2-\frac{4y}{z^2}dydz+\frac{2}{b}dz^2+\frac{2y^2}{z^3}dz^2\\&=\frac{2a^2}{x^3}dx^2+\frac{2}{y}\left(dx-\frac{x}{y}dy\right)^2+\frac{2}{z}\left(dy-\frac{y}{z}dz\right)^2+\frac{2}{b}dz^2.\end{aligned}$$

在点 $P_0$，$x>0,y>0,z>0,d^2u>0(dx^2+dy^2+dz^2\neq0)$，故函数 $u$ 在点 $P_0$ 取得极小值

$$u(P_0)=\frac{15a}{4}\sqrt[15]{\frac{a}{16b}}.$$

**【3647】** $u=\sin x+\sin y+\sin z-\sin(x+y+z)\qquad(0\leqslant x\leqslant\pi;\ 0\leqslant y\leqslant\pi;\ 0\leqslant z\leqslant\pi)$.

**解** $du=[\cos x-\cos(x+y+z)]dx+[\cos y-\cos(x+y+z)]dy+[\cos z-\cos(x+y+z)]dz.$

令 $\frac{\partial u}{\partial x}=\frac{\partial u}{\partial y}=\frac{\partial u}{\partial z}=0$，得方程组

$$\begin{cases}\cos x-\cos(x+y+z)=0,\\\cos y-\cos(x+y+z)=0,\\\cos z-\cos(x+y+z)=0.\end{cases}$$

注意到 $0\leqslant x\leqslant\pi;0\leqslant y\leqslant\pi;0\leqslant z\leqslant\pi$，解之得临界点 $P_0(0,0,0)$，$P_1\left(\frac{\pi}{2},\frac{\pi}{2},\frac{\pi}{2}\right)$ 及 $P_2(\pi,\pi,\pi)$.

在点 $P_1$，有

$$\begin{aligned}d^2u&=-\sin x dx^2-\sin y dy^2-\sin z dz^2+\sin(x+y+z)[d(x+y+z)]^2\\&=-dx^2-dy^2-dz^2-(dx+dy+dz)^2<0,\end{aligned}$$

故函数 $u$ 在点 $P_1$ 取得极大值 $u(P_1)=4$.

由于 $P_0$ 与 $P_2$ 是所考虑区域 $0\leqslant x\leqslant\pi;0\leqslant y\leqslant\pi;0\leqslant z\leqslant\pi$ 的边界点，故函数在点 $P_0$ 与 $P_2$ 不达极值(根据极值定义，首先要求函数在所考虑的点的某邻域中有定义). 但如果放宽要求，对于边界点，仅将其函数值与属于所考虑的区域而与此边界点很接近的点的函数值相比较，则在边界点也可引入达极值和达弱极值的概念. 今对于点 $P_0$ 及 $P_2$ 的邻域中且属于上述区域的点 $(x,y,z)$，显然有 $\sin x\geqslant0$，$\sin y\geqslant0$，$\sin z\geqslant0$. 又

$$\begin{aligned}\sin(x+y+z)&=\sin x\cos y\cos z-\sin x\sin y\sin z+\cos x\sin y\cos z+\cos x\cos y\sin z\\&\leqslant\sin x+\sin y+\sin z-\sin x\sin y\sin z,\end{aligned}$$

故 $u\geqslant0$. 而当 $x=y=0$ 时或 $x=y=\pi$ 时都恒有 $u=0$. 因此，函数 $u$ 在点 $P_0$ 及 $P_2$ 都达到弱极小值 $u(P_0)=u(P_2)=0$(按上述边界点达极值的意义).

**【3648】** $u=x_1x_2^2\cdots x_n^n(1-x_1-2x_2-\cdots-nx_n)\quad(x_1>0,x_2>0,\cdots,x_n>0)$.

**解** 先考虑满足 $1-x_1-2x_1-\cdots-nx_n=0$，$x_1>0,x_2>0,\cdots,x_n>0$ 的点 $(x_1,x_2,\cdots,x_n)$. 显然函数 $u$ 在这种点不达到极值(因为，例如，若保持 $x_2,x_3,\cdots,x_n$ 不变，而将 $x_1$ 增大任意小的值，就有 $u<0$，但将 $x_1$ 减小任意小的值，则有 $u>0$)，故下面只需考察满足 $1-\sum\limits_{k=1}^n kx_k\neq0,x_1>0,\cdots,x_n>0$ 的点 $(x_1,x_2,\cdots,x_n)$. 我们有

$$du=u\sum_{k=1}^n\frac{k}{x_k}dx_k-\frac{u}{1-\sum\limits_{k=1}^n kx_k}\sum_{k=1}^n kdx_k=u\left[\sum_{k=1}^n\left(\frac{k}{x_k}-\frac{k}{1-\sum\limits_{k=1}^n kx_k}\right)dx_k\right],$$

考虑到 $x_k>0$ 及 $1-\sum\limits_{k=1}^n kx_k\neq0$，故有 $u\neq0$. 解方程组

$$\frac{k}{x_k}-\frac{k}{1-\sum\limits_{k=1}^n kx_k}=0\quad(k=1,2,\cdots,n)$$

得临界点 $P_0(x_1,x_2,\cdots,x_n)$，其中 $\quad x_1=x_2=\cdots=x_n=\frac{2}{n^2+n+2}=x_0$.

$$d^2u=\left[\sum_{k=1}^n\left(\frac{k}{x_k}-\frac{k}{1-\sum\limits_{k=1}^n kx_k}\right)dx_k\right]du+u\left[\sum_{k=1}^n\left(-\frac{k}{x_k^2}\right)dx_k^2+\frac{1}{\left(1-\sum\limits_{k=1}^n kdx_k\right)^2}\left(\sum_{k=1}^n kdx_k\right)\left(-\sum_{k=1}^n kdx_k\right)\right],$$

在点 $P_0$，有

$$d^2u=-\frac{u}{x_0^2}\left[\sum_{k=1}^{n}k\mathrm{d}x_k^2+\left(\sum_{k=1}^{n}k\mathrm{d}x_k\right)^2\right]=-x_0^{\frac{n(n+1)}{2}-1}\left[\sum_{k=1}^{n}k\mathrm{d}x_k^2+\left(\sum_{k=1}^{n}k\mathrm{d}x_k\right)^2\right]<0\quad\left(\sum_{k=1}^{n}\mathrm{d}x_x^2\neq 0\right),$$

故函数 $u$ 在点 $P_0$ 取得极大值 $u(P_0)=\left(\frac{2}{n^2+n+2}\right)^{\frac{n^2+n+2}{2}}$.

【3649】 $u=x_1+\frac{x_2}{x_1}+\frac{x_3}{x_2}+\cdots+\frac{x_n}{x_{n-1}}+\frac{2}{x_n}\quad(x_i>0,\ i=1,2,\cdots,n)$.

**解题思路** 令

$$y_1=x_1,y_2=\frac{x_2}{x_1},\cdots,y_k=\frac{x_k}{x_{k-1}},\cdots,y_n=\frac{x_n}{x_{n-1}},$$

则 $x_n=y_1y_2\cdots y_n$，且 $u=y_1+y_2+y_3+\cdots+y_n+\frac{2}{y_1y_2\cdots y_n}$，并记 $A=y_1y_2\cdots y_n$. 用微分法可得临界点为 $P_0(2^{\frac{1}{n+1}},2^{\frac{2}{n+1}},\cdots,2^{\frac{n}{n+1}})$，且在 $P_0$ 点处，函数 $u$ 取得极小值 $(n+1)2^{\frac{1}{n+1}}$.

**解** 设 $y_1=x_1,y_2=\frac{x_2}{x_1},\cdots,y_k=\frac{x_k}{x_{k-1}},\cdots,y_n=\frac{x_n}{x_{n-1}}$，则 $x_n=y_1y_2\cdots y_n$，$y_k>0\ (k=1,2,\cdots,n)$，且

$$u=y_1+y_2+y_3+\cdots+y_n+\frac{2}{y_1y_2\cdots y_n}.$$

记 $A=y_1y_2\cdots y_n$，则可得

$$\mathrm{d}u=\sum_{k=1}^{n}\left(1-\frac{2}{Ay_k}\right)\mathrm{d}y_k.$$

令 $\frac{\partial u}{\partial y_k}=0$ 得方程组 $1-\frac{2}{Ay_k}=0\ (k=1,2,\cdots,n)$. 解之得临界点 $P_0(y_1,y_2,\cdots,y_n)$，其中

$$y_1=y_2=\cdots=y_n=2^{\frac{1}{n+1}}=y_0.$$

在点 $P_0$，有

$$d^2u\Big|_{P=P_0}=\frac{2}{A}\sum_{k=1}^{n}\frac{1}{y_k^2}\mathrm{d}y_k^2+\frac{2}{A}\left(\sum_{k=1}^{n}\frac{1}{y_k}\mathrm{d}y_k\right)^2\Big|_{P=P_0}=\frac{1}{y_0}\left[\sum_{k=1}^{n}\mathrm{d}y_k^2+\left(\sum_{k=1}^{n}\mathrm{d}y_k\right)^2\right]>0\quad\left(\sum_{k=1}^{n}\mathrm{d}y_k^2\neq 0\right),$$

故函数 $u$ 在 $P_0$ 点取得极小值，也即在

$$x_1=y_1=2^{\frac{1}{n+1}},$$
$$x_2=y_2x_1=2^{\frac{2}{n+1}},$$
$$\vdots$$
$$x_k=y_kx_{k-1}=2^{\frac{k}{n+1}},$$
$$\vdots$$
$$x_n=y_nx_{n+1}=2^{\frac{n}{n+1}}$$

处，函数 $u$ 取得极小值 $u=(n+1)2^{\frac{1}{n+1}}$.

【3650】 惠更斯问题. 在 $a$ 和 $b$ 二正数间插入 $n$ 个数 $x_1,x_2,\cdots,x_n$，使分数

$$u=\frac{x_1x_2\cdots x_n}{(a+x_1)(x_1+x_2)\cdots(x_n+b)}$$

的值最大.

**解题思路** 令 $w=\frac{1}{u}$ 及 $y_1=\frac{x_2}{x_1},y_2=\frac{x_3}{x_2},\cdots,y_n=\frac{b}{x_n}$，并记 $A=y_1y_2\cdots y_n$ 及 $m=a+\frac{b}{A}$，则

$$w=m(1+y_1)(1+y_2)\cdots(1+y_n).$$

从而，问题转化为求函数 $w$ 的极小值. 用微分法可知数 $a,x_1,x_2,\cdots,x_n,b$ 构成有公比 $\left(\frac{b}{a}\right)^{\frac{1}{n+1}}$ 的等比数列时，函数 $u$ 取得最大值 $\left(a^{\frac{1}{n+1}}+b^{\frac{1}{n+1}}\right)^{-(n+1)}$.

**解** 记 $w=\frac{1}{u}=(a+x_1)\left(1+\frac{x_2}{x_1}\right)\left(1+\frac{x_3}{x_2}\right)\cdots\left(1+\frac{b}{x_n}\right)$.

设 $y_1=\frac{x_2}{x_1},y_2=\frac{x_3}{x_2},\cdots,y_n=\frac{b}{x_n}$,并记 $A=y_1y_2\cdots y_n$,则有

$$x_1=\frac{b}{y_1y_2\cdots y_n}=\frac{b}{A},\quad w=\left(a+\frac{b}{A}\right)(1+y_1)(1+y_2)\cdots(1+y_n).$$

又记 $m=a+\frac{b}{A}$,则有 $\mathrm{d}w=\sum_{k=1}^{n}\frac{w}{1+y_k}\mathrm{d}y_k-\frac{wb}{mA}\sum_{k=1}^{n}\frac{\mathrm{d}y_k}{y_k}=w\sum_{k=1}^{n}\left(\frac{y_k}{1+y_k}-\frac{b}{mA}\right)\frac{\mathrm{d}y_k}{y_k}$.

令 $\frac{\partial w}{\partial y_k}=0$ 得方程组 $\frac{y_k}{1+y_k}=\frac{b}{mA}$ $(k=1,2,\cdots,n)$. 解之得临界点 $P_0(y_1,y_2,\cdots,y_n)$,其中

$$y_1=y_2=\cdots=y_n=\left(\frac{b}{a}\right)^{\frac{1}{n+1}}=y_0.$$

在点 $P_0$,有

$$\begin{aligned}\mathrm{d}^2w\Big|_{P=P_0}&=w\sum_{k=1}^{n}\mathrm{d}\left(\frac{y_k}{1+y_k}-\frac{b}{mA}\right)\frac{\mathrm{d}y_k}{y_k}\Big|_{P=P_0}\\&=w\sum_{k=1}^{n}\mathrm{d}\left(\frac{y_k}{1+y_k}\right)\left(\frac{\mathrm{d}y_k}{y_0}\right)\Big|_{P=P_0}-w\sum_{k=1}^{n}\frac{\mathrm{d}y_k}{y_0}\left[\mathrm{d}\left(\frac{1}{1+\frac{a}{b}A}\right)\right]\Big|_{P=P_0}\\&=\frac{w(P_0)}{y_0(1+y_0)^2}\sum_{k=1}^{n}\mathrm{d}y_k^2+\frac{w(P_0)}{y_0\left(1+\frac{a}{b}A\right)^2_{P=P_0}}\sum_{k=1}^{n}\left[\mathrm{d}y_k\cdot\left(\sum_{k=1}^{n}\frac{aA}{by_k}\mathrm{d}y_k\right)\right]_{P=P_0}\\&=\frac{w(P_0)}{y_0(1+y_0)^2}\left[\sum_{k=1}^{n}\mathrm{d}y_k^2+\left(\sum_{k=1}^{n}\mathrm{d}y_k\right)^2\right]>0\quad\left(\sum_{k=1}^{n}\mathrm{d}y_k^2\neq0\right),\end{aligned}$$

故函数 $w$ 在点 $P_0$ 取得极小值. 从而,函数 $u$ 在

$$\begin{cases}x_1=\frac{b}{A}=\frac{b}{y_0^n}=\frac{b}{a}ay_0^{-n}=ay_0^{n+1}y_0^{-n}=ay_0,\\x_2=x_1y_1=ay_0^2,\\x_3=x_2y_2=ay_0^3,\\\quad\vdots\\x_n=\frac{b}{y_n}=\frac{b}{a}ay_0^{-1}=ay_0^{n+1}y_0^{-1}=ay_0^n,\end{cases}$$

即数 $a,x_1,x_2,\cdots,x_n,b$,构成有公比 $y_0=\left(\frac{b}{a}\right)^{\frac{1}{n+1}}$ 的等比数列时,其值最大,并且 $u$ 的最大值为

$$u=\frac{1}{a(1+y_0)^{n+1}}=(a^{\frac{1}{n+1}}+b^{\frac{1}{n+1}})^{-(n+1)}$$

**求变量 $x$ 和 $y$ 的隐函数 $z$ 的极值:**

**【3651】** $x^2+y^2+z^2-2x+2y-4z-10=0$.

**提示** 一般地,对于隐函数 $z=z(x,y)$ 求极值用微分法较好,如本题及 3652 题及 3653 题.

**解** 微分得

$$(x-1)\mathrm{d}x+(y+1)\mathrm{d}y+(z-2)\mathrm{d}z=0.$$

显见,当 $x=1,y=-1$,时,$\mathrm{d}z=0$. 代入原方程可解得 $z=6$ 及 $z=-2$. 又 $z=2$ 时为不可微的. 为判断极值,求二阶微分,得

$$\mathrm{d}x^2+\mathrm{d}y^2+(z-2)\mathrm{d}^2z+\mathrm{d}z^2=0.$$

以 $x=1,\ y=-1,\ z=6$,代入,并考虑 $\mathrm{d}z=0$,得

$$\mathrm{d}^2z=-\frac{1}{4}(\mathrm{d}x^2+\mathrm{d}y^2)<0\quad(\mathrm{d}x^2+\mathrm{d}y^2\neq0),$$

故当 $x=1$，$y=-1$ 时，隐函数 $z$ 取得极大值 $z=6$. 同法可判断得：当 $x=1$，$y=-1$ 时，隐函数 $z$ 也取得极小值，且其值为 $z=-2$.

不难看出，$z=2$ 是球的切平面平行于 $Oz$ 轴的地方，因此，函数 $z$ 不取得极值.

**【3652】** $x^2+y^2+z^2-xz-yz+2x+2y+2z-2=0$.

**解** 微分一次，得

$$(2x-z+2)\mathrm{d}x+(2y-z+2)\mathrm{d}y+(2z-x-y+2)\mathrm{d}z=0.$$

解方程组

$$\begin{cases}2x-z+2=0,\\2y-z+2=0,\\x^2+y^2+z^2-xz-yz+2x+2y+2z-2=0\end{cases}$$

得

$$x_1=y_1=-(3+\sqrt{6}),\quad z_1=-(4+2\sqrt{6});\quad x_2=y_2=-(3-\sqrt{6}),\quad z_2=2\sqrt{6}-4.$$

再微分一次，并注意到 $\mathrm{d}z=0$，即得

$$2\mathrm{d}x^2+2\mathrm{d}y^2+(2z-x-y+2)\mathrm{d}^2z=0.$$

在点 $(x_1,y_1,z_1)$，$\mathrm{d}^2z=\frac{1}{\sqrt{6}}(\mathrm{d}x^2+\mathrm{d}z^2)>0$，故当 $x=y=-(3+\sqrt{6})$ 时，取得极小值 $z=-(4+2\sqrt{6})$. 同法可知，当 $x=y=-(3-\sqrt{6})$ 时，取得极大值 $z=2\sqrt{6}-4$.

对于 $\mathrm{d}z$ 的系数 $2z-x-y+2=0$ 时代表的情况，与上题类似也不取得极值.

**【3653】** $(x^2+y^2+z^2)^2=a^2(x^2+y^2-z^2)$.

**解** 微分一次，得

$$2(x^2+y^2+z^2)(x\mathrm{d}x+y\mathrm{d}y+z\mathrm{d}z)=a^2(x\mathrm{d}x+y\mathrm{d}y-z\mathrm{d}z).$$

令 $\mathrm{d}z=0$，得方程

$$[2(x^2+y^2+z^2)-a^2](x\mathrm{d}x+y\mathrm{d}y)=0.$$

解之，得 $x=y=0$ 及 $x^2+y^2+z^2=\frac{a^2}{2}$.

以 $x=y=0$ 代入原方程，解得 $z=0$. 这是隐函数的一个奇点. 把原式看作 $z^2$ 的一个方程，舍去增根，可解出

$$z^2=-(a^2+x^2+y^2)+\sqrt{a^4+3a^2(x^2+y^2)},$$

显然 $z$ 有正负两支在 $(0,0,0)$ 点相交. 因此，不认为 $z$ 在 $(0,0,0)$ 点取得极值.

以 $x^2+y^2+z^2=\frac{a^2}{2}$ 代入原方程，解得

$$x^2+y^2=\frac{3}{8}a^2,\qquad z^2=\frac{a^2}{8}.$$

为考虑极值，将一次微分式改写为

$$[2(x^2+y^2+z^2)-a^2](x\mathrm{d}x+y\mathrm{d}y)+[2(x^2+y^2+z^2)+a^2]z\mathrm{d}z=0.$$

将上式再微分一次，注意到 $\mathrm{d}z=0$ 及 $x^2+y^2+z^2=\frac{a^2}{2}$，即得

$$a^2z\mathrm{d}^2z=-2(x\mathrm{d}x+y\mathrm{d}y)^2,$$

故当 $x^2+y^2=\frac{3}{8}a^2$，$z=\frac{a}{2\sqrt{2}}$，时，$\mathrm{d}^2z\leqslant 0$，函数 $z$ 取得弱极大值 $z=\frac{a}{2\sqrt{2}}$；当 $x^2+y^2=\frac{3}{8}a^2$，$z=-\frac{a}{2\sqrt{2}}$ 时，$\mathrm{d}^2z\geqslant 0$，函数 $z$ 取得弱极小值 $z=-\frac{a}{2\sqrt{2}}$.

### 求下列函数的条件极值点：

**【3654】** $z=xy$，若 $x+y=1$.

**提示** 如将 $z=xy$ 改写为 $z=x(1-x)$，则转化为普通的极值问题.

**解** 设 $F(x,y)=xy+\lambda(x+y-1)$. 解方程组

$$\begin{cases}\dfrac{\partial F}{\partial x}=y+\lambda=0,\\ \dfrac{\partial F}{\partial y}=x+\lambda=0,\\ x+y=1\end{cases}$$

得 $x=y=-\lambda=\dfrac{1}{2}$，$z=\dfrac{1}{4}$. 由于当 $x\to\pm\infty$ 时，$y\to\mp\infty$，故 $z=xy\to-\infty$. 从而得知：点 $x=\dfrac{1}{2}$，$y=\dfrac{1}{2}$ 为条件极值点，且 $z=\dfrac{1}{4}$ 为极大值.

如将 $z=xy$ 改写为 $z=y(1-y)$，则成为普通极值. 易知极大值点为 $y=\dfrac{1}{2}$，从而，$x=\dfrac{1}{2}$，$z=\dfrac{1}{4}$.

**【3655】** $z=\dfrac{x}{a}+\dfrac{y}{b}$，若 $x^2+y^2=1$.

**解** 设 $F(x,y)=\dfrac{x}{a}+\dfrac{y}{b}+\lambda(x^2+y^2-1)$. 解方程组

$$\begin{cases}\dfrac{\partial F}{\partial x}=\dfrac{1}{a}+2\lambda x=0,\\ \dfrac{\partial F}{\partial y}=\dfrac{1}{b}+2\lambda y=0,\\ x^2+y^2=1\end{cases}$$

可得
$$\lambda=\pm\frac{\sqrt{a^2+b^2}}{2|ab|},\quad x=\mp\frac{b\varepsilon}{\sqrt{a^2+b^2}},\quad y=\mp\frac{a\varepsilon}{\sqrt{a^2+b^2}},$$

其中 $\varepsilon=\operatorname{sgn}ab\neq0$. 相应地，$z=\mp\dfrac{\sqrt{a^2+b^2}}{|ab|}$.

由于函数 $z$ 在闭圆周 $x^2+y^2=1$ 上连续且不为常数，故必取得最大值和最小值，并且最大值与最小值不相等. 这里可疑点仅两个.

因此，当 $x=-\dfrac{b\varepsilon}{\sqrt{a^2+b^2}}$，$y=-\dfrac{a\varepsilon}{\sqrt{a^2+b^2}}$ 时，函数值 $z=-\dfrac{\sqrt{a^2+b^2}}{|ab|}$ 必为最小值，从而是极小值；当 $x=\dfrac{b\varepsilon}{\sqrt{a^2+b^2}}$，$y=\dfrac{a\varepsilon}{\sqrt{a^2+b^2}}$ 时，$z=\dfrac{\sqrt{a^2+b^2}}{|ab|}$ 为最大值，从而是极大值.

**【3656】** $z=x^2+y^2$，若 $\dfrac{x}{a}+\dfrac{y}{b}=1$.

**解** 设 $F(x,y)=x^2+y^2+\lambda\left(\dfrac{x}{a}+\dfrac{y}{b}-1\right)$. 解方程组

$$\begin{cases}\dfrac{\partial F}{\partial x}=2x+\dfrac{1}{a}\lambda=0,\\ \dfrac{\partial F}{\partial y}=2y+\dfrac{1}{b}\lambda=0,\\ \dfrac{x}{a}+\dfrac{y}{b}=1\end{cases}$$

可得
$$\lambda=-\frac{2a^2b^2}{a^2+b^2},\quad x=\frac{ab^2}{a^2+b^2},\quad y=\frac{a^2b}{a^2+b^2}.$$

由于当 $x\to\infty$，$y\to\infty$ 时，$z\to+\infty$，故函数 $z$ 必在有限处取得最小值. 这里可疑点仅一个. 因此，当 $x=\dfrac{ab^2}{a^2+b^2}$，$y=\dfrac{a^2b}{a^2+b^2}$ 时，函数 $z$ 取得极小值 $z=\dfrac{a^2b^2}{a^2+b^2}$.

**注** 如果用二阶微分判别，则易从 $d^2z=2(dx^2+dy^2)>0$（不论 $dx,dy$ 之间有何约束条件，此式恒成

立)可知 $z=\frac{a^2b^2}{a^2+b^2}$ 为极小值.

**【3657】** $z=Ax^2+2Bxy+Cy^2$,若 $x^2+y^2=1$.

**解** 设 $F(x,y)=Ax^2+2Bxy+Cy^2-\lambda(x^2+y^2-1)$. 解方程组

$$\begin{cases}\frac{\partial F}{\partial x}=2[(A-\lambda)x+By]=0, & (1)\\ \frac{\partial F}{\partial y}=2[Bx+(C-\lambda)y]=0, & (2)\\ x^2+y^2=1. & (3)\end{cases}$$

由 $x^2+y^2=1$ 知 $x,y$ 不全为零,故 $\lambda$ 必须满足方程

$$\begin{vmatrix}A-\lambda & B\\ B & C-\lambda\end{vmatrix}=\lambda^2-(A+C)\lambda+(AC-B^2)=0. \tag{4}$$

当 $(A-C)^2+4B^2=0$ 时,所研究的函数为常数;当 $(A-C)^2+4B^2\neq0$ 时,方程(4)有两个不等的实根,记为 $\lambda_1$ 和 $\lambda_2(\lambda_1>\lambda_2)$. 由方程组(1)、(2)、(3)可解出

$$x_{1,2}=\frac{\pm(\lambda_1-C)}{\sqrt{B^2+(\lambda_1-C)^2}},\qquad y_{1,2}=\frac{\pm(\lambda_1-A)}{\sqrt{B^2+(\lambda_1-A)^2}},$$

$$x_{3,4}=\frac{\pm(\lambda_2-C)}{\sqrt{B^2+(\lambda_2-C)^2}},\qquad y_{3,4}=\frac{\pm(\lambda_2-A)}{\sqrt{B^2+(\lambda_2-A)^2}}.$$

相应地,有 $$z(x_1,y_1)=Ax_1^2+2Bx_1y_1+Cy_1^2=(Ax_1+By_1)x_1+(Bx_1+Cy_1)y_1.$$

由(1)、(2)可解得 $$Ax_1+By_1=\lambda_1x_1,\quad Bx_1+Cy_1=\lambda_1y_1,$$

故得 $$z(x_1,y_1)=\lambda_1x_1^2+\lambda_1y_1^2=\lambda_1(x_1^2+y_1^2)=\lambda_1.$$

同理可得 $$z(x_2,y_2)=\lambda_1,\qquad z(x_3,y_3)=z(x_4,y_4)=\lambda_2.$$

由于函数 $z$ 在单位球面上连续且不为常数,故必取得最大值和最小值,并且最大值和最小值不相等. 这里可疑点仅四个,$(x_i,y_i)(i=1,2,3,4)$,而且 $z(x_1,y_1)=z(x_2,y_2)=\lambda_1$, $z(x_3,y_3)=z(x_4,y_4)=\lambda_2$. 于是,当 $x=x_{1,2}$, $y=y_{1,2}$ 时,函数 $z$ 取得最大值 $z=\lambda_1$,因而也是极大值;当 $x=x_{3,4}$, $y=y_{3,4}$ 时,函数 $z$ 取得最小值 $z=\lambda_2$,因而也是极小值.

**【3658】** $z=\cos^2x+\cos^2y$,若 $x-y=\frac{\pi}{4}$.

**解** 设 $F(x,y)=\cos^2x+\cos^2y+\lambda(x-y-\frac{\pi}{4})$. 解方程组

$$\begin{cases}\frac{\partial F}{\partial x}=-\sin2x+\lambda=0,\\ \frac{\partial F}{\partial y}=-\sin2y-\lambda=0,\\ x-y=\frac{\pi}{4}\end{cases}$$

可得 $$x_k=\frac{\pi}{8}+\frac{k\pi}{2},\quad y_k=-\frac{\pi}{8}+\frac{k\pi}{2}\quad(k=0,\pm1,\pm2,\cdots).$$

相应地,当 $k$ 为偶数时,$z=1+\frac{1}{\sqrt{2}}$;当 $k$ 为奇数时,$z=1-\frac{1}{\sqrt{2}}$.

由于所给连续函数 $z$ 必在任意有限区域内取得最大值和最小值,而且 $z$ 又是关于 $x$、$y$ 的周期(周期为 $\pi$)函数,故当 $k$ 为偶数时,函数 $z$ 在点 $(x_k,y_k)$ 取得最大值 $z=1+\frac{1}{\sqrt{2}}$,从而是极大值;当 $k$ 为奇数时,函数 $z$ 在点 $(x_k,y_k)$ 取得最小值 $z=1-\frac{1}{\sqrt{2}}$,从而是极小值.

**【3659】** $u=x-2y+2z$,若 $x^2+y^2+z^2=1$.

**解** 设 $F(x,y,z)=x-2y+2z+\lambda(x^2+y^2+z^2-1)$. 解方程组

$$\begin{cases}\dfrac{\partial F}{\partial x}=1+2\lambda x=0,\\ \dfrac{\partial F}{\partial y}=-2+2\lambda y=0,\\ \dfrac{\partial F}{\partial z}=2+2\lambda z=0,\\ x^2+y^2+z^2=1\end{cases}$$

可得
$$x=\pm\frac{1}{3},\quad y=\mp\frac{2}{3},\quad z=\pm\frac{2}{3}.$$

相应地，$u=\pm3$.

由于所给函数在闭球面上连续且不为常数，故必取得最大值及最小值，并且最大值与最小值不相等. 这里可疑点仅两个，于是，当 $x=\frac{1}{3}$，$y=-\frac{2}{3}$，$z=\frac{2}{3}$ 时，函数 $u$ 取得最大值 $u=3$，因而也是极大值；当 $x=-\frac{1}{3}$，$y=\frac{2}{3}$，$z=-\frac{2}{3}$ 时，函数 $u$ 取得最小值 $u=-3$，因而也是极小值.

**【3660】** $u=x^my^nz^p$，若 $x+y+z=a$ $(m>0,n>0,p>0,a>0)$ *.

**解题思路** 本题应加上条件 $x>0,y>0,z>0$. 令

$$w=\ln u=m\ln x+n\ln y+p\ln z,\quad F(x,y,z)=w-\frac{1}{\lambda}(x+y+z-a).$$

注意到连续函数 $w$ 定义在平面 $x+y+z=a$ 于第一卦限内的部分，当点趋于边界上的点时，显然有 $w\to-\infty$. 因此，函数 $w$ 在区域内取得最大值. 再注意到可疑点仅一个，从而，问题可获解.

**解** 设 $w=\ln u=m\ln x+n\ln y+p\ln z$，$F(x,y,z)=w-\frac{1}{\lambda}(x+y+z-a)$. 解方程组

$$\begin{cases}\dfrac{\partial F}{\partial x}=\dfrac{m}{x}-\dfrac{1}{\lambda}=0,\\ \dfrac{\partial F}{\partial y}=\dfrac{n}{y}-\dfrac{1}{\lambda}=0,\\ \dfrac{\partial F}{\partial z}=\dfrac{p}{z}-\dfrac{1}{\lambda}=0,\\ x+y+z=a\end{cases}$$

可得
$$x=\frac{am}{m+n+p},\quad y=\frac{an}{m+n+p},\quad z=\frac{ap}{m+n+p}.$$

相应地，$u=\dfrac{a^{(m+n+p)}m^mn^np^p}{(m+n+p)^{m+n+p}}$.

连续函数 $w$ 定义在平面 $x+y+z=a$ 于第一卦限内的部分，边界由三条直线

$$\begin{cases}x+y=a,\\ z=0,\end{cases}\qquad \begin{cases}y+z=a,\\ x=0,\end{cases}\qquad \begin{cases}z+x=a,\\ y=0\end{cases}$$

组成. 当点 $P$ 趋于边界上的点时，显然有 $w\to-\infty$. 因此，函数 $w$ 在区域内取得最大值. 由于可疑点仅一个，故当

$$x=\frac{am}{m+n+p},\quad y=\frac{an}{m+n+p},\quad z=\frac{ap}{m+n+p}$$

时，函数 $u$ 取得最大值 $u=\dfrac{a^{m+n+p}m^mn^np^p}{(m+n+p)^{m+n+p}}$，因而也是极大值.

**【3661】** $u=x^2+y^2+z^2$，若 $\dfrac{x^2}{a^2}+\dfrac{y^2}{b^2}+\dfrac{z^2}{c^2}=1$ $(a>b>c>0)$.

**解** 设 $F(x,y,z)=x^2+y^2+z^2+\lambda\left(\dfrac{x^2}{a^2}+\dfrac{y^2}{b^2}+\dfrac{z^2}{c^2}-1\right)$. 解方程组

---

* 作者注：应加上条件 $x>0,y>0,z>0$.

$$\begin{cases}\dfrac{\partial F}{\partial x}=2x\left(1+\dfrac{\lambda}{a^2}\right)=0,\\ \dfrac{\partial F}{\partial y}=2y\left(1+\dfrac{\lambda}{b^2}\right)=0,\\ \dfrac{\partial F}{\partial z}=2z\left(1+\dfrac{\lambda}{c^2}\right)=0,\\ \dfrac{x^2}{a^2}+\dfrac{y^2}{b^2}+\dfrac{z^2}{c^2}=1\end{cases}$$

可得

$$x=\pm a,\ y=z=0;\quad x=z=0,\ y=\pm b;\quad x=y=0,\ z=\pm c.$$

相应地,有

$$u(\pm a,0,0)=a^2,\quad u(0,\pm b,0)=b^2,\quad u(0,0,\pm c)=c^2.$$

由于 $a>b>c>0$,故连续函数 $u$ 在点$(\pm a,0,0)$取得最大值 $a^2$,因而也是极大值;在点$(0,0,\pm c)=c^2$ 取得最小值 $c^2$,因而也是极小值.

在点$(0,\pm b,0)$处,对应的 $\lambda=-b^2$,且

$$d^2F=2\left(1+\frac{\lambda}{a^2}\right)dx^2+2\left(1+\frac{\lambda}{b^2}\right)dy^2+2\left(1+\frac{\lambda}{c^2}\right)dz^2=2\left(1-\frac{b^2}{a^2}\right)dx^2+2\left(1-\frac{b^2}{c^2}\right)dz^2.$$

把 $x,z$ 当作自变量,$y$ 看成由条件 $\frac{x^2}{a^2}+\frac{y^2}{b^2}+\frac{z^2}{c^2}=1$ 确定的$x$ 和 $z$ 的函数. 在点$(0,\pm b,0)$,有 $d^2u=d^2F$,而 $1-\frac{b^2}{a^2}>0$, $1-\frac{b^2}{c^2}<0$. 因此,$d^2u$ 的符号不定,从而,函数 $u$ 在点$(0,\pm b,0)$不取得极值.

**【3662】** $u=xy^2z^3$,若 $x+2y+3z=\frac{a}{6}$ $(x>0,y>0,z>0,a>0)$.

**提示** 类似 3660 题的讨论.

**解** 设 $w=\ln u=\ln x+2\ln y+3\ln z$,$F(x,y,z)=w-\frac{1}{\lambda}(x+2y+3z-a)$. 解方程组

$$\begin{cases}\dfrac{\partial F}{\partial x}=\dfrac{1}{x}-\dfrac{1}{\lambda}=0,\\ \dfrac{\partial F}{\partial y}=\dfrac{2}{y}-\dfrac{2}{\lambda}=0,\\ \dfrac{\partial F}{\partial z}=\dfrac{3}{z}-\dfrac{3}{\lambda}=0,\\ x+2y+3z=a\end{cases}$$

可得

$$x=y=z=\frac{a}{6}.$$

类似 3660 题的讨论可知,函数 $u$ 当 $x=y=z=\frac{a}{6}$ 时取得极大值 $u=\left(\frac{a}{6}\right)^6$.

**【3663】** $u=xyz$,若 $x^2+y^2+z^2=1$, $x+y+z=0$.

**解** 设 $F(x,y,z)=xyz+\lambda(x^2+y^2+z^2-1)+\mu(x+y+z)$. 解方程组

$$\begin{cases}\dfrac{\partial F}{\partial x}=yz+2\lambda x+\mu=0, & (1)\\ \dfrac{\partial F}{\partial y}=xz+2\lambda y+\mu=0, & (2)\\ \dfrac{\partial F}{\partial z}=xy+2\lambda z+\mu=0, & (3)\\ x^2+y^2+z^2=1, & (4)\\ x+y+z=0. & (5)\end{cases}$$

(1)-(2),(2)-(3),得

$$\begin{cases}(x-y)(2\lambda-z)=0, & (6)\\ (y-z)(2\lambda-x)=0. & (7)\end{cases}$$

由(6),若 $x-y=0$,代入(5)得 $z=-2x$. 再代入(4),解得临界点

$$P_1\left(\frac{1}{\sqrt{6}},\frac{1}{\sqrt{6}},-\frac{2}{\sqrt{6}}\right) \quad 和 \quad P_2\left(-\frac{1}{\sqrt{6}},-\frac{1}{\sqrt{6}},\frac{2}{\sqrt{6}}\right).$$

如果 $x-y\neq0$,则 $z=2\lambda$. 由(7),若 $y-z=0$,类似上面解法可解得临界点

$$P_3\left(-\frac{2}{\sqrt{6}},\frac{1}{\sqrt{6}},\frac{1}{\sqrt{6}}\right) \quad 和 \quad P_4\left(\frac{2}{\sqrt{6}},-\frac{1}{\sqrt{6}},-\frac{1}{\sqrt{6}}\right);$$

若 $y-z\neq0$,则 $x=2\lambda$,故 $x=z$,类似上面解法又可得临界点

$$P_5\left(\frac{1}{\sqrt{6}},-\frac{2}{\sqrt{6}},\frac{1}{\sqrt{6}}\right) \quad 和 \quad P_6\left(-\frac{1}{\sqrt{6}},\frac{2}{\sqrt{6}},-\frac{1}{\sqrt{6}}\right).$$

相应地,有

$$u(P_1)=u(P_3)=u(P_5)=-\frac{1}{3\sqrt{6}}, \qquad u(P_2)=u(P_4)=u(P_6)=\frac{1}{3\sqrt{6}}.$$

类似前面各题的讨论可知,函数 $u$ 在点 $P_1$,$P_3$ 及 $P_5$ 取得极小值 $u=-\frac{1}{3\sqrt{6}}$;在点 $P_2$,$P_4$ 及 $P_6$ 取得极大值 $u=\frac{1}{3\sqrt{6}}$.

**【3664】** $u=\sin x\sin y\sin z$,若 $x+y+z=\frac{\pi}{2}$ $(x>0,y>0,z>0)$.

**提示** 仿 3660 题及其讨论.

**解** 由 $x+y+z=\frac{\pi}{2}$ 及 $x>0,y>0,z>0$ 不难得出 $0<x<\frac{\pi}{2}$, $0<y<\frac{\pi}{2}$, $0<z<\frac{\pi}{2}$.

设 $w=\ln u=\ln\sin x+\ln\sin y+\ln\sin z$, $F(x,y,z)=w+\lambda(x+y+z-\frac{\pi}{2})$. 解方程组

$$\begin{cases}\dfrac{\partial F}{\partial x}=\cot x+\lambda=0,\\[2mm] \dfrac{\partial F}{\partial y}=\cot y+\lambda=0,\\[2mm] \dfrac{\partial F}{\partial z}=\cot z+\lambda=0,\\[2mm] x+y+z=\dfrac{\pi}{2}\end{cases}$$

并注意到点 $P(x,y,z)$ 在第一卦限,即得临界点 $P_0(\frac{\pi}{6},\frac{\pi}{6},\frac{\pi}{6})$.

类似 3660 题的讨论,当点 $(x,y,z)$ 趋于平面 $x+y+z=\frac{\pi}{2}$ 在第一卦限部分的边界时,$u\to0$;而在边界内部 $u>0$. 因此,函数 $u$ 在边界内部取得最大值,故在点 $P_0$ 取得极大值 $u(P_0)=\frac{1}{8}$.

**【3665】** $u=\frac{x^2}{a^2}+\frac{y^2}{b^2}+\frac{z^2}{c^2}$,若 $x^2+y^2+z^2=1$, $x\cos\alpha+y\cos\beta+z\cos\gamma=0$ $(a>b>0,\cos^2\alpha+\cos^2\beta+\cos^2\gamma=1)$.

**解** 设 $F(x,y,z)=\frac{x^2}{a^2}+\frac{y^2}{b^2}+\frac{z^2}{c^2}-\lambda(x^2+y^2+z^2-1)+\mu(x\cos\alpha+y\cos\beta+z\cos\gamma)$. 解方程组

$$\begin{cases}\dfrac{\partial F}{\partial x}=2\left(\dfrac{1}{a^2}-\lambda\right)x+\mu\cos\alpha=0, & (1)\\ \dfrac{\partial F}{\partial y}=2\left(\dfrac{1}{b^2}-\lambda\right)y+\mu\cos\beta=0, & (2)\\ \dfrac{\partial F}{\partial z}=2\left(\dfrac{1}{c^2}-\lambda\right)z+\mu\cos\lambda=0, & (3)\\ x^2+y^2+z^2=1, & (4)\\ x\cos\alpha+y\cos\beta+z\cos\gamma=0, & (5)\\ \cos^2\alpha+\cos^2\beta+\cos^2\gamma=1, & (6)\end{cases}$$

将(1)、(2)、(3)三式分别乘以 $x$、$y$、$z$ 然后相加，并注意到(4)、(5)两式，即得

$$\lambda=\frac{x^2}{a^2}+\frac{y^2}{b^2}+\frac{z^2}{c^2}=u(x,y,z). \tag{7}$$

再将(1)、(2)、(3)三式分别乘以 $\cos\alpha$、$\cos\beta$、$\cos\gamma$，然后相加，并注意到(5)、(6)两式，即得

$$\mu=-2\left(\frac{x\cos\alpha}{a^2}+\frac{y\cos\beta}{b^2}+\frac{z\cos\gamma}{c^2}\right). \tag{8}$$

将(8)式代入(1)、(2)、(3)，得

$$\begin{cases}\left(\dfrac{\sin^2\alpha}{a^2}-\lambda\right)x-\dfrac{\cos\alpha\cos\beta}{b^2}y-\dfrac{\cos\alpha\cos\gamma}{c^2}z=0,\\ -\dfrac{\cos\alpha\cos\beta}{a^2}x+\left(\dfrac{\sin^2\beta}{b^2}-\lambda\right)y-\dfrac{\cos\beta\cos\gamma}{c^2}z=0,\\ -\dfrac{\cos\alpha\cos\gamma}{a^2}x-\dfrac{\cos\beta\cos\gamma}{b^2}y+\left(\dfrac{\sin^2\gamma}{c^2}-\lambda\right)z=0.\end{cases} \tag{9}$$

要 $\frac{x}{a^2},\frac{y}{b^2},\frac{z}{c^2}$ 为方程组(9)的非零解，必须有

$$\begin{vmatrix}\sin^2\alpha-a^2\lambda & -\cos\alpha\cos\beta & -\cos\alpha\cos\gamma\\ -\cos\alpha\cos\beta & \sin^2\beta-b^2\lambda & -\cos\beta\cos\gamma\\ -\cos\alpha\cos\gamma & -\cos\beta\cos\gamma & \sin^2\gamma-c^2\lambda\end{vmatrix}=0.$$

展开计算得

$$\lambda\left[\lambda^2-\left(\frac{\sin^2\alpha}{a^2}+\frac{\sin^2\beta}{b^2}+\frac{\sin^2\gamma}{c^2}\right)\lambda+\left(\frac{\cos^2\alpha}{b^2c^2}+\frac{\cos^2\beta}{c^2a^2}+\frac{\cos^2\gamma}{a^2b^2}\right)\right]=0. \tag{10}$$

由(7)知 $\lambda\neq0$，且不难验证(10)式在消去 $\lambda$ 后得到的二次方程有两个不等的实根 $\lambda_1<\lambda_2$.

固定 $\lambda=\lambda_1$，代入方程组(9)，可得到关于$(x,y,z)$有一个自由度的一个解系，再代入方程(4)，可得对应于 $\lambda=\lambda_1$ 的两个临界点 $P_1(x_1,y_1,z_1)$和 $P_2(x_2,y_2,z_2)$. 由(7)知，对应的$u(P_1)=u(P_2)=\lambda_1$. 同理可求得对应于 $\lambda=\lambda_2$ 的两个临界点$P_3(x_3,y_3,z_3)$和 $P_4(x_4,y_4,z_4)$，且有 $u(P_3)=u(P_4)=\lambda_2$.

$P_1,P_2,P_3,P_4$ 为满足方程组(1)～(5)的一切解所对应的点. 类似前面各题的讨论可知，函数 $u$ 在点 $P_1$ 及 $P_2$ 取得极小值 $\lambda_1$，而在点 $P_3$ 及 $P_4$ 取得极大值 $\lambda_2$.

**【3666】**$^+$ $u=(x-\xi)^2+(y-\eta)^2+(z-\zeta)^2$，若

$$Ax+By+Cz=0,\ x^2+y^2+z^2=R^2,\ \frac{\xi}{\cos\alpha}=\frac{\eta}{\cos\beta}=\frac{\zeta}{\cos\gamma},$$

其中 $\cos^2\alpha+\cos^2\beta+\cos^2\gamma=1$.

**解** 设 $F(x,y,z)=(x-\xi)^2+(y-\eta)^2+(z-\zeta)^2+\lambda(Ax+By+Cz)+\mu(x^2+y^2+z^2-R^2)$.

记 $\xi=\rho\cos\alpha$，$\eta=\rho\cos\beta$，$\zeta=\rho\cos\gamma$，$\rho=\sqrt{\xi^2+\eta^2+\zeta^2}$. 解方程组

$$\begin{cases}\dfrac{\partial F}{\partial x}=2(x-\rho\cos\alpha)+\lambda A+2\mu x=0, & (1)\\ \dfrac{\partial F}{\partial y}=2(y-\rho\cos\beta)+\lambda B+2\mu y=0, & (2)\\ \dfrac{\partial F}{\partial z}=2(z-\rho\cos\gamma)+\lambda C+2\mu z=0, & (3)\\ x^2+y^2+z^2=R^2, & (4)\\ Ax+By+Cz=0, & (5)\\ \cos^2\alpha+\cos^2\beta+\cos^2\gamma=1. & (6)\end{cases}$$

将(1)、(2)、(3)三式分别乘以 $A$、$B$、$C$，然后相加，并注意到(5)式，即得

$$-2\rho(A\cos\alpha+B\cos\beta+C\cos\gamma)+\lambda(A^2+B^2+C^2)=0,\quad \lambda=\frac{2\rho(A\cos\alpha+B\cos\beta+C\cos\gamma)}{A^2+B^2+C^2}. \tag{7}$$

再将(1)、(2)、(3)三式分别乘以 $x$、$y$、$z$，然后相加，并注意到(4)式和(5)式，即得

$$2(1+\mu)R^2=2\rho(x\cos\alpha+y\cos\beta+z\cos\gamma). \tag{8}$$

又将(1)、(2)、(3)三式分别乘以 $\cos\alpha$、$\cos\beta$、$\cos\gamma$，然后相加，并注意到(6)式，即得

$$\begin{aligned}2(1+\mu)(x\cos\alpha+y\cos\beta+z\cos\gamma)&=2\rho-\lambda(A\cos\alpha+B\cos\beta+C\cos\gamma)\\&=2\rho\left[1-\frac{(A\cos\alpha+B\cos\beta+C\cos\gamma)^2}{A^2+B^2+C^2}\right].\end{aligned} \tag{9}$$

由(8)，(9)可得

$$(1+\mu)^2R^2=(1+\mu)\rho(x\cos\alpha+y\cos\beta+z\cos\gamma)=\rho^2\left[1-\frac{(A\cos\alpha+B\cos\beta+C\cos\gamma)^2}{A^2+B^2+C^2}\right],$$

即

$$1+\mu=\pm\frac{\rho}{R}\sqrt{1-\frac{(A\cos\alpha+B\cos\beta+C\cos\gamma)^2}{A^2+B^2+C^2}}. \tag{10}$$

由(1)，(2)，(3)可得

$$x=\frac{2\rho\cos\alpha-\lambda A}{2(1+\mu)},\quad y=\frac{2\rho\cos\beta-\lambda\beta}{2(1+\mu)},\quad z=\frac{2\rho\cos\gamma-\lambda C}{2(1+\mu)}.$$

把(7)式和(10)式代入上式，即可得 $P_1(x_1,y_1,z_1)$ 和 $P_2(x_2,y_2,z_2)$，其中 $P_1$ 对应于(10)式取正号，而 $P_2$ 对应于(10)式取负号. 下面求 $u(P_1)$ 和 $u(P_2)$. 由(9)、(10)可得

$$x\cos\alpha+y\cos\beta+z\cos\gamma=\pm R\sqrt{1-\frac{(A\cos\alpha+B\cos\beta+C\cos\gamma)^2}{A^2+B^2+C^2}}.$$

于是，

$$\begin{aligned}u(P_1)&=(x_1-\rho\cos\alpha)^2+(y_1-\rho\cos\beta)^2+(z_1-\rho\cos\gamma)^2\\&=(x_1^2+y_1^2+z_1^2)-2\rho(x_1\cos\alpha+y_1\cos\beta+z_1\cos\gamma)+\rho^2\\&=R^2+\rho^2-2\rho R\sqrt{1-\frac{(A\cos\alpha+B\cos\beta+C\cos\gamma)^2}{A^2+B^2+C^2}}.\end{aligned}$$

同理可得 $u(P_2)=R^2+\rho^2+2\rho R\sqrt{1-\dfrac{(A\cos\alpha+B\cos\beta+C\cos\gamma)^2}{A^2+B^2+C^2}}$.

类似以前各题的讨论可知：$u(P_2)$ 为最大值，$u(P_1)$ 为最小值.

**【3667】** $u=x_1^2+x_2^2+\cdots+x_n^2$，若 $\dfrac{x_1}{a_1}+\dfrac{x_2}{a_2}+\cdots+\dfrac{x_n}{a_n}=1$ $(a_i>0;\ i=1,2,\cdots,n)$.

**解** 设 $F(x_1,x_2,\cdots,x_n)=x_1^2+x_2^2+\cdots+x_n^2+\lambda\left(\dfrac{x_1}{a_1}+\dfrac{x_2}{a_2}+\cdots+\dfrac{x_n}{a_n}-1\right)$. 解方程组

$$\begin{cases}\dfrac{\partial F}{\partial x_i}=2x_i+\dfrac{\lambda}{a_i}=0\ (i=1,2,\cdots,n),\\ \displaystyle\sum_{i=1}^{n}\frac{x_i}{a_i}=1\end{cases}$$

可得临界点 $P_0(x_1,x_2,\cdots,x_n)$，其中

$$x_i=\frac{1}{a_i}\left(\sum_{j=1}^{n}\frac{1}{a_j^2}\right)^{-1}\quad(i=1,2,\cdots,n).$$

由于 $d^2u=d^2F=2\sum_{i=1}^{n}dx_i^2>0$（它不受约束条件的限制），故当$x_i=\frac{1}{a_i}\left(\sum_{j=1}^{n}\frac{1}{a_j^2}\right)^{-1}$时，函数 $u$ 取得极小值

$$u=\sum_{i=1}^{n}\left[\frac{1}{a_i}\left(\sum_{j=1}^{n}\frac{1}{a_j^2}\right)^{-1}\right]^2=\left(\sum_{j=1}^{n}\frac{1}{a_j^2}\right)^{-1}.$$

**【3668】** $u=x_1^p+x_2^p+\cdots+x_n^p$ $(p>1)$，若 $x_1+x_2+\cdots+x_n=a$ $(a>0)$.

**解** 设 $F(x_1,x_2,\cdots,x_n)=x_1^p+x_2^p+\cdots+x_n^p+\lambda(x_1+x_2+\cdots+x_n-a)$. 解方程组

$$\begin{cases}\dfrac{\partial F}{\partial x_i}=px_i^{p-1}+\lambda=0\ (i=1,2,\cdots,n),\\ \displaystyle\sum_{i=1}^{n}x_i=a\end{cases}$$

得 $x_i=\frac{a}{n}$ $(i=1,2,\cdots,n)$. 由于

$$\frac{\partial^2 F}{\partial x_i\partial x_j}=\begin{cases}p(p-1)x_i^{p-2} & (i=j),\\ 0 & (i\neq j),\end{cases}$$

故当 $x_i=\frac{a}{n}$ $(i=1,2,\cdots,n)$时，

$$d^2F=p(p-1)\sum_{i=1}^{n}\left(\frac{a}{n}\right)^{p-2}dx_i^2>0\quad\left(\sum_{i=1}^{n}dx_i^2\neq0\right),$$

它不受约束条件的限制，故函数 $u$ 取得极小值 $u=\frac{a^p}{n^{p-1}}$.

这里应该指出的是，对于一般的实数 $p$，应限定 $x_i>0$.

**【3669】** $u=\frac{\alpha_1}{x_1}+\frac{\alpha_2}{x_2}+\cdots+\frac{\alpha_n}{x_n}$，若 $\beta_1x_1+\beta_2x_2+\cdots+\beta_nx_n=1$ $(\alpha_i>0,\beta_i>0;\ i=1,2,\cdots,n)$ *.

**解** 设 $F(x_1,x_2,\cdots,x_n)=\frac{\alpha_1}{x_1}+\frac{\alpha_2}{x_2}+\cdots+\frac{\alpha_n}{x_n}+\lambda(\beta_1x_1+\beta_2x_2+\cdots+\beta_nx_n-1)$. 解方程组

$$\begin{cases}\dfrac{\partial F}{\partial x_i}=-\dfrac{\alpha_i}{x_i^2}+\lambda\beta_i=0\ (i=1,2,\cdots,n),\\ \displaystyle\sum_{i=1}^{n}\beta_ix_i=1\end{cases}$$

得 $$x_i=\sqrt{\frac{\alpha_i}{\beta_i}}\left(\sum_{j=1}^{n}\sqrt{\alpha_j\beta_j}\right)^{-1}\quad(i=1,2,\cdots,n).$$

由于 $$d^2F=2\sum_{i=1}^{n}\frac{\alpha_i}{x_i^3}dx_i^2>0\quad\left(\sum_{i=1}^{n}dx_i^2\neq0\right),$$

故当 $x_i=\sqrt{\frac{\alpha_i}{\beta_i}}\left(\sum_{j=1}^{n}\sqrt{\alpha_j\beta_j}\right)^{-1}$ 时，函数 $u$ 取得极小值 $u=\left(\sum_{j=1}^{n}\sqrt{\alpha_j\beta_j}\right)^2$.

**【3670】** $u=x_1^{\alpha_1}x_2^{\alpha_2}\cdots x_n^{\alpha_n}$，若 $x_1+x_2+\cdots+x_n=a$ $(a>0,\alpha_i>1,\ i=1,2,\cdots,n)$**.

**解** 设 $w=\ln u=\sum_{i=1}^{n}\alpha_i\ln x_i$，$F(x_1,x_2,\cdots,x_n)=w-\frac{1}{\lambda}\left(\sum_{i=1}^{n}x_i-a\right)=\sum_{i=1}^{n}\left(\alpha_i\ln x_i-\frac{x_i}{\lambda}\right)+\frac{a}{\lambda}$. 解方程组

$$\begin{cases}\dfrac{\partial F}{\partial x_i}=\dfrac{\alpha_i}{x_i}-\dfrac{1}{\lambda}=0\quad(i=1,2,\cdots,n),\\ \displaystyle\sum_{i=1}^{n}x_i=a\end{cases}$$

---

* 作者注：本题应加条件 $x_i>0$ $(i=1,2,\cdots,n)$.

** 作者注：本题应加条件 $x_i>0$ $(i=1,2,\cdots,n)$.

得
$$x_i=\frac{a\alpha_i}{\alpha_1+\alpha_2+\cdots+\alpha_n}\quad(i=1,2,\cdots,n).$$

由于
$$d^2w=-\sum_{i=1}^{n}\frac{\alpha_i}{x_i}dx_i^2<0\quad\left(\sum_{i=1}^{n}dx_i^2\neq 0\right)$$

不论 $dx_i$ 之间有什么约束条件恒成立，故函数 $w$ 当 $x_i=\frac{a\alpha_i}{\alpha_1+\alpha_2+\cdots+\alpha_n}$ $(i=1,2,\cdots,n)$时取得极大值，即函数 $u$ 当$x_i=\frac{a\alpha_i}{\alpha_1+\alpha_2+\cdots+\alpha_n}$时取得极大值 $u=\left(\frac{a}{\alpha_1+\alpha_2+\cdots+\alpha_n}\right)^{\alpha_1+\alpha_2+\cdots+\alpha_n}\alpha_1^{\alpha_1}\alpha_2^{\alpha_2}\cdots\alpha_n^{\alpha_n}$.

**【3671】** 若 $\sum_{i=1}^{n}x_i^2=1$，求二次型 $u=\sum_{i,j=1}^{n}a_{ij}x_ix_j\,(a_{ij}=a_{ji})$的极值.

**解** 设 $F(x_1,x_2,\cdots,x_n)=u-\lambda(x_1^2+x_2^2+\cdots+x_n^2-1)$. 解方程组

$$\begin{cases}\frac{1}{2}\frac{\partial F}{\partial x_1}=(a_{11}-\lambda)x_1+a_{12}x_2+\cdots+a_{1n}x_n=0, & (1)\\ \frac{1}{2}\frac{\partial F}{\partial x_2}=a_{21}x_1+(a_{22}-\lambda)x_2+\cdots+a_{2n}x_n=0, & (2)\\ \qquad\vdots\\ \frac{1}{2}\frac{\partial F}{\partial x_n}=a_{n1}x_1+a_{n2}x_2+\cdots+(a_{nn}-\lambda)x_n=0, & (n)\\ x_1^2+x_2^2+\cdots+x_n^2=1. & (n+1)\end{cases}$$

前 $n$ 个方程要有非零解，必须矩阵$(a_{ij})$的特征方程$|A-\lambda E|=0$ 有解，其中 $A$ 为以 $a_{ij}$ 为元素的实对称矩阵，$E$ 为单位矩阵. 由线性代数中关于欧氏空间的理论知，此特征方程必有 $n$ 个实根，即有 $\lambda_1\geqslant\lambda_2\geqslant\cdots\geqslant\lambda_n$ 满足$|A-\lambda E|=0$. 对于任一根 $\lambda_k$，代入方程(1)～$(n)$，可求得$(x_1,x_2,\cdots,x_n)$的一个解空间，解空间的维数，等于 $\lambda_k$ 的重数. 解空间中的单位元素即方程组(1)～$(n+1)$的根. 当 $\lambda_k$ 是单重根时，解空间是一维的，单位元素只有两个. 当 $\lambda_k$ 是多重根时，对应 $\lambda_k$ 的单位元素就有无穷多个了.

对于 $\lambda_k$ 的解$(x_1,x_2,\cdots,x_n)$，显然满足方程组(1)～$(n+1)$. 因此，有 $\sum_{j=1}^{n}a_{ij}x_j=\lambda_kx_i\,(i=1,2,\cdots,n)$，从而得

$$u(x_1,x_2,\cdots,x_n)=\sum_{i,j=1}^{n}a_{ij}x_ix_j=\sum_{i=1}^{n}x_i\left(\sum_{j=1}^{n}a_{ij}x_j\right)=\sum_{i=1}^{n}\lambda_kx_i^2=\lambda_k\sum_{i=1}^{n}x_i^2=\lambda_k.$$

由于函数 $u$ 在 $n$ 维球面 $x_1^2+x_2^2+\cdots+x_n^2=1$ 上连续，故必取得最大值和最小值. 于是，对应于 $\lambda_1$ 和 $\lambda_n$ 的解，分别使函数 $u$ 取得最大值 $\lambda_1$ 和最小值 $\lambda_n$，因而也是 $u$ 的极大值和极小值，或是 $u$ 的弱极大值和弱极小值，视 $\lambda_1$ 和 $\lambda_n$ 的重数而定(多重时为弱极值). 由线性代数中把 $d^2F$ 化标准型的方法，可证：对于不等于 $\lambda_1$ 和 $\lambda_n$ 的 $\lambda_k$，二次型不取得极值.

**【3672】** 若 $n\geqslant 1$ 及 $x\geqslant 0$，$y\geqslant 0$，证明不等式：
$$\frac{x^n+y^n}{2}\geqslant\left(\frac{x+y}{2}\right)^n.$$

**提示** 在 $x+y=a\,(a>0)$的条件下，求函数 $z=\frac{x^n+y^n}{2}$ $(x\geqslant 0,y\geqslant 0)$的最小值.

**证** 考虑函数 $z=\frac{x^n+y^n}{2}$在条件 $x+y=a\,(a>0,x\geqslant 0,y\geqslant 0)$下的极值问题. 设 $F(x,y)=\frac{1}{2}(x^n+y^n)+\lambda(x+y-a)$. 解方程组

$$\begin{cases}\frac{\partial F}{\partial x}=\frac{n}{2}x^{n-1}+\lambda=0,\\ \frac{\partial F}{\partial y}=\frac{n}{2}y^{n-1}+\lambda=0,\\ x+y=a\end{cases}$$

可得 $x=y=\frac{a}{2}$.

将点$(\frac{a}{2},\frac{a}{2})$与边界点$(0,a)$、$(a,0)$的函数值进行比较(注意到$n\geqslant1$):

$$z(0,a)=z(a,0)=\frac{a^n}{2}\geqslant\left(\frac{a}{2}\right)^n=z\left(\frac{a}{2},\frac{a}{2}\right)\ (n>1),$$

即知函数$z$当$x+y=a$时的最小值为$\left(\frac{a}{2}\right)^n$. 从而有

$$\frac{x^n+y^n}{2}\geqslant\left(\frac{a}{2}\right)^n\quad(\text{当 } x+y=a,x\geqslant0,y\geqslant0\text{ 时}). \tag{1}$$

下面我们证明

$$\frac{x^n+y^n}{2}\geqslant\left(\frac{x+y}{2}\right)^n\quad(\text{当 } x\geqslant0,y\geqslant0\text{ 时}). \tag{2}$$

当$x=y=0$时,不等式(2)取等号,显然成立;当$x\geqslant0$,$y\geqslant0$且$x$,$y$不同时为零时,令$x+y=a$,则$a>0$. 于是,由不等式(1)即得

$$\frac{x^n+y^n}{2}\geqslant\left(\frac{a}{2}\right)^n=\left(\frac{x+y}{2}\right)^n.$$

由此可知,不等式(2)成立. 证毕.

**【3673】** 证明赫尔德不等式:

$$\sum_{i=1}^n a_ix_i\leqslant\left(\sum_{i=1}^n a_i^k\right)^{\frac{1}{k}}\left(\sum_{i=1}^n x_i^{k'}\right)^{\frac{1}{k'}}\quad\left(a_i\geqslant0,x_i\geqslant0;\ i=1,2,\cdots,n;\ k>1,\frac{1}{k}+\frac{1}{k'}=1\right).$$

**提示** 在$\sum\limits_{i=1}^n a_ix_i=A\ (A>0)$的条件下,求函数$u=\left(\sum\limits_{i=1}^n a_i^k\right)\left(\sum\limits_{i=1}^n x_i^k\right)^{\frac{1}{k'}}$的最小值.

**证** 我们首先证明函数
$$u=\left(\sum_{i=1}^n a_i^k\right)^{\frac{1}{k}}\left(\sum_{i=1}^n x_i^{k'}\right)^{\frac{1}{k'}}$$

在条件$\sum\limits_{i=1}^n a_ix_i=A\ (A>0)$下的最小值是$A$. 为此,对$n$用数学归纳法.

当$n=1$时,显然有 $(a_1^k)^{\frac{1}{k}}(x_1^{k'})^{\frac{1}{k'}}=a_1x_1=A$.

设当$n=m$时,命题成立. 故对任意$m$个数$a_1,a_2,\cdots,a_m(a_i\geqslant0)$,当$\sum\limits_{i=1}^m a_ix_i=A(x_1\geqslant0,\cdots,x_m\geqslant0)$时,必有

$$A\leqslant\left(\sum_{i=1}^m a_i^k\right)^{\frac{1}{k}}\left(\sum_{i=1}^m x_i^{k'}\right)^{\frac{1}{k'}}.$$

我们证明当$n=m+1$时命题也成立. 设$\sum\limits_{i=1}^{m+1} a_ix_i=A$,$u=\alpha^{\frac{1}{k}}\left(\sum\limits_{i=1}^{m+1} x_i^{k'}\right)^{\frac{1}{k'}}$,其中$\alpha=\sum\limits_{i=1}^{m+1} a_i^k$,求$u$的最小值. 令$F(x_1,x_2,\cdots,x_{m+1})=u(x_1,x_2,\cdots,x_{m+1})-\lambda\left(\sum\limits_{i=1}^{m+1} a_ix_i-A\right)$. 解方程组

$$\begin{cases}\dfrac{\partial F}{\partial x_i}=\dfrac{\alpha^{\frac{1}{k}}}{k'}\left(\sum\limits_{i=1}^{m+1} x_i^{k'}\right)^{\frac{1}{k'}-1}(k'x_i^{k'-1})-\lambda a_i=0\\ \sum\limits_{i=1}^{m+1} a_ix_i=A\qquad (i=1,2,\cdots,m+1),\end{cases}$$

可得
$$\frac{x^{k'-1}}{a_i}=\frac{\lambda}{\alpha^{\frac{1}{k}}}\left(\sum_{i=1}^{m+1} x_i^{k'}\right)^{\frac{1}{k}}=\mu^{k'-1}\quad(i=1,2,\cdots,m+1).$$

(这里引入了记号$\mu$),即$x_i=(a_i\mu^{k'-1})^{\frac{1}{k'-1}}=a_i^{\frac{1}{k'-1}}\mu=\mu a_i^{k-1}$,从而有

$$\mu\sum_{i=1}^{m+1} a_i\,a_i^{k-1}=\mu\sum_{i=1}^{m+1} a_i^k=\mu\alpha=A,\qquad \mu=\frac{A}{\alpha}.$$

于是,解得满足极值必要条件的唯一解

$$x_i^0=\frac{A}{\alpha}a_i^{k-1}\quad(i=1,2,\cdots,m+1).$$

对应的函数值为

$$u_0=u(x_1^0,x_2^0,\cdots,x_{m+1}^0)=\alpha^{\frac{1}{k}}\left[\sum_{i=1}^{m+1}\left(\frac{A}{\alpha}a_i^{k-1}\right)^{k'}\right]^{\frac{1}{k'}}=\alpha^{\frac{1}{k}}\frac{A}{\alpha}\left[\sum_{i=1}^{m+1}a_i^{(k-1)k'}\right]^{\frac{1}{k'}}=\alpha^{\frac{1}{k}-1}A\left(\sum_{i=1}^{m+1}a_i^k\right)^{\frac{1}{k'}}$$
$$=A\alpha^{\frac{1}{k}-1}\alpha^{\frac{1}{k'}}=A.$$

所研究的区域 $\sum_{i=1}^{m+1}a_i x_i=A$，$x_i\geqslant 0(i=1,2,\cdots,m+1)$是 $m+1$ 维空间中一个 $m$ 维平面在第一卦限的部分，其边界由 $m+1$ 个 $m-1$ 维平面(之一部分)所组成：$x_i=0$，$\sum_{j=1}^{m+1}a_j x_j=A$ $(a_j\geqslant 0,x_j\geqslant 0;\ i=1,2,\cdots,m+1)$在这些边界面上，求

$$u(x_1,x_2,\cdots,x_{m+1})=u(x_1,x_2,\cdots,x_{i-1},0,x_{i+1},\cdots,x_{m+1})=\alpha^{\frac{1}{k}}\left(\sum_{j=1}^{i-1}x_j^{k'}+\sum_{j=i+1}^{m+1}x_j^{k'}\right)^{\frac{1}{k'}}$$

的最小值变为求 $m$ 个变量的最小值. 以估计 $x_{m+1}=0$，$\sum_{i=1}^{m}a_ix_i=A$ 的最小值为例. 根据数学归纳法假设，注意到 $\alpha=\sum_{i=1}^{m+1}a_i^k\geqslant\sum_{i=1}^{m}a_i^k$，即有

$$u(x_1,x_2,\cdots,x_m,0)=\alpha^{\frac{1}{k}}\left(\sum_{i=1}^{m}x_i^{k'}\right)^{\frac{1}{k'}}\geqslant\left(\sum_{i=1}^{m}a_i^k\right)^{\frac{1}{k}}\left(\sum_{i=1}^{m}x_i^{k'}\right)^{\frac{1}{k'}}\geqslant\sum_{i=1}^{m}a_ix_i=A.$$

因此，$u$ 在边界面上的最小值不小于$A$. 由此可知，$u$ 在区域上的最小值为 $u(x_1^0,x_2^0,\cdots,x_{m+1}^0)=A$，故命题当 $n=m+1$ 时成立. 于是，由数学归纳法可知，

$$\left(\sum_{i=1}^{n}a_i^k\right)^{\frac{1}{k}}\left(\sum_{i=1}^{n}x_i^{k'}\right)^{\frac{1}{k'}}\geqslant A,\tag{1}$$

当 $\sum_{i=1}^{n}a_ix_i=A$，$x_i\geqslant 0\ (i=1,2,\cdots,n)$时.

下面我们证明赫尔德不等式

$$\sum_{i=1}^{n}a_ix_i\leqslant\left(\sum_{i=1}^{n}a_i^k\right)^{\frac{1}{k}}\left(\sum_{i=1}^{n}x_i^{k'}\right)^{\frac{1}{k'}}\quad(a_i\geqslant 0,x_i\geqslant 0)\tag{2}$$

成立. 事实上，若 $\sum_{i=1}^{n}a_ix_i=0$，则(2)式显然成立；若 $\sum_{i=1}^{n}a_ix_i>0$，令 $\sum_{i=1}^{n}a_ix_i=A$，则 $A>0$. 于是，根据不等式(1)知

$$\left(\sum_{i=1}^{n}a_i^k\right)^{\frac{1}{k}}\left(\sum_{i=1}^{n}x_i^{k'}\right)^{\frac{1}{k'}}\geqslant A=\sum_{i=1}^{n}a_ix_i,$$

故不等式(2)成立. 证毕.

**注** 赫尔德(Holder)不等式是一个重要而常用的不等式，而且还可推广到一般的形式，证明方法也很多. 例如，可参看 G. H. Hardy, J. E. Littlewood, G. Pólya 合著的名著"Inequalities"(Second Edition, 1952)，Chapter Ⅱ，2.7～2.8.

**【3674】** 对于 $n$ 阶行列式 $A=|a_{ij}|$，证明阿达马不等式：

$$A^2\leqslant\prod_{i=1}^{n}\left(\sum_{j=1}^{n}a_{ij}^2\right).$$

**提示** 在关系式 $\sum_{j=1}^{n}a_{ij}^2=S_i$ $(i=12,\cdots n)$ 存在的条件下，研究行列式 $A=|a_{ij}|$的极值.

**证** 证法 1：

为区别起见，以下用 $A$ 表矩阵$(a_{ij})$，$|A|$表行列式$|a_{ij}|$. 考虑函数 $u=|A|=|a_{ij}|$在条件 $\sum_{j=1}^{n}a_{ij}^2=S_i(i=1,2,\cdots,n)$下的极值问题. 其中 $S_i>0\ (i=1,2,\cdots,n)$.

由于上述 $n$ 个条件限制下的 $n^2$ 元点集是有界闭集，故连续函数 $u$ 必在其上取得最大值和最小值. 下面

我们求函数 $u$ 满足条件极值的必要条件. 设

$$F=u-\sum_{i=1}^{n}\lambda_i\left(\sum_{j=1}^{n}a_{ij}^2-S_i\right).$$

由于函数 $u$ 是多项式. 当按第 $i$ 行展开时,有

$$u=|A|=\sum_{j=1}^{n}a_{ij}A_{ij},$$

其中 $A_{ij}$ 是 $a_{ij}$ 的代数余子式. 解方程组

$$\frac{\partial F}{\partial a_{ij}}=A_{ij}-2\lambda_i a_{ij}=0\quad(i,j=1,2,\cdots,n)$$

得 $a_{ij}=\dfrac{A_{ij}}{2\lambda_i}$. 当 $i\neq k$ 时,有

$$\sum_{j=1}^{n}a_{ij}a_{kj}=\sum_{j=1}^{n}\frac{A_{ij}a_{kj}}{2\lambda_i}=\frac{1}{2\lambda_i}\sum_{j=1}^{n}A_{ij}a_{kj}=0,$$

故当函数 $u$ 满足极值的必要条件时,行列式不同的两行所对应的向量必直交. 若以 $A'$ 表示 $A$ 的转置矩阵,则由行列式的乘法得

$$u^2=|A'|\cdot|A|=\begin{vmatrix}S_1&0&\cdots&0\\0&S_2&\cdots&0\\\vdots&\vdots&&\vdots\\0&0&\cdots&S_n\end{vmatrix}=\prod_{i=1}^{n}S_i.$$

因此,函数 $u$ 满足极值的必要条件时,必有 $u=\pm\sqrt{\prod\limits_{i=1}^{n}S_i}$.

显然由于函数 $u$ 在条件 $\sum\limits_{j=1}^{n}a_{ij}^2=S_i$ $(i=1,2,\cdots,n)$下不恒为常数,故

$$u_{\max}=\sqrt{\prod_{i=1}^{n}S_i},\quad u_{\min}=-\sqrt{\prod_{i=1}^{n}S_i}.$$

从而,

$$|A|^2\leqslant\prod_{i=1}^{n}S_i,\quad 当\sum_{j=1}^{n}a_{ij}^2=S_i\ (i=1,2,\cdots,n)时.\tag{1}$$

下面我们证明

$$|A|^2\leqslant\prod_{i=1}^{n}\left(\sum_{j=1}^{n}a_{ij}^2\right).\tag{2}$$

若至少有一个 $i$,使 $\sum\limits_{j=1}^{n}a_{ij}^2=0$,则 $a_{ij}=0$ $(j=1,2,\cdots,n)$. 从而,$|A|=0$. 于是,不等式(2)显然成立.

若对一切 $i$ $(i=1,2,\cdots,n)$,都有 $\sum\limits_{j=1}^{n}a_{ij}^2\neq 0$. 令 $S_i=\sum\limits_{j=1}^{n}a_{ij}^2$,则 $S_i>0$ $(i=1,2,\cdots,n)$. 于是,根据不等式(1)即得

$$|A|^2\leqslant\prod_{i=1}^{n}S_i=\prod_{i=1}^{n}\left(\sum_{j=1}^{n}a_{ij}^2\right),$$

故不等式(2)成立. 证毕.

证法 2:

如将原题归一化,则也可获证. 设

$$\bar{a}_{ij}=\frac{a_{ij}}{\left(\sum\limits_{j=1}^{n}a_{ij}^2\right)^{\frac{1}{2}}}\quad(i,j=1,2,\cdots,n),$$

则有

$$\sum_{j=1}^{n}\bar{a}_{ij}^2=1\qquad(i=1,2,\cdots,n).$$

从而,原命题就可转化为证明不等式$|A|\leqslant 1$,其中

$$\sum_{j=1}^{n}a_{ij}^2=1\ (i=1,2,\cdots,n),\quad A=(a_{ij}),\quad |A|=|a_{ij}|.$$

设 $F=|A|+\sum\limits_{i=1}^{n}\lambda_i\left(\sum\limits_{j=1}^{n}a_{ij}^2-1\right)$. 解方程组

$$\frac{\partial F}{\partial a_{ij}}=A_{ij}+2\lambda_i a_{ij}=0,$$

其中 $A_{ij}$ 为 $a_{ij}$ 的代数余子式$(i,j=1,2,\cdots,n)$. 于上式两端乘以 $a_{ij}$，并对 $j=1,2,\cdots,n$ 求和，即得 $|A|+2\lambda_i=0$ $(i=1,2,\cdots,n)$. 从而有 $\lambda_i=-\frac{|A|}{2}$ $(i=1,2,\cdots,n)$，也即 $A_{ij}=a_{ij}|A|$ $(i,j=1,2,\cdots,n)$，故得

$$\begin{vmatrix} A_{11} & \cdots & A_{1n} \\ \vdots & & \vdots \\ A_{n1} & \cdots & A_{nn} \end{vmatrix}=\begin{vmatrix} a_{11}|A| & \cdots & a_{1n}|A| \\ \vdots & & \vdots \\ a_{n1}|A| & \cdots & a_{nn}|A| \end{vmatrix},$$

上式左端的行列式叫做 $|A|$ 的附属行列式，记为 $|A^*|$. 由线性代数知识可知，当 $|A|=0$ 时，$|A^*|=0$. 当 $|A|\neq 0$时，

$$|A|\cdot|A^*|=\begin{vmatrix} |A| & 0 & \cdots & 0 \\ 0 & |A| & \cdots & 0 \\ \vdots & \vdots & & \vdots \\ 0 & 0 & \cdots & |A| \end{vmatrix}=|A|^n,$$

故有 $|A^*|=|A|^{n-1}$. 于是，$|A|^{n-1}=|A|^{n+1}$.

由于 $|A|$ 的极值必须满足上式，故不难推知 $|A|_{\max}=1$，$|A|_{\min}=-1$. 从而得知：当 $\sum\limits_{j=1}^{n}a_{ij}^2=1$ $(i=1,2,\cdots,n)$时，恒有

$$|A|^2\leqslant 1 \quad 或 \quad |A|\leqslant 1.$$

**求下列函数在指定区域内的上确界(sup)和下确界(inf)：**

**【3675】** $z=x-2y-3$，若 $0\leqslant x\leqslant 1$，$0\leqslant y\leqslant 1$，$0\leqslant x+y\leqslant 1$.

**解** 以 $D$ 表区域 $0\leqslant x\leqslant 1$，$0\leqslant y\leqslant 1$，$0\leqslant x+y\leqslant 1$，它是一个有界闭区域(为一闭三角形)，故连续函数 $z$ 在其上必有最大值和最小值. 由于 $z$ 是 $x,y$ 的线性函数，故不存在临界点，因此，最大值与最小值都在 $D$ 的边界上达到.

$D$ 的边界为三条直线段：

$$y=0\ (0\leqslant x\leqslant 1),\quad x=0\ (0\leqslant y\leqslant 1),\quad x+y=1\ (0\leqslant x\leqslant 1);$$

在其上 $z$ 分别变成一元函数：

$$z=x-3\ (0\leqslant x\leqslant 1),\quad z=-2y-3\ (0\leqslant y\leqslant 1),\quad z=3x-5\ (0\leqslant x\leqslant 1).$$

由于这些函数都是一元线性函数，故也无临界点，其最大值与最小值必在此三线段的端点(即点$(0,0)$，点$(1,0)$，点$(0,1)$)达到. 由此可知，$z$ 在 $D$ 上的最大值与最小值必在此三点$(0,0)$，$(1,0)$，$(0,1)$中达到.

由于 $z(0,0)=-3$，$z(1,0)=-2$，$z(0,1)=-5$，故

$$\sup z=-2 \qquad \inf z=-5.$$

**【3676】** $z=x^2+y^2-12x+16y$，若 $x^2+y^2\leqslant 25$.

**解** 考虑函数 $z$ 在区域 $x^2+y^2<25$ 内的临界点：

$$\begin{cases} \frac{\partial z}{\partial x}=2x-12=0, \\ \frac{\partial z}{\partial y}=2y+16=0. \end{cases}$$

在区域内无解，故连续函数 $z$ 的最大值与最小值必在边界 $x^2+y^2=25$ 上达到.

考虑函数 $z$ 在边界 $x^2+y^2=25$ 上的条件极值. 设 $F(x,y)=z-\lambda(x^2+y^2-25)$. 解方程组

$$\begin{cases} \frac{\partial F}{\partial x}=2x-12-2\lambda x=0, \\ \frac{\partial F}{\partial y}=2y+16-2\lambda y=0, \\ x^2+y^2=25 \end{cases}$$

可得临界点 $P_1(3,-4)$ 及 $P_2(-3,4)$. 由于 $z(3,-4)=-75$, $z(-3,4)=125$, 故得

$$\sup z=125, \qquad \inf z=-75.$$

**【3677】** $z=x^2-xy+y^2$, 若 $|x|+|y|\leqslant 1$.

**解题思路** 先求函数 $z$ 在区域 $|x|+|y|<1$ 内的临界点 $P_0$, 再求函数 $z$ 在下列四条边界线:

$$x\geqslant 0, y\geqslant 0, x+y=1; \qquad x\geqslant 0, y\leqslant 0, x-y=1;$$
$$x\leqslant 0, y\geqslant 0, x-y=-1; \qquad x\leqslant 0, y\leqslant 0, x+y=-1$$

上的临界点 $P_1,P_2,P_3$ 及 $P_4$. 将这些点与上述四条边界线的端点 $P_5,P_6,P_7$ 及 $P_8$ 处的函数值求出. 比较 $z(P_i)$ $(i=0,1,2,\cdots,8)$ 即获解.

**解** 先求函数 $z$ 在区域 $|x|+|y|<1$ 内的临界点:

$$\begin{cases}\dfrac{\partial z}{\partial x}=2x-y=0,\\ \dfrac{\partial z}{\partial y}=2y-x=0,\end{cases}$$

解得临界点 $P_0(0,0)$. 相应地, $z(P_0)=0$.

再在边界: $x\geqslant 0, y\geqslant 0, x+y=1$ 上求临界点. 设 $F_1=x^2-xy+y^2-\lambda(x+y-1)$. 解方程组

$$\begin{cases}\dfrac{\partial F_1}{\partial x}=2x-y-\lambda=0,\\ \dfrac{\partial F_1}{\partial y}=2y-x-\lambda=0,\\ x+y=1\end{cases}$$

得临界点 $P_1\left(\dfrac{1}{2},\dfrac{1}{2}\right)$. 相应地, $z(P_1)=\dfrac{1}{4}$.

同法可在另外三条边界线: $x\geqslant 0, y\leqslant 0, x-y=1$ 上; $x\leqslant 0, y\geqslant 0, x-y=-1$ 上; $x\leqslant 0, y\leqslant 0, x+y=-1$ 分别求得临界点 $P_2\left(\dfrac{1}{2},-\dfrac{1}{2}\right)$, $P_3\left(-\dfrac{1}{2},\dfrac{1}{2}\right)$ 及 $P_4\left(-\dfrac{1}{2},-\dfrac{1}{2}\right)$. 相应地,

$$z(P_2)=z(P_3)=\frac{3}{4}, \quad z(P_4)=\frac{1}{4}.$$

最后, 在上述四条边界线的端点 $P_5(1,0)$, $P_6(0,1)$, $P_7(-1,0)$ 及 $P_8(0,-1)$ 上求得函数值:

$$z(P_5)=z(P_6)=z(P_7)=z(P_8)=1.$$

比较 $z(P_i)$ $(i=0,1,2,\cdots,8)$, 即得 $\qquad \sup z=1, \qquad \inf z=0.$

**【3678】** $u=x^2+2y^2+3z^2$, 若 $x^2+y^2+z^2\leqslant 100$.

**解** 容易求得函数 $u$ 在区域 $x^2+y^2+z^2<100$ 内的临界点为 $P_0(0,0,0)$, 而在边界 $x^2+y^2+z^2=100$ 上的临界点为 $P_1(10,0,0)$, $P_2(-10,0,0)$, $P_3(0,10,0)$, $P_4(0,-10,0)$, $P_5(0,0,10)$ 及 $P_6(0,0,-10)$. 相应地 $u(P_0)=0$, $u(P_1)=u(P_2)=100$, $u(P_3)=u(P_4)=200$, $u(P_5)=u(P_6)=300$. 于是,

$$\sup u=300, \qquad \inf u=0.$$

**【3679】** $u=x+y+z$, 若 $x^2+y^2\leqslant z\leqslant 1$.

**解** 所讨论的立体区域由曲面 $x^2+y^2=z$ $(0\leqslant z\leqslant 1)$ 和平面 $z=1$, $x^2+y^2\leqslant 1$ 所围成, 两个曲面的交线为 $x^2+y^2=z=1$.

显见在立体区域内部无临界点. 在边界面 $z=1$, $x^2+y^2\leqslant 1$ 的内部, $u(x,y,1)=x+y+1$ 也无临界点. 在边界面 $x^2+y^2=z$ $(0\leqslant z\leqslant 1)$ 上, 有 $u=x+y+x^2+y^2$ $(x^2+y^2\leqslant 1)$. 解方程组

$$\begin{cases}\dfrac{\partial u}{\partial x}=1+2x=0,\\ \dfrac{\partial u}{\partial y}=1+2y=0\end{cases}$$

得临界点 $P_1\left(-\dfrac{1}{2},-\dfrac{1}{2},\dfrac{1}{2}\right)$. 相应地, $u(P_1)=-\dfrac{1}{2}$.

在边界线 $x^2+y^2=z=1$ 上, 设 $F(x,y)=x+y+1+\lambda(x^2+y^2-1)$. 解方程组

$$\begin{cases}\dfrac{\partial F}{\partial x}=1+2\lambda x=0,\\ \dfrac{\partial F}{\partial y}=1+2\lambda y=0,\\ x^2+y^2=1\end{cases}$$

得临界点 $P_2\left(\frac{1}{\sqrt{2}},\frac{1}{\sqrt{2}},1\right)$ 及 $P_3\left(-\frac{1}{\sqrt{2}},-\frac{1}{\sqrt{2}},1\right)$. 相应地, $u(P_2)=1+\sqrt{2}$, $u(P_3)=1-\sqrt{2}$. 于是,

$$\sup u=1+\sqrt{2},\qquad \inf u=-\frac{1}{2}.$$

**【3680】** 求函数 $u=(x+y+z)e^{-(x+2y+3z)}$ 在区域 $x>0,y>0,z>0$ 内的下确界(inf)与上确界(sup).

**解** 函数 $u$ 在区域 $x\geqslant0,y\geqslant0,z\geqslant0$ 上是连续函数,因此,把区域扩大包括边界时,上、下确界不变,下面就扩大后的区域加以讨论.

显然当 $x\geqslant0,y\geqslant0,z\geqslant0$ 时 $u\geqslant0$,且 $u(0,0,0)=0$,故 $\inf u=0$.

在区域内部,由于

$$\frac{\partial u}{\partial x}=e^{-(x+2y+3z)}[1-(x+y+z)],\qquad \frac{\partial u}{\partial y}=e^{-(x+2y+3z)}[1-2(x+y+z)],$$

$$\frac{\partial u}{\partial z}=e^{-(x+2y+3z)}[1-3(x+y+z)],$$

而 $e^{-(x+2y+3z)}\neq0$,故函数 $u$ 在域内无临界点.

又因

$$u=(x+y+z)e^{-(x+2y+3z)}=(x+y+z)e^{-(x+y+z)}e^{-(y+2z)}\leqslant(x+y+z)e^{-(x+y+z)}\to0\ [(x+y+z)\to+\infty],$$

故函数 $u$ 的最大值必在有限的边界上达到. 考虑界面:

$$x=0;\quad u(0,y,z)=(y+z)e^{-(2y+3z)},\quad y\geqslant0,\ z\geqslant0.$$

$$y=0;\quad u(x,0,z)=(x+z)e^{-(x+3z)},\quad x\geqslant0,\ z\geqslant0.$$

$$z=0;\quad u(x,y,0)=(x+y)e^{-(x+2y)},\quad x\geqslant0,\ y\geqslant0.$$

同样可证明,这些界面上无临界点.

最后考虑边界线: $x=0,y=0,z\geqslant0$, $u(0,0,z)=ze^{-3z}$ 可解得临界点 $P_1(0,0,\frac{1}{3})$. 相应地, $u(P_1)=\frac{1}{3}e^{-1}$. 同法在边界线: $x=0,z=0,y\geqslant0$ 上可解得临界点 $P_2(0,\frac{1}{2},0)$; 在边界线: $y=0,z=0,x\geqslant0$ 上可解得临界点 $P_3(1,0,0)$. 相应地, $u(P_2)=\frac{1}{2}e^{-1}$, $u(P_3)=e^{-1}$. 至于边界线的一端为原点,另一端伸向无穷远,均已讨论过. 于是,

$$\sup u=e^{-1}\approx0.37.$$

**【3681】** 证明:函数 $z=(1+e^y)\cos x-ye^y$ 有无穷多个极大值而无一极小值.

**证** 解方程组

$$\begin{cases}\dfrac{\partial z}{\partial x}=-(1+e^y)\sin x=0,\\ \dfrac{\partial z}{\partial y}=e^y(\cos x-1-y)=0\end{cases}$$

得 $x=k\pi,y=(-1)^k-1\ (k=0,\pm1,\pm2,\cdots)$. 由于

$$\frac{\partial^2 z}{\partial x^2}=-(1+e^y)\cos x,\qquad \frac{\partial^2 z}{\partial x\partial y}=-e^y\sin x,\qquad \frac{\partial^2 z}{\partial y^2}=e^y(\cos x-2-y),$$

故在点 $(2m\pi,0)\ (m=0,\pm1,\cdots)$, $A=-2,B=0,C=-1$ 及 $AC-B^2=2>0$,此时函数 $z$ 取得极大值;而在点 $((2m+1)\pi,-2)\ (m=0,\pm1,\cdots)$, $A=1+e^{-2},B=0,C=-e^{-2}$ 及 $AC-B^2=-e^{-2}-e^{-4}<0$,此时函数 $z$ 无极值.

**【3682】** 函数 $f(x,y)$ 在点 $M_0(x_0,y_0)$ 有极小值的充分条件是否为此函数在通过点 $M_0$ 的每一条直线上有极小值呢? 研究例子 $f(x,y)=(x-y^2)(2x-y^2)$.

**解** 不是.研究函数

$$f(x,y)=(x-y^2)(2x-y^2).$$

对于每一条通过原点的直线:$y=kx$ $(-\infty<x<+\infty)$均有

$$f(x,kx)=(x-k^2x^2)(2x-k^2x^2)=x^2(1-k^2x)(2-k^2x),$$

当$0<|x|<\frac{1}{k^2}$时,$f(x,kx)>0$.但是$f(0,0)=0$,因此,函数$f(x,y)$在直线$y=kx$上在原点取得极小值零.

对于通过原点的另一条直线:$x=0$,有$f(0,y)=y^4$,故在原点也取得极小值零.

因此,函数$f(x,y)$在一切通过原点的直线上均有极小值.但是,

$$f(a,\sqrt{1.5a})=-0.25a^2<0\quad(a>0),$$

因此,函数$f(x,y)$在$(0,0)$点不取得极小值.

此例说明:尽管$f(x,y)$在通过点$M_0$的每一条直线上在$M_0$均有极小值,但却不能保证$f(x,y)$作为二元函数在点$M_0$一定有极小值.

**【3683】** 分解已知正数$a$为$n$个正的因数,使得它们的倒数的和为最小.

**提示** 由题意,我们应求函数$u=\sum\limits_{i=1}^{n}\frac{1}{x_i}$在条件$a=\prod\limits_{i=1}^{n}x_i$或$\ln a=\sum\limits_{i=1}^{n}\ln x_i$ $(a>0,x_i>0)$下的极值.

**解** 按题设,我们应求函数$u=\sum\limits_{i=1}^{n}\frac{1}{x_i}$在条件$a=\prod\limits_{i=1}^{n}x_i$或$\ln a=\sum\limits_{i=1}^{n}\ln x_i$ $(a>0,x_i>0)$下的极值.

设$F(x_1,x_2,\cdots,x_n)=u+\lambda(\sum\limits_{i=1}^{n}\ln x_i-\ln a)$.解方程组

$$\begin{cases}\dfrac{\partial F}{\partial x_i}=-\dfrac{1}{x_i^2}+\dfrac{\lambda}{x_i}=0\quad(i=1,2,\cdots,n),\\ a=\prod\limits_{i=1}^{n}x_i\end{cases}$$

可得$x_i=\frac{1}{\lambda}$ $(i=1,2,\cdots,n)$.从而解得

$$x_1^0=x_2^0=\cdots=x_n^0=a^{\frac{1}{n}},\quad u(x_1^0,x_2^0,\cdots,x_n^0)=na^{-\frac{1}{n}}.$$

当点$P(x_1,x_2,\cdots,x_n)$趋于边界时,至少有一个$x_i\to0$,即$\frac{1}{x_i}\to+\infty$,而$u>\frac{1}{x_i}$,故$u\to+\infty$.因此,函数$u$必在区域内部取得最小值.于是,将正数$a$分为$n$个相等的正的因数$a^{\frac{1}{n}}$时,其倒数和$na^{-\frac{1}{n}}$最小.

**【3684】** 分解已知正数$a$为$n$个相加数,使得它们的平方和为最小.

**提示** 由题意,我们应求函数$u=\sum\limits_{i=1}^{n}x_i^2$在条件$\sum\limits_{i=1}^{n}x_i=a$ $(a>0)$下的极值.

**解** 考虑函数$u=\sum\limits_{i=1}^{n}x_i^2$在条件$a=\sum\limits_{i=1}^{n}x_i$ $(a>0)$下的极值.

设$F(x_1,x_2,\cdots,x_n)=u+\lambda(\sum\limits_{i=1}^{n}x_i-a)$.解方程组

$$\begin{cases}\dfrac{\partial F}{\partial x_i}=2x_i+\lambda=0\quad(i=1,2,\cdots,n),\\ \prod\limits_{i=1}^{n}x_i=a\end{cases}$$

得

$$x_1^0=x_2^0=\cdots=x_n^0=\frac{a}{n},\quad u(x_1^0,x_2^0,\cdots,x_n^0)=\frac{a^2}{n}.$$

当$n$个相加数中有若干个相加数$\to\pm\infty$时,平方和$\to+\infty$.因此,函数$u$必在有限区域内取得最小值.于是,将正数$a$分解为$n$个相等的相加数$\frac{a}{n}$时,其平方和$\frac{a^2}{n}$最小.

**【3685】** 分解已知正数$a$为$n$个正的因数,使得它们的已知正数次幂的和为最小.

**提示** 由题意,我们应求函数$u=\sum\limits_{i=1}^{n}x_i^{\alpha_i}$ $(\alpha_i>0)$在条件$\ln a=\sum\limits_{i=1}^{n}\ln x_i$ $(a>0,x_i>0)$下的极值.

**解** 考虑函数 $u=\sum\limits_{i=1}^{n} x_i^{\alpha_i}$ $(a_i>0)$在条件 $\ln a=\sum\limits_{i=1}^{n}\ln x_i$ $(a>0,x_i>0)$下的极值.

设 $F=u-\lambda(\sum\limits_{j=1}^{n}\ln x_i-\ln a)$. 解方程组

$$\begin{cases}\dfrac{\partial F}{\partial x_i}=\alpha_i x_i^{\alpha_i-1}-\dfrac{\lambda}{x_i}=0 \quad (i=1,2,\cdots,n), & (1)\\ \sum\limits_{i=1}^{n}\ln x_i=\ln a. & (2)\end{cases}$$

由(1)得 $x_i=\left(\dfrac{\lambda}{\alpha_i}\right)^{\frac{1}{\alpha_i}}$. 代入(2),得 $\ln a+\sum\limits_{i=1}^{n}\dfrac{\ln\alpha_i}{\alpha_i}=\ln\lambda\sum\limits_{i=1}^{n}\dfrac{1}{\alpha_i}$.

令 $\beta=\sum\limits_{i=1}^{n}\dfrac{1}{\alpha_i}$,则有

$$\lambda=a^{\frac{1}{\beta}}\prod_{i=1}^{n}\alpha_i^{\frac{1}{\beta\alpha_i}}=\left(a\prod_{i=1}^{n}\alpha_i^{\frac{1}{\alpha_i}}\right)^{\frac{1}{\beta}}, \qquad x_i^0=\frac{\left(a\prod\limits_{i=1}^{n}\alpha_i^{\frac{1}{\alpha_i}}\right)^{\frac{\frac{1}{\alpha_i}}{\sum_{i=1}^{n}\frac{1}{\alpha_i}}}}{(\alpha)^{\frac{1}{\alpha_i}}} \quad (i=1,2,\cdots,n),$$

$$u=\sum_{i=1}^{n}\frac{\lambda}{\alpha_i}=\beta\lambda=\left(\sum_{i=1}^{n}\frac{1}{\alpha_i}\right)\left(a\prod_{i=1}^{n}\alpha_i^{\frac{1}{\alpha_i}}\right)^{\frac{1}{\sum_{i=1}^{n}\frac{1}{\alpha_i}}}.$$

显然,函数 $u$ 在区域内部达到最小值,于是,所求得的 $u$ 即为最小值.

**【3686】** 已知在平面上的 $n$ 个质点 $P_1(x_1,y_1),P_2(x_2,y_2),\cdots,P_n(x_n,y_n)$,其质量分别为 $m_1,m_2,\cdots m_n$. $P(x,y)$点位于何处时,该质点系对此点的转动惯量为最小?

**解** 设 $f(x,y)=\sum\limits_{i=1}^{n}m_i[(x-x_i)^2-(y-y_i)^2]$. 解方程组

$$\begin{cases}\dfrac{\partial f}{\partial x}=2\sum\limits_{i=1}^{n}m_i(x-x_i)=0,\\ \dfrac{\partial f}{\partial y}=2\sum\limits_{i=1}^{n}m_i(y-y_i)=0\end{cases}$$

得 $$x_0=\frac{1}{M}\sum_{i=1}^{n}m_i x_i, \qquad y_0=\frac{1}{M}\sum_{i=1}^{n}m_i y_i,$$

其中 $M=\sum\limits_{i=1}^{n}m_i$.

当 $x\to\infty$或 $y\to\infty$时,显然 $f\to+\infty$. 因此,点 $P(x_0,y_0)$即为所求.

**【3687】** 已知容积为 $V$ 的无盖长方浴盆,当其尺寸怎样时,有最小的表面积?

**提示** 设浴盆的长、宽、高分别为 $x$、$y$、$h$,由题意,我们应求函数 $S=2(x+y)h+xy$ 在条件 $V=xyh$ $(x>0,y>0,h>0)$下的极值.

**解** 设浴盆长、宽、高分别为 $x$、$y$、$h$,则考虑函数 $S=2(x+y)h+xy$ 在条件 $V=xyh$ $(x>0,y>0,h>0)$下的极值.

设 $F(x,y,h)=S-\lambda(xyh-V)$. 解方程组

$$\begin{cases}\dfrac{\partial F}{\partial x}=y+2h-\lambda yh=0, & (1)\\ \dfrac{\partial F}{\partial y}=x+2h-\lambda xh=0, & (2)\\ \dfrac{\partial F}{\partial h}=2(x+y)-\lambda xy=0, & (3)\\ xyh=V.\end{cases}$$

(1),(2),(3)可改写为 $$\frac{1}{h}+\frac{2}{y}=\lambda=\frac{1}{h}+\frac{2}{x}=\frac{2}{x}+\frac{2}{y},$$

故有 $$x_0=y_0=2h_0=\sqrt[3]{2V},\quad h_0=\frac{1}{2}\sqrt[3]{2V}=\sqrt[3]{\frac{V}{4}}.$$

从实际问题的常识可以断定,一定在某一处达到最小. 因此,当长宽均为 $\sqrt[3]{2V}$,高为 $\sqrt[3]{\frac{V}{4}}$ 时,浴盆的表面积最小,且最小表面积为 $S=3\sqrt[3]{4V^2}$.

从数学上来考虑,应讨论 $x,u,h$ 趋于边界的情况. 当 $x,y,h$ 中有任一个趋于零,例如,$h\to+0$,则由 $V=xyh$ 即可断定 $xy\to+\infty$. 但是,$S>xy$,故 $S\to+\infty$. 当 $x,y,h$ 中有任一个趋于 $+\infty$ 时,一定引起至少有另一个趋于零. 重复上面的讨论可知,$S\to+\infty$. 因此,连续函数 $S$ 必在区域内部取得最小值.

**【3688】** 横截面为半圆形的无盖柱形浴盆,其表面积等于 $S$,在何种尺寸下此盆有最大的容积?

**解** 设圆柱半径为 $r$,高为 $h$,则考虑函数 $V=\frac{1}{2}\pi r^2h$ 在条件 $S=\pi(r^2+rh)$ $(r>0,h>0)$ 下的极值.

为简单起见,忽略系数 $\frac{1}{2}\pi$. 设 $F=r^2h-\lambda(r^2+rh-\frac{S}{\pi})$. 解方程组

$$\begin{cases}\dfrac{\partial F}{\partial r}=2rh-\lambda(2r+h)=0,\\ \dfrac{\partial F}{\partial h}=r^2-\lambda r=0,\\ r^2+rh=\dfrac{S}{\pi}\end{cases}$$

得 $$r_0=\sqrt{\frac{S}{3\pi}},\qquad h_0=2\sqrt{\frac{S}{3\pi}},$$

从而有 $V_0=\frac{1}{2}\pi r_0^2h_0=\sqrt{\frac{S^3}{27\pi}}$.

由实际情况知,$V$ 一定达到最大体积. 因此,当 $h_0=2r_0=2\sqrt{\frac{S}{3\pi}}$ 时,体积 $V_0=\sqrt{\frac{S^3}{27\pi}}$ 最大.

从数学角度看,由 $r^2+rh=\frac{S}{\pi}$ 知 $r^2$ 和 $rh$ 恒有界. 当 $r\to+0$ 或 $h\to+0$ 时必有 $V\to0$. 当 $h\to+\infty$ 时,由 $rh$ 有界可推出 $r\to+0$. 因而 $V\to0$(显然不可能 $r\to+\infty$). 于是,体积 $V$ 必在区域内部达到最大值.

**【3689】** 在球面 $x^2+y^2+z^2=1$ 上求一点,这点到 $n$ 个已知点 $M_i(x_i,y_i,z_i)$ $(i=1,2,\cdots,n)$ 距离的平方和为最小.

**解** 考虑函数 $u=\sum\limits_{i=1}^{n}[(x-x_i)^2+(y-y_i)^2+(z-z_i)^2]$ 在条件 $x^2+y^2+z^2=1$ 下的极值.

设 $F(x,y,z)=u-\lambda(x^2+y^2+z^2-1)$. 解方程组

$$\begin{cases}\dfrac{\partial F}{\partial x}=2\left[\sum\limits_{i=1}^{n}(x-x_i)-\lambda x\right]=2\left[(n-\lambda)x-\sum\limits_{i=1}^{n}x_i\right]=0, & (1)\\ \dfrac{\partial F}{\partial y}=2\left[(n-\lambda)y-\sum\limits_{i=1}^{n}y_i\right]=0, & (2)\\ \dfrac{\partial F}{\partial z}=2\left[(n-\lambda)z-\sum\limits_{i=1}^{n}z_i\right]=0, & (3)\\ x^2+y^2+z^2=1, & (4)\end{cases}$$

由(1),(2),(3)得 $$x=\frac{1}{n-\lambda}\sum_{i=1}^{n}x_i,\quad y=\frac{1}{n-\lambda}\sum_{i=1}^{n}y_i,\quad z=\frac{1}{n-\lambda}\sum_{i=1}^{n}z_i,$$

代入(4),得 $$(n-\lambda)^2=\left(\sum_{i=1}^{n}x_i\right)^2+\left(\sum_{i=1}^{n}y_i\right)^2+\left(\sum_{i=1}^{n}z_i\right)^2=N^2\quad(N>0).$$

于是,得 $$x'=\frac{1}{N}\sum_{i=1}^{n}x_i,\quad y'=\frac{1}{N}\sum_{i=1}^{n}y_i,\quad z'=\frac{1}{N}\sum_{i=1}^{n}z_i,$$

及 $$x''=-\frac{1}{N}\sum_{i=1}^{n}x_i,\quad y''=-\frac{1}{N}\sum_{i=1}^{n}y_i,\quad z''=-\frac{1}{N}\sum_{i=1}^{n}z_i.$$

从而，

$$\begin{aligned}u(x',y',z')&=\sum_{i=1}^{n}[(x'-x_i)^2+(y'-y_i)^2+(z'-z_i)^2]\\&=n(x'^2+y'^2+z'^2)-2x'\sum_{i=1}^{n}x_i-2y'\sum_{i=1}^{n}y_i-2z'\sum_{i=1}^{n}z_i+\sum_{i=1}^{n}(x_i^2+y_i^2+z_i^2)\\&=n-\frac{2}{N}\left[\left(\sum_{i=1}^{n}x_i\right)^2+\left(\sum_{i=1}^{n}y_i\right)^2+\left(\sum_{i=1}^{n}z_i\right)^2\right]+\sum_{i=1}^{n}(x_i^2+y_i^2+z_i^2)\\&=n-2N+\sum_{i=1}^{n}(x_i^2+y_i^2+z_i^2).\end{aligned}$$

同法可求得 $$u(x'',y'',z'')=n+2N+\sum_{i=1}^{n}(x_i^2+y_i^2+z_i^2)>u(x',y',z').$$

由于函数 $u$ 在闭球面 $x^2+y^2+z^2=1$ 上连续，故必取得最大值及最小值. 于是，当 $x=x'$，$y=y'$，$z=z'$ 时，$u$ 最小(同时也证明了当 $x=x''$，$y=y''$，$z=z''$时，$u$ 最大).

**【3690】** 底面相同的直圆柱体与直圆锥体拼接在一起构成一个物体，其总表面积 $Q$ 取给定值. 为了使此物体的体积为最大，求其尺寸大小.

**解** 设圆柱部分的底半径为 $R$，高为 $h$；圆锥部分的母线与底面的夹角为 $\alpha$，则有 $\pi R^2+2\pi Rh+\frac{\pi R^2}{\cos\alpha}=Q$ (常数)($R>0,h>0,0\leqslant\alpha<\frac{\pi}{2}$). 考虑函数 $V(\alpha,h,R)=\pi R^2h+\frac{1}{3}\pi R^3\tan\alpha$ 在上述条件下的极值.

设 $F(\alpha,h,R)=3R^2h+R^3\tan\alpha-\lambda\left(R^2+2Rh+\frac{R^2}{\cos\alpha}-\frac{Q}{\pi}\right)$. 解方程组

$$\begin{cases}\dfrac{\partial F}{\partial\alpha}=\dfrac{R^3}{\cos^2\alpha}-\dfrac{\lambda R^2\sin\alpha}{\cos^2\alpha}=0, & (1)\\ \dfrac{\partial F}{\partial h}=3R^2-2R\lambda=0, & (2)\\ \dfrac{\partial F}{\partial R}=6Rh+3R^2\tan\alpha-\left(2R+2h+\dfrac{2R}{\cos\alpha}\right)\lambda=0, & (3)\\ R^2+2Rh+\dfrac{R^2}{\cos\alpha}=\dfrac{Q}{\pi}. & (4)\end{cases}$$

由(2)得 $\lambda=\frac{3}{2}R$. 代入(1)，得 $\sin\alpha=\frac{2}{3}$. 由于 $0\leqslant\alpha<\frac{\pi}{2}$，故由 $\sin\alpha=\frac{2}{3}$ 得 $\cos\alpha=\frac{\sqrt{5}}{3}$，$\tan\alpha=\frac{2}{\sqrt{5}}$. 代入(3)，得

$$6Rh+\frac{6}{\sqrt{5}}R^2=3R^2+3Rh+\frac{9}{\sqrt{5}}R^2,$$

即 $$Rh=R^2+\frac{R^2}{\sqrt{5}}\quad\text{或}\quad h=\left(1+\frac{1}{\sqrt{5}}\right)R.$$

代入(4)，得 $$R^2+\left(2+\frac{2}{\sqrt{5}}\right)R^2+\frac{3}{\sqrt{5}}R^2=\frac{Q}{\pi}.$$

于是，$R=\frac{\sqrt{2}(\sqrt{5}-1)}{4}\sqrt{\frac{Q}{\pi}}$. 相应地，有

$$\begin{aligned}V_0&=\pi R^2h+\frac{1}{3}\pi R^3\tan\alpha=\left(1+\frac{1}{\sqrt{5}}+\frac{2}{3\sqrt{5}}\right)\pi R^3\\&=\left(1+\frac{5}{3\sqrt{5}}\right)\pi R^2R=\frac{3+\sqrt{5}}{3}\pi\ \frac{3-\sqrt{5}}{4}\ \frac{Q}{\pi}\ \frac{\sqrt{2}(\sqrt{5}-1)}{4}\sqrt{\frac{Q}{\pi}}=\frac{\sqrt{2}(\sqrt{5}-1)}{12}\sqrt{\frac{Q^3}{\pi}}.\end{aligned}$$

现在讨论边界情况. 由(4)知，$R^2$，$Rh$ 及 $\frac{R^2}{\cos\alpha}$ 均为正的有界量.

(i) 当 $R\to+0$ 时,由 $Rh$ 及 $\frac{R^2}{\cos\alpha}$ 有界可知

$$V=\pi(Rh)R+\frac{\pi}{3}\left(\frac{R^2}{\cos\alpha}\right)R\sin\alpha\to 0.$$

(ii) 当 $h\to+0$(所研究的体退化为圆锥)时,需要求当圆锥全表面积 $\pi R^2+\frac{\pi R^2}{\cos\alpha}=Q$(常数)时圆锥体积 $V=\frac{1}{3}\pi R^3\tan\alpha$ 的最大值. 用 $l$ 表圆锥的斜高,即

$$l=\frac{R}{\cos\alpha},\quad R\tan\alpha=\sqrt{\frac{R^2}{\cos^2\alpha}-R^2}=\sqrt{l^2-R^2}.$$

于是,$l=\frac{Q-\pi R^2}{\pi R}$, $V=\frac{1}{3}\pi R^2\sqrt{l^2-R^2}$,故 $V^2=\frac{1}{9}QR^2(Q-2\pi R^2)\quad(0<R<\sqrt{\frac{Q}{\pi}})$.

由此易知 $V^2$(从而 $V$)当 $R^2=\frac{Q}{4\pi}$(即 $R=\frac{1}{2}\sqrt{\frac{Q}{\pi}}$)时达最大值,并且最大体积 $V_1=\frac{1}{6\sqrt{2}}\sqrt{\frac{Q^3}{\pi}}$. 不难验证 $V_1<V_0$.

(iii) 当 $h\to+\infty$时,由 $Rh$ 有界知 $R\to+0$. 由(i)知 $V\to 0$.

(iv) 当$\alpha\to\frac{\pi}{2}-0$ 时,由$\frac{R^2}{\cos\alpha}$有界可知 $R\to+0$,由(i)知$V\to 0$.

(v) 当 $\alpha\to+0$(所研究的体退化为圆柱)时,可以求得达到最大体积的尺寸为 $h=2R$ 及 $Q=\sqrt[3]{54\pi V_2^2}$(参看 1563 题),即$V_2=\sqrt{\frac{Q^3}{54\pi}}=\frac{\sqrt{6}}{18}\sqrt{\frac{Q^3}{\pi}}$. 不难证明 $V_2<V_0$.

综上所述,我们得到当 $R=\frac{\sqrt{2}(\sqrt{5}-1)}{4}\sqrt{\frac{Q}{\pi}}$, $\alpha=\arcsin\frac{2}{3}$ 时,所研究的体积 $V$ 达到最大值

$$V_0=\frac{\sqrt{2}(\sqrt{5}-1)}{12}\sqrt{\frac{Q^3}{\pi}}.$$

**【3691】** 一长方体的上下两底均为正方形,分别与同样的两个正四角锥体拼接在一起构成一个物体,其体积 $V$ 取给定值. 当四角锥的侧面对它们的底成怎样的倾角时,该物体的总表面积为最小?

**解** 设长方体两底(正方形)边长为 $a$,高为 $h$,棱锥侧面与底面的夹角为 $\alpha$,则 $V=a^2h+\frac{1}{3}a^3\tan\alpha$. 考虑函数 $S=4ah+\frac{2a^2}{\cos\alpha}$在上述条件下的极值.

设 $F=S-\lambda(a^2h+\frac{1}{3}a^3\tan\alpha-V)$. 解方程组

$$\begin{cases}\frac{\partial F}{\partial a}=4h+\frac{4a}{\cos\alpha}-2\lambda ah-\lambda a^2\tan\alpha=0, & (1)\\ \frac{\partial F}{\partial h}=4a-\lambda a^2=0, & (2)\\ \frac{\partial F}{\partial \alpha}=\frac{2a^2\sin\alpha}{\cos^2\alpha}-\frac{\lambda a^3}{3\cos^2\alpha}=0, & (3)\\ a^2h+\frac{1}{3}a^3\tan\alpha=V. & (4)\end{cases}$$

由(2),(3)可得 $\alpha=\arcsin\frac{2}{3}$. 同 3690 题进一步可求出 $a$ 和 $h$

类似 3687 题的讨论,当 $a\to+0$, $a\to+\infty$, $h\to+\infty$, $\alpha\to\frac{\pi}{2}-0$ 等情况均能证明 $S\to+\infty$. 对于边界为 $\alpha=0$ 及 $h=0$ 这两种退化情况,类似 3690 题,可证明此时的总表面积比$\alpha=\arcsin\frac{2}{3}$时的总表面积为大. 于是,当 $\alpha=\arcsin\frac{2}{3}$时,物体的总表面积最小.

【3692】 将周长为 $2p$ 的矩形绕其一边旋转，矩形所扫过的区域构成一旋转体，求使该旋转体体积为最大的那个矩形.

**解** 设矩形的边长为 $x$ 及 $y$，则考虑函数 $V=\pi y^2 x$ 在条件 $x+y=p$ 下的极值.

设 $F=V-\lambda(x+y-p)$. 解方程组

$$\begin{cases}\dfrac{\partial F}{\partial x}=\pi y^2-\lambda=0,\\ \dfrac{\partial F}{\partial y}=2\pi xy-\lambda=0,\\ x+y=p\end{cases}$$

得 $x=\dfrac{p}{3}$，$y=\dfrac{2p}{3}$.

由于在边界上，一边为零，一边为 $p$，推出 $V=0$. 于是，当矩形的两边分别为 $\dfrac{p}{3}$ 及 $\dfrac{2p}{3}$ 时，旋转体的体积最大.

【3693】 将周长为 $2p$ 的三角形绕其一边旋转，三角形所扫过的区域构成一旋转体，求使该旋转体体积为最大的那个三角形.

**解** 如图 6.43 所示，以 $AC$ 为轴旋转，取参数：高 $h$ 及二角 $\alpha$、$\beta$. 考虑函数 $V=\dfrac{1}{3}\pi h^3(\tan\alpha+\tan\beta)$ 在条件 $\dfrac{h}{\cos\alpha}+\dfrac{h}{\cos\beta}+h(\tan\alpha+\tan\beta)=2p$ 下的极值.

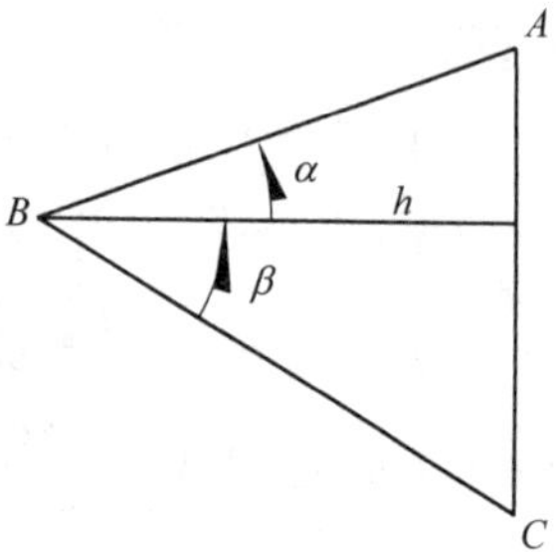

图 6.43

为计算简单起见，略去常数 $\dfrac{1}{3}\pi$. 设 $F=h^3(\tan\alpha+\tan\beta)-\lambda\left(\dfrac{h}{\cos\alpha}+\dfrac{h}{\cos\beta}+h\tan\alpha+h\tan\beta-2p\right)$. 解方程组

$$\begin{cases}\dfrac{\partial F}{\partial h}=3h^2(\tan\alpha+\tan\beta)-\lambda\left(\dfrac{1}{\cos\alpha}+\dfrac{1}{\cos\beta}+\tan\alpha+\tan\beta\right)=0, & (1)\\ \dfrac{\partial F}{\partial \alpha}=\dfrac{h^3}{\cos^2\alpha}-\lambda h\left(\dfrac{\sin\alpha}{\cos^2\alpha}+\dfrac{1}{\cos^2\alpha}\right)=0, & (2)\\ \dfrac{\partial F}{\partial \beta}=\dfrac{h^3}{\cos^2\beta}-\lambda h\left(\dfrac{\sin\beta}{\cos^2\beta}+\dfrac{1}{\cos^2\beta}\right)=0, & (3)\\ h\left(\dfrac{1}{\cos\alpha}+\dfrac{1}{\cos\beta}+\tan\alpha+\tan\beta\right)=2p. & (4)\end{cases}$$

由(2)及(3)得 $\alpha=\beta$ 及 $\lambda=\dfrac{h^2}{1+\sin\alpha}=\dfrac{h^2}{1+\sin\beta}$. 代入(1)式，得 $\sin\alpha=\sin\beta=\dfrac{1}{3}$. 于是，$h\tan\alpha=\dfrac{h}{3\cos\alpha}$，代入(4)式，即得 $\dfrac{h}{\cos\alpha}=\dfrac{3}{4}p$. 从而，得三边分别为 $AB=BC=\dfrac{3}{4}p$，$AC=2h\tan\alpha=\dfrac{p}{2}$.

讨论边界情况. 当 $h\to+0$ 或 $h\to p$ 时，显然有 $V\to0$. 对于二角 $\alpha$ 及 $\beta$ 必有大小限制：$0\leqslant\alpha<\dfrac{\pi}{2}$，$-\alpha\leqslant\beta\leqslant\alpha$（注意 $\alpha$，$\beta$ 的方向规定不同），当 $\alpha\to+0$ 或 $\alpha\to\dfrac{\pi}{2}-0$ 或 $\beta\to-\alpha$ 时，同样均有 $V\to0$. 于是，当三角形的三边长分别为 $\dfrac{p}{2}$，$\dfrac{3p}{4}$ 及 $\dfrac{3p}{4}$，并绕长为 $\dfrac{p}{2}$ 的边旋转时，所得的体积最大.

【3694】 在半径为 $R$ 的半球内作出具有最大体积的内接长方体.

**解** 不妨设此长方体的一个底面与半球所在的底面重合，另外四个顶点在半球球面上，且半球面在直角坐标系下的方程为 $x^2+y^2+z^2=R^2$，$z\geqslant0$. 又设长方体的长、宽、高分别为 $2x$、$2y$ 及 $z$（$x>0$，$y>0$，$z>0$）. 考虑函数 $V=4xyz$ 在上述条件下的极值. 设 $F=xyz-\lambda(x^2+y^2+z^2-R^2)$. 解方程组

$$\begin{cases}\dfrac{\partial F}{\partial x}=yz-2\lambda x=0,\\ \dfrac{\partial F}{\partial y}=xz-2\lambda y=0,\\ \dfrac{\partial F}{\partial z}=xy-2\lambda z=0,\\ x^2+y^2+z^2=R^2\end{cases}$$

可得 $x=y=z=\frac{R}{\sqrt{3}}$.

由于在边界上(即 $x\to+0$ 或 $y\to+0$ 或 $z\to+0$ 时)显然$V\to 0$,故当长方体的长、宽、高分别为$\frac{2R}{\sqrt{3}}$,$\frac{2R}{\sqrt{3}}$及$\frac{R}{\sqrt{3}}$时,其体积最大.

**【3695】** 在已知的直圆锥内作出具有最大体积的内接长方体.

**解** 不妨设直圆锥的底面半径为 $R$,高为 $H$,且长方体的一个面与直圆锥的底面重合,两个边长为 $2x$ 和 $2y$,四个顶点在直圆锥面上,高为 $z$. 过直圆锥的高和长方体底面的对角线作一截面,如图 6.44 所示,则

$$CD=H,EK=FG=z,AD=R,DE=\sqrt{x^2+y^2},(H-z)R=H\sqrt{x^2+y^2}\ (R、H\text{ 为常数}).$$

考虑函数 $V=4xyz$ 在上述条件下的极值($x>0,y>0,z>0$).

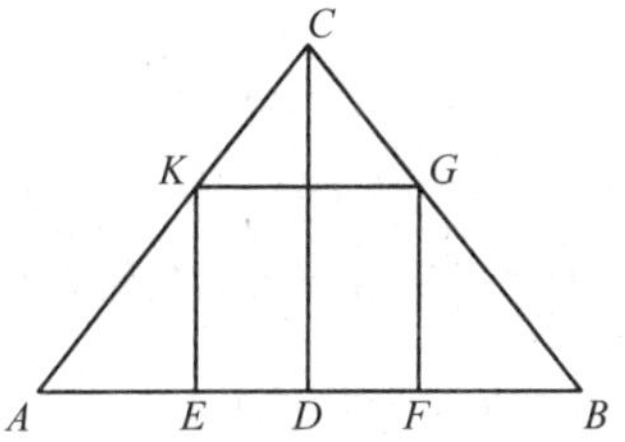


图 6.44

为计算简单计,略去常数 4. 设 $F=xyz-\lambda[H\sqrt{x^2+y^2}-(H-z)R]$. 解方程组

$$\begin{cases}\frac{\partial F}{\partial x}=yz-\frac{\lambda Hx}{\sqrt{x^2+y^2}}=0, & (1)\\ \frac{\partial F}{\partial y}=xz-\frac{\lambda Hy}{\sqrt{x^2+y^2}}=0, & (2)\\ \frac{\partial F}{\partial z}=xy-\lambda R=0, & (3)\\ (H-z)R=H\sqrt{x^2+y^2}. & (4)\end{cases}$$

由(1)、(2)得 $x=y$,代入(3),得 $x=y=\sqrt{\lambda R}$. 又由(1)可得$z=\frac{\lambda H}{\sqrt{2\lambda R}}$. 将 $x,y,z$ 代入(4)得 $H-\frac{\lambda H}{\sqrt{2\lambda R}}=\frac{H}{R}\sqrt{2\lambda R}$,解之得$\lambda=\frac{2}{9}R$,从而有 $x=y=\frac{\sqrt{2}}{3}R$, $z=\frac{1}{3}H$; $V=\frac{\sqrt{2}}{36}R^2H$

显然,在所论区域的边界上(即 $x\to+0$ 或 $y\to+0$ 或 $z\to+0$ 时),有 $V\to 0$,故当长方体的高等于圆锥高的$\frac{1}{3}$时,其体积最大.

**【3696】** 在椭球$\frac{x^2}{a^2}+\frac{y^2}{b^2}+\frac{z^2}{c^2}=1$ 内作出具有最大体积的内接长方体.

**解** 此长方体的对称中心为原点. 设其一个顶点为$(x,y,z)$,按题意,考虑函数 $V=8xyz$ 在条件$\frac{x^2}{a^2}+\frac{y^2}{b^2}+\frac{z^2}{c^2}=1$ ($x>0,y>0,z>0$)下的极值. 为计算简单计,略去常数 8. 设 $F=xyz-\lambda(\frac{x^2}{a^2}+\frac{y^2}{b^2}+\frac{z^2}{c^2}-1)$. 解方程组

$$\begin{cases}\frac{\partial F}{\partial x}=yz-2\lambda\frac{x}{a^2}=0,\\ \frac{\partial F}{\partial y}=xz-2\lambda\frac{y}{b^2}=0,\\ \frac{\partial F}{\partial z}=xy-2\lambda\frac{z}{c^2}=0,\\ \frac{x^2}{a^2}+\frac{y^2}{b^2}+\frac{z^2}{c^2}=1\end{cases}$$

得 $x=\frac{a}{\sqrt{3}}, y=\frac{b}{\sqrt{3}}, z=\frac{c}{\sqrt{3}}$，这时 $V=\frac{8}{3\sqrt{3}}abc>0$.

现在讨论边界情况. 当 $x\to a-0, y\to b-0, z\to c-0$ 中有任一个成立时，则另两个变量必皆趋于零；又若 $x, y, z$ 中有一个趋于零时，则体积 $V$ 趋于零. 总之，在边界上，恒有 $V\to 0$. 于是，具有最大体积的长方体的长、宽、高分别为 $\frac{2a}{\sqrt{3}}, \frac{2b}{\sqrt{3}}, \frac{2c}{\sqrt{3}}$.

**【3697】** 直圆锥的母线 $l$ 与底平面成倾角 $\alpha$. 试在此直圆锥中作出具有最大全表面积的内接长方体.

**解** 设圆锥的底半径为 $R$，高为 $H$，则有 $R=l\cos\alpha, H=l\sin\alpha, \frac{H}{R}=\tan\alpha$. 内接长方体的放置方法与 3695 题相同. 设底面的两边分别为 $2d\cos\theta$ 和 $2d\sin\theta$，高为 $h$，则 $0<d<R, 0<h<H, 0<\theta<\frac{\pi}{2}$，且 $h, d$ 由条件 $\frac{H-h}{H}=\frac{d}{R}$ 约束，此条件可改写为

$$d\tan\alpha+h=H=l\sin\alpha.$$

所求的全表面积为 $S=4(d^2\sin 2\theta+dh\sin\theta+dh\cos\theta)$.

(ⅰ) 固定 $d$ 和 $h$，考虑 $S=S(\theta)$ 的变化情况. 由一元函数极值求法，不难断定，仅有 $S'(\frac{\pi}{2})=0$. $S(\theta)$ 在 $\frac{\pi}{4}$ 处达到最大值 $S=4(d^2+\sqrt{2}dh)$，即底面为正方形时，$S$ 才取得最大值. 因此，原问题可化为在条件 $d\tan\alpha+h=l\sin\alpha$ $(d>0, h>0)$ 下，求函数 $S=4(d^2+\sqrt{2}dh)$ 的极值.

(ⅱ) 此问题的边界值：当 $d\to+0$（此时 $h\to H-0$）时，显然 $S\to 0$；而当 $h\to+0$（这时 $d\to R-0$）时，$S\to 4R^2$. 在后一种情况下，全表面积退化为上、下两个正方形面积之和.

(ⅲ) 在区域内部，设 $F=4(d^2+\sqrt{2}dh)-\lambda(d\tan\alpha+h-l\sin\alpha)$. 解方程组

$$\begin{cases}\frac{\partial F}{\partial d}=8d+4\sqrt{2}h-\lambda\tan\alpha=0, & (1)\\ \frac{\partial F}{\partial h}=4\sqrt{2}d-\lambda=0, & (2)\\ d\tan\alpha+h=l\sin\alpha. & (3)\end{cases}$$

由(2)得 $\lambda=4\sqrt{2}d$，代入(1)，得

$$h=(\tan\alpha-\sqrt{2})d. \tag{4}$$

由 $h>0$ 及 $d>0$ 知，当 $\tan\alpha\leqslant\sqrt{2}$ 时，方程组在所研究的区域内无解. 此时，$S$ 的最大值必在边界上达到，即在 $h\to+0$ 时达到 $4R^2$. 当 $\tan\alpha>\sqrt{2}$ 时，将(4)式代入(3)式，可得

$$d=\frac{l\sin\alpha}{2\tan\alpha-\sqrt{2}},\qquad h=l\sin\alpha\,\frac{\tan\alpha-\sqrt{2}}{2\tan\alpha-\sqrt{2}}.$$

此时

$$S=4(d^2+\sqrt{2}dh)=\frac{2l^2\sin\alpha}{\sqrt{2}\tan\alpha-1}=\frac{2R^2\tan^2\alpha}{\sqrt{2}\tan\alpha-1}.$$

由于

$$(\tan\alpha-\sqrt{2})^2=\tan^2\alpha-2(\sqrt{2}\tan\alpha-1)>0,$$

故 $\frac{\tan^2\alpha}{\sqrt{2}\tan\alpha-1}>2$. 从而，$S>4R^2$，即在该点的值大于边界上的值. 因此，它为最大值. 于是，当 $\tan\alpha>\sqrt{2}$，长方体底面为正方形，边长为 $2d\sin\frac{\pi}{4}=\frac{l\sin\alpha}{\sqrt{2}\tan\alpha-1}$，高 $h=l\sin\alpha\,\frac{\tan\alpha-\sqrt{2}}{2\tan\alpha-\sqrt{2}}$ 时，全表面积为最大.

**【3698】** 在椭圆抛物面 $\frac{z}{c}=\frac{x^2}{a^2}+\frac{y^2}{b^2}$ 和 $z=c$ 所围区域内作出具有最大体积的内接长方体.

**提示** 设长方体的长、宽、高分别为 $2x$，$2y$ 及 $h=c-z$，由题意，我们应求函数 $V=4xy(c-z)$ 在条件 $\frac{x^2}{a^2}$

$+\frac{y^2}{b^2}=\frac{z}{c}$ $(x>0, y>0, 0<z<c)$ 下的极值.

**解** 设长方体的长、宽、高分别为 $2x$, $2y$ 及 $h=c-z$,则按题设考虑函数 $V=4xyh=4xy(c-z)$ 在条件 $\frac{x^2}{a^2}+\frac{y^2}{b^2}=\frac{z}{c}$ $(x>0, y>0, 0<z<c)$ 下的极值.

为计算简单起见,作 $F$ 时略去常数 4. 设 $F=xy(c-z)-\lambda(\frac{x^2}{a^2}+\frac{y^2}{b^2}-\frac{z}{c})$. 解方程组

$$\begin{cases}\frac{\partial F}{\partial x}=y(c-z)-2\lambda\frac{x}{a^2}=0, & (1)\\ \frac{\partial F}{\partial y}=x(c-z)-2\lambda\frac{y}{b^2}=0. & (2)\\ \frac{\partial F}{\partial z}=-xy+\frac{\lambda}{c}=0, & (3)\\ \frac{x^2}{a^2}+\frac{y^2}{b^2}=\frac{z}{c}. & (4)\end{cases}$$

将(1)、(2)、(3)三式分别乘以 $x$、$y$、$(c-z)$,比较即得

$$\frac{x^2}{a^2}=\frac{y^2}{b^2}=\frac{c-z}{2c}.$$

代入(4)式,可得 $$x=\frac{a}{2},\quad y=\frac{b}{2},\quad z=\frac{c}{2},\quad h=c-z=\frac{c}{2}.$$

由于边界上 $V$ 趋于零,故长方体的最大值必在区域内达到. 于是,当长方体的尺寸分别为 $a$、$b$ 及 $\frac{c}{2}$ 时,其体积最大.

**【3699】** 求点 $M_0(x_0, y_0, z_0)$ 至平面 $Ax+By+Cz+D=0$ 上的点的最短距离.

**提示** 由题意,我们应求函数 $r^2=(x-x_0)^2+(y-y_0)^2+(z-z_0)^2$ 在条件 $Ax+By+Cz+D=0$ 下的极值.

**解** 按题设,我们求函数 $r^2=(x-x_0)^2+(y-y_0)^2+(z-z_0)^2$ 在条件 $Ax+By+Cz+D=0$ 下的极值.

设 $F(x,y,z)=r^2+\lambda(Ax+By+Cz+D)$. 解方程组

$$\begin{cases}\frac{\partial F}{\partial x}=2(x-x_0)+\lambda A=0, & (1)\\ \frac{\partial F}{\partial y}=2(y-y_0)+\lambda B=0. & (2)\\ \frac{\partial F}{\partial z}=2(z-z_0)+\lambda C=0, & (3)\\ Ax+By+Cz+D=0. & (4)\end{cases}$$

由(1)、(2)、(3)可得 $$x=x_0-\frac{1}{2}\lambda A,\ y=y_0-\frac{1}{2}\lambda B,\ z=z_0-\frac{1}{2}\lambda C. \quad (5)$$

代入(4),得 $$\lambda=\frac{2(Ax_0+By_0+Cz_0+D)}{A^2+B^2+C^2}, \quad (6)$$

将(5),(6)代入 $r^2=(x-x_0)^2+(y-y_0)^2+(z-z_0)^2$ 中,得

$$r=\frac{|Ax_0+By_0+Cz_0+D|}{\sqrt{A^2+B^2+C^2}}$$

当 $x,y,z$ 中有任一个趋于无穷时,$r$ 趋于无穷. 因此,在区域内 $r$ 必取最小值.

于是,点 $M_0(x_0, y_0, z_0)$ 至平面 $Ax+By+Cz+D=0$ 上的点的最短距离为

$$r=\frac{|Ax_0+By_0+Cz_0+D|}{\sqrt{A^2+B^2+C^2}}.$$

**【3700】** 求空间二直线

$$\frac{x-x_1}{m_1}=\frac{y-y_1}{n_1}=\frac{z-z_1}{p_1},\quad \frac{x-x_2}{m_2}=\frac{y-y_2}{n_2}=\frac{z-z_2}{p_2}$$

之间的最短距离.

**解** 显然，当两直线不平行时，直线上一点趋于无穷远处时，与另一直线上各点的距离，都趋于无穷. 因此，不平行两直线的最短距离必在有限处达到.

为了书写简洁，我们采用向量的表达形式. 用

$$\boldsymbol{r}_1(t)=\boldsymbol{l}_1 t+\boldsymbol{r}_{10}\ \text{表示直线}\ \frac{x-x_1}{m_1}=\frac{y-y_1}{n_1}=\frac{z-z_1}{p_1}, \tag{1}$$

$$\boldsymbol{r}_2(s)=\boldsymbol{l}_2 s+\boldsymbol{r}_{20}\ \text{表示直线}\ \frac{x-x_2}{m_2}=\frac{y-y_2}{n_2}=\frac{z-z_2}{p_2}. \tag{2}$$

其中 $t,s$ 为参数，$\boldsymbol{l}_1=\{m_1,n_1,p_1\}$，$\boldsymbol{l}_2=\{m_2,n_2,p_2\}$，

$\boldsymbol{r}_{10}=\{x_1,y_1,z_1\}$，$\boldsymbol{r}_{20}=\{x_2,y_2,z_2\}$.

又记 $\boldsymbol{r}_0=\boldsymbol{r}_{10}-\boldsymbol{r}_{20}=\{x_1-x_2,y_1-y_2,z_1-z_2\}$.

始端在直线(2)上，终端在直线(1)上的向量为：

$$\boldsymbol{u}(t,s)=(\boldsymbol{l}_1 t+\boldsymbol{r}_{10})-(\boldsymbol{l}_2 s+\boldsymbol{r}_{20})=\boldsymbol{l}_1 t-\boldsymbol{l}_2 s+\boldsymbol{r}_0. \tag{3}$$

本题即求 $|\boldsymbol{u}(t,s)|$ 的最小值，它必在有限的 $t,s$ 上取得. 令

$$w=|\boldsymbol{u}(t,s)|^2=|\boldsymbol{l}_1 t-\boldsymbol{l}_2 s+\boldsymbol{r}_0|^2=l_1^2t^2+l_2^2s^2+r_0^2-2(\boldsymbol{l}_1\cdot\boldsymbol{l}_2)st+2(\boldsymbol{l}_1\cdot\boldsymbol{r}_0)t-2(\boldsymbol{l}_2\cdot\boldsymbol{r}_0)s,$$

其中 $l_1^2=\boldsymbol{l}_1\cdot\boldsymbol{l}_1$，$l_2^2=\boldsymbol{l}_2\cdot\boldsymbol{l}_2$，$r_0^2=\boldsymbol{r}_0\cdot\boldsymbol{r}_0$.

$w$ 取得极值的必要条件为

$$\frac{\partial w}{\partial t}=2[l_1^2t-(\boldsymbol{l}_1\cdot\boldsymbol{l}_2)s+(\boldsymbol{l}_1\cdot\boldsymbol{r}_0)]=0,\quad \frac{\partial w}{\partial s}=2[l_2^2s-(\boldsymbol{l}_1\cdot\boldsymbol{l}_2)t-(\boldsymbol{l}_2\cdot\boldsymbol{r}_0)]=0.$$

由此可解得唯一的临界点 $(t_0,s_0)$：

$$t_0=-\frac{l_2^2(\boldsymbol{l}_1\cdot\boldsymbol{r}_0)-(\boldsymbol{l}_1\cdot\boldsymbol{l}_2)(\boldsymbol{l}_2\cdot\boldsymbol{r}_0)}{l_1^2l_2^2-(\boldsymbol{l}_1\cdot\boldsymbol{l}_2)^2},\quad s_0=\frac{l_1^2(\boldsymbol{l}_2\cdot\boldsymbol{r}_0)-(\boldsymbol{l}_1\cdot\boldsymbol{l}_2)(\boldsymbol{l}_1\cdot\boldsymbol{r}_0)}{l_1^2l_2^2-(\boldsymbol{l}_1\cdot\boldsymbol{l}_2)^2}.$$

于是，$|\boldsymbol{u}(t_0,s_0)|$ 即为所求的最短距离. 下面计算 $|\boldsymbol{u}(t_0,s_0)|$. 令

$$\Delta=\sqrt{l_1^2l_2^2-(\boldsymbol{l}_1\cdot\boldsymbol{l}_2)^2},$$

显然有

$$\Delta^2=|\boldsymbol{l}_1|^2\cdot|\boldsymbol{l}_2|^2-[|\boldsymbol{l}_1|\cdot|\boldsymbol{l}_2|\cos(\widehat{\boldsymbol{l}_1,\boldsymbol{l}_2})]^2=|\boldsymbol{l}_1|^2\cdot|\boldsymbol{l}_2|^2\sin^2(\widehat{\boldsymbol{l}_1,\boldsymbol{l}_2})=|\boldsymbol{l}_1\times\boldsymbol{l}_2|^2$$

即 $\Delta=|\boldsymbol{l}_1\times\boldsymbol{l}_2|$. 将 $t_0$ 及 $s_0$ 代入(3)式，得

$$\boldsymbol{u}(t_0,s_0)=-\frac{1}{\Delta^2}(\boldsymbol{l}_1\cdot\boldsymbol{r}_0)[l_2^2\boldsymbol{l}_1-(\boldsymbol{l}_1\cdot\boldsymbol{l}_2)\boldsymbol{l}_2]-\frac{1}{\Delta^2}(\boldsymbol{l}_2\cdot\boldsymbol{r}_0)[l_1^2\boldsymbol{l}_2-(\boldsymbol{l}_1\cdot\boldsymbol{l}_2)\boldsymbol{l}_1]+\boldsymbol{r}_0.$$

通过计算，不难看出

$$\boldsymbol{u}(t_0,s_0)\cdot\boldsymbol{l}_1=-\frac{1}{\Delta^2}(\boldsymbol{l}_1\cdot\boldsymbol{r}_0)[l_2^2l_1^2-(\boldsymbol{l}_1\cdot\boldsymbol{l}_2)^2]-\frac{1}{\Delta^2}(\boldsymbol{l}_2\cdot\boldsymbol{r}_0)[l_1^2(\boldsymbol{l}_1\cdot\boldsymbol{l}_2)-(\boldsymbol{l}_1\cdot\boldsymbol{l}_2)l_1^2]+(\boldsymbol{r}_0\cdot\boldsymbol{l}_1)=0,$$

$$\boldsymbol{u}(t_0,s_0)\cdot\boldsymbol{l}_2=0.$$

因此，得知 $\boldsymbol{u}(t_0,s_0)\,/\!/\,\boldsymbol{l}_1\times\boldsymbol{l}_2$.

令 $\boldsymbol{n}_0=\dfrac{\boldsymbol{l}_1\times\boldsymbol{l}_2}{\Delta}$，则

$$|\boldsymbol{n}_0|=1,$$

$$|\boldsymbol{u}_0(t_0,s_0)|=|\boldsymbol{u}(t_0,s_0)\cdot\boldsymbol{n}_0|=\frac{|\boldsymbol{r}_0\cdot(\boldsymbol{l}_1\times\boldsymbol{l}_2)|}{\Delta}=\pm\frac{1}{\Delta}\begin{vmatrix}x_1-x_2 & y_1-y_2 & z_1-z_2\\ m_1 & n_1 & p_1\\ m_2 & n_2 & p_2\end{vmatrix},$$

其中

$$\Delta=\sqrt{\begin{vmatrix}m_1 & n_1\\ m_2 & n_2\end{vmatrix}^2+\begin{vmatrix}n_1 & p_1\\ n_2 & p_2\end{vmatrix}^2+\begin{vmatrix}p_1 & m_1\\ p_2 & m_2\end{vmatrix}^2},$$

且正负号的选取保证所得结果为正值.

**【3701】** 求抛物线 $y=x^2$ 和直线 $x-y-2=0$ 之间的最短距离.

**提示** 设 $(x_1,y_1)$ 为抛物线 $y=x^2$ 上任一点，$(x_2,y_2)$ 为直线 $x-y-2=0$ 上任一点. 由题意，我们应求

函数 $r^2=(x_2-x_1)^2+(y_2-y_1)^2$ 在条件 $y_1-x_1^2=0$ 及 $x_2-y_2-1=0$ 下的极值.

**解** 设$(x_1,y_1)$为抛物线 $y=x^2$ 上任一点,$(x_2,y_2)$为直线 $x-y-2=0$ 上的任一点.按题意,我们应求函数

$$r^2=(x_2-x_1)^2+(y_2-y_1)^2$$

在条件 $y_1-x_1^2=0$ 及 $x_2-y_2-1=0$ 下的极值.显然,由几何知,当两点$(x_1,y_1)$和$(x_2,y_2)$至少有一伸向无穷时,$r$ 也必趋于无穷大,故 $r$ 的最小值必在有限处达到.

设 $F(x_1,x_2,y_1,y_2)=r^2+\lambda_1(y_1-x_1^2)+\lambda_2(x_2-y_2-2)$.解方程组

$$\begin{cases}\dfrac{\partial F}{\partial x_1}=-2(x_2-x_1)-2\lambda_1x_1=0,\\ \dfrac{\partial F}{\partial x_2}=2(x_2-x_1)+\lambda_2=0,\\ \dfrac{\partial F}{\partial y_1}=-2(y_2-y_1)+\lambda_1=0,\\ \dfrac{\partial F}{\partial y_2}=2(y_2-y_1)-\lambda_2=0,\\ y_1=x_1^2,\\ x_2-y_2-2=0\end{cases}$$

得唯一的一组解 $x_1=\dfrac{1}{2}$, $y_1=\dfrac{1}{4}$; $x_2=\dfrac{11}{8}$, $y_2=-\dfrac{5}{8}$.

于是,所求的最短距离为 $r_0=\sqrt{\left(\dfrac{11}{8}-\dfrac{1}{2}\right)^2+\left(-\dfrac{5}{8}-\dfrac{1}{4}\right)^2}=\dfrac{7}{8}\sqrt{2}$.

**【3702】** 求有心二次曲线 $Ax^2+2Bxy+Cy^2=1$ 的半轴.

**提示** 注意原点(0,0)即为曲线的中心.由题意,我们应求函数 $u=x^2+y^2$ 在条件 $Ax^2+2Bxy+Cy^2=1$ 下的极值.

**解** 设$(x_0,y_0)$为二次曲线 $Ax^2+2Bxy+Cy^2=1$ 上的点,则$(-x_0,-y_0)$也为该曲线上点.因此,原点(0,0)即为曲线的中心.按题意,应求函数 $u=x^2+y^2$ 在条件 $Ax^2+2Bxy+Cy^2=1$ 下的极值.

设 $F=x^2+y^2-\lambda(Ax^2+2Bxy+Cy^2-1)$.解方程组

$$\begin{cases}-\dfrac{1}{2}\dfrac{\partial F}{\partial x}=(\lambda A-1)x+\lambda By=0,\\ -\dfrac{1}{2}\dfrac{\partial F}{\partial y}=\lambda Bx+(\lambda C-1)y=0,\\ Ax^2+2Bxy+Cy^2=1.\end{cases}$$

要上述方程组(前面的两个方程)有非零解,$\lambda$ 必须满足二次方程

$$\begin{vmatrix}\lambda A-1 & \lambda B\\ \lambda B & \lambda C-1\end{vmatrix}=0. \tag{1}$$

由题设知二次曲线为有心的,因此 $AC^2-B^2\neq0$.

由方程(1)可求得两根 $\lambda_1$ 和 $\lambda_2(\lambda_1\geqslant\lambda_2)$.将 $\lambda$ 的值代入方程组,求得对应于 $\lambda_1$ 的解$(x_1,y_1)$及对应于 $\lambda_2$ 的解$(x_2,y_2)$.相应地,有

$$u(x_1,y_1)=x_1^2+y_1^2=x_1[\lambda_1(Ax_1+By_1)]+y_1[\lambda_1(Bx_1+Cy_1)]=\lambda_1(Ax_1^2+2Bx_1y_1+Cy_1^2)=\lambda_1,$$

同理 $u(x_2,y_2)=x_2^2+y_2^2=\lambda_2$.

(ⅰ) 当 $AC-B^2>0$ 且 $A+C>0$(或 $A>0$)时,由(1)解得

$$\lambda_i=\frac{(A+C)\pm\sqrt{(A+C)^2-4(AC-B^2)}}{2(AC-B^2)}>0,$$

即有 $\lambda_1\geqslant\lambda_2>0$.显然 $u$ 的最大值及最小值必在区域内达到.因此,$\lambda_1$ 及 $\lambda_2$ 分别为 $u$ 的最大值及最小值.此时,所对应的曲线为椭圆,长、短半轴的平方分别为 $\lambda_1$ 及 $\lambda_2$.当 $\lambda_1=\lambda_2(A=C,B=0)$时为圆.

当 $A+C<0$(或 $A<0$)时,两根 $\lambda_i$ 均为负,相应曲线无轨迹.

（ⅱ）当 $AC-B^2<0$ 时，$\lambda_1>0$，$\lambda_2<0$. 此时只有一个极值 $\lambda_1$. 对应的曲线为双曲线. $\lambda_1$ 为实半轴的平方（$\lambda_2$ 表面上无意义，但实质上为虚半轴的平方），其中特别是 $B=0$ 时，曲线退化为一对相交直线.

**【3703】** 求有心二次曲面 $Ax^2+By^2+Cz^2+2Dxy+2Eyz+2Fxz=1$ 的半轴.

**解** 同 3702 题可知，曲面的中心为 $(0,0,0)$. 按题意，达到曲面半轴的点 $(x,y,z)$ 一定是函数 $u(x,y,z)=x^2+y^2+z^2$ 在条件 $Ax^2+By^2+Cz^2+2Dxy+2Eyz+2Fxz=1$ 下的临界点（但不一定是极值点. 例如，椭球面的中间轴所在的点）.

设 $F=u-\lambda(Ax^2+By^2+Cz^2+2Dxy+2Eyz+2Fxz-1)$. 解方程组

$$\begin{cases}-\dfrac{1}{2}\dfrac{\partial F}{\partial x}=(\lambda A-1)x+\lambda Dy+\lambda Fz=0,\\ -\dfrac{1}{2}\dfrac{\partial F}{\partial y}=\lambda Dx+(\lambda B-1)y+\lambda Ez=0,\\ -\dfrac{1}{2}\dfrac{\partial F}{\partial z}=\lambda Fx+\lambda Ey+(\lambda C-1)z=0,\\ Ax^2+By^2+Cz^2+2Dxy+2Eyz+2Fxz=1.\end{cases}$$

要上述方程组（前面的三个方程）有非零解，$\lambda$ 必须满足三次方程

$$\begin{vmatrix}\lambda A-1 & \lambda D & \lambda F\\ \lambda D & \lambda B-1 & \lambda E\\ \lambda F & \lambda E & \lambda C-1\end{vmatrix}=0.$$

设三根为 $\lambda_1\geqslant\lambda_2\geqslant\lambda_3$. 对应于此三根可求出满足方程组的临界点. 与 3702 题相同，可证明在这些临界点处 $u(x,y,z)$ 的值恰为 $\lambda_i(i=1,2,3)$，即 $\lambda_i$ 为曲面半轴的平方（严格地说，当 $\lambda_i<0$ 时不能认为它是半轴的平方）.

与二次曲线的情况类似，根据 $\lambda_i$ 的正负可讨论曲面半轴的虚、实等问题，这对熟悉二次曲面分类的读者无实质性的困难，因此，省略掉这些烦琐的讨论.

**【3704】** 求用平面 $Ax+By+Cz=0$ 与柱体 $\dfrac{x^2}{a^2}+\dfrac{y^2}{b^2}\leqslant 1$ 相交所成椭圆的面积.

**解** 我们只要确定所得椭圆的长短半轴 $\bar{a}$ 及 $\bar{b}$，即可按公式 $S=\pi\bar{a}\bar{b}$ 求得椭圆的面积.

注意到原点 $(0,0,0)$ 在原椭圆柱面的中心轴上，且截平面 $Ax+By+Cz=0$ 又通过它. 因此，原点是截线椭圆的中心，从而长短半轴 $\bar{a}$ 及 $\bar{b}$ 的平方 $\bar{a}^2$ 及 $\bar{b}^2$，分别为函数 $u=x^2+y^2+z^2$ 在条件 $Ax+By+Cz=0$ 及 $\dfrac{x^2}{a^2}+\dfrac{y^2}{b^2}=1$ 下的最大值和最小值. 设

$$F=u+2\lambda(Ax+By+Cz)-\mu\left(\frac{x^2}{a^2}+\frac{y^2}{b^2}-1\right).$$

于是，达到最大值、最小值的点的坐标必须满足方程组

$$\begin{cases}\dfrac{1}{2}\dfrac{\partial F}{\partial x}=\left(1-\dfrac{\mu}{a^2}\right)x+\lambda A=0, & (1)\\ \dfrac{1}{2}\dfrac{\partial F}{\partial y}=\left(1-\dfrac{\mu}{b^2}\right)y+\lambda B=0, & (2)\\ \dfrac{1}{2}\dfrac{\partial F}{\partial z}=z+\lambda C=0, & (3)\\ Ax+By+Cz=0, & (4)\\ \dfrac{x^2}{a^2}+\dfrac{y^2}{b^2}=1. & (5)\end{cases}$$

将(1)、(2)、(3)三式分别乘以 $x$、$y$、$z$ 后，然后相加，得 $x^2+y^2+z^2=\mu$，即从方程组可解得 $u(x,y,z)=\mu$. 由(1)、(2)、(3)、(4)知，若要 $x,y,z$ 及 $\lambda$ 不全为零，$\mu$ 必须满足下列方程（同时 $\mu$ 只要满足下列方程，临界点 $(x,y,z)$ 也一定有解）：

$$\begin{vmatrix} 1-\frac{\mu}{a^2} & 0 & 0 & A \\ 0 & 1-\frac{\mu}{b^2} & 0 & B \\ 0 & 0 & 1 & C \\ A & B & C & 0 \end{vmatrix}=0$$

展开后，得 $$\frac{C^2}{a^2b^2}\mu^2-\left(\frac{B^2}{a^2}+\frac{A^2}{b^2}+\frac{C^2}{a^2}+\frac{C^2}{b^2}\right)\mu+(A^2+B^2+C^2)=0.$$

此方程有两正根. 显然即为最大值及最小值 $\bar{a}^2$、$\bar{b}^2$. 由韦达定理知

$$\bar{a}^2\bar{b}^2=\frac{a^2b^2(A^2+B^2+C^2)}{C^2},$$

故椭圆面积 $\pi\bar{a}\,\bar{b}=\frac{\pi ab\sqrt{A^2+B^2+C^2}}{|C|}\quad(C\neq0)$.

当 $C=0$ 时，平面 $Ax+By=0$ 过 $Oz$ 轴，显然得不到椭圆截面.

**【3705】** 求用平面 $x\cos\alpha+y\cos\beta+z\cos\gamma=0$（其中 $\cos^2\alpha+\cos^2\beta+\cos^2\gamma=1$）

与椭球 $$\frac{x^2}{a^2}+\frac{y^2}{b^2}+\frac{z^2}{c^2}\leqslant1$$

相交所成截面的面积.

**解** 截面为一椭圆. 与 3704 题一样，我们只要先考虑函数 $u=x^2+y^2+z^2$ 在条件

$$x\cos\alpha+y\cos\beta+b\cos\gamma=0 \quad 及 \quad \frac{x^2}{a^2}+\frac{y^2}{b^2}+\frac{z^2}{c^2}=1$$

下的极值（$a>0,b>0,c>0$）.

设 $F=u+2\lambda_1(x\cos\alpha+y\cos\beta+z\cos\gamma)-\lambda_2\left(\frac{x^2}{a^2}+\frac{y^2}{b^2}+\frac{z^2}{c^2}-1\right)$. 解方程组

$$\begin{cases} \frac{1}{2}\frac{\partial F}{\partial x}=\left(1-\frac{\lambda_2}{a^2}\right)x+\lambda_1\cos\alpha=0, & (1)\\ \frac{1}{2}\frac{\partial F}{\partial y}=\left(1-\frac{\lambda_2}{b^2}\right)y+\lambda_1\cos\beta=0, & (2)\\ \frac{1}{2}\frac{\partial F}{\partial z}=\left(1-\frac{\lambda_2}{c^2}\right)z+\lambda_1\cos\gamma=0, & (3)\\ x\cos\alpha+y\cos\beta+z\cos\gamma=0, & (4)\\ \frac{x^2}{a^2}+\frac{y^2}{b^2}+\frac{z^2}{c^2}=1. & (5) \end{cases}$$

将(1),(2),(3)三式分别乘以 $x,y,z$，然后相加，即得 $u=x^2+y^2+z^2=\lambda_2$.

由(1)、(2)、(3)、(4)知，若要 $x$、$y$、$z$ 及 $\lambda_1$ 不全为零，$\lambda_2$ 必须满足下列方程

$$\begin{vmatrix} 1-\frac{\lambda_2}{a^2} & 0 & 0 & \cos\alpha \\ 0 & 1-\frac{\lambda_2}{b^2} & 0 & \cos\beta \\ 0 & 0 & 1-\frac{\lambda_2}{c^2} & \cos\gamma \\ \cos\alpha & \cos\beta & \cos\gamma & 0 \end{vmatrix}=0.$$

展开整理得

$$\left(\frac{\cos^2\alpha}{b^2c^2}+\frac{\cos^2\beta}{c^2a^2}+\frac{\cos^2\gamma}{a^2b^2}\right)\lambda_2^2-\left(\frac{\cos^2\alpha}{b^2}+\frac{\cos^2\alpha^2}{c^2}+\frac{\cos^2\beta}{c^2}+\frac{\cos^2\beta}{a^2}+\frac{\cos^2\gamma}{a^2}+\frac{\cos^2\gamma}{b^2}\right)\lambda_2+1=0.$$

此方程有两正根，显然即为椭圆的长短半轴的平方 $\bar{a}^2$、$\bar{b}^2$. 由韦达定理知

$$\bar{a}^2\bar{b}^2=\frac{a^2b^2c^2}{a^2\cos^2\alpha+b^2\cos^2\beta+c^2\cos^2\gamma}.$$

于是，所求椭圆的面积为 $S=\pi\bar{a}\bar{b}=\dfrac{\pi abc}{\sqrt{a^2\cos^2\alpha+b^2\cos^2\beta+c^2\cos^2\gamma}}$

**【3706】** 根据费马原理，光在最短时间内从一点传播到另一点.

假定点 $A$ 和点 $B$ 位于交界面为平面的不同的光介质中，并且光的传播速度在第一种介质中等于 $v_1$，而在第二种介质中等于 $v_2$，试推出光的折射定律.

**解** 如图 6.45 所示，光线从点 $A$ 射出，沿着折线 $AMB$ 到达点 $B$. 由 $A$、$B$ 作垂直于 $l$ 的直线 $AC$ 及 $BD$，并与直线 $l$ 交于点 $C$ 及点 $D$. 设 $AC=a$，$BD=b$，$CD=d$. 选择角度 $\alpha$，$\beta$ 为变量，则

$$AM=\frac{a}{\cos\alpha},\quad BM=\frac{b}{\cos\beta},\quad CM=a\tan\alpha,\quad MD=b\tan\beta.$$

于是，我们的问题就是求函数

$$f(\alpha,\beta)=\frac{a}{v_1\cos\alpha}+\frac{b}{v_2\cos\beta}$$

在条件 $a\tan\alpha+b\tan\beta=d$ 下的最小值，其中 $-\frac{\pi}{2}<\alpha<\frac{\pi}{2}$，$-\frac{\pi}{2}<\beta<\frac{\pi}{2}$，(当 $M$ 在 $C$ 与 $D$ 之间时，$\alpha>0$，$\beta>0$；当 $M$ 在点 $C$ 的左边时，$\alpha<0$，$\beta>0$；当 $M$ 在点 $D$ 的右边时 $\alpha>0$，$\beta<0$). 显然 $f(\alpha,\beta)$ 是连续函数；又当 $\alpha\to\frac{\pi}{2}-0$ 时(这时点 $M$ 从右边伸向无穷远，$\beta\to-\frac{\pi}{2}+0$)，显然 $f(\alpha,\beta)\to+\infty$；当 $\alpha\to-\frac{\pi}{2}+0$ 时(这时点 $M$ 从左边伸向无穷远，$\beta\to\frac{\pi}{2}-0$)，显然也有 $f(\alpha,\beta)\to+\infty$. 由此可知 $f(\alpha,\beta)$ 在有限处达到最小值，此处必为临界点. 设

$$F=\frac{a}{v_1\cos\alpha}+\frac{b}{v_1\cos\beta}-\lambda(a\tan\alpha+b\tan\beta-d)$$

注意到由

$$\begin{cases}\dfrac{\partial F}{\partial\alpha}=\dfrac{a\sin\alpha}{v_1\cos^2\alpha}-\dfrac{\lambda a}{\cos^2\alpha}=0,\\[2ex]\dfrac{\partial F}{\partial\beta}=\dfrac{b\sin\beta}{v_2\cos^2\beta}-\dfrac{\lambda b}{\cos^2\beta}=0,\end{cases}$$

即得 $\dfrac{\sin\alpha}{v_1}=\lambda,\quad \dfrac{\sin\beta}{v_2}=\lambda.$

于是，在临界点必满足 $\dfrac{\sin\alpha}{\sin\beta}=\dfrac{v_1}{v_2}.$

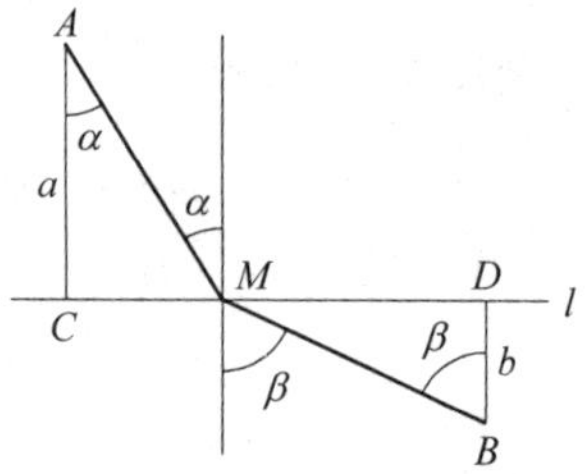

图 6.45

由此可知，光的传播路径必满足上面的关系. 这就是著名的光线折射定律. 此时，由点 $A$ 到点 $B$ 的光线传播所需要的时间最短.

**【3707】** 一折射棱镜的折射角为 $\alpha$，折射率为 $n$. 光线以怎样的入射角射向此棱镜侧面，其偏向角(即入射线与出射线之间的角)为最小？求此最小偏向角.

**解** 如图 6.46 所示，$ABC$ 为棱镜. $\angle BAC=\alpha$ 为棱镜顶角(即棱镜的折射角)，$DE$ 为入射光线，折射后从 $F$ 点折射出棱镜，射出线为 $FG$. $IH$ 和 $JH$ 分别为入射点和射出点的法线，它们相交于 $H(IH\perp AC, JH\perp AB)$. 入射线 $DE$ 的延长线 $DM$ 与射出线的反向延长线 $FL$ 交于 $K$. 令 $\angle DEI=\beta$，$\angle GFJ=\gamma$，$\angle GKM=\delta$，$\angle HEF=\lambda$，$\angle EFH=\mu$.

按题意即问：当 $\beta$ 在 $(0,\frac{\pi}{2})$ 之间的一定范围内变化时，$\delta$ 何时达到最小值. 这本是一元函数的极值问题，然因牵涉的变量关系太多，因此把它看作多元函数的条件极值问题.

由折射定律(3706 题)可知：

$$\sin\beta=n\sin\lambda, \tag{1}$$

$$\sin\gamma=n\sin\mu. \tag{2}$$

由几何关系不难求出 $\alpha$、$\beta$、$\gamma$、$\delta$、$\lambda$ 及 $\mu$ 之间的关系：

$$\lambda+\mu=\alpha \tag{3}$$

$$\delta=\beta+\gamma-\alpha. \tag{4}$$

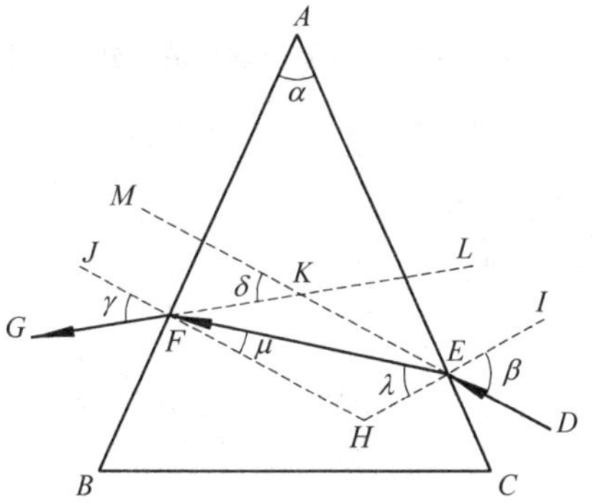


图 6.46

由于 $\alpha$ 为常数，故从(1)、(2)、(3)、(4)四式中消去 $\lambda$、$\mu$ 及 $\gamma$ 就得到 $\delta$ 作为 $\beta$ 的函数. 令

$$F(\beta,\gamma,\lambda,\mu)=\beta+\gamma-\alpha+k_1(\sin\beta-n\sin\lambda)+k_2(n\sin\mu-\sin\gamma)+k_3(\lambda+\mu-\alpha).$$

临界点适合下列方程组

$$\begin{cases}\dfrac{\partial F}{\partial\beta}=1+k_1\cos\beta=0, & (5)\\ \dfrac{\partial F}{\partial\gamma}=1-k_2\cos\gamma=0, & (6)\\ \dfrac{\partial F}{\partial\lambda}=-k_1n\cos\lambda+k_3=0, & (7)\\ \dfrac{\partial F}{\partial\mu}=k_2n\cos\mu+k_3=0. & (8)\end{cases}$$

由(7)、(8)消去 $k_3$，得

$$k_1\cos\lambda=-k_2\cos\mu. \qquad (9)$$

由(5)、(6)得 $k_1=-\dfrac{1}{\cos\beta}$，$k_2=\dfrac{1}{\cos\gamma}$，代入(9)，两边平方，即得

$$\frac{\cos^2\lambda}{\cos^2\beta}=\frac{\cos^2\mu}{\cos^2\gamma} \quad 或 \quad \frac{1-\sin^2\lambda}{1-\sin^2\beta}=\frac{1-\sin^2\mu}{1-\sin^2\gamma}. \qquad (10)$$

将(1)、(2)代入(10)，得

$$\frac{1-\sin^2\lambda}{1-n^2\sin^2\lambda}=\frac{1-\sin^2\mu}{1-n^2\sin^2\mu},$$

整理后得

$$(n^2-1)(\sin^2\lambda-\sin^2\mu)=0.$$

由于 $0<\lambda<\dfrac{\pi}{2}$，$0<\mu<\dfrac{\pi}{2}$，故 $\sin\lambda=\sin\mu$ 或 $\lambda=\mu$. 代入(3)，得 $\lambda=\mu=\dfrac{\alpha}{2}$. 从而，$\beta=\gamma=\arcsin(n\sin\dfrac{\alpha}{2})$. 于是，

$$\delta=\beta+\gamma-\alpha=2\arcsin\left(n\sin\frac{\alpha}{2}\right)-\alpha.$$

所求得的 $\beta$ 即为唯一的临界点.

根据物理知识，作为本题所讨论的对象：顶角较小的分光棱镜，在区域内确实存在着最小的折射. 于是，当入射角

$$\beta=\arcsin\left(n\sin\frac{\alpha}{2}\right)$$

时，则

$$\delta=2\arcsin\left(n\sin\frac{\alpha}{2}\right)-\alpha$$

应为最小偏向角. 至于作其他用途的各种棱镜，光线的折射路径不仅与顶角有关，而且大部分与整个棱镜的构造有关，这已不属于本题所考虑的对象，因而，也不再对它们进行讨论.

**【3708】** 变量 $x$ 和 $y$ 满足系数待定的线性方程 $y=ax+b$，经过一系列精度相同的测量，对于量 $x$ 和 $y$ 得到值 $x_i$，$y_i(i=1,2,\cdots,n)$.

利用最小二乘法，求系数 $a$ 和 $b$ 的最可靠数值.

**提示** 根据最小二乘法，系数 $a$ 和 $b$ 的最可靠数值是这样的：对于它们，误差的平方和 $M=\sum\limits_{i=1}^{n}(ax_i+$

$b-y_i)^2$ 为最小.

**解** 根据最小二乘法,系数 $a$ 和 $b$ 的最可靠数值是这样的:对于它们,误差的平方和

$$M=\sum_{i=1}^{n}(ax_i+b-y_i)^2$$

为最小.因此,上述问题可以通过求方程组

$$\begin{cases}\dfrac{\partial M}{\partial a}=2\sum\limits_{i=1}^{n}(ax_i+b-y_i)x_i=0,\\ \dfrac{\partial M}{\partial b}=2\sum\limits_{i=1}^{n}(ax_i+b-y_i)=0\end{cases}$$

的解来解决.记

$$[x,y]=\sum_{i=1}^{n}x_i y_i,\quad [x,x]=\sum_{i=1}^{n}x_i^2,\quad [x,1]=\sum_{i=1}^{n}x_i\quad [y,1]=\sum_{i=1}^{n}y_i,$$

则上述方程组化为

$$\begin{cases}a[x,x]+b[x,1]=[x,y],\\ a[x,1]+bn=[y,1].\end{cases}$$

系数行列式

$$\Delta=\begin{vmatrix}[x,x] & [x,1]\\ [x,1] & n\end{vmatrix}=n\sum_{i=1}^{n}x_i^2-\left(\sum_{i=1}^{n}x_i\right)^2=(n-1)\sum_{i=1}^{n}x_i^2-2\sum_{i\neq j}x_i x_j=\sum_{i\neq j}(x_i-x_j)^2.$$

当 $\Delta\neq 0$ 时,方程组有唯一的一组解,且

$$a=\frac{\begin{vmatrix}[x,y] & [x,1]\\ [y,1] & n\end{vmatrix}}{\begin{vmatrix}[x,x] & [x,1]\\ [x,1] & n\end{vmatrix}}=\frac{n\sum\limits_{i=1}^{n}x_i y_i-\left(\sum\limits_{i=1}^{n}x_i\right)\left(\sum\limits_{i=1}^{n}y_i\right)}{\sum\limits_{i\neq j}(x_i-x_j)^2},$$

$$b=\frac{\begin{vmatrix}[x,x] & [x,y]\\ [x,1] & [y,1]\end{vmatrix}}{\begin{vmatrix}[x,x] & [x,1]\\ [x,1] & n\end{vmatrix}}=\frac{\left(\sum\limits_{i=1}^{n}x_i^2\right)\left(\sum\limits_{i=1}^{n}y_i\right)-\left(\sum\limits_{i=1}^{n}x_i y_i\right)\left(\sum\limits_{i=1}^{n}x_i\right)}{\sum\limits_{i\neq j}(x_i-x_j)^2}.$$

显然,此时 $M$ 为最小.因此,上述 $a$ 和 $b$ 即为所求.

**【3709】** 在平面上已知 $n$ 个点 $M_i(x_i,y_i)(i=1,2,\cdots,n)$. 直线 $x\cos\alpha+y\sin\alpha-p=0$ 在怎样的位置时,这些点与此直线的偏差的平方和为最小?

**解** 已知点与直线的偏差平方和 $M(\alpha,p)=\sum\limits_{i=1}^{n}(x_i\cos\alpha+y_i\sin\alpha-p)^2$.

记

$$\bar{x}=\frac{1}{n}\sum_{i=1}^{n}x_i,\quad \bar{y}=\frac{1}{n}\sum_{i=1}^{n}y_i.\quad \overline{xy}=\frac{1}{n}\sum_{i=1}^{n}x_i y_i,\quad \overline{x^2}=\frac{1}{n}\sum_{i=1}^{n}x_i^2,\quad \overline{y^2}=\frac{1}{n}\sum_{i=1}^{n}y_i^2,$$

则所求直线的参数 $\alpha$ 和 $p$ 应满足方程

$$\begin{aligned}\frac{\partial M}{\partial\alpha}&=2\sum_{i=1}^{n}(x_i\cos\alpha+y_i\sin\alpha-p)(y_i\cos\alpha-x_i\sin\alpha)\\ &=2\sum_{i=1}^{n}\left[x_iy_i\cos2\alpha+(y_i^2-x_i^2)\frac{\sin2\alpha}{2}-y_ip\cos\alpha+x_ip\sin\alpha\right]\\ &=n[2\,\overline{xy}\cos2\alpha+(\overline{y^2}-\overline{x^2})\sin2\alpha-2p(\bar{y}\cos\alpha-\bar{x}\sin\alpha)]=0,\end{aligned}\tag{1}$$

$$\frac{\partial M}{\partial p}=-2\sum_{i=1}^{n}(x_i\cos\alpha+y_i\sin\alpha-p)=-2n(\bar{x}\cos\alpha+\bar{y}\sin\alpha-p)=0.\tag{2}$$

由(2)式,解得 $$p=\bar{x}\cos\alpha+\bar{y}\sin\alpha.\tag{3}$$

将(3)式代入(1)式,即可解出 $$\tan2\alpha=\frac{2(\bar{x}\cdot\bar{y}-\overline{xy})}{[\overline{x^2}-(\bar{x})^2][\overline{y^2}-(\bar{y})^2]}{}^{*)}.\tag{4}$$

在$[0,2\pi)$范围内,(4)式的解$\alpha$共有四个:

$$\alpha_0;\quad \alpha_0+\frac{\pi}{2};\quad \alpha_0+\pi;\quad \alpha_0+\frac{3\pi}{2};$$

其中$0\leqslant\alpha_0<\frac{\pi}{2}$.将这四个解代入(3)式可以求出$p$.根据习惯,取$p\geqslant0$,故上述四个$\alpha$只有两个满足$p\geqslant0$的要求**).记为$\alpha_1,p_1;\alpha_2,p_2$,这样就得到两条互相垂直的直线:

$$\begin{cases}x\cos\alpha_1+y\sin\alpha_1-p_1=0, & (5)\\ x\cos\alpha_2+y\sin\alpha_2-p_2=0. & (6)\end{cases}$$

显然,$M(\alpha,p)$一定在$p$为有限值的点上取得最小值.因此,只要比较$M(\alpha_1,p_1)$和$M(\alpha_2,p_2)$的值,$M$较小的那条直线即为所求***).

*) 当(4)式分母为零而分子不为零时,解为$2\alpha=\frac{\pi}{2},\frac{3\pi}{2},\frac{5\pi}{2},\frac{7\pi}{2}$.当分子分母同时为零时,有无穷多个解,即任意一条过$n$个点的质心的直线均使$M(\alpha,p)$为最小,具体的讨论不进行了.

**) 也可能同时有一对或两对$\alpha$使$p=0$,但此时代表的直线仍只有互相垂直的两条,只是直线方程(5)或(6)有两种不同的表示法而已.

***) 特殊情况下也可能有$M(\alpha_1,p_1)=M(\alpha_2,p_2)$,此时使$M$取得最小值的直线有两条.

**【3710】** 在区间(1,3)内用线性函数$ax+b$来近似地代替函数$x^2$,使得绝对偏差

$$\Delta=\sup|x^2-(ax+b)|\quad(1\leqslant x\leqslant3)$$

为最小.

**解** 考虑函数 $u(a,b)=\Delta^2=\sup\limits_{1\leqslant x\leqslant3}[x^2-(ax+b)]^2$, $f(x,a,b)=x^2-(ax+b)$.

由于$\frac{\partial f}{\partial x}=2x-a$,故当固定$a,b$时,$f(x,a,b)$只在$x=\frac{a}{2}$处达到极值$f(\frac{a}{2},a,b)$.当限制$1\leqslant x\leqslant3$时,只有当$2<a<6$时,$f(x,a,b)$才可能在$1<x<3$内部达到极值.于是,

$$u(a,b)=\begin{cases}\max\left\{f^2(1,a,b),f^2(3,a,b),f^2\left(\frac{a}{2},a,b\right)\right\}, & 2<a<6,\\ \max\{f^2(1,a,b),f^2(3,a,b)\}, & a\leqslant2\text{ 或 }a\geqslant6.\end{cases}$$

从上式得知,对一切$(a,b)$均有$u(a,b)>0$.

设从上式已解出平面区域$\Omega_1,\Omega_2$及$\Omega_3$,使得

$$u(a,b)=\begin{cases}f^2(1,a,b)=(1-a-b)^2, & (a,b)\in\Omega_1,\\ f^2(3,a,b)=(9-3a-b)^2, & (a,b)\in\Omega_2,\\ f^2\left(\frac{a}{2},a,b\right)=\left(\frac{a^2}{4}+b\right)^2, & (a,b)\in\Omega_3,\end{cases}\quad 2<a<6.$$

由于$u(a,b)>0$,不难看出$u(a,b)$在区域$\Omega_i(i=1,2,3)$内部均无临界点.再看区域边界的状况.以$\Omega_1$及$\Omega_3$的边界为例.根据$u(a,b)$的连续性,即知在边界上有$u(a,b)=(1-a-b)^2$,且满足条件

$$(1-a-b)^2=\left(\frac{a^2}{4}+b\right)^2.$$

下面我们求满足条件极值的必要条件的点.设

$$F(a,b)=(1-a-b)^2+\lambda\left[(1-a-b)^2-\left(\frac{a^2}{4}+b\right)^2\right],$$

则

$$\begin{cases}\frac{\partial F}{\partial a}=-2(1+\lambda)(1-a-b)-\lambda a\left(\frac{a^2}{4}+b\right),\\ \frac{\partial F}{\partial b}=-2(1+\lambda)(1-a-b)-2\lambda\left(\frac{a^2}{4}+b\right).\end{cases}$$

使$\frac{\partial F}{\partial a}=0$, $\frac{\partial F}{\partial b}=0$且满足条件$1-a-b\neq0$, $\frac{a^2}{4}+b\neq0$的点没有.

同法可证:在$\Omega_1,\Omega_2$及$\Omega_2,\Omega_3$的边界上也无临界点,但是,$u(a,b)$一定在区域内达到最小值.因此,只能在$\Omega_1,\Omega_2,\Omega_3$的边界交点上取得最小值,即在满足方程

$$(1-a-b)^2=(9-3a-b)^2=\left(\frac{a^2}{4}+b\right)^2 \tag{1}$$

的点$(a,b)$上取得最小值.方程(1)可转化为下面四组方程

$$\begin{cases} 1-a-b=9-3a-b=-\left(\dfrac{a^2}{4}+b\right), & (2)\\ 1-a-b=9-3a-b=\dfrac{a^2}{4}+b, & (3)\\ 1-a-b=-(9-3a-b)=-\left(\dfrac{a^2}{4}+b\right), & (4)\\ 1-a-b=-(9-3a-b)=\dfrac{a^2}{4}+b. & (5)\end{cases}$$

方程组(2)无解.

方程组(3)的解为 $a=4$，$b=-\dfrac{7}{2}$.对应的 $\Delta=\dfrac{1}{2}$.

方程组(4)的解为 $a=2$，$b=1$.,对应的 $\Delta=2$.

方程组(5)的解为 $a=6$，$b=-7$,对应的 $\Delta=2$.

综上所述,可知:在区间(1,3)内,用线性函数 $4x-\dfrac{7}{2}$ 来近似地代替函数 $x^2$,即可使绝对偏差 $\Delta$ 为最小,且 $\Delta_{\min}=\dfrac{1}{2}$.

# 第七章　带参数的积分

## §1. 带参数的常义积分

1° **积分的连续性**　若函数 $f(x,y)$ 在有界区域 $R[a\leqslant x\leqslant A;\ b\leqslant y\leqslant B]$ 内有定义并且是连续的,则

$$F(y)=\int_a^A f(x,y)\mathrm{d}x$$

是在闭区间 $b\leqslant y\leqslant B$ 上的连续函数.

2° **积分符号下的微分法**　若除在 1°中所列的条件之外,并且偏导数 $f'_y(x,y)$ 在区域 $R$ 内连续,则当 $b<y<B$ 时成立莱布尼茨公式

$$\frac{\mathrm{d}}{\mathrm{d}y}\int_a^A f(x,y)\mathrm{d}x=\int_a^A f'_y(x,y)\mathrm{d}x.$$

在更一般的情况下,当积分的下限和上限为参数 $y$ 的可微函数 $\varphi(y)$ 和 $\psi(y)$,并且当 $b<y<B$ 时 $a\leqslant\varphi(y)\leqslant A$, $a\leqslant\psi(y)\leqslant A$,则有

$$\frac{\mathrm{d}}{\mathrm{d}y}\int_{\varphi(y)}^{\psi(y)} f(x,y)\mathrm{d}x=f[\psi(y),y]\psi'(y)-f[\varphi(y),y]\varphi'(y)+\int_{\varphi(y)}^{\psi(y)} f'_y(x,y)\mathrm{d}x\qquad(b<y<B).$$

3° **积分符号下的积分法**　在 1°的条件下有

$$\int_b^B \mathrm{d}y\int_a^A f(x,y)\mathrm{d}x=\int_a^A \mathrm{d}x\int_b^B f(x,y)\mathrm{d}y.$$

**【3711】**　证明:不连续函数 $f(x,y)=\mathrm{sgn}(x-y)$ 的积分

$$F(y)=\int_0^1 f(x,y)\mathrm{d}x$$

为连续函数.作出函数 $u=F(y)$ 的图像.

**证明思路**　当 $-\infty<y<0$ 时,$F(y)=1$;当 $0\leqslant y\leqslant 1$ 时,$F(y)=1-2y$;当 $1<y<+\infty$ 时,$F(y)=-1$.由于

$$\lim_{y\to+0}F(y)=\lim_{y\to+0}(1-2y)=1,\quad \lim_{y\to-0}F(y)=\lim_{y\to-0}1=1$$

及 $F(0)=1$.因此,$F(y)$ 在点 $y=0$ 处连续.同理可证 $F(y)$ 在点 $y=1$ 处连续.于是,函数 $F(y)$ 在 $-\infty<y<+\infty$ 内连续.$u=F(y)$ 的图像如图 7.1 所示.

**证**　当 $-\infty<y<0$ 时,$F(y)=\int_0^1 1\cdot\mathrm{d}x=1$;

当 $0\leqslant y\leqslant 1$ 时,$F(y)=\int_0^y(-1)\mathrm{d}x+\int_y^1 1\cdot\mathrm{d}x=1-2y$;

当 $1<y<+\infty$ 时,$F(y)=\int_0^1(-1)\mathrm{d}x=-1$.

由于

$$\lim_{y\to+0}F(y)=\lim_{y\to+0}(1-2y)=1,\quad \lim_{y\to-0}F(y)=1$$

且 $F(0)=1$,即有　　$F(+0)=F(-0)=F(0)$,

故 $u=F(y)$ 当 $y=0$ 时为连续的.

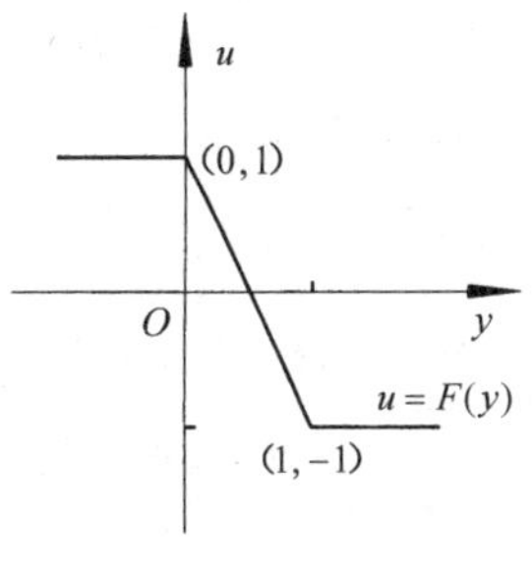


图 7.1

同法可证 $u=F(y)$ 当 $y=1$ 时为连续的.当 $y\neq0$, $y\neq1$ 时,$u=F(y)$ 显然连续.于是,$u=F(y)$ 在整个 $Oy$ 轴上均为连续的.如图 7.1 所示.

**【3712】**　研究函数　　$F(y)=\int_0^1\frac{yf(x)}{x^2+y^2}\mathrm{d}x$

的连续性，其中 $f(x)$ 在闭区间 $[0,1]$ 上是正的连续函数.

**提示** 可证函数 $F(y)$ 在点 $y=0$ 处不连续.

**解** 当 $y\neq0$ 时，被积函数是连续的. 因此，$F(y)$ 为连续函数.

当 $y=0$ 时，显然有 $F(0)=0$.

当 $y>0$ 时，设 $m$ 为 $f(x)$ 在 $[0,1]$ 上的最小值，则 $m>0$. 由于

$$F(y)\geqslant m\int_0^1\frac{y}{x^2+y^2}\mathrm{d}x=m\arctan\frac{1}{y}\quad 及\quad \lim_{y\to+0}\arctan\frac{1}{y}=\frac{\pi}{2},$$

故有

$$\lim_{y\to+0}F(y)\geqslant\frac{m\pi}{2}>0.$$

于是，$F(y)$ 当 $y=0$ 时不连续.

**【3713】** 求：

(1) $\lim\limits_{\alpha\to0}\int_\alpha^{1+\alpha}\frac{\mathrm{d}x}{1+x^2+\alpha^2}$； (2) $\lim\limits_{\alpha\to0}\int_{-1}^1\sqrt{x^2+\alpha^2}\,\mathrm{d}x$； (3) $\lim\limits_{\alpha\to0}\int_0^2x^2\cos\alpha x\mathrm{d}x$； (4) $\lim\limits_{n\to\infty}\int_0^1\frac{\mathrm{d}x}{1+\left(1+\frac{x}{n}\right)^n}$.

**解** (1) 因为 $\frac{1}{1+x^2+\alpha^2}$，$\alpha$，$1+\alpha$ 都是 $\alpha$ 的连续函数，故含参变量 $\alpha$ 的积分 $F(\alpha)=\int_\alpha^{1+\alpha}\frac{\mathrm{d}x}{1+x^2+\alpha^2}$ 是 $-\infty<\alpha<+\infty$ 上的连续函数，因此，

$$\lim_{\alpha\to0}\int_\alpha^{1+\alpha}\frac{\mathrm{d}x}{1+x^2+\alpha^2}=\lim_{\alpha\to0}F(\alpha)=F(0)=\int_0^1\frac{\mathrm{d}x}{1+x^2}=\arctan x\Big|_0^1=\frac{\pi}{2}.$$

(2) 同样，$F(\alpha)=\int_{-1}^1\sqrt{x^2+\alpha^2}\,\mathrm{d}x$ 是 $-\infty<\alpha<+\infty$ 上的连续函数，因此，

$$\lim_{\alpha\to0}\int_{-1}^1\sqrt{x^2+\alpha^2}\,\mathrm{d}x=\lim_{\alpha\to0}F(\alpha)=F(0)=\int_{-1}^1\sqrt{x^2}\,\mathrm{d}x=2\int_0^1x\mathrm{d}x=1.$$

(3) 同样，$F(\alpha)=\int_0^2x^2\cos\alpha x\mathrm{d}x$ 是 $-\infty<\alpha<+\infty$ 上的连续函数，因此，

$$\lim_{\alpha\to0}\int_0^2x^2\cos\alpha x\mathrm{d}x=\lim_{\alpha\to0}F(\alpha)=F(0)=\int_0^2x^2\mathrm{d}x=\frac{8}{3}.$$

(4) 考虑二元函数

$$f(x,y)=\begin{cases}\dfrac{1}{1+(1+xy)^{\frac{1}{y}}}, & 0\leqslant x\leqslant1,0<y\leqslant1,\\ \dfrac{1}{1+\mathrm{e}^x}, & 0\leqslant x\leqslant1,y=0.\end{cases}$$

由 $\lim\limits_{u\to+0}(1+u)^{\frac{1}{u}}=\mathrm{e}$ 易知 $f(x,y)$ 是 $0\leqslant x\leqslant1,0\leqslant y\leqslant1$ 上的连续函数. 从而，积分 $F(y)=\int_0^1f(x,y)\mathrm{d}x$ 是 $0\leqslant y\leqslant1$ 上的连续函数，因此，$\lim\limits_{y\to+0}F(y)=F(0)$，从而，更有

$$\lim_{n\to\infty}\int_0^1\frac{\mathrm{d}x}{1+\left(1+\frac{x}{n}\right)^n}=\lim_{n\to\infty}F\left(\frac{1}{n}\right)=F(0)=\int_0^1f(x,0)\mathrm{d}x=\int_0^1\frac{\mathrm{d}x}{1+\mathrm{e}^x}=\ln\frac{\mathrm{e}^x}{1+\mathrm{e}^x}\Big|_0^1=\ln\frac{2\mathrm{e}}{1+\mathrm{e}}.$$

**【3714】** 设函数 $f(x)$ 在闭区间 $[A,B]$ 上连续. 证明：

$$\lim_{h\to+0}\frac{1}{h}\int_a^x[f(t+h)-f(t)]\mathrm{d}t=f(x)-f(a)\quad (A<a<x<B).$$

**证明思路** 只要注意 $f(x)$ 在 $[A,B]$ 上连续，故它在 $[A,B]$ 上存在原函数 $F(x)$，即 $F(x)=\int_a^xf(t)\mathrm{d}t$，$F'(x)=f(x)$ $(A\leqslant x\leqslant B)$. 将所要证明等式左端的极限用函数 $F(x)$ 表出，即易获证.

**证** 由于 $f(x)$ 在 $[A,B]$ 上连续，故在 $[A,B]$ 上存在原函数 $F(x)$. 于是，

$$\lim_{h\to+0}\frac{1}{h}\int_a^x[f(t+h)-f(t)]\mathrm{d}t=\lim_{h\to+0}\frac{1}{h}[F(x+h)-F(a+h)-F(x)+F(a)]$$

$$=\lim_{h\to+0}\frac{F(x+h)-F(x)}{h}-\lim_{h\to+0}\frac{F(a+h)-F(a)}{h}=F'(x)-F'(a)=f(x)-f(a).$$

**【3715】** 在表达式

$$\lim_{y\to0}\int_0^1\frac{x}{y^2}\mathrm{e}^{-\frac{x^2}{y^2}}\mathrm{d}x$$

中，可否在积分符号下完成极限运算？

**解** 不能. 事实上，

$$\lim_{y\to 0}\int_0^1 \frac{x}{y^2}e^{-\frac{x^2}{y^2}}dx=\lim_{y\to 0}\left(-\frac{1}{2}e^{-\frac{x^2}{y^2}}\Big|_0^1\right)=\lim_{y\to 0}\left(\frac{1}{2}-\frac{1}{2}e^{-\frac{1}{y^2}}\right)=\frac{1}{2},$$

而

$$\int_0^1\left(\lim_{y\to 0}\frac{x}{y^2}e^{-\frac{x^2}{y^2}}\right)dx=\int_0^1 0\cdot dx=0.$$

**【3716】** 当 $y=0$ 时，可否根据莱布尼茨法则计算函数

$$F(y)=\int_0^1 \ln\sqrt{x^2+y^2}\,dx$$

的导数？

**提示** 当 $y=0$ 时，不能在积分号下求导数，就是求右导数或左导数也不行.

**解** 不能. 事实上，我们有：当 $y\neq 0$ 时，

$$F(y)=\int_0^1 \ln\sqrt{x^2+y^2}\,dx=x\ln\sqrt{x^2+y^2}\Big|_{x=0}^{x=1}-\int_0^1\frac{x^2}{x^2+y^2}dx$$

$$=\ln\sqrt{1+y^2}-\int_0^1\left(1-\frac{y^2}{x^2+y^2}\right)dx=\ln\sqrt{1+y^2}-1+y\arctan\frac{1}{y}.$$

又有

$$F(0)=\int_0^1 \ln x\,dx=x\ln x\Big|_0^1-\int_0^1 dx=-1.$$

由此可知

$$F'_+(0)=\lim_{y\to+0}\frac{F(y)-F(0)}{y}=\lim_{y\to+0}\left[\frac{\ln(1+y^2)}{2y}+\arctan\frac{1}{y}\right]=\frac{\pi}{2},$$

$$F'_-(0)=\lim_{y\to-0}\frac{F(y)-F(0)}{y}=\lim_{y\to-0}\left[\frac{\ln(1+y^2)}{2y}+\arctan\frac{1}{y}\right]=-\frac{\pi}{2},$$

故 $F'(0)$ 不存在.

另一方面，当 $x>0$ 时，

$$\left(\frac{\partial}{\partial y}\ln\sqrt{x^2+y^2}\right)\Big|_{y=0}=\frac{y}{x^2+y^2}\Big|_{y=0}\equiv 0,$$

故

$$\int_0^1\left(\frac{\partial}{\partial y}\ln\sqrt{x^2+y^2}\right)\Big|_{y=0}dx=0.$$

由此可知，当 $y=0$ 时不能在积分号下求导数，就是求右导数或求左导数也不行，因为

$$F'_+(0)=\frac{\pi}{2}\neq 0=\int_0^1\left(\frac{\partial}{\partial y}\ln\sqrt{x^2+y^2}\right)\Big|_{y=0}dx,\quad F'_-(0)=-\frac{\pi}{2}\neq 0=\int_0^1\left(\frac{\partial}{\partial y}\ln\sqrt{x^2+y^2}\right)\Big|_{y=0}dx.$$

**【3717】** 若

$$F(x)=\int_x^{x^2}e^{-xy^2}dy,$$

计算 $F'(x)$.

**解** $F'(x)=\frac{d}{dx}(x^2)e^{-xy^2}\Big|_{y=x^2}-\frac{dx}{dx}e^{-xy^2}\Big|_{y=x}+\int_x^{x^2}\frac{\partial}{\partial x}(e^{-xy^2})dy=2xe^{-x^5}-e^{x^3}-\int_x^{x^2}y^2e^{-xy^2}dy.$

**【3718】** 设：

(1) $F(\alpha)=\int_{\sin\alpha}^{\cos\alpha}e^{\alpha\sqrt{1-x^2}}dx$；　(2) $F(\alpha)=\int_{a+\alpha}^{b+\alpha}\frac{\sin\alpha x}{x}dx$；　(3) $F(\alpha)=\int_0^{\alpha}\frac{\ln(1+\alpha x)}{x}dx$；

(4) $F(\alpha)=\int_0^{\alpha}f(x+\alpha,x-\alpha)dx$；　(5) $F(\alpha)=\int_0^{\alpha^2}dx\int_{x-\alpha}^{x+\alpha}\sin(x^2+y^2-\alpha^2)dy$，

求 $F'(\alpha)$.

**解** (1) $F'(\alpha)=-\sin\alpha e^{\alpha|\sin\alpha|}-\cos\alpha e^{\alpha|\cos\alpha|}+\int_{\sin\alpha}^{\cos\alpha}\sqrt{1-x^2}\,e^{\alpha\sqrt{1-x^2}}dx.$

(2) $F'(\alpha)=\frac{\sin\alpha(b+\alpha)}{b+\alpha}-\frac{\sin\alpha(a+\alpha)}{a+\alpha}+\int_{a+\alpha}^{b+\alpha}\cos\alpha x\,dx$

$$=\left(\frac{1}{\alpha}+\frac{1}{b+\alpha}\right)\sin\alpha(b+\alpha)-\left(\frac{1}{\alpha}+\frac{1}{a+\alpha}\right)\sin\alpha(a+\alpha).$$

(3)$F'(\alpha)=\frac{1}{\alpha}\ln(1+\alpha^2)+\int_0^\alpha \frac{1}{1+\alpha x}dx=\frac{2}{\alpha}\ln(1+\alpha^2)$.

(4)设 $u=x+\alpha$, $v=x-\alpha$,则 $F(\alpha)=\int_0^\alpha f(u,v)dx$. 于是,

$$\begin{aligned}F'(\alpha)&=f(2\alpha,0)+\int_0^\alpha[f'_u(u,v)-f'_v(u,v)]dx\\&=f(2\alpha,0)+2\int_0^\alpha f'_u(u,v)dx-\int_0^\alpha[f'_u(u,v)+f'_v(u,v)]dx\\&=f(2\alpha,0)+2\int_0^\alpha f'_u(u,v)dx-\int_0^\alpha \frac{d}{dx}f(u,v)dx\\&=f(2\alpha,0)+2\int_0^\alpha f'_u(u,v)dx-f(x+\alpha,x-\alpha)\Big|_{x=0}^{x=\alpha}\\&=f(2\alpha,0)+2\int_0^\alpha f'_u(u,v)dx-[f(2\alpha,0)-f(\alpha,-\alpha)]\\&=f(\alpha,-\alpha)+2\int_0^\alpha f'_u(u,v)dx.\end{aligned}$$

(5)$F'(\alpha)=2\alpha\int_{\alpha^2-\alpha}^{\alpha^2+\alpha}\sin(\alpha^4+y^2-\alpha^2)dy+\int_0^{\alpha^2}\left[\frac{\partial}{\partial\alpha}\int_{x-\alpha}^{x+\alpha}\sin(x^2+y^2-\alpha^2)dy\right]dx$

$$\begin{aligned}&=2\alpha\int_{\alpha^2-\alpha}^{\alpha^2+\alpha}\sin(\alpha^4+y^2-\alpha^2)dy+\int_0^{\alpha^2}\Big\{\sin[x^2+(x+\alpha)^2-\alpha^2]-\sin[x^2+(x-\alpha)^2-\alpha^2](-1)\\&\quad+\int_{x-\alpha}^{x+\alpha}(-2\alpha)\cos(x^2+y^2-\alpha^2)dy\Big\}dx\\&=2\alpha\int_{\alpha^2-\alpha}^{\alpha^2+\alpha}\sin(\alpha^4+y^2-\alpha^2)dy+\int_0^{\alpha^2}\Big\{\sin(2x^2+2\alpha x)+\sin(2x^2-2\alpha x)+\int_{x-\alpha}^{x+\alpha}(-2\alpha)\cos(x^2+y^2-\alpha^2)dy\Big\}dx\\&=2\alpha\int_{\alpha^2-\alpha}^{\alpha^2+\alpha}\sin(\alpha^4+y^2-\alpha^2)dy+2\int_0^{\alpha^2}\sin 2x^2\cos 2\alpha x dx-2\alpha\int_0^{\alpha^2}dx\int_{x-\alpha}^{x+\alpha}\cos(x^2+y^2-\alpha^2)dy.\end{aligned}$$

**【3719】** 若
$$F(x)=\int_0^x(x+y)f(y)dy,$$
其中 $f(x)$ 为可微函数,求 $F''(x)$.

**解** $F'(x)=2xf(x)+\int_0^x f(y)dy$, $F''(x)=2f(x)+2xf'(x)+f(x)=3f(x)+2xf'(x)$.

**【3720】** 设
$$F(x)=\int_a^b f(y)|x-y|dy,$$
其中 $a<b$ 及 $f(y)$ 为可微函数,求 $F''(x)$.

**提示** 分别就 $x\in(a,b)$ 及 $x\overline{\in}(a,b)$ 两种情况求解.

**解** 当 $x\in(a,b)$ 时,由于
$$F(x)=\int_a^x(x-y)f(y)dy+\int_x^b(y-x)f(y)dy,$$
故有
$$\begin{aligned}F'(x)&=\frac{d}{dx}\int_a^x(x-y)f(y)dy-\frac{d}{dx}\int_b^x(y-x)f(y)dy\\&=\int_a^x\frac{\partial}{\partial x}[(x-y)f(y)]dy-\int_b^x\frac{\partial}{\partial x}[(y-x)f(y)]dy=\int_a^x f(y)dy+\int_b^x f(y)dy,\end{aligned}$$
$$F''(x)=f(x)+f(x)=2f(x).$$

当 $x\overline{\in}(a,b)$ 时,例如 $x\leqslant a$,则 $F(x)=\int_a^b(y-x)f(y)dy$,故有
$$F'(x)=\int_a^b\frac{\partial}{\partial x}[(y-x)f(y)]dy=-\int_a^b f(y)dy,\quad F''(x)=0;$$
同理,对于 $x\geqslant b$ 也可得 $F''(x)=0$. 总之,

$$F''(x)=\begin{cases}2f(x), & x\in(a,b),\\ 0, & x\overline{\in}(a,b).\end{cases}$$

**【3721】** 设
$$F(x)=\frac{1}{h^2}\int_0^h d\xi\int_0^h f(x+\xi+\eta)d\eta \quad (h>0),$$
其中 $f(x)$为连续函数,求 $F''(x)$.

**解** $F(x)=\frac{1}{h^2}\int_0^h d\xi\int_0^h f(x+\xi+\eta)d\eta=\frac{1}{h^2}\int_0^h d\xi\int_{x+\xi}^{x+\xi+h} f(u)du.$

于是,
$$F'(x)=\frac{1}{h^2}\int_0^h\left[\frac{\partial}{\partial x}\int_{x+\xi}^{x+\xi+h} f(u)du\right]d\xi$$
$$=\frac{1}{h^2}\int_0^h[f(x+\xi+h)-f(x+\xi)]d\xi=\frac{1}{h^2}\left[\int_{x+h}^{x+2h} f(u)du-\int_x^{x+h} f(u)du\right],$$
$$F''(x)=\frac{1}{h^2}[f(x+2h)-f(x+h)-f(x+h)+f(x)]$$
$$=\frac{1}{h^2}[f(x+2h)-2f(x+h)+f(x)].$$

**【3722】** 设
$$F(x)=\int_0^x f(t)(x-t)^{n-1}dt,$$
求 $F^{(n)}(x)$.

**解** $F'(x)=\int_0^x\frac{\partial}{\partial x}[f(t)(x-t)^{n-1}]dt=(n-1)\int_0^x f(t)(x-t)^{n-2}dt,$

$$F''(x)=(n-1)(n-2)\int_0^x f(t)(x-t)^{n-3}dt,$$
$$\vdots$$
$$F^{(n-1)}(x)=(n-1)!\int_0^x f(t)dt,$$
最后得
$$F^{(n)}(x)=(n-1)!\,f(x).$$

**【3723】** 在区间 $1\leqslant x\leqslant 3$ 上用线性函数 $a+bx$ 近似地代替函数 $f(x)=x^2$,使得
$$\int_1^3(a+bx-x^2)^2dx=\min.$$

**解** 设 $F(a,b)=\int_1^3(a+bx-x^2)^2dx$,则由于 $F(a,b)$是 $a$ 和 $b$ 的二元连续函数,并且易知当 $r=\sqrt{a^2+b^2}\to+\infty$时,$F(a,b)\to+\infty$,故 $F(a,b)$必在有限处取得最小值.解方程组
$$\begin{cases}\dfrac{\partial F}{\partial a}=2\int_1^3(a+bx-x^2)dx=4a+8b-\dfrac{52}{3}=0,\\ \dfrac{\partial F}{\partial b}=2\int_1^3 x(a+bx-x^2)dx=8a+\dfrac{52}{3}b-40=0\end{cases}$$
得唯一的一组解 $a=-\frac{11}{3}$, $b=4$.

于是,当 $a=-\frac{11}{3}$, $b=4$,时 $F(a,b)$达最小值,即所求的线性函数为 $4x-\frac{11}{3}$.

**【3724】** 依条件:函数 $a+bx$ 及 $\sqrt{1+x^2}$ 在已知区间[0,1]上的均方偏差为最小,求近似公式
$$\sqrt{1+x^2}\approx a+bx \quad (0\leqslant x\leqslant 1).$$

**解** 按题设,即在区间 $0\leqslant x\leqslant 1$ 上用线性函数 $a+bx$ 近似代替函数 $f(x)=\sqrt{1+x^2}$,使得
$$\int_0^1(a+bx-\sqrt{1+x^2})^2dx=\min.$$
设 $F(a,b)=\int_0^1(a+bx-\sqrt{1+x^2})^2dx$,则 $F(a,b)$是 $a$ 和 $b$ 的二元连续函数,并且易知当 $r=\sqrt{a^2+b^2}\to+\infty$时,$F(a,b)\to+\infty$,故 $F(a,b)$必在有限处取得最小值.解方程组

$$\begin{cases}\dfrac{\partial F}{\partial a}=2\displaystyle\int_0^1(a+bx-\sqrt{1+x^2})\mathrm{d}x=2a+b-[\sqrt{2}+\ln(1+\sqrt{2})]=0,\\ \dfrac{\partial F}{\partial b}=2\displaystyle\int_0^1 x(a+bx-\sqrt{1+x^2})\mathrm{d}x=a+\dfrac{2}{3}b-\dfrac{2}{3}(2\sqrt{2}-1)=0\end{cases}$$

得唯一的一组解 $a\approx0.934$，$b\approx0.427$.

于是，当 $a\approx0.934$，$b\approx0.427$ 时，$F(a,b)$ 为最小值，即所求的近似公式为

$$\sqrt{1+x^2}\approx0.934+0.427x\quad(0\leqslant x\leqslant1).$$

**【3725】** 求完全椭圆积分 $E(k)=\displaystyle\int_0^{\frac{\pi}{2}}\sqrt{1-k^2\sin^2\varphi}\mathrm{d}\varphi$

及 $$F(k)=\int_0^{\frac{\pi}{2}}\frac{\mathrm{d}\varphi}{\sqrt{1-k^2\sin^2\varphi}}\quad(0<k<1)$$

的导数，并把它们用函数 $E(k)$ 和 $F(k)$ 表示出来.

证明：$E(k)$ 满足微分方程 $E''(k)+\dfrac{1}{k}E'(k)+\dfrac{E(k)}{1-k^2}=0.$

**提示** 注意 $E'(k)=\dfrac{E(k)-F(k)}{k}$ 及 $F'(k)=-\dfrac{F(k)}{k}+\dfrac{E(k)}{k(1-k^2)}$.

**解** $$E'(k)=-\int_0^{\frac{\pi}{2}}\frac{k\sin^2\varphi}{\sqrt{1-k^2\sin^2\varphi}}\mathrm{d}\varphi=\frac{1}{k}\int_0^{\frac{\pi}{2}}\frac{1-k^2\sin^2\varphi-1}{\sqrt{1-k^2\sin^2\varphi}}\mathrm{d}\varphi$$

$$=\frac{1}{k}\left[\int_0^{\frac{\pi}{2}}\sqrt{1-k^2\sin^2\varphi}\mathrm{d}\varphi\right]-\int_0^{\frac{\pi}{2}}\frac{\mathrm{d}\varphi}{\sqrt{1-k^2\sin^2\varphi}}=\frac{E(k)-F(k)}{k}.\tag{1}$$

$$F'(k)=\int_0^{\frac{\pi}{2}}\frac{k\sin^2\varphi}{(1-k^2\sin^2\varphi)^{\frac{3}{2}}}\mathrm{d}\varphi=-\frac{1}{k}\int_0^{\frac{\pi}{2}}\frac{(1-k^2\sin^2\varphi)-1}{(1-k^2\sin^2\varphi)^{\frac{3}{2}}}\mathrm{d}\varphi$$

$$=-\frac{1}{k}\int_0^{\frac{\pi}{2}}\frac{\mathrm{d}\varphi}{\sqrt{1-k^2\sin^2\varphi}}+\frac{1}{k}\int_0^{\frac{\pi}{2}}\frac{\mathrm{d}\varphi}{(1-k^2\sin^2\varphi)^{\frac{3}{2}}}.$$

我们易证 $(1-k^2\sin^2\varphi)^{-\frac{3}{2}}=\dfrac{1}{1-k^2}(1-k^2\sin^2\varphi)^{\frac{1}{2}}-\dfrac{k^2}{1-k^2}\dfrac{\mathrm{d}}{\mathrm{d}\varphi}[\sin\varphi\cos\varphi(1-k^2\sin\varphi)^{-\frac{1}{2}}]$

故有 $$\int_0^{\frac{\pi}{2}}(1-k^2\sin^2\varphi)^{-\frac{3}{2}}\mathrm{d}\varphi=\frac{1}{1-k^2}\int_0^{\frac{\pi}{2}}(1-k^2\sin^2\varphi)^{\frac{1}{2}}\mathrm{d}\varphi.$$

于是，

$$F'(k)=-\frac{F(k)}{k}+\frac{E(k)}{k(1-k^2)}.\tag{2}$$

由(1)式，对 $k$ 再求导数，并注意到(2)式，即得

$$E''(k)=\frac{[E'(k)-F'(k)]k-[E(k)-F(k)]}{k^2}=\frac{\left[\dfrac{E(k)-F(k)}{k}+\dfrac{F(k)}{k}-\dfrac{E(k)}{k(1-k^2)}\right]k-kE'(k)}{k^2}$$

$$=-\frac{E(k)}{1-k^2}-\frac{E'(k)}{k},$$

即 $$E''(k)+\frac{E'(k)}{k}+\frac{E(k)}{1-k^2}=0.$$

**【3726】** 证明：阶数 $n$ 为整数的贝塞尔函数

$$J_n(x)=\frac{1}{\pi}\int_0^{\pi}\cos(n\varphi-x\sin\varphi)\mathrm{d}\varphi$$

满足贝塞尔方程 $x^2J_n''(x)+xJ_n'(x)+(x^2-n^2)J_n(x)=0.$

**证** $J_n'(x)=\dfrac{1}{\pi}\displaystyle\int_0^{\pi}\sin\varphi\sin(n\varphi-x\sin\varphi)\mathrm{d}\varphi$，$J_n''(x)=-\dfrac{1}{\pi}\displaystyle\int_0^{\pi}\sin^2\varphi\cos(n\varphi-x\sin\varphi)\mathrm{d}\varphi.$

于是，

$$x^2J_n''(x)+xJ_n'(x)+(x^2-n^2)J_n(x)$$

$$=-\frac{1}{\pi}\int_0^{\pi}[(x^2\sin^2\varphi+n^2-x^2)\cos(n\varphi-x\sin\varphi)-x\sin\varphi\sin(n\varphi-x\sin\varphi)]\mathrm{d}\varphi$$

$$=-\frac{1}{\pi}\int_0^{\pi}[(n^2-x^2\cos^2\varphi)\cos(n\varphi-x\sin\varphi)-x\sin\varphi\sin(n\varphi-x\sin\varphi)]\mathrm{d}\varphi$$

$$=-\frac{1}{\pi}(n+x\cos\varphi)\sin(n\varphi-x\sin\varphi)\Big|_0^{\pi}=0,$$

本题获证.

**【3727】** 设
$$I(\alpha)=\int_0^{\alpha}\frac{\varphi(x)\mathrm{d}x}{\sqrt{\alpha-x}},$$
其中函数 $\varphi(x)$ 及其导数 $\varphi'(x)$ 在闭区间 $0\leqslant x\leqslant a$ 上连续.

证明:当 $0<\alpha<a$ 时,有
$$I'(\alpha)=\frac{\varphi(0)}{\sqrt{\alpha}}+\int_0^{\alpha}\frac{\varphi'(x)}{\sqrt{\alpha-x}}\mathrm{d}x.$$

**提示** 令 $x=\alpha t$.

**证** 当 $x=\alpha$ 时,一般说来被积函数变成无穷,所以,我们不能直接在积分号下求导数. 设 $x=\alpha t$,则此积分变成以下形式
$$I(\alpha)=\sqrt{\alpha}\int_0^1\frac{\varphi(\alpha t)}{\sqrt{1-t}}\mathrm{d}t.$$

由于 $\frac{1}{\sqrt{1-t}}$ 在$[0,1]$上绝对可积,故可利用积分号下求导数的公式. 于是,
$$I'(\alpha)=\frac{1}{2\sqrt{\alpha}}\int_0^1\frac{\varphi(\alpha t)}{\sqrt{1-t}}\mathrm{d}t+\sqrt{\alpha}\int_0^1\frac{t\varphi'(\alpha t)}{\sqrt{1-t}}\mathrm{d}t.$$

再将 $x=\alpha t$ 代入上式,得
$$I'(\alpha)=\frac{1}{2\alpha}\int_0^{\alpha}\frac{\varphi(x)}{\sqrt{\alpha-x}}\mathrm{d}x+\frac{1}{\alpha}\int_0^{\alpha}\frac{x\varphi'(x)}{\sqrt{\alpha-x}}\mathrm{d}x. \tag{1}$$

利用分部积分法可得
$$\frac{1}{\alpha}\int_0^{\alpha}\frac{\varphi(x)}{\sqrt{\alpha-x}}\mathrm{d}x=\frac{2}{\sqrt{\alpha}}\varphi(0)+\frac{2}{\alpha}\int_0^{\alpha}\sqrt{\alpha-x}\varphi'(x)\mathrm{d}x. \tag{2}$$

另一方面,又有
$$\int_0^{\alpha}\frac{x\varphi'(x)}{\sqrt{\alpha-x}}\mathrm{d}x=-\int_0^{\alpha}\sqrt{\alpha-x}\,\varphi'(x)\mathrm{d}x+\alpha\int_0^{\alpha}\frac{\varphi'(x)}{\sqrt{\alpha-x}}\mathrm{d}x. \tag{3}$$

将(2)式及(3)式代入(1)式,最后得
$$I'(\alpha)=\frac{\varphi(0)}{\sqrt{\alpha}}+\int_0^{\alpha}\frac{\varphi'(x)}{\sqrt{\alpha-x}}\mathrm{d}x.$$

**【3728】** 设
$$u(x)=\int_0^1 K(x,y)v(y)\mathrm{d}y,$$
其中
$$K(x,y)=\begin{cases}x(1-y), & x\leqslant y,\\ y(1-x), & x>y,\end{cases}$$
及 $v(y)$ 都是连续的. 证明:函数 $u(x)$ 满足方程
$$u''(x)=-v(x)\quad(0\leqslant x\leqslant 1).$$

**证** 由题设得
$$u(x)=\int_0^x y(1-x)v(y)\mathrm{d}y+\int_x^1 x(1-y)v(y)\mathrm{d}y.$$

于是,求导数即得
$$u'(x)=x(1-x)v(x)-\int_0^x yv(y)\mathrm{d}y-x(1-x)v(x)+\int_x^1(1-y)v(y)\mathrm{d}y$$
$$=-\int_0^x yv(y)\mathrm{d}y+\int_x^1(1-y)v(y)\mathrm{d}y,$$
$$u''(x)=-xv(x)-(1-x)v(x)=-v(x),$$
所以,函数 $u(x)$ 满足方程
$$u''(x)=-v(x)\quad(0\leqslant x\leqslant 1).$$

**【3729】** 设
$$F(x,y)=\int_{\frac{x}{y}}^{xy}(x-yz)f(z)\mathrm{d}z,$$

其中 $f(z)$ 为可微函数，求 $F''_{xy}(x,y)$.

**解** $F'_x(x,y)=y(x-xy^2)f(xy)+\int_{\frac{x}{y}}^{xy}f(z)\mathrm{d}z$,

$$F''_{xy}=(x-xy^2)f(xy)+y(-2xy)f(xy)+y(x-xy^2)f'(xy)x+xf(xy)+\frac{x}{y^2}f\left(\frac{x}{y}\right)$$

$$=x(2-3y^2)f(xy)+x^2y(1-y^2)f'(xy)+\frac{x}{y^2}f\left(\frac{x}{y}\right).$$

**【3730】** 设 $f(x)$ 为二阶可微函数及 $F(x)$ 为可微函数. 证明：函数

$$u(x,t)=\frac{1}{2}[f(x-at)+f(x+at)]+\frac{1}{2a}\int_{x-at}^{x+at}F(z)\mathrm{d}z$$

满足弦的振动方程 $\frac{\partial^2u}{\partial t^2}=a^2\frac{\partial^2u}{\partial x^2}$ 及初始条件：$u(x,0)=f(x)$，$u'_t(x,0)=F(x)$.

**证** $\frac{\partial u}{\partial t}=\frac{1}{2}[-af'(x-at)+af'(x+at)]+\frac{1}{2}F(x+at)+\frac{1}{2}F(x-at)$,

$$\frac{\partial^2u}{\partial t^2}=\frac{1}{2}[a^2f''(x-at)+a^2f''(x+at)]+\frac{a}{2}F'(x+at)-\frac{a}{2}F'(x-at). \tag{1}$$

$$\frac{\partial u}{\partial x}=\frac{1}{2}[f'(x-at)+f'(x+at)]+\frac{1}{2a}F(x+at)-\frac{1}{2a}F(x-at),$$

$$\frac{\partial^2u}{\partial x^2}=\frac{1}{2}[f''(x-at)+f''(x+at)]+\frac{1}{2a}F'(x+at)-\frac{1}{2a}F'(x-at). \tag{2}$$

比较(1)式及(2)式，即得 $\frac{\partial^2u}{\partial t^2}=a^2\frac{\partial^2u}{\partial x^2}$. 此外，还有

$$u(x,0)=\frac{1}{2}[f(x-0\cdot t)+f(x+0\cdot t)]+\frac{1}{2a}\int_{x-0\cdot t}^{x+0\cdot t}F(z)\mathrm{d}z=f(x),$$

$$u'_t(x,0)=\frac{1}{2}[-af'(x)+af'(x)]+\frac{1}{2}F(x)+\frac{1}{2}F(x)=F(x).$$

本题获证.

**【3731】** 证明：若函数 $f(x)$ 在闭区间 $[0,l]$ 上连续，且当 $0\leqslant\xi\leqslant l$ 时 $(x-\xi)^2+y^2+z^2\neq0$，则函数

$$u(x,y,z)=\int_0^l\frac{f(\xi)\mathrm{d}\xi}{\sqrt{(x-\xi)^2+y^2+z^2}}$$

满足拉普拉斯方程 $$\frac{\partial^2u}{\partial x^2}+\frac{\partial^2u}{\partial y^2}+\frac{\partial^2u}{\partial z^2}=0.$$

**证** 利用积分号下的求导法则，得

$$\frac{\partial u}{\partial x}=-\int_0^l\frac{2(x-\xi)f(\xi)\mathrm{d}\xi}{2[(x-\xi)^2+y^2+z^2]^{\frac{3}{2}}}=-\int_0^l\frac{(x-\xi)f(\xi)\mathrm{d}\xi}{[(x-\xi)^2+y^2+z^2]^{\frac{3}{2}}},$$

$$\frac{\partial^2u}{\partial x^2}=\int_0^l\frac{f(\xi)[2(x-\xi)^2-y^2-z^2]}{[(x-\xi)^2+y^2+z^2]^{\frac{5}{2}}}\mathrm{d}\xi. \tag{1}$$

同法可得 $$\frac{\partial^2u}{\partial y^2}=\int_0^l\frac{f(\xi)[-(x-\xi)^2+2y^2-z^2]}{[(x-\xi)^2+y^2+z^2]^{\frac{5}{2}}}\mathrm{d}\xi. \tag{2}$$

$$\frac{\partial^2u}{\partial z^2}=\int_0^l\frac{f(\xi)[-(x-\xi)^2-y^2-2z^2]}{[(x-\xi)^2+y^2+z^2]^{\frac{5}{2}}}\mathrm{d}\xi. \tag{3}$$

将(1)、(2)、(3)三式相加，即证得 $$\frac{\partial^2u}{\partial x^2}+\frac{\partial^2u}{\partial y^2}+\frac{\partial^2u}{\partial z^2}=0.$$

**应用对参数的微分法，计算下列积分：**

**【3732】** $\int_0^{\frac{\pi}{2}}\ln(a^2\sin^2x+b^2\cos^2x)\mathrm{d}x$.

**解** 将 $b$ 视为常数，$a$ 视为参变量. 令

$$I(a)=\int_0^{\frac{\pi}{2}}\ln(a^2\sin^2x+b^2\cos^2x)\mathrm{d}x.$$

先设 $a>0,b>0$ 我们有 $$I'(a)=\int_0^{\frac{\pi}{2}}\frac{2a\sin^2x}{a^2\sin^2x+b^2\cos^2x}\mathrm{d}x;$$

若 $a=b$,有 $I'(b)=\frac{2}{b}\int_0^{\frac{\pi}{2}}\sin^2x\mathrm{d}x=\frac{\pi}{2b}$.

若 $a\neq b$,则作代换 $t=\tan x$,得

$$I'(a)=\frac{2}{a}\int_0^{+\infty}\frac{t^2\mathrm{d}t}{(t^2+1)\left(t^2+\frac{b^2}{a^2}\right)}=\frac{2}{a}\left(\frac{a^2}{a^2-b^2}\arctan t-\frac{b^2}{a^2-b^2}\ \frac{a}{b}\arctan\frac{at}{b}\right)\Bigg|_0^{+\infty}=\frac{\pi}{a+b}.$$

因此, $$I'(a)=\frac{\pi}{a+b}\quad(0<a<+\infty).$$

积分之,得 $$I(a)=\pi\ln(a+b)+C\quad(0<a<+\infty),$$

其中 $C$ 为某常数. 令 $a=b$,得 $$I(b)=\pi\ln2b+C,$$

而 $I(b)=\int_0^{\frac{\pi}{2}}\ln b^2\mathrm{d}x=\pi\ln b$,代入,解之,得 $C=\pi\ln\frac{1}{2}$. 于是,

$$I(a)=\pi\ln(a+b)+\pi\ln\frac{1}{2}=\pi\ln\frac{a+b}{2}\quad(0<a<+\infty).$$

若 $a<0$ 或 $b<0$,则可化为 $a>0$ 且 $b>0$ 的情形,得

$$I(a)=\int_0^{\frac{\pi}{2}}\ln(a^2\sin^2x+b^2\cos^2x)\mathrm{d}x=\int_0^{\frac{\pi}{2}}\ln(|a|^2\sin^2x+|b|^2\cos^2x)\mathrm{d}x=I(|a|)=\pi\ln\frac{|a|+|b|}{2}.$$

于是,不论 $a,b$ 是正是负,在任何情形,均有

$$\int_0^{\frac{\pi}{2}}\ln(a^2\sin^2x+b^2\cos^2x)\mathrm{d}x=\pi\ln\frac{|a|+|b|}{2}.$$

**【3733】** $\int_0^{\pi}\ln(1-2a\cos x+a^2)\mathrm{d}x.$

**解题思路** 令 $I(a)=\int_0^{\pi}\ln(1-2a\cos x+a^2)\mathrm{d}x$.

当 $|a|<1$ 时,可在积分号下求导数,并利用 2028 题(1)的结果,易得 $I(a)=0$.

当 $|a|>1$ 时,令 $b=\frac{1}{a}$,可得 $I(a)=2\pi\ln|a|$.

当 $|a|=1$ 时,利用 2353 题(1)的结果,可得 $I(a)=0$.

**解** 设 $I(a)=\int_0^{\pi}\ln(1-2a\cos x+a^2)\mathrm{d}x$. 当 $|a|<1$ 时,由于

$$1-2a\cos x+a^2\geqslant1-2|a|+a^2=(1-|a|)^2>0,$$

故 $\ln(1-2a\cos x+a^2)$ 为连续函数且具有连续导数,从而可在积分号下求导数. 将 $I(a)$ 对 $a$ 求导数,得

$$I'(a)=\int_0^{\pi}\frac{-2\cos x+2a}{1-2a\cos x+a^2}\mathrm{d}x=\frac{1}{a}\int_0^{\pi}\left(1+\frac{a^2-1}{1-2a\cos x+a^2}\right)\mathrm{d}x=\frac{\pi}{a}-\frac{1-a^2}{a}\int_0^{\pi}\frac{\mathrm{d}x}{(1+a^2)-2a\cos x}$$

$$=\frac{\pi}{a}-\frac{1-a^2}{a(1+a^2)}\int_0^{\pi}\frac{\mathrm{d}x}{1+\left(\frac{-2a}{1+a^2}\right)\cos x}=\frac{\pi}{a}-\frac{2}{a}\arctan\left(\frac{1+a}{1-a}\tan\frac{x}{2}\right)\Bigg|_0^{\pi^{*)}}=\frac{\pi}{a}-\frac{2}{a}\ \frac{\pi}{2}=0.$$

于是,当 $|a|<1$ 时,$I(a)=C$(常数). 但是,$I(0)=0$,故 $C=0$. 从而,$I(a)=0$.

当 $|a|>1$ 时,令 $b=\frac{1}{a}$,则 $|b|<1$,并有 $I(b)=0$. 于是,我们有

$$I(a)=\int_0^{\pi}\ln\left(\frac{b^2-2b\cos x+1}{b^2}\right)\mathrm{d}x=I(b)-2\pi\ln|b|=-2\pi\ln|b|=2\pi\ln|a|.$$

当 $|a|=1$ 时,有

$$I(1)=\int_0^{\pi}\ln2(1-\cos x)\mathrm{d}x=\int_0^{\pi}\left(\ln4+2\ln\sin\frac{x}{2}\right)\mathrm{d}x=2\pi\ln2+4\int_0^{\frac{\pi}{2}}\ln\sin t\mathrm{d}t=2\pi\ln2+4\left(-\frac{\pi}{2}\ln2\right)^{**)}=0;$$

同法可求得 $I(-1)=0$.

综上所述,故知 $$\int_0^{\pi}\ln(1-2a\cos x+a^2)\mathrm{d}x=\begin{cases}0, & |a|\leqslant 1,\\ 2\pi\ln|a|, & |a|>1.\end{cases}$$

*) 利用 2028 题(1)的结果.

* *) 利用 2353 题(1)的结果.

**【3734】** $\displaystyle\int_0^{\frac{\pi}{2}}\frac{\arctan(a\tan x)}{\tan x}\mathrm{d}x$.

**解** 令 $I(a)=\int_0^{\frac{\pi}{2}}f(x,a)\mathrm{d}x$,其中 $f(x,a)=\dfrac{\arctan(a\tan x)}{\tan x}$. 本来 $f(x,a)$在 $x=0$ 和 $x=\dfrac{\pi}{2}$ 时无定义,但因 $\lim\limits_{x\to+0}f(x,a)=a$, $\lim\limits_{x\to\frac{\pi}{2}-0}f(x,a)=0$,故若补充定义 $f(0,a)=a$, $f\left(\dfrac{\pi}{2},a\right)=0$,则 $f(x,a)$为 $0\leqslant x\leqslant\dfrac{\pi}{2}$, $-\infty<a<+\infty$上的连续函数.

又当 $0<x<\dfrac{\pi}{2}$, $-\infty<a<+\infty$时,有

$$f'_a(x,a)=\frac{1}{\tan x}\ \frac{\tan x}{1+a^2\tan^2x}=\frac{1}{1+a^2\tan^2x}.$$

而按规定 $f(0,a)=a$, $f\left(\dfrac{\pi}{2},a\right)=0$,故

$$f'_a(0,a)=1,\quad f'_a\left(\frac{\pi}{2},a\right)=0.$$

由此可知, $$f'_a(x,a)=\begin{cases}\dfrac{1}{1+a^2\tan^2x}, & 0\leqslant x<\dfrac{\pi}{2},\ -\infty<a<+\infty,\\ 0, & x=\dfrac{\pi}{2},\ -\infty<a<+\infty.\end{cases}$$

显然 $f'_a(x,a)$在 $0\leqslant x\leqslant\dfrac{\pi}{2}$, $0<a<+\infty$上连续,在 $0\leqslant x\leqslant\dfrac{\pi}{2}$, $-\infty<a<0$ 上也连续(注意,在点 $x=\dfrac{\pi}{2}$, $a=0$ 不连续),故由积分号下求导数法则知,

$$I'(a)=\int_0^{\frac{\pi}{2}}\frac{\mathrm{d}x}{1+a^2\tan^2x}\quad(0<a<+\infty\text{ 或 }-\infty<a<0).$$

作代换 $\tan x=t$,得(当 $a^2\neq1$ 时)

$$\int_0^{\frac{\pi}{2}}\frac{\mathrm{d}x}{1+a^2\tan^2x}=\int_0^{+\infty}\frac{\mathrm{d}t}{(1+t^2)(1+a^2t^2)}=\frac{1}{1-a^2}\int_0^{+\infty}\left(\frac{1}{1+t^2}-\frac{a^2}{a^2t^2+1}\right)\mathrm{d}t=\frac{\pi}{2(1+|a|)}.$$

若 $a^2=1$,则 $$\int_0^{\frac{\pi}{2}}\frac{\mathrm{d}x}{1+a^2\tan^2x}=\int_0^{\frac{\pi}{2}}\cos^2x\mathrm{d}x=\frac{1}{2}\int_0^{\frac{\pi}{2}}(1+\cos2x)\mathrm{d}x=\frac{\pi}{4}.$$

总之,有 $$I'(a)=\frac{\pi}{2(1+|a|)}\quad(0<a<+\infty\text{或}-\infty<a<0).$$

积分之,得 $$I(a)=\frac{\pi}{2}\ln(1+a)+C_1\quad(0<a<+\infty),$$

$$I(a)=-\frac{\pi}{2}\ln(1-a)+C_2\quad(-\infty<a<0),$$

其中 $C_1$, $C_2$ 是两个常数. 由于上面已述 $f(x,a)$在 $0\leqslant x\leqslant\dfrac{\pi}{2}$, $-\infty<a<+\infty$上连续,故 $I(a)$在$-\infty<a<+\infty$上连续,因此 $\lim\limits_{a\to0+0}I(a)=\lim\limits_{a\to0-0}I(a)=I(0)$;但 $I(0)=0$, $\lim\limits_{a\to0+0}I(a)=C_1$, $\lim\limits_{a\to0-0}I(a)=C_2$,故 $C_1=C_2=0$. 于是,最后得

$$I(a)=\frac{\pi}{2}\operatorname{sgn}a\ln(1+|a|)\quad(-\infty<a<+\infty).$$

**【3735】** $\displaystyle\int_0^{\frac{\pi}{2}}\ln\frac{1+a\cos x}{1-a\cos x}\frac{\mathrm{d}x}{\cos x}\quad(|a|<1)$.

**解** 解法 1:

设 $I(a)=\int_0^{\frac{\pi}{2}}\ln\frac{1+a\cos x}{1-a\cos x}\frac{dx}{\cos x}$. 由于

$$\frac{1+a\cos x}{1-a\cos x}=\frac{1-a^2\cos^2x}{1-2a\cos x+a^2\cos^2x}\geqslant\frac{1-a^2}{1+2|a|+a^2}=\frac{1-a^2}{(1+|a|)^2}>0,$$

故 $\ln\frac{1+a\cos x}{1-a\cos x}$ 为连续函数. 又由于

$$\lim_{x\to\frac{\pi}{2}-0}\frac{1}{\cos x}\ln\frac{1+a\cos x}{1-a\cos x}=\lim_{t\to0}\frac{\ln(1+at)-\ln(1-at)}{t}=\lim_{t\to0}\frac{\frac{a}{1+at}-\frac{-a}{1-at}}{1}=2a,$$

今补充被积函数在 $x=\frac{\pi}{2}$ 处的值为 $2a$，即易知被积函数为连续函数，且它对 $a$ 有连续导数，从而，可在积分号下求导数，得

$$I'(a)=\int_0^{\frac{\pi}{2}}\left(\frac{1}{1+a\cos x}+\frac{1}{1-a\cos x}\right)dx$$

$$=\frac{2}{\sqrt{1-a^2}}\left[\arctan\left(\sqrt{\frac{1-a}{1+a}}\tan\frac{x}{2}\right)+\arctan\left(\sqrt{\frac{1+a}{1-a}}\tan\frac{x}{2}\right)\right]\Bigg|_0^{\frac{\pi}{2}\,*)}=\frac{\pi}{\sqrt{1-a^2}},$$

从而，$I(a)=\pi\arcsin a+C$ $(|a|<1)$. 又 $I(0)=0$，故 $C=0$. 于是，

$$\int_0^{\frac{\pi}{2}}\ln\frac{1+a\cos x}{1-a\cos x}\frac{dx}{\cos x}=\pi\arcsin a\quad(|a|<1).$$

*) 利用 2028 题(1)的结果.

解法 2:

把被积函数表成下述积分形式

$$\frac{1}{\cos x}\ln\frac{1+a\cos x}{1-a\cos x}=2a\int_0^1\frac{dy}{1-a^2y^2\cos^2x}.$$

注意，此式当 $x=\frac{\pi}{2}$ 时也成立，此时左端应理解为其极限值

$$\lim_{x\to\frac{\pi}{2}-0}\frac{1}{\cos x}\ln\frac{1+a\cos x}{1-a\cos x}=2a.$$

于是，当 $a\neq0$ 时，

$$\int_0^{\frac{\pi}{2}}\ln\frac{1+a\cos x}{1-a\cos x}\frac{dx}{\cos x}=2a\int_0^{\frac{\pi}{2}}dx\int_0^1\frac{dy}{1-a^2y^2\cos^2x}=2a\int_0^1dy\int_0^{\frac{\pi}{2}}\frac{dx}{1-a^2y^2\cos^2x}$$

$$=2a\int_0^1\frac{\pi}{2\sqrt{1-a^2y^2}}dy^{**)}=\pi a\cdot\frac{1}{a}\arcsin ay\Big|_0^1=\pi\arcsin a;$$

当 $a=0$ 时，原积分显然为零. 因此，

$$\int_0^{\frac{\pi}{2}}\ln\frac{1+a\cos x}{1-a\cos x}\frac{dx}{\cos x}=\pi\arcsin a\quad(|a|<1).$$

**) 利用 2028 题(1)的结果，即得

$$\int_0^{\frac{\pi}{2}}\frac{dx}{1-a^2y^2\cos^2x}=\frac{1}{2}\int_0^{\frac{\pi}{2}}\left(\frac{1}{1+ay\cos x}+\frac{1}{1-ay\cos x}\right)dx$$

$$=\frac{1}{2}\frac{2}{\sqrt{1-a^2y^2}}\left[\arctan\left(\sqrt{\frac{1-ay}{1+ay}}\tan\frac{x}{2}\right)+\arctan\left(\sqrt{\frac{1+ay}{1-ay}}\tan\frac{x}{2}\right)\right]\Bigg|_0^{\frac{\pi}{2}}$$

$$=\frac{1}{2}\frac{2}{\sqrt{1-a^2y^2}}\frac{\pi}{2}=\frac{\pi}{2\sqrt{1-a^2y^2}}.$$

**【3736】** 利用公式 $\frac{\arctan x}{x}=\int_0^1\frac{dy}{1+x^2y^2}$. 计算积分 $\int_0^1\frac{\arctan x}{x}\frac{dx}{\sqrt{1-x^2}}$.

**解** $\int_0^1\frac{\arctan x}{x}\frac{dx}{\sqrt{1-x^2}}=\int_0^1\frac{dx}{\sqrt{1-x^2}}\int_0^1\frac{dy}{1+x^2y^2}$.

由于函数$\dfrac{1}{1+x^2y^2}$在 $0\leqslant x\leqslant 1$, $0\leqslant y\leqslant 1$,上连续,且$\dfrac{1}{\sqrt{1-x^2}}$在$[0,1]$上绝对可积,故上述积分号可交换

$$\int_0^1 \frac{\arctan x}{x}\frac{\mathrm{d}x}{\sqrt{1-x^2}}=\int_0^1 \mathrm{d}y\int_0^1 \frac{\mathrm{d}x}{\sqrt{1-x^2}(1+x^2y^2)}. \tag{1}$$

作代换 $x=\cos t$,可得

$$\int_0^1 \frac{\mathrm{d}x}{\sqrt{1-x^2}(1+x^2y^2)}=\int_0^{\frac{\pi}{2}}\frac{\mathrm{d}t}{1+y^2\cos^2 t}=\frac{1}{\sqrt{1+y^2}}\arctan\left(\frac{\tan t}{\sqrt{1+y^2}}\right)\Bigg|_0^{\frac{\pi}{2}}=\frac{\pi}{2\sqrt{1+y^2}}. \tag{2}$$

于是,由(1)式及(2)式即得

$$\int_0^1 \frac{\arctan x}{x}\frac{\mathrm{d}x}{\sqrt{1-x^2}}=\int_0^1\frac{\pi\mathrm{d}y}{2\sqrt{1+y^2}}=\frac{\pi}{2}\ln(y+\sqrt{1+y^2})\Big|_0^1=\frac{\pi}{2}\ln(1+\sqrt{2}).$$

**【3737】** 应用积分号下的积分法,计算积分

$$\int_0^1\frac{x^b-x^a}{\ln x}\mathrm{d}x\quad(a>0,b>0).$$

**解** 首先注意,因为

$$\lim_{x\to+0}\frac{x^b-x^a}{\ln x}=0,\quad \lim_{x\to1-0}\frac{x^b-x^a}{\ln x}=\lim_{x\to1-0}\frac{bx^{b-1}-ax^{a-1}}{x^{-1}}=\lim_{x\to1-0}(bx^b-ax^a)=b-a,$$

故$\int_0^1\frac{x^b-x^a}{\ln x}\mathrm{d}x$不是广义积分,并且,如果补充定义被积函数在 $x=0$ 时的值为 0,在 $x=1$ 时的值为 $b-a$,则可理解为$[0,1]$上连续函数的积分. 由于

$$\frac{x^b-x^a}{\ln x}=\int_a^b x^y\mathrm{d}y\quad(0\leqslant x\leqslant 1)$$

(注意,$x=0$ 时左端规定为 0,$x=1$ 时右端规定为 $b-a$),而函数 $x^y$ 在 $0\leqslant x\leqslant 1$, $a\leqslant y\leqslant b$ 上连续(不妨设 $a<b$),故有

$$\int_0^1\frac{x^b-x^a}{\ln x}\mathrm{d}x=\int_0^1\mathrm{d}x\int_a^b x^y\mathrm{d}y=\int_a^b\mathrm{d}y\int_0^1 x^y\mathrm{d}x=\int_a^b\frac{\mathrm{d}y}{1+y}=\ln\frac{1+b}{1+a}.$$

**【3738】** 计算积分:

(1) $\displaystyle\int_0^1\sin\left(\ln\frac{1}{x}\right)\frac{x^b-x^a}{\ln x}\mathrm{d}x$;  (2) $\displaystyle\int_0^1\cos\left(\ln\frac{1}{x}\right)\frac{x^b-a^a}{\ln x}\mathrm{d}x\quad(a>0,b>0)$.

**解** (1)不妨设 $a<b$.

$$\int_0^1\sin\left(\ln\frac{1}{x}\right)\frac{x^b-x^a}{\ln x}\mathrm{d}x=\int_0^1\sin\left(\ln\frac{1}{x}\right)\mathrm{d}x\int_a^b x^y\mathrm{d}y=\int_a^b\mathrm{d}y\int_0^1\sin\left(\ln\frac{1}{x}\right)x^y\mathrm{d}x,$$

这里,当 $x=0$ 时,$\sin(\ln\frac{1}{x})x^y$ 理解为零,从而,$\sin(\ln\frac{1}{x})x^y$ 在 $0\leqslant x\leqslant 1$,$a\leqslant y\leqslant b$ 上连续,故可应用积分号下的积分法交换积分次序.

作代换 $x=\mathrm{e}^{-t}$,可得

$$\int_0^1\sin\left(\ln\frac{1}{x}\right)x^y\mathrm{d}x=\int_0^{+\infty}\mathrm{e}^{-(y+1)t}\sin t\mathrm{d}t=\frac{1}{1+(1+y)^2}[-(y+1)\sin t-\cos t]\mathrm{e}^{-(y+1)t}\Bigg|_0^{+\infty *)}$$

$$=\frac{1}{1+(1+y)^2}.$$

于是,最后得

$$\int_0^1\sin\left(\ln\frac{1}{x}\right)\frac{x^b-x^a}{\ln x}\mathrm{d}x=\int_a^b\frac{\mathrm{d}y}{1+(1+y)^2}=\arctan(1+y)\Big|_a^b$$

$$=\arctan(1+b)-\arctan(1+a)=\arctan\frac{b-a}{1+(1+b)(1+a)}.$$

(2)同(1)并利用 1828 题的结果易得

$$\int_0^1\cos\left(\ln\frac{1}{x}\right)\frac{x^b-x^a}{\ln x}\mathrm{d}x=\int_a^b\mathrm{d}y\int_0^1\cos\left(\ln\frac{1}{x}\right)x^y\mathrm{d}x=\int_a^b\frac{1+y}{1+(1+y)^2}\mathrm{d}y$$

$$=\frac{1}{2}\ln[1+(1+y)^2]\Big|_a^b=\frac{1}{2}\ln\frac{b^2+2b+2}{a^2+2a+2}.$$

*) 利用 1829 题的结果.

**【3739】** 设 $F(k)$ 和 $E(k)$ 为完全椭圆积分(参阅习题 3725). 证明公式:

(1) $\int_0^k F(k)k\mathrm{d}k=E(k)-k_1^2F(k)$; (2) $\int_0^k E(k)k\mathrm{d}k=\frac{1}{3}[(1+k^2)E(k)-k_1^2F(k)]$,

其中 $k_1^2=1-k^2$.

**证明思路** 利用 3725 题的结果,可得

$$[E(k)-k_1^2F(k)]'=kF(k) \quad 及 \quad \frac{1}{3}[(1+k^2)E(k)-k_1^2F(k)]'=kE(k),$$

从而,公式(1)及(2)可获证.

**证** (1)利用 3725 题的结果,可得

$$[E(k)-k_1^2F(k)]'=E'(k)+2kF(k)-(1-k^2)F'(k)$$
$$=\frac{E(k)-F(k)}{k}+2kF(k)-(1-k^2)\left[\frac{E(k)}{k(1-k^2)}-\frac{F(k)}{k}\right]=kF(k).$$

于是, $E(k)-k_1^2F(k)=\int_0^k kF(k)\mathrm{d}k+C$,

其中 $C$ 为常数. 但当 $k=0$ 时,上式左端为 $E(0)-F(0)=\frac{\pi}{2}-\frac{\pi}{2}=0$,而右端等于 $C$,故 $C=0$. 最后证得

$$\int_0^k kF(k)\mathrm{d}k=E(k)-k_1^2F(k).$$

(2) 由于

$$\frac{1}{3}[(1+k^2)E(k)-k_1^2F(k)]'=\frac{1}{3}[2kE(k)+(1+k^2)E'(k)+2kF(k)-(1-k^2)F'(k)]$$
$$=\frac{1}{3}\left\{2kE(k)+(1+k^2)\frac{E(k)-F(k)}{k}+2kF(k)-(1-k^2)\left[\frac{E(k)}{k(1-k^2)}-\frac{F(k)}{k}\right]\right\}=kE(k),$$

故 $$\frac{1}{3}[(1+k^2)E(k)-k_1^2F(k)]=\int_0^k kE(k)\mathrm{d}k+C,$$

以 $k=0$ 代入上式,得 $C=0$. 于是,最后证得

$$\int_0^k kE(k)\mathrm{d}k=\frac{1}{3}[(1+k^2)E(k)-k_1^2F(k)].$$

**【3740】** 证明公式: $$\int_0^x xJ_0(x)\mathrm{d}x=xJ_1(x),$$

其中 $J_0(x)$ 及 $J_1(x)$ 为阶数是 0 与 1 的贝塞尔函数(参阅习题 3726).

**证**

$$\int_0^x uJ_0(u)\mathrm{d}u=\frac{1}{\pi}\int_0^x u\mathrm{d}u\int_0^\pi\cos(-u\sin\varphi)\mathrm{d}\varphi$$
$$=\frac{1}{\pi}\int_0^x u\mathrm{d}u\int_0^\pi[\cos(\varphi-u\sin\varphi)\cos\varphi+\sin(\varphi-u\sin\varphi)\sin\varphi]\mathrm{d}\varphi$$
$$=\frac{1}{\pi}\int_0^x \mathrm{d}u\int_0^\pi u\cos(\varphi-u\sin\varphi)\cos\varphi\mathrm{d}\varphi+\frac{1}{\pi}\int_0^x\mathrm{d}u\int_0^\pi u\sin(\varphi-u\sin\varphi)\sin\varphi\mathrm{d}\varphi$$
$$=\frac{1}{\pi}\int_0^x \mathrm{d}u\int_0^\pi\cos(\varphi-u\sin\varphi)\mathrm{d}(u\sin\varphi)+\frac{1}{\pi}\int_0^\pi\mathrm{d}\varphi\int_0^x u\sin(\varphi-u\sin\varphi)\mathrm{d}(u\sin\varphi-\varphi)$$
$$=\frac{1}{\pi}\int_0^x \mathrm{d}u\int_0^\pi\cos(\varphi-u\sin\varphi)\mathrm{d}(u\sin\varphi-\varphi)+\frac{1}{\pi}\int_0^x\mathrm{d}u\int_0^\pi\cos(\varphi-u\sin\varphi)\mathrm{d}\varphi+\frac{1}{\pi}\int_0^\pi\mathrm{d}\varphi\int_0^x u\mathrm{d}\cos(\varphi-u\sin\varphi)$$
$$=\frac{1}{\pi}\int_0^x \mathrm{d}u\int_0^\pi\cos(\varphi-u\sin\varphi)\mathrm{d}\varphi+\frac{1}{\pi}\int_0^\pi x\cos(\varphi-x\sin\varphi)\mathrm{d}\varphi-\frac{1}{\pi}\int_0^\pi\mathrm{d}\varphi\int_0^x\cos(\varphi-u\sin\varphi)\mathrm{d}u$$
$$=\frac{1}{\pi}\int_0^x \mathrm{d}u\int_0^\pi\cos(\varphi-u\sin\varphi)\mathrm{d}\varphi+\frac{1}{\pi}\int_0^\pi x\cos(\varphi-x\sin\varphi)\mathrm{d}\varphi-\frac{1}{\pi}\int_0^x\mathrm{d}u\int_0^\pi\cos(\varphi-u\sin\varphi)\mathrm{d}\varphi$$

$$=\frac{1}{\pi}\int_0^{\pi} x\cos(\varphi-x\sin\varphi)\mathrm{d}\varphi=xJ_1(x),$$

上述各式中的被积函数显然为 $u$ 及 $\varphi$ 的二元连续函数，因此，交换积分顺序是合理的. 本题获证.

## §2. 带参数的广义积分. 积分的一致收敛性

1° **一致收敛性的定义** 设函数 $f(x,y)$ 在区域 $a\leqslant x<+\infty, y_1<y<y_2$ 内是连续的. 若对于任何 $\varepsilon>0$，都存在数 $B=B(\varepsilon)$，使得在 $b\geqslant B$ 的条件下有

$$\left|\int_b^{+\infty} f(x,y)\mathrm{d}x\right|<\varepsilon \quad (y_1<y<y_2),$$

则称广义积分

$$\int_a^{+\infty} f(x,y)\mathrm{d}x \tag{1}$$

在区间 $(y_1,y_2)$ 内**一致收敛**.

积分(1)的一致收敛与形如

$$\sum_{n=0}^{\infty}\int_{a_0}^{a_{n+1}} f(x,y)\mathrm{d}x \tag{2}$$

(其中 $a=a_0<a_1<a_2<\cdots<a_n<a_{n+1}<\cdots$，且 $\lim\limits_{n\to\infty}a_n=+\infty$)的一切级数的一致收敛等价.

若积分(1)在区间 $(y_1,y_2)$ 中一致收敛，则在这个区间内它是参数 $y$ 的**连续函数**.

2° **柯西准则** 积分(1)在区间 $(y_1,y_2)$ 内一致收敛的充分必要条件为：对于任何 $\varepsilon>0$，存在数 $B=B(\varepsilon)$，使得只要 $b'>B$ 及 $b''>B$，则

$$\left|\int_{b'}^{b''} f(x,y)\mathrm{d}x\right|<\varepsilon \quad (y_1<y<y_2).$$

3° **魏尔斯特拉斯准则.** 积分(1)一致收敛的充分条件为：存在与参数 $y$ 无关的强函数 $F(x)$，使得

(1) 当 $a\leqslant x<+\infty$ 时 $|f(x,y)|\leqslant F(x)$， (2) $\int_a^{+\infty} F(x)\mathrm{d}x<+\infty$.

4° 对于不连续函数的广义积分有类似的定理.

**求积分的收敛域:**

**【3741】** $\int_a^{+\infty} \frac{\mathrm{e}^{-ax}}{1+x^2}\mathrm{d}x$.

**提示** 当 $a\geqslant 0$ 时，由 $\frac{\mathrm{e}^{-ax}}{1+x^2}\leqslant\frac{1}{1+x^2}$ 易知积分收敛. 当 $a<0$ 时，积分发散.

**解** 当 $a\geqslant 0$ 时，$\frac{\mathrm{e}^{-ax}}{1+x^2}\leqslant\frac{1}{1+x^2}$. 而积分

$$\int_a^{+\infty}\frac{\mathrm{d}x}{1+x^2}=\arctan x\Big|_0^{+\infty}=\frac{\pi}{2},$$

故原积分收敛.

当 $a<0$ 时，原积分显然发散. 于是，积分 $\int_a^{+\infty}\frac{\mathrm{e}^{ax}}{1+x^2}\mathrm{d}x$ 的收敛域为 $a\geqslant 0$ 的一切 $a$ 值.

**【3742】** $\int_{\pi}^{+\infty}\frac{x\cos x}{x^p+x^q}\mathrm{d}x$.

**解** 首先注意

$$\left(\frac{x}{x^p+x^q}\right)'=\frac{(1-p)x^p+(1-q)x^q}{(x^p+x^q)^2}.$$

若 $\max(p,q)>1$，则显然当 $x$ 充分大时 $\left(\frac{x}{x^p+x^q}\right)'<0$，从而，当 $x$ 充分大时函数 $\frac{x}{x^p+x^q}$ 是递减的，并且很明显，这时 $\lim\limits_{x\to+\infty}\frac{x}{x^p+x^q}=0$. 又因 $\left|\int_{\pi}^{A}\cos x\mathrm{d}x\right|=|\sin A|\leqslant 1$ (对任何 $A>\pi$)，故知 $\int_{\pi}^{+\infty}\frac{x\cos x}{x^p+x^q}\mathrm{d}x$ 收敛.

若 $\max(p,q)\leqslant 1$，则恒有 $\left(\frac{x}{x^p+x^q}\right)'\geqslant 0$，故函数 $\frac{x}{x^p+x^q}$ 在 $x\geqslant\pi$ 上是递增的. 于是，对于任何正整数 $n$，有

$$\int_{2n\pi}^{2n\pi+\frac{\pi}{4}}\frac{x\cos x}{x^p+x^q}\mathrm{d}x>\frac{\sqrt{2}}{2}\int_{2n\pi}^{2n\pi+\frac{\pi}{4}}\frac{x}{x^p+x^q}\mathrm{d}x\geqslant\frac{\sqrt{2}}{2}\ \frac{\pi}{\pi^p+\pi^q}\ \frac{\pi}{4}=\frac{\pi^2\sqrt{2}}{8(\pi^p+\pi^q)}=\text{常数}>0,$$

故不满足柯西收敛准则，因此，积分 $\int_{\pi}^{+\infty}\frac{x\cos x}{x^p+x^q}\mathrm{d}x$ 发散.

**【3743】** $\int_0^{+\infty}\frac{\sin x^q}{x^p}\mathrm{d}x.$

**解** 若 $q=0$，则由于积分 $\int_A^{+\infty}\frac{1}{x^p}\mathrm{d}x$ 仅当 $p>1$ 时收敛，而积分 $\int_0^A\frac{1}{x^p}\mathrm{d}x$ 仅当 $p>1$ 时收敛，故积分 $\int_0^{+\infty}\frac{\sin 1}{x^p}\mathrm{d}x$ 对于任何的 $p$ 值及 $q=0$ 发散.

若 $q\neq 0$，则积分 $\int_0^{+\infty}\frac{\sin x^q}{x^p}\mathrm{d}x=\int_0^{+\infty}x^{-p}\sin x^q\mathrm{d}x$，利用 2380 题的结果即知：当 $\left|\frac{1-p}{q}\right|<1$ 时，原积分收敛.

**【3744】** $\int_0^2\frac{\mathrm{d}x}{|\ln x|^p}.$

**解题思路** 先考虑积分 $\int_0^1\frac{\mathrm{d}x}{|\ln x|^p}=\int_0^1\ln^{-p}\left(\frac{1}{x}\right)\mathrm{d}x$，并利用 2362 题的结果. 再考虑积分 $\int_1^2\frac{\mathrm{d}x}{|\ln x|^p}=\int_1^2\frac{\mathrm{d}x}{\ln^p x}$，由 $\lim\limits_{x\to 1+0}(x-1)^p\frac{1}{\ln^p x}=1$ 可知积分 $\int_1^2\frac{\mathrm{d}x}{\ln^p x}$ 与积分 $\int_1^2\frac{\mathrm{d}x}{(x-1)^p}$ 有相同的敛散性. 综合上述两个积分的结果即可求得原积分的收敛域.

**解** 考虑积分

$$\int_0^1\frac{\mathrm{d}x}{|\ln x|^p}=\int_0^1\frac{\mathrm{d}x}{\ln^p\left(\frac{1}{x}\right)}=\int_0^1\ln^{-p}\left(\frac{1}{x}\right)\mathrm{d}x,$$

利用 2362 题的结果即知：它当 $-p>-1$ 或 $p<1$ 时收敛.

再考虑积分 $\int_1^2\frac{\mathrm{d}x}{|\ln x|^p}=\int_1^2\frac{\mathrm{d}x}{\ln^p x}$. 由于

$$\lim_{x\to 1+0}(x-1)^p\frac{1}{\ln^p x}=\left[\lim_{x\to 1+0}\frac{x-1}{\ln x}\right]^p=\left[\lim_{x\to 1+0}\frac{1}{x^{-1}}\right]^p=1.$$

故积分 $\int_1^2\frac{\mathrm{d}x}{\ln^p x}$ 与积分 $\int_1^2\frac{\mathrm{d}x}{(x-1)^p}$ 具有相同的敛散性，而后者显然当 $p<1$ 时收敛，$p\geqslant 1$ 时发散，从而，前者亦然.

于是，仅当 $p<1$ 时，积分 $\int_0^2\frac{\mathrm{d}x}{|\ln x|^p}$ 收敛.

**【3745】** $\int_0^1\frac{\cos\frac{1}{1-x}}{\sqrt[n]{1-x^2}}\mathrm{d}x.$

**解** $\int_0^1\frac{\cos\frac{1}{1-x}}{\sqrt[n]{1-x^2}}\mathrm{d}x=\int_0^1\frac{\cos\frac{1}{1-x}}{\sqrt[n]{1-x}\ \sqrt[n]{1+x}}\mathrm{d}x.$

由于当 $0\leqslant x\leqslant 1$ 时，对于任意的 $n$，$\sqrt[n]{1+x}$ 与 $\frac{1}{\sqrt[n]{1+x}}$ 都是单调有界函数，故原积分与积分 $\int_0^1\frac{\cos\frac{1}{1-x}}{\sqrt[n]{1-x}}\mathrm{d}x$ 同敛散. 对此积分代换 $t=\frac{1}{1-x}$，则得

$$\int_0^1\frac{\cos\frac{1}{1-x}}{\sqrt[n]{1-x}}\mathrm{d}x=\int_1^{+\infty}\frac{\cos t}{t^{2-\frac{1}{n}}}\mathrm{d}t.$$

易知积分 $\int_1^{+\infty}\frac{\cos t}{t^{\alpha}}\mathrm{d}t$ 仅当 $\alpha>0$ 时收敛. 事实上，当 $\alpha>0$ 时它显然收敛. 当 $\alpha=0$ 时它显然发散. 当 $\alpha<0$ 时，令 $\beta=-\alpha\ (\beta>0)$，则对于正整数 $n$ 有

$$\int_{2n\pi}^{2n\pi+\frac{\pi}{4}} t^{\beta}\cos t\mathrm{d}t>(2n\pi)^{\beta}\frac{1}{\sqrt{2}}\frac{\pi}{4}\to+\infty\quad(n\to\infty),$$

故积分 $\int_1^{+\infty} t^{\beta}\cos t\mathrm{d}t$ 发散.

于是,积分 $\int_0^1 \frac{\cos\frac{1}{1-x}}{\sqrt[n]{1-x^2}}\mathrm{d}x$ 仅当 $2-\frac{1}{n}>0$ 时收敛,即仅当$n<0$或 $n>\frac{1}{2}$时收敛.

**【3746】** $\int_0^{+\infty}\frac{\sin x}{x^p+\sin x}\mathrm{d}x\quad(p>0)$.

**解** 因为

$$\lim_{x\to+0}\frac{\sin x}{x^p+\sin x}=\lim_{x\to\infty}\frac{\frac{\sin x}{x}}{x^{p-1}+\frac{\sin x}{x}}=\begin{cases}1, & p>1,\\ \frac{1}{2}, & p=1,\\ 0, & p<1,\end{cases}$$

故 $x=0$ 不是积分 $\int_0^{+\infty}\frac{\sin x}{x^p+\sin x}\mathrm{d}x$ 的瑕点,因此,只要讨论积分 $\int_2^{+\infty}\frac{\sin x}{x^p+\sin x}\mathrm{d}x(p>0)$的敛散性. 由于

$$\frac{\sin x}{x^p+\sin x}=\frac{\sin x}{x^p}-\frac{\sin^2 x}{x^p(x^p+\sin x)},$$

而 $\int_2^{+\infty}\frac{\sin x}{x^p}\mathrm{d}x$ 收敛(当 $p>0$ 时),故只要讨论

$$\int_2^{+\infty}\frac{\sin^2 x}{x^p(x^p+\sin x)}\mathrm{d}x$$

的敛散性. 但当 $p>0,x\geqslant 2$ 时,

$$0\leqslant\frac{1}{2}\left[\frac{1}{x^p(x^p+1)}-\frac{\cos 2x}{x^p(x^p+1)}\right]=\frac{\sin^2 x}{x^p(x^p+1)}\leqslant\frac{\sin^2 x}{x^p(x^p+\sin x)}\leqslant\frac{\sin^2 x}{x^p(x^p-1)}\leqslant\frac{1}{x^p(x^p-1)}.$$

而易知 $\int_2^{+\infty}\frac{\cos 2x}{x^p(x^p+1)}\mathrm{d}x$ 恒收敛(当 $p>0$ 时),积分 $\int_2^{+\infty}\frac{\mathrm{d}x}{x^p(x^p+1)}$ 当 $0<p\leqslant\frac{1}{2}$ 时发散,积分 $\int_2^{+\infty}\frac{\mathrm{d}x}{x^p(x^p-1)}$ 当$p>\frac{1}{2}$时收敛,故积分 $\int_2^{+\infty}\frac{\sin^2 x}{x^p(x^p+\sin x)}\mathrm{d}x$ 当 $p>\frac{1}{2}$ 时收敛,当 $0<p\leqslant\frac{1}{2}$ 时发散. 由此可知,积分 $\int_0^{+\infty}\frac{\sin x}{x^p+\sin x}\mathrm{d}x$ $(p>0)$仅当 $p>\frac{1}{2}$ 时收敛.

**利用与级数比较的方法研究下列积分的收敛性:**

**【3747】** $\int_0^{+\infty}\frac{\cos x}{x+a}\mathrm{d}x$.

**解** 设 $a>0$. 我们证明:对任何数列

$$0=a_0<a_1<a_2<\cdots<a_n<\cdots(a_n\to+\infty)$$

级数 $\sum_{n=0}^{\infty}\int_{a_n}^{a_{n+1}}\frac{\cos x}{x+a}\mathrm{d}x$ 都收敛. 事实上,有

$$\int_{a_n}^{a_{n+1}}\frac{\cos x}{x+a}\mathrm{d}x=\frac{\sin x}{x+a}\bigg|_{a_n}^{a_{n+1}}+\int_{a_n}^{a_{n+1}}\frac{\sin x}{(x+a)^2}\mathrm{d}x$$

故
$$\sum_{n=m}^{m+p-1}\int_{a_n}^{a_{n+1}}\frac{\cos x}{x+a}\mathrm{d}x=\frac{\sin a_{m+p}}{a_{m+p}+a}-\frac{\sin a_m}{a_m+a}+\int_{a_m}^{a_{m+p}}\frac{\sin x}{(x+a)^2}\mathrm{d}x.$$

从而,

$$\left|\sum_{n=m}^{m+p-1}\int_{a_n}^{a_{n+1}}\frac{\cos x}{x+a}\mathrm{d}x\right|\leqslant\frac{1}{a_{m+p}+a}+\frac{1}{a_m+a}+\int_{a_m}^{a_{m+1}}\frac{\mathrm{d}x}{(x+a)^2}$$

$$=\frac{1}{a_{m+p}+a}+\frac{1}{a_m+a}+\left(\frac{1}{a_m+a}-\frac{1}{a_{m+p}+a}\right)=\frac{2}{a_m+a},$$

由此可知,满足柯西收敛准则,从而,级数 $\sum_{n=0}^{\infty}\int_{a_n}^{a_{n+1}}\frac{\cos x}{x+a}\mathrm{d}x$ 收敛. 因此,积分 $\int_0^{+\infty}\frac{\cos x}{x+a}\mathrm{d}x$ 收敛.

若 $a=0$，显然瑕积分 $\int_0^{\frac{\pi}{2}}\frac{\cos x}{x}dx$ 发散，故广义积分 $\int_0^{+\infty}\frac{\cos x}{x}dx$ 发散.

下设 $a<0$. 若 $a=-(n+\frac{1}{2})\pi\ (n=0,1,2,\cdots)$，则

$$\int_0^{+\infty}\frac{\cos x}{x+a}dx=\int_0^{(n+1)\pi}\frac{\cos x}{x+a}dx+\int_{(n+1)\pi}^{+\infty}\frac{\cos x}{x+a}dx=\int_0^{(n+1)\pi}\frac{\cos x}{x+a}dx+(-1)^{n+1}\int_0^{+\infty}\frac{\cos t}{t+\frac{\pi}{2}}dt.$$

由上所证，右端第二个积分收敛；又由于

$$\lim_{x\to(n+\frac{1}{2})\pi}\frac{\cos x}{x+a}=(-1)^{n+1},$$

故右端第一个积分收敛(它不是广义积分，补充定义被积函数在 $x=(n+\frac{1}{2})\pi$ 时的值为 $(-1)^{n+1}$ 后即为连续函数的积分)；从而，此时积分 $\int_0^{+\infty}\frac{\cos x}{x+a}dx$ 收敛.

若 $a<0$ 但 $a\neq-(n+\frac{1}{2})\pi\ (n=0,1,2,\cdots)$，此时 $\cos(-a)\neq0$. 由连续性，可取 $\delta>0$，使当 $-a\leqslant x\leqslant -a+\delta$ 时 $\cos x$ 保持定号且 $|\cos x|\geqslant\frac{1}{2}|\cos(-a)|$. 于是，

$$\left|\int_{-a}^{-a+\delta}\frac{\cos x}{x+a}dx\right|\geqslant\frac{1}{2}|\cos(-a)|\int_{-a}^{-a+\delta}\frac{dx}{x+a}=+\infty.$$

由此可知，瑕积分 $\int_{-a}^{-a+\delta}\frac{\cos x}{x+a}dx$ 发散. 从而，积分 $\int_0^{+\infty}\frac{\cos x}{x+a}dx$ 更是发散.

综上所述，积分 $\int_0^{+\infty}\frac{\cos x}{x+a}dx$ 仅当 $a>0$ 及 $a=-(n+\frac{1}{2})\pi\ (n=0,1,2,\cdots)$ 时收敛.

**【3748】** $\int_0^{+\infty}\frac{x\,dx}{1+x^n\sin^2 x}\quad(n>0)$.

**解** 由于被积函数非负，故只要考虑化为一种特殊的(正项)级数即可. 我们有

$$\int_0^{+\infty}\frac{x\,dx}{1+x^n\sin^2 x}=\int_0^{\frac{\pi}{4}}\frac{x\,dx}{1+x^n\sin^2 x}+\sum_{k=1}^{\infty}\int_{(k-1)\pi+\frac{\pi}{4}}^{k\pi-\frac{\pi}{4}}\frac{x\,dx}{1+x^n\sin^2 x}+\sum_{k=1}^{\infty}\int_{k\pi-\frac{\pi}{4}}^{k\pi+\frac{\pi}{4}}\frac{x\,dx}{1+x^n\sin^2 x}.$$

又积分 $$0<\int_{(k-1)\pi+\frac{\pi}{4}}^{k\pi-\frac{\pi}{4}}\frac{x\,dx}{1+x^n\sin^2 x}<\int_{(k-1)\pi+\frac{\pi}{4}}^{k\pi-\frac{\pi}{4}}\frac{k\pi\,dx}{1+[(k-1)\pi]^n\sin^2 x},$$

$$\int_{k\pi-\frac{\pi}{4}}^{k\pi+\frac{\pi}{4}}\frac{(k-1)\pi\,dx}{1+[(k+1)\pi]^n\sin^2 x}<\int_{k\pi-\frac{\pi}{4}}^{k\pi+\frac{\pi}{4}}\frac{x\,dx}{1+x^n\sin^2 x}<\int_{k\pi-\frac{\pi}{4}}^{k\pi+\frac{\pi}{4}}\frac{(k+1)\pi\,dx}{1+[(k-1)\pi]^n\sin^2 x},$$

且

$$\int_{(k-1)\pi+\frac{\pi}{4}}^{k\pi-\frac{\pi}{4}}\frac{dx}{1+a^2\sin^2 x}=\frac{-1}{\sqrt{1+a^2}}\arctan\left(\frac{\cot x}{\sqrt{1+a^2}}\right)\Bigg|_{(k-1)\pi+\frac{\pi}{4}}^{k\pi-\frac{\pi}{4}}$$

$$=\frac{2}{\sqrt{1+a^2}}\arctan\frac{1}{\sqrt{1+a^2}}<\frac{2}{\sqrt{1+a^2}}\ \frac{\pi}{4}=\frac{\pi}{2\sqrt{1+a^2}},$$

$$\int_{k\pi-\frac{\pi}{4}}^{k\pi+\frac{\pi}{4}}\frac{dx}{1+a^2\sin^2 x}=\frac{1}{\sqrt{1+a^2}}\arctan(\sqrt{1+a^2}\tan x)\Bigg|_{k\pi-\frac{\pi}{4}}^{k\pi+\frac{\pi}{4}}=\frac{2}{\sqrt{1+a^2}}\arctan\sqrt{1+a^2}.$$

由于 $\frac{\pi}{4}<\arctan\sqrt{1+a^2}<\frac{\pi}{2}$，从而，

$$\frac{\pi}{2\sqrt{1+a^2}}<\int_{k\pi-\frac{\pi}{4}}^{k\pi+\frac{\pi}{4}}\frac{dx}{1+a^2\sin^2 x}<\frac{\pi}{\sqrt{1+a^2}}.$$

于是， $$0<\int_{(k-1)\pi+\frac{\pi}{4}}^{k\pi-\frac{\pi}{4}}\frac{x\,dx}{1+x^n\sin^2 x}<\frac{k\pi^2}{2\sqrt{1+[(k-1)\pi]^n}},$$

$$\frac{(k-1)\pi^2}{2\sqrt{1+[(k+1)\pi]^n}}<\int_{k\pi-\frac{\pi}{4}}^{k\pi+\frac{\pi}{4}}\frac{x\,dx}{1+x^n\sin^2 x}<\frac{(k+1)\pi^2}{\sqrt{1+[(k-1)\pi]^n}}.$$

由于当 $n>4$ 时,级数

$$\sum_{k=1}^{\infty}\frac{k\pi^2}{2\sqrt{1+[(k-1)\pi]^n}}\quad 及\quad \sum_{k=1}^{\infty}\frac{(k+1)\pi^2}{\sqrt{1+[(k-1)\pi]^n}}$$

收敛;而当 $n\leqslant 4$ 时,级数 $\sum\limits_{k=1}^{\infty}\frac{(k-1)\pi^2}{2\sqrt{1+[(k+1)\pi]^n}}$ 发散,故级数 $\sum\limits_{k=1}^{\infty}\int_{(k-1)\pi+\frac{\pi}{4}}^{k\pi-\frac{\pi}{4}}\frac{x\mathrm{d}x}{1+x^n\sin^2 x}$ 当 $n>4$ 时收敛,而级数

$$\sum_{k=1}^{\infty}\int_{k\pi-\frac{\pi}{4}}^{k\pi+\frac{\pi}{4}}\frac{x\mathrm{d}x}{1+x^n\sin^2 x}$$

仅当 $n>4$ 时收敛.

因此,积分 $\int_0^{+\infty}\frac{x\mathrm{d}x}{1+x^n\sin^2 x}$ 仅当 $n>4$ 时收敛.

**【3749】** $\int_{\pi}^{+\infty}\frac{\mathrm{d}x}{x^p\sqrt[3]{\sin^2 x}}$.

**解** 由于被积函数非负,故只要考虑化为一种特殊的(正项)级数即可. 我们有

$$\int_{\pi}^{+\infty}\frac{\mathrm{d}x}{x^p\sqrt[3]{\sin^2 x}}=\sum_{n=1}^{\infty}\int_{n\pi}^{(n+1)\pi}\frac{\mathrm{d}x}{x^p\sqrt[3]{\sin^2 x}}=\sum_{n=1}^{\infty}\int_0^{\pi}\frac{\mathrm{d}x}{(x+n\pi)^p\sqrt[3]{\sin^2 x}}.$$

于是,

$$\int_0^{\pi}\frac{\mathrm{d}x}{\sqrt[3]{\sin^2 x}}\cdot\sum_{n=1}^{\infty}\frac{1}{(n+1)^p\pi^p}<\int_{\pi}^{+\infty}\frac{\mathrm{d}x}{x^p\sqrt[3]{\sin^2 x}}<\int_0^{\pi}\frac{\mathrm{d}x}{\sqrt[3]{\sin^2 x}}\cdot\sum_{n=1}^{\infty}\frac{1}{n^p\pi^p}.$$

易证积分 $\int_0^{\pi}\frac{\mathrm{d}x}{\sqrt[3]{\sin^2 x}}$ 收敛,且级数 $\sum\limits_{n=1}^{\infty}\frac{1}{n^p}$ 当 $p>1$ 时收敛;当 $p\leqslant 1$ 时发散. 因此,原积分仅当 $p>1$ 时收敛.

**【3750】** $\int_0^{+\infty}\frac{\sin(x+x^2)}{x^n}\mathrm{d}x$.

**解** 我们有 $$\int_0^{+\infty}\frac{\sin(x+x^2)}{x^n}\mathrm{d}x=\int_0^1\frac{\sin(x+x^2)}{x^n}\mathrm{d}x+\int_1^{+\infty}\frac{\sin(x+x^2)}{x^n}\mathrm{d}x.$$

易知右端第一个积分($x=0$ 可能是瑕点)当 $n<2$ 时收敛,当$n\geqslant 2$时发散. 下面研究右端第二个积分. 先设 $n>-1$. 对任何数列 $1=a_0<a_1<\cdots<a_k<\cdots$ $(a_k\to+\infty)$,

$$\int_{a_k}^{a_{k+1}}\frac{\sin(x+x^2)}{x^n}\mathrm{d}x=-\int_{a_k}^{a_{k+1}}\frac{\mathrm{d}[\cos(x+x^2)]}{x^n(1+2x)}$$
$$=-\frac{\cos(x+x^2)}{x^n(1+2x)}\Big|_{a_k}^{a_{k+1}}-\int_{a_k}^{a_{k+1}}\frac{[2(n+1)x+n]\cos(x+x^2)}{x^{n+1}(1+2x)^2}\mathrm{d}x,$$

故 $$\sum_{k=m}^{m+p-1}\int_{a_k}^{a_{k+1}}\frac{\sin(x+x^2)}{x^n}\mathrm{d}x=-\frac{\cos(x+x^2)}{x^n(1+2x)}\Big|_{a_m}^{a_{m+p}}-\int_{a_m}^{a_{m+p}}\frac{[2(n+1)x+n]\cos(x+x^2)}{x^{n+1}(1+2x)^2}\mathrm{d}x,$$

从而, $$\left|\sum_{k=m}^{m+p-1}\int_{a_k}^{a_{k+1}}\frac{\sin(x+x^2)}{x^n}\mathrm{d}x\right|\leqslant\frac{1}{2a_m^{n+1}}+\frac{1}{2a_{m+p}^{n+1}}+\int_{a_m}^{a_{m+p}}\frac{2(n+1)x+|n|}{x^{n+1}(1+2x)^2}\mathrm{d}x.$$

易知积分 $$\int_1^{+\infty}\frac{2(n+1)x+|n|}{x^{n+1}(1+2x)^2}\mathrm{d}x$$

收敛(因为 $\lim\limits_{x\to+\infty}x^{n+2}\frac{2(n+1)x+|n|}{x^{n+1}(1+2x)^2}=\frac{n+1}{2}>0,n+2>1$). 由此可知,对任给的 $\varepsilon>0$,必存在 $N$,使当 $n>N$ 时,对 $p=1,2,3,\cdots$,均有

$$\left|\sum_{k=m}^{m+p-1}\int_{a_k}^{a_{k+1}}\frac{\sin(x+x^2)}{x^n}\mathrm{d}x\right|<\varepsilon.$$

于是,根据柯西收敛准则,级数 $\sum\limits_{k=0}^{\infty}\int_{a_k}^{a_{k+1}}\frac{\sin(x+x^2)}{x^n}\mathrm{d}x$ 收敛,从而,积分 $\int_1^{+\infty}\frac{\sin(x+x^2)}{x}\mathrm{d}x$ 收敛.

再设 $n\leqslant -1$. 令 $\xi_k$ 和 $\eta_k$ 分别表方程 $x^2+x=2k\pi+\frac{\pi}{4}$ 和 $x^2+x=2k\pi+\frac{\pi}{2}$ 的(唯一)正根,其中 $k=1,2,3,\cdots$;即令

$$\xi_k=\frac{1}{2}(\sqrt{1+8k\pi+\pi}-1),\quad \eta_k=\frac{1}{2}(\sqrt{1+8k\pi+2\pi}-1).$$

于是，$\eta_k>\xi_k\to+\infty\ (k\to\infty)$．我们有(注意$-n\geqslant1$)

$$\int_{\xi_k}^{\eta_k}\frac{\sin(x+x^2)}{x^n}\mathrm{d}x>\frac{1}{\sqrt2}\int_{\xi_k}^{\eta_k}x^{-n}\mathrm{d}x\geqslant\frac{1}{\sqrt2}\int_{\xi_k}^{\eta_k}x\,\mathrm{d}x>\frac{1}{\sqrt2}\xi_k(\eta_k-\xi_k)$$

$$=\frac{\pi}{4\sqrt2}\ \frac{\sqrt{1+8k\pi+\pi}-1}{\sqrt{1+8k\pi+2\pi}+\sqrt{1+8k\pi+\pi}}\to\frac{\pi}{8\sqrt2}\quad(k\to\infty).$$

由此可知，此时积分$\int_1^{+\infty}\frac{\sin(x+x^2)}{x^n}\mathrm{d}x$发散.

综上所述，积分$\int_0^{+\infty}\frac{\sin(x+x^2)}{x^n}\mathrm{d}x$仅当$-1<n<2$时收敛.

**【3751】** 以肯定的方式陈述，什么是积分$\int_0^{+\infty}f(x,y)\mathrm{d}x$在已知区间$(y_1,y_2)$内不一致收敛？

**解** 若对于某个正数$\varepsilon_0$，不论$B$取得多大，恒存在$b_0\geqslant B$以及$y_0\in(y_1,y_2)$($b_0$与$y_0$都依赖于$B$)，使得

$$\left|\int_{b_0}^{+\infty}f(x,y_0)\mathrm{d}x\right|\geqslant\varepsilon_0,$$

则$\int_a^{+\infty}f(x,y)\mathrm{d}x$在区间$(y_1,y_2)$内不一致收敛.

**【3752】** 证明：若(ⅰ)积分$\int_a^{+\infty}f(x)\mathrm{d}x$收敛；(ⅱ)函数$\varphi(x,y)$有界，且关于$x$是单调的，则积分$\int_a^{+\infty}f(x)\varphi(x,y)\mathrm{d}x$一致收敛(在对应区域内).

**证** 设$|\varphi(x,y)|\leqslant L$，则由题设(ⅰ)知：对于任给的$\varepsilon>0$，总存在数$B=B(\varepsilon)$，使当$A'>A>B$时，就有不等式

$$\left|\int_A^{A'}f(x)\mathrm{d}x\right|<\frac{\varepsilon}{2L}.\tag{1}$$

由积分第二中值定理知：存在$\xi\in[A,A']$，使有下述等式

$$\int_A^{A'}f(x)\varphi(x,y)\mathrm{d}x=\varphi(A+0,y)\cdot\int_A^{\xi}f(x)\mathrm{d}x+\varphi(A'-0,y)\cdot\int_{\xi}^{A'}f(x)\mathrm{d}x.\tag{2}$$

由(1)式，得 $\left|\int_A^{\xi}f(x)\mathrm{d}x\right|<\frac{\varepsilon}{2L},\quad\left|\int_{\xi}^{A'}f(x)\mathrm{d}x\right|<\frac{\varepsilon}{2L}.$

于是，由(2)式，可得 $\left|\int_A^{A'}f(x)\varphi(x,y)\mathrm{d}x\right|<L\frac{\varepsilon}{2L}+L\frac{\varepsilon}{2L}=\varepsilon,$

即积分$\int_a^{+\infty}f(x)\varphi(x,y)\mathrm{d}x$在对应的$y$区域内一致收敛.

**【3753】** 证明：一致收敛的积分 $I=\int_1^{+\infty}\mathrm{e}^{-\frac{1}{y^2}\left(x-\frac1y\right)^2}\mathrm{d}x\quad(0<y<1)$

不能以与参数无关的收敛积分为强函数.

**证** 任给$\varepsilon>0$．取$A_0>1$充分大，使$\int_{A_0-\frac{\sqrt\pi}{\varepsilon}}^{+\infty}\mathrm{e}^{-u^2}\mathrm{d}u<\varepsilon$.

下证：当$A>A_0$时，对一切$0<y<1$，均有

$$\int_A^{+\infty}\mathrm{e}^{-\frac{1}{y^2}\left(x-\frac1y\right)^2}\mathrm{d}x<\varepsilon.$$

事实上，当$\frac{\varepsilon}{\sqrt\pi}\leqslant y<1$时，

$$\int_A^{+\infty}\mathrm{e}^{-\frac{1}{y^2}\left(x-\frac1y\right)^2}\mathrm{d}x<\int_A^{+\infty}\mathrm{e}^{-\left(x-\frac1y\right)^2}\mathrm{d}x=\int_{A-\frac1y}^{+\infty}\mathrm{e}^{-u^2}\leqslant\int_{A-\frac{\sqrt\pi}{\varepsilon}}^{+\infty}\mathrm{e}^{-u^2}\mathrm{d}u<\int_{A_0-\frac{\sqrt\pi}{\varepsilon}}^{+\infty}\mathrm{e}^{-u^2}\mathrm{d}u<\varepsilon;$$

当$0<y<\frac{\varepsilon}{\sqrt\pi}$时，

$$\int_A^{+\infty}\mathrm{e}^{-\frac{1}{y^2}\left(x-\frac1y\right)^2}\mathrm{d}x<\int_1^{+\infty}\mathrm{e}^{-\frac{1}{y^2}\left(x-\frac1y\right)^2}\mathrm{d}x=\int_1^{\frac1y}\mathrm{e}^{-\frac{1}{y^2}\left(x-\frac1y\right)^2}\mathrm{d}x+\int_{\frac1y}^{+\infty}\mathrm{e}^{-\frac{1}{y^2}\left(x-\frac1y\right)^2}\mathrm{d}x$$

$$=\int_0^{\frac{1}{y}-1} e^{-\frac{1}{y^2}t^2}\mathrm{d}t+\int_0^{+\infty} e^{-\frac{1}{y^2}t^2}\mathrm{d}t<2\int_0^{+\infty} e^{-\frac{t^2}{y^2}}\mathrm{d}t=2y\int_0^{+\infty} e^{-u^2}\mathrm{d}u=2y\frac{\sqrt{\pi}}{2}<\varepsilon.$$

由此可知,积分 $\int_1^{+\infty} e^{-\frac{1}{y^2}\left(x-\frac{1}{y}\right)^2}\mathrm{d}x$ 在 $0<y<1$ 上一致收敛.

最后证明,不存在这样的函数 $\varphi(x)$ $(x\geqslant1)$,使

$$0<e^{-\frac{1}{y^2}\left(x-\frac{1}{y}\right)^2}\leqslant\varphi(x)\quad(x\geqslant1,\ 0<y<1)\tag{1}$$

并且 $\int_1^{+\infty}\varphi(x)\mathrm{d}x$ 收敛. 用反证法. 假定有这样的函数 $\varphi(x)$存在,则由 $\int_1^{+\infty}\varphi(x)\mathrm{d}x$ 的收敛性可知,必存在点 $x_0>1$ 使$\varphi(x_0)<1$. 于是,令 $y_0=\frac{1}{x_0}$,则 $0<y_0<1$ 且

$$e^{-\frac{1}{y_0^2}\left(x_0-\frac{1}{y_0}\right)^2}=1>\varphi(x_0),$$

此显然与(1)式矛盾. 由此可知,一致收敛的积分 $I$ 的被积函数不能以与参数 $y$ 无关的具收敛积分的函数为强函数. 证毕.

**【3754】** 证明:积分 $$I=\int_0^{+\infty}\alpha e^{-\alpha x}\mathrm{d}x$$

(1) 在任何区间 $0<a\leqslant\alpha\leqslant b$ 内一致收敛;

(2) 在区间 $0\leqslant\alpha\leqslant b$ 内非一致收敛.

**证** 显然,积分 $I$ 对于每一个定值 $\alpha\geqslant0$ 是收敛的. 事实上,当 $\alpha=0$ 时,$\int_0^{+\infty}\alpha e^{-\alpha x}\mathrm{d}x=0$;当 $\alpha>0$ 时,

$$\int_0^{+\infty}\alpha e^{-\alpha x}\mathrm{d}x=-e^{-\alpha x}\Big|_0^{+\infty}=1.$$

(1) 如果 $0<a\leqslant\alpha\leqslant b$,则由于 $0<\int_A^{+\infty}\alpha e^{-\alpha x}\mathrm{d}x=e^{-\alpha A}\leqslant e^{-aA}$,故对于任给的 $\varepsilon>0$,可以找到不依赖于 $\alpha$ 的数 $A_0=\frac{1}{a}\ln\frac{1}{\varepsilon}$,使当 $A>A_0$ 时,就有 $\int_A^{+\infty}\alpha e^{-\alpha x}\mathrm{d}x<e^{-aA_0}=\varepsilon$. 于是,在区间 $0<a\leqslant\alpha\leqslant b$ 上积分 $I$ 一致收敛.

(2) 如果 $0\leqslant\alpha\leqslant b$,则不存在这样的数 $A_0$. 事实上,取 $0<\varepsilon<1$ 就办不到. 由于当 $\alpha\to+0$ 时,$e^{-A\alpha}\to1$,故对于足够小的 $\alpha$ 值,$e^{-A\alpha}$就比任意一个小于 1 的数 $\varepsilon$ 为大. 因此,在区间 $0\leqslant\alpha\leqslant b$ 上,积分 $I$ 对 $\alpha$ 的收敛是不一致的.

**【3755】** 证明:狄利克雷积分 $$I=\int_0^{+\infty}\frac{\sin\alpha x}{x}\mathrm{d}x$$

(1) 在每一个不含数值 $\alpha=0$ 的闭区间$[a,b]$上一致收敛,

(2) 在含数值 $\alpha=0$ 的每一个闭区间$[a,b]$上非一致收敛.

**证** 不失一般性,我们只考虑 $\alpha$ 的正值.

(1) 由于积分 $\int_0^{+\infty}\frac{\sin z}{z}\mathrm{d}z=\frac{\pi}{2}$是收敛的,故对于任给的$\varepsilon>0$,存在数 $A_0$,使当 $A>A_0$ 时,恒有

$$\left|\int_A^{+\infty}\frac{\sin z}{z}\mathrm{d}z\right|<\varepsilon.$$

当 $\alpha>0$ 时,由于 $\int_A^{+\infty}\frac{\sin\alpha x}{x}\mathrm{d}x=\int_{A\alpha}^{+\infty}\frac{\sin z}{z}\mathrm{d}z$,故取 $A>\frac{A_0}{a}$,对于 $\alpha\geqslant a>0$,就有

$$\left|\int_A^{+\infty}\frac{\sin\alpha x}{x}\mathrm{d}x\right|<\varepsilon.$$

于是,在区间 $0<a\leqslant\alpha\leqslant b$ 上,积分 $I$ 是一致收敛的.

(2) 对于任何的 $A>0$,当 $\alpha\to+0$ 时,

$$\int_A^{+\infty}\frac{\sin\alpha x}{x}\mathrm{d}x=\int_{A\alpha}^{+\infty}\frac{\sin z}{z}\mathrm{d}z\to\int_0^{+\infty}\frac{\sin z}{z}\mathrm{d}z=\frac{\pi}{2}.$$

因此,当 $\alpha>0$ 且充分小时,有 $$\int_A^{+\infty}\frac{\sin\alpha x}{x}\mathrm{d}x>\frac{\pi}{4}.$$

于是，在区间 $0\leqslant\alpha\leqslant b$ $(b>0)$ 上，积分 $I$ 不一致收敛.

**研究下列积分在所指定区间内的一致收敛性：**

**【3756】** $\int_0^{+\infty} e^{-\alpha x}\sin x\mathrm{d}x \quad (0<\alpha_0\leqslant\alpha<+\infty)$.

**解** 由于当 $0<\alpha_0\leqslant\alpha<+\infty$ 时，$|e^{-\alpha x}\sin x|\leqslant e^{-\alpha_0 x}$，且积分 $\int_0^{+\infty} e^{-\alpha_0 x}\mathrm{d}x=\frac{1}{\alpha_0}$ 收敛，故积分 $\int_0^{+\infty} e^{-\alpha x}\cdot\sin x\mathrm{d}x$ 在区间 $0<\alpha_0\leqslant\alpha<+\infty$ 上一致收敛.

**【3757】** $\int_1^{+\infty} x^{\alpha}e^{-x}\mathrm{d}x \quad (a\leqslant\alpha\leqslant b)$.

**解** 当 $a\leqslant\alpha\leqslant b$ 且 $x\geqslant1$ 时，$0<x^{\alpha}e^{-x}\leqslant x^{b}e^{-x}$. 由于

$$\lim_{x\to+\infty}(x^2\cdot x^b e^{-x})=\lim_{x\to+\infty}\frac{x^{b+2}}{e^x}=0,$$

故积分 $\int_1^{+\infty} x^b e^{-x}\mathrm{d}x$ 收敛，从而，积分 $\int_1^{+\infty} x^{\alpha}e^{-x}\mathrm{d}x$ 在区间 $a\leqslant\alpha\leqslant b$ 上一致收敛.

**【3758】** $\int_{-\infty}^{+\infty}\frac{\cos\alpha x}{1+x^2}\mathrm{d}x \quad (-\infty<\alpha<+\infty)$.

**解** 由于 $\left|\frac{\cos\alpha x}{1+x^2}\right|\leqslant\frac{1}{1+x^2}$，且积分 $\int_{-\infty}^{+\infty}\frac{\mathrm{d}x}{1+x^2}=\pi$ 收敛，故积分 $\int_{-\infty}^{+\infty}\frac{\cos\alpha x}{1+x^2}\mathrm{d}x$ 在 $-\infty<\alpha<+\infty$ 上一致收敛.

**【3759】** $\int_0^{+\infty}\frac{\mathrm{d}x}{(x+\alpha)^2+1} \quad (0\leqslant\alpha<+\infty)$.

**解** 由于 $0<\frac{1}{(x+\alpha)^2+1}\leqslant\frac{1}{1+x^2}$ $(0\leqslant\alpha\leqslant+\infty)$，且积分 $\int_0^{+\infty}\frac{\mathrm{d}x}{1+x^2}=\frac{\pi}{2}$ 收敛，故积分 $\int_0^{+\infty}\frac{\mathrm{d}x}{(x+\alpha)^2+1}$ 在 $0\leqslant\alpha<+\infty$ 上一致收敛.

**【3760】** $\int_0^{+\infty}\frac{\sin x}{x}e^{-\alpha x}\mathrm{d}x \quad (0\leqslant\alpha<+\infty)$.

**提示** 注意 $x=0$ 不是瑕点. 利用狄利克雷判别法或柯西准则.

**解** 首先注意，因为 $\lim\limits_{x\to+0}\frac{\sin x}{x}e^{\alpha x}=1$. 故 $x=0$ 不是瑕点.

证法 1：

由于 $\left|\int_0^A\sin x\mathrm{d}x\right|=|1-\cos A|\leqslant2$，而当 $0\leqslant\alpha<+\infty$ 时，函数 $\frac{e^{-\alpha x}}{x}$ 在 $x>0$ 关于 $x$ 递减，并且当 $x\to+\infty$ 时它关于 $\alpha(0\leqslant\alpha<+\infty)$ 一致趋于零(因为 $0\leqslant\alpha<+\infty, x>0$ 时，$0<\frac{e^{-\alpha x}}{x}\leqslant\frac{1}{x}$)，故由狄利克雷判别法知，积分 $\int_0^{+\infty}\frac{\sin x}{x}e^{-\alpha x}\mathrm{d}x$ 在 $0\leqslant\alpha<+\infty$ 上一致收敛.

证法 2：

由积分学第二中值定理知：当 $A'>A>0$ 时，

$$\left|\int_A^{A'}\frac{\sin x}{x}e^{-\alpha x}\mathrm{d}x\right|=\left|\frac{1}{A}\int_A^{\xi}e^{-\alpha x}\sin x\mathrm{d}x\right|,$$

其中 $A\leqslant\xi\leqslant A'$. 我们知道 $e^{-\alpha x}\sin x$ 的原函数是

$$F_{\alpha}(x)=-\frac{\alpha\sin x+\cos x}{1+\alpha^2}e^{-\alpha x},$$

显然，当 $\alpha\geqslant0, x>0$ 时，
$$|F_{\alpha}(x)|\leqslant\frac{\alpha+1}{1+\alpha^2}\leqslant\frac{2\alpha}{1+\alpha^2}+\frac{1}{1+\alpha^2}<2,$$

故当 $A'>A>0, 0\leqslant\alpha<+\infty$，时

$$\left|\int_A^{A'}\frac{\sin x}{x}e^{-\alpha x}\mathrm{d}x\right|=\left|\frac{1}{A}[F_{\alpha}(\xi)-F_{\alpha}(A)]\right|<\frac{4}{A}.$$

由此，利用一致收敛的柯西收敛准则，即知积分

$$\int_0^{+\infty}\frac{\sin x}{x}e^{-\alpha x}dx$$

在 $0\leqslant\alpha<+\infty$ 上一致收敛. 证毕.

**【3761】** $\int_1^{+\infty}e^{-\alpha x}\frac{\cos x}{x^p}dx$ $(0\leqslant\alpha<+\infty)$其中 $p>0$ 是常数.

**提示** 利用狄利克雷判别法或柯西准则.

**解** 由于

$$\left|\int_1^A\cos x dx\right|=|\sin A-\sin 1|\leqslant 2,$$

而当 $0\leqslant\alpha<+\infty$时,函数$\frac{e^{-\alpha x}}{x^p}$在$x\geqslant1$关于$x$递减且当$x\to+\infty$时关于$\alpha(0\leqslant\alpha<+\infty)$一致趋于零(因为$0\leqslant\alpha<+\infty,x\geqslant1$时,$0<\frac{e^{-\alpha x}}{x^p}\leqslant\frac{1}{x^p}$),故由狄利克雷判别法即知,$\int_1^{+\infty}e^{-\alpha x}\frac{\cos x}{x^p}dx$在$0\leqslant\alpha<+\infty$上一致收敛.

注意,也可仿 3760 题证法 2,利用积分学第二中值定理来证明.

**【3762】** $\int_0^{+\infty}\sqrt{\alpha}e^{-\alpha x^2}dx$ $(0\leqslant\alpha<+\infty)$.

**提示** 注意此积分是收敛的而不一致收敛.

**解** 此积分是收敛的. 事实上,当 $\alpha=0$ 时,积分为零;当 $\alpha>0$ 时,设$\sqrt{\alpha}x=t$,则得

$$\int_0^{+\infty}\sqrt{\alpha}e^{-\alpha x^2}dx=\int_0^{+\infty}e^{-t^2}dt=\frac{\sqrt{\pi}}{2}.$$

但是,此积分却不一致收敛. 事实上,对于任何的 $A>0$,由于

$$\lim_{\alpha\to+0}\int_A^{+\infty}\sqrt{\alpha}e^{-\alpha x^2}dx=\lim_{\alpha\to+0}\int_{\sqrt{\alpha}A}^{+\infty}e^{-t^2}dt=\int_0^{+\infty}e^{-t^2}dt=\frac{\sqrt{\pi}}{2},$$

故对于 $0<\varepsilon_0<\frac{\sqrt{\pi}}{2}$,必存在 $\alpha_0>0$,使有

$$\int_A^{+\infty}\sqrt{\alpha_0}e^{-\alpha_0x^2}dx>\varepsilon_0,$$

即此积分不是一致收敛的.

**【3763】** $\int_{-\infty}^{+\infty}e^{-(x-\alpha)^2}dx$,(1)$a<\alpha<b$;(2)$-\infty<\alpha<+\infty$.

**解** 显然,对任何固定的 $\alpha$,积分$\int_{-\infty}^{+\infty}e^{-(x-\alpha)^2}dx$都收敛,并且(作代换 $x-\alpha=t$)

$$\int_{-\infty}^{+\infty}e^{-(x-\alpha)^2}dx=\int_{-\infty}^{+\infty}e^{-t^2}dt=\sqrt{\pi}.$$

(1) 取正数 $R$ 充分大,使$-R<a<b<R$. 显然,当$|x|\geqslant R$时,对一切 $a<\alpha<b$,有

$$0<e^{-(x-\alpha)^2}<e^{-(|x|-R)^2},$$

显然积分$\int_{-\infty}^{+\infty}e^{-(|x|-R)^2}dx=2\int_{-\infty}^{+\infty}e^{-(x-R)^2}dx$收敛,故积分$\int_{-\infty}^{+\infty}e^{-(x-\alpha)^2}dx$对$a<\alpha<b$一致收敛.

(2) 对任何 $A>0$,有

$$\lim_{\alpha\to+\infty}\int_A^{+\infty}e^{-(x-\alpha)^2}dx=\lim_{\alpha\to+\infty}\int_{A-\alpha}^{+\infty}e^{-t^2}dt=\int_{-\infty}^{+\infty}e^{-t^2}dt=\sqrt{\pi},$$

故当 $\alpha$ 充分大时,$\int_A^{+\infty}e^{-(x-\alpha)^2}dx>\frac{\sqrt{\pi}}{2}$;由此可知$\int_0^{+\infty}e^{-(x-\alpha)^2}dx$在$-\infty<\alpha<+\infty$上不是一致收敛的,当然$\int_{-\infty}^{+\infty}e^{-(x-\alpha)^2}dx$在$-\infty<\alpha<+\infty$上更非一致收敛.

**【3764】** $\int_0^{+\infty}e^{-x^2(1+y^2)}\sin x dy$ $(-\infty<x<+\infty)$.

**解** 此积分对任一个固定的 $x$ 值,显然是收敛的,且当$x>0$时,

$$\int_0^{+\infty}e^{-x^2(1+y^2)}\sin x dy=\frac{\sin x}{x}e^{-x^2}\cdot\frac{\sqrt{\pi}}{2}.$$

但是,它对$-\infty<x<+\infty$却不是一致收敛的. 事实上,对于任何的$A>0$,当$x>0$时,

$$\int_A^{+\infty} e^{-x^2(1+y^2)}\sin xdy=\frac{\sin x}{x}e^{-x^2}\int_{Ax}^{+\infty} e^{-t^2}dt\to\int_0^{+\infty} e^{-t^2}dt=\frac{\sqrt{\pi}}{2}\ (x\to+0),$$

由此可知积分不一致收敛.

**【3765】** $\int_0^{+\infty}\frac{\sin(x^2)}{1+x^p}dx\quad (p\geqslant 0)$.

**解** 由2380题易知,积分$\int_0^{+\infty}\sin(x^2)dx$收敛,又$\frac{1}{1+x^p}$ $(p\geqslant 0)$在$x\geqslant 0$上对$x$单调递减且一致有界:

$$0<\frac{1}{1+x^p}\leqslant 1\quad (p\geqslant 0,x\geqslant 0),$$

故由阿贝尔判别法知,积分$\int_0^{+\infty}\frac{\sin(x^2)}{1+x^p}dx$对$p\geqslant 0$一致收敛.

**【3766】** $\int_0^1 x^{p-1}\ln^q\frac{1}{x}dx$, (1) $p\geqslant p_0>0$; (2) $p>0$ $(q>-1)$.

**解** 注意到$x=0$和$x=1$都可能是瑕点. 作代换$x=e^{-t}$,得

$$\int_0^1 x^{p-1}\ln^q\frac{1}{x}dx=-\int_{+\infty}^0 e^{-(p-1)t}t^qe^{-t}dt=\int_0^{+\infty} e^{-pt}t^qdt,$$

右端的积分当$p>0(q>-1)$时是收敛的*),从而,左端的积分此时也收敛. 更由于($\varepsilon,\varepsilon'>0$很小)

$$\int_\varepsilon^{1-\varepsilon'} x^{p-1}\ln^q\frac{1}{x}dx=\int_{\ln\frac{1}{1-\varepsilon}}^{\ln\frac{1}{\varepsilon}} e^{-pt}t^qdt,$$

故$\int_0^1 x^{p-1}\ln^q\frac{1}{x}dx$的一致收敛性等价于$\int_0^{+\infty} e^{-pt}t^qdt$的一致收敛性.

(1) 当$p\geqslant p_0>0$时,由于

$$0<e^{-pt}t^q\leqslant e^{-p_0t}t^q\quad (0<t<+\infty)$$

而积分$\int_0^{+\infty} e^{-p_0t}t^q$收敛,故积分$\int_0^{+\infty} e^{-pt}t^qdt$一致收敛(对于$p\geqslant p_0>0$). 从而,原积分$\int_0^1 x^{p-1}\ln^q\frac{1}{x}dx$当$p\geqslant p_0>0$时一致收敛.

(2) 对任何$A>0$,$p>0$,作代换$pt=s$,则

$$\int_A^{+\infty} e^{-pt}t^qdt=\frac{1}{p^{q+1}}\int_{pA}^{+\infty} s^qe^{-s}ds,$$

由于$q>-1$,故积分$\int_0^{+\infty} s^qe^{-s}ds$收敛,且显然

$$0<\int_0^{+\infty} s^qe^{-s}ds<+\infty,$$

于是,有

$$\lim_{p\to+0}\int_A^{+\infty} e^{-pt}t^qdt=+\infty,$$

由此即知,积分$\int_0^{+\infty} e^{-pt}t^qdt$在$p>0$上非一致收敛. 从而,原积分$\int_0^1 x^{p-1}\ln^q\frac{1}{x}dx$当$p>0$时非一致收敛.

*) 利用2361题的结果(在其中作代换$pt=s$).

**【3767】** $\int_0^1\frac{x^n}{\sqrt{1-x^2}}dx\quad (0\leqslant n<+\infty)$.

**解** 注意,$x=1$是瑕点. 由于当$0\leqslant x<1$时,有

$$0\leqslant\frac{x^n}{\sqrt{1-x^2}}<\frac{1}{\sqrt{1-x^2}}\quad (0\leqslant n<+\infty),$$

而积分$\int_0^1\frac{dx}{\sqrt{1-x^2}}=\arcsin x\Big|_0^1=\frac{\pi}{2}$收敛,故由魏尔斯特拉斯准则知,积分$\int_0^1\frac{x^n}{\sqrt{1-x^2}}dx$当$0\leqslant n<+\infty$时一致收敛.

**【3768】** $\int_0^1\sin\frac{1}{x}\frac{dx}{x^n}\quad (0<n<2)$.

**解** 作代换$\frac{1}{x}=t$,则

$$\int_0^1 \sin\frac{1}{x}\frac{dx}{x^n}=\int_1^{+\infty} t^{n-2}\sin t dt,$$

并且,很明显,$\int_0^1 \sin\frac{1}{x}\frac{dx}{x^n}$的一致收敛相当于$\int_1^{+\infty} t^{n-2}\sin t dt$ 的一致收敛. 显然,当 $n<2$ 时,积分$\int_1^{+\infty} t^{n-2}\cdot\sin t dt$是收敛的. 下证:当 $0<n<2$ 时,它不一致收敛. 事实上,当 $0<n<2$ 时,对任何正整数 $m$,有

$$\int_{2m\pi+\frac{\pi}{4}}^{2m\pi+\frac{\pi}{2}} t^{n-2}\sin t dt>\frac{\sqrt{2}}{2}\int_{2m\pi+\frac{\pi}{4}}^{2m\pi+\frac{\pi}{2}}\frac{dt}{t^{2-n}}>\frac{\sqrt{2}}{2}\,\frac{\pi}{4}\,\frac{1}{\left(2m\pi+\frac{\pi}{2}\right)^{2-n}}.$$

由于$\lim\limits_{n\to 2-0}\frac{1}{\left(2m\pi+\frac{\pi}{2}\right)^{2-n}}=1$,故当 $n$ 在 $0<n<2$ 内且与 2 充分接近时,必有$\frac{1}{\left(2m\pi+\frac{\pi}{2}\right)^{2-n}}>\frac{1}{2}$. 于是,这时

$$\int_{2m\pi+\frac{\pi}{4}}^{2m\pi+\frac{\pi}{2}} t^{n-2}\sin t dt>\frac{\sqrt{2}\pi}{16}=\text{常数}>0,$$

故$\int_1^{+\infty} t^{n-2}\sin t dt$ 在 $0<n<2$ 上非一致收敛.

**【3769】** $\int_0^2 \frac{x^\alpha dx}{\sqrt[3]{(x-1)(x-2)^2}}\quad\left(|\alpha|<\frac{1}{2}\right).$

**解** 首先注意 $x=1$,$x=2$ 是瑕点;$x=0$ 可能是瑕点. 将积分分成在(0,1)及(1,2)上两个积分.

当 $0<x<1$ 且$|\alpha|<\frac{1}{2}$时,$\quad\left|\frac{x^\alpha}{\sqrt[3]{(x-1)(x-2)^2}}\right|<\frac{1}{x^{\frac{1}{2}}(1-x)^{\frac{1}{3}}(x-2)^{\frac{2}{3}}}$;

当 $1<x<2$ 且$|\alpha|<\frac{1}{2}$时,$\quad\left|\frac{x^\alpha}{\sqrt[3]{(x-1)(x-2)^2}}\right|<\frac{\sqrt{2}}{(1-x)^{\frac{1}{3}}(x-2)^{\frac{2}{3}}}$.

易知上述两个不等式右端的函数分别在区间(0,1)及(1,2)上的积分收敛,故由魏尔斯特拉斯准则知,积分$\int_0^2\frac{x^\alpha}{\sqrt[3]{(x-1)(x-2)^2}}dx$ 对$|\alpha|<\frac{1}{2}$一致收敛.

**【3770】** $\int_0^1 \frac{\sin\alpha x}{\sqrt{|x-\alpha|}}dx\quad(0\leqslant\alpha\leqslant 1).$

**解** $\int_0^1 \frac{\sin\alpha x}{\sqrt{|x-\alpha|}}dx=\int_0^\alpha \frac{\sin\alpha x}{\sqrt{\alpha-x}}dx+\int_\alpha^1 \frac{\sin\alpha x}{\sqrt{x-\alpha}}dx.$

对于积分$\int_0^\alpha \frac{\sin\alpha x}{\sqrt{\alpha-x}}dx$,由于

$$\left|\int_{\alpha-\eta}^\alpha \frac{\sin\alpha}{\sqrt{\alpha-x}}dx\right|\leqslant\int_{\alpha-\eta}^\alpha \frac{dx}{\sqrt{\alpha-x}}=2\sqrt{\eta},$$

故对于任给的 $\varepsilon>0$,只要取 $0<\eta<\frac{\varepsilon^2}{4}$,即有

$$\left|\int_{\alpha-\eta}^\alpha \frac{\sin\alpha}{\sqrt{\alpha-x}}dx\right|<\varepsilon.$$

因此,对 $0\leqslant\alpha\leqslant 1$ 它是一致收敛的.

对于积分$\int_\alpha^1 \frac{\sin\alpha x}{\sqrt{x-\alpha}}dx$,由于

$$\left|\int_\alpha^{\alpha+\eta} \frac{\sin\alpha x}{\sqrt{x-\alpha}}dx\right|\leqslant\int_\alpha^{\alpha+\eta} \frac{dx}{\sqrt{x-\alpha}}=2\sqrt{\eta},$$

故对于任给的 $\varepsilon>0$,只要取 $0<\eta<\frac{\varepsilon^2}{4}$,即有

$$\left|\int_{\alpha}^{\alpha+\eta}\frac{\sin\alpha x}{\sqrt{x-\alpha}}\mathrm{d}x\right|<\varepsilon.$$

因此，对 $0\leqslant\alpha\leqslant1$ 它是一致收敛的.

于是，积分 $\int_0^1\frac{\sin\alpha x}{\sqrt{|x-\alpha|}}\mathrm{d}x$ 对 $0\leqslant\alpha\leqslant1$ 一致收敛.

**【3771】** 若积分在参数的已知值的某邻域内一致收敛，则称此积分对参数的已知值一致收敛.

证明：积分
$$I=\int_0^{+\infty}\frac{\alpha\mathrm{d}x}{1+\alpha^2x^2}$$
对每一个 $\alpha\neq0$ 的值一致收敛，而对 $\alpha=0$ 非一致收敛.

**证** 设 $\alpha_0$ 为任一不为零的数，不妨设 $\alpha_0>0$. 今取 $\delta>0$，使 $\alpha_0-\delta>0$. 下面证明积分 $I$ 在 $(\alpha_0-\delta,\alpha_0+\delta)$ 内一致收敛. 事实上，当 $\alpha\in(\alpha_0-\delta,\alpha_0+\delta)$ 时，由于

$$0<\frac{\alpha}{1+\alpha^2x^2}<\frac{\alpha_0+\delta}{1+(\alpha_0-\delta^2)x^2},$$

且积分 $\int_0^{+\infty}\frac{\alpha_0+\delta}{1+(\alpha_0-\delta)^2x^2}\mathrm{d}x$ 收敛，故由魏尔斯特拉斯准则知，积分 $\int_0^{+\infty}\frac{\alpha\mathrm{d}x}{1+\alpha^2x^2}$ 在 $(\alpha_0-\delta,\alpha_0+\delta)$ 内一致收敛，从而，在 $\alpha_0$ 点一致收敛. 由 $\alpha_0$ 的任意性知，积分 $I$ 在每一个 $\alpha\neq0$ 的值一致收敛.

其次，我们证明积分 $I$ 对 $\alpha=0$ 非一致收敛. 事实上，对原点的任何邻域 $(-\delta,\delta)$ 均有下述结果：

对任何的 $A>0$，有
$$\int_A^{+\infty}\frac{\alpha\mathrm{d}x}{1+\alpha^2x^2}=\int_{\alpha A}^{+\infty}\frac{\mathrm{d}t}{1+t^2}\quad(\alpha>0).$$

由于
$$\lim_{\alpha\to+0}\int_{\alpha A}^{+\infty}\frac{\mathrm{d}t}{1+t^2}=\int_0^{+\infty}\frac{\mathrm{d}t}{1+t^2}=\frac{\pi}{2},$$

故取 $0<\varepsilon_0<\frac{\pi}{2}$，在 $(-\delta,\delta)$ 中必存在某一个 $\alpha_0>0$，使有

$$\left|\int_{\alpha_0A}^{+\infty}\frac{\mathrm{d}t}{1+t^2}\right|>\varepsilon_0\quad\text{即}\quad\left|\int_A^{+\infty}\frac{\alpha_0\mathrm{d}x}{1+\alpha_0^2x^2}\right|>\varepsilon_0.$$

因此，积分 $I$ 对 $\alpha=0$ 点的任一邻域 $(-\delta,\delta)$ 内非一致收敛，从而，积分 $I$ 在 $\alpha=0$ 时非一致收敛.

**【3772】** 在下式中
$$\lim_{\alpha\to+0}\int_0^{+\infty}\alpha\mathrm{e}^{-\alpha x}\mathrm{d}x$$
把极限移到积分号内合理吗？

**解题思路** 不合理. 这是因为积分 $\int_0^{+\infty}\alpha\mathrm{e}^{-\alpha x}\mathrm{d}x$ 对 $0\leqslant\alpha\leqslant b\ (b>0)$ 不一致收敛(3754 题(2)的结果)，故一般不能应用积分符号与极限符号的交换定理. 对于本题，实际上也不能交换.

**解** 不合理. 事实上，由 3754 题(2)的结果知，积分 $\int_0^{+\infty}\alpha\mathrm{e}^{-\alpha x}\mathrm{d}x$ 对 $0\leqslant\alpha\leqslant b\ (b>0)$ 的收敛并非一致，故一般不能应用积分符号与极限符号的交换定理. 对于本题，实际上也不能交换，这是由于

$$\int_0^{+\infty}(\lim_{\alpha\to+0}\alpha\mathrm{e}^{-\alpha x})\mathrm{d}x=0,$$

而
$$\lim_{\alpha\to+0}\int_0^{+\infty}\alpha\mathrm{e}^{-\alpha x}\mathrm{d}x=\lim_{\alpha\to+0}(-\mathrm{e}^{-\alpha x})\Big|_0^{+\infty}=1,$$

故得
$$\lim_{\alpha\to+0}\int_0^{+\infty}\alpha\mathrm{e}^{-\alpha x}\mathrm{d}x\neq\int_0^{+\infty}(\lim_{\alpha\to+0}\alpha\mathrm{e}^{-\alpha x})\mathrm{d}x.$$

**【3773】** 函数 $f(x)$ 在区间 $(0,+\infty)$ 内可积分，证明公式：
$$\lim_{\alpha\to+0}\int_0^{+\infty}\mathrm{e}^{-\alpha x}f(x)\mathrm{d}x=\int_0^{+\infty}f(x)\mathrm{d}x.$$

**证** 容许有有限个瑕点. 为叙述简单起见，例如，设只有一个瑕点 $x=0$. 已知积分 $\int_0^{+\infty}f(x)\mathrm{d}x$ 收敛且被积函数中不含有 $\alpha$，故它关于 $\alpha$ 一致收敛. 又因函数 $\mathrm{e}^{-\alpha x}$ 对于固定的 $0\leqslant\alpha\leqslant1$，关于 $x(x>0)$ 是递减的，并且一致有界：$0<\mathrm{e}^{-\alpha x}\leqslant1(0\leqslant\alpha\leqslant1,x>0)$，故根据阿贝尔判别法知，$\int_0^{+\infty}\mathrm{e}^{-\alpha x}f(x)\mathrm{d}x$ 在 $0\leqslant\alpha\leqslant1$ 上一致收

敛. 于是，对于任给的 $\varepsilon>0$，可取 $\eta>0,A_0>0\ (\eta<A_0)$，使

$$\left|\int_0^{\eta} e^{-\alpha x}f(x)dx\right|<\frac{\varepsilon}{5},\qquad \left|\int_{A_0}^{+\infty} e^{-\alpha x}f(x)dx\right|<\frac{\varepsilon}{5}\quad(0\leqslant\alpha\leqslant 1).$$

由于 $f(x)$ 在 $[\eta,A_0]$ 上常义可积，故有界，即存在常数 $M_0$ 使 $|f(x)|\leqslant M_0\ (\eta\leqslant x\leqslant A_0)$. 再根据二元函数 $e^{-\alpha x}$ 在 $0\leqslant\alpha\leqslant 1,\eta\leqslant x\leqslant A_0$ 上的一致连续性知，必存在 $\delta>0(\delta<1)$，使当 $0<\alpha<\delta$ 时，对一切 $\eta\leqslant x\leqslant A_0$，皆有 $0\leqslant 1-e^{-\alpha x}<\frac{\varepsilon}{5A_0M_0}$. 于是，当 $0<\alpha<\delta$ 时，恒有

$$\begin{aligned}&\left|\int_0^{+\infty} e^{-\alpha x}f(x)dx-\int_0^{+\infty} f(x)dx\right|\\&=\left|\int_{\eta}^{A_0}(e^{-\alpha x}-1)f(x)dx+\int_{A_0}^{+\infty} e^{-\alpha x}f(x)dx-\int_{A_0}^{+\infty} f(x)dx+\int_0^{\eta} e^{-\alpha x}f(x)dx-\int_0^{\eta} f(x)dx\right|\\&<M_0A_0\frac{\varepsilon}{5A_0M_0}+\frac{\varepsilon}{5}+\frac{\varepsilon}{5}+\frac{\varepsilon}{5}+\frac{\varepsilon}{5}=\varepsilon.\end{aligned}$$

由此可知，
$$\lim_{\alpha\to+0}\int_0^{+\infty} e^{-\alpha x}f(x)dx=\int_0^{+\infty} f(x)dx.$$

**【3774】** 若 $f(x)$ 在区间 $(0,+\infty)$ 内绝对可积，证明：

$$\lim_{n\to\infty}\int_0^{+\infty} f(x)\sin nx\,dx=0.$$

**证** 由 $f(x)$ 在区间 $(0,+\infty)$ 内的绝对可积性可知：对于任给的 $\varepsilon>0$，存在 $A>0$，使有

$$\int_A^{+\infty}|f(x)|dx<\frac{\varepsilon}{3}.$$

于是，
$$\left|\int_0^{+\infty} f(x)\sin nx\,dx\right|\leqslant\left|\int_0^{A} f(x)\sin nx\,dx\right|+\frac{\varepsilon}{3}.$$

先设 $f(x)$ 在 $[0,A]$ 中无瑕点. 我们在 $[0,A]$ 中插入分点 $0=t_0<t_1<t_2<\cdots<t_{m-1}<t_m=A$，并设 $f(x)$ 在 $[t_{k-1},t_k]$ 上的下确界为 $m_k$，则有

$$\int_0^{A} f(x)\sin nx\,dx=\sum_{k=1}^{m}\int_{t_{k-1}}^{t_k} f(x)\sin nx\,dx=\sum_{k=1}^{m}\int_{t_{k-1}}^{t_k}[f(x)-m_k]\sin nx\,dx+\sum_{k=1}^{m}m_k\int_{t_{k-1}}^{t_k}\sin nx\,dx,$$

从而有

$$\left|\int_0^{A} f(x)\sin nx\,dx\right|\leqslant\sum_{k=1}^{m}w_k\Delta t_k+\sum_{k=1}^{m}|m_k|\frac{|\cos nt_{k-1}-\cos nt_k|}{n}\leqslant\sum_{k=1}^{m}w_k\Delta t_k+\frac{2}{n}\sum_{k=1}^{m}|m_k|,$$

其中 $w_k$ 为 $f(x)$ 在区间 $[t_{k-1},t_k]$ 上的振幅，$\Delta t_k=t_k-t_{k-1}$.

由于 $f(x)$ 在 $[0,A]$ 上可积，故可取某一分法，使有

$$\left|\sum_{k=1}^{m}w_k\Delta t_k\right|<\frac{\varepsilon}{3}.$$

对于这样固定的分法，$\sum\limits_{k=1}^{m}|m_k|$ 为一定值，因而存在 $N$，使当 $n>N$ 时，恒有

$$\frac{2}{n}\sum_{k=1}^{m}|m_k|<\frac{\varepsilon}{3}.$$

于是，对于上述所选取的 $N$，当 $n>N$ 时，

$$\begin{aligned}\left|\int_0^{+\infty} f(x)\sin nx\,dx\right|&\leqslant\left|\int_0^{A} f(x)\sin nx\,dx\right|+\left|\int_A^{+\infty} f(x)\sin nx\,dx\right|\\&\leqslant\sum_{k=1}^{m}w_k\Delta t_k+\frac{2}{n}\sum_{k=1}^{m}|m_k|+\int_A^{+\infty}|f(x)|dx<\frac{\varepsilon}{3}+\frac{\varepsilon}{3}+\frac{\varepsilon}{3}=\varepsilon,\end{aligned}$$

即
$$\lim_{n\to\infty}\int_0^{+\infty} f(x)\sin nx\,dx=0.$$

其次，设 $f(x)$ 在区间 $[0,A]$ 中有瑕点. 为简便起见，不妨设只有一个瑕点，且为 0. 于是，对于任给的 $\varepsilon>0$，存在 $\eta>0$，使有

$$\int_0^{\eta}|f(x)|dx<\frac{\varepsilon}{3}.$$

但是，$f(x)$在$[\eta,A]$上无瑕点，故应用上述结果可知：存在 $N$，使当 $n>N$ 时，恒有

$$\left|\int_{\eta}^{A} f(x)\sin nx\mathrm{d}x\right|<\frac{\varepsilon}{3}.$$

于是，当 $n>N$ 时，有

$$\left|\int_{0}^{+\infty} f(x)\sin nx\mathrm{d}x\right|\leqslant\int_{0}^{\eta}|f(x)|\mathrm{d}x+\left|\int_{\eta}^{A} f(x)\sin nx\mathrm{d}x\right|+\int_{A}^{+\infty}|f(x)|\mathrm{d}x<\frac{\varepsilon}{3}+\frac{\varepsilon}{3}+\frac{\varepsilon}{3}=\varepsilon.$$

即
$$\lim_{n\to\infty}\int_{0}^{+\infty} f(x)\sin nx\mathrm{d}x=0.$$

总之，当 $f(x)$在$(0,+\infty)$内绝对可积，不论 $f(x)$在$(0,+\infty)$内有无瑕点，均可证得

$$\lim_{n\to\infty}\int_{0}^{+\infty} f(x)\sin nx\mathrm{d}x=0.$$

**【3775】** 证明：若(1)在每一个有限区间$(a,b)$内 $f(x,y)\rightrightarrows f(x,y_0)$；(2) $|f(x,y)|\leqslant F(x)$，其中 $\int_{a}^{+\infty}F(x)\mathrm{d}x<+\infty$，则

$$\lim_{y\to y_0}\int_{a}^{+\infty} f(x,y)\mathrm{d}x=\int_{a}^{+\infty}\lim_{y\to y_0}f(x,y)\mathrm{d}x.$$

**证** 条件(1)表示当 $y\to y_0$ 时，当 $x$ 在任何有限区间$(a,b)$上，$f(x,y)$都一致趋于 $f(x,y_0)$．于是，有

$$\lim_{y\to y_0}\int_{a}^{b} f(x,y)\mathrm{d}x=\int_{a}^{b} f(x,y_0)\mathrm{d}x\quad(\text{对任何 } b>a).$$

又在不等式$|f(x,y)|\leqslant F(x)$中令 $y\to y_0$(任意固定 $x$)，得$|f(x,y_0)|\leqslant F(x)$，故$\int_{a}^{+\infty} f(x,y_0)\mathrm{d}x$ 收敛.

任给 $\varepsilon>0$．由于$\int_{a}^{+\infty}F(x)\mathrm{d}x<+\infty$，故可取定某$b>a$，使$\int_{b}^{+\infty}F(x)\mathrm{d}x<\frac{\varepsilon}{3}$．对此 $b$，又可取 $\delta>0$，使当 $0<|y-y_0|<\delta$ 时，恒有

$$\left|\int_{a}^{b} f(x,y)\mathrm{d}x-\int_{a}^{b} f(x,y_0)\mathrm{d}x\right|<\frac{\varepsilon}{3}.$$

于是，当 $0<|y-y_0|<\delta$ 时，恒有

$$\begin{aligned}&\left|\int_{a}^{+\infty} f(x,y)\mathrm{d}x-\int_{a}^{+\infty} f(x,y_0)\mathrm{d}x\right|\\ \leqslant&\left|\int_{a}^{b} f(x,y)\mathrm{d}x-\int_{a}^{b} f(x,y_0)\mathrm{d}x\right|+\int_{b}^{+\infty}|f(x,y)|\mathrm{d}x+\int_{b}^{+\infty}|f(x,y_0)|\mathrm{d}x\\ <&\frac{\varepsilon}{3}+\int_{b}^{+\infty}F(x)\mathrm{d}x+\int_{b}^{+\infty}F(x)\mathrm{d}x<\frac{\varepsilon}{3}+\frac{\varepsilon}{3}+\frac{\varepsilon}{3}=\varepsilon.\end{aligned}$$

由此可知，
$$\lim_{y\to y_0}\int_{a}^{+\infty} f(x,y)\mathrm{d}x=\int_{a}^{+\infty} f(x,y_0)\mathrm{d}x=\int_{a}^{+\infty}\lim_{y\to y_0}f(x,y)\mathrm{d}x.$$

证毕.

**注** 本题中应假定：对任何 $b>a$，$f(x,y)$关于 $x$ 在$[a,b]$上可积.

**【3776】** 利用积分符号与极限号互换，计算积分

$$\int_{0}^{+\infty}\mathrm{e}^{-x^2}\mathrm{d}x=\int_{0}^{+\infty}\lim_{n\to\infty}\left[\left(1+\frac{x^2}{n}\right)^{-n}\right]\mathrm{d}x.$$

**解** 先证积分符号与极限号能互换．事实上，(1)函数$\left(1+\frac{x^2}{n}\right)^{-n}$在 $0\leqslant x\leqslant A$ 上连续(任何 $A>0$)，故它在$[0,A]$上可积；(2)又$\left(1+\frac{x^2}{n}\right)^{-n}$在$[0,A]$上关于 $n$ 为单调减小的，且$\lim\limits_{n\to\infty}\left(1+\frac{x^2}{n}\right)^{-n}=\mathrm{e}^{-x^2}$为连续函数，故按狄尼定理，当 $n\to\infty$时，函数$\left(1+\frac{x^2}{n}\right)^{-n}$在$[0,A]$上一致趋向于 $\mathrm{e}^{-x^2}$；(3)由于 $0<\left(1+\frac{x^2}{n}\right)^{-n}\leqslant\frac{1}{1+x^2}$ $(n=1,2,\cdots)$，且$\int_{0}^{+\infty}\frac{\mathrm{d}x}{1+x^2}=\frac{\pi}{2}<+\infty$，故积分$\int_{0}^{+\infty}\left(1+\frac{x^2}{n}\right)^{-n}\mathrm{d}x$ 关于$n$ 一致收敛．因此，我们可以应用积分符号与极限号的互换定理*)，从而，得

$$\int_0^{+\infty} e^{-x^2}\,dx=\lim_{n\to\infty}\int_0^{+\infty}\frac{dx}{\left(1+\frac{x^2}{n}\right)^n}.$$

而
$$\int_0^{+\infty}\frac{dx}{\left(1+\frac{x^2}{n}\right)^n}=\sqrt{n}\int_0^{+\infty}\frac{dt}{(1+t^2)^n}=\sqrt{n}I_n,$$

又由于

$$I_{n-1}=\int_0^{+\infty}\frac{dt}{(1+t^2)^{n-1}}=\frac{t}{(1+t^2)^{n-1}}\Bigg|_0^{+\infty}+2(n-1)\int_0^{+\infty}\frac{t^2}{(1+t^2)^n}dt=2(n-1)I_{n-1}-2(n-1)I_n,$$

故得
$$I_n=\frac{2n-3}{2n-2}I_{n-1}.$$

又因 $I_1=\int_0^{+\infty}\frac{dt}{1+t^2}=\frac{\pi}{2}$，将上式递推即得

$$I_n=\frac{1\cdot 3\cdots(2n-3)}{2\cdot 4\cdots(2n-2)}\frac{\pi}{2}=\frac{(2n-3)!!}{(2n-2)!!}\frac{\pi}{2}.$$

于是，
$$\int_0^{+\infty} e^{-x^2}\,dx=\lim_{n\to\infty}\frac{(2n-3)!!}{(2n-2)!!}\frac{\pi\sqrt{n}}{2}.$$

根据沃利斯公式，我们有

$$\frac{\pi}{2}=\lim_{n\to\infty}\frac{[(2n)!!]^2}{(2n+1)[(2n-1)!!]^2}=\lim_{n\to\infty}\frac{[(2n-2)!!]^2}{(2n-1)[(2n-3)!!]^2}.$$

最后得

$$\int_0^{+\infty} e^{-x^2}\,dx=\frac{\pi}{2}\lim_{n\to\infty}\frac{(2n-3)!!\sqrt{n}}{(2n-2)!!}=\frac{\pi}{2}\lim_{n\to\infty}\frac{(2n-3)!!\sqrt{2n-1}}{(2n-2)!!}\sqrt{\frac{n}{2n-1}}=\frac{\pi}{2}\sqrt{\frac{2}{\pi}}\sqrt{\frac{1}{2}}=\frac{\sqrt{\pi}}{2}.$$

*）参看菲赫金哥尔茨著《微积分学教程》第二卷 480 目定理 I.

**【3777】** 证明：积分
$$F(a)=\int_0^{+\infty} e^{-(x-a)^2}\,dx$$
是参数 $a$ 的连续函数.

**证** $F(a)=\int_0^{+\infty} e^{-(x-a)^2}\,dx=\int_{-a}^{+\infty} e^{-x^2}\,dx=\int_{-a}^{0} e^{-x^2}\,dx+\int_0^{+\infty} e^{-x^2}\,dx=\int_0^{a} e^{-x^2}\,dx+\frac{\sqrt{\pi}}{2}.$

由变上限积分的性质知，积分 $\int_0^a e^{-x^2}\,dx$ 是 $a(-\infty<a<+\infty)$ 的连续函数，故 $F(a)$ 也是 $a(-\infty<a<+\infty)$ 的连续函数.

**【3778】** 求函数
$$F(a)=\int_0^{+\infty}\frac{\sin(1-a^2)x}{x}dx$$
的不连续点. 作出函数 $y=F(a)$ 的图像.

**提示** 注意当 $|a|<1$ 时，$F(a)=\frac{\pi}{2}$；当 $|a|>1$ 时，$F(a)=-\frac{\pi}{2}$；当 $|a|=1$ 时，$F(a)=0$.

**解** 当 $1-a^2>0$ 即 $|a|<1$ 时，

$$F(a)=\int_0^{+\infty}\frac{\sin(1-a^2)x}{(1-a^2)x}d[(1-a^2)x]=\int_0^{+\infty}\frac{\sin t}{t}dt=\frac{\pi}{2}.$$

当 $1-a^2<0$ 即 $|a|>1$ 时，

$$F(a)=-\int_0^{+\infty}\frac{\sin(a^2-1)x}{(a^2-1)x}d[(a^2-1)x]=-\int_0^{+\infty}\frac{\sin t}{t}dt=-\frac{\pi}{2}.$$

当 $1-a^2=0$ 即 $|a|=1$ 时，$F(a)=0$.

于是，$a=\pm1$ 为 $F(a)$ 不连续点. 如图 7.2 所示

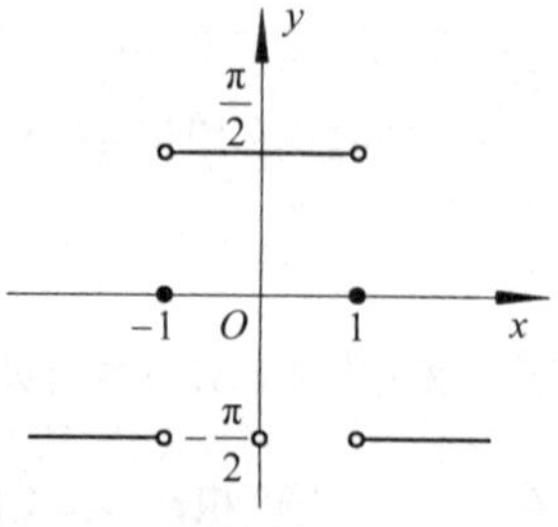

图 7.2

**研究下列函数在所指定区间内的连续性：**

**【3779】** $F(\alpha)=\int_0^{+\infty}\frac{x\mathrm{d}x}{2+x^\alpha}$， 当 $\alpha>2$.

**解** 对于积分 $\int_1^{+\infty}\frac{x\mathrm{d}x}{2+x^\alpha}$. 由于当 $x\geqslant1$ 时，

$$0<\frac{x}{2+x^\alpha}<\frac{x}{x^\alpha}\leqslant\frac{1}{x^{\alpha_0-1}},$$

其中 $\alpha\geqslant\alpha_0>2$，且积分 $\int_1^{+\infty}\frac{\mathrm{d}x}{x^{\alpha_0-1}}$ 收敛，故积分 $\int_1^{+\infty}\frac{x\mathrm{d}x}{2+x^\alpha}$ 对 $\alpha\geqslant\alpha_0$ 一致收敛，从而，积分 $\int_0^{+\infty}\frac{x\mathrm{d}x}{2+x^\alpha}$ 对 $\alpha\geqslant\alpha_0$ 一致收敛. 因此，$F(\alpha)$ 当 $\alpha\geqslant\alpha_0$ 时连续. 由于 $\alpha_0>2$ 的任意性，故知 $F(\alpha)$ 当 $\alpha>2$ 时连续.

**【3780】** $F(\alpha)=\int_1^{+\infty}\frac{\cos x}{x^\alpha}\mathrm{d}x$， 当 $\alpha>0$.

**解题思路** 由狄利克雷判别法易知，积分 $\int_1^{+\infty}\frac{\cos x}{x^\alpha}\mathrm{d}x$ 对 $\alpha\geqslant\alpha_0>0$ 一致收敛. 从而，函数 $F(\alpha)$ 当 $\alpha\geqslant\alpha_0$ 时连续. 由 $\alpha_0>0$ 的任意性即知，$F(\alpha)$ 当 $\alpha>0$ 时连续.

**解** 对于任何 $A>1$，均有
$$\left|\int_1^A\cos x\mathrm{d}x\right|\leqslant2.$$

而函数 $\frac{1}{x^\alpha}$ 在 $x\geqslant1$，$\alpha>0$ 关于 $x$ 单调递减，且由

$$0<\frac{1}{x^\alpha}\leqslant\frac{1}{x^{\alpha_0}}\quad(x\geqslant1,\alpha\geqslant\alpha_0>0)$$

知：当 $x\to+\infty$ 时 $\frac{1}{x^\alpha}$ 在 $\alpha\geqslant\alpha_0$ 时一致趋于零. 因此，由狄利克雷判别法知，积分

$$\int_1^{+\infty}\frac{\cos x}{x^\alpha}\mathrm{d}x$$

对 $\alpha\geqslant\alpha_0>0$ 一致收敛. 于是，函数 $F(\alpha)$ 当 $\alpha\geqslant\alpha_0$ 时连续. 由 $\alpha_0>0$ 的任意性，故知 $F(\alpha)$ 当 $\alpha>0$ 时连续.

**【3781】** $F(\alpha)=\int_0^\pi\frac{\sin x}{x^\alpha(\pi-x)^\alpha}\mathrm{d}x$， 当 $0<\alpha<2$.

**解** $F(\alpha)=\int_0^{\frac{\pi}{2}}\frac{\sin x}{x^\alpha(\pi-x)^\alpha}\mathrm{d}x+\int_{\frac{\pi}{2}}^\pi\frac{\sin x}{x^\alpha(\pi-x)^\alpha}\mathrm{d}x=\int_0^{\frac{\pi}{2}}\frac{\sin x}{x^\alpha(\pi-x)^\alpha}\mathrm{d}x-\int_{\frac{\pi}{2}}^0\frac{\sin(\pi-t)}{(\pi-t)^\alpha t^\alpha}\mathrm{d}t$

$$=2\int_0^{\frac{\pi}{2}}\frac{\sin x}{x^\alpha(\pi-x)^\alpha}\mathrm{d}x.$$

由于当 $0<\eta<1$，$0<\alpha_0\leqslant\alpha\leqslant\alpha_1<2$ 时，有

$$\int_0^\eta\frac{|\sin x|}{x^\alpha(\pi-x)^\alpha}\mathrm{d}x\leqslant\left(\frac{2}{\pi}\right)^\alpha\int_0^\eta\frac{\mathrm{d}x}{x^{\alpha-1}}\leqslant\left(\frac{2}{\pi}\right)^{\alpha_0}\int_0^\eta\frac{\mathrm{d}x}{x^{\alpha_1-1}}=\left(\frac{1}{\pi}\right)^{\alpha_0}\frac{1}{2-\alpha_1}\eta^{2-\alpha_1},$$

故对于任给的 $\varepsilon>0$，当

$$0<\eta<\delta=\min\left\{1,(2-\alpha_1)^{\frac{1}{2-\alpha_1}}\left(\frac{\pi}{2}\right)^{\frac{\alpha_0}{2-\alpha_1}}\varepsilon^{\frac{1}{2-\alpha_1}}\right\}$$

时，对一切 $\alpha_0\leqslant\alpha\leqslant\alpha_1$ 皆有

$$\left|\int_0^\eta\frac{\sin x}{x^\alpha(\pi-x)^\alpha}\mathrm{d}x\right|\leqslant\int_0^\eta\frac{|\sin x|}{x^\alpha(\pi-x)^\alpha}\mathrm{d}x<\varepsilon.$$

因此，瑕积分 $\int_0^{\frac{\pi}{2}}\frac{\sin x}{x^\alpha(\pi-x)^\alpha}\mathrm{d}x$ 当 $\alpha_0\leqslant\alpha\leqslant\alpha_1$ 时一致收敛. 从而，$F(\alpha)$ 在 $\alpha_0\leqslant\alpha\leqslant\alpha_1$ 上连续. 由 $0<\alpha_0<\alpha_1<2$ 的任意性知，$F(\alpha)$ 当 $0<\alpha<2$ 时连续.

**【3782】** $F(\alpha)=\int_0^{+\infty}\frac{\mathrm{e}^{-x}}{|\sin x|^\alpha}\mathrm{d}x$， 当 $0<\alpha<1$.

**解** $F(\alpha)=\sum\limits_{n=0}^{\infty}\int_{n\pi}^{(n+1)\pi}\frac{\mathrm{e}^{-x}}{|\sin x|^\alpha}\mathrm{d}x=\sum\limits_{n=0}^{\infty}\int_0^\pi\frac{\mathrm{e}^{-(n\pi+t)}}{\sin^\alpha t}\mathrm{d}t.$

当 $0<\alpha\leqslant\alpha_0<1$ 时，

$$\int_0^{\pi} \frac{e^{-(n\pi+t)}}{\sin^{\alpha} t} dt \leqslant e^{-n\pi} \int_0^{\pi} \frac{1}{\sin^{\alpha_0} t} dt.$$

显然，积分

$$\int_0^{\pi} \frac{dt}{\sin^{\alpha_0} t} = 2\int_0^{\frac{\pi}{2}} \frac{dt}{\sin^{\alpha_0} t},$$

且 $\lim\limits_{t\to+0} t^{\alpha_0} \frac{1}{\sin^{\alpha_0} t} = 1$，故它是收敛的. 而级数 $\sum\limits_{n=1}^{\infty} e^{-n\pi}$ 为公比等于 $e^{-\pi}<1$ 的几何级数，它也收敛. 于是，由魏尔斯特拉斯准则知，级数

$$\sum_{n=0}^{\infty} \int_0^{\pi} \frac{e^{-(n\pi+t)}}{\sin^{\alpha} t} dt.$$

对 $0<\alpha\leqslant\alpha_0$ 一致收敛. 从而，注意到被积函数是正的，即知积分

$$\int_0^{+\infty} \frac{e^{-x}}{|\sin x|^{\alpha}} dx$$

对 $0<\alpha\leqslant\alpha_0$ 一致收敛. 因此，$F(\alpha)$ 在 $0<\alpha\leqslant\alpha_0$ 上连续. 由 $\alpha_0<1$ 的任意性知，$F(\alpha)$ 当 $0<\alpha<1$ 时连续.

**【3783】** $F(\alpha)=\int_0^{+\infty} \alpha e^{-x\alpha^2} dx$，　当 $-\infty<\alpha<+\infty$.

**提示**　注意当 $\alpha\neq0$ 时，$F(\alpha)=\frac{1}{\alpha}$；当 $\alpha=0$ 时，$F(\alpha)=0$.

**解**　当 $\alpha\neq0$ 时，$F(\alpha)=-\frac{1}{\alpha}e^{-x\alpha^2}\Big|_0^{+\infty}=\frac{1}{\alpha}$，显然它是连续的.

当 $\alpha=0$ 时，$F(0)=\int_0^{+\infty} 0\cdot e^{-0}dx=0$. 于是，显见 $F(\alpha)$ 当 $\alpha=0$ 时不连续.

## §3. 广义积分号下的微分法和积分法

1° **对参数的微分法**　若 1) 函数 $f(x,y)$ 及其导数 $f'_y(x,g)$ 在区域 $a\leqslant x<+\infty$，$y_1<y<y_2$ 内是连续的；2) $\int_a^{+\infty} f(x,y)dx$ 收敛；3) $\int_a^{+\infty} f'_y(x,y)dx$ 在区间 $(y_1,y_2)$ 内一致收敛，则当 $y_1<y<y_2$ 时

$$\frac{d}{dy}\int_a^{+\infty} f(x,y)dx = \int_a^{+\infty} f'_y(x,y)dx$$

(莱布尼茨法则).

2° **对参数积分的公式**　若 1) 函数 $f(x,y)$ 当 $x\geqslant a$ 及 $y_1\leqslant y\leqslant y_2$ 时是连续的；2) $\int_a^{+\infty} f(x,y)dx$ 在有限区间 $(y_1,y_2)$ 内一致收敛，则

$$\int_{y_1}^{y_2} dy\int_a^{+\infty} f(x,y)dx = \int_a^{+\infty} dx\int_{y_1}^{y_2} f(x,y)dy. \tag{1}$$

若 $f(x,y)\geqslant0$，同时假定等式(1)中两个内侧的积分连续，并且等式(1)的一端有意义，则公式(1)对于无穷区间 $(y_1,y_2)$ 也正确.

**【3784】** 利用公式

$$\int_0^1 x^{n-1}dx=\frac{1}{n}\quad(n>0),$$

计算积分

$$I=\int_0^1 x^{n-1}\ln^m x\,dx,\quad \text{其中 } m \text{ 为正整数}.$$

**解题思路**　首先，注意当 $0<x\leqslant1$，$n\geqslant n_0>0$ 时，$|x^{n-1}\ln x|\leqslant -x^{n_0-1}\ln x$，利用 2362 题的结果及魏尔斯特拉斯准则，可知积分 $\int_0^1 \frac{dx^{n-1}}{dn}dx=\int_0^1 x^{n-1}\ln x dx$ 对 $n\geqslant n_0>0$ 一致收敛，

从而，$\frac{d}{dn}\int_0^1 x^{n-1}dx=\int_0^1 x^{n-1}\ln x dx$ 对 $n\geqslant n_0$ 成立. 由 $n_0>0$ 的任意性可知，上式对任意 $n>0$ 均成立.

其次，利用数学归纳法，可得 $\frac{d^m}{dn^m}\int_0^1 x^{n-1}dx=\int_0^1 x^{n-1}\ln^m x\,dx$.

最后，可得 $\int_0^1 x^{n-1}\ln^m x\,dx=\frac{(-1)^m m!}{n^{m+1}}$.

**解** $\frac{dx^{n-1}}{dn}=x^{n-1}\ln x$ ($n>0$ 为任意实数). 积分

$$\int_0^1 x^{n-1}\ln x dx \tag{1}$$

对于 $n\geqslant n_0>0$ 为一致收敛. 事实上，当 $0<x\leqslant 1, n\geqslant n_0>0$ 时，

$$|x^{n-1}\ln x|\leqslant -x^{n_0-1}\ln x,$$

而积分 $\int_0^1 x^{n_0-1}\ln x dx$ 显然收敛*). 因此，由魏尔斯特拉斯准则即知，积分(1)对 $n\geqslant n_0>0$ 一致收敛. 于是，积分

$$\int_0^1 x^{n-1}dx$$

对参数 $n\geqslant n_0$ 求导数时，积分号与导数符号可交换，即

$$\frac{d}{dn}\int_0^1 x^{n-1}dx=\int_0^1 \frac{dx^{n-1}}{dn}dx=\int_0^1 x^{n-1}\ln x dx.$$

由 $n_0>0$ 的任意性知，上式对任意 $n>0$ 均成立.

同理对 $n$ 逐次求导数，也可在积分号下求导数，即

$$\frac{d^2}{dn^2}\int_0^1 x^{n-1}dx=\int_0^1 \frac{d}{dn}(x^{n-1}\ln x)dx=\int_0^1 x^{n-1}\ln^2 x dx$$

$$\vdots$$

由数学归纳法，可得 $$\frac{d^m}{dn^m}\int_0^1 x^{n-1}dx=\int_0^1 x^{n-1}\ln^m x\,dx.$$

但是，$\int_0^1 x^{n-1}dx=\frac{1}{n}$ ($n>0$)，故有

$$\frac{d^m}{dx^m}\int_0^1 x^{n-1}dx=\frac{(-1)^m m!}{n^{m+1}}.$$

从而得 $\int_0^1 x^{n-1}\ln^m x\,dx=\frac{(-1)^m m!}{n^{m+1}}$.

*) 利用 2362 题的结果.

**【3785】** 利用公式 $$\int_0^{+\infty}\frac{dx}{x^2+a}=\frac{\pi}{2\sqrt{a}} \quad (a>0),$$

计算积分 $$I=\int_0^{+\infty}\frac{dx}{(x^2+a)^{n+1}},$$ 其中 $n$ 为正整数.

**解题思路** 注意 $\frac{\partial}{\partial a}\left(\frac{1}{x^2+a}\right)=-\frac{1}{(x^2+a)^2}$，又当 $x\geqslant 0, a\geqslant a_0>0$ 时，

$$\frac{1}{(x^2+a)^2}\leqslant\frac{1}{(x^2+a_0)^2},$$

及积分 $\int_0^{+\infty}\frac{dx}{(x^2+a_0)^2}$ 收敛，由魏尔斯特拉斯准则可知，积分 $\int_0^{+\infty}\frac{dx}{(x^2+a)^2}$ 当 $a\geqslant a_0>0$ 时一致收敛. 于是，

$$\frac{d}{da}\int_0^{+\infty}\frac{dx}{x^2+a}=\int_0^{+\infty}\frac{\partial}{\partial a}\left(\frac{1}{x^2+a}\right)dx=-\int_0^{+\infty}\frac{dx}{(x^2+a)^2}.$$

由 $a_0>0$ 的任意性可知，上式对任意 $a>0$ 均成立.

利用数学归纳法，可得 $$\frac{d^n}{da^n}\int_0^{+\infty}\frac{dx}{x^2+a}=(-1)^n n!\int_0^{+\infty}\frac{dx}{(x^2+a)^{n+1}}.$$

同样，利用数学归纳法，可得

$$\frac{d^n}{da^n}\int_0^{+\infty}\frac{dx}{x^2+a}=\frac{d^n}{da^n}\left(\frac{\pi}{2\sqrt{a}}\right)=\frac{(2n-1)!!\pi}{2^{n+1}}(-1)^n a^{-(n+\frac{1}{2})},$$

最后得 $I=\frac{\pi}{2}\frac{(2n-1)!!}{(2n)!!}a^{-(n+\frac{1}{2})}$.

**解** $\frac{\partial}{\partial a}\left(\frac{1}{x^2+a}\right)=-\frac{1}{(x^2+a)^2}$. 积分

$$\int_0^{+\infty}\frac{\mathrm{d}x}{(x^2+a)^2} \tag{1}$$

对 $a\geqslant a_0>0$ 一致收敛. 事实上,当 $x\geqslant 0$, $a\geqslant a_0>0$ 时,

$$\frac{1}{(x^2+a)^2}\leqslant\frac{1}{(x^2+a_0)^2},$$

而积分 $\int_0^{+\infty}\frac{\mathrm{d}x}{(x^2+a_0)^2}$ 显然收敛. 因此,由魏尔斯特拉斯准则知,积分(1)当 $a\geqslant a_0>0$ 时一致收敛. 于是,利用莱布尼茨法则,即得

$$\frac{\mathrm{d}}{\mathrm{d}a}\int_0^{+\infty}\frac{\mathrm{d}x}{x^2+a}=\int_0^{+\infty}\frac{\partial}{\partial a}\left(\frac{1}{x^2+a}\right)\mathrm{d}x=-\int_0^{+\infty}\frac{\mathrm{d}x}{(x^2+a)^2}.$$

由 $a_0>0$ 的任意性知,上式对一切 $a>0$ 均成立.

同理对积分 $\int_0^{+\infty}\frac{\mathrm{d}x}{x^2+a}$ 逐次求导数,得

$$\frac{\mathrm{d}^n}{\mathrm{d}a^n}\int_0^{+\infty}\frac{\mathrm{d}x}{x^2+a}=(-1)^n n!\int_0^{+\infty}\frac{\mathrm{d}x}{(x^2+a)^{n+1}}.$$

但是,

$$\frac{\mathrm{d}}{\mathrm{d}a}\int_0^{+\infty}\frac{\mathrm{d}x}{x^2+a}=\frac{\mathrm{d}}{\mathrm{d}a}\left(\frac{\pi}{2\sqrt{a}}\right)=-\frac{\pi}{2^2}\frac{1}{\sqrt{a^3}},$$

$$\frac{\mathrm{d}^2}{\mathrm{d}a^2}\int_0^{+\infty}\frac{\mathrm{d}x}{x^2+a}=\frac{\mathrm{d}}{\mathrm{d}a}\left(-\frac{\pi}{2^2}\frac{1}{\sqrt{a^3}}\right)=\frac{1\cdot 3\pi}{2^3}\frac{1}{\sqrt{a^5}},$$

$$\vdots$$

由数学归纳法,可得 $$\frac{\mathrm{d}^n}{\mathrm{d}a^n}\int_0^{+\infty}\frac{\mathrm{d}x}{x^2+a}=\frac{(2n-1)!!\pi}{2^{n+1}}(-1)^n a^{-(n+\frac{1}{2})},$$

最后得 $I=\frac{\pi}{2}\frac{(2n-1)!!}{(2n)!!}a^{-(n+\frac{1}{2})}$.

**【3786】** 证明:狄利克雷积分 $$I(\alpha)=\int_0^{+\infty}\frac{\sin\alpha x}{x}\mathrm{d}x$$

当 $\alpha\neq 0$ 时有导数,但不能用莱布尼茨法则来求它.

**提示** 令 $\alpha x=y$.

**证** 当 $\alpha>0$ 时,令 $\alpha x=y$,得

$$I(\alpha)=\int_0^{+\infty}\frac{\sin y}{y}\mathrm{d}y=\frac{\pi}{2}.$$

当 $\alpha<0$ 时,$I(\alpha)=-I(-\alpha)=-\frac{\pi}{2}$. 于是,当 $\alpha\neq 0$ 时,$I'(\alpha)=0$.

但是,如果利用莱布尼茨法则来求,即得错误的结果. 事实上,积分

$$\int_0^{+\infty}\frac{\partial}{\partial\alpha}\left(\frac{\sin\alpha x}{x}\right)\mathrm{d}x=\int_0^{+\infty}\cos\alpha x\mathrm{d}x$$

发散,而 $I'(\alpha)=0\ (\alpha\neq 0)$ 存在,因此,本题不能应用莱布尼茨法则求 $I'(\alpha)$.

**【3787】** 证明:函数 $$F(\alpha)=\int_0^{+\infty}\frac{\cos x}{1+(x+\alpha)^2}\mathrm{d}x$$

在区域 $-\infty<\alpha<+\infty$ 内连续并且可微.

**证** 设 $\alpha_0$ 为 $(-\infty,+\infty)$ 内任意一点. 记 $M=\max(|\alpha_0-1|,|\alpha_0+1|)$,则当 $x>M$, $\alpha\in(\alpha_0-1,\alpha_0+1)$ 时,恒有

$$\left|\frac{\cos x}{1+(x-\alpha)^2}\right|\leqslant\frac{1}{1+(x-M)^2},\qquad \left|\frac{\partial}{\partial\alpha}\left[\frac{\cos x}{1+(x+\alpha)^2}\right]\right|=\left|\frac{2(x+\alpha)\cos x}{[1+(x+\alpha)^2]^2}\right|\leqslant\frac{2}{1+(x-M)^2}.$$

由于积分$\int_0^{+\infty}\dfrac{\mathrm{d}x}{1+(x-M)^2}$收敛，故积分

$$\int_0^{+\infty}\frac{\cos x}{1+(x+\alpha)^2}\mathrm{d}x \quad 及 \quad \int_0^{+\infty}\frac{\partial}{\partial\alpha}\left[\frac{\cos x}{1+(x+\alpha)^2}\right]\mathrm{d}x$$

在$(\alpha_0-1,\alpha_0+1)$内一致收敛. 从而，$F(\alpha)$在$(\alpha_0-1,\alpha_0+1)$内连续且可微，且可在积分号下求导数. 由 $\alpha_0$ 的任意性知，$F(\alpha)$在$(-\infty,+\infty)$内连续且可微.

**【3788】** 从等式
$$\frac{e^{-ax}-e^{-bx}}{x}=\int_a^b e^{-xy}\mathrm{d}y$$
出发，计算积分
$$\int_0^{+\infty}\frac{e^{-ax}-e^{-bx}}{x}\mathrm{d}x \quad (a>0,b>0).$$

**解** 不妨设 $a<b$，注意到 $e^{-xy}$ 在区域：$x\geqslant 0,a\leqslant y\leqslant b$ 上连续. 又积分$\int_0^{+\infty}e^{-xy}\mathrm{d}x$ 对 $a\leqslant y\leqslant b$ 是一致收敛的. 事实上，当$x\geqslant 0,a\leqslant y\leqslant b$，时，$0<e^{-xy}\leqslant e^{-ax}$，但积分$\int_0^{+\infty}e^{-ax}\mathrm{d}x$ 收敛. 故积分$\int_0^{+\infty}e^{-xy}\mathrm{d}x$ 是一致收敛的. 于是，利用对参数的积分公式，即得

$$\int_0^{+\infty}\mathrm{d}x\int_a^b e^{-xy}\mathrm{d}y=\int_a^b\mathrm{d}y\int_0^{+\infty}e^{-xy}\mathrm{d}x.$$

上式左端为$\int_0^{+\infty}\dfrac{e^{-ax}-e^{bx}}{x}\mathrm{d}x$，右端为$\int_a^b\dfrac{\mathrm{d}y}{y}=\ln\dfrac{b}{a}$. 从而得

$$\int_0^{+\infty}\frac{e^{-ax}-e^{-bx}}{x}\mathrm{d}x=\ln\frac{b}{a} \quad (a>0,b>0).$$

**【3789】** 证明傅茹兰公式：

$$\int_0^{+\infty}\frac{f(ax)-f(bx)}{x}\mathrm{d}x=f(0)\ln\frac{b}{a} \quad (a>0,b>0),$$

式中 $f(x)$为连续函数，积分$\int_A^{+\infty}\dfrac{f(x)}{x}\mathrm{d}x$ 对任何的 $A>0$ 都有意义.

**证** 对任何的 $A>0$，有

$$\int_A^{+\infty}\frac{f(ax)-f(bx)}{x}\mathrm{d}x=\int_A^{+\infty}\frac{f(ax)}{x}\mathrm{d}x-\int_A^{+\infty}\frac{f(bx)}{x}\mathrm{d}x=\int_{Aa}^{+\infty}\frac{f(t)}{t}\mathrm{d}t-\int_{Ab}^{+\infty}\frac{f(t)}{t}\mathrm{d}t=\int_{Aa}^{Ab}\frac{f(t)}{t}\mathrm{d}t$$
$$=f(\xi)\int_{Aa}^{Ab}\frac{\mathrm{d}t}{t}=f(\xi)\ln\frac{b}{a} \quad (Aa<\xi<Ab).$$

当 $A\to+0$ 时，$\xi\to+0$. 由 $f(x)$在点 $x=0$ 的连续性，即得

$$\int_0^{+\infty}\frac{f(ax)-f(bx)}{x}\mathrm{d}x=f(0)\ln\frac{b}{a}.$$

**利用傅茹兰公式，计算积分：**

**【3790】** $\int_0^{+\infty}\dfrac{\cos ax-\cos bx}{x}\mathrm{d}x \quad (a>0,b>0).$

**解** 由于 $\cos x$ 在$[0,+\infty]$内连续，且对任何 $A>0$，积分$\int_A^{+\infty}\dfrac{\cos x}{x}\mathrm{d}x$ 存在，故由傅茹兰公式，有

$$\int_0^{+\infty}\frac{\cos ax-\cos bx}{x}\mathrm{d}x=\cos 0\cdot\ln\frac{b}{a}=\ln\frac{b}{a}.$$

**【3791】** $\int_0^{+\infty}\dfrac{\sin ax-\sin bx}{x}\mathrm{d}x \quad (a>0,b>0).$

**提示** 仿 3790 题的解法.

**解** 同 3790 题，由于 $\sin 0=0$，故 $\int_0^{+\infty}\dfrac{\sin ax-\sin bx}{x}\mathrm{d}x=0.$

**【3792】** $\int_0^{+\infty}\dfrac{\arctan ax-\arctan bx}{x}\mathrm{d}x \quad (a>0,b>0).$

**解** 令 $f(x)=\dfrac{\pi}{2}-\arctan x$，则 $f(x)$在 $0\leqslant x<+\infty$上连续.

由于 $f(x)>0$ 且(利用洛必达法则)

$$\lim_{x\to+\infty} x^2\frac{f(x)}{x}=\lim_{x\to+\infty}\frac{\frac{\pi}{2}-\arctan x}{x^{-1}}=\lim_{x\to+\infty}\frac{-\frac{1}{1+x^2}}{-\frac{1}{x^2}}=1,$$

故对任何 $A>0$,积分 $\int_A^{+\infty}\frac{f(x)}{x}\mathrm{d}x$ 都收敛. 因此,由傅茹兰公式,有

$$\int_0^{+\infty}\frac{\left(\frac{\pi}{2}-\arctan ax\right)-\left(\frac{\pi}{2}-\arctan bx\right)}{x}\mathrm{d}x=\frac{\pi}{2}\ln\frac{b}{a},$$

故 $$\int_0^{+\infty}\frac{\arctan ax-\arctan bx}{x}\mathrm{d}x=\frac{\pi}{2}\ln\frac{a}{b}.$$

**利用对参数的微分法计算下列积分:**

**【3793】** $\int_0^{+\infty}\frac{e^{-\alpha x^2}-e^{-\beta x^2}}{x}\mathrm{d}x\quad(\alpha>0,\beta>0).$

**解** 由于

$$\lim_{x\to+0}\frac{e^{-\alpha x^2}-e^{-\beta x^2}}{x}=\lim_{x\to+0}\frac{-2\alpha xe^{-\alpha x^2}+2\beta xe^{-\beta x^2}}{1}=0,$$

故 $x=0$ 不是瑕点. 又由于

$$\lim_{x\to+\infty}\left(x^2\cdot\frac{e^{-\alpha x^2}-e^{-\beta x^2}}{x}\right)=\lim_{x\to+\infty}\left(\frac{x}{e^{\alpha x^2}}-\frac{x}{e^{\beta x^2}}\right)=0,$$

故对任何 $\alpha>0,\beta>0$ 积分 $\int_0^{+\infty}\frac{e^{-\alpha x^2}-e^{-\beta x^2}}{x}\mathrm{d}x$ 都收敛. 今将 $\beta>0$ 固定,而把所求积分视为含参变量 $\alpha(\alpha>0)$ 的积分,即令

$$I(\alpha)=\int_0^{+\infty}\frac{e^{-\alpha x^2}-e^{-\beta x^2}}{x}\mathrm{d}x\quad(\alpha>0).$$

而 $$\int_0^{+\infty}\frac{\partial}{\partial\alpha}\left(\frac{e^{-\alpha x^2}-e^{-\beta x^2}}{x}\right)\mathrm{d}x=-\int_0^{+\infty}xe^{-\alpha x^2}\mathrm{d}x.$$

下证右端积分在 $\alpha\geqslant\alpha_0>0$ 时一致收敛. 事实上,当 $\alpha\geqslant\alpha_0$,$0\leqslant x<+\infty$ 时,$0\leqslant xe^{-\alpha x^2}\leqslant xe^{-\alpha_0x^2}$,而积分 $\int_0^{+\infty}xe^{-\alpha_0x^2}\mathrm{d}x=\frac{1}{2\alpha_0}$ 收敛,故积分 $\int_0^{+\infty}xe^{-\alpha x^2}\mathrm{d}x$ 在 $\alpha\geqslant\alpha_0$ 时一致收敛. 因此,当 $\alpha\geqslant\alpha_0$ 时,可在积分号下对参数求导数:

$$I'(\alpha)=-\int_0^{+\infty}xe^{-\alpha x^2}\mathrm{d}x=-\frac{1}{2\alpha}.$$

由 $\alpha_0>0$ 的任意性知,上式对一切 $\alpha>0$ 皆成立. 积分之,得

$$I(\alpha)=-\frac{1}{2}\ln\alpha+C\quad(0<\alpha<+\infty),$$

其中 $C$ 为待定的常数. 在此式中令 $\alpha=\beta$,并注意到

$$I(\beta)=\int_0^{+\infty}\frac{e^{-\beta x^2}-e^{-\beta x^2}}{x}\mathrm{d}x=0,$$

即得 $0=I(\beta)=-\frac{1}{2}\ln\beta+C$,由此知 $C=\frac{1}{2}\ln\beta$. 于是,

$$I(\alpha)=-\frac{1}{2}\ln\alpha+\frac{1}{2}\ln\beta=\frac{1}{2}\ln\frac{\beta}{\alpha}\quad(\alpha>0),$$

即 $$\int_0^{+\infty}\frac{e^{-\alpha x^2}-e^{-\beta x^2}}{x}\mathrm{d}x=\frac{1}{2}\ln\frac{\beta}{\alpha}\quad(\alpha>0,\beta>0).$$

**注** 本题中,实际应考察积分 $I(\alpha)=\int_0^{+\infty}f(x,\alpha)\mathrm{d}x$,其中

$$f(x,\alpha)=\begin{cases}\dfrac{e^{-\alpha x^2}-e^{-\beta x^2}}{x}, & 0<x<+\infty,\\ 0, & x=0.\end{cases}$$

易知 $f(x,\alpha)$ 是 $0\leqslant x<+\infty, 0<\alpha<+\infty$ 上的连续函数($\beta>0$ 固定). 我们证明:

$$f'_\alpha(x,\alpha)=-xe^{-\alpha x^2}\quad(0\leqslant x<+\infty, 0<\alpha<+\infty).$$

事实上, 当 $0<x<+\infty$ 时, 此式显然成立. 由于 $f(0,\alpha)\equiv 0\ (0<\alpha<+\infty)$, 故 $f'_\alpha(0,\alpha)=0\ (0<\alpha<+\infty)$. 因此, 上式当 $x=0$ 时也成立. $f'_\alpha(x,\alpha)$ 显然是 $0\leqslant x<+\infty$, $0<\alpha<+\infty$ 上的连续函数.

在以下许多题中, 我们都应作此理解, 但不必写出 $f(x,\alpha)$. 函数 $\dfrac{e^{-\alpha x^2}-e^{-\beta x^2}}{x}$ 就代表 $f(x,\alpha)$ ($x=0$ 时规定其函数值为其极限值 0), 而公式

$$\frac{\partial}{\partial\alpha}\left(\frac{e^{-\alpha x^2}-e^{-\beta x^2}}{x}\right)=-xe^{-\alpha x^2}$$

当 $x=0$ 时也成立(如上述). 这样, 才严格符合莱布尼茨法则(积分号下求导数)的条件.

另外, 本题若利用逐次积分来作可更简单一些. 今作如下: 易知(不妨设 $\alpha<\beta$)

$$\frac{e^{-\alpha x^2}-e^{-\beta x^2}}{x}=\int_\alpha^\beta xe^{-yx^2}\,dy,$$

而积分 $\int_0^{+\infty} xe^{-yx^2}\,dx$ 当 $\alpha\leqslant y\leqslant\beta$ 时一致收敛(因为 $0\leqslant xe^{-yx^2}\leqslant xe^{-\alpha x^2}$, 而 $\int_0^{+\infty} xe^{-\alpha x^2}\,dx$ 收敛), 故可交换积分次序, 得

$$\int_0^{+\infty}\frac{e^{-\alpha x^2}-e^{-\beta x^2}}{x}dx=\int_0^{+\infty}dx\int_\alpha^\beta xe^{-yx^2}dy=\int_\alpha^\beta dy\int_0^{+\infty}xe^{-yx^2}dx=\int_\alpha^\beta\frac{dy}{2y}=\frac{1}{2}\ln\frac{\beta}{\alpha}.$$

**【3794】** $\int_0^{+\infty}\left(\dfrac{e^{-\alpha x}-e^{-\beta x}}{x}\right)^2dx\quad(\alpha>0,\beta>0)$.

**解** 由于

$$\lim_{x\to+0}\frac{e^{-\alpha x}-e^{-\beta x}}{x}=\lim_{x\to+0}\frac{-\alpha e^{-\alpha x}+\beta e^{-\beta x}}{x}=\beta-\alpha,$$

故 $x=0$ 不是瑕点. 又由于

$$\lim_{x\to+\infty}x^2\left(\frac{e^{-\alpha x}-e^{-\beta x}}{x}\right)^2=0,$$

故积分 $\int_0^{+\infty}\left(\dfrac{e^{-\alpha x}-e^{-\beta x}}{x}\right)^2dx$ 收敛($\alpha>0,\beta>0$).

同样, 将 $\beta>0$ 固定, 考虑含参变量 $\alpha$ 的积分:

$$I(\alpha)=\int_0^{+\infty}\left(\frac{e^{-\alpha x}-e^{-\beta x}}{x}\right)^2dx\quad(\alpha>0).$$

由于

$$\int_0^{+\infty}\frac{\partial}{\partial\alpha}\left(\frac{e^{-\alpha x}-e^{-\beta x}}{x}\right)^2dx=-2\int_0^{+\infty}\frac{e^{-2\alpha x}-e^{-(\alpha+\beta)x}}{x}dx=-2\ln\frac{\alpha+\beta}{2\alpha}{}^{*)}\quad(\alpha>0).$$

而当 $\alpha\geqslant\alpha_0>0, 1\leqslant x<+\infty$ 时, $\left|\dfrac{e^{-2\alpha x}-e^{-(\alpha+\beta)x}}{x}\right|\leqslant\dfrac{2e^{-\alpha_0 x}}{x}$, 且 $\int_1^{+\infty}\dfrac{e^{-\alpha_0 x}}{x}dx$ 收敛(因为 $\lim\limits_{x\to+\infty}x^2\dfrac{e^{-\alpha_0 x}}{x}=0$), 故 $\int_1^{+\infty}\dfrac{e^{-2\alpha x}-e^{-(\alpha+\beta)x}}{x}dx$ 当 $\alpha\geqslant\alpha_0$ 时一致收敛, 从而, $\int_0^{+\infty}\dfrac{e^{-2\alpha x}-e^{-(\alpha+\beta)x}}{x}dx$ 当 $\alpha\geqslant\alpha_0$ 时一致收敛(注意, 因为 $\lim\limits_{x\to+0}\dfrac{e^{-2\alpha x}-e^{-(\alpha+\beta)x}}{x}=\beta-\alpha$, 故 $x=0$ 不是瑕点). 因此, 根据莱布尼茨法则, 当 $\alpha\geqslant\alpha_0$ 时可在积分号下求导数:

$$I'(\alpha)=\int_0^{+\infty}\frac{\partial}{\partial\alpha}\left(\frac{e^{-\alpha x}-e^{-\beta x}}{x}\right)^2dx=-2\ln\frac{\alpha+\beta}{2\alpha}.$$

由 $\alpha_0>0$ 的任意性知, 上式对一切 $\alpha>0$ 皆成立. 积分之, 并注意到

$$\int\ln\frac{\alpha+\beta}{2\alpha}d\alpha=\alpha\ln\frac{\alpha+\beta}{2\alpha}+\beta\ln(\alpha+\beta)+C,$$

即得
$$I(\alpha)=-2\alpha\ln\frac{\alpha+\beta}{2\alpha}-2\beta\ln(\alpha+\beta)+C_1,$$
其中 $C_1$ 是待定常数. 令 $\alpha=\beta$,则由于 $I(\beta)=0$,得
$$0=-2\beta\ln\frac{2\beta}{2\beta}-2\beta\ln2\beta+C_1,$$
故 $C_1=2\beta\ln2\beta$. 于是,得
$$I(\alpha)=\ln\left(\frac{2\alpha}{\alpha+\beta}\right)^{2\alpha}-2\beta\ln(\alpha+\beta)+2\beta\ln2\beta=\ln\frac{(2\alpha)^{2\alpha}(2\beta)^{2\beta}}{(\alpha+\beta)^{2\alpha+2\beta}},$$
即
$$\int_0^{+\infty}\left(\frac{e^{-\alpha x}-e^{-\beta x}}{x}\right)^2dx=\ln\frac{(2\alpha)^{2\alpha}(2\beta)^{2\beta}}{(\alpha+\beta)^{2\alpha+2\beta}}\quad(\alpha>0,\beta>0)$$

*) 利用 3788 题的结果.

**【3795】** $\int_0^{+\infty}\frac{e^{-\alpha x}-e^{-\beta x}}{x}\sin mx\,dx\quad(\alpha>0,\beta>0)$.

**解** 当 $m=0$ 时,$\int_0^{+\infty}\frac{e^{-\alpha x}-e^{-\beta x}}{x}\sin mx\,dx=0$,故下设$m\neq0$. 由于
$$\lim_{x\to+0}\frac{e^{-\alpha x}-e^{-\beta x}}{x}\sin mx=0,$$
故 $x=0$ 不是瑕点,从而,被积函数在区域:$0\leqslant x<+\infty$及 $\alpha>0,\beta>0$内连续($x=0$ 时的函数值理解为极限值). 又由于
$$\left|\frac{e^{-\alpha x}-e^{-\beta x}}{x}\sin mx\right|<\frac{e^{-\alpha x}-e^{-\beta x}}{x}\quad(x>0),$$
而积分$\int_1^{+\infty}\frac{e^{-\alpha x}-e^{-\beta x}}{x}dx$ 收敛,故积分$\int_1^{+\infty}\frac{e^{-\alpha x}-e^{-\beta x}}{x}\sin mx\,dx$ 收敛,从而,积分$\int_0^{+\infty}\frac{e^{-\alpha x}-e^{-\beta x}}{x}\sin mx\,dx$ 收敛. 当 $\alpha\geqslant\alpha_0>0$ 时,积分
$$\int_0^{+\infty}\frac{\partial}{\partial\alpha}\left(\frac{e^{-\alpha x}-e^{-\beta x}}{x}\sin mx\right)dx=-\int_0^{+\infty}e^{-\alpha x}\sin mx\,dx$$
是一致收敛的. 事实上,
$$|e^{-\alpha x}\sin mx|\leqslant e^{-\alpha_0 x}\quad(x\geqslant0),$$
而积分$\int_0^{+\infty}e^{-\alpha_0 x}dx=\frac{1}{\alpha_0}$收敛. 于是,对于积分
$$I(\alpha)=\int_0^{+\infty}\frac{e^{-\alpha x}-e^{-\beta x}}{x}\sin mx\,dx$$
当 $\alpha\geqslant\alpha_0$ 时可应用莱布尼茨法则,得 $I'(\alpha)=-\int_0^{+\infty}e^{-\alpha x}\sin mx\,dx=-\frac{m}{\alpha^2+m^2}$ *).

由 $\alpha_0>0$ 的任意性知,上式对一切 $\alpha>0$ 均成立. 从而,
$$I(\alpha)=-\int\frac{m}{\alpha^2+m^2}d\alpha=-\arctan\frac{\alpha}{m}+C,$$
其中 $C$ 是待定常数. 令 $\alpha=\beta$,则得
$$I(\beta)=0=-\arctan\frac{\beta}{m}+C,$$
故 $C=\arctan\frac{\beta}{m}$. 最后得
$$\int_0^{+\infty}\frac{e^{-\alpha x}-e^{-\beta x}}{x}\sin mx\,dx=\arctan\frac{\beta}{m}-\arctan\frac{\alpha}{m}\quad(m\neq0).$$

*) 利用 1829 题的结果.

**【3796】** $\int_0^{+\infty}\frac{e^{-\alpha x}-e^{-\beta x}}{x}\cos mx\,dx\quad(\alpha>0,\beta>0)$.

**解** 同 3795 题,我们可证明:当 $\alpha\geqslant\alpha_0>0$ 时,对积分

$$I(\alpha)=\int_0^{+\infty}\frac{e^{-\alpha x}-e^{-\beta x}}{x}\cos mx\mathrm{d}x$$

可应用莱布尼兹法则，得

$$I'(\alpha)=\int_0^{+\infty}\frac{\partial}{\partial\alpha}\left(\frac{e^{-\alpha x}-e^{-\beta x}}{x}\cos mx\right)\mathrm{d}x=-\int_0^{+\infty}e^{-\alpha x}\cos mx\mathrm{d}x=-\frac{\alpha}{\alpha^2+m^2}{}^{*)}.$$

由 $\alpha_0>0$ 的任意性知，上式对一切 $\alpha>0$ 均成立. 从而，

$$I(\alpha)=-\int\frac{\alpha\mathrm{d}\alpha}{\alpha^2+m^2}=-\frac{1}{2}\ln(\alpha^2+m^2)+C.$$

其中 $C$ 是待定常数. 令 $\alpha=\beta$，则得

$$I(\beta)=0=-\frac{1}{2}\ln(\beta^2+m^2)+C,$$

故 $C=\frac{1}{2}\ln(\beta^2+m^2)$. 最后得

$$\int_0^{+\infty}\frac{e^{-\alpha x}-e^{-\beta x}}{x}\cos mx\mathrm{d}x=\frac{1}{2}\ln\frac{\beta^2+m^2}{\alpha^2+m^2}\quad(\alpha>0,\beta>0).$$

*） 利用 1828 题的结果.

**计算下列积分：**

**【3797】** $\int_0^1\frac{\ln(1-\alpha^2x^2)}{x^2\sqrt{1-x^2}}\mathrm{d}x\quad(|\alpha|\leqslant1)$.

**解** 由于

$$\lim_{x\to+0}\frac{\ln(1-\alpha^2x^2)}{x^2\sqrt{1-x^2}}=\lim_{x\to+0}\frac{\ln(1-\alpha^2x^2)}{x^2}=\lim_{x\to+0}\frac{-\frac{2\alpha^2x}{1-\alpha^2x^2}}{2x}=-\alpha^2,$$

故 $x=0$ 不是瑕点. 从而，被积函数在域：$0\leqslant x<1$ 及 $|\alpha|\leqslant1$ 内连续（$x=0$ 时的函数值理解为极限值）. 又由于当 $|\alpha|\leqslant1$ 时，

$$\left|\frac{\ln(1-\alpha^2x^2)}{x^2\sqrt{1-x^2}}\right|\leqslant-\frac{\ln(1-x^2)}{x^2\sqrt{1-x^2}}\quad(0<x<1),$$

而积分 $\int_0^1\frac{\ln(1-x^2)}{x^2\sqrt{1-x^2}}\mathrm{d}x$ 收敛$\left(\text{因为}\lim_{x\to1-0}(1-x)^{\frac{2}{3}}\frac{\ln(1-x^2)}{x^2\sqrt{1-x^2}}=\lim_{x\to1-0}(1-x)^{\frac{1}{6}}\frac{\ln(1-x^2)}{x^2\sqrt{1+x}}=0\right)$，故积分 $\int_0^1\frac{\ln(1-\alpha^2x^2)}{x^2\sqrt{1-x}}\mathrm{d}x$ 对 $|\alpha|\leqslant1$ 一致收敛. 从而为 $\alpha$ 的连续函数（$-1\leqslant\alpha\leqslant1$）. 另一方面，易知积分

$$\int_0^1\frac{\partial}{\partial\alpha}\left[\frac{\ln(1-\alpha^2x^2)}{x^2\sqrt{1-x^2}}\right]\mathrm{d}x=-2\alpha\int_0^1\frac{\mathrm{d}x}{(1-\alpha^2x^2)\sqrt{1-x^2}}$$

对 $|\alpha|\leqslant\alpha_0<1$ 一致收敛. 事实上，

$$\left|\frac{-2\alpha}{(1-\alpha^2x^2)\sqrt{1-x^2}}\right|\leqslant\frac{2}{1-\alpha_0^2}\frac{1}{\sqrt{1-x^2}}\quad(0\leqslant x<1),$$

而积分 $\int_0^1\frac{\mathrm{d}x}{\sqrt{1-x^2}}=\frac{\pi}{2}$ 收敛. 于是，对积分

$$I(\alpha)=\int_0^1\frac{\ln(1-\alpha^2x^2)}{x^2\sqrt{1-x^2}}\mathrm{d}x$$

当 $|\alpha|\leqslant\alpha_0$ 时可应用莱布尼茨法则，得

$$I'(\alpha)=-2\alpha\int_0^1\frac{\mathrm{d}x}{(1-\alpha^2x^2)\sqrt{1-x^2}}.$$

由 $\alpha_0<1$ 的任意性知，上式对一切 $|\alpha|<1$ 均成立. 先求不定积分

$$I_1=\int\frac{\mathrm{d}x}{(1-\alpha^2x^2)\sqrt{1-x^2}},$$

作代换 $x=\sin t$，易得

$$I_1=\int\frac{dt}{1-\alpha^2\sin^2 t}=\frac{1}{2}\left(\int\frac{dt}{1-\alpha\sin t}+\int\frac{dt}{1+\alpha\sin t}\right).$$

再对右端两个积分作代换 $u=\tan\frac{t}{2}$，可得

$$\int\frac{dt}{1-\alpha\sin t}=\frac{2}{\sqrt{1-\alpha^2}}\arctan\left(\frac{\tan\frac{t}{2}-\alpha}{\sqrt{1-\alpha^2}}\right)+C_1,\quad \int\frac{dt}{1+\alpha\sin t}=\frac{2}{\sqrt{1-\alpha^2}}\arctan\left(\frac{\tan\frac{t}{2}+\alpha}{\sqrt{1-\alpha^2}}\right)+C_2.$$

从而，

$$\begin{aligned}I'(\alpha)&=-2\alpha\int_0^{\frac{\pi}{2}}\frac{1}{2}\left(\frac{1}{1-\alpha\sin t}+\frac{1}{1+\alpha\sin t}\right)dt\\&=-\frac{2\alpha}{\sqrt{1-\alpha^2}}\left[\arctan\left(\frac{\tan\frac{t}{2}-\alpha}{\sqrt{1-\alpha^2}}\right)+\arctan\left(\frac{\tan\frac{t}{2}+\alpha}{\sqrt{1-\alpha^2}}\right)\right]\Bigg|_0^{\frac{\pi}{2}}=-\frac{\pi\alpha}{\sqrt{1-\alpha^2}}\quad(|\alpha|<1).\end{aligned}$$

两端积分，得 $$I(\alpha)=-\pi\int\frac{\alpha d\alpha}{\sqrt{1-\alpha^2}}=\pi\sqrt{1-\alpha^2}+C\quad(|\alpha|<1).$$

其中 $C$ 是待定常数. 令 $\alpha=0$，得 $$I(0)=0=\pi+C,$$

故 $C=-\pi$，从而， $$I(\alpha)=-\pi(1-\sqrt{1-\alpha^2})\quad(|\alpha|<1).$$

在此式两端令 $\alpha\to1-0$ 及 $\alpha\to-1+0$ 取极限，并注意到 $I(\alpha)$ 在 $-1\leqslant\alpha\leqslant1$ 上的连续性，即得

$$I(1)=I(-1)=-\pi.$$

于是，当 $|\alpha|\leqslant1$ 时， $$\int_0^1\frac{\ln(1-\alpha^2x^2)}{x^2\sqrt{1-x^2}}dx=-\pi(1-\sqrt{1-\alpha^2}).$$

**【3798】** $\int_0^1\frac{\ln(1-\alpha^2x^2)}{\sqrt{1-x^2}}\quad(|\alpha|\leqslant1).$

**解** 同 3797 题，我们可以证明：

$$I(\alpha)=\int_0^1\frac{\ln(1-\alpha^2x^2)}{\sqrt{1-x^2}}dx$$

当 $-1\leqslant\alpha\leqslant1$ 时连续，且当 $|\alpha|\leqslant\alpha_0<1$ 时可应用莱布尼茨法则. 于是，

$$\begin{aligned}I'(\alpha)&=\int_0^1\frac{\partial}{\partial\alpha}\left[\frac{\ln(1-\alpha^2x^2)}{\sqrt{1-x^2}}\right]dx=\int_0^1\frac{-2\alpha x^2}{(1-\alpha^2x^2)\sqrt{1-x^2}}dx=\frac{2}{\alpha}\int_0^1\frac{(1-\alpha^2x^2)-1}{(1-\alpha^2x^2)\sqrt{1-x^2}}dx\\&=\frac{2}{\alpha}\int_0^1\frac{dx}{\sqrt{1-x^2}}-\frac{2}{\alpha}\int_0^1\frac{dx}{(1-\alpha^2x^2)\sqrt{1-x^2}}=\frac{2}{\alpha}\cdot\frac{\pi}{2}-\frac{2}{\alpha}\cdot\frac{\pi}{\sqrt{1-\alpha^2}}\\&=\frac{\pi}{\alpha}-\frac{\pi}{\alpha\sqrt{1-\alpha^2}}\quad(|\alpha|\leqslant\alpha_0,\alpha\neq0).\end{aligned}$$

由 $\alpha_0<1$ 的任意性知，上式对一切 $0<|\alpha|<1$ 均成立. 积分得

$$I(\alpha)=\int\left(\frac{\pi}{\alpha}-\frac{\pi}{\alpha\sqrt{1-\alpha^2}}\right)d\alpha=\pi\ln|\alpha|+\pi\ln\left|\frac{1+\sqrt{1-\alpha^2}}{\alpha}\right|+C=\pi\ln(1+\sqrt{1-\alpha^2})+C,$$

其中 $|\alpha|<1,\alpha\neq0$，$C$ 为待定常数. 令 $\alpha\to0$，并注意到 $I(\alpha)$ 在 $\alpha=0$ 的连续性，即得

$$I(0)=0=\pi\ln2+C,$$

故 $C=-\pi\ln2$，从而得 $$I(\alpha)=\pi\ln\frac{1+\sqrt{1-\alpha^2}}{2}\quad(|\alpha|<1).$$

在上式中令 $\alpha\to1-0$ 及 $\alpha\to-1+0$，并注意到 $I(\alpha)$ 在 $-1\leqslant\alpha\leqslant1$ 上的连续性，即知上式当 $\alpha=\pm1$ 时也成立，即

$$\int_0^1\frac{\ln(1-\alpha^2x^2)}{\sqrt{1-x^2}}dx=\pi\ln\frac{1+\sqrt{1-\alpha^2}}{2}\quad(|\alpha|\leqslant1).$$

**【3799】** $\int_1^{+\infty}\frac{\arctan\alpha x}{x^2\sqrt{x^2-1}}dx.$

**解** 设 $I(\alpha)=\int_1^{+\infty}\frac{\arctan\alpha x}{x^2\sqrt{x^2-1}}dx$. 显然有 $I(0)=0$. 当 $\alpha>0$ 时,由于 $\lim\limits_{x\to+\infty}x^3\frac{\arctan\alpha x}{x^2\sqrt{x^2-1}}=\frac{\pi}{2}$,故 $I(\alpha)$ 收敛. 其次,易知积分

$$\int_1^{+\infty}\frac{\partial}{\partial\alpha}\left(\frac{\arctan\alpha x}{x^2\sqrt{x^2-1}}\right)dx=\int_1^{+\infty}\frac{dx}{x(1+\alpha^2x^2)\sqrt{x^2-1}}=\int_0^1\frac{t^2dt}{\sqrt{1-t^2}(t^2+\alpha^2)}$$

对 $\alpha\geqslant0$ 一致收敛. 事实上,当 $\alpha\geqslant0$, $0\leqslant t<1$, 时,有

$$\left|\frac{t^2}{\sqrt{1-t^2}(t^2+\alpha^2)}\right|\leqslant\frac{1}{\sqrt{1-t^2}},$$

且 $\int_0^1\frac{dt}{\sqrt{1-t^2}}$ 收敛. 于是,可应用莱布尼茨法则,得

$$I'(\alpha)=\int_1^{+\infty}\frac{\partial}{\partial\alpha}\left(\frac{\arctan\alpha x}{x^2\sqrt{x^2-1}}\right)dx=\int_0^1\frac{t^2dt}{\sqrt{1-t^2}(t^2+\alpha^2)}=\int_0^1\frac{(t^2+\alpha^2)-\alpha^2}{\sqrt{1-t^2}(t^2+\alpha^2)}dt$$

$$=\int_0^1\frac{dt}{\sqrt{1-t^2}}-\alpha^2\int_0^1\frac{dt}{\sqrt{1-t^2}(t^2+\alpha^2)}=\frac{\pi}{2}-\alpha^2\frac{\pi}{2\alpha\sqrt{\alpha^2+1}}=\frac{\pi}{2}-\frac{\alpha\pi}{2\sqrt{1+\alpha^2}}\quad(\alpha\geqslant0).$$

从而有
$$I(\alpha)=\frac{\pi}{2}\alpha-\frac{\pi}{2}\int\frac{\alpha d\alpha}{\sqrt{1+\alpha^2}}=\frac{\pi}{2}\alpha-\frac{\pi}{2}\sqrt{1+\alpha^2}+C\quad(\alpha\geqslant0),$$

其中 $C$ 为待定常数. 令 $\alpha=0$,得
$$I(0)=0=-\frac{\pi}{2}+C,$$

故 $C=\frac{\pi}{2}$. 于是,当 $\alpha\geqslant0$ 时,
$$\int_1^{+\infty}\frac{\arctan\alpha x}{x^2\sqrt{x^2-1}}dx=\frac{\pi}{2}(1+\alpha-\sqrt{1+\alpha^2}).$$

当 $\alpha<0$ 时,
$$\int_1^{+\infty}\frac{\arctan\alpha x}{x^2\sqrt{x^2-1}}dx=-\int_1^{+\infty}\frac{\arctan(-\alpha)x}{x^2\sqrt{x^2-1}}dx=-\frac{\pi}{2}(1-\alpha-\sqrt{1+\alpha^2}).$$

于是,当 $-\infty<\alpha<\infty$ 时,
$$\int_1^{+\infty}\frac{\arctan\alpha x}{x^2\sqrt{x^2-1}}dx=\frac{\pi}{2}(1+|\alpha|-\sqrt{1+\alpha^2})\operatorname{sgn}\alpha.$$

**【3800】** $\int_0^{+\infty}\frac{\ln(\alpha^2+x^2)}{\beta^2+x^2}dx.$

**解** 我们首先计算积分

$$I_\beta(\alpha)=\int_0^{+\infty}\frac{\ln(1+\alpha^2x^2)}{\beta^2+x^2}dx\quad(\alpha\geqslant0\text{ 是参数},\beta>0\text{ 固定}).$$

首先注意,此积分当 $0\leqslant\alpha\leqslant\alpha_1$ ($\alpha_1>0$ 为任何有限数)时一致收敛. 事实上,当 $0\leqslant\alpha\leqslant\alpha_1$ 时,

$$0\leqslant\frac{\ln(1+\alpha^2x^2)}{\beta^2+x^2}\leqslant\frac{\ln(1+\alpha_1^2x^2)}{\beta^2+x^2}\quad(0\leqslant x<+\infty),$$

而积分

$$\int_0^{+\infty}\frac{\ln(1+\alpha_1^2x^2)}{\beta^2x^2}dx$$

收敛(因为易知 $\lim\limits_{x\to+\infty}x^{\frac{3}{2}}\frac{\ln(1+\alpha_1^2x^2)}{\beta^2+x^2}=0$). 于是,$I_\beta(\alpha)$ 是 $0\leqslant\alpha\leqslant\alpha_1$ 上的连续函数. 由 $\alpha_1>0$ 的任意性可知,$I_\beta(\alpha)$ 当 $0\leqslant\alpha<+\infty$ 时连续.

其次,易证积分

$$\int_0^{+\infty}\frac{\partial}{\partial\alpha}\left[\frac{\ln(1+\alpha^2x^2)}{\beta^2+x^2}\right]dx=\int_0^{+\infty}\frac{2\alpha x^2}{(\beta^2+x^2)(1+\alpha^2x^2)}dx=\frac{\pi}{\alpha\beta+1}$$

当 $0<\alpha_0\leqslant\alpha\leqslant\alpha_1$ 时是一致收敛的. 事实上,此时

$$0\leqslant\frac{2\alpha x^2}{(\beta^2+x^2)(1+\alpha^2x^2)}\leqslant\frac{2\alpha_1x^2}{(\beta^2+x^2)(1+\alpha_0^2x^2)}\quad(0\leqslant x<+\infty),$$

而积分 $\int_0^{+\infty}\frac{2\alpha_1x^2}{(\beta^2+x^2)(1+\alpha_0^2x^2)}dx$ 收敛. 于是,根据莱布尼茨法则,当 $0\leqslant\alpha_0\leqslant\alpha\leqslant\alpha_1$ 时,可在积分号下求导数,得

$$I'_\beta(\alpha)=\frac{\pi}{\alpha\beta+1}.$$

由 $\alpha_1$ 与 $\alpha_0$ 的任意性知，上式对一切 $0<\alpha<+\infty$ 均成立. 两端积分，得

$$I_\beta(\alpha)=\frac{\pi}{\beta}\ln(1+\alpha\beta)+C\quad(0<\alpha<+\infty),$$

其中 $C$ 是某常数. 在此式中令 $\alpha\to+0$ 取极限，并注意到 $I_\beta(\alpha)$ 在 $0\leqslant\alpha<+\infty$ 上连续，得

$$0=I_\beta(0)=0+C,$$

故 $C=0$. 因此，

$$I_\beta(\alpha)=\frac{\pi}{\beta}\ln(1+\alpha\beta)\quad(0\leqslant\alpha<+\infty).$$

对于所求积分，只要作适当变形即得. 当 $\alpha>0,\beta>0$ 时，有

$$\int_0^{+\infty}\frac{\ln(\alpha^2+x^2)}{\beta^2+x^2}dx=\int_0^{+\infty}\frac{2\ln\alpha+\ln\left(1+\frac{1}{\alpha^2}x^2\right)}{\beta^2+x^2}dx=2\ln\alpha\int_0^{+\infty}\frac{dx}{\beta^2+x^2}+\int_0^{+\infty}\frac{\ln\left(1+\frac{1}{\alpha^2}x^2\right)}{\beta^2+x^2}dx$$

$$=\frac{\pi\ln\alpha}{\beta}+\frac{\pi}{\beta}\ln\left(1+\frac{\beta}{\alpha}\right)=\frac{\pi}{\beta}\ln(\alpha+\beta).$$

此式当 $\alpha=0$ 时也成立，只要在两端令 $\alpha\to+0$ 取极限即可. 这是因为积分

$$J(\alpha)=\int_0^{+\infty}\frac{\ln(\alpha^2+x^2)}{\beta^2+x^2}dx\ (\beta>0\text{ 固定})$$

当 $0\leqslant\alpha\leqslant\frac{1}{2}$ 时一致收敛(易知 $\int_0^{\frac{1}{2}}\frac{\ln(\alpha^2+x^2)}{\beta^2+x^2}dx$ 与 $\int_{\frac{1}{2}}^{+\infty}\frac{\ln(\alpha^2+x^2)}{\beta^2+x^2}dx$ 当 $0\leqslant\alpha\leqslant\frac{1}{2}$ 时都一致收敛)，事实上，

$$\left|\frac{\ln(\alpha^2+x^2)}{\beta^2+x^2}\right|\leqslant-\frac{2\ln x}{\beta^2+x^2}\quad\left(0<x\leqslant\frac{1}{2},0\leqslant\alpha\leqslant\frac{1}{2}\right),\quad\text{而}\int_0^{\frac{1}{2}}\frac{\ln x}{\beta^2+x^2}\text{收敛};$$

$$0\leqslant\frac{\ln(\alpha^2+x^2)}{\beta^2+x^2}\leqslant\frac{\ln\left(\frac{1}{4}+x^2\right)}{\beta^2+x^2}\quad\left(\frac{1}{2}\leqslant x<+\infty,0\leqslant\alpha\leqslant\frac{1}{2}\right),\quad\text{而}\int_{\frac{1}{2}}^{+\infty}\frac{\ln\left(\frac{1}{4}+x^2\right)}{\beta^2+x^2}\text{收敛},$$

故 $J(\alpha)$ 在点 $\alpha=0$(右)连续.

对于任意的 $\alpha$ 与 $\beta(\beta\neq0)$，有

$$\int_0^{+\infty}\frac{\ln(\alpha^2+x^2)}{\beta^2+x^2}dx=\int_0^{+\infty}\frac{\ln(|\alpha|^2+x^2)}{|\beta|^2+x^2}dx=\frac{\pi}{|\beta|}\ln(|\alpha|+|\beta|).$$

注意，当 $\beta=0$ 时上式不成立，右端无意义，左端的积分 $\int_0^{+\infty}\frac{\ln(\alpha^2+x^2)}{x^2}dx$ 易知是发散的.

**【3801】** $\displaystyle\int_0^{+\infty}\frac{\arctan\alpha x\arctan\beta x}{x^2}dx.$

**解** 先设 $\alpha\geqslant0,\beta\geqslant0$. 显然 $x=0$ 不是瑕点，因为 $\lim\limits_{x\to+0}\frac{\arctan\alpha x\arctan\beta x}{x^2}=\alpha\beta$.

由于当 $\alpha\geqslant0,\beta\geqslant0$ 时，$\left|\frac{\arctan\alpha x\arctan\beta x}{x^2}\right|<\frac{\pi^2}{4}\frac{1}{x^2}\quad(1\leqslant x<+\infty)$，而积分 $\int_1^{+\infty}\frac{dx}{x^2}dx$ 收敛，故积分 $\int_1^{+\infty}\frac{\arctan\alpha x\arctan\beta x}{x^2}dx$ 在 $\alpha\geqslant0,\beta\geqslant0$ 时一致收敛，从而，积分 $\int_0^{+\infty}\frac{\arctan\alpha x\arctan\beta x}{x^2}dx$ 也在 $\alpha\geqslant0,\beta\geqslant0$ 时一致收敛. 因此，函数

$$I(\alpha,\beta)=\int_0^{+\infty}\frac{\arctan\alpha x\arctan\beta x}{x^2}dx$$

是 $\alpha\geqslant0,\beta\geqslant0$ 上的二元连续函数.

再考察两个积分

$$J(\alpha,\beta)=\int_0^{+\infty}\frac{\partial}{\partial\alpha}\left(\frac{\arctan\alpha x\arctan\beta x}{x^2}\right)dx=\int_0^{+\infty}\frac{\arctan\beta x}{x(1+\alpha^2x^2)}dx,$$

$$K(\alpha,\beta)=\int_0^{+\infty}\frac{\partial}{\partial\beta}\left[\frac{\arctan\beta x}{x(1+\alpha^2x^2)}\right]dx=\int_0^{+\infty}\frac{dx}{(1+\alpha^2x^2)(1+\beta^2x^2)}.$$

由于当 $\alpha\geqslant\alpha_0>0,\beta\geqslant0$ 时 $\left|\frac{\arctan\beta x}{x(1+\alpha^2x^2)}\right|<\frac{\pi}{2}\frac{1}{x(1+\alpha_0^2x^2)}\ (1\leqslant x<+\infty)$，而积分 $\int_1^{+\infty}\frac{dx}{x(1+\alpha_0^2x^2)}$ 收敛，故

积分 $\int_1^{+\infty}\frac{\arctan\beta x}{x(1+\alpha^2x^2)}dx$ 当 $\alpha\geqslant\alpha_0$，$\beta\geqslant0$ 时一致收敛，从而，积分 $\int_0^{+\infty}\frac{\arctan\beta x}{x(1+\alpha^2x^2)}dx$ 当 $\alpha\geqslant\alpha_0$，$\beta\geqslant0$ 时也一致收敛(因为 $\lim\limits_{x\to+0}\frac{\arctan\beta x}{x(1+\alpha^2x^2)}=\beta$，故 $x=0$ 不是瑕点). 因此，$J(\alpha,\beta)$ 当 $\alpha\geqslant\alpha_0$，$\beta\geqslant0$ 时连续，并且此时 $I(\alpha,\beta)$ 可在积分号下对 $\alpha$ 求导数，得

$$I'_\alpha(\alpha,\beta)=\int_0^{+\infty}\frac{\arctan\beta x}{x(1+\alpha^2x^2)}dx=J(\alpha,\beta).\tag{1}$$

由 $\alpha_0>0$ 的任意性知，(1)式对一切 $\alpha>0$，$\beta\geqslant0$ 成立；并且 $J(\alpha,\beta)$ 是 $\alpha>0$，$\beta\geqslant0$ 上的二元连续函数.

其次，由于当 $\beta\geqslant\beta_0>0$，$\alpha>0$ 时，

$$0<\frac{1}{(1+\alpha^2x^2)(1+\beta^2x^2)}\leqslant\frac{1}{1+\beta_0^2x^2}\quad(0\leqslant x<+\infty),$$

而积分 $\int_0^{+\infty}\frac{dx}{1+\beta_0^2x^2}$ 收敛，故积分 $\int_0^{+\infty}\frac{dx}{(1+\alpha^2x^2)(1+\beta^2x^2)}$ 当 $\beta\geqslant\beta_0$，$\alpha>0$ 时一致收敛. 因此，$K(\alpha,\beta)$ 是 $\alpha>0$，$\beta\geqslant\beta_0$ 上的连续函数，并且(1)式中的积分当 $\beta\geqslant\beta_0(\alpha>0)$ 时可在积分号下对 $\beta$ 求导数，得

$$\begin{aligned}I''_{\alpha\beta}(\alpha,\beta)&=J'_\beta(\alpha,\beta)=\int_0^{+\infty}\frac{dx}{(1+\alpha^2x^2)(1+\beta^2x^2)}\\&=\frac{\alpha^2}{\alpha^2-\beta^2}\int_0^{+\infty}\frac{dx}{1+\alpha^2x^2}-\frac{\beta^2}{\alpha^2-\beta^2}\int_0^{+\infty}\frac{dx}{1+\beta^2x^2}=\frac{\alpha\pi}{2(\alpha^2-\beta^2)}-\frac{\beta\pi}{2(\alpha^2-\beta^2)}=\frac{\pi}{2(\alpha+\beta)},\end{aligned}$$

由 $\beta_0>0$ 的任意性知，对任何 $\alpha>0$，$\beta>0$ 均有

$$I''_{\alpha\beta}(\alpha,\beta)=J'_\beta(\alpha,\beta)=\frac{\pi}{2(\alpha+\beta)}.\tag{2}$$

(注意，在推导此式时应设 $\alpha\neq\beta$，因为推导过程中分母内有 $\alpha^2-\beta^2$. 但由于 $K(\alpha,\beta)$ 是 $\alpha>0$，$\beta>0$ 上的连续函数，故通过取极限即知(2)式当 $\alpha=\beta$ 时也成立). 在(2)式中固定 $\alpha>0$，对 $\beta$ 积分，得

$$I'_\alpha(\alpha,\beta)=J(\alpha,\beta)=\frac{\pi}{2}\ln(\alpha+\beta)+C(\alpha)\quad(0<\beta<+\infty),$$

其中 $C(\alpha)$ 是依赖于 $\alpha$ 的常数. 在此式中令 $\beta\to+0$，并注意到 $J(\alpha,\beta)$ 在 $\alpha>0$，$\beta\geqslant0$ 上连续，得

$$0=J(\alpha,0)=\lim_{\beta\to+0}J(\alpha,\beta)=\frac{\pi}{2}\ln\alpha+C(\alpha),$$

故 $C(\alpha)=-\frac{\pi}{2}\ln\alpha$. 因此，

$$I'_\alpha(\alpha,\beta)=\frac{\pi}{2}\ln\frac{\alpha+\beta}{\alpha}\quad(\alpha>0,\beta>0).$$

再固定 $\beta>0$，对 $\alpha$ 积分(右端利用分部积分法)，得

$$I(\alpha,\beta)=\frac{\pi}{2}\alpha\ln\frac{\alpha+\beta}{\alpha}+\frac{\pi}{2}\beta\ln(\alpha+\beta)+C^*(\beta),$$

其中 $C^*(\beta)$ 是依赖于 $\beta$ 的常数. 在此式中令 $\alpha\to+0$，并注意到 $I(\alpha,\beta)$ 在 $\alpha\geqslant0$，$\beta\geqslant0$ 上连续，得

$$0=I(0,\beta)=\lim_{\alpha\to+0}I(\alpha,\beta)=\frac{\pi}{2}\beta\ln\beta+C^*(\beta),$$

故 $C^*(\beta)=-\frac{\pi}{2}\beta\ln\beta$，于是，

$$I(\alpha,\beta)=\frac{\pi}{2}\ln\frac{(\alpha+\beta)^{\alpha+\beta}}{\alpha^\alpha\beta^\beta}\quad(\alpha>0,\beta>0).$$

显然，对于任何 $\alpha$ 与 $\beta$，有

$$\int_0^{+\infty}\frac{\arctan\alpha x\arctan\beta x}{x^2}dx=\begin{cases}\operatorname{sgn}(\alpha\beta)\cdot\frac{\pi}{2}\ln\frac{(|\alpha|+|\beta|)^{|\alpha|+|\beta|}}{|\alpha|^{|\alpha|}\cdot|\beta|^{|\beta|}}, & \alpha\beta\neq0,\\ 0, & \alpha\beta=0.\end{cases}$$

**【3802】** $\int_0^{+\infty}\frac{\ln(1+\alpha^2x^2)\ln(1+\beta^2x^2)}{x^4}dx.$

**解** 先设 $\alpha\geqslant0$，$\beta\geqslant0$. 首先，注意 $x=0$ 不是瑕点，因为

$$\lim_{x\to+0}\frac{\ln(1+\alpha^2x^2)\ln(1+\beta^2x^2)}{x^4}=\alpha^2\beta^2.$$

由于当 $0\leqslant\alpha\leqslant\alpha_1, 0\leqslant\beta\leqslant\beta_1$ 时，恒有

$$0\leqslant\frac{\ln(1+\alpha^2x^2)\ln(1+\beta^2x^2)}{x^4}\leqslant\frac{\ln(1+\alpha_1^2x^2)\ln(1+\beta_1^2x^2)}{x^4}$$

而
$$\int_0^{+\infty}\frac{\ln(1+\alpha_1^2x^2)\ln(1+\beta_1^2x^2)}{x^4}\mathrm{d}x$$

收敛（因为 $\lim\limits_{x\to+\infty}x^2\frac{\ln(1+\alpha_1^2x^2)\ln(1+\beta_1^2x^2)}{x^4}=0$），故积分

$$\int_0^{+\infty}\frac{\ln(1+\alpha^2x^2)\ln(1+\beta^2x^2)}{x^4}\mathrm{d}x$$

当 $0\leqslant\alpha\leqslant\alpha_1, 0\leqslant\beta\leqslant\beta_1$ 时一致收敛. 因此，函数

$$I(\alpha,\beta)=\int_0^{+\infty}\frac{\ln(1+\alpha^2x^2)\ln(1+\beta^2x^2)}{x^4}\mathrm{d}x \tag{1}$$

是 $0\leqslant\alpha\leqslant\alpha_1, 0\leqslant\beta\leqslant\beta_1$ 上的二元连续函数. 由 $\alpha_1>0, \beta_1>0$ 的任意性知，$I(\alpha,\beta)$ 是 $\alpha\geqslant0, \beta\geqslant0$ 上的二元连续函数. 再考察两个积分

$$J(\alpha,\beta)=\int_0^{+\infty}\frac{\partial}{\partial\alpha}\left[\frac{\ln(1+\alpha^2x^2)\ln(1+\beta^2x^2)}{x^4}\right]\mathrm{d}x=\int_0^{+\infty}\frac{2\alpha\ln(1+\beta^2x^2)}{x^2(1+\alpha^2x^2)}\mathrm{d}x \tag{2}$$

$$K(\alpha,\beta)=\int_0^{+\infty}\frac{\partial}{\partial\beta}\left[\frac{2\alpha\ln(1+\beta^2x^2)}{x^2(1+\alpha^2x^2)}\right]\mathrm{d}x=\int_0^{+\infty}\frac{4\alpha\beta}{(1+\alpha^2x^2)(1+\beta^2x^2)}\mathrm{d}x=\frac{2\pi\alpha\beta}{\alpha+\beta}\quad(\alpha>0,\beta>0). \tag{3}$$

由于当 $0<\alpha_0\leqslant\alpha\leqslant\alpha_1, 0\leqslant\beta\leqslant\beta_1$，时，恒有

$$0\leqslant\frac{2\alpha\ln(1+\beta^2x^2)}{x^2(1+\alpha^2x^2)}\leqslant\frac{2\alpha_1\ln(1+\beta_1^2x^2)}{x^2(1+\alpha_0^2x^2)}\quad(0<x<+\infty),$$

而易知积分 $\int_0^{+\infty}\frac{2\alpha_1\ln(1+\beta_1^2x^2)}{x^2(1+\alpha_0^2x^2)}\mathrm{d}x$ 收敛，故(2)式中的积分在 $0<\alpha_0\leqslant\alpha\leqslant\alpha_1, 0\leqslant\beta\leqslant\beta_1$ 上一致收敛. 由此可知，$J(\alpha,\beta)$ 是 $\alpha_0\leqslant\alpha\leqslant\alpha_1, 0\leqslant\beta\leqslant\beta_1$ 上的连续函数，并且在其上(1)中的积分可在积分号下对 $\alpha$ 求导数，得

$$I'_\alpha(\alpha,\beta)=\int_0^{+\infty}\frac{2\alpha\ln(1+\beta^2x^2)}{x^2(1+\alpha^2x^2)}\mathrm{d}x=J(\alpha,\beta). \tag{4}$$

由 $\alpha_1>\alpha_0>0$ 及 $\beta_1>0$ 的任意性知，$J(\alpha,\beta)$ 是 $\alpha>0, \beta\geqslant0$ 上的连续函数，并且(4)式对一切 $\alpha>0, \beta\geqslant0$ 都成立.

其次，当 $0<\alpha\leqslant\alpha_1, 0<\beta_0\leqslant\beta\leqslant\beta_1$ 时，恒有

$$0<\frac{4\alpha\beta}{(1+\alpha^2x^2)(1+\beta^2x^2)}\leqslant\frac{4\alpha_1\beta_1}{1+\beta_0^2x^2}\quad(0<x<+\infty),$$

而积分 $\int_0^{+\infty}\frac{4\alpha_1\beta_1}{1+\beta_0^2x^2}\mathrm{d}x$ 收敛，故(3)式中的积分在 $0<\alpha\leqslant\alpha_1, 0<\beta_0\leqslant\beta\leqslant\beta_1$ 上一致收敛. 于是，在其上(2)式中的积分可在积分号下对 $\beta$ 求导数，得

$$I''_{\alpha\beta}(\alpha,\beta)=J'_\beta(\alpha,\beta)=\int_0^{+\infty}\frac{4\alpha\beta}{(1+\alpha^2x^2)(1+\beta^2x^2)}\mathrm{d}x=\frac{2\pi\alpha\beta}{\alpha+\beta}. \tag{5}$$

由 $\alpha_1>0, \beta_1>\beta_0>0$ 的任意性知，(5)式对一切 $\alpha>0, \beta>0$ 都成立. (5)式两端对 $\beta$ 积分之($\alpha>0$ 固定)，得

$$I'_\alpha(\alpha,\beta)=J(\alpha,\beta)=2\pi\alpha\beta-2\pi\alpha^2\ln(\alpha+\beta)+C(\alpha)\quad(0<\beta<+\infty),$$

其中 $C(\alpha)$ 是依赖于 $\alpha$ 的常数. 在此式中令 $\beta\to+0$，取极限，并注意到 $J(\alpha,\beta)$ 在 $\alpha>0, \beta\geqslant0$，上连续，得

$$0=J(\alpha,0)=\lim_{\beta\to+0}J(\alpha,\beta)=-2\pi\alpha^2\ln\alpha+C(\alpha),$$

故 $C(\alpha)=2\pi\alpha^2\ln\alpha$. 因此，

$$I'_\alpha(\alpha,\beta)=2\pi\alpha\beta-2\pi\alpha^2\ln(\alpha+\beta)+2\pi\alpha^2\ln\alpha\quad(\alpha>0,\beta>0).$$

两端再对 $\alpha$ 积分($\beta>0$ 固定)，得

$$I(\alpha,\beta)=\pi\alpha^2\beta-\frac{2}{3}\pi\alpha^3\ln(\alpha+\beta)+\frac{2\pi}{9}(\alpha+\beta)^3-\pi\alpha^2\beta-\frac{2}{3}\pi\beta^3\ln(\alpha+\beta)+\frac{2}{3}\pi\alpha^3\ln\alpha-\frac{2\pi}{9}\alpha^3+C^*(\beta)$$
$$(0<\alpha<+\infty),$$

其中 $C^*(\beta)$ 是依赖于 $\beta$ 的常数. 在此式两端令 $\alpha\to+0$ 取极限,并注意到 $I(\alpha,\beta)$ 在 $\alpha\geqslant 0,\beta\geqslant 0$ 上连续,得

$$0=I(0,\beta)=\lim_{\alpha\to+0}I(\alpha,\beta)=\frac{2\pi}{9}\beta^3-\frac{2}{3}\alpha\beta^3\ln\beta+C^*(\beta),$$

故 $C^*(\beta)=-\frac{2}{9}\pi\beta^3+\frac{2}{3}\pi\beta^3\ln\beta$. 于是,

$$I(\alpha,\beta)=-\frac{2}{3}\pi(\alpha^3+\beta^3)\ln(\alpha+\beta)+\frac{2\pi}{9}(\alpha+\beta)^3-\frac{2\pi}{9}\alpha^3-\frac{2}{9}\pi\beta^3+\frac{2}{3}\pi(\alpha^3\ln\alpha+\beta^3\ln\beta)$$

$$=\frac{2\pi}{3}[\alpha\beta(\alpha+\beta)+\alpha^3\ln\alpha+\beta^3\ln\beta-(\alpha^3+\beta^3)\ln(\alpha+\beta)]\quad(\alpha>0,\beta>0).$$

因此,对任意的 $\alpha,\beta$ 有

$$\int_0^{+\infty}\frac{\ln(1+\alpha^2x^2)\ln(1+\beta^2x^2)}{x^4}\mathrm{d}x$$

$$=\begin{cases}\frac{2\pi}{3}[|\alpha\beta|(|\alpha|+|\beta|)+|\alpha|^3\ln|\alpha|+|\beta|^3\ln|\beta|-(|\alpha|^3+|\beta|^3)\ln(|\alpha|+|\beta|)], & \alpha\beta\neq 0,\\ 0, & \alpha\beta=0.\end{cases}$$

**【3803】** 从公式 $I^2=\int_0^{+\infty}\mathrm{e}^{-x^2}\mathrm{d}x\int_0^{+\infty}x\mathrm{e}^{-x^2y^2}\mathrm{d}y$ 出发,计算欧拉—泊松积分 $I=\int_0^{+\infty}\mathrm{e}^{-x^2}\mathrm{d}x$.

**解** 在积分 $I=\int_0^{+\infty}\mathrm{e}^{-x^2}\mathrm{d}x$ 中令 $x=ut$,其中 $u$ 为任意正数,即得

$$I=u\int_0^{+\infty}\mathrm{e}^{-u^2t^2}\mathrm{d}t.$$

在上式两端乘以 $\mathrm{e}^{-u^2}\mathrm{d}u$,再对 $u$ 从 0 到 $+\infty$ 积分,得

$$I^2=\int_0^{+\infty}\mathrm{e}^{-u^2}\mathrm{d}u\int_0^{+\infty}u\mathrm{e}^{-u^2t^2}\mathrm{d}t. \tag{1}$$

由于被积函数 $u\mathrm{e}^{-(1+t^2)u^2}$ 是非负的连续函数,并且积分

$$\int_0^{+\infty}\mathrm{e}^{-(1+t^2)u^2}u\mathrm{d}u=\frac{1}{2(1+t^2)}\quad 及\quad \int_0^{+\infty}\mathrm{e}^{-(1+t^2)u^2}u\mathrm{d}t=\mathrm{e}^{-u^2}I$$

分别对于 $t$ 及 $u$ 是连续的,积分互换后的逐次积分显然存在. 于是,(1)式中的积分顺序可以互换*),并且有

$$I^2=\int_0^{+\infty}\mathrm{d}t\int_0^{+\infty}\mathrm{e}^{-(1+t^2)u^2}u\mathrm{d}u=\frac{1}{2}\int_0^{+\infty}\frac{\mathrm{d}t}{1+t^2}=\frac{\pi}{4}.$$

由于 $I>0$,故

$$I=\int_0^{+\infty}\mathrm{e}^{-x^2}\mathrm{d}x=\frac{\sqrt{\pi}}{2}.$$

*) 参看菲赫金哥尔茨著《微积分学教程》第二卷 483 目定理Ⅴ的系理.

**利用欧拉—泊松积分,求下列积分:**

**【3804】** $\int_{-\infty}^{+\infty}\mathrm{e}^{-(ax^2+2bx+c)}\mathrm{d}x\quad(a>0,ac-b^2>0)$*).

**解题思路** 注意 $ax^2+2bx+c=\frac{1}{a}[(ax+b)^2+ac-b^2]$,令 $\frac{1}{\sqrt{a}}(ax+b)=t$,并利用 3803 题的结果,即可获解.

**解** $\int_{-\infty}^{+\infty}\mathrm{e}^{-(ax^2+2bx+c)}\mathrm{d}x=\int_{-\infty}^{+\infty}\mathrm{e}^{-\frac{1}{a}[(ax+b)^2+ac-b^2]}\mathrm{d}x=\mathrm{e}^{\frac{b^2-ac}{a}}\int_{-\infty}^{+\infty}\mathrm{e}^{-\frac{1}{a}(ax+b)^2}\mathrm{d}x=\mathrm{e}^{\frac{b^2-ac}{a}}\int_{-\infty}^{+\infty}\frac{1}{\sqrt{a}}\mathrm{e}^{-t^2}\mathrm{d}t$

$$=\frac{2}{\sqrt{a}}\mathrm{e}^{\frac{b^2-ac}{a}}\int_0^{+\infty}\mathrm{e}^{-t^2}\mathrm{d}t=\frac{2}{\sqrt{a}}\mathrm{e}^{\frac{b^2-ac}{a}}\cdot\frac{\sqrt{\pi}}{2}=\sqrt{\frac{\pi}{a}}\mathrm{e}^{\frac{b^2-ac}{a}}.$$

*) 只要假定 $a>0$,条件 $ac-b^2>0$ 可去掉.

**【3805】** $\int_{-\infty}^{+\infty}(a_1x^2+2b_1x+c_1)\mathrm{e}^{-(ax^2+2bx+c)}\mathrm{d}x\quad(a>0,ac-b^2>0)$*).

**解** 设 $\frac{1}{\sqrt{a}}(ax+b)=t$,则 $x=\frac{\sqrt{a}t-b}{a}$. 代入得

$$\int_{-\infty}^{+\infty}(a_1x^2+2b_1x+c_1)e^{-(ax^2+2bx+c)}dx=\frac{1}{\sqrt{a}}e^{\frac{b^2-ac}{a}}\int_{-\infty}^{+\infty}\left[\frac{a_1}{a}t^2+\frac{2(ab_1-a_1b)}{a\sqrt{a}}t+\frac{a_1b^2-2abb_1}{a^2}+c_1\right]e^{-t^2}dt.$$

由于
$$\int_{-\infty}^{+\infty}t^2e^{-t^2}dt=-\frac{1}{2}\int_{-\infty}^{+\infty}td(e^{-t^2})=-\frac{1}{2}te^{-t^2}\Big|_{-\infty}^{+\infty}+\frac{1}{2}\int_{-\infty}^{+\infty}te^{-t^2}dt=\frac{\sqrt{\pi}}{2},$$
$$\int_{-\infty}^{+\infty}te^{-t^2}dt=0\quad 及\quad \int_{-\infty}^{+\infty}e^{-t^2}dt=2\int_0^{+\infty}e^{-t^2}dt=\sqrt{\pi},$$

故得
$$\int_{-\infty}^{+\infty}(a_1x^2+2b_1x+c_1)e^{-(ax^2+2bx+c)}dx=\frac{1}{\sqrt{a}}e^{\frac{b^2-ac}{a}}\left[\frac{a_1}{a}\frac{\sqrt{\pi}}{2}+\left(\frac{a_1b^2-2abb_1}{a^2}+c_1\right)\sqrt{\pi}\right]$$
$$=\frac{(a+2b^2)a_1-4abb_1+2a^2c_1}{2a^2}\sqrt{\frac{\pi}{a}}e^{\frac{b^2-ac}{a}}.$$

*） 只要假定 $a>0$，条件 $ac-b^2>0$ 可去掉.

**【3806】** $\int_{-\infty}^{+\infty}e^{-ax^2}\operatorname{ch}bx\,dx\quad(a>0)$.

**提示** 利用 3804 题的结果.

**解** $\int_{-\infty}^{+\infty}e^{-ax^2}\operatorname{ch}bx\,dx=\frac{1}{2}\int_{-\infty}^{+\infty}e^{-ax^2}(e^{bx}+e^{-bx})dx=\frac{1}{2}\int_{-\infty}^{+\infty}e^{-(ax^2-bx)}dx+\frac{1}{2}\int_{-\infty}^{+\infty}e^{-(ax^2+bx)}dx$

$$=\frac{1}{2}\sqrt{\frac{\pi}{a}}e^{\frac{b^2}{4a}}+\frac{1}{2}\sqrt{\frac{\pi}{a}}e^{\frac{b^2}{4a}}\overset{*)}{=}\sqrt{\frac{\pi}{a}}e^{\frac{b^2}{4a}}.$$

*） 利用 3804 题的结果.

**【3807】** $\int_0^{+\infty}e^{-\left(x^2+\frac{a^2}{x^2}\right)}dx\quad(a>0)$.

**提示** 注意 $x^2+\frac{a^2}{x^2}=(x+\frac{a}{x})^2-2a$，并利用 2355 题及 3804 题的结果.

**解** 由于积分 $\int_0^{+\infty}e^{-x^2}dx=\frac{\sqrt{\pi}}{2}$，故利用 2355 题的结果，即得

$$\int_0^{+\infty}e^{-\left(x^2+\frac{a^2}{x^2}\right)}dx=e^{2a}\int_0^{+\infty}e^{-\left(x+\frac{a}{x}\right)^2dx}=e^{2a}\int_0^{+\infty}e^{-(x^2+4a)}dx=e^{-2a}\int_0^{+\infty}e^{-x^2}dx=\frac{\sqrt{\pi}}{2}e^{-2a}.$$

**【3808】** $\int_0^{+\infty}\frac{e^{-\alpha x^2}-e^{-\beta x^2}}{x^2}dx\quad(\alpha>0,\beta>0)$.

**提示** 利用分部积分法及 3804 题的结果.

**解** 由分部积分法知，

$$\int_0^{+\infty}\frac{e^{-\alpha x^2}-e^{-\beta x^2}}{x^2}dx=-\int_0^{+\infty}(e^{-\alpha x^2}-e^{-\beta x^2})d\left(\frac{1}{x}\right)=-\frac{e^{-\alpha x^2}-e^{-\beta x^2}}{x}\Big|_0^{+\infty}-2\int_0^{+\infty}(\alpha e^{-\alpha x^2}-\beta e^{-\beta x^2})dx$$
$$=-2\int_0^{+\infty}\sqrt{\alpha}e^{-(\sqrt{\alpha}x)^2}d(\sqrt{\alpha}x)+2\int_0^{+\infty}\sqrt{\beta}e^{-(\sqrt{\beta}x)^2}d(\sqrt{\beta}x)=-2\sqrt{\alpha}\frac{\sqrt{\pi}}{2}+2\sqrt{\beta}\frac{\sqrt{\pi}}{2}=\sqrt{\pi}(\sqrt{\beta}-\sqrt{\alpha}).$$

**【3809】** $\int_0^{+\infty}e^{-ax^2}\cos bx\,dx\quad(a>0)$.

**解** 令 $I(b)=\int_0^{+\infty}e^{-ax^2}\cos bx\,dx$. 由于 $e^{-ax^2}\cos bx$ 与 $\frac{\partial}{\partial b}(e^{-ax^2}\cos bx)=-xe^{-ax^2}\sin bx$ 都是 $x\geqslant0$，$-\infty<b<+\infty$ 上的连续函数，并且此时

$$|e^{-ax^2}\cos bx|\leqslant e^{-ax^2},\qquad |xe^{-ax^2}\sin bx|\leqslant xe^{-ax^2},$$

而积分 $\int_0^{+\infty}e^{-ax^2}dx$ 与 $\int_0^{+\infty}xe^{-ax^2}dx$ 都收敛，故积分 $\int_0^{+\infty}e^{-ax^2}\cos bx\,dx$ 与 $\int_0^{+\infty}xe^{-ax^2}\sin bx\,dx$ 都在 $-\infty<b<+\infty$ 上一致收敛，从而可在积分号下求导数，得

$$I'(b)=-\int_0^{+\infty}xe^{-ax^2}\sin bx\,dx\quad(-\infty<b<+\infty).$$

利用分部积分法，得

$$\int_0^{+\infty} x\mathrm{e}^{-ax^2}\sin bx\mathrm{d}x=-\frac{1}{2a}\mathrm{e}^{-ax^2}\sin bx\Big|_0^{+\infty}+\frac{b}{2a}\int_0^{+\infty}\mathrm{e}^{-ax^2}\cos bx\mathrm{d}x=\frac{b}{2a}I(b),$$

故 $I'(b)=-\frac{b}{2a}I(b)\ (-\infty<b<+\infty)$. 于是,

$$\int\frac{I'(b)}{I(b)}\mathrm{d}b=-\frac{1}{2a}\int b\mathrm{d}b,$$

即

$$\ln I(b)=-\frac{b^2}{4a}+C\quad(-\infty<b<+\infty),$$

其中 $C$ 是待定常数,也即

$$I(b)=C_1\mathrm{e}^{-\frac{b^2}{4a}}\quad(-\infty<b<+\infty),$$

其中 $C_1$ 也是待定常数. 但

$$I(0)=\int_0^{+\infty}\mathrm{e}^{-ax^2}\mathrm{d}x=\frac{1}{\sqrt{a}}\int_0^{+\infty}\mathrm{e}^{-t^2}\mathrm{d}t=\frac{1}{2}\sqrt{\frac{\pi}{a}},$$

代入,得 $C_1=\frac{1}{2}\sqrt{\frac{\pi}{a}}$. 于是,最后得

$$\int_0^{+\infty}\mathrm{e}^{-ax^2}\cos bx\mathrm{d}x=I(b)=\frac{1}{2}\sqrt{\frac{\pi}{a}}\mathrm{e}^{-\frac{b^2}{4a}}\quad(-\infty<b<+\infty).$$

**【3810】** $\int_0^{+\infty} x\mathrm{e}^{-ax^2}\sin bx\mathrm{d}x\quad(a>0)$.

**提示** 利用分部积分法及 3809 题的结果.

**解** $\int_0^{+\infty} x\mathrm{e}^{-ax^2}\sin bx\mathrm{d}x=-\frac{1}{2a}\int_0^{+\infty}\sin bx\mathrm{d}(\mathrm{e}^{-ax^2})=-\frac{1}{2a}\mathrm{e}^{-ax^2}\sin bx\Big|_0^{+\infty}+\frac{b}{2a}\int_0^{+\infty}\mathrm{e}^{-ax^2}\cos bx\mathrm{d}x$

$$=\frac{b}{2a}\int_0^{+\infty}\mathrm{e}^{-ax^2}\cos bx\mathrm{d}x=\frac{b}{4a}\sqrt{\frac{\pi}{a}}\mathrm{e}^{-\frac{b^2}{4a}}\,{}^{*)}.$$

*) 利用 3809 题的结果.

**【3811】** $\int_0^{+\infty} x^{2n}\mathrm{e}^{-x^2}\cos 2bx\mathrm{d}x$ ($n$ 为正整数).

**解** 由 3809 题得

$$\int_0^{+\infty}\mathrm{e}^{-x^2}\cos 2bx\mathrm{d}x=\frac{\sqrt{\pi}}{2}\mathrm{e}^{-b^2}.\tag{1}$$

积分

$$\int_0^{+\infty}\frac{\partial^k}{\partial b^k}(\mathrm{e}^{-x^2}\cos 2bx)\mathrm{d}x=2^k\int_0^{+\infty}x^k\mathrm{e}^{-x^2}\cos\left(2bx+\frac{k\pi}{2}\right)\mathrm{d}x,\tag{2}$$

而

$$\left|x^k\mathrm{e}^{-x^2}\cos\left(2bk+\frac{k\pi}{2}\right)\right|\leqslant x^k\mathrm{e}^{-x^2}\quad(x\geqslant 0).$$

但是积分 $\int_0^{+\infty}x^k\mathrm{e}^{-x^2}\mathrm{d}x$ 对于任意的正整数 $k$ 均收敛,故积分(2)当 $-\infty<b<+\infty$ 时一致收敛. 因此,(1)式的左端可在积分号下求任意次导数,从而可得

$$\int_0^{+\infty}\frac{\partial^{2n}}{\partial b^{2n}}(\mathrm{e}^{-x^2}\cos 2bx)\mathrm{d}x=\int_0^{+\infty}2^{2n}x^{2n}\mathrm{e}^{-x^2}\cos(2bx+n\pi)\mathrm{d}x$$

$$=2^{2n}(-1)^n\int_0^{+\infty}x^{2n}\mathrm{e}^{-x^2}\cos 2bx\mathrm{d}x=\frac{\sqrt{\pi}}{2}\frac{\mathrm{d}^{2n}}{\mathrm{d}b^{2n}}(\mathrm{e}^{-b^2}),$$

即

$$\int_0^{+\infty}x^{2n}\mathrm{e}^{-x^2}\cos 2bx\mathrm{d}x=(-1)^n\frac{\sqrt{\pi}}{2^{2n+1}}\frac{\mathrm{d}^{2n}}{\mathrm{d}b^{2n}}(\mathrm{e}^{-b^2}).$$

**【3812】** 从积分 $I(\alpha)=\int_0^{+\infty}\mathrm{e}^{-\alpha x}\frac{\sin\beta x}{x}\mathrm{d}x$ 出发,计算狄利克雷积分 $D(\beta)=\int_0^{+\infty}\frac{\sin\beta x}{x}\mathrm{d}x$.

**解** 先设 $\beta>0$,将 $\beta$ 固定,$\alpha$ 视为参变量. 仿 3760 题的证法,可知积分 $\int_0^{+\infty}\mathrm{e}^{-\alpha x}\frac{\sin\beta x}{x}\mathrm{d}x$ 当 $\alpha\geqslant 0$ 时一致

收敛,从而,$I(\alpha)$是$\alpha\geqslant 0$上的连续函数(注意,上述积分中$x=0$不是瑕点,因为$\lim\limits_{x\to+0}e^{-\alpha x}\frac{\sin\beta x}{x}=\beta$). 由于

$$\int_0^{+\infty}\frac{\partial}{\partial\alpha}\left(e^{-\alpha x}\frac{\sin\beta x}{x}\right)dx=-\int_0^{+\infty}e^{-\alpha x}\sin\beta x dx=-\frac{\beta}{\alpha^2+\beta^2},$$

易知积分$\int_0^{+\infty}e^{-\alpha x}\sin\beta x dx$当$\alpha\geqslant\alpha_0>0$时一致收敛(因为此时$|e^{-\alpha x}\sin\beta x|\leqslant e^{-\alpha_0 x}$,而$\int_0^{+\infty}e^{-\alpha_0 x}dx$收敛),故知当$\alpha\geqslant\alpha_0$时,积分$\int_0^{+\infty}e^{-\alpha x}\frac{\sin\beta x}{x}dx$可在积分号下求导数,得

$$I'(\alpha)=-\frac{\beta}{\alpha^2+\beta^2}.$$

由$\alpha_0>0$的任意性知,上式对一切$0<\alpha<+\infty$皆成立. 两端对$\alpha$积分,得

$$I(\alpha)=-\arctan\frac{\alpha}{\beta}+C\ (0<\alpha<+\infty),\tag{1}$$

其中$C$是某常数. 由$|\sin u|\leqslant|u|$知

$$|I(\alpha)|\leqslant\beta\int_0^{+\infty}e^{-\alpha x}dx=\frac{\beta}{\alpha}\quad(0<\alpha<+\infty),$$

由此可知$\lim\limits_{\alpha\to+\infty}I(\alpha)=0$. 在(1)式两端令$\alpha\to+\infty$取极限,得$0=-\frac{\pi}{2}+C$,故$C=\frac{\pi}{2}$. 于是,

$$I(\alpha)=-\arctan\frac{\alpha}{\beta}+\frac{\pi}{2}\quad(0<\alpha<+\infty).\tag{2}$$

在(2)式两端令$\alpha\to+0$取极限,并注意到$I(\alpha)$当$\alpha\geqslant 0$时连续,即得

$$D(\beta)=I(0)=\lim_{\alpha\to+0}I(\alpha)=\frac{\pi}{2}.$$

当$\beta<0$时,$D(\beta)=-D(-\beta)=-\frac{\pi}{2}$. 又显然有$D(0)=0$. 综上所述,有

$$D(\beta)=\frac{\pi}{2}\operatorname{sgn}\beta.$$

**利用狄利克雷积分和傅茹兰积分,求下列积分:**

**【3813】** $\int_0^{+\infty}\frac{e^{-\alpha x^2}-\cos\beta x}{x^2}dx\quad(\alpha>0)$.

**解** 令$I(\beta)=\int_0^{+\infty}\frac{e^{-\alpha x^2}-\cos\beta x}{x^2}dx$. 首先注意到$x=0$不是瑕点,因为

$$\lim_{x\to+0}\frac{e^{-\alpha x^2}-\cos\beta x}{x^2}=\lim_{x\to+0}\frac{-2\alpha xe^{-\alpha x^2}+\beta\sin\beta x}{2x}=\frac{\beta^2}{2}-\alpha.$$

由于

$$\left|\frac{e^{-\alpha x^2}-\cos\beta x}{x^2}\right|\leqslant\frac{2}{x^2}\quad(x>0),$$

而$\int_1^{+\infty}\frac{dx}{x^2}$收敛,故$\int_1^{+\infty}\frac{e^{-\alpha x^2}-\cos\beta x}{x^2}dx$在$-\infty<\beta<+\infty$上一致收敛,从而,$\int_0^{+\infty}\frac{e^{-\alpha x^2}-\cos\beta x}{x^2}dx$也在$-\infty<\beta<+\infty$上一致收敛. 于是,$I(\beta)$是$-\infty<\beta<+\infty$上的连续函数. 下设$\beta>0$. 由于

$$\int_0^{+\infty}\frac{\partial}{\partial\beta}\left(\frac{e^{-\alpha x^2}-\cos\beta x}{x^2}\right)dx=\int_0^{+\infty}\frac{\sin\beta x}{x}dx=\frac{\pi}{2}{}^{*)},$$

而积分$\int_0^{+\infty}\frac{\sin\beta x}{x}dx$在$\beta\geqslant\beta_0>0$上一致收敛(因为当$x\to+\infty$时$\frac{1}{x}$单调递减趋于零,而$\left|\int_0^A\sin\beta x dx\right|=\left|\frac{1-\cos\beta x}{x}\right|\leqslant\frac{2}{\beta_0}$,故由狄利克雷判别法知,$\int_0^{+\infty}\frac{\sin\beta x}{x}dx$当$\beta\geqslant\beta_0$时一致收敛). 于是,当$\beta\geqslant\beta_0$时,可在积分号下求导数,得

$$I'(\beta)=\int_0^{+\infty}\frac{\sin\beta x}{x}dx=\frac{\pi}{2}.\tag{1}$$

由 $\beta_0>0$ 的任意性知，(1)式对一切 $\beta>0$ 皆成立. 于是，

$$I(\beta)=\frac{\pi}{2}\beta+C\quad(0<\beta<+\infty),\tag{2}$$

其中 $C$ 是某常数. 在(2)式两端令 $\beta\to+0$ 取极限，并注意到 $I(\beta)$ 在 $-\infty<\beta<+\infty$ 上的连续性，得

$$\int_0^{+\infty}\frac{e^{-\alpha x^2}-1}{x^2}=I(0)=\lim_{\beta\to+0}I(\beta)=C.\tag{3}$$

根据 3808 题的结果知

$$\int_0^{+\infty}\frac{e^{-\alpha x^2}-e^{-\beta x^2}}{x^2}dx=\sqrt{\pi}(\sqrt{\beta}-\sqrt{\alpha})\quad(\alpha>0,\beta>0).\tag{4}$$

令 $J(\beta)=\int_0^{+\infty}\frac{e^{-\alpha x^2}-e^{-\beta x^2}}{x^2}dx\ (\alpha>0)$. 仿上面的证明，易知 $\int_0^{+\infty}\frac{e^{-\alpha x^2}-e^{-\beta x^2}}{x^2}dx$ 当 $\beta\geqslant0$ 时一致收敛，故 $J(\beta)$ 是 $\beta\geqslant0$ 上的连续函数. 于是，在(4)式两端令 $\beta\to+0$ 取极限，得

$$\int_0^{+\infty}\frac{e^{-\alpha x^2}-1}{x^2}dx=J(0)=\lim_{\beta\to+0}J(\beta)=-\sqrt{\pi\alpha}\quad(\alpha>0),$$

以此代入(3)式，得 $C=-\sqrt{\pi\alpha}$. 于是，

$$I(\beta)=\frac{\pi}{2}\beta-\sqrt{\pi\alpha}\quad(0\leqslant\beta<+\infty).$$

当 $\beta<0$ 时，$I(\beta)=I(-\beta)=\frac{\pi}{2}(-\beta)-\sqrt{\pi\alpha}$. 总之，得

$$\int_0^{+\infty}\frac{e^{-\alpha x^2}-\cos\beta x}{x^2}dx=\frac{\pi}{2}|\beta|-\sqrt{\pi\alpha}\quad(\alpha>0).$$

*) 利用 3812 题的结果.

**【3814】** $\int_0^{+\infty}\frac{\sin\alpha x\sin\beta x}{x}dx.$

**提示** 注意 $\sin\alpha x\sin\beta x=\frac{1}{2}[\cos(\alpha-\beta)x-\cos(\alpha+\beta)x]$，并利用 3790 题的结果.

**解** $\int_0^{+\infty}\frac{\sin\alpha x\sin\beta x}{x}dx=\frac{1}{2}\int_0^{+\infty}\frac{\cos(\alpha-\beta)x-\cos(\alpha+\beta)x}{x}dx=\frac{1}{2}\ln\left|\frac{\alpha+\beta}{\alpha-\beta}\right|^{*)}.$

*) 利用 3790 题的结果.

**【3815】** $\int_0^{+\infty}\frac{\sin\alpha x\cos\beta x}{x}dx.$

**提示** 利用 3791 题及 3812 题的结果，可得

原式 $=0$，若 $|\alpha|<|\beta|$；原式 $=\frac{\pi}{4}\operatorname{sgn}\alpha$，若 $|\alpha|=|\beta|$；原式 $=\frac{\pi}{2}\operatorname{sgn}\alpha$，若 $|\alpha|>|\beta|$.

**解** $\int_0^{+\infty}\frac{\sin\alpha x\cos\beta x}{x}dx=\frac{1}{2}\int_0^{+\infty}\frac{\sin(\alpha+\beta)x+\sin(\alpha-\beta)x}{x}dx=\frac{1}{2}\int_0^{+\infty}\frac{\sin(\alpha+\beta)x-\sin(\beta-\alpha)x}{x}dx$

$$=\begin{cases}0, & |\alpha|<|\beta|^{*)},\\ \frac{\pi}{4}\operatorname{sgn}\alpha, & |\alpha|=|\beta|^{**)},\\ \frac{\pi}{2}\operatorname{sgn}\alpha, & |\alpha|>|\beta|^{***)}.\end{cases}$$

*) 利用 3791 题的结果.
**)及 ***) 利用 3812 题的结果.

**【3816】** $\int_0^{+\infty}\frac{\sin^3\alpha x}{x}dx.$

**提示** 注意 $\sin^3\alpha x=\frac{3}{4}\sin\alpha x-\frac{1}{4}\sin3\alpha x$，并利用 3812 题的结果.

**解** 由于 $\sin 3\alpha x=3\sin\alpha x-4\sin^3\alpha x$，故

$$\int_0^{+\infty}\frac{\sin^3\alpha x}{x}\mathrm{d}x=\int_0^{+\infty}\frac{3\sin\alpha x-\sin 3\alpha x}{4x}\mathrm{d}x=\frac{\pi}{2}\operatorname{sgn}\alpha\left(\frac{3}{4}-\frac{1}{4}\right)^{*)}=\frac{\pi}{4}\operatorname{sgn}\alpha.$$

*) 利用 3812 题的结果.

**【3817】** $\int_0^{+\infty}\left(\frac{\sin\alpha x}{x}\right)^2\mathrm{d}x$.

**解** 令 $I(\alpha)=\int_0^{+\infty}\left(\frac{\sin\alpha x}{x}\right)^2\mathrm{d}x$. 先设 $\alpha\geqslant 0$. 显然 $x=0$ 不是瑕点，因为 $\lim\limits_{x\to+0}\left(\frac{\sin\alpha x}{x}\right)^2=\alpha^2$. 而由于 $\left(\frac{\sin\alpha x}{x}\right)^2\leqslant\frac{1}{x^2}$，又 $\int_1^{+\infty}\frac{\mathrm{d}x}{x^2}$ 收敛，故 $\int_1^{+\infty}\left(\frac{\sin\alpha x}{x}\right)^2\mathrm{d}x$ 在 $\alpha\geqslant 0$ 上一致收敛，从而，$\int_0^{+\infty}\left(\frac{\sin\alpha x}{x}\right)^2\mathrm{d}x$ 在 $\alpha\geqslant 0$ 时一致收敛. 因此，$I(\alpha)$ 是 $\alpha\geqslant 0$ 上的连续函数.

又因 $\int_0^{+\infty}\frac{\partial}{\partial\alpha}\left(\frac{\sin\alpha x}{x}\right)^2\mathrm{d}x=\int_0^{+\infty}\frac{\sin 2\alpha x}{x}\mathrm{d}x=\frac{\pi}{2}$，而积分 $\int_0^{+\infty}\frac{\sin 2\alpha x}{x}\mathrm{d}x$ 当 $\alpha\geqslant\alpha_0>0$ 时一致收敛(参看 3813 题的解题过程)，故当 $\alpha\geqslant\alpha_0$ 时可在积分号下求导数，得

$$I'(\alpha)=\int_0^{+\infty}\frac{\sin 2\alpha x}{x}\mathrm{d}x=\frac{\pi}{2};\tag{1}$$

由 $\alpha_0>0$ 的任意性知，(1)式对一切 $\alpha>0$ 皆成立. 两端积分，得

$$I(\alpha)=\frac{\pi}{2}\alpha+C\quad(0<\alpha<+\infty).$$

其中 $C$ 是某常数. 在上式两端令 $\alpha\to+0$ 取极限，并注意到 $I(\alpha)$ 在 $\alpha\geqslant 0$ 时的连续性知

$$0=I(0)=\lim_{\alpha\to+0}I(\alpha)=C.$$

于是，$I(\alpha)=\frac{\pi}{2}\alpha\ (0\leqslant\alpha<+\infty)$. 当 $\alpha<0$ 时，显然 $I(\alpha)=I(-\alpha)=\frac{\pi}{2}(-\alpha)$，故对于任何 $\alpha$，有

$$\int_0^{+\infty}\left(\frac{\sin\alpha x}{x}\right)^2\mathrm{d}x=I(\alpha)=\frac{\pi}{2}|\alpha|.$$

**【3818】** $\int_0^{+\infty}\left(\frac{\sin\alpha x}{x}\right)^3\mathrm{d}x$.

**提示** 两次使用分部积分法，并利用 3812 题及 3816 题的结果.

**解**

$$\begin{aligned}\int_0^{+\infty}\left(\frac{\sin\alpha x}{x}\right)^3\mathrm{d}x&=-\frac{1}{2}\int_0^{+\infty}\sin^3\alpha x\,\mathrm{d}\left(\frac{1}{x^2}\right)=-\frac{1}{2x^2}\sin^3\alpha x\Big|_0^{+\infty}+\frac{1}{2}\int_0^{+\infty}\frac{3\alpha\sin^2\alpha x\cos\alpha x}{x^2}\mathrm{d}x\\&=\frac{3\alpha}{2}\int_0^{+\infty}\frac{\sin^2\alpha x\cos\alpha x}{x^2}\mathrm{d}x=-\frac{3\alpha}{2}\int_0^{+\infty}\sin^2\alpha x\cos\alpha x\,\mathrm{d}\left(\frac{1}{x}\right)\\&=-\frac{3\alpha}{2x}\sin^2\alpha x\cos\alpha x\Big|_0^{+\infty}+\frac{3\alpha}{2}\int_0^{+\infty}\frac{2\alpha\sin\alpha x\cos^2\alpha x-\alpha\sin^3\alpha x}{x}\mathrm{d}x\\&=\frac{3\alpha}{2}\int_0^{+\infty}\frac{2\alpha\sin\alpha x}{x}\mathrm{d}x-\frac{3\alpha}{2}\int_0^{+\infty}\frac{3\alpha\sin^3\alpha x}{x}\mathrm{d}x=3\alpha^2\cdot\frac{\pi}{2}\operatorname{sgn}\alpha-\frac{9}{2}\alpha^2\cdot\frac{\pi}{4}\operatorname{sgn}\alpha^{*)}\\&=\frac{3\pi}{8}\alpha^2\operatorname{sgn}\alpha=\frac{3\pi}{8}\alpha|\alpha|.\end{aligned}$$

*) 利用 3816 题的结果.

**【3819】** $\int_0^{+\infty}\frac{\sin^4 x}{x^2}\mathrm{d}x$.

**提示** 使用分部积分法，并利用 3812 题的结果.

**解** $\int_0^{+\infty}\frac{\sin^4 x}{x^2}\mathrm{d}x=-\frac{1}{x}\sin^4 x\Big|_0^{+\infty}+\int_0^{+\infty}\frac{4\sin^3 x\cos x}{x}\mathrm{d}x=\int_0^{+\infty}\frac{(3\sin x-\sin 3x)\cos x}{x}\mathrm{d}x$

$=\frac{3}{2}\int_0^{+\infty}\frac{\sin 2x}{x}\mathrm{d}x-\frac{1}{2}\int_0^{+\infty}\frac{\sin 4x}{x}\mathrm{d}x-\frac{1}{2}\int_0^{+\infty}\frac{\sin 2x}{x}\mathrm{d}x=\left(\frac{3}{2}-\frac{1}{2}-\frac{1}{2}\right)\frac{\pi}{2}=\frac{\pi}{4}.$

**【3820】** $\int_0^{+\infty}\frac{\sin^4\alpha x-\sin^4\beta x}{x}\mathrm{d}x$.

**提示** 注意 $\sin^4 x=\frac{1}{8}(\cos 4x-4\cos 2x+3)$，并利用 3790 题的结果.

**解** 由于 $\sin^4 x=\frac{1}{8}(\cos 4x-4\cos 2x+3)$，故

$$\int_0^{+\infty}\frac{\sin^4\alpha x-\sin^4\beta x}{x}\mathrm{d}x=\frac{1}{8}\int_0^{+\infty}\frac{\cos 4\alpha x-\cos 4\beta x}{x}\mathrm{d}x-\frac{1}{2}\int_0^{+\infty}\frac{\cos 2\alpha x-\cos 2\beta x}{x}\mathrm{d}x$$

$$=\frac{1}{8}\ln\left|\frac{\beta}{\alpha}\right|-\frac{1}{2}\ln\left|\frac{\beta}{\alpha}\right|=\frac{3}{8}\ln\left|\frac{\alpha}{\beta}\right|\qquad(\alpha\neq 0,\beta\neq 0).$$

**注** 若 $\alpha=\beta=0$，显然积分为零；若 $\alpha=0$ $(\beta\neq 0)$ 或 $\beta=0$ $(\alpha\neq 0)$，易知积分发散.

**【3821】** $\int_0^{+\infty}\frac{\sin(x^2)}{x}\mathrm{d}x.$

**提示** 令 $x=\sqrt{t}$，并利用 3812 题的结果.

**解** 作代换 $x=\sqrt{t}$，则有 $\int_0^{+\infty}\frac{\sin(x^2)}{x}\mathrm{d}x=\frac{1}{2}\int_0^{+\infty}\frac{\sin t}{t}\mathrm{d}t=\frac{\pi}{4}.$

**【3822】** $\int_0^{+\infty}\mathrm{e}^{-kx}\frac{\sin\alpha x\sin\beta x}{x^2}\mathrm{d}x\quad(k\geqslant 0,\alpha>0,\beta>0).$

**解** $\int_0^{+\infty}\mathrm{e}^{-kx}\frac{\sin\alpha x\sin\beta x}{x^2}\mathrm{d}x$

$$=-\frac{1}{x}\mathrm{e}^{-kx}\sin\alpha x\sin\beta x\bigg|_0^{+\infty}+\int_0^{+\infty}\frac{1}{x}\{-k\mathrm{e}^{-kx}\sin\alpha x\sin\beta x+\mathrm{e}^{-kx}(\alpha\sin\beta x\cos\alpha x+\beta\sin\alpha x\cos\beta x)\}\mathrm{d}x$$

$$=\int_0^{+\infty}\mathrm{e}^{-kx}\frac{\alpha\sin\beta x\cos\alpha x+\beta\sin\alpha x\cos\beta x}{x}\mathrm{d}x-k\int_0^{+\infty}\mathrm{e}^{-kx}\frac{\sin\alpha x\sin\beta x}{x}\mathrm{d}x.$$

由于

$$\int_0^{+\infty}\mathrm{e}^{-kx}\frac{\alpha\sin\beta x\cos\alpha x}{x}\mathrm{d}x=\frac{\alpha}{2}\int_0^{+\infty}\mathrm{e}^{-kx}\frac{\sin(\alpha+\beta)x-\sin(\alpha-\beta)x}{x}\mathrm{d}x=\frac{\alpha}{2}\left(\arctan\frac{\alpha+\beta}{k}-\arctan\frac{\alpha-\beta}{k}\right)^{*)},$$

$$\int_0^{+\infty}\mathrm{e}^{-kx}\frac{\beta\sin\alpha x\cos\beta x}{x}\mathrm{d}x=\frac{\beta}{2}\left(\arctan\frac{\alpha+\beta}{k}+\arctan\frac{\alpha-\beta}{k}\right),$$

且 $\int_0^{+\infty}\mathrm{e}^{-kx}\frac{\sin\alpha x\sin\beta x}{x}\mathrm{d}x$

$$=\int_0^{+\infty}\frac{[(\mathrm{e}^{-kx}-1)+1][\cos(\alpha-\beta)x-\cos(\alpha+\beta)x]}{2x}\mathrm{d}x$$

$$=\frac{1}{2}\int_0^{+\infty}(\mathrm{e}^{-kx}-1)\frac{\cos(\alpha-\beta)x}{x}\mathrm{d}x-\frac{1}{2}\int_0^{+\infty}(\mathrm{e}^{-kx}-1)\frac{\cos(\alpha+\beta)x}{x}\mathrm{d}x$$

$$+\frac{1}{2}\int_0^{+\infty}\frac{\cos(\alpha-\beta)x-\cos(\alpha+\beta)x}{x}\mathrm{d}x$$

$$=\frac{1}{2}\cdot\frac{1}{2}\ln\frac{(\alpha-\beta)^2}{(\alpha-\beta)^2+k^2}-\frac{1}{2}\cdot\frac{1}{2}\ln\frac{(\alpha+\beta)^2}{(\alpha+\beta)^2+k^2}{}^{**)}+\frac{1}{2}\ln\left|\frac{\alpha+\beta}{\alpha-\beta}\right|=\frac{1}{4}\ln\frac{(\alpha+\beta)^2+k^2}{(\alpha-\beta)^2+k^2},$$

故 $$\int_0^{+\infty}\mathrm{e}^{-kx}\frac{\sin\alpha x\sin\beta x}{x^2}\mathrm{d}x=\frac{\alpha+\beta}{2}\arctan\frac{\alpha+\beta}{k}-\frac{\alpha-\beta}{2}\arctan\frac{\alpha-\beta}{k}+\frac{k}{4}\ln\frac{(\alpha-\beta)^2+k^2}{(\alpha+\beta)^2+k^2}.$$

*) 利用 3812 题的结果.

**) 易知 3796 题的结果当 $\alpha>0,\beta=0$ 时也成立.

**【3823】** 对于不同的 $x$ 值，求狄利克雷间断乘子

$$D(x)=\frac{2}{\pi}\int_0^{+\infty}\sin\lambda\cos\lambda x\frac{\mathrm{d}\lambda}{\lambda},$$

作出函数 $y=D(x)$ 的图像.

**解** $D(x)=\frac{1}{\pi}\int_0^{+\infty}\frac{\sin(1+x)\lambda+\sin(1-x)\lambda}{\lambda}\mathrm{d}\lambda.$

当 $|x|<1$ 时，$1+x>0$ 及 $1-x>0$，利用 3812 题的结果，即得 $D(x)=\frac{1}{\pi}\left(\frac{\pi}{2}+\frac{\pi}{2}\right)=1$；

当$|x|=1$时，$1+x$ 及 $1-x$ 中总有一个为零，一个为正值，即得$D(x)=\frac{1}{\pi}\cdot\frac{\pi}{2}=\frac{1}{2}$；

当$|x|>1$时，$(1+x)(1-x)<0$，即得 $D(x)=0$. 如图 7.3 所示.

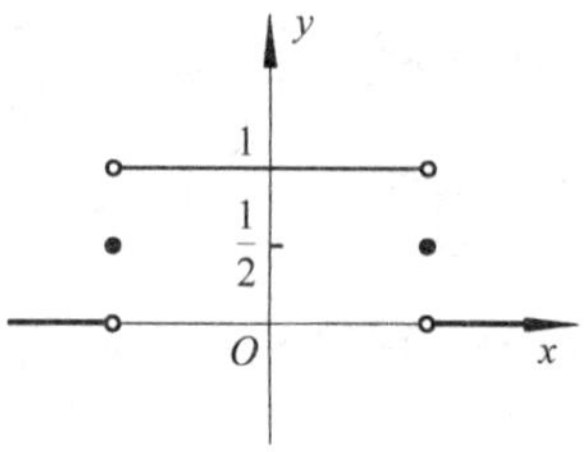


图 7.3

**【3824】** 计算积分：

(1) $V.P.\int_{-\infty}^{+\infty}\frac{\sin ax}{x+b}dx$；　　(2) $V.P.\int_{-\infty}^{+\infty}\frac{\cos ax}{x+b}dx$.

**解** (1) $V.P.\int_{-\infty}^{+\infty}\frac{\sin ax}{x+b}dx=V.P.\int_{-\infty}^{+\infty}\frac{\sin a(t-b)}{t}dt$

$$=V.P.\int_{-\infty}^{+\infty}\frac{\sin at\cos ab}{t}dt-V.P.\int_{-\infty}^{+\infty}\frac{\cos at\sin ab}{t}dt=2\int_0^{+\infty}\frac{\sin at}{t}\cos ab\,dt=\pi\operatorname{sgn}a\cos ab.$$

类似地，可求得

(2) $V.P.\int_{-\infty}^{+\infty}\frac{\cos ax}{x+b}dx=\pi\operatorname{sgn}a\sin ab$.

**【3825】** 利用公式
$$\frac{1}{1+x^2}=\int_0^{+\infty}e^{-y(1+x^2)}dy,$$
计算拉普拉斯积分
$$L=\int_0^{+\infty}\frac{\cos\alpha x}{1+x^2}dx.$$

**解** $L=\int_0^{+\infty}\cos\alpha x\,dx\int_0^{+\infty}e^{-y(1+x^2)}dy$. 由于被积函数 $\cos\alpha x e^{-y(1+x^2)}$ 是 $0\leqslant x<+\infty$，$0\leqslant y<+\infty$ 上的连续函数，并且绝对值的积分

$$\int_0^{+\infty}dy\int_0^{+\infty}\left|e^{-y(1+x^2)}\cos\alpha x\right|dx\leqslant\int_0^{+\infty}e^{-y}dy\int_0^{+\infty}e^{-yx^2}dx=\frac{\sqrt{\pi}}{2}\int_0^{+\infty}\frac{e^{-y}}{\sqrt{y}}dy=\sqrt{\pi}\int_0^{+\infty}e^{-t^2}dt=\frac{\pi}{2}<+\infty,$$

故原逐次积分可交换积分顺序，得

$$L=\int_0^{+\infty}e^{-y}dy\int_0^{+\infty}e^{-yx^2}\cos\alpha x\,dx=\int_0^{+\infty}e^{-y}\cdot\frac{1}{2}\sqrt{\frac{\pi}{y}}e^{-\frac{\alpha^2}{4y}}dy^{*)}=\int_0^{+\infty}\sqrt{\pi}e^{-\left[t^2+\frac{1}{t^2}\left(\frac{|\alpha|}{2}\right)^2\right]}dt$$

$$=\sqrt{\pi}\cdot\frac{\sqrt{\pi}}{2}e^{-2\frac{|\alpha|}{2}}{}^{**)}=\frac{\pi}{2}e^{-|\alpha|}.$$

*) 利用 3809 题的结果.

**) 利用 3807 题的结果.

**【3826】** 计算积分 $L_1=\int_0^{+\infty}\frac{x\sin\alpha x}{1+x^2}dx$.

**解** 由于$\frac{\partial}{\partial\alpha}\left(\frac{\cos\alpha x}{1+x^2}\right)=-\frac{x\sin\alpha x}{1+x^2}$，因此我们考虑积分 $L=\int_0^{+\infty}\frac{\cos\alpha x}{1+x^2}dx$.

由于$\left|\frac{\cos\alpha x}{1+x^2}\right|\leqslant\frac{1}{1+x^2}$，而$\int_0^{+\infty}\frac{dx}{1+x^2}$收敛，故$\int_0^{+\infty}\frac{\cos\alpha x}{1+x^2}dx$ 当$-\infty<\alpha<+\infty$时一致收敛. 又因当$\alpha\geqslant\alpha_0\geqslant0$时，$\left|\int_0^A\sin\alpha x\,dx\right|=\left|\frac{1-\cos\alpha A}{\alpha}\right|\leqslant\frac{2}{\alpha_0}$，而 $\frac{x}{1+x^2}$ 当$x>1$时递减，且当 $x\to+\infty$时趋于零，于是，由狄利克雷判别法可知，积分$\int_0^{+\infty}\frac{x\sin\alpha x}{1+x^2}dx$ 当 $\alpha\geqslant\alpha_0$ 时一致收敛. 因此，当 $\alpha\geqslant\alpha_0$ 时可在积分号下求导数，得

$$\frac{\mathrm{d}L}{\mathrm{d}\alpha}=-L_1. \tag{1}$$

由 $\alpha_0>0$ 的任意性知，(1)式对一切 $\alpha>0$ 成立. 由 3825 题知，当 $\alpha>0$ 时，$L=\frac{\pi}{2}\mathrm{e}^{-\alpha}$. 于是，由(1)式知

$$L_1=-\frac{\mathrm{d}L}{\mathrm{d}\alpha}=\frac{\pi}{2}\mathrm{e}^{-\alpha}\quad(\alpha>0).$$

显然，当 $\alpha<0$ 时，$$L_1=-\int_0^{+\infty}\frac{x\sin(-\alpha)x}{1+x^2}\mathrm{d}x=-\frac{\pi}{2}\mathrm{e}^{\alpha};$$

而当 $\alpha=0$ 时，$L_1=0$，综上所述，有 $$L_1=\frac{\pi}{2}\operatorname{sgn}\alpha\,\mathrm{e}^{-|\alpha|}.$$

**计算积分：**

**【3827】** $\displaystyle\int_0^{+\infty}\frac{\sin^2 x}{1+x^2}\mathrm{d}x.$

**提示** 利用 3825 题的结果.

**解** $\displaystyle\int_0^{+\infty}\frac{\sin^2 x}{1+x^2}\mathrm{d}x=\frac{1}{2}\int_0^{+\infty}\frac{\mathrm{d}x}{1+x^2}-\frac{1}{2}\int_0^{+\infty}\frac{\cos 2x}{1+x^2}\mathrm{d}x=\frac{1}{2}\cdot\frac{\pi}{2}-\frac{1}{2}\cdot\frac{\pi}{2}\mathrm{e}^{-2\,*)}=\frac{\pi}{4}(1-\mathrm{e}^{-2}).$

*) 利用 3825 题的结果.

**【3828】** $\displaystyle\int_0^{+\infty}\frac{\cos\alpha x}{(1+x^2)^2}\mathrm{d}x.$

**提示** 注意 $1=(1+x^2)-x^2$，使用分部积分法，并利用 3825 题与 3826 题的结果.

**解** $\displaystyle\int_0^{+\infty}\frac{\cos\alpha x}{(1+x^2)^2}\mathrm{d}x=\int_0^{+\infty}\frac{\cos\alpha x}{1+x^2}\mathrm{d}x-\int_0^{+\infty}\frac{x^2\cos\alpha x}{(1+x^2)^2}\mathrm{d}x=\frac{\pi}{2}\mathrm{e}^{-|\alpha|}+\frac{1}{2}\int_0^{+\infty}x\cos\alpha x\,\mathrm{d}\left(\frac{1}{1+x^2}\right)$

$$=\frac{\pi}{2}\mathrm{e}^{-|\alpha|}+\frac{1}{2}\left.\frac{x\cos\alpha x}{1+x^2}\right|_0^{+\infty}-\frac{1}{2}\int_0^{+\infty}\frac{\cos\alpha x-\alpha x\sin\alpha x}{1+x^2}\mathrm{d}x$$

$$=\frac{\pi}{2}\mathrm{e}^{-|\alpha|}-\frac{1}{2}\int_0^{+\infty}\frac{\cos\alpha x}{1+x^2}\mathrm{d}x+\frac{\alpha}{2}\int_0^{+\infty}\frac{x\sin\alpha x}{1+x^2}\mathrm{d}x$$

$$=\frac{\pi}{2}\mathrm{e}^{-|\alpha|}-\frac{\pi}{4}\mathrm{e}^{-|\alpha|}+\frac{\alpha}{2}\cdot\frac{\pi}{2}\operatorname{sgn}\alpha\cdot\mathrm{e}^{-|\alpha|\,*)}=\frac{\pi}{4}(1+|\alpha|)\mathrm{e}^{-|\alpha|}.$$

*) 利用 3825 题与 3826 题的结果.

**【3829】** $\displaystyle\int_{-\infty}^{+\infty}\frac{\cos\alpha x}{ax^2+2bx+c}\mathrm{d}x\quad(a>0,ac-b^2>0).$

**解** $ax^2+2bx+c=a\left[\left(x+\frac{b}{a}\right)^2+\frac{ac-b^2}{a^2}\right]$. 令

$$m=\frac{\sqrt{ac-b^2}}{a},\quad t=\frac{1}{m}\left(x+\frac{b}{a}\right)\quad(m>0),$$

则 $$ax^2+2bx+c=am^2(t^2+1),\quad \cos\alpha x=\cos\alpha\left(mt-\frac{b}{a}\right)=\cos\alpha mt\cos\frac{b\alpha}{a}+\sin\alpha mt\sin\frac{b\alpha}{a}.$$

于是，$$\int_{-\infty}^{+\infty}\frac{\cos\alpha x}{ax^2+2bx+c}\mathrm{d}x=\frac{1}{am}\int_{-\infty}^{+\infty}\frac{\cos\alpha mt\cos\frac{b\alpha}{a}}{1+t^2}\mathrm{d}t+\frac{1}{am}\int_{-\infty}^{+\infty}\frac{\sin\alpha mt\sin\frac{b\alpha}{a}}{1+t^2}\mathrm{d}t.$$

由于 $\left|\frac{\cos\alpha mt}{1+t^2}\right|\leqslant\frac{1}{1+t^2}$，而 $\int_{-\infty}^{+\infty}\frac{\mathrm{d}t}{1+t^2}=\pi$ 收敛，故积分 $\int_{-\infty}^{+\infty}\frac{\cos\alpha mt}{1+t^2}\mathrm{d}t$ 收敛. 同理，积分 $\int_{-\infty}^{+\infty}\frac{\sin\alpha mt}{1+t^2}\mathrm{d}t$ 收敛. 又由于 $\frac{\cos\alpha mt}{1+t^2}$ 为偶函数，$\frac{\sin\alpha mt}{1+t^2}$ 为奇函数，故

$$\int_{-\infty}^{+\infty}\frac{\cos\alpha mt}{1+t^2}\mathrm{d}t=2\int_0^{+\infty}\frac{\cos\alpha mt}{1+t^2}\mathrm{d}t=\pi\,\mathrm{e}^{-m|\alpha|\,*)},\qquad\int_{-\infty}^{+\infty}\frac{\sin\alpha mt}{1+t^2}\mathrm{d}t=0.$$

从而得 $$\int_{-\infty}^{+\infty}\frac{\cos\alpha x}{ax^2+2bx+c}\mathrm{d}x=\frac{1}{am}\cos\frac{b\alpha}{a}\cdot\pi\,\mathrm{e}^{-m|\alpha|}=\frac{\pi}{\sqrt{ac-b^2}}\cos\frac{b\alpha}{a}\,\mathrm{e}^{-\frac{|\alpha|\sqrt{ac-b^2}}{a}}.$$

*) 利用 3825 题的结果.

**【3830】** 利用公式
$$\frac{1}{\sqrt{x}}=\frac{2}{\sqrt{\pi}}\int_0^{+\infty}e^{-xy^2}dy\quad(x>0),$$
计算菲涅尔积分 $\int_0^{+\infty}\sin(x^2)dx=\frac{1}{2}\int_0^{+\infty}\frac{\sin x}{\sqrt{x}}dx$ 及 $\int_0^{+\infty}\cos(x^2)dx=\frac{1}{2}\int_0^{+\infty}\frac{\cos x}{\sqrt{x}}dx.$

**解** 在积分$\frac{1}{\sqrt{x}}=\frac{2}{\sqrt{\pi}}\int_0^{+\infty}e^{-xy^2dy}$的两端乘以 $\sin x$，再在$0<x_0\leqslant x\leqslant x_1$上积分，则得
$$\int_{x_0}^{x_1}\frac{\sin x}{\sqrt{x}}dx=\frac{2}{\sqrt{\pi}}\int_{x_0}^{x_1}dx\int_0^{+\infty}\sin x\cdot e^{-xy^2}dy.$$

由于$|\sin x\cdot e^{-xy^2}|\leqslant e^{-x_0y^2}$，而$\int_0^{+\infty}e^{-x_0y^2}dy$ 收敛，故积分$\int_0^{+\infty}\sin x\cdot e^{-xy^2}dy$ 对 $x_0\leqslant x\leqslant x_1$ 一致收敛，从而可进行积分顺序的互换，得
$$\int_{x_0}^{x_1}\frac{\sin x}{\sqrt{x}}dx=\frac{2}{\sqrt{\pi}}\int_0^{+\infty}dy\int_{x_0}^{x_1}\sin x\cdot e^{-xy^2}dx=\frac{2}{\sqrt{\pi}}\int_0^{+\infty}\left[-\frac{e^{-xy^2}(y^2\sin x+\cos x)}{1+y^4}\right]\Bigg|_{x_0}^{x_1}dy$$
$$=\frac{2}{\sqrt{\pi}}\sin x_0\int_0^{+\infty}\frac{y^2e^{-x_0y^2}}{1+y^4}dy+\frac{2}{\sqrt{\pi}}\cos x_0\int_0^{+\infty}\frac{e^{-x_0y^2}}{1+y^4}dy-\frac{2}{\sqrt{\pi}}\sin x_1\int_0^{+\infty}\frac{y^2e^{-x_1y^2}}{1+y^4}dy-\frac{2}{\sqrt{\pi}}\cos x_1\int_0^{+\infty}\frac{e^{-x_1y^2}}{1+y^4}dy.$$
上述等式右端的诸积分分别对 $0\leqslant x_0<+\infty,0\leqslant x_1<+\infty$都是一致收敛的(事实上，$e^{-x_0y^2}\leqslant1,e^{-x_1y^2}\leqslant1$，且积分$\int_0^{+\infty}\frac{y^2}{1+y^4}dy$ 及$\int_0^{+\infty}\frac{dy}{1+y^4}$均收敛). 于是，它们分别都是 $x_0,x_1(0\leqslant x_0<+\infty,0\leqslant x_1<+\infty)$的连续函数. 从而，让 $x_0\to+0$，可在积分号下取极限，得
$$\int_0^{x_1}\frac{\sin x}{\sqrt{x}}dx=\frac{2}{\sqrt{\pi}}\int_0^{+\infty}\frac{dy}{1+y^4}-\frac{2}{\sqrt{\pi}}\sin x_1\int_0^{+\infty}\frac{y^2e^{-x_1y^2}}{1+y^2}dy-\frac{2}{\sqrt{\pi}}\cos x_1\int_0^{+\infty}\frac{e^{-x_1y^2}}{1+y^4}dy.$$
由于上式右端的后两个积分均不超过积分
$$\int_0^{+\infty}e^{-x_1y^2}dy=\frac{1}{2}\sqrt{\frac{\pi}{x_1}},\quad 且\quad \lim_{x_1\to+\infty}\sqrt{\frac{\pi}{x_1}}=0,$$
故令 $x_1\to+\infty$，即得
$$\int_0^{+\infty}\frac{\sin x}{\sqrt{x}}dx=\frac{2}{\sqrt{\pi}}\int_0^{+\infty}\frac{dy}{1+y^4}=\frac{2}{\sqrt{\pi}}\frac{\pi}{2\sqrt{2}}=\sqrt{\frac{\pi}{2}}.$$
最后得
$$\int_0^{+\infty}\sin(x^2)dx=\frac{1}{2}\int_0^{+\infty}\frac{\sin x}{\sqrt{x}}dx=\frac{\sqrt{\pi}}{2\sqrt{2}}.$$
同法可得
$$\int_0^{+\infty}\cos(x^2)dx=\frac{\sqrt{\pi}}{2\sqrt{2}}.$$

**求下列积分:**

**【3831】** $\int_{-\infty}^{+\infty}\sin(ax^2+2bx+c)dx\quad(a\neq0).$

**提示** 注意
$$ax^2+2bx+c=a\left[\left(x+\frac{b}{a}\right)^2+\frac{ac-b^2}{a^2}\right],$$
令 $x+\frac{b}{a}=t$，对 $\sin\left(at^2+\frac{ac-b^2}{a}\right)$使用和角公式，并利用 3830 题的结果，但必须注意
$$\int_{-\infty}^{+\infty}\sin at^2dt=\mathrm{sgn}a\cdot\frac{1}{\sqrt{|a|}}\int_{-\infty}^{+\infty}\sin y^2dy.$$

**解** $\int_{-\infty}^{+\infty}\sin(ax^2+2bx+c)dx=\int_{-\infty}^{+\infty}\sin a\left[\left(x+\frac{b}{a}\right)^2+\frac{ac-b^2}{a^2}\right]dx=\int_{-\infty}^{+\infty}\sin\left(at^2+\frac{ac-b^2}{a}\right)dt$
$$=\cos\frac{ac-b^2}{a}\int_{-\infty}^{+\infty}\sin at^2dt+\sin\frac{ac-b^2}{a}\int_{-\infty}^{+\infty}\cos at^2dt$$
$$=\mathrm{sgn}a\cos\frac{ac-b^2}{a}\frac{1}{\sqrt{|a|}}\int_{-\infty}^{+\infty}\sin y^2dy+\sin\frac{ac-b^2}{a}\frac{1}{\sqrt{|a|}}\int_{-\infty}^{+\infty}\cos y^2dy$$

$$=\sqrt{\frac{\pi}{2|a|}}\left(\operatorname{sgn}a\cos\frac{ac-b^2}{a}+\sin\frac{ac-b^2}{a}\right)^{*)}=\sqrt{\frac{\pi}{|a|}}\sin\left(\frac{ac-b^2}{a}+\frac{\pi}{4}\operatorname{sgn}a\right).$$

*） 利用 3830 题的结果.

**【3832】** $\int_{-\infty}^{+\infty}\sin x^2\cos 2ax\mathrm{d}x.$

**提示** 利用 3831 题的结果.

**解** $\int_{-\infty}^{+\infty}\sin x^2\cos 2ax\mathrm{d}x=\frac{1}{2}\int_{-\infty}^{+\infty}[\sin(x^2+2ax)+\sin(x^2-2ax)]\mathrm{d}x$

$$=\frac{1}{2}\left[\sqrt{\pi}\sin\left(\frac{\pi}{4}-a^2\right)+\sqrt{\pi}\sin\left(\frac{\pi}{4}-a^2\right)\right]^{*)}=\sqrt{\pi}\sin\left(\frac{\pi}{4}-a^2\right)=\sqrt{\pi}\cos\left(\frac{\pi}{4}+a^2\right).$$

*） 利用 3831 题的结果.

**【3833】** $\int_{-\infty}^{+\infty}\cos x^2\cos 2ax\mathrm{d}x.$

**提示** 利用 3831 题的结果.

**解** $\int_{-\infty}^{+\infty}\cos x^2\cos 2ax\mathrm{d}x=\frac{1}{2}\int_{-\infty}^{+\infty}[\cos(x^2+2ax)+\cos(x^2-2ax)]\mathrm{d}x$

$$=\frac{1}{2}\int_{-\infty}^{+\infty}\left[\sin\left(x^2+2ax+\frac{\pi}{2}\right)+\sin\left(x^2-2ax+\frac{\pi}{2}\right)\right]\mathrm{d}x$$

$$=\frac{1}{2}2\sqrt{\pi}\sin\left(\frac{\pi}{2}-a^2+\frac{\pi}{4}\right)^{*)}=\sqrt{\pi}\sin\left(\frac{\pi}{4}+a^2\right).$$

*） 利用 3831 题的结果.

**【3834】** 证明公式:

(1) $\int_0^{+\infty}\frac{\cos\alpha x}{a^2-x^2}\mathrm{d}x=\frac{\pi}{2a}\sin a\alpha\quad(\alpha\geqslant0)$； (2) $\int_0^{+\infty}\frac{x\sin\alpha x}{a^2-x^2}\mathrm{d}x=-\frac{\pi}{2}\cos a\alpha\quad(\alpha>0).$

这里 $a\neq0$，积分应了解为在柯西主值的意义上.

**证** (1) $\int_0^{+\infty}\frac{\cos\alpha x}{a^2-x^2}\mathrm{d}x$

$$=\lim_{\substack{\eta\to+0\\A\to+\infty}}\left[\int_0^{a-\eta}\frac{\cos\alpha x}{a^2-x^2}\mathrm{d}x+\int_{a+\eta}^{A}\frac{\cos\alpha x}{a^2-x^2}\mathrm{d}x\right]$$

$$=\frac{1}{2a}\lim_{\substack{\eta\to+0\\A\to+\infty}}\left[\int_0^{a-\eta}\frac{\cos\alpha x}{a-x}\mathrm{d}x+\int_0^{a-\eta}\frac{\cos\alpha x}{a+x}\mathrm{d}x+\int_{a+\eta}^{A}\frac{\cos\alpha x}{a-x}\mathrm{d}x+\int_{a+\eta}^{A}\frac{\cos\alpha x}{a+x}\mathrm{d}x\right]$$

$$=\frac{1}{2a}\lim_{\substack{\eta\to+0\\A\to+\infty}}\left[-\int_a^{\eta}\frac{\cos\alpha(a-t)}{t}\mathrm{d}t+\int_a^{2a-\eta}\frac{\cos\alpha(t-a)}{t}\mathrm{d}t-\int_{\eta}^{A-a}\frac{\cos\alpha(t+a)}{t}\mathrm{d}t+\int_{2a+\eta}^{A+a}\frac{\cos\alpha(t-a)}{t}\mathrm{d}t\right]$$

$$=\frac{1}{2a}\lim_{\substack{\eta\to+0\\A\to+\infty}}\left[\int_{\eta}^{A-a}\frac{\cos\alpha(t-a)}{t}\mathrm{d}t+\int_{A-a}^{A+a}\frac{\cos\alpha(t-a)}{t}\mathrm{d}t+\int_{2a+\eta}^{2a-\eta}\frac{\cos\alpha(t-a)}{t}\mathrm{d}t-\int_{\eta}^{A-a}\frac{\cos\alpha(t+a)}{t}\mathrm{d}t\right]$$

$$=\frac{1}{2a}\lim_{\substack{\eta\to+0\\A\to+\infty}}\left[\int_{\eta}^{A-a}\frac{\cos\alpha(t-a)-\cos\alpha(t+a)}{t}\mathrm{d}t+\int_{A-a}^{A+a}\frac{\cos\alpha(t-a)}{t}\mathrm{d}t-\int_{2a-\eta}^{2a+\eta}\frac{\cos\alpha(t-a)}{t}\mathrm{d}t\right]$$

$$=\frac{1}{2a}\lim_{\substack{\eta\to+0\\A\to+\infty}}\int_{\eta}^{A-a}\frac{2\sin\alpha t\sin\alpha a}{t}\mathrm{d}t+\frac{1}{2a}\lim_{A\to+\infty}\int_{A-a}^{A+a}\frac{\cos\alpha(t-a)}{t}\mathrm{d}t-\frac{1}{2a}\lim_{\eta\to+0}\int_{2a-\eta}^{2a+\eta}\frac{\cos\alpha(t-a)}{t}\mathrm{d}t$$

$$=\frac{\sin a\alpha}{a}\int_0^{+\infty}\frac{\sin\alpha t}{t}\mathrm{d}t=\frac{\pi}{2a}\sin a\alpha^{*)}.$$

(2) $\int_0^{+\infty}\frac{x\sin\alpha x}{a^2-x^2}\mathrm{d}x$

$$=\lim_{\substack{\eta\to+0\\A\to+\infty}}\left[\int_0^{a-\eta}\frac{x\sin\alpha x}{a^2-x^2}\mathrm{d}x+\int_{a+\eta}^{A}\frac{x\sin\alpha x}{a^2-x^2}\mathrm{d}x\right]$$

$$=-\frac{1}{2}\lim_{\substack{\eta\to+0\\A\to+\infty}}\left[\int_0^{a-\eta}\frac{\sin\alpha x}{x-a}\mathrm{d}x+\int_0^{a-\eta}\frac{\sin\alpha x}{x+a}\mathrm{d}x+\int_{a+\eta}^{A}\frac{\sin\alpha x}{x-a}\mathrm{d}x+\int_{a+\eta}^{A}\frac{\sin\alpha x}{x+a}\mathrm{d}x\right]$$

$$=-\frac{1}{2}\lim_{\substack{\eta\to+0\\A\to+\infty}}\left[\int_{-a}^{-\eta}\frac{\sin\alpha(t+a)}{t}dt+\int_{a}^{2a-\eta}\frac{\sin\alpha(t-a)}{t}dt+\int_{\eta}^{A-a}\frac{\sin\alpha(t+a)}{t}dt+\int_{2a+\eta}^{A+a}\frac{\sin\alpha(t-a)}{t}dt\right]$$

$$=-\frac{1}{2}\lim_{\substack{\eta\to+0\\A\to+\infty}}\left[\int_{\eta}^{a}\frac{\sin\alpha(t-a)}{t}dt+\int_{a}^{2a-\eta}\frac{\sin\alpha(t-a)}{t}dt+\int_{\eta}^{A-a}\frac{\sin\alpha(t+a)}{t}dt+\int_{2a+\eta}^{A+a}\frac{\sin\alpha(t-a)}{t}dt\right]$$

$$=-\frac{1}{2}\lim_{\substack{\eta\to+0\\A\to+\infty}}\left[\int_{\eta}^{A-a}\frac{\sin\alpha(t-a)+\sin\alpha(t+a)}{t}dt+\int_{A-a}^{A+a}\frac{\sin\alpha(t-a)}{t}dt+\int_{2a+\eta}^{2a-\eta}\frac{\sin\alpha(t-a)}{t}dt\right]$$

$$=-\frac{1}{2}\lim_{\substack{\eta\to+0\\A\to+\infty}}\int_{\eta}^{A-a}\frac{2\sin\alpha t\cos\alpha a}{t}dt-\frac{1}{2}\lim_{A\to+\infty}\int_{A-a}^{A+a}\frac{\sin\alpha(t-a)}{t}dt+\frac{1}{2}\lim_{\eta\to+0}\int_{2a-\eta}^{2a+\eta}\frac{\sin\alpha(t-a)}{t}dt$$

$$=-\cos a\alpha\int_{0}^{+\infty}\frac{\sin\alpha t}{t}dt=-\frac{\pi}{2}\cos a\alpha^{*)}.$$

*) 利用 3812 题的结果.

**作者注：** 原题 1) 应加上条件 $\alpha\geqslant 0$. 当 $\alpha<0$ 时，有

$$\int_{0}^{+\infty}\frac{\cos\alpha x}{a^2-x^2}dx=\int_{0}^{+\infty}\frac{\cos(-\alpha)x}{a^2-x^2}dx=\frac{\pi}{2a}\sin a(-\alpha)=-\frac{\pi}{2a}\sin a\alpha.$$

原题 2) 应加上条件 $\alpha>0$. 当 $\alpha=0$ 时等式显然不成立(左端等于 0，右端等于 $-\frac{\pi}{2}$)；当 $\alpha<0$ 时，有

$$\int_{0}^{+\infty}\frac{x\sin\alpha x}{a^2-x^2}dx=-\int_{0}^{+\infty}\frac{x\sin(-\alpha)x}{a^2-x^2}dx=-\left[-\frac{\pi}{2}\cos a(-\alpha)\right]=\frac{\pi}{2}\cos a\alpha.$$

**【3835】** 对于函数 $f(t)$，求拉普拉斯变换

$$F(p)=\int_{0}^{+\infty}e^{-pt}f(t)dt\quad(p>0).$$

设：

(1) $f(t)=t^n$ ($n$ 为正整数)； (2) $f(t)=\sqrt{t}$； (3) $f(t)=e^{\alpha t}$；

(4) $f(t)=te^{-\alpha t}$； (5) $f(t)=\cos t$； (6) $f(t)=\frac{1-e^{-t}}{t}$；

(7) $f(t)=\sin\alpha\sqrt{t}$.

**解** (1) $F(p)=\int_{0}^{+\infty}e^{-pt}t^n dt=-\frac{1}{p}e^{-pt}t^n\Big|_{0}^{+\infty}+\frac{n}{p}\int_{0}^{+\infty}e^{-pt}t^{n-1}dt$

$$=\frac{n}{p}\int_{0}^{+\infty}e^{-pt}t^{n-1}dt\overbrace{=\cdots=}^{n-1\text{次}}\frac{n!}{p^n}\int_{0}^{+\infty}e^{-pt}dt=\frac{n!}{p^{n+1}}.$$

(2) $F(p)=\int_{0}^{+\infty}e^{-pt}\sqrt{t}\,dt=-\frac{1}{p}e^{-pt}\sqrt{t}\Big|_{0}^{+\infty}+\frac{1}{2p}\int_{0}^{+\infty}e^{-pt}\frac{dt}{\sqrt{t}}=\frac{1}{p}\int_{0}^{+\infty}e^{-pu^2}du=\frac{\sqrt{\pi}}{2p\sqrt{p}}.$

(3) $F(p)=\int_{0}^{+\infty}e^{-pt}e^{\alpha t}dt=\int_{0}^{+\infty}e^{(\alpha-p)t}dt$. 当 $p>\alpha$ 时，$F(p)=\frac{1}{p-\alpha}$；当 $p\leqslant\alpha$ 时，积分发散.

(4) $F(p)=\int_{0}^{+\infty}te^{-pt}e^{-\alpha t}dt=\int_{0}^{+\infty}te^{-(p+\alpha)t}dt=\frac{1}{(p+\alpha)^2}\quad(p+\alpha>0)^{*)}.$

*) 利用本题(1)的结果：$n=1$.

(5) $F(p)=\int_{0}^{+\infty}e^{-pt}\cos t dt=\frac{-p\cos t+\sin t}{p^2+1}e^{-pt}\Big|_{0}^{+\infty}=\frac{p}{p^2+1}.$

(6) $F(p)=\int_{0}^{+\infty}e^{-pt}\frac{1-e^{-t}}{t}dt.$

由于 $\lim\limits_{t\to+0}\frac{1-e^{-t}}{t}=1$，$\lim\limits_{t\to+\infty}\frac{1-e^{-1}}{t}=0$，故函数 $\frac{1-e^{-t}}{t}$ 有界：$0<\frac{1-e^{-t}}{t}\leqslant M=$常数 $(0<t<+\infty)$.

由此可知，当 $p>0$ 时，积分 $\int_{0}^{+\infty}e^{-pt}\frac{1-e^{-t}}{t}dt$ 收敛，并且

$$0<F(p)\leqslant M\int_{0}^{+\infty}e^{-pt}dt=\frac{M}{p}\quad(0<p<+\infty).\qquad(1')$$

再考虑积分

$$\int_0^{+\infty}\frac{\partial}{\partial p}\left(\mathrm{e}^{-pt}\frac{1-\mathrm{e}^{-t}}{t}\right)\mathrm{d}t=\int_0^{+\infty}\mathrm{e}^{-pt}(\mathrm{e}^{-t}-1)\mathrm{d}t=\int_0^{+\infty}\mathrm{e}^{-(p+1)t}\mathrm{d}t-\int_0^{+\infty}\mathrm{e}^{-pt}\mathrm{d}t=\frac{1}{p+1}-\frac{1}{p}\quad(p>0),$$

它对 $p\geqslant p_0>0$ 是一致收敛的.因此,当 $p\geqslant p_0$ 时,可对函数 $F(p)$ 应用莱布尼茨法则,得

$$F'(p)=\frac{1}{p+1}-\frac{1}{p}\quad(\text{当 } p\geqslant p_0 \text{ 时}),$$

由 $p_0>0$ 的任意性知,上式对一切 $p>0$ 均成立.两端积分,得

$$F(p)=\ln\frac{p+1}{p}+C\quad(0<p<+\infty),\tag{2'}$$

其中 $C$ 是某常数.由(1′)式知,

$$\lim_{p\to+\infty}F(p)=0.$$

于是,在(2′)式两端令 $p\to+\infty$,取极限,得 $C=0$.由此可知

$$F(p)=\ln\frac{p+1}{p}=\ln\left(1+\frac{1}{p}\right).$$

(7) $F(p)=\int_0^{+\infty}\mathrm{e}^{-pt}\sin\alpha\sqrt{t}\,\mathrm{d}t=2\int_0^{+\infty}u\mathrm{e}^{-pu^2}\sin\alpha u\mathrm{d}u=\frac{\alpha\sqrt{\pi}}{2p\sqrt{p}}\mathrm{e}^{-\frac{\alpha^2}{4p}}$ *)

*) 利用 3810 题的结果.

**【3836】** 证明公式:(利普希茨积分)

$$\int_0^{+\infty}\mathrm{e}^{-at}J_0(bt)\mathrm{d}t=\frac{1}{\sqrt{a^2+b^2}}\quad(a>0),$$

其中 $J_0(x)=\frac{1}{\pi}\int_0^{\pi}\cos(x\sin\varphi)\mathrm{d}\varphi$ 为 0 阶贝塞尔函数(参阅 3726 题).

**证** $\int_0^{+\infty}\mathrm{e}^{-at}J_0(bt)\mathrm{d}t=\frac{1}{\pi}\int_0^{+\infty}\mathrm{e}^{-at}\mathrm{d}t\int_0^{\pi}\cos(bt\sin\varphi)\mathrm{d}\varphi.$

由于积分 $\int_0^{+\infty}\mathrm{e}^{-at}\cos(bt\sin\varphi)\mathrm{d}t$ 对 $0\leqslant\varphi\leqslant\pi$ 是一致收敛的,故可交换积分顺序,得

$$\int_0^{+\infty}\mathrm{e}^{-at}J_0(bt)\mathrm{d}t=\frac{1}{\pi}\int_0^{\pi}\mathrm{d}\varphi\int_0^{+\infty}\mathrm{e}^{-at}\cos(bt\sin\varphi)\mathrm{d}t$$

$$=\frac{1}{\pi}\int_0^{\pi}\left(\frac{-a\cos(bt\cos\varphi)+b\sin\varphi\sin(bt\sin\varphi)}{a^2+b^2\sin^2\varphi}\mathrm{e}^{-at}\Bigg|_0^{+\infty}\right)\mathrm{d}\varphi$$

$$=\frac{a}{\pi}\int_0^{\pi}\frac{\mathrm{d}\varphi}{a^2+b^2\sin^2\varphi}=\frac{2a}{\pi}\int_0^{\frac{\pi}{2}}\frac{\mathrm{d}\varphi}{a^2+b^2\sin^2\varphi}=\frac{2a}{\pi}\int_0^{\frac{\pi}{2}}\frac{\mathrm{d}(\tan\varphi)}{(a^2+b^2)\tan^2\varphi+a^2}=\frac{2a}{\pi}\int_0^{+\infty}\frac{\mathrm{d}t}{(a^2+b^2)t^2+a^2}$$

$$=\frac{2a}{\pi}\frac{1}{a\sqrt{(a^2+b^2)}}\arctan\frac{\sqrt{(a^2+b^2)}}{a}t\Bigg|_0^{+\infty}=\frac{1}{\sqrt{(a^2+b^2)}}.$$

**【3837】** 求魏尔斯特拉斯变换 $F(x)=\frac{1}{\sqrt{\pi}}\int_{-\infty}^{+\infty}\mathrm{e}^{-(x-y)^2}f(y)\mathrm{d}y.$

设:(1) $f(y)=1$; (2) $f(y)=y^2$; (3) $f(y)=\mathrm{e}^{2ay}$; (4) $f(y)=\cos ay.$

**解** (1) $F(x)=\frac{1}{\sqrt{\pi}}\int_{-\infty}^{+\infty}\mathrm{e}^{-(x-y)^2}\mathrm{d}y=\frac{1}{\sqrt{\pi}}\int_{-\infty}^{+\infty}\mathrm{e}^{-u^2}\mathrm{d}u=\frac{2}{\sqrt{\pi}}\frac{\sqrt{\pi}}{2}=1.$

(2) $F(x)=\frac{1}{\sqrt{\pi}}\int_{-\infty}^{+\infty}\mathrm{e}^{-(x-y)^2}y^2\mathrm{d}y=\frac{1}{\sqrt{\pi}}\int_{-\infty}^{+\infty}\mathrm{e}^{-u^2}(x+u)^2\mathrm{d}u$

$$=\frac{1}{\sqrt{\pi}}\int_{-\infty}^{+\infty}\mathrm{e}^{-u^2}u^2\mathrm{d}u+\frac{2x}{\sqrt{\pi}}\int_{-\infty}^{+\infty}\mathrm{e}^{-u^2}u\mathrm{d}u+\frac{x^2}{\sqrt{\pi}}\int_{-\infty}^{+\infty}\mathrm{e}^{-u^2}\mathrm{d}u.$$

由于

$$\frac{1}{\sqrt{\pi}}\int_{-\infty}^{+\infty}\mathrm{e}^{-u^2}u^2\mathrm{d}u=\frac{2}{\sqrt{\pi}}\int_0^{+\infty}u^2\mathrm{e}^{-u^2}\mathrm{d}u=-\frac{1}{\sqrt{\pi}}\int_0^{+\infty}u\mathrm{d}(\mathrm{e}^{-u^2})=-\frac{1}{\sqrt{\pi}}u\mathrm{e}^{-u^2}\Bigg|_0^{+\infty}+\frac{1}{\sqrt{\pi}}\int_0^{+\infty}\mathrm{e}^{-u^2}\mathrm{d}u$$

$$=\frac{1}{\sqrt{\pi}}\frac{\sqrt{\pi}}{2}=\frac{1}{2},$$

及 $\int_{-\infty}^{+\infty}e^{-u^2}u\mathrm{d}u=0$,故得

$$F(x)=\frac{1}{2}+\frac{2x^2}{\sqrt{\pi}}\frac{\sqrt{\pi}}{2}=x^2+\frac{1}{2}.$$

(3)$F(x)=\frac{1}{\sqrt{\pi}}\int_{-\infty}^{+\infty}e^{-(x-y)^2}e^{2ay}\mathrm{d}y=\frac{1}{\sqrt{\pi}}\int_{-\infty}^{+\infty}e^{-(x-y)^2+2ay}\mathrm{d}y=\frac{1}{\sqrt{\pi}}e^{a^2+2ax}\int_{-\infty}^{+\infty}e^{-(y-x-a)^2}\mathrm{d}y$

$$=\frac{1}{\sqrt{\pi}}e^{a^2+2ax}2\frac{\sqrt{\pi}}{2}=e^{a^2+2ax}.$$

(4)$F(x)=\frac{1}{\sqrt{\pi}}\int_{-\infty}^{+\infty}e^{-(x-y)^2}\cos ay\mathrm{d}y=\frac{1}{\sqrt{\pi}}\int_{-\infty}^{+\infty}e^{-u^2}\cos a(x+u)\mathrm{d}u$

$$=\frac{\cos ax}{\sqrt{\pi}}\int_{-\infty}^{+\infty}e^{-u^2}\cos au\mathrm{d}u-\frac{\sin ax}{\sqrt{\pi}}\int_{-\infty}^{+\infty}e^{-u^2}\sin au\mathrm{d}u$$

$$=\frac{\cos ax}{\sqrt{\pi}}\frac{2}{2}\sqrt{\pi}\,e^{-\frac{a^2}{4}}{}^{*)}-0=e^{-\frac{a^2}{4}}\cos ax.$$

*) 利用 3809 题的结果.

**【3838】** 切比雪夫—埃尔米特多项式由公式

$$H_n(x)=(-1)^ne^{x^2}\frac{\mathrm{d}^n}{\mathrm{d}x^n}(e^{-x^2})\quad(n=0,1,2,\cdots)$$

定义,证明:

$$\int_{-\infty}^{+\infty}H_m(x)H_n(x)e^{-x^2}\mathrm{d}x=\begin{cases}0, & m\neq n,\\ 2^nn!\sqrt{\pi}, & m=n.\end{cases}$$

**证** 由 1231 题的结果知,$H_n(x)$为一个 $n$ 次多项式,且 $x^n$ 的系数为 $2^n$.不妨设 $m\leqslant n$,则

$$\int_{-\infty}^{+\infty}H_m(x)H_n(x)e^{-x^2}\mathrm{d}x=\int_{-\infty}^{+\infty}(-1)^nH_m(x)\frac{\mathrm{d}^n}{\mathrm{d}x^n}(e^{-x^2})\mathrm{d}x=(-1)^n\int_{-\infty}^{+\infty}H_m(x)\mathrm{d}\left[\frac{\mathrm{d}^{n-1}}{\mathrm{d}x^{n-1}}(e^{-x^2})\right]$$

$$=(-1)^{n+1}\int_{-\infty}^{+\infty}H_m'(x)\frac{\mathrm{d}^{n-1}}{\mathrm{d}x^{n-1}}(e^{-x^2})\mathrm{d}x=\cdots$$

$$=(-1)^{n+m}\int_{-\infty}^{+\infty}H_m^{(m)}(x)\frac{\mathrm{d}^{n-m}}{\mathrm{d}x^{n-m}}(e^{-x^2})\mathrm{d}x=\cdots=(-1)^{2n}\int_{-\infty}^{+\infty}H_m^{(n)}(x)e^{-x^2}\mathrm{d}x.$$

当 $m<n$ 时,$H_m^{(n)}(x)=0$,故 $\int_{-\infty}^{+\infty}H_m(x)H_n(x)e^{-x^2}\mathrm{d}x=0$;

当 $m=n$ 时,$H_m^{(n)}(x)=2^nn!$,故 $\int_{-\infty}^{+\infty}H_m(x)H_n(x)e^{-x^2}\mathrm{d}x=2^nn!\int_{-\infty}^{+\infty}e^{-x^2}\mathrm{d}x=2^nn!\sqrt{\pi}$.

**【3839】** 计算在概率论中有重要意义的积分

$$\varphi(x)=\frac{1}{2\pi\sigma_1\sigma_2}\int_{-\infty}^{+\infty}e^{-\frac{\xi^2}{2\sigma_1^2}}e^{-\frac{(x-\xi)^2}{2\sigma_2^2}}\mathrm{d}\xi\quad(\sigma_1>0,\sigma_2>0).$$

**解** 注意到

$$\frac{\xi^2}{2\sigma_1^2}+\frac{(x-\xi)^2}{2\sigma_2^2}=\frac{1}{2\sigma_1^2\sigma_2^2}[(\sigma_1^2+\sigma_2^2)\xi^2-2\sigma_1^2x\xi+\sigma_1^2x^2],$$

并令

$$a=\frac{\sigma_1^2+\sigma_2^2}{2\sigma_1^2\sigma_2^2},\quad b=-\frac{\sigma_1^2x}{2\sigma_1^2\sigma_2^2},\quad c=\frac{\sigma_1^2x^2}{2\sigma_1^2\sigma_2^2},$$

即得

$$\varphi(x)=\frac{1}{2\pi\sigma_1\sigma_2}\int_{-\infty}^{+\infty}e^{-(a\xi^2+2b\xi+c)}\mathrm{d}\xi=\frac{1}{2\pi\sigma_1\sigma_2}\sqrt{\frac{\pi}{a}}e^{-\frac{ac-b^2}{a}}{}^{*)}$$

将 $a,b,c$ 的表达式代入上式,并令 $\sigma=\sqrt{\sigma_1^2+\sigma_2^2}$,化简整理得

$$\varphi(x)=\frac{1}{\sigma\sqrt{2\pi}}e^{-\frac{x^2}{2a^2}}.$$

*) 利用 3804 题的结果.

【3840】 设函数 $f(x)$在区间$(-\infty,+\infty)$内连续且绝对可积*). 证明:积分

$$u(x,t)=\frac{1}{2a\sqrt{\pi t}}\int_{-\infty}^{+\infty}f(\xi)e^{-\frac{(\xi-x)^2}{4a^2t}}d\xi$$

满足热传导方程$\frac{\partial u}{\partial t}=a^2\frac{\partial^2 u}{\partial x^2}$及初始条件$\lim\limits_{t\to+0}u(x,t)=f(x)$.

**证** 当$t>0,-\infty<x<+\infty$时,$\left|f(\xi)e^{-\frac{(\xi-a)^2}{4a^2t}}\right|\leqslant|f(\xi)|$,而$\int_{-\infty}^{+\infty}|f(\xi)|d\xi<+\infty$,故积分

$$\int_{-\infty}^{+\infty}f(\xi)e^{-\frac{(\xi-x)^2}{4a^2t}}d\xi$$

在$t>0,-\infty<x<+\infty$上一致收敛,从而,$u(x,t)$是$t>0,-\infty<x<+\infty$上的连续函数.考虑积分

$$\int_{-\infty}^{+\infty}\frac{\partial}{\partial t}\left(f(\xi)e^{-\frac{(\xi-x)^2}{4a^2t}}\right)d\xi=\int_{-\infty}^{+\infty}f(\xi)e^{-\frac{(\xi-x)^2}{4a^2t}}\frac{(\xi-x^2)^2}{4a^2t^2}d\xi,\tag{1}$$

$$\int_{-\infty}^{+\infty}\frac{\partial}{\partial x}\left(f(\xi)e^{-\frac{(\xi-x)^2}{4a^2t}}\right)d\xi=\int_{-\infty}^{+\infty}f(\xi)e^{-\frac{(\xi-x)^2}{4a^2t}}\frac{\xi-x}{2a^2t}d\xi,\tag{2}$$

$$\int_{-\infty}^{+\infty}\frac{\partial}{\partial x^2}\left(f(\xi)e^{-\frac{(\xi-x)^2}{4a^2t}}\right)d\xi=\int_{-\infty}^{+\infty}f(\xi)e^{-\frac{(\xi-x)^2}{4a^2t}}\left[-\frac{1}{2a^2t}+\frac{(\xi-x)^2}{4a^2t^2}\right]d\xi.\tag{3}$$

先考察(1)式中的积分.

由于对$|x|\leqslant x_0,0<t_0\leqslant t\leqslant t_1$($x_0,t_0,t_1$任意固定),当$|\xi|>x_0$时,有

$$\left|f(\xi)e^{-\frac{(\xi-x)^2}{4a^2t}}\frac{(\xi-x)^2}{4a^2t^2}\right|\leqslant|f(\xi)|e^{-\frac{(|\xi|-x_0)^2}{4a^2t_1}}\frac{(|\xi|-x_0)^2}{4a^2t_0^2},$$

而
$$\lim_{|\xi|\to+\infty}e^{-\frac{(|\xi|-x_0)^2}{4a^2t_1}}\frac{(|\xi|-x_0)^2}{4a^2t_0}=0,$$

故当$|\xi|>x_0$时,有
$$\left|f(\xi)e^{-\frac{(\xi-x)^2}{4a^2t}}\frac{(\xi-x)^2}{4a^2t^2}\right|\leqslant M|f(\xi)|,$$

其中$M$是某常数.于是,根据$\int_{-\infty}^{+\infty}|f(\xi)|d\xi<+\infty$,由魏尔斯特拉斯准则知,(1)式中的积分在$|x|\leqslant x_0,0<t_0\leqslant t\leqslant t_1$上一致收敛.

同理可证,(2)式中的积分和(3)式中的积分都在$|x|\leqslant x_0,0<t_0\leqslant t\leqslant t_1$上一致收敛.于是,在其上可应用莱布尼茨法则在积分号下求导数,得

$$\frac{\partial u}{\partial t}=\frac{1}{4at\sqrt{\pi t}}\int_{-\infty}^{+\infty}f(\xi)e^{-\frac{(\xi-x)^2}{4a^2t}}\left[\frac{(\xi-x)^2}{2a^2t}-1\right]d\xi,\tag{4}$$

$$\frac{\partial u}{\partial x}=\frac{1}{2at\sqrt{\pi t}}\int_{-\infty}^{+\infty}f(\xi)e^{-\frac{(\xi-x)^2}{4a^2t}}\frac{\xi-x}{2a^2t}d\xi,\tag{5}$$

$$\frac{\partial^2 u}{\partial x^2}=\frac{1}{4a^3t\sqrt{\pi t}}\int_{-\infty}^{+\infty}f(\xi)e^{-\frac{(\xi-x)^2}{4a^2t}}\left[\frac{(\xi-x)^2}{2a^2t}-1\right]d\xi.\tag{6}$$

由$x_0,t_0,t_1$的任意性知,(4)、(5)、(6)三式对一切$-\infty<x<+\infty,t>0$都成立.根据(4)式及(6)式,即得

$$\frac{\partial u}{\partial t}=a^2\frac{\partial^2 u}{\partial x^2}\quad(-\infty<x<+\infty,t>0).$$

下面证明
$$\lim_{t\to+0}u(x,t)=f(x)\quad(-\infty<x<+\infty).\tag{7}$$

任意固定$x$,易知($t>0$,作变量代换$u=\frac{\xi-x}{2a\sqrt{t}}$)

$$\int_{-\infty}^{+\infty}e^{-\frac{(\xi-x)^2}{4a^2t}}d\xi=2a\sqrt{t}\int_{-\infty}^{+\infty}e^{-u^2}du=2a\sqrt{\pi t},$$

故
$$u(x,t)-f(x)=\frac{1}{2a\sqrt{\pi t}}\int_{-\infty}^{+\infty}[f(\xi)-f(x)]e^{-\frac{(\xi-x)^2}{4a^2t}}d\xi.$$

任给$\varepsilon>0$.根据$f(x)$在点$x$的连续性,可取某$\delta>0$,使当$|\xi-x|\leqslant\delta$时,恒有$|f(\xi)-f(x)|<\frac{\varepsilon}{3}$.我们有

$$u(x,t)-f(x)=\frac{1}{2a\sqrt{\pi t}}\left(\int_{-\infty}^{x-\delta}+\int_{x-\delta}^{x+\delta}+\int_{x+\delta}^{+\infty}\right)[f(\xi)-f(x)]\mathrm{e}^{-\frac{(\xi-x)^2}{4a^2t}}\,\mathrm{d}\xi=I_1+I_2+I_3.$$

下面分别估计 $I_1, I_2$ 与 $I_3$，我们有

$$|I_2|=\left|\frac{1}{2a\sqrt{\pi t}}\int_{x-\delta}^{x+\delta}[f(\xi)-f(x)]\mathrm{e}^{-\frac{(\xi-x)^2}{4a^2t}}\,\mathrm{d}\xi\right|<\frac{\varepsilon}{3}\left(\frac{1}{2a\sqrt{\pi t}}\int_{x-\delta}^{x+\delta}\mathrm{e}^{-\frac{(\xi-x)^2}{4a^2t}}\,\mathrm{d}\xi\right)$$

$$<\frac{\varepsilon}{3}\left(\frac{1}{2a\sqrt{\pi t}}\int_{-\infty}^{+\infty}\mathrm{e}^{-\frac{(\xi-x)^2}{4a^2t}}\,\mathrm{d}\xi\right)=\frac{\varepsilon}{3}.$$

又有

$$|I_3|=\left|\frac{1}{2a\sqrt{\pi t}}\int_{x+\delta}^{+\infty}[f(\xi)-f(x)]\mathrm{e}^{-\frac{(\xi-x)^2}{4a^2t}}\,\mathrm{d}\xi\right|\leqslant\frac{1}{2a\sqrt{\pi t}}\mathrm{e}^{-\frac{\delta^2}{4a^2t}}\int_{x+\delta}^{+\infty}|f(\xi)|\,\mathrm{d}\xi+\frac{|f(x)|}{2a\sqrt{\pi t}}\int_{x+\delta}^{+\infty}\mathrm{e}^{-\frac{(\xi-x)^2}{4a^2t}}\,\mathrm{d}\xi$$

$$\leqslant\frac{1}{2a\sqrt{\pi t}}\mathrm{e}^{-\frac{\delta^2}{4a^2t}}\int_{-\infty}^{+\infty}|f(\xi)|\,\mathrm{d}\xi+\frac{|f(x)|}{\sqrt{\pi}}\int_{\frac{\delta}{2a\sqrt{t}}}^{+\infty}\mathrm{e}^{-u^2}\,\mathrm{d}u,$$

由此可知 $\lim\limits_{t\to+0}I_3=0$. 同理可证 $\lim\limits_{t\to+0}I_1=0$. 于是，存在 $\eta>0$，使当 $0<t<\eta$ 时，恒有

$$|I_3|<\frac{\varepsilon}{3},\qquad |I_1|<\frac{\varepsilon}{3}.$$

由此，当 $0<t<\eta$ 时，恒有 $$|u(x,t)-f(x)|<\frac{\varepsilon}{3}+\frac{\varepsilon}{3}+\frac{\varepsilon}{3}=\varepsilon,$$

故(7)式成立，证毕.

*) **作者注**：本题原书把 $\frac{\partial u}{\partial t}=a^2\frac{\partial^2 u}{\partial x^2}$ 误写为 $\frac{\partial u}{\partial t}=\frac{1}{a^2}\frac{\partial^2 u}{\partial x^2}$. 另外原书只假定 $f(x)$ 在 $(-\infty,+\infty)$ 上绝对可积，这是不够的. 应加上假定 $f(x)$ 在 $(-\infty,+\infty)$ 上连续. 否则，结论 $\lim\limits_{t\to+0}u(x,t)=f(x)$ 就可能不成立了. 例如，令

$$f(x)=\begin{cases}1, & x=0,\\ 0, & x\neq 0,\end{cases}$$

则显然 $f(x)$ 在 $(-\infty,+\infty)$ 绝对可积. 这时

$$u(x,t)\equiv 0\quad (t>0, -\infty<x<+\infty),$$

故 $\lim\limits_{t\to+0}u(0,t)=0\neq 1=f(0)$.

## §4. 欧 拉 积 分

1° **Γ 函数** 当 $x>0$ 有：

$$\Gamma(x)=\int_0^{+\infty}t^{x-1}\mathrm{e}^{-t}\,\mathrm{d}t.$$

Γ一函数的基本性质由下面的递推公式表达： $\Gamma(x+1)=x\Gamma(x)$.

若 $n$ 为正整数，则

$$\Gamma(n)=(n-1)!;\quad \Gamma\left(n+\frac{1}{2}\right)=\frac{1\cdot 3\cdots(2n-1)}{2^n}\sqrt{\pi}.$$

2° **延拓公式** 当 $x$ 不等于整数时有：

$$\Gamma(x)\Gamma(1-x)=\frac{\pi}{\sin\pi x}.$$

此公式可用来求自变量为负值的 Γ 函数.

3° **B 函数** 当 $x>0$ 及 $y>0$ 时有：

$$\mathrm{B}(x,y)=\int_0^1 t^{x-1}(1-t)^{y-1}\,\mathrm{d}t.$$

成立公式
$$\mathrm{B}(x,y)=\frac{\Gamma(x)\Gamma(y)}{\Gamma(x+y)}.$$

**【3841】** 证明:Γ 函数 $\Gamma(x)$ 在区域 $x>0$ 内连续,并且有各阶连续导数.

**证** $$\Gamma(x)=\int_0^{+\infty} t^{x-1}\mathrm{e}^{-t}\mathrm{d}t=\int_0^1 t^{x-1}\mathrm{e}^{-t}\mathrm{d}t+\int_1^{+\infty} t^{x-1}\mathrm{e}^{-t}\mathrm{d}t,$$

当 $x\geqslant x_0>0$ 时,$0<t^{x-1}\mathrm{e}^{-t}\leqslant t^{x_0-1}\mathrm{e}^{-t}(0<t<1)$,而 $\int_0^1 t^{x_0-1}\mathrm{e}^{-t}\mathrm{d}t$ 收敛,故 $\int_0^1 t^{x-1}\mathrm{e}^{-t}\mathrm{d}t$ 当 $x\geqslant x_0$ 时一致收敛;又当 $x\leqslant x_1$ 时,$t^{x-1}\mathrm{e}^{-t}\leqslant t^{x_1-1}\mathrm{e}^{-t}(t\geqslant 1)$,而 $\int_1^{+\infty} t^{x_1-1}\mathrm{e}^{-t}\mathrm{d}t$ 收敛,故当 $x\leqslant x_1$ 时 $\int_1^{+\infty} t^{x-1}\mathrm{e}^{-t}\mathrm{d}t$ 一致收敛. 由此可知,积分 $\int_0^{+\infty} t^{x-1}\mathrm{e}^{-t}\mathrm{d}t$ 当 $0<x_0\leqslant x\leqslant x_1$ 时一致收敛. 因此,$\Gamma(x)$ 在 $x_0\leqslant x\leqslant x_1$ 上连续. 由 $x_0$ 及 $x_1(x_1>x_0>0)$ 的任意性,即知 $\Gamma(x)$ 在整个区域 $x>0$ 上连续.

考虑积分
$$\int_0^{+\infty}\frac{\partial}{\partial x}(t^{x-1}\mathrm{e}^{-t})\mathrm{d}x=\int_0^{+\infty} t^{x-1}\ln t\cdot\mathrm{e}^{-t}\mathrm{d}t=\int_0^1 t^{x-1}\ln t\cdot\mathrm{e}^{-t}\mathrm{d}t+\int_1^{+\infty} t^{x-1}\ln t\cdot\mathrm{e}^{-t}\mathrm{d}t.$$
当 $x\geqslant x_0>0$ 时,$|t^{x-1}\ln t\cdot\mathrm{e}^{-t}|\leqslant t^{x_0-1}|\ln t|(0<t\leqslant 1)$,而积分 $\int_0^1 t^{x_0-1}|\ln t|\mathrm{d}t$ 收敛(这是因为 $\lim\limits_{t\to+0}t^{1-\frac{x_0}{2}}\cdot t^{x_0-1}|\ln t|=\lim\limits_{x\to+0}(-t^{\frac{x_0}{2}}\ln t)=0$),故积分 $\int_0^1 t^{x-1}\ln t\cdot\mathrm{e}^{-t}\mathrm{d}t$ 当 $x\geqslant x_0>0$ 时一致收敛. 同样,当 $x\leqslant x_1$ 时,$|t^{x-1}\cdot\ln t\cdot\mathrm{e}^{-t}|\leqslant t^{x_1}\mathrm{e}^{-t}(t\geqslant 1)$,这是因为 $t\geqslant 1$ 时 $0\leqslant\ln t<t$,而积分 $\int_1^{+\infty} t^{x_1}\mathrm{e}^{-t}\mathrm{d}t$ 收敛,故积分 $\int_1^{+\infty} t^{x-1}\ln t\cdot\mathrm{e}^{-t}\mathrm{d}t$ 当 $x\leqslant x_1$ 时一致收敛. 因此,积分 $\int_0^{+\infty} t^{x-1}\ln t\cdot\mathrm{e}^{-t}\mathrm{d}t$ 当 $0<x_0\leqslant x\leqslant x_1$ 时一致收敛. 由此可知 $\Gamma(x)$ 在 $x_0\leqslant x\leqslant x_1$ 上具有连续导数 $\Gamma'(x)$,且可在积分号下求导数,得
$$\Gamma'(x)=\int_0^{+\infty} t^{x-1}\ln t\cdot\mathrm{e}^{-t}\mathrm{d}t.\tag{1}$$
由 $x_0,x_1$ 的任意性可知,$\Gamma'(x)$ 在 $x>0$ 上连续,且(1)式对一切 $x>0$ 皆成立.

完全类似地,可证 $\Gamma''(x)$ 在 $x>0$ 上连续,且可在(1)式积分号下求导数. 一般地,由数学归纳法可知,对任何正整数 $n$,$\Gamma^{(n)}(x)$ 在 $x>0$ 上都存在连续,并且可在积分号下求导数,得
$$\Gamma^{(n)}(x)=\int_0^{+\infty} t^{x-1}(\ln t)^n\mathrm{e}^{-t}\mathrm{d}t\quad(x>0).$$

**【3842】** 证明:B 函数 $\mathrm{B}(x,y)$ 在区域 $x>0,y>0$ 内连续,并且有各阶连续导数.

**证** 由于当 $x\geqslant x_0>0,y\geqslant y_0>0$ 时,恒有
$$0<t^{x-1}(1-t)^{y-1}\leqslant t^{x_0-1}(1-t)^{y_0-1}\quad(0<t<1),$$
而积分 $\int_0^1 t^{x_0-1}(1-t)^{y_0-1}$ 收敛,故积分 $\int_0^1 t^{x-1}(1-t)^{y-1}\mathrm{d}t$ 在 $x\geqslant x_0,y\geqslant y_0$ 上一致收敛,从而,$\mathrm{B}(x,y)$ 是 $x\geqslant x_0,y\geqslant y_0$ 上的二元连续函数. 由 $x_0>0,y_0>0$ 的任意性知,$\mathrm{B}(x,y)$ 在整个区域 $x>0,y>0$ 上连续.

考虑积分
$$\int_0^1\frac{\partial}{\partial x}[t^{x-1}(1-t)^{y-1}]\mathrm{d}t=\int_0^1 t^{x-1}(1-t)^{y-1}\ln t\mathrm{d}t.$$
由于当 $x\geqslant x_0>0,y\geqslant y_0>0$ 时,恒有
$$|t^{x-1}(1-t)^{y-1}\ln t|\leqslant t^{x_0-1}(1-t)^{y_0-1}|\ln t|\quad(0<t<1),$$
而积分 $\int_0^1 t^{x_0-1}(1-t)^{y_0-1}|\ln t|\mathrm{d}t$ 收敛

(因为 $\lim\limits_{t\to+0}t^{1-\frac{x_0}{2}}t^{x_0-1}(1-t)^{y_0-1}|\ln t|=-\lim\limits_{t\to+0}t^{\frac{x_0}{2}}\ln t=0,$

$\lim\limits_{t\to1-0}(1-t)^{1-\frac{y_0}{2}}\cdot t^{x_0-1}(1-t)^{y_0-1}|\ln t|=-\lim\limits_{t\to1-0}(1-t)^{\frac{y_0}{2}}\ln t=0),$

故积分 $\int_0^1 t^{x-1}(1-t)^{y-1}\ln t\mathrm{d}t$ 当 $x\geqslant x_0,y\geqslant y_0$ 时一致收敛. 因此,当 $x\geqslant x_0,y\geqslant y_0$,时可在积分号下对 $x$ 求导

数，得

$$B'_x(x,y)=\int_0^1 t^{x-1}(1-t)^{y-1}\ln t\,dt, \quad (1)$$

并且 $B'_x(x,y)$ 是 $x\geqslant x_0, x\geqslant y_0$ 上的连续函数. 由 $x_0>0, y_0>0$ 的任意性知，(1)式对一切 $x>0, y>0$ 皆成立，并且 $B'_x(x,y)$ 是区域 $x>0, y>0$ 上的二元连续函数. 同理可证 $B'_y(x,y)$ 是区域 $x>0, y>0$ 上的二元连续函数，并且 $x>0, y>0$ 时，可在积分号下对 $y$ 求导数，得

$$B'_y(x,y)=\int_0^1 t^{x-1}(1-t)^{y-1}\ln(1-t)\,dt.$$

完全类似地，利用数学归纳法，可证 $\frac{\partial^n B(x,y)}{\partial x^i\partial y^{n-i}}$ 在区域 $x>0, y>0$ 上存在连续，并且

$$\frac{\partial^n B(x,y)}{\partial x^i\partial y^{n-i}}=\int_0^1 t^{x-1}(1-t)^{y-1}(\ln t)^i[\ln(1-t)]^{n-i}\,dt.$$

**利用欧拉积分计算下列积分：**

**【3843】** $\int_0^1 \sqrt{x-x^2}\,dx$.

**解** $\int_0^1 \sqrt{x-x^2}\,dx=\int_0^1 x^{\frac{1}{2}}(1-x)^{\frac{1}{2}}dx=B\left(\frac{3}{2},\frac{3}{2}\right)=\frac{\left[\Gamma\left(\frac{3}{2}\right)\right]^2}{\Gamma(3)}=\frac{\left[\frac{1}{2}\Gamma\left(\frac{1}{2}\right)\right]^2}{2!}$.

由于
$$\left[\Gamma\left(\frac{1}{2}\right)\right]^2=\Gamma\left(\frac{1}{2}\right)\Gamma\left(1-\frac{1}{2}\right)=\frac{\pi}{\sin\frac{\pi}{2}}=\pi,$$

故 $\Gamma\left(\frac{1}{2}\right)=\sqrt{\pi}$. 于是，$\int_0^1 \sqrt{x-x^2}\,dx=\frac{\pi}{8}$.

**【3844】** $\int_0^a x^2\sqrt{a^2-x^2}\,dx \quad (a>0)$.

**解** $\int_0^a x^2\sqrt{a^2-x^2}\,dx=a^4\int_0^a\left(\frac{x}{a}\right)^2\sqrt{1-\left(\frac{x}{a}\right)^2}\,d\left(\frac{x}{a}\right)=a^4\int_0^1 u^2(1-u^2)^{\frac{1}{2}}du$

$=\frac{a^4}{2}\int_0^1 u(1-u^2)^{\frac{1}{2}}d(u^2)=\frac{a^4}{2}\int_0^1 t^{\frac{1}{2}}(1-t^2)^{\frac{1}{2}}dt=\frac{a^4}{2}B\left(\frac{3}{2},\frac{3}{2}\right)=\frac{\pi a^4}{16}$.

**【3845】** $\int_0^{+\infty}\frac{\sqrt[4]{x}}{(1+x)^2}dx$.

**提示** 令 $\frac{x}{1+x}=t$.

**解** 设 $\frac{x}{1+x}=t$，则 $x=\frac{t}{1-t}$，$dx=\frac{1}{(1-t)^2}dt$，代入即得

$$\int_0^{+\infty}\frac{\sqrt[4]{x}}{(1+x)^2}dx=\int_0^1 t^{\frac{1}{4}}(1-t)^{-\frac{1}{4}}dt=B\left(\frac{5}{4},\frac{3}{4}\right)=\frac{\Gamma\left(\frac{5}{4}\right)\Gamma\left(\frac{3}{4}\right)}{\Gamma(2)}=\frac{1}{4}\Gamma\left(\frac{1}{4}\right)\Gamma\left(\frac{3}{4}\right)$$
$$=\frac{1}{4}\frac{\pi}{\sin\frac{\pi}{4}}=\frac{\pi}{2\sqrt{2}}.$$

**【3846】** $\int_0^{+\infty}\frac{dx}{1+x^3}$.

**提示** 令 $x^3=t$ 后，再令 $\frac{t}{1+t}=u$.

**解** 设 $x^3=t$，则 $\int_0^{+\infty}\frac{dx}{1+x^3}=\frac{1}{3}\int_0^{+\infty}\frac{t^{-\frac{2}{3}}}{1+t}dt$. 再作代换 $\frac{t}{1+t}=u$，即得

$$\int_0^{+\infty}\frac{dx}{1+x^3}=\frac{1}{3}\int_0^1 u^{-\frac{2}{3}}(1-u)^{-\frac{1}{3}}du=\frac{1}{3}B\left(\frac{1}{3},\frac{2}{3}\right)=\frac{1}{3}\frac{\Gamma\left(\frac{1}{3}\right)\Gamma\left(\frac{2}{3}\right)}{\Gamma(1)}=\frac{1}{3}\frac{\pi}{\sin\frac{\pi}{3}}=\frac{2\pi}{3\sqrt{3}}.$$

【3847】 $\int_0^{+\infty}\frac{x^2\mathrm{d}x}{1+x^4}$.

提示 令 $x^4=t$ 后，再令$\frac{t}{1+t}=u$.

解 设 $x^4=t$，则$\int_0^{+\infty}\frac{x^2\mathrm{d}x}{1+x^4}=\frac{1}{4}\int_0^{+\infty}\frac{t^{-\frac{1}{4}}}{1+t}\mathrm{d}t$.．再作代换$\frac{t}{1+t}=u$，即得

$$\int_0^{+\infty}\frac{x^2\mathrm{d}x}{1+x^4}=\frac{1}{4}\int_0^1 u^{-\frac{1}{4}}(1-u)^{-\frac{3}{4}}\mathrm{d}u=\frac{1}{4}\mathrm{B}\left(\frac{3}{4},\frac{1}{4}\right)=\frac{1}{4}\frac{\Gamma\left(\frac{3}{4}\right)\Gamma\left(\frac{1}{4}\right)}{\Gamma(1)}=\frac{1}{4}\frac{\pi}{\sin\frac{\pi}{4}}=\frac{\pi}{2\sqrt{2}}.$$

【3848】 $\int_0^{\frac{\pi}{2}}\sin^6 x\cos^4 x\mathrm{d}x$.

提示 令 $\sin x=t$ 后，再令 $t=\sqrt{u}$.

解 设 $t=\sin x$，则$\int_0^{\frac{\pi}{2}}\sin^6 x\cos^4 x\mathrm{d}x=\int_0^1 t^6(1-t^2)^{\frac{3}{2}}\mathrm{d}t$. 再作代换 $t=\sqrt{u}$，即得

$$\int_0^{\frac{\pi}{2}}\sin^6 x\cos^4 x\mathrm{d}x=\frac{1}{2}\int_0^1 u^{\frac{5}{2}}(1-u)^{\frac{3}{2}}\mathrm{d}u=\frac{1}{2}\mathrm{B}\left(\frac{7}{2},\frac{5}{2}\right)=\frac{1}{2}\frac{\Gamma\left(\frac{7}{2}\right)\Gamma\left(\frac{5}{2}\right)}{\Gamma(6)}$$

$$=\frac{1}{2}\frac{\frac{5}{2}\cdot\frac{3}{2}\cdot\frac{1}{2}\sqrt{\pi}\cdot\frac{3}{2}\cdot\frac{1}{2}\sqrt{\pi}}{5!}=\frac{3\pi}{512}.$$

【3849】 $\int_0^1\frac{\mathrm{d}x}{\sqrt[n]{1-x^n}}$ $(n>0)$.

提示 令 $x^n=t$.

解 设 $x^n=t$，即得

$$\int_0^1\frac{\mathrm{d}x}{\sqrt[n]{1-x^n}}\mathrm{d}x=\frac{1}{n}\int_0^1 t^{\frac{1-n}{n}}(1-t)^{-\frac{1}{n}}\mathrm{d}t=\frac{1}{n}\mathrm{B}\left(\frac{1}{n},\frac{n-1}{n}\right)=\frac{1}{n}\frac{\Gamma\left(\frac{1}{n}\right)\Gamma\left(\frac{n-1}{n}\right)}{\Gamma(1)}=\frac{\pi}{n\sin\frac{\pi}{n}}.$$

【3850】 $\int_0^{+\infty}x^{2n}\mathrm{e}^{-x^2}\mathrm{d}x$ （$n$ 为正整数）.

提示 令 $x=\sqrt{t}$.

解 $\int_0^{+\infty}x^{2n}\mathrm{e}^{-x^2}\mathrm{d}x=\frac{1}{2}\int_0^{+\infty}x^{2n-1}\mathrm{e}^{-x^2}\mathrm{d}(x^2)=\frac{1}{2}\int_0^{+\infty}t^{\frac{2n-1}{2}}\mathrm{e}^{-t}\mathrm{d}t=\frac{1}{2}\Gamma\left(\frac{2n+1}{2}\right)$

$=\frac{1}{2}\cdot\frac{1\cdot3\cdots(2n-1)}{2^n}\sqrt{\pi}=\frac{(2n-1)!!}{2^{n+1}}\sqrt{\pi}$.

**求下列积分的存在域，并用欧拉积分表示这些积分：**

【3851】 $\int_0^{+\infty}\frac{x^{m-1}}{1+x^n}\mathrm{d}x$ $(n>0)$.

提示 令 $x^n=t$ 后，再令$\frac{t}{1+t}=u$，易知积分的存在域为 $0<m<n$，且结果为$\frac{\pi}{n\sin\frac{m\pi}{n}}$.

解 令 $x^n=t$，再令$\frac{t}{1+t}=u$，即得

$$\int_0^{+\infty}\frac{x^{m-1}}{1+x^n}\mathrm{d}x=\frac{1}{n}\int_0^{+\infty}\frac{t^{\frac{m-n}{n}}}{1+t}\mathrm{d}t=\frac{1}{n}\int_0^1 u^{\frac{m}{n}-1}(1-u)^{\frac{n-m}{n}-1}\mathrm{d}u,$$

此积分的存在域为$\frac{m}{n}>0$ 及$\frac{n-m}{n}>0$，即 $0<m<n$. 此时，我们有

$$\int_0^{+\infty}\frac{x^{m-1}}{1+x^n}\mathrm{d}x=\frac{1}{n}\mathrm{B}\left(\frac{m}{n},\frac{n-m}{n}\right)=\frac{1}{n}\frac{\Gamma\left(\frac{m}{n}\right)\Gamma\left(1-\frac{m}{n}\right)}{\Gamma(1)}=\frac{\pi}{n\sin\frac{m\pi}{n}}.$$

【3852】 $\int_0^{+\infty}\frac{x^{m-1}}{(1+x)^n}\mathrm{d}x.$

提示 令$\frac{x}{1+x}=t$,易知积分的存在域为 $0<m<n$,且结果为 $\mathrm{B}(m,n-m)$.

解 设 $\frac{x}{1+x}=t$,即得

$$\int_0^{+\infty}\frac{x^{m-1}}{(1+x)^n}\mathrm{d}x=\int_0^1 t^{m-1}(1-t)^{n-m-1}\mathrm{d}t=\mathrm{B}(m,n-m),$$

存在域为 $m>0$ 及 $n-m>0$,即 $0<m<n$.

【3853】 $\int_0^{+\infty}\frac{x^m\mathrm{d}x}{(a+bx^n)^p}\quad(a>0,b>0,n>0).$

提示 令$\frac{bx^n}{a+bx^n}=t$,易知积分的存在域为 $0<\frac{m+1}{n}<p$,且结果为

$$\frac{a^{-p}}{n}\left(\frac{a}{b}\right)^{\frac{m+1}{n}}\mathrm{B}\left(\frac{m+1}{n},p-\frac{m+1}{n}\right).$$

解 设 $\frac{bx}{a+bx^n}=t$,则有

$$x=\left(\frac{a}{b}\right)^{\frac{1}{n}}\left(\frac{t}{1-t}\right)^{\frac{1}{n}},\quad \mathrm{d}x=\frac{1}{n}\left(\frac{a}{b}\right)^{\frac{1}{n}}\frac{t^{\frac{1}{n}-1}}{(1-t)^{\frac{1}{n}+1}}\mathrm{d}t,$$

代入即得

$$\int_0^{+\infty}\frac{x^m}{(a+bx^n)^p}\mathrm{d}x=\frac{1}{b^p}\int_0^{+\infty}\left(\frac{bx^n}{a+bx^n}\right)^p x^{m-np}\mathrm{d}x=\frac{a^{-p}}{n}\left(\frac{a}{b}\right)^{\frac{m+1}{n}}\int_0^1 t^{\frac{m+1}{n}-1}(1-t)^{p-\frac{m+1}{n}-1}\mathrm{d}t$$

$$=\frac{a^{-p}}{n}\left(\frac{a}{b}\right)^{\frac{m+1}{n}}\mathrm{B}\left(\frac{m+1}{n},p-\frac{m+1}{n}\right),$$

存在域为 $\frac{m+1}{n}>0$ 及 $p-\frac{m+1}{n}>0$,即 $0<\frac{m+1}{n}<p$.

【3854】 $\int_a^b\frac{(x-a)^m(b-x)^n}{(x+c)^{m+n+2}}\mathrm{d}x.$

提示 令$\frac{b+c}{b-a}\cdot\frac{x-a}{x+c}=t$,易知积分的存在域为 $m>-1$ 及 $n>-1$,且结果为

$$\frac{(b-a)^{m+n+1}}{(a+c)^{n+1}(b+c)^{m+1}}\mathrm{B}(m+1,n+1).$$

解 设$\frac{b+c}{b-a}\cdot\frac{x-a}{x+c}=t$,则 $x=\frac{a+lct}{1-lt}$,其中 $l=\frac{b-a}{b+c}$,且

$$x-a=\frac{(a+c)lt}{1-lt},\quad x-b=\frac{(a-b)+(b+c)lt}{1-lt},\quad x+c=\frac{a+c}{1-lt},\quad \mathrm{d}x=\frac{(a+c)l}{(1-lt)^2}\mathrm{d}t.$$

代入即得

$$\int_a^b\frac{(x-a)^m(b-x)^n}{(x+c)^{m+n+2}}\mathrm{d}x=(-1)^n\frac{l^{m+1}}{(a+c)^{n+1}}\int_0^1 t^m[(a-b)+(b+c)lt]^n\mathrm{d}t$$

$$=\frac{(b-a)^{m+n+1}}{(a+c)^{n+1}(b+c)^{m+1}}\int_0^1 t^m(1-t)^n\mathrm{d}t=\frac{(b-a)^{m+n+1}}{(a+c)^{n+1}(b+c)^{m+1}}\mathrm{B}(m+1,n+1),$$

存在域为 $m>-1$ 及 $n>-1$.

【3855】 $\int_0^1\frac{\mathrm{d}x}{\sqrt[n]{1-x^m}}\quad(m>0).$

解 设 $x^m=t$,即得 $\int_0^1\frac{\mathrm{d}x}{\sqrt[n]{1-x^m}}=\frac{1}{m}\int_0^1 t^{\frac{1}{m}-1}(1-t)^{-\frac{1}{n}}\mathrm{d}t=\frac{1}{m}\mathrm{B}\left(\frac{1}{m},1-\frac{1}{n}\right),$

存在域为 $1-\frac{1}{n}>0$,即 $n<0$ 或 $n>1$.

【3856】 $\int_0^{\frac{\pi}{2}}\sin^m x\cos^n x\,\mathrm{d}x.$

**提示** 令 $\sin x=t$ 后，再令 $t^2=u$，易知积分的存在域为 $m>-1$ 及 $n>-1$，且结果为

$$\frac{1}{2}\mathrm{B}\left(\frac{m+1}{2},\frac{n+1}{2}\right).$$

**解** 令 $\sin x=t$，再令 $t^2=u$，即得

$$\int_0^{\frac{\pi}{2}}\sin^m x\cos^n x\,\mathrm{d}x=\int_0^1 t^m(1-t^2)^{\frac{n-1}{2}}\mathrm{d}t=\frac{1}{2}\int_0^1 u^{\frac{m-1}{2}}(1-u)^{\frac{n-1}{2}}\mathrm{d}u=\frac{1}{2}\mathrm{B}\left(\frac{m+1}{2},\frac{n+1}{2}\right),$$

存在域为 $m>-1$ 及 $n>-1$.

**【3857】** $\int_0^{\frac{\pi}{2}}\tan^n x\,\mathrm{d}x.$

**提示** 令 $\sin x=t$ 后，再令 $t^2=u$，易知积分的存在域为 $|n|<1$，且结果为 $\dfrac{\pi}{2\cos\frac{n\pi}{2}}$.

**解** 令 $\sin x=t$，再令 $t^2=u$，即得

$$\int_0^{\frac{\pi}{2}}\tan^n x\,\mathrm{d}x=\int_0^1 t^n(1-t^2)^{-\frac{n+1}{2}}\mathrm{d}t=\frac{1}{2}\int_0^1 u^{\frac{n-1}{2}}(1-u)^{-\frac{n+1}{2}}\mathrm{d}u=\frac{1}{2}\mathrm{B}\left(\frac{n+1}{2},\frac{1-n}{2}\right)$$

$$=\frac{1}{2}\;\frac{\Gamma\left(\frac{n+1}{2}\right)\Gamma\left(1-\frac{n+1}{2}\right)}{\Gamma(1)}=\frac{1}{2}\;\frac{\pi}{\sin\frac{n+1}{2}\pi}=\frac{\pi}{2\cos\frac{n\pi}{2}},$$

存在域为 $\frac{n+1}{2}>0$ 及 $\frac{1-n}{2}>0$，即 $|n|<1$.

**【3858】** $\int_0^{\pi}\frac{\sin^{n-1}x}{(1+k\cos x)^n}\mathrm{d}x\quad(0<|k|<1).$

**解** 设 $\tan\frac{t}{2}=\sqrt{\frac{1-k}{1+k}}\tan\frac{x}{2}$，则有 $\tan\frac{x}{2}=\sqrt{\frac{1+k}{1-k}}\tan\frac{t}{2}$，利用三角恒等式，可得

$$\sin x=\frac{\sqrt{1-k^2}\sin t}{1-k\cos t},\quad \cos x=\frac{\cos t-k}{1-k\cos t},\quad 1+k\cos x=\frac{1-k^2}{1-k\cos t},\quad \mathrm{d}x=\frac{\sqrt{1-k^2}}{1-k\cos t}\mathrm{d}t,$$

代入即得

$$\int_0^{\pi}\frac{\sin^{n-1}x}{(1+k\cos x)^n}\mathrm{d}x=(1-k^2)^{-\frac{n}{2}}\int_0^{\pi}\sin^{n-1}t\,\mathrm{d}t=2^{n-1}(1-k^2)^{-\frac{n}{2}}\int_0^{\pi}\sin^{n-1}\frac{t}{2}\cos^{n-1}\frac{t}{2}\mathrm{d}t.$$

在上式右端的最后一个积分中，依次作代换 $\sin\frac{t}{2}=u$，$u^2=y$，即得

$$\int_0^{\pi}\frac{\sin^{n-1}x}{(1+k\cos x)^n}\mathrm{d}x=2^{n-1}(1-k^2)^{-\frac{n}{2}}\int_0^1 2u^{n-1}(1-u^2)^{\frac{n-2}{2}}\mathrm{d}u=2^{n-1}(1-k^2)^{-\frac{n}{2}}\int_0^1 y^{\frac{n-2}{2}}(1-y)^{\frac{n-2}{2}}\mathrm{d}y$$

$$=2^{n-1}(1-k^2)^{-\frac{n}{2}}\mathrm{B}\left(\frac{n}{2},\frac{n}{2}\right),$$

存在域为 $n>0$.

**【3859】** $\int_0^{+\infty}\mathrm{e}^{-x^n}\mathrm{d}x\quad(n>0).$

**解** 设 $x^n=t$，即得 $\displaystyle\int_0^{+\infty}\mathrm{e}^{-x^n}\mathrm{d}x=\frac{1}{n}\int_0^{+\infty}t^{\frac{1}{n}-1}\mathrm{e}^{-t}\mathrm{d}t=\frac{1}{n}\Gamma\left(\frac{1}{n}\right)$，

存在域为 $\frac{1}{n}>0$，即 $n>0$.

**【3860】** $\int_0^{+\infty}x^m\mathrm{e}^{-x^n}\mathrm{d}x.$

**解** 当 $n>0$ 时，作代换 $x^n=t$，则得

$$\int_0^{+\infty}x^m\mathrm{e}^{-x^n}\mathrm{d}x=\frac{1}{n}\int_0^{+\infty}t^{\frac{m+1}{n}-1}\mathrm{e}^{-t}\mathrm{d}t=\frac{1}{n}\Gamma\left(\frac{m+1}{n}\right);$$

当 $n<0$ 时，仍作代换 $x^n=t$，则得

$$\int_0^{+\infty}x^m\mathrm{e}^{-x}\mathrm{d}x=\frac{1}{n}\int_{+\infty}^0 t^{\frac{m+1}{n}}\mathrm{e}^{-t}\mathrm{d}t=-\frac{1}{n}\int_0^{+\infty}t^{\frac{m+1}{n}-1}\mathrm{e}^{-t}\mathrm{d}t=-\frac{1}{n}\Gamma\left(\frac{m+1}{n}\right).$$

将上式结果合并，即得：当 $n\neq 0$ 时，

$$\int_0^{+\infty} x^m \mathrm{e}^{-x}\mathrm{d}x=\frac{1}{|n|}\Gamma\left(\frac{m+1}{n}\right);$$

当 $n=0$ 时，积分 $\int_0^{+\infty} x^m \mathrm{e}^{-1}\mathrm{d}x$. 显然发散. 因此，积分 $\int_0^{+\infty} x^m \mathrm{e}^{-x^n}\mathrm{d}x$ 的存在域为 $\frac{m+1}{n}>0$.

**【3861】** $\int_0^1 \left(\ln\frac{1}{x}\right)^p \mathrm{d}x$.

**提示** 令 $x=\mathrm{e}^{-t}$，易知积分的存在域为 $p>1$，且结果为 $\Gamma(p+1)$.

**解** 设 $x=\mathrm{e}^{-t}$，即得

$$\int_0^1 \left(\ln\frac{1}{x}\right)^p \mathrm{d}x=-\int_{+\infty}^0 t^p \mathrm{e}^{-t}\mathrm{d}t=\int_0^{+\infty} t^p \mathrm{e}^{-t}\mathrm{d}t=\Gamma(p+1),$$

存在域为 $p>-1$

**【3862】** $\int_0^{+\infty} x^p \mathrm{e}^{-ax}\ln x\mathrm{d}x \quad (a>0)$.

**解** 由 3841 题的证明过程可知，积分 $\int_0^{+\infty} x^p \mathrm{e}^{-ax}\ln x\mathrm{d}x$

关于 $p$ 在 $-1<p_0\leqslant p\leqslant p_1$ 时一致收敛. 因此，当 $p_0\leqslant p\leqslant p_1$ 时，

$$\frac{\partial}{\partial p}\int_0^{+\infty} x^p \mathrm{e}^{-ax}\mathrm{d}x=\int_0^{+\infty} x^p \mathrm{e}^{-ax}\ln x\mathrm{d}x.$$

但是，
$$\int_0^{+\infty} x^p \mathrm{e}^{-ax}\mathrm{d}x=\frac{1}{a^{p+1}}\int_0^{+\infty} t^p \mathrm{e}^{-t}\mathrm{d}t=\frac{\Gamma(p+1)}{a^{p+1}},$$

故
$$\int_0^{+\infty} x^p \mathrm{e}^{-ax}\ln x\mathrm{d}x=\frac{\mathrm{d}}{\mathrm{d}p}\left[\frac{\Gamma(p+1)}{a^{p+1}}\right] \quad (p_0\leqslant p\leqslant p_1).$$

由 $-1<p_0<p_1$ 的任意性，即知上式对一切 $p>-1$ 均成立.

**【3863】** $\int_0^{+\infty} \frac{x^{p-1}\ln x}{1+x}\mathrm{d}x \quad (p>0)$.

**解** 由 3852 题的结果知 $\mathrm{B}(p,1-p)=\int_0^{+\infty}\frac{x^{p-1}}{1+x}\mathrm{d}x \quad (0<p<1)$.

显然，所求积分
$$\int_0^{+\infty} \frac{x^{p-1}\ln x}{1+x}\mathrm{d}x=\int_0^{+\infty}\frac{\partial}{\partial p}\left(\frac{x^{p-1}}{1+x}\right)\mathrm{d}x.$$

下证积分

$$\int_0^{+\infty} \frac{x^{p-1}\ln x}{1+x}\mathrm{d}x=\int_0^1 \frac{x^{p-1}\ln x}{1+x}\mathrm{d}x+\int_1^{+\infty} \frac{x^{p-1}\ln x}{1+x}\mathrm{d}x$$

在 $0<p_0\leqslant p\leqslant p_1<1$ 上一致收敛. 事实上，此时

$$\left|\frac{x^{p-1}\ln x}{1+x}\right|\leqslant\frac{x^{p_0-1}|\ln x|}{1+x} \quad (0<x\leqslant 1),$$

而积分 $\int_0^1 \frac{x^{p_0-1}|\ln x|}{1+x}\mathrm{d}x$ 收敛（因为 $\lim\limits_{x\to+0} x^{1-\frac{p_0}{2}}\frac{x^{p_0-1}|\ln x|}{1+x}=\lim\limits_{x\to+0}(-x^{\frac{p_0}{2}}\ln x)=0$），

故积分 $\int_0^1 \frac{x^{p-1}\ln x}{1+x}\mathrm{d}x$ 当 $p_0\leqslant p\leqslant p_1$ 时一致收敛. 另一方面，当 $p_0\leqslant p\leqslant p_1$ 时，有

$$0\leqslant\frac{x^{p-1}\ln x}{1+x}\leqslant\frac{x^{p_1-1}\ln x}{1+x}\leqslant x^{p_1-2}\ln x \quad (x\geqslant 1),$$

而积分 $\int_1^{+\infty} x^{p_1-2}\ln x\mathrm{d}x$ 收敛（因为 $\lim\limits_{x\to+\infty} x^{1+\frac{1}{2}(1-p_1)}x^{p_1-2}\ln x=\lim\limits_{x\to+\infty} x^{-\frac{1}{2}(1-p_1)}\ln x=0$），

故积分 $\int_1^{+\infty} \frac{x^{p-1}\ln x}{1+x}\mathrm{d}x$ 当 $p_0\leqslant p\leqslant p_1$ 时一致收敛. 由此可知，积分 $\int_0^{+\infty} \frac{x^{p-1}\ln x}{1+x}\mathrm{d}x$ 当 $p_0\leqslant p\leqslant p_1$ 时一致收敛. 从而，当 $p_0\leqslant p\leqslant p_1$ 时，可在积分号下求导数，得

$$\frac{\mathrm{d}}{\mathrm{d}p}\mathrm{B}(p,1-p)=\int_0^{+\infty} \frac{x^{p-1}\ln x}{1+x}\mathrm{d}x.$$

由 $p_0$，$p_1$，的任意性知，上式对一切 $0<p<1$ 皆成立. 由于

$$\frac{\mathrm{d}}{\mathrm{d}p}\mathrm{B}(p,1-p)=\frac{\mathrm{d}}{\mathrm{d}p}\left(\frac{\pi}{\sin p\pi}\right)=-\frac{\pi^2\cos p\pi}{\sin^2 p\pi}\quad(0<p<1),$$

故最后得
$$\int_0^{+\infty}\frac{x^{p-1}\ln x}{1+x}\mathrm{d}x=-\frac{\pi^2\cos p\pi}{\sin^2 p\pi}\quad(0<p<1).$$

**【3864】** $\int_0^{+\infty}\frac{x^{p-1}\ln^2 x}{1+x}\mathrm{d}x\quad(p>0)$.

**解** 在3863题的基础上,考虑积分
$$\int_0^{+\infty}\frac{\partial}{\partial p}\left(\frac{x^{p-1}\ln x}{1+x}\right)\mathrm{d}x=\int_0^{+\infty}\frac{x^{p-1}\ln^2 x}{1+x}\mathrm{d}x.$$
仿3863题的证明过程,可证积分$\int_0^{+\infty}\frac{x^{p-1}\ln^2 x}{1+x}\mathrm{d}x$当$0<p_0\leqslant p\leqslant p_1<1$时一致收敛,从而,积分$\int_0^{+\infty}\frac{x^{p-1}}{1+x}\mathrm{d}x$可在积分号下对$p$求导数两次(当$p_0\leqslant p\leqslant p_1$时),得
$$\int_0^{+\infty}\frac{x^{p-1}\ln^2 x}{1+x}\mathrm{d}x=\frac{\mathrm{d}^2}{\mathrm{d}p^2}\mathrm{B}(p,1-p)=\frac{\mathrm{d}^2}{\mathrm{d}p^2}\left(\frac{\pi}{\sin p\pi}\right)=-\frac{\mathrm{d}}{\mathrm{d}p}\left(\frac{\pi^2\cos p\pi}{\sin^2 p\pi}\right)=\frac{\pi^3(1+\cos^2 p\pi)}{\sin^3 p\pi}$$
由$p_0,p_1$的任意性知,此式对一切$0<p<1$皆成立.

**【3865】** $\int_0^{+\infty}\frac{x^{p-1}-x^{q-1}}{(1+x)\ln x}\mathrm{d}x$.

**解** 易知,当$0<p<1,0<q<1$时,积分$\int_0^{+\infty}\frac{x^{p-1}-x^{q-1}}{(1+x)\ln x}\mathrm{d}x$收敛.事实上,设$p<q$,则由
$$\lim_{x\to+0}x^{1-p}\left|\frac{x^{p-1}-x^{q-1}}{(1+x)\ln x}\right|=\lim_{x\to+0}\left|\frac{1-x^{q-p}}{(1+x)\ln x}\right|=0,$$
$$\lim_{x\to+\infty}x^{2-q}\left|\frac{x^{p-1}-x^{q-1}}{(1+x)\ln x}\right|=\lim_{x\to+\infty}\left|\frac{x^{1-(q-p)}-x}{(1+x)\ln x}\right|=0$$
即知.考虑积分
$$\int_0^{+\infty}\frac{\partial}{\partial p}\left[\frac{x^{p-1}-x^{q-1}}{(1+x)\ln x}\right]\mathrm{d}x=\int_0^{+\infty}\frac{x^{p-1}}{1+x}\mathrm{d}x=\mathrm{B}(p,1-p)^{*)}=\frac{\pi}{\sin p\pi}.$$
易知积分$\int_0^{+\infty}\frac{x^{p-1}}{1+x}\mathrm{d}x$当$0<p_0\leqslant p\leqslant p_1<1$时一致收敛(事实上,这时
$$0<\frac{x^{p-1}}{1+x}\leqslant\frac{x^{p_0-1}}{1+x}\quad(0<x\leqslant1),\qquad 0<\frac{x^{p-1}}{1+x}\leqslant\frac{x^{p_1-1}}{1+x}\quad(1\leqslant x<+\infty)$$
而积分$\int_0^1\frac{x^{p_0-1}}{1+x}\mathrm{d}x$和$\int_0^{+\infty}\frac{x^{p_1-1}}{1+x}\mathrm{d}x$都收敛),故当$0<p_0\leqslant p\leqslant p_1<1$时,可在积分号下对$p$求导数,得
$$I'(p)=\frac{\pi}{\sin p\pi},\tag{1}$$
其中$I(p)=\int_0^{+\infty}\frac{x^{p-1}-x^{q-1}}{(1+x)\ln x}\mathrm{d}x$($q$固定,$0<q<1$).

由$p_0,p_1$的任意性知,(1)式对一切$0<p<1$均成立.两端积分,得
$$I(p)=\ln\left|\tan\frac{p\pi}{2}\right|+C\quad(0<p<1),$$
其中$C$是某常数.在上式中令$p=q$,并注意到$I(q)=0$,即得$0=I(q)=\ln\left|\tan\frac{q\pi}{2}\right|+C$,故$C=-\ln\left|\tan\frac{q\pi}{2}\right|$.

由此可知
$$\int_0^{+\infty}\frac{x^{p-1}-x^{q-1}}{(1+x)\ln x}\mathrm{d}x=I(p)=\ln\left|\frac{\tan\frac{p\pi}{2}}{\tan\frac{q\pi}{2}}\right|\quad(0<p<1,0<q<1)$$

*) 利用3852题的结果.

**【3866】** $\int_0^1\frac{x^{p-1}-x^{-p}}{1-x}\mathrm{d}x\quad(0<p<1)$.

**提示** 所给积分可看作求下列极限:$\lim\limits_{\varepsilon\to+0}[\mathrm{B}(\phi,\varepsilon)-\mathrm{B}(1-\varphi,\varepsilon)]$.

**解** 首先，由于 $\lim\limits_{x\to1-0}\dfrac{x^{p-1}-x^{-p}}{1-x}=\lim\limits_{x\to1-0}\dfrac{(p-1)x^{p-2}+px^{-p-1}}{-1}=1-2p$,

故 $x=1$ 不是瑕点. 令 $p_0=\max\{p,1-p\}$，则 $0<p_0<1$. 取 $p_0<p_0^*<1$. 由于

$$\lim_{x\to+0}x^{p_0^*}\left|\frac{x^{p-1}-x^{-p}}{1-x}\right|=\lim_{x\to+0}\left|\frac{x^{p_0^*-(1-p)}-x^{p_0^*-p}}{1-x}\right|=0,$$

故积分 $\int_0^1\dfrac{x^{p-1}-x^{-p}}{1-x}dx$ 绝对收敛$(0<p<1)$.

考察积分(含参变量 $\varepsilon$，$0\leqslant\varepsilon<1$) $\quad I(\varepsilon)=\int_0^1\dfrac{x^{p-1}-x^{-p}}{(1-x)^{1-\varepsilon}}dx.$

由于
$$\frac{|x^{p-1}-x^{-p}|}{(1-x)^{1-\varepsilon}}\leqslant\frac{|x^{p-1}-x^{-p}|}{1-x}\quad(0<x<1),$$
而上面已证积分 $\int_0^1\dfrac{|x^{p-1}-x^{-p}|}{1-x}dx$ 收敛，故积分 $\int_0^1\dfrac{x^{p-1}-x^{-p}}{(1-x)^{1-\varepsilon}}dx$ 当 $0\leqslant\varepsilon<1$ 时一致收敛. 由此可知，$I(\varepsilon)$ 是 $0\leqslant\varepsilon<1$ 上的连续函数. 但是，显然当 $0<\varepsilon<1$ 时，有

$$\int_0^1\frac{x^{p-1}-x^{-p}}{(1-x)^{1-\varepsilon}}dx=\mathrm{B}(p,\varepsilon)-\mathrm{B}(1-p,\varepsilon).$$

于是，由 $I(\varepsilon)$ 在 $\varepsilon=0$ 的(右)连续性，得

$$\int_0^1\frac{x^{p-1}-x^{-p}}{1-x}dx=I(0)=\lim_{\varepsilon\to+0}I(\varepsilon)=\lim_{\varepsilon\to+0}[\mathrm{B}(p,\varepsilon)-\mathrm{B}(1-p,\varepsilon)].$$

根据 $\Gamma$ 函数与 B 函数的关系以及 $\Gamma(x)$ 和 $\Gamma'(x)$ 在 $x>0$ 时的连续性，得

$$\begin{aligned}
&\lim_{\varepsilon\to+0}[\mathrm{B}(p,\varepsilon)-\mathrm{B}(1-p,\varepsilon)]\\
&=\lim_{\varepsilon\to+0}\frac{\Gamma(\varepsilon)[\Gamma(p)\Gamma(1-p+\varepsilon)-\Gamma(1-p)\Gamma(p+\varepsilon)]}{\Gamma(p+\varepsilon)\Gamma(1-p+\varepsilon)}\\
&=\lim_{\varepsilon\to+0}\frac{1}{\Gamma(p+\varepsilon)\Gamma(1-p+\varepsilon)\Gamma(1-\varepsilon)}\lim_{\varepsilon\to+0}\Gamma(\varepsilon)\Gamma(1-\varepsilon)[\Gamma(p)\Gamma(1-p+\varepsilon)-\Gamma(1-p)\Gamma(p+\varepsilon)]\\
&=\frac{1}{\Gamma(p)\Gamma(1-p)\Gamma(1)}\lim_{\varepsilon\to+0}\Gamma(\varepsilon)\Gamma(1-\varepsilon)[\Gamma(p)\Gamma(1-p+\varepsilon)-\Gamma(1-p)\Gamma(p+\varepsilon)]\\
&=\sin\pi p\lim_{\varepsilon\to+0}\frac{\Gamma(p)\Gamma(1-p+\varepsilon)-\Gamma(1-p)\Gamma(p+\varepsilon)}{\sin\pi\varepsilon}\\
&=\sin\pi p\lim_{\varepsilon\to+0}\frac{\Gamma(p)\Gamma'(1-p+\varepsilon)-\Gamma(1-p)\Gamma'(p+\varepsilon)}{\pi\cos\pi\varepsilon}\\
&=\frac{\sin\pi p}{\pi}[\Gamma(p)\Gamma'(1-p)-\Gamma(1-p)\Gamma'(p)].
\end{aligned}$$

但是，显然

$$\Gamma(p)\Gamma'(1-p)-\Gamma(1-p)\Gamma'(p)]=-\frac{d}{dp}[\Gamma(p)\Gamma(1-p)]=-\frac{d}{dp}\left(\frac{\pi}{\sin p\pi}\right)=\frac{\pi^2\cos p\pi}{\sin^2p\pi},$$

故最后得
$$\int_0^1\frac{x^{p-1}-x^{-p}}{1-x}dx=\pi\cot p\pi\quad(0<p<1).$$

**【3867】** $\int_0^{+\infty}\dfrac{\mathrm{sh}\alpha x}{\mathrm{sh}\beta x}dx\quad(0<\alpha<\beta).$

**解** $\int_0^{+\infty}\dfrac{\mathrm{sh}\alpha x}{\mathrm{sh}\beta x}dx=\int_0^{+\infty}\dfrac{e^{\alpha x}-e^{-\alpha x}}{e^{\beta x}-e^{-\beta x}}dx=-\dfrac{1}{2\beta}\int_0^{+\infty}\dfrac{e^{(\alpha+\beta)x}-e^{(\beta-\alpha)x}}{1-e^{-2\beta x}}d(e^{-2\beta x})=-\dfrac{1}{2\beta}\int_1^0\dfrac{t^{-\frac{\alpha+\beta}{2\beta}}-t^{-\frac{\beta-\alpha}{2\beta}}}{1-t}dt$

$$=\frac{1}{2\beta}\int_0^1\frac{t^{\frac{\beta-\alpha}{2\beta}-1}-t^{-\frac{\beta-\alpha}{2\beta}}}{1-t}dt=\frac{\pi}{2\beta}\cot\frac{(\beta-\alpha)\pi}{2\beta}{}^{*)}=\frac{\pi}{2\beta}\tan\frac{\alpha\pi}{2\beta}.$$

*) 利用 3866 题的结果.

**【3868】** $\int_0^1\ln\Gamma(x)dx.$

**提示** 令 $1-x=t$ 后，可得

$$\int_0^1\ln\Gamma(x)dx=\frac{1}{2}\int_0^1\ln[\Gamma(x)\Gamma(1-x)]dx,$$

并利用 2353 题(1)的结果.

**解** 设 $1-x=t$,则有 $\int_0^1 \ln\Gamma(x)\mathrm{d}x=\int_0^1 \ln\Gamma(1-t)\mathrm{d}t=\int_0^1 \ln\Gamma(1-x)\mathrm{d}x.$

相加即得

$$2\int_0^1 \ln\Gamma(x)\mathrm{d}x=\int_0^1 \ln[\Gamma(x)\Gamma(1-x)]\mathrm{d}x=\int_0^1 \ln\frac{\pi}{\sin\pi x}\mathrm{d}x=\ln\pi-\int_0^1 \ln\sin\pi x\mathrm{d}x$$

$$=\ln\pi-\frac{1}{\pi}\int_0^{\pi} \ln\sin t\mathrm{d}t=\ln\pi-\frac{1}{\pi}\left[\int_0^{\frac{\pi}{2}} \ln\sin t\mathrm{d}t+\int_{\frac{\pi}{2}}^{\pi} \ln\sin t\mathrm{d}t\right]=\ln\pi-\frac{2}{\pi}\int_0^{\frac{\pi}{2}} \ln\sin t\mathrm{d}t$$

$$=\ln\pi-\frac{2}{\pi}\left(-\frac{\pi}{2}\ln 2\right)^{*)}=\ln 2\pi.$$

于是, $$\int_0^1 \ln\Gamma(x)\mathrm{d}x=\frac{1}{2}\ln 2\pi=\ln\sqrt{2\pi}.$$

*) 利用 2353 题(1)的结果.

**【3869】** $\int_a^{a+1} \ln\Gamma(x)\mathrm{d}x \quad (a>0).$

**解** 设 $$F(a)=\int_a^{a+1} \ln\Gamma(x)\mathrm{d}x=\int_0^{a+1} \ln\Gamma(x)\mathrm{d}x-\int_0^a \ln\Gamma(x)\mathrm{d}x,$$

则有 $$F'(a)=\ln\Gamma(a+1)-\ln\Gamma(a)=\ln\frac{\Gamma(a+1)}{\Gamma(a)}=\ln a.$$

两端积分,得 $$F(a)=a(\ln a-1)+C,$$

其中 $C$ 为某常数. 让 $a\to+0$,得 $C=\ln\sqrt{2\pi}^{*)}$. 于是,

$$\int_0^{a+1} \ln\Gamma(x)\mathrm{d}x=a(\ln a-1)+\ln\sqrt{2\pi}.$$

*) 利用 3868 题的结果.

**【3870】** $\int_0^1 \ln\Gamma(x)\sin\pi x\mathrm{d}x.$

**解** 设 $x=1-t$,则有 $\int_0^1 \ln\Gamma(x)\sin\pi x\mathrm{d}x=\int_0^1 \ln\Gamma(1-t)\sin\pi t\mathrm{d}t=\int_0^1 \ln\Gamma(1-x)\sin\pi x\mathrm{d}x.$

相加即得

$$2\int_0^1 \ln\Gamma(x)\sin\pi x\mathrm{d}x=\int_0^1 \ln[\Gamma(x)\Gamma(1-x)\sin\pi x\mathrm{d}x]=\int_0^1 \left(\ln\frac{\pi}{\sin\pi x}\right)\sin\pi x\mathrm{d}x$$

$$=\ln\pi\int_0^1 \sin\pi x\mathrm{d}x-\int_0^1 \sin\pi x\ln\sin\pi x\mathrm{d}x.$$

由于 $\int_0^1 \sin\pi x\mathrm{d}x=-\frac{1}{\pi}\cos\pi x\Big|_0^1=\frac{2}{\pi}$ 及

$$\int_0^1 \sin\pi x\ln\sin\pi x\mathrm{d}x=\frac{1}{\pi}\int_0^{\pi} \sin t\ln\sin t\mathrm{d}t=\frac{2}{\pi}\int_0^{\pi} \sin\frac{t}{2}\cos\frac{t}{2}\left[\ln 2+\ln\sin\frac{t}{2}+\frac{1}{2}\ln\left(1-\sin^2\frac{t}{2}\right)\right]\mathrm{d}t$$

$$=\frac{4}{\pi}\int_0^1 u\left[\ln 2+\ln u+\frac{1}{2}\ln(1-u^2)\right]\mathrm{d}u=\frac{4}{\pi}\left[\left(\frac{1}{2}u^2\ln 2+\frac{1}{2}u^2\left(\ln u-\frac{1}{2}\right)\right)\Bigg|_0^1-\frac{1}{4}\int_0^1 \ln(1-u^2)\mathrm{d}(1-u^2)\right]$$

$$=\frac{4}{\pi}\left[\frac{1}{2}\ln 2-\frac{1}{4}+\frac{1}{4}\int_0^1 \ln t\mathrm{d}t\right]=\frac{2}{\pi}\ln 2-\frac{1}{\pi}+\frac{1}{\pi}(t\ln t-t)\Big|_0^1=\frac{2}{\pi}\ln 2-\frac{2}{\pi},$$

故最后得

$$\int_0^1 \ln\Gamma(x)\sin\pi x\mathrm{d}x=\frac{1}{2}\ \frac{2}{\pi}\ln\pi-\frac{1}{2}\left(\frac{2}{\pi}\ln 2-\frac{2}{\pi}\right)=\frac{1}{\pi}\left(1+\ln\frac{\pi}{2}\right).$$

**【3871】** $\int_0^1 \ln\Gamma(x)\cos 2n\pi x\mathrm{d}x$ ($n$ 为正整数).

**解** 设 $x=1-t$,则有

$$\int_0^1 \ln\Gamma(x)\cos 2n\pi x\mathrm{d}x=\int_0^1 \ln\Gamma(1-t)\cos 2n\pi t\mathrm{d}t=\int_0^1 \ln\Gamma(1-x)\cos 2n\pi x\mathrm{d}x.$$

等式两端同加$\int_0^1 \ln\Gamma(x)\cos 2n\pi x\mathrm{d}x$，得

$$2\int_0^1 \ln\Gamma(x)\cos 2n\pi x\mathrm{d}x=\int_0^1 \ln[\Gamma(x)\Gamma(1-x)]\cos 2n\pi x\mathrm{d}x=\int_0^1 (\ln\pi-\ln\sin\pi x)\cos 2n\pi x\mathrm{d}x$$

$$=-\int_0^1 \cos 2n\pi x\ln\sin\pi x\mathrm{d}x=-\frac{1}{\pi}\int_0^\pi \cos 2nt\ln\sin t\mathrm{d}t$$

$$=-\frac{1}{2n\pi}\sin 2nt\ln\sin t\Big|_0^\pi+\frac{1}{2n\pi}\int_0^\pi \frac{\sin 2nt\cos t}{\sin t}\mathrm{d}t=\frac{1}{2n\pi}\int_0^\pi \frac{\sin 2nt\cos t}{\sin t}\mathrm{d}t$$

$$=\frac{1}{4n\pi}\left[\int_0^\pi \frac{\sin(2n+1)t}{\sin t}\mathrm{d}t+\int_0^\pi \frac{\sin(2n-1)t}{\sin t}\mathrm{d}t\right]=\frac{1}{4n\pi}(\pi+\pi)^{*)}=\frac{1}{2n}.$$

于是，
$$\int_0^1 \ln\Gamma(x)\cos 2n\pi x\mathrm{d}x=\frac{1}{4n}.$$

*） 利用 2291 题的结果.

**证明等式：**

**【3872】** $\int_0^1 \frac{\mathrm{d}x}{\sqrt{1-x^4}}\cdot\int_0^1 \frac{x^2\mathrm{d}x}{\sqrt{1-x^4}}=\frac{\pi}{4}.$

**证明思路** 首先，将积分$\int_0^1 x^{p-1}(1-x^m)^{q-1}\mathrm{d}x$ $(p>0,q>0,m>0)$表成 Γ 函数(令 $x^m=t$)

$$\frac{1}{m}\frac{\Gamma(\frac{p}{m})\Gamma(q)}{\Gamma(\frac{p}{m}+q)}.$$

其次，利用上述结果，即可证明等式.

**证** 首先，我们将积分 $\int_0^1 x^{p-1}(1-x^m)^{q-1}\mathrm{d}x \quad (p>0,q>0,m>0)$
表成 Γ 函数. 作代换 $x^m=t$，即得

$$\int_0^1 x^{p-1}(1-x^m)^{q-1}\mathrm{d}x=\frac{1}{m}\int_0^1 t^{\frac{p}{m}-1}(1-t)^{q-1}\mathrm{d}u=\frac{1}{m}\mathrm{B}\left(\frac{p}{m},q\right)=\frac{1}{m}\frac{\Gamma(\frac{p}{m})\Gamma(q)}{\Gamma(\frac{p}{m}+q)}.$$

利用此结果，即可证得

$$\int_0^1 \frac{\mathrm{d}x}{\sqrt{1-x^4}}\cdot\int_0^1 \frac{x^2\mathrm{d}x}{\sqrt{1-x^4}}=\frac{1}{4^2}\frac{\Gamma\left(\frac{1}{4}\right)\Gamma\left(\frac{1}{2}\right)\Gamma\left(\frac{3}{4}\right)\Gamma\left(\frac{1}{2}\right)}{\Gamma\left(\frac{1}{4}+\frac{1}{2}\right)\Gamma\left(\frac{3}{4}+\frac{1}{2}\right)}=\frac{1}{4^2}\frac{\Gamma\left(\frac{1}{4}\right)\Gamma\left(\frac{3}{4}\right)\left[\Gamma\left(\frac{1}{2}\right)\right]^2}{\frac{1}{4}\Gamma\left(\frac{3}{4}\right)\Gamma\left(\frac{1}{4}\right)}=\frac{\pi}{4}.$$

**【3873】** $\int_0^{+\infty} \mathrm{e}^{-x^4}\mathrm{d}x\cdot\int_0^{+\infty} x^2\mathrm{e}^{-x^4}\mathrm{d}x=\frac{\pi}{8\sqrt{2}}.$

**证明思路** 首先，将积分$\int_0^{+\infty} x^m\mathrm{e}^{-x^n}\mathrm{d}x$ $(m>0,n>0)$表成 Γ 函数(令 $x^n=t$)$\frac{1}{n}\Gamma\left(\frac{m+1}{n}\right)$. 其次，利用上述结果，即可证明等式.

**证** 首先，我们将积分

$$\int_0^{+\infty} x^m\mathrm{e}^{-x^n}\mathrm{d}x \quad (m>0,n>0)$$

表成 Γ 函数. 作代换 $x^n=t$，即得

$$\int_0^{+\infty} x^m\mathrm{e}^{-x^n}\mathrm{d}x=\frac{1}{n}\int_0^{+\infty} t^{\frac{m+1}{n}-1}\mathrm{e}^{-t}\mathrm{d}t=\frac{1}{n}\Gamma\left(\frac{m+1}{n}\right).$$

利用此结果，即可证得

$$\int_0^{+\infty} \mathrm{e}^{-x^4}\mathrm{d}x\cdot\int_0^{+\infty} x^2\mathrm{e}^{-x^4}\mathrm{d}x=\frac{1}{4}\Gamma\left(\frac{1}{4}\right)\cdot\frac{1}{4}\Gamma\left(\frac{3}{4}\right)=\frac{1}{4^2}\frac{\pi}{\sin\frac{\pi}{4}}=\frac{\pi}{8\sqrt{2}}.$$

**【3874】** $\prod\limits_{m=1}^{n}\int_0^{+\infty} x^{m-1}e^{-x^n}dx=\left(\frac{1}{n}\right)^{n+\frac{1}{2}}(2\pi)^{\frac{n-1}{2}}$.

**证** 利用 3873 题证明过程的一个结果，即得

$$\prod_{m=1}^{n}\int_0^{+\infty} x^{m-1}e^{-x^n}dx=\prod_{m=1}^{n}\frac{1}{n}\Gamma\left(\frac{m}{n}\right)=\left(\frac{1}{n}\right)^n\prod_{m=1}^{n-1}\Gamma\left(\frac{m}{n}\right).$$

令 $E=\prod\limits_{m=1}^{n-1}\Gamma\left(\frac{m}{n}\right)=\prod\limits_{m=1}^{n-1}\Gamma\left(\frac{n-m}{n}\right)$，则

$$E^2=\prod_{m=1}^{n-1}\Gamma\left(\frac{m}{n}\right)\Gamma\left(\frac{n-m}{n}\right)=\prod_{m=1}^{n-1}\frac{\pi}{\sin\frac{m\pi}{n}}=\frac{\pi^{n-1}}{\prod\limits_{m=1}^{n-1}\sin\frac{m\pi}{n}}.$$

由于

$$\frac{z^n-1}{z-1}=\prod_{m=1}^{n-1}\left(z-\cos\frac{2m\pi}{n}-\mathrm{i}\ \sin\frac{2m\pi}{n}\right),$$

其中 $\mathrm{i}^2=-1$. 让 $z\to1$，取极限即得

$$n=\prod_{m=1}^{n-1}\left|1-\cos\frac{2m\pi}{n}-\mathrm{i}\ \sin\frac{2m\pi}{n}\right|=2^{n-1}\prod_{m=1}^{n-1}\sin\frac{m\pi}{n},$$

故有

$$\prod_{m=1}^{n-1}\sin\frac{m\pi}{n}=\frac{n}{2^{n-1}}.$$

从而得

$$\prod_{m=1}^{n}\int_0^{+\infty} x^{m-1}e^{-x^n}dx=\left(\frac{1}{n}\right)^nE=\frac{1}{n^n}\cdot\pi^{\frac{n-1}{2}}\cdot\left(\frac{2^{n-1}}{n}\right)^{\frac{1}{2}}=\left(\frac{1}{n}\right)^{n+\frac{1}{2}}(2\pi)^{\frac{n-1}{2}}.$$

**【3875】** $\lim\limits_{n\to\infty}\int_0^{+\infty}e^{-x^n}dx=1$.

**提示** 令 $x^n=t$，并利用式 $\Gamma(x+1)=x\Gamma(x)$ 及 3841 题的结果.

**解** $\int_0^{+\infty}e^{-x^n}dx=\int_0^{+\infty}\frac{1}{n}t^{\frac{1}{n}-1}e^{-t}dt=\frac{1}{n}\Gamma\left(\frac{1}{n}\right)$.

由 3841 题知，$\Gamma(x)$ 当 $x>0$ 时是连续函数，故得

$$\lim_{n\to\infty}\int_0^{+\infty}e^{-x^n}dx=\lim_{n\to\infty}\frac{1}{n}\Gamma\left(\frac{1}{n}\right)=\lim_{n\to\infty}\Gamma\left(\frac{1}{n}+1\right)=\Gamma(1)=1.$$

**利用等式 $\frac{1}{x^m}=\frac{1}{\Gamma(m)}\int_0^{+\infty}t^{m-1}e^{-xt}dt\ (x>0)$，求积分：**

**【3876】** $\int_0^{+\infty}\frac{\cos ax}{x^m}dx\quad(0<m<1)$.

**解** 我们有

$$\int_0^{+\infty}\frac{\cos ax}{x^m}dx=\frac{1}{\Gamma(m)}\int_0^{+\infty}\cos ax dx\int_0^{+\infty}t^{m-1}e^{-xt}dt=\frac{1}{\Gamma(m)}\int_0^{+\infty}t^{m-1}dt\int_0^{+\infty}e^{-xt}\cos ax dx^{*)}$$

$$=\frac{1}{\Gamma(m)}\int_0^{+\infty}t^{m-1}\frac{t}{a^2+t^2}dt=\frac{1}{\Gamma(m)}\int_0^{\frac{\pi}{2}}(a\tan u)^m\frac{1}{a^2\sec^2u}a\sec^2u du=\frac{a^{m-1}}{\Gamma(m)}\int_0^{\frac{\pi}{2}}\tan^m u du$$

$$=\frac{\pi a^{m-1}}{2\Gamma(m)\cos\frac{m\pi}{2}}^{**)}\quad(a>0).$$

*) 交换积分顺序的合理性证明如下：令

$$f(x,t)=\cos ax\cdot t^{m-1}e^{-xt}\quad(0<m<1,a>0).$$

对任何 $A>0$，我们有

$$\int_0^A dx\int_0^{+\infty}|f(x,t)|dt\leqslant\int_0^A dx\int_0^{+\infty}t^{m-1}e^{-xt}dt=\Gamma(m)\int_0^A\frac{dx}{x^m}<+\infty,$$

故对于 $\int_0^A dx\int_0^{+\infty}f(x,t)dt$ 可交换积分顺序，得

$$\int_0^A dx\int_0^{+\infty}f(x,t)dt=\int_0^{+\infty}dt\int_0^A f(x,t)dx.\qquad(1)$$

但是

$$\int_0^{+\infty}\mathrm{d}t\int_0^A f(x,t)\mathrm{d}x=\int_0^{+\infty}t^{m-1}\mathrm{d}t\int_0^A \mathrm{e}^{-xt}\cos\alpha x\mathrm{d}x=\int_0^{+\infty}t^{m-1}\left[\frac{\mathrm{e}^{-At}(a\sin aA-t\cos aA)}{a^2+t^2}+\frac{t}{a^2+t^2}\right]\mathrm{d}t,\quad(2)$$

而

$$\left|\frac{a\sin aA-t\cos aA}{a^2+t^2}\right|\leqslant\frac{a+t}{a^2+t^2}\leqslant M\quad(0<t<+\infty),$$

其中 $M$ 是某常数，故

$$\int_0^{+\infty}\left|t^{m-1}\frac{\mathrm{e}^{-At}(a\sin aA-t\cos aA)}{a^2+t^2}\right|\mathrm{d}t\leqslant M\int_0^{+\infty}t^{m-1}\mathrm{e}^{-At}\mathrm{d}t=\frac{M}{A^m}\int_0^{+\infty}y^{m-1}\mathrm{e}^{-y}\mathrm{d}y=\frac{M\Gamma(m)}{A^m}.$$

由此可知 $$\lim_{A\to+\infty}\int_0^{+\infty}t^{m-1}\frac{\mathrm{e}^{-At}(a\sin aA-t\cos aA)}{a^2+t^2}\mathrm{d}t=0.$$

再注意到积分 $\int_0^{+\infty}t^{m-1}\frac{t}{a^2+t^2}\mathrm{d}t$ 收敛，在(2)式两端令 $A\to+\infty$ 取极限，得

$$\lim_{A\to+\infty}\int_0^{+\infty}\mathrm{d}t\int_0^A f(x,t)\mathrm{d}x=\int_0^{+\infty}t^{m-1}\frac{t}{a^2+t^2}\mathrm{d}t;$$

但是， $$\int_0^{+\infty}t^{m-1}\frac{t}{a^2+t^2}\mathrm{d}t=\int_0^{+\infty}t^{m-1}\mathrm{d}t\int_0^{+\infty}\mathrm{e}^{-xt}\cos ax\mathrm{d}x=\int_0^{+\infty}\mathrm{d}t\int_0^{+\infty}f(x,t)\mathrm{d}x.$$

于是，在(1)式两端令 $A\to+\infty$ 取极限(由于右端极限存在，故左端极限也存在)，得

$$\int_0^{+\infty}\mathrm{d}x\int_0^{+\infty}f(x,t)\mathrm{d}t=\int_0^{+\infty}\mathrm{d}t\int_0^{+\infty}f(x,t)\mathrm{d}x.$$

**) 利用 3857 题的结果.

**【3877】** $\int_0^{+\infty}\frac{\sin ax}{x^m}\mathrm{d}x\quad(0<m<2)$.

**解** 我们有

$$\int_0^{+\infty}\frac{\sin ax}{x^m}\mathrm{d}x=\frac{1}{\Gamma(m)}\int_0^{+\infty}\sin ax\mathrm{d}x\int_0^{+\infty}t^{m-1}\mathrm{e}^{-xt}\mathrm{d}t=\frac{1}{\Gamma(m)}\int_0^{+\infty}t^{m-1}\mathrm{d}t\int_0^{+\infty}\mathrm{e}^{-xt}\sin ax\mathrm{d}x^{*)}$$

$$=\frac{1}{\Gamma(m)}\int_0^{+\infty}t^{m-1}\frac{a}{a^2+t^2}\mathrm{d}t=\frac{a^{m-1}}{\Gamma(m)}\int_0^{\frac{\pi}{2}}\tan^{m-1}u\mathrm{d}u=\frac{\pi a^{m-1}}{2\Gamma(m)\cos\frac{m-1}{2}\pi}=\frac{\pi a^{m-1}}{2\Gamma(m)\sin\frac{m\pi}{2}}\qquad(a>0).$$

*) 交换积分顺序的合理性可仿 3876 题证明之，只要注意到 $|\sin ax|\leqslant ax\ (a>0,x>0)$. 于是，当 $0<m<2$ 时，对任何 $A>0$，有

$$\int_0^A\mathrm{d}x\int_0^{+\infty}|\sin ax\cdot t^{m-1}\mathrm{e}^{-xt}|\mathrm{d}t\leqslant\int_0^A\mathrm{d}x\int_0^{+\infty}ax\,t^{m-1}\mathrm{e}^{-xt}\mathrm{d}t=a\Gamma(m)\int_0^A\frac{\mathrm{d}x}{x^{m-1}}<+\infty.$$

**【3878】** 证明欧拉公式：

(ⅰ) $\int_0^{+\infty}t^{x-1}\mathrm{e}^{-\lambda t\cos\alpha}\cos(\lambda t\sin\alpha)\mathrm{d}t=\frac{\Gamma(x)}{\lambda^x}\cos\alpha x$;

(ⅱ) $\int_0^{+\infty}t^{x-1}\mathrm{e}^{-\lambda t\cos\alpha}\sin(\lambda t\sin\alpha)\mathrm{d}t=\frac{\Gamma(x)}{\lambda^x}\sin\alpha x\quad(\lambda>0,x>0,-\frac{\pi}{2}<\alpha<\frac{\pi}{2})$.

**证** 由于当 $0<t<+\infty$ 时，

$$|t^{x-1}\mathrm{e}^{-\lambda t\cos\alpha}\cos(\lambda t\sin\alpha)|\leqslant t^{x-1}\mathrm{e}^{-\lambda t\cos\alpha},$$

而(作代换 $\lambda t\cos\alpha=u$)

$$\int_0^{+\infty}t^{x-1}\mathrm{e}^{-\lambda t\cos\alpha}\mathrm{d}t=\frac{1}{(\lambda\cos\alpha)^x}\int_0^{+\infty}u^{x-1}\mathrm{e}^{-u}\mathrm{d}u=\frac{\Gamma(x)}{(\lambda\cos\alpha)^x}<+\infty,$$

故积分 $\int_0^{+\infty}t^{x-1}\mathrm{e}^{-\lambda t\cos\alpha}\cos(\lambda t\sin\alpha)\mathrm{d}t$ 收敛. 同理可证积分 $\int_0^{+\infty}t^{x-1}\mathrm{e}^{-\lambda t\cos\alpha}\sin(\lambda t\sin\alpha)\mathrm{d}t$ 也收敛. 令(固定 $\lambda>0$, $x>0$)

$$I(\alpha)=\int_0^{+\infty}t^{x-1}\mathrm{e}^{-\lambda t\cos\alpha}\cos(\lambda t\sin\alpha)\mathrm{d}t\quad(-\frac{\pi}{2}<\alpha<\frac{\pi}{2}),$$

$$I_1(\alpha)=\int_0^{+\infty} t^{x-1}e^{-\lambda t\cos\alpha}\sin(\lambda t\sin\alpha)dt \quad (-\frac{\pi}{2}<\alpha<\frac{\pi}{2}).$$

我们有

$$\frac{\partial}{\partial\alpha}[t^{x-1}e^{-\lambda t\cos\alpha}\cos(\lambda t\sin\alpha)]=\lambda t^x e^{-\lambda t\cos\alpha}[\sin\alpha\cos(\lambda t\sin\alpha)-\cos\alpha\sin(\lambda t\sin\alpha)],$$

故当$-\frac{\pi}{2}+\varepsilon\leqslant\alpha\leqslant\frac{\pi}{2}-\varepsilon$时，恒有

$$|t^x e^{-\lambda t\cos\alpha}[\sin\alpha\cos(\lambda t\sin\alpha)-\cos\alpha\sin(\lambda t\sin\alpha)]|\leqslant 2t^x e^{-\lambda t\cos\alpha},$$

而

$$\int_0^{+\infty} t^x e^{-\lambda t\cos\alpha}dt=\frac{\Gamma(x+1)}{(\lambda\sin\varepsilon)^{x-1}}<+\infty,$$

故积分

$$\int_0^{+\infty}\frac{\partial}{\partial\alpha}[t^{x-1}e^{-\lambda t\cos\alpha}\cos(\lambda t\sin\alpha)]dt$$

在$-\frac{\pi}{2}+\varepsilon\leqslant\alpha\leqslant\frac{\pi}{2}-\varepsilon$上一致收敛. 于是，可在积分号下求导数，得（当$-\frac{\pi}{2}+\varepsilon\leqslant\alpha\leqslant\frac{\pi}{2}-\varepsilon$时）

$$\begin{aligned}I'(\alpha)&=\int_0^{+\infty}\frac{\partial}{\partial\alpha}[t^{x-1}e^{-\lambda t\cos\alpha}\cos(\lambda t\sin\alpha)]dt\\&=\int_0^{+\infty}\lambda t^x e^{-\lambda t\cos\alpha}[\sin\alpha\cos(\lambda t\sin\alpha)-\cos\alpha\sin(\lambda t\sin\alpha)]dt\\&=\int_0^{+\infty} t^x e^{-\lambda t\cos\alpha}d[\sin(\lambda t\sin\alpha)]+\int_0^{+\infty} t^x\sin(\lambda t\sin\alpha)d[e^{-\lambda t\cos\alpha}]\\&=t^x e^{-\lambda t\cos\alpha}\sin(\lambda t\sin\alpha)\Big|_0^{+\infty}-\int_0^{+\infty}\sin(\lambda t\sin\alpha)d[t^x e^{-\lambda t\cos\alpha}]+t^x e^{-\lambda t\cos\alpha}\sin(\lambda t\sin\alpha)\Big|_0^{+\infty}\\&\quad-\int_0^{+\infty}e^{-\lambda t\cos\alpha}d[t^x\sin(\lambda t\sin\alpha)]\\&=-\int_0^{+\infty}xt^{x-1}e^{-\lambda t\cos\alpha}\sin(\lambda t\sin\alpha)dt+\int_0^{+\infty}\lambda t^x e^{-\lambda t\cos\alpha}\cos\alpha\sin(\lambda t\sin\alpha)dt-\int_0^{+\infty}xt^{x-1}e^{-\lambda t\cos\alpha}\sin(\lambda t\sin\alpha)dt\\&\quad-\int_0^{+\infty}\lambda t^x e^{-\lambda t\cos\alpha}\sin\alpha\cos(\lambda t\sin\alpha)dt\\&=-2x\int_0^{+\infty}t^{x-1}e^{-\lambda t\cos\alpha}\sin(\lambda t\sin\alpha)dt-\int_0^{+\infty}\lambda t^x e^{-\lambda t\cos\alpha}[\sin\alpha\cos(\lambda t\sin\alpha)-\cos\alpha\sin(\lambda t\sin\alpha)dt]\\&=-2xI_1(\alpha)-I'(\alpha),\end{aligned}$$

故（当$-\frac{\pi}{2}+\varepsilon\leqslant\alpha\leqslant\frac{\pi}{2}-\varepsilon$时）

$$I'(\alpha)=-xI_1(\alpha). \tag{1}$$

由$\varepsilon>0$的任意性知，(1)式对一切$-\frac{\pi}{2}<\alpha<\frac{\pi}{2}$皆成立. 同理可证

$$I_1'(\alpha)=xI(\alpha) \quad (-\frac{\pi}{2}<\alpha<\frac{\pi}{2}). \tag{2}$$

由(1)式与(2)式，得 $$I''(\alpha)+x^2I(\alpha)=0 \quad (-\frac{\pi}{2}<\alpha<\frac{\pi}{2}).$$

解此微分方程，得

$$I(\alpha)=C_1\cos\alpha x+C_2\sin\alpha x \quad (-\frac{\pi}{2}<\alpha<\frac{\pi}{2}), \tag{3}$$

其中$C_1,C_2$是两个常数. 在(3)式中令$\alpha=0$，得

$$C_1=I(0)=\int_0^{+\infty}t^{x-1}e^{-2t}dt=\frac{\Gamma(x)}{\lambda^x}.$$

又在(1)式中令$\alpha=0$，得

$$I'(0)=-xI_1(0). \tag{4}$$

但是，根据(3)式

$$I'(0)=I'(\alpha)\Big|_{\alpha=0}=(C_1x\sin\alpha x+C_2x\cos\alpha x)\Big|_{\alpha=0}=C_2x,$$

又显然知 $I_1(0)=0$；故由(4)式得 $C_2=0$. 于是，最后得

$$I(\alpha)=\frac{\Gamma(x)}{\lambda^x}\cos\alpha x;\quad \left(-\frac{\pi}{2}<\alpha<\frac{\pi}{2}\right),$$

$$I_1(\alpha)=-\frac{1}{x}I'(\alpha)=\frac{\Gamma(x)}{\lambda^x}\sin\alpha x\quad \left(-\frac{\pi}{2}<\alpha<\frac{\pi}{2}\right).$$

证毕

**【3879】** 求曲线 $r^n=a^n\cos n\varphi$ （$a>0$，$n$ 为正整数）的弧长.

**提示** 注意所求的弧长为 $s=2n\int_0^{\frac{\pi}{2n}}\sqrt{r^2+\left(\frac{dr}{d\varphi}\right)^2}\,d\varphi$，并利用 3856 题的结果.

**解** 所求的弧长为

$$s=2n\int_0^{\frac{\pi}{2n}}\sqrt{r^2+\left(\frac{dr}{d\varphi}\right)^2}\,d\varphi=2na\int_0^{\frac{\pi}{2n}}\cos^{\frac{1}{n}-1}n\varphi\,d\varphi=2a\int_0^{\frac{\pi}{2}}\cos^{\frac{1}{n}-1}t\,dt=aB\left(\frac{1}{2},\frac{1}{2n}\right)^{*)}.$$

*) 利用 3856 题的结果.

**【3880】** 求由曲线 $|x|^n+|y|^n=a^n$ （$n>0$，$a>0$）所围的面积.

**解** 所求的面积为

$$A=4\int_0^a(a^n-x^n)^{\frac{1}{n}}dx=\frac{4a^2}{n}\int_0^1 t^{\frac{1}{n}-1}(1-t)^{\frac{1}{n}}dt=\frac{4a^2}{n}B\left(\frac{1}{n},\frac{1}{n}+1\right)=\frac{4a^2}{n}\,\frac{\Gamma\left(\frac{1}{n}\right)\Gamma\left(\frac{1}{n}+1\right)}{\Gamma\left(\frac{2}{n}+1\right)}$$

$$=\frac{2a^2}{n}\,\frac{\left[\Gamma\left(\frac{1}{n}\right)\right]^2}{\Gamma\left(\frac{2}{n}\right)}.$$

## §5. 傅里叶积分公式

1° **用傅里叶积分表示函数** 若 1)函数 $f(x)$在$-\infty<x<+\infty$内有定义；2)在每一个有限区间内此函数和它的导数 $f'(x)$皆是分段连续；3)$f(x)$在区间$(-\infty,+\infty)$内绝对可积，则在函数连续的一切点，可把函数表示成傅里叶积分的形式：

$$f(x)=\int_0^{+\infty}[a(\lambda)\cos\lambda x+b(\lambda)\sin\lambda x]d\lambda, \tag{1}$$

式中 $$a(\lambda)=\frac{1}{\pi}\int_{-\infty}^{+\infty}f(\xi)\cos\lambda\xi d\xi \quad 及\quad b(\lambda)=\frac{1}{\pi}\int_{-\infty}^{+\infty}f(\xi)\sin\lambda\xi d\xi.$$

在函数 $f(x)$不连续的各点，公式(1)的左端应改为$\frac{1}{2}[f(x+0)+f(x-0)]$.

对于偶函数 $f(x)$，公式(1)给出：

$$f(x)=\int_0^{+\infty}a(\lambda)\cos\lambda x d\lambda. \tag{2}$$

其中 $$a(\lambda)=\frac{2}{\pi}\int_0^{+\infty}f(\xi)\cos\lambda\xi d\xi.$$

并且对不连续的点也有同样的说明.

类似地，对于奇函数 $f(x)$可得：

$$f(x)=\int_0^{+\infty}b(\lambda)\sin\lambda x d\lambda, \tag{3}$$

其中 $$b(\lambda)=\frac{2}{\pi}\int_0^{+\infty}f(\xi)\sin\lambda\xi d\xi.$$

2° **在区间$(0,+\infty)$内用傅里叶积分表示函数** 若 1)函数 $f(x)$在区间$(0,+\infty)$内有定义，2)此函数及

其导数 $f'(x)$ 在每一个有限区间 $(a,b)\subset(0,+\infty)$ 内皆是分段连续，3) $f(x)$ 在区间 $(0,+\infty)$ 内绝对可积，则在该区间内可按我们的愿望用公式(2)(偶式延拓)或用公式(3)(奇式延拓)来表示出函数 $f(x)$.

**用傅里叶积分表示下列函数：**

**【3881】** $f(x)=\begin{cases}1, & |x|<1,\\ 0, & |x|>1.\end{cases}$

**提示** 易知函数 $f(x)$ 满足傅里叶积分展式成立的条件，且当 $|x|\neq 1$ 时，有

$$f(x)=\frac{2}{\pi}\int_0^{+\infty}\frac{\sin\lambda}{\lambda}\cos\lambda x\mathrm{d}\lambda;$$

而当 $|x|=1$ 时，有
$$\frac{2}{\pi}\int_0^{+\infty}\frac{\sin\lambda}{\lambda}\cos\lambda\mathrm{d}\lambda=\frac{1}{2}$$

(此结果由 3812 题的结果也容易获得).

**解** 由于函数 $f(x)$ 在 $|x|\neq 1$ 上有定义，且 $f(x)$ 和 $f'(x)$ 在任何有限区间上皆分段连续，特别是 $f(x)$ 在 $(-\infty,+\infty)$ 内绝对可积，故可将 $f(x)$ 表成傅里叶积分的形式(以下各题如不加说明，均满足傅里叶积分展式成立的条件). 又由于 $f(x)$ 为偶函数，故 $b(\lambda)=0$，且

$$a(\lambda)=\frac{2}{\pi}\int_0^{+\infty}f(\xi)\cos\lambda\xi\mathrm{d}\xi=\frac{2}{\pi}\int_0^{1}\cos\lambda\xi\mathrm{d}\xi=\frac{2\sin\lambda}{\pi\lambda}.$$

于是，当 $|x|\neq 1$ 时($|x|\neq 1$ 为 $f(x)$ 的连续点)，有

$$f(x)=\frac{2}{\pi}\int_0^{+\infty}\frac{\sin\lambda}{\lambda}\cos\lambda x\mathrm{d}\lambda;$$

而当 $|x|=1$ 时为不连续点，由于

$$\frac{f(1+0)+f(1-0)}{2}=\frac{1}{2},\qquad \frac{f(-1+0)+f(-1-0)}{2}=\frac{1}{2},$$

故有 $\frac{2}{\pi}\int_0^{+\infty}\frac{\sin\lambda}{\lambda}\cos\lambda\mathrm{d}\lambda=\frac{1}{2}$ *).

*) 此结果由 3812 题的结果也容易获得. 事实上，

$$\frac{2}{\pi}\int_0^{+\infty}\frac{\sin\lambda}{\lambda}\cos\lambda\mathrm{d}\lambda=\frac{1}{\pi}\int_0^{+\infty}\frac{\sin 2\lambda}{\lambda}\mathrm{d}\lambda=\frac{1}{\pi}\ \frac{\pi}{2}=\frac{1}{2}.$$

**【3882】** $f(x)=\begin{cases}\operatorname{sgn}x, & |x|<1,\\ 0, & |x|>1.\end{cases}$

**解** 由于 $f(x)$ 为奇函数，故 $a(\lambda)=0$，且

$$b(\lambda)=\frac{2}{\pi}\int_0^{+\infty}f(\xi)\sin\lambda\xi\mathrm{d}\xi=\frac{2}{\pi}\int_0^{1}\sin\lambda\xi\mathrm{d}\xi=\frac{2(1-\cos\lambda)}{\pi\lambda}.$$

于是，当 $0<|x|\neq 1$ 时为连续点，有 $f(x)=\frac{2}{\pi}\int_0^{+\infty}\frac{1-\cos\lambda}{\lambda}\sin\lambda x\mathrm{d}\lambda$，

当 $x=0$ 时，虽为不连续点，但由于 $\frac{f(0+0)+f(0-0)}{2}=0$，$f(0)=0$，且右端积分显然为零，故上式仍成立.

而当 $|x|=1$ 时为不连续点，由于

$$\frac{f(-1+0)+f(-1-0)}{2}=-\frac{1}{2},\quad \frac{f(1+0)+f(1-0)}{2}=\frac{1}{2},$$

故有
$$\frac{2}{\pi}\int_0^{+\infty}\frac{1-\cos\lambda}{\lambda}\sin\lambda\operatorname{sgn}x\mathrm{d}\lambda=\frac{1}{2}\operatorname{sgn}x^{*)}.$$

*) 此结果由 3812 题的结果也容易获得. 事实上，

$$\frac{2}{\pi}\operatorname{sgn}x\int_0^{+\infty}\frac{1-\cos\lambda}{\lambda}\sin\lambda\mathrm{d}\lambda=\frac{2}{\pi}\operatorname{sgn}x\left(\int_0^{+\infty}\frac{\sin\lambda}{\lambda}\mathrm{d}\lambda-\frac{1}{2}\int_0^{+\infty}\frac{\sin 2\lambda}{\lambda}\mathrm{d}\lambda\right)=\frac{2}{\pi}\operatorname{sgn}x\left(\frac{\pi}{2}-\frac{\pi}{4}\right)=\frac{1}{2}\operatorname{sgn}x.$$

**【3883】** $f(x)=\operatorname{sgn}(x-a)-\operatorname{sgn}(x-b)\quad(b>a)$.

**解** $a(\lambda)=\frac{1}{\pi}\int_{-\infty}^{+\infty}f(\xi)\cos\lambda\xi\mathrm{d}\xi=\frac{1}{\pi}\int_a^b 2\cos\lambda\xi\mathrm{d}\xi=\frac{2(\sin b\lambda-\sin a\lambda)}{\pi\lambda}$，

$$b(\lambda)=\frac{1}{\pi}\int_{-\infty}^{+\infty} f(\xi)\sin\lambda\xi d\xi=\frac{1}{\pi}\int_a^b 2\sin\lambda\xi d\xi=\frac{2(\cos a\lambda-\cos b\lambda)}{\pi\lambda},$$

于是，$$f(x)=\int_0^{+\infty}[a(\lambda)\cos\lambda x+b(\lambda)\sin\lambda x]d\lambda=\frac{2}{\pi}\int_{-\infty}^{+\infty}\frac{\sin\lambda(x-a)-\sin\lambda(x-b)}{\lambda}d\lambda,$$

当 $x=a$ 或 $b$ 时，$f(x)=1$，而 $\frac{f(a+0)+f(a-0)}{2}=1$ 及 $\frac{f(b+0)+f(b-0)}{2}=1$，故上式对于不连续点 $a$ 和 $b$ 也成立.

**【3884】** $f(x)=\begin{cases} h\left(1-\frac{|x|}{a}\right), & |x|\leqslant a, \\ 0, & |x|>a. \end{cases}$

**解** 由于 $f(x)$ 为偶函数，故

$$a(\lambda)=\frac{2}{\pi}\int_0^{+\infty} f(\xi)\cos\lambda\xi d\xi=\frac{2h}{\pi}\int_0^a\left(1-\frac{\xi}{a}\right)\cos\lambda\xi d\xi=\frac{2h(1-\cos a\lambda)}{\pi a\lambda^2}.$$

于是，$$f(x)=\frac{2h}{\pi a}\int_0^{+\infty}\frac{1-\cos a\lambda}{\lambda^2}\cos\lambda x d\lambda \quad (-\infty<x<+\infty),$$

$f(x)$ 处处连续，故不再讨论点 $x=\pm a$，以下各题类似，不再一一加以说明.

**【3885】** $f(x)=\frac{1}{a^2+x^2} \quad (a>0).$

**解** 由于 $f(x)$ 为连续的偶函数，且绝对可积：

$$\int_{-\infty}^{+\infty}\frac{dx}{a^2+x^2}=\frac{1}{a}\arctan\frac{x}{a}\Big|_{-\infty}^{+\infty}=\frac{\pi}{a}<+\infty,$$

故

$$a(\lambda)=\frac{2}{\pi}\int_0^{+\infty} f(\xi)\cos\lambda\xi d\xi=\frac{2}{\pi}\int_0^{+\infty}\frac{\cos\lambda\xi}{a^2+\xi^2}d\xi=\frac{2}{a\pi}\int_0^{+\infty}\frac{\cos\lambda ax}{1+x^2}dx=\frac{2}{a\pi}\cdot\frac{\pi}{2}e^{-a|\lambda|\,*)}=\frac{1}{a}e^{-a|\lambda|}.$$

于是，

$$f(x)=\frac{1}{a}\int_0^{+\infty}e^{-a\lambda}\cos\lambda x d\lambda \quad 或 \quad \frac{1}{a^2+x^2}=\frac{1}{a}\int_0^{+\infty}e^{-a\lambda}\cos\lambda x d\lambda \quad (-\infty<x<+\infty).$$

*） 利用 3825 题的结果.

**【3886】** $f(x)=\frac{x}{a^2+x^2} \quad (a>0).$

**解题思路** 注意 $f(x)$ 为连续的奇函数，利用 3826 题的结果，易得 $b(\lambda)=e^{-a|\lambda|}$. 但是，由于 $f(x)$ 不绝对可积，故我们不能根据傅里叶积分的理论来断定展式

$$\frac{x}{a^2+x^2}=\int_0^{+\infty}e^{-a\lambda}\sin\lambda x d\lambda \quad (-\infty<x<+\infty)$$

成立，而利用 1829 题的结果，我们可以直接验证上述展式是成立的.

**解** $f(x)$ 是连续的奇函数，故

$$b(\lambda)=\frac{2}{\pi}\int_0^{+\infty}\frac{\xi\sin\lambda\xi}{a^2+\xi^2}d\xi=\frac{2}{\pi}\int_0^{+\infty}\frac{x\sin a\lambda x}{1+x^2}dx=\frac{2}{\pi}\cdot\frac{\pi}{2}e^{-a|\lambda|\,*)}=e^{-a|\lambda|}.$$

但我们不能根据傅里叶积分的理论来断定展式

$$\frac{x}{a^2+x^2}=\int_0^{+\infty}e^{-a\lambda}\sin\lambda x d\lambda \quad (-\infty<x<+\infty) \tag{1}$$

成立，这是因为函数 $f(x)=\frac{x}{a^2+x^2}$ 不是绝对可积的：

$$\int_{-\infty}^{+\infty}\left|\frac{x}{a^2+x^2}\right|dx=2\int_0^{+\infty}\frac{x}{a^2+x^2}dx=\ln(a^2+x^2)\Big|_0^{+\infty}=+\infty.$$

但是，我们可以直接验证展式(1)是成立的. 事实上，我们有

$$\int_0^{+\infty}e^{-a\lambda}\sin\lambda x d\lambda=\frac{e^{a\lambda}(-a\sin\lambda x-x\cos\lambda x)}{a^2+x^2}\Big|_{\lambda=0}^{\lambda=+\infty}=\frac{x}{a^2+x^2} \quad (-\infty<x<+\infty).$$

故展式(1)成立.

*）利用 3826 题的结果.

**【3887】** $f(x)=\begin{cases}\sin x, & |x|\leqslant\pi,\\ 0, & |x|>\pi.\end{cases}$

**解** 由于 $f(x)$ 为连续的奇函数,故

$$b(\lambda)=\frac{2}{\pi}\int_0^{+\infty}f(\xi)\sin\lambda\xi d\xi=\frac{2}{\pi}\int_0^{\pi}\sin\xi\sin\lambda\xi d\xi=\frac{2\sin\lambda\pi}{\pi(1-\lambda^2)}.$$

于是,

$$f(x)=\frac{2}{\pi}\int_0^{+\infty}\frac{\sin\lambda\pi}{1-\lambda^2}\sin\lambda x d\lambda\quad(-\infty<x<+\infty).$$

**【3888】** $f(x)=\begin{cases}\cos x, & |x|\leqslant\frac{\pi}{2},\\ 0, & |x|>\frac{\pi}{2}.\end{cases}$

**解** 由于 $f(x)$ 为连续的偶函数,故

$$a(\lambda)=\frac{2}{\pi}\int_0^{+\infty}f(\xi)\cos\lambda\xi d\xi=\frac{2}{\pi}\int_0^{\frac{\pi}{2}}\cos\xi\cos\lambda\xi d\xi=\frac{2\cos\frac{\lambda\pi}{2}}{\pi(1-\lambda^2)}.$$

于是,

$$f(x)=\frac{2}{\pi}\int_0^{+\infty}\frac{\cos\frac{\lambda\pi}{2}}{1-\lambda^2}\cos\lambda x d\lambda\quad(-\infty<x<+\infty).$$

**【3889】** $f(t)=\begin{cases}A\sin\omega t, & |t|\leqslant\frac{2\pi n}{\omega},\\ 0, & |t|>\frac{2\pi n}{\omega}\end{cases}$ ($n$ 为正整数).

**解** 由于 $f(t)$ 为连续的奇函数,故

$$b(\lambda)=\frac{2}{\pi}\int_0^{+\infty}f(\xi)\sin\lambda\xi d\xi=\frac{2A}{\pi}\int_0^{\frac{2\pi n}{\omega}}\sin\omega\xi\sin\lambda\xi d\xi=\frac{2A\omega\sin\frac{2\pi n\lambda}{\omega}}{\pi(\lambda^2-\omega^2)}.$$

于是,

$$f(t)=\frac{2A\omega}{\pi}\int_0^{+\infty}\frac{\sin\frac{2\pi n\lambda}{\omega}}{\lambda^2-\omega^2}\sin\lambda t d\lambda\quad(-\infty<t<+\infty).$$

**【3890】** $f(x)=e^{-\alpha|x|}\quad(\alpha>0)$.

**解** 由于 $f(x)$ 为连续的偶函数,且绝对可积:

$$\int_{-\infty}^{+\infty}e^{-\alpha|x|}dx<+\infty,$$

故

$$a(\lambda)=\frac{2}{\pi}\int_0^{+\infty}f(\xi)\cos\lambda\xi d\xi=\frac{2}{\pi}\int_0^{+\infty}e^{-\alpha\xi}\cos\lambda\xi d\xi=\frac{2\alpha}{\pi(\lambda^2+\alpha^2)}.$$

于是,

$$f(x)=e^{-\alpha|x|}=\frac{2\alpha}{\pi}\int_0^{+\infty}\frac{\cos\lambda x}{\lambda^2+\alpha^2}d\lambda\quad(-\infty<x<+\infty).$$

**【3891】** $f(x)=e^{-\alpha|x|}\cos\beta x\quad(\alpha>0)$.

**解** 由于 $f(x)$ 为连续的偶函数,且绝对可积:

$$\int_{-\infty}^{+\infty}e^{-\alpha|x|}|\cos\beta x|dx\leqslant\int_{-\infty}^{+\infty}e^{-\alpha|x|}dx<+\infty,$$

故

$$a(\lambda)=\frac{2}{\pi}\int_0^{+\infty}f(\xi)\cos\lambda\xi d\xi=\frac{2}{\pi}\int_0^{+\infty}e^{-\alpha\xi}\cos\beta\xi\cos\lambda\xi d\xi$$

$$=\frac{1}{\pi}\int_0^{+\infty}[\cos(\lambda+\beta)\xi+\cos(\lambda-\beta)\xi]e^{-\alpha\xi}d\xi=\frac{1}{\pi}\left[\frac{\alpha}{(\lambda+\beta)^2+\alpha^2}+\frac{\alpha}{(\lambda-\beta)^2+\alpha^2}\right].$$

于是,

$$e^{-\alpha|x|}\cos\beta x=\frac{\alpha}{\pi}\int_0^{+\infty}\left[\frac{1}{(\lambda+\beta)^2+\alpha^2}+\frac{1}{(\lambda-\beta)^2+\alpha^2}\right]\cos\lambda x d\lambda\quad(-\infty<x<+\infty).$$

**【3892】** $f(x)=e^{-\alpha|x|}\sin\beta x\quad(\alpha>0)$.

**解** 由于 $f(x)$ 为连续的奇函数，且绝对可积：

$$\int_{-\infty}^{+\infty} e^{-\alpha|x|}|\sin\beta x|dx \leqslant \int_{-\infty}^{+\infty} e^{-\alpha|x|}dx < +\infty,$$

故 $$b(\lambda)=\frac{2}{\pi}\int_0^{+\infty} f(\xi)\sin\lambda\xi d\xi=\frac{2}{\pi}\int_0^{+\infty} e^{-\alpha\xi}\sin\beta\xi\sin\lambda\xi d\xi$$

$$=\frac{1}{\pi}\int_0^{+\infty}[\cos(\lambda-\beta)\xi-\cos(\lambda+\beta)\xi]e^{-\alpha\xi}d\xi=\frac{1}{\pi}\left[\frac{\alpha}{(\lambda-\beta)^2+\alpha^2}+\frac{\alpha}{(\lambda+\beta)^2+\alpha^2}\right].$$

$$=\frac{4\lambda\alpha\beta}{\pi[(\lambda-\beta)^2+\alpha^2][(\lambda+\beta)^2+\alpha^2]}.$$

于是， $$e^{-\alpha|x|}\sin\beta x=\frac{4\alpha\beta}{\pi}\int_0^{+\infty}\frac{\lambda\sin\lambda x}{[(\lambda-\beta)^2+\alpha^2][(\lambda+\beta)^2+\alpha^2]}d\lambda \quad (-\infty<x<+\infty).$$

**【3893】** $f(x)=e^{-x^2}$.

**提示** 注意 $f(x)$ 为连续的偶函数，利用 3809 题的结果，易得

$$e^{-x^2}=\frac{1}{\sqrt{\pi}}\int_0^{+\infty} e^{-\frac{\lambda^2}{4}}\cos\lambda x d\lambda \quad (-\infty<x<+\infty).$$

**解** 由于 $f(x)$ 为连续的偶函数，且绝对可积：

$$\int_{-\infty}^{+\infty} e^{-x^2}dx=\sqrt{\pi}<+\infty,$$

故 $$a(\lambda)=\frac{2}{\pi}\int_0^{+\infty} f(\xi)\cos\lambda\xi d\xi=\frac{2}{\pi}\int_0^{+\infty} e^{-\xi^2}\cos\lambda\xi d\xi=\frac{2}{\pi}\cdot\frac{1}{2}\sqrt{\pi}e^{-\frac{\lambda^2}{4}}{}^{*)}=\frac{1}{\sqrt{\pi}}e^{-\frac{\lambda^2}{4}}.$$

于是， $$e^{-x^2}=\frac{1}{\sqrt{\pi}}\int_0^{+\infty} e^{-\frac{\lambda^2}{4}}\cos\lambda x d\lambda \quad (-\infty<x<+\infty).$$

*） 利用 3809 题的结果.

**【3894】** $f(x)=xe^{-x^2}$

**解** 由于 $f(x)$ 为连续的奇函数，且绝对可积：

$$\int_{-\infty}^{+\infty}|xe^{-x^2}|dx=2\int_0^{+\infty} xe^{-x^2}dx<+\infty,$$

故

$$b(\lambda)=\frac{2}{\pi}\int_0^{+\infty} f(\xi)\sin\lambda\xi d\xi=\frac{2}{\pi}\int_0^{+\infty}\xi e^{-\xi^2}\sin\lambda\xi d\xi=\frac{1}{\pi}\int_0^{+\infty}\sin\lambda\xi d(-e^{-\xi^2})$$

$$=-\frac{1}{\pi}e^{-\xi^2}\sin\lambda\xi\Big|_0^{+\infty}+\frac{\lambda}{\pi}\int_0^{+\infty} e^{-\xi^2}\cos\lambda\xi d\xi=\frac{\lambda}{\pi}\int_0^{+\infty} e^{-\xi^2}\cos\lambda\xi d\xi=\frac{\lambda}{\pi}\cdot\frac{1}{2}\sqrt{\pi}e^{-\frac{\lambda^2}{4}}{}^{*)}$$

$$=\frac{\lambda}{2\sqrt{\pi}}e^{-\frac{\lambda^2}{4}}.$$

于是， $$xe^{-x^2}=\frac{1}{2\sqrt{\pi}}\int_0^{+\infty}\lambda e^{-\frac{\lambda^2}{4}}\sin\lambda x d\lambda \quad (-\infty<x<+\infty).$$

*） 利用 3809 题的结果.

**【3895】** 用傅里叶积分来表示函数

$$f(x)=e^{-x} \quad (0<x<+\infty).$$

(1)用偶式延拓； (2)用奇式延拓.

**解** 首先，我们注意到函数 $e^{-x}$ 在 $[0,+\infty]$ 内连续且绝对可积：$\int_0^{+\infty} e^{-x}dx=1<+\infty$，故对于

(1) 若用偶式延拓，则有

$$a(\lambda)=\frac{2}{\pi}\int_0^{+\infty} f(\xi)\cos\lambda\xi d\xi=\frac{2}{\pi}\int_0^{+\infty} e^{-\xi}\cos\lambda\xi d\xi=\frac{2}{\pi(1+\lambda^2)}.$$

于是， $$e^{-x}=\frac{2}{\pi}\int_0^{+\infty}\frac{\cos\lambda x}{1+\lambda^2}d\lambda \quad (0<x<+\infty).$$

由于按偶式延拓的函数在点 $x=0$ 连续，故上式当 $x=0$ 时也成立，即上式成立的范围是 $0\leqslant x<+\infty$.

(2)若用奇式延拓，则有

$$b(\lambda)=\frac{2}{\pi}\int_0^{+\infty} f(\xi)\sin\lambda\xi d\xi=\frac{2}{\pi}\int_0^{+\infty} e^{-\xi}\sin\lambda\xi d\xi=\frac{2\lambda}{\pi(1+\lambda^2)}.$$

于是，
$$e^{-x}=\frac{2}{\pi}\int_0^{+\infty}\frac{\lambda\sin\lambda x}{1+\lambda^2}d\lambda\quad(0<x<+\infty).$$

但当 $x=0$ 时上式不成立. 事实上，左端的值为 1，而右端的值为零.

**对于下列函数 $f(t)$，求傅里叶变换**

$$F(x)=\frac{1}{\sqrt{2\pi}}\int_{-\infty}^{+\infty} f(t)e^{-itx}dt=\frac{1}{\sqrt{2\pi}}\lim_{l\to+\infty}\int_{-l}^{l} f(t)e^{-itx}dt:$$

**【3896】** $f(x)=e^{-\alpha|x|}\quad(\alpha>0)$.

**解** $F(x)=\frac{1}{\sqrt{2\pi}}\int_{-\infty}^{+\infty} e^{-\alpha|t|}e^{-itx}dt=\frac{1}{\sqrt{2\pi}}\int_{-\infty}^{+\infty} e^{-\alpha|t|}(\cos tx-i\ \sin tx)dt=\frac{1}{\sqrt{2\pi}}\int_{-\infty}^{+\infty} e^{-\alpha|t|}\cos txdt$

$$=\sqrt{\frac{2}{\pi}}\int_0^{+\infty} e^{-\alpha t}\cos txdt=\sqrt{\frac{2}{\pi}}\frac{\alpha}{\alpha^2+x^2}.$$

**【3897】** $f(x)=xe^{-\alpha|x|}\quad(\alpha>0)$.

**解** $F(x)=\frac{1}{\sqrt{2\pi}}\int_{-\infty}^{+\infty} te^{-\alpha|t|}e^{-itx}dt=\frac{1}{\sqrt{2\pi}}\int_{-\infty}^{+\infty} te^{-\alpha|t|}(\cos tx-i\ \sin tx)dt=-\sqrt{\frac{2}{\pi}}i\int_0^{+\infty} te^{-\alpha t}\sin txdt.$

由于

$$I=\int_0^{+\infty} te^{-\alpha t}\sin txdt=-\frac{1}{\alpha}e^{-\alpha t}t\sin tx\Big|_0^{+\infty}+\frac{1}{\alpha}\int_0^{+\infty} e^{-\alpha t}(\sin tx+tx\cos tx)dt$$

$$=\frac{1}{\alpha}\int_0^{+\infty} e^{-\alpha t}\sin txdt+\frac{x}{\alpha}\int_0^{+\infty} te^{-\alpha t}\cos txdt=\frac{x}{\alpha(\alpha^2+x^2)}-\frac{x}{\alpha^2}e^{-\alpha t}t\cos tx\Big|_0^{+\infty}+\frac{x}{\alpha^2}\int_0^{+\infty}e^{-\alpha t}(\cos tx-tx\sin tx)dt$$

$$=\frac{x}{\alpha(\alpha^2+x^2)}+\frac{x}{\alpha^2}\int_0^{+\infty} e^{-\alpha t}\cos txdt-\frac{x^2}{\alpha^2}\int_0^{+\infty} te^{-\alpha t}\sin txdt=\frac{x}{\alpha(\alpha^2+x^2)}+\frac{x\alpha}{\alpha^2(\alpha^2+x^2)}-\frac{x^2}{\alpha^2}I,$$

故有
$$\left(1+\frac{x^2}{\alpha^2}\right)I=\frac{2x}{\alpha(\alpha^2+x^2)}\quad 或\quad I=\frac{2\alpha x}{(\alpha^2+x^2)^2}.$$

于是，
$$F(x)=-i\sqrt{\frac{8}{\pi}}\frac{\alpha x}{(\alpha^2+x^2)^2}.$$

**【3898】** $f(x)=e^{-\frac{x^2}{2}}$.

**解** $F(x)=\frac{1}{\sqrt{2\pi}}\int_{-\infty}^{+\infty} e^{-\frac{t^2}{2}}e^{-itx}dt=\frac{1}{\sqrt{2\pi}}\int_{-\infty}^{+\infty} e^{-\frac{t^2}{2}}(\cos tx-i\ \sin tx)dt=\sqrt{\frac{2}{\pi}}\int_0^{+\infty} e^{-\frac{t^2}{2}}\cos txdt$

$$=\sqrt{\frac{2}{\pi}}\cdot\frac{1}{2}\sqrt{2\pi}e^{-\frac{x^2}{2}}\,{}^{*)}=e^{-\frac{x^2}{2}}.$$

*) 利用 3809 题的结果.

**【3899】** $f(x)=e^{-\frac{x^2}{2}}\cos\alpha x$.

**解** $F(x)=\frac{1}{\sqrt{2\pi}}\int_{-\infty}^{+\infty} e^{-\frac{t^2}{2}}\cos\alpha t\cdot e^{-itx}dt=\frac{1}{\sqrt{2\pi}}\int_{-\infty}^{+\infty} e^{-\frac{t^2}{2}}\cos\alpha t\cdot(\cos tx-i\sin tx)dt$

$$=\sqrt{\frac{2}{\pi}}\int_0^{+\infty} e^{-\frac{t^2}{2}}\cos\alpha t\cos txdt=\frac{1}{\sqrt{2\pi}}\int_0^{+\infty} e^{-\frac{t^2}{2}}[\cos(\alpha+x)t+\cos(\alpha-x)t]dt$$

$$=\frac{1}{\sqrt{2\pi}}\left[\int_0^{+\infty}e^{-\frac{t^2}{2}}\cos(\alpha+x)tdt+\int_0^{+\infty}e^{-\frac{t^2}{2}}\cos(\alpha-x)tdt\right]$$

$$=\frac{1}{\sqrt{2\pi}}\left[\frac{1}{2}\sqrt{2\pi}e^{-\frac{(\alpha+x)^2}{2}}+\frac{1}{2}\sqrt{2\pi}e^{-\frac{(\alpha-x)^2}{2}}\right]^{*)}=e^{-\frac{\alpha^2+x^2}{2}}\cdot\frac{e^{-\alpha x}+e^{\alpha x}}{2}=e^{-\frac{\alpha^2+x^2}{2}}\operatorname{ch}\alpha x.$$

*) 利用 3809 题的结果.

【3900】 求函数 $\varphi(x)$ 及 $\psi(x)$，设：

(1) $\int_0^{+\infty}\varphi(y)\cos xy\mathrm{d}y=\frac{1}{1+x^2}$；　　(2) $\int_0^{+\infty}\psi(y)\sin xy\mathrm{d}y=\mathrm{e}^{-x}$　$(x>0)$.

**解**　(1)令 $f(x)=\frac{1}{1+x^2}$，则 $f(x)$ 在$[0,+\infty)$上连续且绝对可积，故按偶函数延拓，有展式

$$f(x)=\int_0^{+\infty}\varphi(y)\cos xy\mathrm{d}y\quad(x\geqslant 0),$$

其中
$$\varphi(y)=\frac{2}{\pi}\int_0^{+\infty}f(\lambda)\cos\lambda y\mathrm{d}\lambda=\frac{2}{\pi}\int_0^{+\infty}\frac{\cos\lambda y}{1+\lambda^2}\mathrm{d}\lambda=\frac{2}{\pi}\cdot\frac{\pi}{2}\mathrm{e}^{-y\,*)}=\mathrm{e}^{-y}.$$

由此可知，函数 $\varphi(y)=\mathrm{e}^{-y}$ $(y\geqslant 0)$即满足

$$\frac{1}{1+x^2}=\int_0^{+\infty}\varphi(y)\cos xy\mathrm{d}y\quad(x\geqslant 0),$$

显然 $x<0$ 时此式也成立，因为

$$\frac{1}{1+x^2}=\frac{1}{1+(-x)^2}=\int_0^{+\infty}\varphi(y)\cos(-x)y\mathrm{d}y=\int_0^{+\infty}\varphi(y)\cos xy\mathrm{d}y.$$

(2) 同样，令 $g(x)=\mathrm{e}^{-x}$ $(x>0)$，则 $g(x)$在$(0,+\infty)$上连续且绝对可积，故按奇函数延拓，有展式

$$g(x)=\int_0^{+\infty}\psi(y)\sin xy\mathrm{d}y\quad(x>0),$$

其中
$$\psi(y)=\frac{2}{\pi}\int_0^{+\infty}g(\lambda)\sin\lambda y\mathrm{d}\lambda=\frac{2}{\pi}\int_0^{+\infty}\mathrm{e}^{-\lambda}\sin\lambda y\mathrm{d}\lambda=\frac{2}{\pi}\,\frac{y}{1+y^2}\quad(y\geqslant 0).$$

由此可知，函数 $\psi(y)=\frac{2}{\pi}\,\frac{y}{1+y^2}$ $(y\geqslant 0)$即满足

$$\mathrm{e}^{-x}=\int_0^{+\infty}\psi(y)\sin xy\mathrm{d}y\quad(x>0).$$

*）　利用 3825 题的结果.

6

费定晖 周学圣 编著
郭大钧 邵品琮 主审

# 吉米多维奇 数学分析习题集题解

第4版

山东科学技术出版社
·济南·

图书在版编目（CIP）数据

吉米多维奇数学分析习题集题解. 6 /费定晖，周学圣编著. --4版. --济南：山东科学技术出版社，2012.7（2023.10 重印）
ISBN 978-7-5331-5895-8

Ⅰ. ①吉… Ⅱ. ①费… ②周… Ⅲ. ①数学分析-高等学校-题解 Ⅳ. ①O17-44

中国版本图书馆CIP数据核字（2012）第120112号

吉米多维奇数学分析习题集题解 6
JIMIDUOWEIQI SHUXUE FENXI XITIJI TIJIE 6

责任编辑：段 琰

**主管单位：山东出版传媒股份有限公司**
**出 版 者：山东科学技术出版社**
地址：济南市市中区舜耕路517号
邮编：250003 电话：（0531）82098088
网址：www. lkj. com. cn
电子邮件：sdkj@sdcbcm. com
**发 行 者：山东科学技术出版社**
地址：济南市市中区舜耕路517号
邮编：250003 电话：（0531）82098067
**印 刷 者：山东华立印务有限公司**
地址：山东省济南市莱芜高新区钱塘江街 019 号
邮编：271100 电话：（0531）76216033

**规格：**16开（185 mm × 260 mm）
**印张：**13.25
**版次：**2012年7月第4版 **印次：**2023年10月第18次印刷
**定价：**24.00元

# 第4版前言 DISIBANQIANYAN

本书自1979年出版发行以来，历经30多个春秋，一直畅销不衰，深得读者厚爱。在郭大钧教授的帮助和指导下，对全书我不断地修订和补充，不断地修正错误，不断地替换更为简洁的解法和证明，力求本书一直保持其先进性、完整性和准确性，以求对读者的高度责任感。读者通过学习该书，对掌握数学分析的基本知识、基础理论和基本技能的训练，感到获益匪浅，赞誉其为学习数学分析“不可替代”之图书，对此我们倍感欣慰，鞭策我们为读者作出更多的奉献。

这次受山东科学技术出版社的约请，并得到郭大钧教授的大力支持，仍由我负责全书第4版的修订、增补和校阅工作，以适应文化建设繁荣发展的需要，更加激发全国广大读者的强烈求知欲。具体主要做了以下几方面的工作：

第一，为全书4462题中的近三成的习题，根据题型的不同，在原题解的前面，分别或给出提示，或给出解题思路，或给出证明思路。冀图启发读者怎样分析该题，怎样下手求解；启发读者怎样总结解题的规律；启发读者怎样正确使用有关的数学公式、概念和理论，开拓视野，活跃思路；帮助读者逐步解决学习中的困难，为他们在学习过程中提供一个良师益友。这是本次修订的主要工作。

第二，根据当前的语言习惯，对全书的文字作了较多的润色，使其表述更加准确，更加简洁凝练。

第三，改正了第3版中的个别印刷错误，修正了函数图像中的个别问题和个别习题的答案。

第四，根据国家相关标准，规范了有关术语和数学式子的表达，并对全书使用的外国人名按照现在的标准或通用译法重新翻译人名，以求统一标准。

第五，对全书的版面和开本重新进行了调整，使其更富有时代的色彩。

我们殷切期望使用本书的读者，懂得只有通过个人的独立思考，加上

勤学苦练才能取得成功，“只看不练假把式”，数学的学习是在个人的独立解题中逐步弄懂有关的概念、公式和理论的，我们编写本书，就是希望能对数学分析课程的学习起到一个抛砖引玉的作用。读者使用本书最好是不要先看题解，更不要查抄解答和答案，而是自己先对照教材中的有关概念、公式和理论独立进行思考，必要时可参照书中的提示、解题思路或证明思路独立完成解题，然后再查看书中是怎样解答的，比较自己的解答和书中解答的异同，从中找出差距，找出自己的问题所在，甚至找出书中解答的错误和不足之处，进而找到更为简洁的解答。只有这样才能提高自己的思维能力和创造才能，任何削弱独立思考的做法都是违背我们出版本书的初衷的。

山东科学技术出版社颜秀锦、宋德万、胡新蓉等老一代资深编辑为本书前三版的出版和发行付出了艰辛努力，责任编辑宋涛为本书第 4 版怎样提高质量倾注了不少心血，在此我们一并表示感谢。同时感谢山东大学、华东交通大学、山东师范大学等兄弟学校对本书出版的支持。感谢社会各界同仁对本书的支持。虽然历经 30 余年的反复修订，面对如此庞大的图书，限于本人水平，书中难免有错误和不当之处，敬请各位专家、同仁和广大读者批评指正，不胜感激，并在新版中改正。

费定晖

2012 年 5 月于南昌华东交通大学

# 出版说明 CHUBANSHUOMING

吉米多维奇(Б. П. ДЕМИДОВИЧ)著《数学分析习题集》一书的中译本,自 50 年代初在我国翻译出版以来,引起了全国各大专院校广大师生的巨大反响。凡从事数学分析教学的师生,常以试解该习题集中的习题,作为检验掌握数学分析基本知识和基本技能的一项重要手段。二十多年来,对我国数学分析的教学工作是甚为有益的。

该书四千多道习题,数量多,内容丰富,由浅入深,部分题目难度大。涉及的内容有函数与极限,一元函数微分学,不定积分,定积分,级数,多元函数微分学,带参数的积分以及多重积分与曲线积分、曲面积分等等,概括了数学分析的全部主题。当前,我国广大读者,特别是肯于刻苦自学的广大数学爱好者,在为四个现代化而勤奋学习的热潮中,迫切需要对一些疑难习题有一个较明确的回答。有鉴于此,我们特约作者,将全书 4462 题的所有解答汇辑成书,共分六册出版。本书可以作为高等院校的教学参考用书,同时也可作为广大读者在自学微积分过程中的参考用书。

众所周知,原习题集,题多难度大,其中不少习题如果认真习作的话,既可以深刻地巩固我们所学到的基本概念,又可以有效地提高我们的运算能力,特别是有些难题还可以迫使我们学会综合分析的思维方法。正由于这样,我们殷切期望初学数学分析的青年读者,一定要刻苦钻研,千万不要轻易查抄本书的解答,因为任何削弱独立思索的作法,都是违背我们出版此书的本意。何况所作解答并非一定标准,仅作参考而已。如有某些误解、差错也在所难免,一经发觉,恳请指正,不胜感谢。

本书蒙潘承洞教授对部分难题进行了审校。特请郭大钧教授、邵品琮教授对全书作了重要仔细的审校。其中相当数量的难度大的题,都是郭大钧、邵品琮亲自作的解答。

参加编演工作的还有黄春朝同志。

本书在编审过程中,还得到山东大学、山东工学院、山东师范学院和曲阜师范学院的领导和同志们的大力支持,特在此一并致谢。

1979 年于济南

# 目录 MULU

# 第八章　多重积分和曲线积分

## §1. 二 重 积 分

1° **二重积分的直接计算法**　所谓连续函数 $f(x,y)$ 在有限封闭可求积二维区域 $\Omega$ 上的二重积分,指的是

$$\iint_{\Omega} f(x,y)\mathrm{d}x\mathrm{d}y = \lim_{\substack{\max|\Delta x_i|\to 0\\ \max|\Delta y_j|\to 0}} \sum_i \sum_j f(x_i,y_j)\Delta x_i \Delta y_j,$$

其中 $\Delta x_i = x_{i+1}-x_i, \Delta y_j = y_{j+1}-y_j$,而求和是对所有使 $(x_i,y_i)\in\Omega$ 的那些 $i,j$ 值进行的.

若区域 $\Omega$ 由以下不等式给出:

$$a\leqslant x\leqslant b,\qquad y_1(x)\leqslant y\leqslant y_2(x),$$

其中 $y_1(x)$ 和 $y_2(x)$ 为闭区间 $[a,b]$ 上的连续函数,则相应的二重积分可按以下公式来计算:

$$\iint_{\Omega} f(x,y)\mathrm{d}x\mathrm{d}y = \int_a^b \mathrm{d}x \int_{y_1(x)}^{y_2(x)} f(x,y)\mathrm{d}y.$$

2° **二重积分中的变量代换**　若连续可微函数

$$x=x(u,v),\ y=y(u,v)$$

给出平面 $Oxy$ 上的有限闭区域 $\Omega$ 与平面 $Ouv$ 上的区域 $\Omega'$ 之间的一一映射,且雅可比行列式

$$I=\frac{D(x,y)}{D(u,v)}$$

的符号在 $\Omega$ 内保持不变(可能在零测度集上有例外),则成立以下公式:

$$\iint_{\Omega} f(x,y)\mathrm{d}x\mathrm{d}y = \iint_{\Omega'} f[x(u,v),y(u,v)]|I|\mathrm{d}u\mathrm{d}v.$$

例如,根据公式 $x=r\cos\varphi, y=r\sin\varphi$ 变换为极坐标 $r$ 和 $\varphi$ 时,有

$$\iint_{\Omega} f(x,y)\mathrm{d}x\mathrm{d}y = \iint_{\Omega'} f(r\cos\varphi, r\sin\varphi)r\mathrm{d}r\mathrm{d}\varphi.$$

**【3901】**　把积分 $\iint\limits_{\substack{0\leqslant x\leqslant 1\\ 0\leqslant y\leqslant 1}} xy\mathrm{d}x\mathrm{d}y$ 当作积分和的极限,用直线

$$x=\frac{i}{n}\quad y=\frac{j}{n}\quad (i,j=1,2,\cdots,n-1)$$

把积分域分为许多正方形,并选取被积函数在这些正方形之右顶点的值,计算此积分.

**解**　由于
$$\sum_{i=1}^{n}\sum_{j=1}^{n}\left(\frac{i}{n}\cdot\frac{j}{n}\cdot\frac{1}{n^2}\right)=\frac{n^2(n+1)^2}{4n^4}\to\frac{1}{4}\quad(n\to\infty),$$

其中
$$\sum_{i=1}^{n} i=\frac{n(n+1)}{2},\qquad \sum_{j=1}^{n} j=\frac{n(n+1)}{2},$$

故 $\iint\limits_{\substack{0\leqslant x\leqslant 1\\ 0\leqslant y\leqslant 1}} xy\mathrm{d}x\mathrm{d}y=\frac{1}{4}.$

**【3902】**　用直线　$x=1+\frac{i}{n},\quad y=1+\frac{2j}{n}\quad (i,j=0,1,\cdots,n)$

把区域 $1\leqslant x\leqslant 2, 1\leqslant y\leqslant 3$ 分为许多矩形. 作出函数 $f(x,y)=x^2+y^2$ 在此区域内的下积分和 $\underline{S}$ 与上积分和 $\overline{S}$. 当 $n\to\infty$ 时,上积分和与下积分和的极限等于什么?

**解**　下积分和　$\underline{S}=\sum_{i=0}^{n-1}\sum_{j=0}^{n-1}\left\{\left[\left(1+\frac{i}{n}\right)^2+\left(1+\frac{2j}{n}\right)^2\right]\cdot\frac{1}{n}\cdot\frac{2}{n}\right\}$

$$=\frac{2n}{n^2}\left[n+\frac{2}{n}\sum_{i=0}^{n-1}i+\frac{1}{n^2}\sum_{i=0}^{n-1}i^2+n+\frac{4}{n}\sum_{j=0}^{n-1}j+\frac{4}{n^2}\sum_{j=0}^{n-1}j^2\right]=\frac{40}{3}-\frac{11}{n}+\frac{5}{3n^2},$$

其中 $\sum_{i=0}^{n-1}i^2=\frac{(n-1)n(2n-1)}{6}$, $\sum_{j=0}^{n-1}j^2=\frac{(n-1)n(2n-1)}{6}$;

而上积分和 $\overline{S}=\sum_{i=1}^{n}\sum_{j=1}^{n}\left\{\left[\left(1+\frac{i}{n}\right)^2+\left(1+\frac{2j}{n}\right)^2\right)\cdot\frac{1}{n}\cdot\frac{2}{n}\right\}=\frac{40}{3}+\frac{11}{n}+\frac{5}{3n^2}.$

当 $n\to\infty$ 时,$\underline{S}$ 与 $\overline{S}$ 的极限均等于 $\frac{40}{3}=13\frac{1}{3}$.

**【3903】** 用一组顶点 $A_{ij}$ 位于整数点的正方形作为积分域的近似域,并取被积函数在每个正方形距原点最远的顶点之值,近似地计算积分 $\iint\limits_{x^2+y^2\leqslant 25}\frac{dxdy}{\sqrt{24+x^2+y^2}}$,并与精确值加以比较.

**解** 由题意知,应取的正方形顶点为(1,1),(1,2),(1,3),(1,4),(2,1),(2,2),(2,3),(2,4),(3,1),(3,2),(3,3),(3,4),(4,1),(4,2),(4,3),故利用对称性知

$$\frac{1}{4}\iint\limits_{x^2+y^2\leqslant 25}\frac{dxdy}{\sqrt{24+x^2+y^2}}\approx\frac{1}{\sqrt{26}}+\frac{2}{\sqrt{29}}+\frac{2}{\sqrt{34}}+\frac{2}{\sqrt{41}}+\frac{1}{\sqrt{32}}+\frac{2}{\sqrt{37}}+\frac{2}{\sqrt{44}}+\frac{1}{\sqrt{42}}+\frac{2}{\sqrt{49}}$$

$$\approx 0.196+0.371+0.343+0.312+0.177+0.329+0.302+0.154+0.285\approx 2.470,$$

即 $\iint\limits_{x^2+y^2\leqslant 25}\frac{dxdy}{\sqrt{24+x^2+y^2}}\approx 9.880.$

下面计算积分的精确值:

$$\iint\limits_{x^2+y^2\leqslant 25}\frac{dxdy}{\sqrt{24+x^2+y^2}}=4\int_0^5\ln(y+\sqrt{24+x^2+y^2})\Big|_0^{\sqrt{25-x^2}}dx=4\int_0^5\ln(\sqrt{25-x^2}+7)dx-2\int_0^5\ln(24+x^2)dx.$$

由于 $\int\ln(24+x^2)dx=x\ln(24+x^2)-\int\frac{2x^2}{24+x^2}dx=x\ln(24+x^2)-2x+\frac{24}{\sqrt{6}}\arctan\frac{x}{\sqrt{24}}+C.$

从而, $2\int_0^5\ln(24+x^2)dx=\left[2x\ln(24+x^2)-4x+\frac{48}{\sqrt{6}}\arctan\frac{x}{\sqrt{24}}\right]\Big|_0^5=20\ln 7-20+8\sqrt{6}\arctan\frac{5}{\sqrt{24}}$;

又 $4\int_0^5\ln(\sqrt{25-x^2}+7)dx=4[x\ln(\sqrt{25-x^2}+7)]\Big|_0^5+4\int_0^5\frac{x^2dx}{(\sqrt{25-x^2}+7)\sqrt{25-x^2}}$

$$=20\ln 7+4\int_0^5\frac{x^2dx}{(\sqrt{25-x^2}+7)\sqrt{25-x^2}},$$

再令 $x=5\sin t$,有

$$\int_0^5\frac{x^2dx}{(\sqrt{25-x^2}+7)\sqrt{25-x^2}}=\int_0^{\frac{\pi}{2}}\frac{-25\cos^2t+25}{5\cos t+7}dt=-\int_0^{\frac{\pi}{2}}(5\cos t-7)dt-\int_0^{\frac{\pi}{2}}\frac{24}{5\cos t+7}dt$$

$$=(7t-5\sin t)\Big|_0^{\frac{\pi}{2}}-24\left[\frac{1}{\sqrt{6}}\arctan\left(\frac{1}{\sqrt{6}}\tan\frac{t}{2}\right)\right]\Big|_0^{\frac{\pi}{2}}=\frac{7\pi}{2}-5-4\sqrt{6}\arctan\frac{2}{\sqrt{24}},$$

从而, $4\int_0^5\ln(\sqrt{25-x^2}+7)dx=20\ln 7+14\pi-20-16\sqrt{6}\arctan\frac{2}{\sqrt{24}}.$

注意到 $2\arctan\frac{2}{\sqrt{24}}+\arctan\frac{5}{\sqrt{24}}=\frac{\pi}{2},$

最后便得到 $\iint\limits_{x^2+y^2\leqslant 25}\frac{dxdy}{\sqrt{24+x^2+y^2}}=14\pi-4\sqrt{24}\left(2\arctan\frac{2}{\sqrt{24}}+\arctan\frac{5}{\sqrt{24}}\right)=2\pi(7-\sqrt{24})\approx 13.19.$

将精确值与近似值作比较,显见误差较大,其原因在于有不少不是正方形的区域都被忽略,因而产生较大的绝对误差4.31及较大的相对误差 $\frac{4.31}{13.19}\approx 32.7\%$.

**注意** 求 $\iint\limits_{x^2+y^2\leqslant 25}\frac{dxdy}{\sqrt{24+x^2+y^2}}$ 的精确值若采用极坐标则较为简单:

$$\iint_{x^2+y^2\leqslant 25}\frac{\mathrm{d}x\mathrm{d}y}{\sqrt{24+x^2+y^2}}=\int_0^{2\pi}\mathrm{d}\theta\int_0^5\frac{r\mathrm{d}r}{\sqrt{24+r^2}}=2\pi(7-\sqrt{24}).$$

但按原习题集的安排，似应在3937题以后才开始使用极坐标，故本题仍用直角坐标进行计算.

**【3904】** 用直线 $x=$常数，$y=$常数，$x+y=$常数把积分域 $S$ 分为四个相同的三角形，并取被积函数在每个三角形的质心之值，近似地计算积分

$$\iint_S\sqrt{x+y}\,\mathrm{d}S,$$

其中 $S$ 是以直线 $x=0$，$y=0$ 及 $x+y=1$ 为边的三角形.

**解** 我们只须以 $x=\frac{1}{2}$，$y=\frac{1}{2}$ 及 $x+y=\frac{1}{2}$ 分积分域 $S$，即得四个相同的三角形，它们的面积均为$\frac{1}{8}$，质心为$\left(\frac{1}{6},\frac{1}{6}\right)$，$\left(\frac{1}{3},\frac{1}{3}\right)$，$\left(\frac{2}{3},\frac{1}{6}\right)$及$\left(\frac{1}{6},\frac{2}{3}\right)$，于是，得此积分的近似值为

$$\iint_S\sqrt{x+y}\,\mathrm{d}S\approx\frac{1}{8}\left(\sqrt{\frac{1}{6}+\frac{1}{6}}+\sqrt{\frac{1}{3}+\frac{1}{3}}+2\sqrt{\frac{2}{3}+\frac{1}{6}}\right)\approx\frac{1}{8}(0.577+0.816+2\cdot 0.912)\approx 0.402,$$

其精确值为 $$\iint_S\sqrt{x+y}\mathrm{d}S=\int_0^1\mathrm{d}x\int_0^{1-x}\sqrt{x+y}\,\mathrm{d}y=\frac{2}{3}\int_0^1(1-x^{\frac{3}{2}})\mathrm{d}x=\frac{2}{5}=0.4.$$

**【3905】** 把积分域 $S$：$\{x^2+y^2\leqslant 1\}$分为有限个直径小于$\delta$的可求积的子区域$\Delta S_i$（$i=1,2,\cdots,n$）. 怎样的值$\delta$能保证不等式

$$\left|\iint_S\sin(x+y)\mathrm{d}S-\sum_{i=1}^n\sin(x_i+y_i)\Delta S_i\right|<0.001$$

成立？其中$(x_i,y_i)\in\Delta S_i$.

**解** 记函数 $\sin(x+y)$在$\Delta S_i$ 中的振幅为$\omega_i$，则

$$\left|\iint_S\sin(x+y)\mathrm{d}S-\sum_{i=1}^n\sin(x_i+y_i)\Delta S_i\right|=\left|\sum_{i=1}^n\iint_{\Delta S_i}[\sin(x+y)-\sin(x_i+y_i)]\mathrm{d}S\right|$$

$$\leqslant\sum_{i=1}^n\iint_{\Delta S_i}|\sin(x+y)-\sin(x_i+y_i)|\mathrm{d}S\leqslant\sum_{i=1}^n\iint_{\Delta S_i}\omega_i\,\mathrm{d}S=\sum_{i=1}^n\omega_i\,\Delta S_i.$$

由于积分域 $S$：$\{x^2+y^2\leqslant 1\}$的面积等于$\pi$，故只要 $\omega_i<\frac{0.001}{\pi}$，便能满足原不等式的要求. 但因为

$$\omega_i=\sup_{\substack{(x_i,y_i)\in\Delta S_i\\(x_i',y_i')\in\Delta S_i}}|\sin(x_i'+y_i')-\sin(x_i+y_i)|\leqslant\sup_{\substack{(x_i,y_i)\in\Delta S_i\\(x_i',y_i')\in\Delta S_i}}|(x_i'+y_i')-(x_i+y_i)|$$

$$\leqslant\sup_{\substack{(x_i,y_i)\in\Delta S_i\\(x_i',y_i')\in\Delta S_i}}[|x_i'-x_i|+|y_i'-y_i|]\leqslant\sup_{\substack{(x_i,y_i)\in\Delta S_i\\(x_i',y_i')\in\Delta S_i}}\sqrt{2[(x_i'-x_i)^2+(y_i'-y_i)^2]}\,^{*)}=\sqrt{2}\delta_i,$$

故只要取 $$\delta<\frac{1}{\sqrt{2}\pi}\times 0.001\approx 0.00022,$$

即有 $$\left|\iint_S\sin(x+y)\mathrm{d}S-\sum_{i=1}^n\sin(x_i+y_i)\Delta S_i\right|<0.001.$$

*） 对于任意非负实数 $a$，$b$ 有

$$2ab\leqslant a^2+b^2\quad 或\quad (a+b)^2\leqslant 2(a^2+b^2),$$

从而，$a+b\leqslant\sqrt{2(a^2+b^2)}$.

**计算积分：**

**【3906】** $\int_0^1\mathrm{d}x\int_0^1(x+y)\mathrm{d}y$.

**解** $\int_0^1\mathrm{d}x\int_0^1(x+y)\mathrm{d}y=\int_0^1\left(x+\frac{1}{2}\right)\mathrm{d}x=1.$

**【3907】** $\int_0^1\mathrm{d}x\int_{x^2}^x xy^2\mathrm{d}y$.

**解** $\int_0^1 dx\int_{x^2}^x xy^2 dy=\int_0^1\left(\frac{x^4}{3}-\frac{x^7}{3}\right)dx=\frac{1}{40}.$

**【3908】** $\int_0^{2\pi} d\varphi\int_0^a r^2\sin^2\varphi dr.$

**解** $\int_0^{2\pi} d\varphi\int_0^a r^2\sin^2\varphi dr=\frac{a^3}{3}\int_0^{2\pi}\sin^2\varphi d\varphi=\frac{a^3}{3}\left(\frac{\varphi}{2}-\frac{1}{4}\sin 2\varphi\right)\Big|_0^{2\pi}=\frac{\pi a^3}{3}.$

**【3909】** 设 $R$ 为矩形 $a\leqslant x\leqslant A,b\leqslant y\leqslant B$，函数 $X(x)$ 和 $Y(y)$ 在相应区间上连续，证明等式：

$$\iint_R X(x)Y(y)dxdy=\int_a^A X(x)dx\int_b^B Y(y)dy.$$

**证** 根据在矩形域的情况下化二重积分为逐次积分的计算方法，不妨先对 $y$ 后对 $x$ 积分，即得

$$\iint_R X(x)Y(y)dxdy=\int_a^A dx\int_b^B X(x)Y(y)dy=\int_a^A X(x)dx\int_b^B Y(y)dy.$$

**【3910】** 设 $f(x,y)=F''_{xy}(x,y)$，计算 $I=\int_a^A dx\int_b^B f(x,y)dy.$

**解** 不妨按先对 $y$ 后对 $x$ 积分的顺序计算，即得

$$I=\int_a^A[F'_x(x,B)-F'_x(x,b)]dx=F(x,B)\Big|_a^A-F(x,b)\Big|_a^A=F(A,B)-F(a,B)-F(A,b)+F(a,b).$$

**【3911】** 设 $f(x)$ 为闭区间 $a\leqslant x\leqslant b$ 内的连续函数，证明不等式：

$$\left[\int_a^b f(x)dx\right]^2\leqslant(b-a)\int_a^b f^2(x)dx,$$

且仅当 $f(x)=$常数时等号成立.

**证明思路** 首先，证明不等式：$\left[\int_a^b f(x)dx\right]^2\leqslant(b-a)\int_a^b f^2(x)dx,$

事实上，只要在不等式 $\int_a^b dx\int_a^b[f(x)-f(y)]^2dy\geqslant 0$ 中将被积函数 $[f(x)-f(y)]^2$ 展开，并注意 $\int_a^b f(x)dx=\int_a^b f(y)dy$，即可获证. 当 $f(x)=$常数时，显然上式中等号成立.

其次，证明：当 $\left[\int_a^b f(x)dx\right]^2=(b-a)\int_a^b f^2(x)dx$ 时，则 $f(x)=$常数. 事实上，此时有

$$\int_a^b dx\int_a^b[f(x)-f(y)]^2dy=0.$$

对函数 $F(x)=\int_a^b[f(x)-f(y)]^2dy$ 利用 2205 题的结果，即可得 $\int_a^b[f(a)-f(y)]^2dy=0$. 再次对函数 $G(y)=[f(a)-f(y)]^2$ 利用 2205 题的结果，即得 $f(x)=$常数.

**证** 因为

$$0\leqslant\int_a^b dx\int_a^b[f(x)-f(y)]^2dy=(b-a)\int_a^b f^2(x)dx-2\left(\int_a^b f(x)dx\right)^2+(b-a)\int_a^b f^2(y)dy,$$

故有

$$\left[\int_a^b f(x)dx\right]^2\leqslant(b-a)\int_a^b f^2(x)dx.$$

当 $f(x)=$常数时，显然上式中等号成立. 反之，设上式中等号成立，则有

$$\int_a^b dx\int_a^b[f(x)-f(y)]^2dy=0.$$

由于函数 $F(x)=\int_a^b[f(x)-f(y)]^2dy$ 是 $a\leqslant x\leqslant b$ 上的非负连续函数，故 $F(x)\equiv 0$ $(a\leqslant x\leqslant b)$. 特别 $F(a)=0$，即 $\int_a^b[f(a)-f(y)]^2dy=0$. 又由于函数 $G(y)=[f(a)-f(y)]^2$ 是 $a\leqslant y\leqslant b$ 上的非负连续函数，故 $G(y)\equiv 0$ $(a\leqslant y\leqslant b)$. 因此，$f(y)\equiv f(a)$ $(a\leqslant y\leqslant b)$，即 $f(x)=$常数. 证毕.

**【3912】** 下列积分有怎样的符号？

(1) $\iint\limits_{|x|+|y|\leqslant 1}\ln(x^2+y^2)dxdy$； (2) $\iint\limits_{x^2+y^2\leqslant 4}\sqrt[3]{1-x^2-y^2}\,dxdy$； (3) $\iint\limits_{\substack{0\leqslant x\leqslant 1\\ -1\leqslant y\leqslant 1-x}}\arcsin(x+y)dxdy$？

**解** (1)由于 $0<x^2+y^2\leqslant(|x|+|y|)^2\leqslant1$ 及 $\ln(x^2+y^2)\leqslant\ln1=0$，且当 $|x|+|y|<1$ 时 $\ln(x^2+y^2)<0$，故

$$\iint\limits_{|x|+|y|\leqslant1}\ln(x^2+y^2)\mathrm{d}x\mathrm{d}y<0.$$

(2)我们有 $\iint\limits_{x^2+y^2\leqslant4}\sqrt[3]{1-x^2-y^2}\,\mathrm{d}x\mathrm{d}y=I_1-I_2-I_3$，其中

$$I_1=\iint\limits_{x^2+y^2\leqslant1}\sqrt[3]{1-x^2-y^2}\,\mathrm{d}x\mathrm{d}y,\quad I_2=\iint\limits_{1\leqslant x^2+y^2\leqslant2}\sqrt[3]{x^2+y^2-1}\,\mathrm{d}x\mathrm{d}y,\quad I_3=\iint\limits_{2\leqslant x^2+y^2\leqslant4}\sqrt[3]{x^2+y^2-1}\,\mathrm{d}x\mathrm{d}y.$$

显然
$$0<I_1<\iint\limits_{x^2+y^2\leqslant1}\mathrm{d}x\mathrm{d}y=\pi,\qquad I_2>0,\qquad I_3>\iint\limits_{2\leqslant x^2+y^2\leqslant4}\mathrm{d}x\mathrm{d}y=4\pi-2\pi=2\pi,$$

故
$$\iint\limits_{x^2+y^2\leqslant4}\sqrt[3]{1-x^2-y^2}\,\mathrm{d}x\mathrm{d}y<0.$$

(3)我们有

$$\iint\limits_{\substack{0\leqslant x\leqslant1\\-1\leqslant y\leqslant1-x}}\arcsin(x+y)\mathrm{d}x\mathrm{d}y=\iint\limits_{\substack{0\leqslant x\leqslant1\\-1\leqslant y\leqslant0}}\arcsin(x+y)\mathrm{d}x\mathrm{d}y+\iint\limits_{\substack{0\leqslant x\leqslant1\\0\leqslant y\leqslant1-x}}\arcsin(x+y)\mathrm{d}x\mathrm{d}y.$$

上式右端第一个积分由对称性知其值为零，第二个积分因被积函数在积分域上为非负不恒为零的连续函数，因而，积分值是正的. 于是，原积分是正的.

**【3913】** 求函数 $f(x,y)=\sin^2x\sin^2y$ 在正方形：$0\leqslant x\leqslant\pi$，$0\leqslant y\leqslant\pi$ 内的平均值.

**提示** 所求平均值为积分 $\dfrac{1}{\pi^2}\iint\limits_{\substack{0\leqslant x\leqslant\pi\\0\leqslant y\leqslant\pi}}f(x,y)\mathrm{d}x\mathrm{d}y$.

**解** 平均值 $I_0=\dfrac{1}{\pi^2}\iint\limits_{\substack{0\leqslant x\leqslant\pi\\0\leqslant y\leqslant\pi}}\sin^2x\sin^2y\mathrm{d}x\mathrm{d}y=\dfrac{1}{\pi^2}\left[\int_0^\pi\sin^2x\mathrm{d}x\right]^2=\dfrac{1}{\pi^2}\left[\left(\dfrac{x}{2}-\dfrac{1}{4}\sin2x\right)\Big|_0^\pi\right]^2=\dfrac{1}{4}$.

**【3914】** 利用中值定理估计积分 $I=\iint\limits_{|x|+|y|\leqslant10}\dfrac{\mathrm{d}x\mathrm{d}y}{100+\cos^2x+\cos^2y}$.

**解题思路** 注意到积分域的面积为 200，故由积分中值定理知，

$$I=\frac{200}{100+\cos^2\xi+\cos^2\eta},\quad 其中(\xi,\eta)\in 区域|x|+|y|\leqslant10.$$

显然有 $0\leqslant\cos^2\xi+\cos^2\eta\leqslant2$，可以证明必有 $0<\cos^2\xi+\cos^2\eta<2$.

于是，可知 $1.96<I<2$.

**解** 由于积分域的面积为 200，故由积分中值定理知，

$$I=\frac{1}{100+\cos^2\xi+\cos^2\eta}\cdot200=\frac{200}{100+\cos^2\xi+\cos^2\eta},\tag{1}$$

其中 $(\xi,\eta)$ 为区域 $|x|+|y|\leqslant10$ 中的某点.

显然 $0\leqslant\cos^2\xi+\cos^2\eta\leqslant2$，我们证明必有

$$0<\cos^2\xi+\cos^2\eta<2.\tag{2}$$

由于函数 $\cos^2x+\cos^2y$ 在有界闭区域 $|x|+|y|\leqslant10$ 上的最大值为 2，最小值为 0. 从而，连续函数 $\dfrac{1}{100+\cos^2x+\cos^2y}$ 在有界闭区域 $|x|+|y|\leqslant10$ 上的最小值为 $\dfrac{1}{102}$，最大值为 $\dfrac{1}{100}$. 如果 $\cos^2\xi+\cos^2\eta=2$，则由(1)式知，

$$\iint\limits_{|x|+|y|\leqslant10}\left(\frac{1}{100+\cos^2x+\cos^2y}-\frac{1}{102}\right)\mathrm{d}x\mathrm{d}y=I-I=0.$$

但 $f(x,y)=\dfrac{1}{100+\cos^2x+\cos^2y}-\dfrac{1}{102}$ 是非负连续函数，从而，必有 $f(x,y)\equiv0$（在区域 $|x|+|y|\leqslant10$ 上），即 $\cos^2x+\cos^2y\equiv2$（在区域 $|x|+|y|\leqslant10$ 上）. 这显然是错误的. 由此可知，$\cos^2\xi+\cos^2\eta<2$. 同理可证 $\cos^2\xi+\cos^2\eta>0$. 于是，(2)式成立. 从而，得 $\dfrac{200}{102}<I<\dfrac{200}{100}$， 即 $1.96<I<2$.

【3915】 求圆$(x-a)^2+(y-b)^2\leqslant R^2$上的点到原点的距离之平方的平均值.

**解题思路** 平均值$I_0=\frac{1}{\pi R^2}\iint\limits_{(x-a)^2+(y-b)^2\leqslant R^2}(x^2+y^2)\mathrm{d}x\mathrm{d}y$. 可以求得

$$\frac{1}{\pi R^2}\iint\limits_{(x-a)^2+(y-b)^2\leqslant R^2}y^2\mathrm{d}x\mathrm{d}y=b^2+\frac{R^2}{4},\qquad \frac{1}{\pi R^2}\iint\limits_{(x-a)^2+(y-b)^2\leqslant R^2}x^2\mathrm{d}x\mathrm{d}y=a^2+\frac{R^2}{4}.$$

从而,$I_0=a^2+b^2+\frac{R^2}{2}$.

**解** 平均值$I_0=\frac{1}{\pi R^2}\iint\limits_{(x-a)^2+(y-b)^2\leqslant R^2}(x^2+y^2)\mathrm{d}x\mathrm{d}y$. 由于

$$\frac{1}{\pi R^2}\iint\limits_{(x-a)^2+(y-b)^2\leqslant R^2}y^2\mathrm{d}x\mathrm{d}y=\frac{1}{\pi R^2}\int_{a-R}^{a+R}\mathrm{d}x\int_{b-\sqrt{R^2-(x-a)^2}}^{b+\sqrt{R^2-(x-a)^2}}y^2\mathrm{d}y$$

$$=\frac{1}{3\pi R^2}\left\{6b^2\int_{a-R}^{a+R}\sqrt{R^2-(x-a)^2}\,dx+2\int_{a-R}^{a+R}[R^2-(x-a)^2]^{\frac{3}{2}}\,dx\right\}$$

$$=\frac{2b^2}{\pi R^2}\left[\frac{x-a}{2}\sqrt{R^2-(x-a)^2}+\frac{R^2}{2}\arcsin\frac{x-a}{R}\right]\Bigg|_{a-R}^{a+R}+\frac{2}{3\pi R^2}\left\{\frac{x-a}{8}[5R^2-2(x-a)^2]\sqrt{R^2-(x-a)^2}\right.$$

$$\left.+\frac{3R^4}{8}\arcsin\frac{x-a}{R}\right\}\Bigg|_{a-R}^{a+R}$$

$$=\frac{2b^2}{\pi R^2}\cdot\frac{\pi R^2}{2}+\frac{1}{3\pi R^2}\cdot\frac{3\pi R^4}{8}=b^2+\frac{R^2}{4},$$

同理,有
$$\frac{1}{\pi R^2}\iint\limits_{(x-a)^2+(y-b)^2\leqslant R^2}x^2\mathrm{d}x\mathrm{d}y=a^2+\frac{R^2}{4}.$$

于是,$I_0=a^2+b^2+\frac{R^2}{2}$.

**在问题 3916～3922 中,对二重积分$\iint\limits_{\Omega}f(x,y)\mathrm{d}x\mathrm{d}y$内按所给区域$\Omega$依两个不同的顺序安置积分的上下限.**

【3916】 $\Omega$—以$O(0,0)$,$A(1,0)$,$B(1,1)$为顶点的三角形.

**解** 为方便起见,将二重积分$\iint\limits_{\Omega}f(x,y)\mathrm{d}x\mathrm{d}y$记作$I$. 于是,

$$I=\int_0^1\mathrm{d}x\int_0^x f(x,y)\mathrm{d}y=\int_0^1\mathrm{d}y\int_y^1 f(x,y)\mathrm{d}x.$$

【3917】 $\Omega$—以$O(0,0)$,$A(2,1)$,$B(-2,1)$为顶点的三角形.

**提示** 注意直线$OA$的方程为$y=\frac{1}{2}x$,$OB$的方程为$y=-\frac{1}{2}x$及$AB$的方程为$y=1$.

**解** 如图 8.1 所示,$OA$的方程为$y=\frac{1}{2}x$,$OB$的方程为$y=-\frac{1}{2}x$,$AB$的方程为$y=1$. 于是,

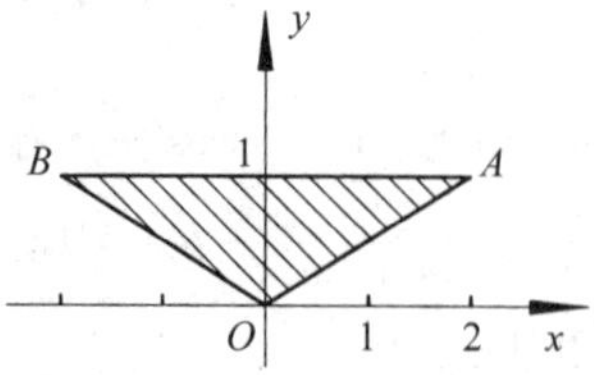

图 8.1

$$I=\int_0^1\mathrm{d}y\int_{-2y}^{2y}f(x,y)\mathrm{d}x$$
$$=\int_{-2}^0\mathrm{d}x\int_{-\frac{1}{2}x}^1 f(x,y)\mathrm{d}y+\int_0^2\mathrm{d}x\int_{\frac{1}{2}x}^1 f(x,y)\mathrm{d}y$$
$$=\int_{-2}^2\mathrm{d}x\int_{\frac{1}{2}|x|}^1 f(x,y)\mathrm{d}y.$$

【3918】 $\Omega$—以$O(0,0)$,$A(1,0)$,$B(1,2)$,$C(0,1)$为顶点的梯形.

**解** 如图 8.2 所示,$BC$的方程为$y-1=x$. 于是,

$$I=\int_0^1\mathrm{d}x\int_0^{1+x}f(x,y)\mathrm{d}y=\int_0^1\mathrm{d}y\int_0^1 f(x,y)\mathrm{d}x+\int_1^2\mathrm{d}y\int_{y-1}^1 f(x,y)\mathrm{d}x.$$

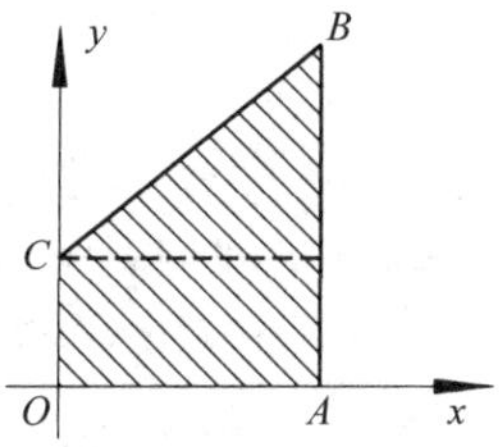


图 8.2

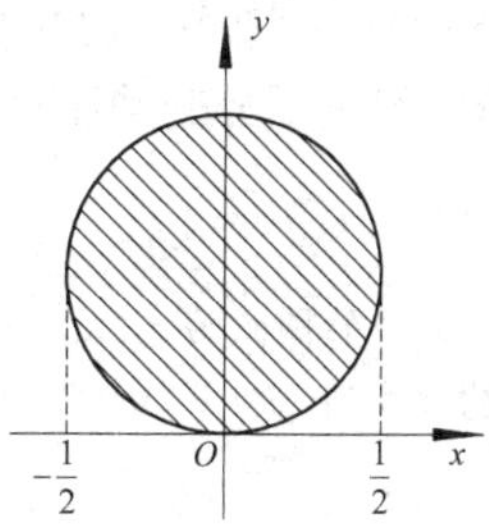


图 8.3

**【3919】** $\Omega$—圆 $x^2+y^2\leqslant 1$.

**解** $I=\int_{-1}^{1}\mathrm{d}x\int_{-\sqrt{1-x^2}}^{\sqrt{1-x^2}}f(x,y)\mathrm{d}y=\int_{-1}^{1}\mathrm{d}y\int_{-\sqrt{1-y^2}}^{\sqrt{1-y^2}}f(x,y)\mathrm{d}x$.

**【3920】** $\Omega$—圆 $x^2+y^2\leqslant y$.

**提示** 积分域 $\Omega$ 为 $x^2+\left(y-\frac{1}{2}\right)^2\leqslant\left(\frac{1}{2}\right)^2$.

**解** 如图 8.3 所示. 积分域 $\Omega$ 为 $x^2+(y-\frac{1}{2})^2\leqslant(\frac{1}{2})$，其围线为

$$x^2+\left(y-\frac{1}{2}\right)^2=\left(\frac{1}{2}\right)^2.$$

于是，

$$I=\int_{-\frac{1}{2}}^{\frac{1}{2}}\mathrm{d}x\int_{\frac{1}{2}-\sqrt{\frac{1}{4}-x^2}}^{\frac{1}{2}+\sqrt{\frac{1}{4}-x^2}}f(x,y)\mathrm{d}y=\int_0^1\mathrm{d}y\int_{-\sqrt{y-y^2}}^{\sqrt{y-y^2}}f(x,y)\mathrm{d}x.$$

**【3921】** $\Omega$—被曲线 $y=x^2$ 和直线 $y=1$ 所包围的区域.

**解** 曲线 $y=x^2$ 及 $y=1$ 的交点为 $(1,-1)$，$(1,1)$. 于是，

$$I=\int_{-1}^{1}\mathrm{d}x\int_{x^2}^{1}f(x,y)\mathrm{d}y=\int_0^1\mathrm{d}y\int_{-\sqrt{y}}^{\sqrt{y}}f(x,y)\mathrm{d}x.$$

**【3922】** $\Omega$—圆环 $1\leqslant x^2+y^2\leqslant 4$.

**解** 如图 8.4 所示. 若先对 $y$ 后对 $x$ 积分，则

$$I=\int_{-2}^{-1}\mathrm{d}x\int_{-\sqrt{4-x^2}}^{\sqrt{4-x^2}}f(x,y)\mathrm{d}y+\int_{-1}^{1}\mathrm{d}x\left\{\int_{-\sqrt{4-x^2}}^{-\sqrt{1-x^2}}f(x,y)\mathrm{d}y\right.$$
$$\left.+\int_{\sqrt{1-x^2}}^{\sqrt{4-x^2}}f(x,y)\mathrm{d}y\right\}+\int_1^2\mathrm{d}x\int_{-\sqrt{4-x^2}}^{\sqrt{4-x^2}}f(x,y)\mathrm{d}y.$$

若先对 $x$ 后对 $y$ 积分，则

$$I=\int_{-2}^{-1}\mathrm{d}y\int_{-\sqrt{4-y^2}}^{\sqrt{4-y^2}}f(x,y)\mathrm{d}x+\int_{-1}^{1}\mathrm{d}y\left\{\int_{-\sqrt{4-y^2}}^{-\sqrt{1-y^2}}f(x,y)\mathrm{d}x\right.$$
$$\left.+\int_{\sqrt{1-y^2}}^{\sqrt{4-y^2}}f(x,y)\mathrm{d}x\right\}+\int_1^2\mathrm{d}y\int_{-\sqrt{4-y^2}}^{\sqrt{4-y^2}}f(x,y)\mathrm{d}x.$$

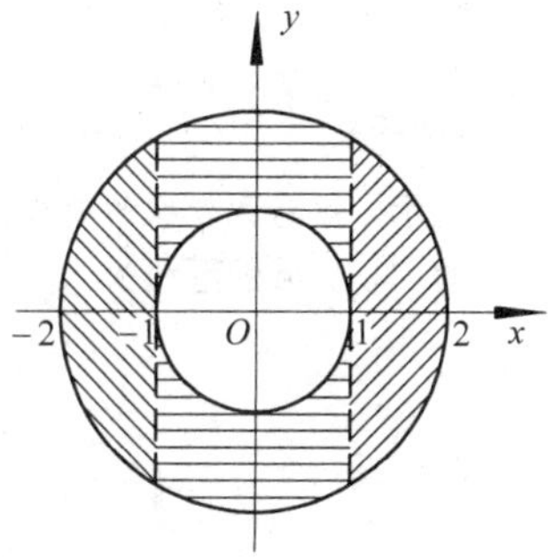


图 8.4

**【3923】** 证明狄利克雷公式：

$$\int_0^a\mathrm{d}x\int_0^x f(x,y)\mathrm{d}y=\int_0^a\mathrm{d}y\int_y^a f(x,y)\mathrm{d}x\quad(a>0).$$

**证明思路** 注意公式左端的逐次积分，等于积分

$$\iint_{\Omega}f(x,y)\mathrm{d}x\mathrm{d}y,$$

其中 $\Omega$ 为三角形域 $OAB$：$O(0,0)$，$A(a,0)$，$B(a,a)$，改变积分的顺序，公式即可获证.

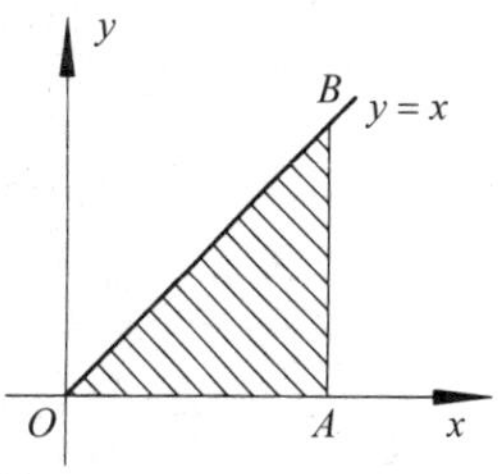


图 8.5

**证** 公式左端的逐次积分，等于积分 $\iint_{\Omega}f(x,y)\mathrm{d}x\mathrm{d}y$，其中 $\Omega$ 为三角形域 $OAB$(图 8.5)：$O(0,0)$，$A(a,0)$，

$B(a,a)$. 对于该积分，若化为先对 $x$ 后对 $y$ 的逐次积分，即为公式的右端. 于是，本题获证.

**在下列积分中改变积分的顺序：**

**【3924】** $\int_0^2 dx \int_x^{2x} f(x,y)dy$.

**提示** 注意积分域的围线为 $y=x$, $y=2x$ 及 $x=2$，它是一个三角形域，其顶点为$(0,0)$，$(2,2)$及$(2,4)$.

**解** 积分域的围线为：$y=x$，$y=2x$ 及 $x=2$，如图 8.6 所示. 改变积分的顺序，即得

$$\int_0^2 dx \int_x^{2x} f(x,y)dy = \int_0^2 dy \int_{\frac{y}{2}}^{y} f(x,y)dx + \int_2^4 dy \int_{\frac{y}{2}}^{2} f(x,y)dx.$$

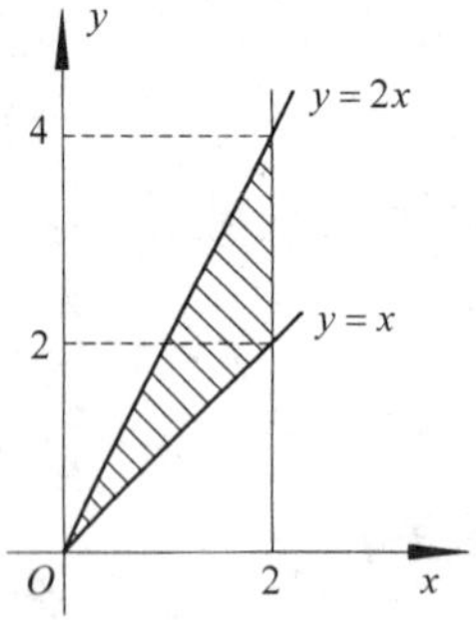


图 8.6

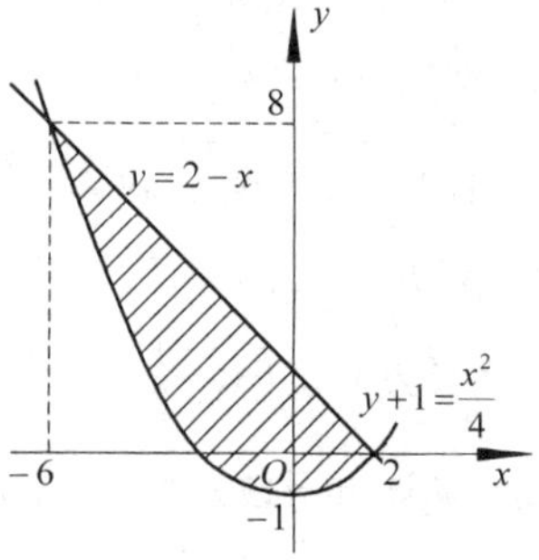


图 8.7

**【3925】** $\int_{-6}^2 dx \int_{\frac{x^2}{4}-1}^{2-x} f(x,y)dy$.

**提示** 注意积分域的围线为 $y=2-x$ 及 $y+1=\frac{x^2}{4}$，其交点为$(2,0)$及$(-6,8)$.

**解** 积分域的围线为：$y=2-x$ 及 $y+1=\frac{x^2}{4}$，其交点为$(2,0)$，$(-6,8)$，如图 8.7 所示. 改变积分的顺序，即得

$$\int_{-6}^2 dx \int_{\frac{x^2}{4}-1}^{2-x} f(x,y)dy = \int_{-1}^0 dy \int_{-2\sqrt{1+y}}^{2\sqrt{1+y}} f(x,y)dx + \int_0^8 dy \int_{-2\sqrt{1+y}}^{2-y} f(x,y)dx.$$

**【3926】** $\int_0^1 dx \int_{x^3}^{x^2} f(x,y)dy$.

**提示** 注意积分域的围线为 $y=x^2$ 及 $y=x^3$，其交点为$(0,0)$及$(1,1)$.

**解** 积分域的围线为：$y=x^2$ 及 $y=x^3$，其交点为$(0,0)$，$(1,1)$，如图 8.8 所示. 改变积分的顺序，即得

$$\int_0^1 dx \int_{x^3}^{x^2} f(x,y)dy = \int_0^1 dy \int_{\sqrt{y}}^{\sqrt[3]{y}} f(x,y)dx.$$

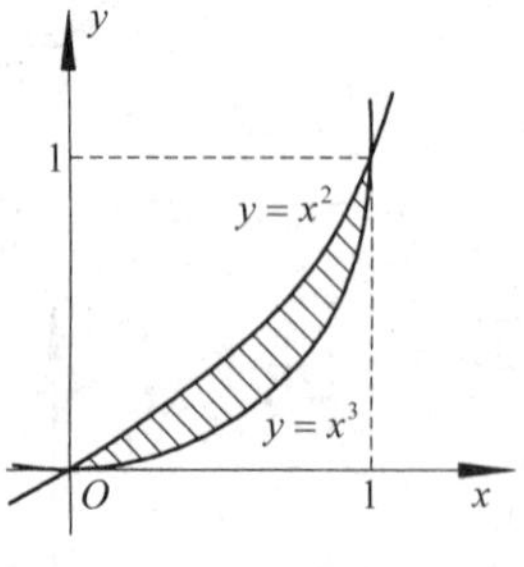


图 8.8

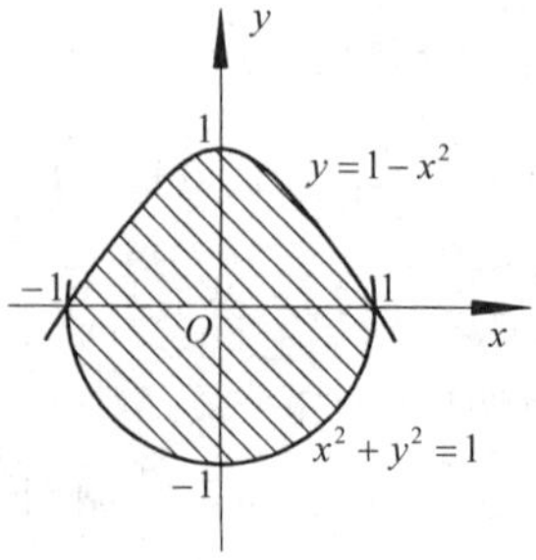


图 8.9

**【3927】** $\int_{-1}^1 dx \int_{-\sqrt{1-x^2}}^{1-x^2} f(x,y)dy$.

**提示** 注意积分域的围线为圆 $x^2+y^2=1$ 的下半部分及抛物线 $y=1-x^2$，其交点为$(-1,0)$及$(1,0)$.

**解** 积分域的围线为圆 $x^2+y^2=1$ 的下半部分及抛物线$y=1-x^2$，如图 8.9 所示. 改变积分的顺序，即得

$$\int_{-1}^1 dx \int_{-\sqrt{1-x^2}}^{1-x^2} f(x,y)dy = \int_{-1}^0 dy \int_{-\sqrt{1-y^2}}^{\sqrt{1-y^2}} f(x,y)dx + \int_0^1 dy \int_{-\sqrt{1-y}}^{\sqrt{1-y}} f(x,y)dx.$$

**【3928】** $\int_1^2 dx \int_{2-x}^{\sqrt{2x-x^2}} f(x,y)dy$.

**提示** 注意积分域的围线为圆 $x^2+y^2=2x$ 或 $(x-1)^2+y^2=1$ 及直线 $y=2-x$,其交点为 $(2,0)$ 及 $(1,1)$.

**解** 积分域的围线为圆 $x^2+y^2=2x$ 或 $(x-1)^2+y^2=1$ 及直线 $y=2-x$,其交点为 $(2,0)$,$(1,1)$,如图 8.10 中阴影部分所示. 改变积分的顺序,即得

$$\int_1^2 dx \int_{2-x}^{\sqrt{2x-x^2}} f(x,y)dy = \int_0^1 dy \int_{2-y}^{1+\sqrt{1-y^2}} f(x,y)dx.$$

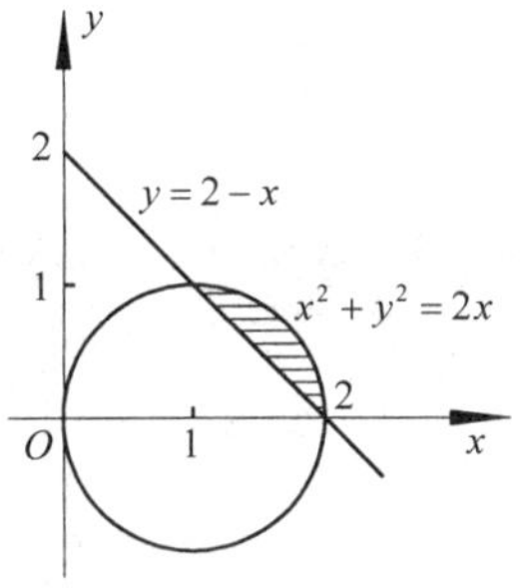


图 8.10

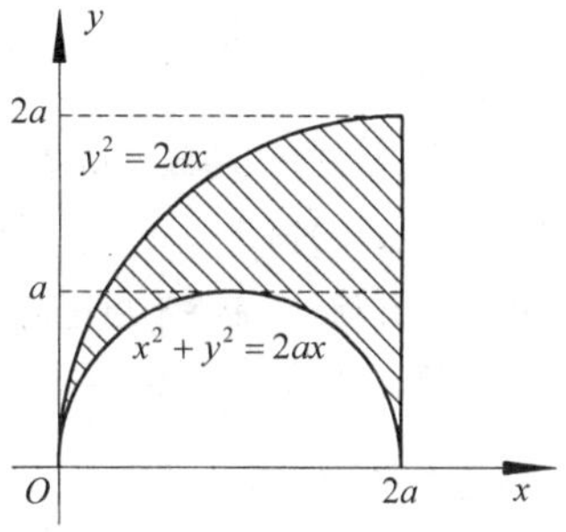


图 8.11

**【3929】** $\int_0^{2a} dx \int_{\sqrt{2ax-x^2}}^{\sqrt{2ax}} f(x,y)dy \quad (a>0)$.

**提示** 注意积分域的围线由圆 $(x-a)^2+y^2=a^2\ (y\geqslant 0)$,抛物线 $y^2=2ax\ (y\geqslant 0)$ 及直线 $x=2a$ 组成,其交点为 $(0,0)$ 及 $(2a,0)$.

**解** 积分域由围线 $(x-a)^2+y^2=a^2\ (y\geqslant 0)$,$y^2=2ax\ (y\geqslant 0)$ 及 $x=2a$ 组成. 如图 8.11 中阴影部分所示. 改变积分的顺序,即得

$$\int_0^{2a} dx \int_{\sqrt{2ax-x^2}}^{\sqrt{2ax}} f(x,y)dy = \int_0^a dy \left\{ \int_{\frac{y^2}{2a}}^{a-\sqrt{a^2-y^2}} f(x,y)dx + \int_{a+\sqrt{a^2-y^2}}^{2a} f(x,y)dx \right\} + \int_a^{2a} dy \int_{\frac{y^2}{2a}}^{2a} f(x,y)dx.$$

**【3930】** $\int_1^e dx \int_0^{\ln x} f(x,y)dy$.

**解** 积分域如图 8.12 中阴影部分所示. 改变积分的顺序,即得

$$\int_1^e dx \int_0^{\ln x} f(x,y)dy = \int_0^1 dy \int_{e^y}^{e} f(x,y)dx.$$

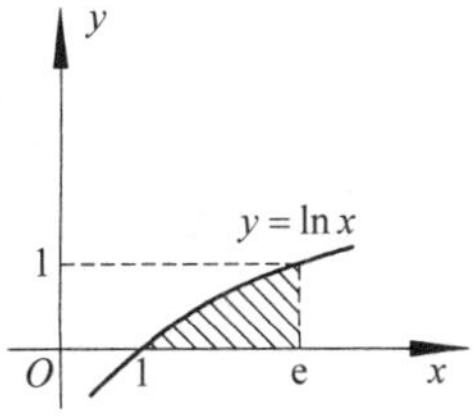


图 8.12

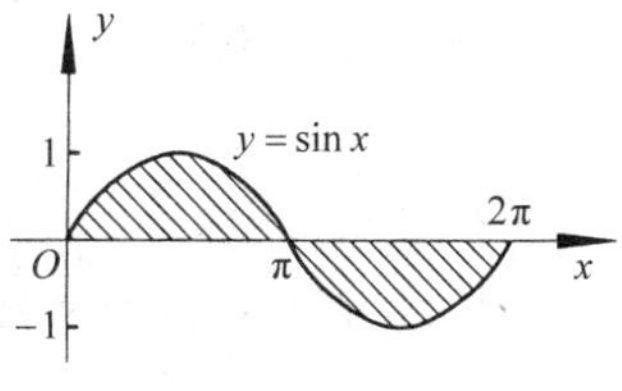


图 8.13

**【3931】** $\int_0^{2\pi} dx \int_0^{\sin x} f(x,y)dy$.

**解** 积分域如图 8.13 中阴影部分所示. 由于 $y=\sin x$ 的反函数,当 $y$ 从 0 变到 1 时为 $x=\arcsin y$,当 $y$ 从 1 变到 −1 时 $x=\pi-\arcsin y$,当 $y$ 从 −1 变到 0 时为 $x=2\pi+\arcsin y$,故改变积分的顺序,即得

$$\int_0^{2\pi} dx \int_0^{\sin x} f(x,y)dy = \int_0^1 dy \int_{\arcsin y}^{\pi-\arcsin y} f(x,y)dx - \int_{-1}^0 dy \int_{\pi-\arcsin y}^{2\pi+\arcsin y} f(x,y)dx.$$

计算下列积分：

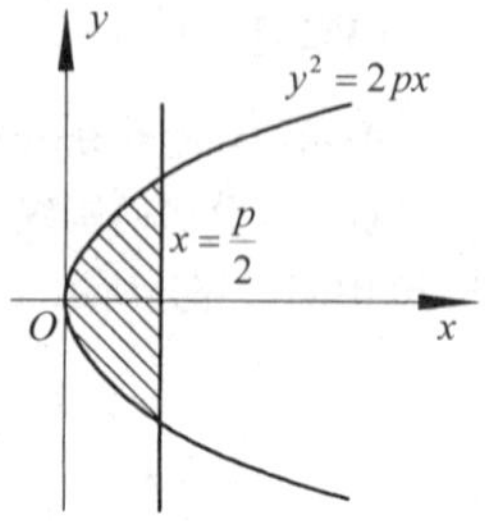

图 8.14

**【3932】** $\iint\limits_{\Omega} xy^2\mathrm{d}x\mathrm{d}y$，设 $\Omega$ 是被抛物线 $y^2=2px$ 和直线 $x=\frac{p}{2}(p>0)$ 所包围的区域.

**解** 积分域如图 8.14 所示. 于是，

$$\iint\limits_{\Omega} xy^2\mathrm{d}x\mathrm{d}y=\int_0^{\frac{p}{2}}\mathrm{d}x\int_{-\sqrt{2px}}^{\sqrt{2px}} xy^2\mathrm{d}y=\int_0^{\frac{p}{2}}\frac{2}{3}x\sqrt{(2px)^3}\,\mathrm{d}x=\frac{p^5}{21}.$$

**【3933】** $\iint\limits_{\Omega}\frac{\mathrm{d}x\mathrm{d}y}{\sqrt{2a-x}}\ (a>0)$，其中 $\Omega$ 是以圆心在点 $(a,a)$ 半径为 $a$ 的圆周（它与坐标轴相切）的较短弧和坐标轴为界的区域.

**提示** 注意积分域 $\Omega$ 的围线为圆 $(x-a)^2+(y-a)^2=a^2$ 与两坐标轴相切的较短弧及直线 $x=0,y=0$，因而，当 $x$ 从 0 变到 $a$ 时，对于每一个固定的 $x$，$y$ 从 0 变到 $a-\sqrt{2ax-x^2}$.

**解** 如图 8.15 所示. 当 $x$ 从 0 变到 $a$ 时，对于每一固定的 $x$，$y$ 从 0 变到 $a-\sqrt{2ax-x^2}$. 于是，

$$\iint\limits_{\Omega}\frac{\mathrm{d}x\mathrm{d}y}{\sqrt{2a-x}}=\int_0^a\frac{\mathrm{d}x}{\sqrt{2a-x}}\int_0^{a-\sqrt{2ax-x^2}}\mathrm{d}y$$
$$=\int_0^a\frac{a\mathrm{d}x}{\sqrt{2a-x}}-\int_0^a\sqrt{x}\,\mathrm{d}x=\left(2\sqrt{2}-\frac{8}{3}\right)a\sqrt{a}.$$

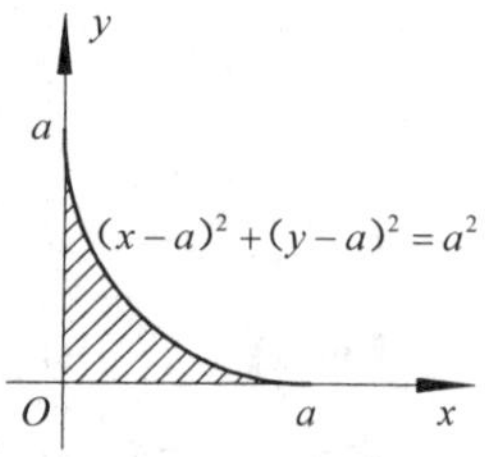

图 8.15

**【3934】** $\iint\limits_{\Omega}|xy|\mathrm{d}x\mathrm{d}y$，其中 $\Omega$ 是以 $a$ 为半径，坐标原点为圆心的圆.

**提示** 原式 $=\int_{-a}^{a}|x|\mathrm{d}x\int_{-\sqrt{a^2-x^2}}^{\sqrt{a^2-x^2}}|y|\mathrm{d}y$. 并注意被积函数均为偶函数及积分区间的对称性.

**解** $\iint\limits_{\Omega}|xy|\mathrm{d}x\mathrm{d}y=\int_{-a}^{a}\mathrm{d}x\int_{-\sqrt{a^2-x^2}}^{\sqrt{a^2-x^2}}|xy|\mathrm{d}y=\int_{-a}^{a}(a^2-x^2)|x|\mathrm{d}x=2\int_0^a(a^2-x^2)x\mathrm{d}x=\frac{a^4}{2}.$

**【3935】** $\iint\limits_{\Omega}(x^2+y^2)\mathrm{d}x\mathrm{d}y$，其中 $\Omega$ 是以 $y=x$，$y=x+a$，$y=a$ 和 $y=3a(a>0)$ 为边的平行四边形.

**提示** 宜选择先对 $x$ 后对 $y$ 积分较好.

**解** 如图 8.16 所示. 当 $y$ 从 $a$ 变到 $3a$ 时，对于每一固定的 $y$，$x$ 从 $y-a$ 变到 $y$. 于是，

$$\iint\limits_{\Omega}(x^2+y^2)\mathrm{d}x\mathrm{d}y=\int_a^{3a}\mathrm{d}y\int_{y-a}^{y}(x^2+y^2)\mathrm{d}x$$
$$=\int_a^{3a}\left[\frac{y^3}{3}+ay^2-\frac{(y-a)^3}{3}\right]\mathrm{d}y=\frac{168a^4}{12}=14a^4.$$

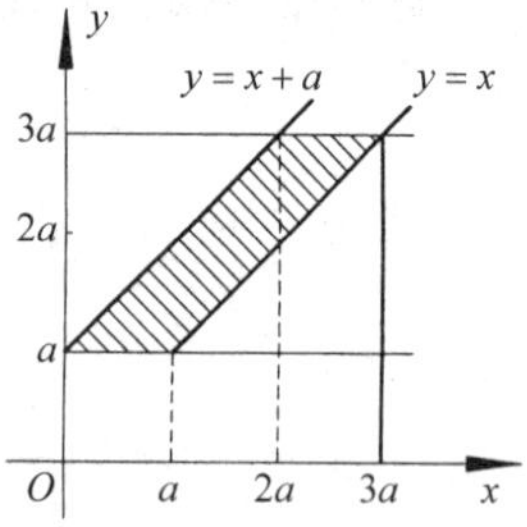

图 8.16

**【3936】** $\iint\limits_{\Omega}y^2\mathrm{d}x\mathrm{d}y$，其中 $\Omega$ 是被横轴和摆线

$$x=a(t-\sin t),\quad y=a(1-\cos t)\quad (0\leqslant t\leqslant 2\pi)$$

的第一拱所包围的区域.

**提示** 利用 2281 题及 2282 题的结果.

**解** $\iint\limits_{\Omega}y^2\mathrm{d}x\mathrm{d}y=\int_0^{2\pi a}\mathrm{d}x\int_0^{y}y^2\mathrm{d}x=\frac{a^4}{3}\int_0^{2\pi}(1-\cos t)^4\mathrm{d}t=\frac{2^4a^4}{3}\int_0^{2\pi}\sin^8\frac{t}{2}\mathrm{d}t=\frac{2^5a^4}{3}\int_0^{\pi}\sin^8u\mathrm{d}u$

$$=\frac{2^5a^4}{3}\left\{\int_0^{\frac{\pi}{2}}\sin^8u\mathrm{d}u+\int_{\frac{\pi}{2}}^{\pi}\sin^8u\mathrm{d}u\right\}=\frac{2^5a^4}{3}\left\{\int_0^{\frac{\pi}{2}}\sin^8u\mathrm{d}u+\int_0^{\frac{\pi}{2}}\cos^8u\mathrm{d}u\right\}=\frac{2^5a^4}{3}\cdot 2\int_0^{\frac{\pi}{2}}\sin^8u\mathrm{d}u^{*)}$$

$$=\frac{2^5a^4}{3}\cdot 2\cdot\frac{1\cdot 3\cdot 5\cdot 7}{2\cdot 4\cdot 6\cdot 8}\cdot\frac{\pi}{2}^{**)}=\frac{35}{12}\pi a^4.$$

*） 利用 2282 题的结果.

**） 利用 2281 题的结果.

在二重积分

$$\iint_{\Omega} f(x,y)\mathrm{d}x\mathrm{d}y$$

中，令 $x=r\cos\varphi$ 和 $y=r\sin\varphi$，变换为极坐标 $r$ 和 $\varphi$，并配置积分的限，设：

**【3937】** $\Omega$—圆 $x^2+y^2\leqslant a^2$.

**解** 雅可比行列式 $I=r$，以下各题不再写出. $\varphi$ 从 0 变到 $2\pi$，$r$ 从 0 变到 $a$. 于是，

$$\iint_{\Omega} f(x,y)\mathrm{d}x\mathrm{d}y=\int_0^{2\pi}\mathrm{d}\varphi\int_0^a f(r\cos\varphi,r\sin\varphi)r\mathrm{d}r.$$

**【3938】** $\Omega$—圆 $x^2+y^2\leqslant ax\quad(a>0)$.

**解** 圆 $x^2+y^2\leqslant ax$ 即 $\left(x-\frac{a}{2}\right)^2+y^2\leqslant\left(\frac{a}{2}\right)^2$，其围线的极坐标方程为 $r=a\cos\varphi$. 当 $\varphi$ 从 $-\frac{\pi}{2}$ 变到 $\frac{\pi}{2}$ 时，对于每一固定的 $\varphi$，$r$ 从 0 变到 $a\cos\varphi$. 于是，

$$\iint_{\Omega} f(x,y)\mathrm{d}x\mathrm{d}y=\int_{-\frac{\pi}{2}}^{\frac{\pi}{2}}\mathrm{d}\varphi\int_0^{a\cos\varphi} f(r\cos\varphi,r\sin\varphi)r\mathrm{d}r.$$

**【3939】** $\Omega$—环 $a^2\leqslant x^2+y^2\leqslant b^2$.

**提示** 注意当 $\varphi$ 从 0 变到 $2\pi$ 时，$r$ 从 $|a|$ 变到 $|b|$.

**解** $\varphi$ 从 0 变到 $2\pi$，$r$ 从 $|a|$ 变到 $|b|$. 于是，

$$\iint_{\Omega} f(x,y)\mathrm{d}x\mathrm{d}y=\int_0^{2\pi}\mathrm{d}\varphi\int_{|a|}^{|b|} f(r\cos\varphi,r\sin\varphi)r\mathrm{d}r.$$

**【3940】** $\Omega$—三角形 $0\leqslant x\leqslant 1$；$0\leqslant y\leqslant 1-x$.

**提示** 注意直线 $x+y=1$ 的极坐标方程为 $r=\frac{1}{\sqrt{2}}\csc\left(\varphi+\frac{\pi}{2}\right)$ 及 $\varphi$ 从 0 变到 $\frac{\pi}{2}$.

**解** 由于直线 $x+y=1$ 的极坐标方程为

$$r=\frac{1}{\sin\varphi+\cos\varphi}=\frac{1}{\sqrt{2}}\csc\left(\varphi+\frac{\pi}{4}\right),$$

因而当 $\varphi$ 从 0 变到 $\frac{\pi}{2}$ 时，对于每一固定的 $\varphi$，$r$ 从 0 变到 $\frac{1}{\sqrt{2}}\csc\left(\varphi+\frac{\pi}{4}\right)$. 于是，

$$\iint_{\Omega} f(x,y)\mathrm{d}x\mathrm{d}y=\int_0^{\frac{\pi}{2}}\mathrm{d}\varphi\int_0^{\frac{1}{\sqrt{2}}\csc(\varphi+\frac{\pi}{4})} f(r\cos\varphi,r\sin\varphi)r\mathrm{d}r.$$

**【3941】** $\Omega$—区域 $-a\leqslant x\leqslant a$；$\frac{x^2}{a}\leqslant y\leqslant a$.

**解题思路** 注意抛物线 $y=\frac{x^2}{a}$ 及直线 $y=a$ 的极坐标方程分别为 $r=\frac{a\sin\varphi}{\cos^2\varphi}$ 及 $r=\frac{a}{\sin\varphi}$. 又 $\varphi$ 的积分范围 $[0,\pi]$ 应分为 $[0,\frac{\pi}{4}]$，$[\frac{\pi}{4},\frac{3\pi}{4}]$ 及 $[\frac{3\pi}{4},\pi]$.

**解** 如图 8.17 所示. 区域 $\Omega$ 可分为三部分：

(1) 当 $\varphi$ 从 0 变到 $\frac{\pi}{4}$ 时，对于每一固定的 $\varphi$，$r$ 从 0 变到 $\frac{a\sin\varphi}{\cos^2\varphi}$，其中 $r=\frac{a\sin\varphi}{\cos^2\varphi}$ 为抛物线 $y=\frac{x^2}{a}$ 的极坐标方程；

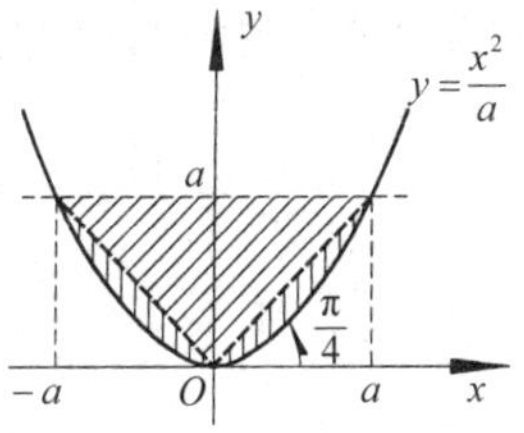

图 8.17

(2) 当 $\varphi$ 从 $\frac{\pi}{4}$ 变到 $\frac{3\pi}{4}$ 时，对于每一固定的 $\varphi$，$r$ 从 0 变到 $\frac{a}{\sin\varphi}$；

(3) 当 $\varphi$ 从 $\frac{3\pi}{4}$ 变到 $\pi$ 时，对于每一固定的 $\varphi$，$r$ 从 0 变到 $\frac{a\sin\varphi}{\cos^2\varphi}$.

于是，

$$\iint\limits_{\Omega} f(x,y)\mathrm{d}x\mathrm{d}y=\int_0^{\frac{\pi}{4}}\mathrm{d}\varphi\int_0^{\frac{a\sin\varphi}{\cos^2\varphi}} f(r\cos\varphi,r\sin\varphi)r\mathrm{d}r+\int_{\frac{\pi}{4}}^{\frac{3\pi}{4}}\mathrm{d}\varphi\int_0^{\frac{a}{\sin\varphi}} f(r\cos\varphi,r\cos\varphi)r\mathrm{d}r$$

$$+\int_{\frac{3\pi}{4}}^{\pi}\mathrm{d}\varphi\int_0^{\frac{a\sin\varphi}{\cos^2\varphi}} f(r\cos\varphi,r\sin\varphi)r\mathrm{d}r.$$

**【3942】** 在怎样的情况下，当变换为极坐标之后，积分的上下限是常数？

**提示** 当且仅当积分域为由中心在原点的两同心圆和由原点引出的两条射线所围成.

**解** 若变换为极坐标，积分 $\iint\limits_{\Omega} f(x,y)\mathrm{d}x\mathrm{d}y=\int_\alpha^\beta\mathrm{d}\varphi\int_a^b f(r\cos\varphi,r\sin\varphi)r\mathrm{d}r$，

其中 $\alpha$、$\beta$、$a$、$b$ 均为常数，则表明积分域 $\Omega$ 为 $a\leqslant r\leqslant b,\alpha\leqslant\varphi\leqslant\beta$. 它表示圆环面 $a\leqslant r\leqslant b$ 被射线 $\varphi=\alpha,\varphi=\beta$ 截出的部分，且只有积分域是这种情况，变换为极坐标后积分的上下限才是常数. 如 3937 题及 3939 题即为其特例.

**在下列积分中，令 $x=r\cos\varphi$ 和 $y=r\sin\varphi$，变换为极坐标 $r$ 和 $\varphi$，并依两种不同的顺序配置积分的上下限：**

**【3943】** $\int_0^1\mathrm{d}x\int_0^1 f(x,y)\mathrm{d}y$.

**解** 如图 8.18 所示. 若先对 $r$ 积分，则当 $\varphi$ 从 0 变到 $\frac{\pi}{4}$ 时，对于每一固定的 $\varphi$，$r$ 从 0 变到 $\sec\varphi$；当 $\varphi$ 从 $\frac{\pi}{4}$ 变到 $\frac{\pi}{2}$ 时，对于每一固定的 $\varphi$，$r$ 从 0 变到 $\csc\varphi$.

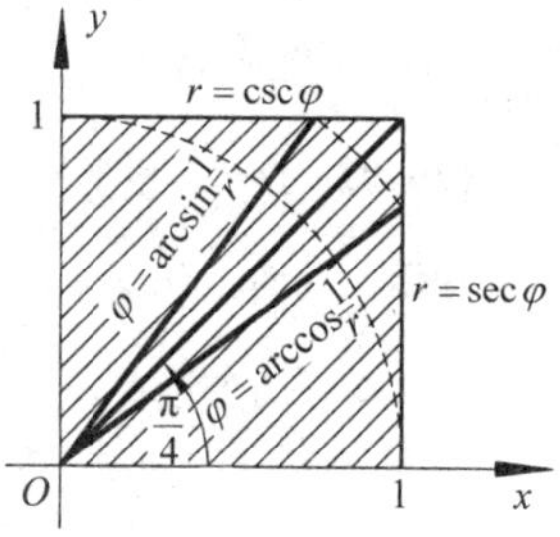

图 8.18

若先对 $\varphi$ 积分，则当 $r$ 从 0 变到 1 时，$\varphi$ 从 0 变到 $\frac{\pi}{2}$；当 $r$ 从 1 变到 $\sqrt{2}$ 时，对于每一固定的 $r$，$\varphi$ 从 $\arccos\frac{1}{r}$ 变到 $\arcsin\frac{1}{r}$. 于是，

$$\int_0^1\mathrm{d}x\int_0^1 f(x,y)\mathrm{d}y$$

$$=\int_0^{\frac{\pi}{4}}\mathrm{d}\varphi\int_0^{\sec\varphi} f(r\cos\varphi,r\sin\varphi)r\mathrm{d}r+\int_{\frac{\pi}{4}}^{\frac{\pi}{2}}\mathrm{d}\varphi\int_0^{\csc\varphi} f(r\cos\varphi,r\sin\varphi)r\mathrm{d}r$$

$$=\int_0^1 r\mathrm{d}r\int_0^{\frac{\pi}{2}} f(r\cos\varphi,r\sin\varphi)\mathrm{d}\varphi+\int_1^{\sqrt{2}} r\mathrm{d}r\int_{\arccos\frac{1}{r}}^{\arcsin\frac{1}{r}} f(r\cos\varphi,r\sin\varphi)\mathrm{d}\varphi.$$

下面的 3944 题～3950 题均可仿本题的思路来求解.

**【3944】** $\int_0^1\mathrm{d}x\int_{1-x}^{\sqrt{1-x^2}} f(x,y)\mathrm{d}y$.

**解** 如图 8.19 所示. 若先对 $r$ 积分，则当 $\varphi$ 从 0 变到 $\frac{\pi}{2}$ 时，对于每一固定的 $\varphi$，$r$ 从 $\frac{1}{\sqrt{2}}\csc\left(\varphi+\frac{\pi}{4}\right)$ 变到 1. 若先对 $\varphi$ 积分，则当 $r$ 从 $\frac{1}{\sqrt{2}}$ 变到 1 时，对于每一固定的 $r$，$\varphi$ 从 $\frac{\pi}{4}-\arccos\frac{1}{r\sqrt{2}}$ 变到 $\frac{\pi}{4}+\arccos\frac{1}{r\sqrt{2}}$，其中直线 $x+y=1$ 的极坐标方程为 $r\sin\left(\varphi+\frac{\pi}{4}\right)=\frac{1}{\sqrt{2}}$，即 $\cos\left(\frac{\pi}{4}-\varphi\right)=\frac{1}{r\sqrt{2}}$ 或 $\frac{\pi}{4}-\varphi=\pm\arccos\frac{1}{r\sqrt{2}}$. 于是，

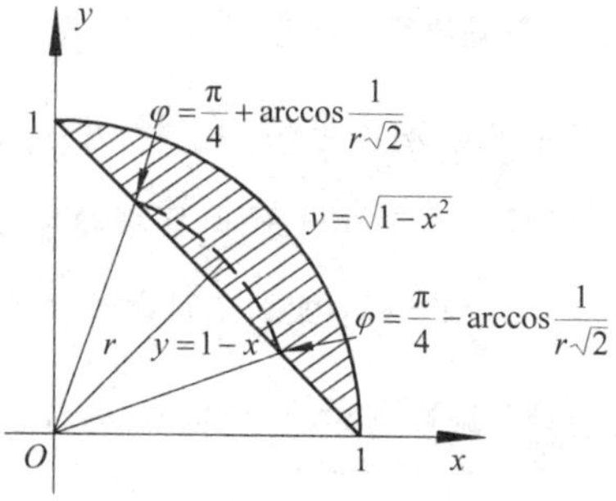

图 8.19

$$\int_0^1\mathrm{d}x\int_{1-x}^{\sqrt{1-x^2}} f(x,y)\mathrm{d}y=\int_0^{\frac{\pi}{2}}\mathrm{d}\varphi\int_{\frac{1}{\sqrt{2}}\csc\left(\varphi+\frac{\pi}{4}\right)}^1 f(r\cos\varphi,r\sin\varphi)r\mathrm{d}r=\int_{\frac{1}{\sqrt{2}}}^1 r\mathrm{d}r\int_{\frac{\pi}{4}-\arccos\frac{1}{r\sqrt{2}}}^{\frac{\pi}{4}+\arccos\frac{1}{r\sqrt{2}}} f(r\cos\varphi,r\sin\varphi)\mathrm{d}\varphi.$$

【3945】 $\int_0^2 dx\int_x^{x\sqrt{3}} f(\sqrt{x^2+y^2})dy$.

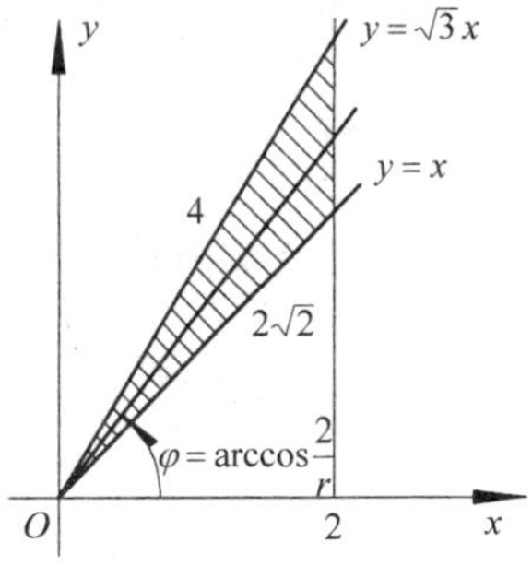

图 8.20

**解** 如图 8.20 所示. 若先对 $r$ 积分,则当 $\varphi$ 从 $\frac{\pi}{4}$ 变到 $\frac{\pi}{3}$ 时,对于每一固定的 $\varphi$, $r$ 从 0 变到 $\frac{2}{\cos\varphi}$.

若先对 $\varphi$ 积分,则当 $r$ 从 0 变到 $2\sqrt{2}$ 时, $\varphi$ 从 $\frac{\pi}{4}$ 变到 $\frac{\pi}{3}$; 当 $r$ 从 $2\sqrt{2}$ 变到 4 时,对于每一固定的 $r$, $\varphi$ 从 $\arccos\frac{2}{r}$ 变到 $\frac{\pi}{3}$. 于是,

$$\int_0^2 dx\int_x^{x\sqrt{3}} f(\sqrt{x^2+y^2})dy=\int_{\frac{\pi}{4}}^{\frac{\pi}{3}} d\varphi\int_0^{\frac{2}{\cos\varphi}} rf(r)dr$$
$$=\frac{\pi}{12}\int_0^{2\sqrt{2}} rf(r)dr+\int_{2\sqrt{2}}^4\left(\frac{\pi}{3}-\arccos\frac{2}{r}\right)rf(r)dr.$$

【3946】[+ *] $\int_0^1 dx\int_0^{x^2} f(x,y)dy$.

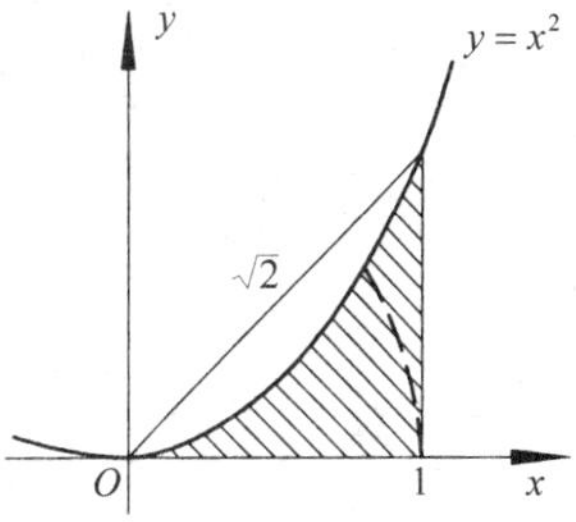

图 8.21

**解** 如图 8.21 所示. 若先对 $r$ 积分,则当 $\varphi$ 从 0 变到 $\frac{\pi}{4}$ 时,对于每一固定的 $\varphi$, $r$ 从 $\frac{\sin\varphi}{\cos^2\varphi}$ 变到 $\frac{1}{\cos\varphi}$,其中 $r=\frac{\sin\varphi}{\cos^2\varphi}$ 为抛物线 $y=x^2$ 的极坐标方程.

若先对 $\varphi$ 积分,则当 $r$ 从 0 变到 1 时,对于每一固定的 $r$, $\varphi$ 从 0 变到 $\arcsin\frac{\sqrt{1+4r^2}-1}{2r}$(由 $r=\frac{\sin\varphi}{\cos^2\varphi}$ 解出 $\varphi$);当 $r$ 从 1 变到 $\sqrt{2}$ 时,对于每一固定的 $r$, $\varphi$ 从 $\arccos\frac{1}{r}$ 变到 $\arcsin\frac{\sqrt{1+4r^2}-1}{2r}$. 于是,

$$\int_0^1 dx\int_0^{x^2} f(x,y)dy=\int_0^{\frac{\pi}{4}} d\varphi\int_{\frac{\sin\varphi}{\cos^2\varphi}}^{\frac{1}{\cos\varphi}} f(r\cos\varphi,r\sin\varphi)rdr=\int_0^1 rdr\int_0^{\arcsin\frac{\sqrt{1+4r^2}-1}{2r}} f(r\cos\varphi,r\sin\varphi)d\varphi$$
$$+\int_1^{\sqrt{2}} rdr\int_{\arccos\frac{1}{r}}^{\arcsin\frac{\sqrt{1+4r^2}-1}{2r}} f(r\cos\varphi,r\sin\varphi)d\varphi.$$

【3947】 $\iint\limits_{\Omega} f(x,y)dxdy$,其中区域 $\Omega$ 由曲线 $(x^2+y^2)^2=a^2(x^2-y^2)(x\geqslant0)$ 围成.

**解** 令 $x=r\cos\varphi$, $y=r\sin\varphi$,则曲线 $(x^2+y^2)^2=a^2(x^2-y^2)(x\geqslant0)$ 的极坐标方程为 $r^2=a^2\cos2\varphi$,其图像是双纽线的右半部分,如图 8.22 所示.

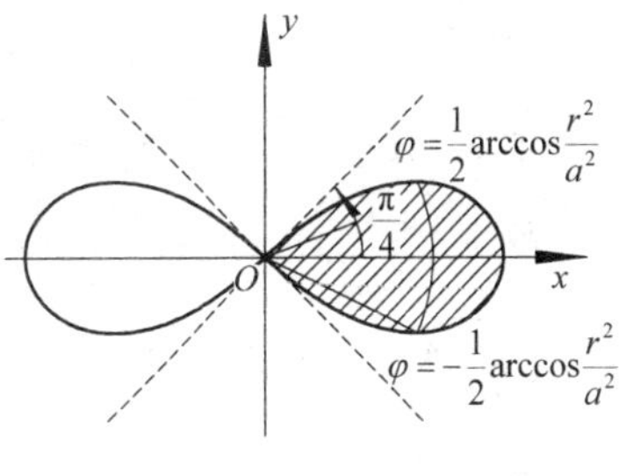

图 8.22

若先对 $r$ 积分,则当 $\varphi$ 从 $-\frac{\pi}{4}$ 变到 $\frac{\pi}{4}$ 时,对于每一固定的 $\varphi$, $r$ 从 0 变到 $a\sqrt{\cos2\varphi}$.

若先对 $\varphi$ 积分,则当 $r$ 从 0 变到 $a$ 时,对于每一固定的 $r$, $\varphi$ 从 $-\frac{1}{2}\arccos\frac{r^2}{a^2}$ 变到 $\frac{1}{2}\arccos\frac{r^2}{a^2}$. 于是,

$$\iint\limits_{\Omega} f(x,y)dxdy=\int_0^a rdr\int_{-\frac{1}{2}\arccos\frac{r^2}{a^2}}^{\frac{1}{2}\arccos\frac{r^2}{a^2}} f(r\cos\varphi,r\sin\varphi)d\varphi$$
$$=\int_{-\frac{\pi}{4}}^{\frac{\pi}{4}} d\varphi\int_0^{a\sqrt{\cos2\varphi}} f(r\cos\varphi,r\sin\varphi)rdr.$$

* 题号右上角带"+"号表示题解答案与原习题集中译本所附答案不一致,以后不再说明. 中译本基本是按俄文第二版翻译的. 俄文第二版中有一些错误已在俄文第三版中改正.

令 $r$ 和 $\varphi$ 为极坐标，在下列积分中变更积分的顺序：

【3948】 $\int_{-\frac{\pi}{2}}^{\frac{\pi}{2}} \mathrm{d}\varphi \int_0^{a\cos\varphi} f(\varphi,r)\mathrm{d}r \quad (x\geqslant 0)$.

**解** 积分域为由圆 $r=a\cos\varphi$ 或 $\left(x-\frac{a}{2}\right)^2+y^2=\left(\frac{a}{2}\right)^2$ 所围成的圆域.

若先对 $\varphi$ 积分，则当 $r$ 从 0 变到 $a$ 时，对于每一固定的 $r$，$\varphi$ 从 $-\arccos\frac{r}{a}$ 变到 $\arccos\frac{r}{a}$（图 8.23）. 于是，

$$\int_{-\frac{\pi}{2}}^{\frac{\pi}{2}} \mathrm{d}\varphi \int_0^{a\cos\varphi} f(\varphi,r)\mathrm{d}r=\int_0^a \mathrm{d}r \int_{-\arccos\frac{r}{a}}^{\arccos\frac{r}{a}} f(\varphi,r)\mathrm{d}\varphi.$$

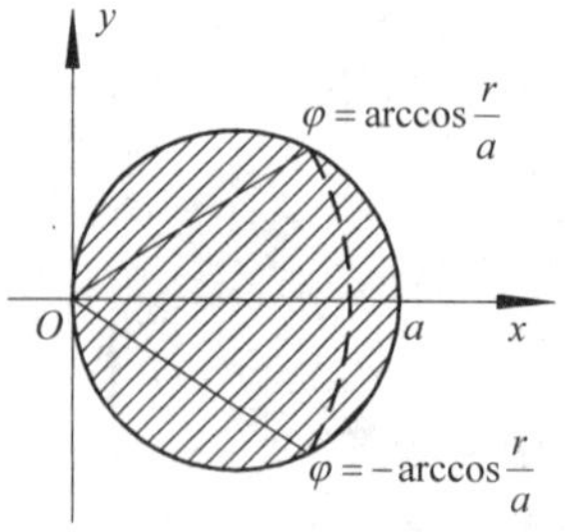


图 8.23

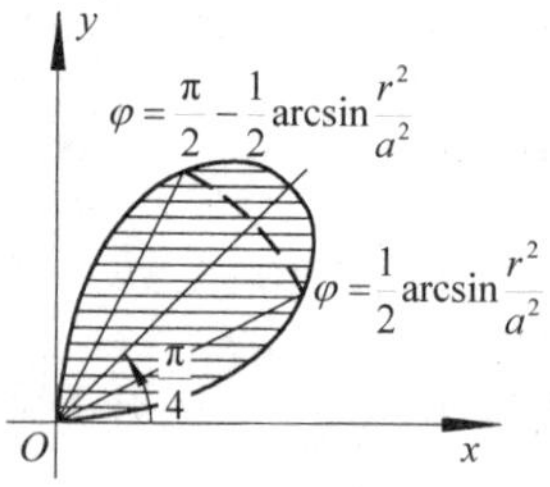


图 8.24

【3949】 $\int_0^{\frac{\pi}{2}} \mathrm{d}\varphi \int_0^{a\sqrt{\sin 2\varphi}} f(\varphi,r)\mathrm{d}r \quad (a>0)$.

**解** 积分域由双纽线 $r^2=a^2\sin 2\varphi$ 的右上部分围成(图8.24).

若先对 $\varphi$ 积分，则当 $r$ 从 0 变到 $a$ 时，对于每一固定的 $r$，$\varphi$ 从 $\frac{1}{2}\arcsin\frac{r^2}{a^2}$ 变到 $\frac{\pi}{2}-\frac{1}{2}\arcsin\frac{r^2}{a^2}$. 于是，

$$\int_0^{\frac{\pi}{2}} \mathrm{d}\varphi \int_0^{a\sqrt{\sin 2\varphi}} f(\varphi,r)\mathrm{d}r=\int_0^a \mathrm{d}r \int_{\frac{1}{2}\arcsin\frac{r^2}{a^2}}^{\frac{\pi}{2}-\frac{1}{2}\arcsin\frac{r^2}{a^2}} f(\varphi,r)\mathrm{d}\varphi.$$

【3950】 $\int_0^a \mathrm{d}\varphi \int_0^{\varphi} f(\varphi,r)\mathrm{d}r. \quad (0<a<2\pi)$.

**解** 积分域由曲线 $r=\varphi$(阿基米德螺线)与射线 $\varphi=a$ 围成(图 8.25).

改变积分顺序，即得

$$\int_0^a \mathrm{d}\varphi \int_0^{\varphi} f(\varphi,r)\mathrm{d}r=\int_0^a \mathrm{d}r \int_r^a f(\varphi,r)\mathrm{d}\varphi.$$

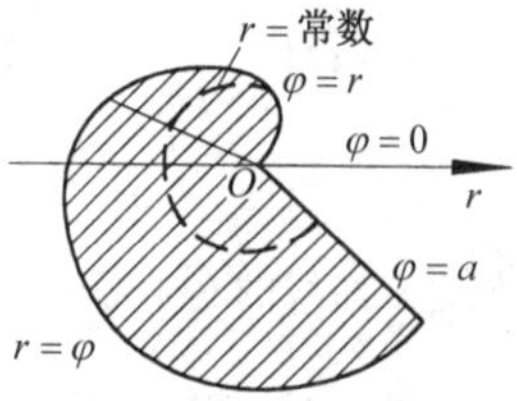


图 8.25

变换成极坐标，把二重积分化为一重积分：

【3951】 $\iint\limits_{x^2+y^2\leqslant 1} f(\sqrt{x^2+y^2})\mathrm{d}x\mathrm{d}y$.

**提示** 注意先对 $r$ 再对 $\varphi$ 积分，即易获解.

**解** $\iint\limits_{x^2+y^2\leqslant 1} f(\sqrt{x^2+y^2})\mathrm{d}x\mathrm{d}y=\int_0^{2\pi}\mathrm{d}\varphi\int_0^1 f(r)r\mathrm{d}r=2\pi\int_0^1 rf(r)\mathrm{d}r$.

【3952】 $\iint\limits_{\Omega} f(\sqrt{x^2+y^2})\mathrm{d}x\mathrm{d}y$，其中 $\Omega=\left\{|y|\leqslant|x|;|x|\leqslant 1\right\}$.

**解题思路** 注意先对 $\varphi$ 后对 $r$ 积分，当 $r$ 从 0 变到 1 时，对于每一个固定的 $r$，$\varphi$ 从 $-\frac{\pi}{4}$ 变到 $\frac{\pi}{4}$；当 $r$ 从 1 变到 $\sqrt{2}$ 时，对于每一个固定的 $r$，$\varphi$ 从 $\arccos\frac{1}{r}$ 变到 $\frac{\pi}{4}$.

注意到积分域 $\Omega$ 关于 $x$ 轴及 $y$ 轴的对称性，故当 $\varphi$ 从 $-\frac{\pi}{4}$ 变到 $\frac{\pi}{4}$ 时，应在所得的积分表达式前面乘以常数 2，而当 $\varphi$ 从 $\arccos\frac{1}{r}$ 变到 $\frac{\pi}{4}$ 时，则应在所得的积分表达式前面乘以常数 4. 这一点务请读者注意，否

则就会产生错误.

**解** 积分域 $\Omega$ 如图 8.26 所示. 先对 $\varphi$ 积分,则当 $r$ 从 0 变到 1 时,$\varphi$ 从 $-\frac{\pi}{4}$ 变到 $\frac{\pi}{4}$;当 $r$ 从 1 变到 $\sqrt{2}$ 时,对于每一固定的 $r$,$\varphi$ 从 $\arccos\frac{1}{r}$ 变到 $\frac{\pi}{4}$. 于是,

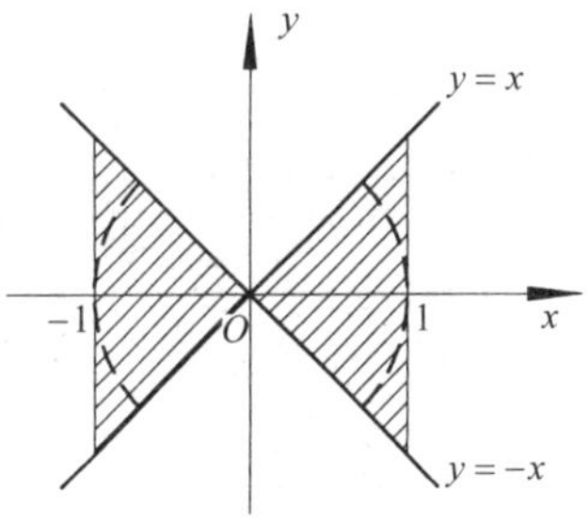

图 8.26

$$\begin{aligned}&\iint_{\Omega} f(\sqrt{x^2+y^2})\mathrm{d}x\mathrm{d}y\\&=2\int_0^1 rf(r)\mathrm{d}r\int_{-\frac{\pi}{4}}^{\frac{\pi}{4}}\mathrm{d}\varphi+4\int_1^{\sqrt{2}} rf(r)\mathrm{d}r\int_{\arccos\frac{1}{r}}^{\frac{\pi}{4}}\mathrm{d}\varphi\\&=\pi\int_0^1 rf(r)\mathrm{d}r+\int_1^{\sqrt{2}}\left(\pi-4\arccos\frac{1}{r}\right)rf(r)\mathrm{d}r.\end{aligned}$$

**【3953】** $\displaystyle\iint_{x^2+y^2\leqslant x} f\left(\frac{y}{x}\right)\mathrm{d}x\mathrm{d}y.$

**提示** 注意先对 $r$ 再对 $\varphi$ 积分,当 $r$ 从 0 变到 $\cos\varphi$ 时,对于每一个固定的 $r$,$\varphi$ 从 $-\frac{\pi}{2}$ 变到 $\frac{\pi}{2}$,问题即可获解.

**解** $\displaystyle\iint_{x^2+y^2\leqslant x} f\left(\frac{y}{x}\right)\mathrm{d}x\mathrm{d}y=\int_{-\frac{\pi}{2}}^{\frac{\pi}{2}}\mathrm{d}\varphi\int_0^{\cos\varphi} f(\tan\varphi)r\mathrm{d}r=\frac{1}{2}\int_{-\frac{\pi}{2}}^{\frac{\pi}{2}} f(\tan\varphi)\cos^2\varphi\mathrm{d}\varphi.$

**变换成极坐标,计算下列二重积分:**

**【3954】** $\displaystyle\iint_{x^2+y^2\leqslant a^2}\sqrt{x^2+y^2}\,\mathrm{d}x\mathrm{d}y.$

**提示** 注意积分域 $\Omega$ 为 $\{0\leqslant\varphi\leqslant 2\pi, 0\leqslant r\leqslant a\}$.

**解** $\displaystyle\iint_{x^2+y^2\leqslant a^2}\sqrt{x^2+y^2}\,\mathrm{d}x\mathrm{d}y=\int_0^{2\pi}\mathrm{d}\varphi\int_0^a r\cdot r\mathrm{d}r=\frac{2\pi a^3}{3}.$

**【3955】** $\displaystyle\iint_{\pi^2\leqslant x^2+y^2\leqslant 4\pi^2}\sin\sqrt{x^2+y^2}\,\mathrm{d}x\mathrm{d}y.$

**提示** 注意积分域 $\Omega$ 为 $\{0\leqslant\varphi\leqslant 2\pi, \pi\leqslant r\leqslant 2\pi\}$.

**解** $\displaystyle\iint_{\pi^2\leqslant x^2+y^2\leqslant 4\pi^2}\sin\sqrt{x^2+y^2}\,\mathrm{d}x\mathrm{d}y=\int_0^{2\pi}\mathrm{d}\varphi\int_{\pi}^{2\pi} r\sin r\mathrm{d}r=2\pi\int_{\pi}^{2\pi} r\sin r\mathrm{d}r=-6\pi^2.$

**【3956】** 利用函数组

$$u=\frac{y^2}{x},\qquad v=\sqrt{xy}$$

把正方形 $S\{a<x<a+h, b<y<b+h\}(a>0,b>0)$ 变换为区域 $S'$. 求区域 $S'$ 的面积与区域 $S$ 的面积之比. 当 $h\to 0$ 时,此比值的极限等于什么?

**解** 正方形的角点 $A(a,b)$,$B(a+h,b)$,$C(a+h,b+h)$,$D(a,b+h)$ 对应于 $Ouv$ 平面上的点

$$A'\left(\frac{b^2}{a},\sqrt{ab}\right),\qquad B'\left(\frac{b^2}{(a+h)^2},\sqrt{(a+h)b}\right),$$

$$C'\left(\frac{(b+h)^2}{a+h},\sqrt{(a+h)(b+h)}\right),\qquad D'\left(\frac{(b+h)^2}{a},\sqrt{a(b+h)}\right).$$

正方形的四边 $y=b$,$x=a+h$,$y=b+h$,$x=a$ 对应于 $Ouv$ 平面上的四条曲线,即

$$A'B':u=\frac{b^3}{v^2};\quad B'C':u=\frac{v^4}{(a+h)^3};\quad C'D':u=\frac{(b+h)^3}{v^2};\quad D'A':u=\frac{v^4}{a^3}.$$

由这四条曲线围成的区域即为 $S'$(图 8.27).

于是,区域 $S'$ 的面积为

$$S'=\iint_{S'}\mathrm{d}u\mathrm{d}v=\int_{\sqrt{ab}}^{\sqrt{a(b+h)}}\frac{v^4}{a^3}\mathrm{d}v+\int_{\sqrt{a(b+h)}}^{\sqrt{(a+h)(b+h)}}\frac{(b+h)^3}{v^2}\mathrm{d}v-\int_{\sqrt{ab}}^{\sqrt{(a+h)b}}\frac{b^3}{v^2}\mathrm{d}v$$

$$-\int_{\sqrt{(a+h)b}}^{\sqrt{(a+h)(b+h)}}\frac{v^4}{(a+h)^3}\mathrm{d}v=\frac{1}{5a^3}\left[\sqrt{a^5(b+h)^5}-\sqrt{a^5b^5}\right]$$

$$+(b+h)^3\left[\frac{1}{\sqrt{a(b+h)}}-\frac{1}{\sqrt{(a+h)(b+h)}}\right]-b^3\left[\frac{1}{\sqrt{ab}}-\frac{1}{\sqrt{(a+h)b}}\right]$$

$$-\frac{1}{5(a+h)^3}\left[\sqrt{(a+h)^5(b+h)^5}-\sqrt{(a+h)^5b^5}\right]$$

$$=\frac{6}{5}\left[\sqrt{(b+h)^5}-\sqrt{b^5}\right]\left[\frac{1}{\sqrt{a}}-\frac{1}{\sqrt{a+h}}\right].$$

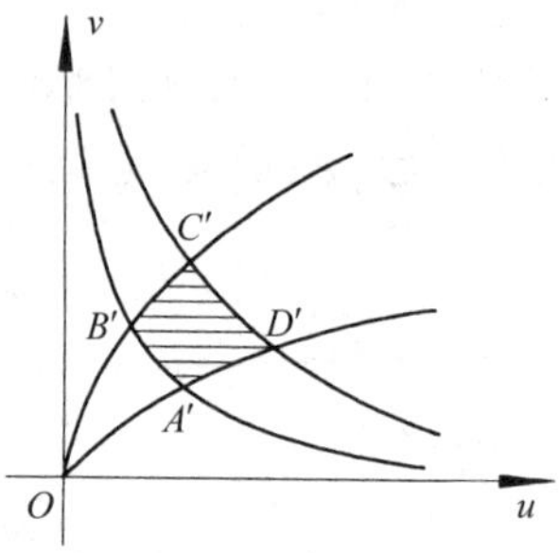


图 8.27

从而,区域 $S'$ 的面积与区域 $S$ 的面积之比为

$$\frac{S'}{S}=\frac{6}{5h^2}\left[\sqrt{(b+h)^5}-\sqrt{b^5}\right]\left[\frac{1}{\sqrt{a}}-\frac{1}{\sqrt{a+h}}\right]=\frac{6}{5}\cdot\frac{\left[\sqrt{(b+h)^5}-\sqrt{b^5}\right](\sqrt{a+h}-\sqrt{a})}{h^2\sqrt{a(a+h)}}$$

$$=\frac{6}{5}\cdot\frac{\sqrt{(b+h)^5}-\sqrt{b^5}}{\sqrt{a(a+h)}(\sqrt{a+h}+\sqrt{a})(\sqrt{b+h}+\sqrt{b})(\sqrt{b+h}-\sqrt{b})}$$

$$=\frac{6}{5}\cdot\frac{b^2+b(b+h)+(b+h)^2+(2b+h)\sqrt{b(b+h)}}{\sqrt{a(a+h)}(\sqrt{a+h}+\sqrt{a})(\sqrt{b+h}+\sqrt{b})}.$$

上述比式是 $h$ 的函数,并且在 $h=0$ 点连续. 于是,

$$\lim_{h\to0}\frac{S'}{S}=\frac{6}{5}\cdot\frac{5b^2}{4\sqrt{a^3}\cdot\sqrt{b}}=\frac{3}{2}\left(\frac{b}{a}\right)^{\frac{3}{2}}.$$

事实上,应用洛必达法则求此极限更简单些,这是因为

$$\lim_{h\to0}\frac{\sqrt{(b+h)^5}-\sqrt{b^5}}{h}=\lim_{h\to0}\frac{5}{2}\sqrt{(b+h)^3}=\frac{5}{2}b^{\frac{3}{2}}.$$

$$\lim_{h\to0}\frac{\frac{1}{\sqrt{a}}-\frac{1}{\sqrt{a+h}}}{h}=\lim_{h\to0}\frac{1}{2}(a+h)^{-\frac{3}{2}}=\frac{1}{2}a^{-\frac{3}{2}}.$$

于是,
$$\lim_{h\to0}\frac{S'}{S}=\frac{6}{5}\cdot\frac{5}{2}b^{\frac{3}{2}}\cdot\frac{1}{2}a^{-\frac{3}{2}}=\frac{3}{2}\left(\frac{b}{a}\right)^{\frac{3}{2}}.$$

**注意** 若利用二重积分的变量代换,则计算 $S'$ 较为简单,容易算得

$$\frac{D(u,v)}{D(x,y)}=-\frac{3}{2}\left(\frac{y}{x}\right)^{\frac{3}{2}},$$

故 $S'=\iint_{S'}\mathrm{d}u\mathrm{d}v=\iint_{S}\left|\frac{D(u,v)}{D(x,y)}\right|\mathrm{d}x\mathrm{d}y=\frac{3}{2}\int_a^{a+h}x^{-\frac{3}{2}}\mathrm{d}x\int_b^{b+h}y^{\frac{3}{2}}\mathrm{d}y=\frac{6}{5}\left(\frac{1}{\sqrt{a}}-\frac{1}{\sqrt{a+h}}\right)\left(\sqrt{(b+h)^5}-\sqrt{b^5}\right)$

与上述结果一致. 但是,从原习题集的安排来看,似乎应从 3965 题以后才开始用一般的变量代换来计算二重积分.

## 引入新的变量 $u,v$ 来代替 $x,y$ 并确定下列二重积分中的积分限:

**【3957】** $\int_a^b\mathrm{d}x\int_{\alpha x}^{\beta x}f(x,y)\mathrm{d}y\quad(0<a<b;\ 0<\alpha<\beta)$,令

$$u=x,\qquad v=\frac{y}{x}.$$

**提示** 注意在所给变换 $u=x,v=\frac{y}{x}$ 下,积分域由 $a\leqslant x\leqslant b,\alpha x\leqslant y\leqslant\beta x$ 变为 $a\leqslant u\leqslant b,\alpha\leqslant v\leqslant\beta$,且变换的雅可比行列式

$$I=\frac{D(x,y)}{D(u,v)}=\begin{vmatrix}1&0\\v&u\end{vmatrix}=u>0.$$

**解** 在变换 $u=x, v=\frac{y}{x}$ 下，区域 $\Omega=\{a\leqslant x\leqslant b, \alpha x\leqslant y\leqslant \beta x\}$ 变为 $\Omega'=\{a\leqslant u\leqslant b, \alpha\leqslant v\leqslant \beta\}$. 变换的雅可比行列式

$$I=\frac{D(x,y)}{D(u,v)}=\begin{vmatrix}1 & 0\\ v & u\end{vmatrix}=u>0.$$

于是
$$\int_a^b \mathrm{d}x\int_{\alpha x}^{\beta x} f(x,y)\mathrm{d}y=\int_a^b u\mathrm{d}u\int_\alpha^\beta f(u,uv)\mathrm{d}v.$$

**【3958】** $\int_0^2 \mathrm{d}x\int_{1-x}^{2-x} f(x,y)\mathrm{d}y$，令 $u=x+y, v=x-y$.

**提示** 在变换 $u=x+y$，$v=x-y$ 下，积分域由 $0\leqslant x\leqslant 2, 1-x\leqslant y\leqslant 2-x$ 变为 $1\leqslant u\leqslant 2$，$-u\leqslant v\leqslant 4-u$，且变换的雅可比行列式 $I=-\frac{1}{2}, x=\frac{u+v}{2}, y=\frac{u-v}{2}$.

**解** 在变换 $u=x+y$，$v=x-y$ 下，区域 $\Omega=\{0\leqslant x\leqslant 2, 1-x\leqslant y\leqslant 2-x\}$ 变为 $\Omega'=\{1\leqslant u\leqslant 2, -u\leqslant v\leqslant 4-u\}$. 事实上，$u+v=2x, u-v=2y$，故 $0\leqslant u+v\leqslant 4$，即 $-u\leqslant v\leqslant 4-u$. 变换的雅可比行列式 $I=-\frac{1}{2}$，从而，$|I|=\frac{1}{2}$，且 $x=\frac{y+v}{2}, y=\frac{y=v}{2}$. 于是，

$$\int_0^2 \mathrm{d}x\int_{1-x}^{2-x} f(x,y)\mathrm{d}y=\frac{1}{2}\int_1^2 \mathrm{d}u\int_{-u}^{4-u} f\left(\frac{u+v}{2},\frac{u-v}{2}\right)\mathrm{d}v.$$

**【3959】** $\iint\limits_\Omega f(x,y)\mathrm{d}x\mathrm{d}y$，其中 $\Omega$ 是被曲线 $\sqrt{x}+\sqrt{y}=\sqrt{a}, x=0, y=0\,(a>0)$ 所包围的区域，令

$$x=u\cos^4 v,\qquad y=u\sin^4 v.$$

**提示** 注意 $\Omega$ 的界线 $\sqrt{x}+\sqrt{y}=\sqrt{a}$ 的参数方程为

$$x=a\cos^4 v,\quad y=a\sin^4 v\quad \left(0\leqslant v\leqslant \frac{\pi}{2}\right).$$

对于所给变换，有 $|I|=4|u\cos^3 v\cdot\sin^3 v|$，且积分域 $\Omega$ 变为 $\Omega'=\left\{0\leqslant u\leqslant a, 0\leqslant v\leqslant\frac{\pi}{2}\right\}$.

**解** $\Omega$ 的界线 $\sqrt{x}+\sqrt{y}=\sqrt{a}$ 的参数方程为

$$x=a\cos^4 v,\qquad y=a\sin^4 v\quad \left(0\leqslant v\leqslant \frac{\pi}{2}\right).$$

对于变换 $x=u\cos^4 v, y=u\sin^4 v$，有 $|I|=4|u\cos^3 v\sin^3 v|$，且区域 $\Omega$ 变为 $\Omega'=\left\{0\leqslant u\leqslant a, 0\leqslant v\leqslant\frac{\pi}{2}\right\}$. 于是，

$$\begin{aligned}\iint\limits_\Omega f(x,y)\mathrm{d}x\mathrm{d}y&=4\int_0^a u\mathrm{d}u\int_0^{\frac{\pi}{2}}\cos^3 v\sin^3 v f(u\cos^4 v, v\sin^4 v)\mathrm{d}v\\&=4\int_0^{\frac{\pi}{2}}\cos^3 v\sin^3 v\mathrm{d}v\int_0^a u f(u\cos^4 v, u\sin^4 v)\mathrm{d}u.\end{aligned}$$

**【3960】** 证明：变量代换 $x+y=\xi, y=\xi\eta$ 把三角形 $0\leqslant x\leqslant 1$，$0\leqslant y\leqslant 1-x$ 变为单位正方形 $0\leqslant\xi\leqslant 1$，$0\leqslant\eta\leqslant 1$.

**证** 由 $0\leqslant y\leqslant 1-x$ 及 $0\leqslant x\leqslant 1$ 得 $0\leqslant x+y\leqslant 1$，即 $0\leqslant\xi\leqslant 1$. 又 $\eta=\frac{y}{\xi}\leqslant\frac{y}{0+y}=1$，且 $\eta\geqslant 0$，故 $0\leqslant\eta\leqslant 1$.

反之，从 $0\leqslant\xi\leqslant 1, 0\leqslant\eta\leqslant 1$，得 $0\leqslant x+y\leqslant 1, y=\xi\eta, x=\xi(1-\eta)$，故 $0\leqslant x\leqslant 1, 0\leqslant y\leqslant 1-x$. 因此，三角形域 $\{0\leqslant x\leqslant 1, 0\leqslant y\leqslant 1-x\}$ 变为正方形域 $\{0\leqslant\xi\leqslant 1, 0\leqslant\eta\leqslant 1\}$.

**【3961】** 在怎样的变量代换下，由曲线 $xy=1, xy=2, x-y+1=0, x-y-1=0\,(x>0, y>0)$ 围成的曲线四边形被变换成矩形，且其边平行于坐标轴？

**提示** 宜作变换 $xy=u, x-y=v$.

**解** 原四条曲线为 $xy=1, xy=2, x-y=-1, x-y=1\,(x>0, y>0)$，故显然应作变换 $xy=u, x-y=v$. 这时 $u$ 从 1 变到 2，$v$ 从 $-1$ 变到 1，故原积分域变为区域：$1\leqslant u\leqslant 2, -1\leqslant v\leqslant 1$.

**进行适当的变量代换，把二重积分化为一重积分：**

【3962】 $\iint\limits_{|x|+|y|\leqslant 1} f(x+y)\mathrm{d}x\mathrm{d}y$.

**提示** 作变换 $x+y=u, x-y=v$ 或 $x=\dfrac{u+v}{2}, y=\dfrac{u-v}{2}$. 则有 $|I|=\dfrac{1}{2}$,且 $u$ 从 $-1$ 变到 $1$,$v$ 也从 $-1$ 变到 $1$.

**解** 作变换 $x+y=u, x-y=v$ 或 $x=\dfrac{u+v}{2}, y=\dfrac{u-v}{2}$,则有 $|I|=\dfrac{1}{2}$,且 $u$ 从 $-1$ 变到 $1$,$v$ 从 $-1$ 变到 $1$. 于是,

$$\iint\limits_{|x|+|y|\leqslant 1} f(x+y)\mathrm{d}x\mathrm{d}y=\frac{1}{2}\int_{-1}^{1}\mathrm{d}v\int_{-1}^{1}f(u)\mathrm{d}u=\int_{-1}^{1}f(u)\mathrm{d}u.$$

【3963】 $\iint\limits_{x^2+y^2\leqslant 1} f(ax+by+c)\mathrm{d}x\mathrm{d}y \quad (a^2+b^2\neq 0)$.

**提示** 作变换 $\dfrac{ax+by}{\sqrt{a^2+b^2}}=u, \dfrac{bx-ay}{\sqrt{a^2+b^2}}=v$,则有 $x=\dfrac{au+bv}{\sqrt{a^2+b^2}}, y=\dfrac{bu-av}{\sqrt{a^2+b^2}}$ 及 $x^2+y^2=u^2+v^2$. 故区域 $x^2+y^2\leqslant 1$ 变为 $u^2+v^2\leqslant 1$,且有 $|I|=1$.

**解** 作变换 $\dfrac{ax+by}{\sqrt{a^2+b^2}}=u, \dfrac{bx-ay}{\sqrt{a^2+b^2}}=v$,则有 $x=\dfrac{au+bv}{\sqrt{a^2+b^2}}, y=\dfrac{bu-av}{\sqrt{a^2+b^2}}$ 及 $x^2+y^2=u^2+v^2\leqslant 1$,故区域 $x^2+y^2\leqslant 1$ 变为 $u^2+v^2\leqslant 1$,且有 $|I|=1$. 于是,

$$\iint\limits_{x^2+y^2\leqslant 1} f(ax+by+c)\mathrm{d}x\mathrm{d}y=\iint\limits_{u^2+v^2\leqslant 1} f(\sqrt{a^2+b^2}\,u+c)\mathrm{d}u\mathrm{d}v=\int_{-1}^{1}\mathrm{d}u\int_{-\sqrt{1-u^2}}^{\sqrt{1-u^2}}f(\sqrt{a^2+b^2}\,u+c)\mathrm{d}v$$

$$=\int_{-1}^{1}f(\sqrt{a^2+b^2}\,u+c)\mathrm{d}u\int_{-\sqrt{1-u^2}}^{\sqrt{1-u^2}}\mathrm{d}v=2\int_{-1}^{1}\sqrt{1-u^2}\,f(\sqrt{a^2+b^2}\,u+c)\mathrm{d}u.$$

【3964】 $\iint\limits_{\Omega} f(xy)\mathrm{d}x\mathrm{d}y$ 其中区域 $\Omega$ 由曲线 $xy=1, xy=2, y=x, y=4x\,(x>0, y>0)$ 围成.

**提示** 作变换 $xy=u, \dfrac{y}{x}=v$,即 $x=\sqrt{\dfrac{u}{v}}, y=\sqrt{uv}$. 则区域 $\Omega$ 变为区域

$$\Omega'=\{1\leqslant u\leqslant 2, 1\leqslant v\leqslant 4\},\quad 且\ |I|=\frac{1}{2v}.$$

**解** 作变换 $xy=u, \dfrac{y}{x}=v$,则区域 $\Omega$ 变为区域 $\Omega'=\{1\leqslant u\leqslant 2, 1\leqslant v\leqslant 4\}$,且 $|I|=\dfrac{1}{2v}$. 于是,

$$\iint\limits_{\Omega} f(xy)\mathrm{d}x\mathrm{d}y=\int_{1}^{4}\frac{\mathrm{d}v}{2v}\int_{1}^{2}f(u)\mathrm{d}u=\ln 2\int_{1}^{2}f(u)\mathrm{d}u.$$

**计算下列二重积分:**

【3965】 $\iint\limits_{\Omega}(x+y)\mathrm{d}x\mathrm{d}y$,其中区域 $\Omega$ 由曲线 $x^2+y^2=x+y$ 围成.

**提示** 作变换 $x=\dfrac{1}{2}+r\cos\varphi, y=\dfrac{1}{2}+r\sin\varphi$. 则区域 $\Omega$ 变为区域

$$\Omega'=\left\{0\leqslant\varphi\leqslant 2\pi, 0\leqslant r\leqslant\frac{1}{\sqrt{2}}\right\},\quad 且\ |I|=r.$$

**解** 区域 $\Omega$ 即圆 $\left(x-\dfrac{1}{2}\right)^2+\left(y-\dfrac{1}{2}\right)^2\leqslant\left(\dfrac{1}{\sqrt{2}}\right)^2$. 作变换:$x=\dfrac{1}{2}+r\cos\varphi, y=\dfrac{1}{2}+r\sin\varphi$,则区域 $\Omega$ 变区域 $\Omega'=\left\{0\leqslant\varphi\leqslant 2\pi, 0\leqslant r\leqslant\dfrac{1}{\sqrt{2}}\right\}$,且 $|I|=r$. 于是,

$$\iint\limits_{\Omega}(x+y)\mathrm{d}x\mathrm{d}y=\int_{0}^{2\pi}\mathrm{d}\varphi\int_{0}^{\frac{1}{\sqrt{2}}}[r+r^2(\sin\varphi+\cos\varphi)]\mathrm{d}r=\frac{\pi}{2}.$$

【3966】 $\iint\limits_{|x|+|y|\leqslant 1}(|x|+|y|)\mathrm{d}x\mathrm{d}y$.

**提示** 注意积分域的对称性.

**解** $\iint\limits_{|x|+|y|\leqslant 1}(|x|+|y|)\mathrm{d}x\mathrm{d}y=4\int_0^1\mathrm{d}x\int_0^{1-x}(x+y)\mathrm{d}y=\frac{4}{3}$.

**【3967】** $\iint\limits_{\Omega}\sqrt{1-\frac{x^2}{a^2}-\frac{y^2}{b^2}}\,\mathrm{d}x\mathrm{d}y$,其积分域 $\Omega$ 是椭圆区域 $\frac{x^2}{a^2}+\frac{y^2}{b^2}\leqslant 1$.

**提示** 作变换 $x=ar\cos\varphi, y=br\sin\varphi$,则区域 $\Omega$ 变为区域 $\Omega'=\{0\leqslant r\leqslant 1, 0\leqslant\varphi\leqslant 2\pi\}$,且有 $|I|=abr$.

**解** 作变换 $x=ar\cos\varphi, y=br\sin\varphi$,则区域 $\Omega$ 变为区域 $\Omega'=\{0\leqslant r\leqslant 1, 0\leqslant\varphi\leqslant 2\pi\}$,且 $|I|=abr$. 于是,

$$\iint\limits_{\Omega}\sqrt{1-\frac{x^2}{a^2}-\frac{y^2}{b^2}}\,\mathrm{d}x\mathrm{d}y=\int_0^{2\pi}\mathrm{d}\varphi\int_0^1 ab\sqrt{1-r^2}\,r\mathrm{d}r=2\pi ab\int_0^1\sqrt{1-r^2}\,r\mathrm{d}r=\frac{2\pi ab}{3}.$$

**【3968】** $\iint\limits_{x^4+y^4\leqslant 1}(x^2+y^2)\mathrm{d}x\mathrm{d}y$.

**提示** 作变换 $x=r\cos\varphi, y=r\sin\varphi$,利用对称性及 1712 题的结果.

**解** 作变换 $x=r\cos\varphi, y=r\sin\varphi$,并利用对称性,则有

$$\iint\limits_{x^4+y^4\leqslant 1}(x^2+y^2)\mathrm{d}x\mathrm{d}y=8\int_0^{\frac{\pi}{4}}\mathrm{d}\varphi\int_0^{\left(\frac{1}{\cos^4\varphi+\sin^4\varphi}\right)^{\frac{1}{4}}}r^3\mathrm{d}r=2\int_0^{\frac{\pi}{4}}\frac{\mathrm{d}\varphi}{\cos^4\varphi+\sin^4\varphi}=2\int_0^{\frac{\pi}{4}}\frac{\sec^2\varphi\mathrm{d}\tan\varphi}{1+\tan^4\varphi}$$

$$=2\int_0^1\frac{1+t^2}{1+t^4}\mathrm{d}t=\frac{2}{\sqrt{2}}\arctan\frac{t^2-1}{t\sqrt{2}}\Bigg|_0^{1\,*)}=\frac{\pi}{\sqrt{2}}.$$

*) 利用 1712 题的结果.

**【3969】** $\iint\limits_{\Omega}(x+y)\mathrm{d}x\mathrm{d}y$,其积分域 $\Omega$ 由曲线 $y^2=2x, x+y=4, x+y=12$ 围成.

**解** 由解方程组 $\begin{cases}x+y=4,\\ y^2=2x\end{cases}$ 及 $\begin{cases}x+y=12,\\ y^2=2x\end{cases}$

求得两条直线与抛物线的交点为 $A(2,2)$, $B(8,4)$, $C(18,-6)$, $D(8,-4)$(图 8.28). 于是,

$$\iint\limits_{\Omega}(x+y)\mathrm{d}x\mathrm{d}y=\int_{-6}^{-4}\mathrm{d}y\int_{\frac{y^2}{2}}^{12-y}(x+y)\mathrm{d}x+\int_{-4}^{2}\mathrm{d}y\int_{4-y}^{12-y}(x+y)\mathrm{d}x$$

$$+\int_2^4\mathrm{d}y\int_{\frac{y^2}{2}}^{12-y}(x+y)\mathrm{d}x=79\frac{13}{15}+384+79\frac{13}{15}$$

$$=543\frac{11}{15}.$$

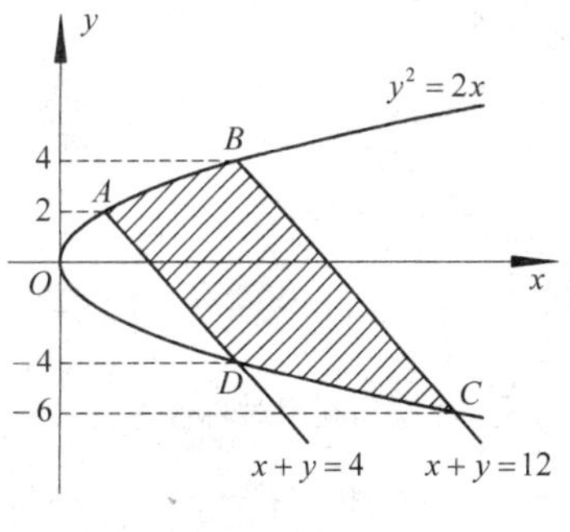


图 8.28

**【3970】** $\iint\limits_{\Omega}xy\mathrm{d}x\mathrm{d}y$,其中 $\Omega$ 是由曲线 $xy=1, x+y=\frac{5}{2}$ 围成的区域.

**解** 曲线 $xy=1$ 与直线 $x+y=\frac{5}{2}$ 的交点为$(\frac{1}{2},2)$, $(2,\frac{1}{2})$. 于是,

$$\iint\limits_{\Omega}xy\mathrm{d}x\mathrm{d}y=\int_{\frac{1}{2}}^2 x\mathrm{d}x\int_{\frac{1}{x}}^{\frac{5}{2}-x}y\mathrm{d}y=\frac{1}{2}\int_{\frac{1}{2}}^2\left(\frac{25}{4}x-5x^2+x^3-\frac{1}{x}\right)\mathrm{d}x=1\frac{37}{128}-\ln 2.$$

**【3971】** $\iint\limits_{\substack{0\leqslant x\leqslant\pi\\0\leqslant y\leqslant\pi}}|\cos(x+y)|\mathrm{d}x\mathrm{d}y$.

**解** $\iint\limits_{\substack{0\leqslant x\leqslant\pi\\0\leqslant y\leqslant\pi}}|\cos(x+y)|\mathrm{d}x\mathrm{d}y=\int_0^\pi\mathrm{d}x\int_0^\pi|\cos(x+y)|\mathrm{d}y$

$$=\int_0^{\frac{\pi}{2}}\mathrm{d}x\int_0^\pi|\cos(x+y)|\mathrm{d}y+\int_{\frac{\pi}{2}}^\pi\mathrm{d}x\int_0^\pi|\cos(x+y)|\mathrm{d}y$$

$$=\int_0^{\frac{\pi}{2}}\left[\int_0^{\frac{\pi}{2}-x}\cos(x+y)\mathrm{d}y-\int_{\frac{\pi}{2}-x}^\pi\cos(x+y)\mathrm{d}y\right]\mathrm{d}x.+\int_{\frac{\pi}{2}}^\pi\left[-\int_0^{\frac{3\pi}{2}-x}\cos(x+y)\mathrm{d}y+\int_{\frac{3\pi}{2}-x}^\pi\cos(x+y)\mathrm{d}y\right]\mathrm{d}x$$

$$=\int_0^{\frac{\pi}{2}}\left\{\left(\sin\frac{\pi}{2}-\sin x\right)-\left[\sin(x+\pi)-\sin\frac{\pi}{2}\right]\right\}dx+\int_{\frac{\pi}{2}}^{\pi}\left\{-(\sin\frac{3\pi}{2}-\sin x)+\left[\sin(x+\pi)-\sin\frac{3\pi}{2}\right]\right\}dx$$

$$=\int_0^{\frac{\pi}{2}}2dx+\int_{\frac{\pi}{2}}^{\pi}2dx=2\pi.$$

**【3972】** $\iint\limits_{x^2+y^2\leqslant 1}\left|\frac{x+y}{\sqrt{2}}-x^2-y^2\right|dxdy.$

**解** 积分域如图 8.29 所示，由 $\Omega_1,\Omega_2,\Omega_3$ 和 $\Omega_4$ 所组成，其中 $\Omega_1$ 为由圆 $\frac{x+y}{\sqrt{2}}-x^2-y^2=0$，即圆 $\left(x-\frac{1}{2\sqrt{2}}\right)^2+\left(y-\frac{1}{2\sqrt{2}}\right)^2=\frac{1}{4}$ 围成的区域，该圆的极坐标方程为 $r=\sin(\varphi+\frac{\pi}{4})$，而圆 $x^2+y^2=1$ 的极坐标方程为 $r=1$. 于是，各区域分别为

$$\Omega_1:-\frac{\pi}{4}\leqslant\varphi\leqslant\frac{3\pi}{4},\ 0\leqslant r\leqslant\sin\left(\varphi+\frac{\pi}{4}\right);$$

$$\Omega_2:\frac{\pi}{4}\leqslant\varphi\leqslant\frac{3\pi}{4},\ \sin\left(\varphi+\frac{\pi}{4}\right)\leqslant r\leqslant 1;$$

$$\Omega_3:\frac{3\pi}{4}\leqslant\varphi\leqslant\frac{7\pi}{4},\ 0\leqslant r\leqslant 1;$$

$$\Omega_4:-\frac{\pi}{4}\leqslant\varphi\leqslant\frac{\pi}{4},\ \sin\left(\varphi+\frac{\pi}{4}\right)\leqslant r\leqslant 1.$$

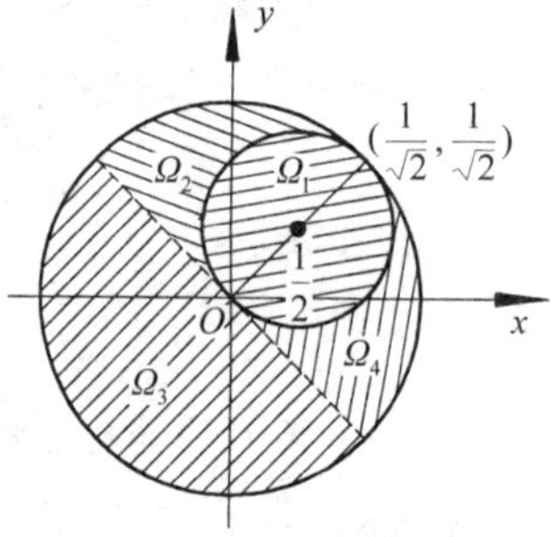


图 8.29

当点在 $\Omega_1$ 中时，由于 $\left(x-\frac{1}{2\sqrt{2}}\right)^2+\left(y-\frac{1}{2\sqrt{2}}\right)^2\leqslant\frac{1}{4}$，

即 $\frac{x+y}{\sqrt{2}}-(x^2+y^2)\geqslant 0$，故

$$\left|\frac{x+y}{\sqrt{2}}-x^2-y^2\right|=\frac{x+y}{\sqrt{2}}-x^2-y^2=r\sin\left(\varphi+\frac{\pi}{4}\right)-r^2;$$

当点在 $\Omega_2$、$\Omega_3$ 和 $\Omega_4$ 中时，

$$\left|\frac{x+y}{\sqrt{2}}-x^2-y^2\right|=x^2+y^2-\frac{x+y}{\sqrt{2}}=r^2-r\sin\left(\varphi+\frac{\pi}{4}\right).$$

于是，注意到利用对称性即得

$$\iint\limits_{x^2+y^2\leqslant 1}\left|\frac{x+y}{\sqrt{2}}-x^2-y^2\right|dxdy$$

$$=2\int_{-\frac{\pi}{4}}^{\frac{\pi}{4}}d\varphi\int_0^{\sin(\varphi+\frac{\pi}{4})}\left[r\sin\left(\varphi+\frac{\pi}{4}\right)-r^2\right]rdr+2\int_{-\frac{\pi}{4}}^{\frac{\pi}{4}}d\varphi\int_{\sin(\varphi+\frac{\pi}{4})}^{1}\left[r^2-r\sin\left(\varphi+\frac{\pi}{4}\right)\right]rdr$$

$$+\int_{\frac{3\pi}{4}}^{\frac{7\pi}{4}}d\varphi\int_0^1\left[r^2-r\sin\left(\varphi+\frac{\pi}{4}\right)\right]rdr$$

$$=\frac{1}{6}\int_{-\frac{\pi}{4}}^{\frac{\pi}{4}}\sin^4\left(\varphi+\frac{\pi}{4}\right)d\varphi+\int_{-\frac{\pi}{4}}^{\frac{\pi}{4}}\left[\frac{1}{2}-\frac{2}{3}\sin\left(\varphi+\frac{\pi}{4}\right)+\frac{1}{6}\sin^4\left(\varphi+\frac{\pi}{4}\right)\right]d\varphi$$

$$+\int_{\frac{3\pi}{4}}^{\frac{7\pi}{4}}\left[\frac{1}{4}-\frac{1}{3}\sin\left(\varphi+\frac{\pi}{4}\right)\right]d\varphi$$

$$=\frac{1}{6}\int_0^{\frac{\pi}{2}}\sin^4 u\,du+\left(\frac{\pi}{4}-\frac{2}{3}+\frac{1}{6}\int_0^{\frac{\pi}{2}}\sin^4 u\,du\right)+\left(\frac{2}{3}+\frac{\pi}{4}\right)^{*)}$$

$$=\frac{\pi}{32}+\left(\frac{\pi}{4}-\frac{2}{3}+\frac{\pi}{32}\right)+\left(\frac{2}{3}+\frac{\pi}{4}\right)=\frac{9\pi}{16}.$$

*） 利用 2281 题的结果.

**【3973】⁺** $\iint\limits_{\substack{|x|\leqslant 1\\0\leqslant y\leqslant 2}}\sqrt{|y-x^2|}\,dxdy.$

**提示** 注意 $\iint\limits_{\substack{|x|\leqslant 1\\0\leqslant y\leqslant 2}}\sqrt{|y-x^2|}\,dxdy=\iint\limits_{\substack{|x|\leqslant 1\\0\leqslant y\leqslant x^2}}\sqrt{x^2-y}\,dxdy+\iint\limits_{\substack{|x|\leqslant 1\\x^2\leqslant y\leqslant 2}}\sqrt{y-x^2}\,dxdy$,

并在积分过程中作代换 $x=\sqrt{2}\sin t$ 及利用 1750 题的结果.

**解** $\iint\limits_{\substack{|x|\leqslant 1\\0\leqslant y\leqslant 2}}\sqrt{|y-x^2|}\,dxdy=\iint\limits_{\substack{|x|\leqslant 1\\0\leqslant y\leqslant x^2}}\sqrt{x^2-y}\,dxdy+\iint\limits_{\substack{|x|\leqslant 1\\x^2\leqslant y\leqslant 2}}\sqrt{y-x^2}\,dxdy$

$$=\int_{-1}^{1}dx\int_0^{x^2}\sqrt{x^2-y}\,dy+\int_{-1}^{1}dx\int_{x^2}^{2}\sqrt{y-x^2}\,dy=\frac{4}{3}\int_0^1 x^3dx+\frac{4}{3}\int_0^1(2-x^2)^{\frac{3}{2}}dx$$

$$=\frac{1}{3}+\frac{16}{3}\int_0^{\frac{\pi}{4}}\cos^4\theta d\theta=\frac{1}{3}+\frac{16}{3}\left(\frac{3\pi}{32}+\frac{1}{4}\right)^{*)}=\frac{5}{3}+\frac{\pi}{2}.$$

*） 参看 1750 题的结果.

### 计算不连续函数的积分：

**【3974】** $\iint\limits_{x^2+y^2\leqslant 4}\operatorname{sgn}(x^2-y^2+2)dxdy.$

**解题思路** 注意：当 $y^2-x^2<2$ 时，$\operatorname{sgn}(x^2-y^2+2)=1$；当 $y^2-x^2>2$ 时，$\operatorname{sgn}(x^2-y^2+2)=-1$；当 $y^2-x^2=2$时，$\operatorname{sgn}(x^2-y^2+2)=0$.

现将区域 $x^2+y^2\leqslant 4$ 分成 $\Omega_1,\Omega_2,\Omega_3,\Omega_4$ 及 $\Omega_5$ 五个子域，其中每一个子域的围线为

$\Omega_1: x^2+y^2=4, y^2-x^2=2, y>0$； $\Omega_2: y^2-x^2=2, x=-1, x=1$；

$\Omega_3: x^2+y^2=4, x=-1$； $\Omega_4: x^2+y^2=4, x=1$；

$\Omega_5: x^2+y^2=4, y^2-x^2=2, y<0$.

当点在 $\Omega_1$ 及 $\Omega_5$ 时，$y^2-x^2>2$，故 $\operatorname{sgn}(x^2-y^2+2)=-1$；

当点在 $\Omega_2,\Omega_3$ 及 $\Omega_4$ 中时，$y^2-x^2<2$，故$\operatorname{sgn}(x^2-y^2+2)=1$.

从而，问题可获解.

**解** 当 $y^2-x^2<2$ 时，$\operatorname{sgn}(x^2-y^2+2)=1$；当 $y^2-x^2>2$ 时，$\operatorname{sgn}(x^2-y^2+2)=-1$；当 $y^2-x^2=2$ 时，$\operatorname{sgn}(x^2-y^2+2)=0$.

现将区域 $x^2+y^2\leqslant 4$分成 $\Omega_1,\Omega_2,\Omega_3,\Omega_4$ 和 $\Omega_5$ 五部分，其界线分别为$x^2+y^2=4, y^2-x^2=2, x=\pm 1$(图 8.30). 当点在 $\Omega_1$ 和 $\Omega_5$ 中时，$y^2-x^2>2$，故 $\operatorname{sgn}(x^2-y^2+2)=-1$；当点在 $\Omega_2$、$\Omega_3$ 和 $\Omega_4$ 中时，$y^2-x^2<2$，故$\operatorname{sgn}(x^2-y^2+2)=1$. 于是，

$$\iint\limits_{x^2+y^2\leqslant 4}\operatorname{sgn}(x^2-y^2+2)dxdy$$

$$=-\iint\limits_{\Omega_1}dxdy-\iint\limits_{\Omega_5}dxdy+\iint\limits_{\Omega_2}dxdy+\iint\limits_{\Omega_3}dxdy+\iint\limits_{\Omega_4}dxdy$$

$$=-4\int_0^1 dx\int_{\sqrt{2+x^2}}^{\sqrt{4-x^2}}dy+4\int_0^1 dx\int_0^{\sqrt{2+x^2}}dy+4\int_1^2 dx\int_0^{\sqrt{4-x^2}}dy$$

$$=8\int_0^1\sqrt{2+x^2}\,dx+4\left(\int_1^2\sqrt{4-x^2}\,dx-\int_0^1\sqrt{4-x^2}\,dx\right)$$

$$=\frac{4\pi}{3}+8\ln\frac{1+\sqrt{3}}{\sqrt{2}}.$$

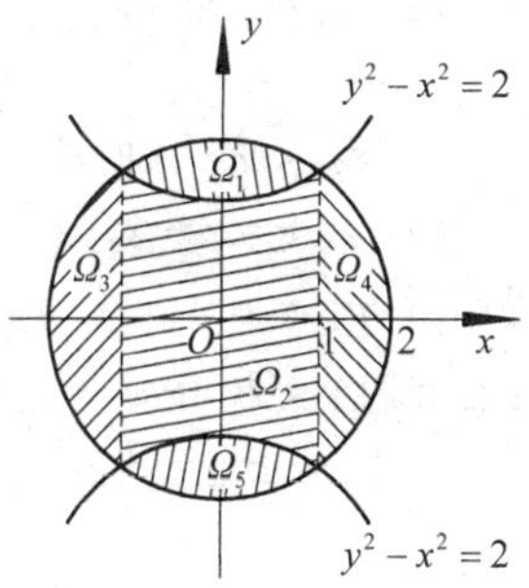


图 8.30

**【3975】** $\iint\limits_{\substack{0\leqslant x\leqslant 2\\0\leqslant y\leqslant 2}}[x+y]dxdy.$

**解题思路** 注意：

当 $0\leqslant x+y<1$ 时，$[x+y]=0$；当 $1\leqslant x+y<2$ 时，$[x+y]=1$；当 $2\leqslant x+y<3$ 时，$[x+y]=2$；当 $3\leqslant x+y<4$ 时，$[x+y]=3$；当 $x+y=4$ 时，$[x+y]=4$.

现将区域 $0\leqslant x\leqslant 2, 0\leqslant y\leqslant 2$ 分成四个子域 $\Omega_1,\Omega_2,\Omega_3$ 及 $\Omega_4$，它们依次为

$\Omega_1: x+y\leqslant 1,\ x\geqslant 0,\ y\geqslant 0$；　　$\Omega_2: 1\leqslant x+y\leqslant 2,\ x=0,\ y=0$；

$\Omega_3: 2\leqslant x+y\leqslant 3,\ x=2,\ y=2$；　　$\Omega_4: x+y\geqslant 3,\ x\leqslant 2,\ y\leqslant 2$.

当点属于 $\Omega_1$ 的内部时，$[x+y]=0$；当点属于 $\Omega_2$ 的内部时，$[x+y]=1$；当点属于 $\Omega_3$ 的内部时，$[x+y]=2$；当点属于 $\Omega_4$ 的内部时，$[x+y]=3$.

注意 $\iint\limits_{\Omega_i} dxdy$ 为区域 $\Omega_i$ 的面积($i=1,2,3,4$)，问题即易获解.

**解**　当 $0\leqslant x+y<1$ 时，$[x+y]=0$；　当 $1\leqslant x+y<2$ 时，$[x+y]=1$；

当 $2\leqslant x+y<3$ 时，$[x+y]=2$；　当 $3\leqslant x+y<4$ 时，$[x+y]=3$；

当 $x+y=4$ 时，$[x+y]=4$.

如图 8.31 所示，区域 $0\leqslant x\leqslant 2, 0\leqslant y\leqslant 2$ 可分为下列四部分：

$\Omega_1: x+y\leqslant 1,\ x\geqslant 0,\ y\geqslant 0$；　　$\Omega_2: 1\leqslant x+y\leqslant 2,\ x=0,\ y=0$；

$\Omega_3: 2\leqslant x+y\leqslant 3,\ x=2,\ y=2$；　　$\Omega_4: x+y\geqslant 3,\ x\leqslant 2,\ y\leqslant 2$.

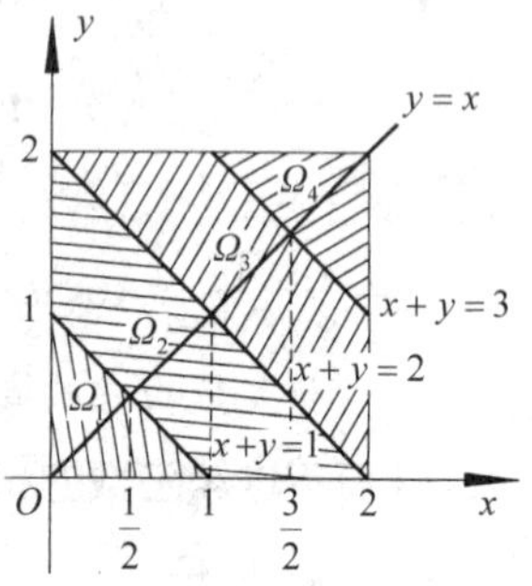


图 8.31

当点属于 $\Omega_1$ 的内部时，$[x+y]=0$；当点属于 $\Omega_2$ 的内部时，$[x+y]=1$；当点属于 $\Omega_3$ 的内部时，$[x+y]=2$；当点属于 $\Omega_4$ 的内部时，$[x+y]=3$. 于是，

$$\iint\limits_{\substack{0\leqslant x\leqslant 2\\0\leqslant y\leqslant 2}}[x+y]dxdy=\iint\limits_{\Omega_2}dxdy+2\iint\limits_{\Omega_3}dxdy+3\iint\limits_{\Omega_4}dxdy$$

$$=2\left[\int_{\frac{1}{2}}^{1}dx\int_{1-x}^{x}dy+\int_{1}^{2}dx\int_{0}^{2-x}dy\right]+4\left[\int_{1}^{\frac{3}{2}}dx\int_{2-x}^{x}dy+\int_{\frac{3}{2}}^{2}dx\int_{2-x}^{3-x}dy\right]+6\int_{\frac{3}{2}}^{2}dx\int_{3-x}^{x}dy$$

$$=2\left[\int_{\frac{1}{2}}^{1}(2x-1)dx+\int_{1}^{2}(2-x)dx\right]+4\left[\int_{1}^{\frac{3}{2}}(2x-2)dx+\int_{\frac{3}{2}}^{2}dx\right]+6\int_{\frac{3}{2}}^{2}(2x-3)dx=6.$$

**【3976】**　$\iint\limits_{x^2\leqslant y\leqslant 4}\sqrt{[y-x^2]}\,dxdy$.

**解题思路**　注意：

当 $x^2\leqslant y<x^2+1$ 时，$[y-x^2]=0$；当 $x^2+1\leqslant y<x^2+2$ 时，$[y-x^2]=1$；当 $x^2+2\leqslant y<x^2+3$ 时，$[y-x^2]=2$；当 $x^2+3\leqslant y<4$ 时，$[y-x^2]=3$.

又抛物线 $y=x^2+3, y=x^2+2, y=x^2+1$ 及 $y=x^2$ 与直线 $y=4$ 在第一象限内的交点依次为 $(1,4)$，$(\sqrt{2},4)$，$(\sqrt{3},4)$ 及 $(2,4)$，与 $Oy$ 轴对称的位置还有四个交点.

从而，问题可获解.

**解**　如图 8.32 所示.

当 $x^2\leqslant y<x^2+1$ 时，$[y-x^2]=0$；当 $1+x^2\leqslant y<x^2+2$ 时，$[y-x^2]=1$；当 $2+x^2\leqslant y<x^2+3$ 时，$[y-x^2]=2$；当 $3+x^2\leqslant y<4$ 时，$[y-x^2]=3$.

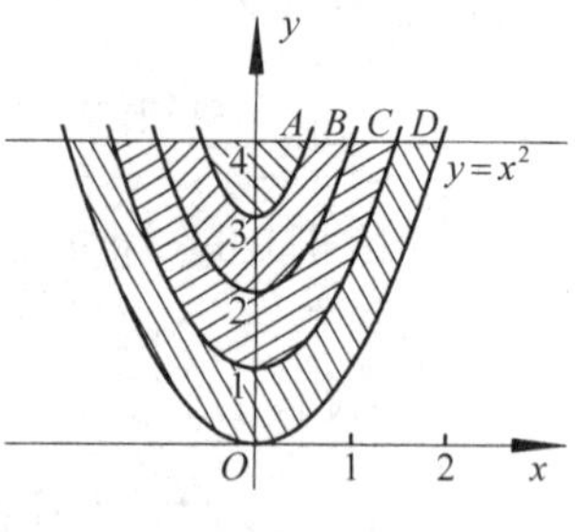


图 8.32

抛物线 $y=x^2+3, y=x^2+2, y=x^2+1$ 及 $y=x^2$ 与直线 $y=4$ 在第一象限内的交点为 $A(1,4)$，$B(\sqrt{2},4)$，$C(\sqrt{3},4)$ 及 $D(2,4)$，与 $Oy$ 轴对称的位置还有四个交点. 于是，

$$\iint\limits_{x^2\leqslant y\leqslant 4}\sqrt{[y-x^2]}\,dxdy$$

$$=2\left[\int_{0}^{\sqrt{2}}dx\int_{x^2+1}^{x^2+2}dy+\int_{\sqrt{2}}^{\sqrt{3}}dx\int_{x^2+1}^{4}dy\right]+2\sqrt{2}\left[\int_{0}^{1}dx\int_{x^2+2}^{x^2+3}dy+\int_{1}^{\sqrt{2}}dx\int_{x^2+2}^{4}dy\right]+2\sqrt{3}\int_{0}^{1}dx\int_{x^2+3}^{4}dy$$

$$=2\left[\sqrt{2}+\int_{\sqrt{2}}^{\sqrt{3}}(3-x^2)dx\right]+2\sqrt{2}\left[1+\int_{1}^{\sqrt{2}}(2-x^2)dx\right]+2\sqrt{3}\int_{0}^{1}(1-x^2)dx$$

$$=\frac{4}{3}(4+4\sqrt{3}-3\sqrt{2}).$$

**【3977】**　设 $m$ 及 $n$ 为正整数且其中至少有一个是奇数，证明：

$$\iint\limits_{x^2+y^2\leqslant a^2} x^m y^n \,dx dy=0.$$

**证明思路** 作变换 $x=r\cos\varphi, y=r\sin\varphi$，并注意 $\cos\varphi$ 及 $\sin\varphi$ 均为以 $2\pi$ 为周期的周期函数，即可得

$$\iint\limits_{x^2+y^2\leqslant a^2} x^m y^n \,dx dy=\frac{a^{m+n+2}}{m+n+2}\int_0^{2\pi}\cos^m\varphi\sin^n\varphi d\varphi=\frac{a^{m+n+2}}{m+n+2}\int_{-\frac{\pi}{2}}^{\frac{3\pi}{2}}\cos^m\varphi\sin^n\varphi d\varphi$$

$$=\frac{a^{m+n+2}}{m+n+2}\left[\int_{-\frac{\pi}{2}}^{\frac{\pi}{2}}\cos^m\varphi\sin^n\varphi d\varphi+\int_{\frac{\pi}{2}}^{\frac{3\pi}{2}}\cos^m\varphi\sin^n\varphi d\varphi\right].$$

若在上式右端的第二个积分中令 $\varphi=\pi+t$，即得

$$\iint\limits_{x^2+y^2\leqslant a^2} x^m y^n \,dx dy=\frac{a^{m+n+2}}{m+n+2}\int_{-\frac{\pi}{2}}^{\frac{\pi}{2}}[1+(-1)^{m+n}]\cos^m t\sin^n t\,dt.$$

从而，命题易获证.

**证** 作变换 $x=r\cos\varphi, y=r\sin\varphi$，则得

$$\iint\limits_{x^2+y^2\leqslant a^2} x^m y^n \,dx dy=\iint\limits_{\substack{0\leqslant\varphi\leqslant 2\pi\\0\leqslant r\leqslant a}} r^{m+n+1}\cos^m\varphi\sin^n\varphi dr d\varphi=\frac{a^{m+n+2}}{m+n+2}\int_0^{2\pi}\cos^m\varphi\sin^n\varphi d\varphi$$

$$=\frac{a^{m+n+2}}{m+n+2}\int_{-\frac{\pi}{2}}^{\frac{3\pi}{2}}\cos^m\varphi\sin^n\varphi d\varphi=\frac{a^{m+n+2}}{m+n+2}\left[\int_{-\frac{\pi}{2}}^{\frac{\pi}{2}}\cos^m\varphi\sin^n\varphi d\varphi+\int_{\frac{\pi}{2}}^{\frac{3\pi}{2}}\cos^m\varphi\sin^n\varphi d\varphi\right].\quad(1)$$

若在上式右端的第二个积分中令 $\varphi=\pi+t$，即得

$$\int_{\frac{\pi}{2}}^{\frac{3\pi}{2}}\cos^m\varphi\sin^n\varphi d\varphi=(-1)^m(-1)^n\int_{-\frac{\pi}{2}}^{\frac{\pi}{2}}\cos^m t\ \sin^n t\,dt.$$

当 $m$ 及 $n$ 中有且仅有一个为奇数时，$(-1)^m(-1)^n=-1$，因而，(1)式为零，当 $m$ 和 $n$ 均为奇数时，$(-1)^m(-1)^n=1$，因而，(1)式等于 $\frac{2a^{m+n+2}}{m+n+2}\int_{-\frac{\pi}{2}}^{\frac{\pi}{2}}\cos^m\varphi\sin^n\varphi d\varphi$. 但此被积函数在对称区间 $\left[-\frac{\pi}{2},\frac{\pi}{2}\right]$ 上为奇函数，故积分仍然为零.

总之，当 $m$ 和 $n$ 中至少有一个为奇数时，

$$\iint\limits_{x^2+y^2\leqslant a^2} x^m y^n \,dx dy=0.$$

**【3978】** 求

$$\lim_{\rho\to 0}\frac{1}{\pi\rho^2}\iint\limits_{x^2+y^2\leqslant\rho^2} f(x,y)\,dx dy,$$

其中 $f(x,y)$ 为连续函数.

**提示** 利用积分中值定理及函数 $f(x,y)$ 的连续性.

**解** 利用积分中值定理，即得

$$\iint\limits_{x^2+y^2\leqslant\rho^2} f(x,y)\,dx dy=f(\xi,\eta)\iint\limits_{x^2+y^2\leqslant\rho^2} dx dy=\pi\rho^2 f(\xi,\eta),$$

其中点 $(\xi,\eta)$ 为圆域 $x^2+y^2\leqslant\rho^2$ 内的一点. 显然，当 $\rho\to 0$ 时，点 $(\xi,\eta)\to O(0,0)$. 于是，根据函数 $f(x,y)$ 的连续性知，

$$\lim_{\rho\to 0}\frac{1}{\pi\rho^2}\iint\limits_{x^2+y^2\leqslant\rho^2} f(x,y)\,dx dy=\lim_{\rho\to 0}f(\xi,\eta)=f(0,0).$$

**【3979】** 设 $F(t)=\iint\limits_{\substack{0\leqslant x\leqslant t\\0\leqslant y\leqslant t}} e^{\frac{tx}{y^2}}\,dx dy$，求 $F'(t)$.

**解** 令 $x=ut, y=vt$，则

$$F(t)=\iint\limits_{\substack{0\leqslant x\leqslant t\\0\leqslant y\leqslant t}} e^{\frac{tx}{y^2}}\,dx dy=\iint\limits_{\substack{0\leqslant u\leqslant 1\\0\leqslant v\leqslant 1}} t^2 e^{\frac{u}{v^2}}\,du dv\quad(1)$$

于是，似乎应该有

$$F'(t)=\iint\limits_{\substack{0\leqslant u\leqslant 1\\0\leqslant v\leqslant 1}} 2t\,e^{\frac{u}{v^2}}\,du dv=\frac{2}{t}\iint\limits_{\substack{0\leqslant u\leqslant 1\\0\leqslant v\leqslant 1}} t^2 e^{\frac{u}{v^2}}\,du dv=\frac{2}{t}F(t)\quad(t>0).$$

但这是错误的.实际上本题有问题,因为(1)式中的二重积分都是广义二重积分.当 $t>0$ 时,在 $x>0,y=0$ 上(即 $u>0,v=0$ 上)被积函数成为无穷,而且这个广义二重积分是发散的.这是因为,根据被积函数的非负性,有(参看本书§9)

$$\iint\limits_{\substack{0\leqslant u\leqslant 1\\0\leqslant v\leqslant 1}} e^{\frac{u}{v^2}}\,dudv=\int_0^1 dv\int_0^1 e^{\frac{u}{v^2}}\,du=\int_0^1 v^2(e^{\frac{1}{v^2}}-1)\,dv. \tag{2}$$

对此积分,$v=0$ 是瑕点,由于被积函数 $v^2(e^{\frac{1}{v^2}}-1)$ 在 $0\leqslant v\leqslant 1$ 上非负,且(令 $\frac{1}{v^2}=t$)

$$\lim_{v\to+0} v^2[v^2(e^{\frac{1}{v^2}}-1)]=\lim_{t\to+\infty}\frac{e^t-1}{t^2}=+\infty,$$

故瑕积分 $\int_0^1 v^2(e^{\frac{1}{v^2}}-1)dv$ 发散,且 $\int_0^1 v^2(e^{\frac{1}{v^2}}-1)dv=+\infty$.由此,再根据(1)式与(2)式,得

$$F(t)\equiv+\infty \qquad (\text{当 } t>0 \text{ 时}).$$

因此,提出求 $F'(t)$ 的问题是无意义的.

注意,若本题换为:设 $$F(t)=\iint\limits_{\substack{0\leqslant x\leqslant t\\0\leqslant y\leqslant t}} e^{-\frac{tx}{y^2}}\,dxdy,$$

求 $F'(t)$.这时得(作代换 $x=ut,y=vt$)

$$F(t)=t^2\iint\limits_{\substack{0\leqslant u\leqslant 1\\0\leqslant v\leqslant 1}} e^{-\frac{u}{v^2}}\,dudv,$$

从而,右端积分是收敛的,(实际上可视为常义积分).于是,

$$F'(t)=2t\iint\limits_{\substack{0\leqslant u\leqslant 1\\0\leqslant v\leqslant 1}} e^{-\frac{u}{v^2}}\quad dudv=\frac{2}{t}F(t)\quad (t>0).$$

**【3980】**[+] 设 $F(t)=\iint\limits_{(x-t)^2+(y-t)^2\leqslant 1}\sqrt{x^2+y^2}\,dxdy$,求 $F'(t)$.

**解** 作变量代换 $x=u+t,y=v+t$ ($t$ 固定),则

$$F(t)=\iint\limits_{u^2+v^2\leqslant 1}\sqrt{(u+t)^2+(v+t)^2}\,dudv. \tag{1}$$

今在积分号下求导数*),得

$$F'(t)=\iint\limits_{u^2+v^2\leqslant 1}\frac{u+t+v+t}{\sqrt{(u+t)^2+(v+t)^2}}dudv=\iint\limits_{(x-t)^2+(y-t)^2\leqslant 1}\frac{x+y}{\sqrt{x^2+y^2}}dxdy\quad(-\infty<t<+\infty).$$

*) 积分号下求导数的合理性,证明如下:令

$$f(u,v,t)=\sqrt{(u+t)^2+(v+t)^2},$$

则
$$f'_t(u,v,t)=\frac{u+t+v+t}{\sqrt{(u+t)^2+(v+t)^2}}\quad((u,v)\neq(-t,-t)).$$

当 $(u,v)=(-t,-t)$ 时,易知 $f'_t(u,v,t)$ 不存在,但右导数存在且等于 $\sqrt{2}$,左导数也存在且等于 $-\sqrt{2}$.由于对任何数 $a,b$,有 $a^2+b^2\geqslant 2ab$,故 $2(a^2+b^2)\geqslant(a+b)^2$,从而,$\frac{|a+b|}{\sqrt{a^2+b^2}}\leqslant\sqrt{2}$.于是,

$$|f'_t(u,v,t)|\leqslant\sqrt{2}\quad((u,v)\neq(-t,-t)). \tag{2}$$

如果 $|t|>\frac{1}{\sqrt{2}}$,这时 $f(u,v,t)$,$f'_t(u,v,t)$ ($t$ 固定)都是区域 $u^2+v^2\leqslant 1$ 上的连续函数,当然可在积分号下求导数,得

$$F'(t)=\iint\limits_{u^2+v^2\leqslant 1} f'_t(u,v,t)\,dudv. \tag{3}$$

但如果 $|t|\leqslant\frac{1}{\sqrt{2}}$,则(3)式右端积分的被积函数 $f'_t(u,v,t)$ 在积分域 $u^2+v^2\leqslant 1$ 中的点 $(u,v)=(-t,-t)$ 不

连续.因此,不能立即断定(3)式的正确性.下面不论 $t$ 为何值($-\infty<t<+\infty$),直接证明(3)式成立.令

$$g(t)=\iint\limits_{u^2+v^2\leqslant 1} f'_t(u,v,t)\mathrm{d}u\mathrm{d}v \quad (-\infty<t<+\infty). \tag{4}$$

由(2)式知 $f'_t(u,v,t)$ 是有界的,且在区域 $u^2+v^2\leqslant 1$ 上至多有一个不连续点($t$ 固定),故(4)式右端的积分存在.实际上,利用(2)式以及 $f'_t(u,v,t)$ 当 $(u,v)\neq(-t,-t)$ 时的连续性,用(必要时,即 $|t|\leqslant\frac{1}{\sqrt{2}}$ 时)挖掉以点 $(-t,-t)$ 为中心的小圆域的方法,不难证明 $g(t)$ 是 $-\infty<t<+\infty$ 上的连续函数(详细证明留给读者).令

$$G(t)=\int_0^t g(s)\mathrm{d}s \quad (-\infty<t<+\infty),$$

则

$$G'(t)=g(t) \quad (-\infty<t<+\infty). \tag{5}$$

但

$$G(t)=\int_0^t \mathrm{d}s\iint\limits_{u^2+v^2\leqslant 1} f'_t(u,v,s)\mathrm{d}u\mathrm{d}v=\iiint\limits_{\substack{u^2+v^2\leqslant 1\\0\leqslant s\leqslant t}} f'_t(u,v,s)\mathrm{d}u\mathrm{d}v\mathrm{d}s=\iint\limits_{u^2+v^2\leqslant 1}\mathrm{d}u\mathrm{d}v\int_0^t f'_t(u,v,s)\mathrm{d}s. \tag{6}$$

注意,(6)式中的运算是合理的,因为三维区域 $u^2+v^2\leqslant 1,0\leqslant s\leqslant t$($t$ 固定)中,三元函数 $f'_t(u,v,s)$ 有界且只在直线 $u=v=-s$ 的一段上不连续,从而,(6)式中的三重积分及两个累次积分都存在,故它们相等.

下证恒有

$$\int_0^t f'_t(u,v,s)\mathrm{d}s=f(u,v,t)-f(u,v,0). \tag{7}$$

事实上,若 $(u,v)\neq(-t_1,-t_1)$ ($t_1\in[0,t]$),则 $f'_t(u,v,t)$ 是 $0\leqslant s\leqslant t$ 上的连续函数($u,v$ 固定),从而,(7)式成立;若 $(u,v)=(-t_1,-t_1)$($t_1$ 是属于 $[0,t]$ 的某数),则由 $f(u,v,s)$ 对任何 $u,v,s$ 的连续性,有

$$\begin{aligned}\int_0^t f'_t(u,v,s)\mathrm{d}s&=\lim_{\varepsilon\to+0}\int_0^{t_1-\varepsilon} f'_t(u,v,s)\mathrm{d}s+\lim_{\varepsilon'\to 0}\int_{t_1+\varepsilon'}^t f'_t(u,v,s)\mathrm{d}s\\&=\lim_{\varepsilon\to+0}[f(u,v,t_1-\varepsilon)-f(u,v,0)]+\lim_{\varepsilon'\to 0}[f(u,v,t)-f(u,v,t_1+\varepsilon')]\\&=f(u,v,t_1)-f(u,v,0)+f(u,v,t)-f(u,v,t_1)\\&=f(u,v,t)-f(u,v,0),\end{aligned}$$

故(7)式恒成立.代入(6)式,得 $G(t)=\iint\limits_{u^2+v^2\leqslant 1}[f(u,v,t)-f(u,v,0)]\mathrm{d}u\mathrm{d}v=F(t)-F(0) \quad (-\infty<t<+\infty)$.

由此,再注意到(5)式,即知 $F'(t)$ 存在,且

$$F'(t)=G'(t)=g(t)=\iint\limits_{u^2+v^2\leqslant 1} f'_t(u,v,t)\mathrm{d}u\mathrm{d}v \quad (-\infty<t<+\infty),$$

即(3)式成立.

**【3981】** 设 $F(t)=\iint\limits_{x^2+y^2\leqslant t^2} f(x,y)\mathrm{d}x\mathrm{d}y \quad (t>0)$,求 $F'(t)$.

**解题思路** 令 $x=r\cos\varphi,y=r\sin\varphi$,则积分域 $x^2+y^2\leqslant t^2$ 变为

$$\Omega'=\{0\leqslant r\leqslant t,0\leqslant\varphi\leqslant 2\pi\} \quad 且 \quad F(t)=\int_0^t \mathrm{d}r\int_0^{2\pi} f(r\cos\varphi,r\sin\varphi)r\mathrm{d}\varphi,$$

利用 2302 题的结果即易获解.

**解** 令 $x=r\cos\varphi,y=r\sin\varphi$,则

$$F(t)=\int_0^t \mathrm{d}r\int_0^{2\pi} f(r\cos\varphi,r\sin\varphi)r\mathrm{d}\varphi,$$

故得

$$F'(t)=\int_0^{2\pi} f(t\cos\varphi,t\sin\varphi)t\mathrm{d}\varphi.$$

注意,此题中应假定 $f(x,y)$ 是连续函数.

**【3982】** 证明:若 $f(x,y)$ 连续,则函数

$$u(x,y)=\frac{1}{2}\int_0^x \mathrm{d}\xi\int_{\xi-x+y}^{x+y-\xi} f(\xi,\eta)\mathrm{d}\eta$$

满足方程
$$\frac{\partial^2 u}{\partial x^2}-\frac{\partial^2 u}{\partial y^2}=f(x,y).$$

**证明思路** 利用含参变量的常义积分求导数的公式,可得
$$\frac{\partial u}{\partial x}=\frac{1}{2}\int_0^x[f(\xi,x+y-\xi)+f(\xi,\xi-x+y)]\mathrm{d}\xi$$
及
$$\frac{\partial^2 u}{\partial x^2}=\frac{1}{2}\int_0^x[f'_y(\xi,x+y-\xi)-f'_y(\xi,\xi-x+y)]\mathrm{d}\xi+f(x,y).$$
同法可求得
$$\frac{\partial u}{\partial y}=\frac{1}{2}\int_0^x[f(\xi,x+y-\xi)-f(\xi,\xi-x+y)]\mathrm{d}\xi,$$
及
$$\frac{\partial^2 u}{\partial y^2}=\frac{1}{2}\int_0^x[f'_y(\xi,x+y-\xi)-f'_y(\xi,\xi-x+y)]\mathrm{d}\xi.$$
于是,命题易获证.

**证** 利用含参变量的常义积分求导数的公式,得
$$\frac{\partial u}{\partial x}=\frac{1}{2}\int_0^x[f(\xi,x+y-\xi)-(-1)f(\xi,\xi-x+y)]\mathrm{d}\xi+\frac{1}{2}\int_{x-x+y}^{x+y-x}f(x,\eta)\mathrm{d}\eta$$
$$=\frac{1}{2}\int_0^x[f(\xi,x+y-\xi)+f(\xi,\xi-x+y)]\mathrm{d}\xi,$$
$$\frac{\partial^2 u}{\partial x^2}=\frac{1}{2}\int_0^x[f'_y(\xi,x+y-\xi)-f'_y(\xi,\xi-x+y)]\mathrm{d}\xi+\frac{1}{2}[f(x,x+y-x)+f(x,x-x+y)]$$
$$=\frac{1}{2}\int_0^x[f'_y(\xi,x+y-\xi)-f'_y(\xi,\xi-x+y)]\mathrm{d}\xi+f(x,y).$$
同理,有
$$\frac{\partial u}{\partial y}=\frac{1}{2}\int_0^x[f(\xi,x+y-\xi)-f(\xi,\xi-x+y)]\mathrm{d}\xi,\quad \frac{\partial^2 u}{\partial y^2}=\frac{1}{2}\int_0^x[f'_y(\xi,x+y-\xi)-f'_y(\xi,\xi-x+y)]\mathrm{d}\xi.$$
于是,得$\frac{\partial^2 u}{\partial x^2}-\frac{\partial^2 u}{\partial y^2}=f(x,y)$,证毕.

**注意** 显然本题还应假定 $f'_y(x,y)$ 存在且连续.

**【3983】** 设函数 $f(x,y)$的等值线是简单封闭曲线,区域 $S(v_1,v_2)$由曲线 $f(x,y)=v_1$ 及 $f(x,y)=v_2$ 围成. 证明:
$$\iint\limits_{S(v_1,v_2)}f(x,y)\mathrm{d}x\mathrm{d}y=\int_{v_1}^{v_2}vF'(v)\mathrm{d}v,$$
其中 $F(v)$为曲线 $f(x,y)=v_1$ 与 $f(x,y)=v_2$ 所包围的面积.

**提示** 用函数的无限接近的等值线把积分域 $S(v_1,v_2)$分为许多子域,并利用积分中值定理及微分中值定理,即可获证.

**证** 作$[v_1,v_2]$的任一分划 $T$: $v_1=v'_0<v'_1<\cdots<v'_i<\cdots<v'_n=v_2$. 令 $\mathrm{d}(T)=\max\limits_{1\leqslant i\leqslant n}\Delta v_i$,这里 $\Delta v_i=v'_i-v'_{i-1}$ $(i=1,2,\cdots,n)$. 于是,由积分中值定理(这里假定了 $f(x,y)$在$S(v_1,v_2)$上连续)知,
$$\iint\limits_{S(v_1,v_2)}f(x,y)\mathrm{d}x\mathrm{d}y=\sum_{i=1}^{n}\iint\limits_{S(v'_{i-1},v'_i)}f(x,y)\mathrm{d}x\mathrm{d}y=\sum_{i=1}^{n}f(\bar{x}_i,\bar{y}_i)\Delta S_i,$$
其中 $\Delta S_i$ 表小环形域 $S(v'_{i-1},v'_i)$(如图 8.33 阴影部分所示)的面积, $\bar{P}(\bar{x}_i,\bar{y}_i)\in S(v'_{i-1},v'_i)$.

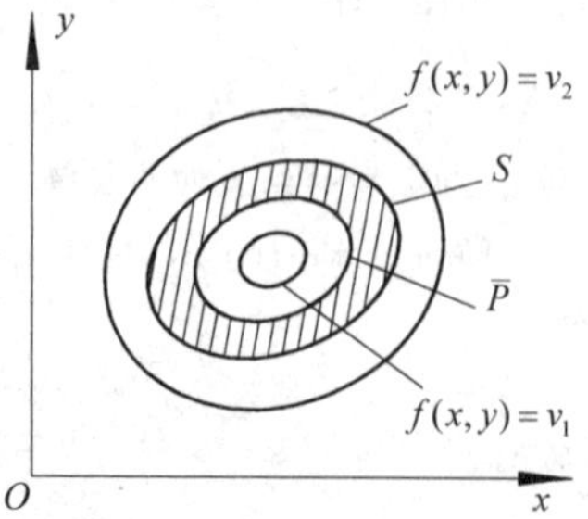

图 8.33

令 $v_i^*=f(\bar{x}_i,\bar{y}_i)$,则 $v'_{i-1}\leqslant v_i^*\leqslant v'_i$. 又显然(利用微分中值定理)有
$$\Delta S_i=F(v'_i)-F(v'_{i-1})=F'(\bar{v}_i)(v'_i-v'_{i-1})=F'(\bar{v}_i)\Delta v_i\quad(i=1,2,\cdots,n),$$
其中 $v'_{i-1}\leqslant\bar{v}_i\leqslant v'_i$. 这里我们假定了 $F'(v)$在$[v_1,v_2]$上存在且可积,于是它有界,即

$$|F'(v)|\leqslant M=\text{常数}\quad(v_1\leqslant v\leqslant v_2).\tag{1}$$

我们有
$$\iint\limits_{S(v_1,v_2)} f(x,y)\mathrm{d}x\mathrm{d}y=\sum_{i=1}^{n} v_i^* F'(\bar{v}_i)\Delta v_i=I_1+I_2,\tag{2}$$

其中
$$I_1=\sum_{i=1}^{n}\bar{v}_iF'(\bar{v}_i)\Delta v_i,\quad I_2=\sum_{i=1}^{n}(v_i^*-\bar{v}_i)F'(\bar{v}_i)\Delta v_i.$$

由于 $F'(v)$ 在 $[v_1,v_2]$ 上可积，故 $vF'(v)$ 也在 $[v_1,v_2]$ 上可积. 因此，

$$\lim_{d(T)\to 0} I_1=\lim_{d(T)\to 0}\sum_{i=1}^{n}\bar{v}_iF'(\bar{v}_i)\Delta v_i=\int_{v_1}^{v_2} vF'(v)\mathrm{d}v.\tag{3}$$

另一方面，由(1)式知
$$|I_2|\leqslant M\mathrm{d}(T)\sum_{i=1}^{n}\Delta v_i=M(v_2-v_1)\mathrm{d}(T),$$

故
$$\lim_{d(T)\to 0} I_2=0.\tag{4}$$

现在(2)式两端令 $\mathrm{d}(T)\to 0$ 取极限(注意(2)式左端是常数)，并注意到(3)式与(4)式，即得

$$\iint\limits_{S(v_1,v_2)} f(x,y)\mathrm{d}x\mathrm{d}y=\int_{v_1}^{v_2} vF'(v)\mathrm{d}v.$$

证毕.

应当指出，正如上面所说的，本题应假定 $f(x,y)$ 在 $S(v_1,v_2)$ 上连续，而 $F'(v)$ 在 $[v_1,v_2]$ 上存在并且可积.

## §2. 面积的计算法

$Oxy$ 平面上区域 $S$ 的面积由以下公式给出： $S=\iint\limits_{S}\mathrm{d}x\mathrm{d}y.$

### 求下列曲线所界的面积：

**【3984】** $xy=a^2, x+y=\dfrac{5a}{2}\quad(a>0).$

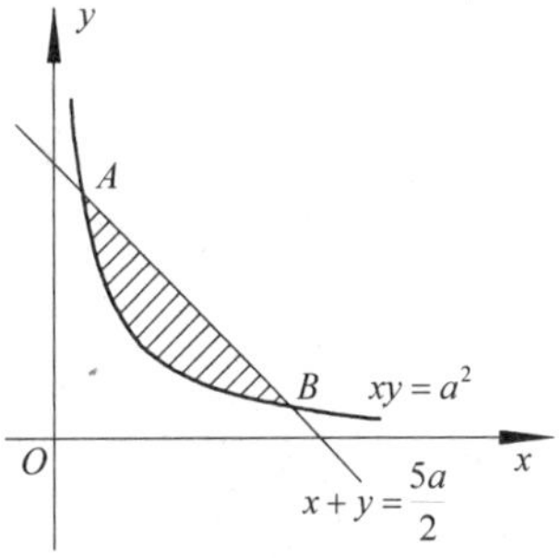

图 8.34

**解** 两曲线的交点为 $A(\dfrac{a}{2},2a)$ 和 $B(2a,\dfrac{a}{2})$(图 8.34)，故所求面积为

$$S=\int_{\frac{a}{2}}^{2a}\mathrm{d}x\int_{\frac{a^2}{x}}^{\frac{5a}{2}-x}\mathrm{d}y=\frac{15}{8}a^2-2a^2\ln 2.$$

**【3985】** $y^2=2px+p^2, y^2=-2qx+q^2\quad(p>0,q>0).$

**解** 曲线的交点为 $A(\dfrac{q-p}{2},\sqrt{pq})$ 和 $B(\dfrac{q-p}{2},-\sqrt{pq})$(图 8.35)，

故所求面积为 $S=2\int_{0}^{\sqrt{pq}}\mathrm{d}y\int_{\frac{y^2-p^2}{2p}}^{\frac{q^2-y^2}{2q}}\mathrm{d}x=\dfrac{2}{3}(p+q)\sqrt{pq}.$

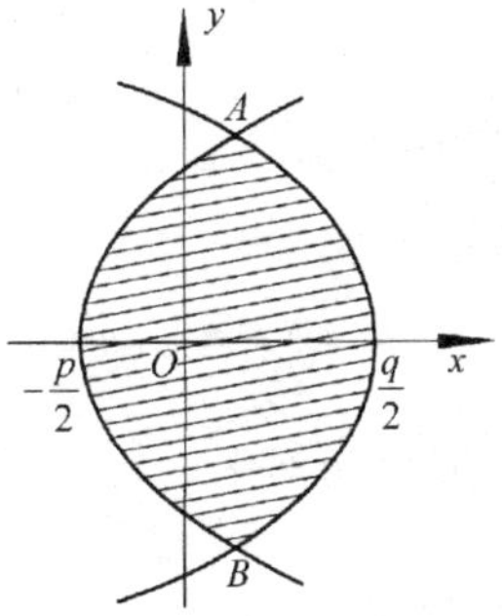

图 8.35

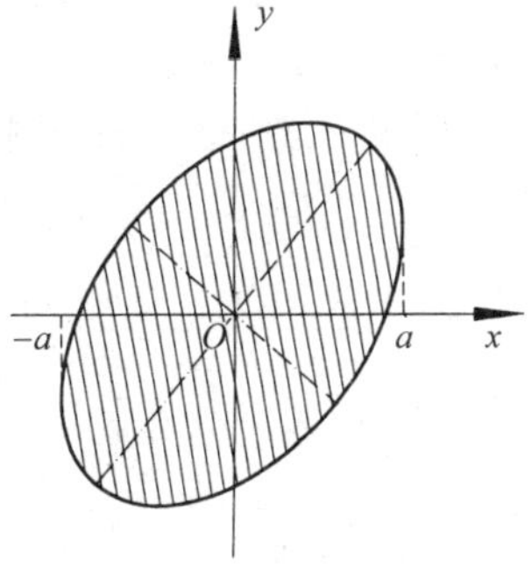

图 8.36

**【3986】** $(x-y)^2+x^2=a^2\quad(a>0)$.

**解** 如图 8.36 所示. 所求面积的区域为:

$$-a\leqslant x\leqslant a,\quad x-\sqrt{a^2-x^2}\leqslant y\leqslant x+\sqrt{a^2-x^2}.$$

于是,所求的面积为

$$S=\int_{-a}^{a}\mathrm{d}x\int_{x-\sqrt{a^2-x^2}}^{x+\sqrt{a^2+x^2}}\mathrm{d}y=4\int_0^a\sqrt{a^2-x^2}\,\mathrm{d}x=\pi a^2.$$

**变换为极坐标,计算下列曲线所围的面积:**

**【3987】** $(x^2+y^2)^2=2a^2(x^2-y^2)$; $x^2+y^2\geqslant a^2$.

**解** 曲线的极坐标方程为 $r^2=2a^2\cos2\varphi$; $r\geqslant a$.

它们的交点在第一象限内为$\left(a,\frac{\pi}{6}\right)$,如图 8.37 所示. 利用对称性,得所求面积为

$$S=4\int_0^{\frac{\pi}{6}}\mathrm{d}\varphi\int_a^{\sqrt{2a^2\cos2\varphi}}r\,\mathrm{d}r=2\int_0^{\frac{\pi}{6}}(2a^2\cos2\varphi-a^2)\,\mathrm{d}\varphi=\frac{3\sqrt{3}-\pi}{3}a^2.$$

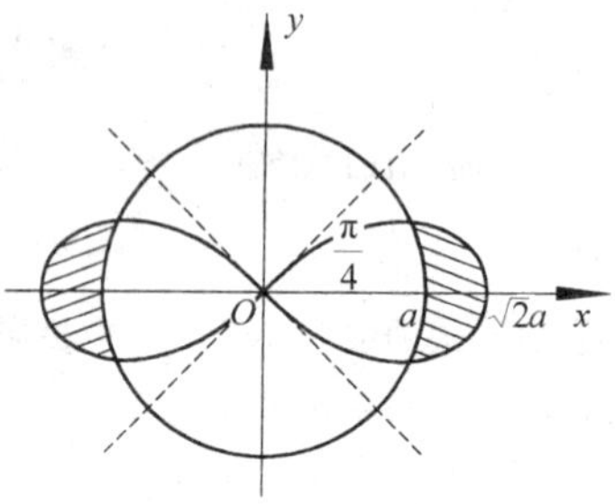

图 8.37

**【3988】** $(x^3+y^3)^2=x^2+y^2$; $x\geqslant0, y\geqslant0$.

**解** 将方程化为极坐标方程,得 $(r^3\cos^3\theta+r^3\sin^3\theta)^2=r^2$,

即
$$r^2=\frac{1}{\cos^3\theta+\sin^3\theta}\quad\left(0\leqslant\theta\leqslant\frac{\pi}{2}\right).$$

曲线所围的面积为
$$S=\iint\limits_S r\,\mathrm{d}r\mathrm{d}\theta=\frac{1}{2}\int_0^{\frac{\pi}{2}}r^2\,\mathrm{d}\theta=\frac{1}{2}\int_0^{\frac{\pi}{2}}\frac{\mathrm{d}\theta}{\cos^3\theta+\sin^3\theta},$$

由于
$$\frac{1}{\cos^3\theta+\sin^3\theta}=\frac{1}{3}\left(\frac{2}{\sin\theta+\cos\theta}+\frac{\sin\theta+\cos\theta}{1-\sin\theta\cos\theta}\right),$$

又

$$\int_0^{\frac{\pi}{2}}\frac{\mathrm{d}\theta}{\sin\theta+\cos\theta}=\frac{1}{\sqrt{2}}\int_0^{\frac{\pi}{2}}\frac{\mathrm{d}\theta}{\sin\left(\theta+\frac{\pi}{4}\right)}=\frac{1}{\sqrt{2}}\ln\tan\frac{\theta+\frac{\pi}{4}}{2}\Bigg|_0^{\frac{\pi}{2}}=\frac{1}{\sqrt{2}}\left(\ln\tan\frac{3\pi}{8}-\ln\tan\frac{\pi}{8}\right)$$

$$=\frac{1}{\sqrt{2}}\left(\ln\sqrt{\frac{\sqrt{2}+1}{\sqrt{2}-1}}-\ln\sqrt{\frac{\sqrt{2}-1}{\sqrt{2}+1}}\right)=\sqrt{2}\ln(1+\sqrt{2}),$$

$$\int_0^{\frac{\pi}{2}}\frac{\sin\theta+\cos\theta}{1-\sin\theta\cos\theta}\mathrm{d}\theta=2\int_0^{\frac{\pi}{2}}\frac{\mathrm{d}\left(\frac{1}{2}\sin\theta-\frac{1}{2}\cos\theta\right)^{*)}}{2\left(\frac{1}{2}\sin\theta-\frac{1}{2}\cos\theta\right)^2+\frac{1}{2}}=2\arctan(\sin\theta-\cos\theta)\Big|_0^{\frac{\pi}{2}}=\pi.$$

于是,所求的面积为 $S=\frac{1}{3}\int_0^{\frac{\pi}{2}}\frac{\mathrm{d}\theta}{\sin\theta+\cos\theta}+\frac{1}{6}\int_0^{\frac{\pi}{2}}\frac{\sin\theta+\cos\theta}{1-\sin\theta\cos\theta}\mathrm{d}\theta=\frac{\sqrt{2}}{3}\ln(1+\sqrt{2})+\frac{\pi}{6}$.

*) 利用 2053 题的结果,其中 $\lambda_1=\frac{1}{2}$, $\lambda_2=\frac{3}{2}$, $A=2$, $B=0$.

**【3989】** $(x^2+y^2)^2=a(x^3-3xy^2)\quad(a>0)$.

**解** 显然曲线关于 $Ox$ 轴对称,故只要求出 $y\geqslant0$ 的部分. 化为极坐标,方程为

$$r=a\cos\theta(4\cos^2\theta-3).$$

由于必须 $x^3-3xy\geqslant0$,故 $\cos\theta(4\cos^2\theta-3)\geqslant0$. 因此,$\cos\theta\geqslant0$ 且 $\cos\theta\geqslant\frac{\sqrt{3}}{2}$ 或 $\cos\theta\leqslant0$ 且 $\cos\theta\geqslant-\frac{\sqrt{3}}{2}$,故 $-\frac{\pi}{6}\leqslant\theta\leqslant\frac{\pi}{6}$,$\frac{\pi}{2}\leqslant\theta\leqslant\pi-\frac{\pi}{6}$,$-\pi+\frac{\pi}{6}\leqslant\theta\leqslant-\frac{\pi}{2}$. 于是,在 $Ox$ 轴的上方部分($y\geqslant0$)为

$$0\leqslant\theta\leqslant\frac{\pi}{6}\quad\text{和}\quad\frac{\pi}{2}\leqslant\theta\leqslant\pi-\frac{\pi}{6}.$$

由此可知

$$S=\iint_S r\mathrm{d}r\mathrm{d}\theta=2\left(\frac{1}{2}\int_0^{\frac{\pi}{6}} r^2\mathrm{d}\theta+\frac{1}{2}\int_{\frac{\pi}{2}}^{\pi-\frac{\pi}{6}} r^2\mathrm{d}\theta\right)=\int_0^{\frac{\pi}{6}} a^2\cos^2\theta(4\cos^2\theta-3)^2\mathrm{d}\theta+\int_{\frac{\pi}{2}}^{\frac{5\pi}{6}} a^2\cos^2\theta(4\cos^2\theta-3)^2\mathrm{d}\theta.$$

在上式右端第二个积分中作代换 $\theta=\pi-\varphi$,则

$$\int_{\frac{\pi}{2}}^{\frac{5\pi}{6}} a^2\cos^2\theta(4\cos^2\theta-3)^2\mathrm{d}\theta=\int_{\frac{\pi}{6}}^{\frac{\pi}{2}} a^2\cos^2\theta(4\cos^2\theta-3)^2\mathrm{d}\theta,$$

故

$$S=\int_0^{\frac{\pi}{2}} a^2\cos^2\theta(4\cos^2\theta-3)^2\mathrm{d}\theta=a^2\int_0^{\frac{\pi}{2}}(16\cos^6\theta-24\cos^4\theta+9\cos^2\theta)\mathrm{d}\theta$$

$$=a^2\left(16\cdot\frac{5\cdot3\cdot1}{6\cdot4\cdot2}\cdot\frac{\pi}{2}-24\cdot\frac{3\cdot1}{4\cdot2}\cdot\frac{\pi}{2}+9\cdot\frac{1}{2}\cdot\frac{\pi}{2}\right)=\frac{\pi a^2}{4}.$$

**【3990】** $(x^2+y^2)^2=8a^2xy$; $(x-a)^2+(y-a)^2\leqslant a^2$ $(a>0)$.

**解** 将方程化为极坐标方程,得(双纽线)

$$r^4=8a^2r^2\cos\theta\sin\theta,\quad 即\quad r=2a\sqrt{\sin2\theta};$$

与圆周 $(r\cos\theta-a)^2+(r\sin\theta-a)^2=a^2$,即 $r=a(\cos\theta+\sin\theta)\pm a\sqrt{\sin2\theta}$.

显然,两条曲线关于射线 $\theta=\frac{\pi}{4}$ 是对称的. 令

$$2a\sqrt{\sin2\theta}=a(\cos\theta+\sin\theta)-a\sqrt{\sin2\theta},$$

解得交点的极角 $\theta=\frac{1}{2}\arcsin\frac{1}{8}$. 于是,所求的面积为

$$S=\iint_S r\mathrm{d}r\mathrm{d}\theta=\int_{\frac{1}{2}\arcsin\frac{1}{8}}^{\frac{\pi}{4}}\left\{(2a\sqrt{\sin2\theta})^2-[a(\cos\theta+\sin\theta)-a\sqrt{\sin2\theta}]^2\right\}\mathrm{d}\theta$$

$$=\int_{\frac{1}{2}\arcsin\frac{1}{8}}^{\frac{\pi}{4}}[2a^2\sin2\theta+2a^2(\sin\theta+\cos\theta)\sqrt{\sin2\theta}-a^2]\mathrm{d}\theta.$$

注意到 $\int(\sin\theta+\cos\theta)\sqrt{\sin2\theta}\,\mathrm{d}\theta=\frac{1}{2}(\sin\theta-\cos\theta)\sqrt{\sin2\theta}+\frac{1}{2}\arcsin(\sin\theta-\cos\theta)+C$ *). 即得

$$S=a^2[-\cos2\theta+(\sin\theta-\cos\theta)\sqrt{\sin2\theta}+\arcsin(\sin\theta-\cos\theta)-\theta]\Big|_{\frac{1}{2}\arcsin\frac{1}{8}}^{\frac{\pi}{4}}$$

$$=a^2\left[-\frac{\pi}{4}+\frac{3\sqrt{7}}{8}+\frac{\sqrt{14}}{4}\sqrt{\frac{1}{8}}+\arcsin\frac{\sqrt{14}}{4}+\frac{1}{2}\arcsin\frac{1}{8}\right]=a^2\left(\frac{\sqrt{7}}{2}+\arcsin\frac{\sqrt{14}}{4}-\frac{1}{2}\arccos\frac{1}{8}\right)$$

$$=a^2\left(\frac{\sqrt{7}}{2}+\arcsin\frac{\sqrt{14}}{8}\right)^{**)}.$$

*) 利用三角恒等式

$$\sqrt{\sin2x}\sin x=\frac{1}{\sqrt{2}}\left(\frac{2\tan x}{1+\tan^2x}\right)\sqrt{\tan x},\quad \sqrt{\sin2x}\cos x=\frac{1}{\sqrt{2}}\left(\frac{2\tan x}{1+\tan^2x}\right)\sqrt{\cot x}$$

化为二项微分式的积分,参看 А. Ф. Тимофеев《ИНТЕГРИРОВАНИЕ ФУНКЦИИ》第五章§15.

**)容易证明:$\arcsin\frac{\sqrt{14}}{4}-\frac{1}{2}\arccos\frac{1}{8}=\arcsin\frac{\sqrt{14}}{8}$. 事实上,我们有

$$\sin\left(\arcsin\frac{\sqrt{14}}{8}+\frac{1}{2}\arccos\frac{1}{8}\right)=\frac{3\sqrt{14}}{32}+\frac{5\sqrt{14}}{32}=\frac{\sqrt{14}}{4}.$$

根据以下公式引入广义极坐标 $r$ 和 $\varphi$:

$$x=ar\cos^\alpha\varphi,\qquad y=br\sin^\alpha\varphi\quad(r\geqslant0),$$

其中 $a,b$ 和 $\alpha$ 为以适当的方法选出的常数,且考虑到 $\frac{D(x,y)}{D(r,\varphi)}=\alpha abr\cos^{\alpha-1}\varphi\sin^{\alpha-1}\varphi$,求由下列曲线所围的面积(假定参数是正的):

**【3991】** $\frac{x^2}{a^2}+\frac{y^2}{b^2}=\frac{x}{h}+\frac{y}{k}$.

**解** 不失一般性，设 $k>0, h>0$. 令 $x=ar\cos\varphi, y=br\sin\varphi$，则方程化为

$$r=\frac{a}{h}\cos\varphi+\frac{b}{k}\sin\varphi.$$

由于 $r\geqslant 0$，故有

$$\frac{a}{h}\cos\varphi+\frac{b}{k}\sin\varphi\geqslant 0,$$

因此，首先必须 $-\frac{\pi}{2}\leqslant\varphi\leqslant\pi$. 同时，应有 $\cos\varphi\geqslant 0$ 且 $\tan\varphi\geqslant-\frac{ak}{bh}$ 或者 $\cos\varphi<0$ 且 $\tan\varphi\leqslant-\frac{ak}{bh}$.

从而，极角 $\varphi$ 应满足不等式 $-\arctan\frac{ak}{bh}\leqslant\varphi\leqslant\pi-\arctan\frac{ak}{bh}$. 于是，曲线所围的面积为

$$S=\iint\limits_{S}abr\,\mathrm{d}r\mathrm{d}\varphi=\frac{ab}{2}\int_{-\arctan\frac{ak}{bh}}^{\pi-\arctan\frac{ak}{bh}}\left(\frac{a}{h}\cos\varphi+\frac{b}{k}\sin\varphi\right)^2\mathrm{d}\varphi=\frac{ab}{2}\left(\frac{a^2}{h^2}+\frac{b^2}{k^2}\right)\int_{-\arctan\frac{ak}{bh}}^{\pi-\arctan\frac{ak}{bh}}\sin^2(\varphi+\alpha_0)\mathrm{d}\varphi,$$

其中 $\alpha_0=\arctan\frac{ak}{bh}$. 从而，我们有

$$S=\frac{ab}{2}\left(\frac{a^2}{h^2}+\frac{b^2}{k^2}\right)\left[\frac{\varphi+\alpha_0}{2}-\frac{1}{4}\sin 2(\varphi+\alpha_0)\right]\Bigg|_{-\arctan\frac{ak}{bh}}^{\pi-\arctan\frac{ak}{bh}}=\frac{ab}{2}\left(\frac{a^2}{h^2}+\frac{b^2}{k^2}\right)\frac{\pi}{2}=\frac{\pi ab}{4}\left(\frac{a^2}{h^2}+\frac{b^2}{k^2}\right).$$

**【3992】** $\frac{x^3}{a^3}+\frac{y^3}{b^3}=\frac{x^2}{h^2}+\frac{y^2}{k^2}$； $x=0$，$y=0$.

**解** 令 $x=ar\cos\varphi$，$y=br\sin\varphi$，则方程化为

$$r=\frac{\left(\frac{a}{h}\right)^2\cos^2\varphi+\left(\frac{b}{k}\right)^2\sin^2\varphi}{\cos^3\varphi+\sin^3\varphi}.$$

于是，曲线所围的面积为

$$S=\iint\limits_{S}abr\,\mathrm{d}r\mathrm{d}\theta=\frac{ab}{2}\int_0^{\frac{\pi}{2}}r^2\mathrm{d}\varphi=\frac{ab}{2}\int_0^{\frac{\pi}{2}}\frac{\left(\frac{a}{h}\right)^4\cos^4\varphi+\left(\frac{b}{k}\right)^4\sin^4\varphi+2\left(\frac{a}{h}\right)^2\left(\frac{b}{k}\right)^2\cos^2\varphi\sin^2\varphi}{(\cos^3\varphi+\sin^3\varphi)^2}\mathrm{d}\varphi.$$

根据 И. М. 雷日克、И. С. 格拉德什坦编著的《函数表与积分表》2.125、2.126 知：

$$\int\frac{\cos^4\varphi\mathrm{d}\varphi}{(\cos^3\varphi+\sin^3\varphi)^2}=\int\frac{1}{(1+\tan^3\varphi)}\mathrm{d}(\tan\varphi)$$

$$=\frac{\tan\varphi}{3(1+\tan^3\varphi)}+\frac{2}{9}\left[\frac{1}{2}\ln\frac{(\tan\varphi+1)^2}{\tan^2\varphi-\tan\varphi+1}+\sqrt{3}\arctan\frac{2\tan\varphi-1}{\sqrt{3}}\right]+C.$$

从而，

$$\frac{ab}{2}\int_0^{\frac{\pi}{2}}\frac{\left(\frac{a}{h}\right)^4\cos^4\varphi}{(\cos^3\varphi+\sin^3\varphi)^2}\mathrm{d}\varphi$$

$$=\frac{ab}{2}\left(\frac{a}{h}\right)^4\left\{\frac{\tan\varphi}{3(1+\tan^3\varphi)}+\frac{2}{9}\left[\frac{1}{2}\ln\frac{(\tan\varphi+1)^2}{\tan^2\varphi-\tan\varphi+1}+\sqrt{3}\arctan\frac{2\tan\varphi-1}{\sqrt{3}}\right]\right\}\Bigg|_0^{\frac{\pi}{2}-0}$$

$$=\frac{ab}{2}\left(\frac{a}{h}\right)^4\cdot\frac{2\sqrt{3}}{9}\left(\frac{\pi}{2}+\frac{\pi}{6}\right)=\frac{2\pi ab}{9\sqrt{3}}\left(\frac{a}{h}\right)^4;$$

又

$$\int\frac{\sin^4\varphi\mathrm{d}\varphi}{(\cos^3\varphi+\sin^3\varphi)^2}=\int\frac{\tan^4\varphi}{(1+\tan^3\varphi)^2}\mathrm{d}(\tan\varphi)=\frac{\tan^5\varphi}{3(1+\tan^3\varphi)}-\frac{2}{3}\int\frac{\tan^4\varphi}{1+\tan^3\varphi}\mathrm{d}(\tan\varphi)$$

$$=\frac{\tan^5\varphi}{3(1+\tan^3\varphi)}-\frac{2}{3}\left\{\frac{\tan^2\varphi}{2}+\frac{1}{3}\left[\frac{1}{2}\ln\frac{(\tan\varphi+1)^2}{\tan^2\varphi-\tan\varphi+1}-\sqrt{3}\arctan\frac{2\tan\varphi-1}{\sqrt{3}}\right]\right\}+C,$$

从而，

$$\frac{ab}{2}\int_0^{\frac{\pi}{2}}\frac{\left(\frac{b}{k}\right)^4\sin^4\varphi}{(\cos^3\varphi+\sin^3\varphi)^2}\mathrm{d}\varphi$$

$$=\frac{ab}{2}\left(\frac{b}{k}\right)^4\left\{\frac{\tan^5\varphi}{3(1+\tan^3\varphi)}-\frac{\tan^2\varphi}{3}-\frac{2}{9}\left[\frac{1}{2}\ln\frac{(\tan\varphi+1)^2}{\tan^2\varphi-\tan\varphi+1}-\sqrt{3}\arctan\frac{2\tan\varphi-1}{\sqrt{3}}\right]\right\}\Bigg|_0^{\frac{\pi}{2}-0}$$

$$=\frac{ab}{2}\left(\frac{b}{k}\right)^4\cdot\frac{2\sqrt{3}}{9}\left(\frac{\pi}{2}+\frac{\pi}{6}\right)=\frac{2\pi ab}{9\sqrt{3}}\left(\frac{b}{k}\right)^4;$$

此外，还有

$$\int \frac{\cos^2\varphi\sin^2\varphi d\varphi}{(\cos^3\varphi+\sin^3\varphi)^2}=\int \frac{\tan^2\varphi}{(1+\tan^3\varphi)^2}d(\tan\varphi)=-\frac{1}{3(1+\tan^3\varphi)}+C,$$

从而，

$$\frac{ab}{2}\int_0^{\frac{\pi}{2}} \frac{2\left(\frac{a}{h}\right)^2\left(\frac{b}{k}\right)^2\cos^2\varphi\sin^2\varphi}{(\cos^3\varphi+\sin^3\varphi)^2}d\varphi=ab\left(\frac{a}{h}\right)^2\left(\frac{b}{k}\right)^2\left[-\frac{1}{3(1+\tan^3\varphi)}\right]\Bigg|_0^{\frac{\pi}{2}-0}=\frac{ab}{3}\left(\frac{a}{h}\right)^2\left(\frac{b}{k}\right)^2.$$

于是，曲线所围的面积为

$$S=\frac{2\pi ab}{9\sqrt{3}}\left(\frac{a}{h}\right)^4+\frac{2\pi ab}{9\sqrt{3}}\left(\frac{b}{k}\right)^4+\frac{ab}{3}\left(\frac{a}{h}\right)^2\left(\frac{b}{k}\right)^2=\frac{ab}{3}\left[\frac{2\pi}{3\sqrt{3}}\left(\frac{a^4}{h^4}+\frac{b^4}{k^4}\right)+\frac{a^2b^2}{h^2k^2}\right].$$

**【3993】** $\left(\frac{x}{a}+\frac{y}{b}\right)^4=\frac{x^2}{h^2}+\frac{y^2}{k^2}\quad (x>0,y>0).$

**解** 解法 1：

令 $x=ar\cos\varphi$，$y=br\sin\varphi$，则方程化为

$$r^2=\frac{\left(\frac{a}{h}\right)^2\cos^2\varphi+\left(\frac{b}{k}\right)^2\sin^2\varphi}{(\cos\varphi+\sin\varphi)^4}\qquad \left(0\leqslant\varphi\leqslant\frac{\pi}{2}\right).$$

于是，曲线所围的面积为 $S=\iint\limits_S abr\,dr\,d\varphi=\frac{ab}{2}\int_0^{\frac{\pi}{2}}\frac{\left(\frac{a}{h}\right)^2\cos^2\varphi+\left(\frac{b}{k}\right)^2\sin^2\varphi}{(\cos\varphi+\sin\varphi)^4}d\varphi.$

注意到

$$\int\frac{\cos^2\varphi}{(\cos\varphi+\sin\varphi)^4}d\varphi=\int\frac{1}{(1+\tan\varphi)^4}d(\tan\varphi)=-\frac{1}{3(1+\tan\varphi)^3}+C,$$

$$\int\frac{\sin^2\varphi}{(\cos\varphi+\sin\varphi)^4}d\varphi=\int\frac{\tan^2\varphi}{(1+\tan\varphi)^4}d(\tan\varphi)=\int\frac{(\tan\varphi-1)(\tan\varphi+1)+1}{(1+\tan\varphi)^4}d(\tan\varphi)$$

$$=\int\frac{1}{(1+\tan\varphi)^2}d(\tan\varphi)-2\int\frac{1}{(1+\tan\varphi)^3}d(\tan\varphi)+\int\frac{1}{(1+\tan\varphi)^4}d(\tan\varphi)$$

$$=-\frac{1}{1+\tan\varphi}+\frac{1}{(1+\tan\varphi)^2}-\frac{1}{3}\,\frac{1}{(1+\tan\varphi)^3}+C,$$

于是，所求的面积为

$$S=\frac{ab}{2}\left(\frac{a}{h}\right)^2\left[-\frac{1}{3(1+\tan\varphi)^3}\right]\Bigg|_0^{\frac{\pi}{2}-0}+\frac{ab}{2}\left(\frac{b}{k}\right)^2\left[-\frac{1}{1+\tan\varphi}+\frac{1}{(1+\tan\varphi)^2}-\frac{1}{3(1+\tan\varphi)^3}\right]\Bigg|_0^{\frac{\pi}{2}-0}$$

$$=\frac{ab}{6}\left(\frac{a^2}{h^2}+\frac{b^2}{k^2}\right).$$

解法 2：

令 $x=hr\cos\varphi$，$y=kr\sin\varphi$，则方程化为

$$r^2=\frac{1}{\left(\frac{h}{a}\cos\varphi+\frac{k}{b}\sin\varphi\right)^4}=\left[\frac{a^2b^2}{(hb)^2+(ka)^2}\right]^2\frac{1}{\sin^4(\varphi+\alpha)}\quad\left(0\leqslant\varphi\leqslant\frac{\pi}{2}\right),$$

其中 $\tan\alpha=\frac{hb}{ka}$. 于是，曲线所围的面积为

$$S=\iint\limits_S hkr\,dr\,d\varphi=\frac{hka^4b^4}{[(hb)^2+(ka)^2]^2}\cdot\frac{1}{2}\int_0^{\frac{\pi}{2}}\frac{d\varphi}{\sin^4(\varphi+\alpha)}$$

$$=\frac{hka^4b^4}{[(hb)^2+(ka)^2]^2}\left[-\frac{1}{6}\,\frac{\cos(\varphi+\alpha)}{\sin(\varphi+\alpha)}-\frac{1}{3}\,\frac{\cos(\varphi+\alpha)}{\sin(\varphi+\alpha)}\right]\Bigg|_0^{\frac{\pi}{2}\,*)}$$

$$=\frac{hka^4b^4}{[(hb)^2+(ka)^2]^2}\left[\frac{1}{6}\left(\frac{\sin\alpha}{\cos^3\alpha}+\frac{\cos\alpha}{\sin^3\alpha}\right)+\frac{1}{3}(\tan\alpha+\cot\alpha)\right]$$

$$=\frac{hka^4b^4}{[(hb)^2+(ka)^2]^2}\cdot\frac{1}{6}\,\frac{[(hb)^2+(ka)^2]^{3\,**)}}{(hbka)^3}=\frac{ab}{6}\left(\frac{a^2}{h^2}+\frac{b^2}{k^2}\right).$$

*） 利用 2012 题的结果.

**） 由 $\tan\alpha=\frac{hb}{ka}$ 知：$\cot\alpha=\frac{ka}{hb}$， $\sin\alpha=\frac{hb}{\sqrt{(hb)^2+(ka)^2}}$， $\cos\alpha=\frac{ka}{\sqrt{(hb)^2+(ka)^2}}$.

**【3994】** $\left(\frac{x}{a}+\frac{y}{b}\right)^4=\frac{x^2}{h^2}-\frac{y^2}{k^2}\quad(x>0, y>0)$.

**解** 令 $x=ar\cos\varphi$，$y=br\sin\varphi$，则方程化为

$$r^2=\frac{\left(\frac{a}{h}\right)^2\cos^2\varphi-\left(\frac{b}{k}\right)^2\sin^2\varphi}{(\cos\varphi+\sin\varphi)^4}.$$

由于 $$\left(\frac{a}{h}\right)^2\cos^2\varphi-\left(\frac{b}{k}\right)^2\sin^2\varphi\geqslant0,\quad \left(\frac{ak}{bh}\right)^2\geqslant\tan^2\varphi,$$

注意到 $0\leqslant\varphi\leqslant\frac{\pi}{2}$，可知极角的变化区间为 $0\leqslant\varphi\leqslant\arctan\frac{ak}{bh}$.

于是，注意利用上题中两个不定积分的结果，即得曲线所围的面积为

$$S=\iint_S abr\,\mathrm{d}r\mathrm{d}\varphi=\frac{ab}{2}\int_0^{\arctan\frac{ak}{bh}}r^2\mathrm{d}\varphi=\frac{ab}{2}\left(\frac{a}{h}\right)^2\int_0^{\arctan\frac{ak}{bh}}\frac{\cos^2\varphi}{(\cos\varphi+\sin\varphi)^4}\mathrm{d}\varphi-\frac{ab}{2}\left(\frac{b}{k}\right)^2\int_0^{\arctan\frac{ak}{bh}}\frac{\sin^2\varphi}{(\cos\varphi+\sin\varphi)^4}\mathrm{d}\varphi$$

$$=\frac{ab}{2}\left(\frac{a}{h}\right)^2\left[-\frac{1}{3(1+\tan\varphi)^3}\right]\Bigg|_0^{\arctan\frac{ak}{bh}}-\frac{ab}{2}\left(\frac{b}{k}\right)^2\left[-\frac{3\tan^2\varphi+3\tan\varphi+1}{3(1+\tan\varphi)^3}\right]\Bigg|_0^{\arctan\frac{ak}{bh}}$$

$$=\frac{ab}{6}\left(\frac{a}{h}\right)^2\left[\frac{-1}{\left(1+\frac{ak}{bh}\right)^3}+1\right]+\frac{ab}{6}\left(\frac{b}{k}\right)^2\left[\frac{3\left(\frac{ak}{bh}\right)^2+3\left(\frac{ak}{bh}\right)+1}{\left(1+\frac{ak}{bh}\right)^3}-1\right]$$

$$=\frac{ab}{6}\left(\frac{a}{h}\right)^2\frac{(ak)^3+3(ak)^2bh+3ak(bh)^2}{(ak+bh)^3}+\frac{ab}{6}\left(\frac{b}{k}\right)^2\frac{-(ak)^3}{(ak+bh)^3}$$

$$=\frac{a^4bk}{6h^2(ak+bh)^3}(a^2k^2+3akbh+2b^2h^2)=\frac{a^4bk(ak+2bh)}{6h^2(ak+bh)^2}.$$

**【3995】** $\sqrt[4]{\frac{x}{a}}+\sqrt[4]{\frac{y}{b}}=1$；$x=0$，$y=0$.

**提示** 作变换 $x=ar\cos^8\varphi$，$y=br\sin^8\varphi$，则方程化为 $r=1\ \left(0\leqslant\varphi\leqslant\frac{\pi}{2}\right)$.

**解** 令 $x=ar\cos^8\varphi$，$y=br\sin^8\varphi$，则方程化为

$$r=1\qquad\left(0\leqslant\varphi\leqslant\frac{\pi}{2}\right).$$

于是，曲线所围的面积为

$$S=\iint_S 8abr\cos^7\varphi\sin^7\varphi\mathrm{d}\varphi=4ab\int_0^{\frac{\pi}{2}}\cos^7\varphi\sin^7\varphi\mathrm{d}\varphi=4ab\int_0^1u^7(1-u^2)^3\mathrm{d}u$$

$$=4ab\int^1(u^7-3u^9+3u^{11}-u^{13})\mathrm{d}u=4ab\left(\frac{1}{8}-\frac{3}{10}+\frac{1}{4}-\frac{1}{14}\right)=\frac{ab}{70}.$$

**进行适当的变量代换，求下列曲线所围的面积：**

**【3996】** $x+y=a$，$x+y=b$，$y=\alpha x$，$y=\beta x\ (0<a<b;0<\alpha<\beta)$.

**提示** 作变换 $x+y=u$，$\frac{y}{x}=v$，则 $a\leqslant u\leqslant b$，$\alpha\leqslant v\leqslant\beta$，且有 $|I|=\frac{u}{(1+v)^2}$.

**解** 作变换 $x+y=u$，$\frac{y}{x}=v$，则 $a\leqslant u\leqslant b$，$\alpha\leqslant v\leqslant\beta$，且有 $|I|=\frac{u}{(1+v)^2}$.

于是，所求的面积为 $$S=\int_a^b u\mathrm{d}u\int_\alpha^\beta\frac{\mathrm{d}v}{(1+v)^2}=\frac{1}{2}\cdot\frac{(\beta-\alpha)(b^2-a^2)}{(1+\alpha)(1+\beta)}.$$

**【3997】** $xy=a^2$，$xy=2a^2$，$y=x$，$y=2x\quad(x>0;y>0)$.

**提示** 作变换 $xy=u$，$\frac{y}{x}=v$，则 $a^2\leqslant u\leqslant2a^2$，$1\leqslant v\leqslant2$，且有 $|I|=\frac{1}{2v}$.

**解** 作变换 $xy=u$，$\frac{y}{x}=v$，则 $a^2\leqslant u\leqslant 2a^2$，$1\leqslant v\leqslant 2$，且有 $|I|=\frac{1}{2v}$.

于是，所求的面积为
$$S=\frac{1}{2}\int_{a^2}^{2a^2}\mathrm{d}u\int_1^2\frac{\mathrm{d}v}{v}=\frac{1}{2}a^2\ln 2.$$

**【3998】** $y^2=2px$，$y^2=2qx$，$x^2=2ry$，$x^2=2sy(0<p<q;0<r<s)$.

**提示** 作变换 $\frac{y^2}{x}=u$，$\frac{x^2}{y}=v$，则 $2p\leqslant u\leqslant 2q$，$2r\leqslant v\leqslant 2s$，且有 $|I|=\frac{1}{3}$.

**解** 作变换 $\frac{y^2}{x}=u$，$\frac{x^2}{y}=v$，则 $2p\leqslant u\leqslant 2q$，$2r\leqslant v\leqslant 2s$，且有 $|I|=\frac{1}{3}$.

于是，所求的面积为
$$S=\frac{1}{3}\int_{2p}^{2q}\mathrm{d}u\int_{2r}^{2s}\mathrm{d}v=\frac{4}{3}(q-p)(s-r).$$

**【3999】** $\sqrt{\frac{x}{a}}+\sqrt{\frac{y}{b}}=1$，$\sqrt{\frac{x}{a}}+\sqrt{\frac{y}{b}}=2$，$\frac{x}{a}=\frac{y}{b}$，$\frac{4x}{a}=\frac{y}{b}$ $(a>0,b>0)$.

**提示** 作变换 $\sqrt{\frac{x}{a}}+\sqrt{\frac{y}{b}}=u$，$\frac{x}{y}=v$，即
$$x=\frac{u^2v}{\left(\sqrt{\frac{v}{a}}+\frac{1}{\sqrt{b}}\right)^2},\qquad y=\frac{u^2}{\left(\sqrt{\frac{v}{a}}+\frac{1}{\sqrt{b}}\right)^2},$$

则 $1\leqslant u\leqslant 2$，$\frac{a}{4b}\leqslant v\leqslant\frac{a}{b}$，且有
$$|I|=\frac{2u^3}{\left(\sqrt{\frac{v}{a}}+\frac{1}{\sqrt{b}}\right)^4}.$$

**解** 作变换 $\sqrt{\frac{x}{a}}+\sqrt{\frac{y}{b}}=u$，$\frac{x}{y}=v$，即
$$x=\frac{u^2v}{\left(\sqrt{\frac{v}{a}}+\frac{1}{\sqrt{b}}\right)^2},\qquad y=\frac{u^2}{\left(\sqrt{\frac{v}{a}}+\frac{1}{\sqrt{b}}\right)^2},$$

则 $1\leqslant u\leqslant 2$，$\frac{a}{4b}\leqslant v\leqslant\frac{a}{b}$，且有
$$|I|=\frac{2u^3}{\left(\sqrt{\frac{v}{a}}+\frac{1}{\sqrt{b}}\right)^4}.$$

于是，所求的面积为
$$S=\int_1^2 2u^3\,\mathrm{d}u\int_{\frac{a}{4b}}^{\frac{a}{b}}\frac{\mathrm{d}v}{\left(\sqrt{\frac{v}{a}}+\frac{1}{\sqrt{b}}\right)^4}=\frac{15}{2}\int_{\frac{1}{2\sqrt{b}}}^{\frac{1}{\sqrt{b}}}\frac{2at\mathrm{d}t}{\left(t+\frac{1}{\sqrt{b}}\right)^4}{}^{*)}$$
$$=15a\int_{\frac{1}{2\sqrt{b}}}^{\frac{1}{\sqrt{b}}}\left[\frac{1}{\left(t+\frac{1}{\sqrt{b}}\right)^3}-\frac{1}{\sqrt{b}}\cdot\frac{1}{\left(\sqrt{\frac{1}{b}}+t\right)^4}\right]\mathrm{d}t=15a\left(\frac{7b}{72}-\frac{37b}{648}\right)=\frac{65ab}{108}.$$

*) 作代换 $v=at^2$.

**【4000】** $\frac{x^2}{\lambda}+\frac{y^2}{\lambda-c^2}=1$，其中 $\lambda$ 取下列各值：
$$\frac{1}{3}c^2,\quad\frac{2}{3}c^2,\quad\frac{4}{3}c^2,\quad\frac{5}{3}c^2\quad(x>0,y>0).$$

**解** 方程 $\frac{x^2}{\lambda}+\frac{y^2}{\lambda-c^2}=1$ 可变为 $\lambda^2-(x^2+y^2+c^2)\lambda+c^2x^2=0$.

将 $\lambda$ 作为未知量解方程，不妨记方程的两个解为 $\lambda$ 及 $\mu$，则
$$\lambda=\frac{x^2+y^2+c^2+\sqrt{(x^2+y^2+c^2)^2-4c^2x^2}}{2},\qquad\mu=\frac{x^2+y^2+c^2-\sqrt{(x^2+y^2+c^2)^2-4c^2x^2}}{2},$$

今设按上式作变量代换，将$(x,y)$变为$(\lambda,\mu)$. 易知

$$\left|\frac{D(\lambda,\mu)}{D(x,y)}\right|=\frac{4c^2xy}{\sqrt{(x^2+y^2+c^2)^2-4c^2x^2}}=\frac{4\sqrt{\lambda\mu(c^2-\mu)(\lambda-c^2)}}{\lambda-\mu},$$

从而，
$$\frac{D(x,y)}{D(\lambda,\mu)}=\frac{1}{\frac{D(\lambda,\mu)}{D(x,y)}}=\frac{\lambda-\mu}{4\sqrt{\lambda\mu(c^2-\mu)(\lambda-c^2)}}.$$

于是，所求的面积为

$$S=\iint_{\Omega}\mathrm{d}x\mathrm{d}y=\iint_{\substack{\frac{4c^2}{3}\leqslant\lambda\leqslant\frac{5c^2}{3}\\ \frac{c^2}{3}\leqslant\mu\leqslant\frac{2c^2}{3}}}\frac{\lambda-\mu}{4\sqrt{\lambda\mu(c^2-\mu)(\lambda-c^2)}}\mathrm{d}\lambda\mathrm{d}\mu=\frac{c^2}{4}\int_{\frac{4}{3}}^{\frac{5}{3}}\int_{\frac{1}{3}}^{\frac{2}{3}}\frac{u-v}{\sqrt{uv(1-v)(u-1)}}\mathrm{d}u\mathrm{d}v$$

$$=\frac{c^2}{4}\int_{\frac{4}{3}}^{\frac{5}{3}}\frac{\sqrt{u}\,\mathrm{d}u}{\sqrt{u-1}}\int_{\frac{1}{3}}^{\frac{2}{3}}\frac{\mathrm{d}v}{\sqrt{v(1-v)}}-\frac{c^2}{4}\int_{\frac{4}{3}}^{\frac{5}{3}}\frac{\mathrm{d}u}{\sqrt{u(u-1)}}\int_{\frac{1}{3}}^{\frac{2}{3}}\frac{\sqrt{v}\,\mathrm{d}v}{\sqrt{1-v}}.$$

由于
$$\int_{\frac{4}{3}}^{\frac{5}{3}}\frac{\sqrt{u}}{\sqrt{u-1}}\mathrm{d}u=\frac{\sqrt{10}}{3}-\frac{2}{3}+\lg\frac{\sqrt{5}-\sqrt{2}}{2-\sqrt{2}},\qquad \int_{\frac{4}{3}}^{\frac{5}{3}}\frac{\mathrm{d}u}{\sqrt{u(u-1)}}=2\lg\frac{\sqrt{5}-\sqrt{2}}{2-\sqrt{2}},$$

$$\int_{\frac{1}{3}}^{\frac{2}{3}}\frac{\mathrm{d}v}{\sqrt{v(1-v)}}=2\arcsin\sqrt{\frac{2}{3}}-2\arcsin\sqrt{\frac{1}{3}},\qquad \int_{\frac{1}{3}}^{\frac{2}{3}}\frac{\sqrt{v}}{\sqrt{1-v}}\mathrm{d}v=\arcsin\sqrt{\frac{2}{3}}-\arcsin\sqrt{\frac{1}{3}},$$

故最后得

$$S=\frac{c^2}{4}\left[\left(\frac{\sqrt{10}}{3}-\frac{2}{3}+\lg\frac{\sqrt{5}-\sqrt{2}}{2-\sqrt{2}}\right)\left(2\arcsin\sqrt{\frac{2}{3}}-2\arcsin\sqrt{\frac{1}{3}}\right)\right]-\frac{c^2}{4}\left[\left(2\lg\frac{\sqrt{5}-\sqrt{2}}{2-\sqrt{2}}\right)\right.$$

$$\left.\cdot\left(\arcsin\sqrt{\frac{2}{3}}-\arcsin\sqrt{\frac{1}{3}}\right)\right]$$

$$=\frac{c^2}{6}(\sqrt{10}-2)\arcsin\frac{1}{3}.$$

**【4001】** 求椭圆$(a_1x+b_1y+c_1)^2+(a_2x+b_2y+c_2)^2=1$（其中$\delta=a_1b_2-a_2b_1\neq 0$）的面积.

**提示** 作变换$a_1x+b_1y+c_1=u$，$a_2x+b_2y+c_2=v$，则椭圆所围区域变为$u^2+v^2\leqslant 1$，且有$|I|=\frac{1}{|\delta|}$.

**解** 作变换$a_1x+b_1y+c_1=u$，$a_2x+b_2y+c_2=v$，则椭圆所围区域变为$u^2+v^2\leqslant 1$，且有$|I|=\frac{1}{|\delta|}$.

于是，所求的面积为
$$S=\frac{1}{|\delta|}\iint_{u^2+v^2\leqslant 1}\mathrm{d}u\mathrm{d}v=\frac{\pi}{|\delta|}.$$

**【4002】** 求椭圆
$$\frac{x^2}{\mathrm{ch}^2u}+\frac{y^2}{\mathrm{sh}^2u}=c^2\quad(u=u_1,u_2)$$

和双曲线
$$\frac{x^2}{\cos^2v}-\frac{y^2}{\sin^2v}=c^2\qquad(v=v_1,v_2)\quad(0<u_1<u_2;0<v_1<v_2;x>0,y>0)$$

所围的面积.

**提示** 作变换$x=c\,\mathrm{ch}u\cos v$，$y=c\,\mathrm{sh}u\sin v$，则有$|I|=|c^2\mathrm{ch}^2u-c^2\cos^2v|$.

**解** 作变换$x=c\,\mathrm{ch}u\cos v$，$y=c\,\mathrm{sh}u\sin v$，则有$|I|=|c^2\mathrm{ch}^2u-c^2\cos^2v|$.

因为$\mathrm{ch}^2u\geqslant 1\geqslant\cos^2v$，故所求的面积为

$$S=c^2\int_{u_1}^{u_2}\int_{v_1}^{v_2}(\mathrm{ch}^2u-\cos^2v)\mathrm{d}u\mathrm{d}v=c^2\left[(v_2-v_1)\int_{u_1}^{u_2}\frac{1+\mathrm{ch}2u}{2}\mathrm{d}u-(u_2-u_1)\int_{v_1}^{v_2}\cos^2v\mathrm{d}v\right]$$

$$=\frac{c^2}{4}[(v_2-v_1)(\mathrm{sh}2u_2-\mathrm{sh}2u_1)-(u_2-u_1)(\sin 2v_2-\sin 2v_1)].$$

**【4003】** 求平面$x+y+z=b$与曲面$x^2+y^2+z^2-xy-xz-yz=a^2$相截所得截断面之面积.

**解** 为简化平面和曲面的方程，作变量代换

$$x'=\frac{1}{\sqrt{2}}x-\frac{1}{\sqrt{2}}z,\quad y'=\frac{1}{\sqrt{6}}x-\frac{2}{\sqrt{6}}y+\frac{1}{\sqrt{6}}z,\quad z'=\frac{1}{\sqrt{3}}x+\frac{1}{\sqrt{3}}y+\frac{1}{\sqrt{3}}z,$$

这是一个正交变换,故 $Ox'y'z'$ 成为一新的直角坐标系.在新的坐标系下,平面方程为

$$z'=\frac{1}{\sqrt{3}}(x+y+z)=\frac{b}{\sqrt{3}}.$$

由于 $x=\frac{1}{\sqrt{2}}x'+\frac{1}{\sqrt{6}}y'+\frac{1}{\sqrt{3}}z',\quad y=\frac{-\sqrt{6}}{3}y'+\frac{1}{\sqrt{3}}z',\quad z=-\frac{1}{\sqrt{2}}x'+\frac{1}{\sqrt{6}}y'+\frac{1}{\sqrt{3}}z'$,

故有 $x^2+y^2+z^2-xy-xz-yz=\frac{1}{2}[(x-y)^2+(y-z)^2+(z-x)^2]=\frac{3}{2}(x'^2+y'^2)$.

从而,曲面方程变为 $x'^2+y'^2=\frac{2}{3}a^2$.于是,所求的面积为

$$S=\iint\limits_{x'^2+y'^2\leqslant\frac{2}{3}a^2}dx'dy'=\frac{2}{3}\pi a^2.$$

**【4004】** 求平面 $z=1-2(x+y)$ 与曲面 $\frac{1}{x}+\frac{1}{y}+\frac{1}{z}=0$ 相截所得截断面之面积.

**解** 平面被曲面所截部分记为 $S$,它在 $Oxy$ 平面上的投影记为 $D$.由于平面 $z=1-2(x+y)$ 的法线之方向余弦为 $\cos\alpha=\cos\beta=\frac{2}{3}$,$\cos\gamma=\frac{1}{3}$,故 $D=S\cos\gamma=\frac{1}{3}S$,从而,$S=3D$,显然 $D$ 为 $Oxy$ 平面上由曲线 $\frac{1}{x}+\frac{1}{y}+\frac{1}{1-2(x+y)}=0$ (也即 $2x^2+2y^2+3xy-x-y=0$)所围的区域.作变量代换

$$x=u+v+\frac{1}{7},\qquad y=u-v+\frac{1}{7}.$$

于是,$\frac{D(x,y)}{D(u,v)}=-2$,且曲线 $2x^2+2y^2+3xy-x-y=0$ 变为 $7u^2+v^2-\frac{1}{7}=0$,这是一个椭圆(在 $uv$ 平面上).从而,即得

$$D=\iint\limits_D dxdy=2\iint\limits_{49u^2+7v^2\leqslant1}dudv=2\pi\left(\frac{1}{7}\right)\left(\frac{1}{\sqrt{7}}\right)=\frac{2\pi}{7\sqrt{7}}.$$

由此,最后得

$$S=3D=\frac{6\pi}{7\sqrt{7}}.$$

## §3. 体积的计算法

如图 8.38 所示,设柱体顶面位于连续曲面 $z=f(x,y)$,底面位于平面 $z=0$,侧面垂直于底面,且底面在平面 $Oxy$ 上所占区域 $\Omega$ 是可求积的,则.柱体的体积等于

$$V=\iint\limits_{\Omega}f(x,y)dxdy.$$

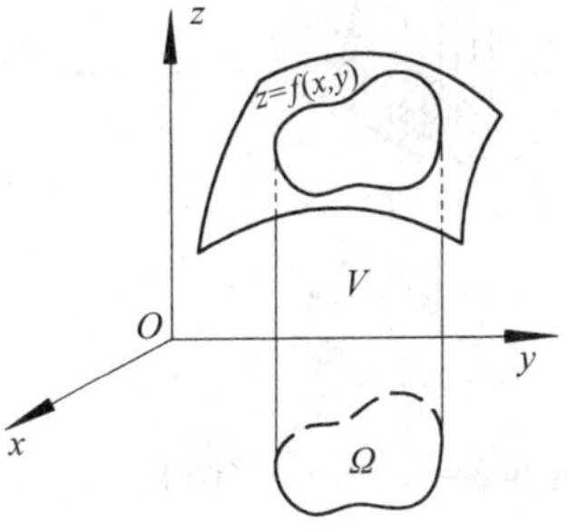


图 8.38

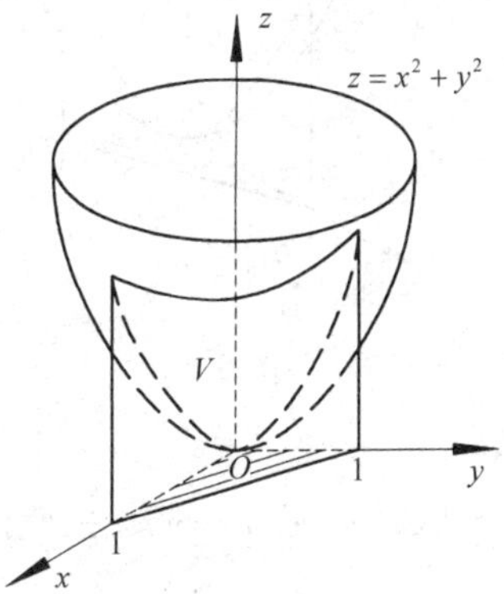


图 8.39

【4005】 试绘出一物体，其体积等于积分

$$V=\int_0^1 \mathrm{d}x\int_0^{1-x}(x^2+y^2)\mathrm{d}y.$$

**解** 积分域为三角形 $0\leqslant x\leqslant 1,\ 0\leqslant y\leqslant 1-x$.
柱体上顶为旋转抛物面 $z=x^2+y^2$. 物体的形状如图 8.39 所示.

【4006】 绘出下列二重积分所表示的体积：

(1) $\iint\limits_{\substack{0\leqslant x+y\leqslant 1\\ x\geqslant 0,\,y\geqslant 0}}(x+y)\mathrm{d}x\mathrm{d}y$； (2) $\iint\limits_{\frac{x^2}{4}+\frac{y^2}{9}\leqslant 1}\sqrt{1-\frac{x^2}{4}-\frac{y^2}{9}}\,\mathrm{d}x\mathrm{d}y$； (3) $\iint\limits_{|x|+|y|\leqslant 1}(x^2+y^2)\mathrm{d}x\mathrm{d}y$；

(4) $\iint\limits_{x^2+y^2\leqslant x}\sqrt{x^2+y^2}\,\mathrm{d}x\mathrm{d}y$； (5) $\iint\limits_{\substack{1\leqslant x\leqslant 2\\ x\leqslant y\leqslant 2x}}\sqrt{xy}\,\mathrm{d}x\mathrm{d}y$； (6) $\iint\limits_{x^2+y^2\leqslant 1}\sin\pi\sqrt{x^2+y^2}\,\mathrm{d}x\mathrm{d}y$.

**解** (1) 积分域为三角形 $0\leqslant x+y\leqslant 1, x\geqslant 0, y\geqslant 0$. 柱体的上顶为平面 $z=x+y$ (图 8.40).

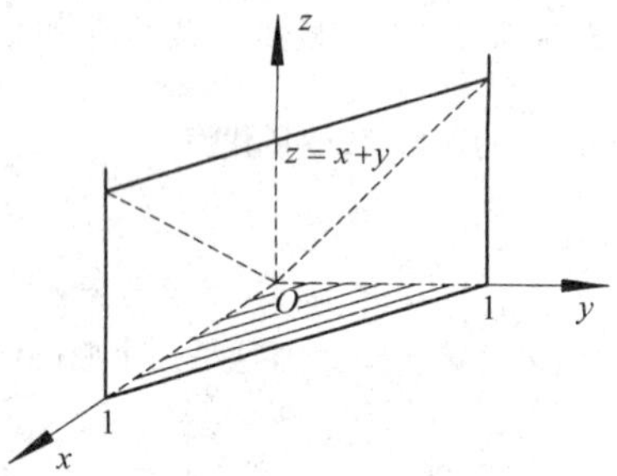


图 8.40

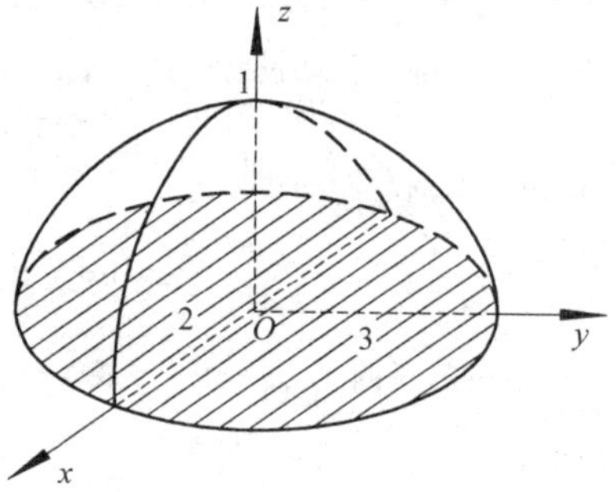


图 8.41

(2) 积分域为椭圆$\frac{x^2}{4}+\frac{y^2}{9}\leqslant 1$，即立体的底面，顶面为椭球面 $z=\sqrt{1-\frac{x^2}{4}-\frac{y^2}{9}}$ (图 8.41).

(3) 积分域为由直线 $x+y=1, x+y=-1, x-y=1, y-x=1$围成的正方形. 柱体的顶面为旋转抛物面 $z=x^2+y^2$. 图 8.42 仅画了第一卦限部分的体积.

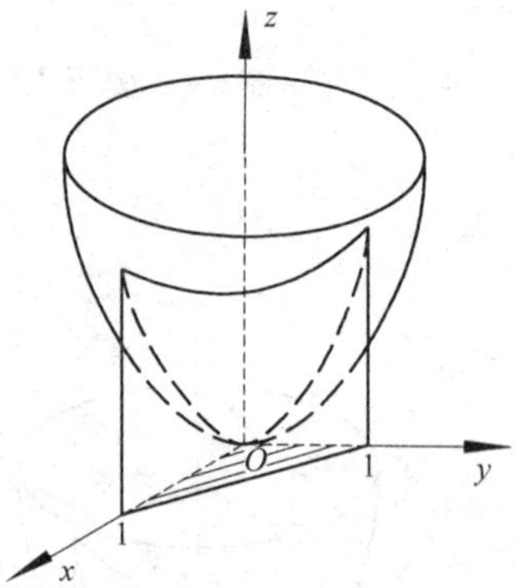


图 8.42

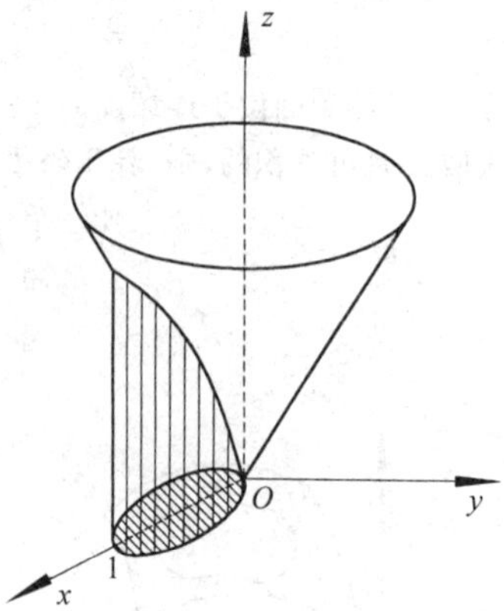


图 8.43

(4) 积分域为圆$\left(x-\frac{1}{2}\right)^2+y^2\leqslant\frac{1}{4}$. 柱体的顶面为圆锥面 $z=\sqrt{x^2+y^2}$ (图 8.43).

(5) 积分域为梯形 $1\leqslant x\leqslant 2, x\leqslant y\leqslant 2x$. 柱体的顶面为双曲抛物面 $z=\sqrt{xy}$ (图 8.44).

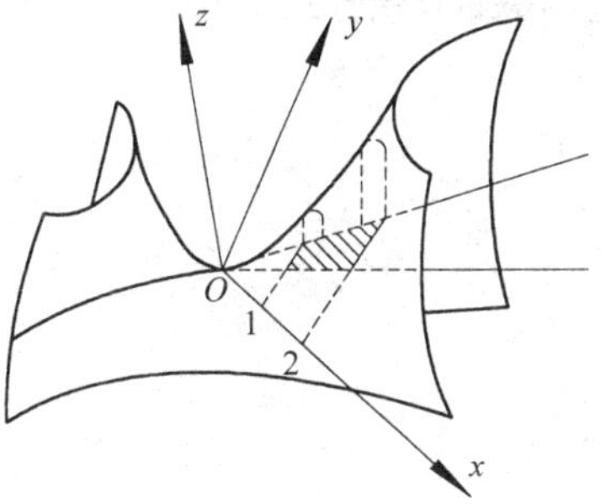


图 8.44

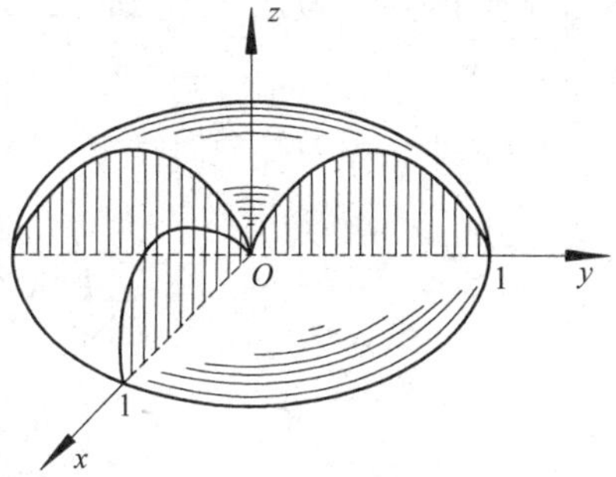


图 8.45

(6) 积分域为圆 $x^2+y^2\leqslant 1$. 即立体的底面,顶面是由正弦曲线 $z=\sin\pi x$ 绕 $Oz$ 轴旋转一周而得的旋转曲面(图 8.45).

**求下列曲面所围区域的体积:**

**【4007】** $z=1+x+y$, $z=0$, $x+y=1$, $x=0$, $y=0$.

**解** $V=\int_0^1 dx\int_0^{1-x}(1+x+y)dy=\int_0^1\left(\frac{3}{2}-x-\frac{x^2}{2}\right)dx=\frac{5}{6}$.

**【4008】** $x+y+z=a$, $x^2+y^2=R^2$, $x=0$, $y=0$, $z=0$ $(a\geqslant R\sqrt{2})$.

**解** $V=\int_0^R dx\int_0^{\sqrt{R^2-x^2}}(a-x-y)dy=\int_0^R\left[(a-x)\sqrt{R^2-x^2}-\frac{R^2-x^2}{2}\right]dx$

$=\int_0^R a\sqrt{R^2-x^2}dx-\int_0^R\left(x\sqrt{R^2-x^2}+\frac{R^2-x^2}{2}\right)dx=\frac{\pi aR^2}{4}-\frac{2R^3}{3}$.

**【4009】** $z=x^2+y^2$, $y=x^2$, $y=1$, $z=0$.

**解** $V=\int_{-1}^1 dx\int_{x^2}^1(x^2+y^2)dy=\frac{88}{105}$.

**【4010】** $z=\cos x\cos y$, $z=0$, $|x+y|\leqslant\frac{\pi}{2}$, $|x-y|\leqslant\frac{\pi}{2}$.

**提示** 注意函数 $z=\cos x\cos y$ 的图像关于 $Oyz$ 平面对称,而积分域关于 $Oy$ 轴对称.

**解** 因函数 $z=\cos x\cos y$ 的图像关于 $Oyz$ 平面对称,而积分域(图 8.46)关于 $Oy$ 轴对称,故所求的体积为

$$V=2\int_0^{\frac{\pi}{2}}dx\int_{x-\frac{\pi}{2}}^{\frac{\pi}{2}-x}\cos x\cos y dy=4\int_0^{\frac{\pi}{2}}\cos^2 x dx=4\left(\frac{x}{2}+\frac{\sin 2x}{4}\right)\Big|_0^{\frac{\pi}{2}}=\pi.$$

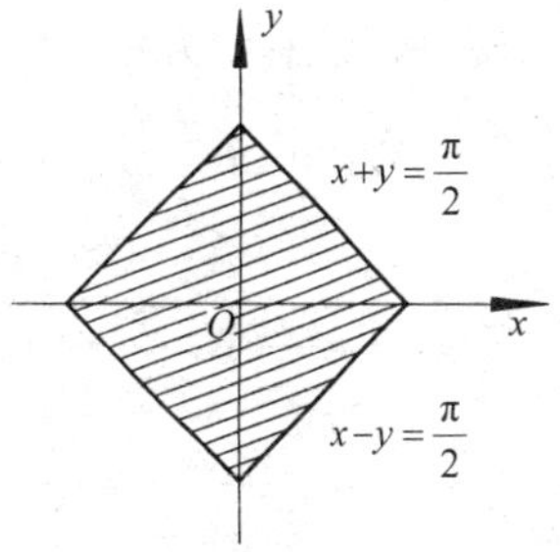


图 8.46

**【4011】** $z=\sin\frac{\pi y}{2x}$, $z=0$, $y=x$, $y=0$, $x=\pi$.

**解** $V=\int_0^{\pi}dx\int_0^x\sin\frac{\pi y}{2x}dy=\frac{2}{\pi}\int_0^{\pi}x dx=\pi$.

**【4012】** $z=xy$, $x+y+z=1$, $z=0$.

**提示** 注意所求的体积 $V$ 由两部分组成:

$V_1$: $0\leqslant x\leqslant 1$, $0\leqslant y\leqslant\frac{1-x}{1+x}$, $z=xy$.

$V_2$: $0\leqslant x\leqslant 1$, $\frac{1-x}{1+x}\leqslant y\leqslant 1-x$, $z=1-x-y$.

**解** 体积 $V$ 由两部分组成:

$V_1$: $0\leqslant x\leqslant 1$, $0\leqslant y\leqslant\frac{1-x}{1+x}$, $z=xy$.

$V_2$: $0\leqslant x\leqslant 1$, $\frac{1-x}{1+x}\leqslant y\leqslant 1-x$, $z=1-x-y$.

它们在 $Oxy$ 平面上的投影域 $\Omega_1$ 及 $\Omega_2$ 如图 8.47 所示. 于是,所求的体积为

$$V=V_1+V_2$$

$$=\int_0^1 x\mathrm{d}x\int_0^{\frac{1-x}{1+x}} y\mathrm{d}y+\int_0^1 \mathrm{d}x\int_{\frac{1-x}{1+x}}^{1-x}(1-x-y)\mathrm{d}y=\left(-\frac{11}{4}+4\ln 2\right)+\left(\frac{25}{6}-6\ln 2\right)=\frac{17}{12}-2\ln 2.$$

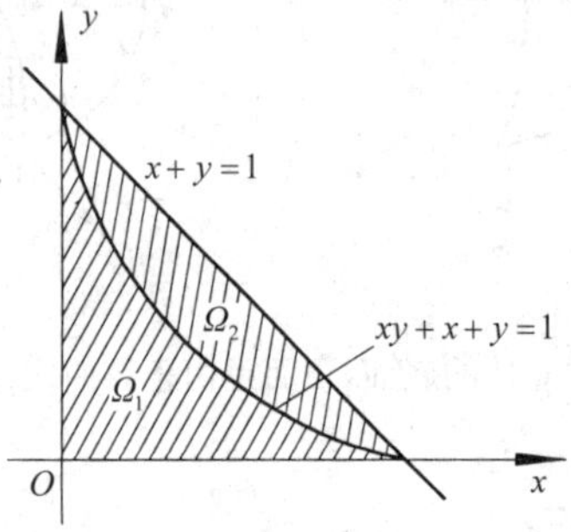


图 8.47

**变换成极坐标,求下列曲面所围区域的体积:**

**【4013】** $z^2=xy$, $x^2+y^2=a^2$.

**提示** 注意对称性,令 $x=r\cos\varphi$, $y=r\sin\varphi$,并利用 3856 题的结果.

**解** 因为 $z=\sqrt{xy}$,故所求的体积为

$$V=4\iint\limits_{\substack{x^2+y^2\leqslant a^2\\ x\geqslant 0,y\geqslant 0}}\sqrt{xy}\,\mathrm{d}x\mathrm{d}y=4\int_0^a \mathrm{d}r\int_0^{\frac{\pi}{2}}\sqrt{\cos\varphi\sin\varphi}\,r^2\mathrm{d}\varphi=\frac{4}{3}a^3\int_0^{\frac{\pi}{2}}\cos^{\frac{1}{2}}\varphi\sin^{\frac{1}{2}}\varphi\mathrm{d}\varphi$$

$$=\frac{4}{3}a^3\ \frac{1}{2}\mathrm{B}\left(\frac{3}{4},\frac{3}{4}\right)^{*)}=\frac{2}{3}a^3\frac{\Gamma^2\left(\frac{3}{4}\right)}{\Gamma\left(\frac{3}{2}\right)}=\frac{2}{3}a^3\frac{\Gamma^2\left(\frac{3}{4}\right)}{\frac{1}{2}\Gamma\left(\frac{1}{2}\right)}=\frac{4}{3}a^3\frac{\Gamma^2\left(\frac{3}{4}\right)}{\sqrt{\pi}}.$$

*) 利用 3856 题的结果.

**【4014】** $z=x+y$, $(x^2+y^2)^2=2xy$, $z=0(x>0,y>0)$.

**提示** 令 $x=r\cos\varphi$, $y=r\sin\varphi$,并利用 3856 题的结果.

**解** 令 $x=r\cos\varphi$, $y=r\sin\varphi$,则方程 $(x^2+y^2)^2=2xy$ 及 $z=x+y$ 变为

$$r^2=2\sin\varphi\cos\varphi=\sin 2\varphi \quad 及 \quad z=r(\cos\varphi+\sin\varphi).$$

于是,所求的体积为

$$V=\iint\limits_{\Omega}(x+y)\mathrm{d}x\mathrm{d}y=\int_0^{\frac{\pi}{2}}\mathrm{d}\varphi\int_0^{\sqrt{\sin 2\varphi}} r^2(\cos\varphi+\sin\varphi)\mathrm{d}r=\frac{2\sqrt{2}}{3}\int_0^{\frac{\pi}{2}}(\sin^{\frac{5}{2}}\varphi\cos^{\frac{3}{2}}\varphi+\cos^{\frac{5}{2}}\varphi\sin^{\frac{3}{2}}\varphi)\mathrm{d}\varphi$$

$$=\frac{2\sqrt{2}}{3}\mathrm{B}\left(\frac{5}{4},\frac{7}{4}\right)^{*)}=\frac{2\sqrt{2}}{3}\ \frac{\Gamma\left(\frac{5}{4}\right)\Gamma\left(\frac{7}{4}\right)}{\Gamma(3)}=\frac{2\sqrt{2}}{3}\ \frac{\frac{1}{4}\cdot\frac{3}{4}\Gamma\left(\frac{1}{4}\right)\Gamma\left(\frac{3}{4}\right)}{2!}$$

$$=\frac{\sqrt{2}}{16}\ \frac{\pi}{\sin\frac{\pi}{4}}=\frac{\pi}{8}.$$

*) 利用 3856 题的结果.

**【4015】** $z=x^2+y^2$, $x^2+y^2=x$, $x^2+y^2=2x$, $z=0$.

**解** 令 $x=r\cos\varphi$, $y=r\sin\varphi$,则方程 $x^2+y^2=x$, $x^2+y^2=2x$ 及 $z=x^2+y^2$ 变为

$$r=\cos\varphi,\quad r=2\cos\varphi \quad 及 \quad z=r^2.$$

于是,所求的体积为

$$V=\iint\limits_{\Omega}(x^2+y^2)\mathrm{d}x\mathrm{d}y=\int_{-\frac{\pi}{2}}^{\frac{\pi}{2}}\mathrm{d}\varphi\int_{\cos\varphi}^{2\cos\varphi} r^3\mathrm{d}r=\frac{2}{4}\int_0^{\frac{\pi}{2}}(16\cos^4\varphi-\cos^4\varphi)\mathrm{d}\varphi=\frac{15}{2}\int_0^{\frac{\pi}{2}}\cos^4\varphi\mathrm{d}\varphi$$

$$=\frac{15}{2}\cdot\frac{3}{4}\cdot\frac{1}{2}\cdot\frac{\pi}{2}=\frac{45}{32}\pi.$$

**【4016】** $x^2+y^2+z^2=a^2,\ x^2+y^2\geqslant a|x|\quad(a>0).$

**解** 只需计算由下列曲面所围区域的体积：

$$x^2+y^2+z^2=a^2,\quad x^2+y^2\leqslant a|x|.$$

若引用极坐标，则 $r^2+z^2=a^2,\ r^2\leqslant a|r\cos\varphi|$，其体积为

$$V_1=8\iint\limits_{\substack{x^2+y^2\leqslant ax\\ x\geqslant0,y\geqslant0}}\sqrt{a^2-(x^2+y^2)}\,dxdy=8\int_0^{\frac{\pi}{2}}d\varphi\int_0^{a\cos\varphi}r\sqrt{a^2-r^2}\,dr=-\frac{8}{3}\int_0^{\frac{\pi}{2}}(a^2-r^2)^{\frac{3}{2}}\Big|_0^{a\cos\varphi}d\varphi$$

$$=\frac{8a^3}{3}\int_0^{\frac{\pi}{2}}(1-\sin^3\varphi)d\varphi=\frac{4\pi a^3}{3}-\frac{16a^3}{9}.$$

于是，所求的体积为 $$V=\frac{4\pi a^3}{3}-\left(\frac{4\pi a^3}{3}-\frac{16a^3}{9}\right)=\frac{16a^3}{9}.$$

**【4017】** $x^2+y^2-az=0,\ (x^2+y^2)^2=a^2(x^2-y^2),\ z=0\ (a>0).$

**解** 若引用极坐标，则有 $z=\dfrac{r^2}{a},\quad r^2=a^2\cos2\varphi\quad(a>0).$

于是，利用对称性知，所求的体积为

$$V=4\iint\limits_{\Omega}\frac{1}{a}(x^2+y^2)dxdy=4\int_0^{\frac{\pi}{4}}d\varphi\int_0^{a\sqrt{\cos2\varphi}}\frac{r^2}{a}r\,dr=a^3\int_0^{\frac{\pi}{4}}\cos^2 2\varphi d\varphi=\frac{\pi a^3}{8}.$$

**【4018】** $z=e^{-(x^2+y^2)},\ z=0,\ x^2+y^2=R^2.$

**解** 利用对称性，得所求的体积为

$$V=4\iint\limits_{\substack{x^2+y^2\leqslant R^2\\ x\geqslant0,y\geqslant0}}e^{-(x^2+y^2)}dxdy=4\int_0^{\frac{\pi}{2}}d\varphi\int_0^R e^{-r^2}r\,dr=\pi(1-e^{-R^2}).$$

**【4019】** $z=c\cos\dfrac{\pi\sqrt{x^2+y^2}}{2a},\ x^2+y^2=a^2,\ y=x\tan\alpha,\ y=x\tan\beta\ (a>0,c>0,0\leqslant\alpha<\beta\leqslant2\pi).$

**解** 所求的体积为

$$V=\iint\limits_{\Omega}c\cos\frac{\pi\sqrt{x^2+y^2}}{2a}dxdy=\int_\alpha^\beta d\varphi\int_0^a cr\cos\frac{\pi r}{2a}dr=c(\beta-\alpha)\left[\frac{2ar}{\pi}\sin\frac{\pi r}{2a}+\frac{4a^2}{\pi^2}\cos\frac{\pi r}{2a}\right]\Big|_0^a$$

$$=2a^2c(\beta-\alpha)\left(\frac{1}{\pi}-\frac{2}{\pi^2}\right)=\frac{2a^2c(\beta-\alpha)(\pi-2)}{\pi^2}.$$

**【4020】** $z=x^2+y^2,\ z=x+y.$

**提示** 注意两曲面的交线在 $Oxy$ 平面上的投影域的围线为圆

$$x^2+y^2=x+y\quad 或\quad \left(x-\frac{1}{2}\right)^2+\left(y-\frac{1}{2}\right)^2=\frac{1}{2}.$$

故令 $x=\dfrac{1}{2}+r\cos\varphi,\ y=\dfrac{1}{2}+r\sin\varphi$，则曲面方程化为

$$z=r^2+\frac{1}{2}+r(\cos\varphi+\sin\varphi)\quad 及\quad z=1+r(\cos\varphi+\sin\varphi)\quad\left(0\leqslant\varphi\leqslant2\pi,\ 0\leqslant r\leqslant\frac{1}{\sqrt{2}}\right).$$

**解** 立体的投影域的围线为 $x^2+y^2=x+y$ 或 $\left(x-\dfrac{1}{2}\right)^2+\left(y-\dfrac{1}{2}\right)^2=\dfrac{1}{2}$. 若引用代换 $x=\dfrac{1}{2}+r\cos\varphi$, $y=\dfrac{1}{2}+r\sin\varphi$，则有

$$z=r^2+\frac{1}{2}+r(\cos\varphi+\sin\varphi),\quad z=1+r(\cos\varphi+\sin\varphi)\ \left(0\leqslant\varphi\leqslant2\pi,\ 0\leqslant r\leqslant\frac{1}{\sqrt{2}}\right).$$

于是，所求的体积为

$$V=\iint\limits_{(x-\frac{1}{2})^2+(y-\frac{1}{2})^2\leqslant\frac{1}{2}}[(x+y)-(x^2+y^2)]dxdy$$

$$=\int_0^{2\pi}\mathrm{d}\varphi\int_0^{\frac{1}{\sqrt{2}}}\left\{[1+r(\cos\varphi+\sin\varphi)]-\left[r^2+\frac{1}{2}+r(\cos\varphi+\sin\varphi)\right]\right\}r\mathrm{d}r$$

$$=\int_0^{2\pi}\mathrm{d}\varphi\int_0^{\frac{1}{\sqrt{2}}}\left(\frac{1}{2}-r^2\right)r\mathrm{d}r=\frac{\pi}{8}.$$

**求下列曲面所围区域的体积(假定参数是正的):**

**【4021】** $\frac{x^2}{a^2}+\frac{y^2}{b^2}+\frac{z^2}{c^2}=1$, $\frac{x^2}{a^2}+\frac{y^2}{b^2}=\frac{z^2}{c^2}$ $(z>0)$.

**提示** 注意两曲面的交线在 $Oxy$ 平面上的投影域的围线为椭圆 $\frac{x^2}{a^2}+\frac{y^2}{b^2}=\frac{1}{2}$,故令 $x=ar\cos\varphi$, $y=br\sin\varphi$,则曲面方程化为

$$z=c\sqrt{1-r^2}\quad 及\quad z=cr\quad \left(0\leqslant\varphi\leqslant 2\pi, 0\leqslant r\leqslant\frac{1}{\sqrt{2}}\right).$$

**解** 两曲面的交线在 $Oxy$ 平面上的投影为椭圆 $\frac{x^2}{a^2}+\frac{y^2}{b^2}=\frac{1}{2}$. 令 $x=ar\cos\varphi$, $y=br\sin\varphi$,则方程化为

$$z=c\sqrt{1-r^2}\quad 及\quad z=cr\quad \left(0\leqslant\varphi\leqslant 2\pi, 0\leqslant r\leqslant\frac{1}{\sqrt{2}}\right).$$

于是,曲面所围区域的体积为

$$V=\iint_{\Omega}\left[c\sqrt{1-\left(\frac{x^2}{a^2}+\frac{y^2}{b^2}\right)}-c\sqrt{\frac{x^2}{a^2}+\frac{y^2}{b^2}}\right]\mathrm{d}x\mathrm{d}y=\int_0^{2\pi}\mathrm{d}\varphi\int_0^{\frac{1}{\sqrt{2}}}abr(c\sqrt{1-r^2}-cr)\mathrm{d}r$$

$$=abc\int_0^{2\pi}\mathrm{d}\varphi\int_0^{\frac{1}{\sqrt{2}}}(r\sqrt{1-r^2}-r^2)\mathrm{d}r=-\frac{1}{3}abc\int_0^{2\pi}\left[r^3+(1-r^2)^{\frac{3}{2}}\right]\Bigg|_0^{\frac{1}{\sqrt{2}}}\mathrm{d}\varphi$$

$$=\frac{1}{3}\pi abc(2-\sqrt{2}).$$

**【4022】** $\frac{x^2}{a^2}+\frac{y^2}{b^2}-\frac{z^2}{c^2}=-1$, $\frac{x^2}{a^2}+\frac{y^2}{b^2}=1$.

**提示** 令 $x=ar\cos\varphi$, $y=br\sin\varphi$,则曲面方程化为

$$z=\pm c\sqrt{1+r^2}\quad (0\leqslant\varphi\leqslant 2\pi, 0\leqslant r\leqslant 1).$$

**解** 若令 $x=ar\cos\varphi$, $y=br\sin\varphi$,则曲面方程化为

$$z=\pm c\sqrt{1+r^2}\quad (0\leqslant\varphi\leqslant 2\pi, 0\leqslant r\leqslant 1).$$

于是,曲面所围区域的体积为

$$V=\iint_{\frac{x^2}{a^2}+\frac{y^2}{b^2}\leqslant 1}2c\sqrt{1+\frac{x^2}{a^2}+\frac{y^2}{b^2}}\,\mathrm{d}x\mathrm{d}y=\int_0^{2\pi}\mathrm{d}\varphi\int_0^1 2abcr\sqrt{1+r^2}\,\mathrm{d}r=2abc\int_0^{2\pi}\mathrm{d}\int_0^1 r\sqrt{1+r^2}\,\mathrm{d}r$$

$$=\frac{4\pi}{3}abc(2\sqrt{2}-1).$$

**【4023】** $\frac{x^2}{a^2}+\frac{y^2}{b^2}=\frac{z}{c}$, $\frac{x^2}{a^2}+\frac{y^2}{b^2}=\frac{x}{a}+\frac{y}{b}$, $z=0$.

**提示** 注意立体在 $Oxy$ 平面上的投影域的围线为椭圆

$$\frac{x^2}{a^2}+\frac{y^2}{b^2}=\frac{x}{a}+\frac{y}{b}\quad 或\quad \left(\frac{x}{a}-\frac{1}{2}\right)^2+\left(\frac{y}{b}-\frac{1}{2}\right)^2=\frac{1}{2},$$

故令 $\frac{x}{a}=\frac{1}{2}+r\cos\varphi$, $\frac{y}{b}=\frac{1}{2}+r\sin\varphi$,则曲面方程化为

$$z=c\left[\frac{1}{2}+r(\cos\varphi+\sin\varphi)+r^2\right]\quad \left(0\leqslant\varphi\leqslant 2\pi, 0\leqslant r\leqslant\frac{1}{\sqrt{2}}\right).$$

**解** 立体在 $Oxy$ 平面上的投影域的围线为椭圆 $\frac{x^2}{a^2}+\frac{y^2}{b^2}=\frac{x}{a}+\frac{y}{b}$,即 $\left(\frac{x}{a}-\frac{1}{2}\right)^2+\left(\frac{y}{b}-\frac{1}{2}\right)^2=\frac{1}{2}$.

若令$\frac{x}{a}=\frac{1}{2}+r\cos\varphi$，$\frac{y}{b}=\frac{1}{2}+r\sin\varphi$,则曲面方程化为

$$z=c\left[\frac{1}{2}+r(\cos\varphi+\sin\varphi)+r^2\right]\quad(0\leqslant\varphi\leqslant 2\pi,0\leqslant r\leqslant\frac{1}{\sqrt{2}}).$$

于是,曲面所围区域的体积为

$$V=\iint\limits_{\left(\frac{x}{a}-\frac{1}{2}\right)^2+\left(\frac{y}{b}-\frac{1}{2}\right)^2\leqslant\frac{1}{2}} c\left(\frac{x^2}{a^2}+\frac{y^2}{b^2}\right)\mathrm{d}x\mathrm{d}y=abc\int_0^{2\pi}\mathrm{d}\varphi\int_0^{\frac{1}{\sqrt{2}}} r\left[\frac{1}{2}+r(\cos\varphi+\sin\varphi)+r^2\right]\mathrm{d}r$$

$$=abc\int_0^{2\pi}\left[\frac{1}{8}+\frac{1}{6\sqrt{2}}(\cos\varphi+\sin\varphi)+\frac{1}{16}\right]\mathrm{d}\varphi=abc\ \frac{3\cdot 2\pi}{16}=\frac{3}{8}\ \pi abc.$$

**【4024】** $\left(\frac{x^2}{a^2}+\frac{y^2}{b^2}\right)^2+\frac{z}{c}=1$，$z=0$.

**提示** 令 $x=ar\cos\varphi$，$y=br\sin\varphi$,则曲面方程化为

$$z=c(1-r^4)\quad(0\leqslant\varphi\leqslant 2\pi,0\leqslant r\leqslant 1).$$

**解** 若令 $x=ar\cos\varphi$，$y=br\sin\varphi$,则曲面方程化为

$$z=c(1-r^4)\quad(0\leqslant\varphi\leqslant 2\pi,0\leqslant r\leqslant 1).$$

于是,曲面所围区域的体积为

$$V=\iint\limits_{\frac{x^2}{a^2}+\frac{y^2}{b^2}\leqslant 1} c\left[1-\left(\frac{x^2}{a^2}+\frac{y^2}{b^2}\right)\right]\mathrm{d}x\mathrm{d}y=\int_0^{2\pi}\mathrm{d}\varphi\int_0^1 abcr(1-r^4)\mathrm{d}r=\frac{2}{3}\pi abc.$$

**【4025】** $\left(\frac{x}{a}+\frac{y}{b}\right)^2+\frac{z^2}{c^2}=1$，$x=0$，$y=0$，$z=0$.

**提示** 计算位于第一卦限(即 $x\geqslant 0,y\geqslant 0,z\geqslant 0$)部分的体积. 令 $x=ar\cos^2\varphi$，$y=br\sin^2\varphi$,则曲面方程化为

$$z=c\sqrt{1-r^2}\quad(0\leqslant\varphi\leqslant\frac{\pi}{2},0\leqslant r\leqslant 1).$$

**解** 下面计算位于第一卦限部分的体积. 令 $x=ar\cos^2\varphi$，$y=br\sin^2\varphi$,则曲面方程化为

$$z=c\sqrt{1-r^2}\quad(0\leqslant\varphi\leqslant\frac{\pi}{2},0\leqslant r\leqslant 1).$$

于是,曲面所围区域的体积为

$$V=\iint\limits_{\Omega} c\sqrt{1-\left(\frac{x}{a}+\frac{y}{b}\right)^2}\mathrm{d}x\mathrm{d}y=\int_0^{\frac{\pi}{2}}\mathrm{d}\varphi\int_0^1 abc\sin 2\varphi\sqrt{1-r^2}\,r\mathrm{d}r$$

$$=abc\left(\int_0^{\frac{\pi}{2}}\sin 2\varphi\mathrm{d}\varphi\right)\left(\int_0^1 r\sqrt{1-r^2}\ \mathrm{d}r\right)=\frac{abc}{3}.$$

**【4026】** $\frac{x^2}{a^2}+\frac{y^2}{b^2}+\frac{z^2}{c^2}=1$，$\left(\frac{x^2}{a^2}+\frac{y^2}{b^2}\right)^2=\frac{x^2}{a^2}-\frac{y^2}{b^2}$.

**解** 令 $x=ar\cos\varphi$，$y=br\sin\varphi$,则方程化为

$$z=\pm c\sqrt{1-r^2},\qquad r^2=\cos^2\varphi-\sin^2\varphi=\cos 2\varphi$$

(因 $r^2=\cos 2\varphi\geqslant 0$，故$-\frac{\pi}{4}\leqslant\varphi\leqslant\frac{\pi}{4},\frac{3\pi}{4}\leqslant\varphi\leqslant\frac{5\pi}{4}$). 于是,利用对称性知,曲面所围区域的体积为

$$V=8c\iint\limits_{\Omega}\sqrt{1-\frac{x^2}{a^2}-\frac{y^2}{b^2}}\ \mathrm{d}x\mathrm{d}y=8abc\int_0^{\frac{\pi}{4}}\int_0^{\sqrt{\cos 2\varphi}}\sqrt{1-r^2}\ r\mathrm{d}r\mathrm{d}\varphi$$

$$=8abc\int_0^{\frac{\pi}{4}}\frac{1}{3}(1-\sqrt{8}\sin^3\varphi)\mathrm{d}\varphi=\frac{8abc}{3}\left(\varphi+\sqrt{8}\ \cos\varphi-\frac{\sqrt{8}}{3}\ \cos^3\varphi\right)\Bigg|_0^{\frac{\pi}{4}}$$

$$=\frac{8abc}{3}\left(\frac{\pi}{4}+\frac{5}{3}-\frac{4\sqrt{2}}{3}\right)=\frac{2abc}{9}(3\pi+20-16\sqrt{2}).$$

【4027】 $z^2=xy$, $x+y=a$, $x+y=b$ $(0<a<b)$.

**解** 由于 $z=\pm\sqrt{xy}$,又所界立体在 $Oxy$ 平面上的投影域 $\Omega$ 由直线 $x+y=a$, $x+y=b$, $x=0$ 及 $y=0$ 围成. 利用对称性知,曲面所围区域的体积为

$$V=2\iint\limits_{\Omega}\sqrt{xy}\,\mathrm{d}x\mathrm{d}y=2\left(\int_0^a \mathrm{d}x\int_{a-x}^{b-x}\sqrt{xy}\,\mathrm{d}y+\int_a^b \mathrm{d}x\int_0^{b-x}\sqrt{xy}\,\mathrm{d}y\right)$$
$$=\frac{4}{3}\int_0^a\left[\sqrt{x(b-x)^3}-\sqrt{x(a-x)^3}\right]\mathrm{d}x+\frac{4}{3}\int_a^b\sqrt{x(b-x)^3}\,\mathrm{d}x$$
$$=\frac{4}{3}\int_0^b(b-x)\sqrt{x(b-x)}\,\mathrm{d}x-\frac{4}{3}\int_0^a(a-x)\sqrt{a(a-x)}\,\mathrm{d}x.$$

令 $x=b\sin^2 t$,可得

$$\int_0^b(b-x)\sqrt{x(b-x)}\,\mathrm{d}x=2b^3\int_0^{\frac{\pi}{2}}\cos^4 t\sin^2 t\mathrm{d}t$$
$$=2b^3\left(\int_0^{\frac{\pi}{2}}\cos^4 t\mathrm{d}t-\int_0^{\frac{\pi}{2}}\cos^6 t\mathrm{d}t\right)=2b^3\left(\frac{3\cdot 1}{4\cdot 2}-\frac{5\cdot 3\cdot 1}{6\cdot 4\cdot 2}\right)\frac{\pi}{2}=\frac{1}{16}\pi b^3;$$

同理,有 $$\int_0^a(a-x)\sqrt{x(a-x)}\,\mathrm{d}x=\frac{1}{16}\pi a^3.$$

于是,所求的体积为 $$V=\frac{4}{3}\left(\frac{\pi b^3}{16}-\frac{\pi a^3}{16}\right)=\frac{\pi}{12}(b^3-a^3).$$

【4028】 $z=x^2+y^2$, $xy=a^2$, $xy=2a^2$, $y=\frac{x}{2}$, $y=2x$, $z=0$.

**提示** 注意曲面所围区域的立体在 $Oxy$ 平面上的投影域由曲线 $xy=a^2$, $xy=2a^2$ 及直线 $y=\frac{x}{2}$, $y=2x$ 围成,故令 $xy=ua^2$, $y=vx$,则积分域变为长方形域

$$1\leqslant u\leqslant 2,\ \frac{1}{2}\leqslant v\leqslant 2,\quad \text{且 } |I|=\frac{a^2}{2v},\ z=x^2+y^2=a^2\left(\frac{u}{v}+uv\right).$$

再利用对称性.

**解** 曲面所界的立体在 $Oxy$ 平面上的投影域 $\Omega$ 由曲线 $xy=a^2$, $xy=2a^2$ 和直线 $y=\frac{x}{2}$, $y=2x$ 围成. 利用对称性知,曲面所围区域的体积为 $V=2\iint\limits_{\Omega}z\mathrm{d}x\mathrm{d}y=2\iint\limits_{\Omega}(x^2+y^2)\mathrm{d}x\mathrm{d}y$.

作变量代换 $xy=ua^2$, $y=vx$,则积分域变为长方形域 $1\leqslant u\leqslant 2$, $\frac{1}{2}\leqslant v\leqslant 2$,且 $|I|=\frac{a^2}{2v}$, $z=x^2+y^2=a^2\left(\frac{u}{v}+uv\right)$.

于是,所求的体积为

$$V=2\iint\limits_{\Omega}(x^2+y^2)\mathrm{d}x\mathrm{d}y=2\iint\limits_{\substack{1\leqslant u\leqslant 2\\ \frac{1}{2}\leqslant v\leqslant 2}}a^2\left(\frac{u}{v}+uv\right)\frac{a^2}{2v}\mathrm{d}u\mathrm{d}v=a^4\int_1^2 u\mathrm{d}u\int_{\frac{1}{2}}^2\left(1+\frac{1}{v^2}\right)\mathrm{d}v=\frac{9}{2}a^4.$$

【4029】 $z=xy$, $x^2=y$, $x^2=2y$, $y^2=x$, $y^2=2x$, $z=0$.

**提示** 仿4028题,令 $x=uy^2$, $y=vx^2$,则积分域 $\Omega$ 变为正方形域 $\frac{1}{2}\leqslant u\leqslant 1$, $\frac{1}{2}\leqslant v\leqslant 1$,且 $|I|=\frac{1}{3}u^{-2}v^{-2}$.

**解** 曲面所围区域的立体在 $Oxy$ 平面上的投影域 $\Omega$ 由曲线 $x^2=y$, $x^2=2y$, $y^2=x$ 及 $y^2=2x$ 围成. 我们有

$$V=\iint\limits_{\Omega}z\mathrm{d}x\mathrm{d}y=\iint\limits_{\Omega}xy\mathrm{d}x\mathrm{d}y.$$

作变量代换

$$x=uy^2,\quad y=vx^2,\quad 或\ x=u^{-\frac{1}{3}}v^{-\frac{2}{3}},\quad y=u^{-\frac{2}{3}}v^{-\frac{1}{3}},$$

则积分域$\Omega$变为正方形域$\frac{1}{2}\leqslant u\leqslant 1$，$\frac{1}{2}\leqslant v\leqslant 1$，且$|I|=\frac{1}{3}u^{-2}v^{-2}$. 于是，曲面所围区域的体积为

$$V=\iint\limits_{\Omega}xy\mathrm{d}x\mathrm{d}y=\frac{1}{3}\int_{\frac{1}{2}}^{1}\int_{\frac{1}{2}}^{1}u^{-3}v^{-3}\mathrm{d}u\mathrm{d}v=\frac{1}{3}\left(\int_{\frac{1}{2}}^{1}u^{-3}\mathrm{d}u\right)^2=\frac{1}{3}\cdot\frac{9}{4}=\frac{3}{4}.$$

**【4030】** $z=c\sin\frac{\pi xy}{a^2}$，$z=0$，$xy=a^2$，$y=\alpha x$，$y=\beta x$ $(0<\alpha<\beta;x>0)$.

**解** 曲面所界的立体在$Oxy$平面上的投影域$\Omega$由曲线$xy=a^2$和直线$y=\alpha x$，$y=\beta x$ $(x>0)$围成. 于是，曲面所围区域的体积为

$$V=\iint\limits_{\Omega}z\mathrm{d}x\mathrm{d}y=c\iint\limits_{\Omega}\sin\frac{\pi xy}{a^2}\mathrm{d}x\mathrm{d}y.$$

作变量代换$x=ar\cos\varphi$，$y=ar\sin\varphi$，则$|I|=a^2r$. 于是，

$$\begin{aligned}V&=\iint\limits_{\Omega}z\mathrm{d}x\mathrm{d}y=c\iint\limits_{\Omega}\sin\frac{\pi xy}{a^2}\mathrm{d}x\mathrm{d}y=a^2c\int_{\arctan\alpha}^{\arctan\beta}\int_0^{\frac{1}{\sqrt{\sin\varphi\cos\varphi}}}\sin(\pi r^2\sin\varphi\cos\varphi)r\mathrm{d}r\mathrm{d}\varphi\\&=\frac{a^2c}{\pi}\int_{\arctan\alpha}^{\arctan\beta}\frac{1}{\sin\varphi\cos\varphi}\mathrm{d}\varphi=\frac{a^2c}{\pi}\ln\tan\varphi\Big|_{\arctan\alpha}^{\arctan\beta}=\frac{a^2c}{\pi}\ln\frac{\beta}{\alpha}.\end{aligned}$$

**【4031】** $z=x^{\frac{3}{2}}+y^{\frac{3}{2}}$，$z=0$，$x+y=1$，$x=0$，$y=0$.

**解** 曲面所界的立体在$Oxy$平面上的投影域$\Omega$由直线$x+y=1$，$x=0$，$y=0$围成. 于是，曲面所围区域的体积为

$$\begin{aligned}V&=\iint\limits_{\Omega}z\mathrm{d}x\mathrm{d}y=\iint\limits_{\Omega}(x^{\frac{3}{2}}+y^{\frac{3}{2}})\mathrm{d}x\mathrm{d}y=\int_0^1\int_0^{1-x}(x^{\frac{3}{2}}+y^{\frac{3}{2}})\mathrm{d}x\mathrm{d}y=\int_0^1\left[x^{\frac{3}{2}}(1-x)+\frac{2}{5}(1-x)^{\frac{5}{2}}\right]\mathrm{d}x\\&=\frac{5}{2}x^{\frac{5}{2}}\Big|_0^1-\frac{7}{2}x^{\frac{7}{2}}\Big|_0^1-\frac{4}{35}(1-x)^{\frac{7}{2}}\Big|_0^1=\frac{2}{5}-\frac{2}{7}+\frac{4}{35}=\frac{8}{35}.\end{aligned}$$

**【4032】** $\frac{x^2}{a^2}+\frac{y^2}{b^2}+\frac{z}{c}=1$，$\left(\frac{x}{a}\right)^{\frac{2}{3}}+\left(\frac{y}{b}\right)^{\frac{2}{3}}=1$，$z=0$.

**提示** 令$x=ar\cos^3\varphi$，$y=br\sin^3\varphi$，则曲面方程化为

$$z=c[1-r^2(\cos^6\varphi+\sin^6\varphi)],r=1\quad(0\leqslant\varphi\leqslant2\pi,0\leqslant r\leqslant1),$$

注意对称性，并利用3856题的结果.

**解** 令$x=ar\cos^3\varphi$，$y=br\sin^3\varphi$，则方程化为

$$z=c[1-r^2(\cos^6\varphi+\sin^6\varphi)],\qquad r=1\quad(0\leqslant\varphi\leqslant2\pi,0\leqslant r\leqslant1).$$

于是，利用对称性知，曲面所围区域的体积为

$$\begin{aligned}V&=4\iint\limits_{\Omega}z\mathrm{d}x\mathrm{d}y=12abc\int_0^{\frac{\pi}{2}}\int_0^1[1-r^2(\cos^6\varphi+\sin^6\varphi)]r\cos^2\varphi\sin^2\varphi\mathrm{d}r\mathrm{d}\varphi\\&=12abc\left(\int_0^{\frac{\pi}{2}}\frac{1}{2}\cos^2\varphi\sin^2\varphi\mathrm{d}\varphi-\frac{1}{4}\int_0^{\frac{\pi}{2}}(\cos^6\varphi+\sin^6\varphi)\cos^2\varphi\sin^2\varphi\mathrm{d}\varphi\right)\\&=6abc\left(\int_0^{\frac{\pi}{2}}\cos^2\varphi\sin^2\varphi\mathrm{d}\varphi-\int_0^{\frac{\pi}{2}}\cos^6\varphi\cos^2\varphi\sin^2\varphi\mathrm{d}\varphi\right)\\&=6abc\left[\frac{\pi}{4}\left(1-\frac{3}{4}\right)-\frac{1}{10}\cdot\frac{7\cdot5\cdot3\cdot1}{8\cdot6\cdot4\cdot2}\frac{\pi}{2}\right]\\&=\frac{3\pi abc}{2}\left(\frac{1}{4}-\frac{105}{1920}\right)=\frac{75}{256}\pi abc.\end{aligned}$$

**【4033】** $z=c\arctan\frac{y}{x}$，$z=0$，$\sqrt{x^2+y^2}=a\arctan\frac{y}{x}$ $(y\geqslant0)$.

**解** 令$x=r\cos\varphi$，$y=r\sin\varphi$，则方程化为$z=c\varphi$，$r=a\varphi$ $\left(0\leqslant\varphi\leqslant\frac{\pi}{2}\right)$，于是，曲面所围区域的体积为

$$V=\iint\limits_{\Omega}z\mathrm{d}x\mathrm{d}y=\int_0^{\frac{\pi}{2}}\int_0^{a\varphi}c\varphi r\mathrm{d}r\mathrm{d}\varphi=\frac{a^2c}{2}\int_0^{\frac{\pi}{2}}\varphi^3\mathrm{d}\varphi=\frac{a^2c}{8}\varphi^4\Big|_0^{\frac{\pi}{2}}=\frac{\pi^4a^2c}{128}.$$

【4034】 $\frac{x^n}{a^n}+\frac{y^n}{b^n}+\frac{z^n}{c^n}=1,\ x=0,\ y=0,\ z=0\ (n>0)$

**提示** 令 $x=ar\cos^{\frac{2}{n}}\varphi,\ y=br\sin^{\frac{2}{n}}\varphi\ (0\leqslant\varphi\leqslant\frac{\pi}{2})$，则曲面方程化为

$$z=c\sqrt[n]{1-r^n}\quad(0\leqslant r\leqslant 1).$$

在求体积 $V$ 的过程中，先后令 $r^n=t$ 及 $\sin^2\varphi=z$，并利用 B 函数的定义及计算公式.

**解** 曲面方程可表示为

$$z=c\sqrt[n]{1-\left(\frac{x^n}{a^n}+\frac{y^n}{b^n}\right)}.$$

若令 $x=ar\cos^{\frac{2}{n}}\varphi,\ y=br\sin^{\frac{2}{n}}\varphi\ (0\leqslant\varphi\leqslant\frac{\pi}{2})$，则曲所围区域的体积为

$$V=c\iint\limits_{\Omega}\sqrt[n]{1-\left(\frac{x^n}{a^n}+\frac{y^n}{b^n}\right)}\mathrm{d}x\mathrm{d}y=\frac{2abc}{n}\int_0^1\sqrt[n]{1-r^n}\,r\mathrm{d}r\int_0^{\frac{\pi}{2}}\cos^{\frac{2-n}{n}}\varphi\sin^{\frac{2-n}{n}}\varphi\mathrm{d}\varphi.$$

若令 $r^n=t$ 可得

$$\int_0^1\sqrt[n]{1-r^n}\,r\mathrm{d}r=\int_0^1(1-t)^{\frac{1}{n}}t^{\frac{2}{n}-1}\mathrm{d}t=\mathrm{B}\left(\frac{1}{n}+1,\frac{2}{n}\right)=\frac{\Gamma\left(\frac{1}{n}+1\right)\Gamma\left(\frac{2}{n}\right)}{\Gamma\left(1+\frac{3}{n}\right)}=\frac{\Gamma\left(\frac{1}{n}\right)\Gamma\left(\frac{2}{n}\right)}{3\Gamma\left(\frac{3}{n}\right)};$$

令 $\sin^2\varphi=t$ 可得

$$\int_0^{\frac{\pi}{2}}\cos^{\frac{2-n}{n}}\varphi\sin^{\frac{2-n}{n}}\varphi\mathrm{d}\varphi=\frac{1}{2n}\int_0^1(1-t)^{\frac{1}{n}-1}t^{\frac{1}{n}-1}\mathrm{d}t=\frac{1}{2n}\mathrm{B}\left(\frac{1}{n},\frac{1}{n}\right)=\frac{1}{2n}\frac{\Gamma^2\left(\frac{1}{n}\right)}{\Gamma\left(\frac{2}{n}\right)}.$$

于是，所求的体积为
$$V=\frac{abc}{n^2}\frac{\Gamma\left(\frac{1}{n}\right)\Gamma\left(\frac{2}{n}\right)}{3\Gamma\left(\frac{3}{n}\right)}\frac{\Gamma^2\left(\frac{1}{n}\right)}{\Gamma\left(\frac{2}{n}\right)}=\frac{abc}{3n^2}\frac{\Gamma^3\left(\frac{1}{n}\right)}{\Gamma\left(\frac{3}{n}\right)}.$$

【4035】 $\left(\frac{x}{a}+\frac{y}{b}\right)^n+\left(\frac{z}{c}\right)^m=1,\ x=0,\ y=0,\ z=0\ (n>0,m>0).$

**提示** 令 $x=ar\cos^2\varphi,\ y=br\sin^2\varphi\ (0\leqslant\varphi\leqslant\frac{\pi}{2})$.

**解** 令 $x=ar\cos^2\varphi,\ y=br\sin^2\varphi\ (0\leqslant\varphi\leqslant\frac{\pi}{2})$，则曲面所围区域的体积为

$$V=c\iint\limits_{\Omega}\sqrt[m]{1-\left(\frac{x}{a}+\frac{y}{b}\right)^n}\mathrm{d}x\mathrm{d}y=2abc\int_0^1\sqrt[m]{1-r^n}\,r\mathrm{d}r\int_0^{\frac{\pi}{2}}\cos\varphi\sin\varphi\mathrm{d}\varphi=abc\int_0^1\sqrt[m]{1-r^n}\,r\mathrm{d}r$$

$$=\frac{abc}{n}\mathrm{B}\left(\frac{1}{m}+1,\frac{2}{n}\right)=\frac{abc}{n}\frac{\Gamma\left(\frac{1}{m}+1\right)\Gamma\left(\frac{2}{n}\right)}{\Gamma\left(\frac{1}{m}+\frac{2}{n}+1\right)}=\frac{abc}{n+2m}\frac{\Gamma\left(\frac{1}{m}\right)\Gamma\left(\frac{2}{n}\right)}{\Gamma\left(\frac{1}{m}+\frac{2}{n}\right)}.$$

## §4. 曲面面积的计算法

1° **曲面由显函数给出的情形** 光滑曲面 $z=z(x,y)$ 的面积由以下积分表示：

$$S=\iint\limits_{\Omega}\sqrt{1+\left(\frac{\partial z}{\partial x}\right)^2+\left(\frac{\partial z}{\partial y}\right)^2}\mathrm{d}x\mathrm{d}y,$$

其中 $\Omega$ 为该曲面在 $Oxy$ 平面上的投影.

2° **曲面由参数方程给出的情形** 若曲面是由参数方程给出的：

$$x=x(u,v),\ y=y(u,v),\ z=z(u,v),$$

其中$(u,v)\in\Omega$,$\Omega$为封闭可求积的有限区域,且函数 $x$,$y$ 和 $z$ 在区域$\Omega$ 内连续可微,则对于曲面的面积有公式

$$S=\iint_{\Omega}\sqrt{EG-F^2}\,dudv,$$

其中

$$E=\left(\frac{\partial x}{\partial u}\right)^2+\left(\frac{\partial y}{\partial u}\right)^2+\left(\frac{\partial z}{\partial u}\right)^2,\quad G=\left(\frac{\partial x}{\partial v}\right)^2+\left(\frac{\partial y}{\partial v}\right)^2+\left(\frac{\partial z}{\partial v}\right)^2,\quad F=\frac{\partial x}{\partial u}\frac{\partial x}{\partial v}+\frac{\partial y}{\partial u}\frac{\partial y}{\partial v}+\frac{\partial z}{\partial u}\frac{\partial z}{\partial v}.$$

**【4036】** 求曲面 $az=xy$ 包含在圆柱 $x^2+y^2=a^2$ 内那部分的面积.

**解** 所求的面积为

$$S=\iint_{x^2+y^2\leqslant a^2}\sqrt{1+\left(\frac{y}{a}\right)^2+\left(\frac{x}{a}\right)^2}\,dxdy=\iint_{x^2+y^2\leqslant a^2}\sqrt{\frac{a^2+(x^2+y^2)}{a^2}}\,dxdy$$
$$=\frac{1}{a}\iint_{x^2+y^2\leqslant a^2}\sqrt{a^2+(x^2+y^2)}\,dxdy=\frac{4}{a}\int_0^{\frac{\pi}{2}}d\varphi\int_0^a r\sqrt{a^2+r^2}\,dr=\frac{2\pi a^2}{3}(2\sqrt{2}-1).$$

**【4037】** 求以曲面 $x^2+z^2=a^2$ 和 $y^2+z^2=a^2$ 为界的物体的表面积.

**解** 如图 8.48 所示,两曲面的交线在 $Oyz$ 平面上的投影为圆 $y^2+z^2=a^2$,$x=0$.

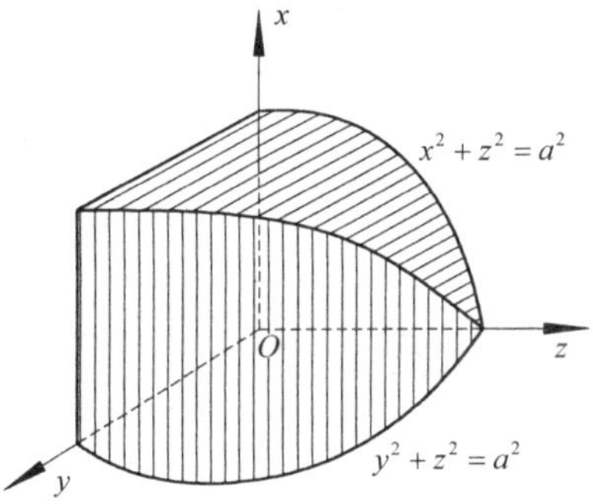


图 8.48

于是,利用对称性知,所求的面积为

$$S=4\iint_{z^2+y^2\leqslant a^2}\sqrt{1+\left(\frac{\partial x}{\partial y}\right)^2+\left(\frac{\partial x}{\partial z}\right)^2}\,dydz=4\cdot 4\int_0^a dz\int_0^{\sqrt{a^2-z^2}}\sqrt{1+0^2+\left(-\frac{z}{x}\right)^2}\,dy$$
$$=16\int_0^a dz\int_0^{\sqrt{a^2-z^2}}\sqrt{\frac{x^2+z^2}{x^2}}\,dy=16a\int_0^a dz\int_0^{\sqrt{a^2-z^2}}\frac{dy}{\sqrt{a^2-z^2}}$$
$$=16a\int_0^a\frac{1}{\sqrt{a^2-z^2}}\sqrt{a^2-z^2}\,dz=16a^2.$$

**【4038】** 求球面 $x^2+y^2+z^2=a^2$ 包含在柱面$\frac{x^2}{a^2}+\frac{y^2}{b^2}=1$ $(b\leqslant a)$内那部分的面积.

**解** 因为 $\sqrt{1+\left(\frac{\partial z}{\partial x}\right)^2+\left(\frac{\partial z}{\partial y}\right)^2}=\sqrt{1+\frac{x^2}{z^2}+\frac{y^2}{z^2}}=\sqrt{\frac{x^2+y^2+z^2}{z^2}}=\frac{a}{\sqrt{a^2-x^2-y^2}}$,

又积分域$\frac{x^2}{a^2}+\frac{y^2}{b^2}\leqslant 1$ 位于第一象限部分为

$$0\leqslant x\leqslant a,\quad 0\leqslant y\leqslant\frac{b}{a}\sqrt{a^2-x^2}.$$

于是,利用对称性知,所求的面积为

$$S=2\cdot 4\int_0^a dx\int_0^{\frac{b}{a}\sqrt{a^2-x^2}}\frac{a}{\sqrt{a^2-x^2-y^2}}\,dy=8a\int_0^a\arcsin\frac{y}{\sqrt{a^2-x^2}}\Bigg|_0^{\frac{b}{a}\sqrt{a^2-x^2}}dx=8a^2\arcsin\frac{b}{a}.$$

**【4039】** 求曲面 $z^2=2xy$ 被平面 $x+y=1$, $x=0$, $y=0$ 所截部分的面积.

**解** 因为

$$\sqrt{1+\left(\frac{\partial z}{\partial x}\right)^2+\left(\frac{\partial z}{\partial y}\right)^2}=\sqrt{1+\frac{y^2}{z^2}+\frac{x^2}{z^2}}=\sqrt{\frac{x^2+y^2+z^2}{z^2}}=\frac{1}{\sqrt{2}}\sqrt{\frac{x^2+y^2+2xy}{xy}}=\frac{1}{\sqrt{2}}\ \frac{x+y}{\sqrt{xy}},$$

于是，所求的面积为

$$S=\frac{2}{\sqrt{2}}\int_0^1 dx\int_0^{1-x}\frac{x+y}{\sqrt{xy}}dy=\frac{2}{\sqrt{2}}\int_0^1\left[2\sqrt{x(1-x)}+\frac{2}{3\sqrt{x}}(1-x)\sqrt{1-x}\right]dx$$

$$=\sqrt{2}\int_0^1\frac{2\sqrt{1-x}(1+2x)}{3\sqrt{x}}dx=\frac{4\sqrt{2}}{3}\int_0^1\sqrt{1-x}(1+2x)d(\sqrt{x})$$

$$=\frac{4\sqrt{2}}{3}\int_0^1\sqrt{1-t^2}(1+2t^2)dt=\frac{4\sqrt{2}}{3}\left(\frac{\pi}{4}+\frac{\pi}{8}\right)=\frac{\pi}{\sqrt{2}}.$$

**【4040】** 求曲面 $x^2+y^2+z^2=a^2$ 在圆柱 $x^2+y^2=\pm ax$ 内那部分的面积(维维亚尼问题).

**解** 只需求出球面被圆柱面割出部分的面积. 因为

$$\sqrt{1+\left(\frac{\partial z}{\partial x}\right)^2+\left(\frac{\partial z}{\partial y}\right)^2}=\sqrt{1+\frac{x^2}{z^2}+\frac{y^2}{z^2}}=\frac{a}{\sqrt{a^2-x^2-y^2}},$$

于是，利用对称性知，割出部分的面积为

$$S=8\iint_\Omega\frac{a}{\sqrt{a^2-x^2-y^2}}dxdy=8\int_0^{\frac{\pi}{2}}d\varphi\int_0^{a\cos\varphi}\frac{ar}{\sqrt{a^2-r^2}}dr=8a^2\left(\frac{\pi}{2}-1\right).$$

于是，所求的面积为 $A=4\pi a^2-S=4\pi a^2-8a^2\left(\frac{\pi}{2}-1\right)=8a^2.$

**【4041】** 求曲面 $z=\sqrt{x^2+y^2}$ 包含在圆柱 $x^2+y^2=2x$ 内那部分的面积.

**解** 注意到 $\sqrt{1+\left(\frac{\partial z}{\partial x}\right)^2+\left(\frac{\partial z}{\partial y}\right)^2}=\sqrt{1+\left(\frac{x}{\sqrt{x^2+y^2}}\right)^2+\left(\frac{y}{\sqrt{x^2+y^2}}\right)^2}=\sqrt{2},$

又积分域为：$-\frac{\pi}{2}\leqslant\varphi\leqslant\frac{\pi}{2}$，$0\leqslant r\leqslant 2\cos\varphi$. 于是，所求的面积为

$$S=\iint_\Omega\sqrt{2}\,dxdy=\int_{-\frac{\pi}{2}}^{\frac{\pi}{2}}d\varphi\int_0^{2\cos\varphi}\sqrt{2}\,rdr=2\sqrt{2}\int_{-\frac{\pi}{2}}^{\frac{\pi}{2}}\cos^2\varphi d\varphi=\sqrt{2}\,\pi.$$

**【4042】** 求曲面 $z=\sqrt{x^2-y^2}$ 包含在柱面 $(x^2+y^2)^2=a^2(x^2-y^2)$ 内那部分的面积.

**解** 注意到 $\sqrt{1+\left(\frac{\partial z}{\partial x}\right)^2+\left(\frac{\partial z}{\partial y}\right)^2}=\sqrt{1+\left(\frac{x}{\sqrt{x^2-y^2}}\right)^2+\left(\frac{-y}{\sqrt{x^2-y^2}}\right)^2}=\frac{\sqrt{2}x}{\sqrt{x^2-y^2}},$

又积分域由双纽线 $r^2=a^2\cos 2\varphi$ 所围成. 于是，利用对称性知，所求的面积为

$$S=\iint_\Omega\frac{\sqrt{2}x}{\sqrt{x^2-y^2}}dxdy=4\int_0^{\frac{\pi}{4}}d\varphi\int_0^{a\sqrt{\cos 2\varphi}}\sqrt{2}r\frac{r\cos\varphi}{r\sqrt{\cos 2\varphi}}dr=2\sqrt{2}\int_0^{\frac{\pi}{4}}a^2\cos\varphi\sqrt{\cos 2\varphi}d\varphi$$

$$=2a^2\int_0^{\frac{\pi}{4}}\sqrt{1-2\sin^2\varphi}\,d(\sqrt{2}\sin\varphi)=2a^2\left[\frac{\sqrt{2}\sin\varphi}{2}\sqrt{1-2\sin^2\varphi}+\frac{1}{2}\arcsin(\sqrt{2}\sin\varphi)\right]\Bigg|_0^{\frac{\pi}{4}}=\frac{\pi a^2}{2}.$$

**【4043】** 求曲面 $z=\frac{1}{2}(x^2-y^2)$ 被平面 $x-y=\pm1$，$x+y=\pm1$ 所截部分的面积.

**解** 因为 $\sqrt{1+\left(\frac{\partial z}{\partial x}\right)^2+\left(\frac{\partial z}{\partial y}\right)^2}=\sqrt{1+x^2+y^2}$，故所求的面积为

$$S=\iint_\Omega\sqrt{1+x^2+y^2}\,dxdy,$$

其中 $\Omega$ 为由直线 $x-y=\pm1$，$x+y=\pm1$ 围成的正方形域. 为便于计算，作变换

$$x=\frac{\sqrt{2}}{2}u-\frac{\sqrt{2}}{2}v,\quad y=\frac{\sqrt{2}}{2}u+\frac{\sqrt{2}}{2}v,$$

从而积分域变为由方程 $u=\pm\frac{\sqrt{2}}{2}$，$v=\pm\frac{\sqrt{2}}{2}$ 围成的正方形，且 $I=1$. 于是，注意利用对称性，即得所求的面

积为

$$S=\iint_{\Omega}\sqrt{1+x^2+y^2}\,dxdy=4\int_0^{\frac{\sqrt{2}}{2}}du\int_{-u}^{u}\sqrt{1+u^2+v^2}\,dv$$

$$=4\int_0^{\frac{\sqrt{2}}{2}}\left\{u\sqrt{1+2u^2}+\frac{1+u^2}{2}[\ln(\sqrt{1+2u^2}+u)-\ln(\sqrt{1+2u^2}-u)]\right\}du$$

$$=\frac{2}{3}(1+2u^2)^{\frac{3}{2}}\Big|_0^{\frac{\sqrt{2}}{2}}+2\int_0^{\frac{\sqrt{2}}{2}}[\ln(\sqrt{1+2u^2}+u)-\ln(\sqrt{1+2u^2}-u)]d\left(u+\frac{u^3}{3}\right)$$

$$=\frac{4\sqrt{2}}{3}-\frac{2}{3}+\frac{7\sqrt{2}}{6}\ln3-\int_0^{\frac{\sqrt{2}}{2}}4\left(u+\frac{u^3}{3}\right)\frac{du}{\sqrt{1+2u^2}(1+u^2)}$$

$$=\frac{4\sqrt{2}}{3}-\frac{2}{3}+\frac{7\sqrt{2}}{6}\ln3-\int_0^{\frac{\sqrt{2}}{2}}\frac{1+\frac{u^3}{3}}{1+u^2}\frac{d(1+2u^2)}{\sqrt{1+2u^2}}=\frac{4\sqrt{2}}{3}-\frac{2}{3}+\frac{7\sqrt{2}}{6}\ln3-\frac{2}{3}\int_1^{\sqrt{2}}\frac{t^2+5}{t^2+1}dt^{*)}$$

$$=\frac{4\sqrt{2}}{3}-\frac{2}{3}+\frac{7\sqrt{2}}{6}\ln3-\frac{2}{3}(\sqrt{2}-1)-\frac{8}{3}\int_1^{\sqrt{2}}\frac{dt}{t^2+1}=\frac{2\sqrt{2}}{3}\left(1+\frac{7}{4}\ln3\right)+\frac{2\pi}{3}-\frac{8}{3}\arctan\sqrt{2}$$

$$=-\frac{2\pi}{3}+\frac{2\sqrt{2}}{3}\left(1+\frac{7\ln3}{4}\right)+\frac{8}{3}\arctan\frac{1}{\sqrt{2}}.$$

*) 作代换 $1+2u^2=t^2$.

【4044】 求曲面 $x^2+y^2=2az$ 包含在柱面 $(x^2+y^2)^2=2a^2xy$ 内那部分的面积.

**解** 注意到 $\sqrt{1+\left(\frac{\partial z}{\partial x}\right)^2+\left(\frac{\partial z}{\partial y}\right)^2}=\sqrt{1+\left(\frac{x}{a}\right)^2+\left(\frac{y}{a}\right)^2}=\frac{1}{a}\sqrt{a^2+(x^2+y^2)}$,

又积分域由双纽线 $r^2=a^2\sin2\varphi$ 围成. 于是,利用对称性,即得所求的面积为

$$S=\iint_{\Omega}\frac{1}{a}\sqrt{a^2+(x^2+y^2)}\,dxdy=4\int_0^{\frac{\pi}{4}}d\varphi\int_0^{a\sqrt{\sin2\varphi}}\frac{1}{a}\sqrt{a^2+r^2}\,rdr$$

$$=\frac{4}{3a}\int_0^{\frac{\pi}{4}}[a^3(1+\sin2\varphi)^{\frac{3}{2}}-a^3]d\varphi=\frac{4a^2}{3}\int_0^{\frac{\pi}{4}}(1+\sin2\varphi)^{\frac{3}{2}}d\varphi-\frac{\pi a^2}{3}.$$

由于

$$\int_0^{\frac{\pi}{4}}(1+\sin2\varphi)^{\frac{3}{2}}d\varphi=\int_0^{\frac{\pi}{4}}\left[1+\cos2\left(\frac{\pi}{4}-\varphi\right)\right]^{\frac{3}{2}}d\varphi=2\sqrt{2}\int_0^{\frac{\pi}{4}}\cos^3\left(\frac{\pi}{4}-\varphi\right)d\varphi$$

$$=2\sqrt{2}\int_0^{\frac{\pi}{4}}\cos^3t\,dt=2\sqrt{2}\left(\sin t-\frac{\sin^3t}{3}\right)\Big|_0^{\frac{\pi}{4}}=\frac{5}{3},$$

故最后得
$$S=\frac{4a^2}{3}\cdot\frac{5}{3}-\frac{\pi a^2}{3}=\frac{a^2}{9}(20-3\pi).$$

【4045】 求曲面 $x^2+y^2=a^2$ 被平面 $x+z=0,x-z=0$ $(x>0,y>0)$所截部分的面积.

**解** 因为
$$\sqrt{1+\left(\frac{\partial y}{\partial x}\right)^2+\left(\frac{\partial y}{\partial z}\right)^2}=\sqrt{1+\left(\frac{x}{y}\right)^2}=\frac{a}{\sqrt{a^2-x^2}},$$

于是,所求的面积为 $S=\iint_{\Omega}\frac{a}{\sqrt{a^2-x^2}}dxdz=\int_0^a dx\int_{-x}^{x}\frac{a}{\sqrt{a^2-x^2}}dz=\int_0^a\frac{2ax}{\sqrt{a^2-x^2}}dx=2a^2.$

【4046】 求以曲面 $x^2+y^2=\frac{1}{3}z^2$ 和 $x+y+z=2a$ $(a>0)$为界的物体的表面积和体积.

**解** 曲面的交线在 $Oxy$ 平面上的投影为

$$3x^2+3y^2=(2a-x-y)^2,$$

即
$$x^2+y^2-xy+2a(x+y)=2a^2.$$

令 $x=\frac{x'-y'}{\sqrt{2}}$, $y=\frac{x'+y'}{\sqrt{2}}$,则方程变为 $\frac{\left(x'+\frac{4a}{\sqrt{2}}\right)^2}{(2\sqrt{3}a)^2}+\frac{y'^2}{(2a)^2}=1.$

由此可见,曲面所界的物体在 $Oxy$ 平面上的投影域为以 $2a$ 为短半轴、$2\sqrt{3}a$ 为长半轴的椭圆.

物体的表面积由截面和截出的锥面两部分组成. 对于$z=2a-x-y$, $z=\sqrt{3x^2+3y^2}$分别有

$$\sqrt{1+\left(\frac{\partial z}{\partial x}\right)^2+\left(\frac{\partial z}{\partial y}\right)^2}=\sqrt{3},\quad \sqrt{1+\left(\frac{\partial z}{\partial x}\right)^2+\left(\frac{\partial z}{\partial y}\right)^2}=2.$$

于是,物体的表面积 $S=\iint\limits_{\Omega}\sqrt{3}\,dxdy+\iint\limits_{\Omega}2dxdy=(\sqrt{3}+2)\cdot\pi\cdot 2a\cdot 2\sqrt{3}a=4\pi(3+2\sqrt{3})a^2.$

又所截圆锥之高为 $H=\left|\frac{-2a}{\sqrt{1^2+1^2+1^2}}\right|=\frac{2a}{\sqrt{3}}$

(即坐标原点到平面 $x+y+z=2a$ 的距离). 于是,物体的体积为

$$V=\frac{1}{3}\cdot A\cdot\frac{2a}{\sqrt{3}},$$

其中 $A$ 为截圆锥的底面积: $A=\iint\limits_{\Omega}\sqrt{3}\,dxdy=\sqrt{3}\cdot\pi\cdot 2a\cdot 2\sqrt{3}a=12\pi a^2.$

因此,所求物体的体积为 $V=\frac{1}{3}\cdot 12\pi a^2\cdot\frac{2a}{\sqrt{3}}=\frac{8}{\sqrt{3}}\pi a^3.$

**【4047】** 求球面在两条纬线和两条经线之间那部分的面积.

**解题思路** 球面的参数方程为

$$x=R\cos\varphi\cos\psi,\quad y=R\sin\varphi\cos\psi,\quad z=R\sin\psi,$$

其中 $R$ 为球的半径. $\sqrt{EG-F^2}=R^2\cos\psi$, 又 $\varphi_1\leqslant\varphi\leqslant\varphi_2$, $\psi_1\leqslant\psi\leqslant\psi_2$, 其中 $\varphi_1$ 及 $\varphi_2$ 为经线的经度, $\psi_1$ 及 $\psi_2$ 为纬线的纬度.

**解** 球面的参数方程为 $x=R\cos\varphi\cos\psi$, $y=R\sin\varphi\cos\psi$, $z=R\sin\psi$,
其中 $R$ 为球的半径. 因为

$$E=\left(\frac{\partial x}{\partial\varphi}\right)^2+\left(\frac{\partial y}{\partial\varphi}\right)^2+\left(\frac{\partial z}{\partial\varphi}\right)^2=R^2\sin^2\varphi\cos^2\psi+R^2\cos^2\varphi\cos^2\psi=R^2\cos^2\psi,$$

$$G=\left(\frac{\partial x}{\partial\psi}\right)^2+\left(\frac{\partial y}{\partial\psi}\right)^2+\left(\frac{\partial z}{\partial\psi}\right)^2=R^2\cos^2\varphi\sin^2\psi+R^2\sin^2\varphi\sin^2\psi+R^2\cos^2\psi=R^2,$$

$$F=\frac{\partial x}{\partial\varphi}\frac{\partial x}{\partial\psi}+\frac{\partial y}{\partial\varphi}\frac{\partial y}{\partial\psi}+\frac{\partial z}{\partial\varphi}\frac{\partial z}{\partial\psi}=R^2\sin\varphi\cos\psi\cos\varphi\sin\psi-R^2\sin\varphi\cos\varphi\sin\psi\cos\psi+0=0,$$

故 $\sqrt{EG-F^2}=R^2\cos\psi$. 于是,所求的面积为

$$S=\int_{\varphi_1}^{\varphi_2}d\varphi\int_{\psi_1}^{\psi_2}R^2\cos\psi d\psi=(\varphi_2-\varphi_1)(\sin\psi_2-\sin\psi_1)R^2,$$

其中 $\varphi_1$ 及 $\varphi_2$ 为经线的经度, $\psi_1$ 及 $\psi_2$ 为纬线的纬度.

**【4048】** 求螺旋面 $x=r\cos\varphi$, $y=r\sin\varphi$, $z=h\varphi$ 在 $0<r<a$, $0<\varphi<2\pi$ 那部分的面积.

**解** 因为

$$E=\left(\frac{\partial x}{\partial r}\right)^2+\left(\frac{\partial y}{\partial r}\right)^2+\left(\frac{\partial z}{\partial r}\right)^2=1,\qquad G=\left(\frac{\partial x}{\partial\varphi}\right)^2+\left(\frac{\partial y}{\partial\varphi}\right)^2+\left(\frac{\partial z}{\partial\varphi}\right)^2=r^2+h^2,$$

$$F=\frac{\partial x}{\partial r}\frac{\partial x}{\partial\varphi}+\frac{\partial y}{\partial r}\frac{\partial y}{\partial\varphi}+\frac{\partial z}{\partial r}\frac{\partial z}{\partial\varphi}=0,$$

故 $\sqrt{EG-F^2}=\sqrt{r^2+h^2}$. 于是,所求的面积为

$$S=\int_0^{2\pi}d\varphi\int_0^a\sqrt{r^2+h^2}\,dr=2\pi\left[\frac{r}{2}\sqrt{r^2+h^2}+\frac{h^2}{2}\ln(r+\sqrt{r^2+h^2})\right]\Big|_0^a$$

$$=\pi a\sqrt{a^2+h^2}+\pi h^2\ln\frac{a+\sqrt{a^2+h^2}}{h}.$$

**【4049】** 求环面 $x=(b+a\cos\psi)\cos\varphi$, $y=(b+a\cos\psi)\sin\varphi$, $z=a\sin\psi$ $(0<a\leqslant b)$
在两条经线 $\varphi=\varphi_1$, $\varphi=\varphi_2$ 和两条纬线 $\psi=\psi_1$, $\psi=\psi_2$ 之间那部分的面积. 整个环的表面积等于什么?

**解** 因为

$$E=\left(\frac{\partial x}{\partial\varphi}\right)^2+\left(\frac{\partial y}{\partial\varphi}\right)^2+\left(\frac{\partial z}{\partial\varphi}\right)^2=(b+a\cos\psi)^2,$$

$$G=\left(\frac{\partial x}{\partial\psi}\right)^2+\left(\frac{\partial y}{\partial\psi}\right)^2+\left(\frac{\partial z}{\partial\psi}\right)^2=a^2,\qquad F=\frac{\partial x}{\partial\varphi}\frac{\partial x}{\partial\psi}+\frac{\partial y}{\partial\varphi}\frac{\partial y}{\partial\psi}+\frac{\partial z}{\partial\varphi}\frac{\partial z}{\partial\psi}=0$$

故 $\sqrt{EG-F^2}=a(b+a\cos\psi)$. 于是,所求的面积为

$$S=\int_{\varphi_1}^{\varphi_2}\mathrm{d}\varphi\int_{\psi_1}^{\psi_2}a(b+a\cos\psi)\mathrm{d}\psi=a(\varphi_2-\varphi_1)[b(\psi_2-\psi_1)+a(\sin\psi_2-\sin\psi_1)].$$

整个环的表面积为 $$A=\int_0^{2\pi}\mathrm{d}\varphi\int_{-\pi}^{\pi}a(b+a\cos\psi)\mathrm{d}\psi=4\pi^2ab.$$

**【4050】** 求矩形 $x=a>0$, $0\leqslant y\leqslant b$, $0\leqslant z\leqslant c$ 对坐标原点的立体角 $\omega$. 若 $a$ 很大,推出 $\omega$ 的近似公式.

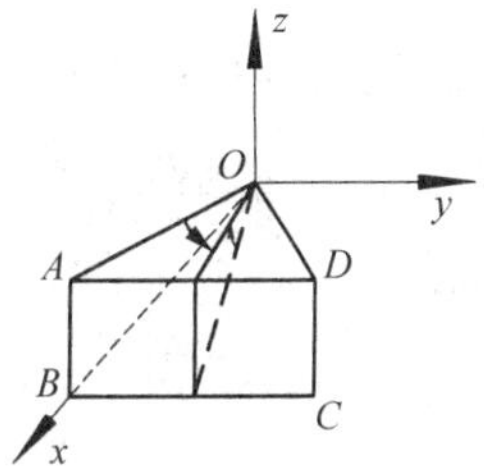

图 8.49

**解** 以原点为球心作单位球,则 $\omega$ 即为该球面含于四面体 $O-ABCD$ 内的面积,其中 $ABCD$ 是以 $b$、$c$ 为边长的矩形(图 8.49).

取球坐标系,由 4047 题知:$\sqrt{EG-F^2}=\cos\psi$,
又 $\varphi$ 和 $\psi$ 的变化域为

$$0\leqslant\varphi\leqslant\arcsin\frac{b}{\sqrt{a^2+b^2}},\quad 0\leqslant\psi\leqslant\arcsin\frac{c\cos\varphi}{\sqrt{a^2+c^2\cos^2\varphi}}.$$

于是,立体角

$$\omega=\int_0^{\arcsin\frac{b}{\sqrt{a^2+b^2}}}\mathrm{d}\varphi\int_0^{\arcsin\frac{c\cos\varphi}{\sqrt{a^2+c^2\cos^2\varphi}}}\cos\psi\mathrm{d}\psi=\int_0^{\arcsin\frac{b}{\sqrt{a^2+b^2}}}\frac{c\cos\varphi}{\sqrt{a^2+c^2\cos^2\varphi}}\mathrm{d}\varphi$$

$$=\int_0^{\arcsin\frac{b}{\sqrt{a^2+b^2}}}\frac{\mathrm{d}\left(\frac{c}{\sqrt{a^2+c^2}}\sin\varphi\right)}{\sqrt{1-\left(\frac{c}{\sqrt{a^2+c^2}}\sin\varphi\right)^2}}$$

$$=\arcsin\left(\frac{c}{\sqrt{a^2+c^2}}\sin\arcsin\frac{b}{\sqrt{a^2+b^2}}\right)=\arcsin\frac{bc}{\sqrt{(a^2+c^2)(a^2+b^2)}}.$$

当 $a$ 很大时,有 $$\frac{bc}{\sqrt{(a^2+c^2)(a^2+b^2)}}=\frac{bc}{a^2\sqrt{\left(1+\frac{c^2}{a^2}\right)\left(1+\frac{b^2}{a^2}\right)}}\approx\frac{bc}{a^2},$$

于是,得 $\omega$ 的近似公式 $\omega\approx\frac{bc}{a^2}$.

# §5. 二重积分在力学上的应用

1° **质心** 若薄板 $\Omega$ 位于平面 $Oxy$ 内,$x_0$,$y_0$ 为其质心坐标,$\rho=\rho(x,y)$ 为其面密度,则

$$x_0=\frac{1}{M}\iint_\Omega\rho x\mathrm{d}x\mathrm{d}y,\qquad y_0=\frac{1}{M}\iint_\Omega\rho y\mathrm{d}x\mathrm{d}y,\tag{1}$$

其中 $M=\iint_\Omega\rho\mathrm{d}x\mathrm{d}y$ 为薄板的质量.

若薄板是均质的,则在公式(1)中应令 $\rho=1$.

2° **转动惯量** $I_x$ 和 $I_y$ 分别为平面 $Oxy$ 内薄板 $\Omega$ 对坐标轴 $Ox$ 和 $Oy$ 的转动惯量,可表示为以下公式:

$$I_x=\iint_\Omega\rho y^2\mathrm{d}x\mathrm{d}y,\qquad I_y=\iint_\Omega\rho x^2\mathrm{d}x\mathrm{d}y,\tag{2}$$

其中 $\rho=\rho(x,y)$ 为薄板的面密度.

还可研究惯性积 $$I_{xy}=\iint_\Omega\rho xy\mathrm{d}x\mathrm{d}y.$$

在公式(2)中取 $\rho=1$,我们就得到平面图形的几何转动惯量.

**【4051】** 求边长为 $a$ 的正方形薄板的质量，设薄板上每一点的面密度与该点到正方形顶点之一的距离成正比，且在正方形的中心等于 $\rho_0$.

**解** 取坐标系如图 8.50 所示，则面密度 $\rho=k\sqrt{x^2+y^2}$. 由于

$$\rho_0=k\sqrt{\left(\frac{a}{2}\right)^2+\left(\frac{a}{2}\right)^2},$$

故 $k=\frac{\rho_0}{a}\sqrt{2}$. 从而，$\rho=\frac{\rho_0\sqrt{2}}{a}\sqrt{x^2+y^2}$.

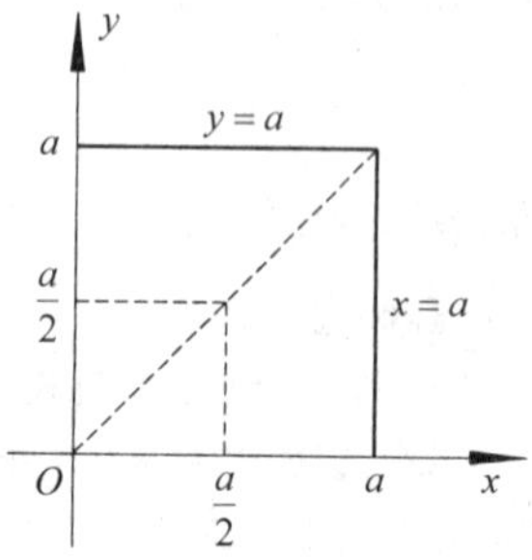

图 8.50

若引用极坐标，即得质量

$$M=\iint\limits_{\Omega}\frac{\rho_0\sqrt{2}}{a}\sqrt{x^2+y^2}\,dxdy=\frac{\rho_0}{a}\sqrt{2}\left[\int_0^{\frac{\pi}{4}}d\varphi\int_0^{\frac{a}{\cos\varphi}}r^2dr+\int_{\frac{\pi}{4}}^{\frac{\pi}{2}}d\varphi\int_0^{\frac{a}{\sin\varphi}}r^2dr\right]$$

$$=\frac{\rho_0a^2}{3}\sqrt{2}\left[\int_0^{\frac{\pi}{4}}\frac{d\varphi}{\cos^3\varphi}+\int_{\frac{\pi}{4}}^{\frac{\pi}{2}}\frac{d\varphi}{\sin^3\varphi}\right]=\frac{\rho_0a^2}{3}2\sqrt{2}\int_0^{\frac{\pi}{4}}\frac{d\varphi}{\cos^3\varphi}$$

$$=\frac{\rho_0a^2}{3}2\sqrt{2}\int_0^{\frac{\pi}{4}}\sqrt{1+\tan^2\varphi}\,d(\tan\varphi)$$

$$=\frac{\rho_0a^2}{3}2\sqrt{2}\left[\frac{\tan\varphi}{2}\sqrt{1+\tan^2\varphi}+\frac{1}{2}\ln\left|\tan\varphi+\sqrt{1+\tan^2\varphi}\right|\right]\Bigg|_0^{\frac{\pi}{4}}=\frac{\rho_0a^2}{3}[2+\sqrt{2}\ln(1+\sqrt{2})].$$

**求以下列曲线为界的均匀薄板的质心坐标：**

**【4052】** $ay=x^2,\ x+y=2a\ (a>0)$.

**解** 面密度 $\rho$ 为常数. 积分域如图 8.51 所示. 质量

$$M=\rho\int_{-2a}^{a}dx\int_{\frac{x^2}{a}}^{2a-x}dy=\frac{9}{2}\rho a^2.$$

对于坐标轴的一次矩为

$$M_y=\rho\int_{-2x}^{a}x\,dx\int_{\frac{x^2}{a}}^{2a-x}dy=-\frac{9}{4}\rho a^3,$$

$$M_x=\rho\int_{-2a}^{a}dx\int_{\frac{x^2}{a}}^{2a-x}y\,dy=\frac{36}{5}\rho a^3.$$

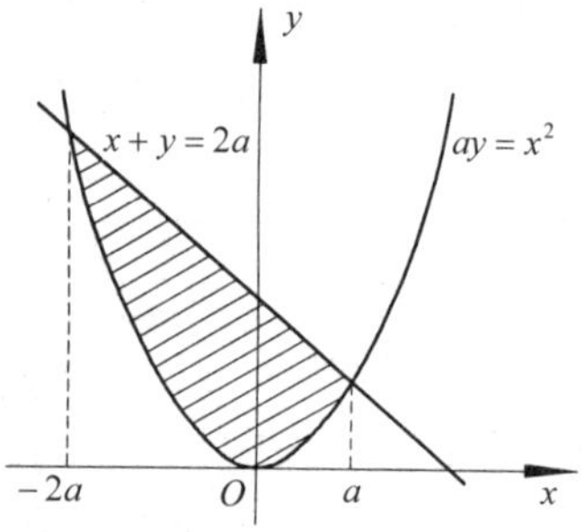

图 8.51

于是，质心 $(x_0,y_0)$ 为

$$x_0=\frac{M_y}{M}=-\frac{a}{2},\qquad y_0=\frac{M_x}{M}=\frac{8}{5}a.$$

**【4053】** $\sqrt{x}+\sqrt{y}=\sqrt{a},\ x=0,\ y=0$.

**解** 质量和对 $Oy$ 轴的一次矩分别为

$$M=\rho\int_0^a dx\int_0^{(\sqrt{a}-\sqrt{x})^2}dy=\frac{1}{6}\rho a^2,\qquad M_y=\rho\int_0^a x\,dx\int_0^{(\sqrt{a}-\sqrt{x})^2}dy=\frac{1}{30}\rho a^3.$$

于是，质心的横坐标为

$$x_0=\frac{M_y}{M}=\frac{a}{5}.$$

由关于直线 $y=x$ 的对称性知，$x_0=y_0=\frac{a}{5}$.

**【4054】** $x^{\frac{2}{3}}+y^{\frac{2}{3}}=a^{\frac{2}{3}}\quad(x>0,y>0)$.

**解** 质量和对 $Oy$ 轴的一次矩分别为

$$M=\rho\int_0^a dx\int_0^{(a^{\frac{2}{3}}-x^{\frac{2}{3}})^{\frac{3}{2}}}dy=\rho\int_0^a(a^{\frac{2}{3}}-x^{\frac{2}{3}})^{\frac{3}{2}}dx=3a^2\rho\int_0^{\frac{\pi}{2}}\sin^4t\cos^2t\,dt^{*)}=3a^2\rho\int_0^{\frac{\pi}{2}}(\sin^4t-\sin^6t)dt$$

$$=3a^2\rho\left(\frac{3}{4}\cdot\frac{1}{2}-\frac{5}{6}\cdot\frac{3}{4}\cdot\frac{1}{2}\right)\frac{\pi}{2}=\frac{3\pi a^2\rho}{32},$$

$$M_y=\rho\int_0^a x\,dx\int_0^{(a^{\frac{2}{3}}-x^{\frac{2}{3}})^{\frac{3}{2}}}dy=\rho\int_0^a x(a^{\frac{2}{3}}-x^{\frac{2}{3}})^{\frac{3}{2}}dx=3a^3\rho\int_0^{\frac{\pi}{2}}\sin^4t\cos^5t\,dt=\frac{8a^3\rho}{105}.$$

于是,质心的横坐标为 $x_0=\frac{M_y}{M}=\frac{256a}{315\pi}$.

由关于直线 $y=x$ 的对称性知,$x_0=y_0=\frac{256a}{315\pi}$.

*) 作代换 $x=a\cos^3 t$.

【4055】 $\left(\frac{x}{a}+\frac{y}{b}\right)^3=\frac{xy}{c^2}$ (线圈).

解 此曲线在第一象限部分是一封闭曲线,围成一图形 $\Omega$. 作变量代换

$$x=\frac{a^2b}{c^2}r\cos^4\theta\sin^2\theta,\quad y=\frac{ab^2}{c^2}r\cos^2\theta\sin^4\theta,\quad \left(0\leqslant\theta\leqslant\frac{\pi}{2}\right)$$

则原曲线方程变为 $r=1$. 又容易算得

$$\frac{D(x,y)}{D(r,\theta)}=\frac{2a^3b^3}{c^4}r(\sin^5\theta\cos^7\theta+\sin^7\theta\cos^5\theta),$$

故(利用 3856 题的结果)

$$M=\iint_\Omega\rho\mathrm{d}x\mathrm{d}y=\frac{2a^3b^3}{c^4}\rho\int_0^1 r\mathrm{d}r\int_0^{\frac{\pi}{2}}(\sin^5\theta\cos^7\theta+\sin^7\theta\cos^5\theta)\mathrm{d}\theta=\frac{a^3b^3}{c^4}\rho\left[\frac{1}{2}\mathrm{B}(3,4)+\frac{1}{2}\mathrm{B}(4,3)\right]=\frac{a^3b^3}{c^4}\rho\mathrm{B}(3,4),$$

$$M_y=\iint_\Omega\rho x\,\mathrm{d}x\mathrm{d}y=\frac{2a^5b^4}{c^6}\rho\int_0^1 r^2\,\mathrm{d}r\int_0^{\frac{\pi}{2}}\cos^4\theta\sin^2\theta(\sin^5\theta\cos^7\theta+\sin^7\theta\cos^5\theta)\,\mathrm{d}\theta$$

$$=\frac{2}{3}\cdot\frac{a^5b^4}{c^6}\rho\left(\int_0^{\frac{\pi}{2}}\sin^7\theta\cos^{11}\theta+\int_0^{\frac{\pi}{2}}\sin^9\theta\cos^9\theta\mathrm{d}\theta\right)=\frac{1}{3}\cdot\frac{a^5b^4}{c^6}\rho[\mathrm{B}(4,6)+\mathrm{B}(5,5)].$$

于是, $$x_0=\frac{M_y}{M}=\frac{a^2b}{3c^2}\,\frac{\mathrm{B}(4,6)+\mathrm{B}(5,5)}{\mathrm{B}(3,4)}.$$

由于 $\mathrm{B}(4,6)=\frac{\Gamma(4)\Gamma(6)}{\Gamma(10)}=\frac{3!\cdot5!}{9!}$, $\mathrm{B}(5,5)=\frac{[\Gamma(5)]^2}{\Gamma(10)}=\frac{(4!)^2}{9!}$, $\mathrm{B}(3,4)=\frac{\Gamma(3)\Gamma(4)}{\Gamma(7)}=\frac{2!\cdot3!}{6!}$,

代入,化简得 $$x_0=\frac{a^2b}{3c^2}\cdot\frac{6!\,[3!\cdot5!+(4!)^2]}{2!\cdot3!\cdot9!}=\frac{a^2b}{14c^2}.$$

同理,可求得质心的纵坐标为 $$y_0=\frac{M_x}{M}=\frac{\iint\limits_\Omega\rho y\mathrm{d}x\mathrm{d}y}{\iint\limits_\Omega\rho\mathrm{d}x\mathrm{d}y}=\frac{ab^2}{14c^2}.$$

【4056】 $(x^2+y^2)^2=2a^2xy\quad(x>0,y>0)$.

解 曲线的极坐标方程为 $r^2=a^2\sin2\varphi$,质量和对 $Oy$ 轴的一次矩分别为

$$M=\iint_\Omega\rho\mathrm{d}x\mathrm{d}y=\rho\int_0^{\frac{\pi}{2}}\mathrm{d}\varphi\int_0^{a\sqrt{\sin2\varphi}}r\mathrm{d}r=\frac{\rho a^2}{2}\int_0^{\frac{\pi}{2}}\sin2\varphi\mathrm{d}\varphi=\frac{\rho a^2}{2},$$

$$M_y=\iint_\Omega\rho x\,\mathrm{d}x\mathrm{d}y=\rho\int_0^{\frac{\pi}{2}}\mathrm{d}\varphi\int_0^{a\sqrt{\sin2\varphi}}r\cdot r\cos\varphi\mathrm{d}r=\frac{\rho a^3}{3}\int_0^{\frac{\pi}{2}}\cos\varphi\sin^{\frac{3}{2}}2\varphi\mathrm{d}\varphi=\frac{2\sqrt{2}}{3}\rho a^3\int_0^{\frac{\pi}{2}}\cos^{\frac{5}{2}}\varphi\sin^{\frac{3}{2}}\varphi\mathrm{d}\varphi$$

$$=\frac{2\sqrt{2}}{3}\rho a^3\cdot\frac{1}{2}\mathrm{B}\left(\frac{7}{4},\frac{5}{4}\right)^{*)}=\frac{2\sqrt{2}}{3}\rho a^3\,\frac{\Gamma\left(\frac{7}{4}\right)\Gamma\left(\frac{5}{4}\right)}{2\Gamma(3)}=\frac{2\sqrt{2}}{3}\rho a^3\frac{\frac{3}{4}\Gamma\left(\frac{3}{4}\right)\cdot\frac{1}{4}\Gamma\left(\frac{1}{4}\right)}{2\cdot2}$$

$$=\frac{1}{8\sqrt{2}}\rho a^3\frac{\pi}{2\sin\frac{\pi}{4}}=\frac{1}{16}\pi\rho a^3.$$

于是,质心的横坐标为 $x_0=\frac{M_y}{M}=\frac{\pi a}{8}$. 由关于直线 $y=x$ 的对称性知,$x_0=y_0=\frac{\pi a}{8}$.

*) 利用 3856 题的结果.

【4057】 $r=a(1+\cos\varphi)$, $\varphi=0$.

解 质量和对 $Oy$ 轴、$Ox$ 轴的一次矩分别为

$$M=\rho\int_0^{\pi}\mathrm{d}\varphi\int_0^{a(1+\cos\varphi)}r\mathrm{d}r=\frac{1}{2}\rho a^2\int_0^{\pi}(1+\cos\varphi)^2\mathrm{d}\varphi=\frac{3}{4}\pi\rho a^2,$$

$$M_y=\rho\int_0^{\pi}\mathrm{d}\varphi\int_0^{a(1+\cos\varphi)}r\cdot r\cos\varphi\mathrm{d}r=\frac{\rho a^3}{3}\int_0^{\pi}(1+\cos\varphi)^3\cos\varphi\mathrm{d}\varphi=\frac{\rho a^3}{3}\left[\int_0^{\pi}(1+\cos\varphi)^4\mathrm{d}\varphi-\int_0^{\pi}(1+\cos\varphi)^3\mathrm{d}\varphi\right]$$

$$=\frac{\rho a^3}{3}\left[32\int_0^{\frac{\pi}{2}}\cos^8t\mathrm{d}t-16\int_0^{\frac{\pi}{2}}\cos^6t\mathrm{d}t\right]=\frac{\rho a^3}{3}\left[32\cdot\frac{7\cdot5\cdot3\cdot1}{8\cdot6\cdot4\cdot2}\cdot\frac{\pi}{2}-16\cdot\frac{5\cdot3\cdot1}{6\cdot4\cdot2}\cdot\frac{\pi}{2}\right]$$

$$=\frac{5\pi\rho a^3}{8},$$

$$M_x=\rho\int_0^{\pi}\mathrm{d}\varphi\int_0^{a(1+\cos\varphi)}r\cdot r\sin\varphi\mathrm{d}r=\frac{\rho a^3}{3}\int_0^{\pi}(1+\cos\varphi)^3\sin\varphi\mathrm{d}\varphi=-\frac{\rho a^3}{3}\cdot\frac{(1+\cos\varphi)^4}{4}\Big|_0^{\pi}=\frac{4\rho a^3}{3}.$$

于是，质心的坐标为 $x_0=\frac{M_y}{M}=\frac{5}{6}a,\qquad y_0=\frac{M_x}{M}=\frac{16}{9\pi}a.$

**【4058】** $x=a(t-\sin t),y=a(1-\cos t)\ (0\leqslant t\leqslant2\pi),y=0.$

**解** 质量和对 $Ox$ 轴的一次矩分别为

$$M=\rho\int_0^{2\pi a}\mathrm{d}x\int_0^y\mathrm{d}y=\rho\int_0^{2\pi}a^2(1-\cos t)^2\mathrm{d}t=3\pi\rho a^2,$$

$$M_x=\rho\int_0^{2\pi a}\mathrm{d}x\int_0^y y\mathrm{d}y=\frac{1}{2}\rho\int_0^{2\pi a}y^2\mathrm{d}x=\frac{1}{2}\rho a^3\int_0^{2\pi}(1-\cos t)^3\mathrm{d}t=\frac{5}{2}\pi\rho a^3.$$

于是，质心的纵坐标为 $y_0=\frac{M_x}{M}=\frac{5}{6}a.$

由对称性知，$x_0=\pi a$.

**【4059】** 求圆形薄板 $x^2+y^2\leqslant a^2$ 的质心坐标. 设它在点 $M(x,y)$ 的面密度与点 $M$ 到点 $A(a,0)$ 的距离成正比.

**解** 按题设，面密度 $\rho=k\sqrt{(x-a)^2+y^2}$ ($k$ 为常数). 于是，质量为

$$M=\int_{-a}^{a}\mathrm{d}x\int_{-\sqrt{a^2-x^2}}^{\sqrt{a^2-x^2}}k\sqrt{(x-a)^2+y^2}\mathrm{d}y$$

$$=k\int_{-a}^{a}\left[y\sqrt{(x-a)^2+y^2}+(x-a)^2\ln(y+\sqrt{(x-a)^2+y^2})\right]\Big|_0^{\sqrt{a^2-x^2}}\mathrm{d}x$$

$$=k\int_{-a}^{a}\sqrt{2a}(a-x)\sqrt{a+x}\mathrm{d}x-k\int_{-a}^{a}\left[\frac{1}{2}\ln(a-x)\right](a-x)^2\mathrm{d}x+k\int_{-a}^{a}(a-x)^2\ln(\sqrt{a+x}+\sqrt{2a})\mathrm{d}x$$

$$=I_1-I_2+I_3.$$

由于

$$I_1=k\int_{-a}^{a}\sqrt{2a}\left[-(a+x)^{\frac{3}{2}}+2a(x+a)^{\frac{1}{2}}\right]\mathrm{d}x=\sqrt{2a}k\left[-\frac{2}{5}(a+x)^{\frac{5}{2}}+\frac{4a}{3}(x+a)^{\frac{3}{2}}\right]\Big|_{-a}^{a}=\frac{32}{15}ka^3,$$

$$I_2=\frac{k}{2}\int_0^{2a}t^2\ln t\mathrm{d}t=\frac{k}{6}t^3\ln t\Big|_0^{2a}-\frac{k}{6}\int_0^{2a}t^3\cdot\frac{1}{t}\mathrm{d}t=\frac{4}{3}ka^3\ln2a-\frac{4}{9}ka^3,$$

$$I_3=k\cdot2\int_0^{\sqrt{2a}}t(2a-t^2)^2\ln(t+\sqrt{2a})\mathrm{d}t=8a^2k\int_0^{\sqrt{2a}}t\ln(t+\sqrt{2a})\mathrm{d}t-8ka\int_0^{\sqrt{2a}}t^3\ln(t+\sqrt{2a})\mathrm{d}t$$

$$+2k\int_0^{\sqrt{2a}}t^5\ln(t+\sqrt{2a})\mathrm{d}t=8ka^2\left(\frac{a}{2}+a\ln\sqrt{2a}\right)-8ka\left(\frac{7}{12}a^2+a^2\ln\sqrt{2a}\right)$$

$$+2k\left(\frac{37}{45}a^3+\frac{4}{3}a^3\ln\sqrt{2a}\right)=\frac{44}{45}ka^3+\frac{8}{3}ka^3\ln\sqrt{2a}=\frac{44}{45}ka^3+\frac{4}{3}ka^3\ln2a.$$

因而最后得 $M=\frac{32}{15}ka^3-\left(\frac{4}{3}ka^3\ln2a-\frac{4}{9}ka^3\right)+\left(\frac{44}{45}ka^3+\frac{4}{3}ka^3\ln2a\right)=\frac{32}{9}ka^3.$

仿照上述方法可求得一次矩 $M_y=\int_{-a}^{a}\mathrm{d}x\int_{-\sqrt{a^2-x^2}}^{\sqrt{a^2-x^2}}kx\sqrt{(x-a)^2+y^2}\mathrm{d}y=-\frac{32}{45}ka^4.$

而由对称性得：$M_x=0$. 于是，质心的坐标为

$$x_0=\frac{M_y}{M}=-\frac{a}{5},\qquad y_0=\frac{M_x}{M}=0.$$

**【4060】** 求曲线 $y=\sqrt{2px}$，$y=0$，$x=X$ 所围图形的质心在参数 $X$ 变化时所描绘的曲线.

**解** 变动面积的质量为 $M=\rho\int_0^X dx\int_0^{\sqrt{2px}} dy=\rho\frac{2\sqrt{2p}}{3}X^{\frac{3}{2}}$,

而一次矩 $M_y=\rho\int_0^X xdx\int_0^{\sqrt{2px}} dy=\rho\frac{2\sqrt{2p}}{5}X^{\frac{5}{2}}$, $M_x=\rho\int_0^X dx\int_0^{\sqrt{2px}} ydy=\rho\frac{1}{2}pX^2$.

于是,变动面积的质心为 $x_0=\frac{M_y}{M}=\frac{3}{5}X$, $y_0=\frac{M_x}{M}=\frac{3\sqrt{pX}}{4\sqrt{2}}$.

因此,质心的轨迹方程为 $y_0=\frac{3}{4\sqrt{2}}\sqrt{p\cdot\frac{5}{3}x_0}=\frac{1}{8}\sqrt{30px_0}$,

此即所求的曲线方程,其图形是抛物线的一半.

**求由下列曲线所围的面积($\rho=1$)对坐标轴 $Ox$ 和 $Oy$ 的转动惯量 $I_x$ 和 $I_y$:**

**【4061】**$^+$ $\frac{x}{b_1}+\frac{y}{h}=1, \frac{x}{b_2}+\frac{y}{h}=1$, $y=0$ ($b_1>0, b_2>0, h>0$).

**解** 若设 $b_2>b_1$,则

$$I_x=\int_0^h y^2dy\int_{(1-\frac{y}{h})b_1}^{(1-\frac{y}{h})b_2} dx=(b_2-b_1)\int_0^h y^2\left(1-\frac{y}{h}\right)dy=\frac{(b_2-b_1)h^3}{12},$$

$$I_y=\int_0^h dy\int_{(1-\frac{y}{h})b_1}^{(1-\frac{y}{h})b_2} x^2dx=\frac{b_2^3-b_1^3}{3}\int_0^h\left(1-\frac{y}{h}\right)^3dy=\frac{h(b_2^3-b_1^3)}{12};$$

若设 $b_1>b_2$,则 $I_x=\frac{(b_1-b_2)h^3}{12}$, $I_y=\frac{h(b_1^3-b_2^3)}{12}$.

**【4062】** $(x-a)^2+(y-a)^2=a^2$, $x=0$, $y=0$ ($0\leqslant x\leqslant a$).

**解** $I_x=\int_0^a dx\int_0^{a-\sqrt{2ax-x^2}} y^2dy$

$$=\frac{1}{3}\int_0^a[a^3-3a^2\sqrt{2ax-x^2}+3a(2ax-x^2)-(2ax-x^2)^{\frac{3}{2}}]dx$$

$$=\frac{1}{3}\left[a^3x-3a^2\left(\frac{x-a}{2}\sqrt{2ax-x^2}+\frac{a^2}{2}\arcsin\frac{x-a}{2}\right)+3a^2x^2-ax^3\right]\Bigg|_0^a-\frac{1}{3}\int_0^a(2ax-x^2)^{\frac{3}{2}}dx$$

$$=a^4\left(1-\frac{\pi}{4}\right)-\frac{1}{3}\int_{-\frac{\pi}{2}}^0 a^4\cos^4 tdt^{*)}=a^4\left(1-\frac{\pi}{4}\right)-\frac{1}{3}\int_0^{\frac{\pi}{2}}a^4\cos^4 tdt$$

$$=a^4\left(1-\frac{\pi}{4}\right)-\frac{a^4}{3}\cdot\frac{3}{4}\cdot\frac{1}{2}\cdot\frac{\pi}{2}=\frac{a^4}{16}(16-5\pi).$$

利用图形的对称性,即得 $I_y=I_x=\frac{a^4}{16}(16-5\pi)$.

*) 作代换 $x-a=a\sin t$.

**【4063】** $r=a(1+\cos\varphi)$.

**解** 曲线所围的平面域可表示为 $-\pi\leqslant\varphi\leqslant\pi$, $0\leqslant r\leqslant a(1+\cos\varphi)$.

于是,

$$I_x=\int_{-\pi}^{\pi}\int_0^{a(1+\cos\varphi)} r^2\sin^2\varphi\cdot rdrd\varphi=\int_{-\pi}^{\pi}\frac{1}{4}a^4(1+\cos\varphi)^4\sin^2\varphi d\varphi$$

$$=2\cdot\frac{1}{4}a^4\int_0^{\pi}(1+4\cos\varphi+6\cos^2\varphi+4\cos^3\varphi+\cos^4\varphi)\sin^2\varphi d\varphi=\frac{1}{2}\pi a^4\cdot\frac{21}{16}=\frac{21}{32}\pi a^{4*)}.$$

$$I_y=\int_{-\pi}^{\pi}\int_0^{a(1+\cos\varphi)} r^2\cos^2\varphi\cdot rdrd\varphi=\frac{1}{2}a^4\int_0^{\pi}(1+\cos\varphi)^4\cos^2\varphi d\varphi$$

$$=\frac{1}{2}a^4\int_0^{\pi}(\cos^2\varphi+4\cos^3\varphi+6\cos^4\varphi+4\cos^5\varphi+\cos^6\varphi)d\varphi=\frac{49}{32}\pi a^4.$$

*) 对于任意正整数 $n$,有 $\int_0^{\pi}\cos^n\varphi d\varphi=\begin{cases}2\int_0^{\frac{\pi}{2}}\cos^n\varphi d\varphi, & n\text{ 为偶数};\\ 0, & n\text{ 为奇数}.\end{cases}$

为算出 $I_x$、$I_y$ 的值，也可变换被积函数的形式，直接用换元法计算，这样较简单. 事实上，我们有

$$I_x=\frac{a^4}{2}\int_0^{\pi}(1+\cos\varphi)^4\sin^2\varphi d\varphi=2^6a^4\int_0^{\pi}\cos^{10}\frac{\varphi}{2}\sin^2\frac{\varphi}{2}d\left(\frac{\varphi}{2}\right)$$

$$=2^6a^4\int_0^{\frac{\pi}{2}}\cos^{10}x(1-\cos^2x)dx=2^6a^4\frac{9\cdot7\cdot5\cdot3\cdot1}{10\cdot8\cdot6\cdot4\cdot2}\left(1-\frac{11}{12}\right)\frac{\pi}{2}=\frac{21}{32}\pi a^4.$$

$$I_y=\frac{a^4}{2}\int_0^{\pi}(1+\cos\varphi)^4\cos^2\varphi d\varphi=\frac{a^4}{2}\int_0^{\pi}(1+\cos\varphi)^4d\varphi-\frac{21}{32}\pi a^4$$

$$=2^4a^4\int_0^{\frac{\pi}{2}}\cos^8xdx-\frac{21}{32}\pi a^4=\frac{70}{32}\pi a^4-\frac{21}{32}\pi a^4=\frac{49}{32}\pi a^4.$$

**【4064】** $x^4+y^4=a^2(x^2+y^2)$.

**解** 曲线的图像关于两坐标轴和直线 $y=x$ 是对称的，参看 1542 题的图像. 曲线的极坐标方程为

$$r^2=\frac{a^2}{\cos^4\varphi+\sin^4\varphi}\quad(0\leqslant\varphi\leqslant2\pi).$$

根据对称性，只要算出从 $\varphi=0$ 到 $\varphi=\frac{\pi}{4}$ 那部分面积的转动惯量再八倍起来即得结果，并且显然有 $I_x=I_y$. 于是，我们有

$$I_x=I_y=4\iint_{\Omega}(x^2+y^2)dxdy=4\int_0^{\frac{\pi}{4}}d\varphi\int_0^{\sqrt{\frac{a^2}{\cos^4\varphi+\sin^4\varphi}}}r^3dr=\int_0^{\frac{\pi}{4}}\frac{a^4d\varphi}{(\cos^4\varphi+\sin^4\varphi)^2}=\int_0^{\frac{\pi}{4}}\frac{a^4d\varphi}{(1-2\sin^2\varphi\cos^2\varphi)^2}$$

$$=\int_0^{\frac{\pi}{4}}\frac{a^4d\varphi}{\left(\frac{3}{4}+\frac{1}{4}\cos4\varphi\right)^2}=16a^4\int_0^{\frac{\pi}{4}}\frac{d\varphi}{(3+\cos4\varphi)^2}=\frac{4a^4}{9}\int_0^{\pi}\frac{dx}{\left(1+\frac{1}{3}\cos x\right)^2}\ ^{*)}$$

$$=\frac{4a^4}{9}\left[-\frac{\frac{1}{3}\sin x}{\left(1-\frac{1}{9}\right)\left(1+\frac{1}{3}\cos x\right)}+\frac{2}{\left(1-\frac{1}{9}\right)^{\frac{3}{2}}}\arctan\left(\sqrt{\frac{1-\frac{1}{3}}{1+\frac{1}{3}}}\tan\frac{x}{2}\right)\right]\Bigg|_0^{\pi}\ ^{**)}$$

$$=\frac{4a^4}{9}\cdot2\left(\frac{9}{8}\right)^{\frac{3}{2}}\frac{\pi}{2}=\frac{3\pi a^4}{4\sqrt{2}}.$$

*) 作代换 $x=4\varphi$.

**) 利用 2063 题的结果.

**【4065】** $xy=a^2,xy=2a^2,x=2y,2x=y\ (x>0,y>0)$.

**解** 作代换 $xy=u,\frac{y}{x}=v$，则 $x=\sqrt{\frac{u}{v}},y=\sqrt{uv}$，且雅可比行列式的绝对值 $|I|=\frac{1}{2v}$，曲线所围的面积即积分域变为

$$a^2\leqslant u\leqslant2a^2,\quad\frac{1}{2}\leqslant v\leqslant2.$$

于是，$I_x=\iint_{\Omega}y^2dxdy=\int_{\frac{1}{2}}^{2}dv\int_{a^2}^{2a^2}\frac{uv}{2v}du=\frac{9a^4}{8}$，$I_y=\iint_{\Omega}x^2dxdy=\int_{\frac{1}{2}}^{2}dv\int_{a^2}^{2a^2}\frac{u}{2v^2}du=\frac{9a^4}{8}$.

**【4066】** 求曲线 $(x^2+y^2)^2=a^2(x^2-y^2)$ 所围区域 $S$ 的极转动惯量

$$I_0=\iint_S(x^2+y^2)dxdy.$$

**解** 引用极坐标，则图形 $S$ 的界线的极坐标方程为

$$r^2=a^2\cos2\varphi,$$

这是双纽线. 利用对称性，得 $I_0=\iint_S(x^2+y^2)dxdy=4\int_0^{\frac{\pi}{4}}d\varphi\int_0^{a\sqrt{\cos2\varphi}}r^3dr=\int_0^{\frac{\pi}{4}}a^4\cos^22\varphi d\varphi=\frac{\pi a^4}{8}$.

**【4067】** 证明公式： $I_l=I_{l_0}+Sd^2$，

其中 $I_l,I_{l_0}$ 是图形 $S$ 对于二平行轴 $l$ 和 $l_0$ 的转动惯量，其中 $l_0$ 是通过图形的质心，而 $d$ 为两轴间的距离.

**证明思路** 取 $l_0$ 轴为 $Ox$ 轴,图形 $S$ 的质心为坐标原点,则 $I_l=\iint\limits_S (y-d)^2\mathrm{d}x\mathrm{d}y$. 由题设即易获证.

**证** 取 $l_0$ 轴为 $Ox$ 轴,图形的质心为坐标原点,则

$$I_l=\iint\limits_S (y-d)^2\mathrm{d}x\mathrm{d}y=\iint\limits_S y^2\mathrm{d}x\mathrm{d}y-2d\iint\limits_S y\mathrm{d}x\mathrm{d}y+d^2\iint\limits_S \mathrm{d}x\mathrm{d}y.$$

因为 $l_0$ 通过图形 $S$ 的质心,故 $y_0=\frac{1}{S}\iint\limits_S y\mathrm{d}x\mathrm{d}y=0$, 即 $\iint\limits_S y\mathrm{d}x\mathrm{d}y=0.$

又

$$\iint\limits_S y^2\mathrm{d}x\mathrm{d}y=I_{l_0},\quad \iint\limits_S \mathrm{d}x\mathrm{d}y=S,$$

于是,$I_l=I_{l_0}+Sd^2$.

**【4068】** 证明:平面图形 $S$ 对通过其质心 $O(0,0)$ 并与 $Ox$ 轴成 $\alpha$ 角的直线的转动惯量等于

$$I=I_x\cos^2\alpha-2I_{xy}\sin\alpha\cos\alpha+I_y\sin^2\alpha,$$

其中 $I_x$ 和 $I_y$ 为图形 $S$ 对于 $Ox$ 轴和 $Oy$ 轴的转动惯量及 $I_{xy}$ 为惯性积:

$$I_{xy}=\iint\limits_S \rho xy\mathrm{d}x\mathrm{d}y.$$

**证明思路** 取直角坐标系 $Ox'y'$,使 $Ox'$ 轴与 $Ox$ 轴的夹角为 $\alpha$,则有

$$x'=x\cos\alpha+y\sin\alpha,\quad y'=-x\sin\alpha+y\cos\alpha.\quad 且\quad |I|=\left|\frac{D(x',y')}{D(x,y)}\right|=1.$$

于是,所求的转动惯量为 $I=\iint\limits_S y'^2\rho\mathrm{d}x'\mathrm{d}y'$. 由题设即易获证.

**证** 今取直角坐标系 $Ox'y'$,使 $Ox'$ 轴与 $Ox$ 轴的夹角为 $\alpha$,则有

$$x'=x\cos\alpha+y\sin\alpha,\quad y'=-x\sin\alpha+y\cos\alpha.$$

这就是旋转变换,雅可比行列式的绝对值 $|I|=\left|\frac{D(x',y')}{D(x,y)}\right|=1.$

于是,

$$\begin{aligned}I&=\iint\limits_S y'^2\rho\mathrm{d}x'\mathrm{d}y'=\iint\limits_S (-x\sin\alpha+y\cos\alpha)^2\rho\mathrm{d}x\mathrm{d}y\\&=\cos^2\alpha\iint\limits_S \rho y^2\mathrm{d}x\mathrm{d}y-2\sin\alpha\cos\alpha\iint\limits_S \rho xy\mathrm{d}x\mathrm{d}y+\sin^2\alpha\iint\limits_S \rho x^2\mathrm{d}x\mathrm{d}y\\&=I_x\cos^2\alpha-2I_{xy}\sin\alpha\cos\alpha+I_y\sin^2\alpha.\end{aligned}$$

**【4069】** 求以 $a$ 为边的正三角形对通过三角形质心并与它的高成 $\alpha$ 角的直线的转动惯量.

**解** 利用 4068 题的结果,取质心为坐标原点. 不妨取 $Ox$ 轴平行于三角形的一条边,则过质心与高成 $\alpha$ 角的直线,即为过坐标原点与 $Ox$ 轴成 $\alpha$ 角的直线. 于是,所求的转动惯量为

$$I_\alpha=I_x\cos^2\alpha-2I_{xy}\sin\alpha\cos\alpha+I_y\sin^2\alpha.$$

由于三角形三边所在的直线方程分别为

$$y=-\frac{a}{2\sqrt{3}},\quad y=-\sqrt{3}x+\frac{a}{\sqrt{3}},\quad y=\sqrt{3}x+\frac{a}{\sqrt{3}},$$

所以,根据对称性知:

$$\begin{aligned}I_x&=2\int_0^{\frac{a}{2}}\mathrm{d}x\int_{-\frac{a}{2\sqrt{3}}}^{-\sqrt{3}x+\frac{a}{\sqrt{3}}}y^2\mathrm{d}y=2\int_0^{\frac{a}{2}}\frac{1}{3}\left[\left(-\sqrt{3}x+\frac{a}{\sqrt{3}}\right)^3-\left(-\frac{a}{2\sqrt{3}}\right)^3\right]\mathrm{d}x\\&=2\int_0^{\frac{a}{2}}\left(-\sqrt{3}x^3+\sqrt{3}ax^2-\frac{\sqrt{3}}{3}a^2x+\frac{\sqrt{3}}{24}a^3\right)\mathrm{d}x=2\sqrt{3}a^4\left(\frac{1}{48}-\frac{1}{64}\right)=\frac{a^4}{32\sqrt{3}};\end{aligned}$$

$$I_{xy}=\iint\limits_S xy\mathrm{d}x\mathrm{d}y=0;$$

$$I_y=2\int_0^{\frac{a}{2}}\mathrm{d}x\int_{-\frac{a}{2\sqrt{3}}}^{-\sqrt{3}x+\frac{a}{\sqrt{3}}}x^2\mathrm{d}y=2\int_0^{\frac{a}{2}}x^2\left[\left(-\sqrt{3}x+\frac{a}{\sqrt{3}}\right)+\frac{a}{2\sqrt{3}}\right]\mathrm{d}x$$

$$=2\int_0^{\frac{a}{2}}\left(-\sqrt{3}x^3+\frac{\sqrt{3}a}{2}x^2\right)dx=\sqrt{3}a^4\left(\frac{1}{24}-\frac{1}{32}\right)=\frac{a^4}{32\sqrt{3}}.$$

于是，
$$I_a=\frac{a^4}{32\sqrt{3}}\cos^2\alpha+\frac{a^4}{32\sqrt{3}}\sin^2\alpha=\frac{a^4}{32\sqrt{3}}.$$

**【4070】** 设圆柱形容器 $x^2+y^2=a^2$，$z=0$ 内盛有水，水平面为 $z=h$，求水对容器侧壁 $x\geqslant 0$ 的压力.

**解** 用 $X$ 和 $Y$ 分别表示压力在 $Ox$ 与 $Oy$ 轴上的投影. 由对称性，显然有 $Y=0$. 下面求 $X$. 由于 $dS=a d\theta dz\left(-\frac{\pi}{2}\leqslant\theta\leqslant\frac{\pi}{2}\right)$，而在面元 $dS$ 上的压力在 $Ox$ 轴上的投影 $dX$ 为 $(z dS)\cos\theta$. 于是，

$$X=\iint\limits_S z\cos\theta dS=\iint\limits_S az\cos\theta d\theta dz=a\left(\int_{-\frac{\pi}{2}}^{\frac{\pi}{2}}\cos\theta d\theta\right)\left(\int_0^h z dz\right)=ah^2.$$

**【4071】** 半径为 $a$ 的球体沉入密度为 $\delta$ 的液体中深度为 $h$（由球心算起）的地方，这里 $h\geqslant a$. 求液体对球的上表面和下表面的压力.

**解** 设球面方程为 $x^2+y^2+z^2=a^2$，则在球面上的点 $(x,y,z)$ 处沉入液体的深度 $d$ 为

$$d=h-z\quad(-a\leqslant z\leqslant h).$$

于是，上半球面 $S_1$ 的点和下半球面 $S_2$ 的点的深度分别为

$$d=h-\sqrt{a^2-(x^2+y^2)},\quad d=h+\sqrt{a^2-(x^2+y^2)}.$$

根据对称性知，压力在 $Ox$ 轴上和 $Oy$ 轴的投影均为零，故只要计算压力在 $Oz$ 轴上的投影，液体作用于球的上表面和下表面的压力分别记以 $p_1$ 和 $p_2$，并设 $\gamma$ 为球上各点处压力的方向（即内法线方向）与 $Oz$ 轴正向的夹角，则

$$p_1=\iint\limits_{S_1} d\delta\cos\gamma dS=-\iint\limits_{x^2+y^2\leqslant a^2}\delta[h-\sqrt{a^2-(x^2+y^2)}]dxdy=-h\pi a^2\delta+\delta\int_0^{2\pi}d\theta\int_0^a\sqrt{a^2-r^2}\,rdr$$
$$=-h\pi a^2\delta+\left[\frac{-2\pi\delta}{3}\sqrt{(a^2-r^2)^3}\right]\Bigg|_0^a=-\pi a^2\delta\left(h-\frac{2a}{3}\right)\quad(p_1<0\text{ 表示压力向下}).$$

同理，我们有

$$p_2=\iint\limits_{S_2} d\delta\cos\gamma dS=\iint\limits_{x^2+y^2\leqslant a^2}\delta[h+\sqrt{a^2-(x^2+y^2)}]dxdy=\pi a^2\delta\left(h+\frac{2a}{3}\right)\quad(p_2>0\text{ 表示压力向上}).$$

**【4072】** 底半径为 $a$ 高为 $b$ 的直圆柱体完全沉入密度为 $\delta$ 的液体中，其中心在液面下的深度为 $h$，而圆柱的轴与竖直方向成 $\alpha$ 角，求液体对圆柱上底和下底的压力.

**解** 取圆柱的中心为坐标原点，取 $Oxy$ 平面是水平的，再取圆柱的轴（朝上的方向）在 $Oxy$ 平面上的投影所在的方向为 $Ox$ 轴，取 $Oz$ 轴垂直向上，最后取 $Oy$ 轴使 $Ox$ 轴、$Oy$ 轴和 $Oz$ 轴构成右手系.

于是，液面方程为 $z=h$. 设圆柱上底为 $S_1$，下底为 $S_2$，则 $S_1$ 所在平面的方程为

$$x\sin\alpha+z\cos\alpha=\frac{b}{2},\tag{1}$$

$S_2$ 所在平面的方程为

$$x\sin\alpha+z\cos\alpha=-\frac{b}{2}.\tag{2}$$

在点 $(x,y,z)$ 处 $(z\leqslant h)$ 液体的深度为 $h-z$. 用 $X_1$，$Y_1$ 和 $Z_1$ 分别表示液体在圆柱上底 $S_1$ 上的压力在 $Ox$ 轴，$Oy$ 轴和 $Oz$ 轴上的投影. 同样，用 $X_2$，$Y_2$ 和 $Z_2$ 分别表示在 $S_2$ 上的压力在 $Ox$ 轴，$Oy$ 轴和 $Oz$ 轴上的投影. 显然，$Y_1=Y_2=0$. 我们有

$$X_1=-\iint\limits_{S_1}\delta(h-z)\sin\alpha dS=-\delta\sin\alpha\iint\limits_{S_1}(h-z)dS,\tag{3}$$

$$Z_1=-\iint\limits_{S_1}\delta(h-z)\cos\alpha dS=-\delta\cos\alpha\iint\limits_{S_1}(h-z)dS.\tag{4}$$

由(1)式知，在 $S_1$ 上有 $z=\frac{1}{\cos\alpha}\left(\frac{b}{2}-x\sin\alpha\right)$. 于是，注意到 $S_1$ 的面积为 $\pi a^2$，可知

$$\iint\limits_{S_1}(h-z)\mathrm{d}S=\iint\limits_{S_1}\left[h-\frac{1}{\cos\alpha}\left(\frac{b}{2}-x\sin\alpha\right)\right]\mathrm{d}S=\left(h-\frac{b}{2}\frac{1}{\cos\alpha}\right)\iint\limits_{S_1}\mathrm{d}S+\frac{\sin\alpha}{\cos\alpha}\iint\limits_{S_1}x\mathrm{d}S$$
$$=\left(h-\frac{b}{2}\frac{1}{\cos\alpha}\right)\pi a^2+\frac{\sin\alpha}{\cos\alpha}\iint\limits_{S_1}x\mathrm{d}S.$$

由于$\frac{1}{\pi a^2}\iint\limits_{S_1}x\mathrm{d}S$是$S_1$的质心的$x$坐标,也即$\frac{b}{2}\sin\alpha$,故$\iint\limits_{S_1}x\mathrm{d}S=\frac{1}{2}\pi a^2 b\sin\alpha$.代入即得

$$\iint\limits_{S_1}(h-z)\mathrm{d}S=\left(h-\frac{b}{2\cos\alpha}\right)\pi a^2+\frac{1}{2}\pi a^2 b\,\frac{\sin^2\alpha}{\cos\alpha}=\left(h-\frac{b}{2}\cos\alpha\right)\pi a^2,$$

以此代入(3)式与(4)式,得 $X_1=-\pi a^2\delta\left(h-\frac{b}{2}\cos\alpha\right)\sin\alpha,\quad Z_1=-\pi a^2\delta\left(h-\frac{b}{2}\cos\alpha\right)\cos\alpha,$

同理,我们有 $X_2=\iint\limits_{S_2}\delta(h-z)\sin\alpha\mathrm{d}S=\delta\sin\alpha\iint\limits_{S_2}(h-z)\mathrm{d}S,\quad Z_2=\iint\limits_{S_2}\delta(h-z)\cos\alpha\mathrm{d}S=\delta\cos\alpha\iint\limits_{S_2}(h-z)\mathrm{d}S.$

再注意到(2)式,类似地可计算得

$$\iint\limits_{S_2}(h-z)\mathrm{d}S=\iint\limits_{S_2}\left[h+\frac{1}{\cos\alpha}\left(\frac{b}{2}+x\sin\alpha\right)\right]\mathrm{d}S=\left(h+\frac{b}{2}\cos\alpha\right)\pi a^2.$$

于是, $X_2=\pi a^2\delta\left(h+\frac{b}{2}\cos\alpha\right)\sin\alpha,\quad Z_2=\pi a^2\delta\left(h+\frac{b}{2}\cos\alpha\right)\cos\alpha.$

**【4073】** 求均匀的圆柱体$x^2+y^2\leqslant a^2$,$0\leqslant z\leqslant h$对质点$P(0,0,b)$的引力,设圆柱的质量等于$M$,而质点的质量等于$m$.

**解** 根据对称性知,引力在$Ox$轴和$Oy$轴上的投影等于零,故只要计算引力在$Oz$轴上的投影$F_z$.今取圆环,其体积为

$$\mathrm{d}V=2\pi r\mathrm{d}r\mathrm{d}z,$$

则相应的质量为
$$\mathrm{d}M=\frac{2\pi rM\mathrm{d}r\mathrm{d}z}{\pi a^2 h}=\frac{2Mr}{a^2h}\mathrm{d}r\mathrm{d}z,$$

吸引质点$P$的引力
$$\mathrm{d}F_z=-\frac{2krmM(b-z)}{a^2h\sqrt{[r^2+(b-z)^2]^3}}\mathrm{d}r\mathrm{d}z.$$

于是,所求的引力为

$$F_z=-\frac{2kmM}{a^2h}\int_0^h\int_0^a\frac{r(b-z)}{\sqrt{[r^2+(b-z)^2]^3}}\mathrm{d}r\mathrm{d}z=-\frac{2kmM}{a^2h}\left[\int_0^h\operatorname{sgn}(b-z)\mathrm{d}z-\int_0^h\frac{b-z}{\sqrt{a^2+(b-z)^2}}\mathrm{d}z\right]$$
$$=-\frac{2kmM}{a^2h}\left[|b|-|b-h|+\sqrt{a^2+(b-h)^2}-\sqrt{a^2+b^2}\right],$$

其中$k$为引力常数.

**【4074】** 物体对挤压面
$$\frac{x^2}{a^2}+\frac{y^2}{b^2}\leqslant 1$$
的压强分布由公式
$$p=p_0\left(1-\frac{x^2}{a^2}-\frac{y^2}{b^2}\right)$$
给出.求物体对此面的平均压强.

**解** 物体在椭圆面上的平均压强为

$$p_{cp}=\frac{1}{\pi ab}\iint\limits_{\frac{x^2}{a^2}+\frac{y^2}{b^2}\leqslant 1}p_0\left(1-\frac{x^2}{a^2}-\frac{y^2}{b^2}\right)\mathrm{d}x\mathrm{d}y=\frac{4}{\pi ab}\int_0^{\frac{\pi}{2}}\mathrm{d}\theta\int_0^1 p_0(1-r^2)abr\mathrm{d}r=\frac{4}{\pi ab}\cdot\frac{\pi}{2}\cdot\frac{p_0ab}{4}=\frac{p_0}{2}.$$

**【4075】** 以$a$和$b$为边的矩形草地上均匀地覆盖有已收割的干草,其面密度为$p$.若运送质量为$M$的货物到距离为$r$的地方所需的功为$kMr(0<k<1)$,则为了把所有的干草集中在草地的中心,至少应消耗多少功?

**解** 不妨将坐标原点取在矩形的中心,$Ox$轴平行于$a$边,$Oy$轴平行于$b$边.由于将面积$\mathrm{d}x\mathrm{d}y$上的干草移到中心要消耗的功为$\mathrm{d}W=kp\sqrt{x^2+y^2}\mathrm{d}x\mathrm{d}y$,并利用对称性,即知所要求的功为

$$W=4kp\int_0^{\frac{b}{2}}\int_0^{\frac{a}{2}}\sqrt{x^2+y^2}\,dxdy=4kp\left[\int_0^{\arctan\frac{b}{a}}\int_0^{\frac{a}{2\cos\varphi}}r^2drd\varphi+\int_{\arctan\frac{b}{a}}^{\frac{\pi}{2}}\int_0^{\frac{b}{2\sin\varphi}}r^2drd\varphi\right]$$

$$=\frac{kp}{6}\left[a^3\int_0^{\arctan\frac{b}{a}}\frac{1}{\cos^3\varphi}d\varphi+b^3\int_{\arctan\frac{b}{a}}^{\frac{\pi}{2}}\frac{1}{\sin^3\varphi}d\varphi\right].$$

但是，

$$\int_0^{\arctan\frac{b}{a}}\frac{1}{\cos^3\varphi}d\varphi=\left[\frac{\sin\varphi}{2\cos^2\varphi}+\frac{1}{2}\ln\left|\tan\left(\frac{\varphi}{2}+\frac{\pi}{4}\right)\right|\right]\Bigg|_0^{\arctan\frac{b}{a}\,*)}=\frac{b\sqrt{a^2+b^2}}{2a^2}+\frac{1}{2}\ln\frac{b+\sqrt{a^2+b^2}}{a},$$

$$\int_{\arctan\frac{b}{a}}^{\frac{\pi}{2}}\frac{1}{\sin^3\varphi}d\varphi=\left[-\frac{\cos\varphi}{2\sin^2\varphi}+\frac{1}{2}\ln\left|\tan\frac{\varphi}{2}\right|\right]\Bigg|_{\arctan\frac{b}{a}}^{\frac{\pi}{2}\,**)}=\frac{a\sqrt{a^2+b^2}}{2b^2}+\frac{1}{2}\ln\frac{a+\sqrt{a^2+b^2}}{b},$$

于是，我们有 $$W=\frac{kp}{12}\left(2ab\sqrt{a^2+b^2}+a^3\ln\frac{b+\sqrt{a^2+b^2}}{a}+b^3\ln\frac{a+\sqrt{a^2+b^2}}{b}\right).$$

*） 利用 2000 题的结果.

**） 利用 1999 题的结果.

## §6. 三 重 积 分

1° **三重积分的直接计算法** 函数 $f(x,y,z)$ 是连续的，且有界区域 $V$ 由下列不等式给出：

$$x_1\leqslant x\leqslant x_2,\quad y_1(x)\leqslant y\leqslant y_2(x),\quad z_1(x,y)\leqslant z\leqslant z_2(x,y),$$

其中 $y_1(x),y_2(x),z_1(x,y),z_2(x,y)$ 皆为连续函数，则函数 $f(x,y,z)$ 在区域 $V$ 内的三重积分可按公式

$$\iiint\limits_V f(x,y,z)dxdydz=\int_{x_1}^{x_2}dx\int_{y_1(x)}^{y_2(x)}dy\int_{z_1(x,y)}^{z_2(x,y)}f(x,y,z)dz$$

来计算. 有时采用下面的公式也很方便：

$$\iiint\limits_V f(x,y,z)dxdydz=\int_{x_1}^{x_2}dx\iint\limits_{S(x)}f(x,y,z)dydz,$$

其中 $S(x)$ 是用平面 $x=$ 常数截区域 $V$ 所得的截面.

2° **三重积分中的变量代换** 若连续可微函数

$$x=x(u,v,w),\quad y=y(u,v,w),\quad z=z(u,v,w)$$

给出 $Oxyz$ 空间的有界可求积的三维闭区域 $V$ 与 $O'uvw$ 空间的区域 $V'$ 之间的一一映射，并且当 $(u,v,w)\in V'$ 时，

$$I=\frac{D(x,y,z)}{D(u,v,w)}\neq 0,$$

则成立公式

$$\iiint\limits_V f(x,y,z)dxdydz=\iiint\limits_{V'} f[x(u,v,w),y(u,v,w),z(u,v,w)]\,|I|\,dudvdw.$$

在特殊情况下，有：1) 圆柱坐标系 $\varphi,r,h$，其中

$$x=r\cos\varphi,\quad y=r\sin\varphi,\quad z=h,\quad \frac{D(x,y,z)}{D(\varphi,r,h)}=r.$$

2) 球坐标系 $\varphi,\psi,r$，其中

$$x=r\cos\varphi\cos\psi,\quad y=r\sin\varphi\cos\psi,\quad z=r\sin\psi,\quad \frac{D(x,y,z)}{D(\varphi,\psi,r)}=r^2\cos\psi.$$

**计算下列三重积分：**

**【4076】** $\iiint\limits_V xy^2z^3dxdydz$，其中 $V$ 是曲面 $z=xy,y=x,x=1,z=0$ 所围的区域.

**解** $$\iiint\limits_V xy^2z^3dxdydz=\int_0^1xdx\int_0^xy^2dy\int_0^{xy}z^3dz=\frac{1}{364}.$$

**【4077】** $\iiint\limits_V \frac{dxdydz}{(1+x+y+z)^3}$,其中 $V$ 是曲面 $x+y+z=1,x=0,y=0,z=0$ 所围的区域.

**解** $$\iiint\limits_V \frac{dxdydz}{(1+x+y+z)^3}=\int_0^1 dx\int_0^{1-x}dy\int_0^{1-x-y}\frac{dz}{(1+x+y+z)^3}$$

$$=\int_0^1 dx\int_0^{1-x}\left[-\frac{1}{2(1+x+y+z)^2}\right]\Big|_0^{1-x-y}dy=\int_0^1 dx\int_0^{1-x}\left[-\frac{1}{8}+\frac{1}{2(1+x+y)^2}\right]dy$$

$$=\int_0^1\left[-\frac{1}{8}y-\frac{1}{2(1+x+y)}\right]\Big|_0^{1-x}dx=\int_0^1\left[-\frac{3}{8}+\frac{x}{8}+\frac{1}{2(1+x)}\right]dx$$

$$=\left[-\frac{3}{8}x+\frac{1}{16}x^2+\frac{1}{2}\ln(1+x)\right]\Big|_0^1=\frac{1}{2}\ln2-\frac{5}{16}.$$

**【4078】** $\iiint\limits_V xyz\,dxdydz$,其中 $V$ 是曲面 $x^2+y^2+z^2=1,x=0,y=0,z=0$ 所围的区域.

**解** $$\iiint\limits_V xyz\,dxdydz=\int_0^1 x\,dx\int_0^{\sqrt{1-x^2}}y\,dy\int_0^{\sqrt{1-x^2-y^2}}z\,dz=\frac{1}{2}\int_0^1 x\,dx\int_0^{\sqrt{1-x^2}}y(1-x^2-y^2)dy$$

$$=\frac{1}{8}\int_0^1 x(1-x^2)^2dx=\frac{1}{48}.$$

**【4079】** $\iiint\limits_V\left(\frac{x^2}{a^2}+\frac{y^2}{b^2}+\frac{z^2}{c^2}\right)dxdydz$,其中 $V$ 是曲面

$$\frac{x^2}{a^2}+\frac{y^2}{b^2}+\frac{z^2}{c^2}=1$$

所围的区域.

**解题思路** 设 $P_x,Q_y,R_z$ 分别表示区域 $V$ 与平面 $x=$常数,$y=$常数,$z=$常数所截部分在 $Oyz,Ozx,Oxy$ 平面上的投影,则有

$$原式=\int_{-a}^{a}\frac{x^2}{a^2}dx\iint\limits_{P_x}dydz+\int_{-b}^{b}\frac{y^2}{b^2}dy\iint\limits_{Q_y}dzdx+\int_{-c}^{c}\frac{z^2}{c^2}dz\iint\limits_{R_z}dxdy.$$

**解** 设 $P_x,Q_y,R_z$ 分别表示区域 $V$ 与平面 $x=$常数,$y=$常数,$z=$常数所截部分在 $Oyz,Ozx,Oxy$ 平面上的投影,则有

$$\iiint\limits_V\left(\frac{x^2}{a^2}+\frac{y^2}{b^2}+\frac{z^2}{c^2}\right)dxdydz=\int_{-a}^{a}\frac{x^2}{a^2}dx\iint\limits_{P_x}dydz+\int_{-b}^{b}\frac{y^2}{b^2}dy\iint\limits_{Q_y}dzdx+\int_{-c}^{c}\frac{z^2}{c^2}dz\iint\limits_{R_z}dxdy$$

$$=\frac{\pi bc}{a^2}\int_{-a}^{a}x^2\left(1-\frac{x^2}{a^2}\right)dx^{*)}+\frac{\pi ac}{b^2}\int_{-b}^{b}y^2\left(1-\frac{y^2}{b^2}\right)dy+\frac{\pi ab}{c^2}\int_{-c}^{c}z^2\left(1-\frac{z^2}{c^2}\right)dz=3\cdot\frac{4\pi abc}{15}=\frac{4\pi abc}{5}.$$

*) $P_x$ 在平面 $x=$常数上的方程为

$$\frac{y^2}{b^2\left(1-\frac{x^2}{a^2}\right)}+\frac{z^2}{c^2\left(1-\frac{x^2}{a^2}\right)}=1,$$

故其面积为 $$\pi b\sqrt{1-\frac{x^2}{a^2}}\cdot c\sqrt{1-\frac{x^2}{a^2}}=\pi bc\left(1-\frac{x^2}{a^2}\right).$$

$Q_y$ 及 $R_z$ 的面积类推.

**【4080】** $\iiint\limits_V\sqrt{x^2+y^2}\,dxdydz$,其中 $V$ 是曲面 $x^2+y^2=z^2,z=1$ 所围的区域.

**解题思路** 注意曲面在 $Oxy$ 平面上的投影 $Q$ 为圆盘 $x^2+y^2\leqslant1$. 则有

$$原式=\iint\limits_Q dxdy\int_{\sqrt{x^2+y^2}}^1\sqrt{x^2+y^2}\,dz.$$

**解** 曲面在 $Oxy$ 平面上的投影 $Q$ 为圆盘 $x^2+y^2\leqslant1$. 于是,

$$\iiint\limits_V\sqrt{x^2+y^2}\,dxdydz=\iint\limits_\Omega dxdy\int_{\sqrt{x^2+y^2}}^1\sqrt{x^2+y^2}\,dz=\iint\limits_{x^2+y^2\leqslant1}\left[\sqrt{x^2+y^2}-(x^2+y^2)\right]dxdy$$

$$=\int_0^{2\pi}d\varphi\int_0^1(r-r^2)r\,dr=\frac{\pi}{6}.$$

在下列三重积分内,用不同方法配置积分的上下限:

**【4081】** $\int_0^1 dx\int_0^{1-x} dy\int_0^{x+y} f(x,y,z)dz.$

**解** 有界区域 $V$ 如图 8.52 所示.

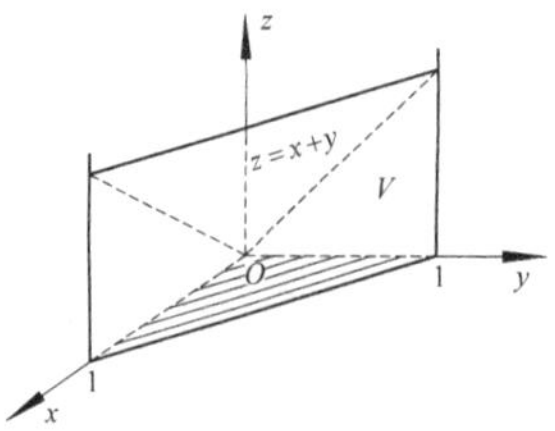


图 8.52

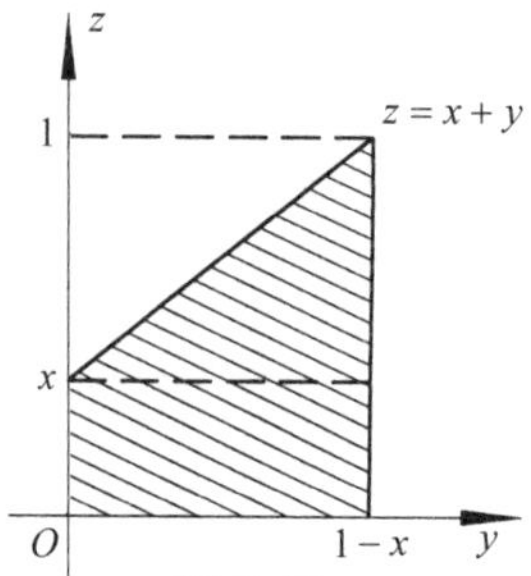


图 8.53

如果先对 $y$ 积分,再对 $z$,$x$ 积分,如图 8.53 所示,则积分域在 $Oyz$ 平面上的投影域由诸直线

$$z=0,\quad z=x+y,\quad y=0,\quad y=1-x\quad (x\text{ 固定})$$

围成. 于是,我们有

$$\int_0^1 dx\int_0^{1-x} dy\int_0^{x+y} f(x,y,z)dz$$

$$=\int_0^1 dx\left\{\int_0^x dz\int_0^{1-x} f(x,y,z)dy+\int_x^1 dz\int_{z-x}^{1-x} f(x,y,z)dy\right\}^{*)},$$

如果先对 $x$ 积分,再对 $y$、$z$ 积分,如图 8.54 所示,则有

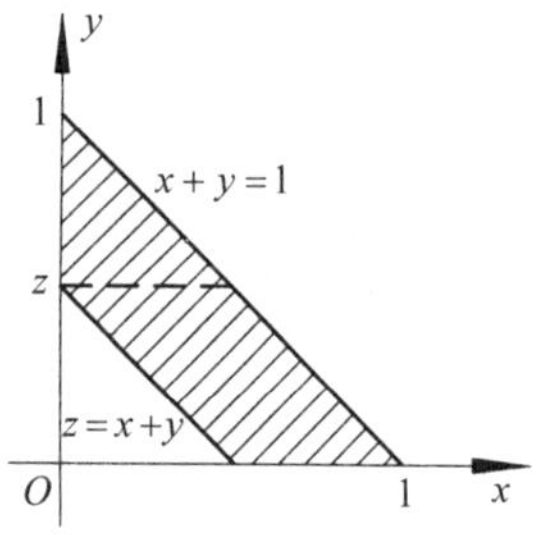


图 8.54

$$\int_0^1 dx\int_0^{1-x} dy\int_0^{x+y} f(x,y,z)dz$$

$$=\int_0^1 dz\left\{\int_0^z dy\int_{z-y}^{1-y} f(x,y,z)dx+\int_z^1 dy\int_0^{1-y} f(x,y,z)dx\right\}.$$

*) 这里用的公式为

$$\iiint\limits_V f(x,y,z)dxdydz=\int_a^b dx\iint\limits_{S(x)} f(x,y,z)dydz.$$

**【4082】** $\int_{-1}^1 dx\int_{-\sqrt{1-x^2}}^{\sqrt{1-x^2}} dy\int_{\sqrt{x^2+y^2}}^1 f(x,y,z)dz.$

**解** 有界区域 $V$ 如图 8.55 所示.

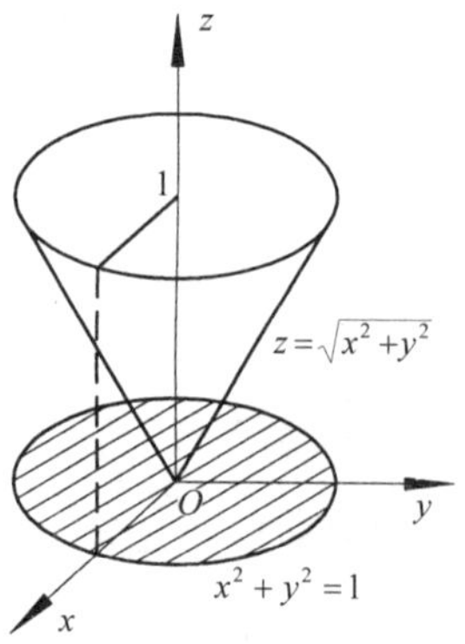


图 8.55

如果先对 $y$ 积分,再对 $z$,$x$ 积分,如图 8.56 所示,则积分域在 $Oyz$ 平面上的投影域由不等式

$$|x|\leqslant z\leqslant 1,\ -\sqrt{z^2-x^2}\leqslant y\leqslant\sqrt{z^2-x^2},$$

($x$ 固定)给出. 于是,我们有

$$\int_{-1}^1 dx\int_{-\sqrt{1-x^2}}^{\sqrt{1-x^2}} dy\int_{\sqrt{x^2+y^2}}^1 f(x,y,z)dz$$

$$=\int_{-1}^1 dx\int_{|x|}^1 dz\int_{-\sqrt{z^2-x^2}}^{\sqrt{z^2-x^2}} f(x,y,z)dy.$$

如果先对 $x$ 积分,再对 $y$、$z$ 积分,如图 8.57 所示,则有

$$\int_{-1}^1 dx\int_{-\sqrt{1-x^2}}^{\sqrt{1-x^2}} dy\int_{\sqrt{x^2+y^2}}^1 f(x,y,z)dz=\int_0^1 dz\int_{-z}^z dy\int_{-\sqrt{z^2-y^2}}^{\sqrt{z^2-y^2}} f(x,y,z)dx.$$

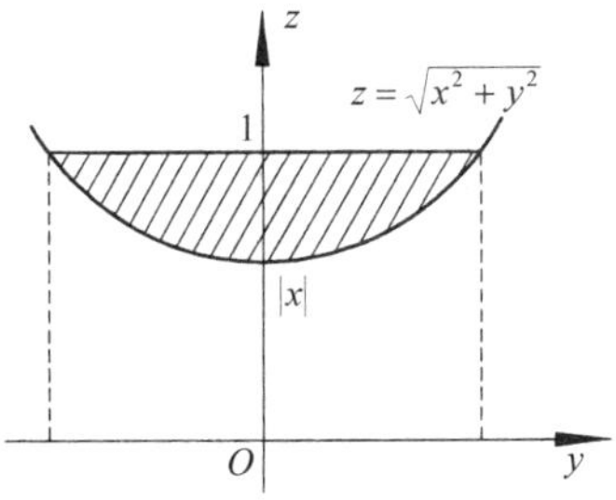


图 8.56

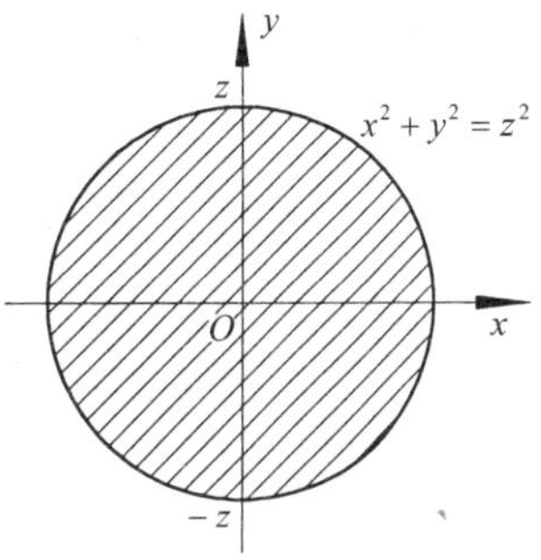


图 8.57

**【4083】** $\int_0^1 \mathrm{d}x\int_0^1 \mathrm{d}y\int_0^{x^2+y^2} f(x,y,z)\mathrm{d}z.$

**解** 如果先对 $y$ 积分,再对 $z$、$x$ 积分,则积分域在 $Oxy$ 平面上的投影域*) 由方程

$$x=1,\ z=0,\ z=x^2 \quad 及 \quad x=0,\ x=1,\ z=x^2,\ z=x^2+1$$

所表示的曲线围成. 于是,我们有

$$\int_0^1 \mathrm{d}x\int_0^1 \mathrm{d}y\int_0^{x^2+y^2} f(x,y,z)\mathrm{d}z=\int_0^1\mathrm{d}x\left[\int_0^{x^2}\mathrm{d}z\int_0^1 f(x,y,z)\mathrm{d}y+\int_{x^2}^{x^2+1}\mathrm{d}z\int_{\sqrt{z-x^2}}^1 f(x,y,z)\mathrm{d}y\right].$$

如果先对 $x$ 积分,再对 $z$、$y$ 积分,不难由轮换对称关系得出结果.

如果先对 $x$ 积分,再对 $y$、$z$ 积分,则积分域在 $Oyz$ 平面上的投影域由方程

$$y=1,\ z=0,\ y=\sqrt{z} \quad 及 \quad y=0,\ y=1,\ y=\sqrt{z},\ y=\sqrt{z-1}$$

所表示的曲线围成. 于是,我们有

$$\int_0^1 \mathrm{d}x\int_0^1 \mathrm{d}y\int_0^{x^2+y^2} f(x,y,z)\mathrm{d}z$$

$$=\int_0^1\mathrm{d}z\left[\int_0^{\sqrt{z}}\mathrm{d}y\int_{\sqrt{z-y^2}}^1 f(x,y,z)\mathrm{d}x+\int_{\sqrt{z}}^1\mathrm{d}y\int_0^1 f(x,y,z)\mathrm{d}x\right]+\int_1^2\mathrm{d}z\int_{\sqrt{z-1}}^1\mathrm{d}y\int_{\sqrt{z-y^2}}^1 f(x,y,z)\mathrm{d}x.$$

*) 这里采用的投影方式与前两题不同,系用结果

$$\iiint_V f(x,y,z)\mathrm{d}x\mathrm{d}y\mathrm{d}z=\iint_S \mathrm{d}x\mathrm{d}z\int_{y_1}^{y_2} f(x,y,z)\mathrm{d}y.$$

## 以一重积分代替三重积分:

**【4084】** $\int_0^x \mathrm{d}\xi\int_0^{\xi}\mathrm{d}\eta\int_0^{\eta} f(\zeta)\mathrm{d}\zeta$

**解** $\int_0^x \mathrm{d}\xi\int_0^{\xi}\mathrm{d}\eta\int_0^{\eta} f(\zeta)\mathrm{d}\zeta=\int_0^x\mathrm{d}\xi\int_0^{\xi}\mathrm{d}\zeta\int_{\zeta}^{\xi} f(\zeta)\mathrm{d}\eta=\int_0^x\mathrm{d}\xi\int_0^{\xi} f(\zeta)(\xi-\zeta)\mathrm{d}\zeta=\int_0^x\mathrm{d}\zeta\int_{\zeta}^x f(\zeta)(\xi-\zeta)\mathrm{d}\xi$

$$=\frac{1}{2}\int_0^x f(\zeta)(x-\zeta)^2\mathrm{d}\zeta.$$

**【4085】** $\int_0^1 \mathrm{d}x\int_0^1 \mathrm{d}y\int_0^{x+y} f(z)\mathrm{d}z.$

**解** 化为先对 $y$ 积分,再对 $x$、$z$ 积分,可将原积分表示成如下两部分:

$$\int_0^1\mathrm{d}z\left[\int_z^1\mathrm{d}x\int_0^1 f(z)\mathrm{d}y+\int_0^z\mathrm{d}x\int_{z-x}^1 f(z)\mathrm{d}y\right]=\int_0^1\mathrm{d}z\int_z^1 f(z)\mathrm{d}x+\int_0^1\mathrm{d}z\int_0^z f(z)(1-z+x)\mathrm{d}x$$

$$=\int_0^1 f(z)(1-z)\mathrm{d}z+\int_0^1 f(z)(1-z)z\mathrm{d}z+\frac{1}{2}\int_0^1 f(z)z^2\mathrm{d}z$$

$$=\int_0^1 f(z)\left(1-\frac{z^2}{2}\right)\mathrm{d}z=\frac{1}{2}\int_0^1 f(z)(2-z^2)\mathrm{d}z;$$

$$\int_1^2\mathrm{d}z\int_{z-1}^1\mathrm{d}x\int_{z-x}^1 f(z)\mathrm{d}y=\int_1^2\mathrm{d}z\int_{z-1}^1 f(z)(1-z+x)\mathrm{d}x=\int_1^2\left[f(z)(1-z)x+\frac{1}{2}f(z)x^2\right]\Bigg|_{z-1}^1\mathrm{d}z$$

$$=\int_1^2 f(z)\left[1-z+(z-1)^2+\frac{1}{2}-\frac{1}{2}(z-1)^2\right]\mathrm{d}z=\frac{1}{2}\int_1^2 f(z)(z-2)^2\mathrm{d}z,$$

于是，$\int_0^1 dx\int_0^1 dy\int_0^{x+y} f(z)dz=\frac{1}{2}\int_0^1 f(z)(2-z^2)dz+\frac{1}{2}\int_1^2 f(z)(2-z)^2 dz.$

**【4086】** 设 $f(x,y,z)=F'''_{xyz}(x,y,z)$，且 $a,b,c,A,B,C$ 为常数，求

$$\int_a^A dx\int_b^B dy\int_c^C f(x,y,z)dz.$$

**解** $\int_a^A dx\int_b^B dy\int_c^C f(x,y,z)dz=\int_a^A dx\int_b^B [F''_{xy}(x,y,C)-F''_{xy}(x,y,c)]dy$

$$=\int_a^A [F'_x(x,B,C)-F'_x(x,b,C)-F'_x(x,B,c)+F'_x(x,b,c)]dx$$

$$=F(A,B,C)-F(a,B,C)-F(A,b,C)+F(a,b,C)-F(A,B,c)+F(a,B,c)+F(A,b,c)-F(a,b,c).$$

**变换为球坐标，计算积分：**

**【4087】** $\iiint\limits_V \sqrt{x^2+y^2+z^2}\,dxdydz$，其中 $V$ 是曲面 $x^2+y^2+z^2=z$ 所围的区域.

**提示** 注意积分域 $V$ 为 $0\leqslant\varphi\leqslant 2\pi$，$0\leqslant\psi\leqslant\frac{\pi}{2}$，$0\leqslant r\leqslant\sin\psi$，且 $|I|=r^2\cos\psi$.

**解** 令 $x=r\cos\varphi\cos\psi$，$y=r\sin\varphi\cos\psi$，$z=r\sin\psi$，则曲面 $x^2+y^2+z^2=z$ 化为 $r=\sin\psi$. 从而，

$$V:\ 0\leqslant\varphi\leqslant 2\pi,\ 0\leqslant\psi\leqslant\frac{\pi}{2},\ 0\leqslant r\leqslant\sin\psi,\ |I|=r^2\cos\psi.$$

于是，

$$\iiint\limits_V \sqrt{x^2+y^2+z^2}\,dxdydz=\int_0^{2\pi}d\varphi\int_0^{\frac{\pi}{2}}d\psi\int_0^{\sin\psi} r\cdot r^2\cos\psi dr=\frac{1}{4}\int_0^{2\pi}d\varphi\int_0^{\frac{\pi}{2}}\sin^4\psi\cos\psi d\psi=\frac{\pi}{10}.$$

**【4088】** $\int_0^1 dx\int_0^{\sqrt{1-x^2}}dy\int_{\sqrt{x^2+y^2}}^{\sqrt{2-x^2-y^2}} z^2 dz.$

**提示** 注意积分域 $V$ 为 $0\leqslant\varphi\leqslant\frac{\pi}{2}$，$\frac{\pi}{4}\leqslant\psi\leqslant\frac{\pi}{2}$，$0\leqslant r\leqslant\sqrt{2}$.

**解** 变换为球坐标，积分域 $V$ 为

$$0\leqslant\varphi\leqslant\frac{\pi}{2},\ \frac{\pi}{4}\leqslant\psi\leqslant\frac{\pi}{2},\ 0\leqslant r\leqslant\sqrt{2}.$$

于是，

$$\int_0^1 dx\int_0^{\sqrt{1-x^2}}dy\int_{\sqrt{x^2+y^2}}^{\sqrt{2-x^2-y^2}} z^2 dz=\int_0^{\frac{\pi}{2}}d\varphi\int_{\frac{\pi}{4}}^{\frac{\pi}{2}}d\psi\int_0^{\sqrt{2}} r^2\cos\psi\cdot r^2\sin^2\psi dr=\frac{1}{5}4\sqrt{2}\cdot\frac{\pi}{2}\int_{\frac{\pi}{4}}^{\frac{\pi}{2}}\cos\psi\sin^2\psi d\psi$$

$$=\frac{\pi}{5}2\sqrt{2}\cdot\frac{1}{3}\sin^3\psi\Big|_{\frac{\pi}{4}}^{\frac{\pi}{2}}=\frac{\pi}{15}(2\sqrt{2}-1).$$

**【4089】** 在积分中变换为球坐标：

$$\iiint\limits_V f(\sqrt{x^2+y^2+z^2})dxdydz,$$

其中 $V$ 是曲面 $z=x^2+y^2$，$x=y$，$x=1$，$y=0$，$z=0$ 所围的区域.

**解** 引用球坐标，由 $x=y$，$x=1$，$y=0$ 知：$0\leqslant\varphi\leqslant\frac{\pi}{4}$（图 8.58）.

又从原点引半射线，由曲面 $z=x^2+y^2$ 穿进，平面 $x=1$ 穿出，于是，得 $r$ 的下限为 $r=\frac{\sin\psi}{\cos^2\psi}$，$r$ 的上限为 $r=\frac{1}{\cos\varphi\cos\psi}$. 而 $\psi$ 的变化域由 $z=0$ 到 $z=x^2+y^2$，$x=1$ 所决定，即

$$0\leqslant\psi\leqslant\arctan\frac{1}{\cos\varphi}\ ^{*)}.$$

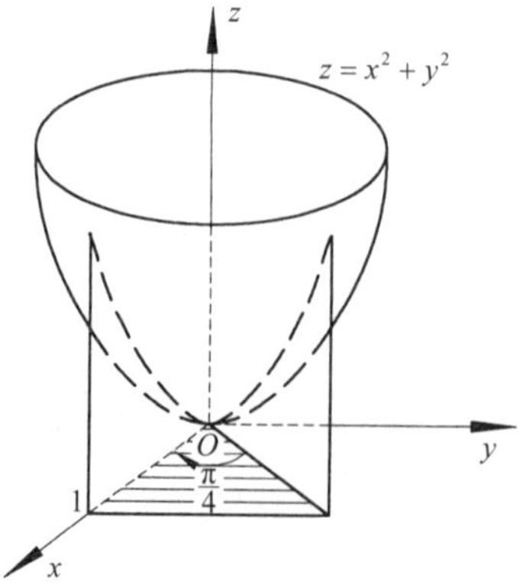

图 8.58

于是，

$$\iiint\limits_V f(\sqrt{x^2+y^2+z^2})\mathrm{d}x\mathrm{d}y\mathrm{d}z=\int_0^{\frac{\pi}{4}}\mathrm{d}\varphi\int_0^{\arctan\frac{1}{\cos\varphi}}\cos\psi\mathrm{d}\psi\int_{\frac{\sin\psi}{\cos^2\psi}}^{\frac{1}{\cos\varphi\cos\psi}}r^2f(r)\mathrm{d}r.$$

*) 因为 $x=1$ 对应 $r=\dfrac{1}{\cos\varphi\cos\psi}$，$z=x^2+y^2$ 对应 $r=\dfrac{\sin\psi}{\cos^2\psi}$，故 $\dfrac{1}{\cos\varphi\cos\psi}=\dfrac{\sin\psi}{\cos^2\psi}$，即 $\psi=\arctan\dfrac{1}{\cos\varphi}$.

**【4090】** 进行适当的变量代换，计算三重积分

$$\iiint\limits_S\sqrt{1-\frac{x^2}{a^2}-\frac{y^2}{b^2}-\frac{z^2}{c^2}}\ \mathrm{d}x\mathrm{d}y\mathrm{d}z,$$

其中 $V$ 为椭球 $\dfrac{x^2}{a^2}+\dfrac{y^2}{b^2}+\dfrac{z^2}{c^2}=1$.

**解题思路** 作变量代换 $x=ar\cos\varphi\cos\psi$， $y=br\sin\varphi\cos\psi$， $z=cr\sin\psi$，
则有 $|I|=abcr^2\cos\psi$，且对于 $V$ 的 $\dfrac{1}{8}$ 部分(第一卦限)有 $0\leqslant\varphi\leqslant\dfrac{\pi}{2}$， $0\leqslant\psi\leqslant\dfrac{\pi}{2}$， $0\leqslant r\leqslant1$.

**解** 作变量代换 $x=ar\cos\varphi\cos\psi$， $y=br\sin\varphi\cos\psi$， $z=cr\sin\psi$，
则有 $|I|=abcr^2\cos\psi$，且对于 $V$ 的 $\dfrac{1}{8}$ 部分有

$$0\leqslant\varphi\leqslant\frac{\pi}{2},\quad 0\leqslant\psi\leqslant\frac{\pi}{2},\quad 0\leqslant r\leqslant1.$$

于是，

$$\iiint\limits_V\sqrt{1-\frac{x^2}{a^2}-\frac{y^2}{b^2}-\frac{z^2}{c^2}}\ \mathrm{d}x\mathrm{d}y\mathrm{d}z=8\int_0^{\frac{\pi}{2}}\mathrm{d}\varphi\int_0^{\frac{\pi}{2}}\mathrm{d}\psi\int_0^1 abcr^2\cos\psi\sqrt{1-r^2}\,\mathrm{d}r=4\pi\int_0^1 abcr^2\sqrt{1-r^2}\,\mathrm{d}r$$

$$=4\pi abc\int_0^{\frac{\pi}{2}}\sin^2t\cos^2t\mathrm{d}t=\frac{\pi abc}{2}\int_0^{\frac{\pi}{2}}(1-\cos4t)\mathrm{d}t=\frac{\pi^2abc}{4}.$$

**【4091】** 变换为圆柱坐标，计算积分 $\iiint\limits_V(x^2+y^2)\mathrm{d}x\mathrm{d}y\mathrm{d}z$，其中 $V$ 是曲面 $x^2+y^2=2z$，$z=2$ 所围的区域.

**提示** 注意积分域 $V$ 为 $0\leqslant\varphi\leqslant2\pi$，$0\leqslant r\leqslant2$，$\dfrac{r^2}{2}\leqslant z\leqslant2$，且 $|I|=r$.

**解** 令 $x=r\cos\varphi$，$y=r\sin\varphi$，$z=z$，则 $x^2+y^2=2z$ 化为 $r^2=2z$. 积分域

$$V:0\leqslant\varphi\leqslant2\pi,\ 0\leqslant r\leqslant2,\ \frac{r^2}{2}\leqslant z\leqslant2.\quad |I|=r.$$

于是，
$$\iiint\limits_V(x^2+y^2)\mathrm{d}x\mathrm{d}y\mathrm{d}z=\int_0^{2\pi}\mathrm{d}\varphi\int_0^2 r^2\cdot r\mathrm{d}r\int_{\frac{r^2}{2}}^2\mathrm{d}z=\frac{16\pi}{3}.$$

**【4092】** 计算积分
$$\iiint\limits_V x^2\mathrm{d}x\mathrm{d}y\mathrm{d}z$$

其中 $V$ 是曲面 $z=ay^2$，$z=by^2$，$y>0$ $(0<a<b)$，$z=\alpha x$，$z=\beta x$ $(0<\alpha<\beta)$， $x=h$ $(h>0)$所围的区域.

**解题思路** 作变量代换 $\dfrac{z}{y^2}=u$，$\dfrac{z}{x}=v$，$z=w$，则有 $x=\dfrac{w}{v}$，$y=\sqrt{\dfrac{w}{u}}$，$z=w$ 及 $|I|=\dfrac{w\sqrt{w}}{2u\sqrt{u}v^2}$，且区域 $V$ 为 $a\leqslant u\leqslant b$，$\alpha\leqslant v\leqslant\beta$，$0\leqslant w\leqslant h$，且 $|I|=\dfrac{\omega\sqrt{\omega}}{2u\sqrt{u}v^2}$.

**解** 作变换 $\dfrac{z}{y^2}=u$，$\dfrac{z}{x}=v$，$z=w$，则 $x=\dfrac{w}{v}$，$y=\sqrt{\dfrac{w}{u}}$，$z=w$. 从而，积分域变为

$$V:a\leqslant u\leqslant b,\ \alpha\leqslant v\leqslant\beta,\ 0\leqslant w\leqslant h,$$

且雅可比行列式

$$I=\begin{vmatrix}0 & -\dfrac{w}{v^2} & \dfrac{1}{v}\\ \dfrac{-\sqrt{w}}{2u\sqrt{u}} & 0 & \dfrac{1}{2\sqrt{uw}}\\ 0 & 0 & 1\end{vmatrix}=\frac{-w\sqrt{w}}{2u\sqrt{u}v^2}.$$

于是， $\iiint\limits_V x^2\mathrm{d}x\mathrm{d}y\mathrm{d}z=\int_0^h w^{\frac{7}{2}}\mathrm{d}w\int_\alpha^\beta\frac{1}{v^4}\mathrm{d}v\int_a^b\frac{1}{2u\sqrt{u}}\mathrm{d}u=\frac{2}{27}\left(\frac{1}{\alpha^3}-\frac{1}{\beta^3}\right)\left(\frac{1}{\sqrt{a}}-\frac{1}{\sqrt{b}}\right)h^4\sqrt{h}.$

**【4093】** 求积分
$$\iiint\limits_V xyz\mathrm{d}x\mathrm{d}y\mathrm{d}z,$$
其中 $V$ 位于 $x>0,y>0,z>0$ 这一卦限内且由下列曲面围成：
$$z=\frac{x^2+y^2}{m},\ z=\frac{x^2+y^2}{n},\quad xy=a^2,\ xy=b^2,\ y=\alpha x,\ y=\beta x\quad(0<a<b,0<\alpha<\beta,0<m<n).$$

**解题思路** 作变量代换 $\frac{z}{x^2+y^2}=u,xy=v,\frac{y}{x}=w$，则有 $x=\sqrt{\frac{v}{w}},y=\sqrt{vw},z=uv\left(w+\frac{1}{w}\right)$ 及 $|I|=\frac{v}{2w}\left(w+\frac{1}{w}\right)$，且区域 $V$ 变为 $\frac{1}{n}\leqslant u\leqslant\frac{1}{m}$，$a^2\leqslant v\leqslant b^2$，$\alpha\leqslant w\leqslant\beta$.

**解** 作变换 $\frac{z}{x^2+y^2}=u,xy=v,\frac{y}{x}=w$，则 $x=\sqrt{\frac{v}{w}},y=\sqrt{vw},z=uv\left(w+\frac{1}{w}\right)$，且
$$I=\begin{vmatrix}0&\frac{1}{2\sqrt{vw}}&-\frac{\sqrt{v}}{2w\sqrt{w}}\\0&\frac{\sqrt{w}}{2\sqrt{v}}&\frac{\sqrt{v}}{2\sqrt{w}}\\v\left(w+\frac{1}{w}\right)&u\left(w+\frac{1}{w}\right)&uv\left(1-\frac{1}{w^2}\right)\end{vmatrix}=\frac{v}{2w}\left(w+\frac{1}{w}\right),$$
$$V:\ \frac{1}{n}\leqslant u\leqslant\frac{1}{m},\ a^2\leqslant v\leqslant b^2,\ \alpha\leqslant w\leqslant\beta.$$
于是，
$$\begin{aligned}\iiint\limits_V xyz\mathrm{d}x\mathrm{d}y\mathrm{d}z&=\int_{\frac{1}{n}}^{\frac{1}{m}}\frac{u}{2}\mathrm{d}u\int_{a^2}^{b^2}v^3\mathrm{d}v\int_\alpha^\beta\left(w+\frac{1}{w^3}+\frac{2}{w}\right)\mathrm{d}w\\&=\frac{1}{32}\left(\frac{1}{m^2}-\frac{1}{n^2}\right)(b^8-a^8)\left[(\beta^2-\alpha^2)\left(1+\frac{1}{\alpha^2\beta^2}\right)+4\ln\frac{\beta}{\alpha}\right].\end{aligned}$$

**【4094】** 求函数 $f(x,y,z)=x^2+y^2+z^2$ 在区域 $x^2+y^2+z^2\leqslant x+y+z$ 内的平均值.

**解** 区域 $x^2+y^2+z^2\leqslant x+y+z$ 即
$$\left(x-\frac{1}{2}\right)^2+\left(y-\frac{1}{2}\right)^2+\left(z-\frac{1}{2}\right)^2\leqslant\frac{3}{4},$$
其体积 $V=\frac{4}{3}\pi\left(\frac{\sqrt{3}}{2}\right)^3=\frac{\sqrt{3}}{2}\pi$. 作变换：$x=r\cos\varphi\cos\psi+\frac{1}{2}$，$y=r\sin\varphi\cos\psi+\frac{1}{2}$，$z=\frac{1}{2}+r\sin\psi$，

则有 $$\begin{aligned}f_{平均}&=\frac{1}{V}\iiint\limits_V(x^2+y^2+z^2)\mathrm{d}x\mathrm{d}y\mathrm{d}z\\&=\frac{1}{V}\int_0^{2\pi}\mathrm{d}\varphi\int_{-\frac{\pi}{2}}^{\frac{\pi}{2}}\mathrm{d}\psi\int_0^{\frac{\sqrt{3}}{2}}r^2\cos\psi\left(\frac{3}{4}+r^2+r\sin\psi+r\cos\varphi\cos\psi+r\sin\varphi\cos\psi\right)\mathrm{d}r\\&=\frac{1}{V}\int_0^{2\pi}\mathrm{d}\varphi\int_{-\frac{\pi}{2}}^{\frac{\pi}{2}}\mathrm{d}\psi\int_0^{\frac{\sqrt{3}}{2}}r^2\cos\psi\left(\frac{3}{4}+r^2\right)\mathrm{d}r=\frac{1}{V}\int_0^{2\pi}\mathrm{d}\varphi\int_{-\frac{\pi}{2}}^{\frac{\pi}{2}}\frac{3\sqrt{3}}{20}\cos\psi\mathrm{d}\psi=\frac{1}{V}\int_0^{2\pi}\frac{3\sqrt{3}}{20}\mathrm{d}\varphi\\&=\frac{1}{V}\cdot\frac{3\sqrt{3}}{5}\pi=\frac{2}{\sqrt{3}\pi}\cdot\frac{3\sqrt{3}\pi}{5}=\frac{6}{5}.\end{aligned}$$

**【4095】** 求函数 $f(x,y,z)=\mathrm{e}^{\sqrt{\frac{x^2}{a^2}+\frac{y^2}{b^2}+\frac{z^2}{c^2}}}$ 在区域 $\frac{x^2}{a^2}+\frac{y^2}{b^2}+\frac{z^2}{c^2}\leqslant1$ 内的平均值.

**解** 由于区域 $V:\frac{x^2}{a^2}+\frac{y^2}{b^2}+\frac{z^2}{c^2}\leqslant1$ 为椭球，其体积等于 $\frac{4}{3}\pi abc$，故平均值为
$$f_{平均}=\frac{3}{4\pi abc}\iiint\limits_V\mathrm{e}^{\sqrt{\frac{x^2}{a^2}+\frac{y^2}{b^2}+\frac{z^2}{c^2}}}\mathrm{d}x\mathrm{d}y\mathrm{d}z.$$
若作变换 $x=ar\cos\varphi\cos\psi,y=br\sin\varphi\cos\psi,z=cr\sin\psi$，并利用对称性，则有

$$f_{平均}=\frac{3}{4\pi abc}\cdot 8\int_0^{\frac{\pi}{2}}\mathrm{d}\varphi\int_0^{\frac{\pi}{2}}\mathrm{d}\psi\int_0^1 abce^r r^2\cos\psi\mathrm{d}r=3\left(\int_0^{\frac{\pi}{2}}\cos\psi\mathrm{d}\psi\right)\left(\int_0^1 r^2e^r\mathrm{d}r\right)=3(\mathrm{e}-2).$$

**【4096】** 利用中值定理,估计积分

$$u=\iiint\limits_{x^2+y^2+z^2\leqslant R^2}\frac{\mathrm{d}x\mathrm{d}y\mathrm{d}z}{\sqrt{(x-a)^2+(y-b)^2+(z-c)^2}},$$

其中 $a^2+b^2+c^2>R^2$.

**解** 由积分中值定理,有

$$u=\iiint\limits_{x^2+y^2+z^2\leqslant R^2}\frac{\mathrm{d}x\mathrm{d}y\mathrm{d}z}{\sqrt{(x-a)^2+(y-b)^2+(z-c)^2}}=\frac{1}{\sqrt{(\xi-a)^2+(\eta-b)^2+(\zeta-c)^2}}\cdot\frac{4}{3}\pi R^3, \tag{1}$$

其中 $\xi^2+\eta^2+\zeta^2\leqslant R^2$. 由于函数

$$\sqrt{(x-a)^2+(y-b)^2+(z-c)^2}$$

代表点$(x,y,z)$与点$(a,b,c)$之间的距离,显然在区域 $x^2+y^2+z^2\leqslant R^2$ 中此距离的最小值是 $\sqrt{a^2+b^2+c^2}-R$,最大值是 $\sqrt{a^2+b^2+c^2}+R$,并且只在一个点达到最小值,也只在一个点达到最大值. 因此,函数

$$\frac{1}{\sqrt{(x-a)^2+(y-b)^2+(z-c)^2}}$$

在区域 $x^2+y^2+z^2\leqslant R^2$ 中的最大值是$\dfrac{1}{\sqrt{a^2+b^2+c^2}-R}$,最小值是$\dfrac{1}{\sqrt{a^2+b^2+c^2}+R}$,并且只在一个点达到最大值,也只在一个点达到最小值. 我们证明(1)式中的中值不可能是函数的最大值,也不可能是函数的最小值. 事实上,例如,若是最大值,即

$$\frac{1}{\sqrt{(\xi-a)^2+(\eta-b)^2+(\zeta-c)^2}}=\frac{1}{\sqrt{a^2+b^2+c^2}-R},$$

则由(1)式知

$$\iiint\limits_{x^2+y^2+z^2\leqslant R^2}f(x,y,z)\mathrm{d}x\mathrm{d}y\mathrm{d}z=0, \tag{2}$$

其中

$$f(x,y,z)=\frac{1}{\sqrt{a^2+b^2+c^2}-R}-\frac{1}{\sqrt{(x-a)^2+(y-b)^2+(z-c)^2}}.$$

显然,在区域 $x^2+y^2+z^2\leqslant R^2$ 上 $f(x,y,z)\geqslant 0$ 且 $f(x,y,z)$为连续函数. 于是,由(2)式知在区域 $x^2+y^2+z^2\leqslant R^2$ 上必有 $f(x,y,z)\equiv 0$,这显然是不可能的. 因此,

$$\frac{1}{\sqrt{a^2+b^2+c^2}+R}<\frac{1}{\sqrt{(\xi-a)^2+(\eta-b)^2+(\zeta-c)^2}}<\frac{1}{\sqrt{a^2+b^2+c^2}-R},$$

即

$$\sqrt{a^2+b^2+c^2}-R<\sqrt{(\xi-a)^2+(\eta-b)^2+(\zeta-c)^2}<\sqrt{a^2+b^2+c^2}+R,$$

故

$$\sqrt{(\xi-a)^2+(\eta-b)^2+(\zeta-c)^2}=\sqrt{a^2+b^2+c^2}+\theta R,$$

其中$|\theta|<1$. 于是,由(1)式得

$$u=\frac{4\pi}{3}\frac{R^3}{\sqrt{a^2+b^2+c^2}+\theta R}.$$

**【4097】** 证明:若函数 $f(x,y,z)$在区域 $V$ 内是连续的,且对于任何区域 $\omega\subset V$ 有

$$\iiint\limits_{\omega}f(x,y,z)\mathrm{d}x\mathrm{d}y\mathrm{d}z=0,$$

则当$(x,y,z)\in V$ 时,$f(x,y,z)\equiv 0$.

**提示** 用反证法及积分中值定理.

**证** 用反证法. 若当$(x,y,z)\in V$ 时,$f(x,y,z)\not\equiv 0$. 不失一般性,设对于 $V$ 的某内点$(x_0,y_0,z_0)$,有 $f(x_0,y_0,z_0)>0$,则由于 $f(x,y,z)$的连续性,故存在点$(x_0,y_0,z_0)$的某个闭邻域 $\omega'\subset V$,使当$(x,y,z)\in\omega'$时,$f(x,y,z)>0$. 这样一来,利用中值定理,即有

$$\iiint\limits_{\omega}f(x,y,z)\mathrm{d}x\mathrm{d}y\mathrm{d}z=f(\xi,\eta,\zeta)\cdot V_{\omega'}>0,$$

其中$(\xi,\eta,\zeta)\in\omega'\subset V$. 这与假设$\iiint\limits_{\omega} f(x,y,z)\mathrm{d}x\mathrm{d}y\mathrm{d}z\equiv 0$矛盾. 因此,当$(x,y,z)\in V$时,$f(x,y,z)\equiv 0$.

**【4098】** 求$F'(t)$,设:

(1) $F(t)=\iiint\limits_{x^2+y^2+z^2\leqslant t^2} f(x^2+y^2+z^2)\mathrm{d}x\mathrm{d}y\mathrm{d}z$,其中$f$为可微函数;

(2) $F(t)=\iiint\limits_{\substack{0\leqslant x\leqslant t\\0\leqslant y\leqslant t\\0\leqslant z\leqslant t}} f(xyz)\mathrm{d}x\mathrm{d}y\mathrm{d}z$,其中$f$为可微函数.

**提示** (1)作球坐标变换;(2)作变量代换$x=t\xi$, $y=t\eta$, $z=t\zeta$.

**解** (1)作球坐标变换得

$$F(t)=\iiint\limits_{x^2+y^2+z^2\leqslant t^2} f(x^2+y^2+z^2)\mathrm{d}x\mathrm{d}y\mathrm{d}z=8\int_0^{\frac{\pi}{2}}\mathrm{d}\varphi\int_0^{\frac{\pi}{2}}\cos\psi\mathrm{d}\psi\int_0^t f(r^2)r^2\mathrm{d}r=4\pi\int_0^t f(r^2)r^2\mathrm{d}r,$$

于是,$F'(t)=4\pi t^2 f(t^2)$.

(2)作变换$x=t\xi$, $y=t\eta$, $z=t\zeta$得

$$F(t)=\iiint\limits_{\substack{0\leqslant x\leqslant t\\0\leqslant y\leqslant t\\0\leqslant z\leqslant t}} f(xyz)\mathrm{d}x\mathrm{d}y\mathrm{d}z=\iiint\limits_{\substack{0\leqslant \xi\leqslant 1\\0\leqslant \eta\leqslant 1\\0\leqslant \zeta\leqslant 1}} f(t^3\xi\eta\zeta)t^3\mathrm{d}\xi\mathrm{d}\eta\mathrm{d}\zeta,$$

于是,

$$F'(t)=3\iiint\limits_{\substack{0\leqslant \xi\leqslant 1\\0\leqslant \eta\leqslant 1\\0\leqslant \zeta\leqslant 1}} t^2 f(t^3\xi\eta\zeta)\mathrm{d}\xi\mathrm{d}\eta\mathrm{d}\zeta+3\iiint\limits_{\substack{0\leqslant \xi\leqslant 1\\0\leqslant \eta\leqslant 1\\0\leqslant \zeta\leqslant 1}} f'(t^3\xi\eta\zeta)t^5\xi\eta\zeta\mathrm{d}\xi\mathrm{d}\eta\mathrm{d}\zeta=\frac{3}{t}\Big[F(t)+\iiint\limits_{\substack{0\leqslant x\leqslant t\\0\leqslant y\leqslant t\\0\leqslant z\leqslant t}} f'(xyz)xyz\mathrm{d}x\mathrm{d}y\mathrm{d}z\Big].$$

**【4099】** 求$\iiint\limits_{x^2+y^2+z^2\leqslant 1} x^m y^n z^p\mathrm{d}x\mathrm{d}y\mathrm{d}z$,其中$m,n,p$为非负整数.

**解** 分两种情况:

(1) 设$m,n,p$中至少有一个是奇数. 例如,设$p$为奇数. 于是,

$$I=\iiint\limits_{x^2+y^2+z^2\leqslant 1} x^m y^n z^p\mathrm{d}x\mathrm{d}y\mathrm{d}z=\iiint\limits_{\substack{x^2+y^2+z^2\leqslant 1\\z\geqslant 0}} x^m y^n z^p\mathrm{d}x\mathrm{d}y\mathrm{d}z+\iiint\limits_{\substack{x^2+y^2+z^2\leqslant 1\\z\leqslant 0}} x^m y^n z^p\mathrm{d}x\mathrm{d}y\mathrm{d}z=I_1+I_2.$$

今在积分$I_2$中作变量代换$x=u,y=v,z=-w$,则$\frac{D(x,y,z)}{D(u,v,w)}=-1$,从而,注意到$p$为奇数,可知

$$I_2=-\iiint\limits_{\substack{u^2+v^2+w^2\leqslant 1\\w\geqslant 0}} u^m v^n w^p\mathrm{d}u\mathrm{d}v\mathrm{d}w=-I_1,$$

于是,$I=I_1-I_1=0$.

(2) 设$m,n,p$均为偶数. 此时被积函数$x^m y^n z^p$关于三个坐标平面皆对称. 于是,

$$I=\iiint\limits_{x^2+y^2+z^2\leqslant 1} x^m y^n z^p\mathrm{d}x\mathrm{d}y\mathrm{d}z=8\iiint\limits_{\substack{x^2+y^2+z^2\leqslant 1\\x\geqslant 0,y\geqslant 0,z\geqslant 0}} x^m y^n z^p\mathrm{d}x\mathrm{d}y\mathrm{d}z.$$

引用球坐标,$x=r\cos\varphi\cos\psi,y=r\sin\varphi\cos\psi,z=r\sin\psi$,得

$$\iiint\limits_{\substack{x^2+y^2+z^2\leqslant 1\\x\geqslant 0,y\geqslant 0,z\geqslant 0}} x^m y^n z^p\mathrm{d}x\mathrm{d}y\mathrm{d}z=\int_0^{\frac{\pi}{2}}\cos^m\varphi\sin^n\varphi\mathrm{d}\varphi\int_0^{\frac{\pi}{2}}\cos^{m+n+1}\psi\sin^p\psi\mathrm{d}\psi\int_0^1 r^{m+n+p+2}\mathrm{d}r$$

$$=\frac{1}{m+n+p+3}\cdot\frac{1}{2}\cdot\frac{\Gamma\left(\frac{m+1}{2}\right)\Gamma\left(\frac{n+1}{2}\right)}{\Gamma\left(\frac{m+n+2}{2}\right)}\cdot\frac{1}{2}\cdot\frac{\Gamma\left(\frac{m+n+2}{2}\right)\Gamma\left(\frac{p+1}{2}\right)}{\Gamma\left(\frac{m+n+p+3}{2}\right)}^{*)}$$

$$=\frac{1}{4(m+n+p+3)}\cdot\frac{\Gamma\left(\frac{m+1}{2}\right)\Gamma\left(\frac{n+1}{2}\right)\Gamma\left(\frac{p+1}{2}\right)}{\Gamma\left(\frac{m+n+p+3}{2}\right)}$$

$$=\frac{1}{4(m+n+p+3)}\cdot\frac{\frac{(m-1)!!}{2^{\frac{m}{2}}}\cdot\frac{(n-1)!!}{2^{\frac{n}{2}}}\cdot\frac{(p-1)!!}{2^{\frac{p}{2}}}\cdot\pi\sqrt{\pi}}{\frac{(m+n+p+1)!!}{2^{\frac{m+n+p+2}{2}}}\cdot\sqrt{\pi}}$$

$$=\frac{\pi}{2(m+n+p+3)}\cdot\frac{(m-1)!!(n-1)!!(p-1)!!}{(m+n+p+1)!!},$$

故 $I=\iiint\limits_{x^2+y^2+z^2\leqslant 1} x^m y^n z^p\,\mathrm{d}x\mathrm{d}y\mathrm{d}z=\frac{4\pi}{m+n+p+3}\cdot\frac{(m-1)!!(n-1)!!(p-1)!!}{(m+n+p+1)!!}.$

*) 利用3856题的结果.

【4100】 令 $x+y+z=\xi$, $y+z=\xi\eta$, $z=\xi\eta\zeta$,计算狄利克雷积分

$$\iiint\limits_V x^p y^q z^r(1-x-y-z)^s\,\mathrm{d}x\mathrm{d}y\mathrm{d}z\quad(p>0,q>0,r>0,s>0),$$

其中 $V$ 是平面 $x+y+z=1,x=0,y=0,z=0$ 所围的区域.

解 由假设知 $x=\xi(1-\eta),\quad y=\xi\eta(1-\zeta),\quad z=\xi\eta\zeta.$

在此变换下可求得 $|I|=\xi^2\eta$,并且积分域 $V$ 变为:

$$0<\xi<1,\ 0<\eta<1,\ 0<\zeta<1.$$

于是,

$$\iiint\limits_V x^p y^q z^r(1-x-y-z)^s\,\mathrm{d}x\mathrm{d}y\mathrm{d}z=\int_0^1\xi^{p+q+r+2}(1-\xi)^s\mathrm{d}\xi\int_0^1\eta^{q+r+1}(1-\eta)^p\mathrm{d}\eta\int_0^1\zeta^r(1-\zeta)^q\mathrm{d}\zeta$$

$$=\mathrm{B}(p+q+r+3,s+1)\mathrm{B}(q+r+2,p+1)\mathrm{B}(r+1,q+1)$$

$$=\frac{\Gamma(p+q+r+3)\Gamma(s+1)\Gamma(q+r+2)\Gamma(p+1)\Gamma(r+1)\Gamma(q+1)}{\Gamma(p+q+r+s+4)\Gamma(p+q+r+3)\Gamma(q+r+2)}$$

$$=\frac{\Gamma(p+1)\Gamma(q+1)\Gamma(s+1)\Gamma(r+1)}{\Gamma(p+q+r+s+4)}.$$

## §7. 利用三重积分计算体积

区域的体积 $V$ 可表示为以下公式: $V=\iiint\limits_V \mathrm{d}x\mathrm{d}y\mathrm{d}z.$

### 求以下列曲面为界的物体的体积:

【4101】 $z=x^2+y^2$, $z=2x^2+2y^2$, $y=x$, $y=x^2$.

解 区域 $V$ 为 $0\leqslant x\leqslant 1,\ x^2\leqslant y\leqslant x,\ x^2+y^2\leqslant z\leqslant 2x^2+2y^2,$

故体积为

$$V=\int_0^1\mathrm{d}x\int_{x^2}^{x}\mathrm{d}y\int_{x^2+y^2}^{2x^2+2y^2}\mathrm{d}z=\int_0^1\mathrm{d}x\int_{x^2}^{x}(x^2+y^2)\mathrm{d}y=\int_0^1\left(\frac{4}{3}x^3-x^4-\frac{1}{3}x^6\right)\mathrm{d}x$$

$$=\left(\frac{1}{3}x^4-\frac{1}{5}x^5-\frac{1}{21}x^7\right)\Big|_0^1=\frac{3}{35}.$$

【4102】 $z=x+y$, $z=xy$, $x+y=1$, $x=0$, $y=0$.

解 区域 $V$ 为 $0\leqslant x\leqslant 1,\ 0\leqslant y\leqslant 1-x,\ xy\leqslant z\leqslant x+y$ *),

故体积为 $V=\int_0^1\mathrm{d}x\int_0^{1-x}\mathrm{d}y\int_{xy}^{x+y}\mathrm{d}z=\int_0^1\mathrm{d}x\int_0^{1-x}(x+y-xy)\mathrm{d}y=\int_0^1\left[x(1-x)+\frac{(1-x)^3}{2}\right]\mathrm{d}x=\frac{7}{24}.$

*) 因为 $0\leqslant y\leqslant 1$,故有 $xy\leqslant z\leqslant x+y$.

【4103】 $x^2+z^2=a^2$, $x+y=\pm a$, $x-y=\pm a$.

解 $V=8\int_0^a\mathrm{d}x\int_0^{a-x}\mathrm{d}y\int_0^{\sqrt{a^2-x^2}}\mathrm{d}z=8\int_0^a(a-x)\sqrt{a^2-x^2}\,\mathrm{d}x$

$$=8a\left[\frac{x}{2}\sqrt{a^2-x^2}+\frac{a^2}{2}\arcsin\frac{x}{a}\right]\Big|_0^a+\frac{8}{3}(a^2-x^2)^{\frac{3}{2}}\Big|_0^a=\frac{2a^3}{3}(3\pi-4).$$

**【4104】** $az=x^2+y^2$, $z=\sqrt{x^2+y^2}$ $(a>0)$.

**解** 对区域 $V$ 在 $Oxy$ 平面上的投影作极坐标变换

$$x=r\cos\varphi,\qquad y=r\sin\varphi,$$

则区域 $V$ 为 $\qquad 0\leqslant\varphi\leqslant 2\pi,\quad 0\leqslant r\leqslant a,\quad \frac{r^2}{a}\leqslant z\leqslant r,$

且有 $|I|=r$. 于是,体积为

$$V=\iint\limits_{x^2+y^2\leqslant a^2}\mathrm{d}x\mathrm{d}y\int_{\frac{x^2+y^2}{a}}^{\sqrt{x^2+y^2}}\mathrm{d}z=\int_0^{2\pi}\mathrm{d}\varphi\int_0^a r\mathrm{d}r\int_{\frac{r^2}{a}}^{r}\mathrm{d}z=2\pi\int_0^a\left(r^2-\frac{r^3}{a}\right)\mathrm{d}r=\frac{\pi a^3}{6}.$$

**【4105】** $az=a^2-x^2-y^2$, $z=a-x-y$, $x=0$, $y=0$, $z=0$ $(a>0)$.

**解** 由 $az=a^2-x^2-y^2, x=0, y=0, z=0$ 为界的物体体积为

$$V_1=\iint\limits_{\substack{x^2+y^2\leqslant a^2\\ x\geqslant 0,y\geqslant 0}}\left(\int_0^{\frac{a^2-x^2-y^2}{a}}\mathrm{d}z\right)\mathrm{d}x\mathrm{d}y=\int_0^{\frac{\pi}{2}}\mathrm{d}\varphi\int_0^a\frac{a^2-r^2}{a}r\mathrm{d}r=\frac{\pi a^3}{8}.$$

由 $z=a-x-y, x=0, y=0, z=0$ 为界的物体体积为

$$V_2=\iiint\limits_{\substack{x+y+z\leqslant a\\ x\geqslant 0,y\geqslant 0,z\geqslant 0}}\mathrm{d}x\mathrm{d}y\mathrm{d}z=\int_0^a\mathrm{d}x\int_0^{a-x}\mathrm{d}y\int_0^{a-x-y}\mathrm{d}z=\frac{a^3}{6}.$$

于是,所求的体积为 $V=V_1-V_2=\frac{a^3}{24}(3\pi-4)$.

**【4106】** $z=6-x^2-y^2$, $z=\sqrt{x^2+y^2}$.

**提示** 利用圆柱坐标,则区域 $V$ 为 $0\leqslant\varphi\leqslant 2\pi$, $0\leqslant r\leqslant 2$, $r\leqslant z\leqslant 6-r^2$.

**解** 引用圆柱坐标,则区域 $V$ 为 $0\leqslant\varphi\leqslant 2\pi$, $0\leqslant r\leqslant 2$, $r\leqslant z\leqslant 6-r^2$.

于是,体积为 $\qquad V=\int_0^{2\pi}\mathrm{d}\varphi\int_0^2 r\mathrm{d}r\int_r^{6-r^2}\mathrm{d}z=2\pi\int_0^2(6r-r^3-r^2)\mathrm{d}r=\frac{32\pi}{3}.$

**变换为球坐标或圆柱坐标,计算以下曲面所围的体积:**

**【4107】** $x^2+y^2+z^2=2az$, $x^2+y^2\leqslant z^2$.

**解题思路** 变换为圆柱坐标,则有

$$r^2+z^2=2az\quad 及\quad r^2\leqslant z^2,$$

且区域 $V$ 为 $\qquad 0\leqslant\varphi\leqslant 2\pi$, $0\leqslant r\leqslant a$, $r\leqslant z\leqslant a+\sqrt{a^2-r^2}$,

这里要注意,球面方程应该是 $z=a\pm\sqrt{a^2-r^2}$,但因体积 $V$ 的一部分为球 $x^2+y^2+z^2=2az$ 的上半部,故取 $z=a+\sqrt{a^2-r^2}$.

**解** 变换为圆柱坐标,则有 $\qquad r^2+z^2=2az$ 及 $r^2\leqslant z^2$.

因而区域 $V$ 为 $\qquad 0\leqslant\varphi\leqslant 2\pi$, $0\leqslant r\leqslant a$, $r\leqslant z\leqslant a+\sqrt{a^2-r^2}$ *).

于是,体积为

$$V=\int_0^{2\pi}\mathrm{d}\varphi\int_0^a r\mathrm{d}r\int_r^{a+\sqrt{a^2-r^2}}\mathrm{d}z=2\pi\int_0^a r(a+\sqrt{a^2-r^2}-r)\mathrm{d}r=2\pi\left[\frac{ar^2}{2}-\frac{1}{3}(a^2-r^2)^{\frac{3}{2}}-\frac{r^3}{3}\right]\Big|_0^a=\pi a^3.$$

*) 球面的方程应该是 $z=a\pm\sqrt{a^2-r^2}$,但因体积 $V$ 的一部分为球 $x^2+y^2+z^2=2az$ 的上半部,故取 $z=a+\sqrt{a^2-r^2}$.

**【4108】** $(x^2+y^2+z^2)^2=a^2(x^2+y^2-z^2)$.

**提示** 变换为球坐标,则区域 $V$ 的 $\frac{1}{8}$ 部分(第一卦限内)为

$$0\leqslant\varphi\leqslant\frac{\pi}{2},\ 0\leqslant\psi\leqslant\frac{\pi}{4},\ 0\leqslant r\leqslant a\sqrt{\cos 2\psi}.$$

**解**　变换为球坐标，则区域 $V$ 的 $\frac{1}{8}$ 部分为

$$0\leqslant\varphi\leqslant\frac{\pi}{2},\ 0\leqslant\psi\leqslant\frac{\pi}{4},\ 0\leqslant r\leqslant a\sqrt{\cos2\psi}.$$

于是，体积为

$$V=8\int_0^{\frac{\pi}{2}}\mathrm{d}\varphi\int_0^{\frac{\pi}{4}}\mathrm{d}\psi\int_0^{a\sqrt{\cos2\psi}}r^2\cos\psi\mathrm{d}r=\frac{4\pi a^3}{3}\int_0^{\frac{\pi}{4}}\cos\psi(\cos2\psi)^{\frac{3}{2}}\mathrm{d}\psi=\frac{4\pi a^3}{3}\int_0^{\frac{\pi}{4}}(1-2\sin^2\psi)^{\frac{3}{2}}\mathrm{d}(\sin\psi)$$

$$=\frac{4\pi a^3}{3}\int_0^{\frac{1}{\sqrt{2}}}(1-2x^2)^{\frac{3}{2}}\mathrm{d}x=\frac{4\pi a^3}{3}\cdot\frac{1}{\sqrt{2}}\int_0^{\frac{\pi}{2}}\cos^4 t\mathrm{d}t^{*)}=\frac{4\pi a^3}{3\sqrt{2}}\cdot\frac{3}{4}\cdot\frac{1}{2}\cdot\frac{\pi}{2}=\frac{\pi^2a^3}{4\sqrt{2}}.$$

*）　作代换 $\sqrt{2}x=\sin t$.

**【4109】**　$(x^2+y^2+z^2)^3=3xyz$.

**解**　立体在第一，第三，第六及第八卦限内，对于这些卦限分别有：

$$x\geqslant0,\ y\geqslant0,\ z\geqslant0;\quad x\leqslant0,\ y\leqslant0,\ z\geqslant0;\quad x\leqslant0,\ y\geqslant0,\ z\leqslant0;\quad x\geqslant0,\ y\leqslant0,\ z\leqslant0.$$

立体在这四个卦限内的各部分，一对一对地对称于坐标轴之一. 这是因为左端及右端当 $x,y,z$ 中的任何两个同时变号时等号不变.

变换为球坐标，计算得体积

$$V=4\int_0^{\frac{\pi}{2}}\mathrm{d}\varphi\int_0^{\frac{\pi}{2}}\mathrm{d}\psi\int_0^{\sqrt[3]{3\cos^2\psi\cos\varphi\sin\varphi\sin\psi}}r^2\cos\psi\mathrm{d}r=4\int_0^{\frac{\pi}{2}}\cos\varphi\sin\varphi\mathrm{d}\varphi\int_0^{\frac{\pi}{2}}\cos^3\psi\sin\psi\mathrm{d}\psi$$

$$=4\left(\frac{\sin^2\varphi}{2}\bigg|_0^{\frac{\pi}{2}}\right)\left(-\frac{1}{4}\cos^4\psi\bigg|_0^{\frac{\pi}{2}}\right)=\frac{1}{2}.$$

**【4110】**　$x^2+y^2+z^2=a^2,\ x^2+y^2+z^2=b^2,\ x^2+y^2=z^2\ (z\geqslant0)\ (0<a<b)$.

**提示**　变换为球坐标，则区域 $V$ 为 $0\leqslant\varphi\leqslant2\pi,\quad \frac{\pi}{4}\leqslant\psi\leqslant\frac{\pi}{2},\ a\leqslant r\leqslant b$.

**解**　变换为球坐标，得区域 $V$ 为　$0\leqslant\varphi\leqslant2\pi,\quad \frac{\pi}{4}\leqslant\psi\leqslant\frac{\pi}{2}\quad a\leqslant r\leqslant b$.

于是，体积为　$V=\int_0^{2\pi}\mathrm{d}\varphi\int_{\frac{\pi}{4}}^{\frac{\pi}{2}}\mathrm{d}\psi\int_a^b r^2\cos\psi\mathrm{d}r=2\pi\left(\int_{\frac{\pi}{4}}^{\frac{\pi}{2}}\cos\psi\mathrm{d}\psi\right)\left(\int_a^b r^2\mathrm{d}r\right)=\frac{\pi(2-\sqrt{2})(b^3-a^3)}{3}$.

在下列各题中最好利用广义球坐标 $r,\varphi,\psi$（$r\geqslant0;\ 0\leqslant\varphi\leqslant2\pi;\ -\frac{\pi}{2}\leqslant\psi\leqslant\frac{\pi}{2}$），它们由以下公式引入：

$$x=ar\cos^\alpha\varphi\cos^\beta\psi,\quad y=br\sin^\alpha\varphi\cos^\beta\psi,\quad z=cr\sin^\beta\psi\quad (a,b,c,\alpha,\beta\text{ 为常数}),$$

并且

$$\frac{D(x,y,z)}{D(r,\varphi,\psi)}=\alpha\beta abcr^2\cos^{\alpha-1}\varphi\sin^{\alpha-1}\varphi\cos^{2\beta-1}\psi\sin^{\beta-1}\psi.$$

求以下列曲面为界的物体的体积：

**【4111】**　$\left(\frac{x^2}{a^2}+\frac{y^2}{b^2}+\frac{z^2}{c^2}\right)^2=\frac{x}{h}$.

**解**　令 $x=ar\cos\varphi\cos\psi,\ y=br\sin\varphi\cos\psi,\ z=cr\sin\psi$，则区域的 $\frac{1}{4}$ 部分（第一卦限内）为

$$0\leqslant\varphi\leqslant\frac{\pi}{2},\ 0\leqslant\psi\leqslant\frac{\pi}{2},\ 0\leqslant r\leqslant\sqrt[3]{\frac{a}{h}\cos\varphi\cos\psi}.$$

于是，体积为　$V=4\int_0^{\frac{\pi}{2}}\mathrm{d}\varphi\int_0^{\frac{\pi}{2}}\mathrm{d}\psi\int_0^{\sqrt[3]{\frac{a}{h}\cos\varphi\cos\psi}}abcr^2\cos\psi\mathrm{d}r=\frac{4a^2bc}{3h}\left(\int_0^{\frac{\pi}{2}}\cos\varphi\mathrm{d}\varphi\right)\left(\int_0^{\frac{\pi}{2}}\cos^2\psi\mathrm{d}\psi\right)=\frac{\pi a^2bc}{3h}$.

**【4112】**　$\left(\frac{x^2}{a^2}+\frac{y^2}{b^2}+\frac{z^2}{c^2}\right)^2=\frac{x^2}{a^2}+\frac{y^2}{b^2}$.

**解**　令 $x=ar\cos\varphi\cos\psi,\ y=br\sin\varphi\cos\psi,\ z=cr\sin\psi$，并利用对称性，即得体积

$$V=8\int_0^{\frac{\pi}{2}}d\varphi\int_0^{\frac{\pi}{2}}d\psi\int_0^{\cos\psi}abcr^2\cos\psi dr=8\cdot\frac{\pi}{2}\cdot\frac{abc}{3}\int_0^{\frac{\pi}{2}}\cos^4\psi d\psi=\frac{4\pi abc}{3}\cdot\frac{3}{4}\cdot\frac{1}{2}\cdot\frac{\pi}{2}=\frac{\pi^2}{4}abc.$$

**【4113】** $\frac{x^2}{a^2}+\frac{y^2}{b^2}+\frac{z^2}{c^2}=1,\ \frac{x^2}{a^2}+\frac{y^2}{b^2}=\frac{z}{c}.$

**解** 令 $x=ar\cos\varphi$, $y=br\sin\varphi$, $z=z$,则 $r$ 满足方程 $r^4+r^2-1=0$. 解得 $r=\sqrt{\frac{\sqrt{5}-1}{2}}$. 于是,体积为

$$V=\int_0^{2\pi}d\varphi\int_0^{\sqrt{\frac{\sqrt{5}-1}{2}}}abrdr\int_{cr^2}^{c\sqrt{1-r^2}}dz=2\pi abc\int_0^{\sqrt{\frac{\sqrt{5}-1}{2}}}r(\sqrt{1-r^2}-r^2)dr$$

$$=2\pi abc\left[-\frac{1}{3}(1-r^2)^{\frac{3}{2}}-\frac{1}{4}r^4\right]\Bigg|_0^{\sqrt{\frac{\sqrt{5}-1}{2}}}=\frac{5\pi abc(3-\sqrt{5})}{12}.$$

**【4114】** $\frac{x^2}{a^2}+\frac{y^2}{b^2}+\frac{z^4}{c^4}=1.$

**解** 令 $x=ar\cos\varphi$, $y=br\sin\varphi$, $z=z$,则得体积

$$V=\int_0^{2\pi}d\varphi\int_0^1 abrdr\int_{-c(1-r^2)^{\frac{1}{4}}}^{c(1-r^2)^{\frac{1}{4}}}dz=4\pi abc\int_0^1 r(1-r^2)^{\frac{1}{4}}dr=4\pi abc\left[-\frac{2}{5}(1-r^2)^{\frac{5}{4}}\right]\Bigg|_0^1=\frac{8}{5}\pi abc.$$

**【4115】** $\left(\frac{x^2}{a^2}+\frac{y^2}{b^2}\right)^2+\frac{z^4}{c^4}=1.$

**解题思路** 作变量代换 $x=ar\cos\varphi\cos^{\frac{1}{2}}\psi$, $y=br\sin\varphi\cos^{\frac{1}{2}}\psi$, $z=cr\sin^{\frac{1}{2}}\psi$,则有 $|I|=\frac{1}{2}abcr^2\sin^{-\frac{1}{2}}\psi$,且 $V$ 的 $\frac{1}{8}$ 部分(第一卦限内)为 $0\leqslant\varphi\leqslant\frac{\pi}{2}$, $0\leqslant\psi\leqslant\frac{\pi}{2}$, $0\leqslant r\leqslant1$,并利用 3856 题的结果及延拓公式.

**解** 令 $x=ar\cos\varphi\cos^{\frac{1}{2}}\psi, y=br\sin\varphi\cos^{\frac{1}{2}}\psi, z=cr\sin^{\frac{1}{2}}\psi$,则有 $|I|=\frac{1}{2}abcr^2\sin^{-\frac{1}{2}}\psi$ 且 $\frac{1}{8}$ 区域 $V$(第一卦限内)为

$$0\leqslant\varphi\leqslant\frac{\pi}{2},\quad 0\leqslant\psi\leqslant\frac{\pi}{2},\quad 0\leqslant r\leqslant1.$$

于是,体积为

$$V=8\int_0^{\frac{\pi}{2}}d\varphi\int_0^{\frac{\pi}{2}}d\psi\int_0^1\frac{1}{2}abcr^2\sin^{-\frac{1}{2}}\psi dr=\frac{2}{3}\pi abc\int_0^{\frac{\pi}{2}}\sin^{-\frac{1}{2}}\psi d\psi=\frac{2}{3}\pi abc\cdot\frac{1}{2}B\left(\frac{1}{2},\frac{1}{4}\right)^{*)}$$

$$=\frac{2}{3}\pi abc\,\frac{1}{2}\,\frac{\Gamma\left(\frac{1}{2}\right)\Gamma\left(\frac{1}{4}\right)}{\Gamma\left(\frac{3}{4}\right)}=\frac{1}{3}\pi abc\,\frac{\sqrt{\pi}\Gamma^2\left(\frac{1}{4}\right)}{\Gamma\left(\frac{1}{4}\right)\Gamma\left(\frac{3}{4}\right)}=\frac{1}{3}\pi abc\,\frac{\sqrt{\pi}\Gamma^2\left(\frac{1}{4}\right)}{\sqrt{2}\pi}^{**)}$$

$$=\frac{1}{3}abc\sqrt{\frac{\pi}{2}}\Gamma^2\left(\frac{1}{4}\right).$$

*) 利用 3856 题的结果.

**) 利用延拓公式:$\Gamma(x)\Gamma(1-x)=\frac{\pi}{\sin\pi x}$.

## 利用适当的变量代换,计算以下列曲面为界的物体的体积(假定参数是正的):

**【4116】** $\left(\frac{x}{a}+\frac{y}{b}+\frac{z}{c}\right)^2=\frac{x}{h}+\frac{y}{k}\ (x>0,y>0,z>0).$

**解题思路** 作变量代换 $x=ar\cos^2\varphi\cos^2\psi$, $y=br\sin^2\varphi\cos^2\psi$, $z=cr\sin^2\psi$,则有 $|I|=4abcr^2\cos\varphi\sin\varphi\cos^3\psi\sin\psi$,且区域 $V$ 为

$$0\leqslant\varphi\leqslant\frac{\pi}{2},\quad 0\leqslant\psi\leqslant\frac{\pi}{2},\quad 0\leqslant r\leqslant\left(\frac{a}{h}\cos^2\varphi+\frac{b}{k}\sin^2\varphi\right)\cos^2\psi,$$

并利用 3856 题的结果.

**解** 令 $x=ar\cos^2\varphi\cos^2\psi, y=br\sin^2\varphi\cos^2\psi, z=cr\sin^2\psi$,则有 $|I|=4abcr^2\cos\varphi\sin\varphi\cos^3\psi\sin\psi$,且区域 $V$ 为

$$0\leqslant\varphi\leqslant\frac{\pi}{2},\quad 0\leqslant\psi\leqslant\frac{\pi}{2}.\quad 0\leqslant r\leqslant\left(\frac{a}{h}\cos^2\varphi+\frac{b}{k}\sin^2\varphi\right)\cos^2\psi.$$

于是,体积为

$$V=\int_0^{\frac{\pi}{2}}\mathrm{d}\varphi\int_0^{\frac{\pi}{2}}\mathrm{d}\psi\int_0^{\left(\frac{a}{h}\cos^2\varphi+\frac{b}{k}\sin^2\varphi\right)\cos^2\psi}4abcr^2\cos\varphi\sin\varphi\cos^3\psi\sin\psi\mathrm{d}r$$

$$=\frac{4}{3}abc\int_0^{\frac{\pi}{2}}\cos\varphi\sin\varphi\left(\frac{a}{h}\cos^2\varphi+\frac{b}{k}\sin^2\varphi\right)^3\mathrm{d}\varphi\int_0^{\frac{\pi}{2}}\cos^9\psi\sin\psi\mathrm{d}\psi$$

$$=\frac{2}{15}abc\left(\int_0^{\frac{\pi}{2}}\frac{a^3}{h^3}\cos^7\varphi\sin\varphi\mathrm{d}\varphi+\int_0^{\frac{\pi}{2}}\frac{b^3}{k^3}\cos\varphi\sin^7\varphi\mathrm{d}\varphi+3\cdot\frac{a^2b}{h^2k}\int_0^{\frac{\pi}{2}}\cos^5\varphi\sin^3\varphi\mathrm{d}\varphi+3\cdot\frac{ab^2}{hk^2}\int_0^{\frac{\pi}{2}}\cos^3\varphi\sin^5\varphi\mathrm{d}\varphi\right)$$

$$=\frac{2}{15}abc\left(\frac{a^3}{8h^3}+\frac{b^3}{8k^3}+3\cdot\frac{a^2b}{h^2k}\cdot\frac{1}{24}+3\cdot\frac{ab^2}{hk^2}\cdot\frac{1}{24}\right)^{*)}=\frac{1}{60}abc\left(\frac{a}{h}+\frac{b}{k}\right)\left(\frac{a^2}{h^2}+\frac{b^2}{k^2}\right).$$

*) 利用 3856 题的结果.

**【4117】** $\left(\frac{x}{a}+\frac{y}{b}+\frac{z}{c}\right)^4=\frac{xyz}{abc}\quad(x>0,y>0,z>0).$

**提示** 仿 4116 题的解法.

**解** 令 $x=ar\cos^2\varphi\cos^2\psi, y=br\sin^2\varphi\cos^2\psi, z=cr\sin^2\psi$,则有 $|I|=4abcr^2\cos\varphi\sin\varphi\cos^3\psi\sin\psi$,且区域 $V$ 为

$$0\leqslant\varphi\leqslant\frac{\pi}{2},\ 0\leqslant\psi\leqslant\frac{\pi}{2},\ 0\leqslant r\leqslant\cos^2\varphi\sin^2\varphi\cos^4\psi\sin^2\psi.$$

于是,体积为

$$V=4abc\int_0^{\frac{\pi}{2}}\mathrm{d}\varphi\int_0^{\frac{\pi}{2}}\mathrm{d}\psi\int_0^{\cos^2\varphi\sin^2\varphi\cos^4\psi\sin^2\psi}r^2\cos\varphi\sin\varphi\cos^3\psi\sin\psi\mathrm{d}r=\frac{4}{3}abc\int_0^{\frac{\pi}{2}}\cos^7\varphi\sin^7\varphi\mathrm{d}\varphi\int_0^{\frac{\pi}{2}}\cos^{15}\psi\sin^7\psi\mathrm{d}\psi$$

$$=\frac{4}{3}abc\cdot\frac{1}{2}\ \frac{\Gamma(4)\Gamma(4)}{\Gamma(8)}\cdot\frac{1}{2}\ \frac{\Gamma(8)\Gamma(4)}{\Gamma(12)}^{*)}=\frac{1}{3}abc\ \frac{3!\ 3!}{7!}\cdot\frac{7!\ 3!}{11!}=\frac{abc}{554400}.$$

*) 利用 3856 题的结果.

**【4118】** $\left(\frac{x}{a}+\frac{y}{b}\right)^2+\left(\frac{z}{c}\right)^2=1\quad(x>0,y>0,z>0).$

**解题思路** 作变量代换 $x=ar\cos^2\varphi\cos\psi,\quad y=br\sin^2\varphi\cos\psi,\quad z=cr\sin\psi$,
则有 $|I|=2abcr^2\cos\varphi\sin\varphi\cos\psi$,且区域 $V$ 为

$$0\leqslant\varphi\leqslant\frac{\pi}{2},\quad 0\leqslant\psi\leqslant\frac{\pi}{2},\quad 0\leqslant r\leqslant 1.$$

**解** 令 $x=ar\cos^2\varphi\cos\psi, y=br\sin^2\varphi\cos\psi, z=cr\sin\psi$,则有 $|I|=2abcr^2\cos\varphi\sin\varphi\cos\psi$,且区域 $V$ 为

$$0\leqslant\varphi\leqslant\frac{\pi}{2},\quad 0\leqslant\psi\leqslant\frac{\pi}{2},\quad 0\leqslant r\leqslant 1.$$

于是,体积为

$$V=2abc\int_0^{\frac{\pi}{2}}\mathrm{d}\varphi\int_0^{\frac{\pi}{2}}\mathrm{d}\psi\int_0^1 r^2\cos\varphi\sin\varphi\cos\psi\mathrm{d}r=\frac{2}{3}abc\int_0^{\frac{\pi}{2}}\cos\varphi\sin\varphi\mathrm{d}\varphi\int_0^{\frac{\pi}{2}}\cos\psi\mathrm{d}\psi=\frac{1}{3}abc.$$

**【4119】**+ $z=x^2+y^2, z=2(x^2+y^2), xy=a^2, xy=2a^2, x=2y, 2x=y\ (x>0,y>0).$

**解题思路** 作变量代换 $z=u(x^2+y^2), xy=v, x=yw$,则

$$x=\sqrt{vw},\ y=\sqrt{\frac{v}{w}},\ z=u\left(vw+\frac{v}{w}\right)\quad 及\quad |I|=\frac{v}{2}+\frac{v}{2w^2},$$

且区域 $V$ 为 $1\leqslant u\leqslant 2,\quad a^2\leqslant v\leqslant 2a^2,\quad \frac{1}{2}\leqslant w\leqslant 2.$

**解** 令 $z=u(x^2+y^2), xy=v, x=yw$,则

$$x=\sqrt{vw},\quad y=\sqrt{\frac{v}{w}},\quad z=u\left(vw+\frac{v}{w}\right).$$

变换的雅可比行列式为

$$I=\begin{vmatrix} 0 & \dfrac{\sqrt{w}}{2\sqrt{v}} & \dfrac{\sqrt{v}}{2\sqrt{w}} \\ 0 & \dfrac{1}{2\sqrt{vw}} & -\dfrac{\sqrt{v}}{2\sqrt{w^3}} \\ vw+\dfrac{v}{w} & u\left(w+\dfrac{1}{w}\right) & u\left(v-\dfrac{v}{w^2}\right) \end{vmatrix}=-\left(\frac{v}{2}+\frac{v}{2w^2}\right),$$

而区域 $V$ 为 $\qquad 1\leqslant u\leqslant 2,\quad a^2\leqslant v\leqslant 2a^2,\quad \frac{1}{2}\leqslant w\leqslant 2.$

于是,体积为

$$V=\int_1^2 du\int_{a^2}^{2a^2} dv\int_{\frac{1}{2}}^2\left(\frac{v}{2}+\frac{v}{2w^2}\right)dw=\frac{3a^4}{4}\int_{\frac{1}{2}}^2\left(1+\frac{1}{w^2}\right)dw=\frac{9a^4}{4}.$$

**【4120】**$^+$ $x^2+z^2=a^2, x^2+z^2=b^2, x^2-y^2-z^2=0\ (x>0)$.

**解** 令 $x=r\cos\varphi,\ y=y, z=r\sin\varphi$,则区域 $V$ 为

$$a\leqslant r\leqslant b,\quad -\frac{\pi}{4}\leqslant\varphi\leqslant\frac{\pi}{4},\quad -r\sqrt{\cos 2\varphi}\leqslant y\leqslant r\sqrt{\cos 2\varphi}.$$

于是,体积为

$$V=\int_a^b r\,dr\int_{-\frac{\pi}{4}}^{\frac{\pi}{4}}d\varphi\int_{-r\sqrt{\cos2\varphi}}^{r\sqrt{\cos2\varphi}}dy=\frac{4}{3}(b^3-a^3)\int_0^{\frac{\pi}{4}}\sqrt{\cos2\varphi}\,d\varphi=\frac{2}{3}(b^3-a^3)\int_0^{\frac{\pi}{2}}\sqrt{\cos\varphi}\,d\varphi$$

$$=\frac{1}{3}(b^3-a^3)\frac{\Gamma\left(\frac{1}{2}\right)\Gamma\left(\frac{3}{4}\right)}{\Gamma\left(\frac{5}{4}\right)}^{*)}=\frac{2}{3}(b^3-a^3)\sqrt{\frac{2}{\pi}}\Gamma^2\left(\frac{3}{4}\right)^{**)}.$$

*) 利用 3856 题的结果.

**) 利用延拓公式有 $\Gamma(\frac{1}{4})\ \Gamma(\frac{3}{4})=\sqrt{2}\pi$.

**【4121】** $(x^2+y^2+z^2)^3=\dfrac{a^6z^2}{x^2+y^2}$.

**解** 采用球坐标 $x=r\cos\varphi\cos\psi,\ y=r\sin\varphi\cos\psi,\ z=r\sin\psi$,则区域 $V$ 的$\frac{1}{8}$部分(第一卦限内)为

$$0\leqslant\varphi\leqslant\frac{\pi}{2},\quad 0\leqslant\psi\leqslant\frac{\pi}{2},\quad 0\leqslant r\leqslant a\tan^{\frac{1}{3}}\psi.$$

于是,体积为 $\quad V=8\displaystyle\int_0^{\frac{\pi}{2}}d\varphi\int_0^{\frac{\pi}{2}}d\psi\int_0^{a\tan^{\frac{1}{3}}\psi}r^2\cos\psi\,dr=\frac{4\pi a^3}{3}\int_0^{\frac{\pi}{2}}\sin\psi\,d\psi=\frac{4\pi a^3}{3}.$

**【4122】** $\left(\dfrac{x^2}{a^2}+\dfrac{y^2}{b^2}+\dfrac{z^2}{c^2}\right)^2=\dfrac{z}{h}\cdot e^{-\frac{\frac{z^2}{c^2}}{\frac{x^2}{a^2}+\frac{y^2}{b^2}+\frac{z^2}{c^2}}}$.

**解** 令 $x=ar\cos\varphi\cos\psi, y=br\sin\varphi\cos\psi, z=cr\sin\psi$,则区域 $V$ 的$\frac{1}{4}$部分(第一卦限内)为

$$0\leqslant\varphi\leqslant\frac{\pi}{2},\quad 0\leqslant\psi\leqslant\frac{\pi}{2},\quad 0\leqslant r\leqslant\left(\frac{c}{h}\sin\psi e^{-\sin^2\psi}\right)^{\frac{1}{3}}.$$

这是由于 $z\geqslant0$,故区域 $V$ 在 $Oxy$ 平面的上方.

于是,体积为

$$V=4\int_0^{\frac{\pi}{2}}d\varphi\int_0^{\frac{\pi}{2}}d\psi\int_0^{\left(\frac{c}{h}\sin\psi e^{-\sin^2\psi}\right)^{\frac{1}{3}}}abcr^2\cos\psi\,dr=\frac{4c^2ab}{3h}\cdot\frac{\pi}{2}\cdot\int_0^{\frac{\pi}{2}}\sin\psi\cos\psi e^{-\sin^2\psi}d\psi$$

$$=-\frac{\pi abc^2}{3h}e^{-\sin^2\psi}\Big|_0^{\frac{\pi}{2}}=\frac{\pi abc^2}{3h}(1-e^{-1}).$$

**【4123】** $\dfrac{\dfrac{x}{a}+\dfrac{y}{b}}{\dfrac{x}{a}+\dfrac{y}{b}+\dfrac{z}{c}}=\dfrac{2}{\pi}\arcsin\left(\dfrac{x}{a}+\dfrac{y}{b}+\dfrac{z}{c}\right),\dfrac{x}{a}+\dfrac{y}{b}=1,x=0,x=a.$

**解题思路** 作变量代换 $\dfrac{x}{a}=u,\ \dfrac{x}{a}+\dfrac{y}{b}=v,\ \dfrac{x}{a}+\dfrac{y}{b}+\dfrac{z}{c}=w,$

则有 $|I|=abc\ \left(\dfrac{D(u,v,w)}{D(x,y,z)}=\dfrac{1}{abc}\right)$，且区域 $V$ 为 $0\leqslant u\leqslant 1,\ -1\leqslant w\leqslant 1,\ \dfrac{2}{\pi}w\arcsin w\leqslant v\leqslant 1.$

**解** 令 $u=\dfrac{x}{a},v=\dfrac{x}{a}+\dfrac{y}{b},w=\dfrac{x}{a}+\dfrac{y}{b}+\dfrac{z}{c}$，则

$$\frac{D(u,v,w)}{D(x,y,z)}=\begin{vmatrix}\frac{1}{a}&0&0\\\frac{1}{a}&\frac{1}{b}&0\\\frac{1}{a}&\frac{1}{b}&\frac{1}{c}\end{vmatrix}=\frac{1}{abc},$$

且区域 $V$ 变为 $$0\leqslant u\leqslant 1,\quad \frac{2}{\pi}w\arcsin w\leqslant v\leqslant 1,\quad -1\leqslant w\leqslant 1.$$

于是，$\dfrac{D(x,y,z)}{D(u,v,w)}=abc$，且体积为

$$V=abc\int_0^1\mathrm{d}u\int_{-1}^1\mathrm{d}w\int_{\frac{2}{\pi}w\arcsin w}^1\mathrm{d}v=2abc\int_0^1\left[1-\frac{2}{\pi}w\arcsin w\right]\mathrm{d}w=2abc-\frac{2abc}{\pi}\int_0^1\arcsin w\,\mathrm{d}(w^2)$$
$$=abc+\frac{2abc}{\pi}\int_0^1 w^2(1-w^2)^{-\frac{1}{2}}\mathrm{d}w=abc+\frac{abc}{\pi}\int_0^1 t^{\frac{1}{2}}(1-t)^{-\frac{1}{2}}\mathrm{d}t=abc+\frac{abc}{\pi}\mathrm{B}\left(\frac{3}{2},\frac{1}{2}\right)=\frac{3}{2}abc.$$

**【4124】** $\dfrac{x}{a}+\dfrac{y}{b}+\dfrac{z}{c}=\ln\dfrac{\dfrac{x}{a}+\dfrac{y}{b}+\dfrac{z}{c}}{\dfrac{x}{a}+\dfrac{y}{b}},x=0,z=0,\dfrac{y}{b}+\dfrac{z}{c}=0,\dfrac{x}{a}+\dfrac{y}{b}+\dfrac{z}{c}=1.$

**提示** 仿 4123 题的解法.

**解** 令 $u=\dfrac{x}{a},v=\dfrac{x}{a}+\dfrac{y}{b},w=\dfrac{x}{a}+\dfrac{y}{b}+\dfrac{z}{c}$，则 $\dfrac{D(u,v,w)}{D(x,y,z)}=\dfrac{1}{abc},$

且区域 $V$ 变为

$$0\leqslant u\leqslant w,\quad w\mathrm{e}^{-w}\leqslant v\leqslant w,\quad 0\leqslant w\leqslant 1.$$

于是，$\dfrac{D(x,y,z)}{D(u,v,w)}=abc$，且体积为

$$V=abc\int_0^1\mathrm{d}w\int_0^w\mathrm{d}u\int_{w\mathrm{e}^{-w}}^w\mathrm{d}v=abc\int_0^1(w^2-w^2\mathrm{e}^{-w})\mathrm{d}w=abc\left(\frac{1}{3}-2+5\mathrm{e}^{-1}\right)=5abc\left(\frac{1}{\mathrm{e}}-\frac{1}{3}\right).$$

**【4125】** 曲面 $x^2+y^2+az=4a^2$ 将球 $x^2+y^2+z^2=4az$ 分成两部分，求这两部分的体积之比.

**解** 曲面 $x^2+y^2+az=4a^2$ 与球面 $x^2+y^2+(z-2a)^2=4a^2$ 的交线为圆周

$$\begin{cases}x^2+y^2=3a^2\\ z=a,\end{cases}$$

且有公共的顶点 $(0,0,4a)$. 球内位于曲面 $x^2+y^2+az=4a^2$ 下方部分的体积为

$$V_1=\int_0^a\mathrm{d}z\iint\limits_{x^2+y^2\leqslant 4az-z^2}\mathrm{d}x\mathrm{d}y+\int_a^{4a}\mathrm{d}z\iint\limits_{x^2+y^2\leqslant 4a^2-az}\mathrm{d}x\mathrm{d}y=\int_0^a\pi(4az-z^2)\mathrm{d}z+\int_a^{4a}\pi(4a^2-az)\mathrm{d}z$$
$$=2\pi a^3-\frac{1}{3}\pi a^3+12\pi a^3-\frac{15}{2}\pi a^3=\frac{37}{6}\pi a^3.$$

从而，另一部分的体积 $$V_2=\frac{4}{3}\pi(2a)^3-\frac{37}{6}\pi a^3=\frac{27}{6}\pi a^3.$$

于是，球被曲面所分的两部分体积之比为 $$\frac{V_1}{V_2}=\frac{37}{27}.$$

【4126】 求以曲面 $x^2+y^2=az$，$z=2a-\sqrt{x^2+y^2}$ $(a>0)$为界的物体的体积和表面积.

**解** 两曲面的交线为圆周 $\begin{cases}x^2+y^2=a^2,\\ z=a,\end{cases}$

又曲面 $z=2a-\sqrt{x^2+y^2}$ 的顶点为$(0,0,2a)$. 于是,体积为

$$V=\int_0^a \mathrm{d}z\iint\limits_{x^2+y^2\leqslant az}\mathrm{d}x\mathrm{d}y+\int_a^{2a}\mathrm{d}z\iint\limits_{x^2+y^2\leqslant(2a-z)^2}\mathrm{d}x\mathrm{d}y=\int_0^a \pi az\mathrm{d}z+\int_a^{2a}\pi(2a-z)^2\mathrm{d}z=\frac{\pi a^3}{2}+\frac{\pi a^3}{3}=\frac{5\pi a^3}{6}.$$

由两曲面方程分别可得

$$\frac{\partial z}{\partial x}=\frac{2x}{a},\quad \frac{\partial z}{\partial y}=\frac{2y}{a},\quad \sqrt{1+\left(\frac{\partial z}{\partial x}\right)^2+\left(\frac{\partial z}{\partial y}\right)^2}=\frac{1}{a}\sqrt{a^2+4x^2+4y^2};$$

$$\frac{\partial z}{\partial x}=\frac{-x}{\sqrt{x^2+y^2}},\quad \frac{\partial z}{\partial y}=\frac{-y}{\sqrt{x^2+y^2}},\quad \sqrt{1+\left(\frac{\partial z}{\partial x}\right)^2+\left(\frac{\partial z}{\partial y}\right)^2}=\sqrt{2}.$$

于是,曲面的表面积为

$$S=\iint\limits_{x^2+y^2\leqslant a^2}\frac{1}{a}\sqrt{a^2+4x^2+4y^2}\mathrm{d}x\mathrm{d}y+\iint\limits_{x^2+y^2\leqslant a^2}\sqrt{2}\mathrm{d}x\mathrm{d}y=\int_0^{2\pi}\mathrm{d}\varphi\int_0^1\sqrt{1+4r^2}\,a^2r\mathrm{d}r+\sqrt{2}\pi a^2$$
$$=\frac{\pi a^2}{6}(6\sqrt{2}+5\sqrt{5}-1).$$

【4127】 求以平面 $a_1x+b_1y+c_1z=\pm h_1$， $a_2x+b_2y+c_2z=\pm h_2$， $a_3x+b_3y+c_3z=\pm h_3$，为界的平行六面体的体积,设

$$\Delta=\begin{vmatrix}a_1&b_1&c_1\\a_2&b_2&c_2\\a_3&b_3&c_3\end{vmatrix}\neq 0.$$

**解题思路** 作变量代换

$$a_1x+b_1y+c_1z=u,\quad a_2x+b_2y+c_2z=v,\quad a_3x+b_3y+c_3z=w,$$

则有$|I|=\dfrac{1}{|\Delta|}$,且区域 $V$ 为$-h_1\leqslant u\leqslant h_1$,$-h_2\leqslant v\leqslant h_2$,$-h_3\leqslant w\leqslant h_3$.

**解** 令 $a_1x+b_1y+c_1z=u$， $a_2x+b_2y+c_2z=v$， $a_3x+b_3y+c_3z=w$，

则有$\dfrac{D(u,v,w)}{D(x,y,z)}=\Delta$. 于是$\dfrac{D(x,y,z)}{D(u,v,w)}=\dfrac{1}{\Delta}$,且体积为

$$V=\int_{-h_1}^{h_1}\mathrm{d}u\int_{-h_2}^{h_2}\mathrm{d}v\int_{-h_3}^{h_3}\frac{1}{|\Delta|}\mathrm{d}w=\frac{8h_1h_2h_3}{|\Delta|}.$$

【4128】 求以曲面 $(a_1x+b_1y+c_1z)^2+(a_2x+b_2y+c_2z)^2+(a_3x+b_3y+c_3z)^2=h^2$ 为界的物体的体积,设

$$\Delta=\begin{vmatrix}a_1&b_1&c_1\\a_2&b_2&c_2\\a_3&b_3&c_3\end{vmatrix}\neq 0.$$

**提示** 仿 4127 题的解法.

**解** 令 $a_1x+b_1y+c_1z=u$， $a_2x+b_2y+c_2z=v$， $a_3x+b_3y+c_3z=w$，

则有$\dfrac{D(u,v,w)}{D(x,y,z)}=\Delta$. 于是,$\dfrac{D(x,y,z)}{D(u,v,w)}=\dfrac{1}{\Delta}$,且体积为

$$V=\frac{1}{|\Delta|}\iiint\limits_{u^2+v^2+w^2\leqslant h^2}\mathrm{d}u\mathrm{d}v\mathrm{d}w=\frac{4\pi h^3}{3|\Delta|}.$$

【4129】 求以曲面 $\left(\dfrac{x^2}{a^2}+\dfrac{y^2}{b^2}\right)^n+\dfrac{z^{2n}}{c^{2n}}=\dfrac{z}{h}\left(\dfrac{x^2}{a^2}+\dfrac{y^2}{b^2}\right)^{n-2}$ $(n>1)$ 为界的物体的体积.

**解** 令 $x=ar\cos\varphi\cos\psi$, $y=br\sin\varphi\cos\psi$, $z=cr\sin\psi$,则有$|I|=abcr^2\cos\psi$,且区域 $V$ 的$\dfrac{1}{4}$为

$$0\leqslant\varphi\leqslant\frac{\pi}{2},\quad 0\leqslant\psi\leqslant\frac{\pi}{2},\quad 0\leqslant r\leqslant\sqrt[3]{\frac{c}{h}\cdot\frac{\sin\psi\cos^{2n-4}\psi}{\cos^{2n}\psi+\sin^{2n}\psi}}.$$

于是,体积为

$$V=4\int_0^{\frac{\pi}{2}}\mathrm{d}\varphi\int_0^{\frac{\pi}{2}}\mathrm{d}\psi\int_0^{\sqrt[3]{\frac{c}{h}\cdot\frac{\sin\psi\cos^{2n-4}\psi}{\cos^{2n}\psi+\sin^{2n}\psi}}}abcr^2\cos\varphi\mathrm{d}r=\frac{2}{3h}\pi abc^2\int_0^{\frac{\pi}{2}}\frac{\sin\psi\cos^{2n-3}\psi}{\cos^{2n}\psi+\sin^{2n}\psi}\mathrm{d}\varphi$$

$$=\frac{2}{3h}\pi abc^2\int_0^1\frac{t^{2n-3}\mathrm{d}t}{t^{2n}+(1-t^2)^n}=-\frac{1}{3h}\pi abc^2\int_0^1\frac{t^{2n-4}\mathrm{d}(1-t^2)}{t^{2n}+(1-t^2)^n}$$

$$=\frac{1}{3h}\pi abc^2\int_0^1\frac{(1-x)^{n-2}\mathrm{d}x}{(1-x)^n+x^n}=\frac{1}{3h}\pi abc^2\int_0^1\frac{\frac{1}{(1-x)^2}\mathrm{d}x}{1+\left(\frac{x}{1-x}\right)^n}$$

$$=\frac{1}{3h}\pi abc^2\int_0^{+\infty}\frac{\mathrm{d}t}{1+t^n}\,{}^{*)}=\frac{1}{3h}\pi abc^2\frac{\pi}{n\sin\frac{\pi}{n}}\,{}^{**)}=\frac{\pi^2}{3n\sin\frac{\pi}{n}}\frac{abc^2}{h}.$$

*) 作代换 $t=\frac{x}{1-x}$.

*) 利用 3851 题的结果.

**【4130】** 一物体位于正卦限 $Oxyz$ $(x>0,y>0,z>0)$,并以曲面

$$\frac{x^m}{a^m}+\frac{y^n}{b^n}+\frac{z^p}{c^p}=1\quad(m>0,n>0,p>0),x=0,y=0,z=0$$

为界,求其体积.

**提示** 作变量代换 $x=ar^{\frac{2}{m}}\cos^{\frac{2}{m}}\varphi\cos^{\frac{2}{m}}\psi$, $y=br^{\frac{2}{n}}\sin^{\frac{2}{n}}\varphi\cos^{\frac{2}{n}}\psi$, $z=cr^{\frac{2}{p}}\sin^{\frac{2}{p}}\psi$,则有

$$I=\frac{8abc}{mnp}r^{\frac{2}{m}+\frac{2}{n}+\frac{2}{p}-1}\cos^{\frac{2}{m}-1}\varphi\sin^{\frac{2}{n}-1}\varphi\cos^{\frac{2}{m}+\frac{2}{n}-1}\psi\sin^{\frac{2}{p}-1}\psi.$$

**解** 令

$$x=ar^{\frac{2}{m}}\cos^{\frac{2}{m}}\varphi\cos^{\frac{2}{m}}\psi,\quad y=br^{\frac{2}{n}}\sin^{\frac{2}{n}}\varphi\cos^{\frac{2}{n}}\psi,\quad z=cr^{\frac{2}{p}}\sin^{\frac{2}{p}}\psi,$$

则

$$\frac{D(x,y,z)}{D(r,\varphi,\psi)}=\frac{8abc}{mnp}r^{\frac{2}{m}+\frac{2}{n}+\frac{2}{p}-1}\cos^{\frac{2}{m}-1}\varphi\sin^{\frac{2}{n}-1}\varphi\cos^{\frac{2}{m}+\frac{2}{n}-1}\psi\sin^{\frac{2}{p}-1}\psi.$$

于是,体积为

$$V=\frac{8abc}{mnp}\int_0^{\frac{\pi}{2}}\cos^{\frac{2}{m}-1}\varphi\sin^{\frac{2}{n}-1}\varphi\mathrm{d}\varphi\cdot\int_0^{\frac{\pi}{2}}\cos^{\frac{2}{m}+\frac{2}{n}-1}\psi\sin^{\frac{2}{p}-1}\psi\mathrm{d}\psi\cdot\int_0^1 r^{\frac{2}{m}+\frac{2}{n}+\frac{2}{p}-1}\mathrm{d}r$$

$$=\frac{8abc}{mnp}\cdot\frac{1}{2}\mathrm{B}\left(\frac{1}{m},\frac{1}{n}\right)\cdot\frac{1}{2}\mathrm{B}\left(\frac{1}{m}+\frac{1}{n},\frac{1}{p}\right)\frac{1}{\frac{2}{m}+\frac{2}{n}+\frac{2}{p}}\,{}^{*)}$$

$$=\frac{8abc}{mnp}\cdot\frac{1}{2}\cdot\frac{\Gamma\left(\frac{1}{m}\right)\Gamma\left(\frac{1}{n}\right)}{\Gamma\left(\frac{1}{m}+\frac{1}{n}\right)}\cdot\frac{1}{2}\cdot\frac{\Gamma\left(\frac{1}{m}+\frac{1}{n}\right)\Gamma\left(\frac{1}{p}\right)}{\Gamma\left(\frac{1}{m}+\frac{1}{n}+\frac{1}{p}\right)}\frac{mnp}{2(mn+np+mp)}$$

$$=\frac{abc}{mn+np+mp}\frac{\Gamma\left(\frac{1}{m}\right)\Gamma\left(\frac{1}{n}\right)\Gamma\left(\frac{1}{p}\right)}{\Gamma\left(\frac{1}{m}+\frac{1}{n}+\frac{1}{p}\right)}.$$

*) 利用 3856 题的结果.

## §8. 三重积分在力学上的应用

1° **物体的质量** 若一物体占有区域 $V$，$\rho=\rho(x,y,z)$ 为它在点 $(x,y,z)$ 的密度，则该物体的质量等于

$$M=\iiint\limits_V \rho\mathrm{d}x\mathrm{d}y\mathrm{d}z. \tag{1}$$

2° **物体的质心** 物体的质心坐标 $(x_0,y_0,z_0)$ 按下列公式来计算

$$\begin{cases} x_0=\dfrac{1}{M}\iiint\limits_V \rho x\mathrm{d}x\mathrm{d}y\mathrm{d}z, \\ y_0=\dfrac{1}{M}\iiint\limits_V \rho y\mathrm{d}x\mathrm{d}y\mathrm{d}z, \\ z_0=\dfrac{1}{M}\iiint\limits_V \rho z\mathrm{d}x\mathrm{d}y\mathrm{d}z. \end{cases} \tag{2}$$

若物体是均匀的，则在公式(1)和(2)中可令 $\rho=1$.

3° **转动惯量** 积分

$$I_{xy}=\iiint\limits_V \rho z^2\mathrm{d}x\mathrm{d}y\mathrm{d}z,\quad I_{yz}=\iiint\limits_V \rho x^2\mathrm{d}x\mathrm{d}y\mathrm{d}z,\quad I_{zx}=\iiint\limits_V \rho y^2\mathrm{d}x\mathrm{d}y\mathrm{d}z,$$

分别称为物体对坐标平面的转动惯量.

积分

$$I_l=\iiint\limits_V \rho r^2\mathrm{d}x\mathrm{d}y\mathrm{d}z$$

(其中 $r$ 为物体各点 $(x,y,z)$ 与轴 $l$ 的距离)称为物体对于某轴 $l$ 的转动惯量. 特别是，对于坐标轴 $Ox$，$Oy$，$Oz$ 分别有

$$I_x=I_{xy}+I_{xz},\quad I_y=I_{yx}+I_{yz},\quad I_z=I_{zx}+I_{zy}.$$

积分

$$I_0=\iiint\limits_V \rho(x^2+y^2+z^2)\mathrm{d}x\mathrm{d}y\mathrm{d}z$$

称为物体对坐标原点的转动惯量.

显然有

$$I_0=I_{xy}+I_{yz}+I_{zx}.$$

4° **引力势** 积分

$$u(x,y,z)=\iiint\limits_V \rho(\xi,\eta,\zeta)\frac{\mathrm{d}\xi\mathrm{d}\eta\mathrm{d}\zeta}{r}$$

称为物体在点 $P(x,y,z)$ 的牛顿引力势. 式中 $V$ 为物体所占区域，$\rho=\rho(\xi,\eta,\zeta)$ 为物体的密度，且

$$r=\sqrt{(\xi-x)^2+(\eta-y)^2+(\zeta-z)^2}.$$

质量为 $m$ 的质点吸引物体的力在坐标轴 $Ox$，$Oy$，$Oz$ 上的投影 $X$，$Y$，$Z$ 分别等于

$$X=cm\frac{\partial u}{\partial x}=cm\iiint\limits_V \rho\frac{\xi-x}{r^3}\mathrm{d}\xi\mathrm{d}\eta\mathrm{d}\zeta,\quad Y=cm\frac{\partial u}{\partial y}=cm\iiint\limits_V \rho\frac{\eta-y}{r^3}\mathrm{d}\xi\mathrm{d}\eta\mathrm{d}\zeta,\quad Z=cm\frac{\partial u}{\partial z}=cm\iiint\limits_V \rho\frac{\zeta-z}{r^3}\mathrm{d}\xi\mathrm{d}\eta\mathrm{d}\zeta,$$

其中 $c$ 为引力常量.

**【4131】** 设物体在点 $M(x,y,z)$ 的密度由公式 $\rho=x+y+z$ 给出，求占有单位体积 $0\leqslant x\leqslant 1$，$0\leqslant y\leqslant 1$，$0\leqslant z\leqslant 1$ 之物体的质量.

**解** 质量以 $M$ 表示，则按题设有 $M=\int_0^1\mathrm{d}x\int_0^1\mathrm{d}y\int_0^1(x+y+z)\mathrm{d}z=\dfrac{3}{2}$.

**【4132】** 若物体的密度按规律 $\rho=\rho_0\mathrm{e}^{-k\sqrt{x^2+y^2+z^2}}$ (其中 $\rho_0>0$ 及 $k>0$ 为常数)而变化，求占有无限区域 $x^2+y^2+z^2\geqslant 1$ 的物体的质量.

**解** 若令 $x=r\cos\varphi\cos\psi$，$y=r\sin\varphi\cos\psi$，$z=r\sin\psi$，则质量为

$$M=\iiint\limits_{x^2+y^2+z^2\geqslant 1}\rho_0\mathrm{e}^{-k\sqrt{x^2+y^2+z^2}}\mathrm{d}x\mathrm{d}y\mathrm{d}z=\int_0^{2\pi}\mathrm{d}\varphi\int_{-\frac{\pi}{2}}^{\frac{\pi}{2}}\mathrm{d}\psi\int_1^{+\infty}r^2\rho_0\mathrm{e}^{-kr}\cos\psi\mathrm{d}r=4\pi\rho_0\int_1^{+\infty}r^2\mathrm{e}^{-kr}\mathrm{d}r$$

$$=-\frac{4\pi\rho_0}{k}\int_1^{+\infty}r^2\mathrm{d}e^{-kr}=-\frac{4\pi\rho_0}{k}r^2e^{-kr}\Big|_1^{+\infty}+\frac{4\pi\rho_0}{k}\int_1^{+\infty}2re^{-kr}\mathrm{d}r=\frac{4\pi\rho_0}{k}e^{-k}-\frac{8\pi\rho_0}{k^2}\int_1^{+\infty}r\mathrm{d}e^{-kr}$$

$$=\frac{4\pi\rho_0}{k}e^{-k}-\frac{8\pi\rho_0}{k^2}re^{-kr}\Big|_1^{+\infty}+\frac{8\pi\rho_0}{k^2}\int_1^{+\infty}e^{-kr}\mathrm{d}r=4\pi\rho_0e^{-k}\left(\frac{1}{k}+\frac{2}{k^2}+\frac{2}{k^3}\right).$$

**求以下列曲面为界的均匀物体的质心坐标：**

**【4133】** $\frac{x^2}{a^2}+\frac{y^2}{b^2}=\frac{z^2}{c^2}$， $z=c$.

**提示** 作变量代换 $x=ar\cos\varphi$, $y=br\sin\varphi$, $z=z$.

**解** 若令 $x=ar\cos\varphi$, $y=br\sin\varphi$, $z=z$,则质量为

$$M=ab\int_0^c\mathrm{d}z\int_0^{2\pi}\mathrm{d}\varphi\int_0^{\frac{z}{c}}r\mathrm{d}r=\frac{\pi abc}{3}.$$

设质心坐标为 $x_0,y_0,z_0$,由对称性知 $x_0=y_0=0$,而

$$z_0=\frac{ab}{M}\int_0^c z\mathrm{d}z\int_0^{2\pi}\mathrm{d}\varphi\int_0^{\frac{z}{c}}r\mathrm{d}r=\frac{3}{\pi abc}\cdot\frac{\pi abc^2}{4}=\frac{3c}{4}.$$

于是,质心为点$\left(0,0,\frac{3c}{4}\right)$.

**【4134】** $z=x^2+y^2$, $x+y=a$, $x=0$, $y=0$, $z=0$.

**解** 物体的质量为
$$M=\int_0^a\mathrm{d}x\int_0^{a-x}\mathrm{d}y\int_0^{x^2+y^2}\mathrm{d}z=\frac{1}{6}a^4.$$

质心的横坐标为
$$x_0=\frac{1}{M}\int_0^a x\mathrm{d}x\int_0^{a-x}\mathrm{d}y\int_0^{x^2+y^2}\mathrm{d}z=\frac{6}{a^4}\cdot\frac{a^5}{15}=\frac{2a}{5}.$$

同理可求得 $y_0=\frac{2a}{5}$,而

$$z_0=\frac{1}{M}\int_0^a\mathrm{d}x\int_0^{a-x}\mathrm{d}y\int_0^{x^2+y^2}z\mathrm{d}z=\frac{1}{M}\int_0^a\left(\frac{a^5}{10}-\frac{1}{2}a^4x+\frac{4}{3}a^3x^2-2a^2x^3+2ax^4-\frac{14}{15}x^5\right)\mathrm{d}x$$

$$=\frac{6}{a^4}\cdot\frac{7}{180}a^6=\frac{7}{30}a^2.$$

于是,质心的坐标为 $x_0=y_0=\frac{2}{5}a$, $z_0=\frac{7}{30}a^2$.

**【4135】** $x^2=2pz$, $y^2=2px$, $x=\frac{p}{2}$, $z=0$.

**解** 物体的质量为
$$M=\int_0^{\frac{p}{2}}\mathrm{d}x\int_{-\sqrt{2px}}^{\sqrt{2px}}\mathrm{d}y\int_0^{\frac{x^2}{2p}}\mathrm{d}z=\sqrt{\frac{2}{p}}\int_0^{\frac{p}{2}}x^{\frac{5}{2}}\mathrm{d}x=\frac{p^3}{28}.$$

质心的坐标为

$$x_0=\frac{1}{M}\int_0^{\frac{p}{2}}x\mathrm{d}x\int_{-\sqrt{2px}}^{\sqrt{2px}}\mathrm{d}y\int_0^{\frac{x^2}{2p}}\mathrm{d}z=\frac{p^4}{72}\cdot\frac{28}{p^3}=\frac{7}{18}p.\qquad y_0=\frac{1}{M}\int_0^{\frac{p}{2}}\mathrm{d}x\int_{-\sqrt{2px}}^{\sqrt{2px}}y\mathrm{d}y\int_0^{\frac{x^2}{2p}}\mathrm{d}z=0.$$

$$z_0=\frac{1}{M}\int_0^{\frac{p}{2}}\mathrm{d}x\int_{-\sqrt{2px}}^{\sqrt{2px}}\mathrm{d}y\int_0^{\frac{x^2}{2p}}z\mathrm{d}z=\frac{p^4}{704}\cdot\frac{28}{p^3}=\frac{7}{176}p.$$

**【4136】** $\frac{x^2}{a^2}+\frac{y^2}{b^2}+\frac{z^2}{c^2}=1$, $x\geqslant0,y\geqslant0,z\geqslant0$.

**提示** 作变量代换 $x=ar\cos\varphi\cos\psi$, $y=br\sin\varphi\cos\psi$, $z=cr\sin\psi$,并利用对称性.

**解** 若令
$$x=ar\cos\varphi\cos\psi,\ y=br\sin\varphi\cos\psi,z=cr\sin\psi,$$

则质量为
$$M=\int_0^{\frac{\pi}{2}}\mathrm{d}\varphi\int_0^{\frac{\pi}{2}}\mathrm{d}\psi\int_0^1 abcr^2\cos\psi\mathrm{d}r=\frac{1}{6}\pi abc.$$

于是,

$$x_0=\frac{1}{M}\int_0^{\frac{\pi}{2}}\mathrm{d}\varphi\int_0^{\frac{\pi}{2}}\mathrm{d}\psi\int_0^1 abcr^2\cos\psi\cdot ar\cos\varphi\cos\psi\mathrm{d}r=\frac{1}{M}\int_0^{\frac{\pi}{2}}\cos\varphi\mathrm{d}\varphi\int_0^{\frac{\pi}{2}}\cos^2\psi\mathrm{d}\psi\int_0^1 a^2bcr^3\mathrm{d}r$$

$$=\frac{1}{16}\pi a^2 bc\cdot\frac{6}{\pi abc}=\frac{3}{8}a.$$

利用对称性知,质心的坐标为 $x_0=\frac{3}{8}a, y_0=\frac{3}{8}b, z_0=\frac{3}{8}c.$

**【4137】** $x^2+z^2=a^2$, $y^2+z^2=a^2(z>0)$.

**解** 物体的质量为 $M=\int_0^a dz\int_{-\sqrt{a^2-z^2}}^{\sqrt{a^2-z^2}}dy\int_{-\sqrt{a^2-z^2}}^{\sqrt{a^2-z^2}}dx=4\int_0^a(a^2-z^2)dz=\frac{8a^3}{3}.$

于是, $$x_0=\frac{1}{M}\int_0^a dz\int_{-\sqrt{a^2-z^2}}^{\sqrt{a^2-z^2}}dy\int_{-\sqrt{a^2-z^2}}^{\sqrt{a^2-z^2}}xdx=0.$$

同理可得 $y_0=0$,而 $$z_0=\frac{1}{M}\int_0^a zdz\int_{-\sqrt{a^2-z^2}}^{\sqrt{a^2-z^2}}dy\int_{-\sqrt{a^2-z^2}}^{\sqrt{a^2-z^2}}dx=a^4\cdot\frac{3}{8a^3}=\frac{3}{8}a.$$

于是,质心的坐标为 $x_0=y_0=0$, $z_0=\frac{3}{8}a$.

**【4138】** $x^2+y^2=2z$, $x+y=z$.

**解** 由 $x^2+y^2=2z$, $x+y=z$ 所围成的区域在平面$z=0$上的投影为圆$(x-1)^2+(y-1)^2=2$.

若引用代换 $$x=1+r\cos\theta,\ y=1+r\sin\theta,$$

则质量为 $$M=\int_0^{2\pi}d\theta\int_0^{\sqrt{2}}rdr\int_{1+r(\cos\theta+\sin\theta)+\frac{r^2}{2}}^{2+r(\cos\theta+\sin\theta)}dz=2\pi\int_0^{\sqrt{2}}\left(1-\frac{r^2}{2}\right)rdr=\pi.$$

于是,

$$x_0=\frac{1}{M}\int_0^{2\pi}d\theta\int_0^{\sqrt{2}}rdr\int_{1+r(\cos\theta+\sin\theta)+\frac{r^2}{2}}^{2+r(\cos\theta+\sin\theta)}(1+r\cos\theta)dz=\frac{1}{M}\left[\pi+\int_0^{2\pi}\cos\theta d\theta\int_0^{\sqrt{2}}r^2\left(1-\frac{r^2}{2}\right)dr\right]=\frac{\pi}{M}=1.$$

同理可得 $y_0=1$,而

$$z_0=\frac{1}{M}\int_0^{2\pi}d\theta\int_0^{\sqrt{2}}rdr\int_{1+r(\cos\theta+\sin\theta)+\frac{r^2}{2}}^{2+r(\cos\theta+\sin\theta)}zdz=\frac{1}{2\pi}\int_0^{2\pi}d\theta\int_0^{\sqrt{2}}\left[3+(\sin\theta+\cos\theta)(2r-r^3)-\frac{1}{4}r^4-r^2\right]rdr$$
$$=\frac{1}{2\pi}\cdot\frac{10\pi}{3}=\frac{5}{3}.$$

于是,质心的坐标为 $x_0=y_0=1$, $z_0=\frac{5}{3}$.

**【4139】** $\left(\frac{x^2}{a^2}+\frac{y^2}{b^2}+\frac{z^2}{c^2}\right)^2=\frac{xyz}{abc}\ (x>0,y>0,z>0)$.

**解** 作代换 $x=ar\cos\varphi\cos\psi$, $y=br\sin\varphi\cos\psi$, $z=cr\sin\psi$,则物体的质量为

$$M=\int_0^{\frac{\pi}{2}}d\varphi\int_0^{\frac{\pi}{2}}d\psi\int_0^{\cos\varphi\sin\varphi\cos^2\psi\sin\psi}abcr^2\cos\psi dr=\frac{1}{3}abc\int_0^{\frac{\pi}{2}}\cos^3\varphi\sin^3\varphi d\varphi\int_0^{\frac{\pi}{2}}\cos^7\psi\sin^3\psi d\psi$$
$$=\frac{1}{3}abc\cdot\frac{1}{2}\mathrm{B}(2,2)\cdot\frac{1}{2}\mathrm{B}(4,2)=\frac{1}{12}abc\cdot\frac{\Gamma(2)\Gamma(2)}{\Gamma(4)}\cdot\frac{\Gamma(4)\Gamma(2)}{\Gamma(6)}=\frac{abc}{1440}.$$

于是,

$$x_0=\frac{1}{M}a^2bc\int_0^{\frac{\pi}{2}}d\varphi\int_0^{\frac{\pi}{2}}d\psi\int_0^{\cos\varphi\sin\varphi\cos^2\psi\sin\psi}r^3\cos^2\psi\cos\varphi dr=\frac{a^2bc}{4M}\int_0^{\frac{\pi}{2}}\cos^5\varphi\sin^4\varphi d\varphi\int_0^{\frac{\pi}{2}}\cos^{10}\psi\sin^4\psi d\psi$$
$$=\frac{a^2bc}{4M}\cdot\frac{1}{4}\mathrm{B}\left(3,\frac{5}{2}\right)\mathrm{B}\left(\frac{11}{2},\frac{5}{2}\right)=\frac{a^2bc}{4M}\cdot\frac{1}{4}\cdot\frac{\Gamma(3)\Gamma\left(\frac{5}{2}\right)}{\Gamma\left(\frac{11}{2}\right)}\cdot\frac{\Gamma\left(\frac{11}{2}\right)\Gamma\left(\frac{5}{2}\right)}{\Gamma(8)}$$
$$=\frac{18a^2bc\pi}{16\cdot16\cdot7!}\cdot\frac{1440}{abc}=\frac{9\pi}{448}a.$$

由对称性知,质心的坐标为 $$x_0=\frac{9\pi}{448}a,\quad y_0=\frac{9\pi}{448}b,\quad z_0=\frac{9\pi}{448}c.$$

**【4140】** $z=x^2+y^2, z=\frac{1}{2}(x^2+y^2), x+y=\pm1, x-y=\pm1.$

**解** 作代换:$x-y=u$, $x+y=v$,则有

$$x=\frac{u+v}{2},\quad y=\frac{v-u}{2},\quad z=\frac{u^2+v^2}{4}\quad 及\quad z=\frac{u^2+v^2}{2},$$

且$|I|=\frac{1}{2}$及区域$V$为：$-1\leqslant u\leqslant 1,-1\leqslant v\leqslant 1,\frac{u^2+v^2}{4}\leqslant z\leqslant\frac{u^2+v^2}{2}$. 于是，

$$M=\frac{1}{2}\int_{-1}^{1}\mathrm{d}u\int_{-1}^{1}\mathrm{d}v\int_{\frac{u^2+v^2}{4}}^{\frac{u^2+v^2}{2}}\mathrm{d}z=\frac{1}{3}.$$

$$x_0=\frac{1}{4M}\int_{-1}^{1}\mathrm{d}u\int_{-1}^{1}\mathrm{d}v\int_{\frac{u^2+v^2}{4}}^{\frac{u^2+v^2}{2}}(u+v)\mathrm{d}z=0,$$

$$y_0=\frac{1}{4M}\int_{-1}^{1}\mathrm{d}u\int_{-1}^{1}\mathrm{d}v\int_{\frac{u^2+v^2}{4}}^{\frac{u^2+v^2}{2}}(v-u)\mathrm{d}z=0,$$

$$z_0=\frac{1}{2M}\int_{-1}^{1}\mathrm{d}u\int_{-1}^{1}\mathrm{d}v\int_{\frac{u^2+v^2}{4}}^{\frac{u^2+v^2}{2}}z\mathrm{d}z=\frac{3}{64}\cdot\frac{1}{M}\int_{-1}^{1}\mathrm{d}u\int_{-1}^{1}(u^4+2u^2v^2+v^4)\mathrm{d}v$$

$$=\frac{3}{64M}\int_{-1}^{1}\left(2u^4+\frac{4u^2}{3}+\frac{2}{5}\right)\mathrm{d}u=\frac{7}{20},$$

于是，质心的坐标为$x_0=y_0=0$，$z_0=\frac{7}{20}$.

**【4141】** $\frac{x^n}{a^n}+\frac{y^n}{b^n}+\frac{z^n}{c^n}=1,x=0,y=0,z=0\ (n>0,x>0,y>0,z>0)$.

**解** 作代换 $x=ar\cos^{\frac{2}{n}}\varphi\cos^{\frac{2}{n}}\psi,\ y=br\sin^{\frac{2}{n}}\varphi\cos^{\frac{2}{n}}\psi,z=cr\sin^{\frac{2}{n}}\psi,$

则有$|I|=\frac{4}{n^2}abcr^2\sin^{\frac{2}{n}-1}\varphi\cos^{\frac{2}{n}-1}\varphi\cos^{\frac{4}{n}-1}\psi\sin^{\frac{2}{n}-1}\psi$. 于是，

$$M=\frac{4}{n^2}abc\int_0^{\frac{\pi}{2}}\mathrm{d}\varphi\int_0^{\frac{\pi}{2}}\mathrm{d}\psi\int_0^1 r^2\sin^{\frac{2}{n}-1}\varphi\cos^{\frac{2}{n}-1}\varphi\cos^{\frac{4}{n}-1}\psi\sin^{\frac{2}{n}-1}\psi\mathrm{d}r$$

$$=\frac{4}{n^2}abc\cdot\frac{1}{3}\cdot\frac{1}{2}\mathrm{B}\left(\frac{1}{n},\frac{1}{n}\right)\cdot\frac{1}{2}\mathrm{B}\left(\frac{2}{n},\frac{1}{n}\right)=\frac{abc}{3n^2}\cdot\frac{\Gamma^3\left(\frac{1}{n}\right)}{\Gamma\left(\frac{3}{n}\right)}.$$

于是，质心的坐标为

$$x_0=\frac{1}{M}\cdot\frac{4}{n^2}a^2bc\int_0^{\frac{\pi}{2}}\mathrm{d}\varphi\int_0^{\frac{\pi}{2}}\mathrm{d}\psi\int_0^1 r\cos^{\frac{2}{n}}\varphi\cos^{\frac{2}{n}}\psi r^2\sin^{\frac{2}{n}-1}\varphi\cos^{\frac{2}{n}-1}\varphi\cos^{\frac{4}{n}-1}\psi\sin^{\frac{2}{n}-1}\psi\mathrm{d}r$$

$$=\frac{1}{M}\cdot\frac{a^2bc}{n^2}\int_0^{\frac{\pi}{2}}\sin^{\frac{2}{n}-1}\varphi\cos^{\frac{4}{n}-1}\varphi\mathrm{d}\varphi\int_0^{\frac{\pi}{2}}\cos^{\frac{6}{n}-1}\psi\sin^{\frac{2}{n}-1}\psi\mathrm{d}\psi$$

$$=\frac{1}{M}\cdot\frac{a^2bc}{n^2}\cdot\frac{1}{2}\mathrm{B}\left(\frac{1}{n},\frac{2}{n}\right)\cdot\frac{1}{2}\mathrm{B}\left(\frac{3}{n},\frac{1}{n}\right)=\frac{1}{M}\cdot\frac{a^2bc}{4n^2}\cdot\frac{\Gamma^2\left(\frac{1}{n}\right)\Gamma\left(\frac{2}{n}\right)}{\Gamma\left(\frac{4}{n}\right)}$$

$$=\frac{3n^2}{abc}\cdot\frac{\Gamma\left(\frac{3}{n}\right)}{\Gamma^3\left(\frac{1}{n}\right)}\cdot\frac{a^2bc}{4n^2}\cdot\frac{\Gamma^2\left(\frac{1}{n}\right)\Gamma\left(\frac{2}{n}\right)}{\Gamma\left(\frac{4}{n}\right)}=\frac{3}{4}\cdot\frac{\Gamma\left(\frac{2}{n}\right)\Gamma\left(\frac{3}{n}\right)}{\Gamma\left(\frac{1}{n}\right)\Gamma\left(\frac{4}{n}\right)}a,$$

同理可求得

$$y_0=\frac{3}{4}\cdot\frac{\Gamma\left(\frac{2}{n}\right)\Gamma\left(\frac{3}{n}\right)}{\Gamma\left(\frac{1}{n}\right)\Gamma\left(\frac{4}{n}\right)}b,\qquad z_0=\frac{3}{4}\cdot\frac{\Gamma\left(\frac{2}{n}\right)\Gamma\left(\frac{3}{n}\right)}{\Gamma\left(\frac{1}{n}\right)\Gamma\left(\frac{4}{n}\right)}c.$$

**【4142】** 求形状为立方体$0\leqslant x\leqslant 1,0\leqslant y\leqslant 1,0\leqslant z\leqslant 1$的物体的质心坐标，设此物体在点$(x,y,z)$的密度等于

$$\rho=x^{\frac{2\alpha-1}{1-\alpha}}y^{\frac{2\beta-1}{1-\beta}}z^{\frac{2\gamma-1}{1-\gamma}},$$

其中$0<\alpha<1,0<\beta<1,0<\gamma<1$.

**解** 物体的质量为

$$M=\int_0^1 x^{\frac{2\alpha-1}{1-\alpha}}\mathrm{d}x\int_0^1 y^{\frac{2\beta-1}{1-\beta}}\mathrm{d}y\int_0^1 z^{\frac{2\gamma-1}{1-\gamma}}\mathrm{d}z=\frac{1-\alpha}{\alpha}x^{\frac{\alpha}{1-\alpha}}\Big|_0^1\cdot\frac{1-\beta}{\beta}y^{\frac{\beta}{1-\beta}}\Big|_0^1\cdot\frac{1-\gamma}{\gamma}z^{\frac{\gamma}{1-\gamma}}\Big|_0^1$$

$$=\frac{(1-\alpha)(1-\beta)(1-\gamma)}{\alpha\beta\gamma}.$$

于是,质心的坐标为

$$x_0=\frac{1}{M}\int_0^1 x^{\frac{2\alpha-1}{1-\alpha}+1}\mathrm{d}x\int_0^1 y^{\frac{2\beta-1}{1-\beta}}\mathrm{d}y\int_0^1 z^{\frac{2\gamma-1}{1-\gamma}}\mathrm{d}z=\frac{\alpha\beta\gamma}{(1-\alpha)(1-\beta)(1-\gamma)}(1-\alpha)\frac{(1-\beta)(1-\gamma)}{\beta\gamma}=\alpha,$$

同理可求得 $y_0=\beta$, $z_0=\gamma$.

**求以下列曲面(参变量是正的)为界的均匀物体对于坐标平面的转动惯量:**

**【4143】** $\frac{x}{a}+\frac{y}{b}+\frac{z}{c}=1, x=0, y=0, z=0.$

**解** $I_{xy}=\int_0^a \mathrm{d}x\int_0^{b(1-\frac{x}{a})}\mathrm{d}y\int_0^{c(1-\frac{x}{a}-\frac{y}{b})} z^2\mathrm{d}z=\frac{c^3}{3}\int_0^a \mathrm{d}x\int_0^{b(1-\frac{x}{a})}\left(1-\frac{x}{a}-\frac{y}{b}\right)^3\mathrm{d}y$

$$=-\frac{bc^3}{12}\int_0^a\left(1-\frac{x}{a}-\frac{y}{b}\right)^4\Big|_0^{b(1-\frac{x}{a})}\mathrm{d}x=\frac{bc^3}{12}\int_0^a\left(1-\frac{x}{a}\right)^4\mathrm{d}x=\frac{abc^3}{60}.$$

利用对称性可得 $\qquad I_{yz}=\frac{a^3bc}{60},\qquad I_{zx}=\frac{ab^3c}{60}.$

**【4144】** $\frac{x^2}{a^2}+\frac{y^2}{b^2}+\frac{z^2}{c^2}=1.$

**提示** 作代换 $x=ar\cos\varphi\cos\psi$, $y=br\sin\varphi\cos\psi$, $z=cr\sin\psi$,并利用对称性.

**解** 若令 $x=ar\cos\varphi\cos\psi$, $y=br\sin\varphi\cos\psi$, $z=cr\sin\psi$,则有

$$I_{xy}=abc^3\int_0^{2\pi}\mathrm{d}\varphi\int_{-\frac{\pi}{2}}^{\frac{\pi}{2}}\mathrm{d}\psi\int_0^1 r^4\cos\psi\sin^2\psi\mathrm{d}r=\frac{abc^3}{5}\int_0^{2\pi}\mathrm{d}\varphi\int_{-\frac{\pi}{2}}^{\frac{\pi}{2}}\cos\psi\sin^2\psi\mathrm{d}\psi=\frac{abc^3}{15}2\pi\sin^3\psi\Big|_{-\frac{\pi}{2}}^{\frac{\pi}{2}}=\frac{4}{15}\pi abc^3.$$

利用对称性可得 $\qquad I_{yz}=\frac{4}{15}\pi a^3bc,\qquad I_{zx}=\frac{4}{15}\pi ab^3c.$

**【4145】** $\frac{x^2}{a^2}+\frac{y^2}{b^2}=\frac{z^2}{c^2}$, $z=c.$

**解** 若令 $x=ar\cos\varphi$, $y=br\sin\varphi$,则有

$$I_{xy}=\int_0^{2\pi}\mathrm{d}\varphi\int_0^1 abr\mathrm{d}r\int_{cr}^c z^2\mathrm{d}z=\frac{1}{5}\pi abc^3,$$

$$I_{yz}=\int_0^{2\pi}\mathrm{d}\varphi\int_0^1 abr\mathrm{d}r\int_{cr}^c (ar\cos\varphi)^2\mathrm{d}z=a^3bc\int_0^{2\pi}\cos^2\varphi\mathrm{d}\varphi\int_0^1(1-r)r^3\mathrm{d}r=\frac{1}{20}\pi a^3bc.$$

利用对称性可得 $\qquad I_{zx}=\frac{1}{20}\pi ab^3c.$

**【4146】** $\frac{x^2}{a^2}+\frac{y^2}{b^2}+\frac{z^2}{c^2}=1$, $\frac{x^2}{a^2}+\frac{y^2}{b^2}=\frac{x}{a}.$

**解** 若令 $x=ar\cos\varphi$, $y=br\sin\varphi$,则得区域 $V$ 为

$$-\frac{\pi}{2}\leqslant\varphi\leqslant\frac{\pi}{2},\quad 0\leqslant r\leqslant\cos\varphi,\quad -c\sqrt{1-r^2}\leqslant z\leqslant c\sqrt{1-r^2}.$$

于是,

$$I_{xy}=\int_{-\frac{\pi}{2}}^{\frac{\pi}{2}}\mathrm{d}\varphi\int_0^{\cos\varphi}abr\mathrm{d}r\int_{-c\sqrt{1-r^2}}^{c\sqrt{1-r^2}}z^2\mathrm{d}z=\frac{2}{3}abc^3\int_{-\frac{\pi}{2}}^{\frac{\pi}{2}}\mathrm{d}\varphi\int_0^{\cos\varphi}(1-r^2)^{\frac{3}{2}}r\mathrm{d}r$$

$$=\frac{2}{15}abc^3\int_{-\frac{\pi}{2}}^{\frac{\pi}{2}}[1-(\sin^2\varphi)^{\frac{5}{2}}]\mathrm{d}\varphi=\frac{4}{15}abc^3\int_0^{\frac{\pi}{2}}(1-\sin^5\varphi)\mathrm{d}\varphi$$

$$=\frac{4}{15}abc^3\left(\varphi+\cos\varphi-\frac{2}{3}\cos^3\varphi+\frac{1}{5}\cos^5\varphi\right)\Big|_0^{\frac{\pi}{2}}=\frac{2abc^3}{225}(15\pi-16).$$

$$I_{yz}=\int_{-\frac{\pi}{2}}^{\frac{\pi}{2}}\mathrm{d}\varphi\int_0^{\cos\varphi}abr\mathrm{d}r\int_{-c\sqrt{1-r^2}}^{c\sqrt{1-r^2}}(ar\cos\varphi)^2\mathrm{d}z=2a^3bc\int_{-\frac{\pi}{2}}^{\frac{\pi}{2}}\cos^2\varphi\mathrm{d}\varphi\int_0^{\cos\varphi}\sqrt{1-r^2}\ r^3\mathrm{d}r$$

$$=2a^3bc\int_{-\frac{\pi}{2}}^{\frac{\pi}{2}}\cos^2\varphi\mathrm{d}\varphi\int_{\varphi}^{\frac{\pi}{2}}|\sin t|\sin t\cos^3t\mathrm{d}t=2a^3bc\int_{-\frac{\pi}{2}}^{\frac{\pi}{2}}\cos^2\varphi\left\{\int_{\varphi}^{0}|\sin t|\sin t\cos^3t\mathrm{d}t\right.$$

$$\left.+\int_0^{\frac{\pi}{2}}|\sin t|\sin t\cos^3t\mathrm{d}t\right\}\mathrm{d}\varphi=2a^3bc\int_{-\frac{\pi}{2}}^{\frac{\pi}{2}}\left\{\frac{2}{15}+\int_{\varphi}^{0}|\sin t|\sin t\cos^3t\mathrm{d}t\right\}\cos^2\varphi\mathrm{d}\varphi$$

$$=2a^3bc\left\{\frac{\pi}{15}+\int_{-\frac{\pi}{2}}^{0}\left(-\int_{\varphi}^{0}\sin^2t\cos^3t\mathrm{d}t\right)\cos^2\varphi\mathrm{d}\varphi+\int_0^{\frac{\pi}{2}}\left(\int_{\varphi}^{0}\sin^2t\cos^3t\mathrm{d}t\right)\cos^2\varphi\mathrm{d}\varphi\right\}$$

$$=2a^3bc\left\{\frac{\pi}{15}+\int_0^{-\frac{\pi}{2}}\left(\frac{1}{5}\sin^5\varphi-\frac{1}{3}\sin^3\varphi\right)\cos^2\varphi\mathrm{d}\varphi+\int_0^{\frac{\pi}{2}}\left(\frac{1}{5}\sin^5\varphi-\frac{1}{3}\sin^3\varphi\right)\cos^2\varphi\mathrm{d}\varphi\right\}$$

$$=2a^3bc\left(\frac{\pi}{15}-\frac{92}{1575}\right)=\frac{2a^3bc}{1575}(105\pi-92),$$

$$I_{zx}=\int_{-\frac{\pi}{2}}^{\frac{\pi}{2}}\mathrm{d}\varphi\int_0^{\cos\varphi}abr\mathrm{d}r\int_{-c\sqrt{1-r^2}}^{c\sqrt{1-r^2}}(br\sin\varphi)^2\mathrm{d}z=2ab^3c\int_{-\frac{\pi}{2}}^{\frac{\pi}{2}}\mathrm{d}\varphi\int_0^{\cos\varphi}\sqrt{1-r^2}\ r^3\sin^2\varphi\mathrm{d}r$$

$$=2ab^3c\int_{-\frac{\pi}{2}}^{\frac{\pi}{2}}\sin^2\varphi\mathrm{d}\varphi\int_{\varphi}^{\frac{\pi}{2}}|\sin t|\sin t\cos^3t\mathrm{d}t=2ab^3c\int_{-\frac{\pi}{2}}^{\frac{\pi}{2}}\left\{\frac{2}{15}+\int_{\varphi}^{0}|\sin t|\sin t\cos^3t\mathrm{d}t\right\}\sin^2\varphi\mathrm{d}\varphi$$

$$=2ab^3c\left\{\frac{\pi}{15}+\int_0^{-\frac{\pi}{2}}\left(\frac{1}{5}\sin^5\varphi-\frac{1}{3}\sin^3\varphi\right)\sin^2\varphi\mathrm{d}\varphi+\int_0^{\frac{\pi}{2}}\left(\frac{1}{5}\sin^5\varphi-\frac{1}{3}\sin^3\varphi\right)\sin^2\varphi\mathrm{d}\varphi\right\}$$

$$=2ab^3c\left(\frac{\pi}{15}-\frac{272}{1575}\right)=\frac{2ab^3c}{1575}(105\pi-272).$$

**【4147】** $\frac{x^2}{a^2}+\frac{y^2}{b^2}=2\frac{z}{c}$， $\frac{x}{a}+\frac{y}{b}=\frac{z}{c}$.

**解** 两曲面在 $Oxy$ 平面上的投影为 $\frac{x^2}{a^2}+\frac{y^2}{b^2}-2\frac{x}{a}-2\frac{y}{b}=0$，即 $\left(\frac{x}{a}-1\right)^2+\left(\frac{y}{b}-1\right)^2=2$. 若令

$$\frac{x}{a}=1+r\cos\varphi,\quad \frac{y}{b}=1+r\sin\varphi,$$

则得区域 $V$ 为

$$0\leqslant\varphi\leqslant2\pi,\quad 0\leqslant r\leqslant\sqrt{2},\quad c\left[1+\frac{r^2}{2}+r(\cos\varphi+\sin\varphi)\right]\leqslant z\leqslant c[2+r(\cos\varphi+\sin\varphi)].$$

于是，

$$I_{xy}=\int_0^{2\pi}\mathrm{d}\varphi\int_0^{\sqrt{2}}abr\mathrm{d}r\int_{c[1+\frac{r^2}{2}+r(\cos\varphi+\sin\varphi)]}^{c[2+r(\cos\varphi+\sin\varphi)]}z^2\mathrm{d}z=\frac{1}{3}abc^3\int_0^{2\pi}\mathrm{d}\varphi\int_0^{\sqrt{2}}r\left[8+12r(\cos\varphi+\sin\varphi)+6r^2(\cos\varphi+\sin\varphi)^2\right.$$

$$\left.-\left(1+\frac{r^2}{2}\right)^3-3\left(1+\frac{r^2}{2}\right)^2r(\cos\varphi+\sin\varphi)-3\left(1+\frac{r^2}{2}\right)r^2(\cos\varphi+\sin\varphi)^2\right]\mathrm{d}r=\frac{7}{2}\pi abc^3.$$

$$I_{yz}=\int_0^{2\pi}\mathrm{d}\varphi\int_0^{\sqrt{2}}a^3br(1+r\cos\varphi)^2\mathrm{d}r\int_{c[1+\frac{r^2}{2}+r(\cos\varphi+\sin\varphi)]}^{c[2+r(\cos\varphi+\sin\varphi)]}\mathrm{d}z=a^3bc\int_0^{2\pi}\mathrm{d}\varphi\int_0^{\sqrt{2}}r(1+2r\cos\varphi+r^2\cos^2\varphi)\left(1-\frac{r^2}{2}\right)\mathrm{d}r$$

$$=\frac{4}{3}\pi a^3bc.$$

利用对称性得 $I_{zx}=\frac{4}{3}\pi ab^3c$.

## 求以下列曲面为界的均匀物体对于 $Oz$ 轴的转动惯量：

**【4148】** $z=x^2+y^2$，$x+y=\pm1$，$x-y=\pm1$，$z=0$.

**提示** 注意 $I_z=I_{zx}+I_{zy}$，并令 $x+y=u$，$x-y=v$.

**解** 曲面所界的均匀物体对于 $Oz$ 轴的转动惯量记作 $I_z$，则 $I_z=I_{zx}+I_{zy}$.

若令 $x+y=u$，$x-y=v$，则有 $x=\frac{u+v}{2}$，$y=\frac{u-v}{2}$，$z=\frac{u^2+v^2}{2}$，且 $|I|=\frac{1}{2}$. 于是，

$$I_z=\int_{-1}^{1}\mathrm{d}u\int_{-1}^{1}\mathrm{d}v\int_{0}^{\frac{u^2+v^2}{2}}\frac{1}{2}\left\{\left(\frac{u-v}{2}\right)^2+\left(\frac{u+v}{2}\right)^2\right\}\mathrm{d}z=\int_{-1}^{1}\mathrm{d}u\int_{-1}^{1}\frac{(u^2+v^2)^2}{8}\mathrm{d}v=\frac{14}{45}.$$

**【4149】** $x^2+y^2+z^2=2,\ x^2+y^2=z^2\quad(z>0)$.

**解** 若令 $x=r\cos\varphi,\ y=r\sin\varphi$,则有 $0\leqslant\varphi\leqslant2\pi,\ 0\leqslant r\leqslant1,\ r\leqslant z\leqslant\sqrt{2-r^2}$.

于是，$I_z=\int_0^{2\pi}\mathrm{d}\varphi\int_0^1 r\mathrm{d}r\int_r^{\sqrt{2-r^2}}r^2\mathrm{d}z=\int_0^{2\pi}\mathrm{d}\varphi\int_0^1(r^3\sqrt{2-r^2}-r^4)\mathrm{d}r=\int_0^{2\pi}\left(\frac{8\sqrt{2}-7}{15}-\frac{1}{5}\right)\mathrm{d}\varphi^{*)}$

$$=\frac{4\pi}{15}(4\sqrt{2}-5).$$

*) 作代换 $r=\sqrt{2}\sin t$.

**【4150】** 求质量为 $M$ 的非均匀球体 $x^2+y^2+z^2\leqslant R^2$ 对于其直径的转动惯量. 设球内各点 $P(x,y,z)$ 的密度与该点至球心距离成正比.

**解** 不失一般性,取 $Oz$ 轴在球内的一段作为直径. 若令

$$x=r\cos\varphi\cos\psi,\ y=r\sin\varphi\cos\psi,z=r\sin\psi,$$

则质量为
$$M=\int_0^{2\pi}\mathrm{d}\varphi\int_{-\frac{\pi}{2}}^{\frac{\pi}{2}}\mathrm{d}\psi\int_0^R r^2\cos\psi\cdot kr\mathrm{d}r=k\pi R^4,$$

由此得 $k=\frac{M}{\pi R^4}$. 从而,密度 $\rho=\frac{Mr}{\pi R^4}$. 于是,所求的转动惯量为

$$I_z=\int_0^{2\pi}\mathrm{d}\varphi\int_{-\frac{\pi}{2}}^{\frac{\pi}{2}}\mathrm{d}\psi\int_0^R r^2\cos^2\psi\cdot\frac{Mr^3}{\pi R^4}\cos\psi\mathrm{d}r=\frac{2M}{R^4}\left(\int_{-\frac{\pi}{2}}^{\frac{\pi}{2}}\cos^3\psi\mathrm{d}\psi\right)\left(\int_0^R r^5\mathrm{d}r\right)=\frac{4MR^2}{9}.$$

**【4151】** 证明等式：
$$I_l=I_{l_0}+Md^2.$$
其中 $I_l$ 为物体对某轴 $l$ 的转动惯量,$I_{l_0}$ 为对平行于 $l$ 并通过物体质心的轴 $l_0$ 的转动惯量,$d$ 为此二轴之间的距离及 $M$ 为物体的质量.

**证** 取质心为坐标原点 $O$,$z$ 轴与 $l_0$ 重合,$l$ 与 $Oxy$ 平面的交点为 $(\zeta,\eta,0)$,如图 8.59 所示,则

$$I_l=\iiint_V[(x-\zeta)^2+(y-\eta)^2]\rho\mathrm{d}v$$
$$=\iiint_V(x^2+y^2)\rho\mathrm{d}v+(\zeta^2+\eta^2)\iiint_V\rho\mathrm{d}v-2\zeta\iiint_V x\rho\mathrm{d}v-2\eta\iiint_V y\rho\mathrm{d}v\quad(1)$$

由于质心在原点,故 $x_0=y_0=0$,即

$$x_0=\frac{1}{M}\iiint_V x\rho\mathrm{d}v=0\quad 及\quad y_0=\frac{1}{M}\iiint_V y\rho\mathrm{d}v=0,$$

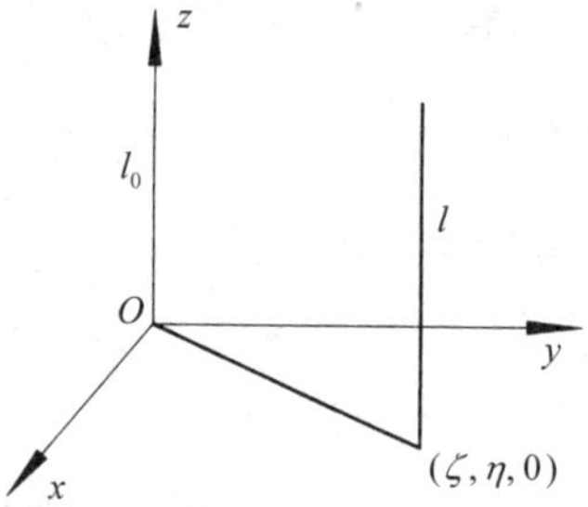

图 8.59

并且 $M=\iiint_V\rho\mathrm{d}v,d^2=\zeta^2+\eta^2$,代入(1)式,最后得

$$I_l=I_{l_0}+Md^2.$$

**【4152】** 证明:占有区域 $V$ 的物体对过其质心 $O(0,0,0)$ 并与坐标轴成角 $\alpha,\beta,\gamma$ 的轴 $l$ 的转动惯量等于：$I_l=I_x\cos^2\alpha+I_y\cos^2\beta+I_z\cos^2\gamma-2K_{xy}\cos\alpha\cos\beta-2K_{yz}\cos\beta\cos\gamma-2K_{zx}\cos\alpha\cos\gamma$,

其中 $I_x,I_y,I_z$ 为物体对坐标轴的转动惯量,而

$$K_{xy}=\iiint_V\rho xy\mathrm{d}x\mathrm{d}y\mathrm{d}z,\quad K_{xz}=\iiint_V\rho xz\mathrm{d}x\mathrm{d}y\mathrm{d}z,\quad K_{yz}=\iiint_V\rho yz\mathrm{d}x\mathrm{d}y\mathrm{d}z$$

为惯性积.

**证** 如图 8.60 所示. 距离

$$d=\frac{|\overrightarrow{OM}\times\overrightarrow{OM'}|}{|\overrightarrow{OM'}|}$$
$$=\frac{1}{r}\sqrt{\begin{vmatrix}y&z\\r\cos\beta&r\cos\gamma\end{vmatrix}^2+\begin{vmatrix}z&x\\r\cos\gamma&r\cos\alpha\end{vmatrix}^2+\begin{vmatrix}x&y\\r\cos\alpha&r\cos\beta\end{vmatrix}^2}$$

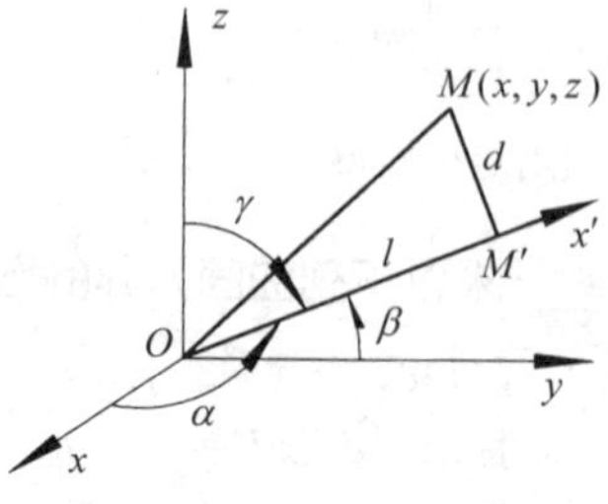

图 8.60

其中 $r=|\overrightarrow{OM'}|$. 由于 $\cos^2\alpha+\cos^2\beta+\cos^2\gamma=1$,故有

$$d^2=(x^2+y^2)\cos^2\gamma+(y^2+z^2)\cos^2\alpha+(z^2+x^2)\cos^2\beta-2xy\cos\alpha\cos\beta-2yz\cos\beta\cos\gamma-2xz\cos\alpha\cos\gamma.$$

于是,

$$\begin{aligned}I_l &=\iiint\limits_V \rho d^2\cdot \mathrm{d}x\mathrm{d}y\mathrm{d}z\\&=\cos^2\gamma\iiint\limits_V\rho\cdot(x^2+y^2)\mathrm{d}x\mathrm{d}y\mathrm{d}z+\cos^2\alpha\iiint\limits_V\rho\cdot(y^2+z^2)\mathrm{d}x\mathrm{d}y\mathrm{d}z+\cos^2\beta\iiint\limits_V\rho\cdot(x^2+z^2)\mathrm{d}x\mathrm{d}y\mathrm{d}z\\&\quad-2\cos\alpha\cos\beta\iiint\limits_V\rho xy\,\mathrm{d}x\mathrm{d}y\mathrm{d}z-2\cos\beta\cos\gamma\iiint\limits_V\rho yz\,\mathrm{d}x\mathrm{d}y\mathrm{d}z-2\cos\gamma\cos\alpha\iiint\limits_V\rho xz\,\mathrm{d}x\mathrm{d}y\mathrm{d}z\\&=I_x\cos^2\alpha+I_y\cos^2\beta+I_z\cos^2\gamma-2K_{xy}\cos\alpha\cos\beta-2K_{yz}\cos\beta\cos\gamma-2K_{zx}\cos\gamma\cos\alpha.\end{aligned}$$

证毕.

**【4153】** 求密度为 $\rho_0$ 的均匀圆柱体 $x^2+y^2\leqslant a^2$, $-h\leqslant z\leqslant h$ 对直线 $x=y=z$ 的转动惯量.

**提示** 利用 4152 题的结果.

**解** 直线 $x=y=z$ 通过圆柱体的质心 $O(0,0,0)$ 且具有方向余弦 $\cos\alpha=\cos\beta=\cos\gamma=\dfrac{1}{\sqrt{3}}$. 若取极坐标,

则有

$$I_x=\int_0^{2\pi}\mathrm{d}\varphi\int_0^a r\mathrm{d}r\int_{-h}^h\rho_0(r^2\sin^2\varphi+z^2)\mathrm{d}z=\left(\frac{1}{2}\pi a^4h+\frac{2}{3}\pi a^2h^3\right)\rho_0,$$

$$I_y=\int_0^{2\pi}\mathrm{d}\varphi\int_0^a r\mathrm{d}r\int_{-h}^h\rho_0(r^2\cos^2\varphi+z^2)\mathrm{d}z=\left(\frac{1}{2}\pi a^4h+\frac{2}{3}\pi a^2h^3\right)\rho_0,$$

$$I_z=\int_0^{2\pi}\mathrm{d}\varphi\int_0^a r\mathrm{d}r\int_{-h}^h\rho_0r^2\mathrm{d}z=\pi ha^4\rho_0,\qquad K_{xy}=\int_0^{2\pi}\mathrm{d}\varphi\int_0^a r\mathrm{d}r\int_{-h}^h\rho_0r^2\cos\varphi\sin\varphi\mathrm{d}z=0,$$

$$K_{yz}=\int_0^{2\pi}\mathrm{d}\varphi\int_0^a r\mathrm{d}r\int_{-h}^h\rho_0r\sin\varphi z\mathrm{d}z=0,\qquad K_{zx}=\int_0^{2\pi}\mathrm{d}\varphi\int_0^a r\mathrm{d}r\int_{-h}^h\rho_0r\cos\varphi z\mathrm{d}z=0,$$

于是,利用 4152 题结果即得

$$\begin{aligned}I_l&=I_x\cos^2\alpha+I_y\cos^2\beta+I_z\cos^2\gamma-2K_{xy}\cos\alpha\cos\beta-2K_{yz}\cos\beta\cos\gamma-2K_{zx}\cos\alpha\cos\gamma\\&=\frac{\rho_0}{3}\left(\frac{1}{2}\pi a^4h+\frac{2}{3}\pi a^2h^3+\frac{1}{2}\pi a^4h+\frac{2}{3}\pi a^2h^3+\pi a^4h\right)=\frac{2}{3}\pi\rho_0a^2h\left(a^2+\frac{2}{3}h^2\right)=\frac{M}{3}\left(a^2+\frac{2}{3}h^2\right),\end{aligned}$$

其中 $M=2\pi\rho_0a^2h$ 为圆柱体的质量.

**【4154】** 求密度为 $\rho_0$, 以曲面 $(x^2+y^2+z^2)^2=a^2(x^2+y^2)$

为界的均匀物体对坐标原点的转动惯量.

**解** 若令 $x=r\cos\varphi\cos\psi$, $y=r\sin\varphi\cos\psi$, $z=r\sin\psi$, 则对坐标原点的转动惯量为

$$I_0=\int_0^{2\pi}\mathrm{d}\varphi\int_{-\frac{\pi}{2}}^{\frac{\pi}{2}}\mathrm{d}\psi\int_0^{a\cos\psi}\rho_0\cdot r^2\cdot r^2\cos\psi\mathrm{d}r=\frac{4\pi\rho_0a^5}{5}\int_0^{\frac{\pi}{2}}\cos^6\psi\mathrm{d}\psi=\frac{4\pi\rho_0a^5}{5}\cdot\frac{5\pi}{32}^{*)}=\frac{\pi^2a^5\rho_0}{8}.$$

*) 利用 2282 题的结果.

**【4155】** 求密度为 $\rho_0$ 的均匀球体 $\xi^2+\eta^2+\zeta^2\leqslant R^2$ 在点 $(x,y,z)$ 的牛顿引力势.

**提示** 取 $O\xi$ 轴通过点 $P(x,y,z)$, 即易获解.

**解** 由对称性显然可知,所求的牛顿引力势与 $\xi,\eta,\zeta$ 轴取的方向无关. 今取 $O\zeta$ 轴通过点 $P(x,y,z)$, 即得牛顿引力势

$$u(x,y,z)=\iiint\limits_{\xi^2+\eta^2+\zeta^2\leqslant R^2}\rho_0\frac{\mathrm{d}\xi\mathrm{d}\eta\mathrm{d}\zeta}{\sqrt{\xi^2+\eta^2+(\zeta-r)^2}}=\rho_0\int_{-R}^R\mathrm{d}\zeta\iint\limits_{\xi^2+\eta^2\leqslant R^2-\zeta^2}\frac{\mathrm{d}\xi\mathrm{d}\eta}{\sqrt{\xi^2+\eta^2+(\zeta-r)^2}},$$

其中 $r=\sqrt{x^2+y^2+z^2}$. 积分之,得

$$u(x,y,z)=2\pi\rho_0\int_{-R}^R(\sqrt{R^2-2r\zeta+r^2}-|\zeta-r|)\mathrm{d}\zeta.$$

由于

$$\int_{-R}^R\sqrt{R^2-2r\zeta+r^2}\,\mathrm{d}\zeta=\frac{1}{3r}[(R+r)^3-|R-r|^3]=\begin{cases}\dfrac{2}{3}R^3\dfrac{1}{r}+2rR, & r>R,\\ \dfrac{2}{3}r^2+2R^2, & r\leqslant R,\end{cases}$$

及
$$\int_{-R}^{R}|\zeta-r|\mathrm{d}\zeta=\begin{cases}2Rr, & r>R,\\ r^2+R^2, & r\leqslant R.\end{cases}$$

因而，最后得
$$u(x,y,z)=\begin{cases}\dfrac{4}{3r}\pi R^3\rho_0, & r>R,\\ 2\pi\rho_0\left(R^2-\dfrac{1}{3}r^2\right), & r\leqslant R.\end{cases}$$

由以上结果可以得到下面两个推论：

(1)在球外一点上的牛顿引力势，与将球的全部质量集中在它的中心处时一样；

(2)如考察一个内半径为 $R_1$ 而外半径为 $R_2$ 的空心球，则它在位于其空隙处的一点($r<R$)上的牛顿引力势可表示成差

$$u(x,y,z)=u_2(x,y,z)-u_1(x,y,z)=\left(R_2^2-\frac{1}{3}r^2\right)2\pi\rho_0-\left(R_1^2-\frac{1}{3}r^2\right)2\pi\rho_0=2\pi(R_2^2-R_1^2)\rho_0.$$

它与 $r$ 无关，故空心球体在其空隙范围内的引力势保持一个常数值.

**【4156】** 求球壳层 $R_1^2\leqslant\xi^2+\eta^2+\zeta^2\leqslant R_2^2$ 在点 $P(x,y,z)$ 的牛顿引力势. 设密度 $\rho=f(R)$，其中 $f$ 为已知函数，而 $R=\sqrt{\xi^2+\eta^2+\zeta^2}$.

**提示** 仿 4155 题.

**解** 取 $O\zeta$ 轴通过点 $P(x,y,z)$，即得牛顿引力势

$$u(x,y,z)=\iiint\limits_{R_1^2\leqslant\xi^2+\eta^2+\zeta^2\leqslant R_2^2} f(\sqrt{\xi^2+\eta^2+\zeta^2})\frac{\mathrm{d}\xi\mathrm{d}\eta\mathrm{d}\zeta}{\sqrt{\xi^2+\eta^2+(\zeta-r)^2}},$$

其中 $r=x^2+y^2+z^2$.

若引入球坐标，即得

$$u(x,y,z)=\int_0^{2\pi}\mathrm{d}\varphi\int_{-\frac{\pi}{2}}^{\frac{\pi}{2}}\mathrm{d}\psi\int_{R_1}^{R_2}\rho^2 f(\rho)\cos\psi\frac{\mathrm{d}\rho}{\sqrt{\rho^2+r^2-2\rho r\sin\psi}}=2\pi\int_{R_1}^{R_2}\mathrm{d}\rho\int_{-\frac{\pi}{2}}^{\frac{\pi}{2}}\rho^2 f(\rho)\frac{\cos\psi\mathrm{d}\psi}{\sqrt{\rho^2+r^2-2\rho r\sin\psi}}$$
$$=2\pi\int_{R_1}^{R_2}\rho^2 f(\rho)\left(-\frac{1}{\rho r}\sqrt{\rho^2+r^2-2\rho r\sin\psi}\right)\Bigg|_{-\frac{\pi}{2}}^{\frac{\pi}{2}}\mathrm{d}\rho=2\pi\int_{R_1}^{R_2}\rho^2 f(\rho)\left\{-\frac{1}{\rho r}[|\rho-r|-(\rho+r)]\right\}\mathrm{d}\rho$$
$$=\begin{cases}4\pi\displaystyle\int_{R_1}^{R_2}\rho f(\rho)\mathrm{d}\rho, & \rho>r,\\ 4\pi\displaystyle\int_{R_1}^{R_2}\frac{\rho^2}{r}f(\rho)\mathrm{d}\rho, & \rho\leqslant r.\end{cases}$$

合并之，最后得
$$u(x,y,z)=4\pi\int_{R_1}^{R_2}f(\rho)\min\left(\frac{\rho^2}{r},\rho\right)\mathrm{d}\rho.$$

**【4157】** 求密度 $\rho_0$ 恒定的圆柱体 $\xi^2+\eta^2\leqslant a^2$，$0\leqslant\zeta\leqslant h$ 在点 $P(0,0,z)$ 的牛顿引力势.

**解** 若引用柱坐标，即得

$$u(x,y,z)=\rho_0\int_0^{2\pi}\mathrm{d}\varphi\int_0^h\mathrm{d}\zeta\int_0^a\frac{r\mathrm{d}r}{\sqrt{r^2+(\zeta-z)^2}}=2\pi\rho_0\int_0^h\sqrt{r^2+(\zeta-z)^2}\Bigg|_0^a\mathrm{d}\zeta$$
$$=2\pi\rho_0\int_0^h[\sqrt{a^2+(\zeta-z)^2}-|\zeta-z|]\mathrm{d}\zeta$$
$$=2\pi\rho_0\left[\frac{\zeta-z}{2}\sqrt{a^2+(\zeta-z)^2}+\frac{a^2}{2}\ln|(\zeta-z)|+\sqrt{a^2+(\zeta-z)^2}-\frac{(\zeta-z)|\zeta-z|}{2}\right]\Bigg|_0^h$$
$$=\pi\rho_0\left\{(h-z)\sqrt{a^2+(h-z)^2}+z\sqrt{a^2+z^2}-[(h-z)|h-z|+z|z|]+a^2\ln\left|\frac{h-z+\sqrt{a^2+(h-z)^2}}{-z+\sqrt{a^2+z^2}}\right|\right\}.$$

**【4158】** 半径为 $R$ 质量为 $M$ 的均匀球体 $\xi^2+\eta^2+\zeta^2\leqslant R^2$ 以怎样的力吸引质量为 $m$ 的质点 $P(0,0,a)$？

**解** 引力在 $Ox$ 轴和 $Oy$ 轴上的投影为零，即 $X=Y=0$，而在 $Oz$ 轴上的投影为

$$Z=k\rho_0 m\iiint\limits_{\xi^2+\eta^2+\zeta^2\leqslant R^2}\frac{(\zeta-a)\mathrm{d}\xi\mathrm{d}\eta\mathrm{d}\zeta}{[\xi^2+\eta^2+(\zeta-a)^2]^{\frac{3}{2}}}=km\rho_0\int_{-R}^{R}(\zeta-a)\mathrm{d}\zeta\iint\limits_{\xi^2+\eta^2\leqslant R^2-\zeta^2}\frac{\mathrm{d}\xi\mathrm{d}\eta}{[\xi^2+\eta^2+(\zeta-a)^2]^{\frac{3}{2}}}$$

$$=km\rho_0\int_{-R}^{R}(\zeta-a)\mathrm{d}\zeta\int_0^{2\pi}\mathrm{d}\varphi\int_0^{\sqrt{R^2-\zeta^2}}\frac{r\mathrm{d}r}{[r^2+(\zeta-a)^2]^{\frac{3}{2}}}=2\pi km\rho_0\int_{-R}^{R}(\zeta-a)\left(\frac{1}{|\zeta-a|}-\frac{1}{\sqrt{R^2-2a\zeta+a^2}}\right)\mathrm{d}\zeta$$

$$=2\pi km\rho_0\int_{-R}^{R}\mathrm{sgn}(\zeta-a)\mathrm{d}\zeta-2\pi km\rho_0\int_{-R}^{R}\frac{(\zeta-a)\mathrm{d}\zeta}{\sqrt{R^2-2a\zeta+a^2}},$$

其中 $\rho_0=\frac{3M}{4\pi R^3}$.

分别求上述两个积分：

当 $a\geqslant R$ 时， $\int_{-R}^{R}\mathrm{sgn}(\zeta-a)\mathrm{d}\zeta=-\int_{-R}^{R}\mathrm{d}\zeta=-2R$,

当 $a<R$ 时， $\int_{-R}^{R}\mathrm{sgn}(\zeta-a)\mathrm{d}\zeta=-\int_{-R}^{a}\mathrm{d}\zeta+\int_{a}^{R}\mathrm{d}\zeta=-2a$;

而

$$\int_{-R}^{R}\frac{(\zeta-a)\mathrm{d}\zeta}{\sqrt{R^2-2a\zeta+a^2}}=-\frac{1}{2a}\int_{-R}^{R}\frac{R^2+a^2-2a\zeta-(R^2+a^2)}{\sqrt{R^2-2a\zeta+a^2}}\mathrm{d}\zeta-a\int_{-R}^{R}\frac{\mathrm{d}\zeta}{\sqrt{R^2-2a\zeta+a^2}}$$

$$=-\frac{1}{2a}\int_{-R}^{R}\sqrt{R^2+a^2-2a\zeta}\,\mathrm{d}\zeta+\left(\frac{R^2+a^2}{2a}-a\right)\int_{-R}^{R}\frac{\mathrm{d}\zeta}{\sqrt{R^2+a^2-2a\zeta}}$$

$$=-\frac{1}{2a}\int_{-R}^{R}\sqrt{R^2+a^2-2a\zeta}\,\mathrm{d}\zeta+\frac{R^2-a^2}{2a}\int_{-R}^{R}\frac{\mathrm{d}\zeta}{\sqrt{R^2+a^2-2a\zeta}},$$

当 $a\geqslant R$ 时，将上式右端分别积分，得结果：

$$\left[\frac{1}{4a^2}(R^2+a^2-2a\zeta)^{\frac{3}{2}}\cdot\frac{2}{3}+\frac{R^2-a^2}{2a}\left(-\frac{1}{2a}\right)\cdot 2\sqrt{R^2+a^2-2a\zeta}\right]\Bigg|_{-R}^{R}$$

$$=\frac{1}{6a^2}[(a-R)^3-(a+R)^3]-\frac{R^2-a^2}{2a^2}[(a-R)-(a+R)]=\frac{2R^3}{3a^2}-2R;$$

当 $a<R$ 时，积分得结果：

$$\frac{1}{6a^2}[(R-a)^3-(a+R)^3]-\frac{R^2-a^2}{2a^2}[(R-a)-(R+a)]=-\frac{4a}{3}.$$

于是，当 $a\geqslant R$ 时，则 $Z=2\pi km\rho_0\left(-2R-\frac{2R^3}{3a^2}+2R\right)=-\frac{4}{3a^2}\pi km\rho_0R^3=-\frac{kMm}{a^2}$;

当 $a<R$ 时，则 $Z=2\pi km\rho_0\left(-2a+\frac{4a}{3}\right)=-\frac{4}{3}\pi akm\rho_0=-\frac{kMm}{R^3}a$.

从以上结果可以得到下面两个推论：

(1) 位于球外的一点($a\geqslant R$)因球体而受到的引力相当于将球体的全部质量 $M=\frac{4}{3}\pi R^3\rho_0$ 集中在它的中心处时受到的引力，引力的方向朝向球心；

(2) 对于在球里面的一点($a<R$)来说，引力与 $R$ 无关，其大小与 $R=a$ 时的情况一样，即在点 $P$ 外面的球壳部分对 $P$ 点的引力为零.

**【4159】** 求密度为 $\rho_0$ 的均匀圆柱体 $\xi^2+\eta^2\leqslant a^2$，$0\leqslant\zeta\leqslant h$ 对单位质量质点 $P(0,0,z)$ 的引力.

**解** 由对称性知，引力在 $Ox$ 轴和 $Oy$ 轴上的投影为零，即 $X=Y=0$. 若引用柱坐标，即得引力在 $Oz$ 轴上的投影为

$$Z=k\rho_0\iint\limits_{\xi^2+\eta^2\leqslant a^2}\mathrm{d}\xi\mathrm{d}\eta\int_0^h\frac{(\zeta-z)\mathrm{d}\zeta}{[\xi^2+\eta^2+(\zeta-z)^2]^{\frac{3}{2}}}=k\rho_0\int_0^{2\pi}\mathrm{d}\varphi\int_0^a r\mathrm{d}r\int_0^h\frac{(\zeta-z)\mathrm{d}\zeta}{[r^2+(\zeta-z)^2]^{\frac{3}{2}}}$$

$$=2\pi k\rho_0\int_0^a r\left[\frac{1}{\sqrt{r^2+z^2}}-\frac{1}{\sqrt{r^2+(h-z)^2}}\right]\mathrm{d}r=2\pi k\rho_0\left[\sqrt{a^2+z^2}-\sqrt{a^2+(h-z)^2}-|z|+|h-z|\right].$$

易知，

当 $0\leqslant z<\frac{h}{2}$ 时，$Z>0$，此时吸引力朝着向上的铅垂线；

当 $\frac{h}{2}<z\leqslant h$ 时，$Z<0$，此时吸引力朝着向下的铅垂线；

当 $z=\frac{h}{2}$ 时，$Z=0$，引力为零.

**【4160】** 求密度为 $\rho_0$ 的均匀球锥体对位于其顶点的单位质量质点的引力，设球面半径为 $R$，而轴截面的扇形的角等于 $2\alpha$.

**解** 由对称性知，引力在 $Ox$ 轴和 $Oy$ 轴上的投影为零，即 $X=Y=0$. 若引用球坐标，即得引力在 $Oz$ 轴上的投影为

$$Z=\iiint\limits_V \frac{k\rho_0 z}{\sqrt{(x^2+y^2+z^2)^3}}\mathrm{d}x\mathrm{d}y\mathrm{d}z=k\rho_0\int_0^{2\pi}\mathrm{d}\varphi\int_{\frac{\pi}{2}-\alpha}^{\frac{\pi}{2}}\cos\psi\sin\psi\mathrm{d}\int_0^R\mathrm{d}r=k\pi R\rho_0\sin^2\alpha.$$

## §9. 二重和三重广义积分

1° **无界区域的情形** 若二维区域 $\Omega$ 是无界的，函数 $f(x,y)$ 在区域 $\Omega$ 上连续，则定义：

$$\iint\limits_{\Omega} f(x,y)\mathrm{d}x\mathrm{d}y=\lim_{n\to\infty}\iint\limits_{\Omega_n} f(x,y)\mathrm{d}x\mathrm{d}y, \tag{1}$$

其中 $\Omega_n$ 是可求积有界封闭区域，并且它们组成 $\Omega$ 的任意一个竭尽递增序列*. 若右端的极限存在且与序列 $\Omega_n$ 的选择无关，则相应积分称为收敛的；否则称为发散的.

类似地定义出连续函数在无界三维区域上的三重广义积分.

2° **不连续函数的情形** 若函数 $f(x,y)$ 在有界封闭区域 $\Omega$ 内除了点 $P(a,b)$ 而外处处是连续的，则定义：

$$\iint\limits_{\Omega} f(x,y)\mathrm{d}x\mathrm{d}y=\lim_{\varepsilon\to+0}\iint\limits_{\Omega-U_\varepsilon} f(x,y)\mathrm{d}x\mathrm{d}y, \tag{2}$$

其中 $U_\varepsilon$ 是包含点 $P$ 的以 $\varepsilon$ 为直径的区域，并且当极限存在时，所研究的积分称为收敛的；否则称为发散的.

假定在点 $P(a,b)$ 的邻近有等式

$$f(x,y)=\frac{\varphi(x,y)}{r^a},$$

其中函数 $\varphi(x,y)$ 的绝对值是介于二正数 $m$ 和 $M$ 之间，且

$$r=\sqrt{(x-a)^2+(y-b)^2},$$

则 1) 当 $a<2$ 时，积分(2)收敛；2) 当 $a\geqslant 2$ 时，积分(2)发散.

若函数 $f(x,y)$ 有不连续的线，也可类似地定义出广义积分(2).

不连续函数的广义积分的概念易于引伸到三重积分的情形.

### 研究下列具有无界积分域的广义积分的收敛性 $(0<m\leqslant|\varphi(x,y)|\leqslant M)$：

**【4161】** $\iint\limits_{x^2+y^2>1}\frac{\varphi(x,y)}{(x^2+y^2)^p}\mathrm{d}x\mathrm{d}y.$

**解题思路** 注意到广义重积分收敛必绝对收敛.

由题设知，所给积分与积分 $\iint\limits_{x^2+y^2>1}\frac{\mathrm{d}x\mathrm{d}y}{(x^2+y^2)^p}$ 同时收敛或同时发散. 由于 $\frac{1}{(x^2+y^2)^p}$ 是正的，从而引用极坐标，即可知所给积分当 $p>1$ 时收敛，当 $p\leqslant 1$ 时发散.

**解** 由于

$$\frac{m}{(x^2+y^2)^p}\leqslant\frac{|\varphi(x,y)|}{(x^2+y^2)^p}\leqslant\frac{M}{(x^2+y^2)^p},$$

再注意到广义重积分收敛必绝对收敛，即知积分

$$\iint\limits_{x^2+y^2>1}\frac{\varphi(x,y)}{(x^2+y^2)^p}\mathrm{d}x\mathrm{d}y$$

---

* 区域 $\Omega$ 的竭尽递增序列是指这样的序列 $\Omega_n$，对任意正整数 $n$ 有 $\Omega_n\subset\Omega_{n+1}\subset\Omega$，且 $\bigcup\limits_{n=1}^{\infty}\Omega_n=\Omega$.

与积分 $\iint\limits_{x^2+y^2>1} \frac{1}{(x^2+y^2)^p} dxdy$ 同时收敛或同时发散. 由于$\frac{1}{(x^2+y^2)^p}$是正的,故引用极坐标,得

$$\iint\limits_{x^2+y^2>1} \frac{1}{(x^2+y^2)^p} dxdy = \int_0^{2\pi} d\varphi \int_1^{+\infty} \frac{r}{r^{2p}} dr = \begin{cases} \frac{\pi}{p-1}, & p>1, \\ +\infty, & p\leqslant 1. \end{cases}$$

由此可知,原积分 $\iint\limits_{x^2+y^2>1} \frac{\varphi(x,y)}{(x^2+y^2)^p} dxdy$ 当 $p>1$ 时收敛,当 $p\leqslant 1$ 时发散.

**【4162】** $\int_{-\infty}^{+\infty}\int_{-\infty}^{\infty} \frac{dxdy}{(1+|x|^p)(1+|y|^q)}$.

**解** 由于被积函数是正的,并且关于 $Ox$ 轴和 $Oy$ 轴都对称,故

$$\int_{-\infty}^{+\infty}\int_{-\infty}^{\infty} \frac{dxdy}{(1+|x|^p)(1+|y|^q)} = 4\int_0^{+\infty}\int_0^{+\infty} \frac{dxdy}{(1+|x|^p)(1+|y|^q)} = 4\left(\int_0^{+\infty} \frac{dx}{1+x^p}\right)\left(\int_0^{+\infty} \frac{dx}{1+y^q}\right).$$

由于 $\lim\limits_{x\to+\infty} x^p \frac{1}{1+x^p}=1$,故积分$\int_0^{+\infty} \frac{dx}{1+x^p}$当 $p>1$ 时收敛,$p<1$ 时发散,$p=1$ 时显然也发散$\left(\int_0^{+\infty} \frac{dx}{1+x}=+\infty\right)$.

因此,
$$\int_0^{+\infty} \frac{dx}{1+x^p} = \begin{cases} \text{有限数}, & p>1, \\ +\infty, & p\leqslant 1. \end{cases}$$

同理有
$$\int_0^{+\infty} \frac{dy}{1+y^q} = \begin{cases} \text{有限数}, & q>1, \\ +\infty, & q\leqslant 1. \end{cases}$$

由此可知,$\int_{-\infty}^{+\infty}\int_{-\infty}^{+\infty} \frac{dxdy}{(1+|x|^p)(1+|y|^q)}$仅当 $p>1$ 且 $q>1$ 时收敛,其他情形均发散.

**【4163】** $\iint\limits_{0\leqslant y\leqslant 1} \frac{\varphi(x,y)}{(1+x^2+y^2)^p} dxdy$.

**解** 仿 4161 题,可知积分 $\iint\limits_{0\leqslant y\leqslant 1} \frac{\varphi(x,y)}{(1+x^2+y^2)^p} dxdy$ 与积分 $\iint\limits_{0\leqslant y\leqslant 1} \frac{dxdy}{(1+x^2+y^2)^p}$ 同时收敛或同时发散. 由于被积函数是正的,故

$$\iint\limits_{0\leqslant y\leqslant 1} \frac{dxdy}{(1+x^2+y^2)^p} = \int_0^1 dy \int_{-\infty}^{+\infty} \frac{dx}{(1+x^2+y^2)^p} = 2\int_0^1 dy \int_0^{+\infty} \frac{dx}{(1+x^2+y^2)^p};$$

由于,当 $0\leqslant y\leqslant 1$ 时,有

$$\int_0^{+\infty} \frac{dx}{(2+x^2)^p} \leqslant \int_0^{+\infty} \frac{dx}{(1+x^2+y^2)^p} \leqslant \int_0^{+\infty} \frac{dx}{(1+x^2)^p} \quad (\text{若 } p\geqslant 0),$$

$$\int_0^{+\infty} \frac{dx}{(2+x^2)^p} \geqslant \int_0^{+\infty} \frac{dx}{(1+x^2+y^2)^p} \geqslant \int_0^{+\infty} \frac{dx}{(1+x^2)^p} \quad (\text{若 } p<0),$$

故
$$2\int_0^{+\infty} \frac{dx}{(2+x^2)^p} \leqslant \iint\limits_{0\leqslant y\leqslant 1} \frac{dxdy}{(1+x^2+y^2)^p} \leqslant 2\int_0^{+\infty} \frac{dx}{(1+x^2)^p} \quad (p\geqslant 0),$$

若 $p<0$,则有相反的不等式.

对于 $a>0$,由于
$$\lim_{x\to+\infty} x^{2p} \frac{1}{(a^2+x^2)^p} = 1,$$

故积分$\int_0^{+\infty} \frac{dx}{(a^2+x^2)^p}$当 $p>\frac{1}{2}$ 时收敛,$p<\frac{1}{2}$ 时发散. 实际上,此积分当 $p=\frac{1}{2}$ 时也发散,因为

$$\int_0^{+\infty} \frac{dx}{\sqrt{a^2+x^2}} = \ln(x+\sqrt{a^2+x^2})\Big|_0^{+\infty} = +\infty.$$

由此可知:积分 $\iint\limits_{0\leqslant y\leqslant 1} \frac{dxdy}{(1+x^2+y^2)^p}$,从而,积分 $\iint\limits_{0\leqslant y\leqslant 1} \frac{\varphi(x,y)}{(1+x^2+y^2)^p} dxdy$ 当 $p>\frac{1}{2}$ 时收敛,当 $p\leqslant\frac{1}{2}$ 时发散.

**【4164】** $\iint\limits_{|x|+|y|\geqslant 1} \frac{dxdy}{|x|^p+|y|^q} \quad (p>0,q>0)$.

**解** 由对称性及被积函数的非负性,有

$$\iint\limits_{|x|+|y|\geqslant 1}\frac{\mathrm{d}x\mathrm{d}y}{|x|^p+|y|^q}=4\iint\limits_{\substack{x\geqslant 0,y\geqslant 0\\ x+1\geqslant 1}}\frac{\mathrm{d}x\mathrm{d}y}{x^p+y^q}=4\iint\limits_{\Omega_1}\frac{\mathrm{d}x\mathrm{d}y}{x^p+y^q}+4\iint\limits_{\Omega_2}\frac{\mathrm{d}x\mathrm{d}y}{x^p+y^q},\tag{1}$$

其中 $\Omega_1=\left\{(x,y)\,|\,x\geqslant 0,y\geqslant 0,x+y\geqslant 1,x^p+y^q\leqslant 2\right\}$，$\Omega_2=\left\{(x,y)\,|\,x\geqslant 0,y\geqslant 0,x+y\geqslant 1,x^p+y^q\geqslant 2\right\}$，令 $\Omega_3=\left\{(x,y)\,|\,x\geqslant 0,y\geqslant 0,x^p+y^q\geqslant 2\right\}$，易知，当 $x\geqslant 0,y\geqslant 0,x^p+y^q\geqslant 2$ 时必有$x+y\geqslant 1$(因若 $x+y<1$，则必有 $0\leqslant x<1,0\leqslant y<1$，从而，$0\leqslant x^p<1,0\leqslant y^q<1$，这就会得出 $x^p+y^q<2$)，故 $\Omega_2=\Omega_3$. 由于 $\Omega_1$ 是有界闭区域，故(1)式右端第一个积分为常义积分，因此，广义积分

$$\iint\limits_{|x|+|y|\geqslant 1}\frac{\mathrm{d}x\mathrm{d}y}{|x|^p+|y|^q}$$

的敛散性取决于广义积分 $\iint\limits_{\Omega_3}\frac{\mathrm{d}x\mathrm{d}y}{x^p+y^q}$ 的敛散性，在此积分中作变量代换 $x=r^{\frac{2}{p}}\cos^{\frac{2}{p}}\theta$，$y=r^{\frac{2}{q}}\sin^{\frac{2}{q}}\theta$，

则易知
$$\frac{D(x,y)}{D(r,\theta)}=\frac{4}{pq}r^{\frac{2}{p}+\frac{2}{q}-1}\sin^{\frac{2}{q}-1}\theta\cos^{\frac{2}{p}-1}\theta.$$

于是，注意到被积函数是非负的，得

$$\iint\limits_{\Omega_3}\frac{\mathrm{d}x\mathrm{d}y}{x^p+y^q}=\frac{4}{pq}\int_0^{\frac{\pi}{2}}\sin^{\frac{2}{q}-1}\theta\cos^{\frac{2}{p}-1}\theta\mathrm{d}\theta\int_{\sqrt{2}}^{+\infty}r^{\frac{2}{p}+\frac{2}{q}-3}\mathrm{d}r.$$

由 3856 题的结果知，右端第一个积分

$$\int_0^{\frac{\pi}{2}}\sin^{\frac{2}{q}-1}\theta\cos^{\frac{2}{p}-1}\theta\mathrm{d}\theta\quad(p>0,q>0)$$

恒收敛，且其值为 $\frac{1}{2}\mathrm{B}\left(\frac{1}{q},\frac{1}{p}\right)$；而第二个积分

$$\int_{\sqrt{2}}^{+\infty}r^{\frac{2}{p}+\frac{2}{q}-3}\mathrm{d}r$$

当 $\frac{2}{p}+\frac{2}{q}-3<-1$(即 $\frac{1}{p}+\frac{1}{q}<1$)时收敛，当 $\frac{2}{p}+\frac{2}{q}-3\geqslant -1$(即 $\frac{1}{p}+\frac{1}{q}\geqslant 1$)时发散.

综上所述，可知广义积分 $\iint\limits_{|x|+|y|\geqslant 1}\frac{\mathrm{d}x\mathrm{d}y}{|x|^p+|y|^q}$ 仅当 $\frac{1}{p}+\frac{1}{q}<1$ 时收敛.

**【4165】** $\iint\limits_{x+y\geqslant 1}\frac{\sin x\sin y}{(x+y)^p}\mathrm{d}x\mathrm{d}y.$

**解** 设此积分收敛，以 $I$ 表其值. 先设 $p<1$. 令

$$\Omega_n=\left\{(x,y)\,|\,1\leqslant x+y\leqslant 2n\pi,-2n\pi\leqslant x-y\leqslant 2n\pi\right\},$$

$$\Omega_n'=\left\{(x,y)\,|\,1\leqslant x+y\leqslant 2n\pi-\frac{\pi}{4},-2n\pi\leqslant x-y\leqslant 2n\pi\right\},$$

$$\omega_n=\left\{(x,y)\,|\,2n\pi-\frac{\pi}{4}\leqslant x+y\leqslant 2n\pi,-2n\pi\leqslant x-y\leqslant 2n\pi\right\},$$

其中 $n=1,2,3,\cdots$，则显然有

$$\lim_{n\to\infty}\iint\limits_{\Omega_n}\frac{\sin x\sin y}{(x+y)^p}\mathrm{d}x\mathrm{d}y=I,\quad \lim_{n\to\infty}\iint\limits_{\Omega_n'}\frac{\sin x\sin y}{(x+y)^p}\mathrm{d}x\mathrm{d}y=I.$$

从而，

$$\lim_{n\to\infty}\iint\limits_{\omega_n}\frac{\sin x\sin y}{(x+y)^p}\mathrm{d}x\mathrm{d}y=\lim_{n\to\infty}\left[\iint\limits_{\Omega_n}\frac{\sin x\sin y}{(x+y)^p}\mathrm{d}x\mathrm{d}y-\iint\limits_{\Omega_n'}\frac{\sin x\sin y}{(x+y)^p}\mathrm{d}x\mathrm{d}y\right]=I-I=0.\tag{1}$$

由于 $\sin x\sin y=\frac{1}{2}[\cos(x-y)-\cos(x+y)]$，今在(1)式左端的积分中作变量代换 $x+y=u,x-y=v$(即 $x=\frac{u+v}{2},y=\frac{u-v}{2}$)，并注意到 $\frac{D(x,y)}{D(u,v)}=-\frac{1}{2}$，得

$$\iint\limits_{\omega_n}\frac{\sin x\sin y}{(x+y)^p}\mathrm{d}x\mathrm{d}y=\frac{1}{4}\int_{2n\pi-\frac{\pi}{4}}^{2n\pi}\mathrm{d}u\int_{-2n\pi}^{2n\pi}\frac{\cos v-\cos u}{u^p}\mathrm{d}v=-n\pi\int_{2n\pi-\frac{\pi}{4}}^{2n\pi}\frac{\cos u}{u^p}\mathrm{d}u;$$

而
$$\int_{2n\pi-\frac{\pi}{4}}^{2n\pi}\frac{\cos u}{u^p}du\geqslant\frac{1}{\sqrt{2}}\int_{2n\pi-\frac{\pi}{4}}^{2n\pi}\frac{du}{u^p}\geqslant\begin{cases}\frac{\pi}{4\sqrt{2}}\cdot\frac{1}{(2n\pi)^p}, & p>0,\\ \frac{\pi}{4\sqrt{2}}, & p\leqslant 0.\end{cases}$$

由此可知(注意前面假定 $p<1$)，
$$\lim_{n\to\infty}\iint_{\omega_n}\frac{\sin x\sin y}{(x+y)^p}dxdy=-\infty,$$

此显然与(1)式矛盾.

现设 $p\geqslant 1$. 令

$$\omega_n'=\{(x,y)\,|\,2n\pi-\frac{\pi}{4}\leqslant x+y\leqslant 2n\pi,-2\pi n^{[p]+2}\leqslant x-y\leqslant 2\pi n^{[p]+2}\},$$

仿上，应有
$$\lim_{n\to\infty}\iint_{\omega_n'}\frac{\sin x\sin y}{(x+y)^p}dxdy=0. \tag{2}$$

但另一方面，和上面一样，作代换 $x+y=u,x-y=v$ 后，有
$$\iint_{\omega_n'}\frac{\sin x\sin y}{(x+y)^p}dxdy=-\pi n^{[p]+2}\int_{2n\pi-\frac{\pi}{4}}^{2n\pi}\frac{\cos u}{u^p}du.$$

同样，由
$$\int_{2n\pi-\frac{\pi}{4}}^{2n\pi}\frac{\cos u}{u^p}du\geqslant\frac{\pi}{4\sqrt{2}}\cdot\frac{1}{(2n\pi)^p},$$

即得
$$\lim_{n\to\infty}\iint_{\omega_n'}\frac{\sin x\sin y}{(x+y)^p}dxdy=-\infty,$$

此显然与(2)式矛盾.

综上所述，可知：不论 $p$ 为何值，积分 $\iint\limits_{x+y\geqslant 1}\frac{\sin x\sin y}{(x+y)^p}dxdy$ 都发散.

**【4166】** 证明：若连续函数 $f(x,y)$ 不为负及 $S_n(n=1,2,\cdots)$ 为有界闭区域，并且组成区域 $S$ 的任意一个竭尽递增序列. 则
$$\iint_S f(x,y)dxdy=\lim_{n\to\infty}\iint_{S_n}f(x,y)dxdy,$$

这里左端与右端同时有意义或同时无意义.

**证** 取定一有界闭区域的序列 $S_n'(n=1,2,\cdots)$，$S_1'\subset S_2'\subset\cdots\subset S_n'\subset\cdots\subset S$，且 $\bigcup\limits_{n=1}^{\infty}S'_n=S$. 由于 $f(x,y)$ 在 $S$ 上非负，故积分序列 $\iint\limits_{S_n'}f(x,y)dxdy$ 是递增的，从而，极限
$$I=\lim_{n\to\infty}\iint_{S_n'}f(x,y)dxdy \tag{1}$$

存在(是有限数或是 $+\infty$). 我们要证
$$\lim_{n\to\infty}\iint_{S_n}f(x,y)dxdy=I. \tag{2}$$

先设 $I$ 为有限数. 任给 $\varepsilon>0$，由(1)式知，存在 $N$，使当 $n\geqslant N$ 时，恒有
$$I-\varepsilon<\iint_{S_n'}f(x,y)dxdy<I+\varepsilon. \tag{3}$$

又存在 $n_0$，使当 $n\geqslant n_0$ 时，$S_n\supset S_N'$. 从而，根据 $f(x,y)$ 的非负性以及(3)式，得
$$\iint_{S_n}f(x,y)dxdy\geqslant\iint_{S_N'}f(x,y)dxdy>I-\varepsilon.$$

另一方面，对每个固定的 $n\geqslant n_0$ 又必存在某个充分大的 $k_n(\geqslant N)$ 使 $S_{k_n}'\supset S_n$. 于是，再由(3)式得
$$\iint_{S_n}f(x,y)dxdy\leqslant\iint_{S_{k_n}'}f(x,y)dxdy<I+\varepsilon.$$

由此可知，当 $n\geqslant n_0$ 时，恒有 $$I-\varepsilon<\iint\limits_{S_n} f(x,y)\mathrm{d}x\mathrm{d}y<I+\varepsilon,$$

故(2)式成立.

次设 $I=+\infty$. 任给 $M>0$，由(1)式知，存在 $N_1$，使

$$\iint\limits_{S'_{N_1}} f(x,y)\mathrm{d}x\mathrm{d}y>M.$$

又存在 $n_1$，使当 $n\geqslant n_1$ 时，恒有 $S_n\supset S'_{N_1}$，从而，此时有

$$\iint\limits_{S_n} f(x,y)\mathrm{d}x\mathrm{d}y\geqslant\iint\limits_{S'_{N_1}} f(x,y)\mathrm{d}x\mathrm{d}y>M,$$

故(2)式成立. 证毕.

**【4167】** 证明： $$\lim_{n\to\infty}\iint\limits_{\substack{|x|\leqslant n\\|y|\leqslant n}}\sin(x^2+y^2)\mathrm{d}x\mathrm{d}y=\pi,$$

然而 $$\lim_{n\to\infty}\iint\limits_{x^2+y^2\leqslant 2n\pi}\sin(x^2+y^2)\mathrm{d}x\mathrm{d}y=0\quad(n\text{ 为正整数}).$$

**证** 利用极坐标，我们有

$$\iint\limits_{x^2+y^2\leqslant 2n\pi}\sin(x^2+y^2)\mathrm{d}x\mathrm{d}y=\int_0^{2\pi}\mathrm{d}\theta\int_0^{\sqrt{2\pi n}} r\sin r^2\mathrm{d}r=\pi(1-\cos 2n\pi)=0\qquad(n=1,2,\cdots),$$

故 $$\lim_{n\to\infty}\iint\limits_{x^2+y^2\leqslant 2n\pi}\sin(x^2+y^2)\mathrm{d}x\mathrm{d}y=0.$$

但由对称性，有

$$\iint\limits_{\substack{|x|\leqslant n\\|y|\leqslant n}}\sin(x^2+y^2)\mathrm{d}x\mathrm{d}y=4\iint\limits_{\substack{0\leqslant x\leqslant n\\0\leqslant y\leqslant n}}\sin(x^2+y^2)\mathrm{d}x\mathrm{d}y=4\int_0^n\mathrm{d}y\int_0^n(\sin x^2\cos y^2+\cos x^2\sin y^2)\mathrm{d}x$$

$$=4\left(\int_0^n\cos y^2\mathrm{d}y\right)\left(\int_0^n\sin x^2\mathrm{d}x\right)+4\left(\int_0^n\cos x^2\mathrm{d}x\right)\left(\int_0^n\sin y^2\mathrm{d}y\right)=8\left(\int_0^n\cos x^2\mathrm{d}x\right)\left(\int_0^n\sin x^2\mathrm{d}x\right).$$

根据 3830 题的结果，可知 $$\int_0^{+\infty}\sin x^2\mathrm{d}x=\int_0^{+\infty}\cos x^2\mathrm{d}x=\frac{1}{2}\sqrt{\frac{\pi}{2}},$$

故 $$\lim_{n\to\infty}\int_0^n\sin x^2\mathrm{d}x=\lim_{n\to\infty}\int_0^n\cos x^2\mathrm{d}x=\frac{1}{2}\sqrt{\frac{\pi}{2}}.$$

从而，得 $$\lim_{n\to\infty}\iint\limits_{\substack{|x|\leqslant n\\|y|\leqslant n}}\sin(x^2+y^2)\mathrm{d}x\mathrm{d}y=8\cdot\frac{1}{2}\sqrt{\frac{\pi}{2}}\cdot\frac{1}{2}\sqrt{\frac{\pi}{2}}=\pi.$$

**【4168】** 证明：尽管累次积分

$$\int_1^{+\infty}\mathrm{d}x\int_1^{+\infty}\frac{x^2-y^2}{(x^2+y^2)^2}\mathrm{d}y\quad\text{及}\quad\int_1^{+\infty}\mathrm{d}y\int_1^{+\infty}\frac{x^2-y^2}{(x^2+y^2)^2}\mathrm{d}x$$

收敛，但积分 $$\iint\limits_{x\geqslant1,y\geqslant1}\frac{x^2-y^2}{(x^2+y^2)^2}\mathrm{d}x\mathrm{d}y$$

发散.

**证** 先证两个累次积分收敛. 我们有

$$\int_1^{+\infty}\frac{x^2-y^2}{(x^2+y^2)^2}\mathrm{d}y=\int_1^{+\infty}\frac{x^2}{2y}\cdot\frac{2y\mathrm{d}y}{(x^2+y^2)^2}-\int_1^{+\infty}\frac{y}{2}\cdot\frac{2y\mathrm{d}y}{(x^2+y^2)^2}$$

$$=-\frac{x^2}{2y(x^2+y^2)}\Bigg|_{y=1}^{y=+\infty}-\int_1^{+\infty}\frac{x^2\mathrm{d}y}{2y^2(x^2+y^2)}+\frac{y}{2(x^2+y^2)}\Bigg|_{y=1}^{y=+\infty}-\int_1^{+\infty}\frac{\mathrm{d}y}{2(x^2+y^2)}$$

$$=\frac{x^2}{2(x^2+1)}-\frac{1}{2}\int_1^{+\infty}\left(\frac{1}{y^2}-\frac{1}{x^2+y^2}\right)\mathrm{d}y-\frac{1}{2(x^2+1)}-\frac{1}{2}\int_1^{+\infty}\frac{\mathrm{d}y}{x^2+y^2}=\frac{x^2-1}{2(x^2+1)}-\frac{1}{2}=-\frac{1}{x^2+1},$$

故 $$\int_1^{+\infty}\mathrm{d}x\int_1^{+\infty}\frac{x^2-y^2}{(x^2+y^2)^2}\mathrm{d}y=-\int_1^{+\infty}\frac{\mathrm{d}x}{x^2+1}=-\frac{\pi}{4};$$

同理(利用已算得的结果)

$$\int_1^{+\infty} dy\int_1^{+\infty} \frac{x^2-y^2}{(x^2+y^2)^2}dx=-\int_1^{+\infty} dy\int_1^{+\infty} \frac{y^2-x^2}{(x^2+y^2)^2}dx=-\int_1^{+\infty} \left(-\frac{1}{y^2+1}\right)dy=\frac{\pi}{4},$$

故两个累次积分都收敛.

次证积分

$$\iint\limits_{x\geqslant1,y\geqslant1} \frac{x^2-y^2}{(x^2+y^2)^2}dxdy \tag{1}$$

发散. 为此只要证积分

$$\iint\limits_{x\geqslant1,1\leqslant y\leqslant x} \frac{x^2-y^2}{(x^2+y^2)^2}dxdy \tag{2}$$

发散即可(因为如果积分(1)收敛,则绝对值积分

$$\iint\limits_{x\geqslant1,y\geqslant1} \left|\frac{x^2-y^2}{(x^2+y^2)^2}\right|dxdy \tag{3}$$

必收敛. 从而,在小一点的区域上的积分

$$\iint\limits_{x\geqslant1,1\leqslant y\leqslant x} \left|\frac{x^2-y^2}{(x^2+y^2)^2}\right|dxdy$$

更收敛. 由此可知,积分(2)收敛). 由于

$$I_n=\iint\limits_{\substack{1\leqslant x\leqslant n\\1\leqslant y\leqslant x}} \frac{x^2-y^2}{(x^2+y^2)^2}dxdy=\int_1^n dx\int_1^x \frac{x^2-y^2}{(x^2+y^2)^2}dy,$$

仿上,利用部分积分法,容易算得

$$\int_1^x \frac{x^2-y^2}{(x^2+y^2)^2}dy=-\frac{x^2}{2y(x^2+y^2)}\bigg|_{y=1}^{y=x}-\int_1^x \frac{x^2dy}{2y^2(x^2+y^2)}+\frac{y}{2(x^2+y^2)}\bigg|_{y=1}^{y=x}-\int_1^x \frac{dy}{2(x^2+y^2)}$$

$$=-\frac{1}{x^2+1}+\frac{1}{2x},$$

故 $$I_n=\int_1^n\left(-\frac{1}{x^2+1}+\frac{1}{2x}\right)dx=\frac{\pi}{4}-\arctan n+\frac{1}{2}\ln n\to+\infty\quad(n\to\infty),$$

由此可知积分(2)发散.

注意,也可用反证法证明积分(1)发散. 假定积分(1)收敛. 于是,积分(3)收敛. 但恒有

$$\iint\limits_{x\geqslant1,y\geqslant1} \left|\frac{x^2-y^2}{(x^2+y^2)^2}\right|dxdy=\int_1^{+\infty} dx\int_1^{+\infty} \left|\frac{x^2-y^2}{(x^2+y^2)^2}\right|dy=\int_1^{+\infty} dy\int_1^{+\infty} \left|\frac{x^2-y^2}{(x^2+y^2)^2}\right|dx, \tag{4}$$

故(4)式中两个累次积分都收敛. 又由前面已证不取绝对值的两个累次积分

$$\int_1^{+\infty}dx\int_1^{+\infty} \frac{x^2-y^2}{(x^2+y^2)^2}dy \quad 与 \quad \int_1^{+\infty}dy\int_1^{+\infty} \frac{x^2-y^2}{(x^2+y^2)^2}dx$$

都收敛,故知

$$\iint\limits_{x\geqslant1,y\geqslant1} \frac{x^2-y^2}{(x^2+y^2)^2}dxdy=\int_1^{+\infty} dx\int_1^{+\infty} \frac{x^2-y^2}{(x^2+y^2)^2}dy=-\frac{\pi}{4},$$

$$\iint\limits_{x\geqslant1,y\geqslant1} \frac{x^2-y^2}{(x^2+y^2)^2}dxdy=\int_1^{+\infty} dy\int_1^{+\infty} \frac{x^2-y^2}{(x^2+y^2)^2}dx=\frac{\pi}{4},$$

这是不可能的. 证毕.

**计算下列积分(参数是正的):**

**【4169】** $\displaystyle\iint\limits_{\substack{xy\geqslant1\\x\geqslant1}} \frac{dxdy}{x^py^q}$.

**解** 由于被积函数非负,故 $$I=\iint\limits_{\substack{xy\geqslant1\\x\geqslant1}} \frac{dxdy}{x^py^q}=\int_1^{+\infty} \frac{dx}{x^p}\int_{\frac{1}{x}}^{+\infty} \frac{dy}{y^q}.$$

而当 $q>1$ 时, $$\int_{\frac{1}{x}}^{+\infty} \frac{dy}{y^q}=\frac{x^{q-1}}{q-1}.$$

(注意,当 $q\leqslant 1$ 时,此积分发散,从而,$I=+\infty$);又当 $p>q$ 时,

$$I=\frac{1}{q-1}\int_1^{+\infty} x^{q-p-1}\mathrm{d}x=\frac{1}{(p-q)(q-1)}.$$

(注意,当 $p\leqslant q$ 时,此积分发散,$I=+\infty$)

综上所述,可知:当 $p>q>1$ 时, $\displaystyle\iint\limits_{\substack{xy\geqslant 1\\ x\geqslant 1}}\frac{\mathrm{d}x\mathrm{d}y}{x^p y^q}=\frac{1}{(p-q)(q-1)}.$

**【4170】** $\displaystyle\iint\limits_{\substack{x+y\geqslant 1\\ 0\leqslant x\leqslant 1}}\frac{\mathrm{d}x\mathrm{d}y}{(x+y)^p}.$

**解** 由于被积函数非负,故 $\displaystyle I=\iint\limits_{\substack{x+y\geqslant 1\\ 0\leqslant x\leqslant 1}}\frac{\mathrm{d}x\mathrm{d}y}{(x+y)^p}=\int_0^1\mathrm{d}x\int_{1-x}^{+\infty}\frac{\mathrm{d}y}{(x+y)^p}.$

当 $p>1$ 时, $\displaystyle\int_{1-x}^{+\infty}\frac{\mathrm{d}y}{(x+y)^p}=-\frac{1}{p-1}\cdot\frac{1}{(x+y)^{p-1}}\Bigg|_{y=1-x}^{y=+\infty}=\frac{1}{p-1}.$

(注意,当 $p\leqslant 1$ 时,积分发散,$I=+\infty$),故

$$I=\int_0^1\frac{\mathrm{d}x}{p-1}=\frac{1}{p-1}\quad(p>1).$$

**【4171】** $\displaystyle\iint\limits_{x^2+y^2\leqslant 1}\frac{\mathrm{d}x\mathrm{d}y}{\sqrt{1-x^2-y^2}}.$

**解** 采用极坐标,由于被积函数非负,故有

$$\iint\limits_{x^2+y^2\leqslant 1}\frac{\mathrm{d}x\mathrm{d}y}{\sqrt{1-x^2-y^2}}=\int_0^{2\pi}\mathrm{d}\theta\int_0^1\frac{r}{\sqrt{1-r^2}}\mathrm{d}r=2\pi(-\sqrt{1-r^2})\Big|_{r=0}^{r=1}=2\pi.$$

**【4172】** $\displaystyle\iint\limits_{x^2+y^2\geqslant 1}\frac{\mathrm{d}x\mathrm{d}y}{(x^2+y^2)^p}.$

**提示** ,注意到被积函数非负,采用极坐标即可获解.

**解** 采用极坐标,由于被积函数非负,故有

$$\iint\limits_{x^2+y^2\geqslant 1}\frac{\mathrm{d}x\mathrm{d}y}{(x^2+y^2)^p}=\int_0^{2\pi}\mathrm{d}\theta\int_1^{+\infty}\frac{\mathrm{d}r}{r^{2p-1}}=\begin{cases}\dfrac{\pi}{p-1}, & p>1,\\ +\infty, & p\leqslant 1.\end{cases}$$

**【4173】** $\displaystyle\iint\limits_{y\geqslant x^2+1}\frac{\mathrm{d}x\mathrm{d}y}{x^4+y^2}.$

**解** 由于被积函数非负,故

$$I=\iint\limits_{y\geqslant x^2+1}\frac{\mathrm{d}x\mathrm{d}y}{x^4+y^2}=\int_{-\infty}^{+\infty}\mathrm{d}x\int_{x^2+1}^{+\infty}\frac{\mathrm{d}y}{x^4+y^2}=2\int_0^{+\infty}\mathrm{d}x\int_{x^2+1}^{+\infty}\frac{\mathrm{d}y}{x^4+y^2}.$$

由于 $\displaystyle\int_{x^2+1}^{+\infty}\frac{\mathrm{d}y}{x^4+y^2}=\frac{1}{x^2}\arctan\frac{y}{x^2}\Bigg|_{y=x^2+1}^{y=+\infty}=\frac{1}{x^2}\left[\frac{\pi}{2}-\arctan\left(1+\frac{1}{x^2}\right)\right],$

故

$$\begin{aligned}I&=2\int_0^{+\infty}\frac{1}{x^2}\left[\frac{\pi}{2}-\arctan\left(1+\frac{1}{x^2}\right)\right]\mathrm{d}x\\&=-\frac{2}{x}\left[\frac{\pi}{2}-\arctan\left(1+\frac{1}{x^2}\right)\right]\Bigg|_{x=0}^{x=+\infty}+2\int_0^{+\infty}\frac{\frac{1}{x}\cdot\frac{2}{x^3}}{1+\left(1+\frac{1}{x^2}\right)^2}\mathrm{d}x=2\int_0^{+\infty}\frac{\mathrm{d}x}{x^4+x^2+\frac{1}{2}},\end{aligned}$$

其中 $$\lim_{x\to+0}\frac{\frac{\pi}{2}-\arctan\left(1+\frac{1}{x^2}\right)}{x}=\lim_{x\to+0}\frac{\dfrac{-\frac{2}{x^3}}{1+\left(1+\frac{1}{x^2}\right)^2}}{1}=\lim_{x\to+0}\left(-\frac{x}{x^4+x^2+\frac{1}{2}}\right)=0.$$

下面计算积分 $\int_0^{+\infty}\frac{dx}{x^4+x^2+\frac{1}{2}}$. 为简单计,记 $a=\sqrt{\sqrt{2}-1}$, $b=\frac{1}{\sqrt{2}}$,则

$$\frac{1}{x^4+x^2+\frac{1}{2}}=\frac{1}{\left(x^2+\frac{1}{\sqrt{2}}\right)^2-(\sqrt{2}-1)x^2}=\frac{1}{(x^2+b)^2-(ax)^2}$$

$$=\frac{1}{(x^2+ax+b)(x^2-ax+b)}=\frac{1}{2ab}\left[\frac{x+a}{x^2+ax+b}-\frac{x-a}{x^2-ax+b}\right]$$

$$=\frac{1}{4ab}\left[\frac{2x+a}{x^2+ax+b}+\frac{a}{x^2+ax+b}-\frac{2x-a}{x^2-ax+b}+\frac{a}{x^2-ax+b}\right].$$

于是,

$$\int_0^{+\infty}\frac{dx}{x^4+x^2+\frac{1}{2}}=\frac{1}{4ab}\int_0^{+\infty}\left[\frac{2x+a}{x^2+ax+b}-\frac{2x-a}{x^2-ax+b}\right]dx+\frac{1}{4b}\int_0^{+\infty}\left[\frac{1}{x^2+ax+b}+\frac{1}{x^2-ax+b}\right]dx$$

$$=\frac{1}{4ab}\left(\ln\frac{x^2+ax+b}{x^2-ax+b}\right)\Bigg|_{x=0}^{x=+\infty}+\frac{1}{4b}\left(\frac{2}{\sqrt{4b-a^2}}\arctan\frac{2x+a}{\sqrt{4b-a^2}}+\frac{2}{\sqrt{4b-a^2}}\arctan\frac{2x-a}{\sqrt{4b-a^2}}\right)\Bigg|_{x=0}^{x=+\infty}$$

$$=0+\frac{1}{4b}\ \frac{2\pi}{\sqrt{4b-a^2}}=\frac{\pi}{2b\ \sqrt{4b-a^2}}=\frac{\pi}{2\cdot\frac{1}{\sqrt{2}}\sqrt{\frac{4}{\sqrt{2}}-(\sqrt{2}-1)}}=\frac{\pi}{\sqrt{2}\cdot\sqrt{\sqrt{2}+1}}$$

$$=\frac{\pi\sqrt{\sqrt{2}-1}}{\sqrt{2}\sqrt{\sqrt{2}+1}\ \sqrt{\sqrt{2}-1}}=\frac{\pi\sqrt{\sqrt{2}-1}\sqrt{2}}{2}=\frac{\pi\sqrt{2(\sqrt{2}-1)}}{2},$$

故
$$I=2\int_0^{+\infty}\frac{dx}{x^4+x^2+\frac{1}{2}}=\pi\sqrt{2(\sqrt{2}-1)}\ .$$

**【4174】** $\iint\limits_{0\leqslant x\leqslant y}e^{-(x+y)}dxdy.$

**解** 由于被积函数非负,故

$$\iint\limits_{0\leqslant x\leqslant y}e^{-(x+y)}dxdy=\int_0^{+\infty}dx\int_x^{+\infty}e^{-(x+y)}dy=\int_0^{+\infty}e^{-x}dx\int_x^{+\infty}e^{-y}dy=\int_0^{+\infty}e^{-2x}dx=\frac{1}{2}.$$

**变换为极坐标,计算下列积分:**

**【4175】** $\int_{-\infty}^{+\infty}\int_{-\infty}^{+\infty}e^{-(x^2+y^2)}dxdy.$

**提示** 注意到被积函数非负,采用极坐标即可获解.

**解** 由于被积函数非负,故采用极坐标就有

$$\int_{-\infty}^{+\infty}\int_{-\infty}^{+\infty}e^{-(x^2+y^2)}dxdy=\int_0^{2\pi}d\theta\int_0^{+\infty}re^{-r^2}dr=2\pi\left(-\frac{1}{2}e^{-r^2}\right)\Bigg|_{r=0}^{r=+\infty}=\pi\ .$$

**【4176】** $\int_{-\infty}^{+\infty}\int_{-\infty}^{+\infty}e^{-(x^2+y^2)}\cos(x^2+y^2)dxdy.$

**提示** 由于 $|e^{-(x^2+y^2)}\cos(x^2+y^2)|\leqslant e^{-(x^2+y^2)}$,利用 4175 题的结果知所给积分收敛,对它采用极坐标即可获解.

**解** 由于 $|e^{-(x^2+y^2)}\cos(x^2+y^2)|\leqslant e^{-(x^2+y^2)}$,而

$$\int_{-\infty}^{+\infty}\int_{-\infty}^{+\infty}e^{-(x^2+y^2)}dxdy$$

收敛(参看 4175 题),故

$$\int_{-\infty}^{+\infty}\int_{-\infty}^{+\infty}e^{-(x^2+y^2)}\cos(x^2+y^2)dxdy$$

收敛. 从而,采用极坐标就有

$$\int_{-\infty}^{+\infty}\int_{-\infty}^{+\infty} e^{-(x^2+y^2)}\cos(x^2+y^2)dxdy=\int_0^{2\pi}d\theta\int_0^{+\infty} re^{-r^2}\cos r^2 dr=\pi\int_0^{+\infty} e^{-t}\cos tdt$$

$$=\pi\left(\frac{\sin t-\cos t}{(-1)^2+1^2}e^{-t}\right)\Big|_{t=0}^{t=+\infty}=\frac{\pi}{2}.$$

**【4177】** $\int_{-\infty}^{+\infty}\int_{-\infty}^{+\infty} e^{-(x^2+y^2)}\sin(x^2+y^2)dxdy.$

**提示** 仿4176题的解法.

**解** 由于$|e^{-(x^2+y^2)}\sin(x^2+y^2)|\leqslant e^{-(x^2+y^2)}$，而积分$\int_{-\infty}^{+\infty}\int_{-\infty}^{+\infty} e^{-(x^2+y^2)}dxdy$收敛(参看4175题)，故积分$\int_{-\infty}^{+\infty}\int_{-\infty}^{+\infty} e^{-(x^2+y^2)}\sin(x^2+y^2)dxdy$收敛. 从而，采用极坐标就有

$$\int_{-\infty}^{+\infty}\int_{-\infty}^{+\infty} e^{-(x^2+y^2)}\sin(x^2+y^2)dxdy=\int_0^{2\pi}d\theta\int_0^{+\infty} re^{-r^2}\sin r^2 dr=\pi\int_0^{+\infty} e^{-t}\sin tdt$$

$$=\pi\left(\frac{-\sin t-\cos t}{(-1)^2+1^2}e^{-t}\right)\Big|_{t=0}^{t=+\infty}=\frac{\pi}{2}.$$

**计算下列积分：**

**【4178】** $\int_{-\infty}^{+\infty}\int_{-\infty}^{+\infty} e^{ax^2+2bxy+cy^2+2dx+2ey+f}dxdy$，其中$a<0$，$ac-b^2>0$.

**解** 我们有(令$\delta=ac-b^2>0$，$t=x+\frac{b}{a}y$)

$$\varphi(x,y)=ax^2+2bxy+cy^2+2dx+2ey+f$$

$$=a\left(x^2+\frac{2b}{a}xy+\frac{b^2}{a^2}y^2\right)+\frac{ac-b^2}{a}y^2+2dx+2ey+f$$

$$=a\left(x+\frac{b}{a}y\right)^2+\frac{\delta}{a}y^2+2dx+2ey+f=at^2+\frac{\delta}{a}y^2+2d\left(t-\frac{b}{a}y\right)+2ey+f$$

$$=a\left(t^2+\frac{2d}{a}t+\frac{d^2}{a^2}\right)-\frac{d^2}{a}+\frac{\delta}{a}\left[y^2+\frac{2}{\delta}(ae-bd)y+\frac{(ae-bd)^2}{\delta^2}\right]-\frac{(ae-bd)^2}{a\delta}+f$$

$$=a\left(t+\frac{d}{a}\right)^2+\frac{\delta}{a}\left(y+\frac{ae-bd}{\delta}\right)^2+\beta,$$

其中 $$\beta=f-\frac{d^2}{a}-\frac{(ae-bd)^2}{a\delta}=\frac{1}{a\delta}[af(ac-b^2)-d^2(ac-b^2)-(ae-bd)^2]$$

$$=\frac{1}{\delta}(acf-b^2f-cd^2-ae^2+2bde)=\frac{\Delta}{\delta},$$

这里

$$\Delta=\begin{vmatrix} a & b & d\\ b & c & e\\ d & e & f\end{vmatrix}.$$

今作变量代换

$$\begin{cases} u=\sqrt{-a}x+\frac{b\sqrt{-a}}{a}y+\frac{d\sqrt{-a}}{a}\\ v=\sqrt{-\frac{\delta}{a}}y+\sqrt{-\frac{\delta}{a}}\frac{ae-bd}{\delta},\end{cases}\tag{1}$$

则$\varphi(x,y)=-u^2-v^2+\beta$. 又

$$\frac{D(x,y)}{D(u,v)}=\frac{1}{\frac{D(u,v)}{D(x,y)}}=\frac{1}{\begin{vmatrix}\sqrt{-a} & \frac{b}{a}\sqrt{-a}\\ 0 & \sqrt{-\frac{\delta}{a}}\end{vmatrix}}=\frac{1}{\sqrt{\delta}}>0.$$

故线性变换(1)是非退化的，它将$(x,y)$平面的点与$(u,v)$平面的点一一对应. 于是，利用4175题的结果，得

$$\int_{-\infty}^{+\infty}\int_{-\infty}^{+\infty} e^{\varphi(x,y)}\,dxdy=\int_{-\infty}^{+\infty}\int_{-\infty}^{+\infty} e^{-u^2-v^2+\beta}\frac{1}{\sqrt{\delta}}dudv=\frac{1}{\sqrt{\delta}}e^{\frac{\Delta}{\delta}}\int_{-\infty}^{+\infty}\int_{-\infty}^{+\infty} e^{-(u^2+v^2)}dudv=\frac{\pi}{\sqrt{\delta}}e^{\frac{\Delta}{\delta}}.$$

**【4179】** $\iint\limits_{\frac{x^2}{a^2}+\frac{y^2}{b^2}\geqslant 1} e^{-\left(\frac{x^2}{a^2}+\frac{y^2}{b^2}\right)}dxdy.$

**提示** 注意到被积函数非负，采用广义极坐标 $x=ar\cos\varphi, y=br\sin\varphi$ 即可获解.

**解** 作广义极坐标变换 $x=ar\cos\theta, y=br\sin\theta$，由于被积函数非负，故

$$\iint\limits_{\frac{x^2}{a^2}+\frac{y^2}{b^2}\geqslant 1} e^{-\left(\frac{x^2}{a^2}+\frac{y^2}{b^2}\right)}dxdy=\int_0^{2\pi}d\theta\int_0^{+\infty} abre^{-r^2}dr=2\pi ab\left(-\frac{1}{2}e^{-r^2}\right)\Bigg|_{r=1}^{r=+\infty}=\frac{\pi}{e}ab.$$

**【4180】** $\int_{-\infty}^{+\infty}\int_{-\infty}^{+\infty} xye^{-\left(\frac{x^2}{a^2}+2\varepsilon\frac{x}{a}\cdot\frac{y}{b}+\frac{y^2}{b^2}\right)}dxdy\ (0<|\varepsilon|<1).$

**解** 作广义极坐标变换 $x=ar\cos\theta, y=br\sin\theta$，则有

$$I=\int_{-\infty}^{+\infty}\int_{-\infty}^{+\infty} xye^{-\left(\frac{x^2}{a^2}+2\varepsilon\frac{x}{a}\cdot\frac{y}{b}+\frac{y^2}{b^2}\right)}dxdy=\int_0^{2\pi}\int_0^{+\infty}\frac{1}{2}a^2b^2r^3\sin2\theta e^{-r^2(1+\varepsilon\sin2\theta)}drd\theta. \tag{1}$$

由于 $|r^3\sin2\theta e^{-r^2(1+\varepsilon\sin2\theta)}|\leqslant r^3e^{-r^2(1-|\varepsilon|)}$，而积分

$$\int_0^{2\pi}\int_0^{+\infty} r^3e^{-r^2(1-|\varepsilon|)}drd\theta=\int_0^{2\pi}d\theta\int_0^{+\infty} r^3e^{-r^2(1-|\varepsilon|)}dr=2\pi\int_0^{+\infty} r^3e^{-r^2(1-|\varepsilon|)}dr<+\infty,$$

故(1)式中的二重广义积分收敛. 于是，

$$I=\frac{1}{2}a^2b^2\int_0^{2\pi}\sin2\theta d\theta\int_0^{+\infty} r^3e^{-r^2(1+\varepsilon\sin2\theta)}dr. \tag{2}$$

但是，

$$\int_0^{+\infty} r^3e^{-r^2(1+\varepsilon\sin2\theta)}dr=\frac{1}{2}\int_0^{+\infty} te^{-t(1+\varepsilon\sin2\theta)}dt=-\frac{1}{2(1+\varepsilon\sin2\theta)}\left[te^{-t(1+\varepsilon\sin2\theta)}\Big|_{t=0}^{t=+\infty}-\int_0^{+\infty}e^{-t(1+\varepsilon\sin2\theta)}dt\right]$$

$$=\frac{1}{2(1+\varepsilon\sin2\theta)}\int_0^{+\infty}e^{-t(1+\varepsilon\sin2\theta)}dt=\frac{1}{2(1+\varepsilon\sin2\theta)^2},$$

故

$$I=\frac{1}{4}a^2b^2\int_0^{2\pi}\frac{\sin2\theta}{(1+\varepsilon\sin2\theta)^2}d\theta=\frac{1}{2}a^2b^2\int_0^{\pi}\frac{\sin2\theta}{(1+\varepsilon\sin2\theta)^2}d\theta=\frac{1}{4}a^2b^2\int_0^{2\pi}\frac{\sin u}{(1+\varepsilon\sin u)^2}du$$

$$=\frac{1}{4}a^2b^2\left[\int_0^{\frac{\pi}{2}}\frac{\sin u}{(1+\varepsilon\sin u)^2}du+\int_{\frac{\pi}{2}}^{\pi}\frac{\sin u}{(1+\varepsilon\sin u)^2}du+\int_{\pi}^{\frac{3\pi}{2}}\frac{\sin u}{(1+\varepsilon\sin u)^2}du+\int_{\frac{3\pi}{2}}^{2\pi}\frac{\sin u}{(1+\varepsilon\sin u)^2}du\right]$$

$$=\frac{1}{2}a^2b^2\left[\int_0^{\frac{\pi}{2}}\frac{\sin udu}{(1+\varepsilon\sin u)^2}-\int_0^{\frac{\pi}{2}}\frac{\sin udu}{(1-\varepsilon\sin u)^2}\right]. \tag{3}$$

但是(作代换 $u=\frac{\pi}{2}-v$)，

$$\int_0^{\frac{\pi}{2}}\frac{\sin udu}{(1+\varepsilon\sin u)^2}=\frac{1}{\varepsilon}\int_0^{\frac{\pi}{2}}\left[\frac{1}{1+\varepsilon\sin u}-\frac{1}{(1+\varepsilon\sin u)^2}\right]du=\frac{1}{\varepsilon}\int_0^{\frac{\pi}{2}}\left[\frac{1}{1+\varepsilon\cos v}-\frac{1}{(1+\varepsilon\cos v)^2}\right]dv,$$

同理，有 $$\int_0^{\frac{\pi}{2}}\frac{\sin udu}{(1-\varepsilon\sin u)^2}=-\frac{1}{\varepsilon}\int_0^{\frac{\pi}{2}}\left[\frac{1}{1-\varepsilon\cos v}-\frac{1}{(1-\varepsilon\cos v)^2}\right]dv.$$

根据 2028 题(1)和 2063 题的结果，可知(当 $0<|\varepsilon|<1$ 时)

$$\int\frac{dx}{1+\varepsilon\cos x}=\frac{2}{\sqrt{1-\varepsilon^2}}\arctan\left(\sqrt{\frac{1-\varepsilon}{1+\varepsilon}}\tan\frac{x}{2}\right)+C, \tag{4}$$

$$\int\frac{dx}{(1+\varepsilon\cos x)^2}=-\frac{\varepsilon\sin x}{(1-\varepsilon^2)(1+\varepsilon\cos x)}+\frac{2}{(1-\varepsilon^2)^{\frac{3}{2}}}\arctan\left(\sqrt{\frac{1-\varepsilon}{1+\varepsilon}}\tan\frac{x}{2}\right)+C. \tag{5}$$

(注意，2028 题(1)和 2063 题中假定 $0<\varepsilon<1$，但从其推导过程可以看出公式(4)、(5)当 $-1<\varepsilon<0$ 时也成立).

于是，

$$\int_0^{\frac{\pi}{2}}\frac{\sin u\mathrm{d}u}{(1+\varepsilon\sin u)^2}=\frac{1}{\varepsilon}\left[\frac{2}{\sqrt{1-\varepsilon^2}}\arctan\sqrt{\frac{1-\varepsilon}{1+\varepsilon}}+\frac{\varepsilon}{1-\varepsilon^2}-\frac{2}{(1-\varepsilon^2)^{\frac{3}{2}}}\arctan\sqrt{\frac{1-\varepsilon}{1+\varepsilon}}\right],$$

$$\int_0^{\frac{\pi}{2}}\frac{\sin u\mathrm{d}u}{(1-\varepsilon\sin u)^2}=-\frac{1}{\varepsilon}\left[\frac{2}{\sqrt{1-\varepsilon^2}}\arctan\sqrt{\frac{1+\varepsilon}{1-\varepsilon}}-\frac{\varepsilon}{1-\varepsilon^2}-\frac{2}{(1-\varepsilon^2)^{\frac{3}{2}}}\arctan\sqrt{\frac{1+\varepsilon}{1-\varepsilon}}\right].$$

从而，由(3)式得 $I=\frac{1}{\varepsilon}a^2b^2\left[\frac{1}{\sqrt{1-\varepsilon^2}}-\frac{1}{(1-\varepsilon^2)^{\frac{3}{2}}}\right]\left[\arctan\sqrt{\frac{1-\varepsilon}{1+\varepsilon}}+\arctan\sqrt{\frac{1+\varepsilon}{1-\varepsilon}}\right].$

但对任何的 $x>0$，有
$$\arctan x+\arctan\frac{1}{x}=\frac{\pi}{2},$$

故最后得 $I=\frac{1}{\varepsilon}a^2b^2\left(\frac{1}{\sqrt{1-\varepsilon^2}}-\frac{1}{(1-\varepsilon^2)^{\frac{3}{2}}}\right)\frac{\pi}{2}=-\frac{\pi\varepsilon a^2b^2}{2(1-\varepsilon^2)^{\frac{3}{2}}}.$

**研究下列不连续函数的二重广义积分的收敛性** $(0<m\leqslant|\varphi(x,y)|\leqslant M)$：

**【4181】** $\iint\limits_{\Omega}\frac{\mathrm{d}x\mathrm{d}y}{x^2+y^2}$，式中区域 $\Omega$ 由条件 $|y|\leqslant x^2$；$x^2+y^2\leqslant1$ 确定.

**解** 显然，$\Omega$ 为图 8.61 中的阴影部分. 由于对称性以及被积函数的非负性，采用极坐标就有

$$\iint\limits_{\Omega}\frac{\mathrm{d}x\mathrm{d}y}{x^2+y^2}=4\int_0^{\delta}\mathrm{d}\theta\int_{\frac{\sin\theta}{\cos^2\theta}}^1\frac{\mathrm{d}r}{r}=4\int_0^{\delta}\ln\frac{\cos^2\theta}{\sin\theta}\mathrm{d}\theta,$$

其中 $\delta$ 表图 8.61 中射线 $OA$ 与 $Ox$ 轴之间的夹角，抛物线 $y=x^2$ 的极坐标方程为 $r=\frac{\sin\theta}{\cos^2\theta}$.

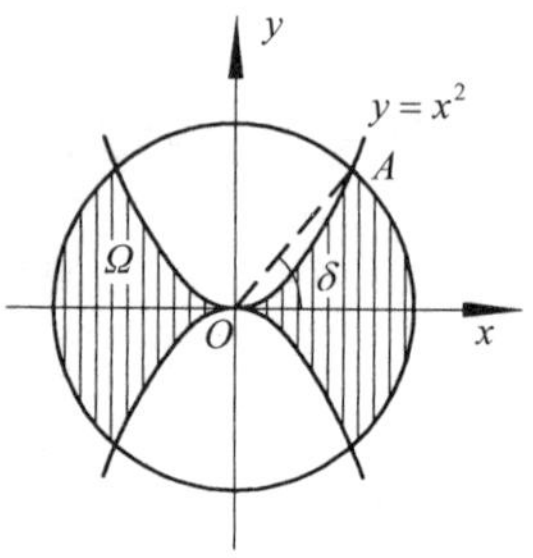


图 8.61

由于

$$\lim_{\theta\to+0}\theta^{\frac{1}{2}}\ln\frac{\cos^2\theta}{\sin\theta}=\lim_{\theta\to+0}\left[\left(\frac{\theta}{\sin\theta}\right)^{\frac{1}{2}}\cdot\cos\theta\cdot\frac{\ln\frac{\cos^2\theta}{\sin\theta}}{\left(\frac{\cos^2\theta}{\sin\theta}\right)^{\frac{1}{2}}}\right]=0,$$

故积分 $\int_0^{\delta}\ln\frac{\cos^2\theta}{\sin\theta}\mathrm{d}\theta$ 收敛，从而，原积分 $\iint\limits_{\Omega}\frac{\mathrm{d}x\mathrm{d}y}{x^2+y^2}$ 收敛.

**【4182】** $\iint\limits_{x^2+y^2\leqslant1}\frac{\varphi(x,y)}{(x^2+xy+y^2)^p}\mathrm{d}x\mathrm{d}y.$

**解** 由于 $x^2+xy+y^2=\frac{1}{2}(x^2+y^2)+\frac{1}{2}(x+y)^2>0$ （当 $(x,y)\neq(0,0)$ 时），

故
$$\frac{m}{(x^2+xy+y^2)^p}\leqslant\frac{|\varphi(x,y)|}{(x^2+xy+y^2)^p}\leqslant\frac{M}{(x^2+xy+y^2)^p}\quad（当(x,y)\neq(0,0)时），$$

再注意到广义重积分收敛必绝对收敛，即知积分

$$\iint\limits_{x^2+y^2\leqslant1}\frac{\varphi(x,y)}{(x^2+xy+y^2)^p}\mathrm{d}x\mathrm{d}y\quad与\quad\iint\limits_{x^2+y^2\leqslant1}\frac{\mathrm{d}x\mathrm{d}y}{(x^2+xy+y^2)^p}$$

同时收敛或同时发散. 由于 $\frac{1}{(x^2+xy+y^2)^p}>0$（当 $(x,y)\neq(0,0)$ 时），采用极坐标即得

$$\iint\limits_{x^2+y^2\leqslant1}\frac{\mathrm{d}x\mathrm{d}y}{(x^2+xy+y^2)^p}=\int_0^{2\pi}\frac{\mathrm{d}\theta}{\left(1+\frac{1}{2}\sin2\theta\right)^p}\int_0^1\frac{\mathrm{d}r}{r^{2p-1}},$$

$\int_0^{2\pi}\frac{\mathrm{d}\theta}{\left(1+\frac{1}{2}\sin2\theta\right)^p}$ 为常义积分，其值为有限数，而

$$\int_0^1\frac{\mathrm{d}r}{r^{2p-1}}=\begin{cases}\frac{1}{2(1-p)}, & p<1;\\ +\infty, & p\geqslant1.\end{cases}$$

由此可知:原积分 $\iint\limits_{x^2+y^2\leqslant 1}\frac{\varphi(x,y)}{(x^2+xy+y^2)^p}\mathrm{d}x\mathrm{d}y$ 当 $p<1$ 时收敛,当 $p\geqslant 1$ 时发散.

**【4183】** $\iint\limits_{|x|+|y|\leqslant 1}\frac{\mathrm{d}x\mathrm{d}y}{|x|^p+|y|^q}\quad(p>0,q>0)$.

**解** 由对称性及被积函数的非负性,有

$$\iint\limits_{|x|+|y|\leqslant 1}\frac{\mathrm{d}x\mathrm{d}y}{|x|^p+|y|^q}=4\iint\limits_{\substack{x\geqslant 0,y\geqslant 0\\x+y\leqslant 1}}\frac{\mathrm{d}x\mathrm{d}y}{x^p+y^q}=4\iint\limits_{\Omega_1}\frac{\mathrm{d}x\mathrm{d}y}{x^p+y^q}+4\iint\limits_{\Omega_2}\frac{\mathrm{d}x\mathrm{d}y}{x^p+y^q},\tag{1}$$

其中 $\Omega_1=\left\{(x,y)\,|\,x\geqslant 0,y\geqslant 0,x+y\leqslant 1,x^p+y^q\geqslant 2^{-p-q}\right\}$,$\Omega_2=\left\{(x,y)\,|\,x\geqslant 0,y\geqslant 0,x+y\leqslant 1,x^p+y^q\leqslant 2^{-p-q}\right\}$. 令 $\Omega_3=\left\{(x,y)\,|\,x\geqslant 0,y\geqslant 0,x^p+y^q\leqslant 2^{-p-q}\right\}$,易知,当 $x\geqslant 0,y\geqslant 0,x^p+y^q\leqslant 2^{-p-q}$ 时,必有 $x+y\leqslant 1$ (因为 $x\geqslant 0,y\geqslant 0,x^p+y^q\leqslant\frac{1}{2^{p+q}}$,故 $x^p\leqslant\frac{1}{2^{p+q}}\leqslant\frac{1}{2^p}$,$y^q\leqslant\frac{1}{2^{p+q}}\leqslant\frac{1}{2^q}$,从而,$x\leqslant\frac{1}{2}$,$y\leqslant\frac{1}{2}$,由此知 $x+y\leqslant 1$).

故 $\Omega_3=\Omega_2$. 由于函数$\frac{1}{x^p+y^q}$在有界闭区域 $\Omega_1$ 上连续,故(1)式右端第一个积分为常义积分. 因此,广义积分 $\iint\limits_{|x|+|y|\leqslant 1}\frac{\mathrm{d}x\mathrm{d}y}{|x|^p+|y|^q}$的敛散性取决于广义积分$\iint\limits_{\Omega_3}\frac{\mathrm{d}x\mathrm{d}y}{x^p+y^q}$ 的敛散性. 在此积分中作变量代换

$$x=r^{\frac{2}{p}}\cos^{\frac{2}{p}}\theta,\qquad y=r^{\frac{2}{q}}\sin^{\frac{2}{q}}\theta,$$

则易知

$$\frac{D(x,y)}{D(r,\theta)}=\frac{4}{pq}r^{\frac{2}{p}+\frac{2}{q}-1}\sin^{\frac{2}{q}-1}\theta\cos^{\frac{2}{p}-1}\theta.$$

于是,注意到被积函数是非负的,得

$$\iint\limits_{\Omega_3}\frac{\mathrm{d}x\mathrm{d}y}{x^p+y^q}=\frac{4}{pq}\int_0^{\frac{\pi}{2}}\sin^{\frac{2}{q}-1}\theta\cos^{\frac{2}{p}-1}\theta\mathrm{d}\theta\int_0^{(\sqrt{2})^{-p-q}}r^{\frac{2}{p}+\frac{2}{q}-3}\mathrm{d}r.$$

由 3856 题的结果知,右端第一个积分

$$\int_0^{\frac{\pi}{2}}\sin^{\frac{2}{q}-1}\theta\cos^{\frac{2}{p}-1}\theta\mathrm{d}\theta\quad(p>0,q>0)$$

恒收敛,且其值为$\frac{1}{2}\mathrm{B}(\frac{1}{q},\frac{1}{p})$;而第二个积分

$$\int_0^{(\sqrt{2})^{-p-q}}r^{\frac{2}{p}+\frac{2}{q}-3}\mathrm{d}r$$

当$\frac{2}{p}+\frac{2}{q}-3>-1$ (即$\frac{1}{p}+\frac{1}{q}>1$)时收敛,当$\frac{2}{p}+\frac{2}{q}-3\leqslant -1$ (即$\frac{2}{p}+\frac{2}{q}\leqslant 1$)时发散.

综上所述,可知原积分 $\iint\limits_{|x|+|y|\leqslant 1}\frac{\mathrm{d}x\mathrm{d}y}{|x|^p+|y|^q}$当$\frac{1}{p}+\frac{1}{q}>1$ 时收敛,当$\frac{1}{p}+\frac{1}{q}\leqslant 1$ 时发散.

**【4184】** $\int_0^a\int_0^a\frac{\varphi(x,y)}{|x-y|^p}\mathrm{d}x\mathrm{d}y$.

**解** 由于$\frac{m}{|x-y|^p}\leqslant\frac{|\varphi(x,y)|}{|x-y|^p}\leqslant\frac{M}{|x-y|^p}$,并注意到广义重积分收敛必绝对收敛,可知

积分 $\int_0^a\int_0^a\frac{\varphi(x,y)}{|x-y|^p}\mathrm{d}x\mathrm{d}y$ 与积分 $\int_0^a\int_0^a\frac{\mathrm{d}x\mathrm{d}y}{|x-y|^p}$

同时收敛或同时发散. 由对称性及被积函数的非负性可知,

$$\int_0^a\int_0^a\frac{\mathrm{d}x\mathrm{d}y}{|x-y|^p}=2\iint\limits_{\substack{0\leqslant x\leqslant a\\0\leqslant y\leqslant x}}\frac{\mathrm{d}x\mathrm{d}y}{(x-y)^p}.\tag{1}$$

当 $p<1$ 时,

$$\iint\limits_{\substack{0\leqslant x\leqslant a\\0\leqslant y\leqslant x}}\frac{\mathrm{d}x\mathrm{d}y}{(x-y)^p}=\int_0^a\mathrm{d}x\int_0^x\frac{\mathrm{d}y}{(x-y)^p}=\int_0^a\frac{x^{1-p}}{1-p}\mathrm{d}x=\frac{a^{2-p}}{(1-p)(2-p)}.$$

从而,由(1)式知$\int_0^a\int_0^a\frac{\mathrm{d}x\mathrm{d}y}{|x-y|^p}=\frac{2a^{2-p}}{(1-p)(2-p)}$. 因此,当$p<1$时积分$\int_0^a\int_0^a\frac{\mathrm{d}x\mathrm{d}y}{|x-y|^p}$收敛.

现设 $p\geqslant 1$. 首先,我们有

$$\iint\limits_{\substack{0\leqslant x\leqslant a\\0\leqslant y\leqslant x}}\frac{dxdy}{(x-y)^p}=\lim_{\varepsilon\to+0}\iint\limits_{\substack{\varepsilon\leqslant x\leqslant a\\0\leqslant y\leqslant x-\varepsilon}}\frac{dxdy}{(x-y)^p}. \tag{2}$$

若 $p=1$,则

$$\iint\limits_{\substack{\varepsilon\leqslant x\leqslant a\\0\leqslant y\leqslant x-\varepsilon}}\frac{dxdy}{(x-y)^p}=\int_\varepsilon^a dx\int_0^{x-\varepsilon}\frac{dy}{x-y}=\int_\varepsilon^a(\ln x-\ln\varepsilon)dx$$
$$=a\ln a-a+\varepsilon-a\ln\varepsilon,$$

故

$$\lim_{\varepsilon\to+0}\iint\limits_{\substack{\varepsilon\leqslant x\leqslant a\\0\leqslant y\leqslant x-\varepsilon}}\frac{dxdy}{(x-y)^p}=\lim_{\varepsilon\to+0}(a\ln a-a+\varepsilon-a\ln\varepsilon)=+\infty.$$

由此可知,此时 $\int_0^a\int_0^a\frac{dxdy}{|x-y|^p}$ 发散;若 $p=2$,则

$$\iint\limits_{\substack{\varepsilon\leqslant x\leqslant a\\0\leqslant y\leqslant x-\varepsilon}}\frac{dxdy}{(x-y)^p}=\int_\varepsilon^a dx\int_0^{x-\varepsilon}\frac{dy}{(x-y)^2}=\int_\varepsilon^a\left(\frac{1}{\varepsilon}-\frac{1}{x}\right)dx=\frac{a}{\varepsilon}-1-\ln a+\ln\varepsilon,$$

故

$$\lim_{\varepsilon\to+0}\iint\limits_{\substack{\varepsilon\leqslant x\leqslant a\\0\leqslant y\leqslant x-\varepsilon}}\frac{dxdy}{(x-y)^p}=\lim_{\varepsilon\to+0}\left(\frac{a+\varepsilon\ln\varepsilon}{\varepsilon}-1-\ln a\right)=+\infty.$$

由此可知,此时积分 $\int_0^a\int_0^a\frac{dxdy}{|x-y|^p}$ 发散;最后,若 $p>1,p\neq 2$,则

$$\iint\limits_{\substack{\varepsilon\leqslant x\leqslant a\\0\leqslant y\leqslant x-\varepsilon}}\frac{dxdy}{(x-y)^p}=\int_\varepsilon^a dx\int_0^{x-\varepsilon}\frac{dy}{(x-y)^p}=\frac{1}{p-1}\int_\varepsilon^a(\varepsilon^{1-p}-x^{1-p})dx$$
$$=\frac{1}{(p-1)\varepsilon^{p-1}}\left(a-\frac{p-1}{p-2}\varepsilon\right)+\frac{1}{(p-1)(p-2)a^{p-2}}.$$

从而,

$$\lim_{\varepsilon\to+0}\iint\limits_{\substack{\varepsilon\leqslant x\leqslant a\\0\leqslant y\leqslant x-\varepsilon}}\frac{dxdy}{(x-y)^p}=+\infty.$$

由此可知,此时积分 $\int_0^a\int_0^a\frac{dxdy}{|x-y|^p}$ 发散.

综上所述,可知积分 $\int_0^a\int_0^a\frac{dxdy}{|x-y|^p}$ 当 $p<1$ 时收敛,$p\geqslant 1$ 时发散.

**【4185】** $\iint\limits_{x^2+y^2\leqslant 1}\frac{\varphi(x,y)}{(1-x^2-y^2)^p}dxdy.$

**解** 由于

$$\frac{m}{(1-x^2-y^2)^p}\leqslant\frac{|\varphi(x,y)|}{(1-x^2-y^2)^p}\leqslant\frac{M}{(1-x^2-y^2)^p},$$

再注意到广义重积分收敛必绝对收敛,即知

积分 $\iint\limits_{x^2+y^2\leqslant 1}\frac{\varphi(x,y)}{(1-x^2-y^2)^p}dxdy$ 与积分 $\iint\limits_{x^2+y^2\leqslant 1}\frac{dxdy}{(1-x^2-y^2)^p}$

同时收敛或同时发散. 采用极坐标,由于被积函数 $\frac{1}{(1-x^2-y^2)^p}$ 是正的,故

$$\iint\limits_{x^2+y^2\leqslant 1}\frac{dxdy}{(1-x^2-y^2)^p}=\int_0^{2\pi}d\theta\int_0^1\frac{r}{(1-r^2)^p}dr=2\pi\int_0^1\frac{rdr}{(1-r)^p(1+r)^p}.$$

由于

$$\lim_{r\to 1-0}(1-r)^p\frac{r}{(1-r)^p(1+r)^p}=2^{-p},$$

故积分 $\int_0^1\frac{rdr}{(1-r)^p(1+r)^p}$ 当 $p<1$ 时收敛,$p>1$ 时发散;当 $p=1$ 时,有

$$\int_0^1\frac{rdr}{1-r^2}=-\frac{1}{2}\ln(1-r^2)\Big|_0^1=+\infty,$$

故积分也发散. 由此可知,积分 $\iint\limits_{x^2+y^2\leqslant 1}\frac{\varphi(x,y)}{(1-x^2-y^2)^p}dxdy$ 当 $p<1$ 时收敛;当 $p\geqslant 1$ 时发散.

**【4186】** 证明:若 1)函数 $\varphi(x,y)$ 在有界区域 $a\leqslant x\leqslant A,b\leqslant y\leqslant B$ 内连续;2)函数 $f(x)$ 在闭区间 $a\leqslant x\leqslant$

$A$ 上连续;3) $p<1$,则积分 $\int_a^A dx\int_b^B \frac{\varphi(x,y)}{|f(x)-y|^p}dy$ 收敛.

**证** 首先注意,由于 $p<1$,故积分 $\int_b^B \frac{dy}{|f(x)-y|^p}$ 对每个固定的 $x\in[a,A]$ 恒收敛,(若 $f(x)\in[b,B]$ 此为瑕积分,点 $f(x)$ 是瑕点,由于 $p<1$,它收敛;若 $f(x)\overline{\in}[b,B]$,则为常义积分,当然收敛). 再根据 $\varphi(x,y)$ 的有界性,即知:对每个固定的 $x\in[a,A]$,积分 $\int_b^B \frac{\varphi(x,y)}{|f(x)-y|^p}dy$ 都收敛. 令

$$F(x)=\int_b^B \frac{\varphi(x,y)}{|f(x)-y|^p}dy \quad (a\leqslant x\leqslant A).$$

下面我们证明 $F(x)$ 是 $a\leqslant x\leqslant A$ 上的连续函数. 若已获证,则积分

$$\int_a^A dx\int_b^B \frac{\varphi(x,y)}{|f(x)-y|^p}dy=\int_a^A F(x)dx$$

显然是收敛的(右端为常义积分),于是本题获证. 令 $c=\max\limits_{a\leqslant x\leqslant A}|f(x)|$. 今将函数 $\varphi(x,y)$ 连续地延拓到有界闭矩形 $R(a\leqslant x\leqslant A,b-2c\leqslant y\leqslant B+2c)$ 上(只要规定

$$\varphi(x,y)=\begin{cases}\varphi(x,B),a\leqslant x\leqslant A,B<y\leqslant B+2c,\\ \varphi(x,b),a\leqslant x\leqslant A,b-2c\leqslant y<b\end{cases}$$

即可). 延拓后的函数仍记为 $\varphi(x,y)$. 由于 $\varphi(x,y)$ 及 $|f(x)-y|^{1-p}$ 都在 $R$ 上连续,故有界且一致连续:存在常数 $M$,使对一切 $(x,y)\in R$,有

$$|\varphi(x,y)|\leqslant M,\quad |f(x)-y|^{1-p}\leqslant M. \tag{1}$$

任给 $\varepsilon>0$,存在 $\delta_1>0$(取 $\delta_1<\left(\frac{\varepsilon}{2}\right)^{\frac{1}{1-p}}$),使当 $|x_1-x_2|<\delta_1$, $|y_1-y_2|<\delta_1$ ($(x_1,y_1)\in R,(x_2,y_2)\in R$)时,恒有

$$|\varphi(x_1,y_1)-\varphi(x_2,y_2)|<\varepsilon, \tag{2}$$

$$\Big||f(x_1)-y_1|^{1-p}-|f(x_2)-y_2|^{1-p}\Big|<\varepsilon. \tag{3}$$

又由 $f(x)$ 在 $[a,A]$ 上的一致连续性可知,存在 $\delta_2>0$,使当 $|x_1-x_2|<\delta_2$ $(x_1,x_2\in[a,A])$,恒有

$$|f(x_1)-f(x_2)|<\delta_1. \tag{4}$$

令 $\delta=\min\{\delta_1,\delta_2\}$. 于是,由(2)式可知:当 $|x_1-x_2|<\delta$ $(x_1,x_2\in[a,A])$时,对一切 $b-c\leqslant y\leqslant B+c$,恒有

$$|\varphi(x_1,y+f(x_1))-\varphi(x_2,y+f(x_2))|<\varepsilon. \tag{5}$$

现设 $|x_1-x_2|<\delta$,$(x_1,x_2\in[a,A])$. 不失一般性,设 $f(x_1)\geqslant f(x_2)$,我们有

$$\begin{aligned}F(x_1)-F(x_2)&=\int_b^B \frac{\varphi(x_1,y)}{|f(x_1)-y|^p}dy-\int_b^B \frac{\varphi(x_2,y)}{|f(x_2)-y|^p}dy\\ &=\int_{b-f(x_1)}^{B-f(x_1)} \frac{\varphi(x_1,u+f(x_1))}{|u|^p}du-\int_{b-f(x_2)}^{B-f(x_2)} \frac{\varphi(x_2,u+f(x_2))}{|u|^p}du\\ &=\int_{b-f(x_1)}^{B-f(x_2)} \frac{\varphi(x_1,u+f(x_1))-\varphi(x_2,u+f(x_2))}{|u|^p}du-\int_{B-f(x_1)}^{B-f(x_2)} \frac{\varphi(x_1,u+f(x_1))}{|u|^p}du\\ &\quad+\int_{b-f(x_1)}^{b-f(x_2)} \frac{\varphi(x_2,u+f(x_2))}{|u|^p}du\\ &=I_1-I_2+I_3,\end{aligned} \tag{6}$$

其中 $I_1,I_2,I_3$ 分别表上式中的三个积分. 易知($p<1$)

$$\int_\alpha^\beta \frac{du}{|u|^p}=\begin{cases}\frac{1}{1-p}[\beta^{1-p}-\alpha^{1-p}], & 0\leqslant\alpha\leqslant\beta,\\ \frac{1}{1-p}[(-\alpha)^{1-p}-(-\beta)^{1-p}], & \alpha\leqslant\beta\leqslant 0,\\ \frac{1}{1-p}[\beta^{1-p}+(-\alpha)^{1-p}], & \alpha<0<\beta.\end{cases}$$

从而,在任何情形下均有

$$\int_{\alpha}^{\beta}\frac{\mathrm{d}u}{|u|^{p}}\leqslant\frac{1}{1-p}(|\beta|^{1-p}+|\alpha|^{1-p});\tag{7}$$

而当 $\alpha,\beta$ 同号时,有

$$\int_{\alpha}^{\beta}\frac{\mathrm{d}u}{|u|^{p}}=\frac{1}{1-p}\left|\,|\beta|^{1-p}-|\alpha|^{1-p}\right|.\tag{8}$$

于是,由(5)式、(1)式及(7)式,得

$$|I_1|<\varepsilon\int_{b-f(x_1)}^{B-f(x_2)}\frac{\mathrm{d}u}{|u|^{p}}\leqslant\frac{\varepsilon}{1-p}(|B-f(x_2)|^{1-p}+|b-f(x_1)|^{1-p})\leqslant\frac{2M\varepsilon}{1-p}.\tag{9}$$

下面估计 $I_2$:若 $B-f(x_2)$ 与 $B-f(x_1)$ 同号,则由(1)式、(8)式及(3)式,有

$$|I_2|\leqslant M\int_{B-f(x_1)}^{B-f(x_2)}\frac{\mathrm{d}u}{|u|^{p}}=\frac{M}{1-p}\left|\,|B-f(x_2)|^{1-p}-|B-f(x_1)|^{1-p}\right|<\frac{M\varepsilon}{1-p};$$

若 $B-f(x_2)$ 与 $B-f(x_1)$ 异号,即 $B-f(x_1)<0<B-f(x_2)$. 由于 $[B-f(x_2)]-[B-f(x_1)]=f(x_1)-f(x_2)<\delta_1$,故有 $|B-f(x_1)|<\delta_1$,$|B-f(x_2)|<\delta_1$. 于是,由(7)式并注意到 $\delta_1<\left(\frac{\varepsilon}{2}\right)^{\frac{1}{1-p}}$,即得

$$|I_2|\leqslant M\int_{B-f(x_1)}^{B-f(x_2)}\frac{\mathrm{d}u}{|u|^{p}}\leqslant\frac{M}{1-p}(|B-f(x_2)|^{1-p}+|B-f(x_1)|^{1-p})<\frac{M}{1-p}(\delta_1^{1-p}+\delta_1^{1-p})<\frac{M\varepsilon}{1-p}.$$

所以,在任何情况下均有

$$|I_2|<\frac{M\varepsilon}{1-p}.\tag{10}$$

同理,可得(在任何情况下)

$$|I_3|<\frac{M\varepsilon}{1-p}.\tag{11}$$

于是,由(6)式、(9)式、(10)式及(11)式,即得

$$|F(x_1)-F(x_2)|<|I_1|+|I_2|+|I_3|<\frac{4M\varepsilon}{1-p}.$$

由此可知,$F(x)$ 在 $a\leqslant x\leqslant A$ 上(一致)连续,证毕.

**计算下列积分:**

**【4187】** $\displaystyle\iint\limits_{x^2+y^2\leqslant 1}\ln\frac{1}{\sqrt{x^2+y^2}}\mathrm{d}x\mathrm{d}y.$

**解** 采用极坐标,由于被积函数非负,故有

$$\iint\limits_{x^2+y^2\leqslant 1}\ln\frac{1}{\sqrt{x^2+y^2}}\mathrm{d}x\mathrm{d}y=\int_0^{2\pi}\mathrm{d}\theta\int_0^1 r\ln\frac{1}{r}\mathrm{d}r=-2\pi\int_0^1 r\ln r\mathrm{d}r=-2\pi\left(\frac{r^2}{2}\ln r\Big|_0^1-\int_0^1\frac{r}{2}\mathrm{d}r\right)=\frac{\pi}{2}.$$

**【4188】** $\displaystyle\int_0^a\mathrm{d}x\int_0^x\frac{\mathrm{d}y}{\sqrt{(a-x)(x-y)}}\quad(a>0).$

**解** $\displaystyle\int_0^a\mathrm{d}x\int_0^x\frac{\mathrm{d}y}{\sqrt{(a-x)(x-y)}}=\int_0^a\frac{2\sqrt{x}}{\sqrt{a-x}}\mathrm{d}x.$

作变量代换 $x=au$,则

$$\int_0^a\frac{2\sqrt{x}}{\sqrt{a-x}}\mathrm{d}x=2a\int_0^1 u^{\frac{1}{2}}(1-u)^{-\frac{1}{2}}\mathrm{d}u=2a\mathrm{B}\left(\frac{3}{2},\frac{1}{2}\right)=2a\frac{\Gamma\left(\frac{3}{2}\right)\Gamma\left(\frac{1}{2}\right)}{\Gamma(2)}=2a\cdot\frac{1}{2}\left[\Gamma\left(\frac{1}{2}\right)\right]^2=\pi a.$$

**【4189】** $\displaystyle\iint\limits_{\Omega}\ln\sin(x-y)\mathrm{d}x\mathrm{d}y$,其中区域 $\Omega$ 是由直线 $y=0,y=x,x=\pi$ 围成的.

**解** 作变量代换 $x=u+v,y=u-v$,则 $Oxy$ 平面上的区域 $\Omega$ 变为 $uv$ 平面上的区域 $\Omega'$. 显然 $\Omega'$ 由直线 $u=v,v=0,u+v=\pi$ 所界. 又有 $\frac{D(x,y)}{D(u,v)}=-2$. 于是,再注意到被积函数非正,即有

$$\iint\limits_{\Omega}\ln\sin(x-y)\mathrm{d}x\mathrm{d}y=2\iint\limits_{\Omega'}\ln\sin 2v\mathrm{d}u\mathrm{d}v=2\int_0^{\frac{\pi}{2}}\mathrm{d}v\int_v^{\pi-v}\ln\sin 2v\mathrm{d}u$$

$$=2\int_0^{\frac{\pi}{2}}(\pi-2v)\ln\sin 2v\mathrm{d}v=2\ln 2\int_0^{\frac{\pi}{2}}(\pi-2v)\mathrm{d}v+2\int_0^{\frac{\pi}{2}}(\pi-2v)\ln\sin v\mathrm{d}v+2\int_0^{\frac{\pi}{2}}(\pi-2v)\ln\cos v\mathrm{d}v$$

$$=\pi^2\ln 2-\frac{\pi^2}{2}\ln 2+2\int_0^{\frac{\pi}{2}}(\pi-2v)\ln\sin v\mathrm{d}v+2\int_0^{\frac{\pi}{2}}2t\ln\sin t\mathrm{d}t=\frac{\pi^2}{2}\ln 2+2\pi\int_0^{\frac{\pi}{2}}\ln\sin v\mathrm{d}v$$

$$=\frac{\pi^2}{2}\ln 2+2\pi\left(-\frac{\pi}{2}\ln 2\right)^{*)}=-\frac{\pi^2}{2}\ln 2.$$

*) 利用 2353 题(1)的结果.

**【4190】** $\displaystyle\iint\limits_{x^2+y^2\leqslant x}\frac{\mathrm{d}x\mathrm{d}y}{\sqrt{x^2+y^2}}$.

**提示** 由关于 $Ox$ 轴的对称性与被积函数的非负性,采用极坐标即可获解.

**解** 由关于 $Ox$ 轴的对称性与被积函数的非负性,采用极坐标,有

$$\iint\limits_{x^2+y^2\leqslant x}\frac{\mathrm{d}x\mathrm{d}y}{\sqrt{x^2+y^2}}=2\iint\limits_{\substack{x^2+y^2\leqslant x\\ y\geqslant 0}}\frac{\mathrm{d}x\mathrm{d}y}{\sqrt{x^2+y^2}}=2\int_0^{\frac{\pi}{2}}\mathrm{d}\theta\int_0^{\cos\theta}\mathrm{d}r=2\int_0^{\frac{\pi}{2}}\cos\theta\mathrm{d}\theta=2.$$

**研究下列三重积分的收敛性:**

**【4191】** $\displaystyle\iiint\limits_{x^2+y^2+z^2>1}\frac{\varphi(x,y,z)}{(x^2+y^2+z^2)^p}\mathrm{d}x\mathrm{d}y\mathrm{d}z$,其中 $0<m\leqslant|\varphi(x,y,z)|\leqslant M$.

**解题思路** 仿 4161 题,所给积分与积分 $\displaystyle\iiint\limits_{x^2+y^2+z^2>1}\frac{\mathrm{d}x\mathrm{d}y\mathrm{d}z}{(x^2+y^2+z^2)^p}$ 同时收敛或同时发散.注意到 $\dfrac{1}{(x^2+y^2+z^2)^p}$ 是正的,采用球坐标 $x=r\cos\varphi\cos\psi$, $y=r\sin\varphi\cos\psi$, $z=r\sin\psi$,即可知当 $p>\dfrac{3}{2}$ 时收敛,当 $p\leqslant\dfrac{3}{2}$ 时发散.

**解** 由于

$$\frac{m}{(x^2+y^2+z^2)^p}\leqslant\frac{|\varphi(x,y,z)|}{(x^2+y^2+z^2)^p}\leqslant\frac{M}{(x^2+y^2+z^2)^p},$$

再注意到广义重积分收敛必绝对收敛,可知积分

$$\iiint\limits_{x^2+y^2+z^2>1}\frac{\varphi(x,y,z)}{(x^2+y^2+z^2)^p}\mathrm{d}x\mathrm{d}y\mathrm{d}z \quad 与 \quad \iiint\limits_{x^2+y^2+z^2>1}\frac{\mathrm{d}x\mathrm{d}y\mathrm{d}z}{(x^2+y^2+z^2)^p}$$

同时收敛或同时发散.由于被积函数 $\dfrac{1}{(x^2+y^2+z^2)^p}$ 是正的,采用球坐标 $x=r\cos\varphi\cos\psi$, $y=r\sin\varphi\cos\psi$, $z=r\sin\psi$,得

$$\iiint\limits_{x^2+y^2+z^2>1}\frac{\mathrm{d}x\mathrm{d}y\mathrm{d}z}{(x^2+y^2+z^2)^p}=\int_0^{2\pi}\mathrm{d}\varphi\int_{-\frac{\pi}{2}}^{\frac{\pi}{2}}\cos\psi\mathrm{d}\psi\int_1^{+\infty}\frac{\mathrm{d}r}{r^{2p-2}}=4\pi\int_1^{+\infty}\frac{\mathrm{d}r}{r^{2p-2}}.$$

显然,$\displaystyle\int_1^{+\infty}\frac{\mathrm{d}r}{r^{2p-2}}$ 当 $p>\dfrac{3}{2}$ 时收敛,$p\leqslant\dfrac{3}{2}$ 时发散;由此可知,$\displaystyle\iiint\limits_{x^2+y^2+z^2>1}\frac{\varphi(x,y,z)}{(x^2+y^2+z^2)^p}\mathrm{d}x\mathrm{d}y\mathrm{d}z$ 当 $p>\dfrac{3}{2}$ 时收敛,当 $p\leqslant\dfrac{3}{2}$ 时发散.

**【4192】** $\displaystyle\iiint\limits_{x^2+y^2+z^2\leqslant 1}\frac{\varphi(x,y,z)}{(x^2+y^2+z^2)^p}\mathrm{d}x\mathrm{d}y\mathrm{d}z$ 其中 $0<m\leqslant|\varphi(x,y,z)|\leqslant M$.

**提示** 仿 4191 题,并采用球坐标.

**解** 和 4191 题完全类似(请参看 4191 题的解题过程),易得

$$\iiint\limits_{x^2+y^2+z^2\leqslant 1}\frac{\mathrm{d}x\mathrm{d}y\mathrm{d}z}{(x^2+y^2+z^2)^p}=\int_0^{2\pi}\mathrm{d}\varphi\int_{-\frac{\pi}{2}}^{\frac{\pi}{2}}\cos\psi\mathrm{d}\psi\int_0^1\frac{\mathrm{d}r}{r^{2p-2}}=4\pi\int_0^1\frac{\mathrm{d}r}{r^{2p-2}}.$$

显然,$\displaystyle\int_0^1\frac{\mathrm{d}r}{r^{2p-2}}$ 当 $p<\dfrac{3}{2}$ 时收敛,当 $p\geqslant\dfrac{3}{2}$ 时发散;故 $\displaystyle\iiint\limits_{x^2+y^2+z^2\leqslant 1}\frac{\varphi(x,y,z)}{(x^2+y^2+z^2)^p}\mathrm{d}x\mathrm{d}y\mathrm{d}z$ 当 $p<\dfrac{3}{2}$ 时收敛,当 $p\geqslant\dfrac{3}{2}$ 时发散.

**【4193】** $\displaystyle\iiint\limits_{|x|+|y|+|z|>1}\frac{dxdydz}{|x|^p+|y|^q+|z|^r}$ $(p>0,q>0,r>0)$.

**解** 由对称性及被积函数的非负性,有

$$\iiint\limits_{|x|+|y|+|z|>1}\frac{dxdydz}{|x|^p+|y|^q+|z|^r}=8\iiint\limits_{\substack{x\geqslant0,y\geqslant0,z\geqslant0\\x+y+z>1}}\frac{dxdydz}{x^p+y^q+z^r}=8\iiint\limits_{\Omega_1}\frac{dxdydz}{x^p+y^q+z^r}+8\iiint\limits_{\Omega_2}\frac{dxdydz}{x^p+y^q+z^r}.$$

其中,令

$$\Omega_1=\{(x,y,z)\,|\,x\geqslant0,y\geqslant0,z\geqslant0,x+y+z>1,x^p+y^q+z^r\leqslant3\},$$

$$\Omega_2=\{(x,y,z)\,|\,x\geqslant0,y\geqslant0,z\geqslant0,x+y+z>1,x^p+y^q+z^r>3\}.$$

令 $\Omega_3=\{(x,y,z)\,|\,x\geqslant0,y\geqslant0,z\geqslant0,x^p+y^q+z^r>3\}$,由于当 $x\geqslant0,y\geqslant0,z\geqslant0,x^p+y^q+z^r>3$ 时必有 $x+y+z>1$(否则,$x+y+z\leqslant1$,就有 $x\leqslant1,y\leqslant1,z\leqslant1$,从而,$x^p\leqslant1,y^q\leqslant1,z^r\leqslant1$,于是 $x^p+y^q+z^r\leqslant3$),故 $\Omega_2=\Omega_3$. 显然,$\displaystyle\iiint\limits_{\Omega_1}\frac{dxdydz}{x^p+y^q+z^r}$ 为常义积分,故积分 $\displaystyle\iiint\limits_{|x|+|y|+|z|>1}\frac{dxdydz}{|x|^p+|y|^q+|z|^r}$ 的敛散性取决于 $\displaystyle\iiint\limits_{\Omega_3}\frac{dxdydz}{x^p+y^q+z^r}$ 的敛散性. 对此积分,作变量代换

$$x=R^{\frac{2}{p}}\cos^{\frac{2}{p}}\varphi\cos^{\frac{2}{p}}\psi,\quad y=R^{\frac{2}{q}}\sin^{\frac{2}{q}}\varphi\cos^{\frac{2}{q}}\psi,\quad z=R^{\frac{2}{r}}\sin^{\frac{2}{r}}\psi.$$

则易知

$$\frac{D(x,y,z)}{D(R,\varphi,\psi)}=\frac{8}{pqr}R^{\frac{2}{p}+\frac{2}{q}+\frac{2}{r}-1}\cos^{\frac{2}{p}-1}\varphi\sin^{\frac{2}{q}-1}\varphi\sin^{\frac{2}{r}-1}\psi\cos^{\frac{2}{p}+\frac{2}{q}-1}\psi.$$

于是,由被积函数的非负性,并利用 3856 题的结果,得

$$\iiint\limits_{\Omega_3}\frac{dxdydz}{x^p+y^q+z^r}=\frac{8}{pqr}\int_0^{\frac{\pi}{2}}\sin^{\frac{2}{r}-1}\psi\cos^{\frac{2}{p}+\frac{2}{q}-1}\psi d\psi\cdot\int_0^{\frac{\pi}{2}}\sin^{\frac{2}{q}-1}\psi\cos^{\frac{2}{p}-1}\varphi d\varphi\cdot\int_{\sqrt{3}}^{+\infty}R^{\frac{2}{p}+\frac{2}{q}+\frac{2}{r}-3}dR$$

$$=\frac{8}{pqr}\cdot\frac{1}{2}B\left(\frac{1}{r},\frac{1}{p}+\frac{1}{q}\right)\cdot\frac{1}{2}B\left(\frac{1}{q},\frac{1}{p}\right)\int_{\sqrt{3}}^{+\infty}R^{\frac{2}{p}+\frac{2}{q}+\frac{2}{r}-3}dR$$

$$=\frac{2}{pqr}B\left(\frac{1}{r},\frac{1}{p}+\frac{1}{q}\right)B\left(\frac{1}{q},\frac{1}{p}\right)\int_{\sqrt{3}}^{+\infty}R^{\frac{2}{p}+\frac{2}{q}+\frac{2}{r}-3}dR.$$

由于积分 $\displaystyle\int_{\sqrt{3}}^{+\infty}R^{\frac{2}{p}+\frac{2}{q}+\frac{2}{r}-3}dR$ 当 $\dfrac{2}{p}+\dfrac{2}{q}+\dfrac{2}{r}-3<-1$(即 $\dfrac{1}{p}+\dfrac{1}{q}+\dfrac{1}{r}<1$)时收敛,当 $\dfrac{2}{p}+\dfrac{2}{q}+\dfrac{2}{r}-3\geqslant-1$ 时发散,故积分 $\displaystyle\iiint\limits_{\Omega_3}\frac{dxdydz}{x^p+y^q+z^r}$(从而,积分 $\displaystyle\iiint\limits_{|x|+|y|+|z|>1}\frac{dxdydz}{|x|^p+|y|^q+|z|^r}$)当 $\dfrac{1}{p}+\dfrac{1}{q}+\dfrac{1}{r}<1$ 时收敛,当 $\dfrac{1}{p}+\dfrac{1}{q}+\dfrac{1}{r}\geqslant1$ 时发散.

**【4194】** $\displaystyle\int_0^a\int_0^a\int_0^a\frac{f(x,y,z)dxdydz}{\{[y-\varphi(x)]^2+[z-\psi(x)]^2\}^p}$,其中 $0<m\leqslant|f(x,y,z)|\leqslant M$,而 $\varphi(x)$ 和 $\psi(x)$ 是闭区间 $[0,a]$ 上的连续函数.

**解** 由于

$$\frac{m}{\{[y-\varphi(x)]^2+[z-\psi(x)]^2\}^p}\leqslant\frac{|f(x,y,z)|}{\{[y-\varphi(x)]^2+[z-\psi(x)]^2\}^p}\leqslant\frac{M}{\{[y-\varphi(x)]^2+[z-\psi(x)]^2\}^p},$$

并注意到广义重积分收敛必绝对收敛,即知积分

$$\int_0^a\int_0^a\int_0^a\frac{f(x,y,z)dxdydz}{\{[y-\varphi(x)]^2+[z-\psi(x)]^2\}^p}$$

与积分

$$\int_0^a\int_0^a\int_0^a\frac{dxdydz}{\{[y-\varphi(x)]^2+[z-\psi(x)]^2\}^p}$$

同时收敛或同时发散. 由被积函数 $\dfrac{1}{\{[y-\varphi(x)]^2+[z-\psi(x)]^2\}^p}$ 的非负性,我们有

$$\int_0^a\int_0^a\int_0^a\frac{dxdydz}{\{[y-\varphi(x)]^2+[z-\psi(x)]^2\}^p}=\int_0^aF(x)dx,$$

其中

$$F(x)=\int_0^a\int_0^a\frac{dydz}{\{[y-\varphi(x)]^2+[z-\psi(x)]^2\}^p}\quad(0\leqslant x\leqslant a).$$

作变量代换 $u=y-\varphi(x),\quad v=z-\psi(x)\quad(x$ 固定$)$,

则
$$\frac{D(y,z)}{D(u,v)}=\frac{1}{\frac{D(u,v)}{D(y,z)}}=1.$$

从而,有
$$F(x)=\iint\limits_{\substack{-\varphi(x)\leqslant u\leqslant a-\varphi(x)\\-\psi(x)\leqslant v\leqslant a-\psi(x)}}\frac{\mathrm{d}u\mathrm{d}v}{(u^2+v^2)^p}.\tag{1}$$

先设 $p<1$. 令 $c=\max\limits_{0\leqslant x\leqslant a}(|\varphi(x)|+|\psi(x)|)$,则由(1)式知,
$$0<F(x)\leqslant\iint\limits_{\substack{-c\leqslant u\leqslant a+c\\-c\leqslant v\leqslant a+c}}\frac{\mathrm{d}u\mathrm{d}v}{(u^2+v^2)^p}<\iint\limits_{u^2+v^2\leqslant 2(a+c)^2}\frac{\mathrm{d}u\mathrm{d}v}{(u^2+v^2)^p}=\int_0^{2\pi}\mathrm{d}\theta\int_0^{\sqrt{2}(a+c)}\frac{\mathrm{d}r}{r^{2p-1}}=\frac{\pi}{1-p}[\sqrt{2}(a+c)]^{2-2p},$$

即 $F(x)$ 有界(实际上,仿 4186 题的证明过程还可证明 $F(x)$ 在 $0\leqslant x\leqslant a$ 上连续),从而,$\int_0^a F(x)\mathrm{d}x$ 是常义积分,显然收敛. 由此可知,此时积分
$$\int_0^a\int_0^a\int_0^a\frac{\mathrm{d}x\mathrm{d}y\mathrm{d}z}{\{[y-\varphi(x)]^2+[z-\psi(x)]^2\}^p}\tag{2}$$
收敛.

次设 $p\geqslant 1$,这时积分(2)可能收敛也可能发散,分两种情况讨论:

(i) 若不存在这样的 $x\in[0,a]$ 使 $0\leqslant\varphi(x)\leqslant a$, $0\leqslant\psi(x)\leqslant a$ 同时成立(例如,$\varphi(x)$ 或 $\psi(x)$ 的值完全位于$[0,a]$之外;这时,对一切 $0\leqslant x\leqslant a$, $0\leqslant y\leqslant a$, $0\leqslant z\leqslant a$,均有:连续函数 $\{[y-\varphi(x)]^2+[z-\psi(x)]^2\}^p>0$. 从而,积分(2)收敛(这时是常义积分).

(ii) 若存在这样的点 $x\in[0,a]$ 使 $0<\varphi(x)<a$, $0<\psi(x)<a$ 同时成立;由 $\varphi(x)$ 与 $\psi(x)$ 的连续性,必存在正数 $\varepsilon$ 及闭区间 $I_0\subset[0,a]$,使当 $x\in I_0$ 时,恒有 $\varepsilon\leqslant\varphi(x)\leqslant a-\varepsilon$, $\varepsilon\leqslant\psi(x)\leqslant a-\varepsilon$,从而由(1)式知:当 $x\in I_0$ 时,有
$$F(x)\geqslant\iint\limits_{\substack{-\varepsilon\leqslant u\leqslant\varepsilon\\-\varepsilon\leqslant v\leqslant\varepsilon}}\frac{\mathrm{d}u\mathrm{d}v}{(u^2+v^2)^p}\geqslant\iint\limits_{u^2+v^2\leqslant\varepsilon^2}\frac{\mathrm{d}u\mathrm{d}v}{(u^2+v^2)^p}=\int_0^{2\pi}\mathrm{d}\theta\int_0^{\varepsilon}\frac{\mathrm{d}r}{r^{2p-1}}=2\pi\int_0^{\varepsilon}\frac{\mathrm{d}r}{r^{2p-1}}=+\infty\quad(\text{注意 } p\geqslant 1),$$

即当 $x\in I_0$ 时恒有 $F(x)=+\infty$,由此可知,积分 $\int_0^a F(x)\mathrm{d}x$ 发散. 于是,积分(2)发散.

综上所述,可知:积分
$$\int_0^a\int_0^a\int_0^a\frac{f(x,y,z)\mathrm{d}x\mathrm{d}y\mathrm{d}z}{\{[y-\varphi(x)]^2+[z-\psi(x)]^2\}^p}$$
当 $p<1$ 时收敛;当 $p\geqslant 1$ 时,若不存在 $x\in[0,a]$ 使 $0\leqslant\varphi(x)\leqslant a$, $0\leqslant\psi(x)\leqslant a$,则收敛;若存在 $x\in[0,a]$,使 $0<\varphi(x)<a$, $0<\psi(x)<a$,则发散.

**【4195】** $\iiint\limits_{\substack{|x|\leqslant 1\\|y|\leqslant 1\\|z|\leqslant 1}}\frac{\mathrm{d}x\mathrm{d}y\mathrm{d}z}{|x+y-z|^p}$.

**解** 我们有(注意被积函数的非负性)
$$\iiint\limits_{\substack{|x|\leqslant 1\\|y|\leqslant 1\\|z|\leqslant 1}}\frac{\mathrm{d}x\mathrm{d}y\mathrm{d}z}{|x+y-z|^p}=2\iiint\limits_{\substack{|x|\leqslant 1,|y|\leqslant 1,|z|\leqslant 1\\x+y-z\geqslant 0}}\frac{\mathrm{d}x\mathrm{d}y\mathrm{d}z}{(x+y-z)^p}$$
$$=2\iint\limits_{\substack{|x|\leqslant 1,|y|\leqslant 1\\-1\leqslant x+y\leqslant 1}}\mathrm{d}x\mathrm{d}y\int_{-1}^{x+y}\frac{\mathrm{d}z}{(x+y-z)^p}+2\iint\limits_{\substack{0\leqslant x\leqslant 1\\0\leqslant y\leqslant 1\\x+y\geqslant 1}}\mathrm{d}x\mathrm{d}y\int_{-1}^{1}\frac{\mathrm{d}z}{(x+y-z)^p}=2I_1+2I_2,$$

其中 $I_1$ 表第一个积分,$I_2$ 表第二个积分.

若 $p<1$,则
$$\int_{-1}^{x+y}\frac{\mathrm{d}z}{(x+y-z)^p}=\frac{(x+y+1)^{1-p}}{1-p},$$

$$\int_{-1}^{1}\frac{dz}{(x+y-z)^p}=\frac{(x+y+1)^{1-p}-(x+y-1)^{1-p}}{1-p}\quad(x+y\geqslant 1),$$

故 $$I_1=\frac{1}{1-p}\iint\limits_{\substack{|x|\leqslant 1,|y|\leqslant 1\\-1\leqslant x+y\leqslant 1}}(x+y+1)^{1-p}dxdy,$$

$$I_2=\frac{1}{1-p}\iint\limits_{\substack{0\leqslant x\leqslant 1,0\leqslant y\leqslant 1\\x+y\geqslant 1}}[(x+y+1)^{1-p}-(x+y-1)^{1-p}]dxdy.$$

显然,$I_1$ 与 $I_2$ 均为常义(二重)积分,当然收敛.因此,当 $p<1$ 时,积分 $\iiint\limits_{\substack{|x|\leqslant 1\\|y|\leqslant 1\\|z|\leqslant 1}}\frac{dxdydz}{|x+y-z|^p}$ 收敛.

若 $p\geqslant 1$,则当 $x+y>-1$ 时,$\int_{-1}^{x+y}\frac{dz}{|x+y-z|^p}=+\infty$,故 $I_1=+\infty$,又显然有 $I_2>0$,故此时积分 $\iiint\limits_{\substack{|x|\leqslant 1\\|y|\leqslant 1\\|z|\leqslant 1}}\frac{dxdydz}{|x+y-z|^p}$ 发散.

**计算下列积分:**

**【4196】** $\int_0^1\int_0^1\int_0^1\frac{dxdydz}{x^py^qz^r}$.

**解** 由于被积函数非负,故

$$\int_0^1\int_0^1\int_0^1\frac{dxdydz}{x^py^qz^r}=\int_0^1\frac{dx}{x^p}\int_0^1\frac{dy}{y^q}\int_0^1\frac{dz}{z^r}=\frac{1}{(1-p)(1-q)(1-r)}\quad(若\ p<1,q<1,r<1).$$

注意,若 $p\geqslant 1$ 或 $q\geqslant 1$ 或 $r\geqslant 1$,则 $$\int_0^1\int_0^1\int_0^1\frac{dxdydz}{x^py^qz^r}=+\infty.$$

**【4197】** $\iiint\limits_{x^2+y^2+z^2>1}\frac{dxdydz}{(x^2+y^2+z^2)^3}$.

**提示** 注意到被积函数非负,采用球坐标即可获解.

**解** 采用球坐标,由于被积函数的非负性,有

$$\iiint\limits_{x^2+y^2+z^2>1}\frac{dxdydz}{(x^2+y^2+z^2)^3}=\int_0^{2\pi}d\varphi\int_{-\frac{\pi}{2}}^{\frac{\pi}{2}}\cos\psi d\psi\int_1^{+\infty}\frac{dr}{r^4}=2\pi\cdot 2\cdot\frac{1}{3}=\frac{4\pi}{3}.$$

**【4198】** $\iiint\limits_{x^2+y^2+z^2\leqslant 1}\frac{dxdydz}{(1-x^2-y^2-z^2)^p}$.

**解** 采用球坐标,由于被积函数的非负性,有

$$\iiint\limits_{x^2+y^2+z^2\leqslant 1}\frac{dxdydz}{(1-x^2-y^2-z^2)^p}=\int_0^{2\pi}d\varphi\int_{-\frac{\pi}{2}}^{\frac{\pi}{2}}\cos\psi d\psi\int_0^1\frac{r^2}{(1-r^2)^p}dr=4\pi\int_0^1\frac{r^2}{(1-r^2)^p}dr.$$

作代换 $t=r^2$,则当 $p<1$ 时,有

$$\int_0^1\frac{r^2}{(1-r^2)^p}dr=\frac{1}{2}\int_0^1 t^{\frac{1}{2}}(1-t)^{-p}dt=\frac{1}{2}B\left(\frac{3}{2},1-p\right).$$

从而,当 $p<1$ 时,有 $$\iiint\limits_{x^2+y^2+z^2\leqslant 1}\frac{dxdydz}{(1-x^2-y^2-z^2)^p}=2\pi B\left(\frac{3}{2},1-p\right).$$

注意,若 $p\geqslant 1$,则 $\int_0^1 t^{\frac{1}{2}}(1-t)^{-p}dt=+\infty$,故此时

$$\iiint\limits_{x^2+y^2+z^2\leqslant 1}\frac{dxdydz}{(1-x^2-y^2-z^2)^p}=+\infty.$$

**【4199】** $\int_{-\infty}^{+\infty}\int_{-\infty}^{+\infty}\int_{-\infty}^{+\infty}e^{-(x^2+y^2+z^2)}dxdydz$.

**解** 采用球坐标,由被积函数的非负性,有

$$\int_{-\infty}^{+\infty}\int_{-\infty}^{+\infty}\int_{-\infty}^{+\infty}e^{-(x^2+y^2+z^2)}dxdydz=\int_0^{2\pi}d\varphi\int_{-\frac{\pi}{2}}^{\frac{\pi}{2}}\cos\psi d\psi\int_0^{+\infty}r^2e^{-r^2}dr=4\pi\int_0^{+\infty}r^2e^{-r^2}dr.$$

作代换 $r^2=t$,则 $\int_0^{+\infty} r^2 e^{-r^2} dr=\frac{1}{2}\int_0^{+\infty} t^{\frac{1}{2}} e^{-t} dt=\frac{1}{2}\Gamma\left(\frac{3}{2}\right)=\frac{1}{4}\Gamma\left(\frac{1}{2}\right)=\frac{\sqrt{\pi}}{4}$.

于是,
$$\int_{-\infty}^{+\infty}\int_{-\infty}^{+\infty}\int_{-\infty}^{+\infty} e^{-(x^2+y^2+z^2)} dx dy dz=\pi^{\frac{3}{2}}.$$

**【4200】** 计算积分
$$\int_{-\infty}^{+\infty}\int_{-\infty}^{+\infty}\int_{-\infty}^{+\infty} e^{-P(x_1,x_2,x_3)} dx_1 dx_2 dx_3,$$

其中 $P(x_1,x_2,x_3)=\sum_{i=1}^{3}\sum_{j=1}^{3} a_{ij} x_i x_j \ (a_{ij}=a_{ji})$为正定二次型.

**解** 用 $A$ 表矩阵
$$\begin{pmatrix} a_{11} & a_{12} & a_{13} \\ a_{21} & a_{22} & a_{23} \\ a_{31} & a_{32} & a_{33} \end{pmatrix}$$

由于二次型 $\sum_{i=1}^{3}\sum_{j=1}^{3} a_{ij}x_ix_j$ 是正定的,故由高等代数中关于二次型的理论知:存在正交矩阵
$$B=\begin{pmatrix} b_{11} & b_{12} & b_{13} \\ b_{21} & b_{22} & b_{23} \\ b_{31} & b_{32} & b_{33} \end{pmatrix}, \tag{1}$$

使
$$B^{-1}AB=\begin{pmatrix} \lambda_1 & 0 & 0 \\ 0 & \lambda_2 & 0 \\ 0 & 0 & \lambda_3 \end{pmatrix}, \tag{2}$$

其中 $\lambda_1>0,\lambda_2>0,\lambda_3>0$;也即在线性(正交)变换
$$\begin{cases} x_1=b_{11}x_1'+b_{12}x_2'+b_{13}x_3' \\ x_2=b_{21}x_1'+b_{22}x_2'+b_{23}x_3' \\ x_3=b_{31}x_1'+b_{32}x_2'+b_{33}x_3' \end{cases} \tag{3}$$

之下,二次型 $P(x_1,x_2,x_3)$化为平方和:
$$P(x_1,x_2,x_3)=\sum_{i=1}^{3}\sum_{j=1}^{3} a_{ij}x_ix_j=\lambda_1 x_1'^2+\lambda_2 x_2'^2+\lambda_3 x_3'^2. \tag{4}$$

注意,由于 $B$ 是正交矩阵,故 $B^{-1}=B'$($B'$表 $B$ 的转置矩阵),从而,$|B|=|b_{ij}|=\pm1$. 显然,
$$\frac{D(x_1,x_2,x_3)}{D(x_1',x_2',x_3')}=|b_{ij}|=\pm1.$$

由(4)式,有
$$\int_{-\infty}^{+\infty}\int_{-\infty}^{+\infty}\int_{-\infty}^{+\infty} e^{-P(x_1,x_2,x_3)} dx_1 dx_2 dx_3=\int_{-\infty}^{+\infty}\int_{-\infty}^{+\infty}\int_{-\infty}^{+\infty} e^{-\lambda_1 x_1'^2-\lambda_2 x_2'^2-\lambda_3 x_3'^2} dx_1' dx_2' dx_3'. \tag{5}$$

再作变量代换 $x_1'=\frac{1}{\sqrt{\lambda_1}}u_1, x_2'=\frac{1}{\sqrt{\lambda_2}}u_2, x_3'=\frac{1}{\sqrt{\lambda_3}}u_3$,则$\frac{D(x_1',x_2',x_3')}{D(u_1,u_2,u_3)}=\frac{1}{\sqrt{\lambda_1\lambda_2\lambda_3}}$. 于是(注意 4199 题的结果),
$$\int_{-\infty}^{+\infty}\int_{-\infty}^{+\infty}\int_{-\infty}^{+\infty} e^{-\lambda_1 x_1'^2-\lambda_2 x_2'^2-\lambda_3 x_3'^2} dx_1' dx_2' dx_3'=\frac{1}{\sqrt{\lambda_1\lambda_2\lambda_3}}\int_{-\infty}^{+\infty}\int_{-\infty}^{+\infty}\int_{-\infty}^{+\infty} e^{-(u_1^2+u_2^2+u_3^2)} du_1 du_2 du_3=\frac{\pi^{\frac{3}{2}}}{\sqrt{\lambda_1\lambda_2\lambda_3}}. \tag{6}$$

但由(2)式知(记 $\Delta=|a_{ij}|=|A|$,注意,由于 $\sum_{i=1}^{3}\sum_{j=1}^{3} a_{ij}x_ix_j$ 是正定的,故 $\Delta>0$)
$$\Delta=|A|=|B^{-1}|\cdot|A|\cdot|B|=\lambda_1\lambda_2\lambda_3. \tag{7}$$

于是,根据(5)、(6)、(7)诸式,最后得
$$\int_{-\infty}^{+\infty}\int_{-\infty}^{+\infty}\int_{-\infty}^{+\infty} e^{-P(x_1,x_2,x_3)} dx_1 dx_2 dx_3=\sqrt{\frac{\pi^3}{\Delta}}.$$

# §10. 多重积分

1° **多重积分的直接计算法** 若函数 $f(x_1,x_2,\cdots,x_n)$在由下列不等式确定的有界区域$\Omega$内是连续的:

$$\begin{cases}x_1'\leqslant x_1\leqslant x_1'',\\ x_2'(x_1)\leqslant x_2\leqslant x_2''(x_1)\\ \qquad\vdots\\ x_n'(x_1,x_2,\cdots,x_{n-1})\leqslant x_n\leqslant x_n''(x_1,x_2,\cdots,x_{n-1}),\end{cases}$$

其中 $x_1'$ 和 $x_1''$ 为常数,$x_2'(x_1)$,$x_2''(x_1)$,$\cdots$,$x_n'(x_1,x_2,\cdots,x_{n-1})$,$x_n''(x_1,x_2,\cdots,x_{n-1})$为连续函数,则相应的多重积分可按下列公式来计算:

$$\iint_\Omega\cdots\int f(x_1,x_2,\cdots,x_n)\mathrm{d}x_1\mathrm{d}x_2\cdots\mathrm{d}x_n=\int_{x_1'}^{x_1''}\mathrm{d}x_1\int_{x_1'(x_1)}^{x_2''(x_1)}\mathrm{d}x_2\cdots\int_{x_n'(x_1,\cdots,x_{n-1})}^{x_n''(x_1,\cdots,x_{n-1})}f(x_1,x_2,\cdots,x_n)\mathrm{d}x_n.$$

2° **多重积分中的变量代换** 若

1)函数 $f(x_1,x_2,\cdots,x_n)$在有界可测区域$\Omega$内是一致连续的;

2)连续可微函数 $x_i=\varphi_i(\xi_1,\xi_2,\cdots,\xi_n)$ $(i=1,2,\cdots,n)$,把 $Ox_1,x_2,\cdots,x_n$ 空间内的区域$\Omega$一一映射成 $O'\xi_1,\xi_2,\cdots,\xi_n$ 空间内的有界区域$\Omega'$;

3)在区域$\Omega'$内雅可比行列式 $I=\dfrac{D(x_1,x_2,\cdots,x_n)}{D(\xi_1,\xi_2,\cdots,\xi_n)}\neq0$,

则成立公式

$$\iint_\Omega\cdots\int f(x_1,x_2,\cdots,x_n)\mathrm{d}x_1\mathrm{d}x_2\cdots\mathrm{d}x_n=\iint_{\Omega'}\cdots\int f(\xi_1,\xi_2,\cdots,\xi_n)|I|\mathrm{d}\xi_1\mathrm{d}\xi_2\cdots\mathrm{d}\xi_n.$$

特别是,根据公式

$$\begin{aligned}&x_1=r\cos\varphi_1,\\&x_2=r\sin\varphi_1\cos\varphi_2,\\&\qquad\vdots\\&x_{n-1}=r\sin\varphi_1\sin\varphi_2\cdots\sin\varphi_{n-2}\cos\varphi_{n-1},\\&x_n=r\sin\varphi_1\sin\varphi_2\cdots\sin\varphi_{n-2}\sin\varphi_{n-1}\end{aligned}$$

变换成极坐标$(r,\varphi_1,\varphi_2,\cdots,\varphi_{n-1})$时,有

$$I=\frac{D(x_1,x_2,\cdots,x_n)}{D(r,\varphi_1,\cdots,\varphi_{n-1})}=r^{n-1}\sin^{n-2}\varphi_1\sin^{n-3}\varphi_2\cdots\sin\varphi_{n-2}.$$

**【4201】** 设 $K(x,y)$为区域 $R[a\leqslant x\leqslant b,a\leqslant y\leqslant b]$内的连续函数,且

$$K_n(x,y)=\int_a^b\int_a^b\cdots\int_a^b K(x,t_1)K(t_1,t_2)\cdots K(t_n,y)\mathrm{d}t_1\mathrm{d}t_2\cdots\mathrm{d}t_n,$$

证明:
$$K_{n+m+1}(x,y)=\int_a^b K_n(x,t)K_m(t,y)\mathrm{d}t.$$

**证**

$$\begin{aligned}&K_{n+m+1}(x,y)\\&=\int_a^b\int_a^b\cdots\int_a^b K(x,t_1)K(t_1,t_2)\cdots K(t_n,t)K(t,z_1)K(z_1,z_2)\cdots K(z_m,y)\mathrm{d}t_1\mathrm{d}t_2\cdots\mathrm{d}t_n\mathrm{d}t\mathrm{d}z_1\mathrm{d}z_2\cdots\mathrm{d}z_m\\&=\int_a^b\Big\{\Big[\int_a^b\int_a^b\cdots\int_a^b K(x,t_1)K(t_1,t_2)\cdots K(t_n,t)\mathrm{d}t_1\mathrm{d}t_2\cdots\mathrm{d}t_n\Big]\\&\quad\cdot\Big[\int_a^b\int_a^b\cdots\int_a^b K(t,z_1)K(z_1,z_2)\cdots K(z_m,y)\mathrm{d}z_1\mathrm{d}z_2\cdots\mathrm{d}z_m\Big]\Big\}\mathrm{d}t\\&=\int_a^b K_n(x,t)K_m(t,y)\mathrm{d}t.\end{aligned}$$

**【4202】** 设 $f=f(x_1,x_2,\cdots,x_n)$为区域 $0\leqslant x_i\leqslant x(i=1,2,\cdots,n)$内的连续函数,证明等式:

$$\int_0^x dx_1 \int_0^{x_1} dx_2 \cdots \int_0^{x_{n-1}} f dx_n = \int_0^x dx_n \int_{x_n}^x dx_{n-1} \cdots \int_{x_2}^x f dx_1 \quad (n \geqslant 2).$$

**证** 考虑下面三个有界闭区域:

$$\Omega = \left\{ (x_1, x_2, \cdots, x_n) \,\middle|\, 0 \leqslant x_i \leqslant x, i = 1, 2, \cdots, n \right\},$$

$$\Omega_1 = \left\{ (x_1, x_2, \cdots, x_n) \,\middle|\, 0 \leqslant x_1 \leqslant x, 0 \leqslant x_2 \leqslant x_1, \cdots, 0 \leqslant x_n \leqslant x_{n-1} \right\},$$

$$\Omega_2 = \left\{ (x_1, x_2, \cdots, x_n) \,\middle|\, 0 \leqslant x_n \leqslant x, x_n \leqslant x_{n-1} \leqslant x, \cdots, x_2 \leqslant x_1 \leqslant x \right\}.$$

由假定 $f(x_1, \cdots, x_n)$ 在区域 $\Omega$ 上连续,显然,$\Omega_1 \subset \Omega$,$\Omega_2 \subset \Omega$,故 $f(x_1, \cdots, x_n)$ 在 $\Omega_1$ 与 $\Omega_2$ 上连续. 根据化 $n$ 重积分为累次积分的公式,我们有

$$\iint_{\Omega_1} \cdots \int f dx_1 \cdots dx_n = \int_0^x dx_1 \int_0^{x_1} dx_2 \cdots \int_0^{x_{n-1}} f dx_n, \tag{1}$$

$$\iint_{\Omega_2} \cdots \int f dx_1 \cdots dx_n = \int_0^x dx_n \int_{x_n}^x dx_{n-1} \cdots \int_{x_2}^x f dx_1. \tag{2}$$

下证 $\Omega_1 = \Omega_2$,事实上,若 $(x_1, \cdots, x_n) \in \Omega_1$,则

$$0 \leqslant x_1 \leqslant x, 0 \leqslant x_2 \leqslant x_1, \cdots, 0 \leqslant x_n \leqslant x_{n-1}, \tag{3}$$

从而,
$$0 \leqslant x_n \leqslant x_{n-1} \leqslant x_{n-2} \leqslant \cdots \leqslant x_2 \leqslant x_1 \leqslant x. \tag{4}$$

于是,
$$0 \leqslant x_n \leqslant x, x_n \leqslant x_{n-1} \leqslant x, \cdots, x_2 \leqslant x_1 \leqslant x. \tag{5}$$

由此可知 $(x_1, \cdots, x_n) \in \Omega_2$. 反之,若 $(x_1, \cdots, x_n) \in \Omega_2$,则(5)式成立. 从而,(4)式显然成立,由此又知(3)式成立,故 $(x_1, \cdots, x_n) \in \Omega_1$,于是,$\Omega_1 = \Omega_2$ 获证. 由此,再根据(1)式与(2)式,即得

$$\int_0^x dx_1 \int_0^{x_1} dx_2 \cdots \int_0^{x_{n-1}} f dx_n = \int_0^x dx_n \int_{x_n}^x dx_{n-1} \cdots \int_{x_2}^x f dx_1.$$

证毕.

**【4203】** 证明:$\int_0^t dt_1 \int_0^{t_1} dt_2 \cdots \int_0^{t_{n-1}} f(t_1) f(t_2) \cdots f(t_n) dt_n = \frac{1}{n!} \left\{ \int_0^t f(\tau) d\tau \right\}^n$,其中 $f$ 为连续函数.

**提示** 利用数学归纳法.

**证** 证法 1:

我们有
$$\int_0^t dt_1 \int_0^{t_1} dt_2 \cdots \int_0^{t_{n-1}} f(t_1) f(t_2) \cdots f(t_n) dt_n$$

$$= \int_0^t f(t_1) dt_1 \int_0^{t_1} f(t_2) dt_2 \cdots \int_0^{t_{n-2}} f(t_{n-1}) dt_{n-1} \int_0^{t_{n-1}} f(t_n) dt_n.$$

令 $F(s) = \int_0^s f(\tau) d\tau$. 由于 $f$ 是连续函数,故 $F'(s) = f(s)$. 我们有(注意到 $F(0) = 0$)

$$\int_0^{t_{n-2}} f(t_{n-1}) dt_{n-1} \int_0^{t_{n-1}} f(t_n) dt_n = \int_0^{t_{n-2}} F(t_{n-1}) f(t_{n-1}) dt_{n-1} = \int_0^{t_{n-2}} F(t_{n-1})\, F'(t_{n-1}) dt_{n-1}$$

$$= \frac{1}{2} [F(t_{n-1})]^2 \Bigg|_{t_{n-1}=0}^{t_{n-1}=t_{n-2}} = \frac{1}{2} [F(t_{n-2})]^2,$$

由此

$$\int_0^{t_{n-3}} f(t_{n-2}) dt_{n-2} \int_0^{t_{n-2}} f(t_{n-1}) dt_{n-1} \int_0^{t_{n-1}} f(t_n) dt_n = \int_0^{t_{n-3}} \frac{1}{2} [F(t_{n-2})]^2 F'(t_{n-2}) dt_{n-2}$$

$$= \frac{1}{3!} [F(t_{n-3})]^3,$$

$$\vdots$$

这样继续下去,显然有

$$\int_0^{t_1} f(t_2) dt_2 \cdots \int_0^{t_{n-2}} f(t_{n-1}) dt_{n-1} \int_0^{t_{n-1}} f(t_n) dt_n = \frac{1}{(n-1)!} [F(t_1)]^{n-1}.$$

于是,
$$\int_0^t f(t_1) dt_1 \int_0^{t_1} f(t_2) dt_2 \cdots \int_0^{t_{n-1}} f(t_n) dt_n = \int_0^t \frac{1}{(n-1)!} [F(t_1)]^{n-1} f(t_1) dt_1$$

$$=\frac{1}{(n-1)!}\int_0^t [F(t_1)]^{n-1}F'(t_1)\mathrm{d}t_1=\frac{1}{n!}[F(t)]^n=\frac{1}{n!}\left\{\int_0^t f(\tau)\mathrm{d}\tau\right\}^n.$$

从而，
$$\int_0^t \mathrm{d}t_1\int_0^{t_1}\mathrm{d}t_2\cdots\int_0^{t_{n-1}} f(t_1)f(t_2)\cdots f(t_n)\mathrm{d}t_n=\frac{1}{n!}\left\{\int_0^t f(\tau)\mathrm{d}\tau\right\}^n.$$

证毕.

证法 2：

用数学归纳法证明所述公式. 当 $n=1$ 时此公式显然成立. 今设 $n=k$ 时公式成立，要证 $n=k+1$ 时公式也成立. 我们有

$$\int_0^t \mathrm{d}t_1\int_0^{t_1}\mathrm{d}t_2\cdots\int_0^{t_k} f(t_1)f(t_2)\cdots f(t_{k+1})\mathrm{d}t_{k+1}=\int_0^t f(t_1)\left[\int_0^{t_1}\mathrm{d}t_2\cdots\int_0^{t_k} f(t_2)\cdots f(t_{k+1})\mathrm{d}t_{k+1}\right]\mathrm{d}t_1.$$

由于假定公式当 $n=k$ 时成立，故

$$\int_0^{t_1}\mathrm{d}t_2\cdots\int_0^{t_k} f(t_2)\cdots f(t_{k+1})\mathrm{d}t_{k+1}=\frac{1}{k!}\left\{\int_0^{t_1} f(\tau)\mathrm{d}\tau\right\}^k.$$

从而(令 $F(s)=\int_0^s f(\tau)\mathrm{d}\tau$，则 $F'(s)=f(s)$)，

$$\int_0^t \mathrm{d}t_1\int_0^{t_1}\mathrm{d}t_2\cdots\int_0^{t_k} f(t_1)f(t_2)\cdots f(t_{k+1})\mathrm{d}t_{k+1}=\int_0^t f(t_1)\cdot\frac{1}{k!}\left\{\int_0^{t_1} f(\tau)\mathrm{d}\tau\right\}^k\mathrm{d}t_1=\frac{1}{k!}\int_0^t [F(t_1)]^kF'(t_1)\mathrm{d}t_1$$
$$=\frac{1}{(k+1)!}[F(t_1)]^{k+1}=\frac{1}{(k+1)!}\left\{\int_0^t f(\tau)\mathrm{d}\tau\right\}^{k+1},$$

因此，所述公式当 $n=k+1$ 时成立. 于是，由数学归纳法知，所述公式对一切正整数 $n$ 均成立. 证毕.

## 计算下列多重积分：

**【4204】** (1) $\int_0^1\int_0^1\cdots\int_0^1 (x_1^2+x_2^2+\cdots+x_n^2)\mathrm{d}x_1\mathrm{d}x_2\cdots\mathrm{d}x_n$；

(2) $\int_0^1\int_0^1\cdots\int_0^1 (x_1+x_2+\cdots+x_n)^2\mathrm{d}x_1\mathrm{d}x_2\cdots\mathrm{d}x_n$.

**提示** (1)化成累次积分即可获解；

(2)将被积函数展开，化成累次积分并利用本题(1)的结果.

**解** (1) $$\int_0^1\int_0^1\cdots\int_0^1 (x_1^2+x_2^2+\cdots+x_n^2)\mathrm{d}x_1\mathrm{d}x_2\cdots\mathrm{d}x_n=\int_0^1\mathrm{d}x_1\int_0^1\mathrm{d}x_2\cdots\int_0^1 (x_1^2+x_2^2+\cdots+x_n^2)\mathrm{d}x_n$$
$$=\int_0^1\mathrm{d}x_1\int_0^1\mathrm{d}x_2\cdots\int_0^1\left(x_1^2+x_2^2+\cdots+x_{n-1}^2+\frac{1}{3}\right)\mathrm{d}x_{n-1}$$
$$=\int_0^1\mathrm{d}x_1\int_0^1\mathrm{d}x_2\cdots\int_0^1\left(x_1^2+x_2^2+\cdots+x_{n-2}^2+\frac{1}{3}+\frac{1}{3}\right)\mathrm{d}x_{n-2}$$
$$=\cdots=\frac{n}{3}.$$

(2) $$\int_0^1\int_0^1\cdots\int_0^1 (x_1+x_2+\cdots+x_n)^2\mathrm{d}x_1\mathrm{d}x_2\cdots\mathrm{d}x_n$$
$$=\int_0^1\mathrm{d}x_1\int_0^1\mathrm{d}x_2\cdots\int_0^1[(x_1^2+x_2^2+\cdots+x_n^2)+2(x_1x_2+x_1x_3+\cdots+x_1x_n+x_2x_3+\cdots+x_2x_n+x_3x_4$$
$$+\cdots+x_3x_n+\cdots+x_{n-1}x_n)]\mathrm{d}x_n$$
$$=\frac{n}{3}^{*)}+2\int_0^1\mathrm{d}x_1\int_0^1\mathrm{d}x_2\cdots\int_0^1[(x_1x_2+\cdots x_1x_n)+(x_2x_3+\cdots+x_2x_n)+\cdots+x_{n-1}x_n]\mathrm{d}x_n$$
$$=\frac{n}{3}+2\left(\frac{n-1}{4}+\frac{n-2}{4}+\cdots+\frac{1}{4}\right)=\frac{n(3n+1)}{12}.$$

*) 利用本题(1)的结果.

**【4205】** $$I_n=\underset{\substack{x_1\geqslant0,x_2\geqslant0,\cdots,x_n\geqslant0\\x_1+x_2+\cdots+x_n\leqslant a}}{\int\int\cdots\int}\mathrm{d}x_1\mathrm{d}x_2\cdots\mathrm{d}x_n.$$

**解** 解法 1：

化为累次积分,有 $I_n=\int_0^a dx_1\int_0^{a-x_1}dx_2\cdots\int_0^{a-x_1-\cdots-x_{n-2}}dx_{n-1}\int_0^{a-x_1-\cdots-x_{n-1}}dx_n$,

我们又知

$$\int_0^{a-x_1-\cdots-x_{n-2}}dx_{n-1}\int_0^{a-x_1-\cdots-x_{n-1}}dx_n=\int_0^{a-x_1-\cdots-x_{n-2}}(a-x_1-\cdots-x_{n-2}-x_{n-1})dx_{n-1}$$

$$=-\frac{1}{2}(a-x_1-\cdots-x_{n-2}-x_{n-1})^2\Big|_{x_{n-1}=0}^{x_{n-1}=a-x_1-\cdots-x_{n-2}}=\frac{1}{2}(a-x_1-\cdots-x_{n-2})^2,$$

$$\int_0^{a-x_1-\cdots-x_{n-3}}dx_{n-2}\int_0^{a-x_1-\cdots-x_{n-2}}dx_{n-1}\int_0^{a-x_1-\cdots-x_{n-1}}dx_n=\int_0^{a-x_1-\cdots-x_{n-3}}\frac{1}{2}(a-x_1-\cdots-x_{n-2})^2dx_{n-2}$$

$$=\frac{1}{3!}(a-x_1-\cdots-x_{n-3})^3,$$

$$\vdots$$

这样继续下去,显然有

$$\int_0^{a-x_1}dx_2\int_0^{a-x_1-x_2}dx_3\cdots\int_0^{a-x_1-\cdots-x_{n-2}}dx_{n-1}\int_0^{a-x_1-\cdots-x_{n-1}}dx_n=\frac{1}{(n-1)!}(a-x_1)^{n-1}.$$

于是,
$$I_n=\int_0^a\frac{1}{(n-1)!}(a-x_1)^{n-1}dx_1=\frac{a^n}{n!}.$$

解法 2:

我们有
$$I_n=\int_0^a dx_1\int_0^{a-x_1}dx_2\cdots\int_0^{a-x_1-\cdots-x_{n-1}}dx_n.$$

在右端的逐次积分中作代换:
$$x_1=a\xi_1,x_2=a\xi_2,\cdots,x_n=a\xi_n,$$

即得

$$I_n=a^n\int_0^1 d\xi_1\int_0^{1-\xi_1}d\xi_2\int_0^{1-\xi_1-\cdots-\xi_{n-1}}d\xi_n=a^n\underset{\substack{\xi_1\geqslant0,\xi_2\geqslant0,\cdots,\xi_n\geqslant0\\ \xi_1+\xi_2+\cdots+\xi_n\leqslant1}}{\iint\cdots\int}d\xi_1d\xi_2\cdots d\xi_n=a^nI_n(1),$$

其中 $I_n(1)$ 表示当 $a=1$ 时积分 $I_n$ 的值.

另一方面,我们有

$$I_n(1)=\int_0^1 d\xi_n\underset{\substack{\xi_1\geqslant0,\xi_2\geqslant0,\cdots,\xi_n\geqslant0\\ \xi_1+\xi_2+\cdots+\xi_{n-1}\leqslant1-\xi_n}}{\iint\cdots\int}d\xi_1d\xi_2\cdots d\xi_{n-1}=I_{n-1}(1)\int_0^1(1-\xi_n)^{n-1}d\xi_n=\frac{I_{n-1}(1)}{n}.$$

反复运用上述循环公式,可得
$$I_n(1)=\frac{1}{n!},$$

于是,最后得 $I_n=\frac{a^n}{n!}$.

**【4206】** $\int_0^1 dx_1\int_0^{x_1}dx_2\cdots\int_0^{x_{n-1}}x_1x_2\cdots x_ndx_n$.

**提示** 化成累次积分或利用 4203 题的结果,均可获解.

**解** $\int_0^1 dx_1\int_0^{x_1}dx_2\cdots\int_0^{x_{n-1}}x_1x_2\cdots x_ndx_n=\int_0^1 dx_1\int_0^{x_1}dx_2\cdots\int_0^{x_{n-2}}\frac{1}{2}x_1x_2\cdots x_{n-1}^3dx_{n-1}$

$$=\int_0^1 dx_1\int_0^{x_1}dx_2\cdots\int_0^{x_{n-3}}\frac{1}{2}\cdot\frac{1}{4}x_1x_2\cdots x_{n-2}^5dx_{n-2}$$

$$=\cdots=\frac{1}{2}\cdot\frac{1}{4}\cdots\frac{1}{2(n-1)}\int_0^1x_1^{2n-1}dx_1=\frac{1}{2\cdot4\cdots2n}=\frac{1}{2^nn!}.$$

*) 也可利用 4203 题的结果直接得

$$\int_0^1 dx_1\int_0^{x_1}dx_2\cdots\int_0^{x_{n-1}}x_1x_2\cdots x_ndx_n=\frac{1}{n!}\left(\int_0^1\tau d\tau\right)^n=\frac{1}{2^nn!}.$$

**【4207】** $\underset{\substack{x_1\geqslant0,x_2\geqslant0,\cdots,x_n\geqslant0\\ x_1+x_2+\cdots+x_n\leqslant1}}{\iint\cdots\int}\sqrt{x_1+x_2+\cdots+x_n}\,dx_1dx_2\cdots dx_n$.

**解** 作代换
$$x_1=u_1(1-u_2),$$

$$x_2=u_1u_2(1-u_3)$$
$$\vdots$$
$$x_{n-1}=u_1u_2\cdots u_{n-1}(1-u_n),$$
$$x_n=u_1u_2\cdots u_n,$$

则由 $x_1\geqslant 0,x_2\geqslant 0,\cdots,x_n\geqslant 0,x_1+x_2+\cdots+x_n\leqslant 1$ 知 $0\leqslant u_i\leqslant 1\ (i=1,2,\cdots,n)$，且有

$$I=\begin{vmatrix} 1-u_2 & u_2(1-u_3) & \cdots u_2u_3\cdots u_{n-1}(1-u_n) & u_2u_3\cdots u_n \\ -u_1 & u_1(1-u_3) & \cdots u_1u_3\cdots u_{n-1}(1-u_n) & u_1u_3\cdots u_n \\ 0 & -u_1u_2 & \cdots & \cdots \\ \vdots & \vdots & \vdots & \vdots \\ 0 & 0 & \cdots u_1u_2\cdots u_{n-2}(1-u_n) & u_1\cdots u_{n-2}u_n \\ 0 & 0 & \cdots -u_1\cdots u_{n-1} & u_1\cdots u_{n-1} \end{vmatrix}$$

如在每一列的元素上加上所有以后各列相应的元素，则在对角线下面的全部元素都等于零，而在对角线上的元素就等于$1,u_1,u_1u_2,\cdots,u_1\cdots u_{n-1}$. 因此，得

$$I=u_1^{n-1}u_2^{n-2}\cdots u_{n-1}.$$

于是，最后得

$$\underset{\substack{x_1\geqslant 0,x_2\geqslant 0,\cdots,x_n\geqslant 0\\ x_1+x_2+\cdots+x_n\leqslant 1}}{\iint\cdots\int}\sqrt{x_1+x_2+\cdots+x_n}\,dx_1dx_2\cdots dx_n=\int_0^1\int_0^1\cdots\int_0^1 u_1^{n-\frac{1}{2}}u_2^{n-2}\cdots u_{n-1}du_1du_2\cdots du_{n-1}du_n$$
$$=\frac{2}{(n-1)!\ (2n+1)}.$$

**【4208】** 求以平面 $a_{i1}x_1+a_{i2}x_2+\cdots+a_{in}x_n=\pm h_i\quad(i=1,2,\cdots,n)$
为界的 $n$ 维平行 $2n$ 面体的体积，这里设 $\Delta=|a_{ij}|\neq 0$.

**解** 令 $a_{i1}x_1+a_{i2}x_2+\cdots+a_{in}x_n=\xi_i(i=1,2,\cdots,n)$，即得 $2n$ 面体的体积

$$V=\int_{-h_1}^{h_1}\int_{-h_2}^{h_2}\cdots\int_{-h_n}^{h_n}\frac{1}{|\Delta|}d\xi_1d\xi_2\cdots d\xi_n=\frac{2^nh_1\cdots h_n}{|\Delta|}.$$

**【4209】** 求 $n$ 维角锥 $\frac{x_1}{a_1}+\frac{x_2}{a_2}+\cdots+\frac{x_n}{a_n}\leqslant 1,x_i\geqslant 0\ (i=1,2,\cdots,n)(a_i>0,i=1,2,\cdots,n)$的体积.

**提示** 令 $x_i=a_i\xi_i(i=1,2,\cdots,n)$，并利用 4205 题的结果.

**解** 令 $x_i=a_i\xi_i\quad(i=1,2,\cdots,n)$，即得体积

$$V=a_1a_2\cdots a_n\underset{\substack{\xi_1\geqslant 0,\xi_2\geqslant 0,\cdots,\xi_n\geqslant 0\\ \xi_1+\xi_2+\cdots+\xi_n\leqslant 1}}{\iint\cdots\int}d\xi_1d\xi_2\cdots d\xi_n=\frac{a_1a_2\cdots a_n}{n!}{}^{*)}.$$

*) 利用 4205 题的结果.

**【4210】** 求以曲面 $\frac{x_1^2}{a_1^2}+\frac{x_2^2}{a_2^2}+\cdots+\frac{x_{n-1}^2}{a_{n-1}^2}=\frac{x_n^2}{a_n^2},\quad x_n=a_n$
为界的 $n$ 维圆锥的体积.

**解** 作代换

$$x_1=a_1r\cos\varphi_1,$$
$$x_2=a_2r\sin\varphi_1\cos\varphi_2,$$
$$\vdots$$
$$x_{n-2}=a_{n-2}r\sin\varphi_1\sin\varphi_2\cdots\sin\varphi_{n-3}\cos\varphi_{n-2},$$
$$x_{n-1}=a_{n-1}r\sin\varphi_1\sin\varphi_2\cdots\sin\varphi_{n-3}\sin\varphi_{n-2},$$
$$x_n=a_nx'_n,$$

则域 $V$ 为

$$0\leqslant r\leqslant 1,0\leqslant\varphi_1\leqslant\pi,0\leqslant\varphi_2\leqslant\pi,\cdots,0\leqslant\varphi_{n-3}\leqslant\pi,0\leqslant\varphi_{n-2}\leqslant 2\pi,r\leqslant x'_n\leqslant 1,$$

并且

$$|I|=a_1a_2\cdots a_nr^{n-2}\sin^{n-3}\varphi_1\sin^{n-4}\varphi_2\cdots\sin\varphi_{n-3}.$$

于是,所求的体积为

$$V=a_1a_2\cdots a_n\int_0^1 r^{n-2}\mathrm{d}r\int_0^\pi \sin^{n-3}\varphi_1\mathrm{d}\varphi_1\cdots\int_0^\pi \sin\varphi_{n-3}\mathrm{d}\varphi_{n-3}\int_0^{2\pi}\mathrm{d}\varphi_{n-2}\int_r^1\mathrm{d}x_n'$$

$$=\frac{2\pi a_1a_2\cdots a_n}{n(n-1)}\int_0^\pi \sin^{n-3}\varphi_1\mathrm{d}\varphi_1\cdots\int_0^\pi \sin\varphi_{n-3}\mathrm{d}\varphi_{n-3}$$

$$=\frac{2\pi a_1a_2\cdots a_n}{n(n-1)}\cdot 2\int_0^{\frac{\pi}{2}} \sin^{n-3}\varphi_1\mathrm{d}\varphi_1\cdots 2\int_0^{\frac{\pi}{2}} \sin\varphi_{n-3}\mathrm{d}\varphi_{n-3}{}^{*)}$$

$$=\frac{2\pi a_1a_2\cdots a_n}{n(n-1)}\mathrm{B}\left(\frac{n-2}{2},\frac{1}{2}\right)\mathrm{B}\left(\frac{n-3}{2},\frac{1}{2}\right)\cdots\mathrm{B}\left(\frac{2}{2},\frac{1}{2}\right){}^{**)}$$

$$=\frac{2\pi a_1a_2\cdots a_n}{n(n-1)}\cdot\frac{\Gamma\left(\frac{n-2}{2}\right)\Gamma\left(\frac{1}{2}\right)}{\Gamma\left(\frac{n-1}{2}\right)}\cdot\frac{\Gamma\left(\frac{n-3}{2}\right)\Gamma\left(\frac{1}{2}\right)}{\Gamma\left(\frac{n-2}{2}\right)}\cdots\frac{\Gamma\left(\frac{2}{2}\right)\Gamma\left(\frac{1}{2}\right)}{\Gamma\left(\frac{3}{2}\right)}$$

$$=\frac{2\pi a_1a_2\cdots a_n}{n(n-1)}\cdot\frac{\left[\Gamma\left(\frac{1}{2}\right)\right]^{n-3}}{\Gamma\left(\frac{n-1}{2}\right)}=\frac{2\pi a_1a_2\cdots a_n}{n(n-1)}\cdot\frac{\pi^{\frac{n-3}{2}}}{\Gamma\left(\frac{n-1}{2}\right)}$$

$$=\frac{a_1a_2\cdots a_n\pi^{\frac{n-1}{2}}}{n}\cdot\frac{1}{\frac{n-1}{2}\Gamma\left(\frac{n-1}{2}\right)}=\frac{a_1a_2\cdots a_n\pi^{\frac{n-1}{2}}}{n}\cdot\frac{1}{\Gamma\left(\frac{n-1}{2}+1\right)}=\frac{\pi^{\frac{n-1}{2}}}{n\Gamma\left(\frac{n+1}{2}\right)}a_1a_2\cdots a_n.$$

*) 利用等式 $\int_0^{\frac{\pi}{2}}\sin^{a-1}\varphi\mathrm{d}\varphi=\int_0^{\frac{\pi}{2}}\cos^{a-1}\varphi\mathrm{d}\varphi\ (a>0)$,即得

$$\int_0^\pi\sin^{a-1}\varphi\mathrm{d}\varphi=\int_0^{\frac{\pi}{2}}\sin^{a-1}\varphi\mathrm{d}\varphi+\int_{\frac{\pi}{2}}^\pi\sin^{a-1}\varphi\mathrm{d}\varphi=\int_0^{\frac{\pi}{2}}\sin^{a-1}\varphi\mathrm{d}\varphi+\int_0^{\frac{\pi}{2}}\cos^{a-1}\varphi\mathrm{d}\varphi=2\int_0^{\frac{\pi}{2}}\sin^{a-1}\varphi\mathrm{d}\varphi.$$

**) 利用 3856 题的结果.

**【4211】** 求 $n$ 维球体 $x_1^2+x_2^2+\cdots+x_n^2\leqslant a^2$ 的体积.

**解** 令 $x_i=a\xi_i\ (i=1,2,\cdots,n)$,即得体积

$$V_n=\underset{x_1^2+x_2^2+\cdots+x_n^2\leqslant a^2}{\iint\cdots\int}\mathrm{d}x_1\mathrm{d}x_2\cdots\mathrm{d}x_n=a^nV_n(1),$$

其中 $V_n(1)$ 表示 $a=1$ 时的 $n$ 维球体的体积. 但是

$$V_n(1)=\underset{\xi_1^2+\xi_2^2+\cdots+\xi_n^2\leqslant 1}{\iint\cdots\int}\mathrm{d}\xi_1\mathrm{d}\xi_2\cdots\mathrm{d}\xi_n=\int_{-1}^1\mathrm{d}\xi_n\underset{\xi_1^2+\cdots+\xi_{n-1}^2\leqslant 1-\xi_n^2}{\iint\cdots\int}\mathrm{d}\xi_1\mathrm{d}\xi_2\cdots\mathrm{d}\xi_{n-1}$$

$$=V_{n-1}(1)\int_{-1}^1(1-\xi_n^2)^{\frac{n-1}{2}}\mathrm{d}\xi_n=2V_{n-1}(1)\int_0^{\frac{\pi}{2}}\sin^n\varphi\mathrm{d}\varphi$$

$$=2V_{n-1}(1)\cdot\frac{1}{2}\frac{\Gamma\left(\frac{n+1}{2}\right)\Gamma\left(\frac{1}{2}\right)}{\Gamma\left(\frac{n+2}{2}\right)}=V_{n-1}(1)\sqrt{\pi}\frac{\Gamma\left(\frac{n+1}{2}\right)}{\Gamma\left(\frac{n+2}{2}\right)},$$

因为 $V_1(1)=2$,故由上述循环公式可得 $V_n(1)=\dfrac{\pi^{\frac{n}{2}}}{\Gamma\left(\frac{n}{2}+1\right)}$.

因此,所求的体积为 $V_n=\dfrac{\pi^{\frac{n}{2}}}{\Gamma\left(\frac{n}{2}+1\right)}a^n$.

对于 $n$ 为偶数及奇数,分别可得公式

$$V_{2m}=\frac{\pi^m}{m!}a^{2m},\qquad V_{2m+1}=\frac{2\cdot(2\pi)^m}{(2m+1)!!}a^{2m+1}.$$

特别是,对于 $V_1,V_2,V_3$ 可求得熟知的值:$2a,\pi a^2,\frac{4}{3}\pi a^3$.

【4212】 求 $\iint\limits_{\Omega}\cdots\int x_n^2\mathrm{d}x_1\mathrm{d}x_2\cdots\mathrm{d}x_n$，其中区域 $\Omega$ 是由下列不等式确定的：

$$x_1^2+x_2^2+\cdots+x_{n-1}^2\leqslant a^2,\quad -\frac{h}{2}\leqslant x_n\leqslant\frac{h}{2}.$$

提示 利用4211题的结果.

解 $$\iint\limits_{\Omega}\cdots\int x_n^2\mathrm{d}x_1\mathrm{d}x_2\cdots\mathrm{d}x_n=\int_{-\frac{h}{2}}^{\frac{h}{2}}x_n^2\mathrm{d}x_n\iint\limits_{x_1^2+x_2^2+\cdots+x_{n-1}^2\leqslant a^2}\cdots\int\mathrm{d}x_1\mathrm{d}x_2\cdots\mathrm{d}x_{n-1}=\frac{h^3}{12}\cdot\frac{\pi^{\frac{n-1}{2}}}{\Gamma\left(\frac{n+1}{2}\right)}a^{n-1\,*)}.$$

*） 利用4211题的结果.

【4213】 计算 $$\iint\limits_{x_1^2+x_2^2+\cdots+x_n^2\leqslant1}\cdots\int\frac{\mathrm{d}x_1\mathrm{d}x_2\cdots\mathrm{d}x_n}{\sqrt{1-x_1^2-x_2^2-\cdots-x_n^2}}.$$

提示 利用4211题的结果.

解 $$\iint\limits_{x_1^2+x_2^2+\cdots+x_n^2\leqslant1}\cdots\int\frac{\mathrm{d}x_1\mathrm{d}x_2\cdots\mathrm{d}x_n}{\sqrt{1-x_1^2-x_2^2-\cdots-x_n^2}}$$

$$=\iint\limits_{x_1^2+x_2^2+\cdots+x_{n-1}^2\leqslant1}\cdots\int\mathrm{d}x_1\mathrm{d}x_2\cdots\mathrm{d}x_{n-1}\int_{-\sqrt{1-x_1^2-\cdots-x_{n-1}^2}}^{\sqrt{1-x_1^2-\cdots-x_{n-1}^2}}\frac{\mathrm{d}x_n}{\sqrt{1-x_1^2-x_2^2-\cdots-x_n^2}}$$

$$=\pi\iint\limits_{x_1^2+x_2^2+\cdots+x_{n-1}^2\leqslant1}\cdots\int\mathrm{d}x_1\mathrm{d}x_2\cdots\mathrm{d}x_{n-1}=\pi\cdot\frac{\pi^{\frac{n-1}{2}}}{\Gamma\left(\frac{n-1}{2}+1\right)}{}^{*)}=\frac{\pi^{\frac{n+1}{2}}}{\Gamma\left(\frac{n+1}{2}\right)}.$$

*） 利用4211题的结果.

【4214】 证明等式：$\int_0^x\mathrm{d}x_1\int_0^{x_1}\mathrm{d}x_2\cdots\int_0^{x_{n-1}}f(x_n)\mathrm{d}x_n=\int_0^x f(u)\frac{(x-u)^{n-1}}{(n-1)!}\mathrm{d}u.$

提示 利用4202题的结果.

证 $$\int_0^x\mathrm{d}x_1\int_0^{x_1}\mathrm{d}x_2\cdots\int_0^{x_{n-1}}f(x_n)\mathrm{d}x_n$$

$$=\int_0^x f(x_n)\mathrm{d}x_n\int_{x_n}^x\mathrm{d}x_{n-1}\int_{x_{n-1}}^x\mathrm{d}x_{n-2}\cdots\int_{x_2}^x\mathrm{d}x_1{}^{*)}=\int_0^x f(x_n)\mathrm{d}x_n\int_{x_n}^x\mathrm{d}x_{n-1}\int_{x_{n-1}}^x\mathrm{d}x_{n-2}\cdots\int_{x_3}^x(x-x_2)\mathrm{d}x_2$$

$$=\int_0^x f(x_n)\mathrm{d}x_n\int_{x_n}^x\mathrm{d}x_{n-1}\int_{x_{n-1}}^x\mathrm{d}x_{n-2}\cdots\int_{x_4}^x\frac{1}{2}(x-x_3)^2\mathrm{d}x_3$$

$$=\int_0^x f(x_n)\mathrm{d}x_n\int_{x_n}^x\mathrm{d}x_{n-1}\int_{x_{n-1}}^x\mathrm{d}x_{n-2}\cdots\int_{x_5}^x\frac{1}{2\cdot3}(x-x_4)^3\mathrm{d}x_4$$

$$=\cdots$$

$$=\int_0^x f(x_n)\mathrm{d}x_n\int_{x_n}^x\frac{1}{(n-2)!}(x-x_{n-1})^{n-2}\mathrm{d}x_{n-1}=\int_0^x\frac{(x-x_n)^{n-1}}{(n-1)!}f(x_n)\mathrm{d}x_n.$$

在上述积分中，将 $x_n$ 代之以 $u$，不影响积分的值，故得

$$\int_0^x\mathrm{d}x_1\int_0^{x_1}\mathrm{d}x_2\cdots\int_0^{x_{n-1}}f(x_n)\mathrm{d}x=\int_0^x f(u)\frac{(x-u)^{n-1}}{(n-1)!}\mathrm{d}u.$$

*） 利用4202题的结果.

【4215】 证明等式：$\int_0^x x_1\mathrm{d}x_1\int_0^{x_1}x_2\mathrm{d}x_2\cdots\int_0^{x_n}f(x_{n+1})\mathrm{d}\,x_{n+1}=\frac{1}{2^n n!}\int_0^x(x^2-u^2)^n f(u)\mathrm{d}u.$

证 利用4202题的结果，即得

$$\int_0^x x_1\mathrm{d}x_1\int_0^{x_1}x_2\mathrm{d}x_2\cdots\int_0^{x_n}f(x_{n+1})\mathrm{d}\,x_{n+1}=\int_0^x f(x_{n+1})\mathrm{d}x_{n+1}\int_{x_{n+1}}^x x_n\mathrm{d}x_n\int_{x_n}^x x_{n-1}\mathrm{d}x_{n-1}\cdots\int_{x_2}^x x_1\mathrm{d}x_1$$

$$=\int_0^x f(x_{n+1})\mathrm{d}x_{n+1}\int_{x_{n+1}}^x x_n\mathrm{d}x_n\int_{x_n}^x x_{n-1}\mathrm{d}x_{n-1}\cdots\int_{x_3}^x\frac{1}{2}(x^2-x_2^2)x_2\mathrm{d}x_2$$

$$=\int_0^x f(x_{n+1})\mathrm{d}x_{n+1}\int_{x_{n+1}}^x x_n\mathrm{d}x_n\int_{x_n}^x x_{n-1}\mathrm{d}x_{n-1}\cdots\int_{x_4}^x\frac{1}{2^2\cdot2}(x^2-x_3^2)^2x_3\mathrm{d}x_3$$

$$=\cdots$$

$$=\int_0^x f(x_{n+1})\mathrm{d}x_{n+1}\int_{x_{n+1}}^x \frac{1}{2^{n-1}(n-1)!}(x^2-x_n^2)^{n-1}x_n\mathrm{d}x_n=\int_0^x \frac{1}{2^n n!}f(x_{n+1})(x^2-x_{n+1}^2)^n\mathrm{d}x_{n+1}.$$

在上述积分中，将 $x_{n+1}$ 代之以 $u$，不影响积分的值，故得

$$\int_0^x x_1\mathrm{d}x_1\int_{x_0}^{x_1} x_2\mathrm{d}x_2\cdots\int_0^{x_n} f(x_{n+1})\mathrm{d}x_{n+1}=\frac{1}{2^n n!}\int_0^x (x^2-u^2)^n f(u)\mathrm{d}u.$$

**【4216】** 证明狄利克雷公式：

$$\underset{\substack{x_1,x_2,\cdots,x_n\geqslant 0\\ x_1+x_2+\cdots+x_n\leqslant 1}}{\iint\cdots\int} x_1^{p_1-1}x_2^{p_2-1}\cdots x_n^{p_n-1}\mathrm{d}x_1\mathrm{d}x_2\cdots\mathrm{d}x_n=\frac{\Gamma(p_1)\Gamma(p_2)\cdots\Gamma(p_n)}{\Gamma(p_1+p_2+\cdots+p_n+1)}\quad(p_1,p_2,\cdots,p_n>0).$$

**提示** 用数学归纳法证明.

**证** 我们应用数学归纳法证明之.

当 $n=1$ 时，公式显然成立，即 $\displaystyle\int_{0\leqslant x_1\leqslant 1} x_1^{p_1-1}\mathrm{d}x_1=\frac{1}{p_1}=\frac{\Gamma(p_1)}{\Gamma(p_1+1)}$.

其次，设公式对 $n-1$ 成立，今证公式对 $n$ 也成立. 为此，将公式左端写为

$$\int_0^1 x_n^{p_n-1}\mathrm{d}x_n\underset{\substack{x_1,x_2,\cdots,x_n\geqslant 0\\ x_1+x_2+\cdots+x_{n-1}\leqslant 1-x_n}}{\iint\cdots\int} x_1^{p_1-1}x_2^{p_2-1}\cdots x_{n-1}^{p_{n-1}-1}\mathrm{d}x_1\mathrm{d}x_2\cdots\mathrm{d}x_{n-1}.$$

在里面的 $n-1$ 重积分中作代换

$$x_1=(1-x_n)\xi_1,x_2=(1-x_n)\xi_2,\cdots,x_{n-1}=(1-x_n)\xi_{n-1},$$

即得

$$\frac{\Gamma(p_1)\Gamma(p_2)\cdots\Gamma(p_{n-1})}{\Gamma(p_1+p_2+\cdots+p_{n-1}+1)}\int_0^1 x_n^{p_n-1}(1-x_n)x^{p_1+p_2+\cdots+p_{n-1}}\mathrm{d}x_n$$

$$=\frac{\Gamma(p_1)\cdots\Gamma(p_{n-1})}{\Gamma(p_1+\cdots+p_{n-1}+1)}\mathrm{B}(p_n,p_1+\cdots+p_{n-1}+1)$$

$$=\frac{\Gamma(p_1)\cdots\Gamma(p_{n-1})}{\Gamma(p_1+\cdots+p_{n-1}+1)}\cdot\frac{\Gamma(p_n)\Gamma(p_1+\cdots+p_{n-1}+1)}{\Gamma(p_1+\cdots+p_n+1)}$$

$$=\frac{\Gamma(p_1)\Gamma(p_2)\cdots\Gamma(p_n)}{\Gamma(p_1+p_2+\cdots+p_n+1)}.$$

这样一来，我们得知公式对 $n$ 重积分也正确. 从而，对 $n$ 为任意的正整数时，狄利克雷公式均成立.

**【4217】** 证明刘维耳公式：

$$\underset{\substack{x_1,x_2,\cdots,x_n\geqslant 0\\ x_1+x_2+\cdots+x_n\leqslant 1}}{\iint\cdots\int} f(x_1+x_2+\cdots+x_n)x_1^{p_1-1}x_2^{p_2-1}\cdots x_n^{p_n-1}\mathrm{d}x_1\mathrm{d}x_2\cdots\mathrm{d}x_n$$

$$=\frac{\Gamma(p_1)\Gamma(p_2)\cdots\Gamma(p_n)}{\Gamma(p_1+p_2+\cdots+p_n)}\int_0^1 f(u)u^{p_1+p_2+\cdots+p_n-1}\mathrm{d}u\quad(p_1,p_2,\cdots,p_n>0),$$

式中 $f(u)$ 为连续函数.

**提示** 用数学归纳法证明.

**证** 我们应用数学归纳法证明之.

当 $n=1$ 时，公式显然成立. 当 $n=2$ 时，公式也成立，即

$$\underset{\substack{x_1\geqslant 0,x_2\geqslant 0\\ x_1+x_2\leqslant 1}}{\iint} f(x_1+x_2)x_1^{p_1-1}x_2^{p_2-1}\mathrm{d}x_1\mathrm{d}x_2=\frac{\Gamma(p_1)\Gamma(p_2)}{\Gamma(p_1+p_2)}\int_0^1 f(u)u^{p_1+p_2-1}\mathrm{d}u.$$

事实上，令 $\Omega$ 表区域：$x_1\geqslant 0,x_2\geqslant 0,x_1+x_2\leqslant 1$. 作代换 $x_1=\xi_1$，$x_1+x_2=\xi_2$，及 $t=\dfrac{\xi_1}{\xi_2}$，

则有 $$\iint_\Omega f(x_1+x_2)x_1^{p_1-1}x_2^{p_2-1}\mathrm{d}x_1\mathrm{d}x_2=\int_0^1 f(\xi_2)\mathrm{d}\xi_2\int_0^{\xi_2}\xi_1^{p_1-1}(\xi_2-\xi_1)^{p_2-1}\mathrm{d}\xi_1$$

$$=\int_0^1 f(\xi_2)\mathrm{d}\xi_2\int_0^1 t^{p_1-1}(1-t)^{p_2-1}\xi_2^{p_1+p_2-1}\mathrm{d}t=\frac{\Gamma(p_1)\Gamma(p_2)}{\Gamma(p_1+p_2)}\int_0^1 f(\xi_2)\xi_2^{p_1+p_2-1}\mathrm{d}\xi_2$$

$$=\frac{\Gamma(p_1)\Gamma(p_2)}{\Gamma(p_1+p_2)}\int_0^1 f(u)u^{p_1+p_2-1}\mathrm{d}u.$$

其次，设公式对于 $n-1$ 成立，今证对于 $n$ 公式也成立. 为此，将公式左端写为

$$\underset{\substack{x_1,x_2,\cdots,x_{n-1}\geqslant 0\\ x_1+x_2+\cdots+x_{n-1}\leqslant 1}}{\iint\cdots\int} x_1^{p_1-1}x_2^{p_2-1}\cdots x_{n-1}^{p_{n-1}-1}\mathrm{d}x_1\mathrm{d}x_2\cdots\mathrm{d}x_{n-1}\int_0^{1-(x_1+x_2+\cdots+x_{n-1})} f(x_1+x_2+\cdots+x_n)x_n^{p_n-1}\mathrm{d}x_n.$$

令
$$\psi(t)=\int_0^{1-t} f(t+x_n)x_n^{p_n-1}\mathrm{d}x_n$$

代入上式，并利用公式对 $n-1$ 成立的假定，得知上式为

$$\frac{\Gamma(p_1)\Gamma(p_2)\cdots\Gamma(p_{n-1})}{\Gamma(p_1+p_2+\cdots+p_{n-1})}\int_0^1 \psi(t)t^{p_1+p_2+\cdots+p_{n-1}-1}\mathrm{d}t.$$

利用上面已证的 $n=2$ 时的公式，于是即得

$$\underset{\substack{x_1,x_2,\cdots,x_n\geqslant 0\\ x_1+x_2+\cdots+x_n\leqslant 1}}{\iint\cdots\int} f(x_1+x_2+\cdots+x_n)x_1^{p_1-1}x_2^{p_2-1}\cdots x_n^{p_n-1}\mathrm{d}x_1\mathrm{d}x_2\cdots\mathrm{d}x_n$$
$$=\frac{\Gamma(p_1)\Gamma(p_2)\cdots\Gamma(p_{n-1})}{\Gamma(p_1+p_2+\cdots+p_{n-1})}\int_0^1\mathrm{d}t\int_0^{1-t} f(t+x_n)t^{p_1+p_2+\cdots+p_{n-1}-1}x_n^{p_n-1}\mathrm{d}x_n$$
$$=\frac{\Gamma(p_1)\Gamma(p_2)\cdots\Gamma(p_{n-1})}{\Gamma(p_1+p_2+\cdots+p_{n-1})}\underset{\substack{t,x_n\geqslant 0\\ t+x_n\leqslant 1}}{\iint} f(t+x_n)t^{p_1+p_2+\cdots+p_{n-1}-1}x_n^{p_n-1}\mathrm{d}t\mathrm{d}x_n$$
$$=\frac{\Gamma(p_1)\Gamma(p_2)\cdots\Gamma(p_{n-1})}{\Gamma(p_1+p_2+\cdots+p_{n-1})}\cdot\frac{\Gamma(p_1+p_2+\cdots+p_{n-1})\Gamma(p_n)}{\Gamma(p_1+p_2+\cdots+p_n)}\int_0^1 f(u)u^{p_1+p_2+\cdots+p_n-1}\mathrm{d}u$$
$$=\frac{\Gamma(p_1)\Gamma(p_2)\cdots\Gamma(p_n)}{\Gamma(p_1+p_2+\cdots+p_n)}\int_0^1 f(u)u^{p_1+p_2+\cdots+p_n-1}\mathrm{d}u,$$

即公式对于 $n$ 成立. 从而，公式对于 $n$ 为任意正整数均成立.

**【4218】**$^+$ 将区域 $x_1^2+x_2^2+\cdots+x_n^2\leqslant R^2$ 上的 $n$ 重积分 $(n\geqslant 2)$

$$\underset{\Omega}{\iint\cdots\int} f(\sqrt{x_1^2+x_2^2+\cdots+x_n^2})\mathrm{d}x_1\mathrm{d}x_2\cdots\mathrm{d}x_n$$

化为一重积分，其中 $f(u)$ 为连续函数.

**解** 作代换
$$x_1=Rr\cos\varphi_1,$$
$$x_2=Rr\sin\varphi_1\cos\varphi_2,$$
$$\vdots$$
$$x_{n-1}=Rr\sin\varphi_1\sin\varphi_2\cdots\sin\varphi_{n-2}\cos\varphi_{n-1},$$
$$x_n=Rr\sin\varphi_1\sin\varphi_2\cdots\sin\varphi_{n-2}\sin\varphi_{n-1},$$

则有
$$I=R^n r^{n-1}\sin^{n-2}\varphi_1\sin^{n-3}\varphi_2\cdots\sin\varphi_{n-2}.$$

于是，

$$\underset{\Omega}{\iint\cdots\int} f(\sqrt{x_1^2+x_2^2+\cdots+x_n^2})\mathrm{d}x_1\mathrm{d}x_2\cdots\mathrm{d}x_n$$
$$=R^n\int_0^1 r^{n-1}f(Rr)\mathrm{d}r\int_0^{\pi}\sin^{n-2}\varphi_1\mathrm{d}\varphi_1\int_0^{\pi}\sin^{n-3}\varphi_2\mathrm{d}\varphi_2\cdots\int_0^{\pi}\sin\varphi_{n-2}\mathrm{d}\varphi_{n-2}\int_0^{2\pi}\mathrm{d}\varphi_{n-1}$$
$$=2\pi R^n\frac{\Gamma\left(\frac{n-1}{2}\right)\Gamma\left(\frac{1}{2}\right)}{\Gamma\left(\frac{n}{2}\right)}\cdot\frac{\Gamma\left(\frac{n-2}{2}\right)\Gamma\left(\frac{1}{2}\right)}{\Gamma\left(\frac{n-1}{2}\right)}\cdots\frac{\Gamma\left(\frac{2}{2}\right)\Gamma\left(\frac{1}{2}\right)}{\Gamma\left(\frac{3}{2}\right)}\int_0^1 r^{n-1}f(Rr)\mathrm{d}r^{*)}$$
$$=R^n\frac{2\pi\cdot\pi^{\frac{n-2}{2}}}{\Gamma\left(\frac{n}{2}\right)}\int_0^1 r^{n-1}f(Rr)\mathrm{d}r=R^n\frac{\pi^{\frac{n}{2}}}{\Gamma\left(\frac{n}{2}\right)}\int_0^1 (r^2)^{\frac{n}{2}-1}f(Rr)\mathrm{d}(r^2)$$
$$=R^n\frac{\pi^{\frac{n}{2}}}{\Gamma\left(\frac{n}{2}\right)}\int_0^1 u^{\frac{n}{2}-1}f(R\sqrt{u})\mathrm{d}u.$$

*） 参看 4210 题的计算过程.

**【4219】** 计算半径为 $R$,密度为 $\rho_0$ 的均质球对自身的引力势,即求积分

$$u=\frac{\rho_0^2}{2}\underset{\substack{x_1^2+y_1^2+z_1^2\leqslant R^2\\x_2^2+y_2^2+z_2^2\leqslant R^2}}{\iiint\iiint}\frac{dx_1\,dy_1\,dz_1\,dx_2\,dy_2\,dz_2}{r_{1,2}},$$

式中 $r_{1,2}=\sqrt{(x_1-x_2)^2+(y_1-y_2)^2+(z_1-z_2)^2}$.

**解** 我们有 $$u=\frac{\rho_0^2}{2}\iiint\limits_{x_1^2+y_1^2+z_1^2\leqslant R^2}dx_1\,dy_1\,dz_1\iiint\limits_{x_2^2+y_2^2+z_2^2\leqslant R^2}\frac{dx_2\,dy_2\,dz_2}{r_{1,2}}.$$

由 4155 题的结果可知 $$\iiint\limits_{x_2^2+y_2^2+z_2^2\leqslant R^2}\frac{dx_2\,dy_2\,dz_2}{r_{1,2}}=2\pi R^2-\frac{2}{3}\pi r_1^2,$$

其中 $r_1=\sqrt{x_1^2+y_1^2+z_1^2}$. 于是(利用球坐标),

$$u=\frac{\rho_0^2}{2}\iiint\limits_{x_1^2+y_1^2+z_1^2\leqslant R^2}\left(2\pi R^2-\frac{2}{3}\pi r_1^2\right)dx_1\,dy_1\,dz_1=\frac{\rho_0}{2}\int_0^{2\pi}d\varphi\int_{-\frac{\pi}{2}}^{\frac{\pi}{2}}\cos\psi\,d\psi\int_0^R\left(2\pi R^2-\frac{2}{3}\pi r^2\right)r^2\,dr$$
$$=\frac{16}{15}\pi^2\rho_0^2R^5.$$

**【4220】** 设 $\sum\limits_{i,j=1}^n a_{ij}x_ix_j\,(a_{ij}=a_{ji})$ 为正定二次型,计算 $n$ 重积分

$$\int_{-\infty}^{+\infty}\int_{-\infty}^{+\infty}\cdots\int_{-\infty}^{+\infty}e^{-\left\{\sum\limits_{i,j=1}^n a_{ij}x_ix_j+2\sum\limits_{i=1}^n b_ix_j+c\right\}}dx_1\,dx_2\cdots dx_n.$$

**解** 作变量代换

$$x_i=y_i+\alpha_i\quad(i=1,2,\cdots,n),\tag{1}$$

其中诸常数 $\alpha_i$ 以下再确定. 于是,易得(注意到 $a_{ij}=a_{ji}$)

$$\sum_{i,j=1}^n a_{ij}\,x_i\,x_j+2\sum_{i=1}^n b_i\,x_j+c$$
$$=\sum_{i,j=1}^n a_{ij}\,y_i\,y_j+2\sum_{i=1}^n\left[\left(\sum_{j=1}^n a_{ij}\,\alpha_j\right)+b_i\right]y_i+\sum_{i,j=1}^n a_{ij}\,\alpha_i\,\alpha_j+2\sum_{i=1}^n b_i\,\alpha_i+c.$$

由于 $\sum\limits_{i,j=1}^n a_{ij}\,x_i\,x_j$ 是正定形,故必有 $\delta=|a_{ij}|>0$,从而,线性方程组

$$\sum_{j=1}^n a_{ij}\,\alpha_j+b_i=0\quad(i=1,2,\cdots,n)\tag{2}$$

有唯一的一组解 $\alpha_1,\cdots,\alpha_n$,今取变换(1)式中的诸 $\alpha_i$ 即为方程组(2)的解. 于是,

$$\sum_{i,j=1}^n a_{ij}\,x_i\,x_j+2\sum_{i=1}^n b_i\,x_i+c=\sum_{i,j=1}^n a_{ij}\,y_i\,y_j+c',\tag{3}$$

其中

$$c'=\sum_{i=1}^n\left(\sum_{j=1}^n a_{ij}\,\alpha_j\right)\alpha_i+2\sum_{i=1}^n b_i\,\alpha_i+c=-\sum_{i=1}^n b_i\,\alpha_i+2\sum_{i=1}^n b_i\,\alpha_i+c=\sum_{i=1}^n b_i\,\alpha_i+c.\tag{4}$$

下面我们用诸 $a_{ij}$ 和 $b_i$ 及 $c$ 来表示 $c'$,令

$$\Delta=\begin{vmatrix}a_{ij} & \vdots & b_i\\ \cdots & \cdots & \cdots\\ b_j & \vdots & c\end{vmatrix}=\begin{vmatrix}a_{11} & \cdots & a_{1n} & b_1\\ \vdots & & \vdots & \vdots\\ a_{n1} & \cdots & a_{nn} & b_n\\ b_1 & \cdots & b_n & c\end{vmatrix}$$

($n+1$ 阶行列式,即 $|a_{ij}|$ 的加边行列式). 将此行列式的第一列乘上 $\alpha_1$,第二列乘上 $\alpha_2$,…,第 $n$ 列乘上 $\alpha_n$ 都加到第 $n+1$ 列上去,并注意到(2)式与(4)式,得

$$\Delta=\begin{vmatrix} a_{ij} & \vdots & b_i \\ \cdots & \cdots & \cdots \\ b_j & \vdots & c \end{vmatrix}=\begin{vmatrix} a_{ij} & \sum\limits_{j=1}^{n} a_{ij}\alpha_j+b_i \\ b_j & \sum\limits_{j=1}^{n} b_j\alpha_j+c \end{vmatrix}=\begin{vmatrix} a_{ij} & \vdots & 0 \\ \cdots & \cdots & \cdots \\ b_j & \vdots & c' \end{vmatrix}=c'|a_{ij}|=c'\delta,$$

故
$$c'=\frac{\Delta}{\delta}. \tag{5}$$

由于 $\sum\limits_{i,j=1}^{n} a_{ij}y_iy_j$ 是正定二次型,故由高等代数中二次型的理论知,存在正交矩阵

$$P=(p_{ij})=\begin{pmatrix} p_{11} & \cdots & p_{1n} \\ \vdots & & \vdots \\ p_{n1} & \cdots & p_{nn} \end{pmatrix},$$

使在线性变换

$$y_i=\sum_{j=1}^{n} p_{ij}z_j \quad (i=1,2,\cdots,n) \tag{6}$$

下,二次型变为平方和:

$$\sum_{i,j=1}^{n} a_{ij}y_iy_j=\sum_{i=1}^{n} \lambda_i z_i^2, \tag{7}$$

其中 $\lambda_i>0(i=1,2,\cdots,n)$;也即

$$P^{-1}AP=\begin{pmatrix} \lambda_1 & & 0 \\ & \ddots & \\ 0 & & \lambda_n \end{pmatrix}, \tag{8}$$

其中 $A=(a_{ij})=\begin{pmatrix} a_{11} & \cdots & a_{1n} \\ \vdots & & \vdots \\ a_{n1} & \cdots & a_{nn} \end{pmatrix}$. 由于 $P$ 为正交矩阵,故 $P^{-1}=P'$($P'$ 表 $P$ 的转置矩阵),且 $|P|=|p_{ij}|=\pm 1$.

由(8)式又知

$$\delta=|a_{ij}|=|P^{-1}|\cdot|A|\cdot|P|=\lambda_1\lambda_2\cdots\lambda_n. \tag{9}$$

根据(1)式与(6)式,可知

$$\frac{D(x_1,\cdots,x_n)}{D(y_1,\cdots,y_n)}=1, \quad \frac{D(y_1,\cdots,y_n)}{D(z_1,\cdots,z_n)}=|p_{ij}|=|P|=\pm 1.$$

于是,利用广义 $n$ 重积分的变量代换公式,并注意到被积函数的非负性,得(注意(3)式、(5)式与(7)式)

$$\begin{aligned} I &= \int_{-\infty}^{+\infty}\int_{-\infty}^{+\infty}\cdots\int_{-\infty}^{+\infty} e^{-\left\{\sum\limits_{i,j=1}^{n} a_{ij}x_ix_j+2\sum\limits_{i=1}^{n} b_ix_i+c\right\}} dx_1dx_2\cdots dx_n \\ &= \int_{-\infty}^{+\infty}\int_{-\infty}^{+\infty}\cdots\int_{-\infty}^{+\infty} e^{-\left\{\sum\limits_{i,j=1}^{n} a_{ij}y_iy_j+c'\right\}} \left|\frac{D(x_1,\cdots,x_n)}{D(y_1,\cdots,y_n)}\right| dy_1dy_2\cdots dy_n \\ &= e^{-\frac{\Delta}{\delta}}\int_{-\infty}^{+\infty}\int_{-\infty}^{+\infty}\cdots\int_{-\infty}^{+\infty} e^{-\left\{\sum\limits_{i,j=1}^{n} a_{ij}y_iy_j\right\}} dy_1dy_2\cdots dy_n \\ &= e^{-\frac{\Delta}{\delta}}\int_{-\infty}^{+\infty}\int_{-\infty}^{+\infty}\cdots\int_{-\infty}^{+\infty} e^{-\sum\limits_{i=1}^{n}\lambda_iz_i^2} \left|\frac{D(y_1,\cdots,y_n)}{D(z_1,\cdots,z_n)}\right| dz_1dz_2\cdots dz_n \\ &= e^{-\frac{\Delta}{\delta}}\int_{-\infty}^{+\infty}\int_{-\infty}^{+\infty}\cdots\int_{-\infty}^{+\infty} e^{-\sum\limits_{i=1}^{n}\lambda_iz_i^2} dz_1dz_2\cdots dz_n \\ &= e^{-\frac{\Delta}{\delta}}\left(\int_{-\infty}^{+\infty} e^{-\lambda_1z_1^2}dz_1\right)\left(\int_{-\infty}^{+\infty} e^{-\lambda_2z_2^2}dz_2\right)\cdots\left(\int_{-\infty}^{+\infty} e^{-\lambda_nz_n^2}dz_n\right). \end{aligned}$$

作代换 $z_i=\frac{u}{\sqrt{\lambda_i}}$($i$ 固定),得

$$\int_{-\infty}^{+\infty} e^{-\lambda_iz_i^2}dz_i=\frac{1}{\sqrt{\lambda_i}}\int_{-\infty}^{+\infty} e^{-u^2}du=\frac{2}{\sqrt{\lambda_i}}\int_{0}^{+\infty} e^{-u^2}du=\frac{\sqrt{\pi}}{\sqrt{\lambda_i}} \quad (i=1,2,\cdots,n).$$

以此代入上式,并注意到(9)式,最后得

$$I=\int_{-\infty}^{+\infty}\int_{-\infty}^{+\infty}\cdots\int_{-\infty}^{+\infty}\mathrm{e}^{-\left\{\sum\limits_{i,j=1}^{n}a_{ij}x_ix_j+2\sum\limits_{i=1}^{n}b_ix_i+c\right\}}\mathrm{d}x_1\mathrm{d}x_2\cdots\mathrm{d}x_n=\mathrm{e}^{-\frac{\Delta}{\delta}}\frac{\pi^{\frac{n}{2}}}{\sqrt{\lambda_1\lambda_2\cdots\lambda_n}}=\sqrt{\frac{\pi^n}{\delta}}\ \mathrm{e}^{-\frac{\Delta}{\delta}}.$$

## §11. 曲线积分

1° **第一型曲线积分** 若函数 $f(x,y,z)$ 在平滑曲线 $C$

$$x=x(t),\quad y=y(t),\quad z=z(t)\ (t_0\leqslant t\leqslant T) \tag{1}$$

的各点上有定义并且连续,$\mathrm{d}s$ 为弧长的微分,则

$$\int_C f(x,y,z)\mathrm{d}s=\int_{t_0}^{T}f[x(t),y(t),z(t)]\sqrt{x'^2(t)+y'^2(t)+z'^2(t)}\,\mathrm{d}t.$$

这个积分的特征在于它与曲线 $C$ 的方向无关.

2° **第一型曲线积分在力学上的应用** 若 $\rho=\rho(x,y,z)$ 为曲线 $C$ 在点 $(x,y,z)$ 的线密度,则曲线 $C$ 的质量等于:

$$M=\int_C\rho(x,y,z)\mathrm{d}s.$$

此曲线的质心坐标 $(x_0,y_0,z_0)$ 由以下公式来表示:

$$x_0=\frac{1}{M}\int_C x\rho(x,y,z)\mathrm{d}s,\quad y_0=\frac{1}{M}\int_C y\rho(x,y,z)\mathrm{d}s,\quad z_0=\frac{1}{M}\int_C z\rho(x,y,z)\mathrm{d}s.$$

3° **第二型曲线积分** 若函数 $P=P(x,y,z)$, $Q=Q(x,y,z)$, $R=R(x,y,z)$ 在曲线(1)上的各点是连续的,且曲线的方向是使参数 $t$ 增加的方向,则

$$\int_C P(x,y,z)\mathrm{d}x+Q(x,y,z)\mathrm{d}y+R(x,y,z)\mathrm{d}z$$

$$=\int_{t_0}^{T}\{P[x(t),y(t),z(t)]x'(t)+Q[x(t),y(t),z(t)]y'(t)+R[x(t),y(t),z(t)]z'(t)\}\mathrm{d}t. \tag{2}$$

当沿曲线 $C$ 的方向变更时,此积分的符号也变更. 在力学上积分(2)是当其作用点描绘出曲线 $C$ 时变力 $\{P,Q,R\}$ 所作的功.

4° **全微分的情形** 若

$$P(x,y,z)\mathrm{d}x+Q(x,y,z)\mathrm{d}y+R(x,y,z)\mathrm{d}z=\mathrm{d}u,$$

式中 $u=u(x,y,z)$ 为区域 $V$ 内的单值函数,则积分值与完全位于区域 $V$ 内的曲线 $C$ 的形状无关:

$$\int_C P\mathrm{d}x+Q\mathrm{d}y+R\mathrm{d}z=u(x_2,y_2,z_2)-u(x_1,y_1,z_1),$$

式中 $(x_1,y_1,z_1)$ 为积分路径的始点,$(x_2,y_2,z_2)$ 为其终点. 最简单的情况下,若区域 $V$ 是单联通的,而函数 $P,Q,R$ 有连续的一阶偏导数,则上式成立的充分必要条件为:在区域 $V$ 内,下列条件恒满足:

$$\frac{\partial P}{\partial y}=\frac{\partial Q}{\partial x},\quad \frac{\partial Q}{\partial z}=\frac{\partial R}{\partial y},\quad \frac{\partial R}{\partial x}=\frac{\partial P}{\partial z}.$$

这时,在区域 $V$ 是标准长方体这种简单情形下,函数 $u$ 可按下面的公式来求得

$$u(x,y,z)=\int_{x_0}^{x}P(x,y,z)\mathrm{d}x+\int_{y_0}^{y}Q(x_0,y,z)\mathrm{d}y+\int_{z_0}^{z}R(x_0,y_0,z)\mathrm{d}z+c,$$

其中 $(x_0,y_0,z_0)$ 为区域 $V$ 内某一固定的点,而 $c$ 是任意常数.

### 计算下列第一型曲线积分:

**【4221】** $\int_C(x+y)\mathrm{d}s$,其中 $C$ 为以 $O(0,0)$,$A(1,0)$ 和 $B(0,1)$ 为顶点的三角形围线.

**解** $\int_C(x+y)\mathrm{d}s=\int_{OA}(x+y)\mathrm{d}s+\int_{AB}(x+y)\mathrm{d}s+\int_{BO}(x+y)\mathrm{d}s$

$$=\int_0^1 x\mathrm{d}x+\int_0^1\sqrt{2}\,\mathrm{d}x+\int_0^1 y\mathrm{d}y=1+\sqrt{2}.$$

**【4222】** $\int_C y^2\mathrm{d}s$,其中 $C$ 为摆线 $x=a(t-\sin t)$, $y=a(1-\cos t)$ $(0\leqslant t\leqslant 2\pi)$ 的一拱.

**解** 弧长的微分为 $\mathrm{d}s=\sqrt{(\mathrm{d}x)^2+(\mathrm{d}y)^2}=\sqrt{a^2(1-\cos t)^2+a^2\sin^2 t}\,\mathrm{d}t=2a\sin\frac{t}{2}\mathrm{d}t.$

于是, $\int_C y^2\mathrm{d}s=2a^3\int_0^{2\pi}\sin\frac{t}{2}(1-\cos t)^2\mathrm{d}t=8a^3\int_0^{2\pi}\sin^5\frac{t}{2}\mathrm{d}t=32a^3\int_0^{\frac{\pi}{2}}\sin^5 u\mathrm{d}u=\frac{256}{15}a^3.$

**【4223】** $\int_C (x^2+y^2)\mathrm{d}s$ 其中 $C$ 为曲线 $x=a(\cos t+t\sin t)$, $y=a(\sin t-t\cos t)$ $(0\leqslant t\leqslant 2\pi)$.

**解** 弧长的微分为 $\mathrm{d}s=\sqrt{a^2t^2\cos^2 t+a^2t^2\sin^2 t}\,\mathrm{d}t=at\mathrm{d}t.$

于是, $\int_C (x^2+y^2)\mathrm{d}s=\int_0^{2\pi}[a^2(\cos t+t\sin t)^2+a^2(\sin t-t\cos t)^2]at\mathrm{d}t=\int_0^{2\pi}a^3t(1+t^2)\mathrm{d}t=2\pi^2a^3(1+2\pi^2).$

**【4224】** $\int_C xy\mathrm{d}s$ 其中 $C$ 为双曲线 $x=a\operatorname{ch}t$, $y=a\operatorname{sh}t$ $(0\leqslant t\leqslant t_0)$ 的弧.

**解** 弧长的微分为 $\mathrm{d}s=\sqrt{a^2\operatorname{sh}^2 t+a^2\operatorname{ch}^2 t}\,\mathrm{d}t=a\sqrt{\operatorname{ch}2t}\,\mathrm{d}t.$

于是, $\int_C xy\mathrm{d}s=a^3\int_0^{t_0}\operatorname{ch}t\operatorname{sh}t\sqrt{\operatorname{ch}2t}\mathrm{d}t=\frac{a^3}{2}\int_0^{t_0}\operatorname{sh}2t\sqrt{\operatorname{ch}2t}\mathrm{d}t=\frac{a^3}{4}\int_0^{t_0}\sqrt{\operatorname{ch}2t}\,\mathrm{d}(\operatorname{ch}2t)=\frac{a^3}{6}(\sqrt{\operatorname{ch}^3 2t_0}-1).$

**【4225】** $\int_C (x^{\frac{4}{3}}+y^{\frac{4}{3}})\mathrm{d}s$,其中 $C$ 为星形线 $x^{\frac{2}{3}}+y^{\frac{2}{3}}=a^{\frac{2}{3}}$ 的弧.

**解** 解法 1:

按直角坐标方程计算,弧长的微分为 $\mathrm{d}s=\sqrt{1+y'^2}\,\mathrm{d}x=\frac{a^{\frac{1}{3}}}{x^{\frac{1}{3}}}\mathrm{d}x.$

于是, $\int_C (x^{\frac{4}{3}}+y^{\frac{4}{3}})\mathrm{d}s=4\int_0^a[x^{\frac{4}{3}}+(a^{\frac{2}{3}}-x^{\frac{2}{3}})^2]\frac{a^{\frac{1}{3}}}{x^{\frac{1}{3}}}\mathrm{d}x=4a^{\frac{1}{3}}\int_0^a(2x+a^{\frac{4}{3}}x^{-\frac{1}{3}}-2a^{\frac{2}{3}}x^{\frac{1}{3}})\mathrm{d}x=4a^{\frac{7}{3}}.$

解法 2:

按参数方程计算. 若令 $x=a\cos^3 t$, $y=a\sin^3 t$,则

$$\mathrm{d}s=\sqrt{9a^2\cos^4 t\sin^2 t+9a^2\sin^4 t\cos^2 t}\,\mathrm{d}t=3a\cos t\sin t\mathrm{d}t\quad(0\leqslant t\leqslant\frac{\pi}{2}).$$

于是, $\int_C (x^{\frac{4}{3}}+y^{\frac{4}{3}})\mathrm{d}s=4a^{\frac{4}{3}}\int_0^{\frac{\pi}{2}}(\cos^4 t+\sin^4 t)3a\cos t\sin t\mathrm{d}t=24a^{\frac{7}{3}}\int_0^{\frac{\pi}{2}}\sin^5 t\mathrm{d}(\sin t)=4a^{\frac{7}{3}}.$

**【4226】** $\int_C \mathrm{e}^{\sqrt{x^2+y^2}}\mathrm{d}s$ 其中 $C$ 为由曲线 $r=a$, $\varphi=0$, $\varphi=\frac{\pi}{4}$ ($r$ 和 $\varphi$ 为极坐标)给出的凸围线.

**解** 凸围线由三段组成,分别是:直线段 $\varphi=0$ $(0\leqslant r\leqslant a)$;圆弧段 $r=a$ $(0\leqslant\varphi\leqslant\frac{\pi}{4})$;直线段 $\varphi=\frac{\pi}{4}$ $(0\leqslant r\leqslant a)$. 弧长的微分相应地是: $\mathrm{d}s=\mathrm{d}r$; $\mathrm{d}s=\sqrt{r^2+r'^2}\,\mathrm{d}\varphi=a\mathrm{d}\varphi$; $\mathrm{d}s=\mathrm{d}r$. 于是,

$$\int_C \mathrm{e}^{\sqrt{x^2+y^2}}\mathrm{d}s=\int_0^a\mathrm{e}^r\mathrm{d}r+\int_0^{\frac{\pi}{4}}\mathrm{e}^a a\mathrm{d}\varphi+\int_0^a\mathrm{e}^r\mathrm{d}r=2(\mathrm{e}^a-1)+\frac{\pi a\mathrm{e}^a}{4}.$$

**【4227】** $\int_C |y|\mathrm{d}s$ 其中 $C$ 为双纽线 $(x^2+y^2)^2=a^2(x^2-y^2)$ 的弧.

**解** 双纽线的极坐标方程为 $r^2=a^2\cos2\varphi$,弧长的微分为

$$\mathrm{d}s=\sqrt{r^2+r'^2}\,\mathrm{d}\varphi=\frac{a}{\sqrt{\cos2\varphi}}\mathrm{d}\varphi.$$

于是, $\int_C |y|\mathrm{d}s=4\int_0^{\frac{\pi}{4}}a\sqrt{\cos2\varphi}\sin\varphi\frac{a}{\sqrt{\cos2\varphi}}\mathrm{d}\varphi=4a^2(-\cos\varphi)\Big|_0^{\frac{\pi}{4}}=2a^2(2-\sqrt{2}).$

**【4228】** $\int_C x\mathrm{d}s$,其中 $C$ 为对数螺线 $r=a\mathrm{e}^{k\varphi}$ $(k>0)$ 在圆 $r=a$ 内的部分.

**解** 弧长的微分为 $\mathrm{d}s=a\mathrm{e}^{k\varphi}\sqrt{1+k^2}\,\mathrm{d}\varphi\quad(-\infty<\varphi<0).$

于是, $\int_C x\mathrm{d}s=\int_{-\infty}^0 a\mathrm{e}^{k\varphi}\cos\varphi\cdot a\mathrm{e}^{k\varphi}\sqrt{1+k^2}\,\mathrm{d}\varphi=a^2\sqrt{1+k^2}\frac{2k\cos\varphi+\sin\varphi}{1+4k^2}\mathrm{e}^{2k\varphi}\Big|_{-\infty}^0=\frac{2ka^2\sqrt{1+k^2}}{1+4k^2}.$

**【4229】** $\int_C \sqrt{x^2+y^2}\,ds$,其中 $C$ 为圆周 $x^2+y^2=ax$.

**解** 对于上半圆周,弧长的微分为

$$ds=\sqrt{1+\left(\frac{a-2x}{2y}\right)^2}\,dx=\frac{a}{2y}dx=\frac{a}{2\sqrt{ax-x^2}}dx \quad (0\leqslant x\leqslant a).$$

于是,
$$\int_C \sqrt{x^2+y^2}\,ds=2\int_0^a \sqrt{ax}\frac{a}{2\sqrt{ax-x^2}}dx=a\sqrt{a}\int_0^a \frac{dx}{\sqrt{a-x}}=2a^2.$$

**【4230】** $\int_C \frac{ds}{y^2}$,其中 $C$ 为悬链线 $y=a\operatorname{ch}\frac{x}{a}$.

**解** 弧长的微分为
$$ds=\sqrt{1+\operatorname{sh}^2\frac{x}{a}}\,dx=\operatorname{ch}\frac{x}{a}dx.$$

于是,
$$\int_C \frac{ds}{y^2}=\int_{-\infty}^{+\infty}\frac{\operatorname{ch}\frac{x}{a}}{a^2\operatorname{ch}^2\frac{x}{a}}dx=\frac{1}{a}\int_{-\infty}^{+\infty}\frac{d\left(\operatorname{sh}\frac{x}{a}\right)}{1+\operatorname{sh}^2\frac{x}{a}}=\frac{1}{a}\arctan\left(\operatorname{sh}\frac{x}{a}\right)\Big|_{-\infty}^{+\infty}=\frac{\pi}{a}.$$

**求下列空间曲线的弧长(参数是正的):**

**【4231】** $x=3t,y=3t^2,z=2t^3$,从 $O(0,0,0)$ 到 $A(3,3,2)$.

**解** 弧长的微分为
$$ds=\sqrt{x'^2+y'^2+z'^2}\,dt=3(2t^2+1)dt.$$

于是,弧长为
$$s=\int_0^1 3(2t^2+1)dt=5.$$

**【4232】** $x=e^{-t}\cos t,y=e^{-t}\sin t,z=e^{-t}$,当 $0<t<+\infty$.

**解** 弧长的微分为 $ds=\sqrt{e^{-2t}(\cos t-\sin t)^2+e^{-2t}(\cos t+\sin t)^2+e^{-2t}}\,dt=\sqrt{3}e^{-t}dt.$

于是,弧长为
$$s=\sqrt{3}\int_0^{+\infty} e^{-t}dt=\sqrt{3}.$$

**【4233】** $y=a\arcsin\frac{x}{a},z=\frac{a}{4}\ln\frac{a-x}{a+x}$,从 $O(0,0,0)$ 到 $A(x_0,y_0,z_0)$.

**解** 弧长的微分为 $ds=\sqrt{1+\frac{a^2}{a^2-x^2}+\frac{a^4}{4(a^2-x^2)^2}}=\frac{3a^2-2x^2}{2(a^2-x^2)}dx \quad (|x_0|<a).$

于是,当 $x_0\geqslant 0$ 时,有

$$s=\int_0^{x_0}\frac{3a^2-2x^2}{2(a^2-x^2)}dx=\frac{a}{4}\ln\frac{a+x_0}{a-x_0}+x_0=|z_0|+|x_0|;$$

当 $x_0<0$ 时,有

$$s=\int_{x_0}^0\frac{3a^2-2x^2}{2(a^2-x^2)}dx=-\frac{a}{4}\ln\frac{a+x_0}{a-x_0}-x_0=|z_0|+|x_0|.$$

总之,当 $|x_0|<a$,有 $s=|z_0|+|x_0|$.

**【4234】** $(x-y)^2=a(x+y),x^2-y^2=\frac{9}{8}z^2$,从 $O(0,0,0)$ 到 $A(x_0,y_0,z_0)$.

**解** 由 $(x-y)^2=a(x+y),x^2-y^2=\frac{9}{8}z^2$ 可解得

$$x=\frac{1}{2}\left[\frac{1}{a}\sqrt[3]{\left(\frac{9a}{8}\right)^2}\sqrt[3]{z^4}+\sqrt[3]{\frac{9a}{8}}\sqrt[3]{z^2}\right],\qquad y=\frac{1}{2}\left[\frac{1}{a}\sqrt[3]{\left(\frac{9a}{8}\right)^2}\sqrt[3]{z^4}-\sqrt[3]{\frac{9a}{8}}\sqrt[3]{z^2}\right].$$

注意到

$$\left(\frac{dx}{dz}\right)^2+\left(\frac{dy}{dz}\right)^2=\frac{8}{9a^2}\sqrt[3]{\left(\frac{9a}{8}\right)^4}\sqrt[3]{z^2}+\frac{2}{9}\sqrt[3]{\left(\frac{9a}{8}\right)^2}\sqrt[3]{z^{-2}}=\frac{\sqrt[3]{9a}}{2a}\sqrt[3]{z^2}+\frac{\sqrt[3]{3a^2}}{6}\sqrt[3]{z^{-2}},$$

于是,弧长为

$$s=\int_0^{z_0}\sqrt{\frac{\sqrt[3]{9a}}{2a}\sqrt[3]{z^2}+\frac{\sqrt[3]{3a^2}}{6}\sqrt[3]{z^{-2}}+1}\,dz=\int_0^{\sqrt[3]{z_0^2}}\sqrt{\frac{\sqrt[3]{9a}}{2a}t+\frac{\sqrt[3]{3a^2}}{6}\frac{1}{t}+1}\,\frac{3\sqrt{t}}{2}\,dt$$

$$=\frac{3}{2}\int_0^{\sqrt[3]{z_0^2}}\sqrt{\frac{\sqrt[3]{9a}}{2a}t^2+t+\frac{\sqrt[3]{3a^2}}{6}}\,dt=\frac{3}{2}\int_0^{\sqrt[3]{z_0^2}}\left(\frac{1}{\sqrt{2}}\sqrt[3]{\frac{3}{a}}t+\frac{1}{\sqrt{2}}\sqrt[3]{\frac{a}{3}}\right)dt$$

$$=\frac{3}{4\sqrt{2}}\left(\sqrt[3]{\frac{3z_0^4}{a}}+2\sqrt[3]{\frac{az_0^2}{3}}\right).$$

**【4235】** $x^2+y^2=cz,\frac{y}{x}=\tan\frac{z}{c}$,从 $O(0,0,0)$到 $A(x_0,y_0,z_0)$.

**提示** 取曲线的参数方程为 $x=\sqrt{cz}\cos\frac{z}{c}$, $y=\sqrt{cz}\sin\frac{z}{c}$, $z=z$.

**解** 取曲线的参数方程为 $x=\sqrt{cz}\cos\frac{z}{c}$, $y=\sqrt{cz}\sin\frac{z}{c}$, $z=z$,则弧长的微分为

$$ds=\left[\left(\frac{\sqrt{c}}{2\sqrt{z}}\cos\frac{z}{c}-\sqrt{\frac{z}{c}}\sin\frac{z}{c}\right)^2+\left(\frac{\sqrt{c}}{2\sqrt{z}}\sin\frac{z}{c}-\sqrt{\frac{z}{c}}\cos\frac{z}{c}\right)^2+1\right]^{\frac{1}{2}}dz=\sqrt{\frac{c}{4z}+\frac{z}{c}+1}\,dz$$

$$=\frac{2z+c}{\sqrt{4cz}}\,dz.$$

于是,弧长为

$$s=\int_0^{z_0}\frac{2z+c}{\sqrt{4cz}}dz=\int_0^{z_0}\sqrt{\frac{z}{c}}\,dz+\int_0^{z_0}\frac{\sqrt{c}}{2\sqrt{z}}dz=\sqrt{cz_0}\left(1+\frac{2z_0}{3c}\right).$$

**【4236】** $x^2+y^2+z^2=a^2$, $\sqrt{x^2+y^2}\,\text{ch}\left(\arctan\frac{y}{x}\right)=a$,从点$(a,0,0)$到点 $B(x,y,z)$.

**解** 令 $x=\sqrt{a^2-z^2}\cos\varphi, y=\sqrt{a^2-z^2}\sin\varphi$,不妨设$z>0$,则有

$$z=\sqrt{a^2-(x^2+y^2)}=\sqrt{a^2\left(1-\frac{1}{\text{ch}^2\varphi}\right)}=a\,\text{th}\varphi.$$

而 $\sqrt{a^2-z^2}=\sqrt{a^2(1-\text{th}^2\varphi)}=\frac{a}{\text{ch}\varphi}$,故 $x=\frac{a\cos\varphi}{\text{ch}\varphi}, y=\frac{a\sin\varphi}{\text{ch}\varphi}, z=a\,\text{th}\varphi$为曲线的参数方程,弧长的微分为

$$ds=\sqrt{\left(\frac{dx}{d\varphi}\right)^2+\left(\frac{dy}{d\varphi}\right)^2+\left(\frac{dz}{d\varphi}\right)^2}\,d\varphi=a\sqrt{\frac{\text{ch}^2\varphi+\text{sh}^2\varphi+1}{\text{ch}^4\varphi}}\,d\varphi=\sqrt{2}a\frac{d\varphi}{\text{ch}\varphi}.$$

于是,弧长为

$$s=\int_0^{\varphi}\sqrt{2}a\frac{d\varphi}{\text{ch}\varphi}=\sqrt{2}a\int_0^{\varphi}\frac{2}{e^{\varphi}+e^{-\varphi}}d\varphi=2\sqrt{2}a\int_0^{\varphi}\frac{1}{1+(e^{\varphi})^2}d(e^{\varphi})$$

$$=2\sqrt{2}a\arctan e^{\varphi}\Big|_0^{\varphi}=2\sqrt{2}a\left(\arctan\frac{a+z}{\sqrt{a^2-z^2}}-\frac{\pi}{4}\right)^{*)}=\sqrt{2}a\arctan\frac{z}{\sqrt{a^2-z^2}}^{**)}.$$

容易推证,当 $z<0$ 时,弧长为 $s=\sqrt{2}a\arctan\frac{-z}{\sqrt{a^2-z^2}}$.

总之,最后得 $s=\sqrt{2}a\arctan\frac{|z|}{\sqrt{a^2-z^2}}$.

*) 由 $z=a\tan\varphi$ 知: $z(e^{\varphi}+e^{-\varphi})=a(e^{\varphi}-e^{-\varphi})$, $z(e^{2\varphi}+1)=a(e^{2\varphi}-1)$,

从而, $e^{2\varphi}=\frac{a+z}{a-z}$ 或 $e^{\varphi}=\frac{a+z}{\sqrt{a^2-z^2}}$.

**) 由于 $\tan\left(\arctan\frac{a+z}{\sqrt{a^2-z^2}}-\frac{\pi}{4}\right)=\frac{a-\sqrt{a^2-z^2}}{z}$, $\tan\frac{1}{2}\left(\arctan\frac{z}{\sqrt{a^2-z^2}}\right)=\frac{a-\sqrt{a^2-z^2}}{z}$,

故在主值范围内有 $\arctan\frac{a+z}{\sqrt{a^2-z^2}}-\frac{\pi}{4}=\frac{1}{2}\arctan\frac{z}{\sqrt{a^2-z^2}}$.

**计算沿空间曲线的第一型曲线积分:**

**【4237】** $\int_C(x^2+y^2+z^2)ds$ 其中 $C$ 为螺线 $x=a\cos t, y=a\sin t, z=bt$ $(0\leqslant t\leqslant 2\pi)$的一段.

**解** 弧长的微分为 $\mathrm{d}s=\sqrt{a^2+b^2}\,\mathrm{d}t$. 于是,

$$\int_C (x^2+y^2+z^2)\mathrm{d}s=\sqrt{a^2+b^2}\int_0^{2\pi}(a^2+b^2t^2)\mathrm{d}t=\frac{2\pi}{3}(3a^2+4\pi^2b^2)\sqrt{a^2+b^2}\ .$$

**【4238】** $\int_C x^2\mathrm{d}s$,其中 $C$ 为圆周 $x^2+y^2+z^2=a^2$, $x+y+z=0$.

**提示** 由对称性知:$\int_C x^2\mathrm{d}s=\int_C y^2\mathrm{d}s=\int_C z^2\mathrm{d}s$.

**解** 解法1:

由对称性知:$\int_C x^2\mathrm{d}s=\int_C y^2\mathrm{d}s=\int_C z^2\mathrm{d}s$. 于是,

$$\int_C x^2\mathrm{d}s=\frac{1}{3}\int_C (x^2+y^2+z^2)\mathrm{d}s=\frac{a^2}{3}\int_C \mathrm{d}s=\frac{2\pi a^3}{3}.$$

解法2:

作代换 $u=\frac{x-y}{\sqrt{2}}$, $v=\frac{x+y-2z}{\sqrt{6}}$, $w=\frac{x+y+z}{\sqrt{3}}$,则圆周 $C$ 化为 $u^2+v^2+w^2=a^2$, $w=0$. 于是,

$$\int_C x^2\mathrm{d}s=\int_C\left(\frac{u}{\sqrt{2}}+\frac{v}{\sqrt{6}}+\frac{w}{\sqrt{3}}\right)^2\mathrm{d}s=\int_C\left(\frac{u}{\sqrt{2}}+\frac{v}{\sqrt{6}}\right)^2\mathrm{d}s=\frac{1}{6}\int_C(3u^2+v^2)\mathrm{d}s+\frac{1}{\sqrt{3}}\int_C uv\mathrm{d}s$$

$$=\frac{1}{6}\int_C a^2\mathrm{d}s+\frac{1}{3}\int_C u^2\mathrm{d}s+\frac{1}{\sqrt{3}}\int_C uv\mathrm{d}s=\frac{1}{3}\pi a^3+\frac{1}{3}\int_0^{2\pi}a^3\cos^2\varphi\mathrm{d}\varphi+\frac{1}{\sqrt{3}}\int_0^{2\pi}a^3\cos\varphi\sin\varphi\mathrm{d}\varphi$$

$$=\frac{1}{3}\pi a^3+\frac{1}{3}\pi a^3=\frac{2}{3}\pi a^3.$$

**【4239】** $\int_C z\mathrm{d}s$,其中 $C$ 为圆锥螺旋线 $x=t\cos t$, $y=t\sin t$, $z=t\ (0\leqslant t\leqslant t_0)$.

**解** 弧长的微分为 $\mathrm{d}s=\sqrt{(\cos t-t\sin t)^2+(\sin t+t\cos t)^2+1}\ \mathrm{d}t=\sqrt{2+t^2}\ \mathrm{d}t$.

于是, $$\int_C z\mathrm{d}s=\int_0^{t_0}t\sqrt{2+t^2}\ \mathrm{d}t=\frac{1}{3}\left[(2+t_0^2)^{\frac{3}{2}}-2^{\frac{3}{2}}\right].$$

**【4240】** $\int_C z\mathrm{d}s$,其中 $C$ 为曲线 $x^2+y^2=z^2$, $y^2=ax$ 上从点 $O(0,0,0)$ 到点 $A(a,a,a\sqrt{2})$ 的弧.

**解** 由曲线方程得 $$z=\sqrt{x^2+y^2}=\sqrt{\frac{y^4}{a^2}+y^2}=\frac{y}{a}\sqrt{y^2+a^2},$$

从而,曲线的参数方程可取为 $x=\frac{y^2}{a}$, $y=y$, $z=\frac{y}{a}\sqrt{y^2+a^2}$.

弧长的微分为 $$\mathrm{d}s=\sqrt{\left(\frac{2y}{a}\right)^2+1+\left(\frac{2y^2+a^2}{a\sqrt{y^2+a^2}}\right)^2}\ \mathrm{d}y=\sqrt{\frac{8y^4+9a^2y^2+2a^4}{a^2(y^2+a^2)}}\ \mathrm{d}y.$$

于是,

$$\int_C z\mathrm{d}s=\int_0^a\frac{y}{a}\sqrt{y^2+a^2}\sqrt{\frac{8y^4+9a^2y^2+2a^4}{a^2(y^2+a^2)}}\mathrm{d}y=\frac{\sqrt{8}}{a^2}\int_0^a y\sqrt{y^4+\frac{9}{8}a^2y^2+\frac{1}{4}a^4}\ \mathrm{d}y$$

$$=\frac{\sqrt{2}}{a^2}\int_0^a\sqrt{\left(y^2+\frac{9a^2}{16}\right)^2-\frac{17a^4}{16^2}}\ \mathrm{d}\left(y^2+\frac{9a^2}{16}\right)$$

$$=\frac{\sqrt{2}}{a^2}\left[\frac{y^2+\frac{9a^2}{16}}{2}\sqrt{y^4+\frac{9}{8}a^2y^2+\frac{1}{4}a^4}-\frac{17a^4}{2\cdot16^2}\ln\left(y^2+\frac{9a^2}{16}+\sqrt{y^4+\frac{9}{8}a^2y^2+\frac{1}{4}a^4}\right)\right]\Bigg|_0^a$$

$$=\frac{\sqrt{2}}{a^2}\left[\left(\frac{25a^4}{64}\sqrt{\frac{19}{2}}-\frac{17a^4}{2\cdot16^2}\ln\frac{25a^2+8\sqrt{\frac{19}{2}}a^2}{16}\right)-\left(\frac{9a^4}{64}-\frac{17a^4}{2\cdot16^2}\ln\frac{17a^2}{16}\right)\right]$$

$$=\frac{\sqrt{2}}{a^2}\,\frac{25a^4\sqrt{38}-18a^4}{128}+\frac{\sqrt{2}}{a^2}\,\frac{17a^4}{2\cdot16^2}\ln\frac{\frac{17a^2}{16}}{\frac{25a^2+8\sqrt{\frac{19}{2}}a^2}{16}}$$

$$=\frac{a^2}{256\sqrt{2}}\left[100\sqrt{38}-72-17\ln\frac{25+4\sqrt{38}}{17}\right].$$

**【4241】**$^+$ 设曲线 $x=a\cos t, y=b\sin t\ (0\leqslant t\leqslant 2\pi)$ 在点 $(x,y)$ 的线密度等于 $\rho=|y|$，求其质量.

**解** 质量 $M=\int_C |y|\mathrm{d}s$，其中 $C$ 为椭圆 $x=a\cos t, y=b\sin t\ (0\leqslant t\leqslant 2\pi)$.

先设 $a>b$. 这时

$$\mathrm{d}s=\sqrt{a^2\sin^2 t+b^2\cos^2 t}\,\mathrm{d}t=a\sqrt{1-\varepsilon^2\cos^2 t}\,\mathrm{d}t$$

其中 $\varepsilon=\frac{\sqrt{a^2-b^2}}{a}$. 于是，

$$M=\int_0^{\pi}ab\sin t\sqrt{1-\varepsilon^2\cos^2 t}\,\mathrm{d}t+\int_{\pi}^{2\pi}a(-b\sin t)\sqrt{1-\varepsilon^2\cos^2 t}\,\mathrm{d}t$$

$$=-ab\int_0^{\pi}\sqrt{1-\varepsilon^2\cos^2 t}\,\mathrm{d}(\cos t)+ab\int_{\pi}^{2\pi}\sqrt{1-\varepsilon^2\cos^2 t}\,\mathrm{d}(\cos t)$$

$$=ab\int_{-1}^{1}\sqrt{1-\varepsilon^2u^2}\,\mathrm{d}u+ab\int_{-1}^{1}\sqrt{1-\varepsilon^2u^2}\,\mathrm{d}u=4ab\int_0^1\sqrt{1-\varepsilon^2u^2}\,\mathrm{d}u$$

$$=\frac{4ab}{\varepsilon}\left[\frac{1}{2}\varepsilon u\sqrt{1-\varepsilon^2u^2}+\frac{1}{2}\arcsin(\varepsilon u)\right]\Bigg|_{u=0}^{u=1}=2b^2+2ab\frac{\arcsin\varepsilon}{\varepsilon}.$$

次设 $a<b$. 这时 $\mathrm{d}s=\sqrt{a^2\sin^2 t+b^2\cos^2 t}\,\mathrm{d}t=a\sqrt{1+\varepsilon_1^2\cos^2 t}\,\mathrm{d}t$,

其中 $\varepsilon_1=\frac{\sqrt{b^2-a^2}}{a}$. 仿前，有

$$M=\int_0^{\pi}ab\sin t\sqrt{1+\varepsilon_1^2\cos^2 t}\,\mathrm{d}t+\int_{\pi}^{2\pi}a(-b\sin t)\sqrt{1+\varepsilon_1^2\cos^2 t}\,\mathrm{d}t=4ab\int_0^1\sqrt{1+\varepsilon_1^2u^2}\,\mathrm{d}u$$

$$=\frac{4ab}{\varepsilon_1}\left[\frac{1}{2}\varepsilon_1 u\sqrt{1+\varepsilon_1^2u^2}+\frac{1}{2}\ln(\varepsilon_1 u+\sqrt{1+\varepsilon_1^2u^2})\right]\Bigg|_{u=0}^{u=1}=2b^2+2ab\frac{\ln(\varepsilon_1+\sqrt{1+\varepsilon_1^2})}{\varepsilon_1}.$$

最后，若 $a=b$，则椭圆退化成圆，这时 $\mathrm{d}s=a\mathrm{d}t$，故

$$M=\int_0^{\pi}a^2\sin t\mathrm{d}t+\int_{\pi}^{2\pi}(-a\sin t)a\mathrm{d}t=4a^2.$$

综上所述，可知：

$$M=\begin{cases}2b^2+2ab\frac{\arcsin\varepsilon}{\varepsilon}, & a>b,\\ 2b^2+2ab\frac{\ln(\varepsilon_1+\sqrt{1+\varepsilon_1^2})}{\varepsilon_1}, & a<b,\\ 4a^2, & a=b,\end{cases}$$

其中 $\varepsilon=\frac{\sqrt{a^2-b^2}}{a}\ (a>b)$, $\varepsilon_1=\frac{\sqrt{b^2-a^2}}{a}\ (a<b)$,

**【4242】** 求曲线 $x=at, y=\frac{a}{2}t^2, z=\frac{a}{3}t^3\ (0\leqslant t\leqslant 1)$ 的弧的质量，其密度按规律 $\rho=\sqrt{\frac{2y}{a}}$ 而变化.

**解** 弧长的微分为 $\mathrm{d}s=\sqrt{a^2+a^2t^2+a^2t^4}\,\mathrm{d}t=a\sqrt{1+t^2+t^4}\,\mathrm{d}t$,

而密度 $\rho=\sqrt{\frac{2y}{a}}=t$. 于是，质量为(作代换 $u=t^2$)

$$M=\int_C\sqrt{\frac{2y}{a}}\mathrm{d}s=a\int_0^1 t\sqrt{1+t^2+t^4}\,\mathrm{d}t=\frac{a}{2}\int_0^1\sqrt{1+u+u^2}\,\mathrm{d}u$$

$$=\frac{a}{2}\left[\frac{u+\frac{1}{2}}{2}\sqrt{1+u+u^2}+\frac{3}{8}\ln\left(u+\frac{1}{2}+\sqrt{1+u+u^2}\right)\right]\Bigg|_0^1$$

$$=\frac{a}{8}\left[(3\sqrt{3}-1)+\frac{3}{2}\ln\frac{3+2\sqrt{3}}{3}\right].$$

**【4243】** 计算均匀曲线 $y=a\operatorname{ch}\frac{x}{a}$ 从点 $A(0,a)$ 到点 $B(b,h)$ 的弧的质心的坐标.

**解** 弧长的微分为
$$ds=\sqrt{1+\operatorname{sh}^2\frac{x}{a}}\,dx=\operatorname{ch}\frac{x}{a}dx.$$

质量为
$$M=\rho_0\int_0^b\operatorname{ch}\frac{x}{a}dx=a\rho_0\operatorname{sh}\frac{b}{a}=\rho_0\sqrt{h^2-a^2}\ ^{*)}.$$

于是,质心的坐标为
$$x_0=\frac{\rho_0}{M}\int_0^b x\operatorname{ch}\frac{x}{a}dx=\frac{\rho_0}{M}\left[ab\operatorname{sh}\frac{b}{a}-a^2\left(\operatorname{ch}\frac{b}{a}-1\right)\right]=\frac{1}{\sqrt{h^2-a^2}}\left[b\sqrt{h^2-a^2}-a^2\left(\frac{h}{a}-1\right)\right]$$
$$=b-a\sqrt{\frac{h-a}{h+a}};$$
$$y_0=\frac{\rho_0}{M}\int_0^b y\operatorname{ch}\frac{x}{a}dx=\frac{a\rho_0}{M}\int_0^b\operatorname{ch}^2\frac{x}{a}dx=\frac{a\rho_0}{M}\int_0^b\frac{1+\operatorname{ch}2x}{2}dx=\frac{a\rho_0}{M}\left[\frac{x}{2}+\frac{a}{4}\operatorname{sh}\frac{2x}{a}\right]\Bigg|_0^b$$
$$=\frac{a\rho_0}{M}\left(\frac{b}{2}+\frac{a}{4}\operatorname{sh}\frac{2b}{a}\right)=\frac{a}{\sqrt{h^2-a^2}}\left(\frac{b}{2}+\frac{h}{2}\frac{\sqrt{h^2-a^2}}{a}\right)=\frac{h}{2}+\frac{ab}{2\sqrt{h^2-a^2}}.$$

*) 由 $h=a\operatorname{ch}\frac{b}{a}$ 知:$\operatorname{ch}\frac{b}{a}=\frac{h}{a}$. 从而,$\operatorname{sh}\frac{b}{a}=\sqrt{\operatorname{ch}^2\frac{b}{a}-1}=\frac{\sqrt{h^2-a^2}}{a}$.

**【4244】** 求摆线 $x=a(t-\sin t)$, $y=a(1-\cos t)$ $(0\leqslant t\leqslant\pi)$ 的弧的质心.

**解** 弧长的微分为
$$ds=\sqrt{a^2(1-\cos t)^2+a^2\sin^2 t}\,dt=2a\sin\frac{t}{2}dt.$$

质量为 $M=2a\rho_0\int_0^\pi\sin\frac{t}{2}dt=4a\rho_0$. 于是,质心的坐标为
$$x_0=\frac{1}{M}\int_0^\pi\rho_0 a(t-\sin t)\cdot 2a\sin\frac{t}{2}dt=\frac{a}{2}\int_0^\pi t\sin\frac{t}{2}dt-\frac{a}{2}\int_0^\pi\sin t\sin\frac{t}{2}dt$$
$$=-at\cos\frac{t}{2}\Bigg|_0^\pi+a\int_0^\pi\cos\frac{t}{2}dt+\frac{a}{4}\int_0^\pi\left(\cos\frac{3t}{2}-\cos\frac{t}{2}\right)dt=\frac{4a}{3};$$
$$y_0=\frac{1}{M}\int_0^\pi\rho_0 a(1-\cos t)\cdot 2a\sin\frac{t}{2}dt=\frac{a}{2}\int_0^\pi\sin\frac{t}{2}dt-\frac{a}{4}\int_0^\pi\left(\sin\frac{3t}{2}-\sin\frac{t}{2}\right)dt=\frac{4a}{3}.$$

**【4245】** 计算球面上的三角形 $x^2+y^2+z^2=a^2$; $x\geqslant0, y\geqslant0, z\geqslant0$ 的围线的质心的坐标.

**解** 作球坐标变换 $x=r\cos\varphi\cos\psi$, $y=r\sin\varphi\cos\psi$, $z=r\sin\psi$,
则球面上的三角形三条曲边的方程分别是:
$$x=a\cos\varphi,\ y=a\sin\varphi,\ z=0;\ 0\leqslant\varphi\leqslant\frac{\pi}{2};$$
$$x=\cos\psi,\ y=0,\ z=a\sin\psi;\ 0\leqslant\psi\leqslant\frac{\pi}{2};$$
$$x=0,\ y=a\cos\psi,\ z=a\sin\psi;\ 0\leqslant\psi\leqslant\frac{\pi}{2}.$$

又因围线的周长为 $s=3\cdot\frac{\pi a}{2}=\frac{3\pi a}{2}$. 于是,质心的坐标为
$$x_0=\frac{\int_0^{\frac{\pi}{2}}a\cos\varphi\cdot a\,d\varphi+\int_0^{\frac{\pi}{2}}a\cos\psi\cdot a\,d\psi}{\frac{3\pi a}{2}}=\frac{2a^2}{\frac{3\pi a}{2}}=\frac{4a}{3\pi}.$$

利用对称性知:$x_0=y_0=z_0=\frac{4a}{3\pi}$.

**【4246】** 求均匀的弧 $x=e^t\cos t, y=e^t\sin t, z=e^t$ $(-\infty<t\leqslant0)$ 的质心的坐标.

**解** 弧长的微分为 $ds=\sqrt{e^{2t}(\cos t-\sin t)^2+e^{2t}(\sin t+\cos t)^2+e^{2t}}\,dt=\sqrt{3}e^t dt$.

质量为
$$M=\int_{-\infty}^0\sqrt{3}e^t dt=\sqrt{3}.$$

于是,质心的坐标为

$$x_0=\frac{1}{M}\int_{-\infty}^{0}e^t\cos t\cdot\sqrt{3}e^t\,dt=\int_{-\infty}^{0}e^{2t}\cos t\,dt=\frac{2\cos t+\sin t}{5}e^{2t}\Big|_{-\infty}^{0}=\frac{2}{5}.$$

$$y_0=\frac{1}{M}\int_{-\infty}^{0}e^t\sin t\cdot\sqrt{3}e^t\,dt=\int_{-\infty}^{0}e^{2t}\sin t\,dt=\frac{2\sin t-\cos t}{5}e^{2t}\Big|_{-\infty}^{0}=-\frac{1}{5}.$$

$$z_0=\frac{1}{M}\int_{-\infty}^{0}e^t\cdot\sqrt{3}e^t\,dt=\int_{-\infty}^{0}e^{2t}\,dt=\frac{1}{2}.$$

**【4247】** 求螺线 $x=a\cos t,y=a\sin t,z=\frac{h}{2\pi}t\ (0\leqslant t\leqslant 2\pi)$的一支对坐标轴的转动惯量.

**解** 弧长的微分为 $\quad ds=\sqrt{a^2\sin^2 t+a^2\cos^2 t+\frac{h^2}{4\pi^2}}\,dt=\frac{\sqrt{4\pi^2a^2+h^2}}{2\pi}dt.$

于是,转动惯量为

$$I_x=\int_C(y^2+z^2)ds=\int_0^{2\pi}\left(a^2\sin^2 t+\frac{h^2}{4\pi^2}t^2\right)\frac{\sqrt{4\pi^2a^2+h^2}}{2\pi}dt$$

$$=\frac{a^2}{2\pi}\sqrt{4\pi^2a^2+h^2}\cdot\pi+\frac{h^2}{4\pi^2}\cdot\frac{1}{2\pi}\sqrt{4\pi^2a^2+h^2}\cdot\frac{1}{3}(2\pi)^3=\left(\frac{a^2}{2}+\frac{h^2}{3}\right)\sqrt{4\pi^2a^2+h^2}.$$

$$I_y=\int_C(x^2+z^2)ds=\int_0^{2\pi}\left(a^2\cos^2 t+\frac{h^2}{4\pi^2}t^2\right)\cdot\frac{1}{2\pi}\sqrt{4\pi^2a^2+h^2}\,dt$$

$$=\frac{a^2}{2\pi}\sqrt{4\pi^2a^2+h^2}\cdot\pi+\frac{h^2}{4\pi^2}\cdot\frac{1}{2\pi}\sqrt{4\pi^2a^2+h^2}\cdot\frac{1}{3}(2\pi)^3=\left(\frac{a^2}{2}+\frac{h^2}{3}\right)\sqrt{4\pi^2a^2+h^2}.$$

$$I_z=\int_C(x^2+y^2)ds=\int_0^{2\pi}a^2\cdot\frac{1}{2\pi}\sqrt{4\pi^2a^2+h^2}\,dt=a^2\sqrt{4\pi^2a^2+h^2}.$$

**【4248】** 计算第二型曲线积分 $\qquad \int_{OA}x\,dy-y\,dx,$

式中 $O$ 为坐标原点,$A$ 点的坐标为(1,2)并设:(1)$OA$ 为直线段;(2)$OA$ 为抛物线,其轴为 $Oy$;(3)$OA$ 为由 $Ox$ 轴上的线段 $OB$ 和平行于 $Oy$ 轴的线段 $BA$ 组成的折线.

**解** (1)直线段的方程为 $y=2x$. 于是,

$$\int_{OA}x\,dy-y\,dx=\int_0^1(2x-2x)dx=0.$$

(2)抛物线段的方程为 $y=2x^2$. 于是,

$$\int_{OA}x\,dy-y\,dx=\int_0^1(4x^2-2x^2)dx=\frac{2}{3}.$$

(3)线段 $OB$ 的方程为 $y=0$,$BA$ 的方程为 $x=1$. 于是,

$$\int_{OA}x\,dy-y\,dx=\int_0^2 0\cdot dx+\int_0^2 dy=2.$$

**【4249】** 对于上题中所指示的路径(1),(2),(3),计算

$$\int_{OA}x\,dy+y\,dx.$$

**解** (1) $\int_{OA}x\,dy+y\,dx=\int_0^1(2x+2x)dx=2.$

(2) $\int_{OA}x\,dy+y\,dx=\int_0^1(4x^2+2x^2)dx=2.$

(3) $\int_{OA}x\,dy+y\,dx=\int_0^2 dy=2.$

**在参数增加的方向,沿所指示的曲线来计算下列第二型曲线积分:**

**【4250】** $\int_C(x^2-2xy)dx+(y^2-2xy)dy$,其中 $C$ 为抛物线 $y=x^2\ (-1\leqslant x\leqslant 1)$.

**解** 由题设 $y=x^2$,从而,$dy=2x\,dx$. 于是,

$$\int_C (x^2-2xy)\mathrm{d}x+(y^2-2xy)\mathrm{d}y=\int_{-1}^{1}[(x^2-2x^3)+2x(x^4-2x^3)]\mathrm{d}x=-\frac{14}{15}.$$

**【4251】** $\int_C (x^2+y^2)\mathrm{d}x+(x^2-y^2)\mathrm{d}y$,其中 $C$ 为曲线 $y=1-|1-x|$ $(0\leqslant x\leqslant 2)$.

**解** 当 $0\leqslant x\leqslant 1$ 时,$y=1-(1-x)=x$,从而,$\mathrm{d}y=\mathrm{d}x$;当 $1\leqslant x\leqslant 2$ 时,$y=1-(x-1)=2-x$,从而,$\mathrm{d}y=-\mathrm{d}x$. 于是,

$$\int_C (x^2+y^2)\mathrm{d}x+(x^2-y^2)\mathrm{d}y=\int_0^1 2x^2\mathrm{d}x+\int_1^2[x^2+(2-x)^2-x^2+(2-x)^2]\mathrm{d}x=\frac{4}{3}.$$

**【4252】** $\oint_C (x+y)\mathrm{d}x+(x-y)\mathrm{d}y$,其中 $C$ 为依逆时针方向通过的椭圆周 $\frac{x^2}{a^2}+\frac{y^2}{b^2}=1$.

**解** 利用椭圆的参数方程 $x=a\cos t$, $y=b\sin t$ $(0\leqslant t\leqslant 2\pi)$,则有

$$\oint_C (x+y)\mathrm{d}x+(x-y)\mathrm{d}y=\int_0^{2\pi}[(a\cos t+b\sin t)(-a\sin t)+(a\cos t-b\sin t)b\cos t]\mathrm{d}t$$

$$=\int_0^{2\pi}\left(ab\cos 2t-\frac{a^2+b^2}{2}\sin 2t\right)\mathrm{d}t=0.$$

**【4253】** $\int_C (2a-y)\mathrm{d}x+x\mathrm{d}y$,其中 $C$ 为摆线 $x=a(t-\sin t)$, $y=a(1-\cos t)$ $(0\leqslant t\leqslant 2\pi)$的一拱.

**解** 由题设知:$\mathrm{d}x=a(1-\cos t)\mathrm{d}t$,$\mathrm{d}y=a\sin t\mathrm{d}t$. 于是,

$$\int_C (2a-y)\mathrm{d}x+x\mathrm{d}y=\int_0^{2\pi}\{[2a-a(1-\cos t)]a(1-\cos t)+a(t-\sin t)a\sin t\}\mathrm{d}t$$

$$=\int_0^{2\pi}a^2t\sin t\mathrm{d}t=-a^2(t\cos t-\sin t)\Big|_0^{2\pi}=-2\pi a^2.$$

**【4254】** $\oint_C \frac{(x+y)\mathrm{d}x-(x-y)\mathrm{d}y}{x^2+y^2}$,其中 $C$ 为依逆时针方向通过的圆周 $x^2+y^2=a^2$.

**解** 利用圆的参数方程 $x=a\cos t$, $y=a\sin t$ $(0\leqslant t\leqslant 2\pi)$,则有

$$\oint_C \frac{(x+y)\mathrm{d}x-(x-y)\mathrm{d}y}{x^2+y^2}=\int_0^{2\pi}\frac{-(a\cos t+a\sin t)a\sin t-(a\cos t-a\sin t)a\cos t}{a^2}\mathrm{d}t=-\int_0^{2\pi}\mathrm{d}t=-2\pi.$$

**【4255】** $\oint_{ABCDA}\frac{\mathrm{d}x+\mathrm{d}y}{|x|+|y|}$,其中 $ABCDA$ 为以 $A(1,0)$,$B(0,1)$,$C(-1,0)$,$D(0,-1)$为顶点的正方形的围线.

**提示** 注意正方形各边的方程分别为

$$AB:y=1-x;\quad BC:y=1+x;\quad CD:y=-1-x;\quad DA:y=-1+x.$$

**解** 正方形各边的方程分别为

$$AB:y=1-x;\quad BC:y=1+x;\quad CD:y=-1-x;\quad DA:y=-1+x.$$

于是,

$$\oint_{ABCDA}\frac{\mathrm{d}x+\mathrm{d}y}{|x|+|y|}=\int_{AB}\frac{\mathrm{d}x+\mathrm{d}y}{x+y}+\int_{BC}\frac{\mathrm{d}x+\mathrm{d}y}{-x+y}+\int_{CD}\frac{\mathrm{d}x+\mathrm{d}y}{-x-y}+\int_{DA}\frac{\mathrm{d}x+\mathrm{d}y}{x-y}$$

$$=\int_1^0(1-1)\mathrm{d}x+\int_0^{-1}2\mathrm{d}x+\int_{-1}^0(1-1)\mathrm{d}x+\int_0^1 2\mathrm{d}x=0.$$

**【4256】** $\int_{AB}\sin y\mathrm{d}x+\sin x\mathrm{d}y$,其中 $AB$ 为介于点 $A(0,\pi)$和点 $B(\pi,0)$之间的直线段.

**解** $AB$ 的方程为 $y=\pi-x$. 于是,

$$\int_{AB}\sin y\mathrm{d}x+\sin x\mathrm{d}y=\int_0^{\pi}\sin(\pi-x)\mathrm{d}x-\sin x\mathrm{d}x=\int_0^{\pi}(\sin x-\sin x)\mathrm{d}x=0.$$

**注** 原题为 $\int_{AB}\mathrm{d}x\sin y+\mathrm{d}y\sin x$,若把它理解为 $\int_{AB}\mathrm{d}(x\sin y)+\mathrm{d}(y\sin x)$,其值仍为零,与原答案也符合.

**【4257】** $\oint_{OmAnO}\arctan\frac{y}{x}\mathrm{d}y-\mathrm{d}x$,其中 $OmA$ 为抛物线段 $y=x^2$,$OnA$ 为直线段 $y=x$

**解** 如图 8.62 所示，我们有

$$\oint_{OmAnO}\arctan\frac{y}{x}dy-dx=\int_{OmA}\arctan\frac{y}{x}dy-dx+\int_{AnO}\arctan\frac{y}{x}dy-dx$$

$$=\int_0^1 2x\arctan x dx-\int_0^1 dx+\int_1^0(\arctan 1-1)dx$$

$$=x^2\arctan x\Big|_0^1-\int_0^1\frac{x^2}{1+x^2}dx-1+\left(\frac{\pi}{4}-1\right)x\Big|_1^0$$

$$=\frac{\pi}{4}-(x-\arctan x)\Big|_0^1-1-\left(\frac{\pi}{4}-1\right)=\frac{\pi}{4}-1$$

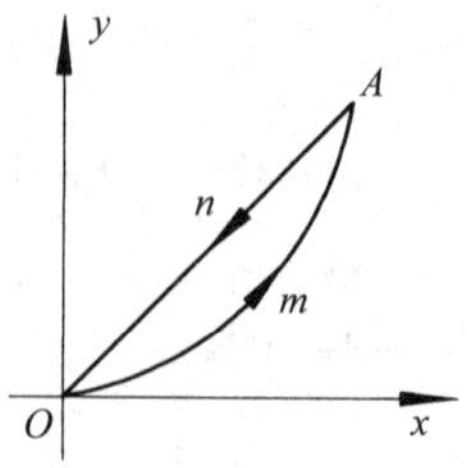

图 8.62

**注** 原题为 $\int_{OmAnO}dy\arctan\frac{y}{x}-dx$，若把它理解为

$$\int_{OmAnO}d\left(y\arctan\frac{y}{x}\right)-dx,$$

则其值为零，与原答案不符.

**验证被积函数为全微分，并计算下列曲线积分：**

**【4258】** $\int_{(-1,2)}^{(2,3)}xdy+ydx.$

**解** 显然，$xdy+ydx=d(xy)$是全微分. 于是，

$$\int_{(-1,2)}^{(2,3)}xdy+ydx=\int_{-(1,2)}^{(2,3)}d(xy)=xy\Big|_{(-1,2)}^{(2,3)}=8.$$

**【4259】** $\int_{(0,1)}^{(3,-4)}xdx+ydy.$

**解** 显然，$xdx+ydy=d\left(\frac{x^2+y^2}{2}\right)$是全微分. 于是，

$$\int_{(0,1)}^{(3,-4)}xdx+ydy=\int_{(0,1)}^{(3,-4)}d\left(\frac{x^2+y^2}{2}\right)=\frac{x^2+y^2}{2}\Big|_{(0,1)}^{(3,-4)}=12.$$

**【4260】** $\int_{(0,1)}^{(2,3)}(x+y)dx+(x-y)dy.$

**解** 显然，我们有

$$(x+y)dx+(x-y)dy=(ydx+xdy)+(xdx-ydy)=d(xy)+d\left(\frac{x^2-y^2}{2}\right)=d\left(xy+\frac{x^2-y^2}{2}\right),$$

即是全微分. 于是， $\int_{(0,1)}^{(2,3)}(x+y)dx+(x-y)dy=\int_{(0,1)}^{(2,3)}d\left(xy+\frac{x^2-y^2}{2}\right)=\left(xy+\frac{x^2-y^2}{2}\right)\Big|_{(0,1)}^{(2,3)}=4.$

**【4261】** $\int_{(1,-1)}^{(1,1)}(x-y)(dx-dy).$

**解** 显然，$(x-y)(dx-dy)=d\frac{(x-y)^2}{2}$是全微分. 于是，

$$\int_{(1,-1)}^{(1,1)}(x-y)(dx-dy)=\int_{(1,-1)}^{(1,1)}d\frac{(x-y)^2}{2}=\frac{(x-y)^2}{2}\Big|_{(1,-1)}^{(1,1)}=-2.$$

**【4262】** $\int_{(0,0)}^{(a,b)}f(x+y)(dx+dy)$，其中 $f(u)$为连续函数.

**解题思路** 令 $F(x,y)=\int_0^{x+y}f(u)du$. 注意

$$F'_x(x,y)=F'_y(x,y)=f(x+y),\quad 及\quad dF(x,y)=f(x+y)(dx+dy),$$

即可获解.

**解** 令 $F(x,y)=\int_0^{x+y}f(u)du$. 由于 $f(u)$连续，故

$$F'_x(x,y)=f(x+y),\quad F'_y(x,y)=f(x+y),$$

并且它们都是 $x,y$ 的连续函数. 因此,$F(x,y)$可微,且

$$\mathrm{d}F(x,y)=F'_x(x,y)\mathrm{d}x+F'_y(x,y)\mathrm{d}y=f(x+y)(\mathrm{d}x+\mathrm{d}y),$$

故 $f(x+y)(\mathrm{d}x+\mathrm{d}y)$是全微分,并且

$$\int_{(0,0)}^{(a,b)} f(x,y)(\mathrm{d}x+\mathrm{d}y)=F(a,b)-F(0,0)=\int_0^{a+b} f(u)\mathrm{d}u.$$

**【4263】** $\displaystyle\int_{(2,1)}^{(1,2)} \frac{y\mathrm{d}x-x\mathrm{d}y}{x^2}$沿着不与 $Oy$ 轴相交的路径.

**解** 显然,当 $x\neq 0$ 时,$\dfrac{y\mathrm{d}x-x\mathrm{d}y}{x^2}=\mathrm{d}\left(-\dfrac{y}{x}\right)$是全微分. 于是,

$$\int_{(2,1)}^{(1,2)} \frac{y\mathrm{d}x-x\mathrm{d}y}{x^2}=\int_{(2,1)}^{(1,2)} \mathrm{d}\left(-\frac{y}{x}\right)=-\frac{y}{x}\bigg|_{(2,1)}^{(1,2)}=-\frac{3}{2}.$$

**【4264】** $\displaystyle\int_{(1,0)}^{(6,8)} \frac{x\mathrm{d}x+y\mathrm{d}y}{\sqrt{x^2+y^2}}$沿着不通过坐标原点的路径.

**解** 显然,当$(x,y)\neq(0,0)$时,$\dfrac{x\mathrm{d}x+y\mathrm{d}y}{\sqrt{x^2+y^2}}=\mathrm{d}(\sqrt{x^2+y^2})$是全微分. 于是,

$$\int_{(1,0)}^{(6,8)} \frac{x\mathrm{d}x+y\mathrm{d}y}{\sqrt{x^2+y^2}}=\int_{(1,0)}^{(6,8)} \mathrm{d}(\sqrt{x^2+y^2})=\sqrt{x^2+y^2}\bigg|_{(1,0)}^{(6,8)}=9.$$

**【4265】** $\displaystyle\int_{(x_1,y_1)}^{(x_2,y_2)} \varphi(x)\mathrm{d}x+\psi(y)\mathrm{d}y$,其中 $\varphi$ 和 $\psi$ 为连续函数.

**解** 由于 $\varphi,\psi$ 是连续函数,故显然有

$$\varphi(x)\mathrm{d}x+\psi(y)\mathrm{d}y=\mathrm{d}F(x)+\mathrm{d}G(y)=\mathrm{d}[F(x)+G(y)],$$

其中 $F(x)=\int_{x_1}^{x}\varphi(u)\mathrm{d}u, G(y)=\int_{y_1}^{y}\psi(v)\mathrm{d}v$. 从而,$\varphi(x)\mathrm{d}x+\psi(y)\mathrm{d}y$ 是函数 $F(x)+G(y)$的全微分,于是,

$$\int_{(x_1,y_1)}^{(x_2,y_2)}\varphi(x)\mathrm{d}x+\psi(y)\mathrm{d}y=[F(x)+G(y)]\bigg|_{(x_1,y_1)}^{(x_2,y_2)}=[F(x_2)+G(y_2)]-[F(x_1)+G(y_1)]$$

$$=\int_{x_1}^{x_2}\varphi(u)\mathrm{d}u+\int_{y_1}^{y_2}\psi(v)\mathrm{d}v.$$

**【4266】** $\displaystyle\int_{(-2,-1)}^{(3,0)} (x^4+4xy^3)\mathrm{d}x+(6x^2y^2-5y^4)\mathrm{d}y$.

**解** $P=x^4+4xy^3$, $Q=6x^2y^2-5y^4$. 显然,$P$、$Q$ 在全平面上具有连续偏导数,并且

$$\frac{\partial Q}{\partial x}=12xy^2 \qquad \frac{\partial P}{\partial y}=12xy^2,$$

故$\dfrac{\partial Q}{\partial x}=\dfrac{\partial P}{\partial y}$. 由于全平面是单连通区域,故在整个平面上表达式 $P\mathrm{d}x+Q\mathrm{d}y$ 是某函数 $u(x,y)$的全微分,并且线积分$\int_C P\mathrm{d}x+Q\mathrm{d}y$ 与路径无关,因而,可按平行于坐标轴的直线段来计算所给积分,得

$$\int_{(-2,-1)}^{(3,0)} (x^4+4xy^3)\mathrm{d}x+(6x^2y^2-5y^4)\mathrm{d}y=\int_{-2}^{3}(x^4+4x\cdot 0^3)\mathrm{d}x+\int_{-1}^{0}[6(-2)^2y^2-5y^4]\mathrm{d}y$$

$$=55+7=62.$$

**注** 也可利用简单的技巧求出函数 $u(x,y)$来. 我们有

$$(x^4+4xy^3)\mathrm{d}x+(6x^2y^2-5y^4)\mathrm{d}y=\mathrm{d}\left(\frac{x^5}{5}\right)+2y^3\mathrm{d}(x^2)+2x^2\mathrm{d}(y^3)-\mathrm{d}(y^5)=\mathrm{d}\left(\frac{x^5}{5}+2x^2y^3-y^5\right),$$

从而,

$$\int_{(-2,-1)}^{(3,0)} (x^4+4xy^3)\mathrm{d}x+(6x^2y^2-5y^4)\mathrm{d}y=\left(\frac{x^5}{5}+2x^2y^3-y^5\right)\bigg|_{(-2,-1)}^{(3,0)}=62.$$

**【4267】** $\displaystyle\int_{(0,-1)}^{(1,0)} \frac{x\mathrm{d}y-y\mathrm{d}x}{(x-y)^2}$沿着不与直线 $y=x$ 相交的路径.

**解** $P=-\dfrac{y}{(x-y)^2}$, $Q=\dfrac{x}{(x-y)^2}$ $(x\neq y)$. 容易验证:

$$\frac{\partial Q}{\partial x}=\frac{\partial P}{\partial y}=-\frac{x+y}{(x-y)^3}\quad (x\neq y).$$

考虑平面上的区域 $\Omega=\{(x,y)\mid x>y\}$. 由于 $\Omega$ 是单连通区域，且在其上 $\frac{\partial Q}{\partial x}=\frac{\partial P}{\partial y}$，故在 $\Omega$ 上，$P\mathrm{d}x+Q\mathrm{d}y$ 是某函数 $u=u(x,y)$ 的全微分，从而，在 $\Omega$ 上线积分 $\int_C P\mathrm{d}x+Q\mathrm{d}y$ 与路径无关. 因此，可按平行于坐标轴的直线段来计算所给积分，得

$$\int_{(0,-1)}^{(1,0)}\frac{x\mathrm{d}y-y\mathrm{d}x}{(x-y)^2}=\int_0^1\frac{-(-1)\mathrm{d}x}{(x+1)^2}+\int_{-1}^0\frac{\mathrm{d}y}{(1-y)^2}=\frac{1}{2}+\frac{1}{2}=1.$$

**注** 也可利用简单的技巧求出函数 $u(x,y)$ 来. 我们有

$$\frac{x\mathrm{d}y-y\mathrm{d}x}{(x-y)^2}=\frac{(x-y)\mathrm{d}y-y\mathrm{d}(x-y)}{(x-y)^2}=\mathrm{d}\left(\frac{y}{x-y}\right),$$

从而，$\displaystyle\int_{(0,-1)}^{(1,0)}\frac{x\mathrm{d}y-y\mathrm{d}x}{(x-y)^2}=\frac{y}{x-y}\Big|_{(0,-1)}^{(1,0)}=1.$

**【4268】** $\displaystyle\int_{(1,\pi)}^{(2,\pi)}\left(1-\frac{y^2}{x^2}\cos\frac{y}{x}\right)\mathrm{d}x+\left(\sin\frac{y}{x}+\frac{y}{x}\cos\frac{y}{x}\right)\mathrm{d}y$ 沿着不与 $Oy$ 轴相交的路径.

**解** 当 $x\neq 0$ 时，有

$$P=1-\frac{y^2}{x^2}\cos\frac{y}{x},\quad Q=\sin\frac{y}{x}+\frac{y}{x}\cos\frac{y}{x},\quad \frac{\partial P}{\partial y}=-\frac{2y}{x^2}\cos\frac{y}{x}+\frac{y^3}{x^3}\sin\frac{y}{x},$$

$$\frac{\partial Q}{\partial x}=-\frac{y}{x^2}\cos\frac{y}{x}-\frac{y}{x^2}\cos\frac{y}{x}+\frac{y^2}{x^3}\sin\frac{y}{x}=-\frac{2y}{x^2}\cos\frac{y}{x}+\frac{y^2}{x^3}\sin\frac{y}{x}.$$

考虑右半平面 $\Omega=\{(x,y)\mid x>0\}$. 由于 $\Omega$ 是单连通区域，且在其上 $\frac{\partial Q}{\partial x}=\frac{\partial P}{\partial y}$，故在 $\Omega$ 上必是某函数 $u(x,y)$ 的全微分，且可取

$$u(x,y)=\int_1^x\left(1-\frac{y^2}{x^2}\cos\frac{y}{x}\right)\mathrm{d}x+\int_\pi^y(\sin y+y\cos y)\mathrm{d}y=\left(x+y\sin\frac{y}{x}\right)\Big|_1^x+y\sin y\Big|_\pi^y=x-1+y\sin\frac{y}{x}.$$

于是，$\displaystyle\int_{(1,\pi)}^{(2,\pi)}\left(1-\frac{y^2}{x^2}\cos\frac{y}{x}\right)\mathrm{d}x+\left(\sin\frac{y}{x}+\frac{y}{x}\cos\frac{y}{x}\right)\mathrm{d}y=\left(x-1+y\sin\frac{y}{x}\right)\Big|_{(1,\pi)}^{(2,\pi)}=\pi+1.$

**【4269】** $\displaystyle\int_{(0,0)}^{(a,b)}\mathrm{e}^x(\cos y\mathrm{d}x-\sin y\mathrm{d}y).$

**解** 显然，有 $\mathrm{e}^x(\cos y\mathrm{d}x-\sin y\mathrm{d}y)=\mathrm{d}(\mathrm{e}^x\cos y)$，于是，

$$\int_{(0,0)}^{(a,b)}\mathrm{e}^x(\cos y\mathrm{d}x-\sin y\mathrm{d}y)=\int_{(0,0)}^{(a,b)}\mathrm{d}(\mathrm{e}^x\cos y)=(\mathrm{e}^x\cos y)\Big|_{(0,0)}^{(a,b)}=\mathrm{e}^a\cos b-1.$$

**【4270】** 证明：若 $f(u)$ 为连续函数且 $C$ 为分段光滑的封闭曲线，则

$$\oint_C f(x^2+y^2)(x\mathrm{d}x+y\mathrm{d}y)=0.$$

**证明思路** 若能求得函数 $F(x,y)$，使 $\mathrm{d}F(x,y)=f(x^2+y^2)(x\mathrm{d}x+y\mathrm{d}y)$（即 $F'_x(x,y)=xf(x^2+y^2)$，$F'_y(x,y)=yf(x^2+y^2)$），即可证明：

$$\oint_C f(x^2+y^2)(x\mathrm{d}x+y\mathrm{d}y)=F(x,y)\Big|_{(x_0,y_0)}^{(x_0,y_0)}=F(x_0,y_0)-F(x_0,y_0)=0,$$

其中 $(x_0,y_0)$ 为 $C$ 上任意取定的一点. 经过分析，易知 $F(x,y)=\frac{1}{2}\int_0^{x^2+y^2}f(u)\mathrm{d}u$ 就是这样的函数.

**证** 令 $F(x,y)=\frac{1}{2}\int_0^{x^2+y^2}f(u)\mathrm{d}u$. 由于 $f(u)$ 是连续函数，故

$$F'_x(x,y)=xf(x^2+y^2),\quad F'_y(x,y)=yf(x^2+y^2),$$

并且显然 $F'_x(x,y)$，$F'_y(x,y)$ 都是 $x,y$ 的连续函数. 因此，$F(x,y)$ 可微，且

$$\mathrm{d}F(x,y)=F'_x(x,y)\mathrm{d}x+F'_y(x,y)\mathrm{d}y=f(x^2+y^2)(x\mathrm{d}x+y\mathrm{d}y).$$

于是，任取 $C$ 上一点 $(x_0,y_0)$，有

$$\oint_C f(x^2+y^2)(x\mathrm{d}x+y\mathrm{d}y)=F(x,y)\Big|_{(x_0,y_0)}^{(x_0,y_0)}=F(x_0,y_0)-F(x_0,y_0)=0.$$

证毕.

**求原函数 $z$,设:**

**【4271】** $\mathrm{d}z=(x^2+2xy-y^2)\mathrm{d}x+(x^2+2xy-y^2)\mathrm{d}y.$

**解** $z=\int_0^x(x^2+2xy-y^2)\mathrm{d}x+\int_0^y(0-0-y^2)\mathrm{d}y+C=\frac{x^3}{3}+x^2y-xy^2-\frac{1}{3}y^3+C.$

**【4272】** $\mathrm{d}z=\frac{y\mathrm{d}x-x\mathrm{d}y}{3x^2-2xy+3y^2}.$

**解** $z=\int_0^x\frac{y\mathrm{d}x}{3x^2-2xy+3y^2}+\int_1^y 0\mathrm{d}y+C=\frac{y}{3}\int_0^x\frac{\mathrm{d}x}{\left(x-\frac{1}{3}y\right)^2+\frac{8y^2}{9}}+C$

$$=\frac{y}{3}\cdot\frac{3}{2\sqrt{2}y}\arctan\frac{3\left(x-\frac{y}{3}\right)}{2\sqrt{2}y}\Bigg|_0^x+C=\frac{1}{2\sqrt{2}}\arctan\frac{3x-y}{2\sqrt{2}y}+C_1.$$

**【4273】** $\mathrm{d}z=\frac{(x^2+2xy+5y^2)\mathrm{d}x+(x^2-2xy+y^2)\mathrm{d}y}{(x+y)^3}.$

**解** $z=\int_0^x\frac{x^2+2xy+5y^2}{(x+y)^3}\mathrm{d}x+\int_1^y\frac{0-0+y^2}{(0+y)^3}\mathrm{d}y+C=\int_0^x\frac{(x+y)^2+4y^2}{(x+y)^3}\mathrm{d}x+\int_1^y\frac{\mathrm{d}y}{y}+C$

$$=[\ln|x+y|]\Big|_0^x-\frac{2y^2}{(x+y)^2}\Bigg|_0^x+[\ln|y|]\Big|_1^y+C=\ln|x+y|-\frac{2y^2}{(x+y)^2}+C_1.$$

**【4274】** $\mathrm{d}z=\mathrm{e}^x[\mathrm{e}^y(x-y+2)+y]\mathrm{d}x+\mathrm{e}^x[\mathrm{e}^y(x-y)+1]\mathrm{d}y.$

**解** $z=\int_0^x[(x-y+2)\mathrm{e}^{x+y}+y\mathrm{e}^x]\mathrm{d}x+\int_0^y(1-y\mathrm{e}^y)\mathrm{d}y+C$

$$=[(x-y+1)\mathrm{e}^{x+y}+y\mathrm{e}^x]\Big|_0^x+[y-y\mathrm{e}^y+\mathrm{e}^y]\Big|_0^y+C=(x-y+1)\mathrm{e}^{x+y}+y\mathrm{e}^x+C_1.$$

**【4275】** $\mathrm{d}z=\frac{\partial^{n+m+1}u}{\partial x^{n+1}\partial y^m}\mathrm{d}x+\frac{\partial^{n+m+1}u}{\partial x^n\partial y^{m+1}}\mathrm{d}y.$

**提示** 注意 $\mathrm{d}z=\mathrm{d}\left(\frac{\partial^{n+m}u}{\partial x^n\partial y^m}\right).$

**解** 因为

$$\mathrm{d}z=\frac{\partial^{n+m+1}u}{\partial x^{n+1}\partial y^m}\mathrm{d}x+\frac{\partial^{n+m+1}u}{\partial x^n\partial y^{m+1}}\mathrm{d}y=\mathrm{d}\left(\frac{\partial^{n+m}u}{\partial x^n\partial y^m}\right).$$

故有 $z=\frac{\partial^{n+m}u}{\partial x^n\partial y^m}+C.$

**【4276】** $\mathrm{d}z=\frac{\partial^{n+m+1}}{\partial x^{n+2}\partial y^{m-1}}\left(\ln\frac{1}{r}\right)\mathrm{d}x-\frac{\partial^{n+m+1}}{\partial x^{n-1}\partial y^{m+2}}\left(\ln\frac{1}{r}\right)\mathrm{d}y$,其中 $r=\sqrt{x^2+y^2}.$

**解** 易知(当$(x,y)\neq(0,0)$时)

$$\frac{\partial}{\partial x}\left(\ln\frac{1}{r}\right)=-\frac{x}{r^2},\qquad \frac{\partial}{\partial y}\left(\ln\frac{1}{r}\right)=-\frac{y}{r^2},$$

$$\frac{\partial^2}{\partial x^2}\left(\ln\frac{1}{r}\right)=-\frac{r^2-2x^2}{r^4},\qquad \frac{\partial^2}{\partial y^2}\left(\ln\frac{1}{r}\right)=-\frac{r^2-2y^2}{r^4},$$

故(当$(x,y)\neq(0,0)$时)

$$\frac{\partial^2}{\partial x^2}\left(\ln\frac{1}{r}\right)+\frac{\partial^2}{\partial y^2}\left(\ln\frac{1}{r}\right)=0. \tag{1}$$

令

$$P=\frac{\partial^{n+m+1}}{\partial x^{n+2}\partial y^{m-1}}\left(\ln\frac{1}{r}\right),\quad Q=-\frac{\partial^{n+m+1}}{\partial x^{n-1}\partial y^{m+2}}\left(\ln\frac{1}{r}\right),$$

则当$(x,y)\neq(0,0)$时,由(1)式知

$$\frac{\partial P}{\partial y}-\frac{\partial Q}{\partial x}=\frac{\partial^{n+m}}{\partial x^n\partial y^m}\left[\frac{\partial^2}{\partial x^2}\left(\ln\frac{1}{r}\right)+\frac{\partial^2}{\partial y^2}\left(\ln\frac{1}{r}\right)\right]=0.$$

因此，在任何不含原点(0,0)的单连通域中，$P\mathrm{d}x+Q\mathrm{d}y$ 都是某函数 $z$ 的全微分，并且对上半平面的点$(x,y)$(即 $y>0$)，可取

$$\begin{aligned}
z(x,y)&=\int_0^x P(x,y)\mathrm{d}x+\int_1^y Q(0,y)\mathrm{d}y+C\\
&=\int_0^x \frac{\partial^{n+m+1}}{\partial x^{n+2}\partial y^{m-1}}\left(\ln\frac{1}{r}\right)\mathrm{d}x-\int_1^y\left[\frac{\partial^{n+m+1}}{\partial x^{n-1}\partial y^{m+2}}\left(\ln\frac{1}{r}\right)\right]\Bigg|_{x=0}\mathrm{d}y+C\\
&=\frac{\partial^{n+m}}{\partial x^{n+1}\partial y^{m-1}}\left(\ln\frac{1}{r}\right)-\left[\frac{\partial^{n+m}}{\partial x^{n+1}\partial y^{m-1}}\left(\ln\frac{1}{r}\right)\right]\Bigg|_{x=0}-\left[\frac{\partial^{n+m}}{\partial x^{n-1}\partial y^{m+1}}\left(\ln\frac{1}{r}\right)\right]\Bigg|_{x=0}\\
&\quad+\left[\frac{\partial^{n+m}}{\partial x^{n-1}\partial y^{m+1}}\left(\ln\frac{1}{r}\right)\right]\Bigg|_{\substack{x=0\\y=1}}+C\\
&=\frac{\partial^{n+m-1}}{\partial x^{n}\partial y^{m-1}}\left(\frac{\partial}{\partial x}\ln\frac{1}{r}\right)-\frac{\partial^{n+m-2}}{\partial x^{n-1}\partial y^{m-1}}\left[\frac{\partial^2}{\partial x^2}\left(\ln\frac{1}{r}\right)+\frac{\partial^2}{\partial y^2}\left(\ln\frac{1}{r}\right)\right]\Bigg|_{x=0}+C_1\\
&=\frac{\partial^{n+m-1}}{\partial x^{n}\partial y^{m-1}}\left(-\frac{x}{r^2}\right)+C_1=\frac{\partial^{n+m-1}}{\partial x^{n}\partial y^{m-1}}\left(\frac{\partial}{\partial y}\arctan\frac{x}{y}\right)+C_1=\frac{\partial^{n+m}}{\partial x^{n}\partial y^{m}}\left(\arctan\frac{x}{y}\right)+C_1,
\end{aligned}$$

其中 $C_1=\left[\frac{\partial^{n+m}}{\partial x^{n-1}\partial y^{m+1}}\left(\ln\frac{1}{r}\right)\right]\Bigg|_{\substack{x=0\\y=1}}+C$ 是任意常数.

同理，对下半平面上的点$(x,y)$(即 $y<0$)，可取

$$z(x,y)=\int_0^x P(x,y)\mathrm{d}x+\int_{-1}^y Q(0,y)\mathrm{d}y+C.$$

经过和前面完全类似的计算，可得 $z(x,y)=\frac{\partial^{n+m}}{\partial x^{n}\partial y^{m}}\left(\arctan\frac{x}{y}\right)+C_2$，

其中

$$C_2=\left[\frac{\partial^{n+m}}{\partial x^{n-1}\partial y^{m+1}}\left(\ln\frac{1}{r}\right)\right]\Bigg|_{\substack{x=0\\y=-1}}+C$$

也是任意常数.

**【4277】** 证明下面的估计对于曲线积分是正确的：

$$\left|\int_C P\mathrm{d}x+Q\mathrm{d}y\right|\leqslant LM,$$

式中 $L$ 为积分路径的长，$M=\max\sqrt{P^2+Q^2}$(在弧 $C$ 上).

**证明思路** 首先注意到

$$\left|\int_C P\mathrm{d}x+Q\mathrm{d}y\right|=\left|\int_C(P\cos\alpha+Q\sin\alpha)\mathrm{d}s\right|\leqslant\int_C|P\cos\alpha+Q\sin\alpha|\,\mathrm{d}s,$$

其次，由 $(P\cos\alpha+Q\sin\alpha)^2+(P\sin\alpha-Q\cos\alpha)^2=P^2+Q^2$ 可知

$$(P\cos\alpha+Q\sin\alpha)^2\leqslant P^2+Q^2\quad 或\quad |P\cos\alpha+Q\sin\alpha|\leqslant\sqrt{P^2+Q^2}\leqslant M.$$

从而，命题易获证.

**证** 由于 $\left|\int_C P\mathrm{d}x+Q\mathrm{d}y\right|=\left|\int_C(P\cos\alpha+Q\sin\alpha)\mathrm{d}s\right|\leqslant\int_C|P\cos\alpha+Q\sin\alpha|\,\mathrm{d}s,$

又因

$$(P\cos\alpha+Q\sin\alpha)^2=P^2\cos^2\alpha+Q^2\sin^2\alpha+2PQ\sin\alpha\cos\alpha,$$

$$0\leqslant(P\sin\alpha-Q\cos\alpha)^2=P^2\sin^2\alpha+Q^2\cos^2\alpha-2PQ\sin\alpha\cos\alpha,$$

故有

$$(P\cos\alpha+Q\sin\alpha)^2\leqslant P^2+Q^2,$$

从而，$|P\cos\alpha+Q\sin\alpha|\leqslant\sqrt{P^2+Q^2}\leqslant M$. 于是，

$$\left|\int_C P\mathrm{d}x+Q\mathrm{d}y\right|\leqslant M\int_C\mathrm{d}s=LM.$$

**【4278】** 估计积分 $I_R=\oint_{x^2+y^2=R^2}\frac{y\mathrm{d}x-x\mathrm{d}y}{(x^2+xy+y^2)^2}$. 证明：$\lim\limits_{R\to\infty}I_R=0$.

**提示** 注意在圆 $x^2+y^2=R^2$ 上，有 $P^2+Q^2\leqslant\frac{16}{R^6}$，及 $M=\max\sqrt{P^2+Q^2}\leqslant\frac{4}{R^3}$，并利用 4277 题的结果.

**解** 在圆 $x^2+y^2=R^2$ 上，有

$$P^2+Q^2=\frac{y^2}{(x^2+xy+y^2)^4}+\frac{x^2}{(x^2+xy+y^2)^4}=\frac{x^2+y^2}{(x^2+xy+y^2)^4}$$
$$=\frac{R^2}{(R^2+xy)^4}\leqslant\frac{R^2}{(R^2-|xy|)^4}\leqslant\frac{R^2}{\left(R^2-\frac{x^2+y^2}{2}\right)^4}=\frac{16}{R^6}.$$

于是，$M\leqslant\frac{4}{R^3}$. 利用 4277 题的结果，即得 $I_R$ 的估计式：

$$|I_R|\leqslant\frac{4}{R^3}\cdot 2\pi R=\frac{8\pi}{R^2}.$$

由此可知：$\lim\limits_{R\to\infty}I_R=0$.

### 计算沿空间曲线的积分(假定坐标系是右手的)：

**【4279】** $\int_C(y^2-z^2)\mathrm{d}x+2yz\mathrm{d}y-x^2\mathrm{d}z$，式中 $C$ 为曲线 $x=t,y=t^2,z=t^3\ (0\leqslant t\leqslant 1)$，以参数增加的方向为正.

**解** $\int_C(y^2-z^2)\mathrm{d}x+2yz\mathrm{d}y-x^2\mathrm{d}z=\int_0^1[(t^4-t^6)+2t^5\cdot 2t-t^2\cdot 3t^2]\mathrm{d}t=\int_0^1(3t^6-2t^4)\mathrm{d}t=\frac{1}{35}$.

**【4280】** $\int_C y\mathrm{d}x+z\mathrm{d}y+x\mathrm{d}z$，式中 $C$ 为纽形螺线 $x=a\cos t,y=a\sin t,z=bt\ (0\leqslant t\leqslant 2\pi)$，以参数增加方向为正.

**解** $\int_C y\mathrm{d}x+z\mathrm{d}y+x\mathrm{d}z=\int_0^{2\pi}(-a^2\sin t\sin t+abt\cos t+ab\cos t)\mathrm{d}t$

$$=\left(-\frac{at^2}{2}+\frac{a^2\sin 2t}{4}+abt\sin t+ab\cos t+ab\sin t\right)\Bigg|_0^{2\pi}=-\pi a^2.$$

**【4281】** $\int_C(y-z)\mathrm{d}x+(z-x)\mathrm{d}y+(x-y)\mathrm{d}z$，式中 $C$ 为圆周 $x^2+y^2+z^2=a^2,y=x\tan\alpha\ (0<\alpha<\pi)$，若从 $Ox$ 轴的正向看去，沿逆时针方向为正.

**解** 如图 8.63 所示. 利用球面的参数方程

$$x=a\cos\varphi\cos\psi,\ y=a\sin\varphi\cos\psi,\ z=a\sin\psi,$$

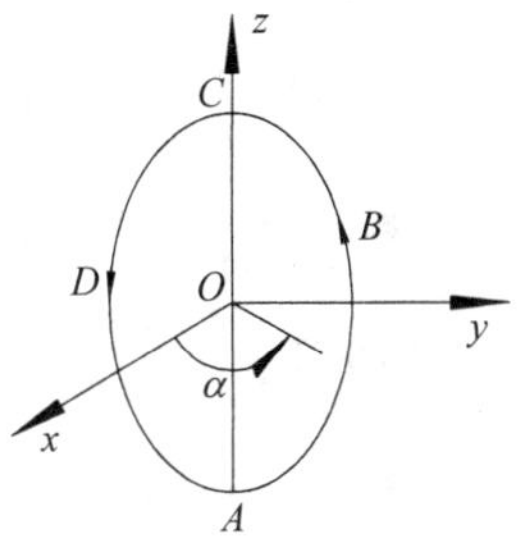

图 8.63

在 $\widehat{ABC}$ 上，$\varphi=\alpha$，因而，有

$$x=a\cos\alpha\cos\psi,\qquad \mathrm{d}x=-a\cos\alpha\sin\psi\mathrm{d}\psi,$$
$$y=a\sin\alpha\cos\psi,\qquad \mathrm{d}y=-a\sin\alpha\sin\psi\mathrm{d}\psi,$$
$$z=a\sin\psi,\qquad \mathrm{d}z=a\cos\psi\mathrm{d}\psi,$$

且 $\int_{\widehat{ABC}}(y-z)\mathrm{d}x+(z-x)\mathrm{d}y+(x-y)\mathrm{d}z$

$$=a^2\int_{-\frac{\pi}{2}}^{\frac{\pi}{2}}[-(\sin\alpha\cos\psi-\sin\psi)\cos\alpha\sin\psi-(\sin\psi-\cos\alpha\cos\psi)\sin\alpha\sin\psi$$
$$+(\cos\alpha\cos\psi-\sin\alpha\cos\psi)\cos\psi]\mathrm{d}\psi$$
$$=a^2\int_{-\frac{\pi}{2}}^{\frac{\pi}{2}}(\cos\alpha-\sin\alpha)d\psi=\pi a^2(\cos\alpha-\sin\alpha)=\sqrt{2}\pi a^2\sin\left(\frac{\pi}{4}-\alpha\right).$$

在 $\widehat{CDA}$ 上，$\varphi=\alpha+\pi$ 同样可得

$$\int_{\widehat{CDA}}(y-z)\mathrm{d}x+(z-x)\mathrm{d}y+(x-y)\mathrm{d}z=-a^2\int_{-\frac{\pi}{2}}^{\frac{\pi}{2}}(\sin\alpha-\cos\alpha)\mathrm{d}\psi=\sqrt{2}\pi a^2\sin\left(\frac{\pi}{4}-\alpha\right).$$

于是，最后得 $$\int_C(y-z)dx+(z-x)dy+(x-y)dz=2\sqrt{2}\pi a^2\sin\left(\frac{\pi}{4}-\alpha\right).$$

**【4282】** $\int_C y^2\mathrm{d}x+z^2\mathrm{d}y+x^2\mathrm{d}z$，式中 $C$ 为维维亚尼曲线 $x^2+y^2+z^2=a^2,x^2+y^2=ax\ (z\geqslant 0,a>0)$，

若从 $Ox$ 轴的正向($x>0$)看去,沿逆时针方向为正.

**解** 柱面 $x^2+y^2=ax$ 可变为 $\left(x-\frac{a}{2}\right)^2+y^2=\left(\frac{a}{2}\right)^2$,

故若令 $x-\frac{a}{2}=\frac{a}{2}\cos t, y=\frac{a}{2}\sin t$ $(0\leqslant t\leqslant 2\pi)$,则

$$z=\sqrt{a^2-(x^2+y^2)}=\sqrt{a^2-\left[\frac{a^2(1+\cos t)^2}{4}+\frac{a^2\sin^2 t}{4}\right]}=a\sin\frac{t}{2}.$$

从而,曲线的参数方程为 $x=\frac{a(1+\cos t)}{2}$, $y=\frac{a\sin t}{2}$, $z=a\sin\frac{t}{2}$ $(0\leqslant t\leqslant 2\pi)$.

于是, $\int_C y^2\mathrm{d}x+z^2\mathrm{d}y+x^2\mathrm{d}z=\int_0^{2\pi}\left(-\frac{a^3\sin^3 t}{8}+\frac{a^3\sin^2\frac{t}{2}\cos t}{2}+\frac{a^3\cos^3\frac{t}{2}}{2}\right)\mathrm{d}t$

$$=\int_0^{2\pi}\frac{a^3}{8}(1-\cos^2 t)\mathrm{d}(\cos t)+\frac{a^3}{2}\int_0^{2\pi}\frac{1-\cos t}{2}\cos t\mathrm{d}t+a^3\int_0^{2\pi}\left(1-\sin^2\frac{t}{2}\right)\mathrm{d}\left(\sin\frac{t}{2}\right)$$

$$=\frac{a^3}{8}\left(\cos t-\frac{1}{3}\cos^3 t\right)\Big|_0^{2\pi}+\frac{a^3}{4}\left[\sin t-\left(\frac{t}{2}+\frac{1}{4}\sin 2t\right)\right]\Big|_0^{2\pi}+a^3\left(\sin\frac{t}{2}-\frac{1}{3}\sin^3\frac{t}{2}\right)\Big|_0^{2\pi}=-\frac{\pi a^3}{4}.$$

**【4283】** $\int_C(y^2-z^2)\mathrm{d}x+(z^2-x^2)\mathrm{d}y+(x^2-y^2)\mathrm{d}z$,式中 $C$ 为球面的一部分 $x^2+y^2+z^2=1, x\geqslant 0$, $y\geqslant 0, z\geqslant 0$ 的边界,当沿着它的正向移动时,这部分球面的外侧面保持在左方.

**解** 边界在 $Oxy$ 平面部分的方程为

$$x=\cos\varphi,\quad y=\sin\varphi,\quad z=0\ \left(0\leqslant\varphi\leqslant\frac{\pi}{2}\right).$$

根据轮换对称性知,只要沿这部分计算线积分,再三倍之,便得要求的结果,即

$$\int_C(y^2-z^2)\mathrm{d}x+(z^2-x^2)\mathrm{d}y+(x^2-y^2)\mathrm{d}z=3\int_0^{\frac{\pi}{2}}[\sin^2\varphi\cdot(-\sin\varphi)-\cos^2\varphi\cdot\cos\varphi]\mathrm{d}\varphi$$

$$=3\int_0^{\frac{\pi}{2}}(1-\cos^2\varphi)\mathrm{d}(\cos\varphi)-3\int_0^{\frac{\pi}{2}}(1-\sin^2\varphi)\mathrm{d}(\sin\varphi)=3\left(\cos\varphi-\frac{1}{3}\cos^3\varphi-\sin\varphi+\frac{1}{3}\sin^3\varphi\right)\Big|_0^{\frac{\pi}{2}}=-4.$$

**计算下列全微分的曲线积分:**

**【4284】** $\int_{(1,1,1)}^{(2,3,-4)}x\mathrm{d}x+y^2\mathrm{d}y-z^3\mathrm{d}z$.

**解** $\int_{(1,1,1)}^{(2,3,-4)}x\mathrm{d}x+y^2\mathrm{d}y-z^3\mathrm{d}z=\left(\frac{1}{2}x^2+\frac{1}{3}y^3-\frac{1}{4}z^4\right)\Big|_{(1,1,1)}^{(2,3,-4)}=-53\frac{7}{12}$.

**【4285】** $\int_{(1,2,3)}^{(6,1,1)}yz\mathrm{d}x+xz\mathrm{d}y+xy\mathrm{d}z$.

**解** $\int_{(1,2,3)}^{(6,1,1)}yz\mathrm{d}x+xz\mathrm{d}y+xy\mathrm{d}z=xyz\Big|_{(1,2,3)}^{(6,1,1)}=0$.

**【4286】** $\int_{(x_1,y_1,z_1)}^{(x_2,y_2,z_2)}\frac{x\mathrm{d}x+y\mathrm{d}y+z\mathrm{d}z}{\sqrt{x^2+y^2+z^2}}$,其中点$(x_1,y_1,z_1)$位于球 $x^2+y^2+z^2=a^2$ 之上,而点$(x_2,y_2,z_2)$位于球 $x^2+y^2+z^2=b^2$ 之上 $(a>0,b>0)$.

**解** 由题设知: $x_1^2+y_1^2+z_1^2=a^2$, $x_2^2+y_2^2+z_2^2=b^2$.

于是, $\int_{(x_1,y_1,z_1)}^{(x_2,y_2,z_2)}\frac{x\mathrm{d}x+y\mathrm{d}y+z\mathrm{d}z}{\sqrt{x^2+y^2+z^2}}=\sqrt{x^2+y^2+z^2}\Big|_{(x_1,y_1,z_1)}^{(x_2,y_2,z_2)}=\sqrt{x_2^2+y_2^2+z_2^2}-\sqrt{x_1^2+y_1^2+z_1^2}=b-a$.

**【4287】** $\int_{(x_1,y_1,z_1)}^{(x_2,y_2,z_2)}\varphi(x)\mathrm{d}x+\psi(y)\mathrm{d}y+\chi(z)\mathrm{d}z$,式中 $\varphi,\psi,\chi$ 为连续函数.

**解** 因为 $\varphi(x)\mathrm{d}x+\psi(y)\mathrm{d}y+\chi(z)\mathrm{d}z=\mathrm{d}\left(\int_{x_1}^{x}\varphi(u)\mathrm{d}u+\int_{y_1}^{y}\psi(v)\mathrm{d}v+\int_{z_1}^{z}\chi(w)\mathrm{d}w\right)$,

故有 $\int_{(x_1,y_1,z_1)}^{(x_2,y_2,z_2)}\varphi(x)\mathrm{d}x+\psi(x)\mathrm{d}x+\chi(z)\mathrm{d}z=\left(\int_{x_1}^{x}\varphi(u)\mathrm{d}u+\int_{y_1}^{y}\psi(v)\mathrm{d}v+\int_{z_1}^{z}\chi(w)\mathrm{d}w\right)\Big|_{(x_1,y_1,z_1)}^{(x_2,y_2,z_2)}$

$$=\int_{x_1}^{x_2}\varphi(u)\,\mathrm{d}u+\int_{y_1}^{y_2}\psi(v)\,\mathrm{d}v+\int_{z_1}^{z_2}\chi(w)\,\mathrm{d}w.$$

**【4288】** $\int_{(x_1,y_1,z_1)}^{(x_2,y_2,z_2)} f(x+y+z)(\mathrm{d}x+\mathrm{d}y+\mathrm{d}z)$,其中 $f$ 为连续函数.

**解** 令 $F(x,y,z)=\int_0^{x+y+z} f(u)\,\mathrm{d}u$. 由于 $f(u)$是连续函数,故

$$F'_x(x,y,z)=f(x+y+z),\quad F'_y(x,y,z)=f(x+y+z),\quad F'_z(x,y,z)=f(x+y+z),$$

并且这些偏导数都是连续的. 因此,$F(x,y,z)$可微,且

$$\mathrm{d}F(x,y,z)=F'_x(x,y,z)\mathrm{d}x+F'_y(x,y,z)\mathrm{d}y+F'_z(x,y,z)\mathrm{d}z=f(x+y+z)(\mathrm{d}x+\mathrm{d}y+\mathrm{d}z).$$

于是,

$$\int_{(x_1,y_1,z_1)}^{(x_2,y_2,z_2)} f(x+y+z)(\mathrm{d}x+\mathrm{d}y+\mathrm{d}z)=F(x,y,z)\Big|_{(x_1,y_1,z_1)}^{(x_2,y_2,z_2)}=F(x_2,y_2,z_2)-F(x_1,y_1,z_1)$$

$$=\int_0^{x_2+y_2+z_2} f(u)\,\mathrm{d}u-\int_0^{x_1+y_1+z_1} f(u)\,\mathrm{d}u=\int_{x_1+y_1+z_1}^{x_2+y_2+z_2} f(u)\,\mathrm{d}u.$$

**【4289】**
$$\int_{(x_1,y_1,z_1)}^{(x_2,y_2,z_2)} f(\sqrt{x^2+y^2+z^2})(x\mathrm{d}x+y\mathrm{d}y+z\mathrm{d}z),$$
式中 $f$ 为连续函数.

**解题思路** 令 $F(x,y,z)=\frac{1}{2}\int_0^{x^2+y^2+z^2} f(\sqrt{v})\,\mathrm{d}v$. 注意

$F'_x(x,y,z)=xf(\sqrt{x^2+y^2+z^2})$, $F'_y(x,y,z)=yf(\sqrt{x^2+y^2+z^2})$, $F'_z(x,y,z)=zf(\sqrt{x^2+y^2+z^2})$,

及
$$\mathrm{d}F(x,y,z)=f(\sqrt{x^2+y^2+z^2})(x\mathrm{d}x+y\mathrm{d}y+z\mathrm{d}z),$$

再令$\sqrt{v}=u$,即可得结果$\int_{\sqrt{x_1^2+y_1^2+z_1^2}}^{\sqrt{x_2^2+y_2^2+z_2^2}} uf(u)\,\mathrm{d}u$.

**解** 令 $F(x,y,z)=\frac{1}{2}\int_0^{x^2+y^2+z^2} f(\sqrt{v})\,\mathrm{d}v$. 由于 $f$ 是连续函数,故

$F'_x(x,y,z)=xf(\sqrt{x^2+y^2+z^2})$, $F'_y(x,y,z)=yf(\sqrt{x^2+y^2+z^2})$, $F'_z(x,y,z)=zf(\sqrt{x^2+y^2+z^2})$,

并且这些偏导数都是连续的. 因此,$F(x,y,z)$可微,且

$$\mathrm{d}F(x,y,z)=F'_x(x,y,z)\mathrm{d}x+F'_y(x,y,z)\mathrm{d}y+F'_z(x,y,z)\mathrm{d}z=f(\sqrt{x^2+y^2+z^2})(x\mathrm{d}x+y\mathrm{d}y+z\mathrm{d}z).$$

于是,

$$\int_{(x_1,y_1,z_1)}^{(x_2,y_2,z_2)} f(\sqrt{x^2+y^2+z^2})(x\mathrm{d}x+y\mathrm{d}y+z\mathrm{d}z)=F(x_2,y_2,z_2)-F(x_1,y_1,z_1)=\frac{1}{2}\int_{x_1^2+y_1^2+z_1^2}^{x_2^2+y_2^2+z_2^2} f(\sqrt{v})\,\mathrm{d}v^{*)}$$

$$=\int_{\sqrt{x_1^2+y_1^2+z_1^2}}^{\sqrt{x_2^2+y_2^2+z_2^2}} uf(u)\,\mathrm{d}u,$$

*) 这里已作代换 $\sqrt{v}=u$ $(v=u^2,\ \mathrm{d}v=2u\mathrm{d}u)$.

**求原函数 $u$,若:**

**【4290】** $\mathrm{d}u=(x^2-2yz)\mathrm{d}x+(y^2-2xz)\mathrm{d}y+(z^2-2xy)\mathrm{d}z$.

**解** $\mathrm{d}u=(x^2\mathrm{d}x+y^2\mathrm{d}y+z^2\mathrm{d}z)-2(yz\mathrm{d}x+xz\mathrm{d}y+xy\mathrm{d}z)=\mathrm{d}\left(\frac{x^3+y^3+z^3}{3}-2xyz\right)$.

于是, $u=\frac{1}{3}(x^3+y^3+z^3)-2xyz+C$.

**【4291】** $\mathrm{d}u=\left(1-\frac{1}{y}+\frac{y}{z}\right)\mathrm{d}x+\left(\frac{x}{z}+\frac{x}{y^2}\right)\mathrm{d}y-\frac{xy}{z^2}\mathrm{d}z$.

**解** $\mathrm{d}u=\mathrm{d}x+\left(-\frac{1}{y}\mathrm{d}x+\frac{x}{y^2}\mathrm{d}y\right)+\frac{1}{z}(y\mathrm{d}x+x\mathrm{d}y)-\frac{xy}{z^2}\mathrm{d}z$

$$=\mathrm{d}x+\left(-\frac{1}{y}\mathrm{d}x+x\mathrm{d}\left(-\frac{1}{y}\right)\right)+\frac{1}{z}\mathrm{d}(xy)+xy\mathrm{d}\left(\frac{1}{z}\right)=\mathrm{d}x+\mathrm{d}\left(-\frac{x}{y}\right)+\mathrm{d}\left(\frac{xy}{z}\right)$$

$$=\mathrm{d}\left(x-\frac{x}{y}+\frac{xy}{z}\right).$$

于是，$u=x-\frac{x}{y}+\frac{xy}{z}+C$.

**【4292】** $\mathrm{d}u=\frac{(x+y-z)\mathrm{d}x+(x+y-z)\mathrm{d}y+(x+y+z)\mathrm{d}z}{x^2+y^2+z^2+2xy}$.

**解** 由于

$$\begin{aligned}&(x+y-z)\mathrm{d}x+(x+y-z)\mathrm{d}y+(x+y+z)\mathrm{d}z\\&=(x\mathrm{d}x+y\mathrm{d}y)+(y\mathrm{d}x+x\mathrm{d}y)+(x+y)\mathrm{d}z-z(\mathrm{d}x+\mathrm{d}y)+z\mathrm{d}z\\&=\frac{1}{2}\mathrm{d}[(x^2+y^2+2xy)+z^2]+(x+y)\mathrm{d}z-z\mathrm{d}(x+y),\end{aligned}$$

故 $$\mathrm{d}u=\frac{1}{2}\frac{\mathrm{d}[(x+y)^2+z^2]}{(x+y)^2+z^2}+\frac{(x+y)\mathrm{d}z-z\mathrm{d}(x+y)}{(x+y)^2+z^2}=\frac{1}{2}\mathrm{d}\ln[(x+y)^2+z^2]+\mathrm{d}\left(\arctan\frac{z}{x+y}\right)$$

$$=\mathrm{d}\left[\ln\sqrt{(x+y)^2+z^2}+\arctan\frac{z}{x+y}\right].$$

于是，$u=\ln\sqrt{(x+y)^2+z^2}+\arctan\frac{z}{x+y}+C$.

**【4293】** 求当质量为 $m$ 的点从位置$(x_1,y_1,z_1)$移动到位置$(x_2,y_2,z_2)$时，重力所作的功($Oz$ 轴的方向是竖直向上).

**解** 设 $\boldsymbol{i}$、$\boldsymbol{j}$、$\boldsymbol{k}$ 为各坐标轴上的单位矢量，则重力 $\boldsymbol{F}=-mg\boldsymbol{k}$，而 $\mathrm{d}\boldsymbol{s}=\mathrm{d}x\boldsymbol{i}+\mathrm{d}y\boldsymbol{j}+\mathrm{d}z\boldsymbol{k}$. 从而，功的微分为

$$\mathrm{d}A=\boldsymbol{F}\cdot\mathrm{d}\boldsymbol{s}=-mg\mathrm{d}z=\mathrm{d}(-mgz).$$

于是，重力所作的功为 $A=\int_{(x_1,y_1,z_1)}^{(x_2,y_2,z_2)}-mg\mathrm{d}z=(-mgz)\Big|_{(x_1,y_1,z_1)}^{(x_2,y_2,z_2)}=-mg(z_2-z_1)$.

**【4294】**$^+$ 弹性力指向坐标原点，力的大小与质点到坐标原点的距离成正比. 设此点依逆时针方向描绘出椭圆$\frac{x^2}{a^2}+\frac{y^2}{b^2}=1$的正四分之一，求弹性力所作的功.

**解** 弹性力 $\boldsymbol{F}=-k(x\boldsymbol{i}+y\boldsymbol{j})$，其中 $k$ 为弹性系数. 功的微分为

$$\mathrm{d}A=\boldsymbol{F}\cdot\mathrm{d}\boldsymbol{s}=-k(x\boldsymbol{i}+y\boldsymbol{j})(\mathrm{d}x\boldsymbol{i}+\mathrm{d}y\boldsymbol{j})=-k(x\mathrm{d}x+y\mathrm{d}y)=\mathrm{d}\left[-\frac{k}{2}(x^2+y^2)\right].$$

于是，弹性力所作的功为

$$A=-k\int_{(a,0)}^{(0,b)}x\mathrm{d}x+y\mathrm{d}y=-\frac{k}{2}(x^2+y^2)\Big|_{(a,0)}^{(0,b)}=\frac{k}{2}(a^2-b^2).$$

**【4295】**$^+$ 当单位质量从点 $M_1(x_1,y_1,z_1)$移动到点 $M_2(x_2,y_2,z_2)$时，求引力 $F=\frac{G}{r^2}$(其中 $r=\sqrt{x^2+y^2+z^2}$)对它所作的功，其中 $G$ 是引力常量.

**解** 引力指向坐标原点，故它的方向余弦为

$$\cos\alpha=-\frac{x}{r},\quad \cos\beta=-\frac{y}{r},\quad \cos\gamma=-\frac{z}{r},$$

而引力的投影为 $$X=-\frac{Gx}{r^3},\quad Y=-\frac{Gy}{r^3},\quad Z=-\frac{Gz}{r^3}.$$

于是，引力所作的功为

$$A=-G\int_{(x_1,y_1,z_1)}^{(x_2,y_2,z_2)}\frac{x\mathrm{d}x+y\mathrm{d}y+z\mathrm{d}z}{r^3}=-\frac{G}{2}\int_{(x_1,y_1,z_1)}^{(x_2,y_2,z_2)}\frac{\mathrm{d}(x^2+y^2+z^2)}{(x^2+y^2+z^2)^{\frac{3}{2}}}=\frac{G}{\sqrt{x^2+y^2+z^2}}\Bigg|_{(x_1,y_1,z_1)}^{(x_2,y_2,z_2)}$$

$$=G\left(\frac{1}{x_2^2+y_2^2+z_2^2}-\frac{1}{x_1^2+y_1^2+z_1^2}\right).$$

当然，这里假设从 $M_1$ 点到 $M_2$ 点的路径是不经过原点的，上式表明功与路径无关，仅决定于起始点的坐标.

# §12. 格林公式

1° **曲线积分与二重积分的关系** 设 $C$ 为分段光滑的简单封闭围线,它围成单连通的有界区域 $S$,并且当沿着围线正方向移动时,区域 $S$ 保持在左边;此外,函数 $P(x,y)$,$Q(x,y)$ 及其一阶偏导数 $P'_y(x,y)$,$Q'_x(x,y)$ 在区域 $S$ 内及其边界上皆是连续的,则成立格林公式

$$\oint_C P(x,y)\mathrm{d}x+Q(x,y)\mathrm{d}y=\iint_S\left(\frac{\partial Q}{\partial x}-\frac{\partial P}{\partial y}\right)\mathrm{d}x\mathrm{d}y. \tag{1}$$

若把区域 $S$ 的边界 $C$ 理解为一切边界围线之和,并且这样选取沿围线的环绕方向,使得区域 $S$ 始终位于左边,则公式(1)对于由几个简单围线围成的有界区域 $S$ 也成立.

2° **平面区域的面积** 以分段光滑的简单围线 $C$ 为界的图形的面积 $S$ 等于:

$$S=\oint_C x\mathrm{d}y=-\oint_C y\mathrm{d}x=\frac{1}{2}\oint_C x\mathrm{d}y-y\,\mathrm{d}x.$$

在这一节中,若没有相反的约定,则假定积分的封闭围线是简单的(无自交点),并这样选取围线的正方向,使得所围不含无穷远点的区域始终位于曲线的左边.

**【4296】** 利用格林公式变换曲线积分

$$I=\oint_C \sqrt{x^2+y^2}\,\mathrm{d}x+y[xy+\ln(x+\sqrt{x^2+y^2})]\mathrm{d}y$$

式中围线 $C$ 是有界区域 $S$ 的边界.

**解** 此处 $P=\sqrt{x^2+y^2}$,$Q=xy^2+y\ln(x+\sqrt{x^2+y^2})$.

从而,
$$\frac{\partial Q}{\partial x}-\frac{\partial P}{\partial y}=y^2+\frac{y}{\sqrt{x^2+y^2}}-\frac{y}{\sqrt{x^2+y^2}}=y^2.$$

于是,
$$I=\iint_S\left(\frac{\partial Q}{\partial x}-\frac{\partial P}{\partial y}\right)\mathrm{d}x\mathrm{d}y=\iint_S y^2\,\mathrm{d}x\mathrm{d}y.$$

**注** 这里应假定 $C$ 不与 $Ox$ 轴的左半部分(即 $x\leqslant 0, y=0$)相交,从而,这时在 $S$ 中 $x+\sqrt{x^2+y^2}>0$.

**【4297】** 应用格林公式,计算曲线积分

$$I=\oint_k (x+y)^2\,\mathrm{d}x-(x^2+y^2)\mathrm{d}y,$$

其中 $k$ 是以 $A(1,1)$,$B(3,2)$,$C(2,5)$ 为顶点的三角形围线 $ABC$,并且积分时的环绕方向为正. 直接计算积分,以验证所求得的结果.

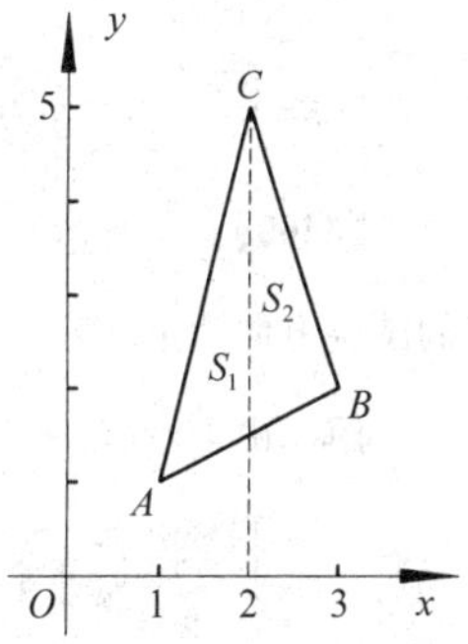


图 8.64

**解** 如图 8.64 所示. $AB$,$BC$ 及 $CA$ 的方程分别为

$$y=\frac{1}{2}(x+1),\quad y=-3x+11,\quad y=4x-3.$$

由于 $P=(x+y)^2$,$Q=-(x^2+y^2)$. 故

$$\frac{\partial Q}{\partial x}-\frac{\partial P}{\partial y}=-2x-2(x+y)=-4x-2y.$$

通过顶点 $C$ 引直线垂直于 $Ox$ 轴,它把三角形域 $S$ 分成 $S_1$ 和 $S_2$ 两部分. 于是,

$$\begin{aligned}I&=\iint_S(-4x-2y)\mathrm{d}x\mathrm{d}y=\iint_{S_1}(-4x-2y)\mathrm{d}x\mathrm{d}y+\iint_{S_2}(-4x-2y)\mathrm{d}x\mathrm{d}y\\&=\int_1^2\mathrm{d}x\int_{\frac{1}{2}(x+1)}^{4x-3}(-4x-2y)\mathrm{d}y+\int_2^3\mathrm{d}x\int_{\frac{1}{2}(x+1)}^{-3x+11}(-4x-2y)\mathrm{d}y\\&=\int_1^2\left(-\frac{119}{4}x^2+\frac{77}{2}x-\frac{35}{4}\right)\mathrm{d}x+\int_2^3\left(\frac{21}{4}x^2+\frac{49}{2}x-\frac{483}{4}\right)\mathrm{d}x\\&=-\frac{245}{12}-\frac{105}{4}=-46\,\frac{2}{3}.\end{aligned}$$

如果直接计算,则

$$I=\int_{AB}+\int_{BC}+\int_{CA}$$

$$=\int_1^3\left[\left(x+\frac{x}{2}+\frac{1}{2}\right)^2-\frac{1}{2}\left(x^2+\frac{x^2}{4}+\frac{x}{2}+\frac{1}{4}\right)\right]dx+\int_3^2[(x-3x+11)^2-(-3)$$

$$\cdot(x^2+9x^2-66x+121)]dx+\int_2^1[(x+4x-3)^2-4(x^2+16x^2-24x+9)]dx$$

$$=\int_1^3\left(\frac{13}{8}x^2+\frac{5}{4}x+\frac{1}{8}\right)dx+\int_3^2(34x^2-242x+484)dx+\int_2^1(-43x^2+66x-27)dx$$

$$=\frac{58}{3}-\frac{283}{3}+\frac{85}{3}=-46\,\frac{2}{3}.$$

**应用格林公式,计算下列曲线积分:**

**【4298】** $\oint_C xy^2dy-x^2ydx$,式中 $C$ 为圆周 $x^2+y^2=a^2$.

**解** 由于 $P=-x^2y,Q=xy^2$,故有

$$\oint_C xy^2dy-x^2ydx=\iint\limits_{x^2+y^2\leqslant a^2}(x^2+y^2)dxdy=\int_0^{2\pi}d\varphi\int_0^a r^3dr=\frac{\pi a^4}{2}.$$

如果直接计算,可令 $x=a\cos t,y=a\sin t$,则

$$\oint_C xy^2dy-x^2ydx=a^4\int_0^{2\pi}(\cos^2t\sin^2t+\cos^2t\sin^2t)dt=\frac{a^4}{2}\int_0^{2\pi}\sin^22tdt=\frac{\pi a^4}{2}.$$

**【4299】** $\oint_C(x+y)dx-(x-y)dy$, 式中 $C$ 为椭圆$\frac{x^2}{a^2}+\frac{y^2}{b^2}=1$.

**解** 由于 $P=x+y,Q=-(x-y)$,故有

$$\oint_C(x+y)dx-(x-y)dy=\iint\limits_{\frac{x^2}{a^2}+\frac{y^2}{b^2}\leqslant1}(-1-1)dxdy=-2\pi ab.$$

如果直接计算,则

$$\oint_C(x+y)dx-(x-y)dy=\int_0^{2\pi}[(a\cos t+b\sin t)(-a\sin t)-(a\cos t-b\sin t)(b\cos t)]dt$$

$$=\int_0^{2\pi}[(b^2-a^2)\cos t\sin t-ab]dt=-2\pi ab.$$

**【4300】** $\oint_C e^x[(1-\cos y)dx-(y-\sin y)dy]$,其中 $C$ 为区域 $0<x<\pi,0<y<\sin x$ 的边界,并且积分时的围绕方向为正.

**解** 由于

$$\frac{\partial Q}{\partial x}-\frac{\partial P}{\partial y}=e^x(\sin y-y)-e^x\sin y=-ye^x,$$

故有 $$\oint_C e^x[(1-\cos y)dx-(y-\sin y)dy]=-\iint\limits_{\substack{0\leqslant x\leqslant\pi\\0\leqslant y\leqslant\sin x}}ye^xdxdy=-\int_0^{\pi}e^xdx\int_0^{\sin x}ydy$$

$$=-\frac{1}{2}\int_0^{\pi}e^x\sin^2xdx=-\frac{1}{4}\left(\int_0^{\pi}e^xdx-\int_0^{\pi}e^x\cos2xdx\right)$$

$$=-\frac{1}{4}\left[(e^{\pi}-1)-\frac{\cos2x+2\sin2x}{5}e^x\Big|_0^{\pi}\right]=-\frac{1}{5}(e^{\pi}-1).$$

**【4301】** $\oint_{x^2+y^2=R^2}e^{-(x^2+y^2)}(\cos2xydx+\sin2xydy)$.

**解** 由于 $\frac{\partial Q}{\partial x}-\frac{\partial P}{\partial y}=e^{-(x^2+y^2)}[(-2x\sin2xy+2y\cos2xy)-(2y\cos2xy-2x\sin2xy)]=0$,

故有 $$\oint_{x^2+y^2=R^2}e^{-(x^2+y^2)}(\cos2xydx+\sin2xydy)=\iint\limits_{x^2+y^2\leqslant R^2}0dxdy=0.$$

**【4302】** 设 $AmB$ 为连接点 $A(1,1)$和点 $B(2,6)$的直线段,$AnB$ 是连接点 $A,B$ 及坐标原点的抛物线

段，且该抛物线的轴垂直于 $x$ 轴. 积分

$$I_1=\int_{AmB}(x+y)^2\mathrm{d}x-(x-y)^2\mathrm{d}y,\quad I_2=\int_{AnB}(x+y)^2\mathrm{d}x-(x-y)^2\mathrm{d}y$$

相差多少？

**解** 由于
$$\frac{\partial Q}{\partial x}-\frac{\partial P}{\partial y}=-2(x-y)-2(x+y)=-4x,$$
故 $I_1$ 与 $I_2$ 之差为(利用格林公式)

$$I_2-I_1=\oint_{AnBmA}(x+y)^2\mathrm{d}x-(x-y)^2\mathrm{d}y=\iint_S(-4x)\mathrm{d}x\mathrm{d}y=\int_1^2\mathrm{d}x\int_{2x^2-x}^{5x-4}(-4x)\mathrm{d}y$$
$$=-\int_1^2 4x(-2x^2+6x-4)\mathrm{d}x=(2x^4-8x^3+8x^2)\Big|_1^2=-2,$$

或 $I_1-I_2=2$.

**【4303】** 计算曲线积分 $\displaystyle\int_{AmO}(\mathrm{e}^x\sin y-my)\mathrm{d}x+(\mathrm{e}^x\cos y-m)\mathrm{d}y$,

其中 $AmO$ 为由点 $A(a,0)$ 至点 $O(0,0)$ 的上半圆周 $x^2+y^2=ax$.

**提示** 在 $Ox$ 轴上连接点 $O(0,0)$ 与点 $A(a,0)$，这样，便构成封闭的半圆形 $AmOA$，利用格林公式即易获解.

**解** 在 $Ox$ 轴上连接点 $O(0,0)$ 与点 $A(a,0)$，这样，便构成封闭的半圆形 $AmOA$，且在线段 $OA$ 上，

$$\int_{OA}(\mathrm{e}^x\sin y-my)\mathrm{d}x+(\mathrm{e}^x\cos y-m)\mathrm{d}y=0.$$

从而，$\oint_{AmOA}=\int_{AmO}+\int_{OA}=\int_{AmO}$. 另一方面，利用格林公式可得

$$\oint_{AmOA}(\mathrm{e}^x\sin y-my)\mathrm{d}x+(\mathrm{e}^x\cos y-m)\mathrm{d}y=\iint_{x^2+y^2\leqslant ax}m\mathrm{d}x\mathrm{d}y=\frac{\pi ma^2}{8}.$$

于是， $$\int_{AmO}(\mathrm{e}^x\sin y-my)\mathrm{d}x+(\mathrm{e}^x\cos y-m)\mathrm{d}y=\frac{\pi ma^2}{8}.$$

**【4304】** 计算曲线积分 $\displaystyle\int_{AmB}[\varphi(y)\mathrm{e}^x-my]\mathrm{d}x+[\varphi'(y)\mathrm{e}^x-m]\mathrm{d}y$,

式中 $\varphi(y)$ 和 $\varphi'(y)$ 为连续函数，$AmB$ 为连接点 $A(x_1,y_1)$ 和点 $B(x_2,y_2)$ 的任意路径，但要求此路径与线段 $AB$ 一起围成具有已知面积 $S$ 的区域 $AmBA$.

**提示** 连接点 $B$ 与点 $A$，构成封闭围线 $AmBA$，利用格林公式并注意

$$\int_{BA}[\varphi(y)\mathrm{e}^x-my]\mathrm{d}x+[\varphi'(y)\mathrm{e}^x-m]\mathrm{d}y=\int_{BA}\mathrm{d}[\mathrm{e}^x\varphi(y)]-\int_{BA}m(y\mathrm{d}x+\mathrm{d}y)$$

即易获解. 利用此题的结果可计算 4303 题.

**解** 首先，我们有 $\oint_{AmBA}=\int_{AmB}+\int_{BA}$，而

$$\oint_{AmBA}[\varphi(y)\mathrm{e}^x-my]\mathrm{d}x+[\varphi'(y)\mathrm{e}^x-m]\mathrm{d}y=\iint_S m\mathrm{d}x\mathrm{d}y=mS.$$

另一方面，

$$\int_{BA}[\varphi(y)\mathrm{e}^x-my]\mathrm{d}x+[\varphi'(y)\mathrm{e}^x-m]\mathrm{d}y=\int_{BA}\mathrm{d}[\mathrm{e}^x\varphi(y)]-\int_{BA}m(y\mathrm{d}x+\mathrm{d}y)$$
$$=\mathrm{e}^x\varphi(y)\Big|_{(x_2,y_2)}^{(x_1,y_1)}-m\int_{x_2}^{x_1}\left[y_1+\frac{y_2-y_1}{x_2-x_1}(x-x_1)+\frac{y_2-y_1}{x_2-x_1}\right]\mathrm{d}x$$
$$=\mathrm{e}^{x_1}\varphi(y_1)-\mathrm{e}^{x_2}\varphi(y_2)-m\left(y_1+\frac{y_2-y_1}{x_2-x_1}\right)(x_1-x_2)+\frac{m}{2}\,\frac{y_2-y_1}{x_2-x_1}(x_2-x_1)^2$$
$$=\mathrm{e}^{x_1}\varphi(y_1)-\mathrm{e}^{x_2}\varphi(y_2)+m(y_2-y_1)+\frac{m}{2}(x_2-x_1)(y_2+y_1).$$

于是， $$\int_{AmB}[\varphi(y)\mathrm{e}^x-my]\mathrm{d}x+[\varphi'(y)\mathrm{e}^x-m]\mathrm{d}y$$

$$=mS+e^{x_2}\varphi(y_2)-e^{x_1}\varphi(y_1)-m(y_2-y_1)-\frac{m}{2}(x_2-x_1)(y_2+y_1).$$

**注** 利用此题的结果可计算 4303 题. 事实上,由于 $\varphi(y)=\sin y, x_1=a,\ y_1=0,\ x_2=y_2=0,\ S=\frac{\pi a^2}{8}$,代入即得

$$\int_{AmO}(e^x\sin y-my)dx+(e^x\cos y-m)dy=\frac{\pi ma^2}{8}.$$

**【4305】$^+$** 求二阶可微的两个连续函数 $P(x,y)$ 和 $Q(x,y)$,使得曲线积分

$$I=\oint_C P(x+\alpha,y+\beta)dx+Q(x+\alpha,y+\beta)dy$$

对于任何封闭的围线 $C$ 与常数 $\alpha$ 和 $\beta$ 无关.

**解** 由格林公式,得

$$I=\iint_S\left[\frac{\partial Q(x+\alpha,y+\beta)}{\partial x}-\frac{\partial P(x+\alpha,y+\beta)}{\partial y}\right]dxdy=\tau. \tag{1}$$

由假定 $\tau$ 为一常数,它与 $\alpha$、$\beta$ 无关(只与围线 $C$ 有关),上式中的 $S$ 表围线 $C$ 所围成的闭区域. 由假定 $P,Q$ 具有连续的二阶偏导数,故(1)式中二重积分的被积函数具有关于 $\alpha$、$\beta$ 的一阶连续偏导数. 因此,可以在积分号下关于 $\alpha$、$\beta$ 求偏导数,得

$$\iint_S\left[\frac{\partial^2 Q(x+\alpha,y+\beta)}{\partial\alpha\partial x}-\frac{\partial^2 P(x+\alpha,y+\beta)}{\partial\alpha\partial y}\right]dxdy=\frac{\partial}{\partial\alpha}\tau=0. \tag{2}$$

$$\iint_S\left[\frac{\partial^2 Q(x+\alpha,y+\beta)}{\partial\beta\partial x}-\frac{\partial^2 P(x+\alpha,y+\beta)}{\partial\beta\partial y}\right]dxdy=\frac{\partial}{\partial\beta}\tau=0. \tag{3}$$

于是,(2)式和(3)式对任何 $\alpha$、$\beta$ 以及任何 $S$ 都成立. 再注意到(2)式和(3)式中二重积分的被积函数都是连续的,故被积函数必恒为零(参看 4097 题,此题对二重积分也成立):

$$\frac{\partial^2 Q(x+\alpha,y+\beta)}{\partial\alpha\partial x}-\frac{\partial^2 P(x+\alpha,y+\beta)}{\partial\alpha\partial y}\equiv 0. \tag{4}$$

$$\frac{\partial^2 Q(x+\alpha,y+\beta)}{\partial\beta\partial x}-\frac{\partial^2 P(x+\alpha,y+\beta)}{\partial\beta\partial y}\equiv 0. \tag{5}$$

(对任何 $x,y,\alpha,\beta$). 记 $x+\alpha=u, y+\beta=v$,显然有

$$\frac{\partial^2 Q(x+\alpha,y+\beta)}{\partial\alpha\partial x}=\frac{\partial^2 Q(u,v)}{\partial u^2},\qquad \frac{\partial^2 P(x+\alpha,y+\beta)}{\partial\alpha\partial y}=\frac{\partial^2 P(u,v)}{\partial u\partial v},$$

$$\frac{\partial^2 Q(x+\alpha,y+\beta)}{\partial\beta\partial x}=\frac{\partial^2 Q(u,v)}{\partial v\partial u},\qquad \frac{\partial^2 P(x+\alpha,y+\beta)}{\partial\beta\partial y}=\frac{\partial^2 P(u,v)}{\partial v^2},$$

于是,(4)式与(5)式为

$$\frac{\partial}{\partial u}\left[\frac{\partial Q(u,v)}{\partial u}-\frac{\partial P(u,v)}{\partial v}\right]=\frac{\partial^2 Q(u,v)}{\partial u^2}-\frac{\partial^2 P(u,v)}{\partial u\partial v}\equiv 0,$$

$$\frac{\partial}{\partial v}\left[\frac{\partial Q(u,v)}{\partial u}-\frac{\partial P(u,v)}{\partial v}\right]=\frac{\partial^2 Q(u,v)}{\partial v\partial u}-\frac{\partial^2 P(u,v)}{\partial v^2}\equiv 0$$

(对任何 $u,v$),由此可知: $\frac{\partial Q(u,v)}{\partial u}-\frac{\partial P(u,v)}{\partial v}\equiv k$ (常数).

将 $u,v$ 改记为 $x,y$ 则上式为

$$\frac{\partial Q(x,y)}{\partial x}-\frac{\partial P(x,y)}{\partial y}\equiv k\ (\text{常数}). \tag{6}$$

令 $u(x,y)=\int_0^x P(t,y)dt$,则 $u(x,y)$ 具有连续的二阶偏导数,且

$$\frac{\partial u(x,y)}{\partial x}=P(x,y). \tag{7}$$

由(6)式知: $\frac{\partial Q(x,y)}{\partial x}=k+\frac{\partial P(x,y)}{\partial y}=k+\frac{\partial}{\partial y}\left(\frac{\partial u(x,y)}{\partial x}\right)=k+\frac{\partial}{\partial x}\left(\frac{\partial u(x,y)}{\partial y}\right).$

两端积分,得

$$Q(x,y)=kx+\frac{\partial u(x,y)}{\partial y}+\varphi(y),\tag{8}$$

其中 $\varphi(y)$ 为具有二阶连续导数的任意函数. 由(7),(8)两式又知 $u(x,y)$ 具有连续的三阶偏导数.

反之,若 $u(x,y)$ 是任一具有三阶连续偏导数的函数,而 $\varphi(y)$ 是任一具有二阶连续导数的函数,则由(7)式和(8)式确定的 $P(x,y)$ 与 $Q(x,y)$ 必具连续二阶偏导数,且使(6)式成立,从而使

$$I=\oint_C P(x+\alpha,y+\beta)\mathrm{d}x+Q(x+\alpha,y+\beta)\mathrm{d}y=\iint_S\left[\frac{\partial Q(x+\alpha,y+\beta)}{\partial x}-\frac{\partial P(x+\alpha,y+\beta)}{\partial y}\right]\mathrm{d}x\mathrm{d}y$$

$$=\iint_S k\,\mathrm{d}x\mathrm{d}y=kS,$$

故 $I$ 是与 $\alpha$、$\beta$ 无关的常数(对于任意固定的 $C$).

综上所述,可知:使曲线积分 $I$ 对于任何封闭围线 $C$ 与常数 $\alpha$、$\beta$ 无关的二阶连续可微函数 $P(x,y)$ 与 $Q(x,y)$ 的全体由公式(7)与(8)给出,其中 $k$ 为常数,$u(x,y)$ 为三阶连续可微的任一函数,$\varphi(y)$ 为二阶连续可微的任意一个一元函数.

**【4306】** 为了使曲线积分 $\int_{AmB}F(x,y)(y\mathrm{d}x+x\mathrm{d}y)$ 与积分路径的形状无关,可微函数 $F(x,y)$ 应满足怎样的条件?

**解** 由于 $P=yF(x,y)$,$Q=xF(x,y)$,故由格林公式知所求的条件为 $\frac{\partial}{\partial x}[xF(x,y)]=\frac{\partial}{\partial y}[yF(x,y)]$,

即
$$xF'_x(x,y)=yF'_y(x,y).$$

**【4307】** 计算
$$I=\oint_C\frac{x\mathrm{d}y-y\mathrm{d}x}{x^2+y^2},$$

其中 $C$ 为不经过坐标原点的简单封闭围线,且积分时的环绕方向为正.

**提示** 研究两种情况:(1)坐标原点在围线 $C$ 之外,(2)围线 $C$ 包围坐标原点.

**解** 令 $P=-\frac{y}{x^2+y^2}$,$Q=\frac{x}{x^2+y^2}$. 易知,当 $(x,y)\neq(0,0)$ 时,恒有

$$\frac{\partial Q}{\partial x}=\frac{\partial P}{\partial y}=\frac{y^2-x^2}{(x^2+y^2)^2}.$$

今分两种情况讨论:

(1) 坐标原点在围线 $C$ 之外,这时,在由 $C$ 围成的有界闭区域 $S$ 上,$P$ 与 $Q$ 以及它们的偏导数都连续,故可应用格林公式,得

$$I=\oint_C P\mathrm{d}x+Q\mathrm{d}y=\iint_S\left(\frac{\partial Q}{\partial x}-\frac{\partial P}{\partial y}\right)\mathrm{d}x\mathrm{d}y=0.$$

(2) 围线 $C$ 包围坐标原点. 这时,由于 $P,Q$ 在原点无定义,故不能直接对由 $C$ 围成的区域应用格林公式. 今取 $a>0$ 充分小,使中心在原点半径为 $a$ 的圆周 $L_a$($L_a$:$x^2+y^2=a^2$)完全位于围线 $C$ 之内. 用 $S_a$ 表界于 $C$ 和 $L_a$ 之间的环形闭区域. 显然,在 $S_a$ 上,$P$、$Q$ 及其偏导数均连续,故可应用格林公式,得

$$\left(\oint_C+\oint_{-L_a}\right)P\mathrm{d}x+Q\mathrm{d}y=\iint_{S_a}\left(\frac{\partial Q}{\partial x}-\frac{\partial P}{\partial y}\right)\mathrm{d}x\mathrm{d}y=0,$$

其中 $-L_a$ 表沿 $L_a$ 的负方向(即顺时针方向).

于是,$I=\oint_C P\mathrm{d}x+Q\mathrm{d}y=\oint_{L_a}P\mathrm{d}x+Q\mathrm{d}y$,其中 $L_a$ 沿正方向(即逆时针方向). 利用 $L_a$ 的参数方程 $x=a\cos t$,$y=a\sin t$ $(0\leqslant t\leqslant 2\pi)$ 即得

$$I=\oint_{L_a}P\mathrm{d}x+Q\mathrm{d}y=\oint_{L_a}\frac{x\mathrm{d}y-y\mathrm{d}x}{x^2+y^2}=\frac{1}{a^2}\int_0^{2\pi}[(a\cos t)(a\cos t)-a\sin t(-a\sin t)]\mathrm{d}t=\int_0^{2\pi}\mathrm{d}t=2\pi.$$

**利用曲线积分计算由下列曲线所围的面积:**

**【4308】** 椭圆 $x=a\cos t$, $y=b\sin t$ $(0\leqslant t\leqslant 2\pi)$.

**解** 面积为 $S=\frac{1}{2}\oint_C x\mathrm{d}y-y\mathrm{d}x=\frac{1}{2}\int_0^{2\pi}ab(\cos^2 t+\sin^2 t)\mathrm{d}t=\pi ab.$

【4309】 星形线 $x=a\cos^3 t$, $y=b\sin^3 t$ $(0\leqslant t\leqslant 2\pi)$.

**解** 面积为 $S=\frac{1}{2}\oint_C x\mathrm{d}y-y\mathrm{d}x=\frac{3ab}{2}\int_0^{2\pi}(\cos^4 t\sin^2 t+\cos^2 t\sin^4 t)\mathrm{d}t=\frac{3}{8}ab\int_0^{2\pi}\sin^2 2t\mathrm{d}t=\frac{3}{8}\pi ab.$

【4310】 抛物线$(x+y)^2=ax$ $(a>0)$和轴 $Ox$.

**解题思路** 令 $y=tx$,即得曲线的参数方程为

$$x=\frac{a}{(1+t)^2},\quad y=\frac{at}{(1+t)^2}\quad (0\leqslant t<+\infty).$$

它与 $Ox$ 轴的交点为$(a,0)$及$(0,0)$.

注意在 $Ox$ 轴上从点$(0,0)$到点$(a,0)$的一段上,有 $x\mathrm{d}y-y\mathrm{d}x=0$;而在抛物线这一段上,则有

$$x\mathrm{d}y-y\mathrm{d}x=\frac{a^2}{(1+t)^4}\mathrm{d}t\ (0\leqslant t\leqslant +\infty),$$

从而,问题易获解.

**解** 作代换 $y=tx$,则原方程化为 $x^2(1+t)^2=ax$. 从而,曲线的参数方程为

$$x=\frac{a}{(1+t)^2},\quad y=\frac{at}{(1+t)^2}\quad (0\leqslant t<+\infty).$$

它与 $Ox$ 轴的交点为$(a,0)$与$(0,0)$. 在 $Ox$ 轴上从点$(0,0)$到点$(a,0)$的一段上,有

$$x\mathrm{d}y-y\mathrm{d}x=0.$$

在抛物线上,有
$$x\mathrm{d}y-y\mathrm{d}x=\frac{a^2}{(1+t)^4}\mathrm{d}t.$$

于是,面积为 $S=\frac{1}{2}\oint_C x\mathrm{d}y-y\mathrm{d}x=\frac{a^2}{2}\int_0^{+\infty}\frac{\mathrm{d}t}{(1+t)^4}=-\frac{a^2}{6}\left.\frac{1}{(1+t)^3}\right|_0^{+\infty}=\frac{a^2}{6}.$

【4311】 笛卡儿叶形线 $x^3+y^3=3axy$ $(a>0)$.

**解题思路** 令 $y=tx$,即得曲线的参数方程为

$$x=\frac{3at}{1+t^3},\quad y=\frac{3at^2}{1+t^3}\ (0\leqslant t\leqslant +\infty),$$

且有 $x\mathrm{d}y-y\mathrm{d}x=\frac{9a^2t^2}{(1+t^3)^2}\mathrm{d}t$ $(0\leqslant t\leqslant +\infty)$. 从而,问题可获解.

**解** 作代换 $y=tx$,则得曲线的参数方程为 $x=\frac{3at}{1+t^3}$, $y=\frac{3at^2}{1+t^3}$.

由于 $\mathrm{d}x=\frac{3a(1-2t^3)}{(1+t^3)^2}\mathrm{d}t$, $\mathrm{d}y=\frac{3at(2-t^3)}{(1+t^3)^2}\mathrm{d}t$, 从而,$x\mathrm{d}y-y\mathrm{d}x=\frac{9a^2t^2}{(1+t^3)^2}\mathrm{d}t$.

于是,面积为 $S=\frac{1}{2}\oint_C x\mathrm{d}y-y\mathrm{d}x=\frac{9a^2}{2}\int_0^{+\infty}\frac{t^2}{(1+t^3)^2}\mathrm{d}t=\frac{3a^2}{2}\left[-\frac{1}{1+t^3}\right]\Big|_0^{+\infty}=\frac{3a^2}{2}.$

【4312】 双纽线$(x^2+y^2)^2=a^2(x^2-y^2)$.

**解题思路** 利用极坐标 $x=r\cos\varphi$, $y=r\sin\varphi$,得双纽线的方程为 $r^2=a^2\cos2\varphi$,故有

$$x=a\cos\varphi\sqrt{\cos2\varphi},\quad y=a\sin\varphi\sqrt{\cos2\varphi}.$$

及在曲线上,$x\mathrm{d}y-y\mathrm{d}x=a^2\cos2\varphi\mathrm{d}\varphi$;在 $Ox$ 轴上,$x\mathrm{d}y-y\mathrm{d}x=0$.

注意,对应于$\frac{1}{4}$的面积(第一象限内)部分有 $0\leqslant\varphi\leqslant\frac{\pi}{4}$. 从而,问题易获解.

**解** 考虑到对称性,只需求曲线所围的区域的$\frac{1}{4}$面积(位于第一象限). 利用极坐标 $x=r\cos\varphi$, $y=r\sin\varphi$,得双纽线的方程为 $r^2=a^2\cos2\varphi$,故

$$x=a\cos\varphi\sqrt{\cos2\varphi},\quad y=a\sin\varphi\sqrt{\cos2\varphi}.$$

从而,在曲线上 $x\mathrm{d}y-y\mathrm{d}x=a^2\cos2\varphi\mathrm{d}\varphi$;在 $Ox$ 轴上,$x\,\mathrm{d}y-y\,\mathrm{d}x=0$,且 $0\leqslant\varphi\leqslant\frac{\pi}{2}$,于是,面积为

$$S=4\cdot\frac{1}{2}\oint_C x\mathrm{d}y-y\mathrm{d}x=2\int_0^{\frac{\pi}{4}}a^2\cos2\varphi\mathrm{d}\varphi=a^2.$$

【4313】 曲线 $x^3+y^3=x^2+y^2$ 及坐标轴.

**解题思路** 令 $y=tx$,即得曲线的参数方程为

$$x=\frac{1+t^2}{1+t^3},\quad y=\frac{t(1+t^2)}{1+t^3}\quad (0\leqslant t<+\infty).$$

曲线的起点为(1,0),终点为(0,1). 注意在曲线段上,有

$$x\mathrm{d}y-y\mathrm{d}x=\frac{(1+t^2)^2}{(1+t^3)^2}\mathrm{d}t\quad (0\leqslant t<+\infty);$$

而在 $Oy$ 轴上从点(0,1)到点(0,0)一段,以及在 $Ox$ 轴上从点(0,0)到点(1,0)的一段上,均有 $x\mathrm{d}y-y\mathrm{d}x=0$. 再注意利用 3853 题的结果,问题即可获解.

**解** 作代换 $y=tx$,即得曲线的参数方程为

$$x=\frac{1+t^2}{1+t^3},\quad y=\frac{t(1+t^2)}{1+t^3}\quad (0\leqslant t<+\infty).$$

曲线的起点为(1,0),终点为(0,1). 在曲线段上,

$$x\mathrm{d}y-y\mathrm{d}x=\frac{(1+t^2)^2}{(1+t^3)^2}\mathrm{d}t\quad (0\leqslant t<+\infty).$$

在 $Oy$ 轴上从点(0,1)到(0,0)一段,以及在 $Ox$ 轴上从点(0,0)到点(1,0)一段上,均有 $x\mathrm{d}y-y\mathrm{d}x=0$. 于是,面积为

$$\begin{aligned}S&=\frac{1}{2}\oint_C x\mathrm{d}y-y\mathrm{d}x=\frac{1}{2}\int_0^{+\infty}\frac{(1+t^2)^2}{(1+t^3)^2}\mathrm{d}t\\&=\frac{1}{2}\left[\int_0^{+\infty}\frac{t^4}{(1+t^3)^2}\mathrm{d}t+2\int_0^{+\infty}\frac{t^2}{(1+t^3)^2}\mathrm{d}t+\int_0^{+\infty}\frac{1}{(1+t^3)^2}\mathrm{d}t\right]\\&=\frac{1}{2}\left[\frac{1}{3}\mathrm{B}\left(2-\frac{1}{3},\frac{1}{3}\right)+\frac{2}{3}\mathrm{B}(1,1)+\frac{1}{3}\mathrm{B}\left(\frac{1}{3},2-\frac{1}{3}\right)\right]^{*)}\\&=\frac{1}{3}+\frac{1}{3}\frac{\Gamma\left(2-\frac{1}{3}\right)\Gamma\left(\frac{1}{3}\right)}{\Gamma(2)}=\frac{1}{3}+\frac{1}{3}\left(1-\frac{1}{3}\right)\Gamma\left(1-\frac{1}{3}\right)\Gamma\left(\frac{1}{3}\right)\\&=\frac{1}{3}+\frac{2}{9}\frac{\pi}{\sin\frac{\pi}{3}}=\frac{1}{3}+\frac{4\pi}{9\sqrt{3}}.\end{aligned}$$

*) 利用 3853 题的结果.

**【4314】** 计算由曲线 $(x+y)^{n+m+1}=ax^ny^m$ $(a>0,n>0,m>0)$ 所围的面积.

**解题思路** 令 $y=tx$,即得曲线的参数方程为

$$x=\frac{at^m}{(1+t)^{n+m+1}},\quad y=\frac{at^{m+1}}{(1+t)^{n+m+1}}\quad (0\leqslant t<+\infty).$$

注意 $x\mathrm{d}y-y\mathrm{d}x=\frac{a^2t^{2m}}{(1+t)^{2n+2m+2}}\mathrm{t}$ $(0\leqslant t<+\infty)$,并利用 3852 题的结果,问题即可获解.

**解** 作代换 $y=tx$,即得曲线的参数方程为

$$x=\frac{at^m}{(1+t)^{n+m+1}},\quad y=\frac{at^{m+1}}{(1+t)^{n+m+1}}\quad (0\leqslant t<+\infty).$$

从而,

$$x\mathrm{d}y-y\mathrm{d}x=\frac{a^2t^{2m}}{(1+t)^{2n+2m+2}}\mathrm{d}t\quad (0\leqslant t<+\infty)$$

于是,面积为

$$S=\frac{1}{2}\oint_C x\mathrm{d}y-y\mathrm{d}x=\frac{a^2}{2}\int_0^{+\infty}\frac{t^{2m}}{(1+t)^{2n+2m+2}}\mathrm{d}t=\frac{a^2}{2}\mathrm{B}(2m+1,2n+1)^{*)}.$$

*) 利用 3852 题的结果.

**【4315】** 计算由曲线 $\left(\frac{x}{a}\right)^n+\left(\frac{y}{b}\right)^n=1$ $(a>0,b>0,n>0)$ 和坐标轴所围的面积.

**解题思路** 令 $x=a\cos^{\frac{2}{n}}\varphi$, $y=b\sin^{\frac{2}{n}}\varphi$ $\left(0\leqslant\varphi\leqslant\frac{\pi}{2}\right)$,即得

$$x\mathrm{d}y-y\mathrm{d}x=\frac{2}{n}ab\cos^{\frac{2}{n}-1}\varphi\sin^{\frac{2}{n}-1}\varphi\mathrm{d}\varphi\ \left(0\leqslant\varphi\leqslant\frac{\pi}{2}\right)(\text{在曲线上}).$$

曲线与坐标轴交于点$(a,0)$及点$(0,b)$. 注意在$Oy$轴上从点$(0,b)$到点$(0,0)$的一段,以及在$Ox$轴上从点$(0,0)$到点$(a,0)$的一段上,均有$x\mathrm{d}y-y\mathrm{d}x=0$. 再注意利用3856题的结果,问题即可获解.

**解** 作代换 $x=a\cos^{\frac{2}{n}}\varphi$, $y=b\sin^{\frac{2}{n}}\varphi$ $(0\leqslant\varphi\leqslant\frac{\pi}{2})$,即得

$$x\mathrm{d}y-y\mathrm{d}x=\frac{2ab}{n}\cos^{\frac{2}{n}-1}\varphi\sin^{\frac{2}{n}-1}\varphi\mathrm{d}\varphi.$$

曲线与坐标轴交于点$(a,0)$和点$(0,b)$. 在$Oy$轴上,从点$(0,b)$到点$(0,0)$一段,以及在$Ox$轴上从点$(0,0)$到点$(a,0)$一段上,显然有$x\mathrm{d}y-y\mathrm{d}x=0$. 于是,面积为

$$S=\frac{1}{2}\oint_C x\mathrm{d}y-y\mathrm{d}x=\frac{1}{2}\int_0^{\frac{\pi}{2}}\frac{2ab}{n}\cos^{\frac{2}{n}-1}\varphi\sin^{\frac{2}{n}-1}\varphi\mathrm{d}\varphi=\frac{ab}{n}\cdot\frac{1}{2}\mathrm{B}\left(\frac{1}{n},\frac{1}{n}\right)^{*)}=\frac{ab}{2n}\frac{\Gamma^2\left(\frac{1}{n}\right)}{\Gamma\left(\frac{2}{n}\right)}$$

*) 利用3856题的结果.

**【4316】** 计算由曲线$\left(\frac{x}{a}\right)^n+\left(\frac{y}{b}\right)^n=\left(\frac{x}{a}\right)^{n-1}+\left(\frac{y}{b}\right)^{n-1}$ $(a>0,b>0,n>1)$和坐标轴所围的面积.

**解题思路** 令$y=\frac{b}{a}xt$,即得曲线的参数方程为

$$x=\frac{a(1+t^{n-1})}{1+t^n},\quad y=\frac{bt(1+t^{n-1})}{1+t^n}\ (0<t<+\infty).$$

易知在两坐标轴上,有$x\mathrm{d}y-y\mathrm{d}x=0$;及在曲线上,有$x\mathrm{d}y-y\mathrm{d}x=ab\frac{(1+t^{n-1})^2}{(1+t^n)^2}\mathrm{d}t$ $(0<t<+\infty)$. 并利用3853题的结果,问题即可获解.

**解** 作代换$y=\frac{b}{a}xt$即得曲线的参数方程为

$$x=\frac{a(1+t^{n-1})}{1+t^n},\quad y=\frac{bt(1+t^{n-1})}{1+t^n}\ (0<t<+\infty).$$

易知

$$x\mathrm{d}y-y\mathrm{d}x=ab\frac{(1+t^{n-1})^2}{(1+t^n)^2}\mathrm{d}t.$$

又在两坐标轴上,显然有$x\mathrm{d}y-y\mathrm{d}x=0$. 于是,面积为

$$\begin{aligned}S&=\frac{1}{2}\oint_C x\mathrm{d}y-y\mathrm{d}x=\frac{ab}{2}\int_0^{+\infty}\frac{(1+t^{n-1})^2}{(1+t^n)^2}\mathrm{d}t\\&=\frac{ab}{2}\left[\int_0^{+\infty}\frac{t^{2n-2}}{(1+t^n)^2}\mathrm{d}t+2\int_0^{+\infty}\frac{t^{n-1}}{(1+t^n)^2}\mathrm{d}t+\int_0^{+\infty}\frac{1}{(1+t^n)^2}\mathrm{d}t\right]\\&=\frac{ab}{2}\left[\frac{1}{n}\mathrm{B}\left(2-\frac{1}{n},\frac{1}{n}\right)+\frac{2}{n}\mathrm{B}(1,1)+\frac{1}{n}\mathrm{B}\left(\frac{1}{n},2-\frac{1}{n}\right)\right]^{*)}\\&=\frac{ab}{n}\left[1+\mathrm{B}\left(2-\frac{1}{n},\frac{1}{n}\right)\right]=\frac{ab}{n}\left[1+\left(1-\frac{1}{n}\right)\frac{\Gamma\left(1-\frac{1}{n}\right)\Gamma\left(\frac{1}{n}\right)}{\Gamma(1)}\right]=\frac{ab}{n}\left[1+\frac{\left(1-\frac{1}{n}\right)\pi}{\sin\frac{\pi}{n}}\right].\end{aligned}$$

*) 利用3853题的结果.

**【4317】** 计算由曲线$\left(\frac{x}{a}\right)^{2n+1}+\left(\frac{y}{b}\right)^{2n+1}=c\left(\frac{x}{a}\right)^n\left(\frac{y}{b}\right)^n$ $(a>0,b>0,c>0,n>0)$所围的面积.

**提示** 仿4316题.

**解** 作代换$y=\frac{b}{a}xt$,即得曲线的参数方程为

$$x=\frac{act^n}{1+t^{2n+1}},\quad y=\frac{bct^{n+1}}{1+t^{2n+1}}\quad(0\leqslant t<+\infty).$$

易知$x\mathrm{d}y-y\mathrm{d}x=\frac{abc^2t^{2n}}{(1+t^{2n+1})^2}\mathrm{d}t$. 于是,面积为

$$S=\frac{1}{2}\oint_C x\mathrm{d}y-y\mathrm{d}x=\frac{abc^2}{2}\int_0^{+\infty}\frac{t^{2n}}{(1+t^{2n+1})^2}\mathrm{d}t=-\frac{abc^2}{2(2n+1)}\cdot\frac{1}{1+t^{2n+1}}\Bigg|_0^{+\infty}=\frac{abc^2}{2(2n+1)}.$$

【4318】 一个半径为 $r$ 的圆周沿半径为 $R$ 的固定圆周外部滚动而无滑动，动圆周上的一点所描绘的曲线称为外摆线. 假定比值 $\frac{R}{r}=n$ 是整数($n\geqslant 1$)，求外摆线所围的面积. 研究特殊情况 $r=R$（心脏线）.

**解** 取定圆的中心 $O$ 作坐标原点，取 $Ox$ 轴通过点 $A$，点 $A$ 是动点的始点，即为两圆的公切点时的位置(图 8.65). 当动圆滚到如图的新位置时，点 $A$ 移到点 $M$. 动点 $M$ 的轨迹便是外摆线，其方程推导如下：设动圆的圆心为 $C$，两圆的切点为 $B$，记 $\angle MCB=t$(运动开始时，设 $t$ 等于零). 切点在定圆上所移过的弧 $\overset{\frown}{AB}$ 应等于它在动圆上所移过的弧 $\overset{\frown}{MB}$，即

$$R\cdot\angle AOB=\frac{R}{n}\cdot\angle MCB=\frac{R}{n}t.$$

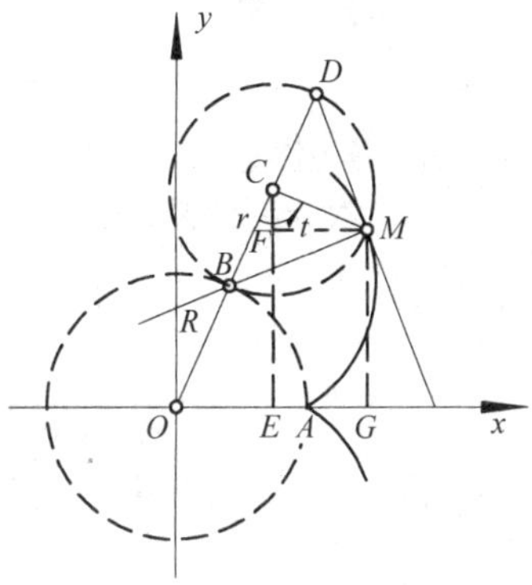

图 8.65

从而，$\angle AOB=\frac{t}{n}$，设动点 $M$ 的坐标为$(x,y)$，则

$$x=OG=OE+FM=\left(R+\frac{R}{n}\right)\cos\frac{t}{n}+\frac{R}{n}\sin\angle FCM,$$

但 $\angle FCM=\angle BCM-\angle OCE$，且 $\angle OCE=\frac{\pi}{2}-\frac{t}{n}$，从而，

$$\angle FCM=\left(1+\frac{1}{n}\right)t-\frac{\pi}{2},\quad \sin\angle FCM=-\cos\left(1+\frac{1}{n}\right)t.$$

于是，最后得 $$x=R\left(1+\frac{1}{n}\right)\cos\frac{t}{n}-\frac{R}{n}\cos\left(1+\frac{1}{n}\right)t.$$

类似地，可求得 $$y=R\left(1+\frac{1}{n}\right)\sin\frac{t}{n}-\frac{R}{n}\sin\left(1+\frac{1}{n}\right)t.$$

若记 $\varphi=\frac{t}{n}$，并注意到 $R=nr$，则外摆线可用如下的参数方程表示：

$$x=(n+1)r\cos\varphi-r\cos(n+1)\varphi,\quad y=(n+1)r\sin\varphi-r\sin(n+1)\varphi.$$

由 $R=nr$ 知，当动圆滚 $n$ 圈后，起点与终点重合，即 $\varphi$ 的变化范围为 $0\leqslant\varphi\leqslant 2\pi$. 注意到

$$x\mathrm{d}y-y\mathrm{d}x=r^2(n+1)(n+2)(1-\cos n\varphi)\mathrm{d}\varphi,$$

于是，所求的面积为 $$S=\frac{1}{2}\oint_C x\mathrm{d}y-y\mathrm{d}x=\frac{r^2(n+1)(n+2)}{2}\int_0^{2\pi}(1-\cos n\varphi)\mathrm{d}\varphi=\pi r^2(n+1)(n+2).$$

特别是，当 $r=R$ 时，即 $n=1$，则得心脏线的面积为 $S=6\pi r^2$.

【4319】 一个半径为 $r$ 的圆周沿半径为 $R$ 的固定圆周内部滚动而无滑动，动圆周上的一点所描绘的曲线称为内摆线. 假定比值 $\frac{R}{r}=n$ 是整数($n\geqslant 2$)，求内摆线所围的面积. 研究特殊情况 $r=\frac{R}{4}$(星形线).

**解** 仿上题，容易求得内摆线的参数方程为

$$x=R\left(1-\frac{1}{n}\right)\cos\frac{t}{n}+\frac{R}{n}\cos\left(1-\frac{1}{n}\right)t.\quad y=R\left(1-\frac{1}{n}\right)\sin\frac{t}{n}-\frac{R}{n}\sin\left(1-\frac{1}{n}\right)t.$$

若以 $\varphi=\frac{t}{n}$ 为参数，并注意到 $R=nr$，则得

$$x=(n-1)r\cos\varphi+r\cos(n-1)\varphi,\qquad y=(n-1)r\sin\varphi-r\sin(n-1)\varphi.$$

注意到 $$x\mathrm{d}y-y\mathrm{d}x=r^2(n-1)(n-2)(1-\cos n\varphi)\mathrm{d}\varphi,$$

于是，所求的面积为 $$S=\frac{1}{2}\oint_C x\mathrm{d}y-y\mathrm{d}x=\frac{r^2(n-1)(n-2)}{2}\int_0^{2\pi}(1-\cos n\varphi)\mathrm{d}\varphi=\pi r^2(n-1)(n-2).$$

特别是，当 $\frac{R}{r}=4$ 时，即 $n=4$，则得星形线所围的面积为 $S=6\pi r^2$.

【4320】 计算圆柱面 $x^2+y^2=ax$ 被曲面 $x^2+y^2+z^2=a^2$ 所截那部分的面积.

**解** 两曲面的交线为 $$x^2+y^2=ax,\qquad z^2=a^2-ax.$$

若将平面 $Oxy$ 上的圆周 $x^2+y^2=ax$ 记以 $C$，其弧长记以 $s$，则所求的面积显然可表为

$$S=2\oint_C\sqrt{a^2-ax}\ \mathrm{d}s.$$

由于 $x^2+y^2=ax$ 即为$\left(x-\frac{a}{2}\right)+y^2=\left(\frac{a}{2}\right)^2$，故令

$$x=\frac{a}{2}+\frac{a}{2}\cos\varphi,\qquad y=\frac{a}{2}\sin\varphi,$$

从而，弧长的微分为 $\mathrm{d}s=\frac{a}{2}\mathrm{d}\varphi$. 于是，面积为

$$S=2\oint_C\sqrt{a^2-ax}\,\mathrm{d}s=2\int_0^{2\pi}\sqrt{\frac{a}{2}(1-\cos\varphi)}\cdot\frac{a}{2}\mathrm{d}\varphi=2\int_0^{2\pi}a^2\sin\frac{\varphi}{2}\mathrm{d}\left(\frac{\varphi}{2}\right)=4a^2.$$

**【4321】** 计算
$$I=\frac{1}{2\pi}\oint_C\frac{X\mathrm{d}Y-Y\mathrm{d}X}{X^2+Y^2},$$
若 $X=ax+by$，$Y=cx+dy$，且 $C$ 为包围坐标原点的简单封闭围线($ad-bc\neq0$).

**解** 首先注意，由于 $ad-bc\neq0$，故只有原点(0,0)使 $X^2+Y^2=0$. 易知

$$X\mathrm{d}Y-Y\mathrm{d}X=(ax+by)(c\mathrm{d}x+d\mathrm{d}y)-(cx+dy)(a\mathrm{d}x+b\mathrm{d}y)=(ad-bc)(x\mathrm{d}y-y\mathrm{d}x),$$

故
$$I=\frac{1}{2\pi}\oint_C\frac{X\mathrm{d}Y-Y\mathrm{d}X}{X^2+Y^2}=\frac{1}{2\pi}\oint_C P(x,y)\mathrm{d}x+Q(x,y)\mathrm{d}y,$$

其中
$$P=-\frac{(ad-bc)y}{(ax+by)^2+(cx+dy)^2},\qquad Q=\frac{(ad-bc)x}{(ax+by)^2+(cx+dy)^2}.$$

容易算得
$$\frac{\partial Q}{\partial x}=\frac{\partial P}{\partial y}=-\frac{(ad-bc)[(a^2+c^2)x^2-(b^2+d^2)y^2]}{[(ax+by)^2+(cx+dy)^2]^2}\quad((x,y)\neq(0,0)\text{时}),$$

故由格林公式知

$$\oint_C P(x,y)\mathrm{d}x+Q(x,y)\mathrm{d}y=\oint_{C'}P(x,y)\mathrm{d}x+Q(x,y)\mathrm{d}y,$$

其中 $C'$ 可为包围原点(0,0)的任一位于 $C$ 内的围线. 特别是，可取 $C'$ 为围线 $(ax+by)^2+(cx+dy)^2=r^2$（即 $X^2+Y^2=r^2$），$r>0$ 充分小. 于是，利用格林公式得

$$\begin{aligned}I&=\frac{1}{2\pi}\oint_C\frac{X\mathrm{d}Y-Y\mathrm{d}X}{X^2+Y^2}=\frac{1}{2\pi}\oint_{X^2+Y^2=r^2}\frac{X\mathrm{d}Y-Y\mathrm{d}X}{X^2+Y^2}\\&=\frac{1}{2\pi r^2}\oint_{X^2+Y^2=r^2}X\mathrm{d}Y-Y\mathrm{d}X=\frac{ad-bc}{2\pi r^2}\oint_{X^2+Y^2=r^2}x\mathrm{d}y-y\mathrm{d}x\\&=\frac{ad-bc}{2\pi r^2}\iint_{X^2+Y^2\leqslant r^2}2\mathrm{d}x\mathrm{d}y=\frac{ad-bc}{\pi r^2}\iint_{X^2+Y^2\leqslant r^2}\left|\frac{D(x,y)}{D(X,Y)}\right|\mathrm{d}X\mathrm{d}Y.\end{aligned}$$

由于$\frac{D(X,Y)}{D(x,y)}=ad-bc$，故$\frac{D(x,y)}{D(X,Y)}=\frac{1}{ad-bc}$. 于是，代入上式得

$$I=\frac{ad-bc}{\pi r^2}\iint_{X^2+Y^2\leqslant r^2}\frac{1}{|ad-bc|}\mathrm{d}X\mathrm{d}Y=\frac{ad-bc}{\pi r^2}\cdot\frac{1}{|ad-bc|}\pi r^2=\mathrm{sgn}(ad-bc).$$

**【4322】** 若简单的围线 $C$ 包围坐标原点，$X=\varphi(x,y)$，$Y=\psi(x,y)$，而曲线 $\varphi(x,y)=0$ 和 $\psi(x,y)=0$ 在围线 $C$ 以内有几个单交点，计算积分 $I$(参阅 4321 题).

**解** 设 $\varphi(x,y)=0$，$\psi(x,y)=0$ 在 $C$ 内的交点为 $P_i(x_i,y_i)(i=1,2,\cdots,m)$. 首先注意，本题应假定函数 $\varphi(x,y)$ 与 $\psi(x,y)$ 在 $C$ 围成的区域内具有连续的二阶偏导数，并且在各点 $P_i(i=1,2,\cdots,m)$ 处有$\frac{D(X,Y)}{D(x,y)}=\varphi'_x\psi'_y-\varphi'_y\psi'_x\neq0$. 容易算得

$$X\mathrm{d}Y-Y\mathrm{d}X=(\varphi\psi'_x-\varphi'_x\psi)\mathrm{d}x+(\varphi\psi'_y-\varphi'_y\psi)\mathrm{d}y,$$

从而，

$$I=\frac{1}{2\pi}\oint_C\frac{X\mathrm{d}Y-Y\mathrm{d}X}{X^2+Y^2}=\frac{1}{2\pi}\oint_C P(x,y)\mathrm{d}x+Q(x,y)\mathrm{d}y,$$

其中

$$P=\frac{\varphi\psi'_x-\varphi'_x\psi}{\varphi^2+\psi^2},\qquad Q=\frac{\varphi\psi'_y-\varphi'_y\psi}{\varphi^2+\psi^2}.$$

又可算得

$$\frac{\partial Q}{\partial x}=\frac{\partial P}{\partial y}$$
$$=\frac{1}{(\varphi^2+\psi^2)^2}[(\varphi\psi''_{xy}-\varphi''_{xy}\psi)(\varphi^2+\psi^2)-(\varphi'_x\psi'_y+\varphi'_y\psi'_x)\varphi^2+(\varphi'_y\psi'_x+\varphi'_x\psi'_y)\psi^2+2(\varphi'_x\varphi'_y-\psi'_x\psi'_y)\varphi\psi]$$
$$((x,y)\neq(x_i,y_i)(i=1,2,\cdots,m)).$$

围绕点 $P_i(x_i,y_i)$ 作围线 $C_i$：$[\varphi(x,y)]^2+[\psi(x,y)]^2=r^2$（即 $X^2+Y^2=r^2$），取 $r>0$ 充分小，使诸 $C_i$ 互不相交且都位于 $C$ 内（这是办得到的，因为在各点 $P_i$，$\frac{D(X,Y)}{D(x,y)}\neq0$. 从而，由连续性知，在 $P_i$ 的某邻域内 $\frac{D(X,Y)}{D(x,y)}\neq0$ 且保持定号. 于是，根据隐函数存在定理知，变换 $X=\varphi(x,y)$，$Y=\psi(x,y)$ 在点 $(x,y)=(x_i,y_i)$ 邻近及点 $(X,Y)=(0,0)$ 邻近是双方单值双方连续的），并使 $\frac{D(X,Y)}{D(x,y)}$ 在 $P_i$ 的邻近 $X^2+Y^2\leqslant r^2$（记为 $S_i$）上保持定号，将格林公式应用于诸围线 $C,C_1,\cdots,C_m$ 之间的区域，可得

$$\oint_C P(x,y)\mathrm{d}x+Q(x,y)\mathrm{d}y=\sum_{i=1}^{m}\oint_{C_i}P(x,y)\mathrm{d}x+Q(x,y)\mathrm{d}y,$$

故

$$I=\frac{1}{2\pi}\sum_{i=1}^{m}\oint_{C_i}\frac{X\mathrm{d}Y-Y\mathrm{d}X}{X^2+Y^2}. \tag{1}$$

但
$$\oint_{C_i}\frac{X\mathrm{d}Y-Y\mathrm{d}X}{X^2+Y^2}=\frac{1}{r^2}\oint_C X\mathrm{d}Y-Y\mathrm{d}X=\frac{1}{r^2}\oint_{C_i}(\varphi\psi'_x-\varphi'_x\psi)\mathrm{d}x+(\varphi\psi'_y-\varphi'_y\psi)\mathrm{d}y$$
$$=\frac{1}{r^2}\iint_{S_i}2(\varphi'_x\psi'_y-\varphi'_y\psi'_x)\mathrm{d}x\mathrm{d}y=\frac{2}{r^2}\iint_{S_i}\frac{D(X,Y)}{D(x,y)}\mathrm{d}x\mathrm{d}y=\frac{2}{r^2}\left(\operatorname{sgn}\frac{D(X,Y)}{D(x,y)}\right)_{P_i}\iint_{S_i}\frac{D(X,Y)}{D(x,y)}\mathrm{d}x\mathrm{d}y$$
$$=\frac{2}{r^2}\left(\operatorname{sgn}\frac{D(X,Y)}{D(x,y)}\right)_{P_i}\iint_{X^2+Y^2\leqslant r^2}\mathrm{d}X\mathrm{d}Y=\frac{2}{r^2}\left(\operatorname{sgn}\frac{D(X,Y)}{D(x,y)}\right)_{P_i}\cdot\pi r^2=2\pi\left(\operatorname{sgn}\frac{D(\varphi,\psi)}{D(x,y)}\right)_{P_i},$$

代入(1)式，即得
$$I=\sum_{i=1}^{m}\left(\operatorname{sgn}\frac{D(\varphi,\psi)}{D(x,y)}\right)_{P_i},$$

或写为
$$I=\sum\operatorname{sgn}\frac{D(\varphi,\psi)}{D(x,y)},$$

其中 $\sum$ 的是对曲线 $\varphi(x,y)=0$ 与 $\psi(x,y)=0$ 在 $C$ 内的各交点相加.

**注** 显然，4321 题是 4322 题的特例. 这时，曲线 $ax+by=0$ 与 $cx+\mathrm{d}y=0$ 在 $C$ 内只有一个交点，即原点 $(0,0)$，而 $\frac{D(\varphi,\psi)}{D(x,y)}=ad-bc$.

**【4323】** 证明：若 $C$ 为封闭围线，$\boldsymbol{l}$ 为任意的方向，则有

$$\oint_C\cos(\boldsymbol{l},\boldsymbol{n})\mathrm{d}s=0,$$

式中 $\boldsymbol{n}$ 为围线 $C$ 的外法向量.

**证** 如图 8.66 所示. 不妨规定 $C$ 的方向为逆时针的，以 $\boldsymbol{t}$ 表示. 由于夹角

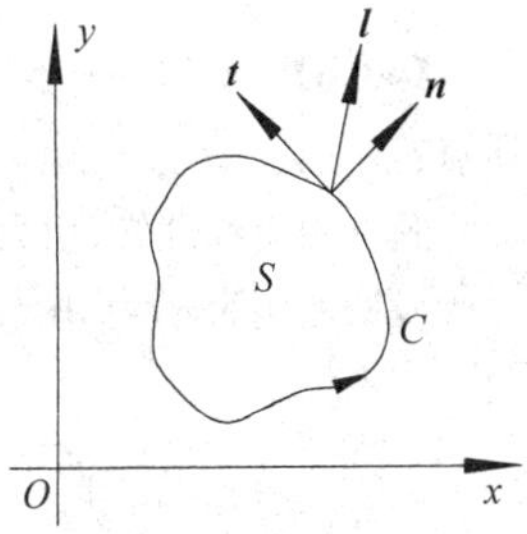

图 8.66

$$(\boldsymbol{l},\boldsymbol{n})=(\boldsymbol{l},x)-(\boldsymbol{n},x),$$

故得 $\cos(\boldsymbol{l},\boldsymbol{n})=\cos(\boldsymbol{l},x)\cos(\boldsymbol{n},x)+\sin(\boldsymbol{l},x)\sin(\boldsymbol{n},x)$.

但是，$\sin(\boldsymbol{n},x)=\sin\left[(\boldsymbol{t},x)-\frac{\pi}{2}\right]=-\cos(\boldsymbol{t},x)$,

$$\cos(\boldsymbol{n},x)=\cos\left[(\boldsymbol{t},x)-\frac{\pi}{2}\right]=\sin(\boldsymbol{t},x),$$

且 $\cos(\boldsymbol{t},x)=\frac{\mathrm{d}x}{\mathrm{d}s}$，$\sin(\boldsymbol{t},x)=\frac{\mathrm{d}y}{\mathrm{d}s}$，因此，有

$$\cos(\boldsymbol{l},\boldsymbol{n})\mathrm{d}s=\cos(\boldsymbol{l},x)\mathrm{d}y-\sin(\boldsymbol{l},x)\mathrm{d}x.$$

再利用格林公式，并注意到 $\sin(\boldsymbol{l},x)$ 和 $\cos(\boldsymbol{l},x)$ 均为常数，即得

$$\oint_C \cos(\boldsymbol{l},\boldsymbol{n})\mathrm{d}s=\oint_C[-\sin(\boldsymbol{l},x)\mathrm{d}x+\cos(\boldsymbol{l},x)]\mathrm{d}y=\iint_S 0\mathrm{d}x\mathrm{d}y=0.$$

**【4324】** 求积分
$$I=\oint_C[x\cos(\boldsymbol{n},x)+y\cos(\boldsymbol{n},y)]\mathrm{d}s$$
之值，式中 $C$ 为有界区域 $S$ 的边界，它是简单封闭曲线，$\boldsymbol{n}$ 为它的外法向量.

**解** 如 4323 题所述，已知

$$\cos(\boldsymbol{n},x)=\cos\left[(\boldsymbol{t},x)-\frac{\pi}{2}\right]=\sin(\boldsymbol{t},x)=\frac{\mathrm{d}y}{\mathrm{d}s},$$

$$\cos(\boldsymbol{n},y)=\cos\left[\frac{\pi}{2}-(\boldsymbol{n},x)\right]=\sin(\boldsymbol{n},x)=\sin\left[(\boldsymbol{t},x)-\frac{\pi}{2}\right]=-\cos(\boldsymbol{t},x)=-\frac{\mathrm{d}x}{\mathrm{d}s}.$$

于是，
$$I=\oint_C x\mathrm{d}y-y\mathrm{d}x=2\cdot\frac{1}{2}\oint_C x\mathrm{d}y-y\mathrm{d}x=2S,$$
这里 $S$ 为封闭曲线 $C$ 所围的面积.

**【4325】** 求
$$\lim_{d(S)\to 0}\frac{1}{S}\oint_C(\boldsymbol{F}\cdot\boldsymbol{n})\mathrm{d}s,$$
其中 $S$ 为包围点 $(x_0,y_0)$ 的围线 $C$ 所围的面积，$d(S)$ 为区域 $S$ 的直径，$\boldsymbol{n}$ 为围线 $C$ 的单位外法向量，$\boldsymbol{F}\{X,Y\}$ 为 $S+C$ 上的连续可微向量.

**解** 由 4323 题的推导过程中知，向量 $\boldsymbol{n}$ 在坐标轴上的投影为

$$n_x=\cos(\boldsymbol{n},x)=\frac{\mathrm{d}y}{\mathrm{d}s},\quad n_y=\cos(\boldsymbol{n},y)=-\frac{\mathrm{d}x}{\mathrm{d}s}.$$

于是，
$$(\boldsymbol{F}\cdot\boldsymbol{n})\mathrm{d}s=(Xn_x+Yn_y)\mathrm{d}s=X\mathrm{d}y-Y\mathrm{d}x.$$
因此，利用格林公式有

$$\oint_C(\boldsymbol{F}\cdot\boldsymbol{n})\mathrm{d}s=\oint_C X\mathrm{d}y-Y\mathrm{d}x=\iint_S\left(\frac{\partial X}{\partial x}+\frac{\partial Y}{\partial y}\right)\mathrm{d}x\mathrm{d}y=\left(\frac{\partial X}{\partial x}+\frac{\partial Y}{\partial y}\right)\Bigg|_{(\xi,\eta)}\cdot S,$$

其中点 $(\xi,\eta)\in$ 区域 $S$. 于是，

$$\lim_{d(S)\to 0}\frac{1}{S}\oint_C(\boldsymbol{F}\cdot\boldsymbol{n})\mathrm{d}s=\lim_{d(S)\to 0}\left(\frac{\partial X}{\partial x}+\frac{\partial Y}{\partial y}\right)\Bigg|_{(\xi,\eta)}=X'_x(x_0,y_0)+Y'_y(x_0,y_0).$$

## §13. 曲线积分在物理学上的应用

**【4326】** 均匀分布在圆 $x^2+y^2=a^2$，$y\geqslant 0$ 的上半部的质量 $M$ 以怎样的力吸引位于 $(0,0)$ 质量为 $m$ 的质点？

**解** 由对称性知，引力在 $Ox$ 轴上的投影 $X=0$，故只要计算引力在 $Oy$ 轴上的投影.

设圆心角为 $\theta$，由 $\mathrm{d}s=a\mathrm{d}\theta$ 知，对于长为 $\mathrm{d}s$ 一段圆弧吸引质量为 $m$ 的质点的力在 $Oy$ 轴上的投影为

$$\mathrm{d}Y=\frac{km\dfrac{M}{\pi a}}{a^2}\sin\theta\cdot a\mathrm{d}\theta=\frac{kmM}{\pi a^2}\sin\theta\mathrm{d}\theta,$$

其中 $k$ 为引力常数.

于是，所求的引力在 $Oy$ 轴上的投影为

$$Y=\frac{kmM}{\pi a^2}\int_0^{\pi}\sin\theta\mathrm{d}\theta=\frac{2kmM}{\pi a^2}.$$

**【4327】** 计算单层的对数势
$$u(x,y)=\oint_C\kappa\ln\frac{1}{r}\mathrm{d}s,$$
式中 $\kappa=$ 常数，$r=\sqrt{(\xi-x)^2+(\eta-y)^2}$，设围线 $C$ 是圆周 $\xi^2+\eta^2=R^2$.

**解** 由对称性知,单层的对数势为

$$u(x,y)=2\kappa\int_0^{\pi}\ln\frac{1}{r}\cdot R\mathrm{d}\theta=2R\kappa\int_0^{\pi}\ln\frac{1}{\sqrt{R^2-2R\rho\cos\theta+\rho^2}}\mathrm{d}\theta$$

$$=-R\kappa\int_0^{\pi}\ln R^2\left[1-2\frac{\rho}{R}\cos\theta+\left(\frac{\rho}{R}\right)^2\right]\mathrm{d}\theta,$$

其中 $\rho=\sqrt{x^2+y^2}$, $\xi x+\eta y=R\rho\cos\theta$,而 $\theta$ 是向量 $\boldsymbol{r}=x\boldsymbol{i}+y\boldsymbol{j}$ 与 $\boldsymbol{r}_i=\xi\boldsymbol{i}+\eta\boldsymbol{j}$ 的正向夹角.

利用 3733 题(或 2192 题)的结果,可得

$$\int_0^{\pi}\ln\left[1-2\frac{\rho}{R}\cos\theta+\left(\frac{\rho}{R}\right)^2\right]\mathrm{d}\theta=\begin{cases}0, & \rho\leqslant R,\\ 2\pi\ln\frac{\rho}{R}, & \rho>R.\end{cases}$$

于是,我们有 $u(x,y)=-2R\kappa\int_0^{\pi}\ln R\mathrm{d}\theta-R\kappa\int_0^{\pi}\ln\left[1-2\frac{\rho}{R}\cos\theta+\left(\frac{\rho}{R}\right)^2\right]\mathrm{d}\theta=\begin{cases}2\pi R\kappa\ln\frac{1}{R}, & \rho\leqslant R,\\ 2\pi R\kappa\ln\frac{1}{\rho}, & \rho>R.\end{cases}$

**【4328】** 采用极坐标 $\rho$ 和 $\varphi$,计算单层的对数势

$$I_1=\int_0^{2\pi}\cos m\psi\ln\frac{1}{r}\mathrm{d}\psi \quad 和 \quad I_2=\int_0^{2\pi}\sin m\psi\ln\frac{1}{r}\mathrm{d}\psi,$$

式中 $r$ 为点$(\rho,\varphi)$与动点$(1,\psi)$间的距离,$m$ 为正整数.

**解** 由于

$$r=\sqrt{(\rho\cos\varphi-\cos\psi)^2+(\rho\sin\varphi-\sin\psi)^2}=\sqrt{1-2\rho\cos(\psi-\varphi)+\rho^2},$$

于是,当 $\rho<1$ 时,我们有

$$I_1=-\frac{1}{2}\int_0^{2\pi}\cos m\psi\ln[1-2\rho\cos(\psi-\varphi)+\rho^2]\mathrm{d}\psi=-\frac{1}{2}\int_{-\varphi}^{-\varphi+2\pi}\cos(mu+m\varphi)\ln(1-2\rho\cos u+\rho^2)\mathrm{d}u$$

$$=-\frac{1}{2}\int_{-\varphi}^{-\varphi+2\pi}\cos m\varphi\cos mu\ln(1-2\rho\cos u+\rho^2)\mathrm{d}u+\frac{1}{2}\int_{-\varphi}^{-\varphi+2\pi}\sin m\varphi\sin mu\ln(1-2\rho\cos u+\rho^2)\mathrm{d}u.$$

因为上述右端两个积分中被积函数均为以 $2\pi$ 为周期的函数,并注意到奇偶函数在对称区间上的积分性质,则有

$$I_1=-\cos m\varphi\int_0^{\pi}\cos mu\ln(1-2\rho\cos u+\rho^2)\mathrm{d}u+\frac{\sin m\varphi}{2}\int_{-\pi}^{\pi}\sin mu\ln(1-2\rho\cos u+\rho^2)\mathrm{d}u$$

$$=-\cos m\varphi\int_0^{\pi}\cos mu\ln(1-2\rho\cos u+\rho^2)\mathrm{d}u=-(\cos m\varphi)\left(-\frac{\pi}{m}\rho^m\right)=\frac{\pi}{m}\rho^m\cos m\varphi^{*)}.$$

同理,我们有

$$I_2=-\frac{1}{2}\int_0^{2\pi}\sin m\psi\ln[1-2\rho\cos(\psi-\varphi)+\rho^2]\mathrm{d}\psi=-\frac{1}{2}\int_{-\varphi}^{-\varphi+2\pi}\sin(mu+m\varphi)\ln(1-2\rho\cos u+\rho^2)\mathrm{d}u$$

$$=-\frac{\cos m\varphi}{2}\int_{-\pi}^{\pi}\sin mu\ln(1-2\rho\cos u+\rho^2)\mathrm{d}u-\sin m\varphi\int_0^{\pi}\cos mu\ln(1-2\rho\cos u+\rho^2)\mathrm{d}u$$

$$=-\sin m\varphi\int_0^{\pi}\cos mu\ln(1-2\rho\cos u+\rho^2)\mathrm{d}u=-(\sin m\varphi)\left(-\frac{\pi}{m}\rho^m\right)=\frac{\pi}{m}\rho^m\sin m\varphi.$$

当 $\rho>1$ 时,则有

$$I_1=-\cos m\varphi\int_0^{\pi}\cos mu\ln(1-2\rho\cos u+\rho^2)\mathrm{d}u=-\cos m\varphi\int_0^{\pi}\cos mu\ln\rho^2\left(1-2\frac{1}{\rho}\cos u+\frac{1}{\rho^2}\right)\mathrm{d}u$$

$$=-\cos m\varphi\int_0^{\pi}\cos mu\ln\left(1-2\frac{1}{\rho}\cos u+\frac{1}{\rho^2}\right)\mathrm{d}u=-(\cos m\varphi)\left(-\frac{\pi}{m\rho^m}\right)=\frac{\pi}{m}\rho^{-m}\cos m\varphi^{**)}$$

同理,我们有 $I_2=-\sin m\varphi\int_0^{\pi}\cos mu\ln\left(1-2\frac{1}{\rho}\cos u+\frac{1}{\rho^2}\right)\mathrm{d}u=-(\sin m\varphi)\left(-\frac{\pi}{m\rho^m}\right)=\frac{\pi}{m}\rho^{-m}\sin m\varphi.$

对于 $\rho=0$,显然有 $I_1=I_2=0.$

现在来研究当 $\rho=1$ 的情况. 首先,积分

$$I_1=\int_0^{\pi}\cos mu\ln(1-2\rho\cos u+\rho^2)\mathrm{d}u$$

对于 $\rho$ 在区间 $[1,1+\delta]$ 上是一致收敛的，其中 $\delta$ 为很小的正数. 事实上，对于充分小的 $\eta$，当 $u$ 在 $(0,\eta)$ 内取值时，有

$$1>1-2\rho\cos u+\rho^2=(1-\rho)^2+2\rho(1-\cos u)\geqslant 2(1-\cos u)>0.$$

于是，当 $1\leqslant\rho\leqslant 1+\delta, u\in(0,\eta)$ 时，有

$$|\cos mu\ln(1-2\rho\cos u+\rho^2)|\leqslant|\ln 2(1-\cos u)|.$$

而积分 $\int_0^\eta|\ln 2(1-\cos u)|\mathrm{d}u$ 是收敛的. 这是由于当 $0<2\beta<1$，有

$$\lim_{u\to+0}u^{2\beta}|\ln 2(1-\cos u)|=\lim_{u\to+0}-[2(1-\cos u)]^\beta\ln[2(1-\cos u)]\frac{u^{2\beta}}{2^\beta(1-\cos u)^\beta}=0\cdot 1=0.$$

于是，积分
$$\int_0^\eta\cos mu\ln(1-2\rho\cos u+\rho^2)\mathrm{d}u$$
在 $1\leqslant\rho\leqslant 1+\delta$ 上一致收敛，故知积分

$$I_1=\int_0^\pi\cos mu\ln(1-2\rho\cos u+\rho^2)\mathrm{d}u$$

在 $1\leqslant\rho\leqslant 1+\delta$ 上一致收敛，从而，$I_1$ 作为参数 $\rho=1$ 的函数在 $\rho=1$ 是右连续的. 由此，根据上面已求出 $\rho>1$ 时 $I_1=\frac{\pi}{m}\rho^{-m}\cos m\varphi$，得知：当 $\rho=1$ 时，

$$I_1=\lim_{\rho\to1+0}\frac{\pi}{m}\rho^{-m}\cos m\varphi=\frac{\pi}{m}\cos m\varphi.$$

同理，可得
$$I_2=\lim_{\rho\to1+0}\frac{\pi}{m}\rho^{-m}\sin m\varphi=\frac{\pi}{m}\sin m\varphi.$$

综上所述，得
$$I_1=\frac{\pi}{m}\rho^m\cos m\varphi,\qquad I_2=\frac{\pi}{m}\rho^m\sin m\varphi,\quad 0\leqslant\rho\leqslant 1;$$
$$I_1=\frac{\pi}{m}\rho^{-m}\cos m\varphi,\qquad I_2=\frac{\pi}{m}\rho^{-m}\sin m\varphi,\quad \rho>1.$$

*）参看 И. М. 雷日克、И. С. 格拉德什坦编著的“函数表与积分表”3.765 公式 1.

**）根据上面公式，当 $p^2>1$ 时，有

$$\int_0^\pi\ln(1-2p\cos x+p^2)\cos\alpha x\mathrm{d}x=\int_0^\pi\ln p^2\left(1-2\frac{1}{p}\cos x+\frac{1}{p^2}\right)\cos\alpha x\mathrm{d}x$$
$$=\int_0^\pi 2\ln p\cdot\cos\alpha x\mathrm{d}x+\int_0^\pi\ln\left(1-2\frac{1}{p}\cos x+\frac{1}{p^2}\right)\cos\alpha x\mathrm{d}x$$
$$=\int_0^\pi\ln\left(1-2\frac{1}{p}\cos x+\frac{1}{p^2}\right)\cos\alpha x\mathrm{d}x=-\frac{\pi}{\alpha}p^{-\alpha},$$

其中 $\alpha$ 为正整数.

**【4329】** 计算高斯积分
$$u(x,y)=\oint_C\frac{\cos(\boldsymbol{r},\boldsymbol{n})}{r}\mathrm{d}s,$$
式中 $r=\sqrt{(\xi-x)^2+(\eta-y)^2}$ 为向量 $\boldsymbol{r}$ 的长度，此向量连接点 $A(x,y)$ 和简单封闭光滑围线 $C$ 上的动点 $M(\xi,\eta)$，$(\boldsymbol{r},\boldsymbol{n})$ 为向量 $\boldsymbol{r}$ 与曲线 $C$ 在点 $M$ 的外法向量 $\boldsymbol{n}$ 之间的夹角.

**解** 设 $\boldsymbol{n}$ 与 $Ox$ 轴的夹角为 $\alpha$，$\boldsymbol{r}$ 与 $Ox$ 轴的夹角为 $\beta$，则 $(\boldsymbol{r},\boldsymbol{n})=\alpha-\beta$. 于是，

$$\cos(\boldsymbol{r},\boldsymbol{n})=\cos\alpha\cos\beta+\sin\alpha\sin\beta=\frac{\xi-x}{r}\cos\alpha+\frac{\eta-y}{r}\sin\alpha.$$

代入高斯积分，得

$$u(x,y)=\oint_C\left(\frac{\eta-y}{r^2}\sin\alpha+\frac{\xi-x}{r^2}\cos\alpha\right)\mathrm{d}s=\oint_C\frac{\xi-x}{r^2}\mathrm{d}\eta-\frac{\eta-y}{r^2}\mathrm{d}\xi.$$

令 $P=-\frac{\eta-y}{r^2},\quad Q=\frac{\xi-x}{r^2}$，则有

$$\frac{\partial P}{\partial\eta}=\frac{-(\xi-x)^2+(\eta-y)^2}{r^4},\qquad\frac{\partial Q}{\partial\xi}=\frac{-(\xi-x)^2+(\eta-y)^2}{r^4},$$

因而 $P$、$Q$ 的偏导数除去点 $A$(此处 $r=0$)外,在全平面上是连续的,并且 $\frac{\partial Q}{\partial \xi}=\frac{\partial P}{\partial \eta}$. 于是,利用格林公式知:当点 $A$ 在曲线 $C$ 之外时,有

$$u(x,y)=\oint_C \frac{\cos(\boldsymbol{r},\boldsymbol{n})}{r}\mathrm{d}s=0.$$

当点 $A$ 在曲线 $C$ 之内时,则在曲线 $C$ 内以 $A$ 为圆心,$R$ 为半径作一圆 $l$,即得

$$u(x,y)=\oint_l \frac{\cos(\boldsymbol{r},\boldsymbol{n})}{r}\mathrm{d}s=\oint_l \frac{1}{R}\mathrm{d}s=2\pi.$$

当点 $A$ 在曲线 $C$ 上时,不妨利用关系式 $\frac{\cos(\boldsymbol{r},\boldsymbol{n})}{r}\mathrm{d}s=\mathrm{d}\varphi$ *),其中 $\mathrm{d}\varphi$ 为从点 $A$ 看曲线 $C$ 上弧长的微分 $\mathrm{d}s$ 所张的角度. 今以 $A$ 为圆心,$r_1$ 为半径作一小圆,交 $C$ 于 $B_1$ 及 $B_2$ 两点,将曲线 $C$ 除去小圆内的部分记以 $\widehat{B_1B_2}$,则有

$$\int_{\widehat{B_1B_2}} \frac{\cos(\boldsymbol{r},\boldsymbol{n})}{r}\mathrm{d}s=\int_{\widehat{B_1B_2}} \mathrm{d}\varphi=\angle B_1AB_2.$$

于是,我们有 $$u(x,y)=\oint_C \frac{\cos(\boldsymbol{r},\boldsymbol{n})}{r}\mathrm{d}s=\lim_{r_1\to+0}\int_{\widehat{B_1B_2}} \frac{\cos(\boldsymbol{r},\boldsymbol{n})}{r}\mathrm{d}s=\lim_{r_1\to+0}\angle B_1AB_2=\pi.$$

综上所述,得高斯积分 $$u(x,y)=\oint_C \frac{\cos(\boldsymbol{r},\boldsymbol{n})}{r}\mathrm{d}s=\begin{cases}0, & \text{点 } A \text{ 在 } C \text{ 外},\\ \pi, & \text{点 } A \text{ 在 } C \text{ 上},\\ 2\pi, & \text{点 } A \text{ 在 } C \text{ 内}.\end{cases}$$

*) 参看 Г. М. 菲赫金哥尔茨著《微积分学教程》538 目.

**【4330】** 采用极坐标系 $\rho$ 和 $\varphi$,计算双层的对数势

$$K_1=\int_0^{2\pi}\cos m\psi\frac{\cos(\boldsymbol{r},\boldsymbol{n})}{r}\mathrm{d}\psi \quad 和 \quad K_2=\int_0^{2\pi}\sin m\psi\frac{\cos(\boldsymbol{r},\boldsymbol{n})}{r}\mathrm{d}\psi,$$

式中 $r$ 为点 $A(\rho,\varphi)$ 和动点 $M(1,\psi)$ 之间的距离,$(\boldsymbol{r},\boldsymbol{n})$ 为方向 $\overrightarrow{AM}=\boldsymbol{r}$ 与引自点 $O(0,0)$ 的半径 $\overrightarrow{OM}=\boldsymbol{n}$ 之间的夹角,$m$ 为正整数.

**解** 由题意知:

$$\frac{\cos(\boldsymbol{r},\boldsymbol{n})}{r}=\frac{(\cos\psi-\rho\cos\varphi)\cos\psi+(\sin\psi-\rho\sin\varphi)\sin\psi}{(\cos\psi-\rho\cos\varphi)^2+(\sin\psi-\rho\sin\varphi)^2}=\frac{1-\rho\cos(\psi-\varphi)}{1+\rho^2-2\rho\cos(\psi-\varphi)}.$$

从而,当 $\rho=1$ 时,$\frac{\cos(\boldsymbol{r},\boldsymbol{n})}{r}=\frac{1}{2}$. 又因 $m$ 为正整数,故此时有

$$K_1=\frac{1}{2}\int_0^{2\pi}\cos m\psi\mathrm{d}\psi=0,\quad K_2=\frac{1}{2}\int_0^{2\pi}\sin m\psi\mathrm{d}\psi=0.$$

当 $\rho<1$ 时,因为级数(利用 2968 题的结果)

$$\frac{1-\rho\cos(\psi-\varphi)}{1+\rho^2-2\rho\cos(\psi-\varphi)}=1+\sum_{n=1}^{+\infty}\rho^n\cos n(\psi-\varphi)$$

在$[0,2\pi]$上一致收敛,乘 $\cos m(\psi-\varphi)$ 和 $\sin m(\psi-\varphi)$ 以后在$[0,2\pi]$上也一致收敛,故可逐项积分. 于是,

$$\begin{aligned}K_1&=\int_0^{2\pi}\cos m\psi\frac{1-\rho\cos(\psi-\varphi)}{1+\rho^2-2\rho\cos(\psi-\varphi)}\mathrm{d}\psi\\&=\int_0^{2\pi}[\cos m(\psi-\varphi)\cos m\varphi-\sin m(\psi-\varphi)\sin m\varphi]\left[1+\sum_{n=1}^{+\infty}\rho^n\cos n(\psi-\varphi)\right]\mathrm{d}\psi\\&=\cos m\varphi\int_0^{2\pi}\cos m(\psi-\varphi)\rho^m\cos m(\psi-\varphi)\mathrm{d}\psi\\&=\rho^m\cos m\varphi\int_0^{2\pi}\cos^2 m(\psi-\varphi)\mathrm{d}\psi=\pi\rho^m\cos m\varphi.\end{aligned}$$

同理,容易求得

$$K_2=\int_0^{2\pi}\sin m\psi\frac{1-\rho\cos(\psi-\varphi)}{1+\rho^2-2\rho\cos(\psi-\varphi)}\mathrm{d}\psi=\pi\rho^m\sin m\varphi.$$

当 $\rho>1$ 时,我们有

$$\begin{aligned}K_1&=\int_0^{2\pi}\cos m\psi\frac{1-\rho\cos(\psi-\varphi)}{1+\rho^2-2\rho\cos(\psi-\varphi)}\mathrm{d}\psi=\frac{1}{2}\int_0^{2\pi}\cos m\psi\frac{2-2\rho\cos(\psi-\varphi)}{1+\rho^2-2\rho\cos(\psi-\varphi)}\mathrm{d}\psi\\&=\frac{1}{2}\int_0^{2\pi}\cos m\psi\frac{[1+\rho^2-2\rho\cos(\psi-\varphi)]+(1-\rho^2)}{1+\rho^2-2\rho\cos(\psi-\varphi)}\mathrm{d}\psi=\frac{1}{2}\int_0^{2\pi}\cos m\psi\frac{1-\rho^2}{1+\rho^2-2\rho\cos(\psi-\varphi)}\mathrm{d}\psi\\&=-\frac{1}{2}\int_0^{2\pi}\cos m\psi\frac{1-r^2}{1+r^2-2r\cos(\psi-\varphi)}\mathrm{d}\psi=-\frac{1}{2}\int_0^{2\pi}\cos m\psi\frac{(1-r^2)+[1+r^2-2r\cos(\psi-\varphi)]}{1+r^2-2r\cos(\psi-\varphi)}\mathrm{d}\psi\\&=-\int_0^{2\pi}\cos m\psi\frac{1-r\cos(\psi-\varphi)]}{1+r^2-2r\cos(\psi-\varphi)}\mathrm{d}\psi=-\pi r^m\cos m\varphi=-\frac{\pi}{\rho^m}\cos m\varphi,\end{aligned}$$

其中 $r=\rho^{-1}<1$.

同理,可求得

$$K_2=\int_0^{2\pi}\sin m\psi\frac{1-\rho\cos(\psi-\varphi)}{1+\rho^2-2\rho\cos(\psi-\varphi)}\mathrm{d}\psi=-\frac{\pi}{\rho^m}\sin m\varphi.$$

综上所述,得

$$\begin{aligned}&K_1=\pi\rho^m\cos m\varphi,\quad K_2=\pi\rho^m\sin m\varphi,\quad &\rho<1,\\&K_1=K_2=0,&\rho=1,\\&K_1=-\frac{\pi}{\rho^m}\cos m\varphi,\quad K_2=-\frac{\pi}{\rho^m}\sin m\varphi,&\rho>1.\end{aligned}$$

**【4331】** 若 $\Delta u\equiv\frac{\partial^2 u}{\partial x^2}+\frac{\partial^2 u}{\partial y^2}=0$,则称二阶可微函数$u=u(x,y)$为调和函数,证明:当且仅当以下条件成立时,$u$ 才是调和函数:

$$\oint_C\frac{\partial u}{\partial n}\mathrm{d}s=0,$$

式中 $C$ 为任意封闭围线,$\frac{\partial u}{\partial n}$为沿此围线之外法线方向的导数.

**证** 由于
$$\frac{\partial u}{\partial n}=\frac{\partial u}{\partial x}\cos(\boldsymbol{n},x)+\frac{\partial u}{\partial y}\sin(\boldsymbol{n},x),$$

而(参看 4323 题的推导)

$$\cos(\boldsymbol{n},x)=\frac{\mathrm{d}y}{\mathrm{d}s},\quad \sin(\boldsymbol{n},x)=-\frac{\mathrm{d}x}{\mathrm{d}s},$$

故利用格林公式(注意,题中应假定 $u(x,y)$具有连续的二阶偏导数),得

$$\oint_C\frac{\partial u}{\partial n}\mathrm{d}s=\oint_C\frac{\partial u}{\partial x}\mathrm{d}y-\frac{\partial u}{\partial y}\mathrm{d}x=\iint_S\left(\frac{\partial^2 u}{\partial x^2}+\frac{\partial^2 u}{\partial y^2}\right)\mathrm{d}x\mathrm{d}y=\iint_S(\Delta u)\mathrm{d}x\mathrm{d}y,$$

其中 $S$ 表由封闭曲线 $C$ 围成的区域. 由此式知:$\oint_C\frac{\partial u}{\partial n}\mathrm{d}s=0$(对任何封闭围线 $C$)当且仅当$\iint_S(\Delta u)\mathrm{d}x\mathrm{d}y=0$(对任何区域 $S$). 但易知这又相当于 $\Delta u\equiv0$. 事实上,若 $\Delta u\equiv0$,则对任何 $S$,有$\iint_S(\Delta u)\mathrm{d}x\mathrm{d}y=0$;反之,若对任何 $S$,有$\iint_S(\Delta u)\mathrm{d}x\mathrm{d}y=0$,则必 $\Delta u\equiv0$. 因为,若不然,在某点$(x_0,y_0)$,$\Delta u\neq0$. 例如,设在此点,$\Delta u>0$,则由连续性可知,必存在以$(x_0,y_0)$为中心,半径为 $r_0$(充分小)的圆域 $S_0$,使在其上每一点,都有 $\Delta u>0$. 由此可知,$\iint_S(\Delta u)\mathrm{d}x\mathrm{d}y>0$. 矛盾,证毕.

**【4332】** 证明:
$$\iint_S\left[\left(\frac{\partial u}{\partial x}\right)^2+\left(\frac{\partial u}{\partial y}\right)^2\right]\mathrm{d}x\mathrm{d}y=-\iint_S u\Delta u\mathrm{d}x\mathrm{d}y+\oint_C u\frac{\partial u}{\partial n}\mathrm{d}s,$$

式中光滑曲线 $C$ 是有界区域 $S$ 的边界.

**证** 由于

$$\begin{aligned}\oint_C u\frac{\partial u}{\partial n}\mathrm{d}s&=\oint_C u\left[\frac{\partial u}{\partial x}\cos(\boldsymbol{n},x)+\frac{\partial u}{\partial y}\sin(\boldsymbol{n},x)\right]\mathrm{d}s=\oint_C u\frac{\partial u}{\partial x}\mathrm{d}y-u\frac{\partial u}{\partial y}\mathrm{d}x\\&=\iint_S\left[\frac{\partial}{\partial x}\left(u\frac{\partial u}{\partial x}\right)+\frac{\partial}{\partial y}\left(u\frac{\partial u}{\partial y}\right)\right]\mathrm{d}x\mathrm{d}y=\iint_S u\Delta u\mathrm{d}x\mathrm{d}y+\iint_S\left[\left(\frac{\partial u}{\partial x}\right)^2+\left(\frac{\partial u}{\partial y}\right)^2\right]\mathrm{d}x\mathrm{d}y,\end{aligned}$$

故得
$$\iint_S \left[\left(\frac{\partial u}{\partial x}\right)^2+\left(\frac{\partial u}{\partial y}\right)^2\right]\mathrm{d}x\mathrm{d}y=-\iint_S u\Delta u\mathrm{d}x\mathrm{d}y+\oint_C u\frac{\partial u}{\partial n}\mathrm{d}s.$$

**【4333】** 证明:若一函数在有界区域 $S$ 内及其边界 $C$ 上为调和函数,则此函数单值地由它在边界 $C$ 上的值确定(参考 4332 题).

**证** 由题意知,我们只要证明:如在有界区域 $S$ 上的两个调和函数 $u_1$ 和 $u_2$,在其边界 $C$ 上有相同的数值,则它们在整个区域上恒等.这也就是要证明:若调和函数 $u=u_1-u_2$ 在边界 $C$ 上等于零,则它在整个区域上恒为零.事实上,利用 4332 题的结果,得
$$\iint_S \left[\left(\frac{\partial u}{\partial x}\right)^2+\left(\frac{\partial u}{\partial y}\right)^2\right]\mathrm{d}x\mathrm{d}y=0.$$
于是,在整个区域 $S$ 上,有
$$\frac{\partial u}{\partial x}=\frac{\partial u}{\partial y}=0.$$
这表明,在 $S$ 上 $u$ 为常数.但在边界 $C$ 上 $u=0$,故在区域 $S$ 上 $u\equiv 0$,即 $u_1=u_2$.

**【4334】** 证明平面上的格林第二公式
$$\iint_S \begin{vmatrix}\Delta u & \Delta v\\ u & v\end{vmatrix}\mathrm{d}x\mathrm{d}y=\oint_C \begin{vmatrix}\frac{\partial u}{\partial n} & \frac{\partial v}{\partial n}\\ u & v\end{vmatrix}\mathrm{d}s,$$
式中光滑围线 $C$ 是有界区域 $S$ 的边界,$\frac{\partial}{\partial n}$ 为沿 $C$ 的外法线方向的导数.

**证** 我们有
$$\oint_C v\frac{\partial u}{\partial n}\mathrm{d}s=\oint_C v\left[\frac{\partial u}{\partial x}\cos(\boldsymbol{n},x)+\frac{\partial u}{\partial y}\sin(\boldsymbol{n},x)\right]\mathrm{d}s=\oint_C v\frac{\partial u}{\partial x}\mathrm{d}y-v\frac{\partial u}{\partial y}\mathrm{d}x$$
$$=\iint_S\left[\frac{\partial}{\partial x}\left(v\frac{\partial u}{\partial x}\right)-\frac{\partial}{\partial y}\left(-v\frac{\partial u}{\partial y}\right)\right]\mathrm{d}x\mathrm{d}y=\iint_S\left(\frac{\partial u}{\partial x}\frac{\partial v}{\partial x}+\frac{\partial u}{\partial y}\frac{\partial v}{\partial y}\right)\mathrm{d}x\mathrm{d}y+\iint_S v\Delta u\mathrm{d}x\mathrm{d}y.$$
同理,有
$$\oint_C u\frac{\partial v}{\partial n}\mathrm{d}s=\oint_C u\frac{\partial v}{\partial x}\mathrm{d}y-u\frac{\partial v}{\partial y}\mathrm{d}x=\iint_S\left[\frac{\partial}{\partial x}\left(u\frac{\partial v}{\partial x}\right)-\frac{\partial}{\partial y}\left(-u\frac{\partial v}{\partial y}\right)\right]\mathrm{d}x\mathrm{d}y$$
$$=\iint_S\left(\frac{\partial u}{\partial x}\frac{\partial v}{\partial x}+\frac{\partial u}{\partial y}\frac{\partial v}{\partial y}\right)\mathrm{d}x\mathrm{d}y+\iint_S u\Delta v\mathrm{d}x\mathrm{d}y.$$
于是,
$$\oint_C\begin{vmatrix}\frac{\partial u}{\partial n} & \frac{\partial v}{\partial n}\\ u & v\end{vmatrix}\mathrm{d}s=\oint_C\left(v\frac{\partial u}{\partial n}-u\frac{\partial v}{\partial n}\right)\mathrm{d}s=\iint_S v\Delta u\mathrm{d}x\mathrm{d}y-\iint_S u\Delta v\mathrm{d}x\mathrm{d}y=\iint_S\begin{vmatrix}\Delta u & \Delta v\\ u & v\end{vmatrix}\mathrm{d}x\mathrm{d}y.$$

**【4335】** 利用格林第二公式证明:若 $u=u(x,y)$ 是有界闭区域 $S$ 内的调和函数,则
$$u(x,y)=\frac{1}{2\pi}\oint_C\left(u\frac{\partial \ln r}{\partial n}-\ln r\frac{\partial u}{\partial n}\right)\mathrm{d}s,$$
式中 $C$ 为区域 $S$ 的边界,$\boldsymbol{n}$ 为围线 $C$ 的外法向量,$(x,y)$ 为区域 $S$ 的内点,$r=\sqrt{(\xi-x)^2+(\eta+y)^2}$ 为点 $(x,y)$ 与围线 $C$ 上的动点 $(\xi,\eta)$ 之间的距离.

**提示** 从区域 $S$ 中除去点 $(x,y)$ 与该点的无穷小的圆形邻域,并对区域 $S$ 的剩余部分(图 8.67 中的区域 $S'$)应用格林第二公式.

**证** 先证 $v=\ln r$ 为 $(\xi,\eta)$ $((\xi,\eta)\neq(x,y))$ 的调和函数.事实上,我们有
$$\frac{\partial v}{\partial \xi}=\frac{\xi-x}{(\xi-x)^2+(\eta-y)^2},\quad \frac{\partial^2 v}{\partial \xi^2}=\frac{(\eta-y)^2-(\xi-x)^2}{[(\xi-x)^2+(\eta-y)^2]^2},$$
$$\frac{\partial v}{\partial \eta}=\frac{\eta-y}{(\xi-x)^2+(\eta-y)^2},\quad \frac{\partial^2 v}{\partial \eta^2}=\frac{(\xi-x)^2-(\eta-y)^2}{[(\xi-x)^2+(\eta-y)^2]^2},$$
因此,$\frac{\partial^2 v}{\partial \xi^2}+\frac{\partial^2 v}{\partial \eta^2}=0$,即 $\Delta v=0$.

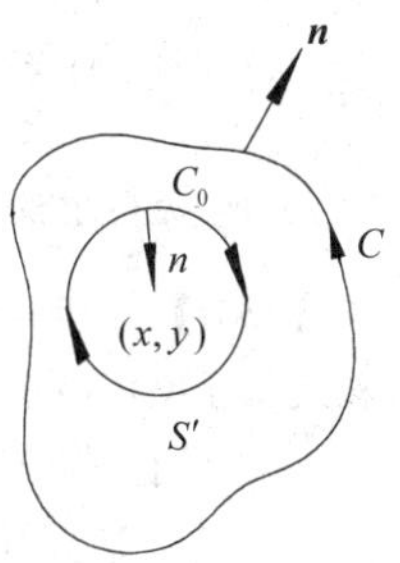

图 8.67

今以点 $(x,y)$(当 $(\xi,\eta)\neq(x,y)$ 时)为中心,$\rho$ 为半径画一圆 $C_0$,使此圆包含在围线 $C$ 内,$C_0$ 及 $C$ 的正向如图 8.67 所示.曲线 $C$ 的法线向外,$C_0$ 的法线指向点 $(x,y)$.因此,在 $C_0$ 上,我们有

$$\frac{\partial \ln r}{\partial n}\bigg|_{r=\rho}=-\frac{\partial \ln r}{\partial r}\bigg|_{r=\rho}=-\frac{1}{r}\bigg|_{r=\rho}=-\frac{1}{\rho}.$$

现将格林第二公式应用到由 $C_0$ 及 $C$ 所围的区域 $S'$ 上去，即得

$$\iint\limits_{S'}\begin{vmatrix}\Delta u & \Delta \ln r\\ u & \ln r\end{vmatrix}\mathrm{d}\xi\mathrm{d}\eta=\oint\limits_{C_0+C}\begin{vmatrix}\frac{\partial u}{\partial n} & \frac{\partial \ln r}{\partial n}\\ u & \ln r\end{vmatrix}\mathrm{d}s,$$

由于 $\Delta\ln r=0,\Delta u=0$，故得
$$\oint\limits_{C_0+C}\begin{vmatrix}\frac{\partial u}{\partial n} & \frac{\partial \ln r}{\partial n}\\ u & \ln r\end{vmatrix}\mathrm{d}s=0.$$

将行列式展开，并利用曲线积分的性质，即得

$$\oint_C\left(\ln r\frac{\partial u}{\partial n}-u\frac{\partial \ln r}{\partial n}\right)\mathrm{d}s=-\oint_{C_0}\left(\ln r\frac{\partial u}{\partial n}-u\frac{\partial \ln r}{\partial n}\right)\mathrm{d}s.$$

但由于

$$\oint_{C_0}\left(\ln r\frac{\partial u}{\partial n}-u\frac{\partial \ln r}{\partial n}\right)\mathrm{d}s=\oint_{C_0}\ln\rho\frac{\partial u}{\partial n}\mathrm{d}s-\oint_{C_0}u\left(-\frac{1}{\rho}\right)\mathrm{d}s=0\cdot\ln\rho^{*)}+\frac{1}{\rho}\oint_{C_0}u\mathrm{d}s$$
$$=\frac{1}{\rho}u(\xi',\eta')\oint_{C_0}\mathrm{d}s^{**)}=2\pi u(\xi',\eta'),$$

其中$u(\xi',\eta')$为 $u$ 在圆 $C_0$ 上某点的值，故得

$$u(\xi',\eta')=\frac{1}{2\pi}\oint_C\left(u\frac{\partial \ln r}{\partial n}-\ln r\frac{\partial u}{\partial n}\right)\mathrm{d}s.$$

两端令 $\rho\to+0$ 取极限，并注意到函数 $u$ 在点$(x,y)$的连续性，即得

$$u(x,y)=\frac{1}{2\pi}\oint_C\left(u\frac{\partial \ln r}{\partial n}-\ln r\frac{\partial u}{\partial n}\right)\mathrm{d}s.$$

*） 利用 4331 题的结果.

**） 利用第一型曲线积分的中值定理，其证明方法与普通定积分的中值定理类似.

**【4336】**[*)] 证明对于调和函数 $u(M)=u(x,y)$的中值定理：

$$u(M)=\frac{1}{2\pi\rho}\oint_{C_\rho}u(\xi,\eta)\mathrm{d}s,$$

式中 $C_\rho$ 是以点 $M$ 为中心 $\rho$ 为半径的圆周.

**证** 利用 4335 题的结果(取 $C$ 为 $C_\rho$)，得

$$u(M)=\frac{1}{2\pi}\oint_{C_\rho}\left(u\frac{\partial \ln r}{\partial n}-\ln r\frac{\partial u}{\partial n}\right)\mathrm{d}s;$$

但在 $C_\rho$ 上，有 $r=\rho$，

$$\frac{\partial \ln r}{\partial n}\bigg|_{r=\rho}=\frac{\partial \ln r}{\partial r}\bigg|_{r=\rho}=\frac{1}{r}\bigg|_{r=\rho}=\frac{1}{\rho},$$

由此，再注意到$\oint_{C_\rho}\frac{\partial u}{\partial n}\mathrm{d}s=0$(这是利用 4331 题的结果)，得

$$u(M)=\frac{1}{2\pi}\oint_{C_\rho}\left(\frac{u}{\rho}-\ln\rho\frac{\partial u}{\partial n}\right)\mathrm{d}s=\frac{1}{2\pi\rho}\oint_{C_\rho}u\mathrm{d}s-\frac{\ln\rho}{2\pi}\oint_{C_\rho}\frac{\partial u}{\partial n}\mathrm{d}s=\frac{1}{2\pi\rho}\oint_{C_\rho}u(\xi,\eta)\mathrm{d}s.$$

证毕.

*） 原题中漏掉了 $\rho$，即应将$\frac{1}{2\pi}$改为$\frac{1}{2\pi\rho}$.

**【4337】** 证明：有界闭区域内的非常数调和函数 $u(x,y)$在此区域内的点不能达到其最大值或最小值(极大值原理).

**证** 设有界闭区域为 $\bar{\Omega}$，它是由有界开区域 $\Omega$ 及其边界$\partial\Omega$ 构成. 我们要证明：如果 $u(x,y)$在 $\bar{\Omega}$ 内的某点 $P_0(x_0,y_0)$达到其最大值或最小值(例如，设达到最大值)，则 $u(x,y)$，在 $\bar{\Omega}$ 上必为常数. 下分三步证明.

(1) 先证：若圆域 $S_\rho=\left\{(x,y)\,|\,(x-x_0)^2+(y-y_0)^2\leqslant\rho^2\right\}$ 完全属于 $\Omega$，则 $u(x,y)$在 $S_\rho$ 上为常数.

对任何的 $0<r\leqslant\rho$，用 $C_r$ 表圆周 $\left\{(x,y)\mid(x-x_0)^2+(y-y_0)^2=r^2\right\}$. 由 4336 题的结果可知

$$u(x_0,y_0)=\frac{1}{2\pi r}\oint_{C_r}u(\xi,\eta)\mathrm{d}s,$$

故

$$\frac{1}{2\pi r}\oint_{C_r}[u(x_0,y_0)-u(\xi,\eta)]\mathrm{d}s=0. \tag{1'}$$

但因 $u(x_0,y_0)$ 为最大值，故在 $C_r$ 上恒有

$$u(x_0,y_0)-u(\xi,\eta)\geqslant 0.$$

由此，根据(1′)，即易知在 $C_r$ 上 $u(x_0,y_0)-u(\xi,\eta)\equiv 0$. 因为，若有某点 $(\xi_0,\eta_0)\in C_r$ 使 $u(x_0,y_0)-u(\xi_0,\eta_0)=\tau>0$，则由 $u(x,y)$ 的连续性可知，必有以 $(\xi_0,\eta_0)$ 为中心的某小圆域 $\sigma$ 存在，使当 $(\xi,\eta)\in\sigma$ 时，恒有 $u(x_0,y_0)-u(\xi,\eta)\geqslant\frac{\tau}{2}$. 用 $C_r'$ 表 $C_r$ 含于 $\sigma$ 内的部分，则

$$\oint_{C_r}[u(x_0,y_0)-u(\xi,\eta)]\mathrm{d}s\geqslant\int_{C_r'}[u(x_0,y_0)-u(\xi,\eta)]\mathrm{d}s\geqslant\oint_{C_r'}\frac{\tau}{2}\mathrm{d}s=\frac{1}{2}\tau l_r'>0,$$

其中 $l_r'$ 表圆弧 $C_r'$ 之长，此显然与(1′)式矛盾.

于是，在 $C_r$ 上有 $u(x_0,y_0)-u(\xi,\eta)\equiv 0$. 再根据 $r$ 的任意性 $(0<r\leqslant\rho)$，即知对任何 $(\xi,\eta)\in S_\rho$，都有 $u(\xi,\eta)=u(x_0,y_0)$. 换句话说，$u(x,y)$ 在 $S_\rho$ 上是常数.

(2) 次证：设 $P^*(x^*,y^*)$ 为 $\bar{\Omega}$ 的任一内点(即 $P^*\in\Omega$)，则必有 $u(x^*,y^*)=u(x_0,y_0)$.

用完全含于 $\Omega$ 内的折线 $l$ 将点 $P_0(x_0,y_0)$ 与点 $P^*(x^*,y^*)$ 连接起来(图 8.68). 用 $\delta$ 表 $\partial\Omega$ 与 $l$ 之间的距离，即

$$\delta=\min\sqrt{(x-x')^2+(y-y')^2},$$

其中 min 的是对一切 $(x,y)\in\partial\Omega$, $(x,y)\in l$ 来取的(由于 $\partial\Omega$, $l$ 是互不相交的有界闭集，可证 min 一定能达到，从而 $\delta>0$). 取 $0<\delta'<\delta$. 以点 $P_0$ 为中心，$\delta'$ 为半径作一圆，得圆域 $S_0=\{(x,y)\mid(x-x_0)^2+(y-y_0)^2\leqslant\delta'^2\}$，此圆域完全含于 $\Omega$ 内，由(1)段已证的结论知，$u(x,y)$ 在 $S_0$ 中为常数. 特别 $u(x_1,y_1)=u(x_0,y_0)$，这里点 $P_1(x_1,y_1)$ 代表圆周 $C_0=\{(x,y)\mid(x-x_0)^2+(y-y_0)^2=\delta'^2\}$ 与 $l$ 折线的交点. 又以点 $P_1$ 为中心，$\delta'$ 半径作一圆，得圆域 $S_1=\left\{(x,y)\mid(x-x_1)^2+(y-y_1)^2\leqslant\delta'^2\right\}$. 由于 $u(x,y)$ 在点 $P_1(x_1,y_1)$ 也达到最大值，而 $S_1$ 完全含于 $\Omega$ 内，故将(1)段结果用于 $S_1$ 可知 $u(x,y)$ 在 $S_1$ 上为常数，特别 $u(x_2,y_2)=u(x_1,y_1)$，这里点 $P_2(x_2,y_2)$ 表圆周 $C_1=\{(x,y)\mid(x-x_1)^2+(y-y_1)^2=\delta'^2\}$ 与 $l$ 的交点(除 $P_0$ 外的另一交点). 再以点 $P_2$ 为中心，$\delta'$ 为半径作一圆域 $S_2$，…，这样继续作下去，显然，至多经过 $n$ 次($n$ 表大于 $\frac{s}{\delta'}$ 的最小正整数，$s$ 表 $l$ 的长)，点 $P^*(x^*,y^*)$ 必属于 $S_{n-1}$，从而，

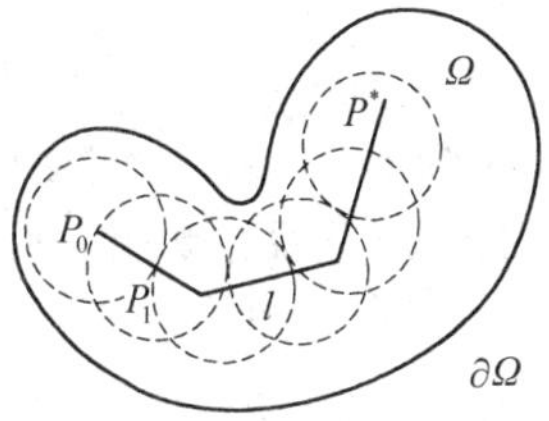

图 8.68

$$u(x^*y^*)=u(x_{n-1},y_{n-1})=\cdots=u(x_1,y_1)=u(x_0,y_0).$$

(3) 由(2)段的结果可知，$u(x,y)$ 在 $\Omega$ 上是常数；根据 $u(x,y)$ 在 $\bar{\Omega}$ 上的连续性，通过由 $\Omega$ 的点趋向 $\partial\Omega$ 的点取极限，即知 $u(x,y)$ 在 $\bar{\Omega}$ 上是常数. 证毕.

**注** 从证明过程中看出，需假定区域 $\Omega$(从而 $\bar{\Omega}$)是连通的. 事实上，若 $\Omega$ 不连通，则结论不一定成立. 例如，设 $\bar{\Omega}=S_1+S_2$，其中 $S_1$ 与 $S_2$ 是两个互无公共点的闭圆域，而令

$$u(x,y)=\begin{cases}c_1, & (x,y)\in S_1,\\ c_2, & (x,y)\in S_2,\end{cases}$$

其中 $c_1\neq c_2$ 是两个常数，则 $u(x,y)$ 显然是 $\bar{\Omega}$ 上的调和函数且在 $\bar{\Omega}$ 上不是常数，但它却在其内点达到最大值与最小值.

**【4338】** 证明黎曼公式：$\iint\limits_S\begin{vmatrix}L[u] & M[v]\\ u & v\end{vmatrix}\mathrm{d}x\mathrm{d}y=\oint_C P\mathrm{d}x+Q\mathrm{d}y$,

式中
$$L[u]=\frac{\partial^2 u}{\partial x\partial y}+a\frac{\partial u}{\partial x}+b\frac{\partial u}{\partial y}+cu,\quad M[v]=\frac{\partial^2 v}{\partial x\partial y}-a\frac{\partial v}{\partial x}-b\frac{\partial v}{\partial y}+cv,$$
($a,b,c$ 为常数),$P$ 和 $Q$ 为某些确定的函数,围线 $C$ 是有界区域 $S$ 的边界.

**证** 因为

$$\begin{vmatrix} L[u] & M[v] \\ u & v \end{vmatrix}=vL[u]-uM[v]=v\frac{\partial^2 u}{\partial x\partial y}+av\frac{\partial u}{\partial x}+bv\frac{\partial u}{\partial y}+cuv-u\frac{\partial^2 v}{\partial x\partial y}+au\frac{\partial v}{\partial x}+bu\frac{\partial v}{\partial y}-cuv$$
$$=\frac{\partial}{\partial x}\left(v\frac{\partial u}{\partial y}\right)-\frac{\partial}{\partial y}\left(u\frac{\partial v}{\partial x}\right)+a\frac{\partial}{\partial x}(vu)+b\frac{\partial}{\partial y}(uv)=\frac{\partial}{\partial x}\left(v\frac{\partial u}{\partial y}+auv\right)-\frac{\partial}{\partial y}\left(u\frac{\partial v}{\partial x}-buv\right),$$
故利用格林公式,即得
$$\iint\limits_S \begin{vmatrix} L[u] & M[v] \\ u & v \end{vmatrix}\mathrm{d}x\mathrm{d}y=\oint_C P\mathrm{d}x+Q\mathrm{d}y,$$
其中
$$P=u\frac{\partial v}{\partial x}-buv,\qquad Q=v\frac{\partial u}{\partial y}+auv.$$

**【4339】** 设 $u=u(x,y)$ 和 $v=v(x,y)$ 为定常流的速度分量,$C$ 为区域 $S$ 的边界,求区域 $S$ 内流体质量的变化率.若流体是不可压缩的,且在区域 $S$ 内没有源和汇,则函数 $u$ 和 $v$ 满足怎样的方程?

**解** 设流体的速度为 $\boldsymbol{w}$,则 $\boldsymbol{w}=u\boldsymbol{i}+v\boldsymbol{j}$,又 $\mathrm{d}\boldsymbol{s}=\mathrm{d}x\boldsymbol{i}+\mathrm{d}y\boldsymbol{j}$. 于是,流体量为
$$Q=\oint_C \boldsymbol{w}\cdot\boldsymbol{n}\mathrm{d}s=\oint_C[u\cos(\boldsymbol{n},x)+v\sin(\boldsymbol{n},x)]\mathrm{d}s=\oint_C u\mathrm{d}y-v\mathrm{d}x^{*)}=\iint\limits_S\left(\frac{\partial u}{\partial x}+\frac{\partial v}{\partial y}\right)\mathrm{d}x\mathrm{d}y,$$
其中 $\boldsymbol{n}$ 表示曲线 $C$ 的外法线上的单位矢量,并且此处已假定流体的面密度等于 1. 若流体是不可压缩的,且在区域 $S$ 内没有源和汇,则流体的流出量与流入量的差 $Q$ 应等于零,即
$$\iint\limits_S\left(\frac{\partial u}{\partial x}+\frac{\partial v}{\partial y}\right)\mathrm{d}x\mathrm{d}y=0.$$
又显然,对于任意的围线 $C$,上述结果均正确. 于是,连续函数 $u$,$v$ 应满足方程:
$$\frac{\partial u}{\partial x}+\frac{\partial v}{\partial y}=0.$$

*) 参看 4323 题的题解.

**【4340】**$^{+}$ 根据毕奥-萨瓦尔定律,通过导线元 $\mathrm{d}\boldsymbol{s}$ 的电流 $i$ 在空间的点 $M(x,y,z)$ 处所对应的磁场强度为
$$\mathrm{d}\boldsymbol{H}=ki\frac{(\boldsymbol{r}\times\mathrm{d}\boldsymbol{s})}{r^3},$$
其中 $\boldsymbol{r}$ 为连接导线元 $\mathrm{d}\boldsymbol{s}$ 与点 $M$ 的向量,$k$ 为比例系数. 对于封闭导线 $C$ 的情形,求点 $M$ 的磁场强度 $\boldsymbol{H}$ 的投影 $H_x,H_y,H_z$.

**解** 由题意知:若设导线 $C$ 上的动点为 $(\xi,\eta,\zeta)$,则
$$\boldsymbol{r}=(\xi-x)\boldsymbol{i}+(\eta-y)\boldsymbol{j}+(\zeta-z)\boldsymbol{k}.$$
又 $\mathrm{d}\boldsymbol{s}=\mathrm{d}\xi\,\boldsymbol{i}+\mathrm{d}\eta\,\boldsymbol{j}+\mathrm{d}\zeta\,\boldsymbol{k}$. 于是,磁场强度为
$$\boldsymbol{H}=ki\oint_C\frac{1}{r^3}\begin{vmatrix}\boldsymbol{i} & \boldsymbol{j} & \boldsymbol{k}\\ \xi-x & \eta-y & \zeta-z\\ \mathrm{d}\xi & \mathrm{d}\eta & \mathrm{d}\zeta\end{vmatrix}=ki\oint_C\frac{1}{r^3}[(\eta-y)\mathrm{d}\zeta-(\zeta-z)\mathrm{d}\eta]\boldsymbol{i}+ki\oint_C\frac{1}{r^3}[(\zeta-z)\mathrm{d}\xi$$
$$-(\xi-x)\mathrm{d}\zeta]\boldsymbol{k}+ki\oint_C\frac{1}{r^3}[(\xi-x)\mathrm{d}\eta-(\eta-y)\mathrm{d}\xi]\boldsymbol{k},$$
从而投影
$$H_x=ki\oint_C\frac{1}{r^3}[(\eta-y)\mathrm{d}\zeta-(\zeta-z)\mathrm{d}\eta],\qquad H_y=ki\oint_C\frac{1}{r^3}[(\zeta-z)\mathrm{d}\xi-(\xi-x)\mathrm{d}\zeta],$$
$$H_z=ki\oint_C\frac{1}{r^3}[(\xi-x)\mathrm{d}\eta-(\eta-y)\mathrm{d}\xi].$$

# §14. 曲面积分

1° **第一型曲面积分** 若 $S$ 为分片光滑的双侧曲面

$$x=x(u,v),\quad y=y(u,v),\quad z=z(u,v)\ ((u,v)\in\Omega) \tag{1}$$

而 $f(x,y,z)$ 为在曲面 $S$ 的各点上有定义并且连续的函数,则

$$\iint\limits_S f(x,y,z)\mathrm{d}S=\iint\limits_\Omega f(x(u,v),y(u,v),z(u,v))\sqrt{EG-F^2}\,\mathrm{d}u\mathrm{d}v, \tag{2}$$

式中
$$E=\left(\frac{\partial x}{\partial u}\right)^2+\left(\frac{\partial y}{\partial u}\right)^2+\left(\frac{\partial z}{\partial u}\right)^2,\qquad G=\left(\frac{\partial x}{\partial v}\right)^2+\left(\frac{\partial y}{\partial v}\right)^2+\left(\frac{\partial z}{\partial v}\right)^2,$$

$$F=\frac{\partial x}{\partial u}\frac{\partial x}{\partial v}+\frac{\partial y}{\partial u}\frac{\partial y}{\partial v}+\frac{\partial z}{\partial u}\frac{\partial z}{\partial v}.$$

在特别情形下,若曲面的方程具有以下形式:

$$z=z(x,y)\quad ((x,y)\in\sigma),$$

其中 $z(x,y)$ 为单值连续可微函数,则

$$\iint\limits_S f(x,y,z)\mathrm{d}S=\iint\limits_\sigma f[x,y,z(x,y)]\sqrt{1+\left(\frac{\partial z}{\partial x}\right)^2+\left(\frac{\partial z}{\partial y}\right)^2}\,\mathrm{d}x\mathrm{d}y.$$

此积分与曲面 $S$ 的正反面的选择无关.

若把函数 $f(x,y,z)$ 当作曲面 $S$ 在点 $(x,y,z)$ 的面密度,则积分(2)是此曲面的质量.

2° **第二型曲面积分** 若 $S$ 为光滑的双侧曲面:$S^+$ 为它的正面,即由法向量 $\boldsymbol{n}\{\cos\alpha,\cos\beta,\cos\gamma\}$ 确定的一面,$P=P(x,y,z)$,$Q=Q(x,y,z)$,$R=R(x,y,z)$ 为在曲面 $S$ 上有定义而且连续的三个函数,则

$$\iint\limits_{S^+} P\mathrm{d}y\mathrm{d}z+Q\mathrm{d}x\mathrm{d}z+R\mathrm{d}x\mathrm{d}y=\iint\limits_S (P\cos\alpha+Q\cos\beta+R\cos\gamma)\mathrm{d}S. \tag{3}$$

若曲面 $S$ 以参数方程(1)的形式给出,则法向量 $\boldsymbol{n}$ 的方向余弦由下列公式来确定:

$$\cos\alpha=\frac{A}{\pm\sqrt{A^2+B^2+C^2}},\quad \cos\beta=\frac{B}{\pm\sqrt{A^2+B^2+C^2}},\quad \cos\gamma=\frac{C}{\pm\sqrt{A^2+B^2+C^2}},$$

其中
$$A=\frac{\partial(y,z)}{\partial(u,v)},\quad B=\frac{\partial(z,x)}{\partial(u,v)},\quad C=\frac{\partial(x,y)}{\partial(u,v)},$$

且根式前的符号用适当的方法来选择.

当变换为曲面 $S$ 的另一面 $S^-$ 时,积分(3)的符号相反.

**【4341】** 两个积分 $I_1=\iint\limits_S(x^2+y^2+z^2)\mathrm{d}S$ 和 $I_2=\iint\limits_P(x^2+y^2+z^2)\mathrm{d}P$,

(式中 $S$ 为球面 $x^2+y^2+z^2=a^2$,$P$ 为其内接八面体的表面 $|x|+|y|+|z|=a$)相差若何?

**解** 若令
$$x=a\sin\varphi\cos\theta,\quad y=a\sin\varphi\sin\theta,\quad z=a\cos\varphi,$$

则有

$$I_1=\iint\limits_S(x^2+y^2+z^2)\mathrm{d}S=\int_0^\pi\mathrm{d}\varphi\int_0^{2\pi}a^2\cdot a^2\sin\varphi\mathrm{d}\theta=4\pi a^4.$$

为求 $I_2$,只要注意到 $|z|=a-(|x|+|y|)$,并利用对称性,即得

$$\begin{aligned}I_2&=\iint\limits_P(x^2+y^2+z^2)\mathrm{d}P=8\int_0^a\mathrm{d}x\int_0^{a-x}\sqrt{3}[x^2+y^2+(a-x-y)^2]\mathrm{d}y\\&=16\sqrt{3}\int_0^a\mathrm{d}x\int_0^{a-x}\left[x^2+y^2+xy+\frac{a^2}{2}-a(x+y)\right]\mathrm{d}y\\&=16\sqrt{3}\int_0^a\left[x^2(a-x)-\frac{1}{6}(a-x)^3-ax(a-x)+\frac{a^2}{2}(a-x)\right]\mathrm{d}x\\&=16\sqrt{3}\left(\frac{1}{3}-\frac{1}{4}-\frac{1}{24}-\frac{1}{2}+\frac{1}{3}+\frac{1}{2}-\frac{1}{4}\right)a^4=2\sqrt{3}a^4.\end{aligned}$$

于是，两积分之差为 $$I_1-I_2=2(2\pi-\sqrt{3})a^4.$$

【4342】 计算 $$\iint\limits_S z\,\mathrm{d}S,$$

式中 $S$ 为曲面 $x^2+z^2=2az$ $(a>0)$ 被曲面 $z=\sqrt{x^2+y^2}$ 所割下的部分.

**解** 作变换

$$x=ar\sin\theta,\quad y=y,\quad z=a+ar\cos\theta,$$

则两曲面分别化为

$$r=1,\quad 和\quad y^2=2a^2\cos\theta(1+\cos\theta).$$

两曲面交线的参数方程为

$$x=a\sin\theta,\quad y=\pm\sqrt{2}a\sqrt{\cos\theta(1+\cos\theta)},\quad z=a+a\cos\theta\quad \left(-\frac{\pi}{2}\leqslant\theta\leqslant\frac{\pi}{2}\right).$$

于是，

$$\iint\limits_S z\,\mathrm{d}S=\int_{-\frac{\pi}{2}}^{\frac{\pi}{2}}\mathrm{d}\theta\int_{-\sqrt{2}a\sqrt{\cos\theta(1+\cos\theta)}}^{\sqrt{2}a\sqrt{\cos\theta(1+\cos\theta)}}(a+a\cos\theta)a\,\mathrm{d}y=\int_{-\frac{\pi}{2}}^{\frac{\pi}{2}}2\sqrt{2}a^3\sqrt{\cos\theta}\sqrt{(1+\cos\theta)^3}\,\mathrm{d}\theta$$

$$=-4\sqrt{2}a^3\int_0^{\frac{\pi}{2}}\frac{\sqrt{\cos\theta}\sqrt{(1+\cos\theta)^3}}{\sin\theta}\mathrm{d}(\cos\theta)=-4\sqrt{2}a^3\int_0^{\frac{\pi}{2}}\frac{\sqrt{\cos\theta}(1+\cos\theta)}{\sqrt{(1-\cos\theta)}}\mathrm{d}(\cos\theta)$$

$$=4\sqrt{2}a^3\int_0^1\left[t^{\frac{1}{2}}(1-t)^{\frac{1}{2}}+t^{\frac{3}{2}}(1-t)^{-\frac{1}{2}}\right]\mathrm{d}t=4\sqrt{2}a^3\left[\mathrm{B}\left(\frac{3}{2},\frac{1}{2}\right)+\mathrm{B}\left(\frac{5}{2},\frac{1}{2}\right)\right]=\frac{7}{2}\sqrt{2}\pi a^3.$$

**计算下列第一型曲面积分：**

【4343】 $\iint\limits_S(x+y+z)\mathrm{d}S$，式中 $S$ 为曲面 $x^2+y^2+z^2=a^2,z\geqslant0$.

**解** 由于

$$\sqrt{1+\left(\frac{\partial z}{\partial x}\right)^2+\left(\frac{\partial z}{\partial y}\right)^2}=\sqrt{1+\frac{x^2}{z^2}+\frac{y^2}{z^2}}=\frac{a}{\sqrt{a^2-x^2-y^2}},$$

故有

$$\iint\limits_S(x+y+z)\mathrm{d}S=\int_{-a}^{a}\mathrm{d}x\int_{-\sqrt{a^2-x^2}}^{\sqrt{a^2-x^2}}\frac{a}{\sqrt{a^2-x^2-y^2}}(x+y+\sqrt{a^2-x^2-y^2})\mathrm{d}y$$

$$=\int_{-a}^{a}(\pi ax+2a\sqrt{a^2-x^2})\mathrm{d}x=4a\int_0^a\sqrt{a^2-x^2}\,\mathrm{d}x=4a\,\frac{\pi a^2}{4}=\pi a^3.$$

【4344】 $\iint\limits_S(x^2+y^2)\mathrm{d}S$，式中 $S$ 为区域 $\sqrt{x^2+y^2}\leqslant z\leqslant1$ 的边界.

**解** 面积 $S$ 由两部分组成. 一部分为 $S_1:z=\sqrt{x^2+y^2}$，它在 $Oxy$ 平面上的投影为 $x^2+y^2=1$；另一部分为 $S_2:z=1$，它在 $Oxy$ 平面上的投影也是 $x^2+y^2=1$. 对于这两部分分别有

$$\sqrt{1+\left(\frac{\partial z}{\partial x}\right)^2+\left(\frac{\partial z}{\partial y}\right)^2}=\sqrt{2},\qquad \sqrt{1+\left(\frac{\partial z}{\partial x}\right)^2+\left(\frac{\partial z}{\partial y}\right)^2}=1.$$

若利用极坐标，则有

$$\iint\limits_S(x^2+y^2)\mathrm{d}S=\iint\limits_{S_1}(x^2+y^2)\mathrm{d}S+\iint\limits_{S_2}(x^2+y^2)\mathrm{d}S=\sqrt{2}\int_0^{2\pi}\mathrm{d}\varphi\int_0^1r^3\mathrm{d}r+\int_0^{2\pi}\mathrm{d}\varphi\int_0^1r^3\mathrm{d}r=\frac{\pi}{2}(1+\sqrt{2}).$$

【4345】 $\iint\limits_S\frac{\mathrm{d}S}{(1+x+y)^2}$，式中 $S$ 为四面体 $x+y+z\leqslant1,x\geqslant0,y\geqslant0,z\geqslant0$ 的边界.

**提示** 注意曲面 $S$ 由四部分组成，分别为

$$S_1:x+y+z=1,x>0,y>0,z>0;\ S_2:x=0;\ S_3:y=0;\ S_4:z=0.$$

**解** 曲面 $S$ 由四部分组成，分别为 $S_1:x+y+z=1,x>0,y>0,z>0;S_2:x=0;S_3:y=0;S_4:z=0$. 于是，我们有

$$\iint_S \frac{dS}{(1+x+y)^2}$$

$$=\sqrt{3}\int_0^1 dx\int_0^{1-x}\frac{dy}{(1+x+y)^2}+\int_0^1 dy\int_0^{1-x}\frac{dz}{(1+y)^2}+\int_0^1 dx\int_0^{1-x}\frac{dz}{(1+x^2)}+\int_0^1 dx\int_0^{1-x}\frac{dy}{(1+x+y)^2}$$

$$=(\sqrt{3}+1)\int_0^1 dx\int_0^{1-x}\frac{dy}{(1+x+y)^2}+2\int_0^1 dx\int_0^{1-x}\frac{dz}{(1+x)^2}$$

$$=(\sqrt{3}+1)(\ln2-\frac{1}{2})+2(1-\ln2)=\frac{3-\sqrt{3}}{2}+(\sqrt{3}-1)\ln2.$$

**【4346】** $\iint_S |xyz|\,dS$,式中 $S$ 为曲面 $z=x^2+y^2$ 被平面$z=1$所截下的部分.

**解** 由于 $$\sqrt{1+\left(\frac{\partial z}{\partial x}\right)^2+\left(\frac{\partial z}{\partial y}\right)^2}=\sqrt{1+4(x^2+y^2)},$$

若利用极坐标,并注意到对称性,即得

$$\iint_S |xyz|\,dS=4\int_0^{\frac{\pi}{2}} d\varphi\int_0^1 r^4\cos\varphi\sin\varphi\sqrt{1+4r^2}\,rdr=2\int_0^1 r^5\sqrt{1+4r^2}\,dr=\int_0^1 t^2\sqrt{1+4t}\,dt^{*)}$$

$$=\int_1^{\sqrt{5}}\frac{1}{32}(y^2-1)^2y^2\,dy^{**)}=\frac{1}{32}\left(\frac{y^7}{7}-\frac{2y^5}{5}+\frac{y^3}{3}\right)\Big|_1^{\sqrt{5}}=\frac{125\sqrt{5}-1}{420}.$$

*) 作代换 $r^2=t$,

**) 作代换 $\sqrt{1+4t}=y$.

**【4347】** $\iint_S \frac{dS}{\rho}$,式中 $S$ 为椭球面,$\rho$ 为椭球中心到与椭球面微元 dS 相切的平面的距离.

**解** 设椭球面方程为 $$\frac{x^2}{a^2}+\frac{y^2}{b^2}+\frac{z^2}{c^2}=1,$$

则曲面上任一点$(x,y,z)$的法矢向为$\left\{\frac{x}{a^2},\frac{y}{b^2},\frac{z}{c^2}\right\}$. 从而,由题设知:$\rho=\sqrt{x^2+y^2+z^2}\cos(\boldsymbol{n},\boldsymbol{r})$,其中 $\boldsymbol{n},\boldsymbol{r}$ 分别表示点$(x,y,z)$处的法向量和径向量,即 $$\rho=\frac{1}{\sqrt{\frac{x^2}{a^4}+\frac{y^2}{b^4}+\frac{z^2}{c^4}}},$$

而法线与 $Oz$ 轴夹角的余弦为 $$\frac{\frac{z}{c^2}}{\sqrt{\frac{x^2}{a^4}+\frac{y^2}{b^4}+\frac{z^2}{c^4}}}.$$

于是,
$$\iint_S\frac{dS}{\rho}=\iint_{\frac{x^2}{a^2}+\frac{y^2}{b^2}\leqslant1}\frac{c^2\left(\frac{x^2}{a^4}+\frac{y^2}{b^4}+\frac{z^2}{c^4}\right)}{|z|}dxdy=2\iint_{\frac{x^2}{a^2}+\frac{y^2}{b^2}\leqslant1}\frac{c\left[\left(\frac{x^2}{a^4}+\frac{y^2}{b^4}\right)+\frac{1}{c^2}\left(1-\frac{x^2}{a^2}-\frac{y^2}{b^2}\right)\right]}{\sqrt{1-\left(\frac{x^2}{a^2}+\frac{y^2}{b^2}\right)}}dxdy$$

$$=2\int_0^1 dr\int_0^{2\pi}\frac{c}{\sqrt{1-r^2}}\left(\frac{r^2\cos^2\theta}{a^2}+\frac{r^2\sin^2\theta}{b^2}+\frac{1}{c^2}-\frac{r^2}{c^2}\right)abrd\theta^{*)}$$

$$=2\pi abc\int_0^1\left[\frac{1}{\sqrt{1-r^2}}\left(\frac{1}{a^2}+\frac{1}{b^2}\right)-\sqrt{1-r^2}\left(\frac{1}{a^2}+\frac{1}{b^2}\right)+2\frac{\sqrt{1-r^2}}{c^2}\right]rdr^{**)}$$

$$=-\pi abc\left[2\sqrt{1-r^2}\left(\frac{1}{a^2}+\frac{1}{b^2}\right)-\frac{2}{3}(1-r^2)^{\frac{3}{2}}\left(\frac{1}{a^2}+\frac{1}{b^2}\right)+\frac{4}{3c^2}(1-r^2)^{\frac{3}{2}}\right]\Bigg|_0^1$$

$$=\frac{4\pi}{3}abc\left(\frac{1}{a^2}+\frac{1}{b^2}+\frac{1}{c^2}\right).$$

*) 作广义极坐标变换 $x=ar\cos\theta, y=br\sin\theta$.

**) 利用关系式:$\frac{r^2}{\sqrt{1-r^2}}=\frac{1}{\sqrt{1-r^2}}-\sqrt{1-r^2}$.

**【4348】** $\iint\limits_S z\mathrm{d}S$,式中 S 为螺旋面的一部分:$x=u\cos v, y=u\sin v, z=v\ (0<u<a; 0<v<2\pi)$.

**解** 由于

$$E=\left(\frac{\partial x}{\partial u}\right)^2+\left(\frac{\partial y}{\partial u}\right)^2+\left(\frac{\partial z}{\partial u}\right)^2=\cos^2 v+\sin^2 v=1,$$

$$G=\left(\frac{\partial x}{\partial v}\right)^2+\left(\frac{\partial y}{\partial v}\right)^2+\left(\frac{\partial z}{\partial v}\right)^2=u^2\sin^2 v+u^2\cos^2 v+1=1+u^2,$$

$$F=\frac{\partial x}{\partial u}\frac{\partial x}{\partial v}+\frac{\partial y}{\partial u}\frac{\partial y}{\partial v}+\frac{\partial z}{\partial u}\frac{\partial z}{\partial v}=-u\sin v\cos v+u\cos v\sin v=0,$$

故得 $\sqrt{EG-F^2}=\sqrt{1+u^2}$. 于是,

$$\iint\limits_S z\mathrm{d}S=\int_0^a \mathrm{d}u\int_0^{2\pi} v\sqrt{1+u^2}\,\mathrm{d}v=2\pi^2\int_0^a\sqrt{1+u^2}\,\mathrm{d}u=2\pi^2\left[\frac{u}{2}\sqrt{1+u^2}+\frac{1}{2}\ln(u+\sqrt{1+u^2})\right]\Big|_0^a$$

$$=\pi^2[a\sqrt{1+a^2}+\ln(a+\sqrt{1+a^2})].$$

**【4349】** $\iint\limits_S z^2\mathrm{d}S$,式中 S 为圆锥面的一部分:$x=r\cos\varphi\sin\alpha, y=r\sin\varphi\sin\alpha, z=r\cos\alpha\ (0\leqslant r\leqslant a; 0\leqslant\varphi\leqslant 2\pi)$ 和 $\alpha$ 为常数 $(0<\alpha<\frac{\pi}{2})$.

**解** 由于

$$E=\cos^2\varphi\sin^2\alpha+\sin^2\varphi\sin^2\alpha+\cos^2\alpha=1,$$
$$G=r^2\cos^2\varphi\sin^2\alpha+r^2\sin^2\varphi\sin^2\alpha=r^2\sin^2\alpha,$$
$$F=(\cos\varphi\sin\alpha)(-r\sin\varphi\sin\alpha)+\sin\varphi\sin\alpha(r\cos\varphi\sin\alpha)=0,$$

故得 $\sqrt{EG-F^2}=r\sin\alpha$. 于是, $\iint\limits_S z^2\mathrm{d}S=\int_0^{2\pi}\mathrm{d}\varphi\int_0^a r^2\cos\alpha\cdot r\sin\alpha\,\mathrm{d}r=\frac{\pi a^4}{2}\sin\alpha\cos^2\alpha$.

**【4350】** $\iint\limits_S (xy+yz+zx)\mathrm{d}S$,式中 S 为圆锥面 $z=\sqrt{x^2+y^2}$ 被曲面 $x^2+y^2=2ax$ 所割下的部分.

**解** 由于
$$\sqrt{1+\left(\frac{\partial z}{\partial x}\right)^2+\left(\frac{\partial z}{\partial y}\right)^2}=\sqrt{1+\frac{x^2}{x^2+y^2}+\frac{y^2}{x^2+y^2}}=\sqrt{2}.$$

又曲面 S 在平面 $Oxy$ 上的投影域为 $x^2+y^2\leqslant 2ax$. 于是,利用极坐标,即得

$$\iint\limits_S (xy+yz+zx)\mathrm{d}S=\sqrt{2}\int_{-\frac{\pi}{2}}^{\frac{\pi}{2}}\mathrm{d}\varphi\int_0^{2a\cos\varphi}[r^2\cos\varphi\sin\varphi+r^2(\cos\varphi+\sin\varphi)]r\mathrm{d}r$$

$$=\sqrt{2}\int_{-\frac{\pi}{2}}^{\frac{\pi}{2}}\frac{1}{4}(2a\cos\varphi)^4\cos\varphi\mathrm{d}\varphi=8\sqrt{2}a^4\int_0^{\frac{\pi}{2}}\cos^5\varphi\mathrm{d}\varphi=\frac{64}{15}\sqrt{2}a^4.$$

**【4351】** 证明泊松公式:

$$\iint\limits_S f(ax+by+cz)\mathrm{d}S=2\pi\int_{-1}^{1} f(u\sqrt{a^2+b^2+c^2})\mathrm{d}u,$$

式中 S 是球面 $x^2+y^2+z=1$.

**证** 取新坐标系 $Ouvw$,其中原点不变,平面 $ax+by+cz=0$ 即为 $Ovw$ 面,$u$ 轴垂直于该面,则有

$$u=\frac{ax+by+cz}{\sqrt{a^2+b^2+c^2}}.$$

在新坐标系下,公式左端的积分可写为 $\iint\limits_S f(u\sqrt{a^2+b^2+c^2})\mathrm{d}S$.

显然,球面 S 的方程为 $u^2+v^2+w^2=1$ 或 $v^2+w^2=(\sqrt{1-u^2})^2$.

若表示成参数式,则为

$$u=u,\quad v=\sqrt{1-u^2}\cos w,\quad w=\sqrt{1-u^2}\sin w,$$

其中 $-1\leqslant u\leqslant 1, 0\leqslant w\leqslant 2\pi$. 从而, $\mathrm{d}S=\sqrt{EG-F^2}\,\mathrm{d}u\mathrm{d}w=\sqrt{\frac{1}{1-u^2}(1-u)^2-0}\,\mathrm{d}u\mathrm{d}w=\mathrm{d}u\mathrm{d}w$.

于是,最后得

$$\iint\limits_S f(ax+by+cz)\mathrm{d}S=\iint\limits_S f(u\sqrt{a^2+b^2+c^2})\mathrm{d}S=\int_0^{2\pi}\mathrm{d}w\int_{-1}^{1}f(u\sqrt{a^2+b^2+c^2})\mathrm{d}u$$

$$=2\pi\int_{-1}^{1}f(u\sqrt{a^2+b^2+c^2})\mathrm{d}u.$$

**【4352】** 求抛物面壳 $z=\frac{1}{2}(x^2+y^2)$ $(0\leqslant z\leqslant 1)$的质量,此壳的面密度按规律 $\rho=z$ 而变.

**解** 质量为

$$M=\iint\limits_S\rho\mathrm{d}S=\iint\limits_{x^2+y^2\leqslant 2}z\sqrt{1+x^2+y^2}\,\mathrm{d}x\mathrm{d}y=\frac{1}{2}\iint\limits_{x^2+y^2\leqslant 2}(x^2+y^2)\sqrt{1+x^2+y^2}\,\mathrm{d}x\mathrm{d}y$$

$$=\frac{1}{2}\int_0^{2\pi}\mathrm{d}\varphi\int_0^{\sqrt{2}}r^3\sqrt{1+r^2}\,\mathrm{d}r=\pi\int_0^{\sqrt{2}}r^3\sqrt{1+r^2}\,\mathrm{d}r=\frac{\pi}{2}\int_0^{\sqrt{2}}r^2\sqrt{1+r^2}\,\mathrm{d}(r^2)$$

$$=\frac{\pi}{2}\left[\frac{2}{5}(1+r^2)^{\frac{5}{2}}\Big|_0^{\sqrt{2}}-\frac{2}{3}(1+r^2)^{\frac{3}{2}}\Big|_0^{\sqrt{2}}\right]=\frac{2\pi(1+6\sqrt{3})}{15}.$$

**【4353】** 求密度为 $\rho_0$ 的均质球面壳 $x^2+y^2+z^2=a^2$ $(z\geqslant 0)$对于 $Oz$ 轴的转动惯量.

**解** 转动惯量为

$$I_z=\iint\limits_S(x^2+y^2)\rho_0\mathrm{d}S=\rho_0\iint\limits_{x^2+y^2\leqslant a^2}(x^2+y^2)\frac{a}{\sqrt{a^2-x^2-y^2}}\mathrm{d}x\mathrm{d}y=a\rho_0\int_0^{2\pi}\mathrm{d}\varphi\int_0^a\frac{r^3}{\sqrt{a^2-r^2}}\mathrm{d}r$$

$$=2\pi a^4\rho_0\int_0^{\frac{\pi}{2}}\sin^3\theta\mathrm{d}\theta=\frac{4}{3}\pi a^4\rho_0.$$

**【4354】** 求密度为 $\rho_0$ 的均质锥面壳

$$\frac{x^2}{a^2}+\frac{y^2}{a^2}-\frac{z^2}{b^2}=0\quad(0\leqslant z\leqslant b)$$

对直线

$$\frac{x}{1}=\frac{y}{0}=\frac{z-b}{0}$$

的转动惯量.

**解** 设$(x,y,z)$为均质锥面壳上任一点,它到直线

$$\frac{x}{1}=\frac{y}{0}=\frac{z-b}{0}$$

的距离为

$$|d|=\frac{\sqrt{\begin{vmatrix}y-0&z-b\\0&0\end{vmatrix}^2+\begin{vmatrix}z-b&x-0\\0&1\end{vmatrix}^2+\begin{vmatrix}x-0&y-0\\1&0\end{vmatrix}^2}}{\sqrt{1^2+0^2+0^2}}=\sqrt{\left(\frac{b}{a}\sqrt{x^2+y^2}-b\right)^2+y^2}.$$

又因

$$\sqrt{1+\left(\frac{\partial z}{\partial x}\right)^2+\left(\frac{\partial z}{\partial y}\right)^2}=\frac{\sqrt{a^2+b^2}}{a}.$$

于是,所求的转动惯量为

$$I=\iint\limits_{x^2+y^2\leqslant a^2}\left[\left(\frac{b}{a}\sqrt{x^2+y^2}-b\right)^2+y^2\right]\rho_0\frac{\sqrt{a^2+b^2}}{a}\mathrm{d}x\mathrm{d}y=\frac{\sqrt{a^2+b^2}\rho_0}{a}\int_0^{2\pi}\mathrm{d}\varphi\int_0^a\left[\left(\frac{b}{a}r-b\right)^2+r^2\sin^2\varphi\right]r\mathrm{d}r$$

$$=\frac{\sqrt{a^2+b^2}\rho_0}{a}\left[2\pi a^2b^2\left(\frac{1}{4}-\frac{2}{3}+\frac{1}{2}\right)+\frac{\pi a^4}{4}\right]=\frac{\pi a\rho_0(3a^2+2b^2)\sqrt{a^2+b^2}}{12}.$$

**【4355】** 求均质曲面 $z=\sqrt{x^2+y^2}$ 被曲面 $x^2+y^2=ax$ 所割下部分的质心坐标.

**解** 质量为
$$M=\iint\limits_S\rho_0\mathrm{d}S=\sqrt{2}\rho_0\iint\limits_{x^2+y^2\leqslant ax}\mathrm{d}x\mathrm{d}y=\sqrt{2}\rho_0\left(\frac{a}{2}\right)^2\pi=\frac{\sqrt{2}\pi a^2\rho_0}{4}.$$

从而,质心坐标为

$$x_0=\frac{1}{M}\cdot\sqrt{2}\rho_0\iint\limits_{x^2+y^2\leqslant ax}x\mathrm{d}x\mathrm{d}y=\frac{4}{\pi a^2}\int_0^a x\mathrm{d}x\int_{-\sqrt{ax-x^2}}^{\sqrt{ax-x^2}}\mathrm{d}y=\frac{8}{\pi a^2}\int_0^a x\sqrt{ax-x^2}\,\mathrm{d}x$$

$$=\frac{8}{\pi a^2}\int_{-\frac{a}{2}}^{\frac{a}{2}}\left(\frac{a}{2}+t\right)\sqrt{\left(\frac{a}{2}\right)^2-t^2}\,dt^{*)}=\frac{8}{\pi a^2}\int_0^{\frac{a}{2}}\sqrt{\left(\frac{a}{2}\right)^2-t^2}\,dt=\frac{a}{2},$$

$$y_0=\frac{1}{M}\cdot\sqrt{2}\rho_0\int_0^a dx\int_{-\sqrt{ax-x^2}}^{\sqrt{ax-x^2}}y\,dy=0,$$

$$z_0=\frac{1}{M}\cdot\sqrt{2}\rho_0\iint\limits_{x^2+y^2\leqslant ax}z\,dx\,dy=\frac{4}{\pi a^2}\int_{-\frac{\pi}{2}}^{\frac{\pi}{2}}d\varphi\int_0^{a\cos\varphi}r^2\,dr=\frac{8a}{3\pi}\int_0^{\frac{\pi}{2}}\cos^3\varphi\,d\varphi=\frac{16a}{9\pi},$$

即质心为$\left(\frac{a}{2},0,\frac{16a}{9\pi}\right)$.

*) 作变换 $t=x-\frac{a}{2}$.

**【4356】** 求均质曲面 $z=\sqrt{a^2-x^2-y^2}$ $(x\geqslant0;y\geqslant0;x+y\leqslant a)$的质心坐标.

**解** 因为

$$\frac{\partial z}{\partial x}=\frac{-x}{\sqrt{a^2-x^2-y^2}},\quad \frac{\partial z}{\partial y}=\frac{-y}{\sqrt{a^2-x^2-y^2}},$$

所以，

$$dS=\sqrt{1+\left(\frac{\partial z}{\partial x}\right)^2+\left(\frac{\partial z}{\partial y}\right)^2}\,dx\,dy=\frac{a}{\sqrt{a^2-x^2-y^2}}dx\,dy.$$

由对称性知，质心的横坐标与纵坐标相等，即

$$x_0=y_0=\frac{\iint\limits_S x\,dS}{\iint\limits_S dS}=\frac{\int_0^a\int_0^{a-y}\frac{ax}{\sqrt{a^2-x^2-y^2}}dx\,dy}{\int_0^a\int_0^{a-x}\frac{a}{\sqrt{a^2-x^2-y^2}}dx\,dy}.$$

由于，

$$\int_0^a\int_0^{a-y}\frac{ax}{\sqrt{a^2-x^2-y^2}}dx\,dy=a\int_0^a\left(-\sqrt{a^2-x^2-y^2}\right)\Big|_{x=0}^{x=a-y}dy$$

$$=a\left[\int_0^a\sqrt{a^2-y^2}\,dy-\int_0^a\sqrt{2ay-2y^2}\,dy\right]=a\left(\frac{\pi a^2}{4}-\sqrt{2}\cdot\frac{\pi\left(\frac{a}{2}\right)^2}{2}\right)^{*)}=\frac{\pi a^3}{4}\left(1-\frac{1}{\sqrt{2}}\right),$$

$$\int_0^a\int_0^{a-x}\frac{a}{\sqrt{a^2-x^2-y^2}}dx\,dy=a\int_0^a\arcsin\sqrt{\frac{a-x}{a+x}}\,dx=-4a^2\int_1^0\frac{u}{(1+u^2)}\arcsin u\,du$$

$$=2a^2\left(\frac{\arcsin u}{1+u^2}\Big|_1^0-\int_1^0\frac{du}{(1+u^2)\sqrt{1-u^2}}\right)=2a^2\left[-\frac{\pi}{4}+\frac{1}{\sqrt{2}}\arctan\frac{u\sqrt{2}}{\sqrt{1-u^2}}\Big|_0^1\right]^{**)}=\pi a^2\left(\frac{1}{\sqrt{2}}-\frac{1}{2}\right),$$

故有

$$x_0=y_0=\frac{\frac{\pi a^3}{4}\left(1-\frac{1}{\sqrt{2}}\right)}{\pi a^2\left(\frac{1}{\sqrt{2}}-\frac{1}{2}\right)}=\frac{a}{2\sqrt{2}}.$$

又由于

$$\iint\limits_S z\,dS=\int_0^a\int_0^{a-x}\sqrt{a^2-x^2-y^2}\,\frac{a}{\sqrt{a^2-x^2-y^2}}dx\,dy=a\int_0^a(a-x)\,dx=\frac{a^3}{2},$$

故有

$$z_0=\frac{\iint\limits_S z\,dS}{\iint\limits_S dS}=\frac{\frac{a^3}{2}}{\pi a^2\left(\frac{1}{\sqrt{2}}-\frac{1}{2}\right)}=\frac{a}{\pi}(\sqrt{2}+1),$$

即质心为$\left(\frac{a}{2\sqrt{2}},\frac{a}{2\sqrt{2}},\frac{a}{\pi}(\sqrt{2}+1)\right)$.

*) 由定积分的几何意义知：

$$\int_0^a\sqrt{y(a-y)}\,dy=\int_0^a\sqrt{\left(\frac{a}{2}\right)^2-\left(y-\frac{a}{2}\right)^2}\,dy=\frac{\pi a^2}{8}.$$

**) 利用 1957 题的结果.

**【4357】** 密度为 $\rho_0$ 的均质截圆锥面

$$x=r\cos\varphi,\quad y=r\sin\varphi,\quad z=r\ (0\leqslant\varphi\leqslant 2\pi,0<b\leqslant r\leqslant a),$$

以怎样的力吸引质量为 $m$ 位于该圆锥面顶点的质点？

**解** 显然截圆锥面顶点为原点 $O(0,0,0)$. 对应于半径 $r$ 处取斜高为 $ds$ 的锥面带，其面积为

$$dS=2\pi r ds=2\sqrt{2}\pi r dr.$$

它与顶点 $O$ 处质量为 $m$ 的质点的引力在 $Ox$ 轴和 $Oy$ 轴上的射投影显见为零，而在 $Oz$ 轴上的投影为

$$dZ=\frac{km\cdot 2\sqrt{2}\pi r dr\rho_0}{r^2+z^2}\ \frac{z}{\sqrt{r^2+z^2}}=\frac{k\pi m\rho_0 dr}{r}.$$

于是，截圆锥面吸引质量为 $m$ 的质点（在顶点处）的引力在坐标轴上的投影为

$$X=0,\quad Y=0,\quad Z=\int_b^a\frac{k\pi m\rho_0 dr}{r}=k\pi m\rho_0\ln\frac{a}{b}.$$

**【4358】** 求密度为 $\rho_0$ 的均质球面 $S:x^2+y^2+z^2=a^2$ 在点 $M_0(x_0,y_0,z_0)$ 的势，即计算积分

$$u=\iint\limits_S\frac{\rho_0 dS}{r},$$

式中

$$r=\sqrt{(x-x_0)^2+(y-y_0)^2+(z-z_0)^2}.$$

**解** 记 $r_0=\sqrt{x_0^2+y_0^2+z_0^2}$. 由对称性，在点 $M_0(x_0,y_0,z_0)$ 的势等于在点 $N_0(0,0,r_0)$ 的势. 由余弦定理知，球面上任一点 $(x,y,z)$ 到点 $N_0$ 的距离为

$$r=\sqrt{a^2+r_0^2-2r_0a\cos\psi}\quad(0\leqslant\psi\leqslant\pi),$$

而球面带 $dS=2\pi a^2\sin\psi d\psi$. 于是，所求的势为

$$u=\iint\limits_S\frac{\rho_0 dS}{r}=2\pi a^2\rho_0\int_0^\pi\frac{\sin\psi d\psi}{\sqrt{a^2+r_0^2-2r_0a\cos\psi}}.$$

令 $u^2=a^2+r_0^2-2r_0a\cos\psi$，则 $2udu=2r_0a\sin\psi d\psi$，即

$$\sin\psi d\psi=\frac{u}{r_0a}du.$$

从而，所求的势为

$$u=\frac{2\pi a\rho_0}{r_0}\int_{|a-r_0|}^{a+r_0}du=\begin{cases}4\pi a\rho_0, & r_0<a,\\ \dfrac{4\pi a^2\rho_0}{r_0} & r_0>a,.\\ 4\pi a\rho_0, & r_0=a\end{cases}$$

也即

$$u=4\pi\rho_0\min\left(a,\frac{a^2}{r_0}\right).$$

上述结果表明：若 $M_0$ 点在球面内，则势是个常量；若 $M_0$ 在球面外，则在该点球面的势等于将球面质量集中于球心的势；当 $M_0$ 点从球面内通过球面时具有连续性，从而，当 $M_0$ 点在球面上时，势也是个常量，且等于球内任一点的势.

**【4359】** 计算

$$F(t)=\iint\limits_{x+y+z=t}f(x,y,z)dS,$$

式中

$$f(x,y,z)=\begin{cases}1-x^2-y^2-z^2, & x^2+y^2+z^2\leqslant 1,\\ 0, & x^2+y^2+z^2>1.\end{cases}$$

作出函数 $u=F(t)$ 的图像.

**解** 显然，平面 $x+y+z=\pm\sqrt{3}$ 是球面 $x^2+y^2+z^2=1$ 的两个切平面，于是，

$$f(x,y,z)=\begin{cases}1-x^2-y^2-z^2, & |t|\leqslant\sqrt{3},\\ 0, & |t|>\sqrt{3}.\end{cases}$$

由方程组 $\begin{cases}x+y+z=t,\\ x^2+y^2+z^2=1\end{cases}$ 得椭圆方程

$$x^2+y^2+[t-(x+y)]^2=1,$$

或
$$x^2+y^2+xy-t(x+y)=\frac{1-t^2}{2},\tag{1}$$
记该椭圆围成的区域为$\Omega$,则
$$F(t)=\iint_{\Omega}\{1-x^2-y^2-[t-(x+y)]^2\}\sqrt{3}\,dxdy=\sqrt{3}\iint_{\Omega}[1-t^2-2(x^2+y^2)-2xy+2t(x+y)]dxdy.$$
作平移变换
$$x=x'+\frac{t}{3},\qquad y=y'+\frac{t}{3},$$
则方程(1)变为
$$x'^2+y'^2+x'y'=\frac{1}{2}\left(1-\frac{t^2}{3}\right),\tag{2}$$
记相应的区域为$\Omega'$,而函数为
$$f=1-\frac{t^2}{3}-2(x'^2+y'^2)-2x'y'.$$
于是,
$$F(t)=\sqrt{3}\iint_{\Omega'}\left[1-\frac{t^2}{3}-2(x'^2+y'^2)-2x'y'\right]dx'dy'$$
再作旋转变换
$$x'=\frac{x''-y''}{\sqrt{2}},\qquad y'=\frac{x''+y''}{2},$$
则方程(2)变为椭圆的标准方程
$$\frac{x''^2}{\left(\frac{1}{\sqrt{3}}\sqrt{1-\frac{t^2}{3}}\right)^2}+\frac{y''^2}{\left(\sqrt{1-\frac{t^2}{3}}\right)^2}=1.\tag{3}$$
记相应的区域为$\Omega''$,而函数为$f=1-\frac{t^2}{3}-(3x''^2+y''^2)$. 于是,
$$F(t)=\sqrt{3}\iint_{\Omega''}\left[1-\frac{t^2}{3}-(3x''^2+y''^2)\right]dx''dy''.$$

最后,作广义极坐标变换,即 $x''=\frac{1}{\sqrt{3}}\sqrt{1-\frac{t^2}{3}}\,r\cos\varphi,\qquad y''=\sqrt{1-\frac{t^2}{3}}\,r\sin\varphi,$

则有
$$F(t)=\left(1-\frac{t^2}{3}\right)\int_0^{2\pi}\int_0^1\left(1-\frac{t^2}{3}\right)(r-r^3)drd\varphi=\left(1-\frac{t^2}{3}\right)^2\int_0^{2\pi}\frac{1}{4}d\varphi=\frac{\pi}{18}(3-t^2)^2,$$
其中$|t|\leqslant\sqrt{3}$,而当$|t|>\sqrt{3}$,则有
$$F(t)=0.$$
考虑函数$u=F(t)$ $(-\infty<t<+\infty)$. 我们有
$$\frac{du}{dt}=-\frac{2\pi}{9}(3-t^2)t\quad(|t|<\sqrt{3}).$$
当$t=\sqrt{3}$时,$u$的左导数$=-\frac{2\pi}{9}(3-t^2)\Big|_{t=\sqrt{3}}=0$,$u$的右导数显然为零(因为$t\geqslant\sqrt{3}$时,$u\equiv0$),故$t=\sqrt{3}$时$u$的导数存在且等于零. 同理可证,$t=-\sqrt{3}$时,$u$的导数也存在且等于零. 于是,曲线$u=F(t)$在$t=0$处以及$|t|\geqslant\sqrt{3}$的各$t$处切线都平行于$Ot$轴. 又$t=0$处达极大值$u=\frac{\pi}{2}$,且为最大值. 由于
$$\frac{d^2u}{dt^2}=-\frac{2\pi}{3}(1-t^2),$$
所以,当$t=\pm1$时为拐点. 显然,图像关于$Ou$轴是对称的. 函数$u=F(t)$的图像如图 8.69 所示.

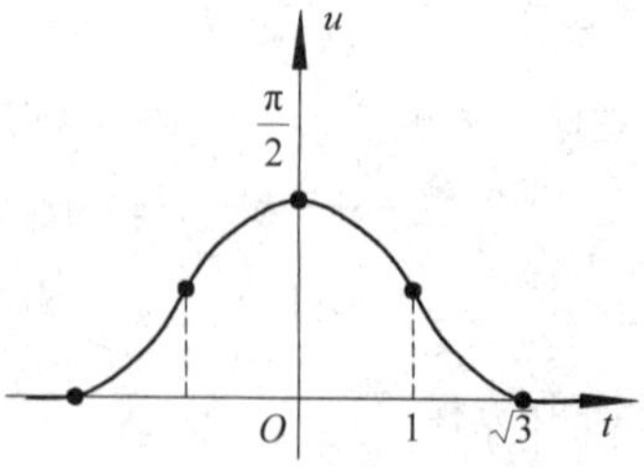


图 8.69

【4360】 计算积分

$$F(t)=\iint\limits_{x^2+y^2+z^2=t^2} f(x,y,z)\mathrm{d}S,$$

式中

$$f(x,y,z)=\begin{cases} x^2+y^2, & z\geqslant\sqrt{x^2+y^2},\\ 0, & z<\sqrt{x^2+y^2}.\end{cases}$$

**解** 由球面方程 $x^2+y^2+z^2=t^2$ 知

$$\frac{\partial z}{\partial x}=\frac{-x}{\sqrt{t^2-x^2-y^2}},\quad \frac{\partial z}{\partial y}=\frac{-y}{\sqrt{t^2-x^2-y^2}},\quad \sqrt{1+\left(\frac{\partial z}{\partial x}\right)^2+\left(\frac{\partial z}{\partial y}\right)^2}=\frac{|t|}{\sqrt{t^2-(x^2+y^2)}},$$

而由

$$\begin{cases} x^2+y^2+z^2=t^2,\\ z^2=x^2+y^2\end{cases}$$

可得

$$x^2+y^2=\frac{t^2}{2}=\left(\frac{t}{\sqrt{2}}\right)^2.$$

于是,积分

$$F(t)=\iint\limits_{x^2+y^2+z^2=t^2} f(x,y,z)\mathrm{d}S=\iint\limits_{x^2+y^2\leqslant\left(\frac{t}{\sqrt{2}}\right)^2}(x^2+y^2)\frac{|t|}{\sqrt{t^2-(x^2+y^2)}}\mathrm{d}x\mathrm{d}y$$

$$=|t|\int_0^{2\pi}\int_0^{\frac{|t|}{\sqrt{2}}}\frac{r^3}{\sqrt{t^2-r^2}}\mathrm{d}r\mathrm{d}\varphi.$$

因为

$$\int\frac{r^3}{\sqrt{t^2-r^2}}\mathrm{d}r=\frac{1}{2}\int\frac{t^2-r^2-t^2}{\sqrt{t^2-r^2}}\mathrm{d}(t^2-r^2)=\frac{1}{3}(t^2-r^2)^{\frac{3}{2}}-t^2\sqrt{t^2-r^2}+C,$$

所以,

$$\int_0^{\frac{|t|}{\sqrt{2}}}\frac{t^3}{\sqrt{t^2-r^2}}\mathrm{d}r=\left[\frac{1}{3}(t^2-r^2)^{\frac{3}{2}}-t^2\sqrt{t^2-r^2}\right]\Bigg|_0^{\frac{|t|}{\sqrt{2}}}=\frac{-5\sqrt{2}}{12}|t|^3+\frac{2}{3}|t|^3=\frac{8-5\sqrt{2}}{12}|t|^3.$$

于是,最后得 $F(t)=|t|\int_0^{2\pi}\frac{8-5\sqrt{2}}{12}|t|^3\mathrm{d}\varphi=\frac{(8-5\sqrt{2})\pi}{6}t^4.$

【4361】 计算积分 $F(x,y,z,t)=\iint\limits_S f(\xi,\eta,\zeta)\mathrm{d}S,$

其中 $S$ 是变球面 $(\xi-x)^2+(\eta-y)^2+(\zeta-z)^2=t^2$,

$$f(\xi,\eta,\zeta)=\begin{cases}1, & \xi^2+\eta^2+\zeta^2<a^2,\\ 0, & \xi^2+\eta^2+\zeta^2\geqslant a^2,\end{cases}$$

且假设 $\sqrt{x^2+y^2+z^2}>a>0$.

**解** 记 $x^2+y^2+z^2=r^2$. 旋转坐标轴,使点 $P(x,y,z)$ 位于 $Oz$ 轴的正方向上的点 $P_0(0,0,r)$,如图 8.70 所示.

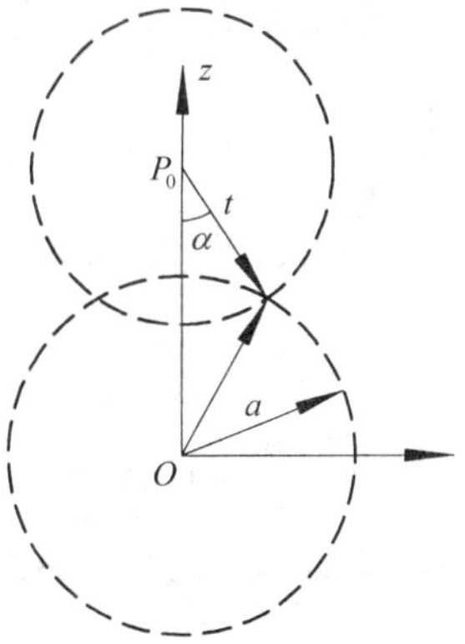

图 8.70

显然,当 $0<t\leqslant r-a$ 及 $t\geqslant r+a$ 时,整个球面上的点满足 $\xi^2+\eta^2+\zeta^2\geqslant a^2$,此时 $f(\xi,\eta,\zeta)=0$. 从而,积分

$$f(x,y,z,t)=\iint\limits_S f(\xi,\eta,\zeta)\mathrm{d}S=0.$$

当 $r-a<t<r+a$ 时,则 $F(x,y,z,t)=\iint\limits_{S'}\mathrm{d}S'$,其中 $S'$ 为 $S$ 位于 $\xi^2+\eta^2+\zeta^2=a^2$ 内的部分. 从而,我们有

$$F(x,y,z,t)=\int_0^{2\pi}\mathrm{d}\varphi\int_0^{\alpha}t^2\sin\theta\mathrm{d}\theta=2\pi t^2(1-\cos\alpha)=2\pi t^2\left(1-\frac{t^2+r^2-a^2}{2rt}\right)=\frac{\pi t}{r}[a^2-(r-t)^2].$$

**计算下列第二型曲面积分:**

【4362】 $\iint\limits_S x\mathrm{d}y\mathrm{d}z+y\mathrm{d}z\mathrm{d}x+z\mathrm{d}x\mathrm{d}y$,式中 $S$ 为球面 $x^2+y^2+z^2=a^2$ 的外侧.

**提示** 根据轮换对称知,只要计算 $\iint\limits_S z\mathrm{d}x\mathrm{d}y$. 注意到上半球面 $z=\sqrt{a^2-x^2-y^2}$ 应取上侧,下半球面 $z=-\sqrt{a^2-x^2-y^2}$ 应取下侧.

**解** 根据轮换对称知，只要计算$\iint\limits_S z\mathrm{d}x\mathrm{d}y$. 注意到上半球面$z=\sqrt{a^2-x^2-y^2}$应取上侧，下半球面$z=-\sqrt{a^2-x^2-y^2}$应取下侧，则有

$$\iint\limits_S z\mathrm{d}x\mathrm{d}y=\iint\limits_{x^2+y^2\leqslant a^2}\sqrt{a^2-x^2-y^2}\,\mathrm{d}x\mathrm{d}y-\iint\limits_{x^2+y^2\leqslant a^2}(-\sqrt{a^2-x^2-y^2})\mathrm{d}x\mathrm{d}y$$
$$=2\iint\limits_{x^2+y^2\leqslant a^2}\sqrt{a^2-x^2-y^2}\,\mathrm{d}x\mathrm{d}y=2\int_0^{2\pi}\mathrm{d}\varphi\int_0^a r\sqrt{a^2-r^2}\,\mathrm{d}r=\frac{4}{3}\pi a^3.$$

于是，积分
$$\iint\limits_S x\mathrm{d}y\mathrm{d}z+y\mathrm{d}z\mathrm{d}x+z\mathrm{d}x\mathrm{d}y=3\cdot\frac{4}{3}\pi a^3=4\pi a^3.$$

**【4363】** $\iint\limits_S f(x)\mathrm{d}y\mathrm{d}z+g(y)\mathrm{d}z\mathrm{d}x+h(z)\mathrm{d}x\mathrm{d}y$，式中$f(x)$，$g(y)$，$h(z)$为连续函数，$S$为平行六面体$0\leqslant x\leqslant a;0\leqslant y\leqslant b;0\leqslant z\leqslant c$的外表面.

**解** 只要计算任何一个积分，其他两个可类似地写出结果. 例如，下面计算$\iint\limits_S h(z)\mathrm{d}x\mathrm{d}y$. 由于六面体有四个面垂直于$Oxy$平面，故曲面积分应为零. 从而，

$$\iint\limits_S h(z)\mathrm{d}x\mathrm{d}y=\iint\limits_{\substack{0\leqslant x\leqslant a\\0\leqslant y\leqslant b}}h(c)\mathrm{d}x\mathrm{d}y-\iint\limits_{\substack{0\leqslant x\leqslant a\\0\leqslant y\leqslant b}}h(0)\mathrm{d}x\mathrm{d}y=abc\frac{h(c)-h(0)}{c}.$$

类似地，可得到$\iint\limits_S f(x)\mathrm{d}x\mathrm{d}z$及$\iint\limits_S g(y)\mathrm{d}x\mathrm{d}z$的值. 于是，所求的积分为

$$\iint\limits_S f(x)\mathrm{d}y\mathrm{d}z+g(y)\mathrm{d}z\mathrm{d}x+h(z)\mathrm{d}x\mathrm{d}y=abc\left[\frac{f(a)-f(0)}{a}+\frac{g(b)-g(0)}{b}+\frac{h(c)-h(0)}{c}\right].$$

**【4364】** $\iint\limits_S(y-z)\mathrm{d}y\mathrm{d}z+(z-x)\mathrm{d}z\mathrm{d}x+(x-y)\mathrm{d}x\mathrm{d}y$，式中$S$为圆锥面$x^2+y^2=z^2$ $(0\leqslant z\leqslant h)$的外侧.

**解** 解法1：

记$S_1$、$S_2$分别为锥面的底面和侧面，而$\cos\alpha$、$\cos\beta$、$\cos\gamma$为锥面外法线的方向余弦. 一方面，我们有

$$\iint\limits_{S_1}(y-z)\mathrm{d}y\mathrm{d}z+(z-x)\mathrm{d}z\mathrm{d}x+(x-y)\mathrm{d}x\mathrm{d}y=\iint\limits_{x^2+y^2\leqslant h^2}(x-y)\mathrm{d}x\mathrm{d}y=\int_0^{2\pi}\mathrm{d}\varphi\int_0^h r^2(\cos\varphi-\sin\varphi)\mathrm{d}r$$
$$=\frac{h^3}{3}\int_0^{2\pi}(\cos\varphi-\sin\varphi)\mathrm{d}\varphi=0.$$

另一方面，在侧面$S_2$上，对于任一点$(x,y,z)$，有

$$\frac{\cos\alpha}{x}=\frac{\cos\beta}{y}=\frac{\cos\gamma}{-z}$$

从而，$\mathrm{d}S$在各坐标面上的投影分别为

$$\cos\gamma\mathrm{d}S=-\mathrm{d}\sigma_{xy},\qquad\cos\alpha\mathrm{d}S=-\frac{x}{z}\cos\gamma\mathrm{d}S=\frac{x}{z}\mathrm{d}\sigma_{xy},\qquad\cos\beta\mathrm{d}S=-\frac{y}{z}\cos\gamma\mathrm{d}S=\frac{y}{z}\mathrm{d}\sigma_{xy}.$$

于是，

$$\iint\limits_{S_2}(y-z)\mathrm{d}y\mathrm{d}z+(z-x)\mathrm{d}z\mathrm{d}x+(x-y)\mathrm{d}x\mathrm{d}y=\iint\limits_{S_2}[(y-z)\cos\alpha+(z-x)\cos\beta+(x-y)\cos\gamma]\mathrm{d}S$$
$$=\iint\limits_{x^2+y^2\leqslant h^2}\left[\frac{x}{z}(y-z)+\frac{y}{z}(z-x)-(x-y)\right]\mathrm{d}\sigma_{xy}=-2\iint\limits_{x^2+y^2\leqslant h^2}(x-y)\mathrm{d}x\mathrm{d}y=0.$$

综上所述，我们得
$$\iint\limits_S(y-z)\mathrm{d}y\mathrm{d}z+(z-x)\mathrm{d}z\mathrm{d}x+(x-y)\mathrm{d}x\mathrm{d}y=\iint\limits_{S_1}+\iint\limits_{S_2}=0.$$

解法2：

记曲面$S$在各坐标面的投影域分别为$S_{xy}$，$S_{yz}$和$S_{zx}$. 于是，

$$\iint_S (y-z)\mathrm{d}y\mathrm{d}z+(z-x)\mathrm{d}z\mathrm{d}x+(x-y)\mathrm{d}x\mathrm{d}y=\iint_S (y-z)\mathrm{d}y\mathrm{d}z+\iint_S (z-x)\mathrm{d}z\mathrm{d}x+\iint_S (x-y)\mathrm{d}x\mathrm{d}y$$

$$=\Big[\iint_{S_{yz}} (y-z)\mathrm{d}y\mathrm{d}z-\iint_{S_{yz}} (y-z)\mathrm{d}y\mathrm{d}z\Big]+\Big[\iint_{S_{zx}} (z-x)\mathrm{d}z\mathrm{d}x-\iint_{S_{zx}} (z-x)\mathrm{d}z\mathrm{d}x\Big]$$

$$+\Big[\iint_{S_{xy}} (x-y)\mathrm{d}x\mathrm{d}y-\iint_{S_{xy}} (x-y)\mathrm{d}x\mathrm{d}y\Big]$$

$$=0+0+0=0.$$

**【4365】** $\iint_S \frac{\mathrm{d}y\mathrm{d}z}{x}+\frac{\mathrm{d}z\mathrm{d}x}{y}+\frac{\mathrm{d}x\mathrm{d}y}{z}$,式中 $S$ 为椭球面$\frac{x^2}{a^2}+\frac{y^2}{b^2}+\frac{z^2}{c^2}=1$ 的外侧.

**提示** 根据轮换对称知,只要计算$\iint_S \frac{\mathrm{d}x\mathrm{d}y}{z}$,与 4362 题类似,注意曲面的侧,并利用广义极坐标 $x=ar\cos\varphi, y=br\sin\varphi$.

**解** 根据轮换对称知,只要计算一个积分. 例如,计算$\iint_S \frac{\mathrm{d}x\mathrm{d}y}{z}$. 利用广义极坐标,即得

$$\iint_S \frac{\mathrm{d}x\mathrm{d}y}{z}=\iint_{\frac{x^2}{a^2}+\frac{y^2}{b^2}\leqslant 1} \frac{1}{c\sqrt{1-\frac{x^2}{a^2}-\frac{y^2}{b^2}}}\mathrm{d}x\mathrm{d}y-\iint_{\frac{x^2}{a^2}+\frac{y^2}{b^2}\leqslant 1} \frac{-1}{c\sqrt{1-\frac{x^2}{a^2}-\frac{y^2}{b^2}}}\mathrm{d}x\mathrm{d}y$$

$$=\frac{2}{c}\iint_{\frac{x^2}{a^2}+\frac{y^2}{b^2}\leqslant 1} \frac{1}{\sqrt{1-\frac{x^2}{a^2}-\frac{y^2}{b^2}}}\mathrm{d}x\mathrm{d}y=\frac{2ab}{c}\int_0^{2\pi}\mathrm{d}\varphi\int_0^1 \frac{r}{\sqrt{1-r^2}}\mathrm{d}r=\frac{4\pi ab}{c}\Big[-\sqrt{1-r^2}\Big]\Big|_0^1=4\pi\frac{ab}{c}.$$

于是,我们有
$$\iint_S \frac{\mathrm{d}y\mathrm{d}z}{x}+\frac{\mathrm{d}z\mathrm{d}x}{y}+\frac{\mathrm{d}x\mathrm{d}y}{z}=4\pi\Big(\frac{bc}{a}+\frac{ac}{b}+\frac{ab}{c}\Big)=\frac{4\pi}{abc}(b^2c^2+a^2c^2+a^2b^2).$$

**【4366】** $\iint_S x^2\mathrm{d}y\mathrm{d}z+y^2\mathrm{d}z\mathrm{d}x+z^2\mathrm{d}x\mathrm{d}y$,式中 $S$ 为球面$(x-a)^2+(y-b)^2+(x-c)^2=R^2$ 的外侧.

**解** 根据轮换对称知,只要计算$\iint_S z^2\mathrm{d}x\mathrm{d}y$. 注意到 $z-c=\pm\sqrt{R^2-(x-a)^2-(y-b)^2}$,并利用极坐标,即得

$$\iint_S z^2\mathrm{d}x\mathrm{d}y$$

$$=\iint_{(x-a)^2+(y-b)^2\leqslant R^2} \big[c+\sqrt{R^2-(x-a)^2-(y-b)^2}\big]^2\mathrm{d}x\mathrm{d}y-\iint_{(x-a)^2+(y-b)^2\leqslant R^2} \big[c-\sqrt{R^2-(x-a)^2-(y-b)^2}\big]^2\mathrm{d}x\mathrm{d}y$$

$$=4c\iint_{(x-a)^2+(y-b)^2\leqslant R^2} \sqrt{R^2-(x-a)^2-(y-b)^2}\,\mathrm{d}x\mathrm{d}y=4c\int_0^{2\pi}\mathrm{d}\varphi\int_0^R \sqrt{R^2-r^2}\,r\mathrm{d}r$$

$$=8\pi c\Big[-\frac{1}{3}(R^2-r^2)^{\frac{3}{2}}\Big]\Big|_0^R=\frac{8}{3}\pi R^3c.$$

于是,我们有
$$\iint_S x^2\mathrm{d}y\mathrm{d}z+y^2\mathrm{d}z\mathrm{d}x+z^2\mathrm{d}x\mathrm{d}y=\frac{8}{3}\pi R^3(a+b+c).$$

## §15. 斯托克斯公式

若 $P=P(x,y,z),Q=Q(x,y,z),R=R(x,y,z)$ 为连续可微函数,$S$ 为分片光滑的有界双侧曲面,其边界 $C$ 为分段光滑的简单封闭围线,则成立斯托克斯公式:

$$\oint_C P\mathrm{d}x+Q\mathrm{d}y+R\mathrm{d}z=\iint_S \begin{vmatrix}\cos\alpha & \cos\beta & \cos\gamma\\ \frac{\partial}{\partial x} & \frac{\partial}{\partial y} & \frac{\partial}{\partial z}\\ P & Q & R\end{vmatrix}\mathrm{d}S,$$

式中 $\cos\alpha,\cos\beta,\cos\gamma$ 为曲面 $S$ 的法线的方向余弦,并且从此法线所指方向来看,积分时围线 $C$ 的环绕方向

是逆时针的(对于右手坐标系).

**【4367】** 应用斯托克斯公式,计算曲线积分

$$\oint_C y\mathrm{d}x+z\mathrm{d}y+x\mathrm{d}z,$$

式中 $C$ 为圆周 $x^2+y^2+z^2=a^2$,$x+y+z=0$,并且从 $Ox$ 轴的正向来看,积分时此圆周的环绕方向是逆时针的. 用直接计算法检验结果.

**解** 平面 $x+y+z=0$ 的法线的方向余弦为 $\cos\alpha=\cos\beta=\cos\gamma=\dfrac{1}{\sqrt{3}}$.

于是,

$$\oint_C y\mathrm{d}x+z\mathrm{d}y+x\mathrm{d}z=\iint_S \begin{vmatrix}\cos\alpha & \cos\beta & \cos\gamma \\ \dfrac{\partial}{\partial x} & \dfrac{\partial}{\partial y} & \dfrac{\partial}{\partial z} \\ x & y & z\end{vmatrix}\mathrm{d}S=-\iint_S(\cos\alpha+\cos\beta+\cos\gamma)\mathrm{d}S$$

$$=-\pi a^2(\cos\alpha+\cos\beta+\cos\gamma)=-\sqrt{3}\pi a^2.$$

下面用直接计算法检验结果. 由方程

$$x^2+y^2+z^2=a^2,\quad x+y+z=0$$

消去 $z$,即得曲线 $C$ 在平面 $Oxy$ 上的投影 $x^2+y^2+xy=\dfrac{a^2}{2}$. 作旋转变换 $x=\dfrac{x'-y'}{\sqrt{2}}$,$y=\dfrac{x'+y'}{\sqrt{2}}$,则方程化为 $3x'^2+y'^2=a^2$. 因而,曲线 $C$ 的参数方程可取为

$$x=\frac{a}{\sqrt{2}}\left(\frac{\cos t}{\sqrt{3}}-\sin t\right),\quad y=\frac{a}{\sqrt{2}}\left(\frac{\cos t}{\sqrt{3}}+\sin t\right),\quad z=\frac{a}{\sqrt{2}}\left(-\frac{2}{\sqrt{3}}\cos t\right)\quad(0\leqslant t\leqslant 2\pi).$$

于是,所求的曲线积分为

$$\oint_C y\mathrm{d}x+z\mathrm{d}y+x\mathrm{d}z$$

$$=\frac{a^2}{2}\int_0^{2\pi}\left[-\left(\frac{\cos t}{\sqrt{3}}+\sin t\right)\left(\frac{\sin t}{\sqrt{3}}+\cos t\right)-\frac{2}{\sqrt{3}}\cos t\left(\frac{-\sin t}{\sqrt{3}}+\cos t\right)+\frac{2}{\sqrt{3}}\sin t\left(\frac{\cos t}{\sqrt{3}}-\sin t\right)\right]\mathrm{d}t$$

$$=\frac{a^2}{2}\int_0^{2\pi}\left(-\frac{1}{\sqrt{3}}-\frac{2}{\sqrt{3}}\right)\mathrm{d}t=\frac{a^2}{2}(-\sqrt{3})2\pi=-\sqrt{3}\pi a^2.$$

可见,两种计算法结果一样.

**【4368】** 计算积分 $\displaystyle\int_{AmB}(x^2-yz)\mathrm{d}x+(y^2-xz)\mathrm{d}y+(z^2-xy)\mathrm{d}z$,

此积分是从点 $A(a,0,0)$ 至点 $B(a,0,h)$ 沿着螺旋线 $x=a\cos\varphi$, $y=a\sin\varphi$, $z=\dfrac{h}{2\pi}\varphi$ 进行的.

**提示** 将直线段 $AB$ 与曲线 $AmB$ 组成封闭围线,并依正方向进行,应用斯托克斯公式即易获解.

**解** 连接 $A$,$B$ 两点得线段 $AB$,它与 $AmB$ 组成封闭围线并依正向进行,则由斯托克斯公式知:

$$\oint_{AmBA}(x^2-yz)\mathrm{d}x+(y^2-zx)\mathrm{d}y+(z^2-xy)\mathrm{d}z=\iint_S 0\mathrm{d}y\mathrm{d}z+0\mathrm{d}z\mathrm{d}x+0\mathrm{d}x\mathrm{d}y=0.$$

于是,

$$\int_{AmB}(x^2-yz)\mathrm{d}x+(y^2-xz)\mathrm{d}y+(z^2-xy)\mathrm{d}z$$

$$=\int_{AB}(x^2-yz)\mathrm{d}x+(y^2-xz)\mathrm{d}y+(z^2-xy)\mathrm{d}z=\int_0^h z^2\mathrm{d}z^{*)}=\frac{h^3}{3}.$$

*) 在线段 $AB$ 上,$x=a$, $y=0$, $\mathrm{d}x=\mathrm{d}y=0$,而 $0\leqslant z\leqslant h$.

**【4369】** 设 $C$ 为平面 $x\cos\alpha+y\cos\beta+z\cos\gamma-p=0$ ($\cos\alpha,\cos\beta,\cos\gamma$ 为平面之法线的方向余弦)上的封闭围线,所围面积为 $S$,求

$$\oint_C \begin{vmatrix} dx & dy & dz \\ \cos\alpha & \cos\beta & \cos\gamma \\ x & y & z \end{vmatrix},$$

积分沿围线 $C$ 的正方向进行.

**解** 若记 $P=\begin{vmatrix} \cos\beta & \cos\gamma \\ y & z \end{vmatrix}=z\cos\beta-y\cos\gamma$, $Q=\begin{vmatrix} \cos\gamma & \cos\alpha \\ z & x \end{vmatrix}=x\cos\gamma-z\cos\alpha$,

$R=\begin{vmatrix} \cos\alpha & \cos\beta \\ x & y \end{vmatrix}=y\cos\alpha-x\cos\beta$,

则得

$$\oint_C \begin{vmatrix} dx & dy & dz \\ \cos\alpha & \cos\beta & \cos\gamma \\ x & y & z \end{vmatrix}=\oint_C P dx+Q dy+R dz=\iint_S \begin{vmatrix} \cos\alpha & \cos\beta & \cos\gamma \\ \frac{\partial}{\partial x} & \frac{\partial}{\partial y} & \frac{\partial}{\partial z} \\ P & Q & R \end{vmatrix} dS$$

$$=2\iint_S (\cos^2\alpha+\cos^2\beta+\cos^2\gamma)dS=2\iint_S dS=2S.$$

**应用斯托克斯公式,计算积分:**

**【4370】** $\oint_C (y+z)dx+(z+x)dy+(x+y)dz$,式中 $C$ 为椭圆周 $x=a\sin^2 t, y=2a\sin t\cos t, z=a\cos^2 t$ $(0\leqslant t\leqslant \pi)$,并且以参数 $t$ 增大的方向为积分时的正方向.

**解** $\oint_C (y+z)dx+(z+x)dy+(x+y)dz=\iint_S 0dydz+0dzdx+0dxdy=0.$

**【4371】** $\oint_C (y-z)dx+(z-x)dy+(x-y)dz$,式中 $C$ 为椭圆周 $x^2+y^2=a^2$, $\frac{x}{a}+\frac{z}{h}=1$ $(a>0,h>0)$,并且若从 $Ox$ 轴正向看去,积分是沿此椭圆依逆时针方向进行的.

**解** 椭圆如图 8.71 所示. 把平面 $\frac{x}{a}+\frac{z}{h}=1$ 上 $C$ 所包围的区域记为 $S$,则 $S$ 的法线方向为 $\{h,0,a\}$. 注意到 $S$ 的法线方向和曲线 $C$ 的方向是正向联系的,即得

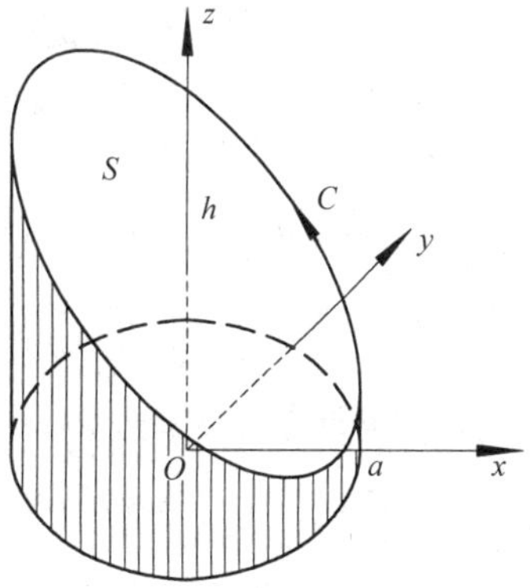


图 8.71

$$\oint_C (y-z)dx+(z-x)dy+(x-y)dz$$

$$=-2\iint_S dydz+dzdx+dxdy=-2(\cos\alpha+\cos\beta+\cos\gamma)\iint_S dS$$

$$=-2\left(\frac{h}{\sqrt{a^2+h^2}}+0+\frac{a}{\sqrt{a^2+h^2}}\right)\pi a\sqrt{a^2+h^2}=-2\pi a(a+h).$$

**【4372】** $\oint_C (y^2+z^2)dx+(x^2+z^2)dy+(x^2+y^2)dz$,式中 $C$ 是曲线 $x^2+y^2+z^2=2Rx, x^2+y^2=2rx$ $(0<r<R, z>0)$,并且在沿此曲线进行积分时,球面 $x^2+y^2+z^2=2Rx$ 外侧被该曲线所围的最小区域始终位于左边.

**解** 注意到球面的法线的方向余弦为

$$\cos\alpha=\frac{x-R}{R},\quad \cos\beta=\frac{y}{R},\quad \cos\gamma=\frac{z}{R},$$

即得

$$\oint_C (y^2+z^2)dx+(z^2+x^2)dy+(x^2+y^2)dz=2\iint_S [(y-z)\cos\alpha+(z-x)\cos\beta+(x-y)\cos\gamma]dS$$

$$=2\iint\limits_{S}\left[(y-z)\left(\frac{x}{R}\quad 1\right)+(z-x)\frac{y}{R}+(x-y)\frac{z}{R}\right]\mathrm{d}S=2\iint\limits_{S}(z-y)\mathrm{d}S.$$

由于曲面 $S$ 关于 $Oxy$ 平面对称,故 $\iint\limits_{S} y\mathrm{d}S=0$. 又 $\iint\limits_{S} z\mathrm{d}S=\iint\limits_{S} R\cos\gamma\mathrm{d}S=R\cdot\pi r^2$,

于是,
$$\oint_C (y^2+z^2)\mathrm{d}x+(z^2+x^2)\mathrm{d}y+(x^2+y^2)\mathrm{d}z=2\pi Rr^2.$$

**【4373】** $\oint_C (y^2-z^2)\mathrm{d}x+(z^2-x^2)\mathrm{d}y+(x^2-y^2)\mathrm{d}z$,式中 $C$ 为用平面 $x+y+z=\frac{3}{2}a$ 截立方体 $0\leqslant x\leqslant a$, $0\leqslant y\leqslant a$, $0\leqslant z\leqslant a$ 所得截面的边界,并且若从 $Ox$ 轴的正向看去,积分是沿 $C$ 依逆时针方向进行的.

**解** 平面 $x+y+z=\frac{3}{2}a$ 含于立方体内的部分记为 $S$,它在 $Oxy$ 平面上的投影域记为 $S_{xy}$,其面积显然等于 $\frac{3}{4}a^2$. 当平面 $x+y+z=\frac{3}{2}a$ 取上侧时,法线方向的单位向量为 $\left\{\frac{1}{\sqrt{3}},\frac{1}{\sqrt{3}},\frac{1}{\sqrt{3}}\right\}$. 于是,由斯托克斯公式知

$$\oint_C (y^2-z^2)\mathrm{d}x+(z^2-x^2)\mathrm{d}y+(x^2-y^2)\mathrm{d}z$$
$$=\iint\limits_{S}\left[(-2y-2z)\frac{1}{\sqrt{3}}+(-2z-2x)\frac{1}{\sqrt{3}}+(-2x-2y)\frac{1}{\sqrt{3}}\right]\mathrm{d}S$$
$$=-4\iint\limits_{S}(x+y+z)\frac{1}{\sqrt{3}}\mathrm{d}S=-6a\iint\limits_{S}\frac{1}{\sqrt{3}}\mathrm{d}S=-6a\iint\limits_{S_{xy}}\mathrm{d}x\mathrm{d}y=-6a\,\frac{3}{4}a^2=-\frac{9}{2}a^3.$$

**【4374】** $\oint_C y^2z^2\mathrm{d}x+x^2z^2\mathrm{d}y+x^2y^2\mathrm{d}z$,式中 $C$ 为封闭曲线 $x=a\cos t$, $y=a\cos 2t$, $z=a\cos 3t$,并且以参数 $t$ 增大的方向为积分时的正方向.

**解** 取 $S$ 为由参数方程

$$x=u\cos t,\quad y=u\cos 2t,\quad z=u\cos 3t\ (0\leqslant u\leqslant a,0\leqslant t\leqslant 2\pi)$$

表示的曲面,则所给曲线 $C$ 为曲面 $S$ 的边界.

于是,根据斯托克斯公式,有

$$\oint_C y^2z^2\mathrm{d}x+x^2z^2\mathrm{d}y+x^2y^2\mathrm{d}z=2\iint\limits_{S}x^2(y-z)\mathrm{d}y\mathrm{d}z+y^2(z-x)\mathrm{d}z\mathrm{d}x+z^2(x-y)\mathrm{d}x\mathrm{d}y$$
$$=\pm 2\int_0^{2\pi}\int_0^a[u^2\cos^2 t(u\cos 2t-u\cos 3t)(y'_uz'_t-y'_tz'_u)+u^2\cos^2 2t(u\cos 3t-u\cos t)(z'_ux'_t-z'_tx'_u)$$
$$+u^2\cos^2 3t(u\cos t-u\cos 2t)(x'_uy'_t-x'_ty'_u)]\mathrm{d}u\mathrm{d}t$$
$$=\pm 2\int_0^a u^4\mathrm{d}u\int_0^{2\pi}[\cos^2 t(\cos 2t-\cos 3t)(2\sin 2t\cos 3t-3\cos 2t\sin 3t)+\cos^2 2t(\cos 3t-\cos t)$$
$$\cdot(3\sin 3t\cos t-\sin t\cos 3t)+\cos^2 3t(\cos t-\cos 2t)(\sin t\cos 2t-2\sin 2t\cos t)]\mathrm{d}t$$
$$=\pm\frac{2}{5}a^5\int_{-\pi}^{\pi}[\cos^2 t(\cos 2t-\cos 3t)(2\sin 2t\cos 3t-3\cos 2t\sin 3t)+\cos^2 2t(\cos 3t-\cos t)$$
$$\cdot(3\sin 3t\cos t-\sin t\cos 3t)+\cos^2 3t(\cos t-\cos 2t)(\sin t\cos 2t-2\sin 2t\cos t)]\mathrm{d}t$$
$$=0,$$

上式中正负号应这样选取,使得 $S$ 的侧正好配合 $C$ 的方向($t$ 增大的方向),积分 $\int_0^{2\pi}$ 可以换为 $\int_{-\pi}^{\pi}$ 是因为被积函数($t$ 的函数)是周期为 $2\pi$ 的函数,而 $\int_{-\pi}^{\pi}$ 等于零是因为被积函数为奇函数.

**注** 本题若不用斯托克斯公式,而直接计算线积分,则较为简单.

$$\oint_C y^2z^2\mathrm{d}x+x^2z^2\mathrm{d}y+x^2y^2\mathrm{d}z=-\int_0^{2\pi}a^5(\cos^2 2t\cos^2 3t\sin t+2\cos^2 t\cos^2 3t\sin 2t+3\cos^2 t\cos^2 2t\sin 3t)\mathrm{d}t$$
$$=-\int_{-\pi}^{\pi}a^5(\cos^2 2t\cos^2 3t\sin t+2\cos^2 t\cos^2 3t\sin 2t+3\cos^2 t\cos^2 2t\sin 3t)\mathrm{d}t=0,$$

$\int_0^{2\pi}$ 可换为 $\int_{-\pi}^{\pi}$ 及 $\int_{-\pi}^{\pi}=0$ 的理由同上.

【4375】 有函数 $$W(x,y,z)=ki\iint\limits_S \frac{\cos(\boldsymbol{r},\boldsymbol{n})}{r^2}\mathrm{d}S \quad (k=\text{常数}),$$

其中曲面 $S$ 的边界为围线 $C$，$\boldsymbol{n}$ 为曲面 $S$ 的法向量，$\boldsymbol{r}$ 为连接空间的点 $M(x,y,z)$ 与围线 $C$ 上的动点 $A(\xi,\eta,\zeta)$ 所成之径向量，证明：此函数为通过围线 $C$ 的电流 $i$ 所产生磁场 $\boldsymbol{H}$ 的势（参阅 4340 题）.

**证** 利用 4340 题指出的定律，并注意到

$$\frac{\boldsymbol{r}}{r^3}=\frac{\partial}{\partial x}\left(\frac{1}{r}\right)\boldsymbol{i}+\frac{\partial}{\partial y}\left(\frac{1}{r}\right)\boldsymbol{j}+\frac{\partial}{\partial z}\left(\frac{1}{r}\right)\boldsymbol{k},$$

其中 $\boldsymbol{r}=(\xi-x)\boldsymbol{i}+(\eta-y)\boldsymbol{j}+(\xi-z)\boldsymbol{k}$，即得

$$\begin{aligned}\boldsymbol{H}&=ki\oint_C\frac{\boldsymbol{r}\cdot\mathrm{d}\boldsymbol{s}}{r^3}\\&=ki\left[\oint_C\frac{\partial}{\partial y}\left(\frac{1}{r}\right)\mathrm{d}\zeta-\frac{\partial}{\partial z}\left(\frac{1}{r}\right)\mathrm{d}\eta\right]\boldsymbol{i}+\left[\oint_C\frac{\partial}{\partial z}\left(\frac{1}{r}\right)\mathrm{d}\xi-\frac{\partial}{\partial x}\left(\frac{1}{r}\right)\mathrm{d}\zeta\right]\boldsymbol{j}+\left[\oint_C\frac{\partial}{\partial x}\left(\frac{1}{r}\right)\mathrm{d}\eta-\frac{\partial}{\partial y}\left(\frac{1}{r}\right)\mathrm{d}\xi\right]\boldsymbol{k}.\end{aligned}$$

利用斯托克斯公式，并注意到

$$\frac{\partial\left(\frac{1}{r}\right)}{\partial x}=-\frac{\partial\left(\frac{1}{r}\right)}{\partial\xi},\ \frac{\partial\left(\frac{1}{r}\right)}{\partial y}=-\frac{\partial\left(\frac{1}{r}\right)}{\partial\eta},\frac{\partial\left(\frac{1}{r}\right)}{\partial z}=-\frac{\partial\left(\frac{1}{r}\right)}{\partial\zeta}$$

及 $\Delta\left(\frac{1}{r}\right)=0$，从而，

$$\frac{\partial^2}{\partial\eta\partial y}\left(\frac{1}{r}\right)+\frac{\partial^2}{\partial\zeta\partial z}\left(\frac{1}{r}\right)=-\frac{\partial^2}{\partial y^2}\left(\frac{1}{r}\right)-\frac{\partial^2}{\partial z^2}\left(\frac{1}{r}\right)=\frac{\partial^2}{\partial x^2}\left(\frac{1}{r}\right),$$

即得

$$\begin{aligned}H_x&=ki\oint_C\frac{\partial}{\partial y}\left(\frac{1}{r}\right)\mathrm{d}\zeta-\frac{\partial}{\partial z}\left(\frac{1}{r}\right)\mathrm{d}\eta=ki\iint\limits_S\left[\left(\frac{\partial^2\left(\frac{1}{r}\right)}{\partial\eta\partial y}+\frac{\partial^2\left(\frac{1}{r}\right)}{\partial\zeta\partial z}\right)\boldsymbol{i}-\frac{\partial^2\left(\frac{1}{r}\right)}{\partial\xi\partial y}\boldsymbol{j}-\frac{\partial^2\left(\frac{1}{r}\right)}{\partial\xi\partial z}\boldsymbol{k}\right]\cdot\boldsymbol{n}\mathrm{d}S\\&=ki\frac{\partial}{\partial x}\iint\limits_S\left[\frac{\partial\left(\frac{1}{r}\right)}{\partial x}\boldsymbol{i}+\frac{\partial\left(\frac{1}{r}\right)}{\partial y}\boldsymbol{j}+\frac{\partial\left(\frac{1}{r}\right)}{\partial z}\boldsymbol{k}\right]\cdot\boldsymbol{n}\mathrm{d}S=ki\frac{\partial}{\partial x}\iint\limits_S\frac{\boldsymbol{r}\cdot\boldsymbol{n}}{r^2}\mathrm{d}S=ki\frac{\partial}{\partial x}\iint\limits_S\frac{\cos(\boldsymbol{r},\boldsymbol{n})}{r^2}\mathrm{d}S.\end{aligned}$$

同理， $$H_y=ki\frac{\partial}{\partial y}\iint\limits_S\frac{\cos(\boldsymbol{r},\boldsymbol{n})}{r^2}\mathrm{d}S,\quad H_z=ki\frac{\partial}{\partial z}\iint\limits_S\frac{\cos(\boldsymbol{r},\boldsymbol{n})}{r^2}\mathrm{d}S.$$

于是，最后得 $$\boldsymbol{H}=\frac{\partial W}{\partial x}\boldsymbol{i}+\frac{\partial W}{\partial y}\boldsymbol{j}+\frac{\partial W}{\partial z}\boldsymbol{k},$$

即函数 $W(x,y,z)$ 是磁场 $\boldsymbol{H}$ 的势.

## §16. 奥斯特罗格拉茨基公式

若空间区域 $V$ 的边界 $S$ 为分片光滑曲面，$P=P(x,y,z)$，$Q=Q(x,y,z)$，$R=R(x,y,z)$ 和它们的一阶偏导数均为区域 $V+S$ 内的连续函数，则成立奥斯特罗格拉茨基公式

$$\iint\limits_S(P\cos\alpha+Q\cos\beta+R\cos\gamma)\mathrm{d}S=\iiint\limits_V\left(\frac{\partial P}{\partial x}+\frac{\partial Q}{\partial y}+\frac{\partial R}{\partial z}\right)\mathrm{d}x\mathrm{d}y\mathrm{d}z,$$

式中 $\cos\alpha,\cos\beta,\cos\gamma$ 为曲面 $S$ 的外法线的方向余弦.

**应用奥斯特罗格拉茨基公式变换下列曲面积分，设光滑曲面 $S$ 是有界区域 $V$ 的边界，$\cos\alpha$，$cso\beta$，$\cos\gamma$ 为曲面 $S$ 的外法线的方向余弦：**

【4376】 $\iint\limits_S x^3\mathrm{d}y\mathrm{d}z+y^3\mathrm{d}z\mathrm{d}x+z^3\mathrm{d}x\mathrm{d}y.$

**解** 由于 $P=x^3$，$Q=y^3$，$R=z^3$. 从而，$\frac{\partial P}{\partial x}+\frac{\partial Q}{\partial y}+\frac{\partial R}{\partial z}=3(x^2+y^2+z^2)$.

于是，$$\iint_S x^3\mathrm{d}y\mathrm{d}z+y^3\mathrm{d}z\mathrm{d}x+z^3\mathrm{d}x\mathrm{d}y=3\iiint_V (x^2+y^2+z^2)\mathrm{d}x\mathrm{d}y\mathrm{d}z.$$

**【4377】** $\iint_S xy\mathrm{d}x\mathrm{d}y+xz\mathrm{d}z\mathrm{d}x+yz\mathrm{d}y\mathrm{d}z.$

**解** 由于 $\frac{\partial P}{\partial x}+\frac{\partial Q}{\partial y}+\frac{\partial R}{\partial z}=0$，故得

$$\iint_S xy\mathrm{d}x\mathrm{d}y+xz\mathrm{d}z\mathrm{d}x+yz\mathrm{d}y\mathrm{d}z=\iiint_V 0\mathrm{d}x\mathrm{d}y\mathrm{d}z=0.$$

**【4378】** $\iint_S \frac{x\cos\alpha+y\cos\beta+z\cos\gamma}{\sqrt{x^2+y^2+z^2}}\mathrm{d}S.$

**解** 由于 $$P=\frac{x}{\sqrt{x^2+y^2+z^2}},\ Q=\frac{y}{\sqrt{x^2+y^2+z^2}},\ R=\frac{z}{\sqrt{x^2+y^2+z^2}},$$

从而，$\frac{\partial P}{\partial x}+\frac{\partial Q}{\partial y}+\frac{\partial R}{\partial z}=\frac{2}{\sqrt{x^2+y^2+z^2}}$. 于是，

$$\iint_S \frac{x\cos\alpha+y\cos\beta+z\cos\gamma}{\sqrt{x^2+y^2+z^2}}\mathrm{d}S=2\iiint_V \frac{\mathrm{d}x\mathrm{d}y\mathrm{d}z}{\sqrt{x^2+y^2+z^2}}.$$

**【4379】** $\iint_S \left(\frac{\partial u}{\partial x}\cos\alpha+\frac{\partial u}{\partial y}\cos\beta+\frac{\partial u}{\partial z}\cos\gamma\right)\mathrm{d}S.$

**解** 由于 $\frac{\partial P}{\partial x}+\frac{\partial Q}{\partial y}+\frac{\partial R}{\partial z}=\frac{\partial^2 u}{\partial x^2}+\frac{\partial^2 u}{\partial y^2}+\frac{\partial^2 u}{\partial z^2}=\Delta u$，故得

$$\iint_S \left(\frac{\partial u}{\partial x}\cos\alpha+\frac{\partial u}{\partial y}\cos\beta+\frac{\partial u}{\partial z}\cos\gamma\right)\mathrm{d}S=\iiint_V \Delta u\mathrm{d}x\mathrm{d}y\mathrm{d}z.$$

**【4380】** $\iint_S \left[\left(\frac{\partial R}{\partial y}-\frac{\partial Q}{\partial z}\right)\cos\alpha+\left(\frac{\partial P}{\partial z}-\frac{\partial R}{\partial x}\right)\cos\beta+\left(\frac{\partial Q}{\partial x}-\frac{\partial P}{\partial y}\right)\cos\gamma\right]\mathrm{d}S.$

**解** 记 $P^*=\frac{\partial R}{\partial y}-\frac{\partial Q}{\partial z}$，$Q^*=\frac{\partial P}{\partial z}-\frac{\partial R}{\partial x}$，$R^*=\frac{\partial Q}{\partial x}-\frac{\partial P}{\partial y}$，则易知$\frac{\partial P^*}{\partial x}+\frac{\partial Q^*}{\partial y}+\frac{\partial R^*}{\partial z}=0$.
于是，原曲面积分等于零.

**【4381】** 证明：若 $S$ 为封闭的简单曲面，而 $\boldsymbol{l}$ 为任何的固定方向，则

$$\iint_S \cos(\boldsymbol{n},\boldsymbol{l})\mathrm{d}S=0,$$

式中 $\boldsymbol{n}$ 为曲面 $S$ 的外法向量.

**证明思路** 注意 $\cos(\boldsymbol{n},\boldsymbol{l})=\cos\alpha\cos(\boldsymbol{l},x)+\cos\beta\cos(\boldsymbol{l},y)+\cos\gamma\cos(\boldsymbol{l},z)$，
其中 $\cos\alpha,\cos\beta,\cos\gamma$ 为 $\boldsymbol{n}$ 的方向余弦，并利用奥氏公式，命题即获证.

**证** 因为 $\cos(\boldsymbol{n},\boldsymbol{l})=\cos\alpha\cos(\boldsymbol{l},x)+\cos\beta\cos(\boldsymbol{l},y)+\cos\gamma\cos(\boldsymbol{l},z)$，
其中 $\cos\alpha,\cos\beta,\cos\gamma$ 为 $\boldsymbol{n}$ 的方向余弦，故有

$$\iint_S \cos(\boldsymbol{n},\boldsymbol{l})\mathrm{d}S=\iint_S \cos(\boldsymbol{l},x)\mathrm{d}y\mathrm{d}z+\cos(\boldsymbol{l},y)\mathrm{d}z\mathrm{d}x+\cos(\boldsymbol{l},z)\mathrm{d}x\mathrm{d}y.$$

由于 $\boldsymbol{l}$ 为固定方向，从而，$\cos(\boldsymbol{l},x)$，$\cos(\boldsymbol{l},y)$，$\cos(\boldsymbol{l},z)$均为常数. 于是，

$$\iint_S \cos(\boldsymbol{n},\boldsymbol{l})\mathrm{d}S=\iiint_V \left[\frac{\partial\cos(\boldsymbol{l},x)}{\partial x}+\frac{\partial\cos(\boldsymbol{l},y)}{\partial y}+\frac{\partial\cos(\boldsymbol{l},z)}{\partial z}\right]\mathrm{d}x\mathrm{d}y\mathrm{d}z=\iiint_V 0\mathrm{d}x\mathrm{d}y\mathrm{d}z=0.$$

**【4382】** 证明：以曲面 $S$ 为界的物体的体积等于

$$V=\frac{1}{3}\iint_S (x\cos\alpha+y\cos\beta+z\cos\gamma)\mathrm{d}S,$$

式中 $\cos\alpha,\cos\beta,\cos\gamma$ 为曲面 $S$ 的外法线的方向余弦.

**证明思路** 利用 $\iint_S (x\cos\alpha+y\cos\beta+z\cos\gamma)\mathrm{d}S=\iint_S x\mathrm{d}y\mathrm{d}z+y\mathrm{d}z\mathrm{d}x+z\mathrm{d}x\mathrm{d}y$ 及奥氏公式，命题易获证.

**证** 由奥氏公式，有

$$\iint\limits_C (x\cos\alpha+y\cos\beta+z\cos\gamma)\mathrm{d}S=\iint\limits_S x\mathrm{d}y\mathrm{d}z+y\mathrm{d}z\mathrm{d}x+z\mathrm{d}x\mathrm{d}y=\iiint\limits_V \left(\frac{\partial x}{\partial x}+\frac{\partial y}{\partial y}+\frac{\partial z}{\partial z}\right)\mathrm{d}x\mathrm{d}y\mathrm{d}z$$

$$=\iiint\limits_V 3\mathrm{d}x\mathrm{d}y\mathrm{d}z=3V,$$

由此可知 $V=\frac{1}{3}\iint\limits_S (x\cos\alpha+y\cos\beta+z\cos\gamma)\mathrm{d}S$. 证毕.

**【4383】** 证明:以光滑锥面 $F(x,y,z)=0$ 和平面 $Ax+By+Cz+D=0$ 为界的锥体的体积等于

$$V=\frac{1}{3}SH,$$

式中 $S$ 为位于该平面上的锥底之面积,$H$ 为锥体的高.

**证** 证法 1:

不失一般性,设坐标原点位于锥面 $F(x,y,z)=0$ 的顶点. 于是,$F(x,y,z)$ 是 $x,y,z$ 的二次齐次函数. 因此,根据齐次函数的欧拉定理知,

$$x\frac{\partial F}{\partial x}+y\frac{\partial F}{\partial y}+z\frac{\partial F}{\partial z}=2F(x,y,z). \tag{1}$$

由 4382 题的结果,有

$$V=\frac{1}{3}\iint\limits_{S+S_1} (x\cos\alpha+y\cos\beta+z\cos\gamma)\mathrm{d}S$$

$$=\frac{1}{3}\iint\limits_S (x\cos\alpha+y\cos\beta+z\cos\gamma)\mathrm{d}S+\frac{1}{3}\iint\limits_{S_1} (x\cos\alpha+y\cos\beta+z\cos\gamma)\mathrm{d}S, \tag{2}$$

其中 $S$ 为锥底(位于平面 $Ax+By+Cz+D=0$ 上),而 $S_1$ 是锥的侧面. 在锥面 $S_1$(即 $F(x,y,z)=0$)上,有

$$\cos\alpha=\frac{F'_x}{\pm\sqrt{F'^2_x+F'^2_y+F'^2_z}},\quad \cos\beta=\frac{F'_y}{\pm\sqrt{F'^2_x+F'^2_y+F'^2_z}},\quad \cos\gamma=\frac{F'_z}{\pm\sqrt{F'^2_x+F'^2_y+F'^2_z}}.$$

于是,注意到(1)式,即知在 $S_1$ 上有

$$x\cos\alpha+y\cos\beta+z\cos\gamma=\frac{xF'_x+yF'_y+zF'_z}{\pm\sqrt{F'^2_x+F'^2_y+F'^2_z}}=\frac{2F(x,y,z)}{\pm\sqrt{F'^2_x+F'^2_y+F'^2_z}}=0,$$

从而,

$$\iint\limits_{S_1} (x\cos\alpha+y\cos\beta+z\cos\gamma)\mathrm{d}S=0. \tag{3}$$

又在平面 $Ax+By+Cz+D=0$ 上,有

$$x\cos\alpha+y\cos\beta+z\cos\gamma=\boldsymbol{r}\cdot\boldsymbol{n}=H,$$

其中 $\boldsymbol{r}=x\boldsymbol{i}+y\boldsymbol{j}+z\boldsymbol{k}$ 是从原点 $(0,0,0)$ 到点 $(x,y,z)$ 的向径,$\boldsymbol{n}$ 为平面(锥底)的单位外法向量,$H$ 为从原点到平面的距离(即锥体的高). 于是,

$$\iint\limits_S (x\cos\alpha+y\cos\beta+z\cos\gamma)\mathrm{d}S=H\iint\limits_S \mathrm{d}S=HS.$$

由此,再注意到(2)式与(3)式,即得 $V=\frac{1}{3}SH$.

证法 2:

取坐标系 $Ox'y'z'$,使锥的顶点在坐标原点,$Ox'y'$ 平面平行于锥的底面,由于在 $z$ 处的锥的截面面积为

$$S(z')=\frac{Sz'^2}{H^2},$$

故所求的体积为
$$V=\int_0^H S(z')\mathrm{d}z'=\int_0^H \frac{S}{H^2}z'^2\mathrm{d}z'=\frac{1}{3}SH.$$

**【4384】** 求以曲面 $z=\pm c$ 及 $x=a\cos u\cos v+b\sin u\sin v$, $y=a\cos u\sin v-b\sin u\cos v$, $z=c\sin u$ 为界的物体的体积.

**解** 解法 1:

我们有

$$x^2+y^2=a^2\cos^2 u+b^2\sin^2 u, \tag{1}$$

以 $z=c\sin u$ 代入得

$$x^2+y^2+\frac{a^2-b^2}{c^2}z^2=a^2, \tag{2}$$

故所界物体由平面 $z=c, z=-c$ 及曲面(2)围成. 利用 4382 题的结果，即知所求的体积为

$$V=\frac{1}{3}\iint\limits_{S_1+S_2+S_3}(x\cos\alpha+y\cos\beta+z\cos\gamma)\mathrm{d}S, \tag{3}$$

其中 $S_1, S_2$ 分别是平面 $z=c, z=-c$ 上的部分(此时 $u=\frac{\pi}{2}, u=-\frac{\pi}{2}$，从而，$x^2+y^2=b^2$，故 $S_1, S_2$ 为圆盘 $x^2+y^2\leqslant b^2$)，$S_3$ 表曲面(2)的部分，$x\cos\alpha, y\cos\beta, z\cos\gamma$ 表外法线的方向余弦. 显然，在 $S_1$ 上，$\cos\alpha=\cos\beta=0$，$\cos\gamma=\frac{c}{|c|}$. 于是，

$$\iint\limits_{S_1}(x\cos\alpha+y\cos\beta+z\cos\gamma)\mathrm{d}S=\iint\limits_{S_1}\frac{c^2}{|c|}\mathrm{d}S=|c|\pi b^2.$$

同理可得

$$\iint\limits_{S_2}(x\cos\alpha+y\cos\beta+z\cos\gamma)\mathrm{d}S=|c|\pi b^2,$$

此外，有

$$\begin{aligned}&\iint\limits_{S_3}(x\cos\alpha+y\cos\beta+z\cos\gamma)\mathrm{d}S=\iint\limits_{S_3}x\mathrm{d}y\mathrm{d}z+y\mathrm{d}z\mathrm{d}x+z\mathrm{d}x\mathrm{d}y\\&=\pm\int_0^{2\pi}\mathrm{d}v\int_{-\frac{\pi}{2}}^{\frac{\pi}{2}}[(a\cos u\cos v+b\sin u\sin v)(y'_u z'_v-y'_v z'_u)+(a\cos u\sin v-b\sin u\cos v)(z'_u x'_v-z'_v x'_u)\\&\quad+c\sin u(x'_u y'_v-x'_v y'_u)]\mathrm{d}u\\&=\pm\int_0^{2\pi}\mathrm{d}v\int_{-\frac{\pi}{2}}^{\frac{\pi}{2}}ca^2\cos u\mathrm{d}u=\pm 4\pi ca^2,\end{aligned} \tag{4}$$

其中的正负号应这样选取，使对应于 $S_3$ 的外侧. 下面确定此正负号. 由(2)，$S_3$ 的方程可写为 $F(x,y,z)=a^2$，其中 $F(x,y,z)=x^2+y^2+\frac{a^2-b^2}{c^2}z^2$ 是二次齐次函数. 于是，在 $S_3$ 上，有

$$\cos\alpha=\frac{F'_x}{\pm\sqrt{F'^2_x+F'^2_y+F'^2_z}},\quad \cos\beta=\frac{F'_y}{\pm\sqrt{F'^2_x+F'^2_y+F'^2_z}},\quad \cos\gamma=\frac{F'_z}{\pm\sqrt{F'^2_x+F'^2_y+F'^2_z}}.$$

其中正号对应于 $S_3$ 的一侧，负号对应于 $S_3$ 的另一侧. 于是，根据齐次函数的欧拉定理，在 $S_3$(外侧)上有

$$x\cos\alpha+y\cos\beta+z\cos\gamma=\frac{xF'_x+yF'_y+zF'_z}{\pm\sqrt{F'^2_x+F'^2_y+F'^2_z}}=\frac{2F}{\pm\sqrt{F'^2_x+F'^2_y+F'^2_z}}=\frac{2a^2}{\pm\sqrt{F'^2_x+F'^2_y+F'^2_z}}, \tag{5}$$

但在 $S_3$ 与 $Oxy$ 平面的交线(即 $x^2+y^2=a^2, z=0$)的各点上，对 $S_3$ 的外侧，显然有(注意到曲面(2)关于 $Oxy$ 坐标平面对称)

$$x\cos\alpha+y\cos\beta+z\cos\gamma=\boldsymbol{r}\cdot\boldsymbol{n}>0,$$

(这是因为此时径向量 $\boldsymbol{r}=x\boldsymbol{i}+y\boldsymbol{j}+z\boldsymbol{k}$ 与单位外法向量 $\boldsymbol{n}$ 的方向一致)，由此可知，在(5)式中应取正号. 于是，

$$\iint\limits_{S_3}(x\cos\alpha+y\cos\beta+z\cos\gamma)\mathrm{d}S=\iint\limits_{S}\frac{2a^2}{\sqrt{F'^2_x+F'^2_y+F'^2_z}}\mathrm{d}S>0.$$

从而，由(4)式知

$$\iint\limits_{S_3}(x\cos\alpha+y\cos\beta+z\cos\gamma)\mathrm{d}S=4\pi|c|a^2.$$

综上所述，最后得(注意(3)式)

$$V=\frac{1}{3}(4\pi|c|a^2+|c|\pi b^2+|c|\pi b^2)=\frac{4\pi}{3}\left(a^2+\frac{b^2}{2}\right)|c|.$$

解法 2：

不用曲面积分求体积的公式(3),而直接计算体积较为简单.由(1)式知,平面 $z=$常数(即 $u=$常数)与曲面(2)的截面 $S(z)$是圆,故所求的体积为

$$V=\int_{-c}^{c}\mathrm{d}z\iint_{S(z)}\mathrm{d}x\mathrm{d}y=\int_{-c}^{c}S(z)\mathrm{d}z=\int_{-\frac{\pi}{2}}^{\frac{\pi}{2}}\pi(a^2\cos^2u+b^2\sin^2u)|c|\mathrm{d}(\sin u)$$

$$=|c|\pi\int_{-\frac{\pi}{2}}^{\frac{\pi}{2}}[a^2+(b^2-a^2)\sin^2u]\mathrm{d}(\sin u)=\pi|c|\left[2a^2+\frac{2}{3}(b^2-a^2)\right]=\frac{4\pi}{3}\left(a^2+\frac{b^2}{2}\right)|c|.$$

**【4385】** 求以曲面 $x=u\cos v$, $y=u\sin v$, $z=-u+a\cos v$ $(u\geqslant0)$及平面 $x=0,z=0$ $(a>0)$为界的物体的体积.

**解** 解法1:

用 $S_1$ 表物体位于平面 $z=0$ 上的那一部分,$S_2$ 为物体表面由所给参数方程给出的曲面上那一部分,此外,物体表面在平面 $x=0$ 上的那部分显然是一线段 $x=0,y=0,0\leqslant z\leqslant a$. 于是,利用4382题的结果,即知所求体积为

$$V=\frac{1}{3}\iint_{S_1+S_2}(x\cos\alpha+y\cos\beta+z\cos\gamma)\mathrm{d}S,\tag{1}$$

其中 $\cos\alpha,\cos\beta,\cos\gamma$ 是向外法线的方向余弦.显然,在 $S_1$ 上,$\cos\alpha=0,\cos\beta=0,\cos\gamma=-1,z=0$,故

$$\iint_{S_1}(x\cos\alpha+y\cos\beta+z\cos\gamma)\mathrm{d}S=0.\tag{2}$$

此外,我们有

$$\iint_{S_2}(x\cos\alpha+y\cos\beta+z\cos\gamma)\mathrm{d}S=\iint_{S_2}x\mathrm{d}y\mathrm{d}z+y\mathrm{d}z\mathrm{d}x+z\mathrm{d}x\mathrm{d}y$$

$$=\pm\iint_{D}[u\cos v(y'_uz'_v-y'_vz'_u)+u\sin v(z'_ux'_v-z'_vx'_u)+(-u+a\cos v)(x'_uy'_v-x'_vy'_u)]\mathrm{d}u\mathrm{d}v$$

$$=\pm\iint_{D}[u\cos v(u\cos v-a\sin^2v)+u\sin v(a\sin v\cos v+u\sin v)+(-u+a\cos v)u]\mathrm{d}u\mathrm{d}v$$

$$=\pm\iint_{D}au\cos v\mathrm{d}u\mathrm{d}v=\pm\int_{-\frac{\pi}{2}}^{\frac{\pi}{2}}\mathrm{d}v\int_0^{a\cos v}au\cos v\mathrm{d}u=\pm\int_{-\frac{\pi}{2}}^{\frac{\pi}{2}}\left(\frac{1}{2}a^3\cos^3v\right)\mathrm{d}v$$

$$=\pm\int_0^{\frac{\pi}{2}}a^3(1-\sin^2v)\mathrm{d}(\sin v)=\pm a^3\left(\sin v-\frac{\sin^3v}{3}\right)\Big|_0^{\frac{\pi}{2}}=\pm\frac{2}{3}a^3,$$

其中的正负号应这样选取,使对应于 $S_2$ 的外侧,$D$ 为 $u,v$ 的变化区域(对应于 $S_2$).由此,再注意到(1)式与(2)式,即得$V=\pm\frac{2}{9}a^3$.但体积恒为正($V>0$),故必有 $V=\frac{2}{9}a^3$.

解法2:

本题若不利用曲面积分计算体积的公式(1),而直接计算体积,则较为简单.(下面 $\Omega$ 表物体在 $Oxy$ 平面上的投影):

$$V=\iint_{D}z\mathrm{d}x\mathrm{d}y=\iint_{\Omega}(-u+a\cos v)\left|\frac{D(x,y)}{D(u,v)}\right|\mathrm{d}u\mathrm{d}v=\iint_{D}(-u+a\cos v)u\mathrm{d}u\mathrm{d}v$$

$$=\int_{-\frac{\pi}{2}}^{\frac{\pi}{2}}\mathrm{d}v\int_0^{a\cos v}(-u+a\cos v)u\mathrm{d}u=\frac{a^3}{6}\int_{-\frac{\pi}{2}}^{\frac{\pi}{2}}\cos^3v\mathrm{d}v=\frac{a^3}{3}\int_0^{\frac{\pi}{2}}(1-\sin^2v)\mathrm{d}(\sin v)=\frac{2}{9}a^3.$$

**【4386】** 证明公式:

$$\frac{\mathrm{d}}{\mathrm{d}t}\left\{\iiint_{x^2+y^2+z^2\leqslant t^2}f(x,y,z,t)\mathrm{d}x\mathrm{d}y\mathrm{d}z\right\}=\iint_{x^2+y^2+z^2=t^2}f(x,y,z,t)\mathrm{d}S+\iiint_{x^2+y^2+z^2\leqslant t^2}\frac{\partial f}{\partial t}\mathrm{d}x\mathrm{d}y\mathrm{d}z\quad(t>0).$$

**证** 证法1:

作变量代换 $x=tu,y=tv,z=tw$ $(t>0$ 固定),则(利用奥氏公式)

$$\frac{\mathrm{d}}{\mathrm{d}t}\left\{\iiint_{x^2+y^2+z^2\leqslant t^2}f(x,y,z,t)\mathrm{d}x\mathrm{d}y\mathrm{d}z\right\}=\frac{\mathrm{d}}{\mathrm{d}t}\left\{\iiint_{u^2+v^2+w^2\leqslant1}t^3f(tu,tv,tw,t)\mathrm{d}u\mathrm{d}v\mathrm{d}w\right\}$$

$$=\iiint\limits_{u^2+v^2+w^2\leqslant 1}\left[t^3\left(\frac{\partial f}{\partial x}u+\frac{\partial f}{\partial y}v+\frac{\partial f}{\partial z}w+\frac{\partial f}{\partial t}\right)+3t^2 f\right]\mathrm{d}u\mathrm{d}v\mathrm{d}w$$

$$=\iiint\limits_{u^2+v^2+w^2\leqslant 1}t^3\left\{\frac{1}{t}\left[\frac{\partial}{\partial x}(fx)+\frac{\partial}{\partial y}(fy)+\frac{\partial}{\partial z}(fz)\right]\right\}\mathrm{d}u\mathrm{d}v\mathrm{d}w+\iiint\limits_{u^2+v^2+w^2\leqslant 1}t^3\frac{\partial f}{\partial t}\mathrm{d}u\mathrm{d}v\mathrm{d}w$$

$$=\frac{1}{t}\iiint\limits_{x^2+y^2+z^2\leqslant t^2}\left[\frac{\partial}{\partial x}(fx)+\frac{\partial}{\partial y}(fy)+\frac{\partial}{\partial z}(fz)\right]\mathrm{d}x\mathrm{d}y\mathrm{d}z+\iiint\limits_{x^2+y^2+z^2\leqslant t^2}\frac{\partial f}{\partial t}\mathrm{d}x\mathrm{d}y\mathrm{d}z$$

$$=\frac{1}{t}\iint\limits_{x^2+y^2+z^2\leqslant t^2}(fx\cos\alpha+fy\cos\beta+fz\cos\gamma)\mathrm{d}S+\iiint\limits_{x^2+y^2+z^2\leqslant t^2}\frac{\partial f}{\partial t}\mathrm{d}x\mathrm{d}y\mathrm{d}z\quad(t>0),$$

其中 $\cos\alpha,\cos\beta,\cos\gamma$ 为球面 $x^2+y^2+z^2=t^2$ 上向外法线的方向余弦. 显然 $\cos\alpha=\frac{x}{t}$, $\cos\beta=\frac{y}{t}$, $\cos\gamma=\frac{z}{t}$, 故

$$\iint\limits_{x^2+y^2+z^2=t^2}(fx\cos\alpha+fy\cos\beta+fz\cos\gamma)\mathrm{d}S=\iint\limits_{x^2+y^2+z^2=t^2}f\cdot\frac{x^2+y^2+z^2}{t}\mathrm{d}S=t\iint\limits_{x^2+y^2+z^2=t^2}f\mathrm{d}S.$$

于是,最后得

$$\frac{\mathrm{d}}{\mathrm{d}t}\left\{\iiint\limits_{x^2+y^2+z^2\leqslant t^2}f(x,y,z,t)\mathrm{d}x\mathrm{d}y\mathrm{d}z\right\}=\iint\limits_{x^2+y^2+z^2=t^2}f\mathrm{d}S+\iiint\limits_{x^2+y^2+z^2\leqslant t^2}\frac{\partial f}{\partial t}\mathrm{d}x\mathrm{d}y\mathrm{d}z\quad(t>0).$$

证法 2:

不利用奥氏公式更简单些. 采用球坐标,我们有

$$\frac{\mathrm{d}}{\mathrm{d}x}\left\{\iiint\limits_{x^2+y^2+z^2\leqslant t^2}f(x,y,z,t)\mathrm{d}x\mathrm{d}y\mathrm{d}z\right\}=\frac{\mathrm{d}}{\mathrm{d}t}\left\{\int_0^t\left[\int_0^{2\pi}\int_{-\frac{\pi}{2}}^{\frac{\pi}{2}}f(r\cos\varphi\cos\psi,r\sin\varphi\cos\psi,r\sin\psi,t)r^2\cos\psi\mathrm{d}\psi\mathrm{d}\varphi\right]\mathrm{d}r\right\}$$

$$=\int_0^{2\pi}\int_{-\frac{\pi}{2}}^{\frac{\pi}{2}}f(t\cos\varphi\cos\psi,t\sin\varphi\cos\psi,t\sin\psi,t)t^2\cos\psi\mathrm{d}\psi\mathrm{d}\varphi+\int_0^t\int_0^{2\pi}\int_{-\frac{\pi}{2}}^{\frac{\pi}{2}}\frac{\partial}{\partial t}f(r\cos\varphi\cos\psi,r\sin\varphi\cos\psi,r\sin\psi,t)$$
$$\cdot r^2\cos\psi\mathrm{d}\psi\mathrm{d}\varphi\mathrm{d}r$$

$$=\iint\limits_{x^2+y^2+z^2=t^2}f(x,y,z)\mathrm{d}S+\iiint\limits_{x^2+y^2+z^2\leqslant t^2}\frac{\partial f}{\partial t}\mathrm{d}x\mathrm{d}y\mathrm{d}z.$$

**利用奥斯特罗格拉茨基公式计算下列曲面积分:**

**【4387】** $\iint\limits_S x^2\mathrm{d}y\mathrm{d}z+y^2\mathrm{d}z\mathrm{d}x+z^2\mathrm{d}x\mathrm{d}y$,式中 $S$ 为立方体 $0\leqslant x\leqslant a,0\leqslant y\leqslant a,0\leqslant z\leqslant a$ 的外表面.

解 $\iint\limits_S x^2\mathrm{d}y\mathrm{d}z+y^2\mathrm{d}z\mathrm{d}x+z^2\mathrm{d}x\mathrm{d}y=2\iiint\limits_V(x+y+z)\mathrm{d}x\mathrm{d}y\mathrm{d}z$

$=2\int_0^a\mathrm{d}x\int_0^a\mathrm{d}y\int_0^a(x+y+z)\mathrm{d}z=6\int_0^a\mathrm{d}x\int_0^a\mathrm{d}y\int_0^a z\mathrm{d}z=3a^4.$

**【4388】** $\iint\limits_S x^3\mathrm{d}y\mathrm{d}z+y^3\mathrm{d}z\mathrm{d}x+z^3\mathrm{d}x\mathrm{d}y$,式中 $S$ 为球 $x^2+y^2+z^2=a^2$ 的外表面.

解 $\iint\limits_S x^3\mathrm{d}y\mathrm{d}z+y^3\mathrm{d}z\mathrm{d}x+z^3\mathrm{d}x\mathrm{d}y=3\iiint\limits_V(x^2+y^2+z^2)\mathrm{d}x\mathrm{d}y\mathrm{d}z=3\int_0^{2\pi}\mathrm{d}\varphi\int_{-\frac{\pi}{2}}^{\frac{\pi}{2}}\mathrm{d}\psi\int_0^a r^4\cos\psi\mathrm{d}r$

$=6\pi\left(\int_{-\frac{\pi}{2}}^{\frac{\pi}{2}}\cos\psi\mathrm{d}\psi\right)\left(\int_0^a r^4\mathrm{d}r\right)=\frac{12}{5}\pi a^5.$

**【4389】** $\iint\limits_S(x-y+z)\mathrm{d}y\mathrm{d}z+(y-z+x)\mathrm{d}z\mathrm{d}x+(z-x+y)\mathrm{d}x\mathrm{d}y$,式中 $S$ 为曲面

$$|x-y+z|+|y-z+x|+|z-x+y|=1$$

的外侧.

解 $\iint\limits_S(x-y+z)\mathrm{d}y\mathrm{d}z+(y-z+x)\mathrm{d}x\mathrm{d}z+(z-x+y)\mathrm{d}x\mathrm{d}y=\iiint\limits_V 3\mathrm{d}x\mathrm{d}y\mathrm{d}z,$

其中 $V$ 为由曲面 $|x-y+z|+|y-z+x|+|z-x+y|=1$ 围成的区域. 作变换 $u=x-y+z, v=y-z+x, w=z-x+y$, 则 $\frac{D(u,v,w)}{D(x,y,z)}=4$, 且由 $|u|+|v|+|w|=1$ 围成的体积等于 $\frac{4}{3}$ *). 于是,所求的积分为

$$\iint_S (x-y+z)\mathrm{d}y\mathrm{d}z+(y-z+x)\mathrm{d}z\mathrm{d}x+(z-x+y)\mathrm{d}x\mathrm{d}y=\iiint_{|u|+|v|+|w|\leqslant 1} 3\cdot\frac{1}{4}\mathrm{d}u\mathrm{d}v\mathrm{d}w=\frac{3}{4}\cdot\frac{4}{3}=1.$$

*) 由 $|u|+|v|+|w|=1$ 围成的体积是对称于坐标原点的正八面体的体积,其大小等于由平面 $u+v+w=1, u=0, v=0, w=0$ 所围成的四面体体积的 8 倍,即为 $8\cdot\frac{1}{3}\cdot\frac{1}{2}\cdot 1=\frac{4}{3}$.

**【4390】** 计算

$$\iint_S (x^2\cos\alpha+y^2\cos\beta+z^2\cos\gamma)\mathrm{d}S,$$

式中 $S$ 为部分圆锥面 $x^2+y^2=z^2(0\leqslant z\leqslant h)$, $\cos\alpha, \cos\beta, \cos\gamma$ 为此曲面外法线的方向余弦.

**提示** 并合平面 $S_1: z=h, x^2+y^2\leqslant h^2$ 的部分组成封闭曲面.

**解** 并合平面 $S_1: z=h, x^2+y^2\leqslant h^2$ 的部分组成封闭曲面: $S+S_1$, 它是空间区域 $V$ 的边界,利用奥氏公式,即得

$$\iint_{S+S_1} (x^2\cos\alpha+y^2\cos\beta+z^2\cos\gamma)\mathrm{d}S=2\iiint_V (x+y+z)\mathrm{d}x\mathrm{d}y\mathrm{d}z=2\int_0^{2\pi}\mathrm{d}\varphi\int_0^h r\mathrm{d}r\int_r^h [r(\cos\varphi+\sin\varphi)+z]\mathrm{d}z$$

$$=2\pi\int_0^h (rh^2-r)\mathrm{d}r=\frac{\pi h^4}{2}.$$

又因

$$\iint_{S_1} (x^2\cos\alpha+y^2\cos\beta+z^2\cos\gamma)\mathrm{d}S=h^2\iint_{x^2+y^2\leqslant h^2}\mathrm{d}x\mathrm{d}y=\pi h^4,$$

于是, $\iint_S (x^2\cos\alpha+y^2\cos\beta+z^2\cos\gamma)\mathrm{d}S=\frac{\pi h^4}{2}-\pi h^4=-\frac{\pi h^4}{2}$.

**【4391】** 证明公式:

$$\iiint_V \frac{\mathrm{d}\xi\mathrm{d}\eta\mathrm{d}\zeta}{r}=\frac{1}{2}\iint_S \cos(\boldsymbol{r},\boldsymbol{n})\mathrm{d}S,$$

其中封闭曲面 $S$ 为区域 $V$ 的表面, $\boldsymbol{n}$ 为封闭曲面 $S$ 上的点 $(\xi,\eta,\zeta)$ 处的外法向量,而

$$r=\sqrt{(\xi-x)^2+(\eta-y)^2+(\zeta-z)^2},$$

$\boldsymbol{r}$ 为从点 $(x,y,z)$ 到点 $(\xi,\eta,\zeta)$ 的径向量.

**提示** 研究两种情形:(1)由面 $S$ 不包围点 $(x,y,z)$; (2) 曲面 $S$ 包围点 $(x,y,z)$.

**证** 先设曲面 $S$ 不包围点 $(x,y,z)$(即点 $(x,y,z)$ 在 $V$ 之外),我们有

$$\cos(\boldsymbol{r},\boldsymbol{n})=\cos(\boldsymbol{r},x)\cos\alpha+\cos(\boldsymbol{r},y)\cos\beta+\cos(\boldsymbol{r},z)\cos\gamma,$$

其中 $\cos\alpha, \cos\beta, \cos\gamma$ 为 $\boldsymbol{n}$ 的方向余弦. 由于

$$\cos(\boldsymbol{r},x)=\frac{\xi-x}{r},\ \cos(\boldsymbol{r},y)=\frac{\eta-y}{r},\cos(\boldsymbol{r},z)=\frac{\zeta-z}{r},$$

故

$$\cos(\boldsymbol{r},\boldsymbol{n})=\frac{\xi-x}{r}\cos\alpha+\frac{\eta-y}{r}\cos\beta+\frac{\zeta-z}{r}\cos\gamma.$$

于是,利用奥氏公式,即得

$$\iint_S \cos(\boldsymbol{r},\boldsymbol{n})\mathrm{d}S=\iint_S\left(\frac{\xi-x}{r}\cos\alpha+\frac{\eta-y}{r}\cos\beta+\frac{\zeta-z}{r}\cos\gamma\right)\mathrm{d}S$$

$$=\iiint_V\left[\frac{\partial}{\partial\xi}\left(\frac{\xi-x}{r}\right)+\frac{\partial}{\partial\eta}\left(\frac{\eta-y}{r}\right)+\frac{\partial}{\partial\zeta}\left(\frac{\zeta-z}{r}\right)\right]\mathrm{d}\xi\mathrm{d}\eta\mathrm{d}\zeta=\iiint_V\frac{2}{r}\mathrm{d}\xi\mathrm{d}\eta\mathrm{d}\zeta,$$

故

$$\iiint_V \frac{\mathrm{d}\xi\mathrm{d}\eta\mathrm{d}\zeta}{r}=\frac{1}{2}\iint_S \cos(\boldsymbol{r},\boldsymbol{n})\mathrm{d}S.$$

次设曲面 $S$ 包围点 $(x,y,z)$. 这时,不能对 $V$ 应用奥氏公式,必须用一小区域将点 $(x,y,z)$ 挖掉,即以点 $(x,y,z)$ 为中心, $\varepsilon$ 为半径作一开球域 $V_\varepsilon$($\varepsilon$ 充分小),其边界(球面)以 $S_\varepsilon$ 表示. 对闭区域 $V-V_\varepsilon$, 应用奥氏公式,仿上可得

$$\iint_S \cos(\boldsymbol{r},\boldsymbol{n})\mathrm{d}S+\iint_{S_\varepsilon}\cos(\boldsymbol{r},\boldsymbol{n})\mathrm{d}S=\iiint_{V-V_\varepsilon}\left[\frac{\partial}{\partial\xi}\left(\frac{\xi-x}{r}\right)+\frac{\partial}{\partial\eta}\left(\frac{\eta-y}{r}\right)+\frac{\partial}{\partial\zeta}\left(\frac{\zeta-z}{r}\right)\right]\mathrm{d}\xi\mathrm{d}\eta\mathrm{d}\zeta$$

$$=2\iiint\limits_{V-V_\varepsilon}\frac{d\xi d\eta d\zeta}{r}.$$

但在 $S_\varepsilon$ 上，$\boldsymbol{n}$ 的方向与 $\boldsymbol{r}$ 的方向相反，故 $\cos(\boldsymbol{r},\boldsymbol{n})=-1$. 于是，

$$\iint\limits_{S_\varepsilon}\cos(\boldsymbol{r},\boldsymbol{n})dS=-4\pi\varepsilon^2.$$

由此可知，在前式中令 $\varepsilon\to+0$ 取极限，即得

$$\iiint\limits_{V}\frac{d\xi d\eta d\zeta}{r}=\lim_{\varepsilon\to+0}\iiint\limits_{V-V_\varepsilon}\frac{d\xi d\eta d\zeta}{r}=\frac{1}{2}\iint\limits_{S}\cos(\boldsymbol{r},\boldsymbol{n})dS.$$

证毕.

**【4392】** 计算高斯积分
$$I(x,y,z)=\iint\limits_{S}\frac{\cos(\boldsymbol{r},\boldsymbol{n})}{r^2}dS,$$
式中 $S$ 为简单封闭光滑曲面，它是区域 $V$ 的边界，$\boldsymbol{n}$ 为曲面 $S$ 上在点 $(\xi,\eta,\zeta)$ 处的外法向量，$\boldsymbol{r}$ 为连接点 $(x,y,z)$ 和点 $(\xi,\eta,\zeta)$ 的径向量，$r=\sqrt{(\xi-x)^2+(\eta-y)^2+(\zeta-z)^2}$.

研究两种情形：(1) 曲面 $S$ 不包围点 $(x,y,z)$；(2) 曲面 $S$ 包围点 $(x,y,z)$.

**解** 设法线 $\boldsymbol{n}$ 的方向余弦为 $\cos\alpha,\cos\beta,\cos\gamma$，则

$$\cos(\boldsymbol{r},\boldsymbol{n})=\cos(\boldsymbol{r},x)\cos\alpha+\cos(\boldsymbol{r},y)\cos\beta+\cos(\boldsymbol{r},z)\cos\gamma=\frac{\xi-x}{r}\cos\alpha+\frac{\eta-y}{r}\cos\beta+\frac{\zeta-z}{r}\cos\gamma.$$

因此，高斯积分
$$I(x,y,z)=\iint\limits_{S}\frac{\xi-x}{r^3}d\eta d\zeta+\frac{\eta-y}{r^3}d\zeta d\xi+\frac{\zeta-z}{r^3}d\xi d\eta,$$

这里 $P=\frac{\xi-x}{r^3},Q=\frac{\eta-y}{r^3},R=\frac{\zeta-z}{r^3}$. 于是，

$$\frac{\partial P}{\partial\xi}=\frac{1}{r^3}-\frac{3(\xi-x)^2}{r^5},\qquad\frac{\partial Q}{\partial\eta}=\frac{1}{r^3}-\frac{3(\eta-y)^2}{r^5},\qquad\frac{\partial R}{\partial\zeta}=\frac{1}{r^3}-\frac{3(\zeta-z)^2}{r^5}.$$

它们仅在点 $(x,y,z)$ 处不连续. 因此，

(1) 当曲面 $S$ 不包围点 $(x,y,z)$ 时，则 $\frac{\partial P}{\partial\xi}+\frac{\partial Q}{\partial\eta}+\frac{\partial R}{\partial\zeta}=0$. 于是，利用奥氏公式，有

$$I(x,y,z)=\iint\limits_{S}\frac{\cos(\boldsymbol{r},\boldsymbol{n})}{r^2}dS=0.$$

(2) 当曲面 $S$ 包围点 $(x,y,z)$ 时，则我们以点 $(x,y,z)$ 为中心，$\varepsilon$ 为半径作一球 $V_\varepsilon$ 包围在 $S$ 内，此球面记以 $S_\varepsilon$，将奥氏公式用于 $V-V_\varepsilon$ 上，即得

$$\iint\limits_{S+S_\varepsilon}\frac{\cos(\boldsymbol{r},\boldsymbol{n})}{r^2}dS=0.$$

但因 $\iint\limits_{S_\varepsilon}\frac{\cos(\boldsymbol{r},\boldsymbol{n})}{r^2}dS=\iint\limits_{S_\varepsilon}\left(-\frac{1}{\varepsilon^2}\right)dS=-4\pi$，故得

$$I(x,y,z)=\iint\limits_{S}\frac{\cos(\boldsymbol{r},\boldsymbol{n})}{r^2}dS=4\pi.$$

**【4393】** 证明：若
$$\Delta u\equiv\frac{\partial^2u}{\partial x^2}+\frac{\partial^2u}{\partial y^2}+\frac{\partial^2u}{\partial z^2},$$
有界区域 $V$ 的边界 $S$ 为光滑曲面，则成立下列公式：

$$(1)\iint\limits_{S}\frac{\partial u}{\partial n}dS=\iiint\limits_{V}\Delta u\,dxdydz;\quad(2)\iint\limits_{S}u\frac{\partial u}{\partial n}dS=\iiint\limits_{V}\left[\left(\frac{\partial u}{\partial x}\right)^2+\left(\frac{\partial u}{\partial y}\right)^2+\left(\frac{\partial u}{\partial z}\right)^2\right]dxdydz+\iiint\limits_{V}u\Delta u\,dxdydz,$$

式中 $u$ 及其二阶偏导数是在区域 $V+S$ 内连续的函数，$\frac{\partial u}{\partial n}$ 为沿曲面 $S$ 的外法线的导数.

**证明思路** 只要注意
$$\frac{\partial u}{\partial n}=\frac{\partial u}{\partial x}\cos\alpha+\frac{\partial u}{\partial y}\cos\beta+\frac{\partial u}{\partial z}\cos\gamma,$$
利用奥式公式，(1)及(2)的公式均获证.

**证** (1)由于 $\frac{\partial u}{\partial n}=\frac{\partial u}{\partial x}\cos\alpha+\frac{\partial u}{\partial y}\cos\beta+\frac{\partial u}{\partial z}\cos\gamma$，因此，利用奥氏公式即得

$$\iint_S \frac{\partial u}{\partial n}dS=\iint_S\left(\frac{\partial u}{\partial x}\cos\alpha+\frac{\partial u}{\partial y}\cos\beta+\frac{\partial u}{\partial z}\cos\gamma\right)dS=\iiint_V\left(\frac{\partial^2 u}{\partial x^2}+\frac{\partial^2 u}{\partial y^2}+\frac{\partial^2 u}{\partial z^2}\right)dxdydz=\iiint_V \Delta u\,dxdydz.$$

(2) $$\iint_S u\frac{\partial u}{\partial n}dS=\iint_S\left(u\frac{\partial u}{\partial x}\cos\alpha+u\frac{\partial u}{\partial y}\cos\beta+u\frac{\partial u}{\partial z}\cos\gamma\right)dS$$

$$=\iiint_V\left[\frac{\partial}{\partial x}\left(u\frac{\partial u}{\partial x}\right)+\frac{\partial}{\partial y}\left(u\frac{\partial u}{\partial y}\right)+\frac{\partial}{\partial z}\left(u\frac{\partial u}{\partial z}\right)\right]dxdydz$$

$$=\iiint_V u\Delta u\,dxdydz+\iiint_V\left[\left(\frac{\partial u}{\partial x}\right)^2+\left(\frac{\partial u}{\partial y}\right)^2+\left(\frac{\partial u}{\partial z}\right)^2\right]dxdydz.$$

**【4394】** 证明三维情形的格林第二公式：

$$\iiint_V\begin{vmatrix}\Delta u & \Delta v\\ u & v\end{vmatrix}dxdydz=\iint_S\begin{vmatrix}\frac{\partial u}{\partial n} & \frac{\partial v}{\partial n}\\ u & v\end{vmatrix}dS,$$

式中区域 $V$ 以曲面 $S$ 为界，$\boldsymbol{n}$ 是曲面 $S$ 的外法向量，而函数 $u=u(x,y,z)$，$v=v(x,y,z)$ 在区域 $V+S$ 内二阶可微.

**证** $$\iint_S\begin{vmatrix}\frac{\partial u}{\partial n} & \frac{\partial v}{\partial n}\\ u & v\end{vmatrix}dS=\iint_S\left[\left(v\frac{\partial u}{\partial x}-u\frac{\partial v}{\partial x}\right)\cos\alpha+\left(v\frac{\partial u}{\partial y}-u\frac{\partial v}{\partial y}\right)\cos\beta+\left(v\frac{\partial u}{\partial z}-u\frac{\partial v}{\partial z}\right)\cos\gamma\right]dS$$

$$=\iiint_V\left[\frac{\partial}{\partial x}\left(v\frac{\partial u}{\partial x}-u\frac{\partial v}{\partial x}\right)\cos\alpha+\frac{\partial}{\partial y}\left(v\frac{\partial u}{\partial y}-u\frac{\partial v}{\partial y}\right)\cos\beta+\frac{\partial}{\partial z}\left(v\frac{\partial u}{\partial z}-u\frac{\partial v}{\partial z}\right)\cos\gamma\right]dxdydz$$

$$=\iiint_V\left[v\left(\frac{\partial^2 u}{\partial x^2}+\frac{\partial^2 u}{\partial y^2}+\frac{\partial^2 u}{\partial z^2}\right)-u\left(\frac{\partial^2 v}{\partial x^2}+\frac{\partial^2 v}{\partial y^2}+\frac{\partial^2 v}{\partial z^2}\right)\right]dxdydz$$

$$=\iiint_V\begin{vmatrix}\Delta u & \Delta v\\ u & v\end{vmatrix}dxdydz.$$

**【4395】** 设函数 $u=u(x,y,z)$ 在某区域内具有连续的一阶和二阶导数，若

$$\Delta u\equiv\frac{\partial^2 u}{\partial x^2}+\frac{\partial^2 u}{\partial y^2}+\frac{\partial^2 u}{\partial z^2}=0,$$

则 $u(x,y,z)$ 称为此区域内的调和函数.

证明：若有界闭区域 $V$ 以光滑曲面 $S$ 为界，$u$ 是此区域内的调和函数，则成立下列公式：

(1) $\iint_S\frac{\partial u}{\partial n}dS=0$； (2) $\iiint_V\left[\left(\frac{\partial u}{\partial x}\right)^2+\left(\frac{\partial u}{\partial y}\right)^2+\left(\frac{\partial u}{\partial z}\right)^2\right]dxdydz=\iint_S u\frac{\partial u}{\partial n}dS$，

式中 $\boldsymbol{n}$ 为曲面 $S$ 的外法向量.

用公式(2)证明：区域 $V$ 内的调和函数由它在边界 $S$ 上的值唯一地确定.

**证** (1)由于 $\Delta u=0$，故利用 4393 题(1)的结果，即得

$$\iint_S\frac{\partial u}{\partial n}dS=\iiint_V 0\,dxdydz=0.$$

(2)利用 4393 题(2)的结果，即得

$$\iint_S u\frac{\partial u}{\partial n}dS=\iiint_V u\cdot 0\,dxdydz+\iiint_V\left[\left(\frac{\partial u}{\partial x}\right)^2+\left(\frac{\partial u}{\partial y}\right)^2+\left(\frac{\partial u}{\partial z}\right)^2\right]dxdydz$$

$$=\iiint_V\left[\left(\frac{\partial u}{\partial x}\right)^2+\left(\frac{\partial u}{\partial y}\right)^2+\left(\frac{\partial u}{\partial z}\right)^2\right]dxdydz.$$

与 4333 题一样，只要证明：若在边界 $S$ 上调和函数 $u=0$，则它在区域 $V$ 上也恒有 $u=0$. 事实上，利用本题(2)，得

$$\iiint_V\left[\left(\frac{\partial u}{\partial x}\right)^2+\left(\frac{\partial u}{\partial y}\right)^2+\left(\frac{\partial u}{\partial z}\right)^2\right]dxdydz=0,$$

因此，
$$\frac{\partial u}{\partial x}\equiv\frac{\partial u}{\partial y}\equiv\frac{\partial u}{\partial z}\equiv 0,$$
即在区域 $V$ 上 $u\equiv$常数. 但在 $S$ 上 $u=0$，故在区域 $V$ 上 $u=0$. 这就是证明：在区域 $V$ 内的调和函数由它在边界 $S$ 上的值唯一地确定.

**【4396】** 证明：若函数 $u=u(x,y,z)$ 是以光滑曲面 $S$ 为界的有界闭区域 $V$ 内的调和函数，则
$$u(x,y,z)=\frac{1}{4\pi}\iint\limits_S\left[u\frac{\cos(\boldsymbol{r},\boldsymbol{n})}{r^2}+\frac{1}{r}\frac{\partial u}{\partial n}\right]\mathrm{d}S,$$
式中 $\boldsymbol{r}$ 是从区域 $V$ 的内点 $(x,y,z)$ 引至曲面上的点 $(\xi,\eta,\zeta)$ 的径向量，
$$r=\sqrt{(\xi-x)^2+(\eta-y)^2+(\zeta-z)^2},$$
$\boldsymbol{n}$ 为曲面 $S$ 上在点 $(\xi,\eta,\zeta)$ 的外法向量.

**证** 在 4394 题中令 $v=\frac{1}{r}$，则当 $(\xi,\eta,\zeta)\neq(x,y,z)$ 时，有 $\Delta v=0$. 现以点 $P(x,y,z)$ 为中心，$\rho$ 为半径作一球面 $S_\rho$ 含于曲面 $S$ 内，再将 4394 题应用到由曲面 $S+S_\rho$ 所包围的区域 $V$ 内，即得
$$\iint\limits_{S+S_\rho}\left(\frac{1}{r}\frac{\partial u}{\partial n}-u\frac{\partial\left(\frac{1}{r}\right)}{\partial n}\right)\mathrm{d}S=0,$$
或
$$\iint\limits_{S_\rho}\left(\frac{1}{r}\frac{\partial u}{\partial n}-u\frac{\partial\left(\frac{1}{r}\right)}{\partial n}\right)\mathrm{d}S=-\iint\limits_{S}\left(\frac{1}{r}\frac{\partial u}{\partial n}-u\frac{\partial\left(\frac{1}{r}\right)}{\partial n}\right)\mathrm{d}S.$$
显然，$S$ 上的法线是向外的，而 $S_\rho$ 上的法线是指向球心的，即指向半径减少的一方. 因此，
$$\frac{\partial\left(\frac{1}{r}\right)}{\partial n}=-\frac{\partial\left(\frac{1}{r}\right)}{\partial r}\Bigg|_{r=\rho}=\frac{1}{\rho^2}.$$
于是，我们有
$$\iint\limits_{S_\rho}\left(\frac{1}{\rho}\frac{\partial u}{\partial n}-\frac{u}{\rho^2}\right)\mathrm{d}S=-\iint\limits_{S}\left(\frac{1}{r}\frac{\partial u}{\partial n}-u\frac{\partial\left(\frac{1}{r}\right)}{\partial n}\right)\mathrm{d}S.$$
但 $\iint\limits_{S_\rho}\frac{1}{\rho}\frac{\partial u}{\partial n}\mathrm{d}S=\frac{1}{\rho}\iint\limits_{S_\rho}\frac{\partial u}{\partial n}\mathrm{d}S=0$，又利用中值定理，得
$$\iint\limits_{S_\rho}\frac{u}{\rho^2}\mathrm{d}S=\frac{1}{\rho^2}u(x',y',z')4\pi\rho^2=4\pi u(x',y',z'),$$
其中 $u(x',y',z')$ 为函数 $u$ 在球面 $S_\rho$ 上某点之值. 从而，
$$u(x',y',z')=\frac{1}{4\pi}\iint\limits_S\left(\frac{1}{r}\frac{\partial u}{\partial n}-u\frac{\partial\left(\frac{1}{r}\right)}{\partial n}\right)\mathrm{d}S.$$
上式右端与 $\rho$ 无关. 而 $\lim\limits_{\rho\to+0}u(x',y',z')=u(x,y,z)$. 因而，令 $\rho\to+0$. 即得
$$u(x,y,z)=\frac{1}{4\pi}\iint\limits_S\left(\frac{1}{r}\frac{\partial u}{\partial n}-u\frac{\partial\left(\frac{1}{r}\right)}{\partial n}\right)\mathrm{d}S.$$
又由于
$$\frac{\partial\left(\frac{1}{r}\right)}{\partial n}=\frac{\partial\left(\frac{1}{r}\right)}{\partial r}\frac{\partial r}{\partial n}=-\frac{1}{r^2}\left(\frac{\partial r}{\partial\xi}\cos\alpha+\frac{\partial r}{\partial\eta}\cos\beta+\frac{\partial r}{\partial\zeta}\cos\gamma\right)$$
$$=-\frac{1}{r^2}\left(\frac{\xi-x}{r}\cos\alpha+\frac{\eta-y}{r}\cos\beta+\frac{\zeta-z}{r}\cos\gamma\right)=-\frac{\cos(\boldsymbol{r},\boldsymbol{n})}{r^2},$$
故最后得
$$u(x,y,z)=\frac{1}{4\pi}\iint\limits_S\left[u\frac{\cos(\boldsymbol{r},\boldsymbol{n})}{r^2}+\frac{1}{r}\frac{\partial u}{\partial n}\right]\mathrm{d}S.$$

**【4397】** 证明：若半径为 $R$ 的球的球心位于点 $(x_0,y_0,z_0)$，$u=u(x,y,z)$ 为此球内的调和函数，则

$$u(x_0,y_0,z_0)=\frac{1}{4\pi R^2}\iint\limits_S u(x,y,z)\mathrm{d}S$$

(中值定理).

**证** 在球 $S$ 上应用 4396 题的结果,即得

$$u(x_0,y_0,z_0)=\frac{1}{4\pi}\iint\limits_S\left(\frac{u\cos(\boldsymbol{r},\boldsymbol{n})}{r^2}+\frac{1}{r}\frac{\partial u}{\partial n}\right)\mathrm{d}S=\frac{1}{4\pi}\iint\limits_S\left(\frac{u}{R^2}+\frac{1}{R}\frac{\partial u}{\partial n}\right)\mathrm{d}S=\frac{1}{4\pi R^2}\iint\limits_S u(x,y,z)\mathrm{d}S^{*)}.$$

*) 利用 4395 题的结果.有 $\frac{1}{4\pi R}\iint\limits_S\frac{\partial u}{\partial n}\mathrm{d}S=0.$

**【4398】** 证明:若有界闭区域 $V$ 内的连续函数 $u=u(x,y,z)$,在此区域内部是调和函数,并且它不是常数,则此函数在区域内的点不能达到最大值和最小值(极大值原理).

**证** 证明与 4337 题(平面情形)完全类似.设有界闭区域为 $\bar{\Omega}$,它是由有界开区域 $\Omega$ 及其边界 $\partial\Omega$ 构成.我们要证明:如果 $u(x,y,z)$ 在 $\bar{\Omega}$ 的某内点 $P_0(x_0,y_0,z_0)$ 达到其最大值或最小值(例如,设达到最大值),则 $u(x,y,z)$ 在 $\bar{\Omega}$ 上必为常数.下分三步证明:

(1)先证:若球域 $V_\rho=\left\{(x,y,z)\mid(x-x_0)^2+(y-y_0)^2+(z-z_0)^2\leqslant\rho^2\right\}$ 完全属于 $\Omega$,则 $u(x,y,z)$ 在 $V_\rho$ 上为常数.

对任何的 $0<r\leqslant\rho$,用 $S_r$ 表球面 $\left\{(x,y,z)\mid(x-x_0)^2+(y-y_0)^2+(z-z_0)^2=r^2\right\}$.由 4397 题的结果可知

$$u(x_0,y_0,z_0)=\frac{1}{4\pi r^2}\iint\limits_{S_r}u(x,y,z)\mathrm{d}S,$$

故

$$\frac{1}{4\pi r^2}\iint\limits_{S_r}[u(x_0,y_0,z_0)-u(x,y,z)]\mathrm{d}S=0. \tag{1'}$$

但因 $u(x_0,y_0,z_0)$ 是最大值,故在 $S_r$ 上恒有

$$u(x_0,y_0,z_0)-u(x,y,z)\geqslant 0.$$

由此,根据(1′),即易知在 $S_r$ 上 $u(x_0,y_0,z_0)-u(x,y,z)\equiv 0$.因为,若有某点 $(x_1,y_1,z_1)\in S_r$ 使

$$u(x_0,y_0,z_0)-u(x_1,y_1,z_1)=\tau>0,$$

则由 $u(x,y,z)$ 的连续性可知,必有以 $(x_1,y_1,z_1)$ 为中心的某小球域 $\sigma$ 存在,使当 $(x,y,z)\in\sigma$ 时,恒有

$$u(x_0,y_0,z_0)-u(x,y,z)\geqslant\frac{\tau}{2}.$$

用 $S_r'$ 表 $S_r$ 含于 $\sigma$ 内的部分,则

$$\iint\limits_{S_r}[u(x_0,y_0,z_0)-u(x,y,z)]\mathrm{d}S\geqslant\iint\limits_{S_r'}[u(x_0,y_0,z_0)-u(x,y,z)]\mathrm{d}S\geqslant\iint\limits_{S_r'}\frac{\tau}{2}\mathrm{d}S=\frac{1}{2}\tau D_r>0,$$

其中 $D_r$ 表 $S'_r$ 的面积,此显然与(1′)式矛盾.于是,在 $S_r$ 上有

$$u(x_0,y_0,z_0)-u(x,y,z)\equiv 0.$$

再根据 $r$ 的任意性 $(0<r\leqslant\rho)$,即知对任何 $(x,y,z)\in V_\rho$,都有 $u(x,y,z)=u(x_0,y_0,z_0)$.换句话说,$u(x,y,z)$ 在 $V_\rho$ 上是常数.

(2)次证:设 $P^*(x^*,y^*,z^*)$ 为 $\bar{\Omega}$ 的任一内点(即 $P^*\in\Omega$),则必有

$$u(x^*,y^*,z^*)=u(x_0,y_0,z_0).$$

用完全含于 $\Omega$ 内的折线 $l$ 将点 $P(x_0,y_0,z_0)$ 与点 $P^*(x^*,y^*,z^*)$ 连接起来,用 $\delta$ 表 $\partial\Omega$ 与 $l$ 之间的距离,即

$$\delta=\min\sqrt{(x-x')^2+(y-y')^2+(z-z')^2},$$

其中 min 是对一切 $(x,y,z)\in\partial\Omega$,$(x',y',z')\in l$ 来取的(由于 $\partial\Omega$,$l$ 是互不相交的有界闭集,可证 min 一定能达到,从而 $\delta>0$).取 $0<\delta'<\delta$.

以点 $P_0$ 为中心,$\delta'$ 为半径作一球,得球域

$$V_0=\left\{(x,y,z)\mid(x-x_0)^2+(y-y_0)^2+(z-z_0)^2\leqslant\delta'^2\right\},$$

此球域完全含于 $\Omega$ 内,由(1)段已证的结果知,$u(x,y,z)$ 在 $V_0$ 上为常数,特别是 $u(x_1,y_1,z_1)=u(x_0,y_0,z_0)$.

这里点 $P_1(x_1,y_1,z_1)$代表球面

$$S_0=\left\{(x,y,z)\mid(x-x_0)^2+(y-y_0)^2+(z-z_0)^2=\delta^2\right\}$$

与折线 $l$ 的交点(参看 4337 题的图 8.68).

又以点 $P_1$ 为中心,$\delta'$为半径作一球,得球域

$$V_1=\left\{(x,y,z)\mid(x-x_1)^2+(y-y_1)^2+(z-z_1)^2\leqslant\delta'^2\right\}.$$

于是,$V_1$ 也完全含于 $\Omega$ 内. 由于 $u(x,y,z)$也在 $P_1(x_1,y_1,z_1)$点达到最大值,故将(1)段的结果用于 $V_1$,可知 $u(x,y,z)$在 $V_1$ 上是常数. 特别是 $u(x_2,y_2,z_2)=u(x_1,y_1,z_1)$. 这里点 $P_2(x_2,y_2,z_2)$为球面

$$S_1=\left\{(x,y,z)\mid(x-x_1)^2+(y-y_1)^2+(z-z_1)^2=\delta'^2\right\}$$

与 $l$ 的交点(除 $P_0$ 外的另一交点).

再以点 $P_2$ 为中心,$\delta'$为半径作一球域 $V_2$,…,这样继续下去. 显然,至多经过 $n$ 次($n$ 为大于$\frac{s}{\delta'}$的最小正整数,$s$ 表折线 $l$ 的长),点 $P^*(x^*,y^*,z^*)$必属于 $V_{n-1}$. 从而,

$$u(x^*,y^*,z^*)=u(x_{n-1},y_{n-1},z_{n-1})=\cdots=u(x_1,y_1,z_1)=u(x_0,y_0,z_0).$$

(3)由(2)段的结果知,$u(x,y,z)$在 $\Omega$ 上是常数,根据$u(x,y,z)$在 $\overline{\Omega}$ 上的连续性,通过由 $\Omega$ 的点趋向$\partial\Omega$ 的点取极限,即知 $u(x,y,z)$在 $\overline{\Omega}$ 上是常数. 证毕.

**注** 从证明过程中看出,需假定区域$\Omega$(从而$\overline{\Omega}$)是连通的. 事实上,若$\Omega$不连通,则结论不一定成立. 例如,设$\overline{\Omega}=V_1+V_2$,其中 $V_1$ 与 $V_2$ 是两个互无公共点的闭球域,而令

$$u(x,y,z)=\begin{cases}C_1, & (x,y,z)\in V_1,\\ C_2, & (x,y,z)\in V_2,\end{cases}$$

其中 $C_1\neq C_2$ 是两个常数,则 $u(x,y,z)$显然是$\overline{\Omega}$上的调和函数且在$\overline{\Omega}$上不是常数,但它却在其内点达到最大值与最小值.

**【4399】** 设物体 $V$ 全部浸于液体中,利用帕斯卡定律证明:液体的浮力等于物体所排开的液体的重量,而方向是竖直向上(阿基米德定律).

**证** 将 $Oxy$ 坐标面取在液面上,而 $Oz$ 轴垂直液面向下. 设液体密度为 $\rho$,浸入液体的物体 $V$ 的表面积为 $S$. 若对应于面积元素 $dS$ 液体的深度为 $z$,则在 $dS$ 上所受的压力为 $\rho z dS$,由于此压力总是垂直于 $dS$ 面的,故压力在各坐标轴上的投影为 $-\rho z\cos\alpha dS$, $-\rho z\cos\beta dS$, $-\rho z\cos\gamma dS$.
利用奥氏公式,即得作用于物体整个表面的总压力在各坐标轴上的投影

$$P_x=-\rho\iint\limits_S z\cos\alpha dS=-\rho\iiint\limits_V 0dxdydz=0,$$

$$P_y=-\rho\iint\limits_S z\cos\beta dS=-\rho\iiint\limits_V 0dxdydz=0,$$

$$P_z=-\rho\iint\limits_S z\cos\gamma dS=-\rho\iiint\limits_V dxdydz=-\rho V.$$

因此,压力的主向量即合力,朝着竖直向上的方向,其大小等于被物体排开的液体的重量. 这就是阿基米德定律.

**【4400】** 设 $S_t$ 是动球面$(\xi-x)^2+(\eta-y)^2+(\zeta-z)^2=t^2$,而函数 $f(\xi,\eta,\zeta)$是连续的,证明:函数

$$u(x,y,z,t)=\frac{1}{4\pi}\iint\limits_{S_t}\frac{f(\xi,\eta,\zeta)}{t}dS_t$$

满足波动方程

$$\frac{\partial^2 u}{\partial x^2}+\frac{\partial^2 u}{\partial y^2}+\frac{\partial^2 u}{\partial z^2}=\frac{\partial^2 u}{\partial t^2}$$

和初始条件 $u\Big|_{t=0}=0$, $\frac{\partial u}{\partial t}\Big|_{t=0}=f(x,y,z)$.

**证** 首先指出,本题应设 $f(\xi,\eta,\zeta)$具有连续的二阶偏导数. 先验证函数 $u$ 满足初始 $u\Big|_{t=0}=0$ 条件(意

即 $\lim\limits_{t\to+0}u=0$)及 $\left.\frac{\partial u}{\partial t}\right|_{t=0}=f(x,y,z)$(意即 $\lim\limits_{t\to+0}\frac{\partial u}{\partial t}=f(x,y,z)$). 今固定 $(x,y,z)$. 由连续性知,存在常数 $M>0$,使当 $(\xi-x)^2+(\eta-y)^2+(\zeta-z)^2\leqslant t^2$ 时,恒有

$$|f(\xi,\eta,\zeta)|\leqslant M,\quad |f'_\xi(\xi,\eta,\zeta)|\leqslant M,\quad |f'_\eta(\xi,\eta,\zeta)|\leqslant M,\quad |f'_\zeta(\xi,\eta,\zeta)|\leqslant M.$$

当 $0<t<1$ 时,我们有

$$|u(x,y,z,t)|\leqslant\frac{1}{4\pi t}\iint\limits_{S_t}|f(\xi,\eta,\zeta)|\mathrm{d}S_t\leqslant\frac{1}{4\pi t}\iint\limits_{S}M\mathrm{d}S_t=\frac{1}{4\pi t}M4\pi t^2=Mt,$$

由此可知,$\lim\limits_{t\to+0}u(x,y,z,t)=0$.

又作变量代换 $\xi=x+ut,\eta=y+vt,\zeta=z+wt$,则有

$$u(x,y,z,t)=\frac{1}{4\pi}\iint\limits_{S}f(x+ut,y+vt,z+wt)t\mathrm{d}S,\tag{1}$$

其中 $S$ 是单位球面 $u^2+v^2+w^2=1$. 于是,

$$\begin{aligned}\frac{\partial u}{\partial t}&=\frac{1}{4\pi}\frac{\partial}{\partial t}\iint\limits_{S}f(x+ut,y+vt,z+wt)t\mathrm{d}S\\&=\frac{1}{4\pi}\iint\limits_{S}\left(\frac{\partial f}{\partial\xi}u+\frac{\partial f}{\partial\eta}v+\frac{\partial f}{\partial\zeta}w\right)t\mathrm{d}S+\frac{1}{4\pi}\iint\limits_{S}f(x+ut,y+vt,z+wt)\mathrm{d}S=I_1+I_2.\end{aligned}\tag{2}$$

显然,当 $0<t<1$ 时, $$|I_1|\leqslant\frac{t}{4\pi}\iint\limits_{S}3M\mathrm{d}S=3Mt,$$

故 $\lim\limits_{t\to+0}I_1=0$. 又显然(由于连续性)

$$\lim_{t\to+0}I_2=\frac{1}{4\pi}\iint\limits_{S}f(x,y,z)\mathrm{d}S=\frac{f(x,y,z)}{4\pi}\iint\limits_{S}\mathrm{d}S=f(x,y,z).$$

因此,得 $$\lim_{t\to+0}\frac{\partial u}{\partial t}=f(x,y,z).$$

下面再验证 $u$ 满足波动方程. 由(2)式,利用奥氏公式,有($V$ 为球体 $u^2+v^2+w^2\leqslant1$,$V_t$ 为球体 $u_1^2+v_1^2+w_1^2\leqslant t^2$)

$$\begin{aligned}I_1&=\frac{t}{4\pi}\iint\limits_{S}\left(\frac{\partial f}{\partial\xi}\cos\alpha+\frac{\partial f}{\partial\eta}\cos\beta+\frac{\partial f}{\partial\zeta}\cos\gamma\right)\mathrm{d}S=\frac{t^2}{4\pi}\iiint\limits_{V}\left(\frac{\partial^2}{\partial\xi^2}+\frac{\partial^2}{\partial\eta^2}+\frac{\partial^2}{\partial\zeta^2}\right)f(x+ut,y+vt,z+wt)\mathrm{d}u\mathrm{d}v\mathrm{d}w\\&=\frac{1}{4\pi t}\iiint\limits_{V_t}\left(\frac{\partial^2}{\partial\xi^2}+\frac{\partial^2}{\partial\eta^2}+\frac{\partial^2}{\partial\zeta^2}\right)f(x+u_1,y+v_1,z+w_1)\mathrm{d}u_1\mathrm{d}v_1\mathrm{d}w_1\\&=\frac{1}{4\pi t}\iiint\limits_{V_t}\left(\frac{\partial^2}{\partial x^2}+\frac{\partial^2}{\partial y^2}+\frac{\partial^2}{\partial z^2}\right)f(x+u_1,y+v_1,z+w_1)\mathrm{d}u_1\mathrm{d}v_1\mathrm{d}w_1\\&=\frac{1}{4\pi t}\Delta\left(\iiint\limits_{V_t}f(x+u_1,y+v_1,z+w_1)\mathrm{d}u_1\mathrm{d}v_1\mathrm{d}w_1\right)\\&=\frac{1}{4\pi t}\Delta\left(\int_0^t\int_0^{2\pi}\int_{-\frac{\pi}{2}}^{\frac{\pi}{2}}f(x+r\cos\psi\cos\varphi,y+r\cos\psi\sin\varphi,z+r\sin\psi)r^2\cos\psi\mathrm{d}\psi\mathrm{d}\varphi\mathrm{d}r\right)=\frac{I_3}{4\pi t},\end{aligned}$$

其中 $\cos\alpha=u,\cos\beta=v,\cos\gamma=w$ 为 $S$ 的外法线的方向余弦,又由(2)式及(1)式,有

$$I_2=\frac{1}{4\pi t}\iint\limits_{S}f(x+ut,y+vt,z+wt)t\mathrm{d}S=\frac{u}{t},$$

从而,$\frac{\partial u}{\partial t}=\frac{I_3}{4\pi t}+\frac{u}{t}\ (t>0)$. 于是,

$$\frac{\partial^2u}{\partial t^2}=\frac{1}{4\pi t}\frac{\partial I_3}{\partial t}-\frac{I_3}{4\pi t^2}-\frac{u}{t^2}+\frac{1}{t}\frac{\partial u}{\partial t}=\frac{1}{4\pi t}\frac{\partial I_3}{\partial t}-\frac{I_3}{4\pi t^2}-\frac{u}{t^2}+\frac{1}{t}\left(\frac{I_3}{4\pi t}+\frac{u}{t}\right)=\frac{1}{4\pi t}\frac{\partial I_3}{\partial t}\quad(t>0).\tag{3}$$

但 $$\begin{aligned}\frac{\partial I_3}{\partial t}&=\frac{\partial}{\partial t}\Delta\left[\int_0^t\int_0^{2\pi}\int_{-\frac{\pi}{2}}^{\frac{\pi}{2}}f(x+r\cos\psi\cos\varphi,y+r\cos\psi\sin\varphi,z+r\sin\psi)r^2\cos\psi\mathrm{d}\psi\mathrm{d}\varphi\mathrm{d}r\right]\\&=\Delta\left[\frac{\partial}{\partial t}\int_0^t\int_0^{2\pi}\int_{-\frac{\pi}{2}}^{\frac{\pi}{2}}f(x+r\cos\psi\cos\varphi,y+r\cos\psi\sin\varphi,z+r\sin\psi)r^2\cos\psi\mathrm{d}\psi\mathrm{d}\varphi\mathrm{d}r\right]\end{aligned}$$

$$=\Delta\left[\int_0^{2\pi}\int_{-\frac{\pi}{2}}^{\frac{\pi}{2}} f(x+t\cos\psi\cos\varphi, y+t\cos\psi\sin\varphi, z+t\sin\psi)t^2\cos\psi d\psi d\varphi\right]=\Delta\left[\iint_{S_t} f(\xi,\eta,\zeta)dS_t\right]$$

故 $$\frac{\partial^2 u}{\partial t^2}=\frac{1}{4\pi t}\Delta\left(\iint_{S_t} f(\xi,\eta,\zeta)dS_t\right)=\Delta\left(\frac{1}{4\pi}\iint_{S_t}\frac{f(\xi,\eta,\zeta)}{t}dS_t\right)=\Delta u=\frac{\partial^2 u}{\partial x^2}+\frac{\partial^2 u}{\partial y^2}+\frac{\partial^2 u}{\partial z^2}\quad (t>0).$$

证毕.

## §17. 场论初步

1° **梯度** 若 $u(\boldsymbol{r})=u(x,y,z)$(其中 $\boldsymbol{r}=x\boldsymbol{i}+y\boldsymbol{j}+z\boldsymbol{k}$)是连续可微标量场,则称向量

$$\text{grad}u=\frac{\partial u}{\partial x}\boldsymbol{i}+\frac{\partial u}{\partial y}\boldsymbol{j}+\frac{\partial u}{\partial z}\boldsymbol{k}$$

为它的梯度,简记为 $\text{grad}u=\nabla u$,其中 $\nabla=\boldsymbol{i}\frac{\partial}{\partial x}+\boldsymbol{j}\frac{\partial}{\partial y}+\boldsymbol{k}\frac{\partial}{\partial z}$. 场 $u$ 在已知点 $(x,y,z)$ 的梯度的方向与过此点的等值面 $u(x,y,z)=C$ 的法线方向一致. 对于场的每一点,此向量给出函数 $u$ 变化率最大的方向和大小,

$$|\text{grad}u|=\sqrt{\left(\frac{\partial u}{\partial x}\right)^2+\left(\frac{\partial u}{\partial y}\right)^2+\left(\frac{\partial u}{\partial z}\right)^2}.$$

场 $u$ 在某方向 $\boldsymbol{l}\{\cos\alpha,\cos\beta,\cos\gamma\}$ 上的导数等于:

$$\frac{\partial u}{\partial l}=\text{grad}u\cdot\boldsymbol{l}=\frac{\partial u}{\partial x}\cos\alpha+\frac{\partial u}{\partial y}\cos\beta+\frac{\partial u}{\partial z}\cos\gamma.$$

2° **场的散度与旋度** 若

$$\boldsymbol{a}(\boldsymbol{r})=a_x(x,y,z)\boldsymbol{i}+a_y(x,y,z)\boldsymbol{j}+a_z(x,y,z)\boldsymbol{k}$$

是连续可微向量场,则称标量

$$\text{div}\boldsymbol{a}=\nabla\cdot\boldsymbol{a}=\frac{\partial a_x}{\partial x}+\frac{\partial a_y}{\partial y}+\frac{\partial a_z}{\partial z}$$

为这个场的散度.

向量

$$\text{rot}\boldsymbol{a}=\nabla\times\boldsymbol{a}=\begin{vmatrix}\boldsymbol{i} & \boldsymbol{j} & \boldsymbol{k}\\ \frac{\partial}{\partial x} & \frac{\partial}{\partial y} & \frac{\partial}{\partial z}\\ a_x & a_y & a_z\end{vmatrix}$$

称为场的旋度.

3° **向量通过曲面的通量** 若 $\boldsymbol{a}(\boldsymbol{r})$ 给出区域 $\Omega$ 内的向量场,$S$ 是此区域内的曲面,$\boldsymbol{n}\{\cos\alpha,\cos\beta,\cos\gamma\}$ 是曲面 $S$ 的单位法向量,则称积分

$$\iint_S a_n dS=\iint_S (a_x\cos\alpha+a_y\cos\beta+a_z\cos\gamma)dS$$

(式中 $a_n=\boldsymbol{a}\cdot\boldsymbol{n}$ 为向量的法向分量)为向量 $\boldsymbol{a}$ 在单位法向量 $\boldsymbol{n}$ 所指的方向上通过所给曲面 $S$ 的通量. 以向量形式表述的奥斯特罗格拉茨基公式为

$$\iint_S a_n dS=\iiint_V \text{div}\boldsymbol{a}\,dxdydz,$$

式中曲面 $S$ 为区域 $V$ 的边界,$\boldsymbol{n}$ 为曲面 $S$ 的单位外法向量.

4° **向量的环量** 数 $$\int_C \boldsymbol{a}\cdot d\boldsymbol{r}=\int_C a_x dx+a_y dy+a_z dz$$

称为向量 $\boldsymbol{a}(\boldsymbol{r})$ 沿某曲线 $C$ 的曲线积分(场的功).

若 $C$ 是封闭围线,则称曲线积分为向量 $\boldsymbol{a}$ 沿围线 $C$ 的环量.

以向量形式表述的斯托克斯公式为 $$\oint_C \boldsymbol{a}\cdot d\boldsymbol{r}=\iint_S (\text{rot}\boldsymbol{a})_n dS,$$

式中封闭围线 $C$ 为曲面 $S$ 的边界，并且曲面 $S$ 的单位法向量 $\boldsymbol{n}$ 之方向应当这样来选择：使得立于曲面 $S$ 上的观察者从法线所指方向来看，围线 $C$ 的环绕是逆时针的(对于右手坐标系).

5° **有势场** 若向量场 $\boldsymbol{a}(\boldsymbol{r})$ 是某标量 $u$ 的梯度，即 $\mathrm{grad}u=\boldsymbol{a}$，则 $\boldsymbol{a}$ 称为有势场，而标量 $u$ 称为场的势.

若势 $u$ 为单值函数，则 $$\int_{AB}\boldsymbol{a}\cdot\mathrm{d}\boldsymbol{r}=u(B)-u(A).$$
特别地，这时向量 $\boldsymbol{a}$ 的环量等于零.

在单连通区域内给定的场 $\boldsymbol{a}$ 为有势场的充要条件是
$$\mathrm{rot}\boldsymbol{a}=\boldsymbol{0},$$
即这样的场应当是无旋场.

**【4401】** 求场 $u=x^2+2y^2+3z^2+xy+3x-2y-6z$ 在下列各点的梯度的大小和方向：

(1)$O(0,0,0)$； (2)$A(1,1,1)$； (3)$B(2,0,1)$.

在场中怎样的点，梯度等于零？

**解** $\frac{\partial u}{\partial x}=2x+y+3$，$\frac{\partial u}{\partial y}=4y+x-2$，$\frac{\partial u}{\partial z}=6z-6$.

(1)在 $O$ 点，有 $\mathrm{grad}u=3\boldsymbol{i}-2\boldsymbol{j}-6\boldsymbol{k}$，$|\mathrm{grad}u|=7$，方向：
$$\cos\alpha=\frac{3}{7},\ \cos\beta=-\frac{2}{7},\ \cos\gamma=-\frac{6}{7};$$

(2)在 $A$ 点，有 $\mathrm{grad}u=6\boldsymbol{i}+3\boldsymbol{j}$，$|\mathrm{grad}u|=3\sqrt{5}$，方向：
$$\cos\alpha=\frac{2}{\sqrt{5}},\ \cos\beta=\frac{1}{\sqrt{5}},\ \cos\gamma=0;$$

(3)在 $B$ 点，有 $\mathrm{grad}u=7\boldsymbol{i}$，$|\mathrm{grad}u|=7$，方向：
$$\cos\alpha=1,\ \cos\beta=\cos\gamma=0.$$

一般地说，我们有
$$|\mathrm{grad}u|=\sqrt{(2x+y+3)^2+(4y+x-2)^2+(6z-6)^2}.$$
要 $|\mathrm{grad}u|=0$，只要
$$\begin{cases}2x+y+3=0,\\4y+x-2=0,\\6z-6=0.\end{cases}$$
解之，得 $x=-2,y=1,z=1$，即在点$(-2,1,1)$梯度为零.

**【4402】** 在空间 $Oxyz$ 的哪些点，场 $u=x^3+y^3+z^3-3xyz$ 的梯度

(1)垂直于 $Oz$ 轴；(2)平行于 $Oz$ 轴；(3)等于零？

**解** $\mathrm{grad}u=(3x^2-3yz)\boldsymbol{i}+(3y^2-3xz)\boldsymbol{j}+(3z^2-3xy)\boldsymbol{k}$，

(1)要 $\mathrm{grad}u\perp Oz$，只要 $\mathrm{grad}u\cdot\boldsymbol{k}=0$，即 $3z^2-3xy=0$ 或 $z^2=xy$. 因此，在满足 $z^2=xy$ 的点$(x,y,z)$，其梯度垂直于 $Oz$ 轴.

(2)要 $\mathrm{grad}u/\!/Oz$，只要
$$\begin{cases}3x^2-3yz=0,\\3y^2-3xz=0.\end{cases}$$
解之，得 $x=y=0$ 及 $x=y=z$. 因此，在点$(0,0,z)$及$(x,y,z)$(其中 $x=y=z$)，其梯度平行于 $Oz$ 轴.

(3)要 $|\mathrm{grad}u|=0$，只要
$$\begin{cases}3x^2-3yz=0,\\3y^2-3xz=0,\\3z^2-3xy=0.\end{cases}$$
解之，得 $x=y=z$. 因此，在满足 $x=y=z$ 的点$(x,y,z)$，其梯度等于零.

**【4403】** 给定标量场 $$u=\ln\frac{1}{r},$$

其中 $r=\sqrt{(x-a)^2+(y-b)^2+(z-c)^2}$. 在空间 $Oxyz$ 的哪些点成立等式

$$|\mathrm{grad}u|=1?$$

**解** $\frac{\partial u}{\partial x}=-\frac{x-a}{r^2},\frac{\partial u}{\partial y}=-\frac{y-b}{r^2},\frac{\partial u}{\partial z}=-\frac{z-c}{r^2}$.

于是,

$$|\mathrm{grad}u|=\sqrt{\left(\frac{\partial u}{\partial x}\right)^2+\left(\frac{\partial u}{\partial y}\right)^2+\left(\frac{\partial u}{\partial z}\right)^2}=\sqrt{\frac{1}{r^4}[(x-a)^2+(y-b)^2+(z-c)^2]}=\frac{1}{r}.$$

要 $|\mathrm{grad}u|=1$, 只要 $r=1$, 即在以点 $(a,b,c)$ 为中心, 1 为半径的球面上, 均有

$$\left|\mathrm{grad}\left(\ln\frac{1}{r}\right)\right|=1,$$

其中 $r=\sqrt{(x-a)^2+(y-b)^2+(z-c)^2}$.

**【4404】** 作标量场 $u=\sqrt{x^2+y^2+(z+8)^2}+\sqrt{x^2+y^2+(z-8)^2}$ 的等值面. 求通过点 $M(9,12,28)$ 的等值面. 在区域 $x^2+y^2+z^2\leqslant 36$ 内 $\max u$ 等于什么?

**解** 等值面可由 $u=\sqrt{x^2+y^2+(z+8)^2}+\sqrt{x^2+y^2+(z-8)^2}$

化简得到. 显然有 $u\geqslant\sqrt{(z+8)^2}+\sqrt{(z-8)^2}\geqslant z+8-(z-8)=16$.

于是, 当 $u\geqslant 16$ 时, 有 $u-\sqrt{x^2+y^2+(z-8)^2}=\sqrt{x^2+y^2+(z+8)^2}$.

平方化简可得 $u^2-32z=2u\sqrt{x^2+y^2+(z-8)^2}$,

再平方化简, 即得等值面方程 $\frac{4(x^2+y^2)}{u^2-256}+\frac{4z^2}{u^2}=1 \quad (u\geqslant 16)$,

这是绕 $Oz$ 轴旋转的一个旋转面. 图形省略.

当 $x=9,y=12,z=28$ 时, $u=64$. 因此, 等值面方程为

$$\frac{x^2+y^2}{960}+\frac{z^2}{1024}=1.$$

在区域 $x^2+y^2+z^2\leqslant 36$ 内, 由于

$$u=\sqrt{x^2+y^2+z^2+16z+64}+\sqrt{x^2+y^2+z^2-16z+64}\leqslant\sqrt{100+16z}+\sqrt{100-16z}\quad(0\leqslant z\leqslant 6),$$

故函数 $f(z)=\sqrt{100+16z}+\sqrt{100-16z}$ 在 $[0,6]$ 上的最大值即 $u$ 的最大值.

但是, $f'(z)=8\left(\frac{1}{\sqrt{100+16z}}-\frac{1}{\sqrt{100-16z}}\right)<0 \quad (0<z\leqslant 6)$,

故 $f(z)$ 在 $[0,6]$ 上递减. 从而, $\max\limits_{0\leqslant z\leqslant 6}f(z)=f(0)=20$.

因此, 有 $\max u=20$.

**【4405】** 求场 $u=\frac{x}{x^2+y^2+z^2}$ 在点 $A(1,2,2)$ 及 $B(-3,1,0)$ 的梯度之间的夹角 $\varphi$.

**解** $\frac{\partial u}{\partial x}=\frac{y^2+z^2-x^2}{(x^2+y^2+z^2)^2},\quad\frac{\partial u}{\partial y}=-\frac{2xy}{(x^2+y^2+z^2)^2},\quad\frac{\partial u}{\partial z}=-\frac{2xz}{(x^2+y^2+z^2)^2}$.

在点 $A,B$ 的梯度分别为

$$\mathrm{grad}u(A)=\frac{7}{81}\boldsymbol{i}-\frac{4}{81}\boldsymbol{j}-\frac{4}{81}\boldsymbol{k},\quad\mathrm{grad}u(B)=-\frac{2}{25}\boldsymbol{i}+\frac{3}{50}\boldsymbol{j}.$$

于是,

$$\cos\theta=\frac{\mathrm{grad}u(A)\cdot\mathrm{grad}u(B)}{|\mathrm{grad}u(A)|\cdot|\mathrm{grad}u(B)|}=\frac{-\frac{4}{405}}{\frac{1}{9}\cdot\frac{1}{10}}=-\frac{8}{9}.$$

**【4406】** 设已知标量场 $u=\frac{z}{\sqrt{x^2+y^2+z^2}}$. 作出场的等值面和梯度的等模面.

求区域 $1<z<2$ 内的 $\inf u,\sup u,\inf|\mathrm{grad}u|,\sup|\mathrm{grad}u|$.

**解** 将 $u=\frac{z}{\sqrt{x^2+y^2+z^2}}$ 化简整理,即得 $x^2+y^2+\frac{u^2-1}{u^2}z^2=0$,

其中显然有 $0<|u|<1$. 由此可知,等值面是一个以原点为顶点,$Oz$ 轴为旋转轴的圆锥,但要去掉原点 $O(0,0,0)$. 因此,它是一个圆锥孔,又

$$\frac{\partial u}{\partial x}=-\frac{xz}{\sqrt{(x^2+y^2+z^2)^3}},\qquad \frac{\partial u}{\partial y}=-\frac{yz}{\sqrt{(x^2+y^2+z^2)^3}},$$

$$\frac{\partial u}{\partial z}=\frac{1}{\sqrt{x^2+y^2+z^2}}-\frac{z^2}{\sqrt{(x^2+y^2+z^2)^3}}=\frac{x^2+y^2}{\sqrt{(x^2+y^2+z^2)^3}},$$

故有
$$|\mathrm{grad}u|=\frac{\sqrt{x^2+y^2}}{x^2+y^2+z^2}.$$

令 $\frac{\sqrt{x^2+y^2}}{x^2+y^2+z^2}=c$, 显见此等模面是一个以 $Oz$ 轴为旋转轴的旋转面. 现在令 $y=0$,得

$$x=cx^2+cz^2 \quad 或 \quad \left(x-\frac{1}{2c}\right)^2+z^2=\frac{1}{4c^2}\ (c\neq 0),$$

它是 $Oxz$ 面上的圆. 因此,梯度的等模面是一个旋转环面.

当 $1<z<2$ 时,显然有 $0<u\leqslant 1$;且当 $x=y=0$ 时,$u=1$,而当 $x^2+y^2$ 充分大时 $u$ 可任意小,故

$$\inf_{1<z<2} u=0,\qquad \sup_{1<z<2} u=1.$$

此外,显然
$$\inf_{1<z<2}|\mathrm{grad}u|=\inf_{1<z<2}\frac{\sqrt{x^2+y^2}}{x^2+y^2+z^2}=0.$$

由于对于常数 $a>0$,函数 $f(t)=\frac{\sqrt{t}}{t+a}$ $(0\leqslant t<+\infty)$当 $t=a$ 时达最大值 $f(a)=\frac{1}{2\sqrt{a}}$(这可从讨论 $f(t)$简单地得知),故对于固定的 $z$,$\frac{\sqrt{x^2+y^2}}{x^2+y^2+z^2}$的最大值是$\frac{1}{2\sqrt{z^2}}=\frac{1}{2z}$ $(z>0)$,由此可知

$$\sup_{1<z<2}|\mathrm{grad}u|=\sup_{1<z<2}\frac{\sqrt{x^2+y^2}}{x^2+y^2+z^2}=\frac{1}{2}.$$

**【4407】** 精确到高阶无穷小量,求在点 $M_0(x_0,y_0,z_0)$处之二无限接近的等值面

$$u(x,y,z)=c \quad 及 \quad u(x,y,z)=c+\Delta c$$

之间的距离,其中 $u(x_0,y_0,z_0)=c$ $(\mathrm{grad}u(x_0,y_0,z_0)\neq 0)$.

**解** 过点 $M_0$ 作等值面 $u(x,y,z)=c$ 的垂线,交等值面 $u(x,y,z)=c+\Delta c$ 于点 $M_1(x_1,y_1,z_1)$,则显然二等值面$u(x,y,z)=c$ 和 $u(x,y,z)=c+\Delta c$ 之间的距离 $d=|\overrightarrow{M_0M_1}|$. 由于梯度垂直于等值面,因此,$\mathrm{grad}u(x_0,y_0,z_0)$的方向与$\overrightarrow{M_0M_1}$的方向或者重合,或者相反. 于是,注意到 $u(x_0,y_0,z_0)=c$, $u(x_1,y_1,z_1)=c+\Delta c$,即知

$$\begin{aligned}\Delta c&=u(x_1,y_1,z_1)-u(x_0,y_0,z_0)\approx\left.\frac{\partial u}{\partial x}\right|_{(x_0,y_0,z_0)}(x_1-x_0)+\left.\frac{\partial u}{\partial y}\right|_{(x_0,y_0,z_0)}(y_1-y_0)+\left.\frac{\partial u}{\partial z}\right|_{(x_0,y_0,z_0)}(z_1-z_0)\\&=[\mathrm{grad}u(x_0,y_0,z_0)]\cdot\overrightarrow{M_0M_1}=\pm|\mathrm{grad}u(x_0,y_0,z_0)||\overrightarrow{M_0M_1}|\\&=\pm|\mathrm{grad}u(x_0,y_0,z_0)|d.\end{aligned}$$

由此可知(精确到高阶无穷小), $d\approx\frac{|\Delta c|}{|\mathrm{grad}u(x_0,y_0,z_0)|}$.

**【4408】** 证明公式:

(1) $\mathrm{grad}(u+c)=\mathrm{grad}u$ ($c$ 为常数);
(2) $\mathrm{grad}cu=c\,\mathrm{grad}u$ ($c$ 为常数);
(3) $\mathrm{grad}(u+v)=\mathrm{grad}u+\mathrm{grad}v$;
(4) $\mathrm{grad}uv=v\,\mathrm{grad}u+u\,\mathrm{grad}v$;
(5) $\mathrm{grad}(u^2)=2u\,\mathrm{grad}u$;
(6) $\mathrm{grad}f(u)=f'(u)\mathrm{grad}u$.

**提示** 利用梯度的定义易证.

**证**

(1)由于$\frac{\partial(u+c)}{\partial x}=\frac{\partial u}{\partial x}$，$\frac{\partial(u+c)}{\partial y}=\frac{\partial u}{\partial y}$，$\frac{\partial(u+c)}{\partial z}=\frac{\partial u}{\partial z}$，故得 $\mathrm{grad}(u+c)=\mathrm{grad}u$.

(2)由于$\frac{\partial(cu)}{\partial x}=c\frac{\partial u}{\partial x}$，$\frac{\partial(cu)}{\partial y}=c\frac{\partial u}{\partial y}$，$\frac{\partial(cu)}{\partial z}=c\frac{\partial u}{\partial z}$，故得$\mathrm{grad}cu=c\mathrm{grad}u$.

(3)由于$\frac{\partial(u+v)}{\partial x}=\frac{\partial u}{\partial x}+\frac{\partial v}{\partial x}$，$\frac{\partial(u+v)}{\partial y}=\frac{\partial u}{\partial y}+\frac{\partial v}{\partial y}$，$\frac{\partial(u+v)}{\partial z}=\frac{\partial u}{\partial z}+\frac{\partial v}{\partial z}$，故得 $\mathrm{grad}(u+v)=\mathrm{grad}u+\mathrm{grad}v$.

(4)由于$\frac{\partial(uv)}{\partial x}=u\frac{\partial v}{\partial x}+v\frac{\partial u}{\partial x}$，$\frac{\partial(uv)}{\partial y}=u\frac{\partial u}{\partial y}+v\frac{\partial u}{\partial y}$，$\frac{\partial(uv)}{\partial z}=u\frac{\partial v}{\partial z}+v\frac{\partial u}{\partial z}$，故得 $\mathrm{grad}uv=u\mathrm{grad}v+v\mathrm{grad}u$.

(5)在(4)中令 $v=u$，即得 $\mathrm{grad}(u^2)=2u\mathrm{grad}u$.

(6)由于$\frac{\partial f(u)}{\partial x}=f'(u)\frac{\partial u}{\partial x}$，$\frac{\partial f(u)}{\partial y}=f'(u)\frac{\partial u}{\partial y}$，$\frac{\partial f(u)}{\partial z}=f'(u)\frac{\partial u}{\partial z}$，故得 $\mathrm{grad}f(u)=f'(u)\mathrm{grad}u$.

**【4409】** 计算：(1)$\mathrm{grad}r$；(2)$\mathrm{grad}r^2$；(3)$\mathrm{grad}\frac{1}{r}$，其中$r=\sqrt{x^2+y^2+z^2}$.

**解** (1) $\frac{\partial r}{\partial x}=\frac{x}{r}$，$\frac{\partial r}{\partial y}=\frac{y}{r}$，$\frac{\partial r}{\partial z}=\frac{z}{r}$. 于是，$\mathrm{grad}r=\frac{\boldsymbol{r}}{r}$，其中$\boldsymbol{r}=x\boldsymbol{i}+y\boldsymbol{j}+z\boldsymbol{k}$，

(2) $\mathrm{grad}(r^2)=2r\mathrm{grad}r=2r\frac{\boldsymbol{r}}{r}=2\boldsymbol{r}$，

(3) $\mathrm{grad}\frac{1}{r}=-\frac{1}{r^2}\mathrm{grad}r=-\frac{\boldsymbol{r}}{r^3}$.

**【4410】** 求 $\mathrm{grad}f(r)$，其中 $r=\sqrt{x^2+y^2+z^2}$.

**提示** 利用 4408 题(6)及 4409 题(1)的结果.

**解** $\mathrm{grad}f(r)=f'(r)\mathrm{grad}r^{*)}=f'(r)\frac{\boldsymbol{r}}{r}^{**)}$.

*) 利用 4408 题(6)的结果.

**) 利用 4409 题(1)的结果

**【4411】** 求 $\mathrm{grad}(\boldsymbol{c}\cdot\boldsymbol{r})$，其中 $\boldsymbol{c}$ 为常向量，$\boldsymbol{r}$ 为引自坐标原点的径向量.

**解** 设 $\boldsymbol{c}=c_x\boldsymbol{i}+c_y\boldsymbol{j}+c_z\boldsymbol{k}$，其中 $c_x,c_y,c_z$ 为常数. 由于

$$\boldsymbol{c}\cdot\boldsymbol{r}=c_xx+c_yy+c_zz \quad 及 \quad \frac{\partial(\boldsymbol{c}\cdot\boldsymbol{r})}{\partial x}=c_x,\quad \frac{\partial(\boldsymbol{c}\cdot\boldsymbol{r})}{\partial y}=c_y,\quad \frac{\partial(\boldsymbol{c}\cdot\boldsymbol{r})}{\partial z}=c_z,$$

故 $\mathrm{grad}(\boldsymbol{c}\cdot\boldsymbol{r})=\boldsymbol{c}$.

**【4412】** 求 $\mathrm{grad}\{|\boldsymbol{c}\times\boldsymbol{r}|^2\}$($\boldsymbol{c}$ 为常向量).

**解** $|\boldsymbol{c}\times\boldsymbol{r}|^2=(c_yz-c_zy)^2+(c_zx-c_xz)^2+(c_xy-c_yx)^2$. 于是，

$$\begin{aligned}\mathrm{grad}\{|\boldsymbol{c}\times\boldsymbol{r}|^2\}&=[2c_z(c_zx-c_xz)-2c_y(c_xy-c_yx)]\boldsymbol{i}+[-2c_z(c_yz-c_zy)+2c_x(c_xy-c_yx)]\boldsymbol{j}\\&\quad+[2c_y(c_yz-c_zy)-2c_x(c_zx-c_xz)]\boldsymbol{k}\\&=2[x(c_x^2+c_y^2+c_z^2)-c_x(c_xx+c_yy+c_zz)]\boldsymbol{i}+2[y(c_x^2+c_y^2+c_z^2)-c_y(c_xx+c_yy+c_zz)]\boldsymbol{j}\\&\quad+2[z(c_x^2+c_y^2+c_z^2)-c_z(c_xx+c_yy+c_zz)]\boldsymbol{k}\\&=2\boldsymbol{r}(\boldsymbol{c}\cdot\boldsymbol{c})-2\boldsymbol{c}(\boldsymbol{r}\cdot\boldsymbol{c}).\end{aligned}$$

**【4413】** 证明公式：
$$\mathrm{grad}f(u,v)=\frac{\partial f}{\partial u}\mathrm{grad}u+\frac{\partial f}{\partial v}\mathrm{grad}v.$$

**证** 由于 $\frac{\partial f(u,v)}{\partial x}=\frac{\partial f}{\partial u}\frac{\partial u}{\partial x}+\frac{\partial f}{\partial v}\frac{\partial v}{\partial x}$，$\frac{\partial f(u,v)}{\partial y}=\frac{\partial f}{\partial u}\frac{\partial u}{\partial y}+\frac{\partial f}{\partial v}\frac{\partial v}{\partial y}$，$\frac{\partial f(u,v)}{\partial z}=\frac{\partial f}{\partial u}\frac{\partial u}{\partial z}+\frac{\partial f}{\partial v}\frac{\partial v}{\partial z}$，

故有
$$\mathrm{grad}f(u,v)=\frac{\partial f}{\partial u}\left(\frac{\partial u}{\partial x}\boldsymbol{i}+\frac{\partial u}{\partial y}\boldsymbol{j}+\frac{\partial u}{\partial z}\boldsymbol{k}\right)+\frac{\partial f}{\partial v}\left(\frac{\partial v}{\partial x}\boldsymbol{i}+\frac{\partial v}{\partial y}\boldsymbol{j}+\frac{\partial v}{\partial z}\boldsymbol{k}\right)=\frac{\partial f}{\partial u}\mathrm{grad}u+\frac{\partial f}{\partial v}\mathrm{grad}v.$$

**【4414】** 证明公式：
$$\nabla^2(uv)=u\nabla^2v+v\nabla^2u+2\nabla u\nabla v,$$

其中 $\nabla=\boldsymbol{i}\frac{\partial}{\partial x}+\boldsymbol{j}\frac{\partial}{\partial y}+\boldsymbol{k}\frac{\partial}{\partial z}$，$\nabla^2=\nabla\cdot\nabla=\frac{\partial^2}{\partial x^2}+\frac{\partial^2}{\partial y^2}+\frac{\partial^2}{\partial z^2}$.

**证** 由于$\nabla(uv)=u\nabla v+v\nabla u$，故

$$\nabla^2(uv)=\nabla[\nabla(uv)]=\nabla(u\nabla v+v\nabla u)=\nabla(u\nabla v)+\nabla(v\nabla u)$$
$$=(u\nabla^2 v+\nabla u\nabla v)+(v\nabla^2 u+\nabla u\nabla v)=u\nabla^2 v+v\nabla^2 u+2\nabla u\nabla v.$$

**【4415】** 证明：若函数 $u=u(x,y,z)$ 在凸区域 $\Omega$ 内可微，且 $|\mathrm{grad}u|\leqslant M$，其中 $M$ 为常数，则对于 $\Omega$ 中任意两点 $A,B$ 有：

$$|u(A)-u(B)|\leqslant M\rho(A,B),$$

式中 $\rho(A,B)$ 为 $A$ 与 $B$ 两点之间的距离.

**证** 由于 $\Omega$ 为凸区域，故线段 $\overline{AB}$ 整个属于 $\Omega$. 设 $B$ 的坐标为 $(x_0,y_0,z_0)$，$A$ 的坐标为 $(x_1,y_1,z_1)$，且令 $x_1-x_0=\Delta x$，$y_1-y_0=\Delta y$，$z_1-z_0=\Delta z$，并考虑一元函数 $f(t)=u(x_0+t\Delta x,y_0+t\Delta y,z_0+t\Delta z)$ $(0\leqslant t\leqslant 1)$，显然 $f(0)=u(B)$，$f(1)=u(A)$，且 $f(t)$ 在 $[0,1]$ 上可微，并且

$$f'(t)=u'_x(x_0+t\Delta x,y_0+t\Delta y,z_0+t\Delta z)\Delta x+u'_y(x_0+t\Delta x,y_0+t\Delta y,z_0+t\Delta z)\Delta y$$
$$+u'_z(x_0+t\Delta x,y_0+t\Delta y,z_0+t\Delta z)\Delta z.$$

于是，由微分学中值定理知

$$u(A)-u(B)=f(1)-f(0)=f'(\xi)$$
$$=u'_x(x_0+\xi\Delta x,y_0+\xi\Delta y,z_0+\xi\Delta z)\Delta x+u'_y(x_0+\xi\Delta x,y_0+\xi\Delta y,z_0+\xi\Delta z)\Delta y+$$
$$u'_z(x_0+\xi\Delta x,y_0+\xi\Delta y,z_0+\xi\Delta z)\Delta z$$
$$=[\mathrm{grad}u(x_0+\xi\Delta x,y_0+\xi\Delta y,z_0+\xi\Delta z)]\cdot\overrightarrow{BA},$$

由此可知

$$|u(A)-u(B)|=|[\mathrm{grad}u(x_0+\xi\Delta x,y_0+\xi\Delta y,z_0+\xi\Delta z)]\cdot\overrightarrow{BA}|$$
$$\leqslant|\mathrm{grad}u(x_0+\xi\Delta x,y_0+\xi\Delta y,z_0+\xi\Delta z)|\cdot|\overrightarrow{BA}|\leqslant M\rho(A,B).$$

**【4416】** 求场 $u=\frac{x^2}{a^2}+\frac{y^2}{b^2}+\frac{z^2}{c^2}$ 在已知点 $M(x,y,z)$ 处沿此点的径向量 $\boldsymbol{r}$ 之方向的导数.

在怎样的情况下，此导数等于梯度的大小？

**解** $\frac{\partial u}{\partial r}=\frac{\partial u}{\partial x}\cos\alpha+\frac{\partial u}{\partial y}\cos\beta+\frac{\partial u}{\partial z}\cos\gamma$，其中 $\cos\alpha=\frac{x}{r}$，$\cos\beta=\frac{y}{r}$，$\cos\gamma=\frac{z}{r}$，$r=\sqrt{x^2+y^2+z^2}$. 于是，

$$\frac{\partial u}{\partial r}=\frac{2x}{a^2}\frac{x}{r}+\frac{2y}{b^2}\frac{y}{r}+\frac{2z}{c^2}\frac{z}{r}=\frac{2u}{r}.$$

又 $|\mathrm{grad}u|=2\sqrt{\frac{x^2}{a^4}+\frac{y^2}{b^4}+\frac{z^2}{c^4}}$. 要 $|\mathrm{grad}u|=\frac{\partial u}{\partial r}$，只要 $\frac{u}{r}=\sqrt{\frac{x^2}{a^4}+\frac{y^2}{b^4}+\frac{z^2}{c^4}}$，即只要 $a=b=c$，此即所求的解.

**【4417】** 求场 $u=\frac{1}{r}$（其中 $r=\sqrt{x^2+y^2+z^2}$）在方向 $\boldsymbol{l}\{\cos\alpha,\cos\beta,\cos\gamma\}$ 上的导数.

在怎样的情况下，此导数等于零？

**解** $\frac{\partial u}{\partial x}=-\frac{x}{r^3}$，$\frac{\partial u}{\partial y}=-\frac{y}{r^3}$，$\frac{\partial u}{\partial z}=-\frac{z}{r^3}$. 于是，

$$\frac{\partial u}{\partial l}=-\frac{x}{r^3}\cos\alpha-\frac{y}{r^3}\cos\beta-\frac{z}{r^3}\cos\gamma=-\frac{1}{r^2}[\cos(\boldsymbol{r},x)\cos\alpha+\cos(\boldsymbol{r},y)\cos\beta+\cos(\boldsymbol{r},z)\cos\gamma]$$
$$=-\frac{\cos(\boldsymbol{l},\boldsymbol{r})}{r^2}.$$

要 $\frac{\partial u}{\partial l}=0$，只要 $\cos(\boldsymbol{l},\boldsymbol{r})=0$，即 $\boldsymbol{l}\perp\boldsymbol{r}$，此即所求的解.

**【4418】** 求场 $u=u(x,y,z)$ 在场 $v=v(x,y,z)$ 的梯度方向的导数.

在怎样的情况下，此导数等于零？

**解** $\boldsymbol{l}=\mathrm{grad}v$，$\boldsymbol{l}_0=\frac{\mathrm{grad}v}{|\mathrm{grad}v|}$. 于是，

$$\frac{\partial u}{\partial l}=\mathrm{grad}u\cdot\boldsymbol{l}_0=\frac{\mathrm{grad}u\cdot\mathrm{grad}v}{|\mathrm{grad}v|}$$

要$\dfrac{\partial u}{\partial l}=0$，只要 $\mathrm{grad}u\perp\mathrm{grad}v$，此即所求的解.

【4419】$^+$ 设 $u=\arctan\dfrac{z}{\sqrt{x^2+y^2}}$，$\boldsymbol{c}=\boldsymbol{i}+\boldsymbol{j}+\boldsymbol{k}$，写出 $\boldsymbol{a}=\boldsymbol{c}\times\mathrm{grad}u$ 通过单位向量 $\boldsymbol{i},\boldsymbol{j},\boldsymbol{k}$ 的表达式.

解 $$\frac{\partial u}{\partial x}=\frac{1}{1+\frac{z^2}{x^2+y^2}}\left(-\frac{xz}{(x^2+y^2)^{\frac{3}{2}}}\right)=-\frac{xz}{(x^2+y^2+z^2)(x^2+y^2)^{\frac{1}{2}}},$$

$$\frac{\partial u}{\partial y}=-\frac{yz}{(x^2+y^2+z^2)(x^2+y^2)^{\frac{1}{2}}},\qquad \frac{\partial u}{\partial z}=\frac{(x^2+y^2)^{\frac{1}{2}}}{x^2+y^2+z^2}.$$

于是，

$$\boldsymbol{a}=\boldsymbol{c}\times\mathrm{grad}u=\begin{vmatrix}\boldsymbol{i}&\boldsymbol{j}&\boldsymbol{k}\\1&1&1\\\frac{\partial u}{\partial x}&\frac{\partial u}{\partial y}&\frac{\partial u}{\partial z}\end{vmatrix}$$

$$=\frac{1}{(x^2+y^2+z^2)(x^2+y^2)^{\frac{1}{2}}}[(x^2+y^2+yz)\boldsymbol{i}-(x^2+y^2+xz)\boldsymbol{j}+(x-y)z\boldsymbol{k}].$$

【4420】 确定向量场 $\boldsymbol{a}=x\boldsymbol{i}+y\boldsymbol{j}+2z\boldsymbol{k}$ 的向量线.

解 向量线系这样的一条曲线 $C$，在 $C$ 上每一点的切线与向量场在该点的方向重合. 因此，有 $\mathrm{d}\boldsymbol{r}/\!/\boldsymbol{a}$，即

$$\frac{\mathrm{d}x}{a_x}=\frac{\mathrm{d}y}{a_y}=\frac{\mathrm{d}z}{a_z},$$

其中 $\boldsymbol{a}=a_x\boldsymbol{i}+a_y\boldsymbol{j}+a_z\boldsymbol{k}$.

今有 $a_x=x,a_y=y,a_z=2z$，故得 $$\frac{\mathrm{d}x}{x}=\frac{\mathrm{d}y}{y}=\frac{\mathrm{d}z}{2z}.$$

解之，得 $y=c_1x,\ z=c_2x^2$.

【4421】 用直接计算的方法证明：向量 $\boldsymbol{a}$ 的散度与直角坐标系的选择无关.

证 设除直角坐标系 $Oxyz$（坐标轴方向的单位向量为 $\boldsymbol{i},\boldsymbol{j},\boldsymbol{k}$）外，另有直角坐标系 $O'x'y'z'$（坐标轴方向的单位向量为 $\boldsymbol{i}',\boldsymbol{j}',\boldsymbol{k}'$）. 我们要证

$$\frac{\partial a_x}{\partial x}+\frac{\partial a_y}{\partial y}+\frac{\partial a_z}{\partial z}=\frac{\partial a_{x'}}{\partial x'}+\frac{\partial a_{y'}}{\partial y'}+\frac{\partial a_{z'}}{\partial z'},$$

设 $$\begin{cases}\boldsymbol{i}'=\cos\alpha_1\boldsymbol{i}+\cos\beta_1\boldsymbol{j}+\cos\gamma_1\boldsymbol{k},\\\boldsymbol{j}'=\cos\alpha_2\boldsymbol{i}+\cos\beta_2\boldsymbol{j}+\cos\gamma_2\boldsymbol{k},\\\boldsymbol{k}'=\cos\alpha_3\boldsymbol{i}+\cos\beta_3\boldsymbol{j}+\cos\gamma_3\boldsymbol{k}.\end{cases}$$

又设 $\boldsymbol{r}_0=\overrightarrow{OO'}=a\boldsymbol{i}+b\boldsymbol{j}+c\boldsymbol{k}$. 于是，空间一点 $P$ 在两个坐标系中的坐标 $(x,y,z)$ 与 $(x',y',z')$ 之间的关系为（令 $\boldsymbol{r}=\overrightarrow{OP},\boldsymbol{r}'=\overrightarrow{O'P}$）：

$$x'=\boldsymbol{r}'\cdot\boldsymbol{i}'=(\boldsymbol{r}-\boldsymbol{r}_0)\cdot\boldsymbol{i}'=(x-a)\cos\alpha_1+(y-b)\cos\beta_1+(z-c)\cos\gamma_1,$$
$$y'=\boldsymbol{r}'\cdot\boldsymbol{j}'=(\boldsymbol{r}-\boldsymbol{r}_0)\cdot\boldsymbol{j}'=(x-a)\cos\alpha_2+(y-b)\cos\beta_2+(z-c)\cos\gamma_2,$$
$$z'=\boldsymbol{r}'\cdot\boldsymbol{k}'=(\boldsymbol{r}-\boldsymbol{r}_0)\cdot\boldsymbol{k}'=(x-a)\cos\alpha_3+(y-b)\cos\beta_3+(z-c)\cos\gamma_3,$$

我们有

$$\vec{a}=a_{x'}\boldsymbol{i}'+a_{y'}\boldsymbol{j}'+a_{z'}\boldsymbol{k}'$$
$$=a_{x'}(\cos\alpha_1\boldsymbol{i}+\cos\beta_1\boldsymbol{j}+\cos\gamma_1\boldsymbol{k})+a_{y'}(\cos\alpha_2\boldsymbol{i}+\cos\beta_2\boldsymbol{j}+\cos\gamma_2\boldsymbol{k})+a_{z'}(\cos\alpha_3\boldsymbol{i}+\cos\beta_3\boldsymbol{j}+\cos\gamma_3\boldsymbol{k}).$$

由此可知

$$a_x=a_{x'}\cos\alpha_1+a_{y'}\cos\alpha_2+a_{z'}\cos\alpha_3\quad a_y=a_{x'}\cos\beta_1+a_{y'}\cos\beta_2+a_{z'}\cos\beta_3\quad a_z=a_{x'}\cos\gamma_1+a_{y'}\cos\gamma_2+a_{z'}\cos\gamma_3.$$

于是，

$$\frac{\partial a_x}{\partial x}=\frac{\partial a_x}{\partial x'}\frac{\partial x'}{\partial x}+\frac{\partial a_x}{\partial y'}\frac{\partial y'}{\partial x}+\frac{\partial a_x}{\partial z'}\frac{\partial z'}{\partial x}=\left(\cos\alpha_1\frac{\partial a_{x'}}{\partial x'}+\cos\alpha_2\frac{\partial a_{y'}}{\partial x'}+\cos\alpha_3\frac{\partial a_{z'}}{\partial x'}\right)\cos\alpha_1$$

$$+\left(\cos\alpha_1\frac{\partial a_{x'}}{\partial y'}+\cos\alpha_2\frac{\partial a_{y'}}{\partial y'}+\cos\alpha_3\frac{\partial a_{z'}}{\partial y'}\right)\cos\alpha_2+\left(\cos\alpha_1\frac{\partial a_{x'}}{\partial z'}+\cos\alpha_2\frac{\partial a_{y'}}{\partial z'}+\cos\alpha_3\frac{\partial a_{z'}}{\partial z'}\right)\cos\alpha_3.$$

同理,可得

$$\frac{\partial a_y}{\partial y}=\left(\cos\beta_1\frac{\partial a_{x'}}{\partial x'}+\cos\beta_2\frac{\partial a_{y'}}{\partial x'}+\cos\beta_3\frac{\partial a_{z'}}{\partial x'}\right)\cos\beta_1+\left(\cos\beta_1\frac{\partial a_{x'}}{\partial y'}+\cos\beta_2\frac{\partial a_{y'}}{\partial y'}+\cos\beta_3\frac{\partial a_{z'}}{\partial y'}\right)\cos\beta_2$$
$$+\left(\cos\beta_1\frac{\partial a_{x'}}{\partial z'}+\cos\beta_2\frac{\partial a_{y'}}{\partial z'}+\cos\beta_3\frac{\partial a_{z'}}{\partial z'}\right)\cos\beta_3,$$

$$\frac{\partial a_z}{\partial z}=\left(\cos\gamma_1\frac{\partial a_{x'}}{\partial x'}+\cos\gamma_2\frac{\partial a_{y'}}{\partial x'}+\cos\gamma_3\frac{\partial a_{z'}}{\partial x'}\right)\cos\gamma_1+\left(\cos\gamma_1\frac{\partial a_{x'}}{\partial y'}+\cos\gamma_2\frac{\partial a_{y'}}{\partial y'}+\cos\gamma_3\frac{\partial a_{z'}}{\partial y'}\right)\cos\gamma_2$$
$$+\left(\cos\gamma_1\frac{\partial a_{x'}}{\partial z'}+\cos\gamma_2\frac{\partial a_{y'}}{\partial z'}+\cos\gamma_3\frac{\partial a_{z'}}{\partial z'}\right)\cos\gamma_3.$$

将这三式相加,得

$$\frac{\partial a_x}{\partial x}+\frac{\partial a_y}{\partial y}+\frac{\partial a_z}{\partial z}=(\boldsymbol{i}'\cdot\boldsymbol{i}')\frac{\partial a_{x'}}{\partial x'}+(\boldsymbol{j}'\cdot\boldsymbol{i}')\frac{\partial a_{y'}}{\partial x'}+(\boldsymbol{k}'\cdot\boldsymbol{i}')\frac{\partial a_{z'}}{\partial x'}+(\boldsymbol{i}'\cdot\boldsymbol{j}')\frac{\partial a_{x'}}{\partial y'}+(\boldsymbol{j}'\cdot\boldsymbol{j}')\frac{\partial a_{y'}}{\partial y'}+(\boldsymbol{k}'\cdot\boldsymbol{j}')\frac{\partial a_{z'}}{\partial y'}$$
$$+(\boldsymbol{i}'\cdot\boldsymbol{k}')\frac{\partial a_{x'}}{\partial z'}+(\boldsymbol{j}'\cdot\boldsymbol{k}')\frac{\partial a_{y'}}{\partial z'}+(\boldsymbol{k}'\cdot\boldsymbol{k}')\frac{\partial a_{z'}}{\partial z'}$$
$$=\frac{\partial a_{x'}}{\partial x'}+\frac{\partial a_{y'}}{\partial y'}+\frac{\partial a_{z'}}{\partial z'}.$$

证毕.

**【4422】** 证明:

$$\operatorname{div}\boldsymbol{a}(M)=\lim_{d(S)\to 0}\frac{1}{V}\iint_S a_n\,\mathrm{d}S,$$

其中 $S$ 表示围绕着点 $M$ 的封闭曲面,$V$ 是该曲面所围区域的体积,$\boldsymbol{n}$ 为曲面 $S$ 的外法向量,$d(S)$为曲面 $S$ 的直径.

**证明思路** 注意 $\boldsymbol{a}_n=\boldsymbol{a}\cdot\boldsymbol{n}=a_x\cos\alpha+a_y\cos\beta+a_z\cos\gamma$,并应用奥氏公式及积分中值定理,命题即可获证.

**证** 由于

$$\boldsymbol{a}_n=\boldsymbol{a}\cdot\boldsymbol{n}=a_x\cos\alpha+a_y\cos\beta+a_z\cos\gamma,$$

其中 $\cos\alpha,\cos\beta,\cos\gamma$ 是 $\boldsymbol{n}$ 的方向余弦. 应用奥氏公式以及积分中值定理,得

$$\iint_S \boldsymbol{a}_n\,\mathrm{d}S=\iint_S(a_x\cos\alpha+a_y\cos\beta+a_z\cos\gamma)\,\mathrm{d}S=\iiint_V\left(\frac{\partial a_x}{\partial x}+\frac{\partial a_y}{\partial y}+\frac{\partial a_z}{\partial z}\right)\mathrm{d}x\mathrm{d}y\mathrm{d}z=\iiint_V(\operatorname{div}\boldsymbol{a})\,\mathrm{d}x\mathrm{d}y\mathrm{d}z$$
$$=\operatorname{div}\boldsymbol{a}(M_1)\cdot V,$$

其中 $M_1$ 是 $V$ 中某点,即

$$\operatorname{div}\boldsymbol{a}(M_1)=\frac{1}{V}\iint_S \boldsymbol{a}_n\,\mathrm{d}S.$$

令 $d(S)\to 0$,这时 $V$ 缩向点 $M$,从而点 $M_1\to M$,取极限,即得

$$\operatorname{div}\boldsymbol{a}(M)=\lim_{d(S)\to 0}\frac{1}{V}\iint_S \boldsymbol{a}_n\,\mathrm{d}S.$$

证毕.

**【4423】** 求

$$\operatorname{div}\begin{vmatrix}\boldsymbol{i} & \boldsymbol{j} & \boldsymbol{k}\\ \dfrac{\partial}{\partial x} & \dfrac{\partial}{\partial y} & \dfrac{\partial}{\partial z}\\ w_x & w_y & w_z\end{vmatrix}.$$

**提示** 利用散度的定义,易得结果为零.

**解**

$$\operatorname{div}\begin{vmatrix}\boldsymbol{i} & \boldsymbol{j} & \boldsymbol{k}\\ \dfrac{\partial}{\partial x} & \dfrac{\partial}{\partial y} & \dfrac{\partial}{\partial z}\\ w_x & w_y & w_z\end{vmatrix}=\operatorname{div}\left[\left(\frac{\partial w_z}{\partial y}-\frac{\partial w_y}{\partial z}\right)\boldsymbol{i}+\left(\frac{\partial w_x}{\partial z}-\frac{\partial w_z}{\partial x}\right)\boldsymbol{j}+\left(\frac{\partial w_y}{\partial x}-\frac{\partial w_x}{\partial y}\right)\boldsymbol{k}\right]$$
$$=\frac{\partial}{\partial x}\left(\frac{\partial w_z}{\partial y}-\frac{\partial w_y}{\partial z}\right)+\frac{\partial}{\partial y}\left(\frac{\partial w_x}{\partial z}-\frac{\partial w_z}{\partial x}\right)+\frac{\partial}{\partial z}\left(\frac{\partial w_y}{\partial x}-\frac{\partial w_x}{\partial y}\right)=0.$$

**【4424】** 证明：

(1)div$(\boldsymbol{a}+\boldsymbol{b})=$div$\boldsymbol{a}+$div$\boldsymbol{b}$； (2)div$(u\boldsymbol{c})=\boldsymbol{c}\cdot$grad$u$（$\boldsymbol{c}$为常量，$u$为标量）；

(3)div$(u\boldsymbol{a})=u$div$\boldsymbol{a}+\boldsymbol{a}\cdot$grad$u$.

**提示** 利用散度的定义易证.

**证** (1)设 $\boldsymbol{a}=a_x\boldsymbol{i}+a_y\boldsymbol{j}+a_z\boldsymbol{k}$，$\boldsymbol{b}=b_x\boldsymbol{i}+b_y\boldsymbol{j}+b_z\boldsymbol{k}$.

由于$\frac{\partial(a_x+b_x)}{\partial x}=\frac{\partial a_x}{\partial x}+\frac{\partial b_x}{\partial x}$，$\frac{\partial(a_y+b_y)}{\partial y}=\frac{\partial a_y}{\partial y}+\frac{\partial b_y}{\partial y}$及$\frac{\partial(a_z+b_z)}{\partial z}=\frac{\partial a_z}{\partial z}+\frac{\partial b_z}{\partial z}$，故得 div$(\boldsymbol{a}+\boldsymbol{b})=$div$\boldsymbol{a}+$div$\boldsymbol{b}$.

(2)设 $\boldsymbol{c}=c_x\boldsymbol{i}+c_y\boldsymbol{j}+c_z\boldsymbol{k}$，其中 $c_x,c_y,c_z$ 为常数.

由于$\frac{\partial(uc_x)}{\partial x}=c_x\frac{\partial u}{\partial x}$，$\frac{\partial(uc_y)}{\partial y}=c_y\frac{\partial u}{\partial y}$及$\frac{\partial(uc_z)}{\partial z}=c_z\frac{\partial u}{\partial z}$，故得 div$(u\boldsymbol{c})=\boldsymbol{c}\cdot$grad$u$.

(3)由于$\frac{\partial(ua_x)}{\partial x}=u\frac{\partial a_x}{\partial x}+a_x\frac{\partial u}{\partial x}$，$\frac{\partial(uc_y)}{\partial y}=u\frac{\partial a_y}{\partial y}+a_y\frac{\partial u}{\partial y}$及$\frac{\partial(ua_z)}{\partial z}=u\frac{\partial a_z}{\partial z}+a_z\frac{\partial u}{\partial z}$，故得 div$(u\boldsymbol{a})=u$div$\boldsymbol{a}+\boldsymbol{a}\cdot$grad$u$.

**【4425】** 求 div(grad$u$).

**提示** 利用梯度及散度的结果，易得结果为 $\Delta u$（或记成 $\nabla^2 u$）.

**解** $\text{div}(\text{grad}u)=\frac{\partial}{\partial x}\left(\frac{\partial u}{\partial x}\right)+\frac{\partial}{\partial y}\left(\frac{\partial u}{\partial y}\right)+\frac{\partial}{\partial z}\left(\frac{\partial u}{\partial z}\right)=\frac{\partial^2 u}{\partial x^2}+\frac{\partial^2 u}{\partial y^2}+\frac{\partial^2 u}{\partial z^2}=\Delta u$ （或记成 $\nabla^2 u$）.

**【4426】** 求 div[grad$f(r)$]，其中 $r=\sqrt{x^2+y^2+z^2}$. 在怎样的情况下 div[grad$f(r)$]=0？

**提示** 利用 4410 题的结果.

**解** 由 4410 题的结果知，

$$\text{grad}f(r)=f'(r)\frac{\boldsymbol{r}}{r}.$$

于是，

$$\text{div}[\text{grad}f(r)]=\frac{\partial}{\partial x}\left[f'(r)\frac{x}{r}\right]+\frac{\partial}{\partial y}\left[f'(r)\frac{y}{r}\right]+\frac{\partial}{\partial z}\left[f'(r)\frac{z}{r}\right]$$
$$=f''(r)\left(\frac{x^2}{r^2}+\frac{y^2}{r^2}+\frac{z^2}{r^2}\right)+f'(r)\left(\frac{r^2-x^2}{r^3}+\frac{r^2-y^2}{r^3}+\frac{r^2-z^2}{r^3}\right)=f''(r)+\frac{2}{r}f'(r).$$

要 div[grad$f(r)$]=0，只要 $f''(r)+\frac{2}{r}f'(r)=0$. 将上述方程写成下述形式：

$$rf''(r)+2f'(r)=0.\quad 或\ [rf''(r)+f'(r)]+f'(r)=0.$$

积分之，即得 $rf'(r)+f(r)=C$ （$C$ 为常数）.

再积分之，得 $rf(r)=Cr+C_1$ （$C_1$ 为常数）.

于是，最后得

$$f(r)=C+\frac{C_1}{r},$$

此即所求的解.

**【4427】** 计算：(1)div$\boldsymbol{r}$； (2)div $\frac{\boldsymbol{r}}{r}$.

**提示** 利用散度定义，易得结果：(1)3；(2)$\frac{2}{r}$.

**解** (1)$\text{div}\boldsymbol{r}=\frac{\partial x}{\partial x}+\frac{\partial y}{\partial y}+\frac{\partial z}{\partial z}=3$.

(2)$$\text{div}\frac{\boldsymbol{r}}{r}=\frac{\partial}{\partial x}\left(\frac{x}{r}\right)+\frac{\partial}{\partial y}\left(\frac{y}{r}\right)+\frac{\partial}{\partial z}\left(\frac{z}{r}\right)=\left(\frac{1}{r}-\frac{x^2}{r^3}\right)+\left(\frac{1}{r}-\frac{y^2}{r^3}\right)+\left(\frac{1}{r}-\frac{z^2}{r^3}\right)$$
$$=\frac{3}{r}-\frac{x^2+y^2+z^2}{r^3}=\frac{3}{r}-\frac{1}{r}=\frac{2}{r}.$$

**【4428】** 计算 div[$f(v)\boldsymbol{c}$]，式中 $\boldsymbol{c}$ 为常向量.

**提示** 利用 4424 题(2)及 4410 题的结果.

**解** $\text{div}[f(r)\boldsymbol{c}]=\boldsymbol{c}\cdot\text{grad}f(r)\overset{*)}{=}\boldsymbol{c}\cdot f'(r)\frac{\boldsymbol{r}}{r}\overset{**)}{=}\frac{f'(r)}{r}(\boldsymbol{c}\cdot\boldsymbol{r})$

*） 利用 4424 题(2)的结果.

**） 利用 4410 题的结果

**【4429】** 求 $\operatorname{div}[f(r)\boldsymbol{r}]$. 在怎样的情况下该散度等于零？

**提示** 利用 4424 题(3)及 4410 题的结果.

**解** $\operatorname{div}[f(r)\boldsymbol{r}]=f(r)\operatorname{div}\boldsymbol{r}+\boldsymbol{r}\cdot\operatorname{grad}f(r)^{*)}=3f(r)+\boldsymbol{r}\cdot f'(r)\dfrac{\boldsymbol{r}}{r}^{**)}=3f(r)+rf'(r).$

要 $\operatorname{div}[f(r)\boldsymbol{r}]=0$，只要 $3f(r)+rf'(r)=0$，即 $\dfrac{f'(r)}{f(r)}=-\dfrac{3}{r}$. 积分之，即得

$$f(r)=\frac{C}{r^3}\quad (C\text{ 为常数}),$$

此即所求的解.

*） 利用 4424 题(3)的结果.

**） 利用 4410 题的结果

**【4430】** 求：(1) $\operatorname{div}(u\operatorname{grad}u)$； (2) $\operatorname{div}(u\operatorname{grad}v)$.

**提示** 利用 4424 题(3)及 4425 题的结果.

**解** (1) $\operatorname{div}(u\operatorname{grad}u)=u\operatorname{div}(\operatorname{grad}u)+\operatorname{grad}u\cdot\operatorname{grad}u^{*)}=u\Delta u+(\operatorname{grad}u)^{2\ **)}$

(2) $\operatorname{div}(u\operatorname{grad}v)=u\operatorname{div}(\operatorname{grad}v)+\operatorname{grad}v\cdot\operatorname{grad}u^{*)}=u\Delta v+\operatorname{grad}u\cdot\operatorname{grad}v^{**)}$.

*） 利用 4424 题(3)的结果.

**） 利用 4425 题的结果

**【4431】** 设流体充满空间并以恒定的角速度 $w$ 依逆时针方向绕 $Oz$ 轴旋转. 求速度向量 $\boldsymbol{v}$ 和加速度向量 $\boldsymbol{w}$ 在已知时刻在空间点 $M(x,y,z)$ 处的散度.

**解** $\boldsymbol{v}=\boldsymbol{v}_0+\boldsymbol{w}\times\boldsymbol{r}$. 微分之，即得

$$\begin{aligned}\boldsymbol{w}&=\boldsymbol{w}_0+\dot{\boldsymbol{w}}\times\boldsymbol{r}+\boldsymbol{w}\times\dot{\boldsymbol{r}}=\boldsymbol{w}_0+\dot{\boldsymbol{w}}\times\boldsymbol{r}+\boldsymbol{w}\times\boldsymbol{v}=\boldsymbol{w}_0+\dot{\boldsymbol{w}}\times\boldsymbol{r}+\boldsymbol{w}\times(\boldsymbol{v}_0+\boldsymbol{w}\times\boldsymbol{r})\\&=\boldsymbol{w}_0+\dot{\boldsymbol{w}}\times\boldsymbol{r}+\boldsymbol{w}\times\boldsymbol{v}_0+(\boldsymbol{w}\cdot\boldsymbol{r})\boldsymbol{w}-(\boldsymbol{w}\cdot\boldsymbol{w})\boldsymbol{r}^{*)}.\end{aligned}$$

为了计算 $\operatorname{div}\boldsymbol{v}$ 和 $\operatorname{div}\boldsymbol{w}$，先计算 $\operatorname{div}(\boldsymbol{a}\times\boldsymbol{r})$，此处 $\boldsymbol{a}$ 为常向量. 由于

$$(\boldsymbol{a}\times\boldsymbol{r})_x=a_yz-a_zy,\quad (\boldsymbol{a}\times\boldsymbol{r})_y=a_zx-a_xz,\quad (\boldsymbol{a}\times\boldsymbol{r})_z=a_xy-a_yx,$$

故得
$$\operatorname{div}(\boldsymbol{a}\times\boldsymbol{r})=\frac{\partial}{\partial x}(a_yz-a_zy)+\frac{\partial}{\partial y}(a_zx-a_xz)+\frac{\partial}{\partial z}(a_xy-a_yx)=0.$$

于是，即得

$$\operatorname{div}\boldsymbol{v}=\operatorname{div}\boldsymbol{v}_0+\operatorname{div}(\boldsymbol{w}\times\boldsymbol{r})=0.$$

$$\operatorname{div}\boldsymbol{w}=\operatorname{div}\boldsymbol{w}_0+\operatorname{div}(\dot{\boldsymbol{w}}\times\boldsymbol{r})+\operatorname{div}(\boldsymbol{w}\times\boldsymbol{v}_0)+\operatorname{div}[(\boldsymbol{w}\cdot\boldsymbol{r})\boldsymbol{w}]-\operatorname{div}[(\boldsymbol{w}\cdot\boldsymbol{w})\boldsymbol{r}],$$

而
$$\operatorname{div}[(\boldsymbol{w}\cdot\boldsymbol{r})\boldsymbol{w}]=\boldsymbol{w}\cdot\boldsymbol{r}\operatorname{div}\boldsymbol{w}+\boldsymbol{w}\cdot\operatorname{grad}(\boldsymbol{w}\cdot\boldsymbol{r})^{**)}=\boldsymbol{w}\cdot\boldsymbol{w}^{***)}=w^2$$

及
$$\operatorname{div}[(\boldsymbol{w}\cdot\boldsymbol{w})\boldsymbol{r}]=\boldsymbol{w}\cdot\boldsymbol{w}\operatorname{div}\boldsymbol{r}+\boldsymbol{r}\cdot\operatorname{grad}(\boldsymbol{w}\cdot\boldsymbol{w})=3w^2,$$

从而，最后得 $\operatorname{div}\boldsymbol{w}=w^2-3w^2=-2w^2$.

*） 利用向量代数中的公式(二重外积展开式)

$$\boldsymbol{a}\times(\boldsymbol{b}\times\boldsymbol{c})=(\boldsymbol{a}\cdot\boldsymbol{c})\boldsymbol{b}-(\boldsymbol{a}\cdot\boldsymbol{b})\boldsymbol{c}.$$

**） 利用 4424 题(3)的结果

***） 利用 4411 题的结果.

**【4432】** 求包含多个引力中心的有限系统所产生的引力场之散度.

**解** 引力 $\boldsymbol{F}=\dfrac{k\boldsymbol{r}}{r^3}$ ($k$ 为常数). 于是，

$$\operatorname{div}\boldsymbol{F}=\frac{\partial}{\partial x}\left(\frac{kx}{r^3}\right)+\frac{\partial}{\partial y}\left(\frac{ky}{r^3}\right)+\frac{\partial}{\partial z}\left(\frac{kz}{r^3}\right)=k\left[\left(\frac{1}{r^3}-\frac{3x^2}{r^5}\right)+\left(\frac{1}{r^3}-\frac{3y^2}{r^5}\right)+\left(\frac{1}{r^3}-\frac{3z^2}{r^5}\right)\right]$$

$$=k\left[\frac{3}{r^3}-\frac{3(x^2+y^2+z^2)}{r^5}\right]=k\left(\frac{3}{r^3}-\frac{3}{r^3}\right)=0.$$

**【4433】**$^+$ 求由极坐标 $r$ 与 $\varphi$ 表示的平面向量 $\boldsymbol{a}=\boldsymbol{a}(r,\varphi)$ 之散度的表示式.

**解** 设极坐标的 $r$ 线与 $\varphi$ 线的单位向量为 $\boldsymbol{e}_r$ 与 $\boldsymbol{e}_\varphi$，且

$$\boldsymbol{a}(r,\varphi)=a_r(r,\varphi)\boldsymbol{e}_r+a_\varphi(r,\varphi)\boldsymbol{e}_\varphi.$$

这里自然假定 $a_r,a_\varphi$ 都具有连续的偏导数，取面积元素 $\Delta S=r\Delta\varphi\Delta r$，记其围线为 $\Delta C$. 首先，推导向量 $\boldsymbol{a}$ 经过围线 $\Delta C$ 的通量，即矢流. 通量可分两部分：一部分是经过 $r$ 线的；另一部分是经过 $\varphi$ 线的. 它们分别是

$$\int_r^{r+\Delta r}a_\varphi(r,\varphi+\Delta\varphi)\mathrm{d}r-\int_r^{r+\Delta r}a_\varphi(r,\varphi)\mathrm{d}r=\int_r^{r+\Delta r}[a_\varphi(r,\varphi+\Delta\varphi)-a_\varphi(r,\varphi)]\mathrm{d}r$$

$$=\int_r^{r+\Delta r}\frac{\partial a_\varphi(r,\varphi)}{\partial\varphi}\Delta\varphi\mathrm{d}r=\frac{\partial a_\varphi(r,\varphi)}{\partial\varphi}\Delta\varphi\Delta r,$$

$$\int_\varphi^{\varphi+\Delta\varphi}a_r(r+\Delta r,\varphi)(r+\Delta r)\mathrm{d}\varphi-\int_\varphi^{\varphi+\Delta\varphi}a_r(r,\varphi)r\mathrm{d}\varphi=\int_\varphi^{\varphi+\Delta\varphi}[a_r(r+\Delta r,\varphi)(r+\Delta r)-a_r(r,\varphi)r]\mathrm{d}\varphi$$

$$\approx\int_\varphi^{\varphi+\Delta\varphi}\frac{\partial[a_r(r,\varphi)r]}{\partial r}\Delta r\mathrm{d}\varphi\approx\frac{\partial[a_r(r,\varphi)r]}{\partial r}\Delta r\Delta\varphi,$$

且由于 $a_r,a_\varphi$ 的偏导数的连续性，当 $\Delta r,\Delta\varphi$ 取得愈小时，上述近似等式愈精确. 于是，向量 $\boldsymbol{a}$ 经过 $\Delta C$ 的通量为

$$\oint_{\Delta C}\boldsymbol{a}\cdot\boldsymbol{n}\mathrm{d}s\approx\left\{\frac{\partial a_\varphi(r,\varphi)}{\partial\varphi}+\frac{\partial[a_r(r,\varphi)r]}{\partial r}\right\}\Delta\varphi\Delta r,$$

其中 $\boldsymbol{n}$ 为曲线 $\Delta C$ 的外法向量，而且当 $\Delta r,\Delta\varphi$ 愈小时此近似等式愈精确.

于是，根据散度的定义，并注意到 $\Delta S$ 收缩为一点 $(r,\varphi)$ 与 $\Delta r\to0,\Delta\varphi\to0$ 等价，从而，即得

$$\mathrm{div}\boldsymbol{a}=\lim_{\Delta S\to0}\frac{\oint_{\Delta C}\boldsymbol{a}\cdot\boldsymbol{n}\mathrm{d}s}{\Delta S}=\lim_{\substack{\Delta r\to0\\ \Delta\varphi\to0}}\frac{\left\{\frac{\partial a_\varphi(r,\varphi)}{\partial\varphi}+\frac{\partial[a_r(r,\varphi)r]}{\partial r}\right\}\Delta r\Delta\varphi}{r\Delta r\Delta\varphi}$$

$$=\frac{1}{r}\left\{\frac{\partial a_\varphi(r,\varphi)}{\partial\varphi}+\frac{\partial[a_r(r,\varphi)r]}{\partial r}\right\}=\frac{1}{r}\left[\frac{\partial(ra_r)}{\partial r}+\frac{\partial a_\varphi}{\partial\varphi}\right].$$

**【4434】** 设 $x=f(u,v,w),\quad y=g(u,v,w),\quad z=h(u,v,w)$，用正交曲线坐标 $u,v,w$ 表示 $\mathrm{div}\boldsymbol{a}(x,y,z)$. 作为特殊的情形，求用柱坐标和球坐标表示 $\mathrm{div}\boldsymbol{a}$ 的表示式.

**提示** 研究向量 $\boldsymbol{a}$ 通过以曲面 $u=$常数，$v=$常数，$w=$常数为界的小立体(接近于长方体)$V$ 的表面 $S$ 的通量.

**解** 考虑向量 $\boldsymbol{a}$ 通过由曲面 $u=$常数，$v=$常数，$w=$常数所界的小立体(接近于长方体)$V$ 的表面 $S$ 的通量(图 8.72)，我们有 $\boldsymbol{a}=a_u\boldsymbol{e}_1+a_v\boldsymbol{e}_2+a_w\boldsymbol{e}_3$. 在 $u$ 曲线上，只有 $u$ 变化($v$ 和 $w$ 都是常数)，故

$$\mathrm{d}\boldsymbol{r}=\frac{\partial x}{\partial u}\mathrm{d}u\boldsymbol{i}+\frac{\partial y}{\partial u}\mathrm{d}u\boldsymbol{j}+\frac{\partial z}{\partial u}\mathrm{d}u\boldsymbol{k},$$

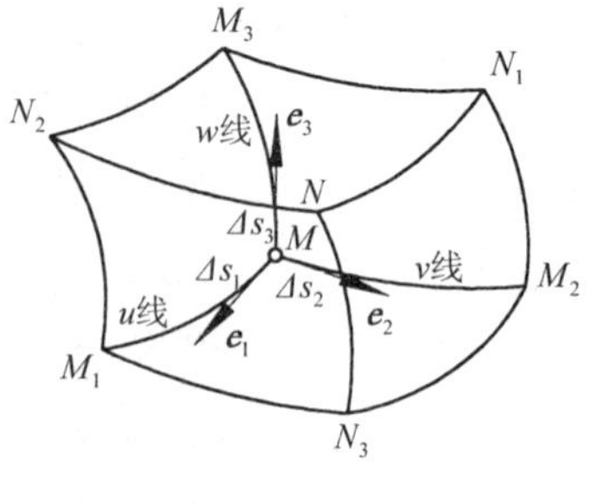

图 8.72

从而，$\mathrm{d}s_1=|\mathrm{d}\boldsymbol{r}|=L\mathrm{d}u$，其中

$$L=\sqrt{\left(\frac{\partial x}{\partial u}\right)^2+\left(\frac{\partial y}{\partial u}\right)^2+\left(\frac{\partial z}{\partial u}\right)^2}=\sqrt{\left(\frac{\partial f}{\partial u}\right)^2+\left(\frac{\partial g}{\partial u}\right)^2+\left(\frac{\partial h}{\partial u}\right)^2},$$

$\mathrm{d}s_1$ 为 $u$ 曲线上的弧元素. 同理可得 $\qquad \mathrm{d}s_2=M\mathrm{d}v,\ \mathrm{d}s_3=N\mathrm{d}w,$

其中 $\mathrm{d}s_2,\mathrm{d}s_3$ 分别为 $v,w$ 曲线上的弧元素，而

$$M=\sqrt{\left(\frac{\partial f}{\partial v}\right)^2+\left(\frac{\partial g}{\partial v}\right)^2+\left(\frac{\partial h}{\partial v}\right)^2},\qquad N=\sqrt{\left(\frac{\partial f}{\partial w}\right)^2+\left(\frac{\partial g}{\partial w}\right)^2+\left(\frac{\partial h}{\partial w}\right)^2}.$$

由于坐标曲线互相垂直，$\Delta s_1,\Delta s_2,\Delta s_3$ 都很小，故 $V$ 接近于长方体. 因此，其体积为

$$V\approx\Delta s_1\Delta s_2\Delta s_3\approx\mathrm{d}s_1\mathrm{d}s_2\mathrm{d}s_3=LMN\mathrm{d}u\mathrm{d}v\mathrm{d}w.$$

现计算 $\boldsymbol{a}$ 通过 $V$ 的表面 $S$ 向外的通量 $\iint_S a_n\mathrm{d}S$，$S$ 共包括六块小曲面(图 8.72)，记垂直于 $\boldsymbol{e}_1$ 方向的两块

为 $S_1$ 与 $S_2$(即图中的 $MM_2N_1M_3$ 与 $M_1N_3NN_2$),垂直于 $\boldsymbol{e}_2$ 方向的两块为 $S_3$ 与 $S_4$,垂直于 $\boldsymbol{e}_3$ 方向的两块为 $S_5$ 与 $S_6$. 显然,由于曲面很小,有

$$\iint_{S_2} a_n\mathrm{d}S+\iint_{S_1} a_n\mathrm{d}S\approx a_u\Delta S_2\Delta S_3\Big|_{(u+\Delta u,v,w)}-a_u\Delta S_2\Delta S_3\Big|_{(u,v,w)}$$

$$\approx a_u MN\mathrm{d}v\mathrm{d}w\Big|_{(u+\Delta u,v,w)}-a_u MN\mathrm{d}v\mathrm{d}w\Big|_{(u,v,w)}\approx\frac{\partial(a_u MN\mathrm{d}v\mathrm{d}w)}{\partial u}\mathrm{d}u=\frac{\partial(MNa_u)}{\partial u}\mathrm{d}u\mathrm{d}v\mathrm{d}w.$$

同理可得

$$\iint_{S_4} a_n\mathrm{d}S+\iint_{S_3} a_n\mathrm{d}S\approx\frac{\partial(NLa_v)}{\partial v}\mathrm{d}u\mathrm{d}v\mathrm{d}w,\qquad \iint_{S_6} a_n\mathrm{d}S+\iint_{S_5} a_n\mathrm{d}S\approx\frac{\partial(LMa_w)}{\partial w}\mathrm{d}u\mathrm{d}v\mathrm{d}w.$$

相加即得

$$\iint_{S} a_n\mathrm{d}S\approx\left[\frac{\partial(MNa_u)}{\partial u}+\frac{\partial(NLa_v)}{\partial v}+\frac{\partial(LMa_w)}{\partial w}\right]\mathrm{d}u\mathrm{d}v\mathrm{d}w.$$

于是,

$$\frac{\iint_S a_n\mathrm{d}S}{V}\approx\frac{1}{LMN}\left[\frac{\partial}{\partial u}(MNa_u)+\frac{\partial}{\partial v}(NLa_v)+\frac{\partial}{\partial w}(LMa_w)\right].$$

显然,当小立体 $V$ 愈缩向点 $M$($V$ 愈小)时,上述各近似等式都愈精确. 于是,令 $V$ 缩向 $M$(即 $S$ 的直径 $d(S)$ 趋于零)取极限,利用 4422 题的结果,得

$$\mathrm{div}\boldsymbol{a}=\lim_{d(S)\to 0}\frac{\iint_S a_n\mathrm{d}S}{V}=\frac{1}{LMN}\left[\frac{\partial}{\partial u}(MNa_u)+\frac{\partial}{\partial v}(NLa_v)+\frac{\partial}{\partial w}(LMa_w)\right].$$

特别是在柱坐标情形下,有 $x=r\cos\varphi$, $y=r\sin\varphi$, $z=z$ $(u=r, v=\varphi, w=z)$.
从而,

$$L=\sqrt{\left(\frac{\partial x}{\partial r}\right)^2+\left(\frac{\partial y}{\partial r}\right)^2+\left(\frac{\partial z}{\partial r}\right)^2}=1,\qquad M=\sqrt{\left(\frac{\partial x}{\partial\varphi}\right)^2+\left(\frac{\partial y}{\partial\varphi}\right)^2+\left(\frac{\partial z}{\partial\varphi}\right)^2}=r,$$

$$N=\sqrt{\left(\frac{\partial x}{\partial z}\right)^2+\left(\frac{\partial y}{\partial z}\right)^2+\left(\frac{\partial z}{\partial z}\right)^2}=1.$$

于是,

$$\mathrm{div}\boldsymbol{a}=\frac{1}{r}\left[\frac{\partial}{\partial r}(ra_r)+\frac{\partial a_\varphi}{\partial\varphi}+r\frac{\partial a_z}{\partial z}\right].$$

在球坐标情形下,有

$$x=r\sin\theta\cos\varphi,\quad y=r\sin\theta\sin\varphi,\quad z=r\cos\theta\quad(u=r, v=\theta, w=\varphi).$$

从而,

$$L=\sqrt{\left(\frac{\partial x}{\partial r}\right)^2+\left(\frac{\partial y}{\partial r}\right)^2+\left(\frac{\partial z}{\partial r}\right)^2}=1,\qquad M=\sqrt{\left(\frac{\partial x}{\partial\theta}\right)^2+\left(\frac{\partial y}{\partial\theta}\right)^2+\left(\frac{\partial z}{\partial\theta}\right)^2}=r,$$

$$N=\sqrt{\left(\frac{\partial x}{\partial\varphi}\right)^2+\left(\frac{\partial y}{\partial\varphi}\right)^2+\left(\frac{\partial z}{\partial\varphi}\right)^2}=r\sin\theta.$$

于是,

$$\mathrm{div}\boldsymbol{a}=\frac{1}{r^2\sin\theta}\left[\frac{\partial}{\partial r}(a_r r^2\sin\theta)+\frac{\partial}{\partial\theta}(a_\theta r\sin\theta)+\frac{\partial}{\partial\varphi}(a_\varphi r)\right]=\frac{1}{r^2\sin\theta}\left[\sin\theta\frac{\partial}{\partial r}(a_r r^2)+r\frac{\partial}{\partial\theta}(a_\theta\sin\theta)+r\frac{\partial a_\varphi}{\partial\varphi}\right].$$

**【4435】** 证明:

(1) $\mathrm{rot}(\boldsymbol{a}+\boldsymbol{b})=\mathrm{rot}\boldsymbol{a}+\mathrm{rot}\boldsymbol{b}$;  (2) $\mathrm{rot}(u\boldsymbol{a})=u\,\mathrm{rot}\boldsymbol{a}+\mathrm{grad}u\times\boldsymbol{a}$.

**提示** 利用旋度的定义易证.

**证** (1) 设 $\boldsymbol{a}=a_x\boldsymbol{i}+a_y\boldsymbol{j}+a_z\boldsymbol{k}$, $\boldsymbol{b}=b_x\boldsymbol{i}+b_y\boldsymbol{j}+b_z\boldsymbol{k}$,则有

$$\mathrm{rot}(\boldsymbol{a}+\boldsymbol{b})=\begin{vmatrix}\boldsymbol{i}&\boldsymbol{j}&\boldsymbol{k}\\ \dfrac{\partial}{\partial x}&\dfrac{\partial}{\partial y}&\dfrac{\partial}{\partial z}\\ a_x+b_x&a_y+b_y&a_z+y_z\end{vmatrix}=\begin{vmatrix}\boldsymbol{i}&\boldsymbol{j}&\boldsymbol{k}\\ \dfrac{\partial}{\partial x}&\dfrac{\partial}{\partial y}&\dfrac{\partial}{\partial z}\\ a_x&a_y&a_z\end{vmatrix}+\begin{vmatrix}\boldsymbol{i}&\boldsymbol{j}&\boldsymbol{k}\\ \dfrac{\partial}{\partial x}&\dfrac{\partial}{\partial y}&\dfrac{\partial}{\partial z}\\ b_x&b_y&b_z\end{vmatrix}=\mathrm{rot}\boldsymbol{a}+\mathrm{rot}\boldsymbol{b}.$$

(2) $$\mathrm{rot}_x(u\boldsymbol{a})=\frac{\partial}{\partial y}(ua_z)-\frac{\partial}{\partial z}(ua_y)=u\left(\frac{\partial a_z}{\partial y}-\frac{\partial a_y}{\partial z}\right)+\left(a_z\frac{\partial u}{\partial y}-a_y\frac{\partial u}{\partial z}\right)=u\,\mathrm{rot}_x\boldsymbol{a}+(\mathrm{grad}u\times\boldsymbol{a})_x,$$

同法可得

$$\mathrm{rot}_y(u\boldsymbol{a})=u\mathrm{rot}_y\boldsymbol{a}+(\mathrm{grad}u\times\boldsymbol{a})_y,\quad \mathrm{rot}_z(u\boldsymbol{a})=u\mathrm{rot}_z\boldsymbol{a}+(\mathrm{grad}u\times\boldsymbol{a})_z$$

于是， $\mathrm{rot}(u\boldsymbol{a})=u\mathrm{rot}\boldsymbol{a}+\mathrm{grad}u\times\boldsymbol{a}$.

**【4436】** 求:(1)$\mathrm{rot}\boldsymbol{r}$; (2)$\mathrm{rot}[f(r)\boldsymbol{r}]$.

**提示** (2)利用 4435 题(2)及 4410 题的结果.

**解** (1) $\mathrm{rot}\boldsymbol{r}=\left(\frac{\partial z}{\partial y}-\frac{\partial y}{\partial z}\right)\boldsymbol{i}+\left(\frac{\partial x}{\partial z}-\frac{\partial z}{\partial x}\right)\boldsymbol{j}+\left(\frac{\partial y}{\partial x}-\frac{\partial x}{\partial y}\right)\boldsymbol{k}=0.$

(2) $\mathrm{rot}[f(r)\boldsymbol{r}]=f(r)\mathrm{rot}\boldsymbol{r}+\mathrm{grad}f(r)\times\boldsymbol{r}^{*)}=0+f'(r)\frac{\boldsymbol{r}}{r}\times\boldsymbol{r}^{**)}=\boldsymbol{0}.$

*) 利用 *4435* 题(*2*)的结果.

**) 利用 *4410* 题的结果

**【4437】** 求:(1)$\mathrm{rot}[\boldsymbol{c}f(r)]$;(2)$\mathrm{rot}[\boldsymbol{c}\times f(r)\boldsymbol{r}]$($\boldsymbol{c}$ 为常向量).

**解** (1) $\mathrm{rot}[\boldsymbol{c}f(r)]=f(r)\mathrm{rot}\boldsymbol{c}+\mathrm{grad}f(r)\times\boldsymbol{c}=\frac{f'(r)}{r}(\boldsymbol{r}\times\boldsymbol{c}).$

(2) $\mathrm{rot}[\boldsymbol{c}\times f(r)\boldsymbol{r}]=f(r)\mathrm{rot}(\boldsymbol{c}\times\boldsymbol{r})+\mathrm{grad}f(r)\times(\boldsymbol{c}\times\boldsymbol{r}).$

但是，
$$\mathrm{rot}(\boldsymbol{c}\times\boldsymbol{r})=\begin{vmatrix}\boldsymbol{i}&\boldsymbol{j}&\boldsymbol{k}\\ \frac{\partial}{\partial x}&\frac{\partial}{\partial y}&\frac{\partial}{\partial z}\\ c_yz-c_zy&c_zx-c_xz&c_xy-c_yx\end{vmatrix}=2\boldsymbol{c},$$

$$\mathrm{grad}f(r)\times(\boldsymbol{c}\times\boldsymbol{r})=\frac{f'(r)}{r}\boldsymbol{r}\times(\boldsymbol{c}\times\boldsymbol{r})=\frac{f'(r)}{r}[(\boldsymbol{r}\cdot\boldsymbol{r})\boldsymbol{c}-(\boldsymbol{r}\cdot\boldsymbol{c})\boldsymbol{r}],$$

故最后得
$$\mathrm{rot}[\boldsymbol{c}\times f(r)\boldsymbol{r}]=2f(r)\boldsymbol{c}+\frac{f'(r)}{r}[(\boldsymbol{r}\cdot\boldsymbol{r})\boldsymbol{c}-(\boldsymbol{r}\cdot\boldsymbol{c})\boldsymbol{r}].$$

**【4438】** 证明:$\mathrm{div}(\boldsymbol{a}\times\boldsymbol{b})=\boldsymbol{b}\cdot\mathrm{rot}\boldsymbol{a}-\boldsymbol{a}\cdot\mathrm{rot}\boldsymbol{b}$.

**提示** 利用散度及旋度的定义易证.

**证**
$$\begin{aligned}\mathrm{div}(\boldsymbol{a}\times\boldsymbol{b})&=\frac{\partial}{\partial x}(a_yb_z-a_zb_y)+\frac{\partial}{\partial y}(a_zb_x-a_xb_z)+\frac{\partial}{\partial z}(a_xb_y-a_yb_x)\\&=b_x\left(\frac{\partial a_z}{\partial y}-\frac{\partial a_y}{\partial z}\right)+b_y\left(\frac{\partial a_x}{\partial z}-\frac{\partial a_z}{\partial x}\right)+b_z\left(\frac{\partial a_y}{\partial x}-\frac{\partial a_x}{\partial y}\right)\\&\quad-a_x\left(\frac{\partial b_z}{\partial y}-\frac{\partial b_y}{\partial z}\right)-a_y\left(\frac{\partial b_x}{\partial z}-\frac{\partial b_z}{\partial x}\right)-a_z\left(\frac{\partial b_y}{\partial x}-\frac{\partial b_x}{\partial y}\right)\\&=\boldsymbol{b}\cdot\mathrm{rot}\boldsymbol{a}-\boldsymbol{a}\cdot\mathrm{rot}\boldsymbol{b}.\end{aligned}$$

**【4439】** 求:(1)$\mathrm{rot}(\mathrm{grad}u)$; (2)$\mathrm{div}(\mathrm{rot}\boldsymbol{a})$.

**解** (1) $\mathrm{rot}(\mathrm{grad}u)=\begin{vmatrix}\boldsymbol{i}&\boldsymbol{j}&\boldsymbol{k}\\ \frac{\partial}{\partial x}&\frac{\partial}{\partial y}&\frac{\partial}{\partial z}\\ \frac{\partial u}{\partial x}&\frac{\partial u}{\partial y}&\frac{\partial u}{\partial z}\end{vmatrix}=\boldsymbol{0}.$

(2) $\mathrm{div}(\mathrm{rot}\boldsymbol{a})=\frac{\partial}{\partial x}\left(\frac{\partial a_z}{\partial y}-\frac{\partial a_y}{\partial z}\right)+\frac{\partial}{\partial y}\left(\frac{\partial a_x}{\partial z}-\frac{\partial a_z}{\partial x}\right)+\frac{\partial}{\partial z}\left(\frac{\partial a_y}{\partial x}-\frac{\partial a_x}{\partial y}\right)=0.$

**【4440】** 设流体充满空间并以恒定的角速度 $w$ 围绕轴 $\boldsymbol{l}\{\cos\alpha,\cos\beta,\cos\gamma\}$ 旋转. 求速度向量 $\boldsymbol{v}$ 在已知时刻在空间点 $M(x,y,z)$ 处的旋度.

**解** $\boldsymbol{v}=\boldsymbol{v}_0+\boldsymbol{w}\times\boldsymbol{r}$. 从而有

$$v_x=v_{0x}+w_yz-w_zy,\quad v_y=v_{0y}+w_zx-w_xz,\quad v_z=v_{0z}+w_xy-w_yx,$$

由于 $\mathrm{rot}_x\boldsymbol{v}=\frac{\partial v_z}{\partial y}-\frac{\partial v_y}{\partial z}=2w_x$，$\mathrm{rot}_y\boldsymbol{v}=2w_y$ 及 $\mathrm{rot}_z\boldsymbol{v}=2w_z$，故 $\mathrm{rot}\boldsymbol{v}=2\boldsymbol{w}$.

**【4441】** 求径向量 $\boldsymbol{r}$ 的通量: (1)通过圆锥体 $x^2+y^2\leqslant z^2(0\leqslant z\leqslant h)$的侧表面; (2)穿过此圆锥体的底面.

**解** (1)在侧面上,点的向径的方向与圆锥的母线重合.因此,点的向径与圆锥在该点的法线互相垂直,即 $\boldsymbol{r}$ 在法线方向上的投影 $r_n=0$. 于是,向量 $\boldsymbol{r}$ 通过侧面 $D$ 的通量为

$$\iint_{\Omega} r_n \mathrm{d}S=0.$$

(2)在圆锥体的底面上,$r_n=h$ 于是,所求的通量为

$$\iint_{x^2+y^2\leqslant h^2} r_n \mathrm{d}S=h\cdot\pi h^2=\pi h^3.$$

**【4442】** 求向量 $\boldsymbol{a}=yz\boldsymbol{i}+zx\boldsymbol{j}+xy\boldsymbol{k}$ 的通量:(1)通过圆柱体 $x^2+y^2\leqslant a^2\ (0\leqslant z\leqslant h)$ 的侧表面;(2)通过此圆柱的全表面.

**解** 先求(2),由于
$$\iint_S a_n \mathrm{d}S=\iiint_V \operatorname{div}\boldsymbol{a}\,\mathrm{d}V=\iiint_V 0\mathrm{d}V=0,$$
故向量 $\boldsymbol{a}$ 通过圆柱的全表面的通量为零.

再求(1),又由于 $S=S_{侧}+S_{上、下底}$ 及在上、下底上 $a_n=xy$,故有

$$\iint_{S_{上、下底}} a_n \mathrm{d}S=\iint_{x^2+y^2\leqslant a^2} xy\mathrm{d}x\mathrm{d}y=2\int_0^{2\pi}\mathrm{d}\varphi\int_0^a r^3\sin\varphi\cos\varphi\mathrm{d}r=0.$$

于是,$\iint_{S_{侧}} a_n \mathrm{d}S=0$,即向量 $\boldsymbol{a}$ 通过侧面的通量也为零.

**【4443】** 求径向量 $\boldsymbol{r}$ 通过曲面 $z=1-\sqrt{x^2+y^2}\ (0\leqslant z\leqslant 1)$ 的通量.

**解** 设 $S$ 为所给的曲面(锥),$D$ 为锥的底面(即 $Oxy$ 平面上的圆域 $x^2+y^2\leqslant 1$). 由于

$$\iint_S r_n \mathrm{d}S+\iint_D r_n \mathrm{d}S=\iiint_V \operatorname{div}\boldsymbol{r}\mathrm{d}V=3\int_0^{2\pi}\mathrm{d}\varphi\int_0^1 r\mathrm{d}r\int_0^{1-r}\mathrm{d}z=\pi$$

及在 $D$ 上,$\boldsymbol{r}\perp\boldsymbol{n}$,故 $r_n=0$,$\iint_D r_n\ \mathrm{d}S=0$,从而,得 $\iint_S r_n \mathrm{d}S=\pi$.

**【4444】** 求向量 $\boldsymbol{a}=x^2\boldsymbol{i}+y^2\boldsymbol{j}+z^2\boldsymbol{k}$ 通过正八分之一球面 $x^2+y^2+z^2=1,x\geqslant 0,y\geqslant 0,z\geqslant 0$ 的通量.

**解** 设 $S$ 为所给的曲面,$S_1$,$S_2$ 及 $S_3$ 为球内三个坐标平面上的部分,则有

$$\iint_S a_n \mathrm{d}S+\iint_{S_1} a_n \mathrm{d}S+\iint_{S_2} a_n \mathrm{d}S+\iint_{S_3} a_n \mathrm{d}S=\iiint_{\substack{x^2+y^2+z^2\leqslant 1\\ x\geqslant 0,y\geqslant 0,z\geqslant 0}} \operatorname{div}\boldsymbol{a}\mathrm{d}V=2\iiint_{\substack{x^2+y^2+z^2\leqslant 1\\ x\geqslant 0,y\geqslant 0,z\geqslant 0}}(x+y+z)\mathrm{d}x\mathrm{d}y\mathrm{d}z$$

$$=2\int_0^{\frac{\pi}{2}}\mathrm{d}\varphi\int_0^{\frac{\pi}{2}}\mathrm{d}\psi\int_0^1 r^2\cos\psi\cdot r(\cos\varphi\cos\psi+\sin\varphi\cos\psi+\sin\psi)\mathrm{d}r$$

$$=2\cdot\frac{1}{4}\int_0^{\frac{\pi}{2}}\mathrm{d}\varphi\int_0^{\frac{\pi}{2}}[\cos\psi\sin\psi+\cos^2\psi(\cos\varphi+\sin\varphi)]\mathrm{d}\psi=\frac{1}{2}\int_0^{\frac{\pi}{2}}\left[\frac{1}{2}+\frac{\pi}{4}(\cos\varphi+\sin\varphi)\right]\mathrm{d}\varphi=\frac{3}{8}\pi.$$

但在 $S_i\,(i=1,2,3)$ 上,显然有 $\boldsymbol{a}\perp\boldsymbol{n}$,故 $a_n=0$. 从而,

$$\iint_{S_i} a_n \mathrm{d}S=0\quad(i=1,2,3).$$

于是,所求的通量为 $\iint_S a_n \mathrm{d}S=\dfrac{3}{8}\pi.$

**【4445】** 求向量 $\boldsymbol{a}=y\boldsymbol{i}+z\boldsymbol{j}+x\boldsymbol{k}$ 通过以平面

$$x=0,y=0,z=0,x+y+z=a\quad(a>0)$$

为界的角锥的全表面的通量. 利用奥斯特罗格拉茨基公式验证结果.

**解** 解法 1:

由于 $\operatorname{div}\boldsymbol{a}=0$,故所求的通量为 $\iint_S a_n \mathrm{d}S=\iiint_V \operatorname{div}\boldsymbol{a}\mathrm{d}V=0.$

解法 2:

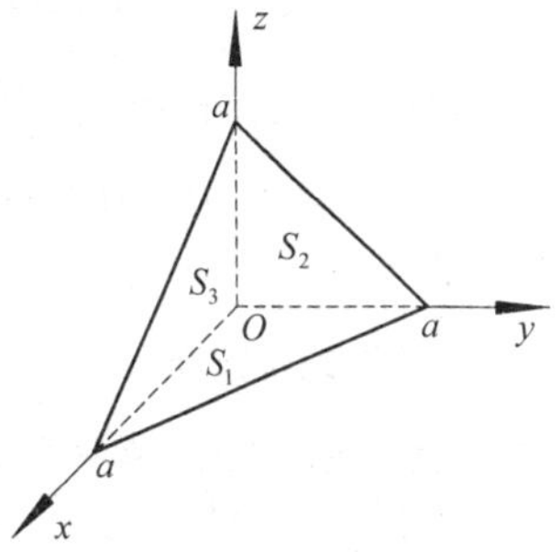

图 8.73

如图 8.73 所示. 在平面 $z=0\ (S_1)$ 上,$\boldsymbol{n}=\{0,0,-1\}$;在平面 $y=0\ (S_3)$ 上,$\boldsymbol{n}=\{0,-1,0\}$,在平面 $x=0\ (S_2)$ 上,$\boldsymbol{n}=\{-1,0,0\}$. 于是,

向量 $\boldsymbol{a}$ 通过曲面 $S_1$ 的通量为

$$\iint_{S_1} a_n \mathrm{d}S=\iint_{S_1} \boldsymbol{a}\cdot\boldsymbol{n}\mathrm{d}S=\iint_{\substack{x+y\leqslant a\\ x\geqslant 0,y\geqslant 0}}(-x)\mathrm{d}x\mathrm{d}y=-\frac{a^3}{6}$$

同法可求得向量 $\boldsymbol{a}$ 通过 $S_2$ 及 $S_3$ 面的通量也为 $-\dfrac{a^3}{6}$.

对于平面 $x+y+z=a$ $(S_4)$，其法向量为 $\boldsymbol{n}=\left\{\dfrac{1}{\sqrt{3}},\dfrac{1}{\sqrt{3}},\dfrac{1}{\sqrt{3}}\right\}$，故通量为

$$\iint_{S_4} a_n \mathrm{d}S=\frac{1}{\sqrt{3}}\iint_{S_4}(y+z+x)\mathrm{d}S=\frac{1}{\sqrt{3}}\iint_{\substack{x+y\leqslant a\\ x\geqslant 0,y\geqslant 0}} a\sqrt{1^2+1^2+1^2}\,\mathrm{d}x\mathrm{d}y=\frac{a^3}{2}.$$

因此，最后得向量 $\boldsymbol{a}$ 通过角锥全表面的通量为

$$\sum_{i=1}^{4}\iint_{S_i} a_n \mathrm{d}S=\frac{a^3}{2}+3\left(-\frac{a^3}{6}\right)=0.$$

**【4446】** 证明：向量 $\boldsymbol{a}$ 通过由方程 $\boldsymbol{r}=\boldsymbol{r}(u,v)$ $((u,v)\in\Omega)$ 给出的曲面 $S$ 的通量等于

$$\iint_S \boldsymbol{a}_n \mathrm{d}S=\iint_\Omega\left(\boldsymbol{a}\,\frac{\partial\boldsymbol{r}}{\partial u}\,\frac{\partial\boldsymbol{r}}{\partial v}\right)\mathrm{d}u\mathrm{d}v,$$

式中 $\boldsymbol{a}_n=\boldsymbol{a}\cdot\boldsymbol{n}$，$\boldsymbol{n}$ 为曲面 $S$ 的单位法向量.

**证** 设曲面 $S$ 的方程为 $\qquad \boldsymbol{r}=x(u,v)\boldsymbol{i}+y(u,v)\boldsymbol{j}+z(u,v)\boldsymbol{k},$

则有 $\qquad \dfrac{\partial\boldsymbol{r}}{\partial u}=\dfrac{\partial x}{\partial u}\boldsymbol{i}+\dfrac{\partial y}{\partial u}\boldsymbol{j}+\dfrac{\partial z}{\partial u}\boldsymbol{k},\qquad \dfrac{\partial\boldsymbol{r}}{\partial v}=\dfrac{\partial x}{\partial v}\boldsymbol{i}+\dfrac{\partial y}{\partial v}\boldsymbol{j}+\dfrac{\partial z}{\partial v}\boldsymbol{k}.$

从而，

$$\frac{\partial\boldsymbol{r}}{\partial u}\times\frac{\partial\boldsymbol{r}}{\partial v}=\begin{vmatrix}\boldsymbol{i}&\boldsymbol{j}&\boldsymbol{k}\\ \dfrac{\partial x}{\partial u}&\dfrac{\partial y}{\partial u}&\dfrac{\partial z}{\partial u}\\ \dfrac{\partial x}{\partial v}&\dfrac{\partial y}{\partial v}&\dfrac{\partial z}{\partial v}\end{vmatrix}=\left(\frac{\partial y}{\partial u}\frac{\partial z}{\partial v}-\frac{\partial y}{\partial v}\frac{\partial z}{\partial u}\right)\boldsymbol{i}+\left(\frac{\partial z}{\partial u}\frac{\partial x}{\partial v}-\frac{\partial z}{\partial v}\frac{\partial x}{\partial u}\right)\boldsymbol{j}+\left(\frac{\partial x}{\partial u}\frac{\partial y}{\partial v}-\frac{\partial x}{\partial v}\frac{\partial y}{\partial u}\right)\boldsymbol{k}.$$

因此，易得 $\qquad \left|\dfrac{\partial\boldsymbol{r}}{\partial u}\times\dfrac{\partial\boldsymbol{r}}{\partial v}\right|=\sqrt{EG-F^2}$

又 $\dfrac{\partial\boldsymbol{r}}{\partial u}\times\dfrac{\partial\boldsymbol{r}}{\partial v}$ 的方向显然是法向量 $\boldsymbol{n}$ 的方向. 于是，我们有

$$\iint_S \boldsymbol{a}_n \mathrm{d}S=\iint_\Omega \boldsymbol{a}\cdot\sqrt{EG-F^2}\,\boldsymbol{n}\mathrm{d}u\mathrm{d}v=\iint_\Omega \boldsymbol{a}\cdot\left(\frac{\partial\boldsymbol{r}}{\partial u}\times\frac{\partial\boldsymbol{r}}{\partial v}\right)\mathrm{d}u\mathrm{d}v=\iint_\Omega\left(\boldsymbol{a}\,\frac{\partial\boldsymbol{r}}{\partial u}\,\frac{\partial\boldsymbol{r}}{\partial v}\right)\mathrm{d}u\mathrm{d}v.$$

**【4447】** 求向量 $\boldsymbol{a}=m\,\dfrac{\boldsymbol{r}}{r^3}$（$m$ 为常数）通过围绕坐标原点的封闭曲面 $S$ 的通量.

**提示** 利用 4392 题(2)的结果.

**解** 所求的通量为 $\displaystyle\iint_S a_n \mathrm{d}S=m\iint_S \frac{1}{r^3}\boldsymbol{r}\cdot\boldsymbol{n}\mathrm{d}S=m\iint_S \frac{\cos(\boldsymbol{r},\boldsymbol{n})}{r^2}\mathrm{d}S=m\cdot 4\pi^{*)}=4\pi m.$

*) 利用 4392 题(2)的结果.

**【4448】** 已知向量 $\qquad \boldsymbol{a}(\boldsymbol{r})=\displaystyle\sum_{i=1}^{n}\mathrm{grad}\left(-\frac{\mathrm{e}_i}{4\pi r_i}\right),$

其中 $\mathrm{e}_i$ 为常数，$r_i$ 为点 $M_i$（点源）距动点 $M(\boldsymbol{r})$ 的距离. 求此向量通过围绕点 $M_i$ $(i=1,2,\cdots,n)$ 的封闭曲面 $S$ 的通量.

**解** 首先，我们有 $\qquad \boldsymbol{a}=\displaystyle\sum_{i=1}^{n}\mathrm{grad}\left(-\frac{\mathrm{e}_i}{4\pi r_i}\right)=\sum_{i=1}^{n}\frac{\mathrm{e}_i\boldsymbol{r}_i}{4\pi r_i^3}.$

其次，我们考虑这样一个空间区域 $V$，它由曲面 $S$ 及包围点 $M_i$ $(i=1,2,\cdots,n)$ 的 $n$ 个小球所围成（这些小球的球心在点 $M_i$，半径为 $\rho_i$）. 由于 $\mathrm{div}\boldsymbol{a}$ 在 $V$ 内为零. 故

$$\iint_S a_n \mathrm{d}S=\sum_{j=1}^{n}\iint_{S_j} a_n \mathrm{d}S,$$

其中 $S_j$ 为第 $j$ 个小球面.但是 $$\iint\limits_{S_j} a_n \mathrm{dS}=\iint\limits_{S_j}\left(\sum_{i=1}^{n}\frac{\mathrm{e}_i \boldsymbol{r}_i}{4\pi r_i^3}\right)\cdot \boldsymbol{n}\mathrm{dS}.$$

由于 $$\iint\limits_{S_i}\frac{1}{r_i^3}(\boldsymbol{r}_i\cdot\boldsymbol{n})\mathrm{dS}=\iint\limits_{S_j}\frac{\cos(\boldsymbol{r}_i,\boldsymbol{n})}{r_i^3}\mathrm{dS}=\begin{cases}0, & j\neq i,^{*)}\\ 4\pi, & j=i,\end{cases}$$

故得 $\iint\limits_{S_j} a_n \mathrm{dS}=\mathrm{e}_j$,从而,$\iint\limits_{S} a_n \mathrm{dS}=\sum\limits_{j=1}^{n}\mathrm{e}_j$.

*) 利用 4392 题的结果.

**【4449】** 证明: $$\iint\limits_{S}\frac{\partial u}{\partial n}\mathrm{dS}=\iiint\limits_{V}\nabla^2 u\mathrm{d}x\mathrm{d}y\mathrm{d}z,$$

其中曲面 $S$ 是区域 $V$ 的边界.

**证** 参看 4393 题(1).

**【4450】** 在温度场 $u$ 内,在单位时间内通过面微元 $\mathrm{d}S$ 的热量等于:

$$\mathrm{d}Q=-k\boldsymbol{n}\cdot \mathrm{grad}u\mathrm{d}S,$$

其中 $k$ 为热导率,$\boldsymbol{n}$ 为曲面 $S$ 的单位法向量.求在单位时间内物体 $V$ 所吸收的热量.研究温度上升的速度,从而推出物体温度所满足的方程(热传导方程).

**解** 由于 $$\mathrm{d}Q=-k\boldsymbol{n}\cdot\mathrm{grad}u\mathrm{d}S=-k\mathrm{grad}_n u\mathrm{d}S,$$

故由奥式公式,即得 $$Q=-\iint\limits_{S}k\mathrm{grad}_n u\mathrm{d}S=\iiint\limits_{V}k\mathrm{div}(\mathrm{grad}u)\mathrm{d}V.$$

因此,每单位时间内向物体内部流入的热量为

$$\iiint\limits_{V}\mathrm{div}(k\mathrm{grad}u)\mathrm{d}V. \tag{1}$$

这一热量引起物体内部温度的增加,现在我们从另一方面再来计算此热量.在时间 $\mathrm{d}t$ 内温度 $u$ 增加

$$\mathrm{d}u=\frac{\partial u}{\partial t}\mathrm{d}t,$$

需要对体积元素 $\mathrm{d}V$ 输入热量 $$c\mathrm{d}u\rho\mathrm{d}V=c\frac{\partial u}{\partial t}\rho\mathrm{d}t\mathrm{d}V,$$

其中 $c$ 为物体在所考察的点处的热容量.于是,在时间 $\mathrm{d}t$ 内整个物体就要吸收热量

$$\mathrm{d}t\iiint\limits_{V}c\rho\frac{\partial u}{\partial t}\mathrm{d}V,$$

而在每单位时间内所吸收的热量即为

$$\iiint\limits_{V}c\rho\frac{\partial u}{\partial t}\mathrm{d}V. \tag{2}$$

比较(1)式及(2)式,即得等式 $$\iiint\limits_{V}\left\{c\rho\frac{\partial u}{\partial t}-\mathrm{div}(k\mathrm{grad}u)\right\}\mathrm{d}V=0.$$

由于上式对取在所考察境域内的任何物体 $V$ 都适合,且被积函数显见连续,故根据 4097 题的结果,当点属于所考察的境域时,恒有

$$c\rho\frac{\partial u}{\partial t}=\mathrm{div}(k\mathrm{grad}u),$$

此即所求的热传导方程.

**【4451】** 处于运动状态的不可压缩流体充满区域 $V$.假定在区域内没有源泉和漏孔,试推出连续性方程.

$$\frac{\partial\rho}{\partial t}+\mathrm{div}(\rho\boldsymbol{v})=0,$$

式中 $\rho=\rho(x,y,z,t)$ 为流体密度,$\boldsymbol{v}$ 为速度向量,$t$ 为时间.

**提示** 研究流体通过包含在 $V$ 中的任一区域 $V'$ 的表面 $S'$ 的流量.

**解** 首先,我们已知:在每单位时间内自 $V$ 中的任一区域 $V'$ 的表面 $S'$ 向外流出的流量 $Q$ 为

$$Q=\iint_{S'}\rho v_n \mathrm{d}S=\iiint_{V'}\mathrm{div}(\rho\boldsymbol{v})\mathrm{d}V. \tag{1}$$

现在我们用另一法来计算 $Q$，如考虑到在时间 $\mathrm{d}t$ 内密度 $\rho$ 增加 $\frac{\partial\rho}{\partial t}\mathrm{d}t$，则立体元素 $\mathrm{d}V$ 的质量就增加 $\frac{\partial\rho}{\partial t}\mathrm{d}t\mathrm{d}V$，而整个所考察的区域 $V'$ 的质量就增加

$$\mathrm{d}t\iiint_{V'}\frac{\partial\rho}{\partial t}\mathrm{d}V.$$

因此，每单位时间内 $V'$ 中质量减少

$$-\iiint_{V'}\frac{\partial\rho}{\partial t}\mathrm{d}V.$$

由于 $V$ 内无源泉和漏孔，故这个减少的质量正好就是从 $V'$ 的表面 $S'$ 流出的流量 $Q$，即

$$Q=-\iiint_{V'}\frac{\partial\rho}{\partial t}\mathrm{d}V. \tag{2}$$

比较(1)式和(2)式，即得等式 $\iiint_{V'}\left(\frac{\partial\rho}{\partial t}+\mathrm{div}(\rho\vec{v})\right)\mathrm{d}V=0.$

由于上式对 $V$ 中任一区域 $V'$ 均成立，且被积函数连续，故根据 4097 题的结果，当 $(x,y,z)\in V$ 时，恒有

$$\frac{\partial\rho}{\partial t}+\mathrm{div}(\rho\boldsymbol{v})=0.$$

**【4452】** 求向量 $\boldsymbol{a}=\boldsymbol{r}$ 沿着一段螺旋线

$$\boldsymbol{r}=a\cos t\,\boldsymbol{i}+a\sin t\,\boldsymbol{j}+bt\,\boldsymbol{k}\quad(0\leqslant t\leqslant 2\pi)$$

的环量.

**解** 由于 $\mathrm{d}\boldsymbol{r}=(-a\sin t\,\boldsymbol{i}+a\cos t\,\boldsymbol{j}+b\,\boldsymbol{k})\mathrm{d}t$，$\boldsymbol{a}\cdot\mathrm{d}\boldsymbol{r}=b^2t\mathrm{d}t$，故所求的环量为

$$W=\int_0^{2\pi}b^2t\mathrm{d}t=2\pi^2b^2.$$

**【4453】** 求向量 $\boldsymbol{a}=f(r)\boldsymbol{r}$（其中 $f$ 是连续函数）沿着弧 $AB$ 的环量.

**解** 所求的环量为 $W=\int_{r_A}^{r_B}f(r)\boldsymbol{r}\cdot\mathrm{d}\boldsymbol{r}=\int_{r_A}^{r_B}f(r)\boldsymbol{r}\cdot\boldsymbol{t}^0\mathrm{d}s=\int_{r_A}^{r_B}f(r)r\mathrm{d}r,$

其中 $\boldsymbol{t}_0$ 是单位切向量.

**【4454】** 求向量 $\boldsymbol{a}=-y\boldsymbol{i}+x\boldsymbol{j}+c\boldsymbol{k}$（$c$ 为常数）的环量：

(1)沿着圆周 $x^2+y^2=1,z=0$； (2)沿着圆周 $(x-2)^2+y^2=1,z=0$.

**解** (1)圆 $x^2+y^2=1,z=0$ 的径向量 $\boldsymbol{r}$ 适合方程

$$\boldsymbol{r}=\cos t\,\boldsymbol{i}+\sin t\,\boldsymbol{j}+0\,\boldsymbol{k}\quad(0\leqslant t\leqslant 2\pi).$$

由于 $\boldsymbol{a}\cdot\mathrm{d}\boldsymbol{r}=(-\sin t\,\boldsymbol{i}+\cos t\,\boldsymbol{j}+c\,\boldsymbol{k})\cdot(-\sin t\,\boldsymbol{i}+\cos t\,\boldsymbol{j}+0\,\boldsymbol{k})\mathrm{d}t=\mathrm{d}t,$

故所求的环量为 $\int_0^{2\pi}\mathrm{d}t=2\pi.$

(2)对于圆 $(x-2)^2+y^2=1,z=0$，有

$$\boldsymbol{r}=(2+\cos t)\boldsymbol{i}+\sin t\boldsymbol{j}+0\boldsymbol{k}\quad(0\leqslant t\leqslant 2\pi).$$

由于 $\boldsymbol{a}\cdot\mathrm{d}\boldsymbol{r}=(2\cos t+1)\mathrm{d}t$，故所求的环量为 $\int_0^{2\pi}(2\cos t+1)\mathrm{d}t=2\pi.$

**【4455】** 求向量 $\boldsymbol{a}=\mathrm{grad}(\arctan\frac{y}{x})$ 沿着围线 $C$ 的环量 $\Gamma$：

(1)$C$ 不围绕 $Oz$ 轴；(2)$C$ 围绕 $Oz$ 轴.

**解** 我们有 $$\boldsymbol{a}=-\frac{y}{x^2+y^2}\boldsymbol{i}+\frac{x}{x^2+y^2}\boldsymbol{j}.$$

于是，易知 $\mathrm{rot}\boldsymbol{a}=\boldsymbol{0}$（除 $x=y=0$，即 $Oz$ 轴上的点）.

(1)若 $C$ 不围绕 $Oz$ 轴，则可于 $C$ 上张一曲面 $S$，使 $S$ 与 $Oz$ 轴不相交，于是，根据斯托克斯公式，得

$$\Gamma=\oint_C \boldsymbol{a}\cdot d\boldsymbol{r}=\iint_S \boldsymbol{n}\cdot \operatorname{rot}\boldsymbol{a}dS=0.$$

(2)若 $C$ 围绕 $Oz$ 轴. 先设 $C$ 正好围绕 $Oz$ 轴旋转一周,取常数 $\tau>0$ 充分小,使 $C$ 位于平面 $z=\tau$ 的上方. 在平面 $z=\tau$ 上围绕 $Oz$ 轴取一圆周 $C_r(x^2+y^2=r^2,\ z=\tau)$ 充分小,使半径 $r$ 小于 $C$ 到 $Oz$ 轴的距离. 以 $C$ 与 $C_r$ 为边界张上一曲面 $S$,使 $S$ 与 $Oz$ 轴不相交. 由斯托克斯公式,得

$$\oint_C \boldsymbol{a}\cdot d\boldsymbol{r}+\oint_{-C_r} \boldsymbol{a}\cdot d\boldsymbol{r}=\iint_S \boldsymbol{n}\cdot \operatorname{rot}\boldsymbol{a}dS=0,$$

其中 $-C_r$ 表示沿顺时针方向取向. 于是,

$$\Gamma=\oint_C \boldsymbol{a}\cdot d\boldsymbol{r}=\oint_{C_r} \boldsymbol{a}\cdot d\boldsymbol{r}.$$

但取 $C_r$ 的参数方程 $x=r\cos\theta, y=r\sin\theta, z=\tau$ 后,得

$$\oint_{C_r} \boldsymbol{a}\cdot d\boldsymbol{r}=\int_0^{2\pi}\left[\left(-\frac{r\sin\theta}{r^2}\right)(-r\sin\theta)+\left(\frac{r\cos\theta}{r^2}\right)(r\cos\theta)\right]d\theta=\int_0^{2\pi}d\theta=2\pi.$$

从而,$\Gamma=\oint_C \boldsymbol{a}\cdot d\boldsymbol{r}=2\pi$.

现设 $C$ 围绕 $Oz$ 轴旋转了 $n$ 圈. 为叙述简单起见,假定 $n=2$. 在平面 $Ozx$ 上引辅助线(直线段)$AB$,将 $C$ 分解成两个只绕 $Oz$ 轴转一周的闭曲线

$$C_1=ABMA \quad 与 \quad C_2=ANBA$$

(图 8.74). 根据前面已证的结果可知

$$\oint_{C_1} \boldsymbol{a}\cdot d\boldsymbol{r}=2\pi,\quad \oint_{C_2} \boldsymbol{a}\cdot d\boldsymbol{r}=2\pi.$$

于是,注意到 $\overline{AB}$ 的曲线积分(第二型)与 $\overline{BA}$ 上的曲线积分相消,即得

$$\Gamma=\oint_C \boldsymbol{a}\cdot d\boldsymbol{r}=\oint_{C_1} \boldsymbol{a}\cdot d\boldsymbol{r}+\oint_{C_2} \boldsymbol{a}\cdot d\boldsymbol{r}=4\pi.$$

完全类似地,可得一般情况($C$ 围绕 $Oz$ 轴旋转 $n$ 圈)时,有

$$\Gamma=\oint_C \boldsymbol{a}\cdot d\boldsymbol{r}=2\pi n.$$

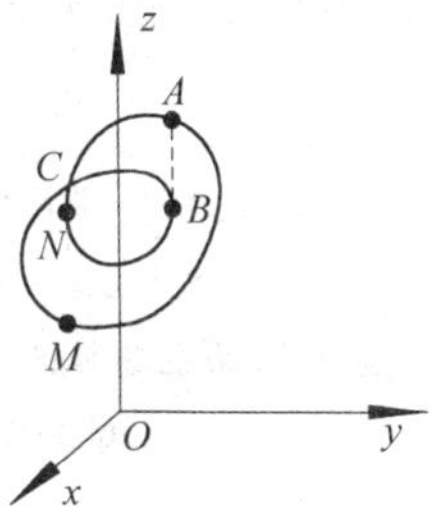


图 8.74

**【4456】**$^+$ 平面的不可压缩定常流由速度向量

$$\boldsymbol{w}=u(x,y)\boldsymbol{i}+v(x,y)\boldsymbol{j}$$

描述,试确定:(1)经过区域 $S$ 的边界(封闭围线)$C$ 流出的流体的量 $Q$(流量);(2)速度向量沿着围线 $C$ 的环量 $\Gamma$. 若流场无源泉、无漏孔且无旋度,则函数 $u$ 和 $v$ 满足怎样的方程?

**解** (1)考虑包含着点 $D(x,y)$ 的两边长分别为 $\Delta x$ 与 $\Delta y$ 的小矩形元 $ABCD$(图 8.75).

在单位时间内沿 $Ox$ 轴方向从 $AD$ 边流入的量为 $u(x,y)\Delta y$(为简单起见,设密度 $\rho=1$),而同时从 $BC$ 边流出的量为 $u(x+\Delta x,y)\Delta y$. 于是,在单位时间内,沿 $Ox$ 轴方向从单位面积的小正方形内流出的量为

$$\frac{u(x+\Delta x,y)-u(x,y)}{\Delta x\Delta y}\Delta y.$$

当 $\Delta x\to 0$ 时,此比值的极限 $\frac{\partial u}{\partial x}$ 就是在点 $(x,y)$ 沿 $Ox$ 轴方向的发散强度.

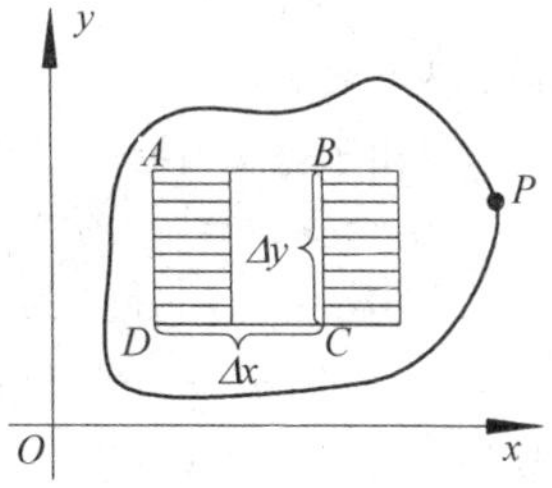


图 8.75

类似地,$\frac{\partial v}{\partial y}$ 就是在点 $(x,y)$ 沿 $Oy$ 轴方向的发散强度. 于是,在点 $(x,y)$ 处流体的发散强度为 $\frac{\partial u}{\partial x}+\frac{\partial v}{\partial y}$,而对于面积元 $dxdy$ 的流量即为

$$\left(\frac{\partial u}{\partial x}+\frac{\partial v}{\partial y}\right)dxdy.$$

因此,总的流量为

$$Q=\iint_S\left(\frac{\partial u}{\partial x}+\frac{\partial v}{\partial y}\right)dxdy.$$

另一解法：令点 $P$ 为围线 $C$ 上的任一点，$\boldsymbol{n}$ 为向外法向量，考虑曲线元素 $ds$. 单位时间内通过 $ds$ 弧段的流量为

$$dQ=w_n ds,$$

其中 $w_n$ 为点 $P$ 处的流速 $\boldsymbol{w}$ 在法向量 $\boldsymbol{n}$ 上的投影：$w_n=\boldsymbol{w}\cdot\boldsymbol{n}$. 于是，所求的通过曲线 $C$ 的流量为

$$Q=\int_C w_n ds.$$

但是，$w_n=\boldsymbol{w}\cdot\boldsymbol{n}=u\cos(\boldsymbol{n},x)+v\cos(\boldsymbol{n},y)=u\frac{dy}{ds}-v\frac{dx}{ds}$ **)，故得

$$Q=\int_C u dy-v dx.$$

应用格林公式，即得

$$Q=\iint_S\left(\frac{\partial u}{\partial x}+\frac{\partial v}{\partial y}\right)dxdy.$$

(2) $d\Gamma=\boldsymbol{w}\cdot d\boldsymbol{r}=udx+vdy$，故

$$\Gamma=\int_C udx+vdy=\iint_S\left(\frac{\partial v}{\partial x}-\frac{\partial u}{\partial y}\right)dxdy$$

若流场无源泉、无漏孔及无旋度，则对于流场中任何围线 $C$ 及其所包围的区域 $S$，均有

$$Q=0 \quad 及 \quad \Gamma=0.$$

于是，在流场中的每一点，均有

$$\frac{\partial u}{\partial x}+\frac{\partial v}{\partial y}=0 \text{ 及 } \frac{\partial v}{\partial x}-\frac{\partial u}{\partial y}=0 \quad 或 \quad \frac{\partial u}{\partial x}=-\frac{\partial v}{\partial y}\text{ 及 }\frac{\partial v}{\partial x}=\frac{\partial u}{\partial y},$$

这就是 $u,v$ 所应满足的方程.

*) 作者注：从原书答案来看，本题叙述有误. 最后的问题中"流体是不可压缩"应改为"流场无源泉、无漏孔"，而在题目开始，应假定流体不可压缩.

**) 参看 4323 题的推导.

**【4457】** 证明：场 $\boldsymbol{a}=yz(2x+y+z)\boldsymbol{i}+xz(x+2y+z)\boldsymbol{j}+xy(x+y+2z)\boldsymbol{k}$ 是有势场，并求这个场的势.

**提示** 只要证明 $\mathrm{rot}\boldsymbol{a}=\boldsymbol{0}$. 又由势 $u$ 满足 $du=\boldsymbol{a}\cdot d\boldsymbol{r}$，可得 $u=xyz(x+y+z)+C$，其中 $C$ 为任意常数.

**解** 由于对空间任一点 $(x,y,z)$ 均有

$$\begin{aligned}\mathrm{rot}\boldsymbol{a}&=\left\{\frac{\partial}{\partial y}[xy(x+y+2z)]-\frac{\partial}{\partial z}[xz(x+2y+z)]\right\}\boldsymbol{i}+\left\{\frac{\partial}{\partial z}[yz(2x+y+z)]-\frac{\partial}{\partial x}[xy(x+y+2z)]\right\}\boldsymbol{j}\\&\quad+\left\{\frac{\partial}{\partial x}[xz(x+2y+z)]-\frac{\partial}{\partial y}[yz(2x+y+z)]\right\}\boldsymbol{k}\\&=\boldsymbol{0},\end{aligned}$$

故 $\boldsymbol{a}$ 为有势场.

又由于势 $u$ 满足

$$\begin{aligned}du&=\boldsymbol{a}\cdot d\boldsymbol{r}=yz(2x+y+z)dx+xz(x+2y+z)dy+xy(x+y+2z)dz\\&=xyz(dx+dy+dz)+(x+y+z)(yzdx+zxdy+xydz)=xyzd(x+y+z)+(x+y+z)d(xyz)\\&=d[xyz(x+y+z)],\end{aligned}$$

故势 $u=xyz(x+y+z)+C$，其中 $C$ 为任意常数.

**【4458】** 求由位于坐标原点的质量 $m$ 所产生的引力场 $\boldsymbol{a}=-\frac{m}{r^3}\boldsymbol{r}$ 的势.

**解** 由于 $du=\boldsymbol{a}\cdot d\boldsymbol{r}=-\frac{m}{r^3}(xdx+ydy+zdz)=-\frac{m}{2r^3}d(r^2)=-\frac{m}{r^2}dr=d\left(\frac{m}{r}\right)$，

故势 $u=\frac{m}{r}+C$ ($C$ 为任意常数). 通常取 $u=\frac{m}{r}$ ($r\neq0$).

**【4459】** 求质量 $m_i$ $(i=1,2,\cdots,n)$ 的质点位于点 $M_i$ $(i=1,2,\cdots,n)$，求此质点系所产生的引力场的势.

**解** 引力场 $\boldsymbol{a}=-\sum_{i=1}^{n}\frac{m_i}{r_i^3}\boldsymbol{r}_i$，其中 $r_i$ 为动点 $M$ 与 $M_i$ 之间的距离. 由于

$$du=\boldsymbol{a}\cdot d\boldsymbol{r}=d\left(\sum_{i=1}^{n}\frac{m_i}{r_i}\right),$$

故势 $u=\sum\limits_{i=1}^{n}\dfrac{m_i}{r_i}+C$($C$ 为任意常数),通常取 $u=\sum\limits_{i=1}^{n}\dfrac{m_i}{r_i}$.

**【4460】** 证明:场 $\boldsymbol{a}=f(r)\boldsymbol{r}$ (其中 $f(r)$是单值连续函数)是有势场. 求这个场的势.

**解** 利用 4436 题(2)的结果,即知 $\mathrm{rot}(f(r)\boldsymbol{r})=\boldsymbol{0}$,故 $\boldsymbol{a}$ 为有势场. 又由于

$$du=\boldsymbol{a}\cdot d\boldsymbol{r}=xf(r)dx+yf(r)dy+zf(r)dz=\frac{1}{2}f(r)d(r^2)=rf(r)dr,$$

故势 $u=\int_{r_0}^{r}tf(t)dt$,其中 $r=\sqrt{x^2+y^2+z^2}$.

**【4461】** 证明公式: $\mathrm{grad}_P\left(\iiint\limits_V\rho(Q)\dfrac{dV}{r}\right)=-\iint\limits_S\rho(Q)\boldsymbol{n}\dfrac{dS}{r}+\iiint\limits_V\mathrm{grad}_Q\,\rho(Q)\dfrac{dV}{r}$,

其中 $S$ 为区域 $V$ 的边界曲面,$\boldsymbol{n}$ 为曲面 $S$ 的外法向量,$r$ 为点 $P(x,y,z)$与点 $Q(\xi,\eta,\zeta)$之间的距离.

**证** 首先指出,题中需假定 $\rho(Q)$在 $V$ 上具有连续的导数.

(ⅰ)先设点 $P(x,y,z)$在 $V$ 之外. 令

$$f(x,y,z)=\iiint\limits_V\rho(Q)\frac{dV}{r}.\tag{1}$$

显然,右端积分的被积函数对参变量 $x,y,z$ 都具有连续的偏导数,故可在积分号下求导数,得

$$\mathrm{grad}_P f=\iiint\limits_V\rho(Q)\mathrm{grad}_P\frac{1}{r}dV.\tag{2}$$

又由于
$$\mathrm{grad}_P\frac{1}{r}=-\frac{\boldsymbol{r}}{r^3}=-\mathrm{grad}_Q\frac{1}{r},\quad \boldsymbol{r}=\overrightarrow{QP}$$

代入(2)式,得
$$\mathrm{grad}_P f=-\iiint\limits_V\rho(Q)\mathrm{grad}_Q\frac{1}{r}dV.\tag{3}$$

在公式(4408 题(4)) $\mathrm{grad}_Q(\varphi\psi)=\varphi\mathrm{grad}_Q\psi+\psi\mathrm{grad}_Q\varphi$ 中,令$\varphi=\rho(Q)$,$\psi=\dfrac{1}{r}$,再代入(3)式,得

$$\mathrm{grad}_P f=-\iiint\limits_V\mathrm{grad}_Q\left(\frac{\rho(Q)}{r}\right)dV+\iiint\limits_V\mathrm{grad}_Q\,\rho(Q)\frac{dV}{r}.\tag{4}$$

根据奥氏公式,有
$$\iiint\limits_V\mathrm{grad}_Q\left(\frac{\rho(Q)}{r}\right)dV=\iint\limits_S\rho(Q)\boldsymbol{n}\frac{dS}{r}.\tag{5}$$

将上式代入(4),即得
$$\mathrm{grad}_P f=-\iint\limits_S\rho(Q)\boldsymbol{n}\frac{dS}{r}+\iiint\limits_V\mathrm{grad}_Q\,\rho(Q)\frac{dV}{r}.$$

(ⅱ)现设点 $P(x,y,z)$在 $V$ 的内部. 仍按(1)式令 $f(x,y,z)$. 注意,这时(1)式右端的积分为广义重积分(点 $P$ 为瑕点);但易知它收敛,因为在以 $P$ 点为中心,$\varepsilon$ 为半径的球域 $V_\varepsilon$ 上的积分满足($M=\max\limits_{Q\in V}|\rho(Q)|$)

$$\left|\iiint\limits_{V_\varepsilon}\frac{\rho(Q)}{r}dV\right|\leqslant\iiint\limits_{V_\varepsilon}\frac{|\rho(Q)|}{r}dV\leqslant M\iiint\limits_{V_\varepsilon}\frac{dV}{r}=M\int_0^{2\pi}d\varphi\int_0^{\pi}\sin\theta d\theta\int_0^{\varepsilon}\frac{r^2}{r}dr=2M\pi\varepsilon^3\to0\quad(\varepsilon\to+0).$$

我们证明:这时仍可将(1)式的积分在积分号下求导数而得(2)式. 事实上,由于

$$\left|\iiint\limits_{V_\varepsilon}\rho(Q)\frac{\partial\left(\frac{1}{r}\right)}{\partial x}dV\right|\leqslant\iiint\limits_{V_\varepsilon}\left|\rho(Q)\frac{\partial\left(\frac{1}{r}\right)}{\partial x}\right|dV=\iiint\limits_{V_\varepsilon}\left|-\rho(Q)\frac{x-\xi}{r^3}\right|dV\leqslant M\iiint\limits_{V_\varepsilon}\frac{dV}{r^2}$$
$$=M\int_0^{2\pi}d\varphi\int_0^{\pi}\sin\theta d\theta\int_0^{\varepsilon}\frac{r^2}{r^2}dr=4M\pi\varepsilon,$$

故积分 $\iiint\limits_V\rho(Q)\dfrac{\partial\left(\frac{1}{r}\right)}{\partial x}dV$ 关于 $x$ 一致收敛. 于是,(1)式右端的积分可在积分号下关于 $x$ 求偏导数,得

$$\frac{\partial f}{\partial x}=\iiint\limits_V\rho(Q)\frac{\partial\left(\frac{1}{r}\right)}{\partial x}dV.\tag{6}$$

同理可得
$$\frac{\partial f}{\partial y}=\iiint_V \rho(Q)\frac{\partial\left(\frac{1}{r}\right)}{\partial y}\mathrm{d}V. \tag{7}$$
$$\frac{\partial f}{\partial z}=\iiint_V \rho(Q)\frac{\partial\left(\frac{1}{r}\right)}{\partial z}\mathrm{d}V. \tag{8}$$
由(6),(7),(8)三式,即得(2)式,仿(ⅰ)段办法,可得(3)式与(4)式(注意,仿前,可知(4)式右端两个积分都收敛).但不能直接对 $V$ 应用奥式公式而得(5)式,因为有瑕点 $P$,但显然可对 $V-V_\varepsilon$,应用奥式公式,得
$$\iiint_{V-V_\varepsilon}\mathrm{grad}_Q\left(\frac{\rho(Q)}{r}\right)\mathrm{d}V=\iint_{S+S_\varepsilon}\rho(Q)\boldsymbol{n}\frac{\mathrm{d}S}{r} \tag{9}$$
其中 $S_\varepsilon$ 为球域 $V_\varepsilon$ 的边界(球面),在 $S_\varepsilon$ 上的 $\boldsymbol{n}$ 是指向点 $P$ 的.由于
$$\left|\iint_{S_\varepsilon}\rho(\theta)\boldsymbol{n}\frac{\mathrm{d}S}{r}\right|\leqslant\sqrt{3}\iint_{S_\varepsilon}|\rho(\theta)|\frac{\mathrm{d}S}{r}\leqslant\sqrt{3}M\iint_{S_\varepsilon}\frac{\mathrm{d}S}{r}=\frac{\sqrt{3}M}{\varepsilon}\iint_{S_\varepsilon}\mathrm{d}S=\frac{\sqrt{3}M}{\varepsilon}4\pi\varepsilon^2=4\sqrt{3}\pi M\varepsilon,$$
故 $\lim\limits_{\varepsilon\to+0}\iint\limits_{S_\varepsilon}\rho(\theta)\boldsymbol{n}\frac{\mathrm{d}S}{r}=0$.于是,在(9)式两端令 $\varepsilon\to+0$ 取极限,即得(5)式.以(5)式代入(4)式,最后得所要证的公式
$$\mathrm{grad}_P\left\{\iiint_V\rho(\theta)\frac{\mathrm{d}V}{r}\right\}=-\iint_S\rho(Q)\boldsymbol{n}\frac{\mathrm{d}S}{r}+\iiint_V\mathrm{grad}_Q\,\rho(Q)\frac{\mathrm{d}V}{r}.$$
证毕.

**【4462】** 证明:若 $\boldsymbol{a}=\mathrm{grad}u$,其中
$$u(x,y,z)=-\frac{1}{4\pi}\iiint_{-\infty}^{+\infty}\frac{\rho(\xi,\eta,\zeta)}{r}\mathrm{d}\xi\mathrm{d}\eta\mathrm{d}\zeta,\quad r=\sqrt{(\xi-x)^2+(\eta-y)^2+(\zeta-z)^2},$$
则 $\mathrm{div}\boldsymbol{a}=\rho(x,y,z)$ (假定相应的积分有意义).

**证** 首先指出,为保证题述的广义重积分(既是无穷积分,又是瑕积分)的存在性以及下面要用到的积分号下求导数的合理性,一般我们需假定:$\rho(\xi,\eta,\zeta)$ 在全空间具有连续的偏导数,并且当 $R=\sqrt{\xi^2+\eta^2+\zeta^2}$ 充分大时($R\geqslant R_0$),有
$$|\rho(\xi,\eta,\zeta)|\leqslant\frac{M}{R^{2+\alpha}}, \tag{1}$$
其中 $M>0,\alpha>0$,是两个常数.

考虑空间任一点 $P_0(x_0,y_0,z_0)$.用 $V_0$ 表示以 $P_0$ 为中心,1 为半径的单位球域.我们先限制点 $P(x,y,z)$ 只在 $V_0$ 中变动.又用 $V_1$ 表示以 $P_0$ 为中心,2 为半径的球域,$V_2$ 表示整个空间去掉 $V_1$ 所剩下的部分(无界域).令
$$u_1(x,y,z)=\iiint_{V_1}\frac{\rho(\xi,\eta,\zeta)}{r}\mathrm{d}\xi\mathrm{d}\eta\mathrm{d}\zeta, \tag{2}$$
$$u_2(x,y,z)=\iiint_{V_2}\frac{\rho(\xi,\eta,\zeta)}{r}\mathrm{d}\xi\mathrm{d}\eta\mathrm{d}\zeta. \tag{3}$$
于是,
$$u(x,y,z)=-\frac{1}{4\pi}[u_1(x,y,z)+u_2(x,y,z)]. \tag{4}$$
(2)式右端为瑕积分,在 4461 题证明的第(ⅱ)段中已证它是收敛的;(3)式右端为无穷积分,下面证明它收敛.令
$$r_0=\sqrt{x_0^2+y_0^2+z_0^2},\quad R_1=\max\{R_0,2(r_0+1)\},$$
则当 $R\geqslant R_1$ 时,有 $R\geqslant R_0$(从而,(1)式满足),且 $R\geqslant 2(r_0+1)$.以 $Q$ 表示点$(\xi,\eta,\zeta)$,$O$ 表示原点$(0,0,0)$.由于三角形两边之和大于第三边,故(注意 $P\in V_0$).
$$R=\overline{OQ}\leqslant\overline{OP}+\overline{PQ}\leqslant r_0+1+r\leqslant\frac{R}{2}+r,$$

从而，

$$\iiint\limits_{\xi^2+\eta^2+\zeta^2\geqslant R_1^2}\left|\frac{\rho(\xi,\eta,\zeta)}{r}\right|\mathrm{d}\xi\mathrm{d}\eta\mathrm{d}\zeta\leqslant M\iiint\limits_{\xi^2+\eta^2+\zeta^2\geqslant R_1^2}\frac{\mathrm{d}\xi\mathrm{d}\eta\mathrm{d}\zeta}{rR^{2+\alpha}}\leqslant 2M\iiint\limits_{\xi^2+\eta^2+\zeta^2\geqslant R_1^2}\frac{\mathrm{d}\xi\mathrm{d}\eta\mathrm{d}\zeta}{R^{3+\alpha}}$$

$$=2M\int_0^{2\pi}\mathrm{d}\varphi\int_0^{\pi}\sin\theta\mathrm{d}\theta\int_{R_1}^{+\infty}\frac{R^2}{R^{3+\alpha}}\mathrm{d}R=2M\int_0^{2\pi}\mathrm{d}\varphi\int_0^{\pi}\sin\theta\mathrm{d}\theta\int_{R_1}^{+\infty}\frac{\mathrm{d}R}{R^{1+\alpha}}=\frac{8M\pi}{\alpha R_1^{\alpha}}<+\infty,\tag{5}$$

故(3)式右端的无穷积分收敛.

由(4)式知 $u(x,y,z)$ 有定义. 由于 $\mathrm{div}(\mathrm{grad}u)=\Delta u$，故我们只要证明

$$\Delta u=\rho(x,y,z).\tag{6}$$

我们证明(3)式右端的无穷积分可在积分号下求导数两次：

$$\frac{\partial u_2}{\partial x}=\iiint\limits_{V_2}\rho(\xi,\eta,\zeta)\frac{\partial}{\partial x}\left(\frac{1}{r}\right)\mathrm{d}\xi\mathrm{d}\eta\mathrm{d}\zeta,\tag{7}$$

$$\frac{\partial^2 u_2}{\partial x^2}=\iiint\limits_{V_2}\rho(\xi,\eta,\zeta)\frac{\partial^2}{\partial x^2}\left(\frac{1}{r}\right)\mathrm{d}\xi\mathrm{d}\eta\mathrm{d}\zeta.\tag{8}$$

为此，只要证明(7)式右端的积分和(8)式右端的积分都关于 $(x,y,z)\in V_0$ 一致收敛. 由于

$$\frac{\partial}{\partial x}\left(\frac{1}{r}\right)=\frac{\xi-x}{r^3},\quad \frac{\partial^2}{\partial x^2}\left(\frac{1}{r}\right)=-\frac{1}{r^3}+\frac{3(\xi-x)^2}{r^5},$$

故仿(5)式之推导，可得：当 $R_2>R_1=\max\{R_0,2(r_0+1)\}$ 时，对一切 $(x,y,z)\in V_0$，有

$$\iiint\limits_{\xi^2+\eta^2+\zeta^2\geqslant R_2^2}\left|\rho(\xi,\eta,\zeta)\frac{\partial}{\partial x}\left(\frac{1}{r}\right)\right|\mathrm{d}\xi\mathrm{d}\eta\mathrm{d}\zeta\leqslant M\iiint\limits_{\xi^2+\eta^2+\zeta^2\geqslant R_2^2}\frac{\mathrm{d}\xi\mathrm{d}\eta\mathrm{d}\zeta}{r^2R^{2+\alpha}}\leqslant 4M\iiint\limits_{\xi^2+\eta^2+\zeta^2\geqslant R_2^2}\frac{\mathrm{d}\xi\mathrm{d}\eta\mathrm{d}\zeta}{R^{4+\alpha}}=\frac{16M\pi}{(1+\alpha)R_2^{1+\alpha}},$$

$$\iiint\limits_{\xi^2+\eta^2+\zeta^2\geqslant R_2^2}\left|\rho(\xi,\eta,\zeta)\frac{\partial^2}{\partial x^2}\left(\frac{1}{r}\right)\right|\mathrm{d}\xi\mathrm{d}\eta\mathrm{d}\zeta\leqslant 4M\iiint\limits_{\xi^2+\eta^2+\zeta^2\geqslant R_2^2}\frac{\mathrm{d}\xi\mathrm{d}\eta\mathrm{d}\zeta}{r^3R^{2+\alpha}}\leqslant 32M\iiint\limits_{\xi^2+\eta^2+\zeta^2\geqslant R_2^2}\frac{\mathrm{d}\xi\mathrm{d}\eta\mathrm{d}\zeta}{R^{5+\alpha}}=\frac{128M\pi}{(1+\alpha)R_2^{2+\alpha}}.$$

由此可知，(7)式右端的积分和(8)式右端的积分都关于 $(x,y,z)\in V_0$ 一致收敛. 因此，(7)式与(8)式当 $(x,y,z)\in V_0$ 时成立. 同理可证，当 $(x,y,z)\in V_0$ 时，有

$$\frac{\partial^2 u_2}{\partial y^2}=\iiint\limits_{V_2}\rho(\xi,\eta,\zeta)\frac{\partial^2}{\partial y^2}\left(\frac{1}{r}\right)\mathrm{d}\xi\mathrm{d}\eta\mathrm{d}\zeta,\tag{9}$$

$$\frac{\partial^2 u_2}{\partial z^2}=\iiint\limits_{V_2}\rho(\xi,\eta,\zeta)\frac{\partial^2}{\partial z^2}\left(\frac{1}{r}\right)\mathrm{d}\xi\mathrm{d}\eta\mathrm{d}\zeta.\tag{10}$$

将(8)，(9)，(10)三式相加，即得(注意到 $\Delta\left(\frac{1}{r}\right)=0$)

$$\Delta u_2=\iiint\limits_{V_2}\rho(\xi,\eta,\zeta)\Delta\left(\frac{1}{r}\right)\mathrm{d}\xi\mathrm{d}\eta\mathrm{d}\zeta=0.\tag{11}$$

下面再求 $\Delta u_1=\mathrm{div}(\mathrm{grad}u_1)$. 由 4461 题的结果知

$$\mathrm{grad}u_1=-\iint\limits_{S_1}\rho(Q)\boldsymbol{n}\frac{\mathrm{d}S}{r}+\iiint\limits_{V_1}\mathrm{grad}_Q\,\rho(Q)\frac{\mathrm{d}V}{r},\tag{12}$$

其中 $S_1$ 表示 $V_1$ 的边界(球面). 显然，当 $P(x,y,z)\in V_0$ 时，(12)式右端的第一个积分(曲面积分)的被积函数具有对于 $x,y$ 及 $z$ 的连续偏导数，故可在积分号下求对于 $x,y$ 及 $z$ 的偏导数. 另外，仿照 4461 题(ⅱ)段之证可知(12)式右端的第二个积分(三重积分)也可在积分号下求对于 $x,y$ 及 $z$ 的偏导数. 于是，得

$$\mathrm{div}(\mathrm{grad}u_1)=-\iint\limits_{S_1}\mathrm{div}_P\left[\frac{\rho(Q)\boldsymbol{n}}{r}\right]\mathrm{d}S+\iiint\limits_{V_1}\mathrm{div}_P\left[\frac{1}{r}\mathrm{grad}_Q\,\rho(Q)\right]\mathrm{d}V.\tag{13}$$

利用公式 $\mathrm{div}(v\boldsymbol{a})=v\mathrm{div}\boldsymbol{a}+\boldsymbol{a}\cdot\mathrm{grad}v$(4424 题(3))，可知(注意到 $\rho(Q)\boldsymbol{n}$ 及 $\mathrm{grad}_Q\,\rho(Q)$ 均与 $P$ 无关)

$$\mathrm{div}_P\left[\frac{\rho(Q)\boldsymbol{n}}{r}\right]=\rho(Q)\boldsymbol{n}\cdot\mathrm{grad}_P\left(\frac{1}{r}\right)=-\rho(Q)\boldsymbol{n}\cdot\mathrm{grad}_Q\left(\frac{1}{r}\right)=-\rho(Q)\frac{\partial}{\partial n}\left(\frac{1}{r}\right),$$

$$\mathrm{div}_P\left[\frac{1}{r}\mathrm{grad}_Q\,\rho(Q)\right]=\mathrm{grad}_Q\,\rho(Q)\cdot\mathrm{grad}_P\left(\frac{1}{r}\right)=-\mathrm{grad}_Q\,\rho(Q)\cdot\mathrm{grad}_Q\left(\frac{1}{r}\right).$$

代入(13)式，得

$$\Delta u_1=\iint\limits_{S_1}\rho(Q)\frac{\partial}{\partial n}\left(\frac{1}{r}\right)\mathrm{d}S-\iiint\limits_{V_1}\mathrm{grad}_Q\,\rho(Q)\cdot\mathrm{grad}_Q\left(\frac{1}{r}\right)\mathrm{d}V. \tag{14}$$

由于

$$\mathrm{div}_Q\left[\rho(Q)\mathrm{grad}_Q\left(\frac{1}{r}\right)\right]=\rho(Q)\Delta_Q\left(\frac{1}{r}\right)+\mathrm{grad}_Q\,\rho(Q)\cdot\mathrm{grad}_Q\left(\frac{1}{r}\right),$$

而 $\Delta_Q\left(\frac{1}{r}\right)=0\ (Q\neq P)$，故(14)式可写为

$$\Delta u_1=\iint\limits_{S_1}\rho(Q)\frac{\partial}{\partial n}\left(\frac{1}{r}\right)\mathrm{d}S-\iiint\limits_{V_1}\mathrm{div}_Q\left[\rho(Q)\mathrm{grad}_Q\left(\frac{1}{r}\right)\right]\mathrm{d}V. \tag{15}$$

下面计算(15)式中的三重积分，用 $\Omega_\varepsilon$ 表示以点 $P(x,y,z)$ 为中心，$\varepsilon$ 为半径的球域，其边界(球面)记为 $S_\varepsilon$. 对 $V_1-\Omega_\varepsilon$ 应用奥氏公式，得

$$\begin{aligned}\iiint\limits_{V_1-\Omega_\varepsilon}\mathrm{div}_Q\left[\rho(Q)\mathrm{grad}_Q\left(\frac{1}{r}\right)\right]\mathrm{d}V&=\iint\limits_{S_1+S_\varepsilon}\rho(Q)\mathrm{grad}_Q\left(\frac{1}{r}\right)\cdot\boldsymbol{n}\mathrm{d}S\\&=\iint\limits_{S_1}\rho(Q)\frac{\partial}{\partial n}\left(\frac{1}{r}\right)\mathrm{d}S+\iint\limits_{S_\varepsilon}\rho(Q)\frac{\partial}{\partial n}\left(\frac{1}{r}\right)\mathrm{d}S,\end{aligned} \tag{16}$$

其中 $\boldsymbol{n}$ 是向外法向量，从而，在 $S_\varepsilon$ 上是指向点 $P(x,y,z)$ 的. 由中值定理知，

$$\begin{aligned}\iint\limits_{S_\varepsilon}\rho(Q)\frac{\partial}{\partial n}\left(\frac{1}{r}\right)\mathrm{d}S&=-\iint\limits_{S_\varepsilon}\rho(Q)\frac{\partial}{\partial r}\left(\frac{1}{r}\right)\mathrm{d}S=\iint\limits_{S_\varepsilon}\rho(Q)\frac{\mathrm{d}S}{r^2}=\frac{1}{\varepsilon^2}\iint\limits_{S_\varepsilon}\rho(Q)\mathrm{d}S\\&=\frac{1}{\varepsilon^2}\cdot\rho(Q_\varepsilon)\cdot4\pi\varepsilon^2=4\pi\rho(Q_\varepsilon),\end{aligned}$$

其中 $Q_\varepsilon$ 是球面 $S_\varepsilon$ 上的某一点. 代入(16)式，得

$$\iiint\limits_{V_1-\Omega_\varepsilon}\mathrm{div}_Q\left[\rho(Q)\mathrm{grad}_Q\left(\frac{1}{r}\right)\right]\mathrm{d}V=\iint\limits_{S_1}\rho(Q)\frac{\partial}{\partial n}\left(\frac{1}{r}\right)\mathrm{d}S+4\pi\rho(Q_\varepsilon),$$

两端令 $\varepsilon\to+0$ 取极限，得

$$\iiint\limits_{V_1}\mathrm{div}_Q\left[\rho(Q)\mathrm{grad}_Q\left(\frac{1}{r}\right)\right]\mathrm{d}V=\iint\limits_{S_1}\rho(Q)\frac{\partial}{\partial n}\left(\frac{1}{r}\right)\mathrm{d}S+4\pi\rho(P),$$

再以此式代入(15)式，得

$$\Delta u_1=-4\pi\rho(x,y,z). \tag{17}$$

由(17)式，(11)式以及(4)式，即得(6)式. 于是，(6)式对一切点 $P(x,y,z)\in V_0$ 成立. 由于 $V_0$ 的中心 $P_0(x_0,y_0,z_0)$ 是任意的(可为空间任一点)，故知(6)式对空间任一点都成立. 证毕.